现行建筑结构规范大全

（含条文说明）

第1册

通用·抗震·幕墙·屋面·人防·给水排水

本社编

中国建筑工业出版社

图书在版编目（CIP）数据

现行建筑结构规范大全(含条文说明)第1册　通用·抗震·幕墙·屋面·人防·给水排水/本社编．—北京：中国建筑工业出版社，2014.2

ISBN 978-7-112-16072-3

Ⅰ.①现…　Ⅱ.①本…　Ⅲ.①建筑结构-建筑规范-中国　Ⅳ.①TU3-65

中国版本图书馆 CIP 数据核字(2013)第 263533 号

责任编辑：李　阳　向建国
责任校对：关　健

现行建筑结构规范大全
（含条文说明）
第1册
通用·抗震·幕墙·屋面·人防·给水排水
本社编
*
中国建筑工业出版社出版、发行(北京西郊百万庄)
各地新华书店、建筑书店经销
北京红光制版公司制版
北京圣夫亚美印刷有限公司印刷
*
开本：787×1092 毫米　1/16　印张：108½　插页：3　字数：3860 千字
2014 年 7 月第一版　　2014 年 7 月第一次印刷
定价：**218.00** 元
ISBN 978-7-112-16072-3
(24839)

出 版 说 明

《现行建筑设计规范大全》、《现行建筑结构规范大全》、《现行建筑施工规范大全》缩印本（以下简称《大全》），自1994年3月出版以来，深受广大建筑设计、结构设计、工程施工人员的欢迎。2006年我社又出版了与《大全》配套的三本《条文说明大全》。但是，随着科研、设计、施工、管理实践中客观情况的变化，国家工程建设标准主管部门不断地进行标准规范制订、修订和废止的工作。为了适应这种变化，我社将根据工程建设标准的变更情况，适时地对《大全》缩印本进行调整、补充，以飨读者。

鉴于上述宗旨，我社近期组织编辑力量，全面梳理现行工程建设国家标准和行业标准，参照工程建设标准体系，结合专业特点，并在认真调查研究和广泛征求读者意见的基础上，对2009年出版的设计、结构、施工三本《大全》和配套的三本《条文说明大全》进行了重大修订。

新版《大全》将《条文说明大全》和原《大全》合二为一，即像规范单行本一样，把条文说明附在每个规范之后，这样做的目的是为了更加方便读者理解和使用规范。

由于规范品种越来越多，《大全》体量愈加庞大，本次修订后决定按分册出版，一是可以按需购买，二是检索、携带方便。

《现行建筑设计规范大全》分4册，共收录标准规范193本。

《现行建筑结构规范大全》分4册，共收录标准规范168本。

《现行建筑施工规范大全》分5册，共收录标准规范304本。

需要特别说明的是，由于标准规范处在一个动态变化的过程中，而且出版社受出版发行规律的限制，不可能在每次重印时对《大全》进行修订，所以在全面修订前，《大全》中有可能出现某些标准规范没有替换和修订的情况。为使广大读者放心地使用《大全》，我社在网上提供查询服务，读者可登录我社网站查询相关标准规范的制订、全面修订、局部修订等信息。

为不断提高《大全》质量、更加方便查阅，我们期待广大读者在使用新版《大全》后，给予批评、指正，以便我们改进工作。请随时登录我社网站，留下宝贵的意见和建议。

中国建筑工业出版社

2013 年 10 月

欲查询《大全》中规范变更情况，或有意见和建议：请登录中国建筑出版在线网站（book. cabplink. com）。登录方法见封底。

目　录

1　通　用　标　准

2　建　筑　抗　震

3　幕墙·屋面·人防·给水排水

1

通 用 标 准

中华人民共和国国家标准

工程结构可靠性设计统一标准

Unified standard for reliability design of engineering structures

GB 50153—2008

主编部门：中华人民共和国住房和城乡建设部
批准部门：中华人民共和国住房和城乡建设部
施行日期：2 0 0 9 年 7 月 1 日

中华人民共和国住房和城乡建设部
公　告

第 156 号

关于发布国家标准《工程结构可靠性设计统一标准》的公告

现批准《工程结构可靠性设计统一标准》为国家标准，编号为 GB 50153—2008，自 2009 年 7 月 1 日起实施。其中，第 3.2.1、3.3.1 条为强制性条文，必须严格执行。原《工程结构可靠度设计统一标准》GB 50153—92 同时废止。

本标准由我部标准定额研究所组织中国建筑工业出版社出版发行。

中华人民共和国住房和城乡建设部

2008 年 11 月 12 日

前　言

根据建设部《关于印发〈二〇〇二～二〇〇三年度工程建设国家标准制订、修订计划〉的通知》（建标［2003］102 号）的要求，中国建筑科学研究院会同有关单位共同对国家标准《工程结构可靠度设计统一标准》GB 50153—92 进行了全面修订。

本标准在修订过程中，积极借鉴了国际标准化组织 ISO 发布的国际标准《结构可靠性总原则》ISO 2394：1998 和欧洲标准化委员会 CEN 批准通过的欧洲规范《结构设计基础》EN 1990：2002，同时认真贯彻了从中国实际出发的方针，总结了我国大规模工程实践的经验，贯彻了可持续发展的指导原则。修订后的新标准比原标准在内容上有所扩展，涵盖了工程结构设计基础的基本内容，是一项工程结构设计的基础标准。

修订后的新标准对建筑工程、铁路工程、公路工程、港口工程、水利水电工程等土木工程各领域工程结构设计的共性问题，即工程结构设计的基本原则、基本要求和基本方法作出了统一规定，以使我国土木工程各领域之间在处理结构可靠性问题上具有统一性和协调性，并与国际接轨。本标准把土木工程各领域工程结构设计的共性要求列入了正文；而将专门领域的具体规定和对专门问题的规定列入了附录。主要内容包括：总则、术语、符号、基本规定、极限状态设计原则、结构上的作用和环境影响、材料和岩土的性能及几何参数、结构分析和试验辅助设计、分项系数设计方法等。

本标准以黑体字标志的条文为强制性条文，必须严格执行。

本标准由住房和城乡建设部负责对强制性条文的管理和解释，由中国建筑科学研究院负责具体技术内容的解释。为了提高标准质量，请各单位在执行本标准的过程中，注意总结经验，积累资料，随时将有关的意见和建议寄给中国建筑科学研究院（地址：北京市北三环东路 30 号；邮政编码：100013），以供今后修订时参考。

本标准主编单位：中国建筑科学研究院

本标准参编单位：中国铁道科学研究院、铁道第三勘察设计院集团有限公司、中交公路规划设计院有限公司、中交水运规划设计院有限公司、水电水利规划设计总院、水利部水利水电规划设计总院、大连理工大学、西安建筑科技大学、上海交通大学、中国工程建设标准化协会

本标准主要起草人：袁振隆、史志华、李明顺、胡德炘、陈基发、李云贵、邸小坛、刘晓光、李铁夫、张玉玲、赵君黎、杜廷瑞、杨松泉、沈义生、周建平、雷兴顺、贡金鑫、姚继涛、鲍卫刚、姚明初、刘西拉、邵卓民、赵国藩

目　次

1 总　　则

1.0.1 为统一房屋建筑、铁路、公路、港口、水利水电等各类工程结构设计的基本原则、基本要求和基本方法，使结构符合可持续发展的要求，并符合安全可靠、经济合理、技术先进、确保质量的要求，制定本标准。

1.0.2 本标准适用于整个结构、组成结构的构件以及地基基础的设计；适用于结构施工阶段和使用阶段的设计；适用于既有结构的可靠性评定。

1.0.3 工程结构设计宜采用以概率理论为基础、以分项系数表达的极限状态设计方法；当缺乏统计资料时，工程结构设计可根据可靠的工程经验或必要的试验研究进行，也可采用容许应力或单一安全系数等经验方法进行。

1.0.4 各类工程结构设计标准和其他相关标准应遵守本标准规定的基本准则，并应制定相应的具体规定。

1.0.5 工程结构设计除应遵守本标准的规定外，尚应遵守国家现行有关标准的规定。

2 术语、符号

2.1 术　　语

2.1.1 结构　structure

能承受作用并具有适当刚度的由各连接部件有机组合而成的系统。

2.1.2 结构构件　structural member

结构在物理上可以区分出的部件。

2.1.3 结构体系　structural system

结构中的所有承重构件及其共同工作的方式。

2.1.4 结构模型　structural model

用于结构分析、设计等的理想化的结构体系。

2.1.5 设计使用年限　design working life

设计规定的结构或结构构件不需进行大修即可按预定目的使用的年限。

2.1.6 设计状况　design situations

代表一定时段内实际情况的一组设计条件，设计应做到在该组条件下结构不超越有关的极限状态。

2.1.7 持久设计状况　persistent design situation

在结构使用过程中一定出现，且持续期很长的设计状况，其持续期一般与设计使用年限为同一数量级。

2.1.8 短暂设计状况　transient design situation

在结构施工和使用过程中出现概率较大，而与设计使用年限相比，其持续期很短的设计状况。

2.1.9 偶然设计状况　accidental design situation

在结构使用过程中出现概率很小，且持续期很短的设计状况。

2.1.10 地震设计状况　seismic design situation

结构遭受地震时的设计状况。

2.1.11 荷载布置　load arrangement

在结构设计中，对自由作用的位置、大小和方向的合理确定。

2.1.12 荷载工况　load case

为特定的验证目的，一组同时考虑的固定可变作用、永久作用、自由作用的某种相容的荷载布置以及变形和几何偏差。

2.1.13 极限状态　limit states

整个结构或结构的一部分超过某一特定状态就不能满足设计规定的某一功能要求，此特定状态为该功能的极限状态。

2.1.14 承载能力极限状态　ultimate limit states

对应于结构或结构构件达到最大承载力或不适于继续承载的变形的状态。

2.1.15 正常使用极限状态　serviceability limit states

对应于结构或结构构件达到正常使用或耐久性能的某项规定限值的状态。

2.1.16 不可逆正常使用极限状态　irreversible serviceability limit states

当产生超越正常使用极限状态的作用卸除后，该作用产生的超越状态不可恢复的正常使用极限状态。

2.1.17 可逆正常使用极限状态　reversible serviceability limit states

当产生超越正常使用极限状态的作用卸除后，该作用产生的超越状态可以恢复的正常使用极限状态。

2.1.18 抗力　resistance

结构或结构构件承受作用效应的能力。

2.1.19 结构的整体稳固性　structural integrity (structural robustness)

当发生火灾、爆炸、撞击或人为错误等偶然事件时，结构整体能保持稳固且不出现与起因不相称的破坏后果的能力。

2.1.20 连续倒塌　progressive collapse

初始的局部破坏，从构件到构件扩展，最终导致整个结构倒塌或与起因不相称的一部分结构倒塌。

2.1.21 可靠性　reliability

结构在规定的时间内，在规定的条件下，完成预定功能的能力。

2.1.22 可靠度　degree of reliability (reliability)

结构在规定的时间内，在规定的条件下，完成预定功能的概率。

2.1.23 失效概率 p_f　probability of failure p_f

结构不能完成预定功能的概率。

2.1.24 可靠指标 β　reliability index β

度量结构可靠度的数值指标，可靠指标 β 与失效概率 p_f 的关系为 $\beta=-\Phi^{-1}(p_f)$，其中 $\Phi^{-1}(\cdot)$ 为标准正态分布函数的反函数。

2.1.25 基本变量 basic variable

代表物理量的一组规定的变量，用于表示作用和环境影响、材料和岩土的性能以及几何参数的特征。

2.1.26 功能函数 performance function

关于基本变量的函数，该函数表征一种结构功能。

2.1.27 概率分布 probability distribution

随机变量取值的统计规律，一般采用概率密度函数或概率分布函数表示。

2.1.28 统计参数 statistical parameter

在概率分布中用来表示随机变量取值的平均水平和离散程度的数字特征。

2.1.29 分位值 fractile

与随机变量概率分布函数的某一概率相应的值。

2.1.30 名义值 nominal value

用非统计方法确定的值。

2.1.31 极限状态法 limit state method

不使结构超越某种规定的极限状态的设计方法。

2.1.32 容许应力法 permissible (allowable) stress method

使结构或地基在作用标准值下产生的应力不超过规定的容许应力（材料或岩土强度标准值除以某一安全系数）的设计方法。

2.1.33 单一安全系数法 single safety factor method

使结构或地基的抗力标准值与作用标准值的效应之比不低于某一规定安全系数的设计方法。

2.1.34 作用 action

施加在结构上的集中力或分布力（直接作用，也称为荷载）和引起结构外加变形或约束变形的原因（间接作用）。

2.1.35 作用效应 effect of action

由作用引起的结构或结构构件的反应。

2.1.36 单个作用 single action

可认为与结构上的任何其他作用之间在时间和空间上为统计独立的作用。

2.1.37 永久作用 permanent action

在设计所考虑的时期内始终存在且其量值变化与平均值相比可以忽略不计的作用，或其变化是单调的并趋于某个限值的作用。

2.1.38 可变作用 variable action

在设计使用年限内其量值随时间变化，且其变化与平均值相比不可忽略不计的作用。

2.1.39 偶然作用 accidental action

在设计使用年限内不一定出现，而一旦出现其量值很大，且持续期很短的作用。

2.1.40 地震作用 seismic action

地震对结构所产生的作用。

2.1.41 土工作用 geotechnical action

由岩土、填方或地下水传递到结构上的作用。

2.1.42 固定作用 fixed action

在结构上具有固定空间分布的作用。当固定作用在结构某一点上的大小和方向确定后，该作用在整个结构上的作用即得以确定。

2.1.43 自由作用 free action

在结构上给定的范围内具有任意空间分布的作用。

2.1.44 静态作用 static action

使结构产生的加速度可以忽略不计的作用。

2.1.45 动态作用 dynamic action

使结构产生的加速度不可忽略不计的作用。

2.1.46 有界作用 bounded action

具有不能被超越的且可确切或近似掌握其界限值的作用。

2.1.47 无界作用 unbounded action

没有明确界限值的作用。

2.1.48 作用的标准值 characteristic value of an action

作用的主要代表值，可根据对观测数据的统计、作用的自然界限或工程经验确定。

2.1.49 设计基准期 design reference period

为确定可变作用等的取值而选用的时间参数。

2.1.50 可变作用的组合值 combination value of a variable action

使组合后的作用效应的超越概率与该作用单独出现时其标准值作用效应的超越概率趋于一致的作用值；或组合后使结构具有规定可靠指标的作用值。可通过组合值系数（$\psi_c\leqslant1$）对作用标准值的折减来表示。

2.1.51 可变作用的频遇值 frequent value of a variable action

在设计基准期内被超越的总时间占设计基准期的比率较小的作用值；或被超越的频率限制在规定频率内的作用值。可通过频遇值系数（$\psi_f\leqslant1$）对作用标准值的折减来表示。

2.1.52 可变作用的准永久值 quasi-permanent value of a variable action

在设计基准期内被超越的总时间占设计基准期的比率较大的作用值。可通过准永久值系数（$\psi_q\leqslant1$）对作用标准值的折减来表示。

2.1.53 可变作用的伴随值 accompanying value of a variable action

在作用组合中，伴随主导作用的可变作用值。可变作用的伴随值可以是组合值、频遇值或准永久值。

2.1.54 作用的代表值 representative value of an action

极限状态设计所采用的作用值。它可以是作用的标准值或可变作用的伴随值。

2.1.55 作用的设计值 design value of an action

作用的代表值与作用分项系数的乘积。

2.1.56 作用组合（荷载组合） combination of actions (load combination)

在不同作用的同时影响下，为验证某一极限状态的结构可靠度而采用的一组作用设计值。

2.1.57 环境影响 environmental influence

环境对结构产生的各种机械的、物理的、化学的或生物的不利影响。环境影响会引起结构材料性能的劣化，降低结构的安全性或适用性，影响结构的耐久性。

2.1.58 材料性能的标准值 characteristic value of a material property

符合规定质量的材料性能概率分布的某一分位值或材料性能的名义值。

2.1.59 材料性能的设计值 design value of a material property

材料性能的标准值除以材料性能分项系数所得的值。

2.1.60 几何参数的标准值 characteristic value of a geometrical parameter

设计规定的几何参数公称值或几何参数概率分布的某一分位值。

2.1.61 几何参数的设计值 design value of a geometrical parameter

几何参数的标准值增加或减少一个几何参数的附加量所得的值。

2.1.62 结构分析 structural analysis

确定结构上作用效应的过程。

2.1.63 一阶线弹性分析 first order linear-elastic analysis

基于线性应力—应变或弯矩—曲率关系，采用弹性理论分析方法对初始结构几何形体进行的结构分析。

2.1.64 二阶线弹性分析 second order linear-elastic analysis

基于线性应力—应变或弯矩—曲率关系，采用弹性理论分析方法对已变形结构几何形体进行的结构分析。

2.1.65 有重分布的一阶或二阶线弹性分析 first order (or second order) linear-elastic analysis with redistribution

结构设计中对内力进行调整的一阶或二阶线弹性分析，与给定的外部作用协调，不做明确的转动能力计算的结构分析。

2.1.66 一阶非线性分析 first order non-linear analysis

基于材料非线性变形特性对初始结构的几何形体进行的结构分析。

2.1.67 二阶非线性分析 second order non-linear analysis

基于材料非线性变形特性对已变形结构几何形体进行的结构分析。

2.1.68 弹塑性分析（一阶或二阶） elasto-plastic analysis (first or second order)

基于线弹性阶段和随后的无硬化阶段构成的弯矩-曲率关系的结构分析。

2.1.69 刚性—塑性分析 rigid plastic analysis

假定弯矩-曲率关系为无弹性变形和无硬化阶段，采用极限分析理论对初始结构的几何形体进行的直接确定其极限承载力的结构分析。

2.1.70 既有结构 existing structure

已经存在的各类工程结构。

2.1.71 评估使用年限 assessed working life

可靠性评定所预估的既有结构在规定条件下的使用年限。

2.1.72 荷载检验 load testing

通过施加荷载评定结构或结构构件的性能或预测其承载力的试验。

2.2 符 号

2.2.1 大写拉丁字母的符号：

A_{Ek}——地震作用的标准值；

A_d——偶然作用的设计值；

C——设计对变形、裂缝等规定的相应限值；

F_d——作用的设计值；

F_r——作用的代表值；

G_k——永久作用的标准值；

P——预应力作用的有关代表值；

Q_k——可变作用的标准值；

R——结构或结构构件的抗力；

R_d——结构或结构构件抗力的设计值；

S——结构或结构构件的作用效应；

$S_{A_{Ek}}$——地震作用标准值的效应；

S_{A_d}——偶然作用设计值的效应；

S_d——作用组合的效应设计值；

$S_{d,dst}$——不平衡作用效应的设计值；

$S_{d,stb}$——平衡作用效应的设计值；

S_{G_k}——永久作用标准值的效应；

S_P——预应力作用有关代表值的效应；

S_{Q_k}——可变作用标准值的效应；

T——设计基准期；

X——基本变量。

2.2.2 小写拉丁字母的符号：

a——几何参数；

a_d ——几何参数的设计值；
a_k ——几何参数的标准值；
f_d ——材料性能的设计值；
f_k ——材料性能的标准值；
p_f ——结构构件失效概率的运算值。

2.2.3 大写希腊字母的符号：

Δ_a ——几何参数的附加量。

2.2.4 小写希腊字母的符号：

β ——结构构件的可靠指标；
γ_0 ——结构重要性系数；
γ_I ——地震作用重要性系数；
γ_F ——作用的分项系数；
γ_G ——永久作用的分项系数；
γ_L ——考虑结构设计使用年限的荷载调整系数；
γ_M ——材料性能的分项系数；
γ_Q ——可变作用的分项系数；
γ_P ——预应力作用的分项系数；
ψ_c ——作用的组合值系数；
ψ_f ——作用的频遇值系数；
ψ_q ——作用的准永久值系数。

3 基 本 规 定

3.1 基 本 要 求

3.1.1 结构的设计、施工和维护应使结构在规定的设计使用年限内以适当的可靠度且经济的方式满足规定的各项功能要求。

3.1.2 结构应满足下列功能要求：

1 能承受在施工和使用期间可能出现的各种作用；

2 保持良好的使用性能；

3 具有足够的耐久性能；

4 当发生火灾时，在规定的时间内可保持足够的承载力；

5 当发生爆炸、撞击、人为错误等偶然事件时，结构能保持必需的整体稳固性，不出现与起因不相称的破坏后果，防止出现结构的连续倒塌。

注：1 对重要的结构，应采取必要的措施，防止出现结构的连续倒塌；对一般的结构，宜采取适当的措施，防止出现结构的连续倒塌。

2 对港口工程结构，"撞击"指非正常撞击。

3.1.3 结构设计时，应根据下列要求采取适当的措施，使结构不出现或少出现可能的损坏：

1 避免、消除或减少结构可能受到的危害；

2 采用对可能受到的危害反应不敏感的结构类型；

3 采用当单个构件或结构的有限部分被意外移除或结构出现可接受的局部损坏时，结构的其他部分仍能保存的结构类型；

4 不宜采用无破坏预兆的结构体系；

5 使结构具有整体稳固性。

3.1.4 宜采取下列措施满足对结构的基本要求：

1 采用适当的材料；

2 采用合理的设计和构造；

3 对结构的设计、制作、施工和使用等制定相应的控制措施。

3.2 安全等级和可靠度

3.2.1 工程结构设计时，应根据结构破坏可能产生的后果（危及人的生命、造成经济损失、对社会或环境产生影响等）的严重性，采用不同的安全等级。工程结构安全等级的划分应符合表3.2.1的规定。

表3.2.1 工程结构的安全等级

安全等级	破坏后果
一级	很严重
二级	严　重
三级	不严重

注：对重要的结构，其安全等级应取为一级；对一般的结构，其安全等级宜取为二级；对次要的结构，其安全等级可取为三级。

3.2.2 工程结构中各类结构构件的安全等级，宜与结构的安全等级相同，对其中部分结构构件的安全等级可进行调整，但不得低于三级。

3.2.3 可靠度水平的设置应根据结构构件的安全等级、失效模式和经济因素等确定。对结构的安全性和适用性可采用不同的可靠度水平。

3.2.4 当有充分的统计数据时，结构构件的可靠度宜采用可靠指标β度量。结构构件设计时采用的可靠指标，可根据对现有结构构件的可靠度分析，并结合使用经验和经济因素等确定。

3.2.5 各类结构构件的安全等级每相差一级，其可靠指标的取值宜相差0.5。

3.3 设计使用年限和耐久性

3.3.1 工程结构设计时，应规定结构的设计使用年限。

3.3.2 房屋建筑结构、铁路桥涵结构、公路桥涵结构和港口工程结构的设计使用年限应符合附录A的规定。

注：1 其他工程结构的设计使用年限应符合国家现行标准的有关规定；

2 特殊工程结构的设计使用年限可另行规定。

3.3.3 工程结构设计时应对环境影响进行评估，当结构所处的环境对其耐久性有较大影响时，应根据不同的环境类别采用相应的结构材料、设计构造、防护措施、施工质量要求等，并应制定结构在使用期间的定期检修和维护制度，使结构在设计使用年限内不致因材料的劣化而影响其安全或正常使用。

3.3.4 环境对结构耐久性的影响，可根据工程经验、试验研究、计算或综合分析等方法进行评估。

3.3.5 环境类别的划分和相应的设计、施工、使用及维护的要求等，应遵守国家现行有关标准的规定。

3.4 可靠性管理

3.4.1 为保证工程结构具有规定的可靠度，除应进行必要的设计计算外，还应对结构的材料性能、施工质量、使用和维护等进行相应的控制。控制的具体措施，应符合附录B和有关的勘察、设计、施工及维护等标准的专门规定。

3.4.2 工程结构的设计必须由具有相应资格的技术人员担任。

3.4.3 工程结构的设计应符合国家现行的有关荷载、抗震、地基基础和各种材料结构设计规范的规定。

3.4.4 工程结构的设计应对结构可能受到的偶然作用、环境影响等采取必要的防护措施。

3.4.5 对工程结构所采用的材料及施工、制作过程应进行质量控制，并按国家现行有关标准的规定进行竣工验收。

3.4.6 工程结构应按设计规定的用途使用，并应定期检查结构状况，进行必要的维护和维修；当需变更使用用途时，应进行设计复核和采取必要的安全措施。

4 极限状态设计原则

4.1 极 限 状 态

4.1.1 极限状态可分为承载能力极限状态和正常使用极限状态，并应符合下列要求：

1 承载能力极限状态

当结构或结构构件出现下列状态之一时，应认为超过了承载能力极限状态：

1）结构构件或连接因超过材料强度而破坏，或因过度变形而不适于继续承载；

2）整个结构或其一部分作为刚体失去平衡；

3）结构转变为机动体系；

4）结构或结构构件丧失稳定；

5）结构因局部破坏而发生连续倒塌；

6）地基丧失承载力而破坏；

7）结构或结构构件的疲劳破坏。

2 正常使用极限状态

当结构或结构构件出现下列状态之一时，应认为超过了正常使用极限状态：

1）影响正常使用或外观的变形；

2）影响正常使用或耐久性能的局部损坏；

3）影响正常使用的振动；

4）影响正常使用的其他特定状态。

4.1.2 对结构的各种极限状态，均应规定明确的标志或限值。

4.1.3 结构设计时应对结构的不同极限状态分别进行计算或验算；当某一极限状态的计算或验算起控制作用时，可仅对该极限状态进行计算或验算。

4.2 设 计 状 况

4.2.1 工程结构设计时应区分下列设计状况：

1 持久设计状况，适用于结构使用时的正常情况；

2 短暂设计状况，适用于结构出现的临时情况，包括结构施工和维修时的情况等；

3 偶然设计状况，适用于结构出现的异常情况，包括结构遭受火灾、爆炸、撞击时的情况等；

4 地震设计状况，适用于结构遭受地震时的情况，在抗震设防地区必须考虑地震设计状况。

4.2.2 工程结构设计时，对不同的设计状况，应采用相应的结构体系、可靠度水平、基本变量和作用组合等。

4.3 极限状态设计

4.3.1 对本章第4.2.1条规定的四种工程结构设计状况应分别进行下列极限状态设计：

1 对四种设计状况，均应进行承载能力极限状态设计；

2 对持久设计状况，尚应进行正常使用极限状态设计；

3 对短暂设计状况和地震设计状况，可根据需要进行正常使用极限状态设计；

4 对偶然设计状况，可不进行正常使用极限状态设计。

4.3.2 进行承载能力极限状态设计时，应根据不同的设计状况采用下列作用组合：

1 基本组合，用于持久设计状况或短暂设计状况；

2 偶然组合，用于偶然设计状况；

3 地震组合，用于地震设计状况。

4.3.3 进行正常使用极限状态设计时，可采用下列作用组合：

1 标准组合，宜用于不可逆正常使用极限状态设计；

2 频遇组合，宜用于可逆正常使用极限状态设计；

3 准永久组合，宜用于长期效应是决定性因素的正常使用极限状态设计。

4.3.4 对每一种作用组合，工程结构的设计均应采用其最不利的效应设计值进行。

4.3.5 结构的极限状态可采用下列极限状态方程描述：

$$g(X_1, X_2, \cdots, X_n) = 0 \quad (4.3.5)$$

式中 $g(\cdot)$ ——结构的功能函数；

$X_i(i=1,2,\cdots,n)$ ——基本变量，指结构上的各种作用和环境影响、材料和岩土的性能及几何参数等；在进行可靠度分析时，基本变量应作为随机变量。

4.3.6 结构按极限状态设计应符合下列要求：

$$g(X_1, X_2, \cdots, X_n) \geqslant 0 \quad (4.3.6\text{-}1)$$

当采用结构的作用效应和结构的抗力作为综合基本变量时，结构按极限状态设计应符合下列要求：

$$R - S \geqslant 0 \quad (4.3.6\text{-}2)$$

式中 R ——结构的抗力；

S ——结构的作用效应。

4.3.7 结构构件的设计应以规定的可靠度满足本章第4.3.6条的要求。

4.3.8 结构构件宜根据规定的可靠指标，采用由作用的代表值、材料性能的标准值、几何参数的标准值和各相应的分项系数构成的极限状态设计表达式进行设计；有条件时也可根据附录E的规定直接采用基于可靠指标的方法进行设计。

5 结构上的作用和环境影响

5.1 一般规定

5.1.1 工程结构设计时，应考虑结构上可能出现的各种作用（包括直接作用、间接作用）和环境影响。

5.2 结构上的作用

5.2.1 结构上的各种作用，当可认为在时间上和空间上相互独立时，则每一种作用可分别作为单个作用；当某些作用密切相关且有可能同时以最大值出现时，也可将这些作用一起作为单个作用。

5.2.2 同时施加在结构上的各单个作用对结构的共同影响，应通过作用组合（荷载组合）来考虑；对不可能同时出现的各种作用，不应考虑其组合。

5.2.3 结构上的作用可按下列性质分类：

1 按随时间的变化分类：

1）永久作用；

2）可变作用；

3）偶然作用。

2 按随空间的变化分类：

1）固定作用；

2）自由作用。

3 按结构的反应特点分类：

1）静态作用；

2）动态作用。

4 按有无限值分类：

1）有界作用；

2）无界作用。

5 其他分类。

5.2.4 结构上的作用随时间变化的规律，宜采用随机过程的概率模型来描述，但对不同的问题可采用不同的方法进行简化。

对永久作用，在结构可靠性设计中可采用随机变量的概率模型。

对可变作用，在作用组合中可采用简化的随机过程概率模型。在确定可变作用的代表值时可采用将设计基准期内最大值作为随机变量的概率模型。

5.2.5 当永久作用和可变作用作为随机变量时，其统计参数和概率分布类型，应以观测数据为基础，运用参数估计和概率分布的假设检验方法确定，检验的显著性水平可取0.05。

5.2.6 当有充分观测数据时，作用的标准值应按在设计基准期内最不利作用概率分布的某个统计特征值确定；当有条件时，可对各种作用统一规定该统计特征值的概率定义；当观测数据不充分时，作用的标准值也可根据工程经验通过分析判断确定；对有明确界限值的有界作用，作用的标准值应取其界限值。

注：可变作用的标准值可按本标准附录C规定的原则确定。

5.2.7 工程结构按不同极限状态设计时，在相应的作用组合中对可能同时出现的各种作用，应采用不同的作用代表值。对可变作用，其代表值包括标准值、组合值、频遇值和准永久值。组合值、频遇值和准永久值可通过对可变作用的标准值分别乘以不大于1的组合值系数 ψ_c、频遇值系数 ψ_f 和准永久值系数 ψ_q 等折减系数来表示。

注：可变作用的组合值、频遇值和准永久值可按本标准附录C规定的原则确定。

5.2.8 对偶然作用，应采用偶然作用的设计值。偶然作用的设计值应根据具体工程情况和偶然作用可能出现的最大值确定，也可根据有关标准的专门规定确定。

5.2.9 对地震作用，应采用地震作用的标准值。地震作用的标准值应根据地震作用的重现期确定。地震作用的重现期宜采用475年，也可根据具体工程情况采用其他地震作用的重现期。

5.2.10 当结构上的作用比较复杂且不能直接描述时，可根据作用形成的机理，建立适当的数学模型来表征作用的大小、位置、方向和持续期等性质。

结构上的作用 F 的大小一般可采用下列数学

模型：

$$F=\varphi(F_0,\omega) \quad (5.2.10)$$

式中 $\varphi(\cdot)$ ——所采用的函数；

F_0 ——基本作用，通常具有随时间和空间的变异性（随机的或非随机的），但一般与结构的性质无关；

ω ——用以将 F_0 转化为 F 的随机或非随机变量，它与结构的性质有关。

5.2.11 当结构的动态性能比较明显时，结构应采用动力模型描述。此时，结构的动力分析应考虑结构的刚度、阻尼以及结构上各部分质量的惯性。当结构容许简化分析时，可计算"准静态作用"响应，并乘以动力系数作为动态作用的响应。

5.2.12 对自由作用应考虑各种可能的荷载布置，并与固定作用等一起作为验证结构某特定极限状态的荷载工况。

5.3 环境影响

5.3.1 环境影响可分为永久影响、可变影响和偶然影响。

5.3.2 对结构的环境影响应进行定量描述；当没有条件进行定量描述时，也可通过环境对结构的影响程度的分级等方法进行定性描述，并在设计中采取相应的技术措施。

6 材料和岩土的性能及几何参数

6.1 材料和岩土的性能

6.1.1 材料和岩土的强度、弹性模量、变形模量、压缩模量、内摩擦角、黏聚力等物理力学性能，应根据有关的试验方法标准经试验确定。

6.1.2 材料性能宜采用随机变量概率模型描述。材料性能的各种统计参数和概率分布类型，应以试验数据为基础，运用参数估计和概率分布的假设检验方法确定。检验的显著性水平可取0.05。

6.1.3 当利用标准试件的试验结果确定结构中实际的材料性能时，尚应考虑实际结构与标准试件、实际工作条件与标准试验条件的差别。结构中的材料性能与标准试件材料性能的关系，应根据相应的对比试验结果通过换算系数或函数来反映，或根据工程经验判断确定。结构中材料性能的不定性，应由标准试件材料性能的不定性和换算系数或函数的不定性两部分组成。

岩土性能指标和地基、桩基承载力等，应通过原位测试、室内试验等直接或间接的方法确定，并应考虑由于钻探取样的扰动、室内外试验条件与实际工程结构条件的差别以及所采用公式的误差等因素的影响。

6.1.4 材料强度的概率分布宜采用正态分布或对数正态分布。

材料强度的标准值可按其概率分布的0.05分位值确定。材料弹性模量、泊松比等物理性能的标准值可按其概率分布的0.5分位值确定。

当试验数据不充分时，材料性能的标准值可采用有关标准的规定值，也可根据工程经验，经分析判断确定。

6.1.5 岩土性能的标准值宜根据原位测试和室内试验的结果，按有关标准的规定确定。

当有条件时，岩土性能的标准值可按其概率分布的某个分位值确定。

6.2 几何参数

6.2.1 结构或结构构件的几何参数 a 宜采用随机变量概率模型描述。几何参数的各种统计参数和概率分布类型，应以正常生产情况下结构或结构构件几何尺寸的测试数据为基础，运用参数估计和概率分布的假设检验方法确定。

当测试数据不充分时，几何参数的统计参数可根据有关标准中规定的公差，经分析判断确定。

当几何参数的变异性对结构抗力及其他性能的影响很小时，几何参数可作为确定性变量。

6.2.2 几何参数的标准值可采用设计规定的公称值，或根据几何参数概率分布的某个分位值确定。

7 结构分析和试验辅助设计

7.1 一般规定

7.1.1 结构分析可采用计算、模型试验或原型试验等方法。

7.1.2 结构分析的精度，应能满足结构设计要求，必要时宜进行试验验证。

7.1.3 在结构分析中，宜考虑环境对材料、构件和结构性能的影响。

7.2 结构模型

7.2.1 结构分析采用的基本假定和计算模型应能合理描述所考虑的极限状态下的结构反应。

7.2.2 根据结构的具体情况，可采用一维、二维或三维的计算模型进行结构分析。

7.2.3 结构分析所采用的各种简化或近似假定，应具有理论或试验依据，或经工程验证可行。

7.2.4 当结构的变形可能使作用的影响显著增大时，应在结构分析中考虑结构变形的影响。

7.2.5 结构计算模型的不定性应在极限状态方程中采用一个或几个附加基本变量来考虑。附加基本变量的概率分布类型和统计参数，可通过按计算模型的计算结果与按精确方法的计算结果或实际的观测结果相比较，经统计分析确定，或根据工程经验判断确定。

7.3 作用模型

7.3.1 对与时间无关的或不计累积效应的静力分析，可只考虑发生在设计基准期内作用的最大值和最小值；当动力性能起控制作用时，应有比较详细的过程描述。

7.3.2 在不能准确确定作用参数时，应对作用参数给出上下限范围，并进行比较以确定不利的作用效应。

7.3.3 当结构承受自由作用时，应根据每一自由作用可能出现的空间位置、大小和方向，分析确定对结构最不利的荷载布置。

7.3.4 当考虑地基与结构相互作用时，土工作用可采用适当的等效弹簧或阻尼器来模拟。

7.3.5 当动力作用可被认为是拟静力作用时，可通过把动力作用分析结果包括在静力作用中或对静力作用乘以等效动力放大系数等方法，来考虑动力作用效应。

7.3.6 当动力作用引起的振幅、速度、加速度使结构有可能超过正常使用极限状态的限值时，应根据实际情况对结构进行正常使用极限状态验算。

7.4 分析方法

7.4.1 结构分析应根据结构类型、材料性能和受力特点等因素，采用线性、非线性或试验分析方法；当结构性能始终处于弹性状态时，可采用弹性理论进行结构分析，否则宜采用弹塑性理论进行结构分析。

7.4.2 当结构在达到极限状态前能够产生足够的塑性变形，且所承受的不是多次重复的作用时，可采用塑性理论进行结构分析；当结构的承载力由脆性破坏或稳定控制时，不应采用塑性理论进行分析。

7.4.3 当动力作用使结构产生较大加速度时，应对结构进行动力响应分析。

7.5 试验辅助设计

7.5.1 对某些没有适当分析模型的特殊情况，可进行试验辅助设计，其具体方法宜符合附录D的规定。

7.5.2 采用试验辅助设计的结构，应达到相关设计状况采用的可靠度水平，并应考虑试验结果的数量对相关参数统计不定性的影响。

8 分项系数设计方法

8.1 一般规定

8.1.1 结构构件极限状态设计表达式中所包含的各种分项系数，宜根据有关基本变量的概率分布类型和统计参数及规定的可靠指标，通过计算分析，并结合工程经验，经优化确定。

当缺乏统计数据时，可根据传统的或经验的设计方法，由有关标准规定各种分项系数。

8.1.2 基本变量的设计值可按下列规定确定：

1 作用的设计值 F_d 可按下式确定：

$$F_d = \gamma_F F_r \qquad (8.1.2\text{-}1)$$

式中 F_r——作用的代表值；

γ_F——作用的分项系数。

2 材料性能的设计值 f_d 可按下式确定：

$$f_d = \frac{f_k}{\gamma_M} \qquad (8.1.2\text{-}2)$$

式中 f_k——材料性能的标准值；

γ_M——材料性能的分项系数，其值按有关的结构设计标准的规定采用。

3 几何参数的设计值 a_d 可采用几何参数的标准值 a_k。当几何参数的变异性对结构性能有明显影响时，几何参数的设计值可按下式确定：

$$a_d = a_k \pm \Delta_a \qquad (8.1.2\text{-}3)$$

式中 Δ_a——几何参数的附加量。

4 结构抗力的设计值 R_d 可按下式确定：

$$R_d = R(f_k/\gamma_M, a_d) \qquad (8.1.2\text{-}4)$$

注：根据需要，也可从材料性能的分项系数 γ_M 中将反映抗力模型不定性的系数 γ_{Rd} 分离出来。

8.2 承载能力极限状态

8.2.1 结构或结构构件按承载能力极限状态设计时，应考虑下列状态：

1 结构或结构构件（包括基础等）的破坏或过度变形，此时结构的材料强度起控制作用；

2 整个结构或其一部分作为刚体失去静力平衡，此时结构材料或地基的强度不起控制作用；

3 地基的破坏或过度变形，此时岩土的强度起控制作用；

4 结构或结构构件的疲劳破坏，此时结构的材料疲劳强度起控制作用。

8.2.2 结构或结构构件按承载能力极限状态设计时，应符合下列要求：

1 结构或结构构件（包括基础等）的破坏或过度变形的承载能力极限状态设计，应符合下式要求：

$$\gamma_0 S_d \leqslant R_d \qquad (8.2.2\text{-}1)$$

式中 γ_0——结构重要性系数，其值按附录A的有关规定采用；

S_d——作用组合的效应（如轴力、弯矩或表示几个轴力、弯矩的向量）设计值；

R_d——结构或结构构件的抗力设计值。

2 整个结构或其一部分作为刚体失去静力平衡的承载能力极限状态设计，应符合下式要求：

$$\gamma_0 S_{d,dst} \leqslant S_{d,stb} \quad (8.2.2\text{-}2)$$

式中 $S_{d,dst}$——不平衡作用效应的设计值；

$S_{d,stb}$——平衡作用效应的设计值。

3 地基的破坏或过度变形的承载能力极限状态设计，可采用分项系数法进行，但其分项系数的取值与式（8.2.2-1）中所包含的分项系数的取值可有区别。

注：地基的破坏或过度变形的承载力设计，也可采用容许应力法等进行。

4 结构或结构构件的疲劳破坏的承载能力极限状态设计，可按附录F规定的方法进行。

8.2.3 承载能力极限状态设计表达式中的作用组合，应符合下列规定：

1 作用组合应为可能同时出现的作用的组合；

2 每个作用组合中应包括一个主导可变作用或一个偶然作用或一个地震作用；

3 当结构中永久作用位置的变异，对静力平衡或类似的极限状态设计结果很敏感时，该永久作用的有利部分和不利部分应分别作为单个作用；

4 当一种作用产生的几种效应非全相关时，对产生有利效应的作用，其分项系数的取值应予降低；

5 对不同的设计状况应采用不同的作用组合。

8.2.4 对持久设计状况和短暂设计状况，应采用作用的基本组合。

1 基本组合的效应设计值可按下式确定：

$$S_d = S\left(\sum_{i\geqslant 1} \gamma_{G_i} G_{ik} + \gamma_P P + \gamma_{Q_1} \gamma_{L1} Q_{1k} + \sum_{j>1} \gamma_{Q_j} \psi_{cj} \gamma_{Lj} Q_{jk}\right) \quad (8.2.4\text{-}1)$$

式中 $S(\cdot)$——作用组合的效应函数；

G_{ik}——第 i 个永久作用的标准值；

P——预应力作用的有关代表值；

Q_{1k}——第1个可变作用（主导可变作用）的标准值；

Q_{jk}——第 j 个可变作用的标准值；

γ_{G_i}——第 i 个永久作用的分项系数，应按附录A的有关规定采用；

γ_P——预应力作用的分项系数，应按附录A的有关规定采用；

γ_{Q_1}——第1个可变作用（主导可变作用）的分项系数，应按附录A的有关规定采用；

γ_{Q_j}——第 j 个可变作用的分项系数，应按附录A的有关规定采用；

γ_{L1}、γ_{Lj}——第1个和第 j 个考虑结构设计使用年限的荷载调整系数，应按有关规定采用，对设计使用年限与设计基准期相同的结构，应取 $\gamma_L=1.0$；

ψ_{cj}——第 j 个可变作用的组合值系数，应按有关规范的规定采用。

注：在作用组合的效应函数 $S(\cdot)$ 中，符号"$\sum$"和"+"均表示组合，即同时考虑所有作用对结构的共同影响，而不表示代数相加。

2 当作用与作用效应按线性关系考虑时，基本组合的效应设计值可按下式计算：

$$S_d = \sum_{i\geqslant 1} \gamma_{G_i} S_{G_{ik}} + \gamma_P S_P + \gamma_{Q_1} \gamma_{L1} S_{Q_{1k}} + \sum_{j>1} \gamma_{Q_j} \psi_{cj} \gamma_{Lj} S_{Q_{jk}} \quad (8.2.4\text{-}2)$$

式中 $S_{G_{ik}}$——第 i 个永久作用标准值的效应；

S_P——预应力作用有关代表值的效应；

$S_{Q_{1k}}$——第1个可变作用（主导可变作用）标准值的效应；

$S_{Q_{jk}}$——第 j 个可变作用标准值的效应。

注：1 对持久设计状况和短暂设计状况，也可根据需要分别给出作用组合的效应设计值；

2 可根据需要从作用的分项系数中将反映作用效应模型不定性的系数 γ_{Sd} 分离出来。

8.2.5 对偶然设计状况，应采用作用的偶然组合。

1 偶然组合的效应设计值可按下式确定：

$$S_d = S\left[\sum_{i\geqslant 1} G_{ik} + P + A_d + (\psi_{f1} \text{ 或 } \psi_{q1}) Q_{1k} + \sum_{j>1} \psi_{qj} Q_{jk}\right] \quad (8.2.5\text{-}1)$$

式中 A_d——偶然作用的设计值；

ψ_{f1}——第1个可变作用的频遇值系数，应按有关规范的规定采用；

ψ_{q1}、ψ_{qj}——第1个和第 j 个可变作用的准永久值系数，应按有关规范的规定采用。

2 当作用与作用效应按线性关系考虑时，偶然组合的效应设计值可按下式计算：

$$S_d = \sum_{i\geqslant 1} S_{G_{ik}} + S_P + S_{A_d} + (\psi_{f1} \text{ 或 } \psi_{q1}) S_{Q_{1k}} + \sum_{j>1} \psi_{qj} S_{Q_{jk}} \quad (8.2.5\text{-}2)$$

式中 S_{A_d}——偶然作用设计值的效应。

8.2.6 对地震设计状况，应采用作用的地震组合。

1 地震组合的效应设计值，宜根据重现期为475年的地震作用（基本烈度）确定，其效应设计值应符合下列规定：

1）地震组合的效应设计值宜按下式确定：

$$S_d = S\left(\sum_{i\geqslant 1} G_{ik} + P + \gamma_I A_{Ek} + \sum_{j\geqslant 1} \psi_{qj} Q_{jk}\right) \quad (8.2.6\text{-}1)$$

式中 γ_I——地震作用重要性系数，应按有关的抗震设计规范的规定采用；

A_{Ek}——根据重现期为475年的地震作用（基本烈度）确定的地震作用的标准值。

2）当作用与作用效应按线性关系考虑时，地震组合效应设计值可按下式计算：

$$S_d=\sum_{i\geq1}S_{G_{ik}}+S_P+\gamma_I S_{A_{Ek}}+\sum_{j\geq1}\psi_{qj}S_{Q_{jk}}$$

(8.2.6-2)

式中　$S_{A_{Ek}}$——地震作用标准值的效应。

注：当按线弹性分析计算地震作用效应时，应将计算结果除以结构性能系数以考虑结构延性的影响，结构性能系数应按有关的抗震设计规范的规定采用。

2　地震组合的效应设计值，也可根据重现期大于或小于475年的地震作用确定，其效应设计值应符合有关的抗震设计规范的规定。

8.2.7　当永久作用效应或预应力作用效应对结构构件承载力起有利作用时，式（8.2.4）中永久作用分项系数 γ_G 和预应力作用分项系数 γ_P 的取值不应大于1.0。

8.3　正常使用极限状态

8.3.1　结构或结构构件按正常使用极限状态设计时，应符合下式要求：

$$S_d\leqslant C \quad (8.3.1)$$

式中　S_d——作用组合的效应（如变形、裂缝等）设计值；

C——设计对变形、裂缝等规定的相应限值，应按有关的结构设计规范的规定采用。

8.3.2　按正常使用极限状态设计时，可根据不同情况采用作用的标准组合、频遇组合或准永久组合。

1　标准组合

1）标准组合的效应设计值可按下式确定：

$$S_d=S\left(\sum_{i\geq1}G_{ik}+P+Q_{1k}+\sum_{j>1}\psi_{cj}Q_{jk}\right)$$

(8.3.2-1)

2）当作用与作用效应按线性关系考虑时，标准组合的效应设计值可按下式计算：

$$S_d=\sum_{i\geq1}S_{G_{ik}}+S_P+S_{Q_{1k}}+\sum_{j>1}\psi_{cj}S_{Q_{jk}}$$

(8.3.2-2)

2　频遇组合

1）频遇组合的效应设计值可按下式确定：

$$S_d=S\left(\sum_{i\geq1}G_{ik}+P+\psi_{f1}Q_{1k}+\sum_{j>1}\psi_{qj}Q_{jk}\right)$$

(8.3.2-3)

2）当作用与作用效应按线性关系考虑时，频遇组合的效应设计值可按下式计算：

$$S_d=\sum_{i\geq1}S_{G_{ik}}+S_P+\psi_{f1}S_{Q_{1k}}+\sum_{j>1}\psi_{qj}S_{Q_{jk}}$$

(8.3.2-4)

3　准永久组合

1）准永久组合的效应设计值可按下式确定：

$$S_d=S\left(\sum_{i\geq1}G_{ik}+P+\sum_{j\geq1}\psi_{qj}Q_{jk}\right)$$

(8.3.2-5)

2）当作用与作用效应按线性关系考虑时，准永久组合的效应设计值可按下式计算：

$$S_d=\sum_{i\geq1}S_{G_{ik}}+S_P+\sum_{j\geq1}\psi_{qj}S_{Q_{jk}} \quad (8.3.2\text{-}6)$$

注：标准组合宜用于不可逆正常使用极限状态；频遇组合宜用于可逆正常使用极限状态；准永久组合宜用在当长期效应是决定性因素时的正常使用极限状态。

8.3.3　对正常使用极限状态，材料性能的分项系数 γ_M，除各种材料的结构设计规范有专门规定外，应取为1.0。

附录A　各类工程结构的专门规定

A.1　房屋建筑结构的专门规定

A.1.1　房屋建筑结构的安全等级，应根据结构破坏可能产生后果的严重性按表A.1.1划分。

表A.1.1　房屋建筑结构的安全等级

安全等级	破坏后果	示　例
一级	很严重：对人的生命、经济、社会或环境影响很大	大型的公共建筑等
二级	严重：对人的生命、经济、社会或环境影响较大	普通的住宅和办公楼等
三级	不严重：对人的生命、经济、社会或环境影响较小	小型的或临时性贮存建筑等

注：房屋建筑结构抗震设计中的甲类建筑和乙类建筑，其安全等级宜规定为一级；丙类建筑，其安全等级宜规定为二级；丁类建筑，其安全等级宜规定为三级。

A.1.2　房屋建筑结构的设计基准期为50年。

A.1.3　房屋建筑结构的设计使用年限，应按表A.1.3采用。

表A.1.3　房屋建筑结构的设计使用年限

类别	设计使用年限（年）	示　例
1	5	临时性建筑结构
2	25	易于替换的结构构件
3	50	普通房屋和构筑物
4	100	标志性建筑和特别重要的建筑结构

A.1.4 房屋建筑结构构件持久设计状况承载能力极限状态设计的可靠指标，不应小于表A.1.4的规定。

表 A.1.4 房屋建筑结构构件的可靠指标 β

破坏类型	安全等级		
	一 级	二 级	三 级
延性破坏	3.7	3.2	2.7
脆性破坏	4.2	3.7	3.2

A.1.5 房屋建筑结构构件持久设计状况正常使用极限状态设计的可靠指标，宜根据其可逆程度取0～1.5。

A.1.6 在承载能力极限状态设计中，对持久设计状况和短暂设计状况，尚应符合下列要求：

1 作用组合的效应设计值应按式（8.2.4-1）及下式中最不利值确定：

$$S_d = S\Big(\sum_{i\geqslant 1}\gamma_{G_i}G_{ik} + \gamma_P P + \gamma_L \sum_{j\geqslant 1}\gamma_{Q_j}\psi_{cj}Q_{jk}\Big) \tag{A.1.6-1}$$

2 当作用与作用效应按线性关系考虑时，作用组合的效应设计值应按式（8.2.4-2）及下式中最不利值计算：

$$S_d = \sum_{i\geqslant 1}\gamma_{G_i}S_{G_{ik}} + \gamma_P S_P + \gamma_L \sum_{j\geqslant 1}\gamma_{Q_j}\psi_{cj}S_{Q_{jk}} \tag{A.1.6-2}$$

A.1.7 房屋建筑的结构重要性系数 γ_0，不应小于表A.1.7的规定。

表 A.1.7 房屋建筑的结构重要性系数 γ_0

结构重要性系数	对持久设计状况和短暂设计状况			对偶然设计状况和地震设计状况
	安全等级			
	一级	二级	三级	
γ_0	1.1	1.0	0.9	1.0

A.1.8 房屋建筑结构作用的分项系数，应按表A.1.8采用。

表 A.1.8 房屋建筑结构作用的分项系数

适用情况 / 作用分项系数	当作用效应对承载力不利时		当作用效应对承载力有利时
	对式(8.2.4-1)和式(8.2.4-2)	对式(A.1.6-1)和式(A.1.6-2)	
γ_G	1.2	1.35	≤1.0
γ_P	1.2		1.0
γ_Q	1.4		0

A.1.9 房屋建筑考虑结构设计使用年限的荷载调整系数，应按表A.1.9采用。

表 A.1.9 房屋建筑考虑结构设计使用年限的荷载调整系数 γ_L

结构的设计使用年限（年）	γ_L
5	0.9
50	1.0
100	1.1

注：对设计使用年限为25年的结构构件，γ_L 应按各种材料结构设计规范的规定采用。

A.2 铁路桥涵结构的专门规定

A.2.1 铁路桥涵结构的安全等级为一级。

A.2.2 铁路桥涵结构的设计基准期为100年。

A.2.3 铁路桥涵结构的设计使用年限应为100年。

A.2.4 铁路桥涵结构承载能力极限状态设计，应采用作用的基本组合和偶然组合。

1 基本组合

1）基本组合的效应设计值应按下式确定：

$$S_d = \gamma_{Sd} S\Big(\sum_{i\geqslant 1}\gamma_{G_i}G_{ik} + \gamma_{Q_1}Q_{1k} + \sum_{j>1}\gamma_{Q_j}Q_{jk}\Big) \tag{A.2.4-1}$$

式中 γ_{Sd}——作用模型不定性系数，一般取为1.0；

$S(\cdot)$——作用组合的效应函数，其中符号"$\sum$"和"+"表示组合；

G_{ik}——第 i 个永久作用的标准值；

Q_{1k}、Q_{jk}——第1个和第 j 个可变作用的标准值；

γ_{G_i}——第 i 个永久作用的分项系数；

γ_{Q_1}、γ_{Q_j}——承载能力极限状态设计第1个和第 j 个可变作用的组合分项系数。

2）当作用与作用效应按线性关系考虑时，基本组合的效应设计值应按下式计算：

$$S_d = \gamma_{Sd}\Big(\sum_{i\geqslant 1}\gamma_{G_i}S_{G_{ik}} + \gamma_{Q_1}S_{Q_{1k}} + \sum_{j>1}\gamma_{Q_j}S_{Q_{jk}}\Big) \tag{A.2.4-2}$$

式中 $S_{G_{ik}}$——第 i 个永久作用标准值的效应；

$S_{Q_{1k}}$、$S_{Q_{jk}}$——第1个和第 j 个可变作用标准值的效应。

2 偶然组合

1）偶然组合的效应设计值可按下式确定：

$$S_d = S\Big(\sum_{i\geqslant 1}G_{ik} + A_d + \sum_{j\geqslant 1}\gamma_{Q_j}Q_{jk}\Big) \tag{A.2.4-3}$$

式中 A_d——偶然作用的设计值。

2）当作用与作用效应按线性关系考虑时，偶然组合的效应设计值可按下式计算：

$$S_d = \sum_{i\geqslant 1}S_{G_{ik}} + S_{A_d} + \sum_{j\geqslant 1}\gamma_{Q_j}S_{Q_{jk}} \tag{A.2.4-4}$$

式中　S_{A_d} ——偶然作用设计值的效应。

A.2.5 铁路桥涵结构正常使用极限状态设计，应采用作用的标准组合。

1 标准组合的效应设计值应按下式确定：

$$S_d = \gamma_{Sd} S\left(\sum_{i\geqslant 1} G_{ik} + Q_{1k} + \sum_{j>1} \gamma_{Q_j} Q_{jk}\right) \quad (A.2.5\text{-}1)$$

式中　γ_{Q_j} ——正常使用极限状态设计第 j 个可变作用的组合分项系数。

2 当作用与作用效应按线性关系考虑时，标准组合的效应设计值应按下式计算：

$$S_d = \gamma_{Sd}\left(\sum_{i\geqslant 1} S_{G_{ik}} + S_{Q_{1k}} + \sum_{j>1} \gamma_{Q_j} S_{Q_{jk}}\right) \quad (A.2.5\text{-}2)$$

A.2.6 铁路桥涵结构正常使用极限状态的设计，应根据线路等级、桥梁类型制定以下各种限值：

1 桥跨结构在静活载作用下竖向挠度限值、梁端转角限值和竖向自振频率限值；

2 桥跨结构横向宽跨比限值、横向水平变位限值和桥梁整体横向振动频率限值；

3 对在列车运行速度不小于 200km/h 的线路上，桥梁结构尚应进行车桥耦合动力响应分析，列车运行应满足的安全性和舒适性限值；

4 钢筋混凝土和允许出现裂缝的部分预应力构件，在不同侵蚀性环境下的裂缝宽度限值；

5 混凝土受弯构件变形计算时应考虑刚度疲劳折减系数对构件计算刚度的影响。

A.2.7 铁路桥涵结构中承受列车活载反复应力的焊接或非焊接的受拉或拉压钢结构构件及混凝土受弯构件，应按下列要求进行疲劳承载力验算：

1 铁路桥涵结构的疲劳荷载可采用根据不同运量等级线路调查统计分析制定的典型疲劳列车及疲劳作用（应力）谱、标准荷载效应比谱；

2 铁路桥涵结构疲劳承载能力极限状态验算，宜采用等效等幅重复应力法。

A.3 公路桥涵结构的专门规定

A.3.1 公路桥涵结构的安全等级，应按表 A.3.1 的要求划分。

表 A.3.1 公路桥涵结构的安全等级

安全等级	类　型	示　例
一级	重要结构	特大桥、大桥、中桥、重要小桥
二级	一般结构	小桥、重要涵洞、重要挡土墙
三级	次要结构	涵洞、挡土墙、防撞护栏

A.3.2 公路桥涵结构的设计基准期为 100 年。

A.3.3 公路桥涵结构的设计使用年限，应按表 A.3.3 采用。

表 A.3.3 公路桥涵结构的设计使用年限

类　别	设计使用年限（年）	示　例
1	30	小桥、涵洞
2	50	中桥、重要小桥
3	100	特大桥、大桥、重要中桥

注：对有特殊要求结构的设计使用年限，可在上述规定基础上经技术经济论证后予以调整。

A.3.4 公路桥涵结构承载能力极限状态设计，对持久设计状况和短暂设计状况应采用作用的基本组合，对偶然设计状况应采用作用的偶然组合。

1 基本组合

1）基本组合的效应设计值 S_d，可按下式确定：

$$S_d = S\left(\sum_{i\geqslant 1} \gamma_{G_i} G_{ik} + \gamma_{Q_1}\gamma_L Q_{1k} + \psi_c \gamma_L \sum_{j>1} \gamma_{Q_j} Q_{jk}\right) \quad (A.3.4\text{-}1)$$

式中　$S(\cdot)$ ——作用组合的效应函数，其中符号“$\sum$”和“+”表示组合；

G_{ik} ——第 i 个永久作用的标准值；

Q_{1k} ——第 1 个可变作用（主导可变作用）的标准值；

Q_{jk} ——第 j 个可变作用的标准值；

γ_{G_i} ——第 i 个永久作用的分项系数，应按表 A.3.7 采用；

γ_{Q_1} ——第 1 个可变作用（主导可变作用）的分项系数，应按有关的公路桥涵结构规范的规定采用；

γ_{Q_j} ——第 j 个可变作用的分项系数，应按有关的公路桥涵结构规范的规定采用。

γ_L ——考虑结构设计使用年限的荷载调整系数，应按有关的公路桥涵结构规范的规定采用；

ψ_c ——可变作用的组合值系数，应按有关的公路桥涵结构规范的规定采用。

2）当作用与作用效应按线性关系考虑时，基本组合的效应设计值 S_d，可按下式计算：

$$S_d = \sum_{i\geqslant 1} \gamma_{G_i} S_{G_{ik}} + \gamma_{Q_1}\gamma_L S_{Q_{1k}} + \psi_c \gamma_L \sum_{j>1} \gamma_{Q_j} S_{Q_{jk}} \quad (A.3.4\text{-}2)$$

式中　$S_{G_{ik}}$ ——第 i 个永久作用标准值的效应；

$S_{Q_{1k}}$ ——第 1 个可变作用（主导可变作用）标准值的效应；

$S_{Q_{jk}}$ ——第 j 个可变作用标准值的效应。

2 偶然组合

1）偶然组合的效应设计值 S_d，可按下式确定：

$$S_d = S(\sum_{i\geqslant 1} G_{ik} + A_d + (\psi_{f1} \text{ 或 } \psi_{q1}) Q_{1k} + \sum_{j>1} \psi_{qj} Q_{jk}) \quad (A.3.4\text{-}3)$$

式中 A_d——偶然作用的设计值；

ψ_{f1}——第 1 个可变作用的频遇值系数，应按有关的公路桥涵结构规范的规定采用；

ψ_{q1}、ψ_{qj}——第 1 个和第 j 个可变作用的准永久值系数，应按有关的公路桥涵结构规范的规定采用。

2）当作用与作用效应按线性关系考虑时，偶然组合的效应设计值可按下式计算：

$$S_d = \sum_{i\geqslant 1} S_{G_{ik}} + S_{A_d} + (\psi_{f1} \text{ 或 } \psi_{q1}) S_{Q_{1k}} + \sum_{j>1} \psi_{qj} S_{Q_{jk}} \quad (A.3.4\text{-}4)$$

式中 S_{A_d}——偶然作用设计值的效应。

A.3.5 公路桥涵结构正常使用极限状态设计，应根据不同情况采用作用的标准组合、频遇组合或准永久组合。

1 标准组合

1）标准组合的效应设计值 S_d，可按下式确定：

$$S_d = S(\sum_{i\geqslant 1} G_{ik} + Q_{1k} + \psi_c \sum_{j>1} Q_{jk}) \quad (A.3.5\text{-}1)$$

2）当作用与作用效应按线性关系考虑时，标准组合的效应设计值 S_d，可按下式计算：

$$S_d = \sum_{i\geqslant 1} S_{G_{ik}} + S_{Q_{1k}} + \psi_c \sum_{j>1} S_{Q_{jk}} \quad (A.3.5\text{-}2)$$

2 频遇组合

1）频遇组合的效应设计值 S_d，可按下式确定：

$$S_d = S(\sum_{i\geqslant 1} G_{ik} + \psi_{f1} Q_{1k} + \sum_{j>1} \psi_{qj} Q_{jk}) \quad (A.3.5\text{-}3)$$

2）当作用与作用效应按线性关系考虑时，频遇组合的效应设计值 S_d，应按下式计算：

$$S_d = \sum_{i\geqslant 1} S_{G_{ik}} + \psi_{f1} S_{Q_{1k}} + \sum_{j>1} \psi_{qj} S_{Q_{jk}} \quad (A.3.5\text{-}4)$$

3 准永久组合

1）准永久组合的效应设计值 S_d，可按下式确定：

$$S_d = S(\sum_{i\geqslant 1} G_{ik} + \sum_{j\geqslant 1} \psi_{qj} Q_{jk}) \quad (A.3.5\text{-}5)$$

2）当作用与作用效应按线性关系考虑时，准永久组合的效应设计值 S_d，应按下式计算：

$$S_d = \sum_{i\geqslant 1} S_{G_{ik}} + \sum_{j\geqslant 1} \psi_{qj} S_{Q_{jk}} \quad (A.3.5\text{-}6)$$

A.3.6 公路桥涵结构的结构重要性系数，不应小于表 A.3.6 的规定。

表 A.3.6 公路桥涵结构重要性系数 γ_0

安全等级	一级	二级	三级
结构重要性系数 γ_0	1.1	1.0	0.9

A.3.7 公路桥涵结构永久作用的分项系数，应按表 A.3.7 采用。

表 A.3.7 公路桥涵结构永久作用的分项系数 γ_G

<table>
<tr><th>编号</th><th colspan="2">作用类别</th><th>当作用效应对结构的承载力不利时</th><th>当作用效应对结构的承载力有利时</th></tr>
<tr><td rowspan="2">1</td><td colspan="2">混凝土和圬工结构重力（包括结构附加重力）</td><td>1.2</td><td rowspan="7">1.0</td></tr>
<tr><td colspan="2">钢结构重力（包括结构附加重力）</td><td>1.1～1.2</td></tr>
<tr><td>2</td><td colspan="2">预加力</td><td rowspan="2">1.2</td></tr>
<tr><td>3</td><td colspan="2">土的重力</td></tr>
<tr><td>4</td><td colspan="2">混凝土的收缩及徐变作用</td><td>1.0</td></tr>
<tr><td>5</td><td colspan="2">土侧压力</td><td>1.4</td></tr>
<tr><td>6</td><td colspan="2">水的浮力</td><td>1.0</td></tr>
<tr><td rowspan="2">7</td><td rowspan="2">基础变位作用</td><td>混凝土和圬工结构</td><td>0.5</td><td>0.5</td></tr>
<tr><td>钢结构</td><td>1.0</td><td>1.0</td></tr>
</table>

A.4 港口工程结构的专门规定

A.4.1 港口工程结构的安全等级，应按表 A.4.1 的要求划分。

表 A.4.1 港口工程结构的安全等级

安全等级	失效后果	适 用 范 围
一级	很严重	有特殊安全要求的结构
二级	严重	一般港口工程结构
三级	不严重	临时性港口工程结构

A.4.2 港口工程结构的设计基准期为 50 年。

A.4.3 港口工程结构的设计使用年限，应按表 A.4.3 采用。

表 A.4.3 设计使用年限分类

类别	设计使用年限（年）	示　例
1	5～10	临时性港口建筑物
2	50	永久性港口建筑物

A.4.4 港口工程结构持久设计状况承载能力极限状态设计的可靠指标，不宜小于表 A.4.4 的规定。

表 A.4.4 港口工程结构的可靠指标

结　构	安全等级		
	一级	二级	三级
一般港口工程结构	4.0	3.5	3.0

注：不包括土坡及地基稳定和防波堤结构。

A.4.5 对承载能力极限状态，应根据不同的设计状况采用作用的持久组合、短暂组合、偶然组合和地震组合进行设计。

1 持久组合

1）港口工程结构作用持久组合的效应设计值，宜按下式确定：

$$S_d = S\left(\sum_{i\geqslant 1}\gamma_{G_i}G_{ik} + \gamma_P P + \gamma_{Q_1}Q_{1k} + \sum_{j>1}\gamma_{Q_j}\psi_{cj}Q_{jk}\right) \quad (A.4.5\text{-}1)$$

式中 $S(\cdot)$——作用组合的效应函数，其中符号“Σ”和“+”表示组合；

G_{ik}——第 i 个永久作用的标准值；

P——预应力的代表值；

Q_{1k}、Q_{jk}——第 1 个和第 j 个可变作用的标准值；

γ_{G_i}——第 i 个永久作用的分项系数，可按表 A.4.12 取值；

γ_P——预应力的分项系数；

γ_{Q_1}、γ_{Q_j}——第 1 个和第 j 个可变作用分项系数，可按表 A.4.12 取值；

ψ_{cj}——可变作用的组合值系数，可取 0.7；对经常以界限值出现的有界作用，可取 1.0。

2）当作用与作用效应按线性关系考虑时，作用持久组合的效应设计值可按下式计算：

$$S_d = \sum_{i\geqslant 1}\gamma_{G_i}S_{G_{ik}} + \gamma_P S_P + \gamma_{Q_1}S_{Q_{1k}} + \sum_{j>1}\gamma_{Q_j}\psi_{cj}S_{Q_{jk}} \quad (A.4.5\text{-}2)$$

3）对某些情况，作用持久组合的效应设计值，亦可按下式确定：

$$S_d = \gamma_F S\left(\sum_{i\geqslant 1}G_{ik} + \sum_{j\geqslant 1}Q_{jk}\right) \quad (A.4.5\text{-}3)$$

式中 γ_F——作用综合分项系数，由各有关设计规范中给出。

2 短暂组合

1）港口工程结构作用短暂组合的效应设计值，宜按下式确定：

$$S_d = S\left(\sum_{i\geqslant 1}\gamma_{G_i}G_{ik} + \gamma_P P + \sum_{j\geqslant 1}\gamma_{Q_j}Q_{jk}\right) \quad (A.4.5\text{-}4)$$

2）当作用与作用效应按线性关系考虑时，可按下式计算：

$$S_d = \sum_{i\geqslant 1}\gamma_{G_i}S_{G_{ik}} + \gamma_P S_P + \sum_{j\geqslant 1}\gamma_{Q_j}S_{Q_{jk}} \quad (A.4.5\text{-}5)$$

式中 γ_{Q_j}——第 j 个可变作用分项系数，可按表 A.4.12 中所列数值减小 0.1 采用。

3）对某些情况，作用短暂组合的效应设计值，亦可按式（A.4.5-3）确定。

3 偶然组合

偶然组合应符合下列要求：

1）偶然作用的分项系数为 1.0；

2）与偶然作用同时出现的可变作用取标准值。

4 地震组合

地震组合应符合下列要求：

1）地震作用代表值的分项系数为 1.0；

2）具体的设计表达式及各种系数，应按国家现行有关标准的规定采用。

A.4.6 对持久设计状况正常使用极限状态，根据不同的设计要求，可分别采用作用的标准组合、频遇组合和准永久组合进行设计，使变形、裂缝等作用效应的设计值符合式（8.3.1）的规定。

1 标准组合

1）标准组合的效应设计值，可按下式确定：

$$S_d = S\left(\sum_{i\geqslant 1}G_{ik} + P + Q_{1k} + \sum_{j>1}\psi_{cj}Q_{jk}\right) \quad (A.4.6\text{-}1)$$

2）当作用与作用效应按线性关系考虑时，标准组合的效应设计值，可按下式计算：

$$S_d = \sum_{i\geqslant 1}S_{G_{ik}} + S_P + S_{Q_{1k}} + \sum_{j>1}\psi_{cj}S_{Q_{jk}} \quad (A.4.6\text{-}2)$$

2 频遇组合

1）频遇组合的效应设计值，可按下式确定：

$$S_d = S\left(\sum_{i\geqslant 1}G_{ik} + P + \psi_f Q_{1k} + \sum_{j>1}\psi_{qj}Q_{jk}\right) \quad (A.4.6\text{-}3)$$

2）当作用与作用效应按线性关系考虑时，频遇组合的效应设计值，可按下式计算：

$$S_d = \sum_{i \geqslant 1} S_{G_{ik}} + S_P + \psi_f S_{Q_{1k}} + \sum_{j>1} \psi_{qj} S_{Q_{jk}}$$

(A.4.6-4)

3 准永久组合

1） 准永久组合的效应设计值，可按下式确定：

$$S_d = S(\sum_{i \geqslant 1} G_{ik} + P + \sum_{j \geqslant 1} \psi_{qj} Q_{jk})$$

(A.4.6-5)

2） 当作用与作用效应按线性关系考虑时，准永久组合的效应设计值，可按下式计算：

$$S_d = \sum_{i \geqslant 1} S_{G_{ik}} + S_P + \sum_{j \geqslant 1} \psi_{qj} S_{Q_{jk}}$$

(A.4.6-6)

式中 ψ_{cj}、ψ_f、ψ_{qj} ——可变作用的组合值系数、频遇值系数和准永久值系数。

A.4.7 承载能力极限状态的作用组合，对海港工程计算水位应按下列规定确定：

1 持久组合：对设计高水位、设计低水位、极端高水位和极端低水位以及设计高水位与设计低水位之间的某一不利水位，及与地下水位相结合分别进行计算；

2 短暂组合：对设计高水位和设计低水位以及设计高水位与设计低水位之间的某一不利水位，及与地下水位相结合分别进行计算。

A.4.8 承载能力极限状态的作用组合，对河港工程计算水位应按下列规定确定：

1 持久组合：对设计高水位、设计低水位及与地下水位相组合的某一不利水位分别进行计算；

2 短暂组合：对设计高水位和设计低水位分别进行计算，施工期间可按某一不利水位进行设计。

A.4.9 承载能力极限状态的地震组合，计算水位应符合国家现行有关标准的规定。

A.4.10 正常使用极限状态设计采用的作用组合可不考虑极端水位。

A.4.11 港口工程结构重要性系数，应按表 A.4.11 采用。

表 A.4.11 港口工程结构重要性系数

安全等级	一级	二级	三级
结构重要性系数 γ_0	1.1	1.0	0.9

注：1 安全等级为一级的港口工程结构，当对安全有特殊要求时，γ_0 可适当提高；

2 自然条件复杂、维护有困难时，γ_0 可适当提高。

A.4.12 承载能力极限状态持久组合的作用分项系数，应按表 A.4.12 采用。

表 A.4.12 作用分项系数

荷载名称	分项系数	荷载名称	分项系数
永久荷载（不包括土压力、静水压力）	1.2	铁路荷载	
五金钢铁荷载		汽车荷载	
散货荷载		缆车荷载	
起重机械荷载		船舶系缆力	1.4
船舶撞击力	1.5	船舶挤靠力	
水流力		运输机械荷载	
冰荷载		风荷载	
波浪力（构件计算）		人群荷载	
一般件杂货、集装箱荷载		土压力	1.35
液体管道（含推力）荷载	1.4	剩余水压力	1.05

注：1 当永久作用效应对结构承载能力起有利作用时，永久作用分项系数 γ_G 取值不应大于 1.0；

2 同一来源的作用，当总的作用效应对结构承载能力不利时，分作用均乘以不利作用的分项系数；

3 永久荷载为主时，其分项系数应不小于 1.3；

4 当两个可变作用完全相关，其中一个为主导可变作用时，其非主导可变作用的分项系数应按主导可变作用的分项系数考虑；

5 海港结构在极端高水位和极端低水位情况下，承载能力极限状态持久组合的可变作用分项系数应减小 0.1；

6 相关结构规范抗倾、抗滑稳定计算时的波浪力分项系数按相关结构规范规定执行。

附录 B 质量管理

B.1 质量控制要求

B.1.1 材料和构件的质量可采用一个或多个质量特征表达。在各类材料的结构设计与施工规范中，应对材料和构件的力学性能、几何参数等质量特征提出明确的要求。

材料和构件的合格质量水平，应根据各类工程结构有关规范规定的结构构件可靠指标确定。

B.1.2 材料宜根据统计资料，按不同质量水平划分等级。等级划分不宜过密。对不同等级的材料，设计时应采用不同的材料性能的标准值。

B.1.3 对工程结构应实施为保证结构可靠性所必需的质量控制。工程结构的各项质量控制要求应由有关标准作出规定。工程结构的质量控制应包括下列内容：

1 勘察与设计的质量控制；

2 材料和制品的质量控制；

3 施工的质量控制；

4 使用和维护的质量控制。

B.1.4 勘察与设计的质量控制应达到下列要求：

1 勘察资料应符合工程要求，数据准确，结论可靠；

2 设计方案、基本假定和计算模型合理，数据运用正确；

3 图纸和其他设计文件符合有关规定。

B.1.5 为进行施工质量控制，在各工序内应实行质量自检，在各工序间应实行交接质量检查。对工序操作和中间产品的质量，应采用统计方法进行抽查；在结构的关键部位应进行系统检查。

B.1.6 材料和构件的质量控制应包括下列两种控制：

1 生产控制：在生产过程中，应根据规定的控制标准，对材料和构件的性能进行经常性检验，及时纠正偏差，保持生产过程中质量的稳定性。

2 合格控制（验收）：在交付使用前，应根据规定的质量验收标准，对材料和构件进行合格性验收，保证其质量符合要求。

B.1.7 合格控制可采用抽样检验的方法进行。

各类材料和构件应根据其特点制定具体的质量验收标准，其中应明确规定验收批量、抽样方法和数量、验收函数和验收界限等。

质量验收标准宜在统计理论的基础上制定。

B.1.8 对生产连续性较差或各批间质量特征的统计参数差异较大的材料和构件，在制定质量验收标准时，必须控制用户方风险率。计算用户方风险率时采用的极限质量水平，可按各类材料结构设计规范的有关要求和工程经验确定。

仅对连续生产的材料和构件，当产品质量稳定时，可按控制生产方风险率的条件制定质量验收标准。

B.1.9 当一批材料或构件经抽样检验判为不合格时，应根据有关的质量验收标准对该批产品进行复查或重新确定其质量等级，或采取其他措施处理。

B.2 设计审查及施工检查

B.2.1 工程结构应进行设计审查与施工检查，设计审查与施工检查的要求应符合有关规定。

注：对重要工程或复杂工程，当采用计算机软件作结构计算时，应至少采用两套计算模型符合工程实际的软件，并对计算结果进行分析对比，确认其合理、正确后方可用于工程设计。

附录C 作用举例及可变作用代表值的确定原则

C.1 作 用 举 例

C.1.1 永久作用可分为以下几类：

1 结构自重；

2 土压力；

3 水位不变的水压力；

4 预应力；

5 地基变形；

6 混凝土收缩；

7 钢材焊接变形；

8 引起结构外加变形或约束变形的各种施工因素。

C.1.2 可变作用可分为以下几类：

1 使用时人员、物件等荷载；

2 施工时结构的某些自重；

3 安装荷载；

4 车辆荷载；

5 吊车荷载；

6 风荷载；

7 雪荷载；

8 冰荷载；

9 地震作用；

10 撞击；

11 水位变化的水压力；

12 扬压力；

13 波浪力；

14 温度变化。

C.1.3 偶然作用可分为以下几类：

1 撞击；

2 爆炸；

3 地震作用；

4 龙卷风；

5 火灾；

6 极严重的侵蚀；

7 洪水作用。

注：地震作用和撞击可认为是规定条件下的可变作用，或可认为是偶然作用。

C.2 可变作用代表值的确定原则

C.2.1 可变作用标准值可按下述原则确定：

1 当可变作用采用平稳二项随机过程模型时，设计基准期 T 内可变作用最大值的概率分布函数 $F_T(x)$ 可按下式计算：

$$F_T(x) = [F(x)]^m \quad (C.2.1\text{-}1)$$

式中 $F(x)$——可变作用随机过程的截口概率分布函数；

m——可变作用在设计基准期 T 内的平均出现次数。

当截口概率分布为极值Ⅰ型分布时（如年最大风压）：

$$F(x)=\exp\left[-\exp\left(-\frac{x-u}{\alpha}\right)\right] \qquad (C.2.1\text{-}2)$$

其最大值概率分布函数为：

$$F_{T}(x)=\exp\left\{-\exp\left[-\frac{x-(u+\alpha\ln m)}{\alpha}\right]\right\} \qquad (C.2.1\text{-}3)$$

2 可变作用的标准值 Q_k 可由可变作用在设计基准期 T 内最大值概率分布的统计特征值确定，最常用的统计特征值有平均值、中值和众值，也可采用其他的指定概率 p 的分位值，即：

$$F_{T}(Q_{k})=p \qquad (C.2.1\text{-}4)$$

此时，对标准值 Q_k 在设计基准期内最大值分布上的超越概率为 $1-p$。

3 在很多情况下，特别是对自然作用，采用重现期 T_R 来表达可变作用的标准值 Q_k 比较方便，重现期是指连续两次超过作用值 Q_k 的平均间隔时间，Q_k 与 T_R 的关系如下：

$$F(Q_{k})=1-1/T_{R} \qquad (C.2.1\text{-}5)$$

重现期 T_R、概率 p 和确定标准值的设计基准期 T 还存在下述近似关系：

$$T_{R}\approx\frac{1}{\ln(1/p)}T \qquad (C.2.1\text{-}6)$$

C.2.2 可变作用频遇值可按下述原则确定：

1 按作用值被超越的总持续时间与设计基准期的规定比率确定频遇值。

在可变作用的随机过程的分析中，将作用值超过某水平 Q_x 的总持续时间 $T_x=\sum_{i\geqslant1}t_i$ 与设计基准期 T 的比率 $\eta_x=T_x/T$ 来表征频遇值作用的短暂程度（图C.2.2-1a）。图C.2.2-1b 给出的是可变作用 Q 在非零时域内任意时点作用值 Q^* 的概率分布函数 $F_{Q^*}(x)$，超过 Q_x 水平的概率 p^* 可按下式确定：

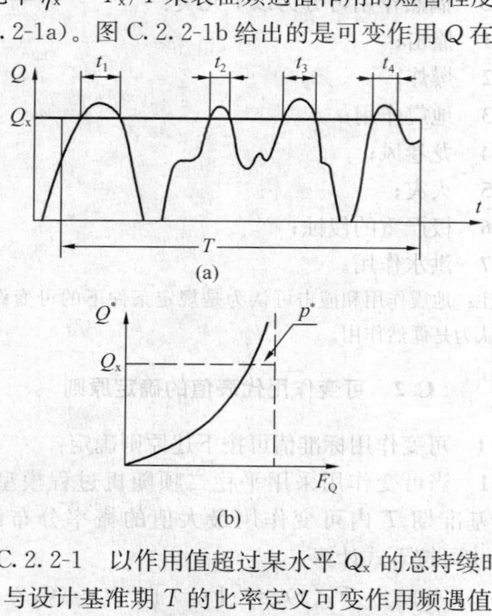

图C.2.2-1 以作用值超过某水平 Q_x 的总持续时间与设计基准期 T 的比率定义可变作用频遇值

$$p^{*}=1-F_{Q^{*}}(Q_{x}) \qquad (C.2.2\text{-}1)$$

对各态历经的随机过程，存在下列关系式：

$$\eta_{x}=p^{*}q \qquad (C.2.2\text{-}2)$$

式中 q——作用 Q 的非零概率。

当 η_x 为规定值时，相应的作用水平 Q_x 可按下式确定：

$$Q_{x}=F_{Q^{*}}^{-1}\left(1-\frac{\eta_{x}}{q}\right) \qquad (C.2.2\text{-}3)$$

对与时间有关联的正常使用极限状态，作用的频遇值可考虑按这种方式取值，当允许某些极限状态在一个较短的持续时间内被超越，或在总体上不长的时间内被超越，就可采用较小的 η_x 值（不大于0.1），按式（C.2.2-3）计算作用的频遇值 $\psi_f Q_k$。

2 按作用值被超越的总频数或单位时间平均超越次数（跨阈率）确定频遇值。

在可变作用的随机过程的分析中，将作用值超过某水平 Q_x 的次数 n_x 或单位时间内的平均超越次数 $\nu_x=n_x/T$（跨阈率）来表征频遇值出现的疏密程度（图C.2.2-2）。

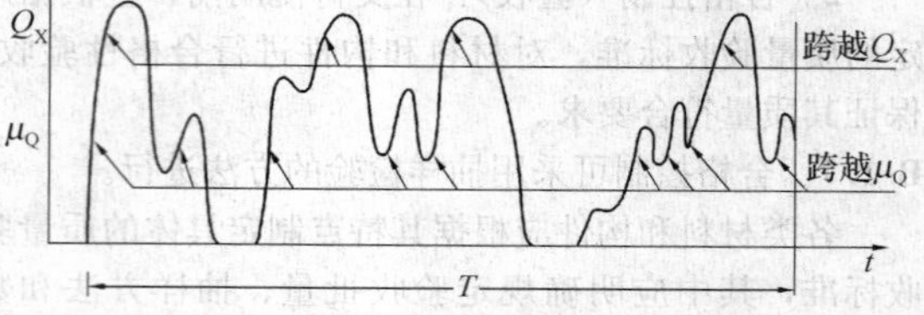

图C.2.2-2 以跨阈率定义可变作用频遇值

跨阈率可通过直接观察确定，一般也可应用随机过程的某些特性（如谱密度函数）间接确定。当其任意时点作用 Q^* 的均值 μ_{Q^*} 及其跨阈率 ν_m 为已知，而且作用是高斯平稳各态历经的随机过程，则对应于跨阈率 ν_x 的作用水平 Q_x 可按下式确定：

$$Q_{x}=\mu_{Q^{*}}+\sigma_{Q^{*}}\sqrt{\ln(\nu_{m}/\nu_{x})^{2}} \qquad (C.2.2\text{-}4)$$

式中 σ_{Q^*}——任意时点作用 Q^* 的标准差。

对与作用超越次数有关联的正常使用极限状态，作用的频遇值 $\psi_f Q_k$ 可考虑按这种方式取值，当结构振动时涉及人的舒适性、影响非结构构件的性能和设备的使用功能等的极限状态，都可采用频遇值来衡量结构的正常性。

C.2.3 可变作用准永久值可按下述原则确定：

1 对在结构上经常出现的部分可变作用，可将其出现部分的均值作为准永久值 $\psi_q Q_k$ 采用。

2 对不易判别的可变作用，可以按作用值被超越的总持续时间与设计基准期的规定比率确定，此时比率可取0.5。当可变作用可认为是各态历经的随机过程时，准永久值 $\psi_q Q_k$ 可直接按式（C.2.2-3）确定。

C.2.4 可变作用组合值可按下述原则确定

1 可变作用近似采用等时段荷载组合模型，假设所有作用的随机过程 $Q(t)$ 都是由相等时段 τ 组成的矩形波平稳各态历经过程（图 C.2.4）。

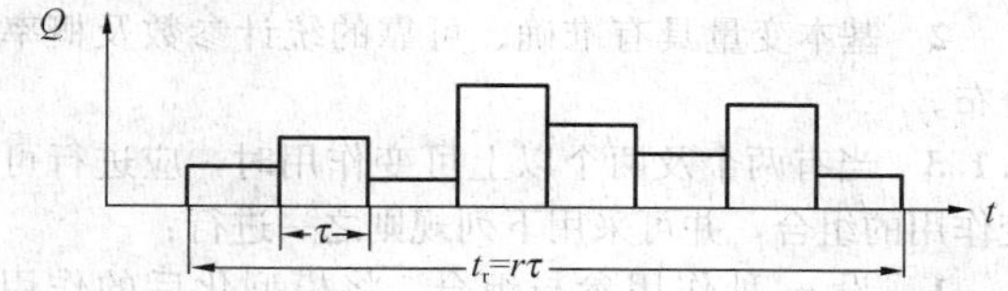

图 C.2.4 等时段矩形波随机过程

2 根据各个作用在设计基准期内的时段数 r 的大小将作用按序排列，在诸作用的组合中必然有一个作用取其最大作用 Q_{max}，而其他作用则分别取各自的时段最大作用或任意时点作用，统称为组合作用 Q_c。

3 按设计值方法的原理，该最大作用的设计值 Q_{maxd} 和组合作用 Q_{cd} 各为：

$$Q_{maxd}=F^{-1}_{Q_{max}}[\Phi(0.7\beta)] \quad (C.2.4\text{-}1)$$

$$Q_{cd}=F^{-1}_{Q_c}[\Phi(0.28\beta)] \quad (C.2.4\text{-}2)$$

$$\psi_c=\frac{Q_{cd}}{Q_{maxd}}=\frac{F^{-1}_{Q_c}[\Phi(0.28\beta)]}{F^{-1}_{Q_{max}}[\Phi(0.7\beta)]}=\frac{F^{-1}_{Q_{max}}[\Phi(0.28\beta)^r]}{F^{-1}_{Q_{max}}[\Phi(0.7\beta)]}$$

(C.2.4-3)

对极值 I 型的作用，还给出相应的公式：

$$\psi_c=\frac{1-0.78v\{0.577+\ln[-\ln(\Phi(0.28\beta))]+\ln r\}}{1-0.78v\{0.577+\ln[-\ln(\Phi(0.7\beta))]\}}$$

(C.2.4-4)

式中 v——作用最大值的变异系数。

4 组合值系数也可作为伴随作用的分项系数，按附录 E.5 和 E.6 的有关内容确定。

附录 D 试验辅助设计

D.1 一 般 规 定

D.1.1 试验辅助设计应符合下列要求：

1 在试验进行之前，应制定试验方案；试验方案应包括试验目的、试件的选取和制作，以及试验实施和评估等所有必要的说明；

2 为制定试验方案，应预先进行定性分析，确定所考虑结构或结构构件性能的可能临界区域和相应极限状态标志；

3 试件应采用与构件实际加工相同的工艺制作；

4 按试验结果确定设计值时，应考虑试验数量的影响。

D.1.2 应通过适当的换算或修正系数考虑试验条件与结构实际条件的不同。换算系数 η 应通过试验或理论分析来确定。影响换算系数 η 的主要因素包括尺寸效应、时间效应、试件的边界条件、环境条件、工艺条件等。

D.2 试验结果的统计评估原则

D.2.1 统计评估应符合下列基本原则：

1 在评估试验结果时，应将试件的性能和失效模式与理论预测值进行对比，当偏离预测值过大时，应分析原因，并做补充试验；

2 应根据已有的分布类型及参数信息，以统计方法为基础对试验结果进行评估；本附录给出的方法仅适用于统计数据（或先验信息）取自同一母体的情况；

3 试验的评估结果仅对所考虑的试验条件有效，不宜将其外推应用。

D.2.2 材料性能、模型参数或抗力设计值的确定应符合下列基本原则：

1 可采用经典统计方法或“贝叶斯法”推断材料性能、模型参数或抗力的设计值：先确定标准值，然后除以一个分项系数，必要时要考虑换算系数的影响；

2 在进行材料性能、模型参数或抗力设计值评估时，应考虑试验数据的离散性、与试验数量相关的统计不定性和先验的统计知识。

D.3 单项性能指标设计值的统计评估

D.3.1 单项性能指标设计值统计评估，应符合下列一般规定：

1 单项性能 X 可代表构件的抗力或提供构件抗力的性能；

2 D.3.2 和 D.3.3 的所有结论是以构件的抗力或提供构件抗力的性能服从正态分布或对数正态分布给出的；

3 若没有关于平均值的先验知识，一般可基于经典方法进行设计值估算，其中“δ_x 未知”对应于没有变异系数先验知识的情况，“δ_x 已知”对应于已知变异系数全部知识的情况；

4 若已有关于平均值的先验知识，可基于贝叶斯方法进行设计值估算。

D.3.2 经典统计方法

1 当性能 X 服从正态分布时，其设计值 X_d 可写成如下形式：

$$X_d=\eta_d\frac{X_{k(n)}}{\gamma_m}=\frac{\eta_d}{\gamma_m}\mu_x(1-k_{nk}\delta_x)$$

(D.3.2-1)

式中 η_d——换算系数的设计值，换算系数的评估主要取决于试验类型和材料；

γ_m——分项系数，具体数值应根据试验结果的应用领域来选定；

k_{nk}——标准值单侧容限系数；

μ_x——性能 X 的平均值；

δ_x——性能 X 的变异系数。

2 当性能 X 服从对数正态分布时，式(D.3.2-1)可改写为：

$$X_d=\frac{\eta_d}{\gamma_m}\exp\left(\mu_y-k_{nk}\sigma_y\right) \quad (D.3.2\text{-}2)$$

式中 μ_y——变量 $Y=\ln X$ 的平均值，取 $\mu_y=m_y=\frac{1}{n}\sum_{i=1}^{n}\ln x_i$；

σ_y——变量 $Y=\ln X$ 的均方差；

当 δ_x 已知时，$\sigma_y=\sqrt{\ln(\delta_x^2+1)}$；

当 δ_x 未知时，取

$$\sigma_y=S_y=\sqrt{\frac{1}{n-1}\sum_{i=1}^{n}(\ln x_i-m_y)^2}；$$

x_i——性能 X 的第 i 个试验观测值。

D.3.3 贝叶斯法

1 当性能 X 服从正态分布时，其设计值可按下式确定：

$$X_d=\eta_d\frac{X_{K(n)}}{\gamma_m}=\frac{\eta_d}{\gamma_m}(m''-k_{n\upsilon}\sigma'') \quad (D.3.3\text{-}1)$$

其中 $k_{n\upsilon}=t_{p,\upsilon''}\sqrt{1+\frac{1}{n''}}$，$n''=n'+n$，

$$\upsilon''=\upsilon'+\upsilon+\delta(n'),\ m''n''=m'n'+m_xn,$$
$$[(\sigma'')^2\upsilon''+(m'')^2n'']=[(\sigma')^2\upsilon'+(m')^2n']+[(\sigma_x)^2\upsilon+(m_x)^2n]$$

式中 $t_{p,\upsilon''}$——自由度为 υ'' 的 t 分布函数对应分位值 p 的自变量值，$P_t\{x>t_{p,\upsilon''}\}=p$；

m'、σ'、n'、υ'——先验分布参数。

2 先验分布参数 n' 和 υ' 的确定，应符合下列原则：

1）当有效数据很少时，则应取 n' 和 υ' 等于零，此时贝叶斯法评估结果与经典统计方法的“δ_x 未知”情况相同；

2）当根据过去经验几乎可以取平均值和标准差为定值时，则 n' 和 υ' 可取相对较大值，如取50或更大；

3）在一般情况下，可假定只有很少数据或无先验数据，此时 $n'=0$，这样可能获得较佳的估算值。

附录E 结构可靠度分析基础和可靠度设计方法

E.1 一 般 规 定

E.1.1 当按本附录方法确定分项系数和组合值系数时，除进行分析计算外，尚应根据工程经验对分析结果进行判断，必要时进行调整。

E.1.2 按本附录进行结构可靠度分析和设计时，应具备下列条件：

1 具有结构的极限状态方程；

2 基本变量具有准确、可靠的统计参数及概率分布。

E.1.3 当有两个及两个以上可变作用时，应进行可变作用的组合，并可采用下列规则之一进行：

1 设 m 种作用参与组合，将模型化后的作用 $Q_i(t)$ 在设计基准期 T 内的总时段数 r_i，按顺序由小到大排列，即 $r_1\leqslant r_2\leqslant\cdots\leqslant r_m$，取任一作用 $Q_i(t)$ 在 $[0,T]$ 内的最大值 $\max\limits_{t\in[0,T]}Q_i(t)$ 与其他作用组合，得 m 种组合的最大作用 $Q_{\max,j}$ $(j=1,2,\cdots,m)$，其中作用最大的组合为起控制作用的组合；

2 设 m 种作用参与组合，取任一作用 $Q_i(t)$ 在 $[0,T]$ 内的最大值 $\max\limits_{t\in[0,T]}Q_i(t)$ 与其他作用任意时点值 $Q_j(t_0)$ $(i\neq j)$ 进行组合，得 m 种组合的最大作用 $Q_{\max,j}$ $(j=1,2,\cdots,m)$，其中作用最大的组合为起控制作用的组合。

E.2 结构可靠指标计算

E.2.1 结构或构件的可靠指标宜采用考虑随机变量概率分布类型的一次可靠度方法计算，也可采用其他方法。

E.2.2 当采用一次可靠度方法计算可靠指标时，应符合下列要求：

1 当仅有作用效应和结构抗力两个相互独立的综合变量且均服从正态分布时，结构或结构构件的可靠指标可按下式计算：

$$\beta=\frac{\mu_R-\mu_S}{\sqrt{\sigma_R^2+\sigma_S^2}} \quad (E.2.2\text{-}1)$$

式中 β——结构或结构构件的可靠指标；

μ_S、σ_S——结构或结构构件作用效应的平均值和标准差；

μ_R、σ_R——结构或结构构件抗力的平均值和标准差。

2 当有多个相互独立的非正态基本变量且极限状态方程为式（4.3.5）时，结构或结构构件的可靠指标按下面的公式迭代计算：

$$\beta=\frac{g(x_1^*,x_2^*,\cdots,x_n^*)+\sum_{j=1}^{n}\left.\frac{\partial g}{\partial X_j}\right|_P(\mu_{X'_j}-x_j^*)}{\sqrt{\sum_{j=1}^{n}\left(\left.\frac{\partial g}{\partial X_j}\right|_P\sigma_{X'_j}\right)^2}} \quad (E.2.2\text{-}2)$$

$$\alpha_{X'_i}=-\frac{\left.\frac{\partial g}{\partial X_i}\right|_P\sigma_{X'_i}}{\sqrt{\sum_{j=1}^{n}\left(\left.\frac{\partial g}{\partial X_j}\right|_P\sigma_{X'_j}\right)^2}}\ (i=1,2,\cdots,n) \quad (E.2.2\text{-}3)$$

$$x_i^*=\mu_{X'_i}+\beta\alpha_{X'_i}\sigma_{X'_i}\ (i=1,2,\cdots,n) \quad (E.2.2\text{-}4)$$

$$\mu_{X'_i}=x_i^*-\Phi^{-1}[F_{X_i}(x_i^*)]\sigma_{X'_i}\ (i=1,2,\cdots,n)$$

(E. 2. 2-5)

$$\sigma_{X'_i}=\frac{\varphi\{\Phi^{-1}[F_{X_i}(x_i^*)]\}}{f_{X_i}(x_i^*)}(i=1,2,\cdots,n)$$

(E. 2. 2-6)

式中 $g(\cdot)$——结构或构件的功能函数，包括计算模式的不定性；

$X_i(i=1,2,\cdots,n)$——基本变量；

$x_i^*(i=1,2,\cdots,n)$——基本变量 X_i 的验算点坐标值；

$\left.\frac{\partial g}{\partial X_i}\right|_P$——功能函数 $g(X_1,X_2,\cdots,X_n)$ 的一阶偏导数在验算点 $P(x_1^*,x_2^*,\cdots,x_n^*)$ 处的值；

$\mu_{X'_i}$、$\sigma_{X'_i}$——基本变量 X_i 的当量正态化变量 X'_i 的平均值和标准差；

$f_{X_i}(\cdot)$、$F_{X_i}(\cdot)$——基本变量 X_i 的概率密度函数和概率分布函数；

$\varphi(\cdot)$、$\Phi(\cdot)$、$\Phi^{-1}(\cdot)$——标准正态随机变量的概率密度函数、概率分布函数和概率分布函数的反函数。

3 当有多个非正态相关的基本变量且极限状态方程为式（4.3.5）时，将式（E.2.2-2）和式（E.2.2-3）用下面的公式替换后进行迭代计算：

$$\beta=\frac{g(x_1^*,x_2^*,\cdots,x_n^*)+\sum_{j=1}^{n}\left.\frac{\partial g}{\partial X_j}\right|_P(\mu_{X'_j}-x_j^*)}{\sqrt{\sum_{k=1}^{n}\sum_{j=1}^{n}\left(\left.\frac{\partial g}{\partial X_k}\right|_P\left.\frac{\partial g}{\partial X_j}\right|_P\rho_{X'_k,X'_j}\sigma_{X'_k}\sigma_{X'_j}\right)}}$$

(E. 2. 2-7)

$$\alpha_{X'_i}=-\frac{\sum_{j=1}^{n}\left.\frac{\partial g}{\partial X_j}\right|_P\rho_{X'_i,X'_j}\sigma_{X'_j}}{\sqrt{\sum_{k=1}^{n}\sum_{j=1}^{n}\left.\frac{\partial g}{\partial X_k}\right|_P\left.\frac{\partial g}{\partial X_j}\right|_P\rho_{X'_k,X'_j}\sigma_{X'_j}\sigma_{X'_j}}}$$

$(i=1,2,\cdots n)$ (E. 2. 2-8)

式中 $\rho_{X'_i,X'_j}$——当量正态化变量 X'_i 与 X'_j 的相关系数，可近似取变量 X_i 与 X_j 的相关系数 ρ_{X_i,X_j}。

E.3 结构可靠度校准

E.3.1 结构可靠度校准是用可靠度方法分析按传统方法所设计结构的可靠度水平，也是确定设计时采用的可靠指标的基础，校准中所选取的结构或结构构件应具有代表性。

E.3.2 结构可靠度校准可采用下列步骤：

1 确定校准范围，如选取结构物类型（建筑结构、桥梁结构、港工结构等）或结构材料形式（混凝土结构、钢结构等），根据目标可靠指标的适用范围选取代表性的结构或结构构件（包括构件的破坏形式）；

2 确定设计中基本变量的取值范围，如可变作用标准值与永久作用标准值比值的范围；

3 分析传统设计方法的表达式，如受弯表达式、受剪表达式等；

4 计算不同结构或结构构件的可靠指标 β_i；

5 根据结构或结构构件在工程中的应用数量和重要性，确定一组权重系数 ω_i，并满足：

$$\sum_{i=1}^{n}\omega_i=1 \tag{E. 3. 2-1}$$

6 按下式确定所校准结构或结构构件可靠指标的加权平均：

$$\beta_{\text{ave}}=\sum_{i=1}^{n}\omega_i\beta_i \tag{E. 3. 2-2}$$

E.3.3 结构或结构构件的目标可靠指标 β_t，应根据可靠度校准的 β_{ave} 经综合分析判断确定。

E.4 基于可靠指标的设计

E.4.1 根据目标可靠指标进行结构或结构构件设计时，可采用下列方法之一：

1 所设计结构或结构构件的可靠指标应满足下式要求：

$$\beta\geqslant\beta_t \tag{E. 4. 1-1}$$

式中 β——所设计结构或结构构件的可靠指标；

β_t——所设计结构或结构构件的目标可靠指标。

当不满足式（E.4.1-1）的要求时，应重新进行设计，直至满足要求为止。

2 对某些结构构件的截面设计，如钢筋混凝土构件截面配筋，当抗力服从对数正态分布时，可在满足（E.4.1-1）式的条件下按下式直接求解结构构件的几何参数：

$$\frac{R(f_k,a_k)}{k_R}=\sqrt{1+\delta_R^2}\exp\left(\frac{\mu_{R'}}{r^*}-1+\ln r^*\right)$$

(E. 4. 1-2)

式中 $R(\cdot)$——抗力函数；

$\mu_{R'}$——迭代计算求得的正态化抗力的平均值；

r^*——迭代计算求得的抗力验算点值；

δ_R——抗力的变异系数；

f_k——材料性能标准值；

a_k——几何参数的标准值，如钢筋混凝土构件钢筋的截面面积等；

k_R——均值系数，即变量平均值与标准值的比值。

E.4.2 当按可靠指标方法设计的结果与传统方法设计的结果有明显差异时，应分析产生差异的原因。只有当证明了可靠指标方法设计的结果合理后方可采用。

E.5 分项系数的确定方法

E.5.1 结构或结构构件设计表达式中分项系数的确定，应符合下列原则：

1 结构上的同种作用采用相同的作用分项系数，不同的作用采用各自的作用分项系数；

2 不同种类的构件采用不同的抗力分项系数，同一种构件在任何可变作用下，抗力分项系数不变；

3 对各种构件在不同的作用效应比下，按所选定的作用分项系数和抗力系数进行设计，使所得的可靠指标与目标可靠指标 β_t 具有最佳的一致性。

E.5.2 结构或结构构件设计表达式中分项系数的确定可采用下列步骤：

1 选定代表性的结构或结构构件（或破坏方式）、一个永久作用和一个可变作用组成的简单组合（如对建筑结构永久作用＋楼面可变作用，永久作用＋风作用）和常用的作用效应比（可变作用效应标准值与永久作用效应标准值的比值）；

2 对安全等级为二级的结构或结构构件，重要性系数 γ_0 取为 1.0；

3 对选定的结构或结构构件，确定分项系数 γ_G 和 γ_Q 下简单组合的抗力设计值；

4 对选定的结构或结构构件，确定抗力系数 γ_R 下简单组合的抗力标准值；

5 计算选定结构或结构构件简单组合下的可靠指标 β；

6 对选定的所有代表性结构或结构构件、所有 γ_G 和 γ_Q 的范围（以 0.1 或 0.05 的级差），优化确定 γ_R；选定一组使按分项系数表达式设计的结构或结构构件的可靠指标 β 与目标可靠指标 β_t 最接近的分项系数 γ_G、γ_Q 和 γ_R；

7 根据以往的工程经验，对优化确定的分项系数 γ_G、γ_Q 和 γ_R 进行判断，必要时进行调整；

8 当永久作用起有利作用时，分项系数表达式中的永久作用取负号，根据已经选定的分项系数 γ_Q 和 γ_R，通过优化确定分项系数 γ_G（以 0.1 或 0.05 的级差）；

9 对安全等级为一、三级的结构或结构构件，以上面确定的安全等级为二级结构或结构构件的分项系数为基础，同样以按分项系数表达式设计的结构或结构构件的可靠指标 β 与目标可靠指标 β_t 最接近为条件，优化确定结构重要性系数 γ_0。

E.6 组合值系数的确定方法

E.6.1 可变作用组合值系数的确定应符合下列原则：

在可变作用分项系数 γ_G、γ_Q 和抗力分项系数 γ_R 已确定的前提下，对两种或两种以上可变作用参与组合的情况，确定的组合值系数应使按分项系数表达式设计的结构或结构构件的可靠指标 β 与目标可靠指标 β_t 具有最佳的一致性。

E.6.2 可变作用组合值系数的确定可采用下列步骤：

1 以安全等级为二级的结构或结构构件为基础，选定代表性的结构或结构构件（或破坏方式）、由一个永久作用和两个或两个以上可变作用组成的组合和常用的作用效应比（主导可变作用效应标准值与永久作用效应标准值的比值，伴随可变作用效应标准值与主导可变作用效应标准值的比值）；

2 根据已经确定的分项系数 γ_G、γ_Q，计算不同结构或结构构件、不同作用组合和常用作用效应比下的抗力设计值；

3 根据已经确定的抗力分项系数 γ_R，计算不同结构或结构构件、不同作用组合和常用作用效应比下的抗力标准值；

4 计算不同结构或结构构件、不同作用组合和常用作用效应比下的可靠指标；

5 对选定的所有代表性结构或结构构件、作用组合和常用的作用效应比，优化确定组合值系数 ψ_c，使按分项系数表达式设计的结构或结构构件的可靠指标 β 与目标可靠指标 β_t 具有最佳的一致性；

6 根据以往的工程经验，对优化确定的组合值系数 ψ_c 进行判断，必要时进行调整。

附录 F 结构疲劳可靠性验算方法

F.1 一 般 规 定

F.1.1 本附录适用于工程结构的疲劳可靠性验算。房屋建筑结构、铁路和公路桥涵结构、市政工程结构中承受高周疲劳作用的结构，可按本附录规定对结构的疲劳可靠性进行验算。

F.1.2 在下列情况下应对结构或构造的疲劳可靠性进行验算：

1 结构整体或局部构造承受反复荷载作用；

2 结构或局部构造存在应力集中现象且为交变作用；

3 反复荷载作用的持续时间与结构设计使用年限相比占主要部分。

F.1.3 根据需要可分别对结构疲劳可靠性进行承载能力极限状态或正常使用极限状态验算。

F.1.4 对结构的某个或多个细部构造可分别进行疲劳可靠性验算。

F.1.5 结构的疲劳可靠性验算应按下列步骤进行：

1 根据对结构的受力分析，确定关键部位或由委托方明确验算部位；

2 根据对结构使用期间承受荷载历程的调研和预测，制定相应的疲劳标准荷载频谱；

3 对结构或局部构造上的疲劳作用和对应的疲劳抗力进行分析评定；

4 提出疲劳可靠性的验算结论。

F.1.6 本附录涉及的力学模型和内力计算，应符合第7章的有关规定。

F.1.7 结构的疲劳承载能力验算应以验算部位的计算名义应力不超过结构相应部位的疲劳强度设计值为准则。

F.1.8 疲劳强度设计值应根据结构或局部构造的疲劳试验结果，取某一概率分布的上分位值，以名义应力形式（非应力集中部位应力）确定。

F.1.9 疲劳验算采用的目标可靠指标可根据校准法确定。

F.2 疲 劳 作 用

F.2.1 结构承受的变幅重复荷载，其荷载历程可通过实测或模拟等方法确定。根据荷载历程，采用“雨流计数法”或“蓄水池法”，可转换为表示荷载变程 $\Delta Q(\Delta Q = Q_{\max} - Q_{\min})$ 与循环次数 n 关系的荷载频谱（图F.2.1）。根据“荷载频谱”可转换为结构、连接或局部构造关键部位的应力频谱。其中，应力变程 $\Delta\sigma = \sigma_{\max} - \sigma_{\min}$，可根据荷载变程 ΔQ 计算确定。

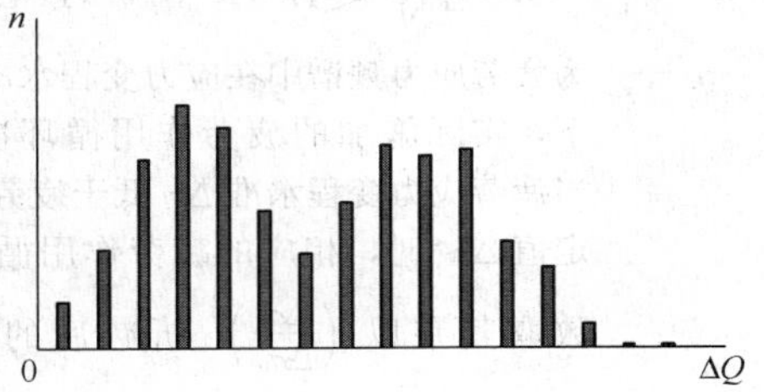

图F.2.1 荷载频谱

F.2.2 根据结构构件（或连接）的应力频谱，采用“Miner累积损伤准则”，可换算为指定循环次数的等效等幅重复应力，考虑必要的影响参数后可形成等效疲劳作用（必要时还应包括恒载）。在一般情况下，等效等幅重复应力的指定循环次数可采用 2×10^6 次。

钢结构和混凝土结构构造细节的疲劳作用计算方法如下：

1 钢结构疲劳作用

钢结构等效疲劳作用可按式（F.2.2-1）计算。

$$\Delta\sigma_{aek} = K_{a1}K_{a2}K_{a3}\cdots K_{ai}\Delta\sigma_{ac} = (\prod_{i=1}^{m} K_{ai})\Delta\sigma_{ac} \tag{F.2.2-1}$$

式中 $\Delta\sigma_{aek}$——钢结构验算部位等效疲劳应力变程标准值；

$\Delta\sigma_{ac}$——荷载标准值作用下钢结构验算部位应力变程的标准值；

K_{ai}——钢结构第 i 个疲劳影响参数，其值由自身影响统计结果和 $\Delta\sigma_{ac}$ 的比值确定，并与 $\Delta\sigma_{ac}$ 以及相应疲劳抗力标准值规定的循环次数相协调；

m——钢结构疲劳影响参数的个数，与结构有关。

2 混凝土结构疲劳作用

混凝土结构等效疲劳作用可按式（F.2.2-2）、（F.2.2-3）、（F.2.2-4）计算。

$$\sigma_{cek} = K_{c1}K_{c2}K_{c3}\cdots K_{ci}\sigma_{cc} = (\prod_{i=1}^{n} K_{ci})\sigma_{cc} \tag{F.2.2-2}$$

$$\Delta\sigma_{pek} = K_{p1}K_{p2}K_{p3}\cdots K_{pi}\Delta\sigma_{pc} = (\prod_{i=1}^{n} K_{pi})\Delta\sigma_{pc} \tag{F.2.2-3}$$

$$\Delta\sigma_{sek} = K_{s1}K_{s2}K_{s3}\cdots K_{si}\Delta\sigma_{sc} = (\prod_{i=1}^{n} K_{si})\Delta\sigma_{sc} \tag{F.2.2-4}$$

式中 σ_{cek}、$\Delta\sigma_{pek}$、$\Delta\sigma_{sek}$——分别为混凝土结构验算部位的混凝土等效疲劳应力标准值、预应力钢筋等效疲劳应力变程标准值、非预应力钢筋等效疲劳应力变程标准值；

σ_{cc}、$\Delta\sigma_{pc}$、$\Delta\sigma_{sc}$——分别为荷载标准值作用下混凝土结构验算部位的混凝土应力标准值、预应力钢筋应力变程标准值、非预应力钢筋应力变程标准值；

K_{ci}、K_{pi}、K_{si}——分别为混凝土结构验算部位混凝土、预应力钢筋、非预应力钢筋第 i 个疲劳影响参数，其值分别由自身影响统计结果和相应的 σ_{cc}、$\Delta\sigma_{pc}$、$\Delta\sigma_{sc}$ 的比值确定，并分别与 σ_{cc}、$\Delta\sigma_{pc}$、$\Delta\sigma_{sc}$ 以及各自相应疲劳抗力标准值规定的循环次数相协调；

n——混凝土结果影响参数的个数，与结构形式有关。

F.2.3 疲劳作用中各影响参数的概率分布类型和统计参数可采用数理统计方法确定，其标准值应取与静力作用相同的概率分布的平均值。

F.3 疲 劳 抗 力

F.3.1 疲劳抗力是指结构或局部构造抵抗规定循环次数疲劳作用的能力。

F.3.2 材料及非焊接钢结构的疲劳抗力与所受疲劳作用引起的最大应力 $\sigma_{\max}$ 和应力比 ρ 以及结构构造细节有关。焊接钢结构的疲劳抗力与所受疲劳作用引起

的应力变程 $\Delta\sigma$ 和结构构造细节有关。钢结构和混凝土结构构造细节的疲劳抗力计算方法分述如下：

1 钢结构疲劳抗力

钢结构疲劳抗力表达式可通过式（F.3.2-1）所示的 S-N 疲劳曲线方程表述：

$$\Delta\sigma^{m} N = C \quad (F.3.2\text{-}1)$$

式中 $\Delta\sigma$——钢结构验算部位构造细节的等幅疲劳应力变程（MPa）；

N——疲劳失效时的应力循环次数；

m、C——疲劳参数，根据结构或构件的构造和受力特征，通过疲劳试验确定。

钢结构构件的疲劳抗力 Δf_{aek} 是指钢结构验算部位构造细节在指定循环次数、指定安全保证率下由式（F.3.2-1）确定的最大疲劳应力变程标准值。

2 混凝土结构疲劳抗力

1）混凝土

影响混凝土结构中混凝土疲劳抗力的因素包括疲劳强度、疲劳弹性模量和疲劳变形模量。

混凝土的疲劳强度标准值可根据混凝土静载强度标准值乘以疲劳强度等效折减系数确定：

$$f_{cek} = K_{ce} f_{ck} \quad (F.3.2\text{-}2)$$

式中 f_{cek}——混凝土疲劳强度标准值；

K_{ce}——混凝土疲劳强度折减系数，与混凝土应力最小值等因素有关；

f_{ck}——混凝土静载强度标准值。

混凝土的疲劳弹性模量可通过试验确定。对适筋混凝土受弯构件，混凝土的疲劳弹性模量标准值可取静载弹性模量标准值乘以 0.7。

混凝土的疲劳变形模量可通过试验确定。对适筋混凝土受弯构件，混凝土的疲劳变形模量标准值可取静载变形模量标准值乘以 0.6。

2）预应力钢筋或钢筋

混凝土结构中预应力钢筋或钢筋的疲劳强度可通过式（F.3.2-1）所示的 S-N 疲劳曲线方程确定。其疲劳抗力 Δf_{pek} 或 Δf_{sek} 是指混凝土结构验算部位预应力钢筋或钢筋在指定循环次数、指定安全保证率下由式（F.3.2-1）确定的最大疲劳应力变程标准值。

F.4 疲劳可靠性验算方法

F.4.1 钢结构的疲劳可靠性一般按疲劳承载能力极限状态进行验算。根据需要可采用等效等幅重复应力法、极限损伤度法、断裂力学方法。

1 等效等幅重复应力法

1）当等效等幅重复应力法以容许应力设计法表达时，疲劳验算应满足下式的要求：

$$\Delta\sigma_{aek} \leqslant \Delta f_{aek} \quad (F.4.1\text{-}1)$$

2）当等效等幅重复应力法以分项系数设计法表达时，疲劳作用的设计值可采用结构构件在设计使用年限内疲劳荷载名义效应的等效等幅重复作用标准值乘以疲劳作用分项系数。疲劳抗力可根据结构构造取与等效等幅重复作用相同循环次数的疲劳强度试验确定。此时，疲劳验算应满足式（F.4.1-2）的要求：

$$\gamma_0 \gamma_{aek} \Delta\sigma_{aek} \leqslant \frac{\Delta f_{aek}}{\gamma_{af}} \quad (F.4.1\text{-}2)$$

式中 γ_0——结构重要性系数；

γ_{aek}——考虑等效等幅疲劳作用和疲劳作用模型不定性的分项系数；

γ_{af}——疲劳抗力分项系数，当疲劳抗力取值的保证率为 97.7%时，$\gamma_{af} = 1.0$。

2 极限损伤度法

1）当极限损伤度法以疲劳损伤度为验算项目时，其量值为结构承受的不同疲劳作用和相应次数与该作用下破坏的次数之比的总和。根据 Palmgren-Miner 线性累积损伤法则，疲劳验算应满足式（F.4.1-3）的要求：

$$\sum \frac{n_i}{N_i} < D_c \quad (F.4.1\text{-}3)$$

式中 n_i——为疲劳应力频谱中在应力变程水准 $\Delta\sigma_i$ 下，实际施加的疲劳作用循环次数，当疲劳应力变程水准 $\Delta\sigma_i$ 低于疲劳某特定值 $\Delta\sigma_0$ 时，相应的疲劳作用循环次数取其乘以 $\left(\frac{\Delta\sigma_i}{\Delta\sigma_0}\right)^2$ 折减后的次数计算；

N_i——为在应力变程水准 $\Delta\sigma_i$ 下的致伤循环次数；

D_c——为疲劳损伤度的临界值，理想状态下损伤度的临界值为 1.0。

2）当极限损伤度法以分项系数设计法表达时，疲劳验算应满足下列公式的要求：

$$\sum \frac{n_i}{N_i} < \frac{D_c}{\gamma_d} \quad (F.4.1\text{-}4)$$

$$N_i = N_i\left(\gamma_d, \gamma_{\Delta\sigma_i} \Delta\sigma_i, \frac{\Delta f_{aek}}{\gamma_{ak}}\right) \quad (F.4.1\text{-}5)$$

式中 γ_d——考虑累积损伤准则、设计使用年限和失效后果不定性的分项系数；

$\gamma_{\Delta\sigma_i}$——考虑疲劳应力变程水准和疲劳作用模型不定性的分项系数；

γ_{ak}——考虑材料和构造疲劳抗力模型不定性的分项系数。

3 断裂力学方法

当钢结构在低温环境下工作时，应采用断裂力学方法。

F.4.2 对需要进行疲劳承载能力极限状态验算的混凝土结构，应分别对混凝土和钢筋进行疲劳验算。可根据需要采用等效等幅重复应力法、极限损伤度法。

1 等效等幅重复应力法

1）当等效等幅重复应力法以容许应力设计法表达时，结构验算部位混凝土、预应力钢筋、钢筋的疲劳验算应满足式(F.4.2-1)～式(F.4.2-3)的要求：

$$\sigma_{cek} \leqslant f_{cek} \quad (F.4.2-1)$$

$$\Delta\sigma_{pek} \leqslant \Delta f_{pek} \quad (F.4.2-2)$$

$$\Delta\sigma_{sek} \leqslant \Delta f_{sek} \quad (F.4.2-3)$$

2）当等效等幅重复应力法以分项系数设计法表达时，疲劳作用的设计值可采用结构构件在设计使用年限内疲劳荷载名义效应的等效等幅重复作用标准值乘以疲劳作用分项系数。疲劳抗力可根据结构构造取与等效等幅重复作用相同循环次数的疲劳强度试验确定。此时，结构验算部位混凝土、预应力钢筋、钢筋的疲劳验算应满足式(F.4.2-4)～式(F.4.2-6)的要求：

$$\gamma_0\gamma_{cek}\sigma_{cek} \leqslant \frac{f_{cek}}{\gamma_{cf}} \quad (F.4.2-4)$$

$$\gamma_0\gamma_{pek}\Delta\sigma_{pek} \leqslant \frac{\Delta f_{pek}}{\gamma_{pf}} \quad (F.4.2-5)$$

$$\gamma_0\gamma_{sek}\Delta\sigma_{sek} \leqslant \frac{\Delta f_{sek}}{\gamma_{sf}} \quad (F.4.2-6)$$

式中 γ_{cek}、γ_{pek}、γ_{sek}——分别为考虑混凝土、预应力钢筋、钢筋的等效等幅疲劳作用和疲劳作用模型不定性的分项系数；

γ_{cf}、γ_{pf}、γ_{sf}——分别为混凝土、预应力钢筋、钢筋的疲劳抗力分项系数。

2 极限损伤度法

混凝土结构按极限损伤度法进行疲劳承载能力极限状态可靠性验算方法与附录第F.4.1条中第2款所列钢结构的疲劳验算方法相同，其中验算部位的材料为混凝土、预应力钢筋、钢筋。

F.4.3 当结构疲劳需要按使用极限状态进行可靠性验算时，应首先建立正常使用极限状态约束方程。当疲劳作用效应需要且可以线性叠加时，应在正常使用极限状态约束方程中体现。在疲劳使用极限约束值的计算中，要考虑结构材料疲劳而可能引起的变形增大。

附录G 既有结构的可靠性评定

G.1 一般规定

G.1.1 本附录适用于按有关标准设计和施工的既有结构的可靠性评定。

G.1.2 在下列情况下宜对既有结构的可靠性进行评定：

1 结构的使用时间超过规定的年限；

2 结构的用途或使用要求发生改变；

3 结构的使用环境出现恶化；

4 结构存在较严重的质量缺陷；

5 出现影响结构安全性、适用性或耐久性的材料性能劣化、构件损伤或其他不利状态；

6 对既有结构的可靠性有怀疑或有异议。

G.1.3 既有结构的可靠性评定应在保证结构性能的前提下，尽量减少工程处置工作量。

G.1.4 既有结构的可靠性评定可分为安全性评定、适用性评定和耐久性评定，必要时尚应进行抗灾害能力评定。

G.1.5 既有结构的可靠性评定，应根据国家现行有关标准的要求进行。

G.1.6 既有结构的可靠性评定应按下列步骤进行：

1 明确评定的对象、内容和目的；

2 通过调查或检测获得与结构上的作用和结构实际的性能和状况相关的数据和信息；

3 对实际结构的可靠性进行分析；

4 提出评定报告。

G.2 安全性评定

G.2.1 既有结构的安全性评定应包括结构体系和构件布置、连接和构造、承载力等三个评定项目。

G.2.2 既有结构的结构体系和构件布置，应以现行结构设计标准的要求为依据进行评定。

G.2.3 既有结构的连接和与安全性相关的构造，应以现行结构设计标准的要求为依据进行评定。

G.2.4 对结构体系和构件布置、连接和构造的评定结果满足第G.2.2和G.2.3条要求的结构，其承载力可根据结构的不同情况采取下列方法进行评定：

1 基于结构良好状态的评定方法；

2 基于分项系数或安全系数的评定方法；

3 基于可靠指标调整抗力分项系数的评定方法；

4 基于荷载检验的评定方法；

5 其他适用的评定方法。

G.2.5 当结构处于良好使用状态时，宜采用基于结构良好状态的评定方法，此时对同时满足下列要求的结构，可评定其承载力符合要求：

1 结构未出现明显的影响结构正常使用的变形、裂缝、位移、振动等适用性问题；

2 在评估使用年限内，结构上的作用和环境不会发生显著的变化。

G.2.6 当采取基于分项系数或安全系数的方法评定时，对同时满足下列要求的结构，可评定其承载力符合要求：

1 构件的承载力应按现行结构设计标准提供的结构计算模型确定，且应对模型中指标或参数进行符合实际情况的调整：

1）构件材料强度的取值，宜以实测数据为依据，按现行结构检测标准规定的方法确定；

2）计算模型的几何参数，可按构件的实际尺寸确定；

3）在计算分析构件承载力时，应考虑不可恢复性损伤的不利影响；

4）经过验证后，在计算模型中可增补对构件承载力有利因素的实际作用。

2 作用和作用效应按国家现行标准的规定确定，并可进行下列参数或分析方法的调整：

1）永久作用应以现场实测数据为依据按现行工程结构荷载标准规定的方法确定；

2）部分可变作用可根据评估使用年限情况采用考虑结构设计使用年限的荷载调整系数；

3）在计算作用效应时，应考虑轴线偏差、尺寸偏差和安装偏差等的不利影响；

4）应按可能出现的最不利作用组合确定作用效应。

3 按上述方法计算得到的构件承载力不小于作用效应或安全系数不小于有关结构设计标准的要求。

G.2.7 当可确定一批构件的实际承载力及其变异系数时，可采用基于可靠指标调整抗力分项系数的评定方法，此时对同时满足下列要求的一批构件，可评定其承载力符合要求：

1 作用效应的计算，应符合第 G.2.6 条的规定；

2 根据结构构件承载力的实际变异情况调整抗力分项系数；

3 按上述原则计算得到的承载力不小于作用效应。

G.2.8 对具备相应条件的结构或结构构件，可采用基于荷载检验的评定方法，此时对同时满足下列要求的结构或结构构件，可评定其承载力符合要求：

1 检验荷载的形式应与结构承受的主要作用的情况基本一致，检验荷载不应使结构或构件出现不可逆的变形或损伤；

2 荷载检验及相应的计算分析结果符合有关标准的要求。

G.2.9 对承载力评定为不符合要求的结构或结构构件，应提出采取加固措施的建议，必要时，也可提出对其限制使用的要求。

G.3 适用性评定

G.3.1 在结构安全性得到保证的情况下，对影响结构正常使用的变形、裂缝、位移、振动等适用性问题，应以现行结构设计标准的要求为依据进行评定，但在下列情况下可根据实际情况调整或确定正常使用极限状态的限值：

1 已出现明显的适用性问题，但结构或构件尚未达到正常使用极限状态的限值；

2 相关标准提出的质量控制指标不能准确反映结构适用性状况。

G.3.2 对已经存在超过正常使用极限状态限值的结构或构件，应提出进行处理的意见。

G.3.3 对未达到正常使用极限状态限值的结构或构件，宜进行评估使用年限内结构适用性的评定。此时宜遵守下列原则：

1 评定时可采用现行结构设计标准提供的计算模型，但模型中的指标和参数应进行符合结构实际情况的调整；

2 在条件许可时，可采用荷载检验或现场试验的评定方法；

3 对适用性评定为不满足要求的结构或构件，应提出采取处理措施的建议。

G.4 耐久性评定

G.4.1 既有结构的耐久性评定应以判定结构相应耐久年数与评估使用年限之间关系为目的。

注：耐久年数为结构在环境作用下达到相应正常使用极限状态限值的年数。

G.4.2 结构在环境作用下的正常使用极限状态限值或标志应按下列原则确定：

1 结构构件出现尚未明显影响承载力的表面损伤；

2 结构构件材料的性能劣化，使其产生脆性破坏的可能性增大。

G.4.3 既有结构的耐久年数推定，应将环境作用效应和材料性能相同的结构构件作为一个批次。

G.4.4 评定批结构构件的耐久年数，可根据结构已经使用的时间、材料相关性能变化的状况、环境作用情况和结构构件材料性能劣化的规律推定。

G.4.5 对耐久年数小于评估使用年限的结构构件，应提出适宜的维护处理建议。

G.5 抗灾害能力评定

G.5.1 既有结构的抗灾害能力宜从结构体系和构件布置、连接和构造、承载力、防灾减灾和防护措施等方面进行综合评定。

G.5.2 对可确定作用的地震、台风、雨雪和水灾等自然灾害，宜通过结构安全性校核评定其抗灾害能力。

G.5.3 对发生在结构局部的爆炸、撞击、火灾等偶然作用，宜通过评价其减小偶然作用及作用效应的措施、结构不发生与起因不相称的破坏和减小偶然作用影响范围措施等评定其抗灾害能力。

减小偶然作用及作用效应的措施包括防爆与泄爆措施、防撞击和抗撞击措施、可燃物质的控制与消防设施等。

减小偶然作用影响范围的措施包括结构变形缝设置和防止发生次生灾害的措施等。

G.5.4 对结构不可抗御的灾害，应评价其预警措施和疏散措施等。

本标准用词说明

1 为便于在执行本标准条文时区别对待，对要求严格程度不同的用词说明如下：

1）表示很严格，非这样做不可的用词：

正面词采用“必须”，反面词采用“严禁”；

2）表示严格，在正常情况下均应这样做的用词：

正面词采用“应”，反面词采用“不应”或“不得”；

3）表示允许稍有选择，在条件许可时首先应这样做的用词：

正面词采用“宜”，反面词采用“不宜”；

表示有选择，在一定条件下可以这样做的用词，采用“可”。

2 条文中指明应按其他有关标准、规范执行时，写法为：“应符合……的规定”或“应按……执行”。

中华人民共和国国家标准

工程结构可靠性设计统一标准

GB 50153—2008

条 文 说 明

目　次

1 总　　则

1.0.1 本标准是我国工程建设领域的一本重要的基础性国家标准，是制定我国工程建设其他相关标准的基础。本标准对包括房屋建筑、铁路、公路、港口、水利水电在内的各类工程结构设计的基本原则、基本要求和基本方法做出了统一规定，其目的是使设计建造的各类工程结构能够满足确保人的生命和财产安全并符合国家的技术经济政策的要求。

近年来，“可持续发展”越来越成为各类工程结构发展的主题，在最新的国际标准草案《房屋建筑的可持续性——总原则》ISO/DIS 15392（Sustainability in building construction—General principles）中还对可持续发展（sustainable development）给出了如下定义：“这种发展满足当代人的需要而不损害后代人满足其需要的能力”。有鉴于此，本次修订中增加了“使结构符合可持续发展的要求”。

对于工程结构而言，可持续发展需要考虑经济、环境和社会三个方面的内容：

一、经济方面

应尽量减少从工程的规划、设计、建造、使用、维修直至拆除等各阶段费用的总和，而不是单纯从某一阶段的费用进行衡量。以墙体为例，如仅着眼于降低建造费用而使墙体的保暖性不够，则在使用阶段的采暖费用必然增加，就不符合可持续发展的要求。

二、环境方面

要做到减少原材料和能源的消耗，减少污染。建筑工程对环境的冲击性很大。以工程结构中大量采用的钢筋混凝土为例，减少对环境冲击的方法有提高水泥、混凝土、钢材的性能和强度，淘汰低性能和强度的材料；提高钢筋混凝土的耐久性；利用粉煤灰等作为水泥的部分替代用品（生产水泥时会大量产生二氧化碳），利用混凝土碎块作为骨料的部分替代用品等。

三、社会方面

要保护使用者的健康和舒适，保护建筑工程的文化价值。可持续发展的最终目标还是发展，工程结构的性能、功能必须好，能满足使用者日益提高的要求。

为了提高可持续性的应用水平，国际上正在做出努力，例如，国际标准化组织正在编制的国际标准或技术规程有《房屋建筑的可持续性——总原则》ISO 15392、《房屋建筑的可持续性——建筑工程环境性能评估方法框架》ISO/TS 21931（Sustainability in building construction—Framework for methods of assessment for environmental performance of construction work）等。

我国需要制定标准、规范，以大力推行可持续发展的房屋及土木工程。

1.0.2 本条规定了本标准的适用范围。本标准作为我国工程结构领域的一本基础标准，所规定的基本原则、基本要求和基本方法适用于整个结构、组成结构的构件及地基基础的设计；适用于结构的施工阶段和使用阶段；也适用于既有结构的可靠性评定。

1.0.3 我国在工程结构设计领域积极推广并已得到广泛采用的是以概率理论为基础、以分项系数表达的极限状态设计方法，但这并不意味着要排斥其他有效的结构设计方法，采用什么样的结构设计方法，应根据实际条件确定。概率极限状态设计方法需要以大量的统计数据为基础，当不具备这一条件时，工程结构设计可根据可靠的工程经验或通过必要的试验研究进行，也可继续按传统模式采用容许应力或单一安全系数等经验方法进行。

荷载对结构的影响除了其量值大小外，荷载的离散性对结构的影响也相当大，因而不同的荷载采用不同的分项系数，如永久荷载分项系数较小，风荷载分项系数较大；另一方面，荷载对地基的影响除了其量值大小外，荷载的持续性对地基的影响也很大。例如对一般的房屋建筑，在整个使用期间，结构自重始终持续作用，因而对地基的变形影响大，而风荷载标准值的取值为平均50年一遇值，因而对地基承载力和变形影响均相对较小，有风组合下的地基容许承载力应该比无风组合下的地基容许承载力大。

基础设计时，如用容许应力方法确定基础底面积，用极限状态方法确定基础厚度及配筋，虽然在基础设计上用了两种方法，但实际上也是可行的。

除上述两种设计方法外，还有单一安全系数方法，如在地基稳定性验算中，要求抗滑力矩与滑动力矩之比大于安全系数 K。

钢筋混凝土挡土墙设计是三种设计方法有可能同时应用的一个例子：挡土墙的结构设计采用极限状态法，稳定性（抗倾覆稳定性、抗滑移稳定性）验算采用单一安全系数法，地基承载力计算采用容许应力法。如对结构和地基采用相同的荷载组合和相同的荷载系数，表面上是统一了设计方法，实际上是不正确的。

设计方法虽有上述三种可用，但结构设计仍应采用极限状态法，有条件时采用以概率理论为基础的极限状态法。欧洲规范为极限状态设计方法用于土工设计，使极限状态方法在工程结构设计中得以全面实施，已经做出努力，在欧洲规范7《土工设计》（Eurocode 7 Geotechnical design）中，专门列出了土工设计状况。在土工设计状况中，各分项系数与持久、短暂设计状况中的分项系数有所不同。本标准因缺乏这方面的研究工作基础，因而未能对土工设计状况做出明确的表述。

1.0.4、1.0.5 本标准是制定各类工程结构设计标准和其他相关标准应遵守的基本准则，它并不能代替各类工程结构设计标准和其他相关标准，如从结构设计看，本标准主要制定了各类工程结构设计所共同面临的各种基本变量（作用、环境影响、材料性能和几何参数）的取值原则、作用组合的规则、作用组合效应的确定方法等，结构设计中各基本变量的具体取值及在各种受力状态下作用效应和结构抗力具体计算方法应由各类工程结构的设计标准和其他相关标准作出相应规定。

2 术语、符号

本章的术语和符号主要依据国家标准《工程结构设计基本术语和通用符号》GBJ 132—90、国际标准《结构可靠性总原则》ISO 2394：1998和原国家标准《工程结构可靠度设计统一标准》GB 50153—92，并主要参考国家标准《建筑结构可靠度设计统一标准》GB 50068—2001 和欧洲规范《结构设计基础》EN1990：2002等。

2.1 术 语

2.1.2 结构构件

例如，柱、梁、板、基桩等。

2.1.5 设计使用年限

在 2000 年第 279 号国务院令颁布的《建设工程质量管理条例》中，规定了基础设施工程、房屋建筑的地基基础工程和主体结构工程的最低保修期限为设计文件规定的该工程的“合理使用年限”；在 1998 年国际标准《结构可靠性总原则》ISO 2394：1998 中，提出了“设计工作年限（design working life）”，其含义与“合理使用年限”相当。

在国家标准《建筑结构可靠度设计统一标准》GB 50068—2001 中，已将“合理使用年限”与“设计工作年限”统一称为“设计使用年限”，本标准首次将这一术语推广到各类工程结构，并规定工程结构在超过设计使用年限后，应进行可靠性评估，根据评估结果，采取相应措施，并重新界定其使用年限。

设计使用年限是设计规定的一个时段，在这一规定时段内，结构只需进行正常的维护而不需进行大修就能按预期目的使用，并完成预定的功能，即工程结构在正常使用和维护下所应达到的使用年限，如达不到这个年限则意味着在设计、施工、使用与维护的某一或某些环节上出现了非正常情况，应查找原因。所谓“正常维护”包括必要的检测、防护及维修。

2.1.6 设计状况

以房屋建筑为例，房屋结构承受家具和正常人员荷载的状况属持久状况；结构施工时承受堆料荷载的状况属短暂状况；结构遭受火灾、爆炸、撞击等作用的状况属偶然状况；结构遭受罕遇地震作用的状况属地震状况。

2.1.11 荷载布置

荷载布置就是布置荷载的位置、大小和方向。只有自由作用有荷载布置的问题，固定作用不存在这个问题。荷载布置通常被称为图形加载。荷载布置的一个最简单例子，如对一根多跨连续梁，有各跨均加载、每隔一跨加载或相邻二跨加载而其余跨均不加载等荷载布置。

2.1.12 荷载工况

荷载工况就是确定荷载组合和每一种荷载组合下的各种荷载布置。假设某一结构设计共有 3 种荷载组合，荷载组合①有 3 种荷载布置，组合②有 4 种荷载布置，组合③有 12 种荷载布置，则该结构设计共有 19 种荷载工况。设计时对每一种荷载工况都要按式（8.2.4-1）或式（8.2.4-2）计算出荷载效应，结构各截面的荷载效应最不利值就是按式（8.2.4-1）或式（8.2.4-2）计算的基本组合的效应设计值。

除有经验、有把握排除对设计不起控制的荷载工况外，对每一种荷载工况均需要进行相应的结构分析。分析的目的是要找到各个截面、各个构件、结构各个部分及整个结构的最不利荷载效应。只要达到这个目的，任何计算过程都是可以的。

当荷载与荷载效应为线性关系时，叠加原理适用，荷载组合可转换为荷载效应叠加，即用式（8.2.4-2）取代式（8.2.4-1），此时，可先对每一种荷载（的每一种布置），计算出其荷载效应，然后按式（8.2.4-2）进行荷载效应叠加。

2.1.18 抗力

例如，承载力、刚度、抗裂度等。

2.1.19 结构的整体稳固性

结构的整体稳固性系指结构在遭遇偶然事件时，仅产生局部的损坏而不致出现与起因不相称的整体性破坏。

2.1.22 可靠度

对于新建结构，“规定的时间”是指设计使用年限。结构的可靠度是对可靠性的定量描述，即结构在规定的时间内，在规定的条件下，完成预定功能的概率。这是从统计数学观点出发的比较科学的定义，因为在各种随机因素的影响下，结构完成预定功能的能力只能用概率来度量。结构可靠度的这一定义，与其他各种从定值观点出发的定义是有本质区别的。

2.1.24 可靠指标 β

对于新建结构，与可靠度相对应的可靠指标 β，是指设计使用年限的 β。

2.1.28 统计参数

例如，平均值、标准差、变异系数等。

2.1.30 名义值

例如，根据物理条件或经验确定的值。

2.1.35 作用效应

例如，内力、变形和裂缝等。

2.1.49 设计基准期

原标准中设计基准期，一是用于可靠指标β，指设计基准期的β，二是用于可变作用的取值。本标准中设计基准期只用于可变作用的取值。

设计基准期是为确定可变作用的取值而规定的标准时段，它不等同于结构的设计使用年限。设计如需采用不同的设计基准期，则必须相应确定在不同的设计基准期内最大作用的概率分布及其统计参数。

2.1.53 可变作用的伴随值

在作用组合中，伴随主导作用的可变作用值。主导作用：在作用的基本组合中为代表值采用标准值的可变作用；在作用的偶然组合中为偶然作用；在作用的地震组合中为地震作用。

2.1.54 作用的代表值

作用的代表值包括作用标准值、组合值、频遇值和准永久值，其量值从大到小的排序依次为：作用标准值＞组合值＞频遇值＞准永久值。这四个值的排序不可颠倒，但个别种类的作用，组合值与频遇值可能取相同值。

2.1.56 作用组合（荷载组合）

原标准《工程结构可靠度设计统一标准》GB 50153—92在术语上都是沿用作用效应组合，在概念上主要强调的是在设计时对不同作用（或荷载）经过合理搭配后，将其在结构上的效应叠加的过程。实际上在结构设计中，当作用与作用效应间为非线性关系时，作用组合时采用简单的线性叠加就不再有效，因此在采用效应叠加时，还必须强调作用与作用效应“可按线性关系考虑”的条件。为此，在不同作用（或荷载）的组合时，不再强调在结构上效应叠加的涵义，而且其组合内容，除考虑它们的合理搭配外，还应包括它们在某种极限状态结构设计表达式中设计值的规定，以保证结构具有必要的可靠度。

2.1.63～2.1.69 一阶线弹性分析～刚性-塑性分析

一阶分析与二阶分析的划分界限在于结构分析时所依据的结构是否已考虑变形。如依据的是初始结构即未变形结构，则是一阶分析；如依据的是已变形结构，则是二阶分析。

事实上结构承受荷载时总是要产生变形的，如变形很小，由结构变形产生的次内力不影响结构的安全性和适用性，则结构分析时可略去变形的影响，根据初始结构的几何形体进行一阶分析，以简化计算工作。

3 基本规定

3.1 基本要求

3.1.1 结构可靠度与结构的使用年限长短有关，本标准所指的结构的可靠度或失效概率，对新建结构，是指设计使用年限的结构可靠度或失效概率，当结构的使用年限超过设计使用年限后，结构的失效概率可能较设计预期值增大。

3.1.2 在工程结构必须满足的5项功能中，第1、4、5项是对结构安全性的要求，第2项是对结构适用性的要求，第3项是对结构耐久性的要求，三者可概括为对结构可靠性的要求。

所谓足够的耐久性能，系指结构在规定的工作环境中，在预定时期内，其材料性能的劣化不致导致结构出现不可接受的失效概率。从工程概念上讲，足够的耐久性能就是指在正常维护条件下结构能够正常使用到规定的设计使用年限。

偶然事件发生时，防止结构出现连续倒塌的设计方法有二类：1 直接设计法；2 间接设计法。

1 直接设计法

对可能承受偶然作用的主要承重构件及其连接予以加强或予以保护，使这些构件能承受荷载规范规定的或业主专门提出的偶然作用值。当技术上难以达到或经济上代价昂贵时，允许偶然事件引发结构局部破坏，但结构应具备荷载第二传递途径以替代原来的传递途径。前者有的称之为关键构件设计法，后者有的称之为荷载替代传递途径法。

直接设计法比通常用的设计方法复杂得多，代价也高。

2 间接设计法

实际上就是增强结构的整体稳固性。结构的整体稳固性是我国规范需要重点解决的问题。以房屋建筑为例，最简易可行的方法是将房屋捆扎牢固，如对钢筋混凝土框架结构，在楼盖和屋盖内部，设置沿柱列纵、横两个方向的系杆，系杆均需要通长设置，并且在楼盖和屋盖周边设置整个周边通长的系杆，将柱与整个结构连系牢固；房屋稍高时，除设置上述水平向系杆外，在柱内设置从基础到屋盖通长的竖直向系杆。系杆设置的具体要求和方法应遵守相关技术规范的规定。而对钢筋混凝土承重墙结构，将承重墙与楼盖、屋盖连系牢固，组成“细胞状”结构。结构的延性、体系的连续性，都是设计时应予以注意的。

间接设计法的优点是易于实施，虽然这种方法不是建立在偶然作用下对结构详细分析的基础上，但是混凝土结构中连续的系杆和钢结构中加强的连接，可以使结构在偶然作用下发挥出高于其原有的承载力。虽然水平的系杆不能有效承受竖向荷载，但是原来由受损害部分承受的荷载有可能重分配至未受损害部分。

由于连续倒塌的风险对大多数建筑物而言是低的，因而可以根据结构的重要性采取不同的对策以防止出现结构的连续倒塌：

对于次要的结构，可不考虑结构的连续倒塌问题；

对于一般的结构，宜采用间接设计法；

对于重要的结构，应采用间接设计法，当业主有要求时，可采用直接设计法；

对于特别重要的结构，应采用直接设计法。

3.1.3、3.1.4 为满足对结构的基本要求，使结构避免或减少可能的损坏，宜采取的若干主要措施。

3.2 安全等级和可靠度

3.2.1 本条为强制性条文。在本标准中，按工程结构破坏后果的严重性统一划分为三个安全等级，其中，大量的一般结构宜列入中间等级；重要的结构应提高一级；次要的结构可降低一级。至于重要结构与次要结构的划分，则应根据工程结构的破坏后果，即危及人的生命、造成经济损失、对社会或环境产生影响等的严重程度确定。

3.2.2 同一工程结构内的各种结构构件宜与结构采用相同的安全等级，但允许对部分结构构件根据其重要程度和综合经济效果进行适当调整。如提高某一结构构件的安全等级所需额外费用很少，又能减轻整个结构的破坏从而大大减少人员伤亡和财物损失，则可将该结构构件的安全等级比整个结构的安全等级提高一级；相反，如某一结构构件的破坏并不影响整个结构或其他结构构件，则可将其安全等级降低一级。

3.2.4、3.2.5 可靠指标 β 的功能主要有两个：其一，是度量结构构件可靠性大小的尺度，对有充分的统计数据的结构构件，其可靠性大小可通过可靠指标 β 度量与比较；其二，目标可靠指标是分项系数法所采用的各分项系数取值的基本依据，为此，不同安全等级和失效模式的可靠指标宜适当拉开档次，参照国内外对规定可靠指标的分级，规定安全等级每相差一级，可靠指标取值宜相差 0.5。

3.3 设计使用年限和耐久性

3.3.1 本条为强制性条文。设计文件中需要标明结构的设计使用年限，而无需标明结构的设计基准期、耐久年限、寿命等。

3.3.2 随着我国市场经济的发展，迫切要求明确各类工程结构的设计使用年限。根据我国实际情况，并借鉴有关的国际标准，附录 A 对各类工程结构的设计使用年限分别作出了规定。国际标准《结构可靠性总原则》ISO 2394：1998 和欧洲规范《结构设计基础》EN 1990：2002 也给出了各类结构的设计使用年限的示例。表 1 是欧洲规范《结构设计基础》EN 1990：2002 给出的结构设计使用年限类别的示例：

表 1 设计使用年限类别示例

类别	设计使用年限（年）	示　例
1	10	临时性结构
2	10～25	可替换的结构构件
3	15～30	农业和类似结构
4	50	房屋结构和其他普通结构
5	100	标志性建筑的结构、桥梁和其他土木工程结构

3.4 可靠性管理

3.4.1～3.4.6 结构达到规定的可靠度水平是有条件的，结构可靠度是在“正常设计、正常施工、正常使用”条件下结构完成预定功能的概率，本节是从实际出发，对“三个正常”的要求作出了具有可操作性的规定。

4 极限状态设计原则

4.1 极 限 状 态

4.1.1 承载能力极限状态可理解为结构或结构构件发挥允许的最大承载能力的状态。结构构件由于塑性变形而使其几何形状发生显著改变，虽未达到最大承载能力，但已彻底不能使用，也属于达到这种极限状态。

疲劳破坏是在使用中由于荷载多次重复作用而达到的承载能力极限状态。

正常使用极限状态可理解为结构或结构构件达到使用功能上允许的某个限值的状态。例如，某些构件必须控制变形、裂缝才能满足使用要求。因过大的变形会造成如房屋内粉刷层剥落、填充墙和隔断墙开裂及屋面积水等后果；过大的裂缝会影响结构的耐久性；过大的变形、裂缝也会造成用户心理上的不安全感。

4.2 设 计 状 况

4.2.1 原标准规定结构设计时应考虑持久设计状况、短暂设计状况和偶然设计状况等三种设计状况，本次修订中增加了地震设计状况。这主要由于地震作用具有与火灾、爆炸、撞击或局部破坏等偶然作用不同的特点：首先，我国很多地区处于地震设防区，需要进行抗震设计且很多结构是由抗震设计控制的；其二，地震作用是能够统计并有统计资料的，可以根据地震的重现期确定地震作用，因此，本次修订借鉴了欧洲规范《结构设计基础》EN 1990：2002 的规定，在原有三种设计状况的基础上，增加了地震设计状况。结构设计应分别考虑持久设计状况、短暂设计状况、偶然设计状况，对处于地震设防区的结构尚应考虑地震设计状况。

4.3 极限状态设计

4.3.1 当考虑偶然事件产生的作用时，主要承重结构可仅按承载能力极限状态进行设计，此时采用的结构可靠指标可适当降低。

4.3.2～4.3.4 工程结构按极限状态设计时，对不同的设计状况应采用相应的作用组合，在每一种作用组合中还必须选取其中的最不利组合进行有关的极限状态设计。设计时应针对各种有关的极限状态进行必要的计算或验算，当有实际工程经验时，也可采用构造措施来代替验算。

4.3.5 基本变量是指极限状态方程中所包含的影响结构可靠度的各种物理量。它包括：引起结构作用效应 S（内力等）的各种作用，如恒荷载、活荷载、地震、温度变化等；构成结构抗力 R（强度等）的各种因素，如材料性能、几何参数等。分析结构可靠度时，也可将作用效应或结构抗力作为综合的基本变量考虑。基本变量一般可认为是相互独立的随机变量。

极限状态方程是当结构处于极限状态时各有关基本变量的关系式。当结构设计问题中仅包含两个基本变量时，在以基本变量为坐标的平面上，极限状态方程为直线（线性问题）或曲线（非线性问题）；当结构设计问题中包含多个基本变量时，在以基本变量为坐标的空间中，极限状态方程为平面（线性问题）或曲面（非线性问题）。

4.3.6、4.3.7 为了合理地统一我国各类材料结构设计规范的结构可靠度和极限状态设计原则，促进结构设计理论的发展，本标准采用了以概率理论为基础的极限状态设计方法。

以往采用的半概率极限状态设计方法，仅在荷载和材料强度的设计取值上分别考虑了各自的统计变异性，没有对结构构件的可靠度给出科学的定量描述。这种方法常常使人误认为只要设计中采用了某一给定的安全系数，结构就能百分之百的可靠，将设计安全系数与结构可靠度简单地等同了起来。而以概率理论为基础的极限状态设计方法则是以结构失效概率来定义结构可靠度，并以与结构失效概率相对应的可靠指标 β 来度量结构可靠度，从而能较好地反映结构可靠度的实质，使设计概念更为科学和明确。

5 结构上的作用和环境影响

5.1 一 般 规 定

5.1.1 本章内容是对结构上的外界因素进行系统的分类和规定。外界因素包括在结构上可能出现的各种作用和环境影响，其中最主要的是各种作用，就作用形态的不同，还可分为直接作用和间接作用，前者是指施加在结构上的集中力或分布力，习惯上常称为荷载；不以力的形式出现在结构上的作用，归类为间接作用，它们都是引起结构外加变形和约束变形的原因，例如地面运动、基础沉降、材料收缩、温度变化等。无论是直接作用还是间接作用，都将使结构产生作用效应，诸如应力、内力、变形、裂缝等。

环境影响与作用不同，它是指能使结构材料随时间逐渐恶化的外界因素，随影响性质的不同，它们可以是机械的、物理的、化学的或生物的，与作用一样，它们也要影响到结构的安全性和适用性。

5.2 结构上的作用

5.2.1 结构上的大部分作用，例如建筑结构的楼面活荷载和风荷载，它们各自出现与否以及出现时量值的大小，在时间和空间上都是互相独立的，这种作用在计算其结构效应和进行组合时，均可按单个作用考虑。某些作用在结构上的出现密切相关且有可能同时以最大值出现，例如桥梁上诸多单独的车辆荷载，可以将它们以车队形式作为单个荷载来考虑。此外，冬季的雪荷载和结构上的季节温度差，它们的最大值有可能同时出现，就不能各自按单个作用考虑它们的组合。

5.2.2 对有可能同时出现的各种作用，应该考虑它们在时间和空间上的相关关系，通过作用组合（荷载组合）来处理对结构效应的影响；对于不可能同时出现的作用，就不应考虑其同时出现的组合。

5.2.3 作用按随时间的变化分类是作用最主要的分类，它直接关系到作用变量概率模型的选择。

永久作用的统计参数与时间基本无关，故可采用随机变量概率模型来描述；永久作用的随机性通常表现在随空间变异上。可变作用的统计参数与时间有关，故宜采用随机过程概率模型来描述；在实用上经常可将随机过程概率模型转化为随机变量概率模型来处理。

作用按不同性质进行分类，是出于结构设计规范化的需要，例如，车辆荷载，按随时间变化的分类属于可变荷载，应考虑它对结构可靠性的影响；按随空间变化的分类属于自由作用，应考虑它在结构上的最不利位置；按结构反应特点的分类属于动态荷载，还应考虑结构的动力响应。

在选择作用的概率模型时，很多典型的概率分布类型的取值往往是无界的，而实际上很多随机作用的量值由于客观条件的限制而具有不能被超越的界限值，例如水坝的最高水位，具有敞开泄压口的内爆炸荷载等。选用这类有界作用的概率分布类型时，应考虑它们的特点，例如可采用截尾的分布类型。

作用的其他分类，例如，当进行结构疲劳验算时，可按作用随时间变化的低周性和高周性分类；当考虑结构徐变效应时，可按作用在结构上持续期的长短分类。

5.2.4～5.2.7 作为基本变量的作用，应尽可能根据它随时间变化的规律，采用随机过程的概率模型来描述，但由于对作用观测数据的局限性，对于不同问题还可给以合理的简化。譬如，在设计基准期内结构上的最不利作用（最大作用或最小作用），原则上也应按随机过程的概率模型，但通过简化，也可采用随机变量的概率模型来描述。

在一个确定的设计基准期 T 内，对荷载随机过程作一次连续观测（例如对某地的风压连续观测 30～50 年），所获得的依赖于观测时间的数据就称为随机过程的一个样本函数。每个随机过程都是由大量的样本函数构成的。

荷载随机过程的样本函数是十分复杂的，它随荷载的种类不同而异。目前对各类荷载随机过程的样本函数及其性质了解甚少。对于常见的活荷载、风荷载、雪荷载等，为了简化起见，采用了平稳二项随机过程概率模型，即将它们的样本函数统一模型化为等时段矩形波函数，矩形波幅值的变化规律采用荷载随机过程 $\{Q(t), t \in [0, T]\}$ 中任意时点荷载的概率分布函数 $F_Q(x) = P\{Q(t_0) \leqslant x, t_0 \in [0, T]\}$ 来描述。

对于永久荷载，其值在设计基准期内基本不变，从而随机过程就转化为与时间无关的随机变量 $\{G(t) = G, t \in [0, T]\}$，所以样本函数的图像是平行于时间轴的一条直线。此时，荷载一次出现的持续时间 $\tau = T$，在设计基准期内的时段数 $r = \frac{T}{\tau} = 1$，而且在每一时段内出现的概率 $p = 1$。

对于可变荷载（活荷载及风、雪荷载等），其样本函数的共同特点是荷载一次出现的持续时间 $\tau < T$，在设计基准期内的时段数 $r > 1$，且在 T 内至少出现一次，所以平均出现次数 $m = pr \geqslant 1$。不同的可变荷载，其统计参数 τ、p 以及任意时点荷载的概率分布函数 $F_Q(x)$ 都是不同的。

对于活荷载及风、雪荷载随机过程的样本函数采用这种统一的模型，为推导设计基准期最大荷载的概率分布函数和计算组合的最大荷载效应（综合荷载效应）等带来很多方便。

当采用一次二阶矩极限状态设计法时，必须将荷载随机过程转化为设计基准期最大荷载：

$$Q_T = \max_{0 \leqslant t \leqslant T} Q(t)$$

因 T 已规定，故 Q_T 是一个与时间参数 t 无关的随机变量。

各种荷载的概率模型必须通过调查实测，根据所获得的资料和数据进行统计分析后确定，使之尽可能反映荷载的实际情况，并不要求一律选用平稳二项随机过程这种特定的概率模型。

任意时点荷载的概率分布函数 $F_Q(x)$ 是结构可靠度分析的基础。它应根据实测数据，运用 χ^2 检验或 K-S 检验等方法，选择典型的概率分布如正态、对数正态、伽马、极值Ⅰ型、极值Ⅱ型、极值Ⅲ型等来拟合，检验的显著性水平可取 0.05。显著性水平是指所假设的概率分布类型为真而经检验被拒绝的最大概率。

荷载的统计参数，如平均值、标准差、变异系数等，应根据实测数据，按数理统计学的参数估计方法确定。当统计资料不足而一时又难以获得时，可根据工程经验经适当的判断确定。

虽然任何作用都具有不同性质的变异性，但在工程设计中，不可能直接引用反映其变异性的各种统计参数并通过复杂的概率运算进行设计。因此，在设计时，除了采用能便于设计者使用的设计表达式外，对作用仍应赋予一个规定的量值，称为作用的代表值。根据设计的不同要求，可规定不同的代表值，以使能更确切地反映它在设计中的特点。在本标准中参考国际标准对可变作用采用四种代表值：标准值、组合值、频遇值和准永久值，其中标准值是作用的基本代表值，而其他代表值都可在标准值的基础上乘以相应的系数后来表示。

作用标准值是指其在结构设计基准期内可能出现的最大作用值。由于作用本身的随机性，因而设计基准期内的最大作用也是随机变量，尤其是可变作用，原则上都可用它们的统计分布来描述。作用标准值统一由设计基准期最大作用概率分布的某个分位值来确定，设计基准期应该统一规定，譬如为 50 年或 100 年，此外还应对该分位值的百分数作明确规定，这样标准值就可取分布的统计特征值（均值、众值、中值或较高的分位值，譬如 90%或 95%的分位值），因此在国际上也称标准值为特征值。

对可变作用的标准值，有时可以通过平均重现期的规定来定义，见附录第 C.2.1 条第 3 款。

在实际工程中，有时由于无法对所考虑的作用取得充分的数据，也不得不从实际出发，根据已有的工程实践经验，通过分析判断后，协议一个公称值或名义值作为作用的代表值。

当有两种或两种以上的可变作用在结构上要求同时考虑时，由于所有可变作用同时达到其单独出现时可能达到的最大值的概率极小，因此在结构按承载能力极限状态设计时，除主导作用应采用标准值为代表值外，其他伴随作用均应采用主导作用出现时段内的最大量值，即以小于其标准值的组合值为代表值（见附录第 C.2.4 条）。

当结构按正常使用极限状态的要求进行设计时，例如要求控制结构的变形、局部损坏以及振动时，理应从不同的要求出发，来选择不同的作用代表值；目前规范提供的除标准值和组合值外，还有频遇值和准永久值。频遇值是代表某个约定条件下不被超越的作用水平，例如在设计基准期内被超越的总时间与设计基准期之比规定为某个较小的比率，或被超越的频率限制在规定的频率内的作用水平。准永久值是代表作用在设计基准期内经常出现的水平，也即其持久性部分，当对持久性部分无法定性时，也可按频遇值定义，在设计基准期内被超越的总时间与设计基准期之比规定为某个较大的比率来确定（详见附录C.2.2和C.2.3条）。

5.2.8 偶然作用是指在设计使用年限内不一定出现，而一旦出现其量值很大，且持续期在多数情况下很短的作用，例如爆炸、撞击、龙卷风、偶然出现的雪荷载、风荷载等。因此，偶然作用的出现是一种意外事件，它们的代表值应根据具体的工程情况和偶然作用可能出现的最大值，并且考虑经济上的因素，综合地加以确定，也可通过有关的标准规定。

对这类作用，由于历史资料的局限性，一般都是根据工程经验，通过分析判断，经协议确定其名义值。当有可能获取偶然作用的量值数据并可供统计分析，但是缺乏失效后果的定量和经济上的优化分析时，国际标准建议可采用重现期为万年的标准确定其代表值。

当采用偶然作用为结构的主导作用时，设计应保证结构不会由于作用的偶然出现而导致灾难性的后果。

5.2.9 地震作用的代表值按传统都采用当地地区的基本烈度，根据大部分地区的统计资料，它相当于设计基准期为50年最大烈度90%的分位值。如果采用重现期表示，基本烈度相当于重现期为475年地震烈度。我国规范将抗震设防划分三个水准，第一水准是低于基本烈度，也称为众值烈度，俗称小震，它相当于50年最大烈度36.8%的分位值；第二水准是基本烈度；第三水准是罕遇地震烈度，它远高于基本烈度，俗称大震，相当于50年最大烈度98%分位值，或重现期为2500年地震烈度。

5.2.10 为了能适应各种不同形式的结构，将结构上的作用分成两部分因素：与结构类型无关的基本作用和与结构类型（包括外形和变形性能）有关的因素。基本作用 F_0 通常具有随时间和空间的变异性，它应具有标准化的定义，例如对结构自重可定义为结构的图纸尺寸和材料的标准重度；对雪荷载可定义标准地面上的雪重为基本雪压；对风荷载可定义标准地面上10m高处的标准时距的平均风速为基本风压，如此等等。而作用值应在基本作用的基础上，考虑与结构有关的其他因素，通过反映作用规律的数学函数 $\varphi(\cdot)$ 来表述，例如，对雪荷载的情况，可根据屋面的不同条件将基本雪压换算为屋面上的雪荷载；对风荷载的情况，可根据场地地面粗糙度情况、结构外形及结构不同高度，将基本风压换算为结构上的风荷载。

5.2.11 当作用对结构产生不可忽略的加速度时，即与加速度对应的结构效应占有相当比重时，结构应采用动力模型来描述。此时，动态作用必须按某种方式描述其随时间的变异性（随机性），作用可根据分析的方便与否而采用时域或频域的描述方式，作用历程中的不定性可通过选定随机参数的非随机函数来描述，也可进一步采用随机过程来描述，各种随机过程经常被假定为分段平稳的。

在有些情况下，动态作用与材料性能和结构刚度、质量及各类阻尼有关，此时对作用的描述首先是在偏于安全的前提下规定某些参数，例如结构质量、初速度等。通常还可以进一步将这些参数转化为等效的静态作用。

如果认为所选用的参数还不能保证其结果偏于安全，就有必要对有关作用模型按不同的假设进行计算，从中选出认为可靠的结果。

5.3 环境影响

5.3.1、5.3.2 环境影响可以具有机械的、物理的、化学的或生物的性质，并且有可能使结构的材料性能随时间发生不同程度的退化，向不利方向发展，从而影响结构的安全性和适用性。

环境影响在很多方面与作用相似，而且可以和作用相同地进行分类，特别是关于它们在时间上的变异性，因此，环境影响可分类为永久、可变和偶然影响三类。例如，对处于海洋环境中的混凝土结构，氯离子对钢筋的腐蚀作用是永久影响，空气湿度对木材强度的影响是可变影响等。

环境影响对结构的效应主要是针对材料性能的降低，它是与材料本身有密切关系的，因此，环境影响的效应应根据材料特点而加以规定。在多数情况下是涉及化学的和生物的损害，其中环境湿度的因素是最关键的。

如同作用一样，对环境影响应尽量采用定量描述；但在多数情况下，这样做是有困难的，因此，目前对环境影响只能根据材料特点，按其抗侵蚀性的程度来划分等级，设计时按等级采取相应措施。

6 材料和岩土的性能及几何参数

6.1 材料和岩土的性能

6.1.1、6.1.2 材料性能实际上是随时间变化的，有些材料性能，例如木材、混凝土的强度等，这种变化相当明显，但为了简化起见，各种材料性能仍作为与时间无关的随机变量来考虑，而性能随时间的变化一般通过引进换算系数来估计。

6.1.3 用材料的标准试件试验所得的材料性能 f_{spe}，一般说来，不等同于结构中实际的材料性能 f_{str}，有时两者可能有较大的差别。例如，材料试件的加荷速度远超过实际结构的受荷速度，致使试件的材料强度较实际结构中偏高；试件的尺寸远小于结构的尺寸，致使试件的材料强度受到尺寸效应的影响而与结构中不同；有些材料，如混凝土，其标准试件的成型与养护与实际结构并不完全相同，有时甚至相差很大，以致两者的材料性能有所差别。所有这些因素一般习惯于采用换算系数或函数 K_0 来考虑，从而结构中实际的材料性能与标准试件材料性能的关系可用下式表示：

$$f_{str} = K_0 f_{spe}$$

由于结构所处的状态具有变异性，因此换算系数或函数 K_0 也是随机变量。

6.1.4 材料强度标准值一般取概率分布的低分位值，国际上一般取 0.05 分位值，本标准也采用这个分位值确定材料强度标准值。此时，当材料强度按正态分布时，标准值为：

$$f_k = \mu_f - 1.645\sigma_f$$

当按对数正态分布时，标准值近似为：

$$f_k = \mu_f \exp(-1.645\delta_f)$$

式中 μ_f、σ_f 及 δ_f 分别为材料强度的平均值、标准差及变异系数。

当材料强度增加对结构性能不利时，必要时可取高分位值。

6.1.5 岩土性能参数的标准值当有可能采用可靠性估值时，可根据区间估计理论确定，单侧置信界限值由式 $f_k = \mu_f\left(1 \pm \frac{t_\alpha}{\sqrt{n}}\delta_f\right)$ 求得，式中 t_α 为学生氏函数，按置信度 $1-\alpha$ 和样本容量 n 确定。

6.2 几 何 参 数

6.2.1 结构的某些几何参数，例如梁跨和柱高，其变异性一般对结构抗力的影响很小，设计时可按确定量考虑。

7 结构分析和试验辅助设计

7.1 一 般 规 定

7.1.1～7.1.3 结构分析是确定结构上作用效应的过程，结构上的作用效应是指在作用影响下的结构反应，包括构件截面内力（如轴力、剪力、弯矩、扭矩）以及变形和裂缝。

在结构分析中，宜考虑环境对材料、构件和结构性能的影响，如湿度对木材强度的影响，高温对钢结构性能的影响等。

7.2 结 构 模 型

7.2.1 建立结构分析模型一般都要对结构原型进行适当简化，考虑决定性因素，忽略次要因素，并合理考虑构件及其连接，以及构件与基础间的力-变形关系等因素。

7.2.2 一维结构分析模型适用于结构的某一维尺寸（长度）比其他两维大得多的情况，或结构在其他两维方向上的变化对结构分析结果影响很小的情况，如连续梁；二维结构分析模型适用于结构的某一维尺寸比其他两维小得多的情况，或结构在某一维方向上的变化对分析结果影响很小的情况，如平面框架；三维结构分析模型适用于结构中没有一维尺寸显著大于或小于其他两维的情况。

7.2.4 在许多情况下，结构变形会引起几何参数名义值产生显著变异。一般称这种变形效应为几何非线性或二阶效应。如果这种变形对结构性能有重要影响，原则上应与结构的几何不完整性一样在设计中加以考虑。

7.2.5 结构分析模型描述各有关变量之间在物理上或经验上的关系。这些变量一般是随机变量。计算模型一般可表达为：

$$Y = f(X_1, X_2, \cdots, X_n)$$

式中 Y——模型预测值；

$f(\cdot)$——模型函数；

X_i（i=1，2，…，n）——变量。

如果模型函数 $f(\cdot)$ 是完整、准确的，变量 $X_i(i=1,2,\cdots,n)$ 值在特定的试验中经量测已知，则结果 Y 可以预测无误；但多数情况下模型并不完整，这可能因为缺乏有关知识，或者为设计方便而过多简化造成的。模型预测值的试验结果 Y' 可以写成如下：

$$Y' = f'(X_1, X_2, \cdots, X_n, \theta_1, \theta_2, \cdots, \theta_n)$$

式中 θ_i（i=1，2，…，n）为有关参数，它包含着模型不定性，且按随机变量处理。在多数情况下其统计特性可通过试验或观测得到。

7.3 作 用 模 型

7.3.1 一个完善的作用模型应能描述作用的特性，如作用的大小、位置、方向、持续时间等。在有些情况下，还应考虑不同特性之间的相关性，以及作用与结构反应之间的相互作用。

在多数情况中，结构动态反应是由作用的大小、位置或方向的急剧变化所引起的。结构构件的刚度或抗力的突然改变，亦可能产生动态效应。当动态性能起控制作用时，需要比较详细的过程描述。动态作用的描述可以时间为主或以频率为主给出，依方便而定。为描述作用在时间变化历程中的各种不定性，可将作用描述为一个具有选定随机参数的时间非随机函数，或作为一个分段平稳的随机过程。

7.4 分 析 方 法

7.4.1、**7.4.2** 当结构的材料性能处于弹性状态时，一般可假定力与变形（或变形率）之间的相互关系是线性的，可采用弹性理论进行结构分析，在这种情况下，分析比较简单，效率也较高；而当结构的材料性能处于弹塑性状态或完全塑性状态时，力与变形（或变形率）之间的相互关系比较复杂，一般情况下都是非线性的，这时宜采用弹塑性理论或塑性理论进行结构分析。

7.4.3 结构动力分析主要涉及结构的刚度、惯性力和阻尼。动力分析刚度与静力分析所采用的原则一致。尽管重复作用可能产生刚度的退化，但由于动力影响，亦可能引起刚度增大。惯性力是由结构质量、非结构质量和周围流体、空气和土壤等附加质量的加速度引起的。阻尼可由许多不同因素产生，其中主要因素有：

1 材料阻尼，例如源于材料的弹性特性或塑性特性；

2 连接中的摩擦阻尼；

3 非结构构件引起的阻尼；

4 几何阻尼；

5 土壤材料阻尼；

6 空气动力和流体动力阻尼。

在一些特殊情况下，某些阻尼项可能是负值，导致从环境到结构的能量流动。例如疾驰、颤动和在某些程度上的游涡所引起的反应。对于强烈地震时的动力反应，一般需要考虑循环能量衰减和滞回能量消失。

7.5 试验辅助设计

7.5.1、7.5.2 试验辅助设计（简称试验设计）是确定结构和结构构件抗力、材料性能、岩土性能以及结构作用和作用效应设计值的方法。该方法以试验数据的统计评估为依据，与概率设计和分项系数设计概念相一致。在下列情况下可采用试验辅助设计：

1 规范没有规定或超出规范适用范围的情况；

2 计算参数不能确切反映工程实际的特定情况；

3 现有设计方法可能导致不安全或设计结果过于保守的情况；

4 新型结构（或构件）、新材料的应用或新设计公式的建立；

5 规范规定的特定情况。

对于新技术、新材料等，在工程应用中应特别慎重，可能还有其他政策和规范要求，也应遵守。

8 分项系数设计方法

8.1 一 般 规 定

8.1.1 尽管概率极限状态设计方法全部更新了结构可靠性的概念与分析方法，但提供给设计人员实际使用的仍然是分项系数设计表达方式，它与设计人员长期使用的表达形式相同，从而易于掌握。

概率极限状态设计方法必须以统计数据为基础，考虑到对各类工程结构所具有的统计数据在质与量二个方面都很有很大差异，在某些领域根本没有统计数据，因而规定当缺乏统计数据时，可以不通过可靠指标 β，直接按工程经验确定分项系数。

8.1.2 本条规定了各种基本变量设计值的确定方法。

1 作用的设计值 F_d 一般可表示为作用的代表值 F_r 与作用的分项系数 γ_F 的乘积。对可变作用，其代表值包括标准值、组合值、频遇值和准永久值。组合值、频遇值和准永久值可通过对可变作用标准值的折减来表示，即分别对可变作用的标准值乘以不大于1的组合值系数 ψ_c、频遇值系数 ψ_f 和准永久值系数 ψ_q。

工程结构按不同极限状态设计时，在相应的作用组合中对可能同时出现的各种作用，应采用不同的作用设计值 F_d，见表2：

表2 作用的设计值 F_d

极限状态	作用组合	永久作用	主导作用	伴随可变作用	公 式
承载能力极限状态	基本组合	$\gamma_{G_i}G_{ik}$	$\gamma_{Q_1}\gamma_{L1}Q_{1k}$	$\gamma_{Q_j}\psi_{cj}\gamma_{Lj}Q_{jk}$	(8.2.4-1)
	偶然组合	G_{ik}	A_d	(ψ_{f1} 或 ψ_{q1})Q_{1k} 和 $\psi_{qj}Q_{jk}$	(8.2.5-1)
	地震组合	G_{ik}	$\gamma_I A_{Ek}$	$\psi_{qj}Q_{jk}$	(8.2.6-1)
正常使用极限状态	标准组合	G_{ik}	Q_{1k}	$\psi_{cj}Q_{jk}$	(8.3.2-1)
	频遇组合	G_{ik}	$\psi_{f1}Q_{1k}$	$\psi_{qj}Q_{jk}$	(8.3.2-3)
	准永久组合	G_{ik}	—	$\psi_{qj}Q_{jk}$	(8.3.2-5)

作用分项系数 γ_F 的取值，应符合现行国家有关标准的规定。如对房屋建筑，γ_F 的取值为：不利时，γ_G＝1.2或1.35，γ_Q＝1.4；有利时，$\gamma_G \leqslant 1.0$，γ_Q＝0。

8.2 承载能力极限状态

8.2.1 本条列出了四种承载能力极限状态，应根据四种状态性质的不同，采用不同的设计表达方式及与之相应的分项系数数值。

对于疲劳破坏，有些材料（如钢筋）的疲劳强度宜采用应力变程（应力幅）而不采用强度绝对值来表达。

8.2.2 式（8.2.2-1）中，S_d 包括荷载系数，R_d 包括材料系数（或抗力系数），这二类系数在一定范围内是可以互换的。

以房屋建筑结构中安全等级为二级、设计使用年限为50年的钢筋混凝土轴心受拉构件为例：

设永久作用标准值的效应 N_{G_k}＝10kN，可变作用标准值的效应 N_{Q_k}＝20kN，钢筋强度标准值 f_{yk}＝400N/mm^2，求所需钢筋面积 A_S。

方案1 取 γ_G＝1.2，γ_Q＝1.4，γ_s＝1.1，则由式（8.2.4-2），作用组合的效应设计值 N_d

$=\gamma_G N_{G_k}+\gamma_{Q_k} N_{Q_k}=1.2\times10+1.4\times20=40$(kN)，取$R_d=A_s f_{yk}/\gamma_s=N_d=40$(kN)，则 $A_s=40\times1.1/(400\times0.001)=110(mm^2)$。

方案 2　取 $\gamma_G=1.2\times1.1/1.2=1.1$，$\gamma_Q=1.4\times1.1/1.2=1.283$，$\gamma_s=1.1/(1.1/1.2)=1.2$，则由式(8.2.4-2)，作用组合的效应设计值 $N_d=\gamma_G N_{G_k}+\gamma_{Q_k} N_{Q_k}=1.1\times10+1.283\times20=36.66$(kN)，取 $R_d=A_s f_{yk}/\gamma_s=N_d=36.66$(kN)，则 $A_s=36.66\times1.2/(400\times0.001)=110(mm^2)$。

方案 1 和方案 2 是完全等价的，用相同的钢筋截面积承受相同的拉力设计值，安全度是完全相同的。

方案 1 的荷载系数及材料系数与国际及国内比较靠近，而方案 2 则有明显差异。方案 2 不可取，不利于各类工程结构之间的协调对比。

8.2.4　对基本组合，原标准只给出了用函数形式的表达式，设计人员无法用作设计。《建筑结构可靠度设计统一标准》GB 50068—2001给出了用显式的表达式，设计人员可用作设计，但仅限于作用与作用效应按线性关系考虑的情况，非线性关系时不适用。

本标准首次提出对各类工程结构、对线性与非线性两种关系全部适用的，设计人员可直接采用的表达式。

本标准对结构的重要性系数用 γ_0 表示，这与原标准相同。

当结构的设计使用年限与设计基准期不同时，应对可变作用的标准值进行调整，这是因为结构上的各种可变作用均是根据设计基准期确定其标准值的。以房屋建筑为例，结构的设计基准期为 50 年，即房屋建筑结构上的各种可变作用的标准值取其 50 年一遇的最大值分布上的“某一分位值”，对设计使用年限为 100 年的结构，要保证结构在 100 年时具有设计要求的可靠度水平，理论上要求结构上的各种可变作用应采用 100 年一遇的最大值分布上的相同分位值作为可变作用的“标准值”，但这种作法对同一种可变作用会随设计使用年限的不同而有多种“标准值”，不便于荷载规范表达和设计人员使用，为此，本标准首次提出考虑结构设计使用年限的荷载调整系数 γ_L，以设计使用年限 100 年为例，γ_L 的含义是在可变作用 100 年一遇的最大值分布上，与该可变作用 50 年一遇的最大值分布上标准值的相同分位值的比值，其他年限可类推。在附录 A.1 中对房屋建筑结构给出了 γ_L 的具体取值，设计人员可直接采用；对设计使用年限为 50 年的结构，其设计使用年限与设计基准期相同，不需调整可变作用的标准值，则取 $\gamma_L=1.0$。

永久荷载不随时间而变化，因而与 γ_L 无关。

当设计使用年限大于基准期时，除在荷载方面考虑 γ_L 外，在抗力方面也需采取相应措施，如采用较高的混凝土强度等级、加大混凝土保护层厚度或对钢筋作涂层处理等，使结构在更长的时间内不致因材料劣化而降低可靠度。

8.2.5　偶然作用的情况复杂，种类很多，因而对偶然组合，原标准只用文字作简单叙述，本标准给出了偶然组合效应设计值的表达式，但未能统一选定式（8.2.5-1）或式（8.2.5-2）中用 ψ_{f1} 或 ψ_{q1}，有关的设计规范应予以明确。

8.2.6　各类工程结构都会遭遇地震，很多结构是由抗震设计控制的。目前我国地震作用的取值标准在各类工程结构之间相差很大，需加以协调。

国内外对地震作用的研究，今天已发展到可统计且有统计数据了。可以给出不同重现期的地震作用，根据地震作用不同的取值水平提出对结构相应的性能要求，这和现在无法统计或没有统计数据的偶然作用显然不同。将地震设计状况单独列出的客观条件已经具备，列出这一状况有利于各类工程结构抗震设计的统一协调与发展。

对房屋建筑而言，式（8.2.6-1）中地震作用的取值标准由重现期为 50 年的地震作用即多遇地震作用，提高到重现期为 475 年的地震作用即基本烈度地震作用（后者的地震加速度约为前者的 3 倍），作为选定截面尺寸和配筋量的依据，其目的绝不是要普遍提高地震设防水平，普遍增加材料用量，而是要将对结构抗震至关重要的结构体系延性作为抗震设计的重要参数，使设计合理。

结构在基本烈度地震作用下已处于弹塑性阶段，结构体系延性高，耗能能力强，可大幅度降低结构按弹性分析所得出的地震作用效应，鼓励设计人员设计出高延性的结构体系，降低地震作用效应，缩小截面，减少资源消耗。

上述做法在国际上是通用的，在有关标准规范中均有明确规定。国际标准《结构上的地震作用》ISO 3010，规定了结构系数（structural factor）k_D；欧洲规范《结构抗震设计》EN 1998，规定了性能系数（behaviour factor）q；美国规范《国际建筑规范》IBC 及《建筑荷载规范》ASCE7，规定了反应修正系数（response modification coefficient）R，这些系数虽然名称不同、符号各异，但含义类似。采用这些系数后，在设计基本地震加速度相同的条件下，可使延性高的结构体系与延性低的结构体系相比，大幅度降低结构承载力验算时的地震力。

式（8.2.6-1）中的地震作用重要性系数 γ_I 与式（8.2.2-1）中的结构重要性系数 γ_0 不应同时采用。在房屋建筑中，将量大面广的丙类建筑 γ_I 取值为 1.0，对甲类、乙类建筑 γ_I 取大于 1。

γ_I 与第 8.2.4 条说明中 γ_L 的含义类似。假设对甲类建筑采用重现期为 2500 年的地震，则对甲类建

筑的 γ_1，含义就是 2500 年一遇的地震作用与 475 年一遇的地震作用的比值。

8.3 正常使用极限状态

8.3.1 对承载能力极限状态，安全与失效之间的分界线是清晰的，如钢材的屈服、混凝土的压坏、结构的倾覆、地基的滑移，都是清晰的物理现象。对正常使用极限状态，能正常使用与不能正常使用之间的分界线是模糊的，难以找到清晰的物理现象，区分正常与不正常，在很大程度上依靠工程经验确定。

8.3.2 列出了三种组合，来源于《结构可靠性总原则》ISO 2394和《结构设计基础》EN 1990。

正常使用极限状态的可逆与不可逆的划分很重要。如不可逆，宜用标准组合；如可逆，宜用频遇组合或准永久组合。

可逆与不可逆不能只按所验算构件的情况确定，而且需要与周边构件联系起来考虑。以钢梁的挠度为例，钢梁的挠度本身当然是可逆的，但如钢梁下有隔墙，钢梁与隔墙之间又未作专门处理，钢梁的挠度会使隔墙损坏，则仍被认为是不可逆的，应采用标准组合进行设计验算；如钢梁的挠度不会损坏其他构件（结构的或非结构的），只影响到人的舒适感，则可采用频遇组合进行设计验算；如钢梁的挠度对各种性能要求均无影响，只是个外观问题，则可采用准永久组合进行设计验算。

附录 A 各类工程结构的专门规定

A.1 房屋建筑结构的专门规定

A.1.2 房屋建筑结构取设计基准期为 50 年，即房屋建筑结构的可变作用取值是按 50 年确定的。

A.1.3 根据《建筑结构可靠度设计统一标准》GB 50068—2001给出了各类房屋建筑结构的设计使用年限。

A.1.4 表 A.1.4 中规定的房屋建筑结构构件持久设计状况承载能力极限状态设计的可靠指标，是以建筑结构安全等级为二级时延性破坏的 β 值 3.2 作为基准，其他情况下相应增减 0.5。可靠指标 β 与失效概率运算值 p_f 的关系见表 3：

表 3 可靠指标 β 与失效概率运算值 p_f 的关系

β	2.7	3.2	3.7	4.2
p_f	3.5×10^{-3}	6.9×10^{-4}	1.1×10^{-4}	1.3×10^{-5}

表 A.1.4 中延性破坏是指结构构件在破坏前有明显的变形或其他预兆；脆性破坏是指结构构件在破坏前无明显的变形或其他预兆。

表 A.1.4 中作为基准的 β 值，是根据对 20 世纪 70 年代各类材料结构设计规范校准所得的结果并经综合平衡后确定的，表中规定的 β 值是房屋建筑各种材料结构设计规范应采用的最低值。

表 A.1.4 中规定的 β 值是对结构构件而言的。对于其他部分如连接等，设计时采用的 β 值，应由各种材料的结构设计规范另作规定。

目前由于统计资料不够完备以及结构可靠度分析中引入了近似假定，因此所得的失效概率 p_f 及相应的 β 尚非实际值。这些值是一种与结构构件实际失效概率有一定联系的运算值，主要用于对各类结构构件可靠度作相对的度量。

A.1.5 为促进房屋使用性能的改善，根据《结构可靠性总原则》ISO 2394：1998 的建议，结合国内近年来对我国建筑结构构件正常使用极限状态可靠度所作的分析研究成果，对结构构件正常使用的可靠度作出了规定。对于正常使用极限状态，其可靠指标一般应根据结构构件作用效应的可逆程度选取：可逆程度较高的结构构件取较低值；可逆程度较低的结构构件取较高值，例如《结构可靠性总原则》ISO 2394：1998 规定，对可逆的正常使用极限状态，其可靠指标取为 0；对不可逆的正常使用极限状态，其可靠指标取为 1.5。

不可逆极限状态指产生超越状态的作用被卸除后，仍将永久保持超越状态的一种极限状态；可逆极限状态指产生超越状态的作用被卸除后，将不再保持超越状态的一种极限状态。

A.1.6 为保证以永久荷载为主结构构件的可靠指标符合规定值，根据《建筑结构可靠度设计统一标准》GB 50068—2001 的规定，式（A.1.6-1）与式（8.2.4-1）同时使用，式（A.1.6-1）对以永久荷载为主的结构起控制作用。

A.1.7 结构重要性系数 γ_0 是考虑结构破坏后果的严重性而引入的系数，对于安全等级为一级和三级的结构构件分别取不小于 1.1 和 0.9。可靠度分析表明，采用这些系数后，结构构件可靠指标值较安全等级为二级的结构构件分别增减 0.5 左右，与表 A.1.4 的规定基本一致。考虑不同投资主体对建筑结构可靠度的要求可能不同，故允许结构重要性系数 γ_0 分别取不应小于 1.1、1.0 和 0.9。

A.1.8 对永久荷载系数 γ_G 和可变荷载系数 γ_Q 的取值，分别根据对结构构件承载能力有利和不利两种情况，作出了具体规定。

在某些情况下，永久荷载效应与可变荷载效应符号相反，而前者对结构承载能力起有利作用。此时，若永久荷载分项系数仍取同号效应时相同的值，则结构构件的可靠度将严重不足。为了保证结构构件具有必要的可靠度，并考虑到经济指标不致波动过大和应用方便，规定当永久荷载效应对结构构件的承载能力有利时，γ_G 不应大于 1.0。

荷载分项系数系按下列原则经优选确定的：在各种荷载标准值已给定的前提下，要选取一组分项系数，使按极限状态设计表达式设计的各种结构构件具有的可靠指标与规定的可靠指标之间在总体上误差最小。在定值过程中，原《建筑结构设计统一标准》GBJ 68—84 对钢、薄钢、钢筋混凝土、砖石和木结构选择了 14 种有代表性的构件，若干种常遇的荷载效应比值（可变荷载效应与永久荷载效应之比）以及 3 种荷载效应组合情况（恒荷载与住宅楼面活荷载、恒荷载与办公楼楼面活荷载、恒荷载与风荷载）进行分析，最后确定，在一般情况下采用 $\gamma_G=1.2$，$\gamma_Q=1.4$，国标《建筑结构可靠度设计统一标准》GB 50068—2001对以永久荷载为主的结构，又补充了采用 $\gamma_G=1.35$ 的规定，本标准继续采用。

A.1.9 对设计使用年限为 100 年和 5 年的结构构件，通过考虑结构设计使用年限的荷载调整系数 γ_L 对可变荷载取值进行调整。

A.2 铁路桥涵结构的专门规定

A.2.1～A.2.3 依据国内外有关标准，规定了铁路桥涵结构的安全等级和设计使用年限。铁路桥涵结构的设计基准期选择与结构设计使用年限相同量级为 100 年，作为确定桥梁结构上可变作用最大值概率分布的时间参数。在结构设计基准期内可变作用重现期为 100 年的超越概率为 63.2%，年超越概率为 1%。

A.2.4 根据第 4.3.2 条，桥梁结构承载能力极限状态设计采用荷载（作用）的基本组合和偶然组合，地震组合表达形式与偶然组合相同。根据对现行桥规各类结构标准设计的校准优化确定结构目标可靠指标 β_t，采用《结构可靠性总原则》ISO 2394：1998 附录 E.7.2 基于校准的分项系数方法优化确定桥梁结构承载能力极限状态设计组合的分项系数，使各类组合的结构可靠指标 β 接近所选定的目标可靠指标 β_t。

假设分项系数模式表达式为：

$$g\left(\frac{f_{k1}}{\gamma_{m1}},\frac{f_{k2}}{\gamma_{m2}},\cdots,\gamma_{f1}F_{k1},\gamma_{f2}F_{k2},\cdots\right)\geqslant 0$$

式中 f_{ki}——材料 i 的强度标准值；

γ_{mi}——材料 i 的分项系数；

F_{kj}——荷载（作用）j 的标准值；

γ_{fj}——荷载（作用）j 的分项系数。

选定的分项系数组（γ_{m1}，γ_{m2}，…，γ_{f1}，γ_{f2}，…）设计的结构构件的可靠指标 β_k 使聚集的偏差 D 为最小：

$$D=\sum_{k=1}^{n}\left[\beta_k(\gamma_{mi},\gamma_{fj})-\beta_t\right]^2\rightarrow\min$$

β_k 可以选定为桥梁结构中权重系数最大的结构可靠指标。

A.2.5 根据第 4.3.3 条，桥梁结构正常使用极限状态设计采用荷载（作用）标准组合，其分项系数根据与现行桥规（容许应力法）采用相同的荷载（作用）设计值确定。

A.2.6 铁路桥涵结构正常使用极限状态设计，对不同线路等级、运行速度和桥梁类型提出不同的限值要求，且随着列车运营速度的不断提高，要求越来越严格。对桥梁变形（竖向和横向）和振动的限值要求以保证列车运行的安全和乘坐舒适度，保证结构材料的受力特性在弹性范围内，对桥梁裂缝宽度限值要求保证桥梁结构的耐久性。目前铁道部已颁布的行业标准以《铁路桥涵设计基本规范》TB 10002.1—2005 为基准，适用于铁路网中客货列车共线运行、旅客列车设计行车速度小于或等于 160km/h，货物列车设计行车速度小于或等于 120km/h 的Ⅰ、Ⅱ级标准轨距铁路桥涵设计；以《新建时速 200 公里客货共线铁路设计暂行规定》（铁建设函［2005］285 号）、《新建时速 200～250 公里客运专线铁路设计暂行规定》（铁建设［2005］140 号）、《京沪高速铁路设计暂行规定》（铁建设［2004］157 号）为补充，分别制定出适用于不同速度等级客货共线和客运专线的限制规定，以满足列车运行的安全性和舒适性。

A.2.7 铁路桥梁结构承受较大的列车动力活载的反复作用，对焊接或非焊接的受拉或拉压钢结构构件及混凝土受弯构件应进行疲劳承载能力验算，以满足结构设计使用年限的要求。根据对不同运量等级线路调查，测试统计分析制定出典型疲劳列车及标准荷载效应比频谱，把桥梁构件承受的变幅重复应力转换为等效等幅重复应力，并考虑结构模型、结构构造、线路数量及运量的影响系数，应满足结构构件或细节的 200 万次疲劳强度设计值要求。现行《铁路桥梁钢结构设计规范》TB 10002.2—2005 第 3.2.7 条表 3.2.7-1、表 3.2.7-2 分别规定出各种构件或连接的疲劳容许应力幅、构件或连接基本形式及疲劳容许应力幅类别用以钢结构构件或细节的疲劳容许应力验算。

A.3 公路桥涵结构的专门规定

A.3.2 公路桥涵结构的设计基准期为 100 年，以保持和现行的公路行业标准采用的时间域一致。

施于桥梁上的可变荷载是随时间变化的，所以它的统计分析要用随机过程概率模型来描述。随机过程所选择的时间域即为基准期。在承载能力极限状态可靠度分析中，由于采用了以随机变量概率模型表达的一次二阶矩法，可变荷载的统计特征是以设计基准期内出现的荷载最大值的随机变量来代替随机过程进行统计分析。《公路工程结构可靠度设计统一标准》GB/T 50283—1999 确定公路桥涵结构的设计基准期为 100 年，是因为公路桥涵的主要可变荷载汽车、人群等，按其设计基准期内最大值分布的 0.95 分位值所取标准值，与原规范的规定值相近。这样，就可避免公路桥涵在荷载取值上过大变动，保持结构设计的连续性。

A.3.3 表A.3.3所列设计使用年限，是在总结以往实践经验，考虑设计、施工和维护的难易程度，以及结构一旦失效所造成的经济损失和对社会、环境的影响基础上确定的；通过广泛征求意见得到认可。表中所列特大桥、大桥、中桥、小桥是指《公路工程技术标准》JTG B01—2003规定的单孔跨径，而非多孔跨径总长。在设计使用年限内，桥涵主体结构在正常施工和使用条件下，必须完成预定的安全性、耐久性和适用性功能的要求。对于桥涵附属的、可更换的构件不在本条规定之列，它们的设计使用年限可根据该构件所用材料、具体使用条件另行规定。

A.3.4 本条列出了公路桥涵结构承载能力极限状态设计有关作用组合的设计表达式，规定分为基本组合和偶然组合两种情况。

1 公式（A.3.4-1）为基本组合中作用设计值名义上的组合；公式（A.3.4-2）为作用设计值效应的组合。后者是结构设计所需要的。

上述作用设计值效应的组合原则是：首先把永久作用效应与主导可变作用效应（公路桥涵一般为汽车作用效应）组合；然后再与其他伴随可变作用效应组合，在该组合前面乘以组合值系数。这样的组合原则顺应于目标可靠指标—结构设计依据的运算方法和作用组合方式。应该指出，结构可靠指标和永久作用与可变作用的比值有关，为了使运算不过于复杂化，在"标准"计算可靠指标时，采用了永久作用（结构自重）效应与主导可变作用（汽车）效应的最简单组合，通过一系列运算后判断确定了目标可靠指标。所以，公路工程结构有关统一标准中给出的可靠指标β值是在作用效应最简单基本组合下给出的。当多个可变作用参与组合时，将影响原先确定的可靠指标值，因而需要引入组合值系数ψ_c，对伴随可变作用标准值进行折减，这样所得最终作用效应组合表达式，可使原定可靠指标保持不变。

以上公式中的作用分项系数，可变作用的组合系数可在确定的目标可靠指标下，通过优化运算确定，或根据工程经验确定。

2 公路桥梁的偶然作用包括船舶撞击、汽车撞击等，在偶然组合中作为主导作用。由于偶然作用出现的概率很小，持续的时间很短，所以不能有两个偶然作用同时参与组合。组合中除永久作用（一般不考虑混凝土收缩及徐变作用）和偶然作用外，根据具体情况还可采用其他可变作用代表值，当缺乏观测调查资料时，可取用可变作用频遇值或准永久值。

A.3.5 现行公路桥涵有关规范中，应用于正常使用极限状态设计的作用组合，规定采用作用的频遇组合和准永久组合。参照国际标准《结构可靠性总原则》ISO 2394：1998，新增了作用的标准组合。

A.3.6 公路桥涵结构重要性系数仍采用《公路桥涵设计通用规范》JTG D60—2004第4.1.6条的规定值。

A.3.7 公路桥涵结构永久作用的分项系数采用了《公路桥涵设计通用规范》JTG D60—2004第4.1.6条的规定值。

本附录暂未规定考虑结构设计使用年限的荷载调整系数的具体取值，它需要在修编行业标准和规范时开展研究工作并规定具体的设计取值。

A.4 港口工程结构的专门规定

A.4.1 将安全等级为三级的结构具体化，即为临时性结构，如港口工程的临时护岸、围埝。永久性港工结构安全等级为一级或二级，如集装箱干线港的大型集装箱码头结构、大型原油码头而附近又没有可替代的港口工程、液化天然气码头结构等可按安全等级为一级设计。大量的一般港口工程结构的安全等级为二级，既足够安全也是经济合理的。

A.4.2 与《港口工程结构可靠度设计统一标准》GB 50158—92保持相同。

A.4.3 随着各种防腐蚀技术的成熟、可靠及高性能、高耐久混凝土的广泛应用，根据《港口工程结构设计使用年限调查专题研究》，从混凝土材料的耐久性方面，重力式、板桩码头正常使用情况下，使用年限可以达到50a以上，按高性能混凝土设计、施工的海港高桩码头结构，使用年限可以达到50a以上。考虑港口工程结构的造价在整个港口工程的总投资的比例平均为20%左右，永久性港口建筑物的设计使用年限为50a是合理的。

A.4.4 给出的可靠指标是根据对港口工程结构可靠度校准结果确定的，在设计中可作为可靠指标的下限值采用。

土坡及地基稳定由于抗力变异性较大，防波堤水平波浪力和波浪浮托力相关性强，因此其可靠指标值较低。

A.4.5、A.4.6 根据本标准第8章的原则，反映港口工程结构的特点，并与港口工程各结构规范相协调。

A.4.7～A.4.10 在港口工程结构设计中，设计水位是一个相当重要而又比较复杂的问题。对于承载能力极限状态的持久组合，海港工程规定了5种水位，河港工程规定了3种水位；对于承载能力极限状态的短暂组合，海港工程规定了3种水位；河港工程规定了2种水位，比《港口工程结构可靠度设计统一标准》GB 50158—92又增加了施工期间某一不利水位。海港工程和河港工程均需要考虑地下水位的影响。

需要提出注意的是，设计高水位、设计低水位、极端高水位和极端低水位都是设计水位。

A.4.11 重要性系数在标准中是考虑结构破坏后果的严重性而引入的系数，称为结构重要性系数，根据

《港口工程结构安全等级研究报告》，本次修订维持安全等级为一、二、三级的结构重要性系数分别取1.1、1.0和0.9。可靠度分析表明，采用这些系数后，安全等级相差1级，结构可靠指标相差0.5左右。考虑不同投资主体对港口结构可靠度的要求可能不同，故允许根据自然条件、维护条件、使用年限和特殊要求等对重要性系数 γ_0 进行调整，但安全等级不变。结构安全等级为一、二、三级的 γ_0 分别不应小于1.1、1.0和0.9。

A.4.12 为使作用分项系数统一和便于设计人员采用，表中给出了港口工程结构设计的主要作用的分项系数；抗倾、抗滑稳定计算时的波浪力作用分项系数由相关结构规范给出。

对永久作用和可变作用的分项系数，分别根据对结构承载能力有利和不利两种情况，做出了具体规定。

对于以永久作用为主（约占50%）的结构，为使结构的可靠指标满足第A.4.4条的要求，永久作用的分项系数应增大为不小于1.3。

当两个可变作用完全相关时，应根据总的作用效应有利或不利选用分项系数。对结构承载能力有利时取为0，对结构承载能力不利时，两个完全相关的可变作用应取相同作用的分项系数。

附录B 质量管理

B.1 质量控制要求

B.1.1 材料和构件的质量可采用一个或多个质量特征来表达，例如，材料的试件强度和其他物理力学性能以及构件的尺寸误差等。为了保证结构具有预期的可靠度，必须对结构设计、原材料生产以及结构施工提出统一配套的质量水平要求。材料与构件的质量水平可按结构构件可靠指标 β 近似地确定，并以有关的统计参数来表达。当荷载的统计参数已知后，材料与构件的质量水平原则上可采用下列质量方程来描述：

$$q(\mu_f, \delta_f, \beta, f_k) = 0$$

式中 μ_f 和 δ_f 为材料和构件的某个质量特征 f 的平均值和变异系数，β 为规范规定的结构构件可靠指标。

应当指出，当按上述质量方程确定材料和构件的合格质量水平时，需以安全等级为二级的典型结构构件的可靠指标为基础进行分析。材料和构件的质量水平要求，不应随安全等级而变化，以便于生产管理。

B.1.2 材料的等级一般以材料强度标准值划分。同一等级的材料采用同一标准值。无论天然材料还是人工材料，对属于同一等级的不同产地和不同厂家的材料，其性能的质量水平一般不宜低于可靠指标 β 的要求。按本标准制定质量要求时，允许各有关规范根据材料和构件的特点对此指标稍作增减。

B.1.6 材料及构件的质量控制包括两种，其中生产控制属于生产单位内部的质量控制；合格控制是在生产单位和用户之间进行的质量控制，即按统一规定的质量验收标准或双方同意的其他规则进行验收。

在生产控制阶段，材料性能的实际质量水平应控制在规定的合格质量水平之上。当生产有暂时性波动时，材料性能的实际质量水平亦不得低于规定的极限质量水平。

B.1.7 由于交验的材料和构件通常是大批量的，而且很多质量特征的检验是破损性的，因此，合格控制一般采用抽样检验方式。对于有可靠依据采用非破损检验方法的，必要时可采用全数检验方式。

验收标准主要包括下列内容：

1 批量大小——每一交验批中材料或构件的数量；

2 抽样方法——可为随机的或系统的抽样方法；系统的抽样方法是指抽样部位或时间是固定的；

3 抽样数量——每一交验批中抽取试样的数量；

4 验收函数——验收中采用的试样数据的某个函数，例如样本平均值、样本方差、样本最小值或最大值等；

5 验收界限——与验收函数相比较的界限值，用以确定交验批合格与否。

当前在材料和构件生产中，抽样检验标准多数是根据经验来制定的。其缺点在于没有从统计学观点合理考虑生产方和用户方的风险率或其他经济因素，因而所规定的抽样数量和验收界限往往缺乏科学依据，标准的松严程度也无法相互比较。

为了克服非统计抽样检验方法的缺点，本标准规定宜在统计理论的基础上制定抽样质量验收标准，以使达不到质量要求的交验批基本能判为不合格，而已达到质量要求的交验批基本能判为合格。

B.1.8 现有质量验收标准形式很多，本标准系按下述原则考虑：

对于生产连续性较差或各批间质量特征的统计参数差异较大的材料和构件，很难使产品批的质量基本维持在合格质量水平之上，因此必须按控制用户方风险率制定验收标准。此时，所涉及的极限质量水平，可按各类材料结构设计规范的有关要求和工程经验确定，与极限质量水平相应的用户风险率，可根据有关标准的规定确定。

对于工厂内成批连续生产的材料和构件，可采用计数或计量的调整型抽样检验方案。当前可参考国际标准《计数检验的抽样程序》ISO 2859（Sampling procedures for inspection by attributes）及《计量检验的抽样程序》ISO 3951（Sampling procedures for inspection by variables）制定合理的验收标准和转换规则。规定转换规则主要是为了限制劣质产品出厂，促进提高生产管理水平；此外，对优质产品也提供了减少检验费用的可能性。考虑到生产过程可能出现质量波动，以及不同生产单位的质量可能有差别，允许在生产中对质量验收标准的松严程度进行调整。当产品质量比较稳定时，质量验收标准通常可按控制生产方的风险率来制定。此时所涉及的合格质量水平，可按规范规定的结构构件可靠指标 β 来确定。确定生产方的风险率时，应根据有关标准的规定并考虑批量大小、检验技术水平等因素确定。

B.1.9 当交验的材料或构件按质量验收标准检验判为不合格时，并不意味着这批产品一定不能使用，因为实际上存在着抽样检验结果的偶然性和试件的代表性等问题。为此，应根据有关的质量验收标准采取各种措施对产品作进一步检验和判定。例如，可以重新抽取较多的试样进行复查；当材料或构件已进入结构物时，可直接从结构中截取试件进行复查，或直接在结构物上进行荷载试验；也允许采用可靠的非破损检测方法并经综合分析后对结构作出质量评估。对于不合格的产品允许降级使用，直至报废。

B.2 设计审查及施工检查

B.2.1 结构设计的可靠性水平的实现是以正常设计、正常施工和正常使用为前提的，因此必须对设计、施工进行必要的审查和检查，我国有关部门和规范对此有明确规定，应予遵守。

国外标准对结构的质量管理十分重视，对设计审查和施工检查也有明确要求，如欧洲规范《结构设计基础》EN 1990：2002 主要根据结构的可靠性等级(类似于我国结构的安全等级）的不同设置了不同的设计监督和施工检查水平的最低要求。规定结构的设计监督分为扩大监督和常规监督，扩大监督由非本设计单位的第三方进行；常规监督由本单位该项目设计人之外的其他人员按照组织程序进行或由该项目设计人员进行自检。同样，结构的施工检查也分为扩大检查和常规检查，扩大检查由第三方进行；常规检查即按照组织程序进行或由该项目施工人员进行自检。

附录C 作用举例及可变作用代表值的确定原则

C.1 作用举例

在作用的举例中，第 C.1.2 条中的地震作用和第 C.1.3 条中的撞击既可作为可变作用，也可作为偶然作用，这完全取决于业主对结构重要性的评估，对一般结构，可以按规定的可变作用考虑。由于偶然作用是指在设计使用年限内很不可能出现的作用，因而对重要结构，除了可采用重要性系数的办法以提高安全度外，也可以通过偶然设计状况将作用按量值较大的偶然作用来考虑，其意图是要求一旦出现意外作用时，结构也不至于发生灾难性的后果。

对于一般结构的设计，可以采用当地的地震烈度按规范规定的可变作用来考虑，但是对于重要结构，可提高地震烈度，按偶然作用的要求来考虑；同样，对结构的撞击，也应该区分问题的普遍性和特殊性，将经常出现的撞击和偶尔发生的撞击加以区分，例如轮船停靠码头时对码头结构的撞击就是经常性的，而车辆意外撞击房屋一般是偶发的。欧洲规范还规定将雪荷载也可按偶然作用考虑，以适应重要结构一旦遭遇意外的大雪事件的设计需要。

C.2 可变作用代表值的确定原则

C.2.1 可变作用的标准值

可变作用的概率模型，为了便于分析，经常被简化为平稳二项随机过程的模型，这样，关于它在设计基准期内的最大值就可采用经过简化后的随机变量来描述。

可变作用的标准值通常是根据它在设计基准期内最大值的统计特征值来确定，常用的特征值有平均值、中值和众值。对大多数可变作用在设计基准期内最大值的统计分布，都可假定它为极值Ⅰ型（Gumbel）分布。当作用为风、雪等自然作用时，其在设计基准期内最大值按传统都采用分布的众值，也即概率密度最大的值作为标准值。对其他可变作用，一般也都是根据传统的取值，必要时也可取用较高的分位值，例如传统的地震烈度，它是相当于设计基准期为50年最大烈度分布的90%的分位值。

通过重现期 T_R 来表达可变作用的标准值水平，有时比较方便，尤其是对自然作用，公式（C.2.1-5）给出作用的标准值和重现期的关系。当重现期有足够大时（一般在10年以上），对重现期 T_R、与分位值对应的概率 p 和确定标准值的设计基准期 T 还存在公式（C.2.1-6）的近似关系。

C.2.2 可变作用的频遇值

由于可变作用的标准值表征的是作用在设计基准期内的最大值，因此在按承载能力极限状态设计时，经常是以其标准值为设计代表值。但是在按正常使用极限状态设计时，作用的标准值有时很难适应正常使用的设计要求，例如在房屋建筑适用性要求中，短暂时间内超越适用性限值往往是可以被允许的，此时以作用的标准值为设计代表值，就显得与实际要求不相符合了；在有些正常使用极限状态设计中，涉及的是影响构件性能的恶化（耐久性）问题，此时在设计基准期内的超越作用某个值的次数往往是关键的参数。

可变作用的频遇值就是在上述意义上通常的一种代表值，理论上可以根据不同要求按附录提供的原理来确定，而实际上，目前在设计中还少有应用，只是在个别问题中得到采用，而且在取值上大多也是根据经验。

C.2.3 可变作用的准永久值

可变作用的准永久值是表征其经常在结构上存在的持久部分，它主要是在考察结构长期的作用效应时所必需的作用代表值，也即相当于在以往结构设计中的所谓长期作用的取值。

对可变作用，当在结构上经常出现的持久部分能够明显识别时，我们可以通过数据的汇集和统计来确定；而对于不易识别的情况，我们可以参照确定频遇值的原则，按作用值被超越的总持续时间与设计基准期的比率取0.5的规定来确定，这也表明在设计基准期一半的时间内它被超越，而另一半时间内它不被超越，当可变作用可以认为是各态历经的随机过程，准永久值就相当于作用在设计基准期内的均值。

C.2.4 可变作用的组合值

按本标准对可变作用组合值的定义，它是指在设计基准期内使组合后的作用效应值的超越概率与该作用单独出现时的超越概率一致的作用值，或组合后使结构具有规定可靠指标的作用值。

早在国际标准《结构可靠性总原则》ISO 2394第2版（1986）附录B中，已经提供了确定基本变量设计值的原理及简化规则；在第3版（1998）附录E.6中依旧保留该设计值方法的内容。

在一阶可靠度方法（FORM）中，基本变量 X_i 的设计值 X_{id} 与变量统计参数和所假设的分布类型、对有关的极限状态和设计状况的目标可靠指标 β 以及按在FORM中定义的灵敏度系数 α_i 有关。对变量 X_i 有任意分布 $F(X_i)$ 的设计值 X_{id} 可由下式给出：

$$F(X_{id}) = \Phi(-\alpha_i\beta)$$

在按FORM分析时，灵敏度系数具有下述性质，即：

$$-1 \leqslant \alpha_i \leqslant 1 \quad \text{和} \quad \sum\alpha_i^2 = 1$$

灵敏度的计算在原则上将经过多次迭代而带来不便，但是根据经验制定一套取值的规则，即对抗力的主导变量，取 $\alpha_{Ri}=0.8$，抗力的其他变量，取 $\alpha_{Ri}=0.8\times0.4=0.32$；对作用的主导变量，取 $\alpha_{Si}=-0.7$，作用的其他伴随变量，取 $\alpha_{Si}=-0.7\times0.4=-0.28$。只要 $0.16<\sigma_{Si}/\sigma_{Ri}<6.6$，由于简化带来的误差是可接受的，而且还都是偏保守的。

附录按此原理给出作用组合值系数的近似公式，并且对多数情况采用极值Ⅰ型的作用，还给出相应的计算公式。

附录D 试验辅助设计

D.3 单项性能指标设计值的统计评估

D.3.2 标准值单侧容限系数 k_{nk} 计算。

1 单项性能指标 X 的变异系数 δ_x 值可通过试验结果按下列公式计算：

$$\sigma_x^2 = \frac{1}{n-1}\sum_{i=1}^{n}(x_i - m_x)^2$$

$$m_x = \frac{1}{n}\sum_{i=1}^{n} x_i$$

$$\delta_x = \sigma_x / m_x$$

2 标准值单侧容限系数 k_{nk} 分“δ_x 已知”和“δ_x 未知”两种情况，可分别按下列公式计算：

$$k_{nk} = u_p\sqrt{1+\frac{1}{n}} \qquad (\delta_x\text{ 已知})$$

$$k_{nk} = t_{p,\upsilon}\sqrt{1+\frac{1}{n}} \qquad (\delta_x\text{ 未知})$$

式中 n——试验样本数量；

u_p——对应分位值 p 的标准正态分布函数自变量值，$P_\Phi\{x>u_p\}=p$，当分位值 $p=0.05$ 时，$u_p=1.645$；

$t_{p,\upsilon}$——自由度 $\upsilon=n-1$ 的 t 分布函数对应分位值 p 的自变量值，$P_t\{x>t_{p,\upsilon}\}=p$。

对于材料，一般取标准值的分位值 $p=0.05$，k_{nk} 值可由表4给出：

表4 分位值 p=0.05 时标准值单侧容限系数 k_{nk}

样本数 n	3	4	5	6	8	10	20	30	∞
δ_x 已知	1.90	1.84	1.80	1.78	1.75	1.73	1.69	1.67	1.65
δ_x 未知	3.37	2.63	2.34	2.18	2.01	1.92	1.77	1.73	1.65

D.3.3 在统计学中，有两大学派，一个是经典学派，另一个是贝叶斯（Bayesian）学派。贝叶斯学派的基本观点是：重要的先验信息是可能得到的，并且应该充分利用。贝叶斯参数估计方法的实质是以先验信息为基础，以实际观测数据为条件的一种参数估计方法。在贝叶斯参数估计方法中，把未知参数 θ 视为一个已知分布 $\pi(\theta)$ 的随机变量，从而将先验信息数学形式化，并加以利用。

1 m'、σ'、n' 和 υ' 为先验分布参数，一般可将先验信息理解为假定的先验试验结果：m' 为先验样本的平均值；σ' 为先验样本的标准差；n' 为先验样本数；υ' 为先验样本的自由度，$\upsilon'=\frac{1}{2\delta'^2}$，其中 δ' 为先验样本的变异系数。

2 当参数 $n'>0$ 时，取 $\delta(n')=1$；当 $n'=0$ 时，取 $\delta(n')=0$，此时存在如下简化关系：

$$n''=n, \upsilon''=\upsilon'+\upsilon$$

$$m''=m_x, \sigma''=\sqrt{\frac{(\sigma')^2\upsilon'+(\sigma_x)^2\upsilon}{\upsilon'+\upsilon}}$$

3 t 分布函数对应分位值 $p=0.05$ 的自变量值 $t_{p,\upsilon''}$，可由下表给出：

表 5 t 分布函数对应分位值 $p=0.05$ 的自变量值 $t_{p,\upsilon''}$

自由度 υ''	2	3	4	5	7	10	20	30	∞
$t_{p,\upsilon''}$	2.93	2.35	2.13	2.02	1.90	1.81	1.72	1.70	1.65

附录 E 结构可靠度分析基础和可靠度设计方法

E.1 一 般 规 定

E.1.1 从概念上讲，结构可靠性设计方法分为确定性方法和概率方法，如图 1 所示。在确定性方法中，设计中的变量按定值看待，安全系数完全凭经验确定，属于早期的设计方法。概率方法分为全概率方法和一次可靠度方法（FORM）。

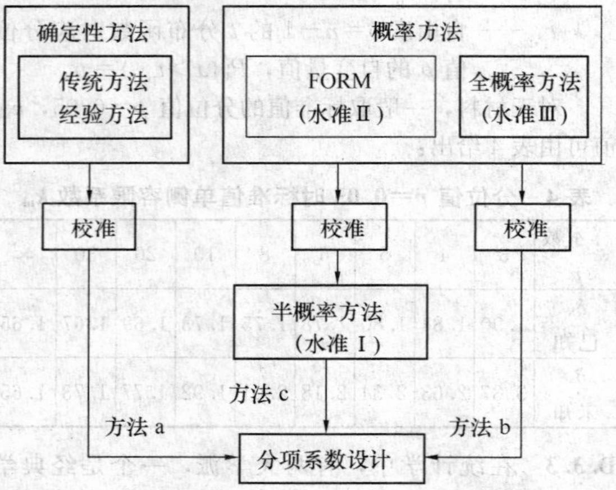

图 1 结构可靠性设计方法概况

全概率方法使用随机过程模型及更准确的概率计算方法，从原理上讲，可给出可靠度的准确结果，但因为通常缺乏统计数据及数值计算上的困难，设计规范的校准很少使用全概率方法。一次可靠度方法使用随机变量模型和近似的概率计算方法，与当前的数据收集情况及计算手段是相适应的，所以，目前国内外设计规范的校准基本都采用一次可靠度方法。

本附录说明了结构可靠度校准、直接用可靠指标进行设计的方法及用可靠度确定设计表达式中分项系数和组合值系数的方法。

本附录只适用于一般的结构，不包括特大型、高耸、长大及特种结构，也不包括地震作用和由风荷载控制的结构。

E.1.2 进行结构可靠度分析的基本条件是建立结构的极限状态方程和确定基本随机变量的概率分布函数。功能函数描述了要分析结构的某一功能所处的状态：$Z>0$ 表示结构处于可靠状态；$Z=0$ 表示结构处于极限状态；$Z<0$ 表示结构处于失效状态。计算结构可靠度就是计算功能函数 $Z>0$ 的概率。概率分布函数描述了基本变量的随机特征，不同的随机变量具有不同的随机特征。

E.1.3 结构一般情况下会受到两个或两个以上可变作用的作用，如果这些作用不是完全相关，则同时达到最大值的概率很小，按其设计基准期内的最大值随机变量进行可靠度分析或设计是不合理的，需要进行作用组合。结构作用组合是一个比较复杂的问题，完全用数学方法解决很困难，目前国际上通用的是各种实用组合方法，所以工程上常用的是简便的组合规则。本条提供了两种组合规则，规则 1 为“结构安全度联合委员会”（JCSS）组合规则，规则 2 为 Turkstra 组合规则，这两种组合规则在国内外都得到广泛的应用。

E.2 结构可靠指标计算

E.2.1 结构可靠度的计算方法有多种，如一次可靠度方法（FORM）、二次可靠度方法（SORM）、蒙特卡洛模拟（Monte Carlo Simulation）方法等。本条推荐采用国内外标准普遍采用的一次可靠度方法，对于一些比较特殊的情况，也可以采用其他方法，如计算精度要求较高时，可采用二次可靠度方法，极限状态方程比较复杂时可采用蒙特卡洛方法等。

E.2.2 由简单到复杂，本条给出了 3 种情况的可靠指标计算方法。第 1 种情况用于说明可靠指标的概念；第 2 种情况是变量独立情况下可靠指标的一般计算公式；第 3 种情况是变量相关情况下可靠指标的一般计算公式，是对独立随机变量一次可靠度方法的推广，与独立变量一次可靠度方法的迭代计算步骤没有区别。迭代计算可靠指标的方法很多，下面是本附录建议的迭代计算步骤：

1 假定变量 X_1，X_2，…，X_n 的验算点初值 $x_i^{*(0)}$（$i=1$，2，…，n）[一般可取 μ_{X_i}（$i=1$，2，…，n）]；

2 取 $x_i^*=x_i^{*(0)}$（$i=1$，2，…，n），按(E.2.2-6)、(E.2.2-5)式计算 $\sigma_{X'_i}$、$\mu_{X'_i}$（$i=1$，2，…，n）；

3 按(E.2.2-2)式或(E.2.2-7)式计算 β；

4 按(E.2.2-3)式或(E.2.2-8)式计算 $\alpha_{X'_i}$（$i=1$，2，…，n）；

5 按(E.2.2-4)式计算 x_i^*（$i=1$，2，…，n）；

6 如果 $\sqrt{\sum_{i=1}^{n}(x_i^*-x_i^{*(0)})^2}\leqslant\varepsilon$，其中 ε 为规定的误差，则本次计算的 β 即为要求的可靠指标，停止计算；否则取 $x_i^{*(0)}=x_i^*$（$i=1,2,\cdots,n$）转步骤 2 重新计算。

当随机变量 X_i 与 X_j 相关时，按上述方法迭代计算可靠指标，需要使用当量正态化变量 X'_i 与 X'_j 的相关系数 $\rho_{X'_i,X'_j}$，本附录建议取变量 X_i 与 X_j 的相关系数 ρ_{X_i,X_j}。这是因为当随机变量 X_i 与 X_j 的变异系数不是很大时（小于 0.3），$\rho_{X'_i,X'_j}$ 与 ρ_{X_i,X_j} 相差不大。例如，如果 X_i 服从正态分布，X_j 服从对数正态分布，则有

$$\rho_{X_i,\ln X_j}=\frac{\rho_{X_i,X_j}\delta_{X_j}}{\sqrt{\ln(1+\delta_{X_j}^2)}}$$

如果 X_i 和 X_j 同服从正态分布，则有

$$\rho_{\ln X_i,\ln X_j}=\frac{\ln(1+\rho_{X_i,X_j}\delta_{X_i}\delta_{X_j})}{\sqrt{\ln(1+\delta_{X_i}^2)\ln(1+\delta_{X_j}^2)}}$$

如果 $\delta_{X_i}\leqslant 0.3$，$\delta_{X_j}\leqslant 0.3$，则有 $\sqrt{\ln(1+\delta_{X_i}^2)}\approx\delta_{X_i}$，$\sqrt{\ln(1+\delta_{X_j}^2)}\approx\delta_{X_j}$，$\ln(1+\rho_{X_i,X_j}\delta_{X_i}\delta_{X_j})\approx\rho_{X_i,X_j}\delta_{X_i}\delta_{X_j}$

从而 $\rho_{X_i,\ln X_j}\approx\rho_{X_i,X_j}$，$\rho_{\ln X_i,\ln X_j}\approx\rho_{X_i,X_j}$。

当随机变量 X_i 与 X_j 服从其他分布时，通过 Nataf 分布可以求得 $\rho_{X'_i,X'_j}$ 与 ρ_{X_i,X_j} 的近似关系，丹麦学者 Ditlevsen O 和挪威学者 Madsen HO 的著作“Structural Reliability Methods”列表给出了 X_i 与 X_j 不同分布时 $\rho_{X'_i,X'_j}$ 与 ρ_{X_i,X_j} 比值的关系。当 X_i 与 X_j 的变异系数不超过 0.3 时，可靠指标计算中 $\rho_{X'_i,X'_j}$ 取 ρ_{X_i,X_j} 是可以的。

另外，在一次可靠度理论中，对可靠指标影响最大的是平均值，其次是方差，再次才是协方差，所以将 $\rho_{X'_i,X'_j}$ 取为 ρ_{X_i,X_j} 对计算结果影响不大，没有必要求 $\rho_{X'_i,X'_j}$ 的准确值。

从数学上讲，对于一般的工程问题，一次可靠度方法具有足够的计算精度，但计算所得到的可靠指标或失效概率只是一个运算值，这是因为：

1 影响结构可靠性的因素不只是随机性，还有其他不确定性因素，这些因素目前尚不能通过数学方法加以分析，还需通过工程经验进行决策；

2 尽管我国编制各统一标准时对各种结构承受的作用进行过大量统计分析，但由于客观条件的限制，如数据收集的持续时间和数据的样本容量，这些统计结果尚不能完全反映所分析变量的统计规律；

3 为使可靠度计算简化，一些假定与实际情况不一定完全符合，如作用效应与作用的线性关系只是在一定条件下成立的，一些条件下是近似的，近似的程度目前尚难以判定。

尽管如此，可靠度方法仍然是一种先进的方法，它建立了结构失效概率的概念（尽管计算的失效概率只是一个运算值，但可用于相同条件下的比较），扩大了概率理论在结构设计中应用的范围和程度，使结构设计由经验向科学过渡又迈出了一步。总的来讲，可靠度设计方法的优点不在于如何去计算可靠指标，而是在整个结构设计中根据变量的随机特性引入概率的概念，随着对事物本质认识的加深，使概率的应用进一步深化。

E.3 结构可靠度校准

E.3.1 结构可靠度校准的目的是分析现行结构设计方法的可靠度水平和确定结构设计的目标可靠指标，以保证结构的安全可靠和经济合理。校准法的基本思想是利用可靠度理论，计算按现行设计规范设计的结构的可靠指标，进而确定今后结构设计的可靠度水平。这实际上是承认按现行设计规范设计的结构或结构构件的平均可靠水平是合理的。随着国家经济的发展，有必要对结构或结构构件的可靠度进行调整，但也要以可靠度校准为依据。所以结构可靠度校准是结构可靠度设计的基础。

E.3.2 本条说明了结构可靠度校准的步骤。这一步骤只供参考，对于不同的结构，可靠度分析的方法可能不同，校准的步骤可能也有所差别。

E.4 基于可靠指标的设计

E.4.1 本标准提供了两种直接用可靠度进行设计的方法。第 1 种实际上是可靠指标校核方法，因为很多情况下设计中一个量的变化可涉及多种情况的验算，如对于港口工程重力式码头的设计，需要进行稳定性验算、抗滑移验算及承载力验算，码头截面尺寸变化时，这三种情况都需要重新进行分析。第 2 种方法适合于比较简单的截面设计的情况，如承载力服从对数正态分布的钢筋混凝土构件的截面配筋计算，对于这种情况，可采用下面的迭代计算步骤：

1 根据永久作用效应 S_G、可变作用效应 S_1，S_2，…，S_m 和结构抗力 R 建立极限状态方程

$$Z=R-S_G-\sum_{i=1}^{m}S_i=0$$

式中 $S_i(i=1,2,\cdots,m)$ —— 第 i 个作用效应随机变量，如采用JCSS组合规则，则有 m 个组合，在第1个组合 $S_{Qm,1}$ 中，$S_1,S_2,\cdots,S_m$ 分别为 $\max\limits_{t\in[0,T]}S_{Q_1}(t)$，$\max\limits_{t\in\tau_1}S_{Q_2}(t)$，$\max\limits_{t\in\tau_2}S_{Q_3}(t)$，…，$\max\limits_{t\in\tau_{m-1}}S_{Q_m}(t)$，在第 2 个组合 $S_{Qm,2}$ 中，S_1，$S_2,\cdots,S_m$ 分别为 $S_{Q_1}(t_0)$，$\max\limits_{t\in[0,T]}S_{Q_2}(t)$，$\max\limits_{t\in\tau_2}S_{Q_3}(t)$，…，$\max\limits_{t\in\tau_{m-1}}S_{Q_m}(t)$，以此类推；

2 假定初值 $s_G^{*(0)}$（一般取 μ_{S_G}）、$s_i^{*(0)}(i=1,2,\cdots,m)$［一般取 $\mu_{S_i}(i=1,2,\cdots,m)$］和 $r^{*(0)}$（一般取 $s_G^{*(0)}+\sum\limits_{i=1}^{m}s_i^{*(0)}$）；

3 取 $s_G^*=s_G^{*(0)}$、$s_i^*=s_i^{*(0)}(i=1,2,\cdots,m)$ 和 $r^*=r^{*(0)}$，按(E.2.2-6)、(E.2.2-5)式计算 $\sigma_{S'_i}$、$\mu_{S'_i}(i=1,2,\cdots,m)$，按下式计算 $\sigma_{R'}$：

$$\sigma_{R'}=r^*\sqrt{\ln(1+\delta_R^2)}\text{；}$$

4　按（E.2.2-3）式计算 $\alpha_{S_i}(i=1,2,\cdots,m)$ 和 $\alpha_{R'}$；

5　按（E.2.2-4）式计算 s_G^* 和 $s_i^*(i=1,2,\cdots,m)$，按下式求解 r^*：

$$r^*=s_G^*+\sum_{i=1}^{m}s_i^*;$$

6　如果 $|r^*-r^{*(0)}|\leqslant\varepsilon$，其中 ε 为规定的误差，转步骤7；否则取 $s_G^{*(0)}=s_G^*$，$s_i^{*(0)}=s_i^*(i=1,2,\cdots,m)$，$r_i^{*(0)}=r_i^*$ 转步骤3重新进行计算；

7　按（E.2.2-4）式计算 $\mu_{R'}$；

8　按（E.4.1-2）式计算结构构件的几何参数。

E.4.2　直接用可靠指标方法对结构或结构构件进行设计，理论上是科学的，但目前尚没有这方面的经验，需要慎重。如果用可靠指标方法设计的结果与按传统方法设计的结果存在差异，并不能说明哪种方法的结果一定是合理的，而要根据具体情况进行分析。

E.5　分项系数的确定方法

E.5.1　本条规定了确定结构或结构构件设计表达式中分项系数的原则。

E.5.2　本条说明了确定结构或结构构件设计表达式中分项系数的步骤，对于不同的结构或结构构件，可能有所差别，可根据具体情况进行适当调整。国外很多规范都采用类似的方法，国际结构安全度联合委员会还开发了一个用优化方法确定分项系数、重要性系数的软件PROCODE。

E.6　组合值系数的确定方法

E.6.1　本条规定了结构或结构构件设计表达式中组合值系数的确定原则。

E.6.2　本条说明了确定结构或结构构件设计表达式中组合值系数的步骤，对于不同的结构或结构构件，可能有所差别，可根据具体情况适当调整。

附录F　结构疲劳可靠性验算方法

F.1　一般规定

F.1.1　本附录条文主要是针对我国近年来结构用钢大大增加，进而对应的钢结构疲劳问题日渐突出，需要特别关注的前提下，根据生产实践及科学试验的现有经验编写的，因此适用范围尽管包含了房屋建筑结构、铁路和公路桥涵结构、市政工程结构，但其经验主要来源于铁路桥梁，在一定程度上有其局限之处。一般讲，在单纯由于动荷载产生的疲劳、疲劳应力小于强度设计值（屈服强度除以某安全系数）规定、验算疲劳循环次数代表值在 $1.0\times10^4\sim1.0\times10^7$ 范围，采用本附录进行疲劳验算是适宜的，对于由于其他原因如腐蚀疲劳、低周疲劳（高应力、低寿命）或无限寿命设计的情况，应先进行科学试验和研究工作，必要时还应进行现场观测，以取得设计所需的数据和经验来补充本条文之不足。

由于对既有结构的疲劳可靠性评定，除了进行与新结构设计步骤类似的对未来寿命的预测外，需要进行已经发生疲劳损伤的评估，而且所针对的结构是疲劳损伤过的，因此需要作专门的评定。

F.1.2　结构或局部构造存在应力集中现象，并不仅仅指结构的表面。所有焊接结构由于不可避免存在缺陷，都属于存在应力集中现象的范畴，需要进行疲劳可靠性验算。

F.1.3　结构疲劳可靠性，包括疲劳承载能力极限状态可靠性和疲劳正常使用极限状态可靠性。一般钢结构按承载能力极限状态进行验算，混凝土结构根据不同验算目的采用承载能力极限状态或正常使用极限状态进行验算。验算疲劳承载能力极限状态可靠性时，应以结构危险部位的材料达到疲劳破损或产生过大变形作为失效准则。验算疲劳正常使用承载极限状态可靠性时，主要考虑重复荷载对结构变形的不利影响。

F.1.4　对整个结构体系，应根据结构受力特征采用系统可靠性分析方法，分别在子系统（多个细部构造）疲劳可靠性验算基础上进行系统可靠性验算，本规定中暂未包含系统可靠性问题。

F.1.5　结构的疲劳可靠性验算步骤是按照确定验算部位——确定疲劳作用——确定疲劳抗力——可靠性验算的思路进行的。

F.1.6　为便于设计人员操作，疲劳可靠性验算的力学模型和内力计算，应与强度计算模型一致，仅在验算的具体规定中有区别。

F.1.7　在验算结构疲劳时，采用计算名义应力，即根据疲劳荷载按弹性理论方法确定，作为疲劳作用；疲劳抗力也是以构造细节加载试验名义应力为基本要素给出相应 *S-N* 曲线方程，焊缝热点应力以及其他应力集中的影响均通过疲劳 *S-N* 曲线反映，如果应力集中影响严重，疲劳 *S-N* 曲线在双对数坐标图中的位置就低，反之就高。

F.1.8　根据按相关试验规范进行的疲劳试验结果，疲劳强度设计值取其平均值减去某概率分布上分位值对应程度的标准差。通常情况下，取平均值减去2倍标准差，所对应的概率分布按照正态分布，其上分位值为97.7%。

F.1.9　在目前的条件下，用校准法确定目标可靠指标是科学的，关键还是可操作的，即根据现有结构设计水准得出与之相当的可靠指标。更为准确合理的指标需要在系统积累足够样本数据的时候方可实施。

F.2　疲劳作用

F.2.1　疲劳荷载是结构设计寿命内实际承受的变幅

重复荷载的总和，一般用谱荷载形式可以较为直观、确切地表达。对短期测量得到的荷载，不能直接作为疲劳荷载进行检算，需要考虑结构用途可能发生的改变，例如，桥梁通行能力的增加，荷载特征的变化等；有动力效应时疲劳荷载应计入其影响；当结构由于外载引起变形或者振动而产生次效应时，疲劳荷载应计入。

疲劳荷载频谱依据荷载的形式和变化规律形成模式，在结构验算部位引起所有大小不同的应力，为应力历程，将各种大小不同的名义应力出现率进行列表，即为应力频谱。列表中各级名义应力及其相应出现的次数，采用雨流计数法和蓄水池法得到。

疲劳应力频谱是疲劳荷载频谱在疲劳验算部位引起的应力效应。疲劳应力频谱可以根据疲劳荷载频谱通过弹性理论分析求得，也可通过实测应力频谱推算。疲劳设计应力频谱是结构设计寿命内所有加载事件引起的应力总和，可采用列表或直方图的形式表示。

F.2.2 迄今为止，大部分室内疲劳试验都是研究等幅荷载下的疲劳问题。而实际结构承受的是随机变幅荷载。Palmgren 和 Miner 根据试验研究，对二者的关系提出疲劳线性累积损伤准则，即认为疲劳是不同应力水平 σ_i 及其发生次数 n_i 所产生的疲劳损伤的线性累加。用公式表示即为式（1）

$$D=\sum_{i=1}^{n}\frac{n_i}{N_i} \tag{1}$$

式中 n_i——与应力水平 σ_i 对应的循环次数；

N_i——与应力水平 σ_i 对应的疲劳破坏循环次数。

当 $D\geqslant1$ 时产生疲劳破坏。据此推导的等效等幅重复应力计算表达式为式（2）。

$$\sigma_{eq}=\left(\frac{\sum n_i\sigma_i^m}{N}\right)^{\frac{1}{m}} \tag{2}$$

式中 σ_{eq}——等效等幅重复应力；

N——σ_{eq} 作用下的疲劳破坏循环次数，此时 $N=\sum n_i$；

σ_i——变幅荷载引起的各应力水平；

n_i——与应力水平 σ_i 对应的循环次数。

“Miner 累积损伤准则”假定：低于疲劳极限的应力不产生疲劳损伤；忽略加载大小的顺序对疲劳的影响。这些假定使由式（2）计算的结果有一定误差。但由于使用方便，各国规范的疲劳设计均采用该准则。

F.3 疲劳抗力

F.3.2 根据大量试验，对焊接钢结构，由于存在残余应力，疲劳抗力对疲劳作用引起的应力变程敏感，而对所采用的材质变化和所施加疲劳作用引起的应力比变化的影响相对不敏感。为了便于设计人员使用，通常将对钢材料的疲劳验算统一用应力变程表述，混凝土材料的疲劳验算用最大应力表述。

F.4 疲劳可靠性验算方法

F.4.1、F.4.2 等效等幅重复应力法是以指定循环次数下的疲劳抗力为验算项目；极限损伤度法是以结构设计寿命内的累积损伤度为验算项目。因此等效等幅重复应力法比较简便和偏于安全，极限损伤度法更加贴近实际情况。

本条文列出的三个分析方法，从顺序上有以下考虑：第一个方法，即等效等幅重复应力法，在实际中应用最多；第二个方法，即极限损伤度法，因其计算相对复杂一点，用得少些，但该方法更反映实际的疲劳损伤，因此也推荐作为疲劳验算的方法之一；第三个方法，即断裂力学方法，仅给出了方法的名称和使用条件，这是根据近年青藏铁路等低温疲劳断裂研究，表明低温环境下结构的疲劳不能按照常规理念的疲劳问题考虑，这主要是由于低温下结构破坏临界裂纹长度减小，导致疲劳安全储备下降，表现在裂纹稳定扩展区和急剧扩展区的交界点提前。断裂力学理论能够较为合理地分析和解释低温疲劳脆断破坏现象，进而得出安全合理的评判结果。具体方法因为尚需进一步补充和完善，故未在条文中列出。断裂力学方法是疲劳可靠性验算方法的一部分，设计者在验算低温环境下结构疲劳问题时应予以注意。

公式（F.4.1-3）中 n_i 的定义中，提到当疲劳应力变程水准 $\Delta\sigma_i$ 低于疲劳某特定值 $\Delta\sigma_0$ 时，相应的疲劳作用循环次数 n_i 取其乘以 $\left(\frac{\Delta\sigma_i}{\Delta\sigma_0}\right)^2$ 折减后的次数计算，这是因为不同构造存在一个不同的 $\Delta\sigma_0$，当疲劳应力低于该值时，对结构的疲劳损伤程度降低，因此相应循环次数可以折减。

F.4.3 不同结构可根据本条的原则进行疲劳正常使用极限状态可靠性验算。

附录G 既有结构的可靠性评定

G.1 一般规定

G.1.1 村镇中的一些既有结构和城市中的棚户房屋没有正规的设计与施工，不具备进行可靠性评定的基础，不宜按本附录的原则和方法进行评定。结构工程设计质量和施工质量的评定应该按结构建造时有效的标准规范评定。

G.1.2 本条提出对既有结构检测评定的建议。第1款中的“规定的年限”不仅仅限于设计使用年限，有些行业规定既有结构使用5～10年就要进行检测鉴定，重新备案。出现第4款和第6款的情况，当争议的焦点是设计质量和施工质量问题时，可先进行工程质量的评定，再进行可靠性评定。

G.1.3 既有结构可靠性评定的基本原则是确保结构的性能符合相应的要求，考虑可持续发展的要求；尽量减少业主对既有结构加固等的工程量。这里所说的相应的要求是现行结构标准对结构性能的基本要求。

G.1.4 把安全性、适用性、耐久性和抗灾害能力等评定内容分开可避免概念的混淆，避免引发不必要的问题，同时便于业主根据问题的轻重缓急适时采取适当的处理措施。对既有结构进行可靠性评定时，业主可根据结构的具体情况提出进行某项性能的评定，也可进行全部性能的评定。

G.1.5 既有结构的可靠性评定以现行结构标准的相关要求为依据是国际上通行的原则，也是本附录提出的“保障结构性能”的基本要求。但是，评定不是照搬设计规范的全部公式，要考虑既有结构的特点，对结构构件的实际状况（不是原设计预期状况）进行评定，这是实现尽量减少加固等工程量的具体措施。

G.1.6 既有结构可靠性评定时，应尽量获得结构性能的信息，以便于对结构性能的实际状况进行评定。

G.2 安全性评定

G.2.1 既有结构的安全性是指直接影响人员或财产安全的评定内容。为了便于评定工作的实施，本条把结构安全性的评定分成结构体系和构件布置、连接和构造、承载力三个评定项目。

G.2.2 结构体系和构件布置存在问题的结构必然会出现相应的安全事故，现行结构设计规范对结构体系和构件布置的要求是当前工程界普遍认同的下限要求，既有结构的结构体系在满足相应要求的情况下可以评为符合要求。在结构安全性评定中的结构体系和构件布置要求，不包括结构抗灾害的特殊要求。

G.2.3 连接和构造存在问题的结构也会出现相应的安全事故，现行结构设计规范对连接和构造的要求是当前工程界普遍认同的相关下限要求，既有结构的连接和构造在满足相应要求的情况下可以评为符合要求。本条所提到的构造仅涉及与构件承载力相关的构造，与结构适用性和耐久性相关的构造要求不在本条规定的范围之内。

G.2.4 本条提出的承载力评定的方法，前提是要求既有结构的结构体系和构件布置、连接和构造要符合现行结构设计规范的要求。

G.2.5 本条提出基于结构良好状态的评定方法的评定原则，结构构件与连接部位未达到正常使用极限状态的限值且结构上的作用不会出现明显的变化，结构的安全性可以得到保证，当既有结构经历了相应的灾害而未出现达到正常使用极限状态限值的现象，也可以认定该结构可以抵抗这种灾害的作用。

G.2.6 本条提出基于结构分项系数或安全系数的评定原则。

结构的设计阶段有三类问题需要结构设计规范确定，其一为规律性问题，结构设计规范用计算模型反映规律问题；其二为离散性问题，结构设计规范用分项系数或安全系数解决这个问题；其三为不确定性问题，结构设计规范用额外的安全储备解决设计阶段的不确定性问题，这类储备一般不计入规范规定的安全系数或分项系数。对于既有结构来说，设计阶段的不确定性因素已经成为确定的，有些可以通过检验与测试定量确定。当这些因素确定后，在既有结构承载力评定中可以适度利用这些储备，在保证分项系数或安全系数满足现行规范要求的前提下，尽量减少结构的加固工程量，体现可持续发展的要求。

例如：关于构件材料强度的取值，可利用混凝土的后期强度和钢材实际屈服点应力高于结构规范提供的强度标准值的部分；现行结构设计规范计算公式中未考虑的对构件承载力有利的因素，如纵向钢筋对构件受剪承载力的有利影响等。

既有结构还有一些已经确定的因素是对构件承载力不利的，例如轴线偏差、尺寸偏差以及不可恢复性损伤（钢筋锈蚀等），这些因素也应该在承载力评定时考虑。

经过上述符合实际情况的调整后，现行规范要求的分项系数或安全系数得到保证时，构件承载力可评为符合要求。

G.2.7 当构件的承载能力及其变异系数为已知时，计算模型中承载力的某些不确定储备可以利用，具体的方法是在保证可靠指标满足要求的前提下适度调整分项系数。

G.2.8 荷载检验是确定构件承载力的方法之一。本条提出荷载检验确定承载力的原则。当结构主要承受重力作用时，应采用重力荷载的检验方法；当结构主要承受静水压力作用时，可采用蓄水检验的方法。检验的荷载值应通过预先的计算估计，并在检验时逐级进行控制，避免产生结构或构件的过大变形或损伤。

对于检验荷载未达到设计荷载的情况，可采取辅助计算分析的方法实现。

G.2.9 限制使用条件是桥梁结构常用的方法。对于现有建筑结构来说，对所有承载力不满足要求的构件都进行加固也许并不是最好的选择，例如：当楼板承载力不足时，也许采取限制楼板的使用荷载是最佳的选择。

G.3 适用性评定

G.3.1 本条对既有结构的适用性进行的定义，是在安全性得到保障的情况下影响结构使用性能的问题。以裂缝为例，有些裂缝是构件承载力不满足要求的标志，不能简单地看成适用性问题；只有在安全性得到保障的前提下，才能评定裂缝对结构的适用性构成影响。

G.3.2 本条提出存在适用性问题的结构也要处理。但是适用性问题的处理并非一定要采取提高构件承载力的加固措施。

G.3.3 本条提出未达到正常使用极限状态限值的结构或构件适用性评定原则和评定方法。

G.4 耐久性评定

G.4.1 结构的耐久年数为结构在环境作用下出现相应正常使用极限状态限值或标志的年限，判定耐久年数是否大于评估使用年限是结构耐久性评定的目的。

G.4.2 本条提出确定与耐久性有关的极限状态限值或标志的原则，耐久性属于正常使用极限状态范畴，不属于承载能力极限状态范畴。达到与耐久性有关的极限状态标志或限值表明应该对结构或构件采取修复措施。

G.4.3 环境是造成构件材料性能劣化的外界因素，材料性能体现其抵抗环境作用的能力，将环境作用效应和材料性能相同的构件作为一个批次进行评定，有利于既有结构的业主采取合理的修复措施。

G.4.4 本条提出构件的耐久年数的评定方法。

G.4.5 对于耐久年数小于评估使用年限的构件的维护处理可以减慢材料劣化的速度，推迟修复的时间。

G.5 抗灾害能力评定

G.5.1 本条提出既有结构的抗灾害能力评定的项目。

G.5.2 目前对于部分灾害的作用已经有了具体的规定，此时，既有结构抗灾害的能力应该按照这些规定进行评定。

G.5.3 对于不能准确确定作用或作用效应的灾害，应该评价减小灾害作用及作用效应的措施及减小灾害影响范围和破坏范围等措施。

G.5.4 山体滑坡和泥石流等灾害是结构不可抗御的灾害，采取规避的措施也许是最为经济的；对于不能规避这类灾害的既有结构，应该有灾害的预警措施和人员疏散的措施。

中华人民共和国国家标准

建筑结构可靠度设计统一标准

Unified standard for reliability design of building structures

GB 50068—2001

主编部门：中华人民共和国建设部
批准部门：中华人民共和国建设部
施行日期：2 0 0 2 年 3 月 1 日

关于发布国家标准
《建筑结构可靠度设计统一标准》的通知

建标［2001］230号

根据我部“关于印发《一九九七年工程建设标准制订、修订计划的通知》”（建标［1997］108号）的要求，由建设部会同有关部门共同修订的《建筑结构可靠度设计统一标准》，经有关部门会审，批准为国家标准，编号为GB 50068—2001，自2002年3月1日起施行。其中，1.0.5、1.0.8为强制性条文，必须严格执行。原《建筑结构设计统一标准》GBJ 68—84于2002年12月31日废止。

本标准由建设部负责管理，中国建筑科学研究院负责具体解释工作，建设部标准定额研究所组织中国建筑工业出版社出版发行。

中华人民共和国建设部

2001年11月13日

前　言

本标准是根据建设部建标［1997］108号文的要求，由中国建筑科学研究院会同有关单位对原《建筑结构设计统一标准》（GBJ 68—84）共同修订而成的。

本次修订的内容有：

1. 标准的适用范围：鉴于《建筑地基基础设计规范》、《建筑抗震设计规范》在结构可靠度设计方法上有一定特殊性，从原标准要求的“应遵守”本标准，改为“宜遵守”本标准；

2. 根据《工程结构可靠度设计统一标准》（GB 50153—92）的规定，增加了有关设计工作状况的规定，并明确了设计状况与极限状态的关系；

3. 借鉴最新版国际标准ISO 2394：1998《结构可靠度总原则》，给出了不同类型建筑结构的设计使用年限；

4. 在承载能力极限状态的设计表达式中，对于荷载效应的基本组合，增加了永久荷载效应为主时起控制作用的组合式；

5. 对楼面活荷载、风荷载、雪荷载标准值的取值原则和结构构件的可靠指标以及结构重要性系数等作了调整；

6. 首次对结构构件正常使用的可靠度做出了规定，这将促进房屋使用性能的改善和可靠度设计方法的发展；

7. 取消了原标准的附件。

本标准黑体字标志的条文为强制性条文，必须严格执行。

本标准将来可能需要进行局部修订，有关局部修订的信息和条文内容将刊登在《工程建设标准化》杂志上。

为了提高标准质量，请各单位在执行本标准的过程中，注意总结经验，积累资料，随时将有关的意见和建议寄给中国建筑科学研究院，以供今后修订时参考。

本标准主编单位：中国建筑科学研究院。

本标准参编单位：中国建筑东北设计研究院、重庆大学、中南建筑设计院、四川省建筑科学研究院、福建师范大学。

本标准主要起草人：李明顺、胡德炘、史志华、陶学康、陈基发、白生翔、苑振芳、戴国欣、陈雪庭、王永维、钟亮、戴国莹、林忠民。

目　次

1 总　则

1.0.1 为统一各类材料的建筑结构可靠度设计的基本原则和方法，使设计符合技术先进、经济合理、安全适用、确保质量的要求，制定本标准。

1.0.2 本标准适用于建筑结构、组成结构的构件及地基基础的设计。

1.0.3 制定建筑结构荷载规范以及钢结构、薄壁型钢结构、混凝土结构、砌体结构、木结构等设计规范应遵守本标准的规定；制定建筑地基基础和建筑抗震等设计规范宜遵守本标准规定的原则。

1.0.4 本标准所采用的设计基准期为50年。

1.0.5 结构的设计使用年限应按表1.0.5采用。

表1.0.5　设计使用年限分类

类别	设计使用年限（年）	示例
1	5	临时性结构
2	25	易于替换的结构构件
3	50	普通房屋和构筑物
4	100	纪念性建筑和特别重要的建筑结构

1.0.6 结构在规定的设计使用年限内应具有足够的可靠度。结构可靠度可采用以概率理论为基础的极限状态设计方法分析确定。

1.0.7 结构在规定的设计使用年限内应满足下列功能要求：

1 在正常施工和正常使用时，能承受可能出现的各种作用；

2 在正常使用时具有良好的工作性能；

3 在正常维护下具有足够的耐久性能；

4 在设计规定的偶然事件发生时及发生后，仍能保持必需的整体稳定性。

1.0.8 建筑结构设计时，应根据结构破坏可能产生的后果（危及人的生命、造成经济损失、产生社会影响等）的严重性，采用不同的安全等级。建筑结构安全等级的划分应符合表1.0.8的要求。

表1.0.8　建筑结构的安全等级

安全等级	破坏后果	建筑物类型
一　级	很严重	重要的房屋
二　级	严　重	一般的房屋
三　级	不严重	次要的房屋

注：1 对特殊的建筑物，其安全等级应根据具体情况另行确定；

2 地基基础设计安全等级及按抗震要求设计时建筑结构的安全等级，尚应符合国家现行有关规范的规定。

1.0.9 建筑物中各类结构构件的安全等级，宜与整个结构的安全等级相同。对其中部分结构构件的安全等级可进行调整，但不得低于三级。

1.0.10 为保证建筑结构具有规定的可靠度，除应进行必要的设计计算外，还应对结构材料性能、施工质量、使用与维护进行相应的控制。对控制的具体要求，应符合有关勘察、设计、施工及维护等标准的专门规定。

1.0.11 当缺乏统计资料时，结构设计应根据可靠的工程经验或必要的试验研究进行。

2 术语、符号

2.1 术　语

2.1.1 可靠性 reliability

结构在规定的时间内，在规定的条件下，完成预定功能的能力。

2.1.2 可靠度 degree of reliability (reliability)

结构在规定的时间内，在规定的条件下，完成预定功能的概率。

2.1.3 失效概率 probability of failure

结构不能完成预定功能的概率。

2.1.4 可靠指标β reliability index β

由$\beta=-\Phi^{-1}$（p_f）定义的代替失效概率p_f的指标，其中Φ^{-1}（·）为标准正态分布函数的反函数。

2.1.5 基本变量 basic variable

代表物理量的一组规定的变量，它表示各种作用、材料与岩土性能以及几何量的特征。

2.1.6 设计基准期 design reference period

为确定可变作用及与时间有关的材料性能等取值而选用的时间参数。

2.1.7 设计使用年限 design working life

设计规定的结构或结构构件不需进行大修即可按其预定目的使用的时期。

2.1.8 极限状态 limit state

整个结构或结构的一部分超过某一特定状态就不能满足设计规定的某一功能要求，此特定状态为该功能的极限状态。

2.1.9 设计状况 design situation

代表一定时段的一组物理条件，设计应做到结构在该时段内不超越有关的极限状态。

2.1.10 功能函数 performance function

基本变量的函数，该函数表征一种结构功能。

2.1.11 概率分布 probability distribution

随机变量取值的统计规律，一般采用概率密度函数或概率分布函数表示。

2.1.12 统计参数 statistical parameter

在概率分布中用来表示随机变量取值的平均水平

和分散程度的数字特征，如平均值、标准差、变异系数等。

2.1.13 分位值 fractile

与随机变量分布函数某一概率相应的值。

2.1.14 作用 action

施加在结构上的集中力或分布力（直接作用，也称为荷载）和引起结构外加变形或约束变形的原因（间接作用）。

2.1.15 作用代表值 representative value of an action

设计中用以验证极限状态所采用的作用值。作用代表值包括标准值、组合值、频遇值和准永久值。

2.1.16 作用标准值 characteristic value of an action

作用的基本代表值，为设计基准期内最大作用概率分布的某一分位值。

2.1.17 组合值 combination value

对可变作用，使组合后的作用效应在设计基准期内的超越概率与该作用单独出现时的相应概率趋于一致的作用值；或组合后使结构具有统一规定的可靠指标的作用值。

2.1.18 频遇值 frequent value

对可变作用，在设计基准期内被超越的总时间仅为设计基准期一小部分的作用值；或在设计基准期内其超越频率为某一给定频率的作用值。

2.1.19 准永久值 quasi-permanent value

对可变作用，在设计基准期内被超越的总时间为设计基准期一半的作用值。

2.1.20 作用设计值 design value of an action

作用代表值乘以作用分项系数所得的值。

2.1.21 材料性能标准值 characteristic value of a material property

符合规定质量的材料性能概率分布的某一分位值。

2.1.22 材料性能设计值 design value of a material property

材料性能标准值除以材料性能分项系数所得的值。

2.1.23 几何参数标准值 characteristic value of a geometrical parameter

设计规定的几何参数公称值或几何参数概率分布的某一分位值。

2.1.24 几何参数设计值 design value of a geometrical parameter

几何参数标准值增加或减少一个几何参数附加量所得的值。

2.1.25 作用效应 effect of an action

由作用引起的结构或结构构件的反应，例如内力、变形和裂缝等。

2.1.26 抗力 resistance

结构或结构构件承受作用效应的能力，如承载能力等。

2.2 符　　号

T——结构的设计基准期；

p_f——结构构件失效概率的运算值；

β——结构构件的可靠指标；

p_s——结构构件的可靠度；

S——结构或结构构件的作用效应；

μ_S——结构或结构构件作用效应的平均值；

σ_S——结构或结构构件作用效应的标准差；

G_k——永久荷载的标准值；

Q_k——可变荷载的标准值；

R——结构或结构构件的抗力；

μ_R——结构或结构构件抗力的平均值；

σ_R——结构或结构构件抗力的标准差；

μ_f——材料性能的平均值；

σ_f——材料性能的标准差；

f_k——材料性能的标准值；

a——结构或结构构件的几何参数；

a_k——结构或结构构件几何参数的标准值；

ψ_c——荷载组合值系数；

ψ_f——荷载频遇值系数；

ψ_q——荷载准永久值系数；

γ_F——结构上的作用分项系数；

γ_G——永久荷载分项系数；

γ_Q——可变荷载分项系数；

γ_R——结构构件抗力分项系数；

γ_f——材料性能分项系数；

γ_0——结构重要性系数；

S_d——变形、裂缝等荷载效应的设计值；

C——设计对变形、裂缝等规定的相应限值。

3 极限状态设计原则

3.0.1 对于结构的各种极限状态，均应规定明确的标志及限值。

3.0.2 极限状态可分为下列两类：

1 承载能力极限状态。这种极限状态对应于结构或结构构件达到最大承载能力或不适于继续承载的变形。

当结构或结构构件出现下列状态之一时，应认为超过了承载能力极限状态：

1）整个结构或结构的一部分作为刚体失去平衡（如倾覆等）；

2）结构构件或连接因超过材料强度而破坏（包括疲劳破坏），或因过度变形而不适于继续承载；

3）结构转变为机动体系；

4）结构或结构构件丧失稳定（如压屈等）；

5）地基丧失承载能力而破坏（如失稳等）。

2　正常使用极限状态。这种极限状态对应于结构或结构构件达到正常使用或耐久性能的某项规定限值。

当结构或结构构件出现下列状态之一时，应认为超过了正常使用极限状态：

1）影响正常使用或外观的变形；

2）影响正常使用或耐久性能的局部损坏（包括裂缝）；

3）影响正常使用的振动；

4）影响正常使用的其他特定状态。

3.0.3　建筑结构设计时，应根据结构在施工和使用中的环境条件和影响，区分下列三种设计状况：

1　持久状况。在结构使用过程中一定出现，其持续期很长的状况。持续期一般与设计使用年限为同一数量级；

2　短暂状况。在结构施工和使用过程中出现概率较大，而与设计使用年限相比，持续期很短的状况，如施工和维修等。

3　偶然状况。在结构使用过程中出现概率很小，且持续期很短的状况，如火灾、爆炸、撞击等。

对于不同的设计状况，可采用相应的结构体系、可靠度水准和基本变量等。

3.0.4　建筑结构的三种设计状况应分别进行下列极限状态设计：

1　对三种设计状况，均应进行承载能力极限状态设计；

2　对持久状况，尚应进行正常使用极限状态设计；

3　对短暂状况，可根据需要进行正常使用极限状态设计。

3.0.5　建筑结构设计时，对所考虑的极限状态，应采用相应的结构作用效应的最不利组合：

1　进行承载能力极限状态设计时，应考虑作用效应的基本组合，必要时尚应考虑作用效应的偶然组合。

2　进行正常使用极限状态设计时，应根据不同设计目的，分别选用下列作用效应的组合：

1）标准组合，主要用于当一个极限状态被超越时将产生严重的永久性损害的情况；

2）频遇组合，主要用于当一个极限状态被超越时将产生局部损害、较大变形或短暂振动等情况；

3）准永久组合，主要用在当长期效应是决定性因素时的一些情况。

3.0.6　对偶然状况，建筑结构可采用下列原则之一按承载能力极限状态进行设计：

1　按作用效应的偶然组合进行设计或采取防护措施，使主要承重结构不致因出现设计规定的偶然事件而丧失承载能力；

2　允许主要承重结构因出现设计规定的偶然事件而局部破坏，但其剩余部分具有在一段时间内不发生连续倒塌的可靠度。

3.0.7　结构的极限状态应采用下列极限状态方程描述：

$$g(X_1, X_2, \cdots, X_n) = 0 \qquad (3.0.7)$$

式中　$g(\cdot)$——结构的功能函数；

$X_i(i=1,2,\cdots,n)$——基本变量，系指结构上的各种作用和材料性能、几何参数等；进行结构可靠度分析时，也可采用作用效应和结构抗力作为综合的基本变量；基本变量应作为随机变量考虑。

3.0.8　结构按极限状态设计应符合下列要求：

$$g(X_1, X_2, \cdots, X_n) \geqslant 0 \qquad (3.0.8\text{-}1)$$

当仅有作用效应和结构抗力两个基本变量时，结构按极限状态设计应符合下列要求：

$$R - S \geqslant 0 \qquad (3.0.8\text{-}2)$$

式中　S——结构的作用效应；

R——结构的抗力。

3.0.9　结构构件的可靠度宜采用可靠指标度量。结构构件的可靠指标宜采用考虑基本变量概率分布类型的一次二阶矩方法进行计算。

1　当仅有作用效应和结构抗力两个基本变量且均按正态分布时，结构构件的可靠指标可按下列公式计算：

$$\beta = \frac{\mu_R - \mu_S}{\sqrt{\sigma_R^2 + \sigma_S^2}} \qquad (3.0.9\text{-}1)$$

式中　β——结构构件的可靠指标；

μ_S、σ_S——结构构件作用效应的平均值和标准差；

μ_R、σ_R——结构构件抗力的平均值和标准差。

2　结构构件的失效概率与可靠指标具有下列关系：

$$p_f = \Phi(-\beta) \qquad (3.0.9\text{-}2)$$

式中　p_f——结构构件失效概率的运算值；

$\Phi(\cdot)$——标准正态分布函数。

3　结构构件的可靠度与失效概率具有下列关系：

$$p_s = 1 - p_f \qquad (3.0.9\text{-}3)$$

式中　p_s——结构构件的可靠度。

4　当基本变量不按正态分布时，结构构件的可靠指标应以结构构件作用效应和抗力当量正态分布的平均值和标准差代入公式（3.0.9-1）进行计算。

3.0.10　结构构件设计时采用的可靠指标，可根据对现有结构构件的可靠度分析，并考虑使用经验和经济因素等确定。

3.0.11　结构构件承载能力极限状态的可靠指标，不应小于表3.0.11的规定。

表 3.0.11　结构构件承载能力极限状态的可靠指标

破坏类型	安全等级		
	一　级	二　级	三　级
延性破坏	3.7	3.2	2.7
脆性破坏	4.2	3.7	3.2

注：当承受偶然作用时，结构构件的可靠指标应符合专门规范的规定。

3.0.12　结构构件正常使用极限状态的可靠指标，根据其可逆程度宜取 0～1.5。

4　结构上的作用

4.0.1　结构上的各种作用，若在时间上或空间上可作为相互独立时，则每一种作用均可按对结构单独的作用考虑；当某些作用密切相关，且经常以其最大值同时出现时，可将这些作用按一种作用考虑。

4.0.2　结构上的作用可按下列性质分类：

1　按随时间的变异分类：

1）永久作用，在设计基准期内量值不随时间变化，或其变化与平均值相比可以忽略不计的作用；

2）可变作用，在设计基准期内其量值随时间变化，且其变化与平均值相比不可忽略的作用；

3）偶然作用，在设计基准期内不一定出现，而一旦出现其量值很大且持续时间很短的作用。

2　按随空间位置的变异分类：

1）固定作用，在结构上具有固定分布的作用；

2）自由作用，在结构上一定范围内可以任意分布的作用。

3　按结构的反应特点分类：

1）静态作用，使结构产生的加速度可以忽略不计的作用；

2）动态作用，使结构产生的加速度不可忽略不计的作用。

4.0.3　施加在结构上的荷载宜采用随机过程概率模型描述。

住宅、办公楼等楼面活荷载以及风、雪荷载随机过程的样本函数可模型化为等时段的矩形波函数。

4.0.4　荷载的各种统计参数和任意时点荷载的概率分布函数，应以观测和试验数据为基础，运用参数估计和概率分布的假设检验方法确定。检验的显著性水平可采用 0.05。

当观测和试验数据不足时，荷载的各种统计参数可结合工程经验经分析判断确定。

4.0.5　结构设计时，应根据各种极限状态的设计要求采用不同的荷载代表值。永久荷载应采用标准值作为代表值；可变荷载应采用标准值、组合值、频遇值或准永久值作为代表值。

4.0.6　结构自重的标准值可按设计尺寸与材料重力密度标准值计算。对于某些自重变异较大的材料或结构构件（如现场制作的保温材料、混凝土薄壁构件等），自重的标准值应根据结构的不利状态，通过结构可靠度分析，取其概率分布的某一分位值。

可变荷载标准值，应根据设计基准期内最大荷载概率分布的某一分位值确定。

注：当观测和试验数据不足时，荷载标准值可结合工程经验，经分析判断确定。

4.0.7　荷载组合值是当结构承受两种或两种以上可变荷载时，承载能力极限状态按基本组合设计和正常使用极限状态按标准组合设计采用的可变荷载代表值。

4.0.8　荷载频遇值是正常使用极限状态按频遇组合设计采用的一种可变荷载代表值。

4.0.9　荷载准永久值是正常使用极限状态按准永久组合和频遇组合设计采用的可变荷载代表值。

4.0.10　承载能力极限状态设计时采用的各种偶然作用的代表值，可根据观测和试验数据或工程经验，经综合分析判断确定。

4.0.11　进行建筑结构设计时，对可能同时出现的不同种类的作用，应考虑其效应组合；对不可能同时出现的不同种类的作用，不应考虑其效应组合。

5　材料和岩土的性能及几何参数

5.0.1　材料和岩土的强度、弹性模量、变形模量、压缩模量、内摩擦角、粘聚力等物理力学性能，应根据有关的试验方法标准经试验确定。

材料性能宜采用随机变量概率模型描述。材料性能的各种统计参数和概率分布函数，应以试验数据为基础，运用参数估计和概率分布的假设检验方法确定。检验的显著性水平可采用 0.05。

5.0.2　当利用标准试件的试验结果确定结构中实际的材料性能时，尚应考虑实际结构与标准试件、实际工作条件与标准试验条件的差别。结构中的材料性能与标准试件材料性能的关系，应根据相应的对比试验结果通过换算系数或函数来反映，或根据工程经验判断确定。结构中材料性能的不定性，应由标准试件材料性能的不定性和换算系数或函数的不定性两部分组成。

岩土性能指标和地基、桩基承载力等，应通过原位测试、室内试验等直接或间接的方法确定，并应考虑由于钻探取样扰动、室内外试验条件与实际工程结构条件的差别以及所采用公式的误差等因素的影响。

5.0.3　材料强度的概率分布宜采用正态分布或对数正态分布。

材料强度的标准值可取其概率分布的 0.05 分位值确定。材料弹性模量、泊松比等物理性能的标准值可取其概率分布的 0.5 分位值确定。

注：当试验数据不足时，材料性能的标准值可采用有关标准的规定值，也可结合工程经验，经分析判断确定。

5.0.4 岩土性能的标准值宜根据原位测试和室内试验的结果，按有关标准的规定确定。

注：当有条件时，岩土性能的标准值可按其概率分布的某个分位值确定。

5.0.5 结构或结构构件的几何参数 a 宜采用随机变量概率模型描述。几何参数的各种统计参数和概率分布函数，应以正常生产情况下结构或结构构件几何尺寸的测试数据为基础，运用参数估计和概率分布的假设检验方法确定。

当测试数据不足时，几何参数的统计参数可根据有关标准中规定的公差，经分析判断确定。

6 结构分析

6.0.1 结构分析应包括下列内容：

1 结构作用效应的分析，以确定结构或截面上的作用效应；

2 结构抗力及其他性能的分析，以确定结构或截面的抗力及其他性能。

6.0.2 结构分析可采用计算、模型试验或原型试验等方法。

6.0.3 结构分析采用的基本假定和计算模型应能描述所考虑极限状态下的结构反应。

根据结构的具体情况，可采用一维、二维、三维的计算模型进行结构分析。

6.0.4 当建筑结构按承载能力极限状态设计时，根据材料和结构对作用的反应，可采用线性、非线性或塑性理论计算。

当建筑结构按正常使用极限状态设计时，可采用线性理论计算；必要时，可采用非线性理论计算。

6.0.5 当结构承受自由作用时，应根据每一自由作用可能出现的空间位置，确定对结构最不利的作用布置。

6.0.6 环境对材料、构件和结构性能的系统影响，宜在结构分析中直接考虑，如湿度对木材强度的影响，高温对钢结构性能的影响等。

6.0.7 计算模型的不定性应在极限状态方程中采用一个或几个附加的基本变量考虑。附加基本变量的概率分布类型和统计参数，可通过按计算模型的计算结果与按精确方法的计算结果或实际观测的结果相比较，经统计分析确定，或根据工程经验判断确定。

7 极限状态设计表达式

7.0.1 结构构件的极限状态设计表达式，应根据各种极限状态的设计要求，采用有关的荷载代表值、材料性能标准值、几何参数标准值以及各种分项系数等表达。

作用分项系数 γ_F（包括荷载分项系数 γ_G、γ_Q）和结构构件抗力分项系数 γ_R（或材料性能分项系数 γ_f），应根据结构功能函数中基本变量的统计参数和概率分布类型，以及本标准 3.0.11 条规定的结构构件可靠指标，通过计算分析，并考虑工程经验确定。

结构重要性系数 γ_0 应按结构构件的安全等级、设计使用年限并考虑工程经验确定。

7.0.2 对于承载能力极限状态，结构构件应按本标准 3.0.5 条的要求采用荷载效应的基本组合和偶然组合进行设计。

1 基本组合

1）对于基本组合，应按下列极限状态设计表达式中最不利值确定：

$$\gamma_0\left(\gamma_G S_{G_k}+\gamma_{Q_1} S_{Q_{1k}}+\sum_{i=2}^{n}\gamma_{Q_i}\psi_{ci}S_{Q_{ik}}\right)\leqslant R(\gamma_R, f_k, a_k, \cdots) \tag{7.0.2-1}$$

$$\gamma_0\left(\gamma_G S_{G_k}+\sum_{i=1}^{n}\gamma_{Q_i}\psi_{ci}S_{Q_{ik}}\right)\leqslant R(\gamma_R, f_k, a_k, \cdots) \tag{7.0.2-2}$$

式中 γ_0——结构重要性系数，应按本标准 7.0.3 条的规定采用；

γ_G——永久荷载分项系数，应按本标准 7.0.4 条的规定采用；

γ_{Q_1}，γ_{Q_i}——第 1 个和第 i 个可变荷载分项系数，应按本标准 7.0.4 条的规定采用；

S_{G_k}——永久荷载标准值的效应；

$S_{Q_{1k}}$——在基本组合中起控制作用的一个可变荷载标准值的效应；

$S_{Q_{ik}}$——第 i 个可变荷载标准值的效应；

ψ_{ci}——第 i 个可变荷载的组合值系数，其值不应大于 1；

R（·）——结构构件的抗力函数；

γ_R——结构构件抗力分项系数，其值应符合各类材料结构设计规范的规定；

f_k——材料性能的标准值；

a_k——几何参数的标准值，当几何参数的变异对结构构件有明显影响时可另增减一个附加值 Δ_a 考虑其不利影响。

2）对于一般排架、框架结构，式（7.0.2-1）可采用下列简化极限状态设计表达式：

$$\gamma_0\left(\gamma_G S_{G_k}+\psi\sum_{i=1}^{n}\gamma_{Q_i}S_{Q_{ik}}\right)\leqslant R(\gamma_R, f_k, a_k, \cdots) \tag{7.0.2-3}$$

式中 ψ——简化设计表达式中采用的荷载组合系数；一般情况下可取 $\psi=0.90$，当只有一个可变荷载时，取 $\psi=1.0$。

注：1 荷载的具体组合规则及组合值系数，应符合《建筑结构荷载规范》的规定；

2 式（7.0.2-1）、（7.0.2-2）和（7.0.2-3）中荷载效应的基本组合仅适用于荷载效应与荷载为线性关系的情况。

2 偶然组合

对于偶然组合，极限状态设计表达式宜按下列原则确定：偶然作用的代表值不乘以分项系数；与偶然作用同时出现的可变荷载，应根据观测资料和工程经验采用适当的代表值。具体的设计表达式及各种系数，应符合专门规范的规定。

7.0.3 结构重要性系数 γ_0 应按下列规定采用：

1 对安全等级为一级或设计使用年限为 100 年及以上的结构构件，不应小于 1.1；

2 对安全等级为二级或设计使用年限为 50 年的结构构件，不应小于 1.0；

3 对安全等级为三级或设计使用年限为 5 年的结构构件，不应小于 0.9。

注：对设计使用年限为 25 年的结构构件，各类材料结构设计规范可根据各自情况确定结构重要性系数 γ_0 的取值。

7.0.4 荷载分项系数应按下列规定采用：

1 永久荷载分项系数 γ_G，当永久荷载效应对结构构件的承载能力不利时，对式（7.0.2-1）及（7.0.2-3），应取 1.2，对式（7.0.2-2），应取 1.35；当永久荷载效应对结构构件的承载能力有利时，不应大于 1.0。

2 第 1 个和第 i 个可变荷载分项系数 γ_{Q_1} 和 γ_{Q_i}，当可变荷载效应对结构构件的承载能力不利时，在一般情况下应取 1.4；当可变荷载效应对结构构件的承载能力有利时，应取为 0。

7.0.5 对于正常使用极限状态，结构构件应按本标准 3.0.5 条的要求分别采用荷载效应的标准组合、频遇组合和准永久组合进行设计，使变形、裂缝等荷载效应的设计值符合下式的要求：

$$S_d \leqslant C \qquad (7.0.5\text{-}1)$$

式中 S_d——变形、裂缝等荷载效应的设计值；

C——设计对变形、裂缝等规定的相应限值。

7.0.6 变形、裂缝等荷载效应的设计值 S_d 应符合下列规定：

1 标准组合：$S_d = S_{G_k} + S_{Q_{1k}} + \sum_{i=2}^{n} \psi_{ci} S_{Q_{ik}}$

(7.0.6-1)

2 频遇组合：$S_d = S_{G_k} + \psi_{f1} S_{Q_{1k}} + \sum_{i=2}^{n} \psi_{qi} S_{Q_{ik}}$

(7.0.6-2)

3 准永久组合：$S_d = S_{G_k} + \sum_{i=1}^{n} \psi_{qi} S_{Q_{ik}}$

(7.0.6-3)

式中 $\psi_{f1} S_{Q_{1k}}$——在频遇组合中起控制作用的一个可变荷载频遇值效应；

$\psi_{qi} S_{Q_{ik}}$——为第 i 个可变荷载准永久值效应。

注：S_d 的计算公式仅适用于荷载效应与荷载为线性关系的情况。

8 质量控制要求

8.0.1 材料和构件的质量可采用一个或多个质量特征表达。在各类材料结构设计与施工规范中，应对材料和构件的力学性能、几何参数等质量特征提出明确的要求。

材料和构件的合格质量水平，应根据各类材料结构设计规范规定的结构构件可靠指标确定。

8.0.2 材料宜根据统计资料，按不同质量水平划分等级。等级划分不宜过密。对不同等级的材料，设计时应采用不同的材料性能标准值。

8.0.3 对建筑结构应实施为保证结构可靠度所必需的质量控制。建筑结构的各项质量控制应由有关标准作出规定。建筑结构的质量控制应包括下列内容：

1 勘察与设计的质量控制；

2 材料和制品的质量控制；

3 施工的质量控制；

4 使用和维护的质量控制。

8.0.4 勘察与设计的质量控制应达到下列要求：

1 勘察资料应符合工程要求，数据准确，结论可靠；

2 设计方案、基本假定和计算模型合理，数据运用正确；

3 图纸和其他设计文件符合有关规定。

8.0.5 为进行施工质量控制，在各工序内应实行质量自检，在各工序间应实行交接质量检查。对工序操作和中间产品的质量，应采用统计方法进行抽查；在结构的关键部位应进行系统检查。

8.0.6 在建筑结构使用期间，应保证设计预定的使用条件，定期检查结构状况，并进行必要的维修。当实际使用条件和设计预定的使用条件不同时，应进行专门的验算和采取必要的措施。

8.0.7 材料和构件的质量控制应包括下列两种控制：

1 生产控制：在生产过程中，应根据规定的控制标准，对材料和构件的性能进行经常性检验，及时纠正偏差，保持生产过程中质量的稳定性。

2 合格控制（验收）：在交付使用前，应根据规定的质量验收标准，对材料和构件进行合格性验收，保证其质量符合要求。

8.0.8 合格控制可采用抽样检验的方法进行。

各类材料和构件应根据其特点制定具体的质量验收标准，其中应明确规定验收批量、抽样方法和数量、验收函数和验收界限等。

质量验收标准宜在统计理论的基础上制定。

8.0.9 对于生产连续性较差或各批间质量特征的统计参数差异较大的材料和构件，在制定质量验收标准时，必须控制用户方风险率。计算用户方风险率时采用的极限质量水平，可按各类材料结构设计规范的有关要求和工程经验确定。

仅对连续生产的材料和构件，当产品质量稳定时，可按控制生产方风险率的条件制定质量验收标准。

8.0.10 当一批材料或构件经抽样检验判为不合格时，应根据有关的质量验收标准对该批产品进行复查或重新确定其质量等级，或采取其他措施处理。

本标准用词说明

为便于在执行本标准条文时区别对待，对执行标准严格程度的用词说明如下：

一、表示很严格，非这样做不可的用词

正面词采用“必须”，反面词采用“严禁”；

二、表示严格，在正常情况下均应这样做的用词

正面词采用“应”，反面词采用“不应”或“不得”；

三、表示允许稍有选择，在条件许可时首先应这样做的用词

正面词采用“宜”，反面词采用“不宜”。

表示有选择，在一定条件下可以这样做的，采用“可”。

中华人民共和国国家标准

建筑结构可靠度设计统一标准

GB 50068—2001

条 文 说 明

目　次

1 总 则

1.0.1～1.0.2 本标准对各类材料的建筑结构可靠度和极限状态设计原则做出了统一规定，适用于建筑结构、组成结构的构件及地基基础的设计；适用于结构的施工阶段和使用阶段。

1.0.3 制定建筑结构荷载规范以及各类材料的建筑结构设计规范均应遵守本标准的规定，由于地基基础和建筑抗震设计在土性指标与地震反应等方面有一定的特殊性，故规定制定建筑地基基础和建筑抗震等设计规范宜遵守本标准规定的原则，表示允许稍有选择。

1.0.4 设计基准期是为确定可变作用及与时间有关的材料性能取值而选用的时间参数，它不等同于建筑结构的设计使用年限。本标准所考虑的荷载统计参数，都是按设计基准期为50年确定的，如设计时需采用其他设计基准期，则必须另行确定在设计基准期内最大荷载的概率分布及相应的统计参数。

1.0.5 随着我国市场经济的发展，建筑市场迫切要求明确建筑结构的设计使用年限。值得重视的是最新版国际标准ISO 2394：1998《结构可靠度总原则》上首次正式提出了设计工作年限(design working life)的概念，并给出了具体分类。本次修订中借鉴了ISO 2394：1998，提出了各种建筑结构的"设计使用年限"，明确了设计使用年限是设计规定的一个时期，在这一规定时期内，只需进行正常的维护而不需进行大修就能按预期目的使用，完成预定的功能，即房屋建筑在正常设计、正常施工、正常使用和维护下所应达到的使用年限，如达不到这个年限则意味着在设计、施工、使用与维护的某一环节上出现了非正常情况，应查找原因。所谓"正常维护"包括必要的检测、防护及维修。设计使用年限是房屋建筑的地基基础工程和主体结构工程"合理使用年限"的具体化。

1.0.6 结构可靠度与结构的使用年限长短有关，本标准所指的结构可靠度或结构失效概率，是对结构的设计使用年限而言的，当结构的使用年限超过设计使用年限后，结构失效概率可能较设计预期值增大。

结构在规定的时间内，在规定的条件下，完成预定功能的能力，称为结构可靠性。结构可靠度是对结构可靠性的定量描述，即结构在规定的时间内，在规定的条件下，完成预定功能的概率。这是从统计数学观点出发的比较科学的定义，因为在各种随机因素的影响下，结构完成预定功能的能力只能用概率来度量。结构可靠度的这一定义，与其他各种从定值观点出发的定义是有本质区别的。

本标准规定的结构可靠度是以正常设计、正常施工、正常使用为条件的，不考虑人为过失的影响。人为过失应通过其他措施予以避免。

1.0.7 在建筑结构必须满足的四项功能中，第1、第4两项是结构安全性的要求，第2项是结构适用性的要求，第3项是结构耐久性的要求，三者可概括为结构可靠性的要求。

所谓足够的耐久性能，系指结构在规定的工作环境中，在预定时期内，其材料性能的恶化不致导致结构出现不可接受的失效概率。从工程概念上讲，足够的耐久性能就是指在正常维护条件下结构能够正常使用到规定的设计使用年限。

所谓整体稳定性，系指在偶然事件发生时和发生后，建筑结构仅产生局部的损坏而不致发生连续倒塌。

1.0.8 在本标准中，按建筑结构破坏后果的严重性统一划分为三个安全等级，其中，大量的一般建筑物列入中间等级，重要的建筑物提高一级；次要的建筑物降低一级。至于重要建筑物与次要建筑物的划分，则应根据建筑结构的破坏后果，即危及人的生命、造成经济损失、产生社会影响等的严重程度确定。

1.0.9 同一建筑物内的各种结构构件宜与整个结构采用相同的安全等级，但允许对部分结构构件根据其重要程度和综合经济效果进行适当调整。如提高某一结构构件的安全等级所需额外费用很少，又能减轻整个结构的破坏，从而大大减少人员伤亡和财物损失，则可将该结构构件的安全等级比整个结构的安全等级提高一级；相反，如某一结构构件的破坏并不影响整个结构或其他结构构件，则可将其安全等级降低一级。

2 术语、符号

本章的术语和符号主要依据国家标准《工程结构设计基本术语和通用符号》(GBJ 132—90)、国际标准《结构可靠性总原则》(ISO 2394：1998) 以及原标准 (GBJ 68—84) 的规定。

3 极限状态设计原则

3.0.2 承载能力极限状态可理解为结构或结构构件发挥允许的最大承载功能的状态。结构构件由于塑性变形而使其几何形状发生显著改变，虽未达到最大承载能力，但已彻底不能使用，也属于达到这种极限状态。

疲劳破坏是在使用中由于荷载多次重复作用而达到的承载能力极限状态。

正常使用极限状态可理解为结构或结构构件达到使用功能上允许的某个限值的状态。例如，某些构件必须控制变形、裂缝才能满足使用要求。因过大的变形会造成房屋内粉刷层剥落、填充墙和隔断墙开裂及屋面积水等后果；过大的裂缝会影响结构的耐久性；过大的变形、裂缝也会造成用户心理上的不安全感。

3.0.3 本条中"环境"一词的含义是广义的，包括结构所受的各种作用。例如，房屋结构承受家具和正常人员荷载的状况属持久状况；结构施工时承受堆料荷载的状况属短暂状况；结构遭受火灾、爆炸、撞击、罕遇地震等作用的状况属偶然状况。

3.0.5 建筑结构按极限状态设计时，必须确定相应的结构作用效应的最不利组合。两类极限状态的各种组合，详见7.0.2和7.0.5条。设计时应针对各种有关的极限状态进行必要的计算或验算，当有实际工程经验时，也可采用构造措施来代替验算。

3.0.6 当考虑偶然事件产生的作用时，主要承重结构可仅按承载能力极限状态进行设计，此时采用的结构可靠指标可适当降低。

由于偶然事件而出现特大的作用时，一般说来，要求结构仍保持完整无缺是不现实的，只能要求结构不致因此而造成与其起因不相称的破坏后果。譬如，仅由于局部爆炸或撞击事故，不应导致整个建筑结构发生灾难性的连续倒塌。为此，当按承载能力极限状态的偶然组合设计主要承重结构在经济上不利时，可考虑采用允许结构发生局部破坏而其剩余部分仍具有适当可靠度的原则进行设计。按这种原则设计时，通常可采取构造措施来实现，例如可对结构体系采取有效的超静定措施，以限制结构因偶然事件而造成破坏的范围。

3.0.7 基本变量是指极限状态方程中所包含的影响结构可靠度的各种物理量。它包括：引起结构作用效应 S（内力等）的各种作用，如恒荷载、活荷载、地震、温度变化等，构成结构抗力 R（强度等）的各种因素，如材料性能、几何参数等。分析结构可靠度时，也可将作用效应或结构抗力作为综合的基本变量考虑。基本变量一般可认为是相互独立的随机变量。

极限状态方程是当结构处于极限状态时各有关基本变量的关系式。当结构设计问题中仅包含两个基本变量时，在以基本变量为坐标的平面上，极限状态方程为直线（线性问题）或曲线（非线性问题)；当结构设计问题中包含多个基本变量时，在以基本变量为坐标的空间中，极限状态方程为平面（线性问题）或曲面（非线性问题）。

3.0.8～3.0.9 为了合理地统一我国各类材料结构设计规范的结构可靠度和极限状态设计原则，促进结构设计理论的发展，本标准采用了以概率理论为基础的极限状态设计方法，即考虑基本变量概率分布类型的一次二阶矩极限状态设计法。在原标准（GBJ 68—84）编制过程中，主要借鉴了欧洲—国际混凝土委员会（CEB）等六个国际组织联合组成的“结构安全度联合委员会”（JCSS）提出的《结构统一标准规范国际体系》的第一卷——《对各类结构和各种材料的共同统一规则》及国际标准化组织（ISO）编制的《结构可靠度总原则》（ISO 2394）。美国国家标准局1980年出版的《为美国国家标准A58拟定的基于概率的荷载准则》和前西德1981年出版的工业标准《结构安全要求规程的总原则》（草案）均采用了类似的方法。许多其他欧洲国家也采用这种方法编制了有关的国家标准草案。

以往采用的半概率极限状态设计方法，仅在荷载和材料强度的设计取值上分别考虑了各自的统计变异性，没有对结构构件的可靠度给出科学的定量描述。这种方法常常使人误认为只要设计中采用了某一给定安全系数，结构就能百分之百的可靠，将设计安全系数与结构可靠度简单地等同了起来。而以概率理论为基础的极限状态设计方法则是以结构失效概率来定义结构可靠度，并以与结构失效概率相对应的可靠指标 β 来度量结构可靠度，从而能较好地反映结构可靠度的实质，使设计概念更为科学和明确。

当极限状态方程中仅有作用效应 S 和结构抗力 R 两个基本变量时，可采用式（3.0.9-1）计算结构构件的可靠指标 β。当基本变量均按正态分布时，式（3.0.9-1）可以直接应用；当基本变量不按正态分布时，则须将其转化为相应的当量正态分布，也就是在设计验算点处以概率密度函数值和概率分布函数值各自相等为条件，求出当量正态分布的平均值、标准差，然后代入式（3.0.9-1）计算。由于设计验算点在设计时往往是待求的，因此就需要从假定设计验算点的坐标值开始，通过若干次迭代过程，最后得出所需的设计验算点和相应的统计参数。利用计算机进行计算是较为简便的。

在实际工程问题中，仅有作用效应和结构抗力两个基本变量的情况是很少的，一般均为多个基本变量。上述的原则和方法也适用于多个基本变量情况下结构可靠指标的计算。

3.0.11 表3.0.11中规定的结构构件承载能力极限状态设计时采用的可靠指标，是以建筑结构安全等级为二级时延性破坏的 β 值3.2作为基准，其他情况下相应增减0.5。可靠指标 β 与失效概率运算值 p_f 的关系见下表：

β	2.7	3.2	3.7	4.2
p_f	3.5×10^{-3}	6.9×10^{-4}	1.1×10^{-4}	1.3×10^{-5}

表3.0.11中延性破坏是指结构构件在破坏前有明显的变形或其他预兆；脆性破坏是指结构构件在破坏前无明显的变形或其他预兆。

表3.0.11中作为基准的 β 值，是根据对20世纪70年代各类材料结构设计规范校准所得的结果，经综合平衡后确定的。本次修订根据“可靠度适当提高一点”的原则，取消了原标准“可对本表的规定值作不超过±0.25幅度的调整”的规定，因此表3.0.11中规定的 β 值是各类材料结构设计规范应采用的最低 β 值。

表3.0.11中规定的 β 值是对结构构件而言的。对于其他部分如连接等，设计时采用的 β 值，应由各类材料的结构设计规范另作规定。

目前由于统计资料不够完备以及结构可靠度分析中引入了近似假定，因此所得的失效概率 p_f 及相应的 β 尚非实际值。这些值是一种与结构构件实际失效概率有一定联系的运算值，主要用于对各类结构构件可靠度作相对的度量。

3.0.12 为促进房屋使用性能的改善，根据ISO 2394：1998的建议，结合国内近年来对我国建筑结构构件正常使用极限状态可靠度所做的分析研究成果，对结构构件正常使用的可靠度做出了规定。对于正常使用极限状态，其可靠指标一般应根据结构构件作用效应的可逆程度选取：可逆程度较高的结构构件取较低值；可逆程度较低的结构构件取较高值，例如ISO 2394：1998规定，对可逆的正常使用极限状态，其可靠指标取为0；对不可逆的正常使用极限状态，其可靠指标取为1.5。

不可逆极限状态指产生超越状态的作用被移掉后，仍将永久保持超越状态的一种极限状态；可逆极限状态指产生超越状态的作用被移掉后，将不再保持超越状态的一种极限状态。

4 结构上的作用

4.0.1 结构上的某些作用，例如楼面活荷载和风荷载，它们各自出现与否以及数值大小，在时间上和空间上均彼此互不相关，故称为在时间上和在空间上互相独立的作用。这种作用在计算其效应和进行组合时，可按单独的作用处理。

4.0.2

1 作用按随时间的变异分类，是对作用的基本分类。它直接关系到概率模型的选择，而且按各类极限状态设计时所采用的作用代表值一般与其出现的持续时间长短有关。

1）永久作用的特点是其统计规律与时间参数无关，故可采用随机变量概率模型来描述。例如结构自重，其量值在整个设计基准期内基本保持不变或单调变化而趋于限值，其随机性只是表现在空间位置的变异上。

2）可变作用的特点是其统计规律与时间参数有关，故必须采用随机过程概率模型来描述。例如楼面活荷载、风荷载等。

3）偶然作用的特点是在设计基准期内不一定出现，而一旦出现其量值是很大的。例如爆炸、撞击、罕遇的地震等。

2 作用按随空间位置的变异分类，是由于进行荷载效应组合时，必须考虑荷载在空间的位置及其所占面积大小。

1）固定作用的特点是在结构上出现的空间位置固定不变，但其量值可能具有随机性。例如，房屋建筑楼面上位置固定的设备荷载、屋盖上的水箱等。

2）自由作用的特点是可以在结构的一定空间上任意分布，出现的位置及量值都可能是随机的。例如，楼面的人员荷载等。

3 作用按结构的反应分类，主要是因为进行结构分析时，对某些出现在结构上的作用需要考虑其动力效应（加速度反应）。作用划分为静态或动态作用的原则，不在于作用本身是否具有动力特性，而主要在于它是否使结构产生不可忽略的加速度。有很多作用，例如民用建筑楼面上的活荷载，本身可能具有一定的动力特性，但使结构产生的动力效应可以忽略不计，这类作用仍应划为静态作用。

对于动态作用，在结构分析时一般均应考虑其动力效应。有一部分动态作用，例如吊车荷载，设计时可采用增大其量值（即乘以动力系数）的方法按静态作用处理。另一部分动态作用，例如地震作用、大型动力设备的作用等，则须采用结构动力学方法进行结构分析。

作用按时间、按空间位置、按结构反应进行分类，是三种不同的分类方法，各有其不同的用途。例如吊车荷载，按随时间变异分类为可变作用，按随空间位置变异分类为自由作用，按结构反应分类为动态作用。每种作用按此分类方法各属何类，需依据作用的性质具体确定。本条中的举例，旨在说明分类的基本概念，而不是全部的分类。

4.0.3 施加在结构上的荷载，不但具有随机性质，而且一般还与时间参数有关，所以用随机过程来描述是适当的。

在一个确定的设计基准期 T 内，对荷载随机过程作一次连续观测（例如对某地的风压连续观测 50 年），所获得的依赖于观测时间的数据就称为随机过程的一个样本函数。每个随机过程都是由大量的样本函数构成的。

荷载随机过程的样本函数是十分复杂的，它随荷载的种类不同而异。目前对各类荷载随机过程的样本函数及其性质了解甚少。对于常见的楼面活荷载、风荷载、雪荷载等，为了简化起见，采用了平稳二项随机过程概率模型，即将它们的样本函数统一模型化为等时段矩形波函数，矩形波幅值的变化规律采用荷载随机过程 $\{Q(t), t \in [0, T]\}$ 中任意时点荷载的概率分布函数 $F_Q(x) = P\{Q(t_0) \leqslant x, t_0 \in [0, T]\}$ 来描述。

对于永久荷载，其值在设计基准期内基本不变，从而随机过程就转化为与时间无关的随机变量 $\{G(t) = G, t \in [0, T]\}$，所以样本函数的图像是平行于时间轴的一条直线。此时，荷载一次出现的持续时间 $\tau = T$，在设计基准期内的时段数 $r = \frac{T}{\tau} = 1$，而且在每一时段内出现的概率 $p = 1$。

对于可变荷载（住宅、办公楼等楼面活荷载及风、雪荷载等），其样本函数的共同特点是荷载一次出现的持续时间 $\tau < T$，在设计基准期内的时段数 $r > 1$，且在 T 内至少出现一次，所以平均出现次数 $m = pr \geqslant 1$。不同的可变荷载，其统计参数 τ、p 以及任意时点荷载的概率分布函数 $F_Q(x)$ 都是不同的。

对于住宅、办公楼楼面活荷载及风、雪荷载随机过程的样本函数采用这种统一的模型，为推导设计基准期最大荷载的概率分布函数和计算组合的最大荷载效应（综合荷载效应）等带来很多方便。

当采用一次二阶矩极限状态设计法时，必须将荷载随机过程转化为设计基准期最大荷载

$$Q_T = \max_{0 \leqslant t \leqslant T} Q(t)$$

因 T 已规定，故 Q_T 是一个与时间参数 t 无关的随机变量。

各种荷载的概率模型必须通过调查实测，根据所获得的资料和数据进行统计分析后确定，使之尽可能反映荷载的实际情况，并不要求一律选用平稳二项随机过程这种特定的概率模型。

4.0.4 任意时点荷载的概率分布函数 $F_Q(x)$ 是结构可靠度分析的基础。它应根据实测数据，运用 χ^2 检验或 K-S 检验等方法，选择典型的概率分布如正态、对数正态、伽马、极值Ⅰ型、极值Ⅱ型、极值Ⅲ型等来拟合，检验的显著性水平统一取 0.05。显著性水平是指所假设的概率分布类型为真而经检验被拒绝的最大概率。

荷载的统计参数，如平均值、标准差、变异系数等，应根据实测数据，按数理统计学的参数估计方法确定。当统计资料不足而一时又难以获得时，可根据工程经验经适当的判断确定。

4.0.5 荷载代表值有荷载的标准值、组合值、频遇值和准永久值，本次修订中增加了频遇值。根据各类荷载的概率模型，荷载的各种代表值均应具有明确的概率意义。

4.0.6 根据概率极限状态设计方法的要求，荷载标准值应根据设计基准期内最大荷载概率分布的某一分位值确定。在原标准的编制过程中，各类荷载的标准值维持了当时规范的取值水平，只对个别不合理者作了适当调整。

各类荷载标准值的取值水平分别为：

永久荷载标准值一般相当于永久荷载概率分布（也是设计基准期内最大荷载概率分布）的 0.5 分位值，即正态分布的平均值。对易于超重的钢筋混凝土板类构件（屋面板、楼板等）的调查表明，其标准值相当于统计平均值的 0.95 倍。由此可知，对大多数截面尺寸较大的梁、柱等承重构件，其标准值按设计尺寸与材料重力密度标准值计算，必将更接近于重力概率分布的平均值。

对于某些重量变异较大的材料和构件（如屋面的保温材料、防水材料、找平层以及钢筋混凝土薄板等），为在设计表达式中采用统一的永久荷载分项系数而又能使结构构件具有规定的可靠指标，其标准值应根据对结构的不利状态，通过结构可靠度分析，取重力概率分布的某一分位值确定，例如 0.95 或 0.05 分位值。计算分析表明，按第 7 章给出的设计表达式设计，对承受自重为主的屋盖结构，由保温、防水及找平层等产生的恒荷载宜取高分位值的标准值，具体数值应符合荷载规范的规定。

根据统计资料，新修订的荷载规范规定的楼面活荷载标准值 (2.0kN/m^2)，对于办公楼楼面活荷载相当于设计基准期最大荷载平均值加 3.16 倍标准差，对于住宅楼面活荷载相当于设计基准期最大荷载平均值加 2.38 倍标准差。

根据统计资料，荷载规范规定的风荷载标准值接近于设计基准期最大风荷载的平均值。某些部门和地区曾反映，对于风荷载较敏感的高耸结构，规范规定的风荷载标准值偏低，有些输电塔还发生过风灾事故。新修订的建筑结构荷载规范已将风、雪荷载标准值由原来规定的“三十年一遇”值，提高到“五十年一遇”值。

4.0.7 荷载组合值是对可变荷载而言的，主要用于承载能力极限状态的基本组合中，也用于正常使用极限状态的标准组合中。组合值是考虑施加在结构上的各可变荷载不可能同时达到各自的最大值，因此，其取值不仅与荷载本身有关，而且与荷载效应组合所采用的概率模型有关。荷载组合值系数 S_{G_k} 可根据荷载在组合后产生的总作用效应值在设计基准期内的超越概率与考虑单一作用时相应概率趋于一致的原则确定，其实质是要求结构在单一可变荷载作用下的可靠度与在两个及以上可变荷载作用下的可靠度保持一致。

4.0.8 荷载频遇值也是对可变荷载而言的，主要用于正常使用极限状态的频遇组合中。根据国际标准 ISO 2394：1998，频遇值是设计基准期内荷载达到和超过该值的总持续时间与设计基准期的比值小于 0.1 的荷载代表值。

4.0.9 荷载准永久值也是对可变荷载而言的。主要用于正常使用极限状态的准永久组合和频遇组合中。准永久值反映了可变荷载的一种状态，其取值系按可变荷载出现的频繁程度和持续时间长短确定。国际标准 ISO 2394：1998 中建议，准永久值根据在设计基准期内荷载达到和超过该值的总持续时间与设计基准期的比值为 0.5 确定。对住宅、办公楼楼面活荷载及风雪荷载等，这相当于取其任意时点荷载概率分布的 0.5 分位值。准永久值的具体取值，将由建筑结构荷载规范作出规定。在结构设计时，准永久值主要用于考虑荷载长期效应的影响。

4.0.10 目前，由于对许多偶然作用尚缺乏研究，缺少必要的实际观测资料，因此，偶然作用的代表值及有关参数，常常只能根据工程经验、建筑物类型等情况，经综合分析判断确定。对有观测资料的偶然作用，则应建立符合其特性的概率模型，给出有明确概率意义的代表值。

5 材料和岩土的性能及几何参数

5.0.1 材料性能实际上是随时间变化的，有些材料性能，例如木材、混凝土的强度等，这种变化相当明显，但为了简化起见，各种材料性能仍作为与时间无关的随机变量来考虑，而性能随时间的变化一般通过引进换算系数来估计。

5.0.2 用材料的标准试件试验所得的材料性能 f_{spe}，一般说来，不等同于结构中实际的材料性能 f_{str}，有时两者可能有较大的差别。例如，材料试件的加荷速度远超过实际结构的受荷速度，致

使试件的材料强度较实际结构中偏高；试件的尺寸远小于结构的尺寸，致使试件的材料强度受到尺寸效应的影响而与结构中不同；有些材料，如混凝土，其标准试件的成型与养护与实际结构并不完全相同，有时甚至相差很大，以致两者的材料性能有所差别。所有这些因素一般习惯于采用换算系数或函数 K_0 来考虑，从而结构中实际的材料性能与标准试件材料性能的关系可用下式表示：

$$f_{str}=K_0 f_{spe}$$

由于结构所处的状态具有变异性，因此换算系数或函数 K_0 也是随机变量。

5.0.3 材料强度标准值一般取概率分布的低分位值，国际上一般取 0.05 分位值，本标准也采用这个分位值确定材料强度标准值。此时，当材料强度按正态分布时，标准值为

$$f_k=\mu_f-1.645\sigma_f$$

当按对数正态分布时，标准值近似为

$$f_k=\mu_f\exp(-1.645\delta_f)$$

式中 u_f、σ_f及 δ_f分别为材料强度的平均值、标准差及变异系数。

当材料强度增加对结构性能不利时，必要时可取高分位值。

5.0.4 岩土性能参数的标准值当有可能采用可靠性估值时，可根据区间估计理论确定，单侧置信界限值由式 $f_k=\mu_f\left(1\pm\frac{t_\alpha}{\sqrt{n}}\delta_f\right)$求得，式中 t_α为学生氏函数，按置信度 $1-\alpha$ 和样本容量 n 确定。

5.0.5 结构的某些几何参数，例如梁跨和柱高，其变异性一般对结构抗力的影响很小，设计时可按确定量考虑。

6 结构分析

6.0.1 结构的作用效应是指在作用影响下的结构反应。通常包括截面内力（如轴力、剪力、弯矩、扭矩）以及变形和裂缝。设计时，将前者与计算的结构抗力相比较，将后者与规定的限值相比较，可验证结构是否可靠。

6.0.3 一维的结构计算模型适用于结构的某一维（长度）比其他两维大得多的情况，如梁、柱、拱；二维的结构计算模型适用于结构的某一维（厚度）比其他两维小得多的情况，如双向板、深梁、壳体；三维的结构计算模型适用于结构中没有一维显著大于或小于其他两维的情况。

6.0.7 作用效应及结构构件抗力计算模式的不精确性，是指计算结果与实际情况不相吻合的程度。其中包括确定作用效应时采用的计算简图和分析方法的误差，截面抗力的计算公式的误差，以及关于作用、材料性能、几何参数统计分析中的误差等。这类误差不是定值而是随机变量，因此，在极限状态方程中应引进附加的基本变量予以考虑。它的概率分布函数和统计参数，理论上应根据作用效应和结构构件抗力的实际值与按规范公式的计算值的比值，运用统计分析方法来确定。在具体实践时，作用效应和结构构件抗力的实际值，可以采用精确计算值或试验实测值。因为进行精确计算往往有困难，所以通常是根据试验结果，辅以工程经验判断，对这种误差的统计规律做出估计。

7 极限状态设计表达式

7.0.1 为了使所设计的结构构件在不同情况下具有比较一致的可靠度，本标准采用了多个分项系数的极限状态设计表达式。

本标准将荷载分项系数按永久荷载与可变荷载分为两大类，以便按荷载性质区别对待。这与目前许多国家规范所采用的设计表达式基本相同。考虑到各类材料结构的通用性，通过对各种结构构件的可靠度分析，本标准对常用荷载分项系数给出了统一的规定。

结构构件抗力分项系数，应按不同结构构件的特点分别确定，亦可转换为按不同的材料采用不同的材料性能分项系数。本标准对此未提出统一要求，在各类材料的结构设计规范中，应按在各种情况下 β 具有较佳一致性的原则，并适当考虑工程经验具体规定。

7.0.2 原标准中规定的荷载分项系数系按下列原则经优选确定的：在各种荷载标准值已给定的前提下，要选取一组分项系数，使按极限状态设计表达式设计的各种结构构件具有的可靠指标与规定的可靠指标之间在总体上误差最小。在定值过程中，对钢、薄钢、钢筋混凝土、砖石和木结构选择了 14 种有代表性的构件，若干种常遇的荷载效应比值（可变荷载效应与永久荷载效应之比）以及三种荷载效应组合情况（恒荷载与住宅楼面活荷载、恒荷载与办公楼楼面活荷载、恒荷载与风荷载）进行分析。最后确定，在一般情况下采用 $\gamma_G=1.2$，$\gamma_Q=1.4$，本标准继续采用。

为保证以永久荷载为主结构构件的可靠指标符合规定值，本次修订增加了式（7.0.2-2），与式（7.0.2-1）同时使用，该设计表达式对以永久荷载为主的结构起控制作用。

一般情况下，一个建筑总有两种及两种以上荷载同时作用。每个荷载的大小都是一个随机变量，而且是随时间而变化的，不应也不可能同时都以最大值出现在同一结构物上。将荷载模型化为等时段矩形波函数，按荷载组合理论，依据可靠指标一致性原则，可根据荷载统计参数与荷载样本函数求得组合值系数。原《建筑结构设计统一标准》（GBJ 68—84），仅给出当风荷载与其他可变荷载组合时，组合值系数可均采用 0.6 这一规定，避而不谈其他情况，其原因是荷载规范一直沿用遇风组合原则，当时规范编制者认为这种情况最有把握。这样规定的结果可能产生其他情况不应考虑组合值系数的误解。新修订的荷载规范认为“遇风组合”原则过于保守，因此取消“遇风组合”规定，采用两种及两种以上可变荷载均应考虑组合值系数的规定。

考虑到采用式（7.0.2-1）对排架和框架结构可能增加一定的计算工作量，为了应用简便起见，本标准允许对一般排架、框架结构采用简化的设计表达式（7.0.2-3），并与式（7.0.2-2）同时使用。

当结构承受两种或两种以上可变荷载，且其中有一种量值较大时，则有可能仅考虑较大的一种可变荷载更为不利。

荷载效应与荷载为线性关系是指两者之比为常量的情况。

偶然组合是指一种偶然作用与其他可变荷载相组合。偶然作用发生的概率很小，持续的时间较短，但对结构却可造成相当大的损害。鉴于这种特性，从安全与经济两方面考虑，当按偶然组合验算结构的承载能力时，所采用的可靠指标值允许比基本组合有所降低。国际“结构安全度联合委员会”（JCSS）编制的《对各类结构和各种材料的共同统一规则》附录一中也反映了这个原则，其偶然状态下可靠指标的计算公式如下：

$$\beta=-\Phi^{-1}\left(\frac{p_f}{p_0}\right)$$

式中 p_f——正常情况下结构构件失效概率的运算值；

p_0——在结构的设计基准期内偶然作用出现一次的概率；

Φ^{-1}（ ）——标准正态分布函数的反函数。

应该指出，当 $p_f\geqslant p_0/2$ 时 β 为负值，故应用上述公式时尚需规定其他条件。

由于不同的偶然作用，如撞击和爆炸，其性质差别较大，目前尚难给出统一的设计表达式，故本标准只提出了建立偶然组合设计表达式的一般原则。对于偶然组合，一般是：（1）只考虑一种偶然作用与其他荷载相组合；（2）偶然作用不乘以荷载分项系数；（3）可变荷载可根据与偶然作用同时出现的可能性，采用适

当的代表值，如准永久值等；（4）荷载与抗力分项系数值，可根据结构可靠度分析或工程经验确定。

7.0.3 结构重要性系数 γ_0 在原标准中是考虑结构破坏后果的严重性而引入的系数，对于安全等级为一级和三级的结构构件分别取 1.1 和 0.9。可靠度分析表明，采用这些系数后，结构构件可靠指标值较安全等级为二级的结构构件分别增减 0.5 左右，与表 3.0.11 的规定基本一致。本次修订中除保留原来的意义外，对设计使用年限为 100 年及以上和 5 年的结构构件，也通过结构重要性系数 γ_0 对作用效应进行调整。考虑不同投资主体对建筑结构可靠度的要求可能不同，故允许结构重要性系数 γ_0 分别取不应小于 1.1、1.0 和 0.9。

7.0.4 对永久荷载系数 γ_G 和可变荷载系数 γ_Q 的取值，分别根据对结构构件承载能力有利和不利两种情况，做出了具体规定。

在某些情况下，永久荷载效应与可变荷载效应符号相反，而前者对结构承载能力起有利作用。此时，若永久荷载分项系数仍取同号效应时相同的值，则结构构件的可靠度将严重不足。为了保证结构构件具有必要的可靠度，并考虑到经济指标不致波动过大和应用方便，本标准规定当永久荷载效应对结构构件的承载能力有利时，γ_G 不应大于 1.0。

7.0.5～7.0.6 对于正常使用极限状态，本标准规定按荷载的持久性采用三种组合：标准组合、频遇组合和准永久组合。由于目前对正常使用极限状态的各种限值及结构可靠度分析方法研究得不充分，因此结构设计仍需以过去的经验为基础进行。频遇组合和准永久组合在设计时如何应用，应由各类材料结构设计规范根据各自的特点具体规定。

8 质量控制要求

8.0.1 材料和构件的质量可采用一个或多个质量特征来表达，例如，材料的试件强度和其他物理力学性能以及构件的尺寸误差等。为了保证结构具有预期的可靠度，必须对结构设计、原材料生产以及结构施工提出统一配套的质量水平要求。材料与构件的质量水平可按各类材料结构设计规范规定的结构构件可靠指标 β 近似地确定，并以有关的统计参数来表达。当荷载的统计参数已知后，材料与构件的质量水平原则上可采用下列质量方程来描述：

$$q(\mu_f, \delta_f, \beta, f_k) = 0$$

式中 μ_f 和 δ_f 为材料和构件的某个质量特征 f 的平均值和变异系数，β 为规范规定的结构构件可靠指标。

应当指出，当按上述质量方程确定材料和构件的合格质量水平时，需以安全等级为二级的典型结构构件的可靠指标为基础进行分析。材料和构件的质量水平要求，不应随安全等级而变化，以便于生产管理。

8.0.2 材料的等级一般以材料强度标准值划分。同一等级的材料采用同一标准值。无论天然材料还是人工材料，对属于同一等级的不同产地和不同厂家的材料，其性能的质量水平一般不宜低于各类材料结构设计规范规定的可靠指标 β 的要求。按本标准制定质量要求时，允许各有关规范根据材料和构件的特点对此指标稍作增减。

8.0.7 材料及构件的质量控制包括两种，其中生产控制属于生产单位内部的质量控制；合格控制是在生产单位和用户之间进行的质量控制，即按统一规定的质量验收标准或双方同意的其他规则进行验收。

在生产控制阶段，材料性能的实际质量水平应控制在规定的合格质量水平之上。当生产有暂时性波动时，材料性能的实际质量水平亦不得低于规定的极限质量水平。

8.0.8 由于交验的材料和构件通常是大批量的，而且很多质量特征的检验是破损性的，因此，合格控制一般采用抽样检验方式。对于有可靠依据采用非破损检验方法的，必要时可采用全数检验方式。

验收标准主要包括下列内容：

1 批量大小——每一交验批中材料或构件的数量；

2 抽样方法——可为随机的或系统的抽样方法。系统的抽样方法是指抽样部位或时间是固定的；

3 抽样数量——每一交验批中抽取试样的数量；

4 验收函数——验收中采用的试样数据的某个函数，例如样本平均值、样本方差、样本最小值或最大值等；

5 验收界限——与验收函数相比较的界限值，用以确定交验批合格与否。

当前在材料和构件生产中，抽样检验标准多数是根据经验来制订的。其缺点在于没有从统计学观点合理考虑生产方和用户方的风险率或其他经济因素，因而所规定的抽样数量和验收界限往往缺乏科学依据，标准的松严程度也无法相互比较。

为了克服非统计抽样检验方法的缺点，本标准规定宜在统计理论的基础上制订抽样质量验收标准，以使达不到质量要求的交验批基本能判为不合格，而已达到质量要求的交验批基本能判为合格。

8.0.9 现有质量验收标准型式很多，本标准系按下述原则考虑：

对于生产连续性较差或各批间质量特征的统计参数差异较大的材料和构件，很难使产品批的质量基本维持在合格质量水平之上，因此必须按控制用户方风险率制订验收标准。此时，所涉及的极限质量水平，可按各类材料结构设计规范的有关要求和工程经验确定，与极限质量水平相应的用户风险率，可根据有关标准的规定确定。

对于工厂内成批连续生产的材料和构件，可采用计数或计量的调整型抽样检验方案。当前可参考国际标准 ISO 2859 及 ISO 3951 制定合理的验收标准和转换规则。规定转换规则主要是为了限制劣质产品出厂，促进提高生产管理水平；此外，对优质产品也提供了减少检验费用的可能性。考虑到生产过程可能出现质量波动，以及不同生产单位的质量可能有差别，允许在生产中对质量验收标准的松严程度进行调整。当产品质量比较稳定时，质量验收标准通常可按控制生产方的风险率来制订。此时所涉及的合格质量水平，可按规范规定的结构构件可靠指标 β 来确定。确定生产方的风险率时，应根据有关标准的规定并考虑批量大小、检验技术水平等因素确定。

8.0.10 当交验的材料或构件按质量验收标准检验判为不合格时，并不意味着这批产品一定不能使用，因为实际上存在着抽样检验结果的偶然性和试件的代表性等问题。为此，应根据有关的质量验收标准采取各种措施对产品做进一步检验和判定。例如，可以重新抽取较多的试样进行复查；当材料或构件已进入结构物时，可直接从结构中截取试件进行复查，或直接在结构物上进行荷载试验；也允许采用可靠的非破损检测方法并经综合分析后对结构做出质量评估。对于不合格的产品允许降级使用，直至报废。

中华人民共和国国家标准

建筑结构设计术语和符号标准

Standard for terminology and symbols used
in design of building structures

GB/T 50083—97

主编部门：中华人民共和国建设部
批准部门：中华人民共和国建设部
施行日期：1 9 9 8 年 1 月 1 日

关于发布国家标准《建筑结构设计术语和符号标准》的通知

建标［1997］199号

根据国家计委计综合［1990］160号文的要求，由建设部会同有关部门共同制订的《建筑结构设计术语和符号标准》已经有关部门会审。现批准《建筑结构设计术语和符号标准》GB/T 50083—97为推荐性国家标准，自1998年1月1日起施行。原《建筑结构设计通用符号、计量单位和基本术语标准》GBJ 83—85同时废止。

本标准由建设部负责管理，具体解释等工作由中国建筑科学研究院负责，出版发行由建设部标准定额研究所负责组织。

中华人民共和国建设部

1997年7月31日

修　订　说　明

根据建设部（90）建标计字第9号文通知的要求，由中国建筑科学研究院负责会同有关单位共同对原国家标准《建筑结构设计通用符号、计量单位和基本术语》GBJ 83—85进行修订，并编制成国家标准《建筑结构设计术语和符号标准》GB/T 50083—97，经建设部和国家技术监督局共同会签后，由建设部于1997年7月30日建标［1997］199号文批准发布施行。原国家标准《建筑结构设计通用符号、计量单位和基本术语》GBJ 83—85同时废止。

在本标准修订过程中，鉴于原国家标准GBJ 83—85中的‘计量单位’一章，内容仅为建筑结构计算用的一部分计量单位，它与国家计量局发布的“中华人民共和国法定计量单位”整套规定已再无重复的必要，决定删除。其余‘通用符号’和‘基本术语’二章的主要内容，则已均被列入新国家标准《工程结构设计基本术语和通用符号》GBJ 132—90中，‘符号’则作为五类结构的统一规定，‘术语’则作为五类结构中‘房屋建筑结构设计’的基本术语。因此，对原国家标准GBJ 83—85的修订，应根据“建筑结构设计”系隶属于“工程结构设计”下五个分支之一的第二层次‘术语与符号’基础标准为原则进行编制。

为此，本标准宜尽量避免与国家标准《工程结构设计基本术语和通用符号》GBJ 132—90内容的重复，围绕混凝土、砌体、钢、木四类主要材料所制作的一般工业与民用建筑结构，包括以材料区分、形式区分、用途区分、制作方式区分和设计对施工要求等各方面的各种建筑结构设计术语和符号，以及相应结构抗风、抗震设计的术语和符号加以规范化和统一化，在原国家标准GBJ 83—85的基础上，修订成《建筑结构设计术语和符号标准》新国家标准。应当指出，本标准的建筑结构设计‘符号’内容，系根据已经实际使用而不会再轻易更动的‘常用符号’，其分列形式亦按符号在设计、计算和分析中的主次先后分列，不采用拉丁字母的顺序排列方式。至于本标准内未列出的‘符号’，则仍按主体符号的量纲用字规则与上、下标的各项规则，分别选用，但应与相应的各结构设计规范已采用的‘符号’相一致。在本标准修订的过程中，曾先后提出三次征求意见稿，广泛征求全国设计、科研、教学等有关单位和专家的意见。并由修订组反复讨论，编成送审稿经专家通讯审查，最后由建设部会同有关部门审定。

为了提高和丰富本标准的质量和内容，请在执行本标准过程中，结合实践经验和国内外资料，随时将有关意见和建议邮寄100013北京安外小黄庄中国建筑科学研究院结构所，国家标准《建筑结构设计术语和符号标准》GB 50083—97管理组，以供今后再行修订时参考。

中华人民共和国建设部

1997年7月

目　次

1 总 则

1.0.1 为了统一房屋建筑工程的结构设计术语和符号及其涵义，制定本标准。

1.0.2 本标准适用于以混凝土（砼）、砌体、钢材和木材制成的工业与民用房屋建筑的结构设计及其有关领域。

注："砼"（音 tong）与"混凝土"同义，两者通用，但在同一技术文件、图纸和书刊中两者不宜混用。

1.0.3 本标准系根据国家标准《工程结构设计基本术语和通用符号》GBJ132—90 规定的原则制定。

2 建筑结构设计通用术语

2.1 结构术语

2.1.1 建筑结构 building structure

组成工业与民用房屋建筑包括基础在内的承重骨架体系。为房屋建筑结构的简称。

对组成建筑结构的构件、部件，当其含义不致混淆时，亦可统称为结构。

2.1.1.1 建筑结构单元 building structural unit

房屋建筑结构中，由伸缩缝、沉降缝或防震缝隔开的区段。

2.1.2 墙板结构 wall-slab structure

由竖向构件为墙体和水平构件为楼板和屋面板所组成的房屋建筑结构。

2.1.3 框架结构 frame structure

由梁和柱以刚接或铰接相连接成承重体系的房屋建筑结构。

2.1.3.1 延性框架 ductile frame

梁、柱及其节点具有一定的塑性变形能力，并能满足侧向变形要求的框架。

2.1.4 板柱结构 slab-column structure

由水平构件为板和竖向构件为柱所组成的房屋建筑结构。如升板结构、无梁楼盖结构、整体预应力板柱结构等。

2.1.5 筒体结构 tube structure

由竖向悬臂的筒体组成能承受竖向、水平作用的高层建筑结构。筒体分剪力墙围成的薄壁筒和由密柱框架围成的框筒等。

2.1.5.1 框架-筒体结构 frame-tube structure

由中央薄壁筒与外围的一般框架组成的高层建筑结构。

2.1.5.2 单框筒结构 framed tube structure

由外围密柱框筒与内部一般框架组成的高层建筑结构。

2.1.5.3 筒中筒结构 tube in tube structure

由中央薄壁筒与外围框筒组成的高层建筑结构。

2.1.5.4 成束筒结构 bundled tube structure

由若干并列筒体组成的高层建筑结构。

2.1.6 悬挂结构 suspended structure

将楼（屋）盖荷载通过吊杆传递到竖向承重体系的建筑结构。

2.1.6.1 核心筒悬挂结构 core tube supported suspened structure

由中央薄壁筒作为竖向承重体系的悬挂结构。

2.1.6.2 多筒悬挂结构 multi-tube supported suspended structure

由多个薄壁筒组成竖向承重体系的悬挂结构。

2.1.7 烟囱 chimney

由筒体等组成承重体系，将烟气排入高空的高耸构筑物。

2.1.8 水塔 water tower

由水柜和支筒或支架等组成承重体系，用于储水和配水的高耸构筑物。

2.1.9 贮仓 silos

由竖壁和斗体等组成承重体系，用于贮存松散的原材料、燃料或粮食的构筑物。

2.2 构件、部件术语

2.2.1 屋盖 roof system

在房屋顶部，用以承受各种屋面作用的屋面板、檩条、屋面梁或屋架及支撑系统组成的部件或以拱、网架、薄壳和悬索等大跨空间构件与支承边缘构件所组成的部件的总称。分平屋盖、坡屋盖、拱形屋盖等。

2.2.1.1 屋面板 roof plate；roof board；roof slab

直接承受屋面荷载的板。

2.2.1.2 檩条 purlin

将屋面板承受的荷载传递到屋面梁、屋架或承重墙上的梁式构件。

2.2.1.3 屋面梁 roof girder

将屋盖荷载传递到墙、柱、托架或托梁上的梁。

2.2.1.4 屋架 roof truss

将屋盖荷载传递到墙、柱、托架或托梁上的桁架式构件。

（1）三角形屋架 triangular roof truss

由单坡或双坡式上弦杆、水平下弦杆和腹杆组成外形为三角形的屋架。

（2）梯形屋架 trapezoid roof truss

由平坡式上弦杆、水平下弦杆、端竖杆和腹杆组成外形似梯形的屋架。

（3）多边形屋架 polygonal top-chord roof truss

由多折线上弦杆、水平下弦杆和腹杆组成外形为多边形的屋架。

（4）拱形屋架 arch-shaped roof truss

由拱形上弦杆、水平下弦杆和腹杆组成外形为拱形的屋架。

（5）空腹屋架 open web roof truss；Vierendal roof truss

由上、下弦杆和竖腹杆组成节点为刚接的屋架。

2.2.1.5 天窗架 skylight truss；monitor frame

在屋架上设置供采光和通风用并承受与屋盖有关作用的桁架或框架。

2.2.1.6 屋盖支撑系统 roof-bracing system

保证屋盖整体稳定并传递纵横向水平力而在屋架间设置的各种连系杆件的总称。

（1）横向水平支撑 transverse horizontal bracing

在两个相邻屋架之间（或屋架和山墙之间）的屋架上弦或下弦平面内沿房屋横向设置的水平桁架。简称上弦或下弦横向支撑。

（2）纵向水平支撑 longitude horizontal bracing

在屋架端节间或屋架中部的下弦平面内沿房屋纵向设置的水平桁架。亦称下弦纵向支撑。

（3）竖向支撑 vertical bracing

在两个相邻屋架之间沿屋架直腹杆平面内设置的竖向桁架。亦称垂直支撑。

（4）系杆 tie rod

沿竖向支撑平面内的屋架下弦或上弦节点处，在不设置竖向支撑的屋架之间沿房屋纵向设置的水平通长连系杆件。

2.2.1.7 拱 arch

由曲线形或折线形的竖向拱圈杆和支承拱圈两端铰接的或固接的拱趾组成的构件，有时在拱趾间设置拉杆。

（1）桁架拱 trussed arch

用桁架组成拱圈的拱。

（2）拉杆拱 arch with tie rod

拱趾间设置拉杆的拱。

2.2.1.8 平板型网架 plate-like space truss；plate-like space frame

由上弦杆、下弦杆和腹杆组成的平板式的大跨度空间桁架式构件。

(1) 平面桁架系网架 plane trussed lattice grids

由不同方向平面桁架组成的网架。分两向正交正放、两向正交斜放、两向斜交斜放、三向、单向折线形等型式。

(2) 四角锥体网架 square pyramid space grids

由四角锥体单元组成的网架。分正放四角锥，正放抽空四角锥、棋盘形四角锥、斜放四角锥、星形四角锥等型式。

(3) 三角锥体网架 triangular pyramid space grids

由三角锥体单元组成的网架。分三角锥、抽空三角锥、蜂窝形三角锥等型式。

2.2.1.9 悬索 space suspended cable

由柔性拉索与边缘构件组成的大跨空间构件。

(1) 圆形单层悬索 circular single-layer suspended cable

由单层索按中心辐射状布置，与圆形边缘构件组成的悬索。当圆心处设柱时，称为伞形悬索。

(2) 圆形双层悬索 circular double-layer suspended cable

由上下两层索按中心辐射状布置，上下索间设置不同形状的中心拉环与圆形边缘构件组成的悬索。

(3) 双向正交索网 suspended crossed cable net

由承重索和稳定索两组索按上下相互正交布置，通过预加应力使两索紧贴，与不同形状的边缘构件组成的悬索。

2.2.1.10 薄壳 thin shell

由曲面形薄板与边缘构件组成的大跨空间构件。按中面形状分球壳、圆柱壳、双曲面壳、圆锥壳、扁壳和旋转壳等。

2.2.2 楼盖 floor system

在房屋楼层间用以承受各种楼面作用的楼板、次梁和主梁等所组成的部件总称。

2.2.2.1 楼板 floor plate; slab

直接承受楼面荷载的板。

2.2.2.2 次梁 beam; secondary beam

将楼面荷载传递到主梁上的梁。

2.2.2.3 主梁 girder; main beam

将楼盖荷载传递到柱、墙上的梁。

2.2.2.4 井字梁 cross beam

由同一平面内相互正交或斜交的梁所组成的结构构件。又称交叉梁或格形梁。

2.2.2.5 等截面梁 uniform cross-section beam

沿杆件纵轴方向横截面尺寸不变的梁。分矩形、T形、I形、倒T形、扁形梁等。

2.2.2.6 变截面梁 non-uniform cross-section beam

沿杆件纵轴方向横截面尺寸变化的梁。

(1) 加腋梁 hunched beam

杆件近端部的横截面高度按直线或曲线向端头逐渐增大的变截面梁。分一端加腋梁、两端加腋梁。

(2) 鱼腹式梁 fish-belly beam

杆件的横截面高度由两端向跨中按曲线逐渐增大形似鱼腹的变截面梁。

2.2.3 过梁 lintel

设置在门窗或孔洞顶部，用以传递其上部荷载的梁。

2.2.4 吊车梁 crane girder

承受吊车轮压所产生的竖向荷载和纵、横向水平荷载并考虑疲劳影响的梁。

2.2.4.1 制动构件 brake member

承受吊车上小车横向制动力的构件，如制动桁架等。

2.2.5 承重墙 load-bearing wall

直接承受外加作用和自重的墙体。

2.2.5.1 结构墙 structural wall

主要承受侧向力或地震作用，并保持结构整体稳定的承重墙。又称剪力墙、抗震墙等。

2.2.6 非承重墙 non-load-bearing wall; partition

一般情况下仅承受自重的墙。

2.2.7 等截面柱 constant cross-section column

沿高度方向水平截面尺寸不变的柱。

2.2.8 阶形柱 stepped column

沿高度方向分段改变水平截面尺寸的柱。分单阶柱、双阶柱和多阶柱。

2.2.9 抗风柱 wind-resistant column

为承受风荷载而在房屋山墙处设置的柱。

2.2.10 柱间支撑 column bracing

为保证建筑结构整体稳定、提高侧向刚度和传递纵向水平力而在相邻两柱之间设置的连系杆件。

2.2.11 楼梯 stair

由包括踏步板、栏干的梯段和平台组成的沟通上下不同楼面的斜向部件。分板式楼梯、梁式楼梯、悬挑楼梯和螺旋楼梯等。

2.2.12 组合构件 composite member

由两种或两种以上材料组合而成的整体受力构件。

2.2.12.1 钢管混凝土构件 concrete-filled steel tubular member

在钢管内浇注混凝土而成的整体受力构件。

2.2.12.2 组合屋架 composite roof truss

用钢材作拉杆并以木材或钢筋混凝土作压杆组成的屋架。

2.2.12.3 下撑式组合梁 down-stayed composite beam

用型钢或圆钢作下部拉杆并以钢筋混凝土作上部压杆组成的下撑式梁。

2.2.12.4 压型钢板楼板 composite floor with profiled steel sheet

在压型钢板上浇注混凝土组成的楼板。

2.2.12.5 组合楼盖 composite floor system

用钢筋混凝土楼板或压型钢板楼板与型钢梁或板件组合的型钢梁组成的楼盖。

2.3 基本设计规定术语

2.3.1 建筑结构设计 design of building structures

在满足安全、适用、耐久、经济和施工可行的要求下，按有关设计标准的规定对建筑结构进行总体布置、技术与经济分析、计算、构造和制图工作，并寻求优化的全过程。

2.3.1.1 静态设计 static design

在静态作用下，以结构构件静力状态反应为依据的设计。

2.3.1.2 动态设计 kinetic design; dynamic design

在动态作用下，以结构构件动力状态反应为依据的设计。有时可采用动力系数方法简化为静态设计。

2.3.1.3 建筑抗震设计 earthquake-resistant design; aseismic design

在地震作用下，以房屋建筑结构构件的动力状态反应为依据的设计。

2.3.1.4 建筑抗震概念设计 conceptual earthquake-resistant design

根据地震震害和工程经验所获得的基本设计原则和设计思想，进行建筑结构总体布置并确定细部抗震措施的过程。

(1) 规则抗震建筑 regular earthquake-resistant building

结构构件沿高度和水平方向的尺寸、质量、刚度和承载能力分布等均为相对均匀、对称和合理的房屋。

(2) 多道设防抗震建筑 multi-defence system of earthquake-resistant building

控制同一结构各构件或部件在地震中损坏或形成塑性铰的顺序而成的多道防御系统，使整个结构坏而不倒。

(3) 抗震建筑薄弱部位 weak region of earthquake-resistant

building

建筑结构中抗震承载能力相对较弱，在地震中可能率先损坏的部位或楼层。

(4) 塑性变形集中 concentration of plastic deformation

在地震作用下，建筑结构抗震薄弱楼层的弹塑性变形显著大于其相邻楼层变形的现象。

2.3.2 建筑结构安全等级 safety classes of building structures

根据房屋建筑结构的重要性和破坏可能产生后果的严重程度所划分供设计用的等级。

2.3.2.1 建筑结构抗震设防类别 classification for earthquake-resistance of buildings

根据建筑的重要性、地震破坏后果的严重程度和在抗震救灾中的用途等所作的建筑抗震设计分类。

2.3.3 承载能力极限状态验证 verification of ultimate limit states

防止结构或构件达到最大承载能力或达到不适于继续承载的变形所进行的验证。

2.3.3.1 构件承载能力计算 calculation of load-carrying capacity of member

防止结构构件或连接因临界截面材料强度被超过而破坏或因过度的变形而不适于继续承载的计算。分构件受压、受拉、受弯、受剪、受扭、局部受压、冲切等计算。

2.3.3.2 疲劳验算 fatigue analysis

防止结构构件或连接在循环应力下产生累积损伤而导致材料破坏的验算。

2.3.3.3 稳定计算 stability calculation

防止结构构件失稳的计算。分整体失稳与局部失稳，平面内失稳与平面外失稳，及弹性状态、弹塑性状态与塑性状态失稳。

2.3.3.4 抗倾覆、滑移验算 overturning or slip resistance analysis

防止结构或结构的一部份作为刚体失去平衡的验算。

2.3.4 正常使用极限状态验证 verification of serviceability limit states

防止结构或构件的外观变形、振动、裂缝、耐久性能等达到使用功能上允许的某一限值的极限状态所进行的验证。

2.3.5 变形验算 deformation analysis

防止结构构件变形过大而不能满足规定功能要求的验算。包括承载能力极限状态和正常使用极限状态验算。

2.3.6 施工阶段验算 approval analysis during construction stage

防止结构构件在制作、运输和安装等阶段不能满足规定功能要求的有关验算。

2.4 计算、分析术语

2.4.1 静定结构 statically determinate structure

结构构件为无赘余约束的几何不变体系，用静力平衡原理即可求解其作用效应。

2.4.2 超静定结构 statically indeterminate structure

结构构件为有赘余约束的几何不变体系，用静力平衡原理和变形协调原理求解其作用效应。

2.4.3 平面结构 plane structure

组成的结构及其所受的外力，在计算中可视作为位于同一平面内的计算结构体系。

2.4.4 空间结构 space structure

组成的结构可以承受不位于同一平面内的外力，且在计算时进行空间受力分析的计算结构体系。

2.4.5 杆系结构 structural system composed of bar

以直线形或曲线形杆件作为基本计算单元的结构体系的总称。如连续梁、桁架、框架、网架、拱、曲梁等。

2.4.5.1 刚性支座连续梁 rigidly supported continuous girder

计算中不考虑支座竖向位移的连续梁。

2.4.5.2 弹性支座连续梁 elastically supported continuous girder

计算中需要考虑支座竖向位移的连续梁。

2.4.5.3 弹性地基梁 elastic foundation beam

计算中支座为连续的并考虑支座竖向位移的基础梁。一般按地基压应力与地基沉降成正比的假设进行计算。

2.4.5.4 三铰拱 three hinged arch

拱趾和拱顶均为铰接的拱。可按顶铰处弯矩为零的静力平衡原理计算。

2.4.5.5 双铰拱 two hinged arch

拱趾为铰接的拱。可按一次超静定结构计算。分拱趾间无拉杆的双铰拱或有拉杆的双铰拱。

2.4.5.6 无铰拱 hingeless arch

拱趾为刚接的拱。可按三次超静定结构计算。

2.4.5.7 有侧移框架 frame with sidesway

计算中需要考虑梁柱节点水平位移的框架。

2.4.5.8 无侧移框架 frame without sidesway

计算中不考虑梁柱节点水平位移的框架。

2.4.6 板系结构 structural system composed of plate

以连续体平面板件作为基本计算单元的结构体系的总称。如平板、折板等。

2.4.6.1 两边支承板 two sides (edges) supported plate

两边有支座反力的板。一般仅考虑一个方向的受力和变形。又称单向板。

2.4.6.2 四边支承板 four sides (edges) supported plate

四边有支座反力的板。一般需考虑两个方向的受力和变形。又称双向板。

2.4.6.3 弹性地基板 elastic foundation plate

计算中支座为连续的并考虑支座竖向位移的基础板。一般按地基压应力与地基沉降成正比的假设进行计算。

2.4.7 抗侧力墙体结构 lateral force resistant wall structure

以抗侧力结构墙作为基本计算单元的结构体系的总称。

2.4.7.1 墙肢 coupling wall-column

结构墙中较大洞口左、右两侧的墙体。一般按偏心受力构件计算。

2.4.7.2 连梁 coupling wall-beam

结构墙中较大洞口上、下两边的墙体。当跨高比较大时，按受弯构件计算。

2.4.7.3 连肢墙 coupled wall

墙肢刚度大于连梁刚度的开洞结构墙。分双肢墙或多肢墙，仅有两个墙肢时称耦联墙。一般均按偏心受力构件计算。

2.4.7.4 壁式框架 wall frame

开孔面积较大，连梁与墙肢较细的墙体，其内力分布与框架梁、框架柱相近，可按带刚域的杆件计算。

(1) 刚域 rigid zone

计算中，在杆件端部其弯曲刚度按无限大考虑的区域。

2.4.8 塑性铰 plastic hinge

在结构构件中因材料屈服形成既有一定的承载能力又能相对转动的截面或区段。计算中按铰接考虑。

2.4.9 内力重分布 redistribution of internal force

超静定结构进入非弹性工作阶段时，其内力分布与按弹性分析的分布相比有明显变化的现象。需按材料非线性方法求解。有时可用调整系数简化计算。

2.4.9.1　弯矩调幅系数　moment modified factor

考虑结构构件的内力重分布，对按弹性方法分析所得弯矩进行调整的系数。

2.4.10　挠曲二阶效应　second order effect due to displacement

结构构件由挠曲产生挠度或侧移引起的附加内力。有时可通过内力增大系数简化计算。

2.4.10.1　偏心距增大系数　amplified coefficient of eccentricity

在受压构件计算中，考虑二阶效应影响的系数，为挠曲后的最大偏心距与初始偏心距的比值。

2.4.10.2　轴心受压构件稳定系数　stability reduction coefficient of axially loaded compression member

在轴心受压构件计算中，考虑构件长细比增大的附加效应使构件承载能力降低的计算系数。

2.4.11　局部抗压强度提高系数　enhanced coefficient of local bearing strength of materials

反映材料的局部抗压强度大于一般抗压强度的计算系数。

2.5　作用术语

2.5.1　永久作用标准值　characteristic value of permanent action

在结构设计基准期内，量值不随时间变化的作用（包括自重）基本代表值，又称恒荷载标准值。

2.5.2　可变作用标准值　characteristic value of variable action

在结构设计基准期内，量值随时间变化的作用基本代表值，又称活荷载标准值。

2.5.3　楼面、屋面活荷载标准值　characteristic value of live load on floor or roof

在结构设计基准期内，量值随时间变化的施加于楼面、屋面的人群、物料、设备等非自然荷载的基本代表值。

2.5.3.1　均布活荷载标准值　characteristic value of uniformly distributed live load

均匀分布于构件表面的工业或民用活荷载标准值。

（1）等效均布活荷载　equivalent uniformly distributed live load

在控制构件设计的部位，根据荷载效应相等的原则，将实际最不利分布的活荷载标准值换算成为均布活荷载标准值。

（2）活荷载折减系数　reducing coefficient of live load

计算楼面梁、墙、柱及基础时，考虑楼面活荷载标准值不可能全部满布和各构件受载后的传递效果不同，对荷载进行折减的系数。

2.5.4　楼面、屋面活荷载准永久值　quasi-permanent value of live load on floor or roof

结构构件按长期效应组合设计时所采用的活荷载代表值，为活荷载标准值乘以规定的荷载准永久值系数。

2.5.5　楼面、屋面活荷载组合值　combination value of live load on floor or roof

屋盖或楼盖构件承受两种或两种以上活荷载时，设计所采用的活荷载代表值。为活荷载标准值乘以规定的荷载组合值系数。

2.5.6　施工和检修集中荷载　construction and examination concentrated load

设计屋面板、檩条、挑檐、雨篷和预制小梁等构件时，考虑施工或检修过程中在构件的最不利位置可能出现的最大集中荷载。

2.5.7　吊车荷载　crane load

用吊车起吊重物运行时，对建筑结构构件产生的竖向或水平荷载。

2.5.7.1　吊车竖向荷载标准值　characterisitic value of vertical crane load

吊车起吊重物运行时，对结构构件产生的重力竖向荷载代表值。由吊车的最大轮压或最小轮压值确定。

2.5.7.2　吊车水平荷载标准值　characteristic value of horizontal crane load

吊车在启动、刹车时，桥架和小车对结构构件产生的纵横向水平荷载代表值。由吊车刹车轮的最大轮压或横行小车重量与额定起重量确定。

2.5.8　雪荷载标准值　characteristic value of snow load

施加于屋面雪荷载基本代表值。为当地基本雪压和屋面积雪分布系数的乘积。

2.5.8.1　基本雪压　snow reference pressure

由当地一般空旷平坦地面上按规定重现期统计所得的积雪自重值。

2.5.8.2　屋面积雪分布系数　distribution factor of snow pressure

反映不同形式屋面所造成不同积雪分布状态的系数。为屋面雪压标准值与当地基本雪压的比值。

2.5.9　风荷载标准值　characteristic value of wind load

施加于建筑物表面风压的基本代表值。为当地基本风压和当地风压高度变化系数、结构的风荷载体型系数以及相应高度处的风振系数的乘积。

2.5.9.1　基本风压　wind reference pressure

以当地比较空旷平坦地面上按规定离地高度、规定重现期和规定时距统计所得的平均最大风速为标准，由风压和风速关系式确定的风压值。

2.5.9.2　风压高度变化系数　height variation factor of wind pressure

反映风压随不同场地、地貌和高度变化规律的系数。以规定离地面高度的风压为依据，为不同高度风压与规定离地面高度风压的比值。

2.5.9.3　风荷载体型系数　shape factor of wind load

反映不同形状和尺寸的建筑物表面上风荷载分布的系数，为建筑物表面某点的实际风压力或风吸力与自由气流形成风压的比值。

2.5.9.4　风振系数　wind fluttering factor

反映风速中高频脉动部分对建筑结构不利影响的风压动力系数。

2.5.10　地震作用标准值　characteristic value of earthquake action

抗震设计所采用由地运动引起结构动态作用的基本代表值。由结构重力荷载代表值及地震影响系数或设计地震动参数等综合确定。分水平地震作用和竖向地震作用标准值。

2.5.11　重力荷载代表值　representative value of gravity load

建筑抗震设计用的重力性质的荷载，为结构构件的永久荷载（包括自重）标准值和各种竖向可变荷载组合值之和。其组合值系数根据地震时竖向可变荷载的遇合概率确定。

2.6　材料和材料性能术语

2.6.1　建筑结构材料　building structural materials

房屋建筑结构用的天然或人造材料和材料制品。分为非金属材料、金属材料、有机材料以及上述材料所组成的复合材料。

2.6.1.1 混凝土 concrete

由胶凝材料（水泥或其他胶结料）、粗细骨料和水等拌合而成的先可塑后硬化的结构材料。需要时可另加掺合料或外加剂。

2.6.1.2 砌体 masonry

由砖、石块或砌块等块体与砂浆或其他胶结料砌筑而成的结构材料。

2.6.1.3 木材 timber

结构用的原木或经加工而成的方木、板材、胶合木等的总称。

2.6.1.4 钢材 steel; acieral

结构用的型钢、钢板、钢管、带钢或薄壁型钢，以及钢筋、钢丝和钢绞线等的总称。

2.6.2 建筑结构材料性能 property of building structural materials

材料固有的和受外界各种作用后所呈现的物理、力学和化学性能。为建筑结构设计、制作和检测的依据。

2.6.2.1 材料力学性能 mechanical properties of materials

材料在规定的受力状态下所产生的压缩、拉伸、剪切、弯曲、疲劳和屈服等性能。

(1) 钢材（钢筋）屈服强度（屈服点）yield strength (yield point of steel)

按钢材标准拉伸试验方法，试件在试验过程中，当力不增加而试件仍继续伸长时的应力或屈服台阶所对应的应力。对无明显屈服台阶的钢材，由规定的残余应变所对应的应力确定。

(2)钢材(钢筋)抗拉(极限)强度 tensile (ultimate) strength of steel

钢材在标准拉伸试验中所能承受的最大拉应力。

2.6.2.2 材料弹性模量 elasticity modulus of materials

材料在单向受拉或受压状态下其应力应变呈线性关系时，截面上正应力和对应的正应变的比值。

2.6.2.3 伸长率 elongation rate

材料的标准试件拉断后，原规定标距的长度增量与原标距长度的百分比。

2.6.2.4 冲击韧性 impact toughness

材料的抗冲击能力。一般以冲击破坏时断裂面单位面积上所吸收的能量表示。

2.6.2.5 疲劳性能 fatigue property

材料在承受一定重复次数和幅度的动态循环作用下的物理力学性能。

2.6.2.6 线膨胀系数 linear expansion coefficient

材料在规定的温度范围内以规定常温下的长度为基准，随温度增高后的伸长率和温度增量的比值。以每摄氏度或每开尔文表示。

2.7 抗力术语

2.7.1 材料强度标准值 characteristic value of material strength

结构构件设计时，表示材料强度的基本代表值。由标准试件按标准试验方法经数理统计以概率分布规定的分位数确定。分抗压、抗拉、抗剪、抗弯、抗疲劳和屈服强度标准值。

2.7.2 材料强度设计值 design value of material strength

材料强度标准值除以材料性能分项系数后的值。

2.7.2.1 材料抗震强度设计值 design value of earthquake-resistant strength of materials

结构抗震设计时采用的材料强度值。

2.7.3 构件承载能力设计值 design value of load-carrying capacity of members

由材料强度设计值和几何参数设计值所确定的结构构件最大内力设计值；或由变形控制的结构构件达到不适于继续承载的变形时的内力设计值。

2.7.4 截面刚度 rigidity of section

截面抵抗变形的能力。为材料弹性模量或剪变模量和相应的截面惯性矩或截面面积的乘积。

2.7.4.1 截面拉伸(压缩)刚度 tensile (compressive) rigidity of section

材料弹性模量和截面面积的乘积。

2.7.4.2 截面弯曲刚度 flexural rigidity of section

材料弹性模量和截面惯性矩的乘积。

2.7.4.3 截面剪变刚度 shearing rigidity of section

材料剪变模量和截面面积的乘积。

2.7.4.4 截面扭转刚度 torsional rigidity of section

材料剪变模量和截面极惯性矩的乘积。

2.7.4.5 截面翘曲刚度 warping rigidity of section

材料弹性模量和截面翘曲（或扇性）惯性矩的乘积。

2.7.5 构件刚度 stiffness of structural member

构件抵抗变形的能力。为施加于构件上的作用所引起的内力与其相应的构件变形的比值。

2.7.5.1 构件抗拉(抗压)刚度 tensile (compressive) stiffness of member

施加在受拉（受压）构件上的轴向力与其引起的拉伸（压缩）变形的比值。

2.7.5.2 构件抗弯刚度 flexural stiffness of member

施加在受弯构件上的弯矩与其引起的曲率变化量的比值。

2.7.5.3 构件抗剪刚度 shearing stiffness of member

施加在受剪构件上的剪力与其引起的正交夹角变化量的比值。

2.7.5.4 构件抗扭刚度 torsional stiffness of member

施加在受扭构件上的扭矩与其引起的扭转角的比值。

2.7.6 结构侧移刚度 lateral displacement stiffness of structure

结构抵抗侧向变形的能力。为施加于结构上的水平力与其引起的水平位移的比值。

2.7.6.1 楼层侧移刚度 lateral displacement stiffness of storey

楼层抵抗水平变形的能力。为施加于楼层的水平力与其引起的水平位移的比值。

2.7.7 构件变形容许值 allowable value of deformation of structural member

结构构件达到某一极限状态时所能允许的最大变形值。

2.7.7.1 构件挠度容许值 allowable value of deflection of structural member

由结构构件的使用功能、非结构构件的影响以及观感因素等的正常使用极限状态要求所确定的竖向位移限值。

2.7.7.2 抗震结构层间位移角限值 allowable value of drift angle of earthquake-resistant structure

结构或构件在地震中相对变位角的容许值。

2.8 几何参数术语

2.8.1 结构总高度 total height of structure

室外地面与结构或构筑物顶部之间的竖向距离。

2.8.2 结构总宽度 total breadth of structure

建筑平面短轴方向的最大尺寸。

2.8.3 结构总长度 total length of structure

建筑平面长轴方向的最大尺寸。

2.8.4 层高 storey height

两相邻层楼面之间的竖向距离。

2.8.5 计算高度 effective height

计算时按规定所取的结构构件截面高度尺寸或竖向构件的高度尺寸。

2.8.6 净高 net height; clear height

结构构件上下支承之间的最小竖向距离。

2.8.7 计算跨度 effective span

计算时按规定所取结构构件的两相邻支承之间的水平距离。

2.8.8 净跨度 net span

结构构件两相邻支承之间的最小距离。

2.8.9 计算长度 effective length

计算时按规定所取的结构构件纵轴方向的尺寸。

2.9 连接、构造术语

2.9.1 连接 connection

构件间或杆件间以某种方式的结合。

2.9.1.1 铰接 hinged connection

能传递竖向力和水平力而不能传递弯矩的构件相互连接方式。

2.9.1.2 刚接 rigid connection

能传递竖向力和水平力，又能传递弯矩的构件相互连接方式。

2.9.1.3 柔性连接 flexible connection

能传递竖向力、水平力和部分弯矩且容许有一定变形的构件相互连接方式。

2.9.2 系梁 tie beam

将结构中主要构件相互拉结以增强结构整体性而不必计算的梁式构件。又称拉梁。

2.9.3 构造要求 detailing requirements

在建筑结构设计中，为保证结构安全或正常使用，在构造上考虑各种难以分析计算因素，一般不通过计算而必须采取的各种细部措施。

2.9.3.1 抗震构造要求 earthquake-resistant detailing requirements

根据抗震概念设计的原则，结构在满足抗震计算要求的同时，尚应在构造上采取各种必需的细部措施。

2.9.4 结构构件起拱 camber of structural member

结构构件在制作时预先做成与作用效应相反方向的挠度。又称反拱。

2.10 材料、结构构件质量控制术语

2.10.1 合格质量 acceptable quality

与某一安全等级的结构构件规定的设计可靠指标相适应的材料或结构构件的质量水平。

2.10.2 初步控制 initial control; primary control

在材料或结构构件的试生产阶段，根据规定质量要求，通过试配制或试运行确定合理的原材料组成和工艺参数，以及为生产控制提供材料和结构构件性能的统计参数所进行的试验性控制。

2.10.3 生产控制 production control; manufacture control

在材料或结构构件的正式生产阶段，根据规定质量要求，为保持其规定质量的稳定性，对原材料组成和工艺过程以及对材料和构件性能所进行的经常性控制。

2.10.4 合格控制 compliance control

在材料或结构构件交付使用前，为保证其质量符合规定的标准所进行的合格性验收。

2.10.4.1 验收批量 acceptance lot

每一交验批中材料或结构构件的数量。

2.10.4.2 抽样方法 method of sampling

每一交验批中抽取材料或结构构件试件的方法。分随机的抽样和系统的抽样。

2.10.4.3 抽样数量 number of sampling

每一交验批中抽取材料或结构构件试件的数量。

2.10.4.4 验收函数 function of acceptance

验收时采用的关于试样数据的各种函数。

2.10.4.5 验收界限 limit of acceptance

根据验收函数判断交验批是否合格的界限值。

3 混凝土结构设计专用术语

3.1 结构术语

3.1.1 素混凝土结构 plain concrete structure

由无筋或不配置受力钢筋的混凝土制成的结构。

3.1.2 钢筋混凝土结构 reinforced concrete structure

由配置受力的普通钢筋、钢筋网或钢筋骨架的混凝土制成的结构。

3.1.3 预应力混凝土结构 prestressed concrete structure

由配制预应力筋再通过张拉或其他方法建立预加应力的混凝土制成的结构。

3.1.3.1 先张法预应力混凝土结构 pre-teneioned prestressed concrete structure

在台座上张拉预应力筋后浇筑混凝土并通过粘结力传递而建立预加应力的混凝土结构。

3.1.3.2 后张法预应力混凝土结构 post-tensioned prestressed concrete structure

在混凝土硬结后通过张拉预应力筋并锚固而建立预加应力的混凝土结构。

3.1.3.3 有粘结预应力混凝土结构 bonded prestressed concrete structure

预应力筋与混凝土相互粘结的预应力混凝土结构。为先张法预应力混凝土结构和在管道内灌浆实现粘结的后张法预应力混凝土结构的总称。

3.1.3.4 无粘结预应力混凝土结构 unbonded prestressed concrete structure

配置带有涂料层和外包层的预应力筋而与混凝土相互不粘结的后张法预应力混凝土结构。

3.1.4 现浇混凝土结构 cast-in-situ concrete structure

在现场支模并整体浇筑而成的混凝土结构。

3.1.4.1 现浇板柱结构 cast-in-situ concrete slab-column structure

由现场浇筑的钢筋混凝土楼板或预应力混凝土楼板和柱所组成的结构。可设置或不设置柱帽。

3.1.5 装配式混凝土结构 prefabricated concrete structure

由预制混凝土构件或部件通过焊接、螺栓等连接方式装配而成的混凝土结构。

3.1.5.1 混凝土大板结构 large panel concrete structure

由一个房间为单元大型的预制钢筋混凝土或预应力混凝土楼板和墙板装配而成的结构。

3.1.6 装配整体式混凝土结构 assembled monolithic concrete structure

由预制混凝土构件或部件通过钢筋或施加预应力的连接并现场浇筑混凝土而形成整体的结构。

3.1.6.1 升板结构 lift-slab structure

由安装在预制柱上的升板机，将在地坪上已叠层浇注成的屋面板和楼板依次提升到位，并以钢销支托，并在节点浇筑混凝土

而成的板柱结构。

3.1.6.2 整体预应力板柱结构 integral prefabricated prestressed concrete slab-column structure

由预制的板和预制带孔道的柱进行装配，通过张拉楼盖、屋盖中各方向板缝的预应力筋实现板柱之间的摩擦连接而形成整体的结构。

3.1.7 大模板混凝土结构 large-form concrete structure

由一个房间为单元大型的模板，在现场浇筑钢筋混凝土承重墙体，并与预制楼板及预制混凝土墙板或砌体等围护构件所组成的结构。分内浇外挂和内浇外砌等类型。

3.1.8 混凝土折板结构 concrete folded-plate structure

由多块钢筋混凝土或预应力混凝土条形平板组成的折线形薄壁空间结构。分多边形、槽形、V形折板等型式。

3.1.9 钢纤维混凝土结构 steel fiber reinforced concrete structure

由掺入钢纤维的混凝土制成的结构。分无筋钢纤维、加筋钢纤维和预应力钢纤维混凝土结构。

3.2 构件、部件术语

3.2.1 预制混凝土构件 precast reinforced concrete member

在工厂或现场预先制成的混凝土构件。

3.2.2 叠合式混凝土受弯构件 superposed reinforced concrete flexural member

在预制混凝土构件上浇筑上部混凝土而形成整体的受弯构件。分叠合式混凝土板和叠合式混凝土梁等。

3.2.3 混凝土浅梁 reinforced concrete slender beam

跨高比大，在正截面计算中可采用平截面假定，其箍筋在抗剪中起主要作用的混凝土梁。一般称混凝土梁。

3.2.4 混凝土深梁 reinforced concrete deep beam

跨高比小，在正截面计算中不采用平截面假定，其纵向受拉钢筋和水平分布钢筋在抗剪中起主要作用的混凝土梁。

3.2.5 混凝土柱 concrete column

承受轴向力为主的直线形竖向混凝土构件。

3.2.5.1 双肢柱 double component concrete column

具有两个肢杆并以腹杆相连的混凝土柱。分平腹杆、斜腹杆双肢柱。

3.2.6 混凝土墙 concrete wall

承受轴向力和侧向力的平面或曲面形的竖向混凝土构件。

3.2.7 混凝土单向板 one-way reinforced (or prestressed) concrete slab

在一个方向配置主要受力钢筋或预应力筋的钢筋混凝土板或预应力混凝土板。可分为实心平板、空心板、肋形板等。

3.2.8 混凝土双向板 two-way reinforced (or prestressed) concrete slab

在两个方向均配置主要受力钢筋或预应力筋的钢筋混凝土板或预应力混凝土板。

3.2.9 混凝土柱帽 cap of reinforced concrete column

为支承楼盖而在混凝土柱的顶部扩大截面尺寸的部位。

3.2.10 混凝土基础 concrete foundation

将上部结构所承受的各种作用和自重传递到地基上的混凝土部件。分扩展基础筏形基础、壳体基础、箱形基础和桩基础等。

3.3 材料术语

3.3.1 水泥 cement

磨细的具有水硬性的胶凝材料。

3.3.2 骨料 aggregate

在混凝土中起骨架或填充作用的粒状松散材料。分粗骨料和细骨料。粗骨料包括卵石、碎石、废渣等，细骨料包括中细砂、粉煤灰等。

3.3.3 拌合水 mixing water

用于拌制混凝土的水。

3.3.4 外加剂 admixture

为改善混凝土的流变、硬化和耐久性能等所掺入的化学制剂的总称。分减水剂、早强剂、缓凝剂、引气剂、防水剂、速凝剂等。

3.3.5 普通混凝土 normal concrete; ordinary concrete

以天然砂、碎石或卵石作骨料，用水泥、水和外加剂（或不掺外加剂）按配合要求配制而成的混凝土。

3.3.6 轻骨料混凝土 lightweight aggregate concrete

以天然多孔轻骨料或人造陶粒作粗骨料，天然砂或轻砂作细骨料，用硅酸盐水泥、水和外加剂（或不掺外加剂）按配合比要求配制而成的混凝土。

3.3.7 纤维混凝土 fiber concrete

掺有短纤维，钢纤维、耐碱玻璃纤维或聚丙烯纤维等短纤维的混凝土。

3.3.8 特种混凝土 specified concrete

具有膨胀、耐酸、耐碱、耐油、耐热、耐磨、防辐射等特殊性能的混凝土。

3.3.9 钢筋 steel bar

混凝土结构用的棒状或盘条状钢材。

3.3.9.1 热轧光圆钢筋 hot-rolled plain bar

经热轧成型并自然冷却的表面平整、截面为圆形的钢筋。

3.3.9.2 热轧带肋钢筋 hot-rolled deformed bar

经热轧成型并自然冷却而其圆周表面通常带有两条纵肋和沿长度方向有均匀分布横肋的钢筋。

3.3.9.3 冷轧带肋钢筋 cold-rolled deformed bar

热轧圆盘条经冷轧或冷拔工艺减小直径，并在其圆周表面轧成月牙形横肋的钢筋。

3.3.9.4 冷拉钢筋 cold drawn bar

热轧光圆钢筋或热轧带肋钢筋在常温下经拉伸强化而提高其屈服强度的钢筋。

3.3.9.5 热处理钢筋 heat tempering bar

热轧带肋钢筋经淬火、回火的调质热处理而成的钢筋。

3.3.10 钢丝 steel wire

混凝土结构用的盘条细线状钢材。

3.3.10.1 光圆钢丝 round wire

优质碳素钢盘条经等温铅浴淬火处理后，再冷拉加工而成的钢丝。

3.3.10.2 刻痕钢丝 indented wire

光圆钢丝经拉拔后，在其表面压出规律的凹痕并经回火处理而成的钢丝。

3.3.10.3 冷拔钢丝 cold drawn wire

热轧盘条钢筋在常温下经冷拔减小直径而成的钢丝。

3.3.11 钢绞线 strand

由若干根光圆钢丝绞捻并经消除内应力后而成的盘卷状钢丝束。

3.3.12 普通钢筋 ordinary steel bar

用于混凝土结构构件中的各种非预应力钢筋的总称。

3.3.13 预应力筋 prestressed tendon

用于混凝土结构构件中施加预应力的钢筋、钢丝和钢绞线等的总称。

3.4 材料性能和构件抗力术语

3.4.1 混凝土强度等级 strength classes (grades) of concrete

根据混凝土立方体抗压强度标准值划分的强度级别。

3.4.2 混凝土立方体抗压强度标准值 characteristic value of cubic concrete compressive strength

结构构件设计中表示混凝土强度指标的基本代表值。根据混凝土立方体标准试件，通过标准养护，在规定龄期下并用标准试验方法所得的抗压强度，由数理统计的概率分布按规定的分位数确定。

3.4.3 混凝土轴心抗压强度标准值 characteristic value of concrete compressive strength

根据混凝土棱柱体标准试件轴心抗压强度，按规定的概率分布分位数确定。其值可用混凝土立方体抗压强度标准值表示，并考虑结构与标准试件混凝土强度差异的影响。

3.4.4 混凝土抗拉强度标准值 characteristic value of concrete tensile strength

根据混凝土受拉标准试件或经换算的混凝土劈裂受拉试件的抗拉强度，按规定的概率分布分位数确定。其值可用混凝土立方体抗压强度标准值表示，并考虑结构与标准试件混凝土强度差异的影响。

3.4.5 混凝土弹性模量 modulus of elasticity of concrete

根据混凝土棱柱体标准试件，用标准试验方法所得的规定压应力值与其对应的压应变值的比值。

3.4.6 混凝土收缩 shrinkage of concrete

在混凝土凝固和硬化的物理化学过程中，构件尺寸随时间推移而缩小的现象。

3.4.7 混凝土徐变 creep of concrete

在持久作用下的混凝土构件随时间推移而增加的应变。

3.4.8 混凝土碳化 carbonation of concrete

混凝土因大气中的二氧化碳渗入而导致碱度降低的现象。当碳化深度超过混凝土保护层引起钢筋锈蚀而影响混凝土结构的耐久性。

3.4.9 普通钢筋强度等级 strength classes (grades) of steel bar

根据普通钢筋强度标准值划分的级别。

3.4.10 预应力筋强度等级 strength classes (grades) of prestressed tendon

根据预应力筋强度标准值划分的级别。

3.4.11 钢筋强度标准值 characteristic value of strength of steel bar

结构构件设计中，表示钢筋强度的基本代表值。按国家标准规定的屈服强度（屈服点）或极限抗拉强度确定。

3.4.12 钢丝、钢绞线强度标准值 characteristic value of strength of steel wire or strand

结构构件设计中，表示钢丝、钢绞线强度的基本代表值。按国家标准规定的极限抗拉强度确定。

3.4.13 应力束松弛 relaxation of prestressed tendon

受拉预应力筋在恒定温度下，拉应力随时间推移而降低的现象。

3.4.14 抗裂度 crack resistance

混凝土结构构件抵抗开裂的能力。分正截面抗裂能力和斜截面抗裂能力。

3.4.15 裂缝宽度容许值 allowable value of crack width

由混凝土结构构件正常使用要求或耐久性要求所规定的裂缝宽度限值。

3.4.15.1 裂缝宽度 crack width

混凝土结构构件裂缝的横向尺寸。分受拉主筋处垂直裂缝宽度、腹部斜裂缝宽度、截面受拉底边裂缝宽度等。

3.4.16 混凝土极限压应变 ultimate compressive strain of concrete

受压的混凝土结构构件达到正截面承载能力极限状态时，其控制部位的混凝土压应变值。

3.4.17 钢筋拉应变限值 allowable ultimate tensile strain of reinforcement

纵向钢筋受拉控制的混凝土结构构件达到正截面承载能力极限状态时，其协议采用的钢筋拉应变值。

3.4.18 构件短期刚度 short term rigidity of member

混凝土结构构件在荷载短期效应组合下计算所采用的截面刚度。

3.4.19 构件长期刚度 long term rigidity of member

对混凝土结构构件的短期刚度考虑荷载长期效应组合影响予以修正的截面刚度。

3.5 计算、分析术语

3.5.1 平截面假定 plane hypothesis

混凝土结构构件受力后沿正截面高度范围内混凝土与纵向钢筋的平均应变呈线性分布的假定。

3.5.2 中和轴高度 depth of neutral axis

混凝土结构构件正截面上法向应力等于零的轴线位置至截面受压边缘的距离。

3.5.3 受压区高度 depth of compression zone

混凝土结构构件计算时，按合力大小和合力作用点相同的原则，将正截面上混凝土压应力分布等效为矩形应力分布时，该应力图形的高度。

3.5.3.1 界限受压区高度 balanced depth of compression zone

混凝土结构构件正截面受压边缘混凝土达到弯曲受压的极限压应变，而受拉区纵向钢筋同时达到屈服拉应变所对应的受压区高度。

3.5.4 界限偏心距 balanced eccentricity

混凝土偏心受压构件计算中，受压区高度取等于界限受压区高度时的偏心距。

3.5.5 大偏心受压构件 compression member with large eccentricity

计算的偏心距不小于界限偏心距的混凝土受压构件。

3.5.6 小偏心受压构件 compression member with small eccentricity

计算的偏心距小于界限偏心距的混凝土受压构件。

3.5.7 正截面 normal section

与混凝土构件纵轴线正交的计算截面。

3.5.8 斜截面 inclined section; oblique section

与混凝土构件纵轴线斜交的计算截面。

3.5.9 截面有效高度 effective depth of section

结构构件受压区边缘到受拉区钢筋合力点之间的距离。

3.5.10 预应力损失 losses of prestress

预应力筋的预加应力随张拉、锚固过程和时间推移而降低的现象。

3.5.11 预应力筋有效预应力值 value of effective prestress

预应力筋张拉的预加力值扣除各项预应力损失和混凝土弹性压缩应力后在构件中实际建立的预加应力值。

3.5.12 预应力筋消压预应力值 value of decompression prestress

在混凝土构件中预应力筋处的混凝土预加应力被外加应力抵消时，在预应力筋中的应力值。

3.6 几何参数术语

3.6.1 钢筋间距 spacing of bars

钢筋纵轴线之间的距离。

3.6.2 箍筋间距 spacing of stirrups

沿构件纵轴线方向箍筋轴线之间的距离。

3.6.3 箍筋肢距 spacing of stirrup legs

同一截面内箍筋的相邻两肢轴线之间的距离。

3.6.4 混凝土保护层厚度 thickness of concrete cover

钢筋边缘与构件混凝土表面之间的最短距离。

3.6.5 截面核芯面积 core area of section

由箍筋周边内表面所包络的混凝土截面面积。

3.6.6 换算截面面积 area of transformed section

在钢筋混凝土和预应力混凝土结构构件中，根据钢筋和混凝土的弹性模量或变形模量的比值将钢筋截面面积换算成混凝土截面面积后的总截面面积。

3.6.7 换算截面惯性矩 second moment of area of transformed section

在钢筋混凝土和预应力混凝土结构构件中，将钢筋截面面积换算成混凝土截面面积后的总截面惯性矩。

3.6.8 换算截面模量 section modulus of transformed section

混凝土结构构件换算截面惯性矩与其截面高度边缘至换算截面形心轴线距离的比值。习称换算截面抵抗矩。

3.7 计算系数术语

3.7.1 受拉区混凝土塑性影响系数 plasticity coefficient of reinforced concrete member in tensile zone

混凝土构件正截面裂缝形成时，考虑混凝土塑性影响的截面模量与弹性截面模量的比值。

3.7.2 纵向受拉钢筋应变不均匀系数 non-uniformly distributed strain coefficient of longitudinal tensile reinforcement

纵向受拉钢筋在裂缝区段的平均应变与在裂缝截面处的应变的比值。

3.7.3 配筋率 reinforcement ratio; ratio of reinforcement; percentage of reinforcement

构件中配置的钢筋截面面积与规定的混凝土截面面积的比值。又称面积配筋率。

3.7.4 体积配筋率 reinforcement ratio per unit volume

构件中配置的钢筋体积与混凝土体积的比值。

3.7.5 剪跨比 ratio of shear span to effective depth of section

混凝土构件的剪跨对截面有效高度的比值。剪跨为构件截面弯矩除以所对应的剪力；对承受集中荷载的构件，其剪跨即集中荷载至支座的距离。

3.7.6 轴压比 ratio of axial compressive force to axial compressive ultimate capacity of section

混凝土柱轴向压力对柱的轴向承载能力的比值。

3.8 连接、构造术语

3.8.1 钢筋接头 bar splice; joint of reinforcement

两根钢筋之间直接传力的连接部位。分搭接接头、焊接接头、机械连接接头等。

3.8.2 绑扎骨架 tied framework

将纵向钢筋与横向钢筋通过绑扎而构成的平面或空间的钢筋骨架。

3.8.3 焊接骨架 welded framework

将纵向钢筋与横向钢筋通过焊接而构成的平面或空间的钢筋骨架。

3.8.4 构造配筋 detailing reinforcement

在混凝土结构构件中不经计算而按规定要求设置的纵向钢筋或箍筋等。

3.8.5 纵向钢筋 longitudinal steel bar

平行于混凝土构件纵轴方向所配置的钢筋。配置于截面受压区的钢筋称为纵向受压钢筋；配置于截面受拉区的钢筋称为纵向受拉钢筋。

3.8.6 弯起钢筋 bent-up steel bar

混凝土结构构件的下部（或上部）纵向受拉钢筋，按规定的部位和角度弯至构件上部（或下部）后，并满足锚固要求的钢筋。

3.8.7 钢筋锚固长度 anchorage length of steel bar

受力钢筋通过混凝土与钢筋的粘结将所受的力传递给混凝土所需的长度。

3.8.8 钢筋搭接长度 lapped length of steel bar

两根钢筋通过搭接接头传力所需的长度。

3.8.9 预应力传递长度 transmission length of prestress

先张法构件的预应力筋放松后，预应力筋与混凝土间无相对滑移点到构件端部截面的距离。

3.8.10 箍筋 stirrup; hoop

沿混凝土结构构件纵轴方向按一定间距配置并箍住纵向钢筋的横向钢筋。分单肢箍筋、开口矩形箍筋、封闭矩形箍筋、菱形箍筋、多边形箍筋、井字形箍筋和圆形箍筋等。

3.8.10.1 斜向箍筋 inclined stirrup

沿混凝土结构构件纵轴方向按一定间距配置与纵轴线斜交的箍筋。

3.8.10.2 复合箍筋 compound stirrup

沿混凝土结构构件纵轴方向同一截面内按一定间距配置两种或两种以上形式共同组成的箍筋。

3.8.10.3 螺旋箍筋 spiral stirrup

沿混凝土结构构件纵轴方向按一定间距配置呈连续螺旋状的箍筋。

3.8.11 拉结钢筋 tie bar; steel tie

混凝土结构构件中拉住截面两对边纵向钢筋的单肢横向钢筋。又称拉筋或单肢箍筋。

3.8.12 架立钢筋 auxiliary steel bar

为构成钢筋骨架绑扎用附加设置的纵向钢筋。

3.8.13 横向分布钢筋 transversely distributed steel bar

在混凝土板或梁的翼缘中，在纵向钢筋上按一定间距设置的连接用横向钢筋。

3.8.14 吊筋 steel hanger; hanging steel bar

将作用于混凝土梁式构件底部的集中力传递至顶部的钢筋。

3.8.15 弯钩 hook

为保证钢筋的锚固，在钢筋端部按规定半径和角度弯成的钩状端头。

3.8.16 锚具 anchorage

在后张法预应力混凝土结构构件中，为保持预应力筋的拉力并将其传递到混凝土上所用的永久性锚固装置。

3.8.17 夹具 grip

在制作先张法或后张法预应力混凝土结构构件时，为保持预应力筋拉力的临时性锚固装置。

3.8.18 连接器 coupler

预应力筋的对接装置。

3.8.19 吊环 hanger

在预制混凝土结构构件或部件中，为起吊和安装用所设置锚固于混凝土内且将吊口外露的环状钢筋。

3.8.20 预埋件 embeded parts

预先埋置在混凝土结构构件中，用于结构构件之间相互连接和传力的钢连接件。

3.9 材料、结构构件质量检验术语

3.9.1 可塑混凝土性能 properties of fresh concrete

新拌流动混凝土的稠度、配合比、含气量、凝结时间等性能。

3.9.1.1 混凝土稠度 concrete consistence

新拌混凝土的流动能力。用坍落度或维勃（Vebe 试验）稠度表示。

（1）坍落度 slump

按标准试验方法测得的新拌混凝土向下坍落的高度。

（2）密实度 compaction

在一定体积的混凝土中由固体物质的填充程度。为固体物质的绝对体积和外形体积的比值。

3.9.1.2 混凝土配合比 concrete mix ratio

根据混凝土强度等级及其他性能要求而确定的混凝土各组成材料之间的比例，可用重量比或体积比表示。

（1）水灰比 water/cement ratio

混凝土拌合物中所用的水与水泥重量的比值。

（2）净水灰比 net water/cement ratio

在轻骨料混凝土配合比中，指不包括轻骨料一小时吸水量在内的净用水量与水泥用量的比值。

（3）水泥含量 cement content

单位体积混凝土或砂浆中所含的水泥量，一般以重量表示。

3.9.1.3 含气量 air content；entrapped air

混凝土拌合物经振捣密实后单位体积中余存的空气量，一般用体积百分率表示。

3.9.1.4 凝结时间 setting time

按标准试验方法，采用贯入阻力仪所测得的自水泥与水接触时起至贯入阻力达到凝结规定值时所经历的时间。根据凝结规定值的不同，分初凝时间（presetting time）和终凝时间（final setting time）。

3.9.2 硬化混凝土性能 properties of hardened concrete

凝结硬固混凝土试件的强度、弹性模量、抗渗、抗冻融、耐磨等物理力学性能。

3.9.2.1 抗渗性 resistance to water penetration；impermeability

混凝土抵抗水渗透的能力。按标准试验方法，在规定的压力和时间下以抗渗指标表示。

3.9.2.2 耐磨性 resistance to abrasion

混凝土抵抗磨损的能力。以通过规定磨损行程后的重量损失百分率表示。

3.9.2.3 抗冻融性 resistance to freezing and thawing

混凝土在冻融循环下保持强度和外观完整性的能力。按标准试验方法确定，一般用抗冻融的指标表示。

3.9.3 钢筋性能检验 inspection for properties of steel bar

按规定的抽样方式和标准试验方法，对钢筋的屈服强度、极限抗拉强度、延伸率、冷弯性和可焊性等性能所进行的检验。

3.9.3.1 冷弯检验 cold bend inspection of steel bar

钢筋试件在常温下，按规定的弯曲半径弯至规定角度，以测定钢筋冷加工时所能承受变形能力的检验。

3.9.3.2 钢筋可焊性 weldability of steel bar

在一定的焊接工艺条件下，钢筋获得合格焊接接头的难易程度。

3.9.3.3 钢筋锈蚀 corrosion of steel bar

钢筋表面出现氧化的现象。按标准试验方法，以钢筋失重率表示。

3.9.4 构件外观检查 visual examination of structural member

按规定检验方法，对混凝土结构构件的蜂窝、麻面、孔洞、露筋、裂缝等表面缺陷进行的检查。

3.9.4.1 蜂窝 honeycomb

构件的混凝土表面缺浆而形成石子外露酥松等缺陷。

3.9.4.2 麻面 pockmark

构件的混凝土表面缺浆而呈现麻点、凹坑和气泡等缺陷。

3.9.4.3 孔洞 cavitation

构件中深度超过钢筋保护层厚度的孔穴。

3.9.4.4 露筋 reveal of reinforcement

构件内的钢筋未被混凝土包裹而外露的缺陷。

3.9.4.5 龟裂 map cracking

构件的混凝土表面呈现的网状裂缝。

3.9.5 尺寸偏差 dimensional errors

结构构件实际的几何尺寸与设计的几何尺寸之间的误差。

3.9.5.1 构件平整度 degree of plainness for structural member

构件的混凝土表面凹凸的程度。一般采用规定长度的直尺和楔形塞尺检查。

3.9.5.2 结构构件垂直度 degree of gravity vertical for structure or structural member

在层高或全高范围内混凝土结构构件表面偏离竖直方向的程度。一般用线锤或经纬仪进行检查。

3.9.5.3 侧向弯曲 lateral bending

线性构件沿纵轴侧面方向产生的弯曲。以构件纵轴两端点连线与最大弯曲点之间的垂直距离度量。

3.9.5.4 翘曲 warping

构件因支承边上翘或下弯与原定支承边组成平面的偏差。以原定支承边组成平面与翘起最大点的垂直距离度量。

3.9.6 构件性能检验 test for properties of concrete structural members

按规定的抽样方式和标准试验方法，对混凝土结构构件的承载能力、刚度、抗裂度或裂缝宽度等力学性能所进行的检验。

3.9.6.1 破损检验 destructive test

将试件或结构构件加载至破坏，以检测试件或结构构件在加载过程中的各阶段反应和各项力学性能等所进行的试验。

3.9.6.2 非破损检验 non-destructive test

在不损坏整个结构构件的完整性要求下，而检测结构构件的力学性能和对各种缺陷等所进行的检验。

4 砌体结构设计专用术语

4.1 结构术语

4.1.1 砖砌体结构 brick masonry structure

由砖砌体制成的结构。分烧结普通砖，非烧结硅酸盐砖和承重粘土空心砖砌体结构。

4.1.2 石砌体结构 stone masonry structure

由石砌体制成的结构。分料石砌体和毛石砌体结构。

4.1.3 砌块砌体结构 block masonry structure

由砌块砌体制成的结构，分混凝土中、小型空心砌块砌体结构和粉煤灰中型实心砌块砌体结构。

4.1.4 砖混结构 masonry-concrete structure

由砖、石、砌块砌体制成竖向承重构件，并与钢筋混凝土或预应力混凝土楼盖、屋盖组成的房屋建筑结构。

4.1.5 砖木结构 masonry-timber structure

由砖、石、砌块砌体制成竖向承重构件，并与木楼盖、木屋盖组成的房屋建筑结构。

4.2 构件、部件术语

4.2.1 无筋砌体构件 masonry member

由砖砌体、石砌体或砌块砌体制作的承重构件。

4.2.2 配筋砌体构件 reinforced masonry structure

由配置受力的钢筋或钢筋网的砖砌体、石砌体或砌块砌体制作的承重构件。

4.2.2.1 方格网配筋砖砌体构件 steel mesh reinforced brick masonry member

在砖砌体的水平灰缝中配置方格钢筋网片的砖砌体承重构件。

4.2.2.2 组合砖砌体构件 composite brick masonry member

由砖砌体和钢筋混凝土面层或钢筋砂浆面层组成的砖砌体承重构件。

4.2.3 砖砌体墙 brick masonry wall

由砖砌体制成的墙体。简称砖墙。

4.2.3.1 空斗墙 cavity wall

由顶、顺相间立砌的斗砖和平砌的眠砖砌筑成封闭空斗状的墙体。分无眠空斗墙和有眠空斗墙。

4.2.3.2 带壁柱墙 pilastered wall

沿墙长度方向隔一定距离将墙体局部加厚形成墙面带肋的加劲墙体。

4.2.3.3 刚性横墙 rigid transverse wall

在砌体结构中符合规定的刚度和承载能力要求的横墙。又称横向稳定结构。

4.2.4 砖砌体柱 brick masonry column

由砖砌体制成的独立竖向承重构件。简称砖柱。

4.2.5 圈梁 ring beam

在房屋的檐口、窗顶标高、楼层、吊车梁标高或基础顶面处，沿砌体墙水平方向设置封闭状的梁式构件。分钢筋混凝土圈梁和钢筋砖圈梁。

4.2.6 墙梁 wall beam

由钢筋混凝土托梁和梁上计算高度范围内的砌体墙组成的梁式构件。

4.2.7 挑梁 cantilever beam

嵌固在砌体中的悬挑式钢筋混凝土梁。一般指房屋中的阳台挑梁、雨篷挑梁或外廊挑梁。

4.2.8 砖过梁 masonry lintel

由砖砌体传递门窗或开孔顶部以上荷载的梁式构件。分钢筋砖过梁、砖砌平拱和砖砌弧形拱。

4.2.9 砖筒拱 cylindrical brick arch

由砖砌体砌筑成的圆弧形或抛物线形的筒形结构构件。分砖拱屋盖和砖拱楼盖。

4.3 材料术语

4.3.1 块体 masonry units; lump material

各种砖、石材和砌块的总称。又称块材。

4.3.2 砂浆 mortar

由一定比例的胶凝材料（水泥、石灰等）、细骨料（砂）和水配制而成的砌筑材料。

4.3.2.1 水泥砂浆 cement mortar

由一定比例的水泥和砂加水配制而成的砌筑材料。

4.3.2.2 混合砂浆 composite mortar

由一定比例的水泥、石灰和砂加水配制而成的砌筑材料。

4.3.3 烧结普通砖 fired common brick

由粘土、煤矸石、页岩或粉煤灰为主要原料，经过焙烧而成的实心或孔洞率不大于规定值且外形尺寸符合规定的砖。分烧结粘土砖、烧结煤矸石砖、烧结页岩砖、烧结粉煤灰砖等。又称标准砖。

4.3.4 空心砖 hollow brick

孔洞率不小于规定值的砖。分竖孔承重空心砖、水平孔非承重空心砖。

4.3.4.1 多孔砖 perforated brick

孔洞小而数量多的空心砖。又称多孔空心砖。

4.3.5 砌块 block

由混凝土、粉煤灰等制作的实心或空心块体。按尺寸分为小型砌块、中型砌块和大型砌块。

4.3.6 石材 stone

无明显风化的天然岩石经过人工开采和加工后的外形规则的建筑用材。分毛石和料石。

4.3.7 砖砌体 brick masonry

用砖和砂浆砌筑的砌体。

4.3.8 砌块砌体 block masonry

用砌块和砂浆砌筑的砌体。按砌块尺寸分为小型砌块砌体、中型砌块砌体和大型砌块砌体。

4.3.9 石砌体 stone masonry

用石材和砂浆或用石材和混凝土砌筑的砌体。分毛石砌体和料石砌体。

4.4 材料性能和构件抗力术语

4.4.1 块体强度等级 strength classes of masonry units

根据各类砌体的块体标准试件用标准试验方法测得的抗压强度平均值，或抗压强度和抗折强度的平均值与最小值综合评定所划分的强度级别。

4.4.2 砂浆强度等级 strength classes of mortar

根据砌筑砂浆标准试件用标准试验方法测得的抗压强度平均值所划分的强度级别。

4.4.3 砌体强度标准值 characteristic value of masonry stength

由各类块体和砂浆抗压强度平均值，按公式计算出各类砌体的强度平均值并规定其相应的变异系数，再通过强度平均值与标准值的规定关系所得到的砌体强度基本代表值。分砌体抗压、轴心抗拉、弯曲抗拉和抗剪强度标准值。

4.4.4 砌体摩擦系数 friction coefficient of masonry

砌体与砌体接触面之间或砌体与混凝土等其他材料接触面之间，滑动时的摩擦力与法向压力的比值。根据接触面的干燥或潮湿状态而取不同的值。

4.4.5 齿缝破坏 saw-tooth joint failure

砌体在轴心受拉、弯曲受拉和受剪状态下，沿灰缝呈锯齿形破坏的状态。

4.4.6 通缝破坏 straight-line joint failure

砌体在弯曲受拉和受剪状态下，沿水平灰缝破坏的状态。

4.4.7 横墙刚度 stiffness of transverse wall

横向墙体抵抗平面内变形的能力。

4.4.8 砌体墙、柱容许高厚比 allowable ratio of height to sectional thickness of masonry wall or column

不同强度等级的砂浆砌筑的砌体墙、柱的计算高度与规定厚度之比的最大限值。

4.5 计算、分析术语

4.5.1 房屋静力计算方案 static analysis scheme of building

根据房屋的空间工作性能确定的墙体静力计算简图。

4.5.1.1 刚性方案 rigid analysis scheme

按楼盖、屋盖作为不动铰支座对墙、柱进行静力计算的方案。

4.5.1.2 刚弹性方案 rigid-elastic analysis scheme

按楼盖、屋盖与墙、柱为铰接，考虑空间工作的平面排架或框架对墙、柱进行静力计算的方案。

4.5.1.3 弹性方案 elastic analysis scheme

按楼盖、屋盖与墙、柱为铰接，不考虑空间工作的平面排架或框架对墙、柱进行静力计算的方案。

4.5.2 上柔下刚多层房屋 upper flexible and lower rigid complex multi-storied building

在结构计算中，顶层不符合刚性方案要求，而下属各层符合刚性方案要求的多层房屋。

4.5.3 上刚下柔多层房屋 upper rigid and lower flexible complex multi-storied building

在结构计算中，底层不符合刚性方案要求，而上属各层符合刚性方案要求的多层房屋。

4.5.4 计算倾覆点 calculating overturning point

验算挑梁抗倾覆时，根据规定所取的转动中心。

4.6 几何参数术语

4.6.1 刚性横墙间距 spacing of rigid transverae wall

房屋中相邻刚性横墙中心至中心轴线的水平距离。

4.6.2 梁端有效支承长度 effective supporting length at end of beam

计算梁端支承处砌体局部受压承载能力时，采用的梁端底面砌体的实际支承长度。

4.6.3 窗间墙宽度 breadth of wall between windows

房屋中相邻窗洞侧边之间墙体的水平尺寸。

4.6.4 块体孔洞率 hollow ratio of masonry unit

块体孔洞的体积与按外轮廓尺寸计算的总体积的比值，以百分数表示。又称空心率。

4.7 计算系数术语

4.7.1 空间性能影响系数 influence coefficient for spacial action

砌体墙顶考虑空间作用的侧移与不考虑空间作用的侧移的比值。

4.7.2 受压构件承载能力影响系数 influence coefficient for load-bearing capacity of compression member

砌体构件的高厚比和轴向力偏心距对其受压承载能力影响的系数。

4.7.3 砌体墙、柱高厚比 ratio of height to sectional thickness of wall or column

砌体墙、柱的计算高度与规定厚度的比值。规定厚度对墙取墙厚，对柱取对应的边长，对带壁柱墙取截面的折算厚度。

4.7.4 砌体墙容许高厚比修正系数 modified coefficient for allowable ratio of height to sectional thickness of masonry wall

根据承重墙或非承重墙及其门窗洞口大小，对容许高厚比进行修正的系数。

4.8 连接、构造术语

4.8.1 截面尺寸限值 limiting value for sectional dimension

按构造要求规定的砌体构件截面最小尺寸。

4.8.2 砌体材料最低强度等级 minimum strength class of masonry

为了保证地面或防潮层以下砌体的强度所规定的砌体材料最小强度要求。

4.8.3 砌体拉结钢筋 steel tie bar for masonry

为了增强砌体结构的整体性，在砌体纵横墙交接处和沿墙高每间隔一定距离的水平灰缝内设置的钢筋或钢筋网片。

4.8.4 支承长度限值 limiting value for supporting length

混凝土梁、板在砌体上规定的最小搁置长度。

4.8.5 砌体结构总高度限值 limiting value for total height of masonry structure

抗震设计中，按设防烈度、结构形式和功能要求规定的砌体房屋的最大总高度。

4.8.6 砌体结构局部尺寸限值 limting value for local dimension of masonry structure

根据抗震概念设计的要求，对砌体结构的窗间墙宽度、女儿墙高度、门洞边墙宽度等所分别规定的最小尺寸。

4.9 材料、结构构件质量检验术语

4.9.1 块体性能检验 inspection for properties of masonry units

按规定的抽样方式和标准试验方法，对砖、砌块或石材的抗压强度等物理力学性能所进行的检验。

4.9.2 砂浆性能检验 inspection for properties of mortar

按规定的抽样方式和标准试验方法，对砂浆的配合比、稠度、分层度及试件的抗压强度等物理力学性能所进行的检验。

4.9.2.1 砂浆配合比 mix ratio of mortar

根据砂浆强度等级及其他性能要求而确定砂浆的各组成材料之间的比例。以重量比或体积比表示。

4.9.2.2 砂浆稠度 consistency of mortar

在自重或施加外力下，新拌制砂浆的流动性能。以标准的圆锥体自由落入砂浆中的沉入深度表示。

4.9.2.3 砂浆保水性 water retentivity of mortar

在存放、运输和使用过程中，新拌制砂浆保持各层砂浆中水分均匀一致的能力，以砂浆分层度来衡量。

4.9.2.4 砂浆分层度 coursing degree of mortar

新拌制砂浆的稠度与同批砂浆静态存放达规定时间后所测得下层砂浆稠度的差值。

4.9.3 砌体质量检验 quality inspection of masonry

根据规定的抽样方式和标准试验方法，对抽取的砌体构件进行力学性能检验和外观检查。

4.9.3.1 砂浆饱满度 full degree of mortar at bed joint

砌体砌筑后，块体底面实际粘结砂浆的面积与块体底面积的比值。以百分数表示。

4.9.3.2 水平灰缝厚度 thickness of mortar at bed joint

砌体中的上下层块体间所铺砌砂浆的厚度。以规定的块体累计高度与皮数杆刻划的标准高度进行对比检查。

4.9.3.3 墙面平整度 degree of plainness for wall surface

砌体构件表面凹凸的程度。一般采用规定长度的直尺和楔形塞尺检查。

4.9.3.4 墙面垂直度 degree of gravity vertical for wall surface

在层高和全高范围内砌体墙表面偏离竖直方向的程度。一般采用线锤或经纬仪进行检查。

5 钢结构设计专用术语

5.1 结构术语

5.1.1 焊接钢结构 welded steel structure

以手工电弧焊接或自动、半自动埋弧焊接作为连接手段并用金属焊条、焊丝作为连接材料，将钢构件和部件连接成整体的结构。

5.1.2 铆接钢结构 riveted steel structure

以铆钉作为连接件将钢构件或部件连接成整体的结构。

5.1.3 螺栓连接钢结构 bolted steel structure

以普通螺栓作为连接件将钢构件或部件连接成整体的结构。

5.1.4 高强螺栓连接钢结构 high-strength bolted steel structure

以高强螺栓作为连接件将钢构件或部件连接成整体的结构。

5.1.5 冷弯薄壁型钢结构 cold-formed thin-walled steel structure

以冷弯薄壁型钢作为主要材料所制成的结构。

5.1.6 钢管结构 steel tubular structure

以圆钢管或方钢管或矩形钢管作为主要材料所制成的结构。

5.1.7 预应力钢结构 prestressed steel structure

通过张拉高强度钢丝束或钢绞线等手段或调整支座等方法，在钢结构构件或结构体系内建立预加应力的结构。

5.2 构件、部件术语

5.2.1 实腹式钢柱 solid-web steel column

腹板为整体的竖向受压钢构件。

5.2.2 格构式钢柱 built-up steel column; laced or battened compression member

由钢缀材将各分肢体组合成整体的竖向受压钢构件。分双肢、三肢和四肢格构式钢柱。

5.2.3 分离式钢柱 separated steel column

支承屋盖的竖向钢肢体和支承吊车梁的竖向钢肢体两者用水平钢板连接而成整体的双肢受压钢构件。

5.2.4 缀材（缀件） lacing and batten elements

在格构式受压钢构件中用以连接肢体并承受剪力的腹杆。分缀条和缀板。

5.2.4.1 缀条 lacing bar

在格构式受压钢构件中用以连接肢体并承受剪力的条状腹杆。

5.2.4.2 缀板 batten plate

在格构式受压钢构件中用以连接肢体并承受剪力的横向板状腹杆。

5.2.5 钢柱分肢 steel column component

组成格构式钢柱或分离式钢柱的竖向肢体。

5.2.6 钢柱脚 steel column base

扩大钢柱底端与基础相连接的加强部分。由柱底板、柱脚连接板、柱脚靴梁或柱脚靴板共同组成。

5.2.7 钢支座 steel support

将结构构件的内力传递至下部结构或基础的钢支承装置。

5.2.7.1 铰轴支座 hinge support

以允许结构转动的铰轴作为传力方式的支座。

5.2.7.2 弧形支座 curved support

以允许结构转动的弧形钢板或钢铸件作为传力方式的支座。

5.2.7.3 滚轴支座 roller support

以允许结构平移的滚动轴作为传力方式的支座。

5.2.8 轧制型钢梁 rolled steel beam

由辊轧型钢制作的梁。

5.2.9 焊接钢梁 welded steel beam; welded steel girder

由钢材通过焊缝连接而成的梁。

5.2.10 铆接钢梁 riveted steel beam; riveted steel girder

由钢材通过铆钉连接而成的梁。

5.2.11 钢板件 steel plate element

组成钢构件的板状元件。

5.2.11.1 腹板 web plate

位于钢构件腹部范围内的板件。

5.2.11.2 翼缘板 flange plate

位于钢构件截面翼缘范围内的板件。

5.2.11.3 盖板 cover plate

覆盖在钢梁翼缘上的板件。

5.2.11.4 支承板 bearing plate

分布并支承钢结构构件压力的板件。

5.2.11.5 连接板 connecting plate

连接钢构件、杆件或板件形成节点或拼接的板件。

5.2.11.6 节点板 gusset plate

钢桁架节点处连接各杆件的板件。

5.2.11.7 填板 filler plate

填充在两型钢之间空隙的板件。

5.2.11.8 垫板 padding plate; backfilling plate

垫高或找平钢构件的板件。

5.2.11.9 横隔板 diaphragm

保持大型构件截面几何形状不变，垂直于构件纵轴方向所设置的横向板件。

5.2.12 加劲肋 stiffener

为加强钢平板刚度并保证钢板局部稳定所设置的条状加强件。

5.2.12.1 支承加劲肋 bearing stiffener

在支座或有集中荷载处，为保证构件局部稳定并传递集中力所设置的条状加强件。

5.2.12.2 中间加劲肋 intermediate stiffener

在支座或有集中荷载处以外，为保证构件局部稳定所设置的条状加强件。

5.2.12.3 纵向加劲肋 longitudinal stiffener

沿构件纵轴方向为保证构件局部稳定所设置的条状加强件。

5.2.12.4 横向加劲肋 transverse stiffener

在垂直于构件纵轴方向，为保证构件局部稳定所设置的横向条状加强件。

5.2.12.5 短加劲肋 short stiffener

在构件截面高度的一定范围内，为保证构件局部稳定所设置的条状加强件。

5.3 材料术语

5.3.1 钢材牌号 designations of steel

钢材根据化学成分、冶炼方式等规定加以分类的代号。

5.3.2 型钢 section steel; shaped steel

用热轧方式或冷弯加工方式制成各种规定截面形状的钢材。

5.3.2.1 热轧型钢 hot-rolled section steel

用轧机热轧制成各种形状的钢材。分圆钢、方钢、扁钢、角钢、工字钢、H形钢、槽钢等。

5.3.2.2 冷弯薄壁型钢 cold-formed thin-walled section steel

由薄钢带冷弯加工制成各种截面形状的钢材。

5.3.3 钢板 steel plate

用轧机轧制成板状的钢材。分热轧的薄、中厚、厚和特厚钢板和冷轧钢板。

5.3.4 钢带 steel strip

用连轧机轧制成的带状薄钢材。

5.3.5 钢管 steel pipe; steel tube

横截面周边封闭的空心钢材。分圆形、矩形、方形、六角形、异形等钢管。

5.3.5.1 无缝钢管 seamless steel pipe; seamless steel tube

用整块管坯轧制成表面无接缝的钢管。分热轧管、冷轧管、挤压管、顶管等。

5.3.5.2 焊接钢管 welded steel pipe

用钢带或钢板卷压焊接而成有焊缝的钢管。

5.3.6 焊丝 welding wire

在自动、半自动埋弧焊接时用来导电的金属丝，或气焊中作为填充用的金属丝。

5.3.7 焊条 covered electrode; welding rod

在手工电弧焊接时，作为填充金属并用来导电而外包有焊药的金属棒。

5.3.8 焊剂 welding flux

在焊接时，能熔化形成熔渣和气体，对熔化金属起保护作用和冶金处理的一种颗粒状材料。

5.3.9 螺栓 bolt

由墩粗的头部、带螺纹的圆柱形杆身，配合螺母、垫圈组成并可拆卸的紧固件。

5.3.10 高强度螺栓 high-strength bolt

用强度较高的钢材制作墩粗的头部、带螺纹的圆柱形杆身，经热处理后与其配套的螺母、垫圈组成的可拆卸的紧固件。

5.3.10.1 大六角头高强度螺栓 high-strength bolt with large hexagon head

头部呈六角形与相应螺母、垫圈配套组成的高强度螺栓。

5.3.10.2 扭剪型高强度螺栓 tor-shear type high-strength bolt

螺栓的尾部带有扭剪装置，在承受规定扭矩时能自动剪断的高强度螺栓。

5.3.11 铆钉 rivet

将加热或不加热一端带有半圆形钉头的圆柱形的杆身，穿过被连接板件的钉孔，用铆钉枪或铆压机将钉尾挤压成另一钉头的紧固件。

5.4 材料性能和构件抗力术语

5.4.1 钢材强度等级 strength classes of structural steel

按冶金部门规定的钢材牌号，简称钢号，加以划分的强度级别。

5.4.2 钢材强度标准值 characteristic value of strength of steel

结构构件设计中，表示钢材强度的基本代表值，按国家标准规定的钢材屈服强度（屈服点）确定。分抗拉、抗压、抗弯和抗剪强度标准值。

5.4.2.1 构件端面承压强度标准值 characteristic value of end local compressive strength of steel member

钢构件端面刨平顶紧时单位面积上所能承受的最大压力的基本代表值。

5.4.3 钢构件容许长细比 allowable slenderness ratio of steel member

受压钢构件或受拉钢构件设计计算长度与构件截面回转半径的容许最大比值。

5.4.4 钢构件变形容许值 allowable value of deformation of steel member

为满足正常使用极限状态的要求所规定的受弯钢构件挠度限值，或受压钢构件的侧移限值。

5.4.5 单个铆钉承载能力 load-carrying capacity per rivet

在不同受力状态下，每个铆钉所能承受的最大内力。分受剪承载能力、承压承载能力和受拉承载能力。

5.4.6 单个普通螺栓承载能力 load-carrying capacity per bolt

在不同受力状态下，每个螺栓所能承受的最大内力。分受剪承载能力，承压承载能力和受拉承载能力。

5.4.7 单个高强度螺栓承载能力 load-carrying capacity of per high-strength bolt

在不同的受力状态下，每个高强度螺栓所能承受的最大内力。摩擦型高强度螺栓，分受剪承载能力、受拉承载能力；承压型高强度螺栓，分受剪承载能力、承压承载能力和受拉承载能力。

5.4.8 疲劳容许应力幅 allowable stress-range of fatigue

钢构件和连接在动态重复作用下，根据应力循环次数等因素，规定的疲劳应力幅限值。

5.5 计算、分析术语

5.5.1 钢结构塑性设计 plastic design of steel structure

超静定钢梁或钢框架，在承载能力极限状态设计时，考虑构件截面由材料塑性变形发展而引起的构件内力重分布，按简化的塑性理论所进行的内力分析。

5.5.2 欧拉临界力 Euler's critical load

理想的钢结构轴心受压构件，按弹性稳定理论计算构件侧向屈曲时对应的荷载。

5.5.3 欧拉临界应力 Euler's critical stress

与欧拉临界力相对应的钢构件截面应力。

5.5.4 强轴 main axis; major axis; strong axis

使钢结构构件截面具有较大的惯性矩所采用的通过截面形心的主轴，其方向一般与弱轴相正交。

5.5.5 弱轴 secondary axis; minor axis; weak axis

使钢结构构件截面具有较小的惯性矩所采用的通过截面形心的主轴，其方向一般与强轴相正交。

5.5.6 换算长细比 equivalent slenderness ratio

在格构式轴心受压构件整体稳定性计算中，按临界力相等的原则，将组合截面换算为实腹截面进行计算时所对应的长细比。

5.5.7 疲劳应力幅 fatigue stress-range

钢构件和连接在动态重复作用下最大应力值与最小应力值之差。分常幅疲劳应力幅和变幅疲劳等效应力幅。

5.6 几何参数术语

5.6.1 翼缘板外伸宽度 outstanding width of flange

翼缘板在腹板边缘以外伸出的自由长度。

5.6.2 加劲肋外伸宽度 outstanding width of stiffener

加劲肋在腹板边缘以外伸出的自由长度。

5.6.3 角焊缝焊脚尺寸 leg size of fillet weld

在角焊缝横截面中，画出最大等腰三角形的等腰边长度。

5.6.3.1 角焊缝有效厚度 effective thickness of fillet weld

在角焊缝横截面中，所画出最大等腰三角形的高度。

5.6.3.2 角焊缝有效计算长度 effective length of fillet weld

每条角焊缝实际长度减去规定的减少长度。

5.6.3.3 角焊缝有效面积 effective area of fillet weld

每条角焊缝有效厚度和有效长度的乘积。

5.6.4 螺栓或高强度螺栓有效直径 effective diameter of bolt or high strength bolt

考虑螺纹、螺距的影响，螺栓或高强度螺栓在计算抗拉强度时所采用的直径。

5.6.4.1 螺栓有效截面面积 effective cross-section area of bolt

螺栓按有效直径计算的横截面面积。

5.6.4.2 高强度螺栓有效截面面积 effective cross-section area of high-strength bolt

高强度螺栓按有效直径计算的横截面面积。

5.7 计算系数术语

5.7.1 截面塑性发展系数 plastic adaption coefficient of cross-section

钢构件截面部分进入塑性阶段后的截面模量与弹性阶段截面模量的比值。

5.7.2 钢梁整体稳定系数 over-all stability reduction coefficient of steel beam

钢梁在侧扭屈曲时的临界应力与钢材屈服强度（屈服点）的比值。

5.7.3 钢梁整体稳定等效弯矩系数 coefficient of equivalent bending moment for overall stability of steel beam

钢梁承受横向荷载时的临界应力与纯弯曲时的临界应力的比值。

5.7.4 钢压弯构件等效弯矩系数 coefficient of equivalent bending moment of eccentrically loaded steel member (beam-column)

钢压弯构件在两端弯矩不等时，或在跨间承受横向荷载时的临界力与两端弯矩相等时的临界力的比值。

5.7.5 高强度螺栓摩擦面抗滑移系数 against slip coefficient between friction surfaces of high-strength bolted connection

在摩擦型高强螺栓连接中，螺栓接触表面滑移时的摩擦力与高强度螺栓预拉力的比值。

5.8 连接、构造术语

5.8.1 钢结构连接 connections of steel structure

将钢结构构件、部件或板件连接成整体的方式。

5.8.1.1 叠接（搭接）lap connection

将连接的构件、部件或板件相互重叠连接成整体的连接方式。

5.8.1.2 对接 butt connection

将连接的构件、部件或板件在同一平面内相互连接成整体的连接方式。

5.8.1.3 焊缝连接 welding connection

通过电弧或气体火焰等加热并有时加压，用填充或不用填充材料使被连接件达到原子或分子结合状态的连接方式。

(1) 手工焊接 manual welding

用手工完成全部焊接操作的焊接方法。

(2) 自动焊接 automatic welding

用自动焊接装置完成全部焊接操作的焊接方法。

(3) 半自动焊接 semi-automatic welding

用手工移动焊接热源，并以机械化装置填入焊丝的焊接方法。

5.8.1.4 螺栓连接 bolted connection

用螺栓将构件、部件或板件连成整体的连接方式。

5.8.1.5 高强度螺栓连接 high-strength bolted connection

用高强度螺栓将构件、部件或板件连成整体的连接方式。

(1) 摩擦型高强度螺栓连接 high-strength bolted friction-type joint

依靠高强度螺栓的紧固，在被连接件间产生摩擦阻力以传递剪力而将构件、部件或板件连成整体的连接方式。

(2) 承压型高强度螺栓连接 high-strength bolted bearing-type joint

依靠螺栓杆抗剪和螺杆与孔壁承压以传递剪力而将构件、部件或板件连成整体的连接方式。

5.8.1.6 铆钉连接 riveted connection

用铆钉将构件、部件或板件连成整体的连接方式。

5.8.2 焊缝 weld

钢结构构件、部件或板件经焊接后所形成的结合部分。

5.8.2.1 连续焊缝 continuous weld

沿焊接接头全长连续焊接的焊缝。

5.8.2.2 断续焊缝 intermittent weld

沿焊接接头全长按一定间隔焊接的焊缝。

5.8.2.3 纵向焊缝 longitudinal weld

沿焊件长度方向分布的焊缝。

5.8.2.4 横向焊缝 transverse weld

垂直于焊件长度方向分布的焊缝。

5.8.2.5 环形焊缝 circumferential weld; girth weld

沿筒形焊件头尾相连接的焊缝。

5.8.2.6 螺旋形焊缝 spiral weld; helical weld

将钢带按螺旋形卷成管状后所焊接的焊缝。

5.8.2.7 塞焊缝 plug weld

两焊件相叠，其中一块开有圆孔，在圆孔中填满熔融金属形成的焊缝。

5.8.3 对接焊缝 butt weld

在两焊件坡口面之间或一焊件的坡口面与另一焊件表面之间焊接的焊缝。

5.8.3.1 透焊对接焊缝 penetrated butt weld

两焊件相接触部位全部焊透的焊缝。

5.8.3.2 不焊透对接焊接 partial penetrated butt weld

两焊件相接触部位仅一部分焊透的焊缝。

5.8.4 角焊缝 fillet weld

两焊件形成一定角度相交面上的焊缝。

5.8.4.1 直角角焊缝 right-angle fillet weld; orthogonal fillet weld

两焊件形成90°夹角相交面间的角焊缝。

5.8.4.2 斜角角焊缝 oblique-angle fillet weld

两焊件形成不等于90°夹角相交面间的角焊缝。分锐角和钝角焊缝。

5.8.5 焊趾 weld toe

焊缝表面与母材的交界处。

5.8.6 焊根 weld root

焊缝背面与母材的交界处。

5.8.7 坡口 groove

在焊件待焊部位加工成一定形状的沟槽。

5.9 材料、结构构件质量检验术语

5.9.1 焊缝质量级别 quality grade of weld

焊缝按焊接缺陷所划分的等级。

5.9.2 焊接缺陷 weld defects

焊接接头产生不符合设计或工艺要求的不利因素。

5.9.2.1 未焊透 incomplete penetration

焊根部位有未经完全熔融的现象。

5.9.2.2 未熔合 incomplete fusion

焊道与母材之间或焊道与焊道之间有未完全熔融结合的现象。

5.9.2.3 未焊满 incompletely filled groove

由于填充材料不足，在焊缝表面形成连续或断续的沟槽。

5.9.2.4 夹渣 slag inclusion

焊接后残留在焊缝中的熔渣。

5.9.2.5 气孔 blow hole

焊接后残留在焊缝中的空气所形成的空穴。分密集气孔、条虫状气孔、针状气孔等。

5.9.2.6 咬边 undercut

沿焊趾处母材部位产生的沟槽或凹槽。

5.9.2.7 焊瘤 overlap

熔化金属流淌到焊缝以外的母材上所形成的金属瘤。

5.9.2.8 白点 fish eye

在焊缝金属横截面上出现的鱼目状白色圆形斑点。

5.9.2.9 烧穿 burn-through；melt-thru

熔化金属自坡口背面流出形成穿孔的现象。

5.9.2.10 凹坑 pit

焊缝表面或焊缝背面形成低于母材表面的低洼现象。

5.9.2.11 塌陷 excessive penetration

单面熔化焊时焊缝金属过量透过背面，使焊缝正面下凹而背面凸起的现象。

5.9.2.12 焊接裂纹 weld crack

焊接接头局部范围的金属原子结合力遭到破坏而形成的缝隙。分热裂纹、冷裂纹、弧坑裂纹、延迟裂纹、焊根裂纹、焊趾裂纹、焊道下裂纹、再热裂纹等。

5.9.2.13 层状撕裂 lamellar tearing

焊接时，垂直轧制钢材厚度方向出现分层的开裂现象。

5.9.3 焊缝外观检查 visual examination of weld

用肉眼或用低倍放大镜等观察焊件，对焊缝的气孔、咬边、满溢和焊接裂纹等表面缺陷所进行的检查。

5.9.4 焊缝无损检验 non-destructive inspection of weld

用超声探伤、射线探伤、磁粉探伤或渗透探伤等手段，在不损坏被检查焊缝性能和完整性的情况下，对焊缝质量是否符合规定要求和设计意图所进行的检验。

5.9.5 铆钉连接质量检验 quality inspection of riveted connection

在构件组装、预拼装和完工验收时，对铆钉连接质量是否符合规定要求和设计意图所进行的检验。

5.9.6 螺栓连接质量检验 quality inspection of bolted connection

在构件组装、预拼装和完工验收时，对普通螺栓连接或高强螺栓连接质量是否符合规定要求和设计意图所进行的检验。

5.9.7 钢构件外观检查 visual examination of structural steel member

在涂底漆前，对制作完成的钢构件尺寸和形状的偏差及其连接的表面缺陷等是否符合规定要求和设计意图的检查。

6 木结构设计专用术语

6.1 结构术语

6.1.1 原木结构 log timber structure

由天然截面且最小梢径符合规定的木材制成的结构。

6.1.2 方木结构 sawn timber structure

由原木经锯解成符合规定的方木制成的结构。

6.1.3 胶合木结构 glued timber structure

由木料与木料或木料与胶合板胶粘成整体材料所制成的结构。

6.1.3.1 层板胶合结构 glued laminated timber structure

由木板与木板或木板与小方木重叠胶粘成整体材料所制成的结构。

6.1.3.2 胶合板结构 plywood sturcture

由普通木板或胶合木作为骨架，用胶合板作为镶板或面板所制成的结构。

6.2 构件、部件术语

6.2.1 屋面木基层 wood roof decking

屋面防水层与屋架之间的木构件系统，一般由挂瓦条、屋面板、椽条、檩条等组成。

6.2.2 木屋架 timber roof truss

由木材制成的桁架式屋盖构件。

6.2.3 椽架 trussed rafter

屋盖不设置椽条与檩条而按椽条间距密置的小跨度木屋架。

6.3 材料术语

6.3.1 针叶树材 coniferous wood；conifer

由松杉目和红豆杉目树种生产的木材。分松木、杉木、柏木等。简称针叶材。

6.3.2 阔叶树材 broad-leaved wood

由双子叶植物纲树种生产的木材，分栎木、水曲柳、桦木等。简称阔叶材。

6.3.3 原木 log

保持天然截面形状的木段。

6.3.4 方木 sawn lumber

由原木锯解成四角垂直或带有缺棱的截面，宽度与高度之比小于规定值的木材。

6.3.5 板材 plank；board

由原木锯解成矩形截面，宽度与厚度之比不小于规定值的木材。

6.3.6 心材 heartwood

树干中心颜色较深部位的木材，材质较坚硬，耐腐性较强。

6.3.7 边材 sapwood

靠近树皮颜色较浅部位的木材，新伐边材含水率较高。

6.3.8 湿材 unseasoned timber

含水率大于规定的木材。

6.3.9 气干材 air-dried timber

经过自然风干达到或接近平衡含水率的木材。

6.3.10 层板胶合木 glued laminated timber

两层或多层木板胶粘而成的结构用材。

6.3.11 胶合板 plywood

由奇数层的旋切单板按相邻各层板的木纹相互垂直的要求叠合、涂胶和加压制成的板材。

6.3.12 木结构用胶 glue used for structural timber

用于粘结承重木构件并具有符合规定性能的胶粘剂。

6.4 材料性能和构件抗力术语

6.4.1 木材强度等级 strength classes of structural timber

根据木材抗弯强度设计值划分的木材强度级别。

6.4.2 木材顺纹强度 strength of structural timber parallel to grain

不同树种的木材在顺纹受力状态下的单位面积上所能承受的最大内力。分抗弯强度、顺纹抗压与承压强度、顺纹抗拉强度和顺纹抗剪强度。

6.4.3 横纹承压强度 compressive strength perpendicular to grain

当压力方向垂直于木纹方向时，木材承压单位面积上所能承受的最大压力。

6.4.4 斜纹承压强度 compressive strength at an angle with slope of grain

当压力方向与木纹方向成斜角时，木材承压面单位面积上所能承受的最大压力。

6.4.5 顺纹弹性模量 modulus of elasticity parallel to grain

木材顺纹受力时，在弹性限度内的应力与应变的比值。分受拉、受压和弯曲弹性模量。一般以弯曲弹性模量为代表值。

6.4.6 含水率 moisture content

木材中水重与全干木材重的比值，是制作木构件或构件连接件的选材指标。以百分率表示。

6.4.6.1 平衡含水率 equilibrium moisture content

木材与周围空气的相对湿度和温度相适应而达到稳定时的含水率。

6.4.7 受压木构件容许长细比 allowable slenderness ratio of timber compression member

受压木构件计算长度与构件回转半径的容许最大比值。

6.4.8 受弯木构件挠度容许值 allowable value of deflection of timber bending member

为满足正常使用极限状态要求所规定的受弯木构件竖向位移限值。

6.5 计算、分析术语

6.5.1 原木构件计算截面 checking section of log structural member

在承载能力、稳定和挠度计算时，考虑原木构件沿其长度的直径变化按规定所采用的构件截面。

6.5.2 剪面 shear plane

木构件中承受顺纹方向剪力的验算截面。

6.5.3 齿承压面 bearing plane of notch

木构件齿连接中，与压杆轴线垂直的直接承受压杆压力的齿槽面。

6.6 几何参数术语

6.6.1 受压构件计算面积 calculating area of compression member

受压构件稳定验算或压弯构件承载能力计算时，根据构件缺口所在部位的不同按规定采用的截面面积。

6.6.2 剪面面积 area of shear plane

沿剪力作用方向木材顺纹受剪面的面积。

6.6.3 剪面长度 length of shear plane

沿剪力作用方向木材顺纹受剪面的长度。

6.6.4 齿深 depth of notch

木构件齿连接中，齿槽垂直于构件轴线方向的深度。

6.6.5 钉有效长度 effective length of nail

木构件钉连接中，扣除不能传力的钉尖长度后的钉长。

6.7 计算系数术语

6.7.1 螺栓连接斜纹承压强度降低系数 reducing coefficient of compressive strength in sloping grain for bolted connection

考虑螺栓传力方向与构件木纹方向成斜角对木材局部抗压强度不利影响的降低系数。

6.7.2 齿连接抗剪强度降低系数 reducing coefficient of shearing strength for notch and tooth connection

齿连接截面上沿剪面长度剪应力分布不均匀对木材顺纹抗剪强度降低系数。

6.7.3 弧形木构件抗弯强度修正系数 modified coefficient of flexural strength for timber curved member

考虑弧形胶合木构件的曲率半径与木板厚度的比值对木材抗弯强度影响的系数。

6.8 连接、构造术语

6.8.1 木结构连接 connections of timber structure

将木结构构件、部件连成整体的方式。

6.8.1.1 齿连接 notch and tooth joint

将受压构件的端头做成齿榫，抵承在另一构件的齿槽内以传递压力的一种连接方式。齿槽除承受压杆的压力外，并在槽底平面上承受顺纹方向的剪力。分单齿连接和双齿连接。

(1) 保险螺栓 safety bolt

设置在木桁架端节点齿连接处，防止木材剪切面破坏而引起桁架突然坍塌的螺栓。

6.8.1.2 销连接 dowelled joint

用钢、木或其他材料作成圆杆状或板片状的连接件，将被连接构件结合成整体的一种连接方式。

(1) 螺栓连接 bolted joint

用螺栓将被连接构件结合成整体的连接方式，用于接长、拼合连接或节点连接。

(2) 钉连接 nailed joint

用钉将被连接构件结合成整体的连接方式，用于接长、拼合连接或节点连接。

6.8.1.3 键连接 key joint

将板块、盘状块、硬木块或钢圆环等扣件嵌入被连接构件之间，将其结合成整体的一种连接方式。

(1) 裂环连接 split ring joint

将带有缝隙的钢环置入被连接构件事先铣成的环槽中的一种连接方式，用于接长构件连接或作为结构节点联接。

6.8.1.4 钉板连接 gang nail plate joint

将冲压成型密布钉齿的钢板压入被连接的构件的一种连接方式，用于接长构件连接或作为椽架、桁架等节点联接。

6.8.2 胶合接头 glued joint

木材用胶接长或横向拼合的接头。分指接、斜搭接、对接、平接等。

6.8.2.1 指接 finger joint

木材端头用铣刀加工成多个指形相互插入胶合的接头。

6.8.2.2 斜搭接 scarf joint

木材端部加工成斜面涂胶后相互搭接的接头。

6.8.2.3 对接 butt joint

木材端部平面涂胶后相互对接的胶合接头。

6.8.3 扒钉 clincher; dog spike

防止节点松动的两端呈直角弯曲的双尖钉。

6.8.4 木结构防腐 decay prevention of timber structure

防止木结构受潮而遭受菌类或微生物侵害的构造措施和药剂处理。

6.8.5 木结构防虫 insect prevention of timber structure

防止昆虫蛀蚀木材而损害木结构的药剂处理。

6.9 材料、结构构件质量检验术语

6.9.1 木材质量等级 quality grade of structural timber

根据木构件的受力种类和所处部位对木材的选用要求，按材

料的缺陷程度加以划分的材质标准。简称材质等级。

6.9.2 木材缺陷 defect in timber

由于木材本身纹理、纤维不正常或受到机械损伤、锯解不良以及发生病虫害、腐朽等，使材质受到不利影响的统称。

6.9.2.1 髓心 pith

树干中心部分第一年生成的木质，呈褐色，质软而强度偏低的缺陷。

6.9.2.2 节子（木节） knot

树木生长过程被包在木质中的树枝，经锯解后在板面形成的缺陷。分实节、松节、朽节等。

6.9.2.3 裂缝 crack；fissure

树木在生长期间或伐倒后，由于受外力、温度或湿度变化的影响，使木材纤维之间发生分离的缺陷。分辐裂（radial check）、环裂（shake）等。

6.9.2.4 斜纹 sloping grain

由于木材纤维排列的不正常，或锯解不合理而出现各种扭、斜纹理的缺陷。

6.9.2.5 涡纹 swirl grain

在木节或夹皮附近，年轮局部弯曲的缺陷。

（1）夹皮 bark pocket

树木年轮内所含有凹槽或囊状树皮。又称内皮或内生皮。

6.9.2.6 腐朽 decay；rot

木材受真菌或微生物浸染后，细胞壁破坏、组织分解，造成木质疏散、破碎的缺陷。

6.9.3 干缩 shrinkage

木材在干燥过程中，其长度、宽度和体积减小的现象。

6.9.4 翘曲 warping

由于木材收缩的各向异性以及存在斜纹、髓心和干燥不均匀等原因，使成材发生的形状变化的现象。分顺弯、横弯、翘弯、扭弯、菱形变形等。

6.9.4.1 顺弯 bow

沿木材面全长的纵向呈弓形弯曲。也称纵翘。

6.9.4.2 横弯 crook

沿木材面全长呈平面的侧向弯曲。也称侧弯。

6.9.4.3 翘弯 cup

沿木材宽度方向呈瓦形的弯曲。也称横翘。

6.9.4.4 扭弯 twist

木材四角不在同一平面内的变形。也称扭曲。

6.9.4.5 菱形变形 diamonding

当方材的端面年轮与材面约成45°时，收缩后呈菱形状的变形。

6.9.5 构件平直度 straightness of structural member

木构件各方向实际轴线符合规定平直要求的程度。为对木构件进行外观检查的要求。

6.9.6 结构用胶性能检验 inspection for properties of glue used in structural timber

按规定的试验方法取得木材胶缝顺纹抗剪强度，从而定出承重结构用胶的胶粘能力所进行的检验。

7 建筑结构设计符号

7.1 一般规定

7.1.1 建筑结构设计及其有关领域中采用的符号，应按国家标准《工程结构设计基本术语和通用符号》GBJ132—90的规定，由主体符号或主体符号带上、下标构成：

$$S \text{ 或 } S^{a}_{b,c,d}$$

其中，S——主体符号，a——上标，b，c，d——下标。

上、下标用以进一步阐明主体符号的涵义。当主体符号的涵义不致混淆时，宜少用或不用上、下标；当需要上、下标时，宜优先采用下标，少采用上标。

注：①建筑结构设计中采用的数学符号，应符合国家标准《物理科学和技术中使用的数学符号》GB3102.11—82的规定；

②建筑结构设计中采用的计量单位符号，应符合《中华人民共和国法定计量单位》的规定。

7.1.2 主体符号应以单个拉丁字母或希腊字母表示。主体符号的用字，应根据物理量的量纲按表7.1.2-1规定的主体符号用字规则选用相应的大写拉丁、小写拉丁或小写希腊字母。

主体符号按习惯采用而不符合用字规则的物理量，应限制在表7.1.2-2规定的范围内。

注：①大写希腊字母，用于数学及除力学和几何量外的物理量；

②当有特殊需要且不致引起误解时，主体符号可采用两个拉丁字母表示。

7.1.3 上、下标可按下列规定采用拉丁字母、希腊字母、缩写词、数字或标记表示：

7.1.3.1 上标应采用单个小写拉丁字母、小写希腊字母或标记；为避免与指数混淆，不得采用数字作为上标。常用的上标可按附录A表A.1选用。

主体符号用字规则 表7.1.2-1

字母类别	大写拉丁	小写拉丁	小写希腊
物理量量纲	1. 力 2. 力乘带正幂的长度 3. 幂大于1的长度 4. 温度	1. 长度 2. 力乘带负幂的长度 3. 长度乘带负幂的时间 4. 质量 5. 时间	无量纲

注：表中未列出量纲的物理量，其符号的字母可按量纲最相近者采用。

主体符号不符合用字规则的物理量 表7.1.2-2

字母类别	大写拉丁	小写拉丁	小写希腊
物理量名称	弹性模量、剪变模量；某些刚度；总长度、总宽度、总高度；某些作用效应系数、某些有量纲系数；转动惯量、动量矩；基准期、周期	分别为分布的力矩、弯矩、扭矩；某些有量纲系数	正应力、剪应力；角速度、角加速度；质量密度、重力密度

7.1.3.2 下标应采用小写拉丁字母、希腊字母、缩写词或数字。当采用多个下标时，可按材料类别、受力状态、部位、方向、原因和性质的顺序排列；当多个下标连续排列可能混淆时，可采用逗号将各个下标分开。常用的下标可按附录A表A.2～A.7选用。

7.1.3.3 上、下标以单个字母表示时，宜采用所代表的说明语的国际通用词汇的第一个字母；以缩写词表示时，宜采用所代表的说明语的国际通用词汇前三个字母。

7.1.4 符号的印刷和书写字体应符合下列要求：

7.1.4.1 主体符号的字母必须采用斜体。

7.1.4.2 上、下标的字母、数字或标记，除代表序数的字母（i，j，m，n）应采用斜体外，均应采用正体。

7.1.5 单个拉丁字母o不应作为主体符号和下标，避免与数字“零”相混淆。小写希腊字母ι、o、υ、κ、χ不宜作为主体符号和上、下标，避免与小写拉丁字母相混淆。以小写拉丁字母l作下标，在印刷时可用大写拉丁字母L代替，避免与数字“1”相混淆。

7.2 作用和作用效应符号

7.2.1 建筑结构设计中，常用的作用符号及其涵义，应符合表7.2.1的规定。

常用的作用符号 表7.2.1

符号	涵义
F	作用或力
$F_{\rm rep}$	作用或力的代表值
$F_{\rm k}$、$F_{\rm d}$	分别为作用或力的标准值、设计值
$F_{\rm loc}$	局部作用

续表

符　号	涵　　义
G；g	永久作用或恒荷载；分布的永久作用或恒荷载
G_k、G_d	分别为永久作用或恒荷载的标准值、设计值
g_k、g_d	分别为分布的永久作用或恒荷载的标准值、设计值
G_0；g_0	自重；分布自重
G_E	抗震设计重力荷载代表值
$G_{E,eq}$	抗震设计等效重力荷载代表值
P	预加力
P_{con}	预加力控制值
F_{ep}	土压力
F_{lq}	液压力
p	基础底面分布土压力
p_{max}、p_{min}	分别为基础底面最大、最小土压力
F_{cc}	混凝土徐变作用
F_{cs}	混凝土收缩作用
Q；q	可变作用、活荷载或荷载；分布的可变作用、活荷载或荷载
Q_{rep}	可变作用、活荷载或荷载的代表值
Q_k、Q_d	分别为可变作用、荷载或活荷载的标准值、设计值
q_k、q_d	分别为分布的可变作用、荷载或活荷载的标准值、设计值
L	楼面活荷载
L_k、L_d	分别为楼面活荷载的标准值、设计值
S (S_n)；s	雪荷载；分布雪荷载
s_k；s_d	分别为分布雪荷载的标准值、设计值
S_0	基本雪压
W；w	风荷载；分布风荷载
w_k、w_d	分别为分布风荷载的标准值、设计值
w_0	基本风压
T	温度作用
F_t	温度作用（力）
E	地震作用
E_k、E_d	分别为地震作用的标准值、设计值
F_{Eh}、F_{Ev}	分别为水平、竖向地震作用（力）
$F_{E,xj}$、$F_{E,yj}$	分别为 j 振型 x、y 方向地震作用（力）
A	偶然作用
A_{rep}	偶然作用代表值
F_e	爆炸力
F_i	撞击力
R	合力、支座反力
H	水平分力
V	竖向分力
X、Y、Z	分别为平行于 x、y、z 轴的力
M	外力矩
M_{ov}	倾覆力矩
T	外扭矩

注：当不致混淆时，表示设计值的下标 d 可以省略。

7.2.2 建筑结构设计中，常用的作用效应、内力、内力矩、应力、应变和变形符号及其涵义，应符合表 7.2.2 的规定。

常用的作用效应符号　　表 7.2.2

符　号	涵　　义
S	作用效应
S、S_a	分别为基本组合、偶然组合的作用效应
S_s、S_l	分别为短期效应组合、长期效应组合的作用效应
M、M_a	分别为基本组合、偶然组合的弯矩
M_s、M_l	分别为短期效应组合、长期效应组合的弯矩
m	分布弯矩
B	双弯矩

续表

符　号	涵　　义
N、N_a	分别为基本组合、偶然组合的轴向力
N_s、N_l	分别为短期效应组合、长期效应组合的轴向力
n	分布轴向力
V、V_a	分别为基本组合、偶然组合的剪力
V_s、V_l	分别为短期效应组合、长期效应组合的剪力
v	分布剪力
T、T_a	分别为基本组合、偶然组合的扭矩
T_s、T_l	分别为短期效应组合、长期效应组合的扭矩
t	分布扭矩
σ	正应力
σ_t、σ_c	分别为拉应力、压应力
σ'	受压区应力
σ_{tp}、σ_{cp}	分别为主拉应力、主压应力
σ^f	疲劳应力
$\Delta\sigma$	应力幅或应力增量
σ_{max}、σ_{min}	分别为最大应力、最小应力
σ_e、σ_p	分别为弹性阶段应力、塑性阶段应力
σ_{tot}	总应力
σ_T	温度应力
ε	线应变
ε_e、ε_p	分别为弹性阶段线应变、塑性阶段线应变
ε_{tot}	总线应变
τ	剪应力
τ^f	疲劳剪应力
τ_e、τ_p	分别为弹性阶段剪应力、塑性阶段剪应力
τ_{tot}	总剪应力
γ	剪应变
γ_e、γ_p	分别为弹性阶段剪应变、塑性阶段剪应变
γ_{tot}	总剪应变
u、v、w	分别为平行于 x、y、z 轴的位移
u_e、u_p	分别为弹性阶段线位移、塑性阶段线位移
u_{tot}	总位移
θ	角位移

7.2.3 建筑结构设计中，各类结构常用的作用效应符号及其涵义，应符合表 7.2.3 的规定。

各类结构常用的作用效应符号　　表 7.2.3

结构类别	符　号	涵　　义
混凝土结构	σ_{con} $w_{c,cr}$ $\sigma_{c,c}$ $\sigma_{c,s}$	预应力张拉控制应力 混凝土构件裂缝宽度 混凝土徐变应力 混凝土收缩应力
砌体结构	$\sigma_{m,o}$	砌体截面平均压应力
钢结构	$\sigma_{s,f}$ $\tau_{s,f}$	钢材垂直于角焊缝长度方向的应力 钢材沿角焊缝长度方向的剪应力
木结构	W_t	木结构受弯构件挠度

注：当不致混淆时，下标中的逗号可以省略。

7.3 材料性能和结构构件抗力符号

7.3.1 建筑结构设计中，常用的材料性能和结构构件抗力符号及其涵义，应符合表 7.3.1 的规定。

常用的材料性能和结构构件抗力符号　　表 7.3.1

符　号	涵　　义
f	材料强度
f_k、f_d	分别为材料强度标准值、设计值
f_t	材料抗拉强度
f_c	材料抗压强度
f_y	材料屈服强度

续表

符　号	涵　　义
f_v	材料抗剪强度
f_{tm}	材料弯曲抗拉强度
f_{cm}	材料弯曲抗压强度
E	材料弹性模量
E^f	材料疲劳弹性模量
G	结构材料剪变模量
ν	材料泊松比
α	材料线膨胀系数
R	结构构件抗力
R_d	结构构件抗力设计值
N_R	结构构件受拉、受压承载能力
M_R	结构构件受弯承载能力
V_R	结构构件受剪承载能力
T_R	结构构件受扭承载能力
K	结构构件刚度
B	梁截面弯曲刚度
D	板、壳截面弯曲刚度
σ_{cr}	临界正应力
τ_{cr}	临界剪应力
$[u]$、$[v]$、$[w]$	分别为平行于 x、y、z 轴的线位移容许值
$[w]$	结构构件挠度容许值
$[\theta]$	结构构件位移角限值或楼层位移角限值
$[\lambda]$	结构构件容许长细比
$[\Delta\sigma]$	结构构件容许应力幅

注：1. 下标 R 抗力系泛指，可根据具体情况采用相应的下标，如开裂（cra），屈服（y），极限（u），临界（cri）等；

2. 当不致混淆时，表示设计值的下标 d 可以省略；

3. 本表或下列各表中未列出表示材料的下标，当同一技术文件中涉及多种材料时，应按附录 A 表 A.2 的规定分别采用表示材料的第一个下标。

7.3.2 建筑结构设计中，各类结构常用的材料性能符号及其涵义，尚应符合表 7.3.2 的规定。

各类结构常用的材料性能符号　　表 7.3.2

结构类别	符　号	涵　　义
混凝土结构	f_{cu}	立方体抗压强度
	$f_{cu,k}$	立方体抗压强度标准值
	f'_{cu}	施工阶段立方体抗压强度
砌体结构	f_1	块体（砖、石、砌块）抗压强度平均值
	f_2	砂浆抗压强度平均值
	f_n	网状配筋砖砌体抗压强度
钢结构	f_t^a	锚栓抗拉强度
	f_t^b、f_v^b	分别为螺栓抗拉强度、抗剪强度
	f_t^r、f_v^r	分别为铆钉抗拉强度、抗剪强度
	f_t^w、f_v^w	分别为对接焊缝抗拉强度、抗剪强度
	f_f^w	角焊缝强度
木结构	f_m	抗弯强度
	$f_{c,0}$	顺纹抗压强度
	$f_{c,90}$	横纹抗压强度
	$f_{c,\alpha}$	斜纹抗压强度
	$f_{v,0}$	顺纹抗剪强度

7.4 几何参数符号

7.4.1 建筑结构设计中，常用的几何参数符号及其涵义，应符合表 7.4.1 的规定。

常用的几何参数符号　　表 7.4.1

符　号	涵　　义
a	距离
s	间距
e、e_0	分别为偏心距、计算偏心距
d	直径、深度或厚度
d_{ef}	有效直径
d_0	孔径

续表

符　号	涵　　义
r	半径
i	回转半径
u	周边长度
z	内力臂
b、b_0、b_n	分别为截面宽度、计算截面宽度、净截面宽度
b_f、b_{fn}	分别为翼缘宽度、净翼缘宽度
b_{ef}	截面有效宽度
h、h_0、h_n	分别为截面高度、计算高度或有效高度、净高度
t	截面厚度
t_f	翼缘厚度
t_w	腹板或墙体厚度
l、l_0、l_n	分别为构件的长度或跨度、计算长度或跨度、净长度或跨度
B	结构总宽度
H	结构总高度或构件总高度
H_u、H_m、H_l	分别为变截面柱上段、中段、下段的高度
L	结构或构件总长度
A、A_0、A_n	分别为截面面积、计算截面面积、净截面面积
A_{ef}	有效截面面积
A_c、A_{cl}	分别为受压面积、局部受压面积
S、S_0、S_n	分别为截面面积矩、计算截面面积柜、净截面面积矩
S_e、S_p	分别为弹性截面面积矩、塑性截面面积矩
W、W_0、W_n	分别为截面模量、计算截面模量、净截面模量
W_e、W_p	分别为弹性截面模量、塑性截面模量
I、I_0、I_n	分别为截面惯性矩、计算截面惯性矩、净截面惯性矩
I_e、I_p	分别为弹性截面惯性矩、塑性截面惯性矩
X_{ji}	j 振型 i 部位 x 方向位移座标
Y_{ji}	j 振型 i 部位 y 方向位移座标
Z_{ji}	j 振型 i 部位 z 方向位移座标
Φ_{ji}	j 振型 i 部位转角座标
x、ξ	分别为 x 方向坐标、x 方向相对坐标
y、η	分别为 y 方向坐标、y 方向相对坐标
z、ζ	分别为 z 方向坐标、z 方向相对坐标
α	角度
θ	角度
ϕ	角度

7.4.2 建筑结构设计中，各类结构常用的几何参数符号及其涵义，尚应符合表 7.4.2 的规定。

各类结构常用的几何参数符号　　表 7.4.2

结构类别	符　号	涵　　义
混凝土结构	a_s、a'_s	分别为受拉区、受压区纵向普通钢筋合力点至相应截面边缘的距离
	a_p、a'_p	分别为受拉区、受压区纵向预应力筋合力点至相应截面边缘的距离
	c	保护层厚度
	l_a	纵向钢筋锚固长度
	l_{tr}	预应力传递长度
	A_s、A'_s	分别为受拉区、受压区纵向普通钢筋截面面积
	A_p、A'_p	分别为受拉区、受压区纵向预应力筋截面面积
	A_{sv}、A_{sh}	分别为同一截面内各肢竖向、水平箍筋的全部截面面积
	A_{sb}、A_{pb}	分别为同一弯起平面内弯起的普通钢筋、预应力筋的截面面积
	A_{cor}	混凝土核芯面积
砌体结构	a_0	梁端有效支承长度
	s_n	配筋砌体钢筋网间距
	A_b	垫块面积
钢结构	b_0	箱形截面两腹板之间的翼缘板宽度
	h_0	腹板计算高度
	l_w	焊缝计算长度
	t_s	加劲肋厚度
薄壁型钢结构	l_ω	扭转屈曲计算长度
	W_ω、W_{ef}	分别为毛截面的扇性截面模量、有效截面模量
	I_ω、I_t	分别为毛截面的扇性惯性矩、抗扭惯性矩
	$I_{i,s}$	压型钢板中间加劲肋惯性矩
	$I_{e,s}$	压型钢板板边加劲肋惯性矩
木结构	b_v	剪面宽度
	l_v	剪面长度
	A_v	剪面面积

7.5 设计参数和计算系数符号

7.5.1 建筑结构设计中，常用的设计参数和计算系数符号及其涵义，应符合表 7.5.1 的规定。

常用的设计参数和计算系数符号　　表 7.5.1

符　号	涵　义
C_G	永久作用或恒荷载效应系数
C_Q	可变作用或活荷载效应系数
C_w	风荷载效应系数
C_s	雪荷载效应系数
C_E	地震作用效应系数
T	设计基准期
γ_f	作用分项系数
γ_G	永久作用分项系数
γ_Q	可变作用分项系数
γ_E	地震作用分项系数
γ_R	结构抗力分项系数
γ_m	材料性能分项系数
γ_0	结构重要性系数
γ_{RE}	结构构件承载力抗震调整系数
Ψ_c	可变作用组合值系数
Ψ_q	可变作用准永久值系数
Ψ_E	地震作用下竖向可变荷载组合值系数
β	可靠指标或动态作用系数
β_z	z 高度处风振系数
μ_s	风荷载体型系数
μ_z	风压高度变化系数
μ_r	屋面积雪分布系数
α_h	水平地震影响系数
α_v	竖向地震影响系数
η_E	地震作用效应调整系数
ξ_y	楼层屈服强度系数
ϕ	稳定系数或轴向力影响系数
λ、λ_0	分别为长细比、换算长细比
α	比率或计算系数
β	比率或计算系数
ξ	比率或计算系数
λ	比率或计算系数
δ	计算系数
ζ	计算系数
η	换算系数
μ	修正系数
Ψ	折减系数

7.5.2　建筑结构设计中，各类结构常用的设计参数和计算系数符号及其涵义，尚应符合表 7.5.2 的规定。

各类结构常用的设计参数和计算系数符号　　表 7.5.2

结构类别	符　号	涵　义
混凝土结构	α_E	钢筋弹性模量与混凝土弹性模量的比值
	γ	截面塑性系数
	ξ	受压区高度与截面有效高度的比值
	η	偏心受压构件偏心距增大系数
	ρ_s	纵向受拉钢筋配筋率
	ρ_{sv}	箍筋或竖向分布钢筋配筋率
	ρ_{sh}	水平分布钢筋配筋率
	ρ_v	间接钢筋或箍筋的体积配筋率
砌体结构	β	构件高厚比
	η	空间性能影响系数
	ϕ_n	网状配筋砖砌体轴向力影响系数
	γ_a	砌体强度调整系数
钢结构	α_f	疲劳欠载效应系数
	β	稳定等效弯矩系数
	η	局部稳定影响系数

续表

结构类别	符　号	涵　义
木结构	Ψ_a	螺栓连接中，斜纹抗压强度降低系数
	Ψ_v	齿连接中，顺纹抗剪强度降低系数
	Ψ_m	弧形木构件中，抗弯强度修正系数

7.6　常用数学和物理学符号

7.6.1　建筑结构设计中常用的数学符号，应符合表 7.6.1 的规定：

常用的数学符号　　表 7.6.1

符 号	涵　义	符 号	涵　义
Σ	和	p	事件的概率值
Π	积	N	总体容量
Δ	差值或增量	n	样本容量、数目
//	平行	i，j，m	序数
$\perp$	垂直	μ	总体平均值
e	自然对数的底 2.71828…	σ	总体标准差
exp	以 e 为底的指数函数	m	样本平均值
π	圆周率 3.1415926…	s	样本标准差
X	基本变量	κ	均值系数
P（·）	事件（·）的概率	δ	变异系数

7.6.2　建筑结构中常用的物理学符号，应符合表 7.6.2 的规定。

常用的物理学符号　　表 7.6.2

符 号	涵　义	符 号	涵　义	符 号	涵　义
m	质量	T	周期	ζ	阻尼比
ρ	质量密度	T_1	基本自振周期	μ	摩擦系数
γ	重力密度	f	频率	ϕ	内摩擦角
t	时间	J	转动惯量	δ	外摩擦角
v	速度	P	动量	λ	导热系数
a	加速度	L	动量矩	Ψ	相对湿度
g	重力加速度	W	功	W	含水量
ω	角速度	E	能	ω	含水率（%）
α	角加速度				

7.7　材料强度等级代号和专用符号

7.7.1　建筑结构设计中，代表材料强度等级的代号，应以材料的代号（一个或二个大写正体拉丁字母）和规定的材料强度值（以 N/mm² 或 MPa 计）表示。常用的材料强度等级代号应符合表 7.7.1 的规定。

常用的材料强度等级代号示例　　表 7.7.1

材料类别	代 号	涵　义
混凝土	C30	立方体抗压强度标准值为 30MPa 的混凝土强度等级
	CL20	立方体抗压强度标准值为 20MPa 的轻骨料混凝土强度等级
块体砂浆	MU10	抗压强度平均值为 10MPa 的砖、石、砌块强度等级
	M2.5	抗压强度平均值为 2.5MPa 的砂浆强度等级
钢材	S240	屈服强度标准值为 240MPa 的钢材强度等级
	SW1670	抗拉强度标准值为 1670MPa 的钢丝强度等级
木材	TC15	抗弯强度设计值为 15MPa 的针叶树材强度等级
	TB20	抗弯强度设计值为 20MPa 的阔叶树材强度等级

注：表中涵义系现行有关国家标准的规定。

7.7.2　建筑结构设计中常用的专用符号，应符合表 7.7.2 的规定。

常用的专用符号　　表 7.7.2

符　号	涵　义	符　号	涵　义
[]	容许的	∟	角钢
ϕ	直径	[	槽钢
+	受拉（应力）	工	工字钢
—	受压（应力）		

附录A 建筑结构设计常用的上、下标

常用的上标　　表 A.1

符号	涵义	符号	涵义
o	实测的	c	计算的
s	静态的	d	动态的
l	左面的	r	右面的
t	顶部的	b	底部的
,	受压部位的、施工阶段的	*	指定的、基准的

注：其他小写拉丁字母、希腊字母或标记，也可用作上标。

表示材料的常用小写正体拉丁字母下标　　表 A.2

材料	混凝土	砌体	钢材	钢筋	预应力筋	木材
字母	c	m	a	s	p	t

注：当同一技术文件中只涉及一种材料时，表示材料的下标可省略。

表示受力状态的常用小写正体拉丁字母下标　　表 A.3

受力状态	拉	压	弯	剪	扭	局部受压	弯压	弯拉
字母	t	c	m	v	tor	cl	cm	tm

表示部位、方向的常用小写正体拉丁字母和数字下标　　表 A.4

符号	涵义	符号	涵义
a	拱的	r	铆钉的或径向的
b	梁、排架或螺栓的	s	板的或试件的
c	柱的或角部的	t	桁架的或切向的
e	端部的	u	上部的
f	基础、框架、翼缘或楼盖的	v	竖向的
g	地面的或重心的	w	墙的或腹板的
h	水平的	x	x 轴方向的
j	节点的或接缝的	y	y 轴方向的
l	下部的	z	z 轴方向的
n	轴向的或法向的	0	坐标原点的或形心的
p	管道、桩或极轴的	1，2…	（供选用）

注：表中未列入的说明语，可按其涵义采用相应的国际通用词汇字母。

表示性质、原因等的常用小写正体拉丁字母和数字下标　　表 A.5

符号	涵义	符号	涵义
a	附加的或锚固的	n	净的
b	基本的或粘结的	p	主要、塑性或脉动的
c	组合、连接或徐变的	q	准级的
d	设计、干燥或扩散的	r	岩石的
e	有效、弹性或最终的	s	可靠、短期、收缩或试件的
f	失效、摩擦或挠曲的	t	温度的或时间的
g	重力、毛的或胶合的	u	极限的
h	空心的	v	体积的
i	初始、理想或撞击的	w	焊接的
k	标准的或特征的	y	屈服的
l	损失、长期或液体的	0	计算、换算、基准或孔洞的
m	平均的或材料的	1，2…	（供选用）

注：表中未列入的说明语，可按其涵义采用相应的国际通用词汇字母。

表示作用、作用效应和抗力的常用正体拉丁字母下标　　表 A.6

符号	涵义	符号	涵义
a (A)	偶然作用	q (Q)	可变作用或活荷载
eq (E)	地震作用	r (R)	抗力
f (F)	作用或力	s (S)	作用效应或雪荷载
g (G)	永久作用、恒荷载或重力	t (T)	温度作用或扭矩
m (M)	力矩或弯矩	v (V)	剪力
n (N)	轴向力	w (W)	风荷载
p (P)	预加力		

注：1. 采用小写字母可能混淆时，可采用括号内的大写字母；
2. 遇混淆时，偶然作用可采用"ac"，扭矩可采用"tor"，温度作用可采用"tem"；
3. 当需要时，应力 σ、τ，应变 ε、γ 可用作下标。

常用小写正体拉丁字母表示的缩写词下标　　表 A.7

符号	涵义	符号	涵义	符号	涵义
abs	绝对的	fat	疲劳的	obs	实测的
adm	许可的	fix	固定的	par	平行的
cal	计算的	imp	外加的	per	垂直的
con	控制的	ind	间接的	pre	预制的
cor	核心的	ins	失稳的	pro	投影的
cra	裂缝的	int	内部的	red	折减的
cri	临界的	lat	侧向的	rel	相对的
def	变形的	lim	限定的	rep	代表的
det	构造的	loc	局部的	ser	使用的
dir	直接的	lon	纵向的	spa	空间的
dyn	动态的	max	最大的	sta	静态的
eff	有效的	min	最小的	tor	扭转的
equ	等效的	mon	现浇的	tot	总计的
est	估计的	nom	公称的	tra	横向的
ext	外部的	nor	正常的	var	可变的

注：当不致混淆时，缩写词下标可仅采用第一个或前二个字母。

附录B 希腊字母读音和字体

B.1 希腊字母的读音及大写、小写、正体和斜体字样，应按下列规定采用：

读音	正体大写	正体小写	斜体大写	斜体小写
alpha	Α	α	*Α*	*α*
beta	Β	β	*Β*	*β*
gamma	Γ	γ	*Γ*	*γ*
delta	Δ	δ	*Δ*	*δ*
epsilon	Ε	ε	*Ε*	*ε*
zeta	Ζ	ζ	*Ζ*	*ζ*
eta	Η	η	*Η*	*η*
theta	Θ	θ	*Θ*	*θ*
iota	Ι	ι	*Ι*	*ι*
kappa	Κ	κ	*Κ*	*κ*
lambda	Λ	λ	*Λ*	*λ*
mu	Μ	μ	*Μ*	*μ*
nu	Ν	ν	*Ν*	*ν*
xi	Ξ	ξ	*Ξ*	*ξ*
omicron	Ο	ο	*Ο*	*ο*
pi	Π	π	*Π*	*π*
rho	Ρ	ρ	*Ρ*	*ρ*
sigma	Σ	σ	*Σ*	*σ*
tau	Τ	τ	*Τ*	*τ*
upsilon	Υ	υ	*Υ*	*υ*
phi	Φ	ϕ，φ	*Φ*	*ϕ*，*φ*
chi	Χ	χ	*Χ*	*χ*
psi	Ψ	ψ	*Ψ*	*ψ*
omega	Ω	ω	*Ω*	*ω*

附录C 推荐性英文术语索引

英文术语　　术语条目　　页次

A

O

P

Q

R

S

welding connection ························ 焊缝连接 (1—3—18)
welding flux ·· 焊剂 (1—3—17)
welding rod ··· 焊条 (1—3—17)
welding wire ··· 焊丝 (1—3—17)
wind fluttering factor ······················ 风振系数 (1—3—7)
wind reference pressure ··················· 基本风压 (1—3—7)
wind-resistant column ······················· 抗风柱 (1—3—5)
wood roof decking ···················· 屋面木基层 (1—3—19)

Y

yield strength (yield point) of steel
·············· 钢材(钢筋)屈服强度(屈服点) (1—3—8)

附录D 本标准用词说明

D.1 为便于在执行本标准条文时区别对待，对要求严格程度不同用词说明如下：

D.1.1 表示很严格，非这样做不可的用词：正面词采用“必须”，反面词采用“严禁”；

D.1.2 表示严格，在正常情况下均应这样作的用词：正面词采用“应”，反面词采用“不应”或“不得”；

D.1.3 表示允许稍有选择，在条件许可时首先应这样做的用词：正面词采用“宜”或“可”，反面词采用“不宜”。

D.2 条文中应按其他有关标准、规范执行时，写法为“应符合……的规定”或“应按……执行”。

附加说明

本标准主编单位、参加单位和主要起草人名单

主编单位：中国建筑科学研究院
参加单位：中国建筑科学研究院结构所
湖南大学
北京钢铁设计研究总院
中国建筑西南设计院
中国建筑科学研究院抗震所
主要起草人：陈定外 白生翔 莫 鲁 施楚贤 罗邦富
戴国莹 黄美灿

中华人民共和国国家标准

建筑结构设计术语和符号标准

GB/T 50083—97

条 文 说 明

前　言

根据建设部（90）建标计字第 9 号文通知的要求，由中国建筑科学研究院负责会同有关单位共同对原国家标准《建筑结构设计通用符号、计量单位和基本术语》GBJ 83—85 进行修订，并编制成国家标准《建筑结构设计术语和符号标准》GB/T 50083—97，经建设部和国家技术监督局共同会签后，由建设部于 1997 年 7 月 30 日建标［1997］199 号文批准发布施行。原国家标准《建筑结构设计通用符号、计量单位和基本术语》GBJ 83—85 同时废止。

为便于广大设计、施工、科研、学校等有关单位人员在使用本规范时能正确理解和执行条文规定，《建筑结构设计术语和符号标准》编制组根据建设部关于编制标准、规范条文说明的统一要求，按《建筑结构设计术语和符号》的章、节、条、款顺序，编制了《建筑结构设计术语和符号标准条文说明》，供国内各有关部门和单位参考。在使用中发现本条文说明有欠妥之处，请将意见直接函寄给本规范的管理单位 100013，北京北三环东路 30 号中国建筑科学研究院建筑结构研究所《建筑结构设计术语和符号标准》管理组。

目　次

1 总 则

本标准是由中国建筑科学研究院负责会同混凝土结构设计规范管理组、砌体结构设计规范管理组、钢结构设计规范管理组、木结构设计规范管理组、建筑抗震设计规范管理组和混凝土结构施工及验收规范管理组共同对原国家标准《建筑结构设计通用符号、计量单位和基本术语》GBJ83—85进行修订而制定的。

由于原国家标准《建筑结构设计通用符号、计量单位和基本术语》GBJ83—85，自1986年7月1日开始施行以来，在房屋建筑结构设计及其有关领域中，获得了良好效果。首先是配合建筑结构设计采用了基于概率的极限状态设计法和以概率度量结构可靠性的改革，为同时出现的新术语规定了确切的涵义并提供了推荐性的相应英文术语；其次是采用了国际标准的结构设计符号规定，对我国长期来沿用的以汉语拼音字母作为上、下标的结构设计符号加以彻底改革，以利工程技术发展和对外交流；第三是在建筑结构设计范围内推广应用"中华人民共和国法定计量单位"。这就使整个建筑结构设计及其有关领域呈现出一个崭新的面貌，不仅影响了其他工程结构设计的内涵，亦推动了其他工程结构设计方法的改革。

在80年代末，当公路、铁路、港口与航道和水利水电工程的结构设计决定由"定值设计法"过渡到"概率设计法"时，1990年5月，经建设部批准，制定了我国首次具有综合性通用性特点的国家标准《工程结构设计基本术语和通用符号》GBJ132—90。从而使采用"概率设计法"的房屋建筑、公路、铁路、港口与航道和水利水电五类工程的结构设计术语和符号，有了一个综合性的统一的规定，并将各类工程的结构设计统一定名为"工程结构设计"，目前暂以上述五类工程为内容，尚有待不断扩充。与此同时，亦明确了有关"建筑结构设计术语和符号"的基础标准，应该是隶属于"工程结构设计术语和符号"下的分支基础标准。

鉴于原国家标准《建筑结构设计通用符号、计量单位和基本术语》GBJ83—85的内容，除"计量单位"一章已完成在建筑设计领域的"推广"任务，再无与国家计量局发布的"中华人民共和国法定计量单位"整套规定共同存在的必要，理应删除。其余"通用符号"和"基本术语"二章，则应列入《工程结构设计基本术语和通用符号》GBJ132—90内，从而，原国家标准GBJ83—85内三章规定，均被移植和删除，势必按照为"工程结构设计"下的分支基础标准的原则，在尽量不与GBJ132—90重复的要求下进行修订和改编。

为此，修订本标准的目的是将以混凝土、砌体、钢、木四类主要材料制作的"房屋建筑结构设计"领域内的通用术语、专用术语和常用符号和专用符号在GBJ132—90所规定的原则下加以进一步规范化和统一化。以利建筑技术的发展和对外交流。

本标准的适用范围之所以被限制在以上述四类主要材料制作的一般工业与民用房屋建筑工程及其附设构筑物内的原因，主要是国内外现阶段的房屋建筑结构仍以混凝土、砌体、钢和木四类建筑材料为主。尽管已有一些新材料、新制品、新工艺出现，但作为国家标准用的术语和符号，应以经过长期实践和习惯使用为准，有待成熟。特别是本标准的前身GBJ83—85中所列入的"术语"条目原以介绍"概率设计法"新术语为目的，辅以建筑结构设计的最基本条目，全部仅165个条目，比较精炼，对一般常用的条目尚付阙如，是应尽量补齐，但建筑结构设计范围较广"术语"繁多，亦需要有一定的范围加以控制。至于"符号"方面，亦选列以上述四类建筑材料的结构设计规范中共同常用和专用且不会轻易变动的符号，包括单一主体符号或主体符号和上、下标并列的实际使用符号为准。

由于本标准明确为国家标准GBJ132—90的分支基础标准，根据"规范间不能重复"的原则，则在GBJ132—90中已有建筑结构设计的"基本术语"条目，除必要的承上启下者外，尽可能不再在本标准内重现；符号方面，亦按同样精神处理。但由于符号一章在GBJ132—90中所规定的，主要是构成工程结构设计符号的用字总原则和书写印刷体例的总规定，为正确制定工程结构符号的依据。本标准的符号一章乃在进一步详细阐明GBJ132—90规定对建筑结构设计分支如何应用的基础上，具体地列出了各类建筑结构的通用符号和条类建筑结构本身的常用符号。

本标准所列出的术语条目，为混凝土结构设计、砌体结构设计、钢结构设计、木结构设计包括结构静力、风力设计和建筑抗震设计的通用术语和专用术语。通用术语按结构术语、构件、部件术语、基本设计规定术语、计算、分析术语、作用术语、材料和材料性能术语、抗力术语、几何参数术语、连接、构造术语和材料、结构构件质量控制术语共10节分列；各类结构专用术语则与通用术语的分节有区别，其中不再列作用术语，并对抗力部分明确为构件抗力术语，而按结构术语、构件、部件术语、材料术语、材料性能和构件抗力术语、计算、分析术语、几何参数术语、计算系数术语、连接、构造术语和质量检验术语9节分列。全部总计选列了632条目。

所列术语均系基础底面以上的建筑物或构筑物设计用术语，其原因是'地基基础'方面已有专业的术语规范，无须再行重复。至于抗震设计术语，则通过上级部门和'工程抗震术语'行业标准编制组进行协调后同意列出的。对应于术语的每个条目，从设计角度分别给出了涵义，但涵义不一定是该术语的定义；同时亦分别给出相应的推荐性英文术语，该英文术语亦不一定是国际上的标准术语，供参考用。在术语条目中带有括号内的术语均为习惯上沿用的名称，可以参用。更为了便于检索，正文附录中有推荐性英文术语按字母次序排列的英文条目索引；并在本条文说明中附有术语部分全部条目汇总的索引。

本标准的符号部分，其制定的原则为除四类结构设计实际使用的共同通用符号外，又列入出了四类结构设计包括结构抗风和抗震设计在内的实际使用的专用符号，使之规范化，专门选列在各类结构中能长期不变的，以利广大建筑结构设计技术人员见到符号就能理解其所代表的含义，真正起到符号的作用。关于符号的构成要素、主体符号用字规则以及上、下标的用字与组合要求等则应均按国家标准GBJ132—90的规定。所列的共同常用符号和专用符号：按一般规定；作用和作用效应的主体符号和上、下标；材料性能和结构构件抗力的主体符号和上、下标；几何参数的主体符号和上、下标；设计参数和计算系数的主体符号和上、下标；常用数学和物理学符号；以及材料强度等级代号和专用符号共7节先后分列，还有附录B希腊字母读音和字体。最后又将建筑结构设计常用上、下标，列入了附录A供选用。特别是各符号排列方式不按拉丁字母顺序排列，由于考虑到技术人员在使用符号时往往从概念查符号的特点，因此采用了按学科使用顺序排列的方式，以便于使用。总计选列了545个符号。

2 建筑结构设计通用术语

本通用术语条目选列的原则是凡已在《工程结构设计基本术语和通用符号》GBJ132—90中列出的有关房屋建筑术语条目则尽可能不再重复；但为了使术语更具有系统性，在必要时宜适当引用国家标准GBJ132—90的术语，使第1层次和第2层次术语的规定能上、下衔接。

本章建筑结构设计通用术语，先后按结构、构件部件、基本设计规定、计算和分析、作用、材料和材料性能、抗力、几何参数、连接和构造、材料和结构构件质量控制共10节分列，选列了总计202条目。

2.1 结构术语　由于建筑两字，含义较广，可以指“建筑师”专业所指的“建筑”（architecture），亦可指“房屋建筑”以外的如水工建筑、地下建筑、塔桅建筑等各种实体。本标准在结构术语中首先明确“建筑结构”的涵义为：“房屋建筑工程结构”的简称，这是根据国内外已有名称和结合习惯用法规定的，例如（building structure）作为“建筑结构”是比较确切。这样规定一则用以正本标准的名，再则用以区别其他工程结构例如公路、铁路、港口与航道水利水电等工程结构的名称。

关于房屋建筑结构的涵义中“骨架”一词，来自国际标准ISO6107/1，房屋建筑和土木工程—通用词汇，该词汇中规定一幢房屋仅完成的结构部分称之曰（carcass）骨架。

关于组成结构的构件，习惯上往往亦被称作为某某结构，例如一个结构用了钢管混凝土柱，事实上，这钢管混凝土柱仅仅是“钢管”和“混凝土”两种建筑材料组成的一种“组合构件”而已，可是习惯上对整个结构或对这一构件，都可被称为“钢管混凝土结构”。又如用壳体、网架、或悬索构、部件作成一个结构的屋盖，整个结构就会被称呼为壳体结构、网架结构或悬索结构的。这是以结构广义的涵义（例如，化合物的分子构成亦称“结构”）被用来指组成“结构”的构件，实难确切，但为了照顾广大建筑工程技术人员长期以来的习惯，规定在不致混淆下，允许使用。

关于结构术语一节中的条目是以结构的主要承重支承方式来划分的。分墙板结构、框架结构、板柱结构、筒体结构、悬挂结构五大类，另外加上烟囱、水塔和贮仓附属设施共3大项目。至于习称的薄壳、悬索、网架等结构仅为整个结构的屋盖部分，均列入构件与部件术语条目内，折板结构，由于国内仅采用以混凝土为主制成的结构则列入混凝土结构专业术语内。至于“砖混结构”和“砖木结构”，我们习惯上又称之曰“混合结构”的。由于历史的发展，建筑结构的演变，目前“混合结构”这个术语（mixed structure）的内容亦大大丰富起来，在高层建筑结构中，以钢材和混凝土两种材料共同组成的结构，或者由一种形式构件和另一种形式构件，例如筒体和框架相组合建成的结构等，都可称之为“混合结构”。如果，仍以“混合结构”专指我国量大面广的“砖混结构”或“砖木结构”的话，势必造成“混合结构”的含义模糊不清。因此，本标准对采用以砖砌体为主和混凝土板作为竖向和水平向承重构件组成的结构即“砖混结构”，或以砖砌体为主和木屋盖、木楼盖组成的“砖木结构”分别明确其涵义而列入砌体结构专用术语的结构条目内，对尚在发展的“混合结构”暂不列条目。

关于“高层建筑结构”这一常用术语，在现行的国家有关标准中，对“高层”的定量存在相互不一致的规定：如《高层民用建筑设计防火规范》GB50045—95和《民用建筑设计通则》JGJ37—81均规定为10层及10层以上；而《钢筋混凝土高层建筑结构设计与施工规程》JGJ3—91规定为8层及8层以上。因此，在本标准中，暂不单列“高层建筑结构”条目。

2.2 构件、部件术语　首先由结构的屋盖开始，从上至下有楼盖、墙、柱、框架、楼梯等构件与部件。继之又规定了5种归入“组合构件”的术语条目，习惯上这些构件往往是被称为“组合结构”的，本标准专门把它们列入“组合构件”术语条目内。关于桁架、拱、网架，在房屋建筑中，不多用作为屋顶部分的屋架。因此本标准采用桁架式屋架、拱、网架、悬索薄壳来分类，以各类的不同结构形式、用途、受力状态来分别列出术语条目。其中网架的分类系按照《网架结构设计与施工规程》JGJ7—80修订本的规定给出的。至于各种梁的术语分别作为楼盖的款、项列出。而各种柱和框架术语则分别用条分列，这是为了尽可能不与国家标准《工程结构设计基本术语和通用符号》GBJ132—90的内容相重复的处理方式。

在钢材和混凝土两种材料组成的“组合构件”中，除了“钢管混凝土构件”外，尚有在实腹式钢构件或格构式钢构件外包混凝土所组成的整体受力构件，习称“劲性钢筋混凝土”构件。它来自俄语 Железобетонные конструкции с жёсткойарматурой，在英语中为Steel reinforced concrete，在日语中为“铁骨混凝土”。本标准修订过程中征求了多方面的意见，普遍认为“劲性钢筋”属钢筋的范畴，该名称不够确切。如何修改：一种建议采用“型钢混凝土”，因这种组合构件中的角钢、槽钢、工字钢等均为型钢；一种建议采用“钢骨混凝土”，因在有关的国家标准和冶金部标准中规定，圆钢、六角形钢棒、钢筋和钢管等均属于“型钢”范畴，把格构式钢构件称为“型钢”也不够确切，而“钢骨”能体现外包混凝土的特征。鉴于上述意见尚未能协商一致，所以本标准暂不列入该条目。

2.3 基本设计规定术语　从“建筑结构设计”术语的涵义开始，分别列出了静态设计、动态设计和抗震设计三项基本设计要求的术语。

关于‘建筑抗震概念设计’，这是70年代以后从事抗地震工作专家一致认为结构抗震的‘概念设计’（conceptual design）比“数值计算设计”（numerical design）更为重要，它是保证结构具有良好抗震性能的基本设计原则和思路的一种经验性优化选择。由于地震动的不确定性和复杂性以及结构计算模型的假定与实际情况的差异，因此，“数值计算设计”是很难有效地控制结构的抗震性能，所以抗震设计不能完全依赖数值计算。结构抗震性能的决定因素是良好的“概念设计”，它包括地震影响、场地选址、建筑布置、结构体系、构件选型和细部构造的各种原则。以及对非结构构件及建筑材料与施工方面的最低要求等。

关于基于概率极限状态设计方法相关的几项术语规定，都是根据国家标准《建筑结构设计统一标准》GBJ65—84规定列出的。建筑结构安全等级是根据建筑结构破坏可能产生后果的严重性来划分的。分一级（很严重），重要的工业与民用建筑物；二级（严重），一般的工业与民用建筑物；三级（不严重），次要建筑物。关于建筑结构抗震设防类别是根据国家标准《建筑抗震设防分类标准》GB50223—95规定，根据建筑重要性分为甲类建筑、乙类建筑、丙类建筑和丁类建筑。

至于承载能力极限状态验证，包括构件承载能力计算，稳定计算、变形验算、疲劳验算和施工阶段验算等术语、都是按各类建筑结构设计规范的基本设计规定列出的。其中关于“构件截面最大应力计算”条目，曾在本标准“报批初稿”的鉴定会上进行了讨论。由于习惯上对材料承受最大应力称强度，对构件的最大承载能力亦称强度，两者混淆不清。自《工程结构设计基本术语和通用符号》GBJ132—90规定，在承载能力极限状态计算中，将材料称强度，构件称承载能力加以划分后，若对构件由于“材料强度破坏引起的承载能力”称为“强度承载能力”的话，则硬把“强度”和“承载能力”叠加在一起，似乎有失GBJ132—90本意。又如果称它为“构件截面最大应力计算”，亦好象重新落入过去“容许应力计算”的旧巢实难令人满意。经编制组再三推敲后本标准对该术语采用了“构件承载能力计算”条目。“承载能力”有时被简称为“承载力”。

2.4 计算、分析术语　除列出结构计算、分析用所应该熟悉的几项基本的、计算、分析用模型术语外，加上了抗震设计的计算、分析用基本术语。同时，又列出了建筑结构计算、分析常遇的关于梁、板、拱、墙体、框架、按受力情况不同的计算、分析用各种术语。最后，再列出了四类结构的计算、分析中，以受压构件和局部受压构件在计算、分析中常用系数的术语。

2.5 作用术语　除在国际标准GBJ132—90中已有者外，主要根据国家标准《建筑结构荷载规范》GBJ9—87的规定，列出了四类建筑结构设计共同需要的楼面、屋面活荷载、吊车荷载、风荷载、雪荷载的具体实用术语。应当指出，关于作用效应的术语条目已在国家标准《工程结构设计基本术语和通用符号》GBJ132—90中列出，不重复。

关于抗震设计中地震作用标准值和抗震计算用的重力荷载代表值，由建筑结构的特点决定。根据国家标准《建筑抗震设计规范》GBJ11—89规定：多遇地震烈度，一般比抗震设防烈度降低一度半，罕遇地震烈度由给定的超越概率给出，通常比抗震烈度高一度左右。地震作用标准值分水平地震作用和竖向地震作用标准值，是由多遇烈度和罕遇烈度下分别按设计阶段所取地震出现概率分布的分位数确定。'重力荷载代表值'这是抗震设计常用的术语，它是按现行国家标准《建筑结构设计统一标准》GBJ68—84的原则规定，将地震发生时的结构恒荷载和其他重力荷载取竖向荷载可能遇合结果的总称。其组合系数，根据地震时遇合概率，在设计规范中规定。

2.6 材料和材料性能术语 在建筑材料物理性能中仅列出有关四类材料的结构设计规范中所需要的伸长率、冲击韧性、疲劳性能和线膨胀系数的术语。

关于材料的力学性能，仅列出总称术语条目，其分项术语条目已在国家标准《工程结构设计基本术语和通用符号》GBJ132—90列出，不再重复。

关于各类材料的材料强度，则分别列入相关材料的结构专用术语项目内。

2.7 抗力术语 材料强度标准值和设计值术语，列入抗力术语项，因为目前的建筑结构设计所常用的计算模型，主要是计算或验算在各种作用效应下组成结构的构件承载能力和构件容许最大变形是否合乎设计规范规定。亦即结构构件上的作用效应应等于或小于结构构件本身的抗力，而在这构件本身的抗力函数中，起主要效果的是材料的截面强度，因此，把材料强度值术语列入结构构件的抗力术语一起，概念和层次比较清楚。

关于构件本身抗力，长期来习惯亦被称为强度，和材料截面强度两者互相混淆。自国家标准《工程结构设计基本术语和通用符号》GBJ132—90规定，将材料截面所能承受的最大应力称为材料强度，构件能承受的最大效应（内力）称为承载能力后，使强度名称专供材料截面用比较明确。

同时，应当说明，在采用以分项系数表达的设计表达式进行结构设计时，其施加在结构构件上的各种作用，必须采用乘以作用分项系数后的设计值，如果需要采用作用的标准值作为作用效应函数时，应该是作用标准值乘以分项系数等于1后的设计值（即作用代表值的设计值数字面值和原标准值大小一样），其得出的作用效应亦一定是设计值，从而方才符合'作用效应设计值小于或等于抗力设计值'的基于概率极限状态的分项系数计算表达式。因此，本标准不出现"构件承载能力标准值"的术语。

关于刚度在《工程结构设计基本术语和通用符号》GBJ132—90中的规定系指构件刚度为主，本标准则将截面刚度和构件刚度分别列出，在截面刚度中的轴向刚度为EA，弯曲刚度为EI，剪变刚度为GA和扭转刚度为GJ；在构件刚度中的抗位、抗压刚度为EA/l；抗弯刚度：两端固接梁为$4EI/l$、柱为$12EI/H^3$；一端固接、一端铰接梁为$3EI/l$、柱为$3EI/H^3$；抗剪刚度为GA/h；抗扭刚度为GJ/l。（式中l为长度符号可以用L表示）在抗震设计用结构侧移刚度，对框架是指柱的弯曲刚度，对墙是指墙的剪切刚度或剪切刚度加弯曲刚度。

2.8 几何参数术语 基本上是结构设计的几何参数基本术语所引伸的常用术语。关于构件截面的几何参数，例如截面尺寸、截面面积和截面的面积矩、截面模量，惯性矩等均在《工程结构设计基本术语和通用符号》GBJ132—90中列出，不再重复。

2.9 连接、构造术语 关于连接术语中'连接'两字在结构设计中还可以见到写"连结"、"联结"、"联接"等各种写法，首先应搞清"接"字系指上、下、左右相连续衔接的"接"，而"结"字乃绳扣成结的"结"；还有"连"字乃二件东西相连的"连"，如"连"衣裙、"连"环画、水天相"连"等，而"联"字则指多头相联的"联"，如"联"邦、"联"合国、"联"合会、"联"盟等。因此，在建筑结构中应该写"连接"为妥。在个别特定的部位连接，如屋架中央下弦接点可以称"联接点"或"节点"。

2.10 材料、结构构件质量控制术语 为了保证结构设计可靠性，必需在结构构件生产过程中，对建筑结构材料和结构构件的质量进行控制和验收。本标准列出了合格质量、质量控制步骤和质量验收的三方面主要术语。

3 混凝土结构设计专用术语

本节术语分结构、构件部件、材料、材料性能和构件抗力、计算分析、几何参数、计算系数、连接构造和材料、结构构件质量检验术语，共9节，选列了总计151条目，为适用于以混凝土材料包括素混凝土、钢筋混凝土、预应力混凝土所制作成建筑结构的专业设计术语。

3.1 结构术语 本节中各条目是根据国家标准《工程结构设计基本术语和通用符号》GBJ132—90关于混凝土结构的涵义和《混凝土结构设计规范》GBJ10—89中有关规定，对常用的各种混凝土结构所给出的。

关于素混凝土结构，除了不配置钢筋的混凝土结构外，还包括了配置某些构造钢筋的混凝土结构，它们不属于传统所述的少筋混凝土结构。由于'少筋混凝土结构'尚难于给出科学定义，在本标准中未列出。

关于预应力混凝土结构。主要是指设置预应力筋（钢筋、钢丝、钢绞线）的混凝土结构，但不排斥采用其他手段实现预加应力的混凝土结构。

整体预应力板柱结构是指习称"南斯拉夫体系"的一种房屋结构。其板柱连接全部采用预应力联成整体，且楼板上荷载由板柱间摩阻力传递给承重柱的装配整体式预应力混凝土结构。

关于折板结构，目前在国内由混凝土材料制作为主，所以被列入混凝土结构专用术语内。

钢纤维混凝土结构系80年代后期发展的新型混凝土制品。主要是在混凝土中掺入一定数量的钢纤维，以增强抗拉性能。现已制定了标准化协会的有关标准《钢纤维混凝土结构设计及施工规程》CECS38：92。

3.2 构件、部件术语 本条中各条目主要是根据《混凝土结构设计规范》GBJ10—89中规定的常用术语给出。

混凝土浅梁，一般指梁的高跨比不小于4的钢筋混凝土梁。混凝土深梁，一般指简支深梁高跨比不大于2.0；连续深梁，跨高比不大于2.5的钢筋混凝土梁。

3.3 材料术语 对混凝土用的砂、石等填充粒料，国内有称为"骨料"或"集料"的，本标准采用"骨料"。此词在混凝土中比较确切，且大多数已有文件、标准、书刊中有关混凝土的都称为"骨料"。普通混凝土一般系指干质量密度大于1950kg/m³但不大于2500kg/m³的混凝土。轻骨料混凝土一般系指干容重不大于1950kg/m³的混凝土。对各类钢筋的涵义是参照国家标准GB1499、GB4463、GB5223、GB5224等的规定而给出的，其中，习称的"变形钢筋"已改称为"带肋钢筋"；碳素钢丝已改称为光圆钢丝。

3.4 材料性能和构件抗力术语 关于设计计算用的材料强度术语，已被列入《工程结构设计基本术语和通用术语》GBJ132—

90 的基本术语中，且本标准在通用术语章的抗力术语条目内亦已汇总列出了设计计算用的材料强度标准值和设计值术语条目，因此在本专用术语章不再重复。

关于混凝土用立方体确定抗压强度和以棱柱体标准试件确定弹性模量系混凝土材料的特点，是参照国家标准《普通混凝土力学性能试验方法》GBJ81—85 规定而列出的。关于混凝土收缩、徐变、碳化及钢筋松弛等术语则是在传统定义基础上简化后给出的。至于有关钢筋强度的涵义则是按照有关国家标准规定所制定的。

关于构件承载能力的涵义，总的已在第 2 章通用术语中第 2.3.3 条承载能力极限状态中提到。在这里又列出混凝土结构构件抗裂能力、裂缝宽度与极限应变和长期、短期刚度的术语这类术语都应属于混凝土结构构件抗力项的术语。

3.5 计算、分析术语 列出了国家标准《混凝土结构设计规范》GBJ10—89 中常用的计算与分析术语。其中混凝土结构构件的正截面符合平截面假定是指受压区混凝土和截面上配置钢筋的平均应变之间的关系，它与材料力学的平截面假定有所不同。

3.6 几何参数术语 主要是反映两种材料组成结构构件特点的关于钢筋的间距、箍筋的肢距、混凝土保护层厚度、换算截面和换算截面的面积与面积矩、截面模量和惯性矩等术语，关于面积率、截面模量和惯性矩术语，则见国家标准《工程结构设计基本术语和通用符号》GBJ132—90，不再重复。

3.7 计算系数术语 除局部抗压强度提高系数、受压构件稳定系数已在通用术语中阐述外，列出了混凝土结构设计特有而具有明确物理意义和几何意义的术语，其涵义是根据国家标准《混凝土结构设计规范》GBJ10—89 给出的。其中有构件的'剪跨比'和'轴压比'两术语，在混凝土结构计算中为近年来常用的新术语，前者的计算公式为 M/Vh_0；后者为 N/f_cA，有的还进一步考虑了构件截面配筋 f_yA_s 的承载能力。

3.8 连接、构造术语 侧重在与钢筋有关的术语，它们在混凝土结构设计中是经常用到的，其涵义是根据国家标准《混凝土结构设计规范》GBJ10—89 的规定作了具体的阐述。锚具、夹具、连接器的涵义参照国家标准《预应力筋锚具、夹具连接器》GB/T14370—93 的规定给出。

3.9 材料、结构构件质量检验术语 着重给出混凝土施工工艺质量和制作成的结构构件外观及内在质量等方面的术语。其中，蜂窝、麻面、孔洞、露筋、裂缝的涵义是根据国家标准《预制混凝土结构构件质量检验标准》GBJ321—90 列出的；抗渗性与抗冻融性的涵义则参照混凝土物理性能方面的传统概念给出。

关于可塑混凝土的凝结时间，其初凝时间，一般为采用贯入阻力仪所测得自水泥与水接触起至贯入阻力达 3.5MPa 时所经历的时间；终凝时间，则一般为采用贯入阻力仪所测得自水泥与水接触起至贯入阻力达 28MPa 时所经历的时间。

钢筋冷弯检验是按规定弯曲半径弯至 90°或 180°以测定其所能承受的变形能力的检验。

混凝土结构构件的平整度，一般采用 2m 直尺或楔形塞尺检查。

4 砌体结构设计专用术语

本节术语分结构、构件部件、材料、材料性能和构件抗力、计算分析、几何参数、计算系数、连结构造和材料、结构构件质量检验术语共 9 节，选列了总计 71 条目。为适用于以砌体材料包括砖砌体、石砌体和砌块砌体制作成建筑结构的专业设计术语。

4.1 结构术语 砌体结构中在某些部位配置钢筋，是用以提高承载能力或扩大砌体结构的应用范围，它有多种形式，但在国家标准《砌体结构设计规范》GBJ13—88 中，仅规定配筋砖砌体构件一章，未涉及到石砌体结构和砌块砌体结构的配筋设计。因此，本标准采用习惯上将砌体结构分为无筋砌体和配筋砌体的分法，而将配筋砖砌体，按规范规定的术语列入构件、部件条款中。

由于本标准鉴于"混合结构"这一习惯用语，其内涵正在发展。且 GBJ132—90 中已有规定，所以将"砖木结构"和"砖混结构"术语列入砌体结构专用术语内。

4.2 构件、部件术语 除列出了配筋砖砌体构件和一些特定墙体的术语外，分别对梁或其他构件和墙梁、挑梁、过梁以及砌体结构所特有的圈梁术语均规定了涵义。

4.3 材料术语 本标准针对我国目前采用的砌体材料的术语规定了涵义，随着生产的发展，将来有必要补充各种规格的空心砖术语和各种材料制成的砌块术语。

我国烧结普通砖的外形尺寸，目前为 240mm×115mm×53mm 的实心砖或孔洞率不大于 15%的烧结砖。

我国目前空心砖的孔洞率是等于或大于 15%的砖。孔洞率指孔洞体积和以外廓尺寸算出总体积的比值。

我国的实心或空心砌块，一般按高度划分，高度 180～350mm 为小型砌块，高度 360～900mm 为中型砌块，高度大于 900mm 为大型砌块。

4.4 材料性能和构件抗力术语 砌体由块体和砂浆砌筑而成，它在轴心受拉、弯曲受拉或受剪时，均有可能沿齿缝截面或沿通缝截面破坏，因而在材料的有关强度术语中反映了这一特征。所谓"齿缝"，是指砌体沿水平和竖向灰缝破坏时，形成台阶形或齿形的裂缝。"通缝"是指砌体沿水平灰缝破坏形成一字形的裂缝。

关于砌体构件承载能力的受压构件、轴心受拉构件、受弯构件、受剪构件和砌体局部承压的承载能力术语已在第 2 章通用术语第 2.3.3 条承载能力极限状态验证中提到，不再重复。但对横墙刚度和墙柱容许高厚比的术语则分别规定了相应涵义。

4.5 计算、分析术语 关于静力计算方案术语中的房屋系指用砖砌体、石砌体或砌块砌体作为主要竖向承重构件的房屋并包括其他材料制成的承重构件共同组合成的结构。例如砖混结构房屋等。

4.6 几何参数术语 列出了砌体结构的主要几何参数术语。

4.7 计算系数术语 所列出的高厚比限值修正系数亦可称作为容许高厚比修正系数，这是砌体结构设计中常用的重要系数之一。

4.8 连接、构造术语 所列出术语均为砌体结构构造要求所控制的术语，砌体构件截面尺寸限值，承重独立砖柱截面尺寸不应小于 240mm×370mm。

砌体材料最低强度，系指地下以下或防潮层以下的砌体，砖的最低强度等级为 MU7.5；砂浆的最低强度等级为 M5。

在砌体上搁置的钢筋混凝板、梁的最小支承长度则按现行混凝土设计规范规定。

4.9 材料、结构构件质量检验术语 本标准给出了与砌体结构设计的材料或结构构件质量检验较密切且常遇的包括块体、砂浆、砌体、灰缝和墙面的平整度和垂直度等术语及其涵义。

水平灰缝厚度的检查方法，一般是以 10 皮块体实测累计高度与皮数杆进行对比检查。

5 钢结构设计专用术语

本节术语分结构、构件部件及板件、材料、材料性能和构件抗力，计算分析几何参数、计算系数，连接构造和材料、结构构件质量检验术语共 9 节，选列了总计 134 条目。

5.1 结构术语 按结构制成的连接方式、所用钢材的品种等，列出了主要的钢结构术语和涵义。

5.2 构件、部件术语 列出了按柱的形式所分成的各种柱名称和连接用缀件以及柱脚与支座整套的钢柱用术语和涵义，同时亦列出了以材料和连接方式不同的梁和组成梁的板件以及保证构件、部件局部稳定的加劲肋术语和涵义。

5.3 材料术语 按不同钢材和焊接材料与连接材料三方面，列出了钢结构常用材料术语和涵义。

冷弯薄壁型钢由厚度为1.5～5.0mm的钢带冷弯加工制成各种截面形状的建筑用钢材。

5.4 材料性能和构件抗力术语 关于设计计算用的材料强度术语，在本标准通用术语中已列出，不再在专用术语中重复。

关于构件承载能力的术语总的已在本标准通用术语中提到，不再重复。但钢结构中的各种连接包括焊缝、螺栓、铆钉等承载能力以及容许长细比、容许变形值和疲劳容许应力等构件抗力术语均规定了涵义。

在螺栓连接强度中，螺栓级别分A级，B级，C级三级，螺栓性能分4.8级和8.8级两级，按不同螺栓级别和螺栓性能在不同受力状态下所产生的螺栓强度的取值。高强度螺栓性能等级则分为8.8级和10.9级。

5.5 计算、分析术语 列出了塑性设计、欧拉临界力和临界应力，强轴、弱轴、受压构件换算长细比和疲劳应力幅计算的术语和涵义。

5.6 几何参数术语 主要列出了翼缘板、加劲肋外伸宽度、角焊缝几何尺寸以及螺栓有效面积等术语和涵义。

5.7 计算系数术语 选列了计算中主要常用的稳定系数，等效弯矩系数，塑性发展系数，高强度螺栓抗滑系数等方面的术语和涵义。

5.8 连接、构造术语 根据不同连接方式。不同种类连接材料、焊接的焊缝形式等各方面列出了相关的常用术语和涵义。

5.9 材料、结构构件质量检验术语 主要是根据国家标准《焊接名词术语》GBJ3375—72规定而列出了与焊接相关的术语，加上铆钉连接和螺栓连接的质量检验术语以及构件外观检查术语。

6 木结构设计专用术语

本节术语分结构、构件部件、材料、材料性能和构件抗力、计算分析、几何参数、计算系数、连接构造和材料、结构构件质量检验术语共9节选列了总计74条目。

6.1 结构术语 木结构是以木材作为主要承重构件的结构的统称，本标准列出了我国目前采用较多的是原木结构、方木结构，以及板材结构和胶合木结构术语和涵义。

关于方木结构术语，我国国家标准《木结构设计规范》GBJ5—88，GBJ5—73以及再早一些的木结构设计规范，均沿用“方木”一词。经国家文物局考证，“枋木”一词仅指古建筑木构架中的纵向连系梁，其定义已纳入《古建筑木结构加固技术规范》。因此，在木结构术语中仍采用“方木”不采用“枋木”。

6.2 构件、部件术语 木屋盖一般由屋面木基层、屋架（木屋架、钢木屋架）和支撑系统组成，有时也包括天窗架和吊顶。

屋面木基层一般由挂瓦条、顺水条、屋面板、檩条或由挂瓦条、椽条、檩条等组成。

椽架在国外民用建筑中多有采用。故在本标准中列入了椽架的术语和涵义。

用木材或以木材为主制的构件和部件很多，除上述外，尚有木楼板、搁栅、梁、柱、桁架、拱、框架、筒拱、网架等等，已见《工程结构设计基本术语和通用符号》GBJ132—90及本标准通用术语中，仅以材料不同而已，故不再重复列出。

6.3 材料术语 建筑工程的承重结构用材主要是针叶树材，为了逐步扩大树种利用，阔叶树材经采取一定构造措施后也可用于承重结构。该两树材名词是经中国林业科学研究院审定的。

根据木材锯解情况列出了原木、方木及板材；根据人工胶合木材情况，列出了层板胶合木，胶合板和木结构用胶等属于建筑木材的术语和涵义。

方木是由原木锯成矩形截面宽度与高度之比小于2的木材。

板材是由原木锯成矩形截面，宽度与厚度之比不小于2的木材。

6.4 材料性能和构件抗力术语 关于材料强度在本标准第2章通用术语中已有总称的术语不再重复，但木材在物理力学性质方面具有显著的各向异性，是一种各向异性材料。根据木材顺纹和横纹受力状态，在本标准中列出了木材顺纹强度外又列出了横纹承压强度、斜纹承压强度以及顺纹弹性模量等术语和涵义。同时，鉴于不同树种的木材强度各不相同，为此，将木材强度等级这一术语也列入了本标准。应该注意木结构的木材等级是以木材抗弯强度设计值划分的。

构件承载能力在本标准第2章通用术语中亦有总的提法，不再重复。但列出了木构件抗力项的构件的容许长细比和挠度容许值的术语和涵义。

6.5 计算、分析术语 列出了原木构件验算截面、剪面和齿承压面术语和涵义。

6.6 几何参数术语 列出了受压构件按有无缺口和所在部位不同的计算面积术语和涵义和计算剪面用的面积和长度的术语和涵义。此外，对连接用的齿和钉亦列了齿深和钉有效长度的术语和涵义。

6.7 计算系数术语 主要列出了木构件计算时强度降低和修正系数或折减系数的术语和涵义。

6.8 连接、构造术语 木结构的连接型式很多，主要用于构件的接长、拼合和节点连接。本标准列出了齿连接、销连接（包括螺栓连接及钉连接）、键连接（包括裂环连接）、钉板连接及胶合接头（包括指接、斜搭接、对接）等术语和涵义，最后将构造要求木结构的防腐和防虫术语列入本节。

6.9 材料、结构构件质量检验术语 木材是具有天然缺陷的材料，必须进行严格的质量控制和验收。根据现行木结构设计规范内容，将影响木结构质量标准的木材缺陷、干缩、翘曲及构件平直度等各个方面术语内容列入本标准。同时，将每一方面的术语内容又进行了深一层次的解释，木材缺陷中又分为髓心、节子、裂缝、斜纹、涡纹及腐朽；翘曲中又分为顺弯、横弯、翘弯及扭弯等以及胶合木结构用胶性能的术语和涵义列入本标准。

7 建筑结构设计符号

由于本标准为国家标准《工程结构设计基本术语和通用符号》GBJ132—90所属的第2层次房屋建筑结构设计的术语和符号标准，其符号的表达方式，既要以GBJ132—90各项规定为依据而尽量不重复，又要便于使用，一目了然，因此，不能采用各自分散的主体符号和上、下标由使用者自行构成的方式，而改为选列各类材料结构设计实际常用且不易变动的共同通用符号和专用符号来表示。

本章除在“一般规定”中，交代了房屋建筑结构设计符号的构成方法、主体符号和上、下标用字规定、符号书写字体的要求以及使用中应该注意的事项外，按建筑结构设计学科的要求，选列了作用和作用效应符号、材料性能和结构构件抗力符号，几何参数符号、设计参数和计算系数符号、数学和物理学符号和材料强度等级代号和常用的专用符号共7节总计545个包括主体符号和主体符号带有上、下标的各类材料共同通用符号和专用符号，并在附录A中列出了建筑结构设计常用的上、下标。

7.1 一般规定

7.1.1 建筑结构设计符号一般由单个主体符号表示，或当主体符号需要进一步阐明其含义时应在主体符号右边上、下部位另加代表相应术语或说明语或专用标记的上标或下标共同表示。当在建筑结构设计中需要使用数学符号或计量单位符号时，则应分别按照表示数学符号的国家标准，或表示法定计量单位的国家法令规定，不受本标准的约束。例如在“数学符号”中对某一x值的平均值其相应符号就在该x上添加一横划表示即$\bar{x}$，或在必要时加一括号（x）表示，但在建筑结构设计中常用的概率统计样本平均值则用拉丁字m（英语mean“平均”的第1个字母）表示；总体平均值则用希腊字μ来表示。

7.1.2 主体符号用字中的拉丁字母，主要是指英语语系的拉丁字母，其中或有德语语系或法语系的拉丁字母，不包括汉语拼音的拉丁字母。例如：在建筑结构设计中常用的“风荷载”符号“w”为英语“wind load”的第1个拉丁字母；“永久作用”符号“G”则为德语“Gewicht”的第1个拉丁字母；作用效应符号“S”为法语“Sollictation”的第一个拉丁字母等。所谓拉丁字母仅为上述三种语系词汇所采用字母的笼统称呼不涉及到拉丁文或拉丁语系词汇，因此在用字的字母中有“W”或“w”字母。

在条注中提到的主体符号采用两个拉丁字母的实例，在原ISO3898—1987版表2和最新的ISO3898修订草案表2中，均列有“Sn”雪荷载符号；在水力学中习惯使用的“Re”表示“雷诺数”符号和“Fr”作为“弗汝德系数”符号等，在国家标准GBJ132—90的“条文说明”中有说明。为了防止任意扩大，以尽量少用为宜。

表7.1.2“主体符号用字”规则系按照国家标准《工程结构设计基本术语和通用符号》GBJ132—90规定。该规定乃引自国际标准ISO3898《结构设计基础—标志—通用符号》1987版表1的《符号组成的用字导则》。它是国际标准化组织ISO所属《结构设计基础》ISO/TC98技术委员会自1976年初版，通过1982年补充和1986年再补充后并经国际标准化组织ISO会员国书面投票赞成通过后所制定的。该国际标准编制组汇集了现代房屋建筑结构设计领域中长期来沿用的物理力学和几何量以及相应配套各种量的主体符号，加以罗列和聚类，分别归纳成：大小写拉丁（Latin upper case，Latin lower case）和大小写希腊（Greek upper case，Greek lower case）四类字母为建筑结构设计习惯使用的文字符号。同时，根据各主体符号聚类后的情况，又人为地以各种量的“量纲”来划分四类字母使用的界限。首先规定以大小写拉丁字母作为“有量纲量”的符号用；小写希腊字母则作为“无量纲量”的符号用，大写希腊字母，由于建筑结构设计的现行符号中很少使用，又被保留给数学方面和除力学和几何量外的物理量使用。因此，在建筑结构设计中的主体符号，仅仅是以大写拉丁、小写拉丁和小写希腊三种字母为主。

由于建筑结构设计符号的确定，有其历史的任意性，因为各种主体符号的始作俑者，对符号如何形成在当时并无任何强制性的规定可作为依据，一般是由建筑结构设计的论文或教科书著者以简明通俗为目的，信手拈来，先入为主，约定俗成，代代相传，并无十分精确的科学性。ISO3898编制组本统一国际建筑结构设计“符号”使之标准化的目的，将目前已通用的建筑结构设计主体符号，以服从习惯使用的原型主体符号为主，是大写拉丁的归入大写拉丁，是小写拉丁归入小写拉丁，并分别列出其“量纲”加以聚类归纳，名之曰“规定的量纲”自然而然形成一个以各种量“量纲”为依据的“主体符号用字规则”。应当指出，在这些仅由于习惯使用的原因，类聚在一起的所谓“规定的量纲”其在每一“用字类型”中的各“量纲”，仅为“自由结合”彼此之间无任何横向联系。尽管如此，能在建筑结构设计领域大量约定俗成的符号中，整理出一个“主体符号用字规则”，是一个进步，它不仅使国际间的建筑结构设计符号统一化和标准化有了一个规定，亦为今后对新产生主体符号的选用字母，有了一个比较科学的依据。正由于开始制定主体符号时，并无以“量纲”限制来划分大小写拉丁或希腊字母的规定，因此，目前所采用的表7.1.2“主体符号用字规则”并不对百分之百的建筑结构设计符号完全适用。有一部分部分主体符号用字其量纲是不符合“规定的量纲”的，为了贯彻照顾沿用习惯的原则，不使建筑结构设计领域为了更换或修改习惯使用主体符号而造成不必要的紊乱。所以对一部分“不符合规定量纲的量”，其沿用的符号，仍保留原型以“不符合量纲规定的量”，列在表7.1.2中，与相应的“规定的量纲”共同列入相应的同类别字母，继续使用。例如：弹性模量E，其量纲为力乘带负幂的长度（长度除力的商）即（LMT^{-2}/L^2）亦可写作$L^{-1}MT^{-2}$，按表7.1.2“主体符号用字规则”规定应采用小写拉丁字母，实际上仍保留其大写字母E而另加说明为[不符合规定量纲的量]。再如，应力符号σ，它的量纲亦是力乘带负幂的长度（长度除力的商），按表7.1.2规定，亦应该用小写拉丁字母，实际上仍保留用σ表示，亦属[不符合规定量纲的量]等。在建筑结构设计使用的符号中，类似的保留符号共有作用效应约束系数C、弹性模量E、剪变模量G、某些刚度K、设计基准期T、转动惯惯量J、动量矩L、某些有量纲系数或K或k、周期T、总宽度B、总高度H、总长度L、单位长度弯矩m、单位长度扭矩t、应力σ、剪应力τ、质量密度ρ、重力密度γ、角速度ω和角加速度α等，在表7.1.2均有明文规定。

在表7.1.2的主体符号用字规则中，有三处与GBJ132—90所规定的在文字上略有更动：拉丁大写“力乘带正幂的长度”；拉丁小写“力乘带负幂的长度”和“长度乘负幂的时间”，这是为了按照量纲表达式的统一写法，其实质的涵义就是“力乘长度”，“单位长度或单位面积的力”和“长度除以带幂的时间”，两者完全一致并无区别。还有原GBJ132—90中表3.0.4关于“大写希腊字母”的规定，则移入本条文的条注①。

关于在表7.1.2内未列出量纲的物理量其主体符号用字在表注中说明则按量纲量相近的规定采用。例如频率frequency它的单位是（1/s）其量纲为（T^{-1}），在表7.2.1中的“量纲规则”未规定采用什么字母，可以找其量最相近小写拉丁字母的“速度”量纲为（LT^{-1}）以单位m/s为依据，因为“频率”的涵义“每秒一次或每秒一转”等，其与“速度”的涵义“每秒1米”最为相近，所以采用小写拉丁字母f。应当说明，在ISO3898（1987）版国际标准中，并无如原国家标准《建筑结构设计通用符号，计量单位基本术语》GBJ83—85中表2.0.3所规定“带幂的时间”的量纲规定。因此，在本标准修订过程中，取消了该“带幂的时间”量纲规定。

应当说明，在本标准报批过程中，收到了ISO/TC98/SC1寄来的尚未批准的1994年国际标准ISO3898的修订稿草案，其‘组成符号的用字导则’表1的内容已有修改，在保持原有以“量纲”来区别用字类别的基础上，直接写出各种与量纲相应的“量”名称，同时亦将原不符合规定量纲（即原称量纲例外）的“量”名称写出，共同列在相应用字的字母类别一行内，改称为“主要用途”栏，删除了原ISO3898—1987年版表1“组成或符号用字导则”中的原“Dimesions”“量纲”一栏。并将原表示大写字母‘upper case’改为‘capital’。如下表：

ISO3898新修订草案（1994年10月收到）

符号组成的用字导则 表1

字母类别	主 要 用 途
大写拉丁	1. 作用、内力、内力矩 2. 面积、面积一次矩和两次矩 3. 弹性模量 4. 温度
小写拉丁	1. （每单位长度或面积）作用、内力、内力矩 2. 距离（长度、位移、偏心距等） 3. 强度 4. 速度、加速度、频率 5. 说明词字母（上、下标） 6. 质量 7. 时间
希腊大写	保留给数学及除几何或力学量以外的物理量
希腊小写	1. 系数、因数、比率 2. 应变 3. 角度 4. 密度（质量密度，重力密度） 5. 应力

注：凡未包括在表1中的其他量，其用字应与表列最接近的相一致。

从上表新的内容看，除表注可以作为对建筑结构设计符号，特别是新产生的符号的宏观控制外，其他可以说和原ISO3898—1987版表1的内容是一致的，并无原则性的更动，亦即是说未来新的ISO3898表1"规定"与本标准的'主体符号用字规则'，尽管有"量纲"一栏"去"和"存"的区别，而其实质并无新意。并且本标准表7.1.2"大写拉丁"类别的'不符合规定量纲的量'一栏的内容，远远比新的ISO3898表1的'主要用途'栏所列出的内容更丰富些。至于小写拉丁类别中的主要用途第5项说明词字母（上、下标），这项规定在引用的原ISO3898—1987版中表1亦同样有该项规定，当时，由于考虑到我国国家标准的编制方式系主体符号和"上、下标"分开各列条文，因此，在"主体符号用字规则"中删去该项"用途示例"。

7.1.3 上、下标采用的拉丁字母和主体符号拉丁字母一样，亦不包括我国汉语拼音的拉丁字母。

当上、下标表示说明语时，应以"国际应用通用词汇"作为选用上、下字母的依据。所谓"国际通用词汇"即指英语语系，法语语系和德语语系为主的词汇。用缩写词作为上、下标时，本标准规定最多用三个字，不采用超过三个字的词根表示。

7.2 作用和作用效应符号

各种作用系指在结构上相应各种外力；作用效应乃指由施加在结构上的外力所引起结构构件中的内力或内力矩（包括M、N、V、T）。同时亦将构件截面中的应力和应变以及构件的变形列在一起。

7.2.1 在常用的作用符号表7.2.1中，作用代表值为作用标准值，作用准永久值、作用组合值等的总称。

应当指出，地震作用的符号有E和F_E两个符号。前者是泛指地震作用，一般在地震作用效应和其他荷载效应的基本组合表达式中出现，且明确用h和v下标分别表示水平地震作用和竖向地震作用。可是在计算时，则采用F_{Eh}和F_{EV}表示结构的总水平地震作用和竖向地震作用，且在水平地震作用下标省略原h下标。至于抗震设计用的重力荷载代表值，为了在字面上"力"和"荷载"同量并列，这是在抗震设计中约定俗成常用术语的符号。在实际使用时常遇到"每米均布荷载加上构件每米自重"即（$q+g_0$）两个符号相叠加的情况，在过去曾沿用过以"w"来代替这重叠符号，比较方便。但在执行国家法定计量单位以后，由于"重量"和"重力"分两个单位，且规定"重量"和"质量"同义，而"荷载"则属于"重力"范畴，从而使"w"（本来为"重量"英语"weight"的第一个字母）不能用来代表两者叠加'荷载'的符号。因此（$q+g_0$）或（g_0+q）只能照用，在本标准中不另行规定用单个符号来作为该叠加含义的符号。

为了防止总雪荷载"S"符号相混淆，在本标准中按照ISO3898国际标准的规定以"Sn"两个字母的主体符号，如遇到混淆时可采用，但在同一计算文件中应使用同样"Sn"符号来表示雪荷载。

雪荷载和风荷载的符号是小写拉丁"s"和"w"，即单位面积上的雪荷载或风荷载。但在表示泛指风或雪荷载时或总雪荷或总风荷载时，则以大写拉丁"S"或"W"表示。

分布土压力符号用原压强（pressure）的第1个字母表示"p"，它与过去习惯用表示"力"的符号P即法语系词汇（poids）第1个字母无关。

7.2.2 作用效应采用了法文单词"Sollicitation"的第一个字母"S"作为主体符号。它指结构构件在外力作用下，构件内部所产生的内力矩和各种内力。但在结构设计时，对所考虑的极限状态，需要确定相应的结构构件作用效应的最不利组合：对承载能力极限状态，应考虑作用效应的基本组合和偶然组合；对正常使用极限状态，应考虑短期效应组合和长期效应组合。这样，不同的作用效应组合，各有其不同的总作用效应，需采用不同的下标来表示。在本标准中，按作用基本组合设计表达式得到的总作用效应，下标省略；按作用偶然组合设计表达式得到的总作用效应，用下标a表示；按作用短期效应组合设计表达式得到的总作用效应，用下标s表示；按作用长期效应组合设计表达式得到的总作用效应，用下标L表示。由于各种组合的涵义已在国家标准GBJ132—90第9节中给出，本标准将相应符号的涵义简化为：S、S_a分别表示基本组合、偶然组合的作用效应；S_s、S_L分别表示短期效应组合、长期效应组合的作用效应。

与上述总作用效应S相应的内力矩和内力M，N，V，T，其各相应的带下标符号的涵义也分别按上述简化的涵义列出。

还要说明，在1987年原国际标准ISO8930《结构可靠性总原则的国际等效术语表》中，规定有'Effects of actions（各种作用的各种效应）'术语，其涵义为"由各种作用引起的各类效应，包括特定的作用效应（action-effect）、各种应力、变形或裂缝开展等"，但相应的符号暂缺。在同一表内，接着又列出了action-effect（法语Sollcitation）术语，其涵义为"构件上的作用效应：各种内力矩和各种内力（M，N，V，T等）"，并给出"S"作为符号。在这种情况下，1987年的ISO3898仅仅引用了ISO8930中的'action-effect（作用效应）'符号"S"。但在1994年的ISO3898修订草案中，新增符号"E"，涵义是'Effect of an action'，而原符号"S"的涵义未变。显然，这个修订草案的用意是：符号"E"泛指"由作用引起的各种效应"，而符号"S"专指"构件内力和内力矩"。

关于位移符号应按x、y、z轴分别采用相应u、v、w，小写拉丁符号表示，这是ISO3898国际标准和国家标准GBJ132—90所规定的。但在习惯上，一般对板计算时往往采用平面的x，y，z轴而对梁计算时则采用立面的x、y轴，两者依据不同容易混淆不清。实际上以u，v，w符号表示'构件位移'是比较确切的。至于构件的挠度符号一般应采用"w"但现行我国设计规范中对构件的挠度符号目前尚未一致。在混凝土设计规范中是为了容易和裂缝宽度"w"相混淆，采用了表示距离的符号"a"。在最新的1994年ISO3898修订草案中，列出了一个单独表示挠度英语'deflection'第一个字母的新符号"d"，这是一个比较简便且实用的符号可以今后推广。

7.3 材料性能和结构构件抗力符号

7.3.1 本标准将凡是与有关的弹性模量，剪变模量，泊松比，线膨胀系数和摩擦系数等条目列入材料性能节内，而将截面面积矩、截面模量和惯性矩则列入7.4节的截面几何参数内。

7.3.2 在砌体结构专用符号内有f_1和f_2符号。前者表示块体抗压强度平均值，而后者表示砂浆抗压强度平均值。在砌体结构的结构设计中是以材料平均值作为材料的主要代表值。在钢结构中 f_t^b、f_t^w、f_t^a、f_t^r 符号的上标 b 表示 bolt（螺栓）第 1 个字母；上标 w 表示 weld（焊缝）第 1 个字母；上标 a 表示 anchor（锚栓）第 1 个字母；上标 r 表示 river（铆钉）第 1 个字母。应当指出，在表 7.3.2 钢结构的材料性能符号中，未列出现行钢结构设计规范 GBJ17—88 所采用的以"承"字表示"抗"的材料强度符号和以"承载能力"名称表示的材料强度符号，这些符号的涵义需要在该标准修订时加以重行正名的，暂不列入本标准。

木结构斜纹抗压强度 $f_{c,a}$，下标 a 是表示斜纹的角度。在顺纹抗压强度和顺纹抗剪强度符号下标的 0 字，一般可以省略。

7.4 几何参数符号

7.4.1 在最新 1994 年 ISO3898 修订草案中，增列了以"a"表示"geometrical parameter"几何参数的符号。

表 7.4.1 中 $\xi\eta\zeta$ 分别为 x 方向，y 方向，z 方向的相对坐标亦即相对坐标 z/l，y/l 和 z/l 符号。在 ISO3898 国际标准中的小写希腊字母符号表 4 中专门规定这三个小写希腊字母符号作为"Relative Coordinates"在建筑结构的曲线图表中需要采用这些符号。

7.4.2 国家标准《冷弯薄壁型钢结构技术规范》GBJ18—85 中所采用符号，主要的和钢结构设计规范相一致的。现选列了一部分常用而在钢结构中不同的符号。"I_ω"下标"ω"表示扇性；"I_{is}"，下标"i"表示"intermediate"（中间）的第 1 个字母，"s"表示"stiffener"（加劲肋）的第 1 个字母；"$I_{e,s}$"下标"e"表示"end"（边端）的第 1 个母。

7.5 设计参数和计算系数符号

7.5.1 表 7.5.1 中的作用效应约束系数"C"是按照国家标准《建筑结构设计统一标准》GBJ68—84 的规定和沿用原 CBJ83—85 以及现行 GBJ132—90 的规定列出的。查该效应系数"C"为"constraint"的第 1 个字母，在国际标准《结构可靠性总原则》ISO2394—1986 版 3.1 中说明系指"结构构件在设计时控制相应极限状态的"，并属于设计的"约束条件"；另外亦可作为"constant"的第 1 个字母，表示"fixed value"或"nominal value"固定值或名义值涵义的符号用。

表中各种分项系数符号"γ"为目前建筑结构设计所采用基于概率极限状态设计法的分项系数表达式中所必需的系数。作用分项系数"γ_f"，它反映种作用的不定性，与各种作用的代表值相乘即得出进入分项系数表达式的作用设计值 $F_d=\gamma F_{rep}$；同样，材料分项系数"γ_m"，它反映了材料性能的不定性，以材料强度的标准值除以材料的分项系数即得出进入分项系数表达式的材料强度设计值"$f_d=f_k/\gamma_m$"。

表中所列无规定涵义的比率或计算系数的符号，系建筑结构设计中常用的符号，供使用者尽可能在这几个字母中选用作为相应的符号。

7.6 常用数字和物理学符号

7.6.1 在表 7.6.1 中列出的主要是概率理论中常用符号。至于一般的数字符号应以国家标准《物理科学和技术中使用的数学符号》GB310211—82 规定为准。

7.6.2 在表 7.6.2 中常用的物理学符号不受建筑结构设计符号用字量纲规则的限制，但书写或印刷体例应符合本标准要求。

7.7 材料强度等级代号和专用符号

7.7.1 过去沿用的'材料标号'名称和符号均应以材料强度的'等级'代号来代替，它用材料符号和相应的规定强度值数目一起表示。其中"C"为"Concrete"第 1 个字母；"CL"为"Light-Weight Aggregate Concrete"中的"C"和"L"两字，"S"为"steel"第一个字母；"SW"为"Steell Wires"两个词的第 1 个字母；"MU"为"Masonry Unit"两者的第 1 个字母；"M"为"Mortar"的第 1 个字母；"TC"为"Coniferous Timber"两词的第 1 个字母；"TB"为"Broad-leaved Timber"两词的第 1 个字母，但作为符号用字两者的顺序则习惯地倒了过来。

7.7.2 表 7.7.2 中受拉状态用"+"，受压状态用"−"，这是根据国际标准 ISO3898 的规定，可以用于标志（如桁架杆件）受力状态；也可用于计算公式中物理量数值（如应力）代数运算。

索引：术语部分全部条目汇总

2 建筑结构设计通用术语

3.5.3 受压区高度
3.5.3.1 界限受压区高度
3.5.4 界限偏心距
3.5.5 大偏心受压构件
3.5.6 小偏心受压构件
3.5.7 正截面
3.5.8 斜截面
3.5.9 截面有效高度
3.5.10 预应力损失
3.5.11 预应力筋有效预应力值
3.5.12 预应力筋消压预应力值

3.6 几何参数术语

3.6.1 钢筋间距
3.6.2 箍筋间距
3.6.3 箍筋肢距
3.6.4 混凝土保护层厚度
3.6.5 截面核芯面积
3.6.6 换算截面面积
3.6.7 换算截面惯性矩
3.6.8 换算截面模量

3.7 计算系数术语

3.7.1 受拉区混凝土塑性影响系数
3.7.2 纵向受拉钢筋应变不均匀系数
3.7.3 配筋率
3.7.4 体积配筋率
3.7.5 剪跨比
3.7.6 轴压比

3.8 连接、构造术语

3.8.1 钢筋接头
3.8.2 绑扎骨架
3.8.3 焊接骨架
3.8.4 构造配筋
3.8.5 纵向钢筋
3.8.6 弯起钢筋
3.8.7 钢筋锚固长度
3.8.8 钢筋搭接长度
3.8.9 预应力传递长度
3.8.10 箍筋
3.8.10.1 斜向箍筋
3.8.10.2 复合箍筋
3.8.10.3 螺旋箍筋
3.8.11 拉结钢筋
3.8.12 架立钢筋
3.8.13 横向分布钢筋
3.8.14 吊筋
3.8.15 弯钩
3.8.16 锚具
3.8.17 夹具
3.8.18 连接器
3.8.19 吊环
3.8.20 预埋件

3.9 材料、结构构件质量检验术语

3.9.1 可塑混凝土性能
3.9.1.1 混凝土稠度
(1) 坍落度
(2) 密实度
3.9.1.2 混凝土配合比
(1) 水灰比
(2) 净水灰比
(3) 水泥含量
3.9.1.3 含气量
3.9.1.4 凝结时间
3.9.2 硬化混凝土性能
3.9.2.1 抗渗性
3.9.2.2 耐磨性
3.9.2.3 抗冻融性
3.9.3 钢筋性能检验
3.9.3.1 冷弯检验
3.9.3.2 钢筋可焊性
3.9.3.3 钢筋锈蚀
3.9.4 构件外观检查
3.9.4.1 蜂窝
3.9.4.2 麻面
3.9.4.3 孔洞
3.9.4.4 露筋
3.9.4.5 龟裂
3.9.5 尺寸偏差
3.9.5.1 构件平整度
3.9.5.2 结构构件垂直度
3.9.5.3 侧向弯曲
3.9.5.4 翘曲
3.9.6 构件性能检验
3.9.6.1 破损检验
3.9.6.2 非破损检验

4 砌体结构设计专用术语

4.1 结构术语

4.1.1 砖砌体结构
4.1.2 石砌体结构
4.1.3 砌块砌体结构
4.1.4 砖混结构
4.1.5 砖木结构

4.2 构件、部件术语

4.2.1 无筋砌体构件
4.2.2 配筋砌体构件
4.2.2.1 方格网配筋砖砌体构件
4.2.2.2 组合砖砌体构件
4.2.3 砖砌体墙
4.2.3.1 空斗墙
4.2.3.2 带壁柱墙
4.2.3.3 刚性横墙
4.2.4 砖砌体柱
4.2.5 圈梁
4.2.6 墙梁
4.2.7 挑梁
4.2.8 砖过梁
4.2.9 砖筒拱

4.3 材料术语

4.3.1 块体
4.3.2 砂浆
4.3.2.1 水泥砂浆
4.3.2.2 混合砂浆
4.3.3 烧结普通砖
4.3.4 空心砖
4.3.4.1 多孔砖
4.3.5 砌块
4.3.6 石材
4.3.7 砖砌体
4.3.8 砌块砌体
4.3.9 石砌体

4.4 材料性能和构件抗力术语

4.4.1 块体强度等级
4.4.2 砂浆强度等级
4.4.3 砌体强度标准值
4.4.4 砌体摩擦系数
4.4.5 齿缝破坏
4.4.6 通缝破坏
4.4.7 横墙刚度
4.4.8 砌体墙、柱容许高厚比

4.5 计算、分析术语

4.5.1 房屋静力计算方案
4.5.1.1 刚性方案
4.5.1.2 刚弹性方案
4.5.1.3 弹性方案
4.5.2 上柔下刚多层房屋
4.5.3 上刚下柔多层房屋
4.5.4 计算倾覆点

4.6 几何参数术语

4.6.1 刚性横墙间距
4.6.2 梁端有效支承长度
4.6.3 窗间墙宽度
4.6.4 块体孔洞率

4.7 计算系数术语

4.7.1 空间性能影响系数
4.7.2 受压构件承载能力影响系数
4.7.3 砌体墙、柱高厚比
4.7.4 砌体墙容许高厚比修正系数

4.8 连接、构造术语

4.8.1 截面尺寸限值
4.8.2 砌体材料最低强度等级
4.8.3 砌体拉结钢筋
4.8.4 支承长度限值
4.8.5 砌体结构总高度限值
4.8.6 砌体结构局部尺寸限值

4.9 材料、结构构件质量检验术语

4.9.1 块体性能检验
4.9.2 砂浆性能检验
4.9.2.1 砂浆配合比
4.9.2.2 砂浆稠度
4.9.2.3 砂浆保水性
4.9.2.4 砂浆分层度
4.9.3 砌体质量检验
4.9.3.1 砂浆饱满度
4.9.3.2 水平灰缝厚度
4.9.3.3 墙面平整度
4.9.3.4 墙面垂直度

5 钢结构设计专用术语

5.1 结构术语

5.1.1 焊接钢结构
5.1.2 铆接钢结构
5.1.3 螺栓连接钢结构
5.1.4 高强螺栓连接钢结构
5.1.5 冷弯薄壁型钢结构
5.1.6 钢管结构
5.1.7 预应力钢结构

5.2 构件、部件术语

5.2.1 实腹式钢柱
5.2.2 格构式钢柱
5.2.3 分离式钢柱
5.2.4 缀材（缀件）
5.2.4.1 缀条
5.2.4.2 缀板
5.2.5 钢柱分肢
5.2.6 钢柱脚
5.2.7 钢支座
5.2.7.1 铰轴支座
5.2.7.2 弧形支座
5.2.7.3 滚轴支座
5.2.8 轧制型钢梁
5.2.9 焊接钢梁
5.2.10 铆接钢梁
5.2.11 钢板件
5.2.11.1 腹板
5.2.11.2 翼缘板
5.2.11.3 盖板
5.2.11.4 支承板
5.2.11.5 连接板
5.2.11.6 节点板
5.2.11.7 填板
5.2.11.8 垫板
5.2.11.9 横隔板
5.2.12 加劲肋
5.2.12.1 支承加劲肋
5.2.12.2 中间加劲肋
5.2.12.3 纵向加劲肋
5.2.12.4 横向加劲肋
5.2.12.5 短加劲肋

5.3 材料术语

5.3.1 钢材牌号
5.3.2 型钢
5.3.2.1 热轧型钢
5.3.2.2 冷弯薄壁型钢
5.3.3 钢板

5.3.4 钢带
5.3.5 钢管
5.3.5.1 无缝钢管
5.3.5.2 焊接钢管
5.3.6 焊丝
5.3.7 焊条
5.3.8 焊剂
5.3.9 螺栓
5.3.10 高强度螺栓
5.3.10.1 大六角头高强度螺栓
5.3.10.2 扭剪型高强度螺栓
5.3.11 铆钉

5.4 材料性能和构件抗力术语

5.4.1 钢材强度等级
5.4.2 钢材强度标准值
5.4.2.1 构件端面承压强度标准值
5.4.3 钢构件容许长细比
5.4.4 钢构件变形容许值
5.4.5 单个铆钉承载能力
5.4.6 单个普通螺栓承载能力
5.4.7 单个高强度螺栓承载能力
5.4.8 疲劳容许应力幅

5.5 计算分析术语

5.5.1 钢结构塑性设计
5.5.2 欧拉临界力
5.5.3 欧拉临界应力
5.5.4 强轴
5.5.5 弱轴
5.5.6 换算长细比
5.5.7 疲劳应力幅

5.6 几何参数术语

5.6.1 翼缘板外伸宽度
5.6.2 加劲肋外伸宽度
5.6.3 角焊缝焊脚尺寸
5.6.3.1 角焊缝有效厚度
5.6.3.2 角焊缝有效计算长度
5.6.3.3 角焊缝有效面积
5.6.4 螺栓或高强度螺栓有效直径
5.6.4.1 螺栓有效截面面积
5.6.4.2 高强度螺栓有效截面面积

5.7 计算系数术语

5.7.1 截面塑性发展系数
5.7.2 钢梁整体稳定系数
5.7.3 钢梁整体稳定等效弯矩系数
5.7.4 钢压弯构件等效弯矩系数
5.7.5 高强度螺栓摩擦面抗滑移系数

5.8 连接、构造术语

5.8.1 钢结构连接
5.8.1.1 叠接（搭接）
5.8.1.2 对接
5.8.1.3 焊缝连接
（1）手工焊接
（2）自动焊接
（3）半自动焊接
5.8.1.4 螺栓连接
5.8.1.5 高强度螺栓连接
（1）摩擦型高强度螺栓连接
（2）承压型高强度螺栓连接
5.8.1.6 铆钉连接
5.8.2 焊缝
5.8.2.1 连续焊缝
5.8.2.2 断续焊缝
5.8.2.3 纵向焊缝
5.8.2.4 横向焊缝
5.8.2.5 环形焊缝
5.8.2.6 螺旋形焊缝
5.8.2.7 塞焊缝
5.8.3 对接焊缝
5.8.3.1 透焊对接焊缝
5.8.3.2 不焊透对接焊缝
5.8.4 角焊缝
5.8.4.1 直角角焊缝
5.8.4.2 斜角角焊缝
5.8.5 焊趾
5.8.6 焊根
5.8.7 坡口

5.9 材料、结构构件质量检验术语

5.9.1 焊缝质量级别
5.9.2 焊接缺陷
5.9.2.1 未焊透
5.9.2.2 未熔合
5.9.2.3 未焊满
5.9.2.4 夹渣
5.9.2.5 气孔
5.9.2.6 咬边
5.9.2.7 焊瘤
5.9.2.8 白点
5.9.2.9 烧穿
5.9.2.10 凹坑
5.9.2.11 塌陷
5.9.2.12 焊接裂纹
5.9.2.13 层状撕裂
5.9.3 焊缝外观检查
5.9.4 焊缝无损检验
5.9.5 铆钉连接质量检验
5.9.6 螺栓连接质量检验
5.9.7 钢构件外观检查

6 木结构设计专用术语

6.1 结构术语

6.1.1 原木结构
6.1.2 方木结构
6.1.3 胶合木结构
6.1.3.1 层板胶合结构
6.1.3.2 胶合板结构

6.2 构件、部件术语

6.2.1 屋面木基层
6.2.2 木屋架
6.2.3 椽架

6.3 材料术语

6.3.1 针叶树材
6.3.2 阔叶树材
6.3.3 原木
6.3.4 方木
6.3.5 板材
6.3.6 心材
6.3.7 边材
6.3.8 湿材
6.3.9 气干材
6.3.10 层板胶合木
6.3.11 胶合板
6.3.12 木结构用胶

6.4 材料性能和构件抗力术语

6.4.1 木材强度等级
6.4.2 木材顺纹强度
6.4.3 横纹承压强度
6.4.4 斜纹承压强度
6.4.5 顺纹弹性模量
6.4.6 含水率
6.4.6.1 平衡含水率
6.4.7 受压木构件容许长细比
6.4.8 受弯木构件挠度容许值

6.5 计算、分析术语

6.5.1 原木构件计算截面
6.5.2 剪面
6.5.3 齿承压面

6.6 几何参数术语

6.6.1 受压构件计算面积
6.6.2 剪面面积
6.6.3 剪面长度
6.6.4 齿深
6.6.5 钉有效长度

6.7 计算系数术语

6.7.1 螺栓连接斜纹承压强度降低系数
6.7.2 齿连接抗剪强度降低系数
6.7.3 弧形木构件抗弯强度修正系数

6.8 连接、构造术语

6.8.1 木构件连接
6.8.1.1 齿连接
（1）保险螺栓
6.8.1.2 销连接
（1）螺栓连接
（2）钉连接
6.8.1.3 键连接
（1）裂环连接
6.8.1.4 钉板连接
6.8.2 胶合接头
6.8.2.1 指接
6.8.2.2 斜搭接
6.8.2.3 对接
6.8.3 扒钉
6.8.4 木结构防腐
6.8.5 木结构防虫

6.9 材料、结构构件质量检验术语

6.9.1 木材质量等级
6.9.2 木材缺陷
6.9.2.1 髓心
6.9.2.2 节子（木节）
6.9.2.3 裂缝
6.9.2.4 斜纹
6.9.2.5 涡纹
（1）夹皮
6.9.2.6 腐朽
6.9.3 干缩
6.9.4 翘曲
6.9.4.1 顺弯
6.9.4.2 横弯
6.9.4.3 翘弯
6.9.4.4 扭弯
6.9.4.5 菱形变形
6.9.5 构件平直度
6.9.6 结构用胶性能检验

中华人民共和国国家标准

建筑模数协调标准

Standard for modular coordination of building

GB/T 50002—2013

主编部门：中华人民共和国住房和城乡建设部
批准部门：中华人民共和国住房和城乡建设部
施行日期：2 0 1 4 年 3 月 1 日

中华人民共和国住房和城乡建设部
公　告

第114号

住房城乡建设部关于发布国家标准《建筑模数协调标准》的公告

现批准《建筑模数协调标准》为国家标准，编号为GB/T 50002－2013，自2014年3月1日起实施。原《建筑模数协调统一标准》GBJ 2－86和《住宅建筑模数协调标准》GB/T 50100－2001同时废止。

本标准由我部标准定额研究所组织中国建筑工业出版社出版发行。

中华人民共和国住房和城乡建设部

2013年8月8日

前　言

本标准是根据住房和城乡建设部《关于印发〈2009年工程建设标准规范制订、修订计划〉的通知》（建标［2009］88号）的要求，由中国建筑标准设计研究院和中国建筑设计研究院会同有关单位在原《建筑模数协调统一标准》GBJ 2－86和《住宅建筑模数协调标准》GB/T 50100－2001的基础上共同修订而成的。

本标准在编制过程中，编制组经过广泛调查研究，认真总结实践经验，参考有关国际标准和国外先进标准，并在广泛征求意见的基础上，最后经审查定稿。

本标准共分5章，主要技术内容包括：总则、术语、模数、模数协调原则、模数协调应用等。

本次修订的主要技术内容是：1. 整合了《建筑模数协调统一标准》GBJ 2－86、《住宅建筑模数协调标准》GB/T 50100－2001的章节结构；2. 强调基本模数，取消了模数数列表，淡化3M概念；3. 强调模数网格与模数协调应用；4. 简化文字表述。

本标准由住房和城乡建设部负责管理，由中国建筑标准设计研究院负责具体技术内容的解释。执行过程中如有意见和建议，请寄送中国建筑标准设计研究院（北京市海淀区首体南路9号主语国际2号楼，邮政编码100048）。

本标准主编单位：中国建筑标准设计研究院
中国建筑设计研究院

本标准参编单位：北京梁开建筑设计事务所
同济大学
东南大学
住房和城乡建设部住宅产业化促进中心
中南建筑设计股份有限公司

本标准主要起草人员：林　琳　仲继寿　开　彦　周晓红　张　宏　淳　庆　樊　航　彭明英　宫文勇　李晓明　叶　明　林　莉

本标准主要审查人员：费　麟　徐正忠　寇九贵　蒋勤俭　孙定秩　吴　文　罗赤宇　贺　刚　王凤来　金　英

目　次

Contents

1 总 则

1.0.1 为推进房屋建筑工业化，实现建筑或部件的尺寸和安装位置的模数协调，制定本标准。

1.0.2 本标准适用于一般民用与工业建筑的新建、改建和扩建工程的设计、部件生产、施工安装的模数协调。

1.0.3 模数协调应实现下列目标：

1 实现建筑的设计、制造、施工安装等活动的互相协调；

2 能对建筑各部位尺寸进行分割，并确定各部件的尺寸和边界条件；

3 优选某种类型的标准化方式，使得标准化部件的种类最优；

4 有利于部件的互换性；

5 有利于建筑部件的定位和安装，协调建筑部件与功能空间之间的尺寸关系。

1.0.4 模数协调标准可在一个或若干个功能部位先期运用，先期运用部位应留出后期安装的模数化空间，后期应用部位应服从先期应用部位的边界条件。

1.0.5 建筑模数协调设计除应符合本标准外，尚应符合国家现行有关标准的规定。

2 术 语

2.0.1 模数 module

选定的尺寸单位，作为尺度协调中的增值单位。

2.0.2 基本模数 basic module

模数协调中的基本尺寸单位，用M表示。

2.0.3 扩大模数 multi-module

基本模数的整数倍数。

2.0.4 分模数 infra-modular size

基本模数的分数值，一般为整数分数。

2.0.5 定位线 location line

用来确定建筑部件的安装位置及其标志尺寸的线。

2.0.6 模数协调 modular coordination

应用模数实现尺寸协调及安装位置的方法和过程。

2.0.7 部件 element

建筑功能的组成单元，由建筑材料或分部件构成。在一个及以上方向的协调尺寸符合模数的部件称为模数部件。

2.0.8 分部件 component

作为一个独立单位的建筑制品，是部件的组成单元，在长、宽、高三个方向有规定尺寸。在一个及以上方向的协调尺寸符合模数的分部件称为模数分部件。

2.0.9 基准面 datum plane

部件或分部件按模数要求设立的参照面（系），包括为安装和建造的需要而设立的面。

2.0.10 安装基准面 erection datum plane

为部件或分部件的安装而设立的基准面。

2.0.11 辅助基准面 sub-datum plane

在基准面之间根据需要设置的其他基准面。

2.0.12 基准线 datum line

两个以上基准面的交线或其投影线。

2.0.13 调整面 coordination face

为使部件或分部件相互关联而设立的并可在位形上做调整的面。

2.0.14 模数数列 modular array

以基本模数、扩大模数、分模数为基础，扩展成的一系列尺寸。

2.0.15 模数网格 modular grid

用于部件定位的，由正交或斜交的平行基准线（面）构成的平面或空间网格，且基准线（面）之间的距离符合模数协调要求。

2.0.16 网格中断区 zone of grid

模数网格平面之间的一个间隔。网格中断区可以是模数的，也可以是非模数的。

2.0.17 模数空间 modular space

在一个及以上方向的协调尺寸符合模数的空间。

2.0.18 优先尺寸 preferred size

从模数数列中事先排选出的模数或扩大模数尺寸。

2.0.19 公差 tolerance

部件或分部件在制作、放线或安装时的允许偏差的数值。

2.0.20 制作公差 manufacturing tolerance

部件或分部件在生产制作时，与制作尺寸之间的允许偏差。

2.0.21 安装公差 erection tolerance

部件或分部件安装时，基准面或基准线之间的允许偏差。

2.0.22 位形公差 performance tolerance

在力学、物理、化学等作用下，部件或分部件所产生的位移和变形的允许偏差。

2.0.23 连接空间 joint space

安装时，为保证与相邻部件或分部件之间的连接所需要的最小空间，也称空隙。

2.0.24 装配空间 assembly space

定位时，部件或分部件的实际制作面与安装基准面之间产生的自由空间。

2.0.25 模数层高 modular storey height

连续两层楼板的模数定位基准面之间的垂直尺寸。

2.0.26 模数室内净高　modular room height

一个层高内，楼面模数定位基准面与装修后顶棚模数定位基准面之间的垂直尺寸。

2.0.27 模数楼盖厚度　modular floor height

楼盖的楼面模数定位基准面与该楼板下顶棚模数定位基准面之间的垂直尺寸。

2.0.28 标志尺寸　coordinating size

符合模数数列的规定，用以标注建筑物定位线或基准面之间的垂直距离以及建筑部件、建筑分部件、有关设备安装基准面之间的尺寸。

2.0.29 制作尺寸　manufacturing size

制作部件或分部件所依据的设计尺寸。

2.0.30 实际尺寸　actual size

部件、分部件等生产制作后的实际测得的尺寸。

2.0.31 技术尺寸　technical size

模数尺寸条件下，非模数尺寸或生产过程中出现误差时所需的技术处理尺寸。

3　模　数

3.1　基本模数、导出模数

3.1.1　基本模数的数值应为 100mm（1M 等于 100mm）。整个建筑物和建筑物的一部分以及建筑部件的模数化尺寸，应是基本模数的倍数。

3.1.2　导出模数应分为扩大模数和分模数，其基数应符合下列规定：

1　扩大模数基数应为 2M、3M、6M、9M、12M……；

2　分模数基数应为 M/10、M/5、M/2。

3.2　模 数 数 列

3.2.1　模数数列应根据功能性和经济性原则确定。

3.2.2　建筑物的开间或柱距，进深或跨度，梁、板、隔墙和门窗洞口宽度等分部件的截面尺寸宜采用水平基本模数和水平扩大模数数列，且水平扩大模数数列宜采用 2*n*M、3*n*M（*n* 为自然数）。

3.2.3　建筑物的高度、层高和门窗洞口高度等宜采用竖向基本模数和竖向扩大模数数列，且竖向扩大模数数列宜采用 *n*M。

3.2.4　构造节点和分部件的接口尺寸等宜采用分模数数列，且分模数数列宜采用 M /10、M/5、M/2。

4　模数协调原则

4.1　模 数 网 格

4.1.1　模数网格可由正交、斜交或弧线的网格基准线（面）构成，连续基准线（面）之间的距离应符合模数（图 4.1.1-1），不同方向连续基准线（面）之间的距离可采用非等距的模数数列（图 4.1.1-2）。

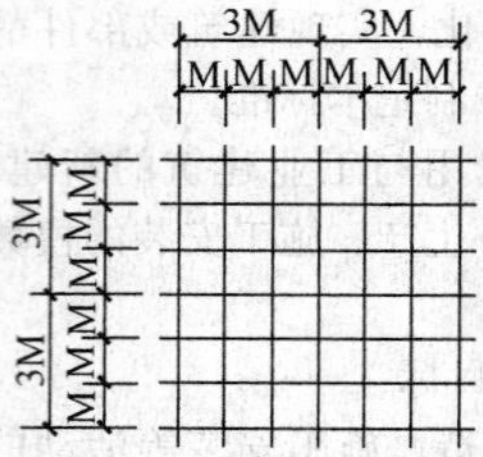

(a) 正交网格

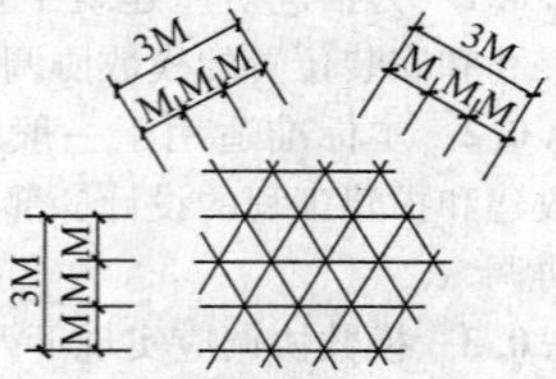

(b) 斜交网格

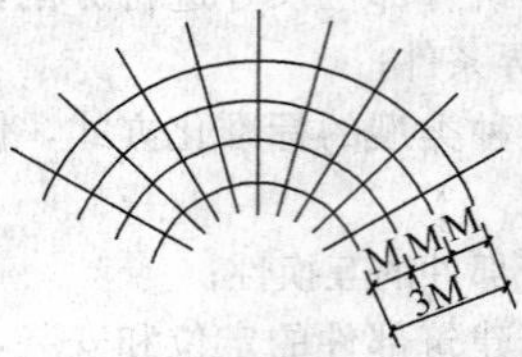

(c) 弧线网格

图 4.1.1-1　模数网格的类型

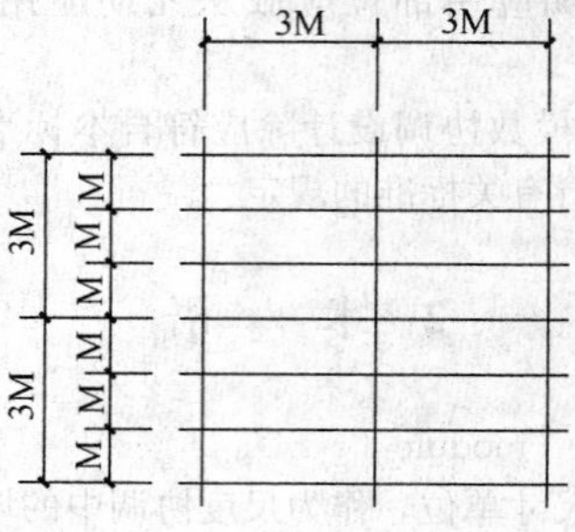

(a) 不同方向非等距

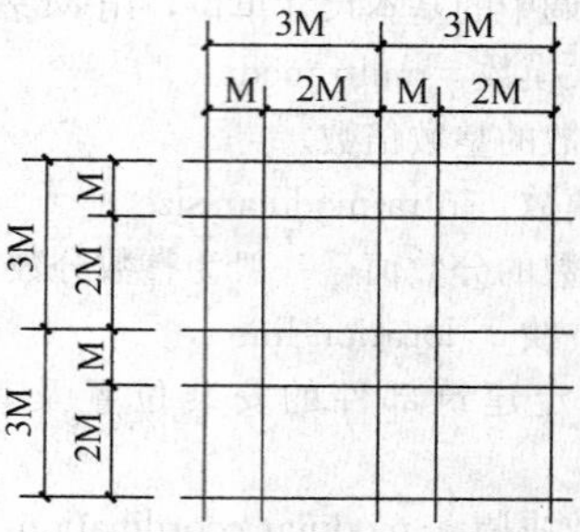

(b) 同方向非等距

图 4.1.1-2　模数数列非等距的模数网格

4.1.2　相邻网格基准面（线）之间的距离可采用基本模数、扩大模数或分模数，对应的模数网格分别称为基本模数网格、扩大模数网格和分模数网格（图 4.1.2）。

4.1.3　对于模数网格在三维坐标空间中构成的模数空间网格，其不同方向上的模数网格可采用不同的模数（图 4.1.3）。

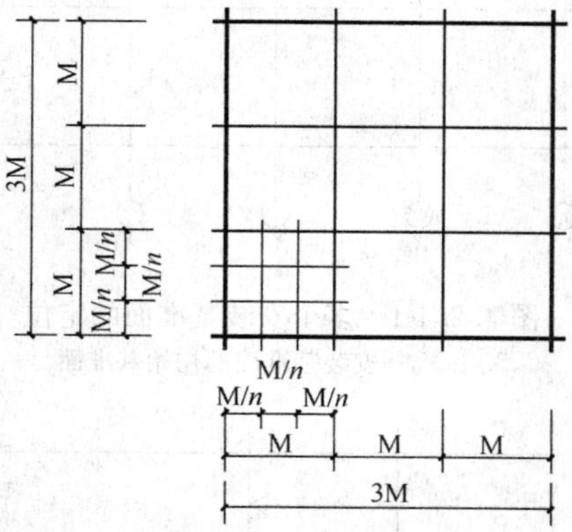

图 4.1.2 采用不同模数的模数网格

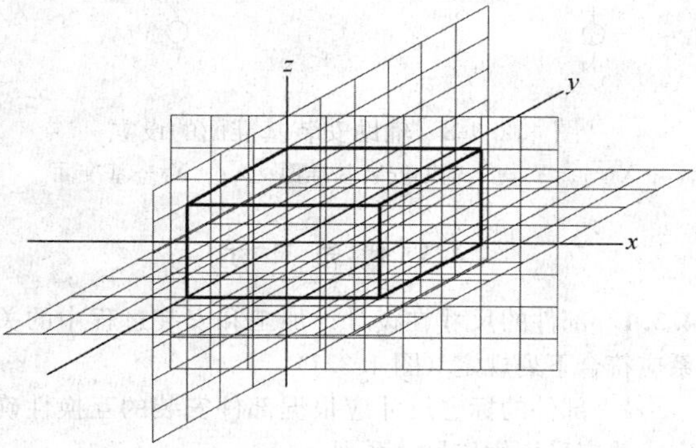

图 4.1.3 模数空间网格

4.1.4 模数网格可采用单线网格，也可采用双线网格（图 4.1.4）。

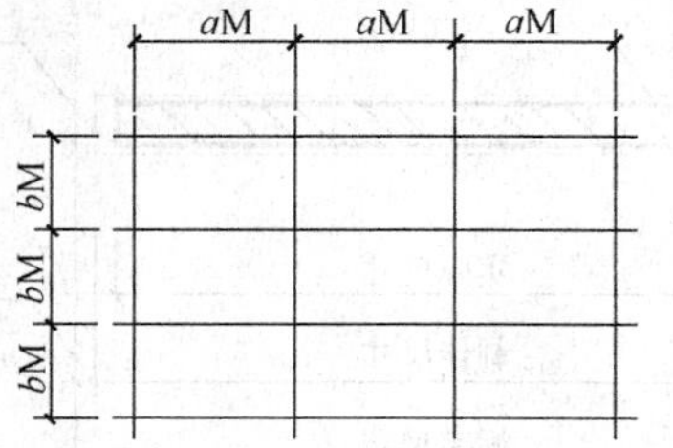

$a,b=1/n,\cdots\cdots,1,\cdots\cdots n$

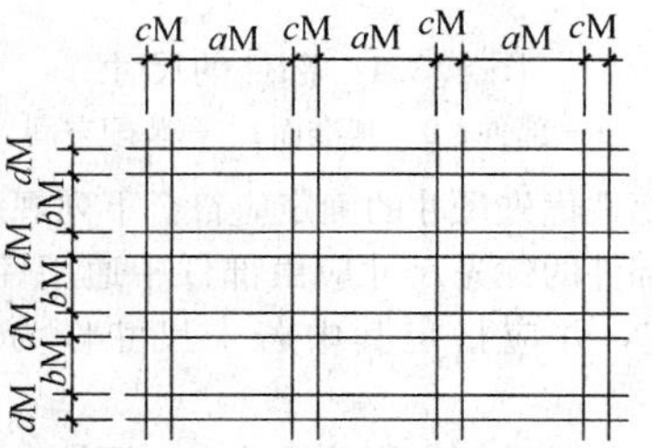

$a,b,c,d=1,\cdots\cdots n$

图 4.1.4 单线模数网格和双线模数网格

4.1.5 模数网格的选用应符合下列规定：

1 结构网格宜采用扩大模数网格，且优先尺寸应为 2*n*M、3*n*M 模数系列；

2 装修网格宜采用基本模数网格或分模数网格。隔墙、固定橱柜、设备、管井等部件宜采用基本模数网格，构造做法、接口、填充件等分部件宜采用分模数网格。分模数的优先尺寸应为 M/2、M/5。

4.2 部 件 定 位

4.2.1 部件的定位应符合下列规定：

1 每一个部件的位置都应位于模数网格内；

2 部件占用的模数空间尺寸应包括部件尺寸、部件公差，以及技术尺寸所必需的空间（图 4.2.1）。

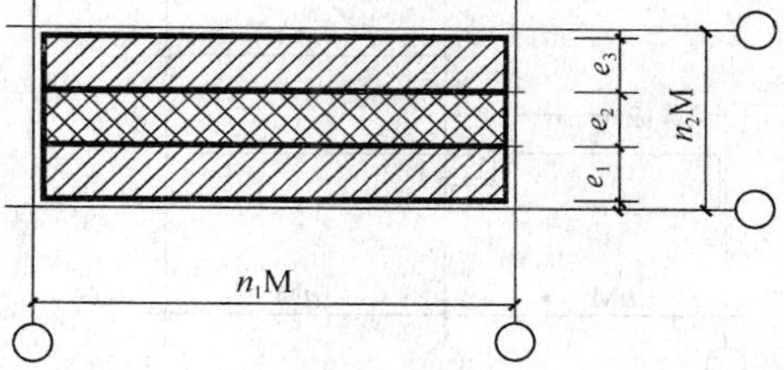

图 4.2.1 部件占用的模数空间

e_1、e_2、e_3—部件尺寸（可为模数尺寸或非模数尺寸）；

n_1M、n_2M—模数占用空间

4.2.2 部件定位可采用中心线定位法、界面定位法，或者中心线与界面定位法混合使用的方法（图 4.2.2-1、图 4.2.2-2）。定位方法的选择应符合下列规定：

1 应符合部件受力合理、生产简便、优化尺寸和减少部件种类的需要，满足部件的互换、位置可变的要求；

2 应优先保证部件安装空间符合模数，或满足一个及以上部件间净空尺寸符合模数。

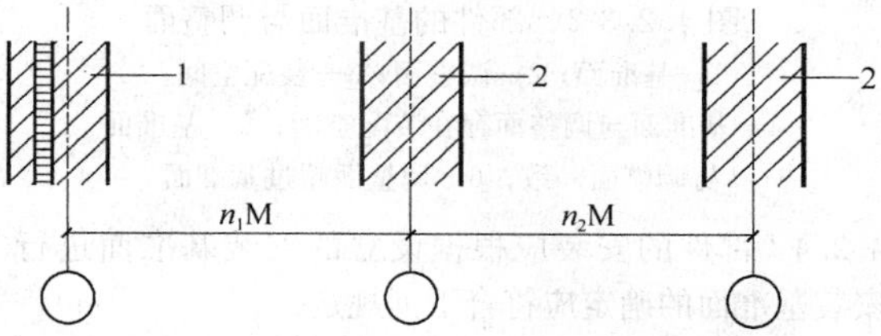

图 4.2.2-1 采用中心线定位法的模数基准面

1—外墙；2—柱、墙等部件

4.2.3 确定部件的基准面应符合下列规定：

1 两个以上的基准面宜相互平行或者正交，斜交时应标出基准面之间夹角的大小；

2 两个基准面之间的距离应符合模数要求，同一功能部位部件基准面的确定方法应统一（图 4.2.3-1）；

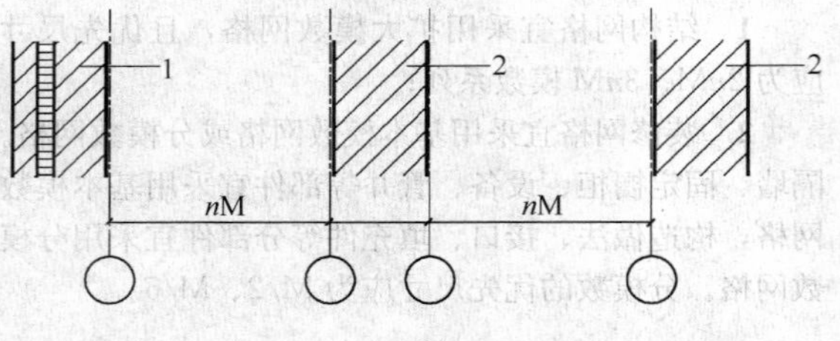

图 4.2.2-2 采用界面定位法的模数基准面

1—外墙；2—柱、墙等部件

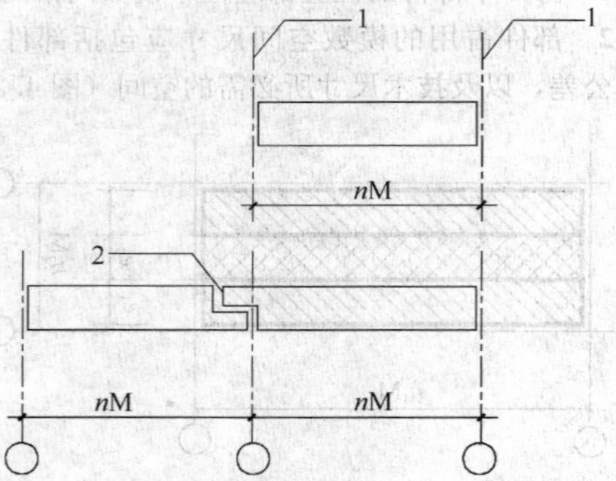

图 4.2.3-1 同一功能部位部件基准面的确定

1—基准面；2—调整面

3 相互关联的部件应根据与部件基准面的相对位置关系设置部件的调整面（图 4.2.3-2）。

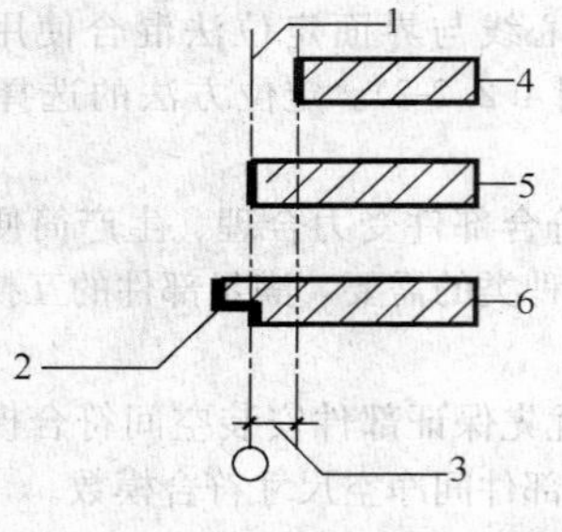

图 4.2.3-2 部件的基准面与调整面

1—基准面；2—调整面；3—装配空间；4—基准面与调整面存在装配空间；5—基准面与调整面一致；6—调整面超过基准面

4.2.4 部件的安装应根据设立的安装基准面进行。安装基准面的确定应符合下列规定：

1 多个安装基准面（线）平行排列时，应以其中一个安装基准面（线）为初始基准面（线），其他安装基准面（线）应按与初始基准面（线）的相对距离确定自身所在位置（图 4.2.4-1）；

2 两个安装基准面之间可根据需要插入辅助基准面。辅助基准面应在安装基准面确定后设立（图 4.2.4-2）。

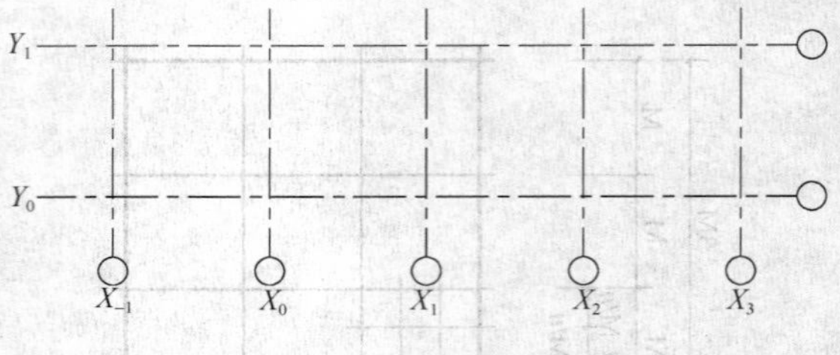

图 4.2.4-1 多个安装基准面的定位

X_0、Y_0—安装基准面的初始基准面

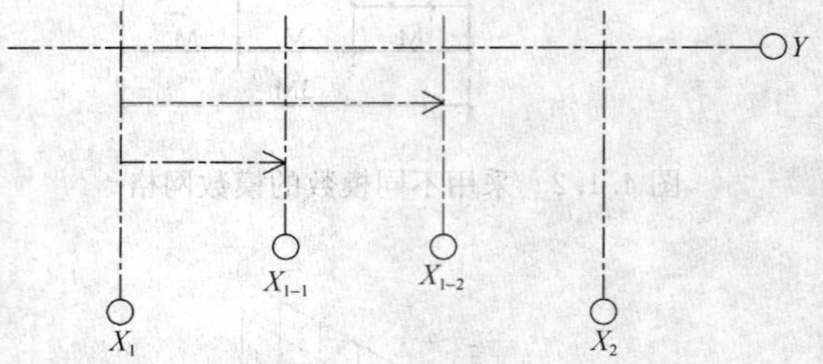

图 4.2.4-2 辅助安装基准面的设立

X_{1-1}、X_{1-2}—辅助安装基准面；X_1、X_2—基准面

4.3 优 先 尺 寸

4.3.1 部件的尺寸在设计、加工和安装过程中的关系应符合下列规定（图 4.3.1）：

1 部件的标志尺寸应根据部件安装的互换性确定，并应采用优先尺寸系列；

2 部件的制作尺寸应由标志尺寸和安装公差决定；

3 部件的实际尺寸与制作尺寸之间应满足制作公差的要求。

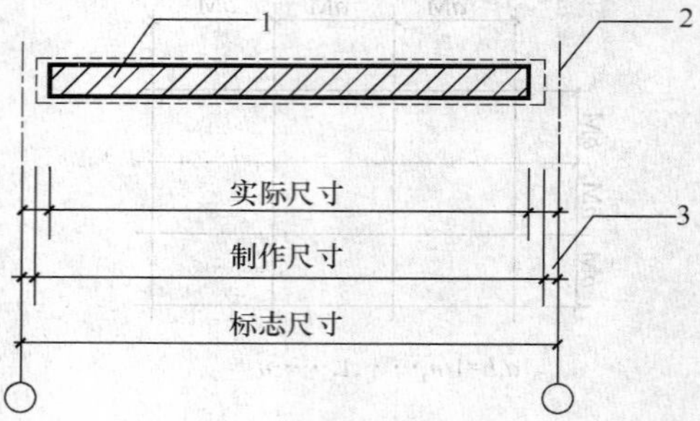

图 4.3.1 部件的尺寸

1—部件；2—基准面；3—装配空间

4.3.2 部件优先尺寸的确定应符合下列规定：

1 部件的优先尺寸应由部件中通用性强的尺寸系列确定，并应指定其中若干尺寸作为优先尺寸系列；

2 部件基准面之间的尺寸应选用优先尺寸；

3 优先尺寸可分解和组合，分解或组合后的尺寸可作为优先尺寸；

4 承重墙和外围护墙厚度的优先尺寸系列宜根据

1M 的倍数及其与 M/2 的组合确定，宜为 150mm、200mm、250mm、300mm；

5 内隔墙和管道井墙厚度优先尺寸系列宜根据分模数或 1M 与分模数的组合确定，宜为 50mm、100mm、150mm；

6 层高和室内净高的优先尺寸系列宜为 nM；

7 柱、梁截面的优先尺寸系列宜根据 1M 的倍数与 M/2 的组合确定；

8 门窗洞口水平、垂直方向定位的优先尺寸系列宜为 nM。

4.4 模数网格协调

4.4.1 部件在模数网格中的定位应符合下列规定：

1 部件在单线网格中的定位应采用中心线定位法（图 4.4.1-1）或界面定位法（图 4.4.1-2）；

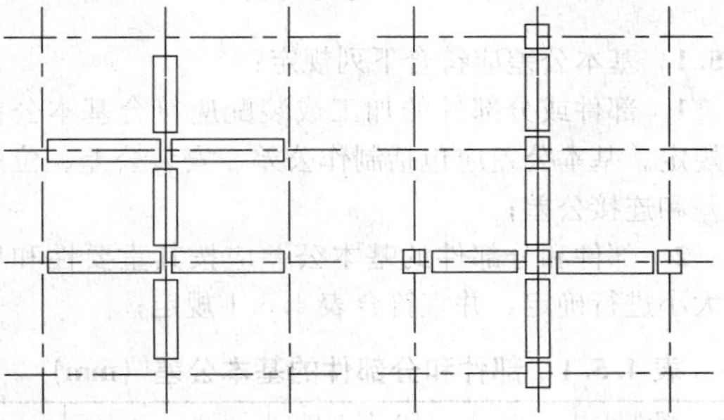

图 4.4.1-1 单线网格中的中心线定位法

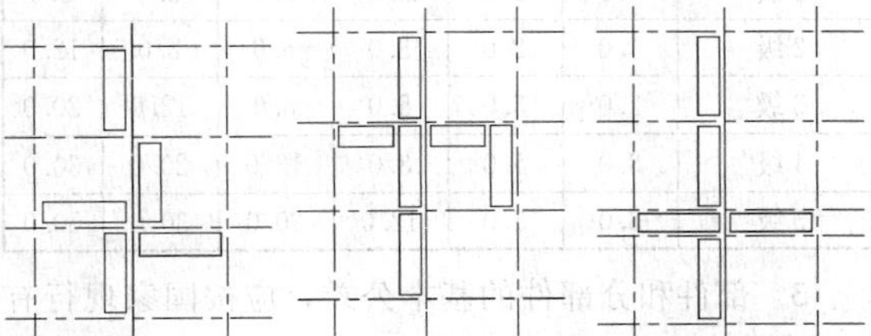

图 4.4.1-2 单线网格中的界面定位法

2 部件在双线网格中的定位应采用界面定位法（图 4.4.1-3）；

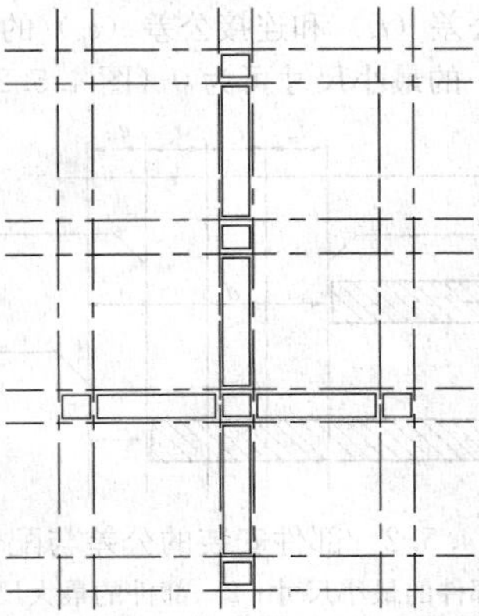

图 4.4.1-3 双线网格中的界面定位法

3 部件在双线网格和单线网格混合使用的模数网格中的定位，可采用中心线定位法或界面定位法，或同时使用两种定位方法（图 4.4.1-4、图 4.4.1-5）。

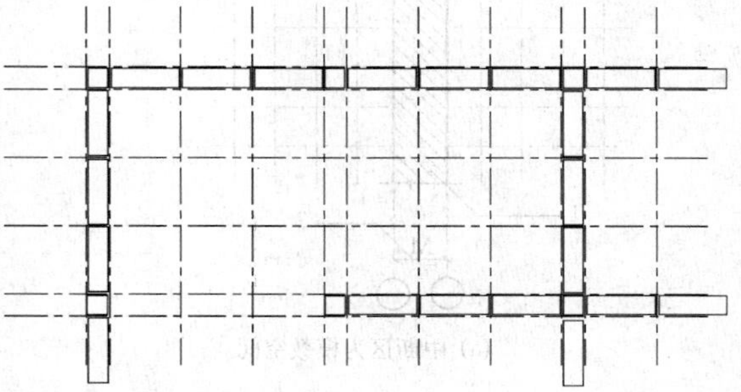

图 4.4.1-4 单线和双线网格混合使用中的界面定位法

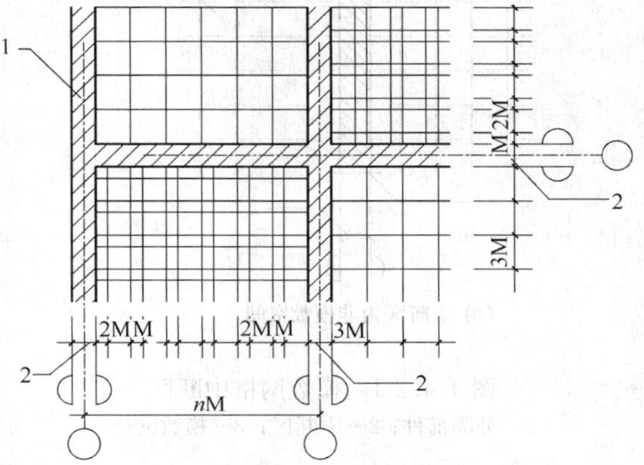

图 4.4.1-5 单线和双线网格混合使用时的中心线与界面定位法

1—结构墙；2—中断区

4.4.2 部件与模数网格或模数网格之间的调整宜符合下列规定：

1 部件与模数网格间的关系协调可从中心定位面开始，也可从界面定位面开始。单线网格的调整宜从部件的中心位置开始，双线网格宜从部件的面开始；

2 在同一建筑中，可采用多个模数网格，各模数网格间可重叠、交叉、中断，且相互可不平行，原点可相互独立；

3 模数网格间可用中断区调整两个或两个以上模数网格之间的关系，网格中断区可是模数的，也可是非模数的（图 4.4.2-1、图 4.4.2-2）。

4.4.3 部件所占空间的模数协调应按下列规定进行处理：

1 需要装配并填满模数部件的空间，应优先保证为模数空间；

2 不需要填满或不严格要求填满模数部件的空间，可以是非模数空间；

3 当模数部件用于填满非模数空间时，应采用技术尺寸空间处理。

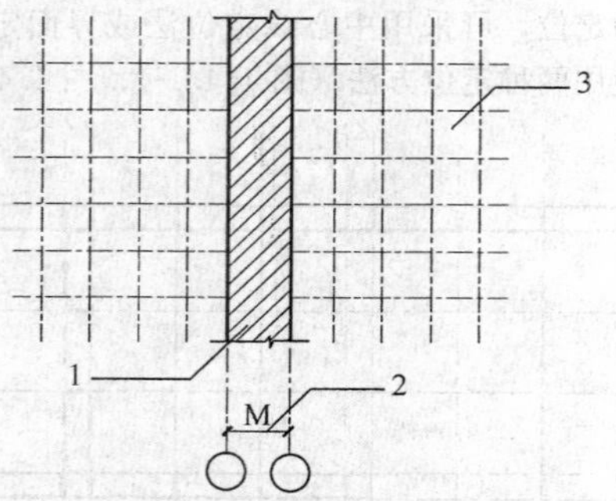

(a) 中断区为模数空间

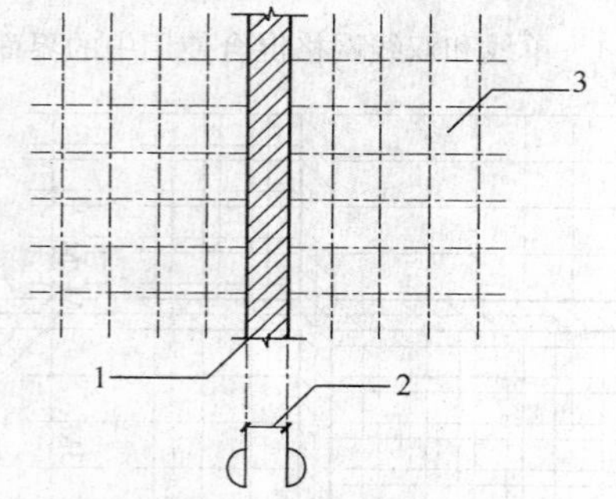

(b) 中断区为非模数空间

图 4.4.2-1　模数网格中断区

1—分隔部件；2—中断区；3—模数网格

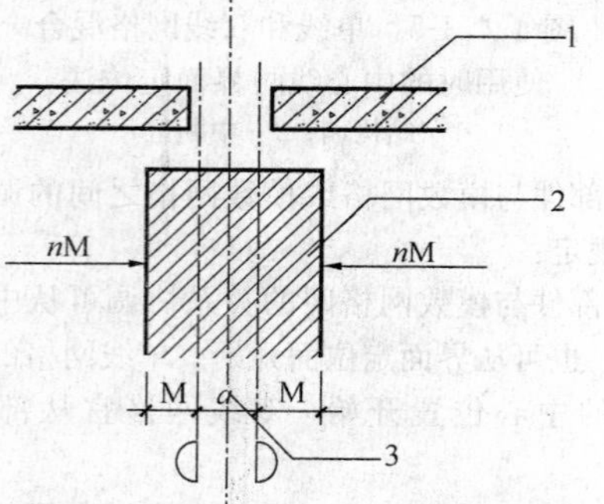

图 4.4.2-2　模数网格中断区

1—水平部件；2—垂直部件（承重支点）；3—非模数间隔中断区

4.4.4　部件安装后剩余空间的模数协调应按下列规定进行处理：

1　部件根据安装基准面定位时，应优先保证剩余空间为模数空间；

2　在模数空间中，上道工序部件的安装应为下道工序留出模数空间，下道工序安装部件的标志尺寸应符合模数空间的要求（图 4.4.4）。

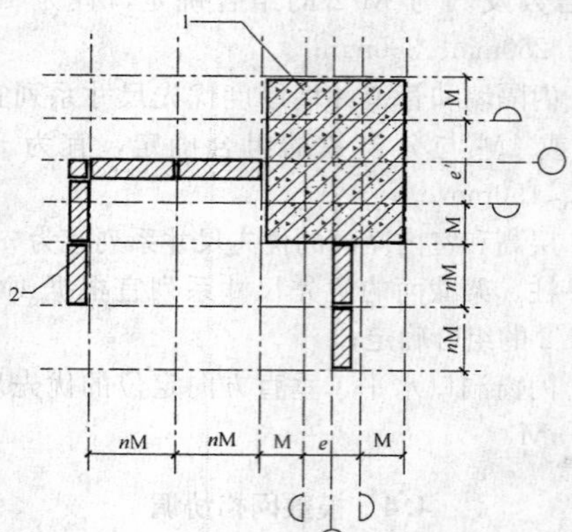

图 4.4.4　部件所占空间的模数协调

1—结构柱；2—墙板；e、e′—模数中断区

4.5　公差与配合

4.5.1　基本公差应符合下列规定：

1　部件或分部件的加工或装配应符合基本公差的规定。基本公差应包括制作公差、安装公差、位形公差和连接公差；

2　部件和分部件的基本公差应按其重要性和尺寸大小进行确定，并宜符合表 4.5.1 规定；

表 4.5.1　部件和分部件的基本公差（mm）

部件尺寸 级别	<50	≥50 <160	≥160 <500	≥500 <1600	≥1600 <5000	≥5000
1级	0.5	1.0	2.0	3.0	5.0	8.0
2级	1.0	2.0	3.0	5.0	8.0	12.0
3级	2.0	3.0	5.0	8.0	12.0	20.0
4级	3.0	5.0	8.0	12.0	20.0	30.0
5级	5.0	8.0	12.0	20.0	30.0	50.0

3　部件和分部件的基本公差，应按国家现行有关标准确定。

4.5.2　公差与配合应符合下列规定：

1　部件的安装位置与基准面之间的距离（d），应满足公差与配合的状况，且应大于或等于连接空间尺寸，并应小于或等于制作公差（t_m）、安装公差（t_e）、位形公差（t_s）和连接公差（e_s）的总和，且连接公差（e_s）的最小尺寸可为 0（图 4.5.2）。

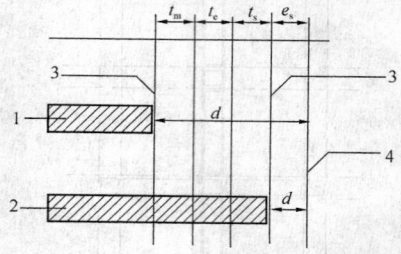

图 4.5.2　部件安装的公差与配合

1—部件的最小尺寸；2—部件的最大尺寸；3—安装位置；4—基准面

2　公差应根据功能部位、材料、加工等因素选定。在精度范围内，宜选用大的基本公差。

5　模数协调应用

5.1　一 般 规 定

5.1.1　模数协调应利用模数数列调整建筑与部件或分部件的尺寸关系，减少种类，优化部件或分部件的尺寸。

5.1.2　部件与安装基准面关联到一起时，应利用模数协调明确各部件或分部件的位置，使设计、加工及安装等各个环节的配合简单、明确，达到高效率和经济性。

5.1.3　主体结构部件和内装、外装部件的定位可通过设置模数网格来控制，并应通过部件安装接口要求进行主体结构、内装、外装部件和分部件的安装。

5.2　模数网格的设置

5.2.1　以基准面定位的主体结构时，其内部空间可采用模数装修网格表示。

5.2.2　当主体结构尺寸和模数装修网格不一致时，装修网格可被分隔为若干空间。模数结构网格和模数装修网格、不同尺寸模数网格宜适当叠加设置（图5.2.2）。

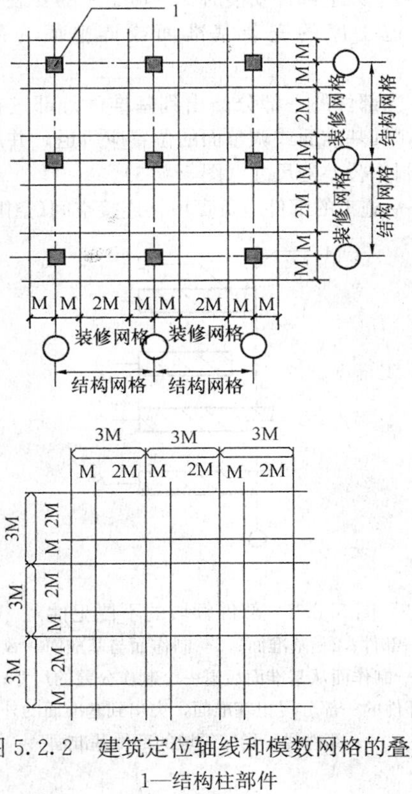

图 5.2.2　建筑定位轴线和模数网格的叠加

1—结构柱部件

5.3　主体结构部件的定位

5.3.1　对于主体结构部件的定位，宜采用中心线定位法或界面定位法。对于柱、梁、承重墙的定位，宜采用中心线定位法。对于楼板及屋面板的定位，宜采用界面定位法（图 5.3.1）。

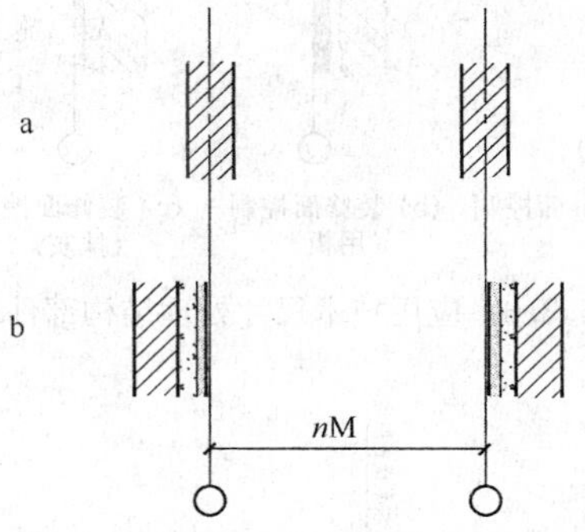

图 5.3.1　主体结构的定位

a—中心定位法；b—界面定位法

5.3.2　当主体结构部件的定位安装和内装部件的定位安装要求同时满足基准面定位时，主体结构墙体部件的安装厚度宜符合模数尺寸，中心线定位和界面定位可叠加为同一模数网格（图 5.3.2）。

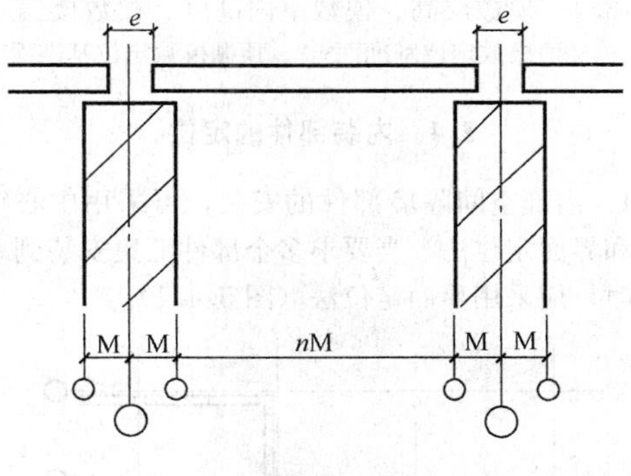

图 5.3.2　中心线定位法与界面定位法的叠加

e—网格中断区

5.3.3　在主体结构部件采用基准面进行定位时，应计算内装部件中基层和面层厚度，并宜采用技术尺寸进行处理（图 5.3.3）。

5.3.4　建筑沿高度方向的部件或分部件定位应根据不同条件确定基准面并符合以下规定（图 5.3.4）：

1　建筑层高和室内净高宜满足模数层高和模数室内净高的要求。

2　楼层的基准面可定位在结构面上，也可定位在楼面装修完成面或顶棚表面上，应根据部件安装的工艺、顺序和功能要求确定基准面。

3　模数楼盖厚度应包括楼面和顶棚两个对应的基准面之间。当楼板厚度的非模数因素不能占满模数空间时，余下的空间宜作为技术尺寸占用空。

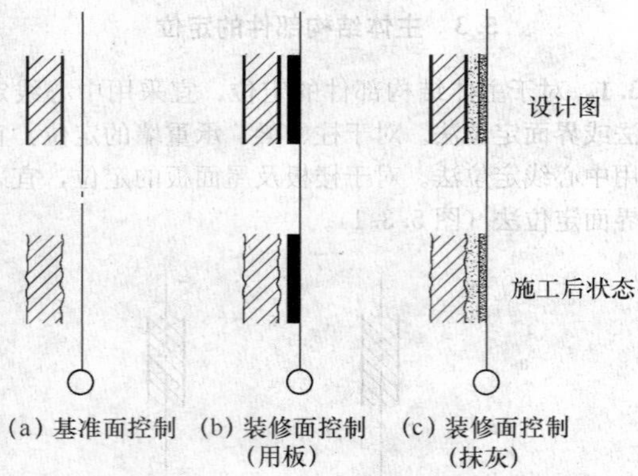

图 5.3.3 应用技术尺寸处理结构部件厚度

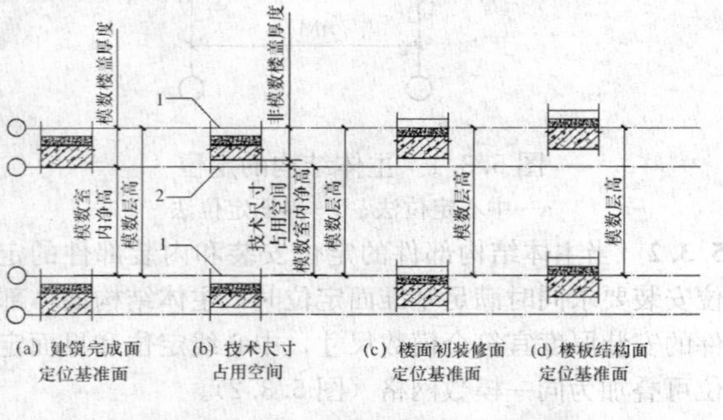

图 5.3.4 模数层高、模数室内高度、模数楼盖厚度

1—楼面模数定位基准面；2—顶棚模数定位基准面

5.4 内装部件的定位

5.4.1 内部空间隔墙部件的安装，可采用中心线定位法和界面定位法。当要求多个部件汇集安装到一条线上时，应采用界面定位法（图 5.4.1）。

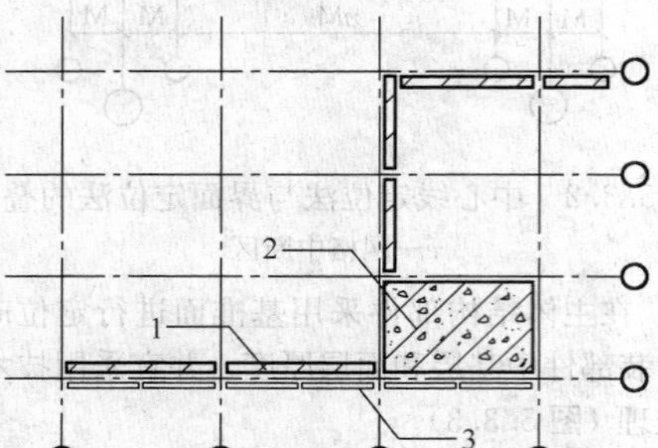

图 5.4.1 多个部件按界面定位法汇集安装

1—墙；2—结构柱；3—装饰墙板

5.4.2 对于板材、块材、卷材等装修面层的安装，当内装修面层所在一侧要求模数空间时，应采用界面定位法。装修面层的安装面材应避免剪裁加工，必要时可利用技术尺寸进行处理。

5.4.3 内装部件的尺寸的设计、加工应满足模数网格安装的要求。

5.5 外装部件的定位

5.5.1 外装部件的定位方法宜采用界面定位法。

5.5.2 外装部件的尺寸宜满足模数网格安装的要求。

5.6 安装接口

5.6.1 部件的制作尺寸应符合下列规定：

1 应设定安装基准面，并应根据安装基准面确定部件的标志尺寸，以及制作尺寸、制作公差和安装公差；

2 部件的实际尺寸宜小于制作尺寸；制作公差应控制在规定的公差范围之内，设计时应预先计算制作公差值（图 5.6.1）。

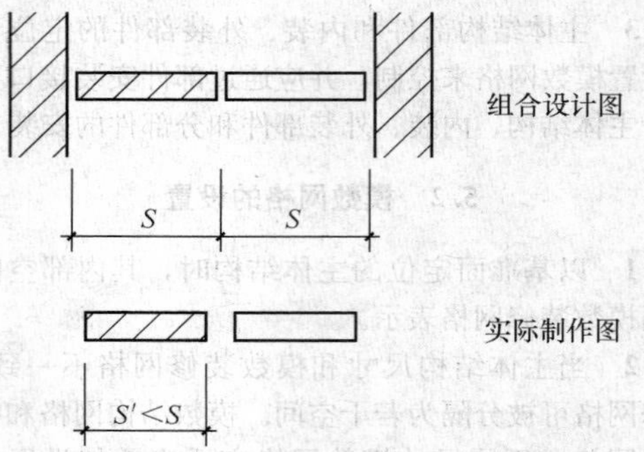

图 5.6.1 实际制作尺寸与设计图中尺寸

5.6.2 部件安装不得侵犯指定领域的部件基准面。两个或两个以上部件安装时，下道工序的安装基准面应以上道工序的安装基准面或调整面为准（图 5.6.2）。

5.6.3 当部件的一部分凸出到基准面外部进行接口安装时，其基准面或调整面的位置应后退，并应保持相当于制作公差的尺寸（图 5.6.3）。

5.6.4 后施工的部件应负责填补连接空间(空隙)。先

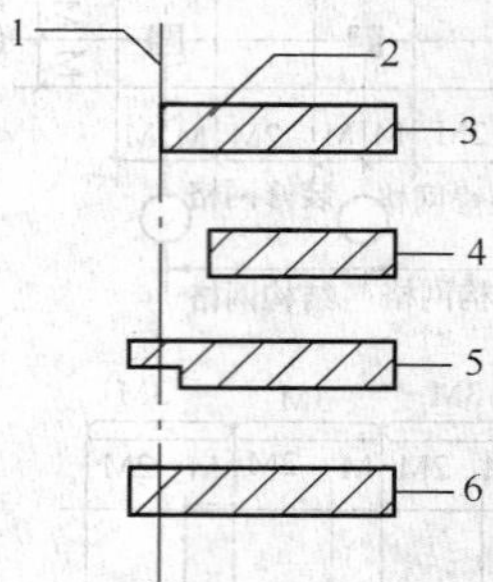

图 5.6.2 部件领域的不侵犯性

1—部件；2—基准面；3—制作面与基准面一致；4—制作面从基准面后退一个制作公差的尺寸；5—部件的一部分侵犯基准面，突出到基准面的外部；6—部件侵犯指定领域的部件基准面

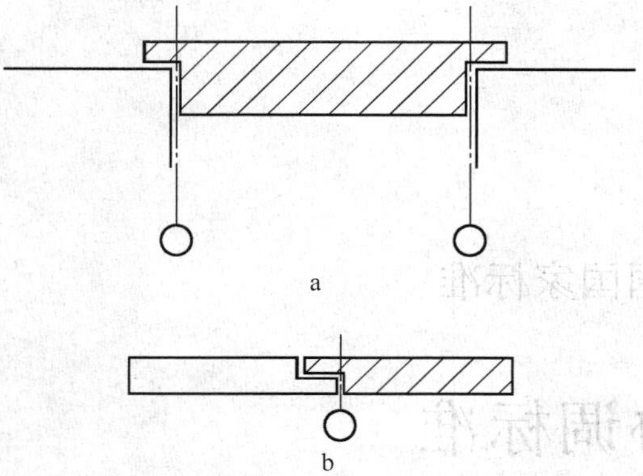

图 5.6.3 部件领域的凸出部分

施工的部件不得侵犯后施工部件的领域，施工完成面不得越过基准面(图 5.6.4)。

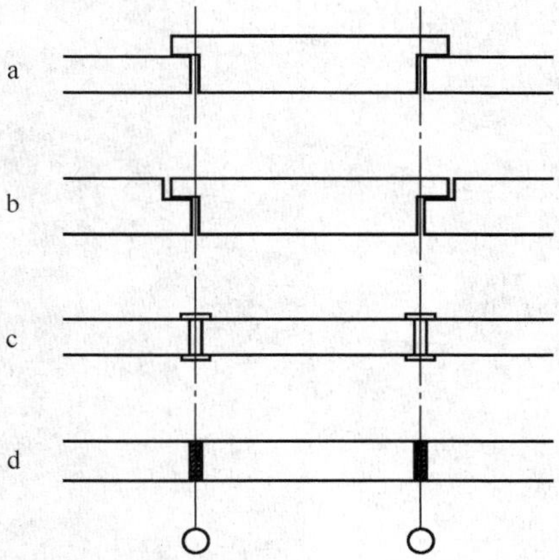

图 5.6.4 连接空间与严密安装

a、b、c—采用接口构造调整；d—采用填充体调整

5.6.5 大而重且不易加工的部件应先施工，没有安装公差或安装公差小的部件应先施工。

本标准用词说明

1 为便于在执行本标准条文时区别对待，对要求严格程度不同的用词说明如下：

1） 表示很严格，非这样做不可的：
正面词采用“必须”，反面词采用“严禁”；

2） 表示严格，在正常情况下均应这样做的：
正面词采用“应”，反面词采用“不应”或“不得”；

3） 表示允许稍有选择，在条件许可时首先应这样做的：
正面词采用“宜”，反面词采用“不宜”；

4） 表示有选择，在一定条件下可以这样做的，采用“可”。

2 条文中指明应按其他有关标准执行的写法为：“应符合……的规定”或“应按……执行”。

中华人民共和国国家标准

建筑模数协调标准

GB/T 50002—2013

条 文 说 明

修　订　说　明

《建筑模数协调标准》GB/T 50002－2013，经住房和城乡建设部2013年月8月8日以第114号公告批准、发布。

本标准是在《建筑模数协调统一标准》GBJ 2－86、《住宅建筑模数协调标准》GB/T 50100－2001的基础上修订而成。上一版的主编单位是中国建筑标准设计研究所、中国建筑技术研究院。参编单位是燕山石油化学总公司设计院、同济大学、南京工学院、中国建筑东北设计院、陕西省建筑设计院、湖北工业建筑设计院、武汉煤矿设计研究院、上海市工程建设标准化委员会。主要起草人员是吕良芳、沈运柱、陈金寿、开彦、仲继寿、靳瑞冬、赵冠谦、姚国华、班焯、王勤芬、彭圣钦。

本标准修订的主要技术内容是：

1. 整合了《建筑模数协调统一标准》GBJ 2－86、《住宅建筑模数协调标准》GB/T 50100－2001的章节结构。

2. 强调基本模数，取消了模数数列表，淡化3M概念。

3. 强调模数网格与模数协调应用。

4. 简化文字表述，力求接近工程实际。

本标准修订过程中，编制组进行了广泛的调查研究，总结了我国工程建设的实践经验，同时参考了国外先进技术法规、技术标准。

为便于广大设计、施工、科研、学校等单位有关人员在使用本标准时能正确理解和执行条文规定，《建筑模数协调标准》编制组按章、节、条顺序编制了本标准的条文说明，对条文规定的目的、依据以及执行中需注意的有关事项进行了说明。但是，本条文说明不具备与标准正文同等的法律效力，仅供使用者作为理解和把握标准规定的参考。

目 次

1 总 则

1.0.1 建筑工业化，是大多数国家解决大量性房屋建筑问题的关键。我国实现建筑产业现代化实际上是工业化、标准化和集约化的过程。没有标准化，就没有真正意义上的工业化；而没有系统的尺寸协调，就不可能实现标准化。

以住宅产业化为例，我国住宅发展的最终目标应是实行通用住宅体系化，积极推行定型化生产，系列化配套，社会化供应的部件发展模式。

模数协调工作是各行各业生产活动最基本的技术工作。遵循模数协调原则，全面实现尺寸配合，可保证房屋建设过程中，在功能、质量、技术和经济等方面获得优化，促进房屋建设从粗放型生产转化为集约型的社会化协作生产。这里是两层含义，一是尺寸和安装位置各自的模数协调，二是尺寸与安装位置之间的模数协调。

1.0.2 本标准适用于一般民用与工业建筑，不包括构筑物。之所以如此，一方面是便于与国际标准化组织/房屋建筑技术委员会（ISO/TC—59）对接，另一方面构筑物尽管与房屋建筑有相同之处，但由于其功能和工艺的特殊性，和建筑物存在不少差异，故不列入。

尽管工业建筑相对自成体系，但工业建筑除了工艺外，更容易实现工业化生产，包括主体结构和围护结构，如果是多层厂房内装也是普遍的。模数协调的基本原则与民用建筑相同。

本标准适用于编制建筑设计中的建筑、结构、设备、电气等工种技术文件及它们之间的尺寸协调原则，以协调各工种之间的尺寸配合，保证模数化部件和设备的应用。

同时，本标准也适用于确定建筑中所采用的建筑部件或分部件（如设备、固定家具、装饰制品等）需要协调的尺寸，以提供制定建筑中各种部件、设备的尺寸协调的原则方法，指导编制建筑各功能部位的分项标准，如：厨房、卫生间、隔墙、门窗、楼梯等专项模数协调标准，以制定各种分部件的尺寸、协调关系。

建筑中有特殊功能或特殊形体的部分，可按本标准原则采用其他方法解决。

1.0.3 建筑部件实现通用性和互换性是模数协调的最基本原则。就是把部件规格化、通用化，使部件可适用于常规的建筑，并能满足各种需求，使部件规格化又不限制设计自由。这样，该部件就可以进行大量定型的规模化生产，稳定质量，降低成本。通用部件使部件具有互换能力，互换时不受其材料、外形或生产方式的影响，可促进市场的竞争和部件生产水平的提高，适合工业化大生产，简化施工现场作业。

部件的互换性有各种各样的内容，包括：年限互换、材料互换、式样互换、安装互换等，实现部件互换的主要条件是确定部件的尺寸和边界条件，使安装部位和被安装部位达到尺寸间的配合。涉及年限互换主要指因为功能和使用要求发生改变，要对空间进行改造利用时，或者某些部件已经达到使用年限，需要用新的部件进行更换。

建筑的模数协调工作涉及各行各业，涉及的部件种类很多。因此，需要各方面共同遵守各项协调原则，制定各种部件或分部件的协调尺寸和约束条件。

1.0.4 实施模数协调的工作是一个渐进的过程，对于成熟的、重要的以及影响面较大的部位可先期运行，如厨房、卫生间、楼梯间等；重要的部件和分部件如门窗等，优先推行规格化、通用化，其他部位、部件和分部件等条件成熟后再予推行。

2 术 语

2.0.5 定位轴线是定位线的一种，常用于受力部件如结构柱、墙（基础）的定位。

2.0.7 根据部件在装配时是否进行与尺寸变化相关的加工，部件又区分为以下三种：

（a）一维部件：在一个方向的尺寸确定，且两个方向尺寸可现场变化的部件。

（b）二维部件：在两个方向的尺寸确定，且一个方尺寸向可现场变化的部件。

（c）三维部件：在三个方向的尺寸已经确定，并且按其尺寸进行装配的部件。

2.0.8 分部件

1 模数化分部件并不需要所有方向的尺寸都是符合模数的，分部件的一个或两个方向组装后没有模数配合的要求，就可以是非模数尺寸，如一片外墙的厚度。

2 建筑分部件还包括设备的零件、固定装置、接头和固定的家具等。

3 从我国习惯的建筑术语而言，建筑部件和分部件有以下区别：部件可以作为建筑的一个功能部分独立发挥作用，而分部件作为一个独立的建筑制品，不一定能够独立发挥作用；部件一般由分部件构成，从功能单位上讲部件比分部件大；部件可以只在一个方向上具有规定尺寸，而分部件则在三个方向上具有规定尺寸；部件可以在装配时进行尺寸相关的变化，而分部件一般不需要进行这种变化。

2.0.9、**2.0.10** 基准面、安装基准面

根据基准面、安装基准面这一参照面（系），进行一个部件或分部件与另一个部件或分部件之间的尺寸和位置的协调。

3 模 数

3.1 基本模数、导出模数

3.1.2 本标准按不同内容分为基本模数、导出模数、模数数列，重点强调1M＝100mm基本模数的概念，扩大模数和分模数只是应用；考虑到我国习惯和与ISO 6513：1982(E)“房屋建筑——模数协调——水平尺寸的优选扩大模数系列”中的3M、6M、12M、15M、30M、60M统一，原模数标准强调扩大模数3M，本次修订依然保留3M系列，3M模数不作为主推的模数系列，故取消原《建筑模数协调统一标准》第二章中的“第二节 模数数列的幅度”。

3.2 模数数列

3.2.1～3.2.4 对原《建筑模数协调统一标准》第2.3.1条～第2.3.5条的内容表述进行简化，取消了模数数列的幅度的规定，强调了基本模数数列、扩大模数数列、分模数数列的适用范围，便于使用。我国传统模数系列习惯强调3M，而不主张2M，不能满足建筑发展的要求。本标准不做限定，以扩大选择性。

4 模数协调原则

4.1 模数网格

4.1.3 房屋建筑一般都是三维空间内的实体，因此将三维空间看作是三个相交面的连续网格，可以用来直观地计量和定位房屋建筑及其构配件在三维空间的位置与尺寸（图1）。

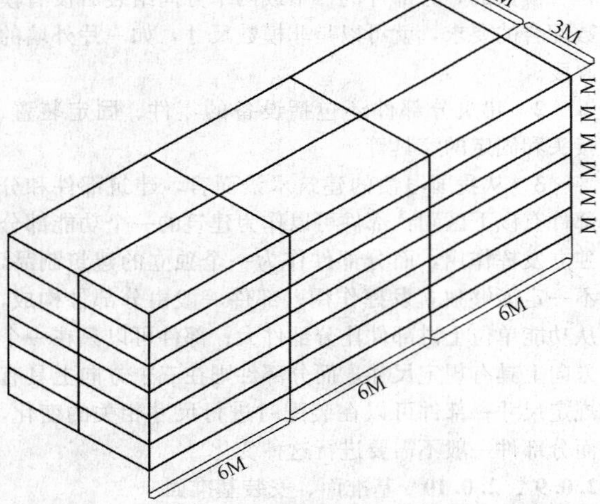

图1 非等距模数数列在模数空间网格中的应用示例

4.1.4 单线网格可用于中心线定位，也可用于界面定位；双线网格常用于界面定位。

4.1.5 装修网格由装修部件的重复量和规格决定。

4.2 部件定位

4.2.1 在模数空间内，当部件在某一方向的尺寸不是模数尺寸时，就需要技术尺寸来填充，满足模数空间的要求。

4.2.2 部件定位是指确定部件在模数网格中的位置和所占的领域。

部件定位主要依据部件基准面（线）、安装基准面（线）的所在位置决定，基准面（线）的位置确定可采用中心线定位法、界面定位法或以上两种方法的混合。

中心线定位法：指基准面（线）设于部件上（多为部件的物理中心线），且与模数网格线重叠的方法。

界面线定位法：指基准面（线）设于部件边界，且与模数网格线重叠的方法。

当采用中心线定位法定位时，部件的中心基准面（线）并不一定必须与部件的物理中心线重合，如偏心定位的外墙等。

当部件不与其他部件毗邻连接时，一般可采用中心定位法，如框架柱的定位。

当多部件连续毗邻安装，且需沿某一界面部件安装完整平直时，一般采用界面定位法，并通过双线网格保证部件占满指定领域。

为保证部件的互换性和位置可变性，可同时采用不同的定位方法（图2）。

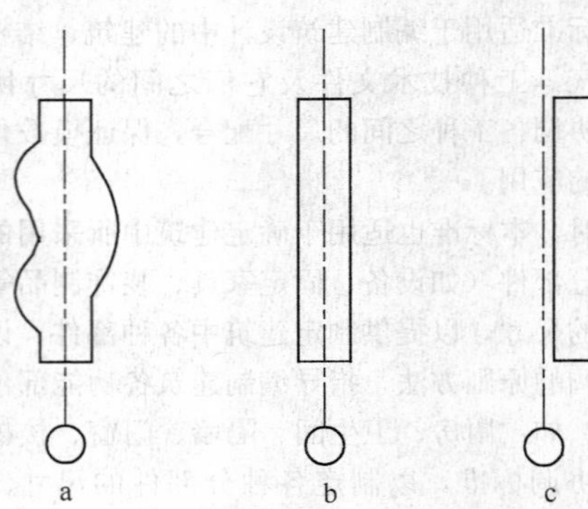

图2 部件的中心线定位法和界面定位法

a—厚度方向不规则的采用中心定位线；

b—板状部件的中心定位线；

c—板状部件的界面定位线

在模数空间网格中，部件的定位根据其安装基准面的所在位置，采用中心线定位法、界面定位法或两种方式的混合。

为了保证上、下道工序的部件安装都能够处在模数空间网格之中，部件定位宜采用界面定位法。

4.2.3 基准面与调整面的形状无关，设定在调整面位置的基准面，原则上为平面。图 4.2.3-2 表示了基准面和调整面的三种关系。其中，调整面越过基准面的情况在实际工程中也很常见。如吊车梁（图 3)。

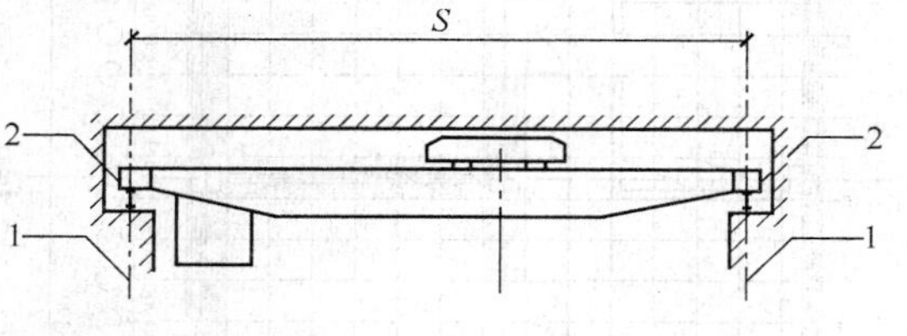

图 3　调整面越过基准面

1—基准面；2—调整面

4.2.4　本条规定了安装基准（面）线的确定方法。

1　相互平行的安装基准（面）线，如开间、进深方向的轴线，是建筑设计中应用最广泛的类型。如内隔墙、厨具、卫生洁具的安装就是以与之平行的承重墙体为初始基准面来定位安装的。

2　按照我国的施工图平面绘制习惯，通常多以图面左侧、下部的承重部件安装基准面为初始基准面，并统一给承重部件的安装基准面赋予定位轴线及轴线号。其他非承重构件则多以近邻定位轴线为初始基准面，通过与初始基准面之间的距离确定非承重部件的位置。

在两个安装基准面之间插入辅助安装基准面经常用于部件、设备管道安装工程和装修工程中。

对于由块材和面材（如瓷砖、马赛克等）等多个部件的集合为前提的部件，指示每一个基准面是不现实的，且在某些场合下也是没有什么意义的。对于这类部件的位置指定，可采用插入的方法，即在基准面与基准面之间插入另一组模数网格，均匀分割空间尺寸，此时安装的位置误差仍然根据基准面的位置确定。辅助安装基准面的应用，可有效地避免部件的现场剪裁。

4.3　优 先 尺 寸

4.3.1　部件的尺寸对部件的安装有着重要的意义。在指定领域中，部件基准面之间的距离，可采用标志尺寸、制作尺寸和实际尺寸来表示，对应着部件的基准面、制作面和实际面。部件预先假设的制作完毕后的面，称为制作面，部件实际制作完成的面称为实际面。

对于设计人员而言，更关心部件的标志尺寸，设计师根据部件的基准面来确定部件的标志尺寸。

对制造业者来说则关心部件的制作尺寸，必须保证制作尺寸符合基本公差的要求。

对承建商而言，则需要关注部件的实际尺寸，以保证部件之间的安装协调。

优先尺寸是从基本模数、导出模数和模数数列中事先挑选出来的模数尺寸。它与地区的经济水平和制造能力密切相关。优先尺寸越多，则设计的灵活性越大，部件的可选择性越强，但制造成本、安装成本和更换成本也会增加；优先尺寸越少，则部件的标准化程度越高，但实际应用受到的限制越多，部件的可选择性越低。

在指定领域的场合中，部件基准面与部件制作面之间的距离称为“连接空间”（亦称“空隙”)，部件制作面和部件实际面之间的距离称为“误差”。

部件的安装应根据部件的标志尺寸以及部件公差，规定部件安装中的制作尺寸、实际尺寸和允许公差之间的尺寸关系。

4.3.2　本条规定了部件的优先尺寸的选用原则。

2　选择部件的优先尺寸，就是在保证基本需求的基础上，实行最少化参数，以便减少建筑部件的品种和规格，确保制造业经济、高效。

3　根据生产设备和部件装配的需要，对优先尺寸实行分解和组合的情况是常见的。为了取得模数空间，且有利于选择定型部件和系列部件，分解和组合后的尺寸仍可作为优先尺寸。

4　厚度的优选尺寸符合模数是为保证墙体部件围合后的空间符合模数空间的要求；考虑到新型墙体材料的应用、传统厚度墙体材料的存在以及经济等因素，外墙厚度的优先尺寸系列保留了 150、200、250、300 等尺寸系列。

5　内隔墙优先尺寸的选择应考虑材料、构造和后装部件的需要。

6　层高和室内净高的优先尺寸间隔为 1M。20M～22M 一般用于地下室、设备层和仓库等。小于 20M 一般用于吊顶或设备区高度。

室内净高也是内装部件高度标志尺寸。该标志尺寸的选择与施工工艺相关，可按结构基准面或建筑基准面确定。

7　柱截面尺寸通常根据结构计算确定的，在满足结构计算的前提下，梁、柱截面宜采用 1M 的倍数与 M/2 的组合确定，如柱子为 300、350、400……等，梁为 200、250、300……等；便于尺寸协调。

4.4　模数网格协调

4.4.1　新中国成立以来我国惯用的是单线网格，梁、柱、墙等结构部件的水平定位多采用中心线定位法，但因为结构部件的水平尺寸为非模数尺寸，获得的装配空间也是非模数空间，影响了装修部件的标准化和集成化。模数协调的重点已经转向结构和内装的协调发展，需要结构部件的尺寸符合模数的要求。如果不符合模数的要求，可通过网格间隔的方法保证内装的模数空间；而在剖面、立面的定位中，则多采用界面定位法，能够保证建筑部件的竖向界面间为模数空间。当板厚为非模数时，则需要通过技术尺寸来填补，如加吊顶或装饰线。

4.4.2　同一建筑可采用多个、多种模数网格，不同模数网格间的连接可采取设置中断区的方式来过渡。中断区可以是模数空间，也可以是非模数空间。

ϕ5mm，表示左右两边均为模数空间。

ϕ5mm，带半圆符号的一边表示模数空间，不带半圆符号的一边表示非模数空间。

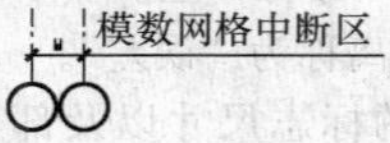

中断区两侧为圆轴线标号的表示中断区为模数空间。

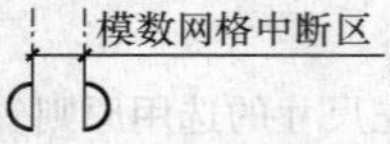

中断区两侧以半圆轴线标号的直边分别朝向中断区的表示中断区为非模数空间。

建筑墙体经常可以成为模数网格的中断区，隔墙分割开的不同空间可以是模数空间，也可一侧是模数空间。

4.4.3 模数部件用于填满非模数空间时，采用技术尺寸空间处理方法：比如厨房家具或设备的安装，墙面瓷砖的厚度应当视为技术尺寸空间。

4.5 公差与配合

4.5.1 公差是由部件或分部件制作、定位、安装中不可避免的误差引起的。公差一般包括制作公差、安装公差、位形公差及连接公差等几种。公差包含了尺寸的上限值和下限值之间的差。在设计中应当把公差的允许值考虑进去，并控制在合理的范围内，以保证在安装接缝、加工制作、放线定位中的误差发生在可允许的范围内。

表 4.5.1-2 中所列数值是从生产活动的经验中总结出来的，分为 5 个级别，分别根据部件或分部件的重要性和尺寸大小来确定。本表参照日本《建筑部件的基本公差》A0003—1963 编制，供选择应用。

部件和分部件的基本公差数值的选择，应根据相关行业标准同时考虑技术上的、经济上的条件来确定。

4.5.2 选择尽可能大的基本公差，可以降低对材料的要求，容易加工，提高工效。只要在满足相当精度和相应功能的条件下，此举是恰当的。

公差配合公式：$e_s \leqslant d \leqslant e_s + t_m + t_e + t_s$；部件的安装位置与基准面之间的距离（$d$），制作公差（$t_m$）、安装公差（$t_e$）、位形公差（$t_s$）、连接公差（$e_s$）。

5 模数协调应用

5.2 模数网格的设置

5.2.2 为了更好地指导利用模数协调方法进行设计和施工，将建筑定位轴线和模数网格线叠加在一起进行应用图示（图 4）。

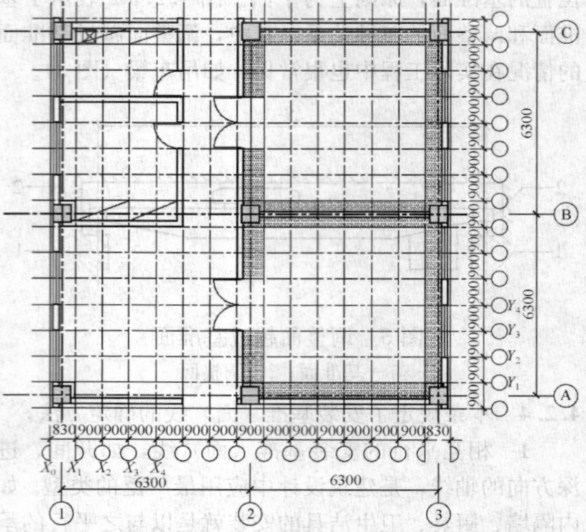

图 4　建筑定位轴线和模数网格线的叠加图示

5.3 主体结构部件的定位

5.3.1 采用中心线定位法时，内装修空间经常为非模数的，可通过调整墙体部件厚度来实现内装修空间为模数空间。

5.3.2 界面定位法的灵活应用有利于内装和外装部件的定位和安装，部件互换性和安装灵活性强。

5.3.3 主体结构面因厚度原因偏离装修基准面，此部分的厚度可做技术尺寸处理。主体结构基准面此时应与装修基准面重合。

5.3.4 连续两层楼板之间的垂直高度称为层高。为实现垂直方向的模数协调，达到可变、可改、可更新的目标，常需要将层高设计成模数层高，可定位在结构面上也可在建筑完成面上。

模数室内净高对于部件或分部件的选择以及墙面装修等非常重要，由此可实现灵活空间隔墙定制化、橱柜组合定制化、墙砖定制化等的设计。

楼板结构厚度一般不是基本模数的倍数，对于建筑设计重要的是装修完后的楼盖厚度，符合模数尺寸的楼盖厚度称为模数楼盖厚度。

5.4 内装部件的定位

5.4.1 内装部件包括非承重的隔墙部件、吊顶部件、地板部件、厨房部件、卫浴部件、固定家具部件和装饰面材、块材、板材等，应首先取得模数优化尺寸系列。在模数网格的原则指导下，完成安装的集成化和系列化，实现干法施工、垃圾减量。

内装部件的安装，当隔墙的一侧或两侧需要模数空间时，一般采用界面定位法；当在隔墙两侧需要模数空间时，可采用双线网格界面定位法。

5.4.2 对于板材、涂料、卷材等装修面层的安装，一般采用界面定位法。通过调整装修基层和面层的厚度，来实现装修面层所在一侧为模数空间。

5.5 外装部件的定位

5.5.2 外装部件包括墙体外表皮部件和屋面外表皮部件、阳台栏杆、遮阳部件、雨棚等。

5.6 安装接口

5.6.5 安装接口是指相邻部件的连接点，需要用连接件加以固定和连接，使接口坚固、安全、美观。控制制作尺寸是保证接口合理、简易的关键，应严格执行。

中华人民共和国国家标准

厂房建筑模数协调标准

Standard for modular coordination of industrial buildings

GB/T 50006—2010

主编部门：中 国 机 械 工 业 联 合 会
批准部门：中华人民共和国住房和城乡建设部
施行日期：2 0 1 1 年 1 0 月 1 日

中华人民共和国住房和城乡建设部
公　　告

第 815 号

关于发布国家标准
《厂房建筑模数协调标准》的公告

现批准《厂房建筑模数协调标准》为国家标准，编号为 GB/T 50006—2010，自 2011 年 10 月 1 日起实施。原《厂房建筑模数协调标准》GBJ 6—86 同时废止。

本标准由我部标准定额研究所组织中国计划出版社出版发行。

中华人民共和国住房和城乡建设部

二〇一〇年十一月三日

前　　言

本标准是根据原建设部《关于印发〈二〇〇一～二〇〇二年度工程建设国家标准制订、修订计划〉的通知》（建标〔2002〕85 号）的要求，由中国联合工程公司会同有关设计单位共同对《厂房建筑模数协调标准》GBJ 6—86（简称原标准）进行修订而成。

本标准在修订过程中，修订组在研究了原标准内容后，以单层和多层钢结构厂房为重点进行了广泛调查研究，认真总结实践经验，广泛征求全国各有关单位意见，最后经审查定稿。

本标准共分 5 章，主要内容包括：总则、术语和符号、基本规定、单层厂房和多层厂房。

本标准本次修订的主要技术内容是：

1. 对原标准的钢筋混凝土结构厂房内容进行了全面修订；

2. 增加了单层厂房的普通钢结构和轻型钢结构内容；

3. 增加了多层厂房的普通钢结构和轻型钢结构内容。

本标准由住房和城乡建设部负责管理，中国机械工业联合会负责日常管理，中国联合工程公司负责具体技术内容的解释。为不断完善本标准，使其适应经济与技术的发展，敬请各单位在执行本标准过程中，注意总结经验、积累资料，并及时将意见和有关资料寄往中国联合工程公司（地址：浙江省杭州市石桥路 338 号，邮政编码：310022，电子信箱：youmx@chinacuc.com 或 jiangch@chinacuc.com），以供今后修订时参考。

本标准组织单位、主编单位、参编单位、主要起草人和主要审查人：

组 织 单 位：中国机械工业勘察设计协会

主 编 单 位：中国联合工程公司

参 编 单 位：机械工业第九设计研究院
机械工业第五设计研究院
北京市工业设计研究院

主要起草人：姜传铁　尤明秀　钱世楷　柴　明　王　伟　王福杰　王　星　鲍常波　徐　辉

主要审查人：魏慎悟　谭泽先　向渊明　孙　明　肖　波　张作运　毛金旺　方大陪　吴　璟

目次

Contents

1 总 则

1.0.1 为使厂房建筑主要构配件、组合件的几何尺寸符合建筑模数，达到标准化和系列化，有利于工业化生产，制定本标准。

1.0.2 本标准适用于下列情况：

1 设计装配式或部分装配式的钢筋混凝土结构、钢结构及钢筋混凝土与钢的混合结构厂房；

2 厂房建筑设计中相关专业之间的尺寸协调；

3 编制厂房建筑构配件通用设计图集。

1.0.3 同一地点各厂房建筑所采用的构配件类型宜统一。同一厂房所采用的构配件类型应统一。

1.0.4 厂房的体形宜规则、简单、轴线正交。

1.0.5 厂房建筑设计时，用途相同的建筑构配件应具有可换性。

1.0.6 厂房建筑设计除应符合本标准外，尚应符合国家现行有关标准的规定。

2 术语和符号

2.1 术 语

2.1.1 模数协调 modular coordination

以基本模数或扩大模数为基础实现尺寸协调。

2.1.2 联系尺寸 connecting size

由于上柱截面的技术要求，为了使其与桥式、梁式起重机或单梁悬挂起重机等起重设备正常运行所需要的与上柱之间的最小净空距离的协调，边柱外缘或厂房高低跨处的高跨上柱外缘与纵向定位轴线之间所设置的偏移值。

2.1.3 插入距 inserting size

由于上柱截面的技术要求或因变形缝处理等构造需要，在厂房某个跨度方向或柱距方向插入的两条定位轴线间的距离。

2.1.4 模数化尺寸 modular size

符合模数数列规定的尺寸。

2.1.5 技术尺寸 technical size

符合建筑功能、工艺技术要求的建筑构配件的截面或厚度在经济上处于最优状态下的最小尺寸数值。

2.1.6 标志尺寸 coordinating size

符合模数数列的规定，用以标注建筑物定位轴面、定位面或定位轴线、定位线之间的垂直距离，以及建筑构配件、建筑组合件、建筑制品、有关设备界限之间的尺寸。

2.2 符 号

M——基本模数，1M 为 100mm；

b_e——变形缝宽度；

a_c——联系尺寸；

a_i——插入距；

a_{op}——吊装墙板所需的净空尺寸；

a_n——构件与定位轴线之间的定位尺寸；

δ——墙体厚度；

b——构配件截面宽度；

h——构配件截面高度；

n——倍数。

3 基本规定

3.0.1 厂房建筑的平面和竖向协调模数的基数，宜取扩大模数 3M。

3.0.2 厂房建筑构件截面尺寸小于或等于 400mm 时，宜按 1/2M 进级；大于 400mm 时，宜按 1M 进级。

3.0.3 厂房建筑构件的纵横向定位，宜采用单轴线；当需设置插入距或联系尺寸时，可采用双轴线。

3.0.4 厂房建筑构件的竖向定位，可采用相应的设计标高线作为定位线。

3.0.5 钢筋混凝土结构和普通钢结构的单层厂房，宜采用柱脚为刚接和柱顶与屋架或屋面梁为铰接的排架结构体系；普通钢结构单层厂房亦可采用柱顶与屋架、屋面梁为刚接的框架结构体系；轻型钢结构的单层厂房，宜采用柱脚为铰接或刚接的门式刚架结构体系。

3.0.6 钢筋混凝土结构和普通钢结构的多层厂房，梁与柱子的连接处，宜采用横向为刚接和纵向为铰接或刚接的框架结构体系；轻型钢结构的多层厂房，梁与柱子的连接处，应采用横向为刚接或铰接和纵向为铰接的框架结构体系。

3.0.7 钢筋混凝土结构和普通钢结构单层厂房的屋盖，宜采用以板材铺设的无檩条结构体系；轻型钢结构的单层厂房的屋盖，宜采用以金属板材铺设的有檩条结构体系。

3.0.8 钢筋混凝土结构多层厂房的屋盖和楼盖，宜采用以板材铺设的无次梁结构体系；普通钢结构多层厂房的屋盖和楼盖，宜采用以板材铺设的无次梁结构体系；轻型钢结构的多层厂房的楼盖，宜采用钢承楼板，屋盖宜采用以金属板材铺设的有檩结构体系。

3.0.9 厂房建筑的墙体结构，宜选用其尺寸符合模数要求的金属板材和非金属板材或轻型砌体材料，并应与其主体结构形式相适应。

3.0.10 厂房建筑荷载的取值，应符合现行国家标准《建筑结构荷载规范》GB 50009 的有关规定。厂房建筑设计的屋面荷载和风荷载取值宜符合下列规定：

1 钢筋混凝土厂房和普通钢结构厂房的屋面荷载设计值，可采用 3.0、3.5、4.0、4.5、5.0、5.5、6.0kN/m²；

2 轻型钢结构厂房的屋面荷载设计值，可采用

0.6、1.0、1.4、1.8、2.3kN/m²；

3 风荷载宜采用基本风压标准值为 0.35、0.50、0.70、0.90kN/m²。

3.0.11 厂房建筑屋面坡度，宜采用 1：5、1：10、1：15、1：20、1：30。

4 单层厂房

4.1 钢筋混凝土结构厂房的跨度、柱距和高度

4.1.1 钢筋混凝土结构厂房的跨度小于或等于 18m 时，应采用扩大模数 30M 数列；大于 18m 时，宜采用扩大模数 60M 数列(图4.1.1)。

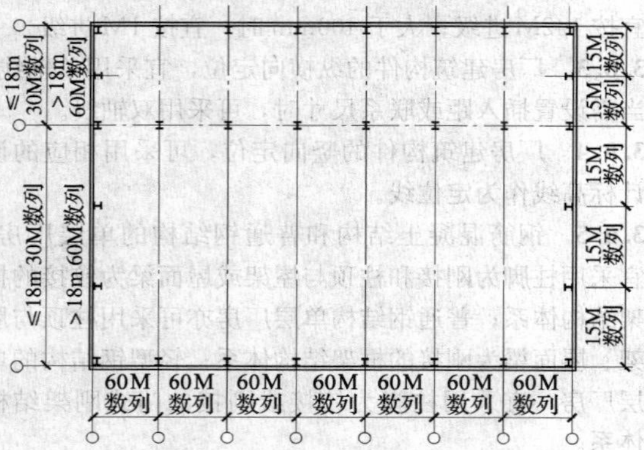

图 4.1.1 跨度和柱距示意图

4.1.2 钢筋混凝土结构厂房的柱距，应采用扩大模数 60M 数列(图 4.1.1)。

4.1.3 钢筋混凝土结构厂房自室内地面至柱顶的高度，应采用扩大模数 3M 数列[图 4.1.3(a)]。

有起重机的厂房，自室内地面至支承起重机梁的牛腿面的高度亦应采用扩大模数 3M 数列[图 4.1.3(b)]；当自室内地面至支承起重机梁的牛腿面的高度大于 7.2m 时，宜采用扩大模数 6M 数列。

预制钢筋混凝土柱自室内地面至柱底面的高度，宜采用模数化尺寸。

4.1.4 钢筋混凝土结构厂房山墙处抗风柱的柱距，宜采用扩大模数 15M 数列(图 4.1.1)。

4.2 钢筋混凝土结构厂房主要构件的定位

4.2.1 钢筋混凝土结构厂房墙、柱与横向定位轴线的定位，应符合下列规定：

1 除变形缝处的柱和端部柱以外，柱的中心线应与横向定位轴线相重合；横向变形缝处柱应采用双柱及两条横向定位轴线，柱的中心线均应自定位轴线向两侧各移 600mm，两条横向定位轴线间所需缝的宽度[图 4.2.1(a)]宜结合个体设计确定；

2 山墙内缘应与横向定位轴线相重合，且端部柱的中心线应自横向定位轴线向内移 600mm[图 4.2.1(b)]。

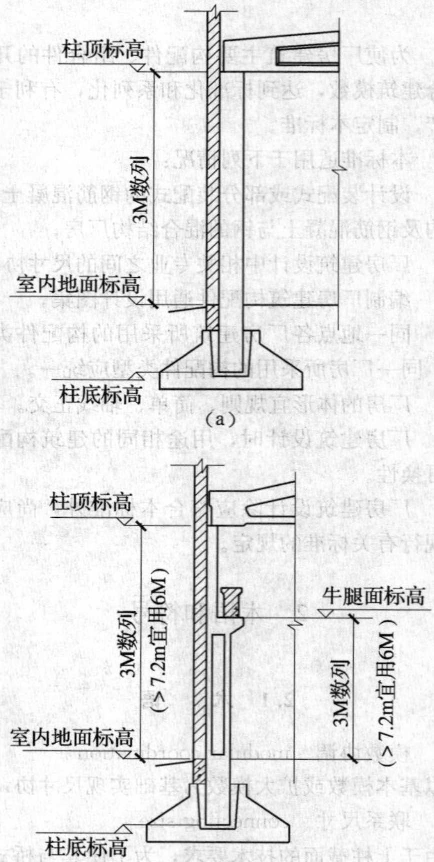

图 4.1.3 高度示意图

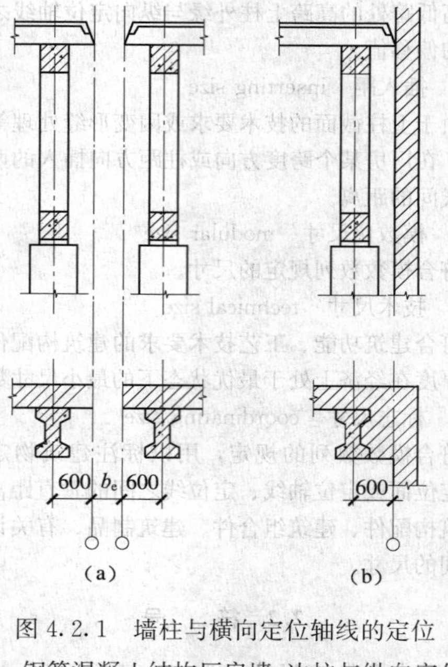

图 4.2.1 墙柱与横向定位轴线的定位

4.2.2 钢筋混凝土结构厂房墙、边柱与纵向定位轴线的定位，应符合下列规定：

1 边柱外缘和墙内缘宜与纵向定位轴线相重合[图4.2.2(a)]；

2 在有起重机梁的厂房中，当需满足起重机起重量、柱距或构造要求时，边柱外缘和纵向定位轴线间可加设联系尺寸[图4.2.2(b)]，联系尺寸应采用 3M 数列，但墙体结构为砌体时，联系尺寸可采用 1/2M 数列。

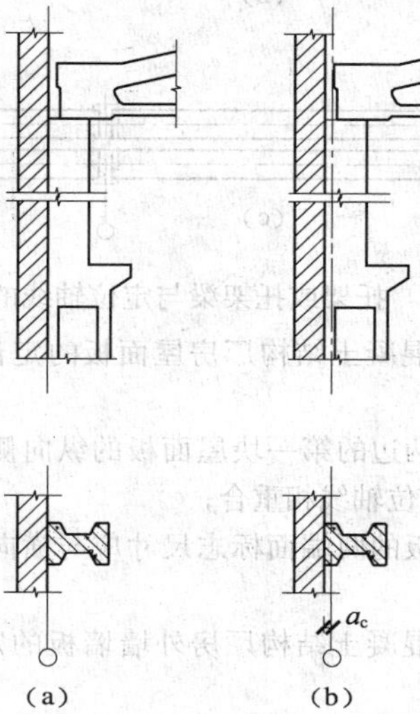

图 4.2.2　墙、边柱与纵向定位轴线的定位

4.2.3 钢筋混凝土结构厂房中柱与纵向定位轴线的定位，应符合下列规定：

1 等高厂房的中柱，宜设置单柱和一条纵向定位轴线，柱的中心线宜与纵向定位轴线相重合[图 4.2.3-1(a)]；

2 等高厂房的中柱，当相邻跨内需设插入距时，中柱可采用单柱及两条纵向定位轴线，插入距应符合 3M，柱中心线宜与插入距中心线相重合[图 4.2.3-1(b)]；

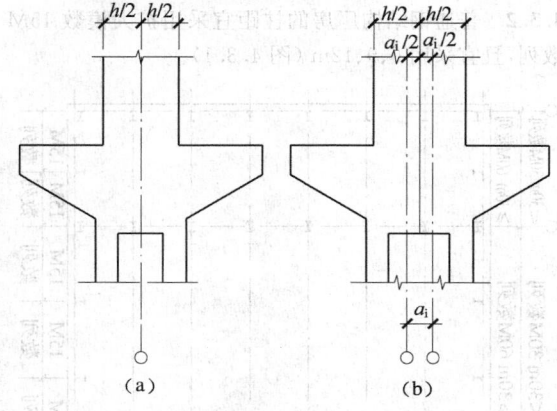

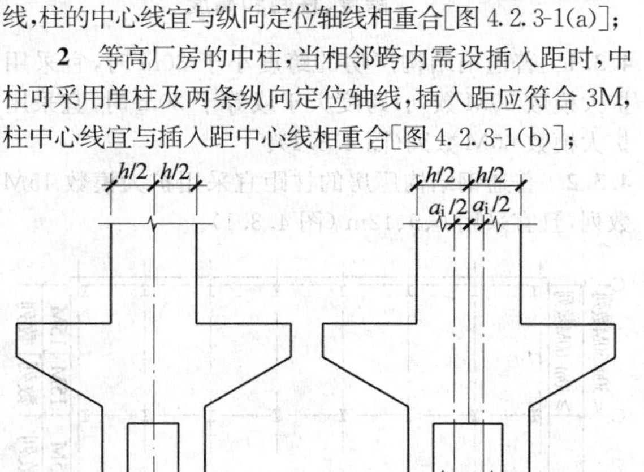

图 4.2.3-1　等高跨处中柱与纵向定位轴线的定位

3 高低跨处采用单柱时，高跨上柱外缘与封墙内缘宜与纵向定位轴线相重合[图 4.2.3-2(a)]；

当上柱外缘与纵向定位轴线不能重合时，应采用两条纵向定位轴线，插入距应与联系尺寸相同[图 4.2.3-2(b)]，也可等于墙体厚度[图 4.2.3-2(c)]或等于墙体厚度加联系尺寸[图 4.2.3-2(d)]；

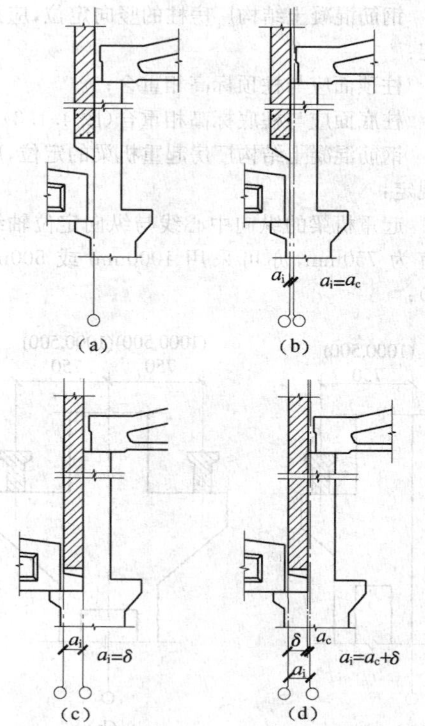

图 4.2.3-2　高低跨处中柱与纵向定位轴线的定位

4 当高低跨处采用双柱时，应采用两条纵向定位轴线，并应设插入距，柱与纵向定位轴线的定位可按边柱的有关规定确定(图 4.2.3-3)。

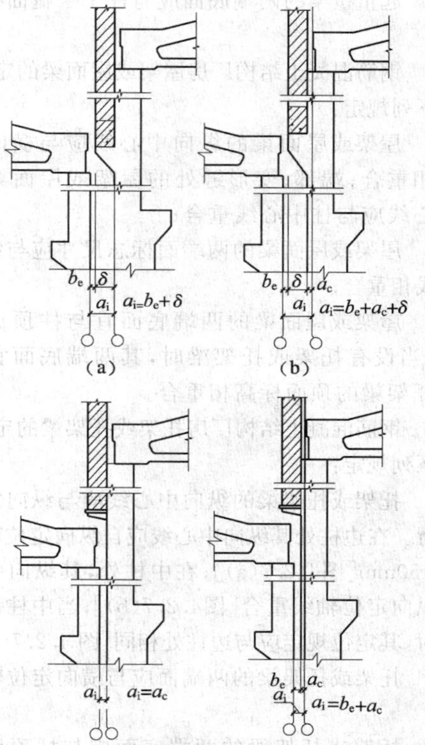

图 4.2.3-3　高低跨处双柱与纵向定位轴线的定位

4.2.4 钢筋混凝土结构厂房柱的竖向定位，应符合下列规定：

1 柱顶面应与柱顶标高相重合；

2 柱底面应与柱底标高相重合（图 4.1.3）。

4.2.5 钢筋混凝土结构厂房起重机梁的定位，应符合下列规定：

1 起重机梁的纵向中心线与纵向定位轴线间的距离宜为 750mm，亦可采用 1000mm 或 500mm（图 4.2.5）；

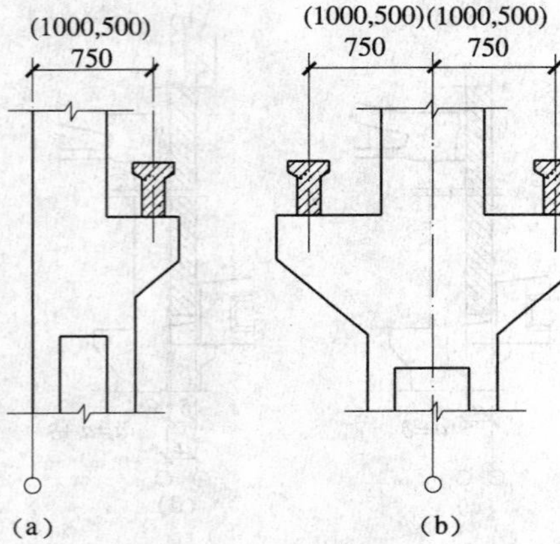

图 4.2.5 起重机梁与纵向定位轴线的定位

2 起重机梁的两端面标志尺寸应与横向定位轴线相重合；

3 起重机梁的两端底面应与柱子牛腿面标高相重合。

4.2.6 钢筋混凝土结构厂房屋架或屋面梁的定位，应符合下列规定：

1 屋架或屋面梁的纵向中心线应与横向定位轴线相重合；端部、变形缝处的屋架或屋面梁的纵向中心线应与柱中心线重合；

2 屋架或屋面梁的两端面标志尺寸应与纵向定位轴线相重合；

3 屋架或屋面梁的两端底面宜与柱顶标高相重合，当设有托架或托架梁时，其两端底面宜与托架或托架梁的顶面标高相重合。

4.2.7 钢筋混凝土结构厂房托架或托架梁的定位，应符合下列规定：

1 托架或托架梁的纵向中心线应与纵向定位轴线平行。在边柱处其纵向中心线应自纵向定位轴线向内移 150mm[图 4.2.7(a)]；在中柱处，其纵向中心线应与纵向定位轴线重合[图 4.2.7(b)]；当中柱设置插入距时，其定位规定应与边柱处相同[图 4.2.7(c)]；

2 托架或托架梁的两端面应与横向定位轴线相重合；

3 托架或托架梁的两端底面应与柱顶标高相重合。

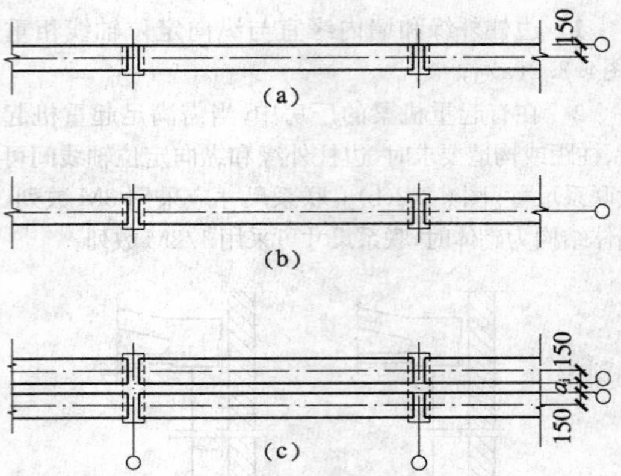

图 4.2.7 托架或托架梁与定位轴线的定位

4.2.8 钢筋混凝土结构厂房屋面板的定位，应符合下列规定：

1 每跨两边的第一块屋面板的纵向侧面标志尺寸宜与纵向定位轴线相重合；

2 屋面板的两端面标志尺寸应与横向定位轴线相重合。

4.2.9 钢筋混凝土结构厂房外墙墙板的定位，应符合下列规定：

1 外墙墙板的内缘宜与边柱或抗风柱外缘相重合；

2 外墙墙板的竖向定位及转角处的墙板处理宜结合个体设计确定。

4.3 普通钢结构厂房的跨度、柱距和高度

4.3.1 普通钢结构厂房的跨度小于 30m 时，宜采用扩大模数 30M 数列；跨度大于或等于 30m 时，宜采用扩大模数 60M 数列（图 4.3.1）。

4.3.2 普通钢结构厂房的柱距宜采用扩大模数 15M 数列，且宜采用 6、9、12m（图 4.3.1）。

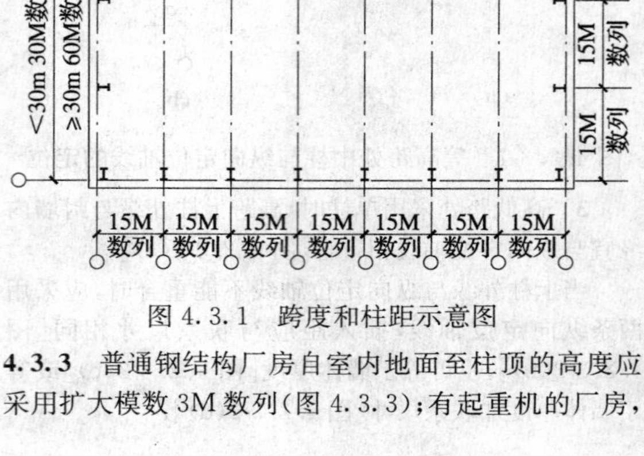

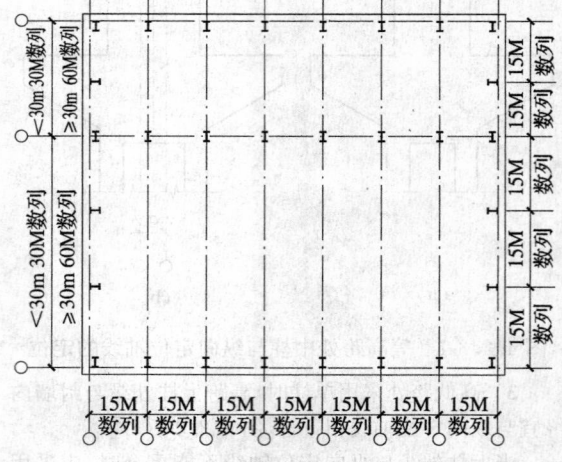

图 4.3.1 跨度和柱距示意图

4.3.3 普通钢结构厂房自室内地面至柱顶的高度应采用扩大模数 3M 数列（图 4.3.3）；有起重机的厂房，

自室内地面至支承起重机梁的牛腿面的高度宜采用基本模数数列(图 4.3.3)。

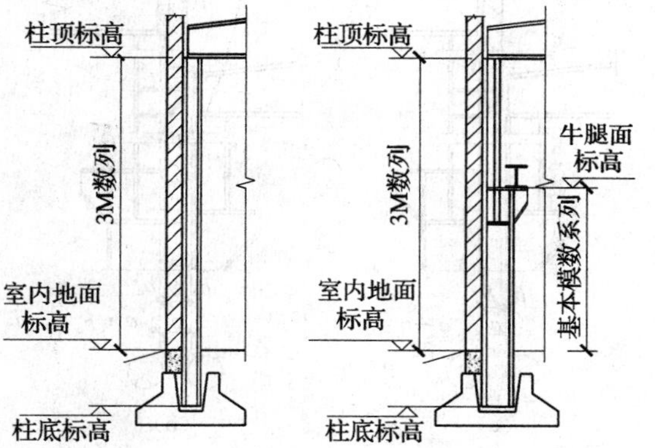

图 4.3.3　高度示意图

4.3.4　普通钢结构厂房山墙处抗风柱柱距，宜采用扩大模数 15M 数列(图 4.3.1)。

4.4　普通钢结构厂房主要构件的定位

4.4.1　普通钢结构厂房墙、柱与横向定位轴线的定位，应符合下列规定：

1　除变形缝处的柱和端部柱外，柱的中心线应与横向定位轴线相重合。

2　横向变形缝处柱宜采用双柱及两条横向定位轴线，轴线间缝的宽度应符合现行国家标准《建筑地基基础设计规范》GB 50007、《建筑抗震设计规范》GB 50011 的有关规定。采用大型屋面板时，柱的中心线均应自定位轴线向两侧各移 600mm (图 4.4.1)。

3　采用大型屋面板时，山墙内缘应与横向定位轴线相重合，且端部柱的中心线应自横向定位轴线向内移 600mm (图 4.4.1)。

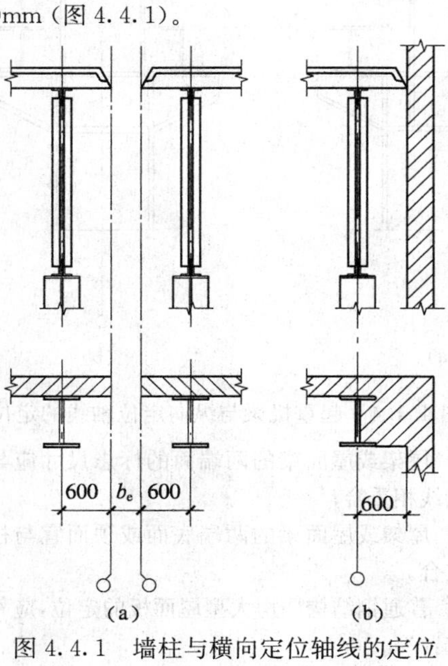

图 4.4.1　墙柱与横向定位轴线的定位

4.4.2　普通钢结构厂房墙、边柱与纵向定位轴线的定位，宜符合下列规定(图 4.4.2)：

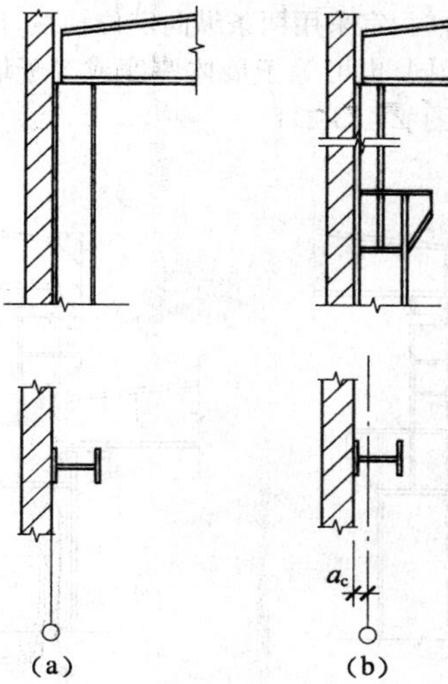

图 4.4.2　墙、边柱与纵向定位轴线的定位

1　边柱外缘和墙内缘宜与纵向定位轴线相重合；

2　在有起重机的厂房中，当需满足起重机重量、柱距或构造要求时，边柱外缘和纵向定位轴线间可加设联系尺寸。联系尺寸宜为 50mm 的整数倍数。

4.4.3　普通钢结构厂房中柱与纵向定位轴线的定位，宜符合下列规定：

1　等高厂房的中柱，宜设置单柱和一条纵向定位轴线，柱的中心线宜与纵向定位轴线相重合[图 4.4.3-1(a)]；

2　等高厂房的中柱，当相邻跨内需设插入距时，中柱可采用单柱及两条纵向定位轴线，插入距应符合 50mm 的整数倍数，柱中心线宜与插入距中心线相重合[图 4.4.3-1(b)]；

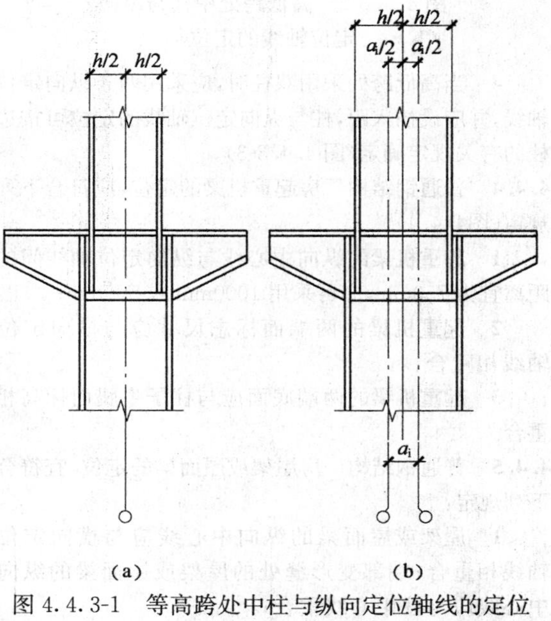

图 4.4.3-1　等高跨处中柱与纵向定位轴线的定位

3 高低跨处采用单柱时，高跨上柱外缘与封墙内缘宜与纵向定位轴线相重合；当上柱外缘与纵向定位轴线不能重合时，宜采用两条纵向定位轴线，插入距应与联系尺寸相同，也可等于墙体厚度或等于墙体厚度加联系尺寸（图 4.4.3-2）；

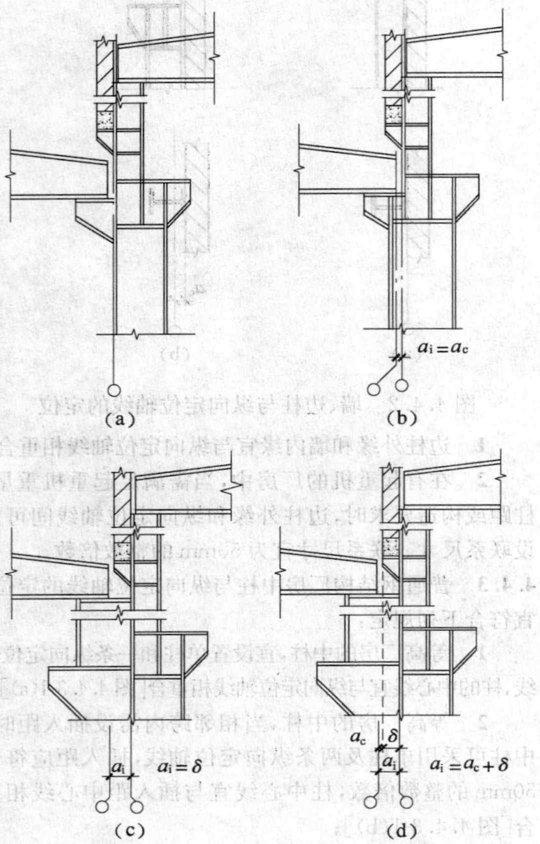

图 4.4.3-2 高低跨处中柱与纵向定位轴线的定位

4 当高低跨处采用双柱时，应采用两条纵向定位轴线，并应设插入距，柱与纵向定位轴线的定位可按边柱的有关规定确定（图 4.4.3-3）。

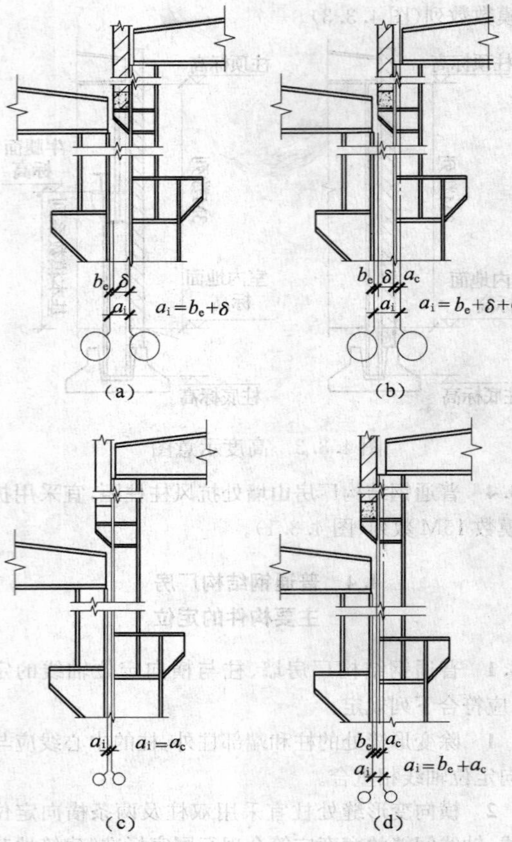

图 4.4.3-3 高低跨处双柱与纵向定位轴线的定位

4.4.4 普通钢结构厂房起重机梁的定位，应符合下列规定（图4.4.4）：

1 起重机梁的纵向中心线与纵向定位轴线间的距离宜为 750mm，亦可采用 1000mm 或 500mm；

2 起重机梁的两端面标志尺寸应与横向定位轴线相重合；

3 起重机梁的两端底面应与柱子牛腿面标高相重合。

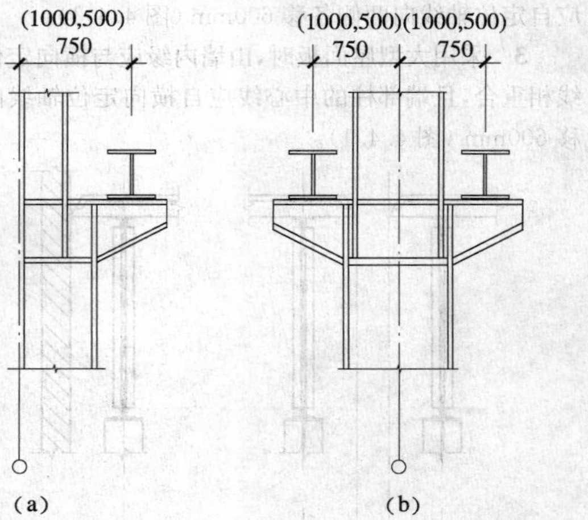

图 4.4.4 起重机梁与纵向定位轴线的定位

4.4.5 普通钢结构厂房屋架或屋面梁的定位，宜符合下列规定：

1 屋架或屋面梁的纵向中心线应与横向定位轴线相重合；端部变形缝处的屋架或屋面梁的纵向中心线应与柱中心线重合；

2 屋架或屋面梁的两端面的标志尺寸应与纵向定位轴线相重合；

3 屋架或屋面梁的两端底面或顶面宜与柱顶标高相重合。

4.4.6 普通钢结构厂房大型屋面板的定位，应符合下列规定：

1　每跨两边的第一块屋面板的标志尺寸的纵向侧面宜与纵向定位轴线相重合；

2　屋面板的两端面的标志尺寸应与横向定位轴线相重合。

4.4.7　普通钢结构厂房外墙墙板的定位，宜符合下列规定：

1　外墙墙板的内缘宜与边柱或抗风柱外缘相重合；

2　外墙墙板的两端面宜与横向定位轴线或抗风柱中心线相重合；

3　外墙墙板的竖向定位及转角处的墙板处理宜结合个体设计确定。

4.5　钢筋混凝土结构和普通钢结构厂房主要构件的尺度

4.5.1　柱的截面尺寸应为技术尺寸，长度宜为模数化尺寸。

4.5.2　起重机梁的截面尺寸应为技术尺寸，长度应为模数化尺寸。

4.5.3　屋架各杆件和屋面梁的截面尺寸应为技术尺寸，屋架和屋面梁的长度应为模数化尺寸，支承外挑天沟或檐口的外挑部分的长度应为技术尺寸。

4.5.4　托架各杆件和托架梁的截面尺寸应为技术尺寸，托架和托架梁的长度应为模数化尺寸，其端头高度宜采用模数化尺寸。

4.5.5　屋面板的高度应为技术尺寸，宽度和长度应为模数化尺寸。

4.5.6　外墙墙板的厚度应为技术尺寸，宽度和长度应为模数化尺寸。

4.6　轻型钢结构厂房的跨度、柱距和高度

4.6.1　轻型钢结构厂房的跨度小于或等于 18m 时，宜采用扩大模数 30M 数列；大于 18m 时，宜采用扩大模数 60M 数列。

4.6.2　轻型钢结构厂房的柱距宜采用扩大模数 15M 数列，且宜采用 6.0、7.5、9.0、12.0m。无起重机的中柱柱距宜采用 12、15、18、24m。

4.6.3　当生产工艺需要时，轻型钢结构厂房可采用多排多列纵横式柱网，同方向柱距（跨度）尺寸宜取一致，纵横向柱距可采用扩大模数 5M 数列，且纵横向柱距相差不宜超过 25%。

4.6.4　轻型钢结构厂房自室内地面至柱顶或房屋檐口的高度，应采用扩大模数 3M 数列。

有起重机的厂房，自室内地面至起重机梁的牛腿面高度，应采用扩大模数 3M 数列。

4.6.5　轻型钢结构厂房山墙处抗风柱柱距，宜采用扩大模数 5M 数列。

4.7　轻型钢结构厂房主要构件的定位

4.7.1　轻型钢结构厂房墙、柱与横向定位轴线的定位，应符合下列规定：

1　除变形缝处的柱和端部柱外，柱的中心线应与横向定位轴线重合；

2　横向变形缝处应采用双柱及两条横向定位轴线，柱的中心线均应自定位轴线向两侧各移 600mm，两条横向定位轴线间缝的宽度应采用 50mm 的整数倍数；

3　厂房两端横向定位轴线可与端部承重柱子中心线重合。当横向定位轴线与山墙内缘重合时，端部承重柱子的中心线与横向定位轴线间的尺寸应取 50mm 的整数倍数。

4.7.2　轻型钢结构厂房墙、柱与纵向定位轴线的定位，应符合下列规定：

1　厂房纵向定位轴线除边跨外，应与柱列中心线重合。当中柱柱列有不同柱子截面时，可取主要柱子的中心线作为纵向定位轴线；

2　厂房纵向定位轴线在边跨处应与边柱外缘重合；

3　厂房纵向设双柱变形缝时，其柱子中心线应与纵向定位轴线重合，两轴线间距离应取 50mm 的整数倍数。设单柱变形缝时，可不取柱子中心线，但应在柱子截面内。

4.8　其　　他

4.8.1　厂房设横向变形缝时，应采用双柱及两条横向定位轴线。

4.8.2　等高厂房设纵向变形缝，当变形缝为伸缩缝时，可采用单柱并设两条纵向定位轴线，变形缝一侧的屋架或屋面梁应搁置在活动支座上[图 4.8.2(a)]；当变形缝为抗震缝时，应采用双柱及两条纵向定位轴线，其插入距宜为变形缝宽度或变形缝宽度与联系尺寸之和[图 4.8.2(b)]。

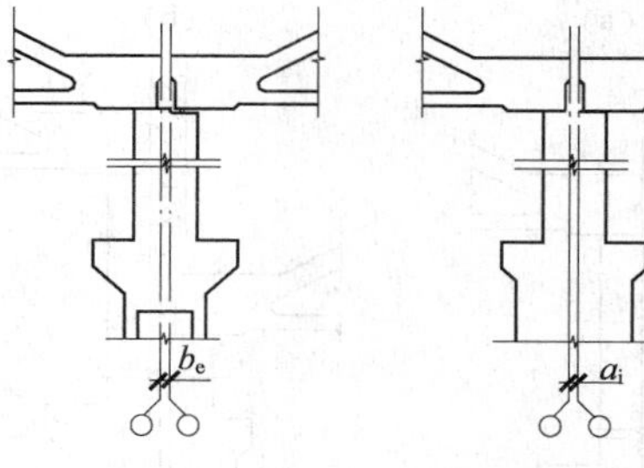

(a)　　　　(b)

图 4.8.2　等高厂房的纵向变形缝

4.8.3　高低跨处单柱设变形缝时，低跨的屋架或屋面梁可搁置在活动支座上，高低跨处应采用两条纵向定

位轴线，并应设插入距(图 4.8.3)。

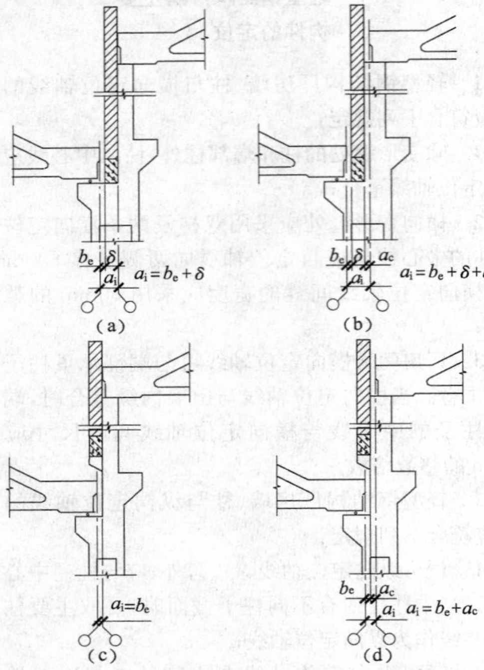

图 4.8.3　高低跨处的单柱纵向变形缝

4.8.4　不等高厂房的纵向变形缝，应设在高低跨处，并应采用双柱及两条纵向定位轴线(图 4.8.4)。

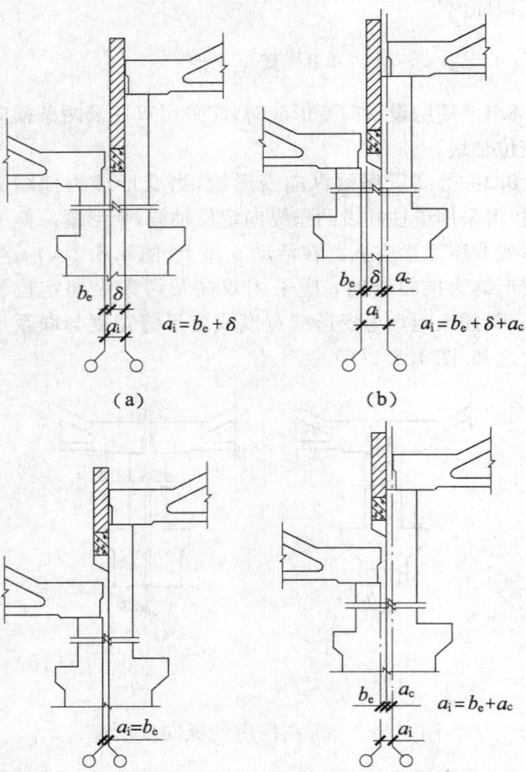

图 4.8.4　高低跨处的双柱纵向变形缝

4.8.5　厂房纵横跨处的连接，其变形缝设置应符合下列规定：

1　当山墙比侧墙低且长度不大于侧墙时，可采用双柱单墙设置变形缝，其插入距宜符合下列规定[图 4.8.5(a)、图 4.8.5(b)]：

1) 外墙为砌体时，插入距宜为变形缝宽度与墙体厚度或变形缝宽度与联系尺寸及墙体厚度之和；

2) 外墙为墙板时，插入距宜为吊装墙板所需的净空尺寸与墙体厚度或吊装墙板所需的净空尺寸与联系尺寸及墙体厚度之和；当吊装墙板所需的净空尺寸小于变形缝宽度时，可采用变形缝宽度；

2　当山墙比侧墙短而高时，应采用双柱双墙设置变形缝，其插入距宜符合下列规定[图 4.8.5(c)、图 4.8.5(d)]：

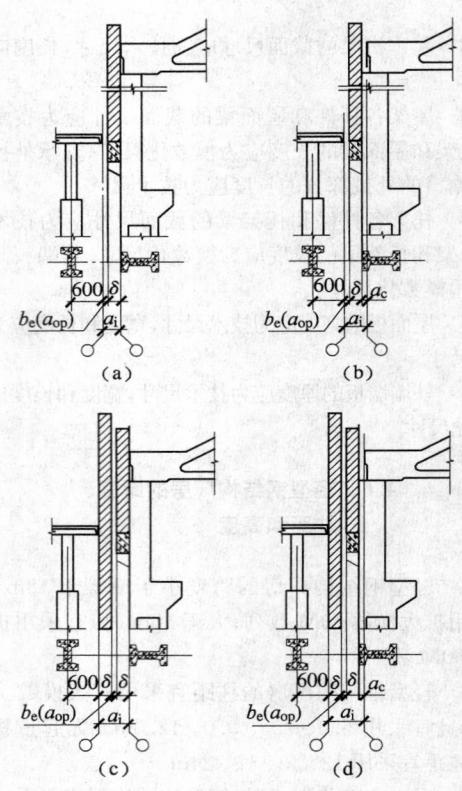

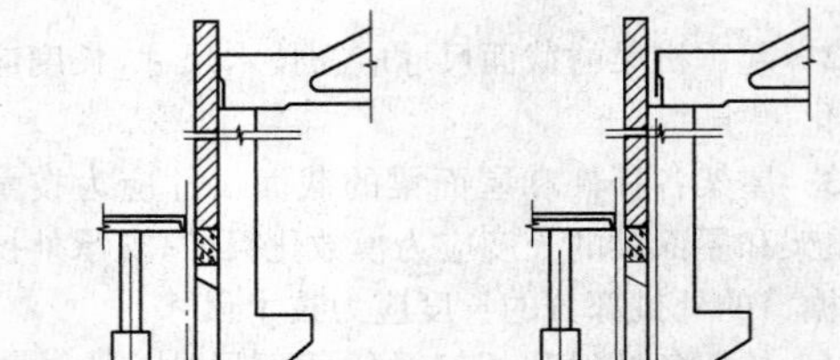

图 4.8.5　纵横跨处的连接

1) 外墙为砌体时，插入距宜为变形缝宽度与两道墙体厚度或变形缝宽度与联系尺寸及两道墙体厚度之和；

2) 外墙为墙板时，插入距宜为吊装墙板所需的净空尺寸与两道墙体厚度或吊装墙板所需的净空尺寸与联系尺寸及两道墙体厚度之和；当吊装墙板所需的净空尺寸小于变形缝宽度时，可采用变形缝宽度。

4.8.6 在工艺有高低要求的多跨厂房中，当高差不大于1.5m或高跨一侧仅有一个低跨且高差不大于1.8m时，不宜设置高度差。

4.8.7 在设有不同起重量起重机的多跨厂房中，各跨支承起重机梁的牛腿面标高宜相同。当中柱起重机梁面需设置走道板或制动构件时，各跨起重机梁面标高宜相同。

4.8.8 起重机起重量相同的各类起重机梁的端头高度宜相同。

4.8.9 不同跨度的屋架或屋面梁的端头高度宜相同。

5 多层厂房

5.1 钢筋混凝土结构和普通钢结构厂房的跨度、柱距和层高

5.1.1 钢筋混凝土结构和普通钢结构厂房的跨度小于或等于12m时，宜采用扩大模数15M数列；大于12m时宜采用30M数列，且宜采用6.0、7.5、9.0、10.5、12.0、15.0、18.0m(图5.1.1)。

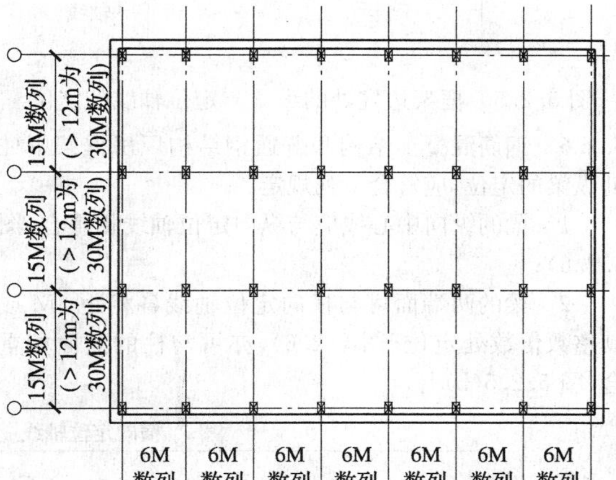

图5.1.1 跨度和柱距示意图

5.1.2 钢筋混凝土结构和普通钢结构厂房的柱距，应采用扩大模数6M数列，且宜采用6.0、6.6、7.2、7.8、8.4、9.0m(图5.1.1)。

5.1.3 钢筋混凝土结构和普通钢结构内廊式厂房的跨度，宜采用扩大模数6M数列，且宜采用6.0、6.6、7.2m；走廊的跨度应采用扩大模数3M数列，且宜采用2.4、2.7、3.0m(图5.1.3)。

5.1.4 钢筋混凝土结构和普通钢结构厂房各层楼、地面间的层高，应采用扩大模数3M数列。层高大于4.8m时，宜采用5.4、6.0、6.6、7.2m等数值(图5.1.4)。

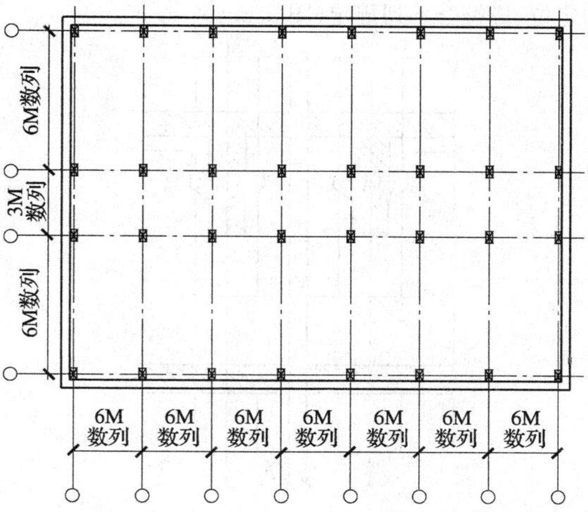

图5.1.3 内廊式厂房跨度和柱距示意图

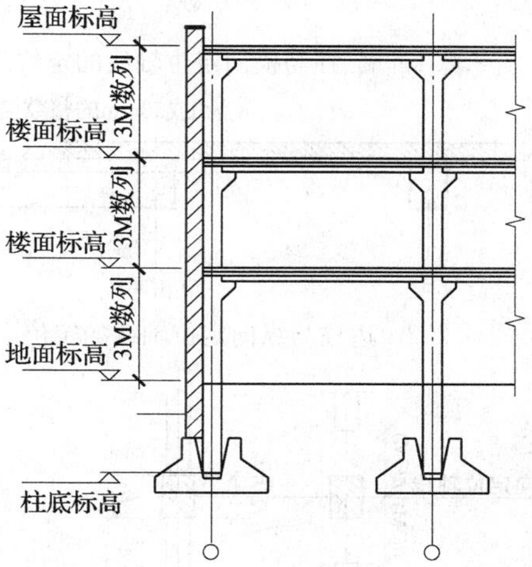

图5.1.4 层高示意图

5.2 钢筋混凝土结构和普通钢结构厂房主要构件的定位及尺度

5.2.1 钢筋混凝土结构和普通钢结构厂房墙、柱与横向定位轴线的定位，应符合下列规定(图5.2.1)：

1 柱的中心线应与横向定位轴线相重合；

2 横向变形缝处应采用加设插入距的双柱，并应设置两条横向定位轴线，柱的中心线应与横向定位轴线相重合。

5.2.2 钢筋混凝土结构和普通钢结构厂房墙柱与纵向定位轴线的定位，应符合下列规定：

1 边柱的外缘在下柱截面高度范围内与纵向定位轴线的定位尺寸a_n宜为0或50mm的整数倍数(图5.2.2)；

2 顶层中柱的中心线应与纵向定位轴线相重合。

5.2.3 钢筋混凝土结构和普通钢结构厂房柱的竖向定位，应与层高一致，并应符合下列规定：

1 柱顶面应与柱顶标高相重合；

2 柱底面应与柱底标高相重合。

5.2.4 钢筋混凝土结构和普通钢结构厂房框架横梁

的定位，应符合下列规定（图 5.2.4）：

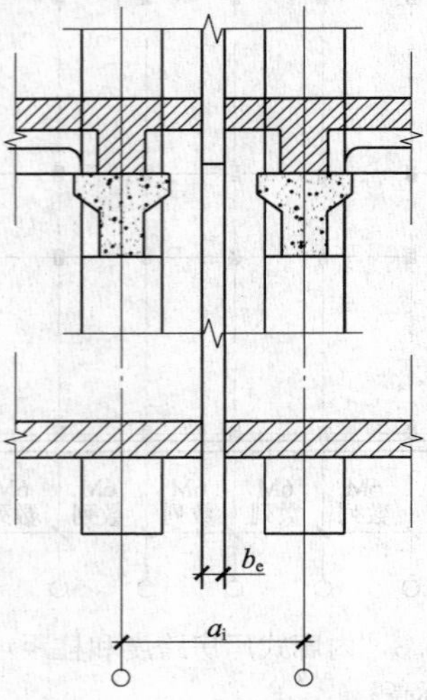

图 5.2.1　墙、柱与横向定位轴线的定位

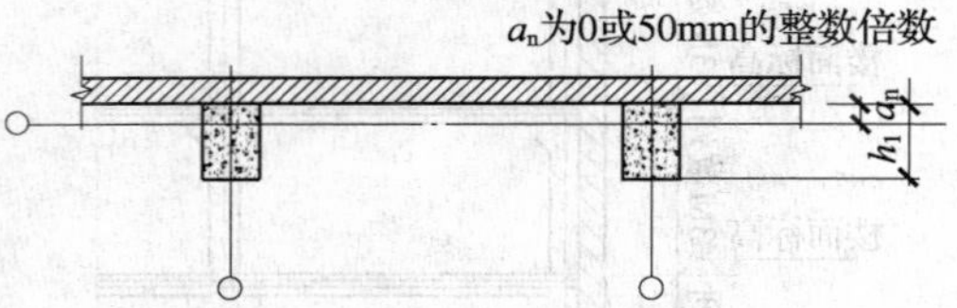

图 5.2.2　边柱与纵向定位轴线的定位

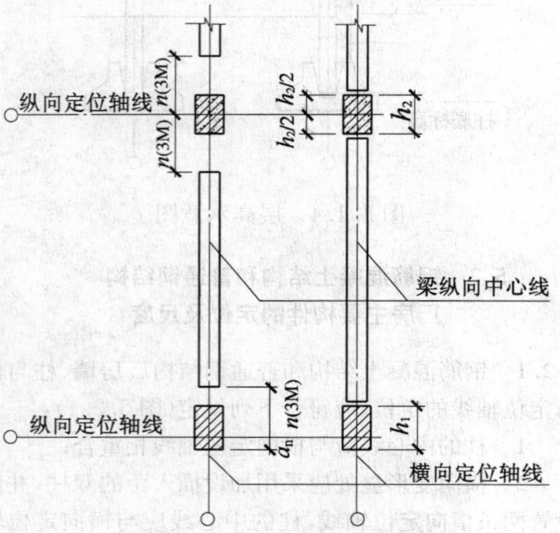

图 5.2.4　框架横梁与定位轴线的定位

1　梁的纵向中心线应与横向定位轴线相重合；

2　梁的两端面可在与纵向定位轴线各相距 3M 或其整数倍数处或顶层柱中心线处定位，亦可与下柱的侧面相重合；

3　梁的顶面或底面应与相应的设计标高相重合。

5.2.5　钢筋混凝土结构和普通钢结构厂房框架边柱处的纵梁的定位，宜符合下列规定：

1　当纵向定位轴线与边柱外缘相重合时，梁的上翼缘外侧和墙内缘均应与纵向定位轴线相重合，梁的上翼缘内侧距纵向定位轴线应为 3M 或其整数倍数［图 5.2.5(a)、(b)］；

2　当纵向定位轴线与边柱内缘相重合时，梁的上翼缘内侧应与纵向定位轴线相重合，梁的上翼缘外侧应与墙的内缘及边柱外缘相重合［图 5.2.5(c)］；

3　当纵向定位轴线位于边柱内外缘之间时，梁的内侧面可在距纵向定位轴线内侧 3M 或其整数倍数处定位；梁的外侧面可与纵向定位轴线相重合［图 5.2.5(d)］，亦可与边柱外缘相重合。

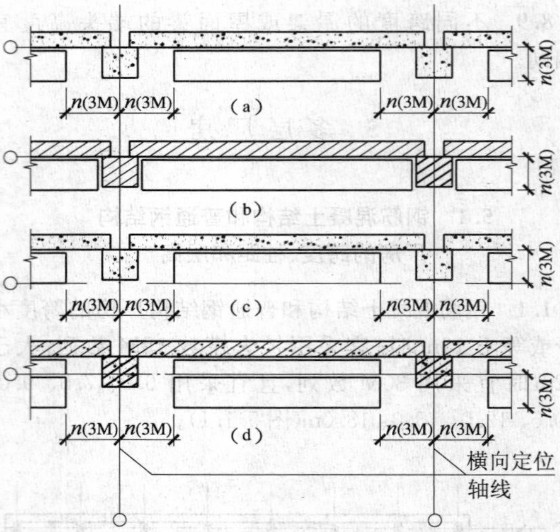

图 5.2.5　框架边柱处的纵梁与定位轴线的定位

5.2.6　钢筋混凝土结构和普通钢结构厂房框架中柱处纵梁的定位，应符合下列规定：

1　梁的纵向中心线应与纵向定位轴线相重合（图 5.2.6）；

2　梁的两端面可与横向定位轴线各相距 3M 或其整数倍数处定位（图 5.2.6），亦可与柱的侧面相重合［图 5.2.5(b)］。

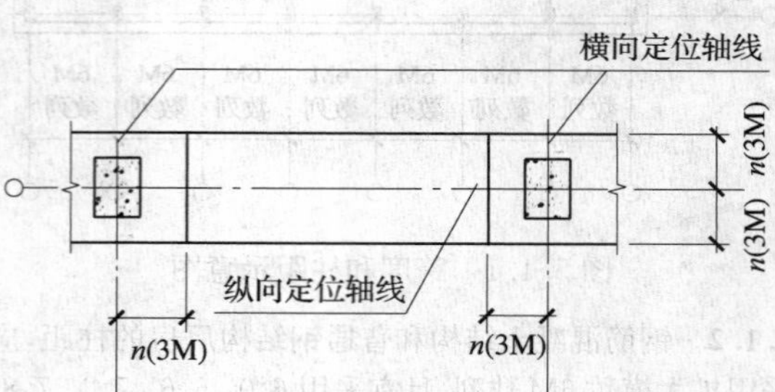

图 5.2.6　框架中柱处的纵梁与定位轴线的定位

5.2.7　钢筋混凝土结构和普通钢结构厂房楼板和屋面板的定位，应符合下列规定（图 5.2.7）：

1　楼板或屋面板的两端面可与横向定位轴线各相距为3M/2 处定位，亦可与横向定位轴线相重合，也可以框架横梁的侧面定位，也可以框架横梁的侧面定位，楼板或屋面板的两端面与框架横梁的侧面相重合；

2　楼板或屋面板的纵向一侧面宜与纵向定位轴

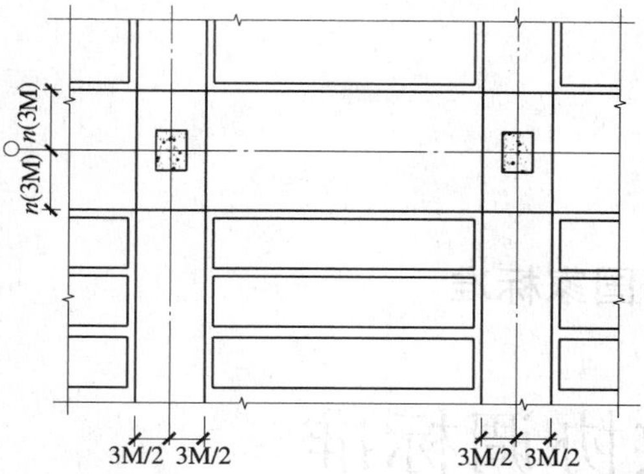

图 5.2.7　楼板(屋面板)与定位轴线的定位

线相距为 3M 或其整数倍数；

3　楼板或屋面板的檐口顶面应与其相应的设计标高相重合。

5.2.8　钢筋混凝土结构和普通钢结构厂房外墙墙板的定位，应符合下列规定(图 5.2.8)：

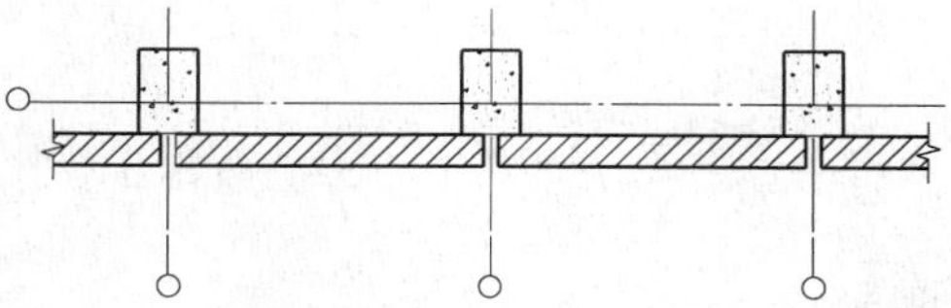

图 5.2.8　外墙墙板与定位轴线的定位

1　外墙墙板内缘宜与边柱外缘相重合；

2　外墙墙板的两端面宜与横向定位轴线相重合；

3　外墙墙板的竖向定位及转角处的墙板处理宜结合个体设计确定。

5.2.9　钢筋混凝土结构和普通钢结构厂房主要构件的尺度，应符合下列规定：

1　柱的截面尺寸应为技术尺寸，长度可采用模数化尺寸；

2　框架横梁的截面尺寸应为技术尺寸，长度可采用 50mm 的整数倍数尺寸；

3　框架边柱和中柱处的纵梁的截面尺寸应为技术尺寸，长度可采用模数化尺寸，亦可采用 50mm 的整数倍数尺寸；

4　楼板和屋面板的高度应为技术尺寸，宽度应为模数化尺寸，长度可采用模数化尺寸，亦可采用 50mm 的整数倍数尺寸；

5　外墙墙板的厚度应为技术尺寸，宽度和长度应为模数化尺寸。

5.3　轻型钢结构厂房的跨度、柱距、层高及主要构件的定位

5.3.1　轻型钢结构厂房的跨度、柱距，宜符合本标准第 4.6.1 和 4.6.2 条的规定。当有中间廊时，走廊跨度应取扩大模数 3M 数列，且宜采用 2.4、2.7、3.0m。走廊的纵向定位轴线宜取柱中心线或靠走廊一侧的边缘。

5.3.2　轻型钢结构厂房各层楼面、地面上表面间的层高，应采用扩大模数 3M 数列。层高大于 4.8m 时，宜采用 5.4、6.0、6.6、7.2m等数值。

5.4　其　　他

5.4.1　厂房纵横跨处的连接，应采用双柱并设置含有变形缝的插入距(图 5.4.1)。插入距除应包括变形缝外，尚应包括山墙处柱宽之半、纵向边柱浮动幅度、墙体厚度以及施工所需的净空尺寸等。

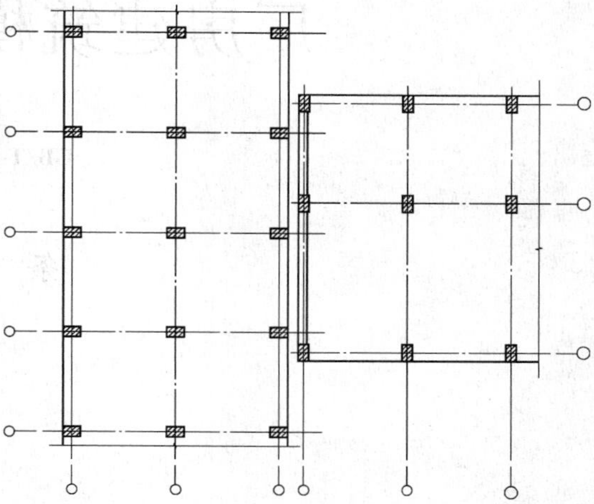

图 5.4.1　纵横跨处的连接

5.4.2　单体厂房的层高不宜超过两种。

5.4.3　四层及以下的厂房，柱截面尺寸不宜超过两种；四层以上的厂房，柱截面尺寸不宜超过三种。

本标准用词说明

1　为便于在执行本标准条文时区别对待，对要求严格程度不同的用词说明如下：

1）表示很严格，非这样做不可的：
正面词采用“必须”，反面词采用“严禁”；

2）表示严格，在正常情况下均应这样做的：
正面词采用“应”，反面词采用“不应”或“不得”；

3）表示允许稍有选择，在条件许可时首先应这样做的：
正面词采用“宜”，反面词采用“不宜”；

4）表示有选择，在一定条件下可以这样做的，采用“可”。

2　条文中指明应按其他有关标准执行的写法为：“应符合……的规定”或“应按……执行”。

引用标准名录

《建筑地基基础设计规范》GB 50007

《建筑结构荷载规范》GB 50009

《建筑抗震设计规范》GB 50011

中华人民共和国国家标准

厂房建筑模数协调标准

GB/T 50006—2010

条 文 说 明

修订说明

《厂房建筑模数协调标准》(GB/T 50006—2010)，经住房和城乡建设部2010年11月3日以第815号公告批准发布。

本标准是对原《厂房建筑模数协调标准》GBJ 6—86进行修订而成。原标准主编单位是机械工业部第二设计研究院，参编单位是北京市建筑设计院、冶金工业部建筑研究总院、机械工业部第五设计研究院、南京工学院、同济大学、华东建筑设计院、上海市建筑工程局。主要起草人是胡跋奇、陆文英。

主编单位从2002年年中启动编制准备工作，筹建修订组。在原《厂房建筑模数协调标准》GBJ 6—86和调研的基础上，草拟编制大纲，并于同年10月上旬在杭州召开了首次会议。

第二次会议于2006年5月下旬在长春机械工业第九设计研究院召开。对递交的第一次初稿逐条进行了认真深入地讨论，经适当调整后于2007年8月份形成第二次初稿。

第三次会议于2007年9月下旬在北京市工业设计研究院召开。全体编委对递交的第二次初稿逐条进行了认真深入地讨论，形成征求意见稿。于2009年元月向全国25家相关科研、设计单位正式发函征求意见，同时在中国联合工程公司网站挂出电子版向公众公开征求意见。2009年6月，主编单位结合回收的意见和各位编委的意见形成送审稿。

送审稿审查会议于2009年10月在杭州召开，与会专家听取了修订组所作的送审报告，对本标准的编制工作和送审稿进行了认真审查并通过了送审稿。

修订组根据审查会的意见，对送审稿的条文及条文说明进行了个别修改，于2010年6月形成了报批稿并完成了报批报告等报批文件。

本标准修订过程中总结了原标准(GBJ 6—86)颁布实施20余年的实践经验，结合当前建筑技术、建筑材料的发展使用情况进行了补充完善。主要修订内容为：①对原标准的钢筋混凝土结构厂房内容进行了全面修订；增加了单层厂房的普通钢结构和轻型钢结构内容；增加了多层厂房的普通钢结构和轻型钢结构内容。②根据相关规范和标准新的技术要求，调整、充实和修改相关的条文。③在沿用原标准表述的前提下，对某些章节内的排序和内容适当地进行了调整和修改，使之更有条理，更为清晰、恰当。

为便于广大设计、施工、科研、学校等单位的有关人员在使用本标准时能正确理解和执行条文规定，《厂房建筑模数协调标准》编制组按章、节、条顺序编制了本标准的条文说明，对条文规定的目的、依据以及执行中需注意的有关事项进行了说明。但是，本条文说明不具备与标准正文同等的法律效力，仅供使用者作为理解和把握标准规定的参考。

目　次

1 总　　则

1.0.1 本条在原标准条文的基础上，一是增加对厂房建筑组合件几何尺寸的要求，二是更加明确了模数协调的目的是使厂房建筑应符合建筑模数。主要构配件、组合件几何尺寸达到标准化、系列化，有利于工业化生产，体现了本标准的制定目的。

1.0.2 本条规定了本标准的适用范围。

1 在原标准条文中，本次增加了钢结构厂房(包括普通钢结构厂房和轻型钢结构厂房)，自20世纪90年代以来，由于我国钢铁产量的迅速增加以及钢结构在建筑工程中具有的显著优点，带动了钢结构厂房的大量增加，尤其是21世纪以来，轻型钢结构厂房增加更快，几乎每年有20%以上的递增率，已经有超过普通钢结构厂房及钢筋混凝土结构厂房的发展趋势，这次修订标准，理所当然的应将钢结构厂房列入，以符合当前的实际情况。

2 厂房建筑生产过程中，需要各专业密切配合，建筑本身是各专业有机联系的整体，建筑设计中主要专业之间尺寸协调时不应强调专业特性而有悖于建筑模数的基本要求。

在适用范围以外的厂房建筑设计中可不执行本标准的规定，但可参照本标准的基本原则，尽量符合建筑模数的要求，有利于建筑工业化生产。

3 本标准所指建筑构配件系一般意义上的建筑构配件(如门、窗等)和结构构配件(如柱、梁、屋架、楼板等)的总称。

1.0.3 本条修订时增加了在一个厂房内确定建筑方案时其构配件类型应统一的要求。这样，当一个建设场地内有多个厂房时，构配件类型的尽量统一，方具有可能性。目的在于减少同一施工现场所有同类构件的规格品种，加大生产批量，便于经营管理，加速施工进度，以突出标准化、系列化和通用化的优越性。

1.0.4 厂房体形"规则、简单"的要求较为抽象，"轴线正交"的要求具体，建筑设计时力求实现这些基本要求，建筑构配件、组合件的生产才有可能达到标准化、系列化。

1.0.5 用途相同的建筑构配件的可换性有助于厂房建筑工业化生产。

2 术语和符号

2.1 术　　语

本标准中的专业术语含义尽量与国家标准《建筑模数协调统一标准》GBJ 2中的相同术语含义一致。对原标准的名词解释也作了个别修正，使其内容表述更为确切。这次修订稿中将吊车改为起重机，原因是与现行的机械行业标准中的用语取得一致，为此，将过去泛称的吊车梁也相应改为起重机梁。用语上避免混淆。将伸缩缝、抗震缝统一改为变形缝，使有关规定的适用条件更清楚，适用范围更广泛。

3 基本规定

3.0.1 本条对厂房建筑的平面和竖向协调模数的基数值作出一般规定，主要以《建筑模数协调统一标准》GBJ 2—86有关规定为依据，并适当考虑长期以来我国厂房建筑工程实际情况。目前轻钢结构因使用较多，灵活性较大，当生产需要时，也可采用8000mm为柱距，实际工程中已有先例。

3.0.3 一般情况下，厂房建筑构件的纵横向定位，采用单轴线；当需设置插入距或联系尺寸时可局部采用双轴线；允许单轴线定位和双轴线定位并存使用。

3.0.4 为了描述建筑构配件的空间位置，采用平面纵横向定位和竖向定位的三向定位法。目前的建筑制图习惯，竖向定位采用相应的设计标高线作为定位线。

3.0.5～3.0.8 关于普通钢结构和轻型钢结构的具体界限，尚无严格规定。目前业内习惯是按结构的主要受力构件的截面组成来区分，一般将以下结构称为轻型钢结构：①由轻型型钢做成的结构(包括热轧成型或焊接成型的各种轻型型钢)；②由冷弯薄壁型钢做成的结构；③由薄壁管件(圆形、方形、矩形管)做成的结构；④由薄钢板焊成的构件做成的结构；⑤由以上各种构件组成的结构。

轻型钢结构的主要特征是：①从截面分析来看，受力构件均采用薄壁构件，其厚薄是相对于构件的跨度或高度而言；②从结构耗材指标来看，轻钢结构一般仅为普通钢结构25%～50%，甚至更少；③轻型钢结构的屋面和墙体一般均用轻质材料，尤其是屋面只能用轻质板材。

轻钢结构这种结构形式已应用多年，与普通钢结构的结构形式相比较，具有明显区别。故在本条文内容中将两者分别列出以适应目前厂房建筑中的实际情况。这几条是对其成熟经验进行总结的基础上，以强调统一化和通用性为目的，在本次修订时增加了有关条文。

3.0.9 本条为新增条文，目前建筑物墙体结构多种多样，且工厂化、装配化程度愈来愈高，本条强调模数控制，且考虑与具体的厂房主体结构形式相适应。

3.0.10 本条第1、2款所述屋面荷载设计值不包括屋架或屋面梁的自重、支撑重量、天窗重量及悬挂起重机荷载。轻型钢结构厂房屋面按采用压型钢板或夹芯板的有檩屋面及采用发泡水泥复合板的无檩屋面两种情况考虑屋面荷载设计值。

3.0.11 考虑到建筑形式的多样化及新材料的不断出

现，以及不同地区、不同厂房生产使用条件，根据现行国家标准《屋面工程质量验收规范》GB 5027 的规定，增加了 1∶15、1∶20 和 1∶30，取消了原标准 1∶50 和 1∶100 的坡度。

4 单层厂房

4.1 钢筋混凝土结构厂房的跨度、柱距和高度

4.1.1 保留了原标准条文的内容，仅降低了文字的严格程度，取消了相应的注。

4.1.2 保留了原标准条文。

4.1.3 本条修订时考虑了下列因素：

1 保留了原条文的主旨，对牛腿面的高度予以强调，目的是有效减少柱子规格，并使之与工艺要求相协调。首先，结构设计应充分考虑到起重机轨道梁端头高度、钢轨型号和垫层厚度诸因素；其次，一方面需满足工艺起重高度的下限值，另一方面要符合牛腿面的设计高度为 3M 数列。与此同时，在必须满足起重机顶端（即起重机限界）与柱顶或下撑式屋架下弦底面（即建筑限界）之间安全间隙尺寸的条件下，柱顶高度（也意味着上柱高度）也应符合 300mm 的倍数要求。

2 关于自室内地面至地面以下柱底标高的高度，条文中注明柱底标高在室内地面下宜采用模数化尺寸，表示允许稍有选择，在条件许可时首先应符合模数数列。

3 在确定有起重机厂房的柱顶高度时，应注意根据产品随机技术文件所示尺寸与要求，进行叠加与组合，特别应注意其中列为起重机限界的"轨上尺寸（H）"及"侧方尺寸（B）"在各种情况下（指构件的制作及安装误差、屋架的变形挠度、屋架下的吊挂管道、厂房基础的不均匀沉降等）均能满足"安全尺寸"（即轨上间隙安全尺寸 C_h 值和侧方间隙安全尺寸 C_b 值）的要求。

4.1.4 本条规定抗风柱柱距的扩大模数数列，以利于山墙构件的标准化和系列化。

4.2 钢筋混凝土结构厂房主要构件的定位

4.2.1 以双柱双轴线处理变形缝，符合模数化网格设计的原理，其优越性在于既可保证所需缝隙的宽度，也可统一二者的处理方法，构件通用。

按本条规定，端部柱中心线自横向定位轴线向内移动的尺寸及横向变形缝处柱的中心线自横向定位轴线向两侧各移动 600mm。这样，既与水平协调模数协调一致，又有利于以外墙墙板为围护墙体时的施工操作。

4.2.2 本条规定是为了与水平协调模数互相协调一致，以减少外墙墙板的规格品种。但考虑到以砌体为围护结构时的情况依然具有普遍性，故仍规定了当围护结构为砌体时的联系尺寸可采用 1/2M 数列。

本条规定未从数值上明确起重机的起重量与跨度的定值与联系尺寸的关系，只强调应当据实际情况考虑。

4.2.3 在中柱处设置插入距的规定，是符合模数化网格设计原理的，它使定位问题得以简化，且有较大的灵活性。

等高厂房中的中柱，包括加设插入距的中柱，为减少其规格，推荐以柱中心定位。在某些情况下也可采取偏心定位。

高低跨处因围护结构有采用砌体与墙板的不同，插入距也随之有不同的处理，其间距因之各异。

4.2.5 起重机梁的定位与所用的起重机型号、起重量等所确定的技术尺寸有关系，原条文注有局限性，故应根据相关参数确定其不同数值。

4.2.7 当厂房建筑中局部采用托架或托架梁时，该托架或托架梁的竖向定位，应注意使托架或托架梁的两端顶面与柱顶标高相重合，此时托架或托架梁的两端底面距柱顶标高为 3M 数列。

4.2.9 外墙墙板的竖向定位之所以要结合个体设计确定，是因为首先各类车间的情况和要求不同，有的有通风管道或机械化运输管线以及其他装置等，均有在墙体上留孔的要求，而且数量较多，大小不一；其次，为使要求开孔的位置与墙板的水平接缝及其支承部分错开，并能与门洞、窗洞等更好的协调；此外，墙板尚有出檐与不出檐的不同建筑处理。鉴于上述各因素的考虑，竖向定位要结合个体设计确定。

转角处的墙板处理，因该处所需补充构件数量不多，体形也不大，宜结合个体设计处理，可使厂房建筑体形多样化。

4.3 普通钢结构厂房的跨度、柱距和高度

4.3.1条 本条规定的是一般情况，在生产工艺有特殊要求时，跨度可采用 21、27、33m。

4.3.2条 在一般厂房内，当起重机起重量小于或等于 100t，轨顶标高小于或等于 14m，边柱列的柱距宜采用 6m，中柱列的柱距可采用 6、12m。当起重机起重量小于或等于 125t，轨顶标高小于或等于 16m，或因地基条件较差，处理较困难时，其边柱列或中柱列的柱距宜采用 12m，当生产工艺有特殊要求时，也可采用 7.5、8.0、9.0m 或局部及全部采用更大的柱距。

4.3.3条 本条是根据我国现有的工程实际情况制定的。

4.3.4条 本条的确定主要是根据我国钢结构厂房设计的通用做法制定的。

4.4 普通钢结构厂房主要构件的定位

4.4.1 本条第2、3款中如不是采用大型屋面板时，联系尺寸600mm可改用3M。

4.4.2 在执行本条第2款时，应注意按选用的起重机规格根据产品样本，详细核算，注意校核安全净空尺寸，无论在何种情况下均应有安全保证。

4.4.3 本条第1、2款等高厂房的中柱，含加设插入距的中柱，为减少柱的种类，建议以柱中心线定位，在特殊情况下也可采用偏中心线定位；第3款高低跨处由于围护结构材料的不同，插入距和间距也随之调整；第4款是参照原标准第3.2.3条制定的，这也是钢结构厂房设计中的通用做法，符合我国工程实际情况。

4.4.4～4.4.7 这四条内容基本与钢筋混凝土单层厂房相同。

4.5 钢筋混凝土结构和普通钢结构厂房主要构件的尺度

4.5.1～4.5.6 根据定位原则而确定的构配件尺寸，均应为技术尺寸或模数化尺寸，由此导出的构件尺度符合模数协调原则，有利于主要构件的标准化和系列化。

4.6 轻型钢结构厂房的跨度、柱距和高度

4.6.1～4.6.5 这几条为新增内容，根据目前收集的轻型钢结构单层厂房的实例，其柱距、跨度等与钢筋混凝土单层厂房、普通钢结构单层厂房有所不同，除常用的6m柱距外，有不少采用7.5m及8m等柱距，它比钢筋混凝土单层厂房、普通钢结构单层厂房有更多的灵活性，在模数方面的规定宜相对放宽。条文中提出的采用模数值，归纳了目前多数厂房的实际情况，条文制定目的是促使轻型钢结构厂房能够向统一化和标准化方向发展，从长远看，是有利的。

4.8 其　　他

4.8.1～4.8.6 保留了原标准相关条文内容。

4.8.7、4.8.8 各跨起重机梁面标高相同，便于中柱起重机梁面设置走道板或制动构件；搁置起重机梁的牛腿面标高相同，可减少柱子的种类，也有利于牛腿处钢筋的处理，并便于施工。

4.8.9 保留了原标准相关条文内容。

5 多层厂房

5.1 钢筋混凝土结构和普通钢结构厂房的跨度、柱距和层高

5.1.1～5.1.4 原标准实施以来，预应力混凝土结构技术发展较快，我国的钢铁产量也有大幅度增长，随着工程技术的进步和结构承载力的提高，对厂房跨度（进深）和柱距（开间）的原有规定有了合理的突破。本次修订对厂房跨度（进深）进行了调整，增加了15、18m跨度规格；对厂房柱距（开间）进行了调整，增加了7.8、8.4、9.0m等几种规格。对多层厂房层高的规定仍保留原标准有关内容，并将原条文注列入正文中。

5.2 钢筋混凝土结构和普通钢结构厂房主要构件的定位及尺度

5.2.2 本条第1款浮动幅度采用50mm及其整数倍数，以与构件截面尺寸的进级值相一致。

5.2.4～5.2.7 在水平的两个方向中，有一个方向由于采用了两种协调空间的配合，所以有两种定位方法与两套构件尺度，供不同情况时选用。

5.2.9 对主要构件尺度的规定是与定位原则相适应的，目的是有利于推动主要构件的标准化和系列化。

5.3 轻型钢结构厂房的跨度、柱距、层高及主要构件的定位

5.3.1、5.3.2 这两条为新增内容，按目前收集到的轻型钢结构多层厂房的实例看来，跨度、柱距和层高一般均可参照轻型钢结构单层厂房的有关规定，实际工程中的灵活性还可更多一些，但为了促进厂房建筑向统一化、标准化的方向发展，本标准修订时，增加了本节内容。

5.4 其　　他

5.4.1～5.4.3 原标准是针对装配式钢筋混凝土结构多层厂房的规定，对减少构件类型，促进结构统一化，提高施工效率有推动作用。钢结构多层厂房基本上是工厂制作、现场安装，与装配式钢筋混凝土结构有相似特点，本次修订标准时仍保留原标准相关条文内容，使钢结构多层厂房向统一化方向发展。

中华人民共和国国家标准

房屋建筑制图统一标准

Unified standard for building drawings

GB/T 50001—2010

主编部门：中华人民共和国住房和城乡建设部
批准部门：中华人民共和国住房和城乡建设部
施行日期：2 0 1 1 年 3 月 1 日

中华人民共和国住房和城乡建设部
公　告

第 750 号

关于发布国家标准《房屋建筑制图统一标准》的公告

现批准《房屋建筑制图统一标准》为国家标准，编号为GB/T 50001—2010，自 2011 年 3 月 1 日起实施。原《房屋建筑制图统一标准》GB/T 50001—2001 同时废止。

本标准由我部标准定额研究所组织中国计划出版社出版发行。

中华人民共和国住房和城乡建设部
二〇一〇年八月十八日

前　言

根据住房和城乡建设部《关于印发〈2008 年工程建设标准规范制订、修订计划（第一批）〉的通知》（建标〔2008〕102 号）的要求，由中国建筑标准设计研究院会同有关单位在原《房屋建筑制图统一标准》GB/T 50001—2001 的基础上修订而成的。

本标准在修订过程中，编制组经广泛调查研究，认真总结实践经验，参考有关国际标准和国外先进标准，并在广泛征求意见的基础上，最后经审查定稿。

本标准共分 14 章和 2 个附录，主要技术内容包括：总则、术语、图纸幅面规格与图纸编排顺序、图线、字体、比例、符号、定位轴线、常用建筑材料图例、图样画法、尺寸标注、计算机制图文件、计算机制图文件图层、计算机制图规则。

本标准修订的主要技术内容是：①增加了计算机制图文件、计算机制图图层和计算机制图规则等内容；②调整了图纸标题栏和字体高度等内容；③增加了图线等内容。

本标准由住房和城乡建设部负责管理，由中国建筑标准设计研究院负责具体技术内容的解释。执行过程中如有意见和建议，请寄送中国建筑标准设计研究院（地址：北京市海淀区首体南路 9 号主语国际 2 号楼，邮政编码：100048）。

本标准主编单位、参编单位、主要起草人和主要审查人：

主 编 单 位：中国建筑标准设计研究院

参 编 单 位：北京市建筑设计研究院
天津市建筑设计研究院
华东建筑设计研究院有限公司
中科院建筑设计研究有限公司
北京理正软件设计研究院有限公司
北京天正工程软件有限公司

主要起草人：孙国锋　张树君　杜志杰　赵贵华
卜一秋　韩慧卿　刘　欣　张凤新
徐　浩　吴　正　王冬松　陈　卫
林卫平

主要审查人：何玉如　费　麟　徐宇宾　白红卫
石定稷　苗　茁　刘　杰　王　鹏
董静茹　寇九贵　胡纯炀　张同亿

目　次

Contents

1 总 则

1.0.1 为了统一房屋建筑制图规则，保证制图质量，提高制图效率，做到图面清晰、简明，符合设计、施工、审查、存档的要求，适应工程建设的需要，制定本标准。

1.0.2 本标准是房屋建筑制图的基本规定，适用于总图、建筑、结构、给水排水、暖通空调、电气等各专业制图。

1.0.3 本标准适用于下列制图方式绘制的图样：

1 计算机制图；

2 手工制图。

1.0.4 本标准适用于各专业下列工程制图：

1 新建、改建、扩建工程的各阶段设计图、竣工图；

2 原有建筑物、构筑物和总平面的实测图；

3 通用设计图、标准设计图。

1.0.5 房屋建筑制图除应符合本标准的规定外，尚应符合国家现行有关标准的规定。

2 术 语

2.0.1 图纸幅面 drawing format

图纸幅面是指图纸宽度与长度组成的图面。

2.0.2 图线 chart

图线是指起点和终点间以任何方式连接的一种几何图形，形状可以是直线或曲线，连续和不连续线。

2.0.3 字体 font

字体是指文字的风格式样，又称书体。

2.0.4 比例 scale

比例是指图中图形与其实物相应要素的线性尺寸之比。

2.0.5 视图 view

将物体按正投影法向投影面投射时所得到的投影称为视图。

2.0.6 轴测图 axonometric drawing

用平行投影法将物体连同确定该物体的直角坐标系一起沿不平行于任一坐标平面的方向投射到一个投影面上，所得到的图形，称作轴测图。

2.0.7 透视图 perspective drawing

根据透视原理绘制出的具有近大远小特征的图像，以表达建筑设计意图。

2.0.8 标高 elevation

以某一水平面作为基准面，并作零点（水准原点）起算地面（楼面）至基准面的垂直高度。

2.0.9 工程图纸 project sheet

根据投影原理或有关规定绘制在纸介质上的，通过线条、符号、文字说明及其他图形元素表示工程形状、大小、结构等特征的图形。

2.0.10 计算机制图文件 computer aided drawing file

利用计算机制图技术绘制的，记录和存储工程图纸所表现的各种设计内容的数据文件。

2.0.11 计算机制图文件夹 computer aided drawing folder

在磁盘等设备上存储计算机制图文件的逻辑空间。又称为计算机制图文件目录。

2.0.12 协同设计 synergitic design

通过计算机网络与计算机辅助设计技术，创建协作设计环境，使设计团队各成员围绕共同的设计目标与对象，按照各自分工，并行交互式地完成设计任务，实现设计资源的优化配置和共享，最终获得符合工程要求的设计成果文件。

2.0.13 计算机制图文件参照方式 reference of computer aided drawing file

在当前计算机制图文件中引用并显示其他计算机制图文件（被参照文件）的部分或全部数据内容的一种计算机制图技术。当前计算机制图文件只记录被参照文件的存储位置和文件名，并不记录被参照文件的具体数据内容，并且随着被参照文件的修改而同步更新。

2.0.14 图层 layer

计算机制图文件中相关图形元素数据的一种组织结构。属于同一图层的实体具有统一的颜色、线型、线宽、状态等属性。

3 图纸幅面规格与图纸编排顺序

3.1 图 纸 幅 面

3.1.1 图纸幅面及图框尺寸应符合表 3.1.1 的规定及图 3.2.1-1～图 3.2.1-4 的格式。

表 3.1.1 幅面及图框尺寸(mm)

幅面代号 / 尺寸代号	A0	A1	A2	A3	A4
$b\times l$	841×1189	594×841	420×594	297×420	210×297
c	10				5
a	25				

注：表中 b 为幅面短边尺寸，l 为幅面长边尺寸，c 为图框线与幅面线间宽度，a 为图框线与装订边间宽度。

3.1.2 需要微缩复制的图纸，其一个边上应附有一段准确米制尺度，四个边上均附有对中标志，米制尺度的总长应为 100mm，分格应为 10mm。对中标志应画在图纸内框各边长的中点处，线宽 0.35 mm，并应伸入内框边，在框外为 5mm。对中标志的线段，于 l_1 和 b_1 范围取中。

3.1.3 图纸的短边尺寸不应加长，A0～A3 幅面长边尺寸可加长，但应符合表 3.1.3 的规定。

表 3.1.3　图纸长边加长尺寸(mm)

幅面代号	长边尺寸	长边加长后的尺寸
A0	1189	1486(A0+1/4l)　1635(A0+3/8l) 1783(A0+1/2l)　1932(A0+5/8l) 2080(A0+3/4l)　2230(A0+7/8l) 2378(A0+l)
A1	841	1051(A1+1/4l)　1261(A1+1/2l) 1471(A1+3/4l)　1682(A1+l) 1892(A1+5/4l)　2102(A1+3/2l)
A2	594	743(A2+1/4l)　891(A2+1/2l) 1041(A2+3/4l)　1189(A2+l) 1338(A2+5/4l)　1486(A2+3/2l) 1635(A2+7/4l)　1783(A2+2l) 1932(A2+9/4l)　2080(A2+5/2l)
A3	420	630(A3+1/2l)　841(A3+l) 1051(A3+3/2l)　1261(A3+2l) 1471(A3+5/2l)　1682(A3+3l) 1892(A3+7/2l)

注：有特殊需要的图纸，可采用 $b \times l$ 为 841mm×891mm 与 1189mm×1261mm 的幅面。

3.1.4　图纸以短边作为垂直边应为横式，以短边作为水平边应为立式。A0～A3 图纸宜横式使用；必要时，也可立式使用。

3.1.5　一个工程设计中，每个专业所使用的图纸，不宜多于两种幅面，不含目录及表格所采用的 A4 幅面。

3.2　标　题　栏

3.2.1　图纸中应有标题栏、图框线、幅面线、装订边线和对中标志。图纸的标题栏及装订边的位置，应符合下列规定：

1　横式使用的图纸，应按图 3.2.1-1、图 3.2.1-2 的形式进行布置；

2　立式使用的图纸，应按图 3.2.1-3、图 3.2.1-4 的形式进行布置。

3.2.2　标题栏应符合图 3.2.2-1、图 3.2.2-2 的规定，根据工程的需要选择确定其尺寸、格式及分区。签字栏应包括实名列和签名列，并应符合下列规定：

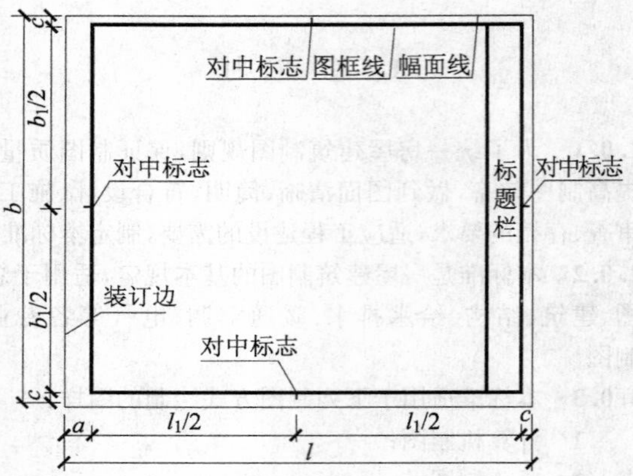

图 3.2.1-1　A0～A3 横式幅面(一)

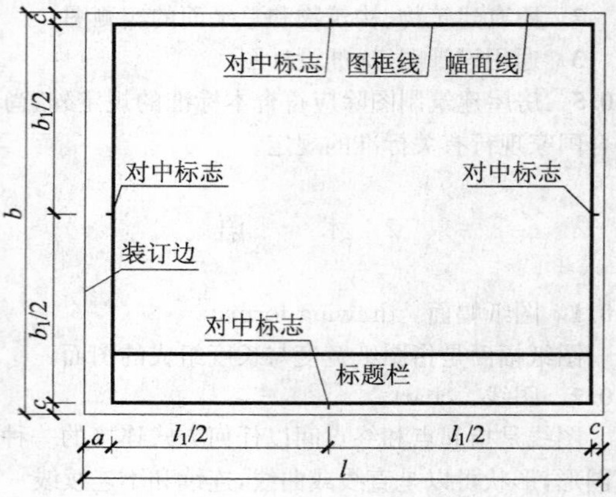

图 3.2.1-2　A0～A3 横式幅面(二)

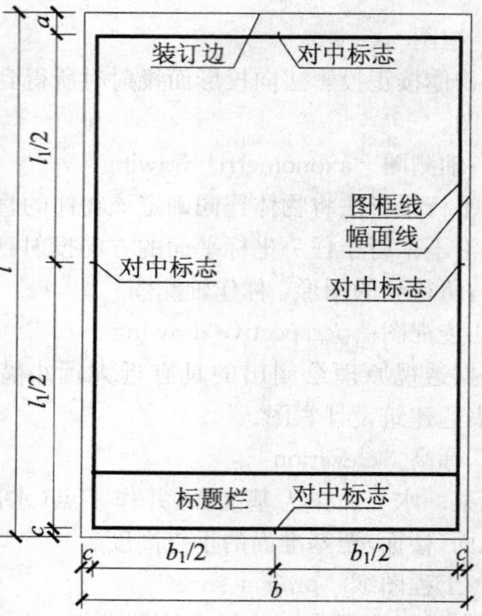

图 3.2.1-3　A0～A4 立式幅面(一)

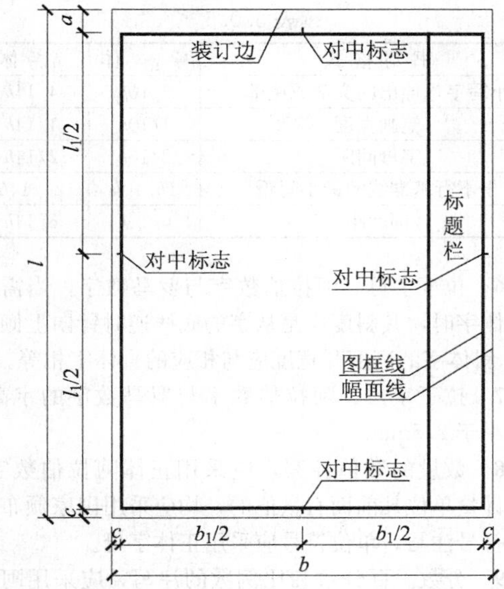

图 3.2.1-4　A0～A4 立式幅面(二)

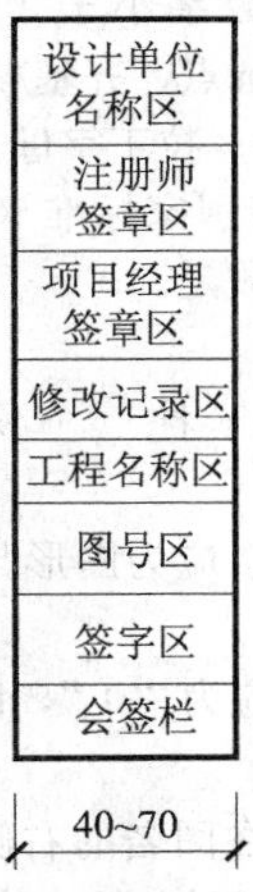

图 3.2.2-1　标题栏(一)

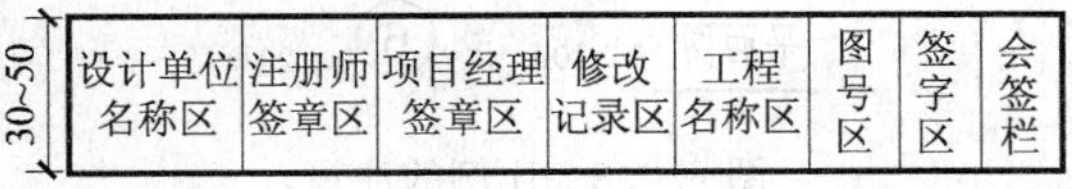

图 3.2.2-2　标题栏(二)

1　涉外工程的标题栏内,各项主要内容的中文下方应附有译文,设计单位的上方或左方,应加"中华人民共和国"字样;

2　在计算机制图文件中当使用电子签名与认证时,应符合国家有关电子签名法的规定。

3.3　图纸编排顺序

3.3.1　工程图纸应按专业顺序编排,应为图纸目录、总图、建筑图、结构图、给水排水图、暖通空调图、电气图等。

3.3.2　各专业的图纸,应按图纸内容的主次关系、逻辑关系进行分类排序。

4　图　　线

4.0.1　图线的宽度 b,宜从 1.4、1.0、0.7、0.5、0.35、0.25、0.18、0.13mm 线宽系列中选取。图线宽度不应小于 0.1mm。每个图样,应根据复杂程度与比例大小,先选定基本线宽 b,再选用表 4.0.1 中相应的线宽组。

表 4.0.1　线宽组(mm)

线宽比	线宽组			
b	1.4	1.0	0.7	0.5
$0.7b$	1.0	0.7	0.5	0.35
$0.5b$	0.7	0.5	0.35	0.25
$0.25b$	0.35	0.25	0.18	0.13

注:1　需要缩微的图纸,不宜采用 0.18mm 及更细的线宽。

2　同一张图纸内,各不同线宽中的细线,可统一采用较细的线宽组的细线。

4.0.2　工程建设制图应选用表 4.0.2 所示的图线。

表 4.0.2　图线

名称		线　型	线宽	用　途
实线	粗		b	主要可见轮廓线
	中粗		$0.7b$	可见轮廓线
	中		$0.5b$	可见轮廓线、尺寸线、变更云线
	细		$0.25b$	图例填充线、家具线
虚线	粗		b	见各有关专业制图标准
	中粗		$0.7b$	不可见轮廓线
	中		$0.5b$	不可见轮廓线、图例线
	细		$0.25b$	图例填充线、家具线
单点长画线	粗		b	见各有关专业制图标准
	中		$0.5b$	见各有关专业制图标准
	细		$0.25b$	中心线、对称线、轴线等
双点长画线	粗		b	见各有关专业制图标准
	中		$0.5b$	见各有关专业制图标准
	细		$0.25b$	假想轮廓线、成型前原始轮廓线
折断线	细		$0.25b$	断开界线
波浪线	细		$0.25b$	断开界线

4.0.3　同一张图纸内,相同比例的各图样,应选用相同的线宽组。

4.0.4　图纸的图框和标题栏线可采用表 4.0.4 的线宽。

表 4.0.4　图框和标题栏线的宽度(mm)

幅面代号	图框线	标题栏外框线	标题栏分格线
A0、A1	b	$0.5b$	$0.25b$
A2、A3、A4	b	$0.7b$	$0.35b$

4.0.5 相互平行的图例线，其净间隙或线中间隙不宜小于 0.2mm。

4.0.6 虚线、单点长画线或双点长画线的线段长度和间隔，宜各自相等。

4.0.7 单点长画线或双点长画线，当在较小图形中绘制有困难时，可用实线代替。

4.0.8 单点长画线或双点长画线的两端，不应是点。点画线与点画线交接点或点画线与其他图线交接时，应是线段交接。

4.0.9 虚线与虚线交接或虚线与其他图线交接时，应是线段交接。虚线为实线的延长线时，不得与实线相接。

4.0.10 图线不得与文字、数字或符号重叠、混淆，不可避免时，应首先保证文字的清晰。

5 字 体

5.0.1 图纸上所需书写的文字、数字或符号等，均应笔画清晰、字体端正、排列整齐；标点符号应清楚正确。

5.0.2 文字的字高应从表 5.0.2 中选用。字高大于 10mm 的文字宜采用 True type 字体，当需书写更大的字时，其高度应按 $\sqrt{2}$ 的倍数递增。

表 5.0.2 文字的字高(mm)

字体种类	中文矢量字体	True type 字体及非中文矢量字体
字高	3.5、5、7、10、14、20	3、4、6、8、10、14、20

5.0.3 图样及说明中的汉字，宜采用长仿宋体或黑体，同一图纸字体种类不应超过两种。长仿宋体的高宽关系应符合表 5.0.3 的规定，黑体字的宽度与高度应相同。大标题、图册封面、地形图等的汉字，也可书写成其他字体，但应易于辨认。

表 5.0.3 长仿宋字高宽关系 (mm)

字高	20	14	10	7	5	3.5
字宽	14	10	7	5	3.5	2.5

5.0.4 汉字的简化字书写应符合国家有关汉字简化方案的规定。

5.0.5 图样及说明中的拉丁字母、阿拉伯数字与罗马数字，宜采用单线简体或 ROMAN 字体。拉丁字母、阿拉伯数字与罗马数字的书写规则，应符合表 5.0.5 的规定。

表 5.0.5 拉丁字母、阿拉伯数字与罗马数字的书写规则

书写格式	字 体	窄字体
大写字母高度	h	h
小写字母高度（上下均无延伸）	$7/10h$	$10/14h$
小写字母伸出的头部或尾部	$3/10h$	$4/14h$
笔画宽度	$1/10h$	$1/14h$
字母间距	$2/10h$	$2/14h$
上下行基准线的最小间距	$15/10h$	$21/14h$
词间距	$6/10h$	$6/14h$

5.0.6 拉丁字母、阿拉伯数字与罗马数字，当需写成斜体字时，其斜度应是从字的底线逆时针向上倾斜 75°。斜体字的高度和宽度应与相应的直体字相等。

5.0.7 拉丁字母、阿拉伯数字与罗马数字的字高，不应小于 2.5mm。

5.0.8 数量的数值注写，应采用正体阿拉伯数字。各种计量单位凡前面有量值的，均应采用国家颁布的单位符号注写。单位符号应采用正体字母。

5.0.9 分数、百分数和比例数的注写，应采用阿拉伯数字和数学符号。

5.0.10 当注写的数字小于 1 时，应写出各位的“0”，小数点应采用圆点，齐基准线书写。

5.0.11 长仿宋汉字、拉丁字母、阿拉伯数字与罗马数字示例应符合现行国家标准《技术制图——字体》GB/T 14691 的有关规定。

6 比 例

6.0.1 图样的比例，应为图形与实物相对应的线性尺寸之比。

6.0.2 比例的符号应为“:”，比例应以阿拉伯数字表示。

6.0.3 比例宜注写在图名的右侧，字的基准线应取平；比例的字高宜比图名的字高小一号或二号（图 6.0.3）。

平面图 1:100　　⑥ 1:20

图 6.0.3 比例的注写

6.0.4 绘图所用的比例应根据图样的用途与被绘对象的复杂程度，从表 6.0.4 中选用，并应优先采用表中常用比例。

表 6.0.4 绘图所用的比例

常用比例	1:1、1:2、1:5、1:10、1:20、1:30、1:50、1:100、1:150、1:200、1:500、1:1000、1:2000
可用比例	1:3、1:4、1:6、1:15、1:25、1:40、1:60、1:80、1:250、1:300、1:400、1:600、1:5000、1:10000、1:20000、1:50000、1:100000、1:200000

6.0.5 一般情况下，一个图样应选用一种比例。根据专业制图需要，同一图样可选用两种比例。

6.0.6 特殊情况下也可自选比例，这时除应注出绘图比例外，还应在适当位置绘制出相应的比例尺。

7 符 号

7.1 剖 切 符 号

7.1.1 剖视的剖切符号应由剖切位置线及剖视方向线组成，均应以粗实线绘制。剖视的剖切符号应符合下列规定：

1 剖切位置线的长度宜为 6mm～10mm；剖视方向线应垂直于剖切位置线，长度应短于剖切位置线，宜为 4mm～6mm（图 7.1.1-1），也可采用国际统一和常用的剖视方法，如图 7.1.1-2。绘制时，剖视剖切符号不应与其他图线相接触；

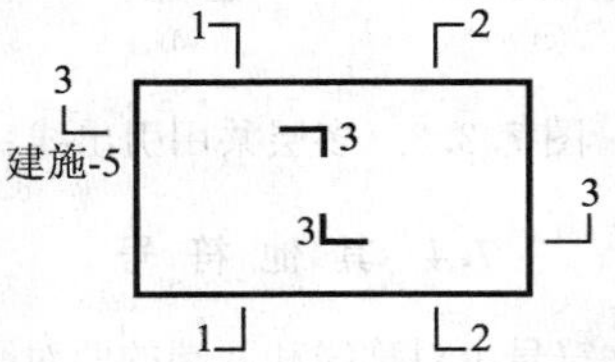

图 7.1.1-1 剖视的剖切符号（一）

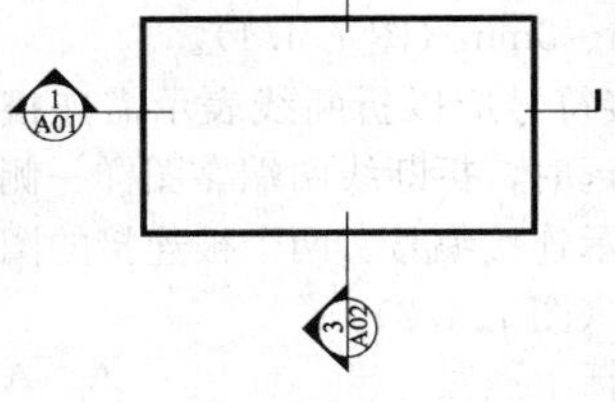

图 7.1.1-2 剖视的剖切符号（二）

2 剖视剖切符号的编号宜采用粗阿拉伯数字，按剖切顺序由左至右、由下向上连续编排，并应注写在剖视方向线的端部；

3 需要转折的剖切位置线，应在转角的外侧加注与该符号相同的编号；

4 建（构）筑物剖面图的剖切符号应注在±0.000标高的平面图或首层平面图上；

5 局部剖面图（不含首层）的剖切符号应注在包含剖切部位的最下面一层的平面图上。

7.1.2 断面的剖切符号应符合下列规定：

1 断面的剖切符号应只用剖切位置线表示，并应以粗实线绘制，长度宜为 6mm～10mm；

2 断面剖切符号的编号宜采用阿拉伯数字，按顺序连续编排，并应注写在剖切位置线的一侧；编号所在的一侧应为该断面的剖视方向（图 7.1.2）。

7.1.3 剖面图或断面图，当与被剖切图样不在同一张图内，应在剖切位置线的另一侧注明其所在图纸的

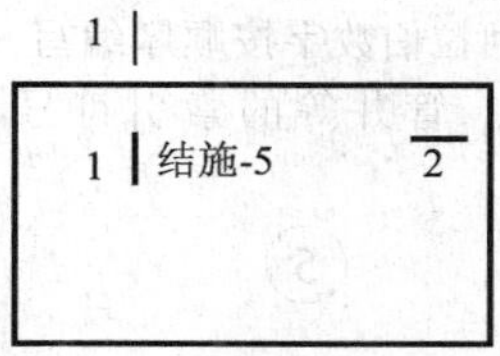

图 7.1.2 断面的剖切符号

编号，也可以在图上集中说明。

7.2 索引符号与详图符号

7.2.1 图样中的某一局部或构件，如需另见详图，应以索引符号索引（图 7.2.1a）。索引符号是由直径为 8mm～10mm 的圆和水平直径组成，圆及水平直径应以细实线绘制。索引符号应按下列规定编写：

1 索引出的详图，如与被索引的详图同在一张图纸内，应在索引符号的上半圆中用阿拉伯数字注明该详图的编号，并在下半圆中间画一段水平细实线（图 7.2.1b）；

2 索引出的详图，如与被索引的详图不在同一张图纸内，应在索引符号的上半圆中用阿拉伯数字注明该详图的编号，在索引符号的下半圆用阿拉伯数字注明该详图所在图纸的编号（图 7.2.1c）。数字较多时，可加文字标注；

3 索引出的详图，如采用标准图，应在索引符号水平直径的延长线上加注该标准图集的编号（图 7.2.1d）。需要标注比例时，文字在索引符号右侧或延长线下方，与符号下对齐。

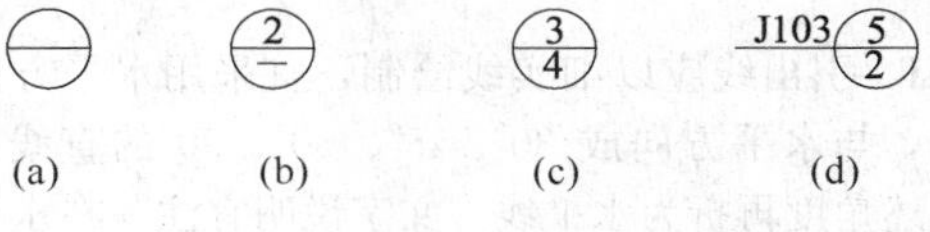

图 7.2.1 索引符号

7.2.2 索引符号当用于索引剖视详图，应在被剖切的部位绘制剖切位置线，并以引出线引出索引符号，引出线所在的一侧应为剖视方向。索引符号的编写应符合本标准第 7.2.1 条的规定（图 7.2.2）。

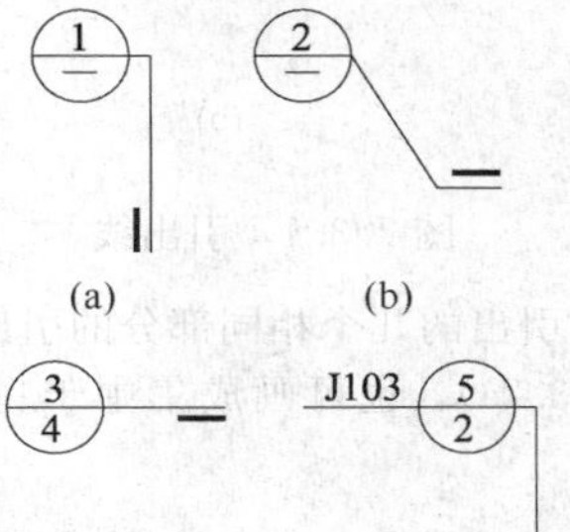

图 7.2.2 用于索引剖面详图的索引符号

7.2.3 零件、钢筋、杆件、设备等的编号宜以直径为 5mm～6mm 的细实线圆表示，同一图样应保持一

致，其编号应用阿拉伯数字按顺序编写（图 7.2.3）。消火栓、配电箱、管井等的索引符号，直径宜为 4mm～6mm。

图 7.2.3　零件、钢筋等的编号

7.2.4　详图的位置和编号应以详图符号表示。详图符号的圆应以直径为 14mm 粗实线绘制。详图编号应符合下列规定：

1　详图与被索引的图样同在一张图纸内时，应在详图符号内用阿拉伯数字注明详图的编号（图 7.2.4-1）；

图 7.2.4-1　与被索引图样同
在一张图纸内的详图符号

2　详图与被索引的图样不在同一张图纸内时，应用细实线在详图符号内画一水平直径，在上半圆中注明详图编号，在下半圆中注明被索引的图纸的编号（图 7.2.4-2）。

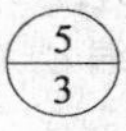

图 7.2.4-2　与被索引图样不在同
一张图纸内的详图符号

7.3　引　出　线

7.3.1　引出线应以细实线绘制，宜采用水平方向的直线，与水平方向成 30°、45°、60°、90°的直线，或经上述角度再折为水平线。文字说明宜注写在水平线的上方（图 7.3.1a），也可注写在水平线的端部（图 7.3.1b）。索引详图的引出线，应与水平直径线相连接（图 7.3.1c）。

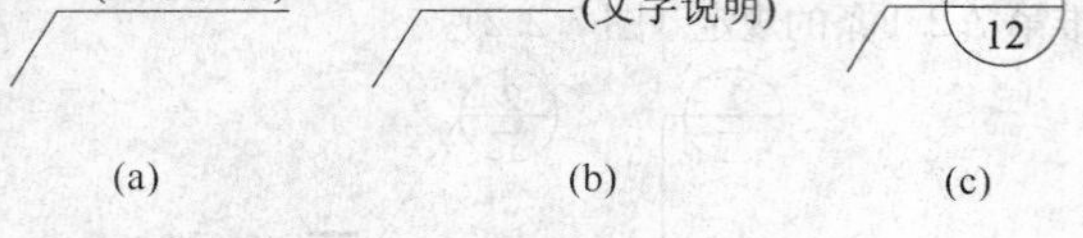

图 7.3.1　引出线

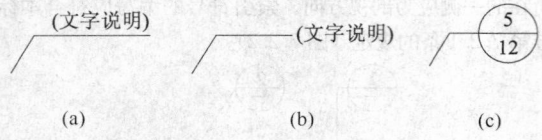

7.3.2　同时引出的几个相同部分的引出线，宜互相平行（图 7.3.2a），也可画成集中于一点的放射线（图 7.3.2b）。

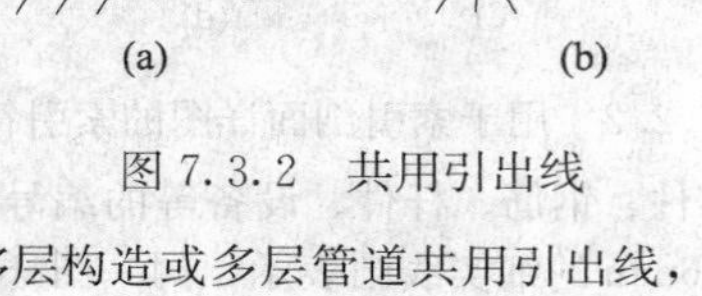

图 7.3.2　共用引出线

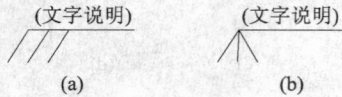

7.3.3　多层构造或多层管道共用引出线，应通过被引出的各层，并用圆点示意对应各层次。文字说明宜注写在水平线的上方，或注写在水平线的端部，说明的顺序应由上至下，并应与被说明的层次对应一致；如层次为横向排序，则由上至下的说明顺序应与由左至右的层次对应一致（图 7.3.3）。

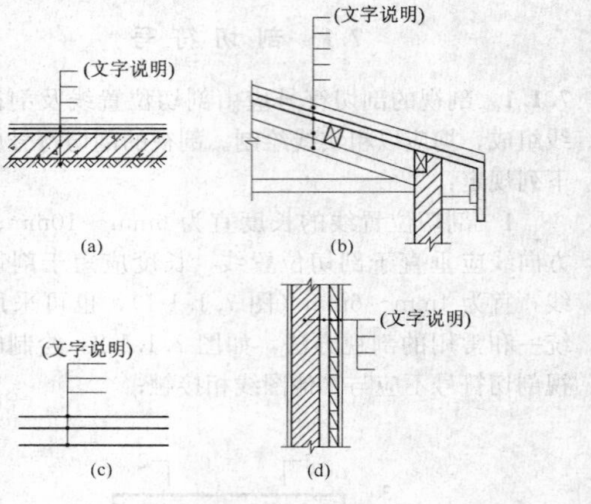

图 7.3.3　多层共用引出线

7.4　其 他 符 号

7.4.1　对称符号由对称线和两端的两对平行线组成。对称线用细单点长画线绘制；平行线用细实线绘制，其长度宜为 6mm～10mm，每对的间距宜为 2mm～3mm；对称线垂直平分于两对平行线，两端超出平行线宜为 2mm～3mm（图 7.4.1）。

7.4.2　连接符号应以折断线表示需连接的部位。两部位相距过远时，折断线两端靠图样一侧应标注大写拉丁字母表示连接编号。两个被连接的图样应用相同的字母编号（图 7.4.2）。

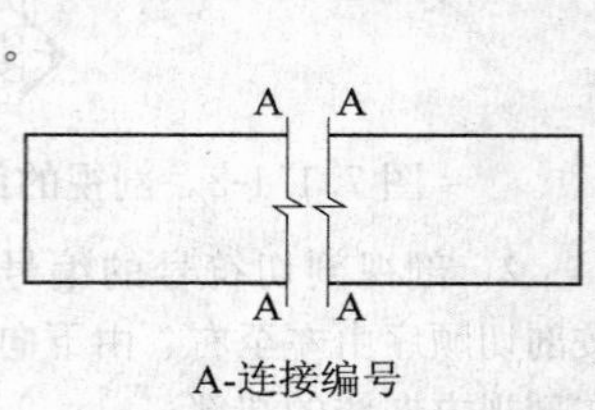

A-连接编号

图 7.4.1　对称符号　　图 7.4.2　连接符号

7.4.3　指北针的形状符合图 7.4.3 的规定，其圆的直径宜为 24 mm，用细实线绘制；指针尾部的宽度宜为 3mm，指针头部应注“北”或“N”字。需用较大直径绘制指北针时，指针尾部的宽度宜为直径的 1/8。

7.4.4　对图纸中局部变更部分宜采用云线，并宜注明修改版次（图 7.4.4）。

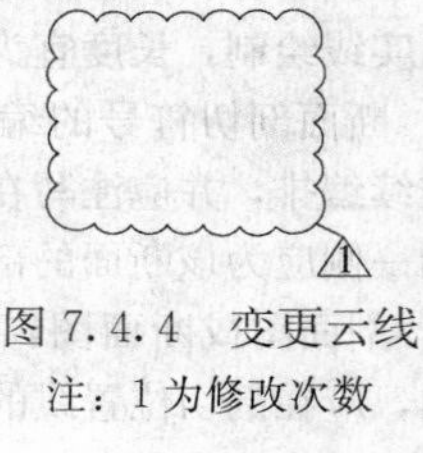

图 7.4.3　指北针　图 7.4.4　变更云线
注：1 为修改次数

8 定位轴线

8.0.1 定位轴线应用细单点长画线绘制。

8.0.2 定位轴线应编号，编号应注写在轴线端部的圆内。圆应用细实线绘制，直径为8mm～10mm。定位轴线圆的圆心应在定位轴线的延长线上或延长线的折线上。

8.0.3 除较复杂需采用分区编号或圆形、折线形外，平面图上定位轴线的编号，宜标注在图样的下方或左侧。横向编号应用阿拉伯数字，从左至右顺序编写；竖向编号应用大写拉丁字母，从下至上顺序编写（图8.0.3）。

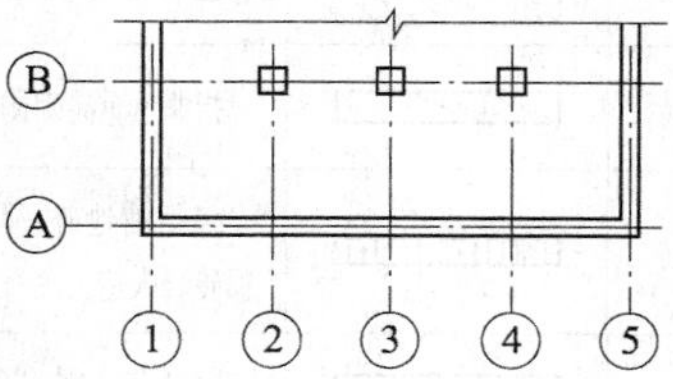

图8.0.3 定位轴线的编号顺序

8.0.4 拉丁字母作为轴线号时，应全部采用大写字母，不应用同一个字母的大小写来区分轴线号。拉丁字母的I、O、Z不得用做轴线编号。当字母数量不够使用，可增用双字母或单字母加数字注脚。

8.0.5 组合较复杂的平面图中定位轴线也可采用分区编号（图8.0.5）。编号的注写形式应为"分区号——该分区编号"。"分区号——该分区编号"采用阿拉伯数字或大写拉丁字母表示。

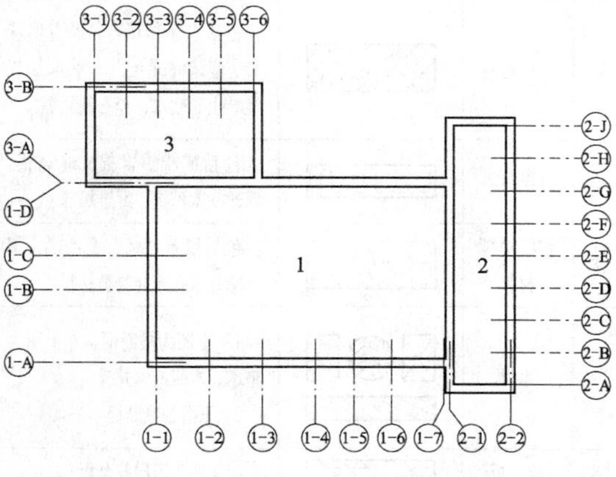

图8.0.5 定位轴线的分区编号

8.0.6 附加定位轴线的编号，应以分数形式表示，并应符合下列规定：

1 两根轴线的附加轴线，应以分母表示前一轴线的编号，分子表示附加轴线的编号。编号宜用阿拉伯数字顺序编写；

2 1号轴线或A号轴线之前的附加轴线的分母应以01或0A表示。

8.0.7 一个详图适用于几根轴线时，应同时注明各有关轴线的编号（图8.0.7）。

图8.0.7 详图的轴线编号

8.0.8 通用详图中的定位轴线，应只画圆，不注写轴线编号。

8.0.9 圆形与弧形平面图中的定位轴线，其径向轴线应以角度进行定位，其编号宜用阿拉伯数字表示，从左下角或−90°（若径向轴线很密，角度间隔很小）开始，按逆时针顺序编写；其环向轴线宜用大写阿拉伯字母表示，从外向内顺序编写（图8.0.9-1、图8.0.9-2）。

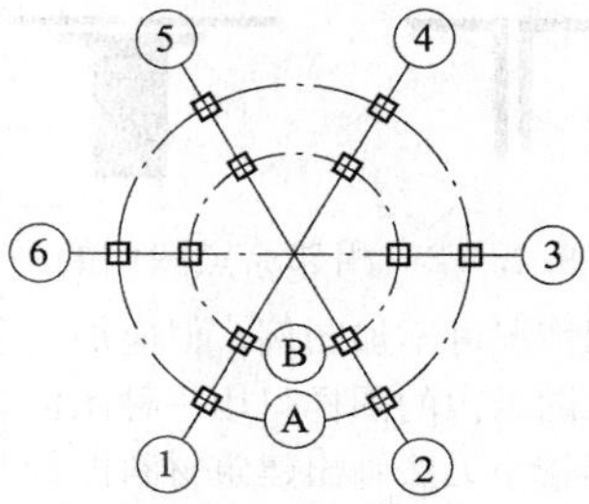

图8.0.9-1 圆形平面定位轴线的编号

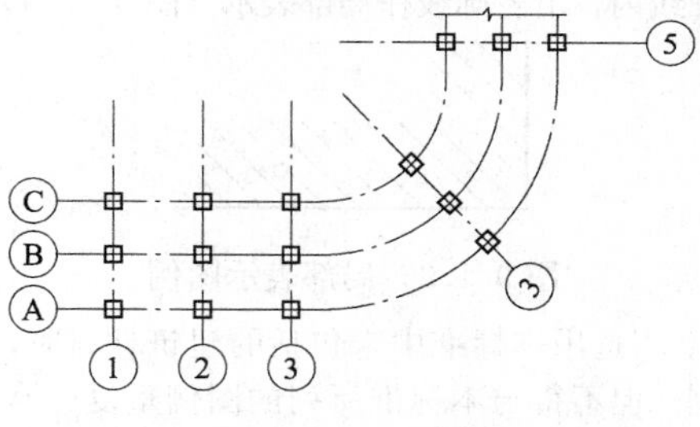

图8.0.9-2 弧形平面定位轴线的编号

8.0.10 折线形平面图中定位轴线的编号可按图8.0.10的形式编写。

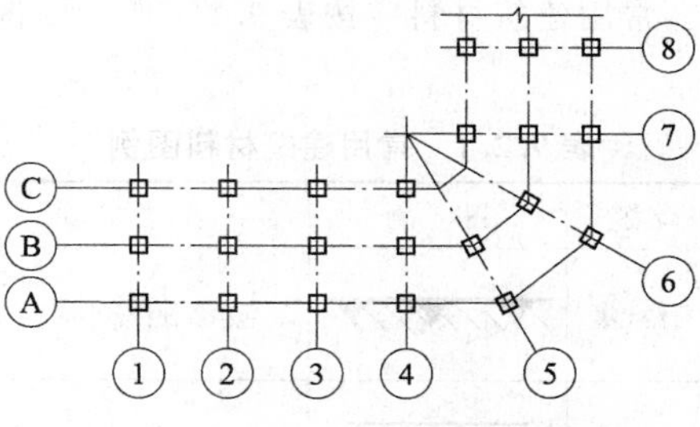

图8.0.10 折线形平面定位轴线的编号

9 常用建筑材料图例

9.1 一般规定

9.1.1 本标准只规定常用建筑材料的图例画法，对其尺度比例不作具体规定。使用时，应根据图样大小而定，并应符合下列规定：

1　图例线应间隔均匀、疏密适度，做到图例正确、表示清楚；

2　不同品种的同类材料使用同一图例时，应在图上附加必要的说明；

3　两个相同的图例相接时，图例线宜错开或使倾斜方向相反（图 9.1.1-1）；

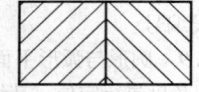

图 9.1.1-1　相同图例相接时的画法

4　两个相邻的涂黑图例间应留有空隙，其净宽度不得小于 0.5mm（图 9.1.1-2）。

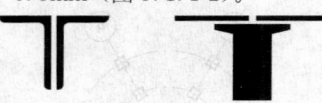

图 9.1.1-2　相邻涂黑图例的画法

9.1.2　下列情况可不加图例，但应加文字说明：

1　一张图纸内的图样只用一种图例时；

2　图形较小无法画出建筑材料图例时。

9.1.3　需画出的建筑材料图例面积过大时，可在断面轮廓线内，沿轮廓线作局部表示（图 9.1.3）。

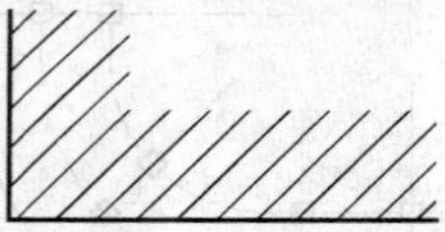

图 9.1.3　局部表示图例

9.1.4　当选用本标准中未包括的建筑材料时，可自编图例。但不得与本标准所列的图例重复。绘制时，应在适当位置画出该材料图例，并加以说明。

9.2　常用建筑材料图例

9.2.1　常用建筑材料应按表 9.2.1 所示图例画法绘制。

表 9.2.1　常用建筑材料图例

序号	名称	图　例	备　注
1	自然土壤		包括各种自然土壤
2	夯实土壤		—
3	砂、灰土		—
4	砂砾石、碎砖三合土		—

续表 9.2.1

序号	名称	图　例	备　注
5	石材	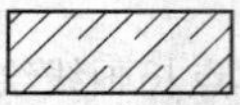	—
6	毛石	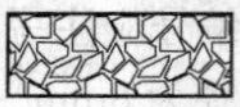	—
7	普通砖	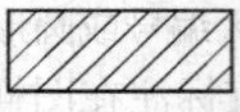	包括实心砖、多孔砖、砌块等砌体。断面较窄不易绘出图例线时，可涂红，并在图纸备注中加注说明，画出该材料图例
8	耐火砖		包括耐酸砖等砌体
9	空心砖	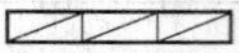	指非承重砖砌体
10	饰面砖		包括铺地砖、马赛克、陶瓷锦砖、人造大理石等
11	焦渣、矿渣	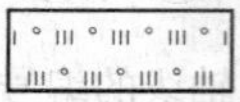	包括与水泥、石灰等混合而成的材料
12	混凝土	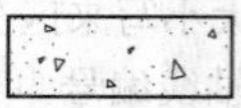	1　本图例指能承重的混凝土及钢筋混凝土 2　包括各种强度等级、骨料、添加剂的混凝土 3　在剖面图上画出钢筋时，不画图例线 4　断面图形小，不易画出图例线时，可涂黑
13	钢筋混凝土	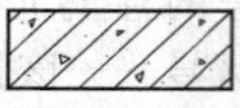	
14	多孔材料	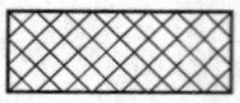	包括水泥珍珠岩、沥青珍珠岩、泡沫混凝土、非承重加气混凝土、软木、蛭石制品等
15	纤维材料	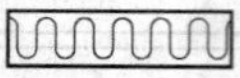	包括矿棉、岩棉、玻璃棉、麻丝、木丝板、纤维板等
16	泡沫塑料材料	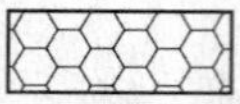	包括聚苯乙烯、聚乙烯、聚氨酯等多孔聚合物类材料
17	木材		1　上图为横断面，左上图为垫木、木砖或木龙骨 2　下图为纵断面
18	胶合板		应注明为×层胶合板
19	石膏板	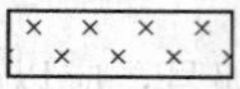	包括圆孔、方孔石膏板、防水石膏板、硅钙板、防火板等
20	金属	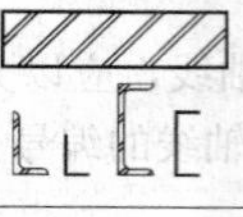	1　包括各种金属 2　图形小时，可涂黑
21	网状材料		1　包括金属、塑料网状材料 2　应注明具体材料名称
22	液体	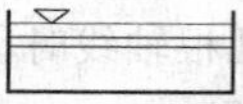	应注明具体液体名称

续表 9.2.1

序号	名称	图　例	备　注
23	玻璃	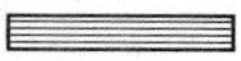	包括平板玻璃、磨砂玻璃、夹丝玻璃、钢化玻璃、中空玻璃、夹层玻璃、镀膜玻璃等
24	橡胶		—
25	塑料		包括各种软、硬塑料及有机玻璃等
26	防水材料		构造层次多或比例大时，采用上图例
27	粉刷	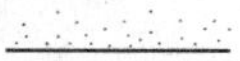	本图例采用较稀的点

注：序号 1、2、5、7、8、13、14、16、17、18 图例中的斜线、短斜线、交叉斜线等均为 45°。

10　图 样 画 法

10.1　投　影　法

10.1.1　房屋建筑的视图应按正投影法并用第一角画法绘制。自前方 A 投影应为正立面图，自上方 B 投影应为平面图，自左方 C 投影应为左侧立面图，自右方 D 投影应为右侧立面图，自下方 E 投影应为底面图，自后方 F 投影应为背立面图（图 10.1.1）。

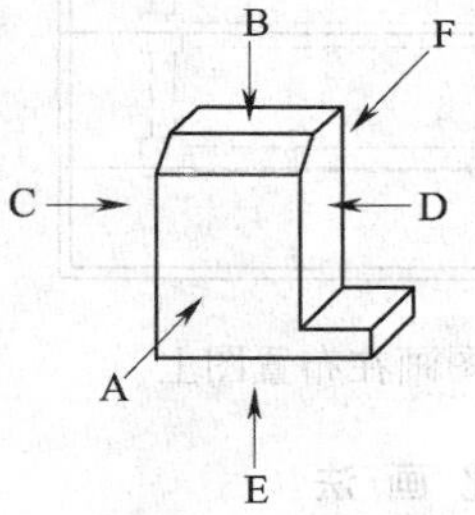

图 10.1.1　第一角画法

10.1.2　当视图用第一角画法绘制不易表达时，可用镜像投影法绘制（图 10.1.2a）。但应在图名后注写“镜像”二字（图 10.1.2b），或按图 10.1.2c 画出镜像投影识别符号。

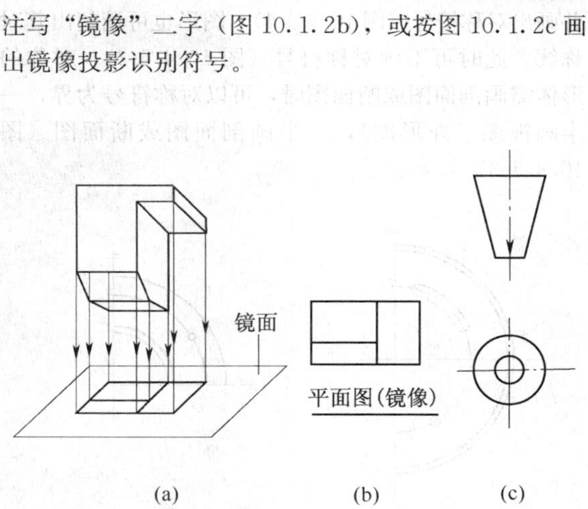

图 10.1.2　镜像投影法

10.2　视 图 布 置

10.2.1　当在同一张图纸上绘制若干个视图时，各视图的位置宜按图 10.2.1 的顺序进行布置。

10.2.2　每个视图均应标注图名。各视图图名的命名，主要应包括平面图、立面图、剖面图或断面图、详图。同一种视图多个图的图名前加编号以示区分。平面图，以楼层编号，包括地下二层平面图、地下一层平面图、首层平面图、二层平面图。立面图以该图两端头的轴线号编号，剖面图或断面图以剖切号编号，详图以索引号编号。图名宜标注在视图的下方或一侧，并在图名下用粗实线绘一条横线，其长度应以图名所占长度为准（图 10.2.1）。使用详图符号作图名时，符号下不再画线。

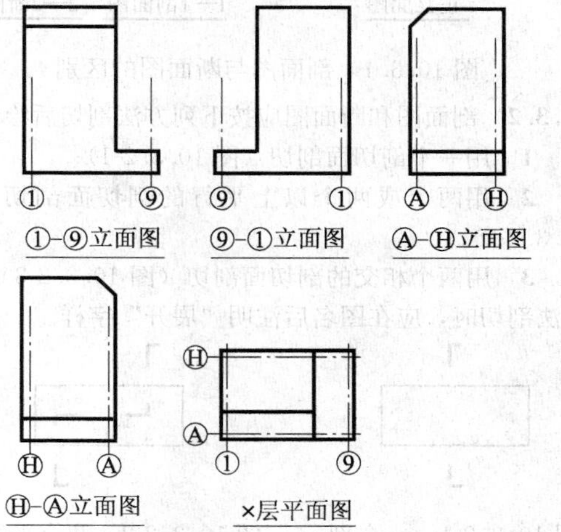

图 10.2.1　视图布置

10.2.3　分区绘制的建筑平面图，应绘制组合示意图，指出该区在建筑平面图中的位置。各分区视图的分区部位及编号均应一致，并应与组合示意图一致（图 10.2.3）。

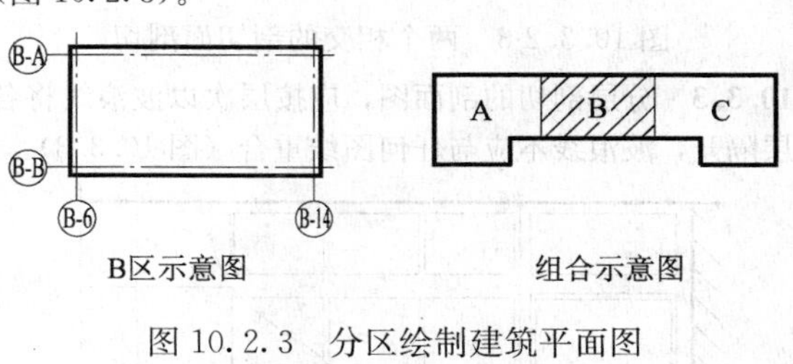

图 10.2.3　分区绘制建筑平面图

10.2.4　总平面图应反映建筑物在室外地坪上的墙基外包线，不应画屋顶平面投影图。同一工程不同专业的总平面图，在图纸上的布图方向均应一致；单体建（构）筑物平面图在图纸上的布图方向，必要时可与其在总平面图上的布图方向不一致，但必须标明方位；不同专业的单体建（构）筑物平面图，在图纸上的布图方向均应一致。

10.2.5　建（构）筑物的某些部分，如与投影面不平行，在画立面图时，可将该部分展至与投影面平行，再以正投影法绘制，并应在图名后注写“展开”字样。

10.2.6 建筑吊顶（顶棚）灯具、风口等设计绘制布置图，应是反映在地面上的镜面图，不是仰视图。

10.3 剖面图和断面图

10.3.1 剖面图除应画出剖切面切到部分的图形外，还应画出沿投射方向看到的部分，被剖切面切到部分的轮廓线用粗实线绘制，剖切面没有切到、但沿投射方向可以看到的部分，用中实线绘制；断面图则只需（用粗实线）画出剖切面切到部分的图形（图 10.3.1）。

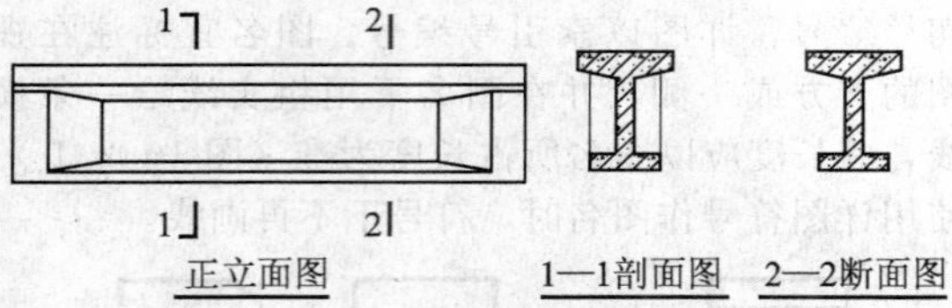

图 10.3.1 剖面图与断面图的区别

10.3.2 剖面图和断面图应按下列方法剖切后绘制：

1 用一个剖切面剖切（图 10.3.2-1）；

2 用两个或两个以上平行的剖切面剖切（图 10.3.2-2）；

3 用两个相交的剖切面剖切（图 10.3.2-3）。用此法剖切时，应在图名后注明“展开”字样。

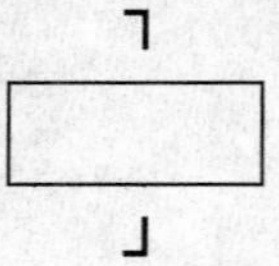

图 10.3.2-1 一个剖切面剖切

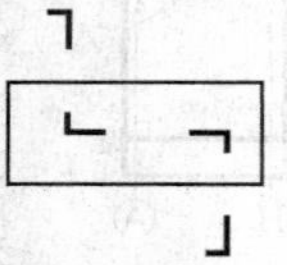

图 10.3.2-2 两个平行的剖切面剖切

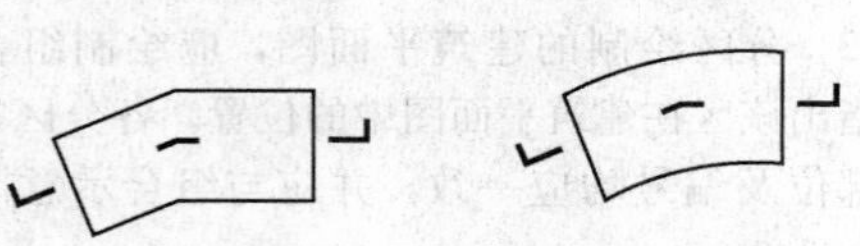

图 10.3.2-3 两个相交的剖切面剖切

10.3.3 分层剖切的剖面图，应按层次以波浪线将各层隔开，波浪线不应与任何图线重合（图 10.3.3）。

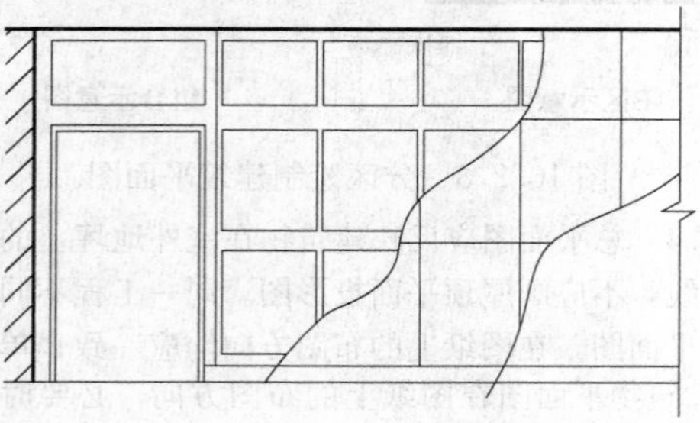

图 10.3.3 分层剖切的剖面图

10.3.4 杆件的断面图可绘制在靠近杆件的一侧或端部处并按顺序依次排列（图 10.3.4-1），也可绘制在杆件的中断处（图 10.3.4-2）；结构梁板的断面图可画在结构布置图上（图 10.3.4-3）。

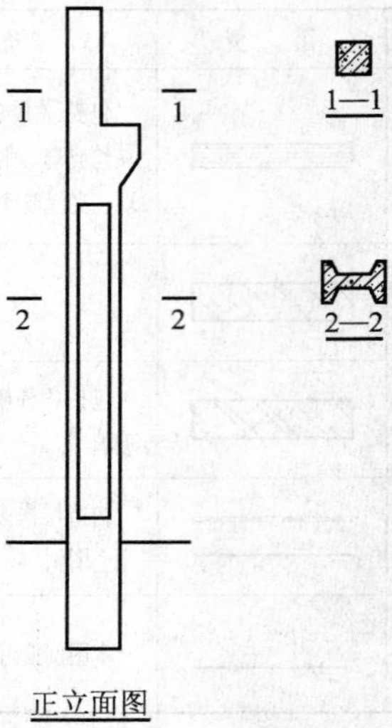

图 10.3.4-1 断面图按顺序排列

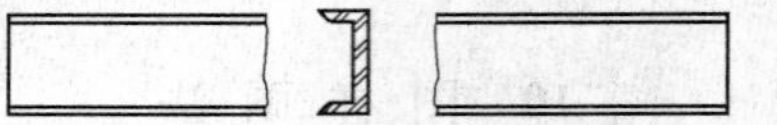

图 10.3.4-2 断面图画在杆件中断处

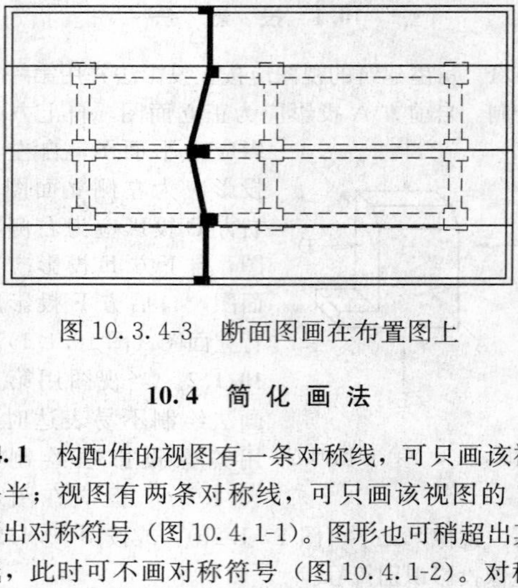

图 10.3.4-3 断面图画在布置图上

10.4 简化画法

10.4.1 构配件的视图有一条对称线，可只画该视图的一半；视图有两条对称线，可只画该视图的 1/4，并画出对称符号（图 10.4.1-1）。图形也可稍超出其对称线，此时可不画对称符号（图 10.4.1-2）。对称的形体需画剖面图或断面图时，可以对称符号为界，一半画视图（外形图），一半画剖面图或断面图（图 10.4.1-3）。

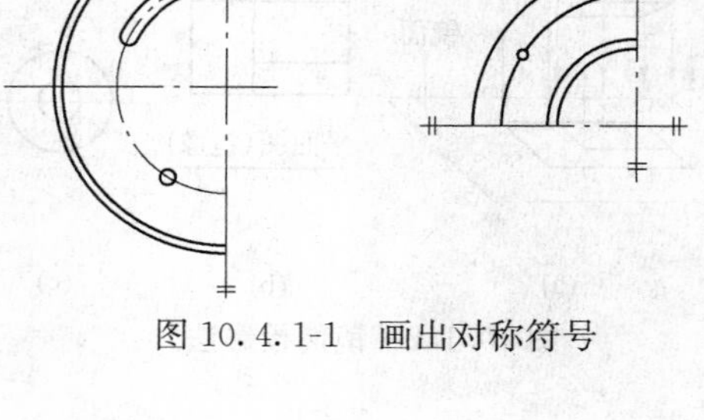

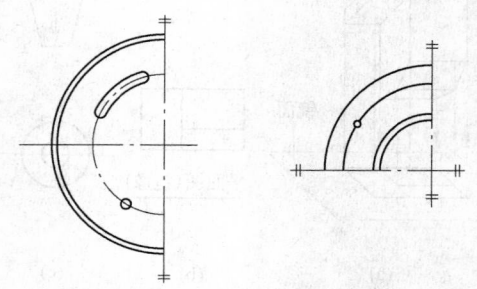

图 10.4.1-1 画出对称符号

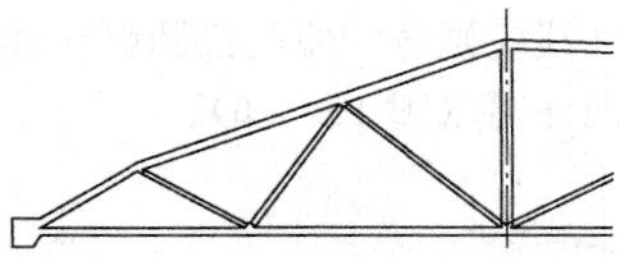

图 10.4.1-2　不画对称符号

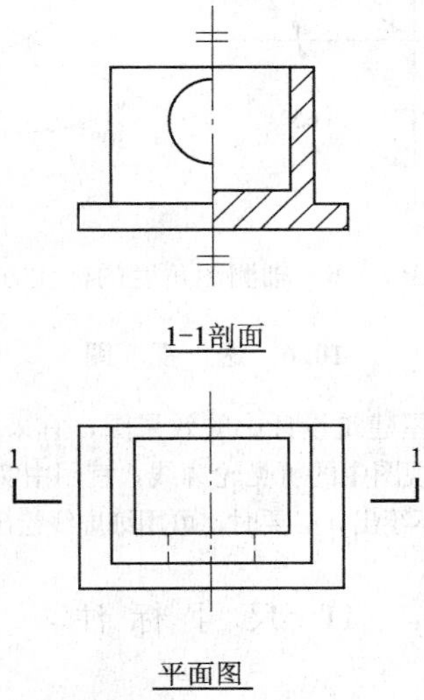

图 10.4.1-3　一半画视图，
一半画剖面图

10.4.2　构配件内多个完全相同而连续排列的构造要素，可仅在两端或适当位置画出其完整形状，其余部分以中心线或中心线交点表示（图10.4.2a）。当相同构造要素少于中心线交点，则其余部分应在相同构造要素位置的中心线交点处用小圆点表示（图10.4.2b）。

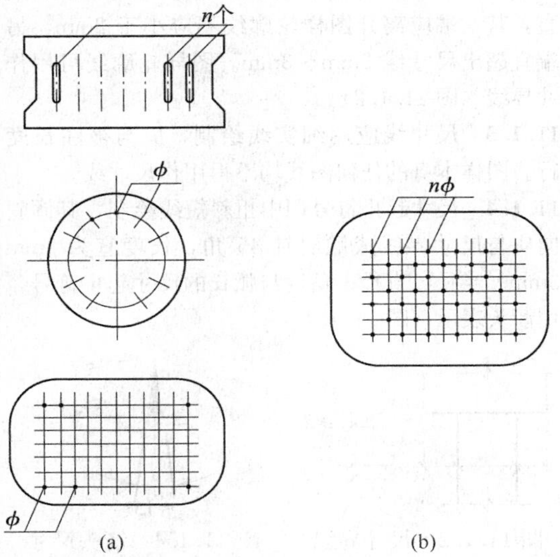

图 10.4.2　相同要素简化画法

10.4.3　较长的构件，当沿长度方向的形状相同或按一定规律变化，可断开省略绘制，断开处应以折断线表示（图10.4.3）。

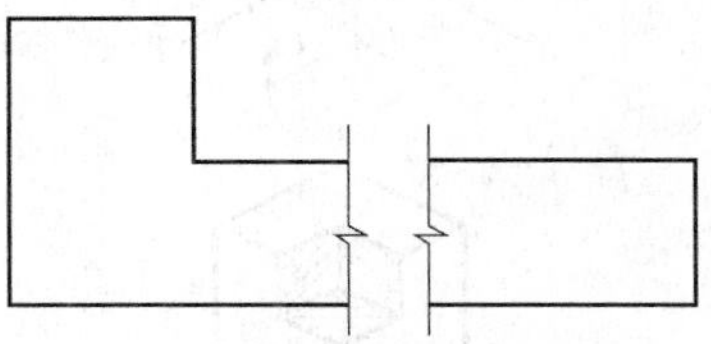

图 10.4.3　折断简化画法

10.4.4　一个构配件，如绘制位置不够，可分成几个部分绘制，并应以连接符号表示相连（图7.4.2）。

10.4.5　一个构配件如与另一构配件仅部分不相同，该构配件可只画不同部分，但应在两个构配件的相同部分与不同部分的分界线处，分别绘制连接符号（图10.4.5）。

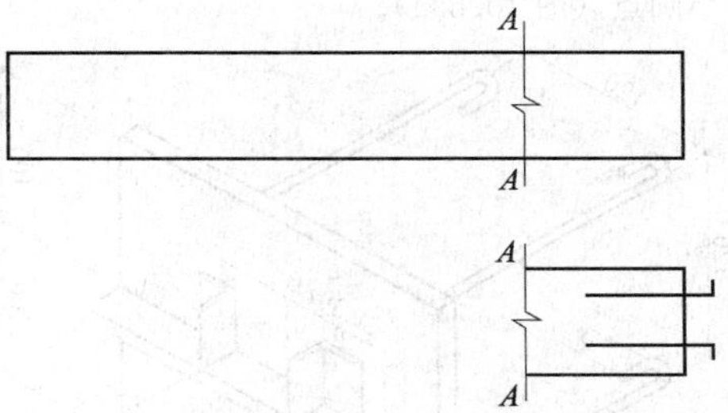

图 10.4.5　构件局部不同的简化画法

10.5　轴　测　图

10.5.1　房屋建筑的轴测图（图10.5.1），宜采用正等测投影并用简化轴伸缩系数绘制。

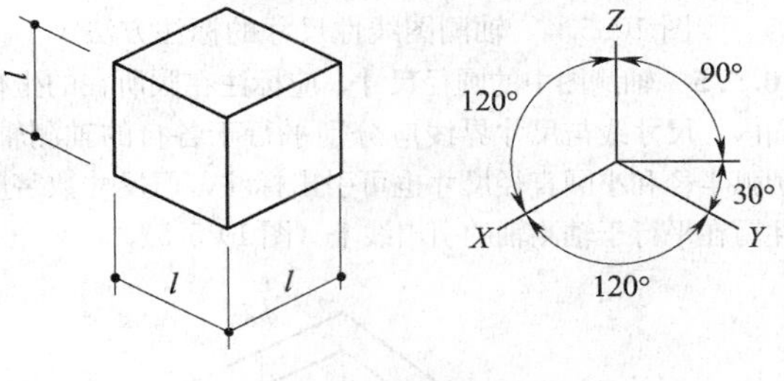

$p=q=r=l$

图 10.5.1　正等测的画法

10.5.2　轴测图的可见轮廓线宜用中实线绘制，断面轮廓线宜用粗实线绘制。不可见轮廓线不绘出，必要时，可用细虚线绘出所需部分。

10.5.3　轴测图的断面上应画出其材料图例线，图例线应按其断面所在坐标面的轴测方向绘制。如以45°斜线为材料图例线时，应按图10.5.3的规定绘制。

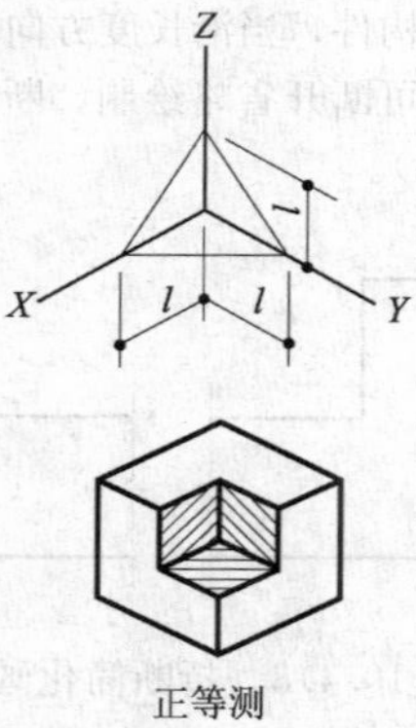

图 10.5.3　轴测图断面图例线画法

10.5.4　轴测图线性尺寸，应标注在各自所在的坐标面内，尺寸线应与被注长度平行，尺寸界线应平行于相应的轴测轴，尺寸数字的方向应平行于尺寸线，如出现字头向下倾斜时，应将尺寸线断开，在尺寸线断开处水平方向注写尺寸数字。轴测图的尺寸起止符号宜用小圆点（图 10.5.4）。

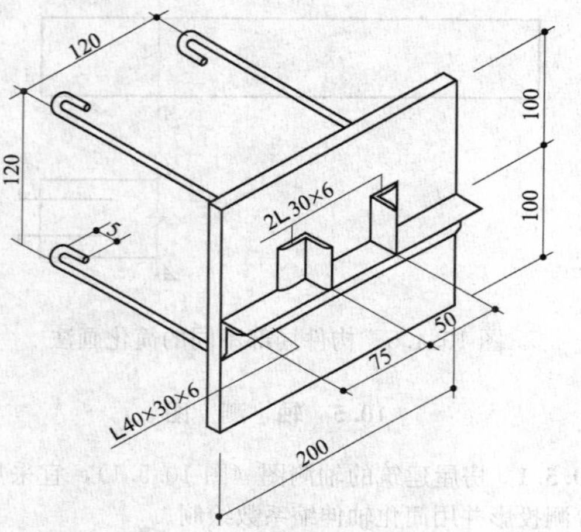

图 10.5.4　轴测图线性尺寸的标注方法

10.5.5　轴测图中的圆径尺寸，应标注在圆所在的坐标面内；尺寸线与尺寸界线应分别平行于各自的轴测轴。圆弧半径和小圆直径尺寸也可引出标注，但尺寸数字应注写在平行于轴测轴的引出线上（图 10.5.5）。

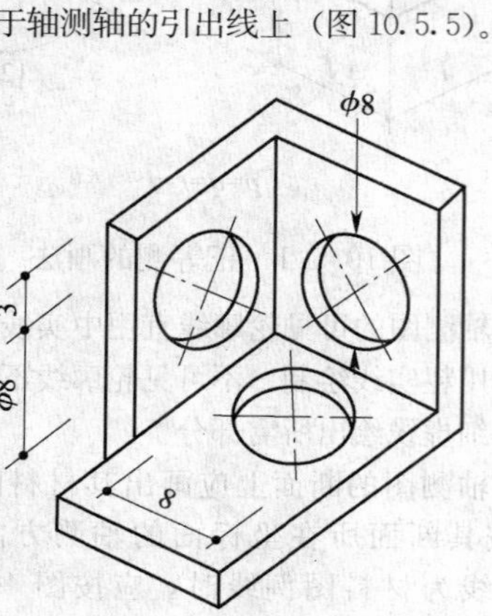

图 10.5.5　轴测图圆直径标注方法

10.5.6　轴测图的角度尺寸，应标注在该角所在的坐标面内，尺寸线应画成相应的椭圆弧或圆弧。尺寸数字应水平方向注写（图 10.5.6）。

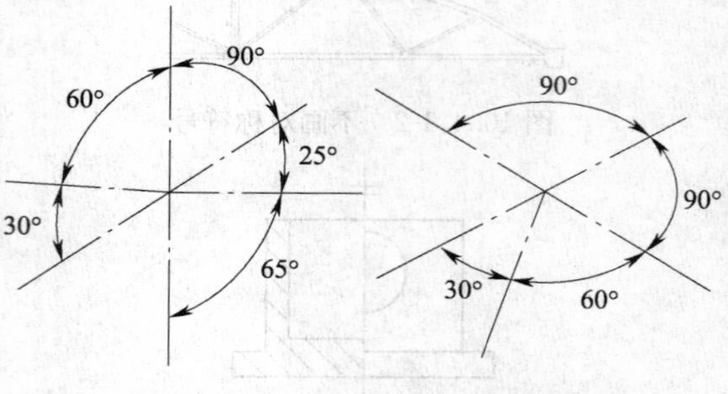

图 10.5.6　轴测图角度的标注方法

10.6　透　视　图

10.6.1　房屋建筑设计中的效果图，宜采用透视图。

10.6.2　透视图中的可见轮廓线，宜用中实线绘制。不可见轮廓线不绘出，必要时，可用细虚线绘出所需部分。

11　尺 寸 标 注

11.1　尺寸界线、尺寸线及尺寸起止符号

11.1.1　图样上的尺寸，应包括尺寸界线、尺寸线、尺寸起止符号和尺寸数字（图 11.1.1）。

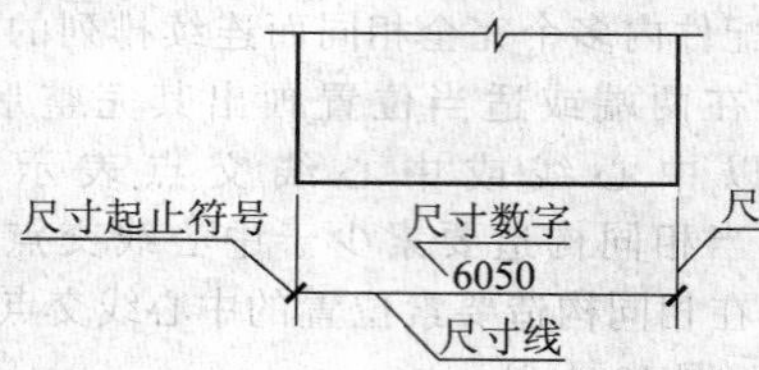

图 11.1.1　尺寸的组成

11.1.2　尺寸界线应用细实线绘制，应与被注长度垂直，其一端应离开图样轮廓线不应小于 2mm，另一端宜超出尺寸线 2mm～3mm。图样轮廓线可用作尺寸界线（图 11.1.2）。

11.1.3　尺寸线应用细实线绘制，应与被注长度平行。图样本身的任何图线均不得用作尺寸线。

11.1.4　尺寸起止符号用中粗斜短线绘制，其倾斜方向应与尺寸界线成顺时针 45°角，长度宜为 2mm～3mm。半径、直径、角度与弧长的尺寸起止符号，宜用箭头表示（图 11.1.4）。

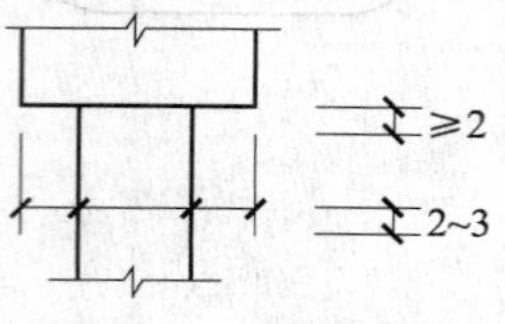

图 11.1.2　尺寸界线

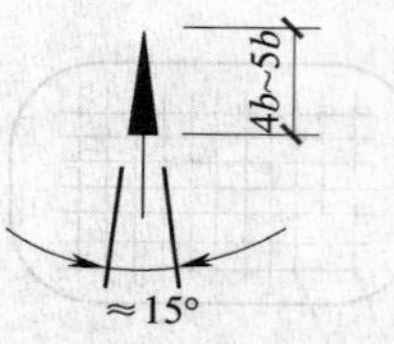

图 11.1.4　箭头尺寸起止符号

11.2 尺寸数字

11.2.1 图样上的尺寸，应以尺寸数字为准，不得从图上直接量取。

11.2.2 图样上的尺寸单位，除标高及总平面以米为单位外，其他必须以毫米为单位。

11.2.3 尺寸数字的方向，应按图 11.2.3a 的规定注写。若尺寸数字在 30°斜线区内，也可按图 11.2.3b 式注写。

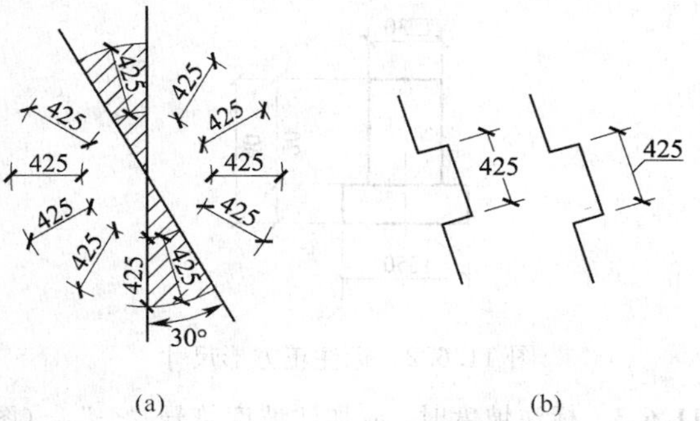

图 11.2.3 尺寸数字的注写方向

11.2.4 尺寸数字应依据其方向注写在靠近尺寸线的上方中部。如没有足够的注写位置，最外边的尺寸数字可注写在尺寸界线的外侧，中间相邻的尺寸数字可上下错开注写，引出线端部用圆点表示标注尺寸的位置（图 11.2.4）。

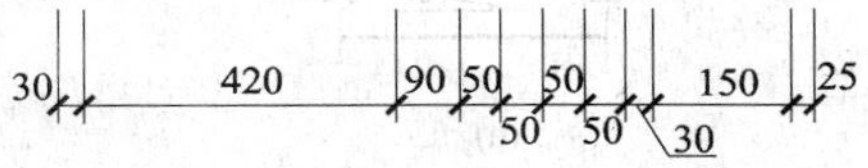

图 11.2.4 尺寸数字的注写位置

11.3 尺寸的排列与布置

11.3.1 尺寸宜标注在图样轮廓以外，不宜与图线、文字及符号等相交（图 11.3.1）。

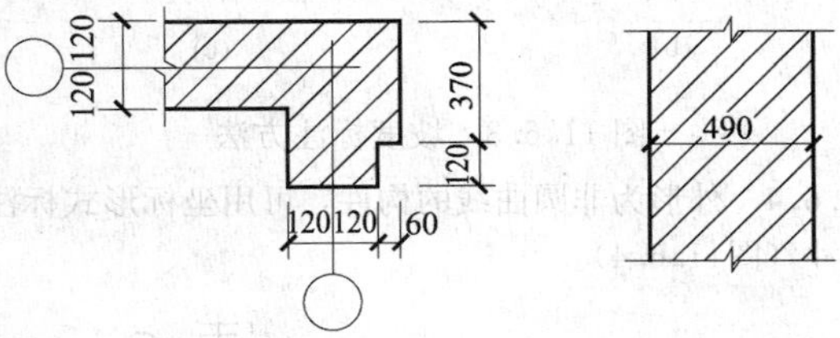

图 11.3.1 尺寸数字的注写

11.3.2 互相平行的尺寸线，应从被注写的图样轮廓线由近向远整齐排列，较小尺寸应离轮廓线较近，较大尺寸应离轮廓线较远（图 11.3.2）。

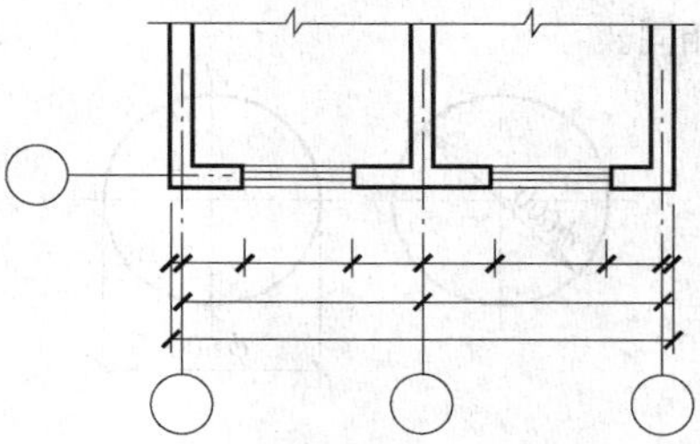

图 11.3.2 尺寸的排列

11.3.3 图样轮廓线以外的尺寸界线，距图样最外轮廓之间的距离，不宜小于 10mm。平行排列的尺寸线的间距，宜为 7mm～10mm，并应保持一致（图 11.3.2）。

11.3.4 总尺寸的尺寸界线应靠近所指部位，中间的分尺寸的尺寸界线可稍短，但其长度应相等（图 11.3.2）。

11.4 半径、直径、球的尺寸标注

11.4.1 半径的尺寸线应一端从圆心开始，另一端画箭头指向圆弧。半径数字前应加注半径符号"*R*"（图 11.4.1）。

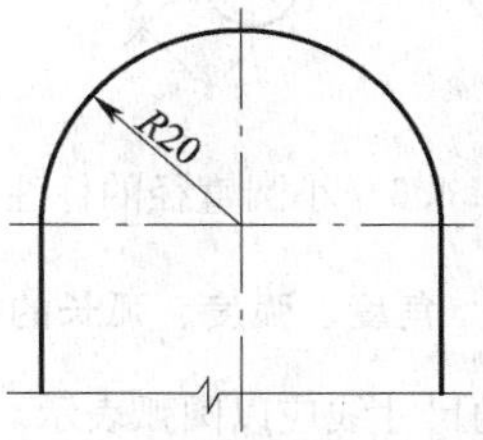

图 11.4.1 半径标注方法

11.4.2 较小圆弧的半径，可按图 11.4.2 形式标注。

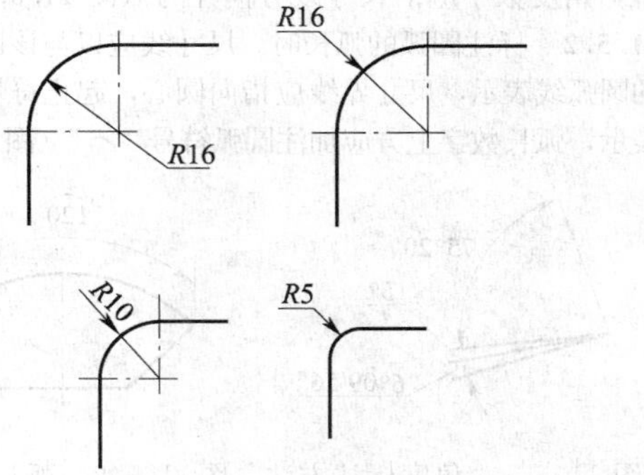

图 11.4.2 小圆弧半径的标注方法

11.4.3 较大圆弧的半径，可按图 11.4.3 形式标注。

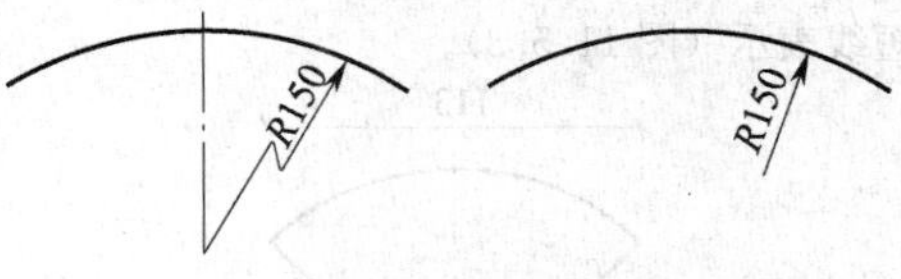

图 11.4.3 大圆弧半径的标注方法

11.4.4 标注圆的直径尺寸时，直径数字前应加直径符号"*ϕ*"。在圆内标注的尺寸线应通过圆心，两端画箭头指至圆弧（图 11.4.4）。

11.4.5 较小圆的直径尺寸，可标注在圆外（图 11.4.5）。

11.4.6 标注球的半径尺寸时，应在尺寸前加注符号"*SR*"。标注球的直径尺寸时，应在尺寸数字前加注符号"*Sϕ*"。注写方法与圆弧半径和圆直径的尺寸标

注方法相同。

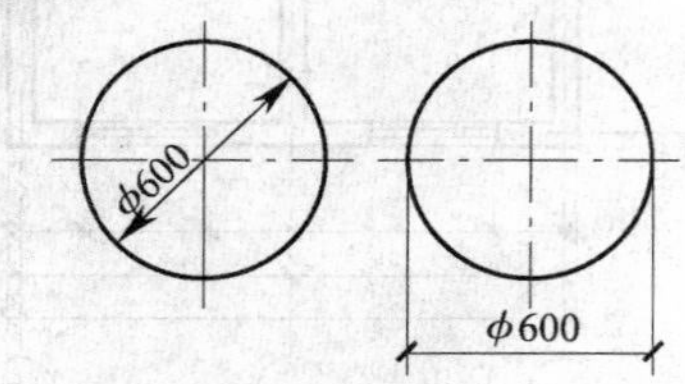

图 11.4.4　圆直径的标注方法

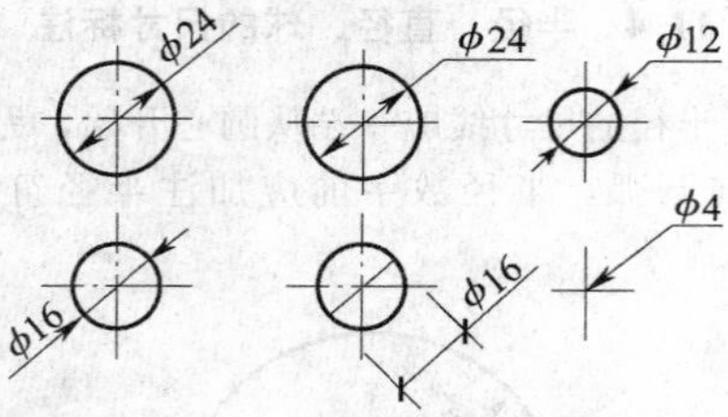

图 11.4.5　小圆直径的标注方法

11.5　角度、弧度、弧长的标注

11.5.1　角度的尺寸线应以圆弧表示。该圆弧的圆心应是该角的顶点，角的两条边为尺寸界线。起止符号应以箭头表示，如没有足够位置画箭头，可用圆点代替，角度数字应沿尺寸线方向注写（图 11.5.1）。

11.5.2　标注圆弧的弧长时，尺寸线应以与该圆弧同心的圆弧线表示，尺寸界线应指向圆心，起止符号用箭头表示，弧长数字上方应加注圆弧符号“⌒”（图 11.5.2）。

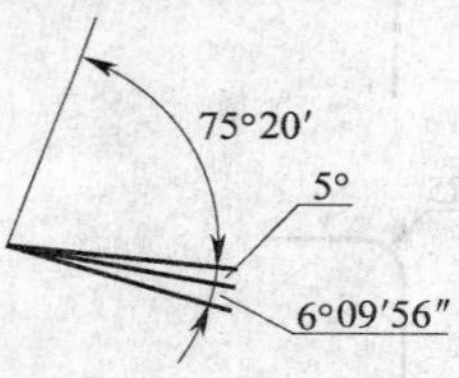

图 11.5.1　角度标注方法

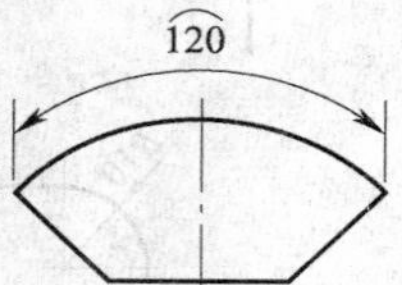

图 11.5.2　弧长标注方法

11.5.3　标注圆弧的弦长时，尺寸线应以平行于该弦的直线表示，尺寸界线应垂直于该弦，起止符号用中粗斜短线表示（图 11.5.3）。

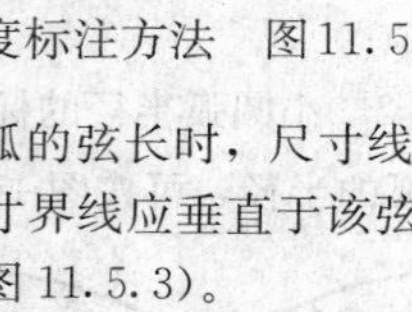

图 11.5.3　弦长标注方法

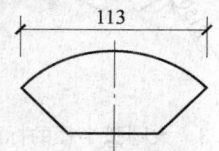

11.6　薄板厚度、正方形、坡度、非圆曲线等尺寸标注

11.6.1　在薄板板面标注板厚尺寸时，应在厚度数字前加厚度符号“*t*”（图 11.6.1）。

11.6.2　标注正方形的尺寸，可用“边长×边长”的形式，也可在边长数字前加正方形符号“□”（图 11.6.2）。

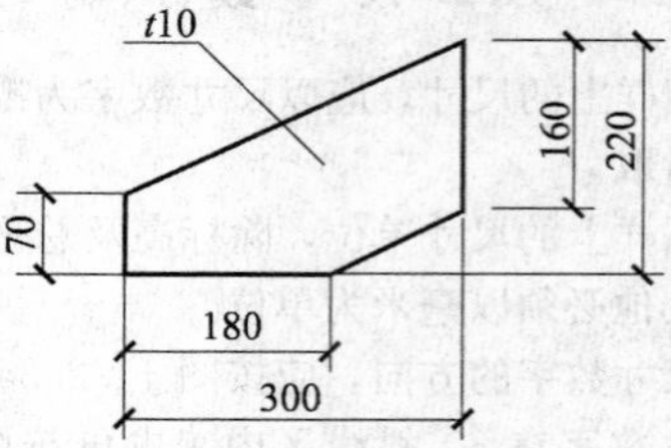

图 11.6.1　薄板厚度标注方法

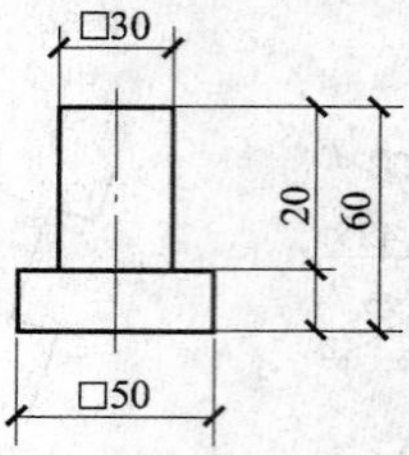

图 11.6.2　标注正方形尺寸

11.6.3　标注坡度时，应加注坡度符号“←”（图 11.6.3a、b），该符号为单面箭头，箭头应指向下坡方向。坡度也可用直角三角形形式标注（图 11.6.3c）。

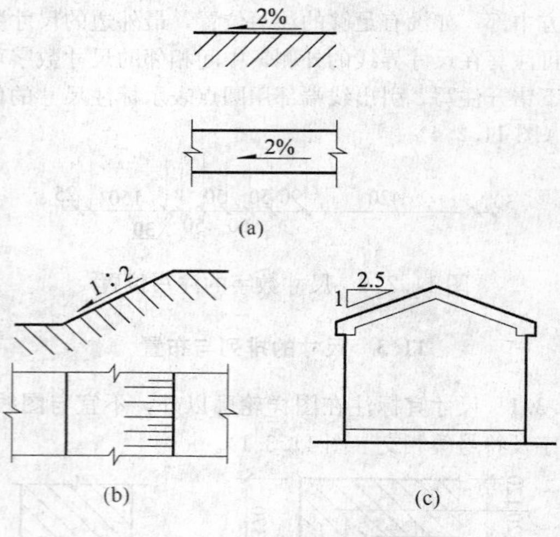

图 11.6.3　坡度标注方法

11.6.4　外形为非圆曲线的构件，可用坐标形式标注尺寸（图11.6.4）。

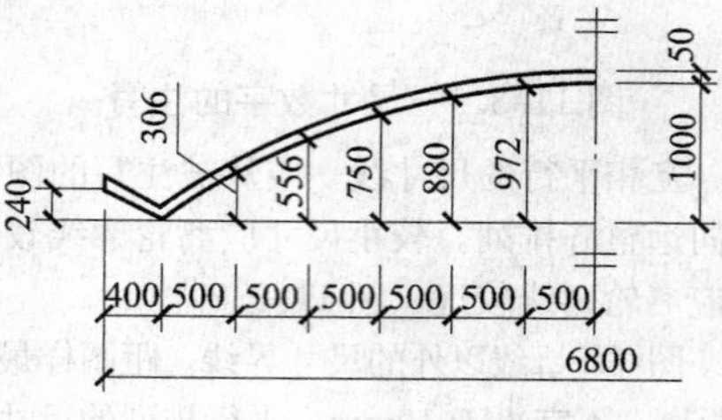

图 11.6.4　坐标法标注曲线尺寸

11.6.5　复杂的图形，可用网格形式标注尺寸（图 11.6.5）。

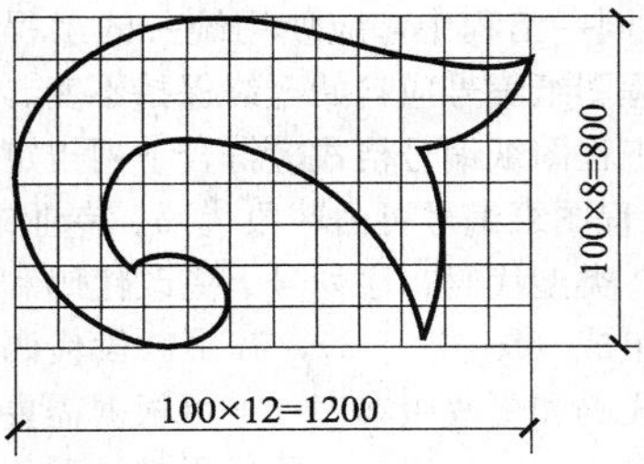

图 11.6.5　网格法标注曲线尺寸

11.7　尺寸的简化标注

11.7.1　杆件或管线的长度，在单线图（桁架简图、钢筋简图、管线简图）上，可直接将尺寸数字沿杆件或管线的一侧注写（图 11.7.1）。

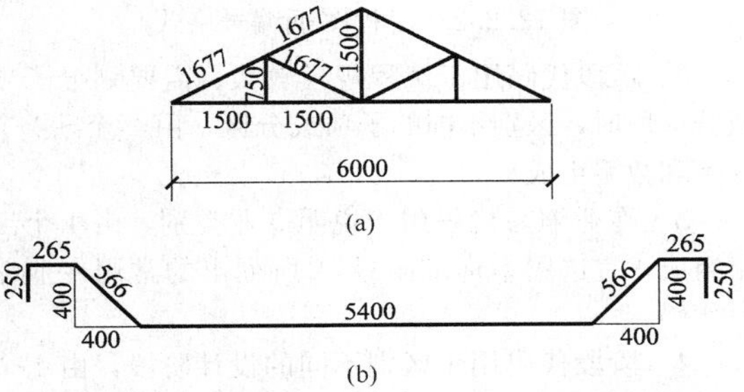

图 11.7.1　单线图尺寸标注方法

11.7.2　连续排列的等长尺寸，可用“等长尺寸×个数＝总长”（图 11.7.2a）或“等分×个数＝总长”（图 11.7.2b）的形式标注。

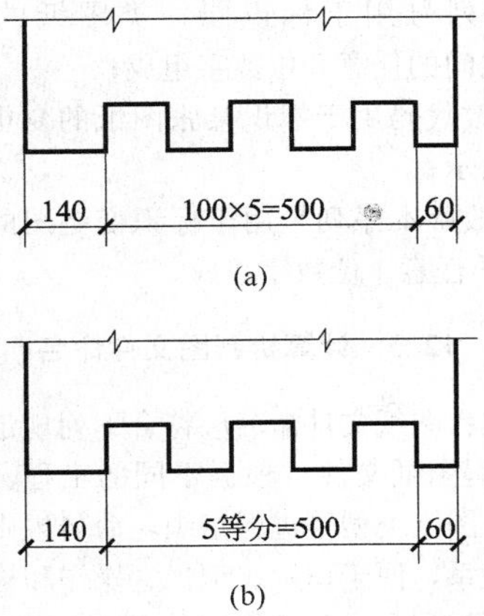

图 11.7.2　等长尺寸简化标注方法

11.7.3　构配件内的构造因素（如孔、槽等）如相同，可仅标注其中一个要素的尺寸（图 11.7.3）。

11.7.4　对称构配件采用对称省略画法时，该对称构配件的尺寸线应略超过对称符号，仅在尺寸线的一端画尺寸起止符号，尺寸数字应按整体全尺寸注写，其注写位置宜与对称符号对齐（图 11.7.4）。

11.7.5　两个构配件，如个别尺寸数字不同，可在同一图样中将其中一个构配件的不同尺寸数字注写在括号内，该构配件的名称也应注写在相应的括号内（图 11.7.5）。

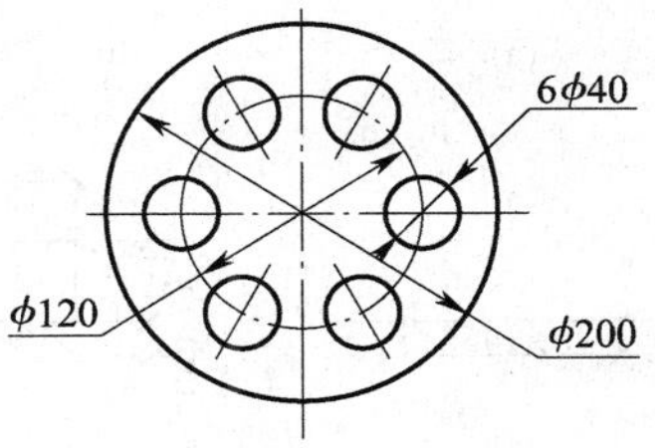

图 11.7.3　相同要素尺寸标注方法

图 11.7.4　对称构件尺寸标注方法

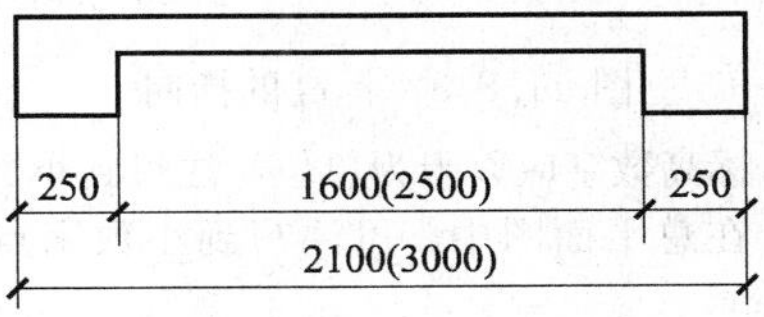

图 11.7.5　相似构件尺寸标注方法

11.7.6　数个构配件，如仅某些尺寸不同，这些有变化的尺寸数字，可用拉丁字母注写在同一图样中，另列表格写明其具体尺寸（图 11.7.6）。

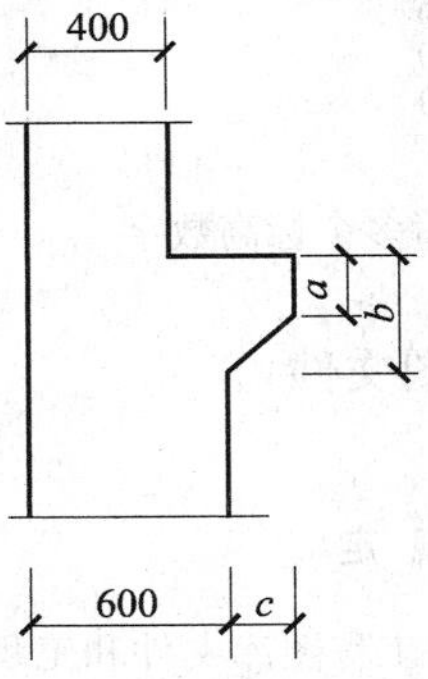

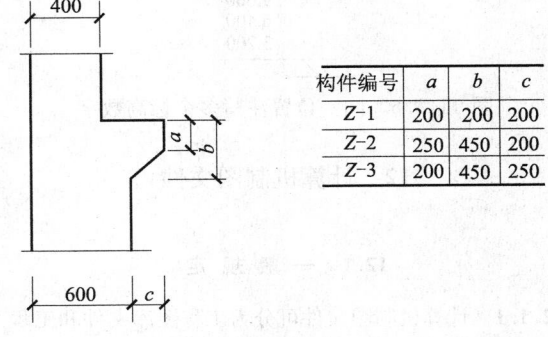

构件编号	*a*	*b*	*c*
Z-1	200	200	200
Z-2	250	450	200
Z-3	200	450	250

图 11.7.6　相似构配件尺寸表格式标注方法

11.8　标　高

11.8.1　标高符号应以直角等腰三角形表示，按图 11.8.1a 所示形式用细实线绘制，当标注位置不够，也可按图 11.8.1b 所示形式绘制。标高符号的具体画法应符合图 11.8.1c、d 的规定。

11.8.2　总平面图室外地坪标高符号，宜用涂黑的三角形表示，具体画法应符合图 11.8.2 的规定。

11.8.3　标高符号的尖端应指至被注高度的位置。尖端宜向下，也可向上。标高数字应注写在标高符号的上侧或下侧（图 11.8.3）。

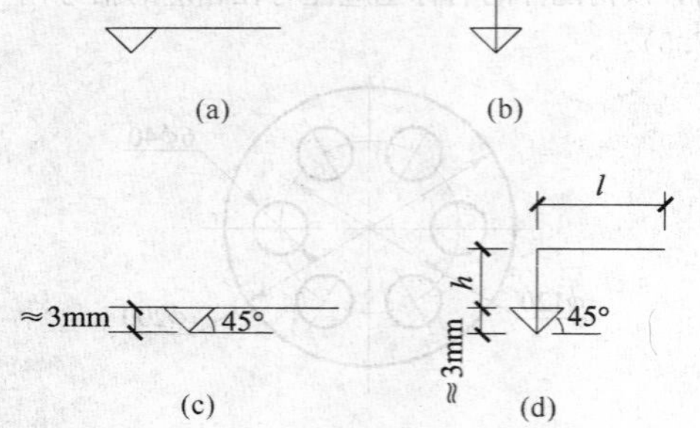

图 11.8.1　标高符号

l—取适当长度注写标高数字；h—根据需要取适当高度

图 11.8.2　总平面图室外地坪标高符号

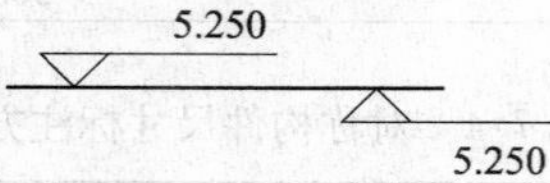

图 11.8.3　标高的指向

11.8.4　标高数字应以米为单位，注写到小数点以后第三位。在总平面图中，可注写到小数字点以后第二位。

11.8.5　零点标高应注写成±0.000，正数标高不注“+”，负数标高应注“-”，例如 3.000、-0.600。

11.8.6　在图样的同一位置需表示几个不同标高时，标高数字可按图 11.8.6 的形式注写。

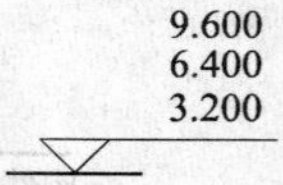

图 11.8.6　同一位置注写多个标高数字

12　计算机制图文件

12.1　一 般 规 定

12.1.1　计算机制图文件可分为工程图库文件和工程图纸文件。工程图库文件可在一个以上的工程中重复使用；工程图纸文件只能在一个工程中使用。

12.1.2　建立合理的文件目录结构，可对计算机制图文件进行有效的管理和利用。

12.2　工程图纸编号

12.2.1　工程图纸编号应符合下列规定：

1　工程图纸根据不同的子项（区段）、专业、阶段等进行编排，宜按照设计总说明、平面图、立面图、剖面图、详图、清单、简图等的顺序编号；

2　工程图纸编号应使用汉字、数字和连字符“-”的组合；

3　在同一工程中，应使用统一的工程图纸编号格式，工程图纸编号应自始至终保持不变。

12.2.2　工程图纸编号格式应符合下列规定：

1　工程图纸编号可由区段代码、专业缩写代码、阶段代码、类型代码、序列号、更改代码和更改版本序列号等组成（图 12.2.2），其中区段代码、类型代码、更改代码和更改版本序列号可根据需要设置。区段代码与专业缩写代码、阶段代码与类型代码、序列号与更改代码之间用连字符“-”分隔开；

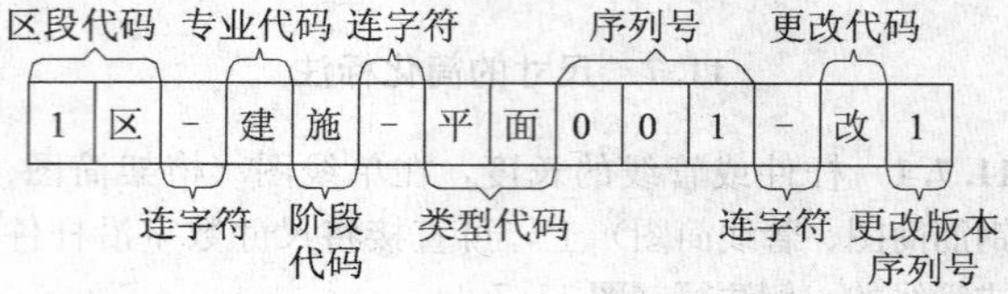

图 12.2.2　工程图纸编号格式

2　区段代码用于工程规模较大、需要划分子项或分区段时，区别不同的子项或分区，由 2 个～4 个汉字和数字组成；

3　专业缩写代码用于说明专业类别，由 1 个汉字组成；宜选用本标准附录 A 所列出的常用专业缩写代码；

4　阶段代码用于区别不同的设计阶段，由 1 个汉字组成；宜选用本标准附录 A 所列出的常用阶段代码；

5　类型代码用于说明工程图纸的类型，由 2 个字符组成；宜选用本标准附录 A 所列出的常用类型代码；

6　序列号用于标识同一类图纸的顺序，由 001～999之间的任意 3 位数字组成；

7　更改代码用于标识某张图纸的变更图，用汉字“改”表示；

8　更改版本序列号用于标识变更图的版次，由 1～9 之间的任意 1 位数字组成。

12.3　计算机制图文件命名

12.3.1　工程图纸文件命名应符合下列规定：

1　工程图纸文件可根据不同的工程、子项或分区、专业、图纸类型等进行组织，命名规则应具有一定的逻辑关系，便于识别、记忆、操作和检索。

2　工程图纸文件名称应使用拉丁字母、数字、连字符“-”和井字符“#”的组合。

3　在同一工程中，应使用统一的工程图纸文件名称格式，工程图纸文件名称应自始至终保持不变。

12.3.2　工程图纸文件命名格式应符合下列规定：

1　工程图纸文件名称可由工程代码、专业代码、类型代码、用户定义代码和文件扩展名组成（图 12.3.2-1），其中工程代码和用户定义代码可根据需要设置。专业代码与类型代码之间用连字符“-”分隔开；用户定义代码与文件扩展名之间用小数点“.”分隔开；

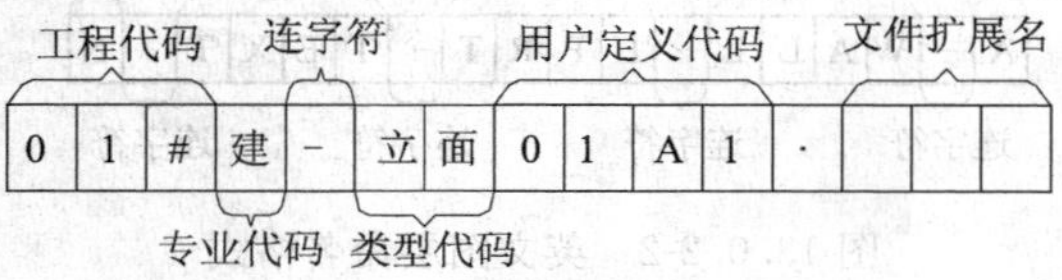

图 12.3.2-1　工程图纸文件命名格式

2　工程代码用于说明工程、子项或区段，可由 2 个～5 个字符和数字组成；

3　专业代码用于说明专业类别，由 1 个字符组成；宜选用本标准附录 A 所列出的常用专业代码；

4　类型代码用于说明工程图纸文件的类型，由 2 个字符组成；宜选用本标准附录 A 所列出的常用类型代码；

5　用户定义代码用于说明工程图纸文件的类型，宜由 2 个～5 个字符和数字组成，其中前两个字符为标识同一类图纸文件的序列号，后两位字符表示工程图纸文件变更的范围与版次（图 12.3.2-2）；

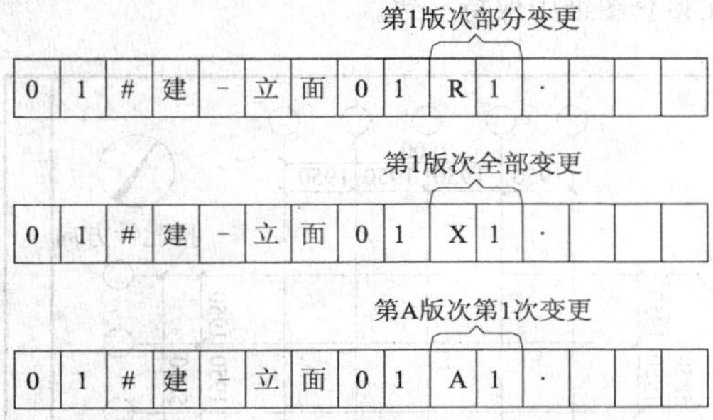

图 12.3.2-2　工程图纸文件变更范围与版次表示

6　小数点后的文件扩展名由创建工程图纸文件的计算机制图软件定义，由 3 个字符组成。

12.3.3　工程图库文件命名应符合下列规定：

1　工程图库文件应根据建筑体系、组装需要或用法等进行分类，并应便于识别、记忆、操作和检索；

2　工程图库文件名称应使用拉丁字母和数字的组合；

3　在特定工程中使用工程图库文件，应将该工程图库文件复制到特定工程的文件夹中，并应更名为与特定工程相适合的工程图纸文件名。

12.4　计算机制图文件夹

12.4.1　计算机制图文件夹宜根据工程、设计阶段、专业、使用人和文件类型等进行组织。计算机制图文件夹的名称可由用户或计算机制图软件定义，并应在工程上具有明确的逻辑关系，便于识别、记忆、管理和检索。

12.4.2　计算机制图文件夹名称可使用汉字、拉丁字母、数字和连字符“-”的组合，但汉字与拉丁字母不得混用。

12.4.3　在同一工程中，应使用统一的计算机制图文件夹命名格式，计算机制图文件夹名称应自始至终保持不变，且不得同时使用中文和英文的命名格式。

12.4.4　为满足协同设计的需要，可分别创建工程、专业内部的共享与交换文件夹。

12.5　计算机制图文件的使用与管理

12.5.1　工程图纸文件应与工程图纸一一对应，以保证存档时工程图纸与计算机制图文件的一致性。

12.5.2　计算机制图文件宜使用标准化的工程图库文件。

12.5.3　文件备份应符合下列规定：

1　计算机制图文件应及时备份，避免文件及数据的意外损坏、丢失等；

2　计算机制图文件备份的时间和份数可根据具体情况自行确定，宜每日或每周备份一次。

12.5.4　应采取定期备份、预防计算机病毒、在安全的设备中保存文件的副本、设置相应的文件访问与操作权限、文件加密，以及使用不间断电源（UPS）等保护措施，对计算机制图文件进行有效保护。

12.5.5　计算机制图文件应及时归档。

12.5.6　不同系统间图形文件交换应符合现行国家标准《工业自动化系统与集成　产品数据表达与交换》GB/T 16656 的规定。

12.6　协同设计与计算机制图文件

12.6.1　协同设计的计算机制图文件组织应符合下列规定：

1　采用协同设计方式，应根据工程的性质、规模、复杂程度和专业需要，合理、有序地组织计算机制图文件，并应据此确定设计团队成员的任务分工；

2　采用协同设计方式组织计算机制图文件，应以减少或避免设计内容的重复创建和编辑为原则，条件许可时，宜使用计算机制图文件参照方式；

3　为满足专业之间协同设计的需要，可将计算机制图文件划分为各专业共用的公共图纸文件、向其他专业提供的资料文件和仅供本专业使用的图纸文件；

4　为满足专业内部协同设计的需要，可将本专业的一个计算机制图文件分解为若干零件图文件，并建立零件图文件与组装图文件之间的联系。

12.6.2　协同设计的计算机制图文件参照应符合下列规定：

1　在主体计算机制图文件中，可引用具有多级引用关系的参照文件，并允许对引用的参照文件进行编辑、剪裁、拆离、覆盖、更新、永久合并的操作；

2　为避免参照文件的修改引起主体计算机制图文件的变动，主体计算机制图文件归档时，应将被引用的参照文件与主体计算机制图文件永久合并（绑定）。

13 计算机制图文件图层

13.0.1 图层命名应符合下列规定：

1 图层可根据不同用途、设计阶段、属性和使用对象等进行组织，在工程上应具有明确的逻辑关系，便于识别、记忆、软件操作和检索；

2 图层名称可使用汉字、拉丁字母、数字和连字符“-”的组合，但汉字与拉丁字母不得混用；

3 在同一工程中，应使用统一的图层命名格式，图层名称应自始至终保持不变，且不得同时使用中文和英文的命名格式。

13.0.2 图层命名格式应符合下列规定：

1 图层命名应采用分级形式，每个图层名称由2个～5个数据字段（代码）组成，第一级为专业代码，第二级为主代码，第三、四级分别为次代码1和次代码2，第五级为状态代码；其中第三级～第五级可根据需要设置；每个相邻的数据字段用连字符“-”分隔开；

2 专业代码用于说明专业类别，宜选用附录A所列出的常用专业代码；

3 主代码用于详细说明专业特征，主代码可以和任意的专业代码组合；

4 次代码1和次代码2用于进一步区分主代码的数据特征，次代码可以和任意的主代码组合；

5 状态代码用于区分图层中所包含的工程性质或阶段；状态代码不能同时表示工程状态和阶段，宜选用附录B所列出的常用状态代码；

6 中文图层名称宜采用图13.0.2-1的格式，每个图层名称由2个～5个数据字段组成，每个数据字段为1个～3个汉字，每个相邻的数据字段用连字符“-”分隔开；

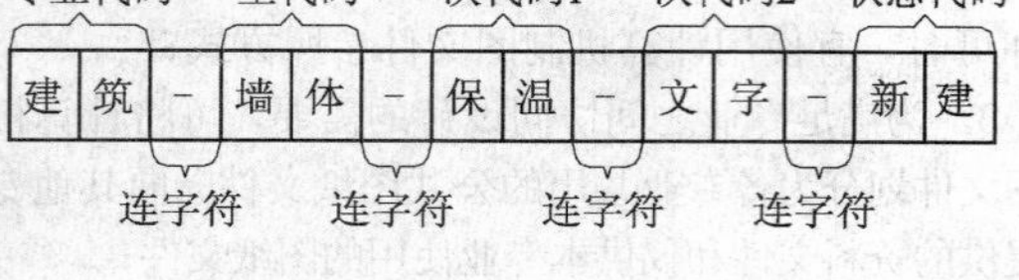

图13.0.2-1 中文图层命名格式

7 英文图层名称宜采用图13.0.2-2的格式，每个图层名称由2个～5个数据字段组成，每个数据字段为1个～4个字符，每个相邻的数据字段用连字符“-”分隔开；其中专业代码为1个字符，主代码、次代码1和次代码2为4个字符，状态代码为1个字符；

8 图层名称宜选用本标准附录A和附录B所列出的常用图层名称。

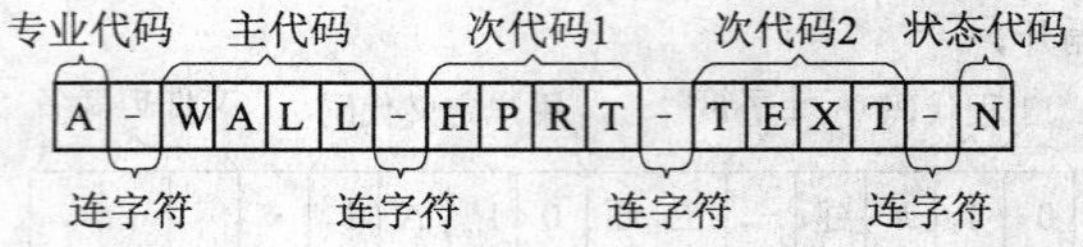

图13.0.2-2 英文图层命名格式

14 计算机制图规则

14.0.1 计算机制图的方向与指北针应符合下列规定：

1 平面图与总平面图的方向宜保持一致；

2 绘制正交平面图时，宜使定位轴线与图框边线平行（图14.0.1-1）；

3 绘制由几个局部正交区域组成且各区域相互斜交的平面图时，可选择其中任意一个正交区域的定位轴线与图框边线平行（图14.0.1-2）；

4 指北针应指向绘图区的顶部（图14.0.1-1），并在整套图纸中保持一致。

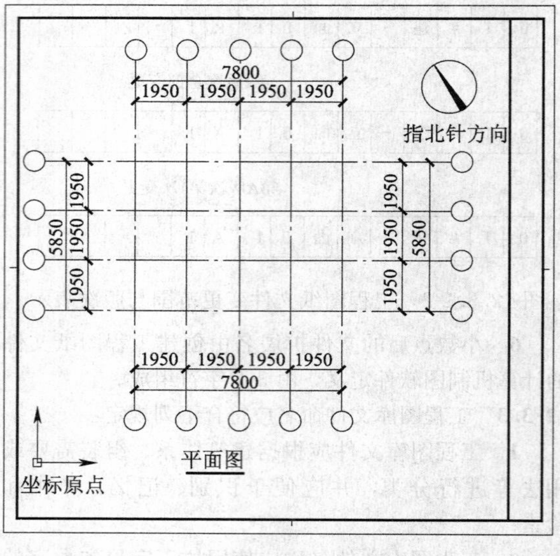

图14.0.1-1 正交平面图制图方向与指北针方向示意

14.0.2 计算机制图的坐标系与原点应符合下列规定：

1 计算机制图时，可选择世界坐标系或用户定义坐标系；

2 绘制总平面图工程中有特殊要求的图样时，也可使用大地坐标系；

3 坐标原点的选择，宜使绘制的图样位于横向坐标轴的上方和纵向坐标轴的右侧并紧邻坐标原点（图14.0.1-1、图14.0.1-2）；

4 在同一工程中，各专业应采用相同的坐标系与坐标原点。

14.0.3 计算机制图的布局应符合下列规定：

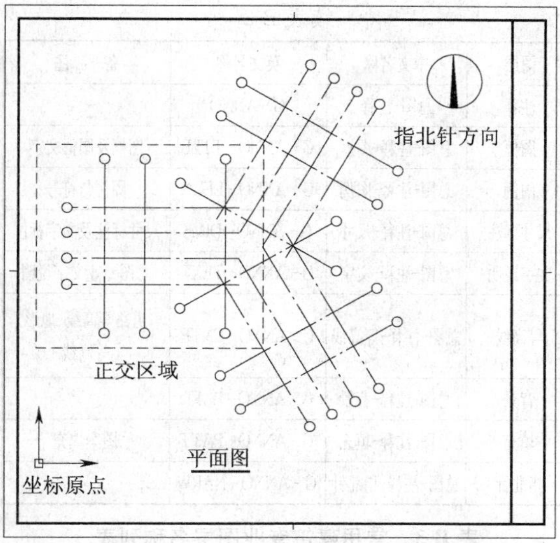

图 14.0.1-2　正交区域相互斜交的平面图制图方向与指北针方向示意

1　计算机制图时，宜按照自下而上、自左至右的顺序排列图样；宜布置主要图样，再布置次要图样；

2　表格、图纸说明宜布置在绘图区的右侧。

14.0.4　计算机制图的比例应符合下列规定：

1　计算机制图时，采用1∶1的比例绘制图样时，应按照图中标注的比例打印成图；采用图中标注的比例绘制图样，应按照1∶1的比例打印成图；

2　计算机制图时，可采用适当的比例书写图样及说明中文字，但打印成图时应符合本标准第5.0.2条～第5.0.7条的规定。

附录A　常用工程图纸编号与计算机制图文件名称举例

表 A-1　常用专业代码列表

专业	专业代码名称	英文专业代码名称	备　注
总图	总	G	含总图、景观、测量/地图、土建
建筑	建	A	含建筑、室内设计
结构	结	S	含结构
给水排水	水	P	含给水、排水、管道、消防
暖通空调	暖	M	含采暖、通风、空调、机械
电气	电	E	含电气(强电)、通讯(弱电)、消防

表 A-2　常用阶段代码列表

设计阶段	阶段代码名称	英文阶段代码名称	备　注
可行性研究	可	S	含预可行性研究阶段
方案设计	方	C	—
初步设计	初	P	含扩大初步设计阶段
施工图设计	施	W	—

表 A-3　常用类型代码列表

工程图纸文件类型	类型代码名称	英文类型代码名称
图纸目录	目录	CL
设计总说明	说明	NT
楼层平面图	平面	FP
场区平面图	场区	SP
拆除平面图	拆除	DP
设备平面图	设备	QP
现有平面图	现有	XP
立面图	立面	EL
剖面图	剖面	SC
大样图(大比例视图)	大样	LS
详图	详图	DT
三维视图	三维	3D
清单	清单	SH
简图	简图	DG

附录B　常用图层名称举例

表 B-1　常用状态代码列表

工程性质或阶段	状态代码名称	英文状态代码名称	备　注
新建	新建	N	—
保留	保留	E	—
拆除	拆除	D	—
拟建	拟建	F	—
临时	临时	T	—
搬迁	搬迁	M	—
改建	改建	R	—
合同外	合同外	X	—
阶段编号	—	1～9	—
可行性研究	可研	S	阶段名称
方案设计	方案	C	阶段名称
初步设计	初设	P	阶段名称
施工图设计	施工图	W	阶段名称

表 B-2 常用总图专业图层名称列表

图层	中文名称	英文名称	备注
总平面图	总图-平面	G-SITE	—
红线	总图-平面-红线	G-SITE-REDL	建筑红线
外墙线	总图-平面-墙线	G-SITE-WALL	—
建筑物轮廓线	总图-平面-建筑	G-SITE-BOTL	—
构筑物	总图-平面-构筑	G-SITE-STRC	—
总平面标注	总图-平面-标注	G-SITE-IDEN	总平面图尺寸标注及文字标注
总平面文字	总图-平面-文字	G-SITE-TEXT	总平面图说明文字
总平面坐标	总图-平面-坐标	G-SITE-CODT	—
交通	总图-交通	G-DRIV	—
道路中线	总图-交通-中线	G-DRIV-CNTR	—
道路竖向	总图-交通-竖向	G-DRIV-GRAD	—
交通流线	总图-交通-流线	G-DRIV-FLWL	—
交通详图	总图-交通-详图	G-DRIV-DTEL	交通道路详图
停车场	总图-交通-停车场	G-DRIV-PRKG	—
交通标注	总图-交通-标注	G-DRIV-IDEN	交通道路尺寸标注及文字标注
交通文字	总图-交通-文字	G-DRIV-TEXT	交通道路说明文字
交通坐标	总图-交通-坐标	G-DRIV-CODT	—
景观	总图-景观	G-LSCP	园林绿化
景观标注	总图-景观-标注	G-LSCP-IDEN	园林绿化标注及文字标注
景观文字	总图-景观-文字	G-LSCP-TEXT	园林绿化说明文字
景观坐标	总图-景观-坐标	G-LSCP-CODT	—
管线	总图-管线	G-PIPE	—
给水管线	总图-管线-给水	G-PIPE-DOMW	给水管线说明文字、尺寸标注及文字、坐标标注
排水管线	总图-管线-排水	G-PIPE-SANR	排水管线说明文字、尺寸标注及文字、坐标标注
供热管线	总图-管线-供热	G-PIPE-HOTW	供热管线说明文字、尺寸标注及文字、坐标标注
燃气管线	总图-管线-燃气	G-PIPE-GASS	燃气管线说明文字、尺寸标注及文字、坐标标注
电力管线	总图-管线-电力	G-PIPE-POWR	电力管线说明文字、尺寸标注及文字、坐标标注
通讯管线	总图-管线-通讯	G-PIPE-TCOM	通讯管线说明文字、尺寸标注及文字、坐标标注

续表 B-2

图层	中文名称	英文名称	备注
注释	总图-注释	G-ANNO	—
图框	总图-注释-图框	G-ANNO-TTLB	图框及图框文字
图例	总图-注释-图例	G-ANNO-LEGN	图例与符号
尺寸标注	总图-注释-尺寸	G-ANNO-DIMS	尺寸标注及文字标注
文字说明	总图-注释-文字	G-ANNO-TEXT	总图专业文字说明
等高线	总图-注释-等高线	G-ANNO-CNTR	道路等高线、地形等高线
背景	总图-注释-背景	G-ANNO-BGRD	—
填充	总图-注释-填充	G-ANNO-PATT	图案填充
指北针	总图-注释-指北针	G-ANNO-NARW	—

表 B-3 常用建筑专业图层名称列表

图层	中文名称	英文名称	备注
轴线	建筑-轴线	A-AXIS	—
轴网	建筑-轴线-轴网	A-AXIS-GRID	平面轴网、中心线
轴线标注	建筑-轴线-标注	A-AXIS-DIMS	轴线尺寸标注及文字标注
轴线编号	建筑-轴线-编号	A-AXIS-TEXT	—
墙	建筑-墙	A-WALL	墙轮廓线，通常指混凝土墙
砖墙	建筑-墙-砖墙	A-WALL-MSNW	—
轻质隔墙	建筑-墙-隔墙	A-WALL-PRTN	—
玻璃幕墙	建筑-墙-幕墙	A-WALL-GLAZ	—
矮墙	建筑-墙-矮墙	A-WALL-PRHT	半截墙
单线墙	建筑-墙-单线	A-WALL-CNTR	—
墙填充	建筑-墙-填充	A-WALL-PATT	—
墙保温层	建筑-墙-保温	A-WALL-HPRT	内、外墙保温完成线
柱	建筑-柱	A-COLS	柱轮廓线
柱填充	建筑-柱-填充	A-COLS-PATT	—
门窗	建筑-门窗	A-DRWD	门、窗
门窗编号	建筑-门窗-编号	A-DRWD-IDEN	门、窗编号
楼面	建筑-楼面	A-FLOR	楼面边界及标高变化处
地面	建筑-楼面-地面	A-FLOR-GRND	地面边界及标高变化处，室外台阶、散水轮廓
屋面	建筑-楼面-屋面	A-FLOR-ROOF	屋面边界及标高变化处、排水坡脊或坡谷线、坡向箭头及数字、排水口

续表 B-3

图层	中文名称	英文名称	备 注
阳台	建筑-楼面-阳台	A-FLOR-BALC	阳台边界线
楼梯	建筑-楼面-楼梯	A-FLOR-STRS	楼梯踏步、自动扶梯
电梯	建筑-楼面-电梯	A-FLOR-EVTR	电梯间
卫生洁具	建筑-楼面-洁具	A-FLOR-SPCL	卫生洁具投影线
房间名称、编号	建筑-楼面-房间	A-FLOR-IDEN	—
栏杆	建筑-楼面-栏杆	A-FLOR-HRAL	楼梯扶手、阳台防护栏
停车库	建筑-停车场	A-PRKG	—
停车道	建筑-停车场-道牙	A-PRKG-CURB	停车场道牙、车行方向、转弯半径
停车位	建筑-停车场-车位	A-PRKG-SIGN	停车位标线、编号及标识
区域	建筑-区域	A-AREA	—
区域边界	建筑-区域-边界	A-AREA-OTLN	区域边界及标高变化处
区域标注	建筑-区域-标注	A-AREA-TEXT	面积标注
家具	建筑-家具	A-FURN	—
固定家具	建筑-家具-固定	A-FURN-FIXD	固定家具投影线
活动家具	建筑-家具-活动	A-FURN-MOVE	活动家具投影线
吊顶	建筑-吊顶	A-CLNG	—
吊顶网格	建筑-吊顶-网格	A-CLNG-GRID	吊顶网格线、主龙骨
吊顶图案	建筑-吊顶-图案	A-CLNG-PATT	吊顶图案线
吊顶构件	建筑-吊顶-构件	A-CLNG-SUSP	吊顶构件，吊顶上的灯具、风口
立面	建筑-立面	A-ELEV	—
立面线 1	建筑-立面-线一	A-ELEV-LIN1	—
立面线 2	建筑-立面-线二	A-ELEV-LIN2	—
立面线 3	建筑-立面-线三	A-ELEV-LIN3	—
立面线 4	建筑-立面-线四	A-ELEV-LIN4	—
立面填充	建筑-立面-填充	A-ELEV-PATT	—
剖面	建筑-剖面	A-SECT	—
剖面线 1	建筑-剖面-线一	A-SECT-LIN1	—
剖面线 2	建筑-剖面-线二	A-SECT-LIN2	—
剖面线 3	建筑-剖面-线三	A-SECT-LIN3	—
剖面线 4	建筑-剖面-线四	A-SECT-LIN4	—
详图	建筑-详图	A-DETL	—
详图线 1	建筑-详图-线一	A-DETL-LIN1	—
详图线 2	建筑-详图-线二	A-DETL-LIN2	—
详图线 3	建筑-详图-线三	A-DETL-LIN3	—
详图线 4	建筑-详图-线四	A-DETL-LIN4	—

续表 B-3

图层	中文名称	英文名称	备 注
三维	建筑-三维	A-3DMS	—
三维线 1	建筑-三维-线一	A-3DMS-LIN1	—
三维线 2	建筑-三维-线二	A-3DMS-LIN2	—
三维线 3	建筑-三维-线三	A-3DMS-LIN3	—
三维线 4	建筑-三维-线四	A-3DMS-LIN4	—
注释	建筑-注释	A-ANNO	—
图框	建筑-注释-图框	A-ANNO-TTLB	图框及图框文字
图例	建筑-注释-图例	A-ANNO-LEGN	图例与符号
尺寸标注	建筑-注释-标注	A-ANNO-DIMS	尺寸标注及文字标注
文字说明	建筑-注释-文字	A-ANNO-TEXT	建筑专业文字说明
公共标注	建筑-注释-公共	A-ANNO-IDEN	—
标高标注	建筑-注释-标高	A-ANNO-ELVT	标高符号及文字标注
索引符号	建筑-注释-索引	A-ANNO-CRSR	—
引出标注	建筑-注释-引出	A-ANNO-DRVT	—
表格	建筑-注释-表格	A-ANNO-TABL	—
填充	建筑-注释-填充	A-ANNO-PATT	图案填充
指北针	建筑-注释-指北针	A-ANNO-NARW	—

表 B-4 常用结构专业图层名称列表

图层	中文名称	英文名称	备 注
轴线	结构-轴线	S-AXIS	—
轴网	结构-轴线-轴网	S-AXIS-GRID	平面轴网、中心线
轴线标注	结构-轴线-标注	S-AXIS-DIMS	轴线尺寸标注及文字标注
轴线编号	结构-轴线-编号	S-AXIS-TEXT	—
柱	结构-柱	S-COLS	—
柱平面实线	结构-柱-平面-实线	S-COLS-PLAN-LINE	柱平面图(实线)
柱平面虚线	结构-柱-平面-虚线	S-COLS-PLAN-DASH	柱平面图(虚线)
柱平面钢筋	结构-柱-平面-钢筋	S-COLS-PLAN-RBAR	柱平面图钢筋标注
柱平面尺寸	结构-柱-平面-尺寸	S-COLS-PLAN-DIMS	柱平面图尺寸标注及文字标注
柱平面填充	结构-柱-平面-填充	S-COLS-PLAN-PATT	—
柱编号	结构-柱-平面-编号	S-COLS-PLAN-IDEN	—
柱详图实线	结构-柱-详图-实线	S-COLS-DETL-LINE	—

续表 B-4

图层	中文名称	英文名称	备　注
柱详图虚线	结构-柱-详图-虚线	S-COLS-DETL-DASH	—
柱详图钢筋	结构-柱-详图-钢筋	S-COLS-DETL-RBAR	—
柱详图尺寸	结构-柱-详图-尺寸	S-COLS-DETL-DIMS	—
柱详图填充	结构-柱-详图-填充	S-COLS-DETL-PATT	—
柱表	结构-柱-表	S-COLS-TABL	—
柱楼层标高表	结构-柱-表-层高	S-COLS-TABL-ELVT	—
构造柱平面实线	结构-柱-构造-实线	S-COLS-CNTJ-LINE	构造柱平面图(实线)
构造柱平面虚线	结构-柱-构造-虚线	S-COLS-CNTJ-DASH	构造柱平面图(虚线)
墙	结构-墙	S-WALL	—
墙平面实线	结构-墙-平面-实线	S-WALL-PLAN-LINE	通常指混凝土墙，墙平面图(实线)
墙平面虚线	结构-墙-平面-虚线	S-WALL-PLAN-DASH	墙平面图(虚线)
墙平面钢筋	结构-墙-平面-钢筋	S-WALL-PLAN-RBAR	墙平面图钢筋标注
墙平面尺寸	结构-墙-平面-尺寸	S-WALL-PLAN-DIMS	墙平面图尺寸标注及文字标注
墙平面填充	结构-墙-平面-填充	S-WALL-PLAN-PATT	—
墙编号	结构-墙-平面-编号	S-WALL-PLAN-IDEN	—
墙详图实线	结构-墙-详图-实线	S-WALL-DETL-LINE	—
墙详图虚线	结构-墙-详图-虚线	S-WALL-DETL-DASH	—
墙详图钢筋	结构-墙-详图-钢筋	S-WALL-DETL-RBAR	—
墙详图尺寸	结构-墙-详图-尺寸	S-WALL-DETL-DIMS	—
墙详图填充	结构-墙-详图-填充	S-WALL-DETL-PATT	—
墙表	结构-墙-表	S-WALL-TABL	—

续表 B-4

图层	中文名称	英文名称	备　注
墙柱平面实线	结构-墙柱-平面-实线	S-WALL-COLS-LINE	墙柱平面图(实线)
墙柱平面钢筋	结构-墙柱-平面-钢筋	S-WALL-COLS-RBAR	墙柱平面图钢筋标注
墙柱平面尺寸	结构-墙柱-平面-尺寸	S-WALL-COLS-DIMS	墙柱平面图尺寸标注及文字标注
墙柱平面填充	结构-墙柱-平面-填充	S-WALL-COLS-PATT	—
墙柱编号	结构-墙柱-平面-编号	S-WALL-COLS-IDEN	—
墙柱表	结构-墙柱-表	S-WALL-COLS-TABL	—
墙柱楼层标高表	结构-墙柱-表-层高	S-WALL-COLS-ELVT	—
连梁平面实线	结构-连梁-平面-实线	S-WALL-BEAM-LINE	连梁平面图(实线)
连梁平面虚线	结构-连梁-平面-虚线	S-WALL-BEAM-DASH	连梁平面图(虚线)
连梁平面钢筋	结构-连梁-平面-钢筋	S-WALL-BEAM-RBAR	连梁平面图钢筋标注
连梁平面尺寸	结构-连梁-平面-尺寸	S-WALL-BEAM-DIMS	连梁平面图尺寸标注及文字标注
连梁编号	结构-连梁-平面-编号	S-WALL-BEAM-IDEN	—
连梁表	结构-连梁-表	S-WALL-BEAM-TABL	—
连梁楼层标高表	结构-连梁-表-层高	S-WALL-BEAM-ELVT	—
砌体墙平面实线	结构-墙-砌体-实线	S-WALL-MSNW-LINE	砌体墙平面图(实线)
砌体墙平面虚线	结构-墙-砌体-虚线	S-WALL-MSNW-DASH	砌体墙平面图(虚线)
砌体墙平面尺寸	结构-墙-砌体-尺寸	S-WALL-MSNW-DIMS	砌体墙平面图尺寸标注及文字标注
砌体墙平面填充	结构-墙-砌体-填充	S-WALL-MSNW-PATT	—
梁	结构-梁	S-BEAM	—
梁平面实线	结构-梁-平面-实线	S-BEAM-PLAN-LINE	梁平面图(实线)
梁平面虚线	结构-梁-平面-虚线	S-BEAM-PLAN-DASH	梁平面图(虚线)

续表 B-4

图层	中文名称	英文名称	备　注
梁平面水平钢筋	结构-梁-钢筋-水平	S-BEAM-RBAR-HCPT	梁平面图水平钢筋标注
梁平面垂直钢筋	结构-梁-钢筋-垂直	S-BEAM-RBAR-VCPT	梁平面图垂直钢筋标注
梁平面附加吊筋	结构-梁-吊筋-附加	S-BEAM-RBAR-ADDU	梁平面图附加吊筋钢筋标注
梁平面附加箍筋	结构-梁-箍筋-附加	S-BEAM-RBAR-ADDO	梁平面图附加箍筋钢筋标注
梁平面尺寸	结构-梁-平面-尺寸	S-BEAM-PLAN-DIMS	梁平面图尺寸标注及文字标注
梁编号	结构-梁-平面-编号	S-BEAM-PLAN-IDEN	—
梁详图实线	结构-梁-详图-实线	S-BEAM-DETL-LINE	—
梁详图虚线	结构-梁-详图-虚线	S-BEAM-DETL-DASH	—
梁详图钢筋	结构-梁-详图-钢筋	S-BEAM-DETL-RBAR	—
梁详图尺寸	结构-梁-详图-尺寸	S-BEAM-DETL-DIMS	—
梁楼层标高表	结构-梁-表-层高	S-BEAM-TABL-ELVT	—
过梁平面实线	结构-过梁-平面-实线	S-LTEL-PLAN-LINE	过梁平面图(实线)
过梁平面虚线	结构-过梁-平面-虚线	S-LTEL-PLAN-DASH	过梁平面图(虚线)
过梁平面钢筋	结构-过梁-平面-钢筋	S-LTEL-PLAN-RBAR	过梁平面图钢筋标注
过梁平面尺寸	结构-过梁-平面-尺寸	S-LTELM-PLAN-DIMS	过梁平面图尺寸标注及文字标注
楼板	结构-楼板	S-SLAB	—
楼板平面实线	结构-楼板-平面-实线	S-SLAB-PLAN-LINE	楼板平面图(实线)
楼板平面虚线	结构-楼板-平面-虚线	S-SLAB-PLAN-DASH	楼板平面图(虚线)
楼板平面下部钢筋	结构-楼板-正筋	S-SLAB-BBAR	楼板平面图下部钢筋(正筋)
楼板平面下部钢筋标注	结构-楼板-正筋-标注	S-SLAB-BBAR-IDEN	楼板平面图下部钢筋(正筋)标注

续表 B-4

图层	中文名称	英文名称	备　注
楼板平面下部钢筋尺寸	结构-楼板-正筋-尺寸	S-SLAB-BBAR-DIMS	楼板平面图下部钢筋(正筋)尺寸标注及文字标注
楼板平面上部钢筋	结构-楼板-负筋	S-SLAB-TBAR	楼板平面图上部钢筋(负筋)
楼板平面上部钢筋标注	结构-楼板-负筋-标注	S-SLAB-TBAR-IDEN	楼板平面图上部钢筋(负筋)标注
楼板平面上部钢筋尺寸	结构-楼板-负筋-尺寸	S-SLAB-TBAR-DIMS	楼板平面图上部钢筋(负筋)尺寸标注及文字标注
楼板平面填充	结构-楼板-平面-填充	S-SLAB-PLAN-PATT	—
楼板详图实线	结构-楼板-详图-实线	S-SLAB-DETL-LINE	—
楼板详图钢筋	结构-楼板-详图-钢筋	S-SLAB-DETL-RBAR	—
楼板详图钢筋标注	结构-楼板-详图-标注	S-SLAB-DETL-IDEN	—
楼板详图尺寸	结构-楼板-详图-尺寸	S-SLAB-DETL-DIMS	—
楼板编号	结构-楼板-平面-编号	S-SLAB-PLAN-IDEN	—
楼板楼层标高表	结构-楼板-表-层高	S-SLAB-TABL-ELVT	—
预制板	结构-楼板-预制	S-SLAB-PCST	—
洞口	结构-洞口	S-OPNG	—
洞口楼板实线	结构-洞口-平面-实线	S-OPNG-PLAN-LINE	楼板平面洞口(实线)
洞口楼板虚线	结构-洞口-平面-虚线	S-OPNG-PLAN-DASH	楼板平面洞口(虚线)
洞口楼板加强钢筋	结构-洞口-平面-钢筋	S-OPNG-PLAN-RBAR	楼板平面洞边加强钢筋
洞口楼板钢筋标注	结构-洞口-平面-标注	S-OPNG-RBAR-IDEN	楼板平面洞边加强钢筋标注
洞口楼板尺寸	结构-洞口-平面-尺寸	S-OPNG-PLAN-DIMS	楼板平面洞口尺寸标注及文字标注
洞口楼板编号	结构-洞口-平面-编号	S-OPNG-PLAN-IDEN	—
洞口墙上实线	结构-洞口-墙-实线	S-OPNG-WALL-LINE	墙上洞口(实线)

续表 B-4

图层	中文名称	英文名称	备　注
洞口墙上虚线	结构-洞口-墙-虚线	S-OPNG-WALL-DASH	墙上洞口(虚线)
基础	结构-基础	S-FNDN	—
基础平面实线	结构-基础-平面-实线	S-FNDN-PLAN-LINE	基础平面图(实线)
基础平面钢筋	结构-基础-平面-钢筋	S-FNDN-PLAN-RBAR	基础平面图钢筋
基础平面钢筋标注	结构-基础-平面-标注	S-FNDN-PLAN-IDEN	基础平面图钢筋标注
基础平面尺寸	结构-基础-平面-尺寸	S-FNDN-PLAN-DIMS	基础平面图尺寸标注及文字标注
基础编号	结构-基础-平面-编号	S-FNDN-PLAN-IDEN	—
基础详图实线	结构-基础-详图-实线	S-FNDN-DETL-LINE	—
基础详图虚线	结构-基础-详图-虚线	S-FNDN-DETL-DASH	—
基础详图钢筋	结构-基础-详图-钢筋	S-FNDN-DETL-RBAR	—
基础详图钢筋标注	结构-基础-详图-标注	S-FNDN-DETL-IDEN	—
基础详图尺寸	结构-基础-详图-尺寸	S-FNDN-DETL-DIMS	—
基础详图填充	结构-基础-详图-填充	S-FNDN-DETL-PATT	—
桩	结构-桩	S-PILE	—
桩平面实线	结构-桩-平面-实线	S-PILE-PLAN-LINE	桩平面图(实线)
桩平面虚线	结构-桩-平面-虚线	S-PILE-PLAN-DASH	桩平面图(虚线)
桩编号	结构-桩-平面-编号	S-PILE-PLAN-IDEN	—
桩详图	结构-桩-详图	S-PILE-DETL	—
楼梯	结构-楼梯	S-STRS	—
楼梯平面实线	结构-楼梯-平面-实线	S-STRS-PLAN-LINE	楼梯平面图(实线)
楼梯平面虚线	结构-楼梯-平面-虚线	S-STRS-PLAN-DASH	楼梯平面图(虚线)
楼梯平面钢筋	结构-楼梯-平面-钢筋	S-STRS-PLAN-RBAR	楼梯平面图钢筋

续表 B-4

图层	中文名称	英文名称	备　注
楼梯平面标注	结构-楼梯-平面-标注	S-STRS-RBAR-IDEN	楼梯平面图钢筋标注及其他标注
楼梯平面尺寸	结构-楼梯-平面-尺寸	S-STRS-PLAN-DIMS	楼梯平面图尺寸标注及文字标注
楼梯详图实线	结构-楼梯-详图-实线	S-STRS-DETL-LINE	—
楼梯详图虚线	结构-楼梯-详图-虚线	S-STRS-DETL-DASH	—
楼梯详图钢筋	结构-楼梯-详图-钢筋	S-STRS-DETL-RBAR	—
楼梯详图标注	结构-楼梯-详图-标注	S-STRS-DETL-IDEN	—
楼梯详图尺寸	结构-楼梯-详图-尺寸	S-STRS-DETL-DIMS	—
楼梯详图填充	结构-楼梯-详图-填充	S-STRS-DETL-PATT	—
钢结构	结构-钢	S-STEL	—
钢结构辅助线	结构-钢-辅助	S-STEL-ASIS	—
斜支撑	结构-钢-斜撑	S-STEL-BRGX	—
型钢实线	结构-型钢-实线	S-STEL-SHAP-LINE	—
型钢标注	结构-型钢-标注	S-STEL-SHAP-IDEN	—
型钢尺寸	结构-型钢-尺寸	S-STEL-SHAP-DIMS	—
型钢填充	结构-型钢-填充	S-STEL-SHAP-PATT	—
钢板实线	结构-钢板-实线	S-STEL-PLAT-LINE	—
钢板标注	结构-钢板-标注	S-STEL-PLAT-IDEN	—
钢板尺寸	结构-钢板-尺寸	S-STEL-PLAT-DIMS	—
钢板填充	结构-钢板-填充	S-STEL-PLAT-PATT	—
螺栓	结构-螺栓	S-ABLT	—
螺栓实线	结构-螺栓-实线	S-ABLT-LINE	—
螺栓标注	结构-螺栓-标注	S-ABLT-IDEN	—
螺栓尺寸	结构-螺栓-尺寸	S-ABLT-DIMS	—

续表 B-4

图层	中文名称	英文名称	备 注
螺栓填充	结构-螺栓-填充	S-ABLT-PATT	—
焊缝	结构-焊缝	S-WELD	—
焊缝实线	结构-焊缝-实线	S-WELD-LINE	—
焊缝标注	结构-焊缝-标注	S-WELD-IDEN	—
焊缝尺寸	结构-焊缝-尺寸	S-WELD-DIMS	—
预埋件	结构-预埋件	S-BURY	—
预埋件实线	结构-预埋件-实线	S-BURY-LINE	—
预埋件虚线	结构-预埋件-虚线	S-BURY-DASH	—
预埋件钢筋	结构-预埋件-钢筋	S-BURY-RBAR	—
预埋件标注	结构-预埋件-标注	S-BURY-IDEN	—
预埋件尺寸	结构-预埋件-尺寸	S-BURY-DIMS	—
注释	结构-注释	S-ANNO	—
图框	结构-注释-图框	S-ANNO-TTLB	图框及图框文字
尺寸标注	结构-注释-标注	S-ANNO-DIMS	尺寸标注及文字标注
文字说明	结构-注释-文字	S-ANNO-TEXT	结构专业文字说明
公共标注	结构-注释-公共	S-ANNO-IDEN	—
标高标注	结构-注释-标高	S-ANNO-ELVT	标高符号及文字标注
索引符号	结构-注释-索引	S-ANNO-CRSR	—
引出标注	结构-注释-引出	S-ANNO-DRVT	—
表格线	结构-注释-表格-线	S-ANNO-TSBL-LINE	—
表格文字	结构-注释-表格-文字	S-ANNO-TSBL-TEXT	—
表格钢筋	结构-注释-表格-钢筋	S-ANNO-TSBL-RBSR	—
填充	结构-注释-填充	S-ANNO-PSTT	图案填充
指北针	结构-注释-指北针	S-ANNO-NSRW	—

表 B-5 常用给水排水专业图层名称列表

图层	中文名称	英文名称	备 注
轴线	给排水-轴线	P-AXIS	—
轴网	给排水-轴线-轴网	P-AXIS-GRID	平面轴网、中心线
轴线标注	给排水-轴线-标注	P-AXIS-DIMS	轴线尺寸标注及文字标注
轴线编号	给排水-轴线-编号	P-AXIS-TEXT	—
给水	给排水-给水	P-DOMW	生活给水
给水平面	给排水-给水-平面	P-DOMW-PLAN	—
给水立管	给排水-给水-立管	P-DOMW-VPIP	—
给水设备	给排水-给水-设备	P-DOMW-EQPM	给水管阀门及其他配件
给水管道井	给排水-给水-管道井	P-DOMW-PWEL	—

续表 B-5

图层	中文名称	英文名称	备 注
给水标高	给排水-给水-标高	P-DOMW-ELVT	给水管标高
给水管径	给排水-给水-管径	P-DOMW-PDMT	给水管管径
给水标注	给排水-给水-标注	P-DOMW-IDEN	给水管文字标注
给水尺寸	给排水-给水-尺寸	P-DOMW-DIMS	给水管尺寸标注及文字标注
直接饮用水	给排水-饮用	P-PTBW	—
直饮水平面	给排水-饮用-平面	P-PTBW-PLAN	—
直饮水立管	给排水-饮用-立管	P-PTBW-VPIP	—
直饮水设备	给排水-饮用-设备	P-PTBW-EQPM	直接饮用水管阀门及其他配件
直饮水管道井	给排水-饮用-管道井	P-PTBW-PWEL	—
直饮水标高	给排水-饮用-标高	P-PTBW-ELVT	直接饮用水管标高
直饮水管径	给排水-饮用-管径	P-PTBW-PDMT	直接饮用水管管径
直饮水标注	给排水-饮用-标注	P-PTBW-IDEN	直接饮用水管文字标注
直饮水尺寸	给排水-饮用-尺寸	P-PTBW-DIMS	直接饮用水管尺寸标注及文字标注
热水	给排水-热水	P-HPIP	热水
热水平面	给排水-热水-平面	P-HPIP-PLAN	—
热水立管	给排水-热水-立管	P-HPIP-VPIP	—
热水设备	给排水-热水-设备	P-HPIP-EQPM	热水管阀门及其他配件
热水管道井	给排水-热水-管道井	P-HPIP-PWEL	—
热水标高	给排水-热水-标高	P-HPIP-ELVT	热水管标高
热水管径	给排水-热水-管径	P-HPIP-PDMT	热水管管径
热水标注	给排水-热水-标注	P-HPIP-IDEN	热水管文字标注
热水尺寸	给排水-热水-尺寸	P-HPIP-DIMS	热水管尺寸标注及文字标注
回水	给排水-回水	P-RPIP	热水回水
回水平面	给排水-回水-平面	P-RPIP-PLAN	—
回水立管	给排水-回水-立管	P-RPIP-VPIP	—
回水设备	给排水-回水-设备	P-RPIP-EQPM	回水管阀门及其他配件
回水管道井	给排水-回水-管道井	P-RPIP-PWEL	—
回水标高	给排水-回水-标高	P-RPIP-ELVT	回水管标高
回水管径	给排水-回水-管径	P-RPIP-PDMT	回水管管径
回水标注	给排水-回水-标注	P-RPIP-IDEN	回水管文字标注

续表 B-5

图层	中文名称	英文名称	备　注
回水尺寸	给排水-回水-尺寸	P-RPIP-DIMS	回水管尺寸标注及文字标注
排水	给排水-排水	P-PDRN	生活污水排水
排水平面	给排水-排水-平面	P-PDRN-PLAN	—
排水立管	给排水-排水-立管	P-PDRN-VPIP	—
排水设备	给排水-排水-设备	P-PDRN-EQPM	排水管阀门及其他配件
排水管道井	给排水-排水-管道井	P-PDRN-PWEL	—
排水标高	给排水-排水-标高	P-PDRN-ELVT	排水管标高
排水管径	给排水-排水-管径	P-PDRN-PDMT	排水管管径
排水标注	给排水-排水-标注	P-PDRN-IDEN	排水管文字标注
排水尺寸	给排水-排水-尺寸	P-PDRN-DIMS	排水管尺寸标注及文字标注
压力排水管	给排水-排水-压力	P-PDRN-PRES	—
雨水	给排水-雨水	P-STRM	—
雨水平面	给排水-雨水-平面	P-STRM-PLAN	—
雨水立管	给排水-雨水-立管	P-STRM-VPIP	—
雨水设备	给排水-雨水-设备	P-STRM-EQPM	雨水管阀门及其他配件
雨水管道井	给排水-雨水-管道井	P-STRM-PWEL	—
雨水标高	给排水-雨水-标高	P-STRM-ELVT	雨水管标高
雨水管径	给排水-雨水-管径	P-STRM-PDMT	雨水管管径
雨水标注	给排水-雨水-标注	P-STRM-IDEN	雨水管文字标注
雨水尺寸	给排水-雨水-尺寸	P-STRM-DIMS	雨水管尺寸标注及文字标注
消防	给排水-消防	P-FIRE	消防给水
消防平面	给排水-消防-平面	P-FIRE-PLAN	—
消防立管	给排水-消防-立管	P-FIRE-VPIP	—
消防设备	给排水-消防-设备	P-FIRE-EQPM	消防给水管阀门及其他配件、消火栓
消防管道井	给排水-消防-管道井	P-FIRE-PWEL	—
消防标高	给排水-消防-标高	P-FIRE-ELVT	消防给水管标高
消防管径	给排水-消防-管径	P-FIRE-PDMT	消防给水管管径
消防标注	给排水-消防-标注	P-FIRE-IDEN	消防给水管文字标注
消防尺寸	给排水-消防-尺寸	P-FIRE-DIMS	消防给水管尺寸标注及文字标注

续表 B-5

图层	中文名称	英文名称	备　注
喷淋	给排水-喷淋	P-SPRN	自动喷淋
喷淋平面	给排水-喷淋-平面	P-SPRN-PLAN	—
喷淋立管	给排水-喷淋-立管	P-SPRN-VPIP	—
喷淋设备	给排水-喷淋-设备	P-SPRN-EQPM	喷淋管阀门及其他配件、喷头
喷淋管道井	给排水-喷淋-管道井	P-SPRN-PWEL	—
喷淋标高	给排水-喷淋-标高	P-SPRN-ELVT	喷淋管标高
喷淋管径	给排水-喷淋-管径	P-SPRN-PDMT	喷淋管管径
喷淋标注	给排水-喷淋-标注	P-SPRN-IDEN	喷淋管文字标注
喷淋尺寸	给排水-喷淋-尺寸	P-SPRN-DIMS	喷淋管尺寸标注及文字标注
水喷雾管	给排水-喷淋-喷雾	P-SPRN-SPRY	—
中水	给排水-中水	P-RECW	—
中水平面	给排水-中水-平面	P-RECW-PLAN	—
中水立管	给排水-中水-立管	P-RECW-VPIP	—
中水设备	给排水-中水-设备	P-RECW-EQPM	中水管阀门及其他配件
中水管道井	给排水-中水-管道井	P-RECW-PWEL	—
中水标高	给排水-中水-标高	P-RECW-ELVT	中水管标高
中水管径	给排水-中水-管径	P-RECW-PDMT	中水管管径
中水标注	给排水-中水-标注	P-RECW-IDEN	中水管文字标注
中水尺寸	给排水-中水-尺寸	P-RECW-DIMS	中水管尺寸标注及文字标注
冷却水	给排水-冷却	P-CWTR	循环冷却水
冷却水平面	给排水-冷却-平面	P-CWTR-PLAN	—
冷却水立管	给排水-冷却-立管	P-CWTR-VPIP	—
冷却水设备	给排水-冷却-设备	P-CWTR-EQPM	冷却水管阀门及其他配件
冷却水管道井	给排水-冷却-管道井	P-CWTR-PWEL	—
冷却水标高	给排水-冷却-标高	P-CWTR-ELVT	冷却水管标高
冷却水管径	给排水-冷却-管径	P-CWTR-PDMT	冷却水管管径
冷却水标注	给排水-冷却-标注	P-CWTR-IDEN	冷却水管文字标注
冷却水尺寸	给排水-冷却-尺寸	P-CWTR-DIMS	冷却水管尺寸标注及文字标注
废水	给排水-废水	P-WSTW	—
废水平面	给排水-废水-平面	P-WSTW-PLAN	—
废水立管	给排水-废水-立管	P-WSTW-VPIP	—

续表 B-5

图层	中文名称	英文名称	备　注
废水设备	给排水-废水-设备	P-WSTW-EQPM	废水管阀门及其他配件
废水管道井	给排水-废水-管道井	P-WSTW-PWEL	—
废水标高	给排水-废水-标高	P-WSTW-ELVT	废水管标高
废水管径	给排水-废水-管径	P-WSTW-PDMT	废水管管径
废水标注	给排水-废水-标注	P-WSTW-IDEN	废水管文字标注
废水尺寸	给排水-废水-尺寸	P-WSTW-DIMS	废水管尺寸标注及文字标注
通气	给排水-通气	P-PGAS	—
通气平面	给排水-通气-平面	P-PGAS-PLAN	—
通气立管	给排水-通气-立管	P-PGAS-VPIP	—
通气设备	给排水-通气-设备	P-PGAS-EQPM	通气管阀门及其他配件
通气管道井	给排水-通气-管道井	P-PGAS-PWEL	—
通气标高	给排水-通气-标高	P-PGAS-ELVT	通气管标高
通气管径	给排水-通气-管径	P-PGAS-PDMT	通气管管径
通气标注	给排水-通气-标注	P-PGAS-IDEN	通气管文字标注
通气尺寸	给排水-通气-尺寸	P-PGAS-DIMS	通气管尺寸标注及文字标注
蒸汽	给排水-蒸汽	P-STEM	—
蒸汽平面	给排水-蒸汽-平面	P-STEM-PLAN	—
蒸汽立管	给排水-蒸汽-立管	P-STEM-VPIP	—
蒸汽设备	给排水-蒸汽-设备	P-STEM-EQPM	蒸汽管阀门及其他配件
蒸汽管道井	给排水-蒸汽-管道井	P-STEM-PWEL	—
蒸汽标高	给排水-蒸汽-标高	P-STEM-ELVT	蒸汽管标高
蒸汽管径	给排水-蒸汽-管径	P-STEM-PDMT	蒸汽管管径
蒸汽标注	给排水-蒸汽-标注	P-STEM-IDEN	蒸汽管文字标注
蒸汽尺寸	给排水-蒸汽-尺寸	P-STEM-DIMS	蒸汽管尺寸标注及文字标注
注释	给排水-注释	P-ANNO	—
图框	给排水-注释-图框	P-ANNO-TTLB	图框及图框文字
图例	给排水-注释-图例	P-ANNO-LEGN	图例与符号
尺寸标注	给排水-注释-标注	P-ANNO-DIMS	尺寸标注及文字标注
文字说明	给排水-注释-文字	P-ANNO-TEXT	给排水专业文字说明
公共标注	给排水-注释-公共	P-ANNO-IDEN	—
标高标注	给排水-注释-标高	P-ANNO-ELVT	标高符号及文字标注
表格	给排水-注释-表格	P-ANNO-TABL	—

表 B-6　常用暖通空调专业图层名称列表

图层	中文名称	英文名称	备　注
轴线	暖通-轴线	M-AXIS	—
轴网	暖通-轴线-轴网	M-AXIS-GRID	平面轴网、中心线
轴线标注	暖通-轴线-标注	M-AXIS-DIMS	轴线尺寸标注及文字标注
轴线编号	暖通-轴线-编号	M-AXIS-TEXT	—
空调系统	暖通-空调	M-HVAC	—
冷水供水管	暖通-空调-冷水-供水	M-HVAC-CPIP-SUPP	—
冷水回水管	暖通-空调-冷水-回水	M-HVAC-CPIP-RETN	—
热水供水管	暖通-空调-热水-供水	M-HVAC-HPIP-SUPP	—
热水回水管	暖通-空调-热水-回水	M-HVAC-HPIP-RETN	—
冷热水供水管	暖通-空调-冷热-供水	M-HVAC-RISR-SUPP	—
冷热水回水管	暖通-空调-冷热-回水	M-HVAC-RISR-RETN	—
冷凝水管	暖通-空调-冷凝	M-HVAC-CNDW	—
冷却水供水管	暖通-空调-冷却-供水	M-HVAC-CWTR-SUPP	—
冷却水回水管	暖通-空调-冷却-回水	M-HVAC-CWTR-RETN	—
冷媒供液管	暖通-空调-冷媒-供水	M-HVAC-CMDM-SUPP	—
冷媒回水管	暖通-空调-冷媒-回水	M-HVAC-CMDM-RETN	—
热媒供水管	暖通-空调-热媒-供水	M-HVAC-HMDM-SUPP	—
热媒回水管	暖通-空调-热媒-回水	M-HVAC-HMDM-RETN	—
蒸汽管	暖通-空调-蒸汽	M-HVAC-STEM	—
空调设备	暖通-空调-设备	M-HVAC-EQPM	空调水系统阀门及其他配件
空调标注	暖通-空调-标注	M-HVAC-IDEN	空调水系统文字标注
通风系统	暖通-通风	M-DUCT	—
送风风管	暖通-通风-送风-风管	M-DUCT-SUPP-PIPE	—
送风风管中心线	暖通-通风-送风-中线	M-DUCT-SUPP-CNTR	—

续表 B-6

图层	中文名称	英文名称	备　注
送风风口	暖通-通风-送风-风口	M-DUCT-SUPP-VENT	—
送风立管	暖通-通风-送风-立管	M-DUCT-SUPP-VPIP	—
送风设备	暖通-通风-送风-设备	M-DUCT-SUPP-EQPM	送风阀门、法兰及其他配件
送风标注	暖通-通风-送风-标注	M-DUCT-SUPP-IDEN	送风风管标高、尺寸、文字等标注
回风风管	暖通-通风-回风-风管	M-DUCT-RETN-PIPE	—
回风风管中心线	暖通-通风-回风-中线	M-DUCT-RETN-CNTR	—
回风风口	暖通-通风-回风-风口	M-DUCT-RETN-VENT	—
回风立管	暖通-通风-回风-立管	M-DUCT-RETN-VPIP	—
回风设备	暖通-通风-回风-设备	M-DUCT-RETN-EQPM	回风阀门、法兰及其他配件
回风标注	暖通-通风-回风-标注	M-DUCT-RETN-IDEN	回风风管标高、尺寸、文字等标注
新风风管	暖通-通风-新风-风管	M-DUCT-MKUP-PIPE	—
新风风管中心线	暖通-通风-新风-中线	M-DUCT-MKUP-CNTR	—
新风风口	暖通-通风-新风-风口	M-DUCT-MKUP-VENT	—
新风立管	暖通-通风-新风-立管	M-DUCT-MKUP-VPIP	—
新风设备	暖通-通风-新风-设备	M-DUCT-MKUP-EQPM	新风阀门、法兰及其他配件
新风标注	暖通-通风-新风-标注	M-DUCT-MKUP-IDEN	新风风管标高、尺寸、文字等标注
除尘风管	暖通-通风-除尘-风管	M-DUCT-PVAC-PIPE	—
除尘风管中心线	暖通-通风-除尘-中线	M-DUCT-PVAC-CNTR	—
除尘风口	暖通-通风-除尘-风口	M-DUCT-PVAC-VENT	—
除尘立管	暖通-通风-除尘-立管	M-DUCT-PVAC-VPIP	—

续表 B-6

图层	中文名称	英文名称	备　注
除尘设备	暖通-通风-除尘-设备	M-DUCT-PVAC-EQPM	除尘阀门、法兰及其他配件
除尘标注	暖通-通风-除尘-标注	M-DUCT-PVAC-IDEN	除尘风管标高、尺寸、文字等标注
排风风管	暖通-通风-排风-风管	M-DUCT-EXHS-PIPE	—
排风风管中心线	暖通-通风-排风-中线	M-DUCT-EXHS-CNTR	—
排风风口	暖通-通风-排风-风口	M-DUCT-EXHS-VENT	—
排风立管	暖通-通风-排风-立管	M-DUCT-EXHS-VPIP	—
排风设备	暖通-通风-排风-设备	M-DUCT-EXHS-EQPM	排风阀门、法兰及其他配件
排风标注	暖通-通风-排风-标注	M-DUCT-EXHS-IDEN	排风风管标高、尺寸、文字等标注
排烟风管	暖通-通风-排烟-风管	M-DUCT-DUST-PIPE	—
排烟风管中心线	暖通-通风-排烟-中线	M-DUCT-DUST-CNTR	—
排烟风口	暖通-通风-排烟-风口	M-DUCT-DUST-VENT	—
排烟立管	暖通-通风-排烟-立管	M-DUCT-DUST-VPIP	—
排烟设备	暖通-通风-排烟-设备	M-DUCT-DUST-EQPM	排烟阀门、法兰及其他配件
排烟标注	暖通-通风-排烟-标注	M-DUCT-DUST-IDEN	排烟风管标高、尺寸、文字等标注
消防风管	暖通-通风-消防-风管	M-DUCT-FIRE-PIPE	—
消防风管中心线	暖通-通风-消防-中线	M-DUCT-FIRE-CNTR	—
消防风口	暖通-通风-消防-风口	M-DUCT-FIRE-VENT	—
消防立管	暖通-通风-消防-立管	M-DUCT-FIRE-VPIP	—
消防设备	暖通-通风-消防-设备	M-DUCT-FIRE-EQPM	消防阀门、法兰及其他配件
消防标注	暖通-通风-消防-标注	M-DUCT-FIRE-IDEN	消防风管标高、尺寸、文字等标注

续表 B-6

图层	中文名称	英文名称	备　注
采暖系统	暖通-采暖	M-HOTW	—
供水管	暖通-采暖-供水	M-HOTW-SUPP	—
供水立管	暖通-采暖-供水-立管	M-HOTW-SUPP-VPIP	—
供水支管	暖通-采暖-供水-支管	M-HOTW-SUPP-LATL	—
供水设备	暖通-采暖-供水-设备	M-HOTW-SUPP-EQPM	供水阀门及其他配件
供水标注	暖通-采暖-供水-标注	M-HOTW-SUPP-IDEN	供水管标高、尺寸、文字等标注
回水管	暖通-采暖-回水	M-HOTW-RETN	—
回水立管	暖通-采暖-回水-立管	M-HOTW-RETN-VPIP	—
回水支管	暖通-采暖-回水-支管	M-HOTW-RETN-LATL	—
回水设备	暖通-采暖-回水-设备	M-HOTW-RETN-EQPM	回水阀门及其他配件
回水标注	暖通-采暖-回水-标注	M-HOTW-RETN-IDEN	回水管标高、尺寸、文字等标注
散热器	暖通-采暖-散热器	M-HOTW-RDTR	—
平面地沟	暖通-采暖-地沟	M-HOTW-UNDR	—
注释	暖通-注释	M-ANNO	—
图框	暖通-注释-图框	M-ANNO-TTLB	图框及图框文字
图例	暖通-注释-图例	M-ANNO-LEGN	图例与符号
尺寸标注	暖通-注释-标注	M-ANNO-DIMS	尺寸标注及文字标注
文字说明	暖通-注释-文字	M-ANNO-TEXT	暖通专业文字说明
公共标注	暖通-注释-公共	M-ANNO-IDEN	—
标高标注	暖通-注释-标高	M-ANNO-ELVT	标高符号及文字标注
表格	暖通-注释-表格	M-ANNO-TABL	—

表 B-7　常用电气专业图层名称列表

图层	中文名称	英文名称	备　注
轴线	电气-轴线	E-AXIS	—
轴网	电气-轴线-轴网	E-AXIS-GRID	平面轴网、中心线
轴线标注	电气-轴线-标注	E-AXIS-DIMS	轴线尺寸标注及文字标注
轴线编号	电气-轴线-编号	E-AXIS-TEXT	—
平面	电气-平面	E-PLAN	—
平面照明设备	电气-平面-照明-设备	E-PLAN-LITE-EQPM	—

续表 B-7

图层	中文名称	英文名称	备　注
平面照明导线	电气-平面-照明-导线	E-PLAN-LITE-CIRC	—
平面照明标注	电气-平面-照明-标注	E-PLAN-LITE-IDEN	照明平面图的标注及文字
平面动力设备	电气-平面-动力-设备	E-PLAN-POWR-EQPM	—
平面动力导线	电气-平面-动力-导线	E-PLAN-POWR-CIRC	—
平面动力标注	电气-平面-动力-标注	E-PLAN-POWR-IDEN	动力平面图的标注及文字
平面通讯设备	电气-平面-通讯-设备	E-PLAN-TCOM-EQPM	—
平面通讯导线	电气-平面-通讯-导线	E-PLAN-TCOM-CIRC	—
平面通讯标注	电气-平面-通讯-标注	E-PLAN-TCOM-IDEN	通讯平面图的标注及文字
平面有线电视设备	电气-平面-有线-设备	E-PLAN-CATV-EQPM	—
平面有线电视导线	电气-平面-有线-导线	E-PLAN-CATV-CIRC	—
平面有线电视标注	电气-平面-有线-标注	E-PLAN-CATV-IDEN	有线电视平面图的标注及文字
平面接地	电气-平面-接地	E-PLAN-GRND	—
平面接地标注	电气-平面-接地-标注	E-PLAN-GRND-IDEN	接地平面图的标注及文字
平面消防设备	电气-平面-消防-设备	E-PLAN-FIRE-EQPM	—
平面消防导线	电气-平面-消防-导线	E-PLAN-FIRE-CIRC	—
平面消防标注	电气-平面-消防-标注	E-PLAN-FIRE-IDEN	消防平面图的标注及文字
平面安防设备	电气-平面-安防-设备	E-PLAN-SERT-EQPM	—
平面安防导线	电气-平面-安防-导线	E-PLAN-SERT-CIRC	—
平面安防标注	电气-平面-安防-标注	E-PLAN-SERT-IDEN	安防平面图的标注及文字
平面建筑设备监控设备	电气-平面-监控-设备	E-PLAN-EQMT-EQPM	—
平面建筑设备监控导线	电气-平面-监控-导线	E-PLAN-EQMT-CIRC	—

续表 B-7

图层	中文名称	英文名称	备　注
平面建筑设备监控标注	电气-平面-监控-标注	E-PLAN-EQMT-IDEN	建筑设备监控平面图的标注及文字
平面防雷	电气-平面-防雷	E-PLAN-LTNG	防雷平面图的设备及导线
平面防雷标注	电气-平面-防雷-标注	E-PLAN-LTNG-IDEN	防雷平面图的标注及文字
平面设备间设备	电气-平面-设间-设备	E-PLAN-EQRM-EQPM	—
平面设备间导线	电气-平面-设间-导线	E-PLAN-EQRM-CIRC	—
平面设备间标注	电气-平面-设间-标注	E-PLAN-EQRM-IDEN	设备间平面图的文字及标注
平面桥架	电气-平面-桥架	E-PLAN-TRAY	—
平面桥架支架	电气-平面-桥架-支架	E-PLAN-TRAY-FIXE	—
平面桥架标注	电气-平面-桥架-标注	E-PLAN-TRAY-IDEN	桥架平面图的标注及文字
系统	电气-系统	E-SYST	—
照明系统设备	电气-系统-照明-设备	E-SYST-LITE-EQPM	—
照明系统导线	电气-系统-照明-导线	E-SYST-LITE-CIRC	照明系统的母线及导线
照明系统标注	电气-系统-照明-标注	E-SYST-LITE-IDEN	照明系统的标注及文字
动力系统设备	电气-系统-动力-设备	E-SYST-POWR-EQPM	—
动力系统导线	电气-系统-动力-导线	E-SYST-POWR-CIRC	动力系统的母线及导线
动力系统标注	电气-系统-动力-标注	E-SYST-POWR-IDEN	动力系统的标注及文字
通讯系统设备	电气-系统-通讯-设备	E-SYST-TCOM-EQPM	—
通讯系统导线	电气-系统-通讯-导线	E-SYST-TCOM-CIRC	—
通讯系统标注	电气-系统-通讯-标注	E-SYST-TCOM-IDEN	通讯系统的标注及文字
有线电视系统设备	电气-系统-有线-设备	E-SYST-CATV-EQPM	—
有线电视系统导线	电气-系统-有线-导线	E-SYST-CATV-CIRC	—

续表 B-7

图层	中文名称	英文名称	备　注
有线电视系统标注	电气-系统-有线-标注	E-SYST-CATV-IDEN	有线电视系统的标注及文字
音响系统设备	电气-系统-音响-设备	E-SYST-SOUN-EQPM	—
音响系统导线	电气-系统-音响-导线	E-SYST-SOUN-CIRC	—
音响系统标注	电气-系统-音响-标注	E-SYST-SOUN-IDEN	音响系统的标注及文字
二次控制设备	电气-系统-二次-设备	E-SYST-CTRL-EQPM	—
二次控制主回路	电气-系统-二次-主回	E-SYST-CTRL-SMSY	—
二次控制导线	电气-系统-二次-导线	E-SYST-CTRL-CIRC	二次控制系统的母线及导线
二次控制标注	电气-系统-二次-标注	E-SYST-CTRL-IDEN	二次控制系统的标注及文字
二次控制表格	电气-系统-二次-表格	E-SYST-CTRL-TABS	—
消防系统设备	电气-系统-消防-设备	E-SYST-FIRE-EQPM	—
消防系统导线	电气-系统-消防-导线	E-SYST-FIRE-CIRC	—
消防系统标注	电气-系统-消防-标注	E-SYST-FIRE-IDEN	消防系统的标注及文字
安防系统设备	电气-系统-安防-设备	E-SYST-SERT-EQPM	—
安防系统导线	电气-系统-安防-导线	E-SYST-SERT-CIRC	—
安防系统标注	电气-系统-安防-标注	E-SYST-SERT-IDEN	安全防护系统的标注及文字
建筑设备监控设备	电气-系统-监控-设备	E-SYST-EQMT-EQPM	—
建筑设备监控导线	电气-系统-监控-导线	E-SYST-EQMT-CIRC	—
建筑设备监控标注	电气-系统-监控-标注	E-SYST-EQMT-IDEN	建筑设备监控系统的标注及文字
高低压系统设备	电气-系统-高低-设备	E-SYST-HLVO-EQPM	—

续表 B-7

图层	中文名称	英文名称	备　注
高低压系统导线	电气-系统-高低-导线	E-SYST-HLVO-CIRC	高低压系统的母线及导线
高低压系统标注	电气-系统-高低-标注	E-SYST-HLVO-IDEN	高低压系统的标注及文字
高低压系统表格	电气-系统-高低-表格	E-SYST-HLVO-FORM	—
注释	电气-注释	E-ANNO	—
图框	电气-注释-图框	E-ANNO-TTLB	图框及图框文字
图例	电气-注释-图例	E-ANNO-LEGN	图例与符号
尺寸标注	电气-注释-尺寸	E-ANNO-DIMS	尺寸标注及文字标注
文字说明	电气-注释-文字	E-ANNO-TEXT	电气专业文字说明
公共标注	电气-注释-公共	E-ANNO-IDEN	—
标高标注	电气-注释-标高	E-ANNO-ELVT	标高符号及文字标注
表格	电气-注释-表格	E-ANNO-TABL	—
孔洞	电气-注释-孔洞	E-ANNO-HOLE	孔洞及孔洞标注

本标准用词说明

1　为便于在执行本标准条文时区别对待，对要求严格程度不同的用词说明如下：

1）表示很严格，非这样做不可的：
正面词采用"必须"，反面词采用"严禁"；

2）表示严格，在正常情况下均应这样做的：
正面词采用"应"，反面词采用"不应"或"不得"；

3）表示允许稍有选择，在条件许可时首先应这样做的：
正面词采用"宜"，反面词采用"不宜"；

4）表示有选择，在一定条件下可以这样做的，采用"可"。

2　条文中指明应按其他有关标准执行的写法为："应符合……的规定"或"应按……执行"。

引用标准名录

《技术制图——字体》GB/T 14691

《工业自动化系统与集成　产品数据表达与交换》GB/T 16656

中华人民共和国国家标准

房屋建筑制图统一标准

GB/T 50001—2010

条 文 说 明

修 订 说 明

《房屋建筑制图统一标准》GB/T 50001—2010 经住房和城乡建设部 2010 年 8 月 18 日以第 750 号公告批准发布。

本标准是在《房屋建筑制图统一标准》GB/T 50001—2001 的基础上修订而成，上一版的主编单位是中国建筑标准设计研究院，参编单位是东南大学交通学院、北方交通大学土建学院、天津市建筑设计院，主要起草人员是班焯、唐人卫、宋兆全、李雪梅、李宝瑜。

本标准修订的主要技术内容是：①增加了计算机制图文件、计算机制图图层和计算机制图规则等内容；②调整了图纸标题栏和字体高度等内容；③增加了图线等内容。

本标准修订过程中，编制组进行了深入调查研究，总结实践经验，认真分析了有关资料及数据，参考了有关国际标准。

为便于广大设计、施工、科研、学校等单位有关人员在使用本标准时能正确理解和执行条文规定，《房屋建筑制图统一标准》编制组按章、节、条顺序编制了本标准的条文说明，对条文规定的目的、依据以及执行中需注意的有关事项进行了说明。但是，本条文说明不具备与标准正文同等的法律效力，仅供使用者作为理解和把握标准规定的参考。

目　次

1 总　　则

1.0.1　本条文明确了本标准的制定目的。

1.0.2　本条文规定了在工程制图专业方面的适用范围。

1.0.3　本条文在原基础上进行了调整，明确了适用于计算机制图与手工制图两种方式。

1.0.4　本条文规定了适用的三大类工程制图，即①设计图、竣工图；②实测图；③通用设计图、标准设计图。

2 术　　语

本章为新增章节。

2.0.7　本条文为新增条文，选自《民用建筑设计术语标准》GB/T 50504。

2.0.8　本条文为新增条文，选自《民用建筑设计术语标准》GB/T 50504。

2.0.14　利用图层可以对计算机制图文件中的实体数据进行分类管理、共享和交换，方便、有效地控制实体数据的显示、编辑、检索和打印输出。例如，可以将某一专业计算机制图文件中不同的设计信息分类存放到不同的图层中，分别为专业内部和相关专业之间的协同设计提供方便。

3 图纸幅面规格与图纸编排顺序

3.1 图 纸 幅 面

3.1.1　表 3.1.1 幅面及图框尺寸与《技术制图——图纸幅面和规格》GB/T 14689 规定一致，但图框内标题栏略有调整，见图3.2.1。

3.1.3　增加了长边加长尺寸的比例关系。

3.2 标 题 栏

3.2.1　鉴于当前各设计单位标题栏的内容增多，有时还需要加入外文的实际情况，提供了两种标题栏尺寸供选用。标题栏内容的划分仅为示意，给各设计单位以灵活性。

3.2.2　本条文增加了修改记录和注册师签章栏，为了避免因签字过于潦草而难以识别，保留了签字区应包含实名列和签名列的规定。同时，随着计算机技术的发展，越来越多的电子图作为最终设计成品发行，电子签名也逐渐得到应用，本条文增加了使用电子签名的相关要求。

3.3 图纸编排顺序

3.3.1　工程在初步设计阶段有设计总说明，图纸的编排顺序为图纸目录、设计总说明、总图、建筑图、结构图、给水排水图、暖通空调图、电气图等，而施工图设计阶段没有“设计总说明”一项。

3.3.2　图纸的编排顺序宜按专业设计说明、平面图、立面图、剖面图、大样图、详图、三维视图、清单、简图等的顺序编排。

4 图　　线

4.0.1　本条文去掉了线宽 2.0mm，增加了常用的线宽 0.25mm、0.18mm、0.13mm。调整了线宽比，即：特粗线：粗线：中粗线：细线＝4：3：2：1。

4.0.2　表 4.0.2 根据现行国家标准《技术制图——图线》GB/T 14691修正了部分图线的名称。

4.0.9　虚线与虚线交接如图 1，虚线与实线交接如图 2，虚线为实线延长线时如图 3。

图 1　虚线与虚线交接

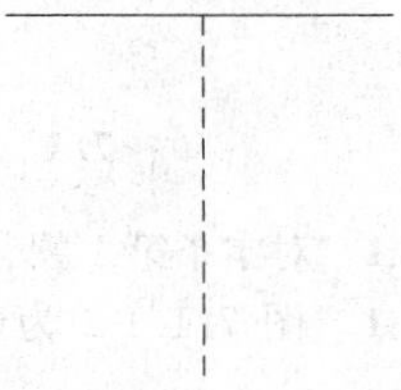

图 2　虚线与实线交接

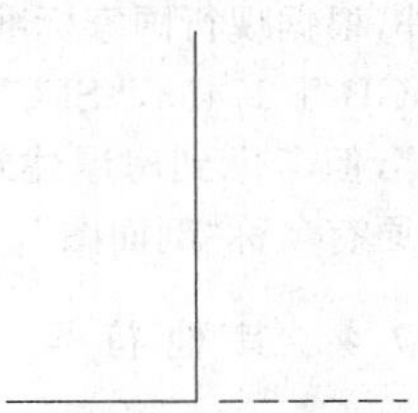

图 3　虚线为实线延长线

5 字　　体

5.0.2　所谓 True type 字体，中文名称全真字体。它具有如下优势：①真正的所见即所得字体。由于 True type 字体支持几乎所有输出设备，因而无论在屏幕、激光打印机、激光照排机上，还是在彩色喷墨打印机上，均能以设备的分辨率输出，因而输出很光滑。②支持字体嵌入技术。存盘时可将文件中使用的所有 True type 字体采用嵌入方式一并存入文件之中，使整个文件中所有字体可方便地传递到其他计算机中使用。嵌入技术可保证未安装相应字体的计算机能以原格式使用原字体打印。③操作系统的兼容性。MAC 和 PC 机均支持 True type 字体，都可以在同名软件中直接打开应用文件而不需要替换字体。

5.0.5　根据现行国家标准《技术制图——字体》GB/T 14691 的规定，修订了拉丁字母、阿拉伯数字和罗马数字的书写格式。

5.0.9　分数、百分数和比例数的注写，应采用阿拉伯数字和数学符号，例如：四分之三、百分之二十五和一比二十应分别写成 3/4、25％和 1：20。

5.0.10 注写小于1的数字，例如：0.01。

6 比 例

6.0.1 比例的大小，是指其比值的大小，如1：50大于1：100。

6.0.2 参照现行国家标准《技术制图——比例》GB/T 14690增加了文字，强调比例的符号为"："，其他表示方法是不允许的，例如有建议用"1/100"来表示。比例应以阿拉伯数字表示，如1：1、1：2、1：100等。

6.0.6 为了适应计算机绘图的需要，允许自选比例，但应绘制该比例的比例尺。

7 符 号

7.1 剖切符号

7.1.1 对本条第1款、第4款的说明：

1 图7.1.1-2为新增国际统一和常用的剖视方法。

4 本条是为了明确剖切符号应注在±0.000标高的平面上。此外，根据现行国家标准《技术制图——剖视图和断面图》GB/T 17453，"SECTION"的中文名称确定为"剖视图"，但考虑到房屋建筑专业的习惯叫法，决定仍然沿用原有名称"剖面图"。

7.4 其他符号

7.4.4 图7.4.4变更云线为新增条文，仅在工程洽商或变更中出现。

8 定位轴线

8.0.4 当字母数量不够使用，可增用双字母或单字母加数字注脚，如AA、BA…YA或A1、B1…Y1。

8.0.5 定位轴线的编号方法适用于较大面积和较复杂的建筑物，一般情况下没有必要采用分区编号。故本条适用于"组合较复杂的平面图中"，目的是指出其适用范围。

图8.0.5是一个分区编号的例图，具体如何分区要根据实际情况确定。例图中举出了一根轴线分属两个区，也可编为两个轴线号的表示方法。

8.0.6 两根轴线的附加轴线，应以分母表示前一轴线的编号，分子表示附加轴线的编号。编号宜用阿拉伯数字顺序编写，如：

(1/2) 表示2号轴线之后附加的第一根轴线；

(3/C) 表示C号轴线之后附加的第三根轴线。

1号轴线或A号轴线之前的附加轴线的分母应以01或0A表示，如：

(1/01) 表示1号轴线之前附加的第一根轴线；

(3/0A) 表示A号轴线之前附加的第三根轴线。

8.0.9 增加了弧形平面定位轴线的编号示例。

8.0.10 本条为折线形平面图定位轴线的编号示例，但没有规定具体的编号方法，可参照例图灵活处理。更复杂的平面如何编号，还有待从实际中总结归纳。

9 常用建筑材料图例

9.1 一般规定

本节条文确定了本章的编制原则和使用规则。鉴于建筑材料生产的蓬勃发展，品种日益繁多，因此在编制图例时，不可能包罗万象，只能分门别类，将常用建材归纳为二十几个基本类型，作为图例，同时确定了如下使用规则：

1 采用同一图例但需要指出特定品种时，应附加必要的说明；

2 作为一种材料符号，不规定尺度比例，应根据图样大小予以掌握，使图例线疏密适度，尺度得当；

3 对本标准未包括在内的建筑材料，允许自行编制、补充图例。

9.1.1 不同品种的同类材料使用同一图例时，如某些特定部位的石膏板必须注明是防水石膏板时，应在图上附加必要的说明。

两个相邻的涂黑图例，如混凝土构件、金属件间，应留有空隙。

9.2 常用建筑材料图例

本节选定了27个图例，说明如下：

1 目前，多孔砖和空心砖已有明确界定。多孔砖是指有较小孔洞的承重粘土砖，空心砖则是指具有较大孔洞、作填充用的非承重粘土砖。因此，在图例说明中将多孔砖明确归于普通砖的项下，而空心砖为非承重砖，不包括多孔砖。

2 混凝土、钢筋混凝土及金属图例中明确规定，在图形较小时可以涂黑，与9.1.1条规定互相印证、互为补充。

3 表9.2.1中"泡沫塑料材料"一项，其填充图案已在国家标准中使用。但对手工制图来说，这种蜂窝状图案是难以绘制的，可以使用"多孔材料"图例增加文字说明或自行设定其他表示方法。

10 图样画法

10.1 投 影 法

10.1.1 根据现行国家标准《技术制图——投影法》

GB/T 14692，界定了各视图的名称。

10.2 视图布置

10.2.1 对视图配置作了比较明确的说明。

10.2.2 增加了"各视图图名的命名，主要应包括平面图、立面图、剖面图或断面图、详图。同一种视图多个图的图名前加编号以示区分。平面图，以楼层编号，包括地下二层平面图、地下一层平面图、首层平面图、二层平面图。立面图以该图两端头的轴线号编号，剖面图或断面图以剖切号编号，详图以索引号编号。"

10.2.5 圆形、折线形、曲线形等"建(构)筑物，如与投影面不平行，在画立面图时，可将该部分展至与投影面平行，再以正投影法绘制，并应在图名后注写'展开'字样"。

10.2.6 本条文为新增条文。

10.4 简化画法

10.4.1 本条文无修改。图10.4.1-3是把视图(即外形图)的左半边与剖面图的右半边拼合为一个图形，即把两个图形简化为一个图形。这既然是一种简化画法，因此在平面图中，剖切符号仍应按第7.1.1条的规定标注。

10.5 轴测图

10.5.1 2001版中对于6种典型轴测绘图方法的规定，是基于手工绘图工具和手工绘图方法情况的绘图规范，在计算机辅助建筑设计成为绝对主流的状况下，除正等测之外的其余5种轴测几乎没有应用的必要。①计算机绘图原理：CAD在"视图"工具中给出两种轴测显示的工具"三维视图"与"三维动态观察器"，前者可以得到4个角度的正等测轴测，后者可以得到任何角度的轴测，而尺寸标注不受观察角度影响。②中国在县以下不设正规建筑设计机构，中国对甲乙丙丁各级设计机构的资质要求，使得计算机辅助建筑设计在设计机构的覆盖率接近100%。③在建筑工程设计中，使用轴测图的情况不多，即使用于个别效果图和复杂节点的表示，绝大多数用正等测就已经能清楚地表达设计意图和正确地传递设计信息。

11 尺寸标注

11.1 尺寸界线、尺寸线及尺寸起止符号

11.1.4 尺寸起止符号还坚持原规定：一般情况下均用斜短线，圆弧的直径、半径等用箭头。轴测图中用小圆点，效果还是比较好的。

11.2 尺寸数字

11.2.3 按例图所示，尺寸数字的注写方向和阅读方向规定为：当尺寸线为竖直时，尺寸数字注写在尺寸线的左侧，字头朝左；其他任何方向，尺寸数字也应保持向上，且注写在尺寸线的上方，如果在30°斜线区内注写时，容易引起误解，故推荐采用两种水平注写方式。

图11.2.3a注写方式为软件默认方式，图11.2.3b注写方式较适合手绘操作。

11.4 半径、直径、球的尺寸标注

11.4.1 本条强调了半径符号R的加注，注意$R20$不能注写为$R=20$或$r=20$。

11.4.4 根据本条规定，注意ϕ不能注写为$\phi=60$、$D=60$或$d=60$。

11.5 角度、弧度、弧长的标注

11.5.1 角度数字注写方向改为软件较易实现的沿尺寸线方向。

11.5.2 弧长数字的注写方法改为软件较易实现的在数字前方加注圆弧符号"⌒"的方式，尺寸界线也改为更容易理解的沿径向引出的方式。

11.6 薄板厚度、正方形、坡度、非圆曲线等尺寸标注

11.6.2 正方形符号"□"和直径符号"ϕ"的标注方法一样。

在土建制图中，尺寸链可以是封闭的，也可以是不封闭的，而机械制图中则规定尺寸链不得封闭。

11.6.3 注意坡度的符号是单面箭头，而不是双面箭头。

11.7 尺寸的简化标注

11.7.1 单线图上尺寸数字的注写和阅读方向，也应符合第11.2.3条的规定。

11.7.3 本条中所谓的相同构造要素，是指一个图样中形状、大小、构造相同的，而且均匀相等的孔、洞、钢筋等。此条是规定了尺寸的一种简化注法(见图11.7.3)，而不涉及图样的简化画法。所以图中6个小圆圈均画出了，这并不与第10.4.2条矛盾。

11.8 标高

11.8.2 关于室外标高符号没有改动，仍按照原标准的写法。

11.8.3 当标高符号指向下时，标高数字注写在左侧或右侧横线的上方；当标高符号指向上时，标高数字注写在左侧或右侧横线的下方。

11.8.6 同时注写几个标高时，应按数值大小从上到下顺序书写。根据征求意见，括号取消。

12 计算机制图文件

12.1 一般规定

12.1.1 工程图库文件是指可以在一个以上的工程中重

复使用的计算机制图文件，例如图框文件、图例文件等。

12.2 工程图纸编号

12.2.1 工程图纸"按照设计总说明、平面图、立面图、剖面图、详图、清单、简图等的顺序编号"，符合通常的设计习惯，但并不是绝对的，因此不作为强制要求。

在我国房屋建筑工程中，普遍采用中文的工程图纸编号，因此规定"工程图纸编号应使用汉字、数字和连字符'-'的组合"。

工程图纸编号规则是基本原则，要求严格遵循。

12.2.2 本条编号格式是在工程图纸编号规则原则下，有关工程图纸编号格式的具体规定，与通行的国际标准（如《美国国家 CAD 标准》National CAD Standard）保持一致。

根据实际需要，允许自行定义工程图纸编号，但必须遵循工程图纸编号规则；如果采用图 12.2.2 的工程图纸编号格式，则代码数量、顺序、每项代码的含义、字数限制都应符合本条规定。

12.3 计算机制图文件命名

12.3.1 工程图纸文件的应用，需要依靠计算机技术实现，出于方便计算机识别和少占资源的考虑，规定"应使用拉丁字母、数字、连字符'-'和井字符'#'的组合"；其中井字符"#"主要用于工程、子项分区的编号，比较符合我国房屋建筑工程图纸文件的命名习惯。

12.3.2 本条是在工程图纸文件命名规则原则下，有关工程图纸文件命名格式的具体规定，与通行的国际标准（如《美国国家 CAD 标准》National CAD Standard）保持一致。

为了便于应用，在本规范附录 A 表 A-1、表 A-3 中分别给出常用的专业代码和类型代码，与通行的国际标准（如《美国国家 CAD 标准》National CAD Standard）保持一致。

根据实际需要，允许自行定义工程图纸文件名称，但必须遵循工程图纸文件命名规则；如果采用图 12.3.2-1 的工程图纸文件命名格式，则代码数量、顺序、每项代码的含义、字数限制都应符合本条规定。

12.3.3 由于工程图库文件的用途、使用习惯存在较大差异，本条只规定了工程图库文件的命名规则，对具体的命名格式不作规定。

工程图库文件的应用，需要依靠计算机技术实现，出于方便计算机识别和少占资源的考虑，要求采用拉丁字母和数字的组合。

同一个工程图库文件可以在多项工程中重复使用，如果使用相同的名称容易造成混淆，还可能出现与特定工程图纸文件统一命名规则不符的情况，因此规定工程图库文件应复制到特定工程的文件夹中，并且更改为与特定工程相适合的工程图纸文件名。

12.4 计算机制图文件夹

12.4.1 由于计算机制图文件夹的用途、使用习惯、产生方式等存在较大差异，本条只规定了计算机制图文件夹的命名规则，对具体的命名格式不作规定。

12.4.2 目前我国房屋建筑工程中，计算机制图文件夹用汉字或拉丁字母命名的情况都很普遍，因此，使用汉字、拉丁字母、数字和连字符"-"的组合都是允许的，仅规定汉字与拉丁字母不得混用。

12.4.4 标准化的计算机制图文件夹，对工程内部、专业内部的协同设计具有重要作用，有必要加以说明。

12.5 计算机制图文件的使用与管理

12.5.1 "工程图纸文件应与工程图纸一一对应"的要求，既符合档案管理的规定，也便于查阅与重复利用。

12.5.2 本条是指工程图库文件的内容、格式应标准化，这样有利于重复利用工程图库文件和提高协同设计效率，例如属性图框文件。

12.5.3 计算机制图文件及数据的意外损坏、丢失，会给相关企业带来较大的损失，需要引起重视并采取备份等有效的预防手段。计算机制图文件备份的时间和份数可根据具体情况自行确定，以能保证文件的安全为原则，宜每日或每周备份一次。

12.5.4 对计算机制图文件的安全性，需要引起重视并采取有效的保护措施。

12.6 协同设计与计算机制图文件

12.6.1 本条对计算机制图文件的组织方式作出规定。

将"计算机制图文件划分为各专业共用的公共图纸文件、向其他专业提供的资料文件和仅供本专业使用的图纸文件"，有利于同一工程中不同专业之间的分工协作。

将"本专业的一个计算机制图文件分解为若干零件图文件"，有利于同一工程中专业内部的分工协作。

12.6.2 本条对计算机制图文件参照作出规定。专业内部采用文件参照方式进行协同设计和专业之间采用文件参照方式进行协同设计的示例见表 1、表 2。使用时可根据工程和任务分工情况，自行确定文件参照的具体方式。

使用计算机制图文件参照方式建立主体计算机制图文件与其他参照文件的引用关系，可在主体计算机制图文件中显示被引用的参照文件的内容，或引用多个参照文件组装成一个主体计算机制图文件，参照文件的修改结果将同步显示在引用它的主体计算机制图文件中；在主体计算机制图文件中，只记录与其他参照文件的引用关系，并不实际存放被引用的参照文件的内容，因此并不显著增加主体计算机制图文件的大小。

专业内部采用计算机制图文件参照方式进行协同设计的示例见表1。

表1 专业内部计算机制图文件参照示例表

工程图纸文件名称	主体文件内容	被引用的第一级参照文件内容	被引用的第二级参照文件内容
A-FP01（首层建筑平面图）	标注、图例、表格、说明	平面轴网	—
		第一单元户型平面	第一单元卫生间布置平面
			第一单元厨房布置平面
			第一单元家具布置平面
			第一单元基地平面
			第一单元楼梯平面
			第一单元电梯井平面
		第二单元户型平面	第二单元卫生间布置平面
			第二单元厨房布置平面
			第二单元家具布置平面
			第二单元基地平面
			第二单元楼梯平面
			第二单元电梯井平面
		……	……

专业之间采用计算机制图文件参照方式进行协同设计的示例见表2。

表2 专业之间计算机制图文件参照示例表

工程图纸文件名称	主体文件内容	被引用的第一级参照文件内容	被引用的第二级参照文件内容
S-FP01（首层结构平面图）	结构构件布置平面、结构构件钢筋布置平面、标注、图例、表格、说明	平面轴网	—
		平面柱网	—
		核心筒平面	核心筒设备留洞
		楼梯平面	—
		电梯井平面	电梯井设备留洞
		……	……

13 计算机制图文件图层

13.0.1 图层主要通过计算机技术实现应用，因此最好采用拉丁字母、数字和连字符“-”的组合。目前我国房屋建筑工程中，也存在使用中文图层名称的情况，因此允许使用包含汉字的组合，仅规定汉字与拉丁字母不得混用。

13.0.2 本条是在图层命名规则原则下，有关图层命名格式的具体规定，与通行的国际标准（如《美国国家CAD标准》National CAD Standard）保持一致。

次代码1和次代码2用于进一步区分主代码的数据特征，如墙体的保温层等，次代码可以和任意的主代码组合；

状态代码用于区分图层中所包含的工程性质（如新建、保留、拆除、临时等）或阶段（如方案、施工图等），但状态代码不能同时表示工程状态和阶段。

为了便于理解和应用图层命名格式，在图13.0.2-1和图13.0.2-2中分别给出中文图层命名格式和英文图层命名格式的示例。

为了便于应用和交流，在附录A表A-1中给出常用的专业代码，在附录B表B-1中给出常用的状态代码，在附录B表B-2～表B-7中分别给出常用的总图、建筑、结构、给排水、暖通、建筑电气专业图层名称列表，与通行的国际标准（如《美国国家CAD标准》National CAD Standard）保持一致。

根据实际需要，允许自行定义图层名称，但必须遵循图层命名规则；如果采用图13.0.2-1和图13.0.2-2的图层命名格式，则代码数量、顺序、每项代码的含义、字数限制都应符合本条规定。

14 计算机制图规则

14.0.1 规定指北针方向在同一工程的整套图纸中保持一致，便于同一专业内部和不同专业之间的计算机制图文件阅读、协作与交流。

14.0.2 规定“在同一工程中，各专业应采用相同的坐标系与坐标原点”，便于同一专业内部和不同专业之间的计算机制图文件阅读、协作与交流。

14.0.3 主要图样指平面图、立面图、剖面图等，次要图样指大样图、详图等。

14.0.4 绘制图样既可以采用1∶1的比例，也可以采用图中标注的比例，但无论采用哪种绘制方式，打印成图的图样实际比例应与标注比例一致，这就需要在打印时对计算机制图文件进行相应的比例缩放。

中华人民共和国国家标准

建筑结构制图标准

Standard for structural drawings

GB/T 50105—2010

主编部门：中华人民共和国住房和城乡建设部
批准部门：中华人民共和国住房和城乡建设部
施行日期：2 0 1 1 年 3 月 1 日

中华人民共和国住房和城乡建设部
公　告

第751号

关于发布国家标准《建筑结构制图标准》的公告

现批准《建筑结构制图标准》为国家标准，编号为GB/T 50105－2010，自2011年3月1日起实施。原《建筑结构制图标准》GB/T 50105－2001同时废止。

本标准由我部标准定额研究所组织中国建筑工业出版社出版发行。

中华人民共和国住房和城乡建设部

2010年8月18日

前　言

根据原建设部《关于印发〈2007年工程建设标准规范制订、修订计划（第一批）〉的通知》的要求，本标准由中国建筑标准设计研究院会同有关单位在原《建筑结构制图标准》GB/T 50105－2001的基础上修订而成。

本标准在修订过程中，编制组经广泛调查研究，认真总结实践经验，参考有关国际标准和国外先进标准，并在广泛征求意见的基础上，最后经审查定稿。

本标准共分5章和1个附录，主要技术内容包括：总则、基本规定、混凝土结构、钢结构、木结构。

本标准修订的主要技术内容是：1　增加了计算机CAD制图文件、计算机制图图层和计算机制图规则等内容；2　增加了图线等内容；3　增加了混凝土结构文字注写构件配筋的表示方法；4　增加了钢结构施工图一般要求和复杂节点详图的分解索引等内容。

本标准由住房和城乡建设部负责管理，由中国建筑标准设计研究院负责具体技术内容的解释。执行过程中如有意见和建议，请寄送中国建筑标准设计研究院（地址：北京市海淀区首体南路9号主语国际2号楼，邮编：100048）。

本规范主编单位：中国建筑标准设计研究院

本规范参编单位：华东建筑设计研究院有限公司
中石化工程建设公司
中国京冶工程技术有限公司
北京探索者软件技术有限公司

本规范主要起草人员：陈雪光　胡天兵　张凤新　徐　浩　李秀川　尹天成　徐海洋

本标准主要审查人员：何玉如　费　麟　徐宇宾　白红卫　石定稷　苗　茁　刘　杰　王　鹏　董静茹　寇九贵　胡纯炀　张同亿

目　次

Contents

1 总 则

1.0.1 为了统一建筑结构专业制图规则，保证制图质量，提高制图效率，做到图面清晰、简明，符合设计、施工、存档的要求，适应工程建设的需要，制定本标准。

1.0.2 本标准适应于工程制图中下列制图方式绘制的图样：

1 手工制图；

2 计算机制图。

1.0.3 本标准适用于建筑结构专业下列工程制图：

1 新建、改建、扩建工程的各阶段设计图、竣工图；

2 原有建筑物、构筑物的实测图；

3 通用设计图、标准设计图。

1.0.4 计算机制图规则和计算机制图图层管理等内容宜符合现行国家标准《房屋建筑制图统一标准》GB/T 50001 相关规定。

1.0.5 建筑结构制图除应符合本标准外，尚应符合国家现行有关标准的规定。

2 基本规定

2.0.1 图线宽度 b 应按现行国际标准《房屋建筑制图统一标准》GB/T 50001 中的有关规定选用。

2.0.2 每个图样应根据复杂程度与比例大小，先选用适当基本线宽度 b，再选用相应的线宽。根据表达内容的层次，基本线宽 b 和线宽比可适当的增加或减少。

2.0.3 建筑结构专业制图应选用表 2.0.3 所示的图线。

表 2.0.3 图 线

名称		线型	线宽	一般用途
实线	粗		b	螺栓、钢筋线、结构平面图中的单线结构构件线，钢木支撑及系杆线，图名下横线、剖切线
	中粗		$0.7b$	结构平面图及详图中剖到或可见的墙身轮廓线、基础轮廓线、钢、木结构轮廓线、钢筋线
	中		$0.5b$	结构平面图及详图中剖到或可见的墙身轮廓线、基础轮廓线、可见的钢筋混凝土构件轮廓线、钢筋线
	细		$0.25b$	标注引出线、标高符号线、索引符号线、尺寸线
虚线	粗		b	不可见的钢筋线、螺栓线、结构平面图中不可见的单线结构构件线及钢、木支撑线
	中粗		$0.7b$	结构平面图中的不可见构件、墙身轮廓线及不可见钢、木结构构件线、不可见的钢筋线
	中		$0.5b$	结构平面图中的不可见构件、墙身轮廓线及不可见钢、木结构构件线、不可见的钢筋线
	细		$0.25b$	基础平面图中的管沟轮廓线、不可见的钢筋混凝土构件轮廓线
单点长画线	粗		b	柱间支撑、垂直支撑、设备基础轴线图中的中心线
	细		$0.25b$	定位轴线、对称线、中心线、重心线
双点长画线	粗		b	预应力钢筋线
	细		$0.25b$	原有结构轮廓线
折断线			$0.25b$	断开界线
波浪线			$0.25b$	断开界线

2.0.4 在同一张图纸中，相同比例的各图样，应选用相同的线宽组。

2.0.5 绘图时根据图样的用途，被绘物体的复杂程度，应选用表 2.0.5 中的常用比例，特殊情况下也可选用可用比例。

表 2.0.5 比 例

图 名	常用比例	可用比例
结构平面图 基础平面图	1∶50，1∶100，1∶150	1∶60，1∶200
圈梁平面图，总图中管沟、地下设施等	1∶200，1∶500	1∶300
详图	1∶10，1∶20，1∶50	1∶5，1∶30，1∶25

2.0.6 当构件的纵、横向断面尺寸相差悬殊时，可在同一详图中的纵、横向选用不同的比例绘制。轴线尺寸与构件尺寸也可选用不同的比例绘制。

2.0.7 构件的名称可用代号来表示，代号后应用阿拉伯数字标注该构件的型号或编号，也可为构件的顺序号。构件的顺序号采用不带角标的阿拉伯数字连续编排。常用的构件代号应符合本标准附录 A 的规定。

2.0.8 当采用标准、通用图集中的构件时，应用该图集中的规定代号或型号注写。

2.0.9 结构平面图应按图 2.0.9-1、图 2.0.9-2 的规定采用正投影法绘制，特殊情况下也可采用仰视投影绘制。

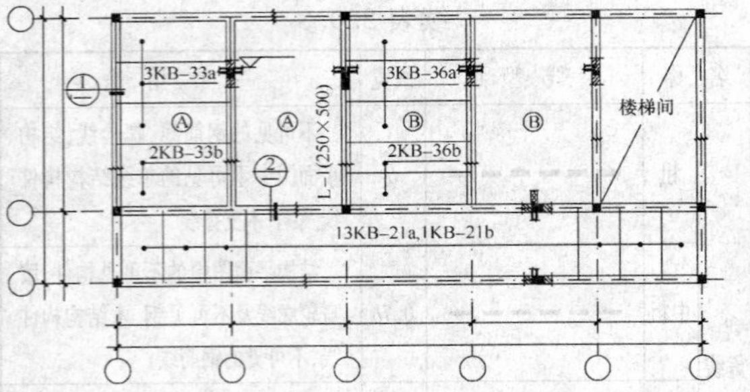

图 2.0.9-1　用正投影法绘制预制楼板结构平面图

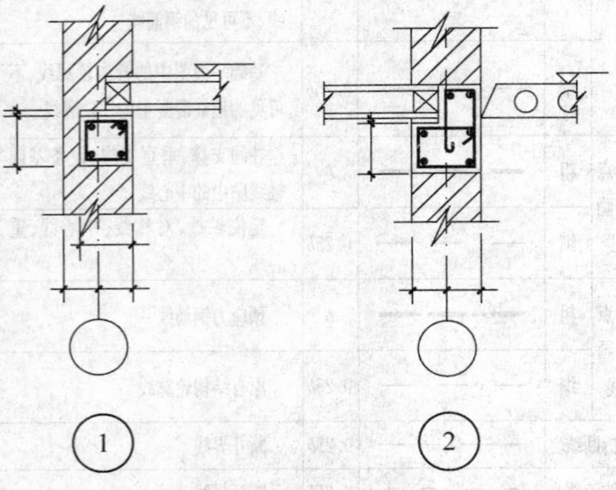

图 2.0.9-2　节点详图

2.0.10　在结构平面图中，构件应采用轮廓线表示，当能用单线表示清楚时，也可用单线表示。定位轴线应与建筑平面图或总平面图一致，并标注结构标高。

2.0.11　在结构平面图中，当若干部分相同时，可只绘制一部分，并用大写的拉丁字母(A、B、C、……)外加细实线圆圈表示相同部分的分类符号。分类符号圆圈直径为8mm或10mm。其他相同部分仅标注分类符号。

2.0.12　桁架式结构的几何尺寸图可用单线图表示。杆件的轴线长度尺寸应标注在构件的上方(图2.0.12)。

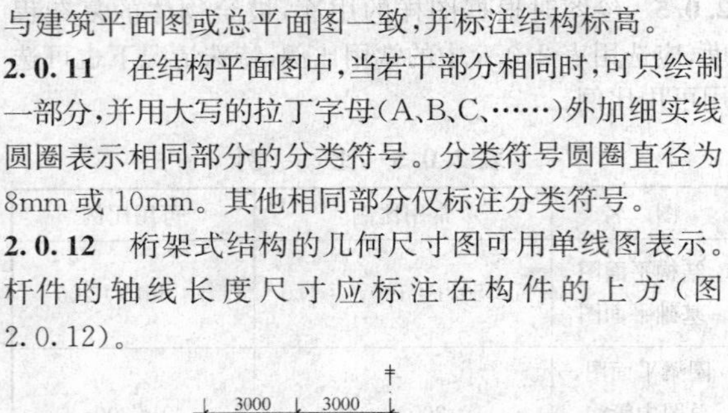

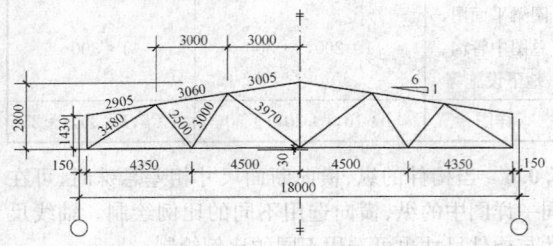

图 2.0.12　对称桁架几何尺寸标注方法

2.0.13　在杆件布置和受力均对称的桁架单线图中，若需要时可在桁架的左半部分标注杆件的几何轴线尺寸，右半部分标注杆件的内力值和反力值；非对称的桁架单线图，可在上方标注杆件的几何轴线尺寸，下方标注杆件的内力值和反力值。竖杆的几何轴线尺寸可标注在左侧，内力值标注在右侧。

2.0.14　在结构平面图中索引的剖视详图、断面详图应采用索引符号表示，其编号顺序宜按图2.0.14的规定进行编排，并符合下列规定：

1　外墙按顺时针方向从左下角开始编号；

2　内横墙从左至右，从上至下编号；

3　内纵墙从上至下，从左至右编号。

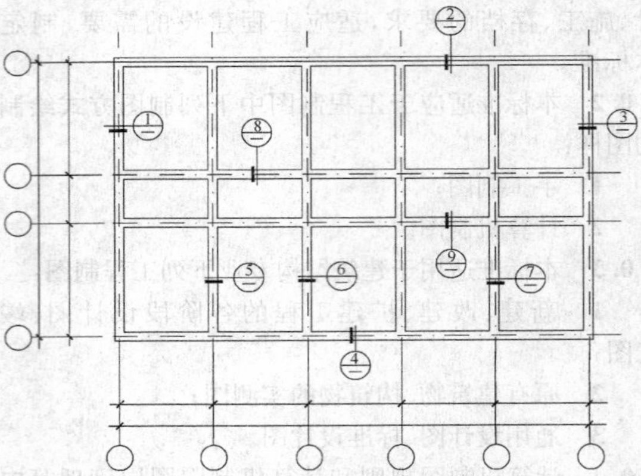

图 2.0.14　结构平面图中索引剖视详图、断面详图编号顺序表示方法

2.0.15　在结构平面图中的索引位置处，粗实线表示剖切位置，引出线所在一侧应为投射方向。

2.0.16　索引符号应由细实线绘制的直径为8mm～10mm的圆和水平直径线组成。

2.0.17　被索引出的详图应以详图符号表示，详图符号的圆应以直径为14mm的粗实线绘制。圆内的直径线为细实线。

2.0.18　被索引的图样与索引位置在同一张图纸内时，应按图2.0.18的规定进行编排。

图 2.0.18　被索引图样在同一张图纸内的表示方法

2.0.19　详图与被索引的图样不在同一张图纸内时，应按图2.0.19的规定进行编排，索引符号和详图符号内的上半圆中注明详图编号，在下半圆中注明被索引的图纸编号。

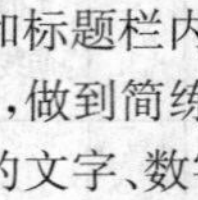

图 2.0.19　详图和被索引图样不在同一张图纸内的表示方法

2.0.20　构件详图的纵向较长，重复较多时，可用折断线断开，适当省略重复部分。

2.0.21　图样的图名和标题栏内的图名应能准确表达图样、图纸构成的内容，做到简练、明确。

2.0.22　图纸上所有的文字、数字和符号等，应字体端正、排列整齐、清楚正确，避免重叠。

2.0.23　图样及说明中的汉字宜采用长仿宋体，图样下的文字高度不宜小于 5mm，说明中的文字高度不宜小于 3mm。

2.0.24 拉丁字母、阿拉伯数字、罗马数字的高度，不应小于 2.5mm。

3 混凝土结构

3.1 钢筋的一般表示方法

3.1.1 普通钢筋的一般表示方法应符合表 3.1.1-1 的规定。预应力钢筋的表示方法应符合表 3.1.1-2 的规定。钢筋网片的表示方法应符合表 3.1.1-3 的规定。钢筋的焊接接头的表示方法应符合表 3.1.1-4 的规定。

表 3.1.1-1 普 通 钢 筋

序号	名 称	图 例	说 明
1	钢筋横断面		—
2	无弯钩的钢筋端部	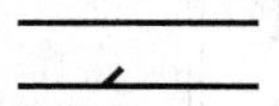	下图表示长，短钢筋投影重叠时，短钢筋的端部用 45°斜划线表示
3	带半圆形弯钩的钢筋端部		—
4	带直钩的钢筋端部		—
5	带丝扣的钢筋端部		—
6	无弯钩的钢筋搭接		—
7	带半圆弯钩的钢筋搭接		—
8	带直钩的钢筋搭接		—
9	花篮螺丝钢筋接头	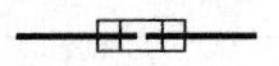	—
10	机械连接的钢筋接头		用文字说明机械连接的方式（如冷挤压或直螺纹等）

表 3.1.1-2 预应力钢筋

序号	名 称	图 例
1	预应力钢筋或钢绞线	
2	后张法预应力钢筋断面 无粘结预应力钢筋断面	
3	预应力钢筋断面	
4	张拉端锚具	
5	固定端锚具	
6	锚具的端视图	
7	可动连接件	
8	固定连接件	

表 3.1.1-3 钢 筋 网 片

序号	名 称	图 例
1	一片钢筋网平面图	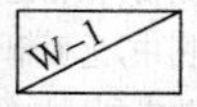
2	一行相同的钢筋网平面图	

注：用文字注明焊接网或绑扎网片。

表 3.1.1-4 钢筋的焊接接头

序号	名 称	接头形式	标注方法
1	单面焊接的钢筋接头		
2	双面焊接的钢筋接头	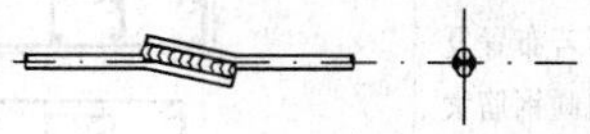	
3	用帮条单面焊接的钢筋接头	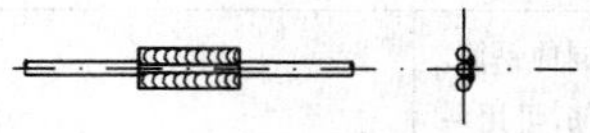	
4	用帮条双面焊接的钢筋接头	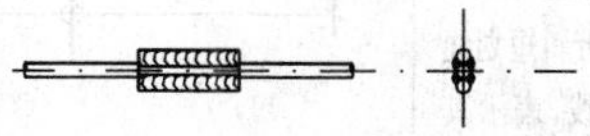	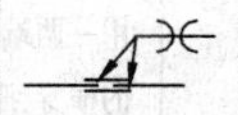
5	接触对焊的钢筋接头（闪光焊、压力焊）	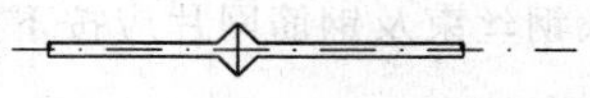	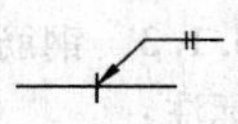
6	坡口平焊的钢筋接头	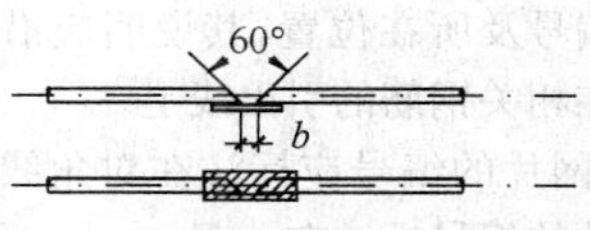	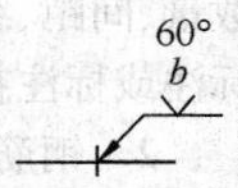
7	坡口立焊的钢筋接头	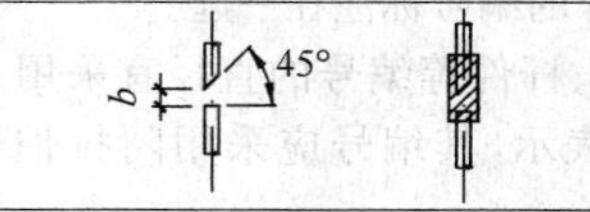	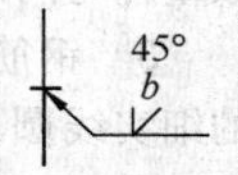
8	用角钢或扁钢做连接板焊接的钢筋接头	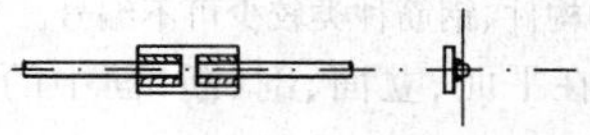	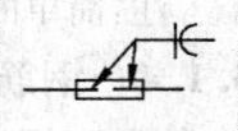
9	钢筋或螺（锚）栓与钢板穿孔塞焊的接头		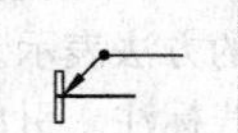

3.1.2 钢筋的画法应符合表3.1.2的规定。

表 3.1.2 钢筋画法

序号	说 明	图 例
1	在结构楼板中配置双层钢筋时，底层钢筋的弯钩应向上或向左，顶层钢筋的弯钩则向下或向右	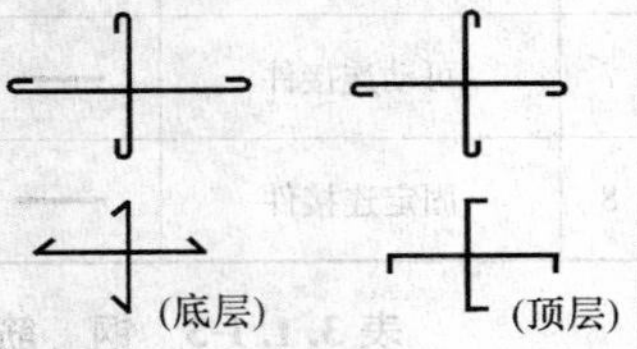
2	钢筋混凝土墙体配双层钢筋时，在配筋立面图中，远面钢筋的弯钩应向上或向左而近面钢筋的弯钩向下或向右（JM 近面，YM 远面）	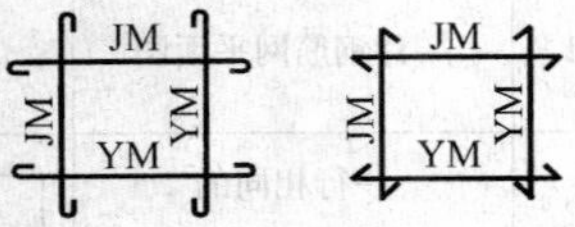
3	若在断面图中不能表达清楚的钢筋布置，应在断面图外增加钢筋大样图（如：钢筋混凝土墙，楼梯等）	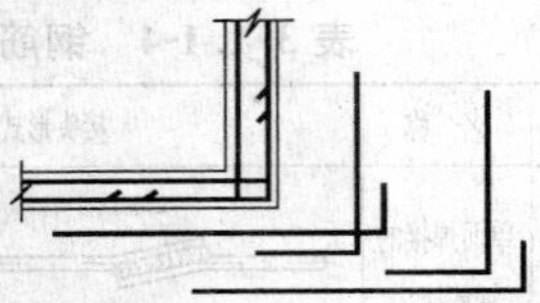
4	图中所表示的箍筋、环筋等若布置复杂时，可加画钢筋大样及说明	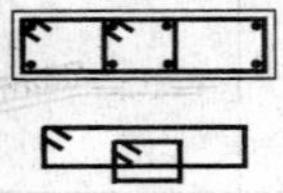
5	每组相同的钢筋、箍筋或环筋，可用一根粗实线表示，同时用一两端带斜短划线的横穿细线，表示其钢筋及起止范围	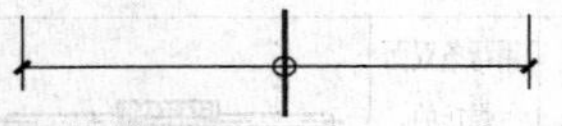

3.1.3 钢筋、钢丝束及钢筋网片应按下列规定进行标注：

1 钢筋、钢丝束的说明应给出钢筋的代号、直径、数量、间距、编号及所在位置，其说明应沿钢筋的长度标注或标注在相关钢筋的引出线上。

2 钢筋网片的编号应标注在对角线上。网片的数量应与网片的编号标注在一起。

3 钢筋、杆件等编号的直径宜采用5mm～6mm的细实线圆表示，其编号应采用阿拉伯数字按顺序编写。

注：简单的构件、钢筋种类较少可不编号。

3.1.4 钢筋在平面、立面、剖（断）面中的表示方法应符合下列规定：

1 钢筋在平面图中的配置应按图3.1.4-1所示的方法表示。当钢筋标注的位置不够时，可采用引出线标注。引出线标注钢筋的斜短划线应为中实线或细实线。

2 当构件布置较简单时，结构平面布置图可与板配筋平面图合并绘制。

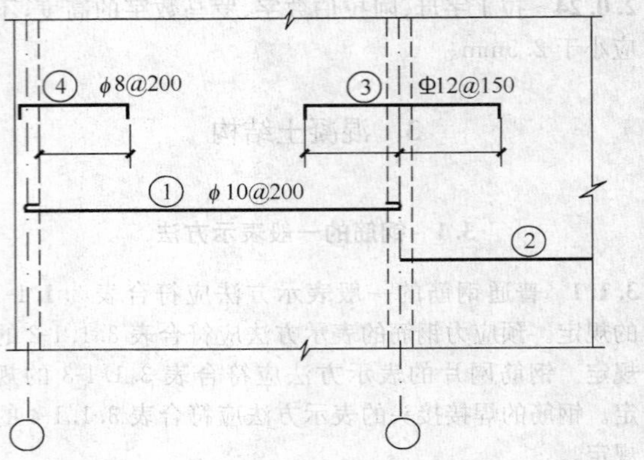

图3.1.4-1 钢筋在楼板配筋图中的表示方法

3 平面图中的钢筋配置较复杂时，可按表3.1.2及图3.1.4-2的方法绘制。

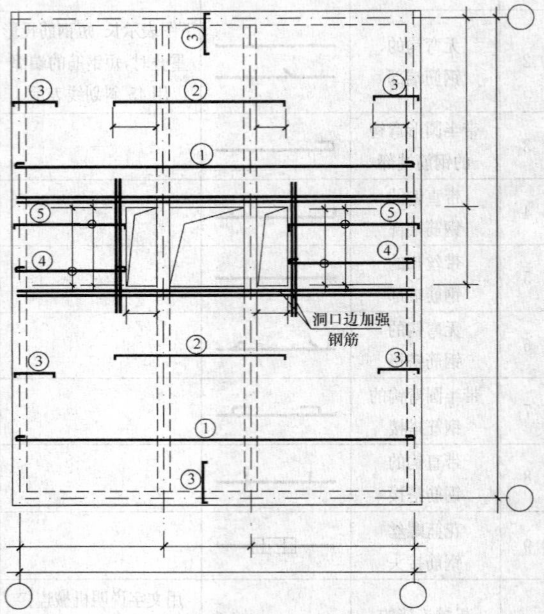

图3.1.4-2 楼板配筋较复杂的表示方法

4 钢筋在梁纵、横断面图中的配置，应按图3.1.4-3所示的方法表示。

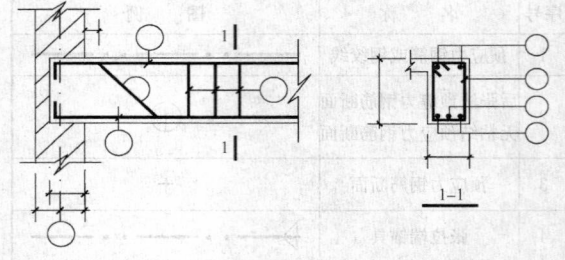

图3.1.4-3 梁纵、横断面图中钢筋表示方法

3.1.5 构件配筋图中箍筋的长度尺寸，应指箍筋的里

皮尺寸。弯起钢筋的高度尺寸应指钢筋的外皮尺寸(图 3.1.5)。

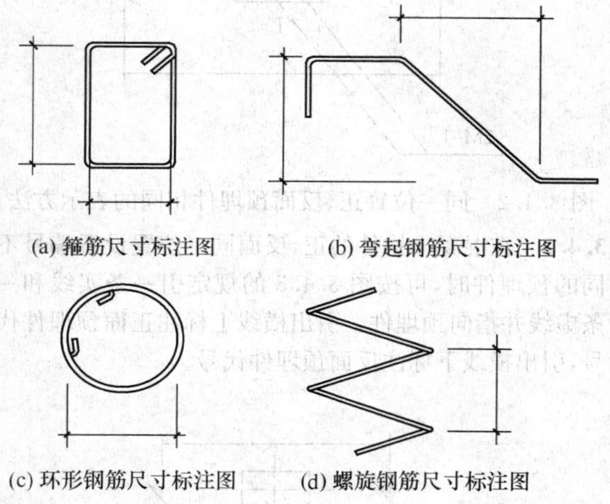

图 3.1.5　钢箍尺寸标注法

3.2　钢筋的简化表示方法

3.2.1　当构件对称时,采用详图绘制构件中的钢筋网片可按图 3.2.1 的方法用一半或 1/4 表示。

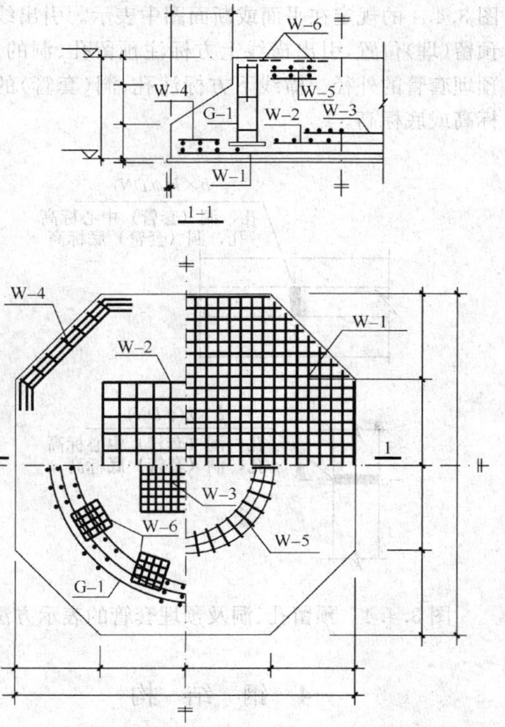

图 3.2.1　构件中钢筋简化表示方法

3.2.2　钢筋混凝土构件配筋较简单时,宜按下列规定绘制配筋平面图:

1　独立基础宜按图 3.2.2a 的规定在平面模板图左下角,绘出波浪线,绘出钢筋并标注钢筋的直径、间距等。

2　其他构件宜按图 3.2.2b 的规定在某一部位绘出波浪线,绘出钢筋并标注钢筋的直径、间距等。

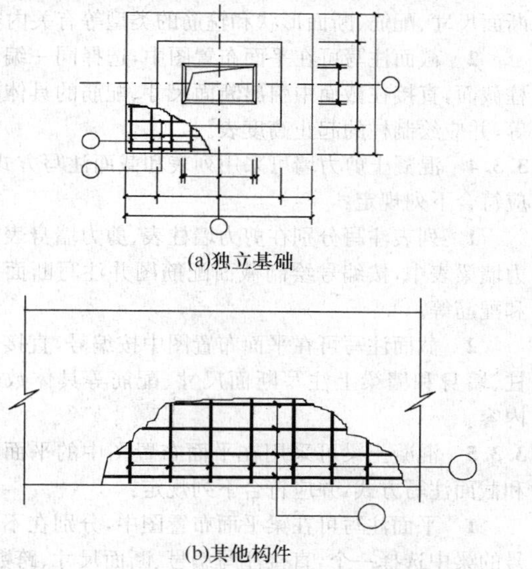

图 3.2.2　构件配筋简化表示方法

3.2.3　对称的混凝土构件,宜按图 3.2.3 的规定在同一图样中一半表示模板,另一半表示配筋。

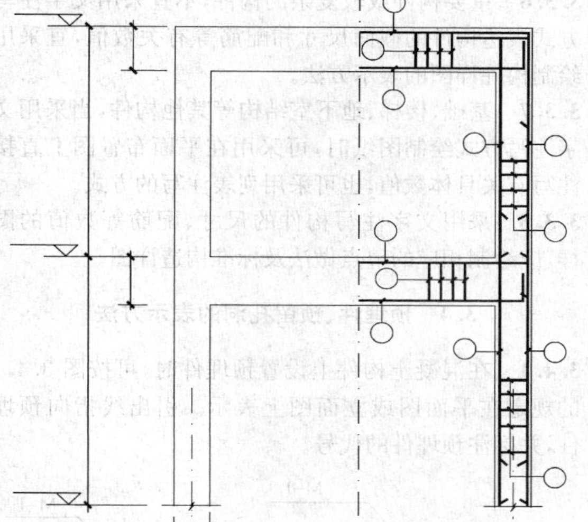

图 3.2.3　构件配筋简化表示方法

3.3　文字注写构件的表示方法

3.3.1　在现浇混凝土结构中,构件的截面和配筋等数值可采用文字注写方式表达。

3.3.2　按结构层绘制的平面布置图中,直接用文字表达各类构件的编号(编号中含有构件的类型代号和顺序号)、断面尺寸、配筋及有关数值。

3.3.3 混凝土柱可采用列表注写和在平面布置图中截面注写方式，并应符合下列规定：

1 列表注写应包括柱的编号、各段的起止标高、断面尺寸、配筋、断面形状和箍筋的类型等有关内容。

2 截面注写可在平面布置图中，选择同一编号的柱截面，直接在截面中引出断面尺寸、配筋的具体数值等，并应绘制柱的起止高度表。

3.3.4 混凝土剪力墙可采用列表和截面注写方式，并应符合下列规定：

1 列表注写分别在剪力墙柱表、剪力墙身表及剪力墙梁表中，按编号绘制截面配筋图并注写断面尺寸和配筋等。

2 截面注写可在平面布置图中按编号，直接在墙柱、墙身和墙梁上注写断面尺寸、配筋等具体数值的内容。

3.3.5 混凝土梁可采用在平面布置图中的平面注写和截面注写方式，并应符合下列规定：

1 平面注写可在梁平面布置图中，分别在不同编号的梁中选择一个，直接注写编号、断面尺寸、跨数、配筋的具体数值和相对高差(无高差可不注写)等内容。

2 截面注写可在平面布置图中，分别在不同编号的梁中选择一个，用剖面号引出截面图形并在其上注写断面尺寸、配筋的具体数值等。

3.3.6 重要构件或较复杂的构件，不宜采用文字注写方式表达构件的截面尺寸和配筋等有关数值，宜采用绘制构件详图的表示方法。

3.3.7 基础、楼梯、地下室结构等其他构件，当采用文字注写方式绘制图纸时，可采用在平面布置图上直接注写有关具体数值，也可采用列表注写的方式。

3.3.8 采用文字注写构件的尺寸、配筋等数值的图样，应绘制相应的节点做法及标准构造详图。

3.4 预埋件、预留孔洞的表示方法

3.4.1 在混凝土构件上设置预埋件时，可按图3.4.1的规定在平面图或立面图上表示。引出线指向预埋件，并标注预埋件的代号。

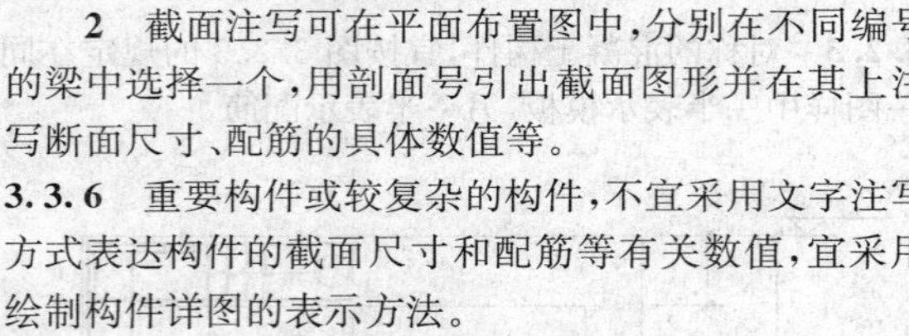

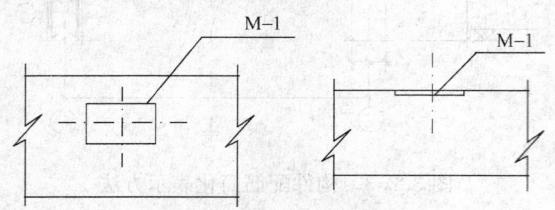

图3.4.1 预埋件的表示方法

3.4.2 在混凝土构件的正、反面同一位置均设置相同的预埋件时，可按图3.4.2的规定引出线为一条实线和一条虚线并指向预埋件，同时在引出横线上标注预埋件的数量及代号。

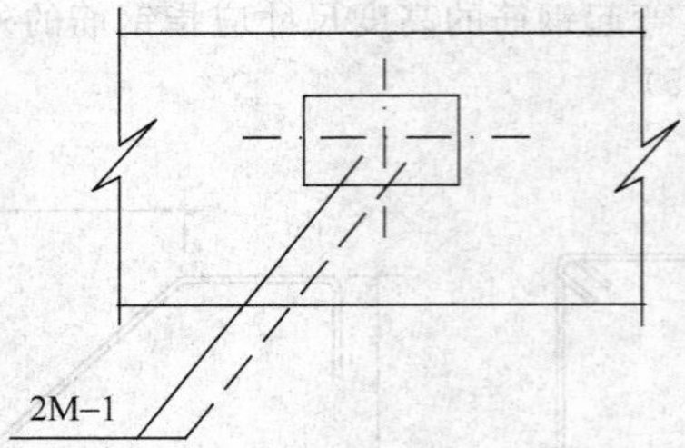

图3.4.2 同一位置正、反面预埋件相同的表示方法

3.4.3 在混凝土构件的正、反面同一位置设置编号不同的预埋件时，可按图3.4.3的规定引一条实线和一条虚线并指向预埋件。引出横线上标注正面预埋件代号，引出横线下标注反面预埋件代号。

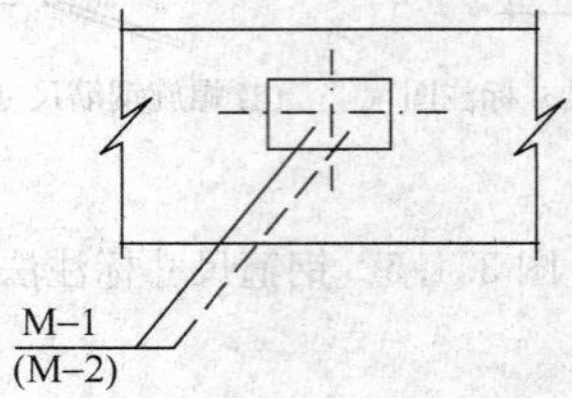

图3.4.3 同一位置正、反面预埋件不相同的表示方法

3.4.4 在构件上设置预留孔、洞或预埋套管时，可按图3.4.4的规定在平面或断面图中表示。引出线指向预留(埋)位置，引出横线上方标注预留孔、洞的尺寸，预埋套管的外径。横线下方标注孔、洞(套管)的中心标高或底标高。

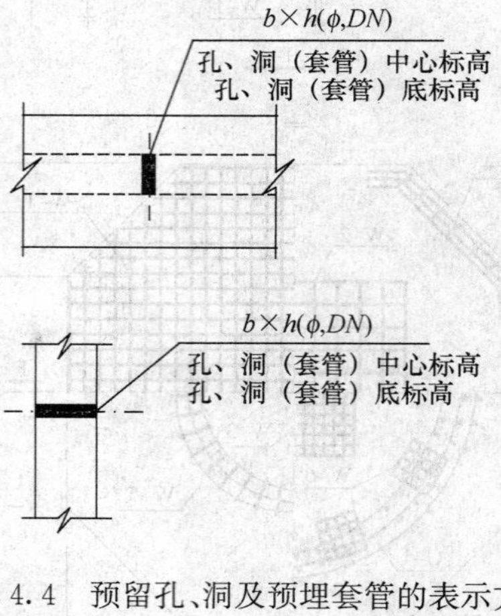

图3.4.4 预留孔、洞及预埋套管的表示方法

4 钢 结 构

4.1 常用型钢的标注方法

4.1.1 常用型钢的标注方法应符合表4.1.1中的规定。

表 4.1.1　常用型钢的标注方法

序号	名 称	截 面	标 注	说 明
1	等边角钢		∟ b×t	b 为肢宽 t 为肢厚
2	不等边角钢	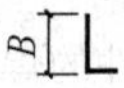	∟ B×b×t	B 为长肢宽 b 为短肢宽 t 为肢厚
3	工字钢		I N　Q I N	轻型工字钢加注 Q 字
4	槽钢		[N　Q[N	轻型槽钢加注 Q 字
5	方钢	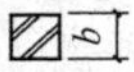	□ b	—
6	扁钢	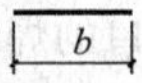	— b×t	—
7	钢板		$-\frac{-b\times t}{L}$	$\frac{宽\times厚}{板长}$
8	圆钢		φd	—
9	钢管		φd×t	d 为外径 t 为壁厚
10	薄壁方钢管		B □ b×t	薄壁型钢加注 B 字 t 为壁厚
11	薄壁等肢角钢		B ∟ b×t	
12	薄壁等肢卷边角钢	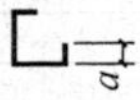	B ∟ b×a×t	
13	薄壁槽钢		B [h×b×t	
14	薄壁卷边槽钢	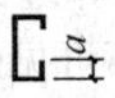	B [h×b×a×t	
15	薄壁卷边 Z 型钢	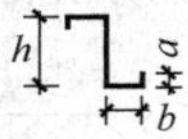	B ⅂ h×b×a×t	
16	T 型钢		TW ×× TM ×× TN ××	TW 为宽翼缘 T 型钢 TM 为中翼缘 T 型钢 TN 为窄翼缘 T 型钢
17	H 型钢		HW ×× HM ×× HN ××	HW 为宽翼缘 H 型钢 HM 为中翼缘 H 型钢 HN 为窄翼缘 H 型钢
18	起重机钢轨		⊥ QU××	详细说明产品规格型号
19	轻轨及钢轨		⊥××kg/m钢轨	

4.2　螺栓、孔、电焊铆钉的表示方法

4.2.1　螺栓、孔、电焊铆钉的表示方法应符合表 4.2.1 中的规定。

表 4.2.1　螺栓、孔、电焊铆钉的表示方法

序号	名 称	图 例	说 明
1	永久螺栓	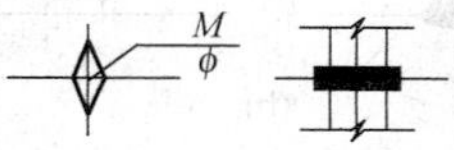	1　细"十"线表示定位线； 2　M 表示螺栓型号； 3　φ 表示螺栓孔直径； 4　d 表示膨胀螺栓、电焊铆钉直径； 5　采用引出线标注螺栓时，横线上标注螺栓规格，横线下标注螺栓孔直径
2	高强螺栓	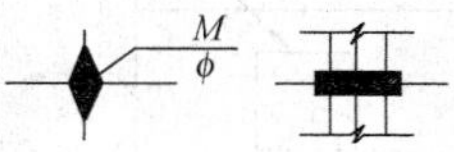	
3	安装螺栓	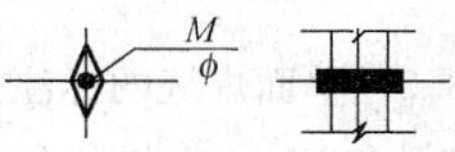	
4	膨胀螺栓	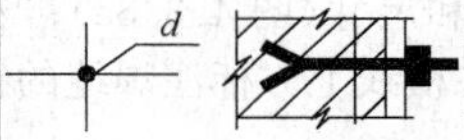	
5	圆形螺栓孔	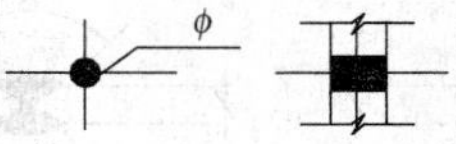	
6	长圆形螺栓孔	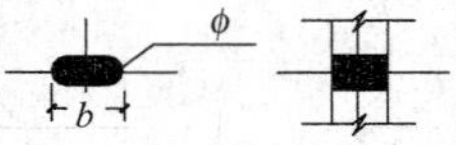	
7	电焊铆钉	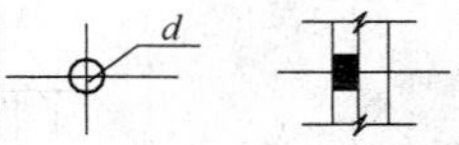	

4.3　常用焊缝的表示方法

4.3.1　焊接钢构件的焊缝除应按现行的国家标准《焊缝符号表示法》GB/T 324 有关规定执行外，还应符合本节的各项规定。

4.3.2　单面焊缝的标注方法应符合下列规定：

1　当箭头指向焊缝所在的一面时，应将图形符号和尺寸标注在横线的上方(图 4.3.2a)；当箭头指向焊缝所在另一面(相对应的那面)时，应按图 4.3.2b 的规定执行，将图形符号和尺寸标注在横线的下方。

2　表示环绕工作件周围的焊缝时，应按图 4.3.2c 的规定执行，其围焊焊缝符号为圆圈，绘在引出线的转折处，并标焊角尺寸 K。

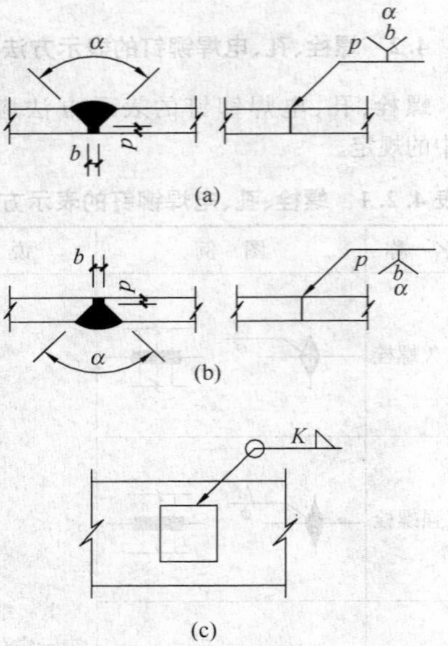

图 4.3.2 单面焊缝的标注方法

4.3.3 双面焊缝的标注，应在横线的上、下都标注符号和尺寸。上方表示箭头一面的符号和尺寸，下方表示另一面的符号和尺寸（图 4.3.3a）；当两面的焊缝尺寸相同时，只需在横线上方标注焊缝的符号和尺寸（图 4.3.3b、c、d）。

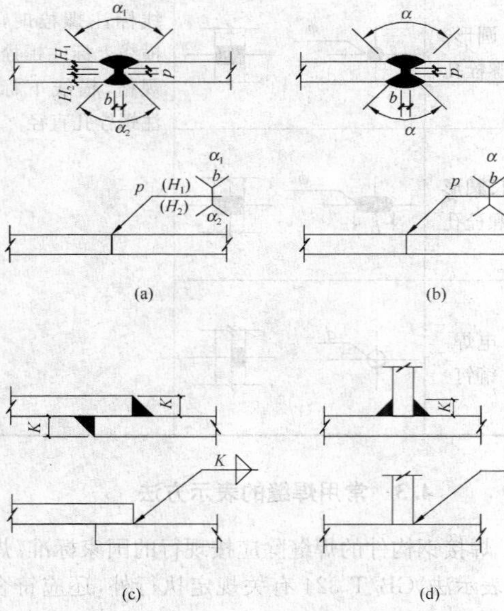

图 4.3.3 双面焊缝的标注方法

4.3.4 3 个和 3 个以上的焊件相互焊接的焊缝，不得作为双面焊缝标注。其焊缝符号和尺寸应分别标注（图 4.3.4）。

4.3.5 相互焊接的两个焊件中，当只有一个焊件带坡口时（如单面 V 形），引出线箭头必须指向带坡口的焊件（图 4.3.5）。

4.3.6 相互焊接的 2 个焊件，当为单面带双边不对称

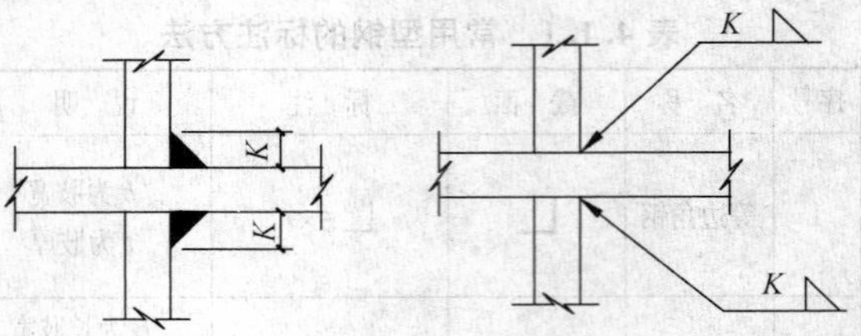

图 4.3.4 3 个及以上焊件的焊缝标注方法

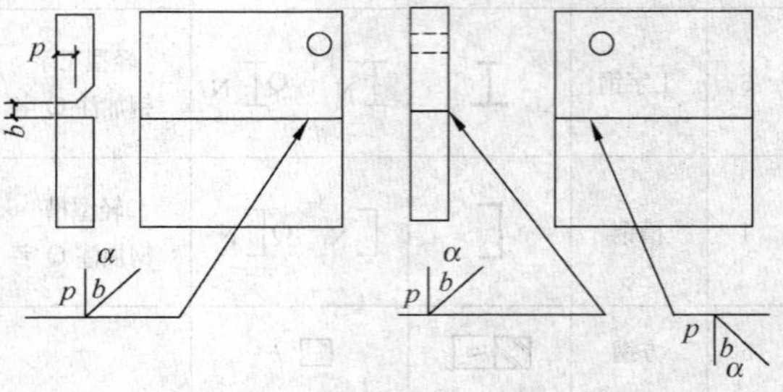

图 4.3.5 一个焊件带坡口的焊缝标注方法

坡口焊缝时，应按图 4.3.6 的规定，引出线箭头应指向较大坡口的焊件。

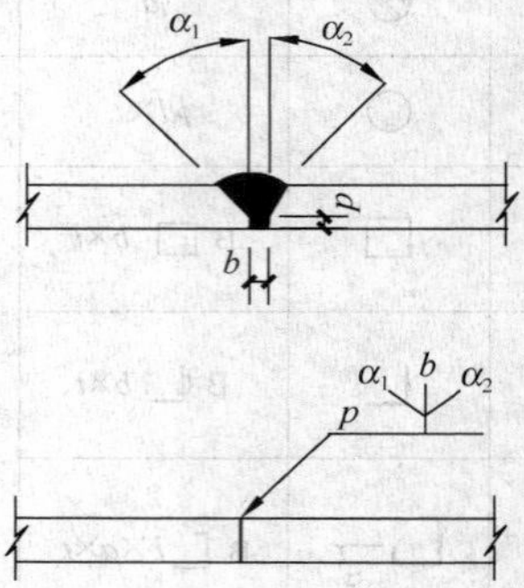

图 4.3.6 不对称坡口焊缝的标注方法

4.3.7 当焊缝分布不规则时，在标注焊缝符号的同时，可按图 4.3.7 的规定，宜在焊缝处加中实线（表示可见焊缝），或加细栅线（表示不可见焊缝）。

4.3.8 相同焊缝符号应按下列方法表示：

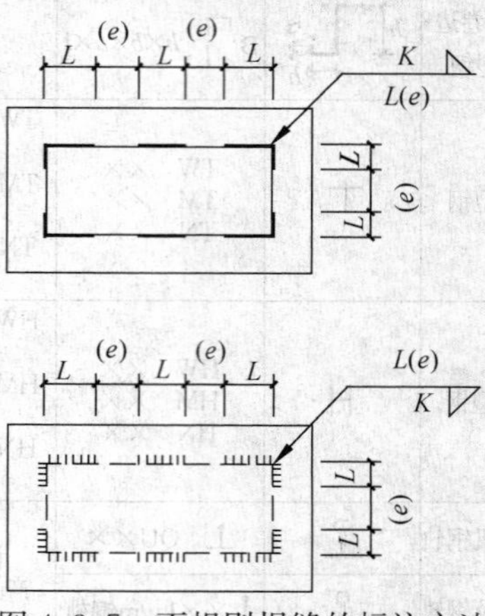

图 4.3.7 不规则焊缝的标注方法

1　在同一图形上，当焊缝形式、断面尺寸和辅助要求均相同时，应按图4.3.8a的规定，可只选择一处标注焊缝的符号和尺寸，并加注“相同焊缝符号”，相同焊缝符号为3/4圆弧，绘在引出线的转折处。

2　在同一图形上，当有数种相同的焊缝时，宜按图4.3.8b的规定，可将焊缝分类编号标注。在同一类焊缝中可选择一处标注焊缝符号和尺寸。分类编号采用大写的拉丁字母A、B、C。

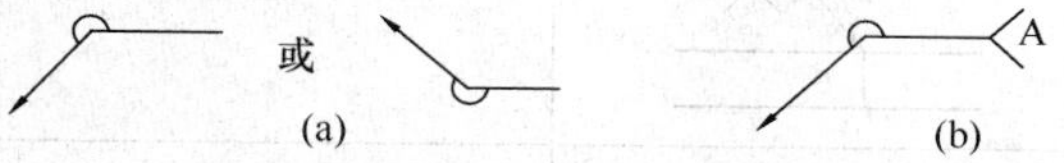

图4.3.8　相同焊缝的标注方法

4.3.9　需要在施工现场进行焊接的焊件焊缝，应按图4.3.9的规定标注“现场焊缝”符号。现场焊缝符号为涂黑的三角形旗号，绘在引出线的转折处。

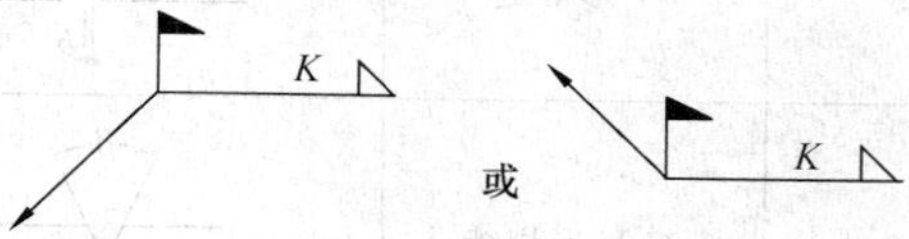

图4.3.9　现场焊缝的标注方法

4.3.10　当需要标注的焊缝能够用文字表述清楚时，也可采用文字表达的方式。

4.3.11　建筑钢结构常用焊缝符号及符号尺寸应符合表4.3.11的规定。

表4.3.11　建筑钢结构常用焊缝符号及符号尺寸

序号	焊缝名称	形　式	标　注　法	符号尺寸(mm)
1	V形焊缝	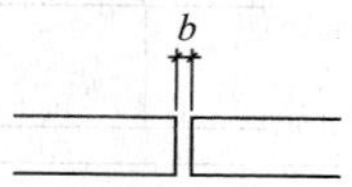	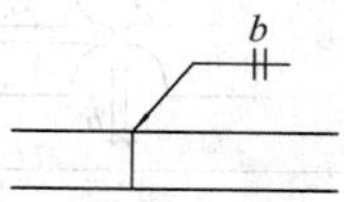	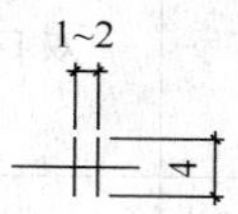
2	单边V形焊缝	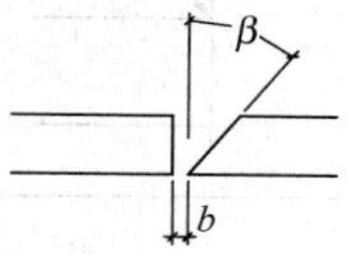	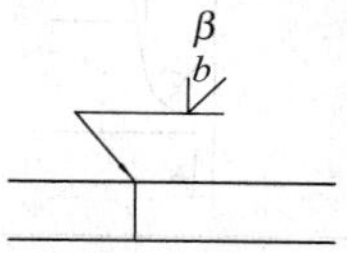 注：箭头指向剖口	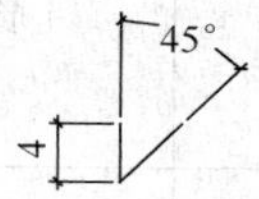
3	带钝边单边V形焊缝	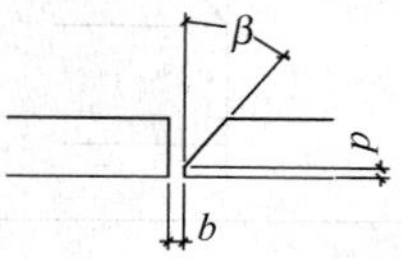	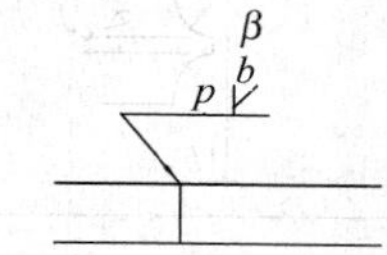	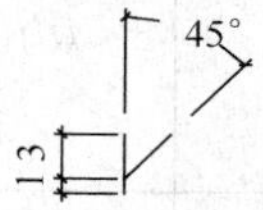
4	带垫板带钝边单边V形焊缝	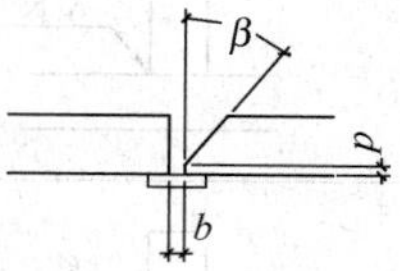	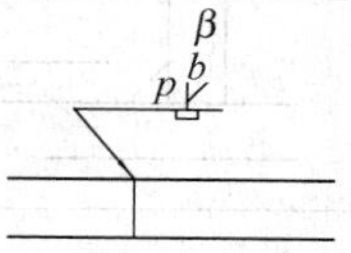 注：箭头指向剖口	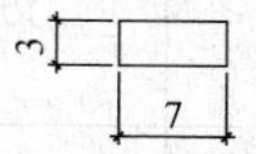
5	带垫板V形焊缝	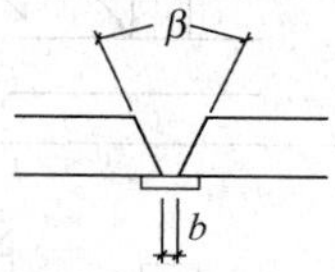	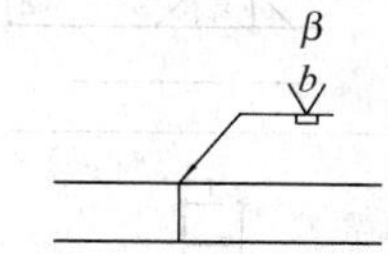	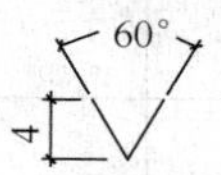
6	Y形焊缝	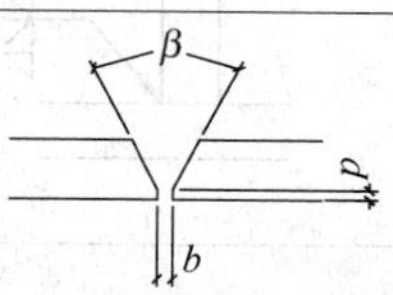	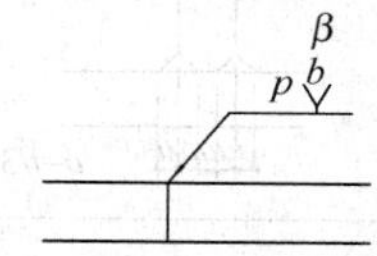	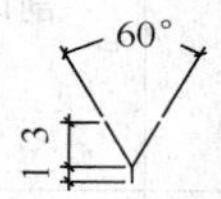
7	带垫板Y形焊缝	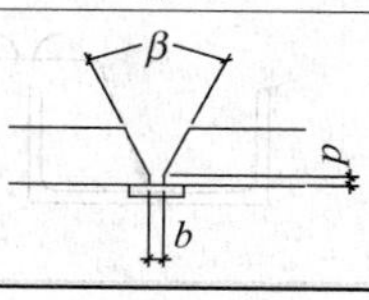	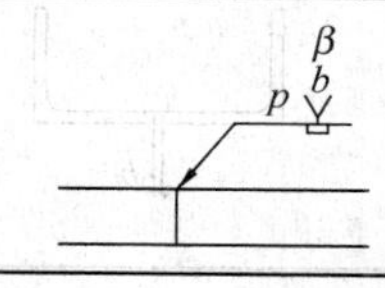	—

续表 4.3.11

序号	焊缝名称	形 式	标 注 法	符号尺寸(mm)
8	双单边 V形焊缝	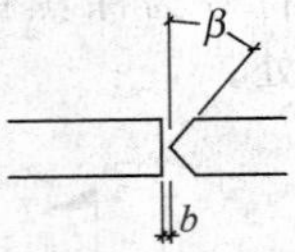	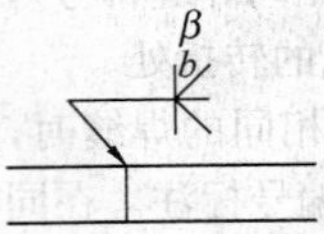	—
9	双V形焊缝	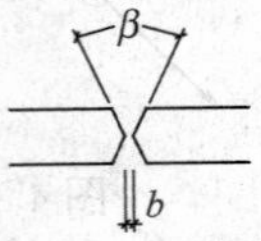	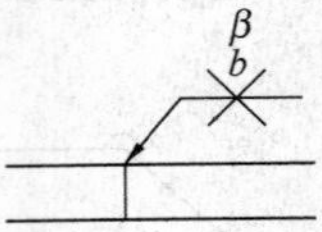	—
10	带钝边 U形焊缝	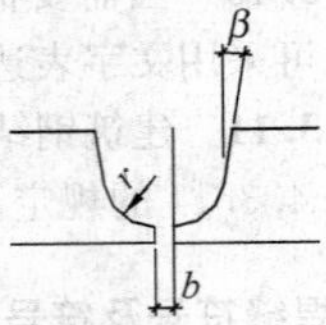	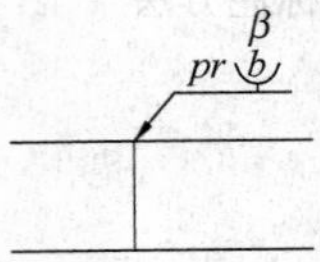	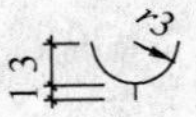
11	带钝边 双U形焊缝	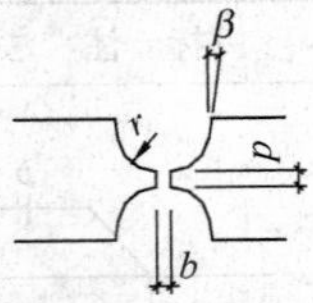	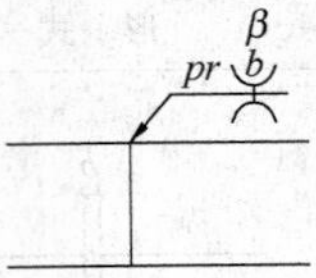	—
12	带钝边 J形焊缝	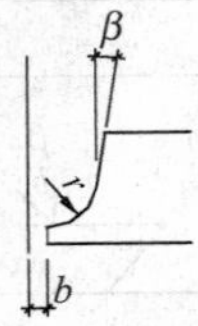	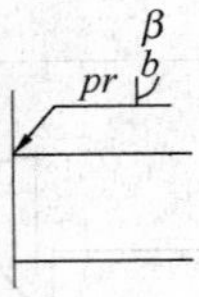	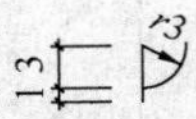
13	带钝边 双J形焊缝	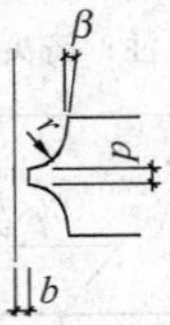	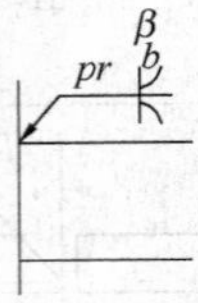	—
14	角焊缝	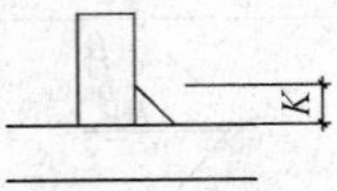	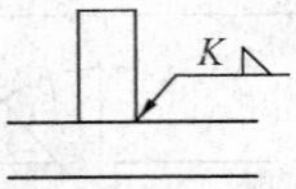	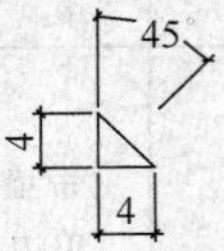
15	双面角焊缝	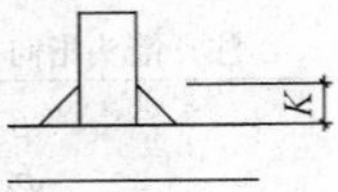	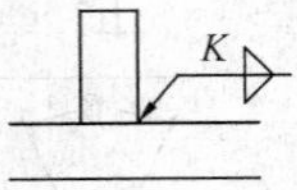	—
16	剖口角焊缝	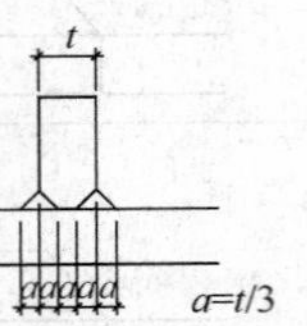	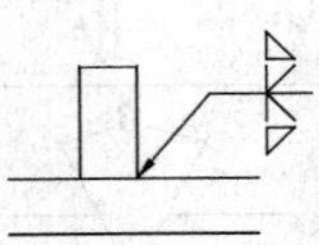	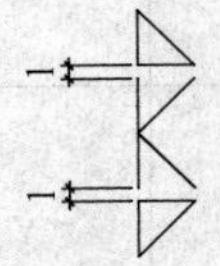
17	喇叭形焊缝	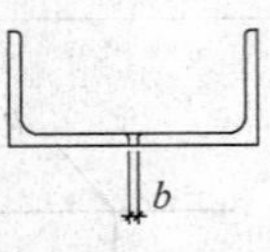	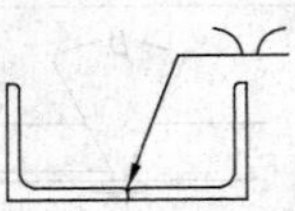	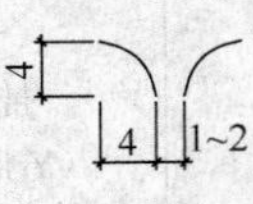

续表 4.3.11

序号	焊缝名称	形　式	标 注 法	符号尺寸(mm)
18	双面半喇叭形焊缝	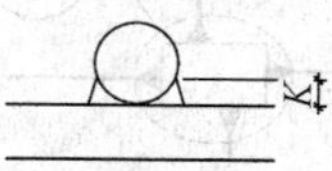	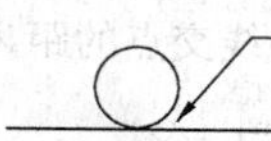	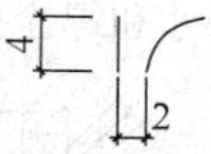
19	塞焊	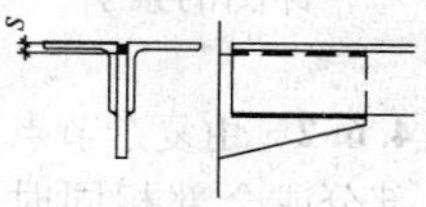	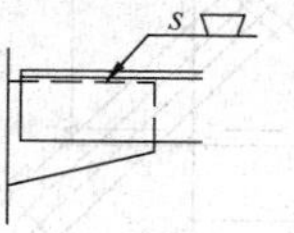	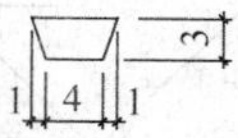
		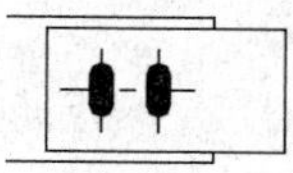	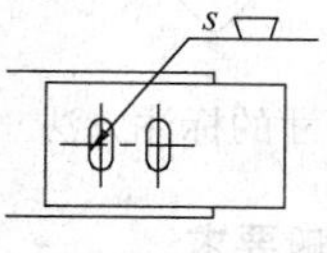	

4.4 尺 寸 标 注

4.4.1 两构件的两条很近的重心线，应按图 4.4.1 的规定在交汇处将其各自向外错开。

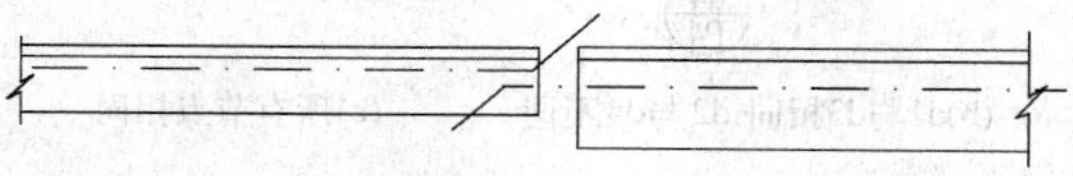

图 4.4.1 两构件重心不重合的表示方法

4.4.2 弯曲构件的尺寸应按图 4.4.2 的规定沿其弧度的曲线标注弧的轴线长度。

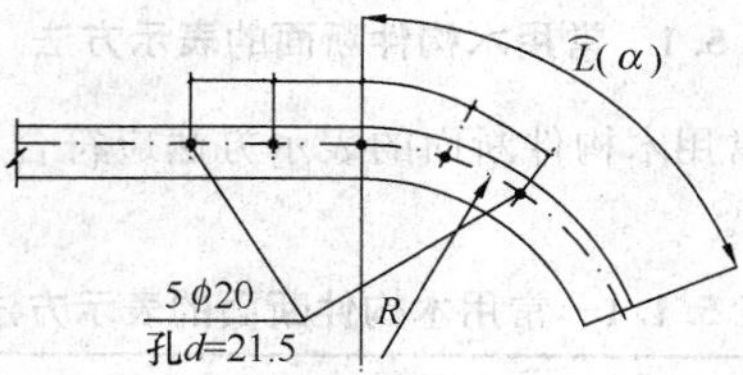

图4.4.2 弯曲构件尺寸的标注方法

4.4.3 切割的板材，应按图 4.4.3 的规定标注各线段的长度及位置。

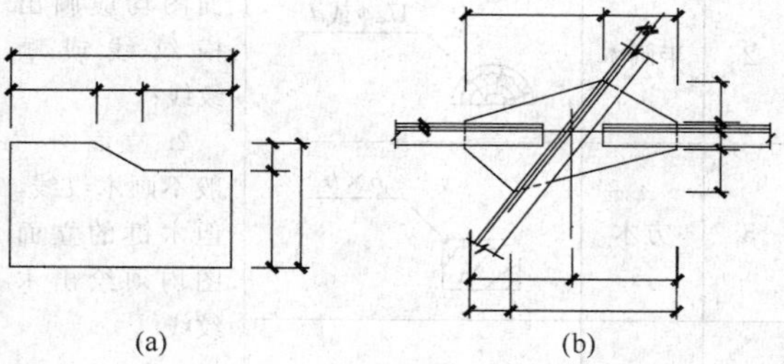

图 4.4.3 切割板材尺寸的标注方法

4.4.4 不等边角钢的构件，应按图 4.4.4 的规定标注出角钢一肢的尺寸。

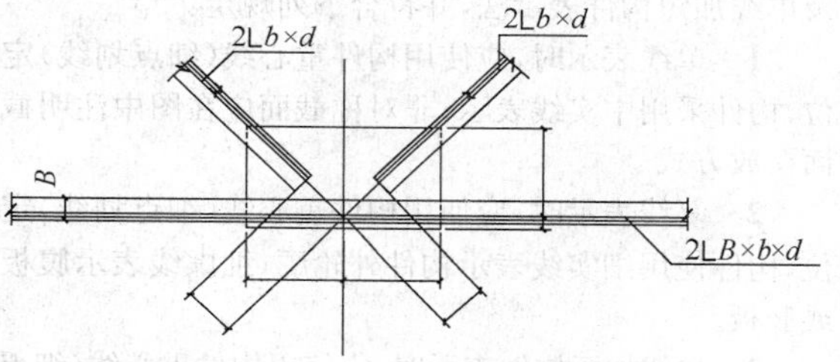

图 4.4.4 节点尺寸及不等边角钢的标注方法

4.4.5 节点尺寸，应按图 4.4.4、图 4.4.5 的规定，注明节点板的尺寸和各杆件螺栓孔中心或中心距，以及杆件端部至几何中心线交点的距离。

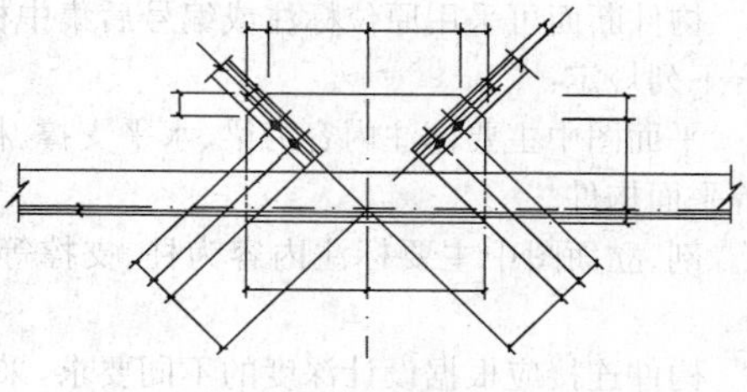

图 4.4.5 节点尺寸的标注方法

4.4.6 双型钢组合截面的构件，应按图 4.4.6 的规定注明缀板的数量及尺寸。引出横线上方标注缀板的数

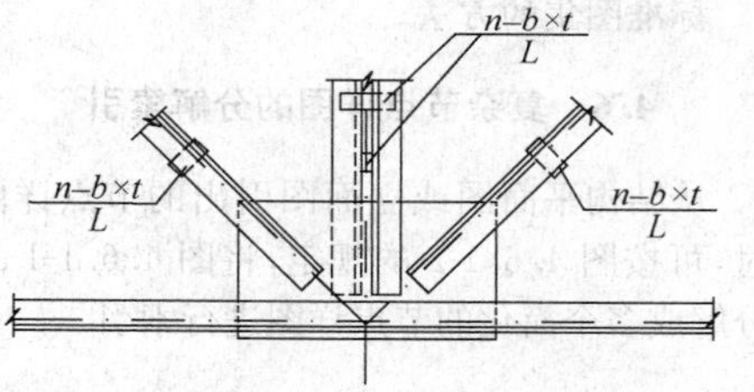

图 4.4.6 缀板的标注方法

量及缀板的宽度、厚度，引出横线下方标注缀板的长度尺寸。

4.4.7 非焊接的节点板，应按图 4.4.7 的规定注明节点板的尺寸和螺栓孔中心与几何中心线交点的距离。

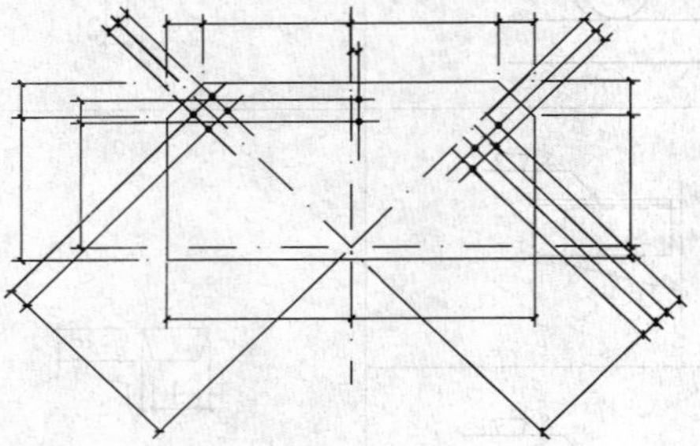

图 4.4.7 非焊接节点板尺寸的标注方法

4.5 钢结构制图一般要求

4.5.1 钢结构布置图可采用单线表示法、复线表示法及单线加短构件表示法，并符合下列规定：

1 单线表示时，应使用构件重心线（细点划线）定位，构件采用中实线表示；非对称截面应在图中注明截面摆放方式。

2 复线表示时，应使用构件重心线（细点划线）定位，构件使用细实线表示构件外轮廓，细虚线表示腹板或肢板。

3 单线加短构件表示时，应使用构件重心线（细点划线）定位，构件采用中实线表示；短构件使用细实线表示构件外轮廓，细虚线表示腹板或肢板；短构件长度一般为构件实际长度的 1/3～1/2。

4 为方便表示，非对称截面可采用外轮廓线定位。

4.5.2 构件断面可采用原位标注或编号后集中标注，并符合下列规定：

1 平面图中主要标注内容为梁、水平支撑、栏杆、铺板等平面构件。

2 剖、立面图中主要标注内容为柱、支撑等竖向构件。

4.5.3 构件连接应根据设计深度的不同要求，采用如下表示方法：

1 制造图的表示方法，要求有构件详图及节点详图；

2 索引图加节点详图的表示方法；

3 标准图集的方法。

4.6 复杂节点详图的分解索引

4.6.1 从结构平面图或立面图引出的节点详图较为复杂时，可按图 4.6.1-2 的规定，将图 4.6.1-1 的复杂节点分解成多个简化的节点详图进行索引。

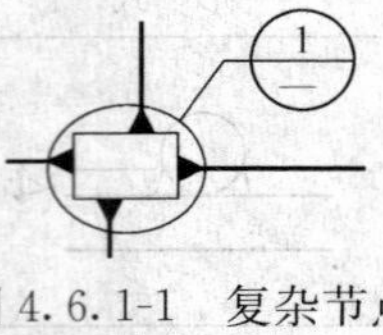

图 4.6.1-1 复杂节点详图的索引

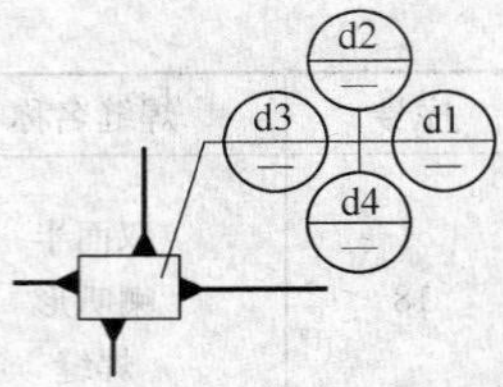

图 4.6.1-2 分解为简化节点详图的索引

4.6.2 由复杂节点详图分解的多个简化节点详图有部分或全部相同时，可按图 4.6.2 的规定简化标注索引。

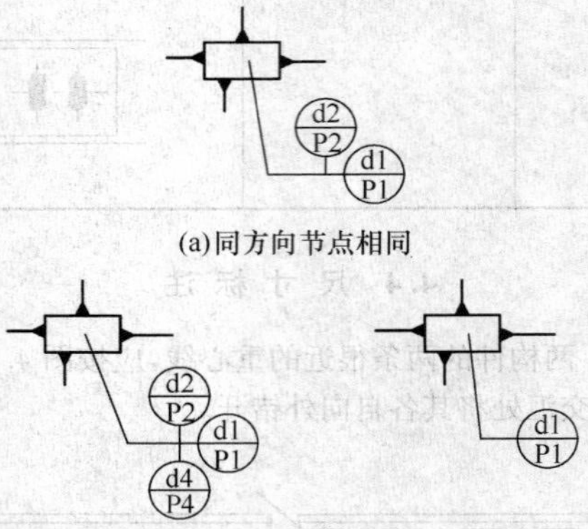

(a)同方向节点相同

(b)d1与d3相同，d2与d4不同　(c)所有节点相同

图 4.6.2 节点详图分解索引的简化标注

5 木 结 构

5.1 常用木构件断面的表示方法

5.1.1 常用木构件断面的表示方法应符合表 5.1.1 中的规定。

表 5.1.1 常用木构件断面的表示方法

序号	名称	图例	说明
1	圆木	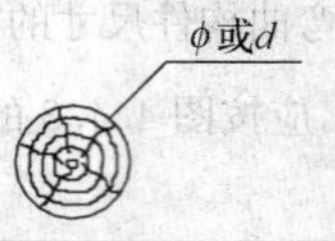	1. 木材的断面图均应画出横纹线或顺纹线； 2. 立面图一般不画木纹线，但木键的立面图均须绘出木纹线
2	半圆木	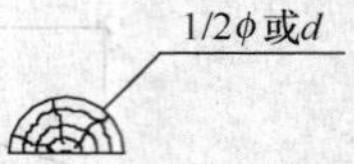	
3	方木	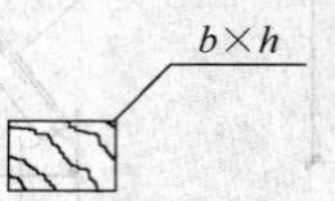	
4	木板	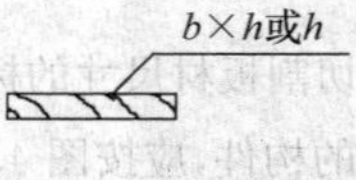	

5.2 木构件连接的表示方法

5.2.1 木构件连接的表示方法应符合表 5.2.1 中的规定。

表 5.2.1 木构件连接的表示方法

序号	名　称	图　例	说　明
1	钉连接正面画法（看得见钉帽的）	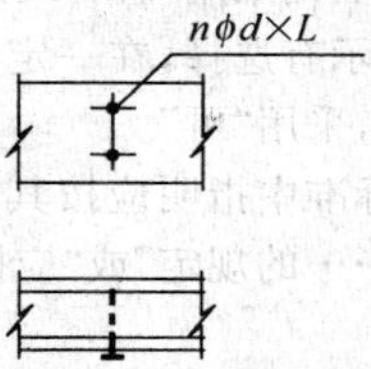	—
2	钉连接背面画法（看不见钉帽的）	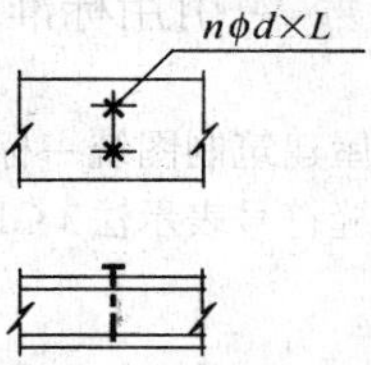	
3	木螺钉连接正面画法（看得见钉帽的）	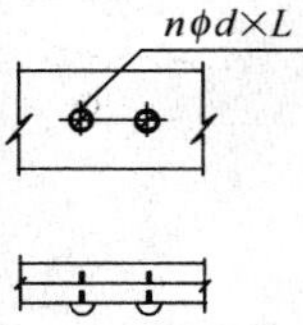	
4	木螺钉连接背面画法（看不见钉帽的）	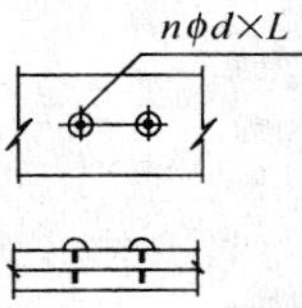	
5	杆件连接		仅用于单线图中
6	螺栓连接	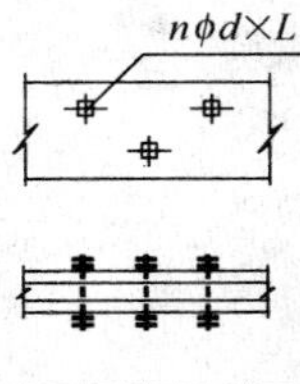	1. 当采用双螺母时以应加注明；2. 当采用钢夹板时，可不画垫板线
7	齿连接	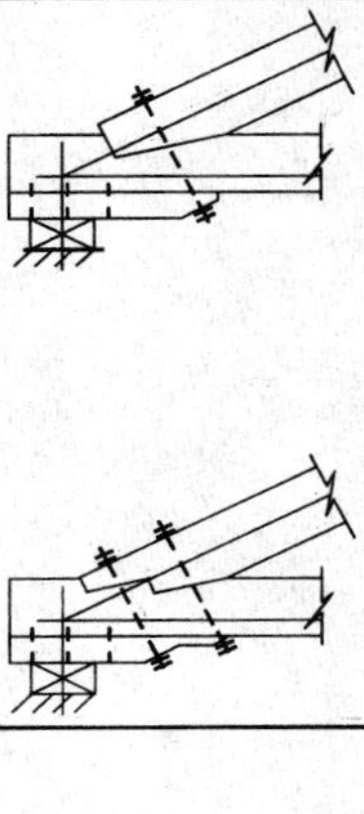	—

附录 A 常用构件代号

表 A 常用构件代号

序号	名　称	代号
1	板	B
2	屋面板	WB
3	空心板	KB
4	槽形板	CB
5	折板	ZB
6	密肋板	MB
7	楼梯板	TB
8	盖板或沟盖板	GB
9	挡雨板或檐口板	YB
10	吊车安全走道板	DB
11	墙板	QB
12	天沟板	TGB
13	梁	L
14	屋面梁	WL
15	吊车梁	DL
16	单轨吊车梁	DDL
17	轨道连接	DGL
18	车挡	CD
19	圈梁	QL
20	过梁	GL
21	连系梁	LL
22	基础梁	JL
23	楼梯梁	TL
24	框架梁	KL
25	框支梁	KZL
26	屋面框架梁	WKL
27	檩条	LT
28	屋架	WJ
29	托架	TJ
30	天窗架	CJ
31	框架	KJ
32	刚架	GJ
33	支架	ZJ
34	柱	Z
35	框架柱	KZ
36	构造柱	GZ
37	承台	CT
38	设备基础	SJ
39	桩	ZH
40	挡土墙	DQ
41	地沟	DG
42	柱间支撑	ZC
43	垂直支撑	CC
44	水平支撑	SC
45	梯	T
46	雨篷	YP
47	阳台	YT
48	梁垫	LD
49	预埋件	M—

续表 A

序号	名 称	代号
50	天窗端壁	TD
51	钢筋网	W
52	钢筋骨架	G
53	基础	J
54	暗柱	AZ

注：1 预制混凝土构件、现浇混凝土构件、刚构件和木构件，一般可以采用本附录中的构件代号。在绘图中，除混凝土构件可以不注明材料代号外，其他材料的构件可在构件代号前加注材料代号，并在图纸中加以说明。

2 预应力混凝土构件的代号，应在构件代号前加注“Y”，如 Y-DL 表示预应力混凝土吊车梁。

本标准用词说明

1 为便于在执行本标准条文时区别对待，对要求严格程度不同的用词说明如下：

1) 表示很严格，非这样做不可的用词：

正面词采用“必须”，反面词采用“严禁”；

2) 表示严格，在正常情况下均应这样做的用词：

正面词采用“应”，反面词采用“不应”或“不得”；

3) 表示允许稍有选择，在条件许可时首先应这样做的用词：

正面词采用“宜”，反面词采用“不宜”；

4) 表示有选择，在一定条件下可以这样做的用词，采用“可”。

2 本标准中指明应按其他有关标准执行的写法为“应符合……的规定”或“应按……执行”。

引用标准名录

1 《房屋建筑制图统一标准》GB/T 50001

2 《焊缝符号表示法》GB/T 324

中华人民共和国国家标准

建筑结构制图标准

GB/T 50105—2010

条文说明

修 订 说 明

《建筑结构制图标准》GB/T 50105－2010。经住房和城乡建设部2010年8月18日以第751号公告批准、发布。

本标准是在《建筑结构制图标准》GB/T 50105－2001的基础上进行修订的，上一版的主编单位为中国建筑标准设计研究所，参编单位为包头钢铁设计研究总院，共同编制完成的。主要起草人员：陈雪光、张瑞华。

本标准修订的主要技术内容是：

1 增加了计算机制图文件、计算机制图图层和计算机制图规则等内容；

2 增加了图线等内容；

3 增加了混凝土结构文字注写构件配筋的表示方法；

4 增加了钢结构施工图一般要求和复杂节点详图的分解索引等。

本标准修订过程中，编制组进行了深入调查研究，总结实践经验，认真分析了有关资料及数据，参考了有关国际标准。

为便于广大设计、施工、科研、学校等单位有关人员在使用本标准时能正确理解和执行条文规定，《建筑结构制图标准》编制组按章、节、条顺序编制了本标准的条文说明，对条文规定的目的、依据以及执行中需注意的有关事项进行了说明。但是，本条文说明不具备与标准正文同等的法律效力，仅供使用者作为理解和把握标准规定的参考。

目　次

1 总　　则

1.0.1 本标准是在原《建筑结构制图标准》GB/T 50105－2001（以下简称原标准）的基础上进行修改补充的。

1.0.2 目前的设计文件基本都采用计算机制图，当采用手工制图时也应遵守本标准的规定。

1.0.3 对于修复和改造加固工程的制图规则也应遵守本标准的规定。

1.0.4 本条为新增内容。由于目前已广泛采用计算机绘制设计文件，根据许多设计单位的意见，要求增加规范计算机制图的规定；建筑结构计算机制图规则和计算机制图图层管理等内容宜遵照《房屋建筑制图统一标准》GB/T 50001（以下简称《统一标准》）中相关规定执行。

1.0.5 绘制建筑结构的设计文件时，除遵守本标准的规定外，还应遵守《统一标准》中的相关规定。部分重复规定内容本标准未列出。此外还应按国家现行有关标准的规定执行。

2 基 本 规 定

2.0.1 图线宽度 b，除按本标准中的规定外，还应按《统一标准》中“图线”规定选用。

2.0.2 设计人员在制图时，可根据所绘制的图样复杂程度和比例，首先选用适当的基本线宽度 b，再选用相关的线宽组。根据绘图的需要可适当的增加或减少。

2.0.3 线宽的比例是根据《统一标准》中相关规定编制的，本次修订增加了实线、虚线中的中粗线性。表 2.0.3 中的一般用途一栏规定了各种线性、线宽的一般用途，由于篇幅有限，不可能对所有的线性、线宽用途都作出具体的规定，绘图时可根据具体情况选用适当的线性和线宽。

2.0.4 在同一张图纸中，相同比例的图样应选用相同的线宽组。

2.0.5 表 2.0.5 中的比例规定，根据部分反馈意见对常用比例和可用比例作了相应的修改和调整。

2.0.6 采用绘制详图方法绘制构件图样时，由于构件长和宽度尺寸相差比较悬殊，当形状简单可以清楚的表达有关信息时，可以在纵、横两个方向采用不同的比例。轴线和构件也可采用不同的比例绘制。

2.0.7 用构件代号表示构件的种类和顺序早被工程技术人员接受和使用，注意在构件编号时，构件的顺序号不宜带下脚标。一般常用的构件代号可按本标准中附录 A 规定选用。

2.0.8 当图纸中的构件选用标准图或通用图集时，应标注相应图集中的构件代号或型号。

2.0.9 正投影法绘制平面图是结构专业的基本绘制方法，对于特殊平面为更清楚表达某些内容，也可以采用仰视投影法绘制，但是应注明投影方法。

2.0.10 结构专业的平面图上的定位轴线应与建筑图纸一致，使在同一工程项目中的图纸更规范和标准。在简单的平面图中构件均与轴线居中时，也可以采用单线条绘制。结构平面图中应注写结构标高。

2.0.11 为简化绘图提高工作效率，对于重复内容用相同部分的分类符号表达，可避免不必要的重复工作，也可以使图面简单清晰。对分类符号圆圈直径的规定是为避免与其他带圆圈符号或轴向符号的混淆。

2.0.13 本条规定了在绘制单线的桁架立面图时，需要标注杆件的轴线尺寸、杆件的内力和反力值的标注位置。

2.0.14 在结构平面图上索引节点时，应按规定的顺序编排，对于较大的工程或索引节点较多时方便查找。

2.0.15 本条为新增内容。索引部位投射方向的规定在《统一标准》中很明确，但很多技术人员依然不清楚，在工程施工中也发生过纠纷，为使工程技术人员更明确索引符号的剖切位置与投射方向的规定，在本标准中增加此条。

2.0.16 本条为新增内容。规定了索引符号的组成和圆圈直径的规定。

2.0.17 本条为新增内容。规定了索引详图符号的线型和圆圈的直径。

2.0.18 本条为新增内容。规定了索引位置与被索引出的详图在同一张图纸时的表达方式。

2.0.19 本条为新增内容。规定了索引位置与被索引出的详图不在同一张图纸的表达方式。“反索引”符号便于从索引详图中找到索引的位置。

2.0.20 当构件采用详图方式绘制纵剖面时，由于构件较长且重复的部分较多时，用折断线断开适当省略重复部分，可以简化图纸提高工作效率。

2.0.21 图纸中的图样与图名和标题栏中的图名，应准确地表达图中内容且应简练和准确，避免文不对题。

2.0.22 本条为新增内容。图纸中的文字、数字和符号等内容应清晰地表达，特别采用计算机绘图应避免重叠和线型过细，而无法辨认。

2.0.23 本条为新增内容。规定了汉字宜采用的字体和最小高度，避免文字太小无法辨认，但也不宜过大。

2.0.24 本条为新增内容。规定了除汉字外其他字体和符号最小高度的规定，避免字体太小及字体太高太大发生重叠而无法辨认。

3 混凝土结构

3.1 钢筋的一般表示方法

3.1.1 表 3.1.1-1 中是用图例表示钢筋的搭接方式。

无弯钩的钢筋搭接是表示钢筋在此范围重叠，端部的 45°短斜线不代表在端部需做弯钩。

带直钩的钢筋搭接，表示钢筋端部有直钩并应注明直钩的尺寸。

机械连接的钢筋接头方式比较多，目前经常采用的为直螺纹连接，应用文字注明连接的方式。

表 3.1.1-3 钢筋网片的制作可以是焊接或绑扎方式，应用文字注明制作方式。

3.1.2 表 3.1.2 的 1、2 项图例中表示钢筋方向的端部做法作了修改，原表示方法是引用 ISO 的表示方法，本次修改还是遵照我国的习惯表示方法。表中的第 4 项图例，仅保留复合箍筋大箍套小箍的做法。端部的弯钩不代表制作时必须的要求。

3.1.4 当在图中的注写位置不够时，可采用引出线标注。对于简单的结构平面可将模版图与楼板配筋图合并绘制。

增加了第 3 款的规定。钢筋或杆件编号时，对其编号符号圆圈直径和编写顺序作出规定。

3.1.5 环形钢筋和螺旋钢筋的尺寸标注，是引用 ISO 中的规定。

3.2 钢筋的简化表示方法

3.2.2 采用绘制详图方法绘制图纸时，可采用简化方法。

3.2.3 当采用绘制详图的方法绘制对称的混凝土构件时，可以采用一半绘制模版，另一半绘制配筋的方法。

3.3 文字注写构件的表示方法

本节为新增规定。文字注写构件的表示方法即建筑结构平面整体设计表示方法（简称平法），是我国现浇混凝土结构施工图表示方法的重大改革，被原国家科委列为《"九五"国家级科技成果重点推广计划》项目，并被原建设部列为 1996 年科技成果重点推广项目。

经过十几年的推广和使用，已被广大的工程技术人员所接受，并产生了很大的社会效益和经济效益。为规范此种表示方法，本标准作出了相应的规定。

3.3.1 对于现浇混凝土结构中的构件，除可以采用传统的绘制构件详图的表示方法，也可以采用文字注写（平法）表示方法。

3.3.2 规定可在结构平面图上直接注写构件的有关数值。

3.3.3 规定混凝土柱采用文字注写的两种表达方式及应注写的内容。

3.3.4 规定混凝土墙采用文字注写的两种表达方式及应注写的内容。

3.3.5 规定混凝土梁采用文字注写的两种表达方式及应注写的内容。

3.3.6 对于重要的构件及尺寸和配筋较为复杂的构件，不宜采用文字注写方式表达，宜采用传统的绘制构件详图的方式表达。

3.3.7 除对现浇混凝土结构中的柱、混凝土墙和梁可采用文字注写方式外，其他构件平面及剖面的尺寸比较简单，采用文字注写方式可以表达清楚时，也可以采用此种表达方式。

3.3.8 采用文字注写表达方式时，由于与传统的绘制构件详图方法不同，因此应绘制相应的节点构造做法和构造详图，也可以选用标准构造详图中的对应做法。

4 钢 结 构

4.1 常用型钢的标注方法

4.1.1 表 4.1.1 中的规定是国家标准《金属构件表示法》GB 4656 中常用型钢的标注方法。H 型钢、T 型钢的标注方法引自现行国家标准《热轧 H 型钢和部分 T 型钢》GB/T 11263—2005。

4.2 螺栓、孔、电焊铆钉的表示方法

4.2.1 表 4.2.1 中加化学药剂的胀锚螺栓在图纸中应加文字说明。

4.3 常用焊缝的表示方法

4.3.1 本标准仅规定在建筑结构绘图中，一些常用的焊缝表示方法。特殊的焊缝表示方法应遵守现行国家标准《焊缝符号表示方法》GB/T 324 中的规定。

4.3.8 本条用文字描述了相同焊缝符号的表示方法及相同焊缝的标注方法。

4.3.10 本条文为新增内容，采用文字说明的方式表达某些焊缝标注，更加简捷和明确。

4.3.11 原标准 4.3.10～4.3.12 采用逐条表达的方式，比较繁琐和分散，且列举类型较少，故删除，本标准采用表格方式。

4.4 尺 寸 标 注

4.4.6 本条用文字描述了双型钢组合的截面构件，其缀板的标注方法。

4.5 钢结构制图一般要求

本节为新增内容，为适应当前建筑结构工程设计要求及制图规范化而给出新的规定。

4.6 复杂节点详图的分解索引

本节为新增内容，为适应当前建筑结构工程设计的复杂性和表达方式的多样性。

中华人民共和国国家标准

建筑结构荷载规范

Load code for the design of building structures

GB 50009—2012

主编部门：中华人民共和国住房和城乡建设部
批准部门：中华人民共和国住房和城乡建设部
施行日期：2 0 1 2 年 1 0 月 1 日

中华人民共和国住房和城乡建设部
公　　告

第1405号

关于发布国家标准《建筑结构荷载规范》的公告

现批准《建筑结构荷载规范》为国家标准，编号为GB 50009－2012，自2012年10月1日起实施。其中，第3.1.2、3.1.3、3.2.3、3.2.4、5.1.1、5.1.2、5.3.1、5.5.1、5.5.2、7.1.1、7.1.2、8.1.1、8.1.2条为强制性条文，必须严格执行。原《建筑结构荷载规范》GB 50009－2001（2006年版）同时废止。

本规范由我部标准定额研究所组织中国建筑工业出版社出版发行。

中华人民共和国住房和城乡建设部

2012年5月28日

前　　言

根据住房和城乡建设部《关于印发〈2009年工程建设标准规范制订、修订计划〉的通知》（建标［2009］88号文）的要求，本规范由中国建筑科学研究院会同各有关单位在国家标准《建筑结构荷载规范》GB 50009－2001（2006年版）的基础上进行修订而成。修订过程中，编制组认真总结了近年来的设计经验，参考了国外规范和国际标准的有关内容，开展了多项专题研究，在全国范围内广泛征求了建设主管部门以及设计、科研和教学单位的意见，经反复讨论、修改和试设计，最后经审查定稿。

本规范共分10章和9个附录，主要技术内容是：总则、术语和符号、荷载分类和荷载组合、永久荷载、楼面和屋面活荷载、吊车荷载、雪荷载、风荷载、温度作用、偶然荷载。

本规范修订的主要技术内容是：1. 增加可变荷载考虑设计使用年限的调整系数的规定；2. 增加偶然荷载组合表达式；3. 增加第4章“永久荷载”；4. 调整和补充了部分民用建筑楼面、屋面均布活荷载标准值，修改了设计墙、柱和基础时消防车活荷载取值的规定，修改和补充了栏杆活荷载；5. 补充了部分屋面积雪不均匀分布的情况；6. 调整了风荷载高度变化系数和山峰地形修正系数；7. 补充完善了风荷载体型系数和局部体型系数，补充了高层建筑群干扰效应系数的取值范围，增加对风洞试验设备和方法要求的规定；8. 修改了顺风向风振系数的计算表达式和计算参数，增加大跨屋盖结构风振计算的原则规定；9. 增加了横风向和扭转风振等效风荷载计算的规定，增加了顺风向风荷载、横风向及扭转风振等效风荷载组合工况的规定；10. 修改了阵风系数的计算公式与表格；11. 增加了第9章“温度作用”；12. 增加了第10章“偶然荷载”；13. 增加了附录B“消防车活荷载考虑覆土厚度影响的折减系数”；14. 根据新的观测资料，重新统计全国各气象台站的雪压和风压，调整了部分城市的基本雪压和基本风压值，绘制了新的全国基本雪压和基本风压图；15. 根据历年月平均最高和月平均最低气温资料，经统计给出全国各气象台站的基本气温，增加了全国基本气温分布图；16. 增加了附录H“横风向及扭转风振的等效风荷载”；17. 增加附录J“高层建筑顺风向和横风向风振加速度计算”。

本规范中以黑体字标志的条文为强制性条文，必须严格执行。

本规范由住房和城乡建设部负责管理和对强制性条文的解释，由中国建筑科学研究院负责具体技术内容的解释。在执行中如有意见和建议，请寄送中国建筑科学研究院国家标准《建筑结构荷载规范》管理组（地址：北京市北三环东路30号，邮编100013）。

本规范主编单位：中国建筑科学研究院

本规范参编单位：同济大学
中国建筑设计研究院
中国建筑标准设计研究院
北京市建筑设计研究院
中国气象局公共气象服务中心

哈尔滨工业大学
大连理工大学
中国航空规划建设发展有限公司
华东建筑设计研究院有限公司
中国建筑西南设计研究院有限公司
中南建筑设计院股份有限公司
深圳市建筑设计研究总院有限公司
浙江省建筑设计研究院

本规范主要起草人员：金新阳（以下按姓氏笔画排列）
王　建　王国砚　冯　远
朱　丹　贡金鑫　李　霆
杨振斌　杨蔚彪　束伟农
陈　凯　范　重　范　峰
林　政　顾　明　唐　意
韩纪升

本规范主要审查人员：程懋堃　汪大绥　徐永基
陈基发　薛　桁　任庆英
娄　宇　袁金西　左　江
吴一红　莫　庸　郑文忠
方小丹　章一萍　樊小卿

目　次

Contents

1 总 则

1.0.1 为了适应建筑结构设计的需要，符合安全适用、经济合理的要求，制定本规范。

1.0.2 本规范适用于建筑工程的结构设计。

1.0.3 本规范依据国家标准《工程结构可靠性设计统一标准》GB 50153－2008 规定的基本准则制订。

1.0.4 建筑结构设计中涉及的作用应包括直接作用（荷载）和间接作用。本规范仅对荷载和温度作用作出规定，有关可变荷载的规定同样适用于温度作用。

1.0.5 建筑结构设计中涉及的荷载，除应符合本规范的规定外，尚应符合国家现行有关标准的规定。

2 术语和符号

2.1 术 语

2.1.1 永久荷载 permanent load

在结构使用期间，其值不随时间变化，或其变化与平均值相比可以忽略不计，或其变化是单调的并能趋于限值的荷载。

2.1.2 可变荷载 variable load

在结构使用期间，其值随时间变化，且其变化与平均值相比不可以忽略不计的荷载。

2.1.3 偶然荷载 accidental load

在结构设计使用年限内不一定出现，而一旦出现其量值很大，且持续时间很短的荷载。

2.1.4 荷载代表值 representative values of a load

设计中用以验算极限状态所采用的荷载量值，例如标准值、组合值、频遇值和准永久值。

2.1.5 设计基准期 design reference period

为确定可变荷载代表值而选用的时间参数。

2.1.6 标准值 characteristic value/nominal value

荷载的基本代表值，为设计基准期内最大荷载统计分布的特征值（例如均值、众值、中值或某个分位值）。

2.1.7 组合值 combination value

对可变荷载，使组合后的荷载效应在设计基准期内的超越概率，能与该荷载单独出现时的相应概率趋于一致的荷载值；或使组合后的结构具有统一规定的可靠指标的荷载值。

2.1.8 频遇值 frequent value

对可变荷载，在设计基准期内，其超越的总时间为规定的较小比率或超越频率为规定频率的荷载值。

2.1.9 准永久值 quasi-permanent value

对可变荷载，在设计基准期内，其超越的总时间约为设计基准期一半的荷载值。

2.1.10 荷载设计值 design value of a load

荷载代表值与荷载分项系数的乘积。

2.1.11 荷载效应 load effect

由荷载引起结构或结构构件的反应，例如内力、变形和裂缝等。

2.1.12 荷载组合 load combination

按极限状态设计时，为保证结构的可靠性而对同时出现的各种荷载设计值的规定。

2.1.13 基本组合 fundamental combination

承载能力极限状态计算时，永久荷载和可变荷载的组合。

2.1.14 偶然组合 accidental combination

承载能力极限状态计算时永久荷载、可变荷载和一个偶然荷载的组合，以及偶然事件发生后受损结构整体稳固性验算时永久荷载与可变荷载的组合。

2.1.15 标准组合 characteristic/nominal combination

正常使用极限状态计算时，采用标准值或组合值为荷载代表值的组合。

2.1.16 频遇组合 frequent combination

正常使用极限状态计算时，对可变荷载采用频遇值或准永久值为荷载代表值的组合。

2.1.17 准永久组合 quasi-permanent combination

正常使用极限状态计算时，对可变荷载采用准永久值为荷载代表值的组合。

2.1.18 等效均布荷载 equivalent uniform live load

结构设计时，楼面上不连续分布的实际荷载，一般采用均布荷载代替；等效均布荷载系指其在结构上所得的荷载效应能与实际的荷载效应保持一致的均布荷载。

2.1.19 从属面积 tributary area

考虑梁、柱等构件均布荷载折减所采用的计算构件负荷的楼面面积。

2.1.20 动力系数 dynamic coefficient

承受动力荷载的结构或构件，当按静力设计时采用的等效系数，其值为结构或构件的最大动力效应与相应的静力效应的比值。

2.1.21 基本雪压 reference snow pressure

雪荷载的基准压力，一般按当地空旷平坦地面上积雪自重的观测数据，经概率统计得出 50 年一遇最大值确定。

2.1.22 基本风压 reference wind pressure

风荷载的基准压力，一般按当地空旷平坦地面上 10m 高度处 10min 平均的风速观测数据，经概率统计得出 50 年一遇最大值确定的风速，再考虑相应的空气密度，按贝努利（Bernoulli）公式（E.2.4）确定的风压。

2.1.23 地面粗糙度 terrain roughness

风在到达结构物以前吹越过 2km 范围内的地面时，描述该地面上不规则障碍物分布状况的等级。

2.1.24 温度作用 thermal action

结构或结构构件中由于温度变化所引起的作用。

2.1.25 气温 shade air temperature

在标准百叶箱内测量所得按小时定时记录的温度。

2.1.26 基本气温 reference air temperature

气温的基准值，取50年一遇月平均最高气温和月平均最低气温，根据历年最高温度月内最高气温的平均值和最低温度月内最低气温的平均值经统计确定。

2.1.27 均匀温度 uniform temperature

在结构构件的整个截面中为常数且主导结构构件膨胀或收缩的温度。

2.1.28 初始温度 initial temperature

结构在施工某个特定阶段形成整体约束的结构系统时的温度，也称合拢温度。

2.2 符 号

2.2.1 荷载代表值及荷载组合

A_d——偶然荷载的标准值；

C——结构或构件达到正常使用要求的规定限值；

G_k——永久荷载的标准值；

Q_k——可变荷载的标准值；

R_d——结构构件抗力的设计值；

S_{A_d}——偶然荷载效应的标准值；

S_{Gk}——永久荷载效应的标准值；

S_{Qk}——可变荷载效应的标准值；

S_d——荷载效应组合设计值；

γ_0——结构重要性系数；

γ_G——永久荷载的分项系数；

γ_Q——可变荷载的分项系数；

γ_{L_j}——可变荷载考虑设计使用年限的调整系数；

ψ_c——可变荷载的组合值系数；

ψ_f——可变荷载的频遇值系数；

ψ_q——可变荷载的准永久值系数。

2.2.2 雪荷载及风荷载

$a_{D,z}$——高层建筑 z 高度顺风向风振加速度(m/s^2)；

$a_{L,z}$——高层建筑 z 高度横风向风振加速度(m/s^2)；

B——结构迎风面宽度；

B_z——脉动风荷载的背景分量因子；

C'_L——横风向风力系数；

C'_T——风致扭矩系数；

C_m——横风向风力的角沿修正系数；

C_{sm}——横风向风力功率谱的角沿修正系数；

D——结构平面进深（顺风向尺寸）或直径；

f_1——结构第1阶自振频率；

f_{T1}——结构第1阶扭转自振频率；

f_1^*——折算频率；

f_{T1}^*——扭转折算频率；

F_{Dk}——顺风向单位高度风力标准值；

F_{Lk}——横风向单位高度风力标准值；

T_{Tk}——单位高度风致扭矩标准值；

g——重力加速度，或峰值因子；

H——结构或山峰顶部高度；

I_{10}——10m高度处风的名义湍流强度；

K_L——横风向振型修正系数；

K_T——扭转振型修正系数；

R——脉动风荷载的共振分量因子；

R_L——横风向风振共振因子；

R_T——扭转风振共振因子；

Re——雷诺数；

St——斯脱罗哈数；

S_k——雪荷载标准值；

S_0——基本雪压；

T_1——结构第1阶自振周期；

T_{L1}——结构横风向第1阶自振周期；

T_{T1}——结构扭转第1阶自振周期；

w_0——基本风压；

w_k——风荷载标准值；

w_{Lk}——横风向风振等效风荷载标准值；

w_{Tk}——扭转风振等效风荷载标准值；

α——坡度角，或风速剖面指数；

β_z——高度 z 处的风振系数；

β_{gz}——阵风系数；

v_{cr}——横风向共振的临界风速；

v_H——结构顶部风速；

μ_r——屋面积雪分布系数；

μ_z——风压高度变化系数；

μ_s——风荷载体型系数；

μ_{sl}——风荷载局部体型系数；

η——风荷载地形地貌修正系数；

η_a——顺风向风振加速度的脉动系数；

ρ——空气密度，或积雪密度；

ρ_x、ρ_z——水平方向和竖直方向脉动风荷载相关系数；

φ_z——结构振型系数；

ζ——结构阻尼比；

ζ_a——横风向气动阻尼比。

2.2.3 温度作用

T_{max}、T_{min}——月平均最高气温，月平均最低气温；

$T_{s,max}$、$T_{s,min}$——结构最高平均温度，结构最低平均温度；

$T_{0,max}$、$T_{0,min}$——结构最高初始温度，结构最低初始温度；

ΔT_k ——均匀温度作用标准值；

α_T ——材料的线膨胀系数。

2.2.4 偶然荷载

A_V ——通口板面积（m^2）；

K_{dc} ——计算爆炸等效均布静力荷载的动力系数；

m ——汽车或直升机的质量；

P_k ——撞击荷载标准值；

p_c ——爆炸均布动荷载最大压力；

p_V ——通口板的核定破坏压力；

q_{ce} ——爆炸等效均布静力荷载标准值；

t ——撞击时间；

v ——汽车速度（m/s）；

V ——爆炸空间的体积。

3 荷载分类和荷载组合

3.1 荷载分类和荷载代表值

3.1.1 建筑结构的荷载可分为下列三类：

1 永久荷载，包括结构自重、土压力、预应力等。

2 可变荷载，包括楼面活荷载、屋面活荷载和积灰荷载、吊车荷载、风荷载、雪荷载、温度作用等。

3 偶然荷载，包括爆炸力、撞击力等。

3.1.2 建筑结构设计时，应按下列规定对不同荷载采用不同的代表值：

1 对永久荷载应采用标准值作为代表值；

2 对可变荷载应根据设计要求采用标准值、组合值、频遇值或准永久值作为代表值；

3 对偶然荷载应按建筑结构使用的特点确定其代表值。

3.1.3 确定可变荷载代表值时应采用 50 年设计基准期。

3.1.4 荷载的标准值，应按本规范各章的规定采用。

3.1.5 承载能力极限状态设计或正常使用极限状态按标准组合设计时，对可变荷载应按规定的荷载组合采用荷载的组合值或标准值作为其荷载代表值。可变荷载的组合值，应为可变荷载的标准值乘以荷载组合值系数。

3.1.6 正常使用极限状态按频遇组合设计时，应采用可变荷载的频遇值或准永久值作为其荷载代表值；按准永久组合设计时，应采用可变荷载的准永久值作为其荷载代表值。可变荷载的频遇值，应为可变荷载标准值乘以频遇值系数。可变荷载准永久值，应为可变荷载标准值乘以准永久值系数。

3.2 荷载组合

3.2.1 建筑结构设计应根据使用过程中在结构上可能同时出现的荷载，按承载能力极限状态和正常使用极限状态分别进行荷载组合，并应取各自的最不利的组合进行设计。

3.2.2 对于承载能力极限状态，应按荷载的基本组合或偶然组合计算荷载组合的效应设计值，并应采用下列设计表达式进行设计：

$$\gamma_0 S_d \leqslant R_d \tag{3.2.2}$$

式中：γ_0 ——结构重要性系数，应按各有关建筑结构设计规范的规定采用；

S_d ——荷载组合的效应设计值；

R_d ——结构构件抗力的设计值，应按各有关建筑结构设计规范的规定确定。

3.2.3 荷载基本组合的效应设计值 S_d，应从下列荷载组合值中取用最不利的效应设计值确定：

1 由可变荷载控制的效应设计值，应按下式进行计算：

$$S_d = \sum_{j=1}^{m} \gamma_{G_j} S_{G_j k} + \gamma_{Q_1} \gamma_{L_1} S_{Q_1 k} + \sum_{i=2}^{n} \gamma_{Q_i} \gamma_{L_i} \psi_{c_i} S_{Q_i k} \tag{3.2.3-1}$$

式中：γ_{G_j} ——第 j 个永久荷载的分项系数，应按本规范第 3.2.4 条采用；

γ_{Q_i} ——第 i 个可变荷载的分项系数，其中 γ_{Q_1} 为主导可变荷载 Q_1 的分项系数，应按本规范第 3.2.4 条采用；

γ_{L_i} ——第 i 个可变荷载考虑设计使用年限的调整系数，其中 γ_{L_1} 为主导可变荷载 Q_1 考虑设计使用年限的调整系数；

$S_{G_j k}$ ——按第 j 个永久荷载标准值 G_{jk} 计算的荷载效应值；

$S_{Q_i k}$ ——按第 i 个可变荷载标准值 Q_{ik} 计算的荷载效应值，其中 $S_{Q_1 k}$ 为诸可变荷载效应中起控制作用者；

ψ_{c_i} ——第 i 个可变荷载 Q_i 的组合值系数；

m ——参与组合的永久荷载数；

n ——参与组合的可变荷载数。

2 由永久荷载控制的效应设计值，应按下式进行计算：

$$S_d = \sum_{j=1}^{m} \gamma_{G_j} S_{G_j k} + \sum_{i=1}^{n} \gamma_{Q_i} \gamma_{L_i} \psi_{c_i} S_{Q_i k} \tag{3.2.3-2}$$

注：1 基本组合中的效应设计值仅适用于荷载与荷载效应为线性的情况；

2 当对 $S_{Q_1 k}$ 无法明显判断时，应轮次以各可变荷载效应作为 $S_{Q_1 k}$，并选取其中最不利的荷载组合的效应设计值。

3.2.4 基本组合的荷载分项系数，应按下列规定采用：

1 永久荷载的分项系数应符合下列规定：

1）当永久荷载效应对结构不利时，对由可变荷载效应控制的组合应取1.2，对由永久荷载效应控制的组合应取1.35；

2）当永久荷载效应对结构有利时，不应大于1.0。

2 可变荷载的分项系数应符合下列规定：

1）对标准值大于4kN/m² 的工业房屋楼面结构的活荷载，应取1.3；

2）其他情况，应取1.4。

3 对结构的倾覆、滑移或漂浮验算，荷载的分项系数应满足有关的建筑结构设计规范的规定。

3.2.5 可变荷载考虑设计使用年限的调整系数 γ_L 应按下列规定采用：

1 楼面和屋面活荷载考虑设计使用年限的调整系数 γ_L 应按表3.2.5采用。

表3.2.5 楼面和屋面活荷载考虑设计使用年限的调整系数 γ_L

结构设计使用年限（年）	5	50	100
γ_L	0.9	1.0	1.1

注：1 当设计使用年限不为表中数值时，调整系数 γ_L 可按线性内插确定；

2 对于荷载标准值可控制的活荷载，设计使用年限调整系数 γ_L 取1.0。

2 对雪荷载和风荷载，应取重现期为设计使用年限，按本规范第E.3.3条的规定确定基本雪压和基本风压，或按有关规范的规定采用。

3.2.6 荷载偶然组合的效应设计值 S_d 可按下列规定采用：

1 用于承载能力极限状态计算的效应设计值，应按下式进行计算：

$$S_d = \sum_{j=1}^{m} S_{G_j k} + S_{A_d} + \psi_{f_1} S_{Q_1 k} + \sum_{i=2}^{n} \psi_{q_i} S_{Q_i k} \quad (3.2.6\text{-}1)$$

式中：S_{A_d} ——按偶然荷载标准值 A_d 计算的荷载效应值；

ψ_{f_1} ——第1个可变荷载的频遇值系数；

ψ_{q_i} ——第 i 个可变荷载的准永久值系数。

2 用于偶然事件发生后受损结构整体稳固性验算的效应设计值，应按下式进行计算：

$$S_d = \sum_{j=1}^{m} S_{G_j k} + \psi_{f_1} S_{Q_1 k} + \sum_{i=2}^{n} \psi_{q_i} S_{Q_i k} \quad (3.2.6\text{-}2)$$

注：组合中的设计值仅适用于荷载与荷载效应为线性的情况。

3.2.7 对于正常使用极限状态，应根据不同的设计要求，采用荷载的标准组合、频遇组合或准永久组合，并应按下列设计表达式进行设计：

$$S_d \leqslant C \quad (3.2.7)$$

式中：C——结构或结构构件达到正常使用要求的规定限值，例如变形、裂缝、振幅、加速度、应力等的限值，应按各有关建筑结构设计规范的规定采用。

3.2.8 荷载标准组合的效应设计值 S_d 应按下式进行计算：

$$S_d = \sum_{j=1}^{m} S_{G_j k} + S_{Q_1 k} + \sum_{i=2}^{n} \psi_{c_i} S_{Q_i k} \quad (3.2.8)$$

注：组合中的设计值仅适用于荷载与荷载效应为线性的情况。

3.2.9 荷载频遇组合的效应设计值 S_d 应按下式进行计算：

$$S_d = \sum_{j=1}^{m} S_{G_j k} + \psi_{f_1} S_{Q_1 k} + \sum_{i=2}^{n} \psi_{q_i} S_{Q_i k} \quad (3.2.9)$$

注：组合中的设计值仅适用于荷载与荷载效应为线性的情况。

3.2.10 荷载准永久组合的效应设计值 S_d 应按下式进行计算：

$$S_d = \sum_{j=1}^{m} S_{G_j k} + \sum_{i=1}^{n} \psi_{q_i} S_{Q_i k} \quad (3.2.10)$$

注：组合中的设计值仅适用于荷载与荷载效应为线性的情况。

4 永久荷载

4.0.1 永久荷载应包括结构构件、围护构件、面层及装饰、固定设备、长期储物的自重，土压力、水压力，以及其他需要按永久荷载考虑的荷载。

4.0.2 结构自重的标准值可按结构构件的设计尺寸与材料单位体积的自重计算确定。

4.0.3 一般材料和构件的单位自重可取其平均值，对于自重变异较大的材料和构件，自重的标准值应根据对结构的不利或有利状态，分别取上限值或下限值。常用材料和构件单位体积的自重可按本规范附录A采用。

4.0.4 固定隔墙的自重可按永久荷载考虑，位置可灵活布置的隔墙自重应按可变荷载考虑。

5 楼面和屋面活荷载

5.1 民用建筑楼面均布活荷载

5.1.1 民用建筑楼面均布活荷载的标准值及其组合值系数、频遇值系数和准永久值系数的取值，不应

小于表 5.1.1 的规定。

表 5.1.1　民用建筑楼面均布活荷载标准值及其组合值、频遇值和准永久值系数

项次	类别			标准值 (kN/m²)	组合值系数 ψ_c	频遇值系数 ψ_f	准永久值系数 ψ_q
1	(1) 住宅、宿舍、旅馆、办公楼、医院病房、托儿所、幼儿园			2.0	0.7	0.5	0.4
	(2) 试验室、阅览室、会议室、医院门诊室			2.0	0.7	0.6	0.5
2	教室、食堂、餐厅、一般资料档案室			2.5	0.7	0.6	0.5
3	(1) 礼堂、剧场、影院、有固定座位的看台			3.0	0.7	0.5	0.3
	(2) 公共洗衣房			3.0	0.7	0.6	0.5
4	(1) 商店、展览厅、车站、港口、机场大厅及其旅客等候室			3.5	0.7	0.6	0.5
	(2) 无固定座位的看台			3.5	0.7	0.5	0.3
5	(1) 健身房、演出舞台			4.0	0.7	0.6	0.5
	(2) 运动场、舞厅			4.0	0.7	0.6	0.3
6	(1) 书库、档案库、贮藏室			5.0	0.9	0.9	0.8
	(2) 密集柜书库			12.0	0.9	0.9	0.8
7	通风机房、电梯机房			7.0	0.9	0.9	0.8
8	汽车通道及客车停车库	(1) 单向板楼盖（板跨不小于 2m）和双向板楼盖（板跨不小于 3m×3m）	客车	4.0	0.7	0.7	0.6
			消防车	35.0	0.7	0.5	0.0
		(2) 双向板楼盖（板跨不小于 6m×6m）和无梁楼盖（柱网不小于 6m×6m）	客车	2.5	0.7	0.7	0.6
			消防车	20.0	0.7	0.5	0.0
9	厨房	(1) 餐厅		4.0	0.7	0.7	0.7
		(2) 其他		2.0	0.7	0.6	0.5
10	浴室、卫生间、盥洗室			2.5	0.7	0.6	0.5
11	走廊、门厅	(1) 宿舍、旅馆、医院病房、托儿所、幼儿园、住宅		2.0	0.7	0.5	0.4
		(2) 办公楼、餐厅、医院门诊部		2.5	0.7	0.6	0.5
		(3) 教学楼及其他可能出现人员密集的情况		3.5	0.7	0.5	0.3

续表 5.1.1

项次	类别		标准值 (kN/m²)	组合值系数 ψ_c	频遇值系数 ψ_f	准永久值系数 ψ_q
12	楼梯	(1) 多层住宅	2.0	0.7	0.5	0.4
		(2) 其他	3.5	0.7	0.5	0.3
13	阳台	(1) 可能出现人员密集的情况	3.5	0.7	0.6	0.5
		(2) 其他	2.5	0.7	0.6	0.5

注：1　本表所给各项活荷载适用于一般使用条件，当使用荷载较大、情况特殊或有专门要求时，应按实际情况采用；
2　第 6 项书库活荷载当书架高度大于 2m 时，书库活荷载尚应按每米书架高度不小于 2.5kN/m² 确定；
3　第 8 项中的客车活荷载仅适用于停放载人少于 9 人的客车；消防车活荷载适用于满载总重为 300kN 的大型车辆；当不符合本表的要求时，应将车轮的局部荷载按结构效应的等效原则，换算为等效均布荷载；
4　第 8 项消防车活荷载，当双向板楼盖板跨介于 3m×3m～6m×6m 之间时，应按跨度线性插值确定；
5　第 12 项楼梯活荷载，对预制楼梯踏步平板，尚应按 1.5kN 集中荷载验算；
6　本表各项荷载不包括隔墙自重和二次装修荷载；对固定隔墙的自重应按永久荷载考虑，当隔墙位置可灵活自由布置时，非固定隔墙的自重应取不小于 1/3 的每延米长墙重（kN/m）作为楼面活荷载的附加值（kN/m²）计入，且附加值不应小于 1.0kN/m²。

5.1.2　设计楼面梁、墙、柱及基础时，本规范表 5.1.1 中楼面活荷载标准值的折减系数取值不应小于下列规定：

1　设计楼面梁时：

1）第 1（1）项当楼面梁从属面积超过 25m² 时，应取 0.9；

2）第 1（2）～7 项当楼面梁从属面积超过 50m² 时，应取 0.9；

3）第 8 项对单向板楼盖的次梁和槽形板的纵肋应取 0.8，对单向板楼盖的主梁应取 0.6，对双向板楼盖的梁应取 0.8；

4）第 9～13 项应采用与所属房屋类别相同的折减系数。

2　设计墙、柱和基础时：

1）第 1（1）项应按表 5.1.2 规定采用；

2）第 1（2）～7 项应采用与其楼面梁相同的折减系数；

3）第 8 项的客车，对单向板楼盖应取 0.5，对双向板楼盖和无梁楼盖应取 0.8；

4）第 9～13 项应采用与所属房屋类别相同的折减系数。

注：楼面梁的从属面积应按梁两侧各延伸二分之一梁间距的范围内的实际面积确定。

5.1.3　设计墙、柱时，本规范表 5.1.1 中第 8 项的消防车活荷载可按实际情况考虑；设计基础时可不考虑消防车荷载。常用板跨的消防车活荷载按覆土厚度的折减系数可按附录B规定采用。

表 5.1.2 活荷载按楼层的折减系数

墙、柱、基础计算截面以上的层数	1	2~3	4~5	6~8	9~20	>20
计算截面以上各楼层活荷载总和的折减系数	1.00 (0.90)	0.85	0.70	0.65	0.60	0.55

注：当楼面梁的从属面积超过 $25m^2$ 时，应采用括号内的系数。

5.1.4 楼面结构上的局部荷载可按本规范附录C的规定，换算为等效均布活荷载。

5.2 工业建筑楼面活荷载

5.2.1 工业建筑楼面在生产使用或安装检修时，由设备、管道、运输工具及可能拆移的隔墙产生的局部荷载，均应按实际情况考虑，可采用等效均布活荷载代替。对设备位置固定的情况，可直接按固定位置对结构进行计算，但应考虑因设备安装和维修过程中的位置变化可能出现的最不利效应。工业建筑楼面堆放原料或成品较多、较重的区域，应按实际情况考虑；一般的堆放情况可按均布活荷载或等效均布活荷载考虑。

注：1 楼面等效均布活荷载，包括计算次梁、主梁和基础时的楼面活荷载，可分别按本规范附录C的规定确定；

2 对于一般金工车间、仪器仪表生产车间、半导体器件车间、棉纺织车间、轮胎准备车间和粮食加工车间，当缺乏资料时，可按本规范附录D采用。

5.2.2 工业建筑楼面（包括工作平台）上无设备区域的操作荷载，包括操作人员、一般工具、零星原料和成品的自重，可按均布活荷载 $2.0kN/m^2$ 考虑。在设备所占区域内可不考虑操作荷载和堆料荷载。生产车间的楼梯活荷载，可按实际情况采用，但不宜小于 $3.5kN/m^2$。生产车间的参观走廊活荷载，可采用 $3.5kN/m^2$。

5.2.3 工业建筑楼面活荷载的组合值系数、频遇值系数和准永久值系数除本规范附录D中给出的以外，应按实际情况采用；但在任何情况下，组合值和频遇值系数不应小于0.7，准永久值系数不应小于0.6。

5.3 屋面活荷载

5.3.1 房屋建筑的屋面，其水平投影面上的屋面均布活荷载的标准值及其组合值系数、频遇值系数和准永久值系数的取值，不应小于表5.3.1的规定。

5.3.2 屋面直升机停机坪荷载应按下列规定采用：

1 屋面直升机停机坪荷载应按局部荷载考虑，或根据局部荷载换算为等效均布荷载考虑。局部荷载标准值应按直升机实际最大起飞重量确定，当没有机型技术资料时，可按表5.3.2的规定选用局部荷载标准值及作用面积。

表 5.3.1 屋面均布活荷载标准值及其组合值系数、频遇值系数和准永久值系数

项次	类别	标准值 (kN/m^2)	组合值系数 ψ_c	频遇值系数 ψ_f	准永久值系数 ψ_q
1	不上人的屋面	0.5	0.7	0.5	0.0
2	上人的屋面	2.0	0.7	0.5	0.4
3	屋顶花园	3.0	0.7	0.6	0.5
4	屋顶运动场地	3.0	0.7	0.6	0.4

注：1 不上人的屋面，当施工或维修荷载较大时，应按实际情况采用；对不同类型的结构应按有关设计规范的规定采用，但不得低于 $0.3kN/m^2$；

2 当上人的屋面兼作其他用途时，应按相应楼面活荷载采用；

3 对于因屋面排水不畅、堵塞等引起的积水荷载，应采取构造措施加以防止；必要时，应按积水的可能深度确定屋面活荷载；

4 屋顶花园活荷载不应包括花圃土石等材料自重。

表 5.3.2 屋面直升机停机坪局部荷载标准值及作用面积

类型	最大起飞重量 (t)	局部荷载标准值 (kN)	作用面积
轻型	2	20	0.20m×0.20m
中型	4	40	0.25m×0.25m
重型	6	60	0.30m×0.30m

2 屋面直升机停机坪的等效均布荷载标准值不应低于 $5.0kN/m^2$。

3 屋面直升机停机坪荷载的组合值系数应取0.7，频遇值系数应取0.6，准永久值系数应取0。

5.3.3 不上人的屋面均布活荷载，可不与雪荷载和风荷载同时组合。

5.4 屋面积灰荷载

5.4.1 设计生产中有大量排灰的厂房及其邻近建筑时，对于具有一定除尘设施和保证清灰制度的机械、冶金、水泥等的厂房屋面，其水平投影面上的屋面积灰荷载标准值及其组合值系数、频遇值系数和准永久值系数，应分别按表5.4.1-1和表5.4.1-2采用。

表 5.4.1-1 屋面积灰荷载标准值及其组合值系数、频遇值系数和准永久值系数

项次	类别	标准值 (kN/m^2) 屋面无挡风板	屋面有挡风板 挡风板内	屋面有挡风板 挡风板外	组合值系数 ψ_c	频遇值系数 ψ_f	准永久值系数 ψ_q
1	机械厂铸造车间(冲天炉)	0.50	0.75	0.30	0.9	0.9	0.8

续表 5.4.1-1

项次	类别	标准值（kN/m^2）			组合值系数 ψ_c	频遇值系数 ψ_f	准永久值系数 ψ_q
		屋面无挡风板	屋面有挡风板 挡风板内	屋面有挡风板 挡风板外			
2	炼钢车间（氧气转炉）	—	0.75	0.30	0.9	0.9	0.8
3	锰、铬铁合金车间	0.75	1.00	0.30			
4	硅、钨铁合金车间	0.30	0.50	0.30			
5	烧结室、一次混合室	0.50	1.00	0.20			
6	烧结厂通廊及其他车间	0.30	—	—			
7	水泥厂有灰源车间（窑房、磨房、联合贮库、烘干房、破碎房）	1.00	—	—			
8	水泥厂无灰源车间（空气压缩机站、机修间、材料库、配电站）	0.50	—	—			

注：1 表中的积灰均布荷载，仅应用于屋面坡度 α 不大于 25°；当 α 大于 45°时，可不考虑积灰荷载；当 α 在 25°～45°范围内时，可按插值法取值；

2 清灰设施的荷载另行考虑；

3 对第 1～4 项的积灰荷载，仅应用于距烟囱中心 20m 半径范围内的屋面；当邻近建筑在该范围内时，其积灰荷载对第 1、3、4 项应按车间屋面无挡风板的采用，对第 2 项应按车间屋面挡风板外的采用。

表 5.4.1-2 高炉邻近建筑的屋面积灰荷载标准值及其组合值系数、频遇值系数和准永久值系数

高炉容积（m^3）	标准值（kN/m^2） 屋面离高炉距离（m） ≤50	100	200	组合值系数 ψ_c	频遇值系数 ψ_f	准永久值系数 ψ_q
<255	0.50	—	—	1.0	1.0	1.0
255～620	0.75	0.30	—			
>620	1.00	0.50	0.30			

注：1 表 5.4.1-1 中的注 1 和注 2 也适用本表；

2 当邻近建筑屋面离高炉距离为表内中间值时，可按插入法取值。

5.4.2 对于屋面上易形成灰堆处，当设计屋面板、檩条时，积灰荷载标准值宜乘以下列规定的增大系数：

1 在高低跨处两倍于屋面高差但不大于 6.0m 的分布宽度内取 2.0；

2 在天沟处不大于 3.0m 的分布宽度内取 1.4。

5.4.3 积灰荷载应与雪荷载或不上人的屋面均布活荷载两者中的较大值同时考虑。

5.5 施工和检修荷载及栏杆荷载

5.5.1 施工和检修荷载应按下列规定采用：

1 设计屋面板、檩条、钢筋混凝土挑檐、悬挑雨篷和预制小梁时，施工或检修集中荷载标准值不应小于 1.0kN，并应在最不利位置处进行验算；

2 对于轻型构件或较宽的构件，应按实际情况验算，或应加垫板、支撑等临时设施；

3 计算挑檐、悬挑雨篷的承载力时，应沿板宽每隔 1.0m 取一个集中荷载；在验算挑檐、悬挑雨篷的倾覆时，应沿板宽每隔 2.5m～3.0m 取一个集中荷载。

5.5.2 楼梯、看台、阳台和上人屋面等的栏杆活荷载标准值，不应小于下列规定：

1 住宅、宿舍、办公楼、旅馆、医院、托儿所、幼儿园，栏杆顶部的水平荷载应取 1.0 kN/m；

2 学校、食堂、剧场、电影院、车站、礼堂、展览馆或体育场，栏杆顶部的水平荷载应取 1.0 kN/m，竖向荷载应取 1.2kN/m，水平荷载与竖向荷载应分别考虑。

5.5.3 施工荷载、检修荷载及栏杆荷载的组合值系数应取 0.7，频遇值系数应取 0.5，准永久值系数应取 0。

5.6 动力系数

5.6.1 建筑结构设计的动力计算，在有充分依据时，可将重物或设备的自重乘以动力系数后，按静力计算方法设计。

5.6.2 搬运和装卸重物以及车辆启动和刹车的动力系数，可采用 1.1～1.3；其动力荷载只传至楼板和梁。

5.6.3 直升机在屋面上的荷载，也应乘以动力系数，对具有液压轮胎起落架的直升机可取 1.4；其动力荷载只传至楼板和梁。

6 吊车荷载

6.1 吊车竖向和水平荷载

6.1.1 吊车竖向荷载标准值，应采用吊车的最大轮压或最小轮压。

6.1.2 吊车纵向和横向水平荷载，应按下列规定采用：

1 吊车纵向水平荷载标准值，应按作用在一边轨道上所有刹车轮的最大轮压之和的 10%采用；该项荷载的作用点位于刹车轮与轨道的接触点，其方向与轨道方向一致。

2 吊车横向水平荷载标准值，应取横行小车重量与额定起重量之和的百分数，并应乘以重力加速度，吊车横向水平荷载标准值的百分数应按表 6.1.2 采用。

3 吊车横向水平荷载应等分于桥架的两端，分别由轨道上的车轮平均传至轨道，其方向与轨道垂直，并应考虑正反两个方向的刹车情况。

表 6.1.2 吊车横向水平荷载标准值的百分数

吊车类型	额定起重量（t）	百分数（%）
软钩吊车	≤10	12
	16～50	10
	≥75	8
硬钩吊车	—	20

注：1 悬挂吊车的水平荷载应由支撑系统承受；设计该支撑系统时，尚应考虑风荷载与悬挂吊车水平荷载的组合；

2 手动吊车及电动葫芦可不考虑水平荷载。

6.2 多台吊车的组合

6.2.1 计算排架考虑多台吊车竖向荷载时，对单层吊车的单跨厂房的每个排架，参与组合的吊车台数不宜多于 2 台；对单层吊车的多跨厂房的每个排架，不宜多于 4 台；对双层吊车的单跨厂房宜按上层和下层吊车分别不多于 2 台进行组合；对双层吊车的多跨厂房宜按上层和下层吊车分别不多于 4 台进行组合，且当下层吊车满载时，上层吊车应按空载计算；上层吊车满载时，下层吊车不应计入。考虑多台吊车水平荷载时，对单跨或多跨厂房的每个排架，参与组合的吊车台数不应多于 2 台。

注：当情况特殊时，应按实际情况考虑。

6.2.2 计算排架时，多台吊车的竖向荷载和水平荷载的标准值，应乘以表 6.2.2 中规定的折减系数。

表 6.2.2 多台吊车的荷载折减系数

参与组合的吊车台数	吊车工作级别	
	A1～A5	A6～A8
2	0.90	0.95
3	0.85	0.90
4	0.80	0.85

6.3 吊车荷载的动力系数

6.3.1 当计算吊车梁及其连接的承载力时，吊车竖向荷载应乘以动力系数。对悬挂吊车（包括电动葫芦）及工作级别 A1～A5 的软钩吊车，动力系数可取 1.05；对工作级别为 A6～A8 的软钩吊车、硬钩吊车和其他特种吊车，动力系数可取为 1.1。

6.4 吊车荷载的组合值、频遇值及准永久值

6.4.1 吊车荷载的组合值系数、频遇值系数及准永久值系数可按表 6.4.1 中的规定采用。

6.4.2 厂房排架设计时，在荷载准永久组合中可不考虑吊车荷载；但在吊车梁按正常使用极限状态设计时，宜采用吊车荷载的准永久值。

表 6.4.1 吊车荷载的组合值系数、频遇值系数及准永久值系数

吊车工作级别		组合值系数 ψ_c	频遇值系数 ψ_f	准永久值系数 ψ_q
软钩吊车	工作级别 A1～A3	0.70	0.60	0.50
	工作级别 A4、A5	0.70	0.70	0.60
	工作级别 A6、A7	0.70	0.70	0.70
硬钩吊车及工作级别 A8 的软钩吊车		0.95	0.95	0.95

7 雪 荷 载

7.1 雪荷载标准值及基本雪压

7.1.1 屋面水平投影面上的雪荷载标准值应按下式计算：

$$s_k = \mu_r s_0 \tag{7.1.1}$$

式中：s_k——雪荷载标准值（kN/m^2）；

μ_r——屋面积雪分布系数；

s_0——基本雪压（kN/m^2）。

7.1.2 基本雪压应采用按本规范规定的方法确定的 50 年重现期的雪压；对雪荷载敏感的结构，应采用 100 年重现期的雪压。

7.1.3 全国各城市的基本雪压值应按本规范附录 E 中表 E.5 重现期 R 为 50 年的值采用。当城市或建设地点的基本雪压值在本规范表 E.5 中没有给出时，基本雪压值应按本规范附录 E 规定的方法，根据当地年最大雪压或雪深资料，按基本雪压定义，通过统计分析确定，分析时应考虑样本数量的影响。当地没有雪压和雪深资料时，可根据附近地区规定的基本雪压或长期资料，通过气象和地形条件的对比分析确定；也可比照本规范附录 E 中附图 E.6.1 全国基本雪压分布图近似确定。

7.1.4 山区的雪荷载应通过实际调查后确定。当无实测资料时，可按当地邻近空旷平坦地面的雪荷载值乘以系数 1.2 采用。

7.1.5 雪荷载的组合值系数可取 0.7；频遇值系数可取 0.6；准永久值系数应按雪荷载分区Ⅰ、Ⅱ和Ⅲ的不同，分别取 0.5、0.2 和 0；雪荷载分区应按本规范附录 E.5 或附图 E.6.2 的规定采用。

7.2 屋面积雪分布系数

7.2.1 屋面积雪分布系数应根据不同类别的屋面形式，按表 7.2.1 采用。

表 7.2.1 屋面积雪分布系数

项次	类别	屋面形式及积雪分布系数 μ_r	备 注
1	单跨单坡屋面	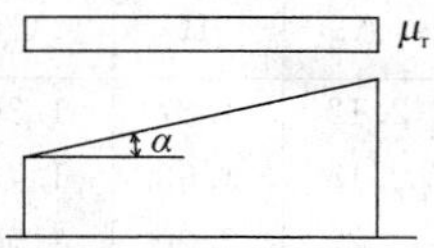 α：≤25°，30°，35°，40°，45°，50°，55°，≥60° μ_r：1.0，0.85，0.7，0.55，0.4，0.25，0.1，0	—
2	单跨双坡屋面	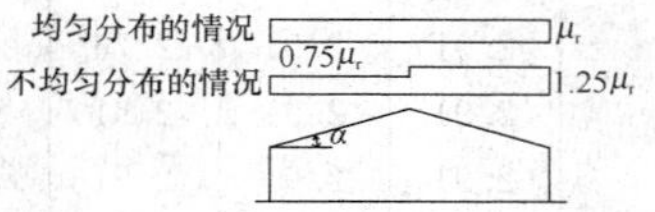	μ_r 按第 1 项规定采用
3	拱形屋面	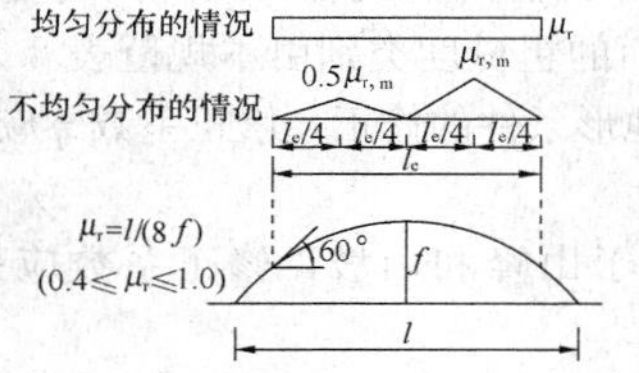 $\mu_{r,m}=0.2+10f/l\ (\mu_{r,m}\leqslant2.0)$	—
4	带天窗的坡屋面	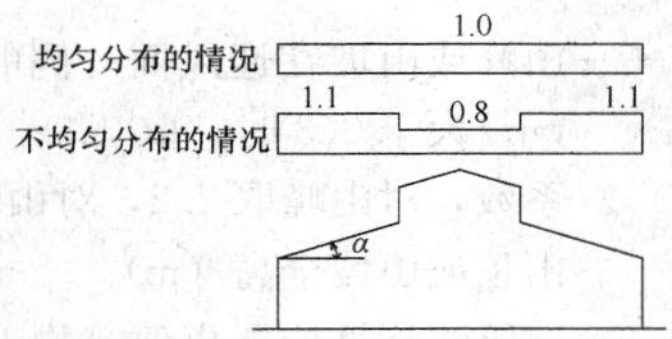	—
5	带天窗有挡风板的坡屋面	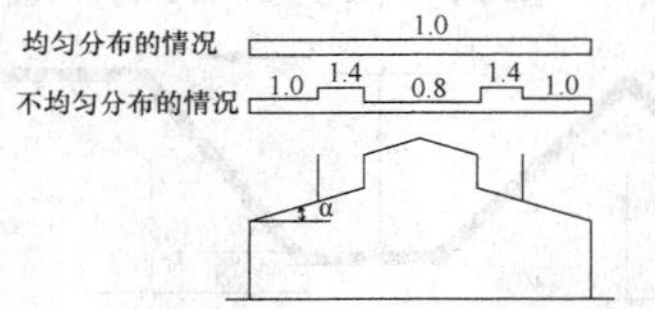	—
6	多跨单坡屋面（锯齿形屋面）	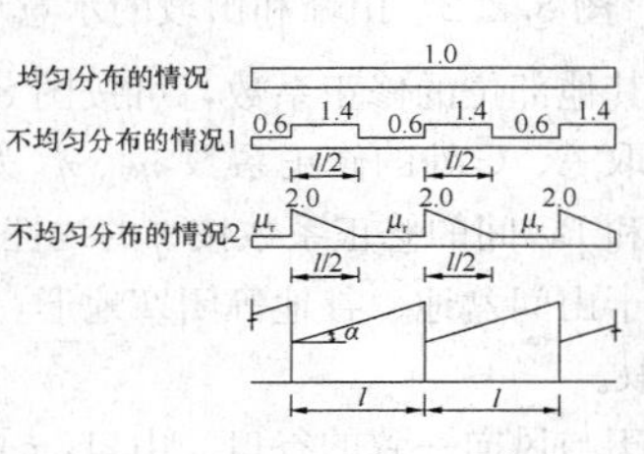	μ_r 按第 1 项规定采用
7	双跨双坡或拱形屋面	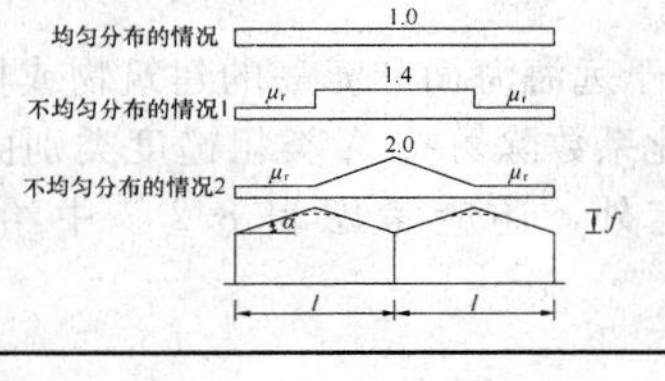	μ_r 按第 1 或 3 项规定采用

续表 7.2.1

项次	类别	屋面形式及积雪分布系数 μ_r	备 注
8	高低屋面	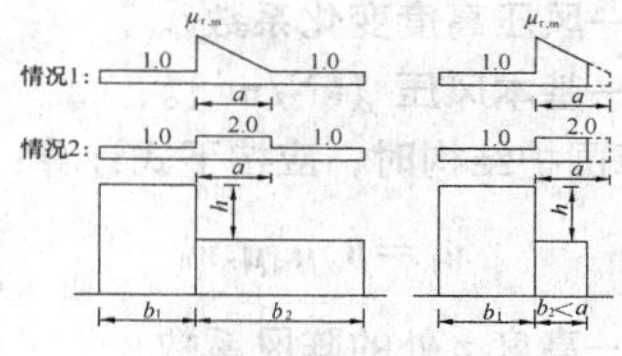 $a=2h\ (4m<a<8m)$ $\mu_{r,m}=(b_1+b_2)/2h\ (2.0\leqslant\mu_{r,m}\leqslant4.0)$	—
9	有女儿墙及其他突起物的屋面	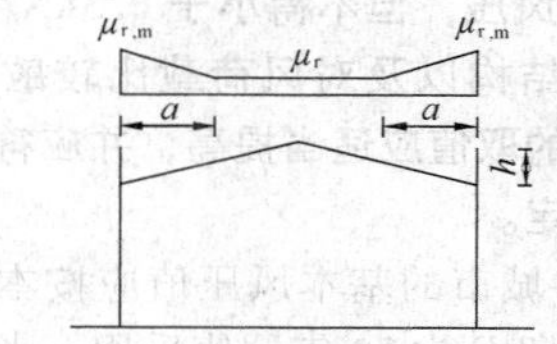 $a=2h$ $\mu_{r,m}=1.5h/s_0\ (1.0\leqslant\mu_{r,m}\leqslant2.0)$	—
10	大跨屋面（$l>$100m）	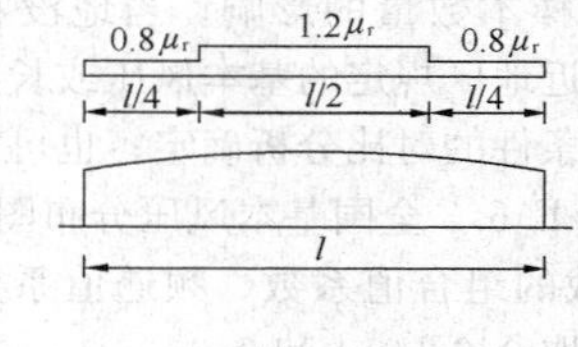	1 还应同时考虑第 2 项、第 3 项的积雪分布；2 μ_r 按第 1 或 3 项规定采用

注：1 第 2 项单跨双坡屋面仅当坡度 α 在 20°～30°范围时，可采用不均匀分布情况；
2 第 4、5 项只适用于坡度 α 不大于 25°的一般工业厂房屋面；
3 第 7 项双跨双坡或拱形屋面，当 α 不大于 25°或 f/l 不大于 0.1 时，只采用均匀分布情况；
4 多跨屋面的积雪分布系数，可参照第 7 项的规定采用。

7.2.2 设计建筑结构及屋面的承重构件时，应按下列规定采用积雪的分布情况：

1 屋面板和檩条按积雪不均匀分布的最不利情况采用；

2 屋架和拱壳应分别按全跨积雪的均匀分布、不均匀分布和半跨积雪的均匀分布按最不利情况采用；

3 框架和柱可按全跨积雪的均匀分布情况采用。

8 风 荷 载

8.1 风荷载标准值及基本风压

8.1.1 垂直于建筑物表面上的风荷载标准值，应按下列规定确定：

1 计算主要受力结构时，应按下式计算：

$$w_k=\beta_z\mu_s\mu_z w_0 \qquad (8.1.1\text{-}1)$$

式中：w_k——风荷载标准值（kN/m^2）；

β_z——高度 z 处的风振系数；

μ_s——风荷载体型系数；

μ_z——风压高度变化系数；

w_0——基本风压（kN/m^2）。

2 计算围护结构时，应按下式计算：

$$w_k = \beta_{gz}\mu_{sl}\mu_z w_0 \qquad (8.1.1\text{-}2)$$

式中：β_{gz}——高度 z 处的阵风系数；

μ_{sl}——风荷载局部体型系数。

8.1.2 基本风压应采用按本规范规定的方法确定的50年重现期的风压，但不得小于 0.3kN/m²。对于高层建筑、高耸结构以及对风荷载比较敏感的其他结构，基本风压的取值应适当提高，并应符合有关结构设计规范的规定。

8.1.3 全国各城市的基本风压值应按本规范附录 E 中表 E.5 重现期 R 为 50 年的值采用。当城市或建设地点的基本风压值在本规范表 E.5 没有给出时，基本风压值应按本规范附录 E 规定的方法，根据基本风压的定义和当地年最大风速资料，通过统计分析确定，分析时应考虑样本数量的影响。当地没有风速资料时，可根据附近地区规定的基本风压或长期资料，通过气象和地形条件的对比分析确定；也可比照本规范附录 E 中附图 E.6.3 全国基本风压分布图近似确定。

8.1.4 风荷载的组合值系数、频遇值系数和准永久值系数可分别取 0.6、0.4 和 0.0。

8.2 风压高度变化系数

8.2.1 对于平坦或稍有起伏的地形，风压高度变化系数应根据地面粗糙度类别按表 8.2.1 确定。地面粗糙度可分为 A、B、C、D 四类：A 类指近海海面和海岛、海岸、湖岸及沙漠地区；B 类指田野、乡村、丛林、丘陵以及房屋比较稀疏的乡镇；C 类指有密集建筑群的城市市区；D 类指有密集建筑群且房屋较高的城市市区。

表 8.2.1 风压高度变化系数 μ_z

离地面或海平面高度（m）	地面粗糙度类别			
	A	B	C	D
5	1.09	1.00	0.65	0.51
10	1.28	1.00	0.65	0.51
15	1.42	1.13	0.65	0.51
20	1.52	1.23	0.74	0.51
30	1.67	1.39	0.88	0.51
40	1.79	1.52	1.00	0.60
50	1.89	1.62	1.10	0.69
60	1.97	1.71	1.20	0.77
70	2.05	1.79	1.28	0.84
80	2.12	1.87	1.36	0.91
90	2.18	1.93	1.43	0.98
100	2.23	2.00	1.50	1.04
150	2.46	2.25	1.79	1.33
200	2.64	2.46	2.03	1.58
250	2.78	2.63	2.24	1.81
300	2.91	2.77	2.43	2.02
350	2.91	2.91	2.60	2.22
400	2.91	2.91	2.76	2.40
450	2.91	2.91	2.91	2.58
500	2.91	2.91	2.91	2.74
≥550	2.91	2.91	2.91	2.91

8.2.2 对于山区的建筑物，风压高度变化系数除可按平坦地面的粗糙度类别由本规范表 8.2.1 确定外，还应考虑地形条件的修正，修正系数 η 应按下列规定采用：

1 对于山峰和山坡，修正系数应按下列规定采用：

1）顶部 B 处的修正系数可按下式计算：

$$\eta_B = \left[1 + \kappa\tan\alpha\left(1 - \frac{z}{2.5H}\right)\right]^2 \qquad (8.2.2)$$

式中：$\tan\alpha$——山峰或山坡在迎风面一侧的坡度；当 $\tan\alpha$ 大于 0.3 时，取 0.3；

κ——系数，对山峰取 2.2，对山坡取 1.4；

H——山顶或山坡全高（m）；

z——建筑物计算位置离建筑物地面的高度（m）；当 $z > 2.5H$ 时，取 $z = 2.5H$。

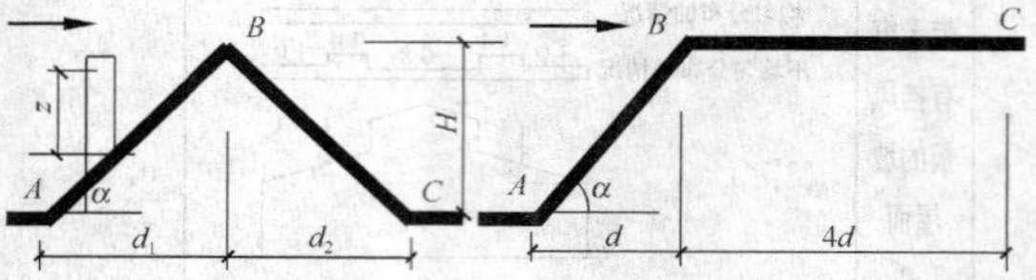

图 8.2.2 山峰和山坡的示意

2）其他部位的修正系数，可按图 8.2.2 所示，取 A、C 处的修正系数 η_A、η_C 为 1，AB 间和 BC 间的修正系数按 η 的线性插值确定。

2 对于山间盆地、谷地等闭塞地形，η 可在 0.75～0.85 选取。

3 对于与风向一致的谷口、山口，η 可在 1.20～1.50 选取。

8.2.3 对于远海海面和海岛的建筑物或构筑物，风压高度变化系数除可按 A 类粗糙度类别由本规范表 8.2.1 确定外，还应考虑表 8.2.3 中给出的修正系数。

表 8.2.3 远海海面和海岛的修正系数 η

距海岸距离（km）	η
＜40	1.0
40～60	1.0～1.1
60～100	1.1～1.2

8.3 风荷载体型系数

8.3.1 房屋和构筑物的风荷载体型系数，可按下列规定采用：

1 房屋和构筑物与表 8.3.1 中的体型类同时，可按表 8.3.1 的规定采用；

2 房屋和构筑物与表 8.3.1 中的体型不同时，可按有关资料采用；当无资料时，宜由风洞试验确定；

3 对于重要且体型复杂的房屋和构筑物，应由风洞试验确定。

表 8.3.1 风荷载体型系数

<table>
<tr><th>项次</th><th>类 别</th><th>体型及体型系数 μ_s</th><th>备 注</th></tr>
<tr><td>1</td><td>封闭式
落地
双坡屋面</td><td>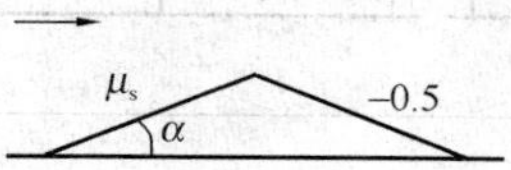

<table><tr><th>α</th><th>μ_s</th></tr><tr><td>0°</td><td>0.0</td></tr><tr><td>30°</td><td>+0.2</td></tr><tr><td>≥60°</td><td>+0.8</td></tr></table></td><td>中间值按线性插值法计算</td></tr>
<tr><td>2</td><td>封闭式
双坡屋面</td><td>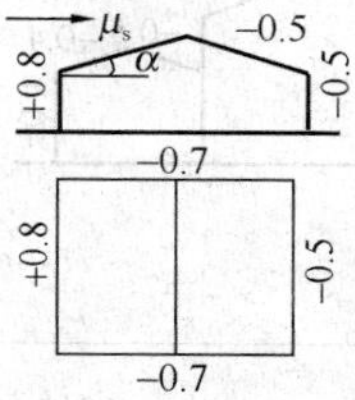

<table><tr><th>α</th><th>μ_s</th></tr><tr><td>≤15°</td><td>−0.6</td></tr><tr><td>30°</td><td>0.0</td></tr><tr><td>≥60°</td><td>+0.8</td></tr></table></td><td>1 中间值按线性插值法计算；
2 μ_s 的绝对值不小于 0.1</td></tr>
<tr><td>3</td><td>封闭式
落地
拱形屋面</td><td>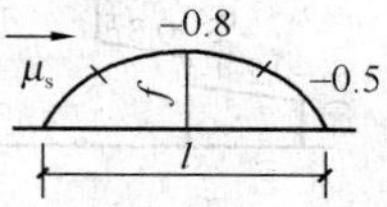

<table><tr><th>f/l</th><th>μ_s</th></tr><tr><td>0.1</td><td>+0.1</td></tr><tr><td>0.2</td><td>+0.2</td></tr><tr><td>0.5</td><td>+0.6</td></tr></table></td><td>中间值按线性插值法计算</td></tr>
<tr><td>4</td><td>封闭式
拱形屋面</td><td>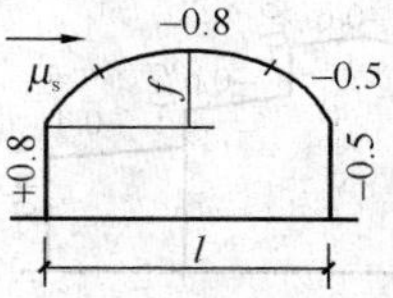

<table><tr><th>f/l</th><th>μ_s</th></tr><tr><td>0.1</td><td>−0.8</td></tr><tr><td>0.2</td><td>0.0</td></tr><tr><td>0.5</td><td>+0.6</td></tr></table></td><td>1 中间值按线性插值法计算；
2 μ_s 的绝对值不小于 0.1</td></tr>
<tr><td>5</td><td>封闭式
单坡屋面</td><td>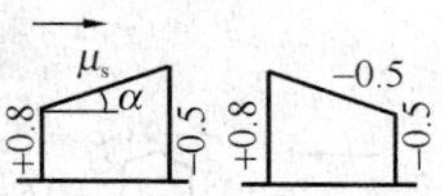
</td><td>迎风坡面的 μ_s 按第 2 项采用</td></tr>
<tr><td>6</td><td>封闭式
高低双坡屋面</td><td>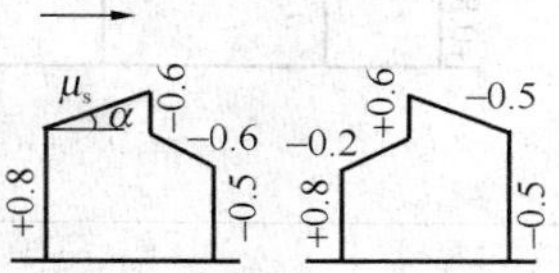
</td><td>迎风坡面的 μ_s 按第 2 项采用</td></tr>
<tr><td>7</td><td>封闭式
带天窗
双坡屋面</td><td>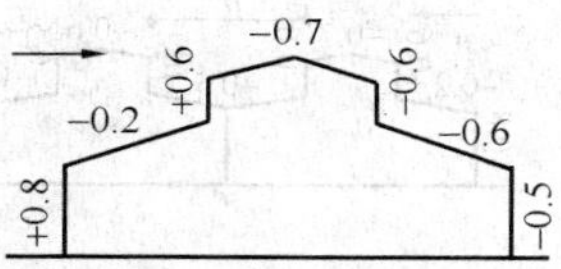
</td><td>带天窗的拱形屋面可按照本图采用</td></tr>
</table>

续表 8.3.1

项次	类 别	体型及体型系数 μ_s	备 注
8	封闭式双跨双坡屋面	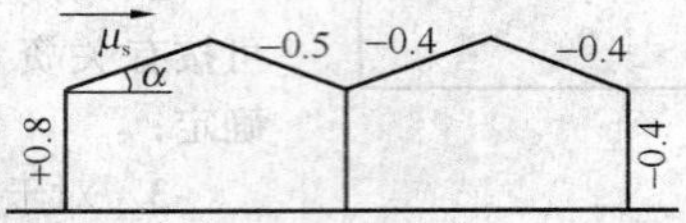	迎风坡面的 μ_s 按第 2 项采用
9	封闭式不等高不等跨的双跨双坡屋面	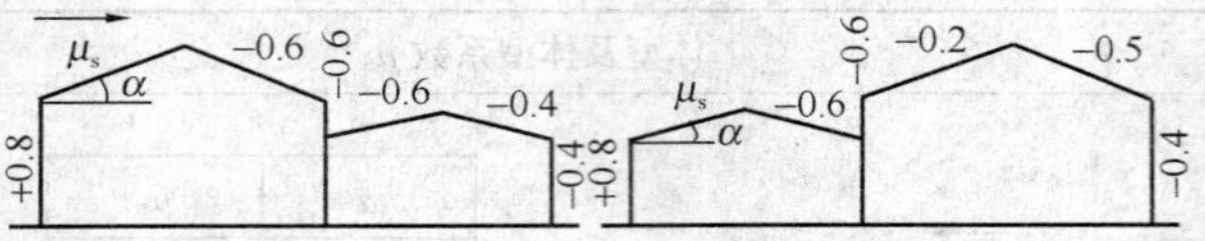	迎风坡面的 μ_s 按第 2 项采用
10	封闭式不等高不等跨的三跨双坡屋面	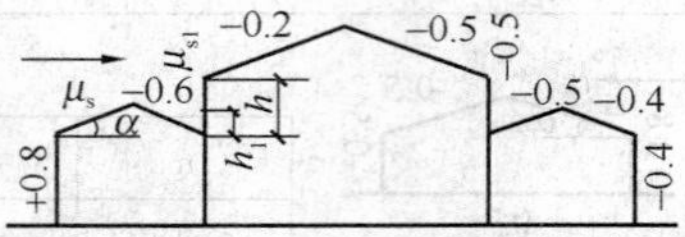	1 迎风坡面的 μ_s 按第 2 项采用； 2 中跨上部迎风墙面的 μ_{s1} 按下式采用： $\mu_{s1}=0.6\ (1-2h_1/h)$ 当 $h_1=h$，取 $\mu_{s1}=-0.6$
11	封闭式带天窗带坡的双坡屋面	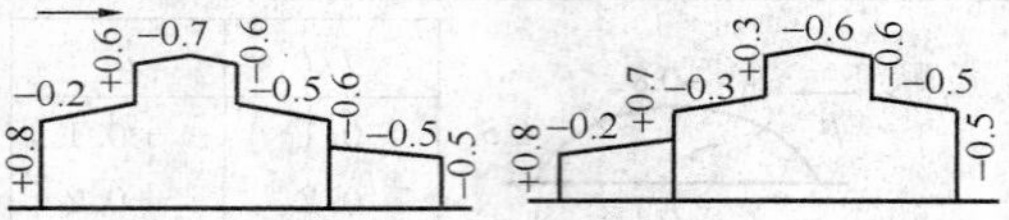	—
12	封闭式带天窗带双坡的双坡屋面	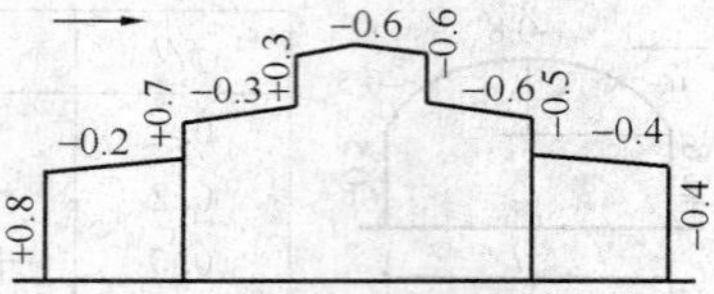	—
13	封闭式不等高不等跨且中跨带天窗的三跨双坡屋面	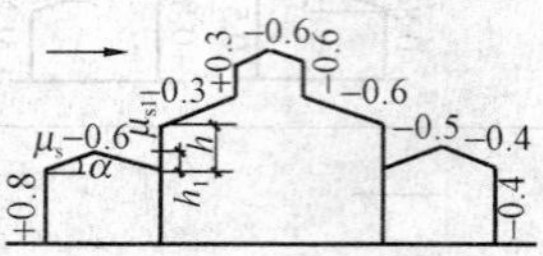	1 迎风坡面的 μ_s 按第 2 项采用； 2 中跨上部迎风墙面的 μ_{s1} 按下式采用： $\mu_{s1}=0.6(1-2h_1/h)$ 当 $h_1=h$，取 $\mu_{s1}=-0.6$
14	封闭式带天窗的双跨双坡屋面	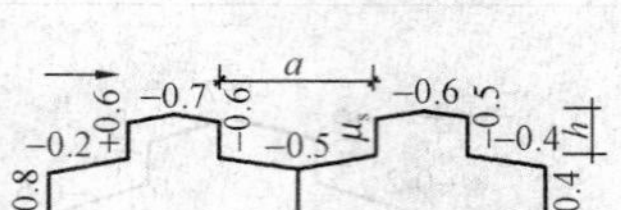	迎风面第 2 跨的天窗面的 μ_s 下列规定采用： 1 当 $a\leqslant 4h$，取 $\mu_s=0.2$； 2 当 $a>4h$，取 $\mu_s=0.6$

续表 8.3.1

项次	类别	体型及体型系数 μ_s	备注
15	封闭式带女儿墙的双坡屋面	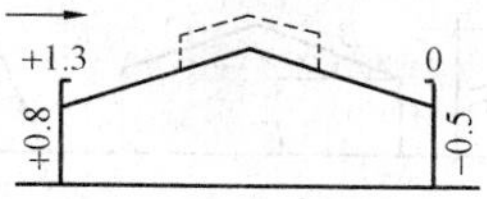	当屋面坡度不大于15°时，屋面上的体型系数可按无女儿墙的屋面采用
16	封闭式带雨篷的双坡屋面	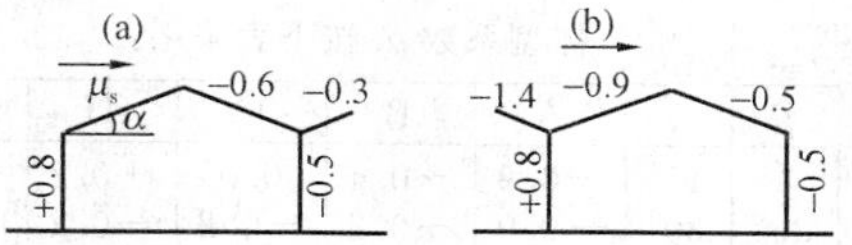	迎风坡面的 μ_s 按第2项采用
17	封闭式对立两个带雨篷的双坡屋面	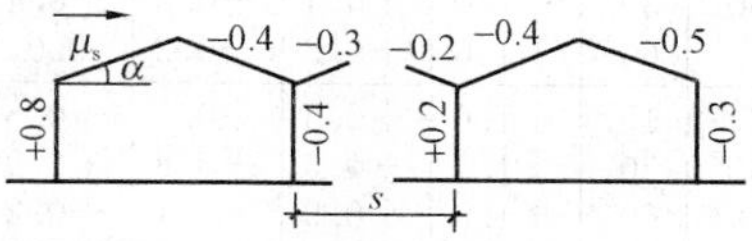	1 本图适用于 s 为 8m～20m 范围内； 2 迎风坡面的 μ_s 按第2项采用
18	封闭式带下沉天窗的双坡屋面或拱形屋面	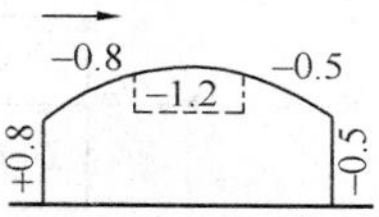	—
19	封闭式带下沉天窗的双跨双坡或拱形屋面	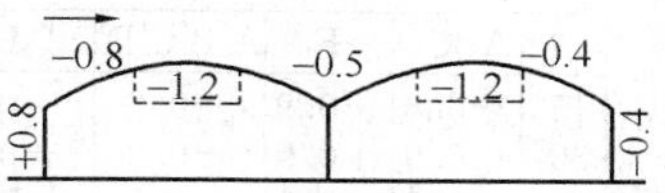	—
20	封闭式带天窗挡风板的坡屋面	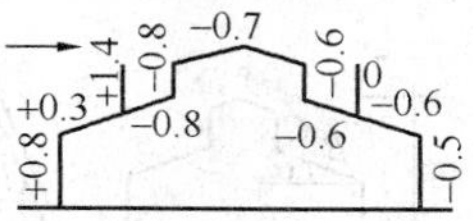	—
21	封闭式带天窗挡风板的双跨坡屋面	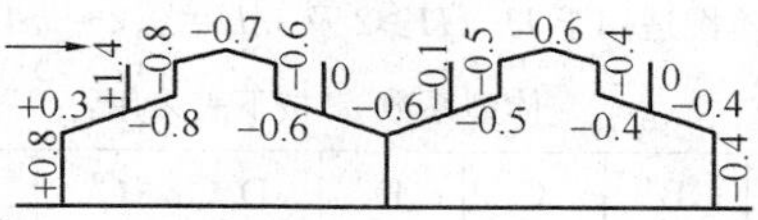	—
22	封闭式锯齿形屋面	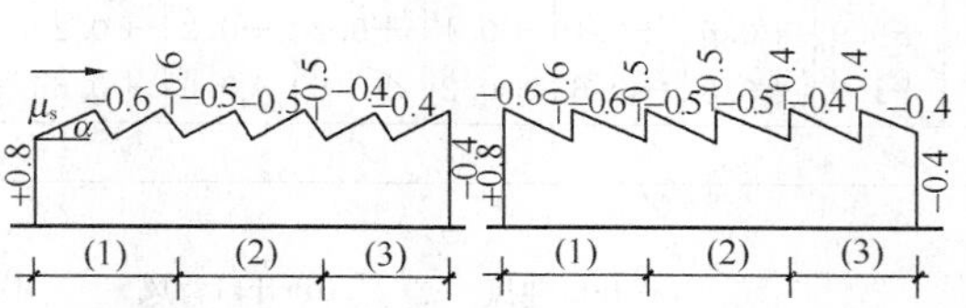	1 迎风坡面的 μ_s 按第2项采用； 2 齿面增多或减少时，可均匀地在(1)、(2)、(3)三个区段内调节
23	封闭式复杂多跨屋面	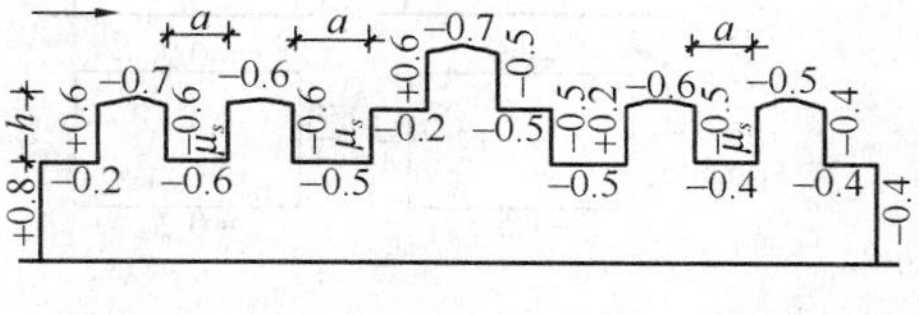	天窗面的 μ_s 按下列规定采用： 1 当 $a \leqslant 4h$ 时，取 $\mu_s=0.2$； 2 当 $a>4h$ 时，取 $\mu_s=0.6$

续表 8.3.1

项次	类别	体型及体型系数 μ_s	备注
24	靠山封闭式双坡屋面	见下	—

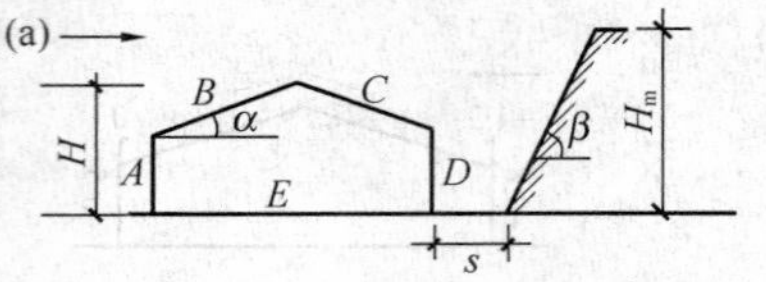

本图适用于 $H_m/H \geqslant 2$ 及 $s/H = 0.2 \sim 0.4$ 的情况

体型系数 μ_s 按下表采用：

β	α	A	B	C	D	E
30°	15°	+0.9	−0.4	0.0	+0.2	−0.2
	30°	+0.9	+0.2	−0.2	−0.2	−0.3
	60°	+1.0	+0.7	−0.4	−0.2	−0.5
60°	15°	+1.0	+0.3	+0.4	+0.5	+0.4
	30°	+1.0	+0.4	+0.3	+0.4	+0.2
	60°	+1.0	+0.8	−0.3	0.0	−0.5
90°	15°	+1.0	+0.5	+0.7	+0.8	+0.6
	30°	+1.0	+0.6	+0.8	+0.9	+0.7
	60°	+1.0	+0.9	−0.1	+0.2	−0.4

项次	类别	体型及体型系数 μ_s	备注
24	靠山封闭式双坡屋面	见下	—

(b)

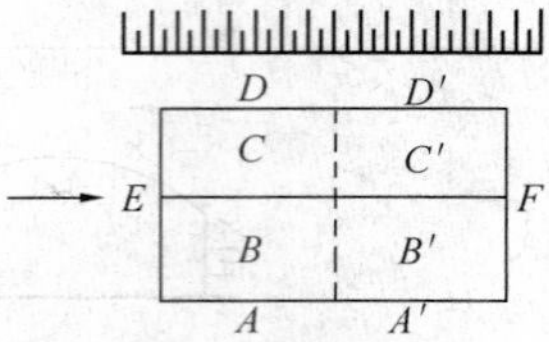

体型系数 μ_s 按下表采用：

β	ABCD	E	A′B′C′D′	F
15°	−0.8	+0.9	−0.2	−0.2
30°	−0.9	+0.9	−0.2	−0.2
60°	−0.9	+0.9	−0.2	−0.2

项次	类别	体型及体型系数 μ_s	备注
25	靠山封闭式带天窗的双坡屋面	见下	—

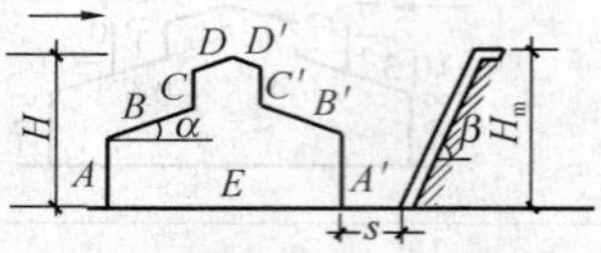

本图适用于 $H_m/H \geqslant 2$ 及 $s/H = 0.2 \sim 0.4$ 的情况

体型系数 μ_s 按下表采用：

β	A	B	C	D	D′	C′	B′	A′	E
30°	+0.9	+0.2	−0.6	−0.4	−0.3	−0.3	−0.3	−0.2	−0.5
60°	+0.9	+0.6	+0.1	+0.1	+0.2	+0.2	+0.2	+0.4	+0.1
90°	+1.0	+0.8	+0.6	+0.2	+0.6	+0.6	+0.6	+0.8	+0.6

项次	类别	体型及体型系数 μ_s	备注
26	单面开敞式双坡屋面	见下	迎风坡面的 μ_s 按第 2 项采用

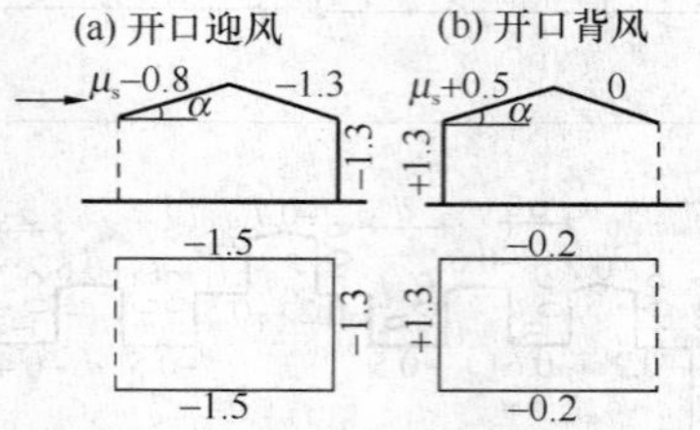

<table>
<tr><th>项次</th><th>类 别</th><th>体型及体型系数 μ_s</th><th>备 注</th></tr>
<tr><td>27</td><td>双面开敞及四面开敞式双坡屋面</td><td>
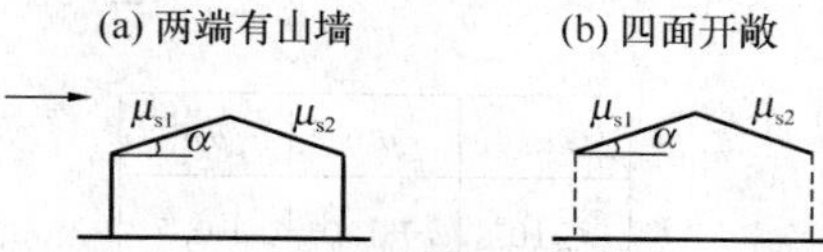

体型系数 μ_s

<table>
<tr><th>α</th><th>μ_{s1}</th><th>μ_{s2}</th></tr>
<tr><td>≤10°</td><td>−1.3</td><td>−0.7</td></tr>
<tr><td>30°</td><td>+1.6</td><td>+0.4</td></tr>
</table>
</td><td>1 中间值按线性插值法计算；
2 本图屋面对风作用敏感，风压时正时负，设计时应考虑 μ_s 值变号的情况；
3 纵向风荷载对屋面所引起的总水平力，当 $\alpha \geqslant 30°$ 时，为 $0.05Aw_h$；当 $\alpha < 30°$ 时，为 $0.10Aw_h$；其中，A 为屋面的水平投影面积，w_h 为屋面高度 h 处的风压；
4 当室内堆放物品或房屋处于山坡时，屋面吸力应增大，可按第 26 项（a）采用</td></tr>
<tr><td>28</td><td>前后纵墙半开敞双坡屋面</td><td>
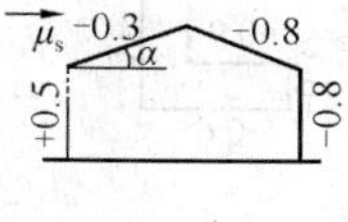

</td><td>1 迎风坡面的 μ_s 按第 2 项采用；
2 本图适用于墙的上部集中开敞面积 ≥10% 且 <50% 的房屋；
3 当开敞面积达 50% 时，背风墙面的系数改为 −1.1</td></tr>
<tr><td>29</td><td>单坡及双坡顶盖</td><td>
(a)

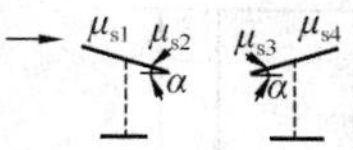

<table>
<tr><th>α</th><th>μ_{s1}</th><th>μ_{s2}</th><th>μ_{s3}</th><th>μ_{s4}</th></tr>
<tr><td>≤10°</td><td>−1.3</td><td>−0.5</td><td>+1.3</td><td>+0.5</td></tr>
<tr><td>30°</td><td>−1.4</td><td>−0.6</td><td>+1.4</td><td>+0.6</td></tr>
</table>
</td><td>1 中间值按线性插值法计算；
2 （b）项体型系数按第 27 项采用；
3 （b）、（c）应考虑第 27 项注 2 和注 3</td></tr>
</table>

续表 8.3.1

项次	类 别	体型及体型系数 μ_s	备 注
29	单坡及双坡顶盖	(b) 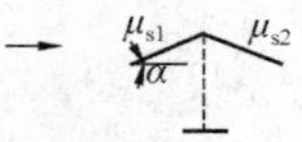 (c)  α: ≤10°, 30°; μ_{s1}: +1.0, −1.6; μ_{s2}: +0.7, −0.4	1 中间值按线性插值法计算； 2 (b) 项体型系数按第 27 项采用； 3 (b)、(c) 应考虑第 27 项注 2 和注 3
30	封闭式房屋和构筑物	(a) 正多边形（包括矩形）平面 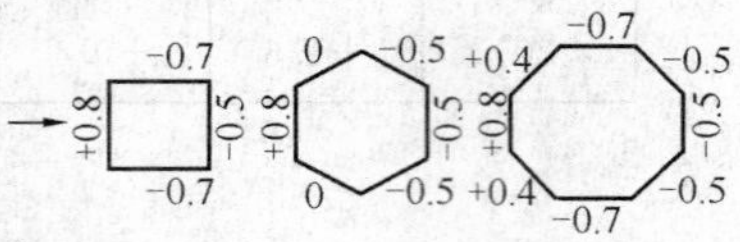	—
30	封闭式房屋和构筑物	(b) Y形平面 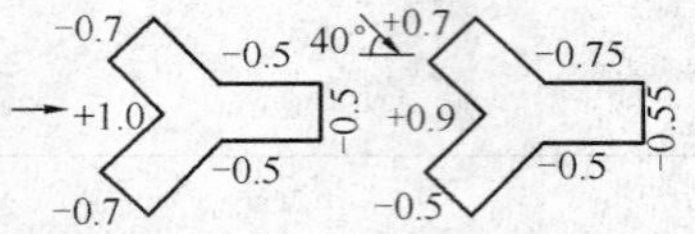 (c) L形平面 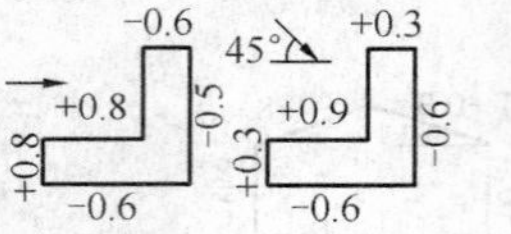 (d) Π形平面 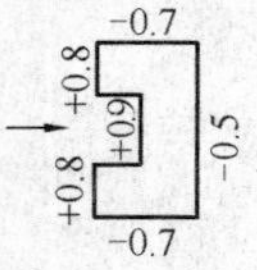 (e) 十字形平面 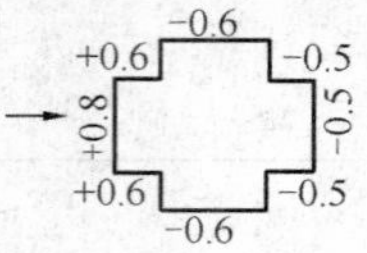 (f) 截角三边形平面 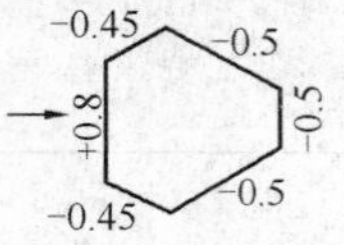	
31	高度超过 45m 的矩形截面高层建筑	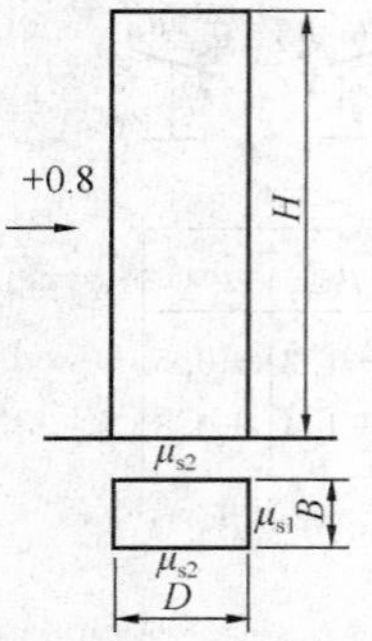	—

D/B	≤1	1.2	2	≥4
μ_{s1}	−0.6	−0.5	−0.4	−0.3
μ_{s2}	−0.7			

续表 8.3.1

项次	类别	体型及体型系数 μ_s	备注
32	各种截面的杆件	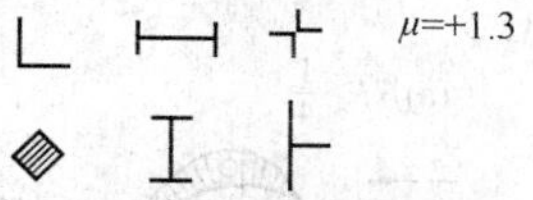	—
33	桁架	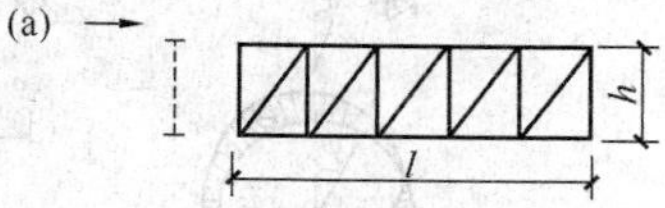 单榀桁架的体型系数 $\mu_{st} = \phi\mu_s$	
33	桁架	见下	—
34	独立墙壁及围墙	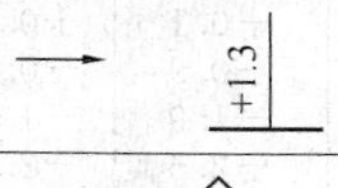	—
35	塔架	见下	中间值按线性插值法计算

33 桁架（续）

式中：μ_s 为桁架构件的体型系数，对型钢杆件按第 32 项采用，对圆管杆件按第 37（b）项采用；

$\phi = A_n/A$ 为桁架的挡风系数；

A_n 为桁架杆件和节点挡风的净投影面积；

$A = hl$ 为桁架的轮廓面积。

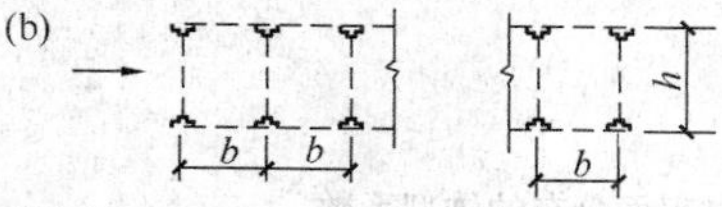

n 榀平行桁架的整体体型系数

$$\mu_{stw} = \mu_{st}\frac{1-\eta^n}{1-\eta}$$

式中：μ_{st} 为单榀桁架的体型系数；

η 系数按下表采用。

ϕ \ b/h	≤1	2	4	6
≤0.1	1.00	1.00	1.00	1.00
0.2	0.85	0.90	0.93	0.97
0.3	0.66	0.75	0.80	0.85
0.4	0.50	0.60	0.67	0.73
0.5	0.33	0.45	0.53	0.62
0.6	0.15	0.30	0.40	0.50

35 塔架（备注：中间值按线性插值法计算）

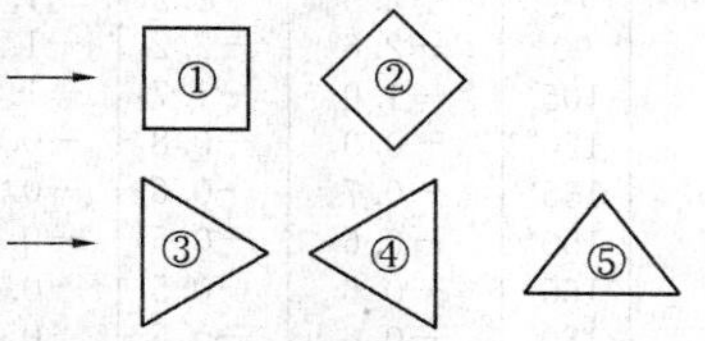

（a）角钢塔架整体计算时的体型系数 μ_s 按下表采用。

挡风系数 ϕ	方形			三角形风向③④⑤
	风向①	风向②		
		单角钢	组合角钢	
≤0.1	2.6	2.9	3.1	2.4
0.2	2.4	2.7	2.9	2.2
0.3	2.2	2.4	2.7	2.0
0.4	2.0	2.2	2.4	1.8
0.5	1.9	1.9	2.0	1.6

（b）管子及圆钢塔架整体计算时的体型系数 μ_s：

当 $\mu_z w_0 d^2$ 不大于 0.002 时，μ_s 按角钢塔架的 μ_s 值乘以 0.8 采用；

当 $\mu_z w_0 d^2$ 不小于 0.015 时，μ_s 按角钢塔架的 μ_s 值乘以 0.6 采用。

续表 8.3.1

项次	类别	体型及体型系数 μ_s	备注
36	旋转壳顶	(见下图及公式)	—
37	圆截面构筑物（包括烟囱、塔桅等）	(见下图及表)	1 (a) 项局部计算用表中的值适用于 $\mu_z w_0 d^2$ 大于 0.015 的表面光滑情况，其中 w_0 以 kN/m^2 计，d 以 m 计。 2 (b) 项整体计算用表中的中间值按线性插值法计算；Δ 为表面凸出高度

36 旋转壳顶

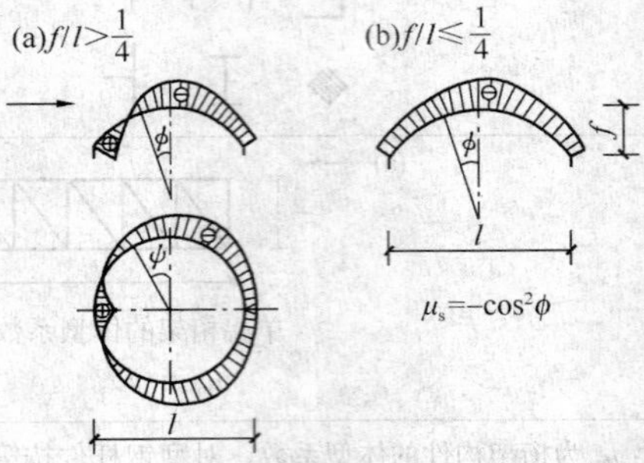

(b) $\mu_s = -\cos^2\phi$

(a) $$\mu_s = 0.5\sin^2\phi\sin\psi - \cos^2\phi$$

式中：ψ 为平面角，ϕ 为仰角。

37 圆截面构筑物（包括烟囱、塔桅等）

(a) 局部计算时表面分布的体型系数

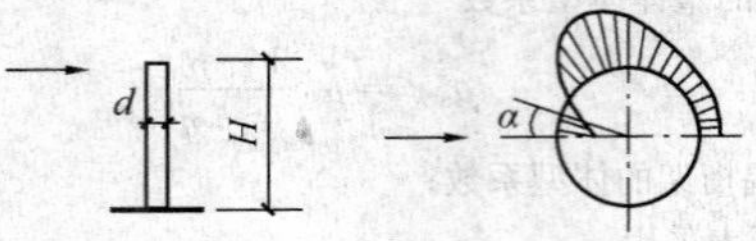

α	$H/d \geqslant 25$	$H/d=7$	$H/d=1$
0°	+1.0	+1.0	+1.0
15°	+0.8	+0.8	+0.8
30°	+0.1	+0.1	+0.1
45°	−0.9	−0.8	−0.7
60°	−1.9	−1.7	−1.2
75°	−2.5	−2.2	−1.5
90°	−2.6	−2.2	−1.7
105°	−1.9	−1.7	−1.2
120°	−0.9	−0.8	−0.7
135°	−0.7	−0.6	−0.5
150°	−0.6	−0.5	−0.4
165°	−0.6	−0.5	−0.4
180°	−0.6	−0.5	−0.4

(b) 整体计算时的体型系数

$\mu_z w_0 d^2$	表面情况	$H/d \geqslant 25$	$H/d=7$	$H/d=1$
≥0.015	$\Delta \approx 0$	0.6	0.5	0.5
	$\Delta = 0.02d$	0.9	0.8	0.7
	$\Delta = 0.08d$	1.2	1.0	0.8
≤0.002		1.2	0.8	0.7

续表 8.3.1

<table>
<tr><th>项次</th><th>类 别</th><th>体型及体型系数 μ_s</th><th>备 注</th></tr>
<tr><td>38</td><td>架空管道</td><td>

(a) 上下双管

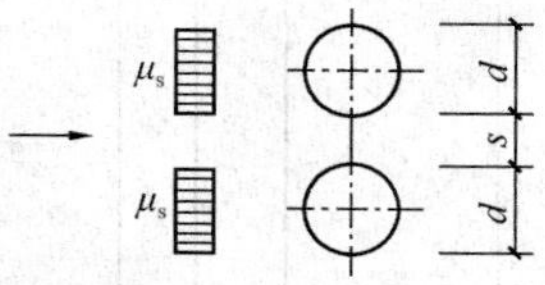

<table>
<tr><td>s/d</td><td>≤0.25</td><td>0.5</td><td>0.75</td><td>1.0</td><td>1.5</td><td>2.0</td><td>≥3.0</td></tr>
<tr><td>μ_s</td><td>+1.20</td><td>+0.90</td><td>+0.75</td><td>+0.70</td><td>+0.65</td><td>+0.63</td><td>+0.60</td></tr>
</table>

(b) 前后双管

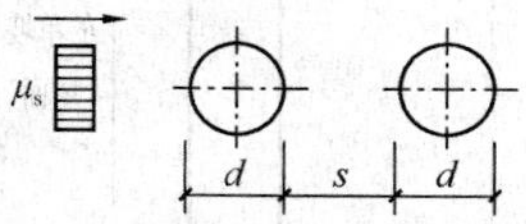

<table>
<tr><td>s/d</td><td>≤0.25</td><td>0.5</td><td>1.5</td><td>3.0</td><td>4.0</td><td>6.0</td><td>8.0</td><td>≥10.0</td></tr>
<tr><td>μ_s</td><td>+0.68</td><td>+0.86</td><td>+0.94</td><td>+0.99</td><td>+1.08</td><td>+1.11</td><td>+1.14</td><td>+1.20</td></tr>
</table>

(c) 密排多管

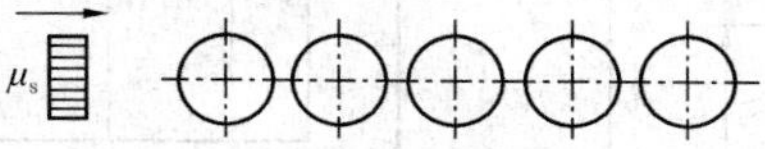

$\mu_s = +1.4$

</td><td>

1 本图适用于 $\mu_z w_0 d^2 \geqslant 0.015$ 的情况；

2 (b) 项前后双管的 μ_s 值为前后两管之和，其中前管为 0.6；

3 (c) 项密排多管的 μ_s 值为各管之总和

</td></tr>
<tr><td>39</td><td>拉索</td><td>

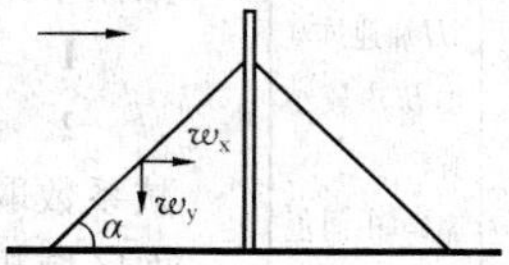

风荷载水平分量 w_x 的体型系数 μ_{sx} 及垂直分量 w_y 的体型系数 μ_{sy} 按下表采用：

<table>
<tr><th>α</th><th>μ_{sx}</th><th>μ_{sy}</th><th>α</th><th>μ_{sx}</th><th>μ_{sy}</th></tr>
<tr><td>0°</td><td>0.00</td><td>0.00</td><td>50°</td><td>0.60</td><td>0.40</td></tr>
<tr><td>10°</td><td>0.05</td><td>0.05</td><td>60°</td><td>0.85</td><td>0.40</td></tr>
<tr><td>20°</td><td>0.10</td><td>0.10</td><td>70°</td><td>1.10</td><td>0.30</td></tr>
<tr><td>30°</td><td>0.20</td><td>0.25</td><td>80°</td><td>1.20</td><td>0.20</td></tr>
<tr><td>40°</td><td>0.35</td><td>0.40</td><td>90°</td><td>1.25</td><td>0.00</td></tr>
</table>

</td><td>—</td></tr>
</table>

8.3.2 当多个建筑物，特别是群集的高层建筑，相互间距较近时，宜考虑风力相互干扰的群体效应；一般可将单独建筑物的体型系数 μ_s 乘以相互干扰系数。相互干扰系数可按下列规定确定：

1 对矩形平面高层建筑，当单个施扰建筑与受扰建筑高度相近时，根据施扰建筑的位置，对顺风向风荷载可在 1.00～1.10 范围内选取，对横风向风荷载可在 1.00～1.20 范围内选取；

2 其他情况可比照类似条件的风洞试验资料确定，必要时宜通过风洞试验确定。

8.3.3 计算围护构件及其连接的风荷载时，可按下列规定采用局部体型系数 μ_{sl}：

1 封闭式矩形平面房屋的墙面及屋面可按表 8.3.3 的规定采用；

2 檐口、雨篷、遮阳板、边棱处的装饰条等突出构件，取 −2.0；

3 其他房屋和构筑物可按本规范第 8.3.1 条规定体型系数的 1.25 倍取值。

表 8.3.3 封闭式矩形平面房屋的局部体型系数

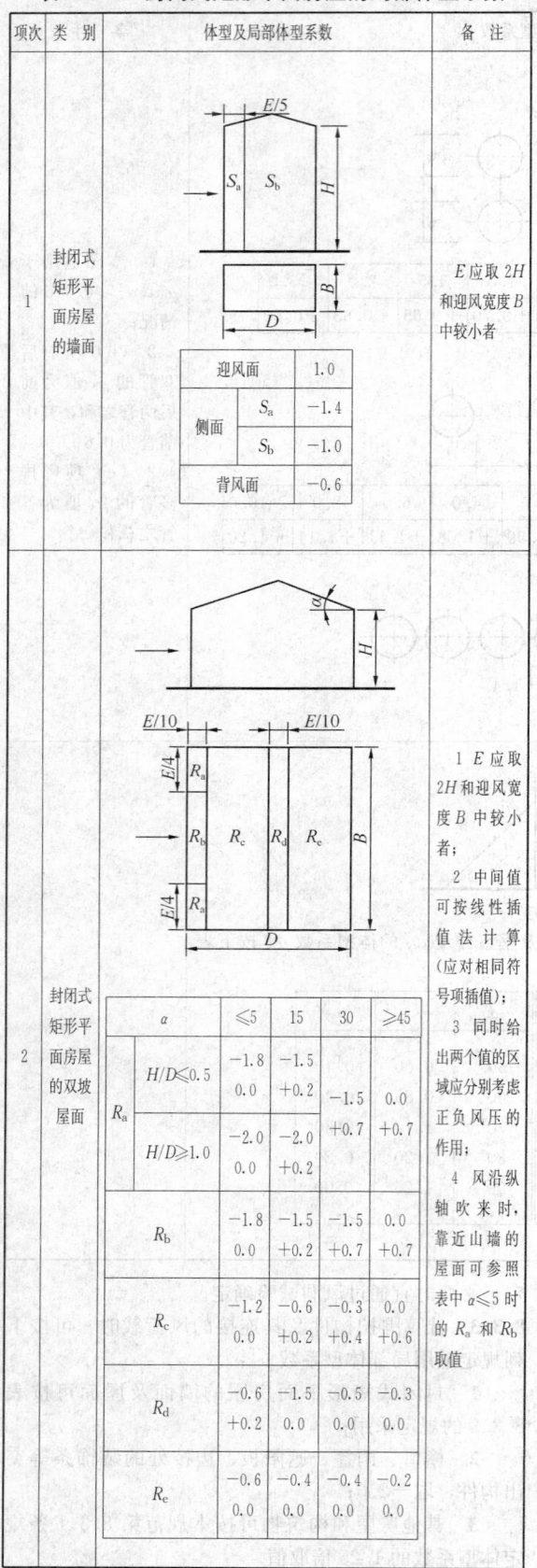

项次	类别	体型及局部体型系数	备注
1	封闭式矩形平面房屋的墙面	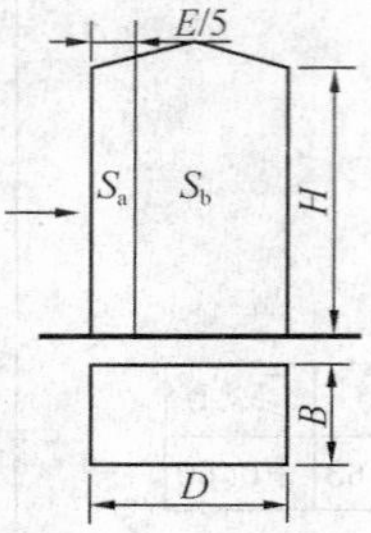 见下表（项次1）	E 应取 2H 和迎风宽度 B 中较小者
2	封闭式矩形平面房屋的双坡屋面	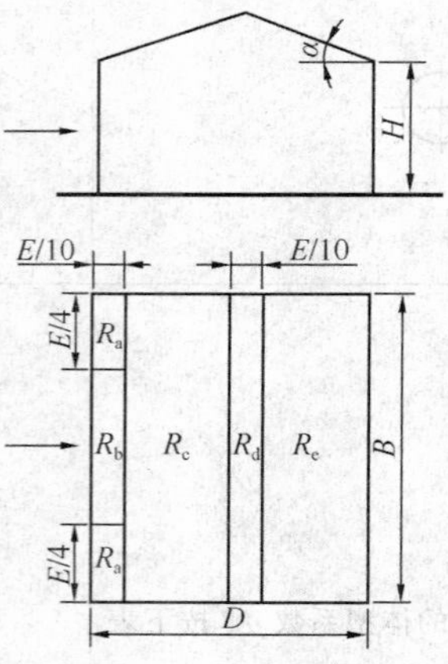 见下表（项次2）	1 E 应取 2H 和迎风宽度 B 中较小者； 2 中间值可按线性插值法计算（应对相同符号项插值）； 3 同时给出两个值的区域应分别考虑正负风压的作用； 4 风沿纵轴吹来时，靠近山墙的屋面可参照表中 α≤5 时的 R_a 和 R_b 取值

项次 1：

迎风面		1.0
侧面	S_a	−1.4
	S_b	−1.0
背风面		−0.6

项次 2：

α		≤5	15	30	≥45
R_a	H/D≤0.5	−1.8 0.0	−1.5 +0.2	−1.5 +0.7	0.0 +0.7
	H/D≥1.0	−2.0 0.0	−2.0 +0.2		
R_b		−1.8 0.0	−1.5 +0.2	−1.5 +0.7	0.0 +0.7
R_c		−1.2 0.0	−0.6 +0.2	−0.3 +0.4	0.0 +0.6
R_d		−0.6 +0.2	−1.5 0.0	−0.5 0.0	−0.3 0.0
R_e		−0.6 0.0	−0.4 0.0	−0.4 0.0	−0.2 0.0

续表 8.3.3

项次	类别	体型及局部体型系数	备注
3	封闭式矩形平面房屋的单坡屋面	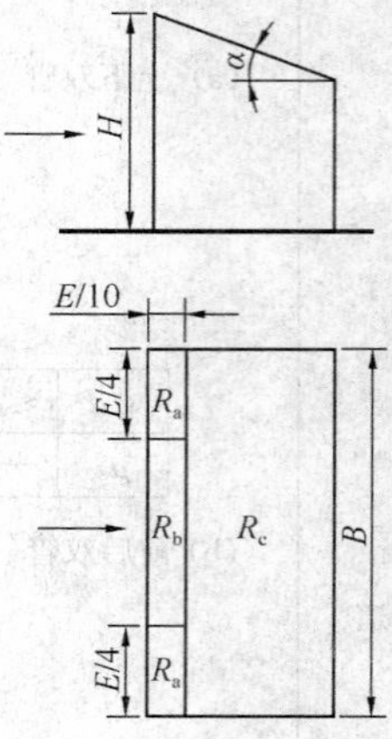 见下表（项次3）	1 E 应取 2H 和迎风宽度 B 中的较小者； 2 中间值可按线性插值法计算； 3 迎风坡面可参考第 2 项取值

项次 3：

α	≤5	15	30	≥45
R_a	−2.0	−2.5	−2.3	−1.2
R_b	−2.0	−2.0	−1.5	−0.5
R_c	−1.2	−1.2	−0.8	−0.5

8.3.4 计算非直接承受风荷载的围护构件风荷载时，局部体型系数 μ_{sl} 可按构件的从属面积折减，折减系数按下列规定采用：

1 当从属面积不大于 $1m^2$ 时，折减系数取 1.0；

2 当从属面积大于或等于 $25m^2$ 时，对墙面折减系数取 0.8，对局部体型系数绝对值大于 1.0 的屋面区域折减系数取 0.6，对其他屋面区域折减系数取 1.0；

3 当从属面积大于 $1m^2$ 小于 $25m^2$ 时，墙面和绝对值大于 1.0 的屋面局部体型系数可采用对数插值，即按下式计算局部体型系数：

$$\mu_{sl}(A)=\mu_{sl}(1)+[\mu_{sl}(25)-\mu_{sl}(1)]\log A/1.4 \qquad (8.3.4)$$

8.3.5 计算围护构件风荷载时，建筑物内部压力的局部体型系数可按下列规定采用：

1 封闭式建筑物，按其外表面风压的正负情况取−0.2 或 0.2；

2 仅一面墙有主导洞口的建筑物，按下列规定采用：

1）当开洞率大于 0.02 且小于或等于 0.10 时，取 $0.4\mu_{sl}$；

2）当开洞率大于 0.10 且小于或等于 0.30 时，取 $0.6\mu_{sl}$；

3）当开洞率大于 0.30 时，取 $0.8\mu_{sl}$。

3 其他情况，应按开放式建筑物的 μ_{sl} 取值。

注：1 主导洞口的开洞率是指单个主导洞口面积与该墙面全部面积之比；

2 μ_{s1}应取主导洞口对应位置的值。

8.3.6 建筑结构的风洞试验，其试验设备、试验方法和数据处理应符合相关规范的规定。

8.4 顺风向风振和风振系数

8.4.1 对于高度大于 30m 且高宽比大于 1.5 的房屋，以及基本自振周期 T_1 大于 0.25s 的各种高耸结构，应考虑风压脉动对结构产生顺风向风振的影响。顺风向风振响应计算应按结构随机振动理论进行。对于符合本规范第 8.4.3 条规定的结构，可采用风振系数法计算其顺风向风荷载。

注：1 结构的自振周期应按结构动力学计算；近似的基本自振周期 T_1 可按附录 F 计算；

2 高层建筑顺风向风振加速度可按本规范附录 J 计算。

8.4.2 对于风敏感的或跨度大于 36m 的柔性屋盖结构，应考虑风压脉动对结构产生风振的影响。屋盖结构的风振响应，宜依据风洞试验结果按随机振动理论计算确定。

8.4.3 对于一般竖向悬臂型结构，例如高层建筑和构架、塔架、烟囱等高耸结构，均可仅考虑结构第一振型的影响，结构的顺风向风荷载可按公式（8.1.1-1）计算。z 高度处的风振系数 β_z 可按下式计算：

$$\beta_z = 1 + 2gI_{10}B_z\sqrt{1+R^2} \qquad (8.4.3)$$

式中：g ——峰值因子，可取 2.5；

I_{10} ——10m 高度名义湍流强度，对应 A、B、C 和 D 类地面粗糙度，可分别取 0.12、0.14、0.23 和 0.39；

R ——脉动风荷载的共振分量因子；

B_z ——脉动风荷载的背景分量因子。

8.4.4 脉动风荷载的共振分量因子可按下列公式计算：

$$R = \sqrt{\frac{\pi}{6\zeta_1}\frac{x_1^2}{(1+x_1^2)^{4/3}}} \qquad (8.4.4\text{-}1)$$

$$x_1 = \frac{30f_1}{\sqrt{k_w w_0}}, x_1 > 5 \qquad (8.4.4\text{-}2)$$

式中：f_1 ——结构第 1 阶自振频率（Hz）；

k_w ——地面粗糙度修正系数，对 A 类、B 类、C 类和 D 类地面粗糙度分别取 1.28、1.0、0.54 和 0.26；

ζ_1 ——结构阻尼比，对钢结构可取 0.01，对有填充墙的钢结构房屋可取 0.02，对钢筋混凝土及砌体结构可取 0.05，对其他结构可根据工程经验确定。

8.4.5 脉动风荷载的背景分量因子可按下列规定确定：

1 对体型和质量沿高度均匀分布的高层建筑和高耸结构，可按下式计算：

$$B_z = kH^{a_1}\rho_x\rho_z\frac{\phi_1(z)}{\mu_z} \qquad (8.4.5)$$

式中：$\phi_1(z)$ ——结构第 1 阶振型系数；

H ——结构总高度（m），对 A、B、C 和 D 类地面粗糙度，H 的取值分别不应大于 300m、350m、450m 和 550m；

ρ_x ——脉动风荷载水平方向相关系数；

ρ_z ——脉动风荷载竖直方向相关系数；

k、a_1 ——系数，按表 8.4.5-1 取值。

表 8.4.5-1 系数 k 和 a_1

粗糙度类别		A	B	C	D
高层建筑	k	0.944	0.670	0.295	0.112
	a_1	0.155	0.187	0.261	0.346
高耸结构	k	1.276	0.910	0.404	0.155
	a_1	0.186	0.218	0.292	0.376

2 对迎风面和侧风面的宽度沿高度按直线或接近直线变化，而质量沿高度按连续规律变化的高耸结构，式（8.4.5）计算的背景分量因子 B_z 应乘以修正系数 θ_B 和 θ_v。θ_B 为构筑物在 z 高度处的迎风面宽度 $B(z)$ 与底部宽度 $B(0)$ 的比值；θ_v 可按表 8.4.5-2 确定。

表 8.4.5-2 修正系数 θ_v

$B(H)/B(0)$	1	0.9	0.8	0.7	0.6	0.5	0.4	0.3	0.2	≤0.1
θ_v	1.00	1.10	1.20	1.32	1.50	1.75	2.08	2.53	3.30	5.60

8.4.6 脉动风荷载的空间相关系数可按下列规定确定：

1 竖直方向的相关系数可按下式计算：

$$\rho_z = \frac{10\sqrt{H+60e^{-H/60}-60}}{H} \qquad (8.4.6\text{-}1)$$

式中：H ——结构总高度（m）；对 A、B、C 和 D 类地面粗糙度，H 的取值分别不应大于 300m、350m、450m 和 550m。

2 水平方向相关系数可按下式计算：

$$\rho_x = \frac{10\sqrt{B+50e^{-B/50}-50}}{B} \qquad (8.4.6\text{-}2)$$

式中：B ——结构迎风面宽度（m），$B \leqslant 2H$。

3 对迎风面宽度较小的高耸结构，水平方向相关系数可取 $\rho_x = 1$。

8.4.7 振型系数应根据结构动力计算确定。对外形、质量、刚度沿高度按连续规律变化的竖向悬臂型高耸结构及沿高度比较均匀的高层建筑，振型系数 $\phi_1(z)$ 也可根据相对高度 z/H 按本规范附录 G 确定。

8.5 横风向和扭转风振

8.5.1 对于横风向风振作用效应明显的高层建筑以

及细长圆形截面构筑物，宜考虑横风向风振的影响。

8.5.2 横风向风振的等效风荷载可按下列规定采用：

1 对于平面或立面体型较复杂的高层建筑和高耸结构，横风向风振的等效风荷载 w_{Lk} 宜通过风洞试验确定，也可比照有关资料确定；

2 对于圆形截面高层建筑及构筑物，其由跨临界强风共振（旋涡脱落）引起的横风向风振等效风荷载 w_{Lk} 可按本规范附录 H.1 确定；

3 对于矩形截面及凹角或削角矩形截面的高层建筑，其横风向风振等效风荷载 w_{Lk} 可按本规范附录 H.2 确定。

注：高层建筑横风向风振加速度可按本规范附录 J 计算。

8.5.3 对圆形截面的结构，应按下列规定对不同雷诺数 Re 的情况进行横风向风振（旋涡脱落）的校核：

1 当 $Re < 3\times10^5$ 且结构顶部风速 v_H 大于 v_{cr} 时，可发生亚临界的微风共振。此时，可在构造上采取防振措施，或控制结构的临界风速 v_{cr} 不小于 15m/s。

2 当 $Re \geqslant 3.5\times10^6$ 且结构顶部风速 v_H 的 1.2 倍大于 v_{cr} 时，可发生跨临界的强风共振，此时应考虑横风向风振的等效风荷载。

3 当雷诺数为 $3\times10^5 \leqslant Re < 3.5\times10^6$ 时，则发生超临界范围的风振，可不作处理。

4 雷诺数 Re 可按下列公式确定：

$$Re = 69000vD \quad (8.5.3\text{-}1)$$

式中：v——计算所用风速，可取临界风速值 v_{cr}；

D——结构截面的直径（m），当结构的截面沿高度缩小时（倾斜度不大于 0.02），可近似取 2/3 结构高度处的直径。

5 临界风速 v_{cr} 和结构顶部风速 v_H 可按下列公式确定：

$$v_{cr} = \frac{D}{T_i St} \quad (8.5.3\text{-}2)$$

$$v_H = \sqrt{\frac{2000\mu_H w_0}{\rho}} \quad (8.5.3\text{-}3)$$

式中：T_i——结构第 i 振型的自振周期，验算亚临界微风共振时取基本自振周期 T_1；

St——斯脱罗哈数，对圆截面结构取 0.2；

μ_H——结构顶部风压高度变化系数；

w_0——基本风压（kN/m^2）；

ρ——空气密度（kg/m^3）。

8.5.4 对于扭转风振作用效应明显的高层建筑及高耸结构，宜考虑扭转风振的影响。

8.5.5 扭转风振等效风荷载可按下列规定采用：

1 对于体型较复杂以及质量或刚度有显著偏心的高层建筑，扭转风振等效风荷载 w_{Tk} 宜通过风洞试验确定，也可比照有关资料确定；

2 对于质量和刚度较对称的矩形截面高层建筑，其扭转风振等效风荷载 w_{Tk} 可按本规范附录 H.3 确定。

8.5.6 顺风向风荷载、横风向风振及扭转风振等效风荷载宜按表 8.5.6 考虑风荷载组合工况。表 8.5.6 中的单位高度风力 F_{Dk}、F_{Lk} 及扭矩 T_{Tk} 标准值应按下列公式计算：

$$F_{Dk} = (w_{k1} - w_{k2})B \quad (8.5.6\text{-}1)$$

$$F_{Lk} = w_{Lk}B \quad (8.5.6\text{-}2)$$

$$T_{Tk} = w_{Tk}B^2 \quad (8.5.6\text{-}3)$$

式中：F_{Dk}——顺风向单位高度风力标准值（kN/m）；

F_{Lk}——横风向单位高度风力标准值（kN/m）；

T_{Tk}——单位高度风致扭矩标准值（kN·m/m）；

w_{k1}、w_{k2}——迎风面、背风面风荷载标准值（kN/m^2）；

w_{Lk}、w_{Tk}——横风向风振和扭转风振等效风荷载标准值（kN/m^2）；

B——迎风面宽度（m）。

表 8.5.6 风荷载组合工况

工况	顺风向风荷载	横风向风振等效风荷载	扭转风振等效风荷载
1	F_{Dk}	—	—
2	$0.6F_{Dk}$	F_{Lk}	—
3	—	—	T_{Tk}

8.6 阵 风 系 数

8.6.1 计算围护结构（包括门窗）风荷载时的阵风系数应按表 8.6.1 确定。

表 8.6.1 阵风系数 β_{gz}

离地面高度（m）	地面粗糙度类别			
	A	B	C	D
5	1.65	1.70	2.05	2.40
10	1.60	1.70	2.05	2.40
15	1.57	1.66	2.05	2.40
20	1.55	1.63	1.99	2.40
30	1.53	1.59	1.90	2.40
40	1.51	1.57	1.85	2.29
50	1.49	1.55	1.81	2.20
60	1.48	1.54	1.78	2.14
70	1.48	1.52	1.75	2.09
80	1.47	1.51	1.73	2.04
90	1.46	1.50	1.71	2.01
100	1.46	1.50	1.69	1.98
150	1.43	1.47	1.63	1.87

续表 8.6.1

离地面高度（m）	地面粗糙度类别			
	A	B	C	D
200	1.42	1.45	1.59	1.79
250	1.41	1.43	1.57	1.74
300	1.40	1.42	1.54	1.70
350	1.40	1.41	1.53	1.67
400	1.40	1.41	1.51	1.64
450	1.40	1.41	1.50	1.62
500	1.40	1.41	1.50	1.60
550	1.40	1.41	1.50	1.59

9 温度作用

9.1 一般规定

9.1.1 温度作用应考虑气温变化、太阳辐射及使用热源等因素，作用在结构或构件上的温度作用应采用其温度的变化来表示。

9.1.2 计算结构或构件的温度作用效应时，应采用材料的线膨胀系数 α_T 。常用材料的线膨胀系数可按表 9.1.2 采用。

表 9.1.2 常用材料的线膨胀系数 α_T

材 料	线膨胀系数 α_T（$\times10^{-6}$/℃）
轻骨料混凝土	7
普通混凝土	10
砌体	6～10
钢，锻铁，铸铁	12
不锈钢	16
铝，铝合金	24

9.1.3 温度作用的组合值系数、频遇值系数和准永久值系数可分别取 0.6、0.5 和 0.4。

9.2 基本气温

9.2.1 基本气温可采用按本规范附录 E 规定的方法确定的 50 年重现期的月平均最高气温 T_{max} 和月平均最低气温 T_{min}。全国各城市的基本气温值可按本规范附录 E 中表 E.5 采用。当城市或建设地点的基本气温值在本规范附录 E 中没有给出时，基本气温值可根据当地气象台站记录的气温资料，按附录 E 规定的方法通过统计分析确定。当地没有气温资料时，可根据附近地区规定的基本气温，通过气象和地形条件的对比分析确定；也可比照本规范附录 E 中图 E.6.4 和图 E.6.5 近似确定。

9.2.2 对金属结构等对气温变化较敏感的结构，宜考虑极端气温的影响，基本气温 T_{max} 和 T_{min} 可根据当地气候条件适当增加或降低。

9.3 均匀温度作用

9.3.1 均匀温度作用的标准值应按下列规定确定：

1 对结构最大温升的工况，均匀温度作用标准值按下式计算：

$$\Delta T_k = T_{s,max} - T_{0,min} \tag{9.3.1-1}$$

式中：ΔT_k——均匀温度作用标准值（℃）；

$T_{s,max}$——结构最高平均温度（℃）；

$T_{0,min}$——结构最低初始平均温度（℃）。

2 对结构最大温降的工况，均匀温度作用标准值按下式计算：

$$\Delta T_k = T_{s,min} - T_{0,max} \tag{9.3.1-2}$$

式中：$T_{s,min}$——结构最低平均温度（℃）；

$T_{0,max}$——结构最高初始平均温度（℃）。

9.3.2 结构最高平均温度 $T_{s,max}$ 和最低平均温度 $T_{s,min}$ 宜分别根据基本气温 T_{max} 和 T_{min} 按热工学的原理确定。对于有围护的室内结构，结构平均温度应考虑室内外温差的影响；对于暴露于室外的结构或施工期间的结构，宜依据结构的朝向和表面吸热性质考虑太阳辐射的影响。

9.3.3 结构的最高初始平均温度 $T_{0,max}$ 和最低初始平均温度 $T_{0,min}$ 应根据结构的合拢或形成约束的时间确定，或根据施工时结构可能出现的温度按不利情况确定。

10 偶然荷载

10.1 一般规定

10.1.1 偶然荷载应包括爆炸、撞击、火灾及其他偶然出现的灾害引起的荷载。本章规定仅适用于爆炸和撞击荷载。

10.1.2 当采用偶然荷载作为结构设计的主导荷载时，在允许结构出现局部构件破坏的情况下，应保证结构不致因偶然荷载引起连续倒塌。

10.1.3 偶然荷载的荷载设计值可直接取用按本章规定的方法确定的偶然荷载标准值。

10.2 爆 炸

10.2.1 由炸药、燃气、粉尘等引起的爆炸荷载宜按等效静力荷载采用。

10.2.2 在常规炸药爆炸动荷载作用下，结构构件的等效均布静力荷载标准值，可按下式计算：

$$q_{ce} = K_{dc} p_c \tag{10.2.2}$$

式中：q_{ce}——作用在结构构件上的等效均布静力荷载标准值；

p_c——作用在结构构件上的均布动荷载最大压力，可按国家标准《人民防空地下室设计规范》GB 50038－2005 中第 4.3.2 条和第 4.3.3 条的有关规定采用；

K_{dc}——动力系数，根据构件在均布动荷载作用下的动力分析结果，按最大内力等效的原则确定。

注：其他原因引起的爆炸，可根据其等效 TNT 装药量，参考本条方法确定等效均布静力荷载。

10.2.3 对于具有通口板的房屋结构，当通口板面积 A_V 与爆炸空间体积 V 之比在 0.05～0.15 之间且体积 V 小于 1000m³ 时，燃气爆炸的等效均布静力荷载 p_k 可按下列公式计算并取其较大值：

$$p_k = 3 + p_V \tag{10.2.3-1}$$

$$p_k = 3 + 0.5p_V + 0.04\left(\frac{A_V}{V}\right)^2 \tag{10.2.3-2}$$

式中：p_V——通口板（一般指窗口的平板玻璃）的额定破坏压力（kN/m^2）；

A_V——通口板面积（m^2）；

V——爆炸空间的体积（m^3）。

10.3 撞击

10.3.1 电梯竖向撞击荷载标准值可在电梯总重力荷载的(4～6)倍范围内选取。

10.3.2 汽车的撞击荷载可按下列规定采用：

1 顺行方向的汽车撞击力标准值 P_k(kN) 可按下式计算：

$$P_k = \frac{mv}{t} \tag{10.3.2}$$

式中：m——汽车质量（t），包括车自重和载重；

v——车速（m/s）；

t——撞击时间（s）。

2 撞击力计算参数 m、v、t 和荷载作用点位置宜按照实际情况采用；当无数据时，汽车质量可取 15t，车速可取 22.2m/s，撞击时间可取 1.0s，小型车和大型车的撞击力荷载作用点位置可分别取位于路面以上 0.5m 和 1.5m 处。

3 垂直行车方向的撞击力标准值可取顺行方向撞击力标准值的 0.5 倍，二者可不考虑同时作用。

10.3.3 直升飞机非正常着陆的撞击荷载可按下列规定采用：

1 竖向等效静力撞击力标准值 P_k（kN）可按下式计算：

$$P_k = C\sqrt{m} \tag{10.3.3}$$

式中：C——系数，取 $3kN \cdot kg^{-0.5}$；

m——直升飞机的质量（kg）。

2 竖向撞击力的作用范围宜包括停机坪内任何区域以及停机坪边缘线 7m 之内的屋顶结构。

3 竖向撞击力的作用区域宜取 2m×2m。

附录 A 常用材料和构件的自重

表 A 常用材料和构件的自重表

项次		名称	自重	备注
1	木材 (kN/m^3)	杉木	4.0	随含水率而不同
		冷杉、云杉、红松、华山松、樟子松、铁杉、拟赤杨、红椿、杨木、枫杨	4.0～5.0	随含水率而不同
		马尾松、云南松、油松、赤松、广东松、桤木、枫香、柳木、檫木、秦岭落叶松、新疆落叶松	5.0～6.0	随含水率而不同
		东北落叶松、陆均松、榆木、桦木、水曲柳、苦楝、木荷、臭椿	6.0～7.0	随含水率而不同
		锥木(栲木)、石栎、槐木、乌墨	7.0～8.0	随含水率而不同
		青冈栎(楮木)、栎木(柞木)、桉树、木麻黄	8.0～9.0	随含水率而不同
		普通木板条、椽檩木料	5.0	随含水率而不同
		锯末	2.0～2.5	加防腐剂时为 $3kN/m^3$
		木丝板	4.0～5.0	—
		软木板	2.5	—
		刨花板	6.0	—
2	胶合板材 (kN/m^2)	胶合三夹板(杨木)	0.019	—
		胶合三夹板(椴木)	0.022	—
		胶合三夹板(水曲柳)	0.028	—
		胶合五夹板(杨木)	0.030	—
		胶合五夹板(椴木)	0.034	—
		胶合五夹板(水曲柳)	0.040	—
		甘蔗板(按 10mm 厚计)	0.030	常用厚度为 13mm，15mm，19mm，25mm
		隔声板(按 10mm 厚计)	0.030	常用厚度为 13mm，20mm
		木屑板(按 10mm 厚计)	0.120	常用厚度为 6mm，10mm
3	金属矿产 (kN/m^3)	锻铁	77.5	—
		铁矿渣	27.6	—
		赤铁矿	25.0～30.0	—
		钢	78.5	—
		紫铜、赤铜	89.0	—
		黄铜、青铜	85.0	—
		硫化铜矿	42.0	—

续表 A

项次	名　称		自重	备　注
3	金属矿产 (kN/m³)	铝	27.0	—
		铝合金	28.0	—
		锌	70.5	—
		亚锌矿	40.5	—
		铅	114.0	—
		方铅矿	74.5	—
		金	193.0	—
		白金	213.0	—
		银	105.0	—
		锡	73.5	—
		镍	89.0	—
		水银	136.0	—
		钨	189.0	—
		镁	18.5	—
		锑	66.6	—
		水晶	29.5	—
		硼砂	17.5	—
		硫矿	20.5	—
		石棉矿	24.6	—
		石棉	10.0	压实
		石棉	4.0	松散，含水量不大于15%
		石垩(高岭土)	22.0	—
		石膏矿	25.5	—
		石膏	13.0～14.5	粗块堆放 $\varphi=30°$ 细块堆放 $\varphi=40°$
		石膏粉	9.0	—
4	土、砂、砂砾、岩石 (kN/m³)	腐殖土	15.0～16.0	干，$\varphi=40°$；湿，$\varphi=35°$； 很湿，$\varphi=25°$
		黏土	13.5	干，松，空隙比为1.0
		黏土	16.0	干，$\varphi=40°$，压实
		黏土	18.0	湿，$\varphi=35°$，压实
		黏土	20.0	很湿，$\varphi=25°$，压实
		砂土	12.2	干，松
		砂土	16.0	干，$\varphi=35°$，压实
		砂土	18.0	湿，$\varphi=35°$，压实
		砂土	20.0	很湿，$\varphi=25°$，压实
		砂土	14.0	干，细砂
		砂土	17.0	干，粗砂
		卵石	16.0～18.0	干
		黏土夹卵石	17.0～18.0	干，松
		砂夹卵石	15.0～17.0	干，松
		砂夹卵石	16.0～19.2	干，压实

续表 A

项次	名　称		自重	备　注
4	土、砂、砂砾、岩石 (kN/m³)	砂夹卵石	18.9～19.2	湿
		浮石	6.0～8.0	干
		浮石填充料	4.0～6.0	—
		砂岩	23.6	—
		页岩	28.0	—
		页岩	14.8	片石堆置
		泥灰石	14.0	$\varphi=40°$
		花岗岩、大理石	28.0	—
		花岗岩	15.4	片石堆置
		石灰石	26.4	—
		石灰石	15.2	片石堆置
		贝壳石灰岩	14.0	—
		白云石	16.0	片石堆置 $\varphi=48°$
		滑石	27.1	—
		火石(燧石)	35.2	—
		云斑石	27.6	—
		玄武岩	29.5	—
		长石	25.5	—
		角闪石、绿石	30.0	—
		角闪石、绿石	17.1	片石堆置
		碎石子	14.0～15.0	堆置
4	土、砂、砂砾、岩石 (kN/m³)	岩粉	16.0	黏土质或石灰质的
		多孔黏土	5.0～8.0	作填充料用，$\varphi=35°$
		硅藻土填充料	4.0～6.0	—
		辉绿岩板	29.5	—
5	砖及砌块 (kN/m³)	普通砖	18.0	240mm×115mm×53mm(684块/m³)
		普通砖	19.0	机器制
		缸砖	21.0～21.5	230mm×110mm×65mm(609块/m³)
		红缸砖	20.4	—
		耐火砖	19.0～22.0	230mm×110mm×65mm(609块/m³)
		耐酸瓷砖	23.0～25.0	230mm×113mm×65mm(590块/m³)
		灰砂砖	18.0	砂：白灰=92：8
		煤渣砖	17.0～18.5	—
		矿渣砖	18.5	硬矿渣：烟灰：石灰=75：15：10

续表 A

项次	名称		自重	备注
5	砖及砌块 (kN/m^3)	焦渣砖	12.0～14.0	—
		烟灰砖	14.0～15.0	炉渣：电石渣：烟灰=30：40：30
		黏土坯	12.0～15.0	—
		锯末砖	9.0	—
		焦渣空心砖	10.0	290mm×290mm×140mm(85块/m^3)
		水泥空心砖	9.8	290mm×290mm×140mm(85块/m^3)
		水泥空心砖	10.3	300mm×250mm×110mm(121块/m^3)
		水泥空心砖	9.6	300mm×250mm×160mm(83块/m^3)
		蒸压粉煤灰砖	14.0～16.0	干重度
		陶粒空心砌块	5.0	长600mm、400mm，宽150mm、250mm，高250mm、200mm
			6.0	390mm×290mm×190mm
		粉煤灰轻渣空心砌块	7.0～8.0	390mm×190mm×190mm，390mm×240mm×190mm
		蒸压粉煤灰加气混凝土砌块	5.5	—
		混凝土空心小砌块	11.8	390mm×190mm×190mm
		碎砖	12.0	堆置
		水泥花砖	19.8	200mm×200mm×24mm(1042块/m^3)
		瓷面砖	17.8	150mm×150mm×8mm(5556块/m^3)
		陶瓷马赛克	0.12kN/m^2	厚5mm
6	石灰、水泥、灰浆及混凝土 (kN/m^3)	生石灰块	11.0	堆置，$\varphi=30°$
		生石灰粉	12.0	堆置，$\varphi=35°$
		熟石灰膏	13.5	—
		石灰砂浆、混合砂浆	17.0	—
		水泥石灰焦渣砂浆	14.0	—
		石灰炉渣	10.0～12.0	—
		水泥炉渣	12.0～14.0	—
		石灰焦渣砂浆	13.0	—
		灰土	17.5	石灰：土=3：7，夯实
		稻草石灰泥	16.0	—

续表 A

项次	名称		自重	备注
6	石灰、水泥、灰浆及混凝土 (kN/m^3)	纸筋石灰泥	16.0	—
		石灰锯末	3.4	石灰：锯末=1：3
		石灰三合土	17.5	石灰、砂子、卵石
		水泥	12.5	轻质松散，$\varphi=20°$
		水泥	14.5	散装，$\varphi=30°$
		水泥	16.0	袋装压实，$\varphi=40°$
		矿渣水泥	14.5	—
		水泥砂浆	20.0	—
		水泥蛭石砂浆	5.0～8.0	—
		石棉水泥浆	19.0	—
		膨胀珍珠岩砂浆	7.0～15.0	—
		石膏砂浆	12.0	—
		碎砖混凝土	18.5	—
		素混凝土	22.0～24.0	振捣或不振捣
		矿渣混凝土	20.0	—
		焦渣混凝土	16.0～17.0	承重用
		焦渣混凝土	10.0～14.0	填充用
		铁屑混凝土	28.0～65.0	—
		浮石混凝土	9.0～14.0	—
		沥青混凝土	20.0	—
		无砂大孔性混凝土	16.0～19.0	—
		泡沫混凝土	4.0～6.0	—
		加气混凝土	5.5～7.5	单块
		石灰粉煤灰加气混凝土	6.0～6.5	—
6	石灰、水泥、灰浆及混凝土 (kN/m^3)	钢筋混凝土	24.0～25.0	—
		碎砖钢筋混凝土	20.0	—
		钢丝网水泥	25.0	用于承重结构
		水玻璃耐酸混凝土	20.0～23.5	—
		粉煤灰陶砾混凝土	19.5	—
7	沥青、煤灰、油料 (kN/m^3)	石油沥青	10.0～11.0	根据相对密度
		柏油	12.0	—
		煤沥青	13.4	—
		煤焦油	10.0	—
		无烟煤	15.5	整体
		无烟煤	9.5	块状堆放，$\varphi=30°$
		无烟煤	8.0	碎状堆放，$\varphi=35°$
		煤末	7.0	堆放，$\varphi=15°$
		煤球	10.0	堆放
		褐煤	12.5	—

续表A

项次		名称	自重	备注
7	沥青、煤灰、油料(kN/m³)	褐煤	7.0～8.0	堆放
		泥炭	7.5	—
		泥炭	3.2～3.4	堆放
		木炭	3.0～5.0	—
		煤焦	12.0	—
		煤焦	7.0	堆放，$\varphi=45°$
		焦渣	10.0	—
		煤灰	6.5	—
		煤灰	8.0	压实
		石墨	20.8	—
		煤蜡	9.0	—
		油蜡	9.6	—
		原油	8.8	—
		煤油	8.0	—
		煤油	7.2	桶装，相对密度0.82～0.89
		润滑油	7.4	—
		汽油	6.7	—
		汽油	6.4	桶装，相对密度0.72～0.76
		动物油、植物油	9.3	—
		豆油	8.0	大铁桶装，每桶360kg
8	杂项(kN/m³)	普通玻璃	25.6	—
		钢丝玻璃	26.0	—
		泡沫玻璃	3.0～5.0	—
		玻璃棉	0.5～1.0	作绝缘层填充料用
		岩棉	0.5～2.5	—
		沥青玻璃棉	0.8～1.0	导热系数0.035～0.047[W/(m·K)]
		玻璃棉板(管套)	1.0～1.5	
		玻璃钢	14.0～22.0	—
		矿渣棉	1.2～1.5	松散，导热系数0.031～0.044[W/(m·K)]
		矿渣棉制品(板、砖、管)	3.5～4.0	导热系数0.047～0.07[W/(m·K)]
		沥青矿渣棉	1.2～1.6	导热系数0.041～0.052[W/(m·K)]
		膨胀珍珠岩粉料	0.8～2.5	干，松散，导热系数0.052～0.076[W/(m·K)]

续表A

项次		名称	自重	备注
8	杂项(kN/m³)	水泥珍珠岩制品、憎水珍珠岩制品	3.5～4.0	强度1N/m²；导热系数0.058～0.081[W/(m·K)]
		膨胀蛭石	0.8～2.0	导热系数0.052～0.07[W/(m·K)]
		沥青蛭石制品	3.5～4.5	导热系数0.81～0.105[W/(m·K)]
		水泥蛭石制品	4.0～6.0	导热系数0.093～0.14[W/(m·K)]
		聚氯乙烯板(管)	13.6～16.0	
		聚苯乙烯泡沫塑料	0.5	导热系数不大于0.035[W/(m·K)]
		石棉板	13.0	含水率不大于3%
		乳化沥青	9.8～10.5	—
		软性橡胶	9.30	—
		白磷	18.30	—
		松香	10.70	—
		磁	24.00	—
		酒精	7.85	100%纯
		酒精	6.60	桶装，相对密度0.79～0.82
		盐酸	12.00	浓度40%
		硝酸	15.10	浓度91%
		硫酸	17.90	浓度87%
		火碱	17.00	浓度60%
		氯化铵	7.50	袋装堆放
		尿素	7.50	袋装堆放
		碳酸氢铵	8.00	袋装堆放
8	杂项(kN/m³)	水	10.00	温度4℃密度最大时
		冰	8.96	—
		书籍	5.00	书架藏置
		道林纸	10.00	—
		报纸	7.00	—
		宣纸类	4.00	—
		棉花、棉纱	4.00	压紧平均重量
		稻草	1.20	—
		建筑碎料(建筑垃圾)	15.00	—
9	食品(kN/m³)	稻谷	6.00	$\varphi=35°$
		大米	8.50	散放
		豆类	7.50～8.00	$\varphi=20°$

续表 A

项次	名　称		自重	备　注
9	食品 (kN/m³)	豆类	6.80	袋装
		小麦	8.00	φ=25°
		面粉	7.00	—
		玉米	7.80	φ=28°
		小米、高粱	7.00	散装
		小米、高粱	6.00	袋装
		芝麻	4.50	袋装
		鲜果	3.50	散装
		鲜果	3.00	箱装
		花生	2.00	袋装带壳
		罐头	4.50	箱装
		酒、酱、油、醋	4.00	成瓶箱装
		豆饼	9.00	圆饼放置，每块 28kg
		矿盐	10.0	成块
		盐	8.60	细粒散放
		盐	8.10	袋装
		砂糖	7.50	散装
		砂糖	7.00	袋装
10	砌体 (kN/m³)	浆砌细方石	26.4	花岗石，方整石块
		浆砌细方石	25.6	石灰石
		浆砌细方石	22.4	砂岩
		浆砌毛方石	24.8	花岗石，上下面大致平整
		浆砌毛方石	24.0	石灰石
		浆砌毛方石	20.8	砂岩
		干砌毛石	20.8	花岗石，上下面大致平整
		干砌毛石	20.0	石灰石
		干砌毛石	17.6	砂岩
		浆砌普通砖	18.0	—
		浆砌机砖	19.0	—
		浆砌缸砖	21.0	—
		浆砌耐火砖	22.0	—
		浆砌矿渣砖	21.0	—
		浆砌焦渣砖	12.5～14.0	—
		土坯砖砌体	16.0	—
		黏土砖空斗砌体	17.0	中填碎瓦砾，一眠一斗
		黏土砖空斗砌体	13.0	全斗
		黏土砖空斗砌体	12.5	不能承重
		黏土砖空斗砌体	15.0	能承重
		粉煤灰泡沫砌块砌体	8.0～8.5	粉煤灰：电石渣：废石膏=74：22：4
		三合土	17.0	灰：砂：土=1：1：9～1：1：4

续表 A

项次	名　称		自重	备　注
11	隔墙与墙面 (kN/m²)	双面抹灰板条隔墙	0.9	每面抹灰厚 16～24mm，龙骨在内
		单面抹灰板条隔墙	0.5	灰厚 16～24mm，龙骨在内
		C形轻钢龙骨隔墙	0.27	两层 12mm 纸面石膏板，无保温层
			0.32	两层 12mm 纸面石膏板，中填岩棉保温板 50mm
			0.38	三层 12mm 纸面石膏板，无保温层
			0.43	三层 12mm 纸面石膏板，中填岩棉保温板 50mm
			0.49	四层 12mm 纸面石膏板，无保温层
			0.54	四层 12mm 纸面石膏板，中填岩棉保温板 50mm
		贴瓷砖墙面	0.50	包括水泥砂浆打底，共厚 25mm
		水泥粉刷墙面	0.36	20mm 厚，水泥粗砂
		水磨石墙面	0.55	25mm 厚，包括打底
		水刷石墙面	0.50	25mm 厚，包括打底
		石灰粗砂粉刷	0.34	20mm 厚
		剁假石墙面	0.50	25mm 厚，包括打底
		外墙拉毛墙面	0.70	包括 25mm 水泥砂浆打底
12	屋架、门窗 (kN/m²)	木屋架	$0.07+0.007l$	按屋面水平投影面积计算，跨度 l 以 m 计算
		钢屋架	$0.12+0.011l$	无天窗，包括支撑，按屋面水平投影面积计算，跨度 l 以 m 计算
		木框玻璃窗	0.20～0.30	—
		钢框玻璃窗	0.40～0.45	—
		木门	0.10～0.20	—
		钢铁门	0.40～0.45	—
13	屋顶 (kN/m²)	黏土平瓦屋面	0.55	按实际面积计算，下同
		水泥平瓦屋面	0.50～0.55	—
		小青瓦屋面	0.90～1.10	—
		冷摊瓦屋面	0.50	—
		石板瓦屋面	0.46	厚 6.3mm
		石板瓦屋面	0.71	厚 9.5mm
		石板瓦屋面	0.96	厚 12.1mm

续表 A

项次	名称		自重	备注
13	屋顶 (kN/m²)	麦秸泥灰顶	0.16	以10mm厚计
		石棉板瓦	0.18	仅瓦自重
		波形石棉瓦	0.20	1820mm × 725mm × 8mm
		镀锌薄钢板	0.05	24号
		瓦楞铁	0.05	26号
		彩色钢板波形瓦	0.12~0.13	0.6mm厚彩色钢板
		拱形彩色钢板屋面	0.30	包括保温及灯具重 0.15kN/m²
		有机玻璃屋面	0.06	厚1.0mm
		玻璃屋顶	0.30	9.5mm夹丝玻璃，框架自重在内
		玻璃砖顶	0.65	框架自重在内
		油毡防水层（包括改性沥青防水卷材）	0.05	一层油毡刷油两遍
			0.25~0.30	四层做法，一毡二油上铺小石子
			0.30~0.35	六层做法，二毡三油上铺小石子
			0.35~0.40	八层做法，三毡四油上铺小石子
		捷罗克防水层	0.10	厚8mm
		屋顶天窗	0.35~0.40	9.5mm夹丝玻璃，框架自重在内
14	顶棚 (kN/m²)	钢丝网抹灰吊顶	0.45	—
		麻刀灰板条顶棚	0.45	吊木在内，平均灰厚20mm
		砂子灰板条顶棚	0.55	吊木在内，平均灰厚25mm
		苇箔抹灰顶棚	0.48	吊木龙骨在内
		松木板顶棚	0.25	吊木在内
		三夹板顶棚	0.18	吊木在内
		马粪纸顶棚	0.15	吊木及盖缝条在内
		木丝板吊顶棚	0.26	厚25mm，吊木及盖缝条在内
		木丝板吊顶棚	0.29	厚30mm，吊木及盖缝条在内
		隔声纸板顶棚	0.17	厚10mm，吊木及盖缝条在内
		隔声纸板顶棚	0.18	厚13mm，吊木及盖缝条在内
		隔声纸板顶棚	0.20	厚20mm，吊木及盖缝条在内
		V形轻钢龙骨吊顶	0.12	一层9mm纸面石膏板，无保温层
			0.17	二层9mm纸面石膏板，有厚50mm的岩棉板保温层
			0.20	二层9mm纸面石膏板，无保温层
			0.25	二层9mm纸面石膏板，有厚50mm的岩棉板保温层

续表 A

项次	名称		自重	备注
14	顶棚 (kN/m²)	V形轻钢龙骨及铝合金龙骨吊顶	0.10~0.12	一层矿棉吸声板厚15mm，无保温层
		顶棚上铺焦渣锯末绝缘层	0.20	厚50mm焦渣、锯末按1∶5混合
15	地面 (kN/m²)	地板格栅	0.20	仅格栅自重
		硬木地板	0.20	厚25mm，剪刀撑、钉子等自重在内，不包括格栅自重
		松木地板	0.18	—
		小瓷砖地面	0.55	包括水泥粗砂打底
		水泥花砖地面	0.60	砖厚25mm，包括水泥粗砂打底
		水磨石地面	0.65	10mm面层，20mm水泥砂浆打底
		油地毡	0.02~0.03	油地纸，地板表面用
		木块地面	0.70	加防腐油膏铺砌厚76mm
		菱苦土地面	0.28	厚20mm
		铸铁地面	4.00~5.00	60mm碎石垫层，60mm面层
		缸砖地面	1.70~2.10	60mm砂垫层，53mm棉层，平铺
		缸砖地面	3.30	60mm砂垫层，115mm棉层，侧铺
		黑砖地面	1.50	砂垫层，平铺
16	建筑用压型钢板 (kN/m²)	单波型V-300(S-30)	0.120	波高173mm，板厚0.8mm
		双波型W-500	0.110	波高130mm，板厚0.8mm
		三波型V-200	0.135	波高70mm，板厚1mm
		多波型V-125	0.065	波高35mm，板厚0.6mm
		多波型V-115	0.079	波高35mm，板厚0.6mm
17	建筑墙板 (kN/m²)	彩色钢板金属幕墙板	0.11	两层，彩色钢板厚0.6mm，聚苯乙烯芯材厚25mm
		金属绝热材料（聚氨酯）复合板	0.14	板厚40mm，钢板厚0.6mm
			0.15	板厚60mm，钢板厚0.6mm
			0.16	板厚80mm，钢板厚0.6mm

续表 A

项次	名称		自重	备注
17	建筑墙板（kN/m^2）	彩色钢板夹聚苯乙烯保温板	0.12～0.15	两层，彩色钢板厚0.6mm，聚苯乙烯芯材板厚(50～250)mm
		彩色钢板岩棉夹心板	0.24	板厚100mm，两层彩色钢板，Z型龙骨岩棉芯材
			0.25	板厚120mm，两层彩色钢板，Z型龙骨岩棉芯材
		GRC增强水泥聚苯复合保温板	1.13	—
		GRC空心隔墙板	0.30	长（2400～2800）mm，宽 600mm，厚60mm
		GRC内隔墙板	0.35	长（2400～2800）mm，宽 600mm，厚60mm
		轻质GRC保温板	0.14	3000mm×600mm×60mm
		轻质GRC空心隔墙板	0.17	3000mm×600mm×60mm
		轻质大型墙板(太空板系列)	0.70～0.90	6000mm×1500mm×120mm，高强水泥发泡芯材
		轻质条型墙板(太空板系列) 厚度80mm	0.40	标准规格3000mm×1000（1200、1500）mm高强水泥发泡
		轻质条型墙板(太空板系列) 厚度100mm	0.45	芯材，按不同檩距及荷载配有不同钢骨架及冷拔钢丝网
		轻质条型墙板(太空板系列) 厚度120mm	0.50	
17	建筑墙板（kN/m^2）	GRC墙板	0.11	厚10mm
		钢丝网岩棉夹芯复合板(GY板)	1.10	岩棉芯材厚50mm，双面钢丝网水泥砂浆各厚25mm
		硅酸钙板	0.08	板厚6mm
			0.10	板厚8mm
			0.12	板厚10mm
		泰柏板	0.95	板厚10mm，钢丝网片夹聚苯乙烯保温层，每面抹水泥砂浆层20mm
		蜂窝复合板	0.14	厚75mm
		石膏珍珠岩空心条板	0.45	长（2500～3000）mm，宽 600mm，厚60mm
		加强型水泥石膏聚苯保温板	0.17	3000mm×600mm×60mm
		玻璃幕墙	1.00～1.50	一般可按单位面积玻璃自重增大20%～30%采用

附录B　消防车活荷载考虑覆土厚度影响的折减系数

B.0.1　当考虑覆土对楼面消防车活荷载的影响时，可对楼面消防车活荷载标准值进行折减，折减系数可按表B.0.1、表B.0.2采用。

表 B.0.1　单向板楼盖楼面消防车活荷载折减系数

折算覆土厚度 $\bar{s}$(m)	楼板跨度(m) 2	3	4
0	1.00	1.00	1.00
0.5	0.94	0.94	0.94
1.0	0.88	0.88	0.88
1.5	0.82	0.80	0.81
2.0	0.70	0.70	0.71
2.5	0.56	0.60	0.62
3.0	0.46	0.51	0.54

表 B.0.2　双向板楼盖楼面消防车活荷载折减系数

折算覆土厚度 $\bar{s}$(m)	楼板跨度(m) 3×3	4×4	5×5	6×6
0	1.00	1.00	1.00	1.00
0.5	0.95	0.96	0.99	1.00
1.0	0.88	0.93	0.98	1.00
1.5	0.79	0.83	0.93	1.00
2.0	0.67	0.72	0.81	0.92
2.5	0.57	0.62	0.70	0.81
3.0	0.48	0.54	0.61	0.71

B.0.2　板顶折算覆土厚度 $\bar{s}$ 应按下式计算：

$$\bar{s}=1.43s\tan\theta \tag{B.0.2}$$

式中：s——覆土厚度（m）；

θ——覆土应力扩散角，不大于45°。

附录C　楼面等效均布活荷载的确定方法

C.0.1　楼面（板、次梁及主梁）的等效均布活荷载，应在其设计控制部位上，根据需要按内力、变形及裂缝的等值要求来确定。在一般情况下，可仅按内力的等值来确定。

C.0.2　连续梁、板的等效均布活荷载，可按单跨简支计算。但计算内力时，仍应按连续考虑。

C.0.3　由于生产、检修、安装工艺以及结构布置的不同，楼面活荷载差别较大时，应划分区域分别确定等效均布活荷载。

C.0.4 单向板上局部荷载（包括集中荷载）的等效均布活荷载可按下列规定计算：

1 等效均布活荷载 q_e 可按下式计算：

$$q_e = \frac{8M_{max}}{bl^2} \quad (C.0.4\text{-}1)$$

式中：l——板的跨度；

b——板上荷载的有效分布宽度，按本附录 C.0.5 确定；

M_{max}——简支单向板的绝对最大弯矩，按设备的最不利布置确定。

2 计算 M_{max} 时，设备荷载应乘以动力系数，并扣去设备在该板跨内所占面积上由操作荷载引起的弯矩。

C.0.5 单向板上局部荷载的有效分布宽度 b，可按下列规定计算：

1 当局部荷载作用面的长边平行于板跨时，简支板上荷载的有效分布宽度 b 为（图 C.0.5-1）：

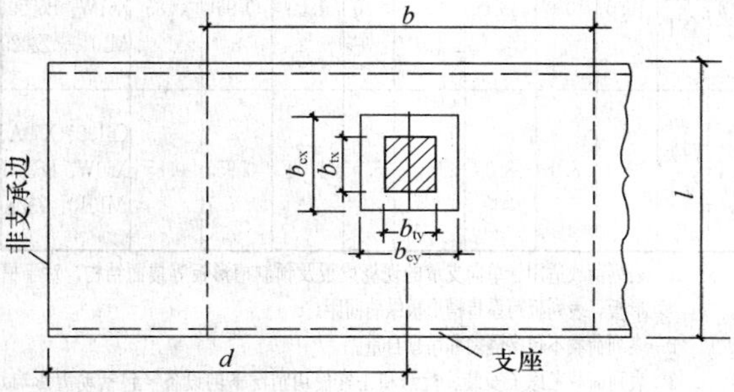

图 C.0.5-1 简支板上局部荷载的有效分布宽度（荷载作用面的长边平行于板跨）

当 $b_{cx} \geqslant b_{cy}$，$b_{cy} \leqslant 0.6l$，$b_{cx} \leqslant l$ 时：

$$b = b_{cy} + 0.7l \quad (C.0.5\text{-}1)$$

当 $b_{cx} \geqslant b_{cy}$，$0.6l < b_{cy} \leqslant l$，$b_{cx} \leqslant l$ 时：

$$b = 0.6b_{cy} + 0.94l \quad (C.0.5\text{-}2)$$

2 当荷载作用面的长边垂直于板跨时，简支板上荷载的有效分布宽度 b 按下列规定确定（图 C.0.5-2）：

1）当 $b_{cx} < b_{cy}$，$b_{cy} \leqslant 2.2l$，$b_{cx} \leqslant l$ 时：

$$b = \frac{2}{3}b_{cy} + 0.73l \quad (C.0.5\text{-}3)$$

2）当 $b_{cx} < b_{cy}$，$b_{cy} > 2.2l$，$b_{cx} \leqslant l$ 时：

$$b = b_{cy} \quad (C.0.5\text{-}4)$$

式中：l——板的跨度；

b_{cx}、b_{cy}——荷载作用面平行和垂直于板跨的计算宽度，分别取 $b_{cx} = b_{tx} + 2s + h$，$b_{cy} = b_{ty} + 2s + h$。其中 b_{tx} 为荷载作用面平行于板跨的宽度，b_{ty} 为荷载作用面垂直于板跨的宽度，s 为垫层厚度，h 为板的厚度。

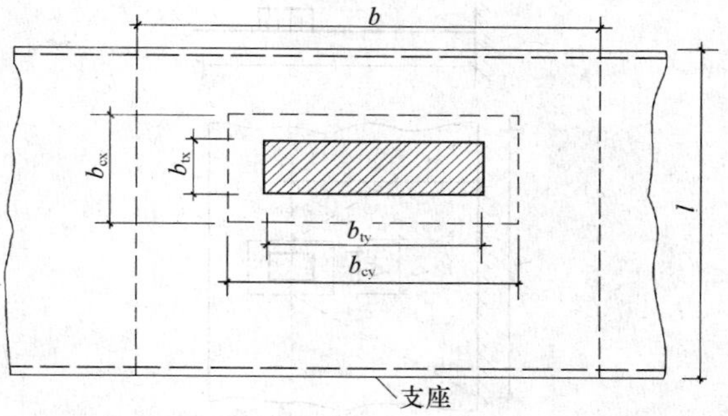

图 C.0.5-2 简支板上局部荷载的有效分布宽度（荷载作用面的长边垂直于板跨）

3 当局部荷载作用在板的非支承边附近，即 $d < \frac{b}{2}$ 时（图 C.0.5-1），荷载的有效分布宽度应予折减，可按下式计算：

$$b' = \frac{b}{2} + d \quad (C.0.5\text{-}5)$$

式中：b'——折减后的有效分布宽度；

d——荷载作用面中心至非支承边的距离。

4 当两个局部荷载相邻且 $e < b$ 时（图 C.0.5-3），荷载的有效分布宽度应予折减，可按下式计算：

$$b' = \frac{b}{2} + \frac{e}{2} \quad (C.0.5\text{-}6)$$

式中：e——相邻两个局部荷载的中心间距。

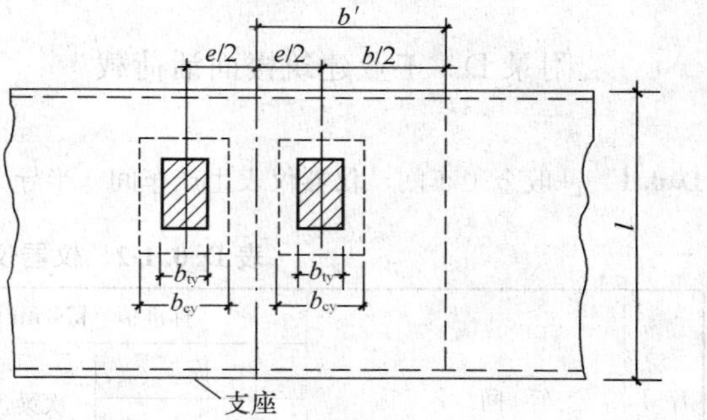

图 C.0.5-3 相邻两个局部荷载的有效分布宽度

5 悬臂板上局部荷载的有效分布宽度（图 C.0.5-4）按下式计算：

$$b = b_{cy} + 2x \quad (C.0.5\text{-}7)$$

式中：x——局部荷载作用面中心至支座的距离。

C.0.6 双向板的等效均布荷载可按与单向板相同的原则，按四边简支板的绝对最大弯矩等值来确定。

C.0.7 次梁（包括槽形板的纵肋）上的局部荷载应按下列规定确定等效均布活荷载：

1 等效均布活荷载应取按弯矩和剪力等效的均布活荷载中的较大者，按弯矩和剪力等效的均布活荷载分别按下列公式计算：

$$q_{eM} = \frac{8M_{max}}{sl^2} \quad (C.0.7\text{-}1)$$

$$q_{eV} = \frac{2V_{max}}{sl} \quad (C.0.7\text{-}2)$$

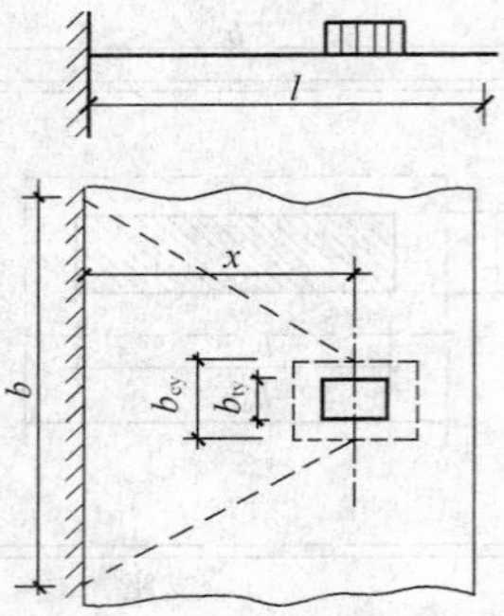

图 C.0.5-4 悬臂板上局部荷载的有效分布宽度

式中：s——次梁间距；

l——次梁跨度；

M_{max}、V_{max}——简支次梁的绝对最大弯矩与最大剪力，按设备的最不利布置确定。

2 按简支梁计算 M_{max} 与 V_{max} 时，除了直接传给次梁的局部荷载外，还应考虑邻近板面传来的活荷载（其中设备荷载应考虑动力影响，并扣除设备所占面积上的操作荷载），以及两侧相邻次梁卸荷作用。

C.0.8 当荷载分布比较均匀时，主梁上的等效均布活荷载可由全部荷载总和除以全部受荷面积求得。

C.0.9 柱、基础上的等效均布活荷载，在一般情况下，可取与主梁相同。

附录 D 工业建筑楼面活荷载

D.0.1 一般金工车间、仪器仪表生产车间、半导体器件车间、棉纺织车间、轮胎厂准备车间和粮食加工车间的楼面等效均布活荷载，可按表 D.0.1-1～表 D.0.1-6 采用。

表 D.0.1-1 金工车间楼面均布活荷载

序号	项目	标准值（kN/m²）					组合值系数 ψ_c	频遇值系数 ψ_f	准永久值系数 ψ_q	代表性机床型号
		板		次梁（肋）		主梁				
		板跨≥1.2m	板跨≥2.0m	梁间距≥1.2m	梁间距≥2.0m					
1	一类金工	22.0	14.0	14.0	10.0	9.0	1.00	0.95	0.85	CW6180、X53K、X63W、B690、M1080、Z35A
2	二类金工	18.0	12.0	12.0	9.0	8.0	1.00	0.95	0.85	C6163、X52K、X62W、B6090、M1050A、Z3040
3	三类金工	16.0	10.0	10.0	8.0	7.0	1.00	0.95	0.85	C6140、X51K、X61W、B6050、M1040、Z3025
4	四类金工	12.0	8.0	8.0	6.0	5.0	1.00	0.95	0.85	C6132、X50A、X60W、B635-1、M1010、Z32K

注：1 表列荷载适用于单向支承的现浇梁板及预制槽形板等楼面结构，对于槽形板，表列板跨系指槽形板纵肋间距。
2 表列荷载不包括隔墙和吊顶自重。
3 表列荷载考虑了安装、检修和正常使用情况下的设备（包括动力影响）和操作荷载。
4 设计墙、柱、基础时，表列楼面活荷载可采用与设计主梁相同的荷载。

表 D.0.1-2 仪器仪表生产车间楼面均布活荷载

序号	车间名称		标准值（kN/m²）				组合值系数 ψ_c	频遇值系数 ψ_f	准永久值系数 ψ_q	附注
			板		次梁（肋）	主梁				
			板跨≥1.2m	板跨≥2.0m						
1	光学车间	光学加工	7.0	5.0	5.0	4.0	0.80	0.80	0.70	代表性设备 H015 研磨机、ZD-450 型及 GZD300 型镀膜机、Q8312 型透镜抛光机
2	光学车间	较大型光学仪器装配	7.0	5.0	5.0	4.0	0.80	0.80	0.70	代表性设备 C0502A 精整车床，万能工具显微镜
3	光学车间	一般光学仪器装配	4.0	4.0	4.0	3.0	0.70	0.70	0.60	产品在桌面上装配
4	较大型光学仪器装配		7.0	5.0	5.0	4.0	0.80	0.80	0.70	产品在楼面上装配
5	一般光学仪器装配		4.0	4.0	4.0	3.0	0.70	0.70	0.60	产品在桌面上装配
6	小模数齿轮加工，晶体元件（宝石）加工		7.0	5.0	5.0	4.0	0.80	0.80	0.70	代表性设备 YM3680 滚齿机，宝石平面磨床
7	车间仓库	一般仪器仓库	4.0	4.0	4.0	3.0	1.0	0.95	0.85	—
7	车间仓库	较大型仪器仓库	7.0	7.0	7.0	6.0	1.0	0.95	0.85	—

注：见表 D.0.1-1 注。

表 D.0.1-3 半导体器件车间楼面均布活荷载

序号	车间名称	标准值（kN/m²） 板 板跨≥1.2m	板跨≥2.0m	次梁（肋） 梁间距≥1.2m	梁间距≥2.0m	主梁	组合值系数 ψ_c	频遇值系数 ψ_f	准永久值系数 ψ_q	代表性设备单件自重（kN）
1	半导体器件车间	10.0	8.0	8.0	6.0	5.0	1.0	0.95	0.85	14.0～18.0
2		8.0	6.0	6.0	5.0	4.0	1.0	0.95	0.85	9.0～12.0
3		6.0	5.0	5.0	4.0	3.0	1.0	0.95	0.85	4.0～8.0
4		4.0	4.0	3.0	3.0	3.0	1.0	0.95	0.85	≤3.0

注：见表 D.0.1-1 注。

表 D.0.1-4 棉纺织造车间楼面均布活荷载

序号	车间名称		标准值（kN/m²） 板 板跨≥1.2m	板跨≥2.0m	次梁（肋） 梁间距≥1.2m	梁间距≥2.0m	主梁	组合值系数 ψ_c	频遇值系数 ψ_f	准永久值系数 ψ_q	代表性设备
1	梳棉间		12.0	8.0	10.0	7.0	5.0	0.8	0.8	0.7	FA201，203
			15.0	10.0	12.0	8.0					FA221A
2	粗纱间		8.0 （15.0）	6.0 （10.0）	6.0 （8.0）	5.0	4.0				FA401，415A，421TJEA458A
3	细纱间 络筒间		6.0 （10.0）	5.0	5.0	5.0	4.0	0.8	0.8	0.7	FA705，506，507A GA013，015ESPERO
4	捻线间整经间		8.0	6.0	6.0	5.0	4.0				FAT05，721，762 ZC-L-180 D3-1000-180
5	织布间	有梭织机	12.5	6.5	6.5	5.5	4.4				GA615-150 GA615-180
		剑杆织机	18.0	9.0	10.0	6	4.5				GA731-190，733-190 TP600-200 SOMET-190

注：括号内的数值仅用于粗纱机机头部位局部楼面。

表 D.0.1-5 轮胎厂准备车间楼面均布活荷载

序号	车间名称	标准值（kN/m²） 板 板跨≥1.2m	板跨≥2.0m	次梁（肋）	主梁	组合值系数 ψ_c	频遇值系数 ψ_f	准永久值系数 ψ_q	代表性设备
1	准备车间	14.0	14.0	12.0	10.0	1.0	0.95	0.85	炭黑加工投料
2		10.0	8.0	8.0	6.0	1.0	0.95	0.85	化工原料加工配合、密炼机炼胶

注：1 密炼机检修用的电葫芦荷载未计入，设计时应另行考虑。
2 炭黑加工投料活荷载系考虑兼作炭黑仓库使用的情况，若不兼作仓库时，上述荷载应予降低。
3 见表 D.0.1-1 注。

表 D.0.1-6 粮食加工车间楼面均布活荷载

序号	车间名称		标准值（kN/m²） 板 板跨≥2.0m	板跨≥2.5m	板跨≥3.0m	次梁 梁间距≥2.0m	梁间距≥2.5m	梁间距≥3.0m	主梁	组合值系数 ψ_c	频遇值系数 ψ_f	准永久值系数 ψ_q	代表性设备
1	面粉厂	拉丝车间	14.0	12.0	12.0	12.0	12.0	12.0	12.0	1.0	0.95	0.85	JMN10 拉丝机

续表 D.0.1-6

序号	车间名称		标准值（kN/m²）							组合值系数 ψ_c	频遇值系数 ψ_f	准永久值系数 ψ_q	代表性设备
			板			次梁			主梁				
			板跨 ≥2.0m	板跨 ≥2.5m	板跨 ≥3.0m	梁间距 ≥2.0m	梁间距 ≥2.5m	梁间距 ≥3.0m					
2	面粉厂	磨子间	12.0	10.0	9.0	10.0	9.0	8.0	9.0	1.0	0.95	0.85	MF011 磨粉机
3	面粉厂	麦间及制粉车间	5.0	5.0	4.0	5.0	4.0	4.0	4.0	1.0	0.95	0.85	SX011 振动筛 GF031 擦麦机 GF011 打麦机
4	面粉厂	吊平筛的顶层	2.0	2.0	2.0	6.0	6.0	6.0	6.0	1.0	0.95	0.85	SL011 平筛
5	面粉厂	洗麦车间	14.0	12.0	10.0	10.0	9.0	9.0	9.0	1.0	0.95	0.85	洗麦机
6	米厂	砻谷机及碾米车间	7.0	6.0	5.0	5.0	4.0	4.0	4.0	1.0	0.95	0.85	LG309 胶辊砻谷机
7	米厂	清理车间	4.0	3.0	3.0	4.0	3.0	3.0	3.0	1.0	0.95	0.85	组合清理筛

注：1 当拉丝车间不可能满布磨辊时，主梁活荷载可按 10kN/m² 采用。
2 吊平筛的顶层荷载系按设备吊在梁下考虑的。
3 米厂清理车间采用 SX011 振动筛时，等效均布活荷载可按面粉厂麦间的规定采用。
4 见表 D.0.1-1 注。

附录 E 基本雪压、风压和温度的确定方法

E.1 基本雪压

E.1.1 在确定雪压时，观察场地应符合下列规定：

1 观察场地周围的地形为空旷平坦；

2 积雪的分布保持均匀；

3 设计项目地点应在观察场地的地形范围内，或它们具有相同的地形；

4 对于积雪局部变异特别大的地区，以及高原地形的山区，应予以专门调查和特殊处理。

E.1.2 雪压样本数据应符合下列规定：

1 雪压样本数据应采用单位水平面积上的雪重（kN/m²）；

2 当气象台站有雪压记录时，应直接采用雪压数据计算基本雪压；当无雪压记录时，可采用积雪深度和密度按下式计算雪压 s：

$$s = h\rho g \tag{E.1.2}$$

式中：h——积雪深度，指从积雪表面到地面的垂直深度（m）；

ρ——积雪密度（t/m³）；

g——重力加速度，9.8m/s²。

3 雪密度随积雪深度、积雪时间和当地的地理气候条件等因素的变化有较大幅度的变异，对于无雪压直接记录的台站，可按地区的平均雪密度计算雪压。

E.1.3 历年最大雪压数据按每年 7 月份到次年 6 月份间的最大雪压采用。

E.1.4 基本雪压按 E.3 中规定的方法进行统计计算，重现期应取 50 年。

E.2 基本风压

E.2.1 在确定风压时，观察场地应符合下列规定：

1 观测场地及周围应为空旷平坦的地形；

2 能反映本地区较大范围内的气象特点，避免局部地形和环境的影响。

E.2.2 风速观测数据资料应符合下述要求：

1 应采用自记式风速仪记录的 10min 平均风速资料，对于以往非自记的定时观测资料，应通过适当修正后加以采用。

2 风速仪标准高度应为 10m；当观测的风速仪高度与标准高度相差较大时，可按下式换算到标准高度的风速 v：

$$v = v_z\left(\frac{10}{z}\right)^{\alpha} \tag{E.2.2}$$

式中：z——风速仪实际高度（m）；

v_z——风速仪观测风速（m/s）；

α——空旷平坦地区地面粗糙度指数，取 0.15。

3 使用风杯式测风仪时，必须考虑空气密度受温度、气压影响的修正。

E.2.3 选取年最大风速数据时，一般应有 25 年以上的风速资料；当无法满足时，风速资料不宜少于 10 年。观测数据应考虑其均一性，对不均一数据应结合

周边气象站状况等作合理性订正。

E.2.4 基本风压应按下列规定确定：

1 基本风压 w_0 应根据基本风速按下式计算：

$$w_0=\frac{1}{2}\rho v_0^2 \tag{E.2.4-1}$$

式中：v_0——基本风速；

ρ——空气密度（t/m^3）。

2 基本风速 v_0 应按本规范附录 E.3 中规定的方法进行统计计算，重现期应取 50 年。

3 空气密度 ρ 可按下列规定采用：

1） 空气密度 ρ 可按下式计算：

$$\rho=\frac{0.001276}{1+0.00366t}\left(\frac{p-0.378p_{vap}}{100000}\right) \tag{E.2.4-2}$$

式中：t——空气温度（℃）；

p——气压（Pa）；

p_{vap}——水汽压（Pa）。

2） 空气密度 ρ 也可根据所在地的海拔高度按下式近似估算：

$$\rho=0.00125e^{-0.0001z} \tag{E.2.4-3}$$

式中 z——海拔高度（m）。

E.3 雪压和风速的统计计算

E.3.1 雪压和风速的统计样本均应采用年最大值，并采用极值Ⅰ型的概率分布，其分布函数应为：

$$F(x)=\exp\{-\exp[-\alpha(x-u)]\} \tag{E.3.1-1}$$

$$\alpha=\frac{1.28255}{\sigma} \tag{E.3.1-2}$$

$$u=\mu-\frac{0.57722}{\alpha} \tag{E.3.1-3}$$

式中：x——年最大雪压或年最大风速样本；

u——分布的位置参数，即其分布的众值；

α——分布的尺度参数；

σ——样本的标准差；

μ——样本的平均值。

E.3.2 当由有限样本 n 的均值 $\bar{x}$ 和标准差 σ_1 作为 μ 和 σ 的近似估计时，分布参数 u 和 α 应按下列公式计算：

$$\alpha=\frac{C_1}{\sigma_1} \tag{E.3.2-1}$$

$$u=\bar{x}-\frac{C_2}{\alpha} \tag{E.3.2-2}$$

式中：C_1、C_2——系数，按表 E.3.2 采用。

表 E.3.2 系数 C_1 和 C_2

n	C_1	C_2	n	C_1	C_2
10	0.9497	0.4952	60	1.17465	0.55208
15	1.02057	0.5182	70	1.18536	0.55477
20	1.06283	0.52355	80	1.19385	0.55688
25	1.09145	0.53086	90	1.20649	0.5586
30	1.11238	0.53622	100	1.20649	0.56002
35	1.12847	0.54034	250	1.24292	0.56878
40	1.14132	0.54362	500	1.2588	0.57240
45	1.15185	0.54630	1000	1.26851	0.57450
50	1.16066	0.54853	∞	1.28255	0.57722

E.3.3 重现期为 R 的最大雪压和最大风速 x_R 可按下式确定：

$$x_R=u-\frac{1}{\alpha}\ln\left[\ln\left(\frac{R}{R-1}\right)\right] \tag{E.3.3}$$

E.3.4 全国各城市重现期为 10 年、50 年和 100 年的雪压和风压值可按表 E.5 采用，其他重现期 R 的相应值可根据 10 年和 100 年的雪压和风压值按下式确定：

$$x_R=x_{10}+(x_{100}-x_{10})(\ln R/\ln 10-1) \tag{E.3.4}$$

E.4 基 本 气 温

E.4.1 气温是指在气象台站标准百叶箱内测量所得按小时定时记录的温度。

E.4.2 基本气温根据当地气象台站历年记录所得的最高温度月的月平均最高气温值和最低温度月的月平均最低气温值资料，经统计分析确定。月平均最高气温和月平均最低气温可假定其服从极值Ⅰ型分布，基本气温取极值分布中平均重现期为50年的值。

E.4.3 统计分析基本气温时，选取的月平均最高气温和月平均最低气温资料一般应取最近 30 年的数据；当无法满足时，不宜少于 10 年的资料。

E.5 全国各城市的雪压、风压和基本气温

表 E.5　全国各城市的雪压、风压和基本气温

省市名	城市名	海拔高度(m)	风压(kN/m²)			雪压(kN/m²)			基本气温(℃)		雪荷载准永久值系数分区
			R=10	R=50	R=100	R=10	R=50	R=100	最低	最高	
北京	北京市	54.0	0.30	0.45	0.50	0.25	0.40	0.45	−13	36	Ⅱ
天津	天津市	3.3	0.30	0.50	0.60	0.25	0.40	0.45	−12	35	Ⅱ
	塘沽	3.2	0.40	0.55	0.65	0.20	0.35	0.40	−12	35	Ⅱ
上海	上海市	2.8	0.40	0.55	0.60	0.10	0.20	0.25	−4	36	Ⅲ
重庆	重庆市	259.1	0.25	0.40	0.45	—	—	—	1	37	—
	奉节	607.3	0.25	0.35	0.45	0.20	0.35	0.40	−1	35	Ⅲ
	梁平	454.6	0.20	0.30	0.35	—	—	—	−1	36	—
	万州	186.7	0.20	0.35	0.45	—	—	—	0	38	—
	涪陵	273.5	0.20	0.30	0.35	—	—	—	1	37	—
	金佛山	1905.9	—	—	—	0.35	0.50	0.60	−10	25	Ⅱ
河北	石家庄市	80.5	0.25	0.35	0.40	0.20	0.30	0.35	−11	36	Ⅱ
	蔚县	909.5	0.20	0.30	0.35	0.20	0.30	0.35	−24	33	Ⅱ
	邢台市	76.8	0.20	0.30	0.35	0.25	0.35	0.40	−10	36	Ⅱ
	丰宁	659.7	0.30	0.40	0.45	0.15	0.25	0.30	−22	33	Ⅱ
	围场	842.8	0.35	0.45	0.50	0.20	0.30	0.35	−23	32	Ⅱ
	张家口市	724.2	0.35	0.55	0.60	0.15	0.25	0.30	−18	34	Ⅱ
	怀来	536.8	0.25	0.35	0.40	0.15	0.20	0.25	−17	35	Ⅱ
	承德市	377.2	0.30	0.40	0.45	0.20	0.30	0.35	−19	35	Ⅱ
	遵化	54.9	0.30	0.40	0.45	0.25	0.40	0.50	−18	35	Ⅱ
	青龙	227.2	0.25	0.30	0.35	0.25	0.40	0.45	−19	34	Ⅱ
	秦皇岛市	2.1	0.35	0.45	0.50	0.15	0.25	0.30	−15	33	Ⅱ
	霸县	9.0	0.25	0.40	0.45	0.20	0.30	0.35	−14	36	Ⅱ
	唐山市	27.8	0.30	0.40	0.45	0.20	0.35	0.40	−15	35	Ⅱ
	乐亭	10.5	0.30	0.40	0.45	0.25	0.40	0.45	−16	34	Ⅱ
河北	保定市	17.2	0.30	0.40	0.45	0.20	0.35	0.40	−12	36	Ⅱ
	饶阳	18.9	0.30	0.35	0.40	0.20	0.30	0.35	−14	36	Ⅱ
	沧州市	9.6	0.30	0.40	0.45	0.20	0.30	0.35	—	—	Ⅱ
	黄骅	6.6	0.30	0.40	0.45	0.20	0.30	0.35	−13	36	Ⅱ
	南宫市	27.4	0.25	0.35	0.40	0.15	0.25	0.30	−13	37	Ⅱ
山西	太原市	778.3	0.30	0.40	0.45	0.25	0.35	0.40	−16	34	Ⅱ
	右玉	1345.8	—	—	—	0.20	0.30	0.35	−29	31	Ⅱ
	大同市	1067.2	0.35	0.55	0.65	0.15	0.25	0.30	−22	32	Ⅱ
	河曲	861.5	0.30	0.50	0.60	0.20	0.30	0.35	−24	35	Ⅱ
	五寨	1401.0	0.30	0.40	0.45	0.20	0.25	0.30	−25	31	Ⅱ
	兴县	1012.6	0.25	0.45	0.55	0.20	0.25	0.30	−19	34	Ⅱ
	原平	828.2	0.30	0.50	0.60	0.20	0.30	0.35	−19	34	Ⅱ
	离石	950.8	0.30	0.45	0.50	0.20	0.30	0.35	−19	34	Ⅱ
	阳泉市	741.9	0.30	0.40	0.45	0.20	0.35	0.40	−13	34	Ⅱ

续表 E.5

省市名	城市名	海拔高度(m)	风压(kN/m²)			雪压(kN/m²)			基本气温(℃)		雪荷载准永久值系数分区
			R=10	R=50	R=100	R=10	R=50	R=100	最低	最高	
山西	榆社	1041.4	0.20	0.30	0.35	0.20	0.30	0.35	−17	33	Ⅱ
	隰县	1052.7	0.25	0.35	0.40	0.20	0.30	0.35	−16	34	Ⅱ
	介休	743.9	0.25	0.40	0.45	0.20	0.30	0.35	−15	35	Ⅱ
	临汾市	449.5	0.25	0.40	0.45	0.15	0.25	0.30	−14	37	Ⅱ
	长治县	991.8	0.30	0.50	0.60	—	—	—	−15	32	—
	运城市	376.0	0.30	0.45	0.50	0.15	0.25	0.30	−11	38	Ⅱ
	阳城	659.5	0.30	0.45	0.50	0.20	0.30	0.35	−12	34	Ⅱ
内蒙古	呼和浩特市	1063.0	0.35	0.55	0.60	0.25	0.40	0.45	−23	33	Ⅱ
	额右旗拉布达林	581.4	0.35	0.50	0.60	0.35	0.45	0.50	−41	30	Ⅰ
	牙克石市图里河	732.6	0.30	0.40	0.45	0.40	0.60	0.70	−42	28	Ⅰ
	满洲里市	661.7	0.50	0.65	0.70	0.20	0.30	0.35	−35	30	Ⅰ
	海拉尔市	610.2	0.45	0.65	0.75	0.35	0.45	0.50	−38	30	Ⅰ
	鄂伦春小二沟	286.1	0.30	0.40	0.45	0.35	0.50	0.55	−40	31	Ⅰ
	新巴尔虎右旗	554.2	0.45	0.60	0.65	0.25	0.40	0.45	−32	32	Ⅰ
内蒙古	新巴尔虎左旗阿木古朗	642.0	0.40	0.55	0.60	0.25	0.35	0.40	−34	31	Ⅰ
	牙克石市博克图	739.7	0.40	0.55	0.60	0.35	0.55	0.65	−31	28	Ⅰ
	扎兰屯市	306.5	0.30	0.40	0.45	0.35	0.55	0.65	−28	32	Ⅰ
	科右翼前旗阿尔山	1027.4	0.35	0.50	0.55	0.45	0.60	0.70	−37	27	Ⅰ
	科右翼前旗索伦	501.8	0.45	0.55	0.60	0.25	0.35	0.40	−30	31	Ⅰ
	乌兰浩特市	274.7	0.40	0.55	0.60	0.20	0.30	0.35	−27	32	Ⅰ
	东乌珠穆沁旗	838.7	0.35	0.55	0.65	0.20	0.30	0.35	−33	32	Ⅰ
	额济纳旗	940.5	0.40	0.60	0.70	0.05	0.10	0.15	−23	39	Ⅱ
	额济纳旗拐子湖	960.0	0.45	0.55	0.60	0.05	0.10	0.10	−23	39	Ⅱ
	阿左旗巴彦毛道	1328.1	0.40	0.55	0.60	0.10	0.15	0.20	−23	35	Ⅱ
	阿拉善右旗	1510.1	0.45	0.55	0.60	0.05	0.10	0.10	−20	35	Ⅱ
	二连浩特市	964.7	0.55	0.65	0.70	0.15	0.25	0.30	−30	34	Ⅱ
	那仁宝力格	1181.6	0.40	0.55	0.60	0.20	0.30	0.35	−33	31	Ⅰ
	达茂旗满都拉	1225.2	0.50	0.75	0.85	0.15	0.20	0.25	−25	34	Ⅱ
	阿巴嘎旗	1126.1	0.35	0.50	0.55	0.30	0.45	0.50	−33	31	Ⅰ
	苏尼特左旗	1111.4	0.40	0.50	0.55	0.25	0.35	0.40	−32	33	Ⅰ
	乌拉特后旗海力素	1509.6	0.45	0.50	0.55	0.10	0.15	0.20	−25	33	Ⅱ
	苏尼特右旗朱日和	1150.8	0.50	0.65	0.75	0.15	0.20	0.25	−26	33	Ⅱ
	乌拉特中旗海流图	1288.0	0.45	0.60	0.65	0.20	0.30	0.35	−26	33	Ⅱ
	百灵庙	1376.6	0.50	0.75	0.85	0.25	0.35	0.40	−27	32	Ⅱ
	四子王旗	1490.1	0.40	0.60	0.70	0.30	0.45	0.55	−26	30	Ⅱ
	化德	1482.7	0.45	0.75	0.85	0.15	0.25	0.30	−26	29	Ⅱ
	杭锦后旗陕坝	1056.7	0.30	0.45	0.50	0.15	0.20	0.25	—	—	Ⅱ
	包头市	1067.2	0.35	0.55	0.60	0.15	0.25	0.30	−23	34	Ⅱ
	集宁市	1419.3	0.40	0.60	0.70	0.25	0.35	0.40	−25	30	Ⅱ
	阿拉善左旗吉兰泰	1031.8	0.35	0.50	0.55	0.05	0.10	0.15	−23	37	Ⅱ
	临河市	1039.3	0.30	0.50	0.60	0.15	0.25	0.30	−21	35	Ⅱ

续表 E.5

省市名	城 市 名	海拔高度(m)	风压(kN/m²)			雪压(kN/m²)			基本气温(℃)		雪荷载准永久值系数分区
			R=10	R=50	R=100	R=10	R=50	R=100	最低	最高	
内蒙古	鄂托克旗	1380.3	0.35	0.55	0.65	0.15	0.20	0.20	−23	33	Ⅱ
	东胜市	1460.4	0.30	0.50	0.60	0.25	0.35	0.40	−21	31	Ⅱ
	阿腾席连	1329.3	0.40	0.50	0.55	0.20	0.30	0.35	—	—	Ⅱ
	巴彦浩特	1561.4	0.40	0.60	0.70	0.15	0.20	0.25	−19	33	Ⅱ
	西乌珠穆沁旗	995.9	0.45	0.55	0.60	0.30	0.40	0.45	−30	30	Ⅰ
	扎鲁特鲁北	265.0	0.40	0.55	0.60	0.20	0.30	0.35	−23	34	Ⅱ
	巴林左旗林东	484.4	0.40	0.55	0.60	0.20	0.30	0.35	−26	32	Ⅱ
	锡林浩特市	989.5	0.40	0.55	0.60	0.20	0.40	0.45	−30	31	Ⅰ
	林西	799.0	0.45	0.60	0.70	0.25	0.40	0.45	−25	32	Ⅰ
	开鲁	241.0	0.40	0.55	0.60	0.20	0.30	0.35	−25	34	Ⅱ
	通辽	178.5	0.40	0.55	0.60	0.20	0.30	0.35	−25	33	Ⅱ
	多伦	1245.4	0.40	0.55	0.60	0.20	0.30	0.35	−28	30	Ⅰ
	翁牛特旗乌丹	631.8	—	—	—	0.20	0.30	0.35	−23	32	Ⅱ
	赤峰市	571.1	0.30	0.55	0.65	0.20	0.30	0.35	−23	33	Ⅱ
内蒙古	敖汉旗宝国图	400.5	0.40	0.50	0.55	0.25	0.40	0.45	−23	33	Ⅱ
辽宁	沈阳市	42.8	0.40	0.55	0.60	0.30	0.50	0.55	−24	33	Ⅰ
	彰武	79.4	0.35	0.45	0.50	0.20	0.30	0.35	−22	33	Ⅱ
	阜新市	144.0	0.40	0.60	0.70	0.25	0.40	0.45	−23	33	Ⅱ
	开原	98.2	0.30	0.45	0.50	0.35	0.45	0.55	−27	33	Ⅰ
	清原	234.1	0.25	0.40	0.45	0.45	0.70	0.80	−27	33	Ⅰ
	朝阳市	169.2	0.40	0.55	0.60	0.30	0.45	0.55	−23	35	Ⅱ
	建平县叶柏寿	421.7	0.30	0.35	0.40	0.25	0.35	0.40	−22	35	Ⅱ
	黑山	37.5	0.45	0.65	0.75	0.30	0.45	0.50	−21	33	Ⅱ
	锦州市	65.9	0.40	0.60	0.70	0.30	0.40	0.45	−18	33	Ⅱ
	鞍山市	77.3	0.30	0.50	0.60	0.30	0.45	0.55	−18	34	Ⅱ
	本溪市	185.2	0.35	0.45	0.50	0.40	0.55	0.60	−24	33	Ⅰ
	抚顺市章党	118.5	0.30	0.45	0.50	0.35	0.45	0.50	−28	33	Ⅰ
	桓仁	240.3	0.25	0.30	0.35	0.35	0.50	0.55	−25	32	Ⅰ
	绥中	15.3	0.25	0.40	0.45	0.25	0.35	0.40	−19	33	Ⅱ
	兴城市	8.8	0.35	0.45	0.50	0.20	0.30	0.35	−19	32	Ⅱ
	营口市	3.3	0.40	0.65	0.75	0.30	0.40	0.45	−20	33	Ⅱ
	盖县熊岳	20.4	0.30	0.40	0.45	0.25	0.40	0.45	−22	33	Ⅱ
	本溪县草河口	233.4	0.25	0.45	0.55	0.35	0.55	0.60	—	—	Ⅰ
	岫岩	79.3	0.30	0.45	0.50	0.35	0.50	0.55	−22	33	Ⅱ
	宽甸	260.1	0.30	0.50	0.60	0.40	0.60	0.70	−26	32	Ⅱ
	丹东市	15.1	0.35	0.55	0.65	0.30	0.40	0.45	−18	32	Ⅱ
	瓦房店市	29.3	0.35	0.50	0.55	0.20	0.30	0.35	−17	32	Ⅱ
	新金县皮口	43.2	0.35	0.50	0.55	0.20	0.30	0.35	—	—	Ⅱ
	庄河	34.8	0.35	0.50	0.55	0.25	0.35	0.40	−19	32	Ⅱ
	大连市	91.5	0.40	0.65	0.75	0.25	0.40	0.45	−13	32	Ⅱ

续表 E.5

省市名	城市名	海拔高度(m)	风压(kN/m²)			雪压(kN/m²)			基本气温(℃)		雪荷载准永久值系数分区
			R=10	R=50	R=100	R=10	R=50	R=100	最低	最高	
吉林	长春市	236.8	0.45	0.65	0.75	0.30	0.45	0.50	−26	32	Ⅰ
	白城市	155.4	0.45	0.65	0.75	0.15	0.20	0.25	−29	33	Ⅱ
	乾安	146.3	0.35	0.45	0.55	0.15	0.20	0.23	−28	33	Ⅱ
	前郭尔罗斯	134.7	0.30	0.45	0.50	0.15	0.25	0.30	−28	33	Ⅱ
	通榆	149.5	0.35	0.50	0.55	0.15	0.25	0.30	−28	33	Ⅱ
	长岭	189.3	0.30	0.45	0.50	0.15	0.20	0.25	−27	32	Ⅱ
	扶余市三岔河	196.6	0.40	0.60	0.70	0.25	0.35	0.40	−29	32	Ⅱ
	双辽	114.9	0.35	0.50	0.55	0.20	0.30	0.35	−27	33	Ⅰ
	四平市	164.2	0.40	0.55	0.60	0.20	0.35	0.40	−24	33	Ⅱ
	磐石县烟筒山	271.6	0.30	0.40	0.45	0.25	0.40	0.45	−31	31	Ⅰ
	吉林市	183.4	0.40	0.50	0.55	0.30	0.45	0.50	−31	32	Ⅰ
	蛟河	295.0	0.30	0.45	0.50	0.50	0.75	0.85	−31	32	Ⅰ
	敦化市	523.7	0.30	0.45	0.50	0.30	0.50	0.60	−29	30	Ⅰ
	梅河口市	339.9	0.30	0.40	0.45	0.30	0.45	0.50	−27	32	Ⅰ
	桦甸	263.8	0.30	0.40	0.45	0.40	0.65	0.75	−33	32	Ⅰ
	靖宇	549.2	0.25	0.35	0.40	0.40	0.60	0.70	−32	31	Ⅰ
	扶松县东岗	774.2	0.30	0.45	0.55	0.80	1.15	1.30	−27	30	Ⅰ
	延吉市	176.8	0.35	0.50	0.55	0.35	0.55	0.65	−26	32	Ⅰ
	通化市	402.9	0.30	0.50	0.60	0.50	0.80	0.90	−27	32	Ⅰ
	浑江市临江	332.7	0.20	0.30	0.30	0.45	0.70	0.80	−27	33	Ⅰ
	集安市	177.7	0.20	0.30	0.35	0.45	0.70	0.80	−26	33	Ⅰ
	长白	1016.7	0.35	0.45	0.50	0.40	0.60	0.70	−28	29	Ⅰ
黑龙江	哈尔滨市	142.3	0.35	0.55	0.70	0.30	0.45	0.50	−31	32	Ⅰ
	漠河	296.0	0.25	0.35	0.40	0.60	0.75	0.85	−42	30	Ⅰ
	塔河	357.4	0.25	0.30	0.35	0.50	0.65	0.75	−38	30	Ⅰ
	新林	494.6	0.25	0.35	0.40	0.50	0.65	0.75	−40	29	Ⅰ
	呼玛	177.4	0.30	0.50	0.60	0.45	0.60	0.70	−40	31	Ⅰ
	加格达奇	371.7	0.25	0.35	0.40	0.45	0.65	0.70	−38	30	Ⅰ
	黑河市	166.4	0.35	0.50	0.55	0.60	0.75	0.85	−35	31	Ⅰ
	嫩江	242.2	0.40	0.55	0.60	0.40	0.55	0.60	−39	31	Ⅰ
	孙吴	234.5	0.40	0.60	0.70	0.45	0.60	0.70	−40	31	Ⅰ
	北安市	269.7	0.30	0.50	0.60	0.40	0.55	0.60	−36	31	Ⅰ
	克山	234.6	0.30	0.45	0.50	0.30	0.50	0.55	−34	31	Ⅰ
	富裕	162.4	0.30	0.40	0.45	0.25	0.35	0.40	−34	32	Ⅰ
	齐齐哈尔市	145.9	0.35	0.45	0.50	0.25	0.40	0.45	−30	32	Ⅰ
	海伦	239.2	0.35	0.55	0.65	0.30	0.40	0.45	−32	31	Ⅰ
	明水	249.2	0.35	0.45	0.50	0.25	0.40	0.45	−30	31	Ⅰ
	伊春市	240.9	0.25	0.35	0.40	0.50	0.65	0.75	−36	31	Ⅰ
	鹤岗市	227.9	0.30	0.40	0.45	0.45	0.65	0.70	−27	31	Ⅰ

续表 E.5

省市名	城市名	海拔高度(m)	风压(kN/m²)			雪压(kN/m²)			基本气温(℃)		雪荷载准永久值系数分区
			R=10	R=50	R=100	R=10	R=50	R=100	最低	最高	
黑龙江	富锦	64.2	0.30	0.45	0.50	0.40	0.55	0.60	−30	31	Ⅰ
	泰来	149.5	0.30	0.45	0.50	0.20	0.30	0.35	−28	33	Ⅰ
	绥化市	179.6	0.35	0.55	0.65	0.35	0.50	0.60	−32	31	Ⅰ
	安达市	149.3	0.35	0.55	0.65	0.20	0.30	0.35	−31	32	Ⅰ
	铁力	210.5	0.25	0.35	0.40	0.50	0.75	0.85	−34	31	Ⅰ
	佳木斯市	81.2	0.40	0.65	0.75	0.60	0.85	0.95	−30	32	Ⅰ
	依兰	100.1	0.45	0.65	0.75	0.30	0.45	0.50	−29	32	Ⅰ
	宝清	83.0	0.30	0.40	0.45	0.55	0.85	1.00	−30	31	Ⅰ
	通河	108.6	0.35	0.50	0.55	0.50	0.75	0.85	−33	32	Ⅰ
	尚志	189.7	0.35	0.55	0.60	0.40	0.55	0.60	−32	32	Ⅰ
	鸡西市	233.6	0.40	0.55	0.65	0.45	0.65	0.75	−27	32	Ⅰ
	虎林	100.2	0.35	0.45	0.50	0.95	1.40	1.60	−29	31	Ⅰ
	牡丹江市	241.4	0.35	0.50	0.55	0.50	0.75	0.85	−28	32	Ⅰ
	绥芬河市	496.7	0.40	0.60	0.70	0.60	0.75	0.85	−30	29	Ⅰ
山东	济南市	51.6	0.30	0.45	0.50	0.20	0.30	0.35	−9	36	Ⅱ
	德州市	21.2	0.30	0.45	0.50	0.20	0.35	0.40	−11	36	Ⅱ
	惠民	11.3	0.40	0.50	0.55	0.25	0.35	0.40	−13	36	Ⅱ
	寿光县羊角沟	4.4	0.30	0.45	0.50	0.15	0.25	0.30	−11	36	Ⅱ
	龙口市	4.8	0.45	0.60	0.65	0.25	0.35	0.40	−11	35	Ⅱ
	烟台市	46.7	0.40	0.55	0.60	0.30	0.40	0.45	−8	32	Ⅱ
	威海市	46.6	0.45	0.65	0.75	0.30	0.50	0.60	−8	32	Ⅱ
	荣成市成山头	47.7	0.60	0.70	0.75	0.25	0.40	0.45	−7	30	Ⅱ
	莘县朝城	42.7	0.35	0.45	0.50	0.25	0.35	0.40	−12	36	Ⅱ
	泰安市泰山	1533.7	0.65	0.85	0.95	0.40	0.55	0.60	−16	25	Ⅱ
	泰安市	128.8	0.30	0.40	0.45	0.20	0.35	0.40	−12	33	Ⅱ
	淄博市张店	34.0	0.30	0.40	0.45	0.30	0.45	0.50	−12	36	Ⅱ
	沂源	304.5	0.30	0.35	0.40	0.20	0.30	0.35	−13	35	Ⅱ
	潍坊市	44.1	0.30	0.40	0.45	0.25	0.35	0.40	−12	36	Ⅱ
	莱阳市	30.5	0.30	0.40	0.45	0.15	0.25	0.30	−13	35	Ⅱ
	青岛市	76.0	0.45	0.60	0.70	0.15	0.20	0.25	−9	33	Ⅱ
	海阳	65.2	0.40	0.55	0.60	0.10	0.15	0.15	−10	33	Ⅱ
	荣成市石岛	33.7	0.40	0.55	0.65	0.10	0.15	0.15	−8	31	Ⅱ
	菏泽市	49.7	0.25	0.40	0.45	0.20	0.30	0.35	−10	36	Ⅱ
	兖州	51.7	0.25	0.40	0.45	0.25	0.35	0.45	−11	36	Ⅱ
	营县	107.4	0.25	0.35	0.40	0.20	0.35	0.40	−11	35	Ⅱ
	临沂	87.9	0.30	0.40	0.45	0.25	0.40	0.45	−10	35	Ⅱ
	日照市	16.1	0.30	0.40	0.45	—	—	—	−8	33	—

续表 E.5

省市名	城市名	海拔高度(m)	风压(kN/m²)			雪压(kN/m²)			基本气温(℃)		雪荷载准永久值系数分区
			R=10	R=50	R=100	R=10	R=50	R=100	最低	最高	
江苏	南京市	8.9	0.25	0.40	0.45	0.40	0.65	0.75	−6	37	Ⅱ
	徐州市	41.0	0.25	0.35	0.40	0.25	0.35	0.40	−8	35	Ⅱ
	赣榆	2.1	0.30	0.45	0.50	0.25	0.35	0.40	−8	35	Ⅱ
	盱眙	34.5	0.25	0.35	0.40	0.20	0.30	0.35	−7	36	Ⅱ
	淮阴市	17.5	0.25	0.40	0.45	0.25	0.40	0.45	−7	35	Ⅱ
	射阳	2.0	0.30	0.40	0.45	0.15	0.20	0.25	−7	35	Ⅲ
	镇江	26.5	0.30	0.40	0.45	0.25	0.35	0.40	—	—	Ⅲ
	无锡	6.7	0.30	0.45	0.50	0.30	0.40	0.45	—	—	Ⅲ
	泰州	6.6	0.25	0.40	0.45	0.25	0.35	0.40	—	—	Ⅲ
	连云港	3.7	0.35	0.55	0.65	0.25	0.40	0.45	—	—	Ⅱ
	盐城	3.6	0.25	0.45	0.55	0.20	0.35	0.40	—	—	Ⅲ
	高邮	5.4	0.25	0.40	0.45	0.20	0.35	0.40	−6	36	Ⅲ
	东台市	4.3	0.30	0.40	0.45	0.20	0.30	0.35	−6	36	Ⅲ
	南通市	5.3	0.30	0.45	0.50	0.15	0.25	0.30	−4	36	Ⅲ
	启东县吕泗	5.5	0.35	0.50	0.55	0.10	0.20	0.25	−4	35	Ⅲ
	常州市	4.9	0.25	0.40	0.45	0.20	0.35	0.40	−4	37	Ⅲ
	溧阳	7.2	0.25	0.40	0.45	0.30	0.50	0.55	−5	37	Ⅲ
	吴县东山	17.5	0.30	0.45	0.50	0.25	0.40	0.45	−5	36	Ⅲ
浙江	杭州市	41.7	0.30	0.45	0.50	0.30	0.45	0.50	−4	38	Ⅲ
	临安县天目山	1505.9	0.55	0.75	0.85	1.00	1.60	1.85	−11	28	Ⅱ
	平湖县乍浦	5.4	0.35	0.45	0.50	0.25	0.35	0.40	−5	36	Ⅲ
	慈溪市	7.1	0.30	0.45	0.50	0.25	0.35	0.40	−4	37	Ⅲ
	嵊泗	79.6	0.85	1.30	1.55	—	—	—	−2	34	—
	嵊泗县嵊山	124.6	1.00	1.65	1.95	—	—	—	0	30	—
	舟山市	35.7	0.50	0.85	1.00	0.30	0.50	0.60	−2	35	Ⅲ
	金华市	62.6	0.25	0.35	0.40	0.35	0.55	0.65	−3	39	Ⅲ
	嵊县	104.3	0.25	0.40	0.50	0.35	0.55	0.65	−3	39	Ⅲ
	宁波市	4.2	0.30	0.50	0.60	0.20	0.30	0.35	−3	37	Ⅲ
	象山县石浦	128.4	0.75	1.20	1.45	0.20	0.30	0.35	−2	35	Ⅲ
	衢州市	66.9	0.25	0.35	0.40	0.30	0.50	0.60	−3	38	Ⅲ
	丽水市	60.8	0.20	0.30	0.35	0.30	0.45	0.50	−3	39	Ⅲ
	龙泉	198.4	0.20	0.30	0.35	0.35	0.55	0.65	−2	38	Ⅲ
	临海市括苍山	1383.1	0.60	0.90	1.05	0.45	0.65	0.75	−8	29	Ⅲ
	温州市	6.0	0.35	0.60	0.70	0.25	0.35	0.40	0	36	Ⅲ
	椒江市洪家	1.3	0.35	0.55	0.65	0.20	0.30	0.35	−2	36	Ⅲ
	椒江市下大陈	86.2	0.95	1.45	1.75	0.25	0.35	0.40	−1	33	Ⅲ
	玉环县坎门	95.9	0.70	1.20	1.45	0.20	0.35	0.40	0	34	Ⅲ
	瑞安市北麂	42.3	1.00	1.80	2.20	—	—	—	2	33	—

续表 E.5

省市名	城市名	海拔高度(m)	风压(kN/m²)			雪压(kN/m²)			基本气温(℃)		雪荷载准永久值系数分区
			R=10	R=50	R=100	R=10	R=50	R=100	最低	最高	
安徽	合肥市	27.9	0.25	0.35	0.40	0.40	0.60	0.70	−6	37	Ⅱ
	砀山	43.2	0.25	0.35	0.40	0.25	0.40	0.45	−9	36	Ⅱ
	亳州市	37.7	0.25	0.45	0.55	0.25	0.40	0.45	−8	37	Ⅱ
	宿县	25.9	0.25	0.40	0.50	0.25	0.40	0.45	−8	36	Ⅱ
	寿县	22.7	0.25	0.35	0.40	0.30	0.50	0.55	−7	35	Ⅱ
	蚌埠市	18.7	0.25	0.35	0.40	0.30	0.45	0.55	−6	36	Ⅱ
	滁县	25.3	0.25	0.35	0.40	0.30	0.50	0.60	−6	36	Ⅱ
	六安市	60.5	0.20	0.35	0.40	0.35	0.55	0.60	−5	37	Ⅱ
	霍山	68.1	0.20	0.35	0.40	0.45	0.65	0.75	−6	37	Ⅱ
	巢湖	22.4	0.25	0.35	0.40	0.30	0.45	0.50	−5	37	Ⅱ
	安庆市	19.8	0.25	0.40	0.45	0.20	0.35	0.40	−3	36	Ⅲ
	宁国	89.4	0.25	0.35	0.40	0.30	0.50	0.55	−6	38	Ⅲ
	黄山	1840.4	0.50	0.70	0.80	0.35	0.45	0.50	−11	24	Ⅲ
	黄山市	142.7	0.25	0.35	0.40	0.30	0.45	0.50	−3	38	Ⅲ
	阜阳市	30.6	—	—	—	0.35	0.55	0.60	−7	36	Ⅱ
江西	南昌市	46.7	0.30	0.45	0.55	0.30	0.45	0.50	−3	38	Ⅲ
	修水	146.8	0.20	0.30	0.35	0.25	0.40	0.50	−4	37	Ⅲ
	宜春市	131.3	0.20	0.30	0.35	0.25	0.40	0.45	−3	38	Ⅲ
	吉安	76.4	0.25	0.30	0.35	0.25	0.35	0.45	−2	38	Ⅲ
	宁冈	263.1	0.20	0.30	0.35	0.30	0.45	0.50	−3	38	Ⅲ
	遂川	126.1	0.20	0.30	0.35	0.30	0.45	0.55	−1	38	Ⅲ
	赣州市	123.8	0.20	0.30	0.35	0.20	0.35	0.40	0	38	Ⅲ
	九江	36.1	0.25	0.35	0.40	0.30	0.40	0.45	−2	38	Ⅲ
	庐山	1164.5	0.40	0.55	0.60	0.60	0.95	1.05	−9	29	Ⅲ
	波阳	40.1	0.25	0.40	0.45	0.35	0.60	0.70	−3	38	Ⅲ
	景德镇市	61.5	0.25	0.35	0.40	0.25	0.35	0.40	−3	38	Ⅲ
	樟树市	30.4	0.20	0.30	0.35	0.25	0.40	0.45	−3	38	Ⅲ
	贵溪	51.2	0.20	0.30	0.35	0.35	0.50	0.60	−2	38	Ⅲ
	玉山	116.3	0.20	0.30	0.35	0.35	0.55	0.65	−3	38	Ⅲ
	南城	80.8	0.25	0.30	0.35	0.20	0.35	0.40	−3	37	Ⅲ
	广昌	143.8	0.20	0.30	0.35	0.30	0.45	0.50	−2	38	Ⅲ
	寻乌	303.9	0.25	0.30	0.35	—	—	—	−0.3	37	—
福建	福州市	83.8	0.40	0.70	0.85	—	—	—	3	37	—
	邵武市	191.5	0.20	0.30	0.35	0.25	0.35	0.40	−1	37	Ⅲ
	崇安县七仙山	1401.9	0.55	0.70	0.80	0.40	0.60	0.70	−5	28	Ⅲ
	浦城	276.9	0.20	0.30	0.35	0.35	0.55	0.65	−2	37	Ⅲ
	建阳	196.9	0.25	0.35	0.40	0.35	0.50	0.55	−2	38	Ⅲ

续表 E.5

省市名	城市名	海拔高度（m）	风压（kN/m²）			雪压（kN/m²）			基本气温（℃）		雪荷载准永久值系数分区
			R=10	R=50	R=100	R=10	R=50	R=100	最低	最高	
	建瓯	154.9	0.25	0.35	0.40	0.25	0.35	0.40	0	38	Ⅲ
	福鼎	36.2	0.35	0.70	0.90	—	—	—	1	37	—
	泰宁	342.9	0.20	0.30	0.35	0.30	0.50	0.60	−2	37	Ⅲ
	南平市	125.6	0.20	0.35	0.45	—	—	—	2	38	—
	福鼎县台山	106.6	0.75	1.00	1.10	—	—	—	4	30	—
	长汀	310.0	0.20	0.35	0.40	0.15	0.25	0.30	0	36	Ⅲ
	上杭	197.9	0.25	0.30	0.35	—	—	—	2	36	—
福建	永安市	206.0	0.25	0.40	0.45	—	—	—	2	38	—
	龙岩市	342.3	0.20	0.35	0.45	—	—	—	3	36	—
	德化县九仙山	1653.5	0.60	0.80	0.90	0.25	0.40	0.50	−3	25	Ⅲ
	屏南	896.5	0.20	0.30	0.35	0.25	0.45	0.50	−2	32	Ⅲ
	平潭	32.4	0.75	1.30	1.60	—	—	—	4	34	—
	崇武	21.8	0.55	0.85	1.05	—	—	—	5	33	—
	厦门市	139.4	0.50	0.80	0.95	—	—	—	5	35	—
	东山	53.3	0.80	1.25	1.45	—	—	—	7	34	—
	西安市	397.5	0.25	0.35	0.40	0.20	0.25	0.30	−9	37	Ⅱ
	榆林市	1057.5	0.25	0.40	0.45	0.20	0.25	0.30	−22	35	Ⅱ
	吴旗	1272.6	0.25	0.40	0.50	0.15	0.20	0.20	−20	33	Ⅱ
	横山	1111.0	0.30	0.40	0.45	0.15	0.25	0.30	−21	35	Ⅱ
	绥德	929.7	0.30	0.40	0.45	0.20	0.35	0.40	−19	35	Ⅱ
	延安市	957.8	0.25	0.35	0.40	0.15	0.25	0.30	−17	34	Ⅱ
	长武	1206.5	0.20	0.30	0.35	0.20	0.30	0.35	−15	32	Ⅱ
	洛川	1158.3	0.25	0.35	0.40	0.25	0.35	0.40	−15	32	Ⅱ
	铜川市	978.9	0.20	0.35	0.40	0.15	0.20	0.25	−12	33	Ⅱ
陕西	宝鸡市	612.4	0.20	0.35	0.40	0.15	0.20	0.25	−8	37	Ⅱ
	武功	447.8	0.20	0.35	0.40	0.20	0.25	0.30	−9	37	Ⅱ
	华阴县华山	2064.9	0.40	0.50	0.55	0.50	0.70	0.75	−15	25	Ⅱ
	略阳	794.2	0.25	0.35	0.40	0.10	0.15	0.15	−6	34	Ⅲ
	汉中市	508.4	0.20	0.30	0.35	0.15	0.20	0.25	−5	34	Ⅲ
	佛坪	1087.7	0.25	0.35	0.45	0.15	0.25	0.30	−8	33	Ⅲ
	商州市	742.2	0.25	0.30	0.35	0.20	0.30	0.35	−8	35	Ⅱ
	镇安	693.7	0.20	0.35	0.40	0.20	0.30	0.35	−7	36	Ⅲ
	石泉	484.9	0.20	0.30	0.35	0.20	0.30	0.35	−5	35	Ⅲ
	安康市	290.8	0.30	0.45	0.50	0.10	0.15	0.20	−4	37	Ⅲ
	兰州	1517.2	0.20	0.30	0.35	0.10	0.15	0.20	−15	34	Ⅱ
甘肃	吉诃德	966.5	0.45	0.55	0.60	—	—	—	—	—	—
	安西	1170.8	0.40	0.55	0.60	0.10	0.20	0.25	−22	37	Ⅱ

续表 E.5

省市名	城市名	海拔高度(m)	风压(kN/m²)			雪压(kN/m²)			基本气温(℃)		雪荷载准永久值系数分区
			$R=10$	$R=50$	$R=100$	$R=10$	$R=50$	$R=100$	最低	最高	
甘肃	酒泉市	1477.2	0.40	0.55	0.60	0.20	0.30	0.35	−21	33	Ⅱ
	张掖市	1482.7	0.30	0.50	0.60	0.05	0.10	0.15	−22	34	Ⅱ
	武威市	1530.9	0.35	0.55	0.65	0.15	0.20	0.25	−20	33	Ⅱ
	民勤	1367.0	0.40	0.50	0.55	0.05	0.10	0.10	−21	35	Ⅱ
	乌鞘岭	3045.1	0.35	0.40	0.45	0.35	0.55	0.60	−22	21	Ⅱ
	景泰	1630.5	0.25	0.40	0.45	0.10	0.15	0.20	−18	33	Ⅱ
	靖远	1398.2	0.20	0.30	0.35	0.15	0.20	0.25	−18	33	Ⅱ
	临夏市	1917.0	0.20	0.30	0.35	0.15	0.25	0.30	−18	30	Ⅱ
	临洮	1886.6	0.20	0.30	0.35	0.30	0.50	0.55	−19	30	Ⅱ
	华家岭	2450.6	0.30	0.40	0.45	0.25	0.40	0.45	−17	24	Ⅱ
	环县	1255.6	0.20	0.30	0.35	0.15	0.25	0.30	−18	33	Ⅱ
	平凉市	1346.6	0.25	0.30	0.35	0.15	0.25	0.30	−14	32	Ⅱ
	西峰镇	1421.0	0.20	0.30	0.35	0.25	0.40	0.45	−14	31	Ⅱ
	玛曲	3471.4	0.25	0.30	0.35	0.15	0.20	0.25	−23	21	Ⅱ
	夏河县合作	2910.0	0.25	0.30	0.35	0.25	0.40	0.45	−23	24	Ⅱ
	武都	1079.1	0.25	0.35	0.40	0.05	0.10	0.15	−5	35	Ⅲ
	天水市	1141.7	0.20	0.35	0.40	0.15	0.20	0.25	−11	34	Ⅱ
	马宗山	1962.7	—	—	—	0.10	0.15	0.20	−25	32	Ⅱ
	敦煌	1139.0	—	—	—	0.10	0.15	0.20	−20	37	Ⅱ
	玉门市	1526.0	—	—	—	0.15	0.20	0.25	−21	33	Ⅱ
	金塔县鼎新	1177.4	—	—	—	0.05	0.10	0.15	−21	36	Ⅱ
	高台	1332.2	—	—	—	0.10	0.15	0.20	−21	34	Ⅱ
	山丹	1764.6	—	—	—	0.15	0.20	0.25	−21	32	Ⅱ
	永昌	1976.1	—	—	—	0.10	0.15	0.20	−22	29	Ⅱ
	榆中	1874.1	—	—	—	0.15	0.20	0.25	−19	30	Ⅱ
	会宁	2012.2	—	—	—	0.20	0.30	0.35	—	—	Ⅱ
	岷县	2315.0	—	—	—	0.10	0.15	0.20	−19	27	Ⅱ
宁夏	银川	1111.4	0.40	0.65	0.75	0.15	0.20	0.25	−19	34	Ⅱ
	惠农	1091.0	0.45	0.65	0.70	0.05	0.10	0.10	−20	35	Ⅱ
	陶乐	1101.6	—	—	—	0.05	0.10	0.10	−20	35	Ⅱ
	中卫	1225.7	0.30	0.45	0.50	0.05	0.10	0.15	−18	33	Ⅱ
	中宁	1183.3	0.30	0.35	0.40	0.10	0.15	0.20	−18	34	Ⅱ
	盐池	1347.8	0.30	0.40	0.45	0.20	0.30	0.35	−20	34	Ⅱ
	海源	1854.2	0.25	0.35	0.40	0.25	0.40	0.45	−17	30	Ⅱ
	同心	1343.9	0.20	0.30	0.35	0.10	0.10	0.15	−18	34	Ⅱ
	固原	1753.0	0.25	0.35	0.40	0.30	0.40	0.45	−20	29	Ⅱ
	西吉	1916.5	0.20	0.30	0.35	0.15	0.20	0.20	−20	29	Ⅱ
青海	西宁	2261.2	0.25	0.35	0.40	0.15	0.20	0.25	−19	29	Ⅱ

续表 E.5

省市名	城市名	海拔高度(m)	风压(kN/m²) R=10	风压 R=50	风压 R=100	雪压(kN/m²) R=10	雪压 R=50	雪压 R=100	基本气温(℃) 最低	基本气温 最高	雪荷载准永久值系数分区
青海	茫崖	3138.5	0.30	0.40	0.45	0.05	0.10	0.10	—	—	Ⅱ
	冷湖	2733.0	0.40	0.55	0.60	0.05	0.10	0.10	−26	29	Ⅱ
	祁连县托勒	3367.0	0.30	0.40	0.45	0.20	0.25	0.30	−32	22	Ⅱ
	祁连县野牛沟	3180.0	0.30	0.40	0.45	0.15	0.20	0.20	−31	21	Ⅱ
	祁连县	2787.4	0.30	0.35	0.40	0.10	0.15	0.15	−25	25	Ⅱ
	格尔木市小灶火	2767.0	0.30	0.40	0.45	0.05	0.10	0.10	−25	30	Ⅱ
	大柴旦	3173.2	0.30	0.40	0.45	0.10	0.15	0.15	−27	26	Ⅱ
	德令哈市	2981.5	0.25	0.35	0.40	0.10	0.15	0.20	−22	28	Ⅱ
	刚察	3301.5	0.25	0.35	0.40	0.20	0.25	0.30	−26	21	Ⅱ
	门源	2850.0	0.25	0.35	0.40	0.20	0.30	0.30	−27	24	Ⅱ
	格尔木市	2807.6	0.30	0.40	0.45	0.10	0.20	0.25	−21	29	Ⅱ
	都兰县诺木洪	2790.4	0.35	0.50	0.60	0.05	0.10	0.10	−22	30	Ⅱ
	都兰	3191.1	0.30	0.45	0.55	0.20	0.25	0.30	−21	26	Ⅱ
	乌兰县茶卡	3087.6	0.25	0.35	0.40	0.15	0.20	0.25	−25	25	Ⅱ
	共和县恰卜恰	2835.0	0.25	0.35	0.40	0.10	0.15	0.20	−22	26	Ⅱ
	贵德	2237.1	0.25	0.30	0.35	0.05	0.10	0.10	−18	30	Ⅱ
	民和	1813.9	0.20	0.30	0.35	0.10	0.10	0.15	−17	31	Ⅱ
	唐古拉山五道梁	4612.2	0.35	0.45	0.50	0.20	0.25	0.30	−29	17	Ⅰ
	兴海	3323.2	0.25	0.35	0.40	0.15	0.20	0.20	−25	23	Ⅱ
	同德	3289.4	0.25	0.35	0.40	0.20	0.30	0.35	−28	23	Ⅱ
	泽库	3662.8	0.25	0.30	0.35	0.20	0.40	0.45	—	—	Ⅱ
	格尔木市托托河	4533.1	0.40	0.50	0.55	0.25	0.35	0.40	−33	19	Ⅰ
	治多	4179.0	0.25	0.30	0.35	0.15	0.20	0.25	—	—	Ⅰ
	杂多	4066.4	0.25	0.35	0.40	0.20	0.25	0.30	−25	22	Ⅱ
	曲麻莱	4231.2	0.25	0.35	0.40	0.15	0.25	0.30	−28	20	Ⅰ
	玉树	3681.2	0.20	0.30	0.35	0.15	0.20	0.25	−20	24.4	Ⅱ
	玛多	4272.3	0.30	0.40	0.45	0.25	0.35	0.40	−33	18	Ⅰ
	称多县清水河	4415.4	0.25	0.30	0.35	0.25	0.30	0.35	−33	17	Ⅰ
	玛沁县仁峡姆	4211.1	0.30	0.35	0.40	0.20	0.30	0.35	−33	18	Ⅰ
	达日县吉迈	3967.5	0.25	0.35	0.40	0.20	0.25	0.30	−27	20	Ⅰ
	河南	3500.0	0.25	0.40	0.45	0.20	0.25	0.30	−29	21	Ⅱ
	久治	3628.5	0.20	0.30	0.35	0.20	0.25	0.30	−24	21	Ⅱ
	昂欠	3643.7	0.25	0.30	0.35	0.10	0.20	0.25	−18	25	Ⅱ
	班玛	3750.0	0.20	0.30	0.35	0.15	0.20	0.25	−20	22	Ⅱ
新疆	乌鲁木齐市	917.9	0.40	0.60	0.70	0.65	0.90	1.00	−23	34	Ⅰ
	阿勒泰市	735.3	0.40	0.70	0.85	1.20	1.65	1.85	−28	32	Ⅰ
	阿拉山口	284.8	0.95	1.35	1.55	0.20	0.25	0.25	−25	39	Ⅰ

续表 E.5

省市名	城市名	海拔高度(m)	风压(kN/m²)			雪压(kN/m²)			基本气温(℃)		雪荷载准永久值系数分区
			R=10	R=50	R=100	R=10	R=50	R=100	最低	最高	
	克拉玛依市	427.3	0.65	0.90	1.00	0.20	0.30	0.35	−27	38	Ⅰ
	伊宁市	662.5	0.40	0.60	0.70	1.00	1.40	1.55	−23	35	Ⅰ
	昭苏	1851.0	0.25	0.40	0.45	0.65	0.85	0.95	−23	26	Ⅰ
	达坂城	1103.5	0.55	0.80	0.90	0.15	0.20	0.20	−21	32	Ⅰ
	巴音布鲁克	2458.0	0.25	0.35	0.40	0.55	0.75	0.85	−40	22	Ⅰ
	吐鲁番市	34.5	0.50	0.85	1.00	0.15	0.20	0.25	−20	44	Ⅱ
	阿克苏市	1103.8	0.30	0.45	0.50	0.15	0.25	0.30	−20	36	Ⅱ
	库车	1099.0	0.35	0.50	0.60	0.15	0.20	0.30	−19	36	Ⅱ
	库尔勒	931.5	0.30	0.45	0.50	0.15	0.20	0.30	−18	37	Ⅱ
	乌恰	2175.7	0.25	0.35	0.40	0.35	0.50	0.60	−20	31	Ⅱ
	喀什	1288.7	0.35	0.55	0.65	0.30	0.45	0.50	−17	36	Ⅱ
	阿合奇	1984.9	0.25	0.35	0.40	0.25	0.35	0.40	−21	31	Ⅱ
	皮山	1375.4	0.20	0.30	0.35	0.15	0.20	0.25	−18	37	Ⅱ
	和田	1374.6	0.25	0.40	0.45	0.10	0.20	0.25	−15	37	Ⅱ
	民丰	1409.3	0.20	0.30	0.35	0.10	0.15	0.15	−19	37	Ⅱ
	安德河	1262.8	0.20	0.30	0.35	0.05	0.05	0.05	−23	39	Ⅱ
	于田	1422.0	0.20	0.30	0.35	0.10	0.15	0.15	−17	36	Ⅱ
	哈密	737.2	0.40	0.60	0.70	0.15	0.25	0.30	−23	38	Ⅱ
新疆	哈巴河	532.6	—	—	—	0.70	1.00	1.15	−26	33.6	Ⅰ
	吉木乃	984.1	—	—	—	0.85	1.15	1.35	−24	31	Ⅰ
	福海	500.9	—	—	—	0.30	0.45	0.50	−31	34	Ⅰ
	富蕴	807.5	—	—	—	0.95	1.35	1.50	−33	34	Ⅰ
	塔城	534.9	—	—	—	1.10	1.55	1.75	−23	35	Ⅰ
	和布克塞尔	1291.6	—	—	—	0.25	0.40	0.45	−23	30	Ⅰ
	青河	1218.2	—	—	—	0.90	1.30	1.45	−35	31	Ⅰ
	托里	1077.8	—	—	—	0.55	0.75	0.85	−24	32	Ⅰ
	北塔山	1653.7	—	—	—	0.55	0.65	0.70	−25	28	Ⅰ
	温泉	1354.6	—	—	—	0.35	0.45	0.50	−25	30	Ⅰ
	精河	320.1	—	—	—	0.20	0.30	0.35	−27	38	Ⅰ
	乌苏	478.7	—	—	—	0.40	0.55	0.60	−26	37	Ⅰ
	石河子	442.9	—	—	—	0.50	0.70	0.80	−28	37	Ⅰ
	蔡家湖	440.5	—	—	—	0.40	0.50	0.55	−32	38	Ⅰ
	奇台	793.5	—	—	—	0.55	0.75	0.85	−31	34	Ⅰ
	巴仑台	1752.5	—	—	—	0.20	0.30	0.35	−20	30	Ⅱ
	七角井	873.2	—	—	—	0.05	0.10	0.15	−23	38	Ⅱ
	库米什	922.4	—	—	—	0.10	0.15	0.15	−25	38	Ⅱ
	焉耆	1055.8	—	—	—	0.15	0.20	0.25	−24	35	Ⅱ

续表 E.5

省市名	城市名	海拔高度(m)	风压(kN/m²)			雪压(kN/m²)			基本气温(℃)		雪荷载准永久值系数分区
			R=10	R=50	R=100	R=10	R=50	R=100	最低	最高	
新疆	拜城	1229.2	—	—	—	0.20	0.30	0.35	−26	34	Ⅱ
	轮台	976.1	—	—	—	0.15	0.20	0.30	−19	38	Ⅱ
	吐尔格特	3504.4	—	—	—	0.40	0.55	0.65	−27	18	Ⅱ
	巴楚	1116.5	—	—	—	0.10	0.15	0.20	−19	38	Ⅱ
	柯坪	1161.8	—	—	—	0.05	0.10	0.15	−20	37	Ⅱ
	阿拉尔	1012.2	—	—	—	0.05	0.10	0.10	−20	36	Ⅱ
	铁干里克	846.0	—	—	—	0.10	0.15	0.15	−20	39	Ⅱ
	若羌	888.3	—	—	—	0.10	0.15	0.20	−18	40	Ⅱ
	塔吉克	3090.9	—	—	—	0.15	0.25	0.30	−28	28	Ⅱ
	莎车	1231.2	—	—	—	0.15	0.20	0.25	−17	37	Ⅱ
	且末	1247.5	—	—	—	0.10	0.15	0.20	−20	37	Ⅱ
	红柳河	1700.0	—	—	—	0.10	0.15	0.15	−25	35	Ⅱ
河南	郑州市	110.4	0.30	0.45	0.50	0.25	0.40	0.45	−8	36	Ⅱ
	安阳市	75.5	0.25	0.45	0.55	0.25	0.40	0.45	−8	36	Ⅱ
	新乡市	72.7	0.30	0.40	0.45	0.20	0.30	0.35	−8	36	Ⅱ
	三门峡市	410.1	0.25	0.40	0.45	0.15	0.20	0.25	−8	36	Ⅱ
	卢氏	568.8	0.20	0.30	0.35	0.20	0.30	0.35	−10	35	Ⅱ
	孟津	323.3	0.30	0.45	0.50	0.30	0.40	0.50	−8	35	Ⅱ
	洛阳市	137.1	0.25	0.40	0.45	0.25	0.35	0.40	−6	36	Ⅱ
	栾川	750.1	0.20	0.30	0.35	0.25	0.40	0.45	−9	34	Ⅱ
	许昌市	66.8	0.30	0.40	0.45	0.25	0.40	0.45	−8	36	Ⅱ
	开封市	72.5	0.30	0.45	0.50	0.20	0.30	0.35	−8	36	Ⅱ
	西峡	250.3	0.25	0.35	0.40	0.20	0.30	0.35	−6	36	Ⅱ
	南阳市	129.2	0.25	0.35	0.40	0.30	0.45	0.50	−7	36	Ⅱ
	宝丰	136.4	0.25	0.35	0.40	0.20	0.30	0.35	−8	36	Ⅱ
	西华	52.6	0.25	0.45	0.55	0.30	0.45	0.50	−8	37	Ⅱ
	驻马店市	82.7	0.25	0.40	0.45	0.30	0.45	0.50	−8	36	Ⅱ
	信阳市	114.5	0.25	0.35	0.40	0.35	0.55	0.65	−6	36	Ⅱ
	商丘市	50.1	0.20	0.35	0.45	0.30	0.45	0.50	−8	36	Ⅱ
	固始	57.1	0.20	0.35	0.40	0.35	0.55	0.65	−6	36	Ⅱ
湖北	武汉市	23.3	0.25	0.35	0.40	0.30	0.50	0.60	−5	37	Ⅱ
	郧县	201.9	0.20	0.30	0.35	0.25	0.40	0.45	−3	37	Ⅱ
	房县	434.4	0.20	0.30	0.35	0.20	0.30	0.35	−7	35	Ⅲ
	老河口市	90.0	0.20	0.30	0.35	0.25	0.35	0.40	−6	36	Ⅱ
	枣阳	125.5	0.25	0.40	0.45	0.25	0.40	0.45	−6	36	Ⅱ
	巴东	294.5	0.15	0.30	0.35	0.15	0.20	0.25	−2	38	Ⅲ
	钟祥	65.8	0.20	0.30	0.35	0.25	0.35	0.40	−4	36	Ⅱ
	麻城市	59.3	0.20	0.35	0.45	0.35	0.55	0.65	−4	37	Ⅱ
	恩施市	457.1	0.20	0.30	0.35	0.15	0.20	0.25	−2	36	Ⅲ

续表 E.5

省市名	城市名	海拔高度(m)	风压(kN/m²)			雪压(kN/m²)			基本气温(℃)		雪荷载准永久值系数分区
			R=10	R=50	R=100	R=10	R=50	R=100	最低	最高	
湖北	巴东县绿葱坡	1819.3	0.30	0.35	0.40	0.65	0.95	1.10	−10	26	Ⅲ
	五峰县	908.4	0.20	0.30	0.35	0.25	0.35	0.40	−5	34	Ⅲ
	宜昌市	133.1	0.20	0.30	0.35	0.20	0.30	0.35	−3	37	Ⅲ
	荆州	32.6	0.20	0.30	0.35	0.25	0.40	0.45	−4	36	Ⅱ
	天门市	34.1	0.20	0.30	0.35	0.25	0.35	0.45	−5	36	Ⅱ
	来凤	459.5	0.20	0.30	0.35	0.15	0.20	0.25	−3	35	Ⅲ
	嘉鱼	36.0	0.20	0.35	0.45	0.25	0.35	0.40	−3	37	Ⅲ
	英山	123.8	0.20	0.30	0.35	0.25	0.40	0.45	−5	37	Ⅲ
	黄石市	19.6	0.25	0.35	0.40	0.25	0.35	0.40	−3	38	Ⅲ
湖南	长沙市	44.9	0.25	0.35	0.40	0.30	0.45	0.50	−3	38	Ⅲ
	桑植	322.2	0.20	0.30	0.35	0.25	0.35	0.40	−3	36	Ⅲ
	石门	116.9	0.25	0.30	0.35	0.25	0.35	0.40	−3	36	Ⅲ
	南县	36.0	0.25	0.40	0.50	0.30	0.45	0.50	−3	36	Ⅲ
	岳阳市	53.0	0.25	0.40	0.45	0.35	0.55	0.65	−2	36	Ⅲ
	吉首市	206.6	0.20	0.30	0.35	0.20	0.30	0.35	−2	36	Ⅲ
	沅陵	151.6	0.20	0.30	0.35	0.20	0.35	0.40	−3	37	Ⅲ
	常德市	35.0	0.25	0.40	0.50	0.30	0.50	0.60	−3	36	Ⅱ
	安化	128.3	0.20	0.30	0.35	0.30	0.45	0.50	−3	38	Ⅱ
	沅江市	36.0	0.25	0.40	0.45	0.35	0.55	0.65	−3	37	Ⅲ
	平江	106.3	0.20	0.30	0.35	0.25	0.40	0.45	−4	37	Ⅲ
	芷江	272.2	0.20	0.30	0.35	0.25	0.35	0.45	−3	36	Ⅲ
	雪峰山	1404.9	—	—	—	0.50	0.75	0.85	−8	27	Ⅱ
	邵阳市	248.6	0.20	0.30	0.35	0.20	0.30	0.35	−3	37	Ⅲ
	双峰	100.0	0.20	0.30	0.35	0.25	0.40	0.45	−4	38	Ⅲ
	南岳	1265.9	0.60	0.75	0.85	0.50	0.75	0.85	−8	28	Ⅲ
	通道	397.5	0.25	0.30	0.35	0.15	0.25	0.30	−3	35	Ⅲ
	武岗	341.0	0.20	0.30	0.35	0.20	0.30	0.35	−3	36	Ⅲ
	零陵	172.6	0.25	0.40	0.45	0.15	0.25	0.30	−2	37	Ⅲ
	衡阳市	103.2	0.25	0.40	0.45	0.20	0.35	0.40	−2	38	Ⅲ
	道县	192.2	0.25	0.35	0.40	0.15	0.20	0.25	−1	37	Ⅲ
	郴州市	184.9	0.20	0.30	0.35	0.20	0.30	0.35	−2	38	Ⅲ
广东	广州市	6.6	0.30	0.50	0.60	—	—	—	6	36	—
	南雄	133.8	0.20	0.30	0.35	—	—	—	1	37	—
	连县	97.6	0.20	0.30	0.35	—	—	—	2	37	—
	韶关	69.3	0.20	0.35	0.45	—	—	—	2	37	—
	佛岗	67.8	0.20	0.30	0.35	—	—	—	4	36	—
	连平	214.5	0.20	0.30	0.35	—	—	—	2	36	—

续表 E.5

省市名	城市名	海拔高度(m)	风压(kN/m²)			雪压(kN/m²)			基本气温(℃)		雪荷载准永久值系数分区
			R=10	R=50	R=100	R=10	R=50	R=100	最低	最高	
广东	梅县	87.8	0.20	0.30	0.35	—	—	—	4	37	—
	广宁	56.8	0.20	0.30	0.35	—	—	—	4	36	—
	高要	7.1	0.30	0.50	0.60	—	—	—	6	36	—
	河源	40.6	0.20	0.30	0.35	—	—	—	5	36	—
	惠阳	22.4	0.35	0.55	0.60	—	—	—	6	36	—
	五华	120.9	0.20	0.30	0.35	—	—	—	4	36	—
	汕头市	1.1	0.50	0.80	0.95	—	—	—	6	35	—
	惠来	12.9	0.45	0.75	0.90	—	—	—	7	35	—
	南澳	7.2	0.50	0.80	0.95	—	—	—	9	32	—
	信宜	84.6	0.35	0.60	0.70	—	—	—	7	36	—
	罗定	53.3	0.20	0.30	0.35	—	—	—	6	37	—
	台山	32.7	0.35	0.55	0.65	—	—	—	6	35	—
	深圳市	18.2	0.45	0.75	0.90	—	—	—	8	35	—
	汕尾	4.6	0.50	0.85	1.00	—	—	—	7	34	—
	湛江市	25.3	0.50	0.80	0.95	—	—	—	9	36	—
	阳江	23.3	0.45	0.75	0.90	—	—	—	7	35	—
	电白	11.8	0.45	0.70	0.80	—	—	—	8	35	—
	台山县上川岛	21.5	0.75	1.05	1.20	—	—	—	8	35	—
	徐闻	67.9	0.45	0.75	0.90	—	—	—	10	36	—
广西	南宁市	73.1	0.25	0.35	0.40	—	—	—	6	36	—
	桂林市	164.4	0.20	0.30	0.35	—	—	—	1	36	—
	柳州市	96.8	0.20	0.30	0.35	—	—	—	3	36	—
	蒙山	145.7	0.20	0.30	0.35	—	—	—	2	36	—
	贺山	108.8	0.20	0.30	0.35	—	—	—	2	36	—
	百色市	173.5	0.25	0.45	0.55	—	—	—	5	37	—
	靖西	739.4	0.20	0.30	0.35	—	—	—	4	32	—
	桂平	42.5	0.20	0.30	0.35	—	—	—	5	36	—
	梧州市	114.8	0.20	0.30	0.35	—	—	—	4	36	—
	龙舟	128.8	0.20	0.30	0.35	—	—	—	7	36	—
	灵山	66.0	0.20	0.30	0.35	—	—	—	5	35	—
	玉林	81.8	0.20	0.30	0.35	—	—	—	5	36	—
	东兴	18.2	0.45	0.75	0.90	—	—	—	8	34	—
	北海市	15.3	0.45	0.75	0.90	—	—	—	7	35	—
	涠洲岛	55.2	0.70	1.10	1.30	—	—	—	9	34	—
海南	海口市	14.1	0.45	0.75	0.90	—	—	—	10	37	—
	东方	8.4	0.55	0.85	1.00	—	—	—	10	37	—
	儋县	168.7	0.40	0.70	0.85	—	—	—	9	37	—

续表 E.5

省市名	城市名	海拔高度（m）	风压（kN/m²）			雪压（kN/m²）			基本气温（℃）		雪荷载准永久值系数分区
			R=10	R=50	R=100	R=10	R=50	R=100	最低	最高	
海南	琼中	250.9	0.30	0.45	0.55	—	—	—	8	36	—
	琼海	24.0	0.50	0.85	1.05	—	—	—	10	37	—
	三亚市	5.5	0.50	0.85	1.05	—	—	—	14	36	—
	陵水	13.9	0.50	0.85	1.05	—	—	—	12	36	—
	西沙岛	4.7	1.05	1.80	2.20	—	—	—	18	35	—
	珊瑚岛	4.0	0.70	1.10	1.30	—	—	—	16	36	—
四川	成都市	506.1	0.20	0.30	0.35	0.10	0.10	0.15	−1	34	Ⅲ
	石渠	4200.0	0.25	0.30	0.35	0.35	0.50	0.60	−28	19	Ⅱ
	若尔盖	3439.6	0.25	0.30	0.35	0.30	0.40	0.45	−24	21	Ⅱ
	甘孜	3393.5	0.35	0.45	0.50	0.30	0.50	0.55	−17	25	Ⅱ
	都江堰市	706.7	0.20	0.30	0.35	0.15	0.25	0.30	—	—	Ⅲ
	绵阳市	470.8	0.20	0.30	0.35	—	—	—	−3	35	—
	雅安市	627.6	0.20	0.30	0.35	0.10	0.20	0.20	0	34	Ⅲ
	资阳	357.0	0.20	0.30	0.35	—	—	—	1	33	—
	康定	2615.7	0.30	0.35	0.40	0.30	0.50	0.55	−10	23	Ⅱ
	汉源	795.9	0.20	0.30	0.35	—	—	—	2	34	—
	九龙	2987.3	0.20	0.30	0.35	0.15	0.20	0.20	−10	25	Ⅲ
	越西	1659.0	0.25	0.30	0.35	0.15	0.25	0.30	−4	31	Ⅲ
	昭觉	2132.4	0.25	0.30	0.35	0.25	0.35	0.40	−6	28	Ⅲ
	雷波	1474.9	0.20	0.30	0.40	0.20	0.30	0.35	−4	29	Ⅲ
	宜宾市	340.8	0.20	0.30	0.35	—	—	—	2	35	—
	盐源	2545.0	0.20	0.30	0.35	0.20	0.30	0.35	−6	27	Ⅲ
	西昌市	1590.9	0.20	0.30	0.35	0.20	0.30	0.35	−1	32	Ⅲ
	会理	1787.1	0.20	0.30	0.35	—	—	—	−4	30	—
	万源	674.0	0.20	0.30	0.35	0.05	0.10	0.15	−3	35	Ⅲ
	阆中	382.6	0.20	0.30	0.35	—	—	—	−1	36	—
	巴中	358.9	0.20	0.30	0.35	—	—	—	−1	36	—
	达县市	310.4	0.20	0.35	0.45	—	—	—	0	37	—
	遂宁市	278.2	0.20	0.30	0.35	—	—	—	0	36	—
	南充市	309.3	0.20	0.30	0.35	—	—	—	0	36	—
	内江市	347.1	0.25	0.40	0.50	—	—	—	0	36	—
	泸州市	334.8	0.20	0.30	0.35	—	—	—	1	36	—
	叙永	377.5	0.20	0.30	0.35	—	—	—	1	36	—
	德格	3201.2	—	—	—	0.15	0.20	0.25	−15	26	Ⅲ
	色达	3893.9	—	—	—	0.30	0.40	0.45	−24	21	Ⅲ
	道孚	2957.2	—	—	—	0.15	0.20	0.25	−16	28	Ⅲ
	阿坝	3275.1	—	—	—	0.25	0.40	0.45	−19	22	Ⅲ
	马尔康	2664.4	—	—	—	0.15	0.25	0.30	−12	29	Ⅲ

续表 E.5

省市名	城市名	海拔高度(m)	风压(kN/m^2)			雪压(kN/m^2)			基本气温(℃)		雪荷载准永久值系数分区
			R=10	R=50	R=100	R=10	R=50	R=100	最低	最高	
四川	红原	3491.6	—	—	—	0.25	0.40	0.45	−26	22	Ⅱ
	小金	2369.2	—	—	—	0.10	0.15	0.15	−8	31	Ⅱ
	松潘	2850.7	—	—	—	0.20	0.30	0.35	−16	26	Ⅱ
	新龙	3000.0	—	—	—	0.10	0.15	0.15	−16	27	Ⅱ
	理唐	3948.9	—	—	—	0.35	0.50	0.60	−19	21	Ⅱ
	稻城	3727.7	—	—	—	0.20	0.30	0.30	−19	23	Ⅲ
	峨眉山	3047.4	—	—	—	0.40	0.55	0.60	−15	19	Ⅱ
贵州	贵阳市	1074.3	0.20	0.30	0.35	0.10	0.20	0.25	−3	32	Ⅲ
	威宁	2237.5	0.25	0.35	0.40	0.25	0.35	0.40	−6	26	Ⅲ
	盘县	1515.2	0.25	0.35	0.40	0.25	0.35	0.45	−3	30	Ⅲ
	桐梓	972.0	0.20	0.30	0.35	0.10	0.15	0.20	−4	33	Ⅲ
	习水	1180.2	0.20	0.30	0.35	0.15	0.20	0.25	−5	31	Ⅲ
	毕节	1510.6	0.20	0.30	0.35	0.15	0.25	0.30	−4	30	Ⅲ
	遵义市	843.9	0.20	0.30	0.35	0.10	0.15	0.20	−2	34	Ⅲ
	湄潭	791.8	—	—	—	0.15	0.20	0.25	−3	34	Ⅲ
	思南	416.3	0.20	0.30	0.35	0.10	0.20	0.25	−1	36	Ⅲ
	铜仁	279.7	0.20	0.30	0.35	0.20	0.30	0.35	−2	37	Ⅲ
	黔西	1251.8	—	—	—	0.15	0.20	0.25	−4	32	Ⅲ
	安顺市	1392.9	0.20	0.30	0.35	0.20	0.30	0.35	−3	30	Ⅲ
	凯里市	720.3	0.20	0.30	0.35	0.15	0.20	0.25	−3	34	Ⅲ
	三穗	610.5	—	—	—	0.20	0.30	0.35	−4	34	Ⅲ
	兴仁	1378.5	0.20	0.30	0.35	0.20	0.35	0.40	−2	30	Ⅲ
	罗甸	440.3	0.20	0.30	0.35	—	—	—	1	37	—
	独山	1013.3	—	—	—	0.20	0.30	0.35	−3	32	Ⅲ
	榕江	285.7	—	—	—	0.10	0.15	0.20	−1	37	Ⅲ
云南	昆明市	1891.4	0.20	0.30	0.35	0.20	0.30	0.35	−1	28	Ⅲ
	德钦	3485.0	0.25	0.35	0.40	0.60	0.90	1.05	−12	22	Ⅱ
	贡山	1591.3	0.20	0.30	0.35	0.45	0.75	0.90	−3	30	Ⅱ
	中甸	3276.1	0.20	0.30	0.35	0.50	0.80	0.90	−15	22	Ⅱ
	维西	2325.6	0.20	0.30	0.35	0.45	0.65	0.75	−6	28	Ⅲ
	昭通市	1949.5	0.25	0.35	0.40	0.15	0.25	0.30	−6	28	Ⅲ
	丽江	2393.2	0.25	0.30	0.35	0.20	0.30	0.35	−5	27	Ⅲ
	华坪	1244.8	0.30	0.45	0.55	—	—	—	−1	35	—
	会泽	2109.5	0.25	0.35	0.40	0.25	0.35	0.40	−4	26	Ⅲ
	腾冲	1654.6	0.20	0.30	0.35	—	—	—	−3	27	—
	泸水	1804.9	0.20	0.30	0.35	—	—	—	1	26	—
	保山市	1653.5	0.20	0.30	0.35	—	—	—	−2	29	—

续表 E.5

省市名	城市名	海拔高度(m)	风压(kN/m²)			雪压(kN/m²)			基本气温(℃)		雪荷载准永久值系数分区
			R=10	R=50	R=100	R=10	R=50	R=100	最低	最高	
云南	大理市	1990.5	0.45	0.65	0.75	—	—	—	−2	28	—
	元谋	1120.2	0.25	0.35	0.40	—	—	—	2	35	—
	楚雄市	1772.0	0.20	0.35	0.40	—	—	—	−2	29	—
	曲靖市沾益	1898.7	0.25	0.30	0.35	0.25	0.40	0.45	−1	28	Ⅲ
	瑞丽	776.6	0.20	0.30	0.35	—	—	—	3	32	—
	景东	1162.3	0.20	0.30	0.35	—	—	—	1	32	—
	玉溪	1636.7	0.20	0.30	0.35	—	—	—	−1	30	—
	宜良	1532.1	0.25	0.45	0.55	—	—	—	1	28	—
	泸西	1704.3	0.25	0.30	0.35	—	—	—	−2	29	—
	孟定	511.4	0.25	0.40	0.45	—	—	—	−5	32	—
	临沧	1502.4	0.20	0.30	0.35	—	—	—	0	29	—
	澜沧	1054.8	0.20	0.30	0.35	—	—	—	1	32	—
	景洪	552.7	0.20	0.40	0.50	—	—	—	7	35	—
	思茅	1302.1	0.25	0.45	0.50	—	—	—	3	30	—
	元江	400.9	0.25	0.30	0.35	—	—	—	7	37	—
	勐腊	631.9	0.20	0.30	0.35	—	—	—	7	34	—
	江城	1119.5	0.20	0.40	0.50	—	—	—	4	30	—
	蒙自	1300.7	0.25	0.35	0.45	—	—	—	3	31	—
	屏边	1414.1	0.20	0.40	0.35	—	—	—	2	28	—
	文山	1271.6	0.20	0.30	0.35	—	—	—	3	31	—
	广南	1249.6	0.25	0.35	0.40	—	—	—	0	31	—
西藏	拉萨市	3658.0	0.20	0.30	0.35	0.10	0.15	0.20	−13	27	Ⅲ
	班戈	4700.0	0.35	0.55	0.65	0.20	0.25	0.30	−22	18	Ⅰ
	安多	4800.0	0.45	0.75	0.90	0.25	0.40	0.45	−28	17	Ⅰ
	那曲	4507.0	0.30	0.45	0.50	0.30	0.40	0.45	−25	19	Ⅰ
	日喀则市	3836.0	0.20	0.30	0.35	0.10	0.15	0.15	−17	25	Ⅲ
	乃东县泽当	3551.7	0.20	0.30	0.35	0.10	0.15	0.15	−12	26	Ⅲ
	隆子	3860.0	0.30	0.45	0.50	0.10	0.15	0.20	−18	24	Ⅲ
	索县	4022.8	0.30	0.40	0.50	0.20	0.25	0.30	−23	22	Ⅰ
	昌都	3306.0	0.20	0.30	0.35	0.15	0.20	0.20	−15	27	Ⅱ
	林芝	3000.0	0.25	0.35	0.45	0.10	0.15	0.15	−9	25	Ⅲ
	葛尔	4278.0	—	—	—	0.10	0.15	0.15	−27	25	Ⅰ
	改则	4414.9	—	—	—	0.20	0.30	0.35	−29	23	Ⅰ
	普兰	3900.0	—	—	—	0.50	0.70	0.80	−21	25	Ⅰ
	申扎	4672.0	—	—	—	0.15	0.20	0.20	−22	19	Ⅰ
	当雄	4200.0	—	—	—	0.30	0.45	0.50	−23	21	Ⅱ
	尼木	3809.4	—	—	—	0.15	0.20	0.25	−17	26	Ⅲ
	聂拉木	3810.0	—	—	—	2.00	3.30	3.75	−13	18	Ⅰ

续表 E.5

省市名	城市名	海拔高度(m)	风压(kN/m²)			雪压(kN/m²)			基本气温(℃)		雪荷载准永久值系数分区
			R=10	R=50	R=100	R=10	R=50	R=100	最低	最高	
西藏	定日	4300.0	—	—	—	0.15	0.25	0.30	−22	23	Ⅱ
	江孜	4040.0	—	—	—	0.10	0.10	0.15	−19	24	Ⅲ
	错那	4280.0	—	—	—	0.60	0.90	1.00	−24	16	Ⅲ
	帕里	4300.0	—	—	—	0.95	1.50	1.75	−23	16	Ⅱ
	丁青	3873.1	—	—	—	0.25	0.35	0.40	−17	22	Ⅱ
	波密	2736.0	—	—	—	0.25	0.35	0.40	−9	27	Ⅲ
	察隅	2327.6	—	—	—	0.35	0.55	0.65	−4	29	Ⅲ
台湾	台北	8.0	0.40	0.70	0.85	—	—	—	—	—	—
	新竹	8.0	0.50	0.80	0.95	—	—	—	—	—	—
	宜兰	9.0	1.10	1.85	2.30	—	—	—	—	—	—
	台中	78.0	0.50	0.80	0.90	—	—	—	—	—	—
	花莲	14.0	0.40	0.70	0.85	—	—	—	—	—	—
	嘉义	20.0	0.50	0.80	0.95	—	—	—	—	—	—
	马公	22.0	0.85	1.30	1.55	—	—	—	—	—	—
	台东	10.0	0.65	0.90	1.05	—	—	—	—	—	—
	冈山	10.0	0.55	0.80	0.95	—	—	—	—	—	—
	恒春	24.0	0.70	1.05	1.20	—	—	—	—	—	—
	阿里山	2406.0	0.25	0.35	0.40	—	—	—	—	—	—
	台南	14.0	0.60	0.85	1.00	—	—	—	—	—	—
香港	香港	50.0	0.80	0.90	0.95	—	—	—	—	—	—
	横澜岛	55.0	0.95	1.25	1.40	—	—	—	—	—	—
澳门	澳门	57.0	0.75	0.85	0.90	—	—	—	—	—	—

注：表中"—"表示该城市没有统计数据。

E.6 全国基本雪压、风压及基本气温分布图

E.6.1 全国基本雪压分布图见图 E.6.1。

E.6.2 雪荷载准永久值系数分区图见图 E.6.2。

E.6.3 全国基本风压分布图见图 E.6.3。

E.6.4 全国基本气温(最高气温)分布图见图 E.6.4。

E.6.5 全国基本气温(最低气温)分布图见图 E.6.5。

附录F 结构基本自振周期的经验公式

F.1 高耸结构

F.1.1 一般高耸结构的基本自振周期，钢结构可取下式计算的较大值，钢筋混凝土结构可取下式计算的较小值：

$$T_1 = (0.007 \sim 0.013)H \qquad (F.1.1)$$

式中：H——结构的高度(m)。

F.1.2 烟囱和塔架等具体结构的基本自振周期可按下列规定采用：

1 烟囱的基本自振周期可按下列规定计算：

1)高度不超过 60m 的砖烟囱的基本自振周期按下式计算：

$$T_1 = 0.23 + 0.22 \times 10^{-2} \frac{H^2}{d} \qquad (F.1.2\text{-}1)$$

2)高度不超过 150m 的钢筋混凝土烟囱的基本自振周期按下式计算：

$$T_1 = 0.41 + 0.10 \times 10^{-2} \frac{H^2}{d} \qquad (F.1.2\text{-}2)$$

3)高度超过 150m，但低于 210m 的钢筋混凝土烟囱的基本自振周期按下式计算：

$$T_1 = 0.53 + 0.08 \times 10^{-2} \frac{H^2}{d} \qquad (F.1.2\text{-}3)$$

式中：H——烟囱高度(m)；

d——烟囱 1/2 高度处的外径(m)。

2 石油化工塔架(图 F.1.2)的基本自振周期可按下列规定计算：

1) 圆柱(筒)基础塔(塔壁厚不大于 30mm)的基本自振周期按下列公式计算：

当 $H^2/D_0<700$ 时

$$T_1=0.35+0.85\times10^{-3}\frac{H^2}{D_0}\quad(\text{F.1.2-4})$$

当 $H^2/D_0\geqslant700$ 时

$$T_1=0.25+0.99\times10^{-3}\frac{H^2}{D_0}\quad(\text{F.1.2-5})$$

式中：H——从基础底板或柱基顶面至设备塔顶面的总高度(m)；

D_0——设备塔的外径(m)；对变直径塔，可按各段高度为权，取外径的加权平均值。

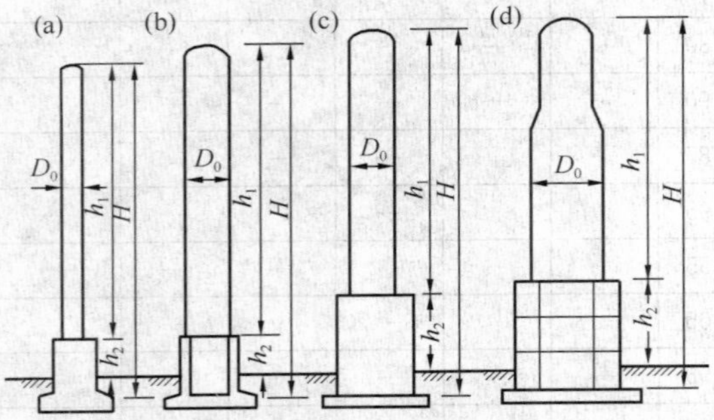

图 F.1.2 设备塔架的基础形式

(a)圆柱基础塔；(b)圆筒基础塔；(c)方形(板式)框架基础塔；(d)环形框架基础塔

2) 框架基础塔(塔壁厚不大于 30mm)的基本自振周期按下式计算：

$$T_1=0.56+0.40\times10^{-3}\frac{H^2}{D_0}\quad(\text{F.1.2-6})$$

3) 塔壁厚大于 30mm 的各类设备塔架的基本自振周期应按有关理论公式计算。

4) 当若干塔由平台连成一排时，垂直于排列方向的各塔基本自振周期 T_1 可采用主塔(即周期最长的塔)的基本自振周期值；平行于排列方向的各塔基本自振周期 T_1 可采用主塔基本自振周期乘以折减系数 0.9。

F.2 高 层 建 筑

F.2.1 一般情况下，高层建筑的基本自振周期可根据建筑总层数近似地按下列规定采用：

1 钢结构的基本自振周期按下式计算：

$$T_1=(0.10\sim0.15)n\quad(\text{F.2.1-1})$$

式中：n——建筑总层数。

2 钢筋混凝土结构的基本自振周期按下式计算：

$$T_1=(0.05\sim0.10)n\quad(\text{F.2.1-2})$$

F.2.2 钢筋混凝土框架、框剪和剪力墙结构的基本自振周期可按下列规定采用：

1 钢筋混凝土框架和框剪结构的基本自振周期按下式计算：

$$T_1=0.25+0.53\times10^{-3}\frac{H^2}{\sqrt[3]{B}}\quad(\text{F.2.2-1})$$

2 钢筋混凝土剪力墙结构的基本自振周期按下式计算：

$$T_1=0.03+0.03\frac{H}{\sqrt[3]{B}}\quad(\text{F.2.2-2})$$

式中：H——房屋总高度(m)；

B——房屋宽度(m)。

附录 G 结构振型系数的近似值

G.0.1 结构振型系数应按实际工程由结构动力学计算得出。一般情况下，对顺风向响应可仅考虑第 1 振型的影响，对圆截面高层建筑及构筑物横风向的共振响应，应验算第 1 至第 4 振型的响应。本附录列出相应的前 4 个振型系数。

G.0.2 迎风面宽度远小于其高度的高耸结构，其振型系数可按表 G.0.2 采用。

表 G.0.2 高耸结构的振型系数

相对高度	振型序号			
z/H	1	2	3	4
0.1	0.02	−0.09	0.23	−0.39
0.2	0.06	−0.30	0.61	−0.75
0.3	0.14	−0.53	0.76	−0.43
0.4	0.23	−0.68	0.53	0.32
0.5	0.34	−0.71	0.02	0.71
0.6	0.46	−0.59	−0.48	0.33
0.7	0.59	−0.32	−0.66	−0.40
0.8	0.79	0.07	−0.40	−0.64
0.9	0.86	0.52	0.23	−0.05
1.0	1.00	1.00	1.00	1.00

G.0.3 迎风面宽度较大的高层建筑，当剪力墙和框架均起主要作用时，其振型系数可按表 G.0.3 采用。

表 G.0.3 高层建筑的振型系数

相对高度	振型序号			
z/H	1	2	3	4
0.1	0.02	−0.09	0.22	−0.38
0.2	0.08	−0.30	0.58	−0.73
0.3	0.17	−0.50	0.70	−0.40
0.4	0.27	−0.68	0.46	0.33
0.5	0.38	−0.63	−0.03	0.68
0.6	0.45	−0.48	−0.49	0.29
0.7	0.67	−0.18	−0.63	−0.47
0.8	0.74	0.17	−0.34	−0.62
0.9	0.86	0.58	0.27	−0.02
1.0	1.00	1.00	1.00	1.00

G. 0. 4 对截面沿高度规律变化的高耸结构，其第1振型系数可按表G. 0. 4采用。

表 G. 0. 4 高耸结构的第1振型系数

相对高度 z/H	高耸结构				
	B_H/B_0=1.0	0.8	0.6	0.4	0.2
0.1	0.02	0.02	0.01	0.01	0.01
0.2	0.06	0.06	0.05	0.04	0.03
0.3	0.14	0.12	0.11	0.09	0.07
0.4	0.23	0.21	0.19	0.16	0.13
0.5	0.34	0.32	0.29	0.26	0.21
0.6	0.46	0.44	0.41	0.37	0.31
0.7	0.59	0.57	0.55	0.51	0.45
0.8	0.79	0.71	0.69	0.66	0.61
0.9	0.86	0.86	0.85	0.83	0.80
1.0	1.00	1.00	1.00	1.00	1.00

注：表中B_H、B_0分别为结构顶部和底部的宽度。

附录H 横风向及扭转风振的等效风荷载

H.1 圆形截面结构横风向风振等效风荷载

H. 1. 1 跨临界强风共振引起在z高度处振型j的等效风荷载标准值可按下列规定确定：

1 等效风荷载标准值$w_{Lk,j}$(kN/m²)可按下式计算：

$$w_{Lk,j} = |\lambda_j| v_{cr}^2 \phi_j(z) / 12800\zeta_j \quad (H.1.1\text{-}1)$$

式中：λ_j——计算系数；

v_{cr}——临界风速，按本规范公式(8.5.3-2)计算；

$\phi_j(z)$——结构的第j振型系数，由计算确定或按本规范附录G确定；

ζ_j——结构第j振型的阻尼比；对第1振型，钢结构取0.01，房屋钢结构取0.02，混凝土结构取0.05；对高阶振型的阻尼比，若无相关资料，可近似按第1振型的值取用。

2 临界风速起始点高度H_1可按下式计算：

$$H_1 = H \times \left(\frac{v_{cr}}{1.2v_H}\right)^{1/\alpha} \quad (H.1.1\text{-}2)$$

式中：α——地面粗糙度指数，对A、B、C和D四类地面粗糙度分别取0.12、0.15、0.22和0.30；

v_H——结构顶部风速(m/s)，按本规范公式(8.5.3-3)计算。

注：横风向风振等效风荷载所考虑的高阶振型序号不大于4，对一般悬臂型结构，可只取第1或第2阶振型。

3 计算系数λ_j可按表H. 1. 1采用。

表 H. 1. 1 λ_j 计算用表

结构类型	振型序号	H_1/H										
		0	0.1	0.2	0.3	0.4	0.5	0.6	0.7	0.8	0.9	1.0
高耸结构	1	1.56	1.55	1.54	1.49	1.42	1.31	1.15	0.94	0.68	0.37	0
	2	0.83	0.82	0.76	0.60	0.37	0.09	−0.16	−0.33	−0.38	−0.27	0
	3	0.52	0.48	0.32	0.06	−0.19	−0.30	−0.21	0.00	0.20	0.23	0
	4	0.30	0.33	0.02	−0.20	−0.23	0.03	0.16	0.15	−0.05	−0.18	0
高层建筑	1	1.56	1.56	1.54	1.49	1.41	1.28	1.12	0.91	0.65	0.35	0
	2	0.73	0.72	0.63	0.45	0.19	−0.11	−0.36	−0.52	−0.53	−0.36	0

H.2 矩形截面结构横风向风振等效风荷载

H. 2. 1 矩形截面高层建筑当满足下列条件时，可按本节的规定确定其横风向风振等效风荷载：

1 建筑的平面形状和质量在整个高度范围内基本相同；

2 高宽比$H/\sqrt{BD}$在4～8之间，深宽比D/B在0.5～2之间，其中B为结构的迎风面宽度，D为结构平面的进深(顺风向尺寸)；

3 $v_H T_{L1}/\sqrt{BD} \leqslant 10$，$T_{L1}$为结构横风向第1阶自振周期，$v_H$为结构顶部风速。

H. 2. 2 矩形截面高层建筑横风向风振等效风荷载标准值可按下式计算：

$$w_{Lk} = g w_0 \mu_z C'_L \sqrt{1 + R_L^2} \quad (H.2.2)$$

式中：w_{Lk}——横风向风振等效风荷载标准值(kN/m²)，计算横风向风力时应乘以迎风面的面积；

g——峰值因子，可取2.5；

C'_L——横风向风力系数；

R_L——横风向共振因子。

H. 2. 3 横风向风力系数可按下列公式计算：

$$C'_L = (2 + 2\alpha) C_m \gamma_{CM} \quad (H.2.3\text{-}1)$$

$$\gamma_{CM} = C_R - 0.019\left(\frac{D}{B}\right)^{-2.54} \quad (H.2.3\text{-}2)$$

式中：C_m——横风向风力角沿修正系数，可按本附录第H. 2. 5条的规定采用；

α——风速剖面指数，对应A、B、C和D类粗糙度分别取0.12、0.15、0.22和0.30；

C_R——地面粗糙度系数，对应A、B、C和D类粗糙度分别取0.236、0.211、0.202和0.197。

H. 2. 4 横风向共振因子可按下列规定确定：

1　横风向共振因子 R_L 可按下列公式计算：

$$R_L = K_L\sqrt{\frac{\pi S_{F_L} C_{sm}/\gamma_{CM}^2}{4(\zeta_1+\zeta_{a1})}} \qquad (H.2.4\text{-}1)$$

$$K_L = \frac{1.4}{(\alpha+0.95)C_m}\cdot\left(\frac{z}{H}\right)^{-2\alpha+0.9} \qquad (H.2.4\text{-}2)$$

$$\zeta_{a1} = \frac{0.0025(1-T_{L1}^{*2})T_{L1}^{*}+0.000125T_{L1}^{*2}}{(1-T_{L1}^{*2})^2+0.0291T_{L1}^{*2}} \qquad (H.2.4\text{-}3)$$

$$T_{L1}^{*} = \frac{v_H T_{L1}}{9.8B} \qquad (H.2.4\text{-}4)$$

式中：S_{F_L}——无量纲横风向广义风力功率谱；

C_{sm}——横风向风力功率谱的角沿修正系数，可按本附录第 H.2.5 条的规定采用；

ζ_1——结构第 1 阶振型阻尼比；

K_L——振型修正系数；

ζ_{a1}——结构横风向第 1 阶振型气动阻尼比；

T_{L1}^{*}——折算周期。

2　无量纲横风向广义风力功率谱 S_{F_L}，可根据深宽比 D/B 和折算频率 f_{L1}^{*} 按图 H.2.4 确定。折算频率 f_{L1}^{*} 按下式计算：

$$f_{L1}^{*} = f_{L1}B/v_H \qquad (H.2.4\text{-}5)$$

式中：f_{L1}——结构横风向第 1 阶振型的频率（Hz）。

H.2.5　角沿修正系数 C_m 和 C_{sm} 可按下列规定确定：

1　对于横截面为标准方形或矩形的高层建筑，C_m 和 C_{sm} 取 1.0；

2　对于图 H.2.5 所示的削角或凹角矩形截面，横风向风力系数的角沿修正系数 C_m 可按下式计算：

$$C_m = \begin{cases} 1.00-81.6\left(\frac{b}{B}\right)^{1.5}+301\left(\frac{b}{B}\right)^{2}-290\left(\frac{b}{B}\right)^{2.5} \\ \qquad 0.05\leqslant b/B\leqslant 0.2 \quad \text{凹角} \\ 1.00-2.05\left(\frac{b}{B}\right)^{0.5}+24\left(\frac{b}{B}\right)^{1.5}-36.8\left(\frac{b}{B}\right)^{2} \\ \qquad 0.05\leqslant b/B\leqslant 0.2 \quad \text{削角} \end{cases} \qquad (H.2.5)$$

式中：b——削角或凹角修正尺寸（m）（图 H.2.5）。

3　对于图 H.2.5 所示的削角或凹角矩形截面，横风向广义风力功率谱的角沿修正系数 C_{sm} 可按表 H.2.5 取值。

表 H.2.5　横风向广义风力功率谱的角沿修正系数 C_{sm}

角沿情况	地面粗糙度类别	b/B	折减频率（f_{L1}^{*}）						
			0.100	0.125	0.150	0.175	0.200	0.225	0.250
削角	B类	5%	0.183	0.905	1.2	1.2	1.2	1.2	1.1
		10%	0.070	0.349	0.568	0.653	0.684	0.670	0.653
		20%	0.106	0.902	0.953	0.819	0.743	0.667	0.626

续表 H.2.5

角沿情况	地面粗糙度类别	b/B	折减频率（f_{L1}^{*}）						
			0.100	0.125	0.150	0.175	0.200	0.225	0.250
削角	D类	5%	0.368	0.749	0.922	0.955	0.943	0.917	0.897
		10%	0.256	0.504	0.659	0.706	0.713	0.697	0.686
		20%	0.339	0.974	0.977	0.894	0.841	0.805	0.790
凹角	B类	5%	0.106	0.595	0.980	1.0	1.0	1.0	1.0
		10%	0.033	0.228	0.450	0.565	0.610	0.604	0.594
		20%	0.042	0.842	0.563	0.451	0.421	0.400	0.400
	D类	5%	0.267	0.586	0.839	0.955	0.987	0.991	0.984
		10%	0.091	0.261	0.452	0.567	0.613	0.633	0.628
		20%	0.169	0.954	0.659	0.527	0.475	0.447	0.453

注：1　A 类地面粗糙度的 C_{sm} 可按 B 类取值；

2　C 类地面粗糙度的 C_{sm} 可按 B 类和 D 类插值取用。

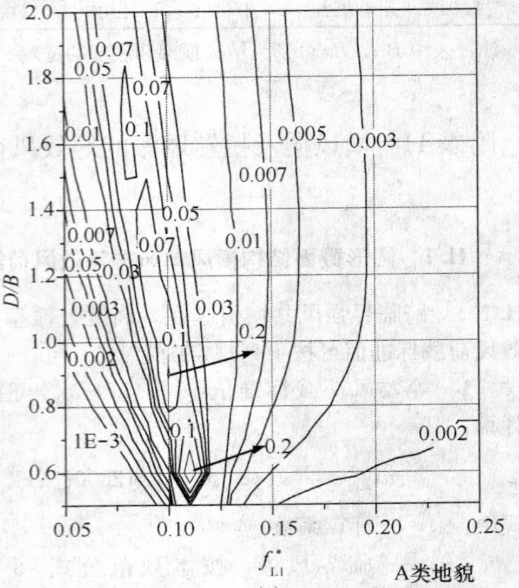

A类地貌

(a)

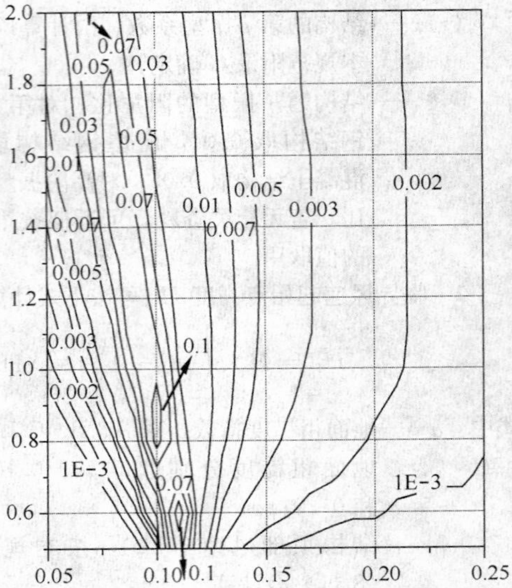

B类地貌

(b)

图 H.2.4　无量纲横风向广义风力功率谱（一）

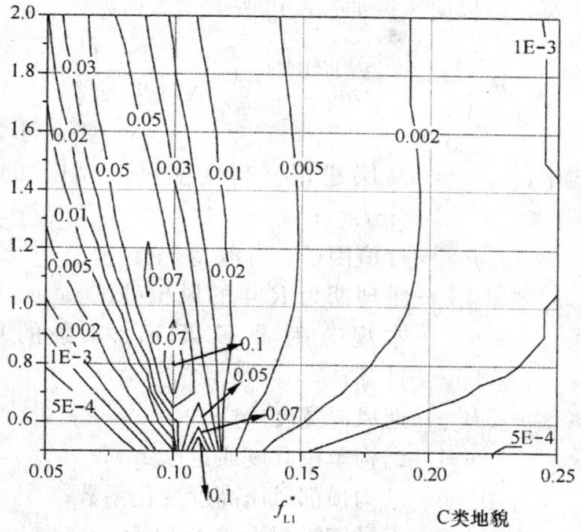

(c)

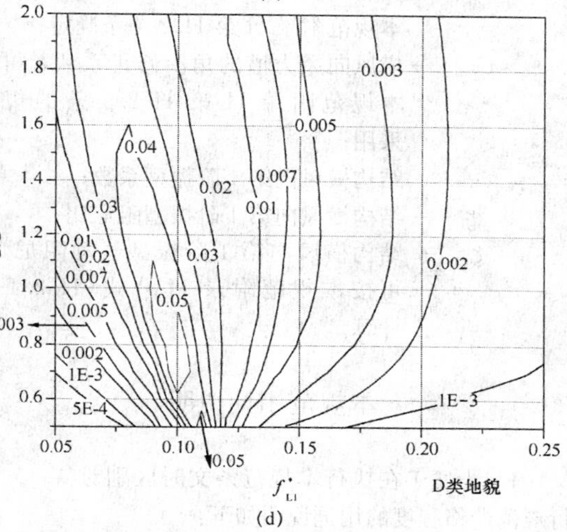

(d)

图 H.2.4　无量纲横风向广义风力功率谱(二)

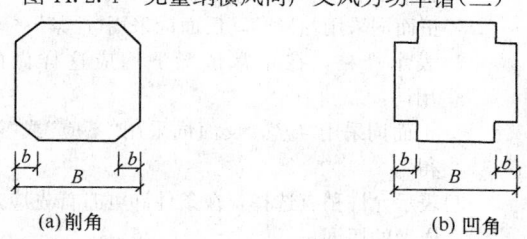

(a)削角　　(b)凹角

图 H.2.5　截面削角和凹角示意图

H.3　矩形截面结构扭转风振等效风荷载

H.3.1　矩形截面高层建筑当满足下列条件时，可按本节的规定确定其扭转风振等效风荷载：

1　建筑的平面形状在整个高度范围内基本相同；

2　刚度及质量的偏心率(偏心距/回转半径)小于 0.2；

3　$\dfrac{H}{\sqrt{BD}}\leqslant 6$，$D/B$ 在 1.5～5 范围内，$\dfrac{T_{\mathrm{T1}}v_{\mathrm{H}}}{\sqrt{BD}}\leqslant 10$，其中 T_{T1} 为结构第 1 阶扭转振型的周期(s)，应按结构动力计算确定。

H.3.2　矩形截面高层建筑扭转风振等效风荷载标准值可按下式计算：

$$w_{\mathrm{Tk}}=1.8gw_0\mu_{\mathrm{H}}C'_{\mathrm{T}}\left(\frac{z}{H}\right)^{0.9}\sqrt{1+R_{\mathrm{T}}^2}\tag{H.3.2}$$

式中：w_{Tk}——扭转风振等效风荷载标准值(kN/m²)，扭矩计算应乘以迎风面面积和宽度；

μ_{H}——结构顶部风压高度变化系数；

g——峰值因子，可取 2.5；

C'_{T}——风致扭矩系数；

R_{T}——扭转共振因子。

H.3.3　风致扭矩系数可按下式计算：

$$C'_{\mathrm{T}}=\{0.0066+0.015(D/B)^2\}^{0.78}\tag{H.3.3}$$

H.3.4　扭转共振因子可按下列规定确定：

1　扭转共振因子可按下列公式计算：

$$R_{\mathrm{T}}=K_{\mathrm{T}}\sqrt{\frac{\pi F_{\mathrm{T}}}{4\zeta_1}}\tag{H.3.4-1}$$

$$K_{\mathrm{T}}=\frac{(B^2+D^2)}{20r^2}\left(\frac{z}{H}\right)^{-0.1}\tag{H.3.4-2}$$

式中：F_{T}——扭矩谱能量因子；

K_{T}——扭转振型修正系数；

r——结构的回转半径(m)。

2　扭矩谱能量因子 F_{T} 可根据深宽比 D/B 和扭转折算频率 f^*_{T1} 按图 H.3.4 确定。扭转折算频率 f^*_{T1} 按下式计算：

$$f^*_{\mathrm{T1}}=\frac{f_{\mathrm{T1}}\sqrt{BD}}{v_{\mathrm{H}}}\tag{H.3.4-3}$$

式中：f_{T1}——结构第 1 阶扭转自振频率(Hz)。

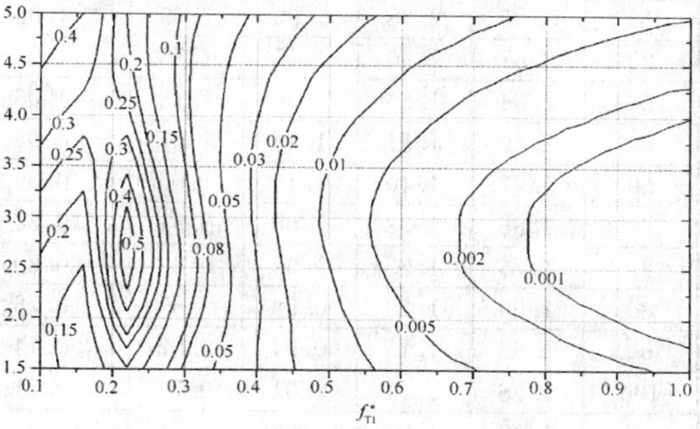

图 H.3.4　扭矩谱能量因子

附录 J　高层建筑顺风向和横风向风振加速度计算

J.1　顺风向风振加速度计算

J.1.1　体型和质量沿高度均匀分布的高层建筑，顺风向风振加速度可按下式计算：

$$a_{\mathrm{D},z}=\frac{2gI_{10}w_R\mu_s\mu_zB_z\eta_aB}{m} \quad (\mathrm{J.1.1})$$

式中，$a_{\mathrm{D},z}$——高层建筑 z 高度顺风向风振加速度（m/s^2）；

g——峰值因子，可取 2.5；

I_{10}——10m 高度名义湍流度，对应 A、B、C 和 D 类地面粗糙度，可分别取 0.12、0.14、0.23 和 0.39；

w_R——重现期为 R 年的风压（kN/m^2），可按本规范附录 E 公式(E.3.3)计算；

B——迎风面宽度（m）；

m——结构单位高度质量（t/m）；

μ_z——风压高度变化系数；

μ_s——风荷载体型系数；

B_z——脉动风荷载的背景分量因子，按本规范公式(8.4.5)计算；

η_a——顺风向风振加速度的脉动系数。

J.1.2 顺风向风振加速度的脉动系数 η_a 可根据结构阻尼比 ζ_1 和系数 x_1，按表 J.1.2 确定。系数 x_1 按本规范公式(8.4.4-2)计算。

表 J.1.2 顺风向风振加速度的脉动系数 η_a

x_1	$\zeta_1=0.01$	$\zeta_1=0.02$	$\zeta_1=0.03$	$\zeta_1=0.04$	$\zeta_1=0.05$
5	4.14	2.94	2.41	2.10	1.88
6	3.93	2.79	2.28	1.99	1.78
7	3.75	2.66	2.18	1.90	1.70
8	3.59	2.55	2.09	1.82	1.63
9	3.46	2.46	2.02	1.75	1.57
10	3.35	2.38	1.95	1.69	1.52
20	2.67	1.90	1.55	1.35	1.21
30	2.34	1.66	1.36	1.18	1.06
40	2.12	1.51	1.23	1.07	0.96
50	1.97	1.40	1.15	1.00	0.89
60	1.86	1.32	1.08	0.94	0.84
70	1.76	1.25	1.03	0.89	0.80
80	1.69	1.20	0.98	0.85	0.76
90	1.62	1.15	0.94	0.82	0.74
100	1.56	1.11	0.91	0.79	0.71
120	1.47	1.05	0.86	0.74	0.67
140	1.40	0.99	0.81	0.71	0.63
160	1.34	0.95	0.78	0.68	0.61
180	1.29	0.91	0.75	0.65	0.58
200	1.24	0.88	0.72	0.63	0.56
220	1.20	0.85	0.70	0.61	0.55
240	1.17	0.83	0.68	0.59	0.53
260	1.14	0.81	0.66	0.58	0.52
280	1.11	0.79	0.65	0.56	0.50
300	1.09	0.77	0.63	0.55	0.49

J.2 横风向风振加速度计算

J.2.1 体型和质量沿高度均匀分布的矩形截面高层建筑，横风向风振加速度可按下式计算：

$$a_{\mathrm{L},z}=\frac{2.8gw_R\mu_\mathrm{H}B}{m}\phi_{\mathrm{L1}}(z)\sqrt{\frac{\pi S_{\mathrm{F_L}}C_{\mathrm{sm}}}{4(\zeta_1+\zeta_{\mathrm{a1}})}} \quad (\mathrm{J.2.1})$$

式中：$a_{\mathrm{L},z}$——高层建筑 z 高度横风向风振加速度（m/s^2）；

g——峰值因子，可取 2.5；

w_R——重现期为 R 年的风压（kN/m^2），可按本规范附录 E 第 E.3.3 条的规定计算；

B——迎风面宽度（m）；

m——结构单位高度质量（t/m）；

μ_H——结构顶部风压高度变化系数；

$S_{\mathrm{F_L}}$——无量纲横风向广义风力功率谱，可按本规范附录 H 第 H.2.4 条确定；

C_{sm}——横风向风力谱的角沿修正系数，可按本规范附录 H 第 H.2.5 条的规定采用；

$\phi_{\mathrm{L1}}(z)$——结构横风向第 1 阶振型系数；

ζ_1——结构横风向第 1 阶振型阻尼比；

ζ_{a1}——结构横风向第 1 阶振型气动阻尼比，可按本规范附录 H 公式(H.2.4-3)计算。

本规范用词说明

1 为便于在执行本规范条文时区别对待，对执行规范严格程度的用词说明如下：

1) 表示很严格，非这样做不可的用词：

正面词采用“必须”，反面词采用“严禁”；

2) 表示严格，在正常情况下均应这样做的用词：

正面词采用“应”，反面词采用“不应”或“不得”；

3) 表示允许稍有选择，在条件许可时首先应这样做的用词：

正面词采用“宜”，反面词采用“不宜”；

4) 表示有选择，在一定条件下可以这样做的，采用“可”。

2 条文中指明应按其他有关标准执行的写法为：“应符合……的规定”或“应按……执行”。

引用标准名录

1 《人民防空地下室设计规范》GB 50038

2 《工程结构可靠性设计统一标准》GB 50153

中华人民共和国国家标准

建筑结构荷载规范

GB 50009—2012

条 文 说 明

修订说明

《建筑结构荷载规范》GB 50009－2012，经住房和城乡建设部2012年5月28日以第1405号公告批准、发布。

本规范是在《建筑结构荷载规范》GB 50009－2001(2006年版)的基础上修订而成。上一版的主编单位是中国建筑科学研究院，参编单位是同济大学、建设部建筑设计院、中国轻工国际工程设计院、中国建筑标准设计研究所、北京市建筑设计研究院、中国气象科学研究院。主要起草人是陈基发、胡德炘、金新阳、张相庭、顾子聪、魏才昂、蔡益燕、关桂学、薛桁。本次修订中，上一版主要起草人陈基发、张相庭、魏才昂、薛桁等作为顾问专家参与修订工作，发挥了重要作用。

本规范修订过程中，编制组开展了设计使用年限可变荷载调整系数与偶然荷载组合、雪荷载灾害与屋面积雪分布、风荷载局部体型系数与内压系数、高层建筑群体干扰效应、高层建筑结构顺风向风振响应计算、高层建筑横风向与扭转风振响应计算、国内外温度作用规范与应用、国内外偶然作用规范与应用等多项专题研究，收集了自上一版发布以来反馈的意见和建议，认真总结了工程设计经验，参考了国内外规范和国际标准的有关内容，在全国范围内广泛征求了建设主管部门和设计院等有关使用单位的意见，并对反馈意见进行了汇总和处理。

本次修订增加了第4章、第9章和第10章，增加了附录B、附录H和附录J，规范的涵盖范围和技术内容有较大的扩充和修订。

为了便于设计、审图、科研和学校等单位的有关人员在使用本规范时能正确理解和执行条文规定，《建筑结构荷载规范》编制组按章、节、条顺序编写了本规范的条文说明，对条文规定的目的、编制依据以及执行中需注意的有关事项进行了说明，部分条文还列出了可提供进一步参考的文献。但是，本条文说明不具备与规范正文同等的法律效力，仅供使用者作为理解和把握条文内容的参考。

目　次

1 总 则

1.0.1 制定本规范的目的首先是要保证建筑结构设计的安全可靠，同时兼顾经济合理。

1.0.2 本规范的适用范围限于工业与民用建筑的主结构及其围护结构的设计，其中也包括附属于该类建筑的一般构筑物在内，例如烟囱、水塔等。在设计其他土木工程结构或特殊的工业构筑物时，本规范中规定的风、雪荷载也可作为设计的依据。此外，对建筑结构的地基基础设计，其上部传来的荷载也应以本规范为依据。

1.0.3 本标准在可靠性理论基础、基本原则以及设计方法等方面遵循《工程结构可靠性设计统一标准》GB 50153－2008 的有关规定。

1.0.4 结构上的作用是指能使结构产生效应(结构或构件的内力、应力、位移、应变、裂缝等)的各种原因的总称。直接作用是指作用在结构上的力集(包括集中力和分布力)，习惯上统称为荷载，如永久荷载、活荷载、吊车荷载、雪荷载、风荷载以及偶然荷载等。间接作用是指那些不是直接以力集的形式出现的作用，如地基变形、混凝土收缩和徐变、焊接变形、温度变化以及地震等引起的作用等。

本次修订增加了温度作用的规定，因此本规范涉及的内容范围也由直接作用(荷载)扩充到间接作用。考虑到设计人员的习惯和使用方便，在规范条文中规定对于可变荷载的规定同样适用于温度作用，这样，在后面的条文的用词中涉及温度作用有关内容时不再区分作用与荷载，统一以荷载来表述。

对于其他间接作用，目前尚不具备条件列入本规范。尽管在本规范中没有给出各类间接作用的规定，但在设计中仍应根据实际可能出现的情况加以考虑。

对于位于地震设防地区的建筑结构，地震作用是必须考虑的主要作用之一。由于《建筑抗震设计规范》GB 50011 已经对地震作用作了相应规定，本规范不再涉及。

1.0.5 除本规范中给出的荷载外，在某些工程中仍有一些其他性质的荷载需要考虑，例如塔桅结构上结构构件、架空线、拉绳表面的裹冰荷载，由《高耸结构设计规范》GB 50135 规定，储存散料的储仓荷载由《钢筋混凝土筒仓设计规范》GB 50077 规定，地下构筑物的水压力和土压力由《给水排水工程构筑物结构设计规范》GB 50069 规定，烟囱结构的温差作用由《烟囱设计规范》GB 50051 规定，设计中应按相应的规范执行。

2 术语和符号

术语和符号是根据现行国家标准《工程结构设计基本术语和通用符号》GBJ 132、《建筑结构设计术语和符号标准》GB/T 50083 的规定，并结合本规范的具体情况给出的。

本次修订在保持原有术语符号基本不变的情况下，增加了与温度作用相关的术语，如温度作用、气温、基本气温、均匀温度以及初始温度等，增加了横风向与扭转风振、温度作用以及偶然荷载相关的符号。

3 荷载分类和荷载组合

3.1 荷载分类和荷载代表值

3.1.1 《工程结构可靠性设计统一标准》GB 50153 指出，结构上的作用可按随时间或空间的变异分类，还可按结构的反应性质分类，其中最基本的是按随时间的变异分类。在分析结构可靠度时，它关系到概率模型的选择；在按各类极限状态设计时，它还关系到荷载代表值及其效应组合形式的选择。

本规范中的永久荷载和可变荷载，类同于以往所谓的恒荷载和活荷载；而偶然荷载也相当于 50 年代规范中的特殊荷载。

土压力和预应力作为永久荷载是因为它们都是随时间单调变化而能趋于限值的荷载，其标准值都是依其可能出现的最大值来确定。在建筑结构设计中，有时也会遇到有水压力作用的情况，对水位不变的水压力可按永久荷载考虑，而水位变化的水压力应按可变荷载考虑。

地震作用(包括地震力和地震加速度等)由《建筑抗震设计规范》GB 50011 具体规定。

偶然荷载，如撞击、爆炸等是由各部门以其专业本身特点，一般按经验确定采用。本次修订增加了偶然荷载一章，偶然荷载的标准值可按该章规定的方法确定采用。

3.1.2 结构设计中采用何种荷载代表将直接影响到荷载的取值和大小，关系结构设计的安全，要以强制性条文给以规定。

虽然任何荷载都具有不同性质的变异性，但在设计中，不可能直接引用反映荷载变异性的各种统计参数，通过复杂的概率运算进行具体设计。因此，在设计时，除了采用能便于设计者使用的设计表达式外，对荷载仍应赋予一个规定的量值，称为荷载代表值。荷载可根据不同的设计要求，规定不同的代表值，以使之能更确切地反映它在设计中的特点。本规范给出荷载的四种代表值：标准值、组合值、频遇值和准永久值。荷载标准值是荷载的基本代表值，而其他代表值都可在标准值的基础上乘以相应的系数后得出。

荷载标准值是指其在结构的使用期间可能出现的最大荷载值。由于荷载本身的随机性，因而使用期间的最大荷载也是随机变量，原则上也可用它的统计分布来描述。按《工程结构可靠性设计统一标准》GB 50153 的规定，荷载标准值统一由设计基准期最大荷载概率分布的某个分位值来确定，设计基准期统一规定为 50 年，而对该分位值的百分位未作统一规定。

因此，对某类荷载，当有足够资料而有可能对其统计分布作出合理估计时，则在其设计基准期最大荷载的分布上，可根据协议的百分位，取其分位值作为该荷载的代表值，原则上可取分布的特征值（例如均值、众值或中值），国际上习惯称之为荷载的特征值（Characteristic value）。实际上，对于大部分自然荷载，包括风雪荷载，习惯上都以其规定的平均重现期来定义标准值，也即相当于以其重现期内最大荷载的分布的众值为标准值。

目前，并非对所有荷载都能取得充分的资料，为此，不得不从实际出发，根据已有的工程实践经验，通过分析判断后，协议一个公称值（Nominal value）作为代表值。在本规范中，对按这两种方式规定的代表值统称为荷载标准值。

3.1.3 在确定各类可变荷载的标准值时，会涉及出现荷载最大值的时域问题，本规范统一采用一般结构的设计使用年限 50 年作为规定荷载最大值的时域，在此也称之为设计基准期。采用不同的设计基准期，会得到不同的可变荷载代表值，因而也会直接影响结构的安全，必须以强制性条文予以确定。设计人员在按本规范的原则和方法确定其他可变荷载时，也应采用 50 年设计基准期，以便与本规范规定的分项系数、组合值系数等参数相匹配。

3.1.4 本规范所涉及的荷载，其标准值的取值应按本规范各章的规定采用。本规范提供的荷载标准值，若属于强制性条款，在设计中必须作为荷载最小值采用；若不属于强制性条款，则应由业主认可后采用，并在设计文件中注明。

3.1.5 当有两种或两种以上的可变荷载在结构上要求同时考虑时，由于所有可变荷载同时达到其单独出现时可能达到的最大值的概率极小，因此，除主导荷载（产生最大效应的荷载）仍可以其标准值为代表值外，其他伴随荷载均应采用相应时段内的最大荷载，也即以小于其标准值的组合值为荷载代表值，而组合值原则上可按相应时段最大荷载分布中的协议分位值（可取与标准值相同的分位值）来确定。

国际标准对组合值的确定方法另有规定，它出于可靠指标一致性的目的，并采用经简化后的敏感系数 α，给出两种不同方法的组合值系数表达式。在概念上这种方式比同分位值的表达方式更为合理，但在研究中发现，采用不同方法所得的结果对实际应用来说，并没有明显的差异，考虑到目前实际荷载取样的局限性，因此本规范暂时不明确组合值的确定方法，主要还是在工程设计的经验范围内，偏保守地加以确定。

3.1.6 荷载的标准值是在规定的设计基准期内最大荷载的意义上确定的，它没有反映荷载作为随机过程而具有随时间变异的特性。当结构按正常使用极限状态的要求进行设计时，例如要求控制房屋的变形、裂缝、局部损坏以及引起不舒适的振动时，就应从不同的要求出发，来选择荷载的代表值。

在可变荷载 Q 的随机过程中，荷载超过某水平 Q_x 的表示方式，国际标准对此建议有两种：

1 用超过 Q_x 的总持续时间 $T_x=\Sigma t_i$，或其与设计基准期 T 的比值 $\mu_x=T_x/T$ 来表示，见图 1(a)。图 1(b) 给出的是可变荷载 Q 在非零时域内任意时点荷载 Q^* 的概率分布函数 $F_{Q^*}(Q)$，超越 Q_x 的概率为 p^* 可按下式确定：

$$p^*=1-F_{Q^*}(Q_x)$$

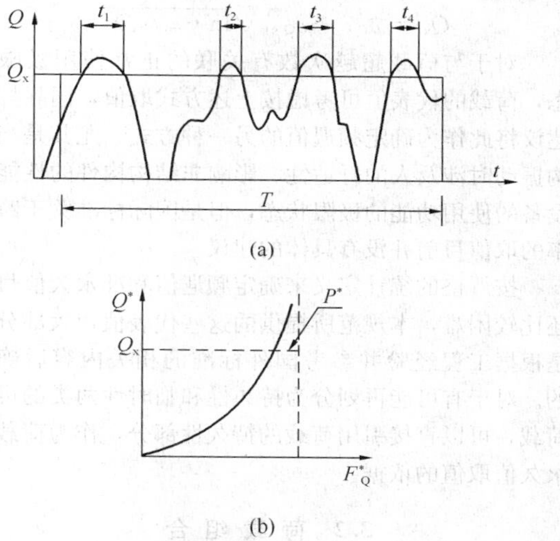

图 1　可变荷载按持续时间确定代表值示意图

对于各态历经的随机过程，μ_x 可按下式确定：

$$\mu_x=\frac{T_x}{T}=p^*q$$

式中，q 为荷载 Q 的非零概率。

当 μ_x 为规定时，则相应的荷载水平 Q_x 按下式确定：

$$Q_x=F_{Q^*}^{-1}\left(1-\frac{\mu_x}{q}\right)$$

对于与时间有关联的正常使用极限状态，荷载的代表值均可考虑按上述方式取值。例如允许某些极限状态在一个较短的持续时间内被超过，或在总体上不长的时间内被超过，可以采用较小的 μ_x 值（建议不大于 0.1）计算荷载频遇值 Q_f 作为荷载的代表值，它相当于在结构上时而出现的较大荷载值，但总是小于荷载的标准值。对于在结构上经常作用的可变荷载，应以准永久值为代表值，相应的 μ_x 值建议取 0.5，相当于可变荷载在整个变化过程中的中间值。

2 用超越 Q_x 的次数 n_x 或单位时间内的平均超

越次数 $\nu_x = n_x/T$(跨阈率)来表示(图2)。

跨阈率可通过直接观察确定，一般也可应用随机过程的某些特性(例如其谱密度函数)间接确定。当其任意时点荷载的均值 μ_{Q*} 及其跨阈率 ν_m 为已知，而且荷载是高斯平稳各态历经的随机过程，则对应于跨阈率 ν_x 的荷载水平 Q_x 可按下式确定：

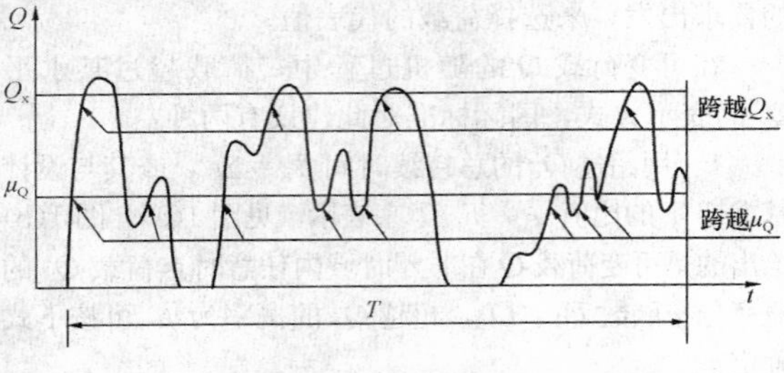

图2　可变荷载按跨阈率确定代表值示意图

$$Q_x = \mu_{Q*} + \sigma_{Q*}\sqrt{\ln(\nu_m/\nu_x)^2}$$

对于与荷载超越次数有关联的正常使用极限状态，荷载的代表值可考虑按上述方式取值，国际标准建议将此作为确定频遇值的另一种方式，尤其是当结构振动时涉及人的舒适性、影响非结构构件的性能和设备的使用功能的极限状态，但是国际标准关于跨阈率的取值目前并没有具体的建议。

按严格的统计定义来确定频遇值和准永久值目前还比较困难，本规范所提供的这些代表值，大部分还是根据工程经验并参考国外标准的相关内容后确定的。对于有可能再划分为持久性和临时性两类的可变荷载，可以直接引用荷载的持久性部分，作为荷载准永久值取值的依据。

3.2　荷载组合

3.2.1、3.2.2　当整个结构或结构的一部分超过某一特定状态，而不能满足设计规定的某一功能要求时，则称此特定状态为结构对该功能的极限状态。设计中的极限状态往往以结构的某种荷载效应，如内力、应力、变形、裂缝等超过相应规定的标志为依据。根据设计中要求考虑的结构功能，结构的极限状态在总体上可分为两大类，即承载能力极限状态和正常使用极限状态。对承载能力极限状态，一般是以结构的内力超过其承载能力为依据；对正常使用极限状态，一般是以结构的变形、裂缝、振动参数超过设计允许的限值为依据。在当前的设计中，有时也通过结构应力的控制来保证结构满足正常使用的要求，例如地基承载应力的控制。

对所考虑的极限状态，在确定其荷载效应时，应对所有可能同时出现的诸荷载作用加以组合，求得组合后在结构中的总效应。考虑荷载出现的变化性质，包括出现与否和不同的作用方向，这种组合可以多种多样，因此还必须在所有可能组合中，取其中最不利的一组作为该极限状态的设计依据。

3.2.3　对于承载能力极限状态的荷载组合，可按《工程结构可靠性设计统一标准》GB 50153－2008的规定，根据所考虑的设计状况，选用不同的组合；对持久和短暂设计状况，应采用基本组合，对偶然设计状况，应采用偶然组合。

在承载能力极限状态的基本组合中，公式(3.2.3-1)和公式(3.2.3-2)给出了荷载效应组合设计值的表达式，由于直接涉及结构的安全性，故要以强制性条文规定。建立表达式的目的是保证在各种可能出现的荷载组合情况下，通过设计都能使结构维持在相同的可靠度水平上。必须注意，规范给出的表达式都是以荷载与荷载效应有线性关系为前提，对于明显不符合该条件的情况，应在各本结构设计规范中对此作出相应的补充规定。这个原则同样适用于正常使用极限状态的各个组合的表达式。

在应用公式(3.2.3-1)时，式中的 S_{Q_1K} 为诸可变荷载效应中其设计值为控制其组合为最不利者，当设计者无法判断时，可轮次以各可变荷载效应 S_{Q_iK} 为 S_{Q_1K}，选其中最不利的荷载效应组合为设计依据，这个过程建议由计算机程序的运算来完成。

GB 50009－2001修订时，增加了结构的自重占主要荷载时，由公式(3.2.3-2)给出由永久荷载效应控制的组合设计值。考虑这个组合式后可以避免可靠度可能偏低的后果；虽然过去在有些结构设计规范中，也曾为此专门给出某些补充规定，例如对某些以自重为主的构件采用提高重要性系数、提高屋面活荷载的设计规定，但在实际应用中，总不免有挂一漏万的顾虑。采用公式(3.2.3-2)后，可在结构设计规范中撤销这些补充的规定，同时也避免了永久荷载为主的结构安全度可能不足的后果。

在应用公式(3.2.3-2)的组合式时，对可变荷载，出于简化的目的，也可仅考虑与结构自重方向一致的竖向荷载，而忽略影响不大的横向荷载。此外，对某些材料的结构，可考虑自身的特点，由各结构设计规范自行规定，可不采用该组合式进行校核。

考虑到简化规则缺乏理论依据，现在结构分析及荷载组合基本由计算机软件完成，简化规则已经用得很少，本次修订取消原规范第3.2.4条关于一般排架、框架结构基本组合的简化规则。在方案设计阶段，当需要用手算初步进行荷载效应组合计算时，仍允许采用对所有参与组合的可变荷载的效应设计值，乘以一个统一的组合系数0.9的简化方法。

必须指出，条文中给出的荷载效应组合值的表达式是采用各项可变荷载效应叠加的形式，这在理论上仅适用于各项可变荷载的效应与荷载为线性关系的情况。当涉及非线性问题时，应根据问题性质，或按有关设计规范的规定采用其他不同的方法。

GB 50009－2001修订时，摈弃了原规范"遇风组合"的惯例，即只有在可变荷载包含风荷载时才考虑组合值系数的方法，而要求基本组合中所有可变荷载在作为伴随荷载时，都必须以其组合值为代表值。对组合值系数，除风荷载取 $\psi_c=0.6$ 外，对其他可变荷载，目前建议统一取 $\psi_c=0.7$。但为避免与以往设计结果有过大差别，在任何情况下，暂时建议不低于频遇值系数。

参照《工程结构可靠性设计统一标准》GB 50153－2008，本次修订引入了可变荷载考虑结构设计使用年限的调整系数 γ_L。引入可变荷载考虑结构设计使用年限调整系数的目的，是为解决设计使用年限与设计基准期不同时对可变荷载标准值的调整问题。当设计使用年限与设计基准期不同时，采用调整系数 γ_L 对可变荷载的标准值进行调整。

设计基准期是为统一确定荷载和材料的标准值而规定的年限，它通常是一个固定值。可变荷载是一个随机过程，其标准值是指在结构设计基准期内可能出现的最大值，由设计基准期最大荷载概率分布的某个分位值来确定。

设计使用年限是指设计规定的结构或结构构件不需要进行大修即可按其预定目的使用的时期，它不是一个固定值，与结构的用途和重要性有关。设计使用年限长短对结构设计的影响要从荷载和耐久性两个方面考虑。设计使用年限越长，结构使用中荷载出现"大值"的可能性越大，所以设计中应提高荷载标准值；相反，设计使用年限越短，结构使用中荷载出现"大值"的可能性越小，设计中可降低荷载标准值，以保持结构安全和经济的一致性。耐久性是决定结构设计使用年限的主要因素，这方面应在结构设计规范中考虑。

3.2.4 荷载效应组合的设计值中，荷载分项系数应根据荷载不同的变异系数和荷载的具体组合情况（包括不同荷载的效应比），以及与抗力有关的分项系数的取值水平等因素确定，以使在不同设计情况下的结构可靠度能趋于一致。但为了设计上的方便，将荷载分成永久荷载和可变荷载两类，相应给出两个规定的系数 γ_G 和 γ_Q。这两个分项系数是在荷载标准值已给定的前提下，使按极限状态设计表达式设计所得的各类结构构件的可靠指标，与规定的目标可靠指标之间，在总体上误差最小为原则，经优化后选定的。

《建筑结构设计统一标准》GBJ 68－84 编制组曾选择了 14 种有代表性的结构构件；针对永久荷载与办公楼活荷载、永久荷载与住宅活荷载以及永久荷载与风荷载三种简单组合情况进行分析，并在 $\gamma_G=$ 1.1、1.2、1.3 和 $\gamma_Q=1.1$、1.2、1.3、1.4、1.5、1.6 共 3×6 组方案中，选得一组最优方案为 $\gamma_G=1.2$ 和 $\gamma_Q=1.4$。但考虑到前提条件的局限性，允许在特殊的情况下作合理的调整，例如对于标准值大于 $4kN/m^2$ 的工业楼面活荷载，其变异系数一般较小，此时从经济上考虑，可取 $\gamma_Q=1.3$。

分析表明，当永久荷载效应与可变荷载效应相比很大时，若仍采用 $\gamma_G=1.2$，则结构的可靠度就不能达到目标值的要求，因此，在本规范公式(3.2.3-2)给出的由永久荷载效应控制的设计组合值中，相应取 $\gamma_G=1.35$。

分析还表明，当永久荷载效应与可变荷载效应异号时，若仍采用 $\gamma_G=1.2$，则结构的可靠度会随永久荷载效应所占比重的增大而严重降低，此时，γ_G 宜取小于 1.0 的系数。但考虑到经济效果和应用方便的因素，建议取 $\gamma_G=1.0$。地下水压力作为永久荷载考虑时，由于受地表水位的限制，其分项系数一般建议取 1.0。

在倾覆、滑移或漂浮等有关结构整体稳定性的验算中，永久荷载效应一般对结构是有利的，荷载分项系数一般应取小于 1.0 的值。虽然各结构标准已经广泛采用分项系数表达方式，但对永久荷载分项系数的取值，如地下水荷载的分项系数，各地方有差异，目前还不可能采用统一的系数。因此，在本规范中原则上不规定与此有关的分项系数的取值，以免发生矛盾。当在其他结构设计规范中对结构倾覆、滑移或漂浮的验算有具体规定时，应按结构设计规范的规定执行，当没有具体规定时，对永久荷载分项系数应按工程经验采用不大于 1.0 的值。

3.2.5 本条为本次修订增加的内容，规定了可变荷载设计使用年限调整系数的具体取值。

《工程结构可靠性设计统一标准》GB 50153－2008 附录 A1 给出了设计使用年限为 5、50 和 100 年时考虑设计使用年限的可变荷载调整系数 γ_L。确定 γ_L 可采用两种方法：(1)使结构在设计使用年限 T_L 内的可靠指标与在设计基准期 T 的可靠指标相同；(2)使可变荷载按设计使用年限 T_L 定义的标准值 Q_{kL} 与按设计基准期 T(50 年)定义的标准值 Q_k 具有相同的概率分位值。按第二种方法进行分析比较简单，当可变荷载服从极值Ⅰ型分布时，可以得到下面 γ_L 的表达式：

$$\gamma_L=1+0.78k_Q\delta_Q\ln\left(\frac{T_L}{T}\right)$$

式中，k_Q 为可变荷载设计基准期内最大值的平均值与标准值之比；δ_Q 为可变荷载设计基准期最大值的变异系数。表 1 给出了部分可变荷载对应不同设计使用年限时的调整系数，比较可知规范的取值基本偏于保守。

表 1 考虑设计使用年限的可变荷载调整系数 γ_L 计算值

设计使用年限(年)	5	10	20	30	50	75	100
办公楼活荷载	0.839	0.858	0.919	0.955	1.000	1.036	1.061

续表 1

设计使用年限(年)	5	10	20	30	50	75	100
住宅活荷载	0.798	0.859	0.920	0.955	1.000	1.036	1.061
风荷载	0.651	0.756	0.861	0.923	1.000	1.061	1.105
雪荷载	0.713	0.799	0.886	0.936	1.000	1.051	1.087

对于风、雪荷载，可通过选择不同重现期的值来考虑设计使用年限的变化。本规范在附录E除了给出重现期为50年(设计基准期)的基本风压和基本雪压外，也给出了重现期为10年和100年的风压和雪压值，可供选用。对于吊车荷载，由于其有效荷载是核定的，与使用时间没有太大关系。对温度作用，由于是本次规范修订新增内容，还没有太多设计经验，考虑设计使用年限的调整尚不成熟。因此，本规范引入的《工程结构可靠性设计统一标准》GB 50153－2008表A.1.9可变荷载调整系数 γ_L 的具体数据，仅限于楼面和屋面活荷载。

根据表1计算结果，对表3.2.5中所列以外的其他设计使用年限对应的 γ_L 值，按线性内插计算是可行的。

荷载标准值可控制的活荷载是指那些不会随时间明显变化的荷载，如楼面均布活荷载中的书库、储藏室、机房、停车库，以及工业楼面均布活荷载等。

3.2.6 本次修订针对结构承载能力计算和偶然事件发生后受损结构整体稳固性验算分别给出了偶然组合效应设计值的计算公式。

对于偶然设计状况(包括撞击、爆炸、火灾事故的发生)，均应采用偶然组合进行设计。偶然荷载的特点是出现的概率很小，而一旦出现，量值很大，往往具有很大的破坏作用，甚至引起结构与起因不成比例的连续倒塌。我国近年因撞击或爆炸导致建筑物倒塌的事件时有发生，加强建筑物的抗连续倒塌设计刻不容缓。目前美国、欧洲、加拿大、澳大利亚等有关规范都有关于建筑结构抗连续倒塌设计的规定。原规范只是规定了偶然荷载效应的组合原则，本规范分别给出了承载能力计算和整体稳定验算偶然荷载效应组合的设计值的表达式。

偶然荷载效应组合的表达式主要考虑到：(1)由于偶然荷载标准值的确定往往带有主观和经验的因素，因而设计表达式中不再考虑荷载分项系数，而直接采用规定的标准值为设计值；(2)对偶然设计状况，偶然事件本身属于小概率事件，两种不相关的偶然事件同时发生的概率更小，所以不必同时考虑两种或两种以上偶然荷载；(3)偶然事件的发生是一个强不确定性事件，偶然荷载的大小也是不确定的，所以实际情况下偶然荷载值超过规定设计值的可能性是存在的，按规定设计值设计的结构仍然存在破坏的可能性；但为保证人的生命安全，设计还要保证偶然事件发生后受损的结构能够承担对应于偶然设计状况的永久荷载和可变荷载。所以，表达式分别给出了偶然事件发生时承载能力计算和发生后整体稳固性验算两种不同的情况。

设计人员和业主首先要控制偶然荷载发生的概率或减小偶然荷载的强度，其次才是进行抗连续倒塌设计。抗连续倒塌设计有多种方法，如直接设计法和间接设计法等。无论采用直接方法还是间接方法，均需要验算偶然荷载下结构的局部强度及偶然荷载发生后结构的整体稳固性，不同的情况采用不同的荷载组合。

3.2.7～3.2.10 对于结构的正常使用极限状态设计，过去主要是验算结构在正常使用条件下的变形和裂缝，并控制它们不超过限值。其中，与之有关的荷载效应都是根据荷载的标准值确定的。实际上，在正常使用的极限状态设计时，与状态有关的荷载水平，不一定非以设计基准期内的最大荷载为准，应根据所考虑的正常使用具体条件来考虑。参照国际标准，对正常使用极限状态的设计，当考虑短期效应时，可根据不同的设计要求，分别采用荷载的标准组合或频遇组合，当考虑长期效应时，可采用准永久组合。频遇组合系指永久荷载标准值、主导可变荷载的频遇值与伴随可变荷载的准永久值的效应组合。

可变荷载的准永久值系数仍按原规范的规定采用；频遇值系数原则上应按本规范第3.1.6条的条文说明中的规定，但由于大部分可变荷载的统计参数并不掌握，规范中采用的系数目前是按工程经验经判断后给出。

此外，正常使用极限状态要求控制的极限标志也不一定仅限于变形、裂缝等常见现象，也可延伸到其他特定的状态，如地基承载应力的设计控制，实质上是控制地基的沉陷，因此也可归入这一类。

与基本组合中的规定相同，对于标准、频遇及准永久组合，其荷载效应组合的设计值也仅适用于各项可变荷载效应与荷载为线性关系的情况。

4 永久荷载

4.0.1 本章为本次修订新增的内容，主要是为了完善规范的章节划分，并与国外标准保持一致。本章内容主要由原规范第3.1.3条扩充而来。

民用建筑二次装修很普遍，而且增加的荷载较大，在计算面层及装饰自重时必须考虑二次装修的自重。

固定设备主要包括：电梯及自动扶梯，采暖、空调及给排水设备，电器设备，管道、电缆及其支架等。

4.0.2、4.0.3 结构或非承重构件的自重是建筑结构的主要永久荷载，由于其变异性不大，而且多为正态分布，一般以其分布的均值作为荷载标准值，由此，即可按结构设计规定的尺寸和材料或结构构件单位体积的自重(或单位面积的自重)平均值确定。对于自重变异性较大的材料，如现场制作的保温材料、混凝土薄壁构件等，尤其是制作屋面的轻质材料，考虑到结构的可靠性，在设计中应根据该荷载对结构有利或不利，分别取其自重的下限值或上限值。在附录A中，对某些变异性较大的材料，都分别给出其自重的上限和下限值。

对于在附录A中未列出的材料或构件的自重，应根据生产厂家提供的资料或设计经验确定。

4.0.4 可灵活布置的隔墙自重按可变荷载考虑时，可换算为等效均布荷载，换算原则在本规范表5.1.1注6中规定。

5 楼面和屋面活荷载

5.1 民用建筑楼面均布活荷载

5.1.1 作为强制性条文，本次修订明确规定表5.1.1中列入的民用建筑楼面均布活荷载的标准值及其组合值系数、频遇值系数和准永久值系数为设计时必须遵守的最低要求。如设计中有特殊需要，荷载标准值及其组合值、频遇值和准永久值系数的取值可以适当提高。

本次修订，对不同类别的楼面均布活荷载，除调整和增加个别项目外，大部分的标准值仍保持原有水平。主要修订内容为：

1)提高教室活荷载标准值。原规范教室活荷载取值偏小，目前教室除传统的讲台、课桌椅外，投影仪、计算机、音响设备、控制柜等多媒体教学设备显著增加；班级学生人数可能出现超员情况。本次修订将教室活荷载取值由2.0kN/m^{2}提高至2.5kN/m^2。

2)增加运动场的活荷载标准值。现行规范中尚未包括体育馆中运动场的活荷载标准值。运动场除应考虑举办运动会、开闭幕式、大型集会等密集人流的活动外，还应考虑跑步、跳跃等冲击力的影响。本次修订运动场活荷载标准值取为4.0kN/m^2。

3)第8项的类别修改为汽车通道及“客车”停车库，明确本项荷载不适用于消防车的停车库；增加了板跨为3m×3m的双向板楼盖停车库活荷载标准值。在原规范中，对板跨小于6m×6m的双向板楼盖和柱网小于6m×6m的无梁楼盖的消防车活荷载未作出具体规定。由于消防车活荷载本身较大，对结构构件截面尺寸、层高与经济性影响显著，设计人员使用不方便，故在本次修订中予以增加。

根据研究与大量试算，在表注4中明确规定板跨在3m×3m至6m×6m之间的双向板，可以按线性插值方法确定活荷载标准值。

对板上有覆土的消防车活荷载，明确规定可以考虑覆土的影响，一般可在原消防车轮压作用范围的基础上，取扩散角为35°，以扩散后的作用范围按等效均布方法确定活荷载标准值。新增加附录B，给出常用板跨消防车活荷载覆土厚度折减系数。

4)提高原规范第10项第1款浴室和卫生间的活荷载标准值。近年来，在浴室、卫生间中安装浴缸、坐便器等卫生设备的情况越来越普遍，故在本次修订中，将浴室和卫生间的活荷载统一规定为2.5kN/m^2。

5)楼梯单列一项，提高除多层住宅外其他建筑楼梯的活荷载标准值。在发生特殊情况时，楼梯对于人员疏散与逃生的安全性具有重要意义。汶川地震后，楼梯的抗震构造措施已经大大加强。在本次修订中，除了使用人数较少的多层住宅楼梯活荷载仍按2.0kN/m^{2}取值外，其余楼梯活荷载取值均改为3.5kN/m^2。

在《荷载暂行规范》规结1—58中，民用建筑楼面活荷载取值是参照当时的苏联荷载规范并结合我国具体情况，按经验判断的方法来确定的。《工业与民用建筑结构荷载规范》TJ 9-74修订前，在全国一定范围内对办公室和住宅的楼面活荷载进行了调查。当时曾对4个城市(北京、兰州、成都和广州)的606间住宅和3个城市(北京、兰州和广州)的258间办公室的实际荷载作了测定。按楼板内弯矩等效的原则，将实际荷载换算为等效均布荷载，经统计计算，分别得出其平均值为1.051kN/m^{2}和1.402kN/m^2，标准差为0.23kN/m^{2}和0.219kN/m^2；按平均值加两倍标准差的标准荷载定义，得出住宅和办公室的标准活荷载分别为1.513kN/m^{2}和1.84kN/m^2。但在规结1—58中对办公楼允许按不同情况可取1.5kN/m^{2}或2kN/m^{2}进行设计，而且较多单位根据当时的设计实践经验取1.5kN/m^2，而只对兼作会议室的办公楼可提高到2kN/m^2。对其他用途的民用楼面，由于缺乏足够数据，一般仍按实际荷载的具体分析，并考虑当时的设计经验，在原规范的基础上适当调整后确定。

《建筑结构荷载规范》GBJ 9-87根据《建筑结构统一设计标准》GBJ 68-84对荷载标准值的定义，重新对住宅、办公室和商店的楼面活荷载作了调查和统计，并考虑荷载随空间和时间的变异性，采用了适当的概率统计模型。模型中直接采用房间面积平均荷载来代替等效均布荷载，这在理论上虽然不很严格，但对结果估计不会有严重影响，而调查和统计工作却可得到很大的简化。

楼面活荷载按其随时间变异的特点，可分持久性和临时性两部分。持久性活荷载是指楼面上在某个时段内基本保持不变的荷载，例如住宅内的家具、物品，工业房屋内的机器、设备和堆料，还包括常住人员自重。这些荷载，除非发生一次搬迁，一般变化不大。临时性活荷载是指楼面上偶尔出现短期荷载，例如聚会的人群、维修时工具和材料的堆积、室内扫除时家具的集聚等。

对持续性活荷载 L_i 的概率统计模型，可根据调查给出荷载变动的平均时间间隔 τ 及荷载的统计分布，采用等时段的二项平稳随机过程(图 3)。

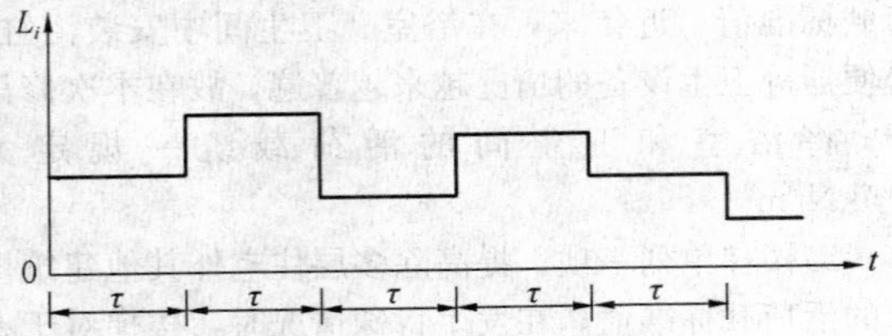

图 3　持续性活荷载随时间变化示意图

对临时性活荷载 L_r 由于持续时间很短，要通过调查确定荷载在单位时间内出现次数的平均率及其荷载值的统计分布，实际上是有困难的。为此，提出一个勉强可以代替的方法，就是通过对用户的查询，了解到最近若干年内一次最大的临时性荷载值，以此作为时段内的最大荷载 L_{rs}，并作为荷载统计的基础。对 L_r 也采用与持久性活荷载相同的概率模型(图 4)。

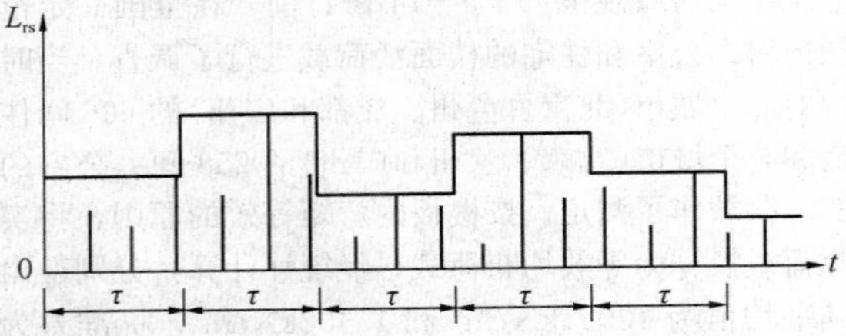

图 4　临时性活荷载随时间变化示意图

出于分析上的方便，对各类活荷载的分布类型采用了极值Ⅰ型。根据 L_r 和 L_{rs} 的统计参数，分别求出 50 年最大荷载值 L_{iT} 和 L_{rT} 的统计分布和参数。再根据 Tukstra 的组合原则，得出 50 年内总荷载最大值 L_T 的统计参数。在 1977 年以后的三年里，曾对全国某些城市的办公室、住宅和商店的活荷载情况进行了调查，其中：在全国 25 个城市实测了 133 栋办公楼共 2201 间办公室，总面积为 63700m²，同时调查了 317 栋用户的搬迁情况；对全国 10 个城市的住宅实测了 556 间，总为 7000m²，同时调查了 229 户的搬迁情况；在全国 10 个城市实测了 21 家百货商店共 214 个柜台，总面积为 23700m²。

表 2 中的 L_K 系指《建筑结构荷载规范》GBJ 9－87 中给出的活荷载的标准值。按《建筑结构可靠度设计统一标准》GB 50068 的规定，标准值应为设计基准期 50 年内荷载最大值分布的某一个分位值。虽然没有对分位值的百分数作具体规定，但对性质类同的可变荷载，应尽量使其取值在保证率上保持相同的水平。从表 5.1.1 中可见，若对办公室而言，$L_K=1.5$kN/m²，它相当于 L_T 的均值 μ_{LT} 加 1.5 倍的标准差 σ_{LT}，其中 1.5 系数指保证率系数 α。若假设 L_T 的分布仍为极值Ⅰ型，则与 α 对应的保证率为 92.1%，也即 L_K 取 92.1%的分位值。以此为标准，则住宅的活荷载标准值就偏低较多。鉴于当时调查时的住宅荷载还是偏高的实际情况，因此原规范仍保持以往的取值。但考虑到工程界普遍的意见，认为对于建设工程量比较大的住宅和办公楼来说，其荷载标准值与国外相比显然偏低，又鉴于民用建筑的楼面活荷载今后的变化趋势也难以预测，因此，在《建筑结构荷载规范》GB 50009—2001 修订时，楼面活荷载的最小值规定为 2.0kN/m²。

表 2　全国部分城市建筑楼面活荷载统计分析表

	办公室			住宅			商店		
	μ	σ	τ	μ	σ	τ	μ	σ	τ
L_i	0.386	0.178	10 年	0.504	0.162	10 年	0.580	0.351	10 年
L_{rs}	0.355	0.244		0.468	0.252		0.955	0.428	
L_{iT}	0.610	0.178		0.707	0.162		4.650	0.351	
L_{rT}	0.661	0.244		0.784	0.252		2.261	0.428	
L_T	1.047	0.302		1.288	0.300		2.841	0.553	
L_K	1.5			1.5			3.5		
α	1.5			0.7			1.2		
p(%)	92.1			79.1			88.5		

关于其他类别的荷载，由于缺乏系统的统计资料，仍按以往的设计经验，并参考国际标准化组织 1986 年颁布的《居住和公共建筑的使用和占用荷载》ISO 2103 而加以确定。

对藏书库和档案库，根据 70 年代初期的调查，其荷载一般为 3.5kN/m² 左右，个别超过 4kN/m²，而最重的可达 5.5kN/m²(按书架高 2.3m，净距 0.6m，放 7 层精装书籍估计)。GBJ 9－87 修订时参照 ISO 2103 的规定采用为 5kN/m²，并在表注中又给出按书架每米高度不少于 2.5kN/m² 的补充规定。对于采用密集柜的无过道书库规定荷载标准值为 12kN/m²。

客车停车库及车道的活荷载仅考虑由小轿车、吉普车、小型旅行车(载人少于 9 人)的车轮局部荷载以及其他必要的维修设备荷载。在 ISO 2103 中，停车库活荷载标准值取 2.5kN/m²。按荷载最不利布置核算其等效均布荷载后，表明该荷载值只适用于板跨不小于 6m 的双向板或无梁楼盖。对国内目前常用的单向板楼盖，当板跨不小于 2m 时，应取 4.0kN/m² 比较合适。当结构情况不符合上述条件时，可直接按车轮局部荷载计算楼板内力，局部荷载取 4.5kN，分布在 0.2m×0.2m 的局部面积上。该局部荷载也可作为验算结构局部效应的依据(如抗冲切等)。对其他车的车库和车道，应按车辆最大轮压作为局部荷载确定。

目前常见的中型消防车总质量小于15t，重型消防车总质量一般在(20～30)t。对于住宅、宾馆等建筑物，灭火时以中型消防车为主，当建筑物总高在30m以上或建筑物面积较大时，应考虑重型消防车。消防车楼面活荷载按等效均布活荷载确定，本次修订对消防车活荷载进行了更加广泛的研究和计算，扩大了楼板跨度的取值范围，考虑了覆土厚度影响。计算中选用的消防车为重型消防车，全车总重300kN，前轴重为60kN，后轴重为2×120kN，有2个前轮与4个后轮，轮压作用尺寸均为0.2m×0.6m。选择的楼板跨度为2m～4m的单向板和跨度为3m～6m的双向板。计算中综合考虑了消防车台数、楼板跨度、板长宽比以及覆土厚度等因素的影响，按照荷载最不利布置原则确定消防车位置，采用有限元软件分析了在消防车轮压作用下不同板跨单向板和双向板的等效均布活荷载值。

根据单向板和双向板的等效均布活荷载值计算结果，本次修订规定板跨在3m至6m之间的双向板，活荷载可根据板跨按线性插值确定。当单向板楼盖板跨介于2m～4m之间时，活荷载可按跨度在(35～25)kN/m^2范围内线性插值确定。

当板顶有覆土时，可根据覆土厚度对活荷载进行折减，在新增的附录B中，给出了不同板跨、不同覆土厚度的活荷载折减系数。

在计算折算覆土厚度的公式(B.0.2)中，假定覆土应力扩散角为35°，常数1.43为tan35°的倒数。使用者可以根据具体情况采用实际的覆土应力扩散角θ，按此式计算折算覆土厚度。

对于消防车不经常通行的车道，也即除消防站以外的车道，适当降低了其荷载的频遇值和准永久值系数。

对民用建筑楼面可根据在楼面上活动的人和设施的不同状况，可以粗略将其标准值分成以下七个档次：

(1)活动的人很少$L_K=2.0kN/m^2$；

(2)活动的人较多且有设备$L_K=2.5kN/m^2$；

(3)活动的人很多且有较重的设备$L_K=3.0kN/m^2$；

(4)活动的人很集中，有时很挤或有较重的设备$L_K=3.5kN/m^2$；

(5)活动的性质比较剧烈$L_K=4.0kN/m^2$；

(6)储存物品的仓库$L_K=5.0kN/m^2$；

(7)有大型的机械设备$L_K=(6～7.5)kN/m^2$。

对于在表5.1.1中没有列出的项目可对照上述类别和档次选用，但当有特别重的设备时应另行考虑。

作为办公楼的荷载还应考虑会议室、档案室和资料室等的不同要求，一般应在（2.0～2.5）kN/m^2范围内采用。

对于洗衣房、通风机房以及非固定隔墙的楼面均布活荷载，均系参照国内设计经验和国外规范的有关内容酌情增添的。其中非固定隔墙的荷载应按活荷载考虑，可采用每延米长度的墙重（kN/m）的1/3作为楼面活荷载的附加值（kN/m^2），该附加值建议不小于$1.0kN/m^2$，但对于楼面活荷载大于$4.0kN/m^2$的情况，不小于$0.5kN/m^2$。

走廊、门厅和楼梯的活荷载标准值一般应按相连通房屋的活荷载标准值采用，但对有可能出现密集人流的情况，活荷载标准值不应低于$3.5kN/m^2$。可能出现密集人流的建筑主要是指学校、公共建筑和高层建筑的消防楼梯等。

5.1.2 作为强制性条文，本次修订明确规定本条列入的设计楼面梁、墙、柱及基础时的楼面均布活荷载的折减系数，为设计时必须遵守的最低要求。

作用在楼面上的活荷载，不可能以标准值的大小同时布满在所有的楼面上，因此在设计梁、墙、柱和基础时，还要考虑实际荷载沿楼面分布的变异情况，也即在确定梁、墙、柱和基础的荷载标准值时，允许按楼面活荷载标准值乘以折减系数。

折减系数的确定实际上是比较复杂的，采用简化的概率统计模型来解决这个问题还不够成熟。目前除美国规范是按结构部位的影响面积来考虑外，其他国家均按传统方法，通过从属面积来虑荷载折减系数。对于支撑单向板的梁，其从属面积为梁两侧各延伸二分之一的梁间距范围内的面积；对于支撑双向板的梁，其从属面积由板面的剪力零线围成。对于支撑梁的柱，其从属面积为所支撑梁的从属面积的总和；对于多层房屋，柱的从属面积为其上部所有柱从属面积的总和。

在ISO 2103中，建议按下述不同情况对荷载标准值乘以折减系数λ。

当计算梁时：

1 对住宅、办公楼等房屋或其房间按下式计算：

$$\lambda = 0.3 + \frac{3}{\sqrt{A}} \quad (A > 18m^2)$$

2 对公共建筑或其房间按下式计算：

$$\lambda = 0.5 + \frac{3}{\sqrt{A}} \quad (A > 36m^2)$$

式中：A——所计算梁的从属面积，指向梁两侧各延伸1/2梁间距范围内的实际楼面面积。

当计算多层房屋的柱、墙和基础时：

1 对住宅、办公楼等房屋按下式计算：

$$\lambda = 0.3 + \frac{0.6}{\sqrt{n}}$$

2 对公共建筑按下式计算：

$$\lambda = 0.5 + \frac{0.6}{\sqrt{n}}$$

式中：n——所计算截面以上的楼层数，$n \geqslant 2$。

为了设计方便，而又不明显影响经济效果，本条文的规定作了一些合理的简化。在设计柱、墙和基础时，对第1（1）建筑类别采用的折减系数改用 $\lambda = 0.4 + \frac{0.6}{\sqrt{n}}$。对第1（2）～8项的建筑类别，直接按楼面梁的折减系数，而不另考虑按楼层的折减。这与ISO 2103相比略为保守，但与以往的设计经验比较接近。

停车库及车道的楼面活荷载是根据荷载最不利布置下的等效均布荷载确定，因此本条文给出的折减系数，实际上也是根据次梁、主梁或柱上的等效均布荷载与楼面等效均布荷载的比值确定。

本次修订，设计墙、柱和基础时针对消防车的活荷载的折减不再包含在本强制性条文中，单独列为第5.1.3条，便于设计人员灵活掌握。

5.1.3 消防车荷载标准值很大，但出现概率小，作用时间短。在墙、柱设计时应容许作较大的折减，由设计人员根据经验确定折减系数。在基础设计时，根据经验和习惯，同时为减少平时使用时产生的不均匀沉降，允许不考虑消防车通道的消防车活荷载。

5.2 工业建筑楼面活荷载

5.2.1 本规范附录C的方法主要是为确定楼面等效均布活荷载而制订的。为了简化，在方法上作了一些假设：计算等效均布荷载时统一假定结构的支承条件都为简支，并按弹性阶段分析内力。这对实际上为非简支的结构以及考虑材料处于弹塑性阶段的设计会有一定的设计误差。

计算板面等效均布荷载时，还必须明确板面局部荷载实际作用面的尺寸。作用面一般按矩形考虑，从而可确定荷载传递到板轴心面处的计算宽度，此时假定荷载按45°扩散线传递。

板面等效均布荷载按板内分布弯矩等效的原则确定，也即在实际的局部荷载作用下在简支板内引起的绝对最大的分布弯矩，使其等于在等效均布荷载作用下在该简支板内引起的最大分布弯矩作为条件。所谓绝对最大是指在设计时假定实际荷载的作用位置是在对板最不利的位置上。

在局部荷载作用下，板内分布弯矩的计算比较复杂，一般可参考有关的计算手册。对于边长比大于2的单向板，本规范附录C中给出更为具体的方法。在均布荷载作用下，单向板内分布弯矩沿板宽方向是均匀分布的，因此可按单位宽度的简支板来计算其分布弯矩；在局部荷载作用下，单向板内分布弯矩沿板宽方向不再是均匀分布，而是在局部荷载处具有最大值，并逐渐向宽度两侧减小，形成一个分布宽度。现以均布荷载代替，为使板内分布弯矩等效，可相应确定板的有效分布宽度。在本规范附录C中，根据计算结果，给出了五种局部荷载情况下有效分布宽度的近似公式，从而可直接按公式（C.0.4-1）确定单向板的等效均布活荷载。

不同用途的工业建筑，其工艺设备的动力性质不尽相同。对一般情况，荷载中应考虑动力系数1.05～1.1；对特殊的专用设备和机器，可提高到1.2～1.3。

本次修订增加固定设备荷载计算原则，增加原料、成品堆放荷载计算原则。

5.2.2 操作荷载对板面一般取 $2kN/m^2$。对堆料较多的车间，如金工车间，操作荷载取 $2.5kN/m^2$。有的车间，例如仪器仪表装配车间，由于生产的不均衡性，某个时期的成品、半成品堆放特别严重，这时可定为 $4kN/m^2$。还有些车间，其荷载基本上由堆料所控制，例如粮食加工厂的拉丝车间、轮胎厂的准备车间、纺织车间的齿轮室等。

操作荷载在设备所占的楼面面积内不予考虑。

本次修订增加设备区域内可不考虑操作荷载和堆料荷载的规定，增加参观走廊活荷载。

5.3 屋面活荷载

5.3.1 作为强制性条文，本次修订明确规定表5.3.1中列入的屋面均布活荷载的标准值及其组合值系数、频遇值系数和准永久值系数为设计时必须遵守的最低要求。

对不上人的屋面均布活荷载，以往规范的规定是考虑在使用阶段作为维修时所必需的荷载，因而取值较低，统一规定为 $0.3kN/m^2$。后来在屋面结构上，尤其是钢筋混凝土屋面上，出现了较多的事故，原因无非是屋面超重、超载或施工质量偏低。特别对无雪地区，按过低的屋面活荷载设计，就更容易发生质量事故。因此，为了进一步提高屋面结构的可靠度，在GBJ 9－87中将不上人的钢筋混凝土屋面活荷载提高到 $0.5kN/m^2$。根据原颁布的GBJ 68－84，对永久荷载和可变荷载分别采用不同的荷载分项系数以后，荷载以自重为主的屋面结构可靠度相对又有所下降。为此，GBJ 9－87有区别地适当提高其屋面活荷载的值为 $0.7kN/m^2$。

GB 50009－2001修订时，补充了以恒载控制的不利组合式，而屋面活荷载中主要考虑的仅是施工或维修荷载，故将原规范项次1中对重屋盖结构附加的荷载值 $0.2kN/m^2$ 取消，也不再区分屋面性质，统一取为 $0.5kN/m^2$。但在不同材料的结构设计规范中，尤其对于轻质屋面结构，当出于设计方面的历史经验而有必要改变屋面荷载的取值时，可由该结构设计规范自行规定，但不得低于 $0.3kN/m^2$。

关于屋顶花园和直升机停机坪的荷载是参照国内设计经验和国外规范有关内容确定的。

本次修订增加了屋顶运动场地的活荷载标准值。随着城市建设的发展，人民的物质文化生活水平不断提高，受到土地资源的限制，出现了屋面作为运动场地的情况，故在本次修订中新增屋顶运动场活荷载的内容。参照体育馆的运动场，屋顶运动场地的活荷载值为4.0kN/m²。

5.4 屋面积灰荷载

5.4.1 屋面积灰荷载是冶金、铸造、水泥等行业的建筑所特有的问题。我国早已注意到这个问题，各设计、生产单位也积累了一定的经验和数据。在制订TJ 9－74前，曾对全国15个冶金企业的25个车间，13个机械工厂的18个铸造车间及10个水泥厂的27个车间进行了一次全面系统的实际调查。调查了各车间设计时所依据的积灰荷载、现场的除尘装置和实际清灰制度，实测了屋面不同部位、不同灰源距离、不同风向下的积灰厚度，并计算其平均日积灰量，对灰的性质及其重度也作了研究。

调查结果表明，这些工业建筑的积灰问题比较严重，而且其性质也比较复杂。影响积灰的主要因素是：除尘装置的使用维修情况、清灰制度执行情况、风向和风速、烟囱高度、屋面坡度和屋面挡风板等。对积灰特别严重或情况特殊的工业厂房屋面积灰荷载应根据实际情况确定。

确定积灰荷载只有在工厂设有一般的除尘装置，且能坚持正常的清灰制度的前提下才有意义。对一般厂房，可以做到（3～6）个月清灰一次。对铸造车间的冲天炉附近，因积灰速度较快，积灰范围不大，可以做到按月清灰一次。

调查中所得的实测平均日积灰量列于表3中。

表3 实测平均日积灰量

车间名称		平均日积灰量（cm）
贮矿槽、出铁场		0.08
炼钢车间	有化铁炉	0.06
	无化铁炉	0.065
铁合金车间		0.067～0.12
烧结车间	无挡风板	0.035
	有挡风板（挡风板内）	0.046
铸造车间		0.18
水泥厂	窑房	0.044
	磨房	0.028
生、熟料库和联合贮库		0.045

对积灰取样测定了灰的天然重度和饱和重度，以其平均值作为灰的实际重度，用以计算积灰周期内的最大积灰荷载。按灰源类别不同，分别得出其计算重度（表4）。

5.4.2 易于形成灰堆的屋面处，其积灰荷载的增大系数可参照雪荷载的屋面积雪分布系数的规定来确定。

表4 积灰重度

车间名称	灰源类别	重度（kN/m³） 天然	饱和	计算	备注
炼铁车间	高炉	13.2	17.9	15.55	
炼钢车间	转炉	9.4	15.5	12.45	
铁合金车间	电炉	8.1	16.6	12.35	—
烧结车间	烧结炉	7.8	15.8	11.80	
铸造车间	冲天炉	11.2	15.6	13.40	
水泥厂	生料库	8.1	12.6	10.35	建议按熟料库采用
	熟料库			15.00	

5.4.3 对有雪地区，积灰荷载应与雪荷载同时考虑。此外，考虑到雨季的积灰有可能接近饱和，此时的积灰荷载的增值为偏于安全，可通过不上人屋面活荷载来补偿。

5.5 施工和检修荷载及栏杆荷载

5.5.1 设计屋面板、檩条、钢筋混凝土挑檐、雨篷和预制小梁时，除了按第5.3.1条单独考虑屋面均布活荷载外，还应另外验算在施工、检修时可能出现在最不利位置上，由人和工具自重形成的集中荷载。对于宽度较大的挑檐和雨篷，在验算其承载力时，为偏于安全，可沿其宽度每隔1.0m考虑有一个集中荷载；在验算其倾覆时，可根据实际可能的情况，增大集中荷载的间距，一般可取（2.5～3.0）m。

地下室顶板等部位在建造施工和使用维修时，往往需要运输、堆放大量建筑材料与施工机具，因施工超载引起建筑物楼板开裂甚至破坏时有发生，应该引起设计与施工人员的重视。在进行首层地下室顶板设计时，施工活荷载一般不小于4.0kN/m²，但可以根据情况扣除尚未施工的建筑地面做法与隔墙的自重，并在设计文件中给出相应的详细规定。

5.5.2 作为强制性条文，本次修订明确规定栏杆活荷载的标准值为设计时必须遵守的最低要求。

本次修订时，考虑到楼梯、看台、阳台和上人屋面等的栏杆在紧急情况下对人身安全保护的重要作用，将住宅、宿舍、办公楼、旅馆、医院、托儿所、幼儿园等的栏杆顶部水平荷载从0.5kN/m提高至1.0kN/m。对学校、食堂、剧场、电影院、车站、礼堂、展览馆或体育场等的栏杆，除了将顶部水平荷载提高至1.0kN/m外，还增加竖向荷载1.2kN/m。参照《城市桥梁设计荷载标准》CJJ 77－98对桥上人行道栏杆的规定，计算桥上人行道栏杆时，作用在栏杆扶手上的竖向活荷载采用1.2kN/m，水平向外活荷载采用1.0kN/m。两者应分别考虑，不应同时作用。

6 吊车荷载

6.1 吊车竖向和水平荷载

6.1.1 按吊车荷载设计结构时，有关吊车的技术资料（包括吊车的最大或最小轮压）都应由工艺提供。多年实践表明，由各工厂设计的起重机械，其参数和尺寸不太可能完全与该标准保持一致。因此，设计时仍应直接参照制造厂当时的产品规格作为设计依据。

选用的吊车是按其工作的繁重程度来分级的，这不仅对吊车本身的设计有直接的意义，也和厂房结构的设计有关。国家标准《起重机设计规范》GB 3811－83是参照国际标准《起重设备分级》ISO 4301－1980的原则，重新划分了起重机的工作级别。在考虑吊车繁重程度时，它区分了吊车的利用次数和荷载大小两种因素。按吊车在使用期内要求的总工作循环次数分成10个利用等级，又按吊车荷载达到其额定值的频繁程度分成4个载荷状态（轻、中、重、特重）。根据要求的利用等级和载荷状态，确定吊车的工作级别，共分8个级别作为吊车设计的依据。

这样的工作级别划分在原则上也适用于厂房的结构设计，虽然根据过去的设计经验，在按吊车荷载设计结构时，仅参照吊车的载荷状态将其划分为轻、中、重和超重4级工作制，而不考虑吊车的利用因素，这样做实际上也并不会影响到厂房的结构设计，但是，在执行国家标准《起重机设计规范》GB 3811－83以来，所有吊车的生产和定货，项目的工艺设计以及土建原始资料的提供，都以吊车的工作级别为依据，因此在吊车荷载的规定中也相应改用按工作级别划分。采用的工作级别是按表5与过去的工作制等级相对应的。

表5　吊车的工作制等级与工作级别的对应关系

工作制等级	轻级	中级	重级	超重级
工作级别	A1～A3	A4，A5	A6，A7	A8

6.1.2 吊车的水平荷载分纵向和横向两种，分别由吊车的大车和小车的运行机构在启动或制动时引起的惯性力产生。惯性力为运行重量与运行加速度的乘积，但必须通过制动轮与钢轨间的摩擦传递给厂房结构。因此，吊车的水平荷载取决于制动轮的轮压和它与钢轨间的滑动摩擦系数，摩擦系数一般可取0.14。

在规范TJ 9－74中，吊车纵向水平荷载取作用在一边轨道上所有刹车轮最大轮压之和的10%，虽比理论值为低，但经长期使用检验，尚未发现有问题。太原重机学院曾对1台300t中级工作制的桥式吊车进行了纵向水平荷载的测试，得出大车制动力系数为0.084～0.091，与规范规定值比较接近。因此，纵向水平荷载的取值仍保持不变。

吊车的横向水平荷载可按下式取值：

$$T=\alpha(Q+Q_1)g$$

式中：Q——吊车的额定起重量；

Q_1——横行小车重量；

g——重力加速度；

α——横向水平荷载系数（或称小车制动力系数）。

如考虑小车制动轮数占总轮数之半，则理论上α应取0.07，但TJ 9－74当年对软钩吊车取α不小于0.05，对硬钩吊车取α为0.10，并规定该荷载仅由一边轨道上各车轮平均传递到轨顶，方向与轨道垂直，同时考虑正反两个方向。

经浙江大学、太原重机学院及原第一机械工业部第一设计院等单位，在3个地区对5个厂房及12个露天栈桥的额定起重量为5t～75t的中级工作制桥式吊车进行了实测。实测结果表明：小车制动力的上限均超过规范的规定值，而且横向水平荷载系数α往往随吊车起重量的减小而增大，这可能是由于司机对起重量大的吊车能控制以较低的运行速度所致。根据实测资料分别给出5t～75t吊车上小车制动力的统计参数，见表6。若对小车制动力的标准值按保证率99.9%取值，则$T_k=\mu_T+3\sigma_T$，由此得出系数α，除5t吊车明显偏大外，其他约在0.08～0.11之间。经综合分析比较，将吊车额定起重量按大小分成3个组别，分别规定了软钩吊车的横向水平荷载系数为0.12，0.10和0.08。

对于夹钳、料耙、脱锭等硬钩吊车，由于使用频繁，运行速度高，小车附设的悬臂结构使起吊的重物不能自由摆动等原因，以致制动时产生较大的惯性力。TJ 9－74规范规定它的横向水平荷载虽已比软钩吊车大一倍，但与实测相比还是偏低，曾对10t夹钳吊车进行实测，实测的制动力为规范规定值的1.44倍。此外，硬钩吊车的另一个问题是卡轨现象严重。综合上述情况，GBJ 9－87已将硬钩吊车的横向水平荷载系数α提高为0.2。

表6　吊车制动力统计参数

吊车额定起重量（t）	制动力 T（kN）		标准值 T_k（kN）	$\alpha=\frac{T_k}{(Q+Q_1)g}$
	均值 μ_T	标准差 σ_T		
5	0.056	0.020	0.116	0.175
10	0.074	0.022	0.140	0.108
20	0.121	0.040	0.247	0.079
30	0.181	0.048	0.325	0.081
75	0.405	0.141	0.828	0.080

经对13个车间和露天栈桥的小车制动力实测数据进行分析，表明吊车制动轮与轨道之间的摩擦力足以传递小车制动时产生的制动力。小车制动力是由支承吊车

的两边相应的承重结构共同承受，并不是 TJ 9－74 规范中所认为的仅由一边轨道传递横向水平荷载。经对实测资料的统计分析，当两边柱的刚度相等时，小车制动力的横向分配系数多数为 0.45/0.55，少数为 0.4/0.6，个别为 0.3/0.7，平均为 0.474/0.526。为了计算方便，GBJ 9－87 规范已建议吊车的横向水平荷载在两边轨道上平等分配，这个规定与欧美的规范也是一致的。

6.2 多台吊车的组合

6.2.1 设计厂房的吊车梁和排架时，考虑参与组合的吊车台数是根据所计算的结构构件能同时产生效应的吊车台数确定。它主要取决于柱距大小和厂房跨间的数量，其次是各吊车同时集聚在同一柱距范围内的可能性。根据实际观察，在同一跨度内，2 台吊车以邻接距离运行的情况还是常见的，但 3 台吊车相邻运行却很罕见，即使发生，由于柱距所限，能产生影响的也只是 2 台。因此，对单跨厂房设计时最多考虑 2 台吊车。

对多跨厂房，在同一柱距内同时出现超过 2 台吊车的机会增加。但考虑隔跨吊车对结构的影响减弱，为了计算上的方便，容许在计算吊车竖向荷载时，最多只考虑 4 台吊车。而在计算吊车水平荷载时，由于同时制动的机会很小，容许最多只考虑 2 台吊车。

本次修订增加了双层吊车组合的规定；当下层吊车满载时，上层吊车只考虑空载的工况；当上层吊车满载时，下层吊车不应同时作业，不予考虑。

6.2.2 TJ 9－74 规范对吊车荷载，无论是由 2 台还是 4 台吊车引起的，都按同时满载，且其小车位置都按同时处于最不利的极限工作位置上考虑。根据在北京、上海、沈阳、鞍山、大连等地的实际观察调查，实际上这种最不利的情况是不可能出现的。对不同工作制的吊车，其吊车载荷有所不同，即不同吊车有各自的满载概率，而 2 台或 4 台同时满载，且小车又同时处于最不利位置的概率就更小。因此，本条文给出的折减系数是从概率的观点考虑多台吊车共同作用时的吊车荷载效应组合相对于最不利效应的折减。

为了探讨多台吊车组合后的折减系数，在编制 GBJ 68－84 时，曾在全国 3 个地区 9 个机械工厂的机械加工、冲压、装配和铸造车间，对额定起重量为 2t～50t 的轻、中、重级工作制的 57 台吊车做了吊车竖向荷载的实测调查工作。根据所得资料，经整理并通过统计分析，根据分析结果表明，吊车荷载的折减系数与吊车工作的载荷状态有关，随吊车工作载荷状态由轻级到重级而增大；随额定起重量的增大而减小；同跨 2 台和相邻跨 2 台的差别不大。在对竖向吊车荷载分析结果的基础上，并参考国外规范的规定，本条文给出的折减系数值还是偏于保守的；并将此规定直接引用到横向水平荷载的折减。GB 50009－2001 修订时，在参与组合的吊车数量上，插入了台数为 3 的可能情况。

双层吊车的吊车荷载折减系数可以参照单层吊车的规定采用。

6.3 吊车荷载的动力系数

6.3.1 吊车竖向荷载的动力系数，主要是考虑吊车在运行时对吊车梁及其连接的动力影响。根据调查了解，产生动力的主要因素是吊车轨道接头的高低不平和工件翻转时的振动。从少量实测资料来看，其量值都在 1.2 以内。TJ 9－74 规范对钢吊车梁取 1.1，对钢筋混凝土吊车梁按工作制级别分别取 1.1，1.2 和 1.3。在前苏联荷载规范 СНИП6-74 中，不分材料，仅对重级工作制的吊车梁取动力系数 1.1。GBJ 9－87 修订时，主要考虑到吊车荷载分项系数统一按可变荷载分项系数 1.4 取值后，相对于以往的设计而言偏高，会影响吊车梁的材料用量。在当时对吊车梁的实际动力特性不甚清楚的前提下，暂时采用略为降低的值 1.05 和 1.1，以弥补偏高的荷载分项系数。

TJ 9－74 规范当时对横向水平荷载还规定了动力系数，以计算重级工作制的吊车梁上翼缘及其制动结构的强度和稳定性以及连接的强度，这主要是考虑在这类厂房中，吊车在实际运行过程中产生的水平卡轨力。产生卡轨力的原因主要在于吊车轨道不直或吊车行驶时的歪斜，其大小与吊车的制造、安装、调试和使用期间的维护等管理因素有关。在下沉的条件下，不应出现严重的卡轨现象，但实际上由于生产中难以控制的因素，尤其是硬钩吊车，经常产生较大的卡轨力，使轨道被严重啃蚀，有时还会造成吊车梁与柱连接的破坏。假如采用按吊车的横向制动力乘以所谓动力系数的方式来规定卡轨力，在概念上是不够清楚的。鉴于目前对卡轨力的产生机理、传递方式以及在正常条件下的统计规律还缺乏足够的认识，因此在取得更为系统的实测资料以前，还无法建立合理的计算模型，给出明确的设计规定。TJ 9－74 规范中关于这个问题的规定，已从本规范中撤销，由各结构设计规范和技术标准根据自身特点分别自行规定。

6.4 吊车荷载的组合值、频遇值及准永久值

6.4.2 处于工作状态的吊车，一般很少会持续地停留在某一个位置上，所以在正常条件下，吊车荷载的作用都是短时间的。但当空载吊车经常被安置在指定的某个位置时，计算吊车梁的长期荷载效应可按本条文规定的准永久值采用。

7 雪 荷 载

7.1 雪荷载标准值及基本雪压

7.1.1 影响结构雪荷载大小的主要因素是当地的地

面积雪自重和结构上的积雪分布，它们直接关系到雪荷载的取值和结构安全，要以强制性条文规定雪荷载标准值的确定方法。

7.1.2 基本雪压的确定方法和重现期直接关系到当地基本雪压值的大小，因而也直接关系到建筑结构在雪荷载作用下的安全，必须以强制性条文作规定。确定基本雪压的方法包括对雪压观测场地、观测数据以及统计方法的规定，重现期为50年的雪压即为传统意义上的50年一遇的最大雪压，详细方法见本规范附录E。对雪荷载敏感的结构主要是指大跨、轻质屋盖结构，此类结构的雪荷载经常是控制荷载，极端雪荷载作用下的容易造成结构整体破坏，后果特别严重，应此基本雪压要适当提高，采用100年重现期的雪压。

本规范附录E表E.5中提供的50年重现期的基本雪压值是根据全国672个地点的基本气象台（站）的最大雪压或雪深资料，按附录E规定的方法经统计得到的雪压。本次修订在原规范数据的基础上，补充了全国各台站自1995年至2008年的年极值雪压数据，进行了基本雪压的重新统计。根据统计结果，新疆和东北部分地区的基本雪压变化较大，如新疆的阿勒泰基本雪压由1.25增加到1.65，伊宁由1.0增加到1.4，黑龙江的虎林由0.7增加到1.4。近几年西北、东北及华北地区出现了历史少见的大雪天气，大跨轻质屋盖结构工程因雪灾遭受破坏的事件时有发生，应引起设计人员的足够重视。

我国大部分气象台（站）收集的都是雪深数据，而相应的积雪密度数据又不齐全。在统计中，当缺乏平行观测的积雪密度时，均以当地的平均密度来估算雪压值。

各地区的积雪的平均密度按下述取用：东北及新疆北部地区的平均密度取150kg/m^3；华北及西北地区取130kg/m^3，其中青海取120kg/m^3；淮河、秦岭以南地区一般取150kg/m^3，其中江西、浙江取200kg/m^3。

年最大雪压的概率分布统一按极值Ⅰ型考虑，具体计算可按本规范附录E的规定。我国基本雪压分布图具有如下特点：

1）新疆北部是我国突出的雪压高值区。该区由于冬季受北冰洋南侵的冷湿气流影响，雪量丰富，且阿尔泰山、天山等山脉对气流有阻滞和抬升作用，更利于降雪。加上温度低，积雪可以保持整个冬季不融化，新雪覆老雪，形成了特大雪压。在阿尔泰山区域雪压值达1.65kN/m^2。

2）东北地区由于气旋活动频繁，并有山脉对气流的抬升作用，冬季多降雪天气，同时因气温低，更有利于积雪。因此大兴安岭及长白山区是我国又一个雪压高值区。黑龙江省北部和吉林省东部的广泛地区，雪压值可达0.7kN/m^{2}以上。但是吉林西部和辽宁北部地区，因地处大兴安岭的东南背风坡，气流有下沉作用，不易降雪，积雪不多，雪压不大。

3）长江中下游及淮河流域是我国稍南地区的一个雪压高值区。该地区冬季积雪情况不很稳定，有些年份一冬无积雪，而有些年份在某种天气条件下，例如寒潮南下，到此区后冷暖空气僵持，加上水汽充足，遇较低温度，即降下大雪，积雪很深，也带来雪灾。1955年元旦，江淮一带降大雪，南京雪深达51cm，正阳关达52cm，合肥达40cm。1961年元旦，浙江中部降大雪，东阳雪深达55cm，金华达45cm。江西北部以及湖南一些地点也会出现（40～50）cm以上的雪深。因此，这一地区不少地点雪压达（0.40～0.50）kN/m^2。但是这里的积雪期是较短的，短则1、2天，长则10来天。

4）川西、滇北山区的雪压也较高。因该区海拔高，温度低，湿度大，降雪较多而不易融化。但该区的河谷内，由于落差大，高度相对低和气流下沉增温作用，积雪就不多。

5）华北及西北大部地区，冬季温度虽低，但水汽不足，降水量较少，雪压也相应较小，一般为（0.2～0.3）kN/m^2。西北干旱地区，雪压在0.2kN/m^{2}以下。该区内的燕山、太行山、祁连山等山脉，因有地形的影响，降雪稍多，雪压可在0.3kN/m^{2}以上。

6）南岭、武夷山脉以南，冬季气温高，很少降雪，基本无积雪。

对雪荷载敏感的结构，例如轻型屋盖，考虑到雪荷载有时会远超过结构自重，此时仍采用雪荷载分项系数为1.40，屋盖结构的可靠度可能不够，因此对这种情况，建议将基本雪压适当提高，但这应由有关规范或标准作具体规定。

7.1.4 对山区雪压未开展实测研究仍按原规范作一般性的分析估计。在无实测资料的情况下，规范建议比附近空旷地面的基本雪压增大20%采用。

7.2 屋面积雪分布系数

7.2.1 屋面积雪分布系数就是屋面水平投影面积上的雪荷载s_h与基本雪压s_0的比值，实际也就是地面基本雪压换算为屋面雪荷载的换算系数。它与屋面形式、朝向及风力等有关。

我国与前苏联、加拿大、北欧等国相比，积雪情况不甚严重，积雪期也较短。因此本规范根据以往的设计经验，参考国际标准ISO 4355及国外有关资料，对屋面积雪分布仅概括地规定了典型屋面积雪分布系数，现就这些图形作以下几点说明：

1 坡屋面

我国南部气候转暖，屋面积雪容易融化，北部寒潮风较大，屋面积雪容易吹掉。

本次修订根据屋面积雪的实际情况，并参考欧洲规范的规定，将第1项中屋面积雪为0的最大坡度α由原规范的50°修改为60°，规定当$\alpha \geqslant 60°$时$\mu_r=0$；规定当$\alpha \leqslant 25°$时$\mu_r=1$；屋面积雪分布系数μ_r的值也作相应修改。

2 拱形屋面

原规范只给出了均匀分布的情况，所给积雪系数与矢跨比有关，即$\mu_r=l/8f$（l为跨度，f为矢高），规定μ_r不大于1.0及不小于0.4。

本次修订增加了一种不均匀分布情况，考虑拱形屋面积雪的飘移效应。通过对拱形屋面实际积雪分布的调查观测，这类屋面由于飘积作用往往存在不均匀分布的情况，积雪在屋脊两侧的迎风面和背风面都有分布，峰值出现在有积雪范围内（屋面切线角小于等于60°）的中间处，迎风面的峰值大约是背风面峰值的50%。增加的不均匀积雪分布系数与欧洲规范相当。

3 带天窗屋面及带天窗有挡风板的屋面

天窗顶上的数据0.8是考虑了滑雪的影响，挡风板内的数据1.4是考虑了堆雪的影响。

4 多跨单坡及双跨（多跨）双坡或拱形屋面

其系数1.4及0.6则是考虑了屋面凹处范围内，局部堆雪影响及局部滑雪影响。

本次修订对双坡屋面和锯齿形屋面都增加了一种不均匀分布情况（不均匀分布情况2），双坡屋面增加了一种两个屋脊间不均匀积雪的分布情况，而锯齿形屋面增加的不均匀情况则考虑了类似高低跨衔接处的积雪效应。

5 高低屋面

前苏联根据西伯里亚地区的屋面雪荷载的调查，规定屋面积雪分布系数$\mu_r=\dfrac{2h}{s_0}$，但不大于4.0，其中h为屋面高低差，以“m”计，s_0为基本雪压，以“kN/m²”计；又规定积雪分布宽度$a_1=2h$，但不小于5m，不大于10m；积雪按三角形状分布，见图5。

我国高雪地区的基本雪压$s_0=(0.5\sim0.8)\text{kN/m}^2$，当屋面高低差达2m以上时，则$\mu_r$通常均取4.0。根据我国积雪情况调查，高低屋面堆雪集中程度远次于西伯里亚地区，形成三角形分布的情况较少，一般高低屋面处存在风涡作用，雪堆多形成曲线图形的堆积情况。本规范将它简化为矩形分布的雪堆，μ_r取平均值为2.0，雪堆长度为$2h$，但不小于4m，不大于8m。

本次修订增加了一种不均匀分布情况，考虑高跨墙体对低跨屋面积雪的遮挡作用，使得计算的积雪分布更接近于实际，同时还增加了低跨屋面跨度较小时的处理。$\mu_{r,m}$的取值主要参考欧洲规范。

这种积雪情况同样适用于雨篷的设计。

6 有女儿墙及其他突起物的屋面

本次修订新增加的内容，目的是要规范和完善女

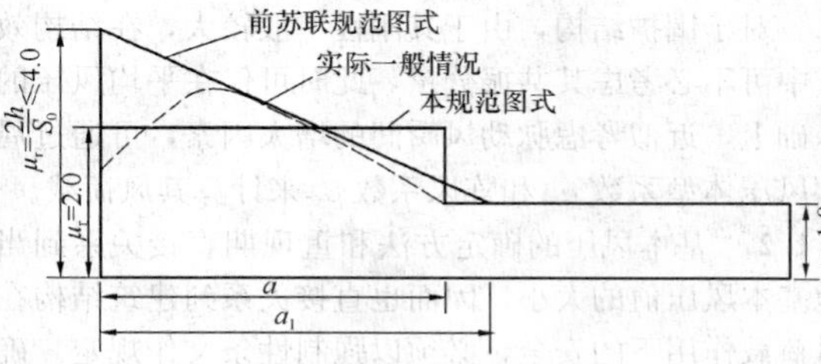

图5 高低屋面处雪堆分布图示

儿墙及其他突起物屋面积雪分布系数的取值。

7 大跨屋面

本次修订针对大跨屋面增加一种不均匀分布情况。大跨屋面结构对雪荷载比较敏感，因雪破坏的情况时有发生，设计时增加一类不均匀分布情况是必要的。由于屋面积雪在风作用下的飘移效应，屋面积雪会呈现中部大边缘小的情况，但对于不均匀积雪分布的范围以及屋面积雪系数具体的取值，目前尚没有足够的调查研究作依据，规范提供的数值供酌情使用。

8 其他屋面形式

对规范典型屋面图形以外的情况，设计人员可根据上述说明推断酌定，例如天沟处及下沉式天窗内建议$\mu_r=1.4$，其长度可取女儿墙高度的（1.2～2）倍。

7.2.2 设计建筑结构及屋面的承重构件时，原则上应按表7.2.1中给出的两种积雪分布情况，分别计算结构构件的效应值，并按最不利的情况确定结构构件的截面，但这样的设计计算工作量较大。根据长期以来积累的设计经验，出于简化的目的，规范允许设计人员按本条文的规定进行设计。

8 风荷载

8.1 风荷载标准值及基本风压

8.1.1 影响结构风荷载因素较多，计算方法也可以有多种多样，但是它们将直接关系到风荷载的取值和结构安全，要以强制性条文分别规定主体结构和围护结构风荷载标准值的确定方法，以达到保证结构安全的最低要求。

对于主要受力结构，风荷载标准值的表达可有两种形式，其一为平均风压加上由脉动风引起结构风振的等效风压；另一种为平均风压乘以风振系数。由于在高层建筑和高耸结构等悬臂型结构的风振计算中，往往是第1振型起主要作用，因而我国与大多数国家相同，采用后一种表达形式，即采用平均风压乘以风振系数β_z，它综合考虑了结构在风荷载作用下的动力响应，其中包括风速随时间、空间的变异性和结构的阻尼特性等因素。对非悬臂型的结构，如大跨空间结构，计算公式（8.1.1-1）中风荷载标准值也可理解为结构的静力等效风荷载。

对于围护结构，由于其刚性一般较大，在结构效应中可不必考虑其共振分量，此时可仅在平均风压的基础上，近似考虑脉动风瞬间的增大因素，可通过局部风压体型系数 μ_{s1} 和阵风系数 β_{gz} 来计算其风荷载。

8.1.2 基本风压的确定方法和重现期直接关系到当地基本风压值的大小，因而也直接关系到建筑结构在风荷载作用下的安全，必须以强制性条文作规定。确定基本风压的方法包括对观测场地、风速仪的类型和高度以及统计方法的规定，重现期为 50 年的风压即为传统意义上的 50 年一遇的最大风压。

基本风压 w_0 是根据当地气象台站历年来的最大风速记录，按基本风速的标准要求，将不同风速仪高度和时次时距的年最大风速，统一换算为离地 10m 高，自记 10min 平均年最大风速数据，经统计分析确定重现期为 50 年的最大风速，作为当地的基本风速 v_0，再按以下贝努利公式计算得到：

$$w_0 = \frac{1}{2}\rho v_0^2$$

详细方法见本规范附录 E。

对风荷载比较敏感的高层建筑和高耸结构，以及自重较轻的钢木主体结构，这类结构风荷载很重要，计算风荷载的各种因素和方法还不十分确定，因此基本风压应适当提高。如何提高基本风压值，仍可由各结构设计规范，根据结构的自身特点作出规定，没有规定的可以考虑适当提高其重现期来确定基本风压。对于此类结构物中的围护结构，其重要性与主体结构相比要低些，可仍取 50 年重现期的基本风压。对于其他设计情况，其重现期也可由有关的设计规范另行规定，或由设计人员自行选用，附录 E 给出了不同重现期风压的换算公式。

本规范附录 E 表 E.5 中提供的 50 年重现期的基本风压值是根据全国 672 个地点的基本气象台（站）的最大风速资料，按附录 E 规定的方法经统计和换算得到的风压。本次修订在原规范数据的基础上，补充了全国各台站自 1995 年至 2008 年的年极值风速数据，进行了基本风压的重新统计。虽然部分城市在采用新的极值风速数据统计后，得到的基本风压比原规范小，但考虑到近年来气象台站地形地貌的变化等因素，在没有可靠依据情况下一般保持原值不变。少量城市在补充新的气象资料重新统计后，基本风压有所提高。

20 世纪 60 年代前，国内的风速记录大多数根据风压板的观测结果，刻度所反映的风速，实际上是统一根据标准的空气密度 $\rho=1.25\text{kg/m}^3$ 按上述公式反算而得，因此在按该风速确定风压时，可统一按公式 $w_0=v_0^2/1600$（kN/m^2）计算。

鉴于通过风压板的观测，人为的观测误差较大，再加上时次时距换算中的误差，其结果就不太可靠。当前各气象台站已累积了较多的根据风杯式自记风速仪记录的 10min 平均年最大风速数据，现在的基本风速统计基本上都是以自记的数据为依据。因此在确定风压时，必须考虑各台站观测当时的空气密度，当缺乏资料时，也可参考附录 E 的规定采用。

8.2 风压高度变化系数

8.2.1 在大气边界层内，风速随离地面高度增加而增大。当气压场随高度不变时，风速随高度增大的规律，主要取决于地面粗糙度和温度垂直梯度。通常认为在离地面高度为 300m～550m 时，风速不再受地面粗糙度的影响，也即达到所谓“梯度风速”，该高度称之梯度风高度 H_G。地面粗糙度等级低的地区，其梯度风高度比等级高的地区为低。

风速剖面主要与地面粗糙度和风气候有关。根据气象观测和研究，不同的风气候和风结构对应的风速剖面是不同的。建筑结构要承受多种风气候条件下的风荷载的作用，从工程应用的角度出发，采用统一的风速剖面表达式是可行和合适的。因此规范在规定风剖面和统计各地基本风压时，对风的性质并不加以区分。主导我国设计风荷载的极端风气候为台风或冷锋风，在建筑结构关注的近地面范围，风速剖面基本符合指数律。自 GBJ 9－87 以来，本规范一直采用如下的指数律作为风速剖面的表达式：

$$v_z = v_{10}\left(\frac{z}{10}\right)^{\alpha}$$

GBJ 9－87 将地面粗糙度类别划分为海上、乡村和城市 3 类，GB 50009－2001 修订时将地面粗糙度类别规定为海上、乡村、城市和大城市中心 4 类，指数分别取 0.12、0.16、0.22 和 0.30，梯度高度分别取 300m、350m、400m 和 450m，基本上适应了各类工程建设的需要。

但随着国内城市发展，尤其是诸如北京、上海、广州等超大型城市群的发展，城市涵盖的范围越来越大，使得城市地貌下的大气边界层厚度与原来相比有显著增加。本次修订在保持划分 4 类粗糙度类别不变的情况下，适当提高了 C、D 两类粗糙度类别的梯度风高度，由 400m 和 450m 分别修改为 450m 和 550m。B 类风速剖面指数由 0.16 修改为 0.15，适当降低了标准场地类别的平均风荷载。

根据地面粗糙度指数及梯度风高度，即可得出风压高度变化系数如下：

$$\mu_z^A = 1.284\left(\frac{z}{10}\right)^{0.24}$$

$$\mu_z^B = 1.000\left(\frac{z}{10}\right)^{0.30}$$

$$\mu_z^C = 0.544\left(\frac{z}{10}\right)^{0.44}$$

$$\mu_z^D = 0.262\left(\frac{z}{10}\right)^{0.60}$$

针对 4 类地貌，风压高度变化系数分别规定了各自的截断高度，对应 A、B、C、D 类分别取为 5m、10m、15m 和 30m，即高度变化系数取值分别不小于 1.09、1.00、0.65 和 0.51。

在确定城区的地面粗糙度类别时，若无 α 的实测可按下述原则近似确定：

1 以拟建房 2km 为半径的迎风半圆影响范围内的房屋高度和密集度来区分粗糙度类别，风向原则上应以该地区最大风的风向为准，但也可取其主导风；

2 以半圆影响范围内建筑物的平均高度 $\bar{h}$ 来划分地面粗糙度类别，当 $\bar{h} \geqslant 18\text{m}$，为 D 类，$9\text{m} < \bar{h} < 18\text{m}$，为 C 类，$\bar{h} \leqslant 9\text{m}$，为 B 类；

3 影响范围内不同高度的面域可按下述原则确定，即每座建筑物向外延伸距离为其高度的面域内均为该高度，当不同高度的面域相交时，交叠部分的高度取大者；

4 平均高度 $\bar{h}$ 取各面域面积为权数计算。

8.2.2 地形对风荷载的影响较为复杂。原规范参考加拿大、澳大利亚和英国的相关规范，以及欧洲钢结构协会 ECCS 的规定，针对较为简单的地形条件，给出了风压高度变化系数的修正系数，在计算时应注意公式的使用条件。更为复杂的情形可根据相关资料或专门研究取值。

本次修订将山峰修正系数计算公式中的系数 κ 由 3.2 修改为 2.2，原因是原规范规定的修正系数在 z/H 值较小的情况下，与日本、欧洲等国外规范相比偏大，修正结果偏于保守。

8.3 风荷载体型系数

8.3.1 风荷载体型系数是指风作用在建筑物表面一定面积范围内所引起的平均压力（或吸力）与来流风的速度压的比值，它主要与建筑物的体型和尺度有关，也与周围环境和地面粗糙度有关。由于它涉及的是关于固体与流体相互作用的流体动力学问题，对于不规则形状的固体，问题尤为复杂，无法给出理论上的结果，一般均应由试验确定。鉴于原型实测的方法对结构设计的不现实性，目前只能根据相似性原理，在边界层风洞内对拟建的建筑物模型进行测试。

表 8.3.1 列出 39 项不同类型的建筑物和各类结构体型及其体型系数，这些都是根据国内外的试验资料和国外规范中的建议性规定整理而成，当建筑物与表中列出的体型类同时可参考应用。

本次修订增加了第 31 项矩形截面高层建筑，考虑深宽比 D/B 对背风面体型系数的影响。当平面深宽比 $D/B \leqslant 1.0$ 时，背风面的体型系数由 −0.5 增加到 −0.6，矩形高层建筑的风力系数也由 1.3 增加到 1.4。

必须指出，表 8.3.1 中的系数是有局限性的，风洞试验仍应作为抗风设计重要的辅助工具，尤其是对于体型复杂而且重要的房屋结构。

8.3.2 当建筑群，尤其是高层建筑群，房屋相互间距较近时，由于旋涡的相互干扰，房屋某些部位的局部风压会显著增大，设计时应予注意。对比较重要的高层建筑，建议在风洞试验中考虑周围建筑物的干扰因素。

本条文增加的矩形平面高层建筑的相互干扰系数取值是根据国内大量风洞试验研究结果给出的。试验研究直接以基底弯矩响应作为目标，采用基于基底弯矩的相互干扰系数来描述基底弯矩由于干扰所引起的静力和动力干扰作用。相互干扰系数定义为受扰后的结构风荷载和单体结构风荷载的比值。在没有充分依据的情况下，相互干扰系数的取值一般不小于 1.0。

建筑高度相同的单个施扰建筑的顺风向和横风向风荷载相互干扰系数的研究结果分别见图 6 和图 7。图中假定风向是由左向右吹，b 为受扰建筑的迎风面宽度，x 和 y 分别为施扰建筑离受扰建筑的纵向和横向距离。

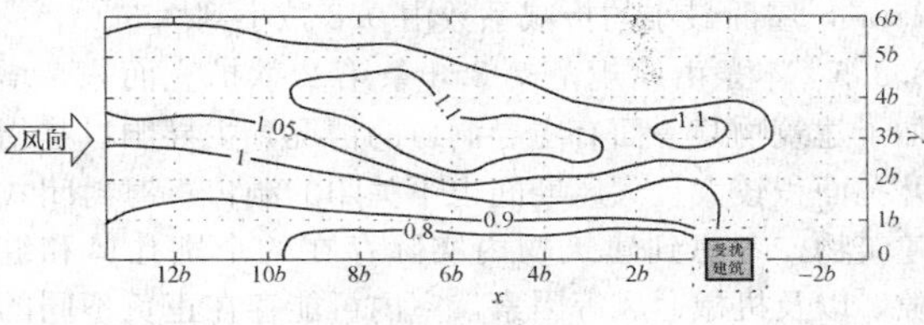

图 6 单个施扰建筑作用的顺风向风荷载相互干扰系数

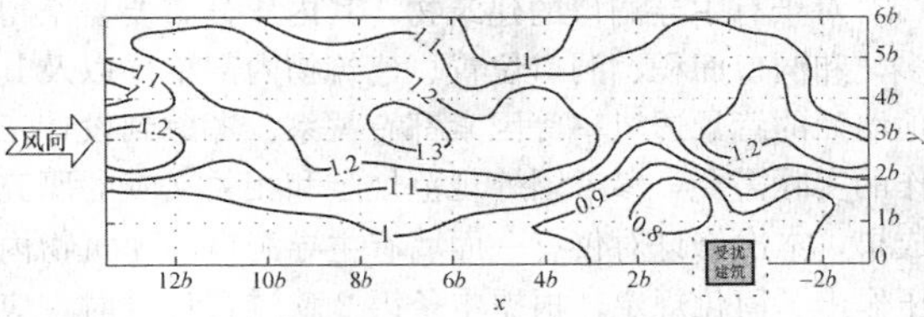

图 7 单个施扰建筑作用的横风向风荷载相互干扰系数

建筑高度相同的两个干扰建筑的顺风向荷载相互干扰系数见图 8。图中 l 为两个施扰建筑 A 和 B 的中心连线，取值时 l 不能和 l_1 和 l_2 相交。图中给出的是两个施扰建筑联合作用时的最不利情况，当这两个建筑都不在图中所示区域时，应按单个施扰建筑情况处理并依照图 6 选取较大的数值。

8.3.3 通常情况下，作用于建筑物表面的风压分布并不均匀，在角隅、檐口、边棱处和在附属结构的部位（如阳台、雨篷等外挑构件），局部风压会超过按本规范表 8.3.1 所得的平均风压。局部风压体型系数是考虑建筑物表面风压分布不均匀而导致局部部位的风压超过全表面平均风压的实际情况作出的调整。

本次修订细化了原规范对局部体型系数的规定，补充了封闭式矩形平面房屋墙面及屋面的分区域局部体型系数，反映了建筑物高宽比和屋面坡度对局部体

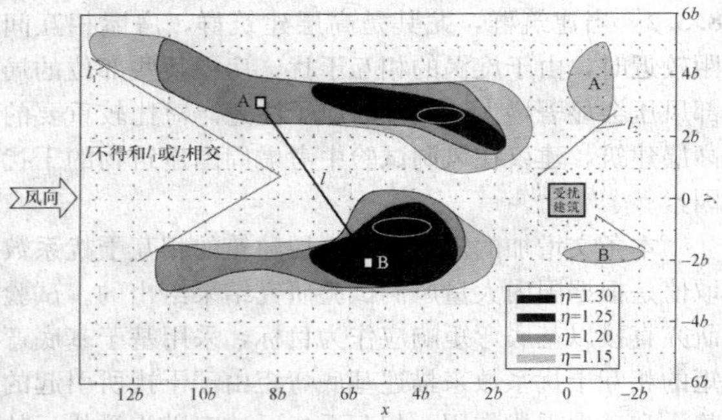

图 8　两个施扰建筑作用的顺风向风荷载相互干扰系数

型系数的影响。

8.3.4　本条由原规范 7.3.3 条注扩充而来，考虑了从属面积对局部体型系数的影响，并将折减系数的应用限于验算非直接承受风荷载的围护构件，如檩条、幕墙骨架等，最大的折减从属面积由 $10m^2$ 增加到 $25m^2$，屋面最小的折减系数由 0.8 减小到 0.6。

8.3.5　本条由原规范 7.3.3 条第 2 款扩充而来，增加了建筑物某一面有主导洞口的情况，主导洞口是指开孔面积较大且大风期间也不关闭的洞口。对封闭式建筑物，考虑到建筑物内实际存在的个别孔口和缝隙，以及机械通风等因素，室内可能存在正负不同的气压，参照国外规范，大多取±(0.18～0.25)的压力系数，本次修订仍取±0.2。

对于有主导洞口的建筑物，其内压分布要复杂得多，和洞口面积、洞口位置、建筑物内部格局以及其他墙面的背景透风率等因素都有关系。考虑到设计工作的实际需要，参考国外规范规定和相关文献的研究成果，本次修订对仅有一面墙有主导洞口的建筑物内压作出了简化规定。根据本条第 2 款进行计算时，应注意考虑不同风向下内部压力的不同取值。本条第 3 款所称的开放式建筑是指主导洞口面积过大或不止一面墙存在大洞口的建筑物（例如本规范表 8.3.1 的 26 项）。

8.3.6　风洞试验虽然是抗风设计的重要研究手段，但必须满足一定的条件才能得出合理可靠的结果。这些条件主要包括：风洞风速范围、静压梯度、流场均匀度和气流偏角等设备的基本性能；测试设备的量程、精度、频响特性等；平均风速剖面、湍流度、积分尺度、功率谱等大气边界层的模拟要求；模型缩尺比、阻塞率、刚度；风洞试验数据的处理方法等。由住房与城乡建设部立项的行业标准《建筑工程风洞试验方法标准》正在制订中，该标准将对上述条件作出具体规定。在该标准尚未颁布实施之前，可参考国外相关资料确定风洞试验应满足的条件，如美国 ASCE 编制的 Wind Tunnel Studies of Buildings and Structures、日本建筑中心出版的《建筑风洞实验指南》（中国建筑工业出版社，2011，北京）等。

8.4　顺风向风振和风振系数

8.4.1　参考国外规范及我国建筑工程抗风设计和理论研究的实践情况，当结构基本自振周期 $T \geqslant 0.25s$ 时，以及对于高度超过 30m 且高宽比大于 1.5 的高柔房屋，由风引起的结构振动比较明显，而且随着结构自振周期的增长，风振也随之增强。因此在设计中应考虑风振的影响，而且原则上还应考虑多个振型的影响；对于前几阶频率比较密集的结构，例如桅杆、屋盖等结构，需要考虑的振型可多达 10 个及以上。应按随机振动理论对结构的响应进行计算。

对于 $T<0.25s$ 的结构和高度小于 30m 或高宽比小于 1.5 的房屋，原则上也应考虑风振影响。但已有研究表明，对这类结构，往往按构造要求进行结构设计，结构已有足够的刚度，所以这类结构的风振响应一般不大。一般来说，不考虑风振响应不会影响这类结构的抗风安全性。

8.4.2　对如何考虑屋盖结构的风振问题过去没有提及，这次修订予以补充。需考虑风振的屋盖结构指的是跨度大于 36m 的柔性屋盖结构以及质量轻刚度小的索膜结构。

屋盖结构风振响应和等效静力风荷载计算是一个复杂的问题，国内外规范均没有给出一般性计算方法。目前比较一致的观点是，屋盖结构不宜采用与高层建筑和高耸结构相同的风振系数计算方法。这是因为，高层及高耸结构的顺风向风振系数方法，本质上是直接采用风速谱估计风压谱（准定常方法），然后计算结构的顺风向振动响应。对于高层（耸）结构的顺风向风振，这种方法是合适的。但屋盖结构的脉动风压除了和风速脉动有关外，还和流动分离、再附、旋涡脱落等复杂流动现象有关，所以风压谱不能直接用风速谱来表示。此外，屋盖结构多阶模态及模态耦合效应比较明显，难以简单采用风振系数方法。

悬挑型大跨屋盖结构与一般悬臂型结构类似，第 1 阶振型对风振响应的贡献最大。另有研究表明，单侧独立悬挑型大跨屋盖结构可按照准定常方法计算风振响应。比如澳洲规范（AS/NZS 1170.2：2002）基于准定常方法给出悬挑型大跨屋盖的设计风荷载。但需要注意的是，当存在另一侧看台挑篷或其他建筑物干扰时，准定常方法有可能也不适用。

8.4.3～8.4.6　对于一般悬臂型结构，例如框架、塔架、烟囱等高耸结构，高度大于 30m 且高宽比大于 1.5 的高柔房屋，由于频谱比较稀疏，第一振型起到绝对的作用，此时可以仅考虑结构的第一振型，并通过下式的风振系数来表达：

$$\beta(z)=\frac{\overline{F}_{\mathrm{Dk}}(z)+\hat{F}_{\mathrm{Dk}}(z)}{\overline{F}_{\mathrm{Dk}}(z)} \tag{1}$$

式中：$\overline{F}_{\mathrm{Dk}}(z)$ 为顺风向单位高度平均风力（kN/m），可按下式计算：

$$\bar{F}_{\mathrm{Dk}}(z)=w_0\mu_s\mu_z(z)B \tag{2}$$

$\hat{F}_{\mathrm{Dk}}(z)$ 为顺风向单位高度第 1 阶风振惯性力峰值（kN/m），对于重量沿高度无变化的等截面结构，采用下式计算：

$$\hat{F}_{\mathrm{Dk}}(z)=g\omega_1^2 m\phi_1(z)\sigma_{q_1} \tag{3}$$

式中：ω_1 为结构顺风向第 1 阶自振圆频率；g 为峰值因子，取为 2.5，与原规范取值 2.2 相比有适当提高；σ_{q_1} 为顺风向一阶广义位移均方根，当假定相干函数与频率无关时，σ_{q_1} 可按下式计算：

$$\sigma_{q_1}=\frac{2w_0 I_{10}B\mu_s}{\omega_1^2 m}\frac{\sqrt{\int_0^B\int_0^B coh_x(x_1,x_2)\mathrm{d}x_1\mathrm{d}x_2\int_0^H\int_0^H[\mu_z(z_1)\phi_1(z_1)\bar{I}_z(z_1)][\mu_z(z_2)\phi_1(z_2)\bar{I}_z(z_2)]coh_z(z_1,z_2)\mathrm{d}z_1\mathrm{d}z_2}}{\int_0^H\phi_1^2(z)\mathrm{d}z}\times\sqrt{\int_0^\infty\omega_1^4\mid H_j(i\omega)\mid^2 S_f(\omega)\mathrm{d}\omega} \tag{4}$$

将风振响应近似取为准静态的背景分量及窄带共振响应分量之和。则式（4）与频率有关的积分项可近似表示为：

$$\left[\omega_1^4\int_{-\infty}^{\infty}\mid H_{q_1}(i\omega)\mid^2 S_f(\omega)\cdot\mathrm{d}\omega\right]^{1/2}\approx\sqrt{1+R^2} \tag{5}$$

而式（4）中与频率无关的积分项乘以 $\phi_1(z)/\mu_z(z)$ 后以背景分量因子表达：

$$B_z=\frac{\sqrt{\int_0^B\int_0^B coh_x(x_1,x_2)\mathrm{d}x_1\mathrm{d}x_2\int_0^H\int_0^H[\mu_z(z_1)\phi_1(z_1)\bar{I}_z(z_1)][\mu_z(z_2)\phi_1(z_2)\bar{I}_z(z_2)]coh_z(z_1,z_2)\mathrm{d}z_1\mathrm{d}z_2}}{\int_0^H\phi_1^2(z)\mathrm{d}z}\frac{\phi_1(z)}{\mu_z(z)} \tag{6}$$

将式（2）～式（6）代入式（1），就得到规范规定的风振系数计算式（8.4.3）。

共振因子 R 的一般计算式为：

$$R=\sqrt{\frac{\pi f_1 S_f(f_1)}{4\zeta_1}} \tag{7}$$

S_f 为归一化风速谱，若采用 Davenport 建议的风速谱密度经验公式，则：

$$S_f(f)=\frac{2x^2}{3f(1+x^2)^{4/3}} \tag{8}$$

利用式（7）和式（8）可得到规范的共振因子计算公式（8.4.4-1）。

在背景因子计算中，可采用 Shiotani 提出的与频率无关的竖向和水平向相干函数：

$$\mathrm{coh}_z(z_1,z_2)=e^{\frac{-\mid z_1-z_2\mid}{60}} \tag{9}$$

$$\mathrm{coh}_x(x_1,x_2)=e^{\frac{-\mid x_1-x_2\mid}{50}} \tag{10}$$

湍流度沿高度的分布可按下式计算：

$$I_z(z)=I_{10}\bar{I}_z(z) \tag{11}$$

$$\bar{I}_z(z)=\left(\frac{z}{10}\right)^{-\alpha} \tag{12}$$

式中 α 为地面粗糙度指数，对应于 A、B、C 和 D 类地貌，分别取为 0.12、0.15、0.22 和 0.30。I_{10} 为 10m 高名义湍流度，对应 A、B、C 和 D 类地面粗糙度，可分别取 0.12、0.14、0.23 和 0.39，取值比原规范有适当提高。

式（6）为多重积分式，为方便使用，经过大量试算及回归分析，采用非线性最小二乘法拟合得到简化经验公式（8.4.5）。拟合计算过程中，考虑了迎风面和背风面的风压相关性，同时结合工程经验乘以了 0.7 的折减系数。

对于体型或质量沿高度变化的高耸结构，在应用公式（8.4.5）时应注意如下问题：对于进深尺寸比较均匀的构筑物，即使迎风面宽度沿高度有变化，计算结果也和按等截面计算的结果十分接近，故对这种情况仍可采用公式（8.4.5）计算背景分量因子；对于进深尺寸和宽度沿高度按线性或近似于线性变化、而重量沿高度按连续规律变化的构筑物，例如截面为正方形或三角形的高耸塔架及圆形截面的烟囱，计算结果表明，必须考虑外形的影响，对背景分量因子予以修正。

本次修订在附录 J 中增加了顺风向风振加速度计算的内容。顺风向风振加速度计算的理论与上述风振系数计算所采用的相同，在仅考虑第一振型情况下，加速度响应峰值可按下式计算：

$$a_D(z)=g\phi_1(z)\sqrt{\int_{-\infty}^{\infty}\omega^4 S_{q_1}(\omega)\mathrm{d}\omega}$$

式中，$S_{q_1}(\omega)$ 为顺风向第 1 阶广义位移响应功率谱。

采用 Davenport 风速谱和 Shiotani 空间相关性公式，上式可表示为：

$$a_D(z)=\frac{2gI_{10}w_R\mu_s\mu_z B_z B}{m}\sqrt{\int_0^\infty\omega^4\mid H_{q_1}(i\omega)\mid^2 S_f(\omega)\mathrm{d}\omega}$$

为便于使用，上式中的根号项用顺风向风振加速度的脉动系数 η_a 表示，则可得到本规范附录 J 的公式（J.1.1）。经计算整理得到 η_a 的计算用表，即本规范表 J.1.2。

8.4.7 结构振型系数按理应通过结构动力分析确定。为了简化，在确定风荷载时，可采用近似公式。按结构变形特点，对高耸构筑物可按弯曲型考虑，采用下述近似公式：

$$\phi_1=\frac{6z^2H^2-4z^3H+z^4}{3H^4}$$

对高层建筑，当以剪力墙的工作为主时，可按弯剪型考虑，采用下述近似公式：

$$\phi_1=\tan\left[\frac{\pi}{4}\left(\frac{z}{H}\right)^{0.7}\right]$$

对高层建筑也可进一步考虑框架和剪力墙各自的弯曲和剪切刚度，根据不同的综合刚度参数 λ，给出不同的振型系数。附录 G 对高层建筑给出前四个振型系数，它是假设框架和剪力墙均起主要作用时的情况，即取 $\lambda=3$。综合刚度参数 λ 可按下式确定：

$$\lambda=\frac{C}{\eta}\left(\frac{1}{EI_w}+\frac{1}{EI_N}\right)H^2$$

式中：C——建筑物的剪切刚度；

EI_w——剪力墙的弯曲刚度；

EI_N——考虑墙柱轴向变形的等效刚度；

$$\eta = 1 + \frac{C_f}{C_w}$$

C_f——框架剪切刚度；

C_w——剪力墙剪切刚度；

H——房屋总高。

8.5 横风向和扭转风振

8.5.1 判断高层建筑是否需要考虑横风向风振的影响这一问题比较复杂，一般要考虑建筑的高度、高宽比、结构自振频率及阻尼比等多种因素，并要借鉴工程经验及有关资料来判断。一般而言，建筑高度超过150m或高宽比大于5的高层建筑可出现较为明显的横风向风振效应，并且效应随着建筑高度或建筑高宽比增加而增加。细长圆形截面构筑物一般指高度超过30m且高宽比大于4的构筑物。

8.5.2、8.5.3 当建筑物受到风力作用时，不但顺风向可能发生风振，而且在一定条件下也能发生横风向的风振。导致建筑横风向风振的主要激励有：尾流激励（旋涡脱落激励）、横风向紊流激励以及气动弹性激励（建筑振动和风之间的耦合效应），其激励特性远比顺风向要复杂。

对于圆截面柱体结构，若旋涡脱落频率与结构自振频率相近，可能出现共振。大量试验表明，旋涡脱落频率 f_s 与平均风速 v 成正比，与截面的直径 D 成反比，这些变量之间满足如下关系：$St = \frac{f_s D}{v}$，其中，St 是斯脱罗哈数，其值仅决定于结构断面形状和雷诺数。

雷诺数 $Re = \frac{vD}{\nu}$（可用近似公式 $Re = 69000vD$ 计算，其中，分母中 ν 为空气运动黏性系数，约为 $1.45\times10^{-5}\mathrm{m^2/s}$；分子中 v 是平均风速；D 是圆柱结构的直径）将影响圆截面柱体结构的横风向风力和振动响应。当风速较低，即 $Re \leqslant 3\times10^5$ 时，$St \approx 0.2$。一旦 f_s 与结构频率相等，即发生亚临界的微风共振。当风速增大而处于超临界范围，即 $3\times10^5 \leqslant Re < 3.5\times10^6$ 时，旋涡脱落没有明显的周期，结构的横向振动也呈随机性。当风更大，$Re \geqslant 3.5\times10^6$，即进入跨临界范围，重新出现规则的周期性旋涡脱落。一旦与结构自振频率接近，结构将发生强风共振。

一般情况下，当风速在亚临界或超临界范围内时，只要采取适当构造措施，结构不会在短时间内出现严重问题。也就是说，即使发生亚临界微风共振或超临界随机振动，结构的正常使用可能受到影响，但不至于造成结构破坏。当风速进入跨临界范围内时，结构有可能出现严重的振动，甚至于破坏，国内外都曾发生过很多这类损坏和破坏的事例，对此必须引起注意。

规范附录H.1给出了发生跨临界强风共振时的圆形截面横风向风振等效风荷载计算方法。公式（H.1.1-1）中的计算系数 λ_j 是对 j 振型情况下考虑与共振区分布有关的折算系数。此外，应注意公式中的临界风速 v_{cr} 与结构自振周期有关，也即对同一结构不同振型的强风共振，v_{cr} 是不同的。

附录H.2的横风向风振等效风荷载计算方法是依据大量典型建筑模型的风洞试验结果给出的。这些典型建筑的截面为均匀矩形，高宽比（$H/\sqrt{BD}$）和截面深宽比（D/B）分别为4～8和0.5～2。试验结果的适用折算风速范围为 $v_H T_{L1}/\sqrt{BD} \leqslant 10$。

大量研究结果表明，当建筑截面深宽比大于2时，分离气流将在侧面发生再附，横风向风力的基本特征变化较大；当设计折算风速大于10或高宽比大于8，可能发生不利并且难以准确估算的气动弹性现象，不宜采用附录H.2计算方法，建议进行专门的风洞试验研究。

高宽比 $H/\sqrt{BD}$ 在4～8之间以及截面深宽比 D/B 在0.5～2之间的矩形截面高层建筑的横风向广义力功率谱可按下列公式计算得到：

$$S_{F_L} = \frac{S_p \beta_k (f_{L1}^*/f_p)\gamma}{\{1-(f_{L1}^*/f_p)^2\}^2 + \beta_k (f_{L1}^*/f_p)^2}$$

$$f_p = 10^{-5}\left(191 - 9.48N_R + \frac{1.28H}{\sqrt{DB}} + \frac{N_R H}{\sqrt{DB}}\right)\left[68 - 21\left(\frac{D}{B}\right) + 3\left(\frac{D}{B}\right)^2\right]$$

$$S_p = (0.1N_R^{0.4} - 0.0004e^{N_R})\left[\frac{0.84H}{\sqrt{DB}} - 2.12 - 0.05\left(\frac{H}{\sqrt{DB}}\right)^2\right]\times\left[0.422 + \left(\frac{D}{B}\right)^{-1} - 0.08\left(\frac{D}{B}\right)^{-2}\right]$$

$$\beta_k = (1 + 0.00473e^{1.7N_R})(0.065 + e^{1.26 - \frac{0.63H}{\sqrt{DB}}})e^{1.7 - \frac{3.44B}{D}}$$

$$\gamma = (-0.8 + 0.06N_R + 0.0007e^{N_R})\left[-\left(\frac{H}{\sqrt{DB}}\right)^{0.34} + 0.00006e^{\frac{H}{\sqrt{DB}}}\right]\times\left[\frac{0.414D}{B} + 1.67\left(\frac{D}{B}\right)^{-1.23}\right]$$

式中：f_p——横风向风力谱的谱峰频率系数；

N_R——地面粗糙度类别的序号，对应A、B、C和D类地貌分别取1、2、3和4；

S_p——横风向风力谱的谱峰系数；

β_k——横风向风力谱的带宽系数；

γ——横风向风力谱的偏态系数。

图H.2.4给出的是将 $H/\sqrt{BD} = 6.0$ 代入该公式计算得到的结果，供设计人员手算时用。此时，因取高宽比为固定值，忽略了其影响，对大多数矩形截面高层建筑，计算误差是可以接受的。

本次修订在附录J中增加了横风向风振加速度计算的内容。横风向风振加速度计算的依据和方法与横风向风振等效风荷载相似，也是基于大量的风洞试验结果。大量风洞试验结果表明，高层建筑横风向风力以旋涡脱落激励为主，相对于顺风向风力谱，横风向风力谱的峰值比较突出，谱峰的宽度较小。根据横风向风力谱的特点，并参考相关研究成果，横风向加速度响应可只考虑共振分量的贡献，由此推导可得到本规范附录J横风向加速度计算公式（J.2.1）。

8.5.4、8.5.5 扭转风荷载是由于建筑各个立面风压的非对称作用产生的，受截面形状和湍流度等因素的影响较大。判断高层建筑是否需要考虑扭转风振的影响，主要考虑建筑的高度、高宽比、深宽比、结构自振频率、结构刚度与质量的偏心等因素。

建筑高度超过 150m，同时满足 $H/\sqrt{BD}\geqslant 3$、$D/B\geqslant 1.5$、$\frac{T_{T1}v_{H}}{\sqrt{BD}}\geqslant 0.4$ 的高层建筑［T_{T1} 为第 1 阶扭转周期（s）］，扭转风振效应明显，宜考虑扭转风振的影响。

截面尺寸和质量沿高度基本相同的矩形截面高层建筑，当其刚度或质量的偏心率（偏心距/回转半径）不大于 0.2，且同时满足 $\frac{H}{\sqrt{BD}}\leqslant 6$，$D/B$ 在 1.5～5 范围，$\frac{T_{T1}v_{H}}{\sqrt{BD}}\leqslant 10$，可按附录 H.3 计算扭转风振等效风荷载。

当偏心率大于 0.2 时，高层建筑的弯扭耦合风振效应显著，结构风振响应规律非常复杂，不能直接采用附录 H.3 给出的方法计算扭转风振等效风荷载；大量风洞试验结果表明，风致扭矩与横风向风力具有较强相关性，当 $\frac{H}{\sqrt{BD}}>6$ 或 $\frac{T_{T1}v_{H}}{\sqrt{BD}}>10$ 时，两者的耦合作用易发生不稳定的气动弹性现象。对于符合上述情况的高层建筑，建议在风洞试验基础上，有针对性地进行专门研究。

8.5.6 高层建筑结构在脉动风荷载作用下，其顺风向荷载、横风向风振等效风荷载和扭转风振等效风荷载一般是同时存在的，但三种风荷载的最大值并不一定同时出现，因此在设计中应当按表 8.5.6 考虑三种风荷载的组合工况。

表 8.5.6 主要参考日本规范方法并结合我国的实际情况和工程经验给出。一般情况下顺风向风振响应与横风向风振响应的相关性较小，对于顺风向风荷载为主的情况，横风向风荷载不参与组合；对于横风向风荷载为主的情况，顺风向风荷载仅静力部分参与组合，简化为在顺风向风荷载标准值前乘以 0.6 的折减系数。

虽然扭转风振与顺风向及横风向风振响应之间存在相关性，但由于影响因素较多，在目前研究尚不成熟情况下，暂不考虑扭转风振等效风荷载与另外两个方向的风荷载的组合。

8.6 阵风系数

8.6.1 计算围护结构的阵风系数，不再区分幕墙和其他构件，统一按下式计算：

$$\beta_{zg}=1+2gI_{10}\left(\frac{z}{10}\right)^{-\alpha}$$

其中 A、B、C、D 四类地面粗糙度类别的截断高度分别为 5m，10m，15m 和 30m，即对应的阵风系数不大于 1.65，1.70，2.05 和 2.40。调整后的阵风系数与原规范相比系数有变化，来流风的极值速度压（阵风系数乘以高度变化系数）与原规范相比降低了约 5%到 10%。对幕墙以外的其他围护结构，由于原规范不考虑阵风系数，因此风荷载标准值会有明显提高，这是考虑到近几年来轻型屋面围护结构发生风灾破坏的事件较多的情况而作出的修订。但对低矮房屋非直接承受风荷载的围护结构，如檩条等，由于其最小局部体型系数由－2.2 修改为－1.8，按面积的最小折减系数由 0.8 减小到 0.6，因此风荷载的整体取值与原规范相当。

9 温度作用

9.1 一般规定

9.1.1 引起温度作用的因素很多，本规范仅涉及气温变化及太阳辐射等由气候因素产生的温度作用。有使用热源的结构一般是指有散热设备的厂房、烟囱、储存热物的筒仓、冷库等，其温度作用应由专门规范作规定，或根据建设方和设备供应商提供的指标确定温度作用。

温度作用是指结构或构件内温度的变化。在结构构件任意截面上的温度分布，一般认为可由三个分量叠加组成：① 均匀分布的温度分量 ΔT_{u}（图 9a）；② 沿截面线性变化的温度分量（梯度温差）ΔT_{My}、ΔT_{Mz}（图 9b、c），一般采用截面边缘的温度差表示；③ 非线性变化的温度分量 ΔT_{E}（图 9d）。

结构和构件的温度作用即指上述分量的变化，对超大型结构、由不同材料部件组成的结构等特殊情况，尚需考虑不同结构部件之间的温度变化。对大体积结构，尚需考虑整个温度场的变化。

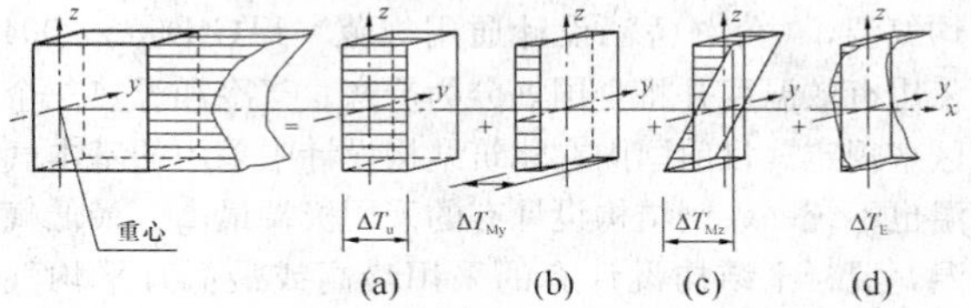

图 9 结构构件任意截面上的温度分布

建筑结构设计时，应首先采取有效构造措施来减少或消除温度作用效应，如设置结构的活动支座或节点、设置温度缝、采用隔热保温措施等。当结构或构件在温度作用和其他可能组合的荷载共同作用下产生的效应（应力或变形）可能超过承载能力极限状态或正常使用极限状态时，比如结构某一方向平面尺寸超过伸缩缝最大间距或温度区段长度、结构约束较大、房屋高度较高等，结构设计中一般应考虑温度作用。是否需要考虑温度作用效应的具体条件由《混凝土结构设计规范》GB 50010、《钢结构设计规范》GB 50017 等结构设计规范作出规定。

9.1.2 常用材料的线膨胀系数表主要参考欧洲规范的数据确定。

9.1.3 温度作用属于可变的间接作用，考虑到结构可靠指标及设计表达式的统一，其荷载分项系数取值与其他可变荷载相同，取 1.4。该值与美国混凝土设计规范 ACI 318 的取值相当。

作为结构可变荷载之一，温度作用应根据结构施工和使用期间可能同时出现的情况考虑其与其他可变荷载的组合。规范规定的组合值系数、频遇值系数及准永久值系数主要依据设计经验及参考欧洲规范确定。

混凝土结构在进行温度作用效应分析时，可考虑混凝土开裂等因素引起的结构刚度的降低。混凝土材料的徐变和收缩效应，可根据经验将其等效为温度作用。具体方法可参考有关资料和文献。如在行业标准《水工混凝土结构设计规范》SL 191－2008 中规定，初估混凝土干缩变形时可将其影响折算为（10～15)℃的温降。在《铁路桥涵设计基本规范》TB 10002.1－2005 中规定混凝土收缩的影响可按降低温度的方法来计算，对整体浇筑的混凝土和钢筋混凝土结构分别相当于降低温度 20℃和 15℃。

9.2 基 本 气 温

9.2.1 基本气温是气温的基准值，是确定温度作用所需最主要的气象参数。基本气温一般是以气象台站记录所得的某一年极值气温数据为样本，经统计得到的具有一定年超越概率的最高和最低气温。采用什么气温参数作为年极值气温样本数据，目前还没有统一模式。欧洲规范 EN 1991－1－5：－2003 采用小时最高和最低气温；我国行业标准《铁路桥涵设计基本规范》TB 10002.1－2005 采用七月份和一月份的月平均气温，《公路桥涵设计通用规范》JTG D60－2004 采用有效温度并将全国划分为严寒、寒冷和温热三个区来规定。目前国内在建筑结构设计中采用的基本气温也不统一，钢结构设计有的采用极端最高、最低气温，混凝土结构设计有的采用最高或最低月平均气温，这种情况带来的后果是难以用统一尺度评判温度作用下结构的可靠性水准，温度作用分项系数及其他各系数的取值也很难统一。作为结构设计的基本气象参数，有必要加以规范和统一。

根据国内的设计现状并参考国外规范，本规范将基本气温定义为 50 年一遇的月平均最高和月平均最低气温。分别根据全国各基本气象台站最近 30 年历年最高温度月的月平均最高和最低温度月的月平均最低气温为样本，经统计（假定其服从极值 I 型分布）得到。

对于热传导速率较慢且体积较大的混凝土及砌体结构，结构温度接近当地月平均气温，可直接采用月平均最高气温和月平均最低气温作为基本气温。

对于热传导速率较快的金属结构或体积较小的混凝土结构，它们对气温的变化比较敏感，这些结构要考虑昼夜气温变化的影响，必要时应对基本气温进行修正。气温修正的幅度大小与地理位置相关，可根据工程经验及当地极值气温与月平均最高和月平均最低气温的差值以及保温隔热性能酌情确定。

9.3 均匀温度作用

9.3.1 均匀温度作用对结构影响最大，也是设计时最常考虑的，温度作用的取值及结构分析方法较为成熟。对室内外温差较大且没有保温隔热面层的结构，或太阳辐射较强的金属结构等，应考虑结构或构件的梯度温度作用，对体积较大或约束较强的结构，必要时应考虑非线性温度作用。对梯度和非线性温度作用的取值及结构分析目前尚没有较为成熟统一的方法，因此，本规范仅对均匀温度作用作出规定，其他情况设计人员可参考有关文献或根据设计经验酌情处理。

以结构的初始温度（合拢温度）为基准，结构的温度作用效应要考虑温升和温降两种工况。这两种工况产生的效应和可能出现的控制应力或位移是不同的，温升工况会使构件产生膨胀，而温降则会使构件产生收缩，一般情况两者都应校核。

气温和结构温度的单位采用摄氏度（℃），零上为正，零下为负。温度作用标准值的单位也是摄氏度（℃），温升为正，温降为负。

9.3.2 影响结构平均温度的因素较多，应根据工程施工期间和正常使用期间的实际情况确定。

对暴露于环境气温下的室外结构，最高平均温度和最低平均温度一般可依据基本气温 T_{max} 和 T_{min} 确定。

对有围护的室内结构，结构最高平均温度和最低平均温度一般可依据室内和室外的环境温度按热工学的原理确定，当仅考虑单层结构材料且室内外环境温度类似时，结构平均温度可近似地取室内外环境温度的平均值。

在同一种材料内，结构的梯度温度可近似假定为线性分布。

室内环境温度应根据建筑设计资料的规定采用，当没有规定时，应考虑夏季空调条件和冬季采暖条件下可能出现的最低温度和最高温度的不利情况。

室外环境温度一般可取基本气温，对温度敏感的金属结构，尚应根据结构表面的颜色深浅及朝向考虑太阳辐射的影响，对结构表面温度予以增大。夏季太阳辐射对外表面最高温度的影响，与当地纬度、结构方位、表面材料色调等因素有关，不宜简单近似。参考早期的国际标准化组织文件《结构设计依据—温度气候作用》技术报告 ISO TR 9492 中相关的内容，经过计算发现，影响辐射量的主要因素是结构所处的方位，在我国不同纬度的地方（北纬 20 度～50 度）虽然有差别，但不显著。

结构外表面的材料及其色调的影响肯定是明显的。表7为经过计算归纳近似给出围护结构表面温度的增大值。当没有可靠资料时，可参考表7确定。

表7 考虑太阳辐射的围护结构表面温度增加

朝向	表面颜色	温度增加值（℃）
平屋面	浅亮	6
	浅色	11
	深暗	15
东向、南向和西向的垂直墙面	浅亮	3
	浅色	5
	深暗	7
北向、东北和西北向的垂直墙面	浅亮	2
	浅色	4
	深暗	6

对地下室与地下结构的室外温度，一般应考虑离地表面深度的影响。当离地表面深度超过10m时，土体基本为恒温，等于年平均气温。

.3.3 混凝土结构的合拢温度一般可取后浇带封闭时的月平均气温。钢结构的合拢温度一般可取合拢时的日平均温度，但当合拢时有日照时，应考虑日照的影响。结构设计时，往往不能准确确定施工工期，因此，结构合拢温度通常是一个区间值。这个区间值应包括施工可能出现的合拢温度，即应考虑施工的可行性和工期的不可预见性。

10 偶然荷载

10.1 一般规定

0.1.1 产生偶然荷载的因素很多，如由炸药、燃气、粉尘、压力容器等引起的爆炸，机动车、飞行器、电梯等运动物体引起的撞击，罕遇出现的风、雪、洪水等自然灾害及地震灾害等等。随着我国社会经济的发展和全球反恐面临的新形势，人们使用燃气、汽车、电梯、直升机等先进设施和交通工具的比例大大提高，恐怖袭击的威胁仍然严峻。在建筑结构设计中偶然荷载越来越重要，为此本次修订专门增加偶然荷载这一章。

限于目前对偶然荷载的研究和认知水平以及设计经验，本次修订仅对炸药及燃气爆炸、电梯及汽车撞击等较为常见且有一定研究资料和设计经验的偶然荷载作出规定，对其他偶然荷载，设计人员可以根据本规范规定的原则，结合实际情况或参考有关资料确定。

依据ISO 2394，在设计中所取的偶然荷载代表值是由有关权威机构或主管工程人员根据经济和社会政策、结构设计和使用经验按一般性的原则确定的，其值是唯一的。欧洲规范进一步规定偶然荷载的确定应从三个方面来考虑：①荷载的机理，包括形成的原因、短暂时间内结构的动力响应、计算模型等；②从概率的观点对荷载发生的后果进行分析；③针对不同后果采取的措施从经济上考虑优化设计的问题。从上述三方面综合确定偶然荷载代表值相当复杂，因此欧洲规范提出当缺乏后果定量分析及经济优化设计数据时，对偶然荷载可以按年失效概率万分之一确定，相当于偶然荷载万年一遇。其思路大致如此：假设在偶然荷载设计状况下结构的可靠指标为$\beta=3.8$（稍高于一般的3.7），则其取值的超越概率为：

$$\Phi(-\alpha\beta)=\Phi(-0.7\times3.8)=\Phi(-2.66)=0.003$$

这是对设计基准期是50年而言，对1年的超越概率则为万分之零点六，近似取万分之一。由于偶然荷载的有效统计数据在很多情况下不够充分，此时只能根据工程经验来确定。

10.1.2 偶然荷载的设计原则，与《工程结构可靠性设计统一标准》GB 50153－2008一致。建筑结构设计中，主要依靠优化结构方案、增加结构冗余度、强化结构构造等措施，避免因偶然荷载作用引起结构发生连续倒塌。在结构分析和构件设计中是否需要考虑偶然荷载作用，要视结构的重要性、结构类型及复杂程度等因素，由设计人员根据经验决定。

结构设计中应考虑偶然荷载发生时和偶然荷载发生后两种设计状况。首先，在偶然事件发生时应保证某些特殊部位的构件具备一定的抵抗偶然荷载的承载能力，结构构件受损可控。此时结构在承受偶然荷载的同时，还要承担永久荷载、活荷载或其他荷载，应采用结构承载能力设计的偶然荷载效应组合。其次，要保证在偶然事件发生后，受损结构能够承担对应于偶然设计状况的永久荷载和可变荷载，保证结构有足够的整体稳固性，不致因偶然荷载引起结构连续倒塌，此时应采用结构整体稳固验算的偶然荷载效应组合。

10.1.3 与其他可变荷载根据设计基准期通过统计确定荷载标准值的方法不同，在设计中所取的偶然荷载代表值是由有关的权威机构或主管工程人员根据经济和社会政策、结构设计和使用经验按一般性的原则来确定的，因此不考虑荷载分项系数，设计值与标准值取相同的值。

10.2 爆 炸

10.2.1 爆炸一般是指在极短时间内，释放出大量能量，产生高温，并放出大量气体，在周围介质中造成高压的化学反应或状态变化。爆炸的类型很多，例如炸药爆炸（常规武器爆炸、核爆炸）、煤气爆炸、粉尘爆炸、锅炉爆炸、矿井下瓦斯爆炸、汽车等物体燃烧时引起的爆炸等。爆炸对建筑物的破坏程度与爆炸类型、爆炸源能量大小、爆炸距离及周围环境、建筑物本身的振动特性等有关，精确度量爆炸荷载的大小较为困难。本规范首次加入爆炸荷载的内容，对目前工程中较为常用且有一定研究和应用经验的炸药爆炸和燃气爆炸荷载进行规定。

10.2.2 爆炸荷载的大小主要取决于爆炸当量和结构离爆炸源的距离，本条主要依据《人民防空地下室设计规范》GB 50038－2005 中有关常规武器爆炸荷载的计算方法制定。

确定等效均布静力荷载的基本步骤为：

1）确定爆炸冲击波波形参数，即等效动荷载。

常规武器地面爆炸空气冲击波波形可取按等冲量简化的无升压时间的三角形，见图 10。

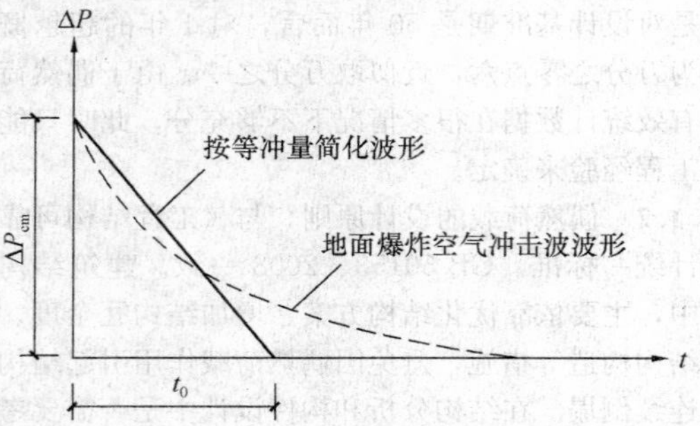

图 10　常规武器地面爆炸空气冲击波简化波形

常规武器地面爆炸冲击波最大超压（N/mm^2）ΔP_{cm}可按下式计算：

$$\Delta P_{cm}=1.316\left(\frac{\sqrt[3]{C}}{R}\right)^{3}+0.369\left(\frac{\sqrt[3]{C}}{R}\right)^{1.5}$$

式中：C——等效 TNT 装药量（kg），应按国家现行有关规定取值；

R——爆心至作用点的距离（m），爆心至外墙外侧水平距离应按国家现行有关规定取值。

地面爆炸空气冲击波按等冲量简化的等效作用时间 t_0（s），可按下式计算：

$$t_0=4.0\times10^{-4}\Delta P_{cm}^{-0.5}\sqrt[3]{C}$$

2）按单自由度体系强迫振动的方法分析得到构件的内力。

从结构设计所需精度和尽可能简化设计的角度考虑，在常规武器爆炸动荷载或核武器爆炸动荷载作用下，结构动力分析一般采用等效静荷载法。试验结果与理论分析表明，对于一般防空地下室结构在动力分析中采用等效静荷载法除了剪力（支座反力）误差相对较大外，不会造成设计上明显不合理。

研究表明，在动荷载作用下，结构构件振型与相应静荷载作用下挠曲线很相近，且动荷载作用下结构构件的破坏规律与相应静荷载作用下破坏规律基本一致，所以在动力分析时，可将结构构件简化为单自由度体系。运用结构动力学中对单自由度集中质量等体系分析的结果，可获得相应的动力系数。

等效静荷载法一般适用于单个构件。实际结构个多构件体系，如有顶板、底板、墙、梁、柱等件，其中顶板、底板与外墙直接受到不同峰值的外动荷载，内墙、柱、梁等承受上部构件传来的动载。由于动荷载作用的时间有先后，动荷载的变化律也不一致，因此对结构体系进行综合的精确分析较为困难的，故一般均采用近似方法，将它拆成单构件，每一个构件都按单独的等效体系进行动力析。各构件的支座条件应按实际支承情况来选取。如对钢筋混凝土结构，顶板与外墙的刚度接近，其接处可近似按弹性支座（介于固端与铰支之间）虑。而底板与外墙的刚度相差较大，在计算外墙时将二者连接处视作固定端。对通道或其他简单、规的结构，也可近似作为一个整体构件按等效静荷载进行动力计算。

对于特殊结构也可按有限自由度体系采用结构力学方法，直接求出结构内力。

3）根据构件最大内力（弯矩、剪力或轴力）效的原则确定等效均布静力荷载。

等效静力荷载法规定结构构件在等效静力荷载用下的各项内力（如弯矩、剪力、轴力）等与动荷作用下相应内力最大值相等，这样即可把动荷载视静荷载。

10.2.3 当前在房屋设计中考虑燃气爆炸的偶然荷是有实际意义的。本条主要参照欧洲规范《由撞击爆炸引起的偶然作用》EN 1991－1－7 中的有关定。设计的主要思想是通过通口板破坏后的泄压程，提供爆炸空间内的等效静力荷载公式，以此确关键构件的偶然荷载。

爆炸过程是十分短暂的，可以考虑构件设计抗的提高，爆炸持续时间可近似取 $t=0.2$s。

EN 1991 Part 1.7 给出的抗力提高系数的式为：

$$\varphi_d=1+\sqrt{\frac{p_{SW}}{p_{Rd}}}\sqrt{\frac{2u_{max}}{g(\Delta t)^2}}$$

式中：p_{SW}——关键构件的自重；

p_{Rd}——关键构件的在正常情况下的抗力计值；

u_{max}——关键构件破坏时的最大位移；

g——重力加速度。

10.3　撞　　击

10.3.1 当电梯运行超过正常速度一定比例后，安钳首先作用，将轿厢（对重）卡在导轨上。安全钳用瞬间，将轿厢（对重）传来的冲击荷载作用给轨，再由导轨传至底坑（悬空导轨除外）。在安全失效的情况下，轿厢（对重）才有可能撞击缓冲器缓冲器将吸收轿厢（对重）的动能，提供最后的保护。因此偶然情况下，作用于底坑的撞击力存在四种情况：轿厢或对重的安全钳通过导轨传至底坑；轿厢或对重通过缓冲器传至底坑。由于这四种情况不可能同时发生，表10中的撞击力取值为这四种情况下的最大值。根据部分电梯厂家提供的样本，计算出不同的电梯品牌、类型的撞击力与电梯总重力荷载的比值（表8）。

根据表8结果，并参考了美国IBC 96规范以及我国《电梯制造与安装安全规范》GB 7588－2003，确定撞击荷载标准值。规范值适用于电力驱动的拽引式或强制式乘客电梯、病床电梯及载货电梯，不适用于杂物电梯和液压电梯。电梯总重力荷载为电梯核定载重和轿厢自重之和，忽略了电梯装饰荷载的影响。额定速度较大的电梯，相应的撞击荷载也较大，高速电梯（额定速度不小于2.5m/s）宜取上限值。

表8　撞击力与电梯总重力荷载比值计算结果

电梯类型		品牌1	品牌2	品牌3
无机房	低速客梯	3.7～4.4	4.1～5.0	3.7～4.7
有机房	低速客梯	3.7～3.8	4.1～4.3	4.0～4.8
	低速观光梯	3.7	4.9～5.6	4.9～5.4
	低速医梯	4.2～4.7	5.2	4.0～4.5
	低速货梯	3.5～4.1	3.9～7.4	3.6～5.2
	高速客梯	4.7～5.4	5.9～7.0	6.5～7.1

10.3.2　本条借鉴了《公路桥涵设计通用规范》JTG D60－2004和《城市人行天桥与人行地道技术规范》CJJ 69－95的有关规定，基于动量定理给出了撞击力的一般公式，概念较为明确。按上述公式计算的撞击力，与欧洲规范相当。

我国公路上10t以下中、小型汽车约占总数的80%，10t以上大型汽车占20%。因此，该规范规定计算撞击力时撞击车质量取10t。而《城市人行天桥与人行地道技术规范》CJJ 69－95则建议取15t。本规范建议撞击车质量按照实际情况采用，当无数据时可取为15t。又据《城市人行天桥与人行地道技术规范》CJJ 69－95，撞击车速建议取国产车平均最高车速的80%。目前高速公路、一级公路、二级公路的最高设计车速分别为120km/h、100km/h和80km/h，综合考虑取车速为80km/h（22.2m/s）。

在没有试验资料时，撞击时间按《公路桥涵设计通用规范》JTG D60－2004的建议，取值1s。

参照《城市人行天桥与人行地道技术规范》CJJ 69－95和欧洲规范EN 1991-1-7，垂直行车方向撞击力取顺行方向撞击力的50%，二者不同时作用。

建筑结构可能承担的车辆撞击主要包括地下车库及通道的车辆撞击、路边建筑物车辆撞击等，由于所处环境不同，车辆质量、车速等变化较大，因此在给出一般值的基础上，设计人员可根据实际情况调整。

10.3.3　本条主要参考欧洲规范EN 1991－1－7的有关规定。

2

建　筑　抗　震

中华人民共和国行业标准

工程抗震术语标准

Standard for terminology in earthquake engineering

JGJ/T 97—2011

批准部门：中华人民共和国住房和城乡建设部
施行日期：2 0 1 1 年 8 月 1 日

中华人民共和国住房和城乡建设部
公　　告

第 897 号

关于发布行业标准《工程抗震术语标准》的公告

现批准《工程抗震术语标准》为行业标准，编号为 JGJ/T 97－2011，自 2011 年 8 月 1 日起实施。原行业标准《工程抗震术语标准》JGJ/T 97－95 同时废止。

本标准由我部标准定额研究所组织中国建筑工业出版社出版发行。

中华人民共和国住房和城乡建设部

2011 年 1 月 28 日

前　　言

根据住房和城乡建设部《关于印发〈2008 年工程建设标准规范制订、修订计划（第一批）〉的通知》（建标［2008］102 号）的要求，标准编制组经广泛调查研究，认真总结实践经验，参考有关国际标准和国外先进标准，并在广泛征求意见的基础上，修订了本标准。

本标准的主要内容是：1. 总则；2. 综合性术语；3. 强震动观测和工程地震术语；4. 场地和地基抗震术语；5. 工程抗震理论和计算术语；6. 工程抗震设计术语；7. 抗震鉴定和加固术语；8. 工程抗震试验术语；9. 抗震减灾和抗震防灾规划术语。

本次修订中，对《工程抗震术语标准》JGJ/T 97－95（以下简称“原标准”）中以下主要内容进行了修订：1. 原标准第二章一般术语只保留了综合术语，将其中的工程地震术语合并到了第三章中，将其中的结构动力学术语并到了第五章中；2. 将原标准第三章第二节的抗震试验术语单独列一章，为第八章；3. 将原标准第三章改为强震动观测和工程地震术语；4. 增加了第五章抗震理论和计算术语；5. 原标准第五章为现在的第六章；6. 增加了第七章抗震鉴定和加固术语；7. 将原标准第六章地震危害和减灾术语改为抗震减灾和抗震防灾规划术语，为现标准的第九章。

本标准由住房和城乡建设部负责管理，中国建筑科学研究院负责具体内容的解释。执行过程中如有意见或建议，请寄送中国建筑科学研究院《工程抗震术语标准》管理组（地址：北京市北三环东路 30 号，邮编：100013）。

本 标 准 主 编 单 位：中国建筑科学研究院

本 标 准 参 编 单 位：中国地震局工程力学研究所
同济大学
北京交通大学
北京中建华新建筑加固改造工程有限公司
北京市建筑设计研究院

本标准主要起草人员：江静贝　符圣聪　李小军　翁大根　尹保江　倪永军　常兆中　李海涛　盛　平　马　楠

本标准主要审查人员：周锡元　刘志刚　顾宝和　贾　抒　王承春　周炳章　蒋　溥　王元丰　丁彦慧

目　次

Contents

1 总 则

1.0.1 为了统一工程抗震的术语及其含义，制定本标准。

1.0.2 本标准适用于工程抗震和抗震防灾、减灾的科研、设计、教学、施工、勘察及其管理。

1.0.3 工程抗震的术语除应符合本标准外，尚应符合国家现行有关标准的规定。

2 综合性术语

2.0.1 地震 earthquake

由于地球内部运动累积的能量突然释放或地壳中空穴顶板塌陷，使岩体剧烈振动，并以波的形式传播而引起的地面颠簸和摇晃。

1 地震震级 earthquake magnitude

衡量一次地震释放能量大小的尺度。

2 震中 earthquake epicenter

震源断错始发点或震源最大能量释放区在地表的垂直投影点。分为仪器震中和宏观震中。

3 震中距 epicentral distance

某一指定点至震中的距离。

4 震源 earthquake focus

地球内部发生破裂引起震动的部位。

5 震源深度 focal depth

震源到地面的垂直距离。

1）浅源地震 shallow-focus earthquake

震源深度在 60km 以内的地震。

2）深源地震 deep-focus earthquake

震源深度超过 300km 的地震。

2.0.2 地震波 seismic wave

地震发生时所产生的地震动的传播形式。典型的地震波包括 P 波（纵波）、S 波（横波）和面波，后者包括乐夫（Love）波、瑞利（Rayleigh）波等。

2.0.3 地震烈度 seismic intensity

地震引起的地面震动及其影响的强弱程度。

2.0.4 工程地震学 engineering seismology

为工程建设服务的地震学。包括强震观测、地震危险性分析、地震区划、地震小区划、工程场地的地震安全性评价等。

2.0.5 工程抗震 earthquake engineering

以减轻地震灾害为目的的工程理论和实践。

2.0.6 抗震设防 seismic precaution

各类工程结构按照规定的可靠性要求，针对可能遭遇的地震危害性所采取的工程和非工程的防御措施。

1 抗震设防要求 seismic precautionary requirement

建设工程抗御地震破坏的准则和在一定风险水准下抗震设计采用的地震烈度或地震动参数。

2 抗震设防烈度 seismic precautionary intensity

按国家规定的权限批准作为一个地区抗震设防依据的地震烈度。一般情况，取 50 年内超越概率 10% 的地震烈度。

3 抗震设防标准 seismic precautionary criterion

衡量抗震设防要求高低的尺度，由抗震设防烈度或设计地震动参数及建筑抗震设防类别确定。

4 抗震设防水准 seismic design level

为达到不同抗震设防目标而确定的设计地震动超越概率。

5 超越概率 probability of exceedance

在一定时期内，工程场地可能遭遇大于或等于给定的地震烈度值或地震动参数值的概率。

6 抗震设防区 seismic precautionary zone

可能发生地震灾害，按规定需要采取抗震措施的地区。

7 抗震设防区划 seismic precautionary zoning

根据地震小区划、城市或工矿企业的规模及其相应的重要性所制定的供抗震设防用的地震分区规划图。其内容包括地震烈度或设计地震动、土地利用分区和地震地质灾害分布等。

8 建筑抗震设防分类 seismic precautionary category for building structures

根据建筑遭遇地震破坏后，可能造成人员伤亡、直接和间接经济损失、社会影响的程度及其在抗震救灾中的作用等因素，对各类建筑所作的设防类别划分。

1）特殊设防类 particular precautionary category

使用上有特殊要求的设施，涉及国家公共安全的重大建筑工程和地震时可能发生严重次生灾害等特别重大灾害后果，需要进行特殊设防的建筑。简称甲类。

2）重点设防类 major precautionary category

地震时使用功能不能中断或需尽快恢复的生命线相关建筑，以及地震时可能导致大量人员伤亡等重大灾害后果，需要提高设防标准的建筑。简称乙类。

3）标准设防类 standard precautionary category

除 1）、2）、4）项以外的大量按标准要求进行设防的建筑。简称丙类。

4）适度设防类 appropriate precautionary category

使用上人员稀少且震损不致产生次生灾害，允许在一定条件下适度降低设防要求的建筑。简称丁类。

2.0.7 抗震防灾规划 earthquake disaster reduction planning

为减轻地震灾害所制定的规划。

1 城市抗震防灾规划 urban earthquake disaster reduction planning

为提高城市综合抗震能力所制定的抗震防灾规划，根据城市的规模，其内容和深度有所不同。它是城市总体规划的组成部分。

2 厂矿企业抗震防灾规划 earthquake disaster reduction planning for industrial enterprise

针对厂矿企业的具体情况和特点制定的抗震防灾规划。其内容应与本企业的长远发展规划及所在城市的抗震防灾规划相衔接。

2.0.8 地震作用 earthquake action

由地震动引起的结构动态作用，包括水平地震作用和竖向地震作用。

2.0.9 综合抗震能力 compound seismic capability

整个工程结构综合考虑其构造和承载力等因素所具有的抵抗地震作用的能力。

2.0.10 设计地震动 design ground motion

在抗震设计、结构反应分析和结构振动试验中所采用的地震动物理量。

1 多遇地震 frequently occurred earthquake, low-level earthquake

在50年期限内，可能遭遇的超越概率为63%（重现期为50年）的地震作用。

2 设防地震 precautionary earthquake

在50年期限内，可能遭遇的超越概率为10%（重现期为475年）的地震作用。当用地震烈度表示地震作用时，称为基本烈度。

3 罕遇地震 seldomly occurred earthquake, high-level earthquake

在50年期限内，可能遭遇的超越概率为2%～3%（重现期为1641～2475年）的地震作用。

4 运行安全地震动 operational safety ground motion

在设计基准期内年超越概率为2‰的地震动，其峰值加速度不小于0.075g。通常为核电厂能正常运行的地震动，用SL-1表示。

5 极限安全地震动 ultimate safety ground motion

在设计基准期内年超越概率为0.1‰的地震动，其峰值加速度不小于0.15g。通常为核电厂区可能遭遇的最大地震动，用SL-2表示。

2.0.11 设计地震动参数 design parameters of ground motion

抗震设计用的地震加速度（速度、位移）时程曲线、加速度反应谱和峰值加速度。

1 设计基本地震加速度 design basic acceleration of ground motion

50年设计基准期超越概率10%的地震加速度设计取值。

2 地震影响系数曲线 seismic effect coefficient curve

抗震设计用的加速度反应谱，以加速度反应谱和重力加速度的比值表示。

3 设计特征周期 design characteristic period of ground motion

抗震设计用的地震影响系数曲线中，反映地震震级、震中距和场地类别等因素的下降段起始点对应的周期值。

2.0.12 抗震对策 earthquake protective countermeasure

针对某一地震灾害制定的减灾策略或措施。

2.0.13 抗震设计 seismic design

对地震区的工程结构进行的一种专业设计，一般包括建筑抗震概念设计、结构抗震计算和抗震措施等方面。

1 抗震等级 anti-seismic grade

根据结构类型、设防烈度、房屋高度和场地类别将结构划分为不同的等级进行抗震设计，以体现在同样烈度下不同的结构体系、不同高度和不同场地条件有不同的抗震要求。

2 建筑抗震概念设计 seismic concept design of buildings

根据地震灾害和工程经验等所形成的基本设计原则和设计思想，进行建筑和结构总体布置并确定细部构造的过程。

3 抗震措施 seismic measures

除地震作用计算和抗力计算以外的抗震设计内容，包括抗震构造措施。

4 抗震构造措施 details of seismic design

根据抗震概念设计原则，一般不需计算而对结构和非结构各部分必须采取的各种细部要求。

2.0.14 结构抗震性能 earthquake resistant behavior of structure

在地震作用下，结构构件的承载能力、变形能力、耗能能力、刚度及破坏形态的变化和发展。

2.0.15 抗震鉴定 seismic appraisal

通过检查现有建筑的设计、施工质量和现状，按规定的抗震设防要求，对其在地震作用下的安全性进行评估。

2.0.16 抗震加固 seismic retrofit for engineering; seismic strengthening for engineering

使现有建筑达到抗震鉴定的要求所进行的设计和施工。

2.0.17 抗震试验 earthquake resistant test, seismic test

用各种加载设备模拟实际动力作用施加于结构、构件或其模型上，并测定结构抗震能力的试验。

2.0.18 生命线工程 lifeline engineering

维系城市与区域的经济、社会功能的基础性工程设施与系统，主要包括电力、交通、通信、给排水、燃气热力、供油等系统。

2.0.19 环境振动 ambient vibration; microtremor

振幅很小（只有几微米）的环境地面运动。系由天然的或人为的原因所造成，例如风、海浪、交通干扰或机械振动等。常用于确定场地和工程结构动态特性。

1 卓越周期 predominant period

随机振动过程中出现概率最多的周期。常用以描述地震动或场地特性。

3 强震动观测和工程地震术语

3.1 强震动观测术语

3.1.1 强震动观测 strong motion instrumentation

获取强地面运动和工程结构震动记录的地震观测。

3.1.2 强震动观测台站 strong motion observation station

用于开展强震动观测的站点，包括观测室（罩）、仪器墩、强震仪及辅助设备等。

1 固定台站 permanent station

进行长期观测的强震动观测台站。

2 流动台站 mobile station

在短临预报可能发生强震的地区，或强地震发生后，短期内临时布设的强震动观测台站。

3.1.3 观测台阵 observation array

多个台站或测点组成的观测系统。

3.1.4 专用台阵 special array

针对特定研究和应用目的而专门设计布设的观测台阵。包括地震动衰减观测台阵、场地影响观测台阵、结构地震反应观测台阵等。

1 结构地震反应观测台阵 structural response observation array

观测强地震作用下工程结构反应而专门设计布设的强震动观测台阵。

3.1.5 强震动观测台网 strong motion observation network

若干强震动观测台站、台阵和管理中心等组成的强震动观测系统。

3.1.6 地震预警台网 earthquake early warning network

为利用实时强震台网获取的地震动信息，争取破坏性地震波到达前的短暂时间，对预警目标区进行破坏性地震预警而专门设计布设的强震动观测台网。

3.1.7 地震烈度速报台网 seismic intensity rapid reporting network

为对破坏性地震引起的地震动强度（地震烈度）分布的快速评估和速报而专门设计布设的强震动观测台网。

3.1.8 强震动仪 strong motion instrument

记录强震引起的地震动过程的仪器，主要由拾振系统、记录系统、控制系统、触发启动系统、计时系统和电源系统等组成。

1 三分量地震计（仪） three-component seismometer

记录地震动三个正交分量的地震计，通常为两个正交水平分量和一个垂直分量。

2 加速度仪 accelerograph

强震动仪的一种主要类型，记录的物理量是加速度。

3.1.9 触发阈值 triggering threshold value

启动强震动仪开始储存强震动记录（包括触发前一定时段的记录）的设定加速度水平。

3.1.10 加速度仪放大倍数 magnification of accelerograph

加速度仪记录幅值与实际地震动幅值之比。

3.1.11 功能测试 functional test

利用记录器自身的脉冲信号，进行加速度计自振频率和阻尼特性的标定试验。

3.1.12 强震动记录 strong motion record

强震仪记录的地震动时程。

3.1.13 数据处理 data processing

对原始强震动记录进行的必要处理，包括记录时程的基线校正、积分、微分及谱分析等。

1 基线校正 baseline correction

强震动记录的基线（零线）偏移的修正。

3.2 工程地震术语

3.2.1 破坏性地震 destructive earthquake

造成人员伤亡和财产损失的地震。

3.2.2 严重破坏性地震 severely destructive earthquake

造成严重的人员伤亡和财产损失，使灾区丧失或部分丧失自我恢复能力，需国家采取相应行动的地震。

3.2.3 人工诱发地震 artificially induced earthquake

由于人类活动，如工业爆破、核爆破、地下抽液、注液、采矿、水库蓄水等诱发的地震。

1 爆破诱发地震 explosion induced earthquake

由于爆破，如采矿爆破和地下核试验等引起的地震。

2 水库诱发地震 reservoir induced earthquake

由于水库蓄水或大量泄水引起库区及附近发生的地震。

3 矿山陷落地震 mine depression earthquake

矿山采空区由于空穴顶板陷落引起的地震。

3.2.4 古地震 paleo-earthquake

没有文字记载、采用地质学方法确定的地震。

3.2.5 活动断层 active fault

晚第四纪以来有活动的断层。

3.2.6 地表破裂 surface fracture

断裂运动引起地表或接近地表处产生的错动。

3.2.7 能动断层 capable fault

可能引起地表或近地表明显错动的断层。

3.2.8 烈度分布 intensity distribution

一次强地震后，地震烈度在各地区的分布情况。

1 烈度异常 abnormal intensity

某一烈度区内局部出现偏高烈度或偏低烈度的异常现象。

2 烈度异常区 intensity abnormal region

许多烈度异常点密集在一起的地区。高于所在烈度区的称为高烈度异常区；低于所在烈度区的称为低烈度异常区。

3.2.9 等震线 isoseismal; isoseism

同一地震中，地震烈度等值线。

1 等震线图 isoseismal map

同一地震中，不同等震线构成的图形。

2 极震区 meizoseismal area

一次地震破坏或影响最重的区域。

3 有感面积 felt area

多数人能感觉到地震的地域面积。常作为等震线图的最远边界。

3.2.10 （宏观）震中烈度 （macro）epicentral intensity

极震区的地震烈度。

3.2.11 地震烈度表 seismic intensity scale

按照地震时人的感觉、地震所造成的自然环境变化和工程结构的破坏程度进行地震烈度评定的标准。

3.2.12 仪器地震烈度 instrumental seismic intensity

利用仪器观测的地震动记录，计算得到的等效地震烈度。

3.2.13 仪器震中（微观震中）instrumental epicenter (micro-epicenter)

仪器测定的震源断错始发点在地表的垂直投影点。

3.2.14 宏观震中 macro-epicenter

震源最大能量释放区在地表的垂直投影点，一般基于宏观震害调查确定的极震区的几何中心。

3.2.15 震源距 hypocentral distance

某一指定点至震源的距离。

3.2.16 断层距 fault distance

某一指定点至地震断层地表破裂迹线或断层面延伸至地表位置的最短距离。

3.2.17 地震预报 earthquake prediction

根据地震前兆和地震活动规律判断，预测今后可能发生的地震，包括震中位置、时间和震级。分为长期、中期、短期和临震预报四种。

3.2.18 地震危险性 seismic hazard

某一区域或场址可能遭遇的地震作用的潜势。

3.2.19 地震带 seismic belt

地震活动性与地震构造条件密切相关的地带。

3.2.20 地震构造区 seismic tectonic zone

具有同样地质构造和地震活动性的地理区域。

3.2.21 潜在震源 potential seismic source

在未来一定时间内，可能发生影响或危及工程结构安全的震源，分为点源、线源或面源。

1 点源 point source

地震能量从一点集中释放的潜在震源。

2 线源 linear source

地震能量沿着断裂线释放的潜在震源。

3 面源 areal source

地震能量在一定面积内释放的震源。

3.2.22 地震发生概率 earthquake occurrence probability

在一定区域一定时期内不同震级地震发生的可能性。

3.2.23 地震活动性 seismicity

地震活动的时间、空间分布特性。

3.2.24 地震重现期 earthquake recurrence interval

在同一地区内某一震级地震重复发生的时间间隔。

3.2.25 年平均发生率 average annual occurrence rate

某一区域内发生震级大于等于给定下限值地震的总数与统计年数的比值。

3.2.26 地震烈度衰减 seismic intensity attenuation

地震烈度随震源距或震中距增大而衰减的规律。

3.2.27 地震动衰减 ground motion attenuation

地震动强度随震源距或震中距增大而衰减的规律。

3.2.28 强震动 strong motion

地震和爆破等引起的场地或工程结构的强烈震动。

3.2.29 自由场地地震动 free-field ground motion

不受周围环境，包括场地地形、工程结构等因素影响的空旷场地上的地面运动。

3.2.30 地震动参数 ground motion parameter

表征地震引起的地面运动的物理参数，包括地震动峰值、反应谱和持续时间等。

1 地震动强度 ground motion intensity

地震引起地面运动的强烈程度。通常用峰值加速度、峰值速度、峰值位移等物理量表示。

1）峰值加速度 peak ground acceleration

地震动加速度时间过程的绝对最大值。

2）峰值速度 peak ground velocity

地震动速度时间过程的绝对最大值。

3）峰值位移 peak ground displacement

地震动位移时间过程的绝对最大值。

2 反应谱 response spectrum

在同一地震动输入下，具有相同阻尼比的一系列单自由度体系反应（加速度、速度和位移）的绝对最大值与单自由度体系自振周期或频率的关系，以表征地震动的频谱特性。

1）加速度反应谱 acceleration response spectrum

反应谱的幅值为加速度量。

2）速度反应谱 velocity response spectrum

反应谱的幅值为速度量。

3）位移反应谱 displacement response spectrum

反应谱的幅值为位移量。

4）规准加速度反应谱 normalized acceleration response spectrum

以最大加速度归一的加速度反应谱。

3 持续时间 duration

地震动时程中，超过某一幅值（绝对或相对值）的地震动时间段长度。

4 反应谱特征周期 characteristic period of response spectrum

规准化的加速度反应谱曲线开始下降点所对应的周期值。

5 场地相关反应谱 site-specific response spectrum

与特定地震环境和场地条件相关的地震动反应谱。

3.2.31 地震危险性分析 seismic hazard analysis

用确定性方法或概率方法，计算分析确定工程场地或某一区域在未来一定时间内可能遭遇的地震烈度或地震动参数值。

3.2.32 潜在震源区 potential seismic source zone

未来可能发生破坏性地震的震中范围。

3.2.33 空间分布函数 spatial distribution function

表征地震带各震级档的地震发生在每个潜在震源区的可能性大小的函数。

3.2.34 震级上限 upper limit magnitude

在地震带或潜在震源区内可能发生的最大、发生概率趋于0的地震震级。

3.2.35 弥散地震 diffusion earthquake

在地震构造区内，与已确认的发震构造无关的最大潜在地震。

3.2.36 本底地震 background earthquake

一定地区内没有明显构造标志的最大地震。

3.2.37 地震区划 seismic zoning

以地震烈度、地震动参数为指标，将全国或地区范围可能遭受地震影响的危险程度划分成若干区域。

1 中国地震烈度区划图 Chinese seismic intensity zoning map

中国境内以地震烈度为指标的地震区划图。

2 中国地震动参数区划图 Chinese ground motion parameter zoning map

中国境内以地震动参数为指标的地震区划图。

3.2.38 工程场地地震安全性评价 evaluation of seismic safety for engineering sites

对工程场地可能遭受的地震作用及其危害进行评估，给出多种概率水平的场地地震动参数及可能出现的地震地质灾害。

3.2.39 地震小区划 seismic microzoning

对某一特定区域范围内（如城镇、厂矿企业、经济技术开发区等）地震安全环境进行的划分，预测这一范围内可能遭遇到的地震影响的分布，包括地震动小区划和地震地质灾害小区划。

1 地震动小区划 seismic ground motion microzoning

以地震动参数为指标划分小区。

2 地震地质灾害小区划 earthquake induced geological disaster microzoning

以区划范围内可能发生的地震地质灾害类型为指标划分的小区。

3.2.40 场地影响 site effect

局部场地条件对地震动的影响。

3.2.41 地震地质灾害 earthquake induced geological disaster

由地震引起的地质灾害。

4 场地和地基抗震术语

4.0.1 场地条件 site condition

场地区域及附近的地质构造、地形地貌、地下水、岩土特性及其他地质条件。

1 有利地段 favourable area to earthquake resistance

稳定基岩，坚硬土，开阔、平坦、密实、均匀的中硬土等地段。

2 一般地段 general area

不属于有利、不利和危险的地段。

3 不利地段 unfavourable area to earthquake resistance

软弱土、液化土，条状的突出山咀，高耸孤立的山丘，陡坡，陡坎，河岸和边坡的边缘，平面分布上成因、岩性、状态明显不均的土层（如古河道、疏松的断层破碎带、暗埋的塘浜沟谷及半填半挖地基），高含水量的可塑黄土，地表存在结构性裂缝等。

4 危险地段 dangerous area to earthquake resistance

地震时可能发生滑坡、崩塌、地陷、地裂、泥石流等及发震断裂带上可能发生地表位错的部位。

4.0.2 场地类别 site category

根据场地覆盖层厚度和土层等效剪切波速，对建设场地所作的分类。用以反映不同场地条件对基岩地震动的综合放大效应。

4.0.3 基底层 firm ground

上传地震波给覆盖土层的岩层或剪切波速超过规定值的硬土层。

4.0.4 覆盖层厚度 thickness of overburden layer

由地面至基底层顶面的距离。

4.0.5 场地土 site soil

场地范围内的土类。

1 土的类型 classification of soil

为便于确定各类土的剪切波速大小范围所作的土的分类。

4.0.6 等效剪切波速 equivalent shear wave velocity of soil layers

在地面以下 20m 深范围内或小于 20m 的覆盖层土层剪切波的传播速度。

4.0.7 土体抗震稳定性 seismic stability of soil

场地土体抗御地震地质灾害的性能。

1 地裂缝 ground crack

地震时地面出现的裂缝。分为构造性地裂缝和非构造性地裂缝。

1）构造性地裂缝 tectonic ground crack

与发震断裂相关并受其控制的地裂缝。

2）非构造性地裂缝 non-tectonic ground crack

与重力作用以及土体滑塌有关的地裂缝。

2 震陷 subsidence due to earthquake

在强烈地震作用下，由于土层加密、变形、液化和侧向扩张等导致工程结构或地面产生的下沉。

4.0.8 地震地基失效 earthquake induced ground failure

由于地震引起的滑坡、不均匀变形、开裂和砂土、粉土液化等使地基丧失承载能力的破坏现象。

4.0.9 液化 liquefaction

地震时土体由固态变为流态的现象。

1 液化势 liquefaction potential

土体发生液化的潜在可能性。

2 初始液化 initial liquefaction

由于饱和土层受到地震作用所产生的超孔隙水压力接近或等于有效应力瞬间的状态。此时地震引起的土层剪应力等于饱和土液化抗剪强度。

3 超孔隙水压力 excess pore water pressures

地震作用在土体中产生的孔隙水压力的增量。

4 喷水冒砂 sand boil and waterspouts

土液化时，土中水连带砂土颗粒喷出地表的现象。

5 液化初步判别 preliminary discrimination of liquefaction

根据土层地质年代、黏粒含量、地下水位深度、上覆非液化土层厚度及设防烈度等较易获得的资料直接进行的宏观液化评估。

6 非液化土层厚度 thickness of the non-liquefiable overlaying layer

在可能液化土层上所覆盖的不可能液化土层的厚度，但不含淤泥和淤泥质土层。

7 侧向扩张和流动 lateral spread and ground flow

当土层液化时，土层即使在缓坡的情形在侧向也可能出现过大的变形或流动。

8 标准贯入锤击数临界值 critical value of standard penetration resistance

以标准贯入试验来判断地基土液化与否的一项经验指标。

9 标准贯入锤击数基准值 reference value of standard penetration resistance

对于给定地震烈度，地下水位为 2m、土层埋深为 3m 处的液化标准贯入锤击数临界值作为该地震烈度液化判别的基本参考值。

10 液化指数 liquefaction index

衡量地震时土层液化可能引起的场地地面破坏效应的一种指标。

11 液化等级 category of liquefaction

按液化指数等指标对液化影响程度的分级。

12 液化安全系数 liquefaction safety coefficient

土体的液化强度与土体所受的地震剪应力之比。

1）液化强度 liquefaction strength

在循环加荷作用下土体达到初始液化时的动剪应力。

4.0.10 抗液化措施 anti-liquefaction measures

根据工程结构重要性和地基液化等级所采取的消除或减轻液化危害的工程措施，包括对基础、上部结构和对可液化土层进行处理等措施。

4.0.11 地基承载力抗震调整系数 adjusting coefficient for seismic bearing capacity

天然地基抗震验算中，对地基承载力设计值的调整系数。

5 工程抗震理论和计算术语

5.1 结构动力学术语

5.1.1 结构动力特性 dynamic properties of structure

表示结构动力特征的基本物理量，一般指结构的自振周期或自振频率、振型和阻尼。

5.1.2 自由振动 free vibration

在不受外界作用而阻尼又可忽略的情况下结构体系所进行的振动。

5.1.3 自振周期 natural period of vibration

结构按某一振型完成一次自由振动所需的时间。

5.1.4 自振频率 fundamental frequency, natural frequency

自振周期的倒数，又称固有频率。

5.1.5 基本周期 fundamental period

结构按基本振型完成一次自由振动所需的时间。

5.1.6 振型 vibration mode

结构按某一自振周期振动时的变形模式。

1 基本振型 fundamental mode

多自由度体系和连续体自由振动时，最小自振频率所对应的振动变形模式。又称第一振型。

2 高阶振型 high order mode

多自由度体系和连续体自由振动时，对应于二阶频率以上（含二阶）的振动变形模式。

5.1.7 振幅 amplitude of vibration

结构振动时，其位移、速度、加速度、内力、应力、应变等的最大变化幅度，即在振动时程曲线中，从波峰或波谷到时间坐标轴的距离。

5.1.8 共振 resonance

当干扰频率与结构自振频率接近时，振幅急剧增大的现象。

5.1.9 阻尼振动 damped vibration

振动体系由于受到阻力造成能量损失而使振幅逐渐减小的振动。

5.1.10 阻尼 damping

使振幅随时间衰减的各种因素。

5.1.11 临界阻尼 critical damping

对静止弹性体系的某点给以初始位移后，使该点返回并越过原位一次再逐渐回归原位所需要的阻尼。

5.1.12 阻尼比 damping ratio

实际的阻尼与临界阻尼的比值。

5.1.13 黏性阻尼系数 viscous damping coefficient

阻尼力与振动速度的比值。

5.1.14 耗能系数 energy dissipation coefficient

一个振动周期内能量耗散与最大弹性势能的比值。又称能量耗散系数、或能量耗散比。

5.1.15 自由度 degree of freedom

结构计算时，确定物体空间位置所需的最少独立坐标数。

1 单自由度体系 single-degree of freedom(SDOF)system

仅需一个独立坐标就可确定物体空间位置的结构系统。

2 多自由度体系 multi-degree of freedom(MDOF)system

具有两个以上（含两个）独立坐标才能确定物体空间位置的结构系统。

5.1.16 集中质量 lumped mass

为了简化计算，将结构的质量按约定的原则分别集中在结构体系的各个节点上的质量。

5.1.17 地震反应 earthquake response

地震时工程结构出现的各种动态反应。

5.1.18 随机地震反应 random earthquake response

根据地震干扰作用的随机统计特征，分析出结构体系随机反应的统计特征，如平均值、方差、相关函数、谱密度等。

5.1.19 结构-液体耦联振动 structure-liquid coupling vibration

地震时，贮液构筑物的部分液体和结构同步运动形成附加液体动压力，并与结构的弹性变形耦联的现象。

5.1.20 等延性反应谱 constant-ductility seismic resistance spectra

它是对于指定目标位移延性的非线性单自由度体系的强度需求谱，适用于目标位移明确的新结构的抗震设计。

5.1.21 等强度位移比谱 displacement ratio spectra of constant yielding strength

已知强度的现有结构的非弹性最大位移与弹性最大位移的比值。

5.1.22 动力放大系数 dynamic magnification factor

单质点弹性体系在地震作用下质点最大反应加速度与地面运动加速度峰值的比值。

5.1.23 地震系数 seismic coefficient

地面运动加速度峰值与重力加速度 g 的比值。

5.2 工程抗震计算术语

5.2.1 抗震计算方法 seismic analysis, seismic calculation

工程结构抗震设计采用的计算方法，分为静力法、底部剪力法、振型分解法和时程分析法。

5.2.2 静力法 static method

以地震动的最大水平加速度与重力加速度的比值作为地震系数，以工程结构的重力和地震系数的乘积作为水平荷载，求出结构地震内力和变形的方法。

5.2.3 底部剪力法 base shear method

根据地震反应谱理论，按地震引起的工程结构底部总剪力与等效单质点体系的水平地震作用相等以及地震作用沿结构高度分布接近于倒三角形来确定地震作用分布，并求出相应地震内力和变形的方法。

5.2.4 振型分解法 modal analysis method

将系统各阶振型作为广义坐标系，求出对应于各阶振型的系统反应及其它们的组合。

1 振型参与系数 mode-participation coefficient

施加在结构上的地震作用中，反映某一振型影响大小的计算系数。

2 平方和方根（SRSS）法 square root of sum square method

取各振型反应的平方和的方根作为总反应的振型组合方法。又称均方根法。

3 完全二次型方根（CQC）法 complete quadric combination method

取各振型反应的平方与不同振型耦联项的总和的方根作为总反应的振型组合方法。

5.2.5 时程分析法 time history method

由结构基本运动方程输入地面加速度记录进行积分求解，以求得整个时间历程的地震反应的方法。

1 时域分析 time domain analysis

当结构受到以时间为自变量的函数表示的任意振动激励作用时，按时间过程进行的振动分析。将激励时间过程划分为许多小时段，使每个时段的激励相当于一个冲量作用于结构，则可求在每个时段结束时的结构反应。又称步步积分法。

2 频域分析 frequency domain analysis

当结构受到以频率为自变量的函数表示的任意振动激励作用时，按频率进行的振动分析。对于线性结构，将任意激励按频率从零到无穷大展开为各个简谐分量项，求出结构对每个分量的反应并叠加，则可得到结构的总反应。

3 增量动力分析 incremental dynamic analysis (IDA)

对于一条特定地震动输入，通过设定一系列单调递增的地震强度指标，并对每个地震强度指标进行结构弹塑性时程分析，可得到结构在不同地震强度作用下的一系列弹塑性地震响应。

5.2.6 静力弹塑性分析 nonlinear static procedure

在结构上施加某种沿高度分布且逐步单调增加的水平力，求出结构总承载力、弹塑性变形以及各部位进入弹塑性工作状态的顺序等，并利用能力谱和需求谱等评估结构所具有的抗震能力的方法，又称推覆分析法。

1 能力谱 capacity spectrum

能力谱代表了结构在侧向荷载作用下的变形能力。通过非线性静力分析（如 Pushover 法）获得了结构底部剪力与顶点水平侧移的关系曲线（V 剪力-D 位移格式）后，再将该曲线转变为 A-D 格式，即结构的能力谱。

2 需求谱 demand spectrum

代表地震需求的反应谱。

3 位移影响系数法 displacement coefficient method

利用静力推覆分析和修正的等效位移近似法来确定结构的最大位移的方法。FEMA-273 推荐采用位移影响系数法来确定结构顶层的非线性最大期望位移，最大期望位移即定义为目标位移。

4 模态推覆分析法 modal push-over analysis (MPA)met-hod

采用各阶振型的固定水平荷载模式对结构进行推覆分析，最后采用一定法则确定多阶振型影响的结构目标位移的方法。该方法重点考虑了结构的高阶振型影响，使得计算结果与实际情况更为符合。

5.2.7 楼面反应谱 floor response spectrum

对于给定的地震振动，由结构中特定高程的楼面反应过程求得的反应谱。

5.2.8 地震影响系数 seismic influence coefficient

单质点弹性体系在地震作用下的最大加速度反应与重力加速度比值的统计平均值。根据地震烈度、设计地震分组、场地类别和结构自振周期确定。

5.2.9 结构影响系数 influential coefficient of structure

使用该系数对设防烈度下的弹性反应谱进行折减，得出结构的设计地震作用，然后对结构进行弹性分析。该系数反映了实际结构与弹性体系的差异。

5.2.10 位移放大系数 displacement magnification factor

结构的实际最大侧移与设计地震作用下的弹性位移的比值。

5.2.11 位移延性系数 displacement ductility ratio

结构或构件在侧向力作用下规定的极限位移与屈服位移的比值。

5.2.12 内力调整系数 adjustment coefficient of internal force

为了实现强柱弱梁、强剪弱弯、强节点强锚固等延性设计要求，在进行抗震设计时，根据结构抗震计算内力分析的结果，有意识地增大关键部位的设计内力，使竖向构件的屈服迟于水平构件的屈服、剪切破坏迟于弯曲破坏，以提高结构的抗震能力。

5.2.13 地震作用效应 seismic action effect

在地震作用下结构产生的内力（剪力、弯矩、轴向力、扭矩等）或变形（线位移、角位移）等。

1 变形二阶效应 secondary effect of deformation

结构或构件在重力和地震作用下引起的水平位移

使重力对结构或构件产生附加内力，此附加内力又进而影响位移的现象，习称 P-Δ 效应。

2 鞭梢效应 whipping lash effect

在地震作用下，高层建筑或其他建（构）筑物顶部细长突出部分振幅剧烈增大的现象。

5.2.14 土-结构相互作用 soil-structure interaction

结构物与支承它的地基土体之间的相互作用。包括如下三种效应，即基础的柔性效应、地基土对地面运动的滤波效应和振动能量在土体中的辐射与耗散效应。

5.2.15 平动-扭转耦联 lateral displacement-lateral torsion coupling

结构自由振动某一振型同时出现平动与扭转振型。

5.2.16 结构抗震可靠性 reliability of earthquake resistance of structure

在设计基准期内，在设计预期的地震作用下，工程结构实现预定抗震功能的概率。

1 材料抗震强度 earthquake resistant strength of materials

材料抵抗地震破坏的能力，其值为在地震作用下材料所能承受的最大应力。

2 结构抗震承载能力 seismic resistant capacity of structure

结构抵抗地震作用的承载力，其值为在规定的条件下结构所能抵抗的最大地震作用。

3 构件承载力抗震调整系数 modified coefficient of seismic bearing capacity of member

结构构件截面抗震验算中，考虑静力与抗震设计可靠度的区别和不同构件抗震性能的差异，将不同材料结构设计规范规定的截面承载力设计值调整为抗震承载力设计值的系数。

4 结构抗震变形能力 earthquake resistant deformability of structure

在地震作用下，结构所能承受的最大变形。

6 工程抗震设计术语

6.1 工程抗震概念设计术语

6.1.1 二阶段设计 two-stage design

结构在多遇地震作用下进行抗震承载力和变形验算，并在罕遇地震作用下进行弹塑性变形验算的设计。

6.1.2 弹性抗震设计 seismic elasticity design

以结构构件在地震时保持弹性工作状态为衡量指标的设计。

6.1.3 延性抗震设计 seismic ductility design

以结构构件自身在地震时进入非弹性变形状态从而消耗地震能量并以延性为衡量指标的抗震设计。

6.1.4 能力设计 capacity design method

以整个结构所具有的抗震能力为衡量指标的设计。它通过概念设计和构造措施，使结构在大震时产生预期的塑性屈服机制，形成能力保护构件和耗能构件，以提高结构的整体抗震性能。

6.1.5 基于性能的抗震设计 performance-based seismic design

结构的设计准则由一系列可以实现的结构性能目标来表示，保证在地震作用下实现结构预定功能的抗震设计方法。

6.1.6 基于位移的抗震设计 displacement-based seismic design

以结构预期的地震目标位移或目标延性为衡量指标的设计。

6.1.7 基于能量的抗震设计 energy-based seismic design

以结构预期的地震耗能能力为衡量指标的设计。

6.1.8 非结构构件抗震设计 non-structural components seismic design

对主体结构以外的构件及其附属的机电、管道等设备，以及它们与主体结构的连接所进行的专门的抗震设计。

6.1.9 抗震结构体系 seismic structure system

用以承担地震作用的各种结构体系的总称。主要功能为承担侧向地震作用。

6.1.10 抗震构件 seismic member

1 抗震墙 seismic structural wall

主要用以抵抗地震水平作用的墙体。

2 抗震支撑 seismic brace

在工程结构中用以承担水平地震作用并加强结构整体稳定性的支撑系统。分为竖向支撑和水平支撑。

6.1.11 强柱弱梁 strong column and weak beam

使框架结构塑性铰优先出现在梁端而非柱端的设计原则和要求。

6.1.12 强剪弱弯 strong shear capacity and weak bending capacity

使构件中与正截面受弯承载能力对应的剪力低于该构件斜截面受剪承载能力的设计要求。

6.1.13 强节点弱构件 strong joint and weak member

使连接节点的抗弯、抗剪、抗拉等承载力大于构件承载力，保证节点有足够的承载力和刚度，保证结构整体性的设计要求。

6.1.14 多道抗震设防 multi-defence system of seismic structure

结构抗震能力依赖于结构各部分的吸能和耗能作用，抗震结构体系中，吸收和耗散的地震输入能量的各个部分，其中部分结构因出现破坏（形成机构）降低或丧失抗震能力，而其余部分结构（或构件）能继续抵抗地震作用。

6.1.15 抗震结构整体性 integral behavior of seismic structure

通过加强构件间的连接来充分发挥各构件的承载能力和变形能力，以提高结构整体抗震性能的一种抗震概念设计要求。

6.1.16 抗侧力体系 lateral resisting system

抗御水平地震作用及风荷载的结构体系。

6.1.17 塑性变形集中 concentration of plastic deformation

结构在地震作用下，某些部位率先进入屈服，从而这些部位的刚度迅速退化，塑性变形进一步发展，以致严重破坏或引起结构倒塌。这些部位一般称为结构的抗震薄弱部位。

6.1.18 脆性破坏 brittle failure

结构或构件在破坏前无明显变形或其他预兆的破坏类型。

6.1.19 剪切破坏 shear failure

结构构件在剪力作用下出现"X"形裂缝或与轴线呈45°左右的剪切裂缝损坏。

6.1.20 塑性铰 plastic hinge

结构构件中因材料屈服形成既有一定承载能力又能相对转动的截面或区段。计算中可按铰接对待。

6.2 工程抗震构造措施术语

6.2.1 约束砌体 confined masonry

为加强结构整体性和提高变形能力而采用的由圈梁和构造柱分割包围的砌体。

6.2.2 约束混凝土 confined concrete

混凝土构件内通过设置较多箍筋限制横向变形，以提高抗压强度和变形能力。

6.2.3 圈梁 ring beam

为加强结构整体性和提高变形能力在砌体房屋的墙中或基础面上设置的水平约束构件，分为钢筋混凝土圈梁和钢筋砖圈梁。

6.2.4 构造柱 constructional column, tie column

为加强结构整体性和提高变形能力，在房屋中设置的钢筋混凝土竖向约束构件。

6.2.5 芯柱 core column

在空心混凝土砌块墙体中，将砌块的空心部分插入钢筋后，再灌入混凝土，形成钢筋混凝土柱。

6.2.6 防震缝 seismic joint

为减轻不规则体形对抗震性能的不利影响，将建筑物分割为若干规则单元的缝隙。

6.2.7 限位器 displacement restrictor

在地震中，由于相邻结构构件间过大的变位会造成结构破坏，在支座或相邻构件间设置的限位装置。

6.2.8 抗震销棒 seismic pin

桥梁结构中，为了防止结构的错位和偏差而在构造槽中插入的装置。

6.2.9 挡块 block

在桥梁结构中，一般在顶盖梁的边梁外侧设置的块状物，其作用是防止主梁在横桥向发生落梁。

6.3 工程减隔震设计术语

6.3.1 结构振动控制 structural vibration control

通过在结构上施加子系统或耗能隔振装置以抵御外界荷载的作用，从而能动地操纵结构性态的主动积极的结构对策。结构振动控制按是否需要外部能源和激励以及结构反应的信号，可分为被动控制、主动控制、半主动控制和混合控制四类。

1 被动控制 passive control

不需要外部提供能源，仅依靠结构与控制系统内部改变结构动力特性的控制方法。

2 主动控制 active control

通过施加与振动方向相反的控制力来改变结构动力特性的控制方法。

3 半主动控制 semi-active control

利用控制机构来主动调节结构内部参数，使结构参数处于最优状态的控制方法。常见的半主动控制系统有主动调谐参数质量阻尼系统（ATMD）、可变刚度系统（AVS）、可变阻尼系统（AVD）、变刚度变阻尼系统（AVSD）等。

4 混合控制 hybrid control

将主动控制和被动控制或智能控制等两种或两种以上控制方式，同时施加在同一结构上的结构减振控制形式。

5 主动质量阻尼器控制系统 active mass damper（ADM）control system

由传感器（包括数据采集）、控制决策器和AMD装置等三部分组成。AMD系统实施控制时，传感器子系统测量结构的干扰或/和反应，并反馈至控制器；控制器按照某种主动控制算法，实时计算主动控制力，并驱动AMD系统的作动器；然后作动器推动AMD的惯性质量运动，对结构施加控制力。

6.3.2 消能减震 energy dissipation and earthquake response reduction

利用特制减震构件或耗能装置，使之在地震时大量耗散进入结构体系的能量以减轻结构所受的地震作用。

1 黏性体减震支座 viscous-damping bearing

属于黏性阻尼耗能装置，其减震原理是通过黏性体的黏性剪切达到吸收和耗散振动能量的目的。

2 吸振 vibration absorption

通过附加的子结构，使结构的振动发生转移，使原结构的振动能量在原结构和子结构之间重新分配，从而达到减小结构振动的目的。

3 阻尼器 damper

安置在结构系统上，可以提供运动的阻力并耗减运动能量的装置。

1）磁流变阻尼器 magneto-rheological (MR) fluids damper

以智能材料磁流变流体为工作介质，通过外加磁场来改变刚度和阻尼的耗能装置。

2）摩擦耗能阻尼器 dry friction damper

由金属摩擦片在一定的预紧力下组成的、能够产生滑动和摩擦力的耗能装置。

3）金属阻尼器 metal damper

利用金属材料良好的塑性和滞回性能制造的耗能阻尼装置。

4）电流变液体阻尼器 electro-rheological (ER) fluid damper

利用电流变效应，通过改变其两电极上的电压而调节其阻尼大小的耗能装置。

5）黏弹性阻尼器 viscoelastic damper

由钢板和黏弹性材料通过特殊工艺处理，依靠黏弹性材料的滞回特性耗散能量的耗能装置。

6）油阻尼器 oil damper

工程抗震中利用油性介质流动的惯性力（阻抗力）阻抗活塞运动的耗能装置。这种装置一般为筒形，它由油性介质、油缸、活塞杆、活塞所构成，它的阻抗力（阻尼力）与活塞相对运动速度成线性或双线性（配有调压阀或溢流阀）比例关系。

7）黏滞阻尼器 viscous damper

工程抗震中利用黏性介质流动的黏滞力（剪切阻抗力）阻抗活塞运动的耗能装置。这种装置一般为筒形，它由黏性介质、油缸、活塞杆、活塞所构成，它的阻抗力（阻尼力）与活塞相对运动速度一般成非线性比例关系。

8）调谐液体阻尼器 tuned liquid damper (TLD)

一种安装在结构上的充液容器，利用容器内液体的晃动耗能以减小结构动力反应的耗能装置。

9）调谐质量阻尼器 tuned mass damper (TMD)

在结构特定位置安装的与主结构振动频率接近的附加质量系统，在地震时由于与主结构产生共振而耗散输入结构能量的耗能装置。

10）黏滞阻尼墙 viscous damping wall

由充满黏性介质的外部钢板（外形象墙的黏滞介质容器）和插入其中的内部钢板（阻抗板）所构成，利用阻抗板与容器发生的相对运动而产生的黏滞力（剪切阻抗力）与相对位移的滞回特性而耗能的装置。这种装置的阻抗力（阻尼力）与阻抗板相对运动速度一般成非线性比例关系。

11）形状记忆合金阻尼器 shape memory alloy (SMA) damper

由具有形状记忆和大应变超弹性特性的合金材料制造成的耗能装置。

4 防屈曲支撑 buckling-restrained brace (BRB)

由核心单元、屈曲约束单元、无黏结膨胀材料组成的耗能支撑部件。

6.3.3 速度相关性 velocity dependency

耗能部件的阻力与部件传力端的相对运动速度的大小、方向成某种比例关系的特性。

6.3.4 位移相关性 displacement dependence

耗能部件的阻力与部件传力端的相对位移的大小、方向成某种比例关系的特性。

6.3.5 弹塑性滞回 elasto-plastic hysteresis

金属耗能部件的阻力与部件传力端的相对位移成非线性关系而构成的耗能特性。

6.3.6 隔震 seismic isolation

利用隔震体系，设法阻止或减少地震能量进入被隔震体，从而达到降低被隔震体地震反应的强度。

6.3.7 隔震装置 isolation device

对各种安装于建筑中的阻断地震能量向上传播的支座的总称。

1 叠层橡胶支座 laminated rubber bearing

由橡胶和夹层钢板分层叠合经高温硫化粘结而成的圆形块状物。具有较大竖向承载能力和较小的水平刚度，一般用于支撑结构物的重量，连接上、下部结构，起阻断地震水平运动能量向上传播的作用。

1）第一形状系数（S_1） first shape factor

橡胶支座中每层橡胶层的有效承压面积与其自由表面积之比。表征橡胶支座中的钢板对橡胶层变形的约束程度，S_1 值越大，橡胶支座的受压承载力越大，竖向刚度也越大。

2）第二形状系数（S_2） second shape factor

橡胶支座有效承压体的直径与橡胶总厚度之比。表征橡胶支座受压体的宽高比，反映橡胶支座受压时的稳定性。S_2 值越大，橡胶支座的水平刚度也越大。

2 铅芯橡胶支座 lead rubber bearing

在叠层橡胶支座中压入铅芯而成。

3 高阻尼叠层橡胶支座 high damping laminated rubber bearing

由高阻尼橡胶和夹层钢板分层叠合经高温硫化粘

结而成的圆形块状物。水平变形时它比普通橡胶支座展示出更高的阻尼特性。

4 滑板支座 sliding bearing

由表面粘贴聚四氟乙烯板的圆形叠层橡胶支座与镶贴不锈钢面层薄板的钢平板组合而成的装置，用于支承上部结构的重量，聚四氟乙烯板与不锈钢板表面接触，可相互滑动。

5 摩擦摆支座 friction pendulum bearing

把水平滑动面做成球面形状，以增加支座滑移时的重力（阻尼）效应，减小滑移量的装置。

6 叠层橡胶支座隔震 laminated-rubberbearing isolator

用若干由刚性材料和橡胶间隔分层叠合组成的橡胶垫支承上部结构，以延长结构的自振周期，达到避震目的的隔震方法。

7 滑动摩擦支座隔震 sliding friction isolation

在基础和上部结构间设置低摩擦系数的水平滑动层，以阻断地震剪切波传播和消耗地震能量的隔震方法。

8 滚球隔震 ball bearing isolation

用若干组滚球支承上部结构以阻断地震剪切波传播，并采取措施使结构震后恢复原位的隔震方法。

9 隔震层 isolation layer

由隔震支座构成的能支承上部结构重量同时又阻断或减轻地震能量向结构上部传播的连接部分。

10 基础隔震 base-isolation

把隔震层设在基础标高处的隔震方法。

11 层间隔震 inter story-isolation

把隔震层设在建筑物地面以上某高度的隔震方法。

7 抗震鉴定和加固术语

7.1 抗震鉴定术语

7.1.1 现有结构 existing structure

现有建筑物中的承重结构及其相关部分的总称。

7.1.2 结构构件现有承载力 available capacity of member

现有结构构件由材料强度标准值、结构构件（包括钢筋）实有的截面面积和对应于重力荷载代表值的轴向力所确定的结构构件承载力，包括现有受弯承载力和现有受剪承载力等。

7.1.3 结构适修性 repair-suitability of structure

残损的或承载力不足的已有结构适于采取修复措施所应具备的技术可行性与经济合理性的总称。

7.1.4 鉴定单元 appraisal system; evaluation system

根据被鉴定建筑物的构造特点和承重体系的种类，将该建筑物划分成一个或若干个可以独立进行鉴定的区段，每一区段为一鉴定单元。

7.1.5 逐级鉴定 seismic evaluation for engineering stepwise; seismic appraisal for engineering stepwise

对老旧建筑的抗震鉴定分为第一级鉴定和第二级鉴定，当不满足第一级鉴定的要求时，需要进行第二级鉴定，根据两级鉴定的结果，综合得出抗震鉴定结论；当满足第一级鉴定的各项要求时，不再进行第二级鉴定，直接判定满足抗震鉴定。

7.1.6 体系影响系数 influence coefficient of structural system

对抗震性能有整体影响的结构构件如果存在缺陷，抗震鉴定时将对整个结构或整个楼层的抗震能力乘以小于1.0的系数以考虑这种影响。

7.1.7 局部影响系数 influence coefficient of partial structure

对抗震性能仅有局部影响的结构构件如果存在缺陷，抗震鉴定时将对与构件关联部分的抗震能力乘以小于1.0的系数以考虑这种影响。

7.1.8 墙体面积率 ratio of wall section area to floor area

墙体在楼层高度1/2处的净截面面积与同一楼层建筑平面面积的比值。

7.1.9 抗震墙基准面积率 characteristic ratio of seismic wall

以墙体面积率进行砌体结构简化的抗震验算时所取用的代表值。

7.1.10 扩展性裂纹 propagating crack

钢结构中长度或深度有可能不断增加的裂纹。

7.1.11 脆断倾向性裂纹 potential brittle crack

有使钢结构可能发生突然脆性断裂的裂纹。

7.1.12 震后应急鉴定 emergency evaluation for engineering after earthquake; emergency evaluation for engineering after earthquake

地震后对遭受地震的工程进行应急评估，将其区分为基本完好、轻微损伤、中等破坏、严重破坏和倒塌等几类，为解决灾区困难和下一步开展灾后重建提供技术支持。

7.2 抗震加固术语

7.2.1 现有结构抗震加固 seismic strengthening of existing structure; seismic retrofit of existing structure

为提高抗震能力，对抗震能力不足或业主要求提高可靠度的承重结构、构件及其相关部分采取增强、局部更换或调整其内力等措施，使其具有现行设计规范及业主所要求的安全性、耐久性和适用性。

7.2.2 结构体系抗震加固 seismic strengthening of structural system; seismic retrofit of structural system

增加新的抗震构件，调整结构沿高度和平面的刚度分布，以加强结构的抗震能力。

7.2.3 构件抗震加固 seismic strengthening of structural member; seismic retrofit of structural member

对既有基础、墙、梁、柱等构件进行加固。

7.2.4 加固设计使用年限 design service life for retrofit of existing structure or its member; design service life for strengthening of existing structure or its member

加固设计规定的结构、构件加固后无需重新进行检测、鉴定即可按其预定目的使用的时间。

7.2.5 抗震加固设计 seismic retrofit design; seismic strengthening design

为提高现有结构或构件的承载力、增大耗能能力等而进行的设计过程。

1 初始荷载 original load

加固前原构件上作用的荷载。

2 一次受力加固设计 retrofit design of once loading; strengthening design of once loading

原构件初始荷载很小，不考虑加固层应变滞后效应的设计方法。

3 二次受力加固设计 retrofit design of secondary loading; strengthening design of secondary loading

考虑原构件初始应力和加固后加载在加固层中产生应变滞后效应的设计方法。

4 抗震加固增强系数 intensification factor of seismic retrofit for engineering; intensification factor of seismic strengthening for engineering

采用某种加固方法对原结构抗震能力的提高系数。

5 新旧构件协同工作系数 cooperative working factor between new member and original member

由于原有构件处于受力状态，新增构件或加固材料与原有构件之间存在着应变滞后效应，引入新旧构件协同工作系数以考虑这种影响。

7.2.6 抗震加固方法 seismic retrofit method; seismic strengthening method

为提高现有结构或构件的承载力、增大耗能能力等采取的设计途径。

1 增大截面加固法 structure member strengthening with reinforced concrete

增大原构件截面面积或增配钢筋，以提高其承载力和刚度，或改变其自振频率的一种直接加固法。

1）面层加固法 masonry strengthening with mortar splint

在砌体墙侧面增抹一定厚度的无筋、有钢筋网的水泥砂浆，形成组合墙体的加固方法。

2）板墙加固法 masonry strengthening with reinforced concrete panel

在砌体墙侧面浇筑或喷射一定厚度的钢筋混凝土，形成抗震墙的加固方法。

3）外加柱加固法 masonry strengthening with tie-columns

在砌体墙交接处等增设钢筋混凝土构造柱，形成约束砌体墙的加固方法。

4）壁柱加固法 brick column strengthening with concrete columns

在砌体墙垛（柱）侧面增设钢筋混凝土柱，形成组合构件的加固方法。

5）混凝土套加固法 structure member strengthening with reinforced concrete jacketing strengthening

在原有的钢筋混凝土梁柱或砌体柱外包一定厚度的钢筋混凝土，扩大原构件截面的加固方法。

2 复合截面加固法 structure member strengthening with externally bonded reinforced materials

通过采用结构胶粘剂粘结或高强聚合物砂浆喷抹，将增强材料粘合于原构件的混凝土表面，使之形成具有整体性的复合截面，以提高其承载力和延性的一种直接加固法。根据增强材料的不同，可分为外粘型钢、外粘钢板、外粘纤维增强复合材料和外加钢丝绳网片-聚合物砂浆层等多种加固法。

1）外粘型钢加固法 structure member strengthening with externally bonded steel frame

对钢筋混凝土梁、柱外包型钢、扁钢焊成构架并灌注结构胶粘剂，以达到整体受力，共同约束原构件的加固方法。

2）钢构套加固法 structure member strengthening with steel frame cage

在原有的钢筋混凝土梁柱或砌体柱外包角钢、扁钢等制成的构架，约束原有构件的加固方法。

3）粘钢加固法 structure member strengthening with externally bonded steel plate

对钢筋混凝土梁、板、柱等构件外粘钢板，以提高构件抗拉或抗弯、抗剪能力的加固方法。

4）外粘纤维加固法 structure member strengthening with fiber

对钢筋混凝土梁、板等构件粘贴纤维等复合材料以提高构件抗拉或抗弯、抗剪能力的加固方法。

5）钢绞线网-聚合物砂浆面层加固法 structure member strengthening with strand steel wire web-polymer mortar

对钢筋混凝土梁、板等构件布设钢绞线并抹聚合物砂浆以提高构件抗拉或抗弯、抗剪能力的加固方法。

3 外加预应力加固法 structure member strengthening with externally applied prestressing

通过施加体外预应力，使原结构、构件的受力得到改善或调整的一种间接加固法。

4 绕丝加固法 compression member confined by reinforcing wire

通过缠绕退火钢丝使被加固的受压构件混凝土受到约束作用，从而提高其极限承载力和延性的一种直接加固法。

7.2.7 抗震加固材料 seismic strengthening material

为提高现有结构或构件承载力、增大耗能能力等而采用的材料。

1 喷射混凝土 sprayed concrete

采用压缩空气将按一定比例配合的混凝土拌合料，通过管道输送并以高速高压喷射到受喷表面的一种混凝土。

2 植筋 bonded rebars

以专用的结构胶粘剂将带肋钢筋或全螺纹螺杆锚固于基材中。

3 结构胶粘剂 structural adhesives

用于承重结构构件粘结的、能长期承受设计应力和环境作用的胶粘剂，简称结构胶。

1）找平材料 putty fillers

用于对加固构件表面进行找平处理的材料。

2）底层树脂 primer

用于基底处理的树脂。

3）浸渍树脂 saturating resin

用于粘贴并浸透纤维布的树脂。

4）粘结树脂 adhesives

用于粘贴碳纤维板的树脂。

4 结构界面胶粘剂 structural interfacial adhesives

用于涂刷原构件表面，以增强加固层与原构件基材间粘结性能的结构胶粘剂，也称结构界面胶或结构界面剂。

5 纤维复合材 fiber reinforced polymer (FRP)

采用高强度的连续纤维按一定规则排列，经用胶粘剂浸渍、粘结固化后形成的具有纤维增强效应的复合材料，通称纤维复合材。

1）纤维片材 carbon fiber reinforced polymer laminate

纤维布和纤维板的总称。

2）纤维布 carbon fiber sheet

连续纤维单向或多向排列，未经树脂浸渍的布状制品。

3）纤维板 carbon fiber plate

连续纤维单向或多向排列，未经树脂浸渍的板状制品。

6 聚合物砂浆 polymer mortar

掺有改性环氧乳液或其他改性共聚物乳液的高强度水泥砂浆。承重结构用的聚合物砂浆除了应能改善其自身的物理力学性能外，还应能显著提高其锚固钢筋和粘结混凝土的能力。

7 水泥复合砂浆 composite mortar

一种以硅酸盐水泥和高强混凝土用的矿物掺合料为主要成分，同时掺有混凝土外加剂和少量短细纤维，加水和砂拌合而成的具有良好工作性能的砂浆。

8 剪切销钉 shear dowel

后锚固体的一种，以专用的结构胶粘剂将带有直钩或弯钩的带肋短钢筋植入基材中，以增强加固层与原构件之间的抗剪切、抗剥离能力。

9 混凝土销键 concrete dowel

利用钢筋和混凝土在砌体中形成的销键，以提高新老部分的相互结合。

8 工程抗震试验术语

8.1 一 般 术 语

8.1.1 现场试验 in-situ test

在现场对结构或场地土进行的试验。场地土的现场试验一般称为原位试验。

1 天然地震试验 natural earthquake test

在频繁出现地震的地区或短期预报可能出现较大地震的地区，建造一些试验性建筑物，或在已有的建筑物上安装测震仪器，以测量建筑物地震反应的试验。

2 人工地震试验 artificial earthquake test

采用地面或地下爆破法引起地震振动，对地面或地下建筑物进行模拟天然地震的试验。

8.1.2 模拟地震动试验 simulated ground motion test

用大型振动台或计算机和加载器联机模拟地震动过程，对结构或构件进行的动力或拟动力试验。

8.1.3 试体 test sample

抗震试验的对象，是试验构件、结构的原型和模型的总称。

8.1.4 原型结构 prototype structure

按施工图设计建成的直接投入使用的结构。

8.1.5 足尺模型 full scale model

尺寸和材料受力特性与原型结构相同的结构模型。

8.1.6 原型试验 prototype test

以原型结构或按原型结构足尺复制的结构或构件为对象的结构试验。

8.1.7 模型试验 model test

以结构或构件的模型为对象的结构试验。

1 相似模型试验 similar model test

根据满足相似理论的模型试验结果推测原型结构的受力状态的试验。

2 缩尺模型试验 scale model test

采用比原型尺寸小的模型，不要求满足严格的相似条件，以验证设计理论、设计假定和计算方法为主要试验目的的试验，也称小构件试验。

8.1.8 弹性模型 elastic model

为研究在荷载作用下结构的弹性性能，用匀质弹性材料制成与原型相似的结构模型。

8.1.9 弹塑性模型 elastic-plastic model

为研究在荷载作用下结构各阶段工作性能，包括直至破坏的全过程反应，用与实际结构相同的材料制成的与原型相似的结构模型。

8.1.10 反力装置 reacting equipment

为实现对试体施加荷载的承载反力的装置。

8.2 拟静力试验术语

8.2.1 拟静力试验 pseudo-static test

用一定的荷载控制或变形控制对试体进行低周反复加载，使试体从弹性阶段直至破坏的一种试验，也称为伪静力试验或低周反复加载试验。

8.2.2 循环加载试验 cyclic loading test

在一定时间内多次往复的加载试验。

8.2.3 荷载控制 loading control

以荷载值的倍数为级差的加载控制。

8.2.4 变形控制 deformation control

以变形值的倍数为级差的加载控制。

8.2.5 滞回曲线 hysteretic curve

在反复荷载作用下试体的荷载（应力）-变形（应变）曲线。它反映结构、构件或岩土试件在反复受力过程中的变形特征、刚度退化及能量消耗，是确定恢复力模型（或本构模型）和进行非线性地震反应分析的依据，结构上称恢复力曲线（restoring force curve）。

1 骨架曲线 skeleton curve

反复作用下各滞回曲线峰点的连线。又称初始加载曲线。

2 恢复力模型 restoring model

将滞回曲线典型化而得到的反映恢复力-变形关系的数学表达式。

3 本构模型 constitutive model

用于描述试件材料的应力应变关系。

8.3 拟动力试验术语

8.3.1 拟动力试验 pseudo-dynamic test

试体在静力试验台上实时模拟地震动力反应的试验。

8.3.2 子结构拟动力试验 pseudo-dynamic substructure test

对结构中的一部分进行拟动力试验，结构中的其他部分用计算机模拟的结构动力反应试验。

1 试验子结构 physical substructure

从整体结构中取出一部分结构，并考虑其边界条件进行拟动力试验的对象，亦称物理子结构。

2 数值子结构 numerical substructure

子结构拟动力试验方法中由计算机模拟的结构部分，也叫计算子结构。

8.3.3 实时子结构拟动力试验 real-time pseudo-dynamic substructure test

以与实际荷载作用时间相同的速率对试验子结构进行加载而完成的子结构拟动力试验。

8.3.4 远程协同拟动力试验 pseudo-dynamic test through remote collaboration

通过网络化结构试验系统进行的拟动力试验。

8.4 模拟地震振动台试验术语

8.4.1 模拟地震振动台试验 pseudo-earthquake shaking table test

通过振动台台面对试体输入地面运动，模拟地震对试体作用全过程的抗震试验。

8.4.2 模拟地震振动台台阵系统 shaking-table testing array system

由多个模拟地震振动台组成的振动台试验系统。

8.4.3 实时子结构振动台试验 real-time substructure shaking-table test

将试验子结构置于振动台上所进行的实时子结构试验。

8.4.4 试体动力特性测试 dynamic properties testing of test sample

由振动台输入正弦波和白噪声对试体进行激励，以确定试体的动力特性的测试。

1 正弦频率扫描法 scanning method with sinusoidal frequency

采用单向等振幅加速度的变频连续正弦波台面输入对试体进行正弦扫描，以确定试体的动力特性的测试。

2 白噪声激振法 excitation method with white noise

采用单向白噪声对试体激振，以确定试体的动力特性的测试。

8.5 原型结构动力试验术语

8.5.1 结构动力特性测试 dynamic properties measurement of structure

测试并分析结构在自振或共振条件下的反应曲线，以确定结构的自振周期（或自振频率）、阻尼系数和结构振型等动力特性。

8.5.2 自由振动试验 free vibration test

激发结构自由振动以测定其线性动态特性的试验。

1　初位移试验　initial displacement test

强迫结构产生初始变形后突然释放，使结构在一个平面内的静力平衡位置附近作自由振动的试验。

2　初速度试验　initial velocity test

通过重物下落、锤击、爆炸或小型火箭产生的冲击力使结构以初速度作自由振动的试验。

8.5.3　强迫振动试验　forced vibration test

结构在施加动力作用状态下的试验。

1　偏心块起振试验　rotating eccentric mass excitation test

利用两个相反方向转动的偏心块所产生的谐波激振力，对原型结构进行的强迫振动试验。可多台同步并用，以实现平移或扭转激振。

2　液压激振试验　hydraulic excitation test

用电液伺服激振器激发结构作谐波或任意波运动的试验。

3　人激振动试验　man-excitation test

人在建筑物顶部或某楼层往复运动，使人体激振频率与建筑物自振频率同步的激振试验。适用于自振周期较长的柔性结构。

8.5.4　环境振动试验　ambient（environmental）excitation test

利用风、海浪、机械运转、车辆行驶等环境因素引起的地面微振，测定地面振动固有特征和工程结构动力特性的试验。

8.5.5　动力参数识别　dynamic parameter identification

利用动态测量所得的动力作用和反应信号（或仅有反应信号），确定结构系统的质量、刚度和模态特性等动力参数。

8.6　土工动力试验术语

8.6.1　土动力性质测试　dynamic property test for soil

通过动力方法，测定土的动强度、变形特性和阻尼等的试验。

1　共振柱试验　resonant column test

视圆柱形土体试件为弹性杆件，利用共振方法测定其振动频率，以求得土的动弹性模量和阻尼比的试验。

2　动力三轴试验　dynamic triaxial test

在给定的周围压力下，沿圆柱形土试件的轴向施加某种谐波或随机波动作用，测定其应力、变形和孔隙水压力的发展，以确定土的应力应变和强度特性（包括饱和可液化土的液化特性等）的试验。

3　动直剪试验　dynamic simple shear test

对剪力盒中的土试样在水平方向施加某种谐波或随机波动作用，测定其应力、变形和孔隙水压力的发展，以确定土的应力应变和强度特性（包括饱和可液化土的液化特性等）的试验，也称动单剪试验。

8.6.2　剪切波速测试　shear wave velocity measurement

以激振或其他方法，确定横波在土层内传播速度的现场测试。包括单孔法、跨孔法、面波法等。

1　单孔法　single hole method

在钻孔孔口附近地表施加水平冲击力，或在孔内激振，测量孔内不同深度处冲击信号到达拾振器的时间，以确定剪切波在岩土层内传播速度的方法。

2　跨孔法　cross hole method

在两个相邻钻孔中分别激振和接收信号，以确定剪切波在岩土层内传播速度的方法。

3　面波法　surface wave method

采用稳态振动法，测定不同激振频率下瑞利波波速与波长关系曲线，计算一个波长范围内的平均波速，以确定剪切波在土层内传播速度的方法。

8.6.3　土工动力离心模型试验　geotechnical dynamic centrifugal model test

采用土工离心机振动台系统研究地基或土工结构物的地震动力反应的土工试验。

9　抗震减灾和抗震防灾规划术语

9.1　地震危害术语

9.1.1　地震危害　seismic risk

由于发生地震而造成的损失。包括人员伤亡、物资破坏、社会活动中断和环境恶化等。

9.1.2　地震危害分析　seismic risk analysis

对某一地区，在给定时期内，地震造成的损失程度可能性所作的估计。

9.1.3　可接受的地震风险　acceptable seismic hazard

根据工程的使用期限，预期地震发生时可能造成的工程破坏及其后果的严重性，以及为减轻地震灾害的投入等，进行综合评定所提出的工程抗震设防安全准则。

9.1.4　地震灾害　earthquake disaster

由地震造成的人员伤亡、财产和物质损失、环境和社会功能的破坏，简称震灾或震害。一般分为地震原生灾害和地震次生灾害。

1　地震原生灾害　primary earthquake disaster

由地震直接产生的灾害，包括房屋、道路、桥梁等破坏，人畜伤亡等。

2　地震次生灾害　secondary earthquake disaster

地震造成工程结构和自然环境破坏而引发的灾害。如火灾、瘟疫、有毒有害物质污染、水灾、地质灾害、海啸及对人们社会和经济活动产生的负面影响。

3　地震灾害等级　grade of earthquake disaster

对地震造成的灾害程度划分。通常分为一般灾害、较大灾害、重大灾害和特别重大灾害四个等级。

9.1.5 海啸 tsunami

因地震（或海底火山爆发，或海岸附近地壳变动）而形成的海水剧烈波动现象。

9.1.6 震害调查 earthquake damage investigation

地震后对受地震影响地区的工程、环境破坏状态与分布的勘查。可为综合调查或主要针对特定工程类型破坏的专门调查。

1 工程结构地震破坏等级 grade of earthquake damage to engineering structure

对工程结构地震破坏程度的划分。一般分为完好（含基本完好）、轻微破坏、中等破坏、严重破坏和倒塌五个等级。

1）完好 intact

承重构件完好，个别非承重构件轻微损坏，附属构件有不同程度损坏，一般不加修理仍可继续使用。

2）轻微破坏 slight damage

个别承重构件轻微损坏，个别非承重构件明显破坏，附属构件有不同程度破坏，一般稍加修理即可继续使用。

3）中等破坏 moderate damage

承重构件多数轻微损坏，部分明显损坏，个别非承重构件严重破坏，需加一般修理或采取应急措施后方可适当使用。

4）严重破坏 severe damage

承重构件多数严重破坏或部分倒塌，应采取排险措施，需大修或局部拆除。

5）倒塌 collapse

承重构件全部或多数倾倒或塌落，结构需拆除。

2 震害指数 earthquake damage index

评定工程结构震害程度的一种定量指标。震害指数为零表示无破坏，震害指数为1表示倒塌，其他破坏情况取0～1的中间值。

3 结构性破坏 structural damage

损害结构承载能力的破坏。

4 非结构性破坏 nonstructural damage

不损害结构承载能力的破坏。主要指非结构构件的破坏，如非承重隔墙、饰面、女儿墙、檐口等的破坏。

5 撞击损坏 pounding damage

相邻工程结构，地震时因相互碰撞而引起的损坏。

9.1.7 工程震害分析 earthquake damage analysis of engineering

采用震害调查、理论计算、模拟试验等手段，分析工程震害产生的原因和破坏机理。

9.2 抗震减灾术语

9.2.1 抗震救灾 earthquake relief

地震后采取的减少地震损失的措施。

9.2.2 震害预测 earthquake disaster prediction

某一地区，在预期的不同强度的地震作用下，对工程破坏、经济损失和人员伤亡等所作的估计。

1 工程结构易损性 seismic vulnerability of structures

与地震动参数相关的工程结构条件破坏概率。

2 地震累积损坏 earthquake cumulative damage

数次地震作用累积造成的损坏。

3 地震经济损失 earthquake induced economic loss

地震时造成的所有物质损失，如建筑物、生命线和财产损失，以及由于商业中断造成的税收损失。它取决于地震的大小与震中的距离、建筑结构的易损性和经济规模。

1）地震直接经济损失 direct earthquake induced economic loss

地震造成的建筑物、构筑物、基础设施破坏的损失和财产损失，以及因停产造成净产值减少的损失。

2）地震间接经济损失 indirect earthquake induced economic loss

地震后因基础设施破坏、厂矿企业停产减产引起相关企业产值降低的损失，重建费用、保险赔偿费用，以及与救灾有关的各种非生产性消耗。

4 地震社会损失（影响） earthquake induced social effect

由地震造成的人员伤亡、居民无家可归、就业率降低、社会不安定因素增加及生态环境恶化等引起的损失。

5 地震人员伤亡 earthquake casualty

由于地震直接或间接造成的人身伤亡。

9.2.3 地震破坏率 earthquake damage ratio

地震破坏的工程数与原有工程数之比，或地震破坏工程所需的修复费用与原工程造价之比。

1 震害概率分布函数 damage probability distribution function

描述给定结构的震害随地震动强度变化的概率分布。

2 震害概率矩阵 damage probability matrix

描述某一类结构的震害状态随地震动强度变化的一组量，通常随烈度或地震动参数大小变化的一个矩阵，一般可由震害概率分布函数导出。

3 修复费用 rehabilitation cost

工程结构遭受地震破坏（包括结构性和非结构性破坏）后的修补和加固费用。

9.2.4 震后重建 post-earthquake reconstruction

在一次地震灾害恢复期以后的数月至数年内，为重建一个地区所采取的行动。

9.2.5 地震灾害保险 earthquake disaster insurance

以抗震设防区集中起来的保险费作为保险基金，用于补偿因地震造成的经济损失或人员伤亡。它是利用社会力量分担地震风险的一种方式。

9.2.6 震后救援 post-earthquake relief

地震灾害发生期间或其后的援助与干预，旨在抢救、保护幸存者，及时满足其基本生存需求。包括及时营救并提供食品、衣物、栖身场所、医疗和安慰，以减轻痛苦。

9.2.7 震后恢复 post-earthquake rehabilitation

在一次地震灾害后的数周至数月内所采取的行动和措施，旨在恢复灾区基本生活和生产条件。

9.3 抗震防灾规划术语

9.3.1 土地利用规划 land use planning

根据抗震设防区划和地质分布图等资料，规定土地使用等级和范围，以控制发展规模，使人口和城市功能合理分布的规划。它是抗震防灾规划的组成部分。

9.3.2 规划工作区 working district for the planning

进行城市抗震防灾规划时，根据不同区域的重要性和灾害规模效应以及相应评价和规划要求对城市规划区所划分的不同级别的研究区域。

9.3.3 抗震性能评价 earthquake resistant performance assessment or estimation

在给定的地震作用下，对给定区域上的建筑物或工程设施是否符合抗震要求、可能出现的地震灾害程度等方面进行单方面或综合性的估计。

1 群体抗震性能评价 earthquake resistant capacity assessment or estimation for group of structures

根据统计学原理，选择典型剖析、抽样预测等方法对给定区域给定类别的建筑或工程设施群体进行整体抗震性能评价。

2 单体抗震性能评价 earthquake resistant capacity assessment or estimation for individual structures

对给定的单个建筑或工程设施结构进行抗震性能评价。

9.3.4 城市基础设施 urban infrastructures

维持现代城市或区域的生存功能系统、对国计民生和城市抗震防灾有重大影响以及对抗震救灾起重要作用的基础性工程系统，包括供电、供水、燃气热力、交通、指挥、通信、医疗、消防、物资供应及保障等系统的重要建筑物和构筑物。

9.3.5 避震疏散场所 seismic shelter for evacuation

用作地震时受灾人员疏散的场地和建筑。

1 紧急避震疏散场所 emergency seismic shelter for evacuation

供避震疏散人员临时或就近避震疏散的场所，也是避震疏散人员集合并转移到固定避震疏散场所的过渡性场所。通常可选择城市内的小公园、小花园、小广场、专业绿地、高层建筑中的避难层（间）等。

2 固定避震疏散场所 permanent seismic shelter for evacuation

供避震疏散人员较长时间避震和进行集中性救援的场所。通常可选择面积较大、人员容纳较多的公园、广场、体育场地/馆、大型人防工程、停车场、空地、绿化隔离带以及抗震能力强的公共设施、防灾据点等。

3 中心避震疏散场所 central seismic shelter for evacuation

规模较大、功能较全、起避难中心作用的固定避震疏散场所。场所内一般设抢险中心和重伤员转运中心等。

9.3.6 防灾据点 disasters prevention stronghold

采用较高抗震设防要求、有避震功能、可有效保证内部人员抗震安全的建筑。

9.3.7 防灾公园 disasters prevention park

城市中满足避震疏散要求的、可有效保证疏散人员安全的公园。

9.3.8 抗震防灾信息管理系统 information management system for earthquake disaster reduction

在计算机硬件系统（含网络系统）支持下，对抗震防灾相关数据集中管理的应用程序。

附录 A 汉语拼音术语索引

附录B 英文术语索引

英文术语	术语词目	页次
degree of freedom	自由度	21
demand spectrum	需求谱	24
design basic acceleration of ground motion	设计基本地震加速度	6
design characteristic period of ground motion	设计特征周期	6
design ground motion	设计地震动	5
design parameters of ground motion	设计地震动参数	5
design service life for strengthening of existing structure or its member	加固设计使用年限	38
destructive earthquake	破坏性地震	10
details of seismic design	抗震构造措施	6
diffusion earthquake	弥散地震	14
direct earthquake induced economic loss	地震直接经济损失	51
disaster prevention park	防灾公园	54
disaster prevention stronghold	防灾据点	54
displacement coefficient method	位移影响系数法	24
displacement dependence	位移相关性	33
displacement ductility ratio	位移延性系数	25
displacement magnification factor	位移放大系数	25
displacement ratio spectra of constant yielding strength	等强度位移比谱	22
displacement response spectrum	位移反应谱	13
displacement restrictor	限位器	30
displacement-based seismic design	基于位移的抗震设计	27
dry friction damper	摩擦耗能阻尼器	31
duration	持续时间	14

英文术语	术语词目	页次
dynamic magnification factor	动力放大系数	22
dynamic parameter identification	动力参数识别	47
dynamic properties measurement of structure	结构动力特性测试	46
dynamic properties of structure	结构动力特性	20
dynamic properties testing of test sample	试体动力特性测试	46
dynamic property test for soil	土动力性质测试	47
dynamic simple shear test	动直剪试验	48
dynamic triaxial test	动力三轴试验	48
E		
earthquake	地震	2
earthquake action	地震作用	4
earthquake casualty	地震人员伤亡	52
earthquake cumulative damage	地震累积损坏	51
earthquake damage analysis of engineering	工程震害分析	51
earthquake damage index	震害指数	50
earthquake damage investigation	震害调查	50
earthquake damage ratio	地震破坏率	52
earthquake disaster	地震灾害	49
earthquake disaster insurance	地震灾害保险	52
earthquake disaster prediction	震害预测	51
earthquake disaster reduction planning	抗震防灾规划	4
earthquake disaster reduction planning for industrial enterprise	厂矿抗震防灾规划	4
earthquake early warning network	地震预警台网	8

英文术语	术语词目	页次
earthquake engineering	工程抗震	3
earthquake epicenter	震中	2
earthquake focus	震源	2
earthquake induce geological disaster microzoning	地震地质灾害小区划	15
earthquake induced economic loss	地震经济损失	51
earthquake induced geological disaster	地震地质灾害	15
earthquake induced ground failure	地震地基失效	17
earthquake induced social effect	地震社会损失(影响)	52
earthquake magnitude	地震震级	2
earthquake occurrence probability	地震发生概率	12
earthquake prediction	地震预报	11
earthquake protective countermeasure	抗震对策	6
earthquake recurrence interval	地震重现期	12
earthquake relief	抗震救灾	51
earthquake resistant behavior of structure	结构抗震性能	6
earthquake resistant deformability of structure	结构抗震变形能力	26
earthquake resistant performance assessment or estimation	抗震性能评价	53
earthquake resistant strength of materials	材料抗震强度	26
earthquake resistant test	抗震试验	7
earthquake response	地震反应	21
elastic model	弹性模型	44
elastic-plastic model	弹塑性模型	44
elasto-plastic hysteresis	弹塑性滞回	33
electro-rheological (ER) fluid damper	电流变液体阻尼器	32

英文术语	术语词目	页次
emergency seismic shelter for evacuation	紧急避震疏散场所	54
energy dissipation and earthquake response reduction	消能减震	31
energy dissipation coefficient	耗能系数	21
energy-based seismic design	基于能量的抗震设计	27
engineering seismology	工程地震学	3
epicentral distance	震中距	2
(macro) epicentral intensity	(宏观)震中烈度	11
equivalent shear wave velocity of soil layers	等效剪切波速	17
evaluation of seismic safety for engineering sites	工程场地地震安全性评价	15
evaluation system	鉴定单元	36
excess pore water pressures	超孔隙水压力	18
excitation method with white noise	白噪声激振法	46
existing structure	现有结构	36
explosion induced earthquake	爆破诱发地震	10
externally applied prestressing	外加预应力加固法	40
F		
fault distance	断层距	11
favourable area to earthquake resistance	有利地段	16
felt area	有感面积	11
fiber reinforced polymer(FRP)	纤维复合材	41
firm ground	基底层	16
first shape factor	第一形状系数(S_1)	34
floor response spectrum	楼面反应谱	24
focal depth	震源深度	2
forced vibration test	强迫振动试验	47
free vibration	自由振动	20

英文术语	术语词目	页次
free vibration test	自由振动试验	47
free-field ground motion	自由场地地震	13
frequency domain analysis	频域分析	23
frequently occurred earthquake	多遇地震	5
friction pendulum bearing	摩擦摆支座	34
full scale model	足尺模型	43
functional test	功能测试	9
fundamental frequency, natural frequency	自振频率	20
fundamental mode	基本振型	20
fundamental period	基本周期	20
G		
general area	一般地段	16
geotechnical dynamic centrifugal model test	土工动力离心模型试验	48
grade of earthquake damage to engineering structure	工程结构地震破坏等级	50
grade of earthquake disaster	地震灾害等级	49
ground crack	地裂缝	17
ground motion attenuation	地震动衰减	12
ground motion intensity	地震动强度	13
ground motion parameter	地震动参数	13
H		
high damping laminated rubber bearing	高阻尼叠层橡胶支座	34
high order mode	高阶振型	20
high-level earthquake	罕遇地震	5
hybrid control	混合控制	30
hydraulic excitation test	液压激振试验	47
hypocentral distance	震源距	11
hysteretic curve	滞回曲线	44
I		
incremental dynamic analysis(IDA)	增量动力分析	23
indirect earthquake induced economic loss	地震间接经济损失	51

英文术语	术语词目	页次
influence coefficient of partial structure	局部影响系数	36
influence coefficient of structural system	体系影响系数	36
influential coefficient of structure	结构影响系数	25
initial displacement test	初位移试验	47
initial liquefaction	初始液化	17
initial velocity test	初速度试验	47
in-situ test	现场试验	43
instrumental epicenter (micro-epicenter)	仪器震中(微观震中)	11
instrumental seismic intensity	仪器地震烈度	11
intact	完好	50
integral behavior of seismic structure	抗震结构整体性	28
intensity abnormal region	烈度异常区	10
intensity distribution	烈度分布	10
inter story-isolation	层间隔震	35
isolation device	隔震装置	33
isolation layer	隔震层	35
isoseism	等震线	11
isoseismal	等震线	11
isoseismal map	等震线图	11
L		
laminated rubber bearing	叠层橡胶支座	33
laminated-rubber-bearing isolator	叠层橡胶支座隔震	34
land use planning	土地利用规划	53
lateral displacement-lateral torsion coupling	平动-扭转耦联	26
lateral resisting system	抗侧力体系	28
lateral spread and ground flow	侧向扩张和流动	18
lead rubber bearing	铅芯橡胶支座	34
lifeline engineering	生命线工程	7
linear source	线源	12

英文术语	术语词目	页次
liquefaction	液化	17
liquefaction index	液化指数	18
liquefaction potential	液化势	17
liquefaction safety coefficient	液化安全系数	19
liquefaction strength	液化强度	19
loading control	荷载控制	44
low-level earthquake	多遇地震	5
lumped mass	集中质量	21
M		
macro-epicentre	宏观震中	11
magneto-rheological (MR) fluids damper	磁流变阻尼器	31
magnification of accelerograph	加速度仪放大倍数	9
major precautionary category	重点设防类	4
man-excitation test	人激振动试验	47
masonry strengthening with mortar splint	面层加固法	39
masonry strengthening with reinforced concrete panel	板墙加固法	39
masonry strengthening with tie-columns	外加柱加固法	39
meizoseismal area	极震区	11
metal damper	金属阻尼器	32
microtremor	环境振动	7
mine depression earthquake	矿山陷落地震	10
mobile station	流动台站	8
modal analysis method	振型分解法	23
modal push-over analysis (MPA) method	模态推覆分析法	24
model test	模型试验	43
mode-participation coefficient	振型参与系数	23
moderate damage	中等破坏	50
modified coefficient of seismic bearing capacity of member	构件承载力抗震调整系数	26

英文术语	术语词目	页次
multi-defence system of seismic structure	多道抗震设防	28
multi-degree of freedom (MDOF) system	多自由度体系	21
N		
natural earthquake test	天然地震试验	43
natural period of vibration	自振周期	20
non- tectonic ground crack	非构造性地裂缝	17
nonlinear static procedure	静力弹塑性分析	24
non-structural components seismic design	非结构构件抗震设计	27
nonstructural damage	非结构性破坏	51
normalized acceleration response spectrum	规准加速度反应谱	13
numerical substructure	数值子结构	45
O		
observation array	观测台阵	8
oil damper	油阻尼器	32
operational safety ground motion	运行安全地震动	5
original load	初始荷载	38
P		
paleo-earthquake	古地震	10
particular precautionary category	特殊设防类	4
passive control	被动控制	30
peak ground acceleration	峰值加速度	13
peak ground displacement	峰值位移	13
peak ground velocity	峰值速度	13
performance-based seismic design	基于性能的抗震设计	27
permanent seismic shelter for evacuation	固定避震疏散场所	54
permanent station	固定台站	8
physical substructure	试验子结构	45
planting rebars	植筋	41
plastic hinge	塑性铰	29
point source	点源	12

本标准用词说明

1 为便于在执行本标准条文时区别对待，对要求严格程度不同的用词说明如下：

1） 表示很严格，非这样做不可的：
正面词采用“必须”，反面词采用“严禁”；

2） 表示严格，在正常情况下均应这样做的：
正面词采用“应”，反面词采用“不应”或“不得”；

3） 表示允许稍有选择，在条件许可时首先应这样做的：
正面词采用“宜”，反面词采用“不宜”；

4） 表示有选择，在一定条件下可以这样做的，采用“可”。

2 条文中指明应按其他有关标准执行的写法为：“应符合……的规定”或“应按……执行”。

中华人民共和国行业标准

工程抗震术语标准

JGJ/T 97—2011

条　文　说　明

修 订 说 明

《工程抗震术语标准》JGJ/T 97－2011，经住房和城乡建设部2011年1月28日以第897号公告批准、发布。

由于工程抗震涉及的学科、涵盖的内容比较广泛，因此本标准修订过程中，修订组进行了全面、详细的调查研究，总结了我国工程抗震术语的实践经验，吸收了近年来国内外抗震规范、期刊和会议论文中有关工程抗震的词汇。

为便于广大科研、设计、教学、施工、勘察及抗震管理等单位有关人员在使用本标准时能正确理解和执行条文规定，编制了本标准的条文说明，对条文规定的目的、依据以及执行中需注意的有关事项进行了说明。但是，本条文说明不具备与标准正文同等的法律效力，仅供使用者作为理解和把握标准规定的参考。

目　次

1 总　　则

工程抗震包括地震、抗震和减灾等方面的内容，它是涉及地震学、工程学和社会学等学科的一门边缘科学。自海城地震和唐山地震以来，工程抗震研究和实践在我国得到迅猛发展。该标准自1996年9月1日施行，至今已有十余年的历史。在此期间，国内外在工程抗震领域取得了相当多的重要成果，出现了大量新的名词和术语，需要进一步统一规范。在这一背景下，我们对《工程抗震术语标准》JGJ/T 97-95（以下简称“原标准”）进行了修订，以利于本学科的发展和学术交流。

本标准中的术语及其涵义来源于以下几个方面：1. 与工程抗震设计、抗震鉴定、抗震加固、抗震防灾规划、地震安全性评价等有关的标准、规范规程和技术条例；2. 有关工程抗震和抗震减灾的行政法规；3. 地震工程、工程抗震和地震对策方面的论文和专著；4. 有关词典、百科全书、外文资料等。

有关工程抗震的术语除应符合本标准外，还应符合国家现行有关规范、标准的规定，涉及工程抗震术语的主要有以下现行标准：

1 《建筑抗震设计规范》GB 50011

2 《建筑抗震鉴定标准》GB 50023

3 《建筑工程抗震设防分类标准》GB 50223

4 《民用建筑可靠性鉴定标准》GB 50292

5 《混凝土结构加固设计规范》GB 50367

6 《城市抗震防灾规划标准》GB 50413

7 《工程场地地震安全性评价》GB 17741

8 《中国地震动参数区划图》GB 18306

9 《地震灾害预测及其信息管理系统技术规范》GB/T 19428

10 《建筑抗震试验方法规程》JGJ 101

11 《建筑抗震加固技术规程》JGJ 116

12 《中国数字强地震动台网技术规程》JSGC-3

2 综合性术语

本章较原标准作了较大的修改，只保留了第一节的主要内容，将第二节的工程地震术语合并到第三章中，将第三节结构动力学术语合并到第五章中。

本章给出的综合性术语为3～9章的主要术语，以及3～9章未涉及的与工程抗震有关的其他方面的术语，这些术语涉及抗震管理、抗震设防、环境振动、结构抗震性能等方面。

本章与原标准相比，删除了以下词条：多遇地震烈度、基本烈度、罕遇地震烈度、人工地震震动、结构延性等。增加了以下词条：抗震设防要求、抗震设防水准、超越概率、建筑抗震设防分类、特殊设防类、重点设防类、标准设防类、适度设防类、综合抗震能力、多遇地震、设防地震、罕遇地震、设计地震动参数、设计基本地震加速度、地震影响系数曲线、设计特征周期、地震作用、建筑抗震概念设计、抗震构造措施等。从原标准其他章节移过来以下词条：地震震级、震中距、震源、震源深度、浅源地震、深源地震、地震烈度、工程地震学、抗震试验等。

这里要说明的是，因为《建筑抗震设计规范》GB 50011将地震影响用多遇地震、设防地震和罕遇地震代替了多遇地震烈度、基本烈度和罕遇地震烈度，因此本标准也用前者替代了后者，当读者用到后者的词条时可参考本标准相关的词条。

3 强震动观测和工程地震术语

3.1 强震动观测术语

强震动观测是利用仪器来测量和记录地震现象和效应，即地球地表和近地表处的地震运动以及工程结构的地震运动，以借助于观测记录资料研究地震动的特征及其影响规律，并进一步研究地震作用下工程结构的运动和变形过程，研究工程结构的反应和破损特点与规律，为工程抗震设防及防震减灾提供依据。

强震动观测是工程抗震研究的基础，其观测资料直接和间接地应用于工程抗震，为此，本节列出了强震动观测涉及工程抗震的基本术语。考虑到目前强震动观测台网已基本实现了数字化，模拟式强震动观测方式被逐渐淘汰，同时，观测由一般性的场地和结构观测扩展到了为特殊目的观测、由固定观测扩展到了固定观测与流动观测相结合。因此，本章只列出了数字强震动观测的相关术语，并增加了专用台阵、流动台站、地震预警台网及烈度速报台网等术语。

3.2 工程地震术语

工程地震是在地震学研究的基础上发展起来的一个研究分支，主要研究地震引起的地球地表和近地表的地震动和地面变形的特征和规律，为工程抗震设防提供基础。本节列出了工程地震中涉及地震定义、地震震源、地震波传播和影响作用等方面的基本术语。重点编入了工程场地地震安全性评价技术和方法涉及的相关术语。

4 场地和地基抗震术语

众所周知，地震灾害与场地关系密切。究其原因，一方面可能由于不同类别场地的地震动幅值和频谱特性有明显差别，使上部结构的动力反应不同；另一方面也可能是由于地基土破坏效应的不同导致震害的差异。所以，工程抗震设计及城市建设规划对建设场地的地震安全性评价应给予特别的关注。本节所收集的词汇包括了与这两方面相关的词汇。

例如与场地地震动有关的词汇包括：场地类别、场地土、等效剪切波速、基底层、覆盖层厚度等。

又例如与场地地震破坏效应有关的词汇有：地裂缝、震陷、地震地质灾害及对抗震有利、不利和危险地段等。

地震时出现广泛的砂类土液化及由此引发的地震灾害屡见不鲜，为地震工程界广泛注意。液化的物理意义、初始液化、液化势、土的液化强度、反映液化轻重程度的液化指数、液化标准贯入锤击数临界值、液化标准贯入锤击数基准值、抗液化措施及由于液化引发的土体的侧向扩张和流动等术语，都是地基抗震工程中经常涉及的，本节尽量列入。地震时地基承载力的失效及地基承载力计算所涉及的术语也在本节中列出。

5 工程抗震理论和计算术语

5.1 结构动力学术语

工程结构在地震作用下所产生的动态反应，实际上也属于结构动力学范畴。结构地震反应的强烈程度，除取决于地震作用大小外，还与结构本身的动态特性（周期、振型、阻尼等）密切相关。当结构自振周期与地震振动卓越周期相近时，将出现共振效应而加重结构的破坏程度；反之，则会减轻工程震害。所以，当涉及工程抗震这一领域时，就离不开结构动力学的内容。

5.2 工程抗震计算术语

5.2.5 时程分析法：

第3款，增量动力分析。增量动力分析是将单一的时程分析扩展为增量时程分析，因此也被称为“动力推覆分析”。其基本做法是对结构施加一个（或多个）地震动记录，将每一地震动记录都按一定的比例系数调整为多重强度水平并在每一强度水平下分别进行时程分析；选择地震动强度指标和工程需求参数，后处理动力分析结果，得到一条（或多条）工程需求参数与地震动强度指标的关系曲线，即IDA曲线或（IDA曲线族）；综合多条记录增量动力分析结果，确定反映统计特性、以分位数表示的IDA曲线；结合地震危险性分析结果，研究结构在地震作用下的整个损伤、破坏的全过程。这种方法不但可应用于单自由度体系，还可以应用于多自由度体系。

5.2.6 静力弹塑性分析。静力弹塑性设计方法是指在一组能够近似反映结构动力特性、单调递增的侧向荷载的作用下，对结构逐步实施弹塑性静力分析，以了解和评估结构在地震作用下内力和变形特征、塑性铰出现的顺序位置、薄弱层和薄弱构件以及结构在罕遇地震下可能的破坏和损伤机制，整个分析过程明晰地刻画了结构的线弹性状态、逐步屈服状态和变形极限状态等结构在强震作用下可能会出现的一系列关键事件。静力弹塑性分析方法既考虑了计算的简便性，又考虑结构在地震作用下的非线性响应特性。静力塑性分析方法分为两步：其一是对结构进行推覆分析，其二是根据结构推覆分析的结果评估结构的抗震性能。通常实施的方法被称做“pushover分析”。目前被广泛接受和应用的静力弹塑性设计方法主要有能力谱方法、位移影响系数法等。

第1款，能力谱。能力谱实际上是通过地震反应谱曲线获取结构各个弹塑性阶段所需要的反应值，然后将结构推覆分析得到的结构能力谱和由反应谱得到的需求谱相叠加，如果两谱线相交，其交点被定义为结构抗震性能点，根据该点来评估结构的抗震性能，并且根据该点反演对应的结构基底剪力、顶点位移和层间位移等。如果不相交，则认为该结构不能承受相应的地震作用。

第3款，位移影响系数法。利用静力推覆分析和修正的等效位移近似法来确定结构的最大位移的方法。FEMA-273推荐采用位移影响系数法来确定结构顶层的非线性最大期望位移，最大期望位移即定义为目标位移。

6 工程抗震设计术语

6.1 工程抗震概念设计术语

6.1.3 延性抗震设计。延性抗震设计通过结构选定部位的塑性变形（形成塑性铰）来抵抗地震作用。利用选定部位的塑性变形，不仅能消耗地震能量，还能延长结构周期，从而减小地震反应。

6.1.5 基于性能的抗震设计。基于性能的抗震设计（PBSD）理论是20世纪90年代由美国科学家和工程师首先提出的，其基本思想是使被设计的建筑物在使用期间满足各种预定功能或性能目标要求。

对基于性能地震工程的发展有较大影响的几个标志性成果有：美国加州工程师协会（SEAOC）提出的Vision2000、联邦紧急事务管理局（FEMA）提出的FEMA273/274及随后以此为基础并作为ASCE标准出版的FEMA356和应用技术理事会（ATC）提出的ATC-40。

基于性能的抗震设计的主导思想是采用合理的抗震性能目标和合适的结构抗震措施进行设计，使结构在各种水准地震作用下的破坏损失，能为业主选择和承受，通过对工程项目进行生命周期的费用-效益分析后达到一种安全可靠和经济合理的优化平衡。我国现行规范的“小震不坏、中震可修、大震不倒”，从一定意义上讲也是一种性能目标，只是这种目标笼统，没有针对工程类别和工程重要性进行分类。

6.1.6 基于位移的抗震设计。基于位移的抗震设计是一种在设计步骤中以位移为前提的抗震设计方法。基于位移的设计是把非线性结构等效化为具有黏滞阻尼的线性结构，选择合适的设计位移反应谱来确定所需的结构自振周期（或刚度）。在此设计方法中，强度和刚度是设计的最终结果而不是初始的设计目标。多自由度结构基于位移的设计方法可简单地归纳如下：1）根据目前的设计基本原理、极限状态（使用极限状态或最终极限状态）及可接受的破坏水平，给出结构的初始目标位移；2）考虑结构延性对阻尼的影响及滞回耗能，给出合适的阻尼表示式；3）选择合适的设计位移反应谱；4）根据目标位移及阻尼水平确定等效单自由度结构的位移和阻尼；5）由位移反应谱确定等效单自由度结构的等效刚度和力；6）考虑结构的非线性响应，进行结构分析，得出满足容许位移值的结构位移；7）对设计的截面及配筋情况进行检验，通过迭代选择合理的截面及配筋率。

6.1.7 基于能量的抗震设计。基于能量的设计思想是 Housner 在 1956 年提出的，该方法认为应该以力与位移的乘积，或地震力所做的功，或地震力传入结构的能量作为设计依据，经过抗震设计的结构应该能够抵御从地面吸收的能量而不破坏。地面运动输入结构的能量一部分通过结构-土相互作用耗散，另一部分能量由结构自身耗散。地震中的能量耗散不但与结构的自身特性有关（如结构材料，结构类型，结构平面、竖向布置形式等），还与地震作用的强度、频谱特征和地震持时等地震作用机理有关。

基于能量的设计从提出就有多种途径，需要集中解决的问题是如何表征地震的能量输入，如何评价结构和构件的耗能能力并将二者结合起来。Housner 给出了能量谱概念以及多种表征能量输入的方法，但多是以等效单自由度体系为基础的，如何应用于多质点体系，虽提出过一些方法，但均有待深入。

6.1.14 多道抗震设防。结构抗震能力依赖于结构各部分的吸能和耗能作用，抗震结构体系中，吸收和耗散地震输入能量的各个部分，其中部分结构因出现破坏（形成机构）而降低或丧失抗震能力，而其余部分结构（或构件）能继续抵抗地震作用。

6.3 工程减隔震设计术语

6.3.1 结构振动控制。结构控制的概念是美国学者 J. T. P. Yao 教授在 1972 年首先提出的。之后，结构振动控制在全世界范围内引起了广泛的关注，国内外学者们对这一新兴领域倾注了极大的热情。结构控制问题是把结构控制概念从传统的利用结构本身来抵御外界荷载的、只强调满足强度和刚度等约束条件的被动消极的结构对策，提升到通过在结构上施加子系统或耗能隔振装置以抵御外界荷载的作用，从而能动地操纵结构性态的主动积极的结构对策。结构振动控制理论将结构的弹塑性分析与抗震相结合，抗震与消震相结合，能动控制与设计相结合，通过对建筑结构的控制设计，在结构的特定位置出现一定数量的人工塑性铰，使其发生期望的破坏机构形式，实现强震下最佳的耗能机构；对结构中梁、柱等构件进行延性设计，提高其延性和耗能能力。

结构控制是研究控制结构反应（位移、速度或加速度）的设计理论和应用技术，按是否需要外部能源和激励以及结构反应的信号大体上可分为被动控制、主动控制、半主动控制和混合控制四类。

被动控制也称无源控制，它不需要外部输入能量，仅通过控制系统改变结构系统的动力特性达到减轻动力响应的目的。而主动控制的过程则依赖于外界激励和结构响应信息，并需要外部输入能量，提供"控制力"。半主动控制也利用结构响应或外界激励信息，但仅需要输入少量能量以改变控制系统形态，达到改变结构动力特性从而减轻响应的目的。混合控制指的是上述三类控制的混合应用，在结构上同时施加主动和被动控制，整体分析其响应，既克服纯被动控制的应用局限，也减小控制力，进而减小外部控制设备的功率、体积、能源和维护费用，增加系统的可靠性。

第 1 款，被动控制。结构被动控制是一种无源控制方法，包括隔震、吸振和耗能三大控制形式，采用直接减少、隔离、转移、消耗能量的方法达到减小结构振动的目的。在我国，20 世纪 50 年代就提出基础隔震思想，80 年代末结构控制方面的研究正式起步。由于被动控制易于工程实现，设计简单且效果不错，受到工程界普遍重视。目前其理论研究和工程实践经验都趋于成熟，隔震和消能减震已被列入抗震规范。

第 2 款，主动控制。主动控制需要外界提供能量，对结构施加额外的作用力减小结构的动力反应，为振动控制的现代方法。主动控制主要有主动调谐质量阻尼系统（AMD）和主动锚索控制（ATS）。主动调谐质量阻尼系统是利用传感器时刻监测结构反应（位移、速度或加速度），并根据闭环控制理论，计算机接受传感器信息并瞬时改变状态矢量和反馈矢量得出控制力，接着电液伺服装置将最优控制力施加于结构，以控制其运动和变形。

主动锚索控制是利用传感器把结构的反应传给计算机，计算机进行优化分析计算出所需要的控制力，驱动液压伺服系统，该系统通过锚索对结构施加控制力，从而有效地减小结构反应。该装置已被应用到实际结构中，用于控制风振反应。

第 3 款，半主动控制。半主动控制是利用控制机构来调节结构内部的参数，使结构参数为最优状态。半主动控制在实际工程中的应用包括空气动力挡风控制系统，该系统通过调节建筑物顶部的挡风板，利用迎风面积的变化控制结构振动反应。还有就是可变结构系统，该系统以分别在小震时具有较强的侧移刚度、强震时降低结构的刚度，以避开场地土的卓越周期来满足抗震设防三水准要求。半主动控制的优点是能耗小，却又可收到与主动控制相近的效果。

第4款，混合控制。混合控制是主动控制与被动控制的结合。混合控制利用了两种控制方法各自的优点，拓宽了控制系统的应用范围。实际上，混合控制只需提供较小的控制力就可有效地控制结构，特别是在强烈地震作用下，混合控制更显示出其优越性。

第5款，主动质量阻尼器控制系统。首次使用在1991年日本建造的一栋7层建筑上，实验及多年风振表明控制效果良好。计算结果表明，橡胶垫隔振与主动质量阻尼系统构成的主动混合控制系统、橡胶垫隔振与被动质量阻尼系统构成的被动混合控制系统等，均能有效地减小结构的地震反应。

6.3.2 消能减震技术是将结构的某些部件设计成消能构件或安装一些消能器、减震器、吸震器来消耗结构在地震作用下的惯性振动能量的技术。消能器包括利用各种阻尼部件、吸能部件或摩擦支撑产生的阻尼力、塑性变形或摩擦力来衰减结构在外界干扰（如风荷载和地震作用等）下的振动响应，具有耗能能力强、低周疲劳性能好的特点。

目前广泛应用的消能器主要有两类，一类是与速度相关的黏弹型（黏滞）阻尼器；另一类是与位移相关的金属屈服以及摩擦有关的滞变型阻尼器等，通常用于被动控制系统。磁流变（MR）阻尼器则通常用于半主动控制系统。

TMD、TLD则可归类于吸振阻尼器。吸振技术是在主结构上附加一个子系统，地震（风荷载）作用下，子系统与主结构共同振动吸收部分地震（风振）能量，保护主体结构。这种装置常见的有调谐质量阻尼器（TMD），它是在主结构上附加的一个由质量、弹簧、阻尼组成的子振动系统——吸振器。通过对参数优化设计，在地震（风荷载）作用下，吸振器运动吸收较多的地震（风作用）能量，大大减弱了主结构的振动效应。目前已有的工程实践TMD、TLD通常主要用于抗风。

6.3.6 隔震。隔震技术是在上部结构与基础之间设置一个隔震层，阻断（过滤减轻）地震水平运动剪切波向上部结构传递。隔震层通常由隔震支座、阻尼器、限位器等组成。隔震支座一般具有较大竖向承载力和刚度，而水平刚度较低，这样使得隔震层以上结构水平振动周期变长、阻尼增大，从而可以大幅度降低上部结构的水平地震反应，当然也带来隔震层的较大位移。当隔震层设在房屋高度的中间某层时，也叫层间隔震。目前隔震层用得最多的是铅芯叠层橡胶支座，也有滑板支座、摩擦摆支座、滚球支座、组合支座等。

7 抗震鉴定和加固术语

7.1 抗震鉴定术语

抗震鉴定包括震前鉴定和震后鉴定。震前鉴定是根据当地预期可能遭遇的地震危险性，按照抗震鉴定标准，对现有工程的抗震能力进行评定，估计可能遭受的震害，提出是否需要采取加固措施的意见。震后鉴定是对已遭受震害的工程进行鉴定，包括结构震前状况、破坏部位和破坏程度，以确定该结构是否有修复加固价值。

7.2 抗震加固术语

加固措施的制定以抗震鉴定结果为依据，并考虑工程现状、场地条件、施工和经济等因素，着重改善结构的整体抗震能力，要注意工程的使用功能与环境的协调。分为结构体系加固和构件加固。

7.2.4 加固设计使用年限。加固设计规定的结构、构件加固后无需重新进行检测、鉴定即可按其预定目的使用的时间。抗震鉴定及加固时，可考虑后续设计使用年限的不同，建立相应的“鉴定、改造用地震动参数”。即新建工程按50年设计基准期内超越概率10%确定其设计所用的抗震设防烈度；对于已经使用了$T1$年的现有建筑，可按（$50-T1$）年内超越概率10%确定其鉴定及加固时所用的抗震设防烈度，再确定对应的设计参数。借助于地震危险性分析，在潜在震源、地震活动性、衰减规律的基础上，可得到某个地区以年超越概率$p(I>i)$表示的地震危险性，再根据给定期限T内发生大于某一烈度的超越概率$P(I>i\mid T)$与年超越概率的关系：

$$P(I>i\mid T)=1-[1-p(I>i)]^{T}$$

就可得到不同期限内在给定超越概率下的地震烈度。

采用合理折减的地震影响系数最大值和相应的抗震措施，使用功能改造后的结构，今后在原结构的设计使用期内继续使用，其抗震设防安全的可靠性仍可达到设计规范规定的概率水准，而改造部分的投资可以相对比较经济。

7.2.6 抗震加固方法的选择：

1 抗震横墙间距符合要求而承载力不足时，采用钢筋网面层加固可提高承载力并改善结构延性，而且施工比较方便；当原墙体抗震承载力与设防要求相差太大时，可采用钢筋混凝土板墙加固。

2 抗震横墙间距超过限值，或房屋横向抗震承载力不足，应优先增设抗震墙加固，因为这种加固方法的效果最好。一般情况，增设的抗震墙可采用砖墙；当楼盖整体性较好且横向抗震承载力与设防要求相差较大时，也可增设钢筋混凝土抗震墙加固。

3 钢筋混凝土柱配筋不满足要求时，可增设钢构套架、现浇钢筋混凝土套等方法加固柱的抗弯、抗剪和抗压能力，也可采用粘贴纤维布、钢绞线网-聚合物砂浆面层等方法提高柱的抗剪能力；也可增设抗震墙减少柱承担的地震作用。

4 横向抗震验算时，承载力不足的外纵墙可用钢筋混凝土壁柱加固。壁柱可设在纵墙的内侧或外侧，也可内外侧同时增设；仅增设外壁柱时，要采取措施加强壁柱与楼盖梁的连接。也可增设抗震墙减少砖柱（墙垛）承担的地震作用。

5 当底层框架砖房的框架柱轴压比不满足要求时，可增设钢筋混凝土套加固或按现行国家标准《建筑抗震设计规范》GB 50011的相关规定增设约束箍筋提高体积配箍率。

8 工程抗震试验术语

8.1 一 般 术 语

试体指抗震试验的对象，按照试验对象的尺寸可以将试验分为原型试验和模型试验。原型试验除了以原型结构为试验对象外，还包括试验对象是足尺结构或构件的试验。由于原型结构试验的试验规模大，受设备能力和经济条件的限制，实验室条件下的结构试验大多为结构的部分或部件的试验，而且较多采用的还是缩小比例的模型试验。根据不同的试验目的，模型试验可以分为相似模型试验和缩尺模型试验，相似模型试验按照相似理论的基本原则制作结构模型，模型具有原型结构的全部或部分特征，在模型上施加相似力系使模型重现结构的实际工作状态，由模型试验结果推断原型结构的性能。缩尺模型试验也称为小构件试验，试验不要求满足严格的相似条件，目的是为了验证设计理论和计算方法的正确性。

8.3 拟动力试验术语

拟动力试验方法吸收了拟静力试验和模拟地震振动台试验方法的优点，通过计算来考虑惯性力和阻尼力的影响，将动力试验转化为慢速加载试验，使得大比例尺甚至足尺结构试验成为可能。拟动力试验方法近年来在概念、方法、技术和设备等方面取得了很大进展，应用范围从最初的研究结构本身拓展到研究多点多维地震输入、土-结构相互作用、土层地震反应分析等领域。子结构法已成功地应用于大型结构的静力和动力分析中，基于同样的道理，提出了子结构拟动力试验法，该试验方法将结构分为数值子结构和试验子结构（物理子结构），试验子结构代表结构中用来进行试验的部分，其他部分则用计算机进行模拟，解决了大型结构拟动力试验规模大、费用高的缺点。拟动力试验的缺点是不能反映速度相关型材料的性能，如黏滞阻尼器、黏弹性阻尼器等，为了解决这一困难，1992 年 Nakashima 等人提出了实时子结构拟动力试验方法，实时子结构拟动力试验方法要求物理子结构的加载实时进行，其加载速度比拟动力试验快很多。随着互联网技术、远程通信技术和远程控制技术的发展，可以将多个试验室的设备进行整合和协同，将试验结构分为若干子结构，不同子结构在不同的实验室进行试验，整个试验通过网络进行数据交换和远程控制，形成网络化的协同拟动力试验。

8.4 模拟地震振动台试验术语

模拟地震振动台试验可以很好地再现地震过程和进行大量人工地震波的试验，用以研究结构的动力特性、检验结构的抗震措施、研究结构地震反应和破坏机理等，是目前应用最为广泛的一种结构抗震试验方法。由于设备能力的局限性，振动台无法进行大的结构或构件足尺或大比例尺的试验，同时振动台也无法考虑地面不均匀运动对大跨度结构的影响，因此，可以将多个中小振动台组成振动台阵，当组成振动台阵的各振动台同步振动时，台阵相当于一个大型的振动台，可以进行大型结构或构件的试验，当各振动台异步振动时，台阵能考虑地面运动的不均匀性，可进行大跨度结构的不均匀地震动输入试验。振动台实时子结构试验是将试验子结构置于振动台上，以计算子结构算得的结构反应作为振动台的输入所进行的振动台试验。

8.5 原型结构动力试验术语

在研究工程结构的抗震、抗风或抵抗其他动荷载的性能和能力时，都有必要进行结构的动力特性试验，工程结构的动力特性反映结构本身所固有的动力性能，包括结构的自振频率、阻尼和振型等。结构的动力特性试验主要研究结构自振特性，可以在现场对原型结构进行测试，也可以通过试验室内的模型试验来测量。结构动力特性试验方法可以分为自由振动法、强迫振动法和环境振动法。

8.6 土工动力试验术语

本节的土工动力试验术语包括土体动力性质测试、场地剪切波速测试和土工动力离心模型试验。普通振动台模型试验难以模拟岩土材料的重力作用，因此岩土工程的抗震问题，通常采用数值计算的手段进行研究，数值计算结果受计算参数选取和计算模型假定的影响很大，而采用土工离心机振动台系统可以使模型土体产生与原型相同的自重应力，加以在模型底部输入地震波，可以获得土体在地震作用下的动力反应，土工动力离心模型试验已成为研究岩土工程抗震问题最为有效的试验手段之一。

9 抗震减灾和抗震防灾规划术语

9.1 地震危害术语

地震灾害可分为原生灾害和次生灾害。原生灾害由地震直接造成，如工程和设备破坏及由此引起的人畜伤亡等。地震次生灾害系由地震原生灾害引发的，例如地震时先造成工程、设施或设备破坏或处于非正常工作状态，并由此引发出火灾、水灾、爆炸、溢毒等，使灾害进一步扩大，造成更多的工程破坏和人畜伤亡。

地震灾害难以人工再现，对地震灾害进行现场调查，通过分析评估，总结经验教训，并提出抗震措施，这是抗震救灾工作的重要组成部分。

本标准根据住房和城乡建设部（原建设部）的有关文件，将工程结构按其地震破坏的轻重程度划分为基本完好、轻微破坏、中等破坏、严重破坏和倒塌五个等级，并给出划分等级的标准。也有人将倒塌再分为局部倒塌和倒塌两级，即工程破坏等级总共划分为六级。

工程破坏等级划分，不仅可作为判别工程破坏程度、评估地震经济损失的依据，也可为工程抢修排险和恢复重建提供技术和经济依据。

9.2 抗震减灾术语

地震造成的损失，有的国家单纯用经济表示，我国学术界将地震损失划分为经济损失、人员伤亡和社会影响三部分。实际上，人员伤亡也属于地震社会影响范畴，因为人的生命最为宝贵，难以用金钱表示；但是，由于人员伤亡数字在地震之后最令社会关注，不同于一般地震社会影响，因而也可单独列为地震损失的一种。本标准采用了我国学术界常用的将地震损失划分为三部分的方法。

地震经济损失的大小与下列因素有关：地震震动强度及其形成的震灾规模，社会生产发展程度，社会对震灾的预防水平和应急反应能力等。

地震经济损失的统计工作十分复杂，可划分为直接经济损失和间接经济损失两类。一般把由地震引起的建（构）筑物及生命线工程破坏的损失、财产损失，以及因停产、减产造成的净产值减少的损失称为直接经济损失；而把地震经济总损失中各种非直接损失的部分称为地震间接损失，例如因地震受灾企业（如供水、供电、交通、通信等生命线工程）停产减产引起相关企业连锁反应造成的损失及抗震救灾投入的资金等都属地震间接损失。

地震间接经济损失统计更为复杂，有人建议按投入产出进行统计。由于这种计算模型未涉及救灾等有关费用，而且灾后非常时期的投入产出状态不同于灾前，用正常状态下的投入产出关系进行统计，可能会产生较大出入，因而不是一个理想的方法。

9.3 抗震防灾规划术语

制定和实施抗震防灾规划是提高城镇和工矿企业综合抗震能力的根本措施。本节给出了有关抗震防灾规划的若干术语。

抗震防灾规划在总体上应包括：1）总体布局中的减灾策略和对策；2）抗震设防标准和防御目标；3）抗震设施建设、基础设施配套等抗震防灾规划要求与技术指标，同时还应包括用地抗震适宜性划分，规划建设用地选择，重要建筑、超限建筑，新建工程建设，基础设施规划布局、建设与改造，高易损性城区改造，火灾、爆炸等次生灾害源，避震疏散场所及疏散通道的建设与改造等抗震防灾要求和措施，以及规划的实施和保障。

按《城市抗震防灾规划标准》GB 50413 的规定，抗震防灾规划应按照城市规模、重要性、要求差别，分为甲、乙、丙三种编制模式。对应不同的模式，抗震防灾规划的工作深度是不同的，由此导出了对基础设施、建筑的抗震性能评估的深度要求差别。对建筑群体、单体抗震性能评估的方法很多，有确定性、概率统计、模糊判别等方法。对于建筑群体的抗震性能评估的精度取决于对群体建筑结构信息、用途信息和建筑物所在场地地质情况等信息掌握的详细程度。由于建筑物在地震作用下的受力是以结构单体为承载单元的，基础设施（如地下管线）的网络特性，以及我国城市建设的日新月异等，故技术手段较新颖的办法就是建立建筑物和基础设施的数据库，利用地理信息系统管理这些信息，把城市的日常管理与城市防灾规划紧密结合起来。这是震前提高建筑群体抗震性能评估精度，震后快速评估震害与损失，为防灾救灾决策提供信息平台的有效手段。这种规划就是所谓的动态抗震防灾规划。

中华人民共和国行业标准

建筑抗震试验方法规程

Specification of testing methods for earthquake resistant building

JGJ 101—96

主编单位：中国建筑科学研究院
批准单位：中华人民共和国建设部
施行日期：1 9 9 7 年 4 月 1 日

关于发布行业标准《建筑抗震试验方法规程》的通知

建标［1996］614号

各省、自治区、直辖市建委（建设厅）、计划单列市建委：

根据建设部（87）城科字第276号文的要求，由中国建筑科学研究院主编的《建筑抗震试验方法规程》业经审查，现批准为行业标准，编号JGJ 101—96，自1997年4月1日起施行。

本标准由建设部建筑工程标准技术归口单位中国建筑科学研究院负责归口管理，并负责具体解释等工作，由建设部标准定额研究所组织出版。

中华人民共和国建设部

1996年12月2日

目　次

1 总　　则

1.0.1 为统一建筑抗震试验方法，确保抗震试验质量，制定本规程。

1.0.2 本规程适用于建筑物和构筑物的抗震试验。本规程不适用于有特殊要求的研究性试验。

1.0.3 建筑抗震试验所采用的仪器设备，应有出厂合格证，其性能应经专门的检测机构检测认定。

1.0.4 对抗震试验用试体进行设计及试验结果评定时，除应符合本规程要求外，尚应符合国家现行有关规范、标准的要求。

2 术语及符号

2.1 术　　语

2.1.1 试体　test sample

凡作为抗震试验的对象均称试体，是试验构件、结构的原型和模型的总称。

2.1.2 原型结构　prototype structure

按施工图设计建成的直接投入使用的结构。

2.1.3 足尺模型　prototype model

尺寸、材料、受力特性与原型结构相同的结构模型。

2.1.4 弹性模型　elastic model

为研究在荷载作用下结构弹性性能，用匀质弹性材料制成与原型相似的结构模型。

2.1.5 弹塑性模型　elastic-plastic model

为研究在荷载作用下结构各阶段工作性能包括直至破坏的全过程反应，用与实际结构相同的材料制成的与原型相似的结构模型。

2.1.6 反力装置　reacting equipment

为实现对试体施加荷载的承载反力的装置。

2.1.7 荷载控制　loading control

以荷载值的倍数为级差的加载控制。

2.1.8 变形控制　deformation control

以变形值的倍数为级差的加载控制。

2.1.9 拟静力试验　pseudo-static test

用一定的荷载控制或变形控制对试体进行低周反复加载，使试体从弹性阶段直至破坏的一种试验。

2.1.10 拟动力试验　pseudo-dynamic test

试体在静力试验台上实时模拟地震动力反应的试验。

2.1.11 模拟地震振动台试验　pseudo-earthquake shaking table test

通过振动台台面对试体输入地面运动，模拟地震对试体作用全过程的抗震试验。

2.1.12 初速度法　initial velocity method

对试体施加初速度使之振动而测定其动力性能的方法。

2.1.13 初位移法　initial displacement method

对试体施加初位移然后突然释放使之振动而测定其动力性能的方法。

2.2 符　　号

2.2.1 拟静力与拟动力试验用符号

K——单质点试体的初始侧向刚度

K_i——第 i 次循环割线刚度

X——实测水平位移

$\pm F_i$——第 i 次正、反向峰点荷载值

$\pm X_i$——第 i 次正、反向峰点位移值

F_j^i——位移延性系数为 j 时，第 i 循环峰点荷载值

X_j^i——位移延性系数为 j 时，第 i 循环峰点位移值

μ——试体的延性系数

X_u——试体的极限位移

F_{jmax}^i——位移延性系数为 j 时，第 i 次加载循环的最大峰点荷载值

F_{jmax}——位移延性系数为 j 时，第一次加载循环的最大峰点荷载值

X_y——试体的屈服位移

2.2.2 拟动力试验数值加载值计算符号

$[K]$——多质点试体的初始侧向刚度矩阵

M，M_i——试体质量和第 i 个质点的质量

$[M]$——试体质量矩阵

C——试体阻尼比

$[C]$——试体的阻尼矩阵

$\dot{X}$，$\{\dot{X}\}$——试体的速度和速度向量

$\ddot{X}$，$\{\ddot{X}\}$——试体的加速度和加速度向量

$\ddot{Z}_0$，$\{\ddot{Z}_0\}$——地震地面运动加速度和加速度向量

P，$\{P\}$——试体的恢复力和恢复力向量

P_i——第 i 质点的恢复力

λ_i，λ_j——第 i 和第 j 振型的阻尼比

ω_i，ω_j——第 i 和第 j 振型的圆频率

Δt——积分时间间隔（地震加速度取值时间间隔）

$\tilde{m}$，$\tilde{C}$，$\tilde{P}$——等效质量，等效阻尼，等效试体恢复力

$\tilde{X}$，$\dot{\tilde{X}}$，$\ddot{\tilde{X}}$——等效位移，等效速度和等效加速度

U_i——第一振型曲线中第 i 个质点位移与最大位移的比值

2.2.3 试体设计使用符号

ρ_{1m}——模拟人工质量施加于模型上的附加材料的质量密度

ρ_{0m}——模型材料中的质量密度

ρ_{0p}——原型结构具有结构效应的材料的质量密度

L_m——模型结构几何尺寸

L_p——原型结构几何尺寸

3 试体的设计

3.1 一 般 规 定

3.1.1 采用模型或截取部分结构作试体时，试体应分别满足原型结构的几何、物理、力学、构造和边界的相应条件。

3.1.2 试体的尺寸应根据试验目的要求，和现有设备条件进行设计，并应满足本规程的有关规定。

3.1.3 试体设计时应进行试体的局部处理。试验时不得发生非试验目的的破坏。

3.1.4 当试体为截取的柱或墙时，其上部荷载重量应视为竖向外力。

3.1.5 当试体为构件时，同类构件不得少于 2 个；用于基本性质试验的构件数量，应通过各种因素用正交设计确定。

3.1.6 模型试体材料重力密度不足时可采用均匀附加荷载弥补，此时应按附加荷载在整个试体上的作用位置与分布情况确定。

3.1.7 拟静力和拟动力试验试体与原型结构的相似条件的设计应按本规程附录 A.1 进行。

3.2 拟静力和拟动力试验试体的尺寸要求

3.2.1 砌体结构的墙体试体与原型的比例不宜小于原型的 1/4。

3.2.2 混凝土结构墙体试体，高度和宽度尺寸与原型的比例，不宜小于原型的1/6。

3.2.3 框架节点试体，其尺寸与原型的比例不宜小于原型的1/4。

3.2.4 框架试体与原型的比例可取原型结构的1/8。

3.3 模拟地震振动台试验试体的设计要求

3.3.1 结构弹性模型与原型比例不宜小于原型结构的$\frac{1}{100}$。结构弹塑性模型与原型的比例不宜小于原型结构的$\frac{1}{15}$。

3.3.2 试体设计时应满足试体安装、结构反应量测和传感器安装等对试体构造的要求。

3.3.3 对于多层整体结构模型试体，当以荷重块作为人工模拟质量时，可均匀布置在各层楼面和屋面上，荷重块应与模型固牢。

3.3.4 对于单榀框架或单片墙体等平面试体，应计入模拟用集中质量的重心高度对试体在平面外所产生的影响。

3.3.5 结构动力试体应按相似理论进行设计，其试验模型应符合本规程附录A的规定。

4 试体的材料与制作要求

4.1 砌体试体的材料与制作

4.1.1 抗震试验所用块材的强度等级应与原型结构相一致。

4.1.2 第一皮砖或砌块与底梁之间、最上层砖或砌块与顶梁之间的水平灰缝砂浆强度等级不应低于M10，且应高于试体设计砂浆强度等级。

4.1.3 试体应根据模型的缩尺比例，可采用特制的缩尺砖或砌块。

4.1.4 试体材料力学性能试验方法应符合现行国家标准《砌体基本力学性质试验方法》的要求。

4.1.5 试体为配筋砌体时，尚应进行砌体中所配钢筋的基本力学性能试验。

4.1.6 砌体试体的制作、养护应符合国家标准《砌体工程施工及验收规范》的要求。

4.2 混凝土试体的材料与制作

4.2.1 试体采用混凝土时，应进行下列力学性能试验：

4.2.1.1 制作混凝土立方体试件，测定试体混凝土抗压强度。

4.2.1.2 当需要混凝土的应力应变关系时，应制作棱柱体试件进行测定，并绘制混凝土的应力—应变曲线。

4.2.1.3 未取样试体混凝土的材料实际强度，可在全部试验完成后，从试体受力较小部位截取试件进行材料力学性能试验。

4.2.2 混凝土弹塑性模型其力学性能和骨料级配宜采用与原型结构有相似性的混凝土作为试体材料。

4.2.3 混凝土弹塑性模型其试体配筋的材料应符合相似性的要求，可采用细筋。当采用盘圆筋需要调直时应计入力学性能的影响。模拟细纹筋时，光面钢筋宜作表面压痕处理。

4.2.4 试体采用的钢筋，应事先取样，并测定钢筋的弹性模量，绘制钢筋的应力—应变曲线。

4.2.5 试体制作时安装量测仪表的预埋件和预留孔洞位置应正确；在施工中应采取防止预埋的传感元件损坏的措施。

4.2.6 各类混凝土材性试件均应与试体同批同时制作，并应在同样条件下进行养护。

4.2.7 混凝土试体的制作、养护应符合现行国家标准《混凝土工程施工及验收规范》的要求。

5 拟静力试验

5.1 一般要求

5.1.1 本章适用于混凝土结构、钢结构、砌体结构、组合结构的构件及节点抗震基本性能试验。以及结构模型或原型在低周反复荷载作用下的抗震性能试验。

5.2 试验装置及加载设备

5.2.1 试验装置的设计应满足下列要求：

5.2.1.1 试验装置与试验加载设备应满足试体的设计受力条件和支承方式的要求。

5.2.1.2 试验台、反力墙、门架、反力架等，其传力装置应具有刚度、强度和整体稳定性。试验台的重量不应小于结构试体最大重量的5倍。试验台应能承受垂直和水平方向的力。试验台在其可能提供反力部位的刚度，应比试体大10倍。

5.2.1.3 墙体通过加载器施加竖向荷载时，应在门架与加载器之间设置滚动导轨（图5.2.1）。其摩擦系数不应大于0.01。

5.2.1.4 加载器的加载能力和行程应大于试体的最大受力和极限变形。

5.2.2 梁式构件可采用不设滚动导轨的试验装置（图5.2.2）。

5.2.3 对顶部不容许转动的构件，所采用图5.2.3的试验装置，其四连杆结构与L型加载杆均应具有足够的刚度。对以弯剪受力为主的构件可采用本规程图5.2.1墙片试验装置。

5.2.4 对于梁柱节点的试验，当试体要求测$P—\Delta$效应时应采用图5.2.4-2的试验装置，当不要求测$P—\Delta$效应时应采用图5.2.4-1试验装置。

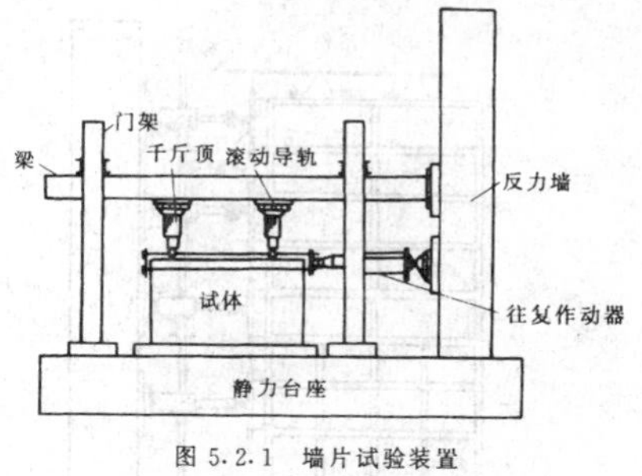

图5.2.1 墙片试验装置

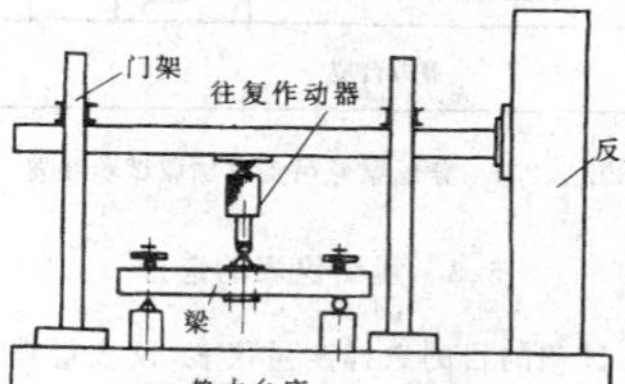

图5.2.2 梁式构件试验装置

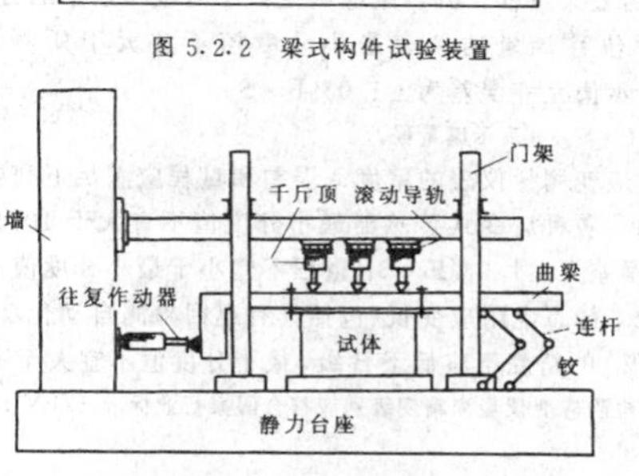

图5.2.3 顶部无转动的抗剪试验装置

5.2.5 当进行多点侧向分配梁加载时，分配梁可采用悬吊支撑试验装置（图 5.2.5）。

5.2.6 柔性或易失稳试体的拟静力试验，应采取抗失稳的技术措施。

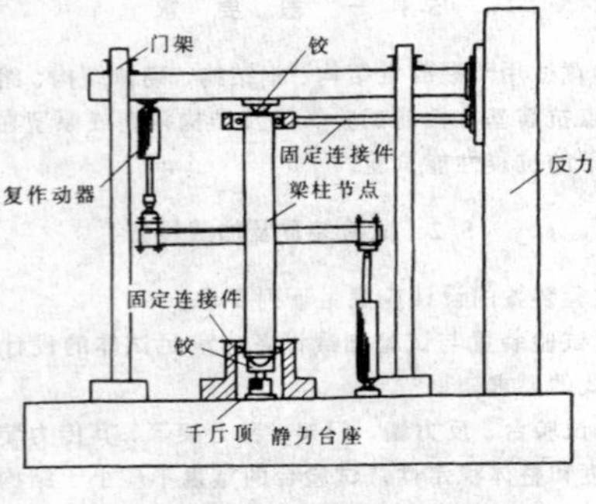

图 5.2.4-1 梁柱节点试验装置

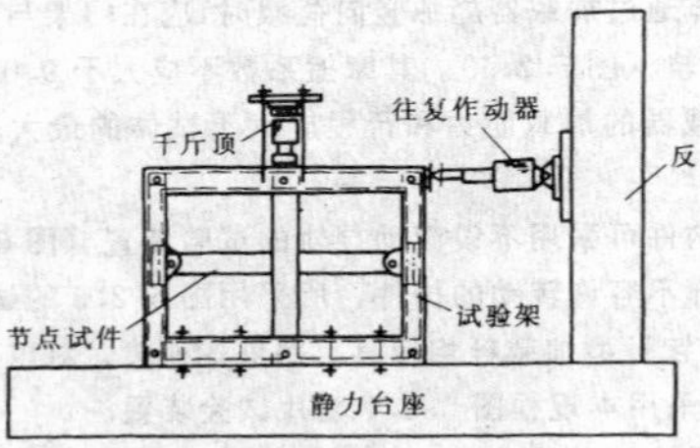

图 5.2.4-2 测 $P—\Delta$ 效应的节点试验装置

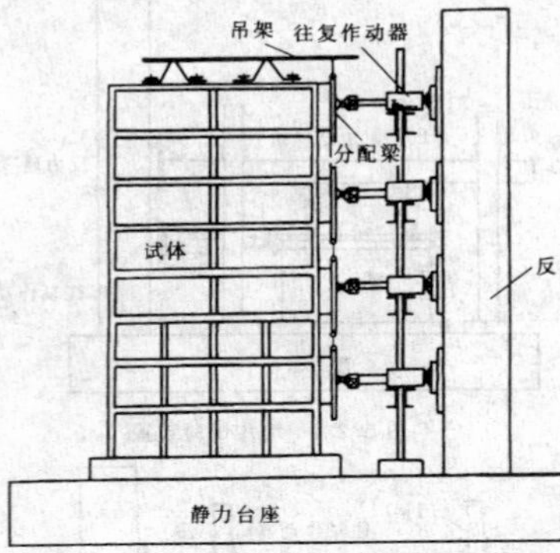

图 5.2.5 分配梁悬吊支撑加载试验装置

5.3 量测仪表的选择

5.3.1 应根据试验的目的选择测量仪表，仪表量程应满足试体极限破坏的最大量程，分辨率应满足最小荷载作用下的分辨能力。

5.3.2 位移计量的仪表最小分度值不宜大于所测总位移的 0.5%。示值允许误差为±1.0%F・S。

注：F・S——表示满量程。

5.3.3 应变测量仪表的精度、误差和量程应满足下列要求：

5.3.3.1 各种应变式传感器最小分度值不宜大于 10×10^{-6}。示值允许误差为±1.0%F・S；量程不宜小于最小分度值的 100 倍。

5.3.3.2 静态电阻应变仪（包括具有巡回检测自动化功能的数字式应变仪）的精度不应低于 B 级，最小分度值不宜大于 10×10^{-6}。

注：电阻应变仪量测精度级别应符合国家行业标准《ZBY 109—82》的规定。

5.3.4 各种记录仪精度不得低于 0.5%F・S。

5.4 加载方法

5.4.1 正式试验前，应先进行预加反复荷载试验二次；混凝土结构试体预加载值不宜超过开裂荷载计算值的 30%；砌体结构试体不宜超过开裂荷载计算值的 20%。

5.4.2 正式试验时的加载方法应根据试体的特点和试验目的确定。宜先施加试体预计开裂荷载的 40%～60%，并重复 2～3 次，再逐步加至 100%。

5.4.3 试验过程中，应保持反复加载的连续性和均匀性，加载或卸载的速度宜一致。

5.4.4 当进行承载能力和破坏特征试验时，应加载至试体极限荷载下降段；对混凝土结构试体下降值应控制到最大荷载的 85%。

5.4.5 试体拟静力试验的加载程序应采用荷载—变形双控制的方法：

5.4.5.1 试体屈服前，应采用荷载控制并分级加载；接近开裂和屈服荷载前宜减小级差进行加载。

5.4.5.2 试体屈服后应采用变形控制。变形值应取屈服时试体的最大位移值，并以该位移值的倍数为级差进行控制加载。

5.4.5.3 施加反复荷载的次数应根据试验目的确定。屈服前每级荷载可反复一次，屈服以后宜反复三次。

5.4.6 平面框架节点的试体的加载，当以梁端塑性铰区或节点核心区为主要试验对象的试体，宜采用梁—柱加载；当以柱端塑性铰区或柱连接处为主要试验对象时，宜采用柱端加载，但应计入 $P—\Delta$ 效应的影响。

5.4.7 对于多层结构试体的水平加载可按倒三角形分布。水平荷载宜通过各层楼板施加。

5.5 试验数据处理

5.5.1 混凝土构件试体的荷载及变形试验资料整理应按下列规定进行：

5.5.1.1 开裂荷载及变形应取试体受拉区出现第一条裂缝时相应的荷载和相应变形。

5.5.1.2 对钢筋屈服的试体，屈服荷载及变形应取受拉区主筋达到屈服应变时相应的荷载和相应变形。

5.5.1.3 试体的承受最大荷载和变形应取试体承受荷载最大时相应的荷载和相应变形。

5.5.1.4 破坏荷载及相应变形应取试体在最大荷载出现之后，随变形增加而荷载下降至最大荷载的 85%时的相应荷载和相应变形。

5.5.2 混凝土试体的骨架曲线应取荷载变形曲线的各加载级第一循环的峰点所连成的包络线（图 5.5.2）。

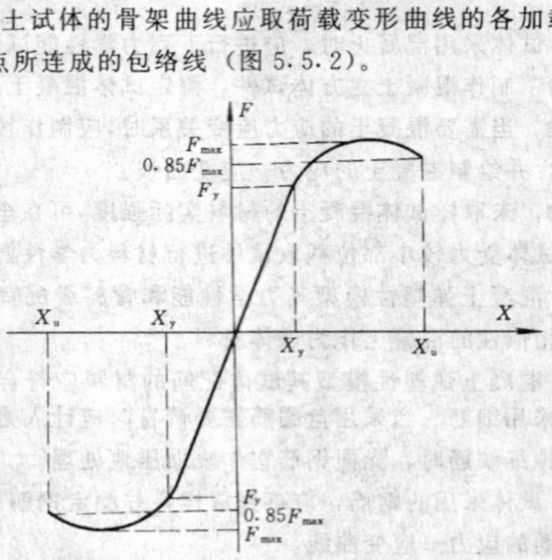

图 5.5.2 试体荷载变形曲线

5.5.3 试体的刚度可用割线刚度来表示，割线刚度 K_i 应按下式计算：

$$K_i=\frac{|+F_i|+|-F_i|}{|+X_i|+|-X_i|} \tag{5.5.3}$$

式中 F_i——第 i 次峰点荷载值；

X_i——第 i 次峰点位移值。

5.5.4 试体的延性系数，应根据极限位移 X_u 和屈服位移 X_y 之比计算：

$$\mu = \frac{X_u}{X_y} \tag{5.5.4}$$

式中 X_u——试体的极限位移；

X_y——试体的屈服位移。

5.5.5 试体的承载力降低性能，应用同一级加载各次循环所得荷载降低系数 λ_i 进行比较，λ_i 应按下式计算：

$$\lambda_i = \frac{F_j^i}{F_j^{i-1}} \tag{5.5.5}$$

式中 F_j^i——位移延性系数为 j 时，第 i 次循环峰点荷载值；

F_j^{i-1}——位移延性系数为 j 时，第 $i-1$ 次循环峰点荷载值。

5.5.6 试体的能量耗散能力，应以荷载—变形滞回曲线所包围的面积来衡量，能量耗散系数 E 应按下式计算：

$$E = \frac{S_{(ABC+CDA)}}{S_{(OBE+ODF)}} \tag{5.5.6}$$

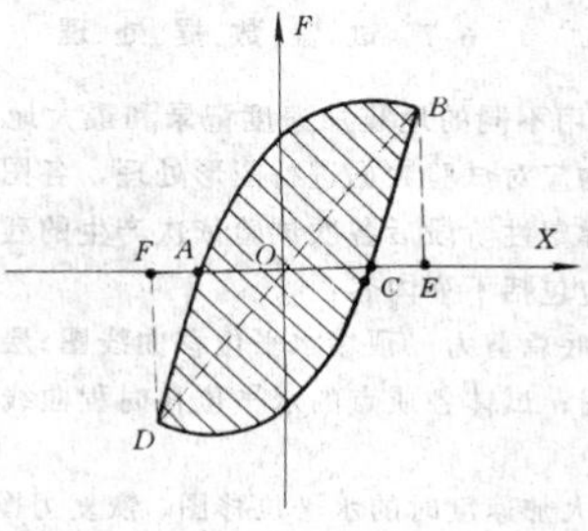

图 5.5.6 荷载—变形滞回曲线

6 拟动力试验

6.1 一般要求

6.1.1 本章适用于混凝土结构、钢结构、砌体结构、组合结构的模型在静力试验台上模拟实施地震动力反应的抗震性能试验。

6.1.2 对刚度较大的多质点模型可采用等效单质点拟动力试验方法。

6.2 试验系统及加载设备

6.2.1 拟动力试验系统应符合下列要求：

6.2.1.1 试验系统应由试体、试验台、反力墙、加载设备、计算机、数据采集仪器仪表组成。

6.2.1.2 加载设备宜采用闭环自动控制的机械或液压伺服系统装置的试验机。

6.2.1.3 与动力反应直接有关的控制参数仪表不宜采用非传感器式的机械直读仪表。

6.2.2 加载设备的性能应满足下列要求：

6.2.2.1 试验系统应能实现力和位移反馈的伺服控制。

6.2.2.2 系统动态响应的幅频特性不应低于 2（mm×Hz）。

6.2.2.3 力值系统允许误差为±1.5%F·S；分辨力应小于或等于 0.1%F·S。

6.2.2.4 位移系统允许误差为±1%F·S；分辨力应小于或等于 0.1%F·S。

6.2.2.5 加载设备在一段地震加速度时程曲线的试验周期内，其加载设备应稳定可靠、无故障地连续工作。

6.3 数据采集仪器仪表

6.3.1 测量仪表可按本规程第 5.3 节的规定选择。

6.3.2 试体各测量值，应采用自动化测量仪器进行数据采集记录，采集速度不宜低于每秒钟 1 个测点。

6.4 控制、数据处理计算机及其接口

6.4.1 拟动力试验采用的计算机（包括软件）应满足实时控制与数据采集、数据处理、图形输出等功能要求。

6.4.2 试体控制参量、结构量测参量应通过标准接口 A/D、D/A 接口，实现控制与数据采集。

6.5 试验装置

6.5.1 试验装置的设计宜符合本规程 5.2 节的规定。

6.5.2 水平加载分配装置宜采用垂直方向滚动弹性支承（图 6.5.2）。

6.5.3 伺服作动器两端应有球铰法兰连接件，分别和反力墙、试体连接（图 6.5.3）。

6.5.4 结构试体垂直恒载加荷，宜采用短行程的伺服作动器并配装能使试体产生剪弯反力的装置。恒载精度应为±1.5%，当装置（见图 6.5.4）采用一般液压加荷设备时，应有稳压技术措施，稳压允许误差为±2.5%。

6.5.5 框架或杆件结构试体的水平集中荷载应通过拉杆传力装置作用在节点上，其总承载力应大于最大加载力的二倍。

6.5.6 作用在结构模型试体上的水平集中荷载应通过分配梁—拉杆装置均布在楼层板或梁上。拉杆装置总承载力应大于最大加载力的二倍。各拉杆拉力的不均匀差不应大于 5%。拉杆若需穿过结构模型试体结构开间或墙板时，其孔洞位置和孔径不宜影响试体受力状态。

6.5.7 分配梁应为简支铰接结构。集中荷载的分配级数不应大于

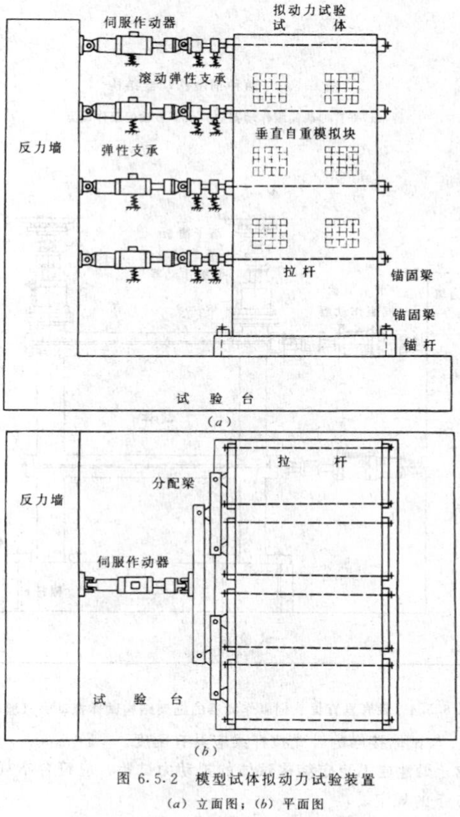

图 6.5.2 模型试体拟动力试验装置

(a) 立面图；(b) 平面图

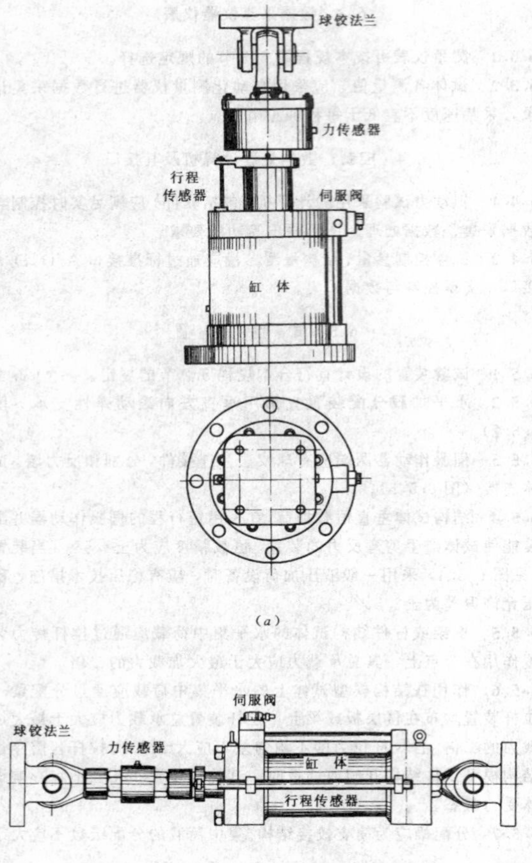

图 6.5.3 两种伺服作动器结构

(a)垂直加载伺服作动器；(b)水平加载伺服作动器

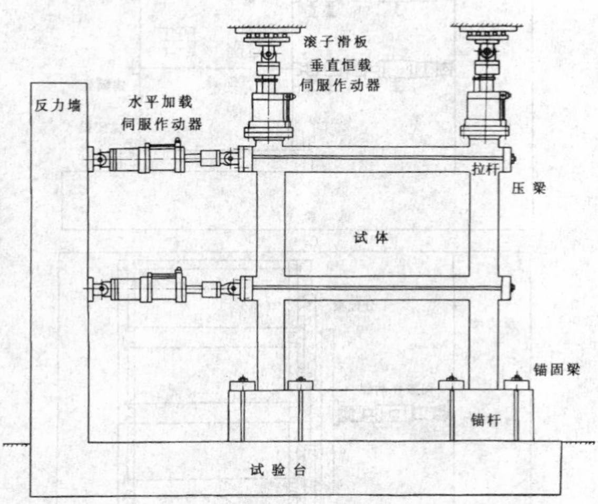

图 6.5.4 装有垂直恒载伺服作动器的框架结构试体拟动力试验装置

三级。与试体接触的卧式拉杆梁应具有刚度。

6.5.8 柔性或不稳定结构试体的拟动力试验，应符合本规程第5.2.6条的规定。

6.6 试验实施和控制方法

6.6.1 试验前应根据结构的拟建场地类型选择具有代表性的地震加速度时程曲线，并形成计算机的输入数据文件。

6.6.2 拟动力试验宜根据试验试体的不同工作状态的要求，可将地震加速度数据文件中的各加速度值按振动规律扩大或缩小。

6.6.3 试验前宜对模型先进行小变形静力加载试验，并确定试体的初始侧向刚度。

6.6.4 拟动力试验初始计算参数应包括：各质点的质量和高度、初始刚度、自振周期、阻尼比等。

6.6.5 试验的加载控制量应取试体各质点在地震作用下的反应位移。当试体刚度很大时，可采用荷载控制下逼近位移的间接加载控制方法，但最终控制量仍应是试体质点位移量。

6.6.6 量测试体各质点处的变形和结构恢复力，宜采取多次反复采集的算术平均值。

6.6.7 拟动力试验的基本步骤及每步加载值计算应符合本规程附录B的规定。

6.6.8 在拟动力试验中应对仪表布置、支架刚性、荷载最大输出量、限位等，采取消除试验系统误差的措施。

6.7 试验数据处理

6.7.1 对采用不同的地震加速度记录和最大地震加速度进行的每次试验，均应对试验数据进行图形处理，各图形应考虑计入结构模型进入弹塑性阶段后各次试验依次产生的残余变形影响，主要图形数据应包括下列内容：

6.7.1.1 基底总剪力—顶端水平位移曲线图；层间剪力—层间水平位移曲线图；试体各质点的水平位移时程曲线图和恢复力时程曲线图；

6.7.1.2 最大加速度时的水平位移图、恢复力图、剪力图、弯矩图；抗震设计的时程分析曲线与试验时程曲线的对比图。

6.7.2 试体开裂时的基底总剪力、顶端位移和相应的最大地震加速度应按试体第一次出现裂缝（且该裂缝随地震加速度增大而开展）时的相应数值确定，并应记录此时的地震反应时间。

6.7.3 试体屈服、极限、破损状态的基底总剪力、顶端水平位移和最大地震加速度宜按以下方法确定：

6.7.3.1 应采用同一地震加速度记录按不同最大地震加速度进行的各次试验得到的基底总剪力——顶端水平位移曲线，取各曲线中最大反应循环内并已考虑各次试验依次使结构模型产生的残余变形影响后的各个反应值绘于同一坐标图中，做出基底总剪力—顶端水平位移包络线（图 6.7.3）。

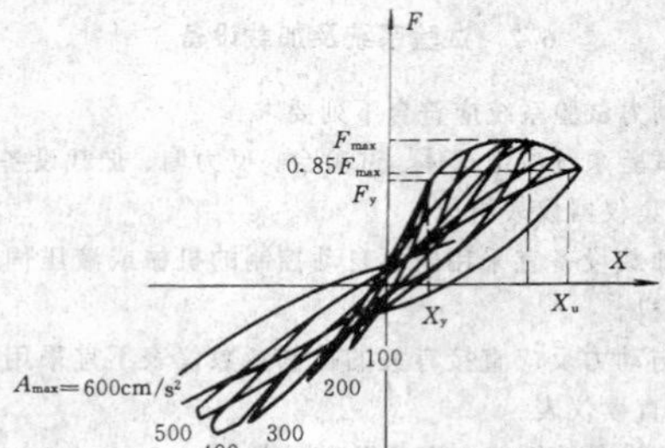

图 6.7.3 基底总剪力—顶端水平位移包络线

6.7.3.2 取包络线上出现明显拐弯点处（正、负方向上较小一侧）的数值为试体屈服基底总剪力、屈服顶端水平位移和屈服状态地震加速度。

6.7.3.3 取包络线上沿基底总剪力轴顶处（正、负方向上较小一侧)的数值为试体极限基底总剪力和极限剪力状态的地震加速度。

6.7.3.4 取包络线上沿顶端水平位移轴、过极限基底总剪力点后、基底总剪力下降约15%点处（正、负方向较小一侧）的数值，为试体破损基底总剪力及相应状态地震加速度。

7 模拟地震振动台动力试验

7.1 一 般 要 求

7.1.1 本章适用于用模拟地震振动台对试体进行动力特性和动力反应的试验，判别和鉴定结构的抗震性能和抗震能力。

7.2 试 验 设 备

7.2.1 当试验要求高精度模拟地震波输入时，宜选用能对地震波具有迭代功能的有数控装置的模拟地震振动台。

7.2.2 模拟地震振动台应根据试体的尺寸、质量以及试验要求并结合振动台的台面尺寸、频响特性和动力性能等参数选择使用。对于大缩比的试体模型应选用高频小位移的振动台，对足尺或小缩比的试体模型应选用低频大位移的振动台。

7.3 试 体 安 装

7.3.1 在试体安装之前，应检查振动台各部分及控制系统，确认处于正常的工作状态。

7.3.2 试体与台面之间宜铺设找平垫层。

7.3.3 试体起吊、下降、安装时应防止受损。

7.3.4 试体就位后，应采用高强螺栓按底梁或底盘上的预留孔位置与台面螺栓孔连接。并宜采用特制的限位压板和支撑装置固定试体。在试验过程中应随时检查，防止螺栓松动。

7.4 测 试 仪 器

7.4.1 测试仪器应根据试体的动力特性、动力反应、模拟地震振动台的性能以及所需的测试参数来选择。被选用的各种测试仪器均应在试验前进行系统标定。

7.4.2 测试仪器的使用频率范围，其下限应低于试验用地震记录最低主要频率分量的1/10，上限应大于最高有用频率分量值。

7.4.3 测试仪器动态范围应大于60db。

7.4.4 测量讯号分辨率应小于最小有用振动幅值的1/10。

7.4.5 试验数据的记录宜采用磁带记录器或计算机数据采集系统采集和记录。

7.4.6 量测用的传感器应具有良好的机械抗冲击性能，重量和体积要小，且便于安装和拆卸。

7.4.7 量测用的传感器的连接导线，应采用屏蔽电缆。量测仪器的输出阻抗和输出电平应与记录仪器或数据采集系统匹配。

7.5 加 载 方 法

7.5.1 振动台试验加载时，台面输入的地面运动加速度时程曲线应按下列条件进行设计：

7.5.1.1 设计和选择台面输入加速度时程曲线时，应考虑试验结构的周期、拟建场地类别、地震烈度和震中距离的影响。

7.5.1.2 加速度时程曲线可直接选用强震记录的地震数据曲线，也可按结构拟建场地类别的反应谱特性拟合的人工地震波。选用人工合成地震波时，持续时间不宜少于20s。

7.5.1.3 输入加速度时程曲线的加速度幅值和持续时间应按模型设计的比例所确定的相似常数进行修正。

7.5.2 模拟地震振动台模型试体的试验，宜在加载前采用正弦频率扫描法或白噪声激振法测定试体的动力特性：

7.5.2.1 正弦频率扫描法是采用单向等振幅加速度的变频连续正弦波，台面输入对试体进行正弦扫描。扫描速率可采用每分钟一个倍频程，加速度值为0.05m/s²。当振动台的噪声电平极低时，也可选用更小的加速度幅值。

7.5.2.2 白噪声激振法是采用单向白噪声对试体激振，白噪声的频段应能覆盖试体的自振频率，加速度值为0.5～0.8m/s²。

7.5.3 模拟地震振动台试验，宜采用多次分级加载方法，加载可按下列步骤进行：

7.5.3.1 依据按试体模型理论计算的弹性和非弹性地震反应，估计逐次输入台面加速度幅值。

7.5.3.2 弹性阶段试验。输入某一幅值的地震地面运动加速度时程曲线，量测试体的动力反应、放大系数和弹性性能。

7.5.3.3 非弹性阶段试验。逐级加大台面输入加速度幅值，使试体逐步发展到中等程度的开裂，除了采集测试的数据外，尚应观测试体各部位的开裂或破坏情况。

7.5.3.4 破坏阶段试验。继续加大台面输入加速度幅值，或在某一最大的峰值下反复输入，使试体变为机动体系，直到试体整体破坏，检验结构的极限抗震能力。

7.6 试验的观测和动态反应量测

7.6.1 振动台试验时应按需要量测试体的加速度、速度、位移和应变等主要参数的动态反应。

7.6.2 对于框架、墙体等试体，加速度和位移测点宜优先布置在加速度和变形反应最大的部位。对于混凝土试体尚宜在试体受力和变形最大的部位布置测点量测钢筋和混凝土的应变和动态反应。

7.6.3 对于整体结构模型试体宜在模型屋盖和每层楼面高度位置布置加速度和位移传感器，量测模型的层间位移与加速度反应。对于钢筋混凝土模型试体或有构造柱的砌体结构模型试体，应量测钢筋和混凝土的应变反应。

7.6.4 在试体的底梁或底盘上，宜布置测试试体底部相对于台面的位移和加速度反应的测点。

7.6.5 当采用接触式位移计量测试体变形时，安装位移计的仪表架固定于台面或基坑外的地面上。仪表架本身必须有足够的刚度。

7.6.6 传感器与被测试体间应使用绝缘垫隔离，隔离垫谐振频率要远大于被测试体的频率。

7.6.7 传感器的连接导线应牢固固定在被测试体上，宜从物体运动较小的方向引出。

7.6.8 对于钢筋混凝土及砌体结构的试体在试验逐级加载的间隙中，应观测裂缝出现和扩展情况，量测裂缝宽度，将裂缝出现的次序和扩展情况按输入地震波过程在试体上描绘并作出记录。

7.6.9 试验的全过程宜以录像作动态记录。对于试体主要部位的开裂，失稳屈服及破坏情况，宜拍摄照片和作写实记录。

7.7 试 验 数 据 处 理

7.7.1 试验数据采样频率应符合一般波谱信号数值处理的要求。

7.7.2 试验数据分析前，对数据必须进行下列处理：

7.7.2.1 根据传感器的标定值及应变计的灵敏系数等对试验数据进行修正。

7.7.2.2 根据试验情况和分析需要，采用滤波处理、零均值化、消除趋势项等减小量测误差的措施。

7.7.3 根据处理后的试验数据，应提取测试数据的最大值及其相对应的时间、时程反应曲线以及结构的自振频率、振型和阻尼比等数据。

7.7.4 当采用白噪声确定试体自振频率和阻尼比时，宜采用自功率谱或传递函数分析求得。试体的振型宜用互功率谱或传递函数分析确定。

7.7.5 需用加速度反应值计算位移值时，可用积分法计算，但应消除趋势项和进行滤波处理。

8 原型结构动力试验

8.1 一 般 要 求

8.1.1 本章适用于利用外部动力直接作用于实际建筑结构的振动特性试验。

8.2 试 验 前 的 准 备

8.2.1 应搜集原型结构所在场地的工程地质和地震地质、设计图纸、结构现状等资料。

8.2.2 应根据试验目的制定试验方案及必要的计算。

8.3 试 验 方 法

8.3.1 测试结构的基本振型时，可优先选用环境振动法，在满足测试要求条件下也可选用初位移等其他方法。

8.3.2 测试结构平面内多个振型时，宜选用稳态正弦波激振法。

8.3.3 测试结构空间振型或扭转振型时，宜选用多振源相位控制同步的稳态正弦波激振法或初速度法。

8.3.4 要评估结构的抗震性能时，可选用随机激振法或人工爆破模拟地震法。

8.4 试验设备和测试仪器

8.4.1 当采用施加初速度的方法进行试验时，宜采用小火箭作激振源，其作用力大小应根据试验对象从弹性阶段动力特性要求选定，相应的作用时间宜为数毫秒至数十毫秒。

8.4.2 当采用稳态正弦激振的方法进行试验时，宜采用旋转惯性机械起振机，也可采用液压伺服激振器，使用频率范围宜在0.5～30Hz，频率分辨率应高于0.01Hz。

8.4.3 可根据需要测试的动参数和振型阶数等具体情况，选择加速度仪、速度仪或位移仪，必要时尚可选择相应的配套仪表。

8.4.4 应根据需要测试的最低和最高阶频率选择测试仪器的频率范围。

8.4.5 测试仪器的最大可测范围应根据试体结构的类别，被测试体振动的强烈程度来选定。

8.4.6 测试仪器的分辨率应根据试体结构的最小振动幅值来选定。

8.4.7 传感器的横向灵敏度应小于0.05。

8.4.8 进行瞬态过程测试时，测试仪器的可使用频率范围应比稳态测试时大一个数量级。

8.4.9 传感器应具备机械强度高，安装调节方便，体积重量小而便于携带，防水，防电磁干扰等性能。

8.4.10 记录仪器或数据采集分析系统、电平输入及频率范围，应与测试仪器的输出相匹配。

8.5 试 验 要 求

8.5.1 原型结构脉动测试应满足下列要求：

8.5.1.1 应避免环境及系统干扰。

8.5.1.2 测试记录时间，在测量振型和频率时不应少于5min，在测试阻尼时不应小于30min。

8.5.1.3 当因测试仪器数量不足而作多次测试时，每次测试中应至少保留一个共同的参考点。

8.5.2 原型结构机械激振振动测试应满足下列要求：

8.5.2.1 应正确选择激振器的位置，合理选择激振力，防止对结构引起振型畸变。

8.5.2.2 当激振器安装在楼板上时，应避免楼板的竖向自振频率和刚度的影响，激振力应具有传递途径。

8.5.2.3 激振试验中宜采用扫频方式寻找共振频率。在共振频率附近进行测试时，应保证半功率带宽内有不少于5个频率的测点。

8.5.3 施加初速度自由振动试验应满足下列要求：

8.5.3.1 火箭筒的数目应根据试验目的及试验方案决定。

8.5.3.2 火箭筒布置的位置宜在建筑物的顶部和结构主体部分的侧面。火箭筒的引爆宜用干电池引爆方式。

8.5.3.3 当采用多个火箭激振时，各个火箭筒应同时引爆。

8.5.4 施加初位移的自由振动测试应符合下列要求：

8.5.4.1 应根据试验目的布置拉线点。

8.5.4.2 拉线与结构的连结部分应具有能够整体传力到主体受力构件上。

8.5.4.3 每次测试时应记录拉力数值和与结构轴线间的夹角。量取波值时，不得取用突断衰减的最初两个波。

8.5.4.4 拉测时不应使结构出现裂缝。

8.6 试 验 数 据 处 理

8.6.1 对原型结构试验的时域数据处理应满足下列要求：

8.6.1.1 对记录的试验数据应进行零点漂移、记录波形和记录长度的检验。

8.6.1.2 试验结构的自振频率可在记录曲线上比较规则的波形段内取有限个周期的平均值。

8.6.1.3 试体结构阻尼比可按自由衰减曲线求取，在稳态正弦激振时可根据实测后的共振曲线采用半功率点法求取。

8.6.1.4 试体结构各测点的幅值，应用记录信号幅值除以测试系统的增益，并按此求得振型。

8.6.2 对原型结构试验的频域数据处理应满足下列要求：

8.6.2.1 频域数据处理采样间隔应符合采样定理的要求。

8.6.2.2 对频域中的数据应采用滤波、零均值化方法进行处理。

8.6.2.3 试体结构的自振频率可采用自谱分析或付里叶谱分析方法求取。

8.6.2.4 试体结构的阻尼比宜采用自相关函数分析，曲线拟合法或半功率点法确定。

8.6.2.5 试体结构的振型，宜采用自谱分析、互谱分析或传递函数分析方法确定。

8.6.2.6 对于复杂试体结构的试验数据，宜采用谱分析、相关分析、传递函数分析和相干分析等方法进行分析。

8.6.3 试验数据处理后应根据需要提供试体结构的自振频率、阻尼比和振型，以及动力反应最大幅值、时程曲线、频谱曲线等分析结果。

9 建筑抗震试验中的安全措施

9.1 安全防护的一般要求

9.1.1 任何试验方案，应有安全防护措施。

9.1.2 试体的吊装，加载设备的安装及运输过程，必须遵守国家现行的有关安全规程。

9.1.3 试验设备和测试仪器应设置接地装置。

9.2 拟静力、拟动力试验中的安全措施

9.2.1 安装时试体的固定连接件，螺栓等，应经过验算，以保障安全，试验时试体应采取安全保护措施。

9.2.2 试验中应遵守仪器仪表的安全操作使用的规定。

9.2.3 试验用的加载设备应具有强度和刚度；在大型的试体试验时，应对所使用的加力架的强度，刚度进行验算。

9.2.4 应防止试验用的加载设备的最大加载能力和冲程，小于被试验体的极限荷载和变形。

9.2.5 试验中所使用的量测仪表，在试体临近破坏时应采取保护

措施。

9.2.6 应认真执行电液伺服系统设备的安全操作规定。

9.3 模拟地震振动台试验中的安全措施

9.3.1 对于脆性破坏的试体，在破坏阶段，一切人员应远离危险区。试验时应采取防止试体倒塌时砸坏台面和加振器，损坏和污染输油管道及其它设备的措施。

9.3.2 试验时可利用试验室的起重行车，通过吊钩及钢缆与试体的联系。

9.3.3 试验中应防止模型上外加荷重块的移位或者甩出伤人。

9.3.4 振动台控制系统应设置各种故障的报警指示装置，台面系统应设有缓冲消能装置。

9.3.5 振动台控制系统宜设有加速度、速度和位移三个参量的限位装置，当台面反应超过限位幅值时，应自动停机。

9.3.6 振动台数据采集系统宜设有不间断电源。

9.4 原型结构动力试验中的安全措施

9.4.1 测试仪器电源宜加稳压装置。

9.4.2 初位移法测试中应采取以下措施：

9.4.2.1 拉线与结构物和测力计的连接应可靠，并严防拉线被拉断后反弹伤人。

9.4.2.2 施力用的拉线绞车应设安全措施。

9.4.2.3 非测试工作人员不应靠近测试区。

9.4.3 仪器设置部位应有安全保护，测量处应防止围观者干扰。

9.4.4 起振机在安装之前应进行检查，在经过试机后方可吊装就位，连接螺栓要埋设牢固。

9.4.5 对房屋进行破坏性测试时必须做到对所有测试仪器应进行设防保护。进入试验现场的工作人员必须遵守现场的安全规定。

9.4.6 使用火箭激振必须严格遵守火箭激振器的有关操作规定。

附录A 模型试体设计的相似条件

A.1 结构拟静力与拟动力试验模型

A.1.1 结构模型的设计应满足物理、几何以及边界条件的相似要求，并根据基本方程按结构力学建立相似关系。

A.1.2 混凝土结构模型宜按表A.1.2相似系数计算相似关系

A.1.3 砌体结构模型宜按表A.1.3相似系数计算相似关系

混凝土结构模型相似系数　　附表A.1.2

类型	物理量		量纲	一般模型	实用模型
材料性能	混凝土应力	σ_C	FL^{-2}	S_σ	1
	混凝土应变	ε_C	—	1	1
	混凝土弹性模量	E_C	PL^{-2}	S_σ	1
	泊松比	μ_C	—	1	1
	质量密度	ρ_C	FL^{-3}	S_σ/S_L	$1/S_L$
	钢筋应力	σ_S	FL^{-2}	S_σ	1
	钢筋应变	ε_S	—	1	1
	钢筋弹性模量	E_S	FL^{-2}	S_σ	1
	粘结应力	u	FL^{-2}	S_σ	1
几何特性	几何尺寸	L	L	S_L	S_L
	线位移	δ	L	S_L	S_L
	角位移	β	—	1	1
	钢筋面积	A_S	L_2	S_L^2	S_L^2
荷载	集中荷载	p	F	$S_\sigma S_L^2$	S_L^2
	线荷载	W	FL^{-1}	$S_\sigma S_L$	S_L
	面荷载	q	FL^{-2}	S_σ	1
	力矩	M	FL	$S_\sigma S_L^3$	S_L^3

砌体结构模型相似系数　　附表A.1.3

类型	物理量		量纲	一般模型	实用模型
材料性能	砌体应力	σ_m	FL^{-2}	S_σ	1
	砌体应变	ε_m	—	1	1
	砌体弹性模量	E_m	PL^{-2}	S_σ	1
	砌体泊松比	μ_m	—	1	1
	砌体质量密度	ρ_m	FL^{-2}	S_σ/S_L	$1/S_L$
几何特性	长度	L	L	S_L	S_L
	线位移	δ	L	S_L	S_L
	角位移	β	—	1	1
	面积	A	L^2	S_L^2	S_L^2
荷载	集中荷载	p	F	$S_\sigma S_L^2$	S_L^2
	线荷载	W	FL^{-2}	$S_\sigma S_L$	S_L
	面荷载	q	FL^{-2}	S_σ	1
	力矩	M	FL	$S_\sigma S_L^3$	S_L^3

A.2 结构动力试验模型

A.2.1 结构动力试验模型按基本方程建立相似关系时，尚应满足质点动力平衡方程式相似和运动的初始条件相似。

A.2.2 结构动力试验模型试体设计可采用方程式分析法或量纲分析法，求得模型试体与原型结构之间的相似关系。

A.2.3 结构抗震动力试验模型设计应按附表A.2.3相似系数计算相似关系，并应符合下列规定：

A.2.3.1 当模型与原型结构在具有同样重力加速度效应 g 的情况下进行试验时，应按附表A.2.3中弹塑性模型相似系数计算相似关系。在实际试验时，可采用人工模拟质量的强度模型。

A.2.3.2 采用人工质量模拟的强度模型时，应按附表A.2.3中人工质量模拟的弹塑性模型的相似系数计算相似关系。

A.2.3.3 对于可忽略重力加速度 g 的影响的强度模型和只涉及弹性范围工作的弹性模型，应按附表A.2.3中忽略重力效应的弹性模型的相似系数计算相似关系。

动力模型的相似系数　　附表A.2.3

相似常数 \ 模型类型	弹塑性模型	用人工质量模拟的弹塑性模型	忽略重力效应的弹性模型
	(1)	(2)	(3)
长度 S_L	S_L	S_L	S_L
时间 S_t	$\sqrt{S_L}$	$\sqrt{S_L}$	$S_L\sqrt{\frac{S_\rho}{S_E}}$
频率 S_r	$\frac{1}{\sqrt{S_L}}$	$\frac{1}{\sqrt{S_L}}$	$\frac{1}{\sqrt{S_L}}\sqrt{\frac{S_E}{S_\rho}}$
速度 S_v	$\sqrt{S_L}$	$\sqrt{S_L}$	$\sqrt{\frac{S_E}{S_\rho}}$
重力加速度 S_g	1	1	忽略
加速度 S_u	1	1	$\frac{1}{S_L}\frac{S_E}{S_\rho}$
位移 S_σ	S_L	S_L	S_L
弹性模量 S_E	S_E	S_E	S_E
应力 S_σ	S_E	S_E	S_E
应变 S_ε	1	1	1
力 S_F	$S_E S_L^2$	$S_E S_L^2$	$S_E S_L^2$
质量密度 S_ρ	$\frac{S_E}{S_L}$	S'_ρ	S_ρ
能量 S_{EN}	$S_E S_L^3$	$S_E S_L^3$	$S_E S_L^3$

A.2.3.4 模型中各物理量的相似常数应按下式计算：

$$S_L = L_m / L_{p0} \qquad (A.2.3.4)$$

式中　L_m——模型结构的几何尺寸；

L_{p0}——原型结构的几何尺寸。

A.2.3.5 人工模拟质量的等效质量密度的相似常数应按下列公式计算：

$$\rho_{lm}=\left(\frac{S_E}{S_L}-S'_\rho\right)\rho_{0p} \quad (A.2.3.5\text{-}1)$$

$$S'_\rho=\frac{\rho_{lm}+\rho_{0m}}{\rho_{0p}} \quad (A.2.3.5\text{-}2)$$

式中 ρ_{lm}——人工模拟质量施加于模型上的附加材料的质量密度；

ρ_{0m}——模型材料的质量密度；

ρ_{0p}——原型结构的材料质量密度。

附录B 拟动力试验数值计算方法

B.1.1 拟动力试验数值计算应按下列步骤进行：

B.1.1.1 根据结构试体的特性及其试验数据确定计算初始参数。

B.1.1.2 将初始参数代入动力方程，得到结构第一步地震反应位移。

B.1.1.3 由试验系统控制伺服作动器使结构产生计算所得的地震反应位移；同时测量各质点的恢复力。

B.1.1.4 根据实测的恢复力修正计算参数，应将这些参数代入动力方程，得到下一步地震反应位移，相应地由试验系统控制伺服作动器再将该位移施加到结构上。按此步骤逐步迭代循环直至拟动力试验过程全部结束。

B.1.2 试验所用地震加速度时程曲线的持时长度，应使实际结构产生的振动周期，不小于基本自振周期的8倍。

试验数值计算所取时间步长 Δt，可取 $0.05\sim0.1T$（T 为实际结构的振型影响不可忽略的各周期中最短周期）。

在试验时，地震加速度曲线的持时及时间步长 Δt 应按相似关系变换。

B.1.3 采用等效单质点拟动力试验时，结构的动力反应按下式计算：

$$\tilde{m}\ddot{\tilde{X}}+c\dot{\tilde{X}}+\tilde{P}=-\tilde{m}\ddot{z} \quad (B.1.3\text{-}1)$$

$$\tilde{m}=\sum_{i=1}^{n}M_iU_i \quad (B.1.3\text{-}2)$$

$$\tilde{P}=\sum_{i=1}^{n}P_iU_i \quad (B.1.3\text{-}3)$$

$$X_i=\tilde{X}\{u_i\} \quad (B.1.3\text{-}4)$$

式中 $\tilde{m}$——等效质量；

n——质点数；

M_i——多质点体系中，第 i 个质点的质量；

U_i——第一振型曲线中第 i 个质点位移与最大位移的比值；

c——试件阻尼比；

$\tilde{P}$——等效恢复力；

P_i——第 i 质点的恢复力；

$\ddot{z}$——地震加速度；

$\dot{\tilde{X}}$，$\ddot{\tilde{X}}$——等效速度和等效加速度。

B.1.4 试验开始阶段恢复力可不按实测取值；但可采用结构的弹性刚度并按下式计算：

$$\{P\}=(K)\{X\} \quad (B.1.4)$$

当结构反应逐渐增大，实测恢复力足够精确后，应及时使用实测值。在使用实测值时，宜采用中心差分法进行动力方程计算，由直接量测的恢复力 P_i 计算等效恢复力 $\tilde{P}$。

B.1.5 采用多质点体系的拟动力试验时，结构动力反应按下式计算：

$$[M]\{\ddot{X}\}+[C]\{\dot{X}\}+\{P\}=-[M]\{\ddot{Z}_0\} \quad (B.1.5)$$

式中 $[M]$、$[C]$——分别为质量矩阵、阻尼矩阵；

$\{X\}$、$\{\dot{X}\}$、$\{\ddot{X}\}$——分别为位移向量、速度向量和加速度向量；

$\{\ddot{Z}_0\}$——地面运动加速度向量。

B.1.6 质量可集中于各楼层标高处，并按下式组成质量矩阵：

$$[M]=\begin{bmatrix}M_1 & & & \\ & M_2 & & 0 \\ & & \ddots & \\ 0 & & & \ddots \\ & & & M_n\end{bmatrix} \quad (B.1.6)$$

B.1.7 阻尼矩阵可按下式计算：

$$[C]=\tau_M[M]+\tau_K[K] \quad (B.1.7\text{-}1)$$

$$\tau_M=\frac{2(\lambda_i\omega_j-\lambda_j\omega_i)\omega_i\omega_j}{(\omega_j+\omega_i)(\omega_j-\omega_i)} \quad (B.1.7\text{-}2)$$

$$\tau_K=\frac{2(\lambda_i\omega_j-\lambda_j\omega_i)}{(\omega_j+\omega_i)(\omega_j-\omega_i)} \quad (B.1.7\text{-}3)$$

式中 λ_i、λ_j——第 i、j 振型的阻尼比；

ω_i、ω_j——第 i、j 振型的圆频率；

$[K]$——结构的刚度矩阵。

附录C 本规程用词说明

C.0.1 本规程条文中，要求严格程度不同的用词说明如下，以便在执行时区别对待。

C.0.1.1 表示很严格，非这样做不可的：

正面词采用"必须"；

反面词采用"严禁"。

C.0.1.2 表示严格，在正常情况下均应这样做的：

正面词采用"应"；

反面词采用"不应"或"不得"。

C.0.1.3 表示允许稍有选择，在条件许可时首先应这样做的：

正面词采用"宜"或"可"；

反面词采用"不宜"。

C.0.2 条文中必须按指定的标准、规范或其他有关规定执行时，写法为"应按……执行"或"应符合……要求"。

附加说明

本规程主编单位、参加单位和主要起草人名单

主编单位 中国建筑科学研究院

参加单位 国家地震局工程力学研究所

同济大学

水利电力部水电科学研究院

主要起草人名单：

吴世英 董世民 黄浩华

姚振纲 廖兴祥 陈 瑜

夏敬谦 刘丽华 姜志超

中华人民共和国行业标准

建筑抗震试验方法规程

JGJ 101—96

条 文 说 明

前　言

根据建设部（87）城科字第276号文的要求，由中国建筑科学研究院主编的《建筑抗震试验方法规程》JGJ 101—96经建设部1996年12月2日以建标[1996]614号文批准，业已发布。

为便于广大设计、施工、科研、学校有关单位人员在使用本规程时能正确理解和执行条文规定，《建筑抗震试验方法规程》编制组根据建设部（91）建标技字第32号文《工程建设技术标准编写暂行办法》中关于编制标准、规范及条文说明的统一要求，对建设部行业标准《建筑抗震试验方法规程》按章、节、条顺序，编写了《建筑抗震试验方法规程》条文说明。供本行业内有关方面参考。

对本条文说明中有不当之处，请将意见直接寄中国建筑科学研究院抗震所。本条文说明由建设部标准定额研究所组织出版发行，不得翻印。

1996年12月

目　次

1　总　　则

1.0.1　编制本规程的目的是为在进行建筑结构抗震试验时有统一的试验准则，保证试验的质量和测试结果的一致性与可靠性。

1.0.2　该条是规定规程的适用范围，主要针对工业与民用建筑和一般构筑物进行拟静力试验、拟动力试验，模拟地震振动台试验以及原型结构的动力试验。这些试验可以是结构构件、局部试体、结构的模型或原型，也可以是检验性的试体。本规程也适合有隔震、减振措施的试体试验。

1.0.3　本规程中提及的常用仪器、设备均以国家计量部门的标准规定为准，但由于仪器设备随工业的发展、新产品向高、新功能流向市场，更新速度很快，所以规程规定只要满足有关规定的要求下，可选用精度更高的仪器设备。

1.0.4　本规程同《建筑抗震设计规范》(GBJ11—89)、《建筑结构设计规范》(GBJ10—89)，以及有关的荷载、仪器、设备、安装等规范都有密切关系，所以在执行本规程的规定时，应遵守有关规范的规定。

3　试验试体的设计

3.1　试体设计的一般规定

3.1.1　对凡是建筑结构在要求作抗震试验时对试体采用的范围，它可以是构件、局部结构、整体模型或原型。

3.1.2　在选择设计试体的尺寸时应考虑试验的目的要求、试验室场地大小、加载支架的尺寸、液压加力装置的吨位满足这些条件而设计的试体、试验容易达到要求。

3.1.3　实际试体试验中，往往有的试体它满足相似设计条件，也满足试验加载设备条件，但却忽略了满足试验目的的构造保证。

如加载点处局部承压不够，由于未作加强处理而造成试体的提前破坏，或钢筋由于锚固长度不够被拔出，墙体试验时，与台面固定的底梁、在横向加载下，因锚固端部被剪坏而使试验无法完成。

局部试体截取的位置考虑在结构柱的反弯点处，一方面容易模拟加载受力条件，另一方面支点固定处传力条件可以方便地实现。

既往的加固试验方法很不统一，而且不满足边界条件，如墙体试验中将加固好的试体置于同一压应力下进行推拉试验，由于新加部分受有 σ_0 应力，使试验值提高很多，甚至根据试验建立的强度公式比实际承载能力高出约10%～30%，混凝土试体加固亦是如此。

3.1.6　在一般情况下，模型试体按自然层的层模型形成质点体系使加载点与质点一一对应，则可以保证试验的真实性和精确性。当模型比例较小时，考虑加载条件的影响，允许将相邻自然层合并为一个质点，但每个质点代表的自然层不宜过多，且应沿试体高度均匀形成，以便保证试验的基本真实性和精确性。试体每个质点在每个加载平面内均考虑为平面受力。

3.1.7　为保证试验结果的真实性，除对材料的要求外，模型必须满足与原型结构相似的几何、物理、力学条件。其中缩尺模型须保证物理、力学条件相似，比例模型须保证几何、物理、力学条件相似。相似系数可按方程式分析法计算，常用相似系数可按附录A.1取用。

3.2　拟静力和拟动力试验试体的尺寸要求

3.2.1　墙体高宽度尺寸的比例规定认为，作为抗震受力的墙体，其高度应在宽度尺寸的二倍为限，否则墙体试体会呈弯曲型破坏，限制高宽比可以保证墙体呈抗剪斜裂缝破坏，厚度与高宽尺度相比很小的，模拟厚度缩小会促使试体出平面的稳定，故建议取原型厚度尺寸为好，但不宜小于原型的1/4。

3.2.4　对框架模型试验，其模型尺寸的考虑，一般规定可取原型结构的1/8，未作较严的限制，因为模型相似关系与试验设备场地条件等诸多因素有关。

为保证试验结果的可靠性，要求模型所用材料的几何尺寸如长度、宽度、厚度、直径等按相应模型比例减小，但力学和物理性能应与原型结构的力学和物理性能相同。

3.3　模拟地震振动台试验试体的设计要求

3.3.1　弹性模型主要用于研究原型结构的弹性性能，它和原型的几何形状直接相似，模型材料并不一定要和原型材料相似，可以用均匀的弹性材料制成。由于是研究结构弹性阶段的工作性能，模型的比例可不选得很大，一般为原型的1/100。弹性模型不能够预计混凝土结构和砌体结构开裂后的性能，也不可能预计钢结构屈服后的性能，同样也不能预计实际结构所发生的许多其他的非弹性性能以及结构的破坏状态。

强度模型也称为极限强度模型或仿真模型。它可以用原型材料或与原型材料相似的模型材料制成，但对材料模拟要求比较严格。它可以在全部荷载作用下获得结构各个阶段直至破坏全过程反应的数据资料。为此模型比例宜取得较大些，一般为原型结构的1/15。

3.3.2　为满足试验的目的要求，达到预期的试验结果，模型地震振动台试验必须按振动台设备的台面尺寸、载重、运动参数等技术指标来确定模型试体的尺寸、自重、加载时间历程与加速度幅值。使得整个试验能充分利用振动台的性能发挥设备效率，又能完成试验任务获得必须的技术参数与试验数据。

试体设计除按满足振动台设备的技术性能要求外，尚应考虑试验加载和量测对试体在结构上的要求。由于振动台试验是通过台面输入加速度达到对试体施加地震荷载的要求，为此试体必须建造在刚性的底梁或底盘上，并与底梁或底盘有牢固的联接，保证台面输入的地震波能正确传递和作用到试体上。

3.3.3　根据模型设计，当要求使用高密度材料增大模型试体材料的有效密度有困难时，可采用人工质量模拟的方法，即在试体上附加适当的质量，但必须按试体自身的特征，注意人工质量在试体上的作用位置分布情况。同时，这些附加的荷重块必须牢固地铆紧，保证在振动时不会松动，以免造成记录上诸多次生波，影响试验数据。当然更不能使荷重块产生位置上的移动。

3.3.4　对于单榀框架或单片墙体等平面试体，在振动台上进行动力试验时，为防止其平面外的影响，宜成对放置在振动台上。同条件振动，分别测试其各自的动力参数。

3.3.5　近代结构抗震研究中人们重视对结构整体性能的试验研究。并通过真型或足尺模型的试验，可以对结构构造性能、构件间的相互作用、结构的整体刚度、非承重构件对整体结构工作的作用、结构的薄弱环节以及结构受震害破坏的实际工作情况等性能进行研究，作出抗震性能的分析和抗震能力的评定。由于模拟地震振动台试验受到振动台设备条件及技术参数的限制，经常是采用专门设计的模型进行试验。通过模型相似理论研究试验结果，推断实际的动力特性和抗震能力。

4　试体的材料与制作要求

4.1　砌体试体的材料与制作

4.1.2　此条对灰缝砂浆标号的规定，是为了保证水平地震剪力的可靠传递，在试体试验时如有此种开裂，会影响试验的进行，甚至造成试体构造意外的破坏。

4.1.3　砌体结构是由砖或砌块和砂浆两种材料组成的复合材料的结构。模型设计时要求砌体模型与原型结构有相似的应力—应变曲线，即要求 $S_{\sigma}=S_{E}=S_{\varepsilon}=1$。同时在制作模型时都要按比例缩小，这样唯一实用的方法就是采用与原型相同的材料，并用缩尺砖块或砌块来制作。缩尺砖块或砌块可通过生产厂定制或用原型块材锯割而成。

4.1.4　因砂浆的离散性大，且是砌体强度的主要影响因素，所以特别要求试件与试体的不同砌筑期砂浆同批同制作，并同条件养护。块体（砖、石、砌块等）和砂浆的抗压强度试验和相应得到的各强度值是确定试验各阶段试体实际强度的必要手段。

4.1.5　采用配筋砌体时，除应进行 4.1.5 规定的试验外，尚应进行砌体基本力学性能试验，以便进一步了解试验中试体的工作应力状态。

4.1.6　试体制作、养护一定要按有关的规定要求，这是试体最基本的条件；否则，试体试验和量测数据就难以鉴定。试体的强度应与原型结构相一致。

抗震规范规定地震区材料标号要求，在作抗震试验的试体时，也应按此规定。

4.2　混凝土试体的材料与制作

4.2.1　混凝土材料力学性能试验包括抗压强度、轴心抗压强度、抗裂性等试验。混凝土力学性能试验和相应得到的各强度值是确定试验各阶段试体实际强度的必要手段。因此，材料试验应与结构试体试验同期进行。

4.2.1.1　使用混凝土的试体必须制作混凝土立方体试件，随试体试验的不同时间进行混凝土强度的测定。

4.2.1.2　对有特殊要求的试体试验，需要测定混凝土的应力变化过程或轴心抗压强度时，应制作棱柱体试件进行混凝土弹性模量和轴心抗压强度试验，并通过加载试验得到的应变连续化过程找出应力、应变的相应变化关系，绘制出应力—应变曲线。

4.2.1.3　当试体试验需测定混凝土的抗裂性能时，应制作抗拉试件，并通过试验测定混凝土的抗拉强度。

4.2.1.4　当混凝土材料的力学性能试验结果与试体试验结果有较大差异时或留存的材料试验试件不足时，可在全部试验完成后，从试体受力较小部位截取试件进行材料力学性能试验。试验及结果评定方法可参照国家标准《普通混凝土力学性能试验方法》。

4.2.2　在结构抗震动力试验中，微粒混凝土是被用作模拟钢筋混凝土或预应力混凝土结构混凝土的理想材料。微粒混凝土是用粒径为 2.5～5.0mm 的粗砂代替普通混凝土中的粗骨料，用 0.15～2.5mm 的细砂代替混凝土中的细骨料，并以一定的水灰比及配合比组成的新型模型材料。微粒混凝土不等于通常的砂浆，经过材料试验，它的力学性能和级配结构与普通混凝土有令人满意的相似性，能满足混凝土强度模型的相似要求。

影响微粒混凝土力学性能的主要因素是骨料含量的百分比与水灰比。在设计级配时要考虑模型的比例尺度、微粒混凝土的强度、模型保护层的厚度、模型混凝土的和易性和在模型中与模型钢筋的粘结性能。一般首先要满足弹性模量，极限强度和极限应变的要求。骨料粒径按模型几何尺寸而定，最大粒径一般不大于模型截面最小尺寸的 1/3，其中通过 0.15mm 筛孔的细骨料用量应少于 10%，这样可以使模型混凝土有足够的和易性而不须用过高的水灰比。

4.2.3　混凝土结构强度中，模型钢筋的应力—应变特性是决定结构模型非弹性性能的主要因素。必须充分重视模型钢筋材料性能的相似要求，主要考虑的有钢筋的屈服强度、极限强度、弹性模量等参数，此外，钢筋应力—应变曲线的形状，包括屈服台阶的长度、硬化段和极限延伸率等都应尽量和原型结构钢筋的相应指标相似。

在地震模拟振动台试验时，混凝土结构模型承受地震荷载的反复作用，结构进入非弹性工作时，它的内力重分布也受裂缝的形成、分布和扩展等因素的影响，而结构模型的荷载—变形性能、裂缝的分布和发展又直接与结构模型中的钢筋和混凝土的粘结握裹性能有关。所以，对于混凝土结构强度模型应十分重视模型钢筋材料的相似要求，可满足两种材料之间要良好的粘结性能，并使它接近于原型结构的实际工作情况，当模型采用光面钢筋时，宜作表面压痕处理。

为保持钢筋的原有性能，对于经过冷拉调直或作表面压痕处理的钢筋，必须进行处理，使钢筋恢复到具有明显的屈服点和屈服台阶，提高钢筋的延性。

4.2.4　对于使用各类钢筋（含钢丝、钢绞线）的试体，其钢筋的屈服强度、抗拉强度、伸长率及冷弯各力学性能是试验结果分析的必要参考数据。如有特殊需要尚应进行其他性能试验。试体应从试体所用的不同直径不同种类钢筋中直接抽取，各类试体的根数应满足国家有关标准的规定。

钢筋拉力试验的试体长度、测量方法、力学性能的评定方法等应符合国家现行标准《金属拉伸试验法》的要求。

当需要确定试体的钢筋应力变化过程时，应首先测定钢筋的弹性模量，并通过加载试验得到应变连续变化过程找出应力、应变的相应变化关系，绘制出应力—应变曲线。

4.2.5　试体制作时，应确定预埋件和预留孔洞的位置。采取焊接或绑扎等方法使预埋件和预留孔洞模板与钢筋或外模板可靠固定，以避免混凝土浇筑时移位。防止试体制作后为固定预埋件或遗漏预留孔而剔凿试体，使试体局部受损。

预埋的传感元件是获取试验数据的重要测试元件。当预埋传感元件被固定后，可通过外包胶带或纱带并涂包环氧树脂的方法以及其他相应的措施进行保护处理。施工中应避免对预埋传感元件的碰撞、强磁干扰、浸泡以及扯断其与仪表的连接导线等事件的发生，以实现对预埋传感元件的可靠保护。

试体制作前应检查预埋件和预留孔洞的设计位置是否造成非正常的试体截面削弱。试体制作时应避免随意剔凿、撞击等使试体截面削弱的因素。

在试验允许的情况下，应避免集中荷载直接施加到试体上引起局部承压破坏。

当试验必须采用集中荷载加载时，在试体承受集中荷载部位应采用钢筋网片或钢板等局部加强，加强部位设计应遵照混凝土结构设计规范的有关规定进行。

4.2.6　因混凝土是非匀质性材料，其强度受时间和养护条件的影响有较大变化，所以特别要求试体与试体的不同浇筑期混凝土同批同时制作，并同条件养护。应注意预留足够的混凝土试件，以备试验各阶段的使用。

5　拟静力试验

5.1　一　般　要　求

5.1.1　本条叙述了拟静力试验方法适用于混凝土结构、预应力混凝土结构、劲性混凝土结构、钢纤维混凝土结构、高强混凝土结构、钢结构、混凝土与砌体的混合结构的结构构件。如梁式构件，柱式构件、单层及多层框架、节点、剪力墙等等构件的试验都适用。

砌体结构构件、用粘土砖、混凝土典型砌块、粉煤灰砌块等砌筑的单层，多层墙片，配筋墙片，构造柱墙片，混凝土与砌块的组合墙片。

以及混凝土结构，钢结构、砌体结构、混凝土、砌体组成的结构模型及原型试验。

5.2　试验装置及加载设备

5.2.1　试验装置的设计和配备，必须满足模拟地震荷载作用下的试体的受力状态，也就是试体在模拟地震荷载下的边界条件，要符合结构实体的受力状态。必需注意以下几点。

5.2.1.1 试体试验的加载设备的设计要符合试体的实际支承方式，是简支或固定支承。试体基础的固定也要与实际的要求相符。试体试验的加载设备的设计还要考虑试体是剪切受力或弯曲受力或者弯剪都有的受力状态。

5.2.1.2 试验装置：如试验台座、反力墙、门架，反力架，传力装置等设备的刚度，强度和整体稳定性都要远大于试体的最大承载能力，一般装置的刚度应比试体的刚度大 10 倍或 10 倍以上为好。

5.2.1.3 试验装置不应对试体产生附加的荷载和阻止试体的自由变形，因此在试验装置中，试体与门架之间的垂直千斤顶之间必需安装滚动导轨，滚动导轨安装在千斤顶与门架之间，滚动导轨的摩擦系数不得大于 0.01，滚板的大小必需满足试体的最大变形和承载能力，因为滚动导轨的摩擦系数在一定的荷载下是常数，超过以后则不是常数了。

5.2.1.4 在选用水平加载用的推拉千斤顶的加载能力与行程都必须大于试体计算的极限受力和极限变形能力，避免试体试验时达不到极限破坏，造成试验达不到目的而失败。在选用推拉千斤顶时，千斤顶的两端为铰联接，保证试体水平加载时的转动，自由变形，不损坏千斤顶。同时水平千斤顶必需配置指示加载值的量测仪表，仪表精度满足量测精度。

5.2.1.5 试验用的各种加载设备的精度除应满足规范第三节要求外，要有按国家计量部门定期检验合格证，一般半年或一年应标定一次，重要的试验项目，试验前应标定，指示误差不宜超过 ±2%。

5.2.2 梁式构件主要考虑支承方式，一端铰接而另一端为滑动支承。

5.2.3 对以弯剪受力为主的试验装置时，水平千斤顶两端的连接铰要灵活，为的是使试体受弯时，没有或减少附加的阻力；多个千斤顶施加垂直荷载时，采用单独油路加载，为的是防止水平加载时，试体本身产生转动，因为多个千斤顶油路连通后，每个千斤顶垂直荷载能保持一样，但冲程可自由变化。同时强调滚动导轨必须放在千斤顶与反力架之间。是为了保证试体在水平荷载作用下，垂直荷载作用点的位置不会发生变化。这对有垂直荷载下施加水平荷载试验的试验装置都实用。

5.2.4 对于做梁柱节点时，试验装置对试体柱的两端应满足真正的铰，一般可用半球铰，同时柱的两端要固定，保证没有水平变形，柱的两端可与反力墙，反力架连接起来，总之既能使柱转动，又无水平变形，该条谈到梁上的两个加力千斤顶在弹性试验阶段，两千斤顶油路宜反向连通为好，目的是加载时好控制，可以同时保证两反向加载值一样。试体开裂后，油路应分开单独控制，也是为了更好控制加载，一般开裂后都用梁的变形大小来控制加载，要使梁的变形一致，两加载点的大小则即是相等的，因此两千斤顶的油路必须分开，否则无法控制加载。

5.2.5 对多层单片墙，多层框架，多层结构原型及模型试体的安装要求问题，该种试体一般较高并按地震水平荷载的分布，多为多点同步加载，因此往往需要分配梁，多台千斤顶与试体轴线位移偏差要少，一般控制在 ±1% 以内。也是为了防止出平面。为了克服分配梁的自重影响，一般采用悬吊方式，悬吊支架可固定在试体的顶部。

5.2.6 此条针对钢结构试体，试验中防止平面内外失稳，应有可靠措施，稍有大意即会造成试验损失。

5.3 量测仪表的选择

5.3.1 拟静力试验可选用的测量仪表的选择应根据试验的目的要求来决定，同时还要考虑设备条件，一般来说，主要根据试验试体计算的量程来选择适宜的仪表。既能满足最大极限量程的要求，又能够满足最小分辨能力即可。

5.4 加 荷 方 法

5.4.1 恒载系指静载，一般指给试体的垂直荷载，为了试验所测得的数据较好，消除试体内部组织不均匀性，先取满载的 40%～60% 的荷载重复加载 2～3 次（即加载—卸载），随后再加至满载进行恒载。

5.4.2 正式作试验前，为了消除试体内部的均匀性和检查试验装置及各测量仪表的反应是否正常，先进行预加反复荷载试验二次，但对加载值不能过大，对于混凝土结构试体预加荷载值不得超过开裂荷载估算值的 30%。砌体结构不得超过开裂荷载估算值的 20%。

5.4.3 为了保证试验连续均匀，数据取值稳定，特对每次加载速度和循环时间作一定规定，控制在一定的范围内。

5.4.4 试验获得试体的承载能力和破坏特征时，应加载至试体极限荷载下降段，对混凝结构试体应控制加到下降段的 85% 为止。砌体结构一般较难，因此不作具体规定。

5.4.5 试体进行拟静力试验的加载后程序应采用荷载和变形两种控制的方法加载，即在弹性阶段用荷载控制加载，开裂后用变形量控制加载。主要是因试体开裂以后是以位移量变化为主，荷载无法控制。每次加载控制量的取值系根据试验的目的要求来定。

5.4.5.1 该条规定接近开裂和屈服，荷载宜减小级差加载，应考虑提供的计算值有一定的偏差，为了更为准确的找到开裂和屈服荷载，所以减小级差加载。

5.4.5.2 试体屈服后用变形控制，变形值取屈服时试体的最大位移值为基准，一般可从 $P\text{-}\Delta$ 曲线中受拉钢筋的应变变化来判定。以该时刻的位移值的整倍数为级差进行控制加载。

5.4.5.3 施加反复荷载的次数应根据试验的目的确定。屈服前一般每级荷载反复一次。屈服以后宜反复三次。如果当进行刚度退化试验时，反复次数不宜少于五次。

5.4.6 平面框架节点试体的加载也是以试验的目的要求而定，当以梁端塑性铰区或节点核心区为主要试验对象的试体，宜采用梁—柱加载。当以柱端塑性铰区或柱连接处为主要试验目的时，应采用柱端加载，但分析时要考虑 $P\text{-}\Delta$ 效应的影响。

5.4.7 对于多层结构试体的荷载分布，按地震作用倒三角分布水平加载，一般顶部为一，底部为零。水平荷载各楼层板上，通过楼板或圈梁传递。

5.5 试验数据处理

5.5.1 试验中试验荷载及相应的变形值的取值作了一些规定，便于大家统一。

5.5.1.1 开裂荷载及相应的变形是指试体试验的 $P\text{-}\Delta$ 曲线刚度有变化或肉眼首次观察到受拉区出现第一条裂缝时对应的那一级荷载的变形定为开裂荷载和变形。

5.5.1.2 屈服荷载及相应的变形的取值，屈服荷载及相应的变形是指试体受拉区的主筋达到屈服应变时的荷载，受拉区的主筋按实际使用的钢材型号，实际作的材性试验为准来定屈服应变。

5.5.1.3 试体极限荷载及相应的变形作了规定，试体极限荷载及相应的变形是指试体所能承受的最大荷载值和相对应的变形值。

5.5.1.4 试体的破坏荷载及相应的变形作了统一的规定，破坏荷载是指极限荷载下降 85% 时的荷载和相对应的变形值。

5.5.2 混凝土试体的骨架曲线作了统一的规定。骨架曲线是指荷载—变形滞回环曲线中的每一级荷载的第一次循环的峰点所连成的外包络曲线。

5.5.3 试体刚度作了定义，并用公式表示，它的含义是试体第 i 次的割线刚度等于第 i 次循环的正负最大荷载的绝对值之和与相应变形绝对值之和的比值。

5.5.4 试体延性系数的定义，并给出了计算的公式，它反映试体塑性变形能力的指标，也是用它来衡量抗震性好坏的指标之一。一般用极限荷载相应的变形与开裂荷相应的变形值之比表示。

5.5.5 试体承载能力降低系数作了定义，并定了计算公式，它的含义是试体在 i 次循环的最大荷载与第一次循环的最大值之比。

5.5.6 试体的能量耗散能力是指试体在地震反复荷载作用下吸收能量的大小，它以试体荷载变形滞回曲线所包围的面积来衡量，它也是衡量试体抗震性能的一个特性。

6 拟动力试验

6.1 一般要求

6.1.1 本章适用的试体结构，包括采用不同工艺设计的结构，如预应力结构及其他结构等。本章适用的试体是整体结构模型试体，包括足尺实体、比例模型试体。

6.1.2 多质点位移控制拟动力试验，因试验台、模型和试验设备构成载荷静不定力学体系，当试体刚度较大时，按第一振型试验模拟，也因极难控制载荷系统误差，使试验不能进行。目前只能用等效单质点的方法进行试验。当试体结构刚度较小，只要能控制载荷系统误差，二质点以上的拟动力试验尚可研讨进行。

单体构件是整体的一部分，在内外力学特性的变化中，由于破坏机理、边界条件和力学传递的复杂性，难以用单体构件试验方法确定在整体结构中的抗震作用。因此，对单体构件，如梁、板、柱等，不宜进行拟动力试验。

6.2 试验系统及加载设备

6.2.1.1 规定试验系统基本构成，缺一不可，其中试体、加载设备和计算机是系统的核心，试验台、反力墙等、试验装置的能力和结构应服从试体和加载设备的需要。

6.2.1.2 本条文并不排除非闭环控制的加载设备或试验机，进行拟动力试验的可能性，但其技术特性，应满足 6.2.2 条要求。

6.2.1.3 非传感器式的机械直读仪表，因不具备满量程下的线性电输出信号功能，因而不能加入闭环电气自动控制系统。所以，与动力反应直接有关的仪表，如位移、力的计量控制必须采用传感器式的一次仪表。

6.2.2 加载设备除应满足各分条的基本要求外，根据模型试验系统要求，宜尽可能选用技术特性良好的其他指示、记录仪器仪表，以增强加载设备的显示、数据采集记录的必要功能。如每个加载质点应配备动态响应特性良好的 X-Y 函数记录仪，以随时监控结构动态恢复力特性和滞回曲线。

6.2.2.1 本条文提出的位移反馈，其位移传感器量程和精度应满足试验适宜要求，并应安装在加载模型一侧最有代表性的可靠位置上。

6.2.2.2 本条文动态响应技术指标，是最低要求，根据试验速度控制的需要，可适当提高指标。应注意的是试验速度的提高以不对试体产生附加惯性力为原则。

6.2.2.3 伺服作动器应尽可能工作在力值满量程的 10%以上区段内才能保证系统误差。

6.2.2.4 在合理选用位移传感器的满量程值条件下，并避免大量程内窄小区段使用情况，才能保证系统误差。刚度较大的试体，位移控制的高分辨力尤为重要。因此宜选用先进技术（如磁栅、光栅技术）制成的位移传感器才能保证系统的大量程、低误差和高分辨力。

6.2.2.5 稳定、可靠、无故障是对加载设备的基本要求。本条随未做具体规定，但按常识来说，在本试验周期内至少要保证在 16～24h内无任何不稳定、不可靠、无任何故障现象存在。

6.3 数据采集仪器仪表

6.3.1 拟动力、拟静力试验系统中的测量仪表，属于同类技术特性，在量程、精度、适用性方面没有区别，因而可按 5.3 规定选择。

6.3.2 拟动力试验中的测点、测量次数都较多，为提高试验效率，缩短试验周期，应采用自动化数据采集设备、仪器，每秒钟一个测点的速度是最低要求。测速太高，如每秒钟数百个测点以上，因测量精度降低，成本过高也并不适用。

6.4 控制、数据处理计算机及其接口

6.4.1 本条文是对选用计算机及软件硬件可扩充性的基本要求。实时控制功能是计算机能同时运行两个以上的多任务程序，并能实时中断、再启动任何一个任务而不影响对加载控制的功能和系统精度。

6.4.2 D/A、A/D 接口板是外购硬件，其量程、精度、速度应满足试验需要，能插入已选定的计算机主机板上，并能运行其控制、应用软件。

本条文提出的自动化测量仪器系指结构应力应变、非控制量的位移、变形测量自动化仪表。通常采用内部带有微机或能与外部计算机进行通讯联控的数字式静态多点采集应变仪、信号采集分析仪及其类似功能的仪器。这些仪器纳入拟动力试验系统时应与主控计算机联网通讯，达到试验系统基本要求。

6.5 试验装置

6.5.1 试验装置的设计与选择和拟静力试验相同，但由于拟动力试验加载设备和拟静力试验加载设备有所区别，安装连接及其他功能的不同特点，因此应依本条规定按具体情况设计与选择。

6.5.2、6.5.3 两个条文的意义均为防止附加水平力对试体的影响，并保证加载设备的安全。为此，在不违反条文规定的条件下也可采用更适宜的方法和装置。

6.5.4 短行程伺服作动器垂直尺寸小便于安装，放置稳定，其有效行程满足试体边界条件。电液伺服作动器容易满足±1.5%以内的恒载误差，一般液压加载设备，在试体刚度退化严重并接近破坏时，非稳压技术措施的一般手控阀门加载难以达到±2.5%以内的稳压要求，因此，应有可靠安全的稳压装置保证试验过程正确进行。

6.5.5、6.5.6 这两个条文对拟动力试验电液伺服作动器和试体的连接、作用方式、承载力的安全做一般规定。由于试体结构形式和复杂程度不同，执行本条文时应按具体情况合理处置。

6.5.7 载荷分配级数过多，当试体刚度退化不均时，实际位移分配量越不合理，失去位移控制意义。

6.5.8 一般容易失稳的试体皆应具备合理安全的抗失稳技术措施装置。具体装置应按实际试体和试验要求进行设计。其装置设计原则应不影响主方向加载和不产生任何附加荷载为基本原则。

6.6 试验实施和控制方法

6.6.1 拟动力试验的过程控制程序应采用时实控制，并通过人一机交互控制完成试验全过程。程序中一般应具有：读取地震加速度记录数据文件；联接试验参数文件；控制计算机和作动器的联机；完成试验初始状态检查；进行结构地震反应分析；量测值 λ；加载量输出等控制功能。

试验用地震加速度记录或人工模拟地震加速度时程曲线应根据试体拟建场地的类型选择，场地类型的有关规定应符合《建筑抗震设计规范》的要求。作为试验控制的地震加速度记录进行数据处理后输入计算机形成数据文件。

6.6.2 试验用地震加速度记录或人工模拟地震加速度时程曲线的数据处理须注意峰、谷值的保留。经处理得到的数据文件应是原始地震加速度文件。为适应试体的弹性到破坏各阶段试验过程，宜采用一比例系数将原始地震加速度扩大或缩小，但波型不应改变。

6.6.3 拟动力试验的每次试验前均须确定试体当前的初始侧向刚度，确定方法宜采用施加单位水平荷载量测水平位移并根据二者的关系确定初始侧向刚度。如根据前次试验中的荷载与位移的关系进行折算时，应注意试验前几级加载时的刚度是否正确，若误差较大应及时修正。

多质点结构体初始侧向刚度矩阵是柔度矩阵的逆矩阵，其中：

$$[F]=\begin{bmatrix}\delta_{11} & \delta_{12} & \cdots & \delta_{1n}\\ \delta_{21} & \delta_{22} & \cdots & \delta_{2n}\\ \cdots & \cdots & \cdots & \cdots\\ \delta_{n1} & \delta_{n2} & \cdots & \delta_{nn}\end{bmatrix}$$

δ_{ij}——第 i 层施加单位水平荷载时产生在第 j 层的水平位移测量值。

6.6.4 试体的动力特性：自振周期、圆频率、阻尼是地震反应分析的必要参数，拟动力试验前后先行测定，测定方法按本规程的有关规定进行。

6.6.5 试验的加载控制应为试体各质点在地震作用下的反应位移，试验中宜直接采用位移加载。当结构刚度较大且处于弹性阶段时，直接采用位移加载有较大困难，可以采用加载荷逼近控制位移的方法，但在加载过程中的控制量仍必须是位移量。

6.6.6 为避一次到位的加载对试体产生撞击(多质点时为连续撞击）而导致试体非试验性破坏，本条建议将每步加载量分解为若干个试验设备可分辨的最小增量，每个作动器反复循环逐渐积累加载到试验控制增量的方法。

拟动力的试验控制量是各质点的位移，因此对各质点的位移测点规定：各测点必须设在试体上，以保证试验所测位移是试体的真正位移，除对测试仪器的精度要求外，其布点、量测、取值方法应满足本章第七节各条的要求。并要求各测点的量测仪器支架应有足够的刚性，其在外界振动干扰作用下，顶部自变形量应小于传感器或仪表最小量的 1/4 以下。

对试体系统要求根据试验中可能出现的最大加载量限位是为了提高加载精度和保证试验安全。系统分辨率与系统满量程相关，满量程小则精度高。因此，最大加载量限位是为避免用大荷载作动器输出很小的荷载，使试验过于粗糙。另外，在操作有误或其他异常情况下可避免对试体造成非试验性破坏。

6.6.8 为消除试验系统误差应采取以下措施

各质点处位移控制量的测点必须设在试体上，布点和量测、取值方法应满足 6.3 各条的要求。各量测仪表的支架应有足够的刚性，在大地脉动和其他振动干扰作用下，支架顶部自力变形量应小于传感器，仪表最小量的千分之一以下。

应根据试验中可能的最大加载输出量进行限位，以提高加载精度，保证试验安全。

试验量测仪表的不准确度和数值转换的误差应低于试验中可能的最小加载量。

6.7 试验数据处理

6.7.1 拟动力试验中同一试体可采用不同的几个地震加速度记录分别进行试验，每个地震加速度被使用时可按比例扩大或缩小以适应试体不同工作状态。因此，在对试验数据进行图形处理时，应绘制出 6.6.1.1 和 6.6.1.2 中的主要数据图形。

6.7.2 对试体开裂时的记录要求。

6.7.3 对试体各工作状态下的基底总剪力、顶端水平位移和最大地震加速度的确定方法细则。

7 模拟地震振动台动力试验

7.1 一般要求

7.1.1 模拟地震振动台是 60 年代中期发展起来的地震动力试验设备，它通过台面的运动对试体或结构模型输入地面运动，模拟地震对结构作用的全过程，进行结构或模型的动力特性和动力反应试验。其特点是可以再现各种形式的地震波形，可以在试验室条件下直接观测和了解被试验试体或模型的震害情况和破坏现象。

结构抗震试验目的在于验证抗震计算方法、计算理论和所采用的力学模型的正确性。通过模拟地震振动台的试验验证为非线性地震反应分析建立适当的简化模型；并采用线性或非线性系统识别方法，分析和处理试验数据，识别结构的恢复力模型和整体力学模型；观测和分析试验结构或模型的破坏机理和震害原因；最后由试验结果综合评价试验结构或模型的抗震能力。

7.2 试验设备

7.2.1 模拟地震振动台是地震工程研究工作的重要试验设备。振动台的激振方式有单向、双向转换到双向同时运动并发展为三向六自由度运动。我国自 80 年代中后到 90 年代初以引进和建成了具有三向六自由度功能的中型模拟地震振动台。振动台的驱动方法大部分为电液伺服方式，与电动式相比它具有低频时推力大、位移大、加振器重量轻体积小等优点，但波形输入的失真大于电动式振动台。振动台的主要性能参数包括台面尺寸、载重能力、工作频率和位移、速度、加速度三个参量的最大允许范围。目前国内自建和引进的振动台的台面尺寸小型台在 1X1.5M～2X2M，中型台为 3X3M～5X5M，载重能力对于小型台在 1～2t，中型台为 10～30t。振动台的使用频率范围一般在 0～50Hz，特殊的可达 100～200Hz。位移在±100mm 以内、速度在 80cm/s 以内，加速度在 2g 以内。

振动台的控制系统包括模拟控制和数字控制两部分。模拟控制部分是系统在线控制的基本单元，它是由位移、速度和加速度三参量输入和反馈组成的闭环控制系统，能产生各种频率和各种型式的波形，可直接使用地震的强震记录。数控系统是实现数字迭代提高台面振动波形对期望波形模拟精度的关键部分，具有对输入波形的时间历程在时域上进行压缩或延长、对加速度幅值进行扩大或缩小的调整功能，能实现地震波的人工再现、减小波形失真，提高试验精度。数控部分同时由计算机系统控制实现试验数据多道的自动快速采集和处理，同步记录贮存，并以数字或曲线图表形式显示。

试验时必须认真选择性能与之相适应的振动台设备，完成试验工作的全过程实现试验的目的要求。

模拟地震振动台试验较多地适用于鉴定结构的抗震能力。试体试验必须从弹性到开裂破损，继而进入机动状态，最后到破坏倒塌。作为模拟地震振动台促动机构的电液伺服加振器的工作性能可由其工作特性曲线表示，在台面一定的载重情况下如果要求加振器的行程大，则其最大工作频率要降低，反之，当要求最大工作频率提高时，则行程要减小，加振器的特性曲线限制了振动台的工作范围。当位移大于 80mm 时，工作频率很少能超过 50Hz，而允许高频率的振动台往往位移量就很小，这说明加振器的大位移与高频率不易兼得，所以选用振动台试验时，必须注意其工作频率范围和允许的最大位移量。

如果试体模型的自振频率很高，则要求振动台的最大工作频率也要相应提高，对于大缩比的模型，自振频率可能高达 100Hz 以上，则振动台的工作频率就必须高达 120～200Hz。当试体模型缩比不大或结构刚度不高时，振动台的频率也不需太高，对于建筑结构模型，其自振频率较高的也只有十几赫兹，这样振动台的工作频率有 50Hz 即可满足。

对于仅是研究结构弹性阶段工作性能时，对振动台的位移要求不高，一般有 30～40mm 即可。当研究结构开裂、破损以及倒塌等破坏机制时，由于模型开裂后刚度下降、自振频率降低，这时模型的破坏就要依靠振动台的大速度和大位移。对于小缩比的模型，要求最大位移在80～100mm以上，才能实现在低频或中频条件下的破坏。

7.2.2 模拟地震振动台试验要求实现地震波形再现，为了提高台面振动波形对期望波形模拟的精度，不仅依靠振动台的模控闭环系统，还需要依靠以计算机为核心的数字迭代补偿技术。

在动力问题中，系统的输入、输出和传递函数（频率响应的关系为图7.2.2-1所表示）

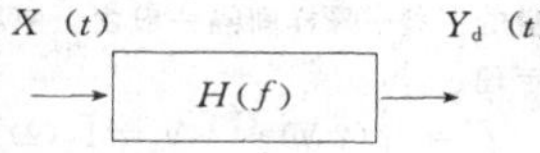

图 7.2.2-1

可用数字表达式（7.2.2-1）表示

即 $$Y_d(t)=H(f)\cdot X(t) \quad (7.2.2\text{-}1)$$

由振动台试验模拟地震要求可知，波形再现问题是一般系统输入输出的反问题，即系统中的输出是指定的，也就是要求被模拟的地震波，要求的是输入，它是未知的。这里要求再现的波形为Y_d（t），它是一个时间历程向量，由公式（7.2.2-1）可知，为了再现Y_d（t），可用公式（7.2.2-2）计算所需的驱动向量

即 $$X^{(0)}(f)=H^{-1}(f)\cdot Y_d(f) \quad (7.2.2\text{-}2)$$

式中H^{-1}（f）为传递函数（频率响应）的逆函数。

一般情况下，传递函数（频率响应）H（f）是在假定系统为线性情况下求得的：如果实际系统确是线性时，则将$X^{(0)}$（f）相应的时间历程向量$X(t)$输入系统时，将得到输入反应$Y_d(t)$。由于实际系统的复杂性，包括试体在内的整个系统一般是非线性的，特别是当混凝土或砌体的试体开裂后，每经过一次激励，系统的H（f）都发生变化，这时按公式（7.2.2-2）计算得到的$X^{(0)}$（f）进行对台面驱动时，所得到的输出反应$Y^{(0)}$（f）与所要求再现（期望）的输出Y_d（f）之间存在误差

$$\Delta Y^{(0)}(f)=Y_d(f)-Y^{(0)}(f) \quad (7.2.2\text{-}3)$$

在时域上表示为

$$\Delta Y^{(0)}(t)=Y_d(t)-Y^{(0)}(t) \quad (7.2.2\text{-}4)$$

这时问题归结为输出误差$\Delta Y^{(0)}$（t）是有怎样的输入误差$\Delta X^{(0)}$（t）所产生的。按图7.2.2-1的关系同样可得出如图7.2.2-2所示的关系

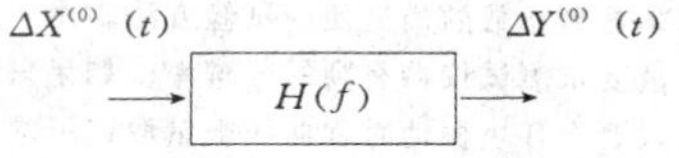

图 7.2.2-2

即 $$\Delta X^{(0)}(t)=H^{-1}(f)\cdot\Delta Y^{(0)}(t) \quad (7.2.2\text{-}5)$$

将此输入误差加到原先的输入中去，可得到

$$X^{(1)}(f)=X^{0}(f)+\Delta X^{(0)}(f) \quad (7.2.2\text{-}6)$$

再将这新的输入$X^{(1)}$（f）激励系统，得到新的输出$Y^{(1)}$（f），再计算出新的输出误差$\Delta Y^{(1)}$（f）。如此反复迭代，直到新的输出与要求再现的Y_d（t）之间的误差小于指定的精度为止。以上即为实现波形再现的迭代补偿技术，全部由计算机控制完成。

7.3 试体安装

7.3.1～7.3.4 试体在试验前必须正确安装就位于台面的预定位置，利用底梁或底盘上的预留孔用高强螺栓与台面联结固定。为防止试体在试验时受台面加速度作用而产生与台面的相对水平位移或产生倾覆，以致消耗试验时输入加速度的能量，甚至发生安全事故，所以宜采用特制的限位压板和支撑装置加强对底梁或底盘的固定。

在试体安装和运输过程中，为保证试体不受外界影响的干扰，以致受力不均而使试体损伤产生变形开裂，影响试体的完好，因此必须控制试体在安装时的起吊和运输速度。

7.4 测试仪器

7.4.1 测试仪器应根据试体的动力特征来选择是指需要测试试体的几阶振型参数，以确定测试仪器的使用频率范围以及分析处理的方法；根据动力反应来选择是指需测量的最大反应幅值，是稳态反应还是瞬态反应；根据地震模拟振动台的性能来选择是指测试仪器的频率范围，最大可测幅值，动态范围，分辨率一定要能覆盖；根据所需的测试参数来选择是指需要测量的是什么运动参数、位移、速度、加速度或应变等，是绝对量还是相对量。

地震模拟振动台的使用频率范围对试体模型比例尺较大的工业与民用建筑大部分达0～50Hz即可，特殊的是指小比例尺试体模型为水工建筑等，其频率范围要达150Hz。最高频率的实现尚受地震模拟振动台制造上的约束而不可能扩宽很多。

7.4.2 测试仪器的使用频率范围选定，由于地震过程是一个瞬态过程，为了在各反应记录中能真实记录下来，在低频段不失真，宜从零频开始，为了高频段失真小宜远大于振动台的使用上限频率。

7.4.3 最大可测加速度的选定是由试体在地震模拟振动台上试验时可能的最大动态反应来确定。

加速度的分辨率要比振动台的背景噪声高一个量级，一般振动台的背景噪声约在$10^{-2}m/s^2$～$10^{-1}m/s^2$，故测试仪器选为$10^{-3}m/s^2$。

7.4.4 相对于地震模拟振动台基础的位移，是把基础看作空间不动点，包括振动台的位移和试体相对于振动台台面的位移，亦即是绝对位移。

软连接方式即是在位移计上连接有拉丝，将位移计固定在试体上或基础上的测量架上，而拉丝则固定在另一端。为了减小非主振方向分量的影响，拉丝应有足够的长度。由于拉丝中有一定的拉力，在振动中此拉力有变化，由此变化影响测量的准确性，必须预先进行修正。

7.5 加载方法

7.5.1 模拟地震振动台试验作为地震作用的台面输入，采用地震地面运动的加速度时程曲线。首先是加速度输入与结构抗震计算动力反应的方程式相一致，便于对试验结构进行理论分析和计算。其次输入的加速度时程曲线可以直接使用实际地震时的强震记录，如1940年美国EL-Centro地震记录或唐山地震时的迁安和天津的地震记录。也可以使用按《建筑抗震设计规范》所规定的各类场地土反应谱特性拟合的人工地震波的加速度时程曲线。第三，振动台试验采用加速度输入的初始条件比较容易控制。

在研究某一类周期结构试体或模型的破坏机理时，要求选择和设计该周期分量占主导地位的地震加速度时程曲线，可使结构产生多次瞬时共振而回到明显的变形状态和破坏型式。经震害调查表明，凡结构自振周期与场地土卓越周期相等或接近时，结构的震害有加重的趋势，这主要也是由于结构等生共振所致。当试验要求评价建立在某一类场地土地上的结构的抗震能力时，就应选择与这类场地土条件相适应的地震记录，也即是要求选择的地震加速度曲线的频谱特性与场地土的频谱特性相一致。此外，按照《建筑抗震设计规范》（GBJ11—89）第4.1.4条，由于同样烈度同样场地条件的反应谱形状，随着震源机制、震级大小、震中距离等的变化，有较大的差别，因此要求把形成6～8度地震影响的地震，按震源远近分为设计近震和设计远震，并按场地条件和震源远近，调整反应谱的特征周期T。

试验时，为了保证在输入地震波作用下获得试体结构或模型在不同频谱地震作用下的输出反应，对于人工地震波同样需要有足够长的作用时间。

当试体采用缩尺模型时，由于试体模型的比例关系，台面输入的地震地面运动的加速度波形必须按试验设计和模型设计的要求，按相似条件对原有地震记录进行调整，主要是波形在时间坐标上压缩和对加速度幅值的放大或缩小。当对时间坐标进行压缩

后会造成加速度波形频谱成份的改变，卓越频率相应提高，要求不应大于振动台工作频率，以免使波形再现发生困难，并保证高频成份的有效输入。

7.5.2 为获得试体或模型的初始动力特性，以及在每次地震作用激励下的动力特性变化情况，要求在每次加载试验前测试试体的动力特性参数。由于试件已往安装固定于振动台台面，较为方便的方法是采用台体本身的正弦变频扫描或输入经噪声激振。

7.5.2.1 采用振动台输入等幅加速度变频连续正弦波对试体进行正弦扫描激振，使试体产生与振动台相同频率的强迫振动，当输入正弦波频率与试体的固有频率一致时，试体处于共振状态，随着变频率正弦波的连续扫描，可得试体的各阶自振频率和振型，得到试体的动力特性。在正式加载试验前，为防止输入过高的加速度幅值造成试体的开裂或过大的变形，应控制输入幅值的大小。同时必须注意振动台噪声电平的影响，防止由于噪声的干扰对试验结果带来误差。

7.5.2.2 白噪声是具有一定带宽的连续频谱的随机信号。它与正弦交频连续扫描激振过程在时间历程上有很大区别，这种宽带随机过程是无规则的，永不重复的，不能用确定性函数表示。它具有较宽的频谱，在白噪声激励下，试体也能得到频率响应函数。由于试体是多自由度的系统，因此响应谱可以得到多个共振峰，对应得到结构的各阶频率响应。白噪声激振法的优点是测量速度快，尤其对复杂的试体模型更为突出。

7.5.3 模拟地震振动台试验的多次分级加载试验可以较好地模拟结构对初震、主震和余震等不同等级或烈度地震作用的反应。并可以明确地得到试体在各个阶段的周期、阻尼、振型、刚度退化、能量吸收能力及滞回反应特性。由于多次输入造成试体的变形是一次次积累的结果，而积累损伤将使结构的抗力发生变化，以致试体在各阶段的恢复力模型的特征也是不相同的，因此必须考虑多次性加载产生变形积累的影响。

7.6 试验的观测和动态反应量测

7.6.1 振动台试验时，试体的加速度、速度、位移和应变等是试验要求主要量测的结构动力反应。它将是提供试验分析的主要数据。

7.6.2 在振动台结构动力试验中，为了求得结构的最大反应，均应将测点布置在结构加速度和位移反应最大的部位。

对于钢筋应变，宜用电阻应变计粘贴于经过加工处理的钢筋表面，并浇捣在混凝土试体内部，测点数量及位置应按试验量测要求进行布点，宜布置在临界截面（弯矩最大的截面）和产生塑性铰的区域。

在试体主要受力截面的混凝土上，也宜布置测点，有时需要与钢筋应变的测点位置相对应。

7.6.3 按《建筑抗震设计规范》(GBJ11—89)第四章地震作用和结构抗震验算要求，对于整体结构的试体或模型，要量测各层的位移及加速度反应，用以确定地震作用和结构的层间位移。为了观测混凝土整体结构的试体和砌体结构构造柱的受力情况和实际工作，应在试体和构造柱的主要受力部位及控制截面处量测钢筋和混凝土的应变。

7.6.4 输入振动台台面的地面运动加速度是通过试体的底梁或底盘传递给模型试体，这相当于实际地震时通过地基基础将地震作用传递给上部结构，此时底梁或底盘上测得的加速度反应可看作为对结构的地震作用。而试体底梁或底盘与台面的相对位移即是模型试体相对于台面的整体位移，在数据整理时可用以修整整体模型的各层的各层间位移的数值。

7.6.8～7.6.9 振动台试验得到的结构反应大部分都是动态信号，对于试验过程中结构发生和出现的各种开裂、失稳、破坏及倒塌过程、采用录像等动态记录是最为理想的方式。对于结构裂缝的产生和扩展的过程以及裂缝的宽度可利用多次逐级加载的间隙进行量测和描绘，这都将有利于最终对结构的震害分析和破坏机理的研究。

7.7 试验数据处理

7.7.1 采样是对信号离散取点，采样间隔一般为等间隔采样。采样点靠得太近，会产生相关重叠，致使波形产生畸变，并产生大量的多余数据，增加不必要的工作量。而采样点距太大，会产生低频和高频分量的混叠。采样间隔一般由上限频率 f_c 来控制，应符合下列采样定理：

$$f_c = 1/(2\Delta t) \qquad \Delta t = 1/(2f_c)$$

f_c:上限频率　Δt:时间间隔

7.7.2 当数据采集系统不能对传感器的标定值、应变计灵敏系数等进行自动修正时，应在数据处理时作专门的修正。为了消除噪音、干扰和漂移，减少波形失真，应采用滤波、零值均化和消除趋势项等数据处理。

7.7.3 试体动力反应的最大值、最小值和时程曲线等都是分析试体抗震性能和评价试体抗震能力的主要参数，试体的自振频率、振型和阻尼比是试体动力特性的基本特征，试验数据分析后必须提供这些数据。

7.7.4 当用白噪声激振法，根据台面输入和试体动力反应确定试体的自振特性时，宜采用分析功能较强的模态分析法。条件不具备时亦可采用传递函数或互功率法求得试体的自振频率和振型。

7.7.5 在进行参量变换时，如振动加速度波形通过波形积分求得速度波形，速度波形求得位移波形等，即使是较小的波形基线移动量，在积分运算中的影响也是很大的，使积分运算结果产生较大的偏差。因此，尚需要用加速度波形通过二次积分求得位移波形时，必须做好消除趋势项和滤波处理。

8 原型结构动力试验

8.3 试验方法

8.3.1 环境振动法属于稳态随机激振法，利用地面的常时环境振动作为振源，激起试体结构的振动，从中获得试体的动力特性，是获得试体基本振型参数的最简便的试验方法。由于试体处在微弱振动状态，故要求测试仪器有高的分辨率。如果只要近似的获取频率值时，只要在环境振动时程曲线上量取即可求得；如果要求精确一些获取频率值，并要获取相应的阻尼值，则需对记录波形进行分析处理；应用此法有时尚可获得第二振型参数。

初位移法是在试体某部位采用张拉的方法，使试体获得静态位移，然后突然释放而获得第一振型的衰减时程曲线的试验方法，可获得基本振型参数。如果测出张拉力，还可获得试体的整体刚度。

初速度法是在试体某些部位利用小火箭等产生的冲击力，使试体获得初速度，激起试体振动的试验方法。其振动记录经过数据处理分析后可获得基本振型乃至数个振型参数。

风激振法是在风大的一些地区，于高柔结构上利用风压对结构物的作用而产生的随机振动，可测出结构的基本振型参数。

8.3.2 稳态正弦激振法是利用起振机产生正弦激振力，在结构上部或基底迫使试体产生振动的试验方法。可以获取多个振型参数、共振曲线等。

人晃法是在高柔结构上利用人体有节奏的晃动产生类似于正弦的激振力，激起试体共振的试验方法。可以获得多个振型参数，但其频率不能太高。

8.3.3 同步激振，有同向同步和反向同步二种，将起振机或小火箭等激振源在试体结构上于同一高程上数台间隔布置，且激振力可以不同，在作同向同步激振时，除可以获得平面内的振型参数外，还可获得空间振型参数，为在试体结构两端布设振源时，施以反向同步，则可获得试体的扭转振型参数。

8.3.4 随机激振法是利用产生随机激振力的起振机，如电液伺服控制激振器，在试体上进行激振的试验方法。激振力为白噪声谱，在此力谱作用下试体产生的振动通过数据处理分析后可获得所需的各振型参数。在进行地震波模拟激振时，可获得结构的地震反应。

人工地震法是利用核爆、工业爆破或人为设定爆炸使地面产生振动，从而迫使试体结构产生振动，可获得类似于地震作用的结构地震反应。

8.4 试验设备和测试仪器

8.4.1 初速度法试验中采用的小火箭激振，冲击力太小时可能激起的试体结构振动与脉动在同一量级而达不到试验目的的要求，如冲击力太大时可能使试体结构局部产生破坏，故定于数千牛至数十千牛。冲击力作用的时间考虑到在需要测量的频率范围内作为白噪声的激振源，针对需测试体的最高频率，可在数毫秒至数十毫秒内选择。

8.4.4 测试仪器的使用频率范围是指在此范围内的频率特性的上升或下降不超过一定比例值的频率范围，有的以百分数表示，一般提出为±10%，也有的以分贝数表示，为±3dB。一般粗糙测量时，可得数据可以不进行修正，如果要求比较精确测量时，则需据频率特性对数据进行修正。

8.4.5 测试仪器的最大可测幅值是指的保证一定的线性精度下可以测量的最大幅值，包括加速度，速度或位移。

8.4.6 分辨率是指测试仪器可能测出的被测量振动的最小变化值。

8.4.7 横向灵敏度是在与传感器敏感轴垂直的任意方向受到单位激励时，传感器获得的信号输出量。

8.4.8 在测试瞬态过程时，由于测试仪器本身的瞬态响应，将会使测试结果畸变，为减小波型畸变，一般来说在使用频率的下限为被测振动中最低频率分量的1/10以下，上限为10倍以上，就可满足要求。

8.5 试验要求

8.5.1 环境振动测试是原型结构动力特性的最常用方法之一，因为这种利用微振动信号进行的测试，由于振源信号弱、所以提出测试仪器的频带要求，防干扰要求，以及记录时间的要求。严格说来，脉动法所测原型结构的动力特性，系指未震状态的特性。

8.5.2 机械激振测试原型结构的动力特性，共振源信号较环境振动为大，它不仅可测原型结构的动力特性，而且可测结构不同阶段的动力反应和强度，由于是机械强迫振动，与激振力的大小，振源布置、激振频率有很大关系，实际上激振力大时，测得结构的自振周期偏长。

8.5.3 初速度法是利用火箭反冲激振，利用结构衰减过程的动力反应来测定动力特性，由于激振时布点位置不同，要求同步的条件高。

8.5.4 初位移法又叫拉线法，也是利用作用在结构上的突然释放力，在结构衰减动力反应下测其结构的动力特性。因此选择拉力点，抗线粗细，拉线的倾角有所要求，这种方法用于单厂、塔型或高柔的结构比较方便。

8.6 试验数据处理

8.6.1.1 结构振动信号的零点漂移和波形失真问题应在现场记录时解决，但在现场测量时，如果没有显示设备，有时也会把具有零漂或失真的信号记录下来，所以在对结构振动信号进行处理时，必须将带有零漂和失真的信号删除掉。对结构振动信号进行记录时，记录长度应以不少于60s为宜。

8.6.1.2 也可采用平均的方法求结构的自振周期，这样与$\sum_{i=1}^{n}T_i/n$相比可提高求解精度。

8.6.1.3 利用表减波式计算结构阻尼比时，一般不取曲线上第一个峰点，最好选择衰减曲线上的第3个和第4个峰点。

$\zeta=\frac{1}{2\pi}\ln\frac{A_2}{A_1}$，对用扫频方法给出的共振曲线可按$\zeta=\frac{\Delta f}{2f_0}$求阻尼比。

8.6.1.4 结构各测点的幅值，应用结构响应信号记录幅值除以测试系统的放大倍数：

$$各测点的幅值=\frac{结构响应信号记录幅值}{测试系统的放大倍数}$$

求出各测点的幅值后，将其归一化然后判振型。

8.6.2 结构动力试验数据在频域处理时，常用的几个统计特征函数为：

自相关函数，互相关函数，自功率谱密度函数（简称自谱），互功率谱密度函数（简称互谱），付里哀谱（简称付氏谱）传递函数和相干函数（亦称凝震函数）

8.6.2.1 对结构振动信号进行频域分析时，频率上限应选3～5倍或5～10倍的乃奎斯特频率。

在频域对结构振动信号进行互谱分析来求结构高振时的具体做法是：如果结构上的测点是按1、3、5、7、9、11……层布点时，可选第3层测点为参考点，其他测点的信号与第3层测点的信号进行互谱分析，给出各测点信号幅值的正负号，然后将各幅值归一化处理后画出除一振型外的其他振型。

8.6.2.2 海宁窗和海明窗是对功率谱进行平滑处理的数字滤波方法，其目的是减少浅漏。

海宁窗是以$G_k=0.25G_{k-1}+0.5G_k+0.25G_{k+1}$作为平滑基础对功率谱进行平滑的，其中$G_k$为某点的功率谱值，$G_{k-1}$和$G_{k+1}$为其左右两相邻点的两个谱值，也就是说，海宁窗是按0.25，0.5和0.25对谱进行加权处理的，加权后的计算结果$\overline{G}_k$作为该点的功率谱值。

海明窗的加权方法为：

$$\overline{G}_k=0.23G_{k-1}+0.54G_k+0.23G_{k+1}$$

为了减少由于加窗带来的误差，可采用关窗的办法，其含义是，在数据处理时，可先将窗开大一些，并把平滑的谱画出来，接着再逐次把窗关小一些，同样地把这些图都画出来，然后观察比较其结果，择优选取。

8.6.2.3 对结构测量信号进行频域处理时，窗函数的选择应以提高信号幅值精度和改善频率分辨率为原则。

9 建筑抗震试验中的安全措施

9.1 安全防护的一般要求

9.1.1 试验工作中的安全要求，通过试验工作实践证明是很重要的，但也容易忽视，要保证试验工作的顺利进行，保证工作人员生命安全和国家财产不受损失，所以没有明确的有效的安全措施是不能进行试验。

9.1.2 试验中安全事故，发生在安装阶段的运输起吊过程中，特别是现阶段多愿雇临时工更易出现安全事故，本规程中要求必须遵守国家有关的安全操作规定。

9.2 拟静力与拟动力试验中的安全措施

9.2.1 试验中常用的支架，反力架以及一些为试验加载用的预制受力构件、制作和设计时就考虑到受力的安全度，但是在试体安装时凡纳人受力安装部件之间的连接螺栓、往往是临时组拼，这些螺栓的强度安全有选择不当的危险。

9.2.2 试验中使用的设备，特别是大型的复杂设备，精密的和自动化程度较高的仪器、仪表都有其具体的操作规定，要求在实际试验中，必须遵守和执行这些设备及仪器，仪表的安全操作规定。

9.2.3 试验用加载设备系统：门架三角形反力架，反力墙等应有明确的力和变形刚度的限制，不能在试验中拿来就用，不加选择，应考虑能承受全部试验荷载可能的冲击，在往复水平加载下、不致产生过大的变形。

9.2.4 结构在拟动力推、拉反复试验中，在接近试体最大承载能力时，试体承受的载荷和因此而产生的变形都很大，试体随时有的能产生局部破坏和整体倒塌，因此，设置安全托架，支墩及保护拦网，防止崩落的碎块和倒塌的试体砸伤人员和砸伤设备。

9.2.5 在试验安装就绪之后，开始试验之前，除检查有关的加力设备的安全之外，还应检查安装测试的所有仪表是否都有保护措施，在接近破坏阶段，试验主持者应进一步检查被保留下来的仪表的有效保护，防止损坏仪表。

9.2.6 试验前的预加载、观察加载系统的有效性，采集数据处理系统的可靠性，确认之后方能正式加载，加载过程中，对液压系统的分段调压、转换伺服控制方式直到压破坏阶段的位移大行程控制等，都应按事先制定的操作大纲进行下方能确保试验的质量和安全。

9.3 模拟地震振动台试验的安全措施

9.3.1～9.3.3 振动台试验时由于试体在整个试验过程中始终处于运动状态，并且绝大部分都要求将试验进行到倒塌破坏，因此整个试验过程采取各种安全措施尤为重要，以保证振动台设备系统及试验人员的人身安全。

9.3.4～9.3.5 振动台控制系统的缓冲消能装置、警报指示装置和加速度、速度、位移的限位装置都是振动台系统自身的安全保护装置。即使当振动台的系统出现故障，不能正常工作，台面加振器运动超过预计的限位幅值时、试验出现失控，这时系统除发生报警指示外，可由限位装置控制使振动台自动停机，避免台面发生撞击基坑坑壁，致使台面及加振器等部件受损，并保障试体和试验工作的安全。如果台面因失控而产生撞击时，缓冲装置可起到消能作用。

9.3.6 模拟地震振动台作为一种先进的结构抗震动力试验设备，在控制系统内均配置不间断电源。它是一种电源变换和隔离装置，它装三相交流市电整流成直流电后与镍镉蓄电池组并联充电作为备用电源，然后再将直流逆变成单相交流，供控制系统应用。电源的转换过程隔离了输电线路上各种干扰对控制系统的影响，保证了数字和模拟数据的可靠性。当外界供电等发生故障而突然停电时，系统报警，备用蓄电组的直流继续逆变成交流送电，保证了供电的连续性，使整个振动台系统继续正常运行，保障系统采集的试验数据的安全储存，不受干扰。

9.4 原型结构动力试验中的安全措施

9.4.1 在现场进行原型结构动力测试时，首先要考虑的是动力电源，从开始到试验终止都必须保证有稳定的电源供给，在进入仪器的前级电源间宜加稳压装置。

9.4.2 现场动力测试涉及安全的问题比室内试验难以控制，容易出现想不到的问题，在拉线选择，拉线、测力计与结构之间，三者的连接一定要做到有效、可靠、对操作拉线铰车的工人，一定交待其操作要领和听从指挥。

9.4.3 测试仪器本身的安全操作，一般对测试工作人员能做到的，但在现场意外的抗干扰都值得注意。

9.4.4～9.4.5 现场安装起振机希望能干脆利落，为此事先应先检查起振机运转状态，偏心配重校对，安装起振机处的连接等，检查后对吊装的钢绳也要检查。全过程测试中，应对所有仪器进行现场保护，进入现场的工作人员必须遵守现场的安全规定。

9.4.6 土火箭激振测试方法，制造振源简单，但用药可是慎重的事，用药量不宜超过规定的容许值。

附录A　模型试体设计的相似条件

A.1 结构抗震拟静力与拟动力试验模型

A.1.1 物理条件相似就是要求模型与原型的相应各点应力和应变间的关系相同。

$$S_\mu = 1,\ S_\sigma = S_E \cdot S_\varepsilon,\ S_\tau = S_G \cdot S_\gamma \qquad (A.1.1\text{-}1)$$

式中　S_μ——泊松系数；S_σ——法向应力；S_E——弹性模量；

S_ε——法向应变；S_τ——剪切应力；S_G——剪切模量；

S_γ——剪应变

几何条件相似就是要求模型与原型各相应部分的长度 L 互成比例。即是指长度、位移、应变等物理相似系数间应该满足的关系。

结构原型与模型试体的几何相似应按变形体系的长度、位移、应变关系为

$$S_X/(S_E S_L) = 1 \qquad (A.1.1\text{-}2)$$

刚度相似条件：

$$S_E S_L/S_K = 1 \text{ 或 } S_G S_L/S_K = 1 \qquad (A.1.1\text{-}3)$$

S_X——位移相似系数；S_L——长度相似系数；S_K——刚度相似系数

边界条件相似，就是要求模型与原型在与外界接触的区域内的各种条件保持相似，它包括支撑条件相似，约束情况相似和在边界上的受力情况相似等，模型的支撑条件和约束条件可以通过结构构造来保证。如对具有固定端的原型结构，模型结构中相应的部位也要做成固定端，以保证模型与原型的支撑条件相似。

结构原型与模型试体的边界条件相似应满足

集中力或剪力 P　　$S_P = S_\sigma S_L^2$

线荷载 w　　$S_w = S_\sigma S_L$　　(A.1.1-4)

面荷载 q　　$S_q = S_\sigma$

弯矩或扭矩 M　　$S_M = S_\sigma S_L$

A.1.2 在钢筋混凝土结构中，由于混凝土材料本身具有明显的非线性性质，以及钢筋和混凝土力学性能之间的差异，要模拟钢筋混凝土结构全部的非线性性能是很不容易的。从 $S_\sigma = S_E$ 的含义来说，要求物体内任何点的应力相似系数与弹性模量相似系数相同。实际上受力物体内各点的应力大小是不同的，即应变大小是不同的。对不同的应变，要求 S_E 为常数，因此要求模型与原型的应力应变关系曲线相似。要满足这一关系，只有当模型与原型采用相同强度和变形的材料才有可能，这时就要求满足表 A.1.2 中“实用模型”一栏的要求。

A.1.3 砖石结构也是用两种材料组成的复合材料结构，制作模型都按一定的比例关系缩小是困难的，由于要求模型砌体与原型相似的应力应变曲线，因此要采用与原型相似材料。

A.2 结构动力试验模型

A.2.1 相似理论是结构模型设计的理论基础。结构模型试体按照模型和原型结构相关联的一组相似要求进行设计。模型和原型相似必须是反映表现同一物理现象，要求物理条件相似、几何条件相似、边界条件相似。对于动力试验模型还必须是质点动力平衡方程式相似和运动的初始条件相似。

A.2.2 模型设计可采用方程式分析法或量纲分析法。

当已知所描述物理现象的基本方程式时，可采用方程式分析法，根据基本方程建立相似条件；如果所描述的物理现象不能用方程式表示时，则可根据参与该物理现象的有关物理参数，采用量纲分析法，通过量纲分析建立相似条件。

A.2.3 对于地震地面运动作用下结构动力反应问题的研究，参与的物理参数有应力（σ）、几何尺寸（L）、时间（t）、加速度（a）、重力加速度（g）、材料弹性模量（E）、密度（ρ）和位置向量（$\vec{r}$）以及考虑初始条件的物理初始应力（σ_0）和初始位置向量（$\vec{r}_0$），其函数关系为：

$$\sigma = F(L,t,a,g,E,\rho,\vec{r},\sigma_0,\vec{r}_0) \qquad (A.2.3\text{-}1)$$

按量纲分析的Π定理，如一个物理现象可由n个物理量构成的物理方程描述，n个物理量中有k个独立的物理量，即有k个基本物理量，可选k个基本单位，则该物理现象也可以用这些物理量组成的（$n-k$）个无量纲群的关系式来描述。在工程系统中基本物理量为M（质量）、L（长度）和T（时间），即$k=3$。为此可组成$n-k=10-3=7$个独立的无量纲项（相似判据Π），所以无量纲项的函数关系为：

$$\Pi = f\left[\frac{\sigma}{E},\frac{\vec{r}}{L},\frac{t}{L}\sqrt{\frac{E}{\rho}},\frac{a}{g},\frac{a_1\rho}{E},\frac{\sigma_0}{E},\frac{\vec{r}_0}{L}\right] \qquad (A.2.3\text{-}2)$$

即

$$\frac{\sigma}{E} = f\left[\frac{\vec{r}}{L},\frac{t}{L}\sqrt{\frac{E}{\rho}},\frac{a}{g},\frac{a_1\rho}{E},\frac{\sigma_0}{E},\frac{\vec{r}_0}{L}\right] \qquad (A.2.3\text{-}3)$$

这个方程式中的每一项在模型和原型中都应相等，由此得到表3.4.8所列的各项动力相似条件。

A.2.3.1 模拟地震振动台试验的模型试体是与原型结构在同样相等的重力加速度g下进行试验的，即$S_g=q_m/q_p=1$由公式（3.4.8-2）的无量纲项a/g和aL_ρ/E可知，当$S_a=S_g=1$时，则该项$E/\rho=L$，相似关系满足$S_E/S_\rho=S_L$，即要求模型材料较原型材料有更小的刚度或者是更大的密度。对于混凝土结构，由于模型材料和原型材料的刚度及密度一般是非常相近的，因此就限制了使用强度模型研究结构非线性和重力效应问题的可能性。如果模型使用和原型相同的材料，即$S_E=S_\rho=1$，则要求$S_g=1/g_L$，这样对于小比例的模型就要求有非常大的加速度，这对于模拟地震振动台试验带来困难，所以在实际试验时采用人工质量模拟的强度模型。

A.2.3.2 当采取人工质量模拟的强度模型试验时，要求用高密度材料来增加结构上有效的模型材料密度，这种高密度材料并不影响结构的性能，仅是为了满足$S_E/S_\rho=1$的相似要求。实际上就是在模型上附加适当的分布质量，但这些附加的质量不能改变结构的强度和刚度的特性。

表A.2.3第2列中的S'_ρ为考虑人工质量模拟的等效质量密度的相似常数。公式（A.2.3-1）中ρ_{0m}为模型中具有结构效应材料的质量密度，ρ_{1m}为作为人工质量模拟施加于模型上的附加材料的质量密度，可由公式（A.2.3-2）确定。式中$S_{\rho0}$为具有结构效应材料的质量密度相似常数。

A.2.3.3 对于由重力效应引起的应力比地震作用引起的动应力小得多的结构，模型设计可忽略重力加速度g的影响，即可排除$S_g=1$的约束条件，因此这类模型不须要模拟人工质量，不模拟重力影响。当模型选用和原型结构相同材料时，即$S_E=S_\rho=1$，则$S_t=S_L$及$S_a=\frac{1}{S_L}$，即要求时间及加速度的比例很大，因而导致测量精度及动力激振等生困难，同时也会增大材料应变速率的影响。

对于试验只涉及线性范围工作性能的弹性模型，可以将重力效应和动力效应分开，同样可以不考虑重力加速度。但这类模型不能适当模拟由几何非线性引起的次生效应。

附录B 拟动力试验数值计算方法

B.1.1 本条文按拟动力试验的过程特点对各步骤的实施作出统一规定

B.1.1.1 根据结构试体的材料力学性能和结构体系受力性能及相应试验数据（含试验前的静力小荷载加载试验结果数据），确定出动力反应分析中动力方程所需要的必要初始参数。

B.1.1.2 将初始参数代入动力方程B.1.3，计算结构试体在地震作用下第一步（即时间为Δt时）反应位移。

B.1.1.3 将计算出的反应位移通过试验加载作动器施加于结构试体，并测量各质量处的恢复力值。

B.1.1.4 根据实测的恢复力值修正本次加载前的计算参数，并将修改后的参数代入动力方程，得出下一步结构试体的地震反应位移，再施加位移。如此逐步迭代循环完成全部试验。

B.1.2 拟动力试验的地震加速度时程曲线（即地震波）选用原则为

应满足地震对实际结构的作用影响，控制其持时长度能够使实际结构产生足够的振动周期，同时要求持时长度大于结构基本自振周期的8倍以上。

试验数值计算所取时间步长与地震加速度时程曲线的数据文件所取数值的各时间步长相对应，用Δt表示。建议取$\Delta t=(0.05\sim0.1)T$。T为实际结构的各振型影响中不可忽略的各周期之中最短周期，等效单质点体系取基本周期，以便使试验过程连续，且具有较高精确度。

当结构试体为比例模型时，持时长度与时间步长均需按相似关系变换。

B.1.4 试验初始阶段，可采用β法或拟静力法进行动力方程计算，此时，直接由结构的弹性刚度矩阵[K]和位移之积[K]｛X｝、$P=KX$或｛P｝=[K]｛X｝代替式B.1.1中实测恢复力｛P｝项，求出反应位移｛X｝后，控制作动器对结构试体施加位移，然后再进行下一步计算。当位移较大，恢复力量测误差的影响较小后，应及时转入正常试验阶段。

试验的正常阶段，宜采用中心差分法进行动力方程分析，此时，直接采用量测的恢复力｛P｝代入方程中进行计算，求得反应位移，并控制作动器对试体施加位移，量测恢复力并进行下一步计算。

采用等效单质点体系进行动力分析时，按式B.1.3求得位移参数$\tilde{X}$后，按式B.1.3-3计算各质点的反应位移X_i，并施加到试体上。量测各质点恢复力P_i后，按式B.1.3-1～3计算$\tilde{P}$，返回式B.1.3进行下一步计算。

中华人民共和国国家标准

建筑工程抗震设防分类标准

Standard for classification of seismic protection of building constructions

GB 50223—2008

主编部门：中华人民共和国住房和城乡建设部
批准部门：中华人民共和国住房和城乡建设部
施行日期：2 0 0 8 年 7 月 3 0 日

中华人民共和国住房和城乡建设部
公　　告

第 70 号

关于发布国家标准《建筑工程抗震设防分类标准》的公告

现批准《建筑工程抗震设防分类标准》为国家标准，编号为 GB 50223—2008，自发布之日起实施。其中，第 1.0.3、3.0.2、3.0.3 条为强制性条文，必须严格执行。原《建筑工程抗震设防分类标准》GB 50223—2004 同时废止。

本标准由我部标准定额研究所组织中国建筑工业出版社出版发行。

中华人民共和国住房和城乡建设部

2008 年 7 月 30 日

前　　言

本标准系根据住房和城乡建设部建标［2008］65 号文的要求，由中国建筑科学研究院会同有关的设计、研究和教学单位对《建筑工程抗震设防分类标准》GB 50223—2004 进行修订而成。

修订过程中，初步调查总结了汶川大地震的经验教训：我国在 1976 年唐山地震后，建设部做出建筑从 6 度开始抗震设防和按高于设防烈度一度的“大震”不倒塌的设防目标进行抗震设计的决策，是正确的。本次汶川地震表明，严格按照现行规范进行设计、施工和使用的建筑，在遭遇比当地设防烈度高一度的地震作用下，没有出现倒塌破坏，有效地保护了人民的生命安全。

本次修订，考虑到我国经济已有较大发展，按照“对学校、医院、体育场馆、博物馆、文化馆、图书馆、影剧院、商场、交通枢纽等人员密集的公共服务设施，应当按照高于当地房屋建筑的抗震设防要求进行设计，增强抗震设防能力”的要求，提高了某些建筑的抗震设防类别，并在全国范围内较广泛地征求了有关设计、科研、教学单位及抗震管理部门的意见，经反复讨论、修改、充实，最后经审查定稿。

本次修订继续保持 1995 年版和 2004 年版的分类原则：鉴于所有建筑均要求达到“大震不倒”的设防目标，对需要比普通建筑提高抗震设防要求的建筑控制在较小的范围内，并主要采取提高抗倒塌变形能力的措施。

修订后本标准共有 8 章。主要修订内容如下：

1. 调整了分类的定义和内涵。

2. 特别加强对未成年人在地震等突发事件中的保护。

3. 扩大了划入人员密集建筑的范围，提高了医院、体育场馆、博物馆、文化馆、图书馆、影剧院、商场、交通枢纽等人员密集的公共服务设施的抗震能力。

4. 增加了地震避难场所建筑、电子信息中心建筑的要求。

5. 进一步明确本标准所列的建筑名称是示例，未列入本标准的建筑可按使用功能和规模相近的示例确定其抗震设防类别。

本标准将来可能需要进行局部修订，有关局部修订的信息和条文内容将刊登在《工程建设标准化》杂志上。

本标准以黑体字标志的条文为强制性条文，必须严格执行。

本标准由住房和城乡建设部负责管理和对强制性条文的解释，由中国建筑科学研究院工程抗震研究所负责具体技术内容的解释。在执行过程中，请各单位结合工程实践，认真总结经验，并将意见和建议寄交北京市北三环东路 30 号中国建筑科学研究院国家标准《建筑工程抗震设防分类标准》管理组（邮编：100013，E-mail：ieecabr@cabr.com.cn）。

主 编 单 位：中国建筑科学研究院

参 加 单 位：北京市建筑设计研究院
中国中轻国际工程有限公司
中国电子工程设计院
中国钢研科技集团公司
北京市市政工程设计研究总院

中国航空工业规划设计研究院
中国电力工程顾问集团公司
中广电广播电影电视设计研究院
北京华宇工程有限公司
中国石化工程建设公司
同济大学

主要起草人： 王亚勇　戴国莹（以下按姓氏笔画排列）
许鸿业　李　杰　李　虹　沈世杰
沈顺高　吴德安　张相忱　苗启松
罗开海　郑　捷　柯长华　娄　宇
黄左坚

目　次

1 总 则

1.0.1 为明确建筑工程抗震设计的设防类别和相应的抗震设防标准，以有效地减轻地震灾害，制定本标准。

1.0.2 本标准适用于抗震设防区建筑工程的抗震设防分类。

1.0.3 抗震设防区的所有建筑工程应确定其抗震设防类别。

新建、改建、扩建的建筑工程，其抗震设防类别不应低于本标准的规定。

1.0.4 制定建筑工程抗震设防分类的行业标准，应遵守本标准的划分原则。

本标准未列出的有特殊要求的建筑工程，其抗震设防分类应按专门规定执行。

2 术 语

2.0.1 抗震设防分类 seismic fortification category for structures

根据建筑遭遇地震破坏后，可能造成人员伤亡、直接和间接经济损失、社会影响的程度及其在抗震救灾中的作用等因素，对各类建筑所做的设防类别划分。

2.0.2 抗震设防烈度 seismic fortification intensity

按国家规定的权限批准作为一个地区抗震设防依据的地震烈度。一般情况下，取50年内超越概率10%的地震烈度。

2.0.3 抗震设防标准 seismic fortification criterion

衡量抗震设防要求高低的尺度，由抗震设防烈度或设计地震动参数及建筑抗震设防类别确定。

3 基本规定

3.0.1 建筑抗震设防类别划分，应根据下列因素的综合分析确定：

1 建筑破坏造成的人员伤亡、直接和间接经济损失及社会影响的大小。

2 城镇的大小、行业的特点、工矿企业的规模。

3 建筑使用功能失效后，对全局的影响范围大小、抗震救灾影响及恢复的难易程度。

4 建筑各区段的重要性有显著不同时，可按区段划分抗震设防类别。下部区段的类别不应低于上部区段。

5 不同行业的相同建筑，当所处地位及地震破坏所产生的后果和影响不同时，其抗震设防类别可不相同。

注：区段指由防震缝分开的结构单元、平面内使用功能不同的部分、或上下使用功能不同的部分。

3.0.2 建筑工程应分为以下四个抗震设防类别：

1 特殊设防类：指使用上有特殊设施，涉及国家公共安全的重大建筑工程和地震时可能发生严重次生灾害等特别重大灾害后果，需要进行特殊设防的建筑。简称甲类。

2 重点设防类：指地震时使用功能不能中断或需尽快恢复的生命线相关建筑，以及地震时可能导致大量人员伤亡等重大灾害后果，需要提高设防标准的建筑。简称乙类。

3 标准设防类：指大量的除1、2、4款以外按标准要求进行设防的建筑。简称丙类。

4 适度设防类：指使用上人员稀少且震损不致产生次生灾害，允许在一定条件下适度降低要求的建筑。简称丁类。

3.0.3 各抗震设防类别建筑的抗震设防标准，应符合下列要求：

1 标准设防类，应按本地区抗震设防烈度确定其抗震措施和地震作用，达到在遭遇高于当地抗震设防烈度的预估罕遇地震影响时不致倒塌或发生危及生命安全的严重破坏的抗震设防目标。

2 重点设防类，应按高于本地区抗震设防烈度一度的要求加强其抗震措施；但抗震设防烈度为9度时应按比9度更高的要求采取抗震措施；地基基础的抗震措施，应符合有关规定。同时，应按本地区抗震设防烈度确定其地震作用。

3 特殊设防类，应按高于本地区抗震设防烈度提高一度的要求加强其抗震措施；但抗震设防烈度为9度时应按比9度更高的要求采取抗震措施。同时，应按批准的地震安全性评价的结果且高于本地区抗震设防烈度的要求确定其地震作用。

4 适度设防类，允许比本地区抗震设防烈度的要求适当降低其抗震措施，但抗震设防烈度为6度时不应降低。一般情况下，仍应按本地区抗震设防烈度确定其地震作用。

注：对于划为重点设防类而规模很小的工业建筑，当改用抗震性能较好的材料且符合抗震设计规范对结构体系的要求时，允许按标准设防类设防。

3.0.4 本标准仅列出主要行业的抗震设防类别的建筑示例；使用功能、规模与示例类似或相近的建筑，可按该示例划分其抗震设防类别。本标准未列出的建筑宜划为标准设防类。

4 防灾救灾建筑

4.0.1 本章适用于城市和工矿企业与防灾和救灾有关的建筑。

4.0.2 防灾救灾建筑应根据其社会影响及在抗震救

灾中的作用划分抗震设防类别。

4.0.3 医疗建筑的抗震设防类别，应符合下列规定：

1 三级医院中承担特别重要医疗任务的门诊、医技、住院用房，抗震设防类别应划为特殊设防类。

2 二、三级医院的门诊、医技、住院用房，具有外科手术室或急诊科的乡镇卫生院的医疗用房，县级及以上急救中心的指挥、通信、运输系统的重要建筑，县级及以上的独立采供血机构的建筑，抗震设防类别应划为重点设防类。

3 工矿企业的医疗建筑，可比照城市的医疗建筑示例确定其抗震设防类别。

4.0.4 消防车库及其值班用房，抗震设防类别应划为重点设防类。

4.0.5 20万人口以上的城镇和县及县级市防灾应急指挥中心的主要建筑，抗震设防类别不应低于重点设防类。

工矿企业的防灾应急指挥系统建筑，可比照城市防灾应急指挥系统建筑示例确定其抗震设防类别。

4.0.6 疾病预防与控制中心建筑的抗震设防类别，应符合下列规定：

1 承担研究、中试和存放剧毒的高危险传染病病毒任务的疾病预防与控制中心的建筑或其区段，抗震设防类别应划为特殊设防类。

2 不属于1款的县、县级市及以上的疾病预防与控制中心的主要建筑，抗震设防类别应划为重点设防类。

4.0.7 作为应急避难场所的建筑，其抗震设防类别不应低于重点设防类。

5 基础设施建筑

5.1 城镇给水排水、燃气、热力建筑

5.1.1 本节适用于城镇的给水、排水、燃气、热力建筑工程。

工矿企业的给水、排水、燃气、热力建筑工程，可分别比照城市的给水、排水、燃气、热力建筑工程确定其抗震设防类别。

5.1.2 城镇和工矿企业的给水、排水、燃气、热力建筑，应根据其使用功能、规模、修复难易程度和社会影响等划分抗震设防类别。其配套的供电建筑，应与主要建筑的抗震设防类别相同。

5.1.3 给水建筑工程中，20万人口以上城镇、抗震设防烈度为7度及以上的县及县级市的主要取水设施和输水管线、水质净化处理厂的主要水处理建（构）筑物、配水井、送水泵房、中控室、化验室等，抗震设防类别应划为重点设防类。

5.1.4 排水建筑工程中，20万人口以上城镇、抗震设防烈度为7度及以上的县及县级市的污水干管（含合流），主要污水处理厂的主要水处理建（构）筑物、进水泵房、中控室、化验室，以及城市排涝泵站、城镇主干道立交处的雨水泵房，抗震设防类别应划为重点设防类。

5.1.5 燃气建筑中，20万人口以上城镇、县及县级市的主要燃气厂的主厂房、贮气罐、加压泵房和压缩间、调度楼及相应的超高压和高压调压间、高压和次高压输配气管道等主要设施，抗震设防类别应划为重点设防类。

5.1.6 热力建筑中，50万人口以上城镇的主要热力厂主厂房、调度楼、中继泵站及相应的主要设施用房，抗震设防类别应划为重点设防类。

5.2 电力建筑

5.2.1 本节适用于电力生产建筑和城镇供电设施。

5.2.2 电力建筑应根据其直接影响的城市和企业的范围及地震破坏造成的直接和间接经济损失划分抗震设防类别。

5.2.3 电力调度建筑的抗震设防类别，应符合下列规定：

1 国家和区域的电力调度中心，抗震设防类别应划为特殊设防类。

2 省、自治区、直辖市的电力调度中心，抗震设防类别宜划为重点设防类。

5.2.4 火力发电厂（含核电厂的常规岛）、变电所的生产建筑中，下列建筑的抗震设防类别应划为重点设防类：

1 单机容量为300MW及以上或规划容量为800MW及以上的火力发电厂和地震时必须维持正常供电的重要电力设施的主厂房、电气综合楼、网控楼、调度通信楼、配电装置楼、烟囱、烟道、碎煤机室、输煤转运站和输煤栈桥、燃油和燃气机组电厂的燃料供应设施。

2 330kV及以上的变电所和220kV及以下枢纽变电所的主控通信楼、配电装置楼、就地继电器室；330kV及以上的换流站工程中的主控通信楼、阀厅和就地继电器室。

3 供应20万人口以上规模的城镇集中供热的热电站的主要发配电控制室及其供电、供热设施。

4 不应中断通信设施的通信调度建筑。

5.3 交通运输建筑

5.3.1 本节适用于铁路、公路、水运和空运系统建筑和城镇交通设施。

5.3.2 交通运输系统生产建筑应根据其在交通运输线路中的地位、修复难易程度和对抢险救灾、恢复生产所起的作用划分抗震设防类别。

5.3.3 铁路建筑中，高速铁路、客运专线（含城际铁路）、客货共线Ⅰ、Ⅱ级干线和货运专线的铁路枢

纽的行车调度、运转、通信、信号、供电、供水建筑，以及特大型站和最高聚集人数很多的大型站的客运候车楼，抗震设防类别应划为重点设防类。

5.3.4 公路建筑中，高速公路、一级公路、一级汽车客运站和位于抗震设防烈度为7度及以上地区的公路监控室，一级长途汽车站客运候车楼，抗震设防类别应划为重点设防类。

5.3.5 水运建筑中，50万人口以上城市、位于抗震设防烈度为7度及以上地区的水运通信和导航等重要设施的建筑，国家重要客运站，海难救助打捞等部门的重要建筑，抗震设防类别应划为重点设防类。

5.3.6 空运建筑中，国际或国内主要干线机场中的航空站楼、大型机库，以及通信、供电、供热、供水、供气、供油的建筑，抗震设防类别应划为重点设防类。

航管楼的设防标准应高于重点设防类。

5.3.7 城镇交通设施的抗震设防类别，应符合下列规定：

1 在交通网络中占关键地位、承担交通量大的大跨度桥应划为特殊设防类；处于交通枢纽的其余桥梁应划为重点设防类。

2 城市轨道交通的地下隧道、枢纽建筑及其供电、通风设施，抗震设防类别应划为重点设防类。

5.4 邮电通信、广播电视建筑

5.4.1 本节适用于邮电通信、广播电视建筑。

5.4.2 邮电通信、广播电视建筑，应根据其在整个信息网络中的地位和保证信息网络通畅的作用划分抗震设防类别。其配套的供电、供水建筑，应与主体建筑的抗震设防类别相同；当特殊设防类的供电、供水建筑为单独建筑时，可划为重点设防类。

5.4.3 邮电通信建筑的抗震设防类别，应符合下列规定：

1 国际出入口局，国际无线电台，国家卫星通信地球站，国际海缆登陆站，抗震设防类别应划为特殊设防类。

2 省中心及省中心以上通信枢纽楼、长途传输一级干线枢纽站、国内卫星通信地球站、本地网通枢纽楼及通信生产楼、应急通信用房，抗震设防类别应划为重点设防类。

3 大区中心和省中心的邮政枢纽，抗震设防类别应划为重点设防类。

5.4.4 广播电视建筑的抗震设防类别，应符合下列规定：

1 国家级、省级的电视调频广播发射塔建筑，当混凝土结构塔的高度大于250m或钢结构塔的高度大于300m时，抗震设防类别应划为特殊设防类；国家级、省级的其余发射塔建筑，抗震设防类别应划为重点设防类。国家级卫星地球站上行站，抗震设防类别应划为特殊设防类。

2 国家级、省级广播中心、电视中心和电视调频广播发射台的主体建筑，发射总功率不小于200kW的中波和短波广播发射台、广播电视卫星地球站、国家级和省级广播电视监测台与节目传送台的机房建筑和天线支承物，抗震设防类别应划为重点设防类。

6 公共建筑和居住建筑

6.0.1 本章适用于体育建筑、影剧院、博物馆、档案馆、商场、展览馆、会展中心、教育建筑、旅馆、办公建筑、科学实验建筑等公共建筑和住宅、宿舍、公寓等居住建筑。

6.0.2 公共建筑，应根据其人员密集程度、使用功能、规模、地震破坏所造成的社会影响和直接经济损失的大小划分抗震设防类别。

6.0.3 体育建筑中，规模分级为特大型的体育场，大型、观众席容量很多的中型体育场和体育馆（含游泳馆），抗震设防类别应划为重点设防类。

6.0.4 文化娱乐建筑中，大型的电影院、剧场、礼堂、图书馆的视听室和报告厅、文化馆的观演厅和展览厅、娱乐中心建筑，抗震设防类别应划为重点设防类。

6.0.5 商业建筑中，人流密集的大型的多层商场抗震设防类别应划为重点设防类。当商业建筑与其他建筑合建时应分别判断，并按区段确定其抗震设防类别。

6.0.6 博物馆和档案馆中，大型博物馆，存放国家一级文物的博物馆，特级、甲级档案馆，抗震设防类别应划为重点设防类。

6.0.7 会展建筑中，大型展览馆、会展中心，抗震设防类别应划为重点设防类。

6.0.8 教育建筑中，幼儿园、小学、中学的教学用房以及学生宿舍和食堂，抗震设防类别应不低于重点设防类。

6.0.9 科学实验建筑中，研究、中试生产和存放具有高放射性物品以及剧毒的生物制品、化学制品、天然和人工细菌、病毒（如鼠疫、霍乱、伤寒和新发高危险传染病等）的建筑，抗震设防类别应划为特殊设防类。

6.0.10 电子信息中心的建筑中，省部级编制和贮存重要信息的建筑，抗震设防类别应划为重点设防类。

国家级信息中心建筑的抗震设防标准应高于重点设防类。

6.0.11 高层建筑中，当结构单元内经常使用人数超过8000人时，抗震设防类别宜划为重点设防类。

6.0.12 居住建筑的抗震设防类别不应低于标准设防类。

7 工业建筑

7.1 采煤、采油和矿山生产建筑

7.1.1 本节适用于采煤、采油和天然气以及采矿的生产建筑。

7.1.2 采煤、采油和天然气、采矿的生产建筑，应根据其直接影响的城市和企业的范围及地震破坏所造成的直接和间接经济损失划分抗震设防类别。

7.1.3 采煤生产建筑中，矿井的提升、通风、供电、供水、通信和瓦斯排放系统，抗震设防类别应划为重点设防类。

7.1.4 采油和天然气生产建筑中，下列建筑的抗震设防类别应划为重点设防类：

1 大型油、气田的联合站、压缩机房、加压气站泵房、阀组间、加热炉建筑。

2 大型计算机房和信息贮存库。

3 油品储运系统液化气站、轻油泵房及氮气站、长输管道首末站、中间加压泵站。

4 油、气田主要供电、供水建筑。

7.1.5 采矿生产建筑中，下列建筑的抗震设防类别应划为重点设防类：

1 大型冶金矿山的风机室、排水泵房、变电室、配电室等。

2 大型非金属矿山的提升、供水、排水、供电、通风等系统的建筑。

7.2 原材料生产建筑

7.2.1 本节适用于冶金、化工、石油化工、建材和轻工业原材料等工业原材料生产建筑。

7.2.2 冶金、化工、石油化工、建材、轻工业的原材料生产建筑，主要以其规模、修复难易程度和停产后相关企业的直接和间接经济损失划分抗震设防类别。

7.2.3 冶金工业、建材工业企业的生产建筑中，下列建筑的抗震设防类别应划为重点设防类：

1 大中型冶金企业的动力系统建筑，油库及油泵房，全厂性生产管制中心、通信中心的主要建筑。

2 大型和不容许中断生产的中型建材工业企业的动力系统建筑。

7.2.4 化工和石油化工生产建筑中，下列建筑的抗震设防类别应划为重点设防类：

1 特大型、大型和中型企业的主要生产建筑以及对正常运行起关键作用的建筑。

2 特大型、大型和中型企业的供热、供电、供气和供水建筑。

3 特大型、大型和中型企业的通讯、生产指挥中心建筑。

7.2.5 轻工原材料生产建筑中，大型浆板厂和洗涤剂原料厂等大型原材料生产企业中的主要装置及其控制系统和动力系统建筑，抗震设防类别应划为重点设防类。

7.2.6 冶金、化工、石油化工、建材、轻工业原料生产建筑中，使用或生产过程中具有剧毒、易燃、易爆物质的厂房，当具有泄毒、爆炸或火灾危险性时，其抗震设防类别应划为重点设防类。

7.3 加工制造业生产建筑

7.3.1 本节适用于机械、船舶、航空、航天、电子（信息）、纺织、轻工、医药等工业生产建筑。

7.3.2 加工制造工业生产建筑，应根据建筑规模和地震破坏所造成的直接和间接经济损失的大小划分抗震设防类别。

7.3.3 航空工业生产建筑中，下列建筑的抗震设防类别应划为重点设防类：

1 部级及部级以上的计量基准所在的建筑，记录和贮存航空主要产品（如飞机、发动机等）或关键产品的信息贮存所在的建筑。

2 对航空工业发展有重要影响的整机或系统性能试验设施、关键设备所在建筑（如大型风洞及其测试间，发动机高空试车台及其动力装置及测试间，全机电磁兼容试验建筑）。

3 存放国内少有或仅有的重要精密设备的建筑。

4 大中型企业主要的动力系统建筑。

7.3.4 航天工业生产建筑中，下列建筑的抗震设防类别应划为重点设防类：

1 重要的航天工业科研楼、生产厂房和试验设施、动力系统的建筑。

2 重要的演示、通信、计量、培训中心的建筑。

7.3.5 电子信息工业生产建筑中，下列建筑的抗震设防类别应划为重点设防类：

1 大型彩管、玻壳生产厂房及其动力系统。

2 大型的集成电路、平板显示器和其他电子类生产厂房。

3 重要的科研中心、测试中心、试验中心的主要建筑。

7.3.6 纺织工业的化纤生产建筑中，具有化工性质的生产建筑，其抗震设防类别宜按本标准 7.2.4 条划分。

7.3.7 大型医药生产建筑中，具有生物制品性质的厂房及其控制系统，其抗震设防类别宜按本标准 6.0.9 条划分。

7.3.8 加工制造工业建筑中，生产或使用具有剧毒、易燃、易爆物质且具有火灾危险性的厂房及其控制系统的建筑，抗震设防类别应划为重点设防类。

7.3.9 大型的机械、船舶、纺织、轻工、医药等工业企业的动力系统建筑应划为重点设防类。

7.3.10 机械、船舶工业的生产厂房，电子、纺织、轻工、医药等工业的其他生产厂房，宜划为标准设防类。

8 仓库类建筑

8.0.1 本章适用于工业与民用的仓库类建筑。

8.0.2 仓库类建筑，应根据其存放物品的经济价值和地震破坏所产生的次生灾害划分抗震设防类别。

8.0.3 仓库类建筑的抗震设防类别，应符合下列规定：

1 储存高、中放射性物质或剧毒物品的仓库不应低于重点设防类，储存易燃、易爆物质等具有火灾危险性的危险品仓库应划为重点设防类。

2 一般的储存物品的价值低、人员活动少、无次生灾害的单层仓库等可划为适度设防类。

本标准用词说明

1 为便于在执行本标准条文时区别对待，对要求严格程度不同的用词说明如下：

1） 表示很严格，非这样做不可的：

正面词采用“必须”；反面词采用“严禁”；

2） 表示严格，在正常情况下均应这样做的：

正面词采用“应”；反面词采用“不应”或“不得”；

3） 表示允许稍有选择，在条件许可时首先应这样做的：

正面词采用“宜”；反面词采用“不宜”；

表示有选择，在一定条件下可以这样做的，采用“可”。

2 条文中指明应按其他有关标准、规范执行时，写法为：“应符合……的规定”或“应按……执行”。

中华人民共和国国家标准

建筑工程抗震设防分类标准

GB 50223—2008

条 文 说 明

目　次

1 总　　则

1.0.1 按照遭受地震破坏后可能造成的人员伤亡、经济损失和社会影响的程度及建筑功能在抗震救灾中的作用，将建筑工程划分为不同的类别，区别对待，采取不同的设计要求，是根据我国现有技术和经济条件的实际情况，达到减轻地震灾害又合理控制建设投资的重要对策之一。

1.0.2 本次修订基本保持1995年版以来本标准的适用范围。

抗震设防烈度与设计基本地震加速度的对应关系，按《建筑抗震设计规范》GB 50011的规定执行。

建筑工程，本标准指各类房屋建筑及其附属设施，包括基础设施建筑的相关内容。

1.0.3 本条是新增的，作为强制性条文，主要明确两点：其一，所有建筑工程进行抗震设计时均应确定其设防分类；其二，本标准的规定是最低的要求。

鉴于既有建筑工程的情况复杂，需要根据实际情况处理，故本标准的规定不包括既有建筑。

1.0.4 本标准属于基础标准，各类建筑的抗震设计规范、规程中对于建筑工程抗震设防类别的划分，需以本标准为依据。

由于行业很多，本标准不可能一一列举，只能对各类建筑作较原则的规定。因此，本标准未列举的行业，其具体建筑的抗震设防类别的划分标准，需按本标准的原则要求，比照本标准所列举的行业建筑示例确定。

核工业、军事工业等特殊行业，以及一般行业中有特殊要求的建筑，本标准难以作出普遍性的规定；有些行业，如与水工建筑有关的建筑，其抗震设防类别需依附于行业主要建筑，本标准不作规定。

2 术　　语

2.0.1 术语提到了确定抗震设防类别所涉及的几个影响因素。其中的经济损失分为直接和间接两类，是为了在抗震设防类别划分中区别对待。

直接经济损失指建筑物、设备及设施遭到破坏而产生的经济损失和因停产、停业所减少的净产值。间接经济损失指建筑物、设备及设施遭到破坏，导致停产所减少的社会产值、修复所需费用、伤员医疗费用以及保险补偿费用等。其中，建筑的地震灾害保险是各国保险业的一种业务，在《中华人民共和国防震减灾法》中已经明确鼓励单位和个人参加地震灾害保险。发生严重破坏性地震时，灾区将丧失或部分丧失自我恢复能力，需要采取相应的救灾行动，包括保险补偿等。

社会影响指建筑物、设备及设施破坏导致人员伤亡造成的影响、社会稳定、生活条件的降低、对生态环境的影响以及对国际的影响等。

2.0.2、2.0.3 这两个术语，引自《建筑抗震设计规范》GB 50011的“抗震设防烈度”和“抗震设防标准”。

关于建筑的抗震设防烈度和对应的设计基本加速度，根据建设部1992年7月3日发布的建标［1992］419号文《关于统一抗震设计规范地面运动加速度设计取值的通知》的规定，均指当地50年设计基准期内超越概率10%的地震烈度和对应的地震地面运动加速度的设计取值。这里需注意，设计基准期和设计使用年限是不同的两个概念。

各本建筑设计规范、规程采用的设计基准期均为50年，建筑工程的设计使用年限可以根据具体情况采用。《建筑结构可靠度设计统一标准》GB 50068—2001提出了设计使用年限的原则规定，要求纪念性的、特别重要的建筑的设计使用年限为100年，以提高其设计的安全性。然而，要使不同设计使用年限的建筑工程对完成预定的功能具有足够的可靠度，所对应的各种可变荷载（作用）的标准值和变异系数、材料强度设计值、设计表达式的各个分项系数、可靠指标的确定等需要相互配套，是一个系统工程，有待逐步研究解决。现阶段，重要性系数增加0.1，可靠指标约增加0.5，《建筑结构可靠度设计统一标准》GB 50068—2001要求，设计使用年限100年的建筑和设计使用年限50年的重要建筑，均采用重要性系数不小于1.1来适当提高结构的安全性，二者并无区别。

对于抗震设计，鉴于本标准的建筑抗震设防分类和相应的设防标准已体现抗震安全性要求的不同，对不同的设计使用年限，可参考下列处理方法：

1） 若投资方提出的所谓设计使用年限100年的功能要求仅仅是耐久性100年的要求，则抗震设防类别和相应的设防标准仍按本标准的规定采用。

2） 不同设计使用年限的地震动参数与设计基准期（50年）的地震动参数之间的基本关系，可参阅有关的研究成果。当获得设计使用年限100年内不同超越概率的地震动参数时，如按这些地震动参数确定地震作用，即意味着通过提高结构的地震作用来提高抗震能力。此时，如果按本标准划分规定不属于标准设防类，仍应按本标准的相关要求采取抗震措施。

需注意，只提高地震作用或只提高抗震措施，二者的效果有所不同，但均可认为满足提高抗震安全性的要求；当既提高地震作用又提高抗震措施时，则结构抗震安全性可有较大程度的提高。

3） 当设计使用年限少于设计基准期，抗震设防要求可相应降低。临时性建筑通常可不设防。

3 基本规定

3.0.1 建筑工程抗震设防类别划分的基本原则，是从抗震设防的角度进行分类。这里，主要指建筑遭受地震损坏对各方面影响后果的严重性。本条规定了判断后果所需考虑的因素，即对各方面影响的综合分析来划分。这些影响因素主要包括：

①从性质看有人员伤亡、经济损失、社会影响等；

②从范围看有国际、国内、地区、行业、小区和单位；

③从程度看有对生产、生活和救灾影响的大小，导致次生灾害的可能，恢复重建的快慢等。

在对具体的对象作实际的分析研究时，建筑工程自身抗震能力、各部分功能的差异及相同建筑在不同行业所处的地位等因素，对建筑损坏的后果有不可忽视的影响，在进行设防分类时应对以上因素做综合分析。

本标准在各章中，对若干行业的建筑如何按上述原则进行划分，给出了较为具体的方法和示例。

城市的规模，本标准1995年版以市区人口划分：100万人口以上为特大城市，50万～100万人口为大城市，20万～50万人口以下为中等城市，不足20万人口为小城市。近年来，一些城市将郊区县划为市区，使市区范围不断扩大，相应的市区常住和流动人口增多。建议结合城市的国民经济产值衡量城市的大小，而且，经济实力强的城市，提高其建筑的抗震能力的要求也容易实现。

作为划分抗震设防类别所依据的规模、等级、范围，不同行业的定义不一样，例如，有的以投资规模区分，有的以产量大小区分，有的以等级区分，有的以座位多少区分。因此，特大型、大型和中小型的界限，与该行业的特点有关，还会随经济的发展而改变，需由有关标准和该行业的行政主管部门规定。由于不同行业之间对建筑规模和影响范围尚缺少定量的横向比较指标，不同行业的设防分类只能通过对上述多种因素的综合分析，在相对合理的情况下确定。例如，电力网络中的某些大电厂建筑，其损坏尚不致严重影响整个电网的供电；而大中型工矿企业中没有联网的自备发电设施，尽管规模不及大电厂，却是工矿企业的生命线工程设施，其重要性不可忽视。

在一个较大的建筑中，若不同区段使用功能的重要性有显著差异，应区别对待，可只提高某些重要区段的抗震设防类别，其中，位于下部的区段，其抗震设防类别不应低于上部的区段。

需要说明的是，本标准在条文说明的总则中明确，划分不同的抗震设防类别并采取不同的设计要求，是在现有技术和经济条件下减轻地震灾害的重要对策之一。考虑到现行的抗震设计规范、规程中，已经对某些相对重要的房屋建筑的抗震设防有很具体的提高要求。例如，混凝土结构中，高度大于30m的框架结构、高度大于60m的框架-抗震墙结构和高度大于80m的抗震墙结构，其抗震措施比一般的多层混凝土房屋有明显的提高；钢结构中，层数超过12层的房屋，其抗震措施也高于一般的多层房屋。因此，本标准在划分建筑抗震设防类别时，注意与设计规范、规程的设计要求配套，力求避免出现重复性的提高抗震设计要求。

3.0.2 本条作为强制性条文，明确在抗震设计中，将所有的建筑按本标准3.0.1条要求综合考虑分析后归纳为四类：需要特殊设防的特殊设防类、需要提高设防要求的重点设防类、按标准要求设防的标准设防类和允许适度设防的适度设防类。

本次修订，进一步突出了设防类别划分是侧重于使用功能和灾害后果的区分，并更强调体现对人员安全的保障。

所谓严重次生灾害，指地震破坏引发放射性污染、洪灾、火灾、爆炸、剧毒或强腐蚀性物质大量泄露、高危险传染病病毒扩散等灾难性灾害。

自1989年《建筑抗震设计规范》GBJ 11—89发布以来，按技术标准设计的所有房屋建筑，均应达到"多遇地震不坏、设防烈度地震可修和罕遇地震不倒"的设防目标。这里，多遇地震、设防烈度地震和罕遇地震，一般按地震基本烈度区划或地震动参数区划对当地的规定采用，分别为50年超越概率63%、10%和2%～3%的地震，或重现期分别为50年、475年和1600～2400年的地震。考虑到上述抗震设防目标可保障：房屋建筑在遭遇设防烈度地震影响时不致有灾难性后果，在遭遇罕遇地震影响时不致倒塌。本次汶川地震表明，严格按照现行规范进行设计、施工和使用的建筑，在遭遇比当地设防烈度高一度的地震作用下，没有出现倒塌破坏，有效地保护了人民的生命安全。因此，绝大部分建筑均可划为标准设防类，一般简称丙类。

市政工程中，按《室外给水排水和燃气热力工程抗震设计规范》GB 50032—2003设计的给水排水和热力工程，应在遭遇设防烈度地震影响下不需修理或经一般修理即可继续使用，其管网不致引发次生灾害，因此，绝大部分给水排水、热力工程也可划为标准设防类。

3.0.3 本条为强制性条文。任何建筑的抗震设防标准均不得低于本条的要求。

针对我国地震区划图所规定的烈度有很大不确定性的事实，在建设部领导下，《建筑抗震设计规范》GBJ 11—89明确规定了"小震不坏、中震可修、大震不倒”的抗震性能设计目标。这样，所有的建筑，只要严格按规范设计和施工，可以在遇到高于区划图一度的地震下不倒塌——实现生命安全的目标。因此，将使用上需要提高防震减灾能力的建筑控制在很小的范围。其中，重点设防类需按提高一度的要求加强其抗震措施——增加关键部位的投资即可达到提高安全性的目标；特殊设防类在提高一度的要求加强其抗震措施的基础上，还需要进行“场地地震安全性评价”等专门研究。

本条的修订有两处：

其一，从抗震概念设计的角度，文字表达上更突出各个设防类别在抗震措施上的区别。

其二，作为重点设防类建筑的例外，考虑到小型的工业建筑，如变电站、空压站、水泵房等通常采用砌体结构，明确其设计改用抗震性能较好的材料且结构体系符合抗震设计规范的有关规定时（见《建筑抗震设计规范》GB 50011—2001 第 3.5.2 条），其抗震措施才允许按标准类的要求采用。

房屋建筑所处场地的地震安全性评价，通常包括给定年限内不同超越概率的地震动参数，应由具备资质的单位按相关规定执行。地震安全性评价的结果需要按规定的权限审批。

需要说明，本标准规定重点设防类提高抗震措施而不提高地震作用，同一些国家的规范只提高地震作用（10%～30%）而不提高抗震措施，在设防概念上有所不同：提高抗震措施，着眼于把财力、物力用在增加结构薄弱部位的抗震能力上，是经济而有效的方法；只提高地震作用，则结构的各构件均全面增加材料，投资增加的效果不如前者。

3.0.4 本标准列举了主要行业建筑示例的抗震设防类别。一些功能类似的建筑，可比照示例进行划分。如工矿企业的供电、供热、供水、供气等动力系统的建筑，包括没有联网的自备热电站、主要的变配电室、泵站、加压站、煤气站、乙炔站、氧气站、油库等，功能特征与基础设施建筑类似，分类原则相同。

4 防灾救灾建筑

4.0.1 本章的防灾救灾建筑主要指地震时应急的医疗、消防设施和防灾应急指挥中心。与防灾救灾相关的供电、供水、供气、供热、广播、通信和交通系统的建筑，在城镇基础设施中已经予以规定。

4.0.2 本条保持 2004 年版的规定。

4.0.3 本条修订有三处：

其一，将 2004 年版条文说明中提到的承担特别重要医疗任务的医院，在正文中对文字予以修改，以避免三级特等医院与三级甲等医院相混。

其二，我国的一、二、三级医院主要反映设置规划确定的医院规模和服务人数的多少。当前在 100 万人口以上的大城市才建立三级医院，并且需联合二级医院才能完成所需的服务任务。因此，本次修订明确将二级、三级医院均提高为重点设防类。仍需考虑与急救处理无关的专科医院和综合医院的不同，区别对待。

其三，2004 年版根据新疆伽师、巴楚地震的经验，针对边远地区实际医疗机构分布的情况，增加了 8 度、9 度区的乡镇主要医疗建筑提高抗震设防类别的要求。本次修订更突出医疗卫生系统防灾救灾的功能，考虑到二级医院的急救处理范围不能或难以覆盖的县和乡镇，需要建立具有外科手术室和急诊科的医院或卫生院，并提高其抗震设防类别，可以逐步形成覆盖城乡范围具有地震等突发灾害时医疗卫生急救处理和防疫设施的完整保障系统。

医院的级别，按国家卫生行政主管部门的规定，三级医院指该医院总床位不少于 500 个且每床建筑面积不少于 $60m^2$，二级医院指床位不少于 100 个且每床建筑面积不少于 $45m^2$。

工矿企业与城市比照的原则，指从企业的规模和在本行业中的地位来对比。

4.0.4 本条保持 2004 年版的规定，消防车库等不分城市和县、镇的大小，均划为重点设防类。

工矿企业的消防设施，比照城市划分。工业行业建筑中关于消防车库抗震设防类别的划分规定均予以取消，避免重复规定。

4.0.5 本次修订，将 8 度、9 度的县级防灾应急指挥中心，扩大到 6 度、7 度，即所有烈度。

考虑到防灾应急指挥中心具有必需的信息、控制、调度系统和相应的动力系统，当一个建筑只在某个区段具有防灾应急指挥中心的功能时，可仅加强该区段，提高其设防标准。

4.0.6 本条保持 2004 年版的规定。考虑到地震后容易发生疫情，对县级及以上的疾病预防与控制中心的主要建筑提高设防标准；其中属于研究、中试和存放具有剧毒性质的高危险传染病病毒的建筑，与本标准第 6.0.9 条的规定一致，划为特殊设防类。

4.0.7 本条是新增的。按照 2007 年发布的国家标准《城市抗震防灾规划标准》GB 50413 等相关规划标准的要求，作为地震等突发灾害的应急避难场所，需要有提高抗震设防类别的建筑。

5 基础设施建筑

5.1 城镇给水排水、燃气、热力建筑

5.1.1 本节主要为属于城镇的市政工程以及工矿企业中的类似工程。

5.1.2 配套的供电建筑，主要指变电站、变配电室等。

5.1.3 给水工程设施是城镇生命线工程的重要组成部分，涉及生产用水、居民生活饮用水和震后抗震救灾用水。地震时首先要保证主要水源不能中断（取水构筑物、输水管道安全可靠）；水质净化处理厂能基本正常运行。要达到这一目标，需要对水处理系统的建（构）筑物、配水井、送水泵房、加氯间或氯库和作为运行中枢机构的控制室和水质化验室加强设防。对一些大城市，尚需考虑供水加压泵房。

水质净化处理系统的主要建（构）筑物，包括反应沉淀池、滤站（滤池或有上部结构）、加药、贮存清水等设施。对贮存消毒用的氯库加强设防，是避免震后氯气泄漏，引发二次灾害。

条文强调"主要"，指在一个城镇内，当有多个水源引水、分区设置水厂，并设置环状配水管网可相互沟通供水时，仅规定主要的水源和相应的水质净化处理厂的建（构）筑物提高设防标准，而不是全部给水建筑。

现行的给排水工程的抗震设计规范，要求给排水工程在遭遇设防烈度地震影响下不需修理或经一般修理即可继续使用，因此，需要提高设防标准的，一般以城区人口 20 万划分；考虑供水的特点，增加 7～9 度设防的小城市和县城。

5.1.4 排水工程设施包括排水管网、提升泵房和污水处理厂，当系统遭受地震破坏后，将导致环境污染，成为震后引发传染病的根源。为此，需要保持污水处理厂能够基本正常运行、排水管网的损坏不致引发次生灾害，应予以重视。相应的主要设施指大容量的污水处理池，一旦破坏可能引发数以万吨计的污水泛滥，修复困难，后果严重。

污水厂（含污水回用处理厂）的水处理建（构）筑物，包括进水格栅间、沉砂池、沉淀池（含二次沉淀）、生物处理池（含曝气池）、消化池等。

对污水干线加强设防，主要考虑这些排水管的体量大，一般为重力流，埋深较大，遭受地震破坏后可能引发水土流失、建（构）筑物基础下陷、结构开裂等次生灾害。

道路立交处的雨水泵房承担降低地下水位和排除雨后积水的任务，城市排涝泵站承担排涝的任务，遭受地震破坏将导致积水过深，影响救灾车辆的通行，加剧震害，故予以加强。

条文强调"主要"，指一个城镇内，当有多个污水处理厂时，需区分水处理规模和建设场地的环境，确定需要加强抗震设防的污水处理工程，而不是全部提高。

大型池体对地基不均匀沉降敏感，尤其是矩形水池，长边可达 100m 以上，提高地基液化处理的要求是必要的。

5.1.5 燃气系统遭受地震破坏后，既影响居民生活又可能引发严重火灾或煤气、天然气泄漏等次生灾害，需予以提高。输配气管道按运行压力区别对待，可体现城镇的大小。超高压指压力大于 4.0MPa，高压指 1.6～4.0MPa，次高压指 0.4～1.6MPa。

5.1.6 热力建筑遭受地震破坏后，影响面不及供水和燃气系统大，且输送管道均采用钢管，需要提高设防标准的范围小些。相应的主要设施指主干线管道。

5.2 电力建筑

5.2.1 本节保持本标准 2004 年版的适用范围。

5.2.2 本条保持本标准 2004 年版的规定。供电系统建筑一旦遭受地震破坏，不仅影响本系统的生产，还影响其他工业生产和城乡人民的生活，因此，需要适当提高抗震设防类别。

5.2.3 考虑到电力调度的重要性，对国家和大区的调度中心予以提高。

5.2.4 本条保持 2004 年版的有关的规定，与《电力设施抗震设计规范》GB 50260—96 的有关规定协调。电力系统中需要提高设防标准的，是属于相当大规模、重要电力设施的生产关键部位的建筑。

地震时必须维持正常工作的重要电力设施，主要指没有联网的大中型工矿企业的自备发电设施，其停电会造成重要设备严重破坏或者危及人身安全，按各工业部门的具体情况确定。

作为城市生命线工程之一，将防灾救灾建筑对供电系统的相应要求一并规定。

本次修订还补充了燃油和燃气机组发电厂安全关键部位的建筑——卸、输、供油设施。此外，还增加了换流站工程的相关内容。

单机容量，在联合循环机组中通常即机组容量。

5.3 交通运输建筑

5.3.1 本节适用范围与 2004 年版相同。

5.3.2 本条保持本标准 2004 年版的规定。

5.3.3 本条基本保持 2004 年版的规定。

铁路系统的建筑中，需要提高设防标准的建筑主要是五所一室和人员密集的候车室。重要的铁路干线由铁道设计规范和铁道行政主管部门规定。特大型站，按《铁路旅客车站建筑设计规范》GB 50226—2007 的规定，指全年上车旅客最多月份中，一昼夜在候车室内瞬时（8～10min）出现的最大候车（含送客）人数的平均值，即最高聚集人数大于 10000 人的车站；大型站的最高集聚人数为 3000～10000 人。本次修订，将人员密集的人数很多的大型站界定为最高聚集人数 6000 人。

5.3.4 本条基本保持本标准 2004 年版的规定，将 8 度、9 度设防区扩大为 7～9 度设防区。

高速公路、一级公路的含义由公路设计规范和交通行政主管部门规定。一级汽车客运站的候车楼，按《汽车客运站建筑设计规范》JGJ 60—99 的规定，指日发送旅客折算量（指车站年度平均每日发送长途旅客和短途旅客折算量之和）大于 7000 人次的客运站的候车楼。

5.3.5 本条基本保持本标准 2004 年版的规定。将 8 度、9 度设防区扩大为 7～9 度设防区。

国家重要客运站，指《港口客运站建筑设计规范》JGJ 86—92 规定的一级客运站，其设计旅客聚集量（设计旅客年客运人数除以年客运天数再乘以聚集系数和客运不平衡系数）大于 2500 人。

5.3.6 本条基本保持本标准 2004 年版的规定。考虑航管楼的功能，将航管楼的设防标准略微提高。

国内主要干线的含义应遵守民用航空技术标准和民航行政主管部门的规定。

5.3.7 本条保持 2004 年版的规定。城镇桥梁中，属于特殊设防类的桥梁，如跨越江河湖海的大跨度桥梁，担负城市出入交通关口，往往结构复杂、形式多样，受损后修复困难；其余交通枢纽的桥梁按重点设防类对待。

城市轨道交通包括轻轨、地下铁道等，在我国特大和大城市已迅速发展，其枢纽建筑具有体量大、结构复杂、人员集中的特点，受损后影响面大且修复困难。

交通枢纽建筑主要包括控制、指挥、调度中心，以及大型客运换乘站等。

5.4 邮电通信、广播电视建筑

5.4.1 本条保持本标准 2004 年版的规定。

5.4.2 本条保持本标准 2004 年版的规定。

5.4.3 本条基本保持本标准 2004 年版的规定。鉴于邮政与电信分属不同部门，将邮政和电信建筑分别规定。本条第 1、2 款对电信建筑的设防分类进行规定，其中县一级市的长途电信枢纽楼已经不存在，故删去。第 3 款对邮政建筑的设防分类进行规定。

5.4.4 本条保持本标准 2004 年版的规定，与《广播电影电视工程建筑抗震设防分类标准》GY 5060—97 作了协调。

鉴于国家级卫星地球站上行站的节目发送中心具有保证发送所需的关键设备，设防类别提高为特殊设防类。

6 公共建筑和居住建筑

6.0.2 本条保持本标准 2004 年版的规定。

6.0.3 本条扩大了对人民生命的保护范围，参照《体育建筑设计规范》JGJ 31—2003 的规模分级，进一步明确体育建筑中人员密集的范围：观众座位很多的中型体育场指观众座位容量不少于 30000 人或每个结构区段的座位容量不少于 5000 人，观众座位很多的中型体育馆（含游泳馆）指观众座位容量不少于 4500 人。

6.0.4 本条参照《剧场建筑设计规范》JGJ 57—2000 和《电影院建筑设计规范》JGJ 58—2008 关于规模的分级，本标准的大型剧场、电影院、礼堂，指座位不少于 1200 座；本次修订新增的图书馆和文化馆，与大型娱乐中心同样对待，指一个区段内上下楼层合计的座位明显大于 1200 座同时其中至少有一个 500 座以上（相当于中型电影院的座位容量）的大厅。这类多层建筑中人员密集且疏散有一定难度，地震破坏造成的人员伤亡和社会影响很大，故提高设防标准。

6.0.5 本条基本保持 2004 年版的有关要求，扩大了对人民生命的保护范围。借鉴《商店建筑设计规范》JGJ 48 关于规模的分级，考虑近年来商场发展情况，本次修订，大型商场指一个区段人流 5000 人，换算的建筑面积约 17000m² 或营业面积 7000m² 以上的商业建筑。这类商业建筑一般须同时满足人员密集、建筑面积或营业面积达到大型商场的标准、多层建筑等条件；所有仓储式、单层的大商场不包括在内。

当商业建筑与其他建筑合建时，包括商住楼或综合楼，其划分以区段按比照原则确定。例如，高层建筑中多层的商业裙房区段或者下部的商业区段为重点设防类，而上部的住宅可以不提高设防类别。还需注意，当按区段划分时，若上部区段为重点设防类，则其下部区段也应为重点设防类。

6.0.6 本条保持本标准 2004 年版的有关要求。参照《博物馆建筑设计规范》JGJ 66—91，本标准的大型博物馆指建筑规模大于 10000m²，一般适用于中央各部委直属博物馆和各省、自治区、直辖市博物馆。按照《档案馆建筑设计规范》JGJ 25—2000，特级档案馆为国家级档案馆，甲级档案馆为省、自治区、直辖市档案馆，二者的耐久年限要求在 100 年以上。

6.0.7 本条保持 2004 年版的规定。这类展览馆、会展中心，在一个区段的设计容纳人数一般在 5000 人以上。

6.0.8 对于中、小学生和幼儿等未成年人在突发地震时的保护措施，国际上随着经济、技术发展的情况呈日益增加的趋势。

2004 年版的分类标准中，明确规定了人数较多的幼儿园、小学教学用房提高抗震设防类别的要求。本次修订，为在发生地震灾害时特别加强对未成年人的保护，在我国经济有较大发展的条件下，对 2004 年版“人数较多”的规定予以修改，所有幼儿园、小学和中学（包括普通中小学和有未成年人的各类初级、中级学校）的教学用房（包括教室、实验室、图书室、微机室、语音室、体育馆、礼堂）的设防类别均予以提高。鉴于学生的宿舍和学生食堂的人员比较密集，也考虑提高其抗震设防类别。

本次修改后，扩大了教育建筑中提高设防标准的范围。

6.0.9 本条基本保持本标准2004年版的规定。在生物制品、天然和人工细菌、病毒中，具有剧毒性质的，包括新近发现的具有高发危险性的病毒，列为特殊设防类，而一般的剧毒物品在本标准的其他章节中列为重点设防类，主要考虑该类剧毒性质的传染性，建筑一旦破坏的后果极其严重，波及面很广。

6.0.10 本条是新增的，将2004年版第7.3.5条1款的规定移此，以进一步明确各类信息建筑的设防类别和设防标准。

6.0.11 本条比2004年版6.0.10条的规定扩大了对人员生命的保护，将10000人改为8000人。经常使用人数8000人，按《办公建筑设计规范》JGJ 67—2006的规定，大体人均面积为$10m^2$/人计算，则建筑面积大致超过$80000m^2$，结构单元内集中的人数特别多。考虑到这类房屋总建筑面积很大，多层时需分缝处理，在一个结构单元内集中如此众多人数属于高层建筑，设计时需要进行可行性论证，其抗震措施一般须要专门研究，即提高的程度是按整个结构提高一度、提高一个抗震等级还是在关键部位采取比标准设防类建筑更有效的加强措施，包括采用抗震性能设计方法等，可以经专门研究和论证确定，并须按规定进行抗震设防专项审查予以确认。

6.0.12 本条将规范用词“可”改为“不应低于”，与全文强制的《住宅建筑规范》GB 50368—2005一致。

7 工业建筑

7.1 采煤、采油和矿山生产建筑

7.1.1 本节保持本标准2004年版的规定。

7.1.2 本条保持2004年版的规定。这类生产建筑一旦遭受地震破坏，不仅影响本系统的生产，还影响电力工业和其他相关工业的生产以及城乡的人民生活，因此，需要适当提高抗震设防标准。

7.1.3 本条保持2004年版的规定。鉴于小煤矿已经禁止，采煤矿井的规模均大于2004年版的规定值，本条文字修改，删去大型的界限。

采煤生产中需要提高设防标准的，是涉及煤矿矿井生产及人身安全的六大系统的建筑和矿区救灾系统建筑。

提升系统指井口房、井架、井塔和提升机房等；通风系统指通风机房和风道建筑；供电系统指为矿井服务的变电所、室外构架和线路等；供水系统指取水构筑物、水处理构筑物及加压泵房；通信系统指通信楼、调度中心的机房部分；瓦斯排放系统指瓦斯抽放泵房。

7.1.4 本条保持2004年版的规定。

采油和天然气生产建筑中，需要提高设防标准的，主要是涉及油气田、炼油厂、油品储存、输油管道的生产和安全方面的关键部位的建筑。

7.1.5 本条保持2004年版的规定，突出了采矿生产建筑的性质。矿山建筑中，需要提高设防标准的，主要是涉及生产及人身安全的关键建筑和救灾系统建筑。

7.2 原材料生产建筑

7.2.2 本条基本保持2004年版的规定。原材料工业生产建筑遭受地震破坏后，除影响本行业的生产外，还对其他相关行业有影响，需要适当提高抗震设防类别。

7.2.3 本条保持2004年版的规定，并与《冶金建筑抗震设计规范》YB 9081—97的有关规定协调。

钢铁和有色冶金生产厂房，结构设计时自身有较大的抗震能力，不需要专门提高抗震设防类别。

大中型冶金企业的动力系统的建筑，主要指全厂性的能源中心、总降压变电所、各高压配电室、生产工艺流程上主要车间的变电所、自备电厂主厂房、生产和生活用水总泵站、氧气站、氢气站、乙炔站、供热建筑。

7.2.4 本条保持2004年版的规定，与《石油化工企业建筑抗震设防等级分类标准》SH3049作了协调。

化工和石油化工的生产门类繁多，本标准按生产装置的性质和规模加以区分。需要提高设防标准的，属于主要的生产装置及其控制系统的建筑。

7.2.5 本条保持2004年版的规定。轻工原材料生产企业中的大型浆板厂及大型洗涤剂原料厂，前者规模大且影响大，涉及方方面面，后者属轻工系统的石油化工工业，故提高其主要装置及控制系统的设防标准。

7.2.6 本条将原材料生产活动中，使用、产生具有剧毒、易燃、易爆物质和放射性物品的有关建筑的抗震设防分类原则归纳在一起。

在矿山建筑中，指炸药雷管库、硝酸铵、硝酸钠库及其热处理加工车间、起爆材料加工车间及炸药生产车间等。

在化工、石油化工和具有化工性质的轻工原料生产建筑中，指各种剧毒物质、高压生产和具有火灾危险的厂房及其控制系统的建筑。

火灾危险性的判断，可参见《建筑设计防火规范》GB 50016—2006的有关说明。若使用或产生的易燃、易爆物质的量较少，不足以构成爆炸或火灾等危险时，可根据实际情况确定其抗震设防类别。

7.3 加工制造业生产建筑

7.3.1 本节保持2004年版的规定。

7.3.2 本条保持2004年版的规定。

7.3.3 本条保持2004年版的规定。

7.3.4 本条保持2004年版的规定。

7.3.5 本条基本保持2004年版的规定。大型电子类生产厂房指同时满足投资额10亿元以上、单体建筑面积超过50000m^{2}和职工人数超过1000人的条件。

7.3.6 本条保持2004年版的规定。

7.3.7 本条保持2004年版的规定，对医药生产中的危险厂房等予以加强。

7.3.8 本条将加工制造生产活动中，使用、产生和储存剧毒、易燃、易爆物质的有关建筑的抗震设防分类原则归纳在一起。

易燃、易爆物质可参照《建筑设计防火规范》GB 50016确定。在生产过程中，若使用或产生的易燃、易爆物质的量较少，不足以构成爆炸或火灾等危险时，可根据实际情况确定其抗震设防类别。

根据《建筑设计防火规范》GB 50016—2006的有关说明，爆炸和火灾危险的判断是比较复杂的。例如，有些原料和成品都不具备火灾危险性，但生产过程中，在某些条件下生成的中间产品却具有明显的火灾危险性；有些物品在生产过程中并不危险，而在贮存中危险性较大。

7.3.9 本条保持2004年版的规定。

7.3.10 本条保持2004年版的规定。加工制造工业包括机械、电子、船舶、航空、航天、纺织、轻工、医药、粮食、食品等等，其中，航空、航天、电子、医药有特殊性，纺织与轻工业中部分具有化工性质的生产装置按化工行业对待，动力系统和具有火灾危险的易燃、易爆、剧毒物质的厂房提高设防标准，一般的生产建筑可不提高。

8 仓库类建筑

8.0.2 本条保持2004年版的规定。

8.0.3 本条文字作了修改，进一步区分放射性物质、剧毒物品仓库与具有火灾危险性的危险品仓库的区别。

存放物品的火灾危险性，可根据《建筑设计防火规范》GB 50016—2006确定。

仓库类建筑，各行各业都有多种多样的规模、各种不同的功能，破坏后的影响也十分不同，本标准只提高有较大社会和经济影响的仓库的设防标准。但仓库并不都属于适度设防类，需按其储存物品的性质和影响程度来确定，由各行业在行业标准中予以规定，例如，属于抗震防灾工程的大型粮食仓库一般划为标准设防类。又如，《冷库设计规范》GB 50072—2001规定的公称容积大于15000m^{3}的冷库，《汽车库建筑设计规范》JGJ 100—98规定的停车数大于500辆的特大型汽车库，也不属于“储存物品价值低”的仓库。

中华人民共和国国家标准

建筑抗震设计规范

Code for seismic design of buildings

GB 50011—2010

主编部门：中华人民共和国住房和城乡建设部
批准部门：中华人民共和国住房和城乡建设部
施行日期：2010年12月1日

中华人民共和国住房和城乡建设部
公　　告

第609号

关于发布国家标准《建筑抗震设计规范》的公告

现批准《建筑抗震设计规范》为国家标准，编号为GB 50011－2010，自2010年12月1日起实施。其中，第1.0.2、1.0.4、3.1.1、3.3.1、3.3.2、3.4.1、3.5.2、3.7.1、3.7.4、3.9.1、3.9.2、3.9.4、3.9.6、4.1.6、4.1.8、4.1.9、4.2.2、4.3.2、4.4.5、5.1.1、5.1.3、5.1.4、5.1.6、5.2.5、5.4.1、5.4.2、5.4.3、6.1.2、6.3.3、6.3.7、6.4.3、7.1.2、7.1.5、7.1.8、7.2.4、7.2.6、7.3.1、7.3.3、7.3.5、7.3.6、7.3.8、7.4.1、7.4.4、7.5.7、7.5.8、8.1.3、8.3.1、8.3.6、8.4.1、8.5.1、10.1.3、10.1.12、10.1.15、12.1.5、12.2.1、12.2.9条为强制性条文，必须严格执行。原《建筑抗震设计规范》GB 50011－2001同时废止。

本规范由我部标准定额研究所组织中国建筑工业出版社出版发行。

中华人民共和国住房和城乡建设部

2010年5月31日

前　　言

本规范系根据原建设部《关于印发〈2006年工程建设标准规范制订、修订计划（第一批）〉的通知》（建标［2006］77号）的要求，由中国建筑科学研究院会同有关的设计、勘察、研究和教学单位对《建筑抗震设计规范》GB 50011－2001进行修订而成。

修订过程中，编制组总结了2008年汶川地震震害经验，对灾区设防烈度进行了调整，增加了有关山区场地、框架结构填充墙设置、砌体结构楼梯间、抗震结构施工要求的强制性条文，提高了装配式楼板构造和钢筋伸长率的要求。此后，继续开展了专题研究和部分试验研究，调查总结了近年来国内外大地震（包括汶川地震）的经验教训，采纳了地震工程的新科研成果，考虑了我国的经济条件和工程实践，并在全国范围内广泛征求了有关设计、勘察、科研、教学单位及抗震管理部门的意见，经反复讨论、修改、充实和试设计，最后经审查定稿。

本次修订后共有14章12个附录。除了保持2008年局部修订的规定外，主要修订内容是：补充了关于7度（0.15g）和8度（0.30g）设防的抗震措施规定，按《中国地震动参数区划图》调整了设计地震分组；改进了土壤液化判别公式；调整了地震影响系数曲线的阻尼调整参数、钢结构的阻尼比和承载力抗震调整系数、隔震结构的水平向减震系数的计算，并补充了大跨屋盖建筑水平和竖向地震作用的计算方法；提高了对混凝土框架结构房屋、底部框架砌体房屋的抗震设计要求；提出了钢结构房屋抗震等级并相应调整了抗震措施的规定；改进了多层砌体房屋、混凝土抗震墙房屋、配筋砌体房屋的抗震措施；扩大了隔震和消能减震房屋的适用范围；新增建筑抗震性能化设计原则以及有关大跨屋盖建筑、地下建筑、框排架厂房、钢支撑-混凝土框架和钢框架-钢筋混凝土核心筒结构的抗震设计规定。取消了内框架砖房的内容。

本规范中以黑体字标志的条文为强制性条文，必须严格执行。

本规范由住房和城乡建设部负责管理和对强制性条文的解释，中国建筑科学研究院负责具体技术内容的解释。在执行过程中，请各单位结合工程实践，认真总结经验，并将意见和建议寄交北京市北三环东路30号中国建筑科学研究院国家标准《建筑抗震设计规范》管理组（邮编：100013，E-mail：GB50011-cabr @163.com）。

主编单位：中国建筑科学研究院

参编单位：中国地震局工程力学研究所、中国建筑设计研究院、中国建筑标准设计研究院、北京市建筑设计研究院、中国电子工程设计院、中国建筑西南设计研究院、中国建筑西北设计研究院、中国建筑东北设计研究院、华东建筑设计研究院、中南建筑设计院、广东省建筑设计研究院、上海建筑设计研究院、新疆维吾尔自治区建筑设计研究院、云南省设计院、四川省建筑设计院、深圳市建筑设计研究总院、北京市勘察设计研究院、上海市隧道工程轨道交通设计研究院、中建国际（深圳）设计顾问有限公司、中冶集团建筑研究总院、中国机械工业集团公司、中国中元国际工程公司、清华大学、同济大学、哈尔滨工业大学、浙江大学、重庆大学、云南大学、广州大学、大连理工大学、北京工业大学

主要起草人：黄世敏　王亚勇（以下按姓氏笔画排列）

丁洁民　方泰生　邓　华　叶燎原
冯　远　吕西林　刘琼祥　李　亮
李　惠　李　霆　李小军　李亚明
李英民　李国强　杨林德　苏经宇
肖　伟　吴明舜　辛鸿博　张瑞龙
陈　炯　陈富生　欧进萍　郁银泉
易方民　罗开海　周正华　周炳章
周福霖　周锡元　柯长华　娄　宇
姜文伟　袁金西　钱基宏　钱稼茹
徐　建　徐永基　唐曹明　容柏生
曹文宏　符圣聪　章一萍　葛学礼
董津城　程才渊　傅学怡　曾德民
窦南华　蔡益燕　薛彦涛　薛慧立
戴国莹

主要审查人：徐培福　吴学敏　刘志刚（以下按姓氏笔画排列）

刘树屯　李　黎　李学兰　陈国义
侯忠良　莫　庸　顾宝和　高孟谭
黄小坤　程懋堃

目　次

Contents

1 总 则

1.0.1 为贯彻执行国家有关建筑工程、防震减灾的法律法规并实行以预防为主的方针，使建筑经抗震设防后，减轻建筑的地震破坏，避免人员伤亡，减少经济损失，制定本规范。

按本规范进行抗震设计的建筑，其基本的抗震设防目标是：当遭受低于本地区抗震设防烈度的多遇地震影响时，主体结构不受损坏或不需修理可继续使用；当遭受相当于本地区抗震设防烈度的设防地震影响时，可能发生损坏，但经一般性修理仍可继续使用；当遭受高于本地区抗震设防烈度的罕遇地震影响时，不致倒塌或发生危及生命的严重破坏。使用功能或其他方面有专门要求的建筑，当采用抗震性能化设计时，具有更具体或更高的抗震设防目标。

1.0.2 抗震设防烈度为6度及以上地区的建筑，必须进行抗震设计。

1.0.3 本规范适用于抗震设防烈度为6、7、8和9度地区建筑工程的抗震设计以及隔震、消能减震设计。建筑的抗震性能化设计，可采用本规范规定的基本方法。

抗震设防烈度大于9度地区的建筑及行业有特殊要求的工业建筑，其抗震设计应按有关专门规定执行。

注：本规范"6度、7度、8度、9度"即"抗震设防烈度为6度、7度、8度、9度"的简称。

1.0.4 抗震设防烈度必须按国家规定的权限审批、颁发的文件（图件）确定。

1.0.5 一般情况下，建筑的抗震设防烈度应采用根据中国地震动参数区划图确定的地震基本烈度（本规范设计基本地震加速度值所对应的烈度值）。

1.0.6 建筑的抗震设计，除应符合本规范要求外，尚应符合国家现行有关标准的规定。

2 术语和符号

2.1 术 语

2.1.1 抗震设防烈度 seismic precautionary intensity

按国家规定的权限批准作为一个地区抗震设防依据的地震烈度。一般情况，取50年内超越概率10%的地震烈度。

2.1.2 抗震设防标准 seismic precautionary criterion

衡量抗震设防要求高低的尺度，由抗震设防烈度或设计地震动参数及建筑抗震设防类别确定。

2.1.3 地震动参数区划图 seismic ground motion parameter zonation map

以地震动参数（以加速度表示地震作用强弱程度）为指标，将全国划分为不同抗震设防要求区域的图件。

2.1.4 地震作用 earthquake action

由地震动引起的结构动态作用，包括水平地震作用和竖向地震作用。

2.1.5 设计地震动参数 design parameters of ground motion

抗震设计用的地震加速度（速度、位移）时程曲线、加速度反应谱和峰值加速度。

2.1.6 设计基本地震加速度 design basic acceleration of ground motion

50年设计基准期超越概率10%的地震加速度的设计取值。

2.1.7 设计特征周期 design characteristic period of ground motion

抗震设计用的地震影响系数曲线中，反映地震震级、震中距和场地类别等因素的下降段起始点对应的周期值，简称特征周期。

2.1.8 场地 site

工程群体所在地，具有相似的反应谱特征。其范围相当于厂区、居民小区和自然村或不小于1.0km^2的平面面积。

2.1.9 建筑抗震概念设计 seismic concept design of buildings

根据地震灾害和工程经验等所形成的基本设计原则和设计思想，进行建筑和结构总体布置并确定细部构造的过程。

2.1.10 抗震措施 seismic measures

除地震作用计算和抗力计算以外的抗震设计内容，包括抗震构造措施。

2.1.11 抗震构造措施 details of seismic design

根据抗震概念设计原则，一般不需计算而对结构和非结构各部分必须采取的各种细部要求。

2.2 主 要 符 号

2.2.1 作用和作用效应

F_{Ek}、F_{Evk}——结构总水平、竖向地震作用标准值；

G_E、G_{eq}——地震时结构（构件）的重力荷载代表值、等效总重力荷载代表值；

w_k——风荷载标准值；

S_E——地震作用效应（弯矩、轴向力、剪力、应力和变形）；

S——地震作用效应与其他荷载效应的基本组合；

S_k——作用、荷载标准值的效应；

M——弯矩；

N——轴向压力；

V——剪力；

p——基础底面压力；

u——侧移；

θ——楼层位移角。

2.2.2 材料性能和抗力

K——结构（构件）的刚度；

R——结构构件承载力；

f、f_k、f_E——各种材料强度（含地基承载力）设计值、标准值和抗震设计值；

$[\theta]$——楼层位移角限值。

2.2.3 几何参数

A——构件截面面积；

A_s——钢筋截面面积；

B——结构总宽度；

H——结构总高度、柱高度；

L——结构（单元）总长度；

a——距离；

a_s、a'_s——纵向受拉、受压钢筋合力点至截面边缘的最小距离；

b——构件截面宽度；

d——土层深度或厚度，钢筋直径；

h——构件截面高度；

l——构件长度或跨度；

t——抗震墙厚度、楼板厚度。

2.2.4 计算系数

α——水平地震影响系数；

α_{max}——水平地震影响系数最大值；

α_{vmax}——竖向地震影响系数最大值；

γ_G、γ_E、γ_w——作用分项系数；

γ_{RE}——承载力抗震调整系数；

ζ——计算系数；

η——地震作用效应（内力和变形）的增大或调整系数；

λ——构件长细比，比例系数；

ξ_y——结构（构件）屈服强度系数；

ρ——配筋率，比率；

ϕ——构件受压稳定系数；

ψ——组合值系数，影响系数。

2.2.5 其他

T——结构自振周期；

N——贯入锤击数；

I_{lE}——地震时地基的液化指数；

X_{ji}——位移振型坐标（j 振型 i 质点的 x 方向相对位移）；

Y_{ji}——位移振型坐标（j 振型 i 质点的 y 方向相对位移）；

n——总数，如楼层数、质点数、钢筋根数、跨数等；

v_{se}——土层等效剪切波速；

Φ_{ji}——转角振型坐标（j 振型 i 质点的转角方向相对位移）。

3 基本规定

3.1 建筑抗震设防分类和设防标准

3.1.1 抗震设防的所有建筑应按现行国家标准《建筑工程抗震设防分类标准》GB 50223 确定其抗震设防类别及其抗震设防标准。

3.1.2 抗震设防烈度为 6 度时，除本规范有具体规定外，对乙、丙、丁类的建筑可不进行地震作用计算。

3.2 地震影响

3.2.1 建筑所在地区遭受的地震影响，应采用相应于抗震设防烈度的设计基本地震加速度和特征周期表征。

3.2.2 抗震设防烈度和设计基本地震加速度取值的对应关系，应符合表 3.2.2 的规定。设计基本地震加速度为 0.15g 和 0.30g 地区内的建筑，除本规范另有规定外，应分别按抗震设防烈度 7 度和 8 度的要求进行抗震设计。

表 3.2.2 抗震设防烈度和设计基本地震加速度值的对应关系

抗震设防烈度	6	7	8	9
设计基本地震加速度值	0.05g	0.10(0.15)g	0.20(0.30)g	0.40g

注：g 为重力加速度。

3.2.3 地震影响的特征周期应根据建筑所在地的设计地震分组和场地类别确定。本规范的设计地震共分为三组，其特征周期应按本规范第 5 章的有关规定采用。

3.2.4 我国主要城镇（县级及县级以上城镇）中心地区的抗震设防烈度、设计基本地震加速度值和所属的设计地震分组，可按本规范附录 A 采用。

3.3 场地和地基

3.3.1 选择建筑场地时，应根据工程需要和地震活动情况、工程地质和地震地质的有关资料，对抗震有利、一般、不利和危险地段做出综合评价。对不利地段，应提出避开要求；当无法避开时应采取有效的措施。对危险地段，严禁建造甲、乙类的建筑，不应建造丙类的建筑。

3.3.2 建筑场地为Ⅰ类时，对甲、乙类的建筑应允许仍按本地区抗震设防烈度的要求采取抗震构造措施；对丙类的建筑应允许按本地区抗震设防烈度降低

一度的要求采取抗震构造措施，但抗震设防烈度为6度时仍应按本地区抗震设防烈度的要求采取抗震构造措施。

3.3.3 建筑场地为Ⅲ、Ⅳ类时，对设计基本地震加速度为0.15g和0.30g的地区，除本规范另有规定外，宜分别按抗震设防烈度8度（0.20g）和9度（0.40g）时各抗震设防类别建筑的要求采取抗震构造措施。

3.3.4 地基和基础设计应符合下列要求：

1 同一结构单元的基础不宜设置在性质截然不同的地基上。

2 同一结构单元不宜部分采用天然地基部分采用桩基；当采用不同基础类型或基础埋深显著不同时，应根据地震时两部分地基基础的沉降差异，在基础、上部结构的相关部位采取相应措施。

3 地基为软弱黏性土、液化土、新近填土或严重不均匀土时，应根据地震时地基不均匀沉降和其他不利影响，采取相应的措施。

3.3.5 山区建筑的场地和地基基础应符合下列要求：

1 山区建筑场地勘察应有边坡稳定性评价和防治方案建议；应根据地质、地形条件和使用要求，因地制宜设置符合抗震设防要求的边坡工程。

2 边坡设计应符合现行国家标准《建筑边坡工程技术规范》GB 50330的要求；其稳定性验算时，有关的摩擦角应按设防烈度的高低相应修正。

3 边坡附近的建筑基础应进行抗震稳定性设计。建筑基础与土质、强风化岩质边坡的边缘应留有足够的距离，其值应根据设防烈度的高低确定，并采取措施避免地震时地基基础破坏。

3.4 建筑形体及其构件布置的规则性

3.4.1 建筑设计应根据抗震概念设计的要求明确建筑形体的规则性。不规则的建筑应按规定采取加强措施；特别不规则的建筑应进行专门研究和论证，采取特别的加强措施；严重不规则的建筑不应采用。

注：形体指建筑平面形状和立面、竖向剖面的变化。

3.4.2 建筑设计应重视其平面、立面和竖向剖面的规则性对抗震性能及经济合理性的影响，宜择优选用规则的形体，其抗侧力构件的平面布置宜规则对称、侧向刚度沿竖向宜均匀变化、竖向抗侧力构件的截面尺寸和材料强度宜自下而上逐渐减小、避免侧向刚度和承载力突变。

不规则建筑的抗震设计应符合本规范第3.4.4条的有关规定。

3.4.3 建筑形体及其构件布置的平面、竖向不规则性，应按下列要求划分：

1 混凝土房屋、钢结构房屋和钢-混凝土混合结构房屋存在表3.4.3-1所列举的某项平面不规则类型或表3.4.3-2所列举的某项竖向不规则类型以及类似的不规则类型，应属于不规则的建筑。

表3.4.3-1 平面不规则的主要类型

不规则类型	定义和参考指标
扭转不规则	在规定的水平力作用下，楼层的最大弹性水平位移或（层间位移），大于该楼层两端弹性水平位移（或层间位移）平均值的1.2倍
凹凸不规则	平面凹进的尺寸，大于相应投影方向总尺寸的30%
楼板局部不连续	楼板的尺寸和平面刚度急剧变化，例如，有效楼板宽度小于该层楼板典型宽度的50%，或开洞面积大于该层楼面面积的30%，或较大的楼层错层

表3.4.3-2 竖向不规则的主要类型

不规则类型	定义和参考指标
侧向刚度不规则	该层的侧向刚度小于相邻上一层的70%，或小于其上相邻三个楼层侧向刚度平均值的80%；除顶层或出屋面小建筑外，局部收进的水平向尺寸大于相邻下一层的25%
竖向抗侧力构件不连续	竖向抗侧力构件（柱、抗震墙、抗震支撑）的内力由水平转换构件（梁、桁架等）向下传递
楼层承载力突变	抗侧力结构的层间受剪承载力小于相邻上一楼层的80%

2 砌体房屋、单层工业厂房、单层空旷房屋、大跨屋盖建筑和地下建筑的平面和竖向不规则性的划分，应符合本规范有关章节的规定。

3 当存在多项不规则或某项不规则超过规定的参考指标较多时，应属于特别不规则的建筑。

3.4.4 建筑形体及其构件布置不规则时，应按下列要求进行地震作用计算和内力调整，并应对薄弱部位采取有效的抗震构造措施：

1 平面不规则而竖向规则的建筑，应采用空间结构计算模型，并应符合下列要求：

1）扭转不规则时，应计入扭转影响，且楼层竖向构件最大的弹性水平位移和层间位移分别不宜大于楼层两端弹性水平位移和层间位移平均值的1.5倍，当最大层间位移远小于规范限值时，可适当放宽；

2）凹凸不规则或楼板局部不连续时，应采用符合楼板平面内实际刚度变化的计算模型；高烈度或不规则程度较大时，宜计入楼板局部变形的影响；

3）平面不对称且凹凸不规则或局部不连续，可根据实际情况分块计算扭转位移比，对扭转较大的部位应采用局部的内力增大系数。

2 平面规则而竖向不规则的建筑，应采用空间结构计算模型，刚度小的楼层的地震剪力应乘以不小于1.15的增大系数，其薄弱层应按本规范有关规定进行弹塑性变形分析，并应符合下列要求：

1）竖向抗侧力构件不连续时，该构件传递给水平转换构件的地震内力应根据烈度高低和水平转换构件的类型、受力情况、几何尺寸等，乘以1.25～2.0的增大系数；

2）侧向刚度不规则时，相邻层的侧向刚度比应依据其结构类型符合本规范相关章节的规定；

3）楼层承载力突变时，薄弱层抗侧力结构的受剪承载力不应小于相邻上一楼层的65%。

3 平面不规则且竖向不规则的建筑，应根据不规则类型的数量和程度，有针对性地采取不低于本条1、2款要求的各项抗震措施。特别不规则的建筑，应经专门研究，采取更有效的加强措施或对薄弱部位采用相应的抗震性能化设计方法。

3.4.5 体型复杂、平立面不规则的建筑，应根据不规则程度、地基基础条件和技术经济等因素的比较分析，确定是否设置防震缝，并分别符合下列要求：

1 当不设置防震缝时，应采用符合实际的计算模型，分析判明其应力集中、变形集中或地震扭转效应等导致的易损部位，采取相应的加强措施。

2 当在适当部位设置防震缝时，宜形成多个较规则的抗侧力结构单元。防震缝应根据抗震设防烈度、结构材料种类、结构类型、结构单元的高度和高差以及可能的地震扭转效应的情况，留有足够的宽度，其两侧的上部结构应完全分开。

3 当设置伸缩缝和沉降缝时，其宽度应符合防震缝的要求。

3.5 结构体系

3.5.1 结构体系应根据建筑的抗震设防类别、抗震设防烈度、建筑高度、场地条件、地基、结构材料和施工等因素，经技术、经济和使用条件综合比较确定。

3.5.2 **结构体系应符合下列各项要求：**

1 应具有明确的计算简图和合理的地震作用传递途径。

2 应避免因部分结构或构件破坏而导致整个结构丧失抗震能力或对重力荷载的承载能力。

3 应具备必要的抗震承载力，良好的变形能力和消耗地震能量的能力。

4 对可能出现的薄弱部位，应采取措施提高其抗震能力。

3.5.3 结构体系尚宜符合下列各项要求：

1 宜有多道抗震防线。

2 宜具有合理的刚度和承载力分布，避免因局部削弱或突变形成薄弱部位，产生过大的应力集中或塑性变形集中。

3 结构在两个主轴方向的动力特性宜相近。

3.5.4 结构构件应符合下列要求：

1 砌体结构应按规定设置钢筋混凝土圈梁和构造柱、芯柱，或采用约束砌体、配筋砌体等。

2 混凝土结构构件应控制截面尺寸和受力钢筋、箍筋的设置，防止剪切破坏先于弯曲破坏、混凝土的压溃先于钢筋的屈服、钢筋的锚固粘结破坏先于钢筋破坏。

3 预应力混凝土的构件，应配有足够的非预应力钢筋。

4 钢结构构件的尺寸应合理控制，避免局部失稳或整个构件失稳。

5 多、高层的混凝土楼、屋盖宜优先采用现浇混凝土板。当采用预制装配式混凝土楼、屋盖时，应从楼盖体系和构造上采取措施确保各预制板之间连接的整体性。

3.5.5 结构各构件之间的连接，应符合下列要求：

1 构件节点的破坏，不应先于其连接的构件。

2 预埋件的锚固破坏，不应先于连接件。

3 装配式结构构件的连接，应能保证结构的整体性。

4 预应力混凝土构件的预应力钢筋，宜在节点核心区以外锚固。

3.5.6 装配式单层厂房的各种抗震支撑系统，应保证地震时厂房的整体性和稳定性。

3.6 结构分析

3.6.1 除本规范特别规定者外，建筑结构应进行多遇地震作用下的内力和变形分析，此时，可假定结构与构件处于弹性工作状态，内力和变形分析可采用线性静力方法或线性动力方法。

3.6.2 不规则且具有明显薄弱部位可能导致重大地震破坏的建筑结构，应按本规范有关规定进行罕遇地震作用下的弹塑性变形分析。此时，可根据结构特点采用静力弹塑性分析或弹塑性时程分析方法。

当本规范有具体规定时，尚可采用简化方法计算结构的弹塑性变形。

3.6.3 当结构在地震作用下的重力附加弯矩大于初始弯矩的10%时，应计入重力二阶效应的影响。

注：重力附加弯矩指任一楼层以上全部重力荷载与该楼层地震平均层间位移的乘积；初始弯

矩指该楼层地震剪力与楼层层高的乘积。

3.6.4 结构抗震分析时，应按照楼、屋盖的平面形状和平面内变形情况确定为刚性、分块刚性、半刚性、局部弹性和柔性等的横隔板，再按抗侧力系统的布置确定抗侧力构件间的共同工作并进行各构件间的地震内力分析。

3.6.5 质量和侧向刚度分布接近对称且楼、屋盖可视为刚性横隔板的结构，以及本规范有关章节有具体规定的结构，可采用平面结构模型进行抗震分析。其他情况，应采用空间结构模型进行抗震分析。

3.6.6 利用计算机进行结构抗震分析，应符合下列要求：

1 计算模型的建立、必要的简化计算与处理，应符合结构的实际工作状况，计算中应考虑楼梯构件的影响。

2 计算软件的技术条件应符合本规范及有关标准的规定，并应阐明其特殊处理的内容和依据。

3 复杂结构在多遇地震作用下的内力和变形分析时，应采用不少于两个合适的不同力学模型，并对其计算结果进行分析比较。

4 所有计算机计算结果，应经分析判断确认其合理、有效后方可用于工程设计。

3.7 非结构构件

3.7.1 非结构构件，包括建筑非结构构件和建筑附属机电设备，自身及其与结构主体的连接，应进行抗震设计。

3.7.2 非结构构件的抗震设计，应由相关专业人员分别负责进行。

3.7.3 附着于楼、屋面结构上的非结构构件，以及楼梯间的非承重墙体，应与主体结构有可靠的连接或锚固，避免地震时倒塌伤人或砸坏重要设备。

3.7.4 框架结构的围护墙和隔墙，应估计其设置对结构抗震的不利影响，避免不合理设置而导致主体结构的破坏。

3.7.5 幕墙、装饰贴面与主体结构应有可靠连接，避免地震时脱落伤人。

3.7.6 安装在建筑上的附属机械、电气设备系统的支座和连接，应符合地震时使用功能的要求，且不应导致相关部件的损坏。

3.8 隔震与消能减震设计

3.8.1 隔震与消能减震设计，可用于对抗震安全性和使用功能有较高要求或专门要求的建筑。

3.8.2 采用隔震或消能减震设计的建筑，当遭遇到本地区的多遇地震影响、设防地震影响和罕遇地震影响时，可按高于本规范第1.0.1条的基本设防目标进行设计。

3.9 结构材料与施工

3.9.1 抗震结构对材料和施工质量的特别要求，应在设计文件上注明。

3.9.2 结构材料性能指标，应符合下列最低要求：

1 砌体结构材料应符合下列规定：

1）普通砖和多孔砖的强度等级不应低于MU10，其砌筑砂浆强度等级不应低于M5；

2）混凝土小型空心砌块的强度等级不应低于MU7.5，其砌筑砂浆强度等级不应低于Mb7.5。

2 混凝土结构材料应符合下列规定：

1）混凝土的强度等级，框支梁、框支柱及抗震等级为一级的框架梁、柱、节点核芯区，不应低于C30；构造柱、芯柱、圈梁及其他各类构件不应低于C20；

2）抗震等级为一、二、三级的框架和斜撑构件（含梯段），其纵向受力钢筋采用普通钢筋时，钢筋的抗拉强度实测值与屈服强度实测值的比值不应小于1.25；钢筋的屈服强度实测值与屈服强度标准值的比值不应大于1.3，且钢筋在最大拉力下的总伸长率实测值不应小于9%。

3 钢结构的钢材应符合下列规定：

1）钢材的屈服强度实测值与抗拉强度实测值的比值不应大于0.85；

2）钢材应有明显的屈服台阶，且伸长率不应小于20%；

3）钢材应有良好的焊接性和合格的冲击韧性。

3.9.3 结构材料性能指标，尚宜符合下列要求：

1 普通钢筋宜优先采用延性、韧性和焊接性较好的钢筋；普通钢筋的强度等级，纵向受力钢筋宜选用符合抗震性能指标的不低于HRB400级的热轧钢筋，也可采用符合抗震性能指标的HRB335级热轧钢筋；箍筋宜选用符合抗震性能指标的不低于HRB335级的热轧钢筋，也可选用HPB300级热轧钢筋。

注：钢筋的检验方法应符合现行国家标准《混凝土结构工程施工质量验收规范》GB 50204的规定。

2 混凝土结构的混凝土强度等级，抗震墙不宜超过C60，其他构件，9度时不宜超过C60，8度时不宜超过C70。

3 钢结构的钢材宜采用Q235等级B、C、D的碳素结构钢及Q345等级B、C、D、E的低合金高强度结构钢；当有可靠依据时，尚可采用其他钢种和钢号。

3.9.4 在施工中，当需要以强度等级较高的钢筋替代原设计中的纵向受力钢筋时，应按照钢筋受拉承载力设计值相等的原则换算，并应满足最小配筋率

要求。

3.9.5 采用焊接连接的钢结构，当接头的焊接拘束度较大、钢板厚度不小于 40mm 且承受沿板厚方向的拉力时，钢板厚度方向截面收缩率不应小于国家标准《厚度方向性能钢板》GB/T 5313关于 Z15 级规定的容许值。

3.9.6 钢筋混凝土构造柱和底部框架-抗震墙房屋中的砌体抗震墙，其施工应先砌墙后浇构造柱和框架梁柱。

3.9.7 混凝土墙体、框架柱的水平施工缝，应采取措施加强混凝土的结合性能。对于抗震等级一级的墙体和转换层楼板与落地混凝土墙体的交接处，宜验算水平施工缝截面的受剪承载力。

3.10 建筑抗震性能化设计

3.10.1 当建筑结构采用抗震性能化设计时，应根据其抗震设防类别、设防烈度、场地条件、结构类型和不规则性，建筑使用功能和附属设施功能的要求、投资大小、震后损失和修复难易程度等，对选定的抗震性能目标提出技术和经济可行性综合分析和论证。

3.10.2 建筑结构的抗震性能化设计，应根据实际需要和可能，具有针对性：可分别选定针对整个结构、结构的局部部位或关键部位、结构的关键部件、重要构件、次要构件以及建筑构件和机电设备支座的性能目标。

3.10.3 建筑结构的抗震性能化设计应符合下列要求：

1 选定地震动水准。对设计使用年限 50 年的结构，可选用本规范的多遇地震、设防地震和罕遇地震的地震作用，其中，设防地震的加速度应按本规范表 3.2.2 的设计基本地震加速度采用，设防地震的地震影响系数最大值，6 度、7 度（0.10g）、7 度（0.15g）、8 度（0.20g）、8 度（0.30g）、9 度可分别采用 0.12、0.23、0.34、0.45、0.68 和 0.90。对设计使用年限超过 50 年的结构，宜考虑实际需要和可能，经专门研究后对地震作用作适当调整。对处于发震断裂两侧 10km 以内的结构，地震动参数应计入近场影响，5km 以内宜乘以增大系数 1.5，5km 以外宜乘以不小于 1.25 的增大系数。

2 选定性能目标，即对应于不同地震动水准的预期损坏状态或使用功能，应不低于本规范第 1.0.1 条对基本设防目标的规定。

3 选定性能设计指标。设计应选定分别提高结构或其关键部位的抗震承载力、变形能力或同时提高抗震承载力和变形能力的具体指标，尚应计及不同水准地震作用取值的不确定性而留有余地。设计宜确定在不同地震动水准下结构不同部位的水平和竖向构件承载力的要求（含不发生脆性剪切破坏、形成塑性铰、达到屈服值或保持弹性等）；宜选择在不同地震动水准下结构不同部位的预期弹性或弹塑性变形状态，以及相应的构件延性构造的高、中或低要求。当构件的承载力明显提高时，相应的延性构造可适当降低。

3.10.4 建筑结构的抗震性能化设计的计算应符合下列要求：

1 分析模型应正确、合理地反映地震作用的传递途径和楼盖在不同地震动水准下是否整体或分块处于弹性工作状态。

2 弹性分析可采用线性方法，弹塑性分析可根据性能目标所预期的结构弹塑性状态，分别采用增加阻尼的等效线性化方法以及静力或动力非线性分析方法。

3 结构非线性分析模型相对于弹性分析模型可有所简化，但二者在多遇地震下的线性分析结果应基本一致；应计入重力二阶效应、合理确定弹塑性参数，应依据构件的实际截面、配筋等计算承载力，可通过与理想弹性假定计算结果的对比分析，着重发现构件可能破坏的部位及其弹塑性变形程度。

3.10.5 结构及其构件抗震性能化设计的参考目标和计算方法，可按本规范附录 M 第 M.1 节的规定采用。

3.11 建筑物地震反应观测系统

3.11.1 抗震设防烈度为 7、8、9 度时，高度分别超过 160m、120m、80m 的大型公共建筑，应按规定设置建筑结构的地震反应观测系统，建筑设计应留有观测仪器和线路的位置。

4 场地、地基和基础

4.1 场 地

4.1.1 选择建筑场地时，应按表 4.1.1 划分对建筑抗震有利、一般、不利和危险的地段。

表 4.1.1 有利、一般、不利和危险地段的划分

地段类别	地质、地形、地貌
有利地段	稳定基岩，坚硬土，开阔、平坦、密实、均匀的中硬土等
一般地段	不属于有利、不利和危险的地段
不利地段	软弱土，液化土，条状突出的山嘴，高耸孤立的山丘，陡坡，陡坎，河岸和边坡的边缘，平面分布上成因、岩性、状态明显不均匀的土层（含故河道、疏松的断层破碎带、暗埋的塘浜沟谷和半填半挖地基），高含水量的可塑黄土，地表存在结构性裂缝等
危险地段	地震时可能发生滑坡、崩塌、地陷、地裂、泥石流等及发震断裂带上可能发生地表位错的部位

4.1.2 建筑场地的类别划分，应以土层等效剪切波速和场地覆盖层厚度为准。

4.1.3 土层剪切波速的测量，应符合下列要求：

1 在场地初步勘察阶段，对大面积的同一地质单元，测试土层剪切波速的钻孔数量不宜少于3个。

2 在场地详细勘察阶段，对单幢建筑，测试土层剪切波速的钻孔数量不宜少于2个，测试数据变化较大时，可适量增加；对小区中处于同一地质单元内的密集建筑群，测试土层剪切波速的钻孔数量可适量减少，但每幢高层建筑和大跨空间结构的钻孔数量均不得少于1个。

3 对丁类建筑及丙类建筑中层数不超过10层、高度不超过24m的多层建筑，当无实测剪切波速时，可根据岩土名称和性状，按表4.1.3划分土的类型，再利用当地经验在表4.1.3的剪切波速范围内估算各土层的剪切波速。

表 4.1.3 土的类型划分和剪切波速范围

土的类型	岩土名称和性状	土层剪切波速范围（m/s）
岩石	坚硬、较硬且完整的岩石	$v_s > 800$
坚硬土或软质岩石	破碎和较破碎的岩石或软和较软的岩石，密实的碎石土	$800 \geqslant v_s > 500$
中硬土	中密、稍密的碎石土，密实、中密的砾、粗、中砂，$f_{ak} > 150$ 的黏性土和粉土，坚硬黄土	$500 \geqslant v_s > 250$
中软土	稍密的砾、粗、中砂，除松散外的细、粉砂，$f_{ak} \leqslant 150$ 的黏性土和粉土，$f_{ak} > 130$ 的填土，可塑新黄土	$250 \geqslant v_s > 150$
软弱土	淤泥和淤泥质土，松散的砂，新近沉积的黏性土和粉土，$f_{ak} \leqslant 130$ 的填土，流塑黄土	$v_s \leqslant 150$

注：f_{ak}为由载荷试验等方法得到的地基承载力特征值（kPa）；v_s为岩土剪切波速。

4.1.4 建筑场地覆盖层厚度的确定，应符合下列要求：

1 一般情况下，应按地面至剪切波速大于500m/s且其下卧各层岩土的剪切波速均不小于500m/s的土层顶面的距离确定。

2 当地面5m以下存在剪切波速大于其上部各土层剪切波速2.5倍的土层，且该层及其下卧各层岩土的剪切波速均不小于400m/s时，可按地面至该土层顶面的距离确定。

3 剪切波速大于500m/s的孤石、透镜体，应视同周围土层。

4 土层中的火山岩硬夹层，应视为刚体，其厚度应从覆盖土层中扣除。

4.1.5 土层的等效剪切波速，应按下列公式计算：

$$v_{se} = d_0 / t \tag{4.1.5-1}$$

$$t = \sum_{i=1}^{n} (d_i / v_{si}) \tag{4.1.5-2}$$

式中：v_{se}——土层等效剪切波速（m/s）；

d_0——计算深度（m），取覆盖层厚度和20m两者的较小值；

t——剪切波在地面至计算深度之间的传播时间；

d_i——计算深度范围内第 i 土层的厚度（m）；

v_{si}——计算深度范围内第 i 土层的剪切波速（m/s）；

n——计算深度范围内土层的分层数。

4.1.6 建筑的场地类别，应根据土层等效剪切波速和场地覆盖层厚度按表4.1.6划分为四类，其中Ⅰ类分为Ⅰ$_0$、Ⅰ$_1$两个亚类。当有可靠的剪切波速和覆盖层厚度且其值处于表4.1.6所列场地类别的分界线附近时，应允许按插值方法确定地震作用计算所用的特征周期。

表 4.1.6 各类建筑场地的覆盖层厚度（m）

岩石的剪切波速或土的等效剪切波速（m/s）	场地类别				
	Ⅰ$_0$	Ⅰ$_1$	Ⅱ	Ⅲ	Ⅳ
$v_s > 800$	0				
$800 \geqslant v_s > 500$		0			
$500 \geqslant v_{se} > 250$		<5	≥5		
$250 \geqslant v_{se} > 150$		<3	3～50	>50	
$v_{se} \leqslant 150$		<3	3～15	15～80	>80

注：表中v_s系岩石的剪切波速。

4.1.7 场地内存在发震断裂时，应对断裂的工程影响进行评价，并应符合下列要求：

1 对符合下列规定之一的情况，可忽略发震断裂错动对地面建筑的影响：

1）抗震设防烈度小于8度；

2）非全新世活动断裂；

3）抗震设防烈度为8度和9度时，隐伏断裂的土层覆盖厚度分别大于60m和90m。

2 对不符合本条1款规定的情况，应避开主断裂带。其避让距离不宜小于表4.1.7对发震断裂最小避让距离的规定。在避让距离的范围内确有需要建造分散的、低于三层的丙、丁类建筑时，应按提高一度采取抗震措施，并提高基础和上部结构的整体性，且不得跨越断层线。

表 4.1.7 发震断裂的最小避让距离（m）

烈 度	建筑抗震设防类别			
	甲	乙	丙	丁
8	专门研究	200m	100m	—
9	专门研究	400m	200m	—

4.1.8 当需要在条状突出的山嘴、高耸孤立的山丘、非岩石和强风化岩石的陡坡、河岸和边坡边缘等不利地段建造丙类及丙类以上建筑时，除保证其在地震作用下的稳定性外，尚应估计不利地段对设计地震动参数可能产生的放大作用，其水平地震影响系数最大值应乘以增大系数。其值应根据不利地段的具体情况确定，在 1.1～1.6 范围内采用。

4.1.9 场地岩土工程勘察，应根据实际需要划分的对建筑有利、一般、不利和危险的地段，提供建筑的场地类别和岩土地震稳定性（含滑坡、崩塌、液化和震陷特性）评价，对需要采用时程分析法补充计算的建筑，尚应根据设计要求提供土层剖面、场地覆盖层厚度和有关的动力参数。

4.2 天然地基和基础

4.2.1 下列建筑可不进行天然地基及基础的抗震承载力验算：

1 本规范规定可不进行上部结构抗震验算的建筑。

2 地基主要受力层范围内不存在软弱黏性土层的下列建筑：

1）一般的单层厂房和单层空旷房屋；

2）砌体房屋；

3）不超过 8 层且高度在 24m 以下的一般民用框架和框架-抗震墙房屋；

4）基础荷载与 3）项相当的多层框架厂房和多层混凝土抗震墙房屋。

注：软弱黏性土层指 7 度、8 度和 9 度时，地基承载力特征值分别小于 80、100 和 120kPa 的土层。

4.2.2 天然地基基础抗震验算时，应采用地震作用效应标准组合，且地基抗震承载力应取地基承载力特征值乘以地基抗震承载力调整系数计算。

4.2.3 地基抗震承载力应按下式计算：

$$f_{aE} = \zeta_a f_a \tag{4.2.3}$$

式中：f_{aE}——调整后的地基抗震承载力；

ζ_a——地基抗震承载力调整系数，应按表 4.2.3 采用；

f_a——深宽修正后的地基承载力特征值，应按现行国家标准《建筑地基基础设计规范》GB 50007 采用。

表 4.2.3 地基抗震承载力调整系数

岩土名称和性状	ζ_a
岩石，密实的碎石土，密实的砾、粗、中砂，$f_{ak} \geqslant 300$ 的黏性土和粉土	1.5
中密、稍密的碎石土，中密和稍密的砾、粗、中砂，密实和中密的细、粉砂，$150\text{kPa} \leqslant f_{ak} < 300\text{kPa}$ 的黏性土和粉土，坚硬黄土	1.3
稍密的细、粉砂，$100\text{kPa} \leqslant f_{ak} < 150\text{kPa}$ 的黏性土和粉土，可塑黄土	1.1
淤泥，淤泥质土，松散的砂，杂填土，新近堆积黄土及流塑黄土	1.0

4.2.4 验算天然地基地震作用下的竖向承载力时，按地震作用效应标准组合的基础底面平均压力和边缘最大压力应符合下列各式要求：

$$p \leqslant f_{aE} \tag{4.2.4-1}$$

$$p_{max} \leqslant 1.2 f_{aE} \tag{4.2.4-2}$$

式中：p——地震作用效应标准组合的基础底面平均压力；

p_{max}——地震作用效应标准组合的基础边缘的最大压力。

高宽比大于 4 的高层建筑，在地震作用下基础底面不宜出现脱离区（零应力区）；其他建筑，基础底面与地基土之间脱离区（零应力区）面积不应超过基础底面面积的 15%。

4.3 液化土和软土地基

4.3.1 饱和砂土和饱和粉土（不含黄土）的液化判别和地基处理，6 度时，一般情况下可不进行判别和处理，但对液化沉陷敏感的乙类建筑可按 7 度的要求进行判别和处理，7～9 度时，乙类建筑可按本地区抗震设防烈度的要求进行判别和处理。

4.3.2 地面下存在饱和砂土和饱和粉土时，除 6 度外，应进行液化判别；存在液化土层的地基，应根据建筑的抗震设防类别、地基的液化等级，结合具体情况采取相应的措施。

注：本条饱和土液化判别要求不含黄土、粉质黏土。

4.3.3 饱和的砂土或粉土（不含黄土），当符合下列条件之一时，可初步判别为不液化或可不考虑液化影响：

1 地质年代为第四纪晚更新世（Q_3）及其以前时，7、8 度时可判为不液化。

2 粉土的黏粒（粒径小于 0.005mm 的颗粒）含

量百分率，7度、8度和9度分别不小于10、13和16时，可判为不液化土。

注：用于液化判别的黏粒含量系采用六偏磷酸钠作分散剂测定，采用其他方法时应按有关规定换算。

3 浅埋天然地基的建筑，当上覆非液化土层厚度和地下水位深度符合下列条件之一时，可不考虑液化影响：

$$d_u > d_0 + d_b - 2 \quad (4.3.3\text{-}1)$$

$$d_w > d_0 + d_b - 3 \quad (4.3.3\text{-}2)$$

$$d_u + d_w > 1.5d_0 + 2d_b - 4.5 \quad (4.3.3\text{-}3)$$

式中：d_w——地下水位深度（m），宜按设计基准期内年平均最高水位采用，也可按近期内年最高水位采用；

d_u——上覆盖非液化土层厚度（m），计算时宜将淤泥和淤泥质土层扣除；

d_b——基础埋置深度（m），不超过2m时应采用2m；

d_0——液化土特征深度（m），可按表4.3.3采用。

表4.3.3 液化土特征深度（m）

饱和土类别	7度	8度	9度
粉土	6	7	8
砂土	7	8	9

注：当区域的地下水位处于变动状态时，应按不利的情况考虑。

4.3.4 当饱和砂土、粉土的初步判别认为需进一步进行液化判别时，应采用标准贯入试验判别法判别地面下20m范围内土的液化；但对本规范第4.2.1条规定可不进行天然地基及基础的抗震承载力验算的各类建筑，可只判别地面下15m范围内土的液化。当饱和土标准贯入锤击数（未经杆长修正）小于或等于液化判别标准贯入锤击数临界值时，应判为液化土。当有成熟经验时，尚可采用其他判别方法。

在地面下20m深度范围内，液化判别标准贯入锤击数临界值可按下式计算：

$$N_{cr} = N_0\beta[\ln(0.6d_s + 1.5) - 0.1d_w]\sqrt{3/\rho_c} \quad (4.3.4)$$

式中：N_{cr}——液化判别标准贯入锤击数临界值；

N_0——液化判别标准贯入锤击数基准值，可按表4.3.4采用；

d_s——饱和土标准贯入点深度（m）；

d_w——地下水位（m）；

ρ_c——黏粒含量百分率，当小于3或为砂土时，应采用3；

β——调整系数，设计地震第一组取0.80，第二组取0.95，第三组取1.05。

表4.3.4 液化判别标准贯入锤击数基准值 N_0

设计基本地震加速度（g）	0.10	0.15	0.20	0.30	0.40
液化判别标准贯入锤击数基准值	7	10	12	16	19

4.3.5 对存在液化砂土层、粉土层的地基，应探明各液化土层的深度和厚度，按下式计算每个钻孔的液化指数，并按表4.3.5综合划分地基的液化等级：

$$I_{lE} = \sum_{i=1}^{n}\left[1 - \frac{N_i}{N_{cri}}\right]d_i W_i \quad (4.3.5)$$

式中：I_{lE}——液化指数；

n——在判别深度范围内每一个钻孔标准贯入试验点的总数；

N_i、N_{cri}——分别为i点标准贯入锤击数的实测值和临界值，当实测值大于临界值时应取临界值；当只需要判别15m范围以内的液化时，15m以下的实测值可按临界值采用；

d_i——i点所代表的土层厚度（m），可采用与该标准贯入试验点相邻的上、下两标准贯入试验点深度差的一半，但上界不高于地下水位深度，下界不深于液化深度；

W_i——i土层单位土层厚度的层位影响权函数值（单位为m^{-1}）。当该层中点深度不大于5m时应采用10，等于20m时应采用零值，5～20m时应按线性内插法取值。

表4.3.5 液化等级与液化指数的对应关系

液化等级	轻 微	中 等	严 重
液化指数 I_{lE}	$0<I_{lE}\leqslant6$	$6<I_{lE}\leqslant18$	$I_{lE}>18$

4.3.6 当液化砂土层、粉土层较平坦且均匀时，宜按表4.3.6选用地基抗液化措施；尚可计入上部结构重力荷载对液化危害的影响，根据液化震陷量的估计适当调整抗液化措施。

不宜将未经处理的液化土层作为天然地基持力层。

表4.3.6 抗液化措施

建筑抗震设防类别	地基的液化等级		
	轻微	中等	严重
乙类	部分消除液化沉陷，或对基础和上部结构处理	全部消除液化沉陷，或部分消除液化沉陷且对基础和上部结构处理	全部消除液化沉陷
丙类	基础和上部结构处理，亦可不采取措施	基础和上部结构处理，或更高要求的措施	全部消除液化沉陷，或部分消除液化沉陷且对基础和上部结构处理

续表 4.3.6

建筑抗震设防类别	地基的液化等级		
	轻微	中等	严重
丁类	可不采取措施	可不采取措施	基础和上部结构处理，或其他经济的措施

注：甲类建筑的地基抗液化措施应进行专门研究，但不宜低于乙类的相应要求。

4.3.7 全部消除地基液化沉陷的措施，应符合下列要求：

1 采用桩基时，桩端伸入液化深度以下稳定土层中的长度（不包括桩尖部分），应按计算确定，且对碎石土，砾、粗、中砂，坚硬黏性土和密实粉土尚不应小于 0.8m，对其他非岩石土尚不宜小于 1.5m。

2 采用深基础时，基础底面应埋入液化深度以下的稳定土层中，其深度不应小于 0.5m。

3 采用加密法（如振冲、振动加密、挤密碎石桩、强夯等）加固时，应处理至液化深度下界；振冲或挤密碎石桩加固后，桩间土的标准贯入锤击数不宜小于本规范第 4.3.4 条规定的液化判别标准贯入锤击数临界值。

4 用非液化土替换全部液化土层，或增加上覆非液化土层的厚度。

5 采用加密法或换土法处理时，在基础边缘以外的处理宽度，应超过基础底面下处理深度的 1/2 且不小于基础宽度的 1/5。

4.3.8 部分消除地基液化沉陷的措施，应符合下列要求：

1 处理深度应使处理后的地基液化指数减少，其值不宜大于 5；大面积筏基、箱基的中心区域，处理后的液化指数可比上述规定降低 1；对独立基础和条形基础，尚不应小于基础底面下液化土特征深度和基础宽度的较大值。

注：中心区域指位于基础外边界以内沿长宽方向距外边界大于相应方向 1/4 长度的区域。

2 采用振冲或挤密碎石桩加固后，桩间土的标准贯入锤击数不宜小于按本规范第 4.3.4 条规定的液化判别标准贯入锤击数临界值。

3 基础边缘以外的处理宽度，应符合本规范第 4.3.7 条 5 款的要求。

4 采取减小液化震陷的其他方法，如增厚上覆非液化土层的厚度和改善周边的排水条件等。

4.3.9 减轻液化影响的基础和上部结构处理，可综合采用下列各项措施：

1 选择合适的基础埋置深度。

2 调整基础底面积，减少基础偏心。

3 加强基础的整体性和刚度，如采用箱基、筏基或钢筋混凝土交叉条形基础，加设基础圈梁等。

4 减轻荷载，增强上部结构的整体刚度和均匀对称性，合理设置沉降缝，避免采用对不均匀沉降敏感的结构形式等。

5 管道穿过建筑处应预留足够尺寸或采用柔性接头等。

4.3.10 在故河道以及临近河岸、海岸和边坡等有液化侧向扩展或流滑可能的地段内不宜修建永久性建筑，否则应进行抗滑动验算、采取防土体滑动措施或结构抗裂措施。

4.3.11 地基中软弱黏性土层的震陷判别，可采用下列方法。饱和粉质黏土震陷的危害性和抗震陷措施应根据沉降和横向变形大小等因素综合研究确定，8 度(0.30g) 和 9 度时，当塑性指数小于 15 且符合下式规定的饱和粉质黏土可判为震陷性软土。

$$W_S \geqslant 0.9W_L \tag{4.3.11-1}$$

$$I_L \geqslant 0.75 \tag{4.3.11-2}$$

式中：W_S——天然含水量；

W_L——液限含水量，采用液、塑限联合测定法测定；

I_L——液性指数。

4.3.12 地基主要受力层范围内存在软弱黏性土层和高含水量的可塑性黄土时，应结合具体情况综合考虑，采用桩基、地基加固处理或本规范第 4.3.9 条的各项措施，也可根据软土震陷量的估计，采取相应措施。

4.4 桩 基

4.4.1 承受竖向荷载为主的低承台桩基，当地面下无液化土层，且桩承台周围无淤泥、淤泥质土和地基承载力特征值不大于 100kPa 的填土时，下列建筑可不进行桩基抗震承载力验算：

1 7 度和 8 度时的下列建筑：

1）一般的单层厂房和单层空旷房屋；

2）不超过 8 层且高度在 24m 以下的一般民用框架房屋；

3）基础荷载与 2）项相当的多层框架厂房和多层混凝土抗震墙房屋。

2 本规范第 4.2.1 条之 1 款规定的建筑及砌体房屋。

4.4.2 非液化土中低承台桩基的抗震验算，应符合下列规定：

1 单桩的竖向和水平向抗震承载力特征值，可均比非抗震设计时提高 25%。

2 当承台周围的回填土夯实至干密度不小于现行国家标准《建筑地基基础设计规范》GB 50007 对填土的要求时，可由承台正面填土与桩共同承担水平地震作用；但不应计入承台底面与地基土间的摩擦力。

计算。

4.4.3 存在液化土层的低承台桩基抗震验算，应符合下列规定：

1 承台埋深较浅时，不宜计入承台周围土的抗力或刚性地坪对水平地震作用的分担作用。

2 当桩承台底面上、下分别有厚度不小于1.5m、1.0m的非液化土层或非软弱土层时，可按下列二种情况进行桩的抗震验算，并按不利情况设计：

1）桩承受全部地震作用，桩承载力按本规范第4.4.2条取用，液化土的桩周摩阻力及桩水平抗力均应乘以表4.4.3的折减系数。

表 4.4.3 土层液化影响折减系数

实际标贯锤击数/临界标贯锤击数	深度 d_s（m）	折减系数
≤0.6	$d_s\leq10$	0
	$10<d_s\leq20$	1/3
>0.6～0.8	$d_s\leq10$	1/3
	$10<d_s\leq20$	2/3
>0.8～1.0	$d_s\leq10$	2/3
	$10<d_s\leq20$	1

2）地震作用按水平地震影响系数最大值的10%采用，桩承载力仍按本规范第4.4.2条1款取用，但应扣除液化土层的全部摩阻力及桩承台下2m深度范围内非液化土的桩周摩阻力。

3 打入式预制桩及其他挤土桩，当平均桩距为2.5～4倍桩径且桩数不少于5×5时，可计入打桩对土的加密作用及桩身对液化土变形限制的有利影响。当打桩后桩间土的标准贯入锤击数值达到不液化的要求时，单桩承载力可不折减，但对桩尖持力层作强度校核时，桩群外侧的应力扩散角应取为零。打桩后桩间土的标准贯入锤击数宜由试验确定，也可按下式计算：

$$N_1 = N_p + 100\rho(1 - e^{-0.3N_p}) \quad (4.4.3)$$

式中：N_1——打桩后的标准贯入锤击数；

ρ——打入式预制桩的面积置换率；

N_p——打桩前的标准贯入锤击数。

4.4.4 处于液化土中的桩基承台周围，宜用密实干土填筑夯实，若用砂土或粉土则应使土层的标准贯入锤击数不小于本规范第4.3.4条规定的液化判别标准贯入锤击数临界值。

4.4.5 液化土和震陷软土中桩的配筋范围，应自桩顶至液化深度以下符合全部消除液化沉陷所要求的深度，其纵向钢筋应与桩顶部相同，箍筋应加粗和加密。

4.4.6 在有液化侧向扩展的地段，桩基除应满足本节中的其他规定外，尚应考虑土流动时的侧向作用力，且承受侧向推力的面积应按边桩外缘间的宽度计算。

5 地震作用和结构抗震验算

5.1 一般规定

5.1.1 各类建筑结构的地震作用，应符合下列规定：

1 一般情况下，应至少在建筑结构的两个主轴方向分别计算水平地震作用，各方向的水平地震作用应由该方向抗侧力构件承担。

2 有斜交抗侧力构件的结构，当相交角度大于15°时，应分别计算各抗侧力构件方向的水平地震作用。

3 质量和刚度分布明显不对称的结构，应计入双向水平地震作用下的扭转影响；其他情况，应允许采用调整地震作用效应的方法计入扭转影响。

4 8、9度时的大跨度和长悬臂结构及9度时的高层建筑，应计算竖向地震作用。

注：8、9度时采用隔震设计的建筑结构，应按有关规定计算竖向地震作用。

5.1.2 各类建筑结构的抗震计算，应采用下列方法：

1 高度不超过40m、以剪切变形为主且质量和刚度沿高度分布比较均匀的结构，以及近似于单质点体系的结构，可采用底部剪力法等简化方法。

2 除1款外的建筑结构，宜采用振型分解反应谱法。

3 特别不规则的建筑、甲类建筑和表5.1.2-1所列高度范围的高层建筑，应采用时程分析法进行多遇地震下的补充计算；当取三组加速度时程曲线输入时，计算结果宜取时程法的包络值和振型分解反应谱法的较大值；当取七组及七组以上的时程曲线时，计算结果可取时程法的平均值和振型分解反应谱法的较大值。

采用时程分析法时，应按建筑场地类别和设计地震分组选用实际强震记录和人工模拟的加速度时程曲线，其中实际强震记录的数量不应少于总数的2/3，多组时程曲线的平均地震影响系数曲线应与振型分解反应谱法所采用的地震影响系数曲线在统计意义上相符，其加速度时程的最大值可按表5.1.2-2采用。弹性时程分析时，每条时程曲线计算所得结构底部剪力不应小于振型分解反应谱法计算结果的65%，多条时程曲线计算所得结构底部剪力的平均值不应小于振型分解反应谱法计算结果的80%。

表 5.1.2-1 采用时程分析的房屋高度范围

烈度、场地类别	房屋高度范围（m）
8度Ⅰ、Ⅱ类场地和7度	>100
8度Ⅲ、Ⅳ类场地	>80
9度	>60

表 5.1.2-2　时程分析所用地震加速度时程的最大值（cm/s^2）

地震影响	6 度	7 度	8 度	9 度
多遇地震	18	35(55)	70(110)	140
罕遇地震	125	220(310)	400(510)	620

注：括号内数值分别用于设计基本地震加速度为 $0.15g$ 和 $0.30g$ 的地区。

4　计算罕遇地震下结构的变形，应按本规范第 5.5 节规定，采用简化的弹塑性分析方法或弹塑性时程分析法。

5　平面投影尺度很大的空间结构，应根据结构形式和支承条件，分别按单点一致、多点、多向单点或多向多点输入进行抗震计算。按多点输入计算时，应考虑地震行波效应和局部场地效应。6 度和 7 度Ⅰ、Ⅱ类场地的支承结构、上部结构和基础的抗震验算可采用简化方法，根据结构跨度、长度不同，其短边构件可乘以附加地震作用效应系数 1.15～1.30；7 度Ⅲ、Ⅳ类场地和 8、9 度时，应采用时程分析方法进行抗震验算。

6　建筑结构的隔震和消能减震设计，应采用本规范第 12 章规定的计算方法。

7　地下建筑结构应采用本规范第 14 章规定的计算方法。

5.1.3　计算地震作用时，建筑的重力荷载代表值应取结构和构配件自重标准值和各可变荷载组合值之和。各可变荷载的组合值系数，应按表 5.1.3 采用。

表 5.1.3　组合值系数

可变荷载种类		组合值系数
雪荷载		0.5
屋面积灰荷载		0.5
屋面活荷载		不计入
按实际情况计算的楼面活荷载		1.0
按等效均布荷载计算的楼面活荷载	藏书库、档案库	0.8
	其他民用建筑	0.5
起重机悬吊物重力	硬钩吊车	0.3
	软钩吊车	不计入

注：硬钩吊车的吊重较大时，组合值系数应按实际情况采用。

5.1.4　建筑结构的地震影响系数应根据烈度、场地类别、设计地震分组和结构自振周期以及阻尼比确定。其水平地震影响系数最大值应按表 5.1.4-1 采用；特征周期应根据场地类别和设计地震分组按表 5.1.4-2 采用，计算罕遇地震作用时，特征周期应增加 0.05s。

注：周期大于 6.0s 的建筑结构所采用的地震影响系数应专门研究。

表 5.1.4-1　水平地震影响系数最大值

地震影响	6 度	7 度	8 度	9 度
多遇地震	0.04	0.08(0.12)	0.16(0.24)	0.32
罕遇地震	0.28	0.50(0.72)	0.90(1.20)	1.40

注：括号中数值分别用于设计基本地震加速度为 $0.15g$ 和 $0.30g$ 的地区。

表 5.1.4-2　特征周期值(s)

设计地震分组	场地类别				
	$Ⅰ_0$	$Ⅰ_1$	Ⅱ	Ⅲ	Ⅳ
第一组	0.20	0.25	0.35	0.45	0.65
第二组	0.25	0.30	0.40	0.55	0.75
第三组	0.30	0.35	0.45	0.65	0.90

5.1.5　建筑结构地震影响系数曲线（图 5.1.5）的阻尼调整和形状参数应符合下列要求：

1　除有专门规定外，建筑结构的阻尼比应取 0.05，地震影响系数曲线的阻尼调整系数应按 1.0 采用，形状参数应符合下列规定：

1）直线上升段，周期小于 0.1s 的区段。

2）水平段，自 0.1s 至特征周期区段，应取最大值（α_{max}）。

3）曲线下降段，自特征周期至 5 倍特征周期区段，衰减指数应取 0.9。

4）直线下降段，自 5 倍特征周期至 6s 区段，下降斜率调整系数应取 0.02。

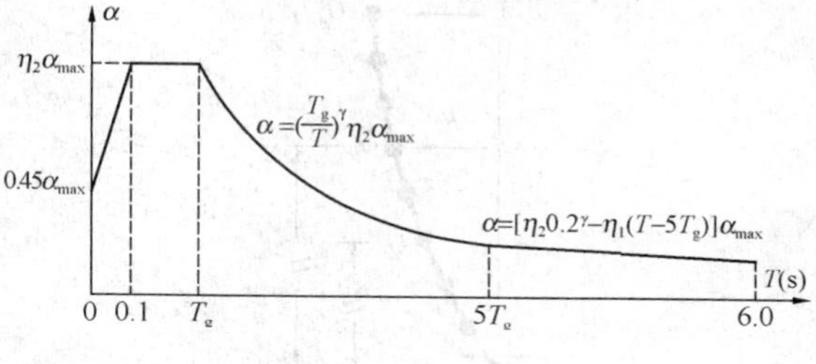

图 5.1.5　地震影响系数曲线

α—地震影响系数；α_{max}—地震影响系数最大值；η_1—直线下降段的下降斜率调整系数；γ—衰减指数；T_g—特征周期；η_2—阻尼调整系数；T—结构自振周期

2　当建筑结构的阻尼比按有关规定不等于 0.05 时，地震影响系数曲线的阻尼调整系数和形状参数应符合下列规定：

1）曲线下降段的衰减指数应按下式确定：

$$\gamma = 0.9 + \frac{0.05 - \zeta}{0.3 + 6\zeta} \qquad (5.1.5\text{-}1)$$

式中：γ——曲线下降段的衰减指数；

ζ——阻尼比。

2）直线下降段的下降斜率调整系数应按下式确定：

$$\eta_1 = 0.02 + \frac{0.05-\zeta}{4+32\zeta} \qquad (5.1.5\text{-}2)$$

式中：η_1——直线下降段的下降斜率调整系数，小于0时取0。

3）阻尼调整系数应按下式确定：

$$\eta_2 = 1 + \frac{0.05-\zeta}{0.08+1.6\zeta} \qquad (5.1.5\text{-}3)$$

式中：η_2——阻尼调整系数，当小于0.55时，应取0.55。

5.1.6 结构的截面抗震验算，应符合下列规定：

1 6度时的建筑（不规则建筑及建造于Ⅳ类场地上较高的高层建筑除外），以及生土房屋和木结构房屋等，应符合有关的抗震措施要求，但应允许不进行截面抗震验算。

2 6度时不规则建筑、建造于Ⅳ类场地上较高的高层建筑，7度和7度以上的建筑结构（生土房屋和木结构房屋等除外），应进行多遇地震作用下的截面抗震验算。

注：采用隔震设计的建筑结构，其抗震验算应符合有关规定。

5.1.7 符合本规范第5.5节规定的结构，除按规定进行多遇地震作用下的截面抗震验算外，尚应进行相应的变形验算。

5.2 水平地震作用计算

5.2.1 采用底部剪力法时，各楼层可仅取一个自由

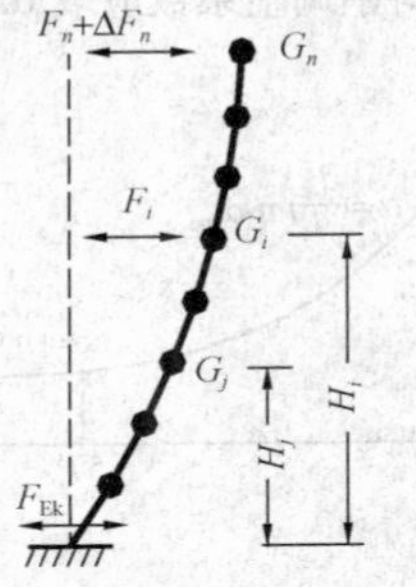

图5.2.1 结构水平地震作用计算简图

度，结构的水平地震作用标准值，应按下列公式确定（图5.2.1）：

$$F_{Ek} = \alpha_1 G_{eq} \qquad (5.2.1\text{-}1)$$

$$F_i = \frac{G_i H_i}{\sum_{j=1}^{n} G_j H_j} F_{Ek}(1-\delta_n) \quad (i=1,2,\cdots n) \qquad (5.2.1\text{-}2)$$

$$\Delta F_n = \delta_n F_{Ek} \qquad (5.2.1\text{-}3)$$

式中：F_{Ek}——结构总水平地震作用标准值；

α_1——相应于结构基本自振周期的水平地震影响系数值，应按本规范第5.1.4、第5.1.5条确定，多层砌体房屋、底部框架砌体房屋，宜取水平地震影响系数最大值；

G_{eq}——结构等效总重力荷载，单质点应取总重力荷载代表值，多质点可取总重力荷载代表值的85%；

F_i——质点 i 的水平地震作用标准值；

G_i、G_j——分别为集中于质点 i、j 的重力荷载代表值，应按本规范第5.1.3条确定；

H_i、H_j——分别为质点 i、j 的计算高度；

δ_n——顶部附加地震作用系数，多层钢筋混凝土和钢结构房屋可按表5.2.1采用，其他房屋可采用0.0；

ΔF_n——顶部附加水平地震作用。

表5.2.1 顶部附加地震作用系数

T_g（s）	$T_1>1.4T_g$	$T_1\leqslant1.4T_g$
$T_g\leqslant0.35$	$0.08T_1+0.07$	0.0
$0.35<T_g\leqslant0.55$	$0.08T_1+0.01$	
$T_g>0.55$	$0.08T_1-0.02$	

注：T_1为结构基本自振周期。

5.2.2 采用振型分解反应谱法时，不进行扭转耦联计算的结构，应按下列规定计算其地震作用和作用效应：

1 结构 j 振型 i 质点的水平地震作用标准值，应按下列公式确定：

$$F_{ji} = \alpha_j \gamma_j X_{ji} G_i \quad (i=1,2,\cdots n, j=1,2,\cdots m) \qquad (5.2.2\text{-}1)$$

$$\gamma_j = \sum_{i=1}^{n} X_{ji} G_i \Big/ \sum_{i=1}^{n} X_{ji}^2 G_i \qquad (5.2.2\text{-}2)$$

式中：F_{ji}——j 振型 i 质点的水平地震作用标准值；

α_j——相应于 j 振型自振周期的地震影响系数，应按本规范第5.1.4、第5.1.5条确定；

X_{ji}——j 振型 i 质点的水平相对位移；

γ_j——j 振型的参与系数。

2 水平地震作用效应（弯矩、剪力、轴向力和变形），当相邻振型的周期比小于0.85时，可按下式确定：

$$S_{Ek} = \sqrt{\sum S_j^2} \qquad (5.2.2\text{-}3)$$

式中：S_{Ek}——水平地震作用标准值的效应；

S_j——j 振型水平地震作用标准值的效应，可只取前2～3个振型，当基本自振周期大于1.5s或房屋高宽比大于5时，振型个数应适当增加。

5.2.3 水平地震作用下，建筑结构的扭转耦联地震效应应符合下列要求：

1 规则结构不进行扭转耦联计算时，平行于地

震作用方向的两个边榀各构件，其地震作用效应应乘以增大系数。一般情况下，短边可按1.15采用，长边可按1.05采用；当扭转刚度较小时，周边各构件宜按不小于1.3采用。角部构件宜同时乘以两个方向各自的增大系数。

2 按扭转耦联振型分解法计算时，各楼层可取两个正交的水平位移和一个转角共三个自由度，并应按下列公式计算结构的地震作用和作用效应。确有依据时，尚可采用简化计算方法确定地震作用效应。

1）j振型i层的水平地震作用标准值，应按下列公式确定：

$$F_{xji}=\alpha_j\gamma_{tj}X_{ji}G_i$$
$$F_{yji}=\alpha_j\gamma_{tj}Y_{ji}G_i\quad(i=1,2,\cdots n,j=1,2,\cdots m)$$
$$F_{tji}=\alpha_j\gamma_{tj}r_i^2\varphi_{ji}G_i\qquad(5.2.3\text{-}1)$$

式中：F_{xji}、F_{yji}、F_{tji}——分别为j振型i层的x方向、y方向和转角方向的地震作用标准值；

X_{ji}、Y_{ji}——分别为j振型i层质心在x、y方向的水平相对位移；

φ_{ji}——j振型i层的相对扭转角；

r_i——i层转动半径，可取i层绕质心的转动惯量除以该层质量的商的正二次方根；

γ_{tj}——计入扭转的j振型的参与系数，可按下列公式确定：

当仅取x方向地震作用时

$$\gamma_{tj}=\sum_{i=1}^{n}X_{ji}G_i/\sum_{i=1}^{n}(X_{ji}^2+Y_{ji}^2+\varphi_{ji}^2r_i^2)G_i\qquad(5.2.3\text{-}2)$$

当仅取y方向地震作用时

$$\gamma_{tj}=\sum_{i=1}^{n}Y_{ji}G_i/\sum_{i=1}^{n}(X_{ji}^2+Y_{ji}^2+\varphi_{ji}^2r_i^2)G_i\qquad(5.2.3\text{-}3)$$

当取与x方向斜交的地震作用时，

$$\gamma_{tj}=\gamma_{xj}\cos\theta+\gamma_{yj}\sin\theta\qquad(5.2.3\text{-}4)$$

式中：γ_{xj}、γ_{yj}——分别由式（5.2.3-2)、式（5.2.3-3）求得的参与系数；

θ——地震作用方向与x方向的夹角。

2）单向水平地震作用下的扭转耦联效应，可按下列公式确定：

$$S_{Ek}=\sqrt{\sum_{j=1}^{m}\sum_{k=1}^{m}\rho_{jk}S_jS_k}\qquad(5.2.3\text{-}5)$$

$$\rho_{jk}=\frac{8\sqrt{\zeta_j\zeta_k}(\zeta_j+\lambda_T\zeta_k)\lambda_T^{1.5}}{(1-\lambda_T^2)^2+4\zeta_j\zeta_k(1+\lambda_T^2)\lambda_T+4(\zeta_j^2+\zeta_k^2)\lambda_T^2}\qquad(5.2.3\text{-}6)$$

式中：S_{Ek}——地震作用标准值的扭转效应；

S_j、S_k——分别为j、k振型地震作用标准值的效应，可取前9～15个振型；

ζ_j、ζ_k——分别为j、k振型的阻尼比；

ρ_{jk}——j振型与k振型的耦联系数；

λ_T——k振型与j振型的自振周期比。

3）双向水平地震作用下的扭转耦联效应，可按下列公式中的较大值确定：

$$S_{Ek}=\sqrt{S_x^2+(0.85S_y)^2}\qquad(5.2.3\text{-}7)$$

或

$$S_{Ek}=\sqrt{S_y^2+(0.85S_x)^2}\qquad(5.2.3\text{-}8)$$

式中，S_x、S_y分别为x向、y向单向水平地震作用按式(5.2.3-5)计算的扭转效应。

5.2.4 采用底部剪力法时，突出屋面的屋顶间、女儿墙、烟囱等的地震作用效应，宜乘以增大系数3，此增大部分不应往下传递，但与该突出部分相连的构件应予计入；采用振型分解法时，突出屋面部分可作为一个质点；单层厂房突出屋面天窗架的地震作用效应的增大系数，应按本规范第9章的有关规定采用。

5.2.5 抗震验算时，结构任一楼层的水平地震剪力应符合下式要求：

$$V_{EKi}>\lambda\sum_{j=i}^{n}G_j\qquad(5.2.5)$$

式中：V_{EKi}——第i层对应于水平地震作用标准值的楼层剪力；

λ——剪力系数，不应小于表5.2.5规定的楼层最小地震剪力系数值，对竖向不规则结构的薄弱层，尚应乘以1.15的增大系数；

G_j——第j层的重力荷载代表值。

表5.2.5 楼层最小地震剪力系数值

类别	6度	7度	8度	9度
扭转效应明显或基本周期小于3.5s的结构	0.008	0.016(0.024)	0.032(0.048)	0.064
基本周期大于5.0s的结构	0.006	0.012(0.018)	0.024(0.036)	0.048

注：1 基本周期介于3.5s和5s之间的结构，按插入法取值；

2 括号内数值分别用于设计基本地震加速度为0.15g和0.30g的地区。

5.2.6 结构的楼层水平地震剪力，应按下列原则分配：

1 现浇和装配整体式混凝土楼、屋盖等刚性楼、屋盖建筑，宜按抗侧力构件等效刚度的比例分配。

2 木楼盖、木屋盖等柔性楼、屋盖建筑，宜按抗侧力构件从属面积上重力荷载代表值的比例分配。

3 普通的预制装配式混凝土楼、屋盖等半刚性楼、屋盖的建筑，可取上述两种分配结果的平均值。

4 计入空间作用、楼盖变形、墙体弹塑性变形和扭转的影响时，可按本规范各有关规定对上述分配结果作适当调整。

5.2.7 结构抗震计算，一般情况下可不计入地基与结构相互作用的影响；8度和9度时建造于Ⅲ、Ⅳ类场地，采用箱基、刚性较好的筏基和桩箱联合基础的钢筋混凝土高层建筑，当结构基本自振周期处于特征周期的1.2倍至5倍范围时，若计入地基与结构动力相互作用的影响，对刚性地基假定计算的水平地震剪力可按下列规定折减，其层间变形可按折减后的楼层剪力计算。

1 高宽比小于3的结构，各楼层水平地震剪力的折减系数，可按下式计算：

$$\psi=\left(\frac{T_1}{T_1+\Delta T}\right)^{0.9} \quad (5.2.7)$$

式中：ψ——计入地基与结构动力相互作用后的地震剪力折减系数；

T_1——按刚性地基假定确定的结构基本自振周期（s）；

ΔT——计入地基与结构动力相互作用的附加周期（s），可按表5.2.7采用。

表5.2.7 附加周期（s）

烈 度	场地类别	
	Ⅲ类	Ⅳ类
8	0.08	0.20
9	0.10	0.25

2 高宽比不小于3的结构，底部的地震剪力按第1款规定折减，顶部不折减，中间各层按线性插入值折减。

3 折减后各楼层的水平地震剪力，应符合本规范第5.2.5条的规定。

5.3 竖向地震作用计算

5.3.1 9度时的高层建筑，其竖向地震作用标准值应按下列公式确定（图5.3.1）；楼层的竖向地震作用效应可按各构件承受的重力荷载代表值的比例分配，并宜乘以增大系数1.5。

$$F_{\mathrm{Evk}}=\alpha_{\mathrm{vmax}}G_{\mathrm{eq}} \quad (5.3.1\text{-}1)$$

$$F_{\mathrm{v}i}=\frac{G_iH_i}{\sum G_jH_j}F_{\mathrm{Evk}} \quad (5.3.1\text{-}2)$$

式中：F_{Evk}——结构总竖向地震作用标准值；

$F_{\mathrm{v}i}$——质点i的竖向地震作用标准值；

α_{vmax}——竖向地震影响系数的最大值，可取水平地震影响系数最大值的65%；

G_{eq}——结构等效总重力荷载，可取其重力荷载代表值的75%。

5.3.2 跨度、长度小于本规范第5.1.2条第5款规定且规则的平板型网架屋盖和跨度大于24m的屋架、屋盖横梁及托架的竖向地震作用标准值，宜取其重力

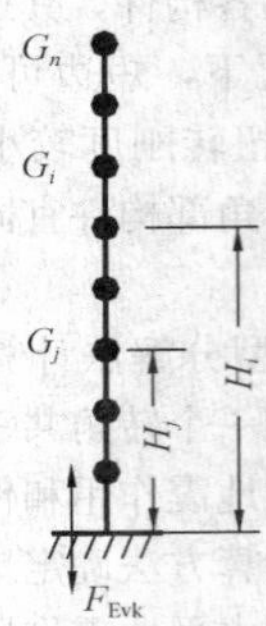

图5.3.1 结构竖向地震作用计算简图

荷载代表值和竖向地震作用系数的乘积；竖向地震作用系数可按表5.3.2采用。

表5.3.2 竖向地震作用系数

结构类型	烈度	场地类别		
		Ⅰ	Ⅱ	Ⅲ、Ⅳ
平板型网架、钢屋架	8	可不计算（0.10）	0.08（0.12）	0.10（0.15）
	9	0.15	0.15	0.20
钢筋混凝土屋架	8	0.10（0.15）	0.13（0.19）	0.13（0.19）
	9	0.20	0.25	0.25

注：括号中数值用于设计基本地震加速度为0.30g的地区。

5.3.3 长悬臂构件和不属于本规范第5.3.2条的大跨结构的竖向地震作用标准值，8度和9度可分别取该结构、构件重力荷载代表值的10%和20%，设计基本地震加速度为0.30g时，可取该结构、构件重力荷载代表值的15%。

5.3.4 大跨度空间结构的竖向地震作用，尚可按竖向振型分解反应谱方法计算。其竖向地震影响系数可采用本规范第5.1.4、第5.1.5条规定的水平地震影响系数的65%，但特征周期可均按设计第一组采用。

5.4 截面抗震验算

5.4.1 结构构件的地震作用效应和其他荷载效应的基本组合，应按下式计算：

$$S=\gamma_{\mathrm{G}}S_{\mathrm{GE}}+\gamma_{\mathrm{Eh}}S_{\mathrm{Ehk}}+\gamma_{\mathrm{Ev}}S_{\mathrm{Evk}}+\psi_{\mathrm{w}}\gamma_{\mathrm{w}}S_{\mathrm{wk}} \quad (5.4.1)$$

式中：S——结构构件内力组合的设计值，包括组合的弯矩、轴向力和剪力设计值等；

γ_{G}——重力荷载分项系数，一般情况应采用1.2，当重力荷载效应对构件承载能力有利时，不应大于1.0；

γ_{Eh}、γ_{Ev}——分别为水平、竖向地震作用分项系数，应按表5.4.1采用；

γ_{w}——风荷载分项系数，应采用1.4；

S_{GE}——重力荷载代表值的效应，可按本规范第5.1.3条采用，但有吊车时，尚应包括悬吊物重力标准值的效应；

S_{Ehk}——水平地震作用标准值的效应，尚应乘以相应的增大系数或调整系数；

S_{Evk}——竖向地震作用标准值的效应，尚应乘以相应的增大系数或调整系数；

S_{wk}——风荷载标准值的效应；

ψ_w——风荷载组合值系数，一般结构取 0.0，风荷载起控制作用的建筑应采用 0.2。

注：本规范一般略去表示水平方向的下标。

表 5.4.1 地震作用分项系数

地 震 作 用	γ_{Eh}	γ_{Ev}
仅计算水平地震作用	1.3	0.0
仅计算竖向地震作用	0.0	1.3
同时计算水平与竖向地震作用（水平地震为主）	1.3	0.5
同时计算水平与竖向地震作用（竖向地震为主）	0.5	1.3

5.4.2 结构构件的截面抗震验算，应采用下列设计表达式：

$$S \leqslant R/\gamma_{RE} \quad (5.4.2)$$

式中：γ_{RE}——承载力抗震调整系数，除另有规定外，应按表 5.4.2 采用；

R——结构构件承载力设计值。

表 5.4.2 承载力抗震调整系数

材料	结构构件	受力状态	γ_{RE}
钢	柱，梁，支撑，节点板件，螺栓，焊缝	强度	0.75
	柱，支撑	稳定	0.80
砌体	两端均有构造柱、芯柱的抗震墙	受剪	0.9
	其他抗震墙	受剪	1.0
混凝土	梁	受弯	0.75
	轴压比小于 0.15 的柱	偏压	0.75
	轴压比不小于 0.15 的柱	偏压	0.80
	抗震墙	偏压	0.85
	各类构件	受剪、偏拉	0.85

5.4.3 当仅计算竖向地震作用时，各类结构构件承载力抗震调整系数均应采用 1.0。

5.5 抗震变形验算

5.5.1 表 5.5.1 所列各类结构应进行多遇地震作用下的抗震变形验算，其楼层内最大的弹性层间位移应符合下式要求：

$$\Delta u_e \leqslant [\theta_e] h \quad (5.5.1)$$

式中：Δu_e——多遇地震作用标准值产生的楼层内最大的弹性层间位移；计算时，除以弯曲变形为主的高层建筑外，可不扣除结构整体弯曲变形；应计入扭转变形，各作用分项系数均应采用 1.0；钢筋混凝土结构构件的截面刚度可采用弹性刚度；

$[\theta_e]$——弹性层间位移角限值，宜按表 5.5.1 采用；

h——计算楼层层高。

表 5.5.1 弹性层间位移角限值

结 构 类 型	$[\theta_e]$
钢筋混凝土框架	1/550
钢筋混凝土框架-抗震墙、板柱-抗震墙、框架-核心筒	1/800
钢筋混凝土抗震墙、筒中筒	1/1000
钢筋混凝土框支层	1/1000
多、高层钢结构	1/250

5.5.2 结构在罕遇地震作用下薄弱层的弹塑性变形验算，应符合下列要求：

1 下列结构应进行弹塑性变形验算：

1）8 度Ⅲ、Ⅳ类场地和 9 度时，高大的单层钢筋混凝土柱厂房的横向排架；

2）7～9 度时楼层屈服强度系数小于 0.5 的钢筋混凝土框架结构和框排架结构；

3）高度大于 150m 的结构；

4）甲类建筑和 9 度时乙类建筑中的钢筋混凝土结构和钢结构；

5）采用隔震和消能减震设计的结构。

2 下列结构宜进行弹塑性变形验算：

1）本规范表 5.1.2-1 所列高度范围且属于本规范表 3.4.3-2 所列竖向不规则类型的高层建筑结构；

2）7 度Ⅲ、Ⅳ类场地和 8 度时乙类建筑中的钢筋混凝土结构和钢结构；

3）板柱-抗震墙结构和底部框架砌体房屋；

4）高度不大于 150m 的其他高层钢结构；

5）不规则的地下建筑结构及地下空间综合体。

注：楼层屈服强度系数为按钢筋混凝土构件实际配筋和材料强度标准值计算的楼层受剪承载力和按罕遇地震作用标准值计算的楼层弹性地震剪力的比值；对排架柱，指按实际配筋面积、材料强度标准值和轴向力计算的正截面受弯承载力与按罕遇地震作用标准值计算的弹性地震弯矩的比值。

5.5.3 结构在罕遇地震作用下薄弱层（部位）弹塑性变形计算，可采用下列方法：

1 不超过 12 层且层刚度无突变的钢筋混凝土框架和框排架结构、单层钢筋混凝土柱厂房可采用本规范第 5.5.4 条的简化计算法；

2 除1款以外的建筑结构，可采用静力弹塑性分析方法或弹塑性时程分析法等。

3 规则结构可采用弯剪层模型或平面杆系模型，属于本规范第3.4节规定的不规则结构应采用空间结构模型。

5.5.4 结构薄弱层（部位）弹塑性层间位移的简化计算，宜符合下列要求：

1 结构薄弱层（部位）的位置可按下列情况确定：

1）楼层屈服强度系数沿高度分布均匀的结构，可取底层；

2）楼层屈服强度系数沿高度分布不均匀的结构，可取该系数最小的楼层（部位）和相对较小的楼层，一般不超过2～3处；

3）单层厂房，可取上柱。

2 弹塑性层间位移可按下列公式计算：

$$\Delta u_p = \eta_p \Delta u_e \quad (5.5.4\text{-}1)$$

或

$$\Delta u_p = \mu \Delta u_y = \frac{\eta_p}{\xi_y} \Delta u_y \quad (5.5.4\text{-}2)$$

式中：Δu_p——弹塑性层间位移；

Δu_y——层间屈服位移；

μ——楼层延性系数；

Δu_e——罕遇地震作用下按弹性分析的层间位移；

η_p——弹塑性层间位移增大系数，当薄弱层（部位）的屈服强度系数不小于相邻层（部位）该系数平均值的0.8时，可按表5.5.4采用。当不大于该平均值的0.5时，可按表内相应数值的1.5倍采用；其他情况可采用内插法取值；

ξ_y——楼层屈服强度系数。

表5.5.4 弹塑性层间位移增大系数

结构类型	总层数 n 或部位	ξ_y 0.5	0.4	0.3
多层均匀框架结构	2～4	1.30	1.40	1.60
	5～7	1.50	1.65	1.80
	8～12	1.80	2.00	2.20
单层厂房	上柱	1.30	1.60	2.00

5.5.5 结构薄弱层（部位）弹塑性层间位移应符合下式要求：

$$\Delta u_p \leqslant [\theta_p] h \quad (5.5.5)$$

式中：$[\theta_p]$——弹塑性层间位移角限值，可按表5.5.5采用；对钢筋混凝土框架结构，当轴压比小于0.40时，可提高10%；当柱子全高的箍筋构造比本规范第6.3.9条规定的体积配箍率大30%时，可提高20%，但累计不超过25%；

h——薄弱层楼层高度或单层厂房上柱高度。

表5.5.5 弹塑性层间位移角限值

结构类型	$[\theta_p]$
单层钢筋混凝土柱排架	1/30
钢筋混凝土框架	1/50
底部框架砌体房屋中的框架-抗震墙	1/100
钢筋混凝土框架-抗震墙、板柱-抗震墙、框架-核心筒	1/100
钢筋混凝土抗震墙、筒中筒	1/120
多、高层钢结构	1/50

6 多层和高层钢筋混凝土房屋

6.1 一般规定

6.1.1 本章适用的现浇钢筋混凝土房屋的结构类型和最大高度应符合表6.1.1的要求。平面和竖向均不规则的结构，适用的最大高度宜适当降低。

注：本章"抗震墙"指结构抗侧力体系中的钢筋混凝土剪力墙，不包括只承担重力荷载的混凝土墙。

表6.1.1 现浇钢筋混凝土房屋适用的最大高度（m）

结构类型		烈度 6	7	8（0.2g）	8（0.3g）	9
框架		60	50	40	35	24
框架-抗震墙		130	120	100	80	50
抗震墙		140	120	100	80	60
部分框支抗震墙		120	100	80	50	不应采用
筒体	框架-核心筒	150	130	100	90	70
	筒中筒	180	150	120	100	80
板柱-抗震墙		80	70	55	40	不应采用

注：1 房屋高度指室外地面到主要屋面板板顶的高度（不包括局部突出屋顶部分）；
2 框架-核心筒结构指周边稀柱框架与核心筒组成的结构；
3 部分框支抗震墙结构指首层或底部两层为框支层的结构，不包括仅个别框支墙的情况；
4 表中框架，不包括异形柱框架；
5 板柱-抗震墙结构指板柱、框架和抗震墙组成抗侧力体系的结构；
6 乙类建筑可按本地区抗震设防烈度确定其适用的最大高度；
7 超过表内高度的房屋，应进行专门研究和论证，采取有效的加强措施。

6.1.2 钢筋混凝土房屋应根据设防类别、烈度、结构类型和房屋高度采用不同的抗震等级，并应符合相应的计算和构造措施要求。丙类建筑的抗震等级应按表6.1.2确定。

表6.1.2 现浇钢筋混凝土房屋的抗震等级

结构类型		设防烈度 6		7			8			9	
框架结构	高度（m）	≤24	>24	≤24	>24		≤24	>24		≤24	
	框架	四	三	三	二		二	一		一	
	大跨度框架	三		二			一			一	
框架-抗震墙结构	高度（m）	≤60	>60	≤24	25～60	>60	≤24	25～60	>60	≤24	25～50
	框架	四	三	四	三	二	三	二	一	二	一
	抗震墙	三		三	二		二	一		一	
抗震墙结构	高度（m）	≤80	>80	≤24	25～80	>80	≤24	25～80	>80	≤24	25～60
	抗震墙	四	三	四	三	二	三	二	一	二	一
部分框支抗震墙结构	高度（m）	≤80	>80	≤24	25～80	>80	≤24	25～80			
	抗震墙 一般部位	四	三	四	三	二	三	二			
	抗震墙 加强部位	三	二	三	二	一	二	一			
	框支层框架	二		二		一	一				
框架-核心筒结构	框架	三		二			一			一	
	核心筒	二		二			一			一	
筒中筒结构	外筒	三		二			一			一	
	内筒	三		二			一			一	
板柱-抗震墙结构	高度（m）	≤35	>35	≤35	>35		≤35	>35			
	框架、板柱的柱	三	二	二	二		一				
	抗震墙	二	二	二	一		二	一			

注：1 建筑场地为Ⅰ类时，除6度外应允许按表内降低一度所对应的抗震等级采取抗震构造措施，但相应的计算要求不应降低；

2 接近或等于高度分界时，应允许结合房屋不规则程度及场地、地基条件确定抗震等级；

3 大跨度框架指跨度不小于18m的框架；

4 高度不超过60m的框架-核心筒结构按框架-抗震墙的要求设计时，应按表中框架-抗震墙结构的规定确定其抗震等级。

6.1.3 钢筋混凝土房屋抗震等级的确定，尚应符合下列要求：

1 设置少量抗震墙的框架结构，在规定的水平力作用下，底层框架部分所承担的地震倾覆力矩大于结构总地震倾覆力矩的50%时，其框架的抗震等级应按框架结构确定，抗震墙的抗震等级可与其框架的抗震等级相同。

注：底层指计算嵌固端所在的层。

2 裙房与主楼相连，除应按裙房本身确定抗震等级外，相关范围不应低于主楼的抗震等级；主楼结构在裙房顶板对应的相邻上下各一层应适当加强抗震构造措施。裙房与主楼分离时，应按裙房本身确定抗震等级。

3 当地下室顶板作为上部结构的嵌固部位时，地下一层的抗震等级应与上部结构相同，地下一层以下抗震构造措施的抗震等级可逐层降低一级，但不应低于四级。地下室中无上部结构的部分，抗震构造措施的抗震等级可根据具体情况采用三级或四级。

4 当甲乙类建筑按规定提高一度确定其抗震等级而房屋的高度超过本规范表6.1.2相应规定的上界时，应采取比一级更有效的抗震构造措施。

注：本章“一、二、三、四级”即“抗震等级为一、二、三、四级”的简称。

6.1.4 钢筋混凝土房屋需要设置防震缝时，应符合下列规定：

1 防震缝宽度应分别符合下列要求：

1）框架结构（包括设置少量抗震墙的框架结构）房屋的防震缝宽度，当高度不超过15m时不应小于100mm；高度超过15m时，6度、7度、8度和9度分别每增加高度5m、4m、3m和2m，宜加宽20mm；

2）框架-抗震墙结构房屋的防震缝宽度不应小于本款1）项规定数值的70%，抗震墙结构房屋的防震缝宽度不应小于本款1）项规定数值的50%；且均不宜小于100mm；

3）防震缝两侧结构类型不同时，宜按需要较宽防震缝的结构类型和较低房屋高度确定缝宽。

2 8、9度框架结构房屋防震缝两侧结构层高相差较大时，防震缝两侧框架柱的箍筋应沿房屋全高加密，并可根据需要在缝两侧沿房屋全高各设置不少于两道垂直于防震缝的抗撞墙。抗撞墙的布置宜避免加大扭转效应，其长度可不大于1/2层高，抗震等级可同框架结构；框架构件的内力应按设置和不设置抗撞墙两种计算模型的不利情况取值。

6.1.5 框架结构和框架-抗震墙结构中，框架和抗震墙均应双向设置，柱中线与抗震墙中线、梁中线与柱中线之间偏心距大于柱宽的1/4时，应计入偏心的影响。

甲、乙类建筑以及高度大于24m的丙类建筑，不应采用单跨框架结构；高度不大于24m的丙类建筑不宜采用单跨框架结构。

6.1.6 框架-抗震墙、板柱-抗震墙结构以及框支层中，抗震墙之间无大洞口的楼、屋盖的长宽比，不宜超过表6.1.6的规定；超过时，应计入楼盖平面内变形的影响。

6.1.7 采用装配整体式楼、屋盖时，应采取措施保证楼、屋盖的整体性及其与抗震墙的可靠连接。装配整体式楼、屋盖采用配筋现浇面层加强时，其厚度不应小于50mm。

6.1.8 框架-抗震墙结构和板柱-抗震墙结构中的抗震墙设置，宜符合下列要求：

表6.1.6 抗震墙之间楼屋盖的长宽比

楼、屋盖类型		设防烈度			
		6	7	8	9
框架-抗震墙结构	现浇或叠合楼、屋盖	4	4	3	2
	装配整体式楼、屋盖	3	3	2	不宜采用
板柱-抗震墙结构的现浇楼、屋盖		3	3	2	—
框支层的现浇楼、屋盖		2.5	2.5	2	—

1 抗震墙宜贯通房屋全高。

2 楼梯间宜设置抗震墙，但不宜造成较大的扭转效应。

3 抗震墙的两端（不包括洞口两侧）宜设置端柱或与另一方向的抗震墙相连。

4 房屋较长时，刚度较大的纵向抗震墙不宜设置在房屋的端开间。

5 抗震墙洞口宜上下对齐；洞边距端柱不宜小于300mm。

6.1.9 抗震墙结构和部分框支抗震墙结构中的抗震墙设置，应符合下列要求：

1 抗震墙的两端（不包括洞口两侧）宜设置端柱或与另一方向的抗震墙相连；框支部分落地墙的两端（不包括洞口两侧）应设置端柱或与另一方向的抗震墙相连。

2 较长的抗震墙宜设置跨高比大于6的连梁形成洞口，将一道抗震墙分成长度较均匀的若干墙段，各墙段的高宽比不宜小于3。

3 墙肢的长度沿结构全高不宜有突变；抗震墙有较大洞口时，以及一、二级抗震墙的底部加强部位，洞口宜上下对齐。

4 矩形平面的部分框支抗震墙结构，其框支层的楼层侧向刚度不应小于相邻非框支层楼层侧向刚度的50%；框支层落地抗震墙间距不宜大于24m，框支层的平面布置宜对称，且宜设抗震筒体；底层框架部分承担的地震倾覆力矩，不应大于结构总地震倾覆力矩的50%。

6.1.10 抗震墙底部加强部位的范围，应符合下列规定：

1 底部加强部位的高度，应从地下室顶板算起。

2 部分框支抗震墙结构的抗震墙，其底部加强部位的高度，可取框支层加框支层以上两层的高度及落地抗震墙总高度的1/10二者的较大值。其他结构的抗震墙，房屋高度大于24m时，底部加强部位的高度可取底部两层和墙体总高度的1/10二者的较大值；房屋高度不大于24m时，底部加强部位可取底部一层。

3 当结构计算嵌固端位于地下一层的底板或以下时，底部加强部位尚宜向下延伸到计算嵌固端。

6.1.11 框架单独柱基有下列情况之一时，宜沿两个主轴方向设置基础系梁：

1 一级框架和Ⅳ类场地的二级框架；

2 各柱基础底面在重力荷载代表值作用下的压应力差别较大；

3 基础埋置较深，或各基础埋置深度差别较大；

4 地基主要受力层范围内存在软弱黏性土层、液化土层或严重不均匀土层；

5 桩基承台之间。

6.1.12 框架-抗震墙结构、板柱-抗震墙结构中的抗震墙基础和部分框支抗震墙结构的落地抗震墙基础，应有良好的整体性和抗转动的能力。

6.1.13 主楼与裙房相连且采用天然地基，除应符合本规范第4.2.4条的规定外，在多遇地震作用下主楼基础底面不宜出现零应力区。

6.1.14 地下室顶板作为上部结构的嵌固部位时，应符合下列要求：

1 地下室顶板应避免开设大洞口；地下室在地上结构相关范围的顶板应采用现浇梁板结构，相关范围以外的地下室顶板宜采用现浇梁板结构；其楼板厚度不宜小于180mm，混凝土强度等级不宜小于C30，应采用双层双向配筋，且每层每个方向的配筋率不宜小于0.25%。

2 结构地上一层的侧向刚度，不宜大于相关范围地下一层侧向刚度的0.5倍；地下室周边宜有与其顶板相连的抗震墙。

3 地下室顶板对应于地上框架柱的梁柱节点除应满足抗震计算要求外，尚应符合下列规定之一：

1）地下一层柱截面每侧纵向钢筋不应小于地上一层柱对应纵向钢筋的1.1倍，且地下一层柱上端和节点左右梁端实配的抗震受弯承载力之和应大于地上一层柱下端实配的抗震受弯承载力的1.3倍。

2）地下一层梁刚度较大时，柱截面每侧的纵向钢筋面积应大于地上一层对应柱每侧纵向钢筋面积的1.1倍；同时梁端顶面和底面的纵向钢筋面积均应比计算增大10%以上；

4 地下一层抗震墙墙肢端部边缘构件纵向钢筋的截面面积，不应少于地上一层对应墙肢端部边缘构件纵向钢筋的截面面积。

6.1.15 楼梯间应符合下列要求：

1 宜采用现浇钢筋混凝土楼梯。

2 对于框架结构，楼梯间的布置不应导致结构平面特别不规则；楼梯构件与主体结构整浇时，应计入楼梯构件对地震作用及其效应的影响，应进行楼梯构件的抗震承载力验算；宜采取构造措施，减少楼梯构件对主体结构刚度的影响。

3 楼梯间两侧填充墙与柱之间应加强拉结。

6.1.16 框架的填充墙应符合本规范第13章的规定。

6.1.17 高强混凝土结构抗震设计应符合本规范附录B的规定。

6.1.18 预应力混凝土结构抗震设计应符合本规范附录C的规定。

6.2 计算要点

6.2.1 钢筋混凝土结构应按本节规定调整构件的组合内力设计值，其层间变形应符合本规范第5.5节的有关规定。构件截面抗震验算时，非抗震的承载力设计值应除以本规范规定的承载力抗震调整系数；凡本章和本规范附录未作规定者，应符合现行有关结构设计规范的要求。

6.2.2 一、二、三、四级框架的梁柱节点处，除框架顶层和柱轴压比小于0.15者及框支梁与框支柱的节点外，柱端组合的弯矩设计值应符合下式要求：

$$\sum M_c = \eta_c \sum M_b \quad (6.2.2\text{-}1)$$

一级的框架结构和9度的一级框架可不符合上式要求，但应符合下式要求：

$$\sum M_c = 1.2 \sum M_{bua} \quad (6.2.2\text{-}2)$$

式中：$\sum M_c$——节点上下柱端截面顺时针或反时针方向组合的弯矩设计值之和，上下柱端的弯矩设计值，可按弹性分析分配；

$\sum M_b$——节点左右梁端截面反时针或顺时针方向组合的弯矩设计值之和，一级框架节点左右梁端均为负弯矩时，绝对值较小的弯矩应取零；

$\sum M_{bua}$——节点左右梁端截面反时针或顺时针方向实配的正截面抗震受弯承载力所对应的弯矩值之和，根据实配钢筋面积（计入梁受压筋和相关楼板钢筋）和材料强度标准值确定；

η_c——框架柱端弯矩增大系数；对框架结构，一、二、三、四级可分别取1.7、1.5、1.3、1.2；其他结构类型中的框架，一级可取1.4，二级可取1.2，三、四级可取1.1。

当反弯点不在柱的层高范围内时，柱端截面组合的弯矩设计值可乘以上述柱端弯矩增大系数。

6.2.3 一、二、三、四级框架结构的底层，柱下端截面组合的弯矩设计值，应分别乘以增大系数1.7、1.5、1.3和1.2。底层柱纵向钢筋应按上下端的不利情况配置。

6.2.4 一、二、三级的框架梁和抗震墙的连梁，其梁端截面组合的剪力设计值应按下式调整：

$$V = \eta_{vb}(M_b^l + M_b^r)/l_n + V_{Gb} \quad (6.2.4\text{-}1)$$

一级的框架结构和9度的一级框架梁、连梁可不按上式调整，但应符合下式要求：

$$V = 1.1(M_{bua}^l + M_{bua}^r)/l_n + V_{Gb} \quad (6.2.4\text{-}2)$$

式中：V——梁端截面组合的剪力设计值；

l_n——梁的净跨；

V_{Gb}——梁在重力荷载代表值（9度时高层建筑还应包括竖向地震作用标准值）作用下，按简支梁分析的梁端截面剪力设计值；

M_b^l、M_b^r——分别为梁左右端反时针或顺时针方向组合的弯矩设计值，一级框架两端弯矩均为负弯矩时，绝对值较小的弯矩应取零；

M_{bua}^l、M_{bua}^r——分别为梁左右端反时针或顺时针方向实配的正截面抗震受弯承载力所对应的弯矩值，根据实配钢筋面积（计入受压筋和相关楼板钢筋）和材料强度标准值确定；

η_{vb}——梁端剪力增大系数，一级可取1.3，二级可取1.2，三级可取1.1。

6.2.5 一、二、三、四级的框架柱和框支柱组合的剪力设计值应按下式调整：

$$V = \eta_{vc}(M_c^b + M_c^t)/H_n \quad (6.2.5\text{-}1)$$

一级的框架结构和9度的一级框架可不按上式调整，但应符合下式要求：

$$V = 1.2(M_{cua}^b + M_{cua}^t)/H_n \quad (6.2.5\text{-}2)$$

式中：V——柱端截面组合的剪力设计值；框支柱的剪力设计值尚应符合本规范第6.2.10条的规定；

H_n——柱的净高；

M_c^t、M_c^b——分别为柱的上下端顺时针或反时针方向截面组合的弯矩设计值，应符合本规范第6.2.2、6.2.3条的规定；框支柱的弯矩设计值尚应符合本规范第6.2.10条的规定；

M_{cua}^t、M_{cua}^b——分别为偏心受压柱的上下端顺时针或反时针方向实配的正截面抗震受弯承载力所对应的弯矩值，根据实配钢筋面积、材料强度标准值和轴压力等确定；

η_{vc}——柱剪力增大系数；对框架结构，一、二、三、四级可分别取1.5、1.3、1.2、1.1；对其他结构类型的框架，一级可取1.4，二级可取1.2，三、四级可取 1.1。

6.2.6 一、二、三、四级框架的角柱，经本规范第 6.2.2、6.2.3、6.2.5、6.2.10 条调整后的组合弯矩设计值、剪力设计值尚应乘以不小于 1.10 的增大系数。

6.2.7 抗震墙各墙肢截面组合的内力设计值，应按下列规定采用：

1 一级抗震墙的底部加强部位以上部位，墙肢的组合弯矩设计值应乘以增大系数，其值可采用 1.2；剪力相应调整。

2 部分框支抗震墙结构的落地抗震墙墙肢不应出现小偏心受拉。

3 双肢抗震墙中，墙肢不宜出现小偏心受拉；当任一墙肢为偏心受拉时，另一墙肢的剪力设计值、弯矩设计值应乘以增大系数 1.25。

6.2.8 一、二、三级的抗震墙底部加强部位，其截面组合的剪力设计值应按下式调整：

$$V = \eta_{vw} V_w \qquad (6.2.8\text{-}1)$$

9 度的一级可不按上式调整，但应符合下式要求：

$$V = 1.1 \frac{M_{wua}}{M_w} V_w \qquad (6.2.8\text{-}2)$$

式中：V——抗震墙底部加强部位截面组合的剪力设计值；

V_w——抗震墙底部加强部位截面组合的剪力计算值；

M_{wua}——抗震墙底部截面按实配纵向钢筋面积、材料强度标准值和轴力等计算的抗震受弯承载力所对应的弯矩值；有翼墙时应计入墙两侧各一倍翼墙厚度范围内的纵向钢筋；

M_w——抗震墙底部截面组合的弯矩设计值；

η_{vw}——抗震墙剪力增大系数，一级可取 1.6，二级可取 1.4，三级可取 1.2。

6.2.9 钢筋混凝土结构的梁、柱、抗震墙和连梁，其截面组合的剪力设计值应符合下列要求：

跨高比大于 2.5 的梁和连梁及剪跨比大于 2 的柱和抗震墙：

$$V \leqslant \frac{1}{\gamma_{RE}}(0.20 f_c b h_0) \qquad (6.2.9\text{-}1)$$

跨高比不大于 2.5 的连梁、剪跨比不大于 2 的柱和抗震墙、部分框支抗震墙结构的框支柱和框支梁、以及落地抗震墙的底部加强部位：

$$V \leqslant \frac{1}{\gamma_{RE}}(0.15 f_c b h_0) \qquad (6.2.9\text{-}2)$$

剪跨比应按下式计算：

$$\lambda = M^c/(V^c h_0) \qquad (6.2.9\text{-}3)$$

式中：λ——剪跨比，应按柱端或墙端截面组合的弯矩计算值 M^c、对应的截面组合剪力计算值 V^c 及截面有效高度 h_0 确定，并取上下端计算结果的较大值；反弯点位于柱高中部的框架柱可按柱净高与 2 倍柱截面高度之比计算；

V——按本规范第 6.2.4、6.2.5、6.2.6、6.2.8、6.2.10 条等规定调整后的梁端、柱端或墙端截面组合的剪力设计值；

f_c——混凝土轴心抗压强度设计值；

b——梁、柱截面宽度或抗震墙墙肢截面宽度；圆形截面柱可按面积相等的方形截面柱计算；

h_0——截面有效高度，抗震墙可取墙肢长度。

6.2.10 部分框支抗震墙结构的框支柱尚应满足下列要求：

1 框支柱承受的最小地震剪力，当框支柱的数量不少于 10 根时，柱承受地震剪力之和不应小于结构底部总地震剪力的 20%；当框支柱的数量少于 10 根时，每根柱承受的地震剪力不应小于结构底部总地震剪力的 2%。框支柱的地震弯矩应相应调整。

2 一、二级框支柱由地震作用引起的附加轴力应分别乘以增大系数 1.5、1.2；计算轴压比时，该附加轴力可不乘以增大系数。

3 一、二级框支柱的顶层柱上端和底层柱下端，其组合的弯矩设计值应分别乘以增大系数 1.5 和 1.25，框支柱的中间节点应满足本规范第 6.2.2 条的要求。

4 框支梁中线宜与框支柱中线重合。

6.2.11 部分框支抗震墙结构的一级落地抗震墙底部加强部位尚应满足下列要求：

1 当墙肢在边缘构件以外的部位在两排钢筋间设置直径不小于 8mm、间距不大于 400mm 的拉结筋时，抗震墙受剪承载力验算可计入混凝土的受剪作用。

2 墙肢底部截面出现大偏心受拉时，宜在墙肢的底截面处另设交叉防滑斜筋，防滑斜筋承担的地震剪力可按墙肢底截面处剪力设计值的 30%采用。

6.2.12 部分框支抗震墙结构的框支柱顶层楼盖应符合本规范附录 E 第 E.1 节的规定。

6.2.13 钢筋混凝土结构抗震计算时，尚应符合下列要求：

1 侧向刚度沿竖向分布基本均匀的框架-抗震墙结构和框架-核心筒结构，任一层框架部分承担的剪力值，不应小于结构底部总地震剪力的 20%和按框架-抗震墙结构、框架-核心筒结构计算的框架部分各楼层地震剪力中最大值 1.5 倍二者的较小值。

2 抗震墙地震内力计算时，连梁的刚度可折减，折减系数不宜小于 0.50。

3 抗震墙结构、部分框支抗震墙结构、框架-抗震墙结构、框架-核心筒结构、筒中筒结构、板柱-抗震墙结构计算内力和变形时，其抗震墙应计入端部翼墙的共同工作。

4 设置少量抗震墙的框架结构，其框架部分的地震剪力值，宜采用框架结构模型和框架-抗震墙结构模型二者计算结果的较大值。

6.2.14 框架节点核芯区的抗震验算应符合下列要求：

1 一、二、三级框架的节点核芯区应进行抗震验算；四级框架节点核芯区可不进行抗震验算，但应符合抗震构造措施的要求。

2 核芯区截面抗震验算方法应符合本规范附录D的规定。

6.3 框架的基本抗震构造措施

6.3.1 梁的截面尺寸，宜符合下列各项要求：

1 截面宽度不宜小于200mm；

2 截面高宽比不宜大于4；

3 净跨与截面高度之比不宜小于4。

6.3.2 梁宽大于柱宽的扁梁应符合下列要求：

1 采用扁梁的楼、屋盖应现浇，梁中线宜与柱中线重合，扁梁应双向布置。扁梁的截面尺寸应符合下列要求，并应满足现行有关规范对挠度和裂缝宽度的规定：

$$b_b \leqslant 2b_c \quad (6.3.2\text{-}1)$$

$$b_b \leqslant b_c + h_b \quad (6.3.2\text{-}2)$$

$$h_b \geqslant 16d \quad (6.3.2\text{-}3)$$

式中：b_c——柱截面宽度，圆形截面取柱直径的0.8倍；

b_b、h_b——分别为梁截面宽度和高度；

d——柱纵筋直径。

2 扁梁不宜用于一级框架结构。

6.3.3 梁的钢筋配置，应符合下列各项要求：

1 梁端计入受压钢筋的混凝土受压区高度和有效高度之比，一级不应大于0.25，二、三级不应大于0.35。

2 梁端截面的底面和顶面纵向钢筋配筋量的比值，除按计算确定外，一级不应小于0.5，二、三级不应小于0.3。

3 梁端箍筋加密区的长度、箍筋最大间距和最小直径应按表6.3.3采用，当梁端纵向受拉钢筋配筋率大于2%时，表中箍筋最小直径数值应增大2mm。

6.3.4 梁的钢筋配置，尚应符合下列规定：

1 梁端纵向受拉钢筋的配筋率不宜大于2.5%。沿梁全长顶面、底面的配筋，一、二级不应少于2ϕ14，且分别不应少于梁顶面、底面两端纵向配筋中较大截面面积的1/4；三、四级不应少于2ϕ12。

2 一、二、三级框架梁内贯通中柱的每根纵向钢筋直径，对框架结构不应大于矩形截面柱在该方向截面尺寸的1/20，或纵向钢筋所在位置圆形截面柱弦长的1/20；对其他结构类型的框架不宜大于矩形截面柱在该方向截面尺寸的1/20，或纵向钢筋所在位置圆形截面柱弦长的1/20。

表6.3.3 梁端箍筋加密区的长度、箍筋的最大间距和最小直径

抗震等级	加密区长度（采用较大值）(mm)	箍筋最大间距（采用最小值）(mm)	箍筋最小直径 (mm)
一	$2h_b$,500	$h_b/4$,$6d$,100	10
二	$1.5h_b$,500	$h_b/4$,$8d$,100	8
三	$1.5h_b$,500	$h_b/4$,$8d$,150	8
四	$1.5h_b$,500	$h_b/4$,$8d$,150	6

注：1 d为纵向钢筋直径，h_b为梁截面高度；

2 箍筋直径大于12mm、数量不少于4肢且肢距不大于150mm时，一、二级的最大间距应允许适当放宽，但不得大于150mm。

3 梁端加密区的箍筋肢距，一级不宜大于200mm和20倍箍筋直径的较大值，二、三级不宜大于250mm和20倍箍筋直径的较大值，四级不宜大于300mm。

6.3.5 柱的截面尺寸，宜符合下列各项要求：

1 截面的宽度和高度，四级或不超过2层时不宜小于300mm，一、二、三级且超过2层时不宜小于400mm；圆柱的直径，四级或不超过2层时不宜小于350mm，一、二、三级且超过2层时不宜小于450mm。

2 剪跨比宜大于2。

3 截面长边与短边的边长比不宜大于3。

6.3.6 柱轴压比不宜超过表6.3.6的规定；建造于Ⅳ类场地且较高的高层建筑，柱轴压比限值应适当减小。

6.3.7 柱的钢筋配置，应符合下列各项要求：

1 柱纵向受力钢筋的最小总配筋率应按表6.3.7-1采用，同时每一侧配筋率不应小于0.2%；对建造于Ⅳ类场地且较高的高层建筑，最小总配筋率应增加0.1%。

2 柱箍筋在规定的范围内应加密，加密区的箍筋间距和直径，应符合下列要求：

1）一般情况下，箍筋的最大间距和最小直径，应按表6.3.7-2采用。

表6.3.6 柱轴压比限值

结构类型	抗震等级			
	一	二	三	四
框架结构	0.65	0.75	0.85	0.90

续表 6.3.6

结构类型	抗震等级			
	一	二	三	四
框架-抗震墙，板柱-抗震墙、框架-核心筒及筒中筒	0.75	0.85	0.90	0.95
部分框支抗震墙	0.6	0.7	—	

注：1 轴压比指柱组合的轴压力设计值与柱的全截面面积和混凝土轴心抗压强度设计值乘积之比值；对本规范规定不进行地震作用计算的结构，可取无地震作用组合的轴力设计值计算；

2 表内限值适用于剪跨比大于2、混凝土强度等级不高于C60的柱；剪跨比不大于2的柱，轴压比限值应降低0.05；剪跨比小于1.5的柱，轴压比限值应专门研究并采取特殊构造措施；

3 沿柱全高采用井字复合箍且箍筋肢距不大于200mm、间距不大于100mm、直径不小于12mm，或沿柱全高采用复合螺旋箍、螺旋间距不大于100mm、箍筋肢距不大于200mm、直径不小于12mm，或沿柱全高采用连续复合矩形螺旋箍、螺旋净距不大于80mm、箍筋肢距不大于200mm、直径不小于10mm，轴压比限值均可增加0.10；上述三种箍筋的最小配箍特征值均应按增大的轴压比由本规范表6.3.9确定；

4 在柱的截面中部附加芯柱，其中另加的纵向钢筋的总面积不少于柱截面面积的0.8%，轴压比限值可增加0.05；此项措施与注3的措施共同采用时，轴压比限值可增加0.15，但箍筋的体积配箍率仍可按轴压比增加0.10的要求确定；

5 柱轴压比不应大于1.05。

表 6.3.7-1 柱截面纵向钢筋的最小总配筋率（百分率）

类别	抗震等级			
	一	二	三	四
中柱和边柱	0.9(1.0)	0.7(0.8)	0.6(0.7)	0.5(0.6)
角柱、框支柱	1.1	0.9	0.8	0.7

注：1 表中括号内数值用于框架结构的柱；

2 钢筋强度标准值小于400MPa时，表中数值应增加0.1，钢筋强度标准值为400MPa时，表中数值应增加0.05；

3 混凝土强度等级高于C60时，上述数值应相应增加0.1。

表 6.3.7-2 柱箍筋加密区的箍筋最大间距和最小直径

抗震等级	箍筋最大间距（采用较小值，mm）	箍筋最小直径（mm）
一	6*d*，100	10
二	8*d*，100	8
三	8*d*，150（柱根100）	8
四	8*d*，150（柱根100）	6（柱根8）

注：1 *d* 为柱纵筋最小直径；

2 柱根指底层柱下端箍筋加密区。

2）一级框架柱的箍筋直径大于12mm且箍筋肢距不大于150mm及二级框架柱的箍筋直径不小于10mm且箍筋肢距不大于200mm时，除底层柱下端外，最大间距应允许采用150mm；三级框架柱的截面尺寸不大于400mm时，箍筋最小直径应允许采用6mm；四级框架柱剪跨比不大于2时，箍筋直径不应小于8mm。

3）框支柱和剪跨比不大于2的框架柱，箍筋间距不应大于100mm。

6.3.8 柱的纵向钢筋配置，尚应符合下列规定：

1 柱的纵向钢筋宜对称配置。

2 截面边长大于400mm的柱，纵向钢筋间距不宜大于200mm。

3 柱总配筋率不应大于5%；剪跨比不大于2的一级框架的柱，每侧纵向钢筋配筋率不宜大于1.2%。

4 边柱、角柱及抗震墙端柱在小偏心受拉时，柱内纵筋总截面面积应比计算值增加25%。

5 柱纵向钢筋的绑扎接头应避开柱端的箍筋加密区。

6.3.9 柱的箍筋配置，尚应符合下列要求：

1 柱的箍筋加密范围，应按下列规定采用：

1）柱端，取截面高度（圆柱直径）、柱净高的1/6和500mm三者的最大值；

2）底层柱的下端不小于柱净高的1/3；

3）刚性地面上下各500mm；

4）剪跨比不大于2的柱、因设置填充墙等形成的柱净高与柱截面高度之比不大于4的柱、框支柱、一级和二级框架的角柱，取全高。

2 柱箍筋加密区的箍筋肢距，一级不宜大于200mm，二、三级不宜大于250mm，四级不宜大于300mm。至少每隔一根纵向钢筋宜在两个方向有箍筋或拉筋约束；采用拉筋复合箍时，拉筋宜紧靠纵向钢筋并钩住箍筋。

3 柱箍筋加密区的体积配箍率，应按下列规定采用：

1）柱箍筋加密区的体积配箍率应符合下式要求：

$$\rho_v \geqslant \lambda_v f_c / f_{yv} \tag{6.3.9}$$

式中：ρ_v——柱箍筋加密区的体积配箍率，一级不应小于0.8%，二级不应小于0.6%，三、四级不应小于0.4%；计算复合螺旋箍的体积配箍率时，其非螺旋箍的箍筋体积应乘以折减系数0.80；

f_c——混凝土轴心抗压强度设计值，强度等级低于C35时，应按C35计算；

f_{yv}——箍筋或拉筋抗拉强度设计值；

λ_v ——最小配箍特征值，宜按表6.3.9采用。

表6.3.9 柱箍筋加密区的箍筋最小配箍特征值

抗震等级	箍筋形式	柱轴压比								
		≤0.3	0.4	0.5	0.6	0.7	0.8	0.9	1.0	1.05
一	普通箍、复合箍	0.10	0.11	0.13	0.15	0.17	0.20	0.23	—	—
	螺旋箍、复合或连续复合矩形螺旋箍	0.08	0.09	0.11	0.13	0.15	0.18	0.21	—	—
二	普通箍、复合箍	0.08	0.09	0.11	0.13	0.15	0.17	0.19	0.22	0.24
	螺旋箍、复合或连续复合矩形螺旋箍	0.06	0.07	0.09	0.11	0.13	0.15	0.17	0.20	0.22
三、四	普通箍、复合箍	0.06	0.07	0.09	0.11	0.13	0.15	0.17	0.20	0.22
	螺旋箍、复合或连续复合矩形螺旋箍	0.05	0.06	0.07	0.09	0.11	0.13	0.15	0.18	0.20

注：普通箍指单个矩形箍和单个圆形箍，复合箍指由矩形、多边形、圆形箍或拉筋组成的箍筋；复合螺旋箍指由螺旋箍与矩形、多边形、圆形箍或拉筋组成的箍筋；连续复合矩形螺旋箍指用一根通长钢筋加工而成的箍筋。

2）框支柱宜采用复合螺旋箍或井字复合箍，其最小配箍特征值应比表6.3.9内数值增加0.02，且体积配箍率不应小于1.5%。

3）剪跨比不大于2的柱宜采用复合螺旋箍或井字复合箍，其体积配箍率不应小于1.2%，9度一级时不应小于1.5%。

4 柱箍筋非加密区的箍筋配置，应符合下列要求：

1）柱箍筋非加密区的体积配箍率不宜小于加密区的50%。

2）箍筋间距，一、二级框架柱不应大于10倍纵向钢筋直径，三、四级框架柱不应大于15倍纵向钢筋直径。

6.3.10 框架节点核芯区箍筋的最大间距和最小直径宜按本规范第6.3.7条采用；一、二、三级框架节点核芯区配箍特征值分别不宜小于0.12、0.10和0.08，且体积配箍率分别不宜小于0.6%、0.5%和0.4%。柱剪跨比不大于2的框架节点核芯区，体积配箍率不宜小于核芯区上、下柱端的较大体积配箍率。

6.4 抗震墙结构的基本抗震构造措施

6.4.1 抗震墙的厚度，一、二级不应小于160mm且不宜小于层高或无支长度的1/20，三、四级不应小于140mm且不宜小于层高或无支长度的1/25；无端柱或翼墙时，一、二级不宜小于层高或无支长度的1/16，三、四级不宜小于层高或无支长度的1/20。

底部加强部位的墙厚，一、二级不应小于200mm且不宜小于层高或无支长度的1/16，三、四级不应小于160mm且不宜小于层高或无支长度的1/20；无端柱或翼墙时，一、二级不宜小于层高或无支长度的1/12，三、四级不宜小于层高或无支长度的1/16。

6.4.2 一、二、三级抗震墙在重力荷载代表值作用下墙肢的轴压比，一级时，9度不宜大于0.4，7、8度不宜大于0.5；二、三级时不宜大于0.6。

注：墙肢轴压比指墙的轴压力设计值与墙的全截面面积和混凝土轴心抗压强度设计值乘积之比值。

6.4.3 抗震墙竖向、横向分布钢筋的配筋，应符合下列要求：

1 一、二、三级抗震墙的竖向和横向分布钢筋最小配筋率均不应小于0.25%，四级抗震墙分布钢筋最小配筋率不应小于0.20%。

注：高度小于24m且剪压比很小的四级抗震墙，其竖向分布筋的最小配筋率应允许按0.15%采用。

2 部分框支抗震墙结构的落地抗震墙底部加强部位，竖向和横向分布钢筋配筋率均不应小于0.3%。

6.4.4 抗震墙竖向和横向分布钢筋的配置，尚应符合下列规定：

1 抗震墙的竖向和横向分布钢筋的间距不宜大于300mm，部分框支抗震墙结构的落地抗震墙底部加强部位，竖向和横向分布钢筋的间距不宜大于200mm。

2 抗震墙厚度大于140mm时，其竖向和横向分布钢筋应双排布置，双排分布钢筋间拉筋的间距不宜大于600mm，直径不应小于6mm。

3 抗震墙竖向和横向分布钢筋的直径，均不宜大于墙厚的1/10且不应小于8mm；竖向钢筋直径不宜小于10mm。

6.4.5 抗震墙两端和洞口两侧应设置边缘构件，边缘构件包括暗柱、端柱和翼墙，并应符合下列要求：

1 对于抗震墙结构，底层墙肢底截面的轴压比不大于表6.4.5-1规定的一、二、三级抗震墙及四级抗震墙，墙肢两端可设置构造边缘构件，构造边缘构件的范围可按图6.4.5-1采用，构造边缘构件的配筋除应满足受弯承载力要求外，并宜符合表6.4.5-2的要求。

表6.4.5-1 抗震墙设置构造边缘构件的最大轴压比

抗震等级或烈度	一级(9度)	一级(7、8度)	二、三级
轴压比	0.1	0.2	0.3

2 底层墙肢底截面的轴压比大于表6.4.5-1规定的一、二、三级抗震墙，以及部分框支抗震墙结构的抗震墙，应在底部加强部位及相邻的上一层设置约束边缘构件，在以上的其他部位可设置构造边缘构件。约束边缘构件沿墙肢的长度、配箍特征值、箍筋和纵向钢筋宜符合表6.4.5-3的要求（图6.4.5-2）。

6.4.6 抗震墙的墙肢长度不大于墙厚的3倍时，应按柱的有关要求进行设计；矩形墙肢的厚度不大于300mm时，尚宜全高加密箍筋。

6.4.7 跨高比较小的高连梁，可设水平缝形成双连梁、多连梁或采取其他加强受剪承载力的构造。顶层连梁的纵向钢筋伸入墙体的锚固长度范围内，应设置箍筋。

表 6.4.5-2 抗震墙构造边缘构件的配筋要求

抗震等级	底部加强部位			其他部位		
	纵向钢筋最小量（取较大值）	箍筋 最小直径（mm）	箍筋 沿竖向最大间距（mm）	纵向钢筋最小量（取较大值）	拉筋 最小直径（mm）	拉筋 沿竖向最大间距（mm）
一	$0.010A_c$，6ϕ16	8	100	$0.008A_c$，6ϕ14	8	150
二	$0.008A_c$，6ϕ14	8	150	$0.006A_c$，6ϕ12	8	200
三	$0.006A_c$，6ϕ12	6	150	$0.005A_c$，4ϕ12	6	200
四	$0.005A_c$，4ϕ12	6	200	$0.004A_c$，4ϕ12	6	250

注：1 A_c为边缘构件的截面面积；
2 其他部位的拉筋，水平间距不应大于纵筋间距的2倍；转角处宜采用箍筋；
3 当端柱承受集中荷载时，其纵向钢筋、箍筋直径和间距应满足柱的相应要求。

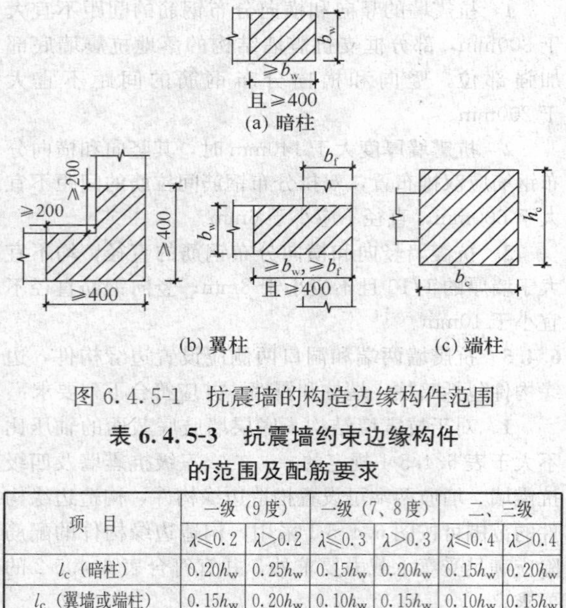

图 6.4.5-1 抗震墙的构造边缘构件范围

表 6.4.5-3 抗震墙约束边缘构件的范围及配筋要求

项 目	一级（9度）		一级（7、8度）		二、三级	
	$\lambda \leqslant 0.2$	$\lambda > 0.2$	$\lambda \leqslant 0.3$	$\lambda > 0.3$	$\lambda \leqslant 0.4$	$\lambda > 0.4$
l_c（暗柱）	$0.20h_w$	$0.25h_w$	$0.15h_w$	$0.20h_w$	$0.15h_w$	$0.20h_w$
l_c（翼墙或端柱）	$0.15h_w$	$0.20h_w$	$0.10h_w$	$0.15h_w$	$0.10h_w$	$0.15h_w$
λ_v	0.12	0.20	0.12	0.20	0.12	0.20
纵向钢筋（取较大值）	$0.012A_c$，8ϕ16		$0.012A_c$，8ϕ16		$0.010A_c$，6ϕ16（三级6ϕ14）	
箍筋或拉筋沿竖向间距	100mm		100mm		150mm	

注：1 抗震墙的翼墙长度小于其3倍厚度或端柱截面边长小于2倍墙厚时，按无翼墙、无端柱查表；端柱有集中荷载时，配筋构造按柱要求；
2 l_c为约束边缘构件沿墙肢长度，且不小于墙厚和400mm；有翼墙或端柱时不应小于翼墙厚度或端柱沿墙肢方向截面高度加300mm；
3 λ_v为约束边缘构件的配箍特征值，体积配箍率可按本规范式（6.3.9）计算，并可适当计入满足构造要求且在墙端有可靠锚固的水平分布钢筋的截面面积；
4 h_w为抗震墙墙肢长度；
5 λ为墙肢轴压比；
6 A_c为图6.4.5-2中约束边缘构件阴影部分的截面面积。

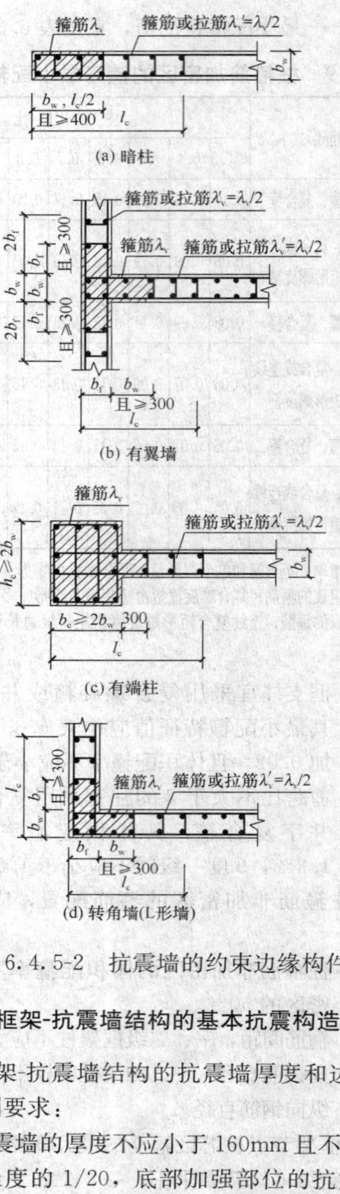

图 6.4.5-2 抗震墙的约束边缘构件

6.5 框架-抗震墙结构的基本抗震构造措施

6.5.1 框架-抗震墙结构的抗震墙厚度和边框设置，应符合下列要求：

1 抗震墙的厚度不应小于160mm且不宜小于层高或无支长度的1/20，底部加强部位的抗震墙厚度不应小于200mm且不宜小于层高或无支长度的1/16。

2 有端柱时，墙体在楼盖处宜设置暗梁，暗梁的截面高度不宜小于墙厚和400mm的较大值；端柱截面宜与同层框架柱相同，并应满足本规范第6.3节对框架柱的要求；抗震墙底部加强部位的端柱和紧靠抗震墙洞口的端柱宜按柱箍筋加密区的要求沿全高加密箍筋。

6.5.2 抗震墙的竖向和横向分布钢筋，配筋率均不应小于0.25%，钢筋直径不宜小于10mm，间距不宜大于300mm，并应双排布置，双排分布钢筋间应设置拉筋。

6.5.3 楼面梁与抗震墙平面外连接时，不宜支承在洞口连梁上；沿梁轴线方向宜设置与梁连接的抗震墙，梁的纵筋应锚固在墙内；也可在支承梁的位置设置扶壁柱或暗柱，并应按计算确定其截面尺寸和配筋。

6.5.4 框架-抗震墙结构的其他抗震构造措施，应符合本规范第6.3节、6.4节的有关要求。

注：设置少量抗震墙的框架结构，其抗震墙的抗震构造措施，可仍按本规范第6.4节对抗震墙的规定执行。

6.6 板柱-抗震墙结构抗震设计要求

6.6.1 板柱-抗震墙结构的抗震墙，其抗震构造措施应符合本节规定，尚应符合本规范第6.5节的有关规定；柱（包括抗震墙端柱）和梁的抗震构造措施应符合本规范第6.3节的有关规定。

6.6.2 板柱-抗震墙的结构布置，尚应符合下列要求：

1 抗震墙厚度不应小于180mm，且不宜小于层高或无支长度的1/20；房屋高度大于12m时，墙厚不应小于200mm。

2 房屋的周边应采用有梁框架，楼、电梯洞口周边宜设置边框梁。

3 8度时宜采用有托板或柱帽的板柱节点，托板或柱帽根部的厚度（包括板厚）不宜小于柱纵筋直径的16倍，托板或柱帽的边长不宜小于4倍板厚和柱截面对应边长之和。

4 房屋的地下一层顶板，宜采用梁板结构。

6.6.3 板柱-抗震墙结构的抗震计算，应符合下列要求：

1 房屋高度大于12m时，抗震墙应承担结构的全部地震作用；房屋高度不大于12m时，抗震墙宜承担结构的全部地震作用。各层板柱和框架部分应能承担不少于本层地震剪力的20%。

2 板柱结构在地震作用下按等代平面框架分析时，其等代梁的宽度宜采用垂直于等代平面框架方向两侧柱距各1/4。

3 板柱节点应进行冲切承载力的抗震验算，应计入不平衡弯矩引起的冲切，节点处地震作用组合的不平衡弯矩引起的冲切反力设计值应乘以增大系数，一、二、三级板柱的增大系数可分别取1.7、1.5、1.3。

6.6.4 板柱-抗震墙结构的板柱节点构造应符合下列要求：

1 无柱帽平板应在柱上板带中设构造暗梁，暗梁宽度可取柱宽及柱两侧各不大于1.5倍板厚。暗梁支座上部钢筋面积应不小于柱上板带钢筋面积的50%，暗梁下部钢筋不宜少于上部钢筋的1/2；箍筋直径不应小于8mm，间距不宜大于3/4倍板厚，肢距不宜大于2倍板厚，在暗梁两端应加密。

2 无柱帽柱上板带的板底钢筋，宜在距柱面为2倍板厚以外连接，采用搭接时钢筋端部宜有垂直于板面的弯钩。

3 沿两个主轴方向通过柱截面的板底连续钢筋的总截面面积，应符合下式要求：

$$A_s \geqslant N_G / f_y \qquad (6.6.4)$$

式中：A_s——板底连续钢筋总截面面积；

N_G——在本层楼板重力荷载代表值（8度时尚宜计入竖向地震）作用下的柱轴压力设计值；

f_y——楼板钢筋的抗拉强度设计值。

4 板柱节点应根据抗冲切承载力要求，配置抗剪栓钉或抗冲切钢筋。

6.7 筒体结构抗震设计要求

6.7.1 框架-核心筒结构应符合下列要求：

1 核心筒与框架之间的楼盖宜采用梁板体系；部分楼层采用平板体系时应有加强措施。

2 除加强层及其相邻上下层外，按框架-核心筒计算分析的框架部分各层地震剪力的最大值不宜小于结构底部总地震剪力的10%。当小于10%时，核心筒墙体的地震剪力应适当提高，边缘构件的抗震构造措施应适当加强；任一层框架部分承担的地震剪力不应小于结构底部总地震剪力的15%。

3 加强层设置应符合下列规定：

1）9度时不应采用加强层；

2）加强层的大梁或桁架应与核心筒内的墙肢贯通；大梁或桁架与周边框架柱的连接宜采用铰接或半刚性连接；

3）结构整体分析应计入加强层变形的影响；

4）施工程序及连接构造上，应采取措施减小结构竖向温度变形及轴向压缩对加强层的影响。

6.7.2 框架-核心筒结构的核心筒、筒中筒结构的内筒，其抗震墙除应符合本规范第6.4节的有关规定外，尚应符合下列要求：

1 抗震墙的厚度、竖向和横向分布钢筋应符合本规范第6.5节的规定；筒体底部加强部位及相邻上一层，当侧向刚度无突变时不宜改变墙体厚度。

2 框架-核心筒结构一、二级筒体角部的边缘构件宜按下列要求加强：底部加强部位，约束边缘构件范围内宜全部采用箍筋，且约束边缘构件沿墙肢的长度宜取墙肢截面高度的1/4，底部加强部位以上的全高范围内宜按转角墙的要求设置约束边缘构件。

3 内筒的门洞不宜靠近转角。

6.7.3 楼面大梁不宜支承在内筒连梁上。楼面大梁与内筒或核心筒墙体平面外连接时，应符合本规范第6.5.3条的规定。

6.7.4 一、二级核心筒和内筒中跨高比不大于2的连梁，当梁截面宽度不小于400mm时，可采用交叉暗柱配筋，并应设置普通箍筋；截面宽度小于400mm但不小于200mm时，除配置普通箍筋外，可另增设斜向交叉构造钢筋。

6.7.5 筒体结构转换层的抗震设计应符合本规范附录E第E.2节的规定。

7 多层砌体房屋和底部框架砌体房屋

7.1 一 般 规 定

7.1.1 本章适用于普通砖（包括烧结、蒸压、混凝土普通砖）、多孔砖（包括烧结、混凝土多孔砖）和混凝土小型空心砌块等砌体承重的多层房屋，底层或底部两层框架-抗震墙砌体房屋。

配筋混凝土小型空心砌块房屋的抗震设计，应符合本规范附录F的规定。

注：1 采用非黏土的烧结砖、蒸压砖、混凝土砖的砌体房屋，块体的材料性能应有可靠的试验数据；当本章未作具体规定时，可按本章普通砖、多孔砖房屋的相应规定执行；

2 本章中"小砌块"为"混凝土小型空心砌块"的简称；

3 非空旷的单层砌体房屋，可按本章规定的原则进行抗震设计。

7.1.2 多层房屋的层数和高度应符合下列要求：

1 一般情况下，房屋的层数和总高度不应超过表7.1.2的规定。

表7.1.2 房屋的层数和总高度限值（m）

房屋类别		最小抗震墙厚度(mm)	烈度和设计基本地震加速度											
			6		7				8				9	
			0.05g		0.10g		0.15g		0.20g		0.30g		0.40g	
			高度	层数	高度	层数	高度	层数	高度	层数	高度	层数	高度	层数
多层砌体房屋	普通砖	240	21	7	21	7	21	7	18	6	15	5	12	4
	多孔砖	240	21	7	21	7	18	6	18	6	15	5	9	3
	多孔砖	190	21	7	18	6	15	5	15	5	12	4	—	—
	小砌块	190	21	7	21	7	18	6	18	6	15	5	9	3
底部框架-抗震墙砌体房屋	普通砖多孔砖	240	22	7	22	7	19	6	16	5	—	—	—	—
	多孔砖	190	22	7	19	6	16	5	13	4	—	—	—	—
	小砌块	190	22	7	22	7	19	6	16	5	—	—	—	—

注：1 房屋的总高度指室外地面到主要屋面板板顶或檐口的高度，半地下室从地下室室内地面算起，全地下室和嵌固条件好的半地下室应允许从室外地面算起；对带阁楼的坡屋面应算到山尖墙的1/2高度处；

2 室内外高差大于0.6m时，房屋总高度应允许比表中的数据适当增加，但增加量应少于1.0m；

3 乙类的多层砌体房屋仍按本地区设防烈度查表，其层数应减少一层且总高度应降低3m；不应采用底部框架-抗震墙砌体房屋；

4 本表小砌块砌体房屋不包括配筋混凝土小型空心砌块砌体房屋。

2 横墙较少的多层砌体房屋，总高度应比表7.1.2的规定降低3m，层数相应减少一层；各层横墙很少的多层砌体房屋，还应再减少一层。

注：横墙较少是指同一楼层内开间大于4.2m的房间占该层总面积的40%以上；其中，开间不大于4.2m的房间占该层总面积不到20%且开间大于4.8m的房间占该层总面积的50%以上为横墙很少。

3 6、7度时，横墙较少的丙类多层砌体房屋，当按规定采取加强措施并满足抗震承载力要求时，其高度和层数应允许仍按表7.1.2的规定采用。

4 采用蒸压灰砂砖和蒸压粉煤灰砖的砌体的房屋，当砌体的抗剪强度仅达到普通黏土砖砌体的70%时，房屋的层数应比普通砖房减少一层，总高度应减少3m；当砌体的抗剪强度达到普通黏土砖砌体的取值时，房屋层数和总高度的要求同普通砖房屋。

7.1.3 多层砌体承重房屋的层高，不应超过3.6m。

底部框架-抗震墙砌体房屋的底部，层高不应超过4.5m；当底层采用约束砌体抗震墙时，底层的层高不应超过4.2m。

注：当使用功能确有需要时，采用约束砌体等加强措施的普通砖房屋，层高不应超过3.9m。

7.1.4 多层砌体房屋总高度与总宽度的最大比值，宜符合表7.1.4的要求。

表7.1.4 房屋最大高宽比

烈 度	6	7	8	9
最大高宽比	2.5	2.5	2.0	1.5

注：1 单面走廊房屋的总宽度不包括走廊宽度；

2 建筑平面接近正方形时，其高宽比宜适当减小。

7.1.5 房屋抗震横墙的间距，不应超过表7.1.5的要求：

表7.1.5 房屋抗震横墙的间距（m）

房屋类别		烈 度			
		6	7	8	9
多层砌体房屋	现浇或装配整体式钢筋混凝土楼、屋盖	15	15	11	7
	装配式钢筋混凝土楼、屋盖	11	11	9	4
	木屋盖	9	9	4	—
底部框架-抗震墙砌体房屋	上部各层	同多层砌体房屋			—
	底层或底部两层	18	15	11	—

注：1 多层砌体房屋的顶层，除木屋盖外的最大横墙间距应允许适当放宽，但应采取相应加强措施；

2 多孔砖抗震横墙厚度为190mm时，最大横墙间距应比表中数值减少3m。

7.1.6 多层砌体房屋中砌体墙段的局部尺寸限值，宜符合表7.1.6的要求：

表 7.1.6 房屋的局部尺寸限值（m）

部 位	6度	7度	8度	9度
承重窗间墙最小宽度	1.0	1.0	1.2	1.5
承重外墙尽端至门窗洞边的最小距离	1.0	1.0	1.2	1.5
非承重外墙尽端至门窗洞边的最小距离	1.0	1.0	1.0	1.0
内墙阳角至门窗洞边的最小距离	1.0	1.0	1.5	2.0
无锚固女儿墙（非出入口处）的最大高度	0.5	0.5	0.5	0.0

注：1 局部尺寸不足时，应采取局部加强措施弥补，且最小宽度不宜小于1/4层高和表列数据的80%；

2 出入口处的女儿墙应有锚固。

7.1.7 多层砌体房屋的建筑布置和结构体系，应符合下列要求：

1 应优先采用横墙承重或纵横墙共同承重的结构体系。不应采用砌体墙和混凝土墙混合承重的结构体系。

2 纵横向砌体抗震墙的布置应符合下列要求：

1）宜均匀对称，沿平面内宜对齐，沿竖向应上下连续；且纵横向墙体的数量不宜相差过大；

2）平面轮廓凹凸尺寸，不应超过典型尺寸的50%；当超过典型尺寸的25%时，房屋转角处应采取加强措施；

3）楼板局部大洞口的尺寸不宜超过楼板宽度的30%，且不应在墙体两侧同时开洞；

4）房屋错层的楼板高差超过500mm时，应按两层计算；错层部位的墙体应采取加强措施；

5）同一轴线上的窗间墙宽度宜均匀；墙面洞口的面积，6、7度时不宜大于墙面总面积的55%，8、9度时不宜大于50%；

6）在房屋宽度方向的中部应设置内纵墙，其累计长度不宜小于房屋总长度的60%（高宽比大于4的墙段不计入）。

3 房屋有下列情况之一时宜设置防震缝，缝两侧均应设置墙体，缝宽应根据烈度和房屋高度确定，可采用70mm～100mm：

1）房屋立面高差在6m以上；

2）房屋有错层，且楼板高差大于层高的1/4；

3）各部分结构刚度、质量截然不同。

4 楼梯间不宜设置在房屋的尽端或转角处。

5 不应在房屋转角处设置转角窗。

6 横墙较少、跨度较大的房屋，宜采用现浇钢筋混凝土楼、屋盖。

7.1.8 底部框架-抗震墙砌体房屋的结构布置，应符合下列要求：

1 上部的砌体墙体与底部的框架梁或抗震墙，除楼梯间附近的个别墙段外均应对齐。

2 房屋的底部，应沿纵横两方向设置一定数量的抗震墙，并应均匀对称布置。6度且总层数不超过四层的底层框架-抗震墙砌体房屋，应允许采用嵌砌于框架之间的约束普通砖砌体或小砌块砌体的砌体抗震墙，但应计入砌体墙对框架的附加轴力和附加剪力并进行底层的抗震验算，且同一方向不应同时采用钢筋混凝土抗震墙和约束砌体抗震墙；其余情况，8度时应采用钢筋混凝土抗震墙，6、7度时应采用钢筋混凝土抗震墙或配筋小砌块砌体抗震墙。

3 底层框架-抗震墙砌体房屋的纵横两个方向，第二层计入构造柱影响的侧向刚度与底层侧向刚度的比值，6、7度时不应大于2.5，8度时不应大于2.0，且均不应小于1.0。

4 底部两层框架-抗震墙砌体房屋纵横两个方向，底层与底部第二层侧向刚度应接近，第三层计入构造柱影响的侧向刚度与底部第二层侧向刚度的比值，6、7度时不应大于2.0，8度时不应大于1.5，且均不应小于1.0。

5 底部框架-抗震墙砌体房屋的抗震墙应设置条形基础、筏形基础等整体性好的基础。

7.1.9 底部框架-抗震墙砌体房屋的钢筋混凝土结构部分，除应符合本章规定外，尚应符合本规范第6章的有关要求；此时，底部混凝土框架的抗震等级，6、7、8度应分别按三、二、一级采用，混凝土墙体的抗震等级，6、7、8度应分别按三、三、二级采用。

7.2 计 算 要 点

7.2.1 多层砌体房屋、底部框架-抗震墙砌体房屋的抗震计算，可采用底部剪力法，并应按本节规定调整地震作用效应。

7.2.2 对砌体房屋，可只选从属面积较大或竖向应力较小的墙段进行截面抗震承载力验算。

7.2.3 进行地震剪力分配和截面验算时，砌体墙段的层间等效侧向刚度应按下列原则确定：

1 刚度的计算应计及高宽比的影响。高宽比小于1时，可只计算剪切变形；高宽比不大于4且不小于1时，应同时计算弯曲和剪切变形；高宽比大于4时，等效侧向刚度可取0.0。

注：墙段的高宽比指层高与墙长之比，对门窗洞边的小墙段指洞净高与洞侧墙宽之比。

2 墙段宜按门窗洞口划分；对设置构造柱的小开口墙段按毛墙面计算的刚度，可根据开洞率乘以表7.2.3的墙段洞口影响系数：

表 7.2.3 墙段洞口影响系数

开洞率	0.10	0.20	0.30
影响系数	0.98	0.94	0.88

注：1 开洞率为洞口水平截面积与墙段水平毛截面积之比，相邻洞口之间净宽小于500mm的墙段视为洞口；

2 洞口中线偏离墙段中线大于墙段长度的1/4时，表中影响系数值折减0.9；门洞的洞顶高度大于层高80%时，表中数据不适用；窗洞高度大于50%层高时，按门洞对待。

7.2.4 底部框架-抗震墙砌体房屋的地震作用效应，应按下列规定调整：

1 对底层框架-抗震墙砌体房屋，底层的纵向和横向地震剪力设计值均应乘以增大系数；其值应允许在 1.2～1.5 范围内选用，第二层与底层侧向刚度比大者应取大值。

2 对底部两层框架-抗震墙砌体房屋，底层和第二层的纵向和横向地震剪力设计值亦均应乘以增大系数；其值应允许在 1.2～1.5 范围内选用，第三层与第二层侧向刚度比大者应取大值。

3 底层或底部两层的纵向和横向地震剪力设计值应全部由该方向的抗震墙承担，并按各墙体的侧向刚度比例分配。

7.2.5 底部框架-抗震墙砌体房屋中，底部框架的地震作用效应宜采用下列方法确定：

1 底部框架柱的地震剪力和轴向力，宜按下列规定调整：

1）框架柱承担的地震剪力设计值，可按各抗侧力构件有效侧向刚度比例分配确定；有效侧向刚度的取值，框架不折减；混凝土墙或配筋混凝土小砌块砌体墙可乘以折减系数 0.30；约束普通砖砌体或小砌块砌体抗震墙可乘以折减系数 0.20；

2）框架柱的轴力应计入地震倾覆力矩引起的附加轴力，上部砖房可视为刚体，底部各轴线承受的地震倾覆力矩，可近似按底部抗震墙和框架的有效侧向刚度的比例分配确定；

3）当抗震墙之间楼盖长宽比大于 2.5 时，框架柱各轴线承担的地震剪力和轴向力，尚应计入楼盖平面内变形的影响。

2 底部框架-抗震墙砌体房屋的钢筋混凝土托墙梁计算地震组合内力时，应采用合适的计算简图。若考虑上部墙体与托墙梁的组合作用，应计入地震时墙体开裂对组合作用的不利影响，可调整有关的弯矩系数、轴力系数等计算参数。

7.2.6 各类砌体沿阶梯形截面破坏的抗震抗剪强度设计值，应按下式确定：

$$f_{vE}=\zeta_N f_v \qquad (7.2.6)$$

式中：f_{vE}——砌体沿阶梯形截面破坏的抗震抗剪强度设计值；

f_v——非抗震设计的砌体抗剪强度设计值；

ζ_N——砌体抗震抗剪强度的正应力影响系数，应按表 7.2.6 采用。

7.2.7 普通砖、多孔砖墙体的截面抗震受剪承载力，应按下列规定验算：

1 一般情况下，应按下式验算：

$$V \leqslant f_{vE}A/\gamma_{RE} \qquad (7.2.7\text{-}1)$$

式中：V——墙体剪力设计值；

f_{vE}——砖砌体沿阶梯形截面破坏的抗震抗剪强度设计值；

A——墙体横截面面积，多孔砖取毛截面面积；

γ_{RE}——承载力抗震调整系数，承重墙按本规范表 5.4.2 采用，自承重墙按 0.75 采用。

表 7.2.6 砌体强度的正应力影响系数

砌体类别	σ_0/f_v							
	0.0	1.0	3.0	5.0	7.0	10.0	12.0	≥16.0
普通砖，多孔砖	0.80	0.99	1.25	1.47	1.65	1.90	2.05	—
小砌块	—	1.23	1.69	2.15	2.57	3.02	3.32	3.92

注：σ_0 为对应于重力荷载代表值的砌体截面平均压应力。

2 采用水平配筋的墙体，应按下式验算：

$$V \leqslant \frac{1}{\gamma_{RE}}(f_{vE}A+\zeta_s f_{yh}A_{sh}) \qquad (7.2.7\text{-}2)$$

式中：f_{yh}——水平钢筋抗拉强度设计值；

A_{sh}——层间墙体竖向截面的总水平钢筋面积，其配筋率应不小于 0.07% 且不大于 0.17%；

ζ_s——钢筋参与工作系数，可按表 7.2.7 采用。

表 7.2.7 钢筋参与工作系数

墙体高宽比	0.4	0.6	0.8	1.0	1.2
ζ_s	0.10	0.12	0.14	0.15	0.12

3 当按式（7.2.7-1）、式（7.2.7-2）验算不满足要求时，可计入基本均匀设置于墙段中部、截面不小于 240mm×240mm（墙厚 190mm 时为 240mm×190mm）且间距不大于 4m 的构造柱对受剪承载力的提高作用，按下列简化方法验算：

$$V \leqslant \frac{1}{\gamma_{RE}}[\eta_c f_{vE}(A-A_c)+\zeta_c f_t A_c+0.08 f_{yc}A_{sc}+\zeta_s f_{yh}A_{sh}] \qquad (7.2.7\text{-}3)$$

式中：A_c——中部构造柱的横截面总面积（对横墙和内纵墙，$A_c>0.15A$ 时，取 $0.15A$；对外纵墙，$A_c>0.25A$ 时，取 $0.25A$）；

f_t——中部构造柱的混凝土轴心抗拉强度设计值；

A_{sc}——中部构造柱的纵向钢筋截面总面积（配筋率不小于 0.6%，大于 1.4% 时取 1.4%）；

f_{yh}、f_{yc}——分别为墙体水平钢筋、构造柱钢筋抗拉强度设计值；

ζ_c——中部构造柱参与工作系数；居中设一根时取 0.5，多于一根时取 0.4；

η_c——墙体约束修正系数；一般情况取 1.0，构造柱间距不大于 3.0m 时取 1.1；

A_{sh}——层间墙体竖向截面的总水平钢筋面积，无水平钢筋时取 0.0。

7.2.8 小砌块墙体的截面抗震受剪承载力，应按下式验算：

$$V \leqslant \frac{1}{\gamma_{RE}}[f_{vE}A + (0.3f_t A_c + 0.05 f_y A_s)\zeta_c] \tag{7.2.8}$$

式中：f_t——芯柱混凝土轴心抗拉强度设计值；

A_c——芯柱截面总面积；

A_s——芯柱钢筋截面总面积；

f_y——芯柱钢筋抗拉强度设计值；

ζ_c——芯柱参与工作系数，可按表 7.2.8 采用。

注：当同时设置芯柱和构造柱时，构造柱截面可作为芯柱截面，构造柱钢筋可作为芯柱钢筋。

表 7.2.8 芯柱参与工作系数

填孔率 ρ	$\rho<0.15$	$0.15\leqslant\rho<0.25$	$0.25\leqslant\rho<0.5$	$\rho\geqslant0.5$
ζ_c	0.0	1.0	1.10	1.15

注：填孔率指芯柱根数（含构造柱和填实孔洞数量）与孔洞总数之比。

7.2.9 底层框架-抗震墙砌体房屋中嵌砌于框架之间的普通砖或小砌块的砌体墙，当符合本规范第 7.5.4 条、第 7.5.5 条的构造要求时，其抗震验算应符合下列规定：

1 底层框架柱的轴向力和剪力，应计入砖墙或小砌块墙引起的附加轴向力和附加剪力，其值可按下列公式确定：

$$N_f = V_w H_f / l \tag{7.2.9-1}$$

$$V_f = V_w \tag{7.2.9-2}$$

式中：V_w——墙体承担的剪力设计值，柱两侧有墙时可取二者的较大值；

N_f——框架柱的附加轴压力设计值；

V_f——框架柱的附加剪力设计值；

H_f、l——分别为框架的层高和跨度。

2 嵌砌于框架之间的普通砖墙或小砌块墙及两端框架柱，其抗震受剪承载力应按下式验算：

$$V \leqslant \frac{1}{\gamma_{REc}}\sum (M_{yc}^{u} + M_{yc}^{l})/H_0 + \frac{1}{\gamma_{REw}}\sum f_{vE}A_{w0} \tag{7.2.9-3}$$

式中：V——嵌砌普通砖墙或小砌块墙及两端框架柱剪力设计值；

A_{w0}——砖墙或小砌块墙水平截面的计算面积，无洞口时取实际截面的 1.25 倍，有洞口时取截面净面积，但不计入宽度小于洞口高度 1/4 的墙肢截面面积；

M_{yc}^{u}、M_{yc}^{l}——分别为底层框架柱上下端的正截面受弯承载力设计值，可按现行国家标准《混凝土结构设计规范》GB 50010 非抗震设计的有关公式取等号计算；

H_0——底层框架柱的计算高度，两侧均有砌体墙时取柱净高的 2/3，其余情况取柱净高；

γ_{REc}——底层框架柱承载力抗震调整系数，可采用 0.8；

γ_{REw}——嵌砌普通砖墙或小砌块墙承载力抗震调整系数，可采用 0.9。

7.3 多层砖砌体房屋抗震构造措施

7.3.1 各类多层砖砌体房屋，应按下列要求设置现浇钢筋混凝土构造柱（以下简称构造柱）：

1 构造柱设置部位，一般情况下应符合表 7.3.1 的要求。

2 外廊式和单面走廊式的多层房屋，应根据房屋增加一层的层数，按表 7.3.1 的要求设置构造柱，且单面走廊两侧的纵墙均应按外墙处理。

3 横墙较少的房屋，应根据房屋增加一层的层数，按表 7.3.1 的要求设置构造柱。当横墙较少的房屋为外廊式或单面走廊式时，应按本条 2 款要求设置构造柱；但 6 度不超过四层、7 度不超过三层和 8 度不超过二层时，应按增加二层的层数对待。

4 各层横墙很少的房屋，应按增加二层的层数设置构造柱。

5 采用蒸压灰砂砖和蒸压粉煤灰砖的砌体房屋，当砌体的抗剪强度仅达到普通黏土砖砌体的 70%时，应根据增加一层的层数按本条 1～4 款要求设置构造柱；但 6 度不超过四层、7 度不超过三层和 8 度不超过二层时，应按增加二层的层数对待。

表 7.3.1 多层砖砌体房屋构造柱设置要求

房屋层数				设置部位	
6 度	7 度	8 度	9 度		
四、五	三、四	二、三		楼、电梯间四角，楼梯斜梯段上下端对应的墙体处；外墙四角和对应转角；错层部位横墙与外纵墙交接处；大房间内外墙交接处；较大洞口两侧	隔 12m 或单元横墙与外纵墙交接处；楼梯间对应的另一侧内横墙与外纵墙交接处
六	五	四	二		隔开间横墙(轴线)与外墙交接处；山墙与内纵墙交接处
七	≥六	≥五	≥三		内墙(轴线)与外墙交接处；内墙的局部较小墙垛处；内纵墙与横墙(轴线)交接处

注：较大洞口，内墙指不小于 2.1m 的洞口；外墙在内外墙交接处已设置构造柱时应允许适当放宽，但洞侧墙体应加强。

7.3.2 多层砖砌体房屋的构造柱应符合下列构造要求：

1 构造柱最小截面可采用 180mm×240mm（墙厚 190mm 时为 180mm×190mm），纵向钢筋宜采用

4φ12，箍筋间距不宜大于250mm，且在柱上下端应适当加密；6、7度时超过六层、8度时超过五层和9度时，构造柱纵向钢筋宜采用4φ14，箍筋间距不应大于200mm；房屋四角的构造柱应适当加大截面及配筋。

2 构造柱与墙连接处应砌成马牙槎，沿墙高每隔500mm设2φ6水平钢筋和φ4分布短筋平面内点焊组成的拉结网片或φ4点焊钢筋网片，每边伸入墙内不宜小于1m。6、7度时底部1/3楼层，8度时底部1/2楼层，9度时全部楼层，上述拉结钢筋网片应沿墙体水平通长设置。

3 构造柱与圈梁连接处，构造柱的纵筋应在圈梁纵筋内侧穿过，保证构造柱纵筋上下贯通。

4 构造柱可不单独设置基础，但应伸入室外地面下500mm，或与埋深小于500mm的基础圈梁相连。

5 房屋高度和层数接近本规范表7.1.2的限值时，纵、横墙内构造柱间距尚应符合下列要求：

1）横墙内的构造柱间距不宜大于层高的二倍；下部1/3楼层的构造柱间距适当减小；

2）当外纵墙开间大于3.9m时，应另设加强措施。内纵墙的构造柱间距不宜大于4.2m。

7.3.3 多层砖砌体房屋的现浇钢筋混凝土圈梁设置应符合下列要求：

1 装配式钢筋混凝土楼、屋盖或木屋盖的砖房，应按表7.3.3的要求设置圈梁；纵墙承重时，抗震横墙上的圈梁间距应比表内要求适当加密。

2 现浇或装配整体式钢筋混凝土楼、屋盖与墙体有可靠连接的房屋，应允许不另设圈梁，但楼板沿抗震墙体周边均应加强配筋并应与相应的构造柱钢筋可靠连接。

表7.3.3 多层砖砌体房屋现浇钢筋混凝土圈梁设置要求

墙类	烈度		
	6、7	8	9
外墙和内纵墙	屋盖处及每层楼盖处	屋盖处及每层楼盖处	屋盖处及每层楼盖处
内横墙	同上；屋盖处间距不应大于4.5m；楼盖处间距不应大于7.2m；构造柱对应部位	同上；各层所有横墙，且间距不应大于4.5m；构造柱对应部位	同上；各层所有横墙

7.3.4 多层砖砌体房屋现浇混凝土圈梁的构造应符合下列要求：

1 圈梁应闭合，遇有洞口圈梁应上下搭接。圈梁宜与预制板设在同一标高处或紧靠板底；

2 圈梁在本规范第7.3.3条要求的间距内无横墙时，应利用梁或板缝中配筋替代圈梁；

3 圈梁的截面高度不应小于120mm，配筋应符合表7.3.4的要求；按本规范第3.3.4条3款要求增设的基础圈梁，截面高度不应小于180mm，配筋不应少于4φ12。

表7.3.4 多层砖砌体房屋圈梁配筋要求

配筋	烈度		
	6、7	8	9
最小纵筋	4φ10	4φ12	4φ14
箍筋最大间距(mm)	250	200	150

7.3.5 多层砖砌体房屋的楼、屋盖应符合下列要求：

1 现浇钢筋混凝土楼板或屋面板伸进纵、横墙内的长度，均不应小于120mm。

2 装配式钢筋混凝土楼板或屋面板，当圈梁未设在板的同一标高时，板端伸进外墙的长度不应小于120mm，伸进内墙的长度不应小于100mm或采用硬架支模连接，在梁上不应小于80mm或采用硬架支模连接。

3 当板的跨度大于4.8m并与外墙平行时，靠外墙的预制板侧边应与墙或圈梁拉结。

4 房屋端部大房间的楼盖，6度时房屋的屋盖和7～9度时房屋的楼、屋盖，当圈梁设在板底时，钢筋混凝土预制板应相互拉结，并应与梁、墙或圈梁拉结。

7.3.6 楼、屋盖的钢筋混凝土梁或屋架应与墙、柱（包括构造柱）或圈梁可靠连接；不得采用独立砖柱。跨度不小于6m大梁的支承构件应采用组合砌体等加强措施，并满足承载力要求。

7.3.7 6、7度时长度大于7.2m的大房间，以及8、9度时外墙转角及内外墙交接处，应沿墙高每隔500mm配置2φ6的通长钢筋和φ4分布短筋平面内点焊组成的拉结网片或φ4点焊网片。

7.3.8 楼梯间尚应符合下列要求：

1 顶层楼梯间墙体应沿墙高每隔500mm设2φ6通长钢筋和φ4分布短钢筋平面内点焊组成的拉结网片或φ4点焊网片；7～9度时其他各层楼梯间墙体应在休息平台或楼层半高处设置60mm厚、纵向钢筋不应少于2φ10的钢筋混凝土带或配筋砖带，配筋砖带不少于3皮，每皮的配筋不少于2φ6，砂浆强度等级不应低于M7.5且不低于同层墙体的砂浆强度等级。

2 楼梯间及门厅内墙阳角处的大梁支承长度不应小于500mm，并应与圈梁连接。

3 装配式楼梯段应与平台板的梁可靠连接，8、9度时不应采用装配式楼梯段；不应采用墙中悬挑式踏步或踏步竖肋插入墙体的楼梯，不应采用无筋砖砌栏板。

4 突出屋顶的楼、电梯间，构造柱应伸到顶部，并与顶部圈梁连接，所有墙体应沿墙高每隔500mm设2φ6通长钢筋和φ4分布短筋平面内点焊组成的拉结网片或φ4点焊网片。

7.3.9 坡屋顶房屋的屋架应与顶层圈梁可靠连接，檩条或屋面板应与墙、屋架可靠连接，房屋出入口处的檐口瓦应与屋面构件锚固。采用硬山搁檩时，顶层内纵墙顶宜增砌支承山墙的踏步式墙垛，并设置构造柱。

7.3.10 门窗洞处不应采用砖过梁；过梁支承长度，6～8度时不应小于240mm，9度时不应小于360mm。

7.3.11 预制阳台，6、7度时应与圈梁和楼板的现浇板带可靠连接，8、9度时不应采用预制阳台。

7.3.12 后砌的非承重砌体隔墙，烟道、风道、垃圾道等应符合本规范第13.3节的有关规定。

7.3.13 同一结构单元的基础（或桩承台），宜采用同一类型的基础，底面宜埋置在同一标高上，否则应增设基础圈梁并应按1∶2的台阶逐步放坡。

7.3.14 丙类的多层砖砌体房屋，当横墙较少且总高度和层数接近或达到本规范表7.1.2规定限值时，应采取下列加强措施：

1 房屋的最大开间尺寸不宜大于6.6m。

2 同一结构单元内横墙错位数量不宜超过横墙总数的1/3，且连续错位不宜多于两道；错位的墙体交接处均应增设构造柱，且楼、屋面板应采用现浇钢筋混凝土板。

3 横墙和内纵墙上洞口的宽度不宜大于1.5m；外纵墙上洞口的宽度不宜大于2.1m或开间尺寸的一半；且内外墙上洞口位置不应影响内外纵墙与横墙的整体连接。

4 所有纵横墙均应在楼、屋盖标高处设置加强的现浇钢筋混凝土圈梁：圈梁的截面高度不宜小于150mm，上下纵筋各不应少于3ϕ10，箍筋不小于ϕ6，间距不大于300mm。

5 所有纵横墙交接处及横墙的中部，均应增设满足下列要求的构造柱：在纵、横墙内的柱距不宜大于3.0m，最小截面尺寸不宜小于240mm×240mm（墙厚190mm时为240mm×190mm），配筋宜符合表7.3.14的要求。

表7.3.14 增设构造柱的纵筋和箍筋设置要求

位置	纵向钢筋			箍筋		
	最大配筋率(%)	最小配筋率(%)	最小直径(mm)	加密区范围(mm)	加密区间距(mm)	最小直径(mm)
角柱	1.8	0.8	14	全高	100	6
边柱			14	上端700 下端500		
中柱	1.4	0.6	12			

6 同一结构单元的楼、屋面板应设置在同一标高处。

7 房屋底层和顶层的窗台标高处，宜设置沿纵横墙通长的水平现浇钢筋混凝土带；其截面高度不小于60mm，宽度不小于墙厚，纵向钢筋不少于2ϕ10，横向分布筋的直径不小于ϕ6且其间距不大于200mm。

7.4 多层砌块房屋抗震构造措施

7.4.1 多层小砌块房屋应按表7.4.1的要求设置钢筋混凝土芯柱。对外廊式和单面走廊式的多层房屋、横墙较少的房屋、各层横墙很少的房屋，尚应分别按本规范第7.3.1条第2、3、4款关于增加层数的对应要求，按表7.4.1的要求设置芯柱。

表7.4.1 多层小砌块房屋芯柱设置要求

房屋层数				设置部位	设置数量
6度	7度	8度	9度		
四、五	三、四	二、三		外墙转角，楼、电梯间四角，楼梯斜梯段上下端对应的墙体处； 大房间内外墙交接处； 错层部位横墙与外纵墙交接处； 隔12m或单元横墙与外纵墙交接处	外墙转角，灌实3个孔； 内外墙交接处，灌实4个孔； 楼梯斜段上下端对应的墙体处，灌实2个孔
六	五	四		同上； 隔开间横墙（轴线）与外纵墙交接处	
七	六	五	二	同上； 各内墙（轴线）与外纵墙交接处； 内纵墙与横墙（轴线）交接处和洞口两侧	外墙转角，灌实5个孔； 内外墙交接处，灌实4个孔； 内墙交接处，灌实4～5个孔； 洞口两侧各灌实1个孔
	七	≥六	≥三	同上； 横墙内芯柱间距不大于2m	外墙转角，灌实7个孔； 内外墙交接处，灌实5个孔； 内墙交接处，灌实4～5个孔； 洞口两侧各灌实1个孔

注：外墙转角、内外墙交接处、楼电梯间四角等部位，应允许采用钢筋混凝土构造柱替代部分芯柱。

7.4.2 多层小砌块房屋的芯柱，应符合下列构造要求：

1 小砌块房屋芯柱截面不宜小于120mm×120mm。

2 芯柱混凝土强度等级，不应低于Cb20。

3 芯柱的竖向插筋应贯通墙身且与圈梁连接；插筋不应小于1ϕ12，6、7度时超过五层、8度时超过四层和9度时，插筋不应小于1ϕ14。

4 芯柱应伸入室外地面下500mm或与埋深小于500mm的基础圈梁相连。

5 为提高墙体抗震受剪承载力而设置的芯柱，宜在墙体内均匀布置，最大净距不宜大于2.0m。

6 多层小砌块房屋墙体交接处或芯柱与墙体连接处应设置拉结钢筋网片，网片可采用直径4mm的钢筋点焊而成，沿墙高间距不大于 600mm，并应沿墙体水平通长设置。6、7 度时底部 1/3 楼层，8 度时底部 1/2 楼层，9 度时全部楼层，上述拉结钢筋网片沿墙高间距不大于 400mm。

7.4.3 小砌块房屋中替代芯柱的钢筋混凝土构造柱，应符合下列构造要求：

1 构造柱截面不宜小于 190mm×190mm，纵向钢筋宜采用 4ϕ12，箍筋间距不宜大于 250mm，且在柱上下端应适当加密；6、7 度时超过五层、8 度时超过四层和 9 度时，构造柱纵向钢筋宜采用 4ϕ14，箍筋间距不应大于 200mm；外墙转角的构造柱可适当加大截面及配筋。

2 构造柱与砌块墙连接处应砌成马牙槎，与构造柱相邻的砌块孔洞，6 度时宜填实，7 度时应填实，8、9 度时应填实并插筋。构造柱与砌块墙之间沿墙高每隔 600mm 设置 ϕ4 点焊拉结钢筋网片，并应沿墙体水平通长设置。6、7 度时底部 1/3 楼层，8 度时底部 1/2 楼层，9 度全部楼层，上述拉结钢筋网片沿墙高间距不大于 400mm。

3 构造柱与圈梁连接处，构造柱的纵筋应在圈梁纵筋内侧穿过，保证构造柱纵筋上下贯通。

4 构造柱可不单独设置基础，但应伸入室外地面下 500mm，或与埋深小于 500mm 的基础圈梁相连。

7.4.4 多层小砌块房屋的现浇钢筋混凝土圈梁的设置位置应按本规范第 7.3.3 条多层砖砌体房屋圈梁的要求执行，圈梁宽度不应小于 190mm，配筋不应少于 4ϕ12，箍筋间距不应大于 200mm。

7.4.5 多层小砌块房屋的层数，6 度时超过五层、7 度时超过四层、8 度时超过三层和 9 度时，在底层和顶层的窗台标高处，沿纵横墙应设置通长的水平现浇钢筋混凝土带；其截面高度不小于 60mm，纵筋不少于 2ϕ10，并应有分布拉结钢筋；其混凝土强度等级不应低于 C20。

水平现浇混凝土带亦可采用槽形砌块替代模板，其纵筋和拉结钢筋不变。

7.4.6 丙类的多层小砌块房屋，当横墙较少且总高度和层数接近或达到本规范表 7.1.2 规定限值时，应符合本规范第 7.3.14 条的相关要求；其中，墙体中部的构造柱可采用芯柱替代，芯柱的灌孔数量不应少于 2 孔，每孔插筋的直径不应小于 18mm。

7.4.7 小砌块房屋的其他抗震构造措施，尚应符合本规范第 7.3.5 条至第 7.3.13 条有关要求。其中，墙体的拉结钢筋网片间距应符合本节的相应规定，分别取 600mm 和 400mm。

7.5 底部框架-抗震墙砌体房屋抗震构造措施

7.5.1 底部框架-抗震墙砌体房屋的上部墙体应设置钢筋混凝土构造柱或芯柱，并应符合下列要求：

1 钢筋混凝土构造柱、芯柱的设置部位，应根据房屋的总层数分别按本规范第 7.3.1 条、7.4.1 条的规定设置。

2 构造柱、芯柱的构造，除应符合下列要求外，尚应符合本规范第 7.3.2、7.4.2、7.4.3 条的规定：

1）砖砌体墙中构造柱截面不宜小于 240mm×240mm（墙厚 190mm 时为 240mm×190mm）；

2）构造柱的纵向钢筋不宜少于 4ϕ14，箍筋间距不宜大于 200mm；芯柱每孔插筋不应小于 1ϕ14，芯柱之间沿墙高应每隔 400mm 设 ϕ4 焊接钢筋网片。

3 构造柱、芯柱应与每层圈梁连接，或与现浇楼板可靠拉接。

7.5.2 过渡层墙体的构造，应符合下列要求：

1 上部砌体墙的中心线宜与底部的框架梁、抗震墙的中心线相重合；构造柱或芯柱宜与框架柱上下贯通。

2 过渡层应在底部框架柱、混凝土墙或约束砌体墙的构造柱所对应处设置构造柱或芯柱；墙体内的构造柱间距不宜大于层高；芯柱除按本规范表 7.4.1 设置外，最大间距不宜大于 1m。

3 过渡层构造柱的纵向钢筋，6、7 度时不宜少于 4ϕ16，8 度时不宜少于 4ϕ18。过渡层芯柱的纵向钢筋，6、7 度时不宜少于每孔 1ϕ16，8 度时不宜少于每孔 1ϕ18。一般情况下，纵向钢筋应锚入下部的框架柱或混凝土墙内；当纵向钢筋锚固在托墙梁内时，托墙梁的相应位置应加强。

4 过渡层的砌体墙在窗台标高处，应设置沿纵横墙通长的水平现浇钢筋混凝土带；其截面高度不小于 60mm，宽度不小于墙厚，纵向钢筋不少于 2ϕ10，横向分布筋的直径不小于 6mm 且其间距不大于 200mm。此外，砖砌体墙在相邻构造柱间的墙体，应沿墙高每隔 360mm 设置 2ϕ6 通长水平钢筋和 ϕ4 分布短筋平面内点焊组成的拉结网片或 ϕ4 点焊钢筋网片，并锚入构造柱内；小砌块砌体墙芯柱之间沿墙高应每隔 400mm 设置 ϕ4 通长水平点焊钢筋网片。

5 过渡层的砌体墙，凡宽度不小于 1.2m 的门洞和 2.1m 的窗洞，洞口两侧宜增设截面不小于 120mm×240mm（墙厚 190mm 时为 120mm×190mm）的构造柱或单孔芯柱。

6 当过渡层的砌体抗震墙与底部框架梁、墙体不对齐时，应在底部框架内设置托墙转换梁，并且过渡层砖墙或砌块墙应采取比本条 4 款更高的加强措施。

7.5.3 底部框架-抗震墙砌体房屋的底部采用钢筋混凝土墙时，其截面和构造应符合下列要求：

1 墙体周边应设置梁（或暗梁）和边框柱（或框架柱）组成的边框；边框梁的截面宽度不宜小于墙板厚度

的1.5倍，截面高度不宜小于墙板厚度的2.5倍；边框柱的截面高度不宜小于墙板厚度的2倍。

2 墙板的厚度不宜小于160mm，且不应小于墙板净高的1/20；墙体宜开设洞口形成若干墙段，各墙段的高宽比不宜小于2。

3 墙体的竖向和横向分布钢筋配筋率均不应小于0.30%，并应采用双排布置；双排分布钢筋间拉筋的间距不应大于600mm，直径不应小于6mm。

4 墙体的边缘构件可按本规范第6.4节关于一般部位的规定设置。

7.5.4 当6度设防的底层框架-抗震墙砖房的底层采用约束砖砌体墙时，其构造应符合下列要求：

1 砖墙厚不应小于240mm，砌筑砂浆强度等级不应低于M10，应先砌墙后浇框架。

2 沿框架柱每隔300mm配置2ϕ8水平钢筋和ϕ4分布短筋平面内点焊组成的拉结网片，并沿砖墙水平通长设置；在墙体半高处尚应设置与框架柱相连的钢筋混凝土水平系梁。

3 墙长大于4m时和洞口两侧，应在墙内增设钢筋混凝土构造柱。

7.5.5 当6度设防的底层框架-抗震墙砌块房屋的底层采用约束小砌块砌体墙时，其构造应符合下列要求：

1 墙厚不应小于190mm，砌筑砂浆强度等级不应低于Mb10，应先砌墙后浇框架。

2 沿框架柱每隔400mm配置2ϕ8水平钢筋和ϕ4分布短筋平面内点焊组成的拉结网片，并沿砌块墙水平通长设置；在墙体半高处尚应设置与框架柱相连的钢筋混凝土水平系梁，系梁截面不应小于190mm×190mm，纵筋不应小于4ϕ12，箍筋直径不应小于ϕ6，间距不应大于200mm。

3 墙体在门、窗洞口两侧应设置芯柱，墙长大于4m时，应在墙内增设芯柱，芯柱应符合本规范第7.4.2条的有关规定；其余位置，宜采用钢筋混凝土构造柱替代芯柱，钢筋混凝土构造柱应符合本规范第7.4.3条的有关规定。

7.5.6 底部框架-抗震墙砌体房屋的框架柱应符合下列要求：

1 柱的截面不应小于400mm×400mm，圆柱直径不应小于450mm。

2 柱的轴压比，6度时不宜大于0.85，7度时不宜大于0.75，8度时不宜大于0.65。

3 柱的纵向钢筋最小总配筋率，当钢筋的强度标准值低于400MPa时，中柱在6、7度时不应小于0.9%，8度时不应小于1.1%；边柱、角柱和混凝土抗震墙端柱在6、7度时不应小于1.0%，8度时不应小于1.2%。

4 柱的箍筋直径，6、7度时不应小于8mm，8度时不应小于10mm，并应全高加密箍筋，间距不大于100mm。

5 柱的最上端和最下端组合的弯矩设计值应乘以增大系数，一、二、三级的增大系数应分别按1.5、1.25和1.15采用。

7.5.7 底部框架-抗震墙砌体房屋的楼盖应符合下列要求：

1 过渡层的底板应采用现浇钢筋混凝土板，板厚不应小于120mm；并应少开洞、开小洞，当洞口尺寸大于800mm时，洞口周边应设置边梁。

2 其他楼层，采用装配式钢筋混凝土楼板时均应设现浇圈梁；采用现浇钢筋混凝土楼板时应允许不另设圈梁，但楼板沿抗震墙体周边均应加强配筋并应与相应的构造柱可靠连接。

7.5.8 底部框架-抗震墙砌体房屋的钢筋混凝土托墙梁，其截面和构造应符合下列要求：

1 梁的截面宽度不应小于300mm，梁的截面高度不应小于跨度的1/10。

2 箍筋的直径不应小于8mm，间距不应大于200mm；梁端在1.5倍梁高且不小于1/5梁净跨范围内，以及上部墙体的洞口处和洞口两侧各500mm且不小于梁高的范围内，箍筋间距不应大于100mm。

3 沿梁高应设腰筋，数量不应少于2ϕ14，间距不应大于200mm。

4 梁的纵向受力钢筋和腰筋应按受拉钢筋的要求锚固在柱内，且支座上部的纵向钢筋在柱内的锚固长度应符合钢筋混凝土框支梁的有关要求。

7.5.9 底部框架-抗震墙砌体房屋的材料强度等级，应符合下列要求：

1 框架柱、混凝土墙和托墙梁的混凝土强度等级，不应低于C30。

2 过渡层砌体块材的强度等级不应低于MU10，砖砌体砌筑砂浆强度的等级不应低于M10，砌块砌体砌筑砂浆强度的等级不应低于Mb10。

7.5.10 底部框架-抗震墙砌体房屋的其他抗震构造措施，应符合本规范第7.3节、第7.4节和第6章的有关要求。

8 多层和高层钢结构房屋

8.1 一般规定

8.1.1 本章适用的钢结构民用房屋的结构类型和最大高度应符合表8.1.1的规定。平面和竖向均不规则的钢结构，适用的最大高度宜适当降低。

注：1 钢支撑-混凝土框架和钢框架-混凝土筒体结构的抗震设计，应符合本规范附录G的规定；

2 多层钢结构厂房的抗震设计，应符合本规范附录H第H.2节的规定。

表 8.1.1　钢结构房屋适用的最大高度(m)

结构类型	6、7度 (0.10g)	7度 (0.15g)	8度 (0.20g)	8度 (0.30g)	9度 (0.40g)
框架	110	90	90	70	50
框架-中心支撑	220	200	180	150	120
框架-偏心支撑(延性墙板)	240	220	200	180	160
筒体(框筒,筒中筒,桁架筒,束筒)和巨型框架	300	280	260	240	180

注:1　房屋高度指室外地面到主要屋面板板顶的高度(不包括局部突出屋顶部分);

2　超过表内高度的房屋,应进行专门研究和论证,采取有效的加强措施;

3　表内的筒体不包括混凝土筒。

8.1.2　本章适用的钢结构民用房屋的最大高宽比不宜超过表 8.1.2 的规定。

表 8.1.2　钢结构民用房屋适用的最大高宽比

烈　度	6、7	8	9
最大高宽比	6.5	6.0	5.5

注:塔形建筑的底部有大底盘时,高宽比可按大底盘以上计算。

8.1.3　钢结构房屋应根据设防分类、烈度和房屋高度采用不同的抗震等级,并应符合相应的计算和构造措施要求。丙类建筑的抗震等级应按表 8.1.3 确定。

表 8.1.3　钢结构房屋的抗震等级

房屋高度	烈度 6	烈度 7	烈度 8	烈度 9
≤50m		四	三	二
>50m	四	三	二	一

注:1　高度接近或等于高度分界时,应允许结合房屋不规则程度和场地、地基条件确定抗震等级;

2　一般情况,构件的抗震等级应与结构相同;当某个部位各构件的承载力均满足 2 倍地震作用组合下的内力要求时,7～9 度的构件抗震等级应允许按降低一度确定。

8.1.4　钢结构房屋需要设置防震缝时,缝宽应不小于相应钢筋混凝土结构房屋的 1.5 倍。

8.1.5　一、二级的钢结构房屋,宜设置偏心支撑、带竖缝钢筋混凝土抗震墙板、内藏钢支撑钢筋混凝土墙板、屈曲约束支撑等消能支撑或筒体。

采用框架结构时,甲、乙类建筑和高层的丙类建筑不应采用单跨框架,多层的丙类建筑不宜采用单跨框架。

注:本章"一、二、三、四级"即"抗震等级为一、二、三、四级"的简称。

8.1.6　采用框架-支撑结构的钢结构房屋应符合下列规定:

1　支撑框架在两个方向的布置均宜基本对称,支撑框架之间楼盖的长宽比不宜大于 3。

2　三、四级且高度不大于 50m 的钢结构宜采用中心支撑,也可采用偏心支撑、屈曲约束支撑等消能支撑。

3　中心支撑框架宜采用交叉支撑,也可采用人字支撑或单斜杆支撑,不宜采用 K 形支撑;支撑的轴线宜交汇于梁柱构件轴线的交点,偏离交点时的偏心距不应超过支撑杆件宽度,并应计入由此产生的附加弯矩。当中心支撑采用只能受拉的单斜杆体系时,应同时设置不同倾斜方向的两组斜杆,且每组中不同方向单斜杆的截面面积在水平方向的投影面积之差不应大于 10%。

4　偏心支撑框架的每根支撑应至少有一端与框架梁连接,并在支撑与梁交点和柱之间或同一跨内另一支撑与梁交点之间形成消能梁段。

5　采用屈曲约束支撑时,宜采用人字支撑、成对布置的单斜杆支撑等形式,不应采用 K 形或 X 形,支撑与柱的夹角宜在 35°～55°之间。屈曲约束支撑受压时,其设计参数、性能检验和作为一种消能部件的计算方法可按相关要求设计。

8.1.7　钢框架-筒体结构,必要时可设置由筒体外伸臂或外伸臂和周边桁架组成的加强层。

8.1.8　钢结构房屋的楼盖应符合下列要求:

1　宜采用压型钢板现浇钢筋混凝土组合楼板或钢筋混凝土楼板,并应与钢梁有可靠连接。

2　对 6、7 度时不超过 50m 的钢结构,尚可采用装配整体式钢筋混凝土楼板,也可采用装配式楼板或其他轻型楼盖;但应将楼板预埋件与钢梁焊接,或采取其他保证楼盖整体性的措施。

3　对转换层楼盖或楼板有大洞口等情况,必要时可设置水平支撑。

8.1.9　钢结构房屋的地下室设置,应符合下列要求:

1　设置地下室时,框架-支撑(抗震墙板)结构中竖向连续布置的支撑(抗震墙板)应延伸至基础;钢框架柱应至少延伸至地下一层,其竖向荷载应直接传至基础。

2　超过 50m 的钢结构房屋应设置地下室。其基础埋置深度,当采用天然地基时不宜小于房屋总高度的 1/15;当采用桩基时,桩承台埋深不宜小于房屋总高度的 1/20。

8.2　计 算 要 点

8.2.1　钢结构应按本节规定调整地震作用效应,其层间变形应符合本规范第 5.5 节的有关规定。构件截面和连接抗震验算时,非抗震的承载力设计值应除以本规范规定的承载力抗震调整系数;凡本章未作规定者,应符合现行有关设计规范、规程的要求。

8.2.2 钢结构抗震计算的阻尼比宜符合下列规定：

1 多遇地震下的计算，高度不大于50m时可取0.04；高度大于50m且小于200m时，可取0.03；高度不小于200m时，宜取0.02。

2 当偏心支撑框架部分承担的地震倾覆力矩大于结构总地震倾覆力矩的50%时，其阻尼比可比本条1款相应增加0.005。

3 在罕遇地震下的弹塑性分析，阻尼比可取0.05。

8.2.3 钢结构在地震作用下的内力和变形分析，应符合下列规定：

1 钢结构应按本规范第3.6.3条规定计入重力二阶效应。进行二阶效应的弹性分析时，应按现行国家标准《钢结构设计规范》GB 50017的有关规定，在每层柱顶附加假想水平力。

2 框架梁可按梁端截面的内力设计。对工字形截面柱，宜计入梁柱节点域剪切变形对结构侧移的影响；对箱形柱框架、中心支撑框架和不超过50m的钢结构，其层间位移计算可不计入梁柱节点域剪切变形的影响，近似按框架轴线进行分析。

3 钢框架-支撑结构的斜杆可按端部铰接杆计算；其框架部分按刚度分配计算得到的地震层剪力应乘以调整系数，达到不小于结构底部总地震剪力的25%和框架部分计算最大层剪力1.8倍二者的较小值。

4 中心支撑框架的斜杆轴线偏离梁柱轴线交点不超过支撑杆件的宽度时，仍可按中心支撑框架分析，但应计及由此产生的附加弯矩。

5 偏心支撑框架中，与消能梁段相连构件的内力设计值，应按下列要求调整：

1)支撑斜杆的轴力设计值，应取与支撑斜杆相连接的消能梁段达到受剪承载力时支撑斜杆轴力与增大系数的乘积；其增大系数，一级不应小于1.4，二级不应小于1.3，三级不应小于1.2；

2)位于消能梁段同一跨的框架梁内力设计值，应取消能梁段达到受剪承载力时框架梁内力与增大系数的乘积；其增大系数，一级不应小于1.3，二级不应小于1.2，三级不应小于1.1；

3)框架柱的内力设计值，应取消能梁段达到受剪承载力时柱内力与增大系数的乘积；其增大系数，一级不应小于1.3，二级不应小于1.2，三级不应小于1.1。

6 内藏钢支撑钢筋混凝土墙板和带竖缝钢筋混凝土墙板应按有关规定计算，带竖缝钢筋混凝土墙板可仅承受水平荷载产生的剪力，不承受竖向荷载产生的压力。

7 钢结构转换构件下的钢框架柱，地震内力应乘以增大系数，其值可采用1.5。

8.2.4 钢框架梁的上翼缘采用抗剪连接件与组合楼板连接时，可不验算地震作用下的整体稳定。

8.2.5 钢框架节点处的抗震承载力验算，应符合下列规定：

1 节点左右梁端和上下柱端的全塑性承载力，除下列情况之一外，应符合下式要求：

1)柱所在楼层的受剪承载力比相邻上一层的受剪承载力高出25%；

2)柱轴压比不超过0.4，或$N_2 \leqslant \varphi A_c f$（$N_2$为2倍地震作用下的组合轴力设计值）；

3)与支撑斜杆相连的节点。

等截面梁

$$\sum W_{pc}(f_{yc} - N/A_c) \geqslant \eta \sum W_{pb} f_{yb} \tag{8.2.5-1}$$

端部翼缘变截面的梁

$$\sum W_{pc}(f_{yc} - N/A_c) \geqslant \sum (\eta W_{pb1} f_{yb} + V_{pb} s) \tag{8.2.5-2}$$

式中：W_{pc}、W_{pb}——分别为交汇于节点的柱和梁的塑性截面模量；

W_{pb1}——梁塑性铰所在截面的梁塑性截面模量；

f_{yc}、f_{yb}——分别为柱和梁的钢材屈服强度；

N——地震组合的柱轴力；

A_c——框架柱的截面面积；

η——强柱系数，一级取1.15，二级取1.10，三级取1.05；

V_{pb}——梁塑性铰剪力；

s——塑性铰至柱面的距离，塑性铰可取梁端部变截面翼缘的最小处。

2 节点域的屈服承载力应符合下列要求：

$$\psi(M_{pb1} + M_{pb2})/V_p \leqslant (4/3) f_{yv} \tag{8.2.5-3}$$

工字形截面柱

$$V_p = h_{b1} h_{c1} t_w \tag{8.2.5-4}$$

箱形截面柱

$$V_p = 1.8 h_{b1} h_{c1} t_w \tag{8.2.5-5}$$

圆管截面柱

$$V_p = (\pi/2) h_{b1} h_{c1} t_w \tag{8.2.5-6}$$

3 工字形截面柱和箱形截面柱的节点域应按下列公式验算：

$$t_w \geqslant (h_b + h_c)/90 \tag{8.2.5-7}$$

$$(M_{b1} + M_{b2})/V_p \leqslant (4/3) f_v/\gamma_{RE} \tag{8.2.5-8}$$

式中：M_{pb1}、M_{pb2}——分别为节点域两侧梁的全塑性受弯承载力；

V_p——节点域的体积；

f_v——钢材的抗剪强度设计值；

f_{yv}——钢材的屈服抗剪强度，取钢材屈服强度的0.58倍；

ψ——折减系数；三、四级取 0.6，一、二级取 0.7；

h_{b1}、h_{c1}——分别为梁翼缘厚度中点间的距离和柱翼缘（或钢管直径线上管壁）厚度中点间的距离；

t_w——柱在节点域的腹板厚度；

M_{b1}、M_{b2}——分别为节点域两侧梁的弯矩设计值；

γ_{RE}——节点域承载力抗震调整系数，取 0.75。

8.2.6 中心支撑框架构件的抗震承载力验算，应符合下列规定：

1 支撑斜杆的受压承载力应按下式验算：

$$N/(\varphi A_{br}) \leqslant \psi f/\gamma_{RE} \tag{8.2.6-1}$$

$$\psi = 1/(1+0.35\lambda_n) \tag{8.2.6-2}$$

$$\lambda_n = (\lambda/\pi)\sqrt{f_{ay}/E} \tag{8.2.6-3}$$

式中：N——支撑斜杆的轴向力设计值；

A_{br}——支撑斜杆的截面面积；

φ——轴心受压构件的稳定系数；

ψ——受循环荷载时的强度降低系数；

λ、λ_n——支撑斜杆的长细比和正则化长细比；

E——支撑斜杆钢材的弹性模量；

f、f_{ay}——分别为钢材强度设计值和屈服强度；

γ_{RE}——支撑稳定破坏承载力抗震调整系数。

2 人字支撑和 V 形支撑的框架梁在支撑连接处应保持连续，并按不计入支撑支点作用的梁验算重力荷载和支撑屈曲时不平衡力作用下的承载力；不平衡力应按受拉支撑的最小屈服承载力和受压支撑最大屈曲承载力的 0.3 倍计算。必要时，人字支撑和 V 形支撑可沿竖向交替设置或采用拉链柱。

注：顶层和出屋面房间的梁可不执行本款。

8.2.7 偏心支撑框架构件的抗震承载力验算，应符合下列规定：

1 消能梁段的受剪承载力应符合下列要求：

当 $N \leqslant 0.15Af$ 时

$$V \leqslant \varphi V_l/\gamma_{RE} \tag{8.2.7-1}$$

$V_l = 0.58A_w f_{ay}$ 或 $V_l = 2M_{lp}/a$，取较小值

$$A_w = (h-2t_f)t_w$$

$$M_{lp} = fW_p$$

当 $N > 0.15Af$ 时

$$V \leqslant \phi V_{lc}/\gamma_{RE} \tag{8.2.7-2}$$

$$V_{lc} = 0.58A_w f_{ay}\sqrt{1-[N/(Af)]^2}$$

或 $V_{lc} = 2.4M_{lp}[1-N/(Af)]/a$，取较小值

式中：N、V——分别为消能梁段的轴力设计值和剪力设计值；

V_l、V_{lc}——分别为消能梁段受剪承载力和计入轴力影响的受剪承载力；

M_{lp}——消能梁段的全塑性受弯承载力；

A、A_w——分别为消能梁段的截面面积和腹板截面面积；

W_p——消能梁段的塑性截面模量；

a、h——分别为消能梁段的净长和截面高度；

t_w、t_f——分别为消能梁段的腹板厚度和翼缘厚度；

f、f_{ay}——消能梁段钢材的抗压强度设计值和屈服强度；

ϕ——系数，可取 0.9；

γ_{RE}——消能梁段承载力抗震调整系数，取 0.75。

2 支撑斜杆与消能梁段连接的承载力不得小于支撑的承载力。若支撑需抵抗弯矩，支撑与梁的连接应按抗压弯连接设计。

8.2.8 钢结构抗侧力构件的连接计算，应符合下列要求：

1 钢结构抗侧力构件连接的承载力设计值，不应小于相连构件的承载力设计值；高强度螺栓连接不得滑移。

2 钢结构抗侧力构件连接的极限承载力应大于相连构件的屈服承载力。

3 梁与柱刚性连接的极限承载力，应按下列公式验算：

$$M_u^j \geqslant \eta_j M_p \tag{8.2.8-1}$$

$$V_u^j \geqslant 1.2(2M_p/l_n)+V_{Gb} \tag{8.2.8-2}$$

4 支撑与框架连接和梁、柱、支撑的拼接极限承载力，应按下列公式验算：

支撑连接和拼接 $N_{ubr}^j \geqslant \eta_j A_{br} f_y$ (8.2.8-3)

梁的拼接 $M_{ub,sp}^j \geqslant \eta_j M_p$ (8.2.8-4)

柱的拼接 $M_{uc,sp}^j \geqslant \eta_j M_{pc}$ (8.2.8-5)

5 柱脚与基础的连接极限承载力，应按下列公式验算：

$$M_{u,base}^j \geqslant \eta_j M_{pc} \tag{8.2.8-6}$$

式中：M_p、M_{pc}——分别为梁的塑性受弯承载力和考虑轴力影响时柱的塑性受弯承载力；

V_{Gb}——梁在重力荷载代表值（9 度时高层建筑尚应包括竖向地震作用标准值）作用下，按简支梁分析的梁端截面剪力设计值；

l_n——梁的净跨；

A_{br}——支撑杆件的截面面积；

M_u^j、V_u^j——分别为连接的极限受弯、受剪承载力；

N_{ubr}^j、$M_{ub,sp}^j$、$M_{uc,sp}^j$——分别为支撑连接和拼接、梁、柱拼接的极限受压（拉）、受弯承载力；

$M_{u,base}^{j}$ ——柱脚的极限受弯承载力。

η_j ——连接系数，可按表 8.2.8 采用。

表 8.2.8　钢结构抗震设计的连接系数

母材牌号	梁柱连接		支撑连接，构件拼接		柱　脚	
	焊接	螺栓连接	焊接	螺栓连接		
Q235	1.40	1.45	1.25	1.30	埋入式	1.2
Q345	1.30	1.35	1.20	1.25	外包式	1.2
Q345GJ	1.25	1.30	1.15	1.20	外露式	1.1

注：1　屈服强度高于 Q345 的钢材，按 Q345 的规定采用；

2　屈服强度高于 Q345GJ 的 GJ 钢材，按 Q345GJ 的规定采用；

3　翼缘焊接腹板栓接时，连接系数分别按表中连接形式取用。

8.3　钢框架结构的抗震构造措施

8.3.1　框架柱的长细比，一级不应大于 $60\sqrt{235/f_{ay}}$，二级不应大于 $80\sqrt{235/f_{ay}}$，三级不应大于 $100\sqrt{235/f_{ay}}$，四级时不应大于 $120\sqrt{235/f_{ay}}$。

8.3.2　框架梁、柱板件宽厚比，应符合表 8.3.2 的规定：

表 8.3.2　框架梁、柱板件宽厚比限值

	板件名称	一级	二级	三级	四级
柱	工字形截面翼缘外伸部分	10	11	12	13
	工字形截面腹板	43	45	48	52
	箱形截面壁板	33	36	38	40
梁	工字形截面和箱形截面翼缘外伸部分	9	9	10	11
	箱形截面翼缘在两腹板之间部分	30	30	32	36
	工字形截面和箱形截面腹板	$72-120N_b/(Af)\leqslant 60$	$72-100N_b/(Af)\leqslant 65$	$80-110N_b/(Af)\leqslant 70$	$85-120N_b/(Af)\leqslant 75$

注：1　表列数值适用于 Q235 钢，采用其他牌号钢材时，应乘以 $\sqrt{235/f_{ay}}$。

2　$N_b/(Af)$为梁轴压比。

8.3.3　梁柱构件的侧向支承应符合下列要求：

1　梁柱构件受压翼缘应根据需要设置侧向支承。

2　梁柱构件在出现塑性铰的截面，上下翼缘均应设置侧向支承。

3　相邻两侧向支承点间的构件长细比，应符合现行国家标准《钢结构设计规范》GB 50017 的有关规定。

8.3.4　梁与柱的连接构造应符合下列要求：

1　梁与柱的连接宜采用柱贯通型。

2　柱在两个互相垂直的方向都与梁刚接时宜采用箱形截面，并在梁翼缘连接处设置隔板；隔板采用电渣焊时，柱壁板厚度不宜小于 16mm，小于 16mm 时可改用工字形柱或采用贯通式隔板。当柱仅在一个方向与梁刚接时，宜采用工字形截面，并将柱腹板置于刚接框架平面内。

3　工字形柱（绕强轴）和箱形柱与梁刚接时（图8.3.4-1），应符合下列要求：

1）梁翼缘与柱翼缘间应采用全熔透坡口焊缝；一、二级时，应检验焊缝的 V 形切口冲击韧性，其夏比冲击韧性在－20℃时不低于 27J；

2）柱在梁翼缘对应位置应设置横向加劲肋（隔板），加劲肋（隔板）厚度不应小于梁翼缘厚度，强度与梁翼缘相同；

3）梁腹板宜采用摩擦型高强度螺栓与柱连接板连接（经工艺试验合格能确保现场焊接质量时，可用气体保护焊进行焊接）；腹板角部应设置焊接孔，孔形应使其端部与梁翼缘和柱翼缘间的全熔透坡口焊缝完全隔开；

4）腹板连接板与柱的焊接，当板厚不大于 16mm 时应采用双面角焊缝，焊缝有效厚度应满足等强度要求，且不小于 5mm；板厚大于 16mm 时采用 K 形坡口对接焊缝。该焊缝宜采用气体保护焊，且板端应绕焊；

5）一级和二级时，宜采用能将塑性铰自梁端外移的端部扩大形连接、梁端加盖板或骨形连接。

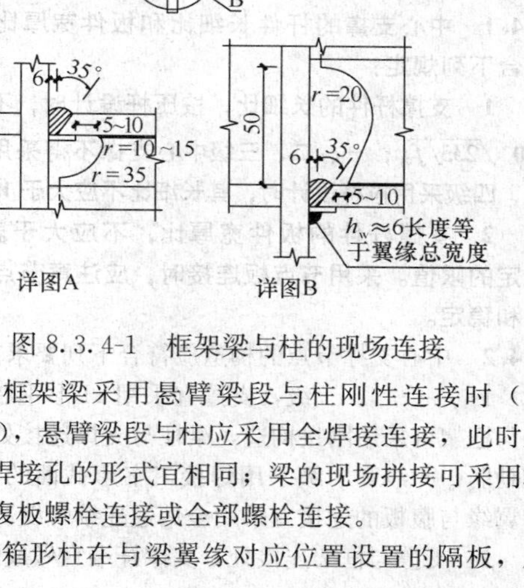

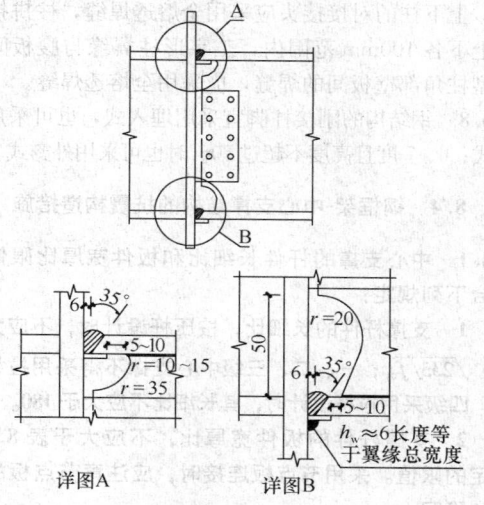

图 8.3.4-1　框架梁与柱的现场连接

4　框架梁采用悬臂梁段与柱刚性连接时（图 8.3.4-2），悬臂梁段与柱应采用全焊接连接，此时上下翼缘焊接孔的形式宜相同；梁的现场拼接可采用翼缘焊接腹板螺栓连接或全部螺栓连接。

5　箱形柱在与梁翼缘对应位置设置的隔板，应

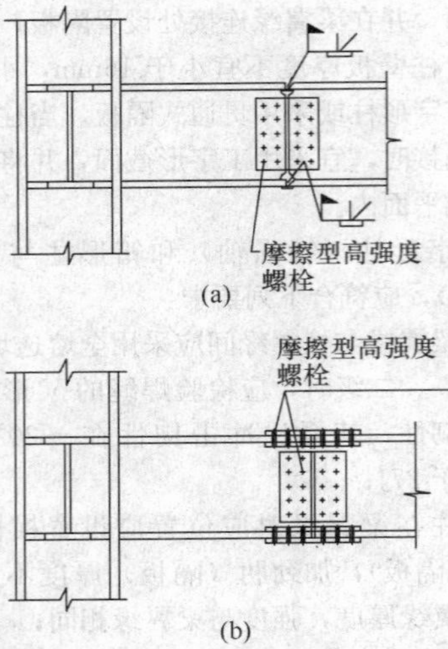

图 8.3.4-2 框架柱与梁悬臂段的连接

采用全熔透对接焊缝与壁板相连。工字形柱的横向加劲肋与柱翼缘，应采用全熔透对接焊缝连接，与腹板可采用角焊缝连接。

8.3.5 当节点域的腹板厚度不满足本规范第 8.2.5 条第 2、3 款的规定时，应采取加厚柱腹板或采取贴焊补强板的措施。补强板的厚度及其焊缝应按传递补强板所分担剪力的要求设计。

8.3.6 梁与柱刚性连接时，柱在梁翼缘上下各 500mm 的范围内，柱翼缘与柱腹板间或箱形柱壁板间的连接焊缝应采用全熔透坡口焊缝。

8.3.7 框架柱的接头距框架梁上方的距离，可取 1.3m 和柱净高一半二者的较小值。

上下柱的对接接头应采用全熔透焊缝，柱拼接接头上下各 100mm 范围内，工字形柱翼缘与腹板间及箱型柱角部壁板间的焊缝，应采用全熔透焊缝。

8.3.8 钢结构的刚接柱脚宜采用埋入式，也可采用外包式；6、7 度且高度不超过 50m 时也可采用外露式。

8.4 钢框架-中心支撑结构的抗震构造措施

8.4.1 中心支撑的杆件长细比和板件宽厚比限值应符合下列规定：

1 支撑杆件的长细比，按压杆设计时，不应大于 $120\sqrt{235/f_{ay}}$；一、二、三级中心支撑不得采用拉杆设计，四级采用拉杆设计时，其长细比不应大于 180。

2 支撑杆件的板件宽厚比，不应大于表 8.4.1 规定的限值。采用节点板连接时，应注意节点板的强度和稳定。

8.4.2 中心支撑节点的构造应符合下列要求：

1 一、二、三级，支撑宜采用 H 形钢制作，两端与框架可采用刚接构造，梁柱与支撑连接处应设置加劲肋；一级和二级采用焊接工字形截面的支撑时，其翼缘与腹板的连接宜采用全熔透连续焊缝。

2 支撑与框架连接处，支撑杆端宜做成圆弧。

3 梁在其与 V 形支撑或人字支撑相交处，应设置侧向支承；该支承点与梁端支承点间的侧向长细比（λ_y）以及支承力，应符合现行国家标准《钢结构设计规范》GB 50017 关于塑性设计的规定。

表 8.4.1 钢结构中心支撑板件宽厚比限值

板件名称	一级	二级	三级	四级
翼缘外伸部分	8	9	10	13
工字形截面腹板	25	26	27	33
箱形截面壁板	18	20	25	30
圆管外径与壁厚比	38	40	40	42

注：表列数值适用于 Q235 钢，采用其他牌号钢材应乘以 $\sqrt{235/f_{ay}}$，圆管应乘以 $235/f_{ay}$。

4 若支撑和框架采用节点板连接，应符合现行国家标准《钢结构设计规范》GB 50017 关于节点板在连接杆件每侧有不小于 30°夹角的规定；一、二级时，支撑端部至节点板最近嵌固点（节点板与框架构件连接焊缝的端部）在沿支撑杆件轴线方向的距离，不应小于节点板厚度的 2 倍。

8.4.3 框架-中心支撑结构的框架部分，当房屋高度不高于 100m 且框架部分按计算分配的地震剪力不大于结构底部总地震剪力的 25%时，一、二、三级的抗震构造措施可按框架结构降低一级的相应要求采用。其他抗震构造措施，应符合本规范第 8.3 节对框架结构抗震构造措施的规定。

8.5 钢框架-偏心支撑结构的抗震构造措施

8.5.1 偏心支撑框架消能梁段的钢材屈服强度不应大于 345MPa。消能梁段及与消能梁段同一跨内的非消能梁段，其板件的宽厚比不应大于表 8.5.1 规定的限值。

表 8.5.1 偏心支撑框架梁的板件宽厚比限值

板件名称		宽厚比限值
翼缘外伸部分		8
腹板	当 $N/(Af)\leqslant 0.14$ 时	$90[1-1.65N/(Af)]$
	当 $N/(Af)>0.14$ 时	$33[2.3-N/(Af)]$

注：表列数值适用于 Q235 钢，当材料为其他钢号时应乘以 $\sqrt{235/f_{ay}}$，$N/(Af)$为梁轴压比。

8.5.2 偏心支撑框架的支撑杆件长细比不应大于 $120\sqrt{235/f_{ay}}$，支撑杆件的板件宽厚比不应超过现行国家标准《钢结构设计规范》GB 50017 规定的轴心受压构件在弹性设计时的宽度比限值。

8.5.3 消能梁段的构造应符合下列要求：

1 当 $N>0.16Af$ 时，消能梁段的长度应符合下列规定：

当 $\rho(A_w/A)<0.3$ 时

$$a<1.6M_{lp}/V_l \quad (8.5.3\text{-}1)$$

当 $\rho(A_w/A)\geqslant 0.3$ 时

$$a \leqslant [1.15-0.5\rho(A_w/A)]1.6M_{lp}/V_l \quad (8.5.3\text{-}2)$$

$$\rho = N/V \quad (8.5.3\text{-}3)$$

式中：a——消能梁段的长度；

ρ——消能梁段轴向力设计值与剪力设计值之比。

2 消能梁段的腹板不得贴焊补强板，也不得开洞。

3 消能梁段与支撑连接处，应在其腹板两侧配置加劲肋，加劲肋的高度应为梁腹板高度，一侧的加劲肋宽度不应小于（$b_f/2-t_w$），厚度不应小于 $0.75t_w$ 和 10mm 的较大值。

4 消能梁段应按下列要求在其腹板上设置中间加劲肋：

1）当 $a \leqslant 1.6M_{lp}/V_l$ 时，加劲肋间距不大于（$30t_w-h/5$）；

2）当 $2.6M_{lp}/V_l < a \leqslant 5M_{lp}/V_l$ 时，应在距消能梁段端部 $1.5b_f$ 处配置中间加劲肋，且中间加劲肋间距不应大于（$52t_w-h/5$）；

3）当 $1.6M_{lp}/V_l < a \leqslant 2.6M_{lp}/V_l$ 时，中间加劲肋的间距宜在上述二者间线性插入；

4）当 $a > 5M_{lp}/V_l$ 时，可不配置中间加劲肋；

5）中间加劲肋应与消能梁段的腹板等高，当消能梁段截面高度不大于 640mm 时，可配置单侧加劲肋，消能梁段截面高度大于 640mm 时，应在两侧配置加劲肋，一侧加劲肋的宽度不应小于（$b_f/2-t_w$），厚度不应小于 t_w 和 10mm。

8.5.4 消能梁段与柱的连接应符合下列要求：

1 消能梁段与柱连接时，其长度不得大于 $1.6M_{lp}/V_l$，且应满足相关标准的规定。

2 消能梁段翼缘与柱翼缘之间应采用坡口全熔透对接焊缝连接，消能梁段腹板与柱之间应采用角焊缝（气体保护焊）连接；角焊缝的承载力不得小于消能梁段腹板的轴力、剪力和弯矩同时作用时的承载力。

3 消能梁段与柱腹板连接时，消能梁段翼缘与横向加劲板间应采用坡口全熔透焊缝，其腹板与柱连接板间应采用角焊缝（气体保护焊）连接；角焊缝的承载力不得小于消能梁段腹板的轴力、剪力和弯矩同时作用时的承载力。

8.5.5 消能梁段两端上下翼缘应设置侧向支撑，支撑的轴力设计值不得小于消能梁段翼缘轴向承载力设计值的 6%，即 $0.06b_f t_f f$。

8.5.6 偏心支撑框架梁的非消能梁段上下翼缘，应设置侧向支撑，支撑的轴力设计值不得小于梁翼缘轴向承载力设计值的 2%，即 $0.02b_f t_f f$。

8.5.7 框架-偏心支撑结构的框架部分，当房屋高度不高于 100m 且框架部分按计算分配的地震作用不大于结构底部总地震剪力的 25%时，一、二、三级的抗震构造措施可按框架结构降低一级的相应要求采用。其他抗震构造措施，应符合本规范第 8.3 节对框架结构抗震构造措施的规定。

9 单层工业厂房

9.1 单层钢筋混凝土柱厂房

（Ⅰ）一 般 规 定

9.1.1 本节主要适用于装配式单层钢筋混凝土柱厂房，其结构布置应符合下列要求：

1 多跨厂房宜等高和等长，高低跨厂房不宜采用一端开口的结构布置。

2 厂房的贴建房屋和构筑物，不宜布置在厂房角部和紧邻防震缝处。

3 厂房体型复杂或有贴建的房屋和构筑物时，宜设防震缝；在厂房纵横跨交接处、大柱网厂房或不设柱间支撑的厂房，防震缝宽度可采用 100mm～150mm，其他情况可采用 50mm～90mm。

4 两个主厂房之间的过渡跨至少应有一侧采用防震缝与主厂房脱开。

5 厂房内上起重机的铁梯不应靠近防震缝设置；多跨厂房各跨上起重机的铁梯不宜设置在同一横向轴线附近。

6 厂房内的工作平台、刚性工作间宜与厂房主体结构脱开。

7 厂房的同一结构单元内，不应采用不同的结构形式；厂房端部应设屋架，不应采用山墙承重；厂房单元内不应采用横墙和排架混合承重。

8 厂房柱距宜相等，各柱列的侧移刚度宜均匀，当有抽柱时，应采取抗震加强措施。

注：钢筋混凝土框排架厂房的抗震设计，应符合本规范附录 H 第 H.1 节的规定。

9.1.2 厂房天窗架的设置，应符合下列要求：

1 天窗宜采用突出屋面较小的避风型天窗，有条件或 9 度时宜采用下沉式天窗。

2 突出屋面的天窗宜采用钢天窗架；6～8 度时，可采用矩形截面杆件的钢筋混凝土天窗架。

3 天窗架不宜从厂房结构单元第一开间开始设置；8 度和 9 度时，天窗架宜从厂房单元端部第三柱间开始设置。

4 天窗屋盖、端壁板和侧板，宜采用轻型板材；不应采用端壁板代替端天窗架。

9.1.3 厂房屋架的设置，应符合下列要求：

1 厂房宜采用钢屋架或重心较低的预应力混凝土、钢筋混凝土屋架。

2 跨度不大于 15m 时，可采用钢筋混凝土屋面梁。

3　跨度大于24m，或8度Ⅲ、Ⅳ类场地和9度时，应优先采用钢屋架。

4　柱距为12m时，可采用预应力混凝土托架（梁）；当采用钢屋架时，亦可采用钢托架（梁）。

5　有突出屋面天窗架的屋盖不宜采用预应力混凝土或钢筋混凝土空腹屋架。

6　8度（0.30g）和9度时，跨度大于24m的厂房不宜采用大型屋面板。

9.1.4　厂房柱的设置，应符合下列要求：

1　8度和9度时，宜采用矩形、工字形截面柱或斜腹杆双肢柱，不宜采用薄壁工字形柱、腹板开孔工字形柱、预制腹板的工字形柱和管柱。

2　柱底至室内地坪以上500mm范围内和阶形柱的上柱宜采用矩形截面。

9.1.5　厂房围护墙、砌体女儿墙的布置、材料选型和抗震构造措施，应符合本规范第13.3节的有关规定。

（Ⅱ）计算要点

9.1.6　单层厂房按本规范的规定采取抗震构造措施并符合下列条件之一时，可不进行横向和纵向抗震验算：

1　7度Ⅰ、Ⅱ类场地、柱高不超过10m且结构单元两端均有山墙的单跨和等高多跨厂房（锯齿形厂房除外）。

2　7度时和8度（0.20g）Ⅰ、Ⅱ类场地的露天吊车栈桥。

9.1.7　厂房的横向抗震计算，应采用下列方法：

1　混凝土无檩和有檩屋盖厂房，一般情况下，宜计及屋盖的横向弹性变形，按多质点空间结构分析；当符合本规范附录J的条件时，可按平面排架计算，并按附录J的规定对排架柱的地震剪力和弯矩进行调整。

2　轻型屋盖厂房，柱距相等时，可按平面排架计算。

注：本节轻型屋盖指屋面为压型钢板、瓦楞铁等有檩屋盖。

9.1.8　厂房的纵向抗震计算，应采用下列方法：

1　混凝土无檩和有檩屋盖及有较完整支撑系统的轻型屋盖厂房，可采用下列方法：

1）一般情况下，宜计及屋盖的纵向弹性变形，围护墙与隔墙的有效刚度，不对称时尚宜计及扭转的影响，按多质点进行空间结构分析；

2）柱顶标高不大于15m且平均跨度不大于30m的单跨或等高多跨的钢筋混凝土柱厂房，宜采用本规范附录K第K.1节规定的修正刚度法计算。

2　纵墙对称布置的单跨厂房和轻型屋盖的多跨厂房，可按柱列分片独立计算。

9.1.9　突出屋面天窗架的横向抗震计算，可采用下列方法：

1　有斜撑杆的三铰拱式钢筋混凝土和钢天窗架的横向抗震计算可采用底部剪力法；跨度大于9m或9度时，混凝土天窗架的地震作用效应应乘以增大系数，其值可采用1.5。

2　其他情况下天窗架的横向水平地震作用可采用振型分解反应谱法。

9.1.10　突出屋面天窗架的纵向抗震计算，可采用下列方法：

1　天窗架的纵向抗震计算，可采用空间结构分析法，并计及屋盖平面弹性变形和纵墙的有效刚度。

2　柱高不超过15m的单跨和等高多跨混凝土无檩屋盖厂房的天窗架纵向地震作用计算，可采用底部剪力法，但天窗架的地震作用效应应乘以效应增大系数，其值可按下列规定采用：

1）单跨、边跨屋盖或有纵向内隔墙的中跨屋盖：

$$\eta = 1 + 0.5n \tag{9.1.10-1}$$

2）其他中跨屋盖：

$$\eta = 0.5n \tag{9.1.10-2}$$

式中：η——效应增大系数；

n——厂房跨数，超过四跨时取四跨。

9.1.11　两个主轴方向柱距均不小于12m、无桥式起重机且无柱间支撑的大柱网厂房，柱截面抗震验算应同时计算两个主轴方向的水平地震作用，并应计入位移引起的附加弯矩。

9.1.12　不等高厂房中，支承低跨屋盖的柱牛腿（柱肩）的纵向受拉钢筋截面面积，应按下式确定：

$$A_s \geqslant \left(\frac{N_G a}{0.85 h_0 f_y} + 1.2\frac{N_E}{f_y}\right)\gamma_{RE} \tag{9.1.12}$$

式中：A_s——纵向水平受拉钢筋的截面面积；

N_G——柱牛腿面上重力荷载代表值产生的压力设计值；

a——重力作用点至下柱近侧边缘的距离，当小于$0.3h_0$时采用$0.3h_0$；

h_0——牛腿最大竖向截面的有效高度；

N_E——柱牛腿面上地震组合的水平拉力设计值；

f_y——钢筋抗拉强度设计值；

γ_{RE}——承载力抗震调整系数，可采用1.0。

9.1.13　柱间交叉支撑斜杆的地震作用效应及其与柱连接节点的抗震验算，可按本规范附录K第K.2节的规定进行。下柱柱间支撑的下节点位置按本规范第9.1.23条规定设置于基础顶面以上时，宜进行纵向柱列柱根的斜截面受剪承载力验算。

9.1.14 厂房的抗风柱、屋架小立柱和计及工作平台影响的抗震计算，应符合下列规定：

1 高大山墙的抗风柱，在8度和9度时应进行平面外的截面抗震承载力验算。

2 当抗风柱与屋架下弦相连接时，连接点应设在下弦横向支撑节点处，下弦横向支撑杆件的截面和连接节点应进行抗震承载力验算。

3 当工作平台和刚性内隔墙与厂房主体结构连接时，应采用与厂房实际受力相适应的计算简图，并计入工作平台和刚性内隔墙对厂房的附加地震作用影响。变位受约束且剪跨比不大于2的排架柱，其斜截面受剪承载力应按现行国家标准《混凝土结构设计规范》GB 50010的规定计算，并按本规范第9.1.25条采取相应的抗震构造措施。

4 8度Ⅲ、Ⅳ类场地和9度时，带有小立柱的拱形和折线型屋架或上弦节间较长且矢高较大的屋架，其上弦宜进行抗扭验算。

（Ⅲ）抗震构造措施

9.1.15 有檩屋盖构件的连接及支撑布置，应符合下列要求：

1 檩条应与混凝土屋架（屋面梁）焊牢，并应有足够的支承长度。

2 双脊檩应在跨度1/3处相互拉结。

3 压型钢板应与檩条可靠连接，瓦楞铁、石棉瓦等应与檩条拉结。

4 支撑布置宜符合表9.1.15的要求。

表 9.1.15 有檩屋盖的支撑布置

<table>
<tr><td colspan="2" rowspan="2">支撑名称</td><td colspan="3">烈　度</td></tr>
<tr><td>6、7</td><td>8</td><td>9</td></tr>
<tr><td rowspan="4">屋架支撑</td><td>上弦横向支撑</td><td>单元端开间各设一道</td><td>单元端开间及单元长度大于66m的柱间支撑开间各设一道；
天窗开洞范围的两端各增设局部的支撑一道</td><td rowspan="3">单元端开间及单元长度大于42m的柱间支撑开间各设一道；
天窗开洞范围的两端各增设局部的上弦横向支撑一道</td></tr>
<tr><td>下弦横向支撑</td><td colspan="2" rowspan="2">同非抗震设计</td></tr>
<tr><td>跨中竖向支撑</td></tr>
<tr><td>端部竖向支撑</td><td colspan="3">屋架端部高度大于900mm时，单元端开间及柱间支撑开间各设一道</td></tr>
<tr><td rowspan="2">天窗架支撑</td><td>上弦横向支撑</td><td>单元天窗端开间各设一道</td><td rowspan="2">单元天窗端开间及每隔30m各设一道</td><td rowspan="2">单元天窗端开间及每隔18m各设一道</td></tr>
<tr><td>两侧竖向支撑</td><td>单元天窗端开间及每隔36m各设一道</td></tr>
</table>

9.1.16 无檩屋盖构件的连接及支撑布置，应符合下列要求：

1 大型屋面板应与屋架（屋面梁）焊牢，靠柱列的屋面板与屋架（屋面梁）的连接焊缝长度不宜小于80mm。

2 6度和7度时有天窗厂房单元的端开间，或8度和9度时各开间，宜将垂直屋架方向两侧相邻的大型屋面板的顶面彼此焊牢。

3 8度和9度时，大型屋面板端头底面的预埋件宜采用角钢并与主筋焊牢。

4 非标准屋面板宜采用装配整体式接头，或将板四角切掉后与屋架（屋面梁）焊牢。

5 屋架（屋面梁）端部顶面预埋件的锚筋，8度时不宜少于4ϕ10，9度时不宜少于4ϕ12。

6 支撑的布置宜符合表9.1.16-1的要求，有中间井式天窗时宜符合表9.1.16-2的要求；8度和9度跨度不大于15m的厂房屋盖采用屋面梁时，可仅在厂房单元两端各设竖向支撑一道；单坡屋面梁的屋盖支撑布置，宜按屋架端部高度大于900mm的屋盖支撑布置执行。

表 9.1.16-1 无檩屋盖的支撑布置

<table>
<tr><td colspan="3" rowspan="2">支撑名称</td><td colspan="3">烈　度</td></tr>
<tr><td>6、7</td><td>8</td><td>9</td></tr>
<tr><td rowspan="6">屋架支撑</td><td colspan="2">上弦横向支撑</td><td>屋架跨度小于18m时同非抗震设计，跨度不小于18m时在厂房单元端开间各设一道</td><td colspan="2">单元端开间及柱间支撑开间各设一道，天窗开洞范围的两端各增设局部的支撑一道</td></tr>
<tr><td colspan="2">上弦通长水平系杆</td><td rowspan="4">同非抗震设计</td><td>沿屋架跨度不大于15m设一道，但装配整体式屋面可仅在天窗开洞范围内设置；
围护墙在屋架上弦高度有现浇圈梁时，其端部处可不另设</td><td>沿屋架跨度不大于12m设一道，但装配整体式屋面可仅在天窗开洞范围内设置；
围护墙在屋架上弦高度有现浇圈梁时，其端部处可不另设</td></tr>
<tr><td colspan="2">下弦横向支撑</td><td rowspan="2">同非抗震设计</td><td rowspan="2">同上弦横向支撑</td></tr>
<tr><td colspan="2">跨中竖向支撑</td></tr>
<tr><td rowspan="2">两端竖向支撑</td><td>屋架端部高度≤900mm</td><td>单元端开间各设一道</td><td>单元端开间及每隔48m各设一道</td></tr>
<tr><td>屋架端部高度>900mm</td><td>单元端开间各设一道</td><td>单元端开间及柱间支撑开间各设一道</td><td>单元端开间、柱间支撑开间及每隔30m各设一道</td></tr>
<tr><td rowspan="2">天窗架支撑</td><td colspan="2">天窗两侧竖向支撑</td><td>厂房单元天窗端开间及每隔30m各设一道</td><td>厂房单元天窗端开间及每隔24m各设一道</td><td>厂房单元天窗端开间及每隔18m各设一道</td></tr>
<tr><td colspan="2">上弦横向支撑</td><td>同非抗震设计</td><td>天窗跨度≥9m时，单元天窗端开间及柱间支撑开间各设一道</td><td>单元端开间及柱间支撑开间各设一道</td></tr>
</table>

表 9.1.16-2　中间井式天窗无檩屋盖支撑布置

支撑名称		6、7度	8度	9度
上弦横向支撑 下弦横向支撑		厂房单元端开间各设一道	厂房单元端开间及柱间支撑开间各设一道	
上弦通长水平系杆		天窗范围内屋架跨中上弦节点处设置		
下弦通长水平系杆		天窗两侧及天窗范围内屋架下弦节点处设置		
跨中竖向支撑		有上弦横向支撑开间设置，位置与下弦通长系杆相对应		
两端竖向支撑	屋架端部高度≤900mm	同非抗震设计		有上弦横向支撑开间，且间距不大于48m
	屋架端部高度>900mm	厂房单元端开间各设一道	有上弦横向支撑开间，且间距不大于48m	有上弦横向支撑开间，且间距不大于30m

9.1.17　屋盖支撑尚应符合下列要求：

1　天窗开洞范围内，在屋架脊点处应设上弦通长水平压杆；8度Ⅲ、Ⅳ类场地和9度时，梯形屋架端部上节点应沿厂房纵向设置通长水平压杆。

2　屋架跨中竖向支撑在跨度方向的间距，6～8度时不大于15m，9度时不大于12m；当仅在跨中设一道时，应设在跨中屋架屋脊处；当设二道时，应在跨度方向均匀布置。

3　屋架上、下弦通长水平系杆与竖向支撑宜配合设置。

4　柱距不小于12m且屋架间距6m的厂房，托架（梁）区段及其相邻开间应设下弦纵向水平支撑。

5　屋盖支撑杆件宜用型钢。

9.1.18　突出屋面的混凝土天窗架，其两侧墙板与天窗立柱宜采用螺栓连接。

9.1.19　混凝土屋架的截面和配筋，应符合下列要求：

1　屋架上弦第一节间和梯形屋架端竖杆的配筋，6度和7度时不宜少于4ϕ12，8度和9度时不宜少于4ϕ14。

2　梯形屋架的端竖杆截面宽度宜与上弦宽度相同。

3　拱形和折线形屋架上弦端部支撑屋面板的小立柱，截面不宜小于200mm×200mm，高度不宜大于500mm，主筋宜采用Π形，6度和7度时不宜少于4ϕ12，8度和9度时不宜少于4ϕ14，箍筋可采用ϕ6，间距不宜大于100mm。

9.1.20　厂房柱子的箍筋，应符合下列要求：

1　下列范围内柱的箍筋应加密：

1）柱头，取柱顶以下500mm并不小于柱截面长边尺寸；

2）上柱，取阶形柱自牛腿面至起重机梁顶面以上300mm高度范围内；

3）牛腿（柱肩），取全高；

4）柱根，取下柱柱底至室内地坪以上500mm；

5）柱间支撑与柱连接节点和柱变位受平台等约束的部位，取节点上、下各300mm。

2　加密区箍筋间距不应大于100mm，箍筋肢距和最小直径应符合表9.1.20的规定。

表 9.1.20　柱加密区箍筋最大肢距和最小箍筋直径

烈度和场地类别		6度和7度Ⅰ、Ⅱ类场地	7度Ⅲ、Ⅳ类场地和8度Ⅰ、Ⅱ类场地	8度Ⅲ、Ⅳ类场地和9度
箍筋最大肢距（mm）		300	250	200
箍筋最小直径	一般柱头和柱根	ϕ6	ϕ8	ϕ8（ϕ10）
	角柱柱头	ϕ8	ϕ10	ϕ10
	上柱牛腿和有支撑的柱根	ϕ8	ϕ8	ϕ10
	有支撑的柱头和柱变位受约束部位	ϕ8	ϕ10	ϕ12

注：括号内数值用于柱根。

3　厂房柱侧向受约束且剪跨比不大于2的排架柱，柱顶预埋钢板和柱箍筋加密区的构造尚应符合下列要求：

1）柱顶预埋钢板沿排架平面方向的长度，宜取柱顶的截面高度，且不得小于截面高度的1/2及300mm；

2）屋架的安装位置，宜减小在柱顶的偏心，其柱顶轴向力的偏心距不应大于截面高度的1/4；

3）柱顶轴向力排架平面内的偏心距在截面高度的1/6～1/4范围内时，柱顶箍筋加密区的箍筋体积配筋率：9度不宜小于1.2%；8度不宜小于1.0%；6、7度不宜小于0.8%；

4）加密区箍筋宜配置四肢箍，肢距不大于200mm。

9.1.21　大柱网厂房柱的截面和配筋构造，应符合下列要求：

1　柱截面宜采用正方形或接近正方形的矩形，边长不宜小于柱全高的1/18～1/16。

2　重屋盖厂房地震组合的柱轴压比，6、7度时不宜大于0.8，8度时不宜大于0.7，9度时不应大于0.6。

3　纵向钢筋宜沿柱截面周边对称配置，间距不宜大于200mm，角部宜配置直径较大的钢筋。

4　柱头和柱根的箍筋应加密，并应符合下列要求：

1）加密范围，柱根取基础顶面至室内地坪以上1m，且不小于柱全高的1/6；柱头取柱顶以下500mm，且不小于柱截面长边尺寸；

2）箍筋直径、间距和肢距，应符合本规范第9.1.20条的规定。

9.1.22 山墙抗风柱的配筋，应符合下列要求：

1 抗风柱柱顶以下300mm和牛腿（柱肩）面以上300mm范围内的箍筋，直径不宜小于6mm，间距不应大于100mm，肢距不宜大于250mm。

2 抗风柱的变截面牛腿（柱肩）处，宜设置纵向受拉钢筋。

9.1.23 厂房柱间支撑的设置和构造，应符合下列要求：

1 厂房柱间支撑的布置，应符合下列规定：

1）一般情况下，应在厂房单元中部设置上、下柱间支撑，且下柱支撑应与上柱支撑配套设置；

2）有起重机或8度和9度时，宜在厂房单元两端增设上柱支撑；

3）厂房单元较长或8度Ⅲ、Ⅳ类场地和9度时，可在厂房单元中部1/3区段内设置两道柱间支撑。

2 柱间支撑应采用型钢，支撑形式宜采用交叉式，其斜杆与水平面的交角不宜大于55度。

3 支撑杆件的长细比，不宜超过表9.1.23的规定。

表9.1.23 交叉支撑斜杆的最大长细比

位置	烈度			
	6度和7度Ⅰ、Ⅱ类场地	7度Ⅲ、Ⅳ类场地和8度Ⅰ、Ⅱ类场地	8度Ⅲ、Ⅳ类场地和9度Ⅰ、Ⅱ类场地	9度Ⅲ、Ⅳ类场地
上柱支撑	250	250	200	150
下柱支撑	200	150	120	120

4 下柱支撑的下节点位置和构造措施，应保证将地震作用直接传给基础；当6度和7度（0.10g）不能直接传给基础时，应计及支撑对柱和基础的不利影响采取加强措施。

5 交叉支撑在交叉点应设置节点板，其厚度不应小于10mm，斜杆与交叉节点板应焊接，与端节点板宜焊接。

9.1.24 8度时跨度不小于18m的多跨厂房中柱和9度时多跨厂房各柱，柱顶宜设置通长水平压杆，此压杆可与梯形屋架支座处通长水平系杆合并设置，钢筋混凝土系杆端头与屋架间的空隙应采用混凝土填实。

9.1.25 厂房结构构件的连接节点，应符合下列要求：

1 屋架（屋面梁）与柱顶的连接，8度时宜采用螺栓，9度时宜采用钢板铰，亦可采用螺栓；屋架（屋面梁）端部支承垫板的厚度不宜小于16mm。

2 柱顶预埋件的锚筋，8度时不宜少于4ϕ14，9度时不宜少于4ϕ16；有柱间支撑的柱子，柱顶预埋件尚应增设抗剪钢板。

3 山墙抗风柱的柱顶，应设置预埋板，使柱顶与端屋架的上弦（屋面梁上翼缘）可靠连接。连接部位应位于上弦横向支撑与屋架的连接点处，不符合时可在支撑中增设次腹杆或设置型钢横梁，将水平地震作用传至节点部位。

4 支承低跨屋盖的中柱牛腿（柱肩）的预埋件，应与牛腿（柱肩）中按计算承受水平拉力部分的纵向钢筋焊接，且焊接的钢筋，6度和7度时不应少于2ϕ12，8度时不应少于2ϕ14，9度时不应少于2ϕ16。

5 柱间支撑与柱连接节点预埋件的锚件，8度Ⅲ、Ⅳ类场地和9度时，宜采用角钢加端板，其他情况可采用不低于HRB335级的热轧钢筋，但锚固长度不应小于30倍锚筋直径或增设端板。

6 厂房中的起重机走道板、端屋架与山墙间的填充小屋面板、天沟板、天窗端壁板和天窗侧板下的填充砌体等构件应与支承结构有可靠的连接。

9.2 单层钢结构厂房

（Ⅰ）一般规定

9.2.1 本节主要适用于钢柱、钢屋架或钢屋面梁承重的单层厂房。

单层的轻型钢结构厂房的抗震设计，应符合专门的规定。

9.2.2 厂房的结构体系应符合下列要求：

1 厂房的横向抗侧力体系，可采用刚接框架、铰接框架、门式刚架或其他结构体系。厂房的纵向抗侧力体系，8、9度应采用柱间支撑；6、7度宜采用柱间支撑，也可采用刚接框架。

2 厂房内设有桥式起重机时，起重机梁系统的构件与厂房框架柱的连接应能可靠地传递纵向水平地震作用。

3 屋盖应设置完整的屋盖支撑系统。屋盖横梁与柱顶铰接时，宜采用螺栓连接。

9.2.3 厂房的平面布置、钢筋混凝土屋面板和天窗架的设置要求等，可参照本规范第9.1节单层钢筋混凝土柱厂房的有关规定。当设置防震缝时，其缝宽不宜小于单层混凝土柱厂房防震缝宽度的1.5倍。

9.2.4 厂房的围护墙板应符合本规范第13.3节的有关规定。

（Ⅱ）抗震验算

9.2.5 厂房抗震计算时，应根据屋盖高差、起重机设置情况，采用与厂房结构的实际工作状况相适应的计算模型计算地震作用。

单层厂房的阻尼比，可依据屋盖和围护墙的类型，取0.045～0.05。

9.2.6 厂房地震作用计算时，围护墙体的自重和刚度，应按下列规定取值：

1 轻型墙板或与柱柔性连接的预制混凝土墙板，应计入其全部自重，但不应计入其刚度；

2 柱边贴砌且与柱有拉结的砌体围护墙，应计入其全部自重；当沿墙体纵向进行地震作用计算时，尚可计入普通砖砌体墙的折算刚度，折算系数，7、8和9度可分别取0.6、0.4和0.2。

9.2.7 厂房的横向抗震计算，可采用下列方法：

1 一般情况下，宜采用考虑屋盖弹性变形的空间分析方法；

2 平面规则、抗侧刚度均匀的轻型屋盖厂房，可按平面框架进行计算。等高厂房可采用底部剪力法，高低跨厂房应采用振型分解反应谱法。

9.2.8 厂房的纵向抗震计算，可采用下列方法：

1 采用轻型板材围护墙或与柱柔性连接的大型墙板的厂房，可采用底部剪力法计算，各纵向柱列的地震作用可按下列原则分配：

1）轻型屋盖可按纵向柱列承受的重力荷载代表值的比例分配；

2）钢筋混凝土无檩屋盖可按纵向柱列刚度比例分配；

3）钢筋混凝土有檩屋盖可取上述两种分配结果的平均值。

2 采用柱边贴砌且与柱拉结的普通砖砌体围护墙厂房，可参照本规范第9.1节的规定计算。

3 设置柱间支撑的柱列应计入支撑杆件屈曲后的地震作用效应。

9.2.9 厂房屋盖构件的抗震计算，应符合下列要求：

1 竖向支撑桁架的腹杆应能承受和传递屋盖的水平地震作用，其连接的承载力应大于腹杆的承载力，并满足构造要求。

2 屋盖横向水平支撑、纵向水平支撑的交叉斜杆均可按拉杆设计，并取相同的截面面积。

3 8、9度时，支承跨度大于24m的屋盖横梁的托架以及设备荷重较大的屋盖横梁，均应按本规范第5.3节计算其竖向地震作用。

9.2.10 柱间X形支撑、V形或Λ形支撑应考虑拉压杆共同作用，其地震作用及验算可按本规范附录K第K.2节的规定按拉杆计算，并计及相交受压杆的影响，但压杆卸载系数宜改取0.30。

交叉支撑端部的连接，对单角钢支撑应计入强度折减，8、9度时不得采用单面偏心连接；交叉支撑有一杆中断时，交叉节点板应予以加强，其承载力不小于1.1倍杆件承载力。

支撑杆件的截面应力比，不宜大于0.75。

9.2.11 厂房结构构件连接的承载力计算，应符合下列规定：

1 框架上柱的拼接位置应选择弯矩较小区域，其承载力不应小于按上柱两端呈全截面塑性屈服状态计算的拼接处的内力，且不得小于柱全截面受拉屈服承载力的0.5倍。

2 刚接框架屋盖横梁的拼接，当位于横梁最大应力区以外时，宜按与被拼接截面等强度设计。

3 实腹屋面梁与柱的刚性连接、梁端梁与梁的拼接，应采用地震组合内力进行弹性阶段设计。梁柱刚性连接、梁与梁拼接的极限受弯承载力应符合下列要求：

1）一般情况，可按本规范第8.2.8条钢结构梁柱刚接、梁与梁拼接的规定考虑连接系数进行验算。其中，当最大应力区在上柱时，全塑性受弯承载力应取实腹梁、上柱二者的较小值；

2）当屋面梁采用钢结构弹性设计阶段的板件宽厚比时，梁柱刚性连接和梁与梁拼接，应能可靠传递设防烈度地震组合内力或按本款1项验算。

刚接框架的屋架上弦与柱相连的连接板，在设防地震下不宜出现塑性变形。

4 柱间支撑与构件的连接，不应小于支撑杆件塑性承载力的1.2倍。

（Ⅲ）抗震构造措施

9.2.12 厂房的屋盖支撑，应符合下列要求：

1 无檩屋盖的支撑布置，宜符合表9.2.12-1的要求。

表9.2.12-1 无檩屋盖的支撑系统布置

支撑名称		烈度 6、7	烈度 8	烈度 9
屋架支撑	上、下弦横向支撑	屋架跨度小于18m时同非抗震设计；屋架跨度不小于18m时，在厂房单元端开间各设一道	厂房单元端开间及上柱支撑开间各设一道；天窗开洞范围的两端各增设局部上弦支撑一道；当屋架端部支承在屋架上弦时，其下弦横向支撑同非抗震设计	
屋架支撑	上弦通长水平系杆	同非抗震设计	在屋脊处、天窗架竖向支撑处、横向支撑节点处和屋架两端处设置	
屋架支撑	下弦通长水平系杆		屋架竖向支撑节点处设置；当屋架与柱刚接时，在屋架端节间处按控制下弦平面外长细比不大于150设置	
屋架支撑 竖向支撑	屋架跨度小于30m		厂房单元两端开间及上柱支撑各开间屋架端部各设一道	同8度，且每隔42m在屋架端部设置
屋架支撑 竖向支撑	屋架跨度大于等于30m		厂房单元的端开间，屋架1/3跨度处和上柱支撑开间内的屋架端部设置，并与上、下弦横向支撑相对应	同8度，且每隔36m在屋架端部设置

续表 9.2.12-1

<table>
<tr><th colspan="2" rowspan="2">支撑名称</th><th colspan="3">烈　度</th></tr>
<tr><th>6、7</th><th>8</th><th>9</th></tr>
<tr><td colspan="2">上弦横向支撑</td><td>天窗架单元两端开间各设一道</td><td colspan="2">天窗架单元端开间及柱间支撑开间各设一道</td></tr>
<tr><td rowspan="2">纵向天窗架支撑</td><td>竖向支撑 跨　中</td><td>跨度不小于12m时设置，其道数与两侧相同</td><td colspan="2">跨度不小于9m时设置，其道数与两侧相同</td></tr>
<tr><td>竖向支撑 两　侧</td><td>天窗架单元端开间及每隔36m设置</td><td>天窗架单元端开间及每隔30m设置</td><td>天窗架单元端开间及每隔24m设置</td></tr>
</table>

2　有檩屋盖的支撑布置，宜符合表 9.2.12-2 的要求。

3　当轻型屋盖采用实腹屋面梁、柱刚性连接的刚架体系时，屋盖水平支撑可布置在屋面梁的上翼缘平面。屋面梁下翼缘应设置隅撑侧向支承，隅撑的另一端可与屋面檩条连接。屋盖横向支撑、纵向天窗架支撑的布置可参照表 9.2.12 的要求。

4　屋盖纵向水平支撑的布置，尚应符合下列规定：

1）当采用托架支承屋盖横梁的屋盖结构时，应沿厂房单元全长设置纵向水平支撑；

2）对于高低跨厂房，在低跨屋盖横梁端部支承处，应沿屋盖全长设置纵向水平支撑；

3）纵向柱列局部柱间采用托架支承屋盖横梁时，应沿托架的柱间及向其两侧至少各延伸一个柱间设置屋盖纵向水平支撑；

4）当设置沿结构单元全长的纵向水平支撑时，应与横向水平支撑形成封闭的水平支撑体系。多跨厂房屋盖纵向水平支撑的间距不宜超过两跨，不得超过三跨；高跨和低跨宜按各自的标高组成相对独立的封闭支撑体系。

5　支撑杆宜采用型钢；设置交叉支撑时，支撑杆的长细比限值可取 350。

表 9.2.12-2　有檩屋盖的支撑系统布置

<table>
<tr><th colspan="2" rowspan="2">支撑名称</th><th colspan="3">烈　度</th></tr>
<tr><th>6、7</th><th>8</th><th>9</th></tr>
<tr><td rowspan="2">屋架支撑</td><td>上弦横向支撑</td><td>厂房单元端开间及每隔60m各设一道</td><td>厂房单元端开间及上柱柱间支撑开间各设一道</td><td>同8度，且天窗开洞范围的两端各增设局部上弦横向支撑一道</td></tr>
<tr><td>下弦横向支撑</td><td colspan="3">同非抗震设计；当屋架端部支承在屋架下弦时，同上弦横向支撑</td></tr>
</table>

续表 9.2.12-2

<table>
<tr><th colspan="2" rowspan="2">支撑名称</th><th colspan="3">烈　度</th></tr>
<tr><th>6、7</th><th>8</th><th>9</th></tr>
<tr><td rowspan="3">屋架支撑</td><td>跨中竖向支撑</td><td colspan="2">同非抗震设计</td><td>屋架跨度大于等于30m时，跨中增设一道</td></tr>
<tr><td>两侧竖向支撑</td><td colspan="3">屋架端部高度大于900mm时，厂房单元端开间及柱间支撑开间各设一道</td></tr>
<tr><td>下弦通长水平系杆</td><td>同非抗震设计</td><td colspan="2">屋架两端和屋架竖向支撑处设置；与柱刚接时，屋架端节间处按控制下弦平面外长细比不大于150设置</td></tr>
<tr><td rowspan="2">纵向天窗架支撑</td><td>上弦横向支撑</td><td>天窗架单元两端开间各设一道</td><td>天窗架单元两端开间及每隔54m各设一道</td><td>天窗架单元两端开间及每隔48m各设一道</td></tr>
<tr><td>两侧竖向支撑</td><td>天窗架单元端开间及每隔42m各设一道</td><td>天窗架单元端开间及每隔36m各设一道</td><td>天窗架单元端开间及每隔24m各设一道</td></tr>
</table>

9.2.13　厂房框架柱的长细比，轴压比小于 0.2 时不宜大于 150；轴压比不小于 0.2 时，不宜大于 120 $\sqrt{235/f_{ay}}$。

9.2.14　厂房框架柱、梁的板件宽厚比，应符合下列要求：

1　重屋盖厂房，板件宽厚比限值可按本规范第 8.3.2 条的规定采用，7、8、9 度的抗震等级可分别按四、三、二级采用。

2　轻屋盖厂房，塑性耗能区板件宽厚比限值可根据其承载力的高低按性能目标确定。塑性耗能区外的板件宽厚比限值，可采用现行《钢结构设计规范》GB 50017 弹性设计阶段的板件宽厚比限值。

注：腹板的宽厚比，可通过设置纵向加劲肋减小。

9.2.15　柱间支撑应符合下列要求：

1　厂房单元的各纵向柱列，应在厂房单元中部布置一道下柱柱间支撑；当 7 度厂房单元长度大于 120m（采用轻型围护材料时为 150m）、8 度和 9 度厂房单元大于 90m（采用轻型围护材料时为 120m）时，应在厂房单元 1/3 区段内各布置一道下柱支撑；当柱距数不超过 5 个且厂房长度小于 60m 时，亦可在厂房单元的两端布置下柱支撑。上柱柱间支撑应布置在厂房单元两端和具有下柱支撑的柱间。

2　柱间支撑宜采用 X 形支撑，条件限制时也可采用 V 形、Λ 形及其他形式的支撑。X 形支撑斜杆与水平面的夹角、支撑斜杆交叉点的节点板厚度，应符合本规范第 9.1 节的规定。

3　柱间支撑杆件的长细比限值，应符合现行国家标准《钢结构设计规范》GB 50017 的规定。

4 柱间支撑宜采用整根型钢，当热轧型钢超过材料最大长度规格时，可采用拼接等强接长。

5 有条件时，可采用消能支撑。

9.2.16 柱脚应能可靠传递柱身承载力，宜采用埋入式、插入式或外包式柱脚，6、7 度时也可采用外露式柱脚。柱脚设计应符合下列要求：

1 实腹式钢柱采用埋入式、插入式柱脚的埋入深度，应由计算确定，且不得小于钢柱截面高度的 2.5 倍。

2 格构式柱采用插入式柱脚的埋入深度，应由计算确定，其最小插入深度不得小于单肢截面高度（或外径）的 2.5 倍，且不得小于柱总宽度的 0.5 倍。

3 采用外包式柱脚时，实腹 H 形截面柱的钢筋混凝土外包高度不宜小于 2.5 倍的钢结构截面高度，箱型截面柱或圆管截面柱的钢筋混凝土外包高度不宜小于 3.0 倍的钢结构截面高度或圆管截面直径。

4 当采用外露式柱脚时，柱脚承载力不宜小于柱截面塑性屈服承载力的 1.2 倍。柱脚锚栓不宜用以承受柱底水平剪力，柱底剪力应由钢底板与基础间的摩擦力或设置抗剪键及其他措施承担。柱脚锚栓应可靠锚固。

9.3 单层砖柱厂房

（Ⅰ）一般规定

9.3.1 本节适用于 6～8 度（0.20g）的烧结普通砖（黏土砖、页岩砖）、混凝土普通砖砌筑的砖柱（墙垛）承重的下列中小型单层工业厂房：

1 单跨和等高多跨且无桥式起重机。

2 跨度不大于 15m 且柱顶标高不大于 6.6m。

9.3.2 厂房的结构布置应符合下列要求，并宜符合本规范第 9.1.1 条的有关规定：

1 厂房两端均应设置砖承重山墙。

2 与柱等高并相连的纵横内隔墙宜采用砖抗震墙。

3 防震缝设置应符合下列规定：

1）轻型屋盖厂房，可不设防震缝；

2）钢筋混凝土屋盖厂房与贴建的建（构）筑物间宜设防震缝，防震缝的宽度可采用 50mm～70mm，防震缝处应设置双柱或双墙。

4 天窗不应通至厂房单元的端开间，天窗不应采用端砖壁承重。

注：本章轻型屋盖指木屋盖和轻钢屋架、压型钢板、瓦楞铁等屋面的屋盖。

9.3.3 厂房的结构体系，尚应符合下列要求：

1 厂房屋盖宜采用轻型屋盖。

2 6 度和 7 度时，可采用十字形截面的无筋砖柱；8 度时不应采用无筋砖柱。

3 厂房纵向的独立砖柱柱列，可在柱间设置与柱等高的抗震墙承受纵向地震作用；不设置抗震墙的独立砖柱柱顶，应设通长水平压杆。

4 纵、横向内隔墙宜采用抗震墙，非承重横隔墙和非整体砌筑且不到顶的纵向隔墙宜采用轻质墙；当采用非轻质墙时，应计及隔墙对柱及其与屋架（屋面梁）连接节点的附加地震剪力。独立的纵向和横向内隔墙应采取措施保证其平面外的稳定性，且顶部应设置现浇钢筋混凝土压顶梁。

（Ⅱ）计 算 要 点

9.3.4 按本节规定采取抗震构造措施的单层砖柱厂房，当符合下列条件之一时，可不进行横向或纵向截面抗震验算：

1 7 度（0.10g）Ⅰ、Ⅱ类场地，柱顶标高不超过 4.5m，且结构单元两端均有山墙的单跨及等高多跨砖柱厂房，可不进行横向和纵向抗震验算。

2 7 度（0.10g）Ⅰ、Ⅱ类场地，柱顶标高不超过 6.6m，两侧设有厚度不小于 240mm 且开洞截面面积不超过 50%的外纵墙，结构单元两端均有山墙的单跨厂房，可不进行纵向抗震验算。

9.3.5 厂房的横向抗震计算，可采用下列方法：

1 轻型屋盖厂房可按平面排架进行计算。

2 钢筋混凝土屋盖厂房和密铺望板的瓦木屋盖厂房可按平面排架进行计算并计及空间工作，按本规范附录 J 调整地震作用效应。

9.3.6 厂房的纵向抗震计算，可采用下列方法：

1 钢筋混凝土屋盖厂房宜采用振型分解反应谱法进行计算。

2 钢筋混凝土屋盖的等高多跨砖柱厂房，可按本规范附录 K 规定的修正刚度法进行计算。

3 纵墙对称布置的单跨厂房和轻型屋盖的多跨厂房，可采用柱列分片独立进行计算。

9.3.7 突出屋面天窗架的横向和纵向抗震计算应符合本规范第 9.1.9 条和第 9.1.10 条的规定。

9.3.8 偏心受压砖柱的抗震验算，应符合下列要求：

1 无筋砖柱地震组合轴向力设计值的偏心距，不宜超过 0.9 倍截面形心到轴向力所在方向截面边缘的距离；承载力抗震调整系数可采用 0.9。

2 组合砖柱的配筋应按计算确定，承载力抗震调整系数可采用 0.85。

（Ⅲ）抗震构造措施

9.3.9 钢屋架、压型钢板、瓦楞铁等轻型屋盖的支撑，可按本规范表 9.2.12-2 的规定设置，上、下弦横向支撑应布置在两端第二开间；木屋盖的支撑布置，宜符合表 9.3.9 的要求，支撑与屋架或天窗架应采用螺栓连接；木天窗架的边柱，宜采用通长木夹板或铁板并通过螺栓加强边柱与屋架上弦的连接。

表 9.3.9 木屋盖的支撑布置

支撑名称		烈度		
		6、7	8	
		各类屋盖	满铺望板	稀铺望板或无望板
屋架支撑	上弦横向支撑	同非抗震设计		屋架跨度大于6m时，房屋单元两端第二开间及每隔20m设一道
屋架支撑	下弦横向支撑	同非抗震设计		
	跨中竖向支撑	同非抗震设计		
天窗架支撑	天窗两侧竖向支撑	同非抗震设计	不宜设置天窗	
	上弦横向支撑			

9.3.10 檩条与山墙卧梁应可靠连接，搁置长度不应小于120mm，有条件时可采用檩条伸出山墙的屋面结构。

9.3.11 钢筋混凝土屋盖的构造措施，应符合本规范第9.1节的有关规定。

9.3.12 厂房柱顶标高处应沿房屋外墙及承重内墙设置现浇闭合圈梁，8度时还应沿墙高每隔3m～4m增设一道圈梁，圈梁的截面高度不应小于180mm，配筋不应少于4ϕ12；当地基为软弱黏性土、液化土、新近填土或严重不均匀土层时，尚应设置基础圈梁。当圈梁兼作门窗过梁或抵抗不均匀沉降影响时，其截面和配筋除满足抗震要求外，尚应根据实际受力计算确定。

9.3.13 山墙应沿屋面设置现浇钢筋混凝土卧梁，并应与屋盖构件锚拉；山墙壁柱的截面与配筋，不宜小于排架柱，壁柱应通到墙顶并与卧梁或屋盖构件连接。

9.3.14 屋架（屋面梁）与墙顶圈梁或柱顶垫块，应采用螺栓或焊接连接；柱顶垫块厚度不应小于240mm，并应配置两层直径不小于8mm间距不大于100mm的钢筋网；墙顶圈梁应与柱顶垫块整浇。

9.3.15 砖柱的构造应符合下列要求：

1 砖的强度等级不应低于MU10，砂浆的强度等级不应低于M5；组合砖柱中的混凝土强度等级不应低于C20。

2 砖柱的防潮层应采用防水砂浆。

9.3.16 钢筋混凝土屋盖的砖柱厂房，山墙开洞的水平截面面积不宜超过总截面面积的50%；8度时，应在山墙、横墙两端设置钢筋混凝土构造柱，构造柱的截面尺寸可采用240mm×240mm，竖向钢筋不应少于4ϕ12，箍筋可采用ϕ6，间距宜为250mm～300mm。

9.3.17 砖砌体墙的构造应符合下列要求：

1 8度时，钢筋混凝土无檩屋盖砖柱厂房，砖围护墙顶部宜沿墙长每隔1m埋入1ϕ8竖向钢筋，并插入顶部圈梁内。

2 7度且墙顶高度大于4.8m或8度时，不设置构造柱的外墙转角及承重内横墙与外纵墙交接处，应沿墙高每500mm配置2ϕ6钢筋，每边伸入墙内不小于1m。

3 出屋面女儿墙的抗震构造措施，应符合本规范第13.3节的有关规定。

10 空旷房屋和大跨屋盖建筑

10.1 单层空旷房屋

（Ⅰ）一般规定

10.1.1 本节适用于较空旷的单层大厅和附属房屋组成的公共建筑。

10.1.2 大厅、前厅、舞台之间，不宜设防震缝分开；大厅与两侧附属房屋之间可不设防震缝。但不设缝时应加强连接。

10.1.3 单层空旷房屋大厅屋盖的承重结构，在下列情况下不应采用砖柱：

1 7度（0.15g）、8度、9度时的大厅。

2 大厅内设有挑台。

3 7度（0.10g）时，大厅跨度大于12m或柱顶高度大于6m。

4 6度时，大厅跨度大于15m或柱顶高度大于8m。

10.1.4 单层空旷房屋大厅屋盖的承重结构，除本规范第10.1.3条规定者外，可在大厅纵墙屋架支点下增设钢筋混凝土-砖组合壁柱，不得采用无筋砖壁柱。

10.1.5 前厅结构布置应加强横向的侧向刚度，大门处壁柱和前厅内独立柱应采用钢筋混凝土柱。

10.1.6 前厅与大厅、大厅与舞台连接处的横墙，应加强侧向刚度，设置一定数量的钢筋混凝土抗震墙。

10.1.7 大厅部分其他要求可参照本规范第9章，附属房屋应符合本规范的有关规定。

（Ⅱ）计算要点

10.1.8 单层空旷房屋的抗震计算，可将房屋划分为前厅、舞台、大厅和附属房屋等若干独立结构，按本规范有关规定执行，但应计及相互影响。

10.1.9 单层空旷房屋的抗震计算，可采用底部剪力法，地震影响系数可取最大值。

10.1.10 大厅的纵向水平地震作用标准值，可按下式计算：

$$F_{Ek} = \alpha_{max} G_{eq} \quad (10.1.10)$$

式中：F_{Ek}——大厅一侧纵墙或柱列的纵向水平地震作用标准值；

G_{eq}——等效重力荷载代表值。包括大厅屋盖和毗连附属房屋屋盖各一半的自重和50%雪荷载标准值，及一侧纵墙或柱列的折算自重。

10.1.11 大厅的横向抗震计算，宜符合下列原则：

1 两侧无附属房屋的大厅，有挑台部分和无挑台部分可各取一个典型开间计算；符合本规范第9章规定时，尚可计及空间工作。

2 两侧有附属房屋时，应根据附属房屋的结构类型，选择适当的计算方法。

10.1.12 8度和9度时，高大山墙的壁柱应进行平面外的截面抗震验算。

（Ⅲ）抗震构造措施

10.1.13 大厅的屋盖构造，应符合本规范第9章的规定。

10.1.14 大厅的钢筋混凝土柱和组合砖柱应符合下列要求：

1 组合砖柱纵向钢筋的上端应锚入屋架底部的钢筋混凝土圈梁内。组合砖柱的纵向钢筋，除按计算确定外，6度Ⅲ、Ⅳ类场地和7度（0.10g）Ⅰ、Ⅱ类场地每侧不应少于4ϕ14；7度（0.10g）Ⅲ、Ⅳ类场地每侧不应少于4ϕ16。

2 钢筋混凝土柱应按抗震等级不低于二级的框架柱设计，其配筋量应按计算确定。

10.1.15 前厅与大厅，大厅与舞台间轴线上横墙，应符合下列要求：

1 应在横墙两端，纵向梁支点及大洞口两侧设置钢筋混凝土框架柱或构造柱。

2 嵌砌在框架柱间的横墙应有部分设计成抗震等级不低于二级的钢筋混凝土抗震墙。

3 舞台口的柱和梁应采用钢筋混凝土结构，舞台口大梁上承重砌体墙应设置间距不大于4m的立柱和间距不大于3m的圈梁，立柱、圈梁的截面尺寸、配筋及与周围砌体的拉结应符合多层砌体房屋的要求。

4 9度时，舞台口大梁上的墙体应采用轻质隔墙。

10.1.16 大厅柱（墙）顶标高处应设置现浇圈梁，并宜沿墙高每隔3m左右增设一道圈梁。梯形屋架端部高度大于900mm时还应在上弦标高处增设一道圈梁。圈梁的截面高度不宜小于180mm，宽度宜与墙厚相同，纵筋不应少于4ϕ12，箍筋间距不宜大于200mm。

10.1.17 大厅与两侧附属房屋间不设防震缝时，应在同一标高处设置封闭圈梁并在交接处拉通，墙体交接处应沿墙高每隔400mm在水平灰缝内设置拉结钢筋网片，且每边伸入墙内不宜小于1m。

10.1.18 悬挑式挑台应有可靠的锚固和防止倾覆的措施。

10.1.19 山墙应沿屋面设置钢筋混凝土卧梁，并应与屋盖构件锚拉；山墙应设置钢筋混凝土柱或组合柱，其截面和配筋分别不宜小于排架柱或纵墙组合柱，并应通到山墙的顶端与卧梁连接。

10.1.20 舞台后墙，大厅与前厅交接处的高大山墙，应利用工作平台或楼层作为水平支撑。

10.2 大跨屋盖建筑

（Ⅰ）一 般 规 定

10.2.1 本节适用于采用拱、平面桁架、立体桁架、网架、网壳、张弦梁、弦支穹顶等基本形式及其组合而成的大跨度钢屋盖建筑。

采用非常用形式以及跨度大于120m、结构单元长度大于300m或悬挑长度大于40m的大跨钢屋盖建筑的抗震设计，应进行专门研究和论证，采取有效的加强措施。

10.2.2 屋盖及其支承结构的选型和布置，应符合下列各项要求：

1 应能将屋盖的地震作用有效地传递到下部支承结构。

2 应具有合理的刚度和承载力分布，屋盖及其支承的布置宜均匀对称。

3 宜优先采用两个水平方向刚度均衡的空间传力体系。

4 结构布置宜避免因局部削弱或突变形成薄弱部位，产生过大的内力、变形集中。对于可能出现的薄弱部位，应采取措施提高其抗震能力。

5 宜采用轻型屋面系统。

6 下部支承结构应合理布置，避免使屋盖产生过大的地震扭转效应。

10.2.3 屋盖体系的结构布置，尚应分别符合下列要求：

1 单向传力体系的结构布置，应符合下列规定：

1）主结构（桁架、拱、张弦梁）间应设置可靠的支撑，保证垂直于主结构方向的水平地震作用的有效传递；

2）当桁架支座采用下弦节点支承时，应在支座间设置纵向桁架或采取其他可靠措施，防止桁架在支座处发生平面外扭转。

2 空间传力体系的结构布置，应符合下列规定：

1）平面形状为矩形且三边支承一边开口的结构，其开口边应加强，保证足够的刚度；

2）两向正交正放网架、双向张弦梁，应沿周边支座设置封闭的水平支撑；

3）单层网壳应采用刚接节点。

注：单向传力体系指平面拱、单向平面桁架、单向立体桁架、单向张弦梁等结构形式；空间传力体系指网架、网壳、双向立体桁架、双向张弦梁和弦支穹顶等结构形式。

10.2.4 当屋盖分区域采用不同的结构形式时，交界区域的杆件和节点应加强；也可设置防震缝，缝宽不宜小于150mm。

10.2.5 屋面围护系统、吊顶及悬吊物等非结构构件应与结构可靠连接，其抗震措施应符合本规范第13章的有关规定。

（Ⅱ）计算要点

10.2.6 下列屋盖结构可不进行地震作用计算，但应符合本节有关的抗震措施要求：

1 7度时，矢跨比小于1/5的单向平面桁架和单向立体桁架结构可不进行沿桁架的水平向以及竖向地震作用计算。

2 7度时，网架结构可不进行地震作用计算。

10.2.7 屋盖结构抗震分析的计算模型，应符合下列要求：

1 应合理确定计算模型，屋盖与主要支承部位的连接假定应与构造相符。

2 计算模型应计入屋盖结构与下部结构的协同作用。

3 单向传力体系支撑构件的地震作用，宜按屋盖结构整体模型计算。

4 张弦梁和弦支穹顶的地震作用计算模型，宜计入几何刚度的影响。

10.2.8 屋盖钢结构和下部支承结构协同分析时，阻尼比应符合下列规定：

1 当下部支承结构为钢结构或屋盖直接支承在地面时，阻尼比可取0.02。

2 当下部支承结构为混凝土结构时，阻尼比可取0.025～0.035。

10.2.9 屋盖结构的水平地震作用计算，应符合下列要求：

1 对于单向传力体系，可取主结构方向和垂直主结构方向分别计算水平地震作用。

2 对于空间传力体系，应至少取两个主轴方向同时计算水平地震作用；对于有两个以上主轴或质量、刚度明显不对称的屋盖结构，应增加水平地震作用的计算方向。

10.2.10 一般情况，屋盖结构的多遇地震作用计算可采用振型分解反应谱法；体型复杂或跨度较大的结构，也可采用多向地震反应谱法或时程分析法进行补充计算。对于周边支承或周边支承和多点支承相结合、且规则的网架、平面桁架和立体桁架结构，其竖向地震作用可按本规范第5.3.2条规定进行简化计算。

10.2.11 屋盖结构构件的地震作用效应的组合应符合下列要求：

1 单向传力体系，主结构构件的验算可取主结构方向的水平地震效应和竖向地震效应的组合、主结构间支撑构件的验算可仅计入垂直于主结构方向的水平地震效应。

2 一般结构，应进行三向地震作用效应的组合。

10.2.12 大跨屋盖结构在重力荷载代表值和多遇竖向地震作用标准值下的组合挠度值不宜超过表10.2.12的限值。

表10.2.12 大跨屋盖结构的挠度限值

结构体系	屋盖结构（短向跨度 l_1）	悬挑结构（悬挑跨度 l_2）
平面桁架、立体桁架、网架、张弦梁	$l_1/250$	$l_2/125$
拱、单层网壳	$l_1/400$	—
双层网壳、弦支穹顶	$l_1/300$	$l_2/150$

10.2.13 屋盖构件截面抗震验算除应符合本规范第5.4节的有关规定外，尚应符合下列要求：

1 关键杆件的地震组合内力设计值应乘以增大系数；其取值，7、8、9度宜分别按1.1、1.15、1.2采用。

2 关键节点的地震作用效应组合设计值应乘以增大系数；其取值，7、8、9度宜分别按1.15、1.2、1.25采用。

3 预张拉结构中的拉索，在多遇地震作用下应不出现松弛。

注：对于空间传力体系，关键杆件指临支座杆件，即：临支座2个区（网）格内的弦、腹杆；临支座1/10跨度范围内的弦、腹杆，两者取较小的范围。对于单向传力体系，关键杆件指与支座直接相临节间的弦杆和腹杆。关键节点为与关键杆件连接的节点。

（Ⅲ）抗震构造措施

10.2.14 屋盖钢杆件的长细比，宜符合表10.2.14的规定：

表10.2.14 钢杆件的长细比限值

杆件类型	受拉	受压	压弯	拉弯
一般杆件	250	180	150	250
关键杆件	200	150(120)	150(120)	200

注：1 括号内数值用于8、9度；

2 表列数据不适用于拉索等柔性构件。

10.2.15 屋盖构件节点的抗震构造，应符合下列要求：

1 采用节点板连接各杆件时，节点板的厚度不宜小于连接杆件最大壁厚的1.2倍。

2 采用相贯节点时，应将内力较大方向的杆件直通。直通杆件的壁厚不应小于焊于其上各杆件的壁厚。

3 采用焊接球节点时，球体的壁厚不应小于相连杆件最大壁厚的1.3倍。

4 杆件宜相交于节点中心。

10.2.16 支座的抗震构造应符合下列要求：

1 应具有足够的强度和刚度，在荷载作用下不应先于杆件和其他节点破坏，也不得产生不可忽略的变形。支座节点构造形式应传力可靠、连接简单，并符合计算假定。

2 对于水平可滑动的支座，应保证屋盖在罕遇地震下的滑移不超出支承面，并应采取限位措施。

3 8、9度时，多遇地震下只承受竖向压力的支座，宜采用拉压型构造。

10.2.17 屋盖结构采用隔震及减震支座时，其性能参数、耐久性及相关构造应符合本规范第12章的有关规定。

11 土、木、石结构房屋

11.1 一般规定

11.1.1 土、木、石结构房屋的建筑、结构布置应符合下列要求：

1 房屋的平面布置应避免拐角或突出。

2 纵横向承重墙的布置宜均匀对称，在平面内宜对齐，沿竖向应上下连续；在同一轴线上，窗间墙的宽度宜均匀。

3 多层房屋的楼层不应错层，不应采用板式单边悬挑楼梯。

4 不应在同一高度内采用不同材料的承重构件。

5 屋檐外挑梁上不得砌筑砌体。

11.1.2 木楼、屋盖房屋应在下列部位采取拉结措施：

1 两端开间屋架和中间隔开间屋架应设置竖向剪刀撑；

2 在屋檐高度处应设置纵向通长水平系杆，系杆应采用墙揽与各道横墙连接或与木梁、屋架下弦连接牢固；纵向水平系杆端部宜采用木夹板对接，墙揽可采用方木、角铁等材料；

3 山墙、山尖墙应采用墙揽与木屋架、木构架或檩条拉结；

4 内隔墙墙顶应与梁或屋架下弦拉结。

11.1.3 木楼、屋盖构件的支承长度应不小于表11.1.3的规定：

表 11.1.3 木楼、屋盖构件的最小支承长度（mm）

构件名称	木屋架、木梁	对接木龙骨、木檩条		搭接木龙骨、木檩条
位置	墙上	屋架上	墙上	屋架上、墙上
支承长度与连接方式	240（木垫板）	60（木夹板与螺栓）	120（木夹板与螺栓）	满搭

11.1.4 门窗洞口过梁的支承长度，6～8度时不应小于240mm，9度时不应小于360mm。

11.1.5 当采用冷摊瓦屋面时，底瓦的弧边两角宜设置钉孔，可采用铁钉与椽条钉牢；盖瓦与底瓦宜采用石灰或水泥砂浆压垄等做法与底瓦粘结牢固。

11.1.6 土木石房屋突出屋面的烟囱、女儿墙等易倒塌构件的出屋面高度，6、7度时不应大于600mm；8度（0.20g）时不应大于500mm；8度（0.30g）和9度时不应大于400mm。并应采取拉结措施。

注：坡屋面上的烟囱高度由烟囱的根部上沿算起。

11.1.7 土木石房屋的结构材料应符合下列要求：

1 木构件应选用干燥、纹理直、节疤少、无腐朽的木材。

2 生土墙体土料应选用杂质少的黏性土。

3 石材应质地坚实，无风化、剥落和裂纹。

11.1.8 土木石房屋的施工应符合下列要求：

1 HPB300钢筋端头应设置180°弯钩。

2 外露铁件应做防锈处理。

11.2 生土房屋

11.2.1 本节适用于6度、7度（0.10g）未经焙烧的土坯、灰土和夯土承重墙体的房屋及土窑洞、土拱房。

注：1 灰土墙指掺石灰（或其他粘结材料）的土筑墙和掺石灰土坯墙；

2 土窑洞指未经扰动的原土中开挖而成的崖窑。

11.2.2 生土房屋的高度和承重横墙墙间距应符合下列要求：

1 生土房屋宜建单层，灰土墙房屋可建二层，但总高度不应超过6m。

2 单层生土房屋的檐口高度不宜大于2.5m。

3 单层生土房屋的承重横墙间距不宜大于3.2m。

4 窑洞净跨不宜大于2.5m。

11.2.3 生土房屋的屋盖应符合下列要求：

1 应采用轻屋面材料。

2 硬山搁檩房屋宜采用双坡屋面或弧形屋面，檩条支承处应设垫木；端檩应出檐，内墙上檩条应满搭或采用夹板对接和燕尾榫加扒钉连接。

3 木屋盖各构件应采用圆钉、扒钉、钢丝等相互连接。

4 木屋架、木梁在外墙上宜满搭，支承处应设置木圈梁或木垫板；木垫板的长度、宽度和厚度分别不宜小于500mm、370mm和60mm；木垫板下应铺设砂浆垫层或黏土石灰浆垫层。

11.2.4 生土房屋的承重墙体应符合下列要求：

1 承重墙体门窗洞口的宽度，6、7度时不应大于1.5m。

2 门窗洞口宜采用木过梁；当过梁由多根木杆组成时，宜采用木板、扒钉、铅丝等将各根木杆连接成整体。

3 内外墙体应同时分层交错夯筑或咬砌。外墙四角和内外墙交接处，应沿墙高每隔500mm左右放置一层竹筋、木条、荆条等编织的拉结网片，每边伸入墙体应不小于1000mm或至门窗洞边，拉结网片在相交处应绑扎；或采取其他加强整体性的措施。

11.2.5 各类生土房屋的地基应夯实，应采用毛石、片石、凿开的卵石或普通砖基础，基础墙应采用混合砂浆或水泥砂浆砌筑。外墙宜做墙裙防潮处理（墙脚宜设防潮层）。

11.2.6 土坯宜采用黏性土湿法成型并宜掺入草苇等拉结材料；土坯应卧砌并宜采用黏土浆或黏土石灰浆砌筑。

11.2.7 灰土墙房屋应每层设置圈梁，并在横墙上拉通；内纵墙顶面宜在山尖墙两侧增砌踏步式墙垛。

11.2.8 土拱房应多跨连接布置，各拱脚均应支承在稳固的崖体上或支承在人工土墙上；拱圈厚度宜为300mm～400mm，应支模砌筑，不应后倾贴砌；外侧支承墙和拱圈上不应布置门窗。

11.2.9 土窑洞应避开易产生滑坡、山崩的地段；开挖窑洞的崖体应土质密实、土体稳定、坡度较平缓、无明显的竖向节理；崖窑前不宜接砌土坯或其他材料的前脸；不宜开挖层窑，否则应保持足够的间距，且上、下不宜对齐。

11.3 木结构房屋

11.3.1 本节适用于6～9度的穿斗木构架、木柱木屋架和木柱木梁等房屋。

11.3.2 木结构房屋不应采用木柱与砖柱或砖墙等混合承重；山墙应设置端屋架（木梁），不得采用硬山搁檩。

11.3.3 木结构房屋的高度应符合下列要求：

1 木柱木屋架和穿斗木构架房屋，6～8度时不宜超过二层，总高度不宜超过6m；9度时宜建单层，高度不应超过3.3m。

2 木柱木梁房屋宜建单层，高度不宜超过3m。

11.3.4 礼堂、剧院、粮仓等较大跨度的空旷房屋，宜采用四柱落地的三跨木排架。

11.3.5 木屋架屋盖的支撑布置，应符合本规范第9.3节有关规定的要求，但房屋两端的屋架支撑，应设置在端开间。

11.3.6 木柱木屋架和木柱木梁房屋应在木柱与屋架（或梁）间设置斜撑；横隔墙较多的居住房屋应在非抗震隔墙内设斜撑；斜撑宜采用木夹板，并应通到屋架的上弦。

11.3.7 穿斗木构架房屋的横向和纵向均应在木柱的上、下柱端和楼层下部设置穿枋，并应在每一纵向柱列间设置1～2道剪刀撑或斜撑。

11.3.8 木结构房屋的构件连接，应符合下列要求：

1 柱顶应有暗榫插入屋架下弦，并用U形铁件连接；8、9度时，柱脚应采用铁件或其他措施与基础锚固。柱础埋入地面以下的深度不应小于200mm。

2 斜撑和屋盖支撑结构，均应采用螺栓与主体构件相连接；除穿斗木构件外，其他木构件宜采用螺栓连接。

3 椽与檩的搭接处应满钉，以增强屋盖的整体性。木构架中，宜在柱檐口以上沿房屋纵向设置竖向剪刀撑等措施，以增强纵向稳定性。

11.3.9 木构件应符合下列要求：

1 木柱的梢径不宜小于150mm；应避免在柱的同一高度处纵横向同时开槽，且在柱的同一截面开槽面积不应超过截面总面积的1/2。

2 柱子不能有接头。

3 穿枋应贯通木构架各柱。

11.3.10 围护墙应符合下列要求：

1 围护墙与木柱的拉结应符合下列要求：

1）沿墙高每隔500mm左右，应采用8号钢丝将墙体内的水平拉结筋或拉结网片与木柱拉结；

2）配筋砖圈梁、配筋砂浆带与木柱应采用$\phi 6$钢筋或8号钢丝拉结。

2 土坯砌筑的围护墙，洞口宽度应符合本规范第11.2节的要求。砖等砌筑的围护墙，横墙和内纵墙上的洞口宽度不宜大于1.5m，外纵墙上的洞口宽度不宜大于1.8m或开间尺寸的一半。

3 土坯、砖等砌筑的围护墙不应将木柱完全包裹，应贴砌在木柱外侧。

11.4 石结构房屋

11.4.1 本节适用于6～8度，砂浆砌筑的料石砌体（包括有垫片或无垫片）承重的房屋。

11.4.2 多层石砌体房屋的总高度和层数不应超过表11.4.2的规定。

表 11.4.2 多层石砌体房屋总高度（m）和层数限值

墙体类别	烈度					
	6		7		8	
	高度	层数	高度	层数	高度	层数
细、半细料石砌体（无垫片）	16	五	13	四	10	三
粗料石及毛料石砌体（有垫片）	13	四	10	三	7	二

注：1 房屋总高度的计算同本规范表 7.1.2 注。
2 横墙较少的房屋，总高度应降低 3m，层数相应减少一层。

11.4.3 多层石砌体房屋的层高不宜超过 3m。

11.4.4 多层石砌体房屋的抗震横墙间距，不应超过表 11.4.4 的规定。

表 11.4.4 多层石砌体房屋的抗震横墙间距（m）

楼、屋盖类型	烈度		
	6	7	8
现浇及装配整体式钢筋混凝土	10	10	7
装配式钢筋混凝土	7	7	4

11.4.5 多层石砌体房屋，宜采用现浇或装配整体式钢筋混凝土楼、屋盖。

11.4.6 石墙的截面抗震验算，可参照本规范第 7.2 节；其抗剪强度应根据试验数据确定。

11.4.7 多层石砌体房屋应在外墙四角、楼梯间四角和每开间的内外墙交接处设置钢筋混凝土构造柱。

11.4.8 抗震横墙洞口的水平截面面积，不应大于全截面面积的 1/3。

11.4.9 每层的纵横墙均应设置圈梁，其截面高度不应小于 120mm，宽度宜与墙厚相同，纵向钢筋不应小于 4ϕ10，箍筋间距不宜大于 200mm。

11.4.10 无构造柱的纵横墙交接处，应采用条石无垫片砌筑，且应沿墙高每隔 500mm 设置拉结钢筋网片，每边每侧伸入墙内不宜小于 1m。

11.4.11 不应采用石板作为承重构件。

11.4.12 其他有关抗震构造措施要求，参照本规范第 7 章的相关规定。

12 隔震和消能减震设计

12.1 一般规定

12.1.1 本章适用于设置隔震层以隔离水平地震动的房屋隔震设计，以及设置消能部件吸收与消耗地震能量的房屋消能减震设计。

采用隔震和消能减震设计的建筑结构，应符合本规范第 3.8.1 条的规定，其抗震设防目标应符合本规范第 3.8.2 条的规定。

注：1 本章隔震设计指在房屋基础、底部或下部结构与上部结构之间设置由橡胶隔震支座和阻尼装置等部件组成具有整体复位功能的隔震层，以延长整个结构体系的自振周期，减少输入上部结构的水平地震作用，达到预期防震要求。
2 消能减震设计指在房屋结构中设置消能器，通过消能器的相对变形和相对速度提供附加阻尼，以消耗输入结构的地震能量，达到预期防震减震要求。

12.1.2 建筑结构隔震设计和消能减震设计确定设计方案时，除应符合本规范第 3.5.1 条的规定外，尚应与采用抗震设计的方案进行对比分析。

12.1.3 建筑结构采用隔震设计时应符合下列各项要求：

1 结构高宽比宜小于 4，且不应大于相关规范规程对非隔震结构的具体规定，其变形特征接近剪切变形，最大高度应满足本规范非隔震结构的要求；高宽比大于 4 或非隔震结构相关规定的结构采用隔震设计时，应进行专门研究。

2 建筑场地宜为Ⅰ、Ⅱ、Ⅲ类，并应选用稳定性较好的基础类型。

3 风荷载和其他非地震作用的水平荷载标准值产生的总水平力不宜超过结构总重力的 10%。

4 隔震层应提供必要的竖向承载力、侧向刚度和阻尼；穿过隔震层的设备配管、配线，应采用柔性连接或其他有效措施以适应隔震层的罕遇地震水平位移。

12.1.4 消能减震设计可用于钢、钢筋混凝土、钢-混凝土混合等结构类型的房屋。

消能部件应对结构提供足够的附加阻尼，尚应根据其结构类型分别符合本规范相应章节的设计要求。

12.1.5 隔震和消能减震设计时，隔震装置和消能部件应符合下列要求：

1 隔震装置和消能部件的性能参数应经试验确定。

2 隔震装置和消能部件的设置部位，应采取便于检查和替换的措施。

3 设计文件上应注明对隔震装置和消能部件的性能要求，安装前应按规定进行检测，确保性能符合要求。

12.1.6 建筑结构的隔震设计和消能减震设计，尚应符合相关专门标准的规定；也可按抗震性能目标的要求进行性能化设计。

12.2 房屋隔震设计要点

12.2.1 隔震设计应根据预期的竖向承载力、水平向减震系数和位移控制要求，选择适当的隔震装置及抗风装置组成结构的隔震层。

隔震支座应进行竖向承载力的验算和罕遇地震下水平位移的验算。

隔震层以上结构的水平地震作用应根据水平向减

震系数确定；其竖向地震作用标准值，8 度（0.20g）、8 度（0.30g）和 9 度时分别不应小于隔震层以上结构总重力荷载代表值的 20%、30%和 40%。

12.2.2 建筑结构隔震设计的计算分析，应符合下列规定：

1 隔震体系的计算简图，应增加由隔震支座及其顶部梁板组成的质点；对变形特征为剪切型的结构可采用剪切模型（图 12.2.2）；当隔震层以上结构的质心与隔震层刚度中心不重合时，应计入扭转效应的影响。隔震层顶部的梁板结构，应作为其上部结构的一部分进行计算和设计。

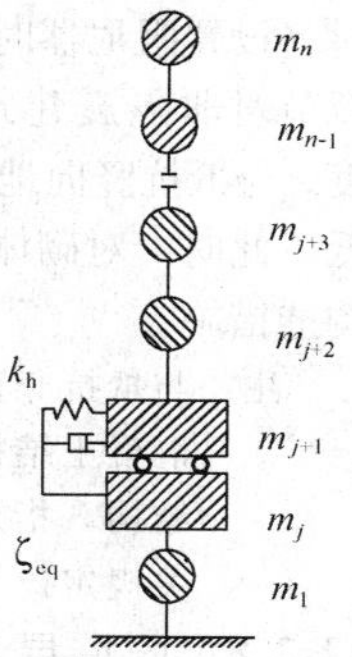

图 12.2.2 隔震结构计算简图

2 一般情况下，宜采用时程分析法进行计算；输入地震波的反应谱特性和数量，应符合本规范第 5.1.2 条的规定，计算结果宜取其包络值；当处于发震断层 10km 以内时，输入地震波应考虑近场影响系数，5km 以内宜取 1.5，5km 以外可取不小于 1.25。

3 砌体结构及基本周期与其相当的结构可按本规范附录 L 简化计算。

12.2.3 隔震层的橡胶隔震支座应符合下列要求：

1 隔震支座在表 12.2.3 所列的压应力下的极限水平变位，应大于其有效直径的 0.55 倍和支座内部橡胶总厚度 3 倍二者的较大值。

2 在经历相应设计基准期的耐久试验后，隔震支座刚度、阻尼特性变化不超过初期值的±20%；徐变量不超过支座内部橡胶总厚度的 5%。

3 橡胶隔震支座在重力荷载代表值的竖向压应力不应超过表 12.2.3 的规定。

表 12.2.3 橡胶隔震支座压应力限值

建筑类别	甲类建筑	乙类建筑	丙类建筑
压应力限值（MPa）	10	12	15

注：1 压应力设计值应按永久荷载和可变荷载的组合计算；其中，楼面活荷载应按现行国家标准《建筑结构荷载规范》GB 50009 的规定乘以折减系数；

2 结构倾覆验算时应包括水平地震作用效应组合；对需进行竖向地震作用计算的结构，尚应包括竖向地震作用效应组合；

3 当橡胶支座的第二形状系数（有效直径与橡胶层总厚度之比）小于 5.0 时应降低压应力限值：小于 5 不小于 4 时降低 20%，小于 4 不小于 3 时降低 40%；

4 外径小于 300mm 的橡胶支座，丙类建筑的压应力限值为 10MPa。

12.2.4 隔震层的布置、竖向承载力、侧向刚度和阻尼应符合下列规定：

1 隔震层宜设置在结构的底部或下部，其橡胶隔震支座应设置在受力较大的位置，间距不宜过大，其规格、数量和分布应根据竖向承载力、侧向刚度和阻尼的要求通过计算确定。隔震层在罕遇地震下应保持稳定，不宜出现不可恢复的变形；其橡胶支座在罕遇地震的水平和竖向地震同时作用下，拉应力不应大于 1MPa。

2 隔震层的水平等效刚度和等效黏滞阻尼比可按下列公式计算：

$$K_h = \sum K_j \tag{12.2.4-1}$$

$$\zeta_{eq} = \sum K_j \zeta_j / K_h \tag{12.2.4-2}$$

式中：ζ_{eq}——隔震层等效黏滞阻尼比；

K_h——隔震层水平等效刚度；

ζ_j——j 隔震支座由试验确定的等效黏滞阻尼比，设置阻尼装置时，应包相应阻尼比；

K_j——j 隔震支座（含消能器）由试验确定的水平等效刚度。

3 隔震支座由试验确定设计参数时，竖向荷载应保持本规范表 12.2.3 的压应力限值；对水平向减震系数计算，应取剪切变形 100%的等效刚度和等效黏滞阻尼比；对罕遇地震验算，宜采用剪切变形 250%时的等效刚度和等效黏滞阻尼比，当隔震支座直径较大时可采用剪切变形 100%时的等效刚度和等效黏滞阻尼比。当采用时程分析时，应以试验所得滞回曲线作为计算依据。

12.2.5 隔震层以上结构的地震作用计算，应符合下列规定：

1 对多层结构，水平地震作用沿高度可按重力荷载代表值分布。

2 隔震后水平地震作用计算的水平地震影响系数可按本规范第 5.1.4、第 5.1.5 条确定。其中，水平地震影响系数最大值可按下式计算：

$$\alpha_{max1} = \beta \alpha_{max} / \psi \tag{12.2.5}$$

式中：α_{max1}——隔震后的水平地震影响系数最大值；

α_{max}——非隔震的水平地震影响系数最大值，按本规范第 5.1.4 条采用；

β——水平向减震系数；对于多层建筑，为按弹性计算所得的隔震与非隔震各层层间剪力的最大比值。对高层建筑结构，尚应计算隔震与非隔震各层倾覆力矩的最大比值，并与层间剪力的最大比值相比较，取二者的较大值；

ψ——调整系数；一般橡胶支座，取 0.80；支座剪切性能偏差为 S-A 类，取 0.85；隔震装置带有阻尼器时，相应减少 0.05。

注：1 弹性计算时，简化计算和反应谱分析时宜按隔震支座水平剪切应变为 100%时的性能参数进行计算；当采用时程分析法时按设计基本地震加

速度输入进行计算；

2 支座剪切性能偏差按现行国家产品标准《橡胶支座 第3部分：建筑隔震橡胶支座》GB 20688.3 确定。

3 隔震层以上结构的总水平地震作用不得低于非隔震结构在6度设防时的总水平地震作用，并应进行抗震验算；各楼层的水平地震剪力尚应符合本规范第5.2.5条对本地区设防烈度的最小地震剪力系数的规定。

4 9度时和8度且水平向减震系数不大于0.3时，隔震层以上的结构应进行竖向地震作用的计算。隔震层以上结构竖向地震作用标准值计算时，各楼层可视为质点，并按本规范式（5.3.1-2）计算竖向地震作用标准值沿高度的分布。

12.2.6 隔震支座的水平剪力应根据隔震层在罕遇地震下的水平剪力按各隔震支座的水平等效刚度分配；当按扭转耦联计算时，尚应计及隔震层的扭转刚度。

隔震支座对应于罕遇地震水平剪力的水平位移，应符合下列要求：

$$u_i \leqslant [u_i] \quad (12.2.6\text{-}1)$$

$$u_i = \eta_i u_c \quad (12.2.6\text{-}2)$$

式中：u_i ——罕遇地震作用下，第 i 个隔震支座考虑扭转的水平位移；

$[u_i]$ ——第 i 个隔震支座的水平位移限值；对橡胶隔震支座，不应超过该支座有效直径的0.55倍和支座内部橡胶总厚度3.0倍二者的较小值；

u_c ——罕遇地震下隔震层质心处或不考虑扭转的水平位移；

η_i ——第 i 个隔震支座的扭转影响系数，应取考虑扭转和不考虑扭转时 i 支座计算位移的比值；当隔震层以上结构的质心与隔震层刚度中心在两个主轴方向均无偏心时，边支座的扭转影响系数不应小于1.15。

12.2.7 隔震结构的隔震措施，应符合下列规定：

1 隔震结构应采取不阻碍隔震层在罕遇地震下发生大变形的下列措施：

1） 上部结构的周边应设置竖向隔离缝，缝宽不宜小于各隔震支座在罕遇地震下的最大水平位移值的1.2倍且不小于200mm。对两相邻隔震结构，其缝宽取最大水平位移值之和，且不小于400mm。

2） 上部结构与下部结构之间，应设置完全贯通的水平隔离缝，缝高可取20mm，并用柔性材料填充；当设置水平隔离缝确有困难时，应设置可靠的水平滑移垫层。

3） 穿越隔震层的门廊、楼梯、电梯、车道等部位，应防止可能的碰撞。

2 隔震层以上结构的抗震措施，当水平向减震系数大于0.40时（设置阻尼器时为0.38）不应降低非隔震时的有关要求；水平向减震系数不大于0.40时（设置阻尼器时为0.38），可适当降低本规范有关章节对非隔震建筑的要求，但烈度降低不得超过1度，与抵抗竖向地震作用有关的抗震构造措施不应降低。此时，对砌体结构，可按本规范附录L采取抗震构造措施。

注：与抵抗竖向地震作用有关的抗震措施，对钢筋混凝土结构，指墙、柱的轴压比规定；对砌体结构，指外墙尽端墙体的最小尺寸和圈梁的有关规定。

12.2.8 隔震层与上部结构的连接，应符合下列规定：

1 隔震层顶部应设置梁板式楼盖，且应符合下列要求：

1） 隔震支座的相关部位应采用现浇混凝土梁板结构，现浇板厚度不应小于160mm；

2） 隔震层顶部梁、板的刚度和承载力，宜大于一般楼盖梁板的刚度和承载力；

3） 隔震支座附近的梁、柱应计算冲切和局部承压，加密箍筋并根据需要配置网状钢筋。

2 隔震支座和阻尼装置的连接构造，应符合下列要求：

1） 隔震支座和阻尼装置应安装在便于维护人员接近的部位；

2） 隔震支座与上部结构、下部结构之间的连接件，应能传递罕遇地震下支座的最大水平剪力和弯矩；

3） 外露的预埋件应有可靠的防锈措施。预埋件的锚固钢筋应与钢板牢固连接，锚固钢筋的锚固长度宜大于20倍锚固钢筋直径，且不应小于250mm。

12.2.9 隔震层以下的结构和基础应符合下列要求：

1 隔震层支墩、支柱及相连构件，应采用隔震结构罕遇地震下隔震支座底部的竖向力、水平力和力矩进行承载力验算。

2 隔震层以下的结构（包括地下室和隔震塔楼下的底盘）中直接支承隔震层以上结构的相关构件，应满足嵌固的刚度比和隔震后设防地震的抗震承载力要求，并按罕遇地震进行抗剪承载力验算。隔震层以下地面以上的结构在罕遇地震下的层间位移角限值应满足表12.2.9要求。

3 隔震建筑地基基础的抗震验算和地基处理仍应按本地区抗震设防烈度进行，甲、乙类建筑的抗液化措施应按提高一个液化等级确定，直至全部消除液化沉陷。

表 12.2.9　隔震层以下地面以上结构罕遇地震作用下层间弹塑性位移角限值

下部结构类型	[θ_p]
钢筋混凝土框架结构和钢结构	1/100
钢筋混凝土框架-抗震墙	1/200
钢筋混凝土抗震墙	1/250

12.3　房屋消能减震设计要点

12.3.1　消能减震设计时，应根据多遇地震下的预期减震要求及罕遇地震下的预期结构位移控制要求，设置适当的消能部件。消能部件可由消能器及斜撑、墙体、梁等支承构件组成。消能器可采用速度相关型、位移相关型或其他类型。

注：1　速度相关型消能器指黏滞消能器和黏弹性消能器等；

2　位移相关型消能器指金属屈服消能器和摩擦消能器等。

12.3.2　消能部件可根据需要沿结构的两个主轴方向分别设置。消能部件宜设置在变形较大的位置，其数量和分布应通过综合分析合理确定，并有利于提高整个结构的消能减震能力，形成均匀合理的受力体系。

12.3.3　消能减震设计的计算分析，应符合下列规定：

1　当主体结构基本处于弹性工作阶段时，可采用线性分析方法作简化估算，并根据结构的变形特征和高度等，按本规范第5.1节的规定分别采用底部剪力法、振型分解反应谱法和时程分析法。消能减震结构的地震影响系数可根据消能减震结构的总阻尼比按本规范第5.1.5条的规定采用。

消能减震结构的自振周期应根据消能减震结构的总刚度确定，总刚度应为结构刚度和消能部件有效刚度的总和。

消能减震结构的总阻尼比应为结构阻尼比和消能部件附加给结构的有效阻尼比的总和；多遇地震和罕遇地震下的总阻尼比应分别计算。

2　对主体结构进入弹塑性阶段的情况，应根据主体结构体系特征，采用静力非线性分析方法或非线性时程分析方法。

在非线性分析中，消能减震结构的恢复力模型应包括结构恢复力模型和消能部件的恢复力模型。

3　消能减震结构的层间弹塑性位移角限值，应符合预期的变形控制要求，宜比非消能减震结构适当减小。

12.3.4　消能部件附加给结构的有效阻尼比和有效刚度，可按下列方法确定：

1　位移相关型消能部件和非线性速度相关型消能部件附加给结构的有效刚度应采用等效线性化方法确定。

2　消能部件附加给结构的有效阻尼比可按下式估算：

$$\xi_a = \sum_j W_{cj} / (4\pi W_s) \qquad (12.3.4\text{-}1)$$

式中：ξ_a——消能减震结构的附加有效阻尼比；

W_{cj}——第 j 个消能部件在结构预期层间位移 Δu_j 下往复循环一周所消耗的能量；

W_s——设置消能部件的结构在预期位移下的总应变能。

注：当消能部件在结构上分布较均匀，且附加给结构的有效阻尼比小于20%时，消能部件附加给结构的有效阻尼比也可采用强行解耦方法确定。

3　不计及扭转影响时，消能减震结构在水平地震作用下的总应变能，可按下式估算：

$$W_s = (1/2) \sum F_i u_i \qquad (12.3.4\text{-}2)$$

式中：F_i——质点 i 的水平地震作用标准值；

u_i——质点 i 对应于水平地震作用标准值的位移。

4　速度线性相关型消能器在水平地震作用下往复循环一周所消耗的能量，可按下式估算：

$$W_{cj} = (2\pi^2/T_1)\ C_j \cos^2\theta_j \Delta u_j^2 \qquad (12.3.4\text{-}3)$$

式中：T_1——消能减震结构的基本自振周期；

C_j——第 j 个消能器的线性阻尼系数；

θ_j——第 j 个消能器的消能方向与水平面的夹角；

Δu_j——第 j 个消能器两端的相对水平位移。

当消能器的阻尼系数和有效刚度与结构振动周期有关时，可取相应于消能减震结构基本自振周期的值。

5　位移相关型和速度非线性相关型消能器在水平地震作用下往复循环一周所消耗的能量，可按下式估算：

$$W_{cj} = A_j \qquad (12.3.4\text{-}4)$$

式中：A_j——第 j 个消能器的恢复力滞回环在相对水平位移 Δu_j 时的面积。

消能器的有效刚度可取消能器的恢复力滞回环在相对水平位移 Δu_j 时的割线刚度。

6　消能部件附加给结构的有效阻尼比超过25%时，宜按25%计算。

12.3.5　消能部件的设计参数，应符合下列规定：

1　速度线性相关型消能器与斜撑、墙体或梁等支承构件组成消能部件时，支承构件沿消能器消能方向的刚度应满足下式：

$$K_b \geqslant (6\pi/T_1) C_D \qquad (12.3.5\text{-}1)$$

式中：K_b——支承构件沿消能器方向的刚度；

C_D——消能器的线性阻尼系数；

T_1——消能减震结构的基本自振周期。

2　黏弹性消能器的黏弹性材料总厚度应满足下式：

$$t \geqslant \Delta u/[\gamma] \quad (12.3.5\text{-}2)$$

式中：t——黏弹性消能器的黏弹性材料的总厚度；

Δu——沿消能器方向的最大可能的位移；

$[\gamma]$——黏弹性材料允许的最大剪切应变。

3 位移相关型消能器与斜撑、墙体或梁等支承构件组成消能部件时，消能部件的恢复力模型参数宜符合下列要求：

$$\Delta u_{py}/\Delta u_{sy} \leqslant 2/3 \quad (12.3.5\text{-}3)$$

式中：Δu_{py}——消能部件在水平方向的屈服位移或起滑位移；

Δu_{sy}——设置消能部件的结构层间屈服位移。

4 消能器的极限位移应不小于罕遇地震下消能器最大位移的1.2倍；对速度相关型消能器，消能器的极限速度应不小于地震作用下消能器最大速度的1.2倍，且消能器应满足在此极限速度下的承载力要求。

12.3.6 消能器的性能检验，应符合下列规定：

1 对黏滞流体消能器，由第三方进行抽样检验，其数量为同一工程同一类型同一规格数量的20%，但不少于2个，检测合格率为100%，检测后的消能器可用于主体结构；对其他类型消能器，抽检数量为同一类型同一规格数量的3%，当同一类型同一规格的消能器数量较少时，可以在同一类型消能器中抽检总数量的3%，但不应少于2个，检测合格率为100%，检测后的消能器不能用于主体结构。

2 对速度相关型消能器，在消能器设计位移和设计速度幅值下，以结构基本频率往复循环30圈后，消能器的主要设计指标误差和衰减量不应超过15%；对位移相关型消能器，在消能器设计位移幅值下往复循环30圈后，消能器的主要设计指标误差和衰减量不应超过15%，且不应有明显的低周疲劳现象。

12.3.7 结构采用消能减震设计时，消能部件的相关部位应符合下列要求：

1 消能器与支承构件的连接，应符合本规范和有关规程对相关构件连接的构造要求。

2 在消能器施加给主结构最大阻尼力作用下，消能器与主结构之间的连接部件应在弹性范围内工作。

3 与消能部件相连的结构构件设计时，应计入消能部件传递的附加内力。

12.3.8 当消能减震结构的抗震性能明显提高时，主体结构的抗震构造要求可适当降低。降低程度可根据消能减震结构地震影响系数与不设置消能减震装置结构的地震影响系数之比确定，最大降低程度应控制在1度以内。

13 非结构构件

13.1 一般规定

13.1.1 本章主要适用于非结构构件与建筑结构的连接。非结构构件包括持久性的建筑非结构构件和支承于建筑结构的附属机电设备。

注：1 建筑非结构构件指建筑中除承重骨架体系以外的固定构件和部件，主要包括非承重墙体，附着于楼面和屋面结构的构件、装饰构件和部件、固定于楼面的大型储物架等。

2 建筑附属机电设备指为现代建筑使用功能服务的附属机械、电气构件、部件和系统，主要包括电梯、照明和应急电源、通信设备，管道系统，采暖和空气调节系统，烟火监测和消防系统，公用天线等。

13.1.2 非结构构件应根据所属建筑的抗震设防类别和非结构地震破坏的后果及其对整个建筑结构影响的范围，采取不同的抗震措施，达到相应的性能化设计目标。

建筑非结构构件和建筑附属机电设备实现抗震性能化设计目标的某些方法可按本规范附录M第M.2节执行。

13.1.3 当抗震要求不同的两个非结构构件连接在一起时，应按较高的要求进行抗震设计。其中一个非结构构件连接损坏时，应不致引起与之相连接的有较高要求的非结构构件失效。

13.2 基本计算要求

13.2.1 建筑结构抗震计算时，应按下列规定计入非结构构件的影响：

1 地震作用计算时，应计入支承于结构构件的建筑构件和建筑附属机电设备的重力。

2 对柔性连接的建筑构件，可不计入刚度；对嵌入抗侧力构件平面内的刚性建筑非结构构件，应计入其刚度影响，可采用周期调整等简化方法；一般情况下不应计入其抗震承载力，当有专门的构造措施时，尚可按有关规定计入其抗震承载力。

3 支承非结构构件的结构构件，应将非结构构件地震作用效应作为附加作用对待，并满足连接件的锚固要求。

13.2.2 非结构构件的地震作用计算方法，应符合下列要求：

1 各构件和部件的地震力应施加于其重心，水平地震力应沿任一水平方向。

2 一般情况下，非结构构件自身重力产生的地震作用可采用等效侧力法计算；对支承于不同楼层或防震缝两侧的非结构构件，除自身重力产生的地震作用外，尚应同时计及地震时支承点之间相对位移产生的作用效应。

3 建筑附属设备（含支架）的体系自振周期大于0.1s且其重力超过所在楼层重力的1%，或建筑附属设备的重力超过所在楼层重力的10%时，宜进入整体结构模型的抗震设计，也可采用本规范附录M第M.3节的楼面谱方法计算。其中，与楼盖非弹性连接的设备，可直接将设备与楼盖作为一个质点计入整个结构的分析中得到设备所受的地震作用。

13.2.3 采用等效侧力法时，水平地震作用标准值宜按下列公式计算：

$$F=\gamma\eta\zeta_1\zeta_2\alpha_{\max}G \tag{13.2.3}$$

式中：F——沿最不利方向施加于非结构构件重心处的水平地震作用标准值；

γ——非结构构件功能系数，由相关标准确定或按本规范附录M第M.2节执行；

η——非结构构件类别系数，由相关标准确定或按本规范附录M第M.2节执行；

ζ_1——状态系数；对预制建筑构件、悬臂类构件、支承点低于质心的任何设备和柔性体系宜取2.0，其余情况可取1.0；

ζ_2——位置系数，建筑的顶点宜取2.0，底部宜取1.0，沿高度线性分布；对本规范第5章要求采用时程分析法补充计算的结构，应按其计算结果调整；

$\alpha_{\max}$——地震影响系数最大值；可按本规范第5.1.4条关于多遇地震的规定采用；

G——非结构构件的重力，应包括运行时有关的人员、容器和管道中的介质及储物柜中物品的重力。

13.2.4 非结构构件因支承点相对水平位移产生的内力，可按该构件在位移方向的刚度乘以规定的支承点相对水平位移计算。

非结构构件在位移方向的刚度，应根据其端部的实际连接状态，分别采用刚接、铰接、弹性连接或滑动连接等简化的力学模型。

相邻楼层的相对水平位移，可按本规范规定的限值采用。

13.2.5 非结构构件的地震作用效应（包括自身重力产生的效应和支座相对位移产生的效应）和其他荷载效应的基本组合，按本规范结构构件的有关规定计算；幕墙需计算地震作用效应与风荷载效应的组合；容器类尚应计及设备运转时的温度、工作压力等产生的作用效应。

非结构构件抗震验算时，摩擦力不得作为抵抗地震作用的抗力；承载力抗震调整系数可采用1.0。

13.3 建筑非结构构件的基本抗震措施

13.3.1 建筑结构中，设置连接幕墙、围护墙、隔墙、女儿墙、雨篷、商标、广告牌、顶篷支架、大型储物架等建筑非结构构件的预埋件、锚固件的部位，应采取加强措施，以承受建筑非结构构件传给主体结构的地震作用。

13.3.2 非承重墙体的材料、选型和布置，应根据烈度、房屋高度、建筑体型、结构层间变形、墙体自身抗侧力性能的利用等因素，经综合分析后确定，并应符合下列要求：

1 非承重墙体宜优先采用轻质墙体材料；采用砌体墙时，应采取措施减少对主体结构的不利影响，并应设置拉结筋、水平系梁、圈梁、构造柱等与主体结构可靠拉结。

2 刚性非承重墙体的布置，应避免使结构形成刚度和强度分布上的突变；当围护墙非对称均匀布置时，应考虑质量和刚度的差异对主体结构抗震不利的影响。

3 墙体与主体结构应有可靠的拉结，应能适应主体结构不同方向的层间位移；8、9度时应具有满足层间变位的变形能力，与悬挑构件相连接时，尚应具有满足节点转动引起的竖向变形的能力。

4 外墙板的连接件应具有足够的延性和适当的转动能力，宜满足在设防地震下主体结构层间变形的要求。

5 砌体女儿墙在人流出入口和通道处应与主体结构锚固；非出入口无锚固的女儿墙高度，6～8度时不宜超过0.5m，9度时应有锚固。防震缝处女儿墙应留有足够的宽度，缝两侧的自由端应予以加强。

13.3.3 多层砌体结构中，非承重墙体等建筑非结构构件应符合下列要求：

1 后砌的非承重隔墙应沿墙高每隔500mm～600mm配置2ϕ6拉结钢筋与承重墙或柱拉结，每边伸入墙内不应少于500mm；8度和9度时，长度大于5m的后砌隔墙，墙顶尚应与楼板或梁拉结，独立墙肢端部及大门洞边宜设钢筋混凝土构造柱。

2 烟道、风道、垃圾道等不应削弱墙体；当墙体被削弱时，应对墙体采取加强措施；不宜采用无竖向配筋的附墙烟囱或出屋面的烟囱。

3 不应采用无锚固的钢筋混凝土预制挑檐。

13.3.4 钢筋混凝土结构中的砌体填充墙，尚应符合下列要求：

1 填充墙在平面和竖向的布置，宜均匀对称，宜避免形成薄弱层或短柱。

2 砌体的砂浆强度等级不应低于M5；实心块体的强度等级不宜低于MU2.5，空心块体的强度等级不宜低于MU3.5；墙顶应与框架梁密切结合。

3 填充墙应沿框架柱全高每隔500mm～600mm设2ϕ6拉筋，拉筋伸入墙内的长度，6、7度时宜沿墙全长贯通，8、9度时应全长贯通。

4 墙长大于5m时，墙顶与梁宜有拉结；墙长超过8m或层高2倍时，宜设置钢筋混凝土构造柱；

墙高超过4m时，墙体半高宜设置与柱连接且沿墙全长贯通的钢筋混凝土水平系梁。

5 楼梯间和人流通道的填充墙，尚应采用钢丝网砂浆面层加强。

13.3.5 单层钢筋混凝土柱厂房的围护墙和隔墙，尚应符合下列要求：

1 厂房的围护墙宜采用轻质墙板或钢筋混凝土大型墙板，砌体围护墙应采用外贴式并与柱可靠拉结；外侧柱距为12m时应采用轻质墙板或钢筋混凝土大型墙板。

2 刚性围护墙沿纵向宜均匀对称布置，不宜一侧为外贴式，另一侧为嵌砌式或开敞式；不宜一侧采用砌体墙一侧采用轻质墙板。

3 不等高厂房的高跨封墙和纵横向厂房交接处的悬墙宜采用轻质墙板，6、7度采用砌体时不应直接砌在低跨屋面上。

4 砌体围护墙在下列部位应设置现浇钢筋混凝土圈梁：

1）梯形屋架端部上弦和柱顶的标高处应各设一道，但屋架端部高度不大于900mm时可合并设置；

2）应按上密下稀的原则每隔4m左右在窗顶增设一道圈梁，不等高厂房的高低跨封墙和纵墙跨交接处的悬墙，圈梁的竖向间距不应大于3m；

3）山墙沿屋面应设钢筋混凝土卧梁，并应与屋架端部上弦标高处的圈梁连接。

5 圈梁的构造应符合下列规定：

1）圈梁宜闭合，圈梁截面宽度宜与墙厚相同，截面高度不应小于180mm；圈梁的纵筋，6～8度时不应少于4ϕ12，9度时不应少于4ϕ14；

2）厂房转角处柱顶圈梁在端开间范围内的纵筋，6～8度时不宜少于4ϕ14，9度时不宜少于4ϕ16，转角两侧各1m范围内的箍筋直径不宜小于ϕ8，间距不宜大于100mm；圈梁转角处应增设不少于3根且直径与纵筋相同的水平斜筋；

3）圈梁应与柱或屋架牢固连接，山墙卧梁应与屋面板拉结；顶部圈梁与柱或屋架连接的锚拉钢筋不宜少于4ϕ12，且锚固长度不宜少于35倍钢筋直径，防震缝处圈梁与柱或屋架的拉结宜加强。

6 墙梁宜采用现浇，当采用预制墙梁时，梁底应与砖墙顶面牢固拉结并应与柱锚拉；厂房转角处相邻的墙梁，应相互可靠连接。

7 砌体隔墙与柱宜脱开或柔性连接，并应采取措施使墙体稳定，隔墙顶部应设现浇钢筋混凝土压顶梁。

8 砖墙的基础，8度Ⅲ、Ⅳ类场地和9度时，预制基础梁应采用现浇接头；当另设条形基础时，在柱基础顶面标高处应设置连续的现浇钢筋混凝土圈梁，其配筋不应少于4ϕ12。

9 砌体女儿墙高度不宜大于1m，且应采取措施防止地震时倾倒。

13.3.6 钢结构厂房的围护墙，应符合下列要求：

1 厂房的围护墙，应优先采用轻型板材，预制钢筋混凝土墙板宜与柱柔性连接；9度时宜采用轻型板材。

2 单层厂房的砌体围护墙应贴砌并与柱拉结，尚应采取措施使墙体不妨碍厂房柱列沿纵向的水平位移；8、9度时不应采用嵌砌式。

13.3.7 各类顶棚的构件与楼板的连接件，应能承受顶棚、悬挂重物和有关机电设施的自重和地震附加作用；其锚固的承载力应大于连接件的承载力。

13.3.8 悬挑雨篷或一端由柱支承的雨篷，应与主体结构可靠连接。

13.3.9 玻璃幕墙、预制墙板、附属于楼屋面的悬臂构件和大型储物架的抗震构造，应符合相关专门标准的规定。

13.4 建筑附属机电设备支架的基本抗震措施

13.4.1 附属于建筑的电梯、照明和应急电源系统、烟火监测和消防系统、采暖和空气调节系统、通信系统、公用天线等与建筑结构的连接构件和部件的抗震措施，应根据设防烈度、建筑使用功能、房屋高度、结构类型和变形特征、附属设备所处的位置和运转要求等经综合分析后确定。

13.4.2 下列附属机电设备的支架可不考虑抗震设防要求：

1 重力不超过1.8kN的设备。

2 内径小于25mm的燃气管道和内径小于60mm的电气配管。

3 矩形截面面积小于0.38 m^2和圆形直径小于0.70m的风管。

4 吊杆计算长度不超过300mm的吊杆悬挂管道。

13.4.3 建筑附属机电设备不应设置在可能导致其使用功能发生障碍等二次灾害的部位；对于有隔振装置的设备，应注意其强烈振动对连接件的影响，并防止设备和建筑结构发生谐振现象。

建筑附属机电设备的支架应具有足够的刚度和强度；其与建筑结构应有可靠的连接和锚固，应使设备在遭遇设防烈度地震影响后能迅速恢复运转。

13.4.4 管道、电缆、通风管和设备的洞口设置，应减少对主要承重结构构件的削弱；洞口边缘应有补强措施。

管道和设备与建筑结构的连接，应能允许二者间有一定的相对变位。

13.4.5 建筑附属机电设备的基座或连接件应能将设备承受的地震作用全部传递到建筑结构上。建筑结构中，用以固定建筑附属机电设备预埋件、锚固件的部位，应采取加强措施，以承受附属机电设备传给主体结构的地震作用。

13.4.6 建筑内的高位水箱应与所在的结构构件可靠连接；且应计及水箱及所含水重对建筑结构产生的地震作用效应。

13.4.7 在设防地震下需要连续工作的附属设备，宜设置在建筑结构地震反应较小的部位；相关部位的结构构件应采取相应的加强措施。

14 地下建筑

14.1 一般规定

14.1.1 本章主要适用于地下车库、过街通道、地下变电站和地下空间综合体等单建式地下建筑。不包括地下铁道、城市公路隧道等。

14.1.2 地下建筑宜建造在密实、均匀、稳定的地基上。当处于软弱土、液化土或断层破碎带等不利地段时，应分析其对结构抗震稳定性的影响，采取相应措施。

14.1.3 地下建筑的建筑布置应力求简单、对称、规则、平顺；横剖面的形状和构造不宜沿纵向突变。

14.1.4 地下建筑的结构体系应根据使用要求、场地工程地质条件和施工方法等确定，并应具有良好的整体性，避免抗侧力结构的侧向刚度和承载力突变。

丙类钢筋混凝土地下结构的抗震等级，6、7度时不应低于四级，8、9度时不宜低于三级。乙类钢筋混凝土地下结构的抗震等级，6、7度时不宜低于三级，8、9度时不宜低于二级。

14.1.5 位于岩石中的地下建筑，其出入口通道两侧的边坡和洞口仰坡，应依据地形、地质条件选用合理的口部结构类型，提高其抗震稳定性。

14.2 计算要点

14.2.1 按本章要求采取抗震措施的下列地下建筑，可不进行地震作用计算：

1 7度Ⅰ、Ⅱ类场地的丙类地下建筑。

2 8度（0.20g）Ⅰ、Ⅱ类场地时，不超过二层、体型规则的中小跨度丙类地下建筑。

14.2.2 地下建筑的抗震计算模型，应根据结构实际情况确定并符合下列要求：

1 应能较准确地反映周围挡土结构和内部各构件的实际受力状况；与周围挡土结构分离的内部结构，可采用与地上建筑同样的计算模型。

2 周围地层分布均匀、规则且具有对称轴的纵向较长的地下建筑，结构分析可选择平面应变分析模型并采用反应位移法或等效水平地震加速度法、等效侧力法计算。

3 长宽比和高宽比均小于3及本条第2款以外的地下建筑，宜采用空间结构分析计算模型并采用土层-结构时程分析法计算。

14.2.3 地下建筑抗震计算的设计参数，应符合下列要求：

1 地震作用的方向应符合下列规定：

1）按平面应变模型分析的地下结构，可仅计算横向的水平地震作用；

2）不规则的地下结构，宜同时计算结构横向和纵向的水平地震作用；

3）地下空间综合体等体型复杂的地下结构，8、9度时尚宜计及竖向地震作用。

2 地震作用的取值，应随地下的深度比地面相应减少：基岩处的地震作用可取地面的一半，地面至基岩的不同深度处可按插入法确定；地表、土层界面和基岩面较平坦时，也可采用一维波动法确定；土层界面、基岩面或地表起伏较大时，宜采用二维或三维有限元法确定。

3 结构的重力荷载代表值应取结构、构件自重和水、土压力的标准值及各可变荷载的组合值之和。

4 采用土层-结构时程分析法或等效水平地震加速度法时，土、岩石的动力特性参数可由试验确定。

14.2.4 地下建筑的抗震验算，除应符合本规范第5章的要求外，尚应符合下列规定：

1 应进行多遇地震作用下截面承载力和构件变形的抗震验算。

2 对于不规则的地下建筑以及地下变电站和地下空间综合体等，尚应进行罕遇地震作用下的抗震变形验算。计算可采用本规范第5.5节的简化方法，混凝土结构弹塑性层间位移角限值［θ_p］宜取1/250。

3 液化地基中的地下建筑，应验算液化时的抗浮稳定性。液化土层对地下连续墙和抗拔桩等的摩阻力，宜根据实测的标准贯入锤击数与临界标准贯入锤击数的比值确定其液化折减系数。

14.3 抗震构造措施和抗液化措施

14.3.1 钢筋混凝土地下建筑的抗震构造，应符合下列要求：

1 宜采用现浇结构。需要设置部分装配式构件时，应使其与周围构件有可靠的连接。

2 地下钢筋混凝土框架结构构件的最小尺寸应不低于同类地面结构构件的规定。

3 中柱的纵向钢筋最小总配筋率，应增加0.2%。中柱与梁或顶板、中间楼板及底板连接处的箍筋应加密，其范围和构造与地面框架结构的柱相同。

14.3.2 地下建筑的顶板、底板和楼板，应符合下列要求：

1 宜采用梁板结构。当采用板柱-抗震墙结构时，应在柱上板带中设构造暗梁，其构造要求与同类地面结构的相应构件相同。

2 对地下连续墙的复合墙体，顶板、底板及各层楼板的负弯矩钢筋至少应有50%锚入地下连续墙，锚入长度按受力计算确定；正弯矩钢筋需锚入内衬，并均不小于规定的锚固长度。

3 楼板开孔时，孔洞宽度应不大于该层楼板宽度的30%；洞口的布置宜使结构质量和刚度的分布仍较均匀、对称，避免局部突变。孔洞周围应设置满足构造要求的边梁或暗梁。

14.3.3 地下建筑周围土体和地基存在液化土层时，应采取下列措施：

1 对液化土层采取注浆加固和换土等消除或减轻液化影响的措施。

2 进行地下结构液化上浮验算，必要时采取增设抗拔桩、配置压重等相应的抗浮措施。

3 存在液化土薄夹层，或施工中深度大于20m的地下连续墙围护结构遇到液化土层时，可不做地基抗液化处理，但其承载力及抗浮稳定性验算应计入土层液化引起的土压力增加及摩阻力降低等因素的影响。

14.3.4 地下建筑穿越地震时岸坡可能滑动的古河道或可能发生明显不均匀沉陷的软土地带时，应采取更换软弱土或设置桩基础等措施。

14.3.5 位于岩石中的地下建筑，应采取下列抗震措施：

1 口部通道和未经注浆加固处理的断层破碎带区段采用复合式支护结构时，内衬结构应采用钢筋混凝土衬砌，不得采用素混凝土衬砌。

2 采用离壁式衬砌时，内衬结构应在拱墙相交处设置水平撑抵紧围岩。

3 采用钻爆法施工时，初期支护和围岩地层间应密实回填。干砌块石回填时应注浆加强。

附录A 我国主要城镇抗震设防烈度、设计基本地震加速度和设计地震分组

本附录仅提供我国抗震设防区各县级及县级以上城镇的中心地区建筑工程抗震设计时所采用的抗震设防烈度、设计基本地震加速度值和所属的设计地震分组。

注：本附录一般把"设计地震第一、二、三组"简称为"第一组、第二组、第三组"。

A.0.1 首都和直辖市

1 抗震设防烈度为8度，设计基本地震加速度值为0.20g：

第一组：北京（东城、西城、崇文、宣武、朝阳、丰台、石景山、海淀、房山、通州、顺义、大兴、平谷），延庆，天津（汉沽），宁河。

2 抗震设防烈度为7度，设计基本地震加速度值为0.15g：

第二组：北京（昌平、门头沟、怀柔），密云；天津（和平、河东、河西、南开、河北、红桥、塘沽、东丽、西青、津南、北辰、武清、宝坻），蓟县，静海。

3 抗震设防烈度为7度，设计基本地震加速度值为0.10g：

第一组：上海（黄浦、卢湾、徐汇、长宁、静安、普陀、闸北、虹口、杨浦、闵行、宝山、嘉定、浦东、松江、青浦、南汇、奉贤）；

第二组：天津（大港）。

4 抗震设防烈度为6度，设计基本地震加速度值为0.05g：

第一组：上海（金山），崇明；重庆（渝中、大渡口、江北、沙坪坝、九龙坡、南岸、北碚、万盛、双桥、渝北、巴南、万州、涪陵、黔江、长寿、江津、合川、永川、南川），巫山，奉节，云阳，忠县，丰都，壁山，铜梁，大足，荣昌，綦江，石柱，巫溪*。

注：上标*指该城镇的中心位于本设防区和较低设防区的分界线，下同。

A.0.2 河北省

1 抗震设防烈度为8度，设计基本地震加速度值为0.20g：

第一组：唐山（路北、路南、古冶、开平、丰润、丰南），三河，大厂，香河，怀来，涿鹿；

第二组：廊坊（广阳、安次）。

2 抗震设防烈度为7度，设计基本地震加速度值为0.15g：

第一组：邯郸（丛台、邯山、复兴、峰峰矿区），任丘，河间，大城，滦县，蔚县，磁县，宣化县，张家口（下花园、宣化区），宁晋*；

第二组：涿州，高碑店，涞水，固安，永清，文安，玉田，迁安，卢龙，滦南，唐海，乐亭，阳原，邯郸县，大名，临漳，成安。

3 抗震设防烈度为7度，设计基本地震加速度值为0.10g：

第一组：张家口（桥西、桥东），万全，怀安，安平，饶阳，晋州，深州，辛集，赵县，隆尧，任县，南和，新河，肃宁，柏乡；

第二组：石家庄（长安、桥东、桥西、新华、裕华、井陉矿区），保定（新市、北市、南市），沧州（运河、新华），邢台（桥东、桥西），衡水，霸州，

雄县，易县，沧县，张北，兴隆，迁西，抚宁，昌黎，青县，献县，广宗，平乡，鸡泽，曲周，肥乡，馆陶，广平，高邑，内丘，邢台县，武安，涉县，赤城，定兴，容城，徐水，安新，高阳，博野，蠡县，深泽，魏县，藁城，栾城，武强，冀州，巨鹿，沙河，临城，泊头，永年，崇礼，南宫*；

第三组：秦皇岛（海港、北戴河），清苑，遵化，安国，涞源，承德（鹰手营子*）。

4 抗震设防烈度为6度，设计基本地震加速度值为0.05*g*：

第一组：围场，沽源；

第二组：正定，尚义，无极，平山，鹿泉，井陉县，元氏，南皮，吴桥，景县，东光；

第三组：承德（双桥、双滦），秦皇岛（山海关），承德县，隆化，宽城，青龙，阜平，满城，顺平，唐县，望都，曲阳，定州，行唐，赞皇，黄骅，海兴，孟村，盐山，阜城，故城，清河，新乐，武邑，枣强，威县，丰宁，滦平，平泉，临西，灵寿，邱县。

A.0.3 山西省

1 抗震设防烈度为8度，设计基本地震加速度值为0.20*g*：

第一组：太原（杏花岭、小店、迎泽、尖草坪、万柏林、晋源），晋中，清徐，阳曲，忻州，定襄，原平，介休，灵石，汾西，代县，霍州，古县，洪洞，临汾，襄汾，浮山，永济；

第二组：祁县，平遥，太谷。

2 抗震设防烈度为7度，设计基本地震加速度值为0.15*g*：

第一组：大同（城区、矿区、南郊），大同县，怀仁，应县，繁峙，五台，广灵，灵丘，芮城，翼城；

第二组：朔州（朔城区），浑源，山阴，古交，交城，文水，汾阳，孝义，曲沃，侯马，新绛，稷山，绛县，河津，万荣，闻喜，临猗，夏县，运城，平陆，沁源*，宁武*。

3 抗震设防烈度为7度，设计基本地震加速度值为0.10*g*：

第一组：阳高，天镇；

第二组：大同（新荣），长治（城区、郊区），阳泉（城区、矿区、郊区），长治县，左云，右玉，神池，寿阳，昔阳，安泽，平定，和顺，乡宁，垣曲，黎城，潞城，壶关；

第三组：平顺，榆社，武乡，娄烦，交口，隰县，蒲县，吉县，静乐，陵川，盂县，沁水，沁县，朔州（平鲁）。

4 抗震设防烈度为6度，设计基本地震加速度值为0.05*g*：

第三组：偏关，河曲，保德，兴县，临县，方山，柳林，五寨，岢岚，岚县，中阳，石楼，永和，大宁，晋城，吕梁，左权，襄垣，屯留，长子，高平，阳城，泽州。

A.0.4 内蒙古自治区

1 抗震设防烈度为8度，设计基本地震加速度值为0.30*g*：

第一组：土默特右旗，达拉特旗*。

2 抗震设防烈度为8度，设计基本地震加速度值为0.20*g*：

第一组：呼和浩特（新城、回民、玉泉、赛罕），包头（昆都仑、东河、青山、九原），乌海（海勃湾、海南、乌达），土默特左旗，杭锦后旗，磴口，宁城；

第二组：包头（石拐），托克托*。

3 抗震设防烈度为7度，设计基本地震加速度值为0.15*g*：

第一组：赤峰（红山*，元宝山区），喀喇沁旗，巴彦卓尔（临河），五原，乌拉特前旗，凉城；

第二组：固阳，武川，和林格尔；

第三组：阿拉善左旗。

4 抗震设防烈度为7度，设计基本地震加速度值为0.10*g*：

第一组：赤峰（松山区），察右前旗，开鲁，敖汉旗，扎兰屯，通辽*；

第二组：清水河，乌兰察布，卓资，丰镇，乌拉特后旗，乌拉特中旗；

第三组：鄂尔多斯，准格尔旗。

5 抗震设防烈度为6度，设计基本地震加速度值为0.05*g*：

第一组：满洲里，新巴尔虎右旗，莫力达瓦旗，阿荣旗，扎赉特旗，翁牛特旗，商都，乌审旗，科左中旗，科左后旗，奈曼旗，库伦旗，苏尼特右旗；

第二组：兴和，察右后旗；

第三组：达尔罕茂明安联合旗，阿拉善右旗，鄂托克旗，鄂托克前旗，包头（白云矿区），伊金霍洛旗，杭锦旗，四子王旗，察右中旗。

A.0.5 辽宁省

1 抗震设防烈度为8度，设计基本地震加速度值为0.20*g*：

第一组：普兰店，东港。

2 抗震设防烈度为7度，设计基本地震加速度值为0.15*g*：

第一组：营口（站前、西市、鲅鱼圈、老边），丹东（振兴、元宝、振安），海城，大石桥，瓦房店，盖州，大连（金州）。

3 抗震设防烈度为7度，设计基本地震加速度值为0.10*g*：

第一组：沈阳（沈河、和平、大东、皇姑、铁西、苏家屯、东陵、沈北、于洪），鞍山（铁东、铁西、立山、千山），朝阳（双塔、龙城），辽阳（白塔、文圣、宏伟、弓长岭、太子河)，抚顺(新抚、东洲、望花)，铁岭(银州、清河)，盘锦(兴隆台、双台子)，盘山，朝阳县，辽阳县，铁岭县，北票，建平，开原，抚顺县*，灯塔，台安，辽中，大洼；

第二组：大连(西岗、中山、沙河口、甘井子、旅顺)，岫岩，凌源。

4 抗震设防烈度为6度，设计基本地震加速度值为0.05g：

第一组：本溪(平山、溪湖、明山、南芬)，阜新(细河、海州、新邱、太平、清河门)，葫芦岛(龙港、连山)，昌图，西丰，法库，彰武，调兵山，阜新县，康平，新民，黑山，北宁，义县，宽甸，庄河，长海，抚顺(顺城)；

第二组：锦州(太和、古塔、凌河)，凌海，凤城，喀喇沁左翼；

第三组：兴城，绥中，建昌，葫芦岛(南票)。

A.0.6 吉林省

1 抗震设防烈度为8度，设计基本地震加速度值为0.20g：

前郭尔罗斯，松原。

2 抗震设防烈度为7度，设计基本地震加速度值为0.15g：

大安*。

3 抗震设防烈度为7度，设计基本地震加速度值为0.10g：

长春(南关、朝阳、宽城、二道、绿园、双阳)，吉林(船营、龙潭、昌邑、丰满)，白城，乾安，舒兰，九台，永吉*。

4 抗震设防烈度为6度，设计基本地震加速度值为0.05g：

四平(铁西、铁东)，辽源(龙山、西安)，镇赉，洮南，延吉，汪清，图们，珲春，龙井，和龙，安图，蛟河，桦甸，梨树，磐石，东丰，辉南，梅河口，东辽，榆树，靖宇，抚松，长岭，德惠，农安，伊通，公主岭，扶余，通榆*。

注：全省县级及县级以上设防城镇，设计地震分组均为第一组。

A.0.7 黑龙江省

1 抗震设防烈度为7度，设计基本地震加速度值为0.10g：

绥化，萝北，泰来。

2 抗震设防烈度为6度，设计基本地震加速度值为0.05g：

哈尔滨(松北、道里、南岗、道外、香坊、平房、呼兰、阿城)，齐齐哈尔(建华、龙沙、铁锋、昂昂溪、富拉尔基、碾子山、梅里斯)，大庆(萨尔图、龙凤、让胡路、大同、红岗)，鹤岗(向阳、兴山、工农、南山、兴安、东山)，牡丹江(东安、爱民、阳明、西安)，鸡西(鸡冠、恒山、滴道、梨树、城子河、麻山)，佳木斯(前进、向阳、东风、郊区)，七台河(桃山、新兴、茄子河)，伊春(伊春区，乌马、友好)，鸡东，望奎，穆棱，绥芬河，东宁，宁安，五大连池，嘉荫，汤原，桦南，桦川，依兰，勃利，通河，方正，木兰，巴彦，延寿，尚志，宾县，安达，明水，绥棱，庆安，兰西，肇东，肇州，双城，五常，讷河，北安，甘南，富裕，龙江，黑河，肇源，青冈*，海林*。

注：全省县级及县级以上设防城镇，设计地震分组均为第一组。

A.0.8 江苏省

1 抗震设防烈度为8度，设计基本地震加速度值为0.30g：

第一组：宿迁(宿城、宿豫*)。

2 抗震设防烈度为8度，设计基本地震加速度值为0.20g：

第一组：新沂，邳州，睢宁。

3 抗震设防烈度为7度，设计基本地震加速度值为0.15g：

第一组：扬州(维扬、广陵、邗江)，镇江(京口、润州)，泗洪，江都；

第二组：东海，沭阳，大丰。

4 抗震设防烈度为7度，设计基本地震加速度值为0.10g：

第一组：南京(玄武、白下、秦淮、建邺、鼓楼、下关、浦口、六合、栖霞、雨花台、江宁)，常州(新北、钟楼、天宁、戚墅堰、武进)，泰州(海陵、高港)，江浦，东台，海安，姜堰，如皋，扬中，仪征，兴化，高邮，六合，句容，丹阳，金坛，镇江(丹徒)，溧阳，溧水，昆山，太仓；

第二组：徐州(云龙、鼓楼、九里、贾汪、泉山)，铜山，沛县，淮安(清河、青浦、淮阴)，盐城(亭湖、盐都)，泗阳，盱眙，射阳，赣榆，如东；

第三组：连云港(新浦、连云、海州)，灌云。

5 抗震设防烈度为6度，设计基本地震加速度值为0.05g：

第一组：无锡(崇安、南长、北塘、滨湖、惠山)，苏州(金阊、沧浪、平江、虎丘、吴中、相成)，宜兴，常熟，吴江，泰兴，高淳；

第二组：南通(崇川、港闸)，海门，启东，通州，张家港，靖江，江阴，无锡(锡山)，建湖，洪泽，丰县；

第三组：响水，滨海，阜宁，宝应，金湖，灌南，涟水，楚州。

A.0.9 浙江省

1 抗震设防烈度为7度，设计基本地震加速度值为0.10g：

第一组：岱山，嵊泗，舟山(定海、普陀)，宁波(北仑、镇海)。

2 抗震设防烈度为6度，设计基本地震加速度值为0.05g：

第一组：杭州（拱墅、上城、下城、江干、西湖、滨江、余杭、萧山），宁波（海曙、江东、江北、鄞州），湖州（吴兴、南浔），嘉兴（南湖、秀洲），温州（鹿城、龙湾、瓯海），绍兴，绍兴县，长兴，安吉，临安，奉化，象山，德清，嘉善，平湖，海盐，桐乡，海宁，上虞，慈溪，余姚，富阳，平阳，苍南，乐清，永嘉，泰顺，景宁，云和，洞头；

第二组：庆元，瑞安。

A.0.10 安徽省

1 抗震设防烈度为7度，设计基本地震加速度值为0.15g：

第一组：五河，泗县。

2 抗震设防烈度为7度，设计基本地震加速度值为0.10g：

第一组：合肥（蜀山、庐阳、瑶海、包河），蚌埠（蚌山、龙子湖、禹会、淮山），阜阳（颍州、颍东、颍泉），淮南（田家庵、大通），枞阳，怀远，长丰，六安（金安、裕安），固镇，凤阳，明光，定远，肥东，肥西，舒城，庐江，桐城，霍山，涡阳，安庆（大观、迎江、宜秀），铜陵县*；

第二组：灵璧。

3 抗震设防烈度为6度，设计基本地震加速度值为0.05g：

第一组：铜陵（铜官山、狮子山、郊区），淮南（谢家集、八公山、潘集），芜湖（镜湖、弋江、三山、鸠江），马鞍山（花山、雨山、金家庄），芜湖县，界首，太和，临泉，阜南，利辛，凤台，寿县，颍上，霍邱，金寨，含山，和县，当涂，无为，繁昌，池州，岳西，潜山，太湖，怀宁，望江，东至，宿松，南陵，宣城，郎溪，广德，泾县，青阳，石台；

第二组：滁州（琅琊、南谯），来安，全椒，砀山，萧县，蒙城，亳州，巢湖，天长；

第三组：濉溪，淮北，宿州。

A.0.11 福建省

1 抗震设防烈度为8度，设计基本地震加速度值为0.20g：

第二组：金门*。

2 抗震设防烈度为7度，设计基本地震加速度值为0.15g：

第一组：漳州（芗城、龙文），东山，诏安，龙海；

第二组：厦门（思明、海沧、湖里、集美、同安、翔安），晋江，石狮，长泰，漳浦；

第三组：泉州（丰泽、鲤城、洛江、泉港）。

3 抗震设防烈度为7度，设计基本地震加速度值为0.10g：

第二组：福州（鼓楼、台江、仓山、晋安），华安，南靖，平和，云宵；

第三组：莆田（城厢、涵江、荔城、秀屿），长乐，福清，平潭，惠安，南安，安溪，福州（马尾）。

4 抗震设防烈度为6度，设计基本地震加速度值为0.05g：

第一组：三明（梅列、三元），屏南，霞浦，福鼎，福安，柘荣，寿宁，周宁，松溪，宁德，古田，罗源，沙县，尤溪，闽清，闽侯，南平，大田，漳平，龙岩，泰宁，宁化，长汀，武平，建宁，将乐，明溪，清流，连城，上杭，永安，建瓯；

第二组：政和，永定；

第三组：连江，永泰，德化，永春，仙游，马祖。

A.0.12 江西省

1 抗震设防烈度为7度，设计基本地震加速度值为0.10g：

寻乌，会昌。

2 抗震设防烈度为6度，设计基本地震加速度值为0.05g：

南昌（东湖、西湖、青云谱、湾里、青山湖），南昌县，九江（浔阳、庐山），九江县，进贤，余干，彭泽，湖口，星子，瑞昌，德安，都昌，武宁，修水，靖安，铜鼓，宜丰，宁都，石城，瑞金，安远，定南，龙南，全南，大余。

注：全省县级及县级以上设防城镇，设计地震分组均为第一组。

A.0.13 山东省

1 抗震设防烈度为8度，设计基本地震加速度值为0.20g：

第一组：郯城，临沭，莒南，莒县，沂水，安丘，阳谷，临沂（河东）。

2 抗震设防烈度为7度，设计基本地震加速度值为0.15g：

第一组：临沂（兰山、罗庄），青州，临朐，菏泽，东明，聊城，莘县，鄄城；

第二组：潍坊（奎文、潍城、寒亭、坊子），苍山，沂南，昌邑，昌乐，诸城，五莲，长岛，蓬莱，龙口，枣庄（台儿庄），淄博（临淄*），寿光*。

3 抗震设防烈度为7度，设计基本地震加速度值为0.10g：

第一组：烟台（莱山、芝罘、牟平），威海，文登，高唐，茌平，定陶，成武；

第二组：烟台（福山），枣庄（薛城、市中、峄城、山亭*），淄博（张店、淄川、周村），平原，东阿，平阴，梁山，郓城，巨野，曹县，广饶，博兴，高青，桓台，蒙阴，费县，微山，禹城，冠县，单县*，夏津*，莱芜（莱城*、钢城）；

第三组：东营（东营、河口），日照（东港、岚山），沂源，招远，新泰，栖霞，莱州，平度，高密，垦利，淄博（博山），滨州*，平邑*。

4 抗震设防烈度为6度，设计基本地震加速度值为0.05g：

第一组：荣成；

第二组：德州，宁阳，曲阜，邹城，鱼台，乳山，兖州；

第三组：济南（市中、历下、槐荫、天桥、历城、长清），青岛（市南、市北、四方、黄岛、崂山、城阳、李沧），泰安（泰山、岱岳），济宁（市中、任城），乐陵，庆云，无棣，阳信，宁津，沾化，利津，武城，惠民，商河，临邑，济阳，齐河，章丘，泗水，莱阳，海阳，金乡，滕州，莱西，即墨，胶南，胶州，东平，汶上，嘉祥，临清，肥城，陵县，邹平。

A.0.14 河南省

1 抗震设防烈度为8度，设计基本地震加速度值为0.20g：

第一组：新乡（卫滨、红旗、凤泉、牧野），新乡县，安阳（北关、文峰、殷都、龙安），安阳县，淇县，卫辉，辉县，原阳，延津，获嘉，范县；

第二组：鹤壁（淇滨、山城*、鹤山*），汤阴。

2 抗震设防烈度为7度，设计基本地震加速度值为0.15g：

第一组：台前，南乐，陕县，武陟；

第二组：郑州（中原、二七、管城、金水、惠济），濮阳，濮阳县，长桓，封丘，修武，内黄，浚县，滑县，清丰，灵宝，三门峡，焦作（马村*），林州*。

3 抗震设防烈度为7度，设计基本地震加速度值为0.10g：

第一组：南阳（卧龙、宛城），新密，长葛，许昌*，许昌县*；

第二组：郑州（上街），新郑，洛阳（西工、老城、瀍河、涧西、吉利、洛龙*），焦作（解放、山阳、中站），开封（鼓楼、龙亭、顺河、禹王台、金明），开封县，民权，兰考，孟州，孟津，巩义，偃师，沁阳，博爱，济源，荥阳，温县，中牟，杞县*。

4 抗震设防烈度为6度，设计基本地震加速度值为0.05g：

第一组：信阳（浉河、平桥），漯河（郾城、源汇、召陵），平顶山（新华、卫东、湛河、石龙），汝阳，禹州，宝丰，鄢陵，扶沟，太康，鹿邑，郸城，沈丘，项城，淮阳，周口，商水，上蔡，临颍，西华，西平，栾川，内乡，镇平，唐河，邓州，新野，社旗，平舆，新县，驻马店，泌阳，汝南，桐柏，淮滨，息县，正阳，遂平，光山，罗山，潢川，商城，固始，南召，叶县*，舞阳*；

第二组：商丘（梁园、睢阳），义马，新安，襄城，郏县，嵩县，宜阳，伊川，登封，柘城，尉氏，通许，虞城，夏邑，宁陵；

第三组：汝州，睢县，永城，卢氏，洛宁，渑池。

A.0.15 湖北省

1 抗震设防烈度为7度，设计基本地震加速度值为0.10g：

竹溪，竹山，房县。

2 抗震设防烈度为6度，设计基本地震加速度值为0.05g：

武汉（江岸、江汉、硚口、汉阳、武昌、青山、洪山、东西湖、汉南、蔡甸、江夏、黄陂、新洲），荆州（沙市、荆州），荆门（东宝、掇刀），襄樊（襄城、樊城、襄阳），十堰（茅箭、张湾），宜昌（西陵、伍家岗、点军、猇亭、夷陵），黄石（下陆、黄石港、西塞山、铁山），恩施，咸宁，麻城，团风，罗田，英山，黄冈，鄂州，浠水，蕲春，黄梅，武穴，郧西，郧县，丹江口，谷城，老河口，宜城，南漳，保康，神农架，钟祥，沙洋，远安，兴山，巴东，秭归，当阳，建始，利川，公安，宣恩，咸丰，长阳，嘉鱼，大冶，宜都，枝江，松滋，江陵，石首，监利，洪湖，孝感，应城，云梦，天门，仙桃，红安，安陆，潜江，通山，赤壁，崇阳，通城，五峰*，京山*。

注：全省县级及县级以上设防城镇，设计地震分组均为第一组。

A.0.16 湖南省

1 抗震设防烈度为7度，设计基本地震加速度值为0.15g：

常德（武陵、鼎城）。

2 抗震设防烈度为7度，设计基本地震加速度值为0.10g：

岳阳（岳阳楼、君山*），岳阳县，汨罗，湘阴，临澧，澧县，津市，桃源，安乡，汉寿。

3 抗震设防烈度为6度，设计基本地震加速度值为0.05g：

长沙（岳麓、芙蓉、天心、开福、雨花），长沙县，岳阳（云溪），益阳（赫山、资阳），张家界（永定、武陵源），郴州（北湖、苏仙），邵阳（大祥、双清、北塔），邵阳县，泸溪，沅陵，娄底，宜章，资兴，平江，宁乡，新化，冷水江，涟源，双峰，新邵，邵东，隆回，石门，慈利，华容，南县，临湘，沅江，桃江，望城，溆浦，会同，靖州，韶山，江华，宁远，道县，临武，湘乡*，安化*，中方*，洪江*。

注：全省县级及县级以上设防城镇，设计地震分组均为第一组。

A.0.17 广东省

1 抗震设防烈度为8度，设计基本地震加速度值为0.20*g*：

汕头（金平、濠江、龙湖、澄海），潮安，南澳，徐闻，潮州*。

2 抗震设防烈度为7度，设计基本地震加速度值为0.15*g*：

揭阳，揭东，汕头（潮阳、潮南），饶平。

3 抗震设防烈度为7度，设计基本地震加速度值为0.10*g*：

广州（越秀、荔湾、海珠、天河、白云、黄埔、番禺、南沙、萝岗），深圳（福田、罗湖、南山、宝安、盐田），湛江（赤坎、霞山、坡头、麻章），汕尾，海丰，普宁，惠来，阳江，阳东，阳西，茂名（茂南、茂港），化州，廉江，遂溪，吴川，丰顺，中山，珠海（香洲、斗门、金湾），电白，雷州，佛山（顺德、南海、禅城*），江门（蓬江、江海、新会）*，陆丰*。

4 抗震设防烈度为6度，设计基本地震加速度值为0.05*g*：

韶关（浈江、武江、曲江），肇庆（端州、鼎湖），广州（花都），深圳（龙岗），河源，揭西，东源，梅州，东莞，清远，清新，南雄，仁化，始兴，乳源，英德，佛冈，龙门，龙川，平远，从化，梅县，兴宁，五华，紫金，陆河，增城，博罗，惠州（惠城、惠阳），惠东，四会，云浮，云安，高要，佛山（三水、高明），鹤山，封开，郁南，罗定，信宜，新兴，开平，恩平，台山，阳春，高州，翁源，连平，和平，蕉岭，大埔，新丰*。

注：全省县级及县级以上设防城镇，除大埔为设计地震第二组外，均为第一组。

A.0.18 广西壮族自治区

1 抗震设防烈度为7度，设计基本地震加速度值为0.15*g*：

灵山，田东。

2 抗震设防烈度为7度，设计基本地震加速度值为0.10*g*：

玉林，兴业，横县，北流，百色，田阳，平果，隆安，浦北，博白，乐业*。

3 抗震设防烈度为6度，设计基本地震加速度值为0.05*g*：

南宁（青秀、兴宁、江南、西乡塘、良庆、邕宁），桂林（象山、叠彩、秀峰、七星、雁山），柳州（柳北、城中、鱼峰、柳南），梧州（长洲、万秀、蝶山），钦州（钦南、钦北），贵港（港北、港南），防城港（港口、防城），北海（海城、银海），兴安，灵川，临桂，永福，鹿寨，天峨，东兰，巴马，都安，大化，马山，融安，象州，武宣，桂平，平南，上林，宾阳，武鸣，大新，扶绥，东兴，合浦，钟山，贺州，藤县，苍梧，容县，岑溪，陆川，凤山，凌云，田林，隆林，西林，德保，靖西，那坡，天等，崇左，上思，龙州，宁明，融水，凭祥，全州。

注：全自治区县级及县级以上设防城镇，设计地震分组均为第一组。

A.0.19 海南省

1 抗震设防烈度为8度，设计基本地震加速度值为0.30*g*：

海口（龙华、秀英、琼山、美兰）。

2 抗震设防烈度为8度，设计基本地震加速度值为0.20*g*：

文昌，定安。

3 抗震设防烈度为7度，设计基本地震加速度值为0.15*g*：

澄迈。

4 抗震设防烈度为7度，设计基本地震加速度值为0.10*g*：

临高，琼海，儋州，屯昌。

5 抗震设防烈度为6度，设计基本地震加速度值为0.05*g*：

三亚，万宁，昌江，白沙，保亭，陵水，东方，乐东，五指山，琼中。

注：全省县级及县级以上设防城镇，除屯昌、琼中为设计地震第二组外，均为第一组。

A.0.20 四川省

1 抗震设防烈度不低于9度，设计基本地震加速度值不小于0.40*g*：

第二组：康定，西昌。

2 抗震设防烈度为8度，设计基本地震加速度值为0.30*g*：

第二组：冕宁*。

3 抗震设防烈度为8度，设计基本地震加速度值为0.20*g*：

第一组：茂县，汶川，宝兴；

第二组：松潘，平武，北川（震前），都江堰，道孚，泸定，甘孜，炉霍，喜德，普格，宁南，理塘；

第三组：九寨沟，石棉，德昌。

4 抗震设防烈度为7度，设计基本地震加速度值为0.15*g*：

第二组：巴塘，德格，马边，雷波，天全，芦山，丹巴，安县，青川，江油，绵竹，什邡，彭州，理县，剑阁*；

第三组：荥经，汉源，昭觉，布拖，甘洛，越西，雅江，九龙，木里，盐源，会东，新龙。

5 抗震设防烈度为7度，设计基本地震加速度值为0.10*g*：

第一组：自贡（自流井、大安、贡井、沿滩）；

第二组：绵阳（涪城、游仙），广元（利州、元坝、朝天），乐山（市中、沙湾），宜宾，宜宾县，峨边，沐川，屏山，得荣，雅安，中江，德阳，罗江，峨眉山，马尔康；

第三组：成都（青羊、锦江、金牛、武侯、成华、龙泽驿、青白江、新都、温江），攀枝花（东区、西区、仁和），若尔盖，色达，壤塘，石渠，白玉，盐边，米易，乡城，稻城，双流，乐山（金口河、五通桥），名山，美姑，金阳，小金，会理，黑水，金川，洪雅，夹江，邛崃，蒲江，彭山，丹棱，眉山，青神，郫县，大邑，崇州，新津，金堂，广汉。

6 抗震设防烈度为6度，设计基本地震加速度值为0.05*g*：

第一组：泸州（江阳、纳溪、龙马潭），内江（市中、东兴），宣汉，达州，达县，大竹，邻水，渠县，广安，华蓥，隆昌，富顺，南溪，兴文，叙永，古蔺，资中，通江，万源，巴中，阆中，仪陇，西充，南部，射洪，大英，乐至，资阳；

第二组：南江，苍溪，旺苍，盐亭，三台，简阳，泸县，江安，长宁，高县，珙县，仁寿，威远；

第三组：犍为，荣县，梓潼，筠连，井研，阿坝，红原。

A.0.21 贵州省

1 抗震设防烈度为7度，设计基本地震加速度值为0.10*g*：

第一组：望谟；

第三组：威宁。

2 抗震设防烈度为6度，设计基本地震加速度值为0.05*g*：

第一组：贵阳（乌当*、白云*、小河、南明、云岩、花溪），凯里，毕节，安顺，都匀，黄平，福泉，贵定，麻江，清镇，龙里，平坝，纳雍，织金，普定，六枝，镇宁，惠水，长顺，关岭，紫云，罗甸，兴仁，贞丰，安龙，金沙，印江，赤水，习水，思南*；

第二组：六盘水，水城，册亨；

第三组：赫章，普安，晴隆，兴义，盘县。

A.0.22 云南省

1 抗震设防烈度不低于9度，设计基本地震加速度值不小于0.40*g*：

第二组：寻甸，昆明（东川）；

第三组：澜沧。

2 抗震设防烈度为8度，设计基本地震加速度值为0.30*g*：

第二组：剑川，嵩明，宜良，丽江，玉龙，鹤庆，永胜，潞西，龙陵，石屏，建水；

第三组：耿马，双江，沧源，勐海，西盟，孟连。

3 抗震设防烈度为8度，设计基本地震加速度值为0.20*g*：

第二组：石林，玉溪，大理，巧家，江川，华宁，峨山，通海，洱源，宾川，弥渡，祥云，会泽，南涧；

第三组：昆明（盘龙、五华、官渡、西山），普洱（原思茅市），保山，马龙，呈贡，澄江，晋宁，易门，漾濞，巍山，云县，腾冲，施甸，瑞丽，梁河，安宁，景洪，永德，镇康，临沧，凤庆*，陇川*。

4 抗震设防烈度为7度，设计基本地震加速度值为0.15*g*：

第二组：香格里拉，泸水，大关，永善，新平*；

第三组：曲靖，弥勒，陆良，富民，禄劝，武定，兰坪，云龙，景谷，宁洱（原普洱），沾益，个旧，红河，元江，禄丰，双柏，开远，盈江，永平，昌宁，宁蒗，南华，楚雄，勐腊，华坪，景东*。

5 抗震设防烈度为7度，设计基本地震加速度值为0.10*g*：

第二组：盐津，绥江，德钦，贡山，水富；

第三组：昭通，彝良，鲁甸，福贡，永仁，大姚，元谋，姚安，牟定，墨江，绿春，镇沅，江城，金平，富源，师宗，泸西，蒙自，元阳，维西，宣威。

6 抗震设防烈度为6度，设计基本地震加速度值为0.05*g*：

第一组：威信，镇雄，富宁，西畴，麻栗坡，马关；

第二组：广南；

第三组：丘北，砚山，屏边，河口，文山，罗平。

A.0.23 西藏自治区

1 抗震设防烈度不低于9度，设计基本地震加速度值不小于0.40*g*：

第三组：当雄，墨脱。

2 抗震设防烈度为8度，设计基本地震加速度值为0.30*g*：

第二组：申扎；

第三组：米林，波密。

3 抗震设防烈度为8度，设计基本地震加速度值为0.20*g*：

第二组：普兰，聂拉木，萨嘎；

第三组：拉萨，堆龙德庆，尼木，仁布，尼玛，洛隆，隆子，错那，曲松，那曲，林芝（八一镇），林周。

4 抗震设防烈度为7度，设计基本地震加速度值为0.15*g*：

第二组：札达，吉隆，拉孜，谢通门，亚东，洛扎，昂仁；

第三组：日土，江孜，康马，白朗，扎囊，措美，桑日，加查，边坝，八宿，丁青，类乌齐，乃东，琼结，贡嘎，朗县，达孜，南木林，班戈，浪卡子，墨竹工卡，曲水，安多，聂荣，日喀则*，噶尔*。

5 抗震设防烈度为7度，设计基本地震加速度值为0.10g：

第一组：改则；

第二组：措勤，仲巴，定结，芒康；

第三组：昌都，定日，萨迦，岗巴，巴青，工布江达，索县，比如，嘉黎，察雅，左贡，察隅，江达，贡觉。

6 抗震设防烈度为6度，设计基本地震加速度值为0.05g：

第二组：革吉。

A.0.24 陕西省

1 抗震设防烈度为8度，设计基本地震加速度值为0.20g：

第一组：西安（未央、莲湖、新城、碑林、灞桥、雁塔、阎良*、临潼），渭南，华县，华阴，潼关，大荔；

第三组：陇县。

2 抗震设防烈度为7度，设计基本地震加速度值为0.15g：

第一组：咸阳（秦都、渭城），西安（长安），高陵，兴平，周至，户县，蓝田；

第二组：宝鸡（金台、渭滨、陈仓），咸阳（杨凌特区），千阳，岐山，凤翔，扶风，武功，眉县，三原，富平，澄城，蒲城，泾阳，礼泉，韩城，合阳，略阳；

第三组：凤县。

3 抗震设防烈度为7度，设计基本地震加速度值为0.10g：

第一组：安康，平利；

第二组：洛南，乾县，勉县，宁强，南郑，汉中；

第三组：白水，淳化，麟游，永寿，商洛（商州），太白，留坝，铜川（耀州、王益、印台*），柞水*。

4 抗震设防烈度为6度，设计基本地震加速度值为0.05g：

第一组：延安，清涧，神木，佳县，米脂，绥德，安塞，延川，延长，志丹，甘泉，商南，紫阳，镇巴，子长*，子洲*；

第二组：吴旗，富县，旬阳，白河，岚皋，镇坪；

第三组：定边，府谷，吴堡，洛川，黄陵，旬邑，洋县，西乡，石泉，汉阴，宁陕，城固，宜川，黄龙，宜君，长武，彬县，佛坪，镇安，丹凤，山阳。

A.0.25 甘肃省

1 抗震设防烈度不低于9度，设计基本地震加速度值不小于0.40g：

第二组：古浪。

2 抗震设防烈度为8度，设计基本地震加速度值为0.30g：

第二组：天水（秦州、麦积），礼县，西和；

第三组：白银（平川区）。

3 抗震设防烈度为8度，设计基本地震加速度值为0.20g：

第二组：宕昌，肃北，陇南，成县，徽县，康县，文县；

第三组：兰州（城关、七里河、西固、安宁），武威，永登，天祝，景泰，靖远，陇西，武山，秦安，清水，甘谷，漳县，会宁，静宁，庄浪，张家川，通渭，华亭，两当，舟曲。

4 抗震设防烈度为7度，设计基本地震加速度值为0.15g：

第二组：康乐，嘉峪关，玉门，酒泉，高台，临泽，肃南；

第三组：白银（白银区），兰州（红古区），永靖，岷县，东乡，和政，广河，临潭，卓尼，迭部，临洮，渭源，皋兰，崇信，榆中，定西，金昌，阿克塞，民乐，永昌，平凉。

5 抗震设防烈度为7度，设计基本地震加速度值为010g：

第二组：张掖，合作，玛曲，金塔；

第三组：敦煌，瓜洲，山丹，临夏，临夏县，夏河，碌曲，泾川，灵台，民勤，镇原，环县，积石山。

6 抗震设防烈度为6度，设计基本地震加速度值为0.05g：

第三组：华池，正宁，庆阳（西峰），合水，宁县，庆城。

A.0.26 青海省

1 抗震设防烈度为8度，设计基本地震加速度值为0.20g：

第二组：玛沁；

第三组：玛多，达日。

2 抗震设防烈度为7度，设计基本地震加速度值为0.15g：

第二组：祁连；

第三组：甘德，门源，治多，玉树。

3 抗震设防烈度为7度，设计基本地震加速度值为0.10g：

第二组：乌兰，称多，杂多，囊谦；

第三组：西宁（城中、城东、城西、城北），同仁，共和，德令哈，海晏，湟源，湟中，平安，民和，化隆，贵德，尖扎，循化，格尔木，贵南，同德，河南，曲麻莱，久治，班玛，天峻，刚察，大通，互助，乐都，都兰，兴海。

4 抗震设防烈度为6度，设计基本地震加速度值为0.05g：

第三组：泽库。

A.0.27 宁夏回族自治区

1 抗震设防烈度为8度，设计基本地震加速度值为0.30g：

第二组：海原。

2 抗震设防烈度为8度，设计基本地震加速度值为0.20g：

第一组：石嘴山（大武口、惠农），平罗；

第二组：银川（兴庆、金凤、西夏），吴忠，贺兰，永宁，青铜峡，泾源，灵武，固原；

第三组：西吉，中宁，中卫，同心，隆德。

3 抗震设防烈度为7度，设计基本地震加速度值为0.15g：

第三组：彭阳。

4 抗震设防烈度为6度，设计基本地震加速度值为0.05g：

第三组：盐池。

A.0.28 新疆维吾尔自治区

1 抗震设防烈度不低于9度，设计基本地震加速度值不小于0.40g：

第三组：乌恰，塔什库尔干。

2 抗震设防烈度为8度，设计基本地震加速度值为0.30g：

第三组：阿图什，喀什，疏附。

3 抗震设防烈度为8度，设计基本地震加速度值为0.20g：

第一组：巴里坤；

第二组：乌鲁木齐（天山、沙依巴克、新市、水磨沟、头屯河、米东），乌鲁木齐县，温宿，阿克苏，柯坪，昭苏，特克斯，库车，青河，富蕴，乌什*；

第三组：尼勒克，新源，巩留，精河，乌苏，奎屯，沙湾，玛纳斯，石河子，克拉玛依（独山子），疏勒，伽师，阿克陶，英吉沙。

4 抗震设防烈度为7度，设计基本地震加速度值为0.15g：

第一组：木垒*；

第二组：库尔勒，新和，轮台，和静，焉耆，博湖，巴楚，拜城，昌吉，阜康*；

第三组：伊宁，伊宁县，霍城，呼图壁，察布查尔，岳普湖。

5 抗震设防烈度为7度，设计基本地震加速度值为0.10g：

第一组：鄯善；

第二组：乌鲁木齐（达坂城），吐鲁番，和田，和田县，吉木萨尔，洛浦，奇台，伊吾，托克逊，和硕，尉犁，墨玉，策勒，哈密*；

第三组：五家渠，克拉玛依（克拉玛依区），博乐，温泉，阿合奇，阿瓦提，沙雅，图木舒克，莎车，泽普，叶城，麦盖堤，皮山。

6 抗震设防烈度为6度，设计基本地震加速度值为0.05g：

第一组：额敏，和布克赛尔；

第二组：于田，哈巴河，塔城，福海，克拉玛依（马尔禾）；

第三组：阿勒泰，托里，民丰，若羌，布尔津，吉木乃，裕民，克拉玛依（白碱滩），且末，阿拉尔。

A.0.29 港澳特区和台湾省

1 抗震设防烈度不低于9度，设计基本地震加速度值不小于0.40g：

第二组：台中；

第三组：苗栗，云林，嘉义，花莲。

2 抗震设防烈度为8度，设计基本地震加速度值为0.30g：

第二组：台南；

第三组：台北，桃园，基隆，宜兰，台东，屏东。

3 抗震设防烈度为8度，设计基本地震加速度值为0.20g：

第三组：高雄，澎湖。

4 抗震设防烈度为7度，设计基本地震加速度值为0.15g：

第一组：香港。

5 抗震设防烈度为7度，设计基本地震加速度值为0.10g：

第一组：澳门。

附录B 高强混凝土结构抗震设计要求

B.0.1 高强混凝土结构所采用的混凝土强度等级应符合本规范第3.9.3条的规定；其抗震设计，除应符合普通混凝土结构抗震设计要求外，尚应符合本附录的规定。

B.0.2 结构构件截面剪力设计值的限值中含有混凝土轴心抗压强度设计值（f_c）的项应乘以混凝土强度影响系数（β_c）。其值，混凝土强度等级为C50时取1.0，C80时取0.8，介于C50和C80之间时取其内插值。

结构构件受压区高度计算和承载力验算时，公式中含有混凝土轴心抗压强度设计值（f_c）的项也应按国家标准《混凝土结构设计规范》GB 50010的有关规定乘以相应的混凝土强度影响系数。

B.0.3 高强混凝土框架的抗震构造措施，应符合下列要求：

1 梁端纵向受拉钢筋的配筋率不宜大于3%（HRB335级钢筋）和2.6%（HRB400级钢筋）。梁端箍筋加密区的箍筋最小直径应比普通混凝土梁箍筋的最小直径增大2mm。

2 柱的轴压比限值宜按下列规定采用：不超过C60混凝土的柱可与普通混凝土柱相同，C65～C70混凝土的柱宜比普通混凝土柱减小0.05，C75～C80混凝土的柱宜比普通混凝土柱减小0.1。

3 当混凝土强度等级大于C60时，柱纵向钢筋的最小总配筋率应比普通混凝土柱增大0.1%。

4 柱加密区的最小配箍特征值宜按下列规定采用；混凝土强度等级高于C60时，箍筋宜采用复合箍、复合螺旋箍或连续复合矩形螺旋箍。

1）轴压比不大于0.6时，宜比普通混凝土柱大0.02；

2）轴压比大于0.6时，宜比普通混凝土柱大0.03。

B.0.4 当抗震墙的混凝土强度等级大于C60时，应经过专门研究，采取加强措施。

附录C 预应力混凝土结构抗震设计要求

C.0.1 本附录适用于6、7、8度时先张法和后张有粘结预应力混凝土结构的抗震设计，9度时应进行专门研究。

无粘结预应力混凝土结构的抗震设计，应采取措施防止罕遇地震下结构构件塑性铰区以外有效预加力松弛，并符合专门的规定。

C.0.2 抗震设计的预应力混凝土结构，应采取措施使其具有良好的变形和消耗地震能量的能力，达到延性结构的基本要求；应避免构件剪切破坏先于弯曲破坏、节点先于被连接构件破坏、预应力筋的锚固粘结先于构件破坏。

C.0.3 抗震设计时，后张预应力框架、门架、转换层的转换大梁，宜采用有粘结预应力筋。承重结构的受拉杆件和抗震等级为一级的框架，不得采用无粘结预应力筋。

C.0.4 抗震设计时，预应力混凝土结构的抗震等级及相应的地震组合内力调整，应按本规范第6章对钢筋混凝土结构的要求执行。

C.0.5 预应力混凝土结构的混凝土强度等级，框架和转换层的转换构件不宜低于C40。其他抗侧力的预应力混凝土构件，不应低于C30。

C.0.6 预应力混凝土结构的抗震计算，除应符合本规范第5章的规定外，尚应符合下列规定：

1 预应力混凝土结构自身的阻尼比可采用0.03，并可按钢筋混凝土结构部分和预应力混凝土结构部分在整个结构总变形能所占的比例折算为等效阻尼比。

2 预应力混凝土结构构件截面抗震验算时，本规范第5.4.1条地震作用效应基本组合中，应增加预应力作用效应项，其分项系数，一般情况应采用1.0，当预应力作用效应对构件承载力不利时，应采用1.2。

3 预应力筋穿过框架节点核芯区时，节点核芯区的截面抗震验算，应计入总有效预加力以及预应力孔道削弱核芯区有效验算宽度的影响。

C.0.7 预应力混凝土结构的抗震构造，除下列规定外，应符合本规范第6章对钢筋混凝土结构的要求：

1 抗侧力的预应力混凝土构件，应采用预应力筋和非预应力筋混合配筋方式。二者的比例应依据抗震等级按有关规定控制，其预应力强度比不宜大于0.75。

2 预应力混凝土框架梁端纵向受拉钢筋的最大配筋率、底面和顶面非预应力钢筋配筋量的比值，应按预应力强度比相应换算后符合钢筋混凝土框架梁的要求。

3 预应力混凝土框架柱可采用非对称配筋方式；其轴压比计算，应计入预应力筋的总有效预加力形成的轴向压力设计值，并符合钢筋混凝土结构中对应框架柱的要求；箍筋宜全高加密。

4 板柱-抗震墙结构中，在柱截面范围内通过板底连续钢筋的要求，应计入预应力钢筋截面面积。

C.0.8 后张预应力筋的锚具不宜设置在梁柱节点核芯区。预应力筋-锚具组装件的锚固性能，应符合专门的规定。

附录D 框架梁柱节点核芯区截面抗震验算

D.1 一般框架梁柱节点

D.1.1 一、二、三级框架梁柱节点核芯区组合的剪力设计值，应按下列公式确定：

$$V_j = \frac{\eta_{jb}\sum M_b}{h_{b0}-a'_s}\left(1-\frac{h_{b0}-a'_s}{H_c-h_b}\right) \quad (D.1.1\text{-}1)$$

一级框架结构和9度的一级框架可不按上式确定，但应符合下式：

$$V_j = \frac{1.15\sum M_{bua}}{h_{b0}-a'_s}\left(1-\frac{h_{b0}-a'_s}{H_c-h_b}\right) \quad (D.1.1\text{-}2)$$

式中：V_j ——梁柱节点核芯区组合的剪力设计值；

h_{b0} ——梁截面的有效高度，节点两侧梁截面高度不等时可采用平均值；

a'_s ——梁受压钢筋合力点至受压边缘的距离；

H_c ——柱的计算高度，可采用节点上、下柱反弯点之间的距离；

h_b ——梁的截面高度，节点两侧梁截面高度不等时可采用平均值；

η_b——强节点系数，对于框架结构，一级宜取1.5，二级宜取1.35，三级宜取1.2；对于其他结构中的框架，一级宜取1.35，二级宜取1.2，三级宜取1.1；

$\sum M_b$——节点左右梁端反时针或顺时针方向组合弯矩设计值之和，一级框架节点左右梁端均为负弯矩时，绝对值较小的弯矩应取零；

$\sum M_{bua}$——节点左右梁端反时针或顺时针方向实配的正截面抗震受弯承载力所对应的弯矩值之和，可根据实配钢筋面积（计入受压筋）和材料强度标准值确定。

D.1.2 核芯区截面有效验算宽度，应按下列规定采用：

1 核芯区截面有效验算宽度，当验算方向的梁截面宽度不小于该侧柱截面宽度的1/2时，可采用该侧柱截面宽度，当小于柱截面宽度的1/2时可采用下列二者的较小值：

$$b_j = b_b + 0.5h_c \quad (D.1.2\text{-}1)$$

$$b_j = b_c \quad (D.1.2\text{-}2)$$

式中：b_j——节点核芯区的截面有效验算宽度；

b_b——梁截面宽度；

h_c——验算方向的柱截面高度；

b_c——验算方向的柱截面宽度。

2 当梁、柱的中线不重合且偏心距不大于柱宽的1/4时，核芯区的截面有效验算宽度可采用上款和下式计算结果的较小值：

$$b_j = 0.5(b_b + b_c) + 0.25h_c - e \quad (D.1.2\text{-}3)$$

式中：e——梁与柱中线偏心距。

D.1.3 节点核芯区组合的剪力设计值，应符合下列要求：

$$V_j \leqslant \frac{1}{\gamma_{RE}}(0.30\eta_j f_c b_j h_j) \quad (D.1.3)$$

式中：η_j——正交梁的约束影响系数；楼板为现浇、梁柱中线重合、四侧各梁截面宽度不小于该侧柱截面宽度的1/2，且正交方向梁高度不小于框架梁高度的3/4时，可采用1.5，9度的一级宜采用1.25；其他情况均采用1.0；

h_j——节点核芯区的截面高度，可采用验算方向的柱截面高度；

γ_{RE}——承载力抗震调整系数，可采用0.85。

D.1.4 节点核芯区截面抗震受剪承载力，应采用下列公式验算：

$$V_j \leqslant \frac{1}{\gamma_{RE}}\left(1.1\eta_j f_t b_j h_j + 0.05\eta_j N\frac{b_j}{b_c} + f_{yv}A_{svj}\frac{h_{b0} - a'_s}{s}\right) \quad (D.1.4\text{-}1)$$

9度的一级

$$V_j \leqslant \frac{1}{\gamma_{RE}}\left(0.9\eta_j f_t b_j h_j + f_{yv}A_{svj}\frac{h_{b0} - a'_s}{s}\right) \quad (D.1.4\text{-}2)$$

式中：N——对应于组合剪力设计值的上柱组合轴向压力较小值，其取值不应大于柱的截面面积和混凝土轴心抗压强度设计值的乘积的50%，当N为拉力时，取$N=0$；

f_{yv}——箍筋的抗拉强度设计值；

f_t——混凝土轴心抗拉强度设计值；

A_{svj}——核芯区有效验算宽度范围内同一截面验算方向箍筋的总截面面积；

s——箍筋间距。

D.2 扁梁框架的梁柱节点

D.2.1 扁梁框架的梁宽大于柱宽时，梁柱节点应符合本段的规定。

D.2.2 扁梁框架的梁柱节点核芯区应根据梁纵筋在柱宽范围内、外的截面面积比例，对柱宽以内和柱宽以外的范围分别验算受剪承载力。

D.2.3 核芯区验算方法除应符合一般框架梁柱节点的要求外，尚应符合下列要求：

1 按本规范式（D.1.3）验算核芯区剪力限值时，核芯区有效宽度可取梁宽与柱宽之和的平均值；

2 四边有梁的约束影响系数，验算柱宽范围内核芯区的受剪承载力时可取1.5；验算柱宽范围以外核芯区的受剪承载力时宜取1.0；

3 验算核芯区受剪承载力时，在柱宽范围内的核芯区，轴向力的取值可与一般梁柱节点相同；柱宽以外的核芯区，可不考虑轴力对受剪承载力的有利作用；

4 锚入柱内的梁上部钢筋宜大于其全部截面面积的60%。

D.3 圆柱框架的梁柱节点

D.3.1 梁中线与柱中线重合时，圆柱框架梁柱节点核芯区组合的剪力设计值应符合下列要求：

$$V_j \leqslant \frac{1}{\gamma_{RE}}(0.30\eta_j f_c A_j) \quad (D.3.1)$$

式中：η_j——正交梁的约束影响系数，按本规范第D.1.3条确定，其中柱截面宽度按柱直径采用；

A_j——节点核芯区有效截面面积，梁宽（b_b）不小于柱直径（D）之半时，取$A_j = 0.8D^2$；梁宽（b_b）小于柱直径（D）之半且不小于$0.4D$时，取$A_j = 0.8D(b_b + D/2)$。

D.3.2 梁中线与柱中线重合时，圆柱框架梁柱节点核芯区截面抗震受剪承载力应采用下列公式验算：

$$V_j \leqslant \frac{1}{\gamma_{RE}}\left(1.5\eta_j f_t A_j + 0.05\eta_j\frac{N}{D^2}A_j + \right.$$

$$1.57f_{yv}A_{sh}\frac{h_{b0}-a'_s}{s}+f_{yv}A_{svj}\frac{h_{b0}-a'_s}{s}\Big)\qquad(D.3.2\text{-}1)$$

9度的一级

$$V_j\leqslant\frac{1}{\gamma_{RE}}\Big(1.2\eta_j f_t A_j+1.57f_{yv}A_{sh}\frac{h_{b0}-a'_s}{s}+f_{yv}A_{hvj}\frac{h_{b0}-a'_s}{s}\Big)\qquad(D.3.2\text{-}2)$$

式中：A_{sh}——单根圆形箍筋的截面面积；

A_{svj}——同一截面验算方向的拉筋和非圆形箍筋的总截面面积；

D——圆柱截面直径；

N——轴向力设计值，按一般梁柱节点的规定取值。

附录E 转换层结构的抗震设计要求

E.1 矩形平面抗震墙结构框支层楼板设计要求

E.1.1 框支层应采用现浇楼板，厚度不宜小于180mm，混凝土强度等级不宜低于C30，应采用双层双向配筋，且每层每个方向的配筋率不应小于0.25%。

E.1.2 部分框支抗震墙结构的框支层楼板剪力设计值，应符合下列要求：

$$V_f\leqslant\frac{1}{\gamma_{RE}}(0.1f_c b_f t_f)\qquad(E.1.2)$$

式中：V_f——由不落地抗震墙传到落地抗震墙处按刚性楼板计算的框支层楼板组合的剪力设计值，8度时应乘以增大系数2，7度时应乘以增大系数1.5；验算落地抗震墙时不考虑此项增大系数；

b_f、t_f——分别为框支层楼板的宽度和厚度；

γ_{RE}——承载力抗震调整系数，可采用0.85。

E.1.3 部分框支抗震墙结构的框支层楼板与落地抗震墙交接截面的受剪承载力，应按下列公式验算：

$$V_f\leqslant\frac{1}{\gamma_{RE}}(f_y A_s)\qquad(E.1.3)$$

式中：A_s——穿过落地抗震墙的框支层楼盖（包括梁和板）的全部钢筋的截面面积。

E.1.4 框支层楼板的边缘和较大洞口周边应设置边梁，其宽度不宜小于板厚的2倍，纵向钢筋配筋率不应小于1%，钢筋接头宜采用机械连接或焊接，楼板的钢筋应锚固在边梁内。

E.1.5 对建筑平面较长或不规则及各抗震墙内力相差较大的框支层，必要时可采用简化方法验算楼板平面内的受弯、受剪承载力。

E.2 筒体结构转换层抗震设计要求

E.2.1 转换层上下的结构质量中心宜接近重合（不包括裙房），转换层上下层的侧向刚度比不宜大于2。

E.2.2 转换层上部的竖向抗侧力构件（墙、柱）宜直接落在转换层的主结构上。

E.2.3 厚板转换层结构不宜用于7度及7度以上的高层建筑。

E.2.4 转换层楼盖不应有大洞口，在平面内宜接近刚性。

E.2.5 转换层楼盖与筒体、抗震墙应有可靠的连接，转换层楼板的抗震验算和构造宜符合本附录第E.1节对框支层楼板的有关规定。

E.2.6 8度时转换层结构应考虑竖向地震作用。

E.2.7 9度时不应采用转换层结构。

附录F 配筋混凝土小型空心砌块抗震墙房屋抗震设计要求

F.1 一般规定

F.1.1 本附录适用的配筋混凝土小型空心砌块抗震墙房屋的最大高度应符合表F.1.1-1的规定，且房屋总高度与总宽度的比值不宜超过表F.1.1-2的规定。

表F.1.1-1 配筋混凝土小型空心砌块抗震墙房屋适用的最大高度（m）

最小墙厚（mm）	6度	7度		8度		9度
	0.05g	0.10g	0.15g	0.20g	0.30g	0.40g
190	60	55	45	40	30	24

注：1 房屋高度超过表内高度时，应进行专门研究和论证，采取有效的加强措施；

2 某层或几层开间大于6.0m以上的房间建筑面积占相应层建筑面积40%以上时，表中数据相应减少6m；

3 房屋高度指室外地面到主要屋面板板顶的高度（不包括局部突出屋顶部分）。

表F.1.1-2 配筋混凝土小型空心砌块抗震墙房屋的最大高宽比

烈度	6度	7度	8度	9度
最大高宽比	4.5	4.0	3.0	2.0

注：房屋的平面布置和竖向布置不规则时应适当减小最大高宽比。

F.1.2 配筋混凝土小型空心砌块抗震墙房屋应根据抗震设防类别、烈度和房屋高度采用不同的抗震等级，并应符合相应的计算和构造措施要求。丙类建筑的抗震等级宜按表F.1.2确定。

F.1.3 配筋混凝土小型空心砌块抗震墙房屋应避免采用本规范第3.4节规定的不规则建筑结构方案，并应符合下列要求：

1 平面形状宜简单、规则，凹凸不宜过大；竖向布置宜规则、均匀，避免过大的外挑和内收。

表 F.1.2 配筋混凝土小型空心砌块抗震墙房屋的抗震等级

烈 度	6度		7度		8度		9度
高度(m)	≤24	>24	≤24	>24	≤24	>24	≤24
抗震等级	四	三	三	二	二	一	一

注：接近或等于高度分界时，可结合房屋不规则程度及场地、地基条件确定抗震等级。

2 纵横向抗震墙宜拉通对直；每个独立墙段长度不宜大于 8m，且不宜小于墙厚的 5 倍；墙段的总高度与墙段长度之比不宜小于 2；门洞口宜上下对齐，成列布置。

3 采用现浇钢筋混凝土楼、屋盖时，抗震横墙的最大间距，应符合表 F.1.3 的要求。

表 F.1.3 配筋混凝土小型空心砌块抗震横墙的最大间距

烈 度	6度	7度	8度	9度
最大间距(m)	15	15	11	7

4 房屋需要设置防震缝时，其最小宽度应符合下列要求：

当房屋高度不超过 24m 时，可采用 100mm；当超过 24m 时，6 度、7 度、8 度和 9 度相应每增加 6m、5m、4m 和 3m，宜加宽 20mm。

F.1.4 配筋混凝土小型空心砌块抗震墙房屋的层高应符合下列要求：

1 底部加强部位的层高，一、二级不宜大于 3.2m，三、四级不应大于 3.9m。

2 其他部位的层高，一、二级不应大于 3.9m，三、四级不应大于 4.8m。

注：底部加强部位指不小于房屋高度的 1/6 且不小于底部二层的高度范围，房屋总高度小于 21m 时取一层。

F.1.5 配筋混凝土小型空心砌块抗震墙的短肢墙应符合下列要求：

1 不应采用全部为短肢墙的配筋小砌块抗震墙结构，应形成短肢抗震墙与一般抗震墙共同抵抗水平地震作用的抗震墙结构。9 度时不宜采用短肢墙。

2 在规定的水平力作用下，一般抗震墙承受的底部地震倾覆力矩不应小于结构总倾覆力矩的 50%，且短肢抗震墙截面面积与同层抗震墙总截面面积比例，两个主轴方向均不宜大于 20%。

3 短肢墙宜设置翼墙；不应在一字形短肢墙平面外布置与之单侧相交的楼、屋面梁。

4 短肢墙的抗震等级应比表 F.1.2 的规定提高一级采用；已为一级时，配筋应按 9 度的要求提高。

注：短肢抗震墙指墙肢截面高度与宽度之比为 5～8 的抗震墙，一般抗震墙指墙肢截面高度与宽度之比大于 8 的抗震墙。"L"形、"T"形、"十"形等多肢墙截面的长短肢性质应由较长一肢确定。

F.2 计 算 要 点

F.2.1 配筋混凝土小型空心砌块抗震墙房屋抗震计算时，应按本节规定调整地震作用效应；6 度时可不进行截面抗震验算，但应按本附录的有关要求采取抗震构造措施。配筋混凝土小砌块抗震墙房屋应进行多遇地震作用下的抗震变形验算，其楼层内最大的弹性层间位移角，底层不宜超过 1/1200，其他楼层不宜超过 1/800。

F.2.2 配筋混凝土小砌块抗震墙承载力计算时，底部加强部位截面的组合剪力设计值应按下列规定调整：

$$V = \eta_{vw} V_w \qquad (F.2.2)$$

式中：V——抗震墙底部加强部位截面组合的剪力设计值；

V_w——抗震墙底部加强部位截面组合的剪力计算值；

η_{vw}——剪力增大系数，一级取 1.6，二级取 1.4，三级取 1.2，四级取 1.0。

F.2.3 配筋混凝土小型空心砌块抗震墙截面组合的剪力设计值，应符合下列要求：

剪跨比大于 2

$$V \leqslant \frac{1}{\gamma_{RE}}(0.2 f_g bh) \qquad (F.2.3\text{-}1)$$

剪跨比不大于 2

$$V \leqslant \frac{1}{\gamma_{RE}}(0.15 f_g bh) \qquad (F.2.3\text{-}2)$$

式中：f_g——灌孔小砌块砌体抗压强度设计值；

b——抗震墙截面宽度；

h——抗震墙截面高度；

γ_{RE}——承载力抗震调整系数，取 0.85。

注：剪跨比按本规范式（6.2.9-3）计算。

F.2.4 偏心受压配筋混凝土小型空心砌块抗震墙截面受剪承载力，应按下列公式验算：

$$V \leqslant \frac{1}{\gamma_{RE}}\left[\frac{1}{\lambda - 0.5}(0.48 f_{gv} bh_0 + 0.1N) + 0.72 f_{yh}\frac{A_{sh}}{s}h_0\right] \qquad (F.2.4\text{-}1)$$

$$0.5V \leqslant \frac{1}{\gamma_{RE}}\left(0.72 f_{yh}\frac{A_{sh}}{s}h_0\right) \qquad (F.2.4\text{-}2)$$

式中：N——抗震墙组合的轴向压力设计值；当 $N > 0.2 f_g bh$ 时，取 $N = 0.2 f_g bh$；

λ——计算截面处的剪跨比，取 $\lambda = M/Vh_0$；小于 1.5 时取 1.5，大于 2.2 时取 2.2；

f_{gv} ——灌孔小砌块砌体抗剪强度设计值；$f_{gv}=0.2f_g^{0.55}$；

A_{sh} ——同一截面的水平钢筋截面面积；

s ——水平分布筋间距；

f_{yh} ——水平分布筋抗拉强度设计值；

h_0 ——抗震墙截面有效高度。

F.2.5 在多遇地震作用组合下，配筋混凝土小型空心砌块抗震墙的墙肢不应出现小偏心受拉。大偏心受拉配筋混凝土小型空心砌块抗震墙，其斜截面受剪承载力应按下列公式计算：

$$V \leqslant \frac{1}{\gamma_{RE}}\left[\frac{1}{\lambda-0.5}(0.48f_{gv}bh_0-0.17N)+0.72f_{yh}\frac{A_{sh}}{s}h_0\right] \quad (F.2.5\text{-}1)$$

$$0.5V \leqslant \frac{1}{\gamma_{RE}}\left(0.72f_{yh}\frac{A_{sh}}{s}h_0\right) \quad (F.2.5\text{-}2)$$

当 $0.48f_{gv}bh_0-0.17N \leqslant 0$ 时，取 $0.48f_{gv}bh_0-0.17N=0$

式中：N——抗震墙组合的轴向拉力设计值。

F.2.6 配筋小型空心砌块抗震墙跨高比大于2.5的连梁宜采用钢筋混凝土连梁，其截面组合的剪力设计值和斜截面受剪承载力，应符合现行国家标准《混凝土结构设计规范》GB 50010对连梁的有关规定。

F.2.7 抗震墙采用配筋混凝土小型空心砌块砌体连梁时，应符合下列要求：

1 连梁的截面应满足下式的要求：

$$V \leqslant \frac{1}{\gamma_{RE}}(0.15f_gbh_0) \quad (F.2.7\text{-}1)$$

2 连梁的斜截面受剪承载力应按下式计算：

$$V \leqslant \frac{1}{\gamma_{RE}}\left(0.56f_{gv}bh_0+0.7f_{yv}\frac{A_{sv}}{s}h_0\right) \quad (F.2.7\text{-}2)$$

式中：A_{sv}——配置在同一截面内的箍筋各肢的全部截面面积；

f_{yv}——箍筋的抗拉强度设计值。

F.3 抗震构造措施

F.3.1 配筋混凝土小型空心砌块抗震墙房屋的灌孔混凝土应采用坍落度大、流动性及和易性好，并与砌块结合良好的混凝土，灌孔混凝土的强度等级不应低于Cb20。

F.3.2 配筋混凝土小型空心砌块抗震墙房屋的抗震墙，应全部用灌孔混凝土灌实。

F.3.3 配筋混凝土小型空心砌块抗震墙的横向和竖向分布钢筋应符合表F.3.3-1和F.3.3-2的要求；横向分布钢筋宜双排布置，双排分布钢筋之间拉结筋的间距不应大于400mm，直径不应小于6mm；竖向分布钢筋宜采用单排布置，直径不应大于25mm。

表 F.3.3-1 配筋混凝土小型空心砌块抗震墙横向分布钢筋构造要求

抗震等级	最小配筋率（%）		最大间距（mm）	最小直径（mm）
	一般部位	加强部位		
一 级	0.13	0.15	400	ϕ8
二 级	0.13	0.13	600	ϕ8
三 级	0.11	0.13	600	ϕ8
四 级	0.10	0.10	600	ϕ6

注：9度时配筋率不应小于0.2%；在顶层和底部加强部位，最大间距不应大于400mm。

表 F.3.3-2 配筋混凝土小型空心砌块抗震墙竖向分布钢筋构造要求

抗震等级	最小配筋率（%）		最大间距（mm）	最小直径（mm）
	一般部位	加强部位		
一 级	0.15	0.15	400	ϕ12
二 级	0.13	0.13	600	ϕ12
三 级	0.11	0.13	600	ϕ12
四 级	0.10	0.10	600	ϕ12

注：9度时配筋率不应小于0.2%；在顶层和底部加强部位，最大间距应适当减小。

F.3.4 配筋混凝土小型空心砌块抗震墙在重力荷载代表值作用下的轴压比，应符合下列要求：

1 一般墙体的底部加强部位，一级（9度）不宜大于0.4，一级（8度）不宜大于0.5，二、三级不宜大于0.6；一般部位，均不宜大于0.6。

2 短肢墙体全高范围，一级不宜大于0.50，二、三级不宜大于0.60；对于无翼缘的一字形短肢墙，其轴压比限值应相应降低0.1。

3 各向墙肢截面均为 $3b<h<5b$ 的独立小墙肢，一级不宜大于0.4，二、三级不宜大于0.5；对于无翼缘的一字形独立小墙肢，其轴压比限值应相应降低0.1。

F.3.5 配筋混凝土小型空心砌块抗震墙墙肢端部应设置边缘构件；底部加强部位的轴压比，一级大于0.2和二级大于0.3时，应设置约束边缘构件。构造边缘构件的配筋范围：无翼墙端部为3孔配筋；“L”形转角节点为3孔配筋；“T”形转角节点为4孔配筋；边缘构件范围内应设置水平箍筋，最小配筋应符合表F.3.5的要求。约束边缘构件的范围应沿受力方向比构造边缘构件增加1孔，水平箍筋应相应加强，也可采用混凝土边框柱加强。

表 F.3.5 抗震墙边缘构件的配筋要求

抗震等级	每孔竖向钢筋最小配筋量		水平箍筋最小直径	水平箍筋最大间距
	底部加强部位	一般部位		
一级	1ϕ20	1ϕ18	ϕ8	200mm

续表 F.3.5

抗震等级	每孔竖向钢筋最小配筋量		水平箍筋最小直径	水平箍筋最大间距
	底部加强部位	一般部位		
二级	1ϕ18	1ϕ16	ϕ6	200mm
三级	1ϕ16	1ϕ14	ϕ6	200mm
四级	1ϕ14	1ϕ12	ϕ6	200mm

注：1 边缘构件水平箍筋宜采用搭接点焊网片形式；

2 一、二、三级时，边缘构件箍筋应采用不低于HRB335级的热轧钢筋；

3 二级轴压比大于0.3时，底部加强部位水平箍筋的最小直径不应小于8mm。

F.3.6 配筋混凝土小型空心砌块抗震墙内竖向和横向分布钢筋的搭接长度不应小于48倍钢筋直径，锚固长度不应小于42倍钢筋直径。

F.3.7 配筋混凝土小型空心砌块抗震墙的横向分布钢筋，沿墙长应连续设置，两端的锚固应符合下列规定：

1 一、二级的抗震墙，横向分布钢筋可绕竖向主筋弯180度弯钩，弯钩端部直段长度不宜小于12倍钢筋直径；横向分布钢筋亦可弯入端部灌孔混凝土中，锚固长度不应小于30倍钢筋直径且不应小于250mm。

2 三、四级的抗震墙，横向分布钢筋可弯入端部灌孔混凝土中，锚固长度不应小于25倍钢筋直径且不应小于200mm。

F.3.8 配筋混凝土小型空心砌块抗震墙中，跨高比小于2.5的连梁可采用砌体连梁；其构造应符合下列要求：

1 连梁的上下纵向钢筋锚入墙内的长度，一、二级不应小于1.15倍锚固长度，三级不应小于1.05倍锚固长度，四级不应小于锚固长度；且均不应小于600mm。

2 连梁的箍筋应沿梁全长设置；箍筋直径，一级不小于10mm，二、三、四级不小于8mm；箍筋间距，一级不大于75mm，二级不大于100mm，三级不大于120mm。

3 顶层连梁在伸入墙体的纵向钢筋长度范围内应设置间距不大于200mm的构造箍筋，其直径应与该连梁的箍筋直径相同。

4 自梁顶面下200mm至梁底面上200mm范围内应增设腰筋，其间距不大于200mm；每层腰筋的数量，一级不少于2ϕ12，二～四级不少于2ϕ10；腰筋伸入墙内的长度不应小于30倍的钢筋直径且不应小于300mm；

5 连梁内不宜开洞，需要开洞时应符合下列要求：

1）在跨中梁高1/3处预埋外径不大于200mm的钢套管；

2）洞口上下的有效高度不应小于1/3梁高，且不应小于200mm；

3）洞口处应配补强钢筋，被洞口削弱的截面应进行受剪承载力验算。

F.3.9 配筋混凝土小型空心砌块抗震墙的圈梁构造，应符合下列要求：

1 墙体在基础和各楼层标高处均应设置现浇钢筋混凝土圈梁，圈梁的宽度应同墙厚，其截面高度不宜小于200mm。

2 圈梁混凝土抗压强度不应小于相应灌孔小砌块砌体的强度，且不应小于C20。

3 圈梁纵向钢筋直径不应小于墙中横向分布钢筋的直径，且不应小于4ϕ12；基础圈梁纵筋不应小于4ϕ12；圈梁及基础圈梁箍筋直径不应小于8mm，间距不应大于200mm；当圈梁高度大于300mm时，应沿圈梁截面高度方向设置腰筋，其间距不应大于200mm，直径不应小于10mm。

4 圈梁底部嵌入墙顶小砌块孔洞内，深度不宜小于30mm；圈梁顶部应是毛面。

F.3.10 配筋混凝土小型空心砌块抗震墙房屋的楼、屋盖，高层建筑和9度时应采用现浇钢筋混凝土板，多层建筑宜采用现浇钢筋混凝土板；抗震等级为四级时，也可采用装配整体式钢筋混凝土楼盖。

附录G 钢支撑-混凝土框架和钢框架-钢筋混凝土核心筒结构房屋抗震设计要求

G.1 钢支撑-钢筋混凝土框架

G.1.1 抗震设防烈度为6～8度且房屋高度超过本规范第6.1.1条规定的钢筋混凝土框架结构最大适用高度时，可采用钢支撑-混凝土框架组成抗侧力体系的结构。

按本节要求进行抗震设计时，其适用的最大高度不宜超过本规范第6.1.1条钢筋混凝土框架结构和框架-抗震墙结构二者最大适用高度的平均值。超过最大适用高度的房屋，应进行专门研究和论证，采取有效的加强措施。

G.1.2 钢支撑-混凝土框架结构房屋应根据设防类别、烈度和房屋高度采用不同的抗震等级，并应符合相应的计算和构造措施要求。丙类建筑的抗震等级，钢支撑框架部分应比本规范第8.1.3条和第6.1.2条框架结构的规定提高一个等级，钢筋混凝土框架部分仍按本规范第6.1.2条框架结构确定。

G.1.3 钢支撑-混凝土框架结构的结构布置，应符合下列要求：

1 钢支撑框架应在结构的两个主轴方向同时设置。

2 钢支撑宜上下连续布置，当受建筑方案影响无法连续布置时，宜在邻跨延续布置。

3 钢支撑宜采用交叉支撑，也可采用人字支撑或V形支撑；采用单支撑时，两方向的斜杆应基本对称布置。

4 钢支撑在平面内的布置应避免导致扭转效应；钢支撑之间无大洞口的楼、屋盖的长宽比，宜符合本规范6.1.6条对抗震墙间距的要求；楼梯间宜布置钢支撑。

5 底层的钢支撑框架按刚度分配的地震倾覆力矩应大于结构总地震倾覆力矩的50%。

G.1.4 钢支撑-混凝土框架结构的抗震计算，尚应符合下列要求：

1 结构的阻尼比不应大于0.045，也可按混凝土框架部分和钢支撑部分在结构总变形能所占的比例折算为等效阻尼比。

2 钢支撑框架部分的斜杆，可按端部铰接杆计算。当支撑斜杆的轴线偏离混凝土柱轴线超过柱宽1/4时，应考虑附加弯矩。

3 混凝土框架部分承担的地震作用，应按框架结构和支撑框架结构两种模型计算，并宜取二者的较大值。

4 钢支撑-混凝土框架的层间位移限值，宜按框架和框架-抗震墙结构内插。

G.1.5 钢支撑与混凝土柱的连接构造，应符合本规范第9.1节关于单层钢筋混凝土柱厂房支撑与柱连接的相关要求。钢支撑与混凝土梁的连接构造，应符合连接不先于支撑破坏的要求。

G.1.6 钢支撑-混凝土框架结构中，钢支撑部分尚应按本规范第8章、现行国家标准《钢结构设计规范》GB 50017的规定进行设计；钢筋混凝土框架部分尚应按本规范第6章的规定进行设计。

G.2 钢框架-钢筋混凝土核心筒结构

G.2.1 抗震设防烈度为6～8度且房屋高度超过本规范第6.1.1条规定的混凝土框架-核心筒结构最大适用高度时，可采用钢框架-混凝土核心筒组成抗侧力体系的结构。

按本节要求进行抗震设计时，其适用的最大高度不宜超过本规范第6.1.1条钢筋混凝土框架-核心筒结构最大适用高度和本规范第8.1.1条钢框架-中心支撑结构最大适用高度二者的平均值。超过最大适用高度的房屋，应进行专门研究和论证，采取有效的加强措施。

G.2.2 钢框架-混凝土核心筒结构房屋应根据设防类别、烈度和房屋高度采用不同的抗震等级，并应符合相应的计算和构造措施要求。丙类建筑的抗震等级，钢框架部分仍按本规范第8.1.3条确定，混凝土部分应比本规范第6.1.2条的规定提高一个等级（8度时应高于一级）。

G.2.3 钢框架-钢筋混凝土核心筒结构房屋的结构布置，尚应符合下列要求：

1 钢框架-核心筒结构的钢外框架梁、柱的连接应采用刚接；楼面梁宜采用钢梁。混凝土墙体与钢梁刚接的部位宜设置连接用的构造型钢。

2 钢框架部分按刚度计算分配的最大楼层地震剪力，不宜小于结构总地震剪力的10%。当小于10%时，核心筒的墙体承担的地震作用应适当增大；墙体构造的抗震等级宜提高一级，一级时应适当提高。

3 钢框架-核心筒结构的楼盖应具有良好的刚度并确保罕遇地震作用下的整体性。楼盖应采用压型钢板组合楼盖或现浇钢筋混凝土楼板，并采取措施加强楼盖与钢梁的连接。当楼面有较大开口或属于转换层楼面时，应采用现浇实心楼盖等措施加强。

4 当钢框架柱下部采用型钢混凝土柱时，不同材料的框架柱连接处应设置过渡层，避免刚度和承载力突变。过渡层钢柱计入外包混凝土后，其截面刚度可按过渡层下部型钢混凝土柱和过渡层上部钢柱二者截面刚度的平均值设计。

G.2.4 钢框架-钢筋混凝土核心筒结构的抗震计算，尚应符合下列要求：

1 结构的阻尼比不应大于0.045，也可按钢筋混凝土筒体部分和钢框架部分在结构总变形能所占的比例折算为等效阻尼比。

2 钢框架部分除伸臂加强层及相邻楼层外的任一楼层按计算分配的地震剪力应乘以增大系数，达到不小于结构底部总地震剪力的20%和框架部分计算最大楼层地震剪力1.5倍二者的较小值，且不少于结构底部地震剪力的15%。由地震作用产生的该楼层框架各构件的剪力、弯矩、轴力计算值均应进行相应调整。

3 结构计算宜考虑钢框架柱和钢筋混凝土墙体轴向变形差异的影响。

4 结构层间位移限值，可采用钢筋混凝土结构的限值。

G.2.5 钢框架-钢筋混凝土核心筒结构房屋中的钢结构、混凝土结构部分尚应按本规范第6章、第8章和现行国家标准《钢结构设计规范》GB 50017及现行有关行业标准的规定进行设计。

附录H 多层工业厂房抗震设计要求

H.1 钢筋混凝土框排架结构厂房

H.1.1 本节适用于由钢筋混凝土框架与排架侧向连接组成的侧向框排架结构厂房、下部为钢筋混凝土框架上部顶层为排架的竖向框排架结构厂房的抗震设计。当本节未作规定时，其抗震设计应按本规范第6章和第9.1节的有关规定执行。

H.1.2 框排架结构厂房的框架部分应根据烈度、结构类型和高度采用不同的抗震等级，并应符合相应的计算和构造措施要求。

不设置贮仓时，抗震等级可按本规范第6章确定；设置贮仓时，侧向框排架的抗震等级可按现行国家标准《构筑物抗震设计规范》GB 50191的规定采用，竖向框排架的抗震等级应按本规范第6章框架的高度分界降低4m确定。

注：框架设置贮仓，但竖壁的跨高比大于2.5，仍按不设置贮仓的框架确定抗震等级。

H.1.3 厂房的结构布置，应符合下列要求：

1 厂房的平面宜为矩形，立面宜简单、对称。

2 在结构单元平面内，框架、柱间支撑等抗侧力构件宜对称均匀布置，避免抗侧力结构的侧向刚度和承载力产生突变。

3 质量大的设备不宜布置在结构单元的边缘楼层上，宜设置在距刚度中心较近的部位；当不可避免时宜将设备平台与主体结构分开，或在满足工艺要求的条件下尽量低位布置。

H.1.4 竖向框排架厂房的结构布置，尚应符合下列要求：

1 屋盖宜采用无檩屋盖体系；当采用其他屋盖体系时，应加强屋盖支撑设置和构件之间的连接，保证屋盖具有足够的水平刚度。

2 纵向端部应设屋架、屋面梁或采用框架结构承重，不应采用山墙承重；排架跨内不应采用横墙和排架混合承重。

3 顶层的排架跨，尚应满足下列要求：

1）排架重心宜与下部结构刚度中心接近或重合，多跨排架宜等高等长；

2）楼盖应现浇，顶层排架嵌固楼层应避免开设大洞口，其楼板厚度不宜小于150mm；

3）排架柱应竖向连续延伸至底部；

4）顶层排架设置纵向柱间支撑处，楼盖不应设有楼梯间或开洞；柱间支撑斜杆中心线应与连接处的梁柱中心线汇交于一点。

H.1.5 竖向框排架厂房的地震作用计算，尚应符合下列要求：

1 地震作用的计算宜采用空间结构模型，质点宜设置在梁柱轴线交点、牛腿、柱顶、柱变截面处和柱上集中荷载处。

2 确定重力荷载代表值时，可变荷载应根据行业特点，对楼面活荷载取相应的组合值系数。贮料的荷载组合值系数可采用0.9。

3 楼层有贮仓和支承重心较高的设备时，支承构件和连接应计及料斗、贮仓和设备水平地震作用产生的附加弯矩。该水平地震作用可按下式计算：

$$F_s = \alpha_{max}(1.0 + H_x/H_n)G_{eq} \quad (H.1.5)$$

式中：F_s——设备或料斗重心处的水平地震作用标准值；

α_{max}——水平地震影响系数最大值；

G_{eq}——设备或料斗的重力荷载代表值；

H_x——设备或料斗重心至室外地坪的距离；

H_n——厂房高度。

H.1.6 竖向框排架厂房的地震作用效应调整和抗震验算，应符合下列规定：

1 一、二、三、四级支承贮仓竖壁的框架柱，按本规范第6.2.2、6.2.3、6.2.5条调整后的组合弯矩设计值、剪力设计值尚应乘以增大系数，增大系数不应小于1.1。

2 竖向框排架结构与排架柱相连的顶层框架节点处，柱端组合的弯矩设计值应按第6.2.2条进行调整，其他顶层框架节点处的梁端、柱端弯矩设计值可不调整。

3 顶层排架设置纵向柱间支撑时，与柱间支撑相连排架柱的下部框架柱，一、二级框架柱由地震引起的附加轴力应分别乘以调整系数1.5、1.2；计算轴压比时，附加轴力可不乘以调整系数。

4 框排架厂房的抗震验算，尚应符合下列要求：

1）8度Ⅲ、Ⅳ类场地和9度时，框排架结构的排架柱及伸出框架跨屋顶支承排架跨屋盖的单柱，应进行弹塑性变形验算，弹塑性位移角限值可取1/30。

2）当一、二级框架梁柱节点两侧梁截面高度差大于较高梁截面高度的25%或500mm时，尚应按下式验算节点下柱抗震受剪承载力：

$$\frac{\eta_{jb} M_{b1}}{h_{01} - a'_s} - V_{col} \leqslant V_{RE} \quad (H.1.6\text{-}1)$$

9度及一级时可不符合上式，但应符合：

$$\frac{1.15 M_{b1ua}}{h_{01} - a'_s} - V_{col} \leqslant V_{RE} \quad (H.1.6\text{-}2)$$

式中：η_{jb}——节点剪力增大系数，一级取1.35，二级取1.2；

M_{b1}——较高梁端梁底组合弯矩设计值；

M_{b1ua}——较高梁端实配梁底正截面抗震受弯承载力所对应的弯矩值，根据实配钢筋面积（计入受压钢筋）和材料强度标准值确定；

h_{01}——较高梁截面的有效高度；

a'_s——较高梁端梁底受拉时，受压钢筋合力点至受压边缘的距离；

V_{col}——节点下柱计算剪力设计值；

V_{RE} ——节点下柱抗震受剪承载力设计值。

H.1.7 竖向框排架厂房的基本抗震构造措施尚应符合下列要求：

1 支承贮仓的框架柱轴压比不宜超过本规范表6.3.6中框架结构的规定数值减少0.05。

2 支承贮仓的框架柱纵向钢筋最小总配筋率应不小于本规范表6.3.7中对角柱的要求。

3 竖向框排架结构的顶层排架设置纵向柱间支撑时，与柱间支撑相连排架柱的下部框架柱，纵向钢筋配筋率、箍筋的配置应满足本规范第6.3.7条中对于框支柱的要求；箍筋加密区取柱全高。

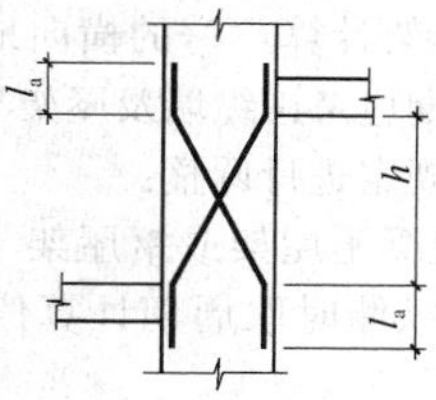

h—短柱净高；

l_a—斜筋锚固长度

图 H.1.7

4 框架柱的剪跨比不大于1.5时，应符合下列规定：

1）箍筋应按提高一级抗震等级配置，一级时应适当提高箍筋的要求；

2）框架柱每个方向应配置两根对角斜筋（图H.1.7），对角斜筋的直径，一、二级框架不应小于20mm和18mm，三、四级框架不应小于16mm；对角斜筋的锚固长度，不应小于40倍斜筋直径。

5 框架柱段内设置牛腿时，牛腿及上下各500mm范围内的框架柱箍筋应加密；牛腿的上下柱段净高与柱截面高度之比不大于4时，柱箍筋应全高加密。

H.1.8 侧向框排架结构的结构布置、地震作用效应调整和抗震验算，以及无檩屋盖和有檩屋盖的支撑布置，应分别符合现行国家标准《构筑物抗震设计规范》GB 50191的有关规定。

H.2 多层钢结构厂房

H.2.1 本节适用于钢结构的框架、支撑框架、框排架等结构体系的多层厂房。本节未作规定时，多层部分可按本规范第8章的有关规定执行，其抗震等级的高度分界应比本规范第8.1节规定降低10m；单层部分可按本规范第9.2节的规定执行。

H.2.2 多层钢结构厂房的布置，除应符合本规范第8章的有关要求外，尚应符合下列规定：

1 平面形状复杂、各部分构架高度差异大或楼层荷载相差悬殊时，应设防震缝或采取其他措施。当设置防震缝时，缝宽不应小于相应混凝土结构房屋的1.5倍。

2 重型设备宜低位布置。

3 当设备重量直接由基础承受，且设备竖向需要穿过楼层时，厂房楼层应与设备分开。设备与楼层之间的缝宽，不得小于防震缝的宽度。

4 楼层上的设备不应跨越防震缝布置；当运输机、管线等长条设备必须穿越防震缝布置时，设备应具有适应地震时结构变形的能力或防止断裂的措施。

5 厂房内的工作平台结构与厂房框架结构宜采用防震缝脱开布置。当与厂房结构连接成整体时，平台结构的标高宜与厂房框架的相应楼层标高一致。

H.2.3 多层钢结构厂房的支撑布置，应符合下列要求：

1 柱间支撑宜布置在荷载较大的柱间，且在同一柱间上下贯通；当条件限制必须错开布置时，应在紧邻柱间连续布置，并宜适当增加相近楼层或屋面的水平支撑或柱间支撑搭接一层，确保支撑承担的水平地震作用可靠传递至基础。

2 有抽柱的结构，应适当增加相近楼层、屋面的水平支撑，并在相邻柱间设置竖向支撑。

3 当各榀框架侧向刚度相差较大、柱间支撑布置又不规则时，采用钢铺板的楼盖，应设置楼盖水平支撑。

4 各柱列的纵向刚度宜相等或接近。

H.2.4 厂房楼盖宜采用现浇混凝土的组合楼板，亦可采用装配整体式楼盖或钢铺板，尚应符合下列要求：

1 混凝土楼盖应与钢梁有可靠的连接。

2 当楼板开设孔洞时，应有可靠的措施保证楼板传递地震作用。

H.2.5 框排架结构应设置完整的屋盖支撑，尚应符合下列要求：

1 排架的屋盖横梁与多层框架的连接支座的标高，宜与多层框架相应楼层标高一致，并应沿单层与多层相连柱列全长设置屋盖纵向水平支撑。

2 高跨和低跨宜按各自的标高组成相对独立的封闭支撑体系。

H.2.6 多层钢结构厂房的地震作用计算，尚应符合下列规定：

1 一般情况下，宜采用空间结构模型分析；当结构布置规则，质量分布均匀时，亦可分别沿结构横向和纵向进行验算。现浇钢筋混凝土楼板，当板面开孔较小且用抗剪连接件与钢梁连接成为整体时，可视为刚性楼盖。

2 在多遇地震下，结构阻尼比可采用0.03～0.04；在罕遇地震下，阻尼比可采用0.05。

3 确定重力荷载代表值时，可变荷载应根据行业的特点，对楼面检修荷载、成品或原料堆积楼面荷载、设备和料斗及管道内的物料等，采用相应的组合值系数。

4 直接支承设备、料斗的构件及其连接，应计入设备等产生的地震作用。一般的设备对支承构件及其连接产生的水平地震作用，可按本附录第H.1.5条的规定计算；该水平地震作用对支承构件产生的弯矩、扭矩，取设备重心至支承构件形心距离计算。

H.2.7 多层钢结构厂房构件和节点的抗震承载力验算，尚应符合下列规定：

1 按本规范式（8.2.5）验算节点左右梁端和上下柱端的全塑性承载力时，框架柱的强柱系数，一级和地震作用控制时，取1.25；二级和1.5倍地震作用控制时，取1.20；三级和2倍地震作用控制时，取1.10。

2 下列情况可不满足本规范式（8.2.5）的要求：

1）单层框架的柱顶或多层框架顶层的柱顶；

2）不满足本规范式（8.2.5）的框架柱沿验算方向的受剪承载力总和小于该楼层框架受剪承载力的20%；且该楼层每一柱列不满足本规范式（8.2.5）的框架柱的受剪承载力总和小于本柱列全部框架柱受剪承载力总和的33%。

3 柱间支撑杆件设计内力与其承载力设计值之比不宜大于0.8；当柱间支撑承担不小于70%的楼层剪力时，不宜大于0.65。

H.2.8 多层钢结构厂房的基本抗震构造措施，尚应符合下列规定：

1 框架柱的长细比不宜大于150；当轴压比大于0.2时，不宜大于$125(1-0.8N/Af)\sqrt{235/f_y}$。

2 厂房框架柱、梁的板件宽厚比，应符合下列要求：

1）单层部分和总高度不大于40m的多层部分，可按本规范第9.2节规定执行；

2）多层部分总高度大于40m时，可按本规范第8.3节规定执行。

3 框架梁、柱的最大应力区，不得突然改变翼缘截面，其上下翼缘均应设置侧向支承，此支承点与相邻支承点之间距应符合现行《钢结构设计规范》GB 50017中塑性设计的有关要求。

4 柱间支撑构件宜符合下列要求：

1）多层框架部分的柱间支撑，宜与框架横梁组成X形或其他有利于抗震的形式，其长细比不宜大于150；

2）支撑杆件的板件宽厚比应符合本规范第9.2节的要求。

5 框架梁采用高强度螺栓摩擦型拼接时，其位置宜避开最大应力区（1/10梁净跨和1.5倍梁高的较大值）。梁翼缘拼接时，在平行于内力方向的高强度螺栓不宜少于3排，拼接板的截面模量应大于被拼接截面模量的1.1倍。

6 厂房柱脚应能保证传递柱的承载力，宜采用埋入式、插入式或外包式柱脚，并按本规范第9.2节的规定执行。

附录J 单层厂房横向平面排架地震作用效应调整

J.1 基本自振周期的调整

J.1.1 按平面排架计算厂房的横向地震作用时，排架的基本自振周期应考虑纵墙及屋架与柱连接的固结作用，可按下列规定进行调整：

1 由钢筋混凝土屋架或钢屋架与钢筋混凝土柱组成的排架，有纵墙时取周期计算值的80%，无纵墙时取90%；

2 由钢筋混凝土屋架或钢屋架与砖柱组成的排架，取周期计算值的90%；

3 由木屋架、钢木屋架或轻钢屋架与砖柱组成排架，取周期计算值。

J.2 排架柱地震剪力和弯矩的调整系数

J.2.1 钢筋混凝土屋盖的单层钢筋混凝土柱厂房，按本规范第J.1.1条确定基本自振周期且按平面排架计算的排架柱地震剪力和弯矩，当符合下列要求时，可考虑空间工作和扭转影响，并按本规范第J.2.3条的规定调整：

1 7度和8度；

2 厂房单元屋盖长度与总跨度之比小于8或厂房总跨度大于12m；

3 山墙的厚度不小于240mm，开洞所占的水平截面积不超过总面积50%，并与屋盖系统有良好的连接；

4 柱顶高度不大于15m。

注：1 屋盖长度指山墙到山墙的间距，仅一端有山墙时，应取所考虑排架至山墙的距离；

2 高低跨相差较大的不等高厂房，总跨度可不包括低跨。

J.2.2 钢筋混凝土屋盖和密铺望板瓦木屋盖的单层砖柱厂房，按本规范第J.1.1条确定基本自振周期且按平面排架计算的排架柱地震剪力和弯矩，当符合下列要求时，可考虑空间工作，并按本规范第J.2.3条的规定调整：

1 7度和8度；

2 两端均有承重山墙；

3 山墙或承重（抗震）横墙的厚度不小于240mm，开洞所占的水平截面积不超过总面积50%，并与屋盖系统有良好的连接；

4 山墙或承重（抗震）横墙的长度不宜小于其高度；

5 单元屋盖长度与总跨度之比小于 8 或厂房总跨度大于 12m。

注：屋盖长度指山墙到山墙或承重（抗震）横墙的间距。

J. 2. 3 排架柱的剪力和弯矩应分别乘以相应的调整系数，除高低跨度交接处上柱以外的钢筋混凝土柱，其值可按表 J. 2. 3-1 采用，两端均有山墙的砖柱，其值可按表 J. 2. 3-2 采用。

表 J. 2. 3-1 钢筋混凝土柱（除高低跨交接处上柱外）考虑空间工作和扭转影响的效应调整系数

屋盖	山墙		屋盖长度(m)											
			≤30	36	42	48	54	60	66	72	78	84	90	96
钢筋混凝土无檩屋盖	两端山墙	等高厂房	—	—	0.75	0.75	0.75	0.80	0.80	0.80	0.85	0.85	0.85	0.90
		不等高厂房	—	—	0.85	0.85	0.85	0.90	0.90	0.90	0.95	0.95	0.95	1.00
	一端山墙		1.05	1.15	1.20	1.25	1.30	1.30	1.30	1.30	1.35	1.35	1.35	1.35
钢筋混凝土有檩屋盖	两端山墙	等高厂房	—	—	0.80	0.85	0.90	0.95	0.95	1.00	1.00	1.05	1.05	1.10
		不等高厂房	—	—	0.85	0.90	0.95	1.00	1.00	1.05	1.05	1.10	1.10	1.15
	一端山墙		1.00	1.05	1.10	1.10	1.15	1.15	1.15	1.20	1.20	1.20	1.25	1.25

表 J. 2. 3-2 砖柱考虑空间作用的效应调整系数

屋盖类型	山墙或承重(抗震)横墙间距(m)										
	≤12	18	24	30	36	42	48	54	60	66	72
钢筋混凝土无檩屋盖	0.60	0.65	0.70	0.75	0.80	0.85	0.85	0.90	0.95	0.95	1.00
钢筋混凝土有檩屋盖或密铺望板瓦木屋盖	0.65	0.70	0.75	0.80	0.90	0.95	0.95	1.00	1.05	1..05	1.10

J. 2. 4 高低跨交接处的钢筋混凝土柱的支承低跨屋盖牛腿以上各截面，按底部剪力法求得的地震剪力和弯矩应乘以增大系数，其值可按下式采用：

$$\eta = \zeta\left(1 + 1.7\frac{n_h}{n_0}\cdot\frac{G_{EL}}{G_{Eh}}\right) \qquad (J.2.4)$$

式中：η——地震剪力和弯矩的增大系数；

ζ——不等高厂房低跨交接处的空间工作影响系数，可按表 J. 2. 4 采用；

n_h——高跨的跨数；

n_0——计算跨数，仅一侧有低跨时应取总跨数，两侧均有低跨时应取总跨数与高跨跨数之和；

G_{EL}——集中于交接处一侧各低跨屋盖标高处的总重力荷载代表值；

G_{Eh}——集中于高跨柱顶标高处的总重力荷载代表值。

表 J. 2. 4 高低跨交接处钢筋混凝土上柱空间工作影响系数

屋盖	山墙	屋盖长度(m)										
		≤36	42	48	54	60	66	72	78	84	90	96
钢筋混凝土无檩屋盖	两端山墙	—	0.70	0.76	0.82	0.88	0.94	1.00	1.06	1.06	1.06	1.06
	一端山墙	1.25										
钢筋混凝土有檩屋盖	两端山墙	—	0.90	1.00	1.05	1.10	1.10	1.15	1.15	1.15	1.20	1.20
	一端山墙	1.05										

J. 2. 5 钢筋混凝土柱单层厂房的吊车梁顶标高处的上柱截面，由起重机桥架引起的地震剪力和弯矩应乘以增大系数，当按底部剪力法等简化计算方法计算时，其值可按表 J. 2. 5 采用。

表 J. 2. 5 桥架引起的地震剪力和弯矩增大系数

屋盖类型	山 墙	边 柱	高低跨柱	其他中柱
钢筋混凝土无檩屋盖	两端山墙	2.0	2.5	3.0
	一端山墙	1.5	2.0	2.5
钢筋混凝土有檩屋盖	两端山墙	1.5	2.0	2.5
	一端山墙	1.5	2.0	2.0

附录 K 单层厂房纵向抗震验算

K. 1 单层钢筋混凝土柱厂房纵向抗震计算的修正刚度法

K. 1. 1 纵向基本自振周期的计算。

按本附录计算单跨或等高多跨的钢筋混凝土柱厂房纵向地震作用时，在柱顶标高不大于 15m 且平均跨度不大于 30m 时，纵向基本周期可按下列公式确定：

1 砖围护墙厂房，可按下式计算：

$$T_1 = 0.23 + 0.00025\psi_1 l\sqrt{H^3} \qquad (K.1.1\text{-}1)$$

式中：ψ_1——屋盖类型系数，大型屋面板钢筋混凝土屋架可采用 1.0，钢屋架采用 0.85；

l——厂房跨度（m），多跨厂房可取各跨的平均值；

H——基础顶面至柱顶的高度（m）。

2 敞开、半敞开或墙板与柱子柔性连接的厂房，可按式（K. 1. 1-1）进行计算并乘以下列围护墙影响系数：

$$\psi_2 = 2.6 - 0.002l\sqrt{H^3} \qquad (K.1.1\text{-}2)$$

式中：ψ_2——围护墙影响系数，小于 1.0 时应采用 1.0。

K.1.2 柱列地震作用的计算。

1 等高多跨钢筋混凝土屋盖的厂房，各纵向柱列的柱顶标高处的地震作用标准值，可按下列公式确定：

$$F_i = \alpha_1 G_{eq} \frac{K_{ai}}{\sum K_{ai}} \quad (K.1.2\text{-}1)$$

$$K_{ai} = \psi_3 \psi_4 K_i \quad (K.1.2\text{-}2)$$

式中：F_i——i柱列柱顶标高处的纵向地震作用标准值；

α_1——相应于厂房纵向基本自振周期的水平地震影响系数，应按本规范第5.1.5条确定；

G_{eq}——厂房单元柱列总等效重力荷载代表值，应包括按本规范第5.1.3条确定的屋盖重力荷载代表值、70%纵墙自重、50%横墙与山墙自重及折算的柱自重（有吊车时采用10%柱自重，无吊车时采用50%柱自重）；

K_i——i柱列柱顶的总侧移刚度，应包括i柱列内柱子和上、下柱间支撑的侧移刚度及纵墙的折减侧移刚度的总和，贴砌的砖围护墙侧移刚度的折减系数，可根据柱列侧移值的大小，采用0.2～0.6；

K_{ai}——i柱列柱顶的调整侧移刚度；

ψ_3——柱列侧移刚度的围护墙影响系数，可按表K.1.2-1采用；有纵向砖围护墙的四跨或五跨厂房，由边柱列数起的第三柱列，可按表内相应数值的1.15倍采用；

ψ_4——柱列侧移刚度的柱间支撑影响系数，纵向为砖围护墙时，边柱列可采用1.0，中柱列可按表K.1.2-2采用。

表K.1.2-1 围护墙影响系数

围护墙类别和烈度		柱列和屋盖类别				
		边柱列	中柱列			
			无檩屋盖		有檩屋盖	
240砖墙	370砖墙		边跨无天窗	边跨有天窗	边跨无天窗	边跨有天窗
	7度	0.85	1.7	1.8	1.8	1.9
7度	8度	0.85	1.5	1.6	1.6	1.7
8度	9度	0.85	1.3	1.4	1.4	1.5
9度		0.85	1.2	1.3	1.3	1.4
无墙、石棉瓦或挂板		0.90	1.1	1.1	1.2	1.2

2 等高多跨钢筋混凝土屋盖厂房，柱列各吊车梁顶标高处的纵向地震作用标准值，可按下式确定：

$$F_{ci} = \alpha_1 G_{ci} \frac{H_{ci}}{H_i} \quad (K.1.2\text{-}3)$$

表K.1.2-2 纵向采用砖围护墙的中柱列柱间支撑影响系数

厂房单元内设置下柱支撑的柱间数	中柱列下柱支撑斜杆的长细比					中柱列无支撑
	≤40	41～80	81～120	121～150	>150	
一柱间	0.9	0.95	1.0	1.1	1.25	1.4
二柱间	—	—	0.9	0.95	1.0	

式中：F_{ci}——i柱列在吊车梁顶标高处的纵向地震作用标准值；

G_{ci}——集中于i柱列吊车梁顶标高处的等效重力荷载代表值，应包括按本规范第5.1.3条确定的吊车梁与悬吊物的重力荷载代表值和40%柱子自重；

H_{ci}——i柱列吊车梁顶高度；

H_i——i柱列柱顶高度。

K.2 单层钢筋混凝土柱厂房柱间支撑地震作用效应及验算

K.2.1 斜杆长细比不大于200的柱间支撑在单位侧力作用下的水平位移，可按下式确定：

$$u = \sum \frac{1}{1+\varphi_i} u_{ti} \quad (K.2.1)$$

式中：u——单位侧力作用点的位移；

φ_i——i节间斜杆轴心受压稳定系数，应按现行国家标准《钢结构设计规范》GB 50017采用；

u_{ti}——单位侧力作用下i节间仅考虑拉杆受力的相对位移。

K.2.2 长细比不大于200的斜杆截面可仅按抗拉验算，但应考虑压杆的卸载影响，其拉力可按下式确定：

$$N_t = \frac{l_i}{(1+\psi_c \varphi_i) s_c} V_{bi} \quad (K.2.2)$$

式中：N_t——i节间支撑斜杆抗拉验算时的轴向拉力设计值；

l_i——i节间斜杆的全长；

ψ_c——压杆卸载系数，压杆长细比为60、100和200时，可分别采用0.7、0.6和0.5；

V_{bi}——i节间支撑承受的地震剪力设计值；

s_c——支撑所在柱间的净距。

K.2.3 无贴砌墙的纵向柱列，上柱支撑与同列下柱支撑宜等强设计。

K.3 单层钢筋混凝土柱厂房柱间支撑端节点预埋件的截面抗震验算

K.3.1 柱间支撑与柱连接节点预埋件的锚件采用锚筋时，其截面抗震承载力宜按下列公式验算：

$$N \leqslant \frac{0.8 f_y A_s}{\gamma_{RE}\left(\frac{\cos\theta}{0.8\zeta_m\psi}+\frac{\sin\theta}{\zeta_r\zeta_v}\right)} \quad (K.3.1\text{-}1)$$

$$\psi=\frac{1}{1+\frac{0.6e_0}{\zeta_r s}} \quad (K.3.1\text{-}2)$$

$$\zeta_m = 0.6+0.25t/d \quad (K.3.1\text{-}3)$$

$$\zeta_v=(4-0.08d)\sqrt{f_c/f_y} \quad (K.3.1\text{-}4)$$

式中：A_s——锚筋总截面面积；

γ_{RE}——承载力抗震调整系数，可采用1.0；

N——预埋板的斜向拉力，可采用全截面屈服点强度计算的支撑斜杆轴向力的1.05倍；

e_0——斜向拉力对锚筋合力作用线的偏心距，应小于外排锚筋之间距离的20%（mm）；

θ——斜向拉力与其水平投影的夹角；

ψ——偏心影响系数；

s——外排锚筋之间的距离（mm）；

ζ_m——预埋板弯曲变形影响系数；

t——预埋板厚度（mm）；

d——锚筋直径（mm）；

ζ_r——验算方向锚筋排数的影响系数，二、三和四排可分别采用1.0、0.9和0.85；

ζ_v——锚筋的受剪影响系数，大于0.7时应采用0.7。

K.3.2 柱间支撑与柱连接节点预埋件的锚件采用角钢加端板时，其截面抗震承载力宜按下列公式验算：

$$N \leqslant \frac{0.7}{\gamma_{RE}\left(\frac{\cos\theta}{\psi N_{u0}}+\frac{\sin\theta}{V_{u0}}\right)} \quad (K.3.2\text{-}1)$$

$$V_{uo}=3n\zeta_r\sqrt{W_{min}bf_a f_c} \quad (K.3.2\text{-}2)$$

$$N_{uo}=0.8nf_a A_s \quad (K.3.2\text{-}3)$$

式中：n——角钢根数；

b——角钢肢宽；

W_{min}——与剪力方向垂直的角钢最小截面模量；

A_s——根角钢的截面面积；

f_a——角钢抗拉强度设计值。

K.4 单层砖柱厂房纵向抗震计算的修正刚度法

K.4.1 本节适用于钢筋混凝土无檩或有檩屋盖等高多跨单层砖柱厂房的纵向抗震验算。

K.4.2 单层砖柱厂房的纵向基本自振周期可按下式计算：

$$T_1=2\psi_T\sqrt{\frac{\sum G_s}{\sum K_s}} \quad (K.4.2)$$

式中：ψ_T——周期修正系数，按表K.4.2采用；

G_s——第s柱列的集中重力荷载，包括柱列左右各半跨的屋盖和山墙重力荷载，及按动能等效原则换算集中到柱顶或墙顶处的墙、柱重力荷载；

K_s——第s柱列的侧移刚度。

表K.4.2 厂房纵向基本自振周期修正系数

屋盖类型	钢筋混凝土无檩屋盖		钢筋混凝土有檩屋盖	
	边跨无天窗	边跨有天窗	边跨无天窗	边跨有天窗
周期修正系数	1.3	1.35	1.4	1.45

K.4.3 单层砖柱厂房纵向总水平地震作用标准值可按下式计算：

$$F_{Ek}=\alpha_1\sum G_s \quad (K.4.3)$$

式中：α_1——相应于单层砖柱厂房纵向基本自振周期T_1的地震影响系数；

G_s——按照柱列底部剪力相等原则，第s柱列换算集中到墙顶处的重力荷载代表值。

K.4.4 沿厂房纵向第s柱列上端的水平地震作用可按下式计算：

$$F_s=\frac{\psi_s K_s}{\sum\psi_s K_s}F_{Ek} \quad (K.4.4)$$

式中：ψ_s——反映屋盖水平变形影响的柱列刚度调整系数，根据屋盖类型和各柱列的纵墙设置情况，按表K.4.4采用。

表K.4.4 柱列刚度调整系数

纵墙设置情况		屋盖类型			
		钢筋混凝土无檩屋盖		钢筋混凝土有檩屋盖	
		边柱列	中柱列	边柱列	中柱列
砖柱敞棚		0.95	1.1	0.9	1.6
各柱列均为带壁柱砖墙		0.95	1.1	0.9	1.2
边柱列为带壁柱砖墙	中柱列的纵墙不少于4开间	0.7	1.4	0.75	1.5
	中柱列的纵墙少于4开间	0.6	1.8	0.65	1.9

附录L 隔震设计简化计算和砌体结构隔震措施

L.1 隔震设计的简化计算

L.1.1 多层砌体结构及与砌体结构周期相当的结构采用隔震设计时，上部结构的总水平地震作用可按本规范式（5.2.1-1）简化计算，但应符合下列规定：

1 水平向减震系数，宜根据隔震后整个体系的基本周期，按下式确定：

$$\beta = 1.2\eta_2 (T_{gm}/T_1)^{\gamma} \quad (L.1.1\text{-}1)$$

式中：β——水平向减震系数；

η_2——地震影响系数的阻尼调整系数，根据隔震层等效阻尼按本规范第5.1.5条确定；

γ——地震影响系数的曲线下降段衰减指数，根据隔震层等效阻尼按本规范第5.1.5条确定；

T_{gm}——砌体结构采用隔震方案时的特征周期，根据本地区所属的设计地震分组按本规范第5.1.4条确定，但小于0.4s时应按0.4s采用；

T_1——隔震后体系的基本周期，不应大于2.0s和5倍特征周期的较大值。

2 与砌体结构周期相当的结构，其水平向减震系数宜根据隔震后整个体系的基本周期，按下式确定：

$$\beta = 1.2\eta_2 (T_g/T_1)^{\gamma} (T_0/T_g)^{0.9} \quad (L.1.1\text{-}2)$$

式中：T_0——非隔震结构的计算周期，当小于特征周期时应采用特征周期的数值；

T_1——隔震后体系的基本周期，不应大于5倍特征周期值；

T_g——特征周期；其余符号同上。

3 砌体结构及与其基本周期相当的结构，隔震后体系的基本周期可按下式计算：

$$T_1 = 2\pi\sqrt{G/K_h g} \quad (L.1.1\text{-}3)$$

式中：T_1——隔震体系的基本周期；

G——隔震层以上结构的重力荷载代表值；

K_h——隔震层的水平等效刚度，可按本规范第12.2.4条的规定计算；

g——重力加速度。

L.1.2 砌体结构及与其基本周期相当的结构，隔震层在罕遇地震下的水平剪力可按下式计算：

$$V_c = \lambda_s \alpha_1(\zeta_{eq})G \quad (L.1.2)$$

式中：V_c——隔震层在罕遇地震下的水平剪力。

L.1.3 砌体结构及与其基本周期相当的结构，隔震层质心处在罕遇地震下的水平位移可按下式计算：

$$u_e = \lambda_s \alpha_1(\zeta_{eq})G/K_h \quad (L.1.3)$$

式中：λ_s——近场系数；距发震断层5km以内取1.5；(5～10) km取不小于1.25；

$\alpha_1(\zeta_{eq})$——罕遇地震下的地震影响系数值，可根据隔震层参数，按本规范第5.1.5条的规定进行计算；

K_h——罕遇地震下隔震层的水平等效刚度，应按本规范第12.2.4条的有关规定采用。

L.1.4 当隔震支座的平面布置为矩形或接近于矩形，但上部结构的质心与隔震层刚度中心不重合时，隔震支座扭转影响系数可按下列方法确定：

1 仅考虑单向地震作用的扭转时（图L.1.4），扭转影响系数可按下列公式估计：

$$\eta = 1 + 12es_i/(a^2 + b^2) \quad (L.1.4\text{-}1)$$

式中：e——上部结构质心与隔震层刚度中心在垂直于地震作用方向的偏心距；

s_i——第i个隔震支座与隔震层刚度中心在垂直于地震作用方向的距离；

a、b——隔震层平面的两个边长。

对边支座，其扭转影响系数不宜小于1.15；当隔震层和上部结构采取有效的抗扭措施后或扭转周期小于平动周期的70%，扭转影响系数可取1.15。

2 同时考虑双向地震作用的扭转时，扭转影响系数可仍按式（L.1.4-1）计算，但其中的偏心距值（e）应采用下列公式中的较大值替代：

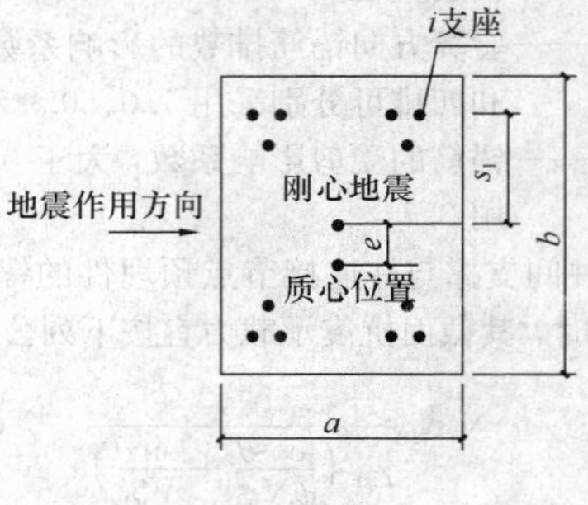

图L.1.4 扭转计算示意图

$$e = \sqrt{e_x^2 + (0.85e_y)^2} \quad (L.1.4\text{-}2)$$

$$e = \sqrt{e_y^2 + (0.85e_x)^2} \quad (L.1.4\text{-}3)$$

式中：e_x——y方向地震作用时的偏心距；

e_y——x方向地震作用时的偏心距。

对边支座，其扭转影响系数不宜小于1.2。

L.1.5 砌体结构按本规范第12.2.5条规定进行竖向地震作用下的抗震验算时，砌体抗震抗剪强度的正应力影响系数，宜按减去竖向地震作用效应后的平均压应力取值。

L.1.6 砌体结构的隔震层顶部各纵、横梁均可按承受均布荷载的单跨简支梁或多跨连续梁计算。均布荷载可按本规范第7.2.5条关于底部框架砖房的钢筋混凝土托墙梁的规定取值；当按连续梁算出的正弯矩小于单跨简支梁跨中弯矩的0.8倍时，应按0.8倍单跨简支梁跨中弯矩配筋。

L.2 砌体结构的隔震措施

L.2.1 当水平向减震系数不大于 0.40 时（设置阻尼器时为 0.38），丙类建筑的多层砌体结构，房屋的层数、总高度和高宽比限值，可按本规范第 7.1 节中降低一度的有关规定采用。

L.2.2 砌体结构隔震层的构造应符合下列规定：

1 多层砌体房屋的隔震层位于地下室顶部时，隔震支座不宜直接放置在砌体墙上，并应验算砌体的局部承压。

2 隔震层顶部纵、横梁的构造均应符合本规范第 7.5.8 条关于底部框架砖房的钢筋混凝土托墙梁的要求。

L.2.3 丙类建筑隔震后上部砌体结构的抗震构造措施应符合下列要求：

1 承重外墙尽端至门窗洞边的最小距离及圈梁的截面和配筋构造，仍应符合本规范第 7.1 节和第 7.3、7.4 节的有关规定。

2 多层砖砌体房屋的钢筋混凝土构造柱设置，水平向减震系数大于 0.40 时（设置阻尼器时为 0.38），仍应符合本规范表 7.3.1 的规定；（7～9）度，水平向减震系数不大于 0.40 时（设置阻尼器时为 0.38），应符合表 L.2.3-1 的规定。

表 L.2.3-1 隔震后砖房构造柱设置要求

<table>
<tr><th colspan="3">房屋层数</th><th colspan="2" rowspan="2">设 置 部 位</th></tr>
<tr><th>7度</th><th>8度</th><th>9度</th></tr>
<tr><td>三、四</td><td>二、三</td><td></td><td rowspan="4">楼、电梯间四角，楼梯斜段上下端对应的墙体处；外墙四角和对应转角；错层部位横墙与外纵墙交接处，较大洞口两侧，大房间内外墙交接处</td><td>每隔 12m 或单元横墙与外墙交接处</td></tr>
<tr><td>五</td><td>四</td><td>二</td><td>每隔三开间的横墙与外墙交接处</td></tr>
<tr><td>六、</td><td>五</td><td>三、四</td><td>隔开间横墙（轴线）与外墙交接处，山墙与内纵墙交接处；
9 度四层，外纵墙与内墙（轴线）交接处</td></tr>
<tr><td>七</td><td>六、七</td><td>五</td><td>内墙（轴线）与外墙交接处，内墙局部较小墙垛处；内纵墙与横墙（轴线）交接处</td></tr>
</table>

3 混凝土小砌块房屋芯柱的设置，水平向减震系数大于 0.40 时（设置阻尼器时为 0.38），仍应符合本规范表 7.4.1 的规定；（7～9）度，当水平向减震系数不大于 0.40 时（设置阻尼器时为 0.38），应符合表 L.2.3-2 的规定。

表 L.2.3-2 隔震后混凝土小砌块房屋构造柱设置要求

<table>
<tr><th colspan="3">房屋层数</th><th rowspan="2">设 置 部 位</th><th rowspan="2">设 置 数 量</th></tr>
<tr><th>7度</th><th>8度</th><th>9度</th></tr>
<tr><td>三、四</td><td>二、三</td><td></td><td>外墙转角，楼梯间四角，楼梯斜段上下端对应的墙体处；大房间内外墙交接处；每隔 12m 或单元横墙与外墙交接处</td><td rowspan="2">外墙转角，灌实 3 个孔
内外墙交接处，灌实 4 个孔</td></tr>
<tr><td>五</td><td>四</td><td>二</td><td>外墙转角，楼梯间四角，楼梯斜段上下端对应的墙体处；大房间内外墙交接处，山墙与内纵墙交接处，隔三开间横墙（轴线）与外纵墙交接处</td></tr>
<tr><td>六</td><td>五</td><td>三</td><td>外墙转角，楼梯间四角，楼梯斜段上下端对应的墙体处；大房间内外墙交接处，隔开间横墙（轴线）与外纵墙交接处，山墙与内纵墙交接处；8、9 度时，外纵墙与横墙（轴线）交接处，大洞口两侧</td><td>外墙转角，灌实 5 个孔
内外墙交接处，灌实 5 个孔
洞口两侧各灌实 1 个孔</td></tr>
<tr><td>七</td><td>六</td><td>四</td><td>外墙转角，楼梯间四角，楼梯斜段上下端对应的墙体处；各内外墙（轴线）与外墙交接处；内纵墙与横墙（轴线）交接处；洞口两侧</td><td>外墙转角，灌实 7 个孔
内外墙交接处，灌实 4 个孔
内墙交接处，灌实 4～5 个孔
洞口两侧各灌实 1 个孔</td></tr>
</table>

4 上部结构的其他抗震构造措施，水平向减系数大于 0.40 时（设置阻尼器时为 0.38）仍按本规范第 7 章的相应规定采用；（7～9）度，水平向减震系数不大于 0.40 时（设置阻尼器时为 0.38），可按本规范第 7 章降低一度的相应规定采用。

附录 M 实现抗震性能设计目标的参考方法

M.1 结构构件抗震性能设计方法

M.1.1 结构构件可按下列规定选择实现抗震性能要求的抗震承载力、变形能力和构造的抗震等级；整个结构不同部位的构件、竖向构件和水平构件，可选用相同或不同的抗震性能要求：

1 当以提高抗震安全性为主时，结构构件对应于不同性能要求的承载力参考指标，可按表 M.1.1-1 的示例选用。

表 M.1.1-1 结构构件实现抗震性能要求的承载力参考指标示例

性能要求	多遇地震	设防地震	罕遇地震
性能 1	完好，按常规设计	完好，承载力按抗震等级调整地震效应的设计值复核	基本完好，承载力按不计抗震等级调整地震效应的设计值复核
性能 2	完好，按常规设计	基本完好，承载力按不计抗震等级调整地震效应的设计值复核	轻～中等破坏，承载力按极限值复核
性能 3	完好，按常规设计	轻微损坏，承载力按标准值复核	中等破坏，承载力达到极限值后能维持稳定，降低少于 5%
性能 4	完好，按常规设计	轻～中等破坏，承载力按极限值复核	不严重破坏，承载力达到极限值后基本维持稳定，降低少于 10%

2 当需要按地震残余变形确定使用性能时，结构构件除满足提高抗震安全性的性能要求外，不同性能要求的层间位移参考指标，可按表 M.1.1-2 的示例选用。

表 M.1.1-2 结构构件实现抗震性能要求的层间位移参考指标示例

性能要求	多遇地震	设防地震	罕遇地震
性能 1	完好，变形远小于弹性位移限值	完好，变形小于弹性位移限值	基本完好，变形略大于弹性位移限值
性能 2	完好，变形远小于弹性位移限值	基本完好，变形略大于弹性位移限值	有轻微塑性变形，变形小于 2 倍弹性位移限值
性能 3	完好，变形明显小于弹性位移限值	轻微损坏，变形小于 2 倍弹性位移限值	有明显塑性变形，变形约 4 倍弹性位移限值
性能 4	完好，变形小于弹性位移限值	轻～中等破坏，变形小于 3 倍弹性位移限值	不严重破坏，变形不大于 0.9 倍塑性变形限值

注：设防烈度和罕遇地震下的变形计算，应考虑重力二阶效应，可扣除整体弯曲变形。

3 结构构件细部构造对应于不同性能要求的抗震等级，可按表 M.1.1-3 的示例选用；结构中同一部位的不同构件，可区分竖向构件和水平构件，按各自最低的性能要求所对应的抗震构造等级选用。

表 M.1.1-3 结构构件对应于不同性能要求的构造抗震等级示例

性能要求	构造的抗震等级
性能 1	基本抗震构造。可按常规设计的有关规定降低二度采用，但不得低于 6 度，且不发生脆性破坏
性能 2	低延性构造。可按常规设计的有关规定降低一度采用，当构件的承载力高于多遇地震提高二度的要求时，可按降低二度采用；均不得低于 6 度，且不发生脆性破坏
性能 3	中等延性构造。当构件的承载力高于多遇地震提高一度的要求时，可按常规设计的有关规定降低一度且不低于 6 度采用，否则仍按常规设计的规定采用
性能 4	高延性构造。仍按常规设计的有关规定采用

M.1.2 结构构件承载力按不同要求进行复核时，地震内力计算和调整、地震作用效应组合、材料强度取值和验算方法，应符合下列要求：

1 设防烈度下结构构件承载力，包括混凝土构件压弯、拉弯、受剪、受弯承载力，钢构件受拉、受压、受弯、稳定承载力等，按考虑地震效应调整的设计值复核时，应采用对应于抗震等级而不计入风荷载效应的地震作用效应基本组合，并按下式验算：

$$\gamma_G S_{GE} + \gamma_E S_{Ek}(I_2, \lambda, \zeta) \leqslant R/\gamma_{RE} \tag{M.1.2-1}$$

式中：I_2——表示设防地震动，隔震结构包含水平向减震影响；

λ——按非抗震性能设计考虑抗震等级的地震效应调整系数；

ζ——考虑部分次要构件进入塑性的刚度降低或消能减震结构附加的阻尼影响。

其他符号同非抗震性能设计。

2 结构构件承载力按不考虑地震作用效应调整的设计值复核时，应采用不计入风荷载效应的基本组合，并按下式验算：

$$\gamma_G S_{GE} + \gamma_E S_{Ek}(I, \zeta) \leqslant R/\gamma_{RE} \tag{M.1.2-2}$$

式中：I——表示设防烈度地震动或罕遇地震动，隔震结构包含水平向减震影响；

ζ——考虑部分次要构件进入塑性的刚度降低或消能减震结构附加的阻尼影响。

3 结构构件承载力按标准值复核时，应采用不计入风荷载效应的地震作用效应标准组合，并按下式验算：

$$S_{GE}+S_{Ek}(I,\zeta)\leqslant R_k \quad (M.1.2\text{-}3)$$

式中：I——表示设防地震动或罕遇地震动，隔震结构包含水平向减震影响；

ζ——考虑部分次要构件进入塑性的刚度降低或消能减震结构附加的阻尼影响；

R_k——按材料强度标准值计算的承载力。

4 结构构件按极限承载力复核时，应采用不计入风荷载效应的地震作用效应标准组合，并按下式验算：

$$S_{GE}+S_{Ek}(I,\zeta)<R_u \quad (M.1.2\text{-}4)$$

式中：I——表示设防地震动或罕遇地震动，隔震结构包含水平向减震影响；

ζ——考虑部分次要构件进入塑性的刚度降低或消能减震结构附加的阻尼影响；

R_u——按材料最小极限强度值计算的承载力；钢材强度可取最小极限值，钢筋强度可取屈服强度的1.25倍，混凝土强度可取立方强度的0.88倍。

M.1.3 结构竖向构件在设防地震、罕遇地震作用下的层间弹塑性变形按不同控制目标进行复核时，地震层间剪力计算、地震作用效应调整、构件层间位移计算和验算方法，应符合下列要求：

1 地震层间剪力和地震作用效应调整，应根据整个结构不同部位进入弹塑性阶段程度的不同，采用不同的方法。构件总体上处于开裂阶段或刚刚进入屈服阶段，可取等效刚度和等效阻尼，按等效线性方法估算；构件总体上处于承载力屈服至极限阶段，宜采用静力或动力弹塑性分析方法估算；构件总体上处于承载力下降阶段，应采用计入下降段参数的动力弹塑性分析方法估算。

2 在设防地震下，混凝土构件的初始刚度，宜采用长期刚度。

3 构件层间弹塑性变形计算时，应依据其实际的承载力，并应按本规范的规定计入重力二阶效应；风荷载和重力作用下的变形不参与地震组合。

4 构件层间弹塑性变形的验算，可采用下列公式：

$$\triangle u_p(I,\zeta,\xi_y,G_E)<[\triangle u] \quad (M.1.3)$$

式中：$\triangle u_p$（…）——竖向构件在设防地震或罕遇地震下计入重力二阶效应和阻尼影响取决于其实际承载力的弹塑性层间位移角；对高宽比大于3的结构，可扣除整体转动的影响；

$[\triangle u]$——弹塑性位移角限值，应根据性能控制目标确定；整个结构中变形最大部位的竖向构件，轻微损坏可取中等破坏的一半，中等破坏可取本规范表5.5.1和表5.5.5规定值的平均值，不严重破坏按小于本规范表5.5.5规定值的0.9倍控制。

M.2 建筑构件和建筑附属设备支座抗震性能设计方法

M.2.1 当非结构的建筑构件和附属机电设备按使用功能的专门要求进行性能设计时，在遭遇设防烈度地震影响下的性能要求可按表M.2.1选用。

表M.2.1 建筑构件和附属机电设备的参考性能水准

性能水准	功能描述	变形指标
性能1	外观可能损坏，不影响使用和防火能力，安全玻璃开裂；使用、应急系统可照常运行	可经受相连结构构件出现1.4倍的建筑构件、设备支架设计挠度
性能2	可基本正常使用或很快恢复，耐火时间减少1/4，强化玻璃破碎；使用系统检修后运行，应急系统可照常运行	可经受相连结构构件出现1.0倍的建筑构件、设备支架设计挠度
性能3	耐火时间明显减少，玻璃掉落，出口受碎片阻碍；使用系统明显损坏，需修理才能恢复功能，应急系统受损仍可基本运行	只能经受相连结构构件出现0.6倍的建筑构件、设备支架设计挠度

M.2.2 建筑围护墙、附属构件及固定储物柜等进行抗震性能设计时，其地震作用的构件类别系数和功能系数可参考表M.2.2确定。

表M.2.2 建筑非结构构件的类别系数和功能系数

构件、部件名称	构件类别系数	功能系数	
		乙 类	丙 类
非承重外墙：			
围护墙	0.9	1.4	1.0
玻璃幕墙等	0.9	1.4	1.4
连接：			
墙体连接件	1.0	1.4	1.0
饰面连接件	1.0	1.0	0.6
防火顶棚连接件	0.9	1.0	1.0
非防火顶棚连接件	0.6	1.0	0.6
附属构件：			
标志或广告牌等	1.2	1.0	1.0
高于2.4m储物柜支架：			
货架（柜）文件柜	0.6	1.0	0.6
文物柜	1.0	1.4	1.0

M.2.3 建筑附属设备的支座及连接件进行抗震性能设计时，其地震作用的构件类别系数和功能系数可参考表M.2.3确定。

表M.2.3 建筑附属设备构件的类别系数和功能系数

构件、部件所属系统	构件类别系数	功能系数	
		乙类	丙类
应急电源的主控系统、发电机、冷冻机等	1.0	1.4	1.4
电梯的支承结构、导轨、支架、轿箱导向构件等	1.0	1.0	1.0
悬挂式或摇摆式灯具	0.9	1.0	0.6
其他灯具	0.6	1.0	0.6
柜式设备支座	0.6	1.0	0.6
水箱、冷却塔支座	1.2	1.0	1.0
锅炉、压力容器支座	1.0	1.0	1.0
公用天线支座	1.2	1.0	1.0

M.3 建筑构件和建筑附属设备抗震计算的楼面谱方法

M.3.1 非结构构件的楼面谱，应反映支承非结构构件的具体结构自身动力特性、非结构构件所在楼层位置，以及结构和非结构阻尼特性对结构所在地点的地面地震运动的放大作用。

计算楼面谱时，一般情况，非结构构件可采用单质点模型；对支座间有相对位移的非结构构件，宜采用多支点体系计算。

M.3.2 采用楼面反应谱法时，非结构构件的水平地震作用标准值可按下列公式计算：

$$F=\gamma\eta\beta_s G \qquad (M.3.2)$$

式中：β_s——非结构构件的楼面反应谱值，取决于设防烈度、场地条件、非结构构件与结构体系之间的周期比、质量比和阻尼，以及非结构构件在结构的支承位置、数量和连接性质；

γ——非结构构件功能系数，取决于建筑抗震设防类别和使用要求，一般分为1.4、1.0、0.6三档；

η——非结构构件类别系数，取决于构件材料性能等因素，一般在0.6～1.2范围内取值。

本规范用词说明

1 为了便于在执行本规范条文时区别对待，对要求严格程度不同的用词说明如下：

1）表示很严格，非这样做不可的：
正面词采用“必须”；反面词采用“严禁”；

2）表示严格，在正常情况下均应这样做的：
正面词采用“应”；反面词采用“不应”或“不得”；

3）表示允许稍有选择，在条件许可时首先这样做的：
正面词采用“宜”；反面词采用“不宜”；

4）表示有选择，在一定条件下可以这样做的，采用“可”。

2 条文中指明应按其他有关标准、规范执行的写法为：“应符合……的规定”或“应按……执行”。

引用标准名录

1《建筑地基基础设计规范》GB 50007
2《建筑结构荷载规范》GB 50009
3《混凝土结构设计规范》GB 50010
4《钢结构设计规范》GB 50017
5《构筑物抗震设计规范》GB 50191
6《混凝土结构工程施工质量验收规范》GB 50204
7《建筑工程抗震设防分类标准》GB 50223
8《建筑边坡工程技术规范》GB 50330
9《橡胶支座 第3部分：建筑隔震橡胶支座》GB 20688.3
10《厚度方向性能钢板》GB/T 5313

中华人民共和国国家标准

建筑抗震设计规范

GB 50011—2010

条 文 说 明

修 订 说 明

本次修订系根据原建设部《关于印发〈2006 年工程建设标准规范制订、修订计划（第一批）的通知〉》（建标［2006］77 号）的要求，由中国建筑科学研究院会同有关的设计、勘察、研究和教学单位，于 2007 年 1 月开始对《建筑抗震设计规范》GB 50011－2001（以下简称 2001 规范）进行全面修订。

本次修订修订过程中，发生了 2008 年“5·12”汶川大地震，其震害经验表明，严格按照 2001 规范进行设计、施工和使用的建筑，在遭遇比当地设防烈度高一度的地震作用下，可以达到在预估的罕遇地震下保障生命安全的抗震设防目标。汶川地震建筑震害经验对我国建筑抗震设计规范的修订具有重要启示，地震后，根据住房和城乡建设部落实国务院《汶川地震灾后恢复重建条例》的要求，对 2001 规范进行了应急局部修订，形成了《建筑抗震设计规范》GB 50011－2001（2008 年版），此次修订共涉及 31 条规定，主要包括灾区设防烈度的调整，增加了有关山区场地、框架结构填充墙设置、砌体结构楼梯间、抗震结构施工要求的强制性条文，提高了装配式楼板构造和钢筋伸长率的要求。

在完成 2008 年版局部修订之后，《建筑抗震设计规范》的全面修订工作继续进行，于 2009 年 5 月形成了“征求意见稿”并发至全国勘察、设计、教学单位和抗震管理部门征求意见，其方式有三种：设计单位或抗震管理部门召开讨论会，形成书面意见；设计、勘察及研究人员直接用书面或电子邮件提出意见；以及有关刊物上发表论文。累计共收集到千余条次意见。同年 8 月，对所收集的意见进行分析、整理，修改了条文，开展了试设计工作。

与 2001 版规范相比，《建筑抗震设计规范》GB 50011－2010 的条文数量有下列变动：

2001 版规范共有 13 章 54 节 11 附录，共 554 条；其中，正文 447 条，附录 107 条。

《建筑抗震设计规范》GB 50011－2010 共有 14 章 59 节 12 附录，共 630 条。其中，正文增加 39 条，占原条文的 9%；附录增加 37 条，占 36%。

原有各章修改的主要内容见前言。新增的内容是：大跨屋盖建筑、地下建筑、框排架厂房、钢支撑-混凝土框架和钢框架-混凝土筒体房屋，以及抗震性能化设计原则，并删去内框架房屋的有关内容。

2001 规范 2008 年局部修订后共有 58 条强制性条文，本次修订减少了 2 条：设防标准直接引用《建筑工程抗震设防分类标准》GB 50223；对隔震设计的可行性论证，不再作为强制性要求。

2009 年 11 月，由住房和城乡建设部标准定额司主持，召开了《建筑抗震设计规范》修订送审稿审查会。会议认为，修订送审稿继续保持 2001 版规范的基本规定是合适的，所增加的新内容总体上符合汶川地震后的要求和设计需要，反映了我国抗震科研的新成果和工程实践的经验，吸取了一些国外的先进经验，更加全面、更加细致、更加科学。新规范的颁布和实施将使我国的建筑抗震设计提高到新的水平。

本次修订，附录 A 依据《中国地震动参数区划图》GB 18306－2001 及其第 1、2 号修改单进行了设计地震分组。目前，《中国地震动参数区划图》正在修订，今后，随着《中国地震动参数区划图》的修订和施行，该附录将及时与之协调，进行修改。

2001 规范的主编单位：中国建筑科学研究院

2001 规范的参编单位：中国地震局工程力学研究所、中国建筑技术研究院、冶金工业部建筑研究总院、建设部建筑设计院、机械工业部设计研究院、中国轻工国际工程设计院（中国轻工业北京设计院）、北京市建筑设计研究院、上海建筑设计研究院、中南建筑设计院、中国建筑西北设计研究院、新疆建筑设计研究院、广东省建筑设计研究院、云南省设计院、辽宁省建筑设计研究院、深圳市建筑设计研究总院、北京勘察设计研究院、深圳大学建筑设计研究院、清华大学、同济大学、哈尔滨建筑大学、华中理工大学、重庆建筑大学、云南工业大学、华南建设学院（西院）。

2001 规范的主要起草人：徐正忠　王亚勇（以下按姓序笔画排列）

王迪民　王彦深　王骏孙　韦承基　叶燎原　刘惠珊　吕西林　孙平善　李国强　吴明舜　苏经宇　张前国　陈　健　陈富生　沙　安　欧进萍　周炳章　周锡元　周雍年　周福霖　胡庆昌　袁金西　秦　权　高小旺　容柏生　唐家祥　徐　建　徐永基　钱稼茹　龚思礼　董津城　赖　明　傅学怡　蔡益燕　樊小卿　潘凯云　戴国莹

本次修订过程中，2001 规范的一些主要起草人如胡庆昌、徐正忠、龚思礼、张前国等作为此次修订的顾问专家，对规范修订的原则、指导思想及具体条文的技术规定等提出了中肯的意见和建议。

目　次

1 总 则

1.0.1 国家有关建筑的防震减灾法律法规，主要指《中华人民共和国建筑法》、《中华人民共和国防震减灾法》及相关的条例等。

本规范对于建筑抗震设防的基本思想和原则继续同《建筑抗震设计规范》GBJ 11－89（以下简称89规范）、《建筑抗震设计规范》GB 50011－2001（以下简称2001规范）保持一致，仍以“三个水准”为抗震设防目标。

抗震设防是以现有的科学水平和经济条件为前提。规范的科学依据只能是现有的经验和资料。目前对地震规律性的认识还很不足，随着科学水平的提高，规范的规定会有相应的突破；而且规范的编制要根据国家的经济条件的发展，适当地考虑抗震设防水平，制定相应的设防标准。

本次修订，继续保持89规范提出的并在2001规范延续的抗震设防三个水准目标，即“小震不坏、中震可修、大震不倒”的某种具体化。根据我国华北、西北和西南地区对建筑工程有影响的地震发生概率的统计分析，50年内超越概率约为63%的地震烈度为对应于统计“众值”的烈度，比基本烈度约低一度半，本规范取为第一水准烈度，称为“多遇地震”；50年超越概率约10%的地震烈度，即1990中国地震区划图规定的“地震基本烈度”或中国地震动参数区划图规定的峰值加速度所对应的烈度，规范取为第二水准烈度，称为“设防地震”；50年超越概率2%～3%的地震烈度，规范取为第三水准烈度，称为“罕遇地震”，当基本烈度6度时为7度强，7度时为8度强，8度时为9度弱，9度时为9度强。

与三个地震烈度水准相应的抗震设防目标是：一般情况下（不是所有情况下），遭遇第一水准烈度——众值烈度（多遇地震）影响时，建筑处于正常使用状态，从结构抗震分析角度，可以视为弹性体系，采用弹性反应谱进行弹性分析；遭遇第二水准烈度——基本烈度（设防地震）影响时，结构进入非弹性工作阶段，但非弹性变形或结构体系的损坏控制在可修复的范围［与89规范、2001规范相同，其承载力的可靠性与《工业与民用建筑抗震设计规范》TJ 11－78（以下简称78规范）相当并略有提高］；遭遇第三水准烈度——最大预估烈度（罕遇地震）影响时，结构有较大的非弹性变形，但应控制在规定的范围内，以免倒塌。

还需说明的是：

1 抗震设防烈度为6度时，建筑按本规范采取相应的抗震措施之后，抗震能力比不设防时有实质性的提高，但其抗震能力仍是较低的。

2 不同抗震设防类别的建筑按本规范规定采取抗震措施之后，相应的抗震设防目标在程度上有所提高或降低。例如，丁类建筑在设防地震下的损坏程度可能会重些，且其倒塌不危及人们的生命安全，在罕遇地震下的表现会比一般的情况要差；甲类建筑在设防地震下的损坏是轻微甚至是基本完好的，在罕遇地震下的表现将会比一般的情况好些。

3 本次修订继续采用二阶段设计实现上述三个水准的设防目标：第一阶段设计是承载力验算，取第一水准的地震动参数计算结构的弹性地震作用标准值和相应的地震作用效应，继续采用《建筑结构可靠度设计统一标准》GB 50068规定的分项系数设计表达式进行结构构件的截面承载力抗震验算，这样，其可靠度水平同78规范相当，并由于非抗震构件设计可靠性水准的提高而有所提高，既满足了在第一水准下具有必要的承载力可靠度，又满足第二水准的损坏可修的目标。对大多数的结构，可只进行第一阶段设计，而通过概念设计和抗震构造措施来满足第三水准的设计要求。

第二阶段设计是弹塑性变形验算，对地震时易倒塌的结构、有明显薄弱层的不规则结构以及有专门要求的建筑，除进行第一阶段设计外，还要进行结构薄弱部位的弹塑性层间变形验算并采取相应的抗震构造措施，实现第三水准的设防要求。

4 在89规范和2001规范所提出的以结构安全性为主的“小震不坏、中震可修、大震不倒”三水准目标，就是一种抗震性能目标——小震、中震、大震有明确的概率指标；房屋建筑不坏、可修、不倒的破坏程度，在《建筑地震破坏等级划分标准》（建设部90建抗字377号）中提出了定性的划分。本次修订，对某些有专门要求的建筑结构，在本规范第3.10节和附录M增加了关于中震、大震的进一步定量的抗震性能化设计原则和设计指标。

1.0.2 本条是强制性条文，要求处于抗震设防地区的所有新建建筑工程均必须进行抗震设计。以下，凡用**粗体**表示的条文，均为建筑工程房屋建筑部分的强制性条文。

1.0.3 本规范的适用范围，继续保持89规范、2001规范的规定，适用于6～9度一般的建筑工程。多年来，很多位于区划图6度的地区发生了较大的地震，6度地震区的建筑要适当考虑一些抗震要求，以减轻地震灾害。

工业建筑中，一些因生产工艺要求而造成的特殊问题的抗震设计，与一般的建筑工程不同，需由有关的专业标准予以规定。

因缺乏可靠的近场地震的资料和数据，抗震设防烈度大于9度地区的建筑抗震设计，仍没有条件列入规范。因此，在没有新的专门规定前，可仍按1989年建设部印发（89）建抗字第426号《地震基本烈度X度区建筑抗震设防暂行规定》的通知执行。

2001 规范比 89 规范增加了隔震、消能减震的设计规定，本次修订，还增加了抗震性能化设计的原则性规定。

1.0.4 为适应强制性条文的要求，采用最严的规范用语“必须”。

作为抗震设防依据的文件和图件，如地震烈度区划图和地震动参数区划图，其审批权限，由国家有关主管部门依法规定。

1.0.5 在 89 规范和 2001 规范中，均规定了抗震设防依据的“双轨制”，即一般情况采用抗震设防烈度（作为一个地区抗震设防依据的地震烈度），在一定条件下，可采用经国家有关主管部门规定的权限批准发布的供设计采用的抗震设防区划的地震动参数（如地面运动加速度峰值、反应谱值、地震影响系数曲线和地震加速度时程曲线）。

本次修订，按 2009 年发布的《中华人民共和国防震减灾法》对“地震小区划”的规定，删去 2001 规范对城市设防区划的相关规定，保留“一般情况”这几个字。

新一代的地震区划图正在编制中，本次修订的有关条文和附录将依据新的区划图进行相应的协调性修改。

2 术语和符号

抗震设防烈度是一个地区的设防依据，不能随意提高或降低。

抗震设防标准，是一种衡量对建筑抗震能力要求高低的综合尺度，既取决于建设地点预期地震影响强弱的不同，又取决于建筑抗震设防分类的不同。本规范规定的设防标准是最低的要求，具体工程的设防标准可按业主要求提高。

结构上地震作用的涵义，强调了其动态作用的性质，不仅包括多个方向地震加速度的作用，还包括地震动的速度和动位移的作用。

2001 规范明确了抗震措施和抗震构造措施的区别。抗震构造措施只是抗震措施的一个组成部分。在本规范的目录中，可以看到一般规定、计算要点、抗震构造措施、设计要求等。其中的一般规定及计算要点中的地震作用效应（内力和变形）调整的规定均属于抗震措施，而设计要求中的规定，可能包含有抗震措施和抗震构造措施，需按术语的定义加以区分。

本次修订，按《中华人民共和国防震减灾法》的规定，补充了“地震动参数区划图”这个术语。明确在国家法律中，“地震动参数”是“以加速度表示地震作用强弱程度”，“区划图”是将国土“划分为不同抗震设防要求区域的图件”。

3 基 本 规 定

3.1 建筑抗震设防分类和设防标准

3.1.1 根据我国的实际情况——经济实力有了较大的提高，但仍属于发展中国家的水平，提出适当的抗震设防标准，既能合理使用建设投资，又能达到抗震安全的要求。

89 规范、2001 规范关于建筑抗震设防分类和设防标准的规定，已被国家标准《建筑工程抗震设防分类标准》GB 50223 所替代。按照国家标准编写的规定，本次修订的条文直接引用而不重复该国家标准的规定。

按照《建筑工程抗震设防分类标准》GB 50223－2008，各个设防分类建筑的名称有所变更，但明确甲类、乙类、丙类、丁类是分别作为特殊设防类、重点设防类、标准设防类、适度设防类的简称。因此，在本规范以及建筑结构设计文件中，继续采用简称。

《建筑工程抗震设防分类标准》GB 50223－2008 进一步突出了设防类别划分是侧重于使用功能和灾害后果的区分，并更强调体现对人员安全的保障。

自 1989 年《建筑抗震设计规范》GBJ 11－89 发布以来，按技术标准设计的所有房屋建筑，均应达到“多遇地震不坏、设防地震可修和罕遇地震不倒”的设防目标。这里，多遇地震、设防地震和罕遇地震，一般按地震基本烈度区划或地震动参数区划对当地的规定采用，分别为 50 年超越概率 63%、10%和 2%～3%的地震，或重现期分别为 50 年、475 年和 1600 年～2400 年的地震。

针对我国地震区划图所规定的烈度有很大不确定性的事实，在建设行政主管部门领导下，89 规范明确规定了“小震不坏、中震可修、大震不倒”的抗震设防目标。这个目标可保障“房屋建筑在遭遇设防地震影响时不致有灾难性后果，在遭遇罕遇地震影响时不致倒塌”。2008 年汶川地震表明，严格按照现行抗震规范进行设计、施工和使用的房屋建筑，达到了规范规定的设防目标，在遭遇到高于地震区划图一度的地震作用下，没有出现倒塌破坏——实现了生命安全的目标。因此，《建筑工程抗震设防分类标准》GB 50223—2008继续规定，绝大部分建筑均可划为标准设防类（简称丙类），将使用上需要提高防震减灾能力的房屋建筑控制在很小的范围。

在需要提高设防标准的建筑中，乙类需按提高一度的要求加强其抗震措施——增加关键部位的投资即可达到提高安全性的目标；甲类在提高一度的要求加强其抗震措施的基础上，“地震作用应按高于本地区设防烈度计算，其值应按批准的地震安全性评价结果确定”。地震安全性评价通常包括给定年限内不同超越概率的地震动参数，应由具备资质的单位按相关标准执行并对其评价报告的质量负责。这意味着，地震作用计算提高的幅度应经专门研究，并需要按规定的权限审批。条件许可时，专门研究还可包括基于建筑地震破坏损失和投资关系的优化原则确定的方法。

《建筑结构可靠度设计统一标准》GB 50068，提出了设计使用年限的原则规定。显然，抗震设防的甲、乙、丙、丁分类，也可体现设计使用年限的不同。

还需说明，《建筑工程抗震设防分类标准》GB 50223 规定乙类提高抗震措施而不要求提高地震作用，同一些国家的规范只提高地震作用（10%～30%）而不提高抗震措施，在设防概念上有所不同：提高抗震措施，着眼于把财力、物力用在增加结构薄弱部位的抗震能力上，是经济而有效的方法，适合于我国经济有较大发展而人均经济水平仍属于发展中国家的情况；只提高地震作用，则结构的各构件均全面增加材料，投资增加的效果不如前者。

3.1.2 鉴于6度设防的房屋建筑，其地震作用往往不属于结构设计的控制作用，为减少设计计算的工作量，本规范明确，6度设防时，除有明确规定的情况，其抗震设计可仅进行抗震措施的设计而不进行地震作用计算。

3.2 地 震 影 响

多年来地震经验表明，在宏观烈度相似的情况下，处在大震级、远震中距下的柔性建筑，其震害要比中、小震级近震中距的情况重得多；理论分析也发现，震中距不同时反应谱频谱特性并不相同。抗震设计时，对同样场地条件、同样烈度的地震，按震源机制、震级大小和震中距远近区别对待是必要的，建筑所受到的地震影响，需要采用设计地震动的强度及设计反应谱的特征周期来表征。

作为一种简化，89 规范主要借助于当时的地震烈度区划，引入了设计近震和设计远震，后者可能遭遇近、远两种地震影响，设防烈度为9度时只考虑近震的地震影响；在水平地震作用计算时，设计近、远震用二组地震影响系数 α 曲线表达，按远震的曲线设计就已包含两种地震用不利情况。

2001 规范明确引入了“设计基本地震加速度”和“设计特征周期”，与当时的中国地震动参数区划（中国地震动峰值加速度区划图 A1 和中国地震动反应谱特征周期区划图 B1）相匹配。

“设计基本地震加速度”是根据建设部 1992 年 7 月 3 日颁发的建标［1992］419 号《关于统一抗震设计规范地面运动加速度设计取值的通知》而作出的。通知中有如下规定：

术语名称：设计基本地震加速度值。

定义：50 年设计基准期超越概率 10%的地震加速度的设计取值。

取值：7 度 $0.10g$，8 度 $0.20g$，9 度 $0.40g$。

本规范表 3.2.2 所列的设计基本地震加速度与抗震设防烈度的对应关系即来源于上述文件。其取值与《中国地震动参数区划图 A1》所规定的“地震动峰值加速度”相当：即在 $0.10g$ 和 $0.20g$ 之间有一个 $0.15g$ 的区域，$0.20g$ 和 $0.40g$ 之间有一个 $0.30g$ 的区域，在这两个区域内建筑的抗震设计要求，除另有具体规定外，分别同 7 度和 8 度，在表 3.2.2 中用括号内数值表示。表 3.2.2 中还引入了与 6 度相当的设计基本地震加速度值 $0.05g$。

“设计特征周期”即设计所用的地震影响系数的特征周期（T_g），简称特征周期。89 规范规定，其取值根据设计近、远震和场地类别来确定，我国绝大多数地区只考虑设计近震，需要考虑设计远震的地区很少（约占县级城镇的 5%）。2001 规范将 89 规范的设计近震、远震改称设计地震分组，可更好体现震级和震中距的影响，建筑工程的设计地震分为三组。根据规范编制保持其规定延续性的要求和房屋建筑抗震设防决策，2001 规范的设计地震的分组在《中国地震动反应谱特征周期区划图 B1》基础上略作调整。本次修订对各地的设计地震分组作了较大的调整，使之与《中国地震动参数区划图 B1》一致。修改后变化的情况汇总如下：

区划图 B1 中 0.35s 的区域作为设计地震第一组；区划图 B1 中 0.40s 的区域作为设计地震第二组；区划图 B1 中 0.45s 的区域，作为设计地震第三组。

依据 2001 版中国地震动参数区划图 B1 及其 2008 年第 1 号修改单，与 2001 规范相比，本次修订后，东经 105°以西的绝大多数城镇、东经 105°以东处于北纬 34°至 41°之间的多数城镇，设计地震分组为第二组或第三组，在全国约 2500 个抗震设防城镇中，设防烈度不变而设计地震分组有变化的城镇共 1000 多个（约占 40%）。其中，按 2008 年第 1 号修改单，四川的天全、丹巴、芦山、雅安，陕西的勉县由设计第三组降为设计第二组。

有变化的省会城市和直辖市如下：

由设计第一组改为设计第二组的有：天津，石家庄，福州，郑州，银川，乌鲁木齐；

由设计第二组改为设计第三组的有：济南，昆明，兰州，西宁，拉萨，台北；

2008 年局部修订时由设计第一组改为设计第三组的有：成都。

变化较多的省份如下：

河北，占城镇总数的 74%；山西，占城镇总数的 55%；福建，占设防城镇总数的 54%；山东，占城镇总数的 75%；河南，占设防城镇总数的 45%；四川，占设防城镇总数的 76%；云南，占城镇总数的 82%；西藏，占城镇总数的 82%；陕西，占设防城镇总数的48%；甘肃，占城镇总数的92%；青海，占城镇总数的88%；宁夏，占城镇总数的81%；新疆，占城镇总数的82%。

为便于设计单位使用，本规范在附录A给出了县级及县级以上城镇（按民政部编2009行政区划简册，包括地级市的市辖区）的中心地区（如城关地区）的抗震设防烈度、设计基本地震加速度和所属的设计地震分组。请注意，今后，随着《中国地震动参数区划图》的修订和施行，该附录将及时进行协调性修改。

3.3 场地和地基

3.3.1 在抗震设计中，场地指具有相似的反应谱特征的房屋群体所在地，不仅仅是房屋基础下的地基土，其范围相当于厂区、居民点和自然村，在平坦地区面积一般不小于1km×1km。

地震造成建筑的破坏，除地震动直接引起结构破坏外，还有场地条件的原因，诸如：地震引起的地表错动与地裂，地基土的不均匀沉陷、滑坡和粉、砂土液化等。因此，选择有利于抗震的建筑场地，是减轻场地引起的地震灾害的第一道工序，抗震设防区的建筑工程宜选择有利的地段，应避开不利的地段并不在危险的地段建设。针对汶川地震的教训，2008年局部修订强调：严禁在危险地段建造甲、乙类建筑。还需要注意，按全文强制的《住宅设计规范》GB 50096，严禁在危险地段建造住宅，必须严格执行。

场地地段的划分，是在选择建筑场地的勘察阶段进行的，要根据地震活动情况和工程地质资料进行综合评价。本规范第4.1.1条给出划分建筑场地有利、一般、不利和危险地段的依据。

3.3.2、3.3.3 抗震构造措施不同于抗震措施，二者的区别见本规范第2.1.10条和第2.1.11条。历次大地震的经验表明，同样或相近的建筑，建造于Ⅰ类场地时震害较轻，建造于Ⅲ、Ⅳ类场地震害较重。

本规范对Ⅰ类场地，仅降低抗震构造措施，不降低抗震措施中的其他要求，如按概念设计要求的内力调整措施。对于丁类建筑，其抗震措施已降低，不再重复降低。

对Ⅲ、Ⅳ类场地，除各章有具体规定外，仅提高抗震构造措施，不提高抗震措施中的其他要求，如按概念设计要求的内力调整措施。

3.3.4 对同一结构单元不宜部分采用天然地基部分采用桩基的要求，一般情况执行没有困难。在高层建筑中，当主楼和裙房不分缝的情况下难以满足时，需仔细分析不同地基在地震下变形的差异及上部结构各部分地震反应差异的影响，采取相应措施。

本次修订，对不同地基基础类型的要求，提出了较为明确的对策。

3.3.5 本条系在2008年局部修订时增加的，针对山区房屋选址和地基基础设计，提出明确的抗震要求。需注意：

1 有关山区建筑距边坡边缘的距离，参照《建筑地基基础设计规范》GB 50007－2002第5.4.1、第5.4.2条计算时，其边坡坡角需按地震烈度的高低修正——减去地震角，滑动力矩需计入水平地震和竖向地震产生的效应。

2 挡土结构抗震设计稳定验算时有关摩擦角的修正，指地震主动土压力按库伦理论计算时：土的重度除以地震角的余弦，填土的内摩擦角减去地震角，土对墙背的摩擦角增加地震角。

地震角的范围取1.5°～10°，取决于地下水位以上和以下，以及设防烈度的高低。可参见《建筑抗震鉴定标准》GB 50023－2009第4.2.9条。

3.4 建筑形体及其构件布置的规则性

3.4.1 合理的建筑形体和布置（configuration）在抗震设计中是头等重要的。提倡平、立面简单对称。因为震害表明，简单、对称的建筑在地震时较不容易破坏。而且道理也很清楚，简单、对称的结构容易估计其地震时的反应，容易采取抗震构造措施和进行细部处理。“规则”包含了对建筑的平、立面外形尺寸，抗侧力构件布置、质量分布，直至承载力分布等诸多因素的综合要求。“规则”的具体界限，随着结构类型的不同而异，需要建筑师和结构工程师互相配合，才能设计出抗震性能良好的建筑。

本条主要对建筑师设计的建筑方案的规则性提出了强制性要求。在2008年局部修订时，为提高建筑设计和结构设计的协调性，明确规定：首先，建筑形体和布置应依据抗震概念设计原则划分为规则与不规则两大类；对于具有不规则的建筑，针对其不规程的具体情况，明确提出不同的要求；强调应避免采用严重不规则的设计方案。

概念设计的定义见本规范第2.1.9条。规则性是其中的一个重要概念。

规则的建筑方案体现在体型（平面和立面的形状）简单，抗侧力体系的刚度和承载力上下变化连续、均匀，平面布置基本对称。即在平立面、竖向剖面或抗侧力体系上，没有明显的、实质的不连续（突变）。

规则与不规则的区分，本规范在第3.4.3条规定了一些定量的参考界限，但实际上引起建筑不规则的因素还有很多，特别是复杂的建筑体型，很难一一用若干简化的定量指标来划分不规则程度并规定限制范围，但是，有经验的、有抗震知识素养的建筑设计人员，应该对所设计的建筑的抗震性能有所估计，要区分不规则、特别不规则和严重不规则等不规则程度，避免采用抗震性能差的严重不规则的设计方案。

三种不规则程度的主要划分方法如下：

不规则，指的是超过表 3.4.3-1 和表 3.4.3-2 中一项及以上的不规则指标；

特别不规则，指具有较明显的抗震薄弱部位，可能引起不良后果者，其参考界限可参见《超限高层建筑工程抗震设防专项审查技术要点》，通常有三类：其一，同时具有本规范表 3.4.3 所列六个主要不规则类型的三个或三个以上；其二，具有表 1 所列的一项不规则；其三，具有本规范表 3.4.3 所列两个方面的基本不规则且其中有一项接近表 1 的不规则指标。

表 1 特别不规则的项目举例

序	不规则类型	简 要 涵 义
1	扭转偏大	裙房以上有较多楼层考虑偶然偏心的扭转位移比大于 1.4
2	抗扭刚度弱	扭转周期比大于 0.9，混合结构扭转周期比大于 0.85
3	层刚度偏小	本层侧向刚度小于相邻上层的 50%
4	高位转换	框支墙体的转换构件位置：7 度超过 5 层，8 度超过 3 层
5	厚板转换	7～9 度设防的厚板转换结构
6	塔楼偏置	单塔或多塔合质心与大底盘的质心偏心距大于底盘相应边长 20%
7	复杂连接	各部分层数、刚度、布置不同的错层或连体两端塔楼显著不规则的结构
8	多重复杂	同时具有转换层、加强层、错层、连体和多塔类型中的 2 种以上

对于特别不规则的建筑方案，只要不属于严重不规则，结构设计应采取比本规范第 3.4.4 条等的要求更加有效的措施。

严重不规则，指的是形体复杂，多项不规则指标超过本规范 3.4.4 条上限值或某一项大大超过规定值，具有现有技术和经济条件不能克服的严重的抗震薄弱环节，可能导致地震破坏的严重后果者。

3.4.2 本条要求建筑设计需特别重视其平、立、剖面及构件布置不规则对抗震性能的影响。

3.4.3、3.4.4 2001 规范考虑了当时 89 规范和《钢筋混凝土高层建筑结构设计与施工规范》JGJ 3－91 的相应规定，并参考了美国 UBC（1997）日本 BSL（1987 年版）和欧洲规范 8。上述五本规范对不规则结构的条文规定有以下三种方式：

1 规定了规则结构的准则，不规定不规则结构的相应设计规定，如 89 规范和《钢筋混凝土高层建筑结构设计与施工规范》JGJ 3－91。

2 对结构的不规则性作出限制，如日本 BSL。

3 对规则与不规则结构作出了定量的划分，并规定了相应的设计计算要求，如美国 UBC 及欧洲规范 8。

本规范基本上采用了第 3 种方式，但对容易避免或危害性较小的不规则问题未作规定。

对于结构扭转不规则，按刚性楼盖计算，当最大层间位移与其平均值的比值为 1.2 时，相当于一端为 1.0，另一端为 1.45；当比值 1.5 时，相当于一端为 1.0，另一端为 3。美国 FEMA 的 NEHRP 规定，限 1.4。

对于较大错层，如超过梁高的错层，需按楼板开洞对待；当错层面积大于该层总面积 30%时，则属于楼板局部不连续。楼板典型宽度按楼板外形的基本宽度计算。

上层缩进尺寸超过相邻下层对应尺寸的 1/4，属于用尺寸衡量的刚度不规则的范畴。侧向刚度可取地震作用下的层剪力与层间位移之比值计算，刚度突变上限（如框支层）在有关章节规定。

除了表 3.4.3 所列的不规则，UBC 的规定中，对平面不规则尚有抗侧力构件上下错位、与主轴斜交或不对称布置，对竖向不规则尚有相邻楼层质量比大于 150%或竖向抗侧力构件在平面内收进的尺寸大于构件的长度（如棋盘式布置）等。

图 1～图 6 为典型示例，以便理解本规范表 3.4.3-1 和表 3.4.3-2 中所列的不规则类型。

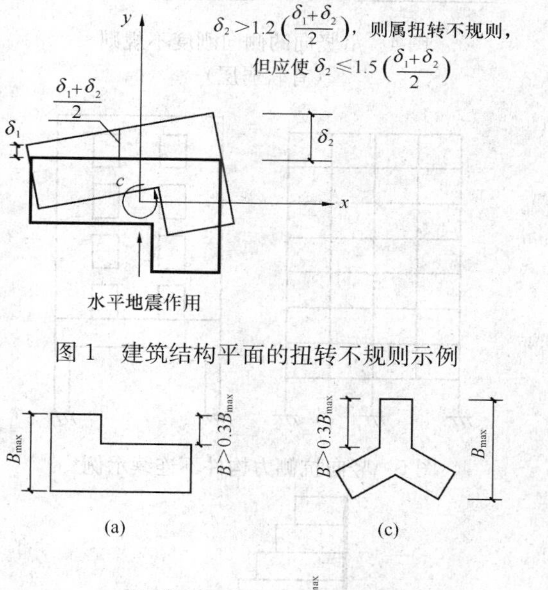

图 1 建筑结构平面的扭转不规则示例

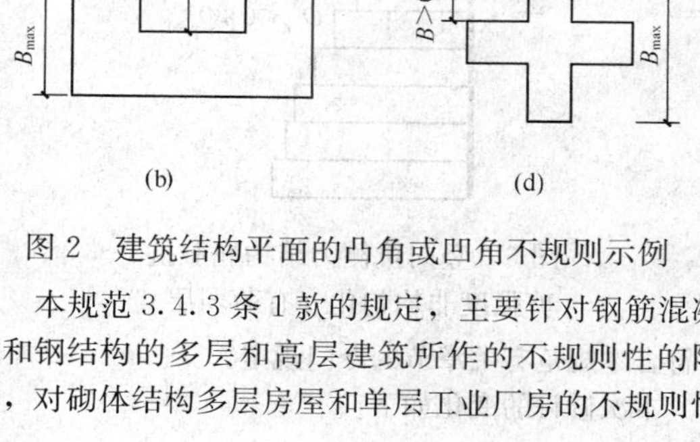

图 2 建筑结构平面的凸角或凹角不规则示例

本规范 3.4.3 条 1 款的规定，主要针对钢筋混凝土和钢结构的多层和高层建筑所作的不规则性的限制，对砌体结构多层房屋和单层工业厂房的不规则性

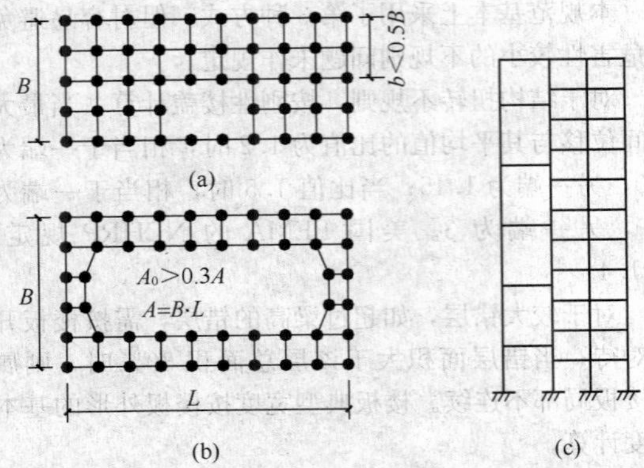

图 3　建筑结构平面的局部不连续示例
（大开洞及错层）

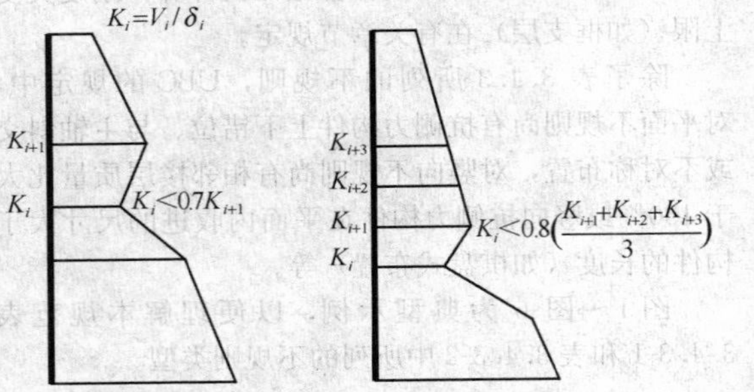

图 4　沿竖向的侧向刚度不规则
（有软弱层）

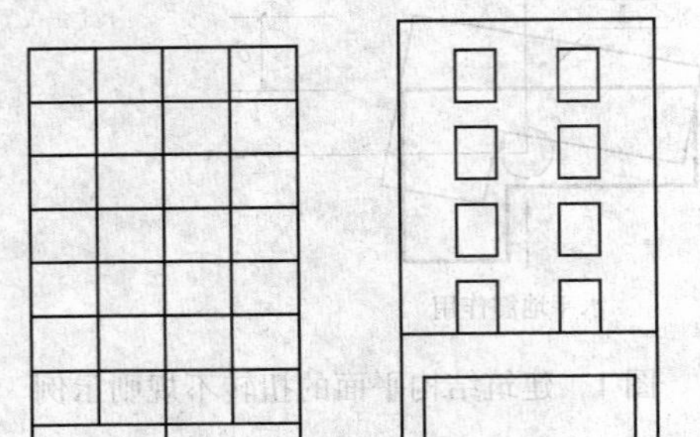

图 5　竖向抗侧力构件不连续示例

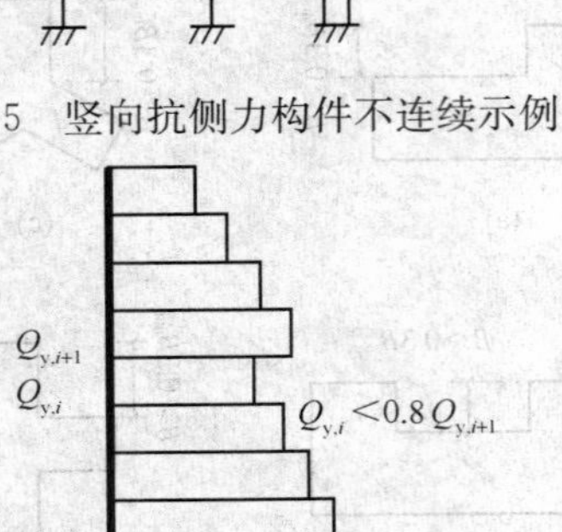

图 6　竖向抗侧力结构屈服抗
剪强度非均匀化（有薄弱层）

应符合本规范有关章节的专门规定。

本次修订的变化如下：

1　明确规定表 3.4.3 所列的不规则类型是主要的而不是全部不规则，所列的指标是概念设计的参考性数值而不是严格的数值，使用时需要综合判断。明确规定按不规则类型的数量和程度，采取不同的抗震措施。不规则的程度和设计的上限控制，可根据设防烈度的高低适当调整。对于特别不规则的建筑结构要求专门研究和论证。

2　对于扭转不规则计算，需注意以下几点：

1）按国外的有关规定，楼盖周边两端位移不超过平均位移 2 倍的情况称为刚性楼盖，超过 2 倍则属于柔性楼盖。因此，这种“刚性楼盖”，并不是刚度无限大。计算扭转位移比时，楼盖刚度可按实际情况确定而不限于刚度无限大假定。

2）扭转位移比计算时，楼层的位移不采用各振型位移的 CQC 组合计算，按国外的规定明确改为取“给定水平力”计算，可避免有时 CQC 计算的最大位移出现在楼盖边缘的中部而不在角部，而且对无限刚楼盖、分块无限刚楼盖和弹性楼盖均可采用相同的计算方法处理；该水平力一般采用振型组合后的楼层地震剪力换算的水平作用力，并考虑偶然偏心；结构楼层位移和层间位移控制值验算时，仍采用 CQC 的效应组合。

3）偶然偏心大小的取值，除采用该方向最大尺寸的 5% 外，也可考虑具体的平面形状和抗侧力构件的布置调整。

4）扭转不规则的判断，还可依据楼层质量中心和刚度中心的距离用偏心率的大小作为参考方法。

3　对于侧向刚度的不规则，建议根据结构特点采用合适的方法，包括楼层标高处产生单位位移所需要的水平力、结构层间位移角的变化等进行综合分析。

4　为避免水平转换构件在大震下失效，不连续的竖向构件传递到转换构件的小震地震内力应加大，借鉴美国 IBC 规定取 2.5 倍（分项系数为 1.0），对增大系数作了调整。

3.4.5　体型复杂的建筑并不一概提倡设置防震缝。由于是否设置防震缝各有利弊，历来有不同的观点，总体倾向是：

1　可设缝、可不设缝时，不设缝。设置防震缝可使结构抗震分析模型较为简单，容易估计其地震作用和采取抗震措施，但需考虑扭转地震效应，并按本规范各章的规定确定缝宽，使防震缝两侧在预期的地震（如中震）下不发生碰撞或减轻碰撞引起的局部损坏。

2　当不设置防震缝时，结构分析模型复杂，连接处局部应力集中需要加强，而且需仔细估计地震扭转效应等可能导致的不利影响。

3.5 结构体系

3.5.1 抗震结构体系要通过综合分析，采用合理而经济的结构类型。结构的地震反应同场地的频谱特性有密切关系，场地的地面运动特性又同地震震源机制、震级大小、震中的远近有关；建筑的重要性、装修的水准对结构的侧向变形大小有所限制，从而对结构选型提出要求；结构的选型又受结构材料和施工条件的制约以及经济条件的许可等。这是一个综合的技术经济问题，应周密加以考虑。

3.5.2、3.5.3 抗震结构体系要求受力明确、传力途径合理且传力路线不间断，使结构的抗震分析更符合结构在地震时的实际表现，对提高结构的抗震性能十分有利，是结构选型与布置结构抗侧力体系时首先考虑的因素之一。2001 规范将结构体系的要求分为强制性和非强制性两类。第 3.5.2 条是属于强制性要求的内容。

多道防线对于结构在强震下的安全是很重要的。所谓多道防线的概念，通常指的是：

第一，整个抗震结构体系由若干个延性较好的分体系组成，并由延性较好的结构构件连接起来协同工作。如框架-抗震墙体系是由延性框架和抗震墙二个系统组成；双肢或多肢抗震墙体系由若干个单肢墙分系统组成；框架-支撑框架体系由延性框架和支撑框架二个系统组成；框架-筒体体系由延性框架和筒体二个系统组成。

第二，抗震结构体系具有最大可能数量的内部、外部赘余度，有意识地建立起一系列分布的塑性屈服区，以使结构能吸收和耗散大量的地震能量，一旦破坏也易于修复。设计计算时，需考虑部分构件出现塑性变形后的内力重分布，使各个分体系所承担的地震作用的总和大于不考虑塑性内力重分布时的数值。

本次修订，按征求意见的结果，多道防线仍作为非强制性要求保留在第 3.5.3 条，但能够设置多道防线的结构类型，在相关章节中予以明确规定。

抗震薄弱层（部位）的概念，也是抗震设计中的重要概念，包括：

1 结构在强烈地震下不存在强度安全储备，构件的实际承载力分析（而不是承载力设计值的分析）是判断薄弱层（部位）的基础；

2 要使楼层（部位）的实际承载力和设计计算的弹性受力之比在总体上保持一个相对均匀的变化，一旦楼层（或部位）的这个比例有突变时，会由于塑性内力重分布导致塑性变形的集中；

3 要防止在局部上加强而忽视整个结构各部位刚度、强度的协调；

4 在抗震设计中有意识、有目的地控制薄弱层（部位），使之有足够的变形能力又不使薄弱层发生转移，这是提高结构总体抗震性能的有效手段。

考虑到有些建筑结构，横向抗侧力构件（如墙体）很多而纵向很少，在强烈地震中往往由于纵向的破坏导致整体倒塌，2001 规范增加了结构两个主轴方向的动力特性（周期和振型）相近的抗震概念。

3.5.4 本条对各种不同材料的结构构件提出了改善其变形能力的原则和途径：

1 无筋砌体本身是脆性材料，只能利用约束条件（圈梁、构造柱、组合柱等来分割、包围）使砌体发生裂缝后不致崩塌和散落，地震时不致丧失对重力荷载的承载能力。

2 钢筋混凝土构件抗震性能与砌体相比是比较好的，但若处理不当，也会造成不可修复的脆性破坏。这种破坏包括：混凝土压碎、构件剪切破坏、钢筋锚固部分拉脱（粘结破坏），应力求避免；混凝土结构构件的尺寸控制，包括轴压比、截面长宽比，墙体高厚比、宽厚比等，当墙厚偏薄时，也有自身稳定问题。

3 提出了对预应力混凝土结构构件的要求。

4 钢结构杆件的压屈破坏（杆件失去稳定）或局部失稳也是一种脆性破坏，应予以防止。

5 针对预制混凝土板在强烈地震中容易脱落导致人员伤亡的震害，2008 年局部修订增加了推荐采用现浇楼、屋盖，特别强调装配式楼、屋盖需加强整体性的基本要求。

3.5.5 本条指出了主体结构构件之间的连接应遵守的原则：通过连接的承载力来发挥各构件的承载力、变形能力，从而获得整个结构良好的抗震能力。

本条还提出了对预应力混凝土及钢结构构件的连接要求。

3.5.6 本条支撑系统指屋盖支撑。支撑系统的不完善，往往导致屋盖系统失稳倒塌，使厂房发生灾难性的震害，因此在支撑系统布置上应特别注意保证屋盖系统的整体稳定性。

3.6 结构分析

3.6.1 由于地震动的不确定性、地震的破坏作用、结构地震破坏机理的复杂性，以及结构计算模型的各种假定与实际情况的差异，迄今为止，依据所规定的地震作用进行结构抗震验算，不论计算理论和工具如何发展，计算怎样严格，计算的结果总还是一种比较粗略的估计，过分地追求数值上的精确是不必要的；然而，从工程的震害看，这样的抗震验算是有成效的，不可轻视。因此，本规范自 1974 年第一版以来，对抗震计算着重于把方法放在比较合理的基础上，不拘泥于细节，不追求过高的计算精度，力求简单易行，以线性的计算分析方法为基本方法，并反复强调按概念设计进行各种调整。本节列出一些原则性规定，继续保持和体现上述精神。

多遇地震作用下的内力和变形分析是本规范对结构地震反应、截面承载力验算和变形验算最基本的要求。按本规范第 1.0.1 条的规定，建筑物当遭受低于本地区抗震设防烈度的多遇地震影响时，主体结构不受损坏或不需修理可继续使用，与此相应，结构在多遇地震作用下的反应分析的方法，截面抗震验算（按照现行国家标准《建筑结构可靠度设计统一标准》GB 50068 的基本要求），以及层间弹性位移的验算，都是以线弹性理论为基础，因此，本条规定，当建筑结构进行多遇地震作用下的内力和变形分析时，可假定结构与构件处于弹性工作状态。

3.6.2 按本规范第 1.0.1 条的规定：当建筑物遭受高于本地区抗震设防烈度的罕遇地震影响时，不致倒塌或发生危及生命的严重破坏，这也是本规范的基本要求。特别是建筑物的体型和抗侧力系统复杂时，将在结构的薄弱部位发生应力集中和弹塑性变形集中，严重时会导致重大的破坏甚至有倒塌的危险。因此本规范提出了检验结构抗震薄弱部位采用弹塑性（即非线性）分析方法的要求。

考虑到非线性分析的难度较大，规范只限于对不规则并具有明显薄部位可能导致重大地震破坏，特别是有严重的变形集中可能导致地震倒塌的结构，应按本规范第 5 章具体规定进行罕遇地震作用下的弹塑性变形分析。

本规范推荐了两种非线性分析方法：静力的非线性分析（推覆分析）和动力的非线性分析（弹塑性时程分析）。

静力的非线性分析是：沿结构高度施加按一定形式分布的模拟地震作用的等效侧力，并从小到大逐步增加侧力的强度，使结构由弹性工作状态逐步进入弹塑性工作状态，最终达到并超过规定的弹塑性位移。这是目前较为实用的简化的弹塑性分析技术，比动力非线性分析节省计算工作量，但需要注意，静力非线性分析有一定的局限性和适用性，其计算结果需要工程经验判断。

动力非线性分析，即弹塑性时程分析，是较为严格的分析方法，需要较好的计算机软件和很好的工程经验判断才能得到有用的结果，是难度较大的一种方法。规范还允许采用简化的弹塑性分析技术，如本规范第 5 章规定的钢筋混凝土框架等的弹塑性分析简化方法。

3.6.3 本条规定，框架结构和框架-抗震墙（支撑）结构在重力附加弯矩 M_a 与初始弯矩 M_0 之比符合下式条件下，应考虑几何非线性，即重力二阶效应的影响。

$$\theta_i = \frac{M_a}{M_0} = \frac{\sum G_i \cdot \triangle u_i}{V_i \cdot h_i} > 0.1 \tag{1}$$

式中：θ_i——稳定系数；

$\sum G_i$——i 层以上全部重力荷载计算值；

$\triangle u_i$——第 i 层楼层质心处的弹性或弹塑性层间位移；

V_i——第 i 层地震剪力计算值；

h_i——第 i 层层间高度。

上式规定是考虑重力二阶效应影响的下限，其上限则受弹性层间位移角限值控制。对混凝土结构，弹性位移角限值较小，上述稳定系数一般均在 0.1 以下，可不考虑弹性阶段重力二阶效应影响。

当在弹性分析时，作为简化方法，二阶效应的内力增大系数可取 $1/(1-\theta)$。

当在弹塑性分析时，宜采用考虑所有受轴向力的结构和构件的几何刚度的计算机程序进行重力二阶效应分析，亦可采用其他简化分析方法。

混凝土柱考虑多遇地震作用产生的重力二阶效应的内力时，不应与混凝土规范承载力计算时考虑的重力二阶效应重复。

砌体结构和混凝土墙结构，通常不需要考虑重力二阶效应。

3.6.4 刚性、半刚性、柔性横隔板分别指在平面内不考虑变形、考虑变形、不考虑刚度的楼、屋盖。

3.6.6 本条规定主要依据《建筑工程设计文件编制深度规定》，要求使用计算机进行结构抗震分析时，应对软件的功能有切实的了解，计算模型的选取必须符合结构的实际工作情况，计算软件的技术条件应符合本规范及有关标准的规定，设计时对所有计算结果应进行判别，确认其合理有效后方可在设计中应用。

2008 年局部修订，注意到地震中楼梯的梯板具有斜撑的受力状态，增加了楼梯构件的计算要求：针对具体结构的不同，“考虑”的结果，楼梯构件的可能影响很大或不大，然后区别对待，楼梯构件自身应计算抗震，但并不要求一律参与整体结构的计算。

复杂结构指计算的力学模型十分复杂、难以找到完全符合实际工作状态的理想模型，只能依据各个软件自身的特点在力学模型上分别作某些程度不同的简化后才能运用该软件进行计算的结构。例如，多塔类结构，其计算模型可以是底部一个塔通过水平刚臂分成上部若干个不落地分塔的分叉结构，也可以用多个落地塔通过底部的低塔连成整个结构，还可以将底部按高塔分区分别归入相应的高塔中再按多个高塔进行联合计算，等等。因此本规范对这类复杂结构要求用多个相对恰当、合适的力学模型而不是截然不同不合理的模型进行比较计算。复杂结构应是计算模型复杂的结构，不同的力学模型还应属于不同的计算机程序。

3.7 非结构构件

非结构构件包括建筑非结构构件和建筑附属机电

设备的支架等。建筑非结构构件在地震中的破坏允许大于结构构件，其抗震设防目标要低于本规范第1.0.1条的规定。非结构构件的地震破坏会影响安全和使用功能，需引起重视，应进行抗震设计。

建筑非结构构件一般指下列三类：①附属结构构件，如：女儿墙、高低跨封墙、雨篷等；②装饰物，如：贴面、顶棚、悬吊重物等；③围护墙和隔墙。处理好非结构构件和主体结构的关系，可防止附加灾害，减少损失。在第3.7.3条所列的非结构构件主要指在人流出入口、通道及重要设备附近的附属结构构件，其破坏往往伤人或砸坏设备，因此要求加强与主体结构的可靠锚固，在其他位置可以放宽要求。2008年局部修订时，明确增加作为疏散通道的楼梯间墙体的抗震安全性要求，提高对生命的保护。

砌体填充墙与框架或单层厂房柱的连接，影响整个结构的动力性能和抗震能力。两者之间的连接处理不同时，影响也不同。建议两者之间采用柔性连接或彼此脱开，可只考虑填充墙的重量而不计其刚度和强度的影响。砌体填充墙的不合理设置，例如：框架或厂房，柱间的填充墙不到顶，或房屋外墙在混凝土柱间局部高度砌墙，使这些柱子处于短柱状态，许多震害表明，这些短柱破坏很多，应予注意。

2008年局部修订时，第3.7.4条新增为强制性条文。强调围护墙、隔墙等非结构构件是否合理设置对主体结构的影响，以加强围护墙、隔墙等建筑非结构构件的抗震安全性，提高对生命的保护。

第3.7.6条提出了对幕墙、附属机械、电气设备系统支座和连接等需符合地震时对使用功能的要求。这里的使用要求，一般指设防地震。

3.8 隔震与消能减震设计

3.8.1 建筑结构采用隔震与消能减震设计是一种有效地减轻地震灾害的技术。

本次修订，取消了2001规范“主要用于高烈度设防”的规定。强调了这种技术在提高结构抗震性能上具有优势，可适用于对使用功能有较高或专门要求的建筑，即用于投资方愿意通过适当增加投资来提高抗震安全要求的建筑。

3.8.2 本条对建筑结构隔震设计和消能减震设计的设防目标提出了原则要求。采用隔震和消能减震设计方案，具有可能满足提高抗震性能要求的优势，故推荐其按较高的设防目标进行设计。

按本规范12章规定进行隔震设计，还不能做到在设防烈度下上部结构不受损坏或主体结构处于弹性工作阶段的要求，但与非隔震或非消能减震建筑相比，设防目标会有所提高，大体上是：当遭受多遇地震影响时，将基本不受损坏和影响使用功能；当遭受设防地震影响时，不需修理仍可继续使用；当遭受罕遇地震影响时，将不发生危及生命安全和丧失使用价值的破坏。

3.9 结构材料与施工

3.9.1 抗震结构在材料选用、施工程序特别是材料代用上有其特殊的要求，主要是指减少材料的脆性和贯彻原设计意图。

3.9.2、3.9.3 本规范对结构材料的要求分为强制性和非强制性两种。

1 本次修订，将烧结黏土砖改为各种砖，适用范围更宽些。

2 对钢筋混凝土结构中的混凝土强度等级有所限制，这是因为高强度混凝土具有脆性性质，且随强度等级提高而增加，在抗震设计中应考虑此因素，根据现有的试验研究和工程经验，现阶段混凝土墙体的强度等级不宜超过C60；其他构件，9度时不宜超过C60，8度时不宜超过C70。当耐久性有要求时，混凝土的最低强度等级，应遵守有关的规定。

3 本次修订，对一、二、三级抗震等级的框架，规定其普通纵向受力钢筋的抗拉强度实测值与屈服强度实测值的比值不应小于1.25，这是为了保证当构件某个部位出现塑性铰以后，塑性铰处有足够的转动能力与耗能能力；同时还规定了屈服强度实测值与标准值的比值，否则本规范为实现强柱弱梁、强剪弱弯所规定的内力调整将难以奏效。在2008年局部修订的基础上，要求框架梁、框架柱、框支梁、框支柱、板柱-抗震墙的柱，以及伸臂桁架的斜撑、楼梯的梯段等，纵向钢筋均应有足够的延性及钢筋伸长率的要求，是控制钢筋延性的重要性能指标。其取值依据产品标准《钢筋混凝土用钢　第2部分：热轧带肋钢筋》GB 1499.2－2007规定的钢筋抗震性能指标提出，凡钢筋产品标准中带E编号的钢筋，均属于符合抗震性能指标。本条的规定，是正规建筑用钢生产厂家的一般热轧钢筋均能达到的性能指标。从发展趋势考虑，不再推荐箍筋采用HPB235级钢筋；当然，现有生产的HPB235级钢筋仍可继续作为箍筋使用。

4 钢结构中所用的钢材，应保证抗拉强度、屈服强度、冲击韧性合格及硫、磷和碳含量的限制值。对高层钢结构，按黑色冶金工业标准《高层建筑结构用钢板》YB 4104－2000的规定选用。抗拉强度是实际上决定结构安全储备的关键，伸长率反映钢材能承受残余变形量的程度及塑性变形能力，钢材的屈服强度不宜过高，同时要求有明显的屈服台阶，伸长率应大于20%，以保证构件具有足够的塑性变形能力，冲击韧性是抗震结构的要求。当采用国外钢材时，亦应符合我国国家标准的要求。结构钢材的性能指标，按钢材产品标准《建筑结构用钢板》GB/T 19879－2005规定的性能指标，将分子、分母对换，改为屈服强度与抗拉强度的比值。

5 国家产品标准《碳素结构钢》GB/T 700中，

Q235 钢分为 A、B、C、D 四个等级，其中 A 级钢不要求任何冲击试验值，并只在用户要求时才进行冷弯试验，且不保证焊接要求的含碳量，故不建议采用。国家产品标准《低合金高强度结构钢》GB/T 1591 中，Q345 钢分为 A、B、C、D、E 五个等级，其中 A 级钢不保证冲击韧性要求和延性性能的基本要求，故亦不建议采用。

3.9.4 混凝土结构施工中，往往因缺乏设计规定的钢筋型号（规格）而采用另外型号（规格）的钢筋代替，此时应注意替代后的纵向钢筋的总承载力设计值不应高于原设计的纵向钢筋总承载力设计值，以免造成薄弱部位的转移，以及构件在有影响的部位发生混凝土的脆性破坏（混凝土压碎、剪切破坏等）。

除按照上述等承载力原则换算外，还应满足最小配筋率和钢筋间距等构造要求，并应注意由于钢筋的强度和直径改变会影响正常使用阶段的挠度和裂缝宽度。

本条在 2008 年局部修订时提升为强制性条文，以加强对施工质量的监督和控制，实现预期的抗震设防目标。

3.9.5 厚度较大的钢板在轧制过程中存在各向异性，由于在焊缝附近常形成约束，焊接时容易引起层状撕裂。国家产品标准《厚度方向性能钢板》GB/T 5313 将厚度方向的断面收缩率分为 Z15、Z25、Z35 三个等级，并规定了试件取材方法和试件尺寸等要求。本条规定钢结构采用的钢材，当钢材板厚大于或等于 40mm 时，至少应符合 Z15 级规定的受拉试件截面收缩率。

3.9.6 为确保砌体抗震墙与构造柱、底层框架柱的连接，以提高抗侧力砌体墙的变形能力，要求施工时先砌墙后浇筑。

本条在 2008 年局部修订提升为强制性条文。以加强对施工质量的监督和控制，实现预期的抗震设防目标。

3.9.7 本条是新增的，将 2001 规范第 6.2.14 条对施工的要求移此。抗震墙的水平施工缝处，由于混凝土结合不良，可能形成抗震薄弱部位。故规定一级抗震墙要进行水平施工缝处的受剪承载力验算。验算依据试验资料，考虑穿过施工缝处的钢筋处于复合受力状态，其强度采用 0.6 的折减系数，并考虑轴向压力的摩擦作用和轴向拉力的不利影响，计算公式如下：

$$V_{wj} \leqslant \frac{1}{\gamma_{RE}}(0.6 f_y A_s + 0.8N)$$

式中：V_{wj}——抗震墙施工缝处组合的剪力设计值；

f_y——竖向钢筋抗拉强度设计值；

A_s——施工缝处抗震墙的竖向分布钢筋、竖向插筋和边缘构件（不包括边缘构件以外的两侧翼墙）纵向钢筋的总截面面积；

N——施工缝处不利组合的轴向力设计值，压力取正值，拉力取负值。其中，重力荷载的分项系数，受压时为有利，取 1.0；受拉时取 1.2。

3.10 建筑抗震性能化设计

3.10.1 考虑当前技术和经济条件，慎重发展性能化目标设计方法，本条明确规定需要进行可行性论证。

性能化设计仍然是以现有的抗震科学水平和经济条件为前提的，一般需要综合考虑使用功能、设防烈度、结构的不规则程度和类型、结构发挥延性变形的能力、造价、震后的各种损失及修复难度等等因素。不同的抗震设防类别，其性能设计要求也有所不同。

鉴于目前强烈地震下结构非线性分析方法的计算模型及参数的选用尚存在不少经验因素，缺少从强震记录、设计施工资料到实际震害的验证，对结构性能的判断难以十分准确，因此在性能目标选用中宜偏于安全一些。

确有需要在处于发震断裂避让区域建造房屋，抗震性能化设计是可供选择的设计手段之一。

3.10.2 建筑的抗震性能化设计，立足于承载力和变形能力的综合考虑，具有很强的针对性和灵活性。针对具体工程的需要和可能，可以对整个结构，也可以对某些部位或关键构件，灵活运用各种措施达到预期的性能目标——着重提高抗震安全性或满足使用功能的专门要求。

例如，可以根据楼梯间作为"抗震安全岛"的要求，提出确保大震下能具有安全避难通道的具体目标和性能要求；可以针对特别不规则、复杂建筑结构的具体情况，对抗侧力结构的水平构件和竖向构件提出相应的性能目标，提高其整体或关键部位的抗震安全性；也可针对水平转换构件，为确保大震下自身及相关构件的安全而提出大震下的性能目标；地震时需要连续工作的机电设施，其相关部位的层间位移需满足规定层间位移限值的专门要求；其他情况，可对震后的残余变形提出满足设施检修后运行的位移要求，也可提出大震后可修复运行的位移要求。建筑构件采用与结构构件柔性连接，只要可靠拉结并留有足够的间隙，如玻璃幕墙与钢框之间预留变形缝隙，震害经验表明，幕墙在结构总体安全时可以满足大震后继续使用的要求。

3.10.3 我国的 89 规范提出了"小震不坏、中震可修和大震不倒"，明确要求大震下不发生危及生命的严重破坏即达到"生命安全"，就是属于一般情况的性能设计目标。本次修订所提出的性能化设计，要比本规范的一般情况较为明确，尽可能达到可操作性。

1 鉴于地震具有很大的不确定性，性能化设计需要估计各种水准的地震影响，包括考虑近场地震的影响。规范的地震水准是按 50 年设计基准期确定的。

结构设计使用年限是国务院《建设工程质量管理条例》规定的在设计时考虑施工完成后正常使用、正常维护情况下不需要大修仍可完成预定功能的保修年限，国内外的一般建筑结构取50年。结构抗震设计的基准期是抗震规范确定地震作用取值时选用的统计时间参数，也取为50年，即地震发生的超越概率是按50年统计的，多遇地震的理论重现期50年，设防地震是475年，罕遇地震随烈度高度而有所区别，7度约1600年，9度约2400年。其地震加速度值，设防地震取本规范表3.2.2的“设计基本地震加速度值”，多遇地震、罕遇地震取本规范表5.1.2-2的“加速度时程最大值”。其水平地震影响系数最大值，多遇地震、罕遇地震按本规范表5.1.4-1取值，设防地震按本条规定取值，7度（$0.15g$）和8度（$0.30g$）分别在7、8度和8、9度之间内插取值。

对于设计使用年限不同于50年的结构，其地震作用需要作适当调整，取值经专门研究提出并按规定的权限批准后确定。当缺乏当地的相关资料时，可参考《建筑工程抗震性态设计通则（试用）》CECS 160：2004的附录A，其调整系数的范围大体是：设计使用年限70年，取1.15～1.2；100年取1.3～1.4。

2 建筑结构遭遇各种水准的地震影响时，其可能的损坏状态和继续使用的可能，与89规范配套的《建筑地震破坏等级划分标准》（建设部90建抗字377号）已经明确划分了各类房屋（砖房、混凝土框架、底层框架砖房、单层工业厂房、单层空旷房屋等）的地震破坏分级和地震直接经济损失估计方法，总体上可分为下列五级，与此后国外标准的相关描述不完全相同：

名称	破坏描述	继续使用的可能性	变形参考值
基本完好（含完好）	承重构件完好；个别非承重构件轻微损坏；附属构件有不同程度破坏	一般不需修理即可继续使用	$<[\triangle u_e]$
轻微损坏	个别承重构件轻微裂缝（对钢结构构件指残余变形），个别非承重构件明显破坏；附属构件有不同程度破坏	不需修理或需稍加修理，仍可继续使用	$(1.5\sim2)[\triangle u_e]$
中等破坏	多数承重构件轻微裂缝（或残余变形），部分明显裂缝（或残余变形）；个别非承重构件严重破坏	需一般修理，采取安全措施后可适当使用	$(3\sim4)[\triangle u_e]$
严重破坏	多数承重构件严重破坏或部分倒塌	应排险大修，局部拆除	$<0.9[\triangle u_p]$
倒塌	多数承重构件倒塌	需拆除	$>[\triangle u_p]$

注：1 个别指5%以下，部分指30%以下，多数指50%以上。

2 中等破坏的变形参考值，大致取规范弹性和弹塑性位移角限值的平均值，轻微损坏取1/2平均值。

参照上述等级划分，地震下可供选定的高于一般情况的预期性能目标可大致归纳如下：

地震水准	性能1	性能2	性能3	性能4
多遇地震	完好	完好	完好	完好
设防地震	完好，正常使用	基本完好，检修后继续使用	轻微损坏，简单修理后继续使用	轻微至接近中等损坏，变形$<3[\triangle u_e]$
罕遇地震	基本完好，检修后继续使用	轻微至中等破坏，修复后继续使用	其破坏需加固后继续使用	接近严重破坏，大修后继续使用

3 实现上述性能目标，需要落实到具体设计指标，即各个地震水准下构件的承载力、变形和细部构造的指标。仅提高承载力时，安全性有相应提高，但使用上的变形要求不一定满足；仅提高变形能力，则结构在小震、中震下的损坏情况大致没有改变，但抗御大震倒塌的能力提高。因此，性能设计目标往往侧重于通过提高承载力推迟结构进入塑性工作阶段并减少塑性变形，必要时还需同时提高刚度以满足使用功能的变形要求，而变形能力的要求可根据结构及其构件在中震、大震下进入弹塑性的程度加以调整。

完好，即所有构件保持弹性状态：各种承载力设计值（拉、压、弯、剪、压弯、拉弯、稳定等）满足规范对抗震承载力的要求$S<R/\gamma_{RE}$，层间变形（以弯曲变形为主的结构宜扣除整体弯曲变形）满足规范多遇地震下的位移角限值$[\triangle u_e]$。这是各种预期性能目标在多遇地震下的基本要求——多遇地震下必须满足规范规定的承载力和弹性变形的要求。

基本完好，即构件基本保持弹性状态：各种承载力设计值基本满足规范对抗震承载力的要求$S\leqslant R/\gamma_{RE}$（其中的效应S不含抗震等级的调整系数），层间变形可能略微超过弹性变形限值。

轻微损坏，即结构构件可能出现轻微的塑性变形，但不达到屈服状态，按材料标准值计算的承载力大于作用标准组合的效应。

中等破坏，结构构件出现明显的塑性变形，但控制在一般加固即恢复使用的范围。

接近严重破坏，结构关键的竖向构件出现明显的塑性变形，部分水平构件可能失效需要更换，经过大修加固后可恢复使用。

对性能1，结构构件在预期大震下仍基本处于弹性状态，则其细部构造仅需要满足最基本的构造要求，工程实例表明，采用隔震、减震技术或低烈度设防且风力很大时有可能实现；条件许可时，也可对某些关键构件提出这个性能目标。

对性能2，结构构件在中震下完好，在预期大震下可能屈服，其细部构造需满足低延性的要求。例如，某6度设防的核心筒-外框结构，其风力是小震的2.4倍，风载层间位移是小震的2.5倍。结构所有构件的承载力和层间位移均可满足中震（不计入风载效应组合）的设计要求；考虑水平构件在大震下损坏使刚度降低和阻尼加大，按等效线性化方法估算，竖向构件的最小极限承载力仍可满足大震下的验算要求。于是，结构总体上可达到性能2的要求。

对性能3，在中震下已有轻微塑性变形，大震下有明显的塑性变形，因而，其细部构造需要满足中等延性的构造要求。

对性能4，在中震下的损坏已大于性能3，结构总体的抗震承载力仅略高于一般情况，因而，其细部构造仍需满足高延性的要求。

3.10.4 本条规定了性能化设计时计算的注意事项。一般情况，应考虑构件在强烈地震下进入弹塑性工作阶段和重力二阶效应。鉴于目前的弹塑性参数、分析软件对构件裂缝的闭合状态和残余变形、结构自身阻尼系数、施工图中构件实际截面、配筋与计算书取值的差异等等的处理，还需要进一步研究和改进，当预期的弹塑性变形不大时，可用等效阻尼等模型简化估算。为了判断弹塑性计算结果的可靠程度，可借助于理想弹性假定的计算结果，从下列几方面进行综合分析：

1 结构弹塑性模型一般要比多遇地震下反应谱计算时的分析模型有所简化，但在弹性阶段的主要计算结果应与多遇地震分析模型的计算结果基本相同，两种模型的嵌固端、主要振动周期、振型和总地震作用应一致。弹塑性阶段，结构构件和整个结构实际具有的抵抗地震作用的承载力是客观存在的，在计算模型合理时，不因计算方法、输入地震波形的不同而改变。若计算得到的承载力明显异常，则计算方法或参数存在问题，需仔细复核、排除。

2 整个结构客观存在的、实际具有的最大受剪承载力（底部总剪力）应控制在合理的、经济上可接受的范围，不需要接近更不可能超过按同样阻尼比的理想弹性假定计算的大震剪力，如果弹塑性计算的结果超过，则该计算的承载力数据需认真检查、复核，判断其合理性。

3 进入弹塑性变形阶段的薄弱部位会出现一定程度的塑性变形集中，该楼层的层间位移（以弯曲变形为主的结构宜扣除整体弯曲变形）应大于按同样阻尼比的理想弹性假定计算的该部位大震的层间位移；如果明显小于此值，则该位移数据需认真检查、复核，判断其合理性。

4 薄弱部位可借助于上下相邻楼层或主要竖向构件的屈服强度系数（其计算方法参见本规范第5.5.2条的说明）的比较予以复核，不同的方法、不同的波形，尽管彼此计算的承载力、位移、进入塑性变形的程度差别较大，但发现的薄弱部位一般相同。

5 影响弹塑性位移计算结果的因素很多，现阶段，其计算值的离散性，与承载力计算的离散性相比较大。注意到常规设计中，考虑到小震弹性时程分析的波形数量较少，而且计算的位移多数明显小于反应谱法的计算结果，需要以反应谱法为基础进行对比分析；大震弹塑性时程分析时，由于阻尼的处理方法不够完善，波形数量也较少（建议尽可能增加数量，如不少于7条；数量较少时宜取包络），不宜直接把计算的弹塑性位移值视为结构实际弹塑性位移，同样需要借助小震的反应谱法计算结果进行分析。建议按下列方法确定其层间位移参考数值：用同一软件、同一波形进行弹性和弹塑性计算，得到同一波形、同一部位弹塑性位移（层间位移）与小震弹性位移（层间位移）的比值，然后将此比值取平均或包络值，再乘以反应谱法计算的该部位小震位移（层间位移），从而得到大震下该部位的弹塑性位移（层间位移）的参考值。

3.10.5 本条属于原则规定，其具体化，如结构、构件在中震下的性能化设计要求等，列于附录M中第M.1节。

3.11 建筑物地震反应观测系统

3.11.1 2001规范提出了在建筑物内设置建筑物地震反应观测系统的要求。建筑物地震反应观测是发展地震工程和工程抗震科学的必要手段，我国过去限于基建资金，发展不快，这次在规范中予以规定，以促进其发展。

4 场地、地基和基础

4.1 场 地

4.1.1 有利、不利和危险地段的划分，基本沿用历次规范的规定。本条中地形、地貌和岩土特性的影响是综合在一起加以评价的，这是因为由不同岩土构成的同样地形条件的地震影响是不同的。2001规范只列出了有利、不利和危险地段的划分，本次修订，明确其他地段划为可进行建设的一般场地。考虑到高含水量的可塑黄土在地震作用下会产生震陷，历次地震的震害也比较重，当地表存在结构性裂缝时对建筑物抗震也是不利的，因此将其列入不利地段。

关于局部地形条件的影响，从国内几次大地震的宏观调查资料来看，岩质地形与非岩质地形有所不同。1970年云南通海地震和2008年汶川大地震的宏观调查表明，非岩质地形对烈度的影响比岩质地形的影响更为明显。如通海和东川的许多岩石地基上很陡的山坡，震害也未见有明显的加重。因此对于岩石地基的陡坡、陡坎等，本规范未列为不利的地段。但对于岩石地基的高度达数十米的条状突出的山脊和高耸孤立的山丘，由于鞭梢效应明显，振动有所加大，烈度仍有增高的趋势。因此本规范均将其列为不利的地形条件。

应该指出：有些资料中曾提出过有利和不利于抗震的地貌部位。本规范在编制过程中曾对抗震不利的地貌部位实例进行了分析，认为：地貌是研究不同地表形态形成的原因，其中包括组成不同地形的物质（即岩性）。也就是说地貌部位的影响意味着地表形态和岩性二者共同作用的结果，将场地土的影响包括进去了。但通过一些震害实例说明：当处于平坦的冲积平原和古河道不同地貌部位时，地表形态是基本相同的，造成古河道上房屋震害加重的原因主要因地基土质条件很差所致。因此本规范将地貌条件分别在地形条件与场地土中加以考虑，不再提出地貌部位这个概念。

4.1.2～4.1.6 89规范中的场地分类，是在尽量保持抗震规范延续性的基础上，进一步考虑了覆盖层厚度的影响，从而形成了以平均剪切波速和覆盖层厚度作为评定指标的双参数分类方法。为了在保障安全的条件下尽可能减少设防投资，在保持技术上合理的前提下适当扩大了Ⅱ类场地的范围。另外，由于我国规范中Ⅰ、Ⅱ类场的 T_g 值与国外抗震规范相比是偏小的，因此有意识地将Ⅰ类场地的范围划得比较小。

在场地划分时，需要注意以下几点：

1 关于场地覆盖层厚度的定义。要求其下部所有土层的波速均大于500m/s，在89规范的说明中已有所阐述。执行中常出现一见到大于500m/s的土层就确定覆盖厚度而忽略对以下各土层的要求，这种错误应予以避免。2001规范补充了当地面下某一下卧土层的剪切波速大于或等于400m/s且不小于相邻的上层土的剪切波速的2.5倍时，覆盖层厚度可按地面至该下卧层顶面的距离取值的规定。需要注意的是，只有当波速不小于400m/s且该土层以上的各土层的波速（不包括孤石和硬透镜体）都满足不大于该土层波速的40%时才可按该土层确定覆盖层厚度；而且这一规定只适用于当下卧层硬土层顶面的埋深大于5m时的情况。

2 关于土层剪切波速的测试。2001规范的波速平均采用更富有物理意义的等效剪切波速的公式计算，即：

$$v_{se} = d_0/t$$

式中，d_0 为场地评定用的计算深度，取覆盖层厚度和20m两者中的较小值，t 为剪切波在地表与计算深度之间传播的时间。

本次修订，初勘阶段的波速测试孔数量改为不宜小于3个。多层与高层建筑的分界，参照《民用建筑设计通则》改为24m。

3 关于不同场地的分界。

为了保持与89规范的延续性并与其他有关规范的协调，2001规范对89规范的规定作了调整，Ⅱ类、Ⅲ类场地的范围稍有扩大，并避免了89规范Ⅱ类至Ⅳ类的跳跃。作为一种补充手段，当有充分依据时，允许使用插入方法确定边界线附近（指相差±15%的范围）的 T_g 值。图7给出了一种连续化插入方案。该图在场地覆盖层厚度 d_{ov} 和等效剪切波速 v_{se} 平面上用等步长和按线性规则改变步长的方案进行连续化插入，相邻等值线的 T_g 值均相差0.01s。

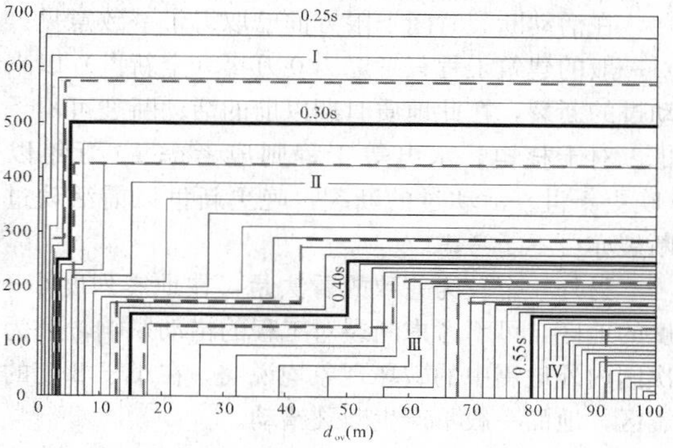

图7 在 d_{ov}-v_{se} 平面上的 T_g 等值线图
（用于设计特征周期一组，图中相邻 T_g 等值线的差值均为0.01s）

本次修订，考虑到 $f_{ak}<200$ 的黏性土和粉土的实测波速可能大于250m/s，将2001规范的中硬土与中软土地基承载力的分界改为 $f_{ak}>150$。考虑到软弱土的指标140m/s与国际标准相比略偏低，将其改为150m/s。场地类别的分界也改为150m/s。

考虑到波速为（500～800）m/s的场地还不是很坚硬，将原场地类别Ⅰ类场地（坚硬土或岩石场地）中的硬质岩石场地明确为 $Ⅰ_0$ 类场地。因此，土的类型划分也相应区分。硬质岩石的波速，我国核电站抗震设计为700m，美国抗震设计规范为760m，欧洲抗震规范为800m，从偏于安全方面考虑，调整为800m/s。

4 高层建筑的场地类别问题是工程界关心的问题。按理论及实测，一般土层中的地震加速度随距地面深度而渐减。我国亦有对高层建筑修正场地类别（由高层建筑基底起算）或折减地震力建议。因高层建筑埋深常达10m以上，与浅基础相比，有利之处是：基底地震输入小了；但深基础的地震动输入机制很复杂，涉及地基土和结构相互作用，目前尚无公认的理论分析模型更未能总结出实用规律，因此暂不列入规范。深基础的高层建筑的场地类别仍按浅基础考虑。

5 本条中规定的场地分类方法主要适用于剪切波速随深度呈递增趋势的一般场地，对于有较厚软夹层的场地，由于其对短周期地震动具有抑制作用，可以根据分析结果适当调整场地类别和设计地震动参数。

6 新黄土是指 Q_3 以来的黄土。

4.1.7 断裂对工程影响的评价问题，长期以来，不同学科之间存在着不同看法，经过近些年来的不断研究与交流，认为需要考虑断裂影响，这主要是指地震时老断裂重新错动直通地表，在地面产生位错，对建在位错带上的建筑，其破坏是不易用工程措施加以避免的。因此规范中划为危险地段应予避开。至于地震强度，一般在确定抗震设防烈度时已给予考虑。

在活动断裂时间下限方面已取得了一致意见：即对一般的建筑工程只考虑1.0万年（全新世）以来活动过的断裂，在此地质时期以前的活动断裂可不予考虑。对于核电、水电等工程则应考虑10万年以来（晚更新世）活动过的断裂，晚更新世以前活动过的断裂亦可不予考虑。

另外一个较为一致的看法是，在地震烈度小于8度的地区，可不考虑断裂对工程的错动影响，因为多次国内外地震中的破坏现象均说明，在小于8度的地震区，地面一般不产生断裂错动。

目前尚有看法分歧的是关于隐伏断裂的评价问题，在基岩以上覆盖土层多厚，是什么土层，地面建筑就可以不考虑下部断裂的错动影响。根据我国近年来的地震宏观地表位错考察，学者们看法不够一致。有人认为30m厚土层就可以不考虑，有些学者认为是50m，还有人提出用基岩位错量大小来衡量，如土层厚度是基岩位错量的（25～30）倍以上就可不考虑等等。唐山地震震中区的地裂缝，经有关单位详细工作证明，不是沿地下岩石错动直通地表的构造断裂形成的，而是由于地面振动，表面应力形成的表层地裂。这种裂缝仅分布在地面以下3m左右，下部土层并未断开（挖探井证实），在采煤巷道中也未发现错动，对有一定深度基础的建筑物影响不大。

为了对问题更深入的研究，由北京市勘察设计研究院在建设部抗震办公室申请立项，开展了发震断裂上覆土层厚度对工程影响的专项研究。此项研究主要采用大型离心机模拟实验，可将缩小的模型通过提高加速度的办法达到与原型应力状况相同的状态；为了模拟断裂错动，专门加工了模拟断裂突然错动的装置，可实现垂直与水平二种错动，其位错量大小是根据国内外历次地震不同震级条件下位错量统计分析结果确定的；上覆土层则按不同岩性、不同厚度分为数种情况。实验时的位错量为1.0m～4.0m，基本上包括了8度、9度情况下的位错量；当离心机提高加速度达到与原型应力条件相同时，下部基岩突然错动，观察上部土层破裂高度，以便确定安全厚度。根据实验结果，考虑一定的安全储备和模拟实验与地震时震动特性的差异，安全系数取为3，据此提出了8度、9度地区上覆土层安全厚度的界限值。应当说这是初步的，可能有些因素尚未考虑。但毕竟是第一次以模拟实验为基础的定量提法，跟以往的分析和宏观经验是相近的，有一定的可信度。2001规范根据搜集到的国内外地震断裂破裂宽度的资料提出了避让距离，这是宏观的分析结果，随着地震资料的不断积累将会得到补充与完善。

近年来，北京市地震局在上述离心机试验基础上进行了基底断裂错动在覆盖土层中向上传播过程的更精细的离心机模拟，认为以前试验的结论偏于保守，可放宽对破裂带的避让要求。本次修订，考虑到原条文中“前第四纪基岩隐伏断裂”的含义不够明确，容易引起误解；这里的“断裂”只能是“全新世活动断裂”或其活动性不明的其他断裂。因此删除了原条文中“前第四纪基岩”这几个字。还需要说明的是，这里所说的避让距离是断层面在地面上的投影或到断层破裂线的距离，不是指到断裂带的距离。

综合考虑历次大地震的断裂震害，离心机试验结果和我国地震区、特别是山区民居建造的实际情况，本次修订适度减少了避让距离，并规定当确实需要在避让范围内建造房屋时，仅限于建造分散的、不超过三层的丙、丁类建筑，同时应按提高一度采取抗震措施，并提高基础和上部结构的整体性，且不得跨越断层。严格禁止在避让范围内建造甲、乙类建筑。对于山区中可能发生滑坡的地带，属于特别危险的地段，严禁建造民居。

4.1.8 本条考虑局部突出地形对地震动参数的放大作用，主要依据宏观震害调查的结果和对不同地形条件和岩土构成的形体所进行的二维地震反应分析结果。所谓局部突出地形主要是指山包、山梁和悬崖、陡坎等，情况比较复杂，对各种可能出现的情况的地震动参数的放大作用都作出具体的规定是很困难的。从宏观震害经验和地震反应分析结果所反映的总趋势，大致可以归纳为以下几点：①高突地形距离基准面的高度愈大，高处的反应愈强烈；②离陡坎和边坡顶部边缘的距离愈大，反应相对减小；③从岩土构成方面看，在同样地形条件下，土质结构的反应比岩质结构大；④高突地形顶面愈开阔，远离边缘的中心部位的反应是明显减小的；⑤边坡愈陡，其顶部的放大效应相应加大。

基于以上变化趋势，以突出地形的高差H，坡降角度的正切H/L以及场址距突出地形边缘的相对距离L_1/H为参数，归纳出各种地形的地震力放大作用如下：

$$\lambda = 1 + \xi\alpha \tag{2}$$

式中：λ——局部突出地形顶部的地震影响系数的放大系数；

α——局部突出地形地震动参数的增大幅度，按表2采用；

ξ——附加调整系数，与建筑场地离突出台地边缘的距离L_1与相对高差H的比值有关。当$L_1/H<2.5$时，ξ可取为1.0；当$2.5\leqslant L_1/H<5$时，ξ可取为0.6；当

$L_1/H \geqslant 5$ 时，ξ 可取为 0.3。L、L_1 均应按距离场地的最近点考虑。

表 2　局部突出地形地震影响系数的增大幅度

突出地形的高度 H (m)	非岩质地层	$H<5$	$5 \leqslant H<15$	$15 \leqslant H<25$	$H \geqslant 25$
	岩质地层	$H<20$	$20 \leqslant H<40$	$40 \leqslant H<60$	$H \geqslant 60$
局部突出台地边缘的侧向平均坡降 (H/L)	$H/L<0.3$	0	0.1	0.2	0.3
	$0.3 \leqslant H/L<0.6$	0.1	0.2	0.3	0.4
	$0.6 \leqslant H/L<1.0$	0.2	0.3	0.4	0.5
	$H/L \geqslant 1.0$	0.3	0.4	0.5	0.6

条文中规定的最大增大幅度 0.6 是根据分析结果和综合判断给出的。本条的规定对各种地形，包括山包、山梁、悬崖、陡坡都可以应用。

本条在 2008 年局部修订时提升为强制性条文。

4.1.9　本条属于强制性条文。

勘察内容应根据实际的土层情况确定：有些地段，既不属于有利地段也不属于不利地段，而属于一般地段；不存在饱和砂土和饱和粉土时，不判别液化，若判别结果为不考虑液化，也不属于不利地段；无法避开的不利地段，要在详细查明地质、地貌、地形条件的基础上，提供岩土稳定性评价报告和相应的抗震措施。

场地地段的划分，是在选择建筑场地的勘察阶段进行的，要根据地震活动情况和工程地质资料进行综合评价。对软弱土、液化土等不利地段，要按规范的相关规定提出相应的措施。

场地类别划分，不要误为“场地土类别”划分，要依据场地覆盖层厚度和场地土层软硬程度这两个因素。其中，土层软硬程度不再采用 89 规范的“场地土类型”这个提法，一律采用“土层的等效剪切波速”值予以反映。

4.2　天然地基和基础

4.2.1　我国多次强烈地震的震害经验表明，在遭受破坏的建筑中，因地基失效导致的破坏较上部结构惯性力的破坏为少，这些地基主要由饱和松砂、软弱黏性土和成因岩性状态严重不均匀的土层组成。大量的一般的天然地基都具有较好的抗震性能。因此 89 规范规定了天然地基可以不验算的范围。

本次修订的内容如下：

1　将可不进行天然地基和基础抗震验算的框架房屋的层数和高度作了更明确的规定。考虑到砌体结构也应该满足 2001 规范条文第二款中的前提条件，故也将其列入本条文的第二款中。

2　限制使用黏土砖以来，有些地区改为建造多层的混凝土抗震墙房屋，当其基础荷载与一般民用框架相当时，由于其地基基础情况与砌体结构类同，故也可不进行抗震承载力验算。

条文中主要受力层包括地基中的所有压缩层。

4.2.2、4.2.3　在天然地基抗震验算中，对地基土承载力特征值调整系数的规定，主要参考国内外资料和相关规范的规定，考虑了地基土在有限次循环动力作用下强度一般较静强度提高和在地震作用下结构可靠度容许有一定程度降低这两个因素。

在 2001 规范中，增加了对黄土地基的承载力调整系数的规定，此规定主要根据国内动、静强度对比试验结果。静强度是在预湿与固结不排水条件下进行的。破坏标准是：对软化型土取峰值强度，对硬化型土取应变为 15% 的对应强度，由此求得黄土静抗剪强度指标 C_s、φ_s 值。

动强度试验参数是：均压固结取双幅应变 5%，偏压固结取总应变为 10%；等效循环数按 7、7.5 及 8 级地震分别对应 12、20 及 30 次循环。取等价循环数所对应的动应力 σ_d，绘制强度包线，得到动抗剪强度指标 C_d 及 φ_d。

动静强度比为：

$$\frac{\tau_d}{\tau_s}=\frac{C_d+\sigma_d \mathrm{tg}\varphi_d}{C_s+\sigma_s \mathrm{tg}\varphi_s}$$

近似认为动静强度比等于动、静承载力之比，则可求得承载力调整系数：

$$\zeta_a=\frac{R_d}{R_s}\approx\left(\frac{\tau_d}{K_d}\right)\Big/\left(\frac{\tau_s}{K_s}\right)=\frac{\tau_d}{\tau_s}\cdot\frac{K_s}{K_d}=\zeta$$

式中：K_d、K_s——分别为动、静承载力安全系数；

R_d、R_s——分别为动、静极限承载力。

试验结果见表 3，此试验大多考虑地基土处于偏压固结状态，实际的应力水平也不太大，故采用偏压固结、正应力 100kPa～300kPa、震级（7～8）级条件下的调整系数平均值为宜。本条据上述试验，对坚硬黄土取 $\zeta=1.3$，对可塑黄土取 1.1，对流塑黄土取 1.0。

表 3　ζ_a 的平均值

名称	西安黄土				兰州黄土	洛川黄土		
含水量 W	饱和状态		20%		饱和	饱和状态		
固结比 K_c	1.0	2.0	1.0	1.5	1.0	1.0	1.5	2.0
ζ_a 的平均值	0.608	1.271	0.607	1.415	0.378	0.721	1.14	1.438

注：固结比为轴压力 σ_1 与压力 σ_3 的比值。

4.2.4　地基基础的抗震验算，一般采用所谓“拟静力法”，此法假定地震作用如同静力，然后在这种条件下验算地基和基础的承载力和稳定性。所列的公式主要是参考相关规范的规定提出的，压力的计算应采用地震作用效应标准组合，即各作用分项系数均取 1.0 的组合。

4.3 液化土和软土地基

4.3.1 本条规定主要依据液化场地的震害调查结果。许多资料表明在 6 度区液化对房屋结构所造成的震害是比较轻的，因此本条规定除对液化沉陷敏感的乙类建筑外，6 度区的一般建筑可不考虑液化影响。当然，6 度的甲类建筑的液化问题也需要专门研究。

关于黄土的液化可能性及其危害在我国的历史地震中虽不乏报导，但缺乏较详细的评价资料，在 20 世纪 50 年代以来的多次地震中，黄土液化现象很少见到，对黄土的液化判别尚缺乏经验，但值得重视。近年来的国内外震害与研究还表明，砾石在一定条件下也会液化，但是由于黄土与砾石液化研究资料还不够充分，暂不列入规范，有待进一步研究。

4.3.2 本条是有关液化判别和处理的强制性条文。

本条较全面地规定了减少地基液化危害的对策：首先，液化判别的范围为，除 6 度设防外存在饱和砂土和饱和粉土的土层；其次，一旦属于液化土，应确定地基的液化等级；最后，根据液化等级和建筑抗震设防分类，选择合适的处理措施，包括地基处理和对上部结构采取加强整体性的相应措施等。

4.3.3 89 规范初判的提法是根据 20 世纪 50 年代以来历次地震对液化与非液化场地的实际考察、测试分析结果得出来的。从地貌单元来讲这些地震现场主要为河流冲洪积形成的地层，没有包括黄土分布区及其他沉积类型。如唐山地震震中区（路北区）为滦河二级阶地，地层年代为晚更新世（Q_3）地层，对地震烈度 10 度区考察，钻探测试表明，地下水位为 3m～4m，表层为 3m 左右的黏性土，其下即为饱和砂层，在 10 度情况下没有发生液化，而在一级阶地及高河漫滩等地分布的地质年代较新的地层，地震烈度虽然只有 7 度和 8 度却也发生了大面积液化，其他震区的河流冲积地层在地质年代较老的地层中也未发现液化实例。国外学者 T. L. Youd 和 Perkins 的研究结果表明：饱和松散的水力冲填土差不多总会液化，而且全新世的无黏性土沉积层对液化也是很敏感的，更新世沉积层发生液化的情况很罕见，前更新世沉积层发生液化则更是罕见。这些结论是根据 1975 年以前世界范围的地震液化资料给出的，并已被 1978 年日本的两次大地震以及 1977 年罗马尼亚地震液化现象所证实。

89 规范颁发后，在执行中不断有些单位和学者提出液化初步判别中第 1 款在有些地区不适合。从举出的实例来看，多为高烈度区（10 度以上）黄土高原的黄土状土，很多是古地震从描述等方面判定为液化的，没有现代地震液化与否的实际数据。有些例子是用现行公式判别的结果。

根据诸多现代地震液化资料分析认为，89 规范中有关地质年代的判断条文除高烈度区中的黄土液化外都能适用。为慎重起见，2001 规范将此款的适用范围改为局限于 7、8 度区。

4.3.4 89 规范关于地基液化判别方法，在地震区工程项目地基勘察中已广泛应用。2001 规范的砂土液化判别公式，在地面下 15m 范围内与 89 规范完全相同，是对 78 版液化判别公式加以改进得到的：保持了 15m 内随深度直线变化的简化，但减少了随深度变化的斜率（由 0.125 改为 0.10），增加了随水位变化的斜率（由 0.05 改为 0.10），使液化判别的成功率比 78 规范有所增加。

随着高层及超高层建筑的不断发展，基础埋深越来越大。高大的建筑采用桩基和深基础，要求判别液化的深度也相应加大，判别深度为 15m，已不能满足这些工程的需要。由于 15m 以下深层液化资料较少，从实际液化与非液化资料中进行统计分析尚不具备条件。在 20 世纪 50 年代以来的历次地震中，尤其是唐山地震，液化资料均在 15m 以内，图 4.3.4 中 15m 下的曲线是根据统计得到的经验公式外推得到的结果。国外虽有零星深层液化资料，但也不太确切。根据唐山地震资料及美国 H. B. Seed 教授资料进行分析的结果，其液化临界值沿深度变化均为非线性变化。为了解决 15m 以下液化判别，2001 规范对唐山地震砂土液化研究资料、美国 H. B. Seed 教授研究资料和我国铁路工程抗震设计规范中的远震液化判别方法与 89 建筑规范判别方法的液化临界值（N_{cr}）沿深度的变化情况，以 8 度区为例做了对比，见图 8。

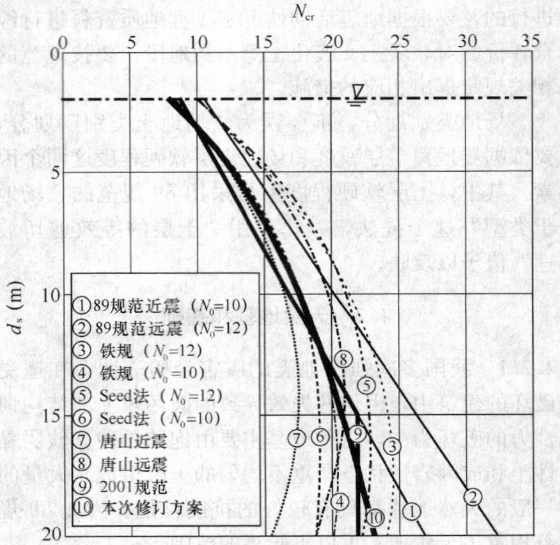

图 8　不同方法液化临界值随深度变化比较（以 8 度区为例）

从图 8 可以明显看出：在设计地震一组（或 89 规范的近震情况，N_0＝10），深度为 12m 以上时，各种方法的临界锤击数较接近，相差不大；深度 15m～20m 范围内，铁路抗震规范方法比 H. B. Seed 资料要大 1.2 击～1.5 击，89 规范由于是线性延伸，比铁路抗震规范方法要大 1.8 击～8.4 击，是偏于保守的。经过比较分析，2001 规范考虑到判别方法的延续性及广大工程技术人员熟悉程度，仍采用线性判别方法。15m～20m 深度范围内取 15m 深度处的 N_{cr} 值进行判别，这样处理与非线性判别方法也较为接近。铁路抗震规范 N_0 值，如 8 度取 10，则 N_{cr} 值在 15m～20m 范围内比 2001 规范小 1.4 击～1.8 击。经过全面分析对比后，认为这样调整方案既简便又与其他方法接近。

本次修订的变化如下：

1 液化判别深度。一般要求将液化判别深度加深到 20m，对于本规范第 4.2.1 条规定可不进行天然地基及基础的抗震承载力验算的各类建筑，可只判别地面下 15m 范围内土的液化。

2 液化判别公式。自 1994 年美国 Northridge 地震和 1995 年日本 Kobe 地震以来，北美和日本都对其使用的地震液化简化判别方法进行了改进与完善，1996、1997 年美国举行了专题研讨会，2000 年左右，日本的几本规范皆对液化判别方法进行了修订。考虑到影响土壤液化的因素很多，而且它们具有显著的不确定性，采用概率方法进行液化判别是一种合理的选择。自 1988 年以来，特别是 20 世纪末和 21 世纪初，国内外在砂土液化判别概率方法的研究都有了长足的进展。我国学者在 H. B. Seed 的简化液化判别方法的框架下，根据人工神经网络模型与我国大量的液化和未液化现场观测数据，可得到极限状态时的液化强度比函数，建立安全裕量方程，利用结构系统的可靠度理论可得到液化概率与安全系数的映射函数，并可给出任一震级不同概率水平、不同地面加速度以及不同地下水位和埋深的液化临界锤击数。式（4.3.4）是基于以上研究结果并考虑规范延续性修改而成的。选用对数曲线的形式来表示液化临界锤击数随深度的变化，比 2001 规范折线形式更为合理。

考虑一般结构可接受的液化风险水平以及国际惯例，选用震级 $M=7.5$，液化概率 $P_L=0.32$，水位为 2m，埋深为 3m 处的液化临界锤击数作为液化判别标准贯入锤击数基准值，见正文表 4.3.4。不同地震分组乘以调整系数。研究表明，理想的调整系数 β 与震级大小有关，可近似用式 $\beta=0.25M-0.89$ 表示。鉴于本规范规定按设计地震分组进行抗震设计，而各地震分组之间又没有明确的震级关系，因此本条依据 2001 规范两个地震组的液化判别标准以及 β 值所对应的震级大小的代表性，规定了三个地震组的 β 数值。

以 8 度第一组地下水位 2m 为例，本次修订后的液化临界值随深度变化也在图 8 中给出。可以看到，其临界锤击数与 2001 规范相差不大。

4.3.5 本条提供了一个简化的预估液化危害的方法，可对场地的喷水冒砂程度、一般浅基础建筑的可能损坏，作粗略的预估，以便为采取工程措施提供依据。

1 液化指数表达式的特点是：为使液化指数为无量纲参数，权函数 W 具有量纲 m^{-1}；权函数沿深度分布为梯形，其图形面积判别深度 20m 时为 125。

2 液化等级的名称为轻微、中等、严重三级；各级的液化指数、地面喷水冒砂情况以及对建筑危害程度的描述见表 4，系根据我国百余个液化震害资料得出的。

表 4 液化等级和对建筑物的相应危害程度

液化等级	液化指数（20m）	地面喷水冒砂情况	对建筑的危害情况
轻微	＜6	地面无喷水冒砂，或仅在洼地、河边有零星的喷水冒砂点	危害性小，一般不至引起明显的震害
中等	6～18	喷水冒砂可能性大，从轻微到严重均有，多数属中等	危害性较大，可造成不均匀沉陷和开裂，有时不均匀沉陷可能达到 200mm
严重	＞18	一般喷水冒砂都很严重，地面变形很明显	危害性大，不均匀沉陷可能大于 200mm，高重心结构可能产生不容许的倾斜

2001 规范中，层位影响权函数值 W_i 的确定考虑了判别深度为 15m 和 20m 两种情况。本次修订明确采用 20m 判别深度。因此，只保留原条文中的判别深度为 20m 情况的 W_i 确定方案和液化等级与液化指数的对应关系。对本规范第 4.2.1 条规定可不进行天然地基及基础的抗震承载力验算的各类建筑，计算液化指数时 15m 地面下的土层均视为不液化。

4.3.6 抗液化措施是对液化地基的综合治理，89 规范已说明要注意以下几点：

1 倾斜场地的土层液化往往带来大面积土体滑动，造成严重后果，而水平场地土层液化的后果一般只造成建筑的不均匀下沉和倾斜，本条的规定不适用于坡度大于 10°的倾斜场地和液化土层严重不均的情况；

2 液化等级属于轻微者，除甲、乙类建筑由于其重要性需确保安全外，一般不作特殊处理，因为这类场地可能不发生喷水冒砂，即使发生也不致造成建筑的严重震害；

3 对于液化等级属于中等的场地，尽量多考虑采用较易实施的基础与上部结构处理的构造措施，不一定要加固处理液化土层；

4 在液化层深厚的情况下，消除部分液化沉陷的措施，即处理深度不一定达到液化下界而残留部分未经处理的液化层。

本次修订继续保持2001规范针对89规范的修改内容：

1 89规范中不允许液化地基作持力层的规定有些偏严，改为不宜将未加处理的液化土层作为天然地基的持力层。因为：理论分析与振动台试验均已证明液化的主要危害来自基础外侧，液化持力层范围内位于基础直下方的部位其实最难液化，由于最先液化区域对基础直下方未液化部分的影响，使之失去侧边土压力支持。在外侧易液化区的影响得到控制的情况下，轻微液化的土层是可以作为基础的持力层的，例如：

例1，1975年海城地震中营口宾馆筏基以液化土层为持力层，震后无震害，基础下液化层厚度为4.2m，为筏基宽度的1/3左右，液化土层的标贯锤击数$N=2\sim5$，烈度为7度。在此情况下基础外侧液化对地基中间部分的影响很小。

例2，1995年日本阪神地震中有数座建筑位于液化严重的六甲人工岛上，地基未加处理而未遭液化危害的工程实录（见松尾雅夫等人论文，载“基础工”96年11期，P54）：

①仓库二栋，平面均为36m×24m，设计中采用了补偿式基础，即使仓库满载时的基底压力也只是与移去的土自重相当。地基为欠固结的可液化砂砾，震后有震陷，但建筑物无损，据认为无震害的原因是：液化后的减震效果使输入基底的地震作用削弱；补偿式筏式基础防止了表层土喷砂冒水；良好的基础刚度可使不均匀沉降减小；采用了吊车轨道调平，地脚螺栓加长等构造措施以减少不均匀沉降的影响。

②平面为116.8m×54.5m的仓库建在六甲人工岛厚15m的可液化土上，设计时预期建成后欠固结的黏土下卧层尚可能产生1.1m～1.4m的沉降。为防止不均匀沉降及液化，设计中采用了三方面的措施：补偿式基础＋基础下2m深度内以水泥土加固液化层＋防止不均匀沉降的构造措施。地震使该房屋产生震陷，但情况良好。

例3，震害调查与有限元分析显示，当基础宽度与液化层厚之比大于3时，则液化震陷不超过液化层厚的1%，不致引起结构严重破坏。

因此，将轻微和中等液化的土层作为持力层不是绝对不允许，但应经过严密的论证。

2 液化的危害主要来自震陷，特别是不均匀震陷。震陷量主要决定于土层的液化程度和上部结构的荷载。由于液化指数不能反映上部结构的荷载影响，因此有趋势直接采用震陷量来评价液化的危害程度。例如，对4层以下的民用建筑，当精细计算的平均震陷值$S_E<5$cm时，可不采取抗液化措施，当$S_E=5$cm～15cm时，可优先考虑采取结构和基础的构造措施，当$S_E>15$cm时需要进行地基处理，基本消除液化震陷；在同样震陷量下，乙类建筑应该采取较丙类建筑更高的抗液化措施。

依据实测震陷、振动台试验以及有限元法对一系列典型液化地基计算得出的震陷变化规律，发现震陷量取决于液化土的密度（或承载力）、基底压力、基底宽度、液化层底面和顶面的位置和地震震级等因素，曾提出估计砂土与粉土液化平均震陷量的经验方法如下：

$$\text{砂土}\quad S_E=\frac{0.44}{B}\xi S_0(d_1^2-d_2^2)(0.01p)^{0.6}\left(\frac{1-D_r}{0.5}\right)^{1.5} \tag{3}$$

$$\text{粉土}\quad S_E=\frac{0.44}{B}\xi k S_0(d_1^2-d_2^2)(0.01p)^{0.6} \tag{4}$$

式中：S_E——液化震陷量平均值；液化层为多层时，先按各层次分别计算后再相加；

B——基础宽度（m）；对住房等密集型基础取建筑平面宽度；当$B\leqslant0.44d_1$时，取$B=0.44d_1$；

S_0——经验系数，对第一组，7、8、9度分别取0.05、0.15及0.3；

d_1——由地面算起的液化深度（m）；

d_2——由地面算起的上覆非液化土层深度（m）；液化层为持力层取$d_2=0$；

p——宽度为B的基础底面地震作用效应标准组合的压力（kPa）；

D_r——砂土相对密实度（%），可依据标贯锤击数N取$D_r=\left(\frac{N}{0.23\sigma'_v+16}\right)^{0.5}$；

k——与粉土承载力有关的经验系数，当承载力特征值不大于80kPa时，取0.30，当不小于300kPa时取0.08，其余可内插取值；

ξ——修正系数，直接位于基础下的非液化厚度满足本规范第4.3.3条第3款对上覆非液化土层厚度d_u的要求，$\xi=0$；无非液化层，$\xi=1$；中间情况内插确定。

采用以上经验方法计算得到的震陷值，与日本的实测震陷基本符合；但与国内资料的符合程度较差，主要的原因可能是：国内资料中实测震陷值常常是相对值，如相对于车间某个柱子或相对于室外地面的震陷；地质剖面则往往是附近的，而不是针对所考察的基础的；有的震陷值（如天津上古林的场地）含有震前沉降及软土震陷；不明确沉降值是最大沉降或平均沉降。

鉴于震陷量的评价方法目前还不够成熟，因此本条只是给出了必要时可以根据液化震陷量的评价结果适当调整抗液化措施的原则规定。

4.3.7～4.3.9 在这几条中规定了消除液化震陷和减轻液化影响的具体措施，这些措施都是在震害调查和分析判断的基础上提出来的。

采用振冲加固或挤密碎石桩加固后构成了复合地

基。此时，如桩间土的实测标贯值仍低于本规范4.3.4条规定的临界值，不能简单判为液化。许多文献或工程实践均已指出振冲桩或挤密碎石桩有挤密、排水和增大桩身刚度等多重作用，而实测的桩间土标贯值不能反映排水的作用。因此，89规范要求加固后的桩间土的标贯值应大于临界标贯值是偏保守的。

新的研究成果与工程实践中，已提出了一些考虑桩身强度与排水效应的方法，以及根据桩的面积置换率和桩土应力比适当降低复合地基桩间土液化判别的临界标贯值的经验方法，2001规范将“桩间土的实测标贯值不应小于临界标贯锤击数”的要求，改为“不宜”。本次修订继续保持。

注意到历次地震的震害经验表明，筏基、箱基等整体性好的基础对抗液化十分有利。例如1975年海城地震中，营口市营口饭店直接坐落在4.2m厚的液化土层上，震后仅沉降缝（筏基与裙房间）有错位；1976年唐山地震中，天津医院12.8m宽的筏基下有2.3m的液化粉土，液化层距基底3.5m，未做抗液化处理，震后室外有喷水冒砂，但房屋基本不受影响。1995年日本神户地震中也有许多类似的实例。实验和理论分析结果也表明，液化往往最先发生在房屋基础下外侧的地方，基础中部以下是最不容易液化的。因此对大面积箱形基础中部区域的抗液化措施可以适当放宽要求。

4.3.10 本条规定了有可能发生侧扩或流动时滑动土体的最危险范围并要求采取土体抗滑和结构抗裂措施。

1 液化侧扩地段的宽度来自1975年海城地震、1976年唐山地震及1995年日本阪神地震对液化侧扩区的大量调查。根据对阪神地震的调查，在距水线50m范围内，水平位移及竖向位移均很大；在50m～150m范围内，水平地面位移仍较显著；大于150m以后水平位移趋于减小，基本不构成震害。上述调查结果与我国海城、唐山地震后的调查结果基本一致：海河故道、滦运河、新滦河、陡河岸波滑坍范围约距水线100m～150m，辽河、黄河等则可达500m。

2 侧向流动土体对结构的侧向推力，根据阪神地震后对受害结构的反算结果得到的：1）非液化上覆土层施加于结构的侧压相当于被动土压力，破坏土楔的运动方向是土楔向上滑而楔后土体向下，与被动土压发生时的运动方向一致；2）液化层中的侧压相当于竖向总压的1/3；3）桩基承受侧压的面积相当于垂直于流动方向桩排的宽度。

3 减小地裂对结构影响的措施包括：1）将建筑的主轴沿平行河流放置；2）使建筑的长高比小于3；3）采用筏基或箱基，基础板内应根据需要加配抗拉裂钢筋，筏基内的抗弯钢筋可兼作抗拉裂钢筋，抗拉裂钢筋可由中部向基础边缘逐段减少。当土体产生引张裂缝并流向河心或海岸线时，基础底面的极限摩阻力形成对基础的撕拉力，理论上，其最大值等于建筑物重力荷载之半乘以土与基础间的摩擦系数，实际上常因基础底面与土有部分脱离接触而减少。

4.3.11、4.3.12 从1976年唐山地震、1999年我国台湾和土耳其地震中的破坏实例分析，软土震陷确是造成震害的重要原因，实有明确判别标准和抗御措施之必要。

我国《构筑物抗震设计规范》GB 50191的1993年版根据唐山地震经验，规定7度区不考虑软土震陷；8度区 f_{ak} 大于100kPa，9度区 f_{ak} 大于120kPa的土亦可不考虑。但上述规定有以下不足：

（1）缺少系统的震陷试验研究资料。

（2）震陷实录局限于津塘8、9度地区，7度区是未知的空白；不少7度区的软土比津塘地区（唐山地震时为8、9度区）要差，津塘地区的多层建筑在8、9度地震时产生了15cm～30cm的震陷，比它们差的土在7度时是否会产生大于5cm的震陷？初步认为对7度区 f_k＜70kPa的软土还是应该考虑震陷的可能性并宜采用室内动三轴试验和H. B. Seed简化方法加以判定。

（3）对8、9度规定的 f_{ak} 值偏于保守。根据天津实际震陷资料并考虑地震的偶发性及所需的设防费用，暂时规定软土震陷量小于5cm者可不采取措施，则8度区 f_{ak}＞90kPa及9度区 f_{ak}＞100kPa的软土均可不考虑震陷的影响。

对少黏性土的液化判别，我国学者最早给出了判别方法。1980年汪闻韶院士提出根据液限、塑限判别少黏性土的地震液化，此方法在国内已获得普遍认可，在国际上也有一定影响。我国水利和电力部门的地质勘察规范已将此写入条文。虽然近几年国外学者[Bray et al.（2004）、Seed et al.（2003）、Martin et al.（2000）等]对此判别方法进行了改进，但基本思路和框架没变。本次修订，借鉴和考虑了国内外学者对该判别法的修改意见，及《水利水电工程地质勘察规范》GB 50478和《水工建筑物抗震设计规范》DL 5073的有关规定，增加了软弱粉质土震陷的判别法。

对自重湿陷性黄土或黄土状土，研究表明具有震陷性。若孔隙比大于0.8，当含水量在缩限（指固体与半固体的界限）与25%之间时，应该根据需要评估其震陷量。对含水量在25%以上的黄土或黄土状土的震陷量可按一般软土评估。关于软土及黄土的可能震陷目前已有了一些研究成果可以参考。例如，当建筑基础底面以下非软土层厚度符合表5中的要求时，可不采取消除软土地基的震陷影响措施。

表5 基础底面以下非软土层厚度

烈 度	基础底面以下非软土层厚度（m）
7	≥0.5b且≥3
8	≥b且≥5
9	≥1.5b且≥8

注：b为基础底面宽度（m）。

4.4 桩 基

4.4.1 根据桩基抗震性能一般比同类结构的天然地基要好的宏观经验，继续保留 89 规范关于桩基不验算范围的规定。

本次修订，进一步明确了本条的适用范围。限制使用黏土砖以来，有些地区改为多层的混凝土抗震墙房屋，当其基础荷载与一般民用框架相当时，也可不进行桩基的抗震承载力验算。

4.4.2 桩基抗震验算方法已与《构筑物抗震设计规范》GB 50191 和《建筑桩基技术规范》JGJ 94 等协调。

关于地下室外墙侧的被动土压与桩共同承担地震水平力问题，大致有以下做法：假定由桩承担全部地震水平力；假定由地下室外的土承担全部水平力；由桩、土分担水平力（或由经验公式求出分担比，或用 m 法求土抗力或由有限元法计算）。目前看来，桩完全不承担地震水平力的假定偏于不安全，因为从日本的资料来看，桩基的震害是相当多的，因此这种做法不宜采用；由桩承受全部地震力的假定又过于保守。日本 1984 年发布的“建筑基础抗震设计规程”提出下列估算桩所承担的地震剪力的公式：

$$V = 0.2V_0\sqrt{H}/\sqrt[4]{d_f}$$

上述公式主要根据是对地上（3～10）层、地下（1～4）层、平面 14m×14m 的塔楼所作的一系列试算结果。在这些计算中假定抗地震水平的因素有桩、前方的被动土抗力，侧面土的摩擦力三部分。土性质为标贯值 N＝10～20，q（单轴压强）为 0.5kg/cm²～1.0kg/cm²（黏土）。土的摩擦抗力与水平位移成以下弹塑性关系：位移≤1cm 时抗力呈线性变化，当位移＞1cm 时抗力保持不变。被动土抗力最大值取朗肯被动土压，达到最大值之前土抗力与水平位移呈线性关系。由于背景材料只包括高度 45m 以下的建筑，对 45m 以上的建筑没有相应的计算资料。但从计算结果的发展趋势推断，对更高的建筑其值估计不超过 0.9，因而桩负担的地震力宜在（0.3～0.9）V_0之间取值。

关于不计桩基承台底面与土的摩阻力为抗地震水平力的组成部分问题：主要是因为这部分摩阻力不可靠：软弱黏性土有震陷问题，一般黏性土也可能因桩身摩擦力产生的桩间土在附加应力下的压缩使土与承台脱空；欠固结土有固结下沉问题；非液化的砂砾则有震密问题等。实践中不乏有静载下桩台与土脱空的报导，地震情况下震后桩台与土脱空的报导也屡见不鲜。此外，计算摩阻力亦很困难，因为解答此问题须明确桩基在竖向荷载作用下的桩、土荷载分担比。出于上述考虑，为安全计，本条规定不应考虑承台与土的摩擦阻抗。

对于疏桩基础，如果桩的设计承载力按桩极限荷载取用则可以考虑承台与土间的摩阻力。因为此时承台与土不会脱空，且桩、土的竖向荷载分担比也比较明确。

4.4.3 本条中规定的液化土中桩的抗震验算原则和方法主要考虑了以下情况：

1 不计承台旁的土抗力或地坪的分担作用是出于安全考虑，拟将此作为安全储备，主要是目前对液化土中桩的地震作用与土中液化进程的关系尚未弄清。

2 根据地震反应分析与振动台试验，地面加速度最大时刻出现在液化土的孔压比为小于 1（常为 0.5～0.6）时，此时土尚未充分液化，只是刚度比未液化时下降很多，因之对液化土的刚度作折减。折减系数的取值与构筑物抗震设计规范基本一致。

3 液化土中孔隙水压力的消散往往需要较长的时间。地震时土中孔压不会排泄消散，往往于震后才出现喷砂冒水，这一过程通常持续几小时甚至一二天，其间常有沿桩与基础四周排水现象，这说明此时桩身摩阻力已大减，从而出现竖向承载力不足和缓慢的沉降，因此应按静力荷载组合校核桩身的强度与承载力。

式（4.4.3）主要根据由工程实践中总结出来的打桩前后土性变化规律，并已在许多工程实例中得到验证。

4.4.5 本条在保证桩基安全方面是相当关键的。桩基理论分析已经证明，地震作用下的桩基在软、硬土层交界面处最易受到剪、弯损害。日本 1995 年阪神地震后对许多桩基的实际考查也证实了这一点，但在采用 m 法的桩身内力计算方法中却无法反映，目前除考虑桩土相互作用的地震反应分析可以较好地反映桩身受力情况外，还没有简便实用的计算方法保证桩在地震作用下的安全，因此必须采取有效的构造措施。本条的要点在于保证软土或液化土层附近桩身的抗弯和抗剪能力。

5 地震作用和结构抗震验算

5.1 一 般 规 定

5.1.1 抗震设计时，结构所承受的“地震力”实际上是由于地震地面运动引起的动态作用，包括地震加速度、速度和动位移的作用，按照国家标准《建筑结构设计术语和符号标准》GB/T 50083 的规定，属于间接作用，不可称为“荷载”，应称“地震作用”。

结构应考虑的地震作用方向有以下规定：

1 某一方向水平地震作用主要由该方向抗侧力构件承担，如该构件带有翼缘、翼墙等，尚应包括翼缘、翼墙的抗侧力作用。

2 考虑到地震可能来自任意方向，为此要求有斜交抗侧力构件的结构，应考虑对各构件的最不利方向的水平地震作用，一般即与该构件平行的方向。明确交角大于15°时，应考虑斜向地震作用。

3 不对称不均匀的结构是“不规则结构”的一种，同一建筑单元同一平面内质量、刚度分布不对称，或虽在本层平面内对称，但沿高度分布不对称的结构。需考虑扭转影响的结构，具有明显的不规则性。扭转计算应同时“考虑双向水平地震作用下的扭转影响”。

4 研究表明，对于较高的高层建筑，其竖向地震作用产生的轴力在结构上部是不可忽略的，故要求9度区高层建筑需考虑竖向地震作用。

5 关于大跨度和长悬臂结构，根据我国大陆和台湾地震的经验，9度和9度以上时，跨度大于18m的屋架、1.5m以上的悬挑阳台和走廊等震害严重甚至倒塌；8度时，跨度大于24m的屋架、2m以上的悬挑阳台和走廊等震害严重。

5.1.2 不同的结构采用不同的分析方法在各国抗震规范中均有体现，底部剪力法和振型分解反应谱法仍是基本方法，时程分析法作为补充计算方法，对特别不规则（参照本规范表3.4.3的规定）、特别重要的和较高的高层建筑才要求采用。所谓“补充”，主要指对计算结果的底部剪力、楼层剪力和层间位移进行比较，当时程分析法大于振型分解反应谱法时，相关部位的构件内力和配筋作相应的调整。

进行时程分析时，鉴于不同地震波输入进行时程分析的结果不同，本条规定一般可以根据小样本容量下的计算结果来估计地震作用效应值。通过大量地震加速度记录输入不同结构类型进行时程分析结果的统计分析，若选用不少于二组实际记录和一组人工模拟的加速度时程曲线作为输入，计算的平均地震效应值不小于大样本容量平均值的保证率在85%以上，而且一般也不会偏大很多。当选用数量较多的地震波，如5组实际记录和2组人工模拟时程曲线，则保证率更高。所谓“在统计意义上相符”指的是，多组时程波的平均地震影响系数曲线与振型分解反应谱法所用的地震影响系数曲线相比，在对应于结构主要振型的周期点上相差不大于20%。计算结果在结构主方向的平均底部剪力一般不会小于振型分解反应谱法计算结果的80%，每条地震波输入的计算结果不会小于65%。从工程角度考虑，这样可以保证时程分析结果满足最低安全要求。但计算结果也不能太大，每条地震波输入计算不大于135%，平均不大于120%。

正确选择输入的地震加速度时程曲线，要满足地震动三要素的要求，即频谱特性、有效峰值和持续时间均要符合规定。

频谱特性可用地震影响系数曲线表征，依据所处的场地类别和设计地震分组确定。

加速度的有效峰值按规范表5.1.2-2中所列地震加速度最大值采用，即以地震影响系数最大值除以放大系数（约2.25）得到。计算输入的加速度曲线的峰值，必要时可比上述有效峰值适当加大。当结构采用三维空间模型等需要双向（二个水平向）或三向（二个水平和一个竖向）地震波输入时，其加速度最大值通常按1（水平1）：0.85（水平2）：0.65（竖向）的比例调整。人工模拟的加速度时程曲线，也应按上述要求生成。

输入的地震加速度时程曲线的有效持续时间，一般从首次达到该时程曲线最大峰值的10%那一点算起，到最后一点达到最大峰值的10%为止；不论是实际的强震记录还是人工模拟波形，有效持续时间一般为结构基本周期的（5～10）倍，即结构顶点的位移可按基本周期往复（5～10）次。

抗震性能设计所需要对应于设防地震（中震）的加速度最大峰值，即本规范表3.2.2的设计基本地震加速度值，对应的地震影响系数最大值，见本规范3.10节。

本次修订，增加了平面投影尺度很大的大跨空间结构地震作用的下列计算要求：

1 平面投影尺度很大的空间结构，指跨度大于120m、或长度大于300m、或悬臂大于40m的结构。

2 关于结构形式和支承条件

对周边支承空间结构，如：网架，单、双层网壳，索穹顶，弦支穹顶屋盖和下部圈梁-框架结构，当下部支承结构为一个整体、且与上部空间结构侧向刚度比大于等于2时，可采用三向（水平两向加竖向）单点一致输入计算地震作用；当下部支承结构由结构缝分开、且每个独立的支承结构单元与上部空间结构侧向刚度比小于2时，应采用三向多点输入计算地震作用；

对两线边支承空间结构，如：拱，拱桁架；门式刚架，门式桁架；圆柱面网壳等结构，当支承于独立基础时，应采用三向多点输入计算地震作用；

对长悬臂空间结构，应视其支承结构特点，采用多向单点一致输入、或多向多点输入计算地震作用。

3 关于单点一致输入、多向单点输入、多点输入和多向多点输入

单点一致输入，即仅对基础底部输入一致的加速度反应谱或加速度时程进行结构计算。

多向单点输入，即沿空间结构基础底部，三向同时输入，其地震动参数（加速度峰值或反应谱最大值）比例取：水平主向：水平次向：竖向＝1.00：0.85：0.65。

多点输入，即考虑地震行波效应和局部场地效应，对各独立基础或支承结构输入不同的设计反应谱或加速度时程进行计算，估计可能造成的地震效应。对于6度和7度Ⅰ、Ⅱ类场地上的大跨空间结构，多点输入下的地震效应不太明显，可以采用简化计算方

法，乘以附加地震作用效应系数，跨度越大、场地条件越差，附加地震作用系数越大；对于7度Ⅲ、Ⅳ场地和8、9度区，多点输入下的地震效应比较明显，应考虑行波和局部场地效应对输入加速度时程进行修正，采用结构时程分析方法进行多点输入下的抗震验算。

多向多点输入，即同时考虑多向和多点输入进行计算。

4 关于行波效应

研究证明，地震传播过程的行波效应、相干效应和局部场地效应对于大跨空间结构的地震效应有不同程度的影响，其中，以行波效应和场地效应的影响较为显著，一般情况下，可不考虑相干效应。对于周边支承空间结构，行波效应影响表现在对大跨屋盖系统和下部支承结构；对于两线边支承空间结构，行波效应通过支座影响到上部结构。

行波效应将使不同点支承结构或支座处的加速度峰值不同，相位也不同，从而使不同点的设计反应谱或加速度时程不同，计算分析应考虑这些差异。由于地震动是一种随机过程，多点输入时，应考虑最不利的组合情况。行波效应与潜在震源、传播路径、场地的地震地质特性有关，当需要进行多点输入计算分析时，应对此作专门研究。

5 关于局部场地效应

当独立基础或支承结构下卧土层剖面地质条件相差较大时，可采用一维或二维模型计算求得基础底部的土层地震反应谱或加速度时程、或按土层等效剪切波速对基岩地震反应谱或加速度时程进行修正后，作为多点输入的地震反应谱或加速度时程。当下卧土层剖面地质条件比较均匀时，可不考虑局部场地效应，不需要对地震反应谱或加速度时程进行修正。

5.1.3 按现行国家标准《建筑结构可靠度设计统一标准》GB 50068的原则规定，地震发生时恒荷载与其他重力荷载可能的遇合结果总称为“抗震设计的重力荷载代表值G_E”，即永久荷载标准值与有关可变荷载组合值之和。组合值系数基本上沿用78规范的取值，考虑到藏书库等活荷载在地震时遇合的概率较大，故按等效楼面均布荷载计算活荷载时，其组合值系数为0.8。

表中硬钩吊车的组合值系数，只适用于一般情况，吊重较大时需按实际情况取值。

5.1.4 本次修订，表5.1.4-1增加6度区罕遇地震的水平地震影响系数最大值。与第4章场地类别相对应，表5.1.4-2增加$Ⅰ_0$类场地的特征周期。

5.1.5 弹性反应谱理论仍是现阶段抗震设计的最基本理论，规范所采用的设计反应谱以地震影响系数曲线的形式给出。

本规范的地震影响系数的特点是：

1 同样烈度、同样场地条件的反应谱形状，随着震源机制、震级大小、震中距远近等的变化，有较大的差别，影响因素很多。在继续保留烈度概念的基础上，用设计地震分组的特征周期T_g予以反映。其中，Ⅰ、Ⅱ、Ⅲ类场地的特征周期值，2001规范较89规范的取值增大了0.05s；本次修订，计算罕遇地震作用时，特征周期T_g值又增大0.05s。这些改进，适当提高了结构的抗震安全性，也比较符合近年来得到的大量地震加速度资料的统计结果。

2 在$T \leqslant 0.1$s的范围内，各类场地的地震影响系数一律采用同样的斜线，使之符合$T=0$时（刚体）动力不放大的规律；在$T \geqslant T_g$时，设计反应谱在理论上存在二个下降段，即速度控制段和位移控制段，在加速度反应谱中，前者衰减指数为1，后者衰减指数为2。设计反应谱是用来预估建筑结构在其设计基准期内可能经受的地震作用，通常根据大量实际地震记录的反应谱进行统计并结合工程经验判断加以规定。为保持规范的延续性，地震影响系数在$T \leqslant 5T_g$范围内与2001规范维持一致，各曲线的衰减指数为非整数；在$T>5T_g$的范围为倾斜下降段，不同场地类别的最小值不同，较符合实际反应谱的统计规律。对于周期大于6s的结构，地震影响系数仍专门研究。

3 按二阶段设计要求，在截面承载力验算时的设计地震作用，取众值烈度下结构按完全弹性分析的数值，据此调整了本规范相应的地震影响系数最大值，其取值继续与按78规范各结构影响系数C折减的平均值大致相当。在罕遇地震的变形验算时，按超越概率2%～3%提供了对应的地震影响系数最大值。

4 考虑到不同结构类型建筑的抗震设计需要，提供了不同阻尼比（0.02～0.30）地震影响系数曲线相对于标准的地震影响系数（阻尼比为0.05）的修正方法。根据实际强震记录的统计分析结果，这种修正可分二段进行：在反应谱平台段（$\alpha=\alpha_{max}$），修正幅度最大；在反应谱上升段（$T<T_g$）和下降段（$T>T_g$），修正幅度变小；在曲线两端（0s和6s），不同阻尼比下的α系数趋向接近。

本次修订，保持2001规范地震影响系数曲线的计算表达式不变，只对其参数进行调整，达到以下效果：

1 阻尼比为5%的地震影响系数与2001规范相同，维持不变。

2 基本解决了2001规范在长周期段，不同阻尼比地震影响系数曲线交叉、大阻尼曲线值高于小阻尼曲线值的不合理现象。Ⅰ、Ⅱ、Ⅲ类场地的地震影响系数曲线在周期接近6s时，基本交汇在一点上，符合理论和统计规律。

3 降低了小阻尼（2%～3.5%）的地震影响系数值，最大降低幅度达18%。略微提高了阻尼比6%～10%的地震影响系数值，长周期部分最大增幅约 5%。

4 适当降低了大阻尼（20%～30%）的地震影响系数值，在 $5T_g$ 周期以内，基本不变，长周期部分最大降幅约 10%，有利于消能减震技术的推广应用。

对应于不同特征周期 T_g 的地震影响系数曲线如图 9 所示：

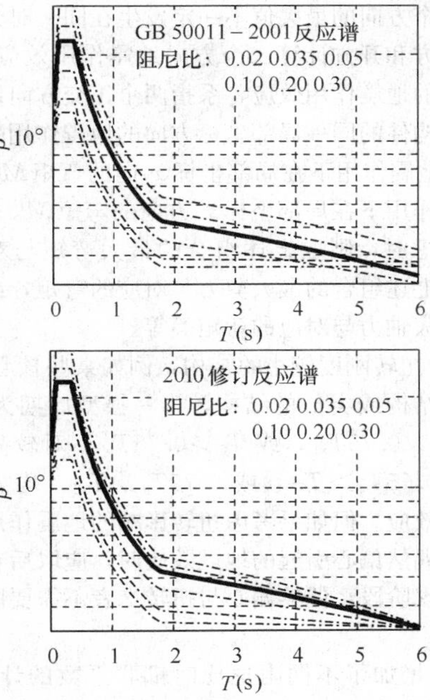

(a) T_g=0.35s

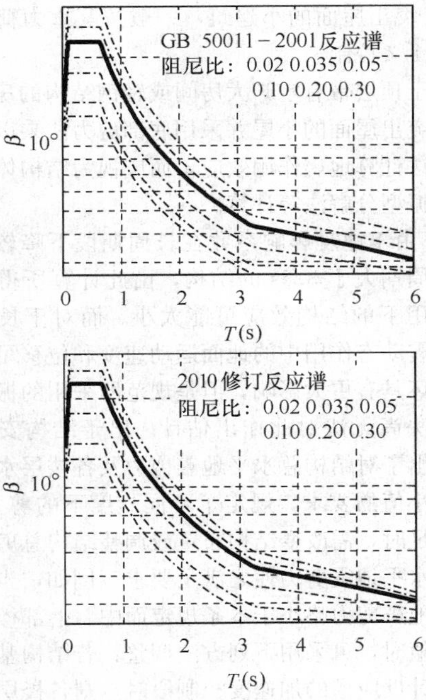

(b) T_g=0.65s

图 9 调整后不同特征周期 T_g 的地震影响系数曲线

5.1.6 在强烈地震下，结构和构件并不存在最大承载力极限状态的可靠度。从根本上说，抗震验算应该是弹塑性变形能力极限状态的验算。研究表明，地震作用下结构和构件的变形和其最大承载能力有密切的联系，但因结构的不同而异。本条继续保持 89 规范和 2001 规范关于不同的结构应采取不同验算方法的规定。

1 当地震作用在结构设计中基本上不起控制作用时，例如 6 度区的大多数建筑，以及被地震经验所证明者，可不做抗震验算，只需满足有关抗震构造要求。但“较高的高层建筑（以后各章同）”，诸如高于 40m 的钢筋混凝土框架、高于 60m 的其他钢筋混凝土民用房屋和类似的工业厂房，以及高层钢结构房屋，其基本周期可能大于Ⅳ类场地的特征周期 T_g，则 6 度的地震作用值可能相当于同一建筑在 7 度Ⅱ类场地下的取值，此时仍须进行抗震验算。本次修订增加了 6 度设防的不规则建筑应进行抗震验算的要求。

2 对于大部分结构，包括 6 度设防的上述较高的高层建筑和不规则建筑，可以将设防地震下的变形验算，转换为以多遇地震下按弹性分析获得的地震作用效应（内力）作为额定统计指标，进行承载力极限状态的验算，即只需满足第一阶段的设计要求，就可具有比 78 规范适当提高的抗震承载力的可靠度，保持了规范的延续性。

3 我国历次大地震的经验表明，发生高于基本烈度的地震是可能的，设计时考虑“大震不倒”是必要的，规范要求对薄弱层进行罕遇地震下变形验算，即满足第二阶段设计的要求。89 规范仅对框架、填充墙框架、高大单层厂房等（这些结构，由于存在明显的薄弱层，在唐山地震中倒塌较多）及特殊要求的建筑做了要求，2001 规范对其他结构，如各类钢筋混凝土结构、钢结构、采用隔震和消能减震技术的结构，也需要进行第二阶段设计。

5.2 水平地震作用计算

5.2.1 底部剪力法视多质点体系为等效单质点系。根据大量的计算分析，本条继续保持 89 规范的如下规定：

1 引入等效质量系数 0.85，它反映了多质点系底部剪力值与对应单质点系（质量等于多质点系总质量，周期等于多质点系基本周期）剪力值的差异。

2 地震作用沿高度倒三角形分布，在周期较长时顶部误差可达 25%，故引入依赖于结构周期和场地类别的顶点附加集中地震力予以调整。单层厂房沿高度分布在 9 章中已另有规定，故本条不重复调整（取 $\delta_n=0$）。

5.2.2 对于振型分解法，由于时程分析法亦可利用振型分解法进行计算，故加上“反应谱”以示区别。为使高柔建筑的分析精度有所改进，其组合的振型个数适当增加。振型个数一般可以取振型参与质量达到总质量 90%所需的振型数。

随机振动理论分析表明，当结构体系的振型密集、两个振型的周期接近时，振型之间的耦联明显。在阻尼比均为5%的情况下，由本规范式（5.2.3-6）可以得出（如图10所示）：当相邻振型的周期比为0.85时，耦联系数大约为0.27，采用平方和开方SRSS方法进行振型组合的误差不大；而当周期比为0.90时，耦联系数增大一倍，约为0.50，两个振型之间的互相影响不可忽略。这时，计算地震作用效应不能采用SRSS组合方法，而应采用完全方根组合CQC方法，如本规范式（5.2.3-5）和式（5.2.3-6）所示。

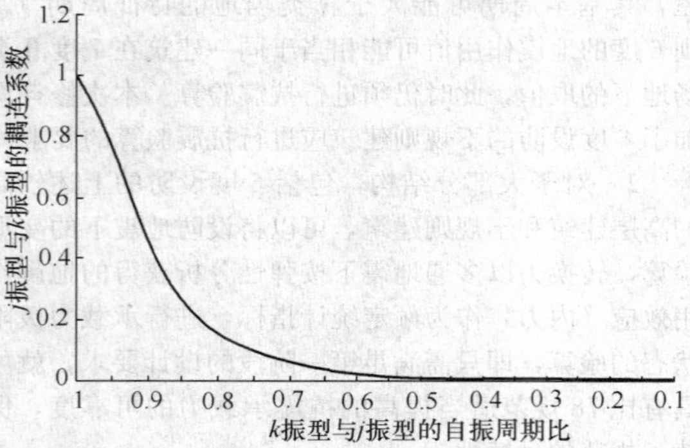

图10　不同振型周期比对应的耦联系数

5.2.3　地震扭转效应是一个极其复杂的问题，一般情况，宜采用较规则的结构体型，以避免扭转效应。体型复杂的建筑结构，即使楼层"计算刚心"和质心重合，往往仍然存在明显的扭转效应。因此，89规范规定，考虑结构扭转效应时，一般只能取各楼层质心为相对坐标原点，按多维振型分解法计算，其振型效应彼此耦连，用完全二次型方根法组合，可以由计算机运算。

89规范修订过程中，提出了许多简化计算方法，例如，扭转效应系数法，表示扭转时某榀抗侧力构件按平动分析的层剪力效应的增大，物理概念明确，而数值依赖于各类结构大量算例的统计。对低于40m的框架结构，当各层的质心和"计算刚心"接近于两串轴线时，根据上千个算例的分析，若偏心参数ε满足$0.1<\varepsilon<0.3$，则边榀框架的扭转效应增大系数$\eta=0.65+4.5\varepsilon$。偏心参数的计算公式是$\varepsilon=e_y s_y/(K_\varphi/K_x)$，其中，$e_y$、$s_y$分别为$i$层刚心和$i$层边榀框架距$i$层以上总质心的距离（$y$方向），$K_x$、$K_\varphi$分别为$i$层平动刚度和绕质心的扭刚度。其他类型结构，如单层厂房也有相应的扭转效应系数。对单层结构，多采用基于刚心和质心概念的动力偏心距法估算。这些简化方法各有一定的适用范围，故规范要求在确有依据时才可用来近似估计。

本次修订，保持了2001规范的如下改进：

1　即使对于平面规则的建筑结构，国外的多数抗震设计规范也考虑由于施工、使用等原因所产生的偶然偏心引起的地震扭转效应及地震地面运动扭转分量的影响。故要求规则结构不考虑扭转耦联计算时，应采用增大边榀构件地震内力的简化处理方法。

2　增加考虑双向水平地震作用下的地震效应组合。根据强震观测记录的统计分析，二个水平方向地震加速度的最大值不相等，二者之比约为1：0.85；而且两个方向的最大值不一定发生在同一时刻，因此采用平方和开方计算二个方向地震作用效应的组合。条文中的地震作用效应，系指两个正交方向地震作用在每个构件的同一局部坐标方向的地震作用效应，如x方向地震作用下在局部坐标x_i向的弯矩M_{xx}和y方向地震作用下在局部坐标x_i方向的弯矩M_{xy}；按不利情况考虑时，则取上述组合的最大弯矩与对应的剪力，或上述组合的最大剪力与对应的弯矩，或上述组合的最大轴力与对应的弯矩等等。

3　扭转刚度较小的结构，例如某些核心筒-外稀柱框架结构或类似的结构，第一振型周期为T_θ，或满足$T_\theta>0.75T_{x1}$，或$T_\theta>0.75T_{y1}$，对较高的高层建筑，$0.75T_\theta>T_{x2}$，或$0.75T_\theta>T_{y2}$，均需考虑地震扭转效应。但如果考虑扭转影响的地震作用效应小于考虑偶然偏心引起的地震效应时，应取后者以策安全。但现阶段，偶然偏心与扭转二者不需要同时参与计算。

4　增加了不同阻尼比时耦联系数的计算方法，以供高层钢结构等使用。

5.2.4　突出屋面的小建筑，一般按其重力荷载小于标准层1/3控制。

对于顶层带有空旷大房间或轻钢结构的房屋，不宜视为突出屋面的小屋并采用底部剪力法乘以增大系数的办法计算地震作用效应，而应视为结构体系一部分，用振型分解法等计算。

5.2.5　由于地震影响系数在长周期段下降较快，对于基本周期大于3.5s的结构，由此计算所得的水平地震作用下的结构效应可能太小。而对于长周期结构，地震动态作用中的地面运动速度和位移可能对结构的破坏具有更大影响，但是规范所采用的振型分解反应谱法尚无法对此作出估计。出于结构安全的考虑，提出了对结构总水平地震剪力及各楼层水平地震剪力最小值的要求，规定了不同烈度下的剪力系数，当不满足时，需改变结构布置或调整结构总剪力和各楼层的水平地震剪力使之满足要求。例如，当结构底部的总地震剪力略小于本条规定而中、上部楼层均满足最小值时，可采用下列方法调整：若结构基本周期位于设计反应谱的加速度控制段时，则各楼层均需乘以同样大小的增大系数；若结构基本周期位于反应谱的位移控制段时，则各楼层i均需按底部的剪力系数的差值$\triangle\lambda_0$增加该层的地震剪力——$\triangle F_{Eki}=\triangle\lambda_0 G_{Ei}$；若结构基本周期位于反应谱的速度控制段时，则增加值应大于$\triangle\lambda_0 G_{Ei}$，顶部增加值可取动位移作用和加速度作用二者的平均值，中间各层的增加值可近似按线性分布。

需要注意：①当底部总剪力相差较多时，结构的选型和总体布置需重新调整，不能仅采用乘以增大系数方法处理。②只要底部总剪力不满足要求，则结构各楼层的剪力均需要调整，不能仅调整不满足的楼层。③满足最小地震剪力是结构后续抗震计算的前提，只有调整到符合最小剪力要求才能进行相应的地震倾覆力矩、构件内力、位移等等的计算分析；即意味着，当各层的地震剪力需要调整时，原先计算的倾覆力矩、内力和位移均需要相应调整。④采用时程分析法时，其计算的总剪力也需符合最小地震剪力的要求。⑤本条规定不考虑阻尼比的不同，是最低要求，各类结构，包括钢结构、隔震和消能减震结构均需一律遵守。

扭转效应明显与否一般可由考虑耦联的振型分解反应谱法分析结果判断，例如前三个振型中，二个水平方向的振型参与系数为同一个量级，即存在明显的扭转效应。对于扭转效应明显或基本周期小于 3.5s 的结构，剪力系数取 $0.2\alpha_{max}$，保证足够的抗震安全度。对于存在竖向不规则的结构，突变部位的薄弱楼层，尚应按本规范 3.4.4 条的规定，再乘以不小于 1.15 的系数。

本次修订增加了 6 度区楼层最小地震剪力系数值。

5.2.7 由于地基和结构动力相互作用的影响，按刚性地基分析的水平地震作用在一定范围内有明显的折减。考虑到我国的地震作用取值与国外相比还较小，故仅在必要时才利用这一折减。研究表明，水平地震作用的折减系数主要与场地条件、结构自振周期、上部结构和地基的阻尼特性等因素有关，柔性地基上的建筑结构的折减系数随结构周期的增大而减小，结构越刚，水平地震作用的折减量越大。89 规范在统计分析基础上建议，框架结构折减 10%，抗震墙结构折减 15%～20%。研究表明，折减量与上部结构的刚度有关，同样高度的框架结构，其刚度明显小于抗震墙结构，水平地震作用的折减量也减小，当地震作用很小时不宜再考虑水平地震作用的折减。据此规定了可考虑地基与结构动力相互作用的结构自振周期的范围和折减量。

研究表明，对于高宽比较大的高层建筑，考虑地基与结构动力相互作用后水平地震作用的折减系数并非各楼层均为同一常数，由于高振型的影响，结构上部几层的水平地震作用一般不宜折减。大量计算分析表明，折减系数沿楼层高度的变化较符合抛物线型分布，2001 规范提供了建筑顶部和底部的折减系数的计算公式。对于中间楼层，为了简化，采用按高度线性插值方法计算折减系数。本次修订保留了这一规定。

5.3 竖向地震作用计算

5.3.1 高层建筑的竖向地震作用计算，是 89 规范增加的规定。输入竖向地震加速度波的时程反应分析发现，高层建筑由竖向地震引起的轴向力在结构的上部明显大于底部，是不可忽视的。作为简化方法，原则上与水平地震作用的底部剪力法类似：结构竖向振动的基本周期较短，总竖向地震作用可表示为竖向地震影响系数最大值和等效总重力荷载代表值的乘积；沿高度分布按第一振型考虑，也采用倒三角形分布；在楼层平面内的分布，则按构件所承受的重力荷载代表值分配。只是等效质量系数取 0.75。

根据台湾 921 大地震的经验，2001 规范要求高层建筑楼层的竖向地震作用效应应乘以增大系数 1.5，使结构总竖向地震作用标准值，8、9 度分别略大于重力荷载代表值的 10%和 20%。

隔震设计时，由于隔震垫不仅不隔离竖向地震作用反而有所放大，与隔震后结构的水平地震作用相比，竖向地震作用往往不可忽视，计算方法在本规范 12 章具体规定。

5.3.2 用反应谱法、时程分析法等进行结构竖向地震反应的计算分析研究表明，对一般尺度的平板型网架和大跨度屋架各主要杆件，竖向地震内力和重力荷载下的内力之比值，彼此相差一般不太大，此比值随烈度和场地条件而异，且当结构周期大于特征周期时，随跨度的增大，比值反而有所下降。由于在常用的跨度范围内，这个下降还不很大，为了简化，本规范略去跨度的影响。

5.3.3 对长悬臂等大跨度结构的竖向地震作用计算，本次修订未修改，仍采用 78 规范的静力法。

5.3.4 空间结构的竖向地震作用，除了第 5.3.2、第 5.3.3 条的简化方法外，还可采用竖向振型的振型分解反应谱方法。对于竖向反应谱，各国学者有一些研究，但研究成果纳入规范的不多。现阶段，多数规范仍采用水平反应谱的 65%，包括最大值和形状参数。但认为竖向反应谱的特征周期与水平反应谱相比，尤其在远震中距时，明显小于水平反应谱。故本条规定，特征周期均按第一组采用。对处于发震断裂 10km 以内的场地，竖向反应谱的最大值可能接近于水平谱，但特征周期小于水平谱。

5.4 截面抗震验算

本节基本同 89 规范，仅按《建筑结构可靠度设计统一标准》GB 50068（以下简称《统一标准》）的修订，对符号表达做了修改，并修改了钢结构的 γ_{RE}。

5.4.1 在设防烈度的地震作用下，结构构件承载力按《统一标准》计算的可靠指标 β 是负值，难于按《统一标准》的要求进行设计表达式的分析。因此，89 规范以来，在第一阶段的抗震设计时取相当于众值烈度下的弹性地震作用作为额定设计指标，使此时的设计表达式可按《统一标准》的要求导出。

1　地震作用分项系数的确定

在众值烈度下的地震作用，应视为可变作用而不是偶然作用。这样，根据《统一标准》中确定直接作用（荷载）分项系数的方法，通过综合比较，本规范对水平地震作用，确定 $\gamma_{Eh}=1.3$，至于竖向地震作用分项系数，则参照水平地震作用，也取 $\gamma_{Ev}=1.3$。当竖向与水平地震作用同时考虑时，根据加速度峰值记录和反应谱的分析，二者的组合比为 1∶0.4，故 $\gamma_{Eh}=1.3$，$\gamma_{Ev}=0.4\times1.3\approx0.5$。

此次修订，考虑大跨、大悬臂结构的竖向地震作用效应比较显著，表 5.4.1 增加了同时计算水平与竖向地震作用（竖向地震为主）的组合。

此外，按照《统一标准》的规定，当重力荷载对结构构件承载力有利时，取 $\gamma_G=1.0$。

2　抗震验算中作用组合值系数的确定

本规范在计算地震作用时，已经考虑了地震作用与各种重力荷载（恒荷载与活荷载、雪荷载等）的组合问题，在本规范 5.1.3 条中规定了一组组合值系数，形成了抗震设计的重力荷载代表值，本规范继续沿用 78 规范在验算和计算地震作用时（除吊车悬吊重力外）对重力荷载均采用相同的组合值系数的规定，可简化计算，并避免有两种不同的组合值系数。因此，本条中仅出现风荷载的组合值系数，并按《统一标准》的方法，将 78 规范的取值予以转换得到。这里，所谓风荷载起控制作用，指风荷载和地震作用产生的总剪力和倾覆力矩相当的情况。

3　地震作用标准值的效应

规范的作用效应组合是建立在弹性分析叠加原理基础上的，考虑到抗震计算模型的简化和塑性内力分布与弹性内力分布的差异等因素，本条中还规定，对地震作用效应，当本规范各章有规定时尚应乘以相应的效应调整系数 η，如突出屋面小建筑、天窗架、高低跨厂房交接处的柱子、框架柱，底层框架-抗震墙结构的柱子、梁端和抗震墙底部加强部位的剪力等的增大系数。

4　关于重要性系数

根据地震作用的特点、抗震设计的现状，以及抗震设防分类与《统一标准》中安全等级的差异，重要性系数对抗震设计的实际意义不大，本规范对建筑重要性的处理仍采用抗震措施的改变来实现，不考虑此项系数。

5.4.2　结构在设防烈度下的抗震验算根本上应该是弹塑性变形验算，但为减少验算工作量并符合设计习惯，对大部分结构，将变形验算转换为众值烈度地震作用下构件承载力验算的形式来表现。按照《统一标准》的原则，89 规范与 78 规范在众值烈度下有基本相同的可靠指标，研究发现，78 规范钢结构构件的可靠指标比混凝土结构构件明显偏低，故 89 规范予以适当提高，使之与砌体、混凝土构件有相近的可靠指标；而且随着非抗震设计材料指标的提高，2001 规范各类材料结构的抗震可靠性也略有提高。基于此前提，在确定地震作用分项系数取 1.3 的同时，则可得到与抗力标准值 R_k 相应的最优抗力分项系数，并进一步转换为抗震的抗力函数（即抗震承载力设计值 R_{dE}），使抗力分项系数取 1.0 或不出现。本规范砌体结构的截面抗震验算，就是这样处理的。

现阶段大部分结构构件截面抗震验算时，采用了各有关规范的承载力设计值 R_d，因此，抗震设计的抗力分项系数，就相应地变为非抗震设计的构件承载力设计值的抗震调整系数 γ_{RE}，即 $\gamma_{RE}=R_d/R_{dE}$ 或 $R_{dE}=R_d/\gamma_{RE}$。还需注意，地震作用下结构的弹塑性变形直接依赖于结构实际的屈服强度（承载力），本节的承载力是设计值，不可误作为标准值来进行本章 5.5 节要求的弹塑性变形验算。

本次修订，配合钢结构构件、连接的内力调整系数的变化，调整了其承载力抗震调整系数的取值。

5.4.3　本条在 2008 年局部修订时，提升为强制性条文。

5.5　抗震变形验算

5.5.1　根据本规范所提出的抗震设防三个水准的要求，采用二阶段设计方法来实现，即：在多遇地震作用下，建筑主体结构不受损坏，非结构构件（包括围护墙、隔墙、幕墙、内外装修等）没有过重破坏并导致人员伤亡，保证建筑的正常使用功能；在罕遇地震作用下，建筑主体结构遭受破坏或严重破坏但不倒塌。根据各国规范的规定、震害经验和实验研究结果及工程实例分析，采用层间位移角作为衡量结构变形能力从而判别是否满足建筑功能要求的指标是合理的。

对各类钢筋混凝土结构和钢结构要求进行多遇地震作用下的弹性变形验算，实现第一水准下的设防要求。弹性变形验算属于正常使用极限状态的验算，各作用分项系数均取 1.0。钢筋混凝土结构构件的刚度，国外规范规定需考虑一定的非线性而取有效刚度，本规范规定与位移限值相配套，一般可取弹性刚度；当计算的变形较大时，宜适当考虑构件开裂时的刚度退化，如取 $0.85E_cI_0$。

第一阶段设计，变形验算以弹性层间位移角表示。不同结构类型给出弹性层间位移角限值范围，主要依据国内外大量的试验研究和有限元分析的结果，以钢筋混凝土构件（框架柱、抗震墙等）开裂时的层间位移角作为多遇地震下结构弹性层间位移角限值。

计算时，一般不扣除由于结构重力 P-△效应所产生的水平相对位移；高度超过 150m 或 $H/B>6$ 的高层建筑，可以扣除结构整体弯曲所产生的楼层水平绝对位移值，因为以弯曲变形为主的高层建筑结构，这部分位移在计算的层间位移中占有相当的比例，加以扣除比较合理。如未扣除，位移角限值可有所放宽。

框架结构试验结果表明，对于开裂层间位移角，不开洞填充墙框架为1/2500，开洞填充墙框架为1/926；有限元分析结果表明，不带填充墙时为1/800，不开洞填充墙时为1/2000。本规范不再区分有填充墙和无填充墙，均按89规范的1/550采用，并仍按构件截面弹性刚度计算。

对于框架-抗震墙结构的抗震墙，其开裂层间位移角：试验结果为1/3300～1/1100，有限元分析结果为1/4000～1/2500，取二者的平均值约为1/3000～1/1600。2001规范统计了我国当时建成的124幢钢筋混凝土框-墙、框-筒、抗震墙、筒结构高层建筑的结构抗震计算结果，在多遇地震作用下的最大弹性层间位移均小于1/800，其中85%小于1/1200。因此对框-墙、板柱-墙、框-筒结构的弹性位移角限值范围为1/800；对抗震墙和筒中筒结构层间弹性位移角限值范围为1/1000，与现行的混凝土高层规程相当；对框支层要求较框-墙结构加严，取1/1000。

钢结构在弹性阶段的层间位移限值，日本建筑法施行令定为层高的1/200。参照美国加州规范(1988)对基本自振周期大于0.7s的结构的规定，本规范取1/250。

单层工业厂房的弹性层间位移角需根据吊车使用要求加以限制，严于抗震要求，因此不必再对地震作用下的弹性位移加以限制；弹塑性层间位移的计算和限值在本规范第5.5.4和第5.5.5条有规定，单层钢筋混凝土柱排架为1/30。因此本条不再单列对于单层工业厂房的弹性位移限值。

多层工业厂房应区分结构材料（钢和混凝土）和结构类型（框、排架），分别采用相应的弹性及弹塑性层间位移角限值，框排架结构中的排架柱的弹塑性层间位移角限值，在本规范附录H第H.1节中规定为1/30。

5.5.2 震害经验表明，如果建筑结构中存在薄弱层或薄弱部位，在强烈地震作用下，由于结构薄弱部位产生了弹塑性变形，结构构件严重破坏甚至引起结构倒塌；属于乙类建筑的生命线工程中的关键部位在强烈地震作用下一旦遭受破坏将带来严重后果，或产生次生灾害或对救灾、恢复重建及生产、生活造成很大影响。除了89规范所规定的高大的单层工业厂房的横向排架、楼层屈服强度系数小于0.5的框架结构、底部框架砖房等之外，板柱-抗震墙及结构体系不规则的某些高层建筑结构和乙类建筑也要求进行罕遇地震作用下的抗震变形验算。采用隔震和消能减震技术的建筑结构，对隔震和消能减震部件应有位移限制要求，在罕遇地震作用下隔震和消能减震部件应能起到降低地震效应和保护主体结构的作用，因此要求进行抗震变形验算。

考虑到弹塑性变形计算的复杂性，对不同的建筑结构提出不同的要求。随着弹塑性分析模型和软件的发展和改进，本次修订进一步增加了弹塑性变形验算的范围。

5.5.3 对建筑结构在罕遇地震作用下薄弱层（部位）弹塑性变形计算，12层以下且层刚度无突变的框架结构及单层钢筋混凝土柱厂房可采用规范的简化方法计算；较为精确的结构弹塑性分析方法，可以是三维的静力弹塑性（如push-over方法）或弹塑性时程分析方法；有时尚可采用塑性内力重分布的分析方法等。

5.5.4 钢筋混凝土框架结构及高大单层钢筋混凝土柱厂房等结构，在大地震中往往受到严重破坏甚至倒塌。实际震害分析及实验研究表明，除了这些结构刚度相对较小而变形较大外，更主要的是存在承载力验算所没有发现的薄弱部位——其承载力本身虽满足设计地震作用下抗震承载力的要求，却比相邻部位要弱得多。对于单层厂房，这种破坏多发生在8度Ⅲ、Ⅳ类场地和9度区，破坏部位是上柱，因为上柱的承载力一般相对较小且其下端的支承条件不如下柱。对于底部框架-抗震墙结构，则底部和过渡层是明显的薄弱部位。

迄今，各国规范的变形估计公式有三种：一是按假想的完全弹性体计算；二是将额定的地震作用下的弹性变形乘以放大系数，即$\triangle u_p=\eta_p\triangle u_e$；三是按时程分析法等专门程序计算。其中采用第二种的最多，本条继续保持89规范所采用的方法。

1 根据数千个（1～15）层剪切型结构采用理想弹塑性恢复力模型进行弹塑性时程分析的计算结果，获得如下统计规律：

1）多层结构存在“塑性变形集中”的薄弱层是一种普遍现象，其位置，对屈服强度系数ξ_y分布均匀的结构多在底层，分布不均匀结构则在ξ_y最小处和相对较小处，单层厂房往往在上柱。

2）多层剪切型结构薄弱层的弹塑性变形与弹性变形之间有相对稳定的关系。

对于屈服强度系数ξ_y均匀的多层结构，其最大的层间弹塑变形增大系数η_p可按层数和ξ_y的差异用表格形式给出；对于ξ_y不均匀的结构，其情况复杂，在弹性刚度沿高度变化较平缓时，可近似用均匀结构的η_p适当放大取值；对其他情况，一般需要用静力弹塑性分析、弹塑性时程分析法或内力重分布法等予以估计。

2 本规范的设计反应谱是在大量单质点系的弹性反应分析基础上统计得到的“平均值”，弹塑性变形增大系数也在统计平均意义下有一定的可靠性。当然，还应注意简化方法都有其适用范围。

此外，如采用延性系数来表示多层结构的层间变形，可用$\mu=\eta_p/\xi_y$计算。

3 计算结构楼层或构件的屈服强度系数时，实际承载力应取截面的实际配筋和材料强度标准值计算，钢筋混凝土梁柱的正截面受弯实际承载力公式如下：

梁：$M_{\mathrm{byk}}^{\mathrm{a}}=f_{\mathrm{yk}}A_{\mathrm{sb}}^{\mathrm{a}}(h_{\mathrm{b0}}-a'_{\mathrm{s}})$

柱：轴向力满足 $N_G/(f_{ck}b_ch_c)\leqslant 0.5$ 时，

$$M_{\mathrm{cyk}}^{\mathrm{a}}=f_{\mathrm{yk}}A_{\mathrm{sc}}^{\mathrm{a}}(h_0-a'_{\mathrm{s}})+0.5N_Gh_c(1-N_G/f_{ck}b_ch_c)$$

式中，N_G为对应于重力荷载代表值的柱轴压力（分项系数取1.0）。

注：上角a表示“实际的”。

4 2001规范修订过程中，对不超过20层的钢框架和框架-支撑结构的薄弱层层间弹塑性位移的简化计算公式开展了研究。利用DRAIN-2D程序对三跨的平面钢框架和中跨为交叉支撑的三跨钢结构进行了不同层数钢结构的弹塑性地震反应分析。主要计算参数如下：结构周期，框架取0.1N（层数），支撑框架取0.09N；恢复力模型，框架取屈服后刚度为弹性刚度0.02的不退化双线性模型，支撑框架的恢复力模型同时考虑了压屈后的强度退化和刚度退化；楼层屈服剪力，框架的一般层约为底层的0.7，支撑框架的一般层约为底层的0.9；底层的屈服强度系数为0.7～0.3；在支撑框架中，支撑承担的地震剪力为总地震剪力的75%，框架部分承担25%；地震波取80条天然波。

根据计算结果的统计分析发现：①纯框架结构的弹塑性位移反应与弹性位移反应差不多，弹塑性位移增大系数接近1；②随着屈服强度系数的减小，弹塑性位移增大系数增大；③楼层屈服强度系数较小时，由于支撑的屈曲失效效应，支撑框架的弹塑性位移增大系数大于框架结构。

以下是15层和20层钢结构的弹塑性增大系数的统计数值（平均值加一倍方差）：

屈服强度系数	15层框架	20层框架	15层支撑框架	20层支撑框架
0.50	1.15	1.20	1.05	1.15
0.40	1.20	1.30	1.15	1.25
0.30	1.30	1.50	1.65	1.90

上述统计值与89规范对剪切型结构的统计值有一定的差异，可能与钢结构基本周期较长、弯曲变形所占比重较大，采用杆系模型时楼层屈服强度系数计算，以及钢结构恢复力模型的屈服后刚度取为初始刚度的0.02而不是理想弹塑性恢复力模型等有关。

5.5.5 在罕遇地震作用下，结构要进入弹塑性变形状态。根据震害经验、试验研究和计算分析结果，提出以构件（梁、柱、墙）和节点达到极限变形时的层间极限位移角作为罕遇地震作用下结构弹塑性层间位移角限值的依据。

国内外许多研究结果表明，不同结构类型的不同结构构件的弹塑性变形能力是不同的，钢筋混凝土结构的弹塑性变形主要由构件关键受力区的弯曲变形、剪切变形和节点区受拉钢筋的滑移变形等三部分非线性变形组成。影响结构层间极限位移角的因素很多，包括：梁柱的相对强弱关系，配箍率、轴压比、剪跨比、混凝土强度等级、配筋率等，其中轴压比和配箍率是最主要的因素。

钢筋混凝土框架结构的层间位移是楼层梁、柱、节点弹塑性变形的综合结果，美国对36个梁-柱组合试件试验结果表明，极限侧移角的分布为1/27～1/8，我国学者对数十榀填充墙框架的试验结果表明，不开洞填充墙和开洞填充墙框架的极限侧移角平均分别为1/30和1/38。本条规定框架和板柱-框架的位移角限值为1/50是留有安全储备的。

由于底部框架砌体房屋沿竖向存在刚度突变，因此对其混凝土框架部分适当从严；同时，考虑到底部框架一般均带一定数量的抗震墙，故类比框架-抗震墙结构，取位移角限值为1/100。

钢筋混凝土结构在罕遇地震作用下，抗震墙要比框架柱先进入弹塑性状态，而且最终破坏也相对集中在抗震墙单元。日本对176个带边框柱抗震墙的试验研究表明，抗震墙的极限位移角的分布为1/333～1/125，国内对11个带边框低矮抗震墙试验所得到的极限位移角分布为1/192～1/112。在上述试验研究结果的基础上，取1/120作为抗震墙和筒中筒结构的弹塑性层间位移角限值。考虑到框架-抗震墙结构、板柱-抗震墙和框架-核心筒结构中大部分水平地震作用由抗震墙承担，弹塑性层间位移角限值可比框架结构的框架柱严，但比抗震墙和筒中筒结构要松，故取1/100。高层钢结构，美国ATC3-06规定，Ⅱ类危险性的建筑（容纳人数较多），层间最大位移角限值为1/67；美国AISC《房屋钢结构抗震规定》（1997）中规定，与小震相比，大震时的位移角放大系数，对双重抗侧力体系中的框架-中心支撑结构取5，对框架-偏心支撑结构，取4。如果弹性位移角限值为1/300，则对应的弹塑性位移角限值分别大于1/60和1/75。考虑到钢结构在构件稳定有保证时具有较好的延性，弹塑性层间位移角限值适当放宽至1/50。

鉴于甲类建筑在抗震安全性上的特殊要求，其层间变位角限值应专门研究确定。

6 多层和高层钢筋混凝土房屋

6.1 一般规定

6.1.1 本章适用于现浇钢筋混凝土多层和高层房屋，

包括采用符合本章第 6.1.7 条要求的装配整体式楼屋盖的房屋。

对采用钢筋混凝土材料的高层建筑，从安全和经济诸方面综合考虑，其适用最大高度应有限制。当钢筋混凝土结构的房屋高度超过最大适用高度时，应通过专门研究，采取有效加强措施，如采用型钢混凝土构件、钢管混凝土构件等，并按建设部部长令的有关规定进行专项审查。

与 2001 规范相比，本章对适用最大高度的修改如下：

1 补充了 8 度（0.3g）时的最大适用高度，按 8 度和 9 度之间内插且偏于 8 度。

2 框架结构的适用最大高度，除 6 度外有所降低。

3 板柱-抗震墙结构的适用最大高度，有所增加。

4 删除了在Ⅳ类场地适用的最大高度应适当降低的规定。

5 对于平面和竖向均不规则的结构，适用的最大高度适当降低的规范用词，由“应”改为“宜”，一般减少 10%左右。对于部分框支结构，表 6.1.1 的适用高度已经考虑框支的不规则而比全落地抗震墙结构降低，故对于框支结构的“竖向和平面均不规则”，指框支层以上的结构同时存在竖向和平面不规则的情况。

还需说明：

仅有个别墙体不落地，例如不落地墙的截面面积不大于总截面面积的 10%，只要框支部分的设计合理且不致加大扭转不规则，仍可视为抗震墙结构，其适用最大高度仍可按全部落地的抗震墙结构确定。

框架-核心筒结构存在抗扭不利和加强层刚度突变问题，其适用最大高度略低于筒中筒结构。框架-核心筒结构中，带有部分仅承受竖向荷载的无梁楼盖时，不作为表 6.1.1 的板柱-抗震墙结构对待。

6.1.2 钢筋混凝土房屋的抗震等级是重要的设计参数，89 规范就明确规定应根据设防类别、结构类型、烈度和房屋高度四个因素确定。抗震等级的划分，体现了对不同抗震设防类别、不同结构类型、不同烈度、同一烈度但不同高度的钢筋混凝土房屋结构延性要求的不同，以及同一种构件在不同结构类型中的延性要求的不同。

钢筋混凝土房屋结构应根据抗震等级采取相应的抗震措施。这里，抗震措施包括抗震计算时的内力调整措施和各种抗震构造措施。因此，乙类建筑应提高一度查表 6.1.2 确定其抗震等级。

本章条文中，“×级框架”包括框架结构、框架-抗震墙结构、框支层和框架-核心筒结构、板柱-抗震墙结构中的框架，“×级框架结构”仅指框架结构的框架，“×级抗震墙”包括抗震墙结构、框架-抗震墙结构、筒体结构和板柱-抗震墙结构中的抗震墙。

本次修订的主要变化如下：

1 注意到《民用建筑设计通则》GB 50362 规定，住宅 10 层及以上为高层建筑，多层公共建筑高度 24m 以上为高层建筑。本次修订，将框架结构的 30m 高度分界改为 24m；对于 7、8、9 度时的框架-抗震墙结构，抗震墙结构以及部分框支抗震墙结构，增加 24m 作为一个高度分界，其抗震等级比 2001 规范降低一级，但四级不再降低，框支层框架不降低，总体上与 89 规范对“低层较规则结构”的要求相近。

2 明确了框架-核心筒结构的高度不超过 60m 时，当按框架-抗震墙结构的要求设计时，其抗震等级按框架-抗震墙结构的规定采用。

3 将“大跨度公共建筑”改为“大跨度框架”，并明确其跨度按 18m 划分。

6.1.3 本条是关于混凝土结构抗震等级的进一步补充规定。

1 关于框架和抗震墙组成的结构的抗震等级。设计中有三种情况：其一，个别或少量框架，此时结构属于抗震墙体系的范畴，其抗震墙的抗震等级，仍按抗震墙结构确定；框架的抗震等级可参照框架-抗震墙结构的框架确定。其二，当框架-抗震墙结构有足够的抗震墙时，其框架部分是次要抗侧力构件，按本规范表 6.1.2 框架-抗震墙结构确定抗震等级；89 规范要求其抗震墙底部承受的地震倾覆力矩不小于结构底部总地震倾覆力矩的 50%。其三，墙体很少，即 2001 规范规定“在基本振型地震作用下，框架部分承受的地震倾覆力矩大于结构总地震倾覆力矩的 50%”，其框架部分的抗震等级应按框架结构确定。对于这类结构，本次修订进一步明确以下几点：一是将“在基本振型地震作用下”改为“在规定的水平力作用下”，“规定的水平力”的含义见本规范第 3.4 节；二是明确底层框架部分所承担的地震倾覆力矩大于结构总地震倾覆力矩的 50%时仍属于框架结构范畴；三是删除了“最大适用高度可比框架结构适当增加”的规定；四是补充规定了其抗震墙的抗震等级。

框架部分按刚度分配的地震倾覆力矩的计算公式，保持 2001 规范的规定不变：

$$M_c=\sum_{i=1}^{n}\sum_{j=1}^{m}V_{ij}h_i$$

式中：M_c——框架-抗震墙结构在规定的侧向力作用下框架部分分配的地震倾覆力矩；

n——结构层数；

m——框架 i 层的柱根数；

V_{ij}——第 i 层第 j 根框架柱的计算地震剪力；

h_i——第 i 层层高。

在框架结构中设置少量抗震墙，往往是为了增大框架结构的刚度、满足层间位移角限值的要求，仍然属于框架结构范畴，但层间位移角限值需按底层框架部分承担倾覆力矩的大小，在框架结构和框架-抗震墙结构两者的层间位移角限值之间偏于安全内插。

2 关于裙房的抗震等级。裙房与主楼相连，主楼结构在裙房顶板对应的上下各一层受刚度与承载力突变影响较大，抗震构造措施需要适当加强。裙房与主楼之间设防震缝，在大震作用下可能发生碰撞，该部位也需要采取加强措施。

裙房与主楼相连的相关范围，一般可从主楼周边外延3跨且不小于20m，相关范围以外的区域可按裙房自身的结构类型确定其抗震等级。裙房偏置时，其端部有较大扭转效应，也需要加强。

3 关于地下室的抗震等级。带地下室的多层和高层建筑，当地下室结构的刚度和受剪承载力比上部楼层相对较大时（参见本规范第6.1.14条），地下室顶板可视作嵌固部位，在地震作用下的屈服部位将发生在地上楼层，同时将影响到地下一层。地面以下地震响应逐渐减小，规定地下一层的抗震等级不能降低；而地下一层以下不要求计算地震作用，规定其抗震构造措施的抗震等级可逐层降低（图11）。

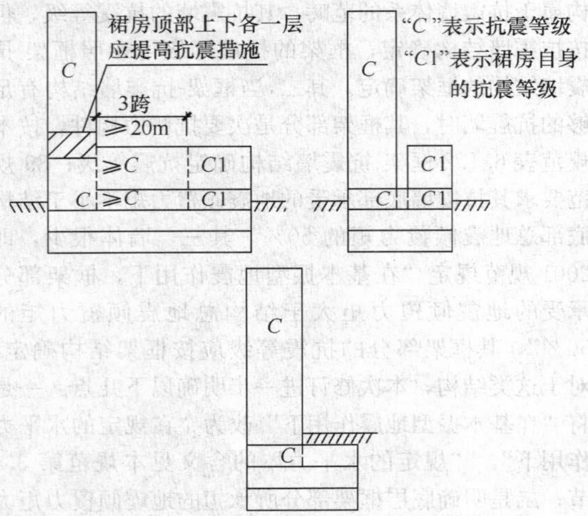

图11 裙房和地下室的抗震等级

4 关于乙类建筑的抗震等级。根据《建筑工程抗震设防分类标准》GB 50223的规定，乙类建筑应按提高一度查本规范表6.1.2确定抗震等级（内力调整和构造措施）。本规范第6.1.1条规定，乙类建筑的钢筋混凝土房屋可按本地区抗震设防烈度确定其适用的最大高度，于是可能出现7度乙类的框支结构房屋和8度乙类的框架结构、框架-抗震墙结构、部分框支抗震墙结构、板柱-抗震墙结构的房屋提高一度后，其高度超过本规范表6.1.2中抗震等级为一级的高度上界。此时，内力调整不提高，只要求抗震构造措施“高于一级”，大体与《高层建筑混凝土结构技术规程》JGJ 3中特一级的构造要求相当。

6.1.4 震害表明，本条规定的防震缝宽度的最小值，在强烈地震下相邻结构仍可能局部碰撞而损坏，但宽度过大会给立面处理造成困难。因此，是否设置防震缝应按本规范第3.4.5条的要求判断。

防震缝可以结合沉降缝要求贯通到地基，当无沉降问题时也可以从基础或地下室以上贯通。当有多层地下室，上部结构为带裙房的单塔或多塔结构时，可将裙房用防震缝自地下室以上分隔，地下室顶板应有良好的整体性和刚度，能将地震剪力分布到整个地下室结构。

8、9度框架结构房屋防震缝两侧层高相差较大时，可在防震缝两侧房屋的尽端沿全高设置垂直于防震缝的抗撞墙，通过抗撞墙的损坏减少防震缝两侧碰撞时框架的破坏。本次修订，抗撞墙的长度由2001规范的可不大于一个柱距，修改为“可不大于层高的1/2”。结构单元较长时，抗撞墙可能引起较大温度内力，也可能有较大扭转效应，故设置时应综合分析（图12）。

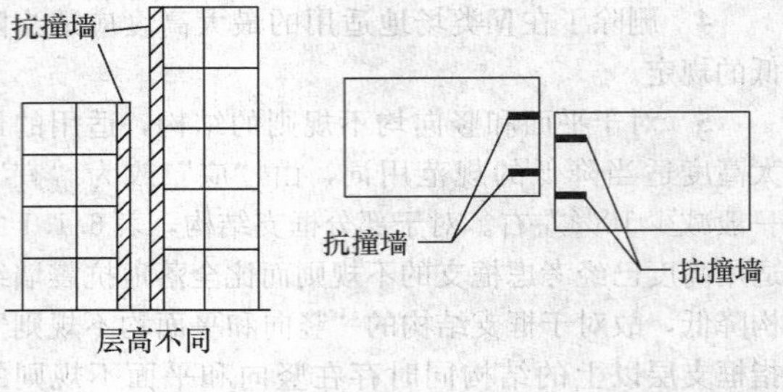

图12 抗撞墙示意图

6.1.5 梁中线与柱中线之间、柱中线与抗震墙中线之间有较大偏心距时，在地震作用下可能导致核芯区受剪面积不足，对柱带来不利的扭转效应。当偏心距超过1/4柱宽时，需进行具体分析并采取有效措施，如采用水平加腋梁及加强柱的箍筋等。

2008年局部修订，本条增加了控制单跨框架结构适用范围的要求。框架结构中某个主轴方向均为单跨，也属于单跨框架结构；某个主轴方向有局部的单跨框架，可不作为单跨框架结构对待。一、二层的连廊采用单跨框架时，需要注意加强。框-墙结构中的框架，可以是单跨。

6.1.6 楼、屋盖平面内的变形，将影响楼层水平地震剪力在各抗侧力构件之间的分配。为使楼、屋盖具有传递水平地震剪力的刚度，从78规范起，就提出了不同烈度下抗震墙之间不同类型楼、屋盖的长宽比限值。超过该限值时，需考虑楼、屋盖平面内变形对楼层水平地震剪力分配的影响。本次修订，8度框架-抗震墙结构装配整体式楼、屋盖的长宽比由2.5调整为2；适当放宽板柱-抗震墙结构现浇楼、屋盖的长宽比。

6.1.7 预制板的连接不足时，地震中将造成严重的震害。需要特别加强。在混凝土结构中，本规范仅适用于采用符合要求的装配整体式混凝土楼、屋盖。

6.1.8 在框架-抗震墙结构和板柱-抗震墙结构中，

抗震墙是主要抗侧力构件，竖向布置应连续，防止刚度和承载力突变。本次修订，增加结合楼梯间布置抗震墙形成安全通道的要求；将 2001 规范“横向与纵向的抗震墙宜相连”改为“抗震墙的两端（不包括洞口两侧）宜设置端柱，或与另一方向的抗震墙相连”，明确要求两端设置端柱或翼墙；取消抗震墙设置在不需要开洞部位的规定，以及连梁最大跨高比和最小高度的规定。

6.1.9 本次修订，增加纵横向墙体互为翼墙或设置端柱的要求。

部分框支抗震墙属于抗震不利的结构体系，本规范的抗震措施只限于框支层不超过两层的情况。本次修订，明确部分框支抗震墙结构的底层框架应满足框架-抗震墙结构对框架部分承担地震倾覆力矩的限值——框支层不应设计为少墙框架体系（图 13）。

为提高较长抗震墙的延性，分段后各墙段的总高度与墙宽之比，由不应小于 2 改为不宜小于 3（图 14）。

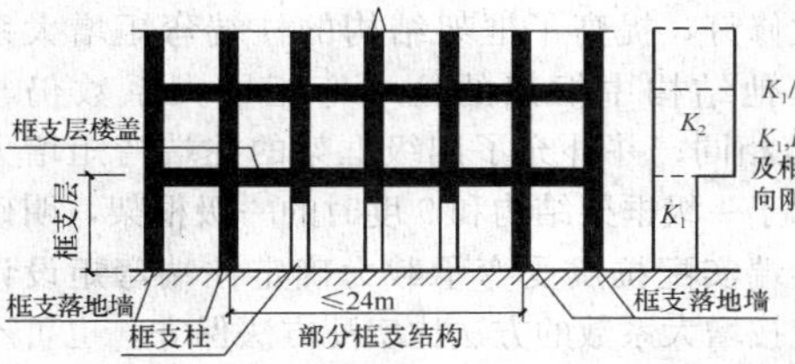

图 13 框支结构示意图

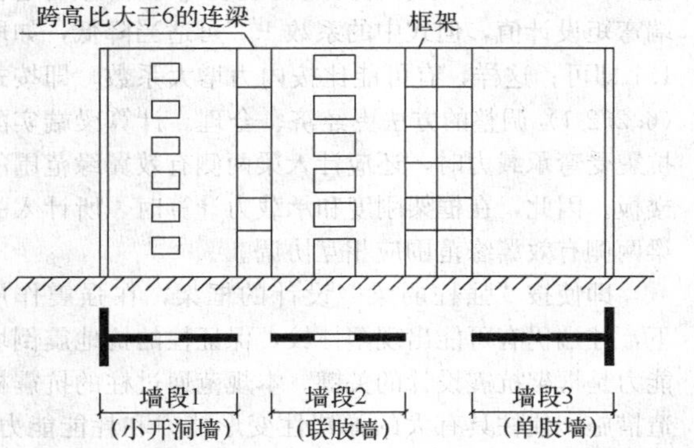

图 14 较长抗震墙的组成示意图

6.1.10 延性抗震墙一般控制在其底部即计算嵌固端以上一定高度范围内屈服、出现塑性铰。设计时，将墙体底部可能出现塑性铰的高度范围作为底部加强部位，提高其受剪承载力，加强其抗震构造措施，使其具有大的弹塑性变形能力，从而提高整个结构的抗地震倒塌能力。

89 规范的底部加强部位与墙肢高度和长度有关，不同长度墙肢的加强部位高度不同。为了简化设计，2001 规范改为底部加强部位的高度仅与墙肢总高度相关。本次修订，将“墙体总高度的 1/8”改为“墙体总高度的 1/10”；明确加强部位的高度一律从地下室顶板算起；当计算嵌固端位于地面以下时，还需向下延伸，但加强部位的高度仍从地下室顶板算起。

此外，还补充了高度不超过 24m 的多层建筑的底部加强部位高度的规定。

有裙房时，按本规范第 6.1.3 条的要求，主楼与裙房顶对应的相邻上下层需要加强。此时，加强部位的高度也可以延伸至裙房以上一层。

6.1.12 当地基土较弱，基础刚度和整体性较差，在地震作用下抗震墙基础将产生较大的转动，从而降低了抗震墙的抗侧力刚度，对内力和位移都将产生不利影响。

6.1.13 配合本规范第 4.2.4 条的规定，针对主楼与裙房相连的情况，明确其天然地基底部不宜出现零应力区。

6.1.14 为了能使地下室顶板作为上部结构的嵌固部位，本条规定了地下室顶板和地下一层的设计要求：

地下室顶板必须具有足够的平面内刚度，以有效传递地震基底剪力。地下室顶板的厚度不宜小于 180mm，若柱网内设置多个次梁时，板厚可适当减小。这里所指地下室应为完整的地下室，在山（坡）地建筑中出现地下室各边填埋深度差异较大时，宜单独设置支档结构。

框架柱嵌固端屈服时，或抗震墙墙肢的嵌固端屈服时，地下一层对应的框架柱或抗震墙墙肢不应屈服。据此规定了地下一层框架柱纵筋面积和墙肢端部纵筋面积的要求。

“相关范围”一般可从地上结构（主楼、有裙房时含裙房）周边外延不大于 20m。

当框架柱嵌固在地下室顶板时，位于地下室顶板的梁柱节点应按首层柱的下端为“弱柱”设计，即地震时首层柱底屈服、出现塑性铰。为实现首层柱底先屈服的设计概念，本规范提供了两种方法：

其一，按下式复核：

$$\sum M_{bua} + M_{cua}^{t} \geq 1.3 M_{cua}^{b}$$

式中：$\sum M_{bua}$——节点左右梁端截面反时针或顺时针方向实配的正截面抗震受弯承载力所对应的弯矩值之和，根据实配钢筋面积（计入梁受压筋和相关楼板钢筋）和材料强度标准值确定；

$\sum M_{cua}^{t}$——地下室柱上端与梁端受弯承载力同一方向实配的正截面抗震受弯承载力所对应的弯矩值，应根据轴力设计值、实配钢筋面积和材料强度标准值等确定；

$\sum M_{cua}^{b}$——地上一层柱下端与梁端受弯承载力不同方向实配的正截面抗震受弯承载力所对应弯矩值，应根据轴力设计值、实配钢筋面积和材料强度标准值等确定。

设计时，梁柱纵向钢筋增加的比例也可不同，但柱的纵向钢筋至少比地上结构柱下端的钢筋增加10%。

其二，作为简化，当梁按计算分配的弯矩接近柱的弯矩时，地下室顶板的柱上端、梁顶面和梁底面的纵向钢筋均增加10%以上。可满足上式的要求。

6.1.15 本条是新增的。发生强烈地震时，楼梯间是重要的紧急逃生竖向通道，楼梯间（包括楼梯板）的破坏会延误人员撤离及救援工作，从而造成严重伤亡。本次修订增加了楼梯间的抗震设计要求。对于框架结构，楼梯构件与主体结构整浇时，梯板起到斜支撑的作用，对结构刚度、承载力、规则性的影响比较大，应参与抗震计算；当采取措施，如梯板滑动支承于平台板，楼梯构件对结构刚度等的影响较小，是否参与整体抗震计算差别不大。对于楼梯间设置刚度足够大的抗震墙的结构，楼梯构件对结构刚度的影响较小，也可不参与整体抗震计算。

6.2 计算要点

6.2.2 框架结构的抗地震倒塌能力与其破坏机制密切相关。试验研究表明，梁端屈服型框架有较大的内力重分布和能量消耗能力，极限层间位移大，抗震性能较好；柱端屈服型框架容易形成倒塌机制。

在强震作用下结构构件不存在承载力储备，梁端受弯承载力即为实际可能达到的最大弯矩，柱端实际可能达到的最大弯矩也与其偏压下的受弯承载力相等。这是地震作用效应的一个特点。因此，所谓"强柱弱梁"指的是：节点处梁端实际受弯承载力 M_{by}^{a} 和柱端实际受弯承载力 M_{cy}^{a} 之间满足下列不等式：

$$\sum M_{cy}^{a} > \sum M_{by}^{a}$$

这种概念设计，由于地震的复杂性、楼板的影响和钢筋屈服强度的超强，难以通过精确的承载力计算真正实现。

本规范自89规范以来，在梁端实配钢筋不超过计算配筋10%的前提下，将梁、柱之间的承载力不等式转为梁、柱的地震组合内力设计值的关系式，并使不同抗震等级的柱端弯矩设计值有不同程度的差异。采用增大柱端弯矩设计值的方法，只在一定程度上推迟柱端出现塑性铰；研究表明，当计入楼板和钢筋超强影响时，要实现承载力不等式，内力增大系数的取值往往需要大于2。由于地震是往复作用，两个方向的柱端弯矩设计值均要满足要求：当梁端截面为反时针方向弯矩之和时，柱端截面应为顺时针方向弯矩之和；反之亦然。

对于一级框架，89规范除了用增大系数的方法外，还提出了采用梁端实配钢筋面积和材料强度标准值计算的抗震受弯承载力所对应的弯矩值的调整、验算方法。这里，抗震承载力即本规范5章的 $R_E = R/\gamma_{RE} = R/0.75$，此时必须将抗震承载力验算公式取等号转换为对应的内力，即 $S = R/\gamma_{RE}$。当计算梁端抗震受弯承载力时，若计入楼板的钢筋，且材料强度标准值考虑一定的超强系数，则可提高框架"强柱弱梁"的程度。89规范规定，一级的增大系数可根据工程经验估计节点左右梁端顺时针或反时针方向受拉钢筋的实际截面面积与计算面积的比值 $\lambda_s = A_s^a/A_s^c$，取 $1.1\lambda_s$ 作为实配增大系数的近似估计，其中的1.1来自钢筋材料标准值与设计值的比值 f_{yk}/f_y。柱弯矩增大系数值可参考 λ_s 的可能变化范围确定：例如，当梁顶面为计算配筋而梁底面为构造配筋时，一级的 λ_s 不小于1.5，于是，柱弯矩增大系数不小于 $1.1\times1.5=1.65$；二级 λ_s 不小于1.3，柱弯矩增大系数不小于1.43。

2001规范比89规范提高了强柱弱梁的弯矩增大系数 η_c，弯矩增大系数 η_c 考虑了一定的超配钢筋（包括楼板的配筋）和钢筋超强。一级的框架结构及9度时，仍应采用框架梁的实际抗震受弯承载力确定柱端组合的弯矩设计值，取二者的较大值。

本次修订，提高了框架结构的柱端弯矩增大系数，而其他结构中框架的柱端弯矩增大系数仍与2001规范相同；并补充了四级框架的柱端弯矩增大系数。对于一级框架结构和9度时的一级框架，明确只需按梁端实配抗震受弯承载力确定柱端弯矩设计值；即使按增大系数的方法比实配方法保守，也可不采用增大系数的方法。对于二、三级框架结构，也可按式（6.2.2-2）的梁端实配抗震受弯承载力确定柱端弯矩设计值，但式中的系数1.2可适当降低，如取1.1即可；这样，有可能比按内力增大系数，即按式（6.2.2-1）调整的方法更经济、合理。计算梁端实配抗震受弯承载力时，还应计入梁两侧有效翼缘范围的楼板。因此，在框架刚度和承载力计算时，所计入的梁两侧有效翼缘范围应相互协调。

即使按"强柱弱梁"设计的框架，在强震作用下，柱端仍有可能出现塑性铰，保证柱的抗地震倒塌能力是框架抗震设计的关键。本规范通过柱的抗震构造措施，使柱具有大的弹塑性变形能力和耗能能力，达到在大震作用下，即使柱端出铰，也不会引起框架倒塌的目标。

当框架底部若干层的柱反弯点不在楼层内时，说明这些层的框架梁相对较弱。为避免在竖向荷载和地震共同作用下变形集中，压屈失稳，柱端弯矩也应乘以增大系数。

对于轴压比小于0.15的柱，包括顶层柱在内，因其具有比较大的变形能力，可不满足上述要求；对框支柱，在本规范第6.2.10条另有规定。

6.2.3 框架结构计算嵌固端所在层即底层的柱下端过早出现塑性屈服，将影响整个结构的抗地震倒塌能力。嵌固端截面乘以弯矩增大系数是为了避免框架结构柱下端过早屈服。对其他结构中的框架，其主要抗侧力构件为抗震墙，对其框架部分的嵌固端截面，可不作要求。

当仅用插筋满足柱嵌固端截面弯矩增大的要求时，可能造成塑性铰向底层柱的上部转移，对抗震不利。规范提出按柱上下端不利情况配置纵向钢筋的要求。

6.2.4、6.2.5、6.2.8 防止梁、柱和抗震墙底部在弯曲屈服前出现剪切破坏是抗震概念设计的要求，它意味着构件的受剪承载力要大于构件弯曲时实际达到的剪力，即按实际配筋面积和材料强度标准值计算的承载力之间满足下列不等式：

$$V_{bu} > (M^l_{bu} + M^r_{bu})/l_{bo} + V_{Gb}$$

$$V_{cu} > (M^b_{cu} + M^t_{cu})/H_{cn}$$

$$V_{wu} > (M^b_{wu} - M^t_{wu})/H_{wn}$$

规范在纵向受力钢筋不超过计算配筋10%的前提下，将承载力不等式转为内力设计值表达式，不同抗震等级采用不同的剪力增大系数，使“强剪弱弯”的程度有所差别。该系数同样考虑了材料实际强度和钢筋实际面积这两个因素的影响，对柱和墙还考虑了轴向力的影响，并简化计算。

一级的剪力增大系数，需从上述不等式中导出。直接取实配钢筋面积A^a_s与计算实配筋面积A^c_s之比λ_s的1.1倍，是η_v最简单的近似，对梁和节点的“强剪”能满足工程的要求，对柱和墙偏于保守。89规范在条文说明中给出较为复杂的近似计算公式如下：

$$\eta_{vc} \approx \frac{1.1\lambda_s + 0.58\lambda_N(1-0.56\lambda_N)(f_c/f_y\rho_t)}{1.1 + 0.58\lambda_N(1-0.75\lambda_N)(f_c/f_y\rho_t)}$$

$$\eta_{vw} \approx \frac{1.1\lambda_{sw} + 0.58\lambda_N(1-0.56\lambda_N\zeta)(f_c/f_y\rho_{tw})}{1.1 + 0.58\lambda_N(1-0.75\lambda_N\zeta)(f_c/f_y\rho_{tw})}$$

式中，λ_N为轴压比，λ_{sw}为墙体实际受拉钢筋（分布筋和集中筋）截面面积与计算面积之比，ζ为考虑墙体边缘构件影响的系数，ρ_{tw}为墙体受拉钢筋配筋率。

当柱$\lambda_s \leqslant 1.8$、$\lambda_N \geqslant 0.2$且$\rho_t = 0.5\% \sim 2.5\%$，墙$\lambda_{sw} \leqslant 1.8$、$\lambda_N \leqslant 0.3$且$\rho_{tw} = 0.4\% \sim 1.2\%$时，通过数百个算例的统计分析，能满足工程要求的剪力增大系数η_v的进一步简化计算公式如下：

$$\eta_{vc} \approx 0.15 + 0.7[\lambda_s + 1/(2.5 - \lambda_N)]$$

$$\eta_{vw} \approx 1.2 + (\lambda_{sw} - 1)(0.6 + 0.02/\lambda_N)$$

2001规范的框架柱、抗震墙的剪力增大系数η_{vc}、η_{vw}，即参考上述近似公式确定。此次修订，框架梁、框架结构以外框架的柱、连梁和抗震墙的剪力增大系数与2001规范相同，框架结构的柱的剪力增大系数随柱端弯矩增大系数的提高而提高；同时，明确一级的框架结构及9度的一级框架，只需满足实配要求，而即使增大系数为偏保守也可不满足。同样，二、三、四级框架结构的框架柱，也可采用实配方法而不采用增大系数的方法，使之较为经济又合理。

注意：柱和抗震墙的弯矩设计值系经本节有关规定调整后的取值；梁端、柱端弯矩设计值之和须取顺时针方向之和以及反时针方向之和两者的较大值；梁端纵向受拉钢筋也按顺时针及反时针方向考虑。

6.2.6 地震时角柱处于复杂的受力状态，其弯矩和剪力设计值的增大系数，比其他柱略有增加，以提高抗震能力。

6.2.7 对一级抗震墙规定调整截面的组合弯矩设计值，目的是通过配筋方式迫使塑性铰区位于墙肢的底部加强部位。89规范要求底部加强部位的组合弯设计值均按墙底截面的设计值采用，以上一般部位的组合弯矩设计值按线性变化，对于较高的房屋，会导致与加强部位相邻一般部位的弯矩取值过大。2001规范改为：底部加强部位的弯矩设计值均取墙底部截面的组合弯矩设计值，底部加强部位以上，均采用各墙肢截面的组合弯矩设计值乘以增大系数，但增大后与加强部位紧邻一般部位的弯矩有可能小于相邻加强部位的组合弯矩。本次修订，改为仅加强部位以上乘以增大系数。主要有两个目的：一是使墙肢的塑性铰在底部加强部位的范围内得到发展，不是将塑性铰集中在底层，甚至集中在底截面以上不大的范围内，从而减轻墙肢底截面附近的破坏程度，使墙肢有较大的塑性变形能力；二是避免底部加强部位紧邻的上层墙肢屈服而底部加强部位不屈服。

当抗震墙的墙肢在多遇地震下出现小偏心受拉时，在设防地震、罕遇地震下的抗震能力可能大大丧失；而且，即使多遇地震下为偏压的墙肢而设防地震下转为偏拉，则其抗震能力有实质性的改变，也需要采取相应的加强措施。

双肢抗震墙的某个墙肢为偏心受拉时，一旦出现全截面受拉开裂，则其刚度退化严重，大部分地震作用将转移到受压墙肢，因此，受压肢需适当增大弯矩和剪力设计值以提高承载能力。注意到地震是往复的作用，实际上双肢墙的两个墙肢，都可能要按增大后的内力配筋。

6.2.9 框架柱和抗震墙的剪跨比可按图15及公式进行计算。

6.2.10～6.2.12 这几条规定了部分框支结构设计计算的注意事项。

第6.2.10条1款的规定，适用于本章6.1.1条所指的框支层不超过2层的情况。本次修订，将本层地震剪力改为底层地震剪力即基底剪力，但主楼与裙房相连时，不含裙房部分的地震剪力，框支柱也不含裙房的框架柱。

框支结构的落地墙，在转换层以下的部位是保证框支结构抗震性能的关键部位，这部位的剪力传递还可能存在矮墙效应。为了保证抗震墙在大震时的受剪承载力，只考虑有拉筋约束部分的混凝土受剪承载力。

无地下室的部分框支抗震墙结构的落地墙，特别

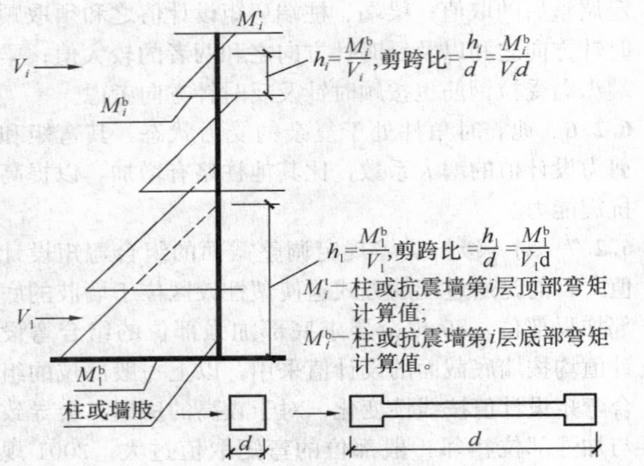

图 15　剪跨比计算简图

是联肢或双肢墙，当考虑不利荷载组合出现偏心受拉时，为了防止墙与基础交接处产生滑移，宜按总剪力的 30％设置 45°交叉防滑斜筋，斜筋可按单排设在墙截面中部并应满足锚固要求。

6.2.13　本条规定了在结构整体分析中的内力调整：

1　按照框墙结构（不包括少墙框架体系和少框架的抗震墙体系）中框架和墙体协同工作的分析结果，在一定高度以上，框架按侧向刚度分配的剪力与墙体的剪力反号，二者相减等于楼层的地震剪力，此时，框架承担的剪力与底部总地震剪力的比值基本保持某个比例；按多道防线的概念设计要求，墙体是第一道防线，在设防地震、罕遇地震下先于框架破坏，由于塑性内力重分布，框架部分按侧向刚度分配的剪力会比多遇地震下加大。

我国 20 世纪 80 年代 1/3 比例的空间框墙结构模型反复荷载试验及该试验模型的弹塑性分析表明：保持楼层侧向位移协调的情况下，弹性阶段底部的框架仅承担不到 5％的总剪力；随着墙体开裂，框架承担的剪力逐步增大；当墙体端部的纵向钢筋开始受拉屈服时，框架承担大于 20％总剪力；墙体压坏时框架承担大于 33％的总剪力。本规范规定的取值，既体现了多道抗震设防的原则，又考虑了当前的经济条件。对于框架-核心筒结构，尚应符合本规范 6.7.1 条 1 款的规定。

此项规定适用于竖向结构布置基本均匀的情况；对塔类结构出现分段规则的情况，可分段调整；对有加强层的结构，不含加强层及相邻上下层的调整。此项规定不适用于部分框架柱不到顶，使上部框架柱数量较少的楼层。

2　计算地震内力时，抗震墙连梁刚度可折减；计算位移时，连梁刚度可不折减。抗震墙的连梁刚度折减后，如部分连梁尚不能满足剪压比限值，可采用双连梁、多连梁的布置，还可按剪压比要求降低连梁剪力设计值及弯矩，并相应调整抗震墙的墙肢内力。

3　抗震墙应计入腹板与翼墙共同工作。对于翼墙的有效长度，89 规范和 2001 规范有不同的具体规定，本次修订不再给出具体规定。2001 规范规定："每侧由墙面算起可取相邻抗震墙净间距的一半、至门窗洞口的墙长度及抗震墙总高度的 15％三者的最小值"，可供参考。

4　对于少墙框架结构，框架部分的地震剪力取两种计算模型的较大值较为妥当。

6.2.14　节点核芯区是保证框架承载力和抗倒塌能力的关键部位。本次修订，增加了三级框架的节点核芯区进行抗震验算的规定。

2001 规范提供了梁宽大于柱宽的框架和圆柱框架的节点核芯区验算方法。梁宽大于柱宽时，按柱宽范围内和范围外分别计算。圆柱的计算公式依据国外资料和国内试验结果提出：

$$V_j \leqslant \frac{1}{\gamma_{RE}}\left(1.5\eta_j f_t A_j + 0.05\eta_j \frac{N}{D^2}A_j + 1.57 f_{yv} A_{sh}\frac{h_{b0}-a_s'}{s}\right)$$

上式中，A_j 为圆柱截面面积，A_{sh} 为核芯区环形箍筋的单根截面面积。去掉 γ_{RE} 及 η_j 附加系数，上式可写为：

$$V_j \leqslant 1.5 f_t A_j + 0.05\frac{N}{D^2}A_j + 1.57 f_{yv} A_{sh}\frac{h_{b0}-a_s'}{s}$$

上式中系数 1.57 来自 ACI Structural Journal，Jan-Feb. 1989，Priestley 和 Paulay 的文章：Seismic strength of circular reinforced concrete columns.

圆形截面柱受剪，环形箍筋所承受的剪力可用下式表达：

$$V_s = \frac{\pi A_{sh} f_{yv} D'}{2s} = 1.57 f_{yv} A_{sh}\frac{D'}{s} \approx 1.57 f_{yv} A_{sh}\frac{h_{b0}-a_s'}{s}$$

式中：A_{sh}——环形箍单肢截面面积；

D'——纵向钢筋所在圆周的直径；

h_{b0}——框架梁截面有效高度；

s——环形箍筋间距。

根据重庆建筑大学 2000 年完成的 4 个圆柱梁柱节点试验，对比了计算和试验的节点核芯区受剪承载力，计算值与试验之比约为 85％，说明此计算公式的可靠性有一定保证。

6.3　框架的基本抗震构造措施

6.3.1、6.3.2　合理控制混凝土结构构件的尺寸，是本规范第 3.5.4 条的基本要求之一。梁的截面尺寸，应从整个框架结构中梁、柱的相互关系，如在强柱弱梁基础上提高梁变形能力的要求等来处理。

为了避免或减小扭转的不利影响，宽扁梁框架的梁柱中线宜重合，并应采用整体现浇楼盖。为了使宽扁梁端部在柱外的纵向钢筋有足够的锚固，应在两个主轴方向都设置宽扁梁。

6.3.3、6.3.4　梁的变形能力主要取决于梁端的塑性转动量，而梁的塑性转动量与截面混凝土相对受压区高度有关。当相对受压区高度为 0.25 至 0.35 范围时，梁的位移延性系数可到达 3～4。计算梁端截面纵向受拉钢筋时，应采用与柱交界面的组合弯矩设计值，并应计入受压钢筋。计算梁端相对受压区高度时，宜按梁端截面实际受拉和受压钢筋面积进行计算。

梁端底面和顶面纵向钢筋的比值，同样对梁的变形能力有较大影响。梁端底面的钢筋可增加负弯矩时的塑性转动能力，还能防止在地震中梁底出现正弯矩时过早屈服或破坏过重，从而影响承载力和变形能力的正常发挥。

根据试验和震害经验，梁端的破坏主要集中于(1.5～2.0)倍梁高的长度范围内；当箍筋间距小于$6d$～$8d$（d为纵向钢筋直径）时，混凝土压溃前受压钢筋一般不致压屈，延性较好。因此规定了箍筋加密区的最小长度，限制了箍筋最大肢距；当纵向受拉钢筋的配筋率超过2%时，箍筋的最小直径相应增大。

本次修订，将梁端纵向受拉钢筋的配筋率不大于2.5%的要求，由强制性改为非强制性，移到6.3.4条。还提高了框架结构梁的纵向受力钢筋伸入节点的握裹要求。

6.3.5 本次修订，根据汶川地震的经验，对一、二、三级且层数超过2层的房屋，增大了柱截面最小尺寸的要求，以有利于实现“强柱弱梁”。

6.3.6 限制框架柱的轴压比主要是为了保证柱的塑性变形能力和保证框架的抗倒塌能力。抗震设计时，除了预计不可能进入屈服的柱外，通常希望框架柱最终为大偏心受压破坏。由于轴压比直接影响柱的截面设计，2001规范仍以89规范的限值为依据，根据不同情况进行适当调整，同时控制轴压比最大值。在框架-抗震墙、板柱-抗震墙及筒体结构中，框架属于第二道防线，其中框架的柱与框架结构的柱相比，其重要性相对较低，为此可以适当增大轴压比限值。本次修订，将框架结构的轴压比限值减小了0.05，框架-抗震墙、板柱-抗震墙及筒体中三级框架的柱的轴压比限值也减小了0.05，增加了四级框架的柱的轴压比限值。

利用箍筋对混凝土进行约束，可以提高混凝土的轴心抗压强度和混凝土的受压极限变形能力。但在计算柱的轴压比时，仍取无箍筋约束的混凝土的轴心抗压强度设计值，不考虑箍筋约束对混凝土轴心抗压强度的提高作用。

我国清华大学研究成果和日本AIJ钢筋混凝土房屋设计指南都提出，考虑箍筋对混凝土的约束作用时，复合箍筋肢距不宜大于200mm，箍筋间距不宜大于100mm，箍筋直径不宜小于10mm的构造要求。参考美国ACI资料，考虑螺旋箍筋对混凝土的约束作用时，箍筋直径不宜小于10mm，净螺距不宜大于75mm。为便于施工，采用螺旋间距不大于100mm，箍筋直径不小于12mm。矩形截面柱采用连续矩形复合螺旋箍是一种非常有效的提高延性的措施，这已被西安建筑科技大学的试验研究所证实。根据日本川铁株式会社1998年发表的试验报告，相同柱截面、相同配筋、配箍率、箍距及箍筋肢距，采用连续复合螺旋箍比一般复合箍筋可提高柱的极限变形角25%。采用连续复合矩形螺旋箍可按圆形复合螺旋箍对待。用上述方法提高柱的轴压比后，应按增大的轴压比由本规范表6.3.9确定配箍量，且沿柱全高采用相同的配箍特征值。

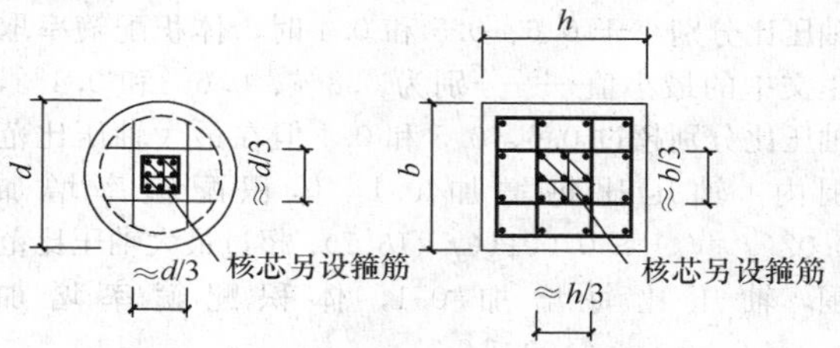

图16　芯柱尺寸示意图

试验研究和工程经验都证明，在矩形或圆形截面柱内设置矩形核芯柱，不但可以提高柱的受压承载力，还可以提高柱的变形能力。在压、弯、剪作用下，当柱出现弯、剪裂缝，在大变形情况下芯柱可以有效地减小柱的压缩，保持柱的外形和截面承载力，特别对于承受高轴压的短柱，更有利于提高变形能力，延缓倒塌。为了便于梁筋通过，芯柱边长不宜小于柱边长或直径的1/3，且不宜小于250mm（图16）。

6.3.7、**6.3.8** 柱纵向钢筋的最小总配筋率，89规范的比78规范有所提高，但仍偏低，很多情况小于非抗震配筋率，2001规范适当调整。本次修订，提高了框架结构中柱和边柱纵向钢筋的最小总配筋率的要求。随着高强钢筋和高强混凝土的使用，最小纵向钢筋的配筋率要求，将随混凝土强度和钢筋的强度而有所变化，但表中的数据是最低的要求，必须满足。

当框架柱在地震作用组合下处于小偏心受拉状态时，柱的纵筋总截面面积应比计算值增加25%，是为了避免柱的受拉纵筋屈服后再受压时，由于包兴格效应导致纵筋压屈。

6.3.9 框架柱的弹塑性变形能力，主要与柱的轴压比和箍筋对混凝土的约束程度有关。为了具有大体上相同的变形能力，轴压比大的柱，要求的箍筋约束程度高。箍筋对混凝土的约束程度，主要与箍筋形式、体积配箍率、箍筋抗拉强度以及混凝土轴心抗压强度等因素有关，而体积配箍率、箍筋强度及混凝土强度三者又可以用配箍特征值表示，配箍特征值相同时，螺旋箍、复合螺旋箍及连续复合螺旋箍的约束程度，比普通箍和复合箍对混凝土的约束更好。因此，规范规定，轴压比大的柱，其配箍特征值大于轴压比低的柱；轴压比相同的柱，采用普通箍或复合箍时的配箍特征值，大于采用螺旋箍、复合螺旋箍或连续复合螺旋箍时的配箍特征值。

89规范的体积配箍率，是在配箍特征值基础上，对箍筋抗拉强度和混凝土轴心抗压强度的关系做了一定简化得到的，仅适用于混凝土强度在C35以下和HPB235级钢箍筋。2001规范直接给出配箍特征值，能够经济合理地反映箍筋对混凝土的约束作用。为了避免配箍率过小，2001规范还规定了最小体积配箍率。普通箍筋的体积配箍率随轴压比增大而增加的对应关系举例如下：采用符合抗震性能要求的HRB335级钢筋且混凝土强度等级大于C35时，一、二、三级轴压比分别小于0.6、0.5和0.4时，体积配箍率取正文中的最小值——分别为0.8%、0.6%和0.4%，轴压比分别超过0.6、0.5和0.4但在最大轴压比范围内，轴压比每增加0.1，体积配箍率增加$0.02(f_c/f_y) \approx 0.0011(f_c/16.7)$；超过最大轴压比范围，轴压比每增加0.1，体积配箍率增加$0.03(f_c/f_y)=0.0001f_c$。

本次修订，删除了89规范和2001规范关于复合箍应扣除重叠部分箍筋体积的规定，因重叠部分对混凝土的约束情况比较复杂，如何换算有待进一步研究；箍筋的强度也不限制在标准值400MPa以内。四级框架柱的箍筋加密区的最小体积配箍特征值，与三级框架柱相同。

对于封闭箍筋与两端为135°弯钩的拉筋组成的复合箍，约束效果最好的是拉筋同时钩住主筋和箍筋，其次是拉筋紧靠纵向钢筋并勾住箍筋；当拉筋间距符合箍筋肢距的要求，纵筋与箍筋有可靠拉结时，拉筋也可紧靠箍筋并勾住纵筋。

考虑到框架柱在层高范围内剪力不变及可能的扭转影响，为避免箍筋非加密区的受剪能力突然降低很多，导致柱的中段破坏，对非加密区的最小箍筋量也作了规定。

箍筋类别参见图17。

6.3.10 为使框架的梁柱纵向钢筋有可靠的锚固条件，框架梁柱节点核芯区的混凝土要具有良好的约束。考虑到核芯区内箍筋的作用与柱端有所不同，其构造要求与柱端有所区别。

6.4 抗震墙结构的基本抗震构造措施

6.4.1 本次修订，将墙厚与层高之比的要求，由“应”改为“宜”，并增加无支长度的相应规定。无端柱或翼墙是指墙的两端（不包括洞口两侧）为一字形的矩形截面。

试验表明，有边缘构件约束的矩形截面抗震墙与无边缘构件约束的矩形截面抗震墙相比，极限承载力约提高40%，极限层间位移角约增加一倍，对地震能量的消耗能力增大20%左右，且有利于墙板的稳定。对一、二级抗震墙底部加强部位，当无端柱或翼墙时，墙厚需适当增加。

6.4.2 本次修订，将抗震墙的轴压比控制范围，由一、二级扩大到三级，由底部加强部位扩大到全高。

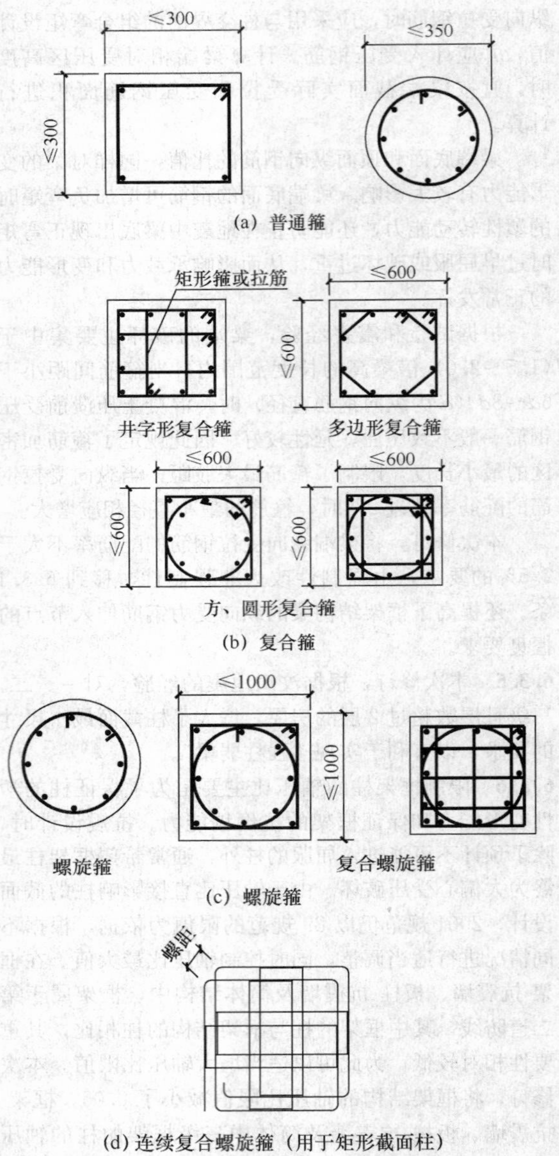

图17 各类箍筋示意图

计算墙肢轴压力设计值时，不计入地震作用组合，但应取分项系数1.2。

6.4.3 抗震墙，包括抗震墙结构、框架-抗震墙结构、板柱-抗震墙结构及筒体结构中的抗震墙，是这些结构体系的主要抗侧力构件。在强制性条文中，纳入了关于墙体分布钢筋数量控制的最低要求。

美国ACI 318规定，当抗震结构墙的设计剪力小于$A_{cv}\sqrt{f'_c}$（A_{cv}为腹板截面面积，该设计剪力对应的剪压比小于0.02）时，腹板的竖向分布钢筋允许降到同非抗震的要求。因此，本次修订，四级抗震墙的剪压比低于上述数值时，竖向分布筋允许按不小于0.15%控制。

对框支结构，抗震墙的底部加强部位受力很大，其分布钢筋应高于一般抗震墙的要求。通过在这些部位增加竖向钢筋和横向的分布钢筋，提高墙体开裂后的变形能力，以避免脆性剪切破坏，改善整个结构的抗震性能。

本次修订，将钢筋最大间距和最小直径的规定，移至本规范第 6.4.4 条。

6.4.4 本条包括 2001 规范第 6.4.2 条、6.4.4 条的内容和部分 6.4.3 条的内容，对抗震墙分布钢筋的最大间距和最小直径作了调整。

6.4.5 对于开洞的抗震墙即联肢墙，强震作用下合理的破坏过程应当是连梁首先屈服，然后墙肢的底部钢筋屈服、形成塑性铰。抗震墙墙肢的塑性变形能力和抗地震倒塌能力，除了与纵向配筋有关外，还与截面形状、截面相对受压区高度或轴压比、墙两端的约束范围、约束范围内的箍筋配箍特征值有关。当截面相对受压区高度或轴压比较小时，即使不设约束边缘构件，抗震墙也具有较好的延性和耗能能力。当截面相对受压区高度或轴压比大到一定值时，就需设置约束边缘构件，使墙肢端部成为箍筋约束混凝土，具有较大的受压变形能力。当轴压比更大时，即使设置约束边缘构件，在强烈地震作用下，抗震墙有可能压溃、丧失承担竖向荷载的能力。因此，2001 规范规定了一、二级抗震墙在重力荷载代表值作用下的轴压比限值；当墙底截面的轴压比超过一定值时，底部加强部位墙的两端及洞口两侧应设置约束边缘构件，使底部加强部位有良好的延性和耗能能力；考虑到底部加强部位以上相邻层的抗震墙，其轴压比可能仍较大，将约束边缘构件向上延伸一层；还规定了构造边缘构件和约束边缘构件的具体构造要求。

本次修订的主要内容是：

1 将设置约束边缘构件的要求扩大至三级抗震墙。

2 约束边缘构件的尺寸及其配箍特征值，根据轴压比的大小确定。当墙体的水平分布钢筋满足锚固要求且水平分布钢筋之间设置足够的拉筋形成复合箍时，约束边缘构件的体积配箍率可计入分布筋，考虑水平筋同时为抗剪受力钢筋，且竖向间距往往大于约束边缘构件的箍筋间距，需要另增一道封闭箍筋，故计入的水平分布钢筋的配箍特征值不宜大于 0.3 倍总配箍特征值。

3 对于底部加强区以上的一般部位，带翼墙时构造边缘构件的总长度改为与矩形端相同，即不小于墙厚和 400mm；转角墙在内侧改为不小于 200mm。在加强部位与一般部位的过渡区（可大体取加强部位以上与加强部位的高度相同的范围），边缘构件的长度需逐步过渡。

6.4.6 当抗震墙的墙肢长度不大于墙厚的 3 倍时，要求应按柱的有关要求进行设计。本次修订，降低了小墙肢的箍筋全高加密的要求。

6.4.7 高连梁设置水平缝，使一根连梁成为大跨高比的两根或多根连梁，其破坏形态从剪切破坏变为弯曲破坏。

6.5 框架-抗震墙结构的基本抗震构造措施

6.5.1 框架-抗震墙结构中的抗震墙，是作为该结构体系第一道防线的主要的抗侧力构件，需要比一般的抗震墙有所加强。

其抗震墙通常有两种布置方式：一种是抗震墙与框架分开，抗震墙围成筒，墙的两端没有柱；另一种是抗震墙嵌入框架内，有端柱、有边框梁，成为带边框抗震墙。第一种情况的抗震墙，与抗震墙结构中的抗震墙、筒体结构中的核心筒或内筒墙体区别不大。对于第二种情况的抗震墙，如果梁的宽度大于墙的厚度，则每一层的抗震墙有可能成为高宽比小的矮墙，强震作用下发生剪切破坏，同时，抗震墙给柱端施加很大的剪力，使柱端剪坏，这对抗地震倒塌是非常不利的。2005 年，日本完成了一个 1/3 比例的 6 层 2 跨、3 开间的框架-抗震墙结构模型的振动台试验，抗震墙嵌入框架内。最后，首层抗震墙剪切破坏，抗震墙的端柱剪坏，首层其他柱的两端出塑性铰，首层倒塌。2006 年，日本完成了一个足尺的 6 层 2 跨、3 开间的框架-抗震墙结构模型的振动台试验。与 1/3 比例的模型相比，除了模型比例不同外，嵌入框架内的抗震墙采用开缝墙。最后，首层开缝墙出现弯曲破坏和剪切斜裂缝，没有出现首层倒塌的破坏现象。

本次修订，对墙厚与层高之比的要求，由“应”改为“宜”；对于有端柱的情况，不要求一定设置边框梁。

6.5.2 本次修订，增加了抗震墙分布钢筋的最小直径和最大间距的规定，拉筋具体配置方式的规定可参照本规范第 6.4.4 条。

6.5.3 楼面梁与抗震墙平面外连接，主要出现在抗震墙与框架分开布置的情况。试验表明，在往复荷载作用下，锚固在墙内的梁的纵筋有可能产生滑移，与梁连接的墙面混凝土有可能拉脱。

6.5.4 少墙框架结构中抗震墙的地位不同于框架-抗震墙，不需要按本节的规定设计其抗震墙。

6.6 板柱-抗震墙结构抗震设计要求

6.6.2 规定了板柱-抗震墙结构中抗震墙的最小厚度；放松了楼、电梯洞口周边设置边框梁的要求。按柱纵筋直径 16 倍控制托板或柱帽根部的厚度是为了保证板柱节点的抗弯刚度。

6.6.3 本次修订，对高度不超过 12m 的板柱-抗震墙结构，放松抗震墙所承担的地震剪力的要求；新增板柱节点冲切承载力的抗震验算要求。

无柱帽平板在柱上板带中按本规范要求设置构造暗梁时，不可把平板作为有边梁的双向板进行设计。

6.6.4 为了防止强震作用下楼板脱落，穿过柱截面的板底两个方向钢筋的受拉承载力应满足该层楼板重力荷载代表值作用下的柱轴压力设计值。试验研究表明，抗剪栓钉的抗冲切效果优于抗冲切钢筋。

6.7 筒体结构抗震设计要求

6.7.1 本条新增框架-核心筒结构框架部分地震剪力的要求，以避免外框太弱。框架-核心筒结构框架部分的地震剪力应同时满足本条与第6.2.13条的规定。

框架-核心筒结构的核心筒与周边框架之间采用梁板结构时，各层梁对核心筒有一定的约束，可不设加强层，梁与核心筒连接应避开核心筒的连梁。当楼层采用平板结构且核心筒较柔，在地震作用下不能满足变形要求，或筒体由于受弯产生拉力时，宜设置加强层，其部位应结合建筑功能设置。为了避免加强层周边框架柱在地震作用下由于强梁带来的不利影响，加强层的大梁或桁架与周边框架不宜刚性连接。9度时不应采用加强层。核心筒的轴向压缩及外框架的竖向温度变形对加强层产生附加内力，在加强层与周边框架柱之间采取后浇连接及有效的外保温措施是必要的。

筒中筒结构的外筒可采取下列措施提高延性：

1 采用非结构幕墙。当采用钢筋混凝土裙墙时，可在裙墙与柱连接处设置受剪控制缝。

2 外筒为壁式筒体时，在裙墙与窗间墙连接处设置受剪控制缝，外筒按联肢抗震墙设计；三级的壁式筒体可按壁式框架设计，但壁式框架柱除满足计算要求外，尚需满足本章第6.4.5条的构造要求；支承大梁的壁式筒体在大梁支座宜设置壁柱，一级时，由壁柱承担大梁传来的全部轴力，但验算轴压比时仍取全部截面。

3 受剪控制缝的构造如图18所示。

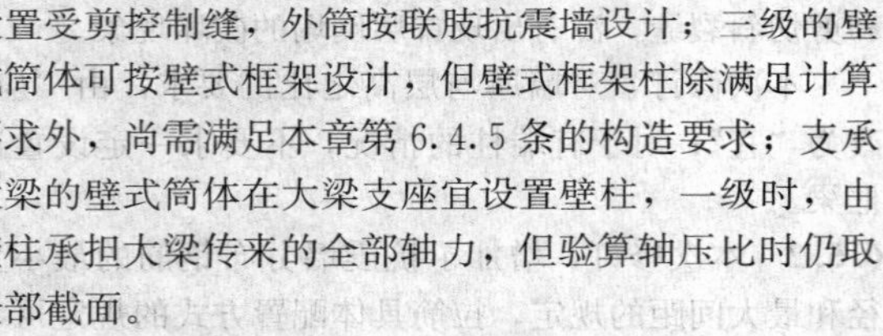

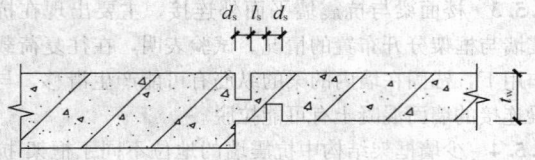

缝宽 d_s 大于5mm；两缝间距 l_s 大于50mm

图18 外筒裙墙受剪控制缝构造

6.7.2 框架-核心筒结构的核心筒、筒中筒结构的内筒，都是由抗震墙组成的，也都是结构的主要抗侧力竖向构件，其抗震构造措施应符合本章第6.4节和第6.5节的规定，包括墙的最小厚度、分布钢筋的配置、轴压比限值、边缘构件的要求等，以使筒体具有足够大的抗震能力。

框架-核心筒结构的框架较弱，宜加强核心筒的抗震能力；核心筒连梁的跨高比一般较小，墙的整体作用较强。因此，核心筒角部的抗震构造措施予以加强。

6.7.4 试验表明，跨高比小的连梁配置斜向交叉暗柱，可以改善其的抗剪性能，但施工比较困难，本次修订，将2001规范设置交叉暗柱、交叉构造钢筋的要求，由"宜"改为"可"。

7 多层砌体房屋和底部框架砌体房屋

7.1 一 般 规 定

7.1.1 考虑到黏土砖被限用，本章的适用范围由黏土砖砌体改为各类砖砌体，包括非黏土烧结砖、蒸压砖砌体，并增加混凝土类砖，该类砖已有产品国标。对非黏土烧结砖和蒸压砖，仍按2001规范的规定依据其抗剪强度区别对待。

对于配筋混凝土小砌块承重房屋的抗震设计，仍然在本规范的附录F中予以规定。

本次修订，明确本章的规定，原则上也可用于单层非空旷砌体房屋的抗震设计。

砌体结构房屋抗震设计的适用范围，随国家经济的发展而不断改变。89规范删去了"底部内框架砖房"的结构形式；2001规范删去了混凝土中型砌块和粉煤灰中型砌块的规定，并将"内框架砖房"限制于多排柱内框架；本次修订，考虑到"内框架砖房"已很少使用且抗震性能较低，取消了相关内容。

7.1.2 砌体房屋的高度限制，是十分敏感且深受关注的规定。基于砌体材料的脆性性质和震害经验，限制其层数和高度是主要的抗震措施。

多层砖房的抗震能力，除依赖于横墙间距、砖和砂浆强度等级、结构的整体性和施工质量等因素外，还与房屋的总高度有直接的联系。

历次地震的宏观调查资料说明：二、三层砖房在不同烈度区的震害，比四、五层的震害轻得多，六层及六层以上的砖房在地震时震害明显加重。海城和唐山地震中，相邻的砖房，四、五层的比二、三层的破坏严重，倒塌的百分比亦高得多。

国外在地震区对砖结构房屋的高度限制较严。不少国家在7度及以上地震区不允许采用无筋砖结构，前苏联等国对配筋和无筋砖结构的高度和层数作了相应的限制。结合我国具体情况，砌体房屋的高度限制是指设置了构造柱的房屋高度。

多层砌块房屋的总高度限制，主要是依据计算分析、部分震害调查和足尺模型试验，并参照多层砖房确定的。

2008局部修订时，补充了属于乙类的多层砌体结构房屋按当地设防烈度查表7.1.2的高度和层数控制要求。本条在2008年局部修订基础上作下列变动：

1 偏于安全，6度的普通砖砌体房屋的高度和层数适当降低。

2 明确补充规定了7度（0.15g）和8度

(0.30g) 的高度和层数限值。

3 底部框架-抗震墙砌体房屋，不允许用于乙类建筑和8度（0.3g）的丙类建筑。表7.1.2中底部框架-抗震墙砌体房屋的最小砌体墙厚系指上部砌体房屋部分。

4 横墙较少的房屋，按规定的措施加强后，总层数和总高度不变的适用范围，比2001规范有所调整：扩大到丙类建筑；根据横墙较少砖砌体房屋的试设计结果，当砖墙厚度为240mm时，7度（0.1g和0.15g）纵横墙计算承载力基本满足；8度（0.2g）六层时纵墙承载力大多不能满足，五层时部分纵墙承载力不满足；8度（0.3g）五层时纵横墙承载力均不能满足要求。故本次修订，规定仅6、7度时允许总层数和总高度不降低。

5 补充了横墙很少的多层砌体房屋的定义。对各层横墙很少的多层砌体房屋，其总层数应比横墙较少时再减少一层，由于层高的限值，总高度也有所降低。

需要注意：

表7.1.2的注2表明，房屋高度按有效数字控制。当室内外高差不大于0.6m时，房屋总高度限值按表中数据的有效数字控制，则意味着可比表中数据增加0.4m；当室内外高差大于0.6m时，虽然房屋总高度允许比表中的数据增加不多于1.0m，实际上其增加量只能少于0.4m。

坡屋面阁楼层一般仍需计入房屋总高度和层数；但属于本规范第5.2.4条规定的出屋面小建筑范围时，不计入层数和高度的控制范围。斜屋面下的“小建筑”通常按实际有效使用面积或重力荷载代表值小于顶层30%控制。

对于半地下室和全地下室的嵌固条件，仍与2001规范相同。

7.1.3 本条在2008局部修订中作了修改，以适应教学楼等需要层高3.9m的使用要求。约束砌体，大体上指间距接近层高的构造柱与圈梁组成的砌体、同时拉结网片符合相应的构造要求，可参见本规范第7.3.14、7.5.4、7.5.5条等。

对于采用约束砌体抗震墙的底框房屋，根据试设计结果，底层的层高也比2001规范有所减少。

7.1.4 若砌体房屋考虑整体弯曲进行验算，目前的方法即使在7度时，超过三层就不满足要求，与大量的地震宏观调查结果不符。实际上，多层砌体房屋一般可以不做整体弯曲验算，但为了保证房屋的稳定性，限制了其高宽比。

7.1.5 多层砌体房屋的横向地震力主要由横墙承担，地震中横墙间距大小对房屋倒塌影响很大，不仅横墙需具有足够的承载力，而且楼盖须具有传递地震力给横墙的水平刚度，本条规定是为了满足楼盖对传递水平地震力所需的刚度要求。

对于多层砖房，历来均沿用78规范的规定；对砌块房屋则参照多层砖房给出，且不宜采用木楼、屋盖。

纵墙承重的房屋，横墙间距同样应满足本条规定。

地震中，横墙间距大小对房屋倒塌影响很大，本次修订，考虑到原规定的抗震横墙最大间距在实际工程中一般也不需要这么大，故减小（2～3）m。

鉴于基本不采用木楼盖，将“木楼、屋盖”改为“木屋盖”。

多层砌体房屋顶层的横墙最大间距，在采用钢筋混凝土屋盖时允许适当放宽，大致指大房间平面长宽比不大于2.5，最大抗震横墙间距不超过表7.1.5中数值的1.4倍及18m。此时，抗震横墙除应满足抗震承载力计算要求外，相应的构造柱需要加强并至少向下延伸一层。

7.1.6 砌体房屋局部尺寸的限制，在于防止因这些部位的失效，而造成整栋结构的破坏甚至倒塌，本条系根据地震区的宏观调查资料分析规定的，如采用另增设构造柱等措施，可适当放宽。本次修订进一步明确了尺寸不足的小墙段的最小值限制。

外墙尽端指，建筑物平面凸角处（不包括外墙总长的中部局部凸折处）的外墙端头，以及建筑物平面凹角处（不包括外墙总长的中部局部凹折处）未与内墙相连的外墙端头。

7.1.7 本条对多层砌体房屋的建筑布置和结构体系作了较详细的规定，是对本规范第3章关于建筑结构规则布置的补充。

根据历次地震调查统计，纵墙承重的结构布置方案，因横向支承较少，纵墙较易受弯曲破坏而导致倒塌，为此，要优先采用横墙承重的结构布置方案。

纵横墙均匀对称布置，可使各墙垛受力基本相同，避免薄弱部位的破坏。

震害调查表明，不设防震缝造成的房屋破坏，一般多只是局部的，在7度和8度地区，一些平面较复杂的一、二层房屋，其震害与平面规则的同类房屋相比，并无明显的差别，同时，考虑到设置防震缝所耗的投资较多，所以89规范以来，对设置防震缝的要求比78规范有所放宽。

楼梯间墙体缺少各层楼板的侧向支承，有时还因为楼梯踏步削弱楼梯间的墙体，尤其是楼梯间顶层，墙体有一层半楼层的高度，震害加重。因此，在建筑布置时尽量不设在尽端，或对尽端开间采取专门的加强措施。

本次修订，除按2008年局部修订外，有关烟道、预制挑檐板移入第13章。对建筑结构体系的规则性增加了下列要求：

1 为保证房屋纵向的抗震能力，并根据本规范第3.5.3条两个主轴方向振动特性不宜相差过大的要求，规定多层砌体的纵横向墙体数量不宜相差过大，在房屋宽度的中部（约 1/3 宽度范围）应有内纵墙，且多道内纵墙开洞后累计长度不宜小于房屋纵向长度的 60%。“宜”表示，当房屋层数很少时，还可比 60%适当放宽。

2 避免采用混凝土墙与砌体墙混合承重的体系，防止不同材料性能的墙体被各个击破。

3 房屋转角处不应设窗，避免局部破坏严重。

4 根据汶川地震的经验，外纵墙体开洞率不应过大，宜按 55%左右控制。

5 明确砌体结构的楼板外轮廓、开大洞、较大错层等不规则的划分，以及设计要求。考虑到砌体墙的抗震性能不及混凝土墙，相应的不规则界限比混凝土结构有所加严。

6 本条规定同一轴线（直线或弧线）上的窗间墙宽度宜均匀，包括与同一直线或弧线上墙段平行错位净距离不超过 2 倍墙厚的墙段上的窗间墙（此时错位处两墙段之间连接墙的厚度不应小于外墙厚度）。

7.1.8 本次修订，将 2001 规范“基本对齐”明确为“除楼梯间附近的个别墙段外”，并明确上部砌体侧向刚度应计入构造柱影响的要求。

底层采用砌体抗震墙的情况，仅允许用于 6 度设防时，且明确应采用约束砌体加强，但不应采用约束多孔砖砌体，有关的构造要求见本章第 7.5 节；6、7 度时，也允许采用配筋小砌块墙体。还需注意，砌体抗震墙应对称布置，避免或减少扭转效应，不作为抗震墙的砌体墙，应按填充墙处理，施工时后砌。

底部抗震墙的基础，不限定具体的基础形式，明确为“整体性好的基础”。

7.1.9 底部框架-抗震墙房屋的钢筋混凝土结构部分，其抗震要求原则上均应符合本规范第 6 章的要求，抗震等级与钢筋混凝土结构的框支层相当。但考虑到底部框架-抗震墙房屋高度较低，底部的钢筋混凝土抗震墙应按低矮墙或开竖缝设计，构造上有所区别。

7.2 计 算 要 点

7.2.1 砌体房屋层数不多，刚度沿高度分布一般比较均匀，并以剪切变形为主，因此可采用底部剪力法计算。底部框架-抗震墙房屋属于竖向不规则结构，层数不多，仍可采用底部剪力法简化计算，但应考虑一系列的地震作用效应调整，使之较符合实际。

自承重墙体（如横墙承重方案中的纵墙等），如按常规方法进行抗震验算，往往比承重墙还要厚，但抗震安全性的要求可以考虑降低，为此，利用 γ_{RE} 适当调整。

7.2.2 根据一般的设计经验，抗震验算时，只需对纵、横向的不利墙段进行截面验算，不利墙段为：①承担地震作用较大的；②竖向压应力较小的；③局部截面较小的墙段。

7.2.3 在楼层各墙段间进行地震剪力的分配和截面验算时，根据层间墙段的不同高宽比（一般墙段和门窗洞边的小墙段，高宽比按本条“注”的方法分别计算），分别按剪切或弯剪变形同时考虑，较符合实际情况。

砌体的墙段按门窗洞口划分、小开口墙等效刚度的计算方法等内容同 2001 规范。

本次修订明确，关于开洞率的定义及适用范围，系参照原行业标准《设置钢筋混凝土构造柱多层砖房抗震技术规程》JGJ/T 13 的相关内容得到的，该表仅适用于带构造柱的小开口墙段。当本层门窗过梁及以上墙体的合计高度小于层高的 20%时，洞口两侧应分为不同的墙段。

7.2.4、7.2.5 底部框架-抗震墙砌体房屋是我国现阶段经济条件下特有的一种结构。强烈地震的震害表明，这类房屋设计不合理时，其底部可能发生变形集中，出现较大的侧移而破坏，甚至坍塌。近十多年来，各地进行了许多试验研究和分析计算，对这类结构有进一步的认识。但总体上仍需持谨慎的态度。其抗震计算上需注意：

1 继续保持 2001 规范对底层框架-抗震墙砌体房屋地震作用效应调整的要求。按第二层与底层侧移刚度的比例相应地增大底层的地震剪力，比例越大，增加越多，以减少底层的薄弱程度。通常，增大系数可依据刚度比用线性插值法近似确定。

底层框架-抗震墙砌体房屋，二层以上全部为砌体墙承重结构，仅底层为框架-抗震墙结构，水平地震剪力要根据对应的单层的框架-抗震墙结构中各构件的侧移刚度比例，并考虑塑性内力重分布来分配。

作用于房屋二层以上的各楼层水平地震力对底层引起的倾覆力矩，将使底层抗震墙产生附加弯矩，并使底层框架柱产生附加轴力。倾覆力矩引起构件变形的性质与水平剪力不同，本次修订，考虑实际运算的可操作性，近似地将倾覆力矩在底层框架和抗震墙之间按它们的有效侧移刚度比例分配。需注意，框架部分的倾覆力矩近似按有效侧向刚度分配计算，所承担的倾覆力矩略偏少。

2 底部两层框架-抗震墙砌体房屋的地震作用效应调整原则，同底层框架-抗震墙砌体房屋。

3 该类房屋底部托墙梁在抗震设计中的组合弯矩计算方法：

考虑到大震时墙体严重开裂，托墙梁与非抗震的墙梁受力状态有所差异，当按静力的方法考虑两端框架柱落地的托梁与上部墙体组合作用时，若计算系数不变会导致不安全，应调整计算参数。作为简化计算，偏于安全，在托墙梁上部各层墙体不开洞和跨中 1/3 范围内开一个洞口的情况，也可采用折减荷载的方法：托墙梁弯矩计算时，由重力荷载代表值产生的弯矩，四层以下全部计入组合，四层以上可有所折减，取不小于四层的数值计入组合；对托墙梁剪力计算时，由重力荷载产生的剪力不折减。

4 本次修订，增加考虑楼盖平面内变形影响的要求。

7.2.6 砌体材料抗震强度设计值的计算，继续保持89规范的规定：

地震作用下砌体材料的强度指标，因不同于静力，宜单独给出。其中砖砌体强度是按震害调查资料综合估算并参照部分试验给出的，砌块砌体强度则依据试验。为了方便，当前仍继续沿用静力指标。但是，强度设计值和标准值的关系则是针对抗震设计的特点按《统一标准》可靠度分析得到的，并采用调整静强度设计值的形式。

关于砌体结构抗剪承载力的计算，有两种半理论半经验的方法——主拉和剪摩。在砂浆等级＞M2.5且在 $1<\sigma_0/f_v\leqslant4$ 时，两种方法结果相近。本规范采用正应力影响系数的形式，将两种方法用同样的表达方式给出。

对砖砌体，此系数与89规范相同，继续沿用78规范的方法，采用在震害统计基础上的主拉公式得到，以保持规范的延续性：

$$\zeta_N=\frac{1}{1.2}\sqrt{1+0.45\sigma_0/f_v} \quad (5)$$

对于混凝土小砌块砌体，其 f_v 较低，σ_0/f_v 相对较大，两种方法差异也大，震害经验又较少，根据试验资料，正应力影响系数由剪摩公式得到：

$$\zeta_N=1+0.23\sigma_0/f_v \quad (\sigma_0/f_v\leqslant6.5) \quad (6)$$

$$\zeta_N=1.52+0.15\sigma_0/f_v \quad (6.5<\sigma_0/f_v\leqslant16) \quad (7)$$

本次修订，根据砌体规范 f_v 取值的变化，对表内数据作了调整，使 f_{vE} 与 σ_0 的函数关系基本不变。根据有关试验资料，当 $\sigma_0/f_v\geqslant16$ 时，小砌块砌体的正应力影响系数如仍按剪摩公式线性增加，则其值偏高，偏于不安全。因此当 σ_0/f_v 大于16时，小砌块砌体的正应力影响系数都按 $\sigma_0/f_v=16$ 时取3.92。

7.2.7 继续沿用了2001规范关于设置构造柱墙段抗震承载力验算方法：

一般情况下，构造柱仍不以显式计入受剪承载力计算中，抗震承载力验算的公式与89规范完全相同。

当构造柱的截面和配筋满足一定要求后，必要时可采用显式计入墙段中部位置处构造柱对抗震承载力的提高作用。有关构造柱规程、地方规程和有关的资料，对计入构造柱承载力的计算方法有三种：其一，换算截面法，根据混凝土和砌体的弹性模量比折算，刚度和承载力均按同一比例换算，并忽略钢筋的作用；其二，并联叠加法，构造柱和砌体分别计算刚度和承载力，再将二者相加，构造柱的受剪承载力分别考虑了混凝土和钢筋的承载力，砌体的受剪承载力还考虑了小间距构造柱的约束提高作用；其三，混合法，构造柱混凝土的承载力以换算截面并入砌体截面计算受剪承载力，钢筋的作用单独计算后再叠加。在三种方法中，对承载力抗震调整系数 γ_{RE} 的取值各有不同。由于不同的方法均根据试验成果引入不同的经验修正系数，使计算结果彼此相差不大，但计算基本假定和概念在理论上不够理想。

收集了国内许多单位所进行的一系列两端设置、中间设置1～3根构造柱及开洞砖墙体，并有不同截面、不同配筋、不同材料强度的试验成果，通过累计百余个试验结果的统计分析，结合混凝土构件抗剪计算方法，提出了抗震承载力简化计算公式。此简化公式的主要特点是：

(1) 墙段两端的构造柱对承载力的影响，仍按89规范仅采用承载力抗震调整系数 γ_{RE} 反映其约束作用，忽略构造柱对墙段刚度的影响，仍按门窗洞口划分墙段，使之与现行国家标准的方法有延续性。

(2) 引入中部构造柱参与工作系数及构造柱对墙体的约束修正系数，本次修订时该系数取1.1时的构造柱间距由2001规范的不大于2.8m调整为3.0m，以和7.3.14条的构造措施相对应。

(3) 构造柱的承载力分别考虑了混凝土和钢筋的抗剪作用，但不能随意加大混凝土的截面和钢筋的用量。

(4) 该公式是简化方法，计算的结果与试验结果相比偏于保守，供必要时利用。

横墙较少房屋及外纵墙的墙段计入其中部构造柱参与工作，抗震承载力可有所提高。

砖砌体横向配筋的抗剪验算公式是根据试验资料得到的。钢筋的效应系数随墙段高宽比在0.07～0.15之间变化，水平配筋的适用范围是0.07%～0.17%。

本次修订，增加了同时考虑水平钢筋和中部构造柱对墙体受剪承载力贡献的简化计算方法。

7.2.8 混凝土小砌块的验算公式，系根据混凝土小砌块技术规程的基础资料，无芯柱时取 $\gamma_{RE}=1.0$ 和 $\zeta_c=0.0$，有芯柱时取 $\gamma_{RE}=0.9$，按《统一标准》的原则要求分析得到的。

2001规范修订时进行了同时设置芯柱和构造柱的墙片试验。结果发现，只要把式（7.2.8）的芯柱截面（120mm×120mm）用构造柱截面（如180mm×240mm）替代，芯柱钢筋截面（如1ϕ12）用构造柱钢筋（如4ϕ12）替代，则计算结果与试验结果基本一致。于是，2001规范对式（7.2.8）的适用范围作了调整，也适用于同时设置芯柱和构造柱的情况。

7.2.9 底层框架-抗震墙房屋中采用砖砌体作为抗震墙时，砖墙和框架成为组合的抗侧力构件，直接引用89规范在试验和震害调查基础上提出的抗侧力砖填充墙的承载力计算方法。由砖抗震墙-周边框架所承担的地震作用，将通过周边框架向下传递，故底层砖抗震墙周边的框架柱还需考虑砖墙的附加轴向力和附加剪力。

本次修订，比 2001 版增加了底框房屋采用混凝土小砌块的约束砌体抗震墙承载力验算的内容。这类由混凝土边框与约束砌体墙组成的抗震构件，在满足上下层刚度比 2.5 的前提下，数量较少而需承担全楼层 100%的地震剪力（6 度时约为全楼总重力的 4%）。因此，虽然仅适用于 6 度设防，为判断其安全性，仍应进行抗震验算。

7.3 多层砖砌体房屋抗震构造措施

7.3.1、7.3.2 钢筋混凝土构造柱在多层砖砌体结构中的应用，根据历次大地震的经验和大量试验研究，得到了比较一致的结论，即：①构造柱能够提高砌体的受剪承载力 10%～30%左右，提高幅度与墙体高宽比、竖向压力和开洞情况有关；②构造柱主要是对砌体起约束作用，使之有较高的变形能力；③构造柱应当设置在震害较重、连接构造比较薄弱和易于应力集中的部位。

本次修订继续保持 2001 规范的规定，根据房屋的用途、结构部位、烈度和承担地震作用的大小来设置构造柱。当房屋高度接近本规范表 7.1.2 的总高度和层数限值时，纵、横墙中构造柱间距的要求不变。对较长的纵、横墙需有构造柱来加强墙体的约束和抗倒塌能力。

由于钢筋混凝土构造柱的作用主要在于对墙体的约束，构造上截面不必很大，但需与各层纵横墙的圈梁或现浇楼板连接，才能发挥约束作用。

为保证钢筋混凝土构造柱的施工质量，构造柱须有外露面。一般利用马牙槎外露即可。

当 6、7 度房屋的层数少于本规范表 7.2.1 规定时，如 6 度二、三层和 7 度二层且横墙较多的丙类房屋，只要合理设计、施工质量好，在地震时可到达预期的设防目标，本规范对其构造柱设置未作强制性要求。注意到构造柱有利于提高砌体房屋抗地震倒塌能力，这些低层、小规模且设防烈度低的房屋，可根据具体条件和可能适当设置构造柱。

2008 年局部修订时，增加了不规则平面的外墙对应转角（凸角）处设置构造柱的要求；楼梯斜段上下端对应墙体处增加四根构造柱，与在楼梯间四角设置的构造柱合计有八根构造柱，再与本规范 7.3.8 条规定的楼层半高的钢筋混凝土带等可组成应急疏散安全岛。

本次修订，在 2008 年局部修订的基础上作下列修改：

① 文字修改，明确适用于各类砖砌体，包括蒸压砖、烧结砖和混凝土砖。

② 对横墙很少的多层砌体房屋，明确按增加二层的层数设置构造柱。

③ 调整了 6 度设防时 7 层砖房的构造柱设置要求。

④ 提高了隔 15m 内横墙与外纵墙交接处设置构造柱的要求，调整至 12m；同时增加了楼梯间对应的另一侧内横墙与外纵墙交接处设置构造柱的要求。间隔 12m 和楼梯间相对的内外墙交接处的要求二者取一。

⑤ 增加了较大洞口的说明。对于内外墙交接处的外墙小墙段，其两端存在较大洞口时，在内外墙交接处按规定设置构造柱，考虑到施工时难以在一个不大的墙段内设置三根构造柱，墙段两端可不再设置构造柱，但小墙段的墙体需要加强，如拉结钢筋网片通长设置，间距加密。

⑥ 原规定拉结筋每边伸入墙内不小于 1m，构造柱间距 4m，中间只剩下 2m 无拉结筋。为加强下部楼层墙体的抗震性能，本次修订将下部楼层构造柱间的拉结筋贯通，拉结筋与 $\phi 4$ 钢筋在平面内点焊组成拉结网片，提高抗倒塌能力。

7.3.3、7.3.4 圈梁能增强房屋的整体性，提高房屋的抗震能力，是抗震的有效措施，本次修订，提高了对楼层内横墙圈梁间距的要求，以增强房屋的整体性能。

74、78 规范根据震害调查结果，明确现浇钢筋混凝土楼盖不需要设置圈梁。89 规范和 2001 规范均规定，现浇或装配整体式钢筋混凝土楼、屋盖与墙体有可靠连接的房屋，允许不另设圈梁，但为加强砌体房屋的整体性，楼板沿抗震墙体周边均应加强配筋并应与相应的构造柱钢筋可靠连接。

圈梁的截面和配筋等构造要求，与 2001 规范保持一致。

7.3.5、7.3.6 砌体房屋楼、屋盖的抗震构造要求，包括楼板搁置长度，楼板与圈梁、墙体的拉结，屋架（梁）与墙、柱的锚固、拉结等等，是保证楼、屋盖与墙体整体性的重要措施。

本次修订，在 2008 年局部修订的基础上，提高了 6～8 度时预制板相互拉结的要求，同时取消了独立砖柱的做法。在装配式楼板伸入墙（梁）内长度的规定中，明确了硬架支模的做法（硬架支模的施工方法是：先架设梁或圈梁的模板，再将预制楼板支承在具有一定刚度的硬支架上，然后浇筑梁或圈梁、现浇叠合层等的混凝土）。

组合砌体的定义见砌体设计规范。

7.3.7 由于砌体材料的特性，较大的房间在地震中会加重破坏程度，需要局部加强墙体的连接构造要求。本次修订，将拉结筋的长度改为通长，并明确为拉结网片。

7.3.8 历次地震震害表明，楼梯间由于比较空旷常常破坏严重，必须采取一系列有效措施。本条在2008年局部修订时改为强制性条文。本次修订增加8、9度时不应采用装配式楼梯段的要求。

突出屋顶的楼、电梯间，地震中受到较大的地震作用，因此在构造措施上也需要特别加强。

7.3.9 坡屋顶与平屋顶相比，震害有明显差别。硬山搁檩的做法不利于抗震，2001规范修订提高了硬山搁檩的构造要求。屋架的支撑应保证屋架的纵向稳定。出入口处要加强屋盖构件的连接和锚固，以防脱落伤人。

7.3.10 砌体结构中的过梁应采用钢筋混凝土过梁，本次修订，明确不能采用砖过梁，不论是配筋还是无筋。

7.3.11 预制的悬挑构件，特别是较大跨度时，需要加强与现浇构件的连接，以增强稳定性。本次修订，对预制阳台的限制有所加严。

7.3.12 本次修订，将2001规范第7.1.7条有关风道等非结构构件的规定移入第13章。

7.3.13 房屋的同一独立单元中，基础底面最好处于同一标高，否则易因地面运动传递到基础不同标高处而造成震害。如有困难时，则应设基础圈梁并放坡逐步过渡，不宜有高差上的过大突变。

对于软弱地基上的房屋，按本规范第3章的原则，应在外墙及所有承重墙下设置基础圈梁，以增强抵抗不均匀沉陷和加强房屋基础部分的整体性。

7.3.14 本条对应于本规范第7.1.2条第3款，2001规范规定为住宅类房屋，本次修订扩大为所有丙类建筑中横墙较少的多层砌体房屋（6、7度时）。对于横墙间距大于4.2m的房间超过楼层总面积40%且房屋总高度和层数接近本章表7.1.2规定限值的砌体房屋，其抗震设计方法大致包括以下方面：

（1）墙体的布置和开洞大小不妨碍纵横墙的整体连接的要求；

（2）楼、屋盖结构采用现浇钢筋混凝土板等加强整体性的构造要求；

（3）增设满足截面和配筋要求的钢筋混凝土构造柱并控制其间距、在房屋底层和顶层沿楼层半高处设置现浇钢筋混凝土带，并增大配筋数量，以形成约束砌体墙段的要求；

（4）按本规范7.2.7条第3款计入墙段中部钢筋混凝土构造柱的承载力。

本次修订，根据试设计结果，要求横墙较少时构造柱的间距，纵横墙均不大于3m。

7.4 多层砌块房屋抗震构造措施

7.4.1、7.4.2 为了增加混凝土小型空心砌块砌体房屋的整体性和延性，提高其抗震能力，结合空心砌块的特点，规定了在墙体的适当部位设置钢筋混凝土芯柱的构造措施。这些芯柱设置要求均比砖房构造柱设置严格，且芯柱与墙体的连接要采用钢筋网片。

芯柱伸入室外地面下500mm，地下部分为砖砌体时，可采用类似于构造柱的方法。

本次修订，按多层砖房的本规范表7.3.1的要求，增加了楼、电梯间的芯柱或构造柱的布置要求；并补充9度的设置要求。

砌块房屋墙体交接处、墙体与构造柱、芯柱的连接，均要设钢筋网片，保证连接的有效性。本次修订，将原7.4.5条有关拉结钢筋网片设置要求调整至本规范第7.4.2、7.4.3条中。要求拉结钢筋网片沿墙体水平通长设置。为加强下部楼层墙体的抗震性能，将下部楼层墙体的拉结钢筋网片沿墙高的间距加密，提高抗倒塌能力。

7.4.3 本条规定了替代芯柱的构造柱的基本要求，与砖房的构造柱规定大致相同。小砌块墙体在马牙槎部位浇灌混凝土后，需形成无插筋的芯柱。

试验表明。在墙体交接处用构造柱代替芯柱，可较大程度地提高对砌块砌体的约束能力，也为施工带来方便。

7.4.4 本次修订，小砌块房屋的圈梁设置位置的要求同砖砌体房屋，直接引用而不重复。

7.4.5 根据振动台模拟试验的结果，作为砌块房屋的层数和高度达到与普通砖房屋相同的加强措施之一，在房屋的底层和顶层，沿楼层半高处增设一道通长的现浇钢筋混凝土带，以增强结构抗震的整体性。

本次修订，补充了可采用槽形砌块作为模板的做法，便于施工。

7.4.6 本条为新增条文。与多层砖砌体横墙较少的房屋一样，当房屋高度和层数接近或达到本规范表7.1.2的规定限值，丙类建筑中横墙较少的多层小砌块房屋应满足本章第7.3.14条的相关要求。本条对墙体中部替代增设构造柱的芯柱给出了具体规定。

7.4.7 砌块砌体房屋楼盖、屋盖、楼梯间、门窗过梁和基础等的抗震构造要求，则基本上与多层砖房相同。其中，墙体的拉结构造，沿墙体竖向间距按砌块模数修改。

7.5 底部框架-抗震墙砌体房屋抗震构造措施

7.5.1 总体上看，底部框架-抗震墙砌体房屋比多层砌体房屋抗震性能稍弱，因此构造柱的设置要求更严格。本次修订，增加了上部为混凝土小砌块砌体墙的相关要求。上部小砌块墙体内代替芯柱的构造柱，考虑到模数的原因，构造柱截面不再加大。

7.5.2 本条为新增条文。过渡层即与底部框架-抗震墙相邻的上一砌体楼层，其在地震时破坏较重，因此，本次修订将关于过渡层的要求集中在一条内叙述并予以特别加强。

1 增加了过渡层墙体为混凝土小砌块砌体墙时芯柱设置及插筋的要求。

2　加强了过渡层构造柱或芯柱的设置间距要求。

3　过渡层构造柱纵向钢筋配置的最小要求，增加了6度时的加强要求，8度时考虑到构造柱纵筋根数与其截面的匹配性，统一取为4根。

4　增加了过渡层墙体在窗台标高处设置通长水平现浇钢筋混凝土带的要求；加强了墙体与构造柱或芯柱拉结措施。

5　过渡层墙体开洞较大时，要求在洞口两侧增设构造柱或单孔芯柱。

6　对于底部次梁转换的情况，过渡层墙体应另外采取加强措施。

7.5.3　底框房屋中的钢筋混凝土抗震墙，是底部的主要抗侧力构件，而且往往为低矮抗震墙。对其构造上提出了更为严格的要求，以加强抗震能力。

由于底框中的混凝土抗震墙为带边框的抗震墙且总高度不超过二层，其边缘构件只需要满足构造边缘构件的要求。

7.5.4　对6度底层采用砌体抗震墙的底框房屋，补充了约束砖砌体抗震墙的构造要求，切实加强砖抗震墙的抗震能力，并在使用中不致随意拆除更换。

7.5.5　本条是新增的，主要适用于6度设防时上部为小砌块墙体的底层框架-抗震墙砌体房屋。

7.5.6　本条是新增的。规定底框房屋的框架柱不同于一般框架-抗震墙结构中的框架柱的要求，大体上接近框支柱的有关要求。柱的轴压比、纵向钢筋和箍筋要求，参照本规范第6章对框架结构柱的要求，同时箍筋全高加密。

7.5.7　底部框架-抗震墙房屋的底部与上部各层的抗侧力结构体系不同，为使楼盖具有传递水平地震力的刚度，要求过渡层的底板为现浇钢筋混凝土板。

底部框架-抗震墙砌体房屋上部各层对楼盖的要求，同多层砖房。

7.5.8　底部框架的托墙梁是极其重要的受力构件，根据有关试验资料和工程经验，对其构造作了较多的规定。

7.5.9　针对底框房屋在结构上的特殊性，提出了有别于一般多层房屋的材料强度等级要求。本次修订，提高了过渡层砌筑砂浆强度等级的要求。

附录F　配筋混凝土小型空心砌块抗震墙房屋抗震设计要求

F.1　一般规定

F.1.1　国内外有关试验研究结果表明，配筋混凝土小砌块抗震墙的最小分布钢筋仅为混凝土抗震墙的一半，但承载力明显高于普通砌体，而竖向和水平灰缝使其具有较大的耗能能力，结构的设计计算方法与钢筋混凝土抗震墙结构基本相似。从安全、经济诸方面综合考虑，对于满灌的配筋混凝土小砌块抗震墙房屋，本附录所适用高度可比2001规范适当增加，同时补充了7度（0.15g）、8度（0.30g）和9度的有关规定。当横墙较少时，类似多层砌体房屋，也要求其适用高度有所降低。

当经过专门研究，有可靠技术依据，采取必要的加强措施，按住房和城乡建设部的有关规定进行专项审查，房屋高度可以适当增加。

配筋混凝土小砌块房屋高宽比限制在一定范围内时，有利于房屋的稳定性，减少房屋发生整体弯曲破坏的可能性。配筋砌块砌体抗震墙抗拉相对不利，限制房屋高宽比，可使墙肢在多遇地震下不致出现小偏心受拉状况，本次修订对6度时的高宽比限制适当加严。根据试验研究和计算分析，当房屋的平面布置和竖向布置不规则时，会增大房屋的地震反应，应适当减小房屋高宽比以保证在地震作用下结构不会发生整体弯曲破坏。

F.1.2　配筋小砌块砌体抗震墙房屋的抗震等级是确定其抗震措施的重要设计参数，依据抗震设防分类、烈度和房屋高度等划分抗震等级。本次修订，参照现浇钢筋混凝土房屋以24m为界划分抗震等级的规定，对2001规范的规定作了调整，并增加了9度的有关规定。

F.1.3　根据本规范第3.4节的规则性要求，提出配筋混凝土小砌块房屋平面和竖向布置简单、规则、抗震墙拉通对直的要求，从结构体型的设计上保证房屋具有较好的抗震性能。

本次修订，对墙肢长度提出了具体的要求。考虑到抗震墙结构应具有延性，高宽比大于2的延性抗震墙，可避免脆性的剪切破坏，要求墙段的长度（即墙段截面高度）不宜大于8m。当墙很长时，可通过开设洞口将长墙分成长度较小、较均匀的超静定次数较高的联肢墙，洞口连梁宜采用约束弯矩较小的弱连梁（其跨高比宜大于6）。由于配筋小砌块砌体抗震墙的竖向钢筋设置在砌块孔洞内（距墙端约100mm），墙肢长度很短时很难充分发挥作用，因此设计时墙肢长度也不宜过短。

楼、屋盖平面内的变形，将影响楼层水平地震作用在各抗侧力构件之间的分配，为了保证配筋小砌块砌体抗震墙结构房屋的整体性，楼、屋盖宜采用现浇钢筋混凝土楼、屋盖，横墙间距也不应过大，使楼盖具备传递地震力给横墙所需的水平刚度。

根据试验研究结果，由于配筋小砌块砌体抗震墙存在水平灰缝和垂直灰缝，其结构整体刚度小于钢筋混凝土抗震墙，因此防震缝的宽度要大于钢筋混凝土抗震墙房屋。

F.1.4　本条是新增条文。试验研究表明，抗震墙的高度对抗震墙出平面偏心受压强度和变形有直接关系，控制层高主要是为了保证抗震墙出平面的强度、刚度和稳定性。由于小砌块墙体的厚度是190mm，当房屋的层高为3.2m～4.8m时，与现浇钢筋混凝土抗震墙的要求基本相当。

F.1.5 本条是新增条文，对配筋小砌块砌体抗震墙房屋中的短肢墙布置作了规定。虽然短肢抗震墙有利于建筑布置，能扩大使用空间，减轻结构自重，但是其抗震性能较差，因此在整个结构中应设置足够数量的一般抗震墙，形成以一般抗震墙为主、短肢抗震墙与一般抗震墙相结合共同抵抗水平力的结构体系，保证房屋的抗震能力。本条参照有关规定，对短肢抗震墙截面面积与同一层内所有抗震墙截面面积的比例作了规定。

一字形短肢抗震墙的延性及平面外稳定均相对较差，因此规定不宜布置单侧楼、屋面梁与之平面外垂直或斜交，同时要求短肢抗震墙应尽可能设置翼缘，保证短肢抗震墙具有适当的抗震能力。

F.2 计 算 要 点

F.2.1 本条是新增条文。配筋小砌块砌体抗震墙存在水平灰缝和垂直灰缝，在地震作用下具有较好的耗能能力，而且灌孔砌体的强度和弹性模量也要低于相对应的混凝土，其变形比普通钢筋混凝土抗震墙大。根据同济大学、哈尔滨工业大学、湖南大学等有关单位的试验研究结果，综合参考了钢筋混凝土抗震墙弹性层间位移角限值，规定了配筋小砌块砌体抗震墙结构在多遇地震作用下的弹性层间位移角限值为1/800，底层承受的剪力最大且主要是剪切变形，其弹性层间位移角限值要求相对较高，取1/1200。

F.2.2～F.2.7 配筋小砌块砌体抗震墙房屋的抗震计算分析，包括内力调整和截面应力计算方法，大多参照钢筋混凝土结构的有关规定，并针对配筋小砌块砌体结构的特点做了修改。

在配筋小砌块砌体抗震墙房屋抗震设计计算中，抗震墙底部的荷载作用效应最大，因此应根据计算分析结果，对底部截面的组合剪力设计值采用按不同抗震等级确定剪力放大系数的形式进行调整，以使房屋的最不利截面得到加强。

条文中规定配筋小砌块砌体抗震墙的截面抗剪能力限制条件，是为了规定抗震墙截面尺寸的最小值，或者说是限制了抗震墙截面的最大名义剪应力值。试验研究结果表明，抗震墙的名义剪应力过高，灌孔砌体会在早期出现斜裂缝，水平抗剪钢筋不能充分发挥作用，即使配置很多水平抗剪钢筋，也不能有效地提高抗震墙的抗剪能力。

配筋小砌块砌体抗震墙截面应力控制值，类似于混凝土抗压强度设计值，采用“灌孔小砌块砌体”的抗压强度，它不同于砌体抗压强度，也不同于混凝土抗压强度。

配筋小砌块砌体抗震墙截面受剪承载力由砌体、竖向和水平分布筋三者共同承担，为使水平分布钢筋不致过小，要求水平分布筋应承担一半以上的水平剪力。

配筋小砌块砌体由于受其块型、砌筑方法和配筋方式的影响，不适宜做跨高比较大的梁构件。而在配筋小砌块砌体抗震墙结构中，连梁是保证房屋整体性的重要构件，为了保证连梁与抗震墙节点处在弯曲屈服前不会出现剪切破坏和具有适当的刚度和承载能力，对于跨高比大于2.5的连梁宜采用受力性能更好的钢筋混凝土连梁，以确保连梁构件的“强剪弱弯”。对于跨高比小于2.5的连梁（主要指窗下墙部分），新增了允许采用配筋小砌块砌体连梁的规定。

F.3 抗震构造措施

F.3.1 灌孔混凝土是指由水泥、砂、石等主要原材料配制的大流动性细石混凝土，石子粒径控制在（5～16）mm之间，坍落度控制在（230～250）mm。过高的灌孔混凝土强度与混凝土小砌块块材的强度不匹配，由此组成的灌孔砌体的性能不能充分发挥，而且低强度的灌孔混凝土其和易性也较差，施工质量无法保证。

F.3.2 本条是新增条文。配筋小砌块砌体抗震墙是一个整体，必须全部灌孔。在配筋小砌块砌体抗震墙结构的房屋中，允许有部分墙体不灌孔，但不灌孔的墙体只能按填充墙对待并后砌。

F.3.3 本条根据有关的试验研究结果、配筋小砌块砌体的特点和试点工程的经验，并参照了国内外相应的规范等资料，规定了配筋小砌块砌体抗震墙中配筋的最低构造要求。本次修改把原条文规定改为表格形式，同时对抗震等级为一、二级的配筋要求略有提高，并新增加了9度的配筋率不应小于0.2%的规定。

F.3.4 配筋小砌块砌体抗震墙在重力荷载代表值作用下的轴压比控制是为了保证配筋小砌块砌体在水平荷载作用下的延性和强度的发挥，同时也是为了防止墙片截面过小、配筋率过高，保证抗震墙结构延性。本次修订对一般墙、短肢墙、一字形短肢墙的轴压比限值做了区别对待；由于短肢墙和无翼缘的一字形短肢墙的抗震性能较差，因此其轴压比限值更为严格。

F.3.5 在配筋小砌块砌体抗震墙结构中，边缘构件在提高墙体承载力方面和变形能力方面的作用都非常明显，因此参照混凝土抗震墙结构边缘构件设置的要求，结合配筋小砌块砌体抗震墙的特点，规定了边缘构件的配筋要求。

配筋小砌块砌体抗震墙的水平筋放置于砌块横肋的凹槽和灰缝中，直径不小于6mm且不大于8mm比较合适。因此一级的水平筋最小直径为$\phi 8$，二～四级为$\phi 6$，为了适当弥补钢筋直径小的影响，抗震等级为一、二、三级时，应采用不低于HRB335级的热轧钢筋。

本次修订，还增加了一、二级抗震墙的底部加强部位设置约束边缘构件的要求。当房屋高度接近本附录表F.1.1-1的限值时，也可以采用钢筋混凝土边框柱作为约束边缘构件来加强对墙体的约束，边框柱截面沿墙体方向的长度可取400mm。在设计时还应注意，过于强大的边框柱可能会造成墙体与边框柱的受力和变形不协调，使边框柱和配筋小砌块墙体的连接处开裂，影响整片墙体的抗震性能。

F.3.6 根据配筋小砌块砌体抗震墙的施工特点，墙内的竖向钢筋布置无法绑扎搭接，钢筋的搭接长度应比普通混凝土构件的搭接长度长些。

F.3.7 本条是新增条文，规定了水平分布钢筋的锚固要求。根据国内外有关试验研究成果，砌块砌体抗震墙的水平钢筋，当采用围绕墙端竖向钢筋180°加12d延长段锚固时，施工难度较大，而一般做法可将该水平钢筋末端弯钩锚于灌孔混凝土中，弯入长度不小于200mm，在试验中发现这样的弯折锚固长度已能保证该水平钢筋能达到屈服。因此，考虑不同的抗震等级和施工因素，分别规定相应的锚固长度。

F.3.8 本条是根据国内外试验研究成果和经验、以及配筋砌块砌体连梁的特点而制定的。

F.3.9 本次修订，进一步细化了对圈梁的构造要求。在配筋小砌块砌体抗震墙和楼、屋盖的结合处设置钢筋混凝土圈梁，可进一步增加结构的整体性，同时该圈梁也可作为建筑竖向尺寸调整的手段。钢筋混凝土圈梁作为配筋小砌块砌体抗震墙的一部分，其强度应和灌孔小砌块砌体强度基本一致，相互匹配，其纵筋配筋量不应小于配筋小砌块砌体抗震墙水平筋的数量，其腰筋间距不应大于配筋小砌块砌体抗震墙水平筋间距，并宜适当加密。

F.3.10 对于预制板的楼盖，配筋混凝土小型空心砌块砌体抗震墙房屋与其他结构类型房屋一样，均要求楼、屋盖有足够的刚度和整体性。

8 多层和高层钢结构房屋

8.1 一般规定

8.1.1 本章主要适用于民用建筑，多层工业建筑不同于民用建筑的部分，由附录H予以规定。用冷弯薄壁型钢作为主要承重结构的房屋，构件截面较小，自重较轻，可不执行本章的规定。

本章不适用于上层为钢结构下层为钢筋混凝土结构的混合型结构。对于混凝土核心筒-钢框架混合结构，在美国主要用于非抗震设防区，且认为不宜大于150m。在日本，1992年建了两幢，其高度分别为78m和107m，结合这两项工程开展了一些研究，但并未推广。据报道，日本规定采用这类体系要经建筑中心评定和建设大臣批准。

我国自20世纪80年代在当时不设防的上海希尔顿酒店采用混合结构以来，应用较多，除大量应用于7度和6度地区外，也用于8度地区。由于这种体系主要由混凝土核心筒承担地震作用，钢框架和混凝土筒的侧向刚度差异较大，国内对其抗震性能虽有一些研究，尚不够完善。本次修订，将混凝土核心筒-钢框架结构做了一些原则性的规定，列入附录G第G.2节中。

本次修订，将框架-偏心支撑（延性墙板）单列，有利于促进它的推广应用。筒体和巨型框架以及框架-偏心支撑的适用最大高度，与国内现有建筑已达到的高度相比是保守的，需结合超限审查要求确定。AISC抗震规程对B、C等级（大致相当于我国0.10g及以下）的结构，不要求执行规定的抗震构造措施，明显放宽。据此，对7度按设计基本地震加速度划分。对8度也按设计基本地震加速度作了划分。

8.1.2 国外20世纪70年代及以前建造的高层钢结构，高宽比较大的，如纽约世界贸易中心双塔，为6.6，其他建筑很少超过此值的。注意到美国东部的地震烈度很小，《高层民用建筑钢结构技术规程》JGJ 99据此对高宽比作了规定。本规范考虑到市场经济发展的现实，在合理的前提下比高层钢结构规程适当放宽高宽比要求。

本次修订，按《高层民用建筑钢结构技术规程》JGJ 99增加了表注，规定了底部有大底盘的房屋高度的取法。

8.1.3 将2001规范对不同烈度、不同层数所规定的"作用效应调整系数"和"抗震构造措施"共7种，调整、归纳、整理为四个不同的要求，称之为抗震等级。2001规范以12层为界区分改为50m为界。对6度高度不超过50m的钢结构，与2001规范相同，其"作用效应调整系数"和"抗震构造措施"可按非抗震设计执行。

不同的抗震等级，体现不同的延性要求。可借鉴国外相应的抗震规范，如欧洲Eurocode8、美国AISC、日本BCJ的高、中、低等延性要求的规定。而且，按抗震设计等能量的概念，当构件的承载力明显提高，能满足烈度高一度的地震作用的要求时，延性要求可适当降低，故允许降低其抗震等级。

甲、乙类设防的建筑结构，其抗震设防标准的确定，按现行国家标准《建筑工程抗震设防分类标准》GB 50223的规定处理，不再重复。

8.1.5 本次修订，将2001规范的12层和烈度的划分方法改为抗震等级划分。所以本章对钢结构房屋的抗震措施，一般以抗震等级区分。凡未注明的规定，则各种高度、各种烈度的钢结构房屋均要遵守。

本次修订，补充了控制单跨框架结构适用范围的要求。

8.1.6 三、四级且高度不大于50m的钢结构房屋宜优先采用交叉支撑，它可按拉杆设计，较经济。若采用受压支撑，其长细比及板件宽厚比应符合有关规定。

大量研究表明，偏心支撑具有弹性阶段刚度接近中心支撑框架，弹塑性阶段的延性和消能能力接近于延性框架的特点，是一种良好的抗震结构。常用的偏心支撑形式如图 19 所示。

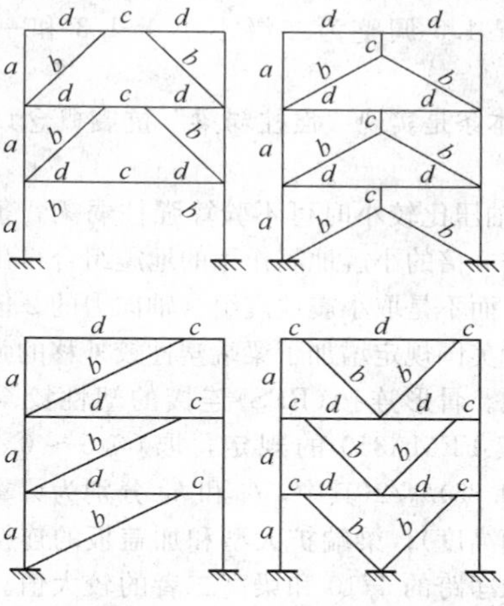

图 19　偏心支撑示意图

a—柱；b—支撑；c—消能梁段；d—其他梁段

偏心支撑框架的设计原则是强柱、强支撑和弱消能梁段，即在大震时消能梁段屈服形成塑性铰，且具有稳定的滞回性能，即使消能梁段进入应变硬化阶段，支撑斜杆、柱和其余梁段仍保持弹性。因此，每根斜杆只能在一端与消能梁段连接，若两端均与消能梁段相连，则可能一端的消能梁段屈服，另一端消能梁段不屈服，使偏心支撑的承载力和消能能力降低。

本次修订，考虑了设置屈曲约束支撑框架的情况。屈曲约束支撑是由芯材、约束芯材屈曲的套管和位于芯材和套管间的无粘结材料及填充材料组成的一种支撑构件。这是一种受拉时同普通支撑而受压时承载力与受拉时相当且具有某种消能机制的支撑，采用单斜杆布置时宜成对设置。屈曲约束支撑在多遇地震下不发生屈曲，可按中心支撑设计；与 V 形、∧形支撑相连的框架梁可不考虑支撑屈曲引起的竖向不平衡力。此时，需要控制屈曲约束支撑轴力设计值：

$$N \leqslant 0.9 N_{ysc} / \eta_y$$

$$N_{ysc} = \eta_y f_{ay} A_1$$

式中：N——屈曲约束支撑轴力设计值；

N_{ysc}——芯板的受拉或受压屈服承载力，根据芯材约束屈服段的截面面积来计算；

A_1——约束屈服段的钢材截面面积；

f_{ay}——芯板钢材的屈服强度标准值；

η_y——芯板钢材的超强系数，Q235 取 1.25，Q195 取 1.15，低屈服点钢材（$f_{ay}<160$）取 1.1，其实测值不应大于上述数值的 15%。

作为消能构件时，其设计参数、性能检验、计算方法的具体要求需按专门的规定执行，主要内容如下：

1　屈曲约束支撑的性能要求：

1) 芯材钢材应有明显的屈服台阶，屈服强度不宜大于 235kN/mm^2，伸长率不应小于 25%；

2) 钢套管的弹性屈曲承载力不宜小于屈曲约束支撑极限承载力计算值的 1.2 倍；

3) 屈曲约束支撑应能在 2 倍设计层间位移角的情况下，限制芯材的局部和整体屈曲。

2　屈曲约束支撑应按照同一工程中支撑的构造形式、约束屈服段材料和屈服承载力分类进行抽样试验检验，构造形式和约束屈服段材料相同且屈服承载力在 50%至 150%范围内的屈曲约束支撑划分为同一类别。每种类别抽样比例为 2%，且不少于一根。试验时，依次在 1/300，1/200，1/150，1/100 支撑长度的拉伸和压缩往复各 3 次变形。试验得到的滞回曲线应稳定、饱满，具有正的增量刚度，且最后一级变形第 3 次循环的承载力不低于历经最大承载力的 85%，历经最大承载力不高于屈曲约束支撑极限承载力计算值的 1.1 倍。

3　计算方法可按照位移型阻尼器的相关规定执行。

8.1.9　支撑桁架沿竖向连续布置，可使层间刚度变化较均匀。支撑桁架需延伸到地下室，不可因建筑方面的要求而在地下室移动位置。支撑在地下室是否改为混凝土抗震墙形式，与是否设置钢骨混凝土结构层有关，设置钢骨混凝土结构层时采用混凝土墙较协调。该抗震墙是否由钢支撑外包混凝土构成还是采用混凝土墙，由设计确定。

日本在高层钢结构的下部（地下室）设钢骨混凝土结构层，目的是使内力传递平稳，保证柱脚的嵌固性，增加建筑底部刚性、整体性和抗倾覆稳定性；而美国无此要求。本规范对此不作规定。

多层钢结构与高层钢结构不同，根据工程情况可设置或不设置地下室。当设置地下室时，房屋一般较高，钢框架柱宜伸至地下一层。

钢结构的基础埋置深度，参照高层混凝土结构的规定和上海的工程经验确定。

8.2　计 算 要 点

8.2.1　钢结构构件按地震组合内力设计值进行抗震验算时，钢材的各种强度设计值需除以本规范规定的承载力抗震调整系数 γ_{RE}，以体现钢材动静强度和抗震设计与非抗震设计可靠指标的不同。国外采用许用应力设计的规范中，考虑地震组合时钢材的强度通常规定提高 1/3 或 30%，与本规范 γ_{RE} 的作用类似。

8.2.2 2001规范的钢结构阻尼比偏严，本次修订依据试验结果适当放宽。采用屈曲约束支撑的钢结构，阻尼比按本规范第12章消能减震结构的规定采用。

采用该阻尼比后，地震影响系数均按本规范第5章的规定采用。

8.2.3 本条规定了钢结构内力和变形分析的一些原则要求。

1 钢结构考虑二阶效应的计算，《钢结构设计规范》GB 50017－2003第3.2.8条的规定，应计入构件初始缺陷（初倾斜、初弯曲、残余应力等）对内力的影响，其影响程度可通过在框架每层柱顶作用有附加的假想水平力来体现。

2 对工字形截面柱，美国NEHRP抗震设计手册（第二版）2000年节点域考虑剪切变形的方法如下，可供参考：

考虑节点域剪切变形对层间位移角的影响，可近似将所得层间位移角与由节点域在相应楼层设计弯矩下的剪切变形角平均值相加求得。节点域剪切变形角的楼层平均值可按下式计算。

$$\Delta\gamma_i=\frac{1}{n}\sum\frac{M_{j,i}}{GV_{\mathrm{pe},ji}},\quad (j=1,2,\cdots n)$$

式中：$\Delta\gamma_i$——第i层钢框架在所考虑的受弯平面内节点域剪切变形引起的变形角平均值；

$M_{j,i}$——第j层框架的第j个节点域在所考虑的受弯平面内的不平衡弯矩，由框架分析得出，即$M_{ji}=M_{b1}+M_{b2}$；

$V_{\mathrm{pe},ji}$——第i层框架的第j个节点域的有效体积；

M_{b1}、M_{b2}——分别为受弯平面内第i层第j个节点左、右梁端同方向地震作用组合下的弯矩设计值。

对箱形截面柱节点域变形较小，其对框架位移的影响可略去不计。

3 本款修订依据多道防线的概念设计，框架-支撑体系中，支撑框架是第一道防线，在强烈地震中支撑先屈服，内力重分布使框架部分承担的地震剪力必需增大，二者之和应大于弹性计算的总剪力；如果调整的结果框架部分承担的地震剪力不适当增大，则不是"双重体系"而是按刚度分配的结构体系。美国IBC规范中，这两种体系的延性折减系数是不同的，适用高度也不同。日本在钢支撑-框架结构设计中，去掉支撑的纯框架按总剪力的40%设计，远大于25%总剪力。这一规定体现了多道设防的原则，抗震分析时可通过框架部分的楼层剪力调整系数来实现，也可采用删去支撑框架进行计算来实现。

4 为使偏心支撑框架仅在耗能梁段屈服，支撑斜杆、柱和非耗能梁段的内力设计值应根据耗能梁段屈服时的内力确定并考虑耗能梁段的实际有效超强系数，再根据各构件的承载力抗震调整系数，确定斜杆、柱和非耗能梁段保持弹性所需的承载力。2005AISC抗震规程规定，位于消能梁段同一跨的框架梁和框架柱的内力设计值增大系数不小于1.1，支撑斜杆的内力增大系数不小于1.25。据此，对2001规范的规定适当调整，梁和柱由原来的8度不小于1.5和9度不小于1.6调整为二级不小于1.2和一级不小于1.3，支撑斜杆由原来的8度不小于1.4和9度不小于1.5调整为二级不小于1.3和一级不小于1.4。

8.2.5 本条是实现"强柱弱梁"抗震概念设计的基本要求。

1 轴压比较小时可不验算强柱弱梁。条文所要求的是按2倍的小震地震作用的地震组合得出的内力设计值，而不是取小震地震组合轴向力的2倍。

参考美国规定增加了梁端塑性铰外移的强柱弱梁验算公式。骨形连接（RBS）连接的塑性铰至柱面距离，参考FEMA350的规定，取（0.5～0.75）b_f＋(0.65～0.85)h_b/2(其中，b_f和h_b分别为梁翼缘宽度和梁截面高度)；梁端扩大型和加盖板的连接按日本规定，取净跨的1/10和梁高二者的较大值。强柱系数建议以7度(0.10g)作为低烈度区分界，大致相当于AISC的等级C，按AISC抗震规程，等级B、C是低烈度区，可不执行该标准规定的抗震构造措施。强柱系数实际上已隐含系数1.15。本次修订，只是将强柱系数，按抗震等级作了相应的划分，基本维持了2001规范的数值。

2 关于节点域。日本规定节点板域尺寸自梁柱翼缘中心线算起，AISC的节点域稳定公式规定自翼缘内侧算起。本次修订，拟取自翼缘中心线算起。

美国节点板域稳定公式为高度和宽度之和除以90，历次修订此式未变；我国同济大学和哈尔滨工业大学做过试验，结果都是1/70，考虑到试件板厚有一定限制，过去对高层用1/90，对多层用1/70。板的初始缺陷对平面内稳定影响较大，特别是板厚有限时，一次试验也难以得出可靠结果。考虑到该式一般不控制，本次修订拟统一采用美国的参数1/90。

研究表明，节点域既不能太厚，也不能太薄，太厚了使节点域不能发挥其耗能作用，太薄了将使框架侧向位移太大，规范使用折减系数来设计。取0.7是参考日本研究结果采用。《高层民用建筑钢结构技术规程》JGJ 99－98规定在7度时改用0.6，是考虑到我国7度地区较大，可减少节点域加厚。日本第一阶段设计相当于我国8度；考虑7度可适当降低要求，所以按抗震等级划分拟就了系数。

当两侧梁不等高时，节点域剪应力计算公式可参阅《钢结构设计规范》管理组编著的《钢结构设计计算示例》p582页，中国计划出版社，2007年3月。

8.2.6 本条规定了支撑框架的验算。

1 考虑循环荷载时的强度降低系数，是高钢规编制时陈绍蕃教授提出的。考虑中心支撑长细比限值改动较大，拟保留此系数。

2 当人字支撑的腹杆在大震下受压屈曲后，其承载力将下降，导致横梁在支撑处出现向下的不平衡集中力，可能引起横梁破坏和楼板下陷，并在横梁两端出现塑性铰；此不平衡集中力取受拉支撑的竖向分量减去受压支撑屈曲压力竖向分量的30%。V形支撑情况类似，仅当斜杆失稳时楼板不是下陷而是向上隆起，不平衡力与前种情况相反。设计单位反映，考虑不平衡力后梁截面过大。条文中的建议是AISC抗震规程中针对此情况提出的，具有实用性，参见图20。

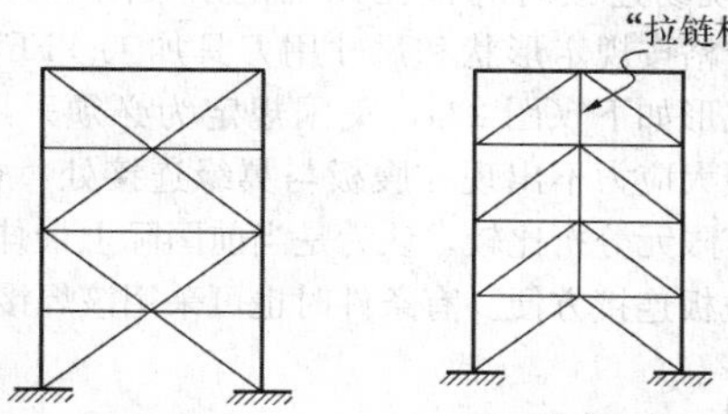

(a)人字和V形支撑交替布置　(b)“拉链柱”

图20　人字支撑的布置

8.2.7 偏心支撑框架的设计计算，主要参考AISC于1997年颁布的《钢结构房屋抗震规程》并根据我国情况作了适当调整。

当消能梁段的轴力设计值不超过 $0.15Af$ 时，按AISC规定，忽略轴力影响，消能梁段的受剪承载力取腹板屈服时的剪力和梁段两端形成塑性铰时的剪力两者的较小值。本规范根据我国钢结构设计规范关于钢材拉、压、弯强度设计值与屈服强度的关系，取承载力抗震调整系数为1.0，计算结果与AISC相当；当轴力设计值超过 $0.15Af$ 时，则降低梁段的受剪承载力，以保证该梁段具有稳定的滞回性能。

为使支撑斜杆能承受消能梁段的梁端弯矩，支撑与梁段的连接应设计成刚接（图21）。

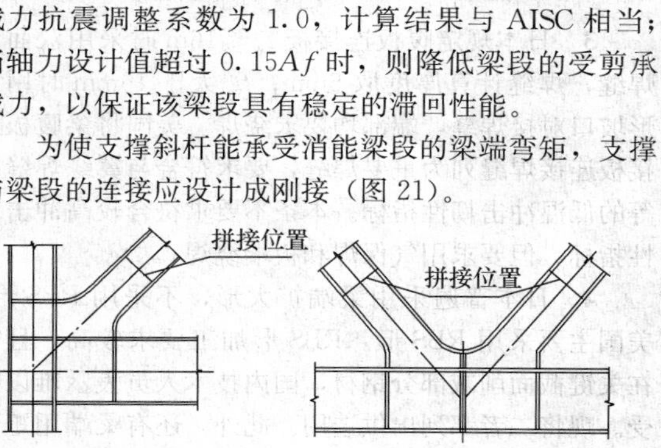

图21　支撑端部刚接构造示意图

8.2.8 构件的连接，需符合强连接弱构件的原则。

1 需要对连接作二阶段设计。第一阶段，要求按构件承载力而不是设计内力进行连接计算，是考虑设计内力较小时将导致连接件型号和数量偏少，或焊缝的有效截面尺寸偏小，给第二阶段连接（极限承载力）设计带来困难。另外，高强度螺栓滑移对钢结构连接的弹性设计是不允许的。

2 框架梁一般为弯矩控制，剪力控制的情况很少，其设计剪力应采用与梁屈服弯矩相应的剪力，2001规范规定采用腹板全截面屈服时的剪力，过于保守。另一方面，2001规范用1.3代替1.2考虑竖向荷载往往偏小，故作了相应修改。采用系数1.2，是考虑梁腹板的塑性变形小于翼缘的变形要求较多，当梁截面受剪力控制时，该系数宜适当加大。

3 钢结构连接系数修订，系参考日本建筑学会《钢结构连接设计指南》（2001/2006）的下列规定拟定。

母材牌号	梁端连接时		支撑连接/构件拼接		柱　脚	
	母材破断	螺栓破断	母材破断	螺栓破断		
SS400	1.40	1.45	1.25	1.30	埋入式	1.2
SM490	1.35	1.40	1.20	1.25	外包式	1.2
SN400	1.30	1.35	1.15	1.20	外露式	1.0
SN490	1.25	1.30	1.10	1.15	—	—

注：螺栓是指高强度螺栓，极限承载力计算时按承压型连接考虑。

表中的连接系数包括了超强系数和应变硬化系数；SS是碳素结构钢，SM是焊接结构钢，SN是抗震结构钢，其性能是逐步提高的。连接系数随钢种的性能提高而递减，也随钢材的强度等级递增而递减，是以钢材超强系数统计数据为依据的，而应变硬化系数各国普遍取1.1。该文献说明，梁端连接的塑性变形要求最高，连接系数也最高，而支撑连接和构件拼接的塑性变形相对较小，故连接系数可取较低值。螺栓连接受滑移的影响，且钉孔使截面减弱，影响了承载力。美国和欧盟规范中，连接系数都没有这样细致的划分和规定。我国目前对建筑钢材的超强系数还没有作过统计，本规范表8.2.8是按上述文献2006版列出的，它比2001规范对螺栓破断的规定降低了0.05。借鉴日本上述规定，将构件承载力抗震调整系数中的焊接连接和螺栓连接都取0.75，连接系数在连接承载力计算表达式中统一考虑，有利于按不同情况区别对待，也有利于提高连接系数的直观性。对于Q345钢材，连接系数 $1.30<f_u/f_y=470/345=1.36$，解决了2001规范所规定综合连接系数偏高，材料强度不能充分利用的问题。另外，对于外露式柱脚，考虑在我国应用较多，适当提高抗震设计时的承载力是必要的，采用了1.1系数。本规范表8.2.8与日本规定相当接近。

8.3 钢框架结构的抗震构造措施

8.3.1 框架柱的长细比关系到钢结构的整体稳定。研究表明，钢结构高度加大时，轴力加大，竖向地震对框架柱的影响很大。本条规定与2001规范相比，高于50m时，7、8度有所放松；低于50m时，8、9度有所加严。

8.3.2 框架梁、柱板件宽厚比的规定，是以结构符合强柱弱梁为前提，考虑柱仅在后期出现少量塑性不需要很高的转动能力，综合美国和日本规定制定的。陈绍蕃教授指出，以轴压比 0.37 为界的 12 层以下梁腹板宽厚比限值的计算公式，适用于采用塑性内力重分布的连续组合梁负弯矩区，如果不考虑出现塑性铰后的内力重分布，宽厚比限值可以放宽。据此，将 2001 规范对梁宽厚比限值中的（$N_b/Af < 0.37$）和（$N_b/Af \geqslant 0.37$）两个限值条件取消。考虑到按刚性楼盖分析时，得不出梁的轴力，但在进入弹塑性阶段时，上翼缘的负弯矩区楼板将退出工作，迫使钢梁翼缘承受一定轴力，不考虑是不安全的。注意到日本对梁腹板宽厚比限值的规定为 60（65），括号内为缓和值，不考虑轴力影响；AISC 341－05 规定，当梁腹板轴压比为 0.125 时其宽厚比限值为 75。据此，梁腹板宽厚比限值对一、二、三、四抗震等级分别取上限值（60、65、70、75）$\sqrt{235/f_{ay}}$。

本次修订按抗震等级划分后，12 层以下柱的板件宽厚比几乎不变，12 层以上有所放松：8 度由 10、43、35 放松为 11、45、36；7 度由 11、43、37 放松为 12、48、38；6 度由 13、43、39 放松为 13、52、40。

注意，从抗震设计的角度，对于板件宽厚比的要求，主要是地震下构件端部可能的塑性铰范围，非塑性铰范围的构件宽厚比可有所放宽。

8.3.3 当梁上翼缘与楼板有可靠连接时，简支梁可不设置侧向支承，固端梁下翼缘在梁端 0.15 倍梁跨附近宜设置隅撑。梁端采用梁端扩大、加盖板或骨形连接时，应在塑性区外设置竖向加劲肋，隅撑与偏置的竖向加劲肋相连。梁端翼缘宽度较大，对梁下翼缘侧向约束较大时，也可不设隅撑。朱聘儒著《钢-混凝土组合梁设计原理》（第二版）一书，对负弯矩区段组合梁钢部件的稳定性作了计算分析，指出负弯矩区段内的梁部件名义上虽是压弯构件，由于其截面轴压比较小，稳定问题不突出。李国强著《多高层建筑钢结构设计》第 203 页介绍了提供侧向约束的几种方法，也可供参考。首先验算钢梁受压区长细比 λ_y 是否满足：

$$\lambda_y \leqslant 60\sqrt{235/f_y}$$

若不满足可按图 22 所示方法设置侧向约束。

8.3.4 本条规定了梁柱连接构造要求。

1 电渣焊时壁板最小厚度 16mm，是征求日本焊接专家意见并得到国内钢结构制作专家的认同。贯通式隔板是和冷成形箱形柱配套使用的，柱边缘受拉时要求对其采用 Z 向钢制作，限于设备条件，目前我国应用不多，其构造要求可参见现行行业标准《高层民用建筑钢结构技术规程》JGJ 99。隔板厚度一般不宜小于翼缘厚度。

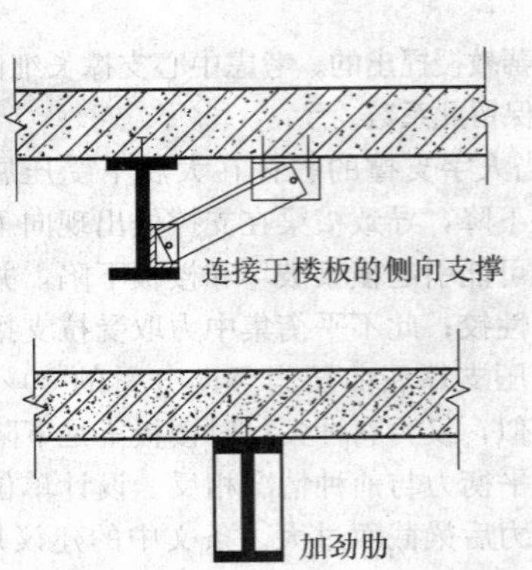

图 22 钢梁受压翼缘侧向约束

2 现场连接时焊接孔如规范条文图 8.3.4-1 所示，应严格按规定形状和尺寸用刀具加工。FEMA 中推荐的孔形如下（图 23），美国规定为必须采用之孔形。其最大应力不出现在腹板与翼缘连接处，香港学者做过有限元分析比较，认为是当前国际上最佳孔形，且与梁腹板连接方便。有条件时也可采用该焊接孔形。

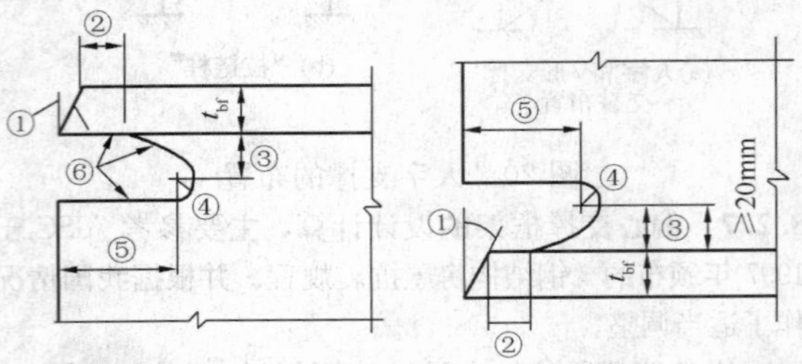

说明：

①坡口角度符合有关规定；②翼缘厚度或12mm,取小者；③(1~0.75)倍翼缘厚度；④最小半径19mm；⑤3倍翼缘厚度(±12mm)；⑥表面平整。圆弧开口不大于25°。

图 23 FEMA 推荐的焊接孔形

3 日本规定腹板连接板 $t_w \leqslant 16$m 时采用双面角焊缝，焊缝计算厚度取 5mm；t_w 大于 16mm 时用 K 形坡口对接焊缝，端部均要求绕焊。美国将梁腹板连接板连接焊缝列为重要焊缝，要求符合与翼缘焊缝同等的低温冲击韧性指标。本条不要求符合较高冲击韧性指标，但要求用气保焊和板端绕焊。

4 日本普遍采用梁端扩大形，不采用 RBS 形；美国主要采用 RBS 形。RBS 形加工要求较高，且需在关键截面削减部分钢材，国内技术人员表示难以接受。现将二者都列出供选用。此外，还有梁端用矩形加强板、加腋等形式加强的方案，这里列入常用的四种形式（图 24）。梁端扩大部分的直角边长比可取 1∶2 至 1∶3。AISC 将 7 度（0.15g）及以上列入强震区，宜按此要求对梁端采用塑性铰外移构造。

5 日本在梁高小于 700mm 时，采用本规范图 8.3.4-2 的悬臂梁段式连接。

6 AISC 规定，隔板与柱壁板的连接，也可用角焊缝加强的双面部分熔透焊缝连接，但焊缝的承载力

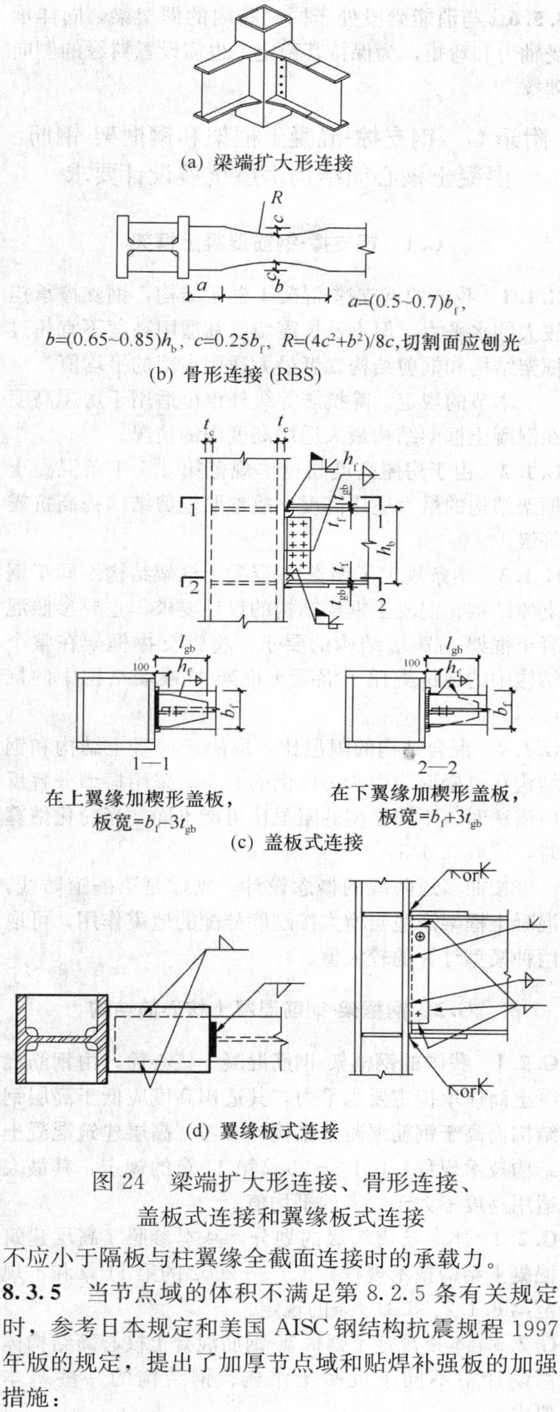

(a) 梁端扩大形连接

$a=(0.5\sim0.7)b_f$，

$b=(0.65\sim0.85)h_b$，$c=0.25b_f$，$R=(4c^2+b^2)/8c$，切割面应刨光

(b) 骨形连接 (RBS)

在上翼缘加楔形盖板，板宽$=b_f-3t_{gb}$

在下翼缘加楔形盖板，板宽$=b_f+3t_{gb}$

(c) 盖板式连接

(d) 翼缘板式连接

图 24 梁端扩大形连接、骨形连接、盖板式连接和翼缘板式连接

不应小于隔板与柱翼缘全截面连接时的承载力。

8.3.5 当节点域的体积不满足第 8.2.5 条有关规定时，参考日本规定和美国 AISC 钢结构抗震规程 1997 年版的规定，提出了加厚节点域和贴焊补强板的加强措施：

(1) 对焊接组合柱，宜加厚节点板，将柱腹板在节点域范围更换为较厚板件。加厚板件应伸出柱横向加劲肋之外各 150mm，并采用对接焊缝与柱腹板相连；

(2) 对轧制 H 形柱，可贴焊补强板加强。补强板上下边缘可不伸过横向加劲肋或伸过柱横向加劲肋之外各 150mm。当补强板不伸过横向加劲肋时，加劲肋应与柱腹板焊接，补强板与加劲肋之间的角焊缝应能传递补强板所分担的剪力，且厚度不小于 5mm；当补强板伸过加劲肋时，加劲肋仅与补强板焊接，此焊缝应能将加劲肋传来的力传递给补强板，补强板的厚度及其焊缝应按传递该力的要求设计。补强板侧边可采用角焊缝与柱翼缘相连，其板面尚应采用塞焊与柱腹板连成整体。塞焊点之间的距离，不应大于相连板件中较薄板件厚度的 $21\sqrt{235/f_y}$倍。

8.3.6 罕遇地震作用下，框架节点将进入塑性区，保证结构在塑性区的整体性是很必要的。参考国外关于高层钢结构的设计要求，提出相应规定。

8.3.7 本条规定主要考虑柱连接接头放在柱受力小的位置。本次修订增加了对净高小于 2.6m 柱的接头位置要求。

8.3.8 本条要求，对 8、9 度有所放松。外露式只能用于 6、7 度高度不超过 50m 的情况。

8.4 钢框架-中心支撑结构的抗震构造措施

8.4.1 本节规定了中心支撑框架的构造要求，主要用于高度 50m 以上的钢结构房屋。

AISC 341－05 抗震规程，特殊中心支撑框架和普通中心支撑框架的支撑长细比限值均规定不大于 $120\sqrt{235/f_y}$。本次修订作了相应修改。

本次修订，按抗震等级划分后，支撑板件宽厚限值也作了适当修改和补充。对 50m 以上房屋的工字形截面构件有所放松：9 度由 7，21 放松为 8，25；8 度时由 8，23 放松为 9，26；7 度时由 8，23 放松为 10，27；6 度时由 9，25 放松为 13，33。

8.4.2 美国规定，加速度 0.15g 以上的地区，支撑框架结构的梁与柱连接不应采用铰接。考虑到双重抗侧力体系对高层建筑抗震很重要，且梁与柱铰接将使结构位移增大，故规定一、二、三级不应铰接。

支撑与节点板嵌固点保留一个小距离，可使节点板在大震时产生平面外屈曲，从而减轻对支撑的破坏，这是 AISC－97（补充）的规定，如图 25 所示。

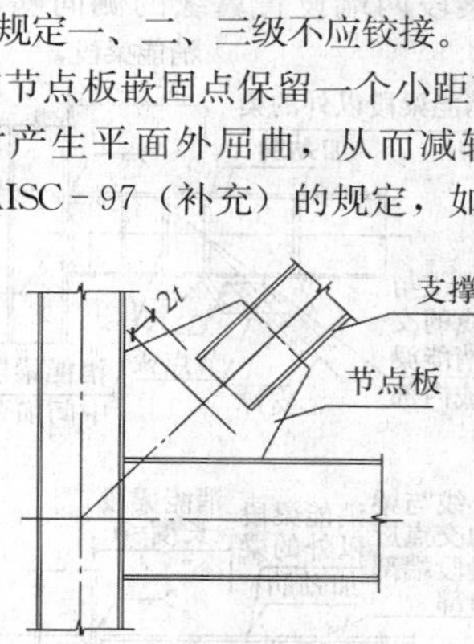

图 25 支撑端部节点板的构造示意图

8.5 钢框架-偏心支撑结构的抗震构造措施

8.5.1 本节规定了保证消能梁段发挥作用的一系列构造要求。

为使消能梁段有良好的延性和消能能力，其钢材应采用 Q235、Q345 或 Q345GJ。

板件宽厚比参照 AISC 的规定作了适当调整。当梁上翼缘与楼板固定但不能表明其下翼缘侧向固定时，仍需设置侧向支撑。

8.5.3 为使消能梁段在反复荷载作用下具有良好的滞回性能，需采取合适的构造并加强对腹板的约束：

1 支撑斜杆轴力的水平分量成为消能梁段的轴向力，当此轴向力较大时，除降低此梁段的受剪承载力外，还需减少该梁段的长度，以保证它具有良好的滞回性能。

2 由于腹板上贴焊的补强板不能进入弹塑性变形，因此不能采用补强板；腹板上开洞也会影响其弹塑性变形能力。

3 消能梁段与支撑斜杆的连接处，需设置与腹板等高的加劲肋，以传递梁段的剪力并防止梁腹板屈曲。

4 消能梁段腹板的中间加劲肋，需按梁段的长度区别对待，较短时为剪切屈服型，加劲肋间距小些；较长时为弯曲屈服型，需在距端部 1.5 倍的翼缘宽度处配置加劲肋；中等长度时需同时满足剪切屈服型和弯曲屈服型的要求。

偏心支撑的斜杆中心线与梁中心线的交点，一般在消能梁段的端部，也允许在消能梁段内，此时将产生与消能梁段端部弯矩方向相反的附加弯矩，从而减少消能梁段和支撑杆的弯矩，对抗震有利；但交点不应在消能梁段以外，因此时将增大支撑和消能梁段的弯矩，于抗震不利（图 26）。

8.5.5 消能梁段两端设置翼缘的侧向隅撑，是为了

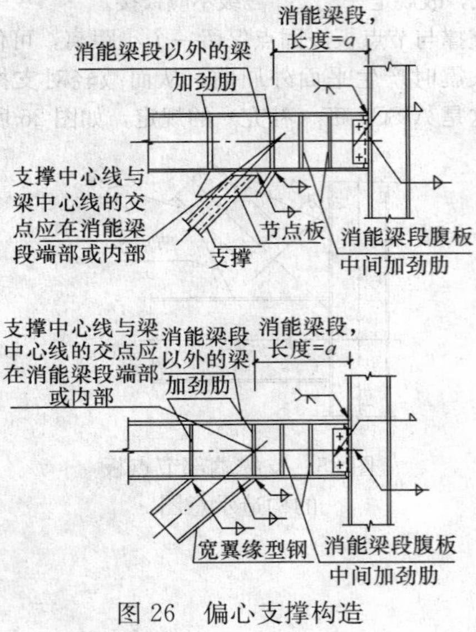

图 26　偏心支撑构造

承受平面外扭转。

8.5.6 与消能梁段处于同一跨内的框架梁，同样承受轴力和弯矩，为保持其稳定，也需设置翼缘的侧向隅撑。

附录 G　钢支撑-混凝土框架和钢框架-钢筋混凝土核心筒结构房屋抗震设计要求

G.1 钢支撑-钢筋混凝土框架

G.1.1 我国的钢支撑-混凝土框架结构，钢支撑承担较大的水平力，但不及抗震墙，其适用高度不宜超过框架结构和框剪结构二者最大适用高度的平均值。

本节的规定，除抗震等级外也可适用于房屋高度在混凝土框架结构最大适用高度内的情况。

G.1.2 由于房屋高度超过本规范第 6.1.1 条混凝土框架结构的最大适用高度，故参照框剪结构提高抗震等级。

G.1.3 本条规定了钢支撑-混凝土框架结构不同于钢支撑结构、混凝土框架结构的设计要求，主要参照混凝土框架-抗震墙结构的要求，将钢支撑框架在整个结构中的地位类比于混凝土框架-抗震墙结构中的抗震墙。

G.1.4 混合结构的阻尼比，取决于混凝土结构和钢结构在总变形能中所占比例的大小。采用振型分解反应谱法时，不同振型的阻尼比可能不同。当简化估算时，可取 0.045。

按照多道防线的概念设计，支撑是第一道防线，混凝土框架需适当增大按刚度分配的地震作用，可取两种模型计算的较大值。

G.2 钢框架-钢筋混凝土核心筒结构

G.2.1 我国的钢框架-钢筋混凝土核心筒，由钢筋混凝土筒体承担主要水平力，其适用高度应低于高层钢结构而高于钢筋混凝土结构，参考《高层建筑混凝土结构技术规程》JGJ 3－2002 第 11 章的规定，其最大适用高度不大于二者的平均值。

G.2.2 本条抗震等级的划分，基本参照《高层建筑混凝土结构技术规程》JGJ 3－2002 的第 11 章和本规范第 6.1.2、8.1.3 条的规定。

G.2.3 本条规定了钢框架-钢筋混凝土核心筒结构体系设计中不同于混凝土结构、钢结构的一些基本要求：

1 近年来的试验和计算分析，对钢框架部分应承担的最小地震作用有些新的认识：框架部分承担一定比例的地震作用是非常重要的，如果钢框架部分按计算分配的地震剪力过少，则混凝土、筒体的受力状态和地震下的表现与普通钢筋混凝土结构几乎没有差别，甚至混凝土墙体更容易破坏。

清华大学土木系选择了一幢国内的钢框架-混凝

土核心筒结构，变换其钢框架部分和混凝土核心筒的截面尺寸，并将它们进行不同组合，分析了共 20 个截面尺寸互不相同的结构方案，进行了在地震作用下的受力性能研究和比较，提出了钢框架部分剪力分担率的设计建议。

考虑钢框架-钢筋混凝土核心筒的总高度大于普通的钢筋混凝土框架-核心筒房屋，为给混凝土墙体留有一定的安全储备，规定钢框架按刚度分配的最小地震作用。当小于规定时，混凝土筒承担的地震作用和抗震构造均应适当提高。

2 钢框架柱的应力一般较高，而混凝土墙体大多由位移控制，墙的应力较低，而且两种材料弹性模量不等，此外，混凝土存在徐变和收缩，因此会使钢框架和混凝土筒体间存在较大变形。为了其差异变形不致使结构产生过大的附加内力，国外这类结构的楼盖梁大多两端都做成铰接。我国的习惯做法是，楼盖梁与周边框架刚接，但与钢筋混凝土墙体做成铰接，当墙体内设置连接用的构造型钢时，也可采用刚接。

3 试验表明，混凝土墙体与钢梁连接处存在局部弯矩及轴向力，但墙体平面外刚度较小，很容易出现裂缝；设置构造型钢有助于提高墙体的局部性能，也便于钢结构的安装。

4 底部或下部楼层用型钢混凝土柱，上部楼层用钢柱，可提高结构刚度和节约钢材，是常见的做法。阪神地震表明，此时应避免刚度突变引起的破坏，设置过渡层使结构刚度逐渐变化，可以减缓此种效应。

5 要使钢框架与混凝土核心筒能协同工作，其楼板的刚度和大震作用下的整体性是十分重要的，本条要求其楼板应采用现浇实心板。

G.2.4 本条规定了抗震计算中，不同于钢筋混凝土结构的要求：

1 混合结构的阻尼比，取决于混凝土结构和钢结构在总变形能中所占比例的大小。采用振型分解反应谱法时，不同振型的阻尼比可能不同。必要时，可参照本规范第 10 章关于大跨空间钢结构与混凝土支座综合阻尼比的换算方法确定，当简化估算时，可取 0.045。

2 根据多道抗震防线的要求，钢框架部分应按其刚度承担一定比例的楼层地震力。

按美国 IBC 2006 规定，凡在设计时考虑提供所需要的抵抗地震力的结构部件所组成的体系均为抗震结构体系。其中，由剪力墙和框架组成的结构有以下三类：①双重体系是“抗弯框架（moment frame）具有至少提供抵抗 25%设计力（design forces）的能力，而总地震抗力由抗弯框架和剪力墙按其相对刚度的比例共同提供”；由中等抗弯框架和普通剪力墙组成的双重体系，其折减系数 $R=5.5$，不许用于加速度大于 $0.20g$ 的地区。②在剪力墙-框架协同体系中，“每个楼层的地震力均由墙体和框架按其相对刚度的比例并考虑协同工作共同承担”；其折减系数也是 $R=5.5$，但不许用于加速度大于 $0.13g$ 的地区。③当设计中不考虑框架部分承受地震力时，称为房屋框架（building frame）体系；对于普通剪力墙和建筑框架的体系，其折减系数 $R=5$，不许用于加速度大于 $0.20g$ 的地区。

关于双重体系中钢框架部分的剪力分担率要求，美国 UBC85 已经明确为“不少于所需侧向力的 25%”，在 UBC97 是“应能独立承受至少 25%的设计基底剪力”。我国在 2001 抗震规范修订时，第 8 章多高层钢结构房屋的设计规定是“不小于钢框架部分最大楼层地震剪力的 1.8 倍和 25%结构总地震剪力二者的较小值”。考虑到混凝土核心筒的刚度远大于支撑钢框架或钢筒体，参考混凝土核心筒结构的相关要求，本条规定调整后钢框架承担的剪力至少达到底部总剪力的 15%。

9 单层工业厂房

9.1 单层钢筋混凝土柱厂房

（Ⅰ）一 般 规 定

9.1.1 本规范关于单层钢筋混凝土柱厂房的规定，系根据 20 世纪 60 年代以来装配式单层工业厂房的震害和工程经验总结得到的。因此，对于现浇的单层钢筋混凝土柱厂房，需注意本节针对装配式结构的某些规定不适用。

根据震害经验，厂房结构布置应注意的问题是：

1 历次地震的震害表明，不等高多跨厂房有高振型反应，不等长多跨厂房有扭转效应，破坏较重；均对抗震不利，故多跨厂房宜采用等高和等长。

2 地震的震害表明，单层厂房的毗邻建筑任意布置是不利的，在厂房纵墙与山墙交汇的角部是不允许布置的。在地震作用下，防震缝处排架柱的侧移量大，当有毗邻建筑时，相互碰撞或变位受约束的情况严重；地震中有不少倒塌、严重破坏等加重震害的震例，因此，在防震缝附近不宜布置毗邻建筑。

3 大柱网厂房和其他不设柱间支撑的厂房，在地震作用下侧移量较设置柱间支撑的厂房大，防震缝的宽度需适当加大。

4 地震作用下，相邻两个独立的主厂房的振动变形可能不同步协调，与之相连接的过渡跨的屋盖常倒塌破坏；为此过渡跨至少应有一侧采用防震缝与主厂房脱开。

5 上吊车的铁梯，晚间停放吊车时，增大该处排架侧移刚度，加大地震反应，特别是多跨厂房各跨上吊车的铁梯集中在同一横向轴线时，会导致震害破坏，应避免。

6 工作平台或刚性内隔墙与厂房主体结构连接时，改变了主体结构的工作性状，加大地震反应；导致应力集中，可能造成短柱效应，不仅影响排架柱，还可能涉及柱顶的连接和相邻的屋盖结构，计算和加强措施均较困难，故以脱开为佳。

7 不同形式的结构，振动特性不同，材料强度不同，侧移刚度不同。在地震作用下，往往由于荷载、位移、强度的不均衡，而造成结构破坏。山墙承重和中间有横墙承重的单层钢筋混凝土柱厂房和端砖壁承重的天窗架，在地震中均有较重破坏，为此，厂房的一个结构单元内，不宜采用不同的结构形式。

8 两侧为嵌砌墙，中柱列设柱间支撑；一侧为外贴墙或嵌砌墙，另一侧为开敞；一侧为嵌砌墙，另一侧为外贴墙等各柱列纵向刚度严重不均匀的厂房，由于各柱列的地震作用分配不均匀，变形不协调，常导致柱列和屋盖的纵向破坏，在7度区就有这种震害反映，在8度和大于8度区，破坏就更普遍且严重，不少厂房柱倒屋塌，在设计中应予以避免。

9.1.2 根据震害经验，天窗架的设置应注意下列问题：

1 突出屋面的天窗架对厂房的抗震带来很不利的影响，因此，宜采用突出屋面较小的避风型天窗。采用下沉式天窗的屋盖有良好的抗震性能，唐山地震中甚至经受了10度地震的考验，不仅是8度区，有条件时均可采用。

2 第二开间起开设天窗，将使端开间每块屋面板与屋架无法焊接或焊连的可靠性大大降低而导致地震时掉落，同时也大大降低屋面纵向水平刚度。所以，如果山墙能够开窗，或者采光要求不太高时，天窗从第三开间起设置。

天窗架从厂房单元端第三柱间开始设置，虽增强屋面纵向水平刚度，但对建筑通风、采光不利，考虑到6度和7度区的地震作用效应较小，且很少有屋盖破坏的震例，本次修订改为对6度和7度区不做此要求。

3 历次地震经验表明，不仅是天窗屋盖和端壁板，就是天窗侧板也宜采用轻型板材。

9.1.3 根据震害经验，厂房屋盖结构的设置应注意下列问题：

1 轻型大型屋面板无檩屋盖和钢筋混凝土有檩屋盖的抗震性能好，经过8～10度强烈地震考验，有条件时可采用。

2 唐山地震震害统计分析表明，屋盖的震害破坏程度与屋盖承重结构的形式密切相关，根据8～11度地震的震害调查统计发现：梯形屋架屋盖共调查91跨，全部或大部倒塌41跨，部分或局部倒塌11跨，共计52跨，占56.7%；拱形屋架屋盖共调查151跨，全部或大部倒塌13跨，部分或局部倒塌16跨，共计29跨，占19.2%；屋面梁屋盖共调查168跨，全部或大部倒塌11跨，部分或局部倒塌17跨，共计28跨，占16.7%。

另外，采用下沉式屋架的屋盖，经8～10度强烈地震的考验，没有破坏的震例。为此，提出厂房宜采用低重心的屋盖承重结构。

3 拼块式的预应力混凝土和钢筋混凝土屋架（屋面梁）的结构整体性差，在唐山地震中其破坏率和破坏程度均较整榀式重得多。因此，在地震区不宜采用。

4 预应力混凝土和钢筋混凝土空腹桁架的腹杆及其上弦节点均较薄弱，在天窗两侧竖向支撑的附加地震作用下，容易产生节点破坏、腹杆折断的严重破坏，因此，不宜采用有突出屋面天窗架的空腹桁架屋盖。

5 随着经济的发展，组合屋架已很少采用，本次修订继续保持89规范、2001规范的规定，不列入这种屋架的规定。

本次修订，根据震害经验，建议在高烈度（8度0.30g和9度）且跨度大于24m的厂房，不采用重量大的大型屋面板。

9.1.4 不开孔的薄壁工字形柱、腹板开孔的普通工字形柱以及管柱，均存在抗震薄弱环节，故规定不宜采用。

（Ⅱ）计 算 要 点

9.1.7、9.1.8 对厂房的纵横向抗震分析，本规范明确规定，一般情况下，采用多质点空间结构分析方法。

关于横向计算：

当符合本规范附录J的条件时可采用平面排架简化方法，但计算所得的排架地震内力应考虑各种效应调整。本规范附录J的调整系数有以下特点：

1 适用于7～8度柱顶标高不超过15m且砖墙刚度较大等情况的厂房，9度时砖墙开裂严重，空间工作影响明显减弱，一般不考虑调整。

2 计算地震作用时，采用经过调整的排架计算周期。

3 调整系数采用了考虑屋盖平面内剪切刚度、扭转和砖墙开裂后刚度下降影响的空间模型，用振型分解法进行分析，取不同屋盖类型、各种山墙间距、各种厂房跨度、高度和单元长度，得出了统计规律，给出了较为合理的调整系数。因排架计算周期偏长，地震作用偏小，当山墙间距较大或仅一端有山墙时，按排架分析的地震内力需要增大而不是减小。对一端山墙的厂房，所考虑的排架一般指无山墙端的第二榀，而不是端榀。

4 研究发现，对不等高厂房高低跨交接处支承低跨屋盖牛腿以上的中柱截面，其地震作用效应的调整系数随高、低跨屋盖重力的比值是线性下降，要由公式计算。公式中的空间工作影响系数与其他各截面（包括上述中柱的下柱截面）的作用效应调整系数含义不同，分别列于不同的表格，要避免混淆。

5 地震中，吊车桥架造成了厂房局部的严重破坏。为此，把吊车桥架作为移动质点，进行了大量的多质点空间结构分析，并与平面排架简化分析比较，得出其放大系数。使用时，只乘以吊车桥架重力荷载在吊车梁顶标高处产生的地震作用，而不乘以截面的总地震作用。

关于纵向计算：

历次地震，特别是海城、唐山地震，厂房沿纵向发生破坏的例子很多，而且中柱列的破坏普遍比边柱列严重得多。在计算分析和震害总结的基础上，规范提出了厂房纵向抗震计算原则和简化方法。

钢筋混凝土屋盖厂房的纵向抗震计算，要考虑围护墙有效刚度、强度和屋盖的变形，采用空间分析模型。本规范附录 K 第 K.1 节的实用计算方法，仅适用于柱顶标高不超过 15m 且有纵向砖围护墙的等高厂房，是选取多种简化方法与空间分析计算结果比较而得到的。其中，要用经验公式计算基本周期。考虑到随着烈度的提高，厂房纵向侧移加大，围护墙开裂加重，刚度降低明显，故一般情况，围护墙的有效刚度折减系数，在 7、8、9 度时可近似取 0.6、0.4 和 0.2。不等高和纵向不对称厂房，还需考虑厂房扭转的影响，尚无合适的简化方法。

9.1.9、9.1.10 地震震害表明，没有考虑抗震设防的一般钢筋混凝土天窗架，其横向受损并不明显，而纵向破坏却相当普遍。计算分析表明，常用的钢筋混凝土带斜腹杆的天窗架，横向刚度很大，基本上随屋盖平移，可以直接采用底部剪力法的计算结果，但纵向则要按跨数和位置调整。

有斜撑杆的三铰拱式钢天窗架的横向刚度也较厂房屋盖的横向刚度大很多，也是基本上随屋盖平移，故其横向抗震计算方法可与混凝土天窗架一样采用底部剪力法。由于钢天窗架的强度和延性优于混凝土天窗架，且可靠度高，故当跨度大于 9m 或 9 度时，钢天窗架的地震作用效应不必乘以增大系数 1.5。

本规范明确关于突出屋面天窗架简化计算的适用范围为有斜杆的三铰拱式天窗架，避免与其他桁架式天窗架混淆。

对于天窗架的纵向抗震分析，继续保持 89 规范的相关规定。

9.1.11 关于大柱网厂房的双向水平地震作用，89 规范规定取一个主轴方向 100%加上相应垂直方向的 30%的不利组合，相当于两个方向的地震作用效应完全相同时按本规范 5.2 节规定计算的结果，因此是一种略偏安全的简化方法。为避免与本规范 5.2 节的规定不协调，保持 2001 规范的规定，不再专门列出。

位移引起的附加弯矩，即“P-Δ”效应，按本规范 3.6 节的规定计算。

9.1.12 不等高厂房支承低跨屋盖的柱牛腿在地震作用下开裂较多，甚至牛腿面预埋板向外位移破坏。在重力荷载和水平地震作用下的柱牛腿纵向水平受拉钢筋的计算公式，第一项为承受重力荷载纵向钢筋的计算，第二项为承受水平拉力纵向钢筋的计算。

9.1.13 震害和试验研究表明：交叉支撑杆件的最大长细比小于 200 时，斜拉杆和斜压杆在支撑桁架中是共同工作的。支撑中的最大作用相当于单压杆的临界状态值。据此，在本规范的附录 K 第 K.2 节中规定了柱间支撑的设计原则和简化方法：

1 支撑侧移的计算：按剪切构件考虑，支撑任一点的侧移等于该点以下各节间相对侧移值的叠加。它可用以确定厂房纵向柱列的侧移刚度及上、下支撑地震作用的分配。

2 支撑斜杆抗震验算：试验结果发现，支撑的水平承载力，相当于拉杆承载力与压杆承载力乘以折减系数之和的水平分量。此折减系数即本规范附录 K 中的“压杆卸载系数”，可以线性内插；亦可直接用下列公式确定斜拉杆的净截面 A_n：

$$A_n \geqslant \gamma_{RE} l_i V_{bi} / [(1+\psi_c \phi_i) s_c f_{at}]$$

3 震害表明，单层钢筋混凝土柱厂房的柱间支撑虽有一定数量的破坏，但这些厂房大多数未考虑抗震设防。据计算分析，抗震验算的柱间支撑斜杆内力大于非抗震设计时的内力几倍。

4 柱间支撑与柱的连接节点在地震反复荷载作用下承受拉弯剪和压弯剪，试验表明其承载力比单调荷载作用下有所降低；在抗震安全性综合分析基础上，提出了确定预埋板钢筋截面面积的计算公式，适用于符合本规范第 9.1.25 条 5 款构造规定的情况。

5 提出了柱间支撑节点预埋件采用角钢时的验算方法。

本规范第 9.1.23 条对下柱柱间支撑的下节点位置有明确的规定，一般将节点位置置于基础顶标高处。6、7 度时地震力较小，采取加强措施后可设在基础顶面以上；本次修订明确，必要时也可沿纵向柱列进行柱根的斜截面受剪承载力验算来确定加强措施。

9.1.14 本条规定了与厂房次要构件有关的计算。

1 地震震害表明：8 度和 9 度区，不少抗风柱的上柱和下柱根部开裂、折断，导致山尖墙倒塌，严重的抗风柱连同山墙全部向外倾倒、抗风柱虽非单层厂房的主要承重构件，但它却是厂房纵向抗震中的重要构件，对保证厂房的纵向抗震安全，具有不可忽视的作用，补充规定 8、9 度时需进行平面外的截面抗震验算。

2 当抗风柱与屋架下弦相连接时，虽然此类厂房均在厂房两端第一开间设置下弦横向支撑，但当厂房遭到地震作用时，高大山墙引起的纵向水平地震作用具有较大的数值，由于阶形抗风柱的下柱刚度远大于上柱刚度，大部分水平地震作用将通过下柱的上端连接传至屋架下弦，但屋架下弦支撑的强度和刚度往往不能满足要求，从而导致屋架下弦支撑杆件压曲。1966年邢台地震6度区、1975年海城地震8度区均出现过这种震害。故要求进行相应的抗震验算。

3 当工作平台、刚性内隔墙与厂房主体结构相连时，将提高排架的侧移刚度，改变其动力特性，加大地震作用，还可能造成应力和变形集中，加重厂房的震害。地震中由此造成排架柱折断或屋盖倒塌，其严重程度因具体条件而异，很难作出统一规定。因此抗震计算时，需采用符合实际的结构计算简图，并采取相应的措施。

4 震害表明，上弦有小立柱的拱形和折线形屋架及上弦节间长和节间矢高较大的屋架，在地震作用下屋架上弦将产生附加扭矩，导致屋架上弦破坏。为此，8、9度在这种情况下需进行截面抗扭验算。

（Ⅲ）构造措施

9.1.15 本节所指有檩屋盖，主要是波形瓦（包括石棉瓦及槽瓦）屋盖。这类屋盖只要设置保证整体刚度的支撑体系，屋面瓦与檩条间以及檩条与屋架间有牢固的拉结，一般均具有一定的抗震能力，甚至在唐山10度地震区也基本完好地保存下来。但是，如果屋面瓦与檩条或檩条与屋架拉结不牢，在7度地震区也会出现严重震害，海城地震和唐山地震中均有这种例子。

89规范对有檩屋盖的规定，系针对钢筋混凝土体系而言。2001规范增加了对钢结构有檩体系的要求。本次修订，未作修改。

9.1.16 无檩屋盖指的是各类不用檩条的钢筋混凝土屋面板与屋架（梁）组成的屋盖。屋盖的各构件相互间联成整体是厂房抗震的重要保证，这是根据唐山、海城震害经验提出的总要求。鉴于我国目前仍大量采用钢筋混凝土大型屋面板，故重点对大型屋面板与屋架（梁）焊连的屋盖体系作了具体规定。

这些规定中，屋面板和屋架（梁）可靠焊连是第一道防线，为保证焊连强度，要求屋面板端头底面预埋板和屋架端部顶面预埋件均应加强锚固；相邻屋面板吊钩或四角顶面预埋铁件间的焊连是第二道防线；当制作非标准屋面板时，也应采取相应的措施。

设置屋盖支撑是保证屋盖整体性的重要抗震措施，基本沿用了89规范的规定。

根据震害经验，8度区天窗跨度等于或大于9m和9度区天窗架宜设置上弦横向支撑。

9.1.17 本规范在进一步总结地震经验的基础上，对有檩和无檩屋盖支撑布置的规定作适当的补充。

9.1.18 唐山地震震害表明，采用刚性焊连构造时，天窗立柱普遍在下挡和侧板连接处出现开裂和破坏，甚至倒塌，刚性连接仅在支撑很强的情况下才是可行的措施，故规定一般单层厂房宜用螺栓连接。

9.1.19 屋架端竖杆和第一节间上弦杆，静力分析中常作为非受力杆件而采用构造配筋，截面受弯、受剪承载力不足，需适当加强。对折线形屋架为调整屋面坡度而在端节间上弦顶面设置的小立柱，也要适当增大配筋和加密箍筋。以提高其拉弯剪能力。

9.1.20 根据震害经验，排架柱的抗震构造，增加了箍筋肢距的要求，并提高了角柱柱头的箍筋构造要求。

1 柱子在变位受约束的部位容易出现剪切破杯，要增加箍筋。变位受约束的部位包括：设有柱间支撑的部位、嵌砌内隔墙、侧边贴建披屋、靠山墙的角柱、平台连接处等。

2 唐山地震震害表明：当排架柱的变位受平台，刚性横隔墙等约束，其影响的严重程度和部位，因约束条件而异，有的仅在约束部位的柱身出现裂缝；有的造成屋架上弦折断、屋盖坍落（如天津拖拉机厂冲压车间）；有的导致柱头和连接破坏屋盖倒塌（如天津第一机床厂铸工车间配砂间）。必须区别情况从设计计算和构造上采取相应的有效措施，不能统一采用局部加强排架柱的箍筋，如高低跨柱的上柱的剪跨比较小时就应全高加密箍筋，并加强柱头与屋架的连接。

3 为了保证排架柱箍筋加密区的延性和抗剪强度，除箍施的最小直径和最大间距外，增加对箍筋最大肢距的要求。

4 在地震作用下，排架柱的柱头由于构造上的原因，不是完全的铰接；而是处于压弯剪的复杂受力状态，在高烈度地区，这种情况更为严重，排架柱头破坏较重，加密区的箍筋直径需适当加大。

5 厂房角柱的柱头处于双向地震作用，侧向变形受约束和压弯剪的复杂受力状态，其抗震强度和延性较中间排架柱头弱得多，地震中，6度区就有角柱顶开裂的破坏；8度和大于8度时，震害就更多，严重的柱头折断，端屋架榻落，为此，厂房角柱的柱头加密箍筋宜提高一度配置。

6 本次修订，增加了柱侧向受约束且剪跨比不大于2的排架柱柱顶的构造要求。

9.1.21 大柱网厂房的抗震性能是唐山地震中发现的新问题，其震害特征是：①柱根出现对角破坏，混凝土酥碎剥落，纵筋压曲，说明主要是纵、横两个方向或斜向地震作用的影响，柱根的强度和延性不足；②中柱的破坏率和破坏程度均大于边柱，说明与柱的轴压比有关。

本次修订，保持了2001规范对大柱网厂房的抗震验算规定，包括轴压比和相应的箍筋构造要求。其中的轴压比限值，考虑到柱子承受双向压弯剪和P-Δ

效应的影响，受力复杂，参照了钢筋混凝土框支柱的要求，以保证延性；大柱网厂房柱仅承受屋盖（包括屋面、屋架、托架、悬挂吊车）和柱的自重，尚不致因控制轴压比而给设计带来困难。

9.1.22 对抗风柱，除了提出验算要求外，还提出纵筋和箍筋的构造规定。

地震中，抗风柱的柱头和上、下柱的根部都有产生裂缝、甚至折断的震害，另外，柱肩产生劈裂的情况也不少。为此，柱头和上、下柱根部需加强箍筋的配置，并在柱肩处设置纵向受拉钢筋，以提高其抗震能力。

9.1.23 柱间支撑的抗震构造，本次修订基本保持2001规范对89规范的改进：

①支撑杆件的长细比限值随烈度和场地类别而变化；本次修订，调整了8、9度下柱支撑的长细比要求；②进一步明确了支撑柱子连接节点的位置和相应的构造；③增加了关于交叉支撑节点板及其连接的构造要求。

柱间支撑是单层钢筋混凝土柱厂房的纵向主要抗侧力构件，当厂房单元较长或8度Ⅲ、Ⅳ类场地和9度时，纵向地震作用效应较大，设置一道下柱支撑不能满足要求时，可设置两道下柱支撑，但应注意：两道下柱支撑宜设置在厂房单元中间三分之一区段内，不宜设置在厂房单元的两端，以避免温度应力过大；在满足工艺条件的前提下，两者靠近设置时，温度应力小；在厂房单元中部三分之一区段内，适当拉开设置则有利于缩短地震作用的传递路线，设计中可根据具体情况确定。

交叉式柱间支撑的侧移刚度大，对保证单层钢筋混凝土柱厂房在纵向地震作用下的稳定性有良好的效果，但在与下柱连接的节点处理时，会遇到一些困难。

9.1.25 本条规定厂房各构件连接节点的要求，具体贯彻了本规范第3.5节的原则规定，包括屋架与柱的连接，柱顶锚件；抗风柱、牛腿（柱肩）、柱与柱间支撑连接处的预埋件：

1 柱顶与屋架采用钢板铰，在原苏联的地震中经受了考验，效果较好；建议在9度时采用。

2 为加强柱牛腿（柱肩）预埋板的锚固，要把相当于承受水平拉力的纵向钢筋（即本节第9.1.12公式中的第2项）与预埋板焊连。

3 在设置柱间支撑的截面处（包括柱顶、柱底等），为加强锚固，发挥支撑的作用，提出了节点预埋件采用角钢加端板锚固的要求，埋板与锚件的焊接，通常用埋弧焊或开锥形孔塞焊。

4 抗风柱的柱顶与屋架上弦的连接节点，要具有传递纵向水平地震力的承载力和延性。抗风柱顶与屋架（屋面梁）上弦可靠连接，不仅保证抗风柱的强度和稳定，同时也保证山墙产生的纵向地震作用的可靠传递，但连接点必须在上弦横向支撑与屋架的连接点，否则将使屋架上弦产生附加的节间平面外弯矩。由于现在的预应力混凝土和钢筋混凝土屋架，一般均不符合抗风柱布置间距的要求，故补充规定以引起注意，当遇到这种情况时，可以采用在屋架横向支撑中加设次腹杆或型钢横梁，使抗风柱顶的水平力传递至上弦横向支撑的节点。

9.2 单层钢结构厂房

（Ⅰ）一 般 规 定

9.2.1 国内外的多次地震经验表明，钢结构的抗震性能一般比其他结构的要好。总体上说，单层钢结构厂房在地震中破坏较轻，但也有损坏或坍塌的。因此，单层钢结构厂房进行抗震设防是必要的。

本次修订，仍不包括轻型钢结构厂房。

9.2.2 从单层钢结构厂房的震害实例分析，在7～9度的地震作用下，其主要震害是柱间支撑的失稳变形和连接节点的断裂或拉脱，柱脚锚栓剪断和拉断，以及锚栓锚固过短所至的拔出破坏。亦有少量厂房的屋盖支撑杆件失稳变形或连接节点板开裂破坏。

9.2.3 原则上，单层钢结构厂房的平面、竖向布置的抗震设计要求，是使结构的质量和刚度分布均匀，厂房受力合理、变形协调。

钢结构厂房的侧向刚度小于混凝土柱厂房，其防震缝缝宽要大于混凝土柱厂房。当设防烈度高或厂房较高时，或当厂房坐落在较软弱场地土或有明显扭转效应时，尚需适当增加。

（Ⅱ）抗 震 验 算

9.2.5 通常设计时，单层钢结构厂房的阻尼比与混凝土柱厂房相同。本次修订，考虑到轻型围护的单层钢结构厂房，在弹性状态工作的阻尼比较小，根据单层、多层到高层钢结构房屋的阻尼比由大到小变化的规律，建议阻尼比按屋盖和围护墙的类型区别对待。

9.2.6 本条保持2001规范的规定。单层钢结构厂房的围护墙类型较多。围护墙的自重和刚度主要由其类型、与厂房柱的连接所决定。因此，为使厂房的抗震计算更符合实际情况、更合理，其自重和刚度取值应结合所采用的围护墙类型、与厂房柱的连接方式来决定。对于与柱贴砌的普通砖墙围护厂房，除需考虑墙体的侧移刚度外，尚应考虑墙体开裂而对其侧移刚度退化的影响。当为外贴式砖砌纵墙，7、8、9度设防时，其等效系数分别可取0.6、0.4、0.2。

9.2.7、9.2.8 单层钢结构厂房的地震作用计算，应根据厂房的竖向布置（等高或不等高）、起重机设置、屋盖类别等情况，采用能反映出厂房地震反应特点的单质点、两质点和多质点的计算模型。总体上，单层钢结构厂房地震作用计算的单元划分、质量集中等，可参照钢筋混凝土柱厂房的执行。但对于不等高单层钢结构厂房，不能采用底部剪力法计算，而应采用多质点模型振型分解反应谱法计算。

轻型墙板通过墙架构件与厂房框架柱连接，预制混凝土大型墙板可与厂房框架柱柔性连接。这些围护墙类型和连接方式对框架柱纵向侧移的影响较小。亦即，当各柱列的刚度基本相同时，其纵向柱列的变位亦基本相同。因此，等高单跨或多跨厂房的纵向抗震计算时，对无檩屋盖可按柱列刚度分配；对有檩屋盖可按柱列所承受的重力荷载代表值比例分配和按单柱列计算，并取两者之较大值。而当采用与柱贴砌的砖围护墙时，其纵向抗震计算与混凝土柱厂房的基本相同。

按底部剪力法计算纵向柱列的水平地震作用时，所得的中间柱列纵向基本周期偏长，可利用周期折减系数予以修正。

单层钢结构厂房纵向主要由柱间支撑抵抗水平地震作用，是震害多发部位。在地震作用下，柱间支撑可能屈曲，也可能不屈曲。柱间支撑处于屈曲状态或者不屈曲状态，对与支撑相连的框架柱的受力差异较大，因此需针对支撑杆件是否屈曲的两种状态，分别验算设置支撑的纵向柱列的受力。当然，目前采用轻型围护结构的单层钢结构厂房，在风荷载较大时，7、8度的柱间支撑杆件在7、8度也可处于不屈曲状态。这种情况可不进行支撑屈曲后状态的验算。

9.2.9 屋盖的竖向支承桁架可包括支承天窗架的竖向桁架、竖向支撑桁架等。屋盖竖向支承桁架承受的作用力包括屋盖自重产生的地震力，尚需将其传递给主框架，故其杆件截面需由计算确定。

屋盖水平支撑交叉斜杆，在地震作用下，考虑受压斜杆失稳而需按拉杆设计，故其连接的承载力不应小于支撑杆的全塑性承载力。条文参考上海市的规定给出。

参照冶金部门的规定，支承跨度大于24m屋面横梁的托架系直接传递地震竖向作用的构件，应考虑屋架传来的竖向地震作用。

对于厂房屋面设置荷重较大的设备等情况，不论厂房跨度大小，都应对屋盖横梁进行竖向地震作用验算。

9.2.10 单层钢结构厂房的柱间支撑一般采用中心支撑。X形柱间支撑用料省，抗震性能好，应首先考虑采用。但单层钢结构厂房的柱距，往往比单层混凝土柱厂房的基本柱距（6m）要大几倍，V或Λ形也是常用的几种柱间支撑形式，下柱柱间支撑也有用单斜杆的。

支撑杆件屈曲后状态支撑框架按本规范第5章的规定进行抗震验算。本条卸载系数主要依据日本、美国的资料导出，与附录K第K.2节对我国混凝土柱厂房柱间支撑规定的卸载系数有所不同。但同样适用于支撑杆件长细比大于$60\sqrt{235/f_y}$的情况，长细比大于200时不考虑压杆卸载影响。

与V或Λ形支撑相连的横梁，除了轻型围护结构的厂房满足设防地震下不屈曲的支撑外，通常需要按本规范第8.2.6条计入支撑屈曲后的不平衡力的影响。即横梁截面A_{br}满足：

$$M_{bp,N} \geqslant \frac{1}{4} S_c \sin\theta (1-0.3\varphi_i) A_{br} f/\gamma_{RE}$$

式中：$M_{bp,N}$——考虑轴力作用的横梁全截面塑性抗弯承载力；

S_c——支撑所在柱间的净距。

9.2.11 设计经验表明，跨度不很大的轻型屋盖钢结构厂房，如仅从新建的一次投资比较，采用实腹屋面梁的造价略比采用屋架的高些。但实腹屋面梁制作简便，厂房施工期和使用期的涂装、维护量小而方便，且质量好、进度快。如按厂房全寿命的支出比较，这些跨度不很大的厂房采用实腹屋面梁比采用屋架要合理一些。实腹屋面梁一般与柱刚性连接。这种刚架结构应用日益广泛。

1 受运输条件限制，较高厂房柱有时需在上柱拼接接长。条文给出的拼接承载力要求是最小要求，有条件时可采用等强度拼接接长。

2 梁柱刚性连接、拼接的极限承载力验算及相应的构造措施（如潜在塑性铰位置的侧向支承），应针对单层刚架厂房的受力特征和遭遇强震时可能形成的极限机构进行。一般情况下，单跨横向刚架的最大应力区在梁底上柱截面，多跨横向刚架在中间柱列处也可出现在梁端截面。这是钢结构单层刚架厂房的特征。柱顶和柱底出现塑性铰是单层刚架厂房的极限承载力状态之一，故可放弃“强柱弱梁”的抗震概念。

条文中的刚架梁端的最大应力区，可按距梁端1/10梁净跨和1.5倍梁高中的较大值确定。实际工程中，受构件运输条件限制，梁的现场拼接往往在梁端附近，即最大应力区，此时，其极限承载力验算应与梁柱刚性连接的相同。

（Ⅲ）抗震构造措施

9.2.12 屋盖支撑系统（包括系杆）的布置和构造应满足的主要功能是：保证屋盖的整体性（主要指屋盖各构件之间不错位）和屋盖横梁平面外的稳定性，保证屋盖和山墙水平地震作用传递路线的合理、简捷，且不中断。本次修订，针对钢结构厂房的特点规定了不同于钢筋混凝土柱厂房的屋盖支撑布置要求：

1 一般情况下，屋盖横向支撑应对应于上柱柱间支撑布置，故其间距取决于柱间支撑间距。表9.2.12屋盖横向支撑间距限值可按本节第9.2.15条的柱间支撑间距限值执行。

2 无檩屋盖（重型屋盖）是指通用的1.5m×6.0m预制大型屋面板。大型屋面板与屋架的连接需保证三个角点牢固焊接，才能起到上弦水平支撑的作用。

屋架的主要横向支撑应设置在传递厂房框架支座反力的平面内。即，当屋架为端斜杆上承式时，应以上弦横向支撑为主；当屋架为端斜杆下承式时，以下弦横向支撑为主。当主要横向支撑设置在屋架的下弦平面区间内时，宜对应地设置上弦横向支撑；当采用以上弦横向支撑为主的屋架区间内时，一般可不设置对应的下弦横向支撑。

3 有檩屋盖（轻型屋盖）主要是指彩色涂层压形钢板、硬质金属面夹芯板等轻型板材和高频焊接薄壁型钢檩条组成的屋盖。在轻型屋盖中，高频焊接薄壁型钢等型钢檩条一般都可兼作上弦系杆，故在表9.2.12中未列入。

对于有檩屋盖，宜将主要横向支撑设置在上弦平面，水平地震作用通过上弦平面传递，相应的，屋架亦应采用端斜杆上承式。在设置横向支撑开间的柱顶刚性系杆或竖向支撑、屋面檩条应加强，使屋盖横向支撑能通过屋面檩条、柱顶刚性系杆或竖向支撑等构件可靠地传递水平地震作用。但当采用下沉式横向天窗时，应在屋架下弦平面设置封闭的屋盖水平支撑系统。

4 8、9度时，屋盖支撑体系（上、下弦横向支撑）与柱间支撑应布置在同一开间，以便加强结构单元的整体性。

5 支撑设置还需注意：当厂房跨度不很大时，压型钢板轻型屋盖比较适合于采用与柱刚接的屋面梁。压型钢板屋面的坡度较平缓，跨变效应可略去不计。

对轻型有檩屋盖，亦可采用屋架端斜杆为上承式的铰接框架，柱顶水平力通过屋架上弦平面传递。屋盖支撑布置也可参照实腹屋面梁的，隅撑间距宜按屋架下弦的平面外长细比小于240确定，但横向支撑开间的屋架两端应设置竖向支撑。

檩条隅撑系统布置时，需考虑合理的传力路径，檩条及其两端连接应足以承受隅撑传至的作用力。

屋盖纵向水平支撑的布置比较灵活。设计时，应据具体情况综合分析，以达到合理布置的目的。

9.2.13 单层钢结构厂房的最大柱顶位移限值、吊车梁顶面标高处的位移限值，一般已可控制出现长细比过大的柔韧厂房。

本次修订，参考美国、欧洲、日本钢结构规范和抗震规范，结合我国现行钢结构设计规范的规定和设计习惯，按轴压比大小对厂房框架柱的长细比限值适当调整。

9.2.14 板件的宽厚比，是保证厂房框架延性的关键指标，也是影响单位面积耗钢量的关键指标。本次修订，对重屋盖和轻屋盖予以区别对待。重屋盖参照多层钢结构低于50m的抗震等级采用，柱的宽厚比要求比2001规范有所放松。

对于采用压型钢板轻型屋盖的单层钢结构厂房，对于设防烈度8度（0.20g）及以下的情况，即使按设防烈度的地震动参数进行弹性计算，也经常出现由非地震组合控制厂房框架受力的情况。因此，根据实际工程的计算分析，发现如果采用性能化设计的方法，可以分别按“高延性，低弹性承载力”或“低延性，高弹性承载力”的抗震设计思路来确定板件宽厚比。即通过厂房框架承受的地震内力与其具有的弹性抗力进行比较来选择板件宽厚比：

当构件的强度和稳定的承载力均满足高承载力——2倍多遇地震作用下的要求（$\gamma_G S_{GE}+\gamma_{Eh}2S_E\leqslant R/\gamma_{RE}$）时，可采用现行《钢结构设计规范》GB 50017弹性设计阶段的板件宽厚比限值，即C类；当强度和稳定的承载力均满足中等承载力——1.5倍多遇地震作用下的要求（$\gamma_G S_{GE}+\gamma_{Eh}1.5S_E\leqslant R/\gamma_{RE}$）时，可按表6中B类采用；其他情况，则按表6中A类采用。

A、B、C三类宽厚比的数值，系参照欧、日、美等国家的抗震规范选定。大体上，A类可达全截面塑性且塑性铰在转动过程中承载力不降低；B类可达全截面塑性，在应力强化开始前足以抵抗局部屈曲发生，但由于局部屈曲使塑性铰的转动能力有限。C类是指现行《钢结构设计规范》GB 50017按弹性准则设计时腹板不发生局部屈曲的情况，如双轴对称H形截面翼缘需满足$b/t\leqslant 15\sqrt{235/f_y}$，受弯构件腹板需满足$72\sqrt{235/f_y}<h_0/t_w\leqslant 130\sqrt{235/f_y}$，压弯构件腹板应符合《钢结构设计规范》GB 50017－2003式（5.4.2）的要求。

上述板件宽厚比与地震作用的对应关系，系根据底部剪力相当的条件，与欧洲EC8规范、日本BCJ规范给出的板件宽厚比限值与地震作用的对应关系大致持平。

表6 柱、梁构件的板件宽厚比限值

构件	板件名称		A类	B类
柱	I形截面	翼缘 b/t	10	12
		腹板 h_0/t_w	44	50
	箱形截面	壁板、腹板间翼缘 b/t	33	37
		腹板 h_0/t_w	44	48
	圆形截面	外径壁厚比 D/t	50	70
梁	I形截面	翼缘 b/t	9	11
		腹板 h_0/t_w	65	72
	箱形截面	腹板间翼缘 b/t	30	36
		腹板 h_0/t_w	65	72

注：表列数值适用于Q235钢。当材料为其他钢号时，除圆管的外径壁厚比应乘以$235/f_y$外，其余应乘以$\sqrt{235/f_y}$。

鉴于单跨单层厂房横向刚架的耗能区（潜在塑性

铰区），一般在上柱梁底截面附近，因此，即使遭遇强烈地震在上柱梁底区域形成塑性铰，并考虑塑性铰区钢材应变硬化，屋面梁仍可能处于弹性状态工作。所以框架塑性耗能区外的构件区段（即使遭遇强烈地震，截面应力始终在弹性范围内波动的构件区段），可采用C类截面。

设计经验表明，就目前广泛采用轻型围护材料的情况，采用上述方法确定宽厚比，虽然增加了一些计算工作量，但充分利用了构件自身所具有的承载力，在6、7度设防时可以较大地降低耗钢量。

9.2.15 柱间支撑对整个厂房的纵向刚度、自振特性、塑性铰产生部位都有影响。柱间支撑的布置应合理确定其间距，合理选择和配置其刚度以减小厂房整体扭转。

1 柱间支撑长细比限值，大于细柔长细比下限值 $130\sqrt{235/f_y}$（考虑 $0.5f_y$ 的残余应力）时，不需作钢号修正。

2 采用焊接型钢时，应采用整根型钢制作支撑杆件；但当采用热轧型钢时，采用拼接板加强才能达到等强接长。

3 对于大型屋面板无檩屋盖，柱顶的集中质量往往要大于各层吊车梁处的集中质量，其地震作用对各层柱间支撑大体相同，因此，上层柱间支撑的刚度、强度宜接近下层柱间支撑的。

4 压型钢板等轻型墙屋面围护，其波形垂直厂房纵向，对结构的约束较小，故可放宽厂房柱间支撑的间距。条文参考冶金部门的规定，对轻型围护厂房的柱间支撑间距作出规定。

9.2.16 震害表明，外露式柱脚破坏的特征是锚栓剪断、拉断或拔出。由于柱脚锚栓破坏，使钢结构倾斜，严重者导致厂房坍塌。外包式柱脚表现为顶部箍筋不足的破坏。

1 埋入式柱脚，在钢柱根部截面容易满足塑性铰的要求。当埋入深度达到钢柱截面高度2倍的深度，可认为其柱脚部位的恢复力特性基本呈纺锤形。插入式柱脚引用冶金部门的有关规定。埋入式、插入式柱脚应确保钢柱的埋入深度和钢柱埋入部分的周边混凝土厚度。

2 外包式柱脚的力学性能主要取决于外包钢筋混凝土的力学性能。所以，外包短柱的钢筋应加强，特别是顶部箍筋，并确保外包混凝土的厚度。

3 一般的外露式柱脚，从力学的角度看，作为半刚性考虑更加合适。与钢柱根部截面的全截面屈服承载力相比，柱脚在多数情况下由锚栓屈服所决定的塑性弯矩较小。这种柱脚受弯时的力学性能，主要由锚栓的性能决定。如锚栓受拉屈服后能充分发展塑性，则承受反复荷载作用时，外露式柱脚的恢复力特性呈典型的滑移型滞回特性。但实际的柱脚，往往在锚栓截面未削弱部分屈服前，螺纹部分就发生断裂，难以有充分的塑性发展。并且，当钢柱截面大到一定程度时，设计大于柱截面抗弯承载力的外露式柱脚往往是困难的。因此，当柱脚承受的地震作用大时，采用外露式不经济，也不合适。采用外露式柱脚时，与柱间支撑连接的柱脚，不论计算是否需要，都必须设置剪力键，以可靠抵抗水平地震作用。

9.3 单层砖柱厂房

（Ⅰ）一般规定

9.3.1 本次修订明确本节适用范围为6～8度（0.20g）的烧结普通砖（黏土砖、页岩砖）、混凝土普通砖砌体。

在历次大地震中，变截面砖柱的上柱震害严重又不易修复，故规定砖柱厂房的适用范围为等高的中小型工业厂房。超出此范围的砖柱厂房；要采取比本节规定更有效的措施。

9.3.2 针对中小型工业厂房的特点，对钢筋混凝土无檩屋盖的砖柱厂房，要求设置防震缝。对钢、木等有檩屋盖的砖往厂房，则明确可不设防震缝。

防震缝处需设置双柱或双墙，以保证结构的整体稳定性和刚性。

本次修订规定，屋盖设置天窗时，天窗不应通到端开间，以免过多削弱屋盖的整体性。天窗采用端砖壁时，地震中较多严重破坏，甚至倒塌，不应采用。

9.3.3 厂房的结构选型应注意：

1 历次大地震中，均有相当数量不配筋的无阶形柱的单层砖柱厂房，经受8度地震仍基本完好或轻微损坏。分析认为，当砖柱厂房山墙的间距、开洞率和高宽比均符合砌体结构静力计算的"刚性方案"条件且山墙的厚度不小于240mm时，即：

①厂房两端均设有承重山墙且山墙和横墙间距，对钢筋混凝土无檩屋盖不大于32m，对钢筋混凝土有檩屋盖、轻型屋盖和有密铺望板的木屋盖不大于20m；

②山墙或横墙上洞口的水平截面面积不应超过山墙或横墙截面面积的50%；

③山墙和横墙的长度不小于其高度。

不配筋的砖排架柱仍可满足8度的抗震承载力要求。仅从承载力方面，8度地震时可不配筋；但历次的震害表明，当遭遇9度地震时，不配筋的砖柱大多数倒塌，按照"大震不倒"的设计原则，本次修订强调，8度（0.20g）时不应采用无筋砖柱。即仍保留78规范、89规范关于8度设防时至少应设置"组合砖柱"的规定，且多跨厂房在8度Ⅲ、Ⅳ类场地时，中柱宜采用钢筋混凝土柱，仅边柱可略放宽为采用组合砖柱。

2 震害表明，单层砖柱厂房的纵向也要有足够的强度和刚度，单靠独立砖柱是不够的，像钢筋混凝土柱厂房那样设置交叉支撑也不妥，因为支撑吸引来的地震剪力很大，将会剪断砖柱。比较经济有效的办法是，在柱间砌筑与柱整体连接的纵向砖墙并设置砖墙基础，以代替柱间支撑加强厂房的纵向抗震能力。

采用钢筋混凝土屋盖时，由于纵向水平地震作用较大，不能单靠屋盖中的一般纵向构件传递，所以要求在无上述抗震墙的砖柱顶部处设压杆（或用满足压杆构造的圈梁、天沟或檩条等代替）。

3 强调隔墙与抗震墙合并设置，目的在于充分利用墙体的功能，并避免非承重墙对柱及屋架与柱连接点的不利影响。当不能合并设置时，隔墙要采用轻质材料。

单层砖柱厂房的纵向隔墙与横向内隔墙一样，也宜做成抗震墙，否则会导致主体结构的破坏，独立的纵向、横向内隔墙，受震后容易倒塌，需采取保证其平面外稳定性的措施。

（Ⅱ）计 算 要 点

9.3.4 本次修订基本保持了2001规范可不进行纵向抗震验算的条件。明确为7度（0.10g）的情况，不适用于7度（0.15g）的情况。

9.3.5、9.3.6 在本节适用范围内的砖柱厂房，纵、横向抗震计算原则与钢筋混凝土柱厂房基本相同，故可参照本章第9.1节所提供的方法进行计算。其中，纵向简化计算的附录K不适用，而屋盖为钢筋混凝土或密铺望板的瓦木屋盖时，2001规范规定，横向平面排架计算同样考虑厂房的空间作用影响。理由如下：

① 根据国家标准《砌体结构设计规范》GB 50003的规定：密铺望板瓦木屋盖与钢筋混凝土有檩屋盖属于同一种屋盖类型，静力计算中，符合刚弹性方案的条件时（20～48）m均可考虑空间工作，但89抗震规范规定：钢筋混凝土有檩屋盖可以考虑空间工作，而密铺望板的瓦木屋盖不可以考虑空间工作，二者不协调。

② 历次地震，特别是辽南地震和唐山地震中，不少密铺望板瓦木屋盖单层砖柱厂房反映了明显的空间工作特性。

③ 根据王光远教授《建筑结构的振动》的分析结论，不仅仅钢筋混凝土无檩屋盖和有檩屋盖（大波瓦、槽瓦）厂房；就是石棉瓦和黏土瓦屋盖厂房在地震作用下，也有明显的空间工作。

④ 从具有木望板的瓦木屋盖单层砖柱厂房的实测可以看出：实测厂房的基本周期均比按排架计算周期为短，同时其横向振型与钢筋混凝土屋盖的振型基本一致。

⑤ 山楼墙间距小于24m时，其空间工作更明显，且排架柱的剪力和弯矩的折减有更大的趋势，而单层砖柱厂房山、楼墙间距小于24m的情况，在工程建设中也是常见的。

根据以上分析，本次修订继续保持2001规范对单层砖柱厂房的空间工作的如下修订：

1）7度和8度时，符合砌体结构刚弹性方案（20～48）m的密铺望板瓦木屋盖单层砖柱厂房与钢筋混凝土有檩屋盖单层砖柱厂房一样，也可考虑地震作用下的空间工作。

2）附录J“砖柱考虑空间工作的调整系数”中的“两端山墙间距”改为“山墙、承重（抗震）横墙的间距”；并将小于24m分为24m、18m、12m。

3）单层砖柱厂房考虑空间工作的条件与单层钢筋混凝土柱厂房不同，在附录K中加以区别和修正。

9.3.8 砖柱的抗震验算，在现行国家标准《砌体结构设计规范》GB 50003的基础上，按可靠度分析，同样引入承载力调整系数后进行验算。

（Ⅲ）构 造 措 施

9.3.9 砖柱厂房一般多采用瓦木屋盖，89规范关于木屋盖的规定基本上是合理的，本次修订，保持89规范、2001规范的规定；并依据木结构设计规范的规定，明确8度时的木屋盖不宜设置天窗。

木屋盖的支撑布置中，如端开间下弦水平系杆与山墙连接，地震后容易将山墙顶坏，故不宜采用。木天窗架需加强与屋架的连接，防止受震后倾倒。

当采用钢筋混凝土和钢屋盖时，可参照第9.1、9.2节的规定。

9.3.10 檩条与山墙连接不好，地震时将使支承处的砌体错动，甚至造成山尖墙倒塌，檩条伸出山墙的出山屋面有利于加强檩条与山墙的连接，对抗震有利，可以采用。

9.3.12 震害调查发现，预制圈梁的抗震性能较差，故规定在屋架底部标高处设置现浇钢筋混凝土圈梁。为加强圈梁的功能，规定圈梁的截面高度不应小于180mm；宽度习惯上与砖墙同宽。

9.3.13 震害还表明，山墙是砖柱厂房抗震的薄弱都位之一，外倾、局部倒塌较多；甚至有全部倒塌的。为此，要求采用卧梁并加强锚拉的措施。

9.3.14 屋架（屋面梁）与柱顶或墙顶的圈梁锚固的修订如下：

1 震害表明：屋架（屋面梁）和柱子可用螺栓连接，也可采用焊接连接。

2 对垫块的厚度和配筋作了具体规定。垫块厚度太薄或配筋太少时，本身可能局部承压破坏，且埋件锚固不足。

9.3.15 根据设计需要，本次修订规定了砖柱的抗震要求。

9.3.16 钢筋混凝土屋盖单层砖柱厂房，在横向水平地震作用下，由于空间工作的因素，山墙、横墙将负担较大的水平地震剪力，为了减轻山墙、横墙的剪切破坏，保证房屋的空间工作，对山墙、横墙的开洞面积加以限制，8度时宜在山墙、横墙的两端设置构造柱。

9.3.17 采用钢筋混凝土无檩屋盖等刚性屋盖的单层砖柱厂房，地震时砖墙往往在屋盖处圈梁底面下一至四皮砖范围内出现周围水平裂缝。为此，对于高烈度地区刚性屋盖的单层砖柱厂房，在砖墙顶部沿墙长每隔1m左右埋设一根$\phi 8$竖向钢筋，并插入顶部圈梁内，以防止柱周围水平裂缝，甚至墙体错动破坏的产生。

附录H 多层工业厂房抗震设计要求

H.1 钢筋混凝土框排架结构厂房

H.1.1 多层钢筋混凝土厂房结构特点：柱网为（6～12）m、跨度大，层高高（4～8）m，楼层荷载大（10～20）kN/m^2，可能会有错层，有设备振动扰力、吊车荷载，隔墙少，竖向质量、刚度不均匀，平面扭转。框排架结构是多、高层工业厂房的一种特殊结构，其特点是平面、竖向布置不规则、不对称，纵向、横向和竖向的质量分布很不均匀，结构的薄弱环节较多；地震反应特征和震害要比框架结构和排架结构复杂，表现出更显著的空间作用效应，抗震设计有特殊要求。

H.1.2 为减少与国家标准《构筑物抗震设计规范》GB 50191重复，本附录主要针对上下排列的框排架的特点予以规定。

针对框排架厂房的特点，其抗震措施要求更高。震害表明，同等高度设有贮仓的比不设贮仓的框架在地震中破坏的严重。钢筋混凝土贮仓竖壁与纵横向框架柱相连，以竖壁的跨高比来确定贮仓的影响，当竖壁的跨高比大于2.5时，竖壁为浅梁，可按不设贮仓的框架考虑。

H.1.3 对于框排架结构厂房，如在排架跨采用有檩或其他轻屋盖体系，与结构的整体刚度不协调，会产生过大的位移和扭转，为了提高抗扭刚度，保证变形尽量趋于协调，使排架柱列与框架柱列能较好地共同工作，本条规定目的是保证排架跨屋盖的水平刚度；山墙承重属结构单元内有不同的结构形式，造成刚度、荷载、材料强度不均衡，本条规定借鉴单层厂房的规定和震害调查制订。

H.1.5 在地震时，成品或原料堆积楼面荷载、设备和料斗及管道内的物料等可变荷载的遇合概率较大，应根据行业特点和使用条件，取用不同的组合值系数；厂房除外墙外，一般内隔墙较少，结构自振周期调整系数建议取0.8～0.9；框排架结构的排架柱，是厂房的薄弱部位或薄弱层，应进行弹塑性变形验算；高大设备、料斗、贮仓的地震作用对结构构件和连接的影响不容忽视，其重力荷载除参与结构整体分析外，还应考虑水平地震作用下产生的附加弯矩。式（H.1.5）为设备水平地震作用的简化计算公式。

H.1.6 支承贮仓竖壁的框架柱的上端截面，在地震作用下如果过早屈服，将影响整体结构的变形能力。对于上述部位的组合弯矩设计值，在第6章规定基础上再增大1.1倍。

与排架柱相连的顶层框架节点处，框架梁端、柱端组合的弯矩设计值乘以增大系数，是为了提高节点承载力。排架纵向地震作用将通过纵向柱间支撑传至下部框架柱，本条参照框支柱要求调整构件内力。

竖向框排架结构的排架柱，是厂房的薄弱部位，需进行弹塑性变形验算。

针对框排架厂房节点两侧梁高通常不等的特点，为防止柱端和小核芯区剪切破坏，提出了高差大于大梁25%或500mm时的承载力验算公式。

H.1.7 框架柱的剪跨比不大于1.5时，为超短柱，破坏为剪切脆性型破坏。抗震设计应尽量避免采用超短柱，但由于工艺使用要求，有时不可避免（如有错层等情况），应采取特殊构造措施。在短柱内配置斜钢筋，可以改善其延性，控制斜裂缝发展。

H.2 多层钢结构厂房

H.2.1 考虑多层厂房受力复杂，其抗震等级的高度分界比民用建筑有所降低。

H.2.2 当设备、料斗等设备穿过楼层时，由于各楼层梁的竖向挠度难以同步，如采用分层支承，则各楼层结构的受力不明确。同时，在水平地震作用下，各层的层间位移对设备、料斗产生附加作用效应，严重时可损坏设备。

细而高的设备必须借助厂房楼层侧向支承才能稳定，楼层与设备之间应采用能适应层间位移差异的柔性连接。

装料后的设备、料斗总重心接近楼层的支承点处，是为了降低设备或料斗的地震作用对支承结构所产生的附加效应。

H.2.3 结构布置合理的支撑位置，往往与工艺布置冲突，支撑布置难以上下贯通，支撑平面布置错位。在保证支撑能把水平地震作用通过适当的途径，可靠地传递至基础前提下，支撑位置也可不设置在同一柱间。

H.2.6 本条与2001规范相比，主要增加关于阻尼比的规定：

在众值烈度的地震作用下，结构处于弹性阶段。根据33个冶金钢结构厂房用脉动法和吊车刹车进行大位移自由衰减阻尼比测试结果，钢结构厂房小位移阻尼比为 0.012～0.029 之间，平均阻尼比 0.018；大位移阻尼比为 0.0188～0.0363 之间，平均阻尼比 0.026。与本规范第 8.2.2 条协调，规定多遇地震作用计算的阻尼比取 0.03～0.04。板件宽厚比限值的选择计算的阻尼比也取此值。当结构经受强烈地震作用（如中震、大震等）时，考虑到结构已可能进入非弹性阶段，结构以延性耗能为主。因此，罕遇地震分析的阻尼比可适当取大一些。

H.2.7 “强柱弱梁”抗震概念，考虑的不仅是单独的梁柱连接部位，在更大程度上是反映结构的整体性能。多层工业厂房中，由于工艺设备布置的要求，有时较难做到“强柱弱梁”要求，因此，应着眼于结构整体的角度全面考虑和计算分析。

对梁柱节点左右梁端和上下柱端的全塑性承载力的验算要求，比本规范第 8.2.5 条增加两种例外情况：

①单层或多层结构顶层的低轴力柱，弹塑性软弱层的影响不明显，不需要满足要求。

②柱列中允许占一定比例的柱，当轴力较小而足以限制其在地震下出现不利反应且仍有可接受的刚度时，可不必满足强柱弱梁要求（如在厂房钢结构的一些大跨梁处、民用建筑转换大梁处）。条文中的柱列，指一个单线柱列或垂直于该柱列方向平面尺寸 10％范围内的几列平行的柱列。

H.2.8 框架柱长细比限值大小对钢结构耗钢量有较大影响。构件长细比增加，往往误解为承载力退化严重。其实，这时的比较对象是构件的强度承载力，而不是稳定承载力。构件长细比属于稳定设计的范畴(实质上是位移问题)。构件长细比愈大，设计可使用的稳定承载力则愈小。在此基础上的比较表明，长细比增加，并不表现出稳定承载力退化趋势加重的迹象。

显然，框架柱的长细比增大，结构层间刚度减小，整体稳定性降低。但这些概念上已由结构的最大位移限值、层间位移限值、二阶效应验算以及限制软弱层、薄弱层、平面和竖向布置的抗震概念措施等所控制。美国 AISC 钢结构规范在提示中述及受压构件的长细比不应超过 200，钢结构抗震规范未作规定；日本 BCJ 抗震规范规定柱的长细比不得超过 200。条文参考美国、欧洲、日本钢结构规范和抗震规范，结合我国钢结构设计习惯，对框架柱的长细比限值作出规定。

当构件长细比不大于 $125\sqrt{235/f_{ay}}$(弹塑性屈曲范围)时，长细比的钢号修正项才起作用。

抗侧力结构构件的截面板件宽厚比，是抗震钢结构构件局部延性要求的关键指标。板件宽厚比对工程设计的耗钢量影响很大。考虑多层钢结构厂房的特点，其板件宽厚比的抗震等级分界，比民用建筑降低 10m。

多层钢结构厂房的支撑布置往往受工艺要求制约，故增大其地震组合设计值。为避免出现过度刚强的支撑而吸引过多的地震作用，其长细比宜在弹性屈曲范围内选用。条文给出的柱间支撑长细比限值，下限值与欧洲规范的 X 形支撑、美国规范特殊中心支撑框架(SCBF)、日本规范的 BB 级支撑相当，上限值要稍严些。条文限定支撑长细比下限值的原因是，长细比在部分弹塑性屈曲范围($60\sqrt{235/f_{ay}}\leqslant\lambda\leqslant125\sqrt{235/f_{ay}}$)中心受压构件，表现为承载力值不稳定，滞回环波动大。

10 空旷房屋和大跨屋盖建筑

10.1 单层空旷房屋

（Ⅰ）一 般 规 定

单层空旷房屋是一组不同类型的结构组成的建筑，包含有单层的观众厅和多层的前后左右的附属用房。无侧厅的食堂，可参照本规范第 9 章设计。

观众厅与前后厅之间、观众厅与两侧厅之间一般不设缝，震害较轻；个别房屋在观众厅与侧厅处留缝，反而破坏较重。因此，在单层空旷房屋中的观众厅与侧厅、前后厅之间可不设防震缝，但根据本规范第 3 章的要求，布置要对称，避免扭转，并按本章采取措施，使整组建筑形成相互支持和有良好联系的空间结构体系。

本节主要规定了单层空旷房屋大厅抗震设计中有别于单层厂房的要求，对屋盖选型、构造、非承重隔墙及各种结构类型的附属房屋的要求，见其他各有关章节。

大厅人员密集，抗震要求较高，故观众厅有挑台，或房屋高、跨度大，或烈度高，需要采用钢筋混凝土框架或门式刚架结构等。根据震害调查及分析，为进一步提高其抗震安全性，本次修订对第 10.1.3 条进行了修改，对砖柱承重的情况作了更为严格的限制：

① 增加了 7 度（0.15g）时不应采用砖柱的规定；

② 鉴于现阶段各地区经济发展不平衡，对于设防烈度 6 度、7 度（0.10g），经济条件不足的地区，还不宜全部取消砖柱承重，只是在跨度和柱顶高度方面较 2001 规范限制更加严格。

（Ⅱ）计 算 要 点

本次修订对计算要点的规定未作修改，同 2001 规范。

单层空旷房屋的平面和体型均较复杂，尚难以采用符合实际工作状态的假定和合理的模型进行整体计算分析。为了简化，从工程设计的角度考虑，可将整个房屋划为若干个部分，分别进行计算，然后从构造上和荷载的局部影响上加以考虑，互相协调。例如，通过周期的经验修正，使各部分的计算周期趋于一致；横向抗震分析时，考虑附属房屋的结构类型及其与大厅的连接方式，选用排架、框排架或排架-抗震墙的计算简图，条件合适时亦可考虑空间工作的影响，交接处的柱子要考虑高振型的影响；纵向抗震分析时，考虑屋盖的类型和前后厅等影响，选用单柱列或空间协同分析模型。

根据宏观震害调查分析，单层空旷房屋中，舞台后山墙等高大山墙的壁柱，地震中容易破坏。为减少其破坏，特别强调，高烈度时高大山墙应进行出平面的抗震验算。验算要求可参考本规范第9章，即壁柱在水平地震力作用下的偏心距超过规定值时，应设置组合壁柱，并验算其偏心受压的承载力。

(Ⅲ) 抗震构造措施

单层空旷房屋的主要抗震构造措施如下：

1 6、7度时，中、小型单层空旷房屋的大厅，无筋的纵墙壁柱虽可满足承载力的设计要求，但考虑到大厅使用上的重要性，仍要求采用配筋砖柱或组合砖柱。

本次修订，在第10.1.3条不允许8度Ⅰ、Ⅱ类场地和7度（0.15g）采用砖柱承重，故在第10.1.14条删去了2001规范的有关规定。

当大厅采用钢筋混凝土柱时，其抗震等级不应低于二级。当附属房屋低于大厅柱顶标高时，大厅柱成为短柱，则其箍筋应全高加密。

2 前厅与大厅、大厅与舞台之间的墙体是单层空旷房屋的主要抗侧力构件，承担横向地震作用。因此，应根据抗震设防烈度及房屋的跨度、高度等因素，设置一定数量的抗震墙。采用钢筋混凝土抗震墙时，其抗震等级不应低于二级。与此同时，还应加强墙上的大梁及其连接的构造措施。

舞台口梁为悬梁，上部支承有舞台上的屋架，受力复杂，而且舞台口两侧墙体为一端自由的高大悬墙，在舞台口处不能形成一个门架式的抗震横墙，在地震作用下破坏较多。因此，舞台口墙要加强与大厅屋盖体系的拉结，用钢筋混凝土墙体、立柱和水平圈梁来加强自身的整体性和稳定性。9度时不应采用舞台口砌体悬墙承重。本次修订，进一步明确9度时舞台口悬墙应采用轻质墙体。

3 大厅四周的墙体一般较高，需增设多道水平圈梁来加强整体性和稳定性。特别是墙顶标高处的圈梁更为重要。

4 大厅与两侧的附属房屋之间一般不设防震缝，其交接处受力较大，故要加强相互间的连接，以增强房屋的整体性。本次修订，与本规范第7章对砌体结构的规定相协调，进一步提高了拉结措施——间距不大于400mm，且采用由拉结钢筋与分布短筋在平面内焊接而成的钢筋网片。

5 二层悬挑式挑台不但荷载大，而且悬挑跨度也较大，需要进行专门的抗震设计计算分析。

10.2 大跨屋盖建筑

(Ⅰ) 一 般 规 定

10.2.1 近年来，大跨屋盖的建筑工程越来越广泛。为适应该类结构抗震设计的要求，本次修订增加了大跨屋盖建筑结构抗震设计的相关规定，并形成单独一节。

本条规定了本规范适用的屋盖结构范围及主要结构形式。本规范的大跨屋盖建筑是指与传统板式、梁板式屋盖结构相区别，具有更大跨越能力的屋盖体系，不应单从跨度大小的角度来理解大跨屋盖建筑结构。

大跨屋盖的结构形式多样，新形式也不断出现，本规范适用于一些常用结构形式，包括：拱、平面桁架、立体桁架、网架、网壳、张弦梁和弦支穹顶等七类基本形式以及由这些基本形式组合而成的结构。相应的，针对于这些屋盖结构形式的抗震研究开展较多，也积累了一定的抗震设计经验。

对于悬索结构、膜结构、索杆张力结构等柔性屋盖体系，由于几何非线性效应，其地震作用计算方法和抗震设计理论目前尚不成熟，本次修订暂不纳入。此外，大跨屋盖结构基本以钢结构为主，故本节也未对混凝土薄壳、组合网架、组合网壳等屋盖结构形式作出具体规定。

还需指出的是，对于存在拉索的预张拉屋盖结构，总体可分为三类：预应力结构，如预应力桁架、网架或网壳等；悬挂（斜拉）结构，如悬挂（斜拉）桁架、网架或网壳等；张弦结构，主要指张弦梁结构和弦支穹顶结构。本节中，预应力结构、悬挂（斜拉）结构归类在其依托的基本形式中。考虑到张弦结构的受力性能与常规预应力结构、悬挂（斜拉）结构有较大的区别，且是近些年发展起来的一类大跨屋盖结构新体系，因此将其作为基本形式列入。

大跨屋盖的结构新形式不断出现、体型复杂化、跨度极限不断突破，为保证结构的安全性，避免抗震性能差、受力很不合理的结构形式被采用，有必要对超出适用范围的大型建筑屋盖结构进行专门的抗震性能研究和论证，这也是国际上通常采用的技术保障措施。根据当前工程实践经验，对于跨度大于120m、结构单元长度大于300m或悬挑长度大于40m的屋盖结构，需要进行专门的抗震性能研究和论证。同时由于抗震设计经验的缺乏，新出现的屋盖结构形式也需要进行专门的研究和论证。

对于可开启屋盖，也属于非常用形式之一，其抗震设计除满足本节的规定外，与开闭功能有关的设计也需要另行研究和论证。

10.2.2 本条规定为抗震概念设计的主要原则，是本规范第3.4节和第3.5节规定的补充。

大跨屋盖结构的选型和布置首先应保证屋盖的地震效应能够有效地通过支座节点传递给下部结构或基础，且传递途径合理。

屋盖结构的地震作用不仅与屋盖自身结构相关，而且还与支承条件以及下部结构的动力性能密切相关，是整体结构的反应。根据抗震概念设计的基本原则，屋盖结构及其支承点的布置宜均匀对称，具有合理的刚度和承载力分布。同时下部结构设计也应充分考虑屋盖结构地震响应的特点，避免采用很不规则的结构布置而造成屋盖结构产生过大的地震扭转效应。

屋盖自身的结构形式宜优先采用两个水平方向刚度均衡、整体刚度良好的网架、网壳、双向立体桁架、双向张弦梁或弦支穹顶等空间传力体系。同时宜避免局部削弱或突变的薄弱部位。对于可能出现的薄弱部位，应采取措施提高抗震能力。

10.2.3 本条针对屋盖体系自身传递地震作用的主要特点，对两类结构的布置要求作了规定。

1 单向传力体系的抗震薄弱环节是垂直于主结构（桁架、拱、张弦梁）方向的水平地震力传递以及主结构的平面外稳定性，设置可靠的屋盖支撑是重要的抗震措施。在单榀立体桁架中，与屋面支撑同层的两（多）根主弦杆间也应设置斜杆。这一方面可提高桁架的平面外刚度，同时也使得纵向水平地震内力在同层主弦杆中分布均匀，避免薄弱区域的出现。

当桁架支座采用下弦节点支承时，必须采取有效措施确保支座处桁架不发生平面外扭转，设置纵向桁架是一种有效的做法，同时还可保证纵向水平地震力的有效传递。

2 空间传力结构体系具有良好的整体性和空间受力特点，抗震性能优于单向传力体系。对于平面形状为矩形且三边支承一边开口的屋盖结构，可以通过在开口边局部增加层数来形成边桁架，以提高开口边的刚度和加强结构整体性。对于两向正交正放网架和双向张弦梁，屋盖平面内的水平刚度较弱。为保证结构的整体性及水平地震作用的有效传递与分配，应沿上弦周边网格设置封闭的水平支撑。当结构跨度较大或下弦周边支承时，下弦周边网格也应设置封闭的水平支撑。

10.2.4 当屋盖分区域采用不同抗震性能的结构形式时，在结构交界区域通常会产生复杂的地震响应，一般避免采用此类结构。如确要采用，应对交界区域的杆件和节点采用加强措施。如果建筑设计和下部支承条件允许，设置防震缝也是可采用的有效措施。此时，由于实际工程情况复杂，为避免其两侧结构在强烈地震中碰撞，条文规定的防震缝宽度可能不足，最好按设防烈度下两侧独立结构在交界线上的相对位移最大值来复核。对于规则结构，缝宽也可将多遇地震下的最大相对变形值乘以不小于3的放大系数近似估计。

（Ⅱ）计算要点

10.2.6 本条规定屋盖结构可不进行地震作用计算的范围。

1 研究表明，单向平面桁架和单向立体桁架是否受沿桁架方向的水平地震效应控制主要取决于矢跨比的大小。对于矢跨比小于1/5的该类结构，水平地震效应较小，7度时可不进行沿桁架的水平向和竖向地震作用计算。但是由于垂直桁架方向的水平地震作用主要由屋盖支撑承担，本节并没有对支撑的布置进行详细规定，因此对于7度及7度以上的该类体系，均应进行垂直于桁架方向的水平地震作用计算并对支撑构件进行验算。

2 网架属于平板形屋盖结构。大量计算分析结果表明，当支承结构刚度较大时，网架结构以竖向振动为主。7度时，网架结构的设计往往由非地震作用工况控制，因此可不进行地震作用计算，但应满足相应的抗震措施的要求。

10.2.7 本条规定抗震计算模型。

1 屋盖结构自身的地震效应是与下部结构协同工作的结果。由于下部结构的竖向刚度一般较大，以往在屋盖结构的竖向地震作用计算时通常习惯于仅单独以屋盖结构作为分析模型。但研究表明，不考虑屋盖结构与下部结构的协同工作，会对屋盖结构的地震作用，特别是水平地震作用计算产生显著影响，甚至得出错误结果。即便在竖向地震作用计算时，当下部结构给屋盖提供的竖向刚度较弱或分布不均匀时，仅按屋盖结构模型所计算的结果也会产生较大的误差。因此，考虑上下部结构的协同作用是屋盖结构地震作用计算的基本原则。

考虑上下部结构协同工作的最合理方法是按整体结构模型进行地震作用计算。因此对于不规则的结构，抗震计算应采用整体结构模型。当下部结构比较规则时，也可以采用一些简化方法（譬如等效为支座弹性约束）来计入下部结构的影响。但是，这种简化必须依据可靠且符合动力学原理。

2 研究表明，对于跨度较大的张弦梁和弦支穹顶结构，由预张力引起的非线性几何刚度对结构动力特性有一定的影响。此外，对于某些布索方案（譬如肋环型布索）的弦支穹顶结构，撑杆和下弦拉索系统实际上是需要依靠预张力来保证体系稳定性的几何可变体系，且不计入几何刚度也将导致结构总刚矩阵奇异。因此，这些形式的张弦结构计算模型就必须计入几何刚度。几何刚度一般可取重力荷载代表值作用下的结构平衡态的内力（包括预张力）贡献。

10.2.8 本条规定了整体、协同计算时的阻尼比取值。

屋盖钢结构和下部混凝土支承结构的阻尼比不同，协同分析时阻尼比取值方面的研究较少。工程设计中阻尼比取值大多在0.025～0.035间，具体数值一般认为与屋盖钢结构和下部混凝土支承结构的组成比例有关。下面根据位能等效原则提供两种计算整体结构阻尼比的方法，供设计中采用。

方法一：振型阻尼比法。振型阻尼比是指针对于各阶振型所定义的阻尼比。组合结构中，不同材料的能量耗散机理不同，因此相应构件的阻尼比也不相同，一般钢构件取0.02，混凝土构件取0.05。对于每一阶振型，不同构件单元对于振型阻尼比的贡献认为与单元变形能有关，变形能大的单元对该振型阻尼比的贡献较大，反之则较小。所以，可根据该阶振型下的单元变形能，采用加权平均的方法计算出振型阻尼比 ζ_i：

$$\zeta_i = \sum_{s=1}^{n} \zeta_s W_{si} / \sum_{s=1}^{n} W_{si}$$

式中：ζ_i——结构第 i 阶振型的阻尼比；

ζ_s——第 s 个单元阻尼比，对钢构件取0.02；对混凝土构件取0.05；

n——结构的单元总数；

W_{si}——第 s 个单元对应于第 i 阶振型的单元变形能。

方法二：统一阻尼比法。依然采用方法一的公式，但并不针对各振型 i 分别计算单元变形能 W_{si}，而是取各单元在重力荷载代表值作用下的变形能 W_{si}，这样便求得对应于整体结构的一个阻尼比。

在罕遇地震作用下，一些实际工程的计算结果表明，屋盖钢结构也仅有少量构件能进入塑性屈服状态，所以阻尼比仍建议与多遇地震下的结构阻尼比取值相同。

10.2.9 本条规定水平地震作用的计算方向和宜考虑水平多向地震作用计算的范围。

不同于单向传力体系，空间传力体系的屋盖结构通常难以明确划分为沿某个方向的抗侧力构件，通常需要沿两个水平主轴方向同时计算水平地震作用。对于平面为圆形、正多边形的屋盖结构，可能存在两个以上的主轴方向，此时需要根据实际情况增加地震作用的计算方向。另外，当屋盖结构、支承条件或下部结构的布置明显不对称时，也应增加水平地震作用的计算方向。

10.2.10 本条规定了屋盖结构地震作用计算的方法。

本节适用的大跨屋盖结构形式属于线性结构范畴，因此振型分解反应谱法依然可作为是结构弹性地震效应计算的基本方法。随着近年来结构动力学理论和计算技术的发展，一些更为精确的动力学计算方法逐步被接受和应用，包括多向地震反应谱法、时程分析法，甚至多向随机振动分析方法。对于结构动力响应复杂和跨度较大的结构，应该鼓励采用这些方法进行地震作用计算，以作为振型分解反应谱法的补充。

自振周期分布密集是大跨屋盖结构区别于多高层结构的重要特点。在采用振型分解反应谱法时，一般应考虑更多阶振型的组合。研究表明，在不按上下部结构整体模型进行计算时，网架结构的组合振型数宜至少取前（10～15）阶，网壳结构宜至少取前（25～30）阶。对于体型复杂的屋盖结构或按上下部结构整体模型计算时，应取更多阶组合振型。对于存在明显扭转效应的屋盖结构，组合应采用完全二次型方根（CQC）法。

10.2.11 对于单向传力体系，结构的抗侧力构件通常是明确的。桁架构件抵抗其面内的水平地震作用和竖向地震作用，垂直桁架方向的水平地震作用则由屋盖支撑承担。因此，可针对各向抗侧力构件分别进行地震作用计算。

除单向传力体系外，一般屋盖结构的构件难以明确划分为沿某个方向的抗侧力构件，即构件的地震效应往往包含三向地震作用的结果，因此其构件验算应考虑三向（两个水平向和竖向）地震作用效应的组合，其组合值系数可按本规范第5章的规定采用。这也是基本原则。

10.2.12 多遇地震作用下的屋盖结构变形限值部分参考了《空间网格结构技术规程》的相关规定。

10.2.13 本条规定屋盖构件及其连接的抗震验算。

大跨屋盖结构由于其自重轻、刚度好，所受震害一般要小于其他类型的结构。但震害情况也表明，支座及其邻近构件发生破坏的情况较多，因此通过放大地震作用效应来提高该区域杆件和节点的承载力，是重要的抗震措施。由于通常该区域的节点和杆件数量不多，对于总工程造价的增加是有限的。

拉索是预张拉结构的重要构件。在多遇地震作用下，应保证拉索不发生松弛而退出工作。在设防烈度下，也宜保证拉索在各地震作用参与的工况组合下不出现松弛。

（Ⅲ）抗震构造措施

10.2.14 本条规定了杆件的长细比限值。

杆件长细比限值参考了《钢结构设计规范》GB 50017和《空间网格结构技术规程》的相关规定，并作了适当加强。

10.2.15 本条规定了节点的构造要求。

节点选型要与屋盖结构的类型及整体刚度等因素结合起来，采用的节点要便于加工、制作、焊接。设计中，结构杆件内力的正确计算，必须用有效的构造措施来保证，其中节点构造应符合计算假定。

在地震作用下，节点应不先于杆件破坏，也不产生不可恢复的变形，所以要求节点具有足够的强度和刚度。杆件相交于节点中心将不产生附加弯矩，也使模型计算假定更加符合实际情况。

10.2.16 本条规定了屋盖支座的抗震构造。

支座节点是屋盖地震作用传递给下部结构的关键部件，其构造应与结构分析所取的边界条件相符，否则将使结构实际内力与计算内力出现较大差异，并可能危及结构的整体安全。

支座节点往往是地震破坏的部位，属于前面定义的关键节点的范畴，应予加强。在节点验算方面，对地震作用效应进行了必要的提高（第10.2.13条）。此外根据延性设计的要求，支座节点在超过设防烈度的地震作用下，应有一定的抗变形能力。但对于水平可滑动的支座节点，较难得到保证。因此建议按设防烈度计算值作为可滑动支座的位移限值（确定支承面的大小），在罕遇地震作用下采用限位措施确保不致滑移出支承面。

对于8、9度时多遇地震下竖向仅受压的支座节点，考虑到在强烈地震作用（如中震、大震）下可能出现受拉，因此建议采用构造上也能承受拉力的拉压型支座形式，且预埋锚筋、锚栓也按受拉情况进行构造配置。

11 土、木、石结构房屋

11.1 一般规定

本节是在2001规范基础上增加的内容。主要依据云南丽江、普洱、大姚地震，新疆巴楚、伽师地震，河北张北地震，内蒙古西乌旗地震，江西九江-瑞昌地震，浙江文成地震，四川道孚、汶川等地震灾区房屋震害调查资料，对土木石房屋具有共性的震害问题进行了总结，在此基础上提出了本节的有关规定。本章其他条款也据此做了部分改动与细化。

11.1.1 形状比较简单、规则的房屋，在地震作用下受力明确、简洁，同时便于进行结构分析，在设计上易于处理。震害经验也充分表明，简单、规整的房屋在遭遇地震时破坏也相对较轻。

墙体均匀、对称布置，在平面内对齐、竖向连续是传递地震作用的要求，这样沿主轴方向的地震作用能够均匀对称地分配到各个抗侧力墙段，避免出现应力集中或因扭转造成部分墙段受力过大而破坏、倒塌。我国不少地区的二、三层房屋，外纵墙在一、二层上下不连续，即二层外纵墙外挑，在7度地震影响下二层墙体开裂严重。

板式单边悬挑楼梯在墙体开裂后会因嵌固端破坏而失去承载能力，容易造成人员跌落伤亡。

震害调查发现，有的房屋纵横墙采用不同材料砌筑，如纵墙用砖砌筑、横墙和山墙用土坯砌筑，这类房屋由于两种材料砌块的规格不同，砖与土坯之间不能咬槎砌筑，不同材料墙体之间为通缝，导致房屋整体性差，在地震中破坏严重；又如有些地区采用的外砖里坯（亦称里生外熟）承重墙，地震中墙体倒塌现象较为普遍。这里所说的不同墙体混合承重，是指同一高度左右相邻不同材料的墙体，对于下部采用砖（石）墙，上部采用土坯墙，或下部采用石墙，上部采用砖或土坯墙的做法则不受此限制，但这类房屋的抗震承载力应按上部相对较弱的墙体考虑。

调查发现，一些村镇房屋设有较宽的外挑檐，在屋檐外挑梁的上面砌筑用于搁置檩条的小段墙体，甚至砌成花格状，没有任何拉接措施，地震时中容易破坏掉落伤人，因此明确规定不得采用。该位置可采用三角形小屋架或设瓜柱解决外挑部位檩条的支承问题。

11.1.2 木楼、屋盖房屋刚性较弱，加强木楼、屋盖的整体性可以有效地提高房屋的抗震性能，各构件之间的拉结是加强整体性的重要措施。试验研究表明，木屋盖加设竖向剪刀撑可增强木屋架纵向稳定性。

纵向通长水平系杆主要用于竖向剪刀撑、横墙、山墙的拉结。

采用墙揽将山墙与屋盖构件拉结牢固，可防止山墙外闪破坏；内隔墙稳定性差，墙顶与梁或屋架下弦拉结是防止其平面外失稳倒塌的有效措施。

11.1.3 本条规定了木楼、屋盖构件在屋架和墙上的最小支承长度和对应的连接方式。

11.1.4 本条规定了门窗洞口过梁的支承长度。

11.1.5 地震中坡屋面溜瓦是瓦屋面常见的破坏现象，冷摊瓦屋面的底瓦浮搁在椽条上时更容易发生溜瓦，掉落伤人。因此，本条要求冷摊瓦屋面的底瓦与椽条应有锚固措施。根据地震现场调查情况，建议在底瓦的弧边两角设置钉孔，采用铁钉与椽条钉牢。盖瓦可用石灰或水泥砂浆压垄等做法与底瓦粘结牢固。该项措施还可以防止暴风对冷摊瓦屋面造成的破坏。四川汶川地震灾区恢复重建中已有平瓦预留了锚固钉孔。

11.1.6 本条对突出屋面的烟囱、女儿墙等易倒塌构件的出屋面高度提出了限值。

11.1.7 本条对土木石房屋的结构材料提出了基本要求。

11.1.8 本条对土木石房屋施工中钢筋端头弯钩和外露铁件防锈处理提出要求。

11.2 生土房屋

11.2.1 本次修订，根据生土房屋在不同地震烈度下的震害情况，将本节生土房屋的适用范围较2001规范降低一度。

11.2.2 生土房屋的层数，因其抗震能力有限，一般仅限于单层；本次修订，生土房屋的高度和开间尺寸限制保持不变。

灰土墙指掺有石灰的土坯砌筑或灰土夯筑而成的墙体，其承载力明显高于土墙。1970年云南通海地震，7、8度区两层及两层以下的土墙房屋仅轻微损坏。1918年广东南澳大地震，汕头为8度，一些由贝壳煅烧的白灰夯筑的2、3层灰土承重房屋，包括医院和办公楼，受到轻微损坏，修复后继续使用。因此，灰土墙承重房屋采取适当的措施后，7度设防时可建二层房屋。

11.2.3 生土房屋的屋面采用轻质材料，可减轻地震作用；提倡用双坡和弧形屋面，可降低山墙高度，增加其稳定性；单坡屋面的后纵墙过高，稳定性差，平屋面防水有问题，不宜采用。

由于土墙抗压强度低，支承屋面构件部位均应有垫板或圈梁。檩条要满搭在墙上或椽子上，端檩要出檐，以使外墙受荷均匀，增加接触面积。

11.2.4 抗震墙上开洞过大会削弱墙体抗震能力，因此对门窗洞口宽度进行限制。

当一个洞口采用多根木杆组成过梁时，在木杆上表面采用木板、扒钉、钢丝等将各根木杆连接成整体可避免地震时局部破坏塌落。

生土墙在纵横墙交接处沿高度每隔500mm左右设一层荆条、竹片、树条等拉结网片，可以加强转角处和内外墙交接处墙体的连接，约束该部位墙体，提高墙体的整体性，减轻地震时的破坏。震害表明，较细的多根荆条、竹片编制的网片，比较粗的几根竹竿或木杆的拉结效果好。原因是网片与墙体的接触面积大，握裹好。

11.2.5 调查表明，村镇房屋墙体非地震作用开裂现象普遍，主要原因是不重视地基处理和基础的砌筑质量，导致地基不均匀沉降使墙体开裂。因此，本条要求对房屋的地基应夯实，并对基础的材料和砌筑砂浆提出了相应要求。设置防潮层以防止生土墙体酥落。

11.2.6 土坯的土质和成型方法，决定了土坯质量的好坏并最终决定土墙的强度，应予以重视。

11.2.7 为加强灰土墙房屋的整体性，要求设置圈梁。圈梁可用配筋砖带或木圈梁。

11.2.8 提高土拱房的抗震性能，主要是拱脚的稳定、拱圈的牢固和整体性。若一侧为崖体一侧为人工土墙，会因软硬不同导致破坏。

11.2.9 土窑洞有一定的抗震能力，在宏观震害调查时看到，土体稳定、土质密实、坡度较平缓的土窑洞在7度区有较完好的例子。因此，对土窑洞来说，首先要选择良好的建筑场地，应避开易产生滑坡、崩塌的地段。

崖窑前不要接砌土坯或其他材料的前脸，否则前脸部分将极易遭到破坏。

有些地区习惯开挖层窑，一般来说比较危险，如需要时应注意间隔足够的距离，避免一旦土体破坏时发生连锁反应，造成大面积坍塌。

11.3 木结构房屋

11.3.1 本节所规定的木结构房屋，不适用于木柱与屋架（梁）铰接的房屋。因其柱子上、下端均为铰接，是不稳定的结构体系。

11.3.2 木柱与砖柱或砖墙在力学性能上是完全不同的材料，木柱属于柔性材料，变形能力强，砖柱或砖墙属于脆性材料，变形能力差。若两者混用，在水平地震作用下变形不协调，将使房屋产生严重破坏。

震害表明，无端屋架山墙往往容易在地震中破坏，导致端开间塌落，故要求设置端屋架（木梁），不得采用硬山搁檩做法。

11.3.3 由于结构构造的不同，各种木结构房屋的抗震性能也有一定的差异。其中穿斗木构架和木柱木屋架房屋结构性能较好，通常采用重量较轻的瓦屋面，具有结构重量轻、延性与整体性较好的优点，其抗震性能比木柱木梁房屋要好，6～8度可建造两层房屋。

木柱木梁房屋一般为重量较大的平屋盖泥被屋顶，通常为粗梁细柱，梁、柱之间连接简单，从震害调查结果看，其抗震性能低于穿斗木构架和木柱木屋架房屋，一般仅建单层房屋。

11.3.4 四柱三跨木排架指的是中间有一个较大的主跨，两侧各有一个较小边跨的结构，是大跨空旷木柱房屋较为经济合理的方案。

震害表明，15m～18m宽的木柱房屋，若仅用单跨，破坏严重，甚至倒塌；而采用四柱三跨的结构形式，甚至出现地裂缝，主跨也安然无恙。

11.3.5 木结构房屋无承重山墙，故本规范第9.3节规定的房屋两端第二开间设置屋盖支撑的要求需向外移到端开间。

11.3.6～11.3.8 木柱与屋架（梁）设置斜撑，目的是控制横向侧移和加强整体性，穿斗木构架房屋整体性较好，有相当的抗倒力和变形能力，故可不必采用斜撑来限制侧移，但平面外的稳定性还需采用纵向支撑来加强。

震害表明，木柱与木屋架的斜撑若用夹板形式，通过螺栓与屋架下弦节点和上弦处紧密连接，则基本完好，而斜撑连接于下弦任意部位时，往往倒塌或严重破坏。

为保证排架的稳定性，加强柱脚和基础的锚固是十分必要的，可采用拉结铁件和螺栓连接的方式，或有石销键的柱础，也可对柱脚采取防腐处理后埋入地面以下。

11.3.9 本条对木构件截面尺寸、开榫、接头等的构造提出了要求。

11.3.10 震害表明，木结构围护墙是非常容易破坏和倒塌的构件。木构架和砌体围护墙的质量、刚度有明显差异，自振特性不同，在地震作用下变形性能和产生的位移不一致，木构件的变形能力大于砌体围护墙，连接不牢时两者不能共同工作，甚至会相互碰撞，引起墙体开裂、错位，严重时倒塌。本条的目的是尽可能使围护墙在采取适当措施后不倒塌，以减轻人员伤亡和地震损失。

1 沿墙高每隔500mm采用8号钢丝将墙体内的水平拉结筋或拉结网片与木柱拉结，配筋砖圈梁、配筋砂浆带等与木柱采用$\phi6$钢筋或8号钢丝拉结，可以使木构架与围护墙协同工作，避免两者相互碰撞破坏。振动台试验表明，在较强地震作用下即使墙体因抗剪承载力不足而开裂，在与木柱有可靠拉结的情况下也不致倒塌。

2 对土坯、砖等砌筑的围护墙洞口的宽度提出了限制。

3 完全包裹在土坯、砖等砌筑的围护墙中的木柱不通风，较易腐蚀，且难于检查木柱的变质情况。

11.4 石结构房屋

11.4.1、11.4.2 多层石房震害经验不多，唐山地区多数是二层，少数三、四层，而昭通地区大部分是二、三层，仅泉州石结构古塔高达48.24m，经过1604年8级地震（泉州烈度为8度）的考验至今犹存。

多层石房高度限值相对于砖房是较小的，这是考虑到石块加工不平整，性能差别很大，且目前石结构的地震经验还不足。2008年局部修订将总高度和层数限值由“不宜”，改为“不应”，要求更加严格了。

11.4.6 从宏观震害和试验情况来看，石墙体的破坏特征和砖结构相近，石墙体的抗剪承载力验算可与多层砌体结构采用同样的方法。但其承载力设计值应由试验确定。

11.4.7 石结构房屋的构造柱设置要求，系参照89规范混凝土中型砌块房屋对芯柱的设置要求规定的，而构造柱的配筋构造等要求，需参照多层黏土砖房的规定。

11.4.8 洞口是石墙体的薄弱环节，因此需对其洞口的面积加以限制。

11.4.9 多层石房每层设置钢筋混凝土圈梁，能够提高其抗震能力，减轻震害，例如，唐山地震中，10度区有5栋设置了圈梁的二层石房，震后基本完好，或仅轻微破坏。

与多层砖房相比，石墙体房屋圈梁的截面加大，配筋略有增加，因为石墙材料重量较大。在每开间及每道墙上，均设置现浇圈梁是为了加强墙体间的连接和整体性。

11.4.10 石墙在交接处用条石无垫片砌筑，并设置拉结钢筋网片，是根据石墙材料的特点，为加强房屋整体性而采取的措施。

11.4.11 本条为新增条文。石板多有节理缺陷，在建房过程中常因堆载断裂造成人员伤亡事故。因此，明确不得采用对抗震不利的料石作为承重构件。

12 隔震和消能减震设计

12.1 一般规定

12.1.1 隔震和消能减震是建筑结构减轻地震灾害的有效技术。

隔震体系通过延长结构的自振周期能够减少结构的水平地震作用，已被国外强震记录所证实。国内外的大量试验和工程经验表明：隔震一般可使结构的水平地震加速度反应降低60%左右，从而消除或有效地减轻结构和非结构的地震损坏，提高建筑物及其内部设施和人员的地震安全性，增加了震后建筑物继续使用的功能。

采用消能减震的方案，通过消能器增加结构阻尼来减少结构在风作用下的位移是公认的事实，对减少结构水平和竖向的地震反应也是有效的。

适应我国经济发展的需要，有条件地利用隔震和消能减震来减轻建筑结构的地震灾害，是完全可能的。本章主要吸收国内外研究成果中较成熟的内容，目前仅列入橡胶隔震支座的隔震技术和关于消能减震设计的基本要求。

2001规范隔震层位置仅限于基础与上部结构之间，本次修订，隔震设计的适用范围有所扩大，考虑国内外已有隔震建筑的隔震层不仅是设置在基础上，而且设置在一层柱顶等下部结构或多塔楼的底盘上。

12.1.2 隔震技术和消能减震技术的主要使用范围，是可增加投资来提高抗震安全的建筑。进行方案比较时，需对建筑的抗震设防分类、抗震设防烈度、场地条件、使用功能及建筑、结构的方案，从安全和经济两方面进行综合分析对比。

考虑到随着技术的发展，隔震和消能减震设计的方案分析不需要特别的论证，本次修订不作为强制性条文，只保留其与本规范第3.5.1条关于抗震设计的规定不同的特点——与抗震设计方案进行对比，这是确定隔震设计的水平向减震系数和减震设计的阻尼比所需要的，也能显示出隔震和减震设计比抗震设计在提高结构抗震能力上的优势。

12.1.3 本次修订，对隔震设计的结构类型不作限制，修改2001版规定的基本周期小于1s和采用底部剪力法进行非隔震设计的结构。在隔震设计的方案比较和选择时仍应注意：

1 隔震技术对低层和多层建筑比较合适，日本和美国的经验表明，不隔震时基本周期小于1.0s的建筑结构效果最佳；建筑结构基本周期的估计，普通的砌体房屋可取0.4s，钢筋混凝土框架取$T_1=$

$0.075H^{3/4}$，钢筋混凝土抗震墙结构取 $T_1=0.05H^{3/4}$。但是，不应仅限于基本自振周期在 1s 内的结构，因为超过 1s 的结构采用隔震技术有可能同样有效，国外大量隔震建筑也验证了此点，故取消了 2001 规范要求结构周期小于 1s 的限制。

2 根据橡胶隔震支座抗拉屈服强度低的特点，需限制非地震作用的水平荷载，结构的变形特点需符合剪切变形为主且房屋高宽比小于 4 或有关规范、规程对非隔震结构的高宽比限制要求。现行规范、规程有关非隔震结构高宽比的规定如下：

高宽比大于 4 的结构小震下基础不应出现拉应力；砌体结构，6、7 度不大于 2.5，8 度不大于 2.0，9 度不大于 1.5；混凝土框架结构，6、7 度不大于 4，8 度不大于 3，9 度不大于 2；混凝土抗震墙结构，6、7 度不大于 6，8 度不大于 5，9 度不大于 4。

对高宽比大的结构，需进行整体倾覆验算，防止支座压屈或出现拉应力超过 1MPa。

3 国外对隔震工程的许多考察发现：硬土场地较适合于隔震房屋；软弱场地滤掉了地震波的中高频分量，延长结构的周期将增大而不是减小其地震反应，墨西哥地震就是一个典型的例子。2001 规范的要求仍然保留，当在Ⅳ类场地建造隔震房屋时，应进行专门研究和专项审查。

4 隔震层防火措施和穿越隔震层的配管、配线，有与隔震要求相关的专门要求。2008 年汶川地震中，位于 7、8 度区的隔震建筑，上部结构完好，但隔震层的管线受损，故需要特别注意改进。

12.1.4 消能减震房屋最基本的特点是：

1 消能装置可同时减少结构的水平和竖向的地震作用，适用范围较广，结构类型和高度均不受限制；

2 消能装置使结构具有足够的附加阻尼，可满足罕遇地震下预期的结构位移要求；

3 由于消能装置不改变结构的基本形式，除消能部件和相关部件外的结构设计仍可按本规范各章对相应结构类型的要求执行。这样，消能减震房屋的抗震构造，与普通房屋相比不降低，其抗震安全性可有明显的提高。

12.1.5 隔震支座、阻尼器和消能减震部件在长期使用过程中需要检查和维护。因此，其安装位置应便于维护人员接近和操作。

为了确保隔震和消能减震的效果，隔震支座、阻尼器和消能减震部件的性能参数应严格检验。

按照国家产品标准《橡胶支座　第 3 部分：建筑隔震橡胶支座》GB 20688.3－2006 的规定，橡胶支座产品在安装前应对工程中所用的各种类型和规格的原型部件进行抽样检验，其要求是：

采用随机抽样方式确定检测试件。若有一件抽样的一项性能不合格，则该次抽样检验不合格。

对一般建筑，每种规格的产品抽样数量应不少于总数的 20%；若有不合格，应重新抽取总数的 50%，若仍有不合格，则应 100%检测。

一般情况下，每项工程抽样总数不少于 20 件，每种规格的产品抽样数量不少于 4 件。

尚没有国家标准和行业标准的消能部件中的消能器，应采用本章第 12.3 节规定的方法进行检验。对黏滞流体消能器等可重复利用的消能器，抽检数量适当增多，抽检的消能器可用于主体结构；对金属屈服位移相关型消能器等不可重复利用的消能器，在同一类型中抽检数量不少于 2 个，抽检合格率为 100%，抽检后不能用于主体结构。

型式检验和出厂检验应由第三方完成。

12.1.6 本条明确提出，可采用隔震、减震技术进行结构的抗震性能化设计。此时，本章的规定应依据性能化目标加以调整。

12.2 房屋隔震设计要点

12.2.1 本规范对隔震的基本要求是：通过隔震层的大变形来减少其上部结构的地震作用，从而减少地震破坏。隔震设计需解决的主要问题是：隔震层位置的确定，隔震垫的数量、规格和布置，隔震层在罕遇地震下的承载力和变形控制，隔震层不隔离竖向地震作用的影响，上部结构的水平向减震系数及其与隔震层的连接构造等。

隔震层的位置通常位于第一层以下。当位于第一层及以上时，隔震体系的特点与普通隔震结构可有较大差异，隔震层以下的结构设计计算也更复杂。

为便于我国设计人员掌握隔震设计方法，本规范提出了“水平向减震系数”的概念。按减震系数进行设计，隔震层以上结构的水平地震作用和抗震验算，构件承载力留有一定的安全储备。对于丙类建筑，相应的构造要求也可有所降低。但必须注意，结构所受的地震作用，既有水平向也有竖向，目前的橡胶隔震支座只具有隔离水平地震的功能，对竖向地震没有隔震效果，隔震后结构的竖向地震力可能大于水平地震力，应予以重视并做相应的验算，采取适当的措施。

12.2.2 本条规定了隔震体系的计算模型，且一般要求采用时程分析法进行设计计算。在附录 L 中提供了简化计算方法。

图 12.2.2 是对应于底部剪力法的等效剪切型结构的示意图；其他情况，质点 j 可有多个自由度，隔震装置也有相应的多个自由度。

本次修订，当隔震结构位于发震断裂主断裂带 10km 以内时，要求各个设防类别的房屋均应计及地震近场效应。

12.2.3、12.2.4 规定了隔震层设计的基本要求。

1 关于橡胶隔震支座的压应力和最大拉应力限值。

1）根据 Haringx 弹性理论，按稳定要求，以压缩荷载下叠层橡胶水平刚度为零的压应力作为屈曲应力 σ_{cr}，该屈曲应力取决于橡胶的硬度、钢板厚度与橡胶厚度的比值、第一形状参数 s_1（有效直径与中央孔洞直径之差 $D-D_0$ 与橡胶层 4 倍厚度 $4t_r$ 之比）和第二形状参数 s_2（有效直径 D 与橡胶层总厚度 nt_r 之比）等。

通常，隔震支座中间钢板厚度是单层橡胶厚度的一半，取比值为 0.5。对硬度为 30～60 共七种橡胶，以及 s_1＝11、13、15、17、19、20 和 s_2＝3、4、5、6、7，累计 210 种组合进行了计算。结果表明：满足 $s_1 \geqslant 15$ 和 $s_2 \geqslant 5$ 且橡胶硬度不小于 40 时，最小的屈曲应力值为 34.0MPa。

将橡胶支座在地震下发生剪切变形后上下钢板投影的重叠部分作为有效受压面积，以该有效受压面积得到的平均应力达到最小屈曲应力作为控制橡胶支座稳定的条件，取容许剪切变形为 $0.55D$（D 为支座有效直径），则可得本条规定的丙类建筑的压应力限值

$$\sigma_{max} = 0.45\sigma_{cr} = 15.0\text{MPa}$$

对 $s_2 < 5$ 且橡胶硬度不小于 40 的支座，当 $s_2=4$，$\sigma_{max}=12.0$MPa；当 $s_2=3$，$\sigma_{max}=9.0$MPa。因此规定，当 $s_2<5$ 时，平均压应力限值需予以降低。

2）规定隔震支座控制拉应力，主要考虑下列三个因素：

①橡胶受拉后内部有损伤，降低了支座的弹性性能；

②隔震支座出现拉应力，意味着上部结构存在倾覆危险；

③规定隔震支座拉应力 $\sigma_t < 1$MPa 理由是：1）广州大学工程抗震研究中心所作的橡胶垫的抗拉试验中，其极限抗拉强度为（2.0～2.5）MPa；2）美国 UBC 规范采用的容许抗拉强度为 1.5MPa。

2 关于隔震层水平刚度和等效黏滞阻尼比的计算方法，系根据振动方程的复阻尼理论得到的。其实部为水平刚度，虚部为等效黏滞阻尼比。

本次修订，考虑到随着橡胶隔震支座的制作工艺越来越成熟，隔震支座的直径越来越大，建议在隔震支座选型时尽量选用大直径的支座，对 300mm 直径的支座，由于其直径小，稳定性差，故将其设计承载力由 12MPa 降低到 10MPa。

橡胶支座随着水平剪切变形的增大，其容许竖向承载能力将逐渐减小，为防止隔震支座在大变形的情况下失去承载能力，故要求支座的剪切变形应满足 $\sigma \leqslant \sigma_{cr}(1-\gamma/s_2)$，式中，$\gamma$ 为水平剪切变形，s_2 为支座第二形状系数，σ 为支座竖向面压，σ_{cr} 为支座极限抗压强度。同时支座的竖向压应力不大于 30MPa，水平变形不大于 $0.55D$ 和 300％的较小值。

隔震支座直径较大时，如直径不小于 600mm，考虑实际工程隔震后的位移和现有试验设备的条件，对于罕遇地震位移验算时的支座设计参数，可取水平剪切变形 100％的刚度和阻尼。

还需注意，橡胶材料是非线性弹性体，橡胶隔震支座的有效刚度与振动周期有关，动静刚度的差别甚大。因此，为了保证隔震的有效性，最好取相应于隔震体系基本周期的刚度进行计算。本次修订，将 2001 规范隐含加载频率影响的“动刚度”改为“等效刚度”，用语更明确，方便同国家标准《橡胶支座》接轨；之所以去掉有关频率对刚度影响的语句，因相关的产品标准已有明确的规定。

12.2.5 隔震后，隔震层以上结构的水平地震作用可根据水平向减震系数确定。对于多层结构，层间地震剪力代表了水平地震作用取值及其分布，可用来识别结构的水平向减震系数。

考虑到隔震层不能隔离结构的竖向地震作用，隔震结构的竖向地震力可能大于其水平地震力，竖向地震的影响不可忽略，故至少要求 9 度时和 8 度水平向减震系数为 0.30 时应进行竖向地震作用验算。

本次修订，拟对水平向减震系数的概念作某些调整：直接将“隔震结构与非隔震结构最大水平剪力的比值”改称为“水平向减震系数”，采用该概念力图使其意义更明确，以方便设计人员理解和操作（美国、日本等国也同样采用此方法）。

隔震后上部结构按本规范相关结构的规定进行设计时，地震作用可以降低，降低后的地震影响系数曲线形式参见本规范 5.1.5 条，仅地震影响系数最大值 α_{max1} 减小。

2001 规范确定隔震后水平地震作用时所考虑的安全系数 1.4，对于当时隔震支座的性能是合适的。当前，在国家产品标准《橡胶支座　第 3 部分：建筑隔震橡胶支座》GB 20688.3－2006 中，橡胶支座按剪切性能允许偏差分为 S-A 和 S-B 两类，其中 S-A 类的允许偏差为±15％，S-B 类的允许偏差为±25％。因此，随着隔震支座产品性能的提高，该系数可适当减少。本次修订，按照《建筑结构可靠度设计统一标准》GB 50068 的要求，确定设计用的水平地震作用的降低程度，需根据概率可靠度分析提供一定的概率保证，一般考虑 1.645 倍变异系数。于是，依据支座剪变刚度与隔震后体系周期及对应地震总剪力的关系，由支座刚度的变异导出地震总剪力的变异，再乘以 1.645，则大致得到不同支座的 ψ 值，S-A 类为 0.85，S-B 类为 0.80。当设置阻尼器时还需要附加与阻尼器有关的变异系数，ψ 值相应减少，对于 S-A

类，取 0.80，对于 S-B类，取 0.75。

隔震后的上部结构用软件计算时，直接取 α_{max1} 进行结构计算分析。从宏观的角度，可以将隔震后结构的水平地震作用大致归纳为比非隔震时降低半度、一度和一度半三个档次，如表 7 所示（对于一般橡胶支座）；而上部结构的抗震构造，只能按降低一度分挡，即以 β=0.40 分挡。

表 7　水平向减震系数与隔震后结构水平地震作用所对应烈度的分档

本地区设防烈度（设计基本地震加速度）	水平向减震系数 β		
	0.53≥β≥0.40	0.40>β>0.27	β≤0.27
9 (0.40g)	8 (0.30g)	8 (0.20g)	7 (0.15g)
8 (0.30g)	8 (0.20g)	7 (0.15g)	7 (0.10g)
8 (0.20g)	7 (0.15g)	7 (0.10g)	7 (0.10g)
7 (0.15g)	7 (0.10g)	7 (0.10g)	6 (0.05g)
7 (0.10g)	7 (0.10g)	6 (0.05g)	6 (0.05g)

本次修订对 2001 规范的规定，还有下列变化：

1　计算水平减震系数的隔震支座参数，橡胶支座的水平剪切应变由 50%改为 100%，大致接近设防地震的变形状态，支座的等效刚度比 2001 规范减少，计算的隔震的效果更明显。

2　多层隔震结构的水平地震作用沿高度矩形分布改为按重力荷载代表值分布。还补充了高层隔震建筑确定水平向减震系数的方法。

3　对 8 度设防考虑竖向地震的要求有所加严，由“宜”改为“应”。

12.2.7　隔震后上部结构的抗震措施可以适当降低，一般的橡胶支座以水平向减震系数 0.40 为界划分，并明确降低的要求不得超过一度，对于不同的设防烈度如表 8 所示：

表 8　水平向减震系数与隔震后上部结构抗震措施所对应烈度的分档

本地区设防烈度（设计基本地震加速度）	水平向减震系数	
	β≥0.40	β<0.40
9 (0.40g)	8 (0.30g)	8 (0.20g)
8 (0.30g)	8 (0.20g)	7 (0.15g)
8 (0.20g)	7 (0.15g)	7 (0.10g)
7 (0.15g)	7 (0.10g)	7 (0.10g)
7 (0.10g)	7 (0.10g)	6 (0.05g)

需注意，本规范的抗震措施，一般没有 8 度 (0.30g) 和 7 度 (0.15g) 的具体规定。因此，当 β≥0.40 时抗震措施不降低，对于 7 度 (0.15g) 设防时，即使 β<0.40，隔震后的抗震措施基本上不降低。

砌体结构隔震后的抗震措施，在附录 L 中有较为具体的规定。对混凝土结构的具体要求，可直接按降低后的烈度确定，本次修订不再给出具体要求。

考虑到隔震层对竖向地震作用没有隔振效果，隔震层以上结构的抗震构造措施应保留与竖向抗力有关的要求。本次修订，与抵抗竖向地震有关的措施用条注的方式予以明确。

12.2.8　本次修订，删去 2001 规范关于墙体下隔震支座的间距不宜大于 2m 的规定，使大直径的隔震支座布置更为合理。

为了保证隔震层能够整体协调工作，隔震层顶部应设置平面内刚度足够大的梁板体系。当采用装配整体式钢筋混凝土楼盖时，为使纵横梁体系能传递竖向荷载并协调横向剪力在每个隔震支座的分配，支座上方的纵横梁体系应为现浇。为增大隔震层顶部梁板的平面内刚度，需加大梁的截面尺寸和配筋。

隔震支座附近的梁、柱受力状态复杂，地震时还会受到冲切，应加密箍筋，必要时配置网状钢筋。

上部结构的底部剪力通过隔震支座传给基础结构。因此，上部结构与隔震支座的连接件、隔震支座与基础的连接件应具有传递上部结构最大底部剪力的能力。

12.2.9　对隔震层以下的结构部分，主要设计要求是：保证隔震设计能在罕遇地震下发挥隔震效果。因此，需进行与设防地震、罕遇地震有关的验算，并适当提高抗液化措施。

本次修订，增加了隔震层位于下部或大底盘顶部时对隔震层以下结构的规定，进一步明确了按隔震后而不是隔震前的受力和变形状态进行抗震承载力和变形验算的要求。

12.3　房屋消能减震设计要点

12.3.1　本规范对消能减震的基本要求是：通过消能器的设置来控制预期的结构变形，从而使主体结构构件在罕遇地震下不发生严重破坏。消能减震设计需解决的主要问题是：消能器和消能部件的选型，消能部件在结构中的分布和数量，消能器附加给结构的阻尼比估算，消能减震体系在罕遇地震下的位移计算，以及消能部件与主体结构的连接构造和其附加的作用等等。

罕遇地震下预期结构位移的控制值，取决于使用要求，本规范第 5.5 节的限值是针对非消能减震结构“大震不倒”的规定。采用消能减震技术后，结构位移的控制可明显小于第 5.5 节的规定。

消能器的类型甚多，按 ATC-33.03 的划分，主要分为位移相关型、速度相关型和其他类型。金属屈服型和摩擦型属于位移相关型，当位移达到预定的启动限才能发挥消能作用，有些摩擦型消能器的性能有时不够稳定。黏滞型和黏弹性型属于速度相关型。消能器的性能主要用恢复力模型表示，应通过试验确定，并需根据结构预期位移控制等因素合理选用。位移要求愈严，附加阻尼愈大，消能部件的要求愈高。

12.3.2 消能部件的布置需经分析确定。设置在结构的两个主轴方向，可使两方向均有附加阻尼和刚度；设置于结构变形较大的部位，可更好发挥消耗地震能量的作用。

本次修订，将 2001 规范规定框架结构的层间弹塑性位移角不应大于 1/80 改为符合预期的变形控制要求，宜比不设置消能器的结构适当减小，设计上较为合理，仍体现消能减震提高结构抗震能力的优势。

12.3.3 消能减震设计计算的基本内容是：预估结构的位移，并与未采用消能减震结构的位移相比，求出所需的附加阻尼，选择消能部件的数量、布置和所能提供的阻尼大小，设计相应的消能部件，然后对消能减震体系进行整体分析，确认其是否满足位移控制要求。

消能减震结构的计算方法，与消能部件的类型、数量、布置及所提供的阻尼大小有关。理论上，大阻尼比的阻尼矩阵不满足振型分解的正交性条件，需直接采用恢复力模型进行非线性静力分析或非线性时程分析计算。从实用的角度，ATC-33 建议适当简化；特别是主体结构基本控制在弹性工作范围内时，可采用线性计算方法估计。

12.3.4 采用底部剪力法或振型分解反应谱法计算消能减震结构时，需要通过强行解耦，然后计算消能减震结构的自振周期、振型和阻尼比。此时，消能部件附加给结构的阻尼，参照 ATC-33，用消能部件本身在地震下变形所吸收的能量与设置消能器后结构总地震变形能的比值来表征。

消能减震结构的总刚度取为结构刚度和消能部件刚度之和，消能减震结构的阻尼比按下列公式近似估算：

$$\zeta_j = \zeta_{sj} + \zeta_{cj}$$

$$\zeta_{cj} = \frac{T_j}{4\pi M_j}\Phi_j^{\mathrm{T}} C_c \Phi_j$$

式中：ζ_j、ζ_{sj}、ζ_{cj}——分别为消能减震结构的 j 振型阻尼比、原结构的 j 振型阻尼比和消能器附加的 j 振型阻尼比；

T_j、Φ_j、M_j——消能减震结构第 j 自振周期、振型和广义质量；

C_c——消能器产生的结构附加阻尼矩阵。

国内外的一些研究表明，当消能部件较均匀分布且阻尼比不大于 0.20 时，强行解耦与精确解的误差，大多数可控制在 5%以内。

12.3.5 本次修订，增加了对黏弹性材料总厚度以及极限位移、极限速度的规定。

12.3.6 本次修订，根据实际工程经验，细化了 2001 版的检测要求，试验的循环次数，由 60 圈改为 30 圈。性能的衰减程度，由 10%降低为 15%。

12.3.7 本次修订，进一步明确消能器与主结构连接部件应在弹性范围内工作。

12.3.8 本条是新增的。当消能减震的地震影响系数不到非消能减震的 50%时，可降低一度。

附录 L 隔震设计简化计算和砌体结构隔震措施

1 对于剪切型结构，可根据基本周期和规范的地震影响系数曲线估计其隔震和不隔震的水平地震作用。此时，分别考虑结构基本周期不大于特征周期和大于征周期两种情况，在每一种情况中又以 5 倍特征周期为界加以区分。

1） 不隔震结构的基本周期不大于特征周期 T_g 的情况：

设隔震结构的地震影响系数为 α，不隔震结构的地震影响系数为 α'，则对隔震结构，整个体系的基本周期为 T_1，当不大于 $5T_g$ 时地震影响系数

$$\alpha = \eta_2 (T_g/T_1)^{\gamma} \alpha_{max} \tag{8}$$

由于不隔震结构的基本周期小于或等于特征周期，其地震影响系数

$$\alpha' = \alpha_{max} \tag{9}$$

式中：α_{max}——阻尼比 0.05 的不隔震结构的水平地震影响系数最大值；

η_2、γ——分别为与阻尼比有关的最大值调整系数和曲线下降段衰减指数，见本规范第 5.1 节条文说明。

按照减震系数的定义，若水平向减震系数为 β，则隔震后结构的总水平地震作用为不隔震结构总水平地震作用的 β 倍，即

$$\alpha \leqslant \beta\alpha'$$

于是

$$\beta \geqslant \eta_2 (T_g/T_1)^{\gamma}$$

根据 2001 规范试设计的结果，简化法的减震系数小于时程法，采用 1.2 的系数可接近时程法，故规定：

$$\beta = 1.2\eta_2 (T_g/T_1)^{\gamma} \tag{10}$$

当隔震后结构基本周期 $T_1 > 5T_g$ 时，地震影响系数为倾斜下降段且要求不小于 $0.2\alpha_{max}$，确定水平向减震系数需专门研究，往往不易实现。例如要使水平向减震系数为 0.25，需有：

$$T_1/T_g = 5 + (\eta_2 0.2^{\gamma} - 0.175)/(\eta_1 T_g)$$

对Ⅱ类场地 $T_g = 0.35$s，阻尼比 0.05，相应的 T_1 为 4.7s

但此时 $\alpha = 0.175\alpha_{max}$，不满足 $\alpha \geqslant 0.2\alpha_{max}$ 的要求。

2） 结构基本周期大于特征周期的情况：

不隔震结构的基本周期 T_0 大于特征周期 T_g 时，地震影响系数为

$$\alpha' = (T_g/T_0)^{0.9} \alpha_{max} \tag{11}$$

为使隔震结构的水平向减震系数达到 β，同样考虑 1.2 的调整系数，需有

$$\beta = 1.2\eta_2 (T_g/T_1)^\gamma (T_0/T_g)^{0.9} \tag{12}$$

当隔震后结构基本周期 $T_1 > 5T_g$ 时，也需专门研究。

注意，若在 $T_0 \leqslant T_g$ 时，取 $T_0 = T_g$，则式（12）可转化为式（10），意味着也适用于结构基本周期不大于特征周期的情况。

多层砌体结构的自振周期较短，对多层砌体结构及与其基本周期相当的结构，本规范按不隔震时基本周期不大于 0.4s 考虑。于是，在上述公式中引入“不隔震结构的计算周期 T_0”表示不隔震的基本周期，并规定多层砌体取 0.4s 和特征周期二者的较大值，其他结构取计算基本周期和特征周期的较大值，即得到规范条文中的公式：砌体结构用式（L.1.1-1）表达；与砌体周期相当的结构用式（L.1.1-2）表达。

2 本条提出的隔震层扭转影响系数是简化计算（图 27）。在隔震层顶板为刚性的假定下，由几何关系，第 i 支座的水平位移可写为：

$$u_i = \sqrt{(u_c + u_{ti}\sin\alpha_i)^2 + (u_{ti}\cos\alpha_i)^2}$$

$$= \sqrt{u_c^2 + 2u_c u_{ti}\sin\alpha_i + {u_{ti}}^2}$$

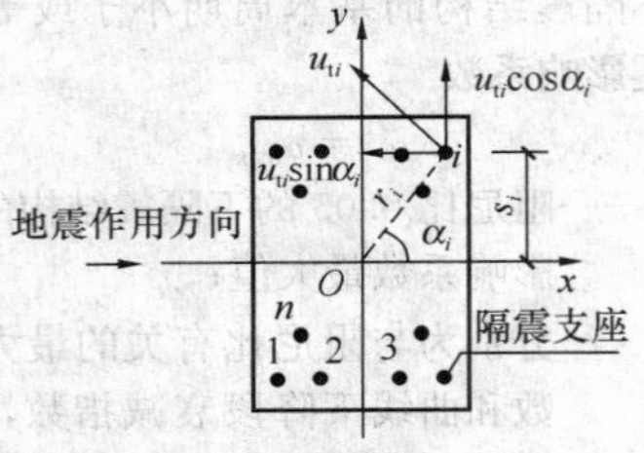

图 27　隔震层扭转计算简图

略去高阶量，可得：

$$u_i = \eta_i u_c$$

$$\eta_i = 1 + (u_{ti}/u_c)\sin\alpha_i$$

另一方面，在水平地震下 i 支座的附加位移可根据楼层的扭转角与支座至隔震层刚度中心的距离得到，

$$\frac{u_{ti}}{u_c} = \frac{k_h}{\sum k_j r_j^2} r_i e$$

$$\eta_i = 1 + \frac{k_h}{\sum k_j r_j^2} r_i e \sin\alpha_i$$

如果将隔震层平移刚度和扭转刚度用隔震层平面的几何尺寸表述，并设隔震层平面为矩形且隔震支座均匀布置，可得

$$k_h \propto ab$$

$$\sum k_j r_j^2 \propto ab(a^2 + b^2)/12$$

于是 $\qquad \eta_i = 1 + 12es_i/(a^2 + b^2)$

对于同时考虑双向水平地震作用的扭转影响的情况，由于隔震层在两个水平方向的刚度和阻尼特性相同，若两方向隔震层顶部的水平力近似认为相等，均取为 F_{Ek}，可有地震扭矩

$$M_{tx} = F_{EK} e_y, \quad M_{ty} = F_{EK} e_x$$

同时作用的地震扭矩取下列二者的较大：

$$M_t = \sqrt{M_{tx}^2 + (0.85M_{ty})^2} \text{ 和 } M_t = \sqrt{M_{ty}^2 + (0.85M_{tx})^2}$$

记为 $\qquad M_{tx} = F_{EK} e$

其中，偏心距 e 为下列二式的较大值：

$$e = \sqrt{e_x^2 + (0.85e_y)^2} \text{ 和 } e = \sqrt{e_y^2 + (0.85e_x)^2}$$

考虑到施工的误差，地震剪力的偏心距 e 宜计入偶然偏心距的影响，与本规范第 5.2 节的规定相同，隔震层也采用限制扭转影响系数最小值的方法处理。由于隔震结构设计有助于减轻结构扭转反应，建议偶然偏心距可根据隔震层的情况取值，不一定取垂直于地震作用方向边长的 5%。

3 对于砌体结构，其竖向抗震验算可简化为墙体抗震承载力验算时在墙体的平均正应力 σ_0 计入竖向地震应力的不利影响。

4 考虑到隔震层对竖向地震作用没有隔震效果，上部砌体结构的构造应保留与竖向抗力有关的要求。对砌体结构的局部尺寸、圈梁配筋和构造柱、芯柱的最大间距作了原则规定。

13　非结构构件

13.1　一 般 规 定

13.1.1 非结构的抗震设计所涉及的设计领域较多，本章主要涉及与主体结构设计有关的内容，即非结构构件与主体结构的连接件及其锚固的设计。

非结构构件（如墙板、幕墙、广告牌、机电设备等）自身的抗震，系以其不受损坏为前提的，本章不直接涉及这方面的内容。

本章所列的建筑附属设备，不包括工业建筑中的生产设备和相关设施。

13.1.2 非结构构件的抗震设防目标列于本规范第 3.7 节。与主体结构三水准设防目标相协调，容许建筑非结构构件的损坏程度略大于主体结构，但不得危及生命。

建筑非结构构件和建筑附属机电设备支架的抗震设防分类，各国的抗震规范、标准有不同的规定，本规范大致分为高、中、低三个层次：

高要求时，外观可能损坏而不影响使用功能和防火能力，安全玻璃可能裂缝，可经受相连结构构件出现 1.4 倍以上设计挠度的变形，即功能系数取≥1.4；

中等要求时，使用功能基本正常或可很快恢复，耐火时间减少 1/4，强化玻璃破碎，其他玻璃无下落，可经受相连结构构件出现设计挠度的变形，功能系数取 1.0；

一般要求，多数构件基本处于原位，但系统可能

损坏，需修理才能恢复功能，耐火时间明显降低，容许玻璃破碎下落，只能经受相连结构构件出现0.6倍设计挠度的变形，功能系数取0.6。

世界各国的抗震规范、规定中，要求对非结构的地震作用进行计算的有60%，而仅有28%对非结构的构造作出规定。考虑到我国设计人员的习惯，首先要求采取抗震措施，对于抗震计算的范围由相关标准规定，一般情况下，除了本规范第5章有明确规定的非结构构件，如出屋面女儿墙、长悬臂构件（雨篷等）外，尽量减少非结构构件地震作用计算和构件抗震验算的范围。例如，需要进行抗震验算的非结构构件大致如下：

1 7～9度时，基本上为脆性材料制作的幕墙及各类幕墙的连接；

2 8、9度时，悬挂重物的支座及其连接、出屋面广告牌和类似构件的锚固；

3 附着于高层建筑的重型商标、标志、信号等的支架；

4 8、9度时，乙类建筑的文物陈列柜的支座及其连接；

5 7～9度时，电梯提升设备的锚固件、高层建筑的电梯构件及其锚固；

6 7～9度时，建筑附属设备自重超过1.8kN或其体系自振周期大于0.1s的设备支架、基座及其锚固。

13.1.3 很多情况下，同一部位有多个非结构构件，如出入口通道可包括非承重墙体、悬吊顶棚、应急照明和出入信号四个非结构构件；电气转换开关可能安装在非承重隔墙上等。当抗震设防要求不同的非结构构件连接在一起时，要求低的构件也需按较高的要求设计，以确保较高设防要求的构件能满足规定。

13.2 基本计算要求

13.2.1 本条明确了结构专业所需考虑的非结构构件的影响，包括如何在结构设计中计入相关的重力、刚度、承载力和必要的相互作用。结构构件设计时仅计入支承非结构部位的集中作用并验算连接件的锚固。

13.2.2 非结构构件的地震作用，除了自身质量产生的惯性力外，还有支座间相对位移产生的附加作用；二者需同时组合计算。

非结构构件的地震作用，除了本规范第5章规定的长悬臂构件外，只考虑水平方向。其基本的计算方法是对应于“地面反应谱”的“楼面谱”，即反映支承非结构构件的主体结构体系自身动力特性、非结构构件所在楼层位置和支点数量、结构和非结构阻尼特性对地面地震运动的放大作用；当非结构构件的质量较大时或非结构体系的自振特性与主结构体系的某一振型的振动特性相近时，非结构体系还将与主结构体系的地震反应产生相互影响。一般情况下，可采用简化方法，即等效侧力法计算；同时计入支座间相对位移产生的附加内力。对刚性连接于楼盖上的设备，当与楼层并为一个质点参与整个结构的计算分析时，也不必另外用楼面谱进行其地震作用计算。

要求进行楼面谱计算的非结构构件，主要是建筑附属设备，如巨大的高位水箱、出屋面的大型塔架等。采用第二代楼面谱计算可反映非结构构件对所在建筑结构的反作用，不仅导致结构本身地震反应的变化，固定在其上的非结构的地震反应也明显不同。

计算楼面谱的基本方法是随机振动法和时程分析法，当非结构构件的材料与结构体系相同时，可直接利用一般的时程分析软件得到；当非结构构件的质量较大，或材料阻尼特性明显不同，或在不同楼层上有支点，需采用第二代楼面谱的方法进行验算。此时，可考虑非结构与主体结构的相互作用，包括“吸振效应”，计算结果更加可靠。采用时程分析法和随机振动法计算楼面谱需有专门的计算软件。

13.2.3 非结构构件的抗震计算，最早见于ACT-3，采用了静力法。

等效侧力法在第一代楼面谱（以建筑的楼面运动作为地震输入，将非结构构件作为单自由度系统，将其最大反应的均值作为楼面谱，不考虑非结构构件对楼层的反作用）基础上做了简化。各国抗震规范的非结构构件的等效侧力法，一般由设计加速度、功能（或重要）系数、构件类别系数、位置系数、动力放大系数和构件重力六个因素所决定。

设计加速度一般取相当于设防烈度的地面运动加速度；与本规范各章协调，这里仍取多遇地震对应的加速度。

部分非结构构件的功能系数和类别系数参见本规范附录M第M.2节。

位置系数，一般沿高度为线性分布，顶点的取值，UBC97为4.0，欧洲规范为2.0，日本取3.3。根据强震观测记录的分析，对多层和一般的高层建筑，顶部的加速度约为底层的二倍；当结构有明显的扭转效应或高宽比较大时，房屋顶部和底部的加速度比例大于2.0。因此，凡采用时程分析法补充计算的建筑结构，此比值应依据时程分析法相应调整。

状态系数，取决于非结构体系的自振周期，UBC97在不同场地条件下，以周期1s时的动力放大系数为基础再乘以2.5和1.0两档，欧洲规范要求计算非结构体系的自振周期 T_a，取值为 $3/[1+(1-T_a/T_1)^2]$，日本取1.0、1.5和2.0三档。本规范不要求计算体系的周期，简化为两种极端情况，1.0适用于非结构的体系自振周期不大于0.06s等体系刚度较大的情况，其余按 T_a 接近于 T_1 的情况取值。当计算非结构体系的自振周期时，则可按 $2/[1+(1-T_a/T_1)^2]$ 采用。

由此得到的地震作用系数(取位置、状态和构件类别三个系数的乘积）的取值范围，与主体结构体系相比，UBC97 按场地不同为（0.7～4.0）倍［若以硬土条件下结构周期 1.0s 为 1.0，则为（0.5～5.6）倍］，欧洲规范为 0.75～6.0 倍［若以硬土条件下结构周期 1.0s 为 1.0，则为（1.2～10）倍］。我国一般为（0.6～4.8）倍［若以 T_g＝0.4s、结构周期 1.0s 为 1.0，则为（1.3～11）倍］。

13.2.4 非结构构件支座间相对位移的取值，凡需验算层间位移者，除有关标准的规定外，一般按本规范规定的位移限值采用。

对建筑非结构构件，其变形能力相差较大。砌体材料构成的非结构构件，由于变形能力较差而限制在要求高的场所使用，国外的规范也只有构造要求而不要求进行抗震计算；金属幕墙和高级装修材料具有较大的变形能力，国外通常由生产厂家按主体结构设计的变形要求提供相应的材料，而不是由材料决定结构的变形要求；对玻璃幕墙，《建筑幕墙》标准中已规定其平面内变形分为五个等级，最大 1/100，最小 1/400。

对设备支架，支座间相对位移的取值与使用要求有直接联系。例如，要求在设防烈度地震下保持使用功能（如管道不破碎等），取设防烈度下的变形，即功能系数可取 2～3，相应的变形限值取多遇地震的（3～4）倍；要求在罕遇地震下不造成次生灾害，则取罕遇地震下的变形限值。

13.2.5 本条规定非结构构件地震作用效应组合和承载力验算的原则。强调不得将摩擦力作为抗震设计的抗力。

13.3 建筑非结构构件的基本抗震措施

89 规范各章中有关建筑非结构构件的构造要求如下：

1 砌体房屋中，后砌隔墙、楼梯间砖砌栏板的规定；

2 多层钢筋混凝土房屋中，围护墙和隔墙材料、砖填充墙布置和连接的规定；

3 单层钢筋混凝土柱厂房中，天窗端壁板、围护墙、高低跨封墙和纵横跨悬墙的材料和布置的规定，砌体隔墙和围护墙、墙梁、大型墙板等与排架柱、抗风柱的连接构造要求；

4 单层砖柱厂房中，隔墙的选型和连接构造规定；

5 单层钢结构厂房中，围护墙选型和连接要求。

2001 规范将上述规定加以合并整理，形成建筑非结构构件材料、选型、布置和锚固的基本抗震要求。还补充了吊车走道板、天沟板、端屋架与山墙间的填充小屋面板，天窗端壁板和天窗侧板下的填充砌体等非结构构件与支承结构可靠连接的规定。

玻璃幕墙已有专门的规程，预制墙板、顶棚及女儿墙、雨篷等附属构件的规定，也由专门的非结构抗震设计规程加以规定。

本次修订的主要内容如下：

13.3.3 将砌体房屋中关于烟道、垃圾道的规定移入本节。

13.3.4 增加了框架楼梯间等处填充墙设置钢丝网面层加强的要求。

13.3.5 进一步明确厂房围护墙的设置应注意下列问题：

1 唐山地震震害经验表明：嵌砌墙的墙体破坏较外贴墙轻得多，但对厂房的整体抗震性能极为不利，在多跨厂房和外纵墙不对称布置的厂房中，由于各柱列的纵向侧移刚度差别悬殊，导致厂房纵向破坏，倒塌的震例不少，即使两侧均为嵌砌墙的单跨厂房，也会由于纵向侧移刚度的增加而加大厂房的纵向地震作用效，特别是柱顶地震作用的集中对柱顶节点的抗震很不利，容易造成柱顶节点破坏，危及屋盖的安全，同时由于门窗洞口处刚度的削弱和突变，还会导致门窗洞口处柱子的破坏，因此，单跨厂房也不宜在两侧采用嵌砌墙。

2 砖砌体的高低跨封墙和纵横向厂房交接处的悬墙，由于质量大、位置高，在水平地震作用特别是高振型影响下，外甩力大，容易发生外倾、倒塌，造成高砸低的震害，不仅砸坏低屋盖，还可能破坏低跨设备或伤人，危害严重，唐山地震中，这种震害的发生率很高，因此，宜采用轻质墙板，当必须采用砖砌体时，应加强与主体结构的锚拉。

3 高低跨封墙直接砌在低跨屋面板上时，由于高振型和上、下变形不协调的影响，容易发生倒塌破坏，并砸坏低跨屋盖，邢台地震 7 度区就有这种震例。

4 砌体女儿墙的震害较普遍，故规定需设置时，应控制其高度，并采取防地震时倾倒的构造措施。

5 不同墙体材料的质量、刚度不同，对主体结构的地震影响不同，对抗震不利，故不宜采用。必要时，宜采用相应的措施。

13.3.6 本条文字表达略有修改。轻型板材是指彩色涂层压型钢板、硬质金属面夹芯板，以及铝合金板等轻型板材。

降低厂房屋盖和围护结构的重量，对抗震十分有利。震害调查表明，轻型墙板的抗震效果很好。大型墙板围护厂房的抗震性能明显优于砌体围护墙厂房。大型墙板与厂房柱刚性连接，对厂房的抗震不利，并对厂房的纵向温度变形、厂房柱不均匀沉降以及各种振动也都不利。因此，大型墙板与厂房柱间应优先采用柔性连接。

嵌砌砌体墙对厂房的纵向抗震不利，故一般不应采用。

13.4 建筑附属机电设备支架的基本抗震措施

本规范仅规定对附属机电设备支架的基本要求。并参照美国UBC规范的规定，给出了可不作抗震设防要求的一些小型设备和小直径的管道。

建筑附属机电设备的种类繁多，参照美国UBC97规范，要求自重超过1.8kN（400磅）或自振周期大于0.1s时，要进行抗震计算。计算自振周期时，一般采用单质点模型。对于支承条件复杂的机电设备，其计算模型应符合相关设备标准的要求。

附录M 实现抗震性能设计目标的参考方法

M.1 结构构件抗震性能设计方法

M.1.1 本条依据震害，尽可能将结构构件在地震中的破坏程度，用构件的承载力和变形的状态做适当的定量描述，以作为性能设计的参考指标。

关于中等破坏时构件变形的参考值，大致取规范弹性限值和弹塑性限值的平均值；构件接近极限承载力时，其变形比中等破坏小些；轻微损坏，构件处于开裂状态，大致取中等破坏的一半。不严重破坏，大致取规范不倒塌的弹塑性变形限值的90%。

不同性能要求的位移及其延性要求，参见图28。从中可见，对于非隔震、减震结构，性能1，在罕遇地震时层间位移可按线性弹性计算，约为$[\Delta u_e]$，震后基本不存在残余变形；性能2，震时位移小于2$[\Delta u_e]$，震后残余变形小于0.5$[\Delta u_e]$；性能3，考虑阻尼有所增加，震时位移约为(4～5)$[\Delta u_e]$，按退化刚度估计震后残余变形约$[\Delta u_e]$；性能4，考虑等效阻尼加大和刚度退化，震时位移约为(7～8)$[\Delta u_e]$，震后残余变形约2$[\Delta u_e]$。

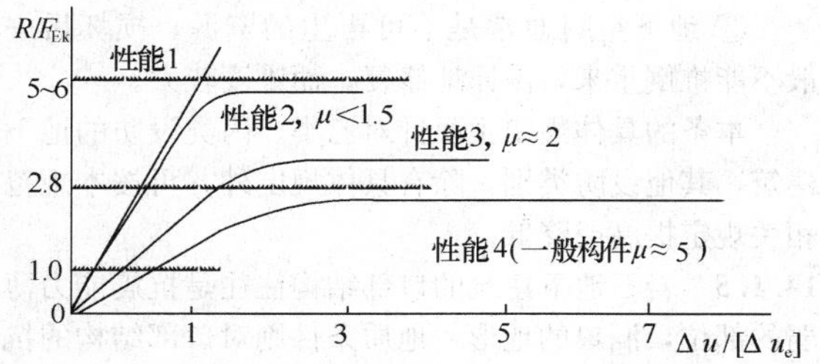

图28 不同性能要求的位移和延性需求示意图

从抗震能力的等能量原理，当承载力提高一倍时，延性要求减少一半，故构造所对应的抗震等级大致可按降低一度的规定采用。延性的细部构造，对混凝土构件主要指箍筋、边缘构件和轴压比等构造，不包括影响正截面承载力的纵向受力钢筋的构造要求；对钢结构构件主要指长细比、板件宽厚比、加劲肋等构造。

M.1.2 本条列出了实现不同性能要求的构件承载力验算表达式，中震和大震均不考虑地震效应与风荷载效应的组合。

设计值复核，需计入作用分项系数、抗力的材料分项系数、承载力抗震调整系数，但计入和不计入不同抗震等级的内力调整系数时，其安全性的高低略有区别。

标准值和极限值复核，不计入作用分项系数、承载力抗震调整系数和内力调整系数，但材料强度分别取标准值和最小极限值。其中，钢材强度的最小极限值f_u按《高层民用建筑钢结构技术规程》JGJ 99采用，约为钢材屈服强度的（1.35～1.5）倍；钢筋最小极限强度参照本规范第3.9.2条，取钢筋屈服强度f_y的1.25倍；混凝土最小极限强度参照《混凝土结构设计规范》GB 50011—2002第4.1.3条的说明，考虑实际结构混凝土强度与试件混凝土强度的差异，取立方强度的0.88倍。

M.1.3 本条给出竖向构件弹塑性变形验算的注意事项。

对于不同的破坏状态，弹塑性分析的地震作用和变形计算的方法也不同，需分别处理。

地震作用下构件弹塑性变形计算时，必须依据其实际的承载力——取材料强度标准值、实际截面尺寸（含钢筋截面）、轴向力等计算，考虑地震强度的不确定性，构件材料动静强度的差异等等因素的影响，从工程的角度，构件弹塑性参数可仍按杆件模型适当简化，参照IBC的规定，建议混凝土构件的初始刚度取短期或长期刚度，至少按$0.85E_cI$简化计算。

结构的竖向构件在不同破坏状态下层间位移角的参考控制目标，若依据试验结果并扣除整体转动影响，墙体的控制值要远小于框架柱。从工程应用的角度，参照常规设计时各楼层最大层间位移角的限值，若干结构类型按本条正文规定得到的变形最大的楼层中竖向构件最大位移角限值，如表9所示。

表9 结构竖向构件对应于不同破坏状态的最大层间位移角参考控制目标

结构类型	完好	轻微损坏	中等破坏	不严重破坏
钢筋混凝土框架	1/550	1/250	1/120	1/60
钢筋混凝土抗震墙、筒中筒	1/1000	1/500	1/250	1/135
钢筋混凝土框架-抗震墙、板柱-抗震墙、框架-核心筒	1/800	1/400	1/200	1/110
钢筋混凝土框支层	1/1000	1/500	1/250	1/135
钢结构	1/300	1/200	1/100	1/55
钢框架-钢筋混凝土内筒、型钢混凝土框架-钢筋混凝土内筒	1/800	1/400	1/200	1/110

M.2 建筑构件和建筑附属设备支座抗震性能设计方法

各类建筑构件在强烈地震下的性能，一般允许其损坏大于结构构件，在大震下损坏不对生命造成危害。固定于结构的各类机电设备，则需考虑使用功能保持的程度，如检修后照常使用、一般性修理后恢复使用、更换部分构件的大修后恢复使用等。

本附录的表 M.2.2 和表 M.2.3 来自 2001 规范第 13.2.3 条的条文说明，主要参考国外的相关规定。

关于功能系数，UBC97 分 1.5 和 1.0 两档，欧洲规范分 1.5、1.4、1.2、1.0 和 0.8 五档，日本取 1.0，2/3，1/2 三档。本附录按设防类别和使用要求确定，一般分为三档，取≥1.4、1.0 和 0.6。

关于构件类别系数，美国早期的 ATC-3 分 0.6、0.9、1.5、2.0、3.0 五档，UBC97 称反应修正系数，无延性材料或采用胶粘剂的锚固为 1.0，其余分为 2/3、1/3、1/4 三档，欧洲规范分 1.0 和 1/2 两档。本附录分 0.6、0.9、1.0 和 1.2 四档。

M.3 建筑构件和建筑附属设备抗震计算的楼面谱方法

非结构抗震设计的楼面谱，即从具体的结构及非结构所在的楼层在地震下的运动（如实际加速度记录或模拟加速度时程）得到具体的加速度谱，体现非结构动力特性对所处环境（场地条件、结构特性、非结构位置等）地震反应的再次放大效果。对不同的结构或同一结构的不同楼层，其楼面谱均不相同，在与结构体系主要振动周期相近的若干周期段，均有明显的放大效果。下面给出北京长富宫的楼面谱，可以看到上述特点。

北京长富宫为地上 25 层的钢结构，前六个自振周期为 3.45s、1.15s、0.66s、0.48s、0.46s、0.35s。采用随机振动法计算的顶层楼面反应谱如图 29 所示，说明非结构的支承条件不同时，与主体结构的某个振型发生共振的机会是较多的。

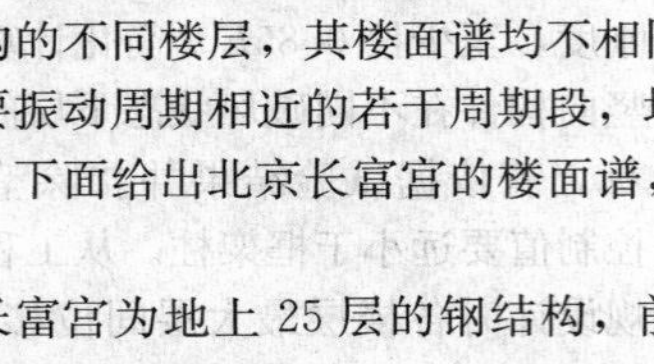

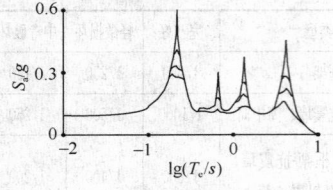

图 29 长富宫顶层的楼面反应谱

14 地下建筑

14.1 一般规定

14.1.1 本章是新增加的，主要规定地下建筑不同于地面建筑的抗震设计要求。

地下建筑种类较多，有的抗震能力强，有的使用要求高，有的服务于人流、车流，有的服务于物资储藏，抗震设防应有不同的要求。本章的适用范围为单建式地下建筑，且不包括地下铁道和城市公路隧道，因为地下铁道和城市公路隧道等属于交通运输类工程。

高层建筑的地下室（包括设置防震缝与主楼对应范围分开的地下室）属于附建式地下建筑，其性能要求通常与地面建筑一致，可按本规范有关章节所提出的要求设计。

随着城市建设的快速发展，单建式地下建筑的规模正在增大，类型正在增多，其抗震能力和抗震设防要求也有差异，需要在工程设计中进一步研究，逐步解决。

14.1.2 建设场地的地形、地质条件对地下建筑结构的抗震性能均有直接或间接的影响。选择在密实、均匀、稳定的地基上建造，有利于结构在经受地震作用时保持稳定。

14.1.3、14.1.4 对称、规则并具有良好的整体性，及结构的侧向刚度宜自下而上逐渐减小等是抗震结构建筑布置的常见要求。地下建筑与地面建筑的区别是，地下建筑结构尤应力求体型简单，纵向、横向外形平顺，剖面形状、构件组成和尺寸不沿纵向经常变化，使其抗震能力提高。

关于钢筋混凝土结构的地下建筑的抗震等级，其要求略高于高层建筑的地下室，这是由于：

① 高层建筑地下室，在楼房倒塌后一般即弃之不用，单建式地下建筑则在附近房屋倒塌后仍常有继续服役的必要，其使用功能的重要性常高于高层建筑地下室；

② 地下结构一般不宜带缝工作，尤其是在地下水位较高的场合，其整体性要求高于地面建筑；

③ 地下空间通常是不可再生的资源，损坏后一般不能推倒重来，需原地修复，而难度较大。

本条的具体规定主要针对乙类、丙类设防的地下建筑，其他设防类别，除有具体规定外，可按本规范相关规定提高或降低。

14.1.5 岩石地下建筑的口部结构往往是抗震能力薄弱的部位，洞口的地形、地质条件则对口部结构的抗震稳定性有直接的影响，故应特别注意洞口位置和口部结构类型的选择的合理性。

14.2 计 算 要 点

14.2.1 本条根据当前的工程经验，确定抗震设计中可不进行计算分析的地下建筑的范围。

设防烈度为 7 度时Ⅰ、Ⅱ类场地中的丙类建筑可不计算，主要是参考唐山地震中天津市人防工程震害调查的资料。

设防烈度为8度（0.20g）Ⅰ、Ⅱ类场地中层数不多于2层、体型简单、跨度不大、构件连结整体性好的丙类建筑，其结构刚度相对较大，抗震能力相对较强，具有设计经验时也可不进行地震作用计算。

14.2.2 本条规定地下建筑抗震计算的模型和相应的计算方法。

1 地下建筑结构抗震计算模型的最大特点是，除了结构自身受力、传力途径的模拟外，还需要正确模拟周围土层的影响。

长条形地下结构按横截面的平面应变问题进行抗震计算的方法，一般适用于离端部或接头的距离达1.5倍结构跨度以上的地下建筑结构。端部和接头部位等的结构受力变形情况较复杂，进行抗震计算时原则上应按空间结构模型进行分析。

结构形式、土层和荷载分布的规则性对结构的地震反应都有影响，差异较大时地下结构的地震反应也将有明显的空间效应。此时，即使是外形相仿的长条形结构，也宜按空间结构模型进行抗震计算和分析。

2 对地下建筑结构，反应位移法、等效水平地震加速度法或等效侧力法，作为简便方法，仅适用于平面应变问题的地震反应分析；其余情况，需要采用具有普遍适用性的时程分析法。

3 反应位移法。采用反应位移法计算时，将土层动力反应位移的最大值作为强制位移施加于结构上，然后按静力原理计算内力。土层动力反应位移的最大值可通过输入地震波的动力有限元计算确定。

以长条形地下结构为例，其横截面的等效侧向荷载为由两侧土层变形形成的侧向力 $p(z)$、结构自重产生的惯性力及结构与周围土层间的剪切力 τ 三者的总和（图30）。地下结构本身的惯性力，可取结构的质量乘以最大加速度，并施加在结构重心上。$p(z)$ 和 τ 可按下列公式计算：

$$\tau = \frac{G}{\pi H} S_{\mathrm{v}} T_{\mathrm{s}} \tag{13}$$

$$p(z) = k_{\mathrm{h}}[u(z) - u(z_{\mathrm{b}})] \tag{14}$$

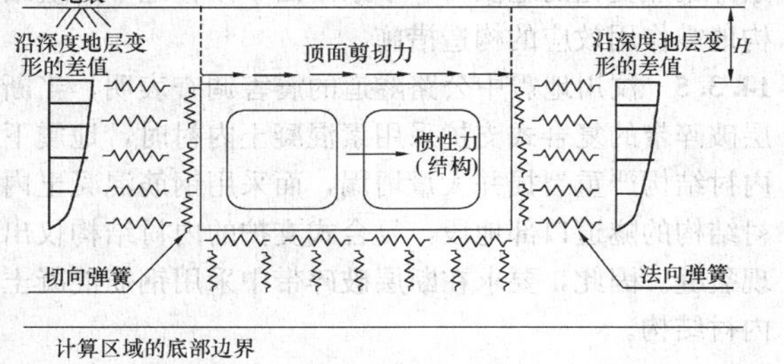

图30 反应位移法的等效荷载

式中，τ 为地下结构顶板上表面与土层接触处的剪切力；G 为土层的动剪变模量，可采用结构周围地层中应变水平为 10^{-4} 量级的地层的剪切刚度，其值约为初始值的70%～80%；H 为顶板以上土层的厚度，S_{v} 为基底上的速度反应谱，可由地面加速度反应谱得到；T_{s} 为顶板以上土层的固有周期；$p(z)$ 为土层变形形成的侧向力，$u(z)$ 为距地表深度 z 处的地震土层变形；z_{b} 为地下结构底面距地表面的深度；k_{h} 为地震时单位面积的水平向土层弹簧系数，可采用不包含地下结构的土层有限元网格，在地下结构处施加单位水平力然后求出对应的水平变形得到。

4 等效水平地震加速度法。此法将地下结构的地震反应简化为沿垂直向线性分布的等效水平地震加速度的作用效应，计算采用的数值方法常为有限元法；等效侧力法将地下结构的地震反应简化为作用在节点上的等效水平地震惯性力的作用效应，从而可采用结构力学方法计算结构的动内力。两种方法都较简单，尤其是等效侧力法。但二者需分别得出等效水平地震加速度荷载系数和等效侧力系数等的取值，普遍适用性较差。

5 时程分析法。根据软土地区的研究成果，平面应变问题时程分析法网格划分时，侧向边界宜取至离相邻结构边墙至少3倍结构宽度处，底部边界取至基岩表面，或经时程分析试算结果趋于稳定的深度处，上部边界取至地表。计算的边界条件，侧向边界可采用自由场边界，底部边界离结构底面较远时可取为可输入地震加速度时程的固定边界，地表为自由变形边界。

采用空间结构模型计算时，在横截面上的计算范围和边界条件可与平面应变问题的计算相同，纵向边界可取为离结构端部距离为2倍结构横断面面积当量宽度处的横剖面，边界条件均宜为自由场边界。

14.2.3 本条规定地下结构抗震计算的主要设计参数：

1 地下结构的地震作用方向与地面建筑的区别。首先是对于长条形地下结构，作用方向与其纵轴方向斜交的水平地震作用，可分解为横断面上和沿纵轴方向作用的水平地震作用，二者强度均将降低，一般不可能单独起控制作用。因而对其按平面应变问题分析时，一般可仅考虑沿结构横向的水平地震作用；对地下空间综合体等体型复杂的地下建筑结构，宜同时计算结构横向和纵向的水平地震作用。其次是对竖向地震作用的要求，体型复杂的地下空间结构或地基地质条件复杂的长条形地下结构，都易产生不均匀沉降并导致结构裂损，因而即使设防烈度为7度，必要时也需考虑竖向地震作用效应的综合作用。

2 地面以下地震作用的大小。地面下设计基本地震加速度值随深度逐渐减小是公认的，但取值各国有不同的规定；一般在基岩面取地表的1/2，基岩至地表按深度线性内插。我国《水工建筑物抗震设计规范》DL 5073第9.1.2条规定地表为基岩面时，基岩面下50m及其以下部位的设计地震加速度代表值可取为地表规定值的1/2，不足50m处可按深度由线性插值确定。对于进行地震安全性评价的场地，则可根据具体情况按一维或多维的模型进行分析后确定其减小的规律。

3 地下结构的重力荷载代表值。地下建筑结构静力设计时，水、土压力是主要荷载，故在确定地下建筑结构的重力荷载的代表值时，应包含水、土压力的标准值。

4 土层的计算参数。软土的动力特性采用 Davidenkov 模型表述时，动剪变模量 G、阻尼比 λ 与动剪应变 γ_d 之间满足关系式：

$$\frac{G}{G_{\max}}=1-\left[\frac{(\gamma_d/\gamma_0)^{2B}}{1+(\gamma_d/\gamma_0)^{2B}}\right]^A \tag{15}$$

$$\frac{\lambda}{\lambda_{\max}}=\left[1-\frac{G}{G_{\max}}\right]^{\beta} \tag{16}$$

式中，$G_{\max}$ 为最大动剪变模量，γ_0 为参考应变，$\lambda_{\max}$ 为最大阻尼比，A、B、β 为拟合参数。

以上参数可由土的动力特性试验确定，缺乏资料时也可按下列经验公式估算。

$$G_{\max}=\rho c_s^2 \tag{17}$$

$$\lambda_{\max}=\alpha_2-\alpha_3(\sigma'_v)^{\frac{1}{2}} \tag{18}$$

$$\sigma'_v=\sum_{i=1}^{n}\gamma'_i h_i \tag{19}$$

式中，ρ 为质量密度，c_s 为剪切波速，σ'_v 为有效上覆压力，γ'_i 为第 i 层土的有效重度，h_i 为第 i 层土的厚度，α_2、α_3 为经验常数，可由当地试验数据拟合分析确定。

14.2.4 地下建筑不同于地面建筑的抗震验算内容如下：

1 一般应进行多遇地震下承载力和变形的验算。

2 考虑地下建筑修复的难度较大，将罕遇地震作用下混凝土结构弹塑性层间位移角的限值取为 $[\theta_p]=1/250$。由于多遇地震作用下按结构弹性状态计算得到的结果可能不满足罕遇地震作用下的弹塑性变形要求，建议进行设防地震下构件承载力和结构变形验算，使其在设防地震下可安全使用，在罕遇地震下能满足抗震变形验算的要求。

3 在有可能液化的地基中建造地下建筑结构时，应注意检验其抗浮稳定性，并在必要时采取措施加固地基，以防地震时结构周围的场地液化。鉴于经采取措施加固后地基的动力特性将有变化，本条要求根据实测标准贯入锤击数与临界锤击数的比值确定液化折减系数，并进而计算地下连续墙和抗拔桩等的摩阻力。

14.3 抗震构造措施和抗液化措施

14.3.1 地下钢筋混凝土框架结构构件的尺寸常大于同类地面结构的构件，但因使用功能不同的框架结构要求不一致，因而本条仅提构件最小尺寸应至少符合同类地面建筑结构构件的规定，而未对其规定具体尺寸。

地下钢筋混凝土结构按抗震等级提出的构造要求，第 3 款为根据“强柱弱梁”的设计概念适当加强框架柱的措施。

14.3.2 本条规定比地上板柱结构有所加强，旨在便于协调安全受力和方便施工的需要。为加快施工进度，减少基坑暴露时间，地下建筑结构的底板、顶板和楼板常采用无梁肋结构，由此使底板、顶板和楼板等的受力体系不再是板梁体系，故在必要时宜通过在柱上板带中设置暗梁对其加强。

为加强楼盖结构的整体性，提出第 2 款为加强周边墙体与楼板的连接构造的措施。

水平地震作用下，地下建筑侧墙、顶板和楼板开孔都将影响结构体系的抗震承载能力，故有必要适当限制开孔面积，并辅以必要的措施加强孔口周围的构件。

14.3.3 根据单建式地下建筑结构的特点，提出遇到液化地基时可采用的处理技术和要求。

对周围土体和地基中存在的液化土层，注浆加固和换土等技术措施可有效地消除或减轻液化危害。

对液化土层未采取措施时，应考虑其上浮的可能性，验算方法及要求见本章第 14.2 节，必要时应采取抗浮措施。

地基中包含薄的液化土夹层时，以加强地下结构而不是加固地基为好。当基坑开挖中采用深度大于 20m 的地下连续墙作为围护结构时，坑内土体将因受到地下连续墙的挟持包围而形成较好的场地条件，地震时一般不可能液化。这两种情况，周围土体都存在液化土，在承载力及抗浮稳定性验算中，仍应计入周围土层液化引起的土压力增加和摩阻力降低等因素的影响。

14.3.4 当地下建筑不可避免地必须通过滑坡和地质条件剧烈变化的地段时，本条给出了减轻地下建筑结构地震作用效应的构造措施。

14.3.5 汶川地震中公路隧道的震害调查表明，当断层破碎带的复合式支护采用素混凝土内衬时，地震下内衬结构严重裂损并大量坍塌，而采用钢筋混凝土内衬结构的隧道口部地段，复合式支护的内衬结构仅出现裂缝。因此，要求在断层破碎带中采用钢筋混凝土内衬结构。

中华人民共和国国家标准

构筑物抗震设计规范

Code for seismic design of special structures

GB 50191—2012

主编部门：中华人民共和国住房和城乡建设部
批准部门：中华人民共和国住房和城乡建设部
施行日期：2 0 1 2 年 1 0 月 1 日

中华人民共和国住房和城乡建设部
公　　告

第 1392 号

关于发布国家标准《构筑物抗震设计规范》的公告

现批准《构筑物抗震设计规范》为国家标准，编号为 GB 50191—2012，自 2012 年 10 月 1 日起实施。其中，第 1.0.4、1.0.5、3.3.2、3.6.1、3.7.1、3.7.2、3.7.4、4.1.9、4.2.2、4.3.2、4.5.5、5.1.1、5.1.4、5.1.5、5.2.5、5.4.1、5.4.2、5.4.3、6.1.2、6.3.2、6.3.7、7.7.7、8.2.14、8.2.15、9.1.9、9.2.3（1）、9.2.15（2）、10.1.3、10.2.7、10.2.10、10.2.15、11.1.6、11.2.8、12.2.7、13.2.8、15.2.2（2）、17.2.5、18.2.11、22.2.4、22.2.9、22.2.11、22.4.5、23.2.2、23.2.10、23.3.5、24.2.4、24.2.11、24.3.5 条（款）为强制性条文，必须严格执行。原国家标准《构筑物抗震设计规范》GB 50191—93 同时废止。

本规范由我部标准定额研究所组织中国计划出版社出版发行。

中华人民共和国住房和城乡建设部

二〇一二年五月二十八日

前　　言

本规范是根据原建设部《关于印发<二〇〇一～二〇〇二年度工程建设国家标准制订、修订计划>的通知》（建标〔2002〕85 号）的要求，由中冶建筑研究总院有限公司会同有关单位共同对原国家标准《构筑物抗震设计规范》GB 50191—93 进行修订而成的。

本规范在修订过程中，修订组通过调查总结设计经验和国内外地震破坏实例，开展了专题试验研究和计算分析，吸收了近年来的工程实践经验，并在全国范围内广泛征求了有关设计、勘察、科研、教学等单位和专家、学者的意见，经多次讨论、修改、试设计和经济分析，最后经审查定稿。

本规范共分 25 章和 13 个附录，主要内容包括：总则，术语和符号，基本规定，场地、地基和基础，地震作用和结构抗震验算，钢筋混凝土框排架结构，钢框排架结构，锅炉钢结构，筒仓，井架，井塔，双曲线冷却塔，电视塔，石油化工塔型设备基础，焦炉基础，运输机通廊，管道支架，浓缩池，常压立式圆筒形储罐基础，球形储罐基础，卧式设备基础，高炉系统结构，尾矿坝，索道支架，挡土结构等。

本次修订的内容有：

1. 与现行国家标准《建筑抗震设计规范》GB 50011—2010 等相协调并作了相关修订；

2. 调整了场地类别划分和特征周期的取值；

3. 除尾矿坝和挡土结构外，统一按多遇地震进行地震作用计算，不再划分 A、B 水准；

4. 修改了阻尼比计算修正公式，给出钢结构在多遇地震和罕遇地震下的阻尼比值；

5，取消了钢筋混凝土锅炉构架，增补了锅炉钢结构；

6. 增加了钢井塔、索道支架和挡土结构等构筑物的抗震设计；

7. 完善和修订了各类构筑物的抗震验算和抗震构造措施。

本规范中以黑体字标志的条文为强制性条文，必须严格执行。

本规范由住房和城乡建设部负责管理和对强制性条文的解释，由中冶建筑研究总院有限公司负责具体技术内容的解释。本规范在执行过程中，请各单位结合工程实践总结经验，并将意见和建议反馈到中冶建筑研究总院有限公司《构筑物抗震设计规范》管理组（地址：北京市海淀区西土城路 33 号，邮政编码：100088，E-mail：GB50191@sohu.com），以供今后修订时参考。

本规范主编单位、参编单位、主要起草人和主要审查人：

主编单位：中冶建筑研究总院有限公司

参编单位：上海宝钢工程技术有限公司

大连理工大学

中广电广播电影电视设计研究院
中冶长天国际工程有限责任公司
中冶北方工程技术有限公司
中冶京诚工程技术有限公司
中冶焦耐工程技术有限公司
中冶赛迪工程技术股份有限公司
中国二十二冶集团有限公司
中国水利水电科学研究院
中国电力工程顾问集团东北电力设计院
中国电力工程顾问集团西北电力设计院
中国石化工程建设公司
中国石化洛阳石油化工工程公司
中国地震局工程力学研究所
中国机械工业集团公司
中国京冶工程技术有限公司
中国钢结构协会锅炉钢结构分会
中国煤炭科工集团沈阳设计研究院
中国煤炭科工集团中煤国际工程设计研究总院
长沙有色冶金设计研究院
兰州有色冶金设计研究院
北京远达国际工程管理咨询有限公司
同济大学
西安建筑科技大学
国家钢结构工程技术研究中心
国家粮食储备局郑州科学研究设计院
昆明有色冶金设计研究院
青岛理工大学
浙江大学
清华大学

主要起草人： 李永录 侯忠良 耿树江 马人乐 马天鹏 马炜言 孔宪京 王立军 王兆飞 王余庆 王命平 王建磊 王攀峰 史 进 任智民 关家祥 刘小生 刘 武 刘曾武 孙恒志 孙洪鹏 孙景江 孙雅欣 师 杰 曲传凯 曲兴发 朱丽华 许卫宏 陆贻杰 肖 湘 何建平 孟宪国 张文革 张令心 张 勇 张战书 张 建 张建民 李成智 李鹏程 李大生 杨大元 杨如曾 杨晓阳 苏军伟 辛鸿博 邹德高 陈天镭 陈 炯 严洪丽 罗永谦 罗国荣 郑山锁 赵剑明 胡正宇 唐大凡 徐 建 徐 晖 高名游 崔元瑞 梁传珍 黄左坚 黄志龙 蔡建平 谭 刘 魏晓东

主要审查人： 陈厚群 王亚勇 刘锡荟 王书增 李大生 杜肇民 沈世杰 陈传金 姚德康 徐宗和 秦 权 陶亚东 端木祥 潘永来 戴国莹 魏利金

目　次

Contents

1 总 则

1.0.1 为贯彻执行国家有关防震减灾法律法规，并实行以预防为主的方针，使构筑物经抗震设防后，减轻地震破坏，避免人员伤亡或完全丧失使用功能，减少经济损失，制定本规范。

1.0.2 本规范适用于抗震设防烈度为6度～9度地区构筑物的抗震设计。

1.0.3 按本规范进行抗震设计的构筑物，在50年设计使用年限内的抗震设防目标当遭受低于本地区抗震设防烈度的多遇地震影响时，主体结构不受损坏或不需修理，可继续使用；当遭受相当于本地区抗震设防烈度的设防地震影响时，结构的损坏经一般修理可继续使用；当遭受高于本地区抗震设防烈度的罕遇地震影响时，不应发生整体倒塌。

1.0.4 抗震设防烈度为6度及以上地区的构筑物，必须进行抗震设计。

1.0.5 抗震设防烈度和设计地震动参数必须按国家规定的权限审批颁发的文件(图件)确定，并按批准文件采用。

1.0.6 抗震设防烈度应采用现行国家标准《中国地震动参数区划图》GB 18306的地震基本烈度，或采用与本规范设计基本地震加速度值对应的烈度值。已完成地震安全性评价的工程场地，宜按经批准的抗震设防烈度或设计地震动参数进行抗震设防。

1.0.7 构筑物的抗震设计除应符合本规范外，尚应符合国家现行有关标准的规定。

2 术语和符号

2.1 术 语

2.1.1 地震基本烈度 basic seismic intensity

在50年期限内，一般场地条件下，可能遭遇的超越概率为10%的地震烈度值，相当于475年一遇的烈度值。

2.1.2 抗震设防烈度 seismic precautionary intensity

按国家规定的权限批准作为一个地区抗震设防依据的地震烈度，一般情况下，取地震基本烈度。

2.1.3 抗震设防标准 seismic precautionary criterion

衡量抗震设防要求高低的尺度，由抗震设防烈度或设计地震动参数及构筑物抗震设防类别确定。

2.1.4 地震作用 earthquake action

由地震动引起的结构动态作用，包括水平地震作用和竖向地震作用。

2.1.5 设计地震动参数 design parameters of ground motion

抗震设计用的地震加速度(速度、位移)时程曲线、加速度反应谱和峰值加速度。

2.1.6 设计基本地震加速度 design basic acceleration of ground motion

50年设计基准期，超越概率为10%的地震加速度的设计取值。

2.1.7 特征周期 characteristic period of ground motion

抗震设计用的地震影响系数曲线中，反映地震震级、震中距和场地类别等因素的下降段起始点对应的周期值。

2.1.8 地震影响系数 seismic influence coefficient

单质点弹性体系在地震作用下的最大加速度反应与重力加速度比值的统计平均值。

2.1.9 场地 site

具有相似的反应谱特征的工程群体所在地。

2.1.10 构筑物抗震概念设计 seismic concept design of special structures

根据地震灾害和工程经验等所形成的基本设计原则和设计思想，对构筑物进行工艺布置和结构选型及其确定细部构造的设计过程。

2.1.11 地震作用效应 seismic action effect

在地震作用下，结构产生的剪力、弯矩、轴向力、扭矩等内力或线位移、角位移等变形。

2.1.12 地震作用效应调整系数 modified coefficient of seismic action effect

抗震分析中结构计算模型的简化和弹塑性内力重分布或其他因素的影响，在结构或构件设计时对地震作用效应进行调整的系数。

2.1.13 承载力抗震调整系数 modified coefficient of seismic bearing capacity

结构构件截面抗震验算中，由于静力与抗震设计可靠度的区别和不同构件抗震性能的差异，将不同材料结构设计规范规定的截面承载力设计值调整为抗震承载力设计值的系数。

2.1.14 抗震措施 seismic measures

除地震作用计算和抗力计算以外的抗震设计内容，包括抗震设计的基本要求、抗震构造措施和地基基础的抗震措施等。

2.1.15 抗震构造措施 details of seismic design

根据抗震概念设计原则，一般不需计算而对结构和非结构部件必须采取的细部要求。

2.2 符 号

2.2.1 作用和作用效应

F_{Ek}、F_{Evk}——结构总水平、竖向地震作用标准值；

G_E、G_{eq}——地震时结构(构件)的重力荷载代表值、等效总重力荷载代表值；

w_k——风荷载标准值；

S_E——地震作用效应(弯矩、轴向力、剪力、应力和变形)；

S——地震作用效应与其他荷载效应的基本组合；

S_k——作用、荷载标准值的效应；

M——弯矩；

N——轴向力；

V——剪力；

p——基础底面压力；

u——侧移；

θ——结构层位移角。

2.2.2 材料性能和抗力

K——结构(构件)的刚度；

R——结构构件承载力；

f、f_k、f_E——材料强度(含地基承载力)设计值、标准值和抗震设计值；

E——材料弹性模量；

$[\theta]$——结构层位移角限值。

2.2.3 几何参数

A——构件截面面积；

A_s——钢筋截面面积；

B——结构总宽度；

H——结构总高度、柱高度；

L——结构(单元)总长度；

a——距离；

a_s、a'_s——纵向受拉、受压钢筋合力点至截面边缘的最小距离；

b——构件截面宽度；

d——土层深度或厚度，钢筋直径；

h——计算结构层高度，构件截面高度；

l——构件长度或跨度；

t——抗震墙厚度、结构层楼板厚度、钢板厚度，时间。

2.2.4 计算系数

α——水平地震影响系数；

α_{max}——水平地震影响系数最大值；

α_{vmax}——竖向地震影响系数最大值；

γ_G、γ_E、γ_W——作用分项系数；

γ_{RE}——承载力抗震调整系数；

ζ——阻尼比；

ε——结构类型指数；

δ——结构基本振型指数；

η——地震作用效应（内力和变形）的增大或调整系数；

λ——构件长细比，比例系数，修正系数，剪跨比；

ξ_y——结构（构件）屈服强度系数；

ρ——配筋率，比率，耦联系数；

φ——构件受压稳定系数；

ψ——组合值系数，影响系数。

2.2.5 其他

T——结构自振周期；

N——贯人锤击数；

I_{lE}——液化指数；

X_{ji}——位移振型坐标（j 振型 i 质点的 x 方向相对位移）；

Y_{ji}——位移振型坐标（j 振型 i 质点的 y 方向相对位移）；

n——总数，如结构层数、质点数、钢筋根数、跨数等；

v_{se}——土层等效剪切波速；

ϕ_{ji}——转角振型坐标（j 振型 i 质点的转角方向相对位移）；

l_{aE}——钢筋的抗震锚固长度；

l_a——受拉钢筋的锚固长度。

3 基本规定

3.1 设防分类和设防标准

3.1.1 构筑物的抗震设防类别及其抗震设防标准应按现行国家标准《建筑工程抗震设防分类标准》GB 50223 的有关规定执行。

3.1.2 抗震设防烈度为 6 度时，除应符合本规范的有关规定外，对乙类、丙类、丁类构筑物可不进行地震作用计算。

3.2 地震影响

3.2.1 构筑物所在地区遭受的地震影响，应采用相应于抗震设防烈度的设计基本地震加速度和特征周期或按本规范第 1 章的有关规定确定的设计地震动参数表征。

3.2.2 抗震设防烈度和设计基本地震加速度取值的对应关系应符合表 3.2.2 的规定。设计基本地震加速度为 $0.15g$ 和 $0.30g$ 地区内的构筑物，除本规范另有规定外，应分别按抗震设防烈度 7 度和 8 度的要求进行抗震设计。

表 3.2.2 抗震设防烈度和设计基本地震加速度值的对应关系

抗震设防烈度	6 度	7 度	8 度	9 度
设计基本地震加速度	$0.05g$	$0.10g(0.15g)$	$0.20g(0.30g)$	$0.40g$

注：g 为重力加速度。

3.2.3 特征周期应根据构筑物所在地的设计地震分组和场地类别确定。特征周期应按本规范第 5 章的有关规定采用。

3.2.4 我国主要城镇的抗震设防烈度、设计基本地震加速度值和设计地震分组可按本规范附录 A 采用。

3.3 场地和地基基础

3.3.1 选择构筑物场地时，应根据工程规划、地震活动情况、工程地质和地震地质等有关资料，对抗震有利地段、一般地段、不利地段和危险地段作出综合评价。对不利地段，应提出避开要求；当无法避开时，应采取有效的抗震措施。

3.3.2 经综合评价后划分的危险地段，严禁建造甲类、乙类构筑物，不应建造丙类构筑物。

3.3.3 工程场地为Ⅰ类时，甲类、乙类构筑物可仍按本地区抗震设防烈度的要求采取抗震构造措施；丙类构筑物可按本地区抗震设防烈度降低一度要求采取抗震构造措施，但抗震设防烈度为 6 度时，仍应按本地区抗震设防烈度的要求采取抗震构造措施。

3.3.4 工程场地为Ⅲ、Ⅳ类时，对设计基本地震加速度为 $0.15g$ 和 $0.30g$ 的地区，除本规范另有规定外，宜分别按设计基本加速度 $0.20g$（8 度）和 $0.40g$（9 度）时各抗震设防类别构筑物的要求采取抗震构造措施。

3.3.5 地基和基础设计应符合下列规定：

1 同一结构单元的基础不宜设置在性质截然不同的地基上。

2 同一结构单元不宜部分采用天然地基部分采用桩基；当采用不同基础类型或基础埋深显著不同时，应根据地震时两部分地基基础的沉降差异和结构反应分析结果，在基础、上部结构的相关部位采取相应措施。

3 地基主要持力层范围内存在液化土、软弱黏性土、新近填土或严重不均匀土时，应根据地震时地基不均匀沉降的大小或其他不利影响采取相应的措施。

3.3.6 山区工程场地和地基基础设计应符合下列规定：

1 山区工程场地勘察应有边坡稳定性评价和防治方案建议；应根据地质、地形条件和使用要求，设置符合抗震设防要求的边坡工程。

2 边坡设计应符合现行国家标准《建筑边坡工程技术规范》GB 50330 的有关规定；其稳定性验算时，摩擦角应根据设防烈度的高低进行修正。

3 边坡附近的构筑物基础应进行抗震稳定性设计。构筑物基础与土质或强风化岩质边坡的边缘应留有足够的距离，其值应根据抗震设防烈度的高低确定，并应采取防止地震时地基基础破坏的措施。

3.4 结构体系与设计要求

3.4.1 构筑物设计应符合平面、立面和竖向剖面的规则性要求。不规则的构筑物应按规定采取加强措施；特别不规则的构筑物应进行专门的研究和论证，并应采取特别的加强措施；不应采用严重不规则的结构设计方案。

3.4.2 构筑物的结构体系应根据工艺和功能要求、抗震设防类别、抗震设防烈度、结构高度、场地条件、地基、结构材料和施工等因素，经技术、经济和使用条件进行综合比较确定；8 度、9 度时，可采用隔震和消能减震设计。

3.4.3 结构体系应符合下列规定：

1 应具有明确的计算简图和合理的地震作用传递途径。

2 应避免因部分结构或构件破坏而导致整体结构丧失抗震能力或丧失对重力荷载的承载能力。

3 应具备符合本规范要求的抗震承载力、变形能力和消耗地震能量的能力。

4 对薄弱部位应采取提高抗震能力的措施。

3.4.4 结构体系尚宜符合下列规定：

1 宜有多道抗震防线。

2　宜具有合理的刚度和承载力分布，宜避免因局部削弱或突变形成薄弱部位，产生过大的应力集中或塑性变形集中。

3　不宜采用自重大的悬臂结构。

4　结构在两个主轴方向的动力特性宜相近。

3.4.5　构筑物抗侧力结构的平面布置宜规则对称，结构沿竖向侧移刚度宜均匀变化，竖向抗侧力构件的截面尺寸和材料强度宜自下而上逐渐减小，宜避免抗侧力结构的侧移刚度和承载力突变。

不规则构筑物的抗震设计应符合本规范第3.4.7条的有关规定。

3.4.6　构筑物形体及其构件布置的平面、竖向不规则性应符合下列规定：

1　混凝土结构、钢结构和钢-混凝土混合结构，存在表3.4.6-1中的平面不规则类型或表3.4.6-2中的竖向不规则类型以及类似的不规则类型时，应属于不规则的构筑物。

表3.4.6-1　平面不规则的主要类型

不规则类型	定义和参考指标
扭转不规则	在规定的水平力作用下，结构层的最大弹性水平位移（或层间位移），大于该结构层两端弹性水平位移（或层间位移）平均值的1.2倍
凹凸不规则	结构平面凹进的尺寸大于相应投影方向总尺寸的30%
结构层局部不连续	楼板的尺寸和平面刚度急剧变化，如有效楼板宽度小于该层楼板典型宽度的50%，或开洞面积大于该层楼面面积的30%，或较大的结构层错层

表3.4.6-2　竖向不规则的主要类型

不规则类型	定义和参考指标
侧移刚度不规则	该层的侧移刚度小于相邻上一层的70%，或小于其上相邻三个结构层侧移刚度平均值的80%；除顶层或出屋面小建筑外，局部收进的水平向尺寸大于相邻下一层的25%
竖向抗侧力构件不连续	竖向抗侧力构件（柱、抗震墙、抗震支撑）的内力由水平转换构件（梁、桁架等）向下传递
结构层承载力突变	抗侧力结构的层间受剪承载力小于相邻上一结构层的80%

2　当存在多项不规则或某项不规则超过规定的参考指标较多时，应属于特别不规则的构筑物。

3.4.7　构筑物形体及其构件布置不规则时，应按下列规定进行水平地震作用计算和内力调整，并应对薄弱部位采取抗震构造措施：

1　平面不规则而竖向规则的构筑物应采用空间结构计算模型，并应符合下列规定：

1）扭转不规则时，应计入扭转影响，且结构层竖向构件最大的弹性水平位移和层间位移分别不宜大于结构层两端弹性水平位移和层间位移平均值的1.5倍。

2）凹凸不规则或楼板局部不连续时，应采用符合楼板平面内实际刚度变化的计算模型；高烈度或不规则程度较大时，宜计入楼板局部变形影响。

3）平面不对称且凹凸不规则或局部不连续时，可根据实际情况分块计算扭转位移比，对扭转较大的部位应采用局部的内力增大系数进行调整。

2　平面规则而竖向不规则的构筑物应采用空间结构计算模型，刚度小的楼层的地震剪力应乘以不小于1.15的增大系数，其薄弱层应按本规范有关规定进行弹塑性变形分析，并应符合下列规定：

1）竖向抗侧力构件不连续时，该构件传递给水平转换构件的地震内力应根据烈度高低和水平转换构件的类型、受力情况、几何尺寸等，乘以1.25～2.0的增大系数。

2）侧移刚度不规则时，相邻层的侧移刚度比应依据其结构类型符合本规范的有关规定。

3）结构层承载力突变时，薄弱层抗侧力结构的受剪承载力不应小于相邻上一结构层的65%。

3　平面不规则且竖向不规则的构筑物应根据不规则类型的数量和程度，采取不低于本条第1、2款的规定。

3.4.8　体型复杂、平立面特别不规则的构筑物，可按实际需要在适当部位设置防震缝。

3.4.9　防震缝应根据抗震设防烈度、结构材料种类、结构类型、结构单元的高度和高差情况，留有足够的宽度，其两侧的上部结构应完全分开。

3.4.10　当设置伸缩缝和沉降缝时，其宽度应符合防震缝的要求。

3.4.11　结构构件应符合下列规定：

1　砌体结构应按规定设置钢筋混凝土圈梁和构造柱、芯柱，也可采用配筋砌体等。

2　混凝土结构构件应控制截面尺寸和纵向受力钢筋、箍筋的设置。

3　预应力混凝土的构件应配有非预应力钢筋。

4　钢结构构件应控制截面尺寸。

5　多层构筑物的混凝土楼板、屋盖宜采用现浇混凝土板。当采用预制混凝土楼板、屋盖时，应采取确保各预制板之间整体连接的措施。

3.4.12　结构构件之间的连接应符合下列规定：

1　构件节点的破坏不应先于其连接的构件。

2　预埋件锚固的破坏不应先于连接件。

3　装配式结构构件的连接应能保证结构的整体性。

4　预应力混凝土构件的预应力钢筋宜在节点核芯区以外锚固。

3.4.13　构筑物的支撑系统应能保证地震时结构的整体性和稳定性，保证可靠地传递水平地震作用。

3.5　结构分析

3.5.1　构筑物的结构应按多遇地震作用进行内力和变形分析，可假定结构与构件处于弹性工作状态，内力和变形分析可采用线性静力方法或线性动力方法。

3.5.2　不规则且具有明显薄弱部位，地震时可能导致严重破坏的构筑物，应按本规范有关规定进行罕遇地震作用下的弹塑性变形分析。可根据结构特点采用弹塑性静力分析或弹塑性时程分析方法。

本规范有具体规定时，亦可采用简化方法计算结构的弹塑性变形。

3.5.3　当结构在地震作用下的重力附加弯矩大于初始弯矩的10%时，应计入重力二阶效应的影响。

3.5.4　结构抗震分析时，应根据各结构层在平面内的变形情况确定为刚性、半刚性和柔性等的横隔板，再按抗侧力系统的布置确定抗侧力构件间的共同工作，并应进行构件间的地震内力分析。

3.5.5　质量和侧移刚度分布接近对称且结构层可视为刚性横隔板的结构，以及本规范有关章节有具体规定的结构，可采用平面结构模型进行抗震分析。其他情况应采用空间结构模型进行抗震分析。

3.5.6　利用计算机进行结构抗震分析时，应符合下列规定：

1　计算模型的建立和简化计算处理应符合结构的实际工作状况，计算中应计入楼梯构件的影响。

2　计算软件的技术条件应符合本规范和国家现行有关标准的规定，并应阐明其特殊处理的内容和依据。

3　复杂结构进行多遇地震作用下的内力和变形分析时，应采用不少于2个的不同计算程序，并应对其计算结果进行分析比较。

4　对计算程序的计算结果，应经分析判定其合理性和有效性后再用于工程设计。

3.6 非结构构件

3.6.1 非结构构件，包括构筑物主体结构以外的结构构件、设施和机电等设备，自身及其与结构主体的连接应进行抗震设计。

3.6.2 非结构构件的抗震设计应由相关专业的设计人员分别负责完成。

3.6.3 附着于结构层上的非结构构件以及楼梯间的非承重墙体应采取与主体结构可靠连接或锚固等措施，并应确定其对主体结构的不利影响。

3.6.4 主体结构的围护墙和隔墙应分析其设置对结构抗震的不利影响，应避免不合理设置而导致主体结构的破坏。

3.6.5 在人员出入口、通道和重要设备附近的非结构构件应采取加强的安全措施。

3.7 结构材料与施工

3.7.1 抗震结构对材料和施工质量的特别要求应在设计文件中注明。

3.7.2 结构材料的性能指标应符合下列规定：

1 砌体结构材料应符合下列规定：

1)普通砖和多孔砖的强度等级不应低于 MU10，其砌筑砂浆的强度等级不应低于 M5；

2)混凝土小型空心砌块的强度等级不应低于 MU7.5，其砌筑砂浆的强度等级不应低于 M7.5。

2 混凝土结构材料应符合下列规定：

1)混凝土的强度等级，框支梁、框支柱和抗震等级为一级的框架梁、柱、节点核芯区不应低于 C30；构造柱、芯柱、圈梁及其他各类构件不应低于 C20；

2)抗震等级为一级、二级、三级的框架结构和斜撑构件(含梯段)，其纵向受力钢筋采用普通钢筋时，钢筋的抗拉强度实测值与屈服强度实测值的比值不应小于 1.25；钢筋的屈服强度实测值与屈服强度标准值的比值不应大于 1.3；且钢筋在最大拉力下的总伸长率实测值不应小于 9%。

3 钢结构的钢材应符合下列规定：

1)钢材的屈服强度实测值与抗拉强度实测值的比值不应大于 0.85；

2)钢材应有明显的屈服台阶，且伸长率不应小于 20%；

3)钢材应有良好的焊接性；

4)钢材应具有满足设计要求的冲击韧性。

3.7.3 结构材料性能指标尚应符合下列规定：

1 普通钢筋宜采用延性、韧性和焊接性较好的钢筋；普通钢筋的强度等级，纵向受力钢筋宜选用 HRB400E、HRB500E、HRBF400E、HRBF500E 级的热轧钢筋，箍筋宜选用符合抗震性能指标且不低于 HRB335 级的热轧钢筋，也可选用 HPB300 级的热轧钢筋。

2 钢筋的检验方法应符合现行国家标准《混凝土结构工程施工质量验收规范》GB 50204 的有关规定。

3 混凝土结构的混凝土强度等级，抗震墙不宜超过 C60；其他构件，9 度时不宜超过 C60，8 度时不宜超过 C70。

4 钢结构的钢材，Q235 宜采用质量等级为 B、C、D 的碳素结构钢，Q345 宜采用质量等级为 B、C、D、E 的低合金高强度结构钢，Q390、Q420、Q460 宜采用质量等级为 C、D、E 的低合金高强度结构钢；当有可靠依据时，亦可采用其他钢种和钢号。

5 钢结构的地脚螺栓可选用 Q235-B、C、D 级钢或 Q345-B、C、D、E 级钢。

3.7.4 在施工中，当以强度等级较高的钢筋替代原设计中的纵向受力钢筋时，应按钢筋受拉承载力设计值相等的原则换算，并应符合最小配筋率的要求。

3.7.5 采用焊接连接的钢结构，当有焊接拘束度较大的 T 形、十字形或角接接头构造，且在厚度方向承受拘束拉应力的钢板厚度不小于 40mm 时，钢板厚度方向的截面收缩率不应小于现行国家标准《厚度方向性能钢板》GB/T 5313 中有关 Z15 级规定的容许值。

3.7.6 钢筋混凝土构造柱、芯柱的施工，应先砌墙后浇构造柱、芯柱。

3.7.7 钢筋混凝土墙体、框架柱的水平施工缝应采取提高混凝土结合性能的措施。抗震等级为一级的墙体和转换层楼板与落地混凝土墙体的交接处，宜验算施工缝截面的受剪承载力。

4 场地、地基和基础

4.1 场 地

4.1.1 选择构筑物场地时，对构筑物抗震有利、一般、不利和危险地段，应按表 4.1.1 划分。

表 4.1.1 有利、一般、不利和危险地段的划分

地段类别	地质、地形、地貌
有利地段	稳定基岩，坚硬土，开阔、平坦、密实、均匀的中硬土等
一般地段	不属于有利、不利和危险的地段
不利地段	软弱土，液化土，条状突出的山嘴，高耸孤立的山丘，陡坡，陡坎，河岸和边坡的边缘，平面分布上成因、岩性、状态明显不均匀的土层(如故河道、疏松的断层破碎带、暗埋的塘浜沟谷和半填半挖地基)，高含水量的可塑黄土，地表存在结构性裂缝等
危险地段	地震时可能发生滑坡、崩塌、地陷、地裂、泥石流等及发震断裂带上可能发生地表错位的部位

4.1.2 构筑物场地的类别划分应以土层等效剪切波速和场地覆盖层厚度为准。

4.1.3 土层剪切波速的测量应符合下列规定：

1 在场地初步勘察阶段，对大面积的同一地质单元，测试土层剪切波速的钻孔数量应为控制性勘探孔数量的 1/5～1/3，山间河谷地区可适量减少，但不宜少于 3 个。

2 在场地详细勘察阶段，对单个构筑物，测试土层剪切波速的钻孔数量不宜少于 2 个，数据变化较大时，可适量增加；对区域中处于同一地质单元内的密集构筑物群，测试土层剪切波速的钻孔数量可适量减少，但每个大型构筑物的钻孔数量均不得少于 2 个。

3 对丁类构筑物及丙类构筑物中高度不超过 24m 的构筑物，当无实测剪切波速时，可根据岩土名称和性状按表 4.1.3 划分土的类型，各土层的剪切波速可利用当地经验在表 4.1.3 的剪切波速范围内估算。

表 4.1.3 土的类型划分和剪切波速范围

土的类型	岩土名称和性状	土层剪切波速范围(m/s)
岩石	坚硬和较坚硬且完整的岩石	$v_s > 800$
坚硬土或软质岩石	破碎和较破碎的岩石或软和较软的岩石，密实的碎石土	$500 < v_s \leq 800$
中硬土	中密、稍密的碎石土，密实、中密的砾、粗、中砂，$f_{ak} > 150$ 的黏性土和粉土，坚硬黄土	$250 < v_s \leq 500$
中软土	稍密的砾、粗、中砂，除松散外的细、粉砂，$f_{ak} \leq 150$ 的黏性土和粉土，$f_{ak} > 130$ 的填土，可塑新黄土	$150 < v_s \leq 250$
软弱土	淤泥和淤泥质土，松散的砂，新近沉积的黏性土和粉土，$f_{ak} \leq 130$ 的填土，流塑黄土	$v_s \leq 150$

注：f_{ak} 为由荷载试验等方法得到的地基承载力特征值(kPa)，v_s 为岩土剪切波速。

4.1.4 构筑物场地覆盖层厚度的确定应符合下列规定：

1 应按地面至剪切波速大于500m/s，且其下卧各层岩土的剪切波速均不小于500m/s的土层顶面的距离确定。

2 当地面5m以下存在剪切波速大于其上部各土层剪切波速2.5倍的土层，且该层及其下卧各层岩土的剪切波速均不小于400m/s时，可按地面至该土层顶面的距离确定。

3 剪切波速大于500m/s的孤石、透镜体，应视同周围土层。

4 土层中的火山岩硬夹层应视为刚体，其厚度应从覆盖土层中扣除。

4.1.5 土层的等效剪切波速，应按下列公式计算：

$$v_{se}=d_0/t \tag{4.1.5-1}$$

$$t=\sum_{i=1}^{n}(d_i/v_{si}) \tag{4.1.5-2}$$

式中：v_{se}——土层等效剪切波速(m/s)；

d_0——计算深度(m)，取覆盖层厚度和20m两者的较小值；

t——剪切波在地面至计算深度之间的传播时间；

d_i——计算深度范围内第i土层的厚度(m)；

v_{si}——计算深度范围内第i土层的剪切波速(m/s)，丙类、丁类构筑物当无实测波速值时可按本规范附录B的规定确定；

n——计算深度范围内土层的分层数。

4.1.6 构筑物的场地类别应根据土层等效剪切波速和场地覆盖层厚度按表4.1.6划分，其中Ⅰ类应分为Ⅰ$_0$、Ⅰ$_1$两个亚类。当有准确的剪切波速和覆盖层厚度数据，且其值处于表4.1.6所列场地类别的分界线附近时，可按插值方法确定地震作用计算所用的特征周期。

表4.1.6 构筑物的场地类别划分

岩石的剪切波速或土的等效剪切波速(m/s)	场地类别				
	Ⅰ$_0$	Ⅰ$_1$	Ⅱ	Ⅲ	Ⅳ
$v_s>800$	$d=0$	—	—	—	—
$500<v_s\leqslant800$	—	$d=0$	—	—	—
$250<v_{se}\leqslant500$	—	$d<5$	$d\geqslant5$	—	—
$150<v_{se}\leqslant250$	—	$d<3$	$3\leqslant d\leqslant50$	$d>50$	—
$v_{se}\leqslant150$	—	$d<3$	$3\leqslant d\leqslant15$	$15<d\leqslant80$	$d>80$

注：1 表中v_s系岩石的剪切波速；

2 表中d系指构筑物场地的覆盖层厚度，单位为m。

4.1.7 场地内存在发震断裂时，应对断裂的工程影响进行评价，并应符合下列规定：

1 符合下列情况之一时，可不计发震断裂错动对地面构筑物的影响：

1)抗震设防烈度小于8度；

2)非全新世活动断裂；

3)8度和9度时，隐伏断裂的土层覆盖厚度分别大于60m和90m。

2 对不符合本条第1款规定的情况，应避开主断裂带。其避让距离不宜小于表4.1.7的规定。在避让距离的范围内确有需要建造分散的、高度不超过10m的丙类、丁类构筑物时，应按提高一度采取抗震措施，其基础应采用筏基等形式，且不应跨越断层线。

表4.1.7 发震断裂的最小避让距离(m)

烈度	构筑物抗震设防类别			
	甲类	乙类	丙类	丁类
8度	专门研究	200	100	—
9度	专门研究	400	200	—

4.1.8 当需要在条状突出的山嘴、高耸孤立的山丘、非岩石和强风化岩石的陡坡、河岸和边坡边缘等不利地段建造丙类及丙类以上构筑物时，除应保证其在地震作用下的稳定性外，尚应计算不利地段对设计地震动参数产生的放大作用，其水平地震影响系数最大值应乘以增大系数。增大系数的值应根据不利地段的具体情况确定，并应在1.1～1.6范围内采用。

4.1.9 场地岩土工程勘察应根据实际需要划分的对构筑物抗震有利、一般、不利和危险的地段，提供构筑物的场地类别和滑坡、崩塌、液化和震陷等岩土地震稳定性评价，对需要采用时程分析法补充计算的构筑物，尚应根据设计要求提供土层剖面、场地覆盖层厚度和有关的动力参数。

4.2 天然地基和基础

4.2.1 下列构筑物可不进行天然地基及基础的抗震承载力验算：

1 本规范规定可不进行上部结构抗震验算的构筑物。

2 7度、8度和9度时，地基静承载力特征值分别大于80kPa、100kPa和120kPa，且高度不超过24m的构筑物。

4.2.2 天然地基基础抗震验算时，应采用地震作用效应标准组合，且地基抗震承载力应按地基承载力特征值乘以地基抗震承载力调整系数计算。

4.2.3 地基抗震承载力应按下式计算：

$$f_{aE}=\zeta_a f_a \tag{4.2.3}$$

式中：f_{aE}——调整后的地基抗震承载力；

ζ_a——地基抗震承载力调整系数，应按表4.2.3采用；

f_a——深宽修正后的地基承载力特征值，应按现行国家标准《建筑地基基础设计规范》GB 50007的有关规定执行。

表4.2.3 地基抗震承载力调整系数

岩土名称和性状	ζ_a
岩石，密实的碎石土，密实的砾、粗、中砂，$f_{ak}\geqslant300$kPa的黏性土和粉土	1.5
中密、稍密的碎石土，中密和稍密的砾、粗、中砂，密实和中密的细、粉砂，$150\text{kPa}\leqslant f_{ak}<300$kPa的黏性土和粉土，坚硬黄土	1.3
稍密的细、粉砂，$100\text{kPa}\leqslant f_{ak}<150$kPa的黏性土和粉土，可塑黄土	1.1
淤泥，淤泥质土，松散的砂，杂填土，新近堆积黄土及流塑黄土	1.0

4.2.4 验算天然地基地震作用下的竖向承载力时，按地震作用效应标准组合的基础底面平均压力和边缘最大压力，应符合下列公式的要求：

$$p\leqslant f_{aE} \tag{4.2.4-1}$$

$$p_{max}\leqslant1.2f_{aE} \tag{4.2.4-2}$$

式中：p——地震作用效应标准组合的基础底面平均压力；

p_{max}——地震作用效应标准组合的基础边缘的最大压力。

4.2.5 验算天然地基的抗震承载力时，基础底面零应力区的面积大小应符合下列规定：

1 形体规则的构筑物，零应力区的面积不应大于基础底面面积的25%。

2 形体不规则的构筑物，零应力区的面积不宜大于基础底面面积的15%。

3 高宽比大于4的高耸构筑物，零应力区的面积应为零。

4.3 液化土地基

4.3.1 饱和砂土和饱和粉土(不含黄土)的液化判别和地基处理，6度时，可不进行判别和处理，但对液化沉陷敏感的乙类构筑物可按7度的要求进行判别和处理；7度～9度时，乙类构筑物可按本地区抗震设防烈度的要求进行判别和处理。

4.3.2 地面下存在饱和砂土、饱和粉土时，除6度外，应进行液化

判别；存在液化土层的地基，应根据构筑物的抗震设防类别、地基的液化等级，结合具体情况采取相应的措施。

注：本条饱和土液化判别要求不包括黄土、粉质黏土。

4.3.3 饱和的砂土或粉土(不含黄土)，当符合下列条件之一时，可初步判别为不液化或液化轻微而不计入液化影响：

1 地质年代为第四纪晚更新世(Q_3)及其以前时，7度、8度时可判为不液化。

2 粉土的黏粒(粒径小于0.005mm的颗粒)含量百分率，7度、8度和9度分别不小于10、13和16时，可判为不液化土。

注：用于液化判别的黏粒含量系采用六偏磷酸钠作分散剂测定，采用其他方法时应按有关规定换算。

3 浅埋天然地基的构筑物，当上覆非液化土层厚度和地下水位深度符合下列条件之一时，可判别为液化轻微而不计入液化影响：

$$d_u > d_0 + d_b - 2 \quad (4.3.3\text{-}1)$$

$$d_w > d_0 + d_b - 3 \quad (4.3.3\text{-}2)$$

$$d_u + d_w > 1.5d_0 + 2d_b - 4.5 \quad (4.3.3\text{-}3)$$

式中：d_w——地下水位深度(m)，可按设计基准期内年平均最高水位采用，也可按近期内年最高水位采用；

d_u——上覆非液化土层厚度(m)，计算时宜将淤泥和淤泥质土层扣除；

d_b——基础埋置深度(m)，不超过2m时可采用2m；

d_0——液化土特征深度(m)，可按表4.3.3采用。

表4.3.3 液化土特征深度(m)

饱和土类别	7度	8度	9度
粉土	6	7	8
砂土	7	8	9

注：当区域的地下水位处于变动状态时，应按不利情况确定。

4.3.4 当饱和砂土、粉土的初步判别认为需进一步进行液化判别时，应采用标准贯入试验判别法判别地面下20m范围内土的液化；本规范第4.2.1条规定的可不进行天然地基及基础抗震承载力验算的各类构筑物，可只判别地面下15m范围内土的液化。当饱和土标准贯入锤击数(未经杆长修正)小于或等于液化判别标准贯入锤击数临界值时，应判为液化土。当有成熟经验时，可采用其他判别方法。

在地面下20m深度范围内，液化判别标准贯入锤击数临界值可按下式计算：

$$N_{cr} = N_0\beta[\ln(0.6d_s + 1.5) - 0.1d_w]\sqrt{3/\rho_c} \quad (4.3.4)$$

式中：N_{cr}——液化判别标准贯入锤击数临界值；

N_0——液化判别标准贯入锤击数基准值，可按表4.3.4采用；

d_s——饱和土标准贯入点深度(m)；

d_w——地下水位(m)；

ρ_c——黏粒含量百分率，当小于3或为砂土时，应采用3；

β——调整系数，设计地震第一组取0.80，第二组取0.95，第三组取1.05。

表4.3.4 液化判别标准贯入锤击数基准值 N_0

设计基本地震加速度	0.10g	0.15g	0.20g	0.30g	0.40g
液化判别标准贯入锤击数基准值	7	10	12	16	19

4.3.5 对存在液化砂土层、粉土层的地基，应探明各液化土层的深度和厚度，按下式计算每个钻孔的液化指数，并应按表4.3.5综合划分地基的液化等级：

$$I_{lE} = \sum_{i=1}^{n}\left[1 - \frac{N_i}{N_{cri}}\right]d_i W_i \quad (4.3.5)$$

式中：I_{lE}——液化指数；

n——在判别深度范围内每一个钻孔标准贯入试验点的总数；

N_i、N_{cri}——分别为第i点标准贯入锤击数的实测值和临界值，当实测值大于临界值时应取临界值；当只需要判别15m范围以内的液化时，15m以下的实测值可按临界值采用；

d_i——第i点所代表的土层厚度(m)，可采用与该标准贯入试验点相邻的上、下两标准贯入试验点深度差的1/2，但上界不高于地下水位深度，下界不深于液化深度；

W_i——第i土层单位土层厚度的层位影响权函数值(m^{-1})。当该层中点深度不大于5m时应采用10，等于20m时应采用零值，5m～20m时可按线性内插法取值。

表4.3.5 液化等级与液化指数的对应关系

液化等级	轻微	中等	严重
液化指数 I_{lE}	$0<I_{lE}\leqslant 6$	$6<I_{lE}\leqslant 18$	$I_{lE}>18$

4.3.6 当液化砂土层、粉土层较平坦且均匀时，宜按表4.3.6选用地基抗液化措施；尚可计入上部结构重力荷载对液化危害的影响，并可根据液化震陷量的估计适当调整抗液化措施。

未经处理的液化土层不宜作为天然地基持力层。

表4.3.6 抗液化措施

构筑物抗震设防类别	地基的液化等级		
	轻微	中等	严重
乙类	部分消除液化沉陷，或对基础和上部结构处理	全部消除液化沉陷，或部分消除液化沉陷且对基础和上部结构处理	全部消除液化沉陷
丙类	基础和上部结构处理，亦可不采取措施	基础和上部结构处理，或更高要求的措施	全部消除液化沉陷，或部分消除液化沉陷且对基础和上部结构处理
丁类	可不采取措施	可不采取措施	基础和上部结构处理，或其他经济的措施

注：甲类构筑物的地基抗液化措施应进行专门研究，但不宜低于乙类的相应要求。

4.3.7 全部消除地基液化沉陷的措施应符合下列规定：

1 采用桩基时，桩端伸入液化深度以下稳定土层中的长度(不包括桩尖部分)应按计算确定，且对碎石土，砾、粗、中砂，坚硬黏性土和密实粉土尚不应小于0.8m，对其他非岩石土尚不宜小于1.5m。

2 采用深基础时，基础底面应埋入液化深度以下的稳定土层中，其深度不应小于0.5m。

3 采用加密法加固时，应处理至液化深度下界；振冲或挤密碎石桩加固后，桩间土的标准贯入锤击数不宜小于本规范第4.3.4条规定的液化判别标准贯入锤击数临界值。

4 应用非液化土替换全部液化土层，也可增加上覆非液化土层的厚度。

5 采用加密法或换土法处理时，在基础边缘以外的处理宽度应超过基础底面下处理深度的1/2，且不小于基础宽度的1/5。

4.3.8 部分消除地基液化沉陷的措施应符合下列规定：

1 处理深度应使处理后的地基液化指数减小，其值不宜大于5；大面积筏基、箱基基础外边界以内沿长宽方向距外边界大于相应方向1/4长度的中心区域，处理后的液化指数不宜大于6；独立基础和条形基础尚不应小于基础底面下液化土特征深度和基础宽度的较大值。

2 采用振冲或挤密碎石桩加固后，桩间土的标准贯入锤击数不宜小于按本规范第4.3.4条规定的液化判别标准贯入锤击数临界值。

3　基础边缘以外的处理宽度应符合本规范第 4.3.7 条第 5 款的规定。

4　应采取增加上覆非液化土层的厚度、改善周边的排水条件等减小液化沉陷的其他方法。

4.3.9　减轻液化影响的基础和上部结构处理，可综合采用下列措施：

1　选择合适的基础埋置深度。

2　调整基础底面积和减小基础偏心。

3　采用箱基、筏基或钢筋混凝土十字形基础，独立基础加设基础连梁等加强基础的整体性和刚度的措施。

4　减轻荷载、增强上部结构的整体刚度和均匀对称性，合理设置沉降缝，采用对不均匀沉降不敏感的结构形式等。

5　管道穿过构筑物处，预留足够尺寸或采用柔性接头等。

4.3.10　在故河道以及临近河岸、海岸和边坡等有液化侧向扩展或流滑可能的地段内，不宜修建永久性构筑物；必须修建永久性构筑物时，应进行抗滑动验算，采取防止土体滑动或提高结构整体性等措施。

4.4　软黏性土地基震陷

4.4.1　6 度和 7 度区软黏性土地基上的构筑物，当地基基础满足现行国家标准《建筑地基基础规范》GB 50007 的有关规定时，可不计及地基震陷的影响。

4.4.2　地基中软弱黏性土层的震陷可采用下列方法判别：

1　饱和粉质黏土震陷的危害性和抗震陷措施应根据沉降和横向变形大小等因素综合研究确定。

2　8 度(0.30g)和 9 度，当塑性指数小于 15，且符合下式规定的饱和粉质黏土时，可判为震陷性软土：

$$W_S \geqslant 0.9W_L \tag{4.4.2-1}$$

$$I_L \geqslant 0.75 \tag{4.4.2-2}$$

式中：W_S——天然含水量；

W_L——液限含水量，采用液、塑限联合测定法测定；

I_L——液性指数。

4.4.3　8 度和 9 度，当地基范围内存在淤泥、淤泥质土等软黏性土，且地基静承载力特征值 8 度小于 100kPa、9 度小于 120kPa 时，除丁类构筑物或基础底面以下非软黏性土层厚度符合表 4.4.3 规定的构筑物外，均应采取消除地基震陷影响的措施。

表 4.4.3　基础底面以下非软黏性土层厚度

烈度	土层厚度(m)
8 度	≥b，且≥5
9 度	≥1.5b，且≥8

注：1　土层厚度指直接位于基础底面以下的非软黏性土层；

2　b 为基础底面宽度(m)。

4.4.4　消除软土地基震陷影响，可选择下列措施：

1　基本消除地基震陷的措施，可采用桩基、深基础、加密或换土法等。

采用加密或换土法时，基础底面以下软土的处理深度应符合本规范表 4.4.3 规定的非软土层厚度要求；每边外伸处理宽度不宜小于处理深度的 1/3，且不宜小于 2m。

2　部分消除地基震陷的措施可采用加密或部分换土法等。

基础底面以下软土的处理深度应符合本规范表 4.4.3 规定的非软土层厚度的 0.75 倍；每边外伸处理宽度不宜小于处理深度的 1/3，且不宜小于 2m。

3　不具备地基处理条件时，可降低地基抗震承载力取值。

4　基础和上部结构措施应符合下列规定：

1)宜采用箱基、筏基和钢筋混凝土十字形基础等；

2)增强上部结构的整体刚度和均匀对称性，合理设置沉降缝，应避免采用对不均匀震陷敏感的结构形式等。

4.4.5　存在地基震陷影响的甲类构筑物或有特殊要求的构筑物，其地基基础的抗震措施应经过专门研究确定。

4.4.6　地基主要受力层范围内存在软弱黏性土层和高含水量的可塑性黄土时，应结合具体情况确定，可采用桩基、地基加固处理或本规范第 4.3.9 条的措施，也可根据软黏性土震陷量的估计，采取相应措施。

4.5　桩　基　础

4.5.1　承受竖向荷载为主的低承台桩基，当同时符合下列条件时，可不进行桩基竖向抗震承载力和水平抗震承载力的验算：

1　7 度、8 度时，符合本规范第 4.2.1 条的规定。

2　桩端和桩身周围无液化土层和软黏性土层。

3　桩承台周围无液化土、淤泥、淤泥质土、松散砂土和静承载力特征值小于 100kPa 的填土。

4　非斜坡地段。

4.5.2　非液化土中低承台桩基的抗震验算应符合下列规定：

1　单桩的竖向和水平向抗震承载力特征值可比非抗震设计时提高 25%。

2　当承台周围的回填土夯实至干密度不小于现行国家标准《建筑地基基础设计规范》GB 50007 对填土的要求时，可由承台正面填土与桩共同承担水平地震作用；但不应计入承台底面与地基土间的摩擦力。

4.5.3　存在液化土层的低承台桩基抗震验算应符合下列规定：

1　承台埋深较浅时，不宜计入承台周围土的抗力或刚性地坪对水平地震作用的分担作用。

2　当桩承台底面上、下分别有厚度不小于 1.5m、1.0m 的非液化土层或非软黏性土层时，可按下列情况进行桩的抗震验算，并应按不利情况设计：

1)桩承受全部地震作用，桩承载力按本规范第 4.5.2 条采用，液化土的桩周摩阻力及桩的水平抗力均应乘以表 4.5.3 的折减系数；

表 4.5.3　土层液化影响折减系数

标贯比 λ_N	深度 d_s(m)	折减系数
$\lambda_N \leqslant 0.6$	$d_s \leqslant 10$	0
	$10 < d_s \leqslant 20$	1/3
$0.6 < \lambda_N \leqslant 0.8$	$d_s \leqslant 10$	1/3
	$10 < d_s \leqslant 20$	2/3
$0.8 < \lambda_N \leqslant 1$	$d_s \leqslant 10$	2/3
	$10 < d_s \leqslant 20$	1

注：λ_N 为液化土层的标准贯入锤击数实测值与相应的临界值之比。

2)地震作用按水平地震影响系数最大值的 10% 采用，桩承载力仍按本规范第 4.5.2 条第 1 款取用，但应扣除液化土层的全部摩阻力及桩承台下 2m 深度范围内非液化土的桩周摩阻力。

3　打入式预制桩及其他挤土桩，当平均桩距为桩径的 2.5 倍～4 倍，且桩数不少于 5×5 时，可计入打桩对土的加密作用及桩身对液化土变形限制的有利影响。当打桩后桩间土的标准贯入锤击数值达到不液化的要求时，单桩承载力可不折减；但对桩尖持力层做强度校核时，桩群外侧的应力扩散角应取为零。打桩后桩间土的标准贯入锤击数宜由试验确定，也可按下式计算：

$$N_1 = N_p + 100\rho(1 - e^{-0.3N_p}) \tag{4.5.3}$$

式中：N_1——打桩后的标准贯入锤击数；

ρ——打入式预制桩的面积置换率；

N_p——打桩前的标准贯入锤击数。

4.5.4 处于液化土中的桩基承台周围宜用密实干土填筑夯实；若用砂土或粉土则应使土层的标准贯入锤击数不小于本规范第4.3.4条规定的液化判别标准贯入锤击数临界值。

4.5.5 液化土和震陷软黏性土中桩的配筋范围应为自桩顶至液化深度以下符合全部消除液化沉陷所要求的深度，配筋范围内纵向钢筋应与桩顶部相同，箍筋应增大直径并加密。

4.5.6 在有液化侧向扩展的地段，桩基除应满足本节中的其他规定外，尚应计入土流动时的侧向作用力，且承受侧向推力的面积应按边桩外缘间的宽度计算。

4.6 斜坡地震稳定性

4.6.1 7度、8度和9度，且构筑物位于斜坡、坡顶或坡脚附近时，应通过计算分析确定斜坡的地震稳定性及其对构筑物的影响。

4.6.2 当边坡符合表4.6.2的条件时，可不进行其地震稳定性验算。

表 4.6.2 地震区可不进行地震稳定性验算的边坡高度与坡角的最大值

边坡类别	岩土类别	边坡最大高度(m)			边坡最大坡度
		7度	8度	9度	
Ⅰ	完整岩石边坡：未风化或风化轻微、节理不发育(1组～2组以下)的硬质岩石，岩体一般呈整体或厚层状结构	25	20	18	1∶0.1～1∶0.3
Ⅱ	较完整岩石边坡：风化较重或节理较发育(2组～3组)的硬质岩石，岩体呈块状结构及风化轻微、节理不发育的软质岩石	20	18	15	1∶0.25～1∶0.75
Ⅲ	不完整岩石边坡：风化严重或节理发育(3组以上)的硬质岩石，岩体呈碎石状结构以及Ⅱ类以外的软质岩石	15	12	10	1∶0.5～1∶1
Ⅳ	半岩质边坡(包括第三纪岩石及具有一定胶结的碎石类土)	15	12	10	1∶0.5～1∶1
Ⅴ	松散碎石类土边坡	10	8	6	1∶1～1∶1.75
Ⅵ	一般黏性土边坡	12	10	8	1∶0.5～1∶1.5

注：1 下部为基岩、上部为覆盖土层的边坡，可根据胶结程度，按Ⅳ、Ⅴ类取值；

2 边坡的最大坡度，7度时可取陡坡值，9度时应取缓坡值；

3 对年均降雨量大于800mm地区的Ⅴ类和Ⅵ类边坡，本表不适用。

4.6.3 斜坡地震稳定性验算可采用拟静力法，水平地震系数应按表4.6.3取值，安全系数不应小于1.1；对于失稳危害较大的斜坡，尚应采用动力有限元方法或累积残余位移方法。

表 4.6.3 水平地震系数

烈度	7度		8度		9度
基本地震加速度	0.10g	0.15g	0.20g	0.30g	0.40g
水平地震系数	0.035	0.055	0.070	0.105	0.140

4.6.4 当需要提高斜坡的地震稳定性时，应针对具体情况采取下列一种或几种抗震措施：

1 放缓斜坡或设置有较宽平台的阶梯式斜坡。

2 除去构筑物上方的危石和崩塌体。

3 坡面覆盖、植草，并合理设置排水。

4 在构筑物与其上方陡坡之间修建截止沟或护坡桩。

5 采用挡墙或锚杆支护。

6 当坡脚或坡体内有液化土或软土时，采取消除液化或加固软土的措施。

5 地震作用和结构抗震验算

5.1 一般规定

5.1.1 构筑物的地震作用计算应符合下列规定：

1 应至少在构筑物结构单元的两个主轴方向分别计算水平地震作用并进行抗震验算，各方向的水平地震作用应由该方向的抗侧力构件承担。

2 有斜交抗侧力构件的结构，当相交角度大于15°时，应分别计算各抗侧力构件方向的水平地震作用。

3 质量或刚度分布明显不对称的结构，应计入双向水平地震作用下的扭转影响；其他情况应允许采用调整地震作用效应的方法计入扭转影响。

4 8度和9度时的大跨度结构、长悬臂结构及双曲线冷却塔、电视塔、石油化工塔型设备基础、高炉和索道，以及9度时的井架、井塔、锅炉钢结构等高耸构筑物应计算竖向地震作用。

5.1.2 各类构筑物的抗震计算应分别采用下列方法：

1 质量和刚度沿高度分布比较均匀且高度不超过55m的框排架结构、高度不超过65m的其他构筑物，以及近似于单质点体系的结构，可采用底部剪力法。其他结构宜采用振型分解反应谱法。

2 甲类构筑物和特别不规则的构筑物，除应按规定采用振型分解反应谱法外，尚应采用时程分析法或经专门研究的方法进行补充计算。计算结果可取时程分析法的平均值和振型分解反应谱法的较大值。

5.1.3 采用时程分析法时，应选择不少于2组相似场地条件的实际加速度记录和1组拟合设计反应谱的人工地震加速度时程曲线，其平均地震影响系数曲线应与振型分解反应谱法所采用的地震影响系数曲线在统计意义上相符。底部剪力可取多条时程曲线计算结果的平均值，但不应小于按振型分解反应谱法计算值的80%，且每条时程曲线计算所得结构底部剪力不应小于振型分解反应谱法计算结果的65%。

5.1.4 计算地震作用时，构筑物的重力荷载代表值应取结构构件、内衬和固定设备自重标准值和可变荷载组合值之和；可变荷载的组合值系数，除本规范另有规定外，应按表5.1.4采用。

表 5.1.4 可变荷载的组合值系数

可变荷载种类		组合值系数
雪荷载(不包括高温部位)		0.5
积灰荷载		0.5
楼面和操作台面活荷载	按实际情况计算时	1.0
	按等效均布荷载计算时	0.5～0.7
吊车悬吊物重力	硬钩吊车	0.3
	软钩吊车	不计入

注：硬钩吊车的吊重较大时，组合值系数应按实际情况采用。

5.1.5 构筑物的地震影响系数应根据烈度、场地类别、设计地震分组和结构自振周期以及阻尼比确定。其水平地震影响系数最大值α_{max}应按表5.1.5-1采用；当计算的地震影响系数值小于0.12α_{max}时，应取0.12α_{max}。特征周期应根据场地类别和设计地震分组按表5.1.5-2采用；计算罕遇地震作用时，特征周期应增加0.05s。周期大于7.0s的构筑物，其地震影响系数应专门研究。

表 5.1.5-1 水平地震影响系数最大值

地震影响	6度	7度	8度	9度
多遇地震	0.04	0.08(0.12)	0.16(0.24)	0.32
设防地震	0.12	0.23(0.34)	0.45(0.68)	0.90
罕遇地震	0.28	0.50(0.72)	0.90(1.20)	1.40

注：括号内数值分别用于设计基本地震加速度为0.15g和0.30g的地区；多遇地震，50年超越概率为63%；设防地震(设防烈度)，50年超越概率为10%；罕遇地震，50年超越概率为2%～3%。

表 5.1.5-2 特征周期值(s)

设计地震分组	场地类别				
	I_0	I_1	Ⅱ	Ⅲ	Ⅳ
第一组	0.20	0.25	0.35	0.45	0.65
第二组	0.25	0.30	0.40	0.55	0.75
第三组	0.30	0.35	0.45	0.65	0.90

5.1.6 构筑物地震影响系数曲线(图5.1.6)的阻尼调整和形状参数应符合下列规定：

1 当构筑物的阻尼比取0.05时，地震影响系数曲线的阻尼调整系数应按1.0采用，形状参数应符合下列规定：

1)直线上升段，为周期小于0.1s的区段；

2)水平段，自0.1s至特征周期区段，应取最大值(α_{max})；

3)曲线下降段，自特征周期至5倍特征周期区段，衰减指数应取0.9；

4)直线下降段，自5倍特征周期至7s区段，下降斜率调整系数应取0.02。

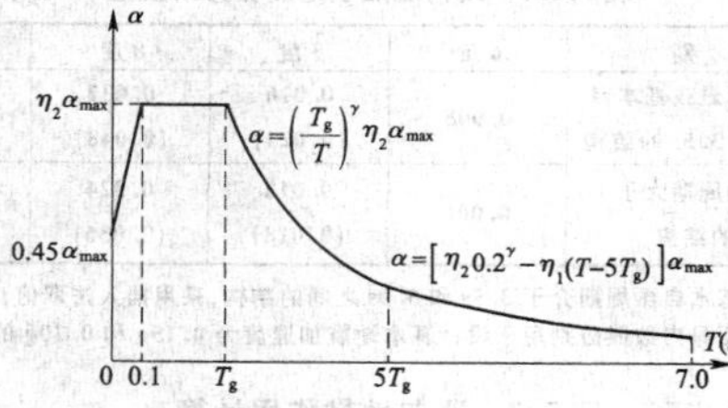

图5.1.6 地震影响系数曲线

α—地震影响系数；α_{max}—地震影响系数最大值；

η_1—直线下降段的下降斜率调整系数；γ—衰减指数；

T_g—特征周期；η_2—阻尼调整系数；T—结构自振周期

2 当构筑物的阻尼比不等于0.05时，地震影响系数曲线的阻尼调整系数和形状参数应符合下列规定：

1)曲线下降段的衰减指数应按下式确定：

$$\gamma = 0.9 + \frac{0.05-\zeta}{0.3+6\zeta} \quad (5.1.6\text{-}1)$$

式中：γ——曲线下降段的衰减指数；

ζ——阻尼比。

2)直线下降段的下降斜率调整系数应按下式确定：

$$\eta_1 = 0.02 + \frac{0.05-\zeta}{4+32\zeta} \quad (5.1.6\text{-}2)$$

式中：η_1——直线下降段的下降斜率调整系数，小于0时，应取0。

3)阻尼调整系数应按下式确定：

$$\eta_2 = 1 + \frac{0.05-\zeta}{0.08+1.6\zeta} \quad (5.1.6\text{-}3)$$

式中：η_2——阻尼调整系数，当小于0.55时，应取0.55。

3 多质点体系采用底部剪力法计算时，按本规范图5.1.6确定的水平地震影响系数应乘以增大系数。水平地震影响系数的增大系数应按下列公式确定：

$$当\ T_1 > T_g \qquad \eta_h = (T_g/T_1)^{-\varepsilon} \quad (5.1.6\text{-}4)$$

$$当\ T_1 \leqslant T_g \qquad \eta_h = 1.0 \quad (5.1.6\text{-}5)$$

式中：T_1——结构基本自振周期；

η_h——水平地震影响系数的增大系数；

ε——结构类型指数，应根据结构类型按表5.1.6采用。

表5.1.6 结构类型指数

结构类型	剪切型结构	剪弯型结构	弯曲型结构
ε	0.05	0.15	0.25

4 竖向地震影响系数的最大值可采用水平地震影响系数最大值的65%。

5.1.7 采用时程分析法计算时，其地震加速度时程曲线的最大值应按表5.1.7采用。

表5.1.7 地震加速度时程曲线的最大值(cm/s^2)

地震影响	6度	7度	8度	9度
多遇地震	18	35(55)	70(110)	140
设防地震	50	100(150)	200(300)	400
罕遇地震	125	220(310)	400(510)	620

注：括号内数值分别用于设计基本地震加速度为0.15g和0.30g的地区。

5.1.8 构筑物的基本自振周期可按本规范各章规定的计算方法确定。当采用类似构筑物的实测周期时，应根据构筑物的重要性和允许损坏程度，乘以震时周期加长系数(1.1～1.4)确定。

5.1.9 构筑物的阻尼比除本规范另有规定外，其余均可按0.05采用。

5.1.10 结构的抗震验算应符合下列规定：

1 6度时和本规范规定不作地震作用计算的结构，可不进行截面抗震验算，但应符合有关的抗震措施要求。

2 构筑物应按本规范规定的抗震设防标准进行地震作用和作用效应计算。

3 平面尺寸较小的高耸构筑物应对整体结构进行抗倾覆验算。

4 符合本规范第5.5.1条规定的构筑物，除应按本规范第5.4节的规定进行截面抗震验算外，尚应进行抗震变形验算。

5.2 水平地震作用计算

5.2.1 采用底部剪力法时，结构水平地震作用计算简图可按图5.2.1采用；水平地震作用和作用效应应符合下列规定：

1 结构总水平地震作用标准值应按下列公式确定：

$$F_{Ek} = \alpha_1 G_{eq} \quad (5.2.1\text{-}1)$$

$$G_{eq} = \frac{\left[\sum G_i X_{1i}\right]^2}{\sum G_i X_{1i}^2}\ (i=1,2,\cdots,n) \quad (5.2.1\text{-}2)$$

$$X_{1i} = (h_i/h)^{\delta} \quad (5.2.1\text{-}3)$$

式中：F_{Ek}——结构总水平地震作用标准值；

α_1——相应于结构基本自振周期的水平地震影响系数，应按本规范第5.1.6条的规定确定；

G_{eq}——相应于结构基本自振周期的等效总重力荷载；

G_i——集中于质点i的重力荷载代表值，应按本规范第5.1节的规定确定；

X_{1i}——结构基本振型质点i的水平相对位移；

h_i——质点i的计算高度；

h——结构的总计算高度；

δ——结构基本振型指数，可按表5.2.1取值；

n——质点数。

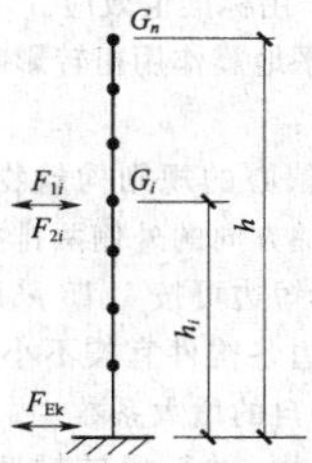

图5.2.1 结构水平地震作用计算简图

表5.2.1 结构基本振型指数

结构类型	剪切型结构	剪弯型结构	弯曲型结构
δ	1.00	1.50	1.75

2 结构基本振型和第二振型质点i的水平地震作用标准值应按下列公式确定：

$$F_{1i} = F_{Ek1}\frac{G_i X_{1i}}{\sum G_i X_{1i}} \quad (5.2.1\text{-}4)$$

$$F_{2i} = F_{Ek2}\frac{G_i X_{2i}}{\sum G_i X_{2i}} \quad (5.2.1\text{-}5)$$

$$F_{Ek1} = \frac{\alpha_1}{\eta_h}G_{eq} \quad (5.2.1\text{-}6)$$

$$F_{Ek2} = \sqrt{F_{Ek}^2 - F_{Ek1}^2} \quad (5.2.1\text{-}7)$$

$$X_{2i} = (1-h_i/h_0)h_i/h_0 \quad (5.2.1\text{-}8)$$

式中：F_{1i}、F_{2i}——分别为结构基本振型和第二振型质点i的水平地震作用标准值；

F_{Ek1}、F_{Ek2}——分别为结构基本振型和第二振型的总水平地震作用标准值；

X_{2i}——结构第二振型质点 i 的水平相对位移；

h_0——结构第二振型曲线的交点计算高度，可采用结构总计算高度的 80%。

3 水平地震作用标准值效应应按下列公式确定：

按多遇地震计算时：
$$S_{Ek}=\sqrt{S_{Ek1}^2+S_{Ek2}^2} \quad (5.2.1\text{-}9)$$

按设防地震计算时：
$$S_{Ek}=\xi\sqrt{S_{Ek1}^2+S_{Ek2}^2} \quad (5.2.1\text{-}10)$$

式中：S_{Ek}——水平地震作用标准值效应；

S_{Ek1}、S_{Ek2}——分别为结构基本振型和第二振型的水平地震作用标准值效应；

ξ——地震效应折减系数。

5.2.2 当采用振型分解反应谱法，且不进行扭转耦联计算时，水平地震作用和作用效应应按下列规定计算：

1 结构 j 振型 i 质点的水平地震作用标准值应按下列公式确定：

$$F_{ji}=\alpha_j\gamma_j X_{ji}G_i \quad (i=1,2,\cdots,n; j=1,2,\cdots,m) \quad (5.2.2\text{-}1)$$

$$\gamma_j=\sum_{i=1}^{n}G_iX_{ji}\Big/\sum_{i=1}^{n}G_iX_{ji}^2 \quad (5.2.2\text{-}2)$$

式中：F_{ji}——j 振型 i 质点的水平地震作用标准值；

α_j——相应于 j 振型自振周期的水平地震影响系数，应按本规范第 5.1.6 条的规定确定；

X_{ji}——j 振型 i 质点的水平相对位移；

γ_j——j 振型的参与系数；

m——振型数。

2 水平地震作用标准值效应（弯矩、剪力、轴向力和变形），当相邻振型的周期比小于 0.85 时，可按下式确定：

按多遇地震计算时：
$$S_{Ek}=\sqrt{\sum S_j^2} \quad (5.2.2\text{-}3)$$

按设防地震计算时：
$$S_{Ek}=\xi\sqrt{\sum S_j^2} \quad (5.2.2\text{-}4)$$

式中：S_j——j 振型水平地震作用标准值效应，除本规范另有规定外，振型数可只取前 3 个～5 个振型；当基本自振周期大于 1.5s 时，振型数目可适当增加，振型数应使振型参与质量不小于总质量的 90%；

S_{Ek}——水平地震作用标准值效应。

5.2.3 构筑物估计水平地震作用扭转影响时，应按下列规定计算其地震作用和作用效应：

1 可能存在偶然偏心的规则构筑物，可不进行扭转耦联计算，但结构两个水平主轴方向的外侧两排抗侧力构件，其地震作用效应应乘以增大系数。短边可按 1.15 采用，长边可按 1.05 采用；当扭转刚度较小时，周边各构件宜按不小于 1.3 采用。角部构件宜同时乘以两个方向各自的增大系数。

2 对于偏心构筑物，进行扭转耦联地震作用和效应计算时，可采用三维空间有限元分析模型，也可采用多质点体系平动-扭转耦联分析模型。采用振型分解法计算时，应选取包括两个正交水平方向和扭转的振型，每个方向的振型数不应少于含有该方向的前三阶振型，且振型数应使振型参与质量不小于总质量的 90%。单向水平地震作用标准值效应可采用完全二次项平方根法。双向水平地震作用标准值效应可按下列公式中的较大值确定：

$$S_{Ek}=\sqrt{S_x^2+(0.85S_y)^2} \quad (5.2.3\text{-}1)$$

或

$$S_{Ek}=\sqrt{S_y^2+(0.85S_x)^2} \quad (5.2.3\text{-}2)$$

式中：S_x、S_y——分别为 x 向、y 向按扭转耦联分析得出的单向水平地震作用标准值效应。

5.2.4 突出构筑物顶面的小型结构采用底部剪力法计算时，除本规范另有规定外，其地震作用效应宜乘以增大系数 3，增大部分可不往下传递，但与该突出部分相连的构件设计时应予以计入。

5.2.5 抗震验算时，任意结构层的水平地震剪力应符合下式规定：

$$V_{Eki}>\lambda\sum_{j=i}^{n}G_j \quad (5.2.5)$$

式中：V_{Eki}——第 i 层对应于水平地震作用标准值的结构层剪力；

λ——剪力系数，不应小于表 5.2.5 的规定，对竖向不规则结构的薄弱层，尚应乘以 1.15 的增大系数；

G_j——第 j 层的重力荷载代表值。

表 5.2.5 结构层最小地震剪力系数值

类别	6度	7度	8度	9度
扭转效应明显或基本自振周期小于 3.5s 的结构	0.008	0.016 (0.024)	0.032 (0.048)	0.064
基本自振周期大于 5.0s 的结构	0.006	0.012 (0.018)	0.024 (0.036)	0.048

注：1 基本自振周期介于 3.5s 和 5.0s 之间的结构，采用插入法取值；

2 括号内数值分别用于设计基本地震加速度为 0.15g 和 0.30g 的地区。

5.3 竖向地震作用计算

5.3.1 井架、井塔、电视塔以及质量、刚度分布与其类似的筒式或塔式结构，竖向地震作用标准值（图 5.3.1）可按下列公式确定。结构层的竖向地震作用效应可按各构件承受的重力荷载代表值的比例进行分配；当按多遇地震计算时，尚宜乘以增大系数 1.5～2.5。

$$F_{Evk}=\alpha_{vmax}G_{eqv} \quad (5.3.1\text{-}1)$$

$$F_{vi}=F_{Evk}\frac{G_ih_i}{\sum G_jh_j} \quad (5.3.1\text{-}2)$$

式中：F_{Evk}——结构总竖向地震作用标准值；

F_{vi}——质点 i 的竖向地震作用标准值；

h_i、h_j——分别为质点 i、j 的计算高度；

α_{vmax}——竖向地震影响系数最大值，可按本规范第 5.1.6 条第 4 款的规定采用；

G_{eqv}——结构等效总重力荷载，可按其重力荷载代表值的 75% 采用。

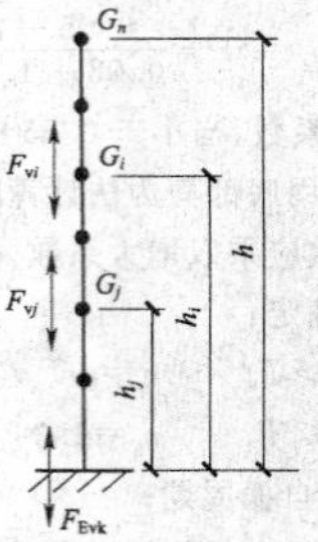

图 5.3.1 结构竖向地震作用计算简图

5.3.2 8 度和 9 度时，跨度大于 24m 的桁架、长悬臂结构和其他大跨度结构，竖向地震作用标准值可采用其重力荷载代表值与竖向地震作用系数的乘积；竖向地震作用可不向下传递，但构件节点设计时应予以计入；竖向地震作用系数可按表 5.3.2 采用。

表 5.3.2 竖向地震作用系数

结构类别	烈度	场地类别		
		Ⅰ₀、Ⅰ₁	Ⅱ	Ⅲ、Ⅳ
平板型网架钢桁架	8度	可不计算(0.10)	0.08(0.12)	0.10(0.15)
	9度	0.15	0.15	0.20
钢筋混凝土桁架	8度	0.10(0.15)	0.13(0.19)	0.13(0.19)
	9度	0.20	0.25	0.25
长悬臂和其他大跨度结构	8度	0.10(0.15)		
	9度	0.20		

注：括号内数值系设计基本地震加速度为 0.30g 的地区。

5.4 截面抗震验算

5.4.1 结构构件的截面抗震验算除本规范另有规定外，地震作用标准值效应和其他荷载效应的基本组合，应按下式计算：

$$S=\gamma_G S_{GE}+\gamma_{Eh}S_{Ehk}+\gamma_{Ev}S_{Evk}+\gamma_w\psi_w S_{wk}+\gamma_t\psi_t S_{tk}+\gamma_m\psi_m S_{mk} \quad (5.4.1)$$

式中：S——结构构件内力组合的设计值，包括组合的弯矩、轴向力和剪力的设计值等；

γ_G——重力荷载分项系数，应采用1.2；当重力荷载效应对构件承载能力有利时，不应大于1.0；当验算结构抗倾覆或抗滑时，不应小于0.9；

S_{GE}——重力荷载代表值效应，重力荷载代表值应按本规范第5.1.4条的规定确定；

γ_{Eh}、γ_{Ev}——分别为水平、竖向地震作用分项系数，应按表5.4.1采用；

S_{Ehk}——水平地震作用标准值效应，尚应乘以相应的增大系数或调整系数；

S_{Evk}——竖向地震作用标准值效应，尚应乘以相应的增大系数或调整系数；

S_{wk}——风荷载标准值效应；

S_{tk}——温度作用标准值效应；

S_{mk}——高速旋转式机器主动作用标准值效应；

γ_w、γ_t、γ_m——分别为风荷载、温度作用和高速旋转式机器动力作用分项系数，均应采用1.4，但冷却塔的温度作用分项系数应取1.0；

ψ_w——风荷载组合值系数，高耸构筑物应采用0.2，一般构筑物应取0；

ψ_t——温度作用组合值系数，一般构筑物应取0，长期处于高温条件下的构筑物应取0.6；

ψ_m——高速旋转式机器动力作用组合值系数，对大型汽轮机组、电机、鼓风机等动力机器，应采用0.7，一般动力机器应取0。

表 5.4.1 地震作用分项系数

地震作用		γ_{Eh}	γ_{Ev}
仅按水平地震作用计算		1.3	0
仅按竖向地震作用计算		0	1.3
同时按水平和竖向地震作用计算	水平地震作用为主时	1.3	0.5
	竖向地震作用为主时	0.5	1.3

5.4.2 结构构件的截面抗震验算应采用下列设计表达式：

$$S\leqslant R/\gamma_{RE} \quad (5.4.2)$$

式中：R——结构构件承载力设计值；

γ_{RE}——承载力抗震调整系数，除本规范另有规定外，应按表5.4.2采用。

表 5.4.2 承载力抗震调整系数

材料	结构构件	受力状态	γ_{RE}
钢	柱，梁，支撑，节点板件，螺栓，焊缝	强度	0.75
	柱，支撑	稳定	0.80
砌体	两端均有构造柱、芯柱的抗震墙	受剪	0.9
	其他抗震墙	受剪	1.0
混凝土	梁	受弯	0.75
	轴压比小于0.15的柱	偏压	0.75
	轴压比不小于0.15的柱	偏压	0.80
	抗震墙	偏压	0.85
	各类构件	受剪、偏拉	0.85

5.4.3 当仅计算竖向地震作用时，结构构件承载力抗震调整系数均应采用1.0。

5.5 抗震变形验算

5.5.1 下列构筑物应进行罕遇地震作用下的弹塑性变形验算：

1 8度Ⅲ类、Ⅳ类场地或9度时的钢筋混凝土框排架结构，以及9度时的钢筋混凝土柱承式筒仓、井塔、井架。

2 结构布置不规则且有明显薄弱层或高度大于150m的锅炉钢结构。

3 结构安全等级和结构高度均较高的电视塔结构。

4 7度～9度时结构层屈服强度系数小于0.5的钢筋混凝土框架结构和框排架结构。

5 甲类构筑物和9度时的乙类构筑物。

5.5.2 构筑物在罕遇地震作用下的弹塑性变形计算，可采用下列方法：

1 本规范规定的简化计算方法或经专门研究的简化计算方法。

2 质量和刚度沿高度分布比较均匀且高度不超过65m的构筑物，或近似于单质点体系的构筑物可采用静力弹塑性分析方法。

3 弹塑性时程分析方法。

5.5.3 钢筋混凝土柱承式筒仓的最大弹塑性位移可按下式计算：

$$\Delta u_p=\frac{\Delta u_y}{2.78}\left[\left(\frac{M_E}{M_y}\right)^2+1.32\right] \quad (5.5.3)$$

式中：Δu_p——柱顶最大弹塑性位移；

Δu_y——柱顶屈服位移，可在柱顶作用1.42倍的屈服弯矩，采用弹性分析确定；

M_E——柱顶弹性地震弯矩设计值；

M_y——柱顶屈服弯矩。

5.5.4 结构薄弱层（部位）的弹塑性位移应符合下式规定：

$$\Delta u_p\leqslant[\theta_p]h \quad (5.5.4)$$

式中：h——薄弱层的结构层高度或柱承式筒仓柱的全高或单层厂房的上柱高度；

$[\theta_p]$——弹塑性层间位移角限值，可按表5.5.4采用；对于钢筋混凝土框架结构，当轴压比小于0.4时，可提高10%；当柱子全高的箍筋构造比本规范第6.3.11条规定的体积配箍率大于30%时，可提高20%，但累计提高不应超过25%。

表 5.5.4 结构弹塑性层间位移角限值

结构类型	$[\theta_p]$
钢筋混凝土框架结构	1/50
钢排架	1/30
钢框架、钢井架（塔）、钢电视塔	1/50

注：对于没有楼层概念的结构，根据结构布置视其沿高度方向由一定数量的结构层组成，其弹塑性位移角值可取最薄弱结构层间的相对位移角值。

5.5.5 钢筋混凝土柱承式筒仓柱顶的弹塑性位移角限值可按下式确定：

$$[\theta_p]=0.25\frac{T_1^{1.4}}{f_{ck}} \quad (5.5.5)$$

式中：T_1——筒仓的基本自振周期；

f_{ck}——混凝土轴心抗压强度标准值。

6 钢筋混凝土框排架结构

6.1 一般规定

6.1.1 本章适用于钢筋混凝土框架、框架-抗震墙与排架侧向组成的框排架结构抗震设计，其适用的最大高度应符合表6.1.1的规定。

表 6.1.1 钢筋混凝土框架和框架-抗震墙适用的最大高度(m)

<table>
<tr><td rowspan="2">结构类型</td><td rowspan="2">6 度</td><td rowspan="2">7 度</td><td colspan="2">8 度</td><td rowspan="2">9 度</td></tr>
<tr><td>0.2g</td><td>0.3g</td></tr>
<tr><td>框架</td><td>55(50)</td><td>50(45)</td><td>40(35)</td><td>35(30)</td><td>24(19)</td></tr>
<tr><td>框架-抗震墙</td><td>120(110)</td><td>110(100)</td><td>90(80)</td><td>70(60)</td><td>45(40)</td></tr>
</table>

注:1 括号内的数值用于设有筒仓的框架和框架-抗震墙;

2 表中高度指室外地面到主要屋面板板顶的高度(不包括局部突出屋面部分);

3 超过表中所列高度时,应进行专门研究和论证,并采取加强措施。

6.1.2 钢筋混凝土框排架结构的框架和抗震墙应根据设防类别、烈度、结构类型和房屋高度采用不同的抗震等级,并应符合相应的计算和抗震构造措施要求。丙类框排架结构的框架和抗震墙的抗震等级应按表 6.1.2 确定。

表 6.1.2 丙类框排架结构的框架和抗震墙的抗震等级

<table>
<tr><td colspan="3">结构类型</td><td colspan="2">6 度</td><td colspan="3">7 度</td><td colspan="3">8 度</td><td colspan="2">9 度</td></tr>
<tr><td rowspan="5">框架结构</td><td rowspan="2">不设筒仓的框架</td><td>高度(m)</td><td>≤24</td><td>>24</td><td>≤24</td><td colspan="2">>24</td><td>≤24</td><td colspan="2">>24</td><td colspan="2">≤24</td></tr>
<tr><td>框架</td><td>四</td><td>三</td><td>三</td><td colspan="2">二</td><td>二</td><td colspan="2">一</td><td colspan="2">一</td></tr>
<tr><td rowspan="2">设筒仓的框架</td><td>高度(m)</td><td>≤19</td><td>>19</td><td>≤19</td><td colspan="2">>19</td><td>≤19</td><td colspan="2">>19</td><td colspan="2">≤19</td></tr>
<tr><td>框架</td><td>四</td><td>三</td><td>三</td><td colspan="2">二</td><td>二</td><td colspan="2">一</td><td colspan="2">一</td></tr>
<tr><td colspan="2">大跨度框架</td><td colspan="2">三</td><td colspan="3">二</td><td colspan="3">一</td><td colspan="2">一</td></tr>
<tr><td rowspan="5">框架-抗震墙结构</td><td rowspan="2">不设筒仓的框架</td><td>高度(m)</td><td>≤55</td><td>>55</td><td><24</td><td>24~55</td><td>>55</td><td><24</td><td>24~55</td><td>>55</td><td><24</td><td>24~45</td></tr>
<tr><td>框架</td><td>四</td><td>三</td><td>四</td><td>三</td><td>二</td><td>三</td><td>二</td><td>一</td><td>二</td><td>一</td></tr>
<tr><td rowspan="2">设筒仓的框架</td><td>高度(m)</td><td>≤50</td><td>>50</td><td><19</td><td>19~50</td><td>>50</td><td><19</td><td>19~50</td><td>>50</td><td><19</td><td>19~40</td></tr>
<tr><td>框架</td><td>四</td><td>三</td><td>四</td><td>三</td><td>二</td><td>三</td><td>二</td><td>一</td><td>二</td><td>一</td></tr>
<tr><td colspan="2">抗震墙</td><td colspan="2">三</td><td>三</td><td colspan="2">二</td><td>二</td><td colspan="2">一</td><td colspan="2">一</td></tr>
</table>

注:1 工程场地为Ⅰ类时,除 6 度外应允许按表内降低一度所对应的抗震等级采取抗震构造措施,但相应的计算要求不应降低;

2 设置少量抗震墙的框架-抗震墙结构,在规定的水平力作用下,底层框架部分所承担的地震倾覆力矩应大于框架-抗震墙总地震倾覆力矩的 50%,其框架部分的抗震等级应按表中框架结构对应的抗震等级确定,抗震墙的抗震等级应与其框架等级相同;

3 设有筒仓的框架(或框架-抗震墙)指设有纵向的钢筋混凝土筒仓竖壁,且竖壁的跨高比不大于 2.5,大于 2.5 时应按不设筒仓确定。

4 大跨度框架指跨度不小于 18m 的框架。

6.1.3 框排架结构的平面和竖向布置、结构选型、选材应符合下列规定:

1 在结构单元平面内,抗侧力构件宜对称均匀布置,并应沿结构全高设置。在结构单元内,各柱列的侧移刚度宜均匀。竖向抗侧力构件的截面尺寸宜自下而上逐渐减小,并应避免抗侧力构件的侧移刚度和承载力突变。

2 质量大的设备等不宜布置在结构单元边缘的平台上,宜设置在距结构刚度中心较近的部位;当不可避免时,宜将平台与主体结构分开,也可在满足工艺要求的条件下采用低位布置。

3 不宜采用较大的悬挑结构。

4 围护墙宜选用轻质材料、轻型墙板、钢筋混凝土墙板等;当结构单元的一端敞开另一端有山墙时,其山墙与主体结构之间应采用柔性连接。

6.1.4 框排架结构的防震缝应符合下列规定:

1 当符合下列情况之一时,应设置防震缝:

1)房屋贴建于框排架结构;

2)结构的平面和竖向布置不规则;

3)质量和刚度沿纵向分布有突变。

2 防震缝的两侧应各自设置承重结构。

3 除胶带运输机和链带设备外,设备不应跨防震缝布置。

4 防震缝的最小宽度应符合下列规定:

1)高度不大于 15m 的贴建房屋与框排架结构间,6 度、7 度时,不应小于 100mm;8 度、9 度时,不应小于 110mm。

2)框排架结构(包括设置少量抗震墙的框排架结构)单元间,结构高度不超过 15m 时,不应小于 100mm;结构高度超过 15m 时,对 6 度~9 度,分别每增高 5m、4m、3m、2m,宜加宽 20mm;

3)框架-抗震墙的框排架结构的防震缝宽度不应小于本条第 2 款规定数值的 70%,且不宜小于 100mm。

5 8 度、9 度的框架结构防震缝两侧结构层高相差较大时,防震缝两侧框架柱的箍筋应沿房屋全高加密。

6.1.5 框架及框架-抗震墙结构中,楼板、屋盖采用预制板时,应采取保证楼板、屋盖的整体性及其与框架梁(或抗震墙)的可靠连接的措施。

6.1.6 排架跨屋架或屋面梁支承在框架柱上时,宜符合下列规定:

1 排架跨的屋架下弦或屋面梁底面宜布置在与框架跨相应楼层的同一标高处。

2 排架跨的屋架或屋面梁支承在框架柱顶伸出的单柱上时(图 6.1.6),宜在柱顶(A 处)设置一道纵向钢筋混凝土连梁;当 AC 段柱较高时,宜在中间增设一道纵向连梁。

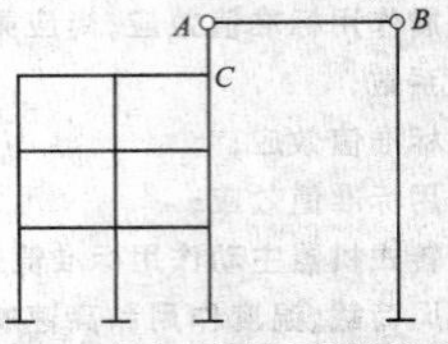

图 6.1.6 排架柱与框架柱连接示意

6.1.7 屋盖天窗的配置与选材应符合下列规定:

1 天窗宜采用突出屋面较小的避风型天窗、下沉式天窗或采光屋面板等形式。

2 突出屋面的天窗宜采用钢天窗架;6 度~8 度时,可采用矩形截面杆件的钢筋混凝土天窗架。

3 宜在满足建筑功能的条件下,降低天窗架的高度。

4 天窗屋盖、端壁板和侧板宜采用轻型板材,不应采用端壁板代替端天窗架。

5 结构单元两端的第一开间不应设置天窗;8 度和 9 度时,宜从第三开间开始设置天窗。

6.1.8 屋盖的屋架或屋面梁的选用应符合下列规定:

1 屋盖宜选用钢屋架或重心较低的预应力混凝土、钢筋混凝土屋架。

2 跨度不大于 15m 时,可采用钢筋混凝土屋面梁。

3 跨度大于 24m,或 8 度Ⅲ、Ⅳ类场地和 9 度时,宜选用钢屋架。

4 有突出屋面天窗架的屋盖不宜采用预应力混凝土或钢筋混凝土屋架。

5 8 度(0.30g)和 9 度时,跨度大于 24m 的屋盖不宜采用大型屋面板。

6.1.9 框排架结构的排架柱选型应符合下列规定:

1 应根据截面高度不同采用矩形、工字形截面柱或斜腹杆双肢柱,不应采用薄壁工字形柱、腹板开孔工字形柱或预制腹板的工字形柱。

2 采用工字形截面柱时,柱底至室内地坪以上 500mm 高度范围内、阶形柱的上柱和牛腿处的各柱段均应采用矩形截面。

3 山墙抗风柱可采用矩形、工字形截面钢筋混凝土柱,亦可采用 H 形钢柱。当排架跨较高时,宜设置山墙抗风梁。

6.1.10 上下吊车的钢梯布置应符合下列规定:

1 在结构单元内一端有山墙另一端无山墙时,应在靠近山墙的端部设置钢梯。

2 在结构单元内两端均有山墙或均无山墙时,应在单元中部设置钢梯。

3　多跨时，可按本条第1款、第2款的规定分散布置钢梯。

6.1.11　框排架结构中的框架、抗震墙均应双向设置，且柱中线与抗震墙中线、梁中线之间的偏心距不宜大于柱宽的1/4；大于柱宽的1/4时，应计入偏心的影响。

框排架结构中框架部分高度大于24m时，不宜采用单跨框架结构。

6.1.12　框架-抗震墙中，抗震墙之间无大洞口的楼板、屋盖的长宽比不宜超过表6.1.12的规定；超过时，应计入楼板、屋盖平面变形的影响。

表6.1.12　抗震墙之间无大洞口的楼板、屋盖的长宽比

楼板、屋盖类型	6度	7度	8度	9度
现浇楼板、屋盖	4	4	3	2
装配整体式楼板、屋盖	3	3	2	不宜采用

6.1.13　框架-抗震墙中抗震墙的设置宜符合下列规定：

1　抗震墙宜贯通房屋全高。

2　结构较长时，侧移刚度较大的纵向抗震墙不宜设置在结构的端开间。

3　抗震墙洞口宜上下对齐，且洞边距端柱不宜小于300mm。

4　楼梯间宜设置抗震墙，但不宜造成较大的扭转效应。

5　在抗震墙的两端(不包括洞口两侧)宜设置端柱或与另一方向的抗震墙相连。

6.1.14　采用框架-抗震墙时，抗震墙底部加强部位的范围应符合下列规定：

1　底部加强部位的高度应从地下室顶板算起。

2　房屋高度大于24m时，底部加强部位的高度可取底部两层和墙体总高度的1/10的较大值；房屋高度不大于24m时，底部加强部位可取底部一层。

3　当结构计算嵌固端位于地下一层底板或以下时，底部加强部位尚应向下延伸到计算嵌固端。

6.1.15　框排架结构柱的独立基础有下列情况之一时，宜沿两个主轴方向(排架柱仅在纵向)设置基础系梁：

1　一级框架和Ⅳ类场地的二级框架。

2　各柱基承受的重力荷载代表值作用下的压应力差别较大。

3　基础埋置较深或各基础埋置深度差别较大。

4　地基主要受力层范围内存在软弱黏性土层、液化土层或严重不均匀土层。

5　桩基承台之间。

6.1.16　框架-抗震墙中的抗震墙基础应有良好的整体性和抗转动的能力。

6.1.17　楼梯间应符合下列规定：

1　宜采用现浇钢筋混凝土楼梯。

2　对于框排架结构，楼梯间的布置不应导致结构平面特别不规则；楼梯构件与主体结构整浇时，应计入楼梯构件对地震作用及其效应的影响，应进行楼梯构件的抗震承载力验算；宜采取减少楼梯构件对主体结构刚度影响的构造措施。

3　楼梯间两侧填充墙与柱之间应加强拉结。

6.2　计算要点

6.2.1　6度时的不规则、建造于Ⅳ类场地上较高的框排架结构，以及7度～9度时的框排架结构，应按本规范第5章有关多遇地震的规定进行水平、竖向地震作用和地震作用效应计算。

6.2.2　框排架结构应按空间结构模型计算地震作用，且应符合下列规定：

1　复杂框排架结构进行多遇地震作用下的内力和变形分析时，应采用不少于两个不同的力学模型，并应对其计算结果进行分析比较。

2　框排架结构不规则时，应符合本规范第3.4.6条、第3.4.7条的规定。

3　抗震验算时，结构任一楼层的水平地震剪力应符合本规范第5.2.5条的规定。

4　设有天窗且不计入框排架结构计算模型时，地震作用计算时可将天窗的质量集中在天窗架下部屋架或屋面梁处。

5　设有筒仓的框排架结构，筒仓设有横向和纵向竖壁时，贮料荷载应分配给纵向和横向竖壁上；当仅设有纵向竖壁(横向为梁)时，贮料荷载应仅分配给纵向竖壁上。

6　采用振型分解反应谱法计算时，其振型数不宜少于12个。

7　计算的结构自振周期应乘以0.8～0.9的周期调整系数。

6.2.3　质量和刚度分布明显不对称的框排架结构地震作用计算时，应计入双向水平地震作用下的扭转影响。双向水平地震作用标准效应可按本规范式(5.2.3-1)和式(5.2.3-2)的较大值确定。其中单向水平地震作用下的扭转耦联效应可按下列公式确定：

$$S_{\mathrm{Ek}}=\sqrt{\sum_{j=1}^{m}\sum_{k=1}^{m}\rho_{jk}S_jS_k} \tag{6.2.3-1}$$

$$\rho_{jk}=\frac{8\sqrt{\zeta_j\zeta_k}(\zeta_j+\lambda_{\mathrm{T}}\zeta_k)\lambda_{\mathrm{T}}^{1.5}}{(1-\lambda_{\mathrm{T}}^2)^2+4\zeta_j\zeta_k(1+\lambda_{\mathrm{T}}^2)\lambda_{\mathrm{T}}+4(\zeta_j^2+\zeta_k^2)\lambda_{\mathrm{T}}^2} \tag{6.2.3-2}$$

式中：S_{Ek}——地震作用标准值的扭转效应；

S_j、S_k——分别为j、k振型地震作用标准值的效应，可取前9个～15个振型；

ζ_j、ζ_k——分别为j、k振型的阻尼比；

ρ_{jk}——j振型与k振型的耦联系数；

λ_{T}——k振型与j振型的自振周期比。

6.2.4　当符合本规范附录C规定的条件时，框排架结构可按多质点平面结构计算；其地震作用效应可按本规范第C.0.2条的规定进行地震作用空间效应调整。

6.2.5　设有筒仓的框排架结构计算地震作用时，贮料重力荷载代表值应按下式确定：

$$G_{\mathrm{zeq}}=\psi G_{\mathrm{z}} \tag{6.2.5}$$

式中：G_{zeq}——贮料重力荷载代表值；

ψ——充盈系数，对单仓和双联仓，可取0.9；对多联仓，可取0.8；

G_{z}——按筒仓实际容积计算的贮料荷载标准值。

6.2.6　一、二、三、四级框架的底层，柱下端(设有筒仓的框架尚应包括支承筒仓竖壁的框架柱的上端)截面组合的弯矩设计值应分别乘以增大系数1.7、1.5、1.3和1.2。底层柱的纵向钢筋应按上、下端的不利情况配置。

6.2.7　一、二、三、四级框架的梁柱节点处，柱端组合的弯矩设计值应符合下列规定：

1　除框架顶层和柱轴压比小于0.15外，柱端组合的弯矩设计值应符合下式要求：

$$\sum M_{\mathrm{c}}=\eta_{\mathrm{c}}\sum M_{\mathrm{b}} \tag{6.2.7-1}$$

2　一级的框架结构和9度一级框架可不符合本规范式(6.2.7-1)的要求，但应符合下式要求：

$$\sum M_{\mathrm{c}}=1.2\sum M_{\mathrm{bua}} \tag{6.2.7-2}$$

式中：$\sum M_{\mathrm{c}}$——节点上、下柱端截面顺时针或反时针方向组合的弯矩设计值之和，上、下柱端的弯矩设计值可按弹性分析分配；

$\sum M_{\mathrm{b}}$——节点左、右梁端截面反时针或顺时针方向组合的弯矩设计值之和，一级框架节点左、右梁端均为负弯矩时，绝对值较小的弯矩应取零；

$\sum M_{\mathrm{bua}}$——节点左、右梁端截面反时针或顺时针方向实配的正截面抗震受弯承载力所对应的弯矩值之和，应根据实配钢筋面积(计入梁受压筋和相关楼板钢筋)和材料强度标准值确定；

η_{c}——框架柱端弯矩增大系数；对框架结构，一级可取

1.7，二级可取1.5，三级可取1.3，四级可取1.2；对框架-抗震墙结构中的框架，一级可取1.4，二级可取1.2，三、四级可取1.1。

3 当反弯点不在柱的层高范围内时，柱端截面组合的弯矩设计值可乘以柱端弯矩增大系数 η_c。

6.2.8 一、二、三级的框架梁和抗震墙的连梁，其梁端截面组合的剪力设计值应按下式调整：

$$V = \eta_{vb}(M_b^l + M_b^r)/l_n + V_{Gb} \quad (6.2.8)$$

式中：V——梁端截面组合的剪力设计值；

η_{vb}——梁端剪力增大系数，一级可取1.3，二级可取1.2，三级可取1.1；

l_n——梁的净跨；

V_{Gb}——梁在重力荷载代表值作用下，按简支梁分析的梁端截面剪力设计值；

M_b^l、M_b^r——分别为梁左、右端反时针或顺时针方向组合的弯矩设计值，一级框架两端弯矩均为负弯矩时，绝对值较小的弯矩应取零。

6.2.9 一级的框架结构和9度的一级框架梁、连梁端截面组合的剪力设计值可不按本规范式(6.2.8)调整，但应符合下式要求：

$$V = 1.1(M_{bua}^l + M_{bua}^r)/l_n + V_{Gb} \quad (6.2.9)$$

式中：M_{bua}^l、M_{bua}^r——分别为梁左、右端反时针或顺时针方向实配的正截面抗震受弯承载力所对应的弯矩值，应根据实配钢筋面积（计入受压筋和相关楼板钢筋）和材料强度标准值确定。

6.2.10 一、二、三、四级框架柱组合的剪力设计值应按下式调整：

$$V = \eta_{vc}(M_c^b + M_c^t)/H_n \quad (6.2.10)$$

式中：V——柱端截面组合的剪力设计值；

η_{vc}——柱剪力增大系数；对框架结构，一级可取1.5，二级可取1.3，三级可取1.2，四级可取1.1；对框架-抗震墙结构中的框架，一级可取1.4，二级可取1.2，三、四级可取1.1；

M_c^t、M_c^b——分别为柱的上、下端顺时针或反时针方向截面组合的弯矩设计值，应符合本规范第6.2.6条、第6.2.7条的规定；

H_n——柱的净高。

6.2.11 一级的框架结构和9度的一级框架柱组合的剪力设计值可不按本规范式(6.2.10)调整，但应符合下式要求：

$$V = 1.2(M_{cua}^b + M_{cua}^t)/H_n \quad (6.2.11)$$

式中：M_{cua}^t、M_{cua}^b——分别为偏心受压柱的上、下端顺时针或反时针方向实配的正截面抗震受弯承载力所对应的弯矩值，应根据实配钢筋面积、材料强度标准值和轴压力等确定。

6.2.12 一、二、三、四级框架的角柱、支承筒仓竖壁的框架柱，经本规范第6.2.6条、第6.2.7条、第6.2.10条、第6.2.11条调整后的组合弯矩设计值、剪力设计值尚应乘以不小于1.1的增大系数。

6.2.13 一、二、三级的抗震墙底部加强部位，其截面组合的剪力设计值应按下式调整：

$$V = \eta_{vw}V_w \quad (6.2.13)$$

式中：V——抗震墙底部加强部位截面组合的剪力设计值；

η_{vw}——抗震墙剪力增大系数，一级可取1.6，二级可取1.4，三级可取1.2；

V_w——抗震墙底部加强部位截面组合的剪力计算值。

6.2.14 9度的一级抗震墙底部加强部位截面组合的剪力设计值可不按本规范式(6.2.13)调整，但应符合下式要求：

$$V = 1.1\frac{M_{wua}}{M_w}V_w \quad (6.2.14)$$

式中：M_{wua}——抗震墙底部截面按实配纵向钢筋面积、材料强度标准值和轴力等计算的抗震受弯承载力所对应的弯矩值，有翼墙时应计入墙两侧各一倍翼墙厚度范围内的纵向钢筋；

M_w——抗震墙底部截面组合的弯矩设计值。

6.2.15 抗震墙各墙肢截面组合的内力设计值应按下列规定采用：

1 一级抗震墙的底部加强部位以上部位，墙肢的组合弯矩设计值应乘以增大系数，其值可采用1.2，剪力应相应调整。

2 双肢抗震墙中，墙肢不宜出现小偏心受拉；当任一墙肢为偏心受拉时，另一墙肢的剪力设计值、弯矩设计值均应乘以增大系数1.25。

6.2.16 钢筋混凝土结构的梁、柱、抗震墙和连梁，其截面组合的剪力设计值应符合下列规定：

1 跨高比大于2.5的梁和连梁及剪跨比大于2的柱和抗震墙应符合下式要求：

$$V \leqslant \frac{1}{\gamma_{RE}}(0.20 f_c bh_0) \quad (6.2.16\text{-}1)$$

2 跨高比不大于2.5的连梁、剪跨比不大于2的柱和抗震墙、支承筒仓竖壁的框架柱，以及落地抗震墙的底部加强部位应符合下式要求：

$$V \leqslant \frac{1}{\gamma_{RE}}(0.15 f_c bh_0) \quad (6.2.16\text{-}2)$$

3 剪跨比应按下式计算：

$$\lambda = M^c/(V^c h_0) \quad (6.2.16\text{-}3)$$

式中：λ——剪跨比，应按柱端或墙端截面组合的弯矩计算值 M^c、对应的截面组合剪力计算值 V^c 及截面有效高度 h_0 确定，并取上、下端计算结果的较大值；反弯点位于柱高中部的框架柱可按柱净高与2倍柱截面高度之比计算；

V——按本规范第6.2.8条～第6.2.14条的规定调整后的梁端、柱端或墙端截面组合的剪力设计值；

f_c——混凝土轴心抗压强度设计值；

b——梁、柱截面宽度或抗震墙墙肢截面宽度；

h_0——截面有效高度，抗震墙可取墙肢截面长度。

6.2.17 框排架结构抗震计算时，尚应符合下列规定：

1 侧移刚度沿竖向分布基本均匀的框架-抗震墙结构，任一层框架部分承担的剪力值不应小于框排架结构底部总地震剪力的20%和框架部分各楼层地震剪力最大值1.5倍中的较小值。

2 抗震墙地震内力计算时，连梁的刚度可折减，折减系数不宜小于0.5。

3 设置少量抗震墙的框架结构，其框架部分的地震剪力值宜采用框架结构模型和框架-抗震墙结构模型中计算结果的较大值。

4 框架-抗震墙结构计算内力和变形时，其抗震墙应计入端部翼墙的共同工作。

6.2.18 框架节点核芯区的抗震验算应符合下列规定：

1 一、二、三级框架的节点核芯区应进行抗震验算；四级框架节点核芯区可不进行抗震验算，但应符合抗震构造措施的要求。

2 核芯区截面抗震验算方法应符合本规范附录D的规定。

6.2.19 7度(0.15g)Ⅲ、Ⅳ类场地和8度、9度时，应计算横向水平地震作用对排架跨的屋架下弦产生的拉、压效应，在托架上的屋架可不计算该效应。

6.2.20 7度(0.15g)Ⅲ、Ⅳ类场地和8度、9度时，排架跨屋架或屋面梁与柱顶（或牛腿）的连接应进行抗震验算。

6.2.21 8度和9度时，钢结构仓斗与其钢筋混凝土竖壁之间的连接焊缝计算应计入竖向地震作用；竖向地震作用可分别采用仓斗及其贮料重力荷载代表值的10%和20%，设计基本地震加速度为0.30g时，可取重力荷载代表值的15%。

6.2.22 7度(0.15g)Ⅲ、Ⅳ类场地和8度、9度时，排架跨在设置屋架横向水平支撑的跨间宜计入由于纵向水平地震作用产生的两柱列位移差对屋架弦杆和支撑腹杆的不利影响。

6.2.23 支承低跨屋盖的柱牛腿（柱肩）的纵向受拉钢筋截面面积应按下式确定：

$$A_s \geqslant \left(\frac{N_G a}{0.85 h_0 f_y} + 1.2\frac{N_E}{f_y}\right)\gamma_{RE} \quad (6.2.23)$$

式中：A_s——纵向水平受拉钢筋的截面面积；

N_G——柱牛腿面上重力荷载代表值产生的压力设计值；

a——重力荷载作用点至下柱近侧边缘的距离，当小于 $0.3h_0$ 时应采用 $0.3h_0$；

h_0——牛腿最大竖向截面的有效高度；

f_y——钢筋抗拉强度设计值；

N_E——柱牛腿面上地震组合的水平拉力设计值；

γ_{RE}——承载力抗震调整系数，可采用1.0。

6.2.24 框排架结构中突出屋面的天窗架及其两侧垂直支撑的抗震计算应符合下列规定：

1 应将天窗架及其两侧垂直支撑作为框排架结构的组成部分，纳入结构的计算模型，进行框排架结构的横向（对天窗架）和纵向（对垂直支撑）地震作用计算。

2 天窗架横向和纵向的简化抗震计算应符合下列规定：

1）天窗架横向抗震计算，对有斜腹杆的钢筋混凝土天窗架和钢天窗架，可采用底部剪力法；9度或天窗架跨度大于9m时，天窗架的地震作用效应应乘以增大系数，增大系数可采用1.5。

2）天窗架纵向抗震计算，可采用双质点体系即屋盖和天窗架分别设置质点的底部剪力法，其地震作用效应应乘以增大系数2.5。

3）采用底部剪力法计算时，地震作用效应的增大部分可不往下传递。

6.2.25 排架跨山墙抗风柱的抗震计算可采用下列方法：

1 将山墙抗风柱纳入框排架结构的计算模型，进行整体抗震分析。

2 山墙抗风柱的抗震计算简化方法可按本规范附录E采用。

6.2.26 框排架结构应进行多遇地震作用下的抗震变形验算，其结构楼层内最大的弹性层间位移应符合下式要求：

$$\Delta u_e \leqslant [\theta_e]h \quad (6.2.26)$$

式中：Δu_e——多遇地震作用标准值产生的楼层内最大的弹性层间位移；计算时，可不扣除结构整体弯曲变形，应计入扭转变形，各作用分项系数均应采用1.0，结构构件的截面刚度可采用弹性刚度；

$[\theta_e]$——弹性层间位移角限值，宜按表6.2.26采用；

h——计算结构楼层层高。

表 6.2.26 弹性层间位移角限值

结构类型	$[\theta_e]$
无筒仓钢筋混凝土框架	1/550
有筒仓钢筋混凝土框架	1/650
钢筋混凝土框架-抗震墙	1/800

6.2.27 框排架结构在罕遇地震作用下薄弱层的弹塑性变形验算应符合下列规定：

1 符合下列条件时，应进行弹塑性变形验算：

1）8度Ⅲ、Ⅳ类场地和9度；

2）7度Ⅰ～Ⅳ类场地和8度Ⅰ、Ⅱ类场地的楼层屈服强度系数小于0.5。

2 薄弱层（部位）弹塑性变形计算可采用静力弹塑性分析方法和弹塑性时程分析方法。

3 框排架结构层间弹塑性位移应符合本规范式（5.5.4）的要求，此时公式中的 h 为薄弱层的层高或排架上柱的高度，弹塑性层间位移角限值宜按表6.2.27采用；当框架结构柱轴压比小于0.4、支承筒仓竖壁的框架柱轴压比小于0.3时，均可提高10%；当柱全高的箍筋构造大于本规范第6.3.11条规定的最小配箍特征值30%时，可提高20%，但累计不应超过25%。

表 6.2.27 弹塑性层间位移角限值

结构类型		$[\theta_p]$
无筒仓	框架	1/50
	排架柱	1/30
无筒仓	框架-抗震墙	1/100
	排架柱	1/50
有筒仓	框架	1/60
	排架柱	1/40
有筒仓	框架-抗震墙	1/120
	排架柱	1/70

注：有筒仓的框架位移角限值指筒仓竖壁下柱的弹塑性位移，筒仓上柱仍可按无筒仓的框架位移角限值采用。

6.3 框架部分抗震构造措施

6.3.1 梁的截面尺寸宜符合下列规定：

1 截面宽度不宜小于200mm。

2 截面高宽比不宜大于4。

3 净跨与截面高度之比不宜小于4。

4 框架梁附属于筒仓的竖壁时，可不受本条第1款～第3款的限制。

6.3.2 梁的钢筋配置应符合下列规定：

1 梁端计入受压钢筋的梁端混凝土受压区高度和有效高度之比，一级不应大于0.25，二、三级不应大于0.35。

2 梁端截面的底面和顶面纵向钢筋配筋量的比值除应按计算确定外，一级不应小于0.5，二、三级不应小于0.3。

3 梁端箍筋加密区的长度、箍筋最大间距和最小直径应按表6.3.2采用；当梁端纵向受拉钢筋配筋率大于2%时，箍筋最小直径应增大2mm。

表 6.3.2 梁端箍筋加密区的长度、箍筋最大间距和最小直径

抗震等级	加密区长度（采用较大值）(mm)	箍筋最大间距（采用最小值）(mm)	箍筋最小直径 (mm)
一	$2h_b$, 500	$h_b/4$, $6d$, 100	10
二	$1.5h_b$, 500	$h_b/4$, $8d$, 100	8
三	$1.5h_b$, 500	$h_b/4$, $8d$, 150	8
四	$1.5h_b$, 500	$h_b/4$, $8d$, 150	6

注：1 d 为纵向钢筋直径，h_b 为梁截面高度；

2 箍筋直径大于12mm、数量不少于4肢且肢距不大于150mm时，一、二级的最大间距应允许适当放宽，但不得大于150mm。

6.3.3 梁的纵向钢筋配置及梁端加密区的箍筋肢距尚应符合下列规定：

1 梁端纵向受拉钢筋的配筋率不宜大于2.5%。沿梁全长顶面、底面的配筋，一、二级不应少于2ϕ14，且分别不应少于梁顶面、底面两端纵向钢筋中较大截面面积的1/4；三、四级不应少于2ϕ12。

2 一、二、三级框架梁内贯通中柱的每根纵向钢筋直径，对框架结构不应大于矩形截面柱在该方向截面尺寸的1/20；对框架-抗震墙结构的框架不宜大于矩形截面柱在该方向截面尺寸的1/20。

3 梁端加密区的箍筋肢距，一级不宜大于200mm和箍筋直径的20倍的较大值，二、三级不宜大于250mm和箍筋直径的20倍的较大值，四级不宜大于300mm。

6.3.4 二、三、四级框架和框架-抗震墙的楼板、屋盖可采用钢筋混凝土预制板，但应符合下列规定：

1 预制板的板肋下端应与支承梁焊接。

2 预制板上应设不低于C30的细石混凝土后浇层，其厚度

不应小于 50mm,应内设 ϕ6 双向间距 200mm 的钢筋网。

3　预制板之间在支座处的纵向缝隙内应设置焊接钢筋网,其伸出支座长度不宜小于 1.0m;纵向钢筋直径,上部不宜小于 8mm,下部不宜小于 6mm。板缝应采用 C30 细石混凝土浇灌。

6.3.5　柱的截面尺寸宜符合下列规定:

1　截面宽度和高度均不宜小于 400mm。

2　剪跨比宜大于 2。

3　截面长边与短边的边长比不宜大于 3。

6.3.6　柱轴压比不宜超过表 6.3.6 的规定;建造于Ⅳ类场地且较高的框排架结构,柱轴压比限值应适当减小。

表 6.3.6　柱轴压比

结构类型	抗震等级			
	一级	二级	三级	四级
支承筒仓竖壁的框架柱	0.6	0.7	0.8	0.85
框架结构	0.65	0.75	0.85	0.9
框架-抗震墙	0.75	0.85	0.9	0.95

注:1　轴压比指柱组合的轴压力设计值与柱的全截面面积和混凝土轴心抗压强度设计值乘积之比值;对可不进行地震作用计算的结构,取无地震作用组合的轴力设计值计算;

2　表内限值适用于剪跨比大于 2、混凝土强度等级不高于 C60 的柱;剪跨比不大于 2 的柱轴压比限值应降低 0.05;剪跨比小于 1.5 的柱,轴压比限值应专门研究并采取特殊构造措施;

3　沿柱全高采用井字复合箍且箍筋肢距不大于 200mm、间距不大于 100mm、直径不小于 12mm,轴压比限值可增加 0.10;箍筋的配箍特征值应按增大的轴压比由本规范表 6.3.11 确定;

4　在柱的截面中部附加芯柱,其中另加的纵向钢筋的总面积不少于柱截面面积的 0.8%,轴压比限值可增加 0.05;柱的截面中部附加芯柱与沿柱全高采用井字复合箍的措施共同采用时,轴压比限值可增加 0.15,但箍筋的配箍特征值仍可按轴压比增加 0.10 的要求确定;

5　柱轴压比不应大于 1.05。

6.3.7　柱的钢筋配置应符合下列规定:

1　柱纵向受力钢筋的最小总配筋率应按表 6.3.7-1 采用,同时每一侧配筋率不应小于 0.2%;对建造于Ⅳ类场地且较高的框排架结构,最小总配筋率应增加 0.1。

表 6.3.7-1　柱纵向受力钢筋的最小总配筋率(%)

柱的类型	抗震等级			
	一	二	三	四
中柱和边柱	1.0	0.8	0.7	0.6
角柱、支承筒仓竖壁的框架柱	1.2	1.0	0.9	0.8

注:1　表中数值用于框架结构的柱,对框架-抗震墙的柱按表中数值减少 0.1;

2　钢筋强度标准值小于 400MPa 时,表中数值应增加 0.1,钢筋强度标准值为 400MPa 时,表中数值应增加 0.05;

3　混凝土强度等级高于 C60 时,表中最小总配筋率的数值应相应增加 0.1。

2　柱箍筋在规定的范围内应加密,加密区的箍筋间距和直径应符合下列规定:

1)箍筋的最大间距和最小直径应按表 6.3.7-2 采用。

表 6.3.7-2　柱箍筋加密区的箍筋最大间距和最小直径

抗震等级	箍筋最大间距(采用较小值,mm)	箍筋最小直径(mm)
一	6d,100	10
二	8d,100	8
三	8d、150(柱根 100)	8
四	8d、150(柱根 100)	6(柱根 8)

注:d 为柱纵向钢筋最小直径,柱根指底层柱下端箍筋加密区。

2)一级框架柱的箍筋直径大于 12mm,且箍筋肢距不大于 150mm 及二级框架柱的箍筋直径不小于 10mm 且箍筋肢距不大于 200mm 时,除底层柱下端外,最大间距不应大于 150mm;三级框架柱的截面尺寸不大于 400mm 时,箍筋最小直径不应小于 6mm;四级框架柱剪跨比不大于 2 时,箍筋直径不应小于 8mm。

3)支承筒仓竖壁的框架柱、剪跨比不大于 2 的框架柱,箍筋间距不应大于 100mm。

6.3.8　柱的纵向钢筋配置尚应符合下列规定:

1　柱的纵向钢筋宜对称配置。

2　截面边长大于 400mm 的柱,纵向钢筋间距不宜大于 200mm。

3　柱总配筋率不应大于 5%。

4　剪跨比不大于 2 的一级框架的柱,每侧纵向钢筋配筋率不宜大于 1.2%。

5　支承筒仓竖壁的框架柱、边柱、角柱及抗震墙端柱在小偏心受拉时,柱内纵向钢筋总截面面积应比计算值增加 25%。

6　柱纵向钢筋的绑扎接头应避开柱端的箍筋加密区。

6.3.9　柱箍筋加密范围应按下列规定采用:

1　柱上、下端,应取截面高度、柱净高的 1/6 和 500mm 中的最大值。

2　底层柱的下端不应小于柱净高的 1/3;当有刚性地面时,除柱端外尚应取刚性地面上、下各 500mm。

3　剪跨比不大于 2 的柱和因设置填充墙等形成的柱净高与柱截面高度之比不大于 4 的柱,应取全高。

4　在柱段内设置牛腿,其牛腿的上、下柱段净高与截面高度之比不大于 4 的柱段,应取全高,大于 4 时可取其柱段端各 500mm。

5　支承筒仓竖壁的框架柱和一、二级框架的角柱,应取全高。

6.3.10　柱加密区箍筋肢距,一级不宜大于 200mm,二、三级不宜大于 250mm,四级不宜大于 300mm;应至少每隔一根纵向钢筋在两个方向设有箍筋或拉筋约束;采用拉筋复合箍时,拉筋宜紧靠纵向钢筋并钩住箍筋,并应符合箍筋肢距的要求。

6.3.11　柱箍筋加密区的体积配箍率应符合下式要求:

$$\rho_v \geqslant \lambda_v f_c / f_{yv} \tag{6.3.11}$$

式中:ρ_v——柱箍筋加密区的体积配箍率,一级不应小于 0.8%,二级不应小于 0.6%,三、四级不应小于 0.4%;

f_c——混凝土轴心抗压强度设计值,强度等级低于 C35 时,应按 C35 计算;

f_{yv}——箍筋或拉筋抗拉强度设计值;

λ_v——最小配箍特征值,宜按表 6.3.11 采用。

表 6.3.11　柱箍筋加密区的箍筋最小配箍特征值

抗震等级	箍筋形式	柱轴压比								
		≤0.3	0.4	0.5	0.6	0.7	0.8	0.9	1.0	1.05
一	普通箍、复合箍	0.10	0.11	0.13	0.15	0.17	0.20	0.23	—	—
二	普通箍、复合箍	0.08	0.09	0.11	0.13	0.15	0.17	0.19	0.22	0.24
三、四	普通箍、复合箍	0.06	0.07	0.09	0.11	0.13	0.15	0.17	0.20	0.22

注:1　普通箍指单个矩形箍,复合箍指由矩形、多边形或拉筋组成的箍筋;

2　剪跨比不大于 2 的柱,宜采用井字复合箍,其体积配箍率不应小于 1.2%,9 度一级时,不应小于 1.5%;

3　支承筒仓竖壁的框架柱宜采用井字复合箍,其最小配箍特征值应比表内数值增加 0.02,且体积配箍率不应小于 1.5%;

4　中间值可按内插法确定。

6.3.12　柱箍筋非加密区的体积配箍率不宜小于加密区的 50%;箍筋间距,一、二级框架柱不应大于纵向钢筋直径的 10 倍,三、四级框架柱不应大于纵向钢筋直径的 15 倍。

6.3.13　柱的剪跨比不大于 1.5 时,应符合下列规定:

1　箍筋应提高一级配置,一级时应适当提高箍筋配置。

2　柱高范围内应采用井字形复合箍(矩形箍或拉筋),应至少每隔一根纵向钢筋有一根拉筋。

3 柱的每个方向应配置两根对角斜筋(图 6.3.13);对角斜钢筋的直径,一、二级分别不应小于 20mm、18mm,三、四级不应小于 16mm;对角斜筋的锚固长度不应小于受拉钢筋抗震锚固长度 l_{aE} 加 50mm。

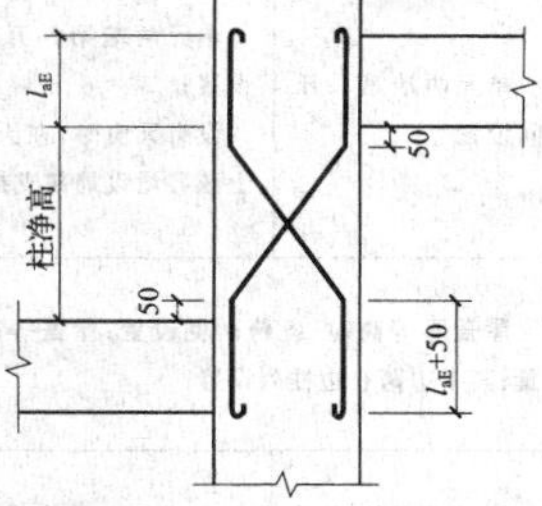

图 6.3.13 对角斜筋配置示意

6.3.14 框架节点核芯区箍筋的最大间距和最小直径宜按本规范第 6.3.7 条的规定采用;一、二、三级框架节点核芯区配箍特征值,分别不宜小于 0.12、0.10 和 0.08,且体积配箍率分别不宜小于 0.6%、0.5% 和 0.4%。柱剪跨比不大于 2 的框架节点核芯区体积配箍率,不宜小于核芯区上、下柱端的较大体积配箍率。

6.4 框架-抗震墙部分抗震构造措施

6.4.1 抗震墙的厚度不应小于 160mm,且不宜小于层高或无支长度的 1/20;底部加强部位的

层高或无支长度的 1/16。

6.4.2 有端柱时,抗震墙在楼盖处应设置梁或暗梁,梁可做成宽度与墙厚度相同的暗梁,截面高度不宜小于墙厚度的 2 倍及 400mm 的较大值,也可与该片框架梁截面等高;端柱截面宜与同层框架柱相同,并应符合本规范第 6.3 节的规定;抗震墙底部加强部位的端柱和紧靠抗震墙洞口的端柱,应按框架柱箍筋加密区的要求沿全高加密箍筋。

6.4.3 抗震墙的竖向钢筋和横向分布钢筋的配筋率均不应小于 0.25%,并应双排布置;钢筋最大间距不应大于 300mm,最小直径不应小于 10mm,且不宜大于墙厚的 1/10;拉筋间距不应大于 600mm,直径不应小于 6mm。

6.4.4 一、二、三级抗震墙在重力荷载代表值作用下墙肢的轴压比,一级时,9 度不宜大于 0.4,8 度时不宜大于 0.5;二、三级时不宜大于 0.6。

6.4.5 抗震墙两端和洞口两侧应设置边缘构件,边缘构件应包括暗柱、端柱和翼墙,并应符合下列规定:

1 底层墙肢底截面的轴压比大于表 6.4.5 的规定的一、二、三级抗震墙时,应在底部加强部位及相邻的上一层设置约束边缘构件,在其他部位可设置构造边缘构件。约束边缘构件应按本规范第 6.4.6 条的规定设置。构造边缘构件应按本规范第 6.4.7 条的规定设置。

表 6.4.5 抗震墙设置构造边缘构件的最大轴压比

抗震等级或烈度	一级(9 度)	一级(8 度)	二级、三级
轴压比	0.1	0.2	0.3

2 对于底层墙肢底截面轴压比不大于表 6.4.5 规定的抗震墙及四级抗震墙,墙肢两端可设置构造边缘构件,构造边缘构件应按本规范第 6.4.7 条的要求设置。

6.4.6 约束边缘构件沿墙肢的长度、配箍特征值、箍筋和纵向钢筋(图 6.4.6)除应符合计算要求外,宜符合表 6.4.6 的规定。

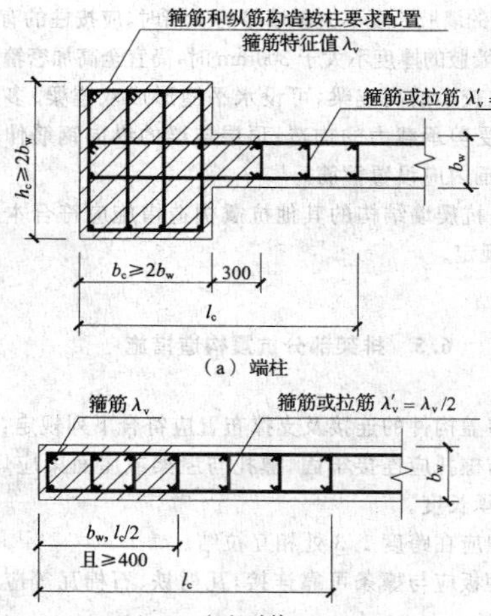

图 6.4.6 抗震墙约束边缘构件(端柱和暗柱)

表 6.4.6 约束边缘构件范围及配筋要求

项目	一级(9 度)		一级(8 度)		二级、三级	
	$\lambda \leq 0.2$	$\lambda > 0.2$	$\lambda \leq 0.3$	$\lambda > 0.3$	$\lambda \leq 0.4$	$\lambda > 0.4$
l_c(暗柱)	$0.20h_w$	$0.25h_w$	$0.15h_w$	$0.20h_w$	$0.15h_w$	$0.20h_w$
l_c(翼墙或端柱)	$0.15h_w$	$0.20h_w$	$0.10h_w$	$0.15h_w$	$0.10h_w$	$0.15h_w$
λ_v	0.12	0.20	0.12	0.20	0.12	0.20
纵向钢筋(取较大值)	$0.012A_c$,8ϕ16		$0.012A_c$,8ϕ16		$0.010A_c$,6ϕ16(三级 6ϕ14)	
箍筋或拉筋沿竖向间距	100mm		100mm		150mm	

注:1 抗震墙的翼墙长度小于其厚度的 3 倍或端柱截面边长小于墙厚的 2 倍时,按无翼墙、无端柱查表;

2 l_c 为约束边缘构件沿墙肢长度,且不小于墙厚和 400mm;有翼墙或端柱时,不应小于翼墙厚度或端柱沿墙肢方向截面高度加 300mm;

3 λ_v 为约束边缘构件的配箍特征值,体积配箍率可按本规范式(6.3.11)计算,并可适当计入满足构造要求且在墙端有可靠锚固的水平分布钢筋的截面面积;

4 h_w 为抗震墙墙肢长度;

5 λ 为墙肢轴压比;

6 A_c 为图 6.4.6 中约束边缘构件阴影部分的截面面积。

6.4.7 构造边缘构件的范围可按图 6.4.7 采用;构造边缘构件的配筋应符合受弯承载力要求,并宜符合表 6.4.7 的要求。

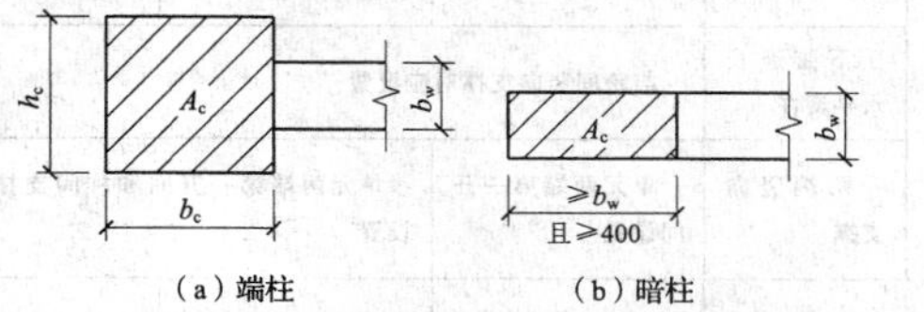

图 6.4.7 抗震墙的构造边缘构件范围

表 6.4.7 抗震墙构造边缘构件的配筋要求

抗震等级	底部加强部位			其他部位		
	纵向钢筋最小量(取较大值)	箍筋		纵向钢筋最小量(取较大值)	拉筋	
		最小直径(mm)	沿竖向最大间距(mm)		最小直径(mm)	沿竖向最大间距(mm)
一	$0.010A_c$,6ϕ16	8	100	$0.008A_c$,6ϕ14	8	150
二	$0.008A_c$,6ϕ14	8	150	$0.006A_c$,6ϕ12	8	200
三	$0.006A_c$,6ϕ12	6	150	$0.005A_c$,4ϕ12	6	200
四	$0.005A_c$,4ϕ12	6	200	$0.004A_c$,4ϕ12	6	250

注:1 A_c 为边缘构件截面面积,即图 6.4.7 中抗震墙截面的阴影部分;

2 其他部位的拉筋,水平间距不应大于纵向钢筋间距的 2 倍,转角处宜采用箍筋;

3 当端柱承受集中荷载时,其纵向钢筋、箍筋直径和间距应满足柱的相应要求。

6.4.8 抗震墙的墙肢长度不大于墙厚的3倍时，应按柱的有关要求进行设计；矩形墙肢的厚度不大于300mm时，尚宜全高加密箍筋。

6.4.9 跨高比较小的高连梁，可设水平缝形成双连梁、多连梁或采取其他加强受剪承载力的构造；顶层连梁的纵向钢筋伸入墙体的锚固长度范围内应设置箍筋。

6.4.10 框架-抗震墙结构的其他抗震构造措施应符合本规范第6.3节的有关规定。

6.5 排架部分抗震构造措施

6.5.1 有檩屋盖构件的连接及支撑布置应符合下列规定：

1 檩条与檩托应连接牢固，檩托与屋架或屋面梁应焊牢，并应有足够的支承长度。

2 双脊檩应在跨度1/3处相互拉结。

3 压型钢板应与檩条可靠连接，瓦楞铁、石棉瓦等应与檩条拉结。

4 支撑布置宜符合表6.5.1的要求。

表6.5.1 有檩屋盖的支撑布置

支撑名称		6度、7度	8度	9度
屋架支撑	上弦和下弦横向水平支撑	单元两端第一开间设置	单元两端第一开间和单元长度大于或等于48m时的柱间支撑开间设置	单元两端第一开间和单元长度大于或等于42m时的柱间支撑开间设置
			设有天窗时，在天窗开洞范围的两端上弦各增设局部支撑	
	下弦纵向水平支撑	屋盖不等高时，各跨两侧设置；屋盖等高时，各跨仅一侧设置，其中边跨在边柱列设置		
	跨间竖向支撑	有上弦、下弦横向水平支撑的开间，跨度小于30m时，在跨中设置一道；跨度大于或等于30m时，在跨内均匀设置二道	有上弦、下弦横向水平支撑的开间，跨度小于27m时，跨中设置一道；跨度大于或等于27m时，在跨内均匀设置二道	有上弦、下弦横向水平支撑的开间，跨度小于24m时，在跨中设置一道；在跨度大于或等于24m时，在跨内均匀设置二道
	下弦通长水平系杆	与跨间竖向支撑对应设置		
	两端竖向支撑	单元两端第一开间设置	单元两端第一开间和柱间支撑开间设置	
天窗两侧竖向支撑及上弦横向支撑		单元天窗两端第一开间及每隔30m设置	单元天窗两端第一开间及每隔24m设置	单元天窗两端第一开间及每隔18m设置

6.5.2 无檩屋盖构件的连接及支撑布置应符合下列规定：

1 大型屋面板应与屋架或屋面梁焊牢，靠柱列的屋面板与屋架或屋面梁的连接焊缝长度不应小于80mm，焊脚尺寸不应小于6mm。

2 6度和7度时有天窗屋盖单元的端开间或8度和9度时的各开间，宜将相邻的大型屋面板四角顶面预埋件采用短筋焊接连接。

3 8度和9度时，大型屋面板端头底面的预埋件宜采用角钢并与主筋焊牢。

4 屋架或屋面梁端部顶面预埋件的锚筋，8度时不宜少于4ϕ10，9度时不宜少于4ϕ12，预埋件的钢板厚度不宜小于8mm。

5 支撑布置宜符合表6.5.2的要求。

表6.5.2 无檩屋盖的支撑布置

支撑名称			6度、7度	8度	9度
屋架支撑	上弦、下弦横向水平支撑		单元两端第一开间设置	单元两端第一开间及柱间支撑开间设置；设有天窗时，在天窗开洞范围的两端上弦各增设局部支撑	
	下弦纵向水平支撑		屋盖不等高时，各跨两侧设置；屋盖等高时，各跨仅一侧设置；其中边跨在边柱列设置		
	跨间竖向支撑		有上弦、下弦横向水平支撑的开间，跨度小于30m时，在跨中设置一道；跨度大于或等于30m时，在跨内均匀设置二道	有上弦、下弦横向水平支撑的开间，跨度小于27m时，在跨中设置一道；跨度大于或等于27m时，在跨内均匀设置二道	有上弦、下弦横向水平支撑的开间，跨度小于24m时，在跨中设置一道；在跨度大于或等于24m时，在跨内均匀设置二道
	上弦、下弦通长水平系杆		与竖向支撑对应设置		
屋架支撑	两端竖向支撑	屋架端部高度≤900mm	单元两端第一开间设置		单元两端第一开间和单元长度大于或等于42m时的柱间支撑开间设置
		屋架端部高度>900mm	单元两端第一开间设置	单元两端第一开间及柱间支撑开间设置	单元天窗两端第一开间、柱间支撑开间及每隔30m设置
天窗两侧竖向支撑及上弦横向支撑			单元天窗两端第一开间及每隔30m设置	单元天窗两端第一开间、柱间支撑开间及每隔24m设置	单元天窗两端第一开间、柱间支撑开间及每隔18m设置

注：1 8度和9度时跨度不大于15m的薄腹梁屋盖，可在结构单元两端和设有上柱支撑的开间，各设端部竖向支撑一道；跨度大于或等于15m的薄腹梁屋盖，支撑布置宜按屋架屋盖支撑布置的规定采用；单坡屋面梁屋盖的支撑布置，宜按端部高度大于900mm的屋架屋盖支撑布置的规定采用；

2 8度Ⅲ、Ⅳ类场地和9度时，梯形屋架端部上节点应沿屋盖纵向设置通长水平压杆。

6.5.3 屋盖支撑尚应符合下列规定：

1 天窗开洞范围内，在屋架脊点处应设置通长上弦水平系杆，且应按压杆设计。

2 与框架相连的排架跨，其屋架下弦标高低于框架跨顶层标高时，下弦纵向水平支撑应按等高屋盖设置。

3 屋架放在托架（梁）上时，托架（梁）区段及其相邻开间应设下弦纵向水平支撑。

4 屋面支撑杆件宜用型钢。

6.5.4 突出屋盖的钢筋混凝土天窗架，其两侧墙板与天窗立柱宜采用螺栓连接。

6.5.5 混凝土梯形屋架的截面和配筋宜符合下列规定：

1 第一节间上弦和端竖杆的配筋，6度和7度时，不宜少于4ϕ12，8度和9度时，不宜少于4ϕ14。

2 屋架的端竖杆截面宽度宜与上弦宽度相同。

6.5.6 排架柱和山墙抗风柱的加密区箍筋配置应符合下列规定：

1 箍筋的加密区长度和最小直径应符合表6.5.6的规定。

表 6.5.6 排架柱和山墙抗风柱箍筋的加密区长度和最小直径

序号	加密区的部位	加密区长度	箍筋最小直径(mm)		
			6度和7度Ⅰ、Ⅱ类场地	7度Ⅲ、Ⅳ类场地和8度Ⅰ、Ⅱ类场地	8度Ⅲ、Ⅳ类场地和9度
1	上柱的柱头	柱顶以下500mm且不小于柱截面长边尺寸	ϕ6	ϕ8	ϕ8
2	下柱的柱根	取下柱柱底至室内地坪以上500mm	ϕ6	ϕ8	ϕ10
3	支承吊车梁的牛腿	牛腿顶面至吊车梁顶面以上500mm	ϕ8	ϕ8	ϕ10
4	山墙抗风柱变截面柱段	变截面处上下各500mm	ϕ8	ϕ8	ϕ10
5	支承屋架或屋面梁的牛腿柱段	牛腿及其上下各500mm	ϕ8	ϕ10	ϕ10
6	上柱有支撑的柱头	柱顶以下700mm	ϕ8	ϕ10	ϕ12
7	柱中部的支撑连接处	连接板的上、下各500mm	ϕ8	ϕ10	ϕ10
8	柱变位受平台等约束的部位	约束部位上、下各300mm	ϕ8	ϕ10	ϕ12
9	下柱有支撑的根部和角柱根部	柱底至室内地坪以上500mm	ϕ8	ϕ10	ϕ10
10	角柱柱头	柱顶以下500mm且不小于柱截面长边尺寸	ϕ8	ϕ10	ϕ10

注：1 序号1、2和8应包括山墙抗风柱；

2 序号5，对牛腿上、下柱段净高与截面高度之比不大于4的柱段，应取全高。

2 加密区箍筋间距不应大于100mm；箍筋最大肢距，6度和7度Ⅰ、Ⅱ类场地不应大于300mm，7度Ⅲ、Ⅳ类场地和8度Ⅰ、Ⅱ类场地不应大于250mm，8度Ⅲ、Ⅳ类场地和9度时不应大于200mm，山墙抗风柱箍筋肢距不宜大于250mm。

3 排架柱侧向受约束且剪跨比不大于2的排架柱，柱顶预埋钢板和柱箍筋加密区的构造尚应符合下列规定：

1)柱顶预埋钢板沿排架平面方向的长度宜取柱顶的截面高度，且不得小于截面高度的1/2及300mm；

2)屋架的安装位置，宜减小在柱顶的偏心，其柱顶轴向力的偏心距不应大于截面高度的1/4；

3)排架平面内的柱顶轴向力偏心距在截面高度的1/6～1/4范围内时，柱顶箍筋加密区的箍筋体积配筋率，9度不宜小于1.2%；8度不宜小于1.0%；6、7度不宜小于0.8%；

4)加密区箍筋宜配置四肢箍，肢距不应大于200mm。

6.5.7 排架纵向柱列的抗侧力构件应按计算确定；当采用柱间支撑时，其设置和构造应符合下列规定：

1 柱间支撑的布置应符合下列规定：

1)应在单元柱列中部设置上、下柱间支撑。下柱柱间支撑应与上柱柱间支撑配套设置。有吊车或8度和9度时，宜在单元两端增设上柱支撑。柱列纵向刚度不均匀时，应在单元两端设置上柱支撑。

2)单元柱列较长或在8度Ⅲ、Ⅳ类场地和9度时，可在单元柱列中部1/3区段内设置两道柱间支撑。

2 柱间支撑应采用型钢，支撑形式宜采用交叉形，斜杆与水平面的交角不宜大于55°。

3 支撑杆件的长细比不宜超过表6.5.7的规定。

4 下柱支撑的下节点位置和构造措施应保证将地震作用直接传给基础；当6度和7度(0.10g)不能直接传给基础时，应计及支撑对柱和基础的不利影响并采取加强措施。

5 交叉形支撑在交叉点应设置节点板，其厚度不应小于10mm，斜杆与交叉节点板应焊接连接，与端节点板宜焊接连接。

表 6.5.7 交叉形支撑斜杆的长细比

位置	6度和7度Ⅰ、Ⅱ类场地	7度Ⅲ、Ⅳ类场地和8度Ⅰ、Ⅱ类场地	8度Ⅲ、Ⅳ类场地和9度Ⅰ、Ⅱ类场地	9度Ⅲ、Ⅳ类场地
上柱支撑	250	250	200	150
下柱支撑	200	150	120	120

6.5.8 排架纵向柱列的抗侧力构件除应采用柱间支撑外，亦可采用钢筋混凝土框架或钢筋混凝土框架-抗震墙，其计算和构造应分别符合本规范第6.2节～第6.4节的有关要求。

6.5.9 8度且屋架跨度不小于18m或9度时，柱头、高低跨柱的低跨牛腿处和屋架端部上弦、下弦处应设置通长水平系杆，且应按压杆设计。

6.5.10 框排架结构构件的连接节点应符合下列规定：

1 屋架或屋面梁与柱顶的连接，6度～8度时宜采用螺栓连接，其直径应按计算确定，但不宜小于M22。9度时宜采用钢板铰，亦可采用螺栓连接；屋架或屋面梁端部支承垫板的厚度不宜小于16mm。

2 柱顶预埋件的锚筋，8度时不宜少于4ϕ14，9度时不宜少于4ϕ16；有柱间支撑的柱顶预埋件尚应增设抗剪键。

3 山墙抗风柱与屋架或屋面梁应有可靠连接；6度、7度和8度Ⅰ、Ⅱ类场地且抗风柱高度不大于10m时，抗风柱柱顶可仅与屋架上弦(或屋面梁上翼缘)连接；其他情况应与屋架上弦和下弦均有连接。连接点的位置应设置在屋架的上弦和下弦横向水平支撑的节点处，不符合时应在横向水平支撑中增设次腹杆或设置型钢横梁。

4 支承低跨屋架或屋面梁的牛腿上的预埋件，应与牛腿中按计算承受水平拉力的纵向钢筋焊接；其焊接的钢筋，6度和7度时不应少于2ϕ12，8度时不应少于2ϕ14，9度时不应少于2ϕ16。焊缝强度应大于纵向钢筋的强度；其他情况可采用锚筋形式的预埋板，其锚筋长度不应小于受拉钢筋抗震锚固长度l_{aE}加50mm，钢筋的焊缝强度应大于锚筋的强度，锚筋直径应按计算确定。

5 柱间支撑与柱连接节点预埋件的锚件，8度Ⅲ、Ⅳ类场地和9度时，宜采用角钢加端板，其他情况可采用不低于HRB335级的热轧钢筋，但锚固长度不应小于锚筋直径的30倍或增设端板。

6 排架跨设置吊车走道板、端屋架与山墙间的填充小屋面板、天沟板、天窗端壁和天窗侧板下的填充砌体等构件，均应与支承结构有可靠的连接。

7 采用钢筋混凝土大型墙板时，墙板与柱或屋架宜采用柔性连接。

6.5.11 支承排架跨屋架或屋面梁的牛腿配筋应符合下列规定：

1 牛腿的箍筋直径不应小于10mm和柱的箍筋直径，其间距不应大于100mm。

2 牛腿的箍筋应按受扭箍筋配置。

7 钢框排架结构

7.1 一般规定

7.1.1 本章适用于多层钢框架、多层钢框架-支撑与单层钢排架组成的框排架结构抗震设计。

7.1.2 钢框排架结构突出屋面的天窗架宜采用刚架或桁架结构。天窗的端壁与挡风板宜采用轻质材料。8度、9度时，排架的纵向天窗架宜从结构单元端部第二柱间开始设置；当纵向天窗架不能满足从结构单元端部第二柱间开始设置的要求时，在所设天窗架的第一个开间内，屋盖应增设局部上弦横向支撑。横向天窗架起始点距屋架两端的距离不宜小于4.5m。

7.1.3 框排架结构应设置完整的屋盖支撑系统及柱间支撑。

7.1.4 框架的楼(屋)面板宜采用现浇板；当采用预制板时，板上宜设置配筋现浇层。楼板上孔洞尺寸较大时，应设置局部楼盖水平支撑。

7.1.5 框排架结构屋面和墙面围护材料宜选用轻质板材。框排架结构围护墙和非承重内墙的设置应符合下列规定：

1 采用砌体墙时，墙与框排架结构的连接宜采用不约束框排架主体结构变形的柔性连接方式；当不能采用柔性连接时，地震作用计算和构件的抗震验算均应计入其不利影响。

2 当框架的砌体填充墙与框架柱为非柔性连接时，其平面和竖向布置宜对称、均匀，并宜上下连续。

7.1.6 支承在楼(屋)面、平台上，并伸出屋面的质量较大的烟囱、放散管等宜作为结构的一部分进行整体结构地震作用计算；与结构的连接部位应采取抗震构造措施。

7.1.7 框排架结构采用规则的结构方案时，可不设防震缝；需设置防震缝时，缝宽不应小于相应的钢筋混凝土结构的1.5倍。

7.2 计算要点

7.2.1 框排架结构应按本规范第5章多遇地震确定地震影响系数，并进行水平地震作用和作用效应计算，其水平地震影响系数应乘以阻尼调整系数。钢框排架结构的阻尼比可取0.03。当结构布置规则时，可分别沿框排架结构横向和纵向进行抗震验算。其他情况应采用空间结构模型进行抗震分析。

7.2.2 框排架结构地震作用计算时，模型中的排架柱、梁(或桁架)、支撑刚度的计算应符合下列规定：

1 采用实腹柱时，其侧移刚度应计入弯曲变形的影响；采用格构式柱时，其侧移刚度可采用下列方法计算：

1)按格构式柱的柱肢与腹杆为铰接的实际几何图形作为计算简图进行计算；

2)按等刚度实腹截面进行计算，但应计入腹杆变形的影响，乘以0.9的折减系数。

2 采用实腹梁时，应计入其弯曲变形影响；采用桁架且与柱刚接时，可采用下列方法计算：

1)按铰接杆件桁架的实际几何图形作为计算简图进行计算；

2)按桁架上、下弦杆形成的等刚度实腹梁进行计算，应计及腹杆的变形和桁架上、下弦杆之间的坡度等影响，并乘以表7.2.2的桁架刚度折减系数(按跨中处最高截面计算)。

表7.2.2 桁架刚度折减系数

桁架上、下弦相对坡度	0.07	0.06	0.05	0.04	0.00
桁架刚度折减系数	0.65	0.70	0.75	0.80	0.90

3 支撑的侧移刚度可按本规范附录F的规定确定。

4 框排架结构计算确定柱列支撑系统的侧移刚度时，应按其在柱列中的道数和榀数计算其组合刚度。计算纵向天窗架两侧竖向支撑的地震作用及其效应时，应将柱列上梯形屋架的端部竖向支撑列入计算模型；若中列柱两侧屋架各自成为独立体系，应分别设置端部竖向支撑，并应列入计算模型。

7.2.3 进行框排架地震作用计算时，模型中的框架柱、梁及支撑杆件的变形和刚度的计算应符合下列规定：

1 对实腹柱，应计入弯曲变形；对于$H_n/h\leqslant4$的短柱(H_n为柱净高度，h为沿验算平面的柱截面高度)，尚应计入剪切变形。对实腹梁，应计入弯曲变形；对于$l_n/h\leqslant4$的短梁(l_n为梁净跨长，h为梁的截面高度)，亦应计入剪切变形。

2 地震作用计算时框架梁的截面惯性矩可按下列规定计算：

1)楼板为钢铺板时，可直接采用钢梁截面惯性矩I_G；

2)楼板为压型钢板上设混凝土现浇层，且与框架梁有可靠连接时，框架主梁可采用$2I_G$；

3)对钢-混凝土组合楼盖，可采用梁板组合截面的惯性矩I_c，其现浇混凝土板的有效宽度可按下列公式中的最小值采用：

$$b_e=l/3 \tag{7.2.3-1}$$

$$b_e=b_0+12h_c \tag{7.2.3-2}$$

$$b_e=b_0+b_1+b_2 \tag{7.2.3-3}$$

式中：b_e——现浇混凝土板的有效宽度；

l——钢梁的跨度；

b_0——钢梁上翼缘的宽度；

h_c——混凝土板的厚度；

b_1、b_2——分别为两侧相邻钢梁净间距的1/2，且不应大于混凝土板的实际外伸宽度。

3 支撑杆件的变形和刚度的计算可按本规范附录F的规定采用。

7.2.4 排架分析时，柱的计算长度可按下列规定采用：

1 屋架和排架柱铰接时，可取至柱顶。

2 屋架和排架柱刚接时，可取至屋架下弦杆轴线处。

7.3 结构地震作用效应的调整

7.3.1 突出屋面的天窗架纵向支撑抗震验算，当采用底部剪力法计算地震作用时，其天窗架地震作用效应应乘以效应增大系数，效应增大系数计算应符合下列规定：

1 单跨、边跨屋盖或有约束框排架结构变形的内纵墙的中间跨屋盖上部天窗架两侧的竖向支撑，效应增大系数应按下式计算：

$$\eta=1+0.5n \tag{7.3.1-1}$$

式中：η——天窗架两侧的竖向支撑地震作用效应增大系数；

n——框排架跨数，超过四跨时应按四跨计算。

2 其他中间跨屋盖上部天窗架两侧的竖向支撑，效应增大系数应按下式计算：

$$\eta=0.5n \tag{7.3.1-2}$$

7.3.2 属于表7.3.2所列的结构构件及其连接的地震作用效应，应乘以表中规定的增大系数进行调整。

表7.3.2 地震作用效应增大系数

序号	结构或构件		增大系数
1	框架的角柱，两个方向均设支撑的共用柱		1.3
2	框架中的转换梁		1.2
3	框排架结构的柱间支撑	交叉形支撑、单斜杆支撑	1.2
		人字形支撑、门形支撑	1.3
4	支承于屋面或平台上且按双质点体系底部剪力法计算时	烟囱、放散管	3.0
		管道及其支架	1.5

注：框排架结构的柱间支撑仅指中心支撑，不含偏心支撑。

7.4 梁、柱及其节点抗震验算

7.4.1 框排架结构构件及其节点的抗震承载力，除本章有专门说明或规定外，均应按现行国家标准《钢结构设计规范》GB 50017的有关规定进行验算；结构构件的内力应采用计入地震作用效应组合的设计值。

7.4.2 框架梁上楼(屋)面板属于下列情况之一时,可不进行框架梁的整体稳定性验算:

1 钢梁与混凝土板按组合结构设计。

2 钢梁上有抗剪连接件的混凝土现浇板。

3 在梁的受压翼缘上密铺钢板且与其牢固连接。

7.4.3 7度~9度时,框架梁的梁端区段,侧向支承点间的长细比应符合现行国家标准《钢结构设计规范》GB 50017的有关规定;8度和9度时,除梁的上翼缘应有可靠的侧向支撑外,梁的下翼缘亦应设置侧向支撑。

7.4.4 7度~9度时,单层刚架和框架梁柱节点的抗震承载力应符合下列规定:

1 柱腹板由柱翼缘和加劲肋形成的节点域,其最大剪应力应符合下式要求:

$$\tau=\frac{\sum M_{pb}}{V_p}\leqslant f_{vy} \qquad (7.4.4\text{-}1)$$

式中:τ——节点区格板的最大剪应力;

M_{pb}——柱(梁)截面全塑性受弯承载力;

f_{vy}——节点区格板的抗剪屈服强度;

V_p——节点区格板的体积。

2 柱(梁)截面全塑性受弯承载力 M_{pb},可按下列公式计算:

$$N/N_p\leqslant 0.13\text{时},M_{pb}=W_p f_y \qquad (7.4.4\text{-}2)$$

$$N/N_p>0.13\text{时},M_{pb}=1.15\left(1-\frac{N}{N_p}\right)W_p f_y \qquad (7.4.4\text{-}3)$$

$$N_p=Af_y \qquad (7.4.4\text{-}4)$$

式中:N、N_p——柱(梁)中的轴力设计值及其全截面塑性承载力;

W_p——柱(梁)截面的塑性截面模量;

f_y——柱(梁)的钢材屈服强度;

A——柱(梁)的截面面积。

3 节点区格板的抗剪屈服强度 f_{vy},可取 $0.58f_y$;但当区格板为上下柱与左右梁四面围成时,可取 $0.77f_y$;其中 f_y 为节点区格板的钢材屈服强度;当计入轴力的影响时,尚应乘以 $\sqrt{1-(N/N_p)^2}$。

4 节点区格板的体积,可按下列公式计算:

对工字形截面柱: $V_p=h_b h_c t_w$ (7.4.4-5)

对箱形截面柱: $V_p=1.7h_b h_c t_w$ (7.4.4-6)

对十字形截面柱: $V_p=\dfrac{\alpha^2+2.6(1+\beta)}{\alpha^2+2.6}h_b h_c t_w$ (7.4.4-7)

$$\alpha=\frac{h_b}{b} \qquad (7.4.4\text{-}8)$$

$$\beta=\frac{bt_f}{h_c t_w} \qquad (7.4.4\text{-}9)$$

式中:h_b——梁的腹板高度;

h_c、t_w——分别为节点区与梁直接连接的工字形柱或十字形柱的腹板高度和厚度(图7.4.4-1);

t_f——柱翼缘的厚度;

α——梁腹板高度与柱翼缘宽度的比值;

β——柱翼缘板截面面积与腹板截面面积的比值。

5 工字形柱在节点区格板域内,腹板厚度尚应符合下式要求,当腹板厚度不能满足下式的要求时,应采取局部加厚等加强措施:

$$t_w\geqslant\frac{1}{90}(h_b+h_c) \qquad (7.4.4\text{-}10)$$

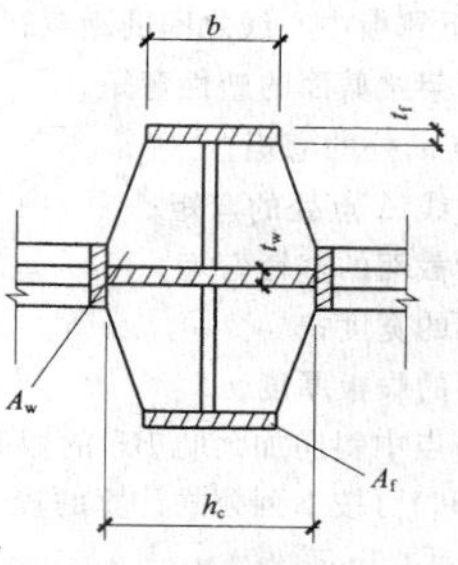

图7.4.4-1 十字形截面柱截面

6 工字形截面刚架梁柱节点区格板的厚度应符合下式要求:

$$t_w\geqslant\frac{M_{pb}}{h_{b0}h_c f_{vy}} \qquad (7.4.4\text{-}11)$$

7 当不能满足本规范式(7.4.4-11)的要求时,应设置斜向加劲肋(图7.4.4-2),斜向加劲肋的截面面积可按下列公式计算:

$$A_d=2b_d t_d \qquad (7.4.4\text{-}12)$$

$$A_d\geqslant\frac{1}{\cos\theta}\left(\frac{M_{pb}}{h_{b0}}-t_w h_c f_{vy}\right)\frac{1}{f_y^d} \qquad (7.4.4\text{-}13)$$

式中:M_{pb}——刚架梁的全塑性受弯承载力,可按本规范式(7.4.4-2)或式(7.4.4-3)计算;

h_{b0}、h_c——分别为刚架梁的截面计算高度和截面高度,刚架梁的截面计算高度应采用梁上、下翼缘板中心线之间的距离;

f_{vy}——节点区格板的抗剪屈服强度;

A_d——斜向加劲肋的截面面积;

b_d、t_d——每块加劲肋的宽度和厚度;

f_y^d——斜向加劲肋钢材的抗拉、抗压屈服强度;

θ——斜向加劲肋的倾角。

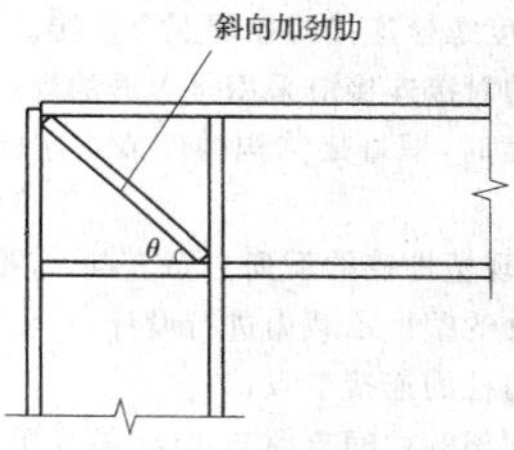

图7.4.4-2 端节点斜向加劲肋位置

7.4.5 工字形截面刚架的楔形加腋节点(图7.4.5),可按下列公式验算加腋区段的强度:

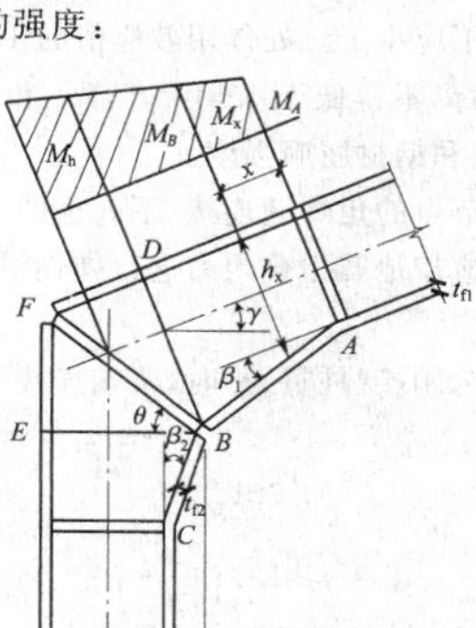

图7.4.5 楔形加腋节点

$$t_{f1}\geqslant\frac{1}{2}\left[h_x-\sqrt{h_x^2\left(\frac{b}{b-t_w}\right)-\frac{4M_x^d}{f_y(b-t_w)}}\right] \qquad (7.4.5\text{-}1)$$

$$M_x^d=(M_x/M_A)M_P \qquad (7.4.5\text{-}2)$$

式中:t_{f1}——加腋区内翼缘板厚度;

h_x——沿梁轴线距A点x处加腋段截面的高度,可近似地取上、下翼板中心线之间的距离；

M_x^d——加腋刚架梁截面的塑性弯矩；

M_x——距 A 点 x 处的弯矩；

M_A——沿梁轴线 A 点处的弯矩；

M_P——刚架梁截面的塑性弯矩；

b——下翼缘的宽度；

t_w——加腋区的腹板厚度。

7.4.6 楔形加腋节点中斜向加劲肋 BF 的截面面积（节点两侧加劲肋的截面面积之和）可按下列公式计算的较大值确定：

$$A_d=\frac{[A_{f1}\cos(\beta_1+\gamma)-A_{f2}\sin\beta_2]f_y}{\cos\theta\, f_y^d} \qquad (7.4.6\text{-}1)$$

$$A_d=\frac{\cos\gamma}{\cos\theta}\left[\frac{A_f f_y}{f_y^d}-\frac{f_{vy}}{f_y^d}t_w h_{EB}\frac{\cos(\theta+\gamma)}{\cos\theta}\right] \qquad (7.4.6\text{-}2)$$

式中：A_d——斜向加劲肋的截面面积；

A_{f1}、A_{f2}——分别为加腋区 AB 和 BC 段下翼缘的截面面积；

β_1——加腋区 AB 段与刚架梁轴线之间的夹角；

β_2——加腋区 BC 段与刚架柱轴线之间的夹角；

θ——斜向加劲肋与水平面之间的夹角；

f_y——加腋区上、下翼缘板钢材的抗拉、抗压屈服强度；

f_y^d——斜向加劲肋钢材的抗拉、抗压屈服强度；

γ——刚架梁轴线（或上翼缘）与水平面之间的夹角；

A_f——加腋区上翼缘板的截面面积，一般可与刚架梁上翼缘相同；

f_{vy}——加腋区腹板的抗剪屈服强度；

h_{EB}——加腋区 B 点处水平截面的计算高度，可取外、内翼缘板中心线之间的水平距离。

7.5 构件连接的抗震验算

7.5.1 7 度～9 度时，框排架结构主要构件与节点的连接可采用焊接、摩擦型高强度螺栓连接或栓焊混合连接。采用焊接时，对框架节点构件板件的对接连接应采用全焊透的焊接连接。

7.5.2 7 度～9 度时，框排架结构构件节点连接的抗震验算应符合下列规定：

1 对可能出现塑性铰的下列主要节点，应按节点连接的最大承载力不小于构件的塑性承载力进行设计：

1）框架梁与柱的连接节点；

2）排架和框架的柱间支撑与排架、框架的连接节点；

3）重要的多层框排架柱与基础的刚接连接节点。

2 主要的传递或承受地震作用的构件拼接，当不位于构件塑性区时，其承载力不应小于该处作用效应值的 1.1 倍；同时，梁、柱拼接的受弯承载力尚不得低于 $0.5W_e f_y$，W_e 和 f_y 分别为梁柱截面的弹性截面模量和钢材屈服强度。

7.5.3 下列构件节点的角焊缝连接、不焊透的对接连接或摩擦型高强度螺栓连接，应按地震组合内力进行弹性设计，并应进行极限承载力验算：

1 梁柱节点为刚接（柱贯通）时，梁端连接的极限承载力应符合下列公式要求：

$$M_u\geqslant 1.2M_p \qquad (7.5.3\text{-}1)$$

$$V_u\geqslant 1.3\left(\frac{2M_p}{l}\right) \qquad (7.5.3\text{-}2)$$

$$M_p=W_p f_y \qquad (7.5.3\text{-}3)$$

式中：M_u、V_u——分别为节点梁端连接的极限受弯承载力和极限受剪承载力；

M_p——梁的全塑性受弯承载力；

l——梁的净跨。

2 多层框架实腹柱与基础的连接应符合下列公式要求：

$$M_u\geqslant 1.2M_p\left(1-\frac{N}{N_p}\right) \qquad (7.5.3\text{-}4)$$

$$N_p=Af_y \qquad (7.5.3\text{-}5)$$

式中：M_u——柱脚连接的极限受弯承载力；

M_p——柱截面全塑性受弯承载力；

N、N_p——实腹柱的轴力设计值及其全截面塑性承载力；

A——柱截面面积。

7.5.4 实腹刚架或框架，采用高强度螺栓连接时，梁拼接点距梁端的距离宜取下列较大值：

1 梁净跨长的 1/10。

2 梁截面高度的 1.5 倍。

3 当不能符合本条第 1 款、第 2 款的要求时，其拼接应符合本规范第 7.5.3 条的规定，并在梁翼缘上沿内力方向的螺栓排数不宜少于 3 排，拼接板的截面模量应大于所拼接的截面模量的 1.1 倍。

7.5.5 柱间支撑节点（图 7.5.5）连接的承载力验算应符合下列规定：

1 节点板的厚度应符合下式要求：

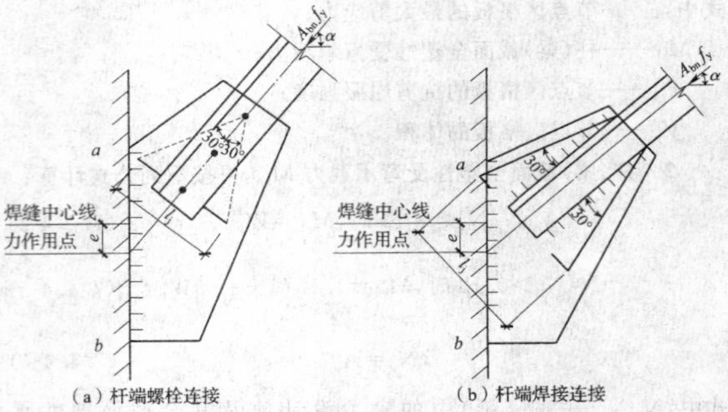

图 7.5.5 柱间支撑节点连接计算

$$t_1\geqslant 1.2\frac{A_{bn}f_y}{l_j f_y} \qquad (7.5.5\text{-}1)$$

式中：t_1——节点板的厚度；

A_{bn}——支撑斜杆的净截面面积；

l_j——节点板的传力计算宽度，力的扩散角可取 30°；

f_y、f_y——分别为支撑斜杆和节点板钢材的抗拉、抗压屈服强度。

2 节点板与柱（梁）的连接焊缝的设计强度应符合下式要求：

$$\sqrt{\left(\frac{1.2A_{bn}f_y\sin\alpha}{A_f}\right)^2+\left[1.2A_{bn}f_y\cos\alpha\left(\frac{e}{W_f}+\frac{1}{A_f}\right)\right]^2}\leqslant f_f^w/\gamma_{RE} \qquad (7.5.5\text{-}2)$$

式中：e——支撑轴力作用点与连接焊缝中心之间的偏心距；

A_f、W_f——分别为连接焊缝的有效截面面积和截面模量；

f_f^w——角焊缝的强度设计值。

3 杆件与节点板连接的最大承载力验算应符合下列规定：

1）当采用角焊缝连接时：

$$\frac{1.2A_{bn}f_y}{A_f}\leqslant f_f^w/\gamma_{RE} \qquad (7.5.5\text{-}3)$$

2）当采用摩擦型高强度螺栓连接时：

$$1.2A_{bn}f_y\leqslant nV^b/\gamma_{RE} \qquad (7.5.5\text{-}4)$$

式中：A_f——角焊缝的有效截面面积；

n——高强度螺栓数目；

V^b——一个高强度螺栓的受剪承载力设计值。

4 交叉形支撑交点的杆端切断处连接板的截面面积不应小于被连接的支撑杆件截面面积的 1.2 倍，杆端连接焊缝的重心应与杆件重心相重合。

7.5.6 7 度、8 度时，有吊车的框排架柱或重屋盖框排架柱宜采用外露式刚接柱脚（图 7.5.6）；8 度、9 度时，多层框架柱可采用埋入式柱脚；8 度、9 度时，单层排架格构柱或实腹柱均可采用杯口插入式柱脚（图 7.5.8）。

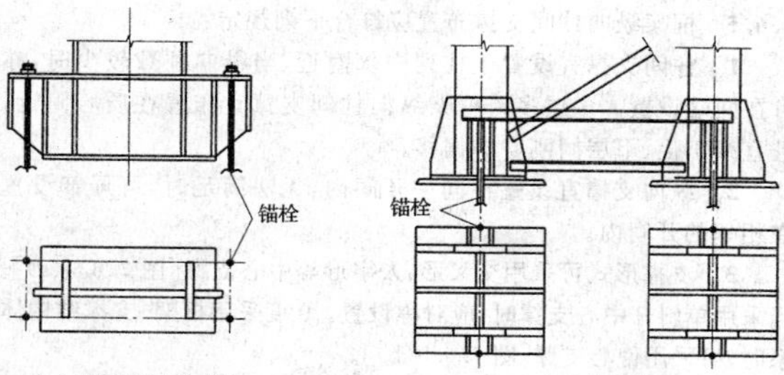

（a）工字形截面实腹柱　　（b）格构柱

图 7.5.6　外露式刚接柱脚

7.5.7　采用埋入式柱脚时，其埋入段的焊钉及混凝土抗压强度应满足下列要求：

1　柱受拉翼缘外侧所需焊钉数量可按下式计算：

$$n=\frac{\frac{2}{3}\left(N\cdot\frac{A_f}{A}+\frac{M}{h_c}\right)}{V_s} \tag{7.5.7-1}$$

式中：n——柱受拉翼缘外侧所需焊钉数量；

N——柱轴力设计值；

M——柱底弯矩设计值；

A——柱截面面积；

A_f——柱翼缘的截面面积；

h_c——柱翼缘截面的中心距；

V_s——一个圆柱头焊钉连接件的受剪承载力设计值，可按现行国家标准《钢结构设计规范》GB 50017 的有关规定计算。

2　柱翼缘外侧的混凝土抗压强度应符合下式要求：

$$\frac{M}{W}\leqslant\frac{f_c}{\gamma_{RE}} \tag{7.5.7-2}$$

$$W=\frac{bh^2}{6} \tag{7.5.7-3}$$

式中：W——埋入基础部分柱翼缘的截面抵抗矩；

b——柱翼缘宽度；

h——柱的埋入深度；

f_c——混凝土的轴心抗压强度设计值。

7.5.8　采用杯口插入式柱脚（图 7.5.8）时，其插入深度应按表 7.5.8 的规定采用，且不应小于 500mm，并应符合下列规定：

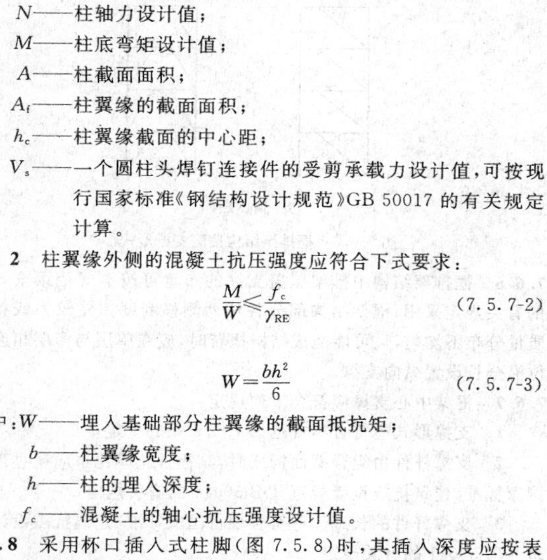

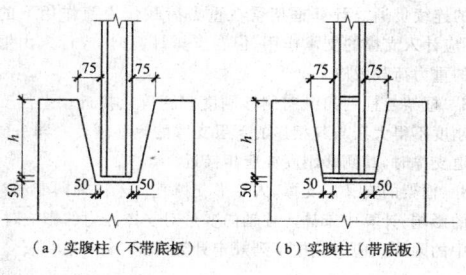

（a）实腹柱（不带底板）　　（b）实腹柱（带底板）

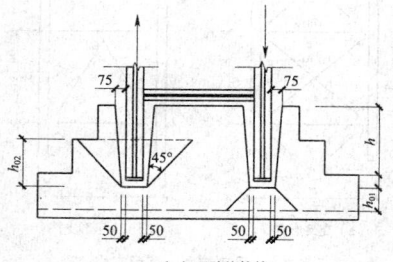

（c）双肢格构柱

图 7.5.8　杯口插入式柱脚

表 7.5.8　钢柱插入杯口深度

实腹柱		格构柱	
工字形截面	箱形截面	按单肢要求	按柱总宽度要求
不应小于截面高度的 1.5 倍	不应小于截面高度的 2 倍	不应小于截面高度的 2 倍	不应小于总宽度的（0.5～0.7）倍

1　实腹柱插入式柱脚尚应满足下列公式要求：

$$N\leqslant 0.75f_tSh \tag{7.5.8-1}$$

$$M\leqslant f_c\frac{bh^2}{6} \tag{7.5.8-2}$$

式中：N——柱轴力设计值；

f_t——基础混凝土的抗拉强度设计值；

S——插入段钢柱截面周长；

h——柱插入深度；

M——柱底弯矩设计值；

b——柱插入部分的翼缘宽度；

f_c——基础混凝土的轴心抗压强度设计值。

2　格构柱插入式柱脚尚应满足下列公式要求：

1）格构柱的受拉肢可按式（7.5.8-1）计算。

2）格构柱的受压肢，当设有柱底板时，可按下列公式验算：

$$N\leqslant 0.75f_tSh+\beta f_cA_c \tag{7.5.8-3}$$

$$\beta=\sqrt{\frac{A_d}{A_c}} \tag{7.5.8-4}$$

式中：N——受压柱肢的最大轴力设计值；

β——混凝土局部受压的强度提高系数；

A_c——柱肢底板面积；

A_d——局部承压的计算面积。

3）双肢柱的冲切强度尚应满足下列公式要求：

受压时：
$$\frac{N}{0.6\mu_m h_{01}}\leqslant f_t \tag{7.5.8-5}$$

受拉时：
$$\frac{N}{0.6\mu_m h_{02}}\leqslant f_t \tag{7.5.8-6}$$

式中：N——柱肢受拉时或受压时的最大轴力设计值；

h_{01}、h_{02}——冲切的计算高度，可按图 7.5.8 采用；

μ_m——冲切计算高度 1/2 处的周长。

7.6　支撑抗震设计

7.6.1　排架柱间支撑宜采用中心支撑。支撑的设置应符合下列规定：

1　每一个结构单元的各柱列，应在其中部或接近中部的开间内沿柱全高设置一道柱间支撑［图 7.6.1（a）］。7 度时，结构单元长度超过 120m（重屋盖）或 150m（轻屋盖），8 度、9 度时，结构单元长度超过 90m（重屋盖）或 120m（轻屋盖）时，宜在单元长度的 1/3 处的开间内设置两道柱间支撑［图 7.6.1（b）］。有吊车的厂房，尚应在结构单元的两端开间内的上柱范围内设置上柱支撑。

2　结构单元内，沿各柱列的柱顶宜设置通长的受压系杆，受压系杆可与屋架端部系杆合并设置。

3　结构单元内，各柱列柱间支撑的侧移刚度应按下列规定确定：

1）同列柱内上段柱的柱间支撑侧移刚度不宜大于下段柱的柱间支撑侧移刚度；

2）同一柱间采用双片支撑时，其侧移刚度宜相同；

3）结构单元内，设有不约束结构变形的纵向侧墙时，各柱列柱间支撑的侧移刚度宜相接近，但边列柱的柱间支撑的侧移刚度不宜大于中列柱柱间支撑的侧移刚度；当两侧边列柱有约束结构变形的纵向侧墙时，中列柱柱间支撑的侧移刚度应大于边列柱间支撑的侧移刚度。

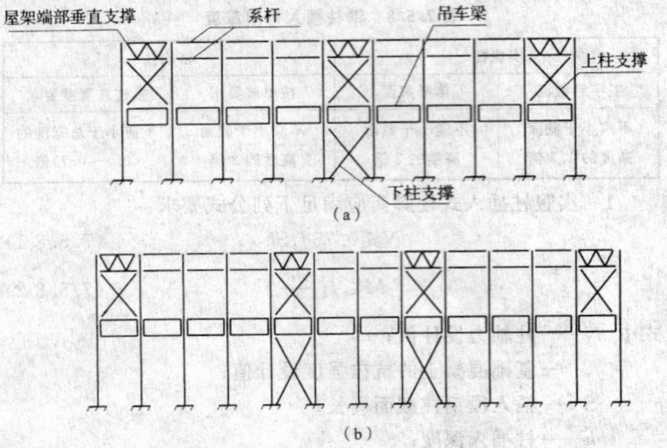

图 7.6.1 柱间支撑布置

7.6.2 支撑杆件平面外长细比宜小于平面内的长细比。

7.6.3 排架交叉形柱间支撑应符合下列规定：

1 交叉形支撑斜杆的长细比不应超过表 7.6.3 的规定。

表 7.6.3 交叉形支撑斜杆的最大长细比

支撑位置	烈度			
	6 度	7 度	8 度	9 度
上柱支撑	250	250	200	150
下柱支撑	200	200	150	150

2 长细比不超过 200 且拉压杆截面相同的交叉形支撑，应计入压杆的协同工作；计算简图可采用单斜拉杆简图(图 7.6.3)，其计算应符合下列规定：

1)确定支撑系统的侧移刚度时，拉杆的计算截面面积应乘以增大系数$(1+\varphi_i)$；φ_i 为该节间相应斜压杆的轴心受压稳定系数，可按现行国家标准《钢结构设计规范》GB 50017 的有关规定采用；对单角钢杆件尚应计入折减系数；

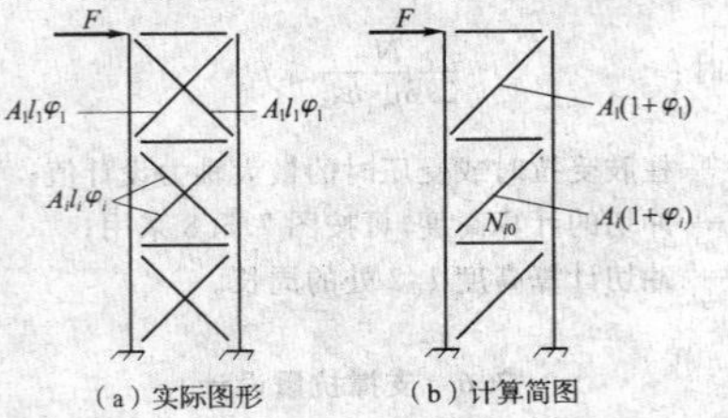

(a) 实际图形　(b) 计算简图

图 7.6.3 按拉杆设计的交叉形支撑计算

2)确定斜拉杆的轴力时，应计入斜压杆在反复循环荷载下强度降低引起的卸载效应，轴力设计值可按下式计算：

$$N_i=\frac{l_i}{(1+0.3\varphi_i)s_c}V_{bi} \tag{7.6.3}$$

式中：N_i——斜拉杆的轴力设计值；

φ_i——第 i 节间斜杆轴心受压稳定系数，可按现行国家标准《钢结构设计规范》GB 50017 的有关规定采用；

V_{bi}——第 i 节间支撑承受的地震剪力设计值；

s_c——支撑所在柱间的净距；

l_i——第 i 节间斜杆的全长。

7.6.4 排架的人字形和门形柱间支撑，应符合下列规定：

1 上柱、下柱支撑斜杆的长细比，均不应超过表 7.6.3 中对下柱支撑的规定。

2 压杆强度设计值应乘以承载力折减系数，其值可按表 7.6.4 取用。

表 7.6.4 斜压杆承载力折减系数

长细比 / 钢材牌号	60	70	80	90	100	120	150	200
Q235	0.816	0.792	0.769	0.747	0.727	0.689	0.639	0.571
Q345	0.785	0.758	0.733	0.709	0.687	0.646	0.594	0.523

7.6.5 框架纵向柱间支撑布置应符合下列规定：

1 柱间支撑宜设置于柱列中部附近，当纵向柱数较少时，亦可在两端设置。多层多跨框架纵向柱间支撑宜布置在质心附近，且宜减小上、下层间刚心的偏移。

2 纵向支撑宜设置在同一开间内，无法满足时，可局部设置在相邻的开间内。

3 支撑形式可采用交叉形、人字形等中心支撑[图 7.6.5(a)]。当采用单斜杆中心支撑时，应对称设置。9 度采用框架-支撑结构体系时，可采用偏心支撑[图 7.6.5(b)]。

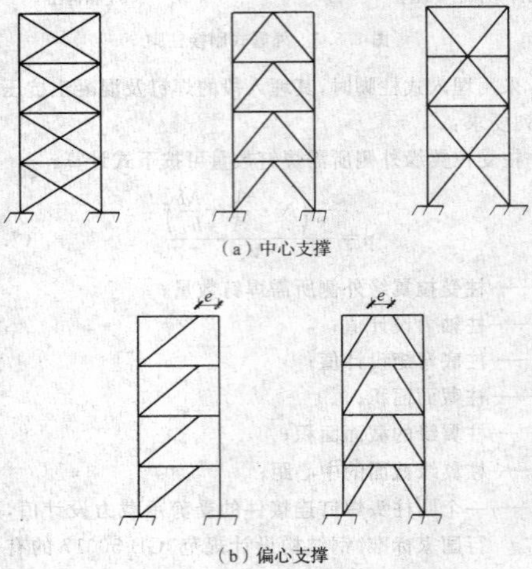

(a) 中心支撑

(b) 偏心支撑

图 7.6.5 框排架结构柱间支撑形式

7.6.6 框排架结构中排架屋盖支撑的布置可按本规范第 6.5 节的有关规定采用；框架结构部分各柱列侧移刚度相差较大或各层质量分布不均匀，且可能造成结构扭转时，应在单层与多层相连部位沿全长设置纵向支撑。

7.6.7 框架中心支撑应符合下列规定：

1 支撑形式应符合本规范第 7.6.5 条的规定。

2 支撑杆件由组合截面构成时，其板件宽厚比不应超过现行国家标准《建筑抗震设计规范》GB 50011 的有关规定。

3 支撑杆件的长细比应符合现行国家标准《建筑抗震设计规范》GB 50011 的有关规定。

4 人字形支撑的水平杆兼作框架横梁时，构造上应保持节点处梁的连续贯通。计算框架梁在重力荷载代表值作用下的内力时，不应计入支撑的支承作用；但在支撑计算时，应计入由框架梁传来的重力荷载效应。

5 框架各柱列的纵向侧移刚度宜相等或接近。上层支撑的侧移刚度不得大于与其相连的下层支撑的侧移刚度。同一层内设置数道支撑时，其侧移刚度亦应相接近。

7.6.8 框架的交叉形支撑、人字形支撑宜计入柱轴向变形对支撑内力的影响；计算中未计入柱轴向变形对支撑内力的影响时，支撑斜杆中的附加压应力应按下列规定计算(图 7.6.8)：

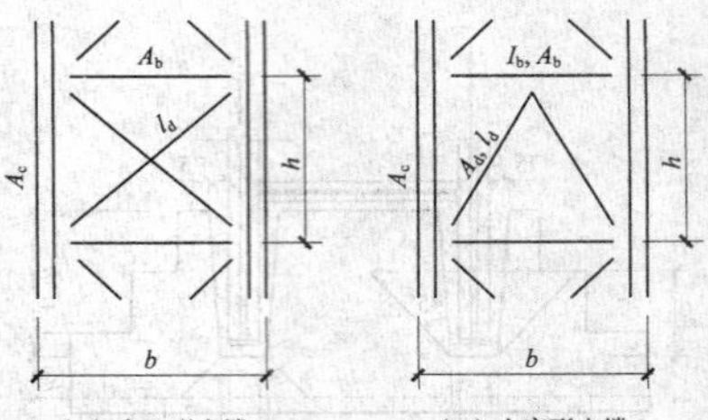

(a) 交叉形支撑　(b) 人字形支撑

图 7.6.8 交叉支撑和人字形支撑计算

1 交叉形支撑(按拉杆简图设计时除外)时，可按下式计算：

$$\Delta\sigma=\frac{\sigma_c}{\left(\frac{l_d}{h}\right)^2+\frac{h}{l_d}\cdot\frac{A_d}{A_c}+2\frac{b^3}{l_d h^2}\cdot\frac{A_d}{A_b}} \quad (7.6.8\text{-}1)$$

2 人字形支撑时，可按下式计算：

$$\Delta\sigma=\frac{\sigma_c}{\left(\frac{l_d}{h}\right)^2+\frac{b^3}{24l_d}\cdot\frac{A_d}{I_b}} \quad (7.6.8\text{-}2)$$

式中：$\Delta\sigma$——支撑斜杆中的附加压应力；

σ_c——支撑斜杆两端连接固定后，由验算层以上各楼层重力荷载代表值引起的支撑所在开间柱的轴向压应力；

l_d——支撑斜杆长度；

b、h——分别为验算层支撑所在开间的框架梁的跨度和楼层的高度；

A_b、I_b——分别为验算层支撑所在开间的框架梁的截面面积和绕水平主轴的惯性矩；

A_d——支撑斜杆的截面面积；

A_c——验算层支撑所在开间框架柱的截面面积；左柱、右柱截面不相等时，可采用平均值。

7.6.9 偏心支撑可由支撑斜杆及与其偏心相交的耗能梁段组成。框架偏心支撑应符合下列规定：

1 偏心支撑可采用单斜杆支撑或人字形支撑[图 7.6.5(b)]。

2 框架其他各层均设置偏心支撑时，顶层则宜采用中心支撑。

3 偏心支撑耗能梁段应按下列规定区分为剪切屈服型、剪弯屈服型和弯曲屈服型：

1)剪切屈服型：

$$e\leqslant 1.6\frac{M_s(M_{sN})}{V_s} \quad (7.6.9\text{-}1)$$

2)剪弯屈服型：

$$1.6\frac{M_s(M_{sN})}{V_s}<e<2.2\frac{M_s(M_{sN})}{V_s} \quad (7.6.9\text{-}2)$$

3)弯曲屈服型：

$$e\geqslant 2.2\frac{M_s(M_{sN})}{V_s} \quad (7.6.9\text{-}3)$$

式中：$M_s(M_{sN})$——耗能梁段无轴力或有轴力的全塑性受弯承载力；

V_s——耗能梁段的全塑性受剪承载力；

e——耗能梁段的净长度。

4 耗能梁段宜设计为剪切屈服型，与柱连接的耗能梁段不应设计为弯曲屈服型。

7.6.10 偏心支撑耗能梁段的全塑性承载力可按下列公式计算（图 7.6.10）：

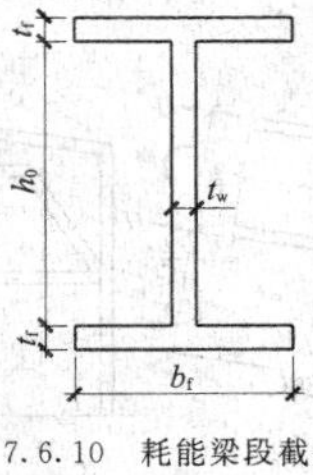

图 7.6.10 耗能梁段截面

1 全塑性受弯承载力 $M_s(M_{sN})$，可按下式计算：

1)梁段中无轴力时：

$$M_s=f_y W_{pb} \quad (7.6.10\text{-}1)$$

2)梁段中有轴力时：

$$M_{sN}=(f_y-\sigma_a)W_{pb} \quad (7.6.10\text{-}2)$$

2 全塑性受剪承载力可按下式计算：

$$V_s=0.58f_y h_0 t_w \quad (7.6.10\text{-}3)$$

式中：f_y——耗能梁段钢材的屈服强度；

W_{pb}——耗能梁段的塑性截面模量；

σ_a——轴向力引起的梁段翼缘的平均正应力；

t_w、h_0——分别为耗能梁段腹板的厚度和高度。

3 轴力引起的耗能梁段翼缘的平均正应力：

1)$e<2.2\frac{M_s(M_{sN})}{V_s}$时：

$$\sigma_a=\frac{V_s}{V_{lb}}\cdot\frac{N_{lb}}{2b_f t_f} \quad (7.6.10\text{-}4)$$

2)$e\geqslant 2.2\frac{M_s(M_{sN})}{V_s}$时：

$$\sigma_a=\frac{N_{lb}}{A_{lb}} \quad (7.6.10\text{-}5)$$

式中：V_{lb}、N_{lb}——耗能梁段计入地震作用效应组合的剪力设计值和轴力设计值；

b_f、t_f——分别为耗能梁段翼缘的宽度和厚度；

A_{lb}——耗能梁段的全截面面积。

3)式(7.6.10-4)和式(7.6.10-5)计算的 $\sigma_a\leqslant 0.15f_y$ 时，可取 $\sigma_a=0$。

7.6.11 耗能梁段在多遇地震作用效应组合下，其强度应符合下列规定：

1 $e<2.2\frac{M_s(M_{sN})}{V_s}$时：

翼缘强度：$$\left(\frac{M_{lb}}{h_0+t_f}+\frac{N_{lb}}{2}\right)\frac{1}{b_f t_f}\leqslant\frac{f}{\gamma_{RE}} \quad (7.6.11\text{-}1)$$

腹板强度：$$\frac{V_{lb}}{h_0 t_w}\leqslant\frac{f}{\gamma_{RE}}\text{，且 }V_{lb}<0.8V_s \quad (7.6.11\text{-}2)$$

式中：M_{lb}——耗能梁段的弯矩设计值；

f——耗能梁段的钢材强度设计值，应按现行国家标准《钢结构设计规范》GB 50017 的有关规定采用。

2 $e\geqslant 2.2\frac{M_s(M_{sN})}{V_s}$时：

1)翼缘强度：$$\frac{M_{lb}}{W}+\frac{N_{lb}}{A_{lb}}\leqslant\frac{f}{\gamma_{RE}} \quad (7.6.11\text{-}3)$$

2)腹板强度应符合式(7.6.11-2)的要求。

式中：W——耗能梁段的截面模量。

7.6.12 耗能梁段的抗震设计尚应符合下列规定：

1 板件的宽厚比不应超过现行国家标准《建筑抗震设计规范》GB 50011 有关梁的限值。

2 梁段腹板上不得加焊加强板或开洞口。

3 应按下列规定设置与梁翼缘等宽的腹板横向加劲肋（图 7.6.12）：

1)支撑斜杆连接处梁的两侧均应设置横向加劲肋；

2)在耗能梁段两端距离等于翼缘宽度(b_f)处应设置横向加劲肋；

3)$e<2.2\frac{M_s(M_{sN})}{V_s}$时或 $e\geqslant 2.2\frac{M_s(M_{sN})}{V_s}$，但有轴向力且 $V>V_s$ 时，应设置中间横向加劲肋；

4)$e\leqslant 1.6\frac{M_s(M_{sN})}{V_s}$时，加劲肋间距 $a\leqslant 38t_w-\frac{1}{5}h_0$；

5)$e\geqslant 2.6\frac{M_s(M_{sN})}{V_s}$时，加劲肋间距 $a\leqslant 56t_w-\frac{1}{5}h_0$；

6)$1.6\frac{M_s(M_{sN})}{V_s}<e<2.6\frac{M_s(M_{sN})}{V_s}$时，加劲肋间距可按本款第 4 项、第 5 项限值采用线性插入法确定；

7)中间加劲肋宜在腹板两侧对称设置，但梁高小于 600mm 时亦可单侧设置；

8)加劲肋的厚度不应小于耗能梁段腹板厚度的 0.75 倍，且不应小于 10mm；

9)加劲肋与梁可采用角焊缝焊接连接；与腹板连接的角焊缝承载力不应低于 $A_{st}f$，与翼缘连接的角焊缝承载力不应低于 $0.25A_{st}f$；A_{st} 为加劲肋的截面面积。

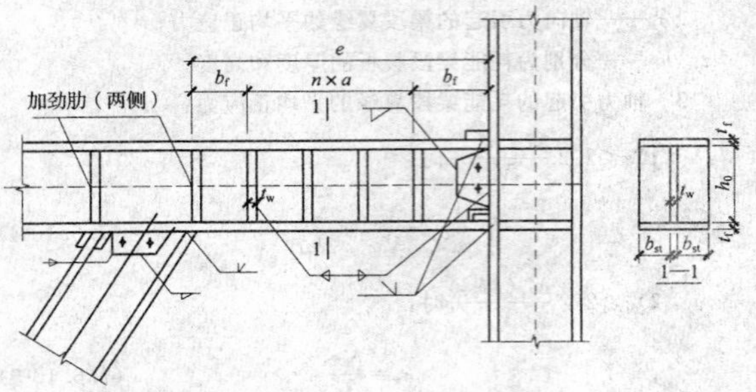

图 7.6.12　耗能梁段的加劲肋

4　在耗能梁段两端上、下翼缘均应设置水平侧向支撑，支撑杆的轴力设计值不应小于 $0.015fA_f$；沿耗能梁段延伸的框架梁，亦应在梁端设置上、下翼缘的水平侧向支撑，支撑点的间距不应大于 $13b_f\sqrt{\frac{235}{f_y}}$（$b_f$ 为框架梁翼缘宽度），支撑杆的轴力设计值宜采用 $0.012fA_f$；f 为梁段钢材强度的设计值，A_f 为上、下翼缘各自的截面面积。侧向支撑杆的长细比应符合现行国家标准《钢结构设计规范》GB 50017 的有关规定。

7.6.13　偏心支撑斜杆承载力验算应符合下列规定：

1　支撑斜杆的轴力设计值应采用下列公式中的较小值：

$$N=1.5\frac{V_s}{V_{lb}}N_{br}\tag{7.6.13-1}$$

$$N=1.5\frac{M_s(M_{sN})}{M_{lb}}N_{br}\tag{7.6.13-2}$$

式中：N——支撑斜杆的轴力设计值；

N_{br}——按地震作用效应组合的支撑轴力设计值。

2　斜杆的强度和稳定性应按现行国家标准《钢结构设计规范》GB 50017 的有关规定验算，其钢材强度设计值应除以承载力抗震调整系数。

7.6.14　偏心支撑所在开间框架柱的承载力验算应符合下列规定：

1　柱的弯矩设计值应采用下列公式中的较小值：

$$M=1.25\frac{V_s}{V_{lb}}M_c\tag{7.6.14-1}$$

$$M=1.25\frac{M_s(M_{sN})}{M_{lb}}M_c\tag{7.6.14-2}$$

式中：M——偏心支撑所在开间框架柱的弯矩设计值；

M_c——按地震作用效应组合的柱弯矩设计值。

2　柱的轴力设计值应采用下列公式中的较小值：

$$N=1.25\frac{V_s}{V_{lb}}N_c\tag{7.6.14-3}$$

$$N=1.25\frac{M_s(M_{sN})}{N_{lb}}N_c\tag{7.6.14-4}$$

式中：N——偏心支撑所在开间框架柱的轴力设计值；

N_c——按地震作用效应组合的柱轴力设计值。

3　柱强度和稳定性应按现行国家标准《钢结构设计规范》GB 50017的有关规定验算，其钢材强度设计值应除以承载力抗震调整系数。

7.6.15　偏心支撑杆件的连接应符合下列规定：

1　剪切屈服型耗能梁段翼缘与柱的连接应采用坡口全焊透焊接；梁段腹板与柱连接可采用角焊缝焊接，焊缝的承载力应符合腹板的全塑性受剪承载力要求。

2　支撑与耗能梁段的连接（图 7.6.12 和图 7.6.15）应符合下列规定：

1）支撑轴线与梁轴线的交点可在耗能梁段以内或端部，但不应位于耗能梁段以外；

2）不应将支撑杆及其节点板伸入耗能梁段以内。

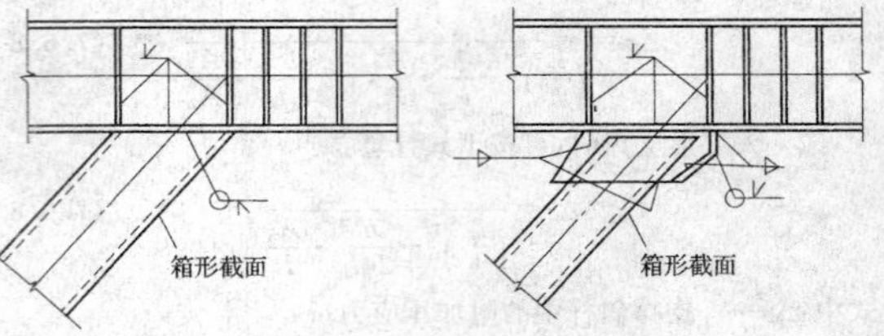

图 7.6.15　支撑斜杆与框架梁连接

7.7　抗震构造措施

7.7.1　传递地震作用的主要节点及其构件的连接宜采用高强度螺栓连接，亦可采用焊接连接。8 度、9 度时，框排架结构主要承重构件的连接不应采用普通螺栓连接。

7.7.2　框架的梁、柱刚接时，梁翼缘与柱应采用全焊透焊接，梁腹板与柱宜采用高强度螺栓连接。

7.7.3　构件的焊接连接应符合下列规定：

1　所有传力的焊接连接不得采用间断焊缝；传递地震作用的杆端侧面角焊缝，其有效计算长度不宜大于焊脚尺寸的 40 倍。

2　框架节点连接中，与受力方向垂直的焊缝宜采用全焊透的对接焊缝。

3　在同一传力焊接连接中，不宜采用侧面角焊缝与端部角焊缝并用的焊接连接。

7.7.4　承受地震作用的高强度螺栓连接不宜采用承压型高强度螺栓。

7.7.5　框排架结构柱的柱脚（或底板）锚栓均应采用双螺母构造，当柱脚承受较大地震剪力时，宜采用带抗剪键的柱脚构造（图 7.7.5），其埋入尺寸及焊缝尺寸等应由计算确定。

7.7.6　刚架梁柱节点宜采用加腋构造（图 7.7.6），加腋长度不宜小于梁截面高度或梁翼缘宽度的 8 倍，加腋最大截面高度不宜大于梁截面高度的 2 倍；加腋的拐点处的腹板均应设置横向加劲肋。

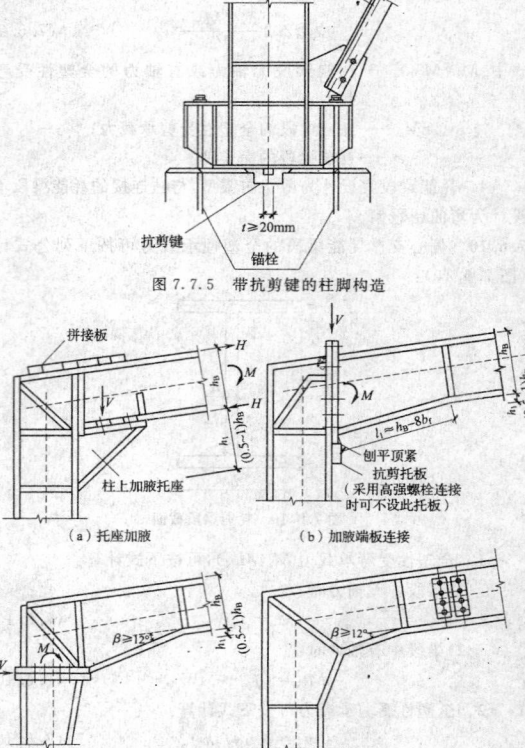

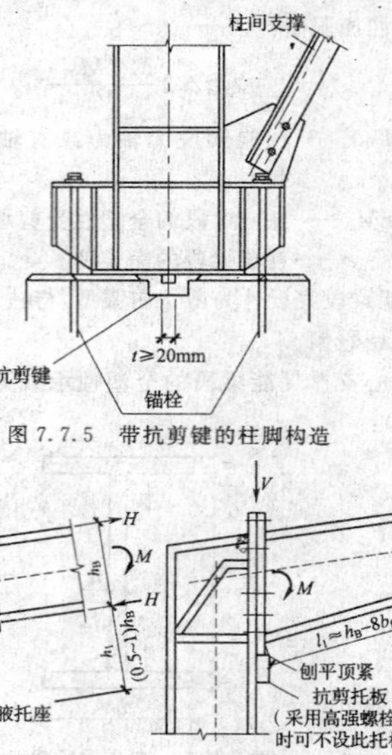

图 7.7.5　带抗剪键的柱脚构造

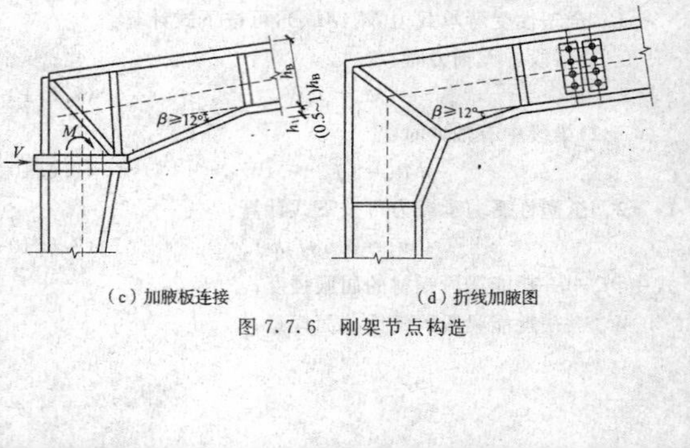

图 7.7.6　刚架节点构造

7.7.7 框架梁、柱现场拼接时，应采用等强的拼材与连接件；翼缘采用焊接时，应采用全焊透的对接焊接。拼接部位应设置耳板、夹具等定位连接件。

7.7.8 多层框架梁柱刚接节点宜采用柱贯通式构造（图 7.7.8）。在梁翼缘与柱焊接处，柱腹板应设置横向加劲肋；7 度～9 度时，加劲肋厚度不应小于对应的梁翼缘厚度。

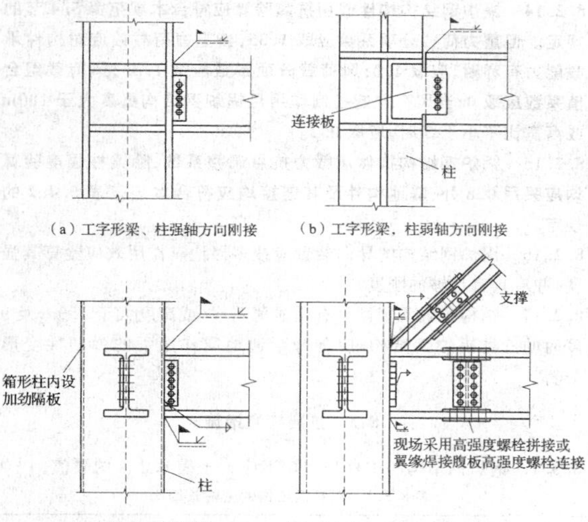

（a）工字形梁、柱强轴方向刚接　（b）工字形梁，柱弱轴方向刚接

（c）箱形柱与梁刚接　（d）有支撑和悬臂梁段的梁柱刚接节点

图 7.7.8　多层框架梁柱刚接节点构造

柱在强轴方向与主梁连接时［图 7.7.8(a)］，水平加劲肋与柱翼缘的焊接宜采用坡口全焊透的对接焊接，与柱腹板连接可采用角焊缝焊接。当柱在弱轴方向与主梁连接时［图 7.7.8(b)］，水平加劲肋与柱腹板连接则应采用坡口全焊透的对接焊接，其他焊缝可采用角焊缝。

同时有支撑杆交汇时，可采用柱上带悬臂梁段在工地拼接的构造［图 7.7.8(d)］。

7.7.9 柱两侧的梁高不等时，每个翼缘对应位置均应设置柱的水平加劲肋。加劲肋的水平间距不应小于 150mm，且不应小于水平加劲肋的宽度［图 7.7.9(a)］。当不能满足要求时，可采取局部调整较小梁的截面高度，其梁腋坡度不得大于1：2［图 7.7.9(b)］。

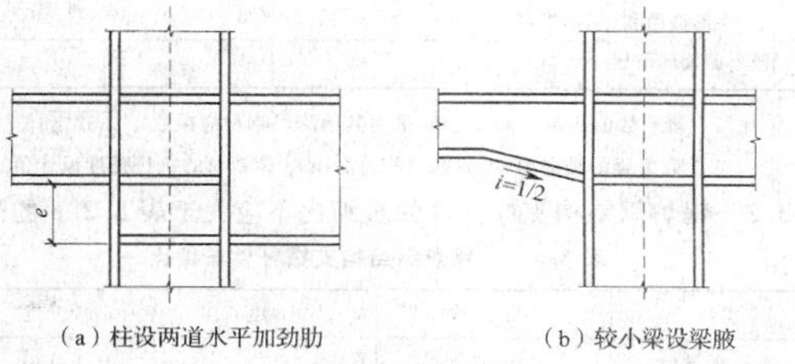

（a）柱设两道水平加劲肋　（b）较小梁设梁腋

图 7.7.9　柱两侧与不等高梁的连接

7.7.10 框架工字形梁柱节点区格板不宜采用焊接附加板进行加强，必要时可采取设置加劲肋或局部增加腹板厚度。

7.7.11 框架的楼盖应符合下列规定：

1　采用密肋（次梁）钢铺板时，钢板与梁应采用连续焊缝焊接。

2　采用预制钢筋混凝土铺板时，端部板角应与钢梁焊接，板面上应设细石钢筋混凝土现浇层，厚度不宜小于 50mm；预制板板缝中应按抗震构造要求配筋并灌缝。

3　采用现浇钢筋混凝土楼板或以压型钢板为底模时，钢梁上翼缘的上表面应焊接抗剪键（栓钉）。

8　锅炉钢结构

8.1　一　般　规　定

8.1.1 本章适用于支承式和悬吊式锅炉钢结构的抗震设计。

8.1.2 单机容量为 300MW 及以上或规划容量为 800MW 及以上的火力发电厂锅炉钢结构，应属于乙类构筑物。单机容量为 300MW 以下或规划容量为 800MW 以下的火力发电厂锅炉钢结构，应属于丙类构筑物。

8.1.3 锅炉钢结构宜采用独立式的结构体系。与锅炉钢结构贴建的厂房应设防震缝，防震缝的宽度应按本规范第 6 章钢筋混凝土结构防震缝宽度的 1.5 倍采用。

8.1.4 设有重型炉墙或金属框架护板轻型炉墙的支承式锅炉宜采用梁和柱刚性连接的框架式锅炉钢结构。设有金属框架护板的区域，护板与柱梁之间为嵌固连接时，可将梁、柱和护板视作刚性平面结构。

8.1.5 悬吊式锅炉钢结构可采用中心支撑体系，可选用交叉形、单斜杆形、人字形和 V 形支撑，不宜选用 K 形支撑。8 度Ⅲ、Ⅳ类场地和 9 度时，锅炉钢结构宜采用偏心支撑体系。

8.1.6 按拉杆设计中心支撑体系时，应同时设置不同倾斜方向的两组单斜杆，且每组不同方向单斜杆的截面面积在水平方向的投影面积之差不得大于 10%。

8.1.7 锅炉钢结构应在承载较大的垂直平面内布置垂直支撑体系，垂直支撑应沿锅炉钢结构高度均匀、连续布置。

8.1.8 锅炉钢结构应在承载较大的水平面内布置水平支撑，并宜在锅炉钢结构四周形成一个连续的封闭支撑体系。水平支撑宜沿锅炉钢结构高度每隔 12m～15m 布置一层，其标高应与锅炉导向装置标高协调一致，炉体的水平地震作用应能直接通过水平支撑传到垂直支撑上。

8.1.9 锅炉钢结构的抗震计算可不计及地基与结构相互作用的影响。

8.1.10 锅炉炉顶屋盖结构和紧身封闭均宜采用轻型钢结构。

8.2　计　算　要　点

8.2.1 锅炉钢结构应按本规范第 5 章多遇地震确定地震影响系数，并进行地震作用和作用效应计算。计算地震作用时，重力荷载代表值应取永久荷载标准值和各可变荷载组合值之和，可变荷载的组合值系数应按表 8.2.1 采用。

表 8.2.1　可变荷载的组合值系数

可变荷载种类	组合值系数
雪荷载	0.5
结构各层的活荷载	0.5
屋面活荷载	不计入

8.2.2 锅炉钢结构的基本自振周期可按下式计算：

$$T_1 = C_t H^{3/4} \tag{8.2.2}$$

式中：T_1——结构基本自振周期（s）；

C_t——结构影响系数，对框架体系可取 0.0853，对桁架体系可取 0.0488；

H——锅炉钢结构的总高度(m)。

8.2.3 锅炉钢结构在多遇地震下的阻尼比，对于单机容量小于 25MW 的轻型或重型炉墙锅炉，可采用 0.05；对于单机容量不大于 200MW 的悬吊式锅炉，可采用 0.04；对于大于 200MW 的悬吊锅炉，可采用 0.03；罕遇地震下的阻尼比均可采用 0.05。

8.2.4 锅炉钢结构按底部剪力法多质点体系计算时，其水平地震影响系数应乘以增大系数；其结构类型指数可按本规范表 5.1.6 中的剪弯型结构取值。

8.2.5 锅炉钢结构按本规范第 5.2.1 条的底部剪力法计算结构总水平地震作用标准值时，结构基本振型指数可按剪弯型结构取值。

8.2.6 锅炉钢结构的抗震计算可采用底部剪力法。当结构总高度超过 65m 时，宜采用振型分解反应谱法。

8.2.7 有导向装置的悬吊式锅炉，通过导向装置作用于锅炉钢结构上的水平地震作用可按下列规定计算：

1 导向装置 i 处承受的水平地震作用标准值可按下式计算：

$$F_i = a_1 G_i \tag{8.2.7}$$

式中：F_i——导向装置 i 处承受的水平地震作用标准值；

a_1——悬吊锅炉炉体的水平地震影响系数，可采用锅炉钢结构基本自振周期的水平地震影响系数；

G_i——悬吊锅炉炉体集中于导向装置 i 的重力荷载代表值，可按图 8.2.7 阴影区域确定。

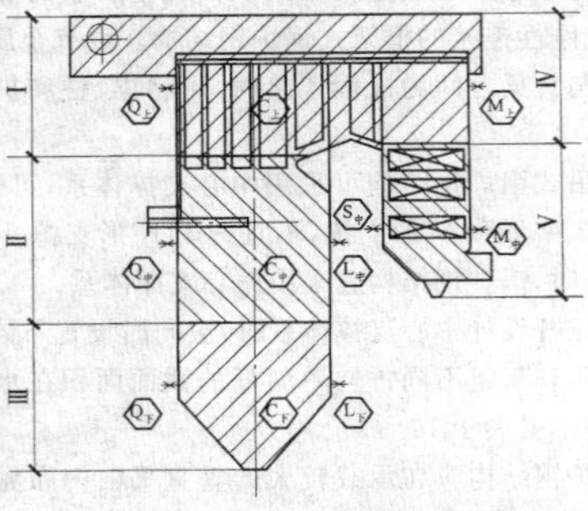

图 8.2.7 导向装置荷载分配

2 地震作用方向垂直于锅筒时，其地震作用可由两侧导向装置 C上、C中和 C下分别承受。

3 地震作用方向平行于锅筒时，其地震作用可由前后导向装置 Q上、Q中和 Q下、L中和 L下、S中、M上和 M中同时承受。

8.2.8 悬吊式锅筒的水平地震作用标准值可采用与炉体相同的方法计算。

8.2.9 对于 200MW 及其以下且无导向装置的悬吊锅炉，锅炉钢结构采用底部剪力法进行水平地震作用计算时，可按本规范第 5.2.1 条的规定计算。炉体及锅筒的地震作用只作用在锅炉钢结构的顶部时，其多遇地震的水平地震影响系数可按表 8.2.9 采用。

表 8.2.9 无导向装置悬吊炉体和锅筒水平地震影响系数

场地类别	地震分组	7度		8度		9度
		0.10g	0.15g	0.20g	0.30g	0.40g
Ⅰ	1	0.016	0.024	0.032	0.048	0.064
	2	0.019	0.028	0.038	0.057	0.076
	3	0.022	0.033	0.044	0.066	0.088
Ⅱ	1	0.022	0.033	0.044	0.066	0.088
	2	0.025	0.037	0.050	0.075	0.100
	3	0.028	0.042	0.056	0.084	0.112
Ⅲ	1	0.028	0.042	0.056	0.084	0.112
	2	0.033	0.050	0.066	0.099	0.132
	3	0.038	0.057	0.076	0.114	0.152
Ⅳ	1	0.038	0.057	0.076	0.114	0.152
	2	0.044	0.066	0.088	0.132	0.176
	3	0.052	0.076	0.104	0.156	0.208

8.2.10 6 度时的锅炉钢结构可不进行抗震验算，但其节点承载力应适当提高。

8.2.11 抗震验算时，锅炉钢结构任一计算平面上的水平地震剪力应符合本规范第 5.2.5 条的规定。

8.2.12 9 度时且高度大于 100m 的锅炉钢结构，应按本规范第 5.3.1 条的规定计算竖向地震作用，其竖向地震作用效应应乘以增大系数 1.5。

8.2.13 8 度和 9 度时，跨度大于 24m 的桁架（或大梁）和长悬臂结构应计算竖向地震作用。其竖向地震作用标准值，8 度和 9 度可分别取该结构重力荷载代表值的 10% 和 20%；设计基本地震加速度为 0.30g 时，可取该结构重力荷载代表值的 15%；竖向地震作用可不向下传递，但构件节点设计时应予以计入。

8.2.14 锅炉钢结构构件截面抗震验算应符合本规范第 5.4 节的规定。但重力荷载分项系数应取 1.35，当重力荷载效应对构件承载能力有利时，应取 1.0；风荷载分项系数应取 1.35；风荷载组合值系数应取 0；当风荷载起控制作用且锅炉钢结构高度大于 100m 或高宽比不小于 5 时，应取 0.2。

8.2.15 锅炉钢结构构件承载力抗震调整系数，除梁柱强度验算均应采用 0.8 外，其他构件及其连接均应符合本规范表 5.4.2 的规定。

8.2.16 锅炉钢结构的导向装置应按多遇地震作用效应验算其强度，并应具有足够的刚度。

8.2.17 结构布置不规则且有明显薄弱层，或高度大于 150m 及 9 度时的乙类锅炉钢结构，应进行罕遇地震作用下的弹塑性变形分析。

8.3 抗震构造措施

8.3.1 锅炉钢结构的主柱长细比不应大于表 8.3.1 的限值。

表 8.3.1 锅炉钢结构的主柱长细比

烈度	6度、7度	8度	9度
总高度不超过 100m	120	120	100
总高度超过 100m	120	100	80

注：表列数值适用于 Q235 钢，采用其他牌号钢材应乘以 $\sqrt{235/f_y}$。

8.3.2 锅炉钢结构的柱、梁板件宽厚比不应大于表 8.3.2 的限值。

表 8.3.2 锅炉钢结构的柱、梁板件宽厚比

板件名称			6度、7度	8度	9度
柱	工字形截面翼缘外伸部分		13	12	11
	箱形截面壁板		40	36	36
	工字形截面腹板		52	48	44
梁	工字形截面和箱形截面翼缘外伸部分		13	12	11
	箱形截面翼缘在两腹板间的部分		40	36	36
	工字形截面和箱形截面的腹板	$N_b/Af<0.37$	$(85\sim120)N_b/Af$	$(80\sim110)N_b/Af$	$(72\sim100)N_b/Af$
		$N_b/Af\geqslant0.37$	40	39	35

注：1 表列数值适用于 Q235 钢，采用其他牌号钢材应乘以 $\sqrt{235/f_y}$。

2 N_b 为梁的轴向力，A 为梁的截面面积，f 为钢材的抗拉强度设计值。

8.3.3 锅炉钢结构支撑杆件的长细比不应大于表 8.3.3 的限值。

表 8.3.3 锅炉钢结构支撑杆件长细比

类型	6度、7度	8度	9度
按压杆设计	150	120	120
按拉杆设计	200	150	150

注：表列数值适用于 Q235 钢，采用其他牌号钢材应乘以 $\sqrt{235/f_y}$。

8.3.4 锅炉钢结构支撑板件的宽厚比不应大于表 8.3.4 的限值。

表 8.3.4 锅炉钢结构支撑板件的宽厚比

板件名称	6度、7度	8度	9度
翼缘外伸部分	13	12	11
工字形截面腹板	52	48	44
箱形截面腹板	40	36	36

注：表列数值适用于 Q235 钢，采用其他牌号钢材应乘以 $\sqrt{235/f_y}$。

8.3.5 6 度地区，且基本风压小于 0.4kN/m² 时，宜适当增大垂直支撑截面面积。

8.3.6 8度Ⅲ、Ⅳ类场地和9度时的锅炉钢结构，梁与柱的连接不宜采用铰接。

8.3.7 锅炉钢结构宜采用埋入式柱脚，埋入深度可按本规范第7.5.7条的规定确定。

8.3.8 铰接柱脚底板的地震剪力应由底板和混凝土基础间的摩擦力承担，其摩擦系数可取0.4。地震剪力超过摩擦力时，可在柱底板下部设置抗剪键，抗剪键可按悬臂构件计算其厚度和根部焊缝。

8.3.9 铰接柱的地脚螺栓应采用双螺帽固定；地脚螺栓的数量和直径应按作用在基础上的净上拔力确定，但不应少于4M30。净上拔力应采用最不利工况的上拔力减去永久荷载的0.75倍确定。地脚螺栓的材料可采用Q235或Q345钢。

8.3.10 梁采用悬臂梁段与柱刚性连接时，悬臂梁段与柱应采用全焊接连接，其中翼缘与柱应采用全焊透焊接。梁的现场拼接可采用翼缘全焊透焊接、腹板高强度螺栓连接或全部采用高强度螺栓连接。

8.3.11 梁与柱连接为刚接时，柱在梁翼缘对应位置应设置横向加劲肋，且加劲肋的板厚不应小于梁翼缘厚度。

8.3.12 垂直支撑与柱（梁）采用节点板连接时，节点板在支撑杆每侧的夹角不应小于30°；沿支撑方向，杆端至节点板嵌固点的距离不应小于节点板厚度的2倍。

9 筒 仓

9.1 一 般 规 定

9.1.1 本章适用于贮存散状物料的钢筋混凝土、钢及砌体筒仓的抗震设计。

9.1.2 筒仓外形宜简单、规则，质量和刚度分布宜均匀对称；6度、7度时，仓顶可采用仓壁向上延伸并作为承重结构的筛分间或框架结构的筛分间；8度、9度时，仓顶应采用仓壁向上延伸并作为承重结构的筛分间，不应设置其他承重结构的筛分间。

9.1.3 筒仓结构的选型应符合下列规定：

1 钢筋混凝土筒仓可采用筒壁、柱、带壁柱的筒壁及筒壁与柱混合支承的结构形式，宜选用筒壁支承结构。直径不小于15m的深仓宜选用筒壁和内柱共同支承的结构形式，筒壁开洞处宜设置壁柱。直径不小于18m的圆形筒仓宜采用独立布置结构形式。

2 钢筋混凝土柱承式矩形筒仓的仓下支承柱，应伸至仓顶或仓上建筑，并应与仓壁整体连接。

3 钢筒仓可采用钢或现浇钢筋混凝土仓底和仓下钢支承结构；直径大于12m时，宜采用仓壁落地式结构；仓群宜选用多排布置。

4 6度、7度时，可采用砌体筒仓，其直径不宜大于8m，并应采用筒壁支承结构。

5 独立筒仓间的净距除应符合防震缝要求外，尚应符合施工、安装等要求。

9.1.4 除筛分间外的仓上建筑应符合下列规定：

1 仓上建筑宜采用钢结构，其围护结构应选用轻质材料。

2 钢筋混凝土结构仓上建筑可用于钢筋混凝土筒仓和砌体筒仓，其围护结构宜选用轻质材料。

3 6度时，钢筋混凝土筒仓和砌体筒仓的仓上建筑可采用砌体结构。

4 仓上建筑的屋盖宜采用轻型钢结构或现浇钢筋混凝土结构。

9.1.5 筒仓的防震缝设置应符合下列规定：

1 钢筋混凝土群仓仓顶局部设有筛分间时，其高差处应设置防震缝。

2 筒仓与辅助建筑毗邻处应设置防震缝。

3 高差较大或不规则布置的群仓或排仓，应在相应部位设置防震缝。

4 防震缝的宽度宜根据结构相对变形分析结果确定，但最小宽度不应小于50mm。

9.1.6 Ⅲ、Ⅳ类场地的柱承式筒仓的基础宜采用环形基础或整板基础，并应采取增加基础的整体性和刚度的措施。

9.1.7 在筒仓的结构构件刚度变化处应采取减小应力集中的措施。

9.1.8 柱承式筒仓的支承结构宜增加超静定次数。增加赘余杆件和支撑时，其构件除应满足强度要求外，尚应具有良好的变形能力。

9.1.9 Ⅲ、Ⅳ类场地和不均匀地基条件下的独立筒仓，应采取抗倾覆和控制不均匀沉降的措施。对液化地基，应采取全部消除液化沉陷的措施。

9.1.10 筒仓的抗震设防类别应根据其所在生产系统中的重要性及其在地震中可能产生的次生灾害程度确定。在无特殊要求时，筒仓可按丙类构筑物进行抗震设计。

9.1.11 筒仓的同一结构单元应采用同一类型的基础。同一结构单元的基础宜设置在同一标高上；不在同一标高时，应采取防止地基不均匀沉降的措施。

9.1.12 8度和9度时，筒仓结构可采取消能减震措施。

9.2 计 算 要 点

9.2.1 筒仓应按本规范第5章多遇地震确定地震影响系数，并进行地震作用和作用效应的计算。

9.2.2 筒仓的水平地震作用，可采用振型分解反应谱法或底部剪力法计算；8度Ⅲ、Ⅳ类场地和9度，筒仓结构不规则且有明显薄弱部位时，尚宜采用时程分析法进行补充验算。

9.2.3 筒仓进行水平地震作用计算时，应符合下列规定：

1 贮料可变荷载的组合值系数，钢筋混凝土筒承式筒仓、砌体筒仓应取0.8，其他各类筒仓均应取1.0。

2 钢筒仓在多遇地震下的阻尼比可取0.03，在罕遇地震下的阻尼比可取0.04。

9.2.4 筒承式筒仓的水平地震作用按底部剪力法计算时，柱支承的仓上建筑的地震作用效应应乘以增大系数，钢筋混凝土筒承式筒仓、砌体筒仓其值可取4.0，仓壁落地式钢筒仓可取3.0，但增大部分不应往下传递。

9.2.5 柱承式筒仓的水平地震作用按底部剪力法计算时，应符合下列规定：

1 采用单质点体系计算模型时，质点位置应设于仓体及其贮料的质心处。

2 仓上建筑的水平地震作用可采用将仓上建筑置于刚性地面上的单质点（单层时）或双质点（二层时）体系进行简化计算。其仓上建筑的地震作用效应应乘以增大系数，其值可按表9.2.5采用，但增大部分不应往下传递。

表 9.2.5 仓上建筑地震作用效应增大系数

条 件	单层仓上建筑	二层仓上建筑	
		底层	上层
$\eta_n \geqslant 50$ 且 $50 \leqslant \eta_m \leqslant 100$	4.0	4.0	3.5
其他	3.0	3.0	2.5

注：1 η_n 为柱承式筒仓的侧移刚度与仓上建筑计算层的层间侧移刚度之比；

2 η_m 为仓体质量（含贮料）与仓上建筑计算层的质量之比。

9.2.6 8度Ⅳ类场地及9度时，柱承式筒仓应计入重力二阶效应引起的附加水平地震作用，其标准值可按下列公式计算：

$$F_{gk}=\rho_g F_{Ek} \quad (9.2.6\text{-}1)$$

$$\rho_g=\frac{2.5G_{eq}}{Kh} \quad (9.2.6\text{-}2)$$

式中：F_{gk}——重力二阶效应引起的附加水平地震作用标准值；

F_{Ek}——未计入重力二阶效应的水平地震作用标准值；

ρ_g——重力偏心系数，小于0.05时可取零；

G_{eq}——筒仓结构等效重力荷载，可不计入支承结构；

K——支柱的总弹性侧移刚度；

h——支柱的高度。

9.2.7 单排筒仓的质量中心偏心过大时，宜计入地震扭转效应的影响。柱承式单排筒仓采用底部剪力法且按单质点体系计算时，支柱的水平地震作用效应应乘以扭转效应增大系数，其值可按表9.2.7的规定采用。

表9.2.7 扭转效应增大系数

组成排仓的单仓个数	3	4	5	≥6
扭转效应增大系数	1.10	1.15	1.20	1.25

9.2.8 9度时，钢筋混凝土柱承式筒仓的抗震变形验算可按本规范第5.5节的有关规定计算。

9.2.9 采用筒壁与柱联合支承的筒仓，筒壁与柱承担的地震剪力可按侧移刚度比例进行分配，但分配给柱的地震剪力应乘以增大系数1.5，且不应小于支承结构底部总地震剪力的10%。

9.2.10 6度～8度时，钢筋混凝土筒承式圆形筒仓的仓壁与仓底整体连接时，仓壁、仓底可不进行水平地震作用的抗震验算，但其构件应满足相应的抗震构造措施要求。

9.2.11 钢筋混凝土柱承式筒仓的无横梁支柱与基础、支柱与仓体连接端的组合弯矩设计值应按下列规定调整：

1 柱端弯矩应乘以表9.2.11规定的柱端弯矩增大系数。

2 角柱的柱端弯矩按表9.2.11调整后，尚应乘以不小于1.10的增大系数。

3 Ⅲ、Ⅳ类场地且不采用筏基时，无横梁支柱与仓体连接端的弯矩按表9.2.11及本条第2款调整后，尚应分别乘以不小于1.05和1.15的增大系数。

表9.2.11 柱端弯矩增大系数

烈度		7度	8度	9度
支柱条件	有横梁	1.15	1.25	1.50
	无横梁	1.20	1.35	1.60

9.2.12 钢筋混凝土柱承式筒仓的支柱有横梁时，梁柱节点处的梁、柱端组合的弯矩和剪力设计值应分别符合本规范第6.2.6条～第6.2.11条的规定；支承柱端组合的剪力设计值的调整尚应符合本规范第6.2.12条的规定；6度～9度时，支承结构可分别按框架的抗震等级四、三、二、一级计算。

9.2.13 砌体筒仓的水平地震作用计算可采用底部剪力法，其水平地震影响系数可取其最大值。

9.2.14 柱支承或柱与筒壁共同支承的钢筒仓，其水平地震作用可采用底部剪力法计算，计算时应计入柱间支撑的侧移刚度。

9.2.15 8度、9度时，钢仓斗与仓底之间的连接焊缝或螺栓及其连接件应计入竖向地震作用效应。其竖向地震作用标准值应符合下列规定：

1 8度时，其竖向地震作用标准值可分别取其重力荷载代表值的10%（0.20g时）和15%（0.30g时）；9度时可取其重力荷载代表值的20%。

2 贮料荷载的组合值系数应取1.0。

9.2.16 钢筋混凝土柱承式方仓的支柱设有横梁时，其侧移刚度可按本规范附录G采用。

9.2.17 筒承式或柱承式单仓的基本自振周期可按下式计算：

$$T_1 = 2\pi\xi_T\sqrt{\frac{\sum_{i=1}^{n}(G_i\delta_{in}^2)}{g\delta_{nn}}} \qquad (9.2.17)$$

式中：T_1——筒承式或柱承式单仓的基本自振周期；

G_i——集中于质点i的重力荷载代表值，可取质点i上、下两个质点之间范围内等效重力荷载代表值之和的一半；

ξ_T——支承结构刚度影响系数，柱承式可取1.0；筒承式非开洞方向可取1.0，开洞方向可取0.85；

δ_{nn}、δ_{in}——在质点n上的单位水平力作用下，分别在质点n和i处产生的水平位移，可根据仓下支承结构的刚度，采用结构力学方法计算。

9.2.18 钢筋混凝土筒承式群仓的基本自振周期可按下式计算：

$$T_n = \frac{21-\dfrac{H}{D}}{\beta(20+2n)}\cdot T_1 \qquad (9.2.18)$$

式中：T_n——筒承式群仓沿筒仓组合方向的基本自振周期；

T_1——单仓的基本自振周期；

β——开洞影响系数，群仓组合方向与开洞平行时可取1.2，相互垂直时可取1.0；

n——群仓组合数目，大于5时可取5；

H——筒仓高度；

D——筒仓外径。

9.2.19 圆形筒仓仓壁相连的群仓宜按空仓或满仓不利荷载组合对仓壁连接处进行地震扭转效应计算，并应满足相应的抗震构造措施要求。

9.2.20 钢筒仓与基础的锚固应进行抗震验算。

9.3 抗震构造措施

9.3.1 钢筋混凝土柱承式筒仓的支柱宜加设横梁，横梁的设置应符合下列规定：

1 横梁与柱的线刚度比不宜小于0.8；计算柱线刚度时，柱高应取基础顶面至仓底的距离。

2 在满足工艺要求的前提下，横梁顶面至仓壁底面的距离与柱全高之比不宜小于0.3，且不宜大于0.5。

3 横梁截面的高宽比不宜大于4.0。

9.3.2 钢筋混凝土柱承式筒仓支柱的轴压比限值，当混凝土强度等级不大于C50时，应符合表9.3.2的规定；当混凝土强度等级大于C50时，可适当提高。

表9.3.2 柱承式筒仓支柱轴压比限值

烈度	6度	7度	8度	9度
有横梁	0.90	0.80	0.70	0.60
无横梁	0.80	0.75	0.65	0.55

注：筒仓地下空间的柱轴压比可增加0.05。

9.3.3 钢筋混凝土柱承式筒仓支柱的纵向钢筋应采用对称配筋，其总配筋率应符合下列规定：

1 纵向钢筋最小总配筋率应按表9.3.3采用。

表9.3.3 柱承式筒仓支柱的纵向钢筋最小总配筋率(%)

烈度	6度	7度	8度	9度
有横梁	0.70	0.80	0.90	1.10
无横梁	0.80	0.90	1.00	1.20

2 纵向钢筋总配筋率不应大于2%。

9.3.4 钢筋混凝土柱承式筒仓支柱的箍筋应沿柱全高加密，并应符合下列规定：

1 箍筋间距不应大于100mm。

2 箍筋最小直径，6度时不应小于6mm，7度时不应小于8mm，8度、9度时不应小于10mm。

3 箍筋最小体积配筋率应按表9.3.4采用。

表9.3.4 柱承式筒仓支柱的箍筋最小体积配筋率(%)

柱轴压比		≤0.3	0.4	0.5	0.6	0.7	0.8
烈度	7度	0.60	0.80	1.00	1.20	1.40	1.60
	8度	0.80	1.00	1.20	1.40	1.60	—
	9度	1.00	1.20	1.40	1.60	—	—

注：1　6度时，体积配筋率不应小于0.6%；
2　支柱无横梁时，轴压比计算值应增加0.05后按本表确定；
3　箍筋强度为300N/mm²、360N/mm²时，表中数值应分别乘以0.7、0.6后采用，但计算后的数值在7度、8度、9度时分别不应小于0.6%、0.8%、1.0%；
4　混凝土强度等级高于C35时，表中数值应乘以所采用的混凝土轴心抗压强度设计值与C35混凝土轴心抗压强度设计值的比值；
5　中间值按线性内插法确定。

9.3.5　钢筋混凝土柱承式筒仓横梁的纵向钢筋配置应符合下列规定：

1　横梁梁端截面混凝土受压区高度与有效高度之比，7度、8度时不应大于0.35，9度时不应大于0.25，纵向受拉钢筋的配筋率不宜大于2%。

2　横梁梁端截面的底面与顶面纵向钢筋配筋量的比值除应按计算确定外，7度和8度时不应小于0.3，9度时不应小于0.5。

3　横梁顶面和底面通长钢筋不应少于2ϕ14，同时8度和9度时底面通长钢筋也不应少于梁端顶面纵向钢筋截面面积的1/4。

9.3.6　钢筋混凝土柱承式筒仓横梁的箍筋配置应符合下列规定：

1　横梁梁端箍筋加密区长度，6度～8度时不应小于梁高的1.5倍，9度时不应小于梁高的2倍，且均不应小于500mm。

2　加密区箍筋最大间距和最小直径应符合表9.3.6的要求。

表9.3.6　梁箍筋加密区的箍筋最大间距和最小直径(mm)

烈度	6度	7度	8度	9度
最大间距（采用最小值）	h/4，8d，150	h/4，8d，150	h/4，8d，100	h/4，6d，100
最小直径	6	8	8	10

注：d为纵向钢筋直径，h为梁截面高度。

3　非加密区的箍筋配箍量不宜小于加密区的50%，同时8度、9度时的箍筋间距也不应大于纵向钢筋直径的10倍。

9.3.7　钢筋混凝土筒承式筒仓的支承筒壁应符合下列规定：

1　筒壁的厚度，6度和7度时不宜小于160mm，8度和9度时不宜小于180mm。

2　筒壁应采用双层双向配筋，竖向或环向钢筋的总配筋率均不宜小于0.4%；内、外层钢筋应设置拉筋，其直径不宜小于6mm；在6度和7度时间距不宜大于700mm，在8度和9度时间距不宜大于500mm。

3　筒壁的孔洞宜对称布置，每个孔洞的圆心角不宜大于70°；筒壁在同一水平截面内开洞的总圆心角，6度和7度时不应大于180°，8度和9度时分别不宜大于160°和140°。

4　洞口边长小于1m时，洞口每边的附加钢筋均不应少于2ϕ16，且不应少于洞口切断钢筋截面面积的60%，洞口四角的斜向钢筋均不应少于2ϕ16；洞口边长不小于1m时，洞口四周应设置加强框，加强框的每边配筋量不应少于洞口切断钢筋截面面积的60%，加强框的四角也应配置斜筋。

5　支承筒壁开洞宽度大于或等于3m时，应按筒壁实际应力分布进行配筋。洞口两侧设置壁柱时，其截面不宜小于400mm×600mm，柱的上端应伸入仓壁中，并应按柱的构造要求配置钢筋，总的配筋率不宜小于0.6%。

6　相邻洞口间筒壁的宽度不应小于壁厚的3倍，且不应小于500mm；当筒壁宽度为壁厚的3倍～5倍时，应按支承柱的规定配置钢筋，其配筋量应按计算确定，并应满足相应的抗震构造措施要求。

7　当仓底与仓壁非整体连接时，仓壁底部的水平钢筋应延续配置到仓底结构顶面以下的筒壁中，其延续配置的高度不应小于仓壁厚度的6倍。

9.3.8　砌体筒仓应符合下列规定：

1　仓壁和支承筒壁均应设置现浇钢筋混凝土圈梁和构造柱。沿仓壁高度，应按计算确定设置圈梁的间距，在仓壁部位圈梁间距不宜大于2m，在支承筒壁部位不宜大于3m，且应在仓顶、仓底各设一道圈梁；构造柱的间距不宜大于3.5m。

2　钢筋混凝土圈梁的截面宽度应与壁厚相同，高度不应小于180mm，纵向钢筋不宜少于4ϕ12，箍筋间距不宜大于250mm；构造柱截面不应小于壁厚，纵向钢筋不宜少于4ϕ14，箍筋间距不应大于200mm，柱的上、下端的箍筋宜适当加密，沿柱高每隔500mm应有不少于2ϕ6的钢筋与仓壁或支承筒壁砌体拉结，每边伸入砌体的拉结长度不宜小于1m。

3　仓壁厚度应按计算确定，但不应小于240mm，支承筒壁厚度不应小于370mm；仓壁与支承筒壁厚度不等时，应保持内壁平直。仓外台阶处应采用水泥砂浆找坡。

4　仓壁和支承筒壁的洞口周边应设置钢筋混凝土加强框。

5　仓底环梁支承于支承筒壁时，筒壁应采用环形基础，软弱地基时宜采用钢筋混凝土筏基。

6　筒仓直径大于6m时，仓壁和支承筒壁均宜采用配筋砌体。

7　群仓中相邻筒体应有可靠连接，砌体应咬槎砌筑，搭接处的厚度不应小于仓壁厚度的2倍，并应在连接处配置钢筋。

9.3.9　6度区仓上建筑采用砌体结构时，应符合下列规定：

1　仓上建筑总高不应大于3.6m。

2　砌体厚度不宜小于190mm。

9.3.10　钢筒仓应符合下列规定：

1　钢筒仓采用钢支柱时，钢支柱间应设柱间支撑。当柱间支撑分上、下两段设置时，上、下支撑间应设置刚性水平系杆。

2　钢柱底板下部应设置与柱间支撑平面相垂直的抗剪键。地脚螺栓宜采用刚性锚板或锚梁锚固，埋置深度应按计算确定；地脚螺栓应采用双螺帽固定。

10　井　架

10.1　一般规定

10.1.1　本章适用于矿山立井的钢筋混凝土井架和钢井架的抗震设计。

10.1.2　井架高度超过25m或多绳提升井架宜采用钢结构。

10.1.3　钢筋混凝土井架的抗震等级应按表10.1.3确定。

表10.1.3　钢筋混凝土井架的抗震等级

烈度	6度	7度	8度	9度
抗震等级	三	三	二	一

10.1.4　井架与贴建的建(构)筑物之间应设防震缝。防震缝最小宽度应符合表10.1.4的规定。

表10.1.4　井架防震缝最小宽度(mm)

结构形式	提升类型	6度	7度	8度	9度
钢筋混凝土井架	罐笼提升	70	70	80	110
	箕斗提升	80	90	100	140
钢井架	罐笼提升	130	130	210	370
	箕斗提升	160	160	250	430

注：1　钢筋混凝土井架，当与罐笼提升井架贴建的井口房高度超过10m，或与箕斗提升井架贴建的井口房高度超过20m时，防震缝宽度应适当增加。对应抗震设防烈度6度、7度、8度、9度，高度每增加5m、4m、3m、2m，防震缝宽度宜增加20mm；
2　钢井架，当与罐笼提升井架贴建的井口房高度超过15m，或与箕斗提升井架贴建的井口房高度超过30m时，防震缝宽度应适当增加。对应抗震设防烈度6度、7度、8度、9度，高度每增加5m、4m、3m、2m，防震缝宽度宜增加30mm；
3　混合提升井架，应按箕斗提升井架采用防震缝宽度。

10.1.5 支承天轮的井架立架宜支承在井颈上或井颈外侧的岩土上，不宜支承在井口梁上。

10.1.6 双斜撑钢井架的立架宜独立支承在井颈上。

10.2 计算要点

10.2.1 井架应按本规范第5章多遇地震确定地震影响系数，并进行地震作用和作用效应计算。

10.2.2 井架应按平行于提升平面的纵向和垂直于提升平面的横向两个主轴方向分别进行水平地震作用计算。符合下列条件之一的井架，可不进行抗震验算，但应满足相应的抗震措施要求：

1 7度、8度时的四柱式钢筋混凝土井架的纵向水平地震作用。

2 7度时的六柱式钢筋混凝土井架的纵向水平地震作用。

3 7度时的钢井架。

10.2.3 钢筋混凝土井架的阻尼比可采用0.05；钢井架多遇地震下的阻尼比可采用0.03，罕遇地震下的阻尼比可取0.04。

10.2.4 井架的抗震计算宜按多质点空间杆系模型，采用振型分解反应谱法。四柱式钢筋混凝土井架可采用底部剪力法。立架与斜撑不连接的双斜撑钢井架，应对斜撑和立架分别进行抗震计算。9度时且高度大于60m的钢井架，宜采用时程分析法进行多遇地震下的补充计算，并应符合本规范第5.1.3条和第5.1.7条等的有关规定。

10.2.5 采用振型分解反应谱法时，钢筋混凝土井架应取不少于9个振型，钢井架应取不少于15个振型。

10.2.6 四柱式钢筋混凝土井架采用底部剪力法计算时，井架的基本自振周期可按下列公式计算：

$$T_y = -0.0406 + 0.0424H/\sqrt{l_a} \qquad (10.2.6\text{-}1)$$

$$T_x = -0.1326 + 0.0507\sqrt{H(l_a + l_b)} \qquad (10.2.6\text{-}2)$$

式中：T_y——井架纵向基本自振周期(s)；

T_x——井架横向基本自振周期(s)；

H——井架高度，可取井颈顶面至天轮轴中心之间的垂直距离(m)；

l_a——井架底部纵向两立柱的轴线间距(m)；

l_b——井架底部横向两立柱的轴线间距(m)。

10.2.7 地震作用计算时，井架的重力荷载代表值应按下列规定取值：

1 结构、天轮及其设备、扶梯、固定在井架上的各种刚性罐道等应采用自重标准值的100%。

2 各平台上的可变荷载的组合值系数，当按等效均布荷载计算时，应取0.5；当按实际情况计算时，应取1.0。

10.2.8 9度时，井架应计算竖向地震作用，并应与水平地震作用进行不利组合。

10.2.9 井架的竖向地震作用效应应按本规范第5.3.1条的规定计算。竖向地震作用效应应乘以增大系数2.5。

10.2.10 井架结构构件进行截面抗震验算时，地震作用标准值效应与其他荷载效应的基本组合应按下式计算：

$$S = \gamma_G S_{GEr} + \gamma_l S_{lk} + \gamma_{Eh} S_{Ehk} + \gamma_{Ev} S_{Evk} + \gamma_w \psi_w S_{wk} \qquad (10.2.10)$$

式中：S_{GEr}——重力荷载代表值效应，除包含本规范第10.2.7条的规定外，尚应包括钢丝绳罐道荷载、防坠钢丝绳荷载等悬吊物荷载；

S_{lk}——提升工作荷载标准值效应；

γ_l——提升工作荷载分项系数，应采用1.3；

ψ_w——风荷载组合值系数，当井架总高度小于或等于60m时，应采用0；井架总高度大于60m时，应采用0.2。

10.2.11 钢筋混凝土井架的框架梁、柱在进行截面抗震验算时，组合内力应符合下列规定：

1 底层框架柱下端截面组合的弯矩设计值，一级、二级、三级时，应分别乘以1.5、1.25、1.15的增大系数。

2 柱轴压比大于或等于0.15时，中间各层框架的梁柱节点处上、下柱端截面组合的弯矩设计值，一级、二级、三级时应分别乘以1.4、1.2、1.1的增大系数。

3 框架梁端截面组合的剪力设计值应按下式调整：

$$V = \eta_{vb}(M_b^l + M_b^r)/l_n + V_{Gb} \qquad (10.2.11\text{-}1)$$

式中：V——梁端截面组合的剪力设计值；

l_n——梁的净跨；

V_{Gb}——梁在重力荷载代表值(9度时尚应包括竖向地震作用标准值)作用下，按简支梁分析的梁端截面组合的剪力设计值；

M_b^l、M_b^r——分别为梁左、右端截面反时针或顺时针方向组合的弯矩设计值；

η_{vb}——梁端剪力增大系数，一级、二级、三级时应分别取1.3、1.2、1.1。

4 框架柱端截面组合的剪力设计值应按下式调整：

$$V = \eta_{vc}(M_c^t + M_c^b)/h_n \qquad (10.2.11\text{-}2)$$

式中：V——柱端截面组合的剪力设计值；

h_n——柱的净高；

M_c^t、M_c^b——分别为柱上、下端截面反时针或顺时针方向组合的弯矩设计值，且应按本条第1款和第2款乘以增大系数；

η_{vc}——柱端剪力增大系数，一级、二级、三级时，应分别取1.4、1.2、1.1。

10.2.12 一级、二级的钢筋混凝土井架，框架梁柱节点核芯区应按本规范附录D进行截面抗震验算。

10.2.13 钢筋混凝土井架的角柱截面组合的弯矩设计值和剪力设计值，应按本规范第10.2.11条的规定调整后，尚应乘以不小于1.1的增大系数。

10.2.14 钢井架进行水平地震作用下的内力和变形分析时，应按本规范第3.5.3条的规定计入重力二阶效应的影响。

10.2.15 井架结构构件截面抗震验算除应按本规范第5.4.2条的规定执行外，尚应符合下列规定：

1 钢筋混凝土井架的承载力抗震调整系数，横梁应采用0.75，立柱当轴压比小于0.15时应采用0.75，当轴压比不小于0.15时应采用0.80。

2 钢井架立架的承载力抗震调整系数，立柱和横杆均应采用0.75，斜杆应采用0.80。

3 钢井架的斜撑采用桁架结构时，弦杆的承载力抗震调整系数应采用0.75，腹杆的承载力抗震调整系数应采用0.80。

4 钢井架的斜撑采用框架结构时，柱和梁的承载力抗震调整系数均应采用0.75。

10.2.16 斜撑式钢井架的斜撑采用框架结构时，应符合下列规定：

1 柱端截面组合的弯矩设计值，8度、9度时应分别乘以1.05和1.15的增大系数。

2 梁柱节点域应符合本规范第11.2.22条的要求。对一侧有梁的节点，公式中另一侧梁的弯矩设计值和全塑性受弯承载力均应取0。

10.2.17 钢井架斜撑和立架中的受压支撑斜杆均应按本规范第11.2.23条的规定计算其受压承载力。

10.3 钢筋混凝土井架的抗震构造措施

10.3.1 井架的混凝土强度等级不应低于C30，9度时不应高于C60，8度时不应高于C70。

10.3.2 除天轮大梁及其支承框架梁外，井架框架梁的截面尺寸宜符合本规范第6.3.1条的规定。

10.3.3 井架框架梁的配筋应符合本规范第6.3.2条和第6.3.3条的规定。

10.3.4 井架柱的最小截面尺寸应符合表 10.3.4 的规定。

表 10.3.4 井架柱最小截面尺寸(mm)

结构形式		截面尺寸(纵向×横向)
四柱悬臂式		400×600
六柱斜撑式	立架柱	400×400
	斜撑柱	500×350

10.3.5 井架柱的截面尺寸尚宜符合下列规定：

1 节间净高与截面高度之比宜大于 4。

2 截面长边与短边的边长比不宜大于 3。

10.3.6 井架柱的轴压比宜符合本规范第 6.3.6 条的规定。

10.3.7 井架柱的配筋除应符合本规范第 6.3 节的有关规定外，尚应符合下列规定：

1 每一侧纵向钢筋的配筋率不应小于 0.3%。

2 立架底层柱的箍筋加密区长度应取柱的全高。

10.3.8 天轮梁的支承横梁宜采用带斜撑的梁式结构。

10.4 钢井架的抗震构造措施

10.4.1 钢井架的构件连接应采用焊接或高强度螺栓连接。

10.4.2 钢井架主要构件的长细比应符合下列规定：

1 斜撑柱、立架柱和天轮支承结构压杆的长细比，8 度时不应大于 $120\sqrt{235/f_y}$，9 度时不应大于 $100\sqrt{235/f_y}$；f_y 为钢材的屈服强度或屈服点。

2 斜撑和立架中受压腹杆的长细比不应大于 $150\sqrt{235/f_y}$。

3 斜撑及立架中受拉腹杆的长细比不应大于 $250\sqrt{235/f_y}$。

10.4.3 钢井架主要受力构件应符合下列规定：

1 天轮支承结构、托罐梁、防撞梁、立架柱、斜撑柱等构件，钢板最小厚度不应小于 8mm。

2 型钢杆件应符合最小截面要求，角钢应为∟63×6，工字钢应为I14，槽钢应为[12.6，热轧 H 型钢高度应为 150mm。

3 节点板厚度不应小于 8mm。

10.4.4 斜撑基础的构造应符合下列规定：

1 地脚螺栓应采用有刚性锚板(或锚梁)的双螺帽螺栓。

2 地脚螺栓中心距基础边缘的距离不应小于螺栓直径的 8 倍，且不应小于 150mm。

3 底板与基础顶面间的摩擦力小于地震剪力时，柱底板下应设置抗剪键。

10.4.5 8 度、9 度时，斜撑基础顶面以下沿锥面四周应配置竖向钢筋，其直径不应小于 10mm，长度不应小于 1.5m，其间距 8 度时不应大于 150mm，9 度时不应大于 100mm。在基础顶面应配置不少于两层钢筋网，钢筋直径不应小于 6mm，间距不应大于 200mm。

11 井 塔

11.1 一 般 规 定

11.1.1 本章适用于矿山立井的钢筋混凝土井塔和钢井塔的抗震设计。

11.1.2 井塔的高度不宜超过表 11.1.2 的限值。

表 11.1.2 井塔的高度(m)

结构类型		6 度	7 度	8 度	9 度
钢筋混凝土井塔	框架	60	50	40	—
	筒体	不限	100	80	60
钢井塔	框架	不限	100	80	50
	框架-支撑	不限	不限	100	80

注：1 井塔高度指室外地面到主要屋面板板顶的高度(不包括局部突出屋顶部分)；
2 筒体包括筒体、筒-框架及筒中筒结构；
3 乙类和丙类井塔均可按本地区抗震设防烈度确定其最大高度。

11.1.3 井塔的平面和竖向布置应符合下列规定：

1 平面宜采用矩形、圆形、正多边形等规则、对称的形状。

2 采用固接于井筒上的井颈基础时，平面宜对称于井筒中心线。

3 竖向布置宜上、下一致；提升机大厅若采用悬挑结构，6 度～8 度时，悬挑长度不宜超过 4m，并宜对称布置；9 度时，不宜采用悬挑结构。

11.1.4 井塔的高宽比不宜超过表 11.1.4 的规定。

表 11.1.4 井塔的高宽比

结构类型		6 度、7 度	8 度	9 度
钢筋混凝土井塔	框架	4	3	—
	筒体	5	4	3
钢井塔		6.5	6	5.5

注：1 井塔高度指室外地面到主要屋面板板顶的高度(不包括局部突出屋顶部分)；
2 筒体包括筒体、筒-框架及筒中筒结构；
3 乙类和丙类井塔均可按本地区抗震设防烈度确定最大高宽比。

11.1.5 井塔的结构布置应符合下列规定：

1 钢筋混凝土框架或钢框架应双向布置抗侧力结构，柱在底层不应中断。

2 钢筋混凝土筒体结构的筒壁应双向布置，且宜均匀；每侧筒壁上、下宜连续；底层筒壁有较大洞口时，洞口两侧应有一定宽度的筒壁延伸至基础，并应保证其具有足够的侧移刚度和受剪承载能力。

3 钢框架-支撑体系的支撑宜采用中心支撑，支撑应双向对称布置，竖向宜连续布置。

4 井塔的各层楼板宜采用现浇钢筋混凝土结构。钢井塔的楼盖可采用压型钢板现浇钢筋混凝土组合楼板或非组合楼板，其钢梁上翼缘表面应设置抗剪键。

11.1.6 钢筋混凝土井塔的抗震等级应按表 11.1.6 确定。

表 11.1.6 钢筋混凝土井塔的抗震等级

结构类型		6 度		7 度		8 度		9 度
框架结构	高度(m)	≤30	>30	≤30	>30	≤30	>30	—
	框架	四	三	三	二	二	一	一
筒体结构	高度(m)	≤60	>60	≤60	>60	≤60	>60	≤60
	框架	四	三	三	二	二	一	一
	筒壁	三	三	二	二	一	一	一

11.1.7 钢筋混凝土筒体结构井塔在筒壁上开设的窗洞口宜均匀对称，并应上下对齐、成列布置。

11.1.8 井塔楼面开洞尺寸宜符合下列规定：

1 任一方向的开洞尺寸不宜大于该方向楼面宽度的 1/2。

2 开洞总面积不宜超过该层楼面面积的 30%。

3 开洞后在任一方向的楼面净宽度总和不宜小于 5m。

4 开洞后每一边的楼面净宽度不宜小于 2m。

11.1.9 井塔与贴建的建(构)筑物之间应设防震缝，防震缝宽度应按表 11.1.9 采用，且对钢筋混凝土井塔不应小于 70mm，对钢井塔不应小于 100mm。

表 11.1.9 井塔防震缝宽度

结构类型	6 度	7 度	8 度	9 度
钢筋混凝土井塔	$h/250$	$h/200$	$h/175$	$h/125$
钢井塔	$h/150$	$h/140$	$h/120$	$h/100$

注：h 为贴建的建(构)筑物高度。

11.2 计 算 要 点

11.2.1 井塔应按本规范第 5 章多遇地震确定地震影响系数，并进行地震作用和作用效应计算。

11.2.2 符合下列条件之一的井塔可不进行抗震验算，但应满足相应的抗震措施要求：

1 7度Ⅰ、Ⅱ类场地且塔高不大于50m的钢筋混凝土筒体井塔。

2 7度Ⅰ、Ⅱ类场地的钢井塔。

11.2.3 钢筋混凝土井塔的阻尼比可采用0.05；钢井塔在多遇地震下的阻尼比可采用0.03，在罕遇地震下的阻尼比可采用0.04。

11.2.4 井塔应按两个主轴方向分别进行水平地震作用计算。

11.2.5 井塔的水平地震作用计算应采用振型分解反应谱法，计算模型应符合下列规定：

1 钢筋混凝土筒体井塔，当各层楼板符合本规范第11.1.8条各款规定时，可采用平面结构空间协同计算模型；其他条件下，宜采用空间杆-薄壁杆系或空间杆-墙板元计算模型；当采用平面结构空间协同计算模型时，各楼层可取两个正交的水平位移和一个转角共三个自由度，质心偏移值应按各楼层重力荷载的实际分布确定，但不应小于垂直于计算地震作用方向的井塔宽度的5%。

2 钢筋混凝土和钢框架结构井塔均宜采用空间杆系模型。

3 钢框架-支撑结构井塔应采用空间杆系计算模型。

11.2.6 9度时且高度大于60m的井塔宜采用时程分析法进行多遇地震下的补充计算。采用时程分析法时，应符合本规范第5.1.3条、第5.1.7条等的有关规定。

11.2.7 采用振型分解反应谱法时，钢筋混凝土井塔应取不少于9个振型，钢井塔应取不少于15个振型。

11.2.8 地震作用计算时，井塔的重力荷载代表值应按下列规定采用：

1 结构、放置在楼层上的各种设备、固定在井塔上的套架及各种刚性罐道等应采用自重标准值的100%。

2 楼面可变荷载组合值系数按实际情况计算时，应取1.0；按等效均布荷载计算时，应取0.5。

3 屋面雪荷载的组合值系数应取0.5。

4 矿仓贮料荷载的组合值系数应采用满仓贮料时的0.8。

11.2.9 9度时，井塔应计算竖向地震作用，并应与水平地震作用进行不利组合。

11.2.10 井塔的竖向地震作用效应应按本规范第5.3.1条的规定计算。竖向地震作用效应应乘以增大系数2.5。

11.2.11 井塔结构构件进行截面抗震验算时，地震作用效应与其他荷载效应的基本组合应符合本规范第10.2.10条的规定。

11.2.12 钢筋混凝土筒-框架结构井塔在水平地震作用下，绞车大厅以下任一层框架柱承受的总地震剪力不应小于井塔底层总地震剪力的20%与按筒-框架计算的框架部分最大层剪力的1.5倍二者的较小值。该层各柱的剪力和上、下两端弯矩，以及与该层柱相连接的框架梁两端弯矩和剪力，均应按同比例作相应调整。

11.2.13 钢框架-支撑结构井塔在水平地震作用下，绞车大厅以下任一层框架柱承受的总地震剪力不应小于井塔底层总地震剪力的25%与框架部分计算最大层剪力的1.8倍二者的较小值。该层各柱的剪力和上、下两端弯矩，以及与该层柱相连接的框架梁两端弯矩和剪力均应按同比例作相应调整。

11.2.14 钢筋混凝土井塔的框架梁（含跨高比大于2.5的筒壁连梁）、柱在进行截面抗震验算时，组合的内力应按本规范第10.2.11条的规定进行调整。

11.2.15 钢筋混凝土井塔中一级、二级、三级框架的角柱，按本规范第10.2.11条调整后的组合的弯矩设计值、剪力设计值，尚应乘以不小于1.10的增大系数。

11.2.16 钢筋混凝土井塔的框架为一级、二级时，梁、柱节点核芯区应按本规范附录D进行截面抗震验算。

11.2.17 钢筋混凝土筒体结构井塔的筒壁在进行截面抗震验算时，底层筒壁的截面组合的剪力设计值，一级、二级、三级时，应分别乘以1.6、1.4、1.2的增大系数。

11.2.18 钢筋混凝土井塔的梁（连梁）、柱、筒壁的截面组合的剪力设计值，应符合本规范第6.2.16条的规定。

11.2.19 钢井塔进行地震作用下的内力和变形分析时，应按本规范第3.5.3条的规定计人重力二阶效应的影响。

11.2.20 钢筋混凝土井塔筒壁的承载力抗震调整系数应按本规范表5.4.2中抗震墙的规定采用。

11.2.21 钢框架结构井塔柱端截面组合的弯矩设计值，8度、9度时，应分别乘以1.05和1.15的增大系数。当柱所在楼层的受剪承载力比上一层的受剪承载力高出25%，或柱轴力设计值与柱全截面面积和钢材抗拉强度设计值乘积的比值不超过0.4，或作为轴心受压构件在2倍地震作用下的组合轴力设计值满足稳定性要求时，可不予以调整。

11.2.22 钢框架结构井塔梁、柱节点域应符合下列规定：

1 节点域腹板厚度应符合下式要求：

$$t_w \geqslant (h_b + h_c)/90 \tag{11.2.22-1}$$

式中：t_w——柱在节点域的腹板厚度；

h_b——节点域处梁腹板高度；

h_c——节点域处柱腹板高度。

2 节点域的屈服承载力应符合下列要求：

$$(M_{b1} + M_{b2})/V_p \leqslant (4/3) f_v/\gamma_{RE} \tag{11.2.22-2}$$

工字形截面柱：
$$V_p = h_b h_b t_w \tag{11.2.22-3}$$

箱形截面柱：
$$V_p = 1.8 h_b h_b t_w \tag{11.2.22-4}$$

式中：M_{b1}、M_{b2}——分别为节点域两侧梁的弯矩设计值；

V_p——节点域的体积；

f_v——钢材的抗剪强度设计值；

γ_{RE}——节点域承载力抗震调整系数，应取0.85。

3 7度～9度时，节点域的屈服承载力尚应符合下式要求：

$$\zeta(M_{pb1} + M_{pb2})/V_p \leqslant (4/3) f_v \tag{11.2.22-5}$$

式中：M_{pb1}、M_{pb2}——分别为节点域两侧梁的全塑性受弯承载力；

ζ——折减系数，7度时可取0.6，8度、9度时可取0.7。

11.2.23 钢框架-支撑结构井塔支撑斜杆的受压承载力应按下列公式验算：

$$N/(\varphi A_{br}) \leqslant \psi f/\gamma_{RE} \tag{11.2.23-1}$$

$$\psi = 1/(1 + 0.35\lambda_n) \tag{11.2.23-2}$$

$$\lambda_n = (\lambda/\pi)\sqrt{f_{ay}/E} \tag{11.2.23-3}$$

式中：N——支撑斜杆的轴力设计值；

A_{br}——支撑斜杆的截面面积；

φ——轴心受压构件的稳定系数；

ψ——受循环荷载时的强度降低系数；

λ、λ_n——支撑斜杆的长细比和正则化长细比（通用长细比）；

E——支撑斜杆材料的弹性模量；

f——支撑斜杆材料的抗拉强度设计值；

f_{ay}——钢材的屈服强度；

γ_{RE}——支撑承载力抗震调整系数，应取0.80。

11.2.24 井塔采用固接于井筒上的井颈基础，抗震计算时，宜计及井塔、井筒和土的相互作用。不按相互作用进行抗震计算且为Ⅳ类场地时，应将计算的水平地震作用标准值乘以1.4的增大系数。

11.3 钢筋混凝土井塔的抗震构造措施

11.3.1 钢筋混凝土框架和筒-框架结构井塔的框架部分抗震构造措施要求，应符合本规范第6.3节的有关规定。

11.3.2 钢筋混凝土筒体结构井塔的筒壁应符合下列规定：

1 筒壁厚度不应小于200mm；当各层筒壁厚度不相等时，相邻层筒壁厚度差不宜超过较小筒壁厚度的1/3。

2 筒壁应采用双层配筋，竖向钢筋直径不宜小于12mm，间距不应大于250mm；横向钢筋直径不宜小于8mm，间距不应大于250mm；竖向和横向钢筋直径不宜大于筒壁厚度的1/10；横向钢筋宜配置于竖向钢筋的外侧；双层钢筋之间的拉筋，间距不宜大于500mm，直径不应小于6mm；筒壁竖向和横向钢筋的配筋率均不应小于0.25%。

3 矩形平面井塔筒壁的四角相接处，在内侧应设置宽度不小于筒壁厚度，且不应小于250mm的八字角，也可设置角柱；八字角部位或角柱应按柱的要求配置纵向钢筋和箍筋，钢筋面积除应符合计算要求外，尚应符合本规范第6.4.7条的要求。

4 筒壁洞口高或宽均不大于800mm时，洞口每侧加强钢筋面积不应小于被洞口切断的钢筋面积的1/2，且不应少于2ϕ14，钢筋的锚固长度不应小于l_{aE}，抗震等级为一级、二级时，l_{aE}应取$1.15l_a$，抗震等级为三级时，l_{aE}应取$1.05l_a$，且不应小于600mm。

5 筒壁洞口高或宽大于800mm时，洞口两侧应按本规范第6.4节的要求设置边缘构件，洞口上、下宜设连梁。

6 筒壁洞口宽度大于4m或大于该侧筒壁宽度的1/3时，洞口两侧应设置加强肋，加强肋应贯通全层；洞口上部应设置连梁；洞口不在井塔底部时，洞口下部也应设置连梁。加强肋应按框架柱的要求配置纵向钢筋和箍筋，钢筋面积除应符合计算要求外，尚应符合本规范第6.4节的要求；加强肋中的纵向钢筋上、下端应锚入楼层梁板或基础中，锚固长度不应小于l_{aE}，且不应小于600mm；锚固范围内均应配置加密箍筋。连梁应符合框架梁的配筋要求，其配筋应符合计算要求和构造要求，锚固长度不应小于l_{aE}，且不应小于600mm；连梁两侧应配置直径不小于10mm、间距不大于200mm的腰筋，筒壁的横向钢筋宜作为连梁的腰筋在连梁范围内连续配置。连梁纵向钢筋在锚固范围内应按加密区的要求配置箍筋。

11.3.3 井颈基础应符合下列规定：

1 混凝土强度等级不宜低于C25。

2 基础受压区的钢筋，直径不宜小于16mm，间距不应大于250mm；受拉钢筋连接宜采用焊接或机械连接。

3 井筒壁的竖向钢筋应与井颈基础的竖向钢筋焊接连接，同一连接区段内的钢筋接头面积百分率不应大于50%；连接区段长度应为$1.4l_{aE}$，且不应小于900mm；凡接头中点位于该连接区段长度范围内的焊接接头均应属于同一连接区段。

11.4 钢井塔的抗震构造措施

11.4.1 钢井塔构件之间的连接应采用焊接、高强度螺栓连接或栓焊混合连接。

11.4.2 钢井塔主要构件的长细比不宜大于表11.4.2的限值。

表11.4.2 钢井塔主要构件的长细比

结构构件		6度	7度	8度	9度
柱	轴心受压柱	120	120	120	120
	偏心受压柱	120	80	60	60
支撑	按压杆设计	150	150	120	120
	按拉杆设计	200	200	150	150

注：表中数值适用于Q235钢，采用其他牌号钢材时，应乘以$\sqrt{235/f_y}$。

12 双曲线冷却塔

12.1 一般规定

12.1.1 本章适用于钢筋混凝土结构双曲线或其他形状的自然通风冷却塔的抗震设计。

12.1.2 冷却塔抗震设计应根据设防烈度、结构类型和淋水面积按表12.1.2确定其抗震等级，并应符合相应的抗震计算规定和抗震构造措施要求。

表12.1.2 冷却塔的抗震等级

结构类型		6度	7度	8度	9度
塔筒	$S<4000m^2$	四	四	三	二
	$4000m^2\leqslant S\leqslant 9000m^2$	四	三	二	一
	$S>9000m^2$	三	二	一	一
淋水装置	框架、排架	四	三	二	一

注：S为冷却塔的淋水面积。

12.2 计算要点

12.2.1 冷却塔应按本规范第5章多遇地震确定地震影响系数，并进行地震作用和作用效应计算。

12.2.2 冷却塔塔筒符合下列条件之一时，可不进行抗震验算，但应符合相应的抗震构造措施要求：

1 7度Ⅰ、Ⅱ、Ⅲ类场地或8度Ⅰ、Ⅱ类场地，且淋水面积小于$4000m^2$。

2 7度Ⅰ、Ⅱ类场地或8度Ⅰ类场地，且淋水面积为$4000m^2\sim 9000m^2$和基本风压大于$0.35kN/m^2$。

12.2.3 8度、9度时，宜选择Ⅰ、Ⅱ类场地建塔；7度、8度时，天然地基承载力特征值不小于180kPa、土层平均剪变模量不小于45MPa的Ⅲ类场地，可不进行地基处理。

12.2.4 Ⅱ、Ⅲ类场地时，塔筒基础宜采用环板形基础或倒T形基础；Ⅰ类场地时，可采用独立基础。

12.2.5 塔筒的水平、竖向地震作用标准值效应应按下列公式确定：

$$S_{Ehk}=\sqrt{\sum_{i=1}^{m}\sum_{j=1}^{m}\rho_{hij}S_{Ehi}S_{Ehj}} \quad (12.2.5\text{-}1)$$

$$S_{Evk}=\sqrt{\sum_{i=1}^{m}\sum_{j=1}^{m}\rho_{vij}S_{Evi}S_{Evj}} \quad (12.2.5\text{-}2)$$

式中：S_{Ehk}、S_{Evk}——分别为水平、竖向地震作用标准值效应；

S_{Ehi}、S_{Ehj}、S_{Evi}、S_{Evj}——分别为第i振型与第j振型水平、竖向地震作用标准值效应；

ρ_{hij}、ρ_{vij}——分别为水平、竖向地震作用下第i与j振型的耦联系数。

12.2.6 塔筒按有限元法计算时，其抗震计算宜采用振型分解反应谱法；8度且淋水面积大于$9000m^2$和9度且淋水面积大于$7000m^2$的塔筒，宜同时采用时程分析法进行补充计算。采用时程分析法进行补充计算时，应符合本规范第5.1.3条的规定。其加速度时程曲线的最大值应按本规范表5.1.7选取，各振型阻尼比应与振型分解反应谱法一致。

12.2.7 塔筒的地震作用标准值效应和其他荷载效应的基本组合，应按下式计算：

$$S=\gamma_G S_{GE}+\gamma_{Eh}S_{Ehk}+\gamma_{Ev}S_{Evk}+\gamma_w\psi_w S_{wk}+\gamma_t\psi_t S_{tk} \quad (12.2.7)$$

式中：S——塔筒结构内力组合的设计值；

γ_G——重力荷载分项系数，对于结构由倾覆、滑移和受拉控制的工况应采用1.0，对受压控制的工况应采用1.2；

S_{GE}——重力荷载代表值效应；

γ_{Eh}、γ_{Ev}——分别为水平、竖向地震作用分项系数，应按本规范表5.4.1水平地震作用为主的分项系数取值，水平向应取1.3，竖向应取0.5；

S_{Ehk}——水平地震作用标准值效应；

S_{Evk}——竖向地震作用标准值效应；

S_{wk}——计入风振系数的风荷载标准值效应；

S_{tk}——计入徐变系数的温度作用标准值效应；

γ_w、γ_t——分别为风荷载、温度作用分项系数，风荷载应采用1.4，温度作用应采用1.0；

ψ_w、ψ_t——分别为风荷载、温度作用组合值系数，风荷载应采用0.25，温度作用应采用0.6。

12.2.8 塔筒的地震作用计算宜计及地基与上部结构的相互作用，计算时应采用土的动力参数。

12.2.9 塔筒地基基础应按本规范第4.2节的规定验算其抗震承载力，并应符合下列规定：

1 对于环板型和倒T型基础，基础底面与地基之间的零应力区的圆心角不应大于30°。

2 对于独立基础，基础底面不应出现零应力区。

12.2.10 7度Ⅰ、Ⅱ类场地或7度时地基承载力特征值大于160kPa的Ⅲ类场地，淋水装置可不进行抗震验算，但应符合相应的抗震措施要求。

12.2.11 淋水构架宜按平面框排架进行抗震计算，并应符合下列规定：

1 淋水构架的地震剪力应由水槽下的Π形架承受。

2 支承于竖井上的梁或水槽，相对于竖井应可转动和水平移动。

3 当梁支承在筒壁牛腿上时，梁相对于筒壁牛腿应可转动和水平移动。

12.2.12 淋水装置的地震作用标准值效应和其他荷载效应的基本组合应仅包含重力荷载代表值效应、水平和竖向地震作用标准值效应。其中水平地震作用标准值效应应计入主水槽和竖井的地震动水压力。

12.3 抗震构造措施

12.3.1 塔筒筒壁在子午向和环向均应采用双层配筋，其配筋应按计算确定，但每层单向配筋率不应小于0.2%；双层钢筋间应设置拉筋，拉筋应交错布置，间距不应大于700mm，直径不应小于6mm。

12.3.2 筒壁子午向和环向受力钢筋接头的位置应相互错开。在任一搭接长度的区段内，有接头的受力钢筋截面面积与受力钢筋总截面面积之比，子午向不应大于1/3，环向不应大于1/4。

12.3.3 塔筒基础、斜支柱及环梁的纵向钢筋接头宜采用焊接或机械连接，接头连接区段的长度不应小于35d，且不应小于500mm；柱底部500mm范围内，不应设置钢筋接头。钢筋直径不小于22mm时，不应采用绑扎搭接接头。

12.3.4 塔筒受力钢筋绑扎搭接接头的搭接长度应按下式计算：

$$L_{LE}=\zeta_1\zeta_2\alpha d f_y/f_t \tag{12.3.4}$$

式中：L_{LE}——受力钢筋绑扎搭接接头的搭接长度；

ζ_1——钢筋的抗震锚固长度修正系数，一级、二级时应取1.15，三级时应取1.05，四级时应取1.0；

ζ_2——受力钢筋的搭接长度修正系数，子午向钢筋应取1.4，环向钢筋应取1.2；

α——钢筋的外形系数，光面钢筋应取0.16，带肋钢筋应取0.14；

d——钢筋的公称直径；

f_y——钢筋的抗拉强度设计值；

f_t——混凝土轴心抗拉强度设计值。

12.3.5 9度时，筒身与塔顶刚性环的连接处应采取加强措施。

12.3.6 在每对斜支柱组成的平面内，斜支柱的倾斜角不宜小于11°，环梁与斜支柱轴线的倾角宜相同。

12.3.7 斜支柱的截面宽度和高度均不宜小于300mm，圆形柱直径和多边形柱内切圆直径均不宜小于350mm；矩形截面，斜支柱的计算长度与截面短边长度之比应为12～20；圆形截面，其计算长度与圆形截面的直径之比宜为10～17，8度和9度时宜取取值范围中的较小值。斜支柱计算长度，径向宜按斜支柱长度乘以0.9采用，环向宜按斜支柱长度乘以0.7采用。

12.3.8 柱的轴压比不宜大于表12.3.8规定的限值。

表12.3.8 柱的轴压比

结构类型	抗震等级			
	一级	二级	三级	四级
斜支柱	0.6	0.7	0.8	
框架柱、排架柱	0.7	0.8	0.9	

注：1 轴压比指柱组合的轴压力设计值与柱全截面面积和混凝土轴心抗压强度设计值乘积之比值；

2 在不受冻融影响的地区，其轴压比可按表中数值增加0.05；

3 Ⅳ类场地的大型冷却塔，轴压比宜适当减小。

12.3.9 柱的纵向钢筋配置应符合下列规定：

1 柱的纵向钢筋最小总配筋率应按表12.3.9采用。

表12.3.9 柱的纵向钢筋最小总配筋率(%)

结构类型	抗震等级			
	一级	二级	三级	四级
斜支柱	1.2	1.0	0.9	0.8
框架柱、排架柱	1.0	0.8	0.7	0.6

注：当采用HRB400级钢筋时，纵向钢筋最小配筋率可减少0.1%，同时一侧配筋率不宜小于0.2%；Ⅳ类场地时，最小总配筋率宜增加0.1%。

2 最大总配筋率不应大于5%。

3 矩形截面柱的纵向钢筋宜对称配置；截面尺寸大于400mm的柱，纵向钢筋间距不宜大于200mm。

12.3.10 斜支柱纵向钢筋伸入环梁的长度不应小于钢筋直径的60倍，伸入基础的长度不应小于钢筋直径的40倍。

12.3.11 柱的箍筋配置应符合下列规定：

1 柱两端1/6柱长、柱截面长边长度（圆柱直径）和500mm三者的较大值范围内，箍筋应加密配置。

2 箍筋加密区箍筋的体积配箍率应符合下式规定：

$$\rho_v \geqslant \lambda_v \frac{f_c}{f_{yv}} \tag{12.3.11}$$

式中：ρ_v——箍筋加密区箍筋的体积配箍率；

f_c——混凝土轴心抗压强度设计值，强度等级低于C35时，应按C35计算；

f_{yv}——箍筋和拉筋抗拉强度设计值；

λ_v——最小配箍特征值，宜按表12.3.11-1采用。

表12.3.11-1 柱箍筋加密区箍筋的最小配箍特征值

抗震等级	箍筋形式	轴压比							
		≤0.3	0.4	0.5	0.6	0.7	0.8	0.9	1.0
一级	普通箍、复合箍	0.10	0.11	0.13	0.15	0.17	—	—	—
	螺旋箍、复合或连续复合矩形螺旋箍	0.08	0.09	0.11	0.13	0.15	—	—	—
二级	普通箍、复合箍	0.08	0.09	0.11	0.13	0.15	0.17	—	—
	螺旋箍、复合或连续复合矩形螺旋箍	0.06	0.07	0.09	0.11	0.13	0.15	—	—
三级、四级	普通箍、复合箍	0.06	0.07	0.09	0.11	0.13	0.15	0.17	0.22
	螺旋箍、复合或连续复合矩形螺旋箍	0.05	0.06	0.07	0.09	0.11	0.13	0.15	0.20

注：中间值按内插法确定。

3 柱箍筋加密区箍筋的最小体积配箍率应按表12.3.11-2采用。

表12.3.11-2 柱箍筋加密区箍筋的最小体积配箍率(%)

结构类型	抗震等级			
	一级	二级	三级	四级
斜支柱	1.0	0.8	0.6	
框架柱、排架柱	0.8	0.6	0.4	

4　加密区箍筋间距不应大于纵向钢筋直径的6倍或100mm；箍筋直径不宜小于8mm，但截面边长或直径小于400mm时，三级、四级可采用6mm。

5　非加密区的箍筋体积配箍率不宜小于加密区的50%，且箍筋间距不宜大于纵向钢筋直径的10倍。

6　斜支柱宜采用螺旋箍；采用复合箍和普通箍时，每隔一根纵向钢筋应在两个方向设置箍筋或拉筋约束。

12.3.12　淋水装置的平面、立面布置应符合下列规定：

1　平面、立面布置宜规则对称。

2　淋水面积不大于3500m²时，平面宜采用矩形或辐射形布置；大于3500m²时，可采用矩形，并宜采用正方形。

3　淋水装置采用悬吊结构且仅顶层有梁系时，梁系在柱顶宜正交布置。

4　8度和9度时，淋水装置的上、下梁系在柱子处宜正交布置，且应有可靠连接。

12.3.13　当淋水填料采用塑料材料并悬吊支承，且支柱与顶梁为单层铰接排架时，支承水槽的支架宜采用门形架；水槽与门形架应有可靠连接。

12.3.14　8度和9度时，淋水构架的梁和水槽不宜搁置在筒壁牛腿上；当有可靠的减振和防倒措施时，淋水构架梁可搁置在筒壁牛腿上。

12.3.15　搁置在筒壁和竖井牛腿上的梁和水槽宜采取下列抗震构造措施：

1　梁和水槽底部与牛腿接触处宜设置隔震层。

2　8度时，梁端宜贴缓冲层或在梁端与筒壁的空隙中填充缓冲层。

3　9度时，筒壁和竖井的牛腿在梁的两侧宜设置挡块，挡块与梁间宜设置缓冲层或在梁端两侧与牛腿之间设置柔性拉结装置。

12.3.16　7度、8度、9度时，淋水装置的梁、柱和水槽外缘与塔筒内壁间的防震缝，分别不应小于70mm、90mm、120mm。

12.3.17　塔筒基础及竖井与水池底板之间应设置沉降缝，进水沟、水池隔墙等跨越沉降缝的结构均应设置防震缝。穿越池壁的大直径进水管道宜采用柔性接口。

12.3.18　预制主水槽的接头应焊接牢靠；配水槽伸入主水槽的搁置长度不应小于70mm；8度和9度时，主、配水槽的接头处应采用焊接连接或其他防止拉脱措施。

12.3.19　8度和9度时，除水器、淋水填料、填料格栅均不得浮搁，除水器、填料与梁及填料格栅与梁之间应有可靠连接。

12.3.20　淋水构架柱的柱顶、柱根（或杯口顶面以上）500mm范围内，以及牛腿全高、牛腿顶面至构架梁顶面以上300mm区段范围内，箍筋均应加密，其间距不应大于100mm，加密区的箍筋最小直径应符合表12.3.20的规定。

表12.3.20　箍筋加密区的箍筋最小直径(mm)

加密区区段	抗震等级和场地类别					
	一级	二级	二级	三级	三级	四级
		Ⅲ、Ⅳ类场地	Ⅰ、Ⅱ类场地	Ⅲ、Ⅳ类场地	Ⅰ、Ⅱ类场地	
一般柱顶、柱根区段	8(柱根10)		8		6	
牛腿区段	10		8		8	
柱变位受约束的部位	10		10		8	

12.3.21　淋水构架柱的牛腿除应进行配筋计算并符合抗震构造措施外，尚应符合下列规定：

1　承受水平拉力的锚筋，一级不应少于2ϕ16；二级不应少于2ϕ14；三级不应少于2ϕ12。

2　牛腿受拉钢筋锚固长度应按计算确定。

3　牛腿水平箍筋最小直径不应小于8mm，最大间距不应大于100mm。

12.3.22　淋水构架梁的两端箍筋应加密，加密区长度不应小于梁高。加密区的箍筋，6度时最大间距不应大于150mm，直径不应小于6mm；7度～9度时最大间距不应大于100mm，直径不应小于8mm。

12.3.23　在梁的侧面承受竖向的集中荷载时，其梁内应增设附加横向钢筋（箍筋、吊筋），附加横向钢筋的总截面面积和布置范围应通过计算确定，并应符合抗震构造措施要求；其计算的附加横向钢筋的总截面面积应乘以增大系数，一级的增大系数应取1.25，二级应取1.15。

13　电　视　塔

13.1　一 般 规 定

13.1.1　本章适用于钢筋混凝土电视塔和钢电视塔的抗震设计。

13.1.2　电视塔体型及塔楼的布置应根据建筑造型、工艺要求和地震作用下结构受力的合理性综合分析确定。

13.1.3　9度时且高度超过300m的电视塔，其抗震设计应进行专门研究。

13.2　计 算 要 点

13.2.1　电视塔的抗震计算应符合下列规定：

1　电视塔应按本规范第5章多遇地震确定地震影响系数，并进行地震作用和作用效应计算。

2　结构安全等级为一级的电视塔，抗震设防类别应属于甲类。甲类电视塔除应采用时程分析法进行多遇地震计算外，尚应采用时程分析法进行罕遇地震下的弹塑性变形验算，其地震加速度时程曲线的最大值应按本规范表5.1.7采用。

3　结构安全等级为二级，高度为200m及以上带塔楼的钢筋混凝土电视塔或250m以上带塔楼的钢电视塔，尚应采用时程分析法进行罕遇地震下的弹塑性变形验算，其地震加速度时程曲线的最大值应按本规范表5.1.7采用。

13.2.2　符合下列条件之一的电视塔可不进行抗震验算，但应符合相应的抗震措施要求：

1　7度Ⅰ、Ⅱ、Ⅲ类场地及8度Ⅰ、Ⅱ类场地时，不带塔楼的钢电视塔。

2　7度Ⅰ、Ⅱ类场地，且基本风压不小于0.4kN/m²时，以及7度Ⅲ、Ⅳ类场地和8度Ⅰ、Ⅱ类场地，且基本风压不小于0.7kN/m²时不带塔楼的200m以下的钢筋混凝土电视塔。

13.2.3　电视塔结构的地震作用计算应符合下列规定：

1　钢筋混凝土单筒结构电视塔应分别计算两个主轴方向的水平地震作用。

2　钢筋混凝土多筒结构电视塔和钢电视塔，除应分别计算两个主轴方向的水平地震作用外，尚应分别计算两个正交的非主轴方向的水平地震作用。

3　8度和9度时，应同时计算水平地震作用和竖向地震作用。

4　结构安全等级为二级的钢筋混凝土电视塔，且不属于本节第13.2.2条第2款规定的范围内时，应进行罕遇地震下的弹塑性变形验算。

13.2.4　电视塔的竖向地震作用应按本规范第5.3.1条的规定进行计算，竖向地震作用标准值效应应乘以增大系数2.5。

13.2.5　钢筋混凝土电视塔可简化成多质点体系进行计算，质点的设置和塔身截面弯曲刚度的计算应符合下列规定：

1　沿高度每隔10m～20m宜设一质点，塔身截面突变处和质量集中处应设质点。

2　各质点的重力荷载代表值可按相邻上、下质点距离内的重力荷载代表值的1/2采用。

3　相邻质点间的塔身截面弯曲刚度可采用该区段的平均截面的弯曲刚度；计算塔身截面弯曲刚度时，可不计开孔和洞口加强肋等局部影响。

13.2.6　采用振型分解反应谱法进行水平地震作用标准值效应计算时，振型数目宜符合表13.2.6的规定。

表13.2.6　振型分解反应谱法计算时的最少振型数目

电视塔高度	结构中心对称塔	结构不对称塔
<250m	7	9
≥250m	9	11

13.2.7　电视塔的阻尼比可按表13.2.7选取。

表13.2.7　电视塔的阻尼比

结构类型＼抗震计算水准	多遇地震、设防地震	罕遇地震
钢结构塔	0.03	0.05
钢筋混凝土塔	0.05	0.07
预应力混凝土塔	0.03	0.05

13.2.8　电视塔的截面抗震验算时，地震作用标准值效应和其他荷载效应的基本组合应符合本规范第5.4.1条的规定；结构构件的截面抗震验算应符合本规范第5.4.2条的规定，其中承载力抗震调整系数应按表13.2.8采用。

表13.2.8　承载力抗震调整系数

结构构件	γ_{RE}
钢构件	**0.8**
钢筋混凝土塔身	**1.0**
其他钢筋混凝土构件	**0.8**
连接	**1.0**

13.2.9　钢筋混凝土电视塔按多遇地震进行抗震计算时，塔身可视为弹性结构体系，其截面弯曲刚度可按下列公式确定：

钢筋混凝土：　$$K=0.85E_cI \tag{13.2.9-1}$$

预应力混凝土：　$$K=E_cI \tag{13.2.9-2}$$

式中：K——塔身截面弯曲刚度；

E_c——混凝土的弹性模量；

I——塔身截面的惯性矩。

13.2.10　高度超过250m或高度超过200m且带塔楼的电视塔，抗震计算时应计入重力二阶效应的影响。

13.2.11　电视塔在地震作用下的地基基础变形应符合现行国家标准《高耸结构设计规范》GB 50135的有关规定。电视塔基础底面以下存在液化土层时，应采取全部消除地基液化沉降的措施。

13.2.12　钢电视塔的轴心受压腹杆的稳定性应符合下列要求：

$$\frac{N}{\varphi A}\leqslant\frac{\beta_t f}{\gamma_{RE}} \tag{13.2.12-1}$$

$$\beta_t=\frac{1}{1+0.11\lambda(f_y/E)^{0.5}} \tag{13.2.12-2}$$

式中：N——腹杆的轴心压力设计值；

A——腹杆的毛截面面积；

φ——轴心受压构件的稳定系数，应按现行国家标准《钢结构设计规范》GB 50017的有关规定采用；

f——钢材的抗压强度设计值；

β_t——折减系数，6度和7度时，其值小于0.8时，可取0.8；

λ——受压腹杆的长细比；

f_y——钢材的屈服强度；

E——钢材的弹性模量。

13.3　抗震构造措施

13.3.1　钢电视塔的钢材除应符合本规范第3.7节的规定外，尚应根据结构最低工作温度确定其质量等级要求；对无缝钢管除可采用的Q345钢外，尚可采用20号钢。

13.3.2　钢构件的容许长细比不应超过表13.3.2的规定。

表13.3.2　钢构件的容许长细比

结构构件	容许长细比
受压的弦杆、斜杆、横杆	150
受压的辅助杆、横隔杆	200
受拉杆	350
完全预应力拉杆	不限

13.3.3　钢电视塔的受力构件及其连接件，不宜采用厚度小于6mm的钢板、截面小于50×5的角钢、直径小于12mm的圆钢以及壁厚小于4mm的钢管。

13.3.4　钢电视塔塔体横截面边数大于3时，应设置横隔。当横截面边数为3，但横杆中间有斜腹杆连接交汇点时，也应设置横隔。横隔的设置应符合下列规定：

1　在承受荷载和工艺需要处，应设置横隔。

2　塔身坡度改变处，应设置横隔。

3　塔身坡度不变的塔段，6度～8度时，每隔2个～3个节间应设置一道横隔；9度时，每隔1个～2个节间应设置一道横隔；斜腹杆按柔性设计的电视塔，每节间均应设置横隔。

13.3.5　钢电视塔构件端部的连接焊缝应采用围焊焊接，围焊的转角处应连续施焊。

13.3.6　钢电视塔采用螺栓连接时，每一杆件在节点上或拼接接头每一端的螺栓数目不应少于2个；对组合构件的缀条，其端部连接可采用一个螺栓；法兰盘的连接螺栓数目不应少于3个；螺栓直径不应小于12mm。预应力柔性拉杆两端采用抗剪销轴连接时，可用一个销轴，但对销轴应进行超声波探伤检验，其内部缺陷不得超过一级焊缝的评定等级为Ⅰ级、检验等级为C级的规定。

13.3.7　圆钢或钢管与法兰盘焊接连接并设置加劲肋时，其肋板厚度不应小于肋长的1/15，且不应小于6mm。

13.3.8　钢筋混凝土电视塔，筒体混凝土强度等级不应低于C30，水灰比不宜大于0.45，基础混凝土强度等级不应低于C20；普通钢筋宜按本规范第3.7.3条的规定选用；预应力钢筋宜采用钢绞线、刻痕钢丝和热处理钢筋。

13.3.9　钢筋混凝土电视塔的横隔设置应符合下列规定：

1　在使用和工艺需要处应设置横隔。

2　塔身坡度改变处应设置横隔。

3　塔身坡度不变或缓变的塔段，每隔10m～20m宜设置一道横隔。

4　横隔梁与塔身的连接宜采用铰接。

13.3.10　钢筋混凝土塔身的轴压比，6度时不应大于0.8，7度时不应大于0.7，8度和9度时不应大于0.6。

13.3.11　钢筋混凝土塔身筒壁的最小厚度可按下式计算，且不应小于160mm：

$$t_{min}=100+10D \tag{13.3.11}$$

式中：t_{min}——塔身筒壁的最小厚度（mm）；

D——塔筒外直径（m）。

13.3.12　钢筋混凝土塔筒外表面沿高度的坡度宜连续变化，亦可分段采用不同坡度。塔筒壁厚宜沿高度均匀变化，亦可分段阶梯形变化。

13.3.13　钢筋混凝土塔身筒壁上的孔洞应规则布置；同一截面上开多个孔洞时，应沿圆周均匀分布，其圆心角总和不应超过90°，单个孔洞的圆心角不应大于40°。

13.3.14　钢筋混凝土塔身筒壁应配置双排纵向钢筋和双层环向钢筋，其最小配筋率应符合表13.3.14的规定。

表13.3.14　钢筋混凝土塔身筒壁的最小配筋率（%）

配筋方式		最小配筋率
纵向钢筋	外排	0.25
	内排	0.20
环向钢筋	外层	0.20
	内层	0.20

13.3.15 钢筋混凝土塔身筒壁钢筋的最小直径和最大间距应符合表13.3.15的规定。

表13.3.15 筒壁钢筋的最小直径和最大间距(mm)

配筋方式	最小直径	最大间距
纵向钢筋	16	外排250
		内排300
环向钢筋	12	250,且不应大于筒壁厚度

13.3.16 钢筋混凝土塔身筒壁的内、外层环向钢筋应分别与内、外排纵向钢筋绑扎成钢筋网,环向钢筋应围箍在纵向钢筋的外面。内、外钢筋网之间的拉筋,直径不应小于6mm,纵、横间距均不应大于500mm,且应交错布置并与纵向钢筋牢固连接。

13.3.17 钢筋混凝土塔身筒壁的环向钢筋接头应采用焊接连接;纵向钢筋直径大于18mm时,宜采用对接焊接或机械连接。

13.3.18 钢筋混凝土塔身筒壁的纵向或环向钢筋的混凝土保护层厚度均不应小于30mm。

13.3.19 钢筋混凝土塔身筒壁的孔洞周围应配置附加钢筋,并宜靠近洞口边缘布置;附加钢筋面积可采用同方向被孔洞切断钢筋面积的1.3倍。矩形孔洞的四角处应配置45°方向的斜向钢筋;每处斜向钢筋的面积应按筒壁厚度每100mm采用250mm²,且不应少于2根钢筋。附加钢筋和斜向钢筋伸过孔洞边缘的长度均不应小于钢筋直径的45倍。

13.3.20 电视塔上部截面刚度突变处应在构造上予以加强,并宜采取减缓刚度突变的构造措施。

14 石油化工塔型设备基础

14.1 一般规定

14.1.1 本章适用于石油化工塔型设备基础(包括支承塔型设备的上部结构及其基础)的抗震设计。

14.1.2 塔基础可选用圆筒式、圆柱式、环形框架式、方形框架式、板式框架式的独立结构或联合结构。

14.1.3 现浇钢筋混凝土框架式塔基础结构的抗震等级应按本规范表6.1.2框架结构规定的抗震等级提高一级采用,但最高应为一级。

14.2 计算要点

14.2.1 塔基础应按本规范第5章多遇地震确定地震影响系数,并进行地震作用和作用效应计算。

14.2.2 塔基础的抗震计算宜采用振型分解反应谱法,且可仅取结构的前三个振型,可不进行扭转耦联计算。对于基础底板顶面到设备顶面的总高度不超过65m,且质量和刚度沿高度分布比较均匀的塔型设备,可采用底部剪力法进行抗震计算。

14.2.3 塔型设备的阻尼比可取0.035。

14.2.4 8度和9度时,塔基础应计算竖向地震作用,但可仅计及塔型设备重力荷载代表值产生的塔基础或框架顶部的竖向地震作用效应。竖向地震作用标准值应按本规范第5.3.1条的规定计算,其竖向地震作用效应应乘以增大系数2.5。塔型设备的等效总重力荷载应取正常操作状态下的重力荷载代表值。

14.2.5 6度时,塔基础可不进行地震作用计算,但应符合相应的抗震措施要求。7度时,Ⅰ、Ⅱ类场地的圆筒(柱)式塔基础可不进行结构构件截面的抗震验算,但应符合抗震构造措施要求。

14.2.6 7度、8度、9度时,楼层屈服强度系数小于0.5的钢筋混凝土框架式塔基础,应按本规范第5.5.2条和第5.5.4条的规定进行罕遇地震作用下薄弱层的弹塑性变形验算。

14.2.7 天然地基基础抗震验算时,应符合本规范第4.2节的规定。塔基础底面零应力区的面积不应大于基础底面面积的15%。

14.2.8 塔型设备的基本自振周期可按下列公式计算:

1 圆筒(柱)式塔基础,塔的壁厚不大于30mm时,可按下列公式计算:

当$h^2/D_0<700$时:

$$T_1=0.35+0.85\times10^{-3}\frac{h^2}{D_0} \tag{14.2.8-1}$$

当$h^2/D_0\geqslant700$时:

$$T_1=0.25+0.99\times10^{-3}\frac{h^2}{D_0} \tag{14.2.8-2}$$

式中:T_1——塔型设备的基本自振周期(s);

h——基础底板顶面至设备顶面的总高度(m);

D_0——塔型设备外径,对变直径塔,可采用按各段高度和外径计算的加权平均外径(m)。

2 框架式塔基础,塔的壁厚不大于30mm时,可按下式计算:

$$T_1=0.56+0.40\times10^{-3}\frac{h^2}{D_0} \tag{14.2.8-3}$$

3 当数个塔由联合平台连成一排时,垂直于排列方向的各塔的基本自振周期可采用基本自振周期最大的塔(主塔)的周期值。平行于排列方向的各塔基本自振周期可采用主塔的基本自振周期乘以折减系数0.9。

14.2.9 地震作用计算时塔型设备的基本自振周期尚应按下列规定进行调整:

1 按本规范式(14.2.8-1)~式(14.2.8-3)计算时,计算值应乘以震时周期加长系数1.15。

2 采用其他公式计算时,计算的基本自振周期应乘以震时周期加长系数1.05。

14.3 抗震构造措施

14.3.1 圆筒(柱)及框架梁、板、柱的混凝土强度等级均不应低于C30;当框架结构抗震等级为一级时,不应低于C35。

14.3.2 塔基础的埋置深度不宜小于1.5m。

14.3.3 圆筒(柱)式塔基础上固定塔型设备的地脚螺栓,其锚固长度不应小于表14.3.3的规定。

表14.3.3 塔型设备的地脚螺栓锚固长度

钢材牌号	地脚螺栓锚固形式	
	直钩式	锚板式
Q235	25d	17d
Q345	30d	20d

注:d为地脚螺栓直径。

14.3.4 圆筒(柱)式塔基础的地脚螺栓周围受力钢筋的箍筋间距不宜大于100mm。

14.3.5 圆筒式塔基础的筒壁厚度不应小于塔的裙座底环板宽度,且不应小于300mm。

14.3.6 圆筒式塔基础的筒壁应配置双层钢筋,圆柱式塔基础的圆柱可只配置一层钢筋;纵向钢筋的间距不应大于200mm。圆筒或圆柱高度小于2m时,纵向钢筋直径不应小于10mm;高度不小于2m时,纵向钢筋直径不应小于12mm。

14.3.7 基础底板受力钢筋直径不应小于10mm,间距不应大于200mm;构造钢筋直径不应小于8mm,间距不应大于250mm。

14.3.8 框架式塔基础采用每柱独立基础时,一级、二级框架应设置基础连梁;方形框架应在纵、横两个方向设置基础连梁,环形框架应沿环向设置。

14.3.9 框架式塔基础的框架抗震构造措施应符合本规范第6.3节的规定。

15 焦炉基础

15.1 一般规定

15.1.1 本章适用于炭化室高度不大于6m的大、中型焦炉的钢筋混凝土构架式基础的抗震设计。

15.1.2 8度Ⅲ、Ⅳ类场地和9度时，焦炉基础横向构架边柱的上、下端节点可采用铰接或固接，中间柱的上、下端节点应采用固接。

15.2 计算要点

15.2.1 焦炉基础应按本规范第5章多遇地震确定地震影响系数，并进行水平地震作用和作用效应计算。

15.2.2 焦炉基础横向水平地震作用计算应符合下列规定：

1 焦炉基础可简化为单质点体系，横向总水平地震作用标准值可按本规范第5.2.1条的规定计算，其结构类型指数和基本振型指数均可按剪切型结构选用。

2 焦炉基础的重力荷载代表值应按下列规定采用：

1)基础顶板以上的焦炉砌体、护炉铁件、炉门和物料、装煤车和集气系统等焦炉炉体，应取其自重标准值的100%；

2)基础构架应取顶板和梁自重标准值的100%、柱自重标准值的25%。

3 焦炉基础横向总水平地震作用的作用点可取焦炉炉体的重心处。

4 焦炉基础的横向基本自振周期可按下式计算：

$$T_1 = 2\pi\sqrt{\frac{G\delta_x}{g}} \qquad (15.2.2)$$

式中：T_1——焦炉基础的横向基本自振周期；

G——总重力荷载代表值；

δ_x——作用于焦炉炉体重心处的单位水平力在该处产生的横向水平位移，可按本规范附录H的规定计算。

15.2.3 焦炉基础的纵向水平地震作用计算符合下列规定：

1 焦炉基础的纵向计算简图(图15.2.3)可按下列规定确定：

1)焦炉炉体与基础构架可视为单质点体系；

2)前后抵抗墙可视为无质量悬臂弹性杆；

3)纵向钢拉条可视为无质量弹性杆；

4)支承在基础构架上的炉体与抵抗墙间可用刚性链杆连接，但杆端部与炉体间为零宽度缝隙，链杆仅能传递压力。

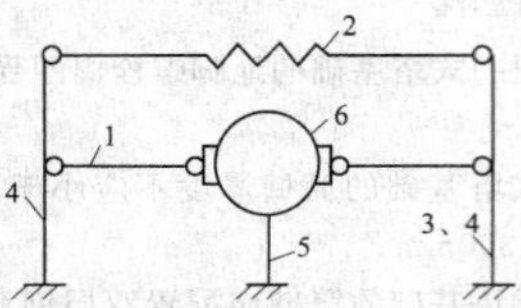

图15.2.3 焦炉基础的纵向计算简图

1—刚性链杆；2—纵向钢拉条；

3、4—分别为振动方向的前、后抵抗墙；5—基础构架；6—焦炉炉体

2 焦炉基础的纵向总水平地震作用标准值可按本规范第5.2.1条的规定计算，其重力荷载代表值除应按本规范第15.2.2条的规定取值外，尚应包括前抵抗墙自重标准值的1/2。

3 焦炉基础纵向总水平地震作用的作用点可取在焦炉炉体的重心处。

4 焦炉基础的纵向基本自振周期可按本规范式(15.2.2)计算，作用于炉体重心处单位水平力在该处产生的纵向水平位移可按本规范附录H的规定计算。

5 焦炉炉体与抵抗墙之间应计入温度作用的影响。

6 基础构架的纵向水平地震作用标准值应按下式计算：

$$F_g = \eta_g F_{Ek} \qquad (15.2.3\text{-}1)$$

式中：F_g——基础构架的纵向水平地震作用标准值；

η_g——构架纵向位移系数，应按本规范附录H确定；

F_{Ek}——焦炉基础的纵向总水平地震作用标准值。

7 前抵抗墙在斜烟道水平梁中线处的水平地震作用标准值应按下式计算：

$$F_1 = \eta_1 F_{Ek} \qquad (15.2.3\text{-}2)$$

式中：F_1——前抵抗墙在斜烟道水平梁中线处的水平地震作用标准值；

η_1——前抵抗墙在斜烟道水平梁中线处的位移系数，应按本规范附录H确定。

8 抵抗墙在炉顶水平梁处的水平地震作用标准值应按下式计算：

$$F_2 = \eta_2 F_{Ek} \qquad (15.2.3\text{-}3)$$

式中：F_2——抵抗墙在炉顶水平梁中线处的水平地震作用标准值；

η_2——抵抗墙在炉顶水平梁处的位移系数，应按本规范附录H确定。

15.2.4 基础构架和抵抗墙的地震作用标准值效应和其他荷载效应的基本组合以及结构构件的截面抗震验算应按本规范第5.4节的规定执行。

15.3 抗震构造措施

15.3.1 基础构架应符合本规范第6.3节有关框架的抗震构造措施规定，6度和7度时应按框架三级采用，8度和9度时应按框架二级采用，且均应符合下列规定：

1 现浇构架柱铰接端的插筋，直径不应小于20mm，锚固长度不应小于钢筋直径的35倍。

2 预制构架柱铰接节点，柱边与杯口内壁之间的距离不应小于30mm，并应浇灌沥青玛𤧛脂等软质材料，不得填塞水泥砂浆等硬质材料。

3 构架柱的铰接端应设置承受局部受压的焊接钢筋网，且不应少于4片；钢筋网的钢筋直径不应小于8mm，网孔尺寸不宜大于80mm×80mm。

15.3.2 焦炉基础与相邻结构间，沿纵向和横向的防震缝宽度均不应小于50mm。

16 运输机通廊

16.1 一般规定

16.1.1 本章适用于一般结构形式运输机通廊的抗震设计。

16.1.2 通廊廊身结构应符合下列规定：

1 地上通廊宜采用露天或半露天结构；当有围护结构时，围护结构应采用轻质板材或轻质填充墙。

2 地上通廊顶板宜采用轻型构件，底板应根据跨间承重结构的形式选择，可采用现浇钢筋混凝土板、横向布置的预制钢筋混凝土板、压型钢板现浇钢筋混凝土组合板或钢楼板。

3 地下通廊宜采用现浇钢筋混凝土结构。

16.1.3 通廊的跨间承重结构可采用钢筋混凝土结构或钢结构。

1 跨间承重结构跨度为15m～18m时，可采用预应力混凝土梁、预应力混凝土桁架、钢梁或钢桁架。

2 跨度大于18m时，宜采用钢梁或钢桁架。

16.1.4 通廊的支承结构应符合下列规定：

1 应采用钢筋混凝土结构或钢结构。

2 采用钢筋混凝土结构时，宜采用无外伸挑梁的框架结构。

3 除6度且跨度不大于6m的露天通廊外，不应采用T形或其他横向稳定性差的支承结构。

4 支承结构的横向侧移刚度沿通廊纵向宜均匀变化。

5 同一通廊的支承结构宜采用相同材料，不同材料的支承结构之间应设置防震缝。

6 通廊支承结构纵向侧移刚度较弱时，应采用四柱式框架或设置纵向柱间支撑。

16.1.5 通廊的端部与相邻建(构)筑物之间，7度时宜设防震缝；8度和9度时，应设防震缝。

16.1.6 通廊防震缝的设置应符合下列规定：

1 钢筋混凝土支承结构通廊，两端与建(构)筑物脱开或一端脱开、另一端支承在建(构)筑物上且为滑(滚)动支座时，其与建(构)筑物之间的防震缝最小宽度，当邻接处通廊屋面高度不大于15m时，可采用70mm；当高度大于15m时，6度～9度相应每增加高度5m、4m、3m、2m，防震缝宜再加宽20mm。

钢支承结构的通廊，防震缝最小宽度可采用钢筋混凝土支承结构通廊的防震缝最小宽度的1.5倍。

2 一端落地的通廊，落地端与建(构)筑物之间的防震缝最小宽度不应小于50mm；另一端防震缝最小宽度不宜小于本条第1款规定宽度的1/2加20mm。

3 通廊中部设置防震缝时，防震缝的两侧均应设置支承结构，防震缝宽度可按本条第1款的规定采用。

4 当地下通廊设置防震缝时，宜设置在地下通廊转折处或变截面处，以及地下通廊与地上通廊或建(构)筑物的连接处；地下通廊的防震缝宽度不应小于50mm。

5 地下通廊与地上通廊之间的防震缝宜在地下通廊底板高出地面不小于500mm处设置。

6 有防水要求的地下通廊，在防震缝处应采用变形能力良好的止水构造措施。

16.1.7 支承结构采用钢结构时，其廊身结构也宜采用钢结构。

16.2 计算要点

16.2.1 通廊结构应按本规范第5章多遇地震确定地震影响系数，并进行水平地震作用和作用效应计算。钢支承结构通廊应计入重力二阶效应的影响。

16.2.2 6度时通廊支承结构可不进行抗震验算，但应符合相应的抗震构造措施要求。

16.2.3 通廊廊身结构的抗震验算应符合下列规定：

1 廊身结构可不进行水平地震作用的抗震验算，但均应符合相应的抗震构造措施要求。

2 跨度不大于24m的跨间承重结构可不进行竖向地震作用的抗震验算；跨度大于24m的跨间承重结构，8度和9度时，应进行竖向地震作用的抗震验算。

3 竖向地震作用应由廊身结构、支承结构及其连接件承受。

16.2.4 地下通廊可不进行抗震验算，但应符合相应的抗震措施要求。

16.2.5 通廊水平地震作用的计算单元可取相应的防震缝间的区段。

16.2.6 通廊的水平地震作用计算宜采用下列方法：

1 大型通廊宜采用符合通廊实际受力情况的空间模型进行计算。

2 通廊的横向水平地震作用宜按本规范附录J的规定进行计算。

3 较小的通廊可采用符合结构受力特点的其他简化方法计算。

16.2.7 通廊计算单元的纵向水平地震作用可采用单质点体系计算。

1 通廊纵向基本自振周期可按下列公式计算：

$$T_1 = 2\pi\sqrt{\frac{m_a}{K_a}} \tag{16.2.7-1}$$

$$m_a = \frac{1}{4}\sum_{i=1}^{n} m_i + lm_L \tag{16.2.7-2}$$

$$K_a = \sum_{i=1}^{n} K_{ai} \tag{16.2.7-3}$$

式中：T_1——通廊纵向基本自振周期；

m_a——通廊的总质量；

K_a——通廊纵向的总侧移刚度；

m_i——第i支承结构的质量；

l——廊身水平投影长度；

m_L——廊身单位水平投影长度的质量；

K_{ai}——第i支承结构的纵向侧移刚度。

2 通廊的纵向水平地震作用标准值应按下列公式计算：

$$F_{Ek} = \alpha_1 G_E \tag{16.2.7-4}$$

$$G_E = \left(\frac{1}{2}\sum_{i=1}^{n} m_i + lm_L\right)g \tag{16.2.7-5}$$

式中：F_{Ek}——通廊的纵向水平地震作用标准值；

α_1——相应于结构基本自振周期的水平地震影响系数，应按本规范第5.1节的规定确定；

G_E——通廊的等效总重力荷载。

3 通廊各支承结构的纵向水平地震作用标准值应按下式计算：

$$F_{Ei} = \frac{K_{ai}}{K_a}F_{Ek} \tag{16.2.7-6}$$

式中：F_{Ei}——第i支承结构的纵向水平地震作用标准值。

16.2.8 通廊跨间承重结构的竖向地震作用应按本规范第5.3.2条的规定计算。

16.2.9 通廊端部采用滑(滚)动支座支承于建(构)筑物时，通廊对建(构)筑物的影响可按下列规定计算：

1 通廊在建(构)筑物支承处产生的横向水平地震作用标准值可按下式计算：

$$F_{bk} = 0.373\alpha_{max}\psi_b l_1 G_L \tag{16.2.9-1}$$

式中：F_{bk}——通廊在建(构)筑物支承处产生的横向水平地震作用标准值；

G_L——廊身水平投影单位长度的等效重力荷载代表值；

l_1——通廊端跨的跨度；

ψ_b——通廊端跨影响系数，可按表16.2.9采用。

表16.2.9 通廊端跨影响系数

端跨的跨度(m)	ψ_b
≤12	1.0
15～18	1.5
21～30	2.0

注：中间值可按线性内插法确定。

2 通廊在建(构)筑物支承处产生的纵向水平地震作用标准值可按下式计算：

$$F_{ck} = \frac{1}{2}\mu_f l_1 G_L \tag{16.2.9-2}$$

式中：F_{ck}——通廊在建(构)筑物支承处产生的纵向水平地震作用标准值；

μ_f——滑(滚)动支座的摩擦系数。

16.2.10 钢筋混凝土框架支承结构可不进行节点核芯区的截面抗震验算，节点处梁柱端截面组合的弯矩设计值、剪力设计值及柱下端截面组合的弯矩设计值均可不进行调整。

16.2.11 钢支承结构可采用格构式，也可采用框架式。当采用带平腹杆和交叉斜腹杆的格构式结构时，交叉斜腹杆可按拉杆计算，并应计及相交受压杆卸载效应的影响。不得采用单面偏心连接；交叉斜腹杆有一杆中断时，交叉节点板应予以加强，其承载力不应小于杆件塑性承载力的1.1倍。

平腹杆与框架柱之间应采用焊接或摩擦型高强度螺栓连接。腹杆与框架柱的连接强度不应小于腹杆承载力的1.2倍。

16.3 抗震构造措施

16.3.1 采用钢筋混凝土框架支承结构时，应符合下列规定：

1 按本规范第6.1节的规定确定框架抗震等级时，框架高度应按通廊同一防震缝区段内最高支承框架的高度确定。通廊跨度大于24m时，抗震等级应提高一级。

2 抗震构造措施应符合本规范第6.3节的有关规定。

3 支承结构牛腿（柱肩）的箍筋直径，一级、二级不应小于8mm，三级、四级不应小于6mm；箍筋间距均不应大于100mm。

16.3.2 采用钢支承结构时，其杆件的长细比不应大于表16.3.2的规定。

表16.3.2 支承结构杆件容许长细比

杆件名称	6度、7度	8度	9度
框架柱	120		100
平腹杆	150		120
斜腹杆	250	200	150

注：表中数值适用于Q235钢，采用其他牌号钢材时应乘以$\sqrt{235/f_y}$。

16.3.3 钢框架支承结构的柱梁板件宽厚比限值应符合下列规定：

1 6度、7度且结构受力由非地震作用效应组合控制时，板件宽厚比限值应按现行国家标准《钢结构设计规范》GB 50017有关弹性设计的规定采用。

2 8度、9度时，以及6度、7度且结构受力由地震作用效应组合控制时，板件宽厚比限值除应符合现行国家标准《钢结构设计规范》GB 50017有关弹性设计的规定外，尚应符合表16.3.3的规定。

表16.3.3 支承结构的柱、梁板件宽厚比限值

板件名称		6度、7度	8度	9度
工字形截面翼缘外伸部分		13	11	10
箱形截面两腹板间翼缘		38	36	36
工字形、箱形截面腹板	$N_c/Af<0.25$	70	65	60
	$N_c/Af\geqslant0.25$	58	52	48
圆管外径与壁厚比		60	55	50

注：1 表中数值适用于Q235钢，采用其他牌号钢材时应乘以$\sqrt{235/f_y}$，但对于圆管，外径与壁厚比应乘以$235/f_y$；

2 N_c为柱、梁轴力，A为相应构件截面面积，f为钢材抗拉强度设计值；

3 构件腹板宽厚比可通过设置纵向加劲肋予以减小。

16.3.4 通廊的跨间承重结构采用钢梁（桁架）时，应与支承结构牢固连接。钢支承结构的顶部横梁、肩梁与框架柱应采用全焊透焊接连接。

16.3.5 钢支承结构与基础的连接应牢固可靠，可采用埋入式、插入式或外包式柱脚。6度、7度时，也可采用外露式刚接柱脚。柱脚设计应符合下列规定：

1 采用埋入式、插入式柱脚时，钢柱的埋入深度不得小于单肢截面高度（或外径）的3倍。

2 采用外包式柱脚时，实腹H形截面柱的钢筋混凝土外包高度不宜小于钢柱截面高度的2.5倍；箱形截面柱或圆管柱的钢筋混凝土外包高度不宜小于钢柱截面高度或圆管外径的3.0倍。

3 采用外露式柱脚时，地脚螺栓不得承受地震剪力，柱底地震剪力应由底板与基础间的摩擦力或抗剪键承担。预埋式地脚螺栓应设置弯勾或锚板，其埋置深度不应小于式(16.3.5)的要求，且当采用Q235钢材时，其埋置深度不得小于$20d$；当采用Q345钢材时，不得小于$25d$：

$$l_a=0.185\frac{N_t^a}{Af_t}d=0.185\frac{A_e f_y^a}{Af_t}d \qquad (16.3.5)$$

式中：A_e——地脚螺栓最小截面面积；

A——地脚螺栓杆截面面积；

N_t^a——地脚螺栓的受拉设计值；

d——地脚螺栓直径；

f_t——基础混凝土轴心抗拉强度设计值；

f_y^a——地脚螺栓抗拉强度设计值，Q235钢应取140MPa，Q345钢应取180MPa。

16.3.6 通廊跨间承重结构采用钢筋混凝土梁时，宜将梁上翻；梁的两端箍筋应加密，加密区长度不应小于梁高；加密区箍筋最大间距、最小直径应按表16.3.6采用；梁的端部预埋钢板厚度不应小于16mm，且应加强锚固。跨间承重结构采用钢筋混凝土桁架时，宜采用下承式结构，其端部应加强连接，并应在横向形成闭合框架。

表16.3.6 加密区箍筋最大间距和最小直径(mm)

烈度	最大间距	最小直径
6	150	6
7	100	6
8	150	8
9	100	8

16.3.7 建（构）筑物上支承通廊的横梁及支承结构的肩梁应符合下列规定：

1 横梁、肩梁与通廊大梁连接处应设置支座钢垫板，其厚度不宜小于16mm。

2 7度～9度时，钢筋混凝土肩梁支承面的预埋件应设置垂直于通廊纵向的抗剪钢板，抗剪钢板应设有加劲板。

3 通廊大梁与肩梁间宜采用螺栓连接。

4 钢筋混凝土横梁、肩梁应采用矩形截面，不得在横梁上伸出短柱作为通廊大梁的支座。

16.3.8 当通廊跨间承重结构支承在建（构）筑物上时，宜采用滑（滚）动等支座形式，并应采取防止落梁的措施。

16.3.9 通廊的围护结构应按其结构类型采取相应的抗震构造措施。

17 管道支架

17.1 一般规定

17.1.1 本章适用于架空管道独立式和管廊式支架的抗震设计。

17.1.2 支架应采用钢筋混凝土结构或钢结构。

17.1.3 钢筋混凝土固定支架宜采用现浇结构，活动支架可采用装配式结构，但梁和柱宜整体预制。

17.1.4 直径较大的管道或输送易燃、易爆、剧毒、高温、高压介质的管道，其固定支架宜采用四柱式钢筋混凝土结构或钢结构。

17.1.5 8度和9度时，支架应符合下列规定：

1 活动支架宜采用刚性支架，不宜采用半铰接支架。

2 输送易燃、易爆、剧毒、高温、高压介质的管道，不应将管道作为支架跨越结构的受力构件。

17.1.6 钢筋混凝土固定支架和输送易燃、易爆、剧毒介质的钢筋混凝土支架，应符合本规范第6章有关框架抗震等级三级的要求，其他支架应符合本规范第6章有关框架抗震等级四级的要求。

17.1.7 支架的抗震设防类别应根据支架的重要性和地震破坏时可能产生的次生灾害确定，并不宜低于丙类。

17.2 计算要点

17.2.1 支架应按本规范第5章多遇地震确定地震影响系数，并进行水平地震作用和作用效应计算。

17.2.2 管道纵向可滑动的刚性活动支架，在管道滑动的方向可不进行抗震验算，但应满足相应的抗震构造措施要求。8度、9度时，柔性活动支架应进行抗震验算。

17.2.3 管道支架的计算单元(图17.2.3-1、图17.2.3-2)应符合下列规定：

1 独立式支架的纵向计算单元长度应采用主要管道补偿器中至中的距离，横向计算单元长度应采用支架相邻两跨中至中的距离。

2 管廊式支架的纵向计算单元长度应采用结构变形缝之间的距离，横向计算单元长度应采用支架相邻两跨中至中的距离。

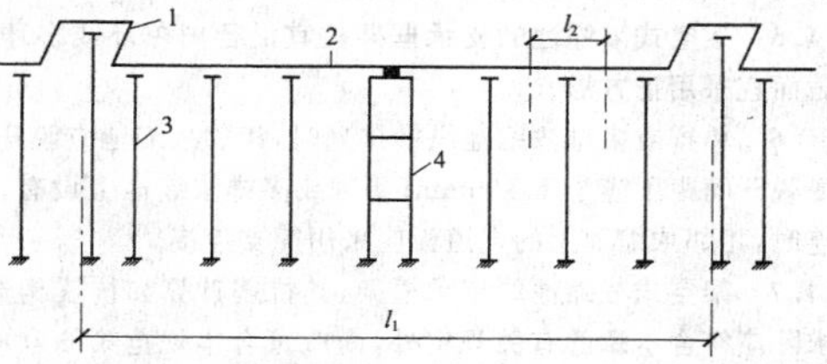

图17.2.3-1 独立式支架的计算单元

1—补偿器；2—管道；3—活动支架；

4—固定支架；l_1—纵向计算单元长度；l_2—横向计算单元长度

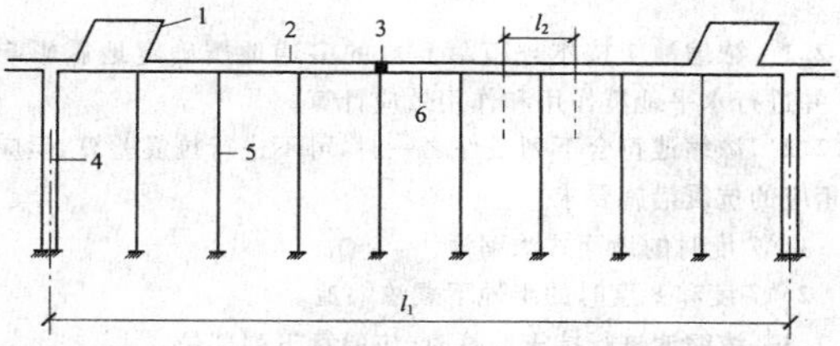

图17.2.3-2 管廊式支架的计算单元

1—补偿器；2—管道；3—管道固定点；4—伸缩缝；5—支架；6—水平构件；

l_1—纵向计算单元长度；l_2—横向计算单元长度

17.2.4 敷设有单层或多层管道的支架结构，均可按单质点体系计算。水平地震作用点的位置可按下列规定采用：

1 对独立式支架，采用上滑式管托的支架，可取在管道外径的最低点；管托与梁顶埋件焊接的固定支架，可取在管道的中心处；其他形式的支架，均可取在支承管道的横梁顶面。

2 对管廊式支架，可取在支座的支承面处。

17.2.5 支架的重力荷载代表值应按下列规定采用：

1 永久荷载应符合下列规定：

1)管道(包括内衬、保温层和管道附件)和操作平台应采用自重标准值的100%；

2)管道内介质应采用自重标准值的100%；

3)支架应采用自重标准值的25%；

4)管廊式支架上的水平构件、电缆架和电缆应采用自重标准值的100%。

2 可变荷载应符合下列规定：

1)对冷管道，应采用冰、雪荷载标准值的50%；对热管道或冷、热管间隔敷设的多管共架管道，不计入冰、雪荷载；

2)积灰荷载应采用荷载标准值的50%；

3)走道活荷载应采用荷载标准值的50%。

17.2.6 支架纵向或横向计算单元的基本自振周期可按下列公式计算：

$$T=2\pi\sqrt{\frac{G_E}{gK}} \tag{17.2.6-1}$$

纵向：

$$K=\sum_{i=1}^{m}K_i \tag{17.2.6-2}$$

横向：

$$K=K_H \tag{17.2.6-3}$$

式中：T——支架纵向或横向计算单元的基本自振周期；

G_E——纵向或横向计算单元的重力荷载代表值；

K——纵向或横向计算单元支架的侧移刚度；

K_i——纵向计算单元内第 i 个支架的纵向侧移刚度，对半铰接支架，可按柱截面高度的1/2计算；

m——纵向计算单元内的支架数目；

K_H——横向计算单元支架的横向侧移刚度。

17.2.7 支承二层及二层以上管道的支架，其重力荷载代表值应按下式确定：

$$G_E=G_{En}+\sum_{i=1}^{n-1}\left(\frac{H_i}{H_n}\right)^2G_{Ei} \tag{17.2.7}$$

式中：G_E——多层管道的重力荷载代表值；

G_{En}——顶层管道的重力荷载代表值；

G_{Ei}——第 i 层管道的重力荷载代表值；

H_n——顶层管道的高度；

H_i——第 i 层管道的高度；

n——管道层数。

17.2.8 刚性活动支架上管道的滑动系数可按下式计算：

$$\zeta=\frac{\alpha_E G_E K_d}{G_D K_D \mu} \tag{17.2.8}$$

式中：ζ——刚性活动支架上管道的滑动系数；

α_E——计算单元在管道滑动前的水平地震影响系数；

K_d——刚性活动支架在管道滑动前的总侧移刚度；

G_D——作用于纵向计算单元活动支架上的总重力荷载代表值；

K_D——计算单元支架在管道滑动前的总侧移刚度；

μ——管道和支架间的滑动摩擦系数。

17.2.9 当滑动系数不小于0.5，且管道和支架间的滑动摩擦系数为0.3时，单柱或双柱活动支架在管道滑动后的纵向等效侧移刚度可按下式确定：

$$K_e=\frac{28.41G_d}{H} \tag{17.2.9}$$

式中：K_e——单柱或双柱活动支架在管道滑动后的纵向等效侧移刚度，不应大于管道滑动前的支架侧移刚度；

G_d——作用于刚性活动支架上的重力荷载代表值；

H——支架高度。

17.2.10 纵向计算单元支架的总水平地震作用标准值应按下式计算：

$$F_{Ek}=\alpha G_E \tag{17.2.10}$$

式中：F_{Ek}——纵向计算单元支架的总水平地震作用标准值；

α——纵向计算单元支架的水平地震影响系数。

17.2.11 纵向计算单元各支架的纵向水平地震作用标准值应按下列公式计算：

$$F_{Eki}=\lambda_i F_{Ek} \tag{17.2.11-1}$$

$$\lambda_i=\frac{K_i}{K} \tag{17.2.11-2}$$

式中：F_{Eki}——第 i 支架的纵向水平地震作用标准值；

λ_i——第 i 支架的侧移刚度与计算单元支架的总侧移刚度之比，可滑动的活动支架不应计入。

17.2.12 横向计算单元支架的水平地震作用标准值，应按下式计算：

$$F_{Ekh}=\alpha_h G_E \tag{17.2.12}$$

式中：F_{Ekh}——横向计算单元支架的水平地震作用标准值；

α_h——横向计算单元支架的水平地震影响系数。

17.2.13 8度和9度时，支承大直径管道的长悬臂和跨度大于24m管廊式支架的桁架，应按本规范第5.3.2条的规定进行竖向地震作用计算。

17.2.14 进行地震作用标准值效应与其他荷载效应的基本组合的计算时，管道温度作用分项系数应采用1.4，其组合值系数单管时应采用0.7，多管时应采用0.55。

17.3 抗震构造措施

17.3.1 钢筋混凝土支架除本节的规定外，尚应符合本规范第6.3节有关框架的抗震构造措施要求。

17.3.2 钢筋混凝土支架的混凝土强度等级不应低于C25。

17.3.3 钢筋混凝土支架柱的最小截面尺寸不宜小于250mm，支架梁的最小截面尺寸不宜小于200mm。

17.3.4 钢支架柱的长细比应符合表17.3.4-1的要求；钢支架板件的宽厚比限值除应符合现行国家标准《钢结构设计规范》GB 50017中有关弹性阶段设计的规定外，尚应符合表17.3.4-2的要求。钢筋混凝土支架柱计算长度与截面最小宽度比，7度～9度时，固定支架不应大于25，活动支架不应大于35。

表17.3.4-1 钢支架柱的长细比限值

类型		6度、7度	8度	9度
固定支架和刚性支架		150		120
柔性支架		200		
支撑	按拉杆设计	300	250	200
	按压杆设计	200	150	150

注：表中所列数值适用于Q235钢，采用其他牌号钢材时，应乘以$\sqrt{235/f_y}$。

表17.3.4-2 钢支架板件的宽厚比限值

板件名称	6度、7度	8度	9度
工字形截面翼缘外伸部分	13	11	10
圆管外径与壁厚比	60	55	50

注：表中所列数值适用于Q235钢，采用其他牌号钢材时，应乘以$\sqrt{235/f_y}$，但对于圆管，外径与壁厚比应乘以$235/f_y$。

17.3.5 敷设于支架顶层横梁上的外侧管道应采取防止管道滑落的措施，采用下滑式或滚动式管托的支架应采取防止管托滑落于梁侧的措施。

17.3.6 支架埋件的锚筋应按计算确定，下列支架埋件的锚筋不宜少于4ϕ12，锚固长度应符合受拉钢筋的抗震锚固要求，且不应小于30d：

1 固定支架和设有柱间支撑的支架。

2 8度和9度时的支架。

3 梁、柱铰接处的埋件。

17.3.7 支架悬臂横梁上如敷设管道，其悬臂长度不宜大于1500mm。

17.3.8 管廊式支架在直线段的适当部位应设置柱间支撑和水平支撑；8度和9度时，在有柱间支撑的基础之间宜设置连系梁。

17.3.9 半铰接支架柱在管道纵向的构造配筋，每边不应少于2ϕ16；柱脚横梁全长和柱根部不小于500mm高度范围内的箍筋，直径不应小于8mm，间距不应大于100mm。

17.3.10 钢筋混凝土支架的箍筋应符合下列规定：

1 双柱式支架，自柱顶至最下一层横梁底以下不小于500mm和柱底至地面以上不小于500mm范围内，箍筋直径不应小于8mm，间距不应大于100mm。

2 柱间支撑与柱连接处上、下各不小于500mm范围内，应按间距不大于100mm加密箍筋。

17.3.11 钢支架的梁柱连接宜采用柱贯通型。

17.3.12 四柱式钢结构固定支架，对直径较大的管道，8度和9度时，在直接支承管道的横梁平面内，应设置与四柱相连的水平支撑；当支架较高时，尚应在支架高度中部的适当部位增设水平支撑。

17.3.13 8度和9度时，钢结构单柱固定支架的柱脚应采用刚接柱脚。

18 浓缩池

18.1 一般规定

18.1.1 本章适用于半地下式、地面式和架空式钢筋混凝土浓缩池的抗震设计。

18.1.2 浓缩池宜采用半地下式和地面式。

18.1.3 浓缩池不应设置在地质条件相差较大的不均匀地基上。

18.1.4 浓缩池需设置顶盖和围护墙时，顶盖和围护墙宜采用轻型结构；当池的直径较大时，宜采用独立的结构体系。

18.1.5 架空式浓缩池的支承框架柱宜沿径向单环或多环布置，柱截面宜采用正方形。

18.1.6 单排或多排浓缩池纵横排列时，相邻浓缩池应脱开布置，池壁脱开间距不应小于100mm；单排或多排浓缩池上设有走道板相连时，相邻浓缩池上的走道板应采用简支连接。

18.1.7 架空式浓缩池的支承框架，其抗震计算和抗震构造措施要求除应符合本章的有关规定外，尚应符合本规范第6章的有关规定。支承框架的抗震等级应按本规范表6.1.2中高度小于或等于24m的框架规定采用。

18.2 计算要点

18.2.1 浓缩池应按本规范第5章的多遇地震确定地震影响系数，并进行水平地震作用和作用效应计算。

18.2.2 浓缩池符合下列条件之一时，可不进行抗震验算，但应符合相应的抗震措施要求：

1 7度时的地面式浓缩池。

2 7度和8度时的半地下式浓缩池。

18.2.3 浓缩池进行抗震验算时，应验算下列部位：

1 落地式浓缩池的池壁。

2 架空式浓缩池的池壁、支承框架和中心柱。

18.2.4 池壁的地震作用计算应计入结构等效重力荷载产生的水平地震作用和动液压力作用，半地下式浓缩池尚应计入动土压力作用。

18.2.5 池壁单位宽度等效重力荷载产生的水平地震作用标准值及其效应可按下列公式计算（图18.2.5）：

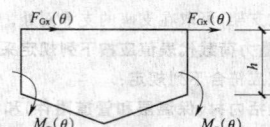

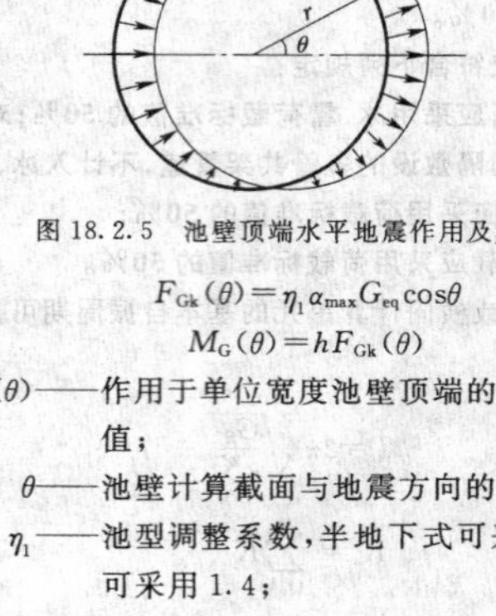

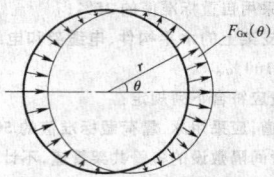

图18.2.5 池壁顶端水平地震作用及其效应

$$F_{Gk}(\theta)=\eta_1\alpha_{max}G_{eq}\cos\theta \qquad (18.2.5\text{-}1)$$

$$M_G(\theta)=hF_{Gk}(\theta) \qquad (18.2.5\text{-}2)$$

式中：$F_{Gk}(\theta)$——作用于单位宽度池壁顶端的水平地震作用标准值；

θ——池壁计算截面与地震方向的夹角；

η_1——池型调整系数，半地下式可采用0.7，其他形式可采用1.4；

G_{eq}——池壁单位宽度的等效重力荷载，可采用单位宽度池壁自重标准值的1/2、溢流槽和走道板的自重标准值三者之和；

$M_G(\theta)$——等效重力荷载产生的池壁底端单位宽度的地震弯矩；

h——池壁高度。

18.2.6 池壁单位宽度的动液压力标准值及其效应可按下列公式计算(图18.2.6)：

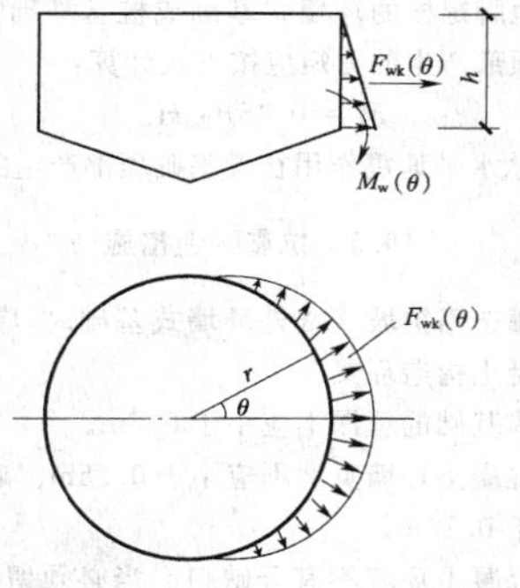

图18.2.6 池壁动液压力及其效应

$$F_{wk}(\theta)=0.5\eta_2\alpha_{max}\gamma_0 h^2\cos\theta \tag{18.2.6-1}$$

$$M_w(\theta)=\frac{1}{3}hF_{wk}(\theta) \tag{18.2.6-2}$$

式中：$F_{wk}(\theta)$——池壁单位宽度的动液压力标准值；

η_2——动液压力的池型调整系数，半地下式浓缩池可采用1.06，其他形式可采用1.32；

γ_0——储液的重度；

$M_w(\theta)$——动液压力产生的池壁底端单位宽度的弯矩。

18.2.7 池壁单位宽度的动土压力标准值及其效应可按下列公式计算(图18.2.7)：

$$F_{sk}(\theta)=0.5\gamma_s\lambda h_d^2\cos\theta \tag{18.2.7-1}$$

$$M_s(\theta)=\frac{1}{3}h_d F_{sk}(\theta) \tag{18.2.7-2}$$

$$\lambda=\eta_\lambda(1.119+0.015\varphi)\tan^2\left(45^\circ-\frac{\varphi}{2}\right) \tag{18.2.7-3}$$

式中：$F_{sk}(\theta)$——池壁单位宽度的动土压力标准值；

γ_s——土的重度；

λ——土的动侧压系数；

h_d——池壁埋置深度；

$M_s(\theta)$——动土压力产生的池壁底端单位宽度的弯矩；

η_λ——土的动侧压调整系数，8度时可采用0.123，9度时可采用0.304；

φ——土的内摩擦角。

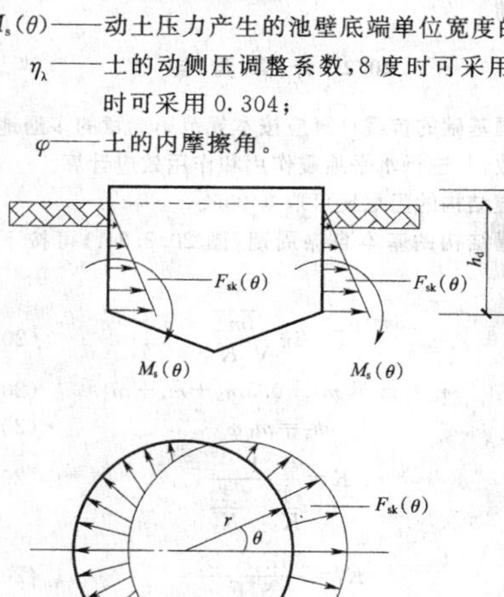

图18.2.7 池壁动土压力及其效应

18.2.8 水平地震作用下，浓缩池池壁的环向拉力标准值可按下列公式计算：

$$N_{Ri,k}(\theta)=r\cos\theta\sum\sigma_{ik} \tag{18.2.8-1}$$

$$\sum\sigma_{ik}=\sigma_{Gi,k}+\sigma_{wi,k}+\sigma_{si,k} \tag{18.2.8-2}$$

$$\sigma_{Gi,k}=\eta_1\alpha_{max}g_w \tag{18.2.8-3}$$

$$\sigma_{wi,k}=\eta_2\alpha_{max}\gamma_0 h \tag{18.2.8-4}$$

$$\sigma_{si,k}=\lambda\gamma_s h_d \tag{18.2.8-5}$$

式中：$N_{Ri,k}(\theta)$——沿池壁高度的计算截面i处，池壁单位宽度的环向拉力标准值；

r——计算截面i处浓缩池的计算半径；

σ_{ik}——计算截面i处池壁水平地震作用强度（包括自重压力强度、动水压力强度、动土压力强度）标准值；

$\sigma_{Gi,k}$——计算截面i处池壁自重压力强度标准值；

g_w——池壁沿高度的单位面积重度；

$\sigma_{wi,k}$——计算截面i处池壁动水压力强度标准值；

$\sigma_{si,k}$——计算截面i处池壁土压力强度标准值。

18.2.9 架空式浓缩池支承结构的水平地震作用可按单质点体系采用底部剪力法计算。支承结构的总水平地震作用标准值应采用等效总重力荷载产生的水平地震作用标准值与总液体荷载产生的水平地震作用标准值之和。等效总重力荷载应采用池壁、池底和设备等自重标准值以及支承结构自重标准的1/2之和。等效总重力荷载水平地震作用标准值和总液体荷载水平地震作用标准值的作用点可分别取在池体和贮液的质心处。

18.2.10 架空式浓缩池支承结构的水平地震作用可按中心柱和支承框架的侧移刚度比例进行分配；支承框架承受的水平地震作用之和小于总水平地震作用标准值的30%时，应按30%采用。

18.2.11 浓缩池进行截面抗震验算时，水平地震作用标准值效应和其他荷载效应的基本组合除应符合本规范第5.4.1条的规定外，尚应符合下列规定：

1 半地下式浓缩池应计算满池和空池两种工况，地面式和架空式浓缩池应仅计算满池工况。

2 池壁截面抗震验算时，静液压力的作用效应应参与组合；对于半地下式浓缩池，动土压力作用效应尚应参与组合。

3 作用效应组合时的分项系数，静液压力和主动土压力均应采用1.2，动液压力和动土压力均应采用1.3。

18.3 抗震构造措施

18.3.1 池壁厚度不宜小于150mm。池壁混凝土强度等级不应低于C25，混凝土设计抗渗等级不应小于0.6MPa。

18.3.2 池壁钢筋最小总配筋率和中心柱纵向钢筋最小总配筋率应符合表18.3.2-1规定。中心柱的箍筋配置应按表18.3.2-2采用。

表18.3.2-1 池壁和中心柱的最小总配筋率(%)

烈度		6度、7度、8度	9度
池壁钢筋	竖向	0.40	0.50
	环向	0.50	0.60
中心柱纵向钢筋		0.40	0.55

表18.3.2-2 中心柱的箍筋配置

烈度	6度、7度	8度	9度
最小直径(mm)	8	10	10
最大间距(mm)	200	200	100
加密区最大间距(mm)	8d,100	8d,100	6d,100
加密区范围	池底以上的1/6柱净高，且不小于500mm，及池底以下的柱全高		全高

18.3.3 架空式浓缩池框架柱轴压比限值，柱全部纵向受力钢筋最小配筋率，柱箍筋加密区体积配箍率以及柱的抗震构造措施均应符合本规范第6.3节的规定。圆弧梁等应符合弯扭构件的构造要求。

18.3.4 池壁环向钢筋搭接接头面积百分率不宜大于25%。其钢筋绑扎搭接长度应根据位于同一连接区段内的钢筋搭接接头面积百分率按下式计算：

$$l_{lE}=\zeta_l l_{aE} \tag{18.3.4}$$

式中：l_{lE}——纵向受拉钢筋的搭接长度；

l_{aE}——纵向受拉钢筋的锚固长度，应按现行国家标准《混凝土结构设计规范》GB 50010的有关规定确定；

ζ_l——纵向受拉钢筋搭接长度修正系数，应按表18.3.4采用。

表18.3.4 纵向受拉钢筋搭接长度修正系数

纵向钢筋搭接接头面积百分率(%)	≤25	50
ζ_l	1.2	1.4

注：中间值可采用线性插入法计算。

18.3.5 池壁顶部和溢流槽底板与池壁的连接处，8度和9度时，均宜分别增设不少于2ϕ14和2ϕ16的环向加强钢筋。

18.3.6 浓缩池底部通廊接缝处应按防震缝要求并设置柔性止水带，缝宽不宜小于50mm。

18.3.7 无中心柱的架空式浓缩池底板中部设有漏斗口时，漏斗口周边应设置环梁，环梁宽度不宜小于300mm。

19 常压立式圆筒形储罐基础

19.1 一般规定

19.1.1 本章适用于常压立式钢制圆筒形储罐基础的抗震设计。

19.1.2 储罐基础可选用护坡式、外环墙式、环墙式基础或桩基基础；Ⅲ类、Ⅳ类场地时，宜采用钢筋混凝土环墙式基础。

19.2 计算要点

19.2.1 储罐基础的抗震计算应按本规范第5章的多遇地震确定地震影响系数，并进行水平地震作用和作用效应计算。

19.2.2 储罐结构的阻尼比可取0.04。

19.2.3 不设置地脚螺栓的非桩基储罐基础可不进行抗震验算，但应符合相应的抗震措施要求。

19.2.4 储罐的罐-液耦联振动基本自振周期应按下式计算：

$$T_c=\zeta H_w\sqrt{\frac{D}{2t_0}} \tag{19.2.4}$$

式中：T_c——储罐与储液耦联振动基本自振周期；

t_0——罐壁距底板1/3高度处的名义厚度；

H_w——储罐设计最高液位；

ζ——耦联振动周期系数，应根据D/H_w值按表19.2.4采用，中间值可采用线性插入法计算；

D——储罐内直径。

表19.2.4 耦联振动周期系数

D/H_w	0.6	1.0	1.5	2.0	2.5	3.0
$\zeta(\times10^{-3})$	0.514	0.440	0.425	0.435	0.461	0.502
D/H_w	3.5	4.0	4.5	5.0	5.5	6.0
$\zeta(\times10^{-3})$	0.537	0.580	0.620	0.681	0.736	0.791

19.2.5 储罐的总水平地震作用标准值应按下列公式计算：

$$F_{Ek}=\alpha\eta m_{eq}g \tag{19.2.5-1}$$

$$m_{eq}=m_L\Psi_w \tag{19.2.5-2}$$

式中：F_{Ek}——储罐的总水平地震作用标准值；

η——罐体影响系数，可采用1.1；

m_{eq}——储液等效质量；

m_L——罐内储液总质量；

Ψ_w——动液系数，应根据D/H_w值按表19.2.5采用，中间值可采用线性插入法计算。

表19.2.5 动液系数

D/H_w	0.6	1.0	1.33	1.5	2.0	2.5	3.0
Ψ_w	0.869	0.782	0.710	0.663	0.542	0.450	0.381
D/H_w	3.5	4.0	4.5	5.0	5.5	6.0	—
Ψ_w	0.328	0.288	0.256	0.231	0.210	0.192	—

19.2.6 设置地脚螺栓的环墙式基础或桩基基础，其总水平地震作用在罐基础顶部产生的力矩应按下式计算：

$$M_1=0.45F_{Ek}H_w \tag{19.2.6}$$

式中：M_1——总水平地震作用在罐基础顶部产生的力矩标准值。

19.3 抗震构造措施

19.3.1 浮顶罐选用护坡式或外环墙式基础时，应在罐壁下部设置一道钢筋混凝土构造环梁。

19.3.2 环墙式基础的埋深不应小于0.6m。

19.3.3 钢筋混凝土环墙宽度不应小于0.25m。罐壁至环墙外缘的距离不应小于0.10m。

19.3.4 钢筋混凝土环墙不宜开缺口。当必须留施工缺口时，环向钢筋应错开截断。罐体安装结束后，应采用强度等级比环墙高一级的微膨胀混凝土及时将缺口封堵密实，钢筋接头应采用焊接连接。

19.3.5 钢筋混凝土环墙的配筋应符合下列规定：

1 竖向钢筋的最小配筋率，每侧均不应小于0.2%，钢筋直径不宜小于12mm，间距不应大于200mm。

2 对于公称容量不小于10000m^{3}或建在软弱土、不均匀地基上的储罐，环墙顶部和底部均应各增加两圈附加环向钢筋，其直径不应小于环向受力钢筋直径，竖向钢筋在环墙的上、下端均应采用封闭式。

3 环向钢筋的接头应采用机械连接或焊接连接。

20 球形储罐基础

20.1 一般规定

20.1.1 本章适用于由钢构架支承的钢制球形储罐基础的抗震设计。

20.1.2 球罐构架的基础宜采用钢筋混凝土圆环形基础或加连系梁的独立基础。

20.2 计算要点

20.2.1 球罐基础的抗震计算应按本规范第5章的多遇地震确定地震影响系数，并进行水平地震作用和作用效应计算。

20.2.2 球罐结构的阻尼比可取0.035。

20.2.3 球罐结构的基本自振周期(图20.2.3-1)可按下列公式计算：

$$T=2\pi\sqrt{\frac{m_{eq}}{K}} \tag{20.2.3-1}$$

$$m_{eq}=m_1+m_2+0.5m_3+m_4+m_5 \tag{20.2.3-2}$$

$$m_2=m_L\varphi \tag{20.2.3-3}$$

$$K=\frac{1}{\frac{1}{K_1}+\frac{1}{K_2}} \tag{20.2.3-4}$$

$$K_1=\frac{3nE_sA_cD_B^2}{8H_c^3} \tag{20.2.3-5}$$

$$K_2=nK_c\left[\frac{2C_1}{C_2+\frac{4LK_c}{E_sA}}+1\right] \tag{20.2.3-6}$$

$$K_c=\frac{3E_sI_c}{H_1^3} \quad (20.2.3\text{-}7)$$

$$A=\frac{1}{\frac{1}{A_B\cos^3\theta}+\frac{\tan^3\theta}{A_c}} \quad (20.2.3\text{-}8)$$

$$C_1=0.25\lambda_c^2(3-\lambda_c^2)^2 \quad (20.2.3\text{-}9)$$

$$C_2=\lambda_c^2(1-\lambda_c)^3(3+\lambda_c) \quad (20.2.3\text{-}10)$$

$$\lambda_c=\frac{H_2}{H_1} \quad (20.2.3\text{-}11)$$

$$H_1=H_c-L_w \quad (20.2.3\text{-}12)$$

$$L_w=\frac{1}{2}\sqrt{\frac{d_cD_s}{2}} \quad (20.2.3\text{-}13)$$

$$\theta=\tan^{-1}\frac{H_2}{L} \quad (20.2.3\text{-}14)$$

式中：T——球罐结构的基本自振周期；

K——球罐构架的侧移刚度；

K_1——球罐构架的弯曲刚度；

K_2——球罐构架的剪变刚度；

n——支柱根数；

E_s——支柱的常温弹性模量；

A_c——支柱的截面面积；

D_B——支柱中心圆直径；

D_s——球罐的内直径；

H_c——支柱底板底面至球罐中心的高度；

L——相邻两支柱间的距离；

I_c——单根支柱截面的惯性矩；

H_1——支柱的有效高度；

L_w——支柱与球壳之间（一侧）焊缝垂直投影长度的1/2；

d_c——支柱外径；

θ——拉杆的仰角；

H_2——支柱底板底面至拉杆与支柱中心线交点处的距离；

A_B——拉杆的截面面积；

m_{eq}——球罐在操作状态下的等效质量；

m_1——球壳质量；

m_2——储液的有效质量；

m_3——支柱和拉杆质量；

m_4——球罐其他附件的质量，包括各开口、喷淋装置、梯子和平台等；

m_5——球罐保温层质量；

m_L——球罐储液质量；

φ——储液的有效质量率系数，可根据球罐内液体的充满度按图20.2.3-2查取。

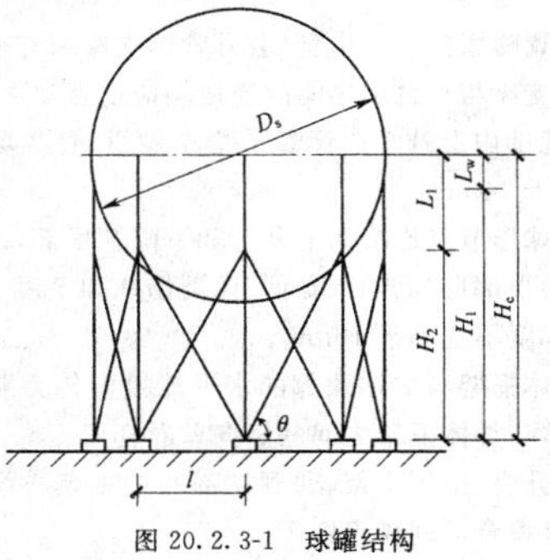

图20.2.3-1　球罐结构

20.2.4　球罐结构的总水平地震作用标准值应按下式计算：

$$F_{Ek}=\alpha m_{ep}g \quad (20.2.4)$$

式中：F_{Ek}——球罐结构的总水平地震作用标准值。

20.2.5　球罐基础结构构件的截面抗震验算应符合本规范第5.4节的规定，风荷载组合值系数应取0.2。

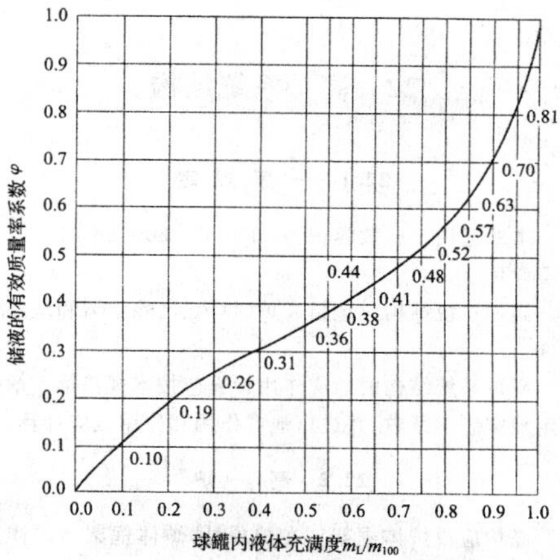

图20.2.3-2　储液的有效质量率系数

m_L—储液质量；m_{100}—100%充满储液时的储液质量

20.3　抗震构造措施

20.3.1　球罐基础的埋置深度不宜小于1.5m。

20.3.2　基础底板边缘厚度不应小于0.25m。

20.3.3　基础环梁主筋直径不宜小于12mm；箍筋直径不宜小于8mm，间距不应大于200mm；底板钢筋直径不应小于10mm，间距不应大于200mm。

21　卧式设备基础

21.1　一般规定

21.1.1　本章适用于卧式容器（含卧式圆筒形储罐）和卧式冷换类设备基础的抗震设计。

21.1.2　卧式冷换类设备基础宜采用钢筋混凝土支墩式或支架式基础。

21.1.3　卧式设备基础的形式宜符合下列规定：

1　设计地面至基础顶面的高度不大于1.5m时，宜采用钢筋混凝土支墩式基础。

2　设计地面至基础顶面的高度大于1.5m，且容器内径不大于2m时，宜采用钢筋混凝土T形支架式基础；容器内径大于2m时，宜采用钢筋混凝土Π形或H形支架式基础。

21.2　计算要点

21.2.1　卧式设备基础的抗震计算应按本规范第5章的多遇地震确定地震影响系数，并进行水平地震作用和作用效应计算。

21.2.2　卧式冷换类设备基础可不进行地震作用计算，但应满足相应的抗震措施要求。

21.2.3　卧式容器基础的水平地震作用标准值应按下式计算：

$$F_{Ek}=\alpha_{max}(G_{ok}+0.5G_{jk}) \quad (21.2.3)$$

式中：F_{Ek}——卧式容器基础的水平地震作用标准值；

G_{ok}——正常操作状态下的容器和介质重力荷载标准值；

G_{jk}——基础底板顶面以上构件自重标准值。

21.3　抗震构造措施

21.3.1　基础的埋置深度不宜小于1.0m。

21.3.2　支墩式基础的支墩竖向钢筋，直径不宜小于12mm，间距不应大于200mm；横向钢筋应采用封闭式箍筋，其直径不应小于8mm，间距不应大于200mm。

21.3.3　支架式基础的梁、柱抗震构造措施尚应符合本规范第6.3节的有关规定。

22 高炉系统结构

22.1 一 般 规 定

22.1.1 本章适用于有效容积为 $1000m^3$～$5000m^3$ 的高炉系统结构的抗震设计。

22.1.2 高炉系统结构应包括高炉、热风炉、除尘器和洗涤塔等结构和构件。

22.1.3 高炉系统结构的地震作用计算应按本规范第5章的多遇地震确定地震影响系数，并进行地震作用和作用效应计算。

22.2 高 炉

22.2.1 高炉应设炉体框架。在炉顶处，炉体框架与炉体间应设有水平连接构件。

22.2.2 高炉的导出管应设置膨胀器，上升管与下降管的连接宜采用球形节点。

22.2.3 8度Ⅲ、Ⅳ类场地及9度时，高炉结构应进行抗震验算，并应符合相应的抗震措施要求；6度、7度及8度Ⅰ、Ⅱ类场地时，高炉结构可不进行抗震验算，但应满足相应的抗震措施要求。

22.2.4 高炉结构构件的截面抗震验算，必须验算下列部位：

1 上升管的支座、支座顶面处的上升管截面和支承支座的炉顶平台梁。

2 上升管与下降管采用球形节点连接时，上升管和下降管与球形节点连接处以及下降管根部。

3 炉体框架和炉顶框架的柱、主梁、主要支撑及柱脚的连接。

4 炉体框架与炉体顶部的水平连接。

22.2.5 除下降管外，高炉结构可仅计算水平地震作用，并应沿平行和垂直于炉顶吊车梁以及沿下降管三个方向分别进行抗震计算。8度和9度时，跨度大于24m的下降管除应计算水平地震作用外，尚应计算其竖向地震作用。

22.2.6 高炉结构应按正常生产工况进行抗震计算；必要时，尚应按大修工况进行抗震验算。

22.2.7 高炉结构的计算简图应符合下列规定：

1 高炉结构应采用空间结构模型，应整体计算高炉炉体、粗煤气管、除尘器、炉体框架、炉顶框架的组合体。

2 计算高炉炉体、粗煤气管、除尘器或球形节点的侧移刚度时，可仅计及钢壳的侧移刚度，且可不计钢壳上开洞的影响。

3 上升管在炉顶平台上的支座可视为固接连接。

4 通过铰接单片支架或滚动支座支承于炉顶框架上的通廊，可不计及与高炉的共同工作，但应计入通廊传给高炉框架的重力荷载。

5 热风主管、热风围管和其他外部管道对高炉的牵连作用可不计入，但应按本规范第22.2.8条和第22.2.9条的规定计入高炉承受的管道重力荷载。

6 对大修工况，应按炉顶框架部分杆件被拆除后的结构计算简图进行抗震验算。

22.2.8 高炉结构抗震计算时，质点设置和重力荷载计算应符合下列规定：

1 炉顶设备的重力荷载应按实际情况折算到炉顶框架和炉顶处，炉体设备的重力荷载应沿高度分布在钢壳上。

2 粗煤气管的拐折点处或球形节点处宜设质点，其中下降管区段宜增设2个～4个质点。

3 框架的每个节点处宜设质点。构件的变截面处和节点之间有较大集中重力荷载时，均宜设质点。

22.2.9 水平地震作用计算时，高炉的重力荷载代表值应符合下列规定：

1 钢结构、内衬砌体、冷却设施、填充料、炉内各种物料、设备(包括炉顶吊车)、管道、冷却水等自重，应取其标准值的100%；按大修工况计算时，炉内物料应按实际情况取值。

2 平台可变荷载的组合值系数应取0.7。

3 平台灰荷载的组合值系数应取0.5。

4 热风围管与高炉炉体设有水平连接件时，热风围管重力荷载应按全部荷载标准值作用于水平连接处计算。

5 通过铰接单片支架或滚动支座支承于炉顶框架上的通廊的重力荷载，平行通廊方向应取支座承受重力荷载标准值的30%，垂直通廊方向应取100%。

6 料罐及其炉料、齿轮箱和溜槽的重力荷载，应取其标准值的100%。

7 设有内衬支托时，内衬自重应按沿炉壳内支托的实际分布计算，应取其标准值的100%；炉底的实心内衬砌体自重，取值不应小于其标准值的50%。

22.2.10 高炉结构的水平地震作用计算宜采用振型分解反应谱法，且应取不少于20个振型；其地震作用和作用效应应符合本规范第5章的有关规定。

22.2.11 进行高炉结构构件的截面抗震验算时，地震作用标准值效应和其他荷载效应的基本组合，除应符合本规范第5.4.1条的规定外，尚应符合下列规定：

1 正常生产工况抗震验算时，应计入炉内气压、物料和内衬侧压、粗煤气管的温度变形和设备的动力作用效应等。

2 炉体、粗煤气管、球形节点、热风围管、热风主管、通廊、料罐、炉顶设备和内衬等各项重力荷载等产生的作用效应，均应按正常生产的实际情况计算。

22.2.12 7度Ⅲ、Ⅳ类场地和8度、9度时，高炉的炉体框架和炉顶框架应符合下列规定：

1 炉顶框架和炉体框架均宜设置支撑系统，但支撑的布置应符合工艺要求，且主要支撑杆件的长细比按压杆设计时不应大于 $120\sqrt{235/f_y}$，按拉杆设计时不应大于 $150\sqrt{235/f_y}$。支撑杆件的板件宽厚比限值应符合本规范第7章的有关规定。

2 炉体框架柱宜采用圆形、箱形或对称的十字形截面。

3 与柱刚接的梁宜采用箱形截面或宽翼缘H形截面。

4 炉体框架的底部柱脚宜与基础固接。

5 框架梁、柱板件的宽厚比限值应符合本规范第7章的有关规定。

6 由地震作用控制的框架梁、柱，在可能出现塑性铰的应力较大区域的节点，不应采用焊接连接。

7 高炉框架结构构件的连接应按本规范第7章的有关规定进行抗震验算。

22.2.13 设置膨胀器的导出管，上升管的支座和支承支座的炉顶平台梁，以及支座与平台梁之间的连接均应适当加强；支座顶面以上3m～5m范围内上升管的管壁厚度，7度Ⅲ、Ⅳ类场地和8度、9度时，不宜小于14mm。

22.2.14 与球形节点连接的上升管和下降管根部，以及下降管与除尘器连接的根部应加强；7度Ⅲ、Ⅳ类场地和8度、9度时，加强部位的管壁厚度不宜小于16mm。

22.2.15 炉体框架与炉体顶部的水平连接应传力明确、可靠，并应能适应炉体与炉体框架之间的竖向差异变形。

22.2.16 上升管、炉顶框架、通廊端部和炉顶装料设备相互之间的水平空隙宜符合下列规定：

1 7度Ⅲ、Ⅳ类场地和8度Ⅰ、Ⅱ类场地时，不宜小于200mm。

2 8度Ⅲ、Ⅳ类场地和9度时，不宜小于400mm。

22.2.17 电梯间、通道平台和高炉框架相互之间应加强连接。

22.3 热 风 炉

22.3.1 8度Ⅲ、Ⅳ类场地和9度时，外燃式热风炉的燃烧室宜采用钢筒到底的筒支承结构形式。

22.3.2 6度、7度和8度Ⅰ、Ⅱ类场地时，内燃式热风炉和燃烧室为钢筒支承的外燃式热风炉，以及6度和7度Ⅰ、Ⅱ类场地时燃烧室为钢支架支承的外燃式热风炉，均可不进行结构的抗震验算，但应符合相应的抗震构造措施要求。8度Ⅲ、Ⅳ类场地和9度时的内燃式热风炉与燃烧室为钢筒支承的外燃式热风炉，以及7度Ⅲ、Ⅳ类场地和8度、9度时的燃烧室为钢支架支承的外燃式热风炉，均应进行水平地震作用的抗震验算，并应符合相应的抗震构造措施要求。

22.3.3 内燃式热风炉或刚性连通管的外燃式热风炉的基本自振周期可按下式计算：

$$T_1=1.78\sqrt{G_{eq}h^3/[g(EI+E_bI_b)]} \qquad (22.3.3)$$

式中：T_1——热风炉的基本自振周期；

G_{eq}——等效重力荷载，对内燃式热风炉，可取全部重力荷载代表值；对刚性连通管的外燃式热风炉，可取蓄热室的全部重力荷载代表值；

h——炉底至炉顶球壳竖直半径1/2处的高度；

E——钢材的弹性模量；

E_b——内衬砌体的弹性模量；

I、I_b——分别为内燃式热风炉或刚性连通管的外燃式热风炉的蓄热室筒身段的钢壳和内衬砌体的截面惯性矩。

22.3.4 内燃式热风炉或刚性连通管外燃式热风炉的蓄热室和燃烧室的底部总水平地震剪力应按下式计算：

$$V=\nu\alpha_1G_{eq} \qquad (22.3.4)$$

式中：V——热风炉底部总水平地震剪力；

ν——热风炉底部剪力修正系数，可按表22.3.4采用；

α_1——水平地震影响系数；

G_{eq}——炉体的等效重力荷载，对于刚性连通管的外燃式热风炉，应分别采用蓄热室和燃烧室的炉体重力荷载代表值。

表22.3.4 热风炉底部剪力修正系数

场地类别	基本自振周期(s)						
	0.50	0.75	1.00	1.25	1.50	1.75	2.00
Ⅰ	0.80	0.98	1.19	1.19	1.07	0.99	0.94
Ⅱ	0.70	0.80	0.92	1.05	1.19	1.19	1.15
Ⅲ	0.55	0.73	0.80	0.88	0.96	1.00	1.00
Ⅳ	0.42	0.65	0.68	0.71	0.75	0.80	0.85

注：中间值可采用线性插入法计算。

22.3.5 内燃式热风炉或刚性连通管外燃式热风炉的蓄热室和燃烧室的底部总地震弯矩应按下式计算：

$$M=0.5\alpha_1G_{eq}h \qquad (22.3.5)$$

式中：M——热风炉底部总地震弯矩。

22.3.6 炉壳截面抗震验算时，应由炉壳承担炉体全部水平地震作用效应，可不计入内衬分担的地震作用效应。

22.3.7 热风炉结构构件的截面抗震验算，应验算炉壳、炉底与基础或支架顶板的连接和燃烧室、混风室的支承结构等；地震作用标准值效应与其他荷载效应的基本组合，应计入正常生产时的炉内气压和温度作用标准值效应。

22.3.8 燃烧室为钢筒支承的柔性连通管外燃式热风炉结构，其蓄热室和燃烧室结构的抗震验算可按内燃式热风炉的规定执行。

22.3.9 燃烧室为支架支承的柔性连通管外燃式热风炉结构，可仅计算水平地震作用，并宜采用空间结构模型对支架、燃烧室和蓄热室进行整体抗震计算。

22.3.10 炉体底部筒壁与底板连接处应做成圆弧形状或设置加劲肋，并应在炉底内设置耐热钢筋混凝土板等。

炉底与基础或支架顶板的连接宜采取适当的加强措施，烘炉投产后应拧紧炉底连接螺栓。

22.3.11 7度Ⅲ、Ⅳ类场地和8度、9度时，各主要管道与炉体连接处应采取设置加劲肋或局部增大炉壳和管壁厚度等加强措施。9度时，热风主管至各炉体的短管上应设置膨胀器。

22.3.12 位于Ⅲ、Ⅳ类场地或不均匀地基时，每座刚性连通管外燃式热风炉，其蓄热室和燃烧室均应设在同一整片基础上。

22.3.13 外燃式热风炉的燃烧室采用钢支架支承时，支架柱的长细比不应大于$120\sqrt{235/f_y}$；梁、柱截面宽厚比的限值应符合本规范第7章的有关规定；柱脚与基础宜采用固接；当采用铰接柱脚时，应采取抗剪措施。

22.3.14 外燃式热风炉的燃烧室采用钢筋混凝土框架支承时，框架的抗震构造措施应符合本规范第6章的有关规定，6度～8度时应符合二级要求，9度时应符合一级要求，且各柱的纵向钢筋最小配筋率均应符合角柱的规定；不直接承受竖向荷载的框架梁，其截面上部和下部纵向钢筋应等量配置。

22.3.15 热风炉系统框架和余热回收系统框架均宜采用钢结构，其抗震构造措施应符合本规范第7章的有关规定。

22.4 除尘器、洗涤塔

22.4.1 8度Ⅲ、Ⅳ类场地和9度时，重力除尘器宜采用钢支架。

22.4.2 下列结构可不进行抗震验算，但应符合相应的抗震措施要求：

1 除尘器和洗涤塔的筒体结构。

2 6度、7度Ⅰ、Ⅱ类场地时，旋风除尘器的框架结构和重力除尘器的支架结构。

3 6度、7度和8度Ⅰ、Ⅱ类场地时，洗涤塔的支架结构。

22.4.3 旋风除尘器的框架或重力除尘器的支架结构抗震计算宜采用与高炉、粗煤气管组成的空间结构模型，且可仅计算水平地震作用。

22.4.4 重力除尘器和洗涤塔可按单质点体系进行简化计算；除尘器和洗涤塔的总水平地震作用，应作用于筒体的重心处。

22.4.5 重力除尘器和洗涤塔的重力荷载代表值应按本规范第5.1.4条的规定取值，但除尘器筒体内部正常生产时的最大积灰荷载的组合值系数应取1.0。

22.4.6 除尘器和洗涤塔抗震验算时，重力除尘器应计入正常生产时粗煤气管温度变形对除尘器结构的作用效应，洗涤塔和旋风除尘器应计入风荷载效应。

22.4.7 7度Ⅲ、Ⅳ类场地和8度、9度时，旋风除尘器、重力除尘器和洗涤塔应符合下列规定：

1 筒体在支座处应设置水平环梁。

2 筒体与支架以及支架柱脚与基础的连接应采取抗剪措施。

3 管道与筒体的连接处应采取设置加劲肋或局部增加钢壳厚度等加强措施。

4 旋风除尘器框架和重力除尘器钢支架主要支撑杆件的长细比，按压杆设计时不应大于$120\sqrt{235/f_y}$，按拉杆设计时不应大于$150\sqrt{235/f_y}$。

22.4.8 采用钢筋混凝土框架支承时，柱顶宜设置水平环梁。柱顶无水平环梁时，柱头应配置不少于两层直径为8mm的水平焊接钢筋网，钢筋间距不宜大于100mm。框架的抗震构造措施应符合本规范第6章的有关规定，6度～8度时应符合二级要求，9度时应符合一级要求，且各柱的纵向钢筋最小配筋率均应符合角柱的规定；不直接承受竖向荷载的框架梁，其截面上部和下部纵向钢筋应等量配置。

23 尾 矿 坝

23.1 一 般 规 定

23.1.1 本章适用于冶金矿山新建和运行中的尾矿坝抗震设计。

23.1.2 尾矿坝的抗震等级应根据尾矿库容量和尾矿坝坝高，按表23.1.2确定。当尾矿库溃坝将使下游城镇、工矿企业、生命线工程和区域生态环境遭受严重灾害时，尾矿坝的抗震等级应提高一级采用。

表23.1.2 尾矿坝的抗震等级

等级	$V(\times10^8m^3)$	h(m)
一	二级尾矿坝具备提高等级条件者	
二	$V\geqslant1.0$	$h\geqslant100$
三	$0.1\leqslant V<1.0$	$60\leqslant h<100$
四	$0.01\leqslant V<0.1$	$30\leqslant h<60$
五	$V<0.01$	$h<30$

注：1 V为库容，为该使用期设计坝顶标高时尾矿库的全部库容；

2 h为坝高，为该使用期设计坝顶标高与初期坝轴线处坝底高之差；

3 坝高与全库容分级指标分属不同等级时，以其中高的等级为准，当级差大于一级时，按高者降低一级采用。

23.1.3 三级、四级、五级尾矿坝的设计地震动参数，可根据现行国家标准《中国地震动参数区划图》GB 18306的有关规定执行，一级、二级尾矿坝的设计地震动参数应按经批准的场地地震安全性评价结果确定。

23.1.4 尾矿坝坝址应选择在抗震有利地段。未经论证，不应在对抗震不利或危险地段建坝。

23.1.5 6度和7度时，可采用上游式筑坝工艺；8度和9度时，宜采用中线式和下游式筑坝工艺。

23.1.6 6度时，四级、五级尾矿坝可不进行抗震验算，但应符合相应的抗震构造措施要求。

23.1.7 9度时，除应进行抗震验算外，尚应采取专门研究的抗震构造措施。

23.1.8 8度和9度时，一级、二级、三级尾矿坝应同时计入竖向地震作用，竖向地震动参数应取水平地震动参数的2/3。

23.2 计算要点

23.2.1 尾矿坝应按设防地震进行抗震计算。除一级、二级尾矿坝外，设计基本地震加速度应按本规范表3.2.2的规定取值。

23.2.2 尾矿坝的抗震计算应包括地震液化分析和地震稳定分析；一级、二级、三级的尾矿坝，尚应进行地震永久变形分析。

23.2.3 除应对尾矿坝设计坝高进行抗震计算外，尚应对坝体堆筑至1/3～1/2的设计坝高工况进行抗震分析。

23.2.4 运行中的尾矿坝，当实际状态与原设计存在明显不同时，应重新进行抗震验算。

23.2.5 尾矿坝地震液化分析应符合下列规定：

1 四级、五级尾矿坝，可采用简化判别方法。

2 一级、二级、三级尾矿坝，应采用二维或三维时程分析法。

23.2.6 尾矿坝地震液化判别简化计算可采用剪应力对比法，其计算方法可按本规范附录K的规定采用。有成熟经验时，亦可采用其他方法。

23.2.7 采用时程分析法对尾矿坝进行地震液化分析时，应符合本规范附录L的规定。

23.2.8 尾矿坝地震稳定分析宜采用拟静力法，按圆弧法进行验算。但坝体或坝基中存在软弱土层时，尚应验算沿软弱土层滑动的可能性。

23.2.9 9度或一级、二级、三级的尾矿坝，坝体地震稳定分析除应采用拟静力法外，尚应采用时程分析法，综合判断坝体的地震安全性。采用时程分析法计算尾矿坝的地震稳定性时，应符合本规范附录L的规定。

23.2.10 对地震液化区的尾矿坝，尚应验算震后坝体抗滑移稳定性。

23.2.11 采用拟静力法进行地震稳定分析时，可采用瑞典法或简化毕肖普(Bishop)法，亦可采用其他成熟的方法。当采用瑞典条分法进行坝体抗滑移地震稳定性验算时，应符合本规范附录M的规定。

23.2.12 采用瑞典圆弧法进行地震稳定分析时，坝坡抗滑移安全系数不应小于表23.2.12的规定。采用简化毕肖普法计算时，其最小安全系数值应提高5%～10%。

表23.2.12 地震稳定性最小安全系数值

尾矿坝的抗震等级	二级	三级	四级、五级
最小安全系数	1.15	1.10	1.05

23.3 抗震构造措施

23.3.1 上游法筑坝的外坡坡度不宜大于14°。

23.3.2 尾矿坝的干滩长度不应小于坝体高度，且不应小于40m。

23.3.3 一级、二级、三级尾矿坝下游坡面浸润线埋深不宜小于6m，四级、五级尾矿坝不宜小于4m。

23.3.4 提高尾矿坝地震稳定性时，可采取下列抗震构造措施：

1 控制尾矿坝的上升速度。

2 放缓下游坝坡的坡度。

3 在坝基和坝体内部设置排渗设施。

4 在下游坝坡设置排渗井等设施。

5 在坝的下游坡面增设反压体。

6 采用加密法加固下游坝坡和沉积滩。

23.3.5 一级、二级、三级的尾矿坝，应设置坝体变形和浸润线等监测装置。

24 索道支架

24.1 一般规定

24.1.1 本章适用于单线、双线循环式货运索道支架和单线循环式、双线往复式客运索道支架的抗震设计。

24.1.2 索道支架宜采用钢结构，下列情况不宜采用钢筋混凝土结构：

1 支架高度大于15m。

2 8度Ⅲ、Ⅳ类场地或9度。

24.1.3 索道支架的地基和基础应符合本规范第4章的有关规定。

24.2 计算要点

24.2.1 索道支架应按本规范第5章多遇地震确定地震影响系数，并进行地震作用和作用效应计算。

24.2.2 索道支架采用底部剪力法和振型分解反应谱法进行抗震计算时，应符合本规范第5章的有关规定。

24.2.3 索道支架进行抗震计算时，钢筋混凝土支架的结构阻尼比可取0.05，钢支架的结构阻尼比可取0.03。

24.2.4 计算地震作用时，索道支架重力荷载代表值应按本规范第5.1.4条的规定执行，其竖向可变荷载的组合值系数应按下列规定采用：

1 货车或客车的活荷载应取1.0。

2 操作台面活荷载应取0.5，按实际情况计算时应取1.0。

3 雪荷载应取0.5。

24.2.5 沿索道方向和垂直于索道方向应分别计算支架的水平地

震作用，并应进行抗震验算。

24.2.6 支架的纵向水平地震作用，对单线索道可不计入索系对支架的影响；对双线索道，可将承载索的自重集中于支架顶部计算。

24.2.7 计算支架的横向水平地震作用时，应按不计入索系影响计算结果的80%和计入索系影响的计算结果的较大值采用。

24.2.8 支架计入索系影响的横向水平地震作用计算应符合下列规定：

1 支架结构可简化为单质点体系，索系及其上的货车或客车可简化为悬吊于支架顶端的单摆系统(图24.2.8)。

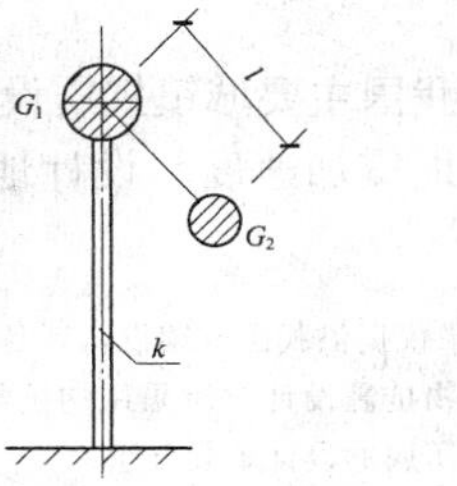

图24.2.8 索道支架横向计算简图

2 在支架顶部集中的重力荷载代表值，应取支架结构构件自重标准值的50%、固定设备自重标准值和竖向可变荷载的组合值之和。

3 索系的重力荷载代表值应取支架两侧跨间钢索自重标准值和竖向可变荷载的组合值之和的1/2。

4 计入索系影响的支架横向水平地震作用和作用效应，应按本规范第5.2.2条的规定计算。其中结构体系的横向自振周期和各振型的水平相对位移应按下列公式计算：

1)结构体系的横向自振周期：

$$T_j=\frac{2\pi}{\omega_j}\quad(j=1,2)\tag{24.2.8-1}$$

$$\omega_{1,2}=\sqrt{\frac{g(Kl+G_1+G_2)}{2G_1 l}\left(1\mp\sqrt{1-4KlG_1/(Kl+G_1+G_2)^2}\right)}\tag{24.2.8-2}$$

$$l=\frac{2}{3}\left(\frac{G_{2l}f_l+G_{2r}f_r}{G_{2l}+G_{2r}}\right)\tag{24.2.8-3}$$

式中：T_j——结构体系j振型的横向自振周期(s)；

ω_j——结构体系j振型的横向自振圆频率(s^{-1})；

$\omega_{1,2}$——结构体系第一、第二振型的横向自振圆频率(s^{-1})；

K——支架的横向侧移刚度(N/m)；

l——索系等效摆长(m)；

G_1、G_2——分别为支架和索系的总重力荷载代表值；

G_{2l}、G_{2r}——分别为支架两侧索系的总重力荷载代表值(N)；

f_l、f_r——分别为支架两侧索系的垂度(m)；

g——重力加速度(m/s^2)。

2)结构体系横向各振型的质点水平相对位移：

$$X_{11}=1;X_{12}=\frac{K-\omega_1^2 G_1/g}{G_2/l}\tag{24.2.8-4}$$

$$X_{21}=1;X_{22}=\frac{K-\omega_2^2 G_1/g}{G_2/l}\tag{24.2.8-5}$$

式中：X_{11}、X_{22}——分别为结构第一振型质点1和第二振型质点2的水平相对位移；

X_{12}、X_{21}——分别为结构第一振型质点2和第二振型质点1的水平相对位移。

24.2.9 8度和9度时，应计入索系竖向地震作用对支架的影响，竖向地震作用标准值可采用索系总重力荷载代表值乘以竖向地震作用系数，竖向地震作用系数可按本规范表5.3.2采用。

24.2.10 8度和9度时，支架的水平地震作用效应应分别乘以1.05和1.10的增大系数。

24.2.11 支架的地震作用标准值效应与其他荷载效应的基本组合应按下式计算：

$$S=\gamma_G S_{GE}+\gamma_{Eh}S_{Ek}+\gamma_{Ev}S_{Evk}+\gamma_w\psi_w S_{wk}+\gamma_t\psi_t S_{tk}+\gamma_q\psi_q S_{qk}\tag{24.2.11}$$

式中：γ_q——索系作用的分项系数，应取1.4；

ψ_q——索系作用的组合值系数，应取1.0；

S_{qk}——索系作用效应。

24.3 抗震构造措施

24.3.1 7度～9度时，钢支架立柱的长细比不宜大于$60\sqrt{235/f_y}$，腹杆的长细比不宜大于$80\sqrt{235/f_y}$。6度时，钢支架各杆件的长细比均不宜大于$120\sqrt{235/f_y}$。

24.3.2 钢筋混凝土支架的混凝土强度等级不应低于C30。

24.3.3 钢支架应符合本规范第7章有关框架抗震构造措施的规定。

24.3.4 钢筋混凝土单柱支架应符合下列规定：

1 6度、7度及8度Ⅰ、Ⅱ的类场地，且支架高度不大于10m时，应符合本规范第6章钢筋混凝土框架抗震等级二级有关柱的抗震构造措施要求。

2 8度Ⅰ、Ⅱ类场地且支架高度大于10m但不大于15m时，应符合本规范第6章钢筋混凝土框架抗震等级一级有关柱的抗震构造措施要求。

3 7度、8度时，支架柱的箍筋宜全高加密。

24.3.5 格构式钢支架的横隔设置应符合下列规定：

1 支架坡度改变处应设置横隔。

2 8度时，横隔间距不应大于2个节间的高度，且不应大于12m；9度时，横隔间距不应大于1个节间的高度，且不应大于6m。

25 挡土结构

25.1 一般规定

25.1.1 本章适用于重力式挡土墙和浅埋式刚性边墙的抗震设计。

25.1.2 重力式挡土墙和浅埋式刚性边墙可采用拟静力法进行抗震计算。

25.1.3 9度且高度超过15m的重力式挡土墙应进行专门研究和论证。

25.2 地震土压力计算

25.2.1 墙体与墙后填土之间不产生相对位移的重力式挡土墙，可采用中性状态时的地震土压力，其合力和合力作用点的高度可分别按下列公式计算：

$$E_0=\frac{1}{2}\gamma H^2 K_E\tag{25.2.1-1}$$

$$K_E=\frac{2\cos^2(\phi-\beta-\theta)}{\cos^2(\phi-\beta-\theta)+\cos\theta\cos^2\beta\cos(\delta_0+\beta+\theta)\left[1+\sqrt{\frac{\sin(\phi+\delta_0)\sin(\phi-\alpha-\theta)}{\cos(\delta_0+\beta+\theta)\cos(\beta-\alpha)}}\right]^2}\tag{25.2.1-2}$$

$$h=\frac{H}{3}(2-\cos\theta)\tag{25.2.1-3}$$

式中：E_0——中性状态时的地震土压力合力；

K_E——中性状态时的地震土压力系数；

θ——挡土墙的地震角，可按表25.2.1取值；

h——地震土压力合力作用点距墙踵的高度；

H——挡土墙后填土的高度；

γ——墙后填土的重度；

ϕ——墙后填土的有效内摩擦角；

δ_0——中性状态时的墙背摩擦角，可取实际墙背摩擦角的半值，或取墙后填土 ϕ 值的 1/6；

α——墙后填土表面与水平面的夹角；

β——墙背面与铅锤面的夹角。

表 25.2.1 挡土墙的地震角 θ

类别	7 度		8 度		9 度
	0.10g	0.15g	0.20g	0.30g	0.40g
水上	1.5°	2.3°	3.0°	4.5°	6°
水下	2.5°	3.8°	5.0°	7.5°	10°

25.2.2 墙体可能产生侧向位移的重力式挡土墙，可采用主动地震土压力，其合力可按下列公式计算：

$$E_a=\frac{1}{2}\gamma H^2K_{Ea} \qquad (25.2.2\text{-}1)$$

$$K_{Ea}=\frac{\cos^2(\phi-\beta-\theta)}{\cos\theta\cos^2\beta\cos(\beta+\delta+\theta)\left[1+\sqrt{\dfrac{\sin(\phi+\delta)\sin(\phi-\alpha-\theta)}{\cos(\beta+\delta+\theta)\cos(\beta-\alpha)}}\right]^2} \qquad (25.2.2\text{-}2)$$

式中：E_a——主动地震土压力合力；

K_{Ea}——主动地震土压力系数；

δ——墙背摩擦角，可根据墙背的粗糙程度，在 $(1/3\sim1/2)\phi$ 范围取值；合力作用点的位置可按本规范式(25.2.1-3)确定。

25.2.3 埋深不大于 10m 的浅埋式刚性边墙，地震时作用在结构两侧边墙上的土压力(含静土压力)，一侧应为主动地震土压力，另一侧应为被动地震土压力，其各侧的合力可分别按下列公式计算。地震土压力合力作用点的位置可按本规范式(25.2.1-3)确定：

$$P_a=\frac{1}{2}\gamma H^2\frac{\cos^2(\phi+\theta)}{\cos\theta\cos(\delta-\theta)\left[1+\sqrt{\dfrac{\sin(\phi+\delta)\sin(\phi+\theta)}{\cos(\delta-\theta)}}\right]^2} \qquad (25.2.3\text{-}1)$$

$$P_p=\frac{1}{2}\gamma H^2\frac{4\cos^2(\phi-\theta)}{3\cos^2(\phi-\theta)+\cos\theta\cos(\delta+\theta)\left[1+\sqrt{\dfrac{\sin(\phi+\delta)\sin(\phi-\theta)}{\cos(\delta+\theta)}}\right]^2} \qquad (25.2.3\text{-}2)$$

式中：P_a——主动地震土压力合力；

P_p——被动地震土压力合力。

25.2.4 当边墙与均质地基土之间产生相对位移时，可采用本规范附录 N 的方法计算地震土压力 $p(z)_E$ 的大小及沿刚性边墙深度的分布。

25.3 计算要点

25.3.1 重力式挡土墙在地震作用下的抗滑移稳定性和抗倾覆稳定性应进行验算，其抗滑移稳定性的安全系数不应小于 1.1，抗倾覆稳定性的安全系数不应小于 1.2。

25.3.2 重力式挡土墙的整体滑动稳定性验算可采用圆弧滑动面法。

25.3.3 重力式挡土墙的地基承载力验算除应符合本规范第 4.2 节的规定外，基底合力的偏心距不应大于基础宽度的 0.25 倍。

25.4 抗震构造措施

25.4.1 挡土墙的后填土应采取排水措施，可采用点排水、线排水或面排水。

25.4.2 8 度和 9 度时，重力式挡土墙不得采用干砌片石砌筑。7 度时，挡土墙可采用干砌片石砌筑，但墙高不应大于 3m。

25.4.3 邻近甲、乙、丙类构筑物的重力式挡土墙，不应采用干砌片(块)石砌筑。

25.4.4 浆砌片(块)石重力式挡土墙的高度，8 度时不宜超过 12m，9 度时不宜超过 10m；超过 10m 时，应采用混凝土整体浇筑。

25.4.5 混凝土重力式挡土墙的施工缝和衡重式挡土墙的转折截面处应设置榫头或采用短钢筋连接，榫头的面积不应小于总截面面积的 20%。

25.4.6 同类土层上建造的重力式挡土墙，伸缩缝间距不宜大于 15m。在地基土质或墙高变化较大处应设置沉降缝。

25.4.7 挡土墙的基础不应直接设在液化土或软土地基上。不可避免时，可采用换土、加大基底面积或采取砂桩、碎石桩等地基加固措施。当采用桩基时，桩尖应伸入稳定土层。

附录 A 我国主要城镇抗震设防烈度、设计基本地震加速度和设计地震分组

A.0.1 本附录仅提供我国抗震设防区各县级及县级以上城镇的中心地区构筑物抗震设计时所采用的抗震设防烈度、设计基本地震加速度值和所属的设计地震分组。

A.0.2 首都和直辖市的抗震设防烈度、设计基本地震加速度值和所属的设计地震分组应符合下列规定：

1 抗震设防烈度为 8 度，设计基本地震加速度值为 0.20g：

第一组：北京(东城、西城、朝阳、丰台、石景山、海淀、房山、通州、顺义、大兴、平谷)，延庆；天津(汉沽)，宁河。

2 抗震设防烈度为 7 度，设计基本地震加速度值为 0.15g：

第二组：北京(昌平、门头沟、怀柔)，密云；天津(和平、河东、河西、南开、河北、红桥、塘沽、东丽、西青、津南、北辰、武清、宝坻)，蓟县，静海。

3 抗震设防烈度为 7 度，设计基本地震加速度值为 0.10g：

第一组：上海(黄浦、徐汇、长宁、静安、普陀、闸北、虹口、杨浦、闵行、宝山、嘉定、浦东、松江、青浦、奉贤)；

第二组：天津(大港)。

4 抗震设防烈度为 6 度，设计基本地震加速度值为 0.05g：

第一组：上海(金山)，崇明；重庆(渝中、大渡口、江北、沙坪坝、九龙坡、南岸、北碚、万盛、双桥、渝北、巴南、万州、涪陵、黔江、长寿、江津、合川、永川、南川)，巫山，奉节，云阳，忠县，丰都，壁山，铜梁，大足，荣昌，綦江，石柱，巫溪*。

注：*指该城镇的中心位于本设防区和较低设防区的分界线，下同。

A.0.3 河北省的抗震设防烈度、设计基本地震加速度值和的设计地震分组应符合下列规定：

1 抗震设防烈度为 8 度，设计基本地震加速度值为 0.20g：

第一组：唐山(路北、路南、古冶、开平、丰润、丰南)，三河，大厂，香河，怀来，涿鹿；

第二组：廊坊(广阳、安次)。

2 抗震设防烈度为 7 度，设计基本地震加速度值为 0.15g：

第一组：邯郸(丛台、邯山、复兴、峰峰矿区)，任丘，河间，大城，滦县，蔚县，磁县，宣化县，张家口(下花园、宣化区)，宁晋*；

第二组：涿州，高碑店，涞水，固安，永清，文安，玉田，迁安，卢龙，滦南，唐海，乐亭，阳原，邯郸县，大名，临漳，成安。

3 抗震设防烈度为 7 度，设计基本地震加速度值为 0.10g：

第一组：张家口(桥西、桥东)，万全，怀安，安平，饶阳，晋州，深州，辛集，赵县，隆尧，任县，南和，新河，肃宁，柏乡；

第二组：石家庄(长安、桥东、桥西、新华、裕华、井陉矿区)，保定(新市、北市、南市)，沧州(运河、新华)，邢台(桥东、桥西)，衡水，霸州，雄县，易县，沧县，张北，兴隆，迁西，抚宁，昌黎，青县，献县，广宗，平乡，鸡泽，曲周，肥乡，馆陶，广平，高邑，内丘，邢台县，武安，涉县，赤城，定兴，容城，徐水，安新，高阳，博野，蠡县，深泽，魏县，藁城，栾城，武强，冀州，巨鹿，沙河，临城，泊头，永年，崇礼，南

宫*；

第三组：秦皇岛（海港、北戴河），清苑，遵化，安国，涞源，承德（鹰手营子*）。

4 抗震设防烈度为6度，设计基本地震加速度值为0.05g：

第一组：围场，沽源；

第二组：正定，尚义，无极，平山，鹿泉，井陉县，元氏，南皮，吴桥，景县，东光；

第三组：承德（双桥、双滦），秦皇岛（山海关），承德县，隆化，宽城，青龙，阜平，满城，顺平，唐县，望都，曲阳，定州，行唐，赞皇，黄骅，海兴，孟村，盐山，阜城，故城，清河，新乐，武邑，枣强，威县，丰宁，滦平，平泉，临西，灵寿，邱县。

A.0.4 山西省的抗震设防烈度、设计基本地震加速度值和所属的设计地震分组应符合下列规定：

1 抗震设防烈度为8度，设计基本地震加速度值为0.20g：

第一组：太原（杏花岭、小店、迎泽、尖草坪、万柏林、晋源），晋中，清徐，阳曲，忻州，定襄，原平，介休，灵石，汾西，代县，霍州，古县，洪洞，临汾，襄汾，浮山，永济；

第二组：祁县，平遥，太谷。

2 抗震设防烈度为7度，设计基本地震加速度值为0.15g：

第一组：大同（城区、矿区、南郊），大同县，怀仁，应县，繁峙，五台，广灵，灵丘，芮城，翼城；

第二组：朔州（朔城区），浑源，山阴，古交，交城，文水，汾阳，孝义，曲沃，侯马，新绛，稷山，绛县，河津，万荣，闻喜，临猗，夏县，运城，平陆，沁源*，宁武*。

3 抗震设防烈度为7度，设计基本地震加速度值为0.10g：

第一组：阳高，天镇；

第二组：大同（新荣），长治（城区、郊区），阳泉（城区、矿区、郊区），长治县，左云，右玉，神池，寿阳，昔阳，安泽，平定，和顺，乡宁，垣曲，黎城，潞城，壶关；

第三组：平顺，榆社，武乡，娄烦，交口，隰县，蒲县，吉县，静乐，陵川，盂县，沁水，沁县，沁水，朔州（平鲁）。

4 抗震设防烈度为6度，设计基本地震加速度值为0.05g：

第三组：偏关，河曲，保德，兴县，临县，方山，柳林，五寨，岢岚，岚县，中阳，石楼，永和，大宁，晋城，吕梁，左权，襄垣，屯留，长子，高平，阳城，泽州。

A.0.5 内蒙古自治区的抗震设防烈度、设计基本地震加速度值和所属的设计地震分组应符合下列规定：

1 抗震设防烈度为8度，设计基本地震加速度值为0.30g：

第一组：土墨特右旗，达拉特旗*。

2 抗震设防烈度为8度，设计基本地震加速度值为0.20g：

第一组：呼和浩特（新城、回民、玉泉、赛罕），包头（昆都仑、东河、青山、九原），乌海（海勃湾、海南、乌达），土墨特左旗，杭锦后旗，磴口，宁城；

第二组：包头（石拐），托克托*。

3 抗震设防烈度为7度，设计基本地震加速度值为0.15g：

第一组：赤峰（红山*，元宝山区），喀喇沁旗，巴彦卓尔，五原，乌拉特前旗，凉城；

第二组：固阳，武川，和林格尔；

第三组：阿拉善左旗。

4 抗震设防烈度为7度，设计基本地震加速度值为0.10g：

第一组：赤峰（松山区），察右前旗，开鲁，傲汉旗，扎兰屯，通辽*；

第二组：清水河，乌兰察布，卓资，丰镇，乌特拉后旗，乌特拉中旗；

第三组：鄂尔多斯，准格尔旗。

5 抗震设防烈度为6度，设计基本地震加速度值为0.05g：

第一组：满洲里，新巴尔虎右旗，莫力达瓦旗，阿荣旗，扎赉特旗，翁牛特旗，商都，乌审旗，科左中旗，科左后旗，奈曼旗，库伦旗，苏尼特右旗；

第二组：兴和，察右后旗；

第三组：达尔罕茂明安联合旗，阿拉善右旗，鄂托克旗，鄂托克前旗，包头（白云矿区），伊金霍洛旗，杭锦旗，四王子旗，察右中旗。

A.0.6 辽宁省的抗震设防烈度、设计基本地震加速度值和所属的设计地震分组应符合下列规定：

1 抗震设防烈度为8度，设计基本地震加速度值为0.20g：

第一组：普兰店，东港。

2 抗震设防烈度为7度，设计基本地震加速度值为0.15g：

第一组：营口（站前、西市、鲅鱼圈、老边），丹东（振兴、元宝、振安），海城，大石桥，瓦房店，盖州，大连（金州）。

3 抗震设防烈度为7度，设计基本地震加速度值为0.10g：

第一组：沈阳（沈河、和平、大东、皇姑、铁西、苏家屯、东陵、沈北、于洪），鞍山（铁东、铁西、立山、千山），朝阳（双塔、龙城），辽阳（白塔、文圣、宏伟、弓长岭、太子河），抚顺（新抚、东洲、望花），铁岭（银州、清河），盘锦（兴隆台、双台子），盘山，朝阳县，辽阳县，铁岭县，北票，建平，开原，抚顺县*，灯塔，台安，辽中，大洼；

第二组：大连（西岗、中山、沙河口、甘井子、旅顺），岫岩，凌源。

4 抗震设防烈度为6度，设计基本地震加速度值为0.05g：

第一组：本溪（平山、溪湖、明山、南芬），阜新（细河、海州、新邱、太平、清河门），葫芦岛（龙港、连山），昌图，西丰，法库，彰武，调兵山，阜新县，康平，新民，黑山，北宁，义县，宽甸，庄河，长海，抚顺（顺城）；

第二组：锦州（太和、古塔、凌河），凌海，凤城，喀喇沁左翼；

第三组：兴城，绥中，建昌，葫芦岛（南票）。

A.0.7 吉林省的抗震设防烈度、设计基本地震加速度值和所属的设计地震分组应符合下列规定：

1 抗震设防烈度为8度，设计基本地震加速度值为0.20g：

前郭尔罗斯，松原。

2 抗震设防烈度为7度，设计基本地震加速度值为0.15g：

大安*。

3 抗震设防烈度为7度，设计基本地震加速度值为0.10g：

长春（难关、朝阳、宽城、二道、绿园、双阳），吉林（船营、龙潭、昌邑、丰满），白城，乾安，舒兰，九台，永吉*。

4 抗震设防烈度为6度，设计基本地震加速度值为0.05g：

四平（铁西、铁东），辽源（龙山、西安），镇赉，洮南，延吉，汪清，图们，珲春，龙井，和龙，安图，蛟河，桦甸，梨树，磐石，东丰，辉南，梅河口，东辽，榆树，靖宇，抚松，长岭，德惠，农安，伊通，公主岭，扶余，通榆*。

注：全省县级及县级以上设防城镇，设计地震分组均为第一组。

A.0.8 黑龙江省的抗震设防烈度、设计基本地震加速度值和所属的设计地震分组应符合下列规定：

1 抗震设防烈度为7度，设计基本地震加速度值为0.10g：

绥化，萝北，泰来。

2 抗震设防烈度为6度，设计基本地震加速度值为0.05g：

哈尔滨（松北、道里、南岗、道外、香坊、平房、呼兰、阿城），齐齐哈尔（建华、龙沙、铁锋、昂昂溪、富拉尔基、梅里斯、碾子山），大庆（萨尔图、龙凤、让胡路、大同、红岗），鹤岗（向阳、兴山、工农、南山、兴安、东山），牡丹江（东安、爱民、阳明、西安），鸡西（鸡冠、恒山、滴道、梨树、城子河、麻山），佳木斯（前进、向阳、东风、郊区），七台河（桃山、新兴、茄子河），伊春（伊春区，乌马、友好），鸡东，望奎，穆棱，绥芬河，东宁，宁安，五大连池，嘉荫，汤原，桦南，桦川，依兰，勃利，通河，方正，木兰，巴彦，延寿，尚志，宾县，安达，明水，绥棱，庆安，兰西，肇东，肇州，双城，五常，讷河，北安，甘南，富裕，龙江，黑河，肇源，青冈*，海林*。

注：全省县级及县级以上设防城镇，设计地震分组均为第一组。

A.0.9 江苏省的抗震设防烈度、设计基本地震加速度值和所属的设计地震分组应符合下列规定：

1 抗震设防烈度为8度，设计基本地震加速度值为0.30g：

第一组：宿迁（宿城、宿豫*）。

2 抗震设防烈度为8度，设计基本地震加速度值为0.20g：

第一组：新沂，邳州，睢宁。

3 抗震设防烈度为7度，设计基本地震加速度值为0.15g：

第一组：扬州（维扬、广陵、邗江），镇江（京口、润州），泗洪，江都；

第二组：东海，沭阳，大丰。

4 抗震设防烈度为7度，设计基本地震加速度值为0.10g：

第一组：南京（玄武、白下、秦淮、建邺、鼓楼、下关、浦口、六合、栖霞、雨花台、江宁），常州（新北、钟楼、天宁、戚墅堰、武进），泰州（海陵、高港），江浦，东台，海安，姜堰，如皋，扬中，仪征，兴化，高邮，六合，句容，丹阳，金坛，镇江（丹徒），溧阳，溧水，昆山，太仓；

第二组：徐州（云龙、鼓楼、九里、贾汪、泉山），铜山，沛县，淮安（清河、青浦、淮阴），盐城（亭湖、盐都），泗阳，盱眙，射阳，赣榆，如东；

第三组：连云港（新浦、连云、海州），灌云。

5 抗震设防烈度为6度，设计基本地震加速度值为0.05g：

第一组：无锡（崇安、南长、北塘、滨湖、惠山），苏州（金阊、沧浪、平江、虎丘、吴中、相成），宜兴，常熟，吴江，泰兴，高淳；

第二组：南通（崇川、港闸），海门，启东，通州，张家港，靖江，江阴，无锡（锡山），建湖，洪泽，丰县；

第三组：响水，滨海，阜宁，宝应，金湖，灌南，涟水，楚州。

A.0.10 浙江省的抗震设防烈度、设计基本地震加速度值和所属的设计地震分组应符合下列规定：

1 抗震设防烈度为7度，设计基本地震加速度值为0.10g：

第一组：岱山，嵊泗，舟山（定海、普陀），宁波（北仑、镇海）。

2 抗震设防烈度为6度，设计基本地震加速度值为0.05g：

第一组：杭州（拱墅、上城、下城、江干、西湖、滨江、余杭、萧山），宁波（海曙、江东、江北、鄞州），湖州（吴兴、南浔），嘉兴（南湖、秀洲），温州（鹿城、龙湾、瓯海），绍兴，绍兴县，长兴，安吉，临安，奉化，象山，德清，嘉善，平湖，海盐，桐乡，海宁，上虞，慈溪，余姚，富阳，平阳，苍南，乐清，永嘉，泰顺，景宁，云和，洞头；

第二组：庆元，瑞安。

A.0.11 安徽省的抗震设防烈度、设计基本地震加速度值和所属的设计地震分组应符合下列规定：

1 抗震设防烈度为7度，设计基本地震加速度值为0.15g：

第一组：五河，泗县。

2 抗震设防烈度为7度，设计基本地震加速度值为0.10g：

第一组：合肥（蜀山、庐阳、瑶海、包河），蚌埠（蚌山、龙子湖、禹会、淮山），阜阳（颍州、颍东、颍泉），淮南（田家庵、大通），枞阳，怀远，长丰，六安（金安、裕安），固镇，凤阳，明光，定远，肥东，肥西，舒城，庐江，桐城，霍山，涡阳，安庆（大观、迎江、宜秀），铜陵县*；

第二组：灵璧。

3 抗震设防烈度为6度，设计基本地震加速度值为0.05g：

第一组：铜陵（铜官山、狮子山、郊区），淮南（谢家集、八公山、潘集），芜湖（镜湖、戈江、三江、鸠江），马鞍山（花山、雨山、金家庄），芜湖县，界首，太和，临泉，阜南，利辛，凤台，寿县，颍上，霍邱，金寨，含山，和县，当涂，无为，繁昌，池州，岳西，潜山，太湖，怀宁，望江，东至，宿松，南陵，宣城，郎溪，广德，泾县，青阳，石台；

第二组：滁州（琅琊、南谯），来安，全椒，砀山，萧县，蒙城，亳州，巢湖，天长；

第三组：濉溪，淮北，宿州。

A.0.12 福建省的抗震设防烈度、设计基本地震加速度值和所属的设计地震分组应符合下列规定：

1 抗震设防烈度为8度，设计基本地震加速度值为0.20g：

第二组：金门*。

2 抗震设防烈度为7度，设计基本地震加速度值为0.15g：

第一组：漳州（芗城、龙文），东山，诏安，龙海；

第二组：厦门（思明、海沧、湖里、集美、同安、翔安），晋江，石狮，长泰，漳浦；

第三组：泉州（丰泽、鲤城、洛江、泉港）。

3 抗震设防烈度为7度，设计基本地震加速度值为0.10g：

第二组：福州（鼓楼、台江、仓山、晋安），华安，南靖，平和，云宵；

第三组：莆田（城厢、涵江、荔城、秀屿），长乐，福清，平潭，惠安，南安，安溪，福州（马尾）。

4 抗震设防烈度为6度，设计基本地震加速度值为0.05g：

第一组：三明（梅列、三元），屏南，霞浦，福鼎，福安，柘荣，寿宁，周宁，松溪，宁德，古田，罗源，沙县，尤溪，闽清，闽侯，南平，大田，漳平，龙岩，泰宁，宁化，长汀，武平，建宁，将乐，明溪，清流，连城，上杭，永安，建瓯；

第二组：政和，永定；

第三组：连江，永泰，德化，永春，仙游，马祖。

A.0.13 江西省的抗震设防烈度、设计基本地震加速度值和所属的设计地震分组应符合下列规定：

1 抗震设防烈度为7度，设计基本地震加速度值为0.10g：

寻乌，会昌。

2 抗震设防烈度为6度，设计基本地震加速度值为0.05g：

南昌（东湖、西湖、青云谱、湾里、青山湖），南昌县，九江（浔阳、庐山），九江县，进贤，余干，彭泽，湖口，星子，瑞昌，德安，都昌，武宁，修水，靖安，铜鼓，宜丰，宁都，石城，瑞金，安远，定南，龙南，全南，大余。

注：全省县级及县级以上设防城镇，设计地震分组均为第一组。

A.0.14 山东省的抗震设防烈度、设计基本地震加速度值和所属的设计地震分组应符合下列规定：

1 抗震设防烈度为8度，设计基本地震加速度值为0.20g：

第一组：郯城，临沭，莒南，莒县，沂水，安丘，阳谷，临沂（河东）。

2 抗震设防烈度为7度，设计基本地震加速度值为0.15g：

第一组：临沂（兰山、罗庄），青州，临朐，菏泽，东明，聊城，莘县，鄄城；

第二组：潍坊（奎文、潍城、寒亭、坊子），苍山，沂南，昌邑，昌乐，诸城，五莲，长岛，蓬莱，龙口，枣庄（台儿庄），淄博（临淄*），寿光*。

3 抗震设防烈度为7度，设计基本地震加速度值为0.10g：

第一组：烟台（莱山、芝罘、牟平），威海，文登，高唐，茌平，定陶，成武；

第二组：烟台（福山），枣庄（薛城、市中、峄城、山亭*），淄博（张店、淄川、周村），平原，东阿，平阴，梁山，郓城，巨野，曹县，广饶，博兴，高青，桓台，蒙阴，费县，微山，禹城，冠县，单县*，夏津*，莱芜（莱城*、钢城）；

第三组：东营（东营、河口），日照（东港、岚山），沂源，招远，新泰，栖霞，莱州，平度，高密，垦利，淄博（博山），滨州*，平邑*。

4 抗震设防烈度为6度，设计基本地震加速度值为0.05g：

第一组：荣成；

第二组：德州，宁阳，曲阜，邹城，鱼台，乳山，兖州；

第三组：济南（市中、历下、槐荫、天桥、历城、长清），青岛（市南、市北、四方、黄岛、崂山、城阳、李沧），泰安（泰山、岱岳），济宁（市中、任城），乐陵，庆云，无棣，阳信，宁津，沾化，利津，武城，惠民，商河，临邑，济阳，齐河，章丘，泗水，莱阳，海阳，金乡，滕州，莱西，即墨，胶南，胶州，东平，汶上，嘉祥，临清，肥城，陵县，邹平。

A.0.15 河南省的抗震设防烈度、设计基本地震加速度值和所属的设计地震分组应符合下列规定：

1 抗震设防烈度为8度，设计基本地震加速度值为0.20g：

第一组：新乡（卫滨、红旗、凤泉、牧野），新乡县，安阳（北关、文峰、殷都、龙安），安阳县，淇县，卫辉，辉县，原阳，延津，获嘉，范县；

第二组：鹤壁（淇滨、山城*、鹤山*），汤阴。

2 抗震设防烈度为7度，设计基本地震加速度值为0.15g：

第一组：台前，南乐，陕县，武陟；

第二组：郑州（中原、二七、管城、金水、惠济），濮阳，濮阳县，长垣，封丘，修武，内黄，浚县，滑县，清丰，灵宝，三门峡，焦作（马村*），林州*。

3 抗震设防烈度为7度，设计基本地震加速度值为0.10g：

第一组：南阳（卧龙、宛城），新密，长葛，许昌*，许昌县*；

第二组：郑州（上街），新郑，洛阳（西工、老城、瀍河、涧西、吉利、洛龙*），焦作（解放、山阳、中站），开封（鼓楼、龙亭、顺河、禹王台、金明），开封县，民权，兰考，孟州，孟津，巩义，偃师，沁阳，博爱，济源，荥阳，温县，中牟，杞县*。

4 抗震设防烈度为6度，设计基本地震加速度值为0.05g：

第一组：信阳（浉河、平桥），漯河（郾城、源汇、召陵），平顶山（新华、卫东、湛河、石龙），汝阳，禹州，宝丰，鄢陵，扶沟，太康，鹿邑，郸城，沈丘，项城，淮阳，周口，商水，上蔡，临颍，西华，西平，栾川，内乡，镇平，唐河，邓州，新野，社旗，平舆，新县，驻马店，泌阳，汝南，桐柏，淮滨，息县，正阳，遂平，光山，罗山，潢川，商城，固始，南召，叶县*，舞阳*；

第二组：商丘（梁园、睢阳），义马，新安，襄城，郏县，嵩县，宜阳，伊川，登封，柘城，尉氏，通许，虞城，夏邑，宁陵；

第三组：汝州，睢县，永城，卢氏，洛宁，渑池。

A.0.16 湖北省的抗震设防烈度、设计基本地震加速度值和所属的设计地震分组应符合下列规定：

1 抗震设防烈度为7度，设计基本地震加速度值为0.10g：

竹溪，竹山，房县。

2 抗震设防烈度为6度，设计基本地震加速度值为0.05g：

武汉（江岸、江汉、硚口、汉阳、武昌、青山、洪山、东西湖、汉南、蔡甸、江夏、黄陂、新洲），荆州（沙市、荆州），荆门（东宝、掇刀），襄樊（襄城、樊城、襄阳），十堰（茅箭、张湾），宜昌（西陵、伍家岗、点军、猇亭、夷陵），黄石（下陆、黄石港、西塞山、铁山），恩施，咸宁，麻城，团风，罗田，英山，黄冈，鄂州，浠水，蕲春，黄梅，武穴，郧西，郧县，丹江口，谷城，老河口，宜城，南漳，保康，神农架，钟祥，沙洋，远安，兴山，巴东，秭归，当阳，建始，利川，公安，宣恩，咸丰，长阳，嘉鱼，大冶，宜都，枝江，松滋，江陵，石首，监利，洪湖，孝感，应城，云梦，天门，仙桃，红安，安陆，潜江，通山，赤壁，崇阳，通城，五峰*，京山*。

注：全省县级及县级以上设防城镇，设计地震分组均为第一组。

A.0.17 湖南省的抗震设防烈度、设计基本地震加速度值和所属的设计地震分组应符合下列规定：

1 抗震设防烈度为7度，设计基本地震加速度值为0.15g：

常德（武陵、鼎城）。

2 抗震设防烈度为7度，设计基本地震加速度值为0.10g：

岳阳（岳阳楼、君山*），岳阳县，汨罗，湘阴，临澧，澧县，津市，桃源，安乡，汉寿。

3 抗震设防烈度为6度，设计基本地震加速度值为0.05g：

长沙（岳麓、芙蓉、天心、开福、雨花），长沙县，岳阳（云溪），益阳（赫山、资阳），张家界（永定、武陵源），郴州（北湖、苏仙），邵阳（大祥、双清、北塔），邵阳县，泸溪，沅陵，娄底，宜章，资兴，平江，宁乡，新化，冷水江，涟源，双峰，新邵，邵东，隆回，石门，慈利，华容，南县，临湘，沅江，桃江，望城，溆浦，会同，靖州，韶山，江华，宁远，道县，临武，湘乡*，安化*，中方*，洪江*。

注：全省县级及县级以上设防城镇，设计地震分组均为第一组。

A.0.18 广东省的抗震设防烈度、设计基本地震加速度值和所属的设计地震分组应符合下列规定：

1 抗震设防烈度为8度，设计基本地震加速度值为0.20g：

汕头（金平、濠江、龙湖、澄海），潮安，南澳，徐闻，潮州*。

2 抗震设防烈度为7度，设计基本地震加速度值为0.15g：

揭阳，揭东，汕头（潮阳、潮南），饶平。

3 抗震设防烈度为7度，设计基本地震加速度值为0.10g：

广州（越秀、荔湾、海珠、天河、白云、黄埔、番禺、南沙、萝岗），深圳（福田、罗湖、南山、宝安、盐田），湛江（赤坎、霞山、坡头、麻章），汕尾，海丰，普宁，惠来，阳江，阳东，阳西，茂名（茂南、茂港），化州，廉江，遂溪，吴川，丰顺，中山，珠海（香洲、斗门、金湾），电白，雷州，佛山（顺德、南海、禅城*），江门（蓬江、江海、新会）*，陆丰*。

4 抗震设防烈度为6度，设计基本地震加速度值为0.05g：

韶关（浈江、武江、曲江），肇庆（端州、鼎湖），广州（花都），深圳（龙岗），河源，揭西，东源，梅州，东莞，清远，清新，南雄，仁化，始兴，乳源，英德，佛冈，龙门，龙川，平远，从化，梅县，兴宁，五华，紫金，陆河，增城，博罗，惠州（惠城、惠阳），惠东，四会，云浮，云安，高要，佛山（三水、高明），鹤山，封开，郁南，罗定，信宜，新兴，开平，恩平，台山，阳春，高州，翁源，连平，和平，蕉岭，大埔，新丰*。

注：全省县级及县级以上设防城镇，除大埔为设计地震第二组外，均为第一组。

A.0.19 广西壮族自治区的抗震设防烈度、设计基本地震加速度值和所属的设计地震分组应符合下列规定：

1 抗震设防烈度为7度，设计基本地震加速度值为0.15g：

灵山，田东。

2 抗震设防烈度为7度，设计基本地震加速度值为0.10g：

玉林，兴业，横县，北流，百色，田阳，平果，隆安，浦北，博白，乐业*。

3 抗震设防烈度为6度，设计基本地震加速度值为0.05g：

南宁（青秀、兴宁、江南、西乡塘、良庆、邕宁），桂林（象山、叠彩、秀峰、七星、雁山），柳州（柳北、城中、鱼峰、柳南），梧州（长洲、万秀、蝶山），钦州（钦南、钦北），贵港（港北、港南），防城港（港口、防城），北海（海城、银海），兴安，灵川，临桂，永福，鹿寨，天峨，东兰，巴马，都安，大化，马山，融安，象州，武宣，桂平，平南，上林，宾阳，武鸣，大新，扶绥，东兴，合浦，钟山，贺州，藤县，苍梧，容县，岑溪，陆川，凤山，凌云，田林，隆林，西林，德保，靖西，那坡，天等，崇左，上思，龙州，宁明，融水，凭祥，全州。

注：全自治区县级及县级以上设防城镇，设计地震分组均为第一组。

A.0.20 海南省的抗震设防烈度、设计基本地震加速度值和所属的设计地震分组应符合下列规定：

1 抗震设防烈度为8度，设计基本地震加速度值为0.30g：

海口（龙华、秀英、琼山、美兰）。

2 抗震设防烈度为8度，设计基本地震加速度值为0.20g：

文昌，定安。

3 抗震设防烈度为7度，设计基本地震加速度值为0.15g：

澄迈。

4 抗震设防烈度为7度，设计基本地震加速度值为0.10g：

临高，琼海，儋州，屯昌。

5 抗震设防烈度为6度，设计基本地震加速度值为0.05g：

三亚，万宁，昌江，白沙，保亭，陵水，东方，乐东，五指山，琼中。

注：全省县级及县级以上设防城镇，除屯昌、琼中为设计地震第二组外，均为第一组。

A.0.21 四川省的抗震设防烈度、设计基本地震加速度值和所属的设计地震分组应符合下列规定：

1 抗震设防烈度不低于9度，设计基本地震加速度值不小于0.40g：

第二组：康定，西昌。

2 抗震设防烈度为8度，设计基本地震加速度值为0.30g：

第二组：冕宁*。

3 抗震设防烈度为8度，设计基本地震加速度值为0.20g：

第一组：茂县，汶川，宝兴；

第二组：松潘，平武，北川（震前），都江堰，道孚，泸定，甘孜，炉霍，喜德，普格，宁南，理塘；

第三组：九寨沟，石棉，德昌。

4 抗震设防烈度为7度，设计基本地震加速度值为0.15g：

第二组：巴塘，德格，马边，雷波，天全，芦山，丹巴，安县，青川，江油，绵竹，什邡，彭州，理县，剑阁*；

第三组：荥经，汉源，昭觉，布拖，甘洛，越西，雅江，九龙，木里，盐源，会东，新龙。

5 抗震设防烈度为7度，设计基本地震加速度值为0.10g：

第一组：自贡（自流井、大安、贡井、沿滩）；

第二组：绵阳（涪城、游仙），广元（利州、元坝、朝天），乐山（市中、沙湾），宜宾，宜宾县，峨边，沐川，屏山，得荣，雅安，中江，德阳，罗江，峨眉山，马尔康；

第三组：成都（青羊、锦江、金牛、武侯、成华、龙泉驿、青白江、新都、温江），攀枝花（东区、西区、仁和），若尔盖，色达，壤塘，石渠，白玉，盐边，米易，乡城，稻城，双流，乐山（金口河、五通桥），名山，美姑，金阳，小金，会理，黑水，金川，洪雅，夹江，邛崃，蒲江，彭山，丹棱，眉山，青神，郫县，大邑，崇州，新津，金堂，广汉。

6 抗震设防烈度为6度，设计基本地震加速度值为0.05g：

第一组：泸州（江阳、纳溪、龙马潭），内江（市中、东兴），宣汉，达州，达县，大竹，邻水，渠县，广安，华蓥，隆昌，富顺，南溪，兴文，叙永，古蔺，资中，通江，万源，巴中，阆中，仪陇，西充，南部，射洪，大英，乐至，资阳；

第二组：南江，苍溪，旺苍，盐亭，三台，简阳，泸县，江安，长宁，高县，珙县，仁寿，威远；

第三组：犍为，荣县，梓潼，筠连，井研，阿坝，红原。

A.0.22 贵州省的抗震设防烈度、设计基本地震加速度值和所属的设计地震分组应符合下列规定：

1 抗震设防烈度为7度，设计基本地震加速度值为0.10g：

第一组：望谟；

第三组：威宁。

2 抗震设防烈度为6度，设计基本地震加速度值为0.05g：

第一组：贵阳（南明、云岩、花溪、小河、乌当*、白云*），凯里，毕节，安顺，都匀，黄平，福泉，贵定，麻江，清镇，龙里，平坝，纳雍，织金，普定，六枝，镇宁，惠水，长顺，关岭，紫云，罗甸，兴仁，贞丰，安龙，金沙，印江，赤水，习水，思南*；

第二组：六盘水，水城，册亨；

第三组：赫章，普安，晴隆，兴义，盘县。

A.0.23 云南省的抗震设防烈度、设计基本地震加速度值和所属的设计地震分组应符合下列规定：

1 抗震设防烈度不低于9度，设计基本地震加速度值不小于0.40g：

第二组：寻甸，昆明（东川）；

第三组：澜沧。

2 抗震设防烈度为8度，设计基本地震加速度值为0.30g：

第二组：剑川，嵩明，宜良，丽江，玉龙，鹤庆，永胜，潞西，龙陵，石屏，建水；

第三组：耿马，双江，沧源，勐海，西盟，孟连。

3 抗震设防烈度为8度，设计基本地震加速度值为0.20g：

第二组：石林，玉溪，大理，巧家，江川，华宁，峨山，通海，洱源，宾川，弥渡，祥云，会泽，南涧；

第三组：昆明（盘龙、五华、官渡、西山），普洱，保山，马龙，呈贡，澄江，晋宁，易门，漾濞，巍山，云县，腾冲，施甸，瑞丽，梁河，安宁，景洪，永德，镇康，临沧，凤庆*，陇川*。

4 抗震设防烈度为7度，设计基本地震加速度值为0.15g：

第二组：香格里拉，泸水，大关，永善，新平*；

第三组：曲靖，弥勒，陆良，富民，禄劝，武定，兰坪，云龙，景谷，宁洱（原普洱），沾益，个旧，红河，元江，禄丰，双柏，开远，盈江，永平，昌宁，宁蒗，南华，楚雄，勐腊，华坪，景东*。

5 抗震设防烈度为7度，设计基本地震加速度值为0.10g：

第二组：盐津，绥江，德钦，贡山，水富；

第三组：昭通，彝良，鲁甸，福贡，永仁，大姚，元谋，姚安，牟定，墨江，绿春，镇沅，江城，金平，富源，师宗，泸西，蒙自，元阳，维西，宣威。

6 抗震设防烈度为6度，设计基本地震加速度值为0.05g：

第一组：威信，镇雄，富宁，西畴，麻栗坡，马关；

第二组：广南；

第三组：丘北，砚山，屏边，河口，文山，罗平。

A.0.24 西藏自治区的抗震设防烈度、设计基本地震加速度值和所属的设计地震分组应符合下列规定：

1 抗震设防烈度不低于9度，设计基本地震加速度值不小于0.40g：

第三组：当雄，墨脱。

2 抗震设防烈度为8度，设计基本地震加速度值为0.30g：

第二组：申扎；

第三组：米林，波密。

3 抗震设防烈度为8度，设计基本地震加速度值为0.20g：

第二组：普兰，聂拉木，萨嘎；

第三组：拉萨，堆龙德庆，尼木，仁布，尼玛，洛隆，隆子，错那，曲松，那曲，林芝（八一镇），林周。

4 抗震设防烈度为7度，设计基本地震加速度值为0.15g：

第二组：札达，吉隆，拉孜，谢通门，亚东，洛扎，昂仁；

第三组：日土，江孜，康马，白朗，扎囊，措美，桑日，加查，边坝，八宿，丁青，类乌齐，乃东，琼结，贡嘎，朗县，达孜，南木林，班戈，浪卡子，墨竹工卡，曲水，安多，聂荣，日喀则*，噶尔*。

5 抗震设防烈度为7度，设计基本地震加速度值为0.10g：

第一组：改则；

第二组：措勤，仲巴，定结，芒康；

第三组：昌都，定日，萨迦，岗巴，巴青，工布江达，索县，比如，嘉黎，察雅，左贡，察隅，江达，贡觉。

6 抗震设防烈度为6度，设计基本地震加速度值为0.05g：

第二组：革吉。

A.0.25 陕西省的抗震设防烈度、设计基本地震加速度值和所属的设计地震分组应符合下列规定：

1 抗震设防烈度为8度，设计基本地震加速度值为0.20g：

第一组：西安（未央、莲湖、新城、碑林、灞桥、雁塔、阎良*、临潼），渭南，华县，华阴，潼关，大荔；

第三组：陇县。

2 抗震设防烈度为7度，设计基本地震加速度值为0.15g：

第一组：咸阳（秦都、渭城），西安（长安），高陵，兴平，周至，户县，蓝田；

第二组：宝鸡（金台、渭滨、陈仓），咸阳（杨凌特区），千阳，岐山，凤翔，扶风，武功，眉县，三原，富平，澄城，蒲城，泾阳，礼泉，韩城，合阳，略阳；

第三组：凤县。

3 抗震设防烈度为7度，设计基本地震加速度值为0.10g：

第一组：安康，平利；

第二组：洛南，乾县，勉县，宁强，南郑，汉中；

第三组：白水，淳化，麟游，永寿，商洛（商州），太白，留坝，铜川（耀州、王益、印台*），柞水*。

4 抗震设防烈度为6度，设计基本地震加速度值为0.05g：

第一组：延安，清涧，神木，佳县，米脂，绥德，安塞，延川，延长，志丹，甘泉，商南，紫阳，镇巴，子长*，子洲*；

第二组：吴旗，富县，旬阳，白河，岚皋，镇坪；

第三组：定边，府谷，吴堡，洛川，黄陵，旬邑，洋县，西乡，石泉，汉阴，宁陕，城固，宜川，黄龙，宜君，长武，彬县，佛坪，镇安，丹凤，山阳。

A.0.26 甘肃省的抗震设防烈度、设计基本地震加速度值和所属的设计地震分组应符合下列规定：

1 抗震设防烈度不低于9度，设计基本地震加速度值不小于0.40g：

第二组：古浪。

2 抗震设防烈度为8度，设计基本地震加速度值为0.30g：

第二组：天水（秦州、麦积），礼县，西和；

第三组：白银（平川区）。

3 抗震设防烈度为8度，设计基本地震加速度值为0.20g：

第二组：宕昌，肃北，陇南，成县，徽县，康县，文县；

第三组：兰州（城关、七里河、西固、安宁），武威，永登，天祝，景泰，靖远，陇西，武山，秦安，清水，甘谷，漳县，会宁，静宁，庄浪，张家川，通渭，华亭，两当，舟曲。

4 抗震设防烈度为7度，设计基本地震加速度值为0.15g：

第二组：康乐，嘉峪关，玉门，酒泉，高台，临泽，肃南；

第三组：白银（白银区），兰州（红古区），永靖，岷县，东乡，和政，广河，临潭，卓尼，迭部，临洮，渭源，皋兰，崇信，榆中，定西，金昌，阿克塞，民乐，永昌，平凉。

5 抗震设防烈度为7度，设计基本地震加速度值为0.10g：

第二组：张掖，合作，玛曲，金塔；

第三组：敦煌，瓜洲，山丹，临夏，临夏县，夏河，碌曲，泾川，灵台，民勤，镇原，环县，积石山。

6 抗震设防烈度为6度，设计基本地震加速度值为0.05g：

第三组：华池，正宁，庆阳，合水，宁县，西峰。

A.0.27 青海省的抗震设防烈度、设计基本地震加速度值和所属的设计地震分组，应符合下列规定：

1 抗震设防烈度为8度，设计基本地震加速度值为0.20g：

第二组：玛沁；

第三组：玛多，达日。

2 抗震设防烈度为7度，设计基本地震加速度值为0.15g：

第二组：祁连；

第三组：甘德，门源，治多，玉树。

3 抗震设防烈度为7度，设计基本地震加速度值为0.10g：

第二组：乌兰，称多，杂多，囊谦；

第三组：西宁（城中、城东、城西、城北），同仁，共和，德令哈，海晏，湟源，湟中，平安，民和，化隆，贵德，尖扎，循化，格尔木，贵南，同德，河南，曲麻莱，久治，班玛，天峻，刚察，大通，互助，乐都，都兰，兴海。

4 抗震设防烈度为6度，设计基本地震加速度值为0.05g：

第三组：泽库。

A.0.28 宁夏回族自治区的抗震设防烈度、设计基本地震加速度值和所属的设计地震分组应符合下列规定：

1 抗震设防烈度为8度，设计基本地震加速度值为0.30g：

第二组：海原。

2 抗震设防烈度为8度，设计基本地震加速度值为0.20g：

第一组：石嘴山（大武口、惠农），平罗；

第二组：银川（兴庆、金凤、西夏），吴忠，贺兰，永宁，青铜峡，泾源，灵武，固原；

第三组：西吉，中宁，中卫，同心，隆德。

3 抗震设防烈度为7度，设计基本地震加速度值为0.15g：

第三组：彭阳。

4 抗震设防烈度为6度，设计基本地震加速度值为0.05g：

第三组：盐池。

A.0.29 新疆维吾尔自治区的抗震设防烈度、设计基本地震加速度值和所属的设计地震分组应符合下列规定：

1 抗震设防烈度不低于9度，设计基本地震加速度值不小于0.40g：

第三组：乌恰，塔什库尔干。

2 抗震设防烈度为8度，设计基本地震加速度值为0.30g：

第三组：阿图什，喀什，疏附。

3 抗震设防烈度为8度，设计基本地震加速度值为0.20g：

第一组：巴里坤；

第二组：乌鲁木齐（天山、沙依巴克、新市、水磨沟、头屯河、米东），乌鲁木齐县，温宿，阿克苏，柯坪，昭苏，特克斯，库车，青河，富蕴，乌什*；

第三组：尼勒克，新源，巩留，精河，乌苏，奎屯，沙湾，玛纳斯，石河子，克拉玛依（独山子），疏勒，伽师，阿克陶，英吉沙。

4 抗震设防烈度为7度，设计基本地震加速度值为0.15g：

第一组：木垒*；

第二组：库尔勒，新和，轮台，和静，焉耆，博湖，巴楚，拜城，昌吉，阜康*；

第三组：伊宁，伊宁县，霍城，呼图壁，察布查尔，岳普湖。

5 抗震设防烈度为7度，设计基本地震加速度值为0.10g：

第一组：鄯善；

第二组：乌鲁木齐（达坂城），吐鲁番，和田，和田县，吉木萨尔，洛浦，奇台，伊吾，托克逊，和硕，尉犁，墨玉，策勒，哈密*；

第三组：五家渠，克拉玛依（克拉玛依区），博乐，温泉，阿合奇，阿瓦提，沙雅，图木舒克，莎车，泽普，叶城，麦盖堤，皮山。

6 抗震设防烈度为6度，设计基本地震加速度值为0.05g：

第一组：额敏，和布克赛尔；

第二组：于田，哈巴河，塔城，福海，克拉玛依（马尔禾）；

第三组：阿勒泰，托里，民丰，若羌，布尔津，吉木乃，裕民，克拉玛依（白碱滩），且末，阿拉尔。

A.0.30 港澳特区和台湾省的抗震设防烈度、设计基本地震加速度值和所属的设计地震分组应符合下列规定：

1 抗震设防烈度不低于9度，设计基本地震加速度值不小于0.40g：

第二组：台中；

第三组：苗栗，云林，嘉义，花莲。

2 抗震设防烈度为8度，设计基本地震加速度值为0.30g：

第二组：台南；

第三组：台北，桃园，基隆，宜兰，台东，屏东。

3 抗震设防烈度为8度，设计基本地震加速度值为0.20g：

第三组：高雄，澎湖。

4 抗震设防烈度为7度，设计基本地震加速度值为0.15g：

第一组：香港。

5 抗震设防烈度为7度，设计基本地震加速度值为0.10g：

第一组：澳门。

附录B 土层剪切波速的确定

B.0.1 甲类、乙类构筑物应根据原位测试结果确定土层的剪切波速值。

B.0.2 丙类构筑物可根据实测土层标准贯入值和土层上覆压力，按下式计算土层剪切波速值：

$$v_{si} = aN^{m}\sigma_{v}^{k} \quad (B.0.2)$$

式中：v_{si}——第 i 土层的剪切波速（m/s）；

N——标准贯入锤击数；

σ_v——土层上覆压力(kPa)；

a、m、k——计算系数(指数)，可按表 B.0.2 采用。

表 B.0.2　计算系数(指数)a、m、k 的取值

计算系数	土的类别			
	黏性土	粉土	粉砂、细砂、中砂	粗砂、砾砂
a	62.50	107.13	84.63	70.97
m	0.288	0.078	0.179	0.227
k	0.286	0.236	0.229	0.223

B.0.3　丁类构筑物，当缺少当地土层剪切波速的经验公式时，可由岩土性状按下式估计土层剪切波速值：

$$v_{si}=ch_{si}^{b} \tag{B.0.3}$$

式中：v_{si}——第 i 土层的剪切波速(m/s)；

h_{si}——第 i 层土中点处的深度(m)；

c、b——土层剪切波速计算系数和计算指数，可按表B.0.3采用。

表 B.0.3　计算系数 a、b 的取值

岩土性状	计算系数	土的类别			
		黏性土	粉细砂	中砂、粗砂	卵石、砾砂、碎石
固结较差的流塑、软塑黏性土，松散、稍密的砂土	c b	70 0.300	90 0.243	80 0.280	—
软塑、可塑黏性土，中密或稍密的砂，砾、卵、碎石土	c b	100 0.300	120 0.243	120 0.280	170 0.243
硬塑、坚硬黏性土，密实的砂、卵、碎石土	c b	130 0.300	150 0.243	150 0.280	200 0.243
再胶结的砂，砾、卵、碎石，风化岩石	c b	300～500 0			

附录C　框排架结构按平面计算的条件及地震作用空间效应的调整系数

C.0.1　钢筋混凝土框排架结构，当同时符合下列条件时，可按横向或纵向多质点平面结构计算：

1　7度和8度。

2　结构类型和吊车设置应符合表 C.0.1-1～表 C.0.1-8 中结构简图要求，且结构高度不大于图中规定值。

3　柱距 6m。

4　无檩体系屋盖。

5　框排架结构跨度总和的适用范围应符合下列规定：

1)表 C.0.1-1、表 C.0.1-2 适用于 15m～27m；

2)表 C.0.1-3、表 C.0.1-4 适用于 38m～50m；

3)表 C.0.1-5、表 C.0.1-6 适用于 54m～66m；

4)表 C.0.1-7、表 C.0.1-8 适用于 45m～57m。

表 C.0.1-1　框排架结构纵向计算时柱的空间效应调整系数(一)

柱列	上段柱 结构纵向长度(m)			中段柱 结构纵向长度(m)			下段柱 结构纵向长度(m)			结构简图
	30	42	54	30	42	54	30	42	54	
A	1.3	1.3	1.3	0.8	0.8	0.8	0.8	0.8	0.8	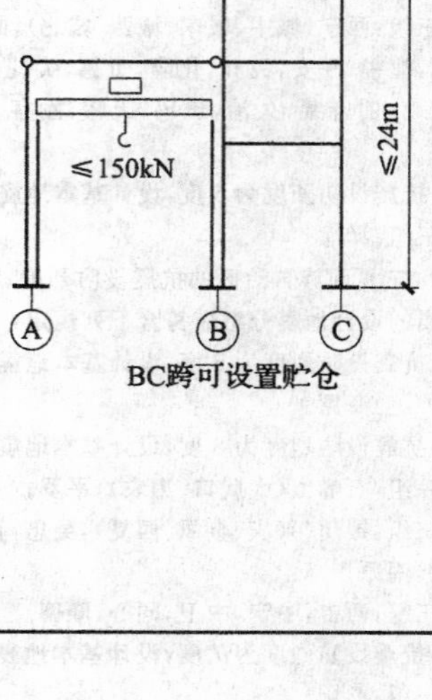BC跨可设置贮仓
B	1.3	1.3	1.3	0.9	0.9	0.9	0.9	0.9	0.9	
C	1.3	1.3	1.3	1.0	1.0	1.0	0.9	0.9	0.9	

注：中间值可采用线性内插法确定

表 C.0.1-2　框排架结构横向计算时柱的空间效应调整系数（一）

山墙	柱段	结构纵向长度(m)								
		30			42			54		
		A	B	C	A	B	C	A	B	C
一端有山墙	上段柱	1.5	1.1	1.1	1.5	1.3	1.3	1.5	1.5	1.5
	中段柱	1.0	1.2	1.2	1.0	1.3	1.3	1.1	1.3	1.3
	下段柱	1.3	1.1	1.1	1.3	1.2	1.2	1.3	1.3	1.3
两端有山墙	上段柱	1.5	1.3	1.3	1.5	1.3	1.3	1.5	1.4	1.4
	中段柱	1.0	1.1	1.1	1.0	1.1	1.1	1.2	1.2	1.2
	下段柱	1.2	1.1	1.1	1.2	1.1	1.1	1.2	1.2	1.2

结构简图

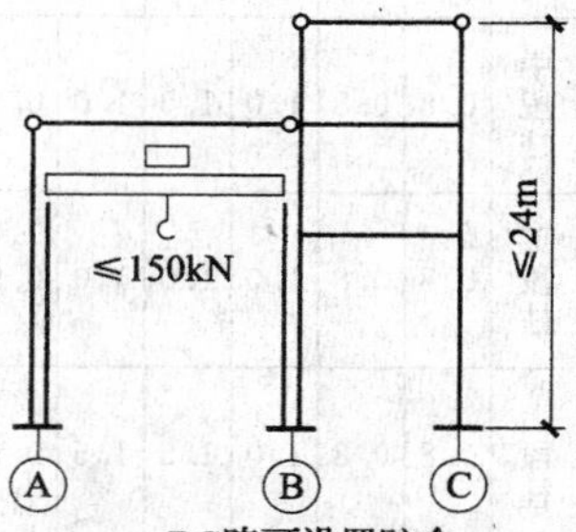

BC跨可设置贮仓

注：中间值可采用线性内插法确定。

表 C.0.1-3　框排架结构纵向计算时柱的空间效应调整系数(二)

柱列	上段柱 结构纵向长度(m)			中段柱 结构纵向长度(m)			下段柱 结构纵向长度(m)		
	30	42	54	30	42	54	30	42	54
A	0.8	0.8	0.8	0.8	0.8	0.8	0.9	0.9	0.9
B	0.8	0.8	0.8	0.8	0.8	0.8	0.9	0.9	0.9
C	1.0	1.0	1.0	0.8	0.8	0.8	0.9	0.9	0.9
D	1.1	1.1	1.1	1.1	1.1	1.1	1.2	1.2	1.2
E	1.3	1.3	1.3	1.3	1.3	1.3	1.3	1.3	1.3

结构简图

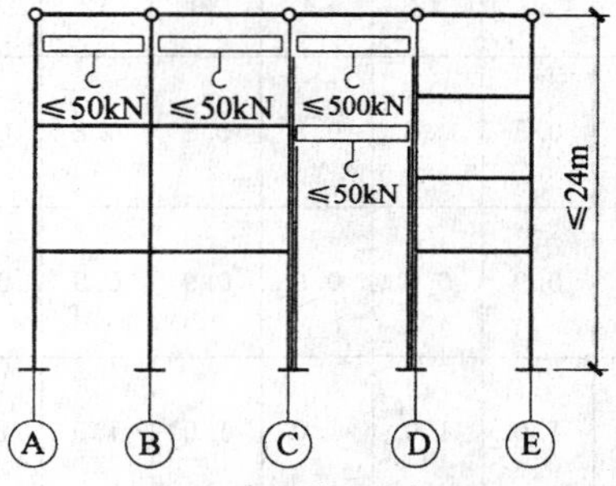

DE跨可设置贮仓

注：中间值可采用线性内插法确定。

表 C.0.1-4 框排架结构横向计算时柱的空间效应调整系数(二)

山墙	柱段	结构纵向长度(m)														
		30					42					54				
		A	B	C	D	E	A	B	C	D	E	A	B	C	D	E
一端有山墙	上段柱	0.8	0.8	1.0	1.5	1.5	0.9	0.9	1.0	1.5	1.5	0.9	0.9	1.0	1.5	1.5
	中段柱	0.8	0.8	1.0	1.0	1.0	0.9	0.9	1.0	1.0	1.0	1.0	1.0	1.0	1.0	1.0
	下段柱	0.8	0.8	1.0	1.0	1.0	0.9	0.9	1.0	1.1	1.1	0.9	0.9	1.0	1.1	1.1
两端有山墙	上段柱	0.8	0.8	1.0	1.5	1.5	0.9	0.9	1.0	1.5	1.5	0.9	0.9	1.0	1.5	1.5
	中段柱	0.8	0.8	1.0	0.9	0.9	0.8	0.8	0.9	0.9	1.0	0.9	0.9	0.9	0.9	0.9
	下段柱	0.9	0.9	1.0	1.0	1.0	0.9	0.9	1.0	1.1	1.1	0.9	0.9	1.0	1.0	1.0

结构简图

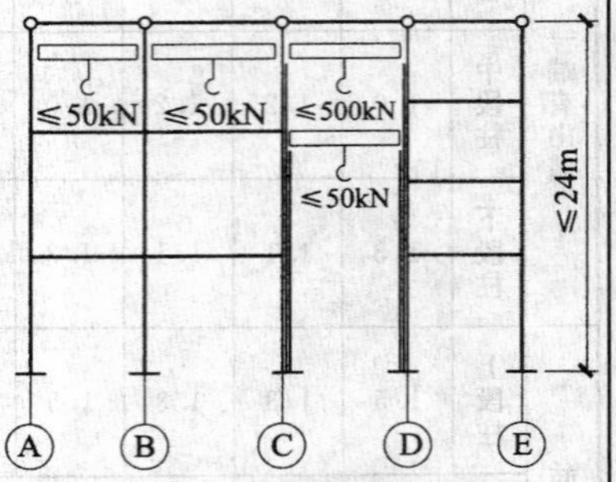

DE跨可设置贮仓

注：中间值可采用线性内插法确定。

表 C.0.1-5 框排架结构纵向计算时柱的空间效应调整系数（三）

柱列	上段柱			中段柱			下段柱		
	结构纵向长度（m）			结构纵向长度（m）			结构纵向长度（m）		
	30	42	54	30	42	54	30	42	54
A	0.8	0.8	0.8	0.8	0.8	0.8	0.8	0.8	0.8
B	0.9	0.9	0.9	0.9	0.9	0.9	0.9	0.9	0.9
C	1.0	1.0	1.0	1.0	1.0	1.0	1.0	1.0	1.0
D	1.3	1.3	1.3	1.0	1.0	1.0	1.0	1.0	1.0
E	1.3	1.3	1.3	0.8	0.8	0.8	1.1	1.1	1.1

结构简图

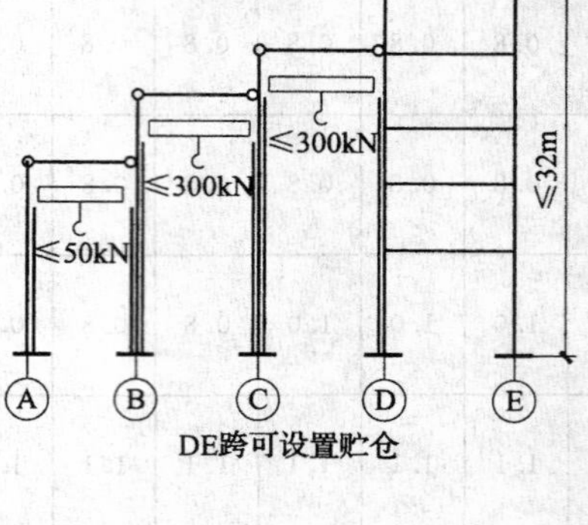

DE跨可设置贮仓

注：中间值可采用线性内插法确定。

表 C.0.1-6　框排架结构横向计算时柱的空间效应调整系数(三)

山墙	柱段	结构纵向长度(m) 30 A	30 B	30 C	30 D	30 E	42 A	42 B	42 C	42 D	42 E	54 A	54 B	54 C	54 D	54 E
一端有山墙	上段柱	1.5	1.1	1.4	0.9	0.9	1.4	1.2	1.4	0.9	0.9	1.3	1.3	1.4	1.0	1.0
	中段柱	1.2	1.1	1.4	0.9	0.9	1.2	1.3	1.4	1.0	1.0	1.1	1.5	1.4	1.1	1.1
	下段柱	1.3	1.0	1.0	1.0	1.0	1.2	1.0	1.1	1.0	1.0	1.1	1.1	1.2	1.1	1.1
两端有山墙	上段柱	1.5	1.1	1.3	0.8	0.8	1.4	1.2	1.3	0.8	0.8	1.3	1.3	1.3	0.9	0.9
	中段柱	1.2	1.1	1.3	0.8	0.8	1.2	1.3	1.3	0.9	0.9	1.1	1.4	1.4	1.0	1.0
	下段柱	1.2	0.9	0.9	0.9	0.9	1.2	0.9	1.0	0.9	0.9	1.1	1.1	1.1	1.0	1.0

结构简图

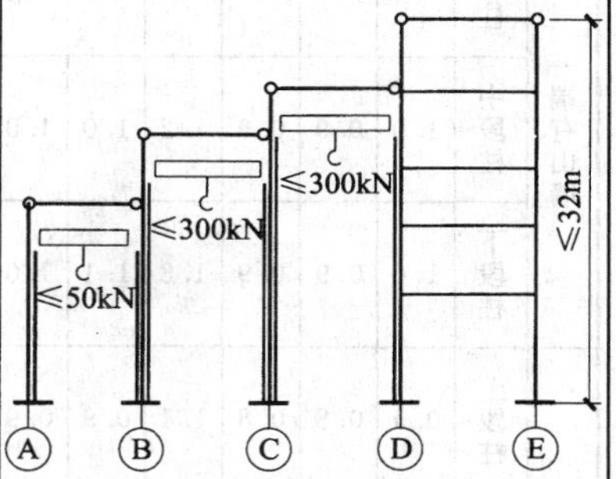

DE跨可设置贮仓

注：中间值可采用线性内插法确定。

表 C.0.1-7　框排架结构纵向计算时柱的空间效应调整系数(四)

柱列	上段柱 结构纵向长度(m) 30	上段柱 42	上段柱 54	中段柱 结构纵向长度(m) 30	中段柱 42	中段柱 54	下段柱 结构纵向长度(m) 30	下段柱 42	下段柱 54
A	0.8	0.8	0.8	0.8	0.8	0.8	0.9	0.9	0.9
B	0.8	0.8	0.8	0.9	0.9	0.9	1.0	1.0	1.0
C	0.8	0.8	0.8	0.9	0.9	0.9	1.0	1.0	1.0
D	0.8	0.8	0.8	0.9	0.9	0.9	0.9	0.9	0.9

结构简图

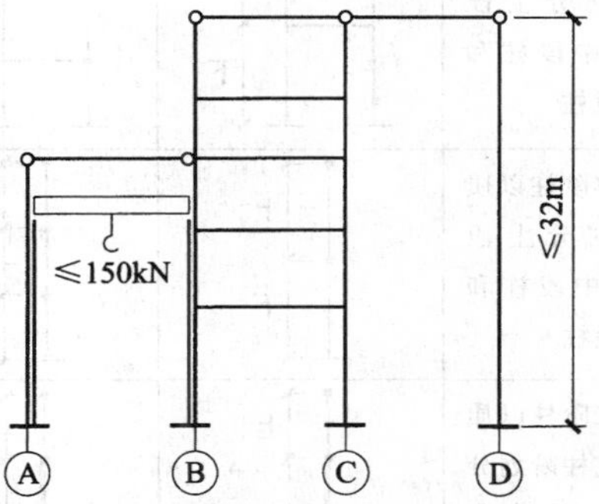

BC跨可设置贮仓

注：中间值可采用线性内插法确定。

表 C.0.1-8　框排架结构横向计算时柱的空间效应调整系数（四）

<table>
<tr><td rowspan="3">山墙</td><td rowspan="3">柱段</td><td colspan="12">结构纵向长度(m)</td><td rowspan="3">结构简图</td></tr>
<tr><td colspan="4">30</td><td colspan="4">42</td><td colspan="4">54</td></tr>
<tr><td>A</td><td>B</td><td>C</td><td>D</td><td>A</td><td>B</td><td>C</td><td>D</td><td>A</td><td>B</td><td>C</td><td>D</td></tr>
<tr><td rowspan="3">一端有山墙</td><td>上段柱</td><td>1.0</td><td>0.8</td><td>0.8</td><td>1.5</td><td>1.0</td><td>0.9</td><td>0.9</td><td>1.3</td><td>1.1</td><td>1.0</td><td>1.0</td><td>1.1</td><td rowspan="6">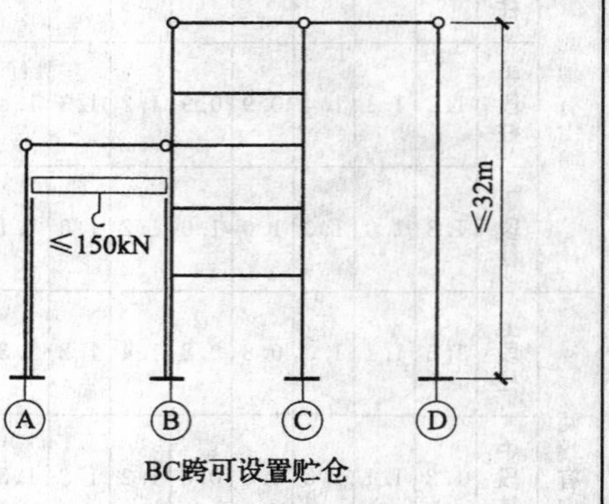</td></tr>
<tr><td>中段柱</td><td>1.0</td><td>0.9</td><td>0.9</td><td>1.2</td><td>1.0</td><td>1.0</td><td>1.0</td><td>1.1</td><td>1.1</td><td>1.0</td><td>1.0</td><td>1.1</td></tr>
<tr><td>下段柱</td><td>1.0</td><td>0.9</td><td>0.9</td><td>1.3</td><td>1.1</td><td>1.0</td><td>1.0</td><td>1.2</td><td>1.1</td><td>1.0</td><td>1.0</td><td>1.1</td></tr>
<tr><td rowspan="3">两端有山墙</td><td>上段柱</td><td>0.9</td><td>0.8</td><td>0.8</td><td>1.4</td><td>0.9</td><td>0.9</td><td>0.9</td><td>1.2</td><td>1.0</td><td>0.9</td><td>0.9</td><td>1.1</td></tr>
<tr><td>中段柱</td><td>0.9</td><td>0.8</td><td>0.8</td><td>1.1</td><td>1.0</td><td>0.9</td><td>0.9</td><td>1.0</td><td>1.0</td><td>0.9</td><td>0.9</td><td>1.0</td></tr>
<tr><td>下段柱</td><td>1.0</td><td>0.8</td><td>0.9</td><td>1.2</td><td>1.0</td><td>0.9</td><td>0.9</td><td>1.1</td><td>1.0</td><td>0.9</td><td>0.9</td><td>1.0</td></tr>
</table>

注：中间值可采用线性内插法确定。

C.0.2　按平面结构计算时，应符合下列规定：

1　应采用振型分解反应谱法，其振型数不应少于6个。

2　不应计入墙体刚度、双向水平地震作用和扭转影响。

3　周期调整系数，横向可取0.9，无纵墙时纵向可取0.9，有纵墙时纵向可取0.8。

4　柱的地震作用效应应乘以表C.0.1-1～表C.0.1-8中相应的空间效应调整系数，框架梁端的空间效应调整系数可取其上柱和下柱的空间效应调整系数的平均值。

C.0.3　钢筋混凝土框排架柱，其柱段划分可按表C.0.3确定。

表 C.0.3　框排架柱的柱段划分

柱的形式	柱段划分
框架柱以层间划分上段柱、中段柱和下段柱	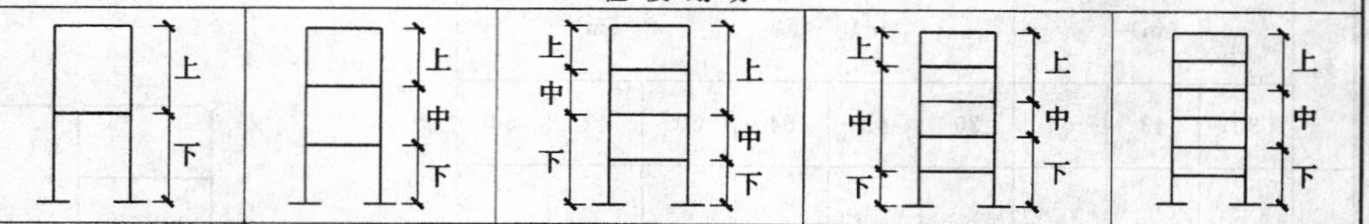
单阶柱以质点划分上段柱、中段柱和下段柱	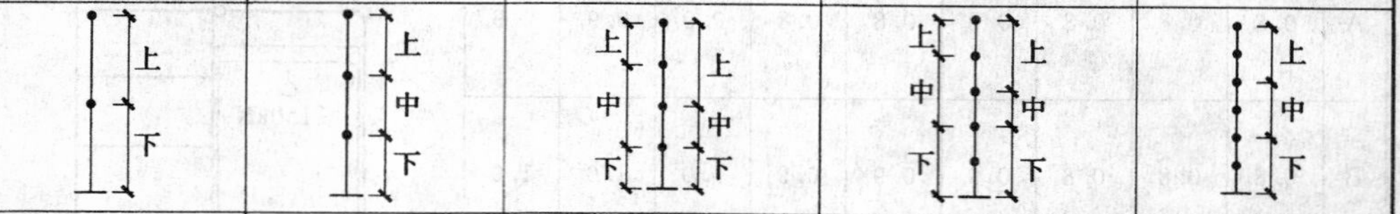
二阶柱以质点或柱阶划分上段柱、中段柱和下段柱	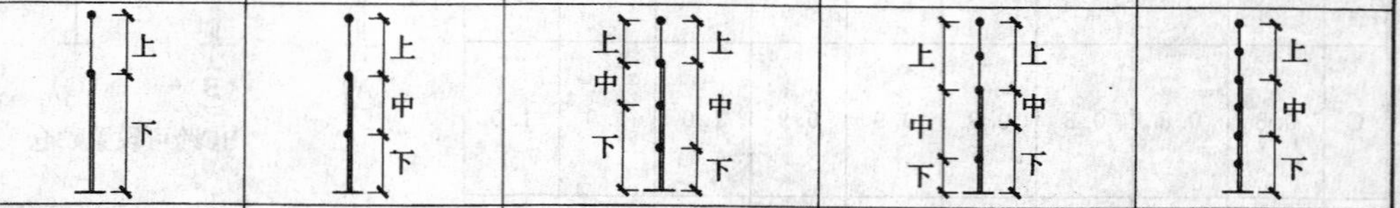
三阶柱以阶划分上段柱、中段柱和下段柱	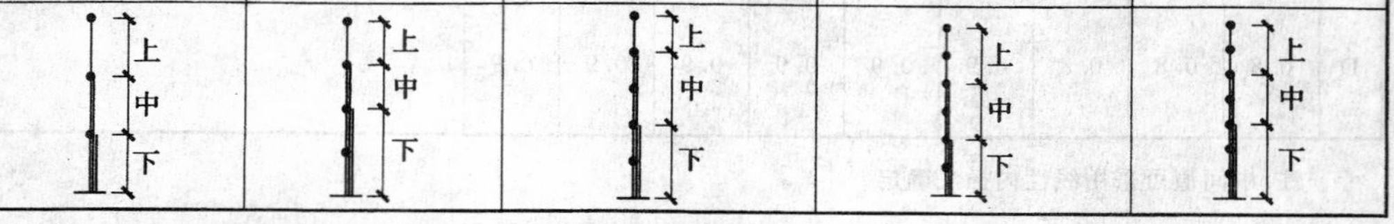

注：在一种简图中有两种划分法时，其空间效应调整系数应采用较大值。

附录 D　框架梁柱节点核芯区截面抗震验算

D.0.1　一级和二级框架梁柱节点核芯区组合的剪力设计值应按下式确定：

$$V_j=\frac{\eta_{jb}\sum M_b}{h_{b0}-a'_s}\left(1-\frac{h_{b0}-a'_s}{H_c-h_b}\right) \tag{D.0.1}$$

式中：V_j——梁柱节点核芯区组合的剪力设计值；

h_{b0}——梁截面的有效高度，节点两侧梁截面高度不等时可采用平均值；

a'_s——梁受压钢筋合力点至受压边缘的距离；

H_c——柱的计算高度，可采用节点上、下柱反弯点之间的距离；

h_b——梁的截面高度，节点两侧梁截面高度不等时可采用平均值；

η_{jb}——节点剪力增大系数，一级应取 1.35，二级应取 1.20；

$\sum M_b$——节点左、右梁端反时针或顺时针方向组合弯矩设计值之和，一级时节点左、右梁端均为负弯矩时，绝对值较小的弯矩应取零。

D.0.2　9 度时和结构类型为一级框架，可不按本规范式(D.0.1)确定，但应符合下式要求：

$$V_j=\frac{1.15\sum M_{bua}}{h_{b0}-a'_s}\left(1-\frac{h_{b0}-a'_s}{H_c-h_b}\right) \tag{D.0.2}$$

式中：$\sum M_{bua}$——节点左、右梁端反时针或顺时针方向实配的正截面抗震受弯承载力所对应的弯矩值之和，可根据实配钢筋面积(计入受压筋)和材料强度标准值确定。

D.0.3　核芯区截面有效验算宽度应按下列规定采用：

1　核芯区截面有效验算宽度，当验算方向的梁截面宽度不小于该侧柱截面宽度的 1/2 时，可采用该侧柱截面宽度；当小于柱截面宽度的 1/2 时，可采用下列公式中的较小值：

$$b_j=b_b+0.5h_c \tag{D.0.3-1}$$

$$b_j=b_c \tag{D.0.3-2}$$

式中：b_j——节点核芯区的截面有效验算宽度；

b_b——梁截面宽度；

h_c——验算方向的柱截面高度；

b_c——验算方向的柱截面宽度。

2　当梁、柱的中线不重合且偏心距不大于柱宽的 1/4 时，核芯区的截面有效验算宽度可采用本条第 1 款和下式计算结果的较小值：

$$b_j=0.5(b_b+b_c)+0.25h_c-e \tag{D.0.3-3}$$

式中：e——梁与柱中线偏心距。

D.0.4　节点核芯区组合的剪力设计值应符合下式要求：

$$V_j\leqslant\frac{1}{\gamma_{RE}}(0.30\eta_j f_c b_j h_j) \tag{D.0.4}$$

式中：η_j——正交梁的约束影响系数，楼板为现浇，梁柱中线重合，四侧各梁截面宽度不小于该侧柱截面宽度的 1/2，且正交方向梁高度不小于框架梁高度的 3/4 时，可采用 1.50，9 度时宜采用 1.25，其他情况均可采用 1.00；

h_j——节点核芯区的截面高度，可采用验算方向的柱截面高度；

γ_{RE}——承载力抗震调整系数，可采用 0.85。

D.0.5　节点核芯区截面抗震受剪承载力应采用下列公式验算：

$$V_j\leqslant\frac{1}{\gamma_{RE}}\left(1.1\eta_j f_t b_j h_j+0.05\eta_j N\frac{b_j}{b_c}+f_{yv}A_{svj}\frac{h_{b0}-a'_s}{s}\right) \tag{D.0.5-1}$$

9 度时，

$$V_j\leqslant\frac{1}{\gamma_{RE}}\left(0.9\eta_j f_t b_j h_j+f_{yv}A_{svj}\frac{h_{b0}-a'_s}{s}\right) \tag{D.0.5-2}$$

式中：N——对应于组合剪力设计值的上柱组合轴向压力较小值，其取值不应大于柱的截面面积和混凝土轴心抗压强度设计值的乘积的 50%，当 N 为拉力时，可取 $N=0$；

f_{yv}——箍筋的抗拉强度设计值；

f_t——混凝土轴心抗拉强度设计值；

A_{svj}——核芯区有效验算宽度范围内同一截面验算方向箍筋的总截面面积；

s——箍筋间距。

附录 E　山墙抗风柱的抗震计算简化方法

E.0.1　山墙抗风柱的抗震计算可根据实际支承情况按图 E.0.1-1 或图 E.0.1-2 计算，其地震作用由下列两部分组成：

1　山墙抗风柱承担其自重、两侧相应范围内山墙的自重及管道平台等重力荷载代表值所产生的地震作用，沿柱高可按倒三角形分布。

2　屋盖纵向地震位移所对应的山墙抗风柱的地震作用。

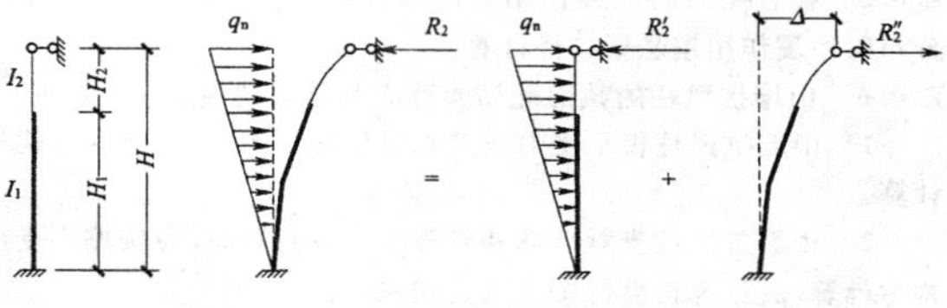

图 E.0.1-1　单铰支承柱计算简图

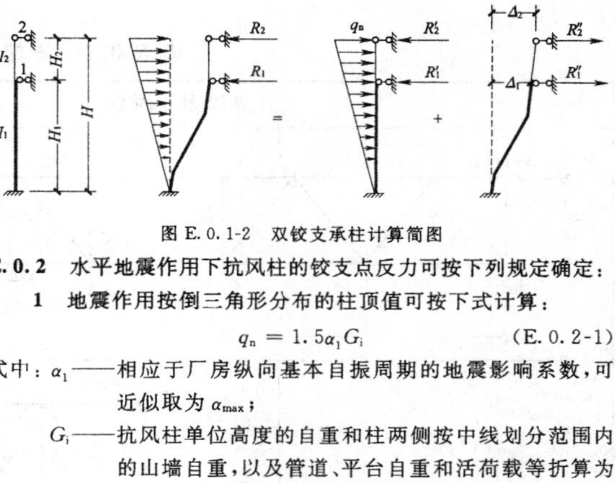

图 E.0.1-2　双铰支承柱计算简图

E.0.2　水平地震作用下抗风柱的铰支点反力可按下列规定确定：

1　地震作用按倒三角形分布的柱顶值可按下式计算：

$$q_n=1.5\alpha_1 G_i \tag{E.0.2-1}$$

式中：α_1——相应于厂房纵向基本自振周期的地震影响系数，可近似取为 α_{max}；

G_i——抗风柱单位高度的自重和柱两侧按中线划分范围内的山墙自重，以及管道、平台自重和活荷载等折算为单位高度上的重力荷载代表值。

2　单铰支点反力可按下式计算：

$$R'_2=\Delta_2/\delta_{22} \tag{E.0.2-2}$$

3　双铰支点反力可按下列公式计算：

$$R'_1=\frac{\Delta_1\delta_{22}-\Delta_2\delta_{22}}{\delta_{11}\delta_{22}-\delta_{12}^2} \tag{E.0.2-3}$$

$$R'_2=\frac{\Delta_2\delta_{11}-\Delta_1\delta_{12}}{\delta_{11}\delta_{22}-\delta_{12}^2} \tag{E.0.2-4}$$

$$\Delta_1=\frac{q_n H^4}{120E_c I_1}(1-\lambda)^2(11+7\lambda+3\lambda^2-\lambda^3) \tag{E.0.2-5}$$

$$\Delta_2=\Delta_1+\frac{q_n H^4}{120E_c I_2}\lambda[(15-4\lambda)\lambda^3+5n(3-4\lambda^3+\lambda^4)] \tag{E.0.2-6}$$

$$\lambda=H_2/H \tag{E.0.2-7}$$

$$n = I_2/I_1 \quad (E.0.2\text{-}8)$$

式中：　Δ——屋盖纵向地震位移值，由结构纵向地震作用计算得出，可取山墙抗风柱所在跨两侧柱列的顶部纵向位移平均值乘以增大系数1.2；

δ_{11}、δ_{22}、δ_{12}——单阶柱在单位水平力作用下的位移，下标第1个数字为位移点，第2个数字为力作用点；

I_2、I_1——分别为上柱、下柱的截面惯性矩；

E_c——混凝土弹性模量。

E.0.3　屋盖纵向地震位移产生的抗风柱铰支点反力可按下列公式计算：

1　单铰支点反力设计值：

$$R''_2 = \frac{3E_c I_1 \Delta}{(1+\mu^3)H^3} \quad (E.0.3\text{-}1)$$

$$\mu = \frac{1}{n} - 1 \quad (E.0.3\text{-}2)$$

2　双铰支点反力设计值：

$$R''_1 = \frac{(\delta_{22} - \delta_{12})\Delta}{\delta_{11}\delta_{22} - \delta_{12}^2} \quad (E.0.3\text{-}3)$$

$$R''_2 = \frac{(\delta_{11} - \delta_{12})\Delta}{\delta_{11}\delta_{22} - \delta_{12}^2} \quad (E.0.3\text{-}4)$$

E.0.4　抗风柱铰支点处的组合弹性反力可按下列公式计算：

$$R_1 = R'_1 - R''_1 \quad (E.0.4\text{-}1)$$

$$R_2 = R'_2 - R''_2 \quad (E.0.4\text{-}2)$$

E.0.5　柱各截面的地震作用效应，可根据支点反力和倒三角形分布的地震作用按悬臂构件计算。

E.0.6　山墙抗风柱的截面配筋验算应符合下列规定：

1　山墙抗风柱仅承受自重及水平地震作用时，应按受弯构件计算。

2　山墙抗风柱支承墙体和管道平台等自重时，应按偏心受压构件计算，其计算长度可按下列公式采用：

单铰支承柱：上柱 $L_{02} = 2H_2$　(E.0.6-1)

下柱 $L_{01} = 1.1H_1$　(E.0.6-2)

双铰支承柱：上柱 $L_{02} = 1.5H_2$　(E.0.6-3)

下柱 $L_{01} = 0.8H_1$　(E.0.6-4)

附录F　钢支撑侧移刚度及其内力计算

F.0.1　纵向支撑的侧移刚度可按下列方法计算：

1　按典型的纵向柱列支撑布置（图F.0.1）时，其纵向柱列的支撑侧移刚度可按下式计算：

$$K = \frac{\sum K_{cb} \sum K_{wb}}{\sum K_{cb} + \sum K_{wb}} \quad (F.0.1\text{-}1)$$

式中：$\sum K_{cb}$——厂房同一柱列中柱间支撑的侧移刚度之和；

$\sum K_{wb}$——厂房同一柱列上屋架端部范围内垂直支撑的侧移刚度之和。

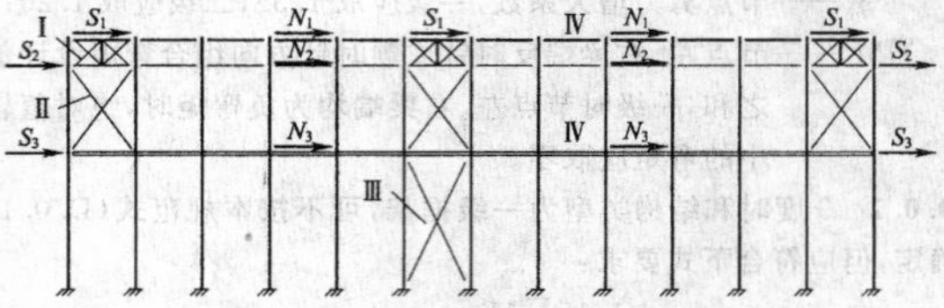

图 F.0.1　纵向柱列支撑布置

Ⅰ—屋架间的垂直支撑；Ⅱ—上柱支撑；Ⅲ—下柱支撑；Ⅳ—系杆

S_1—屋架的地震作用；S_2—上柱柱顶的地震作用；S_3—吊车梁顶的地震作用

2　垂直支撑和柱间支撑在单位力作用下的侧移 δ_{11}，可按表F.0.1的公式计算，其相应的侧移刚度应为 $K = \frac{1}{\delta_{11}}$。

表 F.0.1　支撑侧移刚度及内力计算公式

<table>
<tr><th colspan="2">计算简图及内力</th><th>侧移计算公式</th></tr>
<tr><td colspan="2">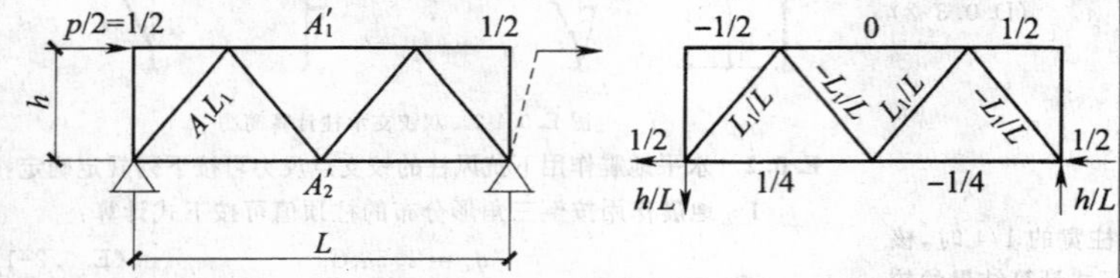
</td><td>$\delta_{11} = \frac{1}{EA_1} \times \frac{4L_1^3}{L^2} + \frac{1}{EA'_1} \times \frac{L}{8} + \frac{1}{EA'_2} \times \frac{L}{16}$</td></tr>
<tr><td rowspan="2">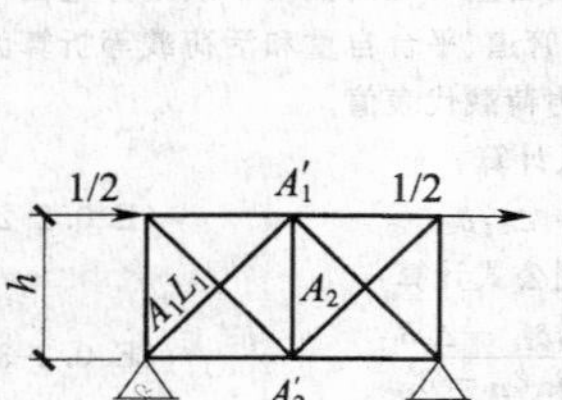
</td><td>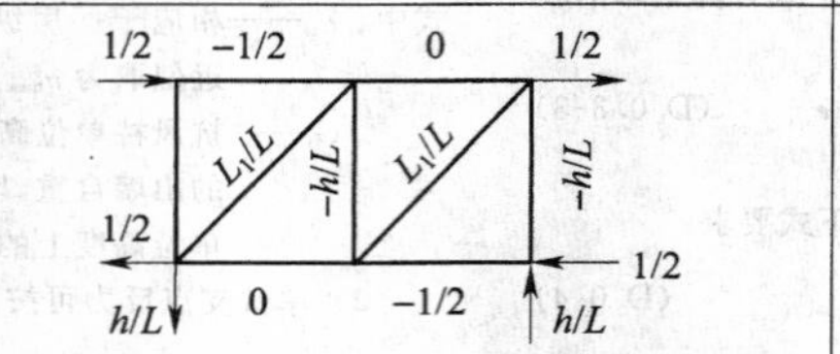
</td><td>斜杆按拉杆设计（交叉斜杆 λ＞150 时）
$\delta_{11} = \frac{1}{EA_1} \times \frac{2L_1^3}{L^2} + \frac{1}{EA_2} \times \frac{h^3}{L^2} + \frac{1}{EA'_1} \times \frac{L}{8} + \frac{1}{EA'_2} \times \frac{L}{8}$</td></tr>
<tr><td>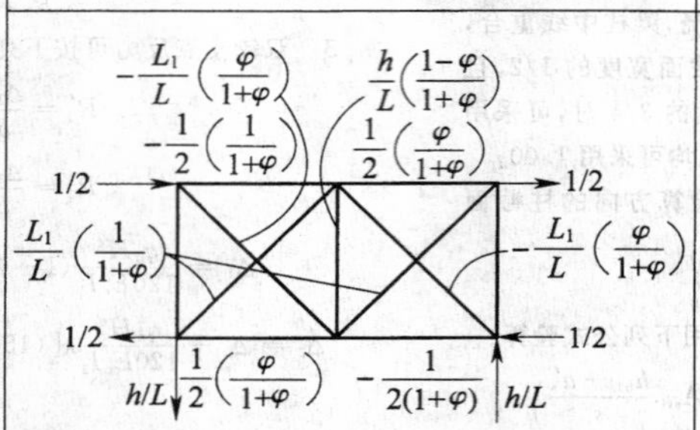
</td><td>斜杆按拉压杆设计（交叉斜杆 λ≤150 时）
$\delta_{11} = \frac{1}{EA_1} \times \frac{(1+\varphi^2)}{(1+\varphi)^2} \times \frac{2L_1^3}{L^2} + \frac{1}{EA'_1} \times \frac{(1+\varphi^2)}{(1+\varphi)^2} \times \frac{L}{8} + \frac{1}{EA'_2} \times \frac{(1+\varphi^2)}{(1+\varphi)^2} \times \frac{L}{8} + \frac{1}{EA_2} \times \frac{(1-\varphi)h^3}{(1+\varphi)L^2}$</td></tr>
</table>

续表 F.0.1

计算简图及内力	侧移计算公式
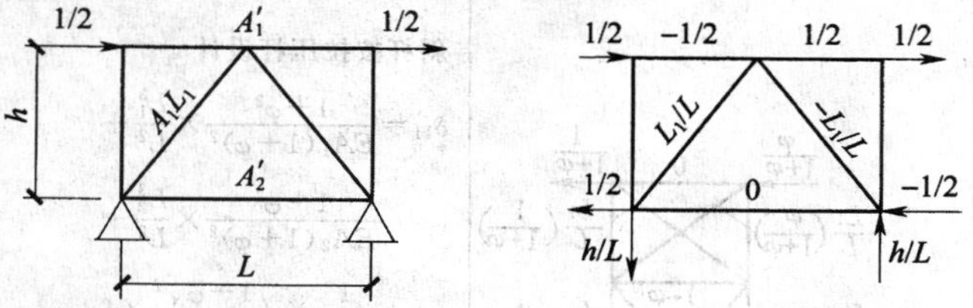	$\delta_{11}=\frac{2}{EA_1}\times\frac{2L_1^3}{L^2}+\frac{1}{EA_1'}\times\frac{L}{4}$
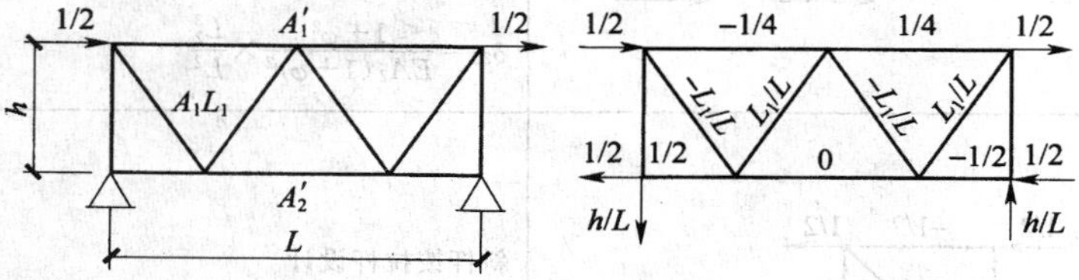	$\delta_{11}=\frac{1}{EA_1}\times\frac{4L_1^3}{L^2}+\frac{1}{EA_1'}\times\frac{L}{16}+\frac{1}{EA_2'}\times\frac{L}{8}$
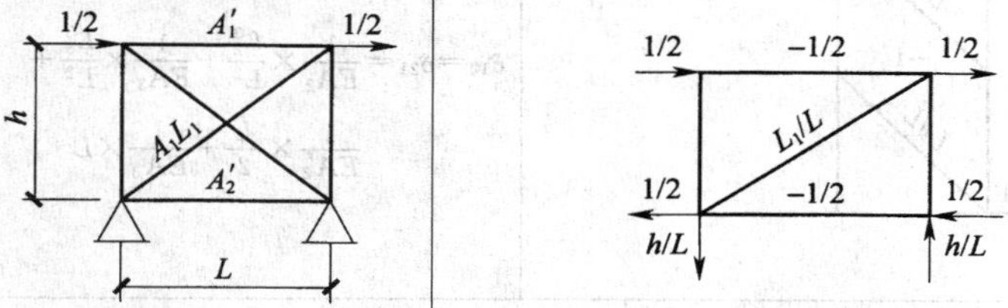	斜杆按拉杆设计（交叉斜杆 $\lambda>150$ 时） $\delta_{11}=\frac{1}{EA_1}\times\frac{L_1^3}{L^2}+\frac{1}{EA_1'}\times\frac{L}{4}+\frac{1}{EA_2'}\times\frac{L}{4}$
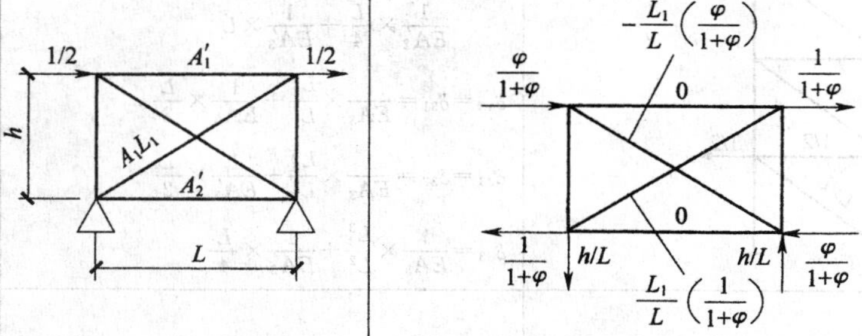	斜杆按拉压杆设计（交叉斜杆 $\lambda\leqslant150$ 时） $\delta_{11}=\frac{1+\varphi^2}{EA_1(1+\varphi)^2}\times\frac{L_1^3}{L^2}$
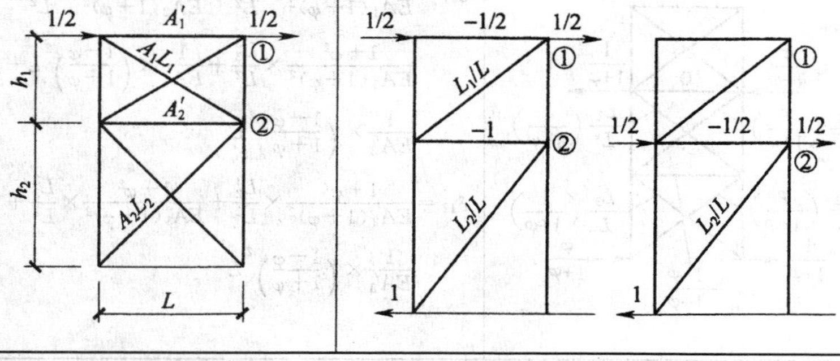	斜杆按拉杆设计 $\delta_{11}=\frac{1}{EA_1}\times\frac{L_1^3}{L^2}+\frac{1}{EA_2}\times\frac{L_2^3}{L^2}+\frac{1}{EA_1'}\times\frac{L}{4}+\frac{1}{EA_2'}\times\frac{L}{2}$ $\delta_{12}=\delta_{21}=\frac{1}{EA_2}\times\frac{L_2^3}{L^2}+\frac{1}{EA_2'}\times\frac{L}{2}$ $\delta_{22}=\frac{1}{EA_2}\times\frac{L_2^3}{L^2}+\frac{1}{EA_2'}\times\frac{L}{4}$

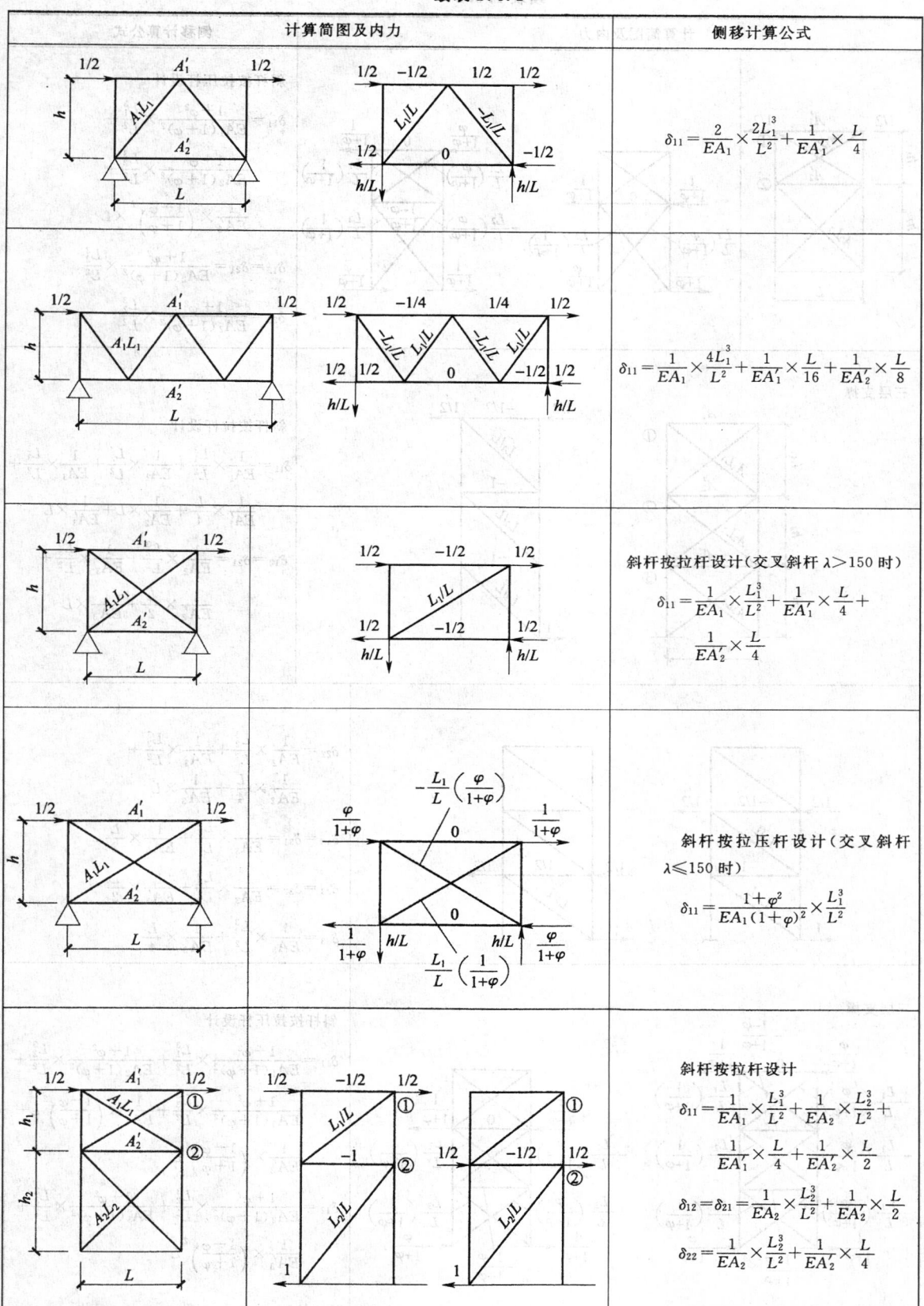

续表 F.0.1

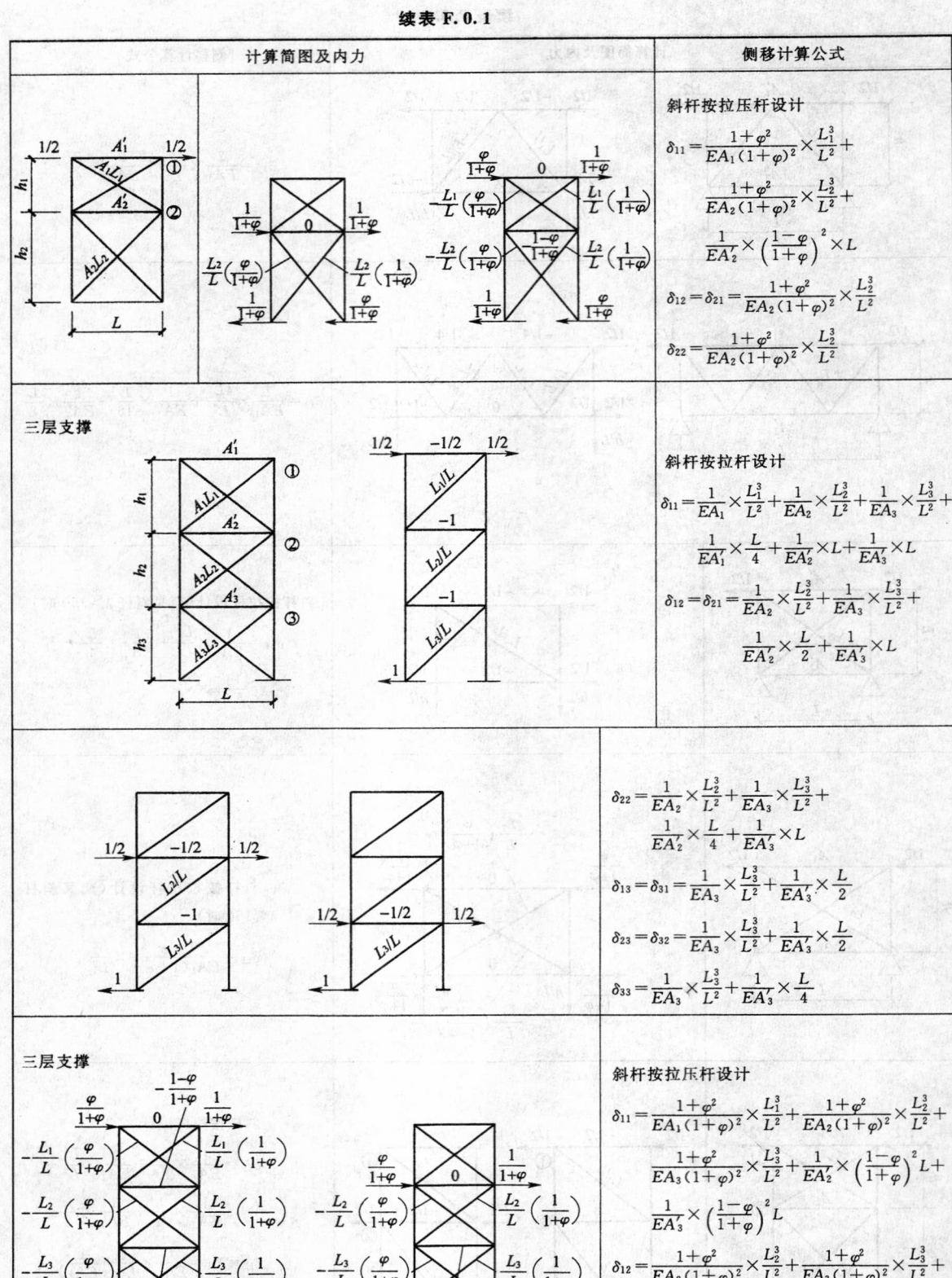

计算简图及内力	侧移计算公式
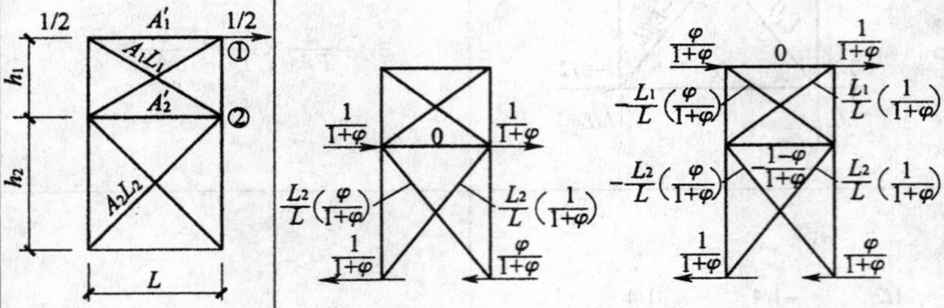	斜杆按拉压杆设计 $\delta_{11}=\frac{1+\varphi^2}{EA_1(1+\varphi)^2}\times\frac{L_1^3}{L^2}+\frac{1+\varphi^2}{EA_2(1+\varphi)^2}\times\frac{L_2^3}{L^2}+\frac{1}{EA'_2}\times\left(\frac{1-\varphi}{1+\varphi}\right)^2\times L$ $\delta_{12}=\delta_{21}=\frac{1+\varphi^2}{EA_2(1+\varphi)^2}\times\frac{L_2^3}{L^2}$ $\delta_{22}=\frac{1+\varphi^2}{EA_2(1+\varphi)^2}\times\frac{L_2^3}{L^2}$
三层支撑 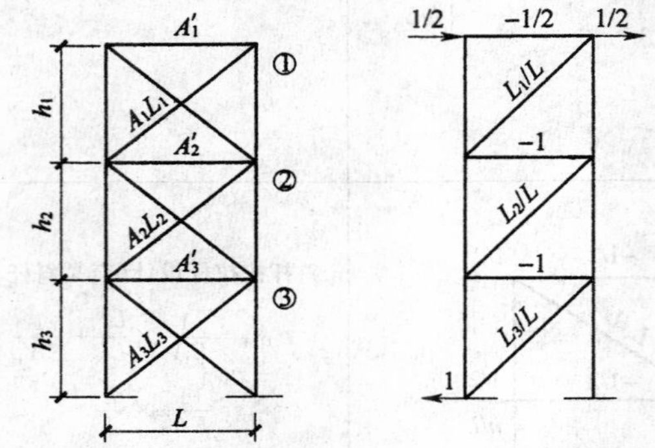	斜杆按拉杆设计 $\delta_{11}=\frac{1}{EA_1}\times\frac{L_1^3}{L^2}+\frac{1}{EA_2}\times\frac{L_2^3}{L^2}+\frac{1}{EA_3}\times\frac{L_3^3}{L^2}+\frac{1}{EA'_1}\times\frac{L}{4}+\frac{1}{EA'_2}\times L+\frac{1}{EA'_3}\times L$ $\delta_{12}=\delta_{21}=\frac{1}{EA_2}\times\frac{L_2^3}{L^2}+\frac{1}{EA_3}\times\frac{L_3^3}{L^2}+\frac{1}{EA'_2}\times\frac{L}{2}+\frac{1}{EA'_3}\times L$
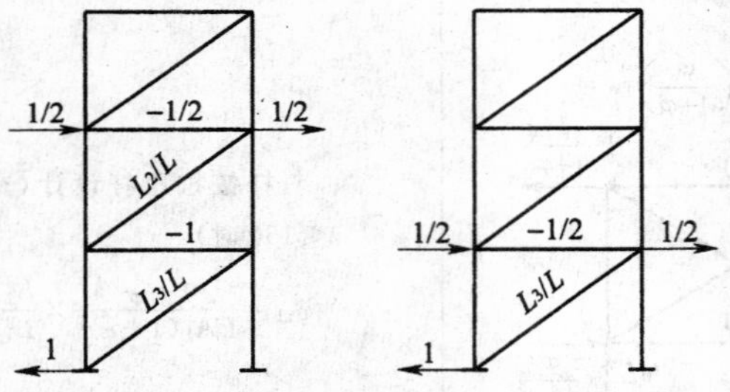	$\delta_{22}=\frac{1}{EA_2}\times\frac{L_2^3}{L^2}+\frac{1}{EA_3}\times\frac{L_3^3}{L^2}+\frac{1}{EA'_2}\times\frac{L}{4}+\frac{1}{EA'_3}\times L$ $\delta_{13}=\delta_{31}=\frac{1}{EA_3}\times\frac{L_3^3}{L^2}+\frac{1}{EA'_3}\times\frac{L}{2}$ $\delta_{23}=\delta_{32}=\frac{1}{EA_3}\times\frac{L_3^3}{L^2}+\frac{1}{EA'_3}\times\frac{L}{2}$ $\delta_{33}=\frac{1}{EA_3}\times\frac{L_3^3}{L^2}+\frac{1}{EA'_3}\times\frac{L}{4}$
三层支撑 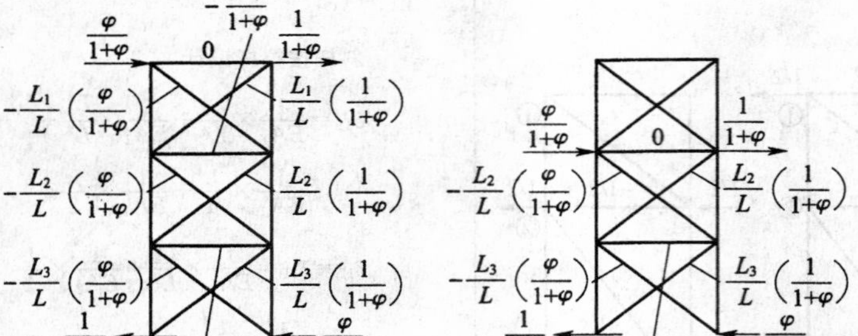	斜杆按拉压杆设计 $\delta_{11}=\frac{1+\varphi^2}{EA_1(1+\varphi)^2}\times\frac{L_1^3}{L^2}+\frac{1+\varphi^2}{EA_2(1+\varphi)^2}\times\frac{L_2^3}{L^2}+\frac{1+\varphi^2}{EA_3(1+\varphi)^2}\times\frac{L_3^3}{L^2}+\frac{1}{EA'_2}\times\left(\frac{1-\varphi}{1+\varphi}\right)^2L+\frac{1}{EA'_3}\times\left(\frac{1-\varphi}{1+\varphi}\right)^2L$ $\delta_{12}=\frac{1+\varphi^2}{EA_2(1+\varphi)^2}\times\frac{L_2^3}{L^2}+\frac{1+\varphi^2}{EA_3(1+\varphi)^2}\times\frac{L_3^3}{L^2}+\frac{1}{EA'_3}\times\left(\frac{1-\varphi}{1+\varphi}\right)^2L$

续表 F.0.1

<table>
<tr><th>计算简图及内力</th><th>侧移计算公式</th></tr>
<tr><td>三层支撑
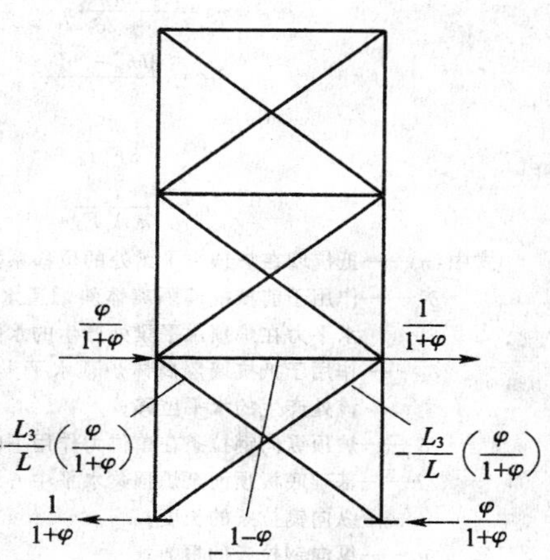
</td>
<td>

$$\delta_{22}=\frac{1+\varphi^2}{EA_2(1+\varphi)^2}\times\frac{L_2^3}{L^2}+\frac{1+\varphi^2}{EA_3(1+\varphi)^2}\times\frac{L_3^3}{L^2}+\frac{1}{EA_3'}\times\left(\frac{1-\varphi}{1+\varphi}\right)^2L$$

$$\delta_{13}=\frac{1+\varphi^2}{EA_3(1+\varphi)^2}\times\frac{L_3^3}{L^2}+\frac{1}{EA_3'}\times\left(\frac{1-\varphi}{1+\varphi}\right)^2$$

$$\delta_{23}=\delta_{32}=\frac{1+\varphi^2}{EA_3(1+\varphi)^2}\times\frac{L_3^3}{L^2}$$

$$\delta_{33}=\frac{1+\varphi^2}{EA_3(1+\varphi)^2}\times\frac{L_3^3}{L^2}$$

</td></tr>
</table>

注：1 计算侧移时，可不计柱身的变形影响；

2 对交叉形支撑，交叉斜杆长细比 $\lambda>150$ 时，宜按拉杆简图设计，$\lambda\leqslant150$ 时应按拉压杆简图设计；

3 φ 为相应层斜杆的轴压稳定系数，可按该斜杆的 λ 由现行国家标准《钢结构设计规范》GB 50017 的有关规定确定。

附录 G 钢筋混凝土柱承式方仓有横梁时支柱的侧移刚度

G.0.1 钢筋混凝土柱承式方仓有横梁时支柱的侧移刚度可按下列公式计算（图 G.0.1）：

$$K=\frac{m}{\delta_n} \tag{G.0.1-1}$$

$$\delta_n=\frac{h^3}{12E(2I+nI_1)}\left[\lambda_h^3+(1-\lambda_h)^3+\frac{3\lambda_h(1-\lambda_h)}{1+12\lambda_h(1-\lambda_h)\zeta(1+n)/(2+2\zeta_1)}\right] \tag{G.0.1-2}$$

$$\lambda_h=h_1/h \tag{G.0.1-3}$$

$$\zeta=I_lh/(Il) \tag{G.0.1-4}$$

$$\zeta_1=I_1/I \tag{G.0.1-5}$$

式中：K——方仓有横梁时支柱的侧移刚度；

m——柱列数目；

δ_n——一个柱列在单位水平力作用下柱顶的水平位移；

h——支柱全高；

h_1——梁以上柱高；

l——梁的跨度；

λ_h——梁的位置参数；

ζ——梁与边柱的线刚度比；

ζ_1——梁与中柱的线刚度比；

n——一个柱列中柱的根数；

E——柱的混凝土弹性模量；

I——边柱截面惯性矩；

I_1——中柱截面惯性矩；

I_l——梁截面惯性矩。

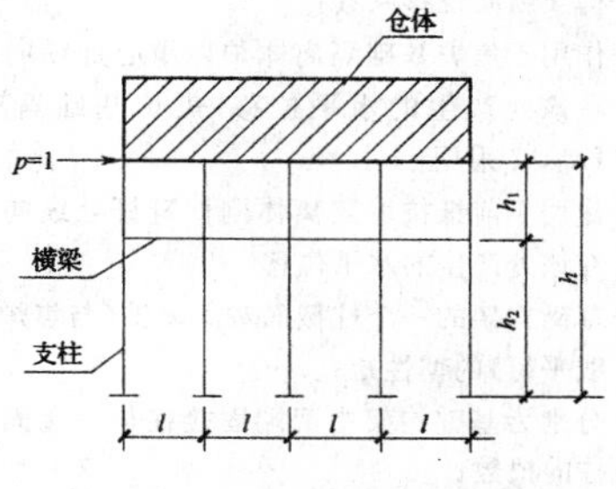

图 G.0.1 有横梁时支柱侧移刚度计算

h_2—梁以下柱高

附录 H 焦炉炉体单位水平力作用下的位移

H.0.1 焦炉炉体横向单位水平力作用下的位移应按下式计算：

$$\delta_x=\frac{h_z^3}{E_nI_x\sum_{i=1}^{m}n_ik_i} \tag{H.0.1}$$

式中：δ_x——作用于焦炉重心处的单位水平力在该处产生的横向水平位移；

h_z——基础构架柱（不计两端为铰接的柱）的计算高度，可取自基础底板顶面至基础顶板底面的高度；

I_x——基础构架单柱（不计两端为铰接的柱）截面对其纵轴

（与焦炉基础纵向轴线平行）的惯性矩；

E_n——基础构架柱混凝土的弹性模量；

m——基础横向构架的种类数目；

n_i——第 i 种横向构架的数量；

k_i——第 i 种横向构架的刚度系数，当构架柱的截面尺寸相同时，可按表 H.0.1 取值。

表 H.0.1 焦炉基础横向构架的刚度系数值

序号	构架柱的连接形式	构架柱数量	梁与柱的线刚度比			
			1.0	1.5	2.0	2.5
1	边柱上、下端铰接，其他柱上、下端固接	4	18.5	20.0	21.0	21.3
		5	28.0	30.0	31.4	32.1
		6	38.5	41.0	42.0	43.0
2	所有柱上端固接，下端铰接	4	8.5	9.5	10.0	10.5
		5	11.0	12.0	12.5	13.0
		6	14.0	15.0	15.5	16.0
3	边柱上、下端铰接，其他柱上端固接，下端铰接	4	4.5	5.0	5.2	5.5
		5	7.0	7.5	7.8	8.0
		6	9.5	10.0	10.5	10.8
4	所有柱上、下端固接	4	36.4	38.6	40.5	42.0
		5	45.5	49.0	51.3	52.0
		6	56.0	59.5	62.0	63.0

H.0.2 焦炉炉体纵向单位水平力作用下的位移应按下列公式计算：

$$\delta_y = \eta_g \delta_g \quad (H.0.2\text{-}1)$$

$$\eta_g = \frac{\delta_{11}}{\delta_{11} + 2\delta_g} \quad (H.0.2\text{-}2)$$

$$\delta_g = \frac{h_z^3}{(12n_1 + 3n_2)E_n I_y} \quad (H.0.2\text{-}3)$$

$$\delta_{11} = \frac{h_d^3}{3E_n I_d} \quad (H.0.2\text{-}4)$$

式中：δ_y——作用于焦炉炉体重心处纵向单位水平力在该处产生的水平位移；

η_g——构架纵向位移系数；

δ_g——作用于焦炉基础隔离体炉体重心处纵向单位水平力在该处产生的水平位移，焦炉基础隔离体可按图 H.0.2 采用；

δ_{11}——作用于前抵抗墙隔离体刚性链杆处纵向单位水平力在该处产生的水平位移；

I_y——基础构架的一个柱截面对其横轴（与焦炉基础横向轴线平行）的惯性矩；

n_1、n_2——分别为基础构架中两端固接柱与一端固接一端铰接柱的根数；

E_n——基础构架柱的混凝土弹性模量；

I_d——前抵抗墙所有柱子的截面其横轴（与焦炉基础横向轴线平行）的惯性矩；

h_d——基础底板顶面至抵抗墙斜烟道水平梁中线的高度，见图 H.0.2。

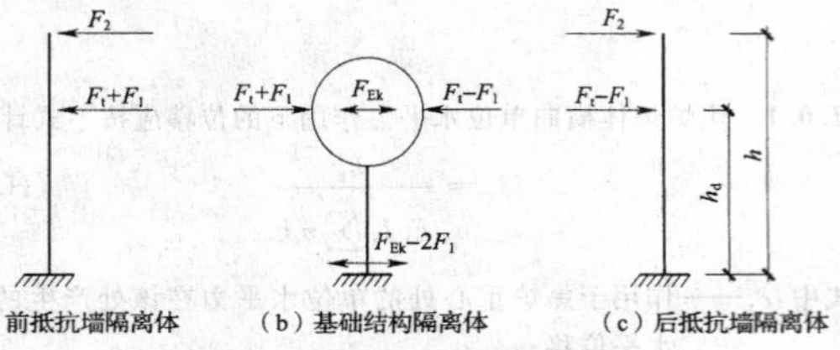

（a）前抵抗墙隔离体　（b）基础结构隔离体　（c）后抵抗墙隔离体

图 H.0.2 焦炉基础纵向各部位的结构隔离体

F_t—焦炉炉体与抵抗墙之间的温度作用标准值；

h—基础底板顶面至焦炉顶水平梁的高度

H.0.3 前抵抗墙在斜烟道水平梁中线处的位移系数应按下式计算：

$$\eta_1 = \frac{\delta_g}{\delta_{11} + 2\delta_g} \quad (H.0.3)$$

式中：η_1——前抵抗墙在斜烟道水平梁中线处的位移系数。

H.0.4 抵抗墙炉顶水平梁处的位移系数应按下列公式计算：

$$\eta_2 = \frac{2\delta_{12}}{\delta_c + 2\delta_{22}}\eta_1 \quad (H.0.4\text{-}1)$$

$$\delta_{12} = \frac{3hh_d^2 - h_d^3}{6E_n I_d} \quad (H.0.4\text{-}2)$$

$$\delta_{22} = \frac{h^3}{3E_n I_d} \quad (H.0.4\text{-}3)$$

$$\delta_c = \frac{l_c}{n_c A_g E_g} \quad (H.0.4\text{-}4)$$

式中：η_2——抵抗墙在炉顶水平梁处的位移系数；

δ_{12}——作用于前抵抗墙隔离体斜烟道水平梁中线处的单位水平力在炉顶水平梁处产生的水平位移；

δ_{22}——作用于抵抗墙隔离体炉顶水平梁处的单位水平力在该处产生的水平位移；

δ_c——炉顶纵向钢拉条在单位力作用下的伸长；

h——基础底板顶面至炉顶梁水平中心线的高度；

l_c——纵向钢拉条的长度；

n_c——纵向钢拉条的根数；

A_g——纵向钢拉条的截面面积；

E_g——纵向钢拉条的弹性模量。

附录 J 通廊横向水平地震作用计算

J.0.1 通廊横向水平地震作用计算简图（图 J.0.1）宜按下列规定确定：

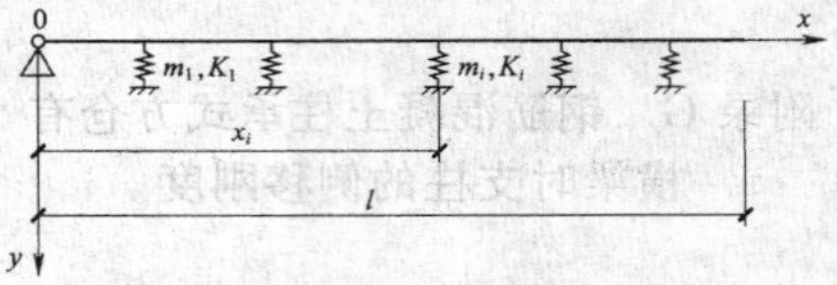

图 J.0.1 通廊一端铰支一端自由的横向计算

1 通廊计算单元中的支承结构可视为廊身的弹簧支座。

2 廊身落地端和建（构）筑物上的支承端宜作为铰支座。

3 廊身与建（构）筑物脱开或廊身中间被防震缝分开处宜作为自由端。

4 计算时的坐标原点宜按下列规定确定：

1）两端铰支时，宜取最低端；

2）一端铰支一端自由时，宜取铰支端；

3）两端自由时，宜取悬臂较短端；悬臂相等时，宜取最低端。

J.0.2 通廊横向水平地震作用可按下列规定计算：

1 通廊横向自振周期可按下列公式计算：

$$T_j = 2\pi\sqrt{\frac{m_j}{K_j}} \quad (J.0.2\text{-}1)$$

$$m_j = \varphi_{nj} l m_L + \frac{1}{4}\sum_{i=1}^{n} m_i Y_{ji}^2 \quad (J.0.2\text{-}2)$$

$$K_j = C_j \sum_{i=1}^{n} K_i Y_{ji}^2 \quad (J.0.2\text{-}3)$$

式中：T_j——通廊第 j 振型横向自振周期；

m_j——通廊第 j 振型广义质量；

m_i——第 i 支承结构的质量；

K_j——通廊第 j 振型广义刚度；

m_L——廊身单位水平投影长度的质量；

φ_{nj}——第 j 振型廊身质量系数，可按表 J.0.2 采用；

K_i——第 i 支承结构的横向侧移刚度；

l——廊身单位水平投影长度；

C_j——第 j 振型廊身刚度影响系数，可按表 J.0.2 采用；

Y_{ji}——第 j 振型第 i 支承结构处的水平相对位移，可按表 J.0.2 采用。

表 J.0.2 通廊横向水平地震作用计算系数

边界条件			两端简支			一端简支 一端自由		两端自由	
j			1	2	3	1	2	1	2
ψ_{aj}			0.49	0.45	0.45	0.50	0.48	0.50	0.50
η_{aj}			0.63	0	0.21	0.61	0.26	0.67	0.35
C_j			1.00	1.40	3.00	1.00	2.50	1.00	1.00
Y_{ji}	x_i/l	0	0	0	0	0	0	0.27	1.41
		0.10	0.31	0.59	0.81	0.12	0.38	0.35	1.20
		0.13	0.38	0.71	0.88	0.15	0.48	0.37	1.15
		0.17	0.49	0.81	1.00	0.21	0.58	0.40	1.06
		0.20	0.59	0.95	0.88	0.25	0.67	0.43	0.99
		0.25	0.71	1.00	0.71	0.31	0.80	0.47	0.88
		0.30	0.81	0.95	0.28	0.37	0.86	0.51	0.78
		0.33	0.85	0.81	0	0.41	0.89	0.53	0.71
		0.38	0.92	0.71	−0.37	0.46	0.94	0.57	0.62
		0.40	0.95	0.59	−0.59	0.49	0.92	0.59	0.57
		0.50	1.00	0	−1.00	0.61	0.83	0.69	0.35
		0.60	0.95	−0.59	−0.59	0.74	0.55	0.75	0.14
		0.63	0.92	−0.71	−0.37	0.77	0.47	0.77	0.09
		0.67	0.85	0.81	0	0.82	0.32	0.80	0
		0.70	0.81	−0.95	0.28	0.86	0.19	0.83	−0.07
		0.75	0.71	−1.00	0.71	0.92	0	0.87	0.18
		0.80	0.59	−0.95	0.88	0.98	−0.28	0.91	−0.28
		0.83	0.49	−0.81	1.00	1.02	−0.47	0.94	−0.35
		0.88	0.38	−0.71	0.88	1.07	−0.71	0.97	−0.44
		0.90	0.31	−0.59	0.81	1.10	−0.85	0.99	−0.49
		1.00	0	0	0	1.23	−1.41	1.07	−0.71

注：1 中间值可按线性内插法确定；

2 x_i 为第 i 支承结构距坐标原点的距离，η_{aj} 为第 j 振型廊身重力荷载系数。

3 通廊第 i 支承结构顶部的横向水平地震作用标准值应按下列公式计算：

$$F_{ji} = \alpha_j \gamma_j Y_{ji} G_{ji} \tag{J.0.2-4}$$

$$\gamma_j = \frac{1}{m_j}\left[\eta_{aj} l m_L + \frac{1}{4}\sum_{i=1}^{n} m_i Y_{ji}\right] \tag{J.0.2-5}$$

$$G_{ji} = \frac{K_j\left[\eta_{aj} l m_L + \frac{1}{4}\sum_{i=1}^{n} m_i Y_{ji}\right]g}{\sum_{j=1}^{n} K_j Y_{ji}} \tag{J.0.2-6}$$

式中：F_{ji}——第 j 振型第 i 支承结构顶端的横向水平地震作用标准值；

α_j——相应于第 j 振型自振周期的地震影响系数，应按本规范第 5.1.6 条的规定确定；

γ_j——第 j 振型的参与系数；

G_{ji}——第 j 振型第 i 支承结构顶端所承受的重力荷载代表值；

η_{aj}——第 j 振型廊身重力荷载系数，应按表 J.0.2 采用。

4 两端简支的通廊，中间有两个支承结构且跨度相近时，可仅取前 2 个振型；中间有一个支承结构且跨度相近时，可仅取第 1、第 3 振型。

附录 K 尾矿坝地震液化判别简化计算

K.0.1 当坝体中饱和尾矿的液化率 $F_L \leqslant 1.0$ 时，应判为液化。液化率可按下式计算：

$$F_L = R/L \tag{K.0.1}$$

式中：F_L——尾矿的液化率；

R——液化应力比；

L——地震作用应力比。

K.0.2 尾矿的液化应力比宜根据尾矿沉积状态通过动力试验确定；当无试验结果时，可按下列公式计算：

$$R = c\lambda_d R_{15} N_{sf} \tag{K.0.2-1}$$

$$R_{15} = 0.123 - 0.0441 g d_{50} \qquad 0.01\text{mm} \leqslant d_{50} \leqslant 0.3\text{mm} \tag{K.0.2-2}$$

$$\lambda_d = \begin{cases} D_r/50 & d_{50} \geqslant 0.075\text{mm} \\ 1 & d_{50} < 0.075\text{mm} \end{cases} \tag{K.0.2-3}$$

$$N_{sf} = (N_e/15.0)^{-0.15} \tag{K.0.2-4}$$

式中：c——试验条件修正系数，可取 1.2；

λ_d——相对密度修正系数；

R_{15}——固结比等于 1、相对密度为 50%、等价地震作用次数为 15 时的三轴试验液化应力比；

N_{sf}——震次修正系数，可按式（K.0.2-4）计算；

D_r——尾矿土的相对密度（%）；

d_{50}——中值粒径（mm）；

N_e——等价地震作用次数，可按表 K.0.2 取值。

表 K.0.2 等价地震作用次数

地震震级 M	6.00	6.75	7.50	8.50
等价地震作用次数 N_e	5	10	15	26

注：中间值可采用线性插入法计算，但应取整数。

K.0.3 7 度～9 度时，四级和五级尾矿坝的地震作用应力比可按下式计算：

$$L = 0.65\frac{\sigma_v}{\sigma_v'} \cdot \frac{\alpha_m a_h}{g}\gamma_d \tag{K.0.3}$$

式中：σ_v——静总竖向应力（kPa）；

σ_v'——静有效竖向应力（kPa）；

a_h——设计基本地震加速度（g）；

α_m——坝坡加速度放大倍数，可取 2.0；

γ_d——动剪应力折减系数，$z \leqslant 20$m 时，$\gamma_d = 1 - 0.025z$；$z > 20$m 时，$\gamma_d = 0.63 - 0.0065z$；

z——距坝坡面的深度（m）。

附录 L 尾矿坝时程分析的基本要求

L.0.1 采用时程分析法进行尾矿坝抗震计算时，应符合下列规定：

1 应按材料的非线性应力应变关系计算地震前的初始应力状态。

2 宜采用室内动力试验方法测定尾矿等材料的动力变形特性和抗液化强度。

3 宜采用等效线性或非线性时程分析法求解地震应力和加速度反应。

4 应根据地震作用效应计算沿滑动面的地震稳定性，并应验算坝体地震永久变形。

L.0.2 尾矿坝动力分析使用的地震加速度时程应符合下列规定：

1 应至少选取 2 条或 3 条类似场地和地震地质环境的地震加速度记录和 1 条人工模拟的地震加速度时程曲线。

2 人工模拟地震加速度时程的目标谱应采用场地的设计反应谱。

3 地震加速度时程的峰值应采用设计基本加速度值。

4　人工模拟地震加速度时程的持续时间可按表 L.0.2 取值。

表 L.0.2　地震加速度时程的持续时间

震源震级 M	6.0	6.5	7.0	7.5	8.0
持续时间（s）	10～20	10～25	15～30	25～35	35～45

注：近震持续时间取小值，远震取大值。

附录 M　尾矿坝地震稳定分析

M.0.1　采用瑞典条分法计算尾矿坝抗滑移安全系数时，应按下列公式计算：

$$\psi=\frac{\sum\{cb\sec\theta+[(1\pm k_v)W\cos\theta-k_hW\sin\theta-ub\sec\theta]\tan\varphi\}}{\sum[(1\pm k_v)W\sin\theta+M_h/r]} \tag{M.0.1-1}$$

$$u=u'+u_l \tag{M.0.1-2}$$

$$M_h=k_hWr \tag{M.0.1-3}$$

式中：ψ——尾矿坝抗滑移安全系数；

r——条块滑移面的圆弧半径；

b——滑移体条块宽度；

θ——条块底面中点切线与水平线的夹角；

u——条块底面中点的孔隙水压力；

u'——条块底面中点的静孔隙水压力，采用总应力分析方法时，应取 0；

u_l——地震引起的条块底面中点的超孔隙水压力，可按式（M.0.3）计算；采用总应力分析方法时，应取 0；

W——条块实际重力荷载标准值；

k_h——水平地震系数，宜根据时程分析结果确定，或按本规范表 N.0.1-1 的 1/2 采用；

k_v——竖向地震系数，可取水平地震系数的 1/3，竖向地震作用方向向上时应取负号，向下时应取正号；

M_h——条块重心处水平地震作用标准值对圆心的力矩；

c、φ——分别为条块底部尾矿的凝聚力和摩擦角。

M.0.2　四级、五级尾矿坝的抗滑移安全系数可按下列公式计算：

$$\psi=\frac{\sum\{cb\sec\theta+[W\cos\theta-ub\sec\theta-F_h\sin\theta]\tan\varphi\}}{\sum[W\sin\theta+M_h/r]} \tag{M.0.2-1}$$

$$F_{hk}=a_h\xi\alpha_iW \tag{M.0.2-2}$$

式中：F_{hk}——作用在条块重心处的水平地震作用标准值；

a_h——设计基本地震加速度值；

ξ——综合影响系数，可取 0.25；

α_i——质点 i 的动态分布系数，可按图 M.0.2 取值。

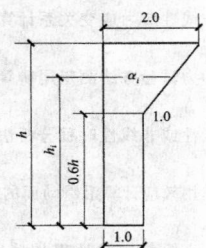

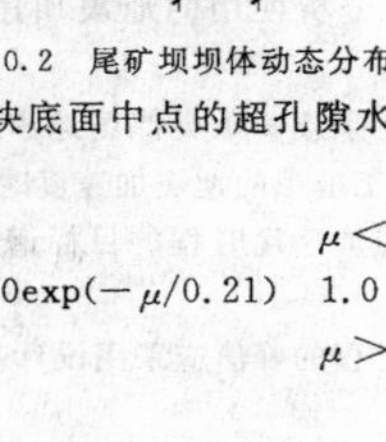

图 M.0.2　尾矿坝坝体动态分布系数

M.0.3　地震引起条块底面中点的超孔隙水压力，可根据抗液化率按下式计算：

$$\frac{u_l}{\sigma'_v}=\begin{cases}1.0 & \mu<1.0\\ 117.0\exp(-\mu/0.21) & 1.0\leqslant\mu\leqslant1.5\\ 0 & \mu>1.5\end{cases} \tag{M.0.3}$$

式中：σ'_v——条块底面上的静有效竖向应力；

μ——抗液化率。

附录 N　边墙与土体产生相对位移时的地震土压力计算

N.0.1　在水平均质地基中，当边墙与土体产生相对位移时，作用在刚性边墙上的地震土压力（包括静土压力）$p(z)_E$ 及其沿深度的分布（图 N.0.1），可按下列公式计算：

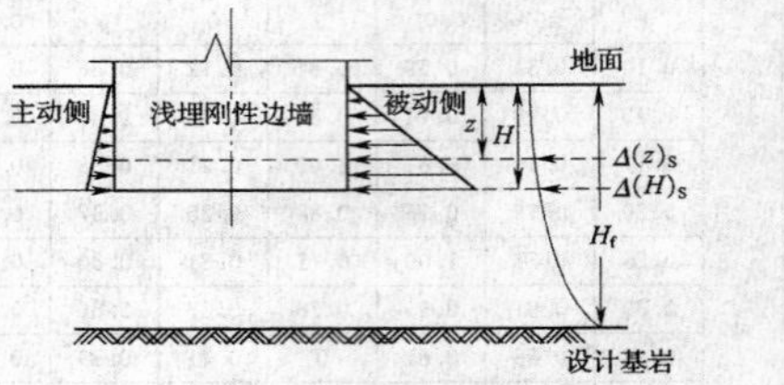

图 N.0.1　边墙与土体产生相对位移时的地震土压力分布

$$p(z)_E=K(\Delta(z),\theta)_E(1-k_h)\gamma z \tag{N.0.1-1}$$

$$p(z)_{Eh}=K(\Delta(z),\theta)_E(1-k_h)\gamma z\cos\delta_{mob} \tag{N.0.1-2}$$

$$p(z)_{Ev}=K(\Delta(z),\theta)_E(1-k_v)\gamma z\sin\delta_{mob} \tag{N.0.1-3}$$

$$\delta_{mob}=\frac{1}{2}(1-R)\delta\quad(-1.0\leqslant R\leqslant1.0) \tag{N.0.1-4}$$

$$\delta_{mob}=\frac{1}{2}(R-1)\delta\quad(1.0<R\leqslant3.0) \tag{N.0.1-5}$$

$-1.0\leqslant R\leqslant1.0$ 时：

$$K(\Delta(z),\theta)_E=\frac{2\cos^2(\phi-\theta)}{(1+R)\cos^2(\phi-\theta)+(1-R)\cos\theta\cos(\delta_{mob}+\theta)}\times\left[1+\sqrt{\frac{\sin(\phi+\delta_{mob})\sin(\phi-\theta)}{\cos(\delta_{mob}+\theta)}}\right]^{-2} \tag{N.0.1-6}$$

$1.0<R\leqslant3.0$ 时：

$$K(\Delta(z),\theta)_E=1+\frac{1}{2}(R-1)\times\left\{\frac{\cos^2(\phi-\theta)}{\cos\theta\cos(\delta_{mob}+\theta)\left[1-\sqrt{\frac{\sin(\phi+\delta_{mob})\sin(\phi-\theta)}{\cos(\delta_{mob}+\theta)}}\right]^2}-1\right\} \tag{N.0.1-7}$$

$$R=\begin{cases}-\left(\frac{|\Delta(z)|}{\Delta_a}\right)^{0.5} & (-\Delta_a\leqslant\Delta(z)\leqslant0)\\ -1 & (\Delta(z)<-\Delta_a)\end{cases} \tag{N.0.1-8}$$

$$R=\begin{cases}3\left(\frac{\Delta(z)}{\Delta_p}\right)^{0.5} & (0\leqslant\Delta(z)\leqslant\Delta_p)\\ 3 & (\Delta(z)>\Delta_p)\end{cases} \tag{N.0.1-9}$$

$$\Delta(z)=\Delta(z)_S-\Delta(z)_W\approx\Delta(z)_S-\Delta(H)_S \tag{N.0.1-10}$$

$$\Delta(z)_S=\frac{2}{2-n}\cdot\frac{3^n\gamma^{1-n}}{Cp_a^{1-n}(1+2K_0)^n}\cdot\frac{k_h}{(1-k_v)^n}(H_f^{2-n}-z^{2-n}) \tag{N.0.1-11}$$

$$G_0=Cp_a\left(\frac{\sigma'_m}{p_a}\right)^n \tag{N.0.1-12}$$

$$C=6930\frac{(2.17-e)^2}{1+e}\quad（圆粒状砂土） \tag{N.0.1-13}$$

$$C=3270\frac{(2.97-e)^2}{1+e}\quad（棱角状砂土） \tag{N.0.1-14}$$

$$C=3230\frac{(2.97-e)^2}{1+e}U^k\quad（黏性土） \tag{N.0.1-15}$$

式中：　$p(z)_E$——地面下 z 深度处作用在边墙上的地震土压力；

$p(z)_{Eh}$——地面下 z 深度处作用在边墙上的水平地震土压力分量；

$p(z)_{Ev}$——地面下 z 深度处作用在边墙上的竖直地震土压力分量；

$K(\Delta(z),\theta)_E$——任意侧向位移条件下的地震土压力系数，可按式(N.0.1-6)或式(N.0.1-7)计算；

k_h、θ——分别为水平地震系数和地震角，可按表N.0.1-1采用；

k_v——竖向地震系数，8度、9度时，可取水平地震系数的1/3；6度、7度时可不计竖向地震影响；

δ_{mob}——墙背有效摩擦角，可按式(N.0.1-4)或式(N.0.1-5)计算；

δ——墙背摩擦角，对混凝土墙面可取土的有效内摩擦角的1/4～1/3；

ϕ——土的有效内摩擦角；

γ——土层介质的重力密度；

z——从地面算起的土层深度；

R——土的侧向应变参数，可按式(N.0.1-8)或式(N.0.1-9)计算；

Δ_a、Δ_p——分别为达到主动和被动状态所需要的最大水平位移的绝对值，可近似取 $\Delta_a=0.001H$ 和 $\Delta_p=0.01H$；

$\Delta(z)$——地面下 z 深度处的边墙与土体间的相对水平位移，可按式(N.0.1-10)计算，主动侧取负值，被动侧取正值；

$\Delta(z)_W$——地面下 z 深度处边墙的水平位移；

$\Delta(z)_S$、$\Delta(H)_S$——分别为地面下 z 和 H 深度处土体的水平位移，可用一维频域等效线性化波动分析方法计算或按经验公式(N.0.1-11)估算；

H——地面到边墙底缘的深度；

H_f——地面到设计基岩的最大深度；

K_0——静止土压力系数，砂性土层可近似取 $K_0=1-\sin\phi$；

p_a——大气压强，可取100kPa；

C、n——材料常数，可按式(N.0.1-13)～式(N.0.1-15)或由试验确定，n 可取0.5；

G_0——土的最大剪变模量，可按式(N.0.1-12)计算；

σ'_m——土的平均有效应力；

e——土的孔隙比；

U——土的超固结比；

k——与黏性土的塑性指数 I_p 有关的常数，可按表N.0.1-2取值。

表 N.0.1-1　水平地震力系数 k_h 与地震角 θ

烈度		7		8		9
		0.10g	0.15g	0.20g	0.30g	0.40g
k_h		0.10	0.15	0.20	0.30	0.40
θ	水上	1.5°	2.3°	3.0°	4.5°	6.0°
	水下	2.5°	3.8°	5.0°	7.5°	10.0°

表 N.0.1-2　常数 k 的取值

I_p	0	20	40	60	80	≥100
k	0	0.18	0.30	0.41	0.48	0.50

N.0.2　边墙与土体产生相对位移时的地震土压力可按下列公式近似计算：

$$p(z)_{Ea}=\gamma z(1-k_v)K_{Ea} \tag{N.0.2-1}$$

$$p(z)_{Ep}=\gamma z(1-k_v)K_{Ep} \tag{N.0.2-2}$$

$$E_a=\frac{1}{2}\gamma H^2(1-k_v)K_{Ea} \tag{N.0.2-3}$$

$$E_p=\frac{1}{2}\gamma H^2(1-k_v)K_{Ep} \tag{N.0.2-4}$$

$$h=\frac{H}{3}(2-\cos\theta) \tag{N.0.2-5}$$

$$K_{Ea}=\frac{\cos^2(\phi-\theta)}{\cos\theta\cos(\delta+\theta)\left[1+\sqrt{\frac{\sin(\phi+\delta)\sin(\phi-\theta)}{\cos(\delta+\theta)}}\right]^2} \tag{N.0.2-6}$$

$$K_{Ep}=\frac{4\cos^2(\phi-\theta)}{3\cos^2(\phi-\theta)+\cos\theta\cos(\delta+\theta)\left[1+\sqrt{\frac{\sin(\phi+\delta)\sin(\phi-\theta)}{\cos(\delta+\theta)}}\right]^2} \tag{N.0.2-7}$$

式中：$p(z)_{Ea}$——刚性边墙主动地震土压力；

$p(z)_{Ep}$——刚性边墙被动地震土压力；

E_a、E_p、h——分别为主动和被动地震土压力的合力和合力作用点高度；

K_{Ea}、K_{Ep}——分别为主动和被动土压力系数；

δ——墙背摩擦角，可按土的有效内摩擦角的1/3取值；

γ——土层介质的重力密度。

本规范用词说明

1　为便于在执行本规范条文时区别对待，对要求严格程度不同的用词说明如下：

1）表示很严格，非这样做不可的：
正面词采用“必须”，反面词采用“严禁”；

2）表示严格，在正常情况下均应这样做的：
正面词采用“应”，反面词采用“不应”或“不得”；

3）表示允许稍有选择，在条件许可时首先应这样做的：
正面词采用“宜”，反面词采用“不宜”；

4）表示有选择，在一定条件下可以这样做的，采用“可”。

2　条文中指明应按其他有关标准执行的写法为：“应符合……的规定”或“应按……执行”。

引用标准名录

《建筑地基基础设计规范》GB 50007
《混凝土结构设计规范》GB 50010
《建筑抗震设计规范》GB 50011
《钢结构设计规范》GB 50017
《高耸结构设计规范》GB 50135
《混凝土结构工程施工质量验收规范》GB 50204
《建筑工程抗震设防分类标准》GB 50223
《建筑边坡工程技术规范》GB 50330
《厚度方向性能钢板》GB/T 5313
《中国地震动参数区划图》GB 18306

中华人民共和国国家标准

构筑物抗震设计规范

GB 50191—2012

条 文 说 明

修 订 说 明

《构筑物抗震设计规范》GB 50191—2012，经住房和城乡建设部2012年5月28日以第1392号公告批准发布。

本规范是在《构筑物抗震设计规范》GB 50191—93的基础上修订而成，上一版的主编单位是冶金部建筑研究总院，参加单位是国家地震局工程力学研究所、冶金部鞍山黑色冶金矿山设计研究院、能源部西北电力设计院、中国有色金属工业总公司长沙有色冶金设计研究院、中国统配煤矿总公司武汉煤炭设计院、东北内蒙古煤炭工业联合公司沈阳煤矿设计院、同济大学、中国石化总公司洛阳石化工程公司、冶金部鞍山焦化耐火材料设计研究院、中国有色金属工业总公司兰州有色冶金设计研究院、中国统配煤矿总公司选煤设计研究院、中国石油天然气总公司工程技术研究所、中国石化总公司北京设计院、冶金部重庆钢铁设计研究院、西安冶金建筑学院、大连理工大学、清华大学、太原工业大学、贵州工学院、哈尔滨建筑工程学院、能源部华东电力设计院、冶金部勘察研究总院、冶金部勘察科学技术研究所、机械电子部西安勘察研究院、天津市勘察院、中国有色金属工业总公司西安勘察院、湖南大学、中国地质大学北京研究生院、江苏省地震局、冶金部长沙黑色冶金矿山设计研究院、中国有色金属工业总公司贵阳铝镁设计研究院、抚顺石油学院、河南省电力勘测设计院、中国石油天然气总公司管道设计院，主要起草人员是侯忠良、周根寿、江近仁、吴良玖、耿树江、郭玉学、王余庆、王兆飞、马英儒、刘曾武、周善文、王绍华、刘鸿运、肖临善、潘士劼、文良谟、刘文虎、吴永新、金熹卿、刘大晖、李连槐、张慧娥、曲昭加、胡正顶、徐振贤、张克绪、邬瑞锋、曲乃泗、石兆吉、杨立、张良铎、那向谦、项忠权、许明哲、刘惠珊、张耀明、张维全、刘季、卫明、谢泳玫、陈家厚、绍宗远、熊国举、陈道钲、尹家顺、梁羽、姜涛、刘增海、翁鹿年、金华、张旷成、李世温、乔天民、狄原沆、陈幼田、乔宏洲、杨运安、李斌魁、韦明辉、苇树莲、宋龙伯、王贻逊、袁文伯、丁新潮、陈跃、季酷、牛启贞、孙维礼。

本次构筑物抗震设计规范的修订，除尾矿坝、挡土结构外，统一按多遇地震进行地震作用计算，不再划分A、B设计水准；改进了地震影响系数曲线；增加了钢框排架结构；取消了钢筋混凝土锅炉构架，增补了锅炉钢结构；增加了钢结构筒仓，对群仓结构作了较大的补充；增加了钢结构井塔、井架、通廊、管道支架等的抗震设计规定；增加了索道支架、挡土结构抗震设计。形成征求意见稿后，经过专家审阅及网上征询意见，共征集意见499条。对所征集的意见进行分析、整理，修改了相关条文，并对11种不同类型的构筑物进行了试设计工作，试设计结果基本合理。

本次修订过程中，发生了2008年"5·12"汶川大地震和青海玉树地震，各编制单位分别对各类构筑物的地震破坏进行了调查，并对部分条款进行了修改。

对于某些已列入现行国家标准且包含有抗震设计内容的构筑物，本规范不再纳入，如烟囱抗震设计已列入现行国家标准《烟囱设计规范》GB 50051、水塔抗震设计已列入现行国家标准《室外给水排水和燃气热力工程抗震设计规范》GB 50032。

与《构筑物抗震设计规范》GB 50191—93（以下简称原规范）相比，本次修订的条文数量有下列变动：

原规范共有23章7个附录，共562条。其中，正文547条，附录15条。本次修订后共有25章13个附录，共810条。其中，正文745条，附录65条，强制性条文48条（款）。

2007年12月，由住房和城乡建设部标准定额司主持召开了《构筑物抗震设计规范》修订送审稿审查会。会议认为，修订后的《构筑物抗震设计规范》吸取了近年来国内外相关地震震害经验，增加了新材料，特别是钢结构构筑物的抗震设计内容。借鉴了国内外抗震设计的理念，吸纳融合了最新科研成果和工程设计经验，结合我国国情，有所创新和提高，做到了结构抗震安全性适当提高，并兼顾经济性、实用性和技术先进的目标。

本次修订，附录A依据《中国地震动参数区划图》GB 18306—2001及其第1、2号修改单进行了设计地震分组。如有修订，以新区划图为准。

为了在使用本规范时能正确理解和执行条文规定，编制组编写了《构筑物抗震设计规范》条文说明，供使用者作为理解和把握规范规定的参考。

目 次

1 总 则

1.0.1 国家有关的防震减灾法律、法规主要指《中华人民共和国建筑法》、《中华人民共和国防震减灾法》及相关的条例等。

1.0.2 本规范的适用范围，仍与原规范相同，适用于6度～9度一般构筑物抗震设计。鉴于近数十年来很多6度地震区发生了较大的地震，甚至发生特大地震，因此，对6度区的构筑物应进行抗震设计，采取相应的抗震措施，以减轻地震灾害。

本次修订，按现行国家标准《中国地震动参数区划图》GB 18306—2001（图A）的规定，增加7度强（0.15g）和8度强（0.30g）两个分档。

关于大于9度地区的构筑物抗震设计，由于缺乏可靠的近场地震资料和数据，本规范尚未给出具体设计规定，目前可按建设部印发(89)建抗字第426号《地震基本烈度X度区建筑抗震设防暂行规定》执行，并结合构筑物的特点进行理论和试验研究，确定其分析方法和抗震构造措施。对于结构形式特殊的电视塔、框排架结构等构筑物或超过本规范适用范围的构筑物，也应通过专门的研究为设计提供依据。

1.0.3 抗震设防目标同原规范一样。构筑物的抗震设防的基本原则和目标是通过"三个水准、两阶段"设计，达到减轻地震破坏，避免人员伤亡或完全丧失使用功能，减少经济损失。本规范所包含的构筑物，大多数为工业构筑物，部分为民用构筑物，这些构筑物的地震破坏可能产生直接灾害，也可能产生次生灾害。因此，减轻地震破坏程度也包括减轻次生灾害。保障地震安全的程度是受到科学技术和国家经济条件两方面制约的。构筑物抗震设计规范与其他规范一样，要根据国家的实际经济条件，取用适当的设防水准，使其具有可行性。

本条规定三个水准的抗震设防目标，即"小震不坏，中震可修，大震不倒"。遭遇多遇地震影响时，结构基本处于弹性工作状态，不需修理仍能保持其使用功能。遭遇设防地震影响时，结构的主要受力构件局部可能出现塑性或其他非线性轻微损坏，使损坏控制在经一般修理即可恢复其使用功能的范围，即结构处于有限塑性变形的弹塑性工作阶段。罕遇地震的设防水准，根据中国建筑科学研究院抗震所对全国60多个城市的地震危险性分析结果，合理的设防目标是50年超越概率为2%～3%；遭此地震影响时，地震烈度大致高于设防烈度一度，结构无论从整体还是某些层位，已处于弹塑性工作阶段，此时结构的变形较大，但还是控制在规定的范围内，结构尚未失去竖向承载能力，不致出现结构整体倒塌。

为实现三个设防水准的要求，本规范采用二阶段设计。第一阶段设计是按第一设防水准（多遇地震）或第二设防水准（设防地震）进行结构强度验算；对大多数结构，可通过抗震设计的基本要求（即概念设计）和抗震构造措施要求来满足第三水准（罕遇地震）的设计要求。第二阶段设计则是对一部分较重要的构筑物和地震时易倒塌的构筑物，除满足第一阶段设计要求外，还要按高于设防烈度一度的大震进行弹塑性变形验算，并要进行薄弱部位的弹塑性层间变形验算，以满足第三水准的设防要求。涉及土层液化判别（如尾矿坝和挡土结构等）问题时，则按第二设防水准进行验算。

1.0.4 本条是强制性条文，要求处于抗震设防地区的所有新建构筑物必须进行抗震设计。

1.0.5 本条为强制性条文，作为抗震设防依据的设防烈度和地震动参数，必须按国家规定的地震动区划图、文件采用。

1.0.6 本条是抗震设防的基本依据。一般情况下，抗震设防烈度是按现行国家标准《中国地震动参数区划图》GB 18306的基本烈度采用。正如《中国地震动数区划图》GB 18306—2001使用规定指出："下列工程或地区的抗震设防要求不应直接采用本标准，需做专门研究：a)抗震设防要求高于本地震动参数区划图抗震设防要求的重大工程、可能发生严重次生灾害的工程、核电站和其他有特殊要求的核设施建设工程；b)位于地震动参数区划分界线附近的新建、扩建、改建建设工程；c)某些地震研究程度和资料详细程度较差的边远地区；d)位于复杂工程地质条件区域的大城市、大型厂矿企业、长距离生命线工程以及新建开发区等。"

2 术语和符号

2.1.3 抗震设防标准是一种衡量对构筑物抗震能力要求高低的综合尺度，既取决于建设地点预期地震动强弱的不同，又取决于构筑物抗震设防类别的不同。本规范规定的设防标准是最低要求。

2.1.4 地震作用的含义强调了其动态作用的性质，不仅是加速度的作用，还包括地震动的速度和位移的作用。

3 基 本 规 定

3.1 设防分类和设防标准

3.1.1 构筑物的抗震设防分类和设防标准与现行国家标准《建筑工程抗震设防分类标准》GB 50223完全相同。确定构筑物抗震设防类别的标准是根据其重要性和受地震破坏后果的严重程度，其中包括人员伤亡、经济损失、社会影响等；对于严格要求连续生产的重要厂矿，其震害后果还应包括停产造成的损失。当停产超过工艺限定的时间时，还可能导致整个生产线更长时间停顿的恶果。如锅炉钢结构、焦炉、高炉等，当失去恒温条件时，将导致内衬开裂、炉体报废，从而使恢复生产的时间大为延长；井塔、井架等矿井的安全出口如地震时发生堵塞，将会导致严重的后果；运送、贮存易燃、易爆和有毒介质的管道、贮罐一旦破坏，将会造成严重的次生灾害。因此，对这些与生命线工程相关的构筑物，在估量其震害后果划分重要性类别时，还应考虑对恢复生产的影响程度，与一般民用建筑和工业建筑相比，其要求从严。此外，像电视塔这样的构筑物，一旦建成，它在城市中就占有特殊地位，在确定重要性类别时，要结合城市的等级考虑其政治影响与社会稳定等因素，从严掌握。

现行国家标准《建筑工程抗震设防分类标准》GB 50223中的特殊设防类、重点设防类、标准设防类、适度设防类，在本规范中分别采用甲类、乙类、丙类、丁类表述。

根据现行国家标准《建筑工程抗震设防分类标准》GB 50223的规定，在本规范中只有电视塔属于甲类构筑物。对于甲类构筑物，按地震安全性评价结果高于本规范抗震设防烈度来确定地震作用，而抗震措施要提高一度。对于现行国家标准《建筑工程抗震设防分类标准》GB 50223规定以外的如尾矿坝等构筑物，应按本规范的规定确定抗震设防分类，并采用相应的设防标准。

3.1.2 6度设防的构筑物，其结构设计通常不是由地震作用控制。为减少设计工程量，除本规范另有规定外，对6度时可仅进行抗震措施设计，不要求进行地震作用计算。

3.2 地 震 影 响

3.2.1～3.2.4 构筑物在特定场地条件下所受到的地震影响，除与地震震级（地震动强度）大小有关外，主要取决于该场地条件下反应谱频谱特性中的特征周期值。反应谱（地震影响系数曲线）的特征周期又与震级大小和震中距远近有关，为此引入“特征周期”的概念。在本规范中，特征周期是通过设计所用的地震影响系数特征周期 T_g 来表征。为了更好地体现震级和震中距的影响，在现行国家标准《中国地震动参数区划图》GB 18306—2001 中附录 B（中国地震动反应谱特征周期区划图）的基础上将远震部分作了收缩调整，按现行国家标准《建筑抗震设计规范》GB 50011 附录 A（我国主要城镇抗震设防烈度、设计基本地震加速度和设计地震分组）进行设计地震分组，按三组分别给出特征周期值。

关于设计基本地震加速度的取值，仍按建设部 1992 年 7 月 3 日颁发的建标〔1992〕419 号《关于统一抗震设计规范地面运动加速度设计取值的通知》给出。其定义：50 年设计基准期超越概率 10% 的地震加速度的设计取值：7 度 $0.1g$，8 度 $0.2g$，9 度 $0.4g$。此外，在表 3.2.2 中还按《中国地震动参数区划图》GB 18306－2001 附录 A（中国地震动峰值加速度区划图）引入了 6 度区设计基本地震加速度值 $0.05g$，并将 $0.15g$ 和 $0.30g$ 区域分别列入 7 度区和 8 度区。

3.3 场地和地基基础

3.3.1、3.3.2 在进行工程规划、地震安全性评价和工程地质勘探时，均应按本规范第 4.1.1 条的规定对工程场地进行有利地段、一般地段、不利地段和危险地段的综合评定与划分，除丁类外，提出避开不利地段和不在危险地段建造构筑物的要求。甲类、乙类构筑物，严禁建造在危险地段；丙类构筑物不应建造在危险地段，这是汶川和玉树地震所证实的。第 3.3.2 条为强制性条文。

3.3.3、3.3.4 这两条是在现行国家标准《建筑工程抗震设防分类标准》GB 50223 的强制性条文规定的基础上的补充规定。历次大地震的经验表明，建造于Ⅰ类场地的类似构筑物的震害较轻，所以对甲类、乙类构筑物不要求提高一度采取抗震构造措施。在Ⅰ类场地的丙类构筑物，仅允许降低抗震构造措施，但不得降低抗震措施中的其他要求。抗震措施中包括抗震构造措施，还包括概念设计要求和地基基础等方面的要求。

本规范中所有构筑物在抗震设计时，仅允许降低或提高一次抗震措施或抗震构造措施要求，不得重复降低或提高。如丁类构筑物已允许降低抗震措施要求，不能再次降低抗震构造措施。

Ⅲ、Ⅳ类场地上的类似构筑物地震破坏明显加重，所以对Ⅲ、Ⅳ类场地的设计基本地震加速度为 $0.15g$ 和 $0.30g$ 地区各设防类别的构筑物，除有关章节另有具体规定外，要求分别按 8 度和 9 度采取抗震构造措施，不提高抗震措施中的其他要求，如概念设计中要求的内力调整措施等。

3.3.5 本条第 1、2 款，对一般体型不大的构筑物均可满足要求；但对于大型构筑物若不满足要求时，可通过地震作用下的地基变形和结构反应分析确定地基、地上结构的抗震措施。

3.3.6 2008 年 5 月 12 日四川省汶川地震中，地质灾害对建（构）筑物的危害突出，因此对山区场地增加有关边坡稳定性和边坡安全距离等的原则要求。

3.4 结构体系与设计要求

3.4.1 构筑物在平面和竖向规则，是指平面、竖向外形简单、匀称，抗侧力构件布置对称、均匀，质量分布均匀，结构承载力分布均匀、无突变等。这是对设计工程师（包括建筑师、工艺设计师）在进行方案设计时的基本要求，是合理的概念设计的基本原则。严重不规则是指结构体型复杂，多项不规则指标超过本规范第 3.4.6 条上限值或某一项大大超过规定值。此时，结构会产生明显的抗震薄弱环节，将导致地震破坏的严重后果。特别不规则是指具有明显的抗震薄弱部位，地震时可能引起不良后果，因此必须专门研究论证。

3.4.2 结构体系的合理性与经济性是密切相关的，应根据构筑物的抗震设防类别、抗震设防烈度、结构高度、场地条件、地基、结构材料和施工等因素，对设计方案进行综合分析、比较才能确定。

3.4.3、3.4.4 明确的计算简图和合理的地震作用传递途径包括以下三重含义：在地震作用下结构的实际受力状态与计算简图相符；结构传递地震作用的路线不能中断；结构的地震反应通过最简捷的传力路线向地基反馈，充分发挥地基逸散阻尼效应对上部结构的减震作用。

关于薄弱层（部位）的概念，是本规范抗震设计的一个重要内容：

1 在罕遇地震作用下，结构的强度安全储备所剩无几，此时应按构件的实际承载力标准值来分析，判定薄弱层（部位）的安全性。

2 楼层（部位）的实际承载力和设计计算的弹性受力之比（即楼层的屈服强度系数）在高度方向要相对均匀变化，突变将会导致塑性变形集中和应力集中。

3 要避免仅对结构中某些构件或节点采取局部加强措施，造成整体结构的刚度、强度的不协调而使其他部位形成薄弱环节。

4 在抗震设计时要控制薄弱层（部位）有较好的变形能力，以避免薄弱层（部位）发生转移。

关于多道抗震防线的问题阐述如下：当采用几个分体系组联成整体结构体系时，要通过延性好的构件连接并达到协同工作。如框架-抗震墙体系，是由延性框架和抗震墙两个系统组合；双肢或多肢抗震墙体系由若干个单肢墙分系统组成。尽量增加结构体系的赘余度，吸收更多的地震能量，一个分体系遭到地震破坏，可由其他结构承担地震作用，保护整体结构，局部受损构件可以在震后修复。

3.4.5、3.4.6 有关平面和竖向不规则结构的定义和相应的抗震设计计算要求，系引入现行国家标准《建筑抗震设计规范》GB 50011—2010 的规定。

对于扭转不规则，若按刚性结构层计算，当最大层间位移与平均值的比值为 1.2 时，相当于一端为 1.0，另一端为 1.5；当比值为 1.5 时，相当于一端为 1.0，另一端为 3.0。美国 FEMA（Federal Emergency Management Agency）的 NEHRP（National Earthquake Hazards Reduction Program）规定限值为 1.4。

对于较大的错层，如超过梁高的错层，需按楼板开洞对待。当错层面积大于该层总面积的 30% 时，则属于楼板局部不连续。楼板典型宽度按楼板外形的基本宽度计算。

上层缩进尺寸超过相邻下层对应尺寸的 1/4，属于用尺寸来衡量侧移刚度不规则。侧移刚度可取地震作用下层剪力与层位移之比值计算。

3.4.7、3.4.8 对于体型复杂或平、立面不规则的构筑物，并不提倡一概设置防震缝，可以通过合理的抗震分析并采取相应的加强延性等抗震构造措施，不设防震缝。

3.4.11 对脆性材料（砌体和混凝土）的构件，提出改善变形能力、提高承载力的原则要求。对延性好的钢构件，主要防止因局部失稳（屈曲）和整体失稳而提前退出工作。对预应力混凝土抗侧力构件，为避免在地震作用下预应力有所降低，要求适当配置非预应力筋。

3.4.12 主体结构构件之间连接的可靠性是保证结构体系空间整体性的重要环节，也是保证结构整体振动与其动力计算简图和内力分析相一致的重要环节，即通过其连接节点的承载力达到发挥构件预期承载力、变形能力，以使整体结构具有良好的抗震能力。

3.4.13 本条的支撑系统包括屋盖支撑和柱间支撑等，设计上的不完善或不合理，将影响结构的整体性和抗震能力的发挥。

3.5 结构分析

3.5.1 本规范中除少数构筑物按抗震设防烈度的设防地震进行抗震验算外，其余均按低于本地区抗震设防烈度的多遇地震作用进行反应（结构内力和变形）分析，此时假定结构及其构件均处于弹性工作状态。

3.5.2 通过现有工程实例分析，本规范仅对8度和9度区的部分场地条件下的钢筋混凝土框排架结构、柱承式筒仓、井架、井塔、电视塔等构筑物要求进行罕遇地震作用下的变形验算，也就是对其薄弱层(部位)进行层间弹塑性变形控制，以防止因变形集中导致结构倒塌。具体的分析方法可采用本规范给出的简化法，也可采用其他方法进行计算。

3.5.3 当构筑物高宽比较大或具有薄弱层，框架结构或框架-抗震墙(支撑)结构稳定系数符合下式时，应考虑结构变形的几何非线性，即重力二阶效应的影响。

$$\theta_i=\frac{M_a}{M_0}=\frac{\sum G_i \cdot \Delta u_i}{V_i h_i}>0.1 \tag{1}$$

式中：θ_i——稳定系数；

M_a——重力附加弯矩，系指任一结构层以上全部重力荷载与该结构层地震平均层间位移的乘积；

M_0——初始弯矩，系指该结构层的地震剪力与结构层层高的乘积；

$\sum G_i$——第 i 层以上全部重力荷载设计值；

Δu_i——第 i 层楼层质心处的弹性或弹塑性层间位移；

V_i——第 i 层地震剪力设计值；

h_i——第 i 层楼层高度。

上式规定是考虑重力二阶效应影响的下限，其上限则受弹性层间角位移限值控制。

一般情况下，结构的侧向稳定可以通过限制弹性层间位移来控制，尤其是对于钢筋混凝土框架-抗震墙结构，均可满足稳定系数小于0.1。对于侧移刚度较小的钢筋混凝土框架结构或钢框架结构，则应重视重力二阶效应问题。前者计算侧移时，尚应考虑侧移刚度折减。

弹性分析时，作为简化方法，二阶效应的内力增大系数可取 $1/(1-\theta)$。

3.5.4 刚性、半刚性、柔性横隔板是分别指在平面内不考虑变形、考虑变形、不考虑刚度的楼板或屋盖。

3.6 非结构构件

3.6.1～3.6.5 非结构构件、设施和设备应进行抗震设计，是地震中引发次生灾害、生产中断等众多震害后开始引起人们重视的问题。因此要求建筑师、设备工程师与结构工程师相互配合，对构筑物上的各种设备、管线及其与主体结构的连接应按同等设防烈度进行抗震验算，并采取可靠的固定措施。

围护墙、隔墙等非结构构件，与主体结构既要有可靠的拉结，又要求考虑对主体结构的不利影响，二者应协调起来。如柱间不到顶的填充墙，可使柱形成短柱破坏形态(脆性破坏)。第3.6.1条为强制性条文。

3.7 结构材料与施工

3.7.1 本条为强制性条文。抗震结构设计对材料和施工方面的要求，包括材料代用的技术要求，主要指材料的强度等级、延性、施工质量等要求，均应在设计文件中注明。

3.7.2、3.7.3 对结构材料的要求，分为强制性条文和非强制性条文，第3.7.2条作出了强制性规定。

在钢筋混凝土结构中对混凝土强度等级的限制，是基于强度等级愈高，其脆性破坏的危险性愈大。

对一、二、三级框架结构和斜撑构件的纵向受力钢筋(普通钢筋)，其抗拉强度实测值与屈服强度实测值的比值要求不小于1.25，是为了满足构件出现塑性铰时具有足够的转动能力、耗能能力。要求屈服强度实测值与标准值之比不大于1.3，是为了实现"强柱弱梁、强剪弱弯"规定的内力调整目标。

钢结构的钢材，目前主要按现行国家标准《低合金高强度结构钢》GB/T 1591、《建筑结构用钢板》GB/T 19879、《碳素结构钢》GB 700等规定选用。钢材的屈服强度决定了强度设计指标，但不宜过高。通过实测的屈强比不大于0.85、有明显的屈服台阶、伸长率不小于20%(试件标距为50mm)来保证钢材具有足够的塑性变形能力。按构筑物实际工作温度对钢材提出冲击韧性指标，也是抗震结构的一项重要要求。

现行国家标准《碳素结构钢》GB 700规定，各种牌号的A级钢其碳含量不作为交货条件，即碳含量不作为控制指标，这将影响钢材的焊接性，因此焊接结构不要采用A级钢。现行国家标准《低合金高强度结构钢》GB/T 1591中的A级钢不保证冲击韧性要求，因此也不建议采用。

现行国家标准《钢筋混凝土用钢　第2部分：热轧带肋钢筋》GB 1499.2规定，在钢号后加E为符合抗震性能指标钢筋。有关普通钢筋的选用，是按现行国家标准《混凝土结构设计规范》GB 50010中的有关规定作了修改。

3.7.4 本条为强制性条文。在钢筋混凝土施工中，如果采用不同型号、规格的钢筋代替时，应使替代后的纵向钢筋的总承载力设计值不高于原设计的总承载力的设计值，以免造成薄弱部位的转移，以及构件在有影响的部位发生脆性破坏(压碎或剪力破坏等)。同时注意由于钢筋强度和直径改变后会影响正常使用阶段的挠度和裂缝开展宽度，因此还要满足最小配筋率和钢筋间距等构造要求。

3.7.5 在有约束或钢板的刚度较大时，厚板焊接时容易引起层状撕裂，为此要求板厚不小于40mm的钢板应具有厚度方向断面收缩率不小于Z15的规定，根据节点形式、焊脚尺寸、板厚等因素，综合判定层状撕裂的危险性，然后确定选用Z15、Z25或Z35级钢材。

3.7.7 抗震墙的水平施工缝，如果混凝土结合不良，可能形成抗震薄弱部位。因此，对一级抗震墙的水平施工缝处要求进行受剪承载力验算，其验算方法可参见现行国家标准《建筑抗震设计规范》GB 50011—2010第3.9.7条的条文说明。

4 场地、地基和基础

4.1 场　地

4.1.1～4.1.9 这几条内容与现行国家标准《建筑抗震设计规范》GB 50011基本协调统一，针对构筑物的特点进行了局部调整，其条文说明不再复述。第4.1.9条为强制性条文。

4.2 天然地基和基础

4.2.1～4.2.5 这几条内容与现行国家标准《建筑抗震设计规范》GB 50011基本协调统一，针对构筑物的特点进行了局部调整，其条文说明不再复述。第4.2.2条为强制性条文。

4.3 液化土地基

4.3.1～4.3.10 这几条内容与现行国家标准《建筑抗震设计规范》GB 50011基本协调统一，针对构筑物的特点进行了局部调整，其条文说明不再复述。第4.3.2条为强制性条文。

4.4 软黏性土地基震陷

4.4.1 震害调查发现，软土震陷造成的建(构)筑物破坏多发生在强震区，6度和7度区尚未有震陷破坏的实例报道。1976年唐山地震时天津和1994年美国Northridge地震时San Fernando Valley的软土震陷破坏事例分别发生在8度、9度区和9度及以上区。此外，已有的计算分析研究也表明，在遭受设防地震影响时，6度和7度的软土震陷量不大于30mm。基于此，本条规定，位于6度和7度区的一般建(构)筑物可不考虑软土震陷的影响。

4.4.3 此规定主要是根据唐山地震时天津软黏土地区的震害经验和试验、理论分析研究得出的。8度时要求地基承载力特征值不小于100kPa和9度时不小于120kPa，是从结构抗震角度出发而规定的，本规范和现行国家标准《建筑抗震设计规范》GB 50011都规定，在天然地基主要持力层内不允许存在对抗震不利的软弱黏性土。

4.4.4、4.4.5 对软土震陷的处理目前积累的经验还不多，条文中给出的工程措施是目前工程界处理软土震陷通常采取的方法。对于重要构筑物和震陷危害性严重的场地，在震陷判别和处理方法的选用上需要进行综合分析研究。

4.5 桩 基 础

4.5.1～4.5.6 这几条内容与现行国家标准《建筑抗震设计规范》GB 50011基本协调统一，针对构筑物的特点进行了局部调整，其条文说明不再复述。第4.5.5条为强制性条文。

4.6 斜坡地震稳定性

4.6.1 斜坡场地的地震稳定问题在山区开发和建设中较为突出。大量震害经验表明，天然边坡在遭受M4.5级左右的地震时就可能发生崩滑，工程边坡通常在7度及以上时才需要考虑其地震稳定问题。

4.6.2 表4.6.2是在调查总结过去地震滑坡经验的基础上得出的。此条旨在剔除工程设计中不需要进行地震抗滑验算的边坡。

研究发现，对于位于年均降雨超过800mm的土质边坡，表4.6.2误判严重(王余庆等，2001)。所以，条文规定此表不适用于年均降雨大于800mm的Ⅴ类、Ⅵ类边坡。对此类场地的土质边坡判别，可按考虑降雨影响的边坡地震崩滑综合指标法进行。

上述方法是基于地震宏观调查的分析结果，它们适用于一般山区工程场地，对于重要的斜坡场地，需要进行地震稳定性分析和时程分析综合判定。

4.6.3 工程界对边坡的地震稳定性验算通常采用拟静力法，地震系数是根据震级和场地设防加速度的大小确定。表4.6.3规定的水平地震系数大小是综合我国工程界通常的取值范围确定的，其地震综合影响系数为0.35，它所对应的分析方法是圆弧法，安全系数取1.1。

5 地震作用和结构抗震验算

5.1 一 般 规 定

5.1.1 本条为强制性条文。本条规定了各类构筑物应考虑的地震作用方向。本次修订，保留了原规范的内容，增加了斜交抗侧力构件地震作用输入方向的要求。

1 考虑到地震可能来自任意方向，而一般构筑物结构单元具有两个水平主轴方向并沿主轴方向布置抗侧力构件，故规定一般情况下，应至少在构筑物结构单元的两个主轴方向分别考虑水平地震作用并进行抗震验算。而对构筑物水平方向完全对称的特殊情况，则可以仅进行一个水平方向的抗震验算。电视塔要求分别计算两个非主轴方向的地震作用。

2 参考现行国家标准《建筑抗震设计规范》GB 50011，增加了斜交抗侧力构件交角大于15°时，应考虑与该构件平行方向的地震作用的规定，这是现代结构常见的情况，也是考虑地震可能来自任何方向。

3 质量和刚度分布明显不均匀、不对称的结构(包括平面内对称，但沿高度分布不对称)，在水平地震作用下将产生扭转振动，增大地震作用效应，故应考虑扭转效应。对明显不规则的，尚应同时考虑双向水平地震作用下的扭转效应。

4 除长悬臂和长跨结构应考虑竖向地震作用外，高耸结构在竖向地震作用下的轴向力不可忽略，故本规范规定8度和9度区的这些结构要考虑竖向地震作用。我国大陆和台湾地震表明，8度时跨度大于24m的桁架，9度时跨度18m的桁架、1.5m以上的悬挑阳台震害严重，甚至倒塌。

5.1.2 本条规定不同的构筑物应采取的不同分析方法，世界各国规范均有这样的规定。

1 本规范仍采用原规范的底部剪力法，它适用于质量和刚度沿高度分布比较均匀的剪切型、剪弯型和弯曲型结构以及近似于单质点体系的结构。对井架结构的分析表明，高达65m的结构仍能给出满意的结果，故对一般构筑物，采用底部剪力法的高度限值定为不超过65m。由于不同用途的构筑物的结构形式不同，所采用的底部剪力法的适用高度对不同结构形式也应有所不同，因此，为安全起见，本次修订对框排架结构的高度限制规定为不超过55m。

2 对特别重要的构筑物和特别不规则的重要构筑物，考虑到计算机技术在我国的应用已较普遍，为安全起见，本规范仍沿用原规范的规定，采用时程分析法或经专门研究的方法计算地震作用。当时程分析法计算结果大于振型分解反应谱法时，应对结构相关部位的内力或配筋作相应调整，即取二者的较大值。底部剪力法和振型分解反应谱法仍是抗震设计的基本方法，时程分析法仅对特别重要或特别不规则的结构要求进行补充计算。

5.1.3 进行时程分析时输入地震记录的选择和计算结果要与本规范其他方法的计算结果进行比较。本次修订参考现行国家标准《建筑抗震设计规范》GB 50011，增加了“其平均地震影响系数曲线应与振型分解反应谱法所采用的地震影响系数曲线在统计意义上相符”和“底部剪力可取多条时程曲线计算结果的平均值，但不应小于按振型分解反应谱法计算值的80%，且每条时程曲线计算所得结构底部剪力不应小于振型分解反应谱法计算结果的65%。”的规定。众所周知，每类场地上的反应谱是由该类场地的大量地震记录的反应谱值统计平均得到的，而任意选择的几条地震记录的反应谱有可能与此场地的典型特征相差甚远。另外，由于结构可能在某组(条)地震动作用下，反应结果偏小，说明该地震动选择的不是很适当，应另外补选一组(条)。为此作出上述规定。这是从安全方面考虑的，但时程分析结果也不能太大，每条时程曲线计算结果不大于135%，平均不大于120%。

选择地震加速度时程曲线时，要充分考虑地震动三要素(频谱特性、加速度峰值和持续时间)。

频谱特性可用地震影响系数曲线表征，依据所处的场地类别和设计地震分组确定。

加速度峰值按本规范表5.1.7中的地震加速度最大值采用。

输入的地震加速度时程的有效持续时间，起始点和终止点均按最大峰值的10%确定；不论是实际的强震记录还是人工模拟波，一般应大于结构基本自振周期的5倍(一般为5倍～10倍)。

当结构需要进行同时双向(二个水平向)或三向(二个水平和一个竖向)地震波输入时，其加速度最大值通常按1(水平1)∶0.85(水平2)∶0.65(竖向)的比例调整。选用的实际加速度记录可以是同一组的三个分量，也可以用不同组的记录进行组合。

5.1.4 本条为强制性条文。本条仍沿用原规范的方法，规定了计算地震作用时构筑物的重力荷载代表值取法。考虑到某些构筑物的积灰荷载不容忽略，可变荷载中包含了积灰荷载。并参考现行国家标准《建筑抗震设计规范》GB 50011，增加了吊车悬吊物重力组合值系数。表5.1.4中给出的硬钩吊车的组合值系数只适用于一般情况，吊车较大时需按实际情况取值。

5.1.5 本条为强制性条文。本条是关于设计反应谱的规定。具体作了以下几点修订：

1 1989年版《建筑抗震设计规范》GBJ 11—89反应谱长

周期截止 3s,2010 年版周期延至 6s。而本规范一直截止 7s。现行国家标准《建筑抗震设计规范》GB 50011—2010 截止周期与本规范相近,这样两个抗震设计规范采用相同的地震作用较为适宜,因此本次修订采用了基本相同的设计反应谱。不同之处在于本规范的截止周期仍为 7s,但规定当计算的地震影响系数值小于 $0.12\alpha_{max}$ 时,应取 $0.12\alpha_{max}$。

2 将原规范中"抗震计算水准 A"和"抗震计算水准 B"的提法分别改为"多遇地震"和"设防地震",并根据不同情况分别采用这两种地震作用进行抗震验算,具体采用哪一种,由本规范有关章节确定。

3 特征周期的取值由原规范连续性的公式形式改为离散性的表达形式,这主要是出于使用方便考虑,但同时基本保持了原先无大跳跃的优点。同时,通过设计地震分组的特征周期,来反映近震、中震、远震等影响,提高了抗震安全性。

(4)为与现行国家标准《建筑抗震设计规范》GB 50011 和我国地震动参数区划图相协调,增加了设计地震分组和设计基本加速度为 $0.15g$ 和 $0.30g$ 的地区的反应谱值。

5.1.6 因采用了与现行国家标准《建筑抗震设计规范》GB 50011 相同的设计反应谱,所以阻尼调整系数也采用了同样的表达式。

1 反应谱在 $T \leqslant 0.1$s 范围内,各类场地的地震影响系数一律采用同样的斜线,并符合 $T=0$ 时(刚体)动力不放大的规律。在 $T \geqslant T_g$ 时,曲线段为速度控制段,衰减指数仍与原规范相同(0.9);从 $T=5T_g$ 开始的直线下降段,为位移控制段,比原规范略有提高(由曲线改为斜线)。

2 该反应谱曲线计算表达式,形式上与《建筑抗震设计规范》GB 50011—2010 相同,但对其参数作了调整,达到了以下效果:

1)阻尼比为 5%的地震影响系数值不变。

2)不出现不同阻尼比地震影响系数交叉、大阻尼比曲线值高于小阻尼比的不合理现象。

3)降低了小阻尼比(2%~3.5%)的地震影响系数值,最大降低幅度达 18%,这有利于钢结构的推广应用(节省投资)。同时,略微提高了阻尼比 6%~12%的地震影响系数值,长周期段最大增幅约 5%。

4)降低了大阻尼比(20%~30%)的地震影响系数值,在 $5T_g$ 以内基本不变,长周期段最大降幅约 10%,有利于消能减震技术的推广应用。

3 关于水平地震系数的增大系数,本规范仍采用了原规范新的底部剪力法,当多质点体系的基本自振周期处于谱速度区和谱位移区时,其地震影响系数值应予以增大,该增大系数是根据基本振型计算的底部剪力与由振型分解反应谱法计算的底部剪力之差求得的。对剪切型、剪弯型和弯曲型结构的计算结果进行最小方差拟合,求得增大系数的结构类型指数值,分别为 0.05、0.20 和 0.35。本次修订考虑到长周期反应谱值作了一定提高等因素,因此对剪弯型结构和弯曲型结构,增大系数的指数值分别调整为 0.15 和 0.25。

5.1.7 为了采用时程分析法进行分析和设计的需要,本次修订不但给出了与设防地震(设防烈度地震)相对应的地震加速度值,还给出了与多遇地震和罕遇地震相对应的地震加速度值,供两阶段设计需要。

5.1.8 本条仍沿用原规范的规定。构筑物的实测周期通常是在脉动或小振幅振动情形下测定的,构筑物遭受地震时为大振幅振动,部分构件进入弹塑性状态,其自振周期加长,故规定视构筑物的类别及其允许的损坏程度的不同,对实测周期乘以 1.1~1.4 的周期加长系数。

5.1.9 构筑物的阻尼比应按各章具体规定取值,无规定的章节可取 0.05。钢结构的阻尼比,在多遇地震下由 2%提高到 3%。

5.1.10 本条仍沿用原规范的规定。考虑到各类构筑物特性的不同及与现行国家标准《建筑抗震设计规范》GB 50011 相衔接,本规范规定对不同的构筑物采取不同的地震作用水准进行截面抗震验算方法。如尾矿坝、挡土结构仍按设防地震验算其稳定性。

5.2 水平地震作用计算

5.2.1 本次修订在计算水平地震作用和作用效应时仍沿用原规范给出的新的底部剪力法。

1 现行国家标准《建筑抗震设计规范》GB 50011 采用的底部剪力法只适用于以剪切变形为主的结构。对于构筑物来说,除了以剪切变形为主的剪切型结构外,还存在着剪弯型和弯曲型的结构。为了适应构筑物的水平地震作用简化计算的需要,本规范仍采用原规范给出的新的底部剪力法,其根据如下:

1)对于基本自振周期 T_1 处于谱加速度控制区(短周期区)的结构,振型分解反应谱法求得的底部剪力实质上与仅考虑基本振型时的结果相同,于是在底部剪力公式中用第一振型的等效总重力荷载代替总重力荷载,则该公式将精确给出基本自振周期 T_1 在谱加速度控制区的结构的底部剪力。

2)对于基本自振周期 T_1 处在谱速度和位移控制区(即中等周期和长周期区)的结构,按振型分解反应谱法求得的底部剪力要高于仅考虑基本振型的底部剪力法求得的值,这个差值反映了高振型的影响。

3)这种差值随结构基本自振周期 T_1 的增加和结构剪弯刚度比的减小而增加;为了反映这种差异,可将底部剪力计算公式中的地震影响系数 α 增大,亦即减小反应谱曲线在速度和位移谱控制区中随周期 T 的衰减率,以提高反应谱曲线。实际上,是采用式(5.1.6-4)的增大系数来提高 α 值。

2 现行国家标准《建筑抗震设计规范》GB 50011 关于底部剪力沿结构高度分布的计算,采取了将部分底部剪力集中作用于结构顶部,而其余部分则按倒三角形分布的方法。这种方法只适用于计算结构的层间剪力而不适用于计算层间弯矩。对工业与民用建筑结构来说,一般无需验算结构层间弯矩及其基础的倾覆力矩,故可不计算弯矩。但对构筑物来说,由于有的构筑物的平面尺寸较小,还需进行抗倾覆力矩验算。因此,在计算中不但要较精确地计算层间剪力,而且要较精确地计算层间弯矩,这就要求较精确地计算沿结构高度的水平地震作用效应的方法。

本规范采用的原规范给出的新的底部剪力法如下所述:

按式(5.2.1-1)计算总水平地震作用,即底部剪力,将它看成是由基本振型和第二振型(代表高振型影响)的底部剪力的组合,再分别求出它们的相应底部剪力及其沿高度的分布,并分别计算由基本振型和第二振型的水平地震作用产生的层间剪力和弯矩等地震作用效应,然后按平方和开方法进行组合求得总的地震作用效应。基本振型的底部剪力按式(5.2.1-6)计算,此时的地震影响系数无须考虑增大系数,直接由图 5.1.6 求得。对多质点体系 $T_1 > T_g$ 时,按式(5.1.6-4)考虑了增大系数,为此再除以增大系数;$T_1 \leqslant T_g$ 时,增大系数等于 1,等于不考虑增大系数;因此,仅在第二振型中考虑增大系数。第二振型的底部剪力根据平方和开方组合法由总的底部剪力和基本振型的底部剪力按式(5.2.1-7)计算。各振型底部剪力沿高度的分布采用按振型曲线分布,即按式(5.2.1-4)和式(5.2.1-5)计算的基本振型和第二振型的振型曲线分别近似取为式(5.2.1-3)和式(5.2.1-8)。表 5.2.1 中所列基本振型指数 δ 和 $h_0=0.8h$,是根据对多个剪切型、剪弯型和弯曲型结构的计算振型曲线进行拟合求得的。

3 水平地震作用标准值效应应由两个振型的作用效应平方和开方确定。按设防地震计算的地震作用标准值效应应乘以效应折减系数。对一部分结构来说,效应折减系数与原结构影响系数的考虑因素相似,但不同构筑物的差异比较大,有的构筑物的效应折减系数并不完全是反映结构本身的塑性耗能效应,而是综合影响系数($\xi=0.25$~0.45)。

5.2.2 当采用振型分解反应谱法分析对称结构时，其地震作用标准值效应由所取各振型的贡献的平方和开方确定。此次修订，将一般构筑物的组合振型个数增加到3个～5个；对于高柔和不规则的构筑物，规定其组合的振型个数适当增加；对于某些特殊构筑物，如框排架结构、电视塔和冷却塔等，上述参振振型显然不够。为此规定，对所有构筑物，所选取的振型数应使振型参与质量不小于总质量的90%。对于一般构筑物，取3个～5个振型，对于高柔和不规则的构筑物，振型数量适当增加，可以保证振型参与质量不小于总质量的90%。但当结构较复杂，不能确信所选择的振型数是否足够时，则应校核参振振型参与质量与总质量的比值。另外，还同样规定，对按设防地震计算的作用标准值效应要乘以效应折减系数。

5.2.3 本规范新增估计水平地震作用扭转耦联影响的规定条款。对于平面对称构筑物，可能存在偶然荷载、施工质量等引起的偶然偏心，为此参照现行国家标准《建筑抗震设计规范》GB 50011，规定对这类结构可以不进行扭转耦联计算，采用增大外侧构件内力的简化处理方法(对于角部构件要乘以两次增大系数)；进行偏心结构扭转耦联反应分析时，两个水平和扭转参振振型均要考虑到，所以规定每个方向的参振振型数量至少包含该方向的前三阶振型。同样还规定了所选取的振型数应使振型参与质量不小于总质量的90%，以便当分析复杂结构且不能确信参振振型数量足够时，据此原则确定振型数量。

由于考虑扭转耦联分析时，结构振型较为密集，因此规定单向水平地震效应组合采用完全二次项平方根组合方法，即CQC法。

计算分析表明，当相邻振型的周期比为0.85时，耦联系数ρ约为0.27，采用SRSS法组合误差很小。当相邻振型周期比为0.9时，$\rho=0.5$，则应采用CQC法组合。

双向水平地震效应组合方法参照现行国家标准《建筑抗震设计规范》GB 50011，取一个方向效应的100%，另一个方向的85%，平方和开平方组合方法，并取两个方向效应组合的较大值作为双向水平地震标准值效应。

5.2.4 突出构筑物顶面的小型结构，一般系指其重力荷载小于标准层1/3的情况。采用底部剪力法计算时，小型结构的重力荷载应计入下部结构中，但不单设一个质点。本规范中的贮仓的仓上建筑和钢框排架结构的天窗，按底部剪力法计算的增大系数取值另有规定。

5.2.5 本条为强制性条文。在长周期段的地震影响系数α下降较快，对于基本自振周期大于3.5s的结构，计算的水平地震作用效应可能偏小。这是因为此时地震动速度和位移起控制作用，但规范中所采用的底部剪力法和振型分解反应谱法均无法考虑其影响。从结构安全角度考虑，提出对结构总水平地震剪力及各结构层水平地震剪力最小值的要求，规定了不同烈度下的剪力系数。不符合要求时，需改变结构布置或调整结构总剪力和各层剪力。例如，当结构底部总剪力略小于本条规定，而中部、上部结构层均满足最小值时，可采用下列方法调整：结构基本自振周期位于反应加速度控制段时，则各层均需乘以同样大小的增大系数；结构基本自振周期位于反应谱位移控制段时，则各层均需按底部剪力系数的差值$\Delta\lambda_0$增加各层的地震剪力，即$\Delta F_{Eki}=\Delta\lambda_0 G_{Ei}$；结构基本自振周期位于速度控制段时，则增加值应大于$\Delta\lambda_0 G_{Ei}$，结构顶部增加值可取动位移作用和加速度作用二者的平均值，中间各层的增加值可近似按线性分布。

需注意的是：底部总剪力相差较多时，结构选型和总体布置需重新调整，不能仅乘以增大系数；只要底部总剪力不满足要求，各层剪力均需调整；满足了最小地震剪力并采取加强措施后，应重新进行地震作用计算，直到满足为止；按时程分析法计算时，也要符合本条要求；不考虑结构阻尼比的不同，各类结构均须满足本条要求。

5.3 竖向地震作用计算

5.3.1 本条是有关竖向地震作用计算的规定。

1 在高地震烈度下，高耸构筑物在竖向地震作用中上部可产生拉力。因此，对这类构筑物，竖向地震作用不可忽视，应在抗震验算时考虑。

2 对这类结构在地震作用下的研究结果表明：第一振型起主要作用，且第一振型接近一直线；结构基本自振周期均在0.1s～0.2s附近，因此其地震影响系数可取最大值；若将竖向地震作用表示为竖向地震影响系数最大值与第一振型等效质量的乘积，其结果与按振型分解反应谱法计算的结果非常接近。因此，竖向地震作用标准值的计算可表示为式(5.3.1-1)，即竖向地震影响系数最大值与结构等效总重力荷载的乘积，等效总重力荷载可取为结构重力荷载代表值的75%。

3 总竖向地震作用沿结构高度的分布可按第一振型曲线，即倒三角形分布。

4 层内分配，按构件承受重力荷载代表值大小(即轴向力)分担。

5 当按多遇地震计算竖向地震作用时，根据不同结构类型对竖向地震作用的反应特性，规定其作用效应应乘以效应增大系数1.5～2.5，这是因为按多遇地震计算结果比按设防地震计算结果降低1.5倍～2.5倍。

5.3.2 用反应谱法和时程分析法计算分析表明，在地震烈度为8度、9度时，大跨度桁架各主要杆件的竖向地震内力与重力荷载内力之比，彼此相差一般不大，这个比值随烈度和场地条件而异。当结构自振周期$T_1>T_g$时，随跨度增大比值有所下降，在常用跨度范围内，下降不是很大，可以略去跨度的影响。因此，这类结构的竖向地震作用标准值可取其重力荷载代表值与表5.3.2中所列竖向地震作用系数的乘积。对长悬臂等大跨度结构的竖向地震作用计算，仍采用原规范的静力法。

5.4 截面抗震验算

5.4.1 本条为强制性条文。在进行截面抗震验算时，本规范仍沿用原规范的方法，针对不同特点的构筑物采用多遇地震的地震作用效应与其他荷载效应的组合。计算时采用弹性分析方法，多遇地震的地震作用效应可认为结构基本上处于弹性工作范围内。因此，结构构件承载力极限状态设计表达式可按现行国家标准《工程结构可靠性设计统一标准》GB 50153采用。

1 地震作用标准值效应。

按照现行国家标准《工程结构可靠性设计统一标准》GB 50153，荷载效应组合式中的各种荷载效应是以荷载标准值和其荷载效应系数的乘积表示的。但是，本规范中的地震作用效应是由各振型的地震作用效应平方和开方求得，在荷载效应组合式中不以现行国家标准《工程结构可靠性设计统一标准》GB 50153中的形式出现。因此，本规范中的荷载效应组合式中直接采用荷载(作用)标准值效应。

地震作用标准值效应组合，是建立在弹性分析叠加原理基础上的。但考虑到抗震计算模型的简化和塑性分布与弹性内力分布的差异等因素，在本规范有关章节中规定对地震作用效应乘以效应调整系数η，如突出屋面的小型结构、天窗，框架柱、底层框架－抗震墙结构的柱子、梁端和抗震墙底部加强部位的剪力等增大系数。

2 地震作用分项系数的确定。

在众值烈度下的地震作用，应视为可变作用而不是偶然作用。因此根据现行国家标准《工程结构可靠性设计统一标准》GB 50153规定的原则，考虑地震加速度和动力放大系数的不确定性，用Turskra荷载组合规则，由一次二阶矩法确定求得地震作用效应与其他荷载效应组合时的荷载效应分项系数和抗力系数。分析中结构的目标可靠度指标，是根据《工业与民用建筑抗震设计规范》TJ 11—78 抗震设计的可靠度水准进行校准而取用的。对于水平地震作用所得荷载效应分项系数 $\gamma_G=1.2$，$\gamma_{Eh}=1.3$，这与现行国家标准《建筑抗震设计规范》GB 50011 给出的值相同。因此，本规范采用了与现行国家标准《建筑抗震设计规范》GB 50011 相同的荷载(作用)效应分项系数。至于其他可变荷载，除风荷载外，考虑到某些构筑物长期处于高温条件下或受到高速旋转动力机器的动力作用，增加了温度作用和机器动力作用，这些作用的分项系数均取 1.4。对于与建筑物明显不同的特殊构筑物，目前尚未能进行可靠度分析，暂采用相同的荷载(作用)分项系数。

3　作用组合值系数的确定。

在第 5.1.4 条计算地震作用时，已考虑地震时各种重力荷载的组合问题，给出了计算地震作用的重力荷载代表值及各重力荷载的组合值系数。在本条的荷载(作用)效应基本组合中，只涉及风荷载、温度作用和机器动力作用这三个可变荷载的组合值系数，它们是根据过去的抗震设计经验确定的。

4　结构重要性系数。

根据地震作用的特点和抗震设计的现状，重要性系数对抗震设计的实际意义不大，因此不考虑此项系数。

5.4.2　本条为强制性条文。对于与建筑物特性相近的构筑物，按现行国家标准《工程结构可靠性设计统一标准》GB 50153 规定的原则，在确定荷载分项系数的同时已给出与抗力标准值相应的抗力分项系数，它可转换为抗震承载力设计值。为了在进行截面抗震验算时采用有关结构规范的承载力设计值，按照现行国家标准《建筑抗震设计规范》GB 50011 的相同做法，将抗震设计的抗力分项系数改用非抗震设计的构件承载力设计值的抗震调整系数，并取与现行国家标准《建筑抗震设计规范》GB 50011 相同之值。对于特性与建筑物不同的构筑物，也与前述原因相同，采用不同的承载力抗震调整系数。本规范第 6.2.23、8.2.15、10.2.15、11.2.20、11.2.22、11.2.23、13.2.8、D.0.4 条中存在对承载力抗震调整系数另有规定的情况，其中第 8.2.15、10.2.15、13.2.8 条为强制性条文，其余为非强制性条文，γ_{RE} 在这些条文中的取值与表 5.4.2 有所不同，计算时应注意。

5.4.3　本次修订改为强制性条文。仅计算竖向地震作用时，构件承载力的抗震调整系数均取 1，即不管结构材料和受力状态均直接采用非抗震设计的承载力设计值。如果同时计算水平和竖向地震作用时，则按第 5.4.2 条的规定执行。

5.5　抗震变形验算

5.5.1　震害经验表明，对绝大多数构筑物在满足规定的抗震措施和截面抗震验算的条件下，可保证不发生超过正常使用极限状态的变形限值，故可不进行多遇地震作用下的弹性变形验算。但对钢筋混凝土框排架结构，需要按多遇地震作用下进行弹性变形验算。震害表明，存在薄弱层或薄弱部位时，在强烈地震下会产生严重破坏或倒塌。因此，本条规定在一定条件下一些构筑物要按罕遇地震作用下验算弹塑性变形。

第 4 款中的结构层屈服强度系数，为按构件实际配筋和材料强度标准值计算的结构层受剪承载力和按罕遇地震作用标准值计算的结构层弹性地震剪力的比值；对排架柱，指按实际配筋面积、材料强度标准值和轴向力计算的正截面受弯承载力与按罕遇地震作用标准值计算的弹性地震弯矩的比值。

5.5.2　罕遇地震抗震变形验算难度较高，需有较高专业知识的工程技术或科研人员进行。这里规定可以采用经专门研究的简化计算方法。此外，本条还规定了可以采用静力弹塑性分析方法(pushover 方法)分析的结构范围。研究表明，pushover 方法仅适用于结构体系较均匀、对称且反应以第一振型为主的低层结构。为此这里提出其应用范围大体与底部剪力法应用范围相似的要求。对于不适用简化方法和 pushover 方法的构筑物，则需采用弹塑性时程分析方法。采用简化法时，构件材料的屈服强度和极限强度应采用标准值。采用弹塑性时程分析法时，应计入重力二阶效应对侧移的影响。

5.5.3　有横梁和无横梁的柱承式筒仓的弹性地震反应和弹塑性地震反应分析的结果表明，用柱端屈服弯矩 M_y 归一化的弹性分析计算的柱端弯矩 M_E，与弹塑性分析计算的柱端最大延性系数 μ_θ 之间有较好的相关性，由此求得柱顶的最大弹塑性位移表达式(5.5.3)。对于柱顶的屈服位移，则可于柱顶施加 1.42 倍柱顶屈服弯矩，按弹性分析来确定。柱顶的屈服弯矩应取截面的实际配筋和材料强度标准值，按有关规定的公式和方法计算。轴压比小于 0.8 时，也可按下式计算：

$$M_y=f_{yk}A_{sc}(h_0-a_s)+0.5N_Gh_c\left(1-\frac{N_G}{f_{cmk}b_ch_c}\right)\tag{2}$$

式中：N_G——对应于重力荷载代表值的柱轴压力。

5.5.4、5.5.5　根据各国抗震规范和抗震经验，目前采用层间位移角作为衡量结构变形能力的指标是比较合适的。本次修订，根据过去经验和参考现行国家标准《建筑抗震设计规范》GB 50011，增加了钢结构的层间弹塑性位移角限值。对于没有楼层概念的构筑物，可以根据结构布置视其沿高度方向由一定数量的结构层组成，取结构最薄弱层间的相对位移角值检验是否超过规范限值。

对柱承式筒仓，弹塑性位移角定义为支承柱柱顶的水平位移除以柱高。分析研究表明，在地震时支承柱达到极限延性系数值时会发生破坏，故取极限延性系数值的 84% 作为柱的变形限值。对带横梁和不带横梁的柱承式筒仓的分析发现，位移角限值$[\theta_p]$随结构自振周期和柱的混凝土强度而变化，经回归分析求得其经验关系如式(5.5.5)，由此经验公式计算的$[\theta_p]$与弹塑性时程分析结果吻合较好。

6　钢筋混凝土框排架结构

6.1　一 般 规 定

6.1.1、6.1.2　框架(或框架-抗震墙)与排架侧向连接组成的框排架结构，是冶金、发电、水泥、化工和矿山等常用的结构形式。其特点是平面、立面布置不规则、不对称，纵向、横向和竖向的质量分布很不均匀，结构的薄弱环节较多；结构地震反应特征和震害要比框架结构和排架结构较复杂，表现出更显著的空间作用效应。因此抗震设计除与框架(或框架-抗震墙)结构、排架结构类同外还有其特殊要求。对于下部为框架上部(顶层)为排架的竖向框排架结构，可按国家现行标准《建筑抗震设计规范》GB 50011—2010 附录 H 的规定设计。第 6.1.2 条为强制性条文。

震害调查及试验研究表明，钢筋混凝土结构的抗震设计要求不仅与设防类别、设防烈度和场地有关，而且与结构类型和结构高度等有关。如设筒仓、短柱和薄弱层等的框架结构应有更高的抗震要求，高度较高结构的延性要求比低的更严格。

框排架结构按框架结构、框架-抗震墙结构划分抗震等级，是为了把地震作用效应计算和抗震构造措施要求联系起来，体现在同样设防烈度和场地条件下，不同的结构类型、不同的高度有不同的抗震构造措施要求。条文中一般用抗震等级选用相应的地震作用效应调整系数和构造措施。

本章条文中"×级框架"包括框架结构、框架-抗震墙结构中的框架，"×级框架结构"仅指框架结构中的框架，"×级抗震墙"是指框架-抗震墙结构中的抗震墙。

本次修订，对设有筒仓的框架结构高度限制比一般框架结构较严。震害表明，同等高度框架设有筒仓比不设筒仓的地震破坏严重。

其次对设筒仓的框架，这次明确设有筒仓的框架系指在柱上设有纵向钢筋混凝土筒仓竖壁的框架，竖壁的跨高比不大于2.5，大于2.5时按不设筒仓的框架抗震等级考虑。

设置少量抗震墙的框架结构，在规定的水平力作用下，底层框架部分所承担的地震倾覆力矩大于结构总地震倾覆力矩的50%时，框架部分为主要的抗侧力构件，其框架部分的抗震等级应按框架结构的抗震等级确定，抗震墙的抗震等级可与其框架的抗震等级相同。设置少量抗震墙是为了增大框架结构的刚度，满足层间位移角限值的要求，仍属于框架结构范畴，但层间位移角限值需按底层框架部分承担的地震倾覆力矩的大小，在框架结构和框架-抗震墙结构两者的层间位移角限值之间偏于安全采用内插法确定。

6.1.3 框排架结构的抗侧力构件在平面和竖向宜规则布置，这对抗震设计是非常重要的。

震害表明，规则的结构在地震时破坏较轻，甚至没有破坏。规则和不规则的结构与结构单元平面和竖向的抗侧力结构布置、质量分布等有关，框排架结构的形式是由工艺流程要求确定的，一般都不太规则。因此结构设计人员应与工艺人员密切配合，尽量减少框排架结构的不规则布置，不应采用严重不规则的框排架结构。

6.1.4 框排架结构中通常设有筒仓或大型设备，质量和刚度沿纵向分布有突变、结构的平面布置不规则等，在强烈地震作用下，震害比较严重。为了减小结构的地震作用效应，采用防震缝分隔处理比其他措施更为有效。当选择合理的结构方案时，也可不设防震缝。设防震缝存在两个问题：一是在强烈地震作用下相邻结构仍可能局部碰撞而造成破坏；二是防震缝过大在立面处理上和构造处理上有一定的困难，因此也可通过合理选择结构方案尽量不设防震缝。

固定设备不允许跨抗震缝布置，胶带运输机和链带设备可以跨抗震缝布置。链带设备是指烧结机、球团焙烧机、带式冷却机和链篦机等。

6.1.5 震害调查表明，装配整体式钢筋混凝土结构的接头在9度时发生了严重破坏，后浇层的混凝土酥碎，钢筋焊接接头开裂或断开。原规范规定的三、四级不设筒仓的框架，可采用装配整体式钢筋混凝土结构，现予以取消。其主要原因是近年来已被现浇钢筋混凝土所代替，仅保留了预制钢筋混凝土楼板、屋盖板，但应采取保证楼板、屋盖板整体性的措施。

6.1.6 排架跨屋盖与框架跨的连接结点设在框架跨的层间，会使排架跨屋盖的地震作用集中到框架柱的中间(层间处)，并形成短柱，从而成为结构的薄弱环节。地震震害表明，排架跨屋盖设在框架柱层间时，在该处多数的框架柱发生裂缝或破坏。故在设计中应避免排架跨屋盖设在框架柱的层间，否则应采取相应的抗震构造措施。

排架跨的屋架或屋面梁支承在框架柱顶伸出的单柱上时，要求该柱在横向形成排架，在纵向形成框架。当该柱较高时，可在柱中部增加一道框架纵向横梁，这是经过实践总结出的经验。

6.1.7 震害表明，突出屋面的天窗对结构抗震是不利的。必须设置天窗时，宜采用突出屋面较低的避风型天窗和下沉式天窗。

不从屋盖第一开间或第二开间设置天窗，从第三开间设置，主要是为了防止在排架跨屋面纵向水平刚度削弱太大，对结构抗震不利，同时防止屋面板在地震时掉落。天窗屋盖、端板和侧板均要求采用轻型材料，是为了减小对天窗架和下部结构的地震作用效应。

6.1.8 唐山地震的震害调查表明，钢结构屋架抗震性能最好，基本没有破坏，而屋盖倒塌多是由于屋面支撑系统薄弱原因所致。钢筋混凝土屋架破坏和倒塌主要是因屋架与小柱连接薄弱、柱头埋件拉断、小柱强度不够等原因造成的。

设有天窗的钢筋混凝土和预应力混凝土屋架在地震作用下，天窗两侧竖向支撑对屋架节点、斜腹杆等产生严重的破坏现象，故不宜采用。如果采用时，应验算天窗两侧竖向支撑下的屋架在地震时产生的附加作用效应。

块体拼装屋架(或屋面梁)的整体性差，拼装节点是薄弱环节，唐山地震时拼装屋架的破坏比较多，故不宜采用。

8度(0.30g)和9度时，跨度大于24m的厂房采用预制大型屋面板时，地震破坏较严重，因此不宜采用大型屋面板。

6.1.9 排架柱列的柱子，采用矩形、工字形和斜腹杆双肢钢筋混凝土柱，抗震性能都很好，并在地震时经受了考验。对于腹板开孔或预制腹板的工字形柱，在唐山地震时，天津8度区的腹板普遍出现斜裂缝，故规定不应采用。采用现浇柱时，尽量采用矩形断面，这主要是为了保证质量和方便施工。

山墙抗风柱较高时，设置抗风梁作为山墙抗风柱的支承点是经济合理的，否则山墙抗风柱截面太大。扩建时端山墙抗风柱通常采用工字形截面钢柱。

6.1.10 规定上下吊车的钢梯位置，目的在于吊车停用时能使吊车桥架停放在对结构抗震有利的部位。经大量的框排架结构空间抗震计算，吊车桥架停放的位置对结构地震作用效应影响很大。在单元内一端有山墙另一端无山墙时，吊车桥架停放在靠山墙一端或无山墙一端，二者对结构产生的地震作用效应差别很大。吊车桥架停放在山墙一端对结构有利，停放在无山墙一端对结构不利。

在单元内两端均有山墙或均无山墙时，吊车桥架停放在单元中部(也就是上下吊车的钢梯应放在单元的中部)对结构的地震作用效应影响很小。

6.1.11 框排架结构和框架-抗震墙结构中，框架和抗震墙的布置及数量应以满足层间位移限值为准；双向设置，纵横向抗震墙相连，不但可以加大侧移刚度，还有利于提高强塑性变形能力。

柱中线与抗震墙中线、梁中线与柱中线之间的偏心距不宜大于柱宽的1/4，其目的是为了减少在地震作用下可能导致核芯区受剪面积不足的影响和减小柱的扭转效应；偏心距超过柱宽1/4时，应采取加强柱的箍筋、设水平加腋梁等措施。

本条还增加了控制单跨框架结构适用范围的要求。框架结构中某个主轴方向均为单跨，也属于单跨框架结构；某个主轴方向有局部的单跨框架，可不作为单跨框架结构对待。框架-抗震墙结构中的框架可以是单跨。

6.1.12 楼板、屋盖平面内的变形将影响楼层水平地震作用在各抗侧力构件之间的分配。

为了使楼板、屋盖具有传递水平地震作用的剪变刚度，故规定不同烈度下抗震墙之间楼板、屋盖的长宽比限值。如超出限值，需考虑楼板、屋盖平面内变形对楼层水平地震作用分配的影响。

6.1.13 框架-抗震墙结构中，抗震墙是主要抗侧力构件，竖向布置应连续，墙中不宜开大洞口，以防止抗震墙的刚度突变或承载力削弱。

洞边距柱边不宜小于300mm，以保证柱作为边缘构件发挥其作用。抗震墙开洞口要求上下对齐，避免墙肢传力路径突变。结构纵向较长时，侧移刚度较大的纵向墙不宜设置在结构的端开间，以避免温度效应对结构的不利影响。较长的抗震墙宜设置跨高比大于6的连梁形成洞口，将一道抗震墙分成较均匀的若干墙段，各墙段的高宽比不宜小于3。

本条增加了楼梯间宜设置抗震墙的规定。明确了抗震墙两端宜设置端柱或纵横墙相连。

6.1.14 抗震墙在地震作用时塑性铰一般发生在墙肢的底部以上的一定范围。将塑性铰范围及其以上一定高度作为加强部位，其目的是为了保证墙肢出现塑性铰后抗震墙具有足够的延性，适当提高承载力和避免墙肢剪切脆性破坏，提高整个结构的抗地震倒塌能力。

6.1.15、6.1.16 规定设置基础系梁主要是保证基础在地震作用下的整体工作，防止基础转动等给上部结构造成不利影响。一般情况下，连梁均应设在基础顶部，不要设在基础顶的上部，使柱与基础之间形成短柱。

当地基土较软弱且无整体基础的框架-抗震墙，基础刚度和整体性较差，在地震作用下抗震墙基础将产生较大的转动，从而降低了抗震墙的侧移刚度，对内力和位移将产生不利的影响。

6.2 计 算 要 点

6.2.1 建造在6度区Ⅳ类场地的框排架结构高度大于40m时，其基本自振周期可能大于Ⅳ类场地的特征周期 T_g，则6度的地震作用值可能大于同一结构在7度Ⅱ类场地时的作用值，因此应进行抗震验算。明确了6度时不规则的框排架结构(一般框排架结构均为不规则的)应进行抗震验算。

本规范未作规定的尚应符合有关现行国家标准《建筑抗震设计规范》GB 50011、《建筑工程抗震设防分类标准》GB 50223 等结构设计规范的要求。

6.2.2 框排架结构由于刚度、质量分布不均匀等原因，在地震作用下将产生显著的扭转效应，因此应采用空间计算模型，能较好地反映结构实际的地震作用效应。

框排架结构是复杂结构，多遇地震作用下的内力与变形计算时，应采用空间模型和平面模型两个不同的力学模型计算，按不利情况设计。

采用振型分解反应谱法振型数的多少与结构层数及结构形式有关，当结构层数较多或结构层刚度突变较大时，振型数就应取多一些。根据大量工程实例的空间计算分析，框排架结构仅取前9个振型还不足，这次修订改为不宜少于12个振型。

应当指出：计算的结构振型参与质量达到总质量的90%时，所取的振型数就足够了，如果小于90%，会导致计算地震作用偏小。

框排架结构计算周期调整主要是考虑以下几方面的因素：由于围护结构、隔墙的多少、节点的刚接与铰接、地坪嵌固及排架跨内的操作平台等影响，使结构实际刚度大于计算刚度，实际周期比计算周期小。若按计算周期计算，地震作用要比实际的小，偏于不安全，因此结构计算周期需要调整。

6.2.3 框排架结构当质量和刚度分布明显不对称时，要计入双向水平地震作用下的扭转影响。双向水平地震作用下的地震效应组合，根据强震观测记录分析，两个水平方向地震加速度的最大值不相等，且两个方向的最大值不一定同时出现，因此采用平方和开方计算两个方向地震作用效应组合。式(6.2.3-1)为两个正交方向地震作用在每个构件的同一局部坐标方向的扭转耦联效应。对规则对称和简单的框排架结构可简化为平面结构计算，但应考虑扭转影响。

6.2.4 本规范对常用的四种形式的框排架结构进行了大量的按空间与平面模型计算的对比和分析，得出这四种结构的空间效应调整系数，即按平面结构模型进行计算地震作用效应再乘以调整系数。但必须指出：只有符合本规范附录C规定条件的框排架结构才可以采用平面模型计算地震作用效应，其他类型框排架结构以及9度时，仍然按空间模型计算，否则会带来很大的误差(可达1倍以上)，并可能掩盖实际存在的结构薄弱环节。本规范附录C保留了原规范的内容，增加了框排架结构柱段的划分。空间计算模型未考虑双向水平地震作用的扭转效应，楼板均假定为刚性楼板。

6.2.5 计算地震作用时，筒仓料的重力荷载代表值为其自重荷载标准值(可变荷载)乘以组合值系数得到的值，因筒仓料的自重是按实际情况确定的且长期存在，所以组合值系数取1.0，也即筒仓料的重力荷载代表值等于其自重荷载标准值。

6.2.6 框架结构的底层柱底和支承筒仓竖壁的框架柱的上端和下端，在地震作用下如果过早出现塑性屈服，将影响整体结构的抗倒塌能力，因此将这些部位适当增强。这是概念设计的"强底层"措施。

框架-抗震墙结构，其主要抗侧力构件是抗震墙，对其框架部分的底层柱截面组合的弯矩设计值可不作调整，但其中的一、二级支撑筒仓竖壁的框架柱仍需调整。

6.2.7 框架的变形能力与框架的破坏机制密切相关。试验研究表明，梁的延性通常远大于柱子，这主要是由于框架柱受轴压力作用所致，又由于地震的复杂性和楼板的影响、梁端实配钢筋超量等，因此采取"强柱弱梁"的措施，使柱端不提前出现塑性铰，而有目的地增大柱端弯矩设计值，降低柱屈服的可能性，是保证框架抗震安全性的关键措施。

对于轴压比小于0.15的框架柱，包括顶层框架柱在内，因其具有与梁相近的变形能力，故可不进行调整。

本次修改提高了柱端弯矩增大系数。对于一级框架结构及9度的一级框架仍按梁的实配抗震受弯承载力确定柱端弯矩设计值。

当柱反弯点不在楼层内时，为避免在竖向荷载和地震共同作用下变形集中，压屈失稳，柱端弯矩同样乘以增大系数。

6.2.8～6.2.14 防止梁、柱和抗震墙底部在弯曲屈服前出现剪切破坏，这是概念设计的要求，即构件的受剪承载力要大于构件弯曲屈服时实际达到的剪力。也就是按实际配筋面积和材料强度标准值计算的承载力要大于构件弯曲屈服时实际达到的剪力，这是"强剪弱弯"的体现。对不同抗震等级采用不同的剪力增大系数，使"强剪弱弯"的程度有所差别。

需注意的是：柱和抗震墙的弯矩设计值是经本节有关规定调整后的取值，梁端和柱端弯矩设计值之和取顺时针方向之和以及反时针方向之和的较大值，梁端纵向受拉钢筋也按顺时针及反时针方向考虑。

对框架角柱、支承筒仓竖壁的框架柱，在历次强震中其震害相对较重，因其角柱受扭和双向受剪等不利影响。在设计中，其弯矩、剪力设计值均应取调整后的弯矩、剪力设计值再乘以不小于1.1的增大系数。

6.2.15 对一级抗震墙规定调整各截面的组合弯矩设计值，目的是通过配筋方式迫使塑性铰区位于墙肢的底部加强部位。故底部加强部位的弯矩设计值均取墙底部截面的组合弯矩设计值，底部加强部位以上采用各墙肢截面的组合弯矩设计值乘以增大系数1.2。剪力予以相应调整。

双肢抗震墙的某个墙肢一旦出现全截面受拉开裂，则其刚度退化严重，大部分地震作用将转移到受压墙肢，因此受压墙肢需适当增加弯矩和剪力设计值，其值增大1.25倍。地震是往复的作用，每肢抗震墙都有可能出现全截面受拉开裂，故每肢墙都应考虑增大弯矩和剪力设计值。

6.2.16 梁、柱、抗震墙和连梁的截面不要太小，如果构件截面的剪压比(V/f_cbh_0)过高，混凝土就会过早破坏，等到箍筋充分发挥作用时，混凝土抗剪强度已大大降低，故必须限制剪压比。实际上构件最小截面的限制条件，也是"强剪弱弯"的概念设计要求。

对跨高比不大于2.5的连梁、剪跨比不大于2的柱和抗震墙、支撑筒仓竖壁的框架柱，以及落地抗震墙的底部加强部位要求更高一些，采用剪压比为(V/f_cbh_0)≤0.15。

6.2.17 本条规定了在结构整体分析中的内力调整：

1 框架-抗震墙结构(不包括少墙框架体系)在强烈地震时，抗震墙开裂而刚度退化，引起框架和抗震墙二者的塑性内力重分布，框架部分应力增加。框架部分计算所得的剪力一般都较小，为保证作为第二道防线的框架具有一定的抗侧力能力，需调整框架各层承担的地震剪力。因此采取任一层框架部分按框架和抗震墙协同工作分析的地震剪力，不应小于结构底部总地震剪力的20%和框架部分各层按协同工作分析的地震剪力最大值1.5倍二者的较小值(满足上述条件的各层，其框架剪力不必调整)。这是框架-抗震墙中的框架各层的地震剪力值的控制，也体现了多道抗震设防的原则。

2 框架-抗震墙中的连梁刚度相对抗震墙其刚度较小，而承受的弯矩和剪力往往较大，截面配筋设计较困难。因此在抗震设计时，在不影响竖向承载能力的情况下，适当降低连梁刚度。计算位移时，连梁刚度可不折减。抗震墙的连梁刚度折减后，如部分连梁尚不能满足剪压比（$V/f_c bh_0$）限值时，可采用双连梁。多连梁的布置，还可按剪压比要求降低抗震墙连梁剪力设计值及弯矩，并相应调整抗震墙的墙肢内力。

3 对于设有少量抗震墙的框排架结构，框架部分的地震剪力取两种计算模型的较大值较为妥当。

6.2.18 框架节点核芯区是保证框架承载力和抗倒塌能力的关键部位，要求框架节点核芯区不能先于梁和柱破坏。震害表明：框架节点破坏主要是由于节点核芯区在剪力和压力共同作用下节点核芯区混凝土出现交叉斜裂缝，箍筋屈服甚至被拉断。因此为防止节点核芯区发生剪切脆性破坏，必须保证节点核芯区混凝土的强度和箍筋的数量，让节点核芯区不先于梁、柱破坏。

6.2.19 分析框排架结构时，一般不考虑地震作用对屋架下弦产生的拉、压力的附加影响，这是因为产生的拉、压力较小。如某选矿主厂房为框排架结构，在球磨跨（排架跨）的屋架（风荷 0.5kN/m²）产生拉、压力为 41.7kN，建成后没有发生过问题。但在地震作用下（8 度Ⅱ类场地），该跨屋架下弦产生的拉、压力为 77kN，其值比较大。因此本条规定仅在 7 度（0.15g）Ⅲ、Ⅳ类场地和 8 度及 9 度时屋架下弦要考虑由水平地震作用引起的拉力和压力影响。

6.2.20 唐山地震在 8 度及以上地区的厂房屋架（屋面梁）与柱头的连接处大部分在预埋板螺栓处产生斜裂缝，柱顶埋件被拉出和压曲等现象。如唐钢铸造车间、二轧车间、废钢车间、矿山机械厂四金工车间、铆焊车间、水泥机械厂清铲车间和机车车辆厂机修车间等均出现上述现象。因此屋架与柱头连接处除应满足相应的构造措施要求外，还应进行节点抗震验算，即计算屋架与柱头连接节点承载力、预埋件与柱头锚固和柱头混凝土局部承压等。

6.2.22 海城、唐山地震有关调查报告指出：框排架结构排架跨和单层厂房的屋盖破坏、倒塌的主要原因之一是由于屋盖支撑系统薄弱，强度和稳定不满足要求所致。框排架结构纵向抗震计算由于柱列刚度、屋盖刚度等影响，在屋盖产生的位移差引起的屋盖横向水平支撑杆件内力比较大。经框排架结构按空间抗震计算三例（三例排架跨均为 18m 钢屋架厂房，高 20m 左右，8 度Ⅱ类场地）其屋盖处两端柱列产生的位移差分别为：6.926cm，5.098cm，6.526cm。对设有横向水平支撑的屋架下弦产生的拉力分别为：140kN，100kN，135kN。横向水平支撑的斜腹杆拉力为：186kN，155kN，180kN。故本条规定：在 7 度（0.15g）Ⅲ、Ⅳ类场地和 8 度、9 度时，设置屋架横向水平支撑的跨间需考虑屋盖两端产生的位移差对屋架弦杆和横向水平支撑斜腹杆的不利影响。

6.2.23 震害表明：框排架结构中不等高屋盖的高低跨柱，支承低跨屋架的牛腿，普遍在牛腿表面预埋板螺栓处产生外斜裂缝，甚至产生向外移位破坏。因此除在构造上采取措施外，牛腿的纵向钢筋在计算上还应满足重力荷载和水平地震作用下所需要的钢筋面积。式（6.2.23）中第一项为承受重力荷载时所需要的纵向钢筋面积，第二项为承受水平拉力所需要的纵向钢筋面积。

6.2.24 地震震害表明：天窗架在纵向地震破坏比较普遍，故在纵向应进行抗震计算。计算时可采用双质点体系，即采用天窗的屋盖和天窗分别设置质点的底部剪力法计算地震作用效应。

这次修改增加了天窗可作为框排架结构的组成部分，纳入结构的计算模型，参与框排架结构横向与纵向地震作用计算。

6.2.25 山墙抗风柱在地震中破坏常有发生，故仅从抗震构造措施上考虑还不够，要进行抗震验算。但由于受力比较复杂，如纵向地震作用在山墙抗风柱顶部铰支点产生的变位等，没有合适的简化计算方法。本规范规定：将山墙抗风柱纳入框排架结构的计算模型，参与结构的纵向地震作用计算；此外，也可采用简化计算方法，即由山墙抗风柱承担的自重、两侧相应范围的山墙自重和管道平台等重力荷载引起的地震作用与由屋盖纵向地震位移引起的山墙抗风柱的地震作用进行组合，按本规范附录 E 的规定计算。高大山墙抗风柱和 8 度、9 度时需要进行平面外的截面抗震验算。

6.2.26、6.2.27 当前采用层间位移角作为衡量结构变形能力，从而判别是否满足结构功能要求的指标。

多遇地震作用下的弹性变形验算属于正常使用极限状态的验算，各作用分项系数均取 1.0，钢筋混凝土结构构件的刚度一般可采用弹性刚度；当计算的变形较大时，宜适当考虑构件开裂时的刚度退化，如取 $0.85E_c I_0$，荷载采用标准值。计算时应考虑由于结构整体弯曲和扭转所产生的水平相对位移。排架柱的弹性层间位移角尚需根据吊车使用要求加以限制。

震害表明，如果结构中存在薄弱层，在强烈地震作用下，由于结构薄弱层产生了弹塑性变形，结构构件严重破坏，甚至造成结构倒塌，因此尚需进行罕遇地震作用下薄弱层的弹塑性变形验算。

6.3 框架部分抗震构造措施

6.3.1 梁是框架在地震作用下的主要耗能构件，特别是梁的塑性铰区应保证有足够的延性，因此对梁的最小截面有一定的要求。

在地震作用下，梁端塑性铰区保护层容易脱落，如梁截面宽度过小，则截面损失较大。梁断面高宽比太大不利于混凝土的约束作用。梁的塑性铰发展范围与梁的跨高比有关，当梁净跨与梁断面高度之比小于 4 时，在反复受剪作用下交叉斜裂缝将沿梁的全跨发展，从而使梁的延性及受剪承载力急剧降低。

6.3.2、6.3.3 第 6.3.2 条为强制性条文。梁的变形能力主要取决于梁端的塑性转动量，而梁的塑性转动量与截面混凝土受压区相对高度有关。当相对受压区高度（受压区高度和有效高度之比）为 0.25 至 0.35 范围时，梁的位移延性系数可达 3～4。计算梁端受拉钢筋时，应采用与柱交界面的组合弯矩设计值，并应计入梁端受压钢筋的作用。计算梁端受压区高度时宜按梁端截面实际受拉和受压钢筋面积进行计算。

梁端底面和顶面纵向钢筋的比值同样对梁的变形能力有较大影响。梁底面的钢筋可增加负弯矩时的塑性转动能力，还能防止在地震中梁底出现正弯矩时过早屈服和破坏过重，从而影响承载力和变形能力的正常发挥。

根据试验和震害经验，随着剪跨比的不同，梁端的破坏主要集中在 1.5 倍～2.0 倍梁高的长度范围内；当箍筋间距小于 $6d$～$8d$（d 为纵筋的直径）时，混凝土压溃前受压钢筋一般不致压屈，延性较好。因此规定了箍筋加密范围，限制了箍筋最大肢距；当纵向受拉钢筋的配筋率超过 2% 时，箍筋的要求相应提高。

贯通中柱，梁的纵向受力钢筋伸入节点的握裹要求可以避免纵向钢筋屈曲区向节点内渗透而降低框架的刚度和耗能性能。

6.3.4 楼盖是保证结构空间整体性的重要水平构件，要具有足够的刚度，其加强措施是根据工程经验总结出来的。

6.3.5 震害和试验表明，框架柱是弯曲破坏型还是剪切破坏型，取决于剪跨比和轴压比两个主要因素。当剪跨比小于或等于 2，特别是小于 1.5 时，即使采取了一般的抗震构造措施，也难免脆性破坏。因此规定剪跨比宜大于 2。

6.3.6 轴压比是影响柱的破坏形态和变形能力的重要因素。限制框架柱的轴压比就是为了保证柱的塑性变形能力和保证框架的抗倒塌能力。国内外的试验研究表明，偏心受压构件的延性随轴压比增加而减小。为了满足不同结构类型的框架柱在地震作用组合下的延性要求，本条规定了不同结构类型的柱轴压比限值。

在框架-抗震墙结构中，框架处于第二道防线，其中框架柱与框架结构的柱相比，其重要性较低，为此可适当增大轴压比限值（设有筒仓的柱不放宽）。

震害表明设筒仓框架柱的延性比一般框架柱差，筒仓下的柱破坏较多，因此设筒仓框架，其柱的轴压比限值应从严。

有关资料提出考虑箍筋约束提高混凝土抗压强度，当复合箍筋肢距不大于 200mm、间距不大于 100mm、直径不小于 12mm 时，是一种非常有效的提高措施，因此可放宽轴压比限值。

试验研究和工程经验都证明，在矩形截面柱内设置矩形核芯柱，不但可以提高柱的受压承载力，还可以提高柱的变形能力，特别对承受高轴压比的短柱，更有利于改善变形能力，延缓破坏，但芯柱边长不宜小于 250mm。

6.3.7～6.3.12 第 6.3.7 条为强制性条文。柱的屈服位移角(屈服位移除以柱高)主要受纵向受拉钢筋的配筋率支配，并随受拉钢筋配筋率的增大，呈线性增大。为使柱的屈服弯矩远大于开裂弯矩，保证屈服时有较大的变形能力，需适当提高角柱和筒仓下柱的最小总配筋率。原规范的规定偏低，本次修订适当提高。

为防止柱纵向钢筋配置过多，对框架柱的全部纵向受力钢筋的最大配筋率根据工程经验作了规定。

柱净高与截面高度的比值为 2～4 的短柱易发生粘结型剪切破坏或对角斜拉型剪切破坏。为避免这种脆性破坏，要控制柱中纵向钢筋的配筋率不宜过大。因此对一级抗震等级，且剪跨比不大于 2 的框架柱，规定其每侧的纵向受拉钢筋的配筋率不大于 1.2%。

支承筒仓竖壁的框架柱、边柱和角柱小偏心受拉时，为了避免柱的受拉钢筋屈服后受压破坏，柱内纵筋总截面面积应比计算值增加 25%。

柱的箍筋加密和合理配置对柱截面核芯混凝土能起约束作用，并显著地提高混凝土极限压应变，改善柱的变形能力，防止该区域内主筋压屈和斜截面出现严重裂缝。

箍筋的约束作用与轴压比、含箍量、箍筋形式、肢距以及混凝土与箍筋强度比等因素有关。箍筋加密区的长度是根据试验及震害经验确定的。同时箍筋肢距也作了规定。为了避免配箍率过小，还规定了最小体积配箍率。

考虑到柱子在层高范围内剪力不变及可能的扭转影响，为避免柱子非加密区的受剪能力突然降低很多，导致柱的中段破坏，对非加密区的最小箍筋量也作了规定。

6.3.13 剪跨比是影响钢筋混凝土柱延性的主要因素之一，一般剪跨比以 2 为界限。剪跨比大于 2 时，是以弯曲变形为主。当剪跨比小于或等于 2 时，称为短柱，以剪切变形为主，延性较差，当剪跨比小于 1.5 时，为剪切脆性破坏型，故需采取特殊构造措施。

当因工艺要求不可避免采用短柱时，除了对箍筋提高一个抗震等级要求外，还应采用井字形复合箍。试验研究表明：采用复合箍筋不但可以有效地约束核芯混凝土，提高柱的混凝土抗压强度，放宽柱的轴压比限值，而且能增加延性，提高耗能能力，改善变形能力。在柱内配置对角斜筋可以改善短柱的延性，控制裂缝宽度，这是参考国内外成功经验制定的。

6.3.14 梁柱节点的核芯区处于受压受剪状态，箍筋兼作抗剪和对核芯混凝土的约束作用，配筋率要按节点强度计算确定。为了使框架的梁柱纵向钢筋有可靠的锚固条件，框架梁柱节点核芯区的混凝土要具有良好的约束。考虑到核芯区内箍筋的作用与柱端有所不同，其构造要求与柱端有所区别。

6.4 框架-抗震墙部分抗震构造措施

6.4.1 本条内容是控制各级抗震墙的厚度及底部加强部位抗震墙的厚度，主要是为了保证在地震作用下墙体出平面的稳定性。

本规范采用抗震墙厚度不宜小于层高的 1/20，底部加强部位的厚度不宜小于层高的 1/16，主要是由于框排架结构的特点之一，即各层层高变化较大、层高较高等原因而要求的。

6.4.2 抗震墙的塑性变形能力，除了与纵向配筋和轴压比等有关外，还与墙两端的约束范围、约束范围内配箍特征值有关。框架－抗震墙中的抗震墙基本是嵌入框架内，因此框架－抗震墙结构的抗震墙周边均为由梁和端柱组成的边框，端柱截面及构造均要求与同层框架柱相同处理。梁宽大于墙厚时，每层的抗震墙不宜形成高宽比小的矮墙。

6.4.3 抗震墙分布钢筋的作用是多方面的：受剪、受弯和减少混凝土收缩裂缝等。试验研究表明，分布钢筋过少，会使抗震墙纵向钢筋拉断而破坏。因此控制了竖向钢筋和横向分布钢筋的最小配筋率不应小于 0.25%。同时也控制了分布钢筋的直径范围和间距。分布钢筋间距小，有利于减少混凝土收缩和减少反复荷载作用下的交叉斜裂缝，保证裂缝出现后发生脆性的剪拉破坏并有足够的承载力和增加一定的延性。

6.4.4 影响压弯构件的延性或屈服后变形能力的因素有：截面尺寸、混凝土强度等级、纵向配筋、轴压比和箍筋量等，其主要因素是轴压比和配箍率。抗震墙墙肢试验研究表明，轴压比超过一定值，很难成为延性抗震墙，因此对轴压比进行限制。控制范围由底部加强部位到全高，计算墙肢轴压力设计值时，不计入地震作用组合，但应取分项系数 1.2。墙肢轴压比指墙的轴压力设计值与墙的全截面面积和混凝土轴心抗压强度设计值乘积之比值。

6.4.5～6.4.7 当墙底截面的轴压比超过一定值时，底部加强部位墙的两端及洞口两侧应设置约束边缘构件，使底部加强部位有良好的延性和耗能能力；考虑到底部加强部位以上相邻层的抗震墙，其轴压比可能仍较大，将约束边缘构件向上延伸一层；还规定了构造边缘构件和约束边缘构件的具体构造要求。

6.4.9 高连梁设置水平缝，以使一根连梁变成大跨高比的两根或多根连梁，其破坏形态从剪切破坏变为弯曲破坏。试验表明，配置斜向交叉钢筋的连梁具有更好的抗剪性能。跨高比小于 2 的连梁难以满足强剪弱弯的要求。配置斜向交叉钢筋作为改善连梁抗剪性能的构造措施，但不计入受剪承载力。

6.4.10 设置少量抗震墙的框架结构，其抗震墙的抗震构造措施可按现行国家标准《建筑抗震设计规范》GB 50011 有关抗震墙结构基本抗震构造措施的规定执行。

6.5 排架部分抗震构造措施

6.5.1 有檩屋盖体系只要设置完整的支撑体系，屋面与檩条、檩条与檩托、檩托与屋架有牢固的连接，就能保证其抗震能力充分发挥。否则即使在 7 度震区，也会出现严重震害，在海城、唐山地震时均有这种情况出现。

6.5.2 无檩屋盖体系，各构件相互连成整体是结构抗震的重要保证。因此，对屋盖各构件之间的连接等提出具体要求。

设置屋盖支撑系统是保证屋盖整体性的重要抗震措施，为了使排架跨屋面的刚度与框架跨刚度相协调，以减小扭转效应，因此对排架跨屋盖支撑系统的要求比单层厂房屋盖支撑系统有所加强。地震经验表明，很多屋架倒塌不是因为屋架强度不够，而是由于屋架支撑系统薄弱所致。

6.5.3 本条为屋盖支撑布置的补充规定。在屋盖的支撑布置规定中，设天窗时屋架脊点处应设通长水平系杆，在本条予以明确。

抽柱时下设托架(梁)区段及其相邻开间应设下弦纵向水平支撑，其目的是增强抽柱处下弦的水平刚度。

6.5.4 震害表明：钢筋混凝土天窗架两侧墙板与天窗立柱采用刚性焊接时，天窗架立柱普遍在下端和侧板连接处出现开裂、破坏，甚至倒塌。因此提出宜采用螺栓连接。如果天窗架在横向与纵向刚度很大时，方可采用焊接连接。

6.5.5 梯形屋架端竖杆和第一节间上弦杆，在屋架静力计算时均作为非受力杆件，对截面和配筋均按一般构造处理。地震时，由于平、扭耦联振动，这两个杆件处于压、弯、剪和扭的复杂受力状态。在海城和唐山地震时，这两个杆件破坏比较严重，因此需要加强。

6.5.6 海城、唐山地震时排架柱列的上柱和下柱的根部、屋架或屋面梁与柱连接的柱顶处、高低跨牛腿上柱和下柱处以及山墙抗风柱的柱头部位等均有产生裂缝和折断现象，并造成屋盖倒塌。为了避免在上述柱段内产生剪切破坏并保证形成塑性铰后有足够的延性，需在这些部位采取箍筋加密措施。

这次修订对山墙抗风柱的构造等作了具体要求，同时在本规范附录E中给出了山墙抗风柱的地震作用计算方法。在柱中变位受约束处以及受压、弯、剪、扭等复杂受力状态下的角柱等一些部位，都给予加强；箍筋间距加密、直径加大和肢距也作了限制。

6.5.7 柱间支撑是传递和承受结构纵向地震作用的主要构件，在唐山、海城地震时有不少厂房因柱间支撑破坏或失稳而倒塌。本条规定了支撑设置的原则，并规定了支撑杆件的最大长细比以及构造要求。为了与屋盖支撑布置相协调且传力合理，一般上柱柱间支撑均与屋架端部垂直支撑布置在同一柱间内。这次的修改主要是支撑杆件的长细比限值按烈度和场地类别进行划分。

6.5.8 排架纵向柱列除设置钢支撑作为抗侧力构件外亦可采用框架形式或框架—抗震墙形式作为抗侧力构件。当柱较高时，柱截面较大，框架横梁可采用双排。

6.5.9 框排架结构的排架跨，在8度且跨度大于或等于18m或9度时，纵向柱列的柱头处在纵向水平地震作用产生的剪力比较大，应同时设柱头与屋架下弦系杆。

6.5.10 根据震害经验，本条对框排架各构件的连接节点和埋设件等发生震害较多的部位均给予加强，并规定了最低要求。关于柱顶和屋架（或屋面梁）间连接采用钢板铰，前苏联采用的较多，并在地震中经受了考验，效果良好。

震害中，部分山墙抗风柱柱顶与屋架的连接破坏，导致山墙抗风柱上柱根部或下柱根部断裂和折断；为防止此类破坏，保证有传递纵向水平地震作用的承载力和延性，需加强山墙抗风柱与屋架的连接。

6.5.11 唐山地震时，出现了一些支承低跨屋盖的牛腿上的预埋件锚筋被拉出、牛腿混凝土被压坏、箍筋被拉出等现象，有的造成屋盖倒塌。其原因主要是牛腿在地震作用下受拉、压、剪和扭等的复杂受力状态所致，除预埋件与牛腿受力钢筋焊接连接外，本条对牛腿箍筋构造措施也提出了要求。

7 钢框排架结构

7.1 一般规定

7.1.1 国内现行抗震设计规范中，尚未包含钢框排架结构的设计问题。因此，本次规范修订列入了这部分内容。

7.1.2 突出屋面的天窗架是地震反应较强烈的部位，本条提出了较合理并常用的天窗架结构形式。同时提出了天窗架布置要减少因屋面板开洞过大对刚度削弱的影响。

7.1.3 本条规定是为了保证结构的整体刚度、良好的空间整体工作性能及抗震性能。

7.1.4 本条为保证结构整体空间工作，应采用刚性构造的现浇楼（屋）盖，对预制板楼（屋）盖亦应设符合抗震构造要求的现浇层。

7.1.5 在构筑物震害中，砖砌体墙因质量大、刚度大、强度低而导致其自身损坏或对厂房造成的损害较为严重，故应尽量选用轻质墙体。当采用砖砌体墙时，亦应考虑柔性连接、对称布置、外包布置、防止刚度突变（如不设与柱刚接的半高墙）等构造与布置要求，以减少地震作用影响。如砖砌体墙（外包或嵌砌）与柱为非柔性连接时，则应在抗震计算中计入墙体质量和刚度影响。

7.1.6 质量较大的烟囱、放散管等支承于框排架结构上，在地震时，对部分截面或连接会产生较强的地震作用效应，故应考虑多振型影响。但其振型组合情况较为复杂，一般采用的简化计算方法不能保证其安全，故宜与结构整体分析。

7.2 计算要点

7.2.1 框排架的地震作用计算，一般应采用空间结构模型进行抗震分析。当平面布置规则、结构简单时仍可简化成平面结构进行计算。

7.2.2 本条对框排架结构抗震计算模型中排架柱、梁或桁架、支撑等刚度的确定、计算方法、组合刚度等作了较具体的规定。对整体分析中格构式柱及桁架横梁的计算模型，目前实际工程中仍多采用简化成等效实腹截面（即以弦杆对中和轴取惯性矩）再折减的方法，虽然计算结果误差稍大，但已有多年应用的经验，一般仍可应用。同时考虑到目前计算机广泛采用，故也推荐按格构式柱或桁架实际简图作为模型计算的方法。

7.2.3 本条对框排架结构抗震作用计算模型中框架柱、梁及支撑杆件的刚度、变形的确定、组合楼盖梁的计算宽度等，按一般习惯方法作了较具体的规定。对框架短柱、短梁，其剪切变形影响不宜忽略，故应计入。

7.3 结构地震作用效应的调整

7.3.1 当结构按双质点底部剪力法进行纵向简化计算时，对边跨或受纵向约束中间跨的纵向天窗架垂直支撑，需考虑部分屋盖地震作用额外传递给柱间支撑或纵墙的情况，而应将其仅按传递天窗架屋盖地震作用效应计算值再予以增大，这一情况也为实际震害调查所证实。

7.3.2 按本章规定的方法验算结构构件时，对表7.3.2所列构件尚应考虑其受力特性而将其地震作用效应予以增大。

1 地震作用可来自任何方向，而本章是按单向（纵向或横向）来计算结构或构件地震作用效应的，即结构构件内力是按单方向地震作用确定的。故对于两个互相垂直的抗侧力构件共有的柱应考虑其他方向的地震作用的影响。

2 多层框架的转换梁需考虑水平地震作用下的重力二阶效应引起的附加弯矩作用，故以增大系数考虑其不利影响。

3 单层排架和多层框架的柱间支撑（中心支撑）是构筑物抗震的主要构件，许多国家的抗震规范均认为进入弹塑性阶段后，塑性铰大多在支撑构件中发生，故采用增大系数以加大安全度。

4 采用简化方法计算时，对较大质量的伸悬设施，所算得的地震作用效应不能反映高振型的影响，故通过增大系数予以修正。

7.4 梁、柱及其节点抗震验算

7.4.1 钢结构构件的抗震承载力的基本计算依据为现行国家标准《钢结构设计规范》GB 50017。构件进行地震组合验算时，按照建筑结构极限状态及可靠度的设计原则，应对其构件及节点强度除以抗震调整系数 γ_{RE} 后采用。

7.4.2 本条是为保证梁的整体稳定条件而规定的。

7.4.3 框架梁端处或有加腋时，在梁全长的最大弯矩处均有可能出现塑性铰，故应设置侧向支撑，其间距应符合现行国家标准《钢结构设计规范》GB 50017的相应要求。同时由于形成塑性铰并有转动的可能，故截面的上、下翼缘均应有支撑支持，以防止翼缘在转动过程中局部失稳。

7.4.4 框架节点区格板的强度与稳定不仅关系到结构的整体塑性性能，而且还直接影响结构的变形与稳定。这里提出了框架梁柱节点的格板剪应力验算、最小厚度及加劲肋验算等计算公式。

式（7.4.4-1）中略去了构件的剪力影响，故将屈服剪应力值提高33%，即 $f_{vy}=1.33\times0.58f_y=0.77f_y$。

7.4.5、7.4.6 对刚架节点进行抗震验算时，应按截面塑性发展计算。加腋后，为使塑性铰不在变截面段产生，故设计计算时应满足式（7.4.5-1）和式（7.4.5-2）的要求，否则应加大变截面高度。当节点区格板强度不能满足要求时，通常加斜向加劲肋解决。根据有关资料，第7.4.6条提出了斜向加劲肋的计算公式。当需在圆弧上加短加劲肋时，可参考英国“Steel Engineers Manual”等资料中的有关公式计算。

7.5 构件连接的抗震验算

7.5.1 钢结构抗震设计中建议采用的连接类型，其中栓焊混合连接系指在梁与柱的刚接连接中，翼缘与柱焊接而腹板与柱栓接，分别承担弯剪并共同工作的构造。需注意的是，栓焊混合连接不得在受剪、受拉(压)连接部位采用。

7.5.2、7.5.3 钢结构节点连接是保证结构抗震能力的重要部位，也是易于产生塑性铰处。按照连接强于构件的设计原则，本条规定是为了保证这些部位的连接不先于构件达到塑性或破坏。

7.5.4 实腹刚架梁中塑性铰一般产生在梁端至本条第1款、第2款所述范围内，故梁应尽量避免在此范围内拼接。不可避免时，应按条文所述要求加大截面模量，使塑性铰移出拼接点外。

7.5.5 柱间支撑是框排架结构纵向抗震的主要构件，过去地震中支撑所产生的问题大多由于节点构造不当，故本条针对上述问题与国内外关于节点连接的研究成果而制定。其主要目的是使支撑节点传力直接，不产生偏心与局部应力集中，从而增强支撑节点的抗震能力。

7.5.6～7.5.8 钢柱柱脚构造可分为外露式和埋入式两种，外露式柱脚多用于单层排架和多层框架，其柱脚连接不能充分保证形成可转动塑性铰的机制；埋入式柱脚，由于底端锚固于混凝土基础中，铰在近柱脚的柱截面处形成，故一般更适用于高层建筑或高烈度区的框架结构柱脚。根据试验研究成果及设计经验，提出了埋入式柱脚的计算公式。

7.6 支撑抗震设计

7.6.1 柱间支撑是结构体系中传递纵向水平地震作用的重要保证。根据合理确定单元长度及设置支撑，选定支撑侧移刚度，减小框排架结构整体扭转影响等原则，结合钢结构特点，综合提出了对柱间支撑布置的要求。其中关于增设一道支撑的单元长度限值，是根据设计经验，以控制柱间支撑杆件最大内力在合理范围内而确定的。

7.6.3 设计经验与震害调查均表明，柱间支撑杆件的长细比要合理控制，不要过刚或过柔，本条中有关计算刚度、强度的规定及计算式是考虑压杆在反复循环荷载下对拉杆卸载影响而提出的。

7.6.5 多层框架结构横向一般为框架体系，纵向为框架-支撑体系，故对多层框架结构主要是在纵向支撑方面作出有关设计规定。纵向柱间支撑的综合布置要求，其原则是保持各层各列间刚度对称、均匀，不引起地震作用的突变或附加扭转，对高烈度区宜考虑消能(偏心支撑)措施，合理选用支撑形式。

7.6.6 根据设计经验，对框排架组联结构的支撑布置提出了要求。

7.6.7 中心支撑仍为多层框架结构常用的支撑类型，本条综合规定了有关设计和构造要求。对人字形或V形支撑，多以框架横梁为支撑横杆。由于在施工中节点连接及承载顺序难以完全预先控制，故按实际工程设计习惯做法，一般仍不考虑人字形(或V形)斜杆对横梁支承卸荷的有利作用，而只考虑斜杆承担横梁传来荷载的不利影响。

7.6.8 交叉形、人字形(V形)支撑，其杆端与梁柱相交汇，当柱身因轴向力而产生轴向(如压缩)变形时，因节点变形协调关系，支撑斜杆中亦引起附加变形与应力。当竖向荷载较大或层数较多时，此附加影响不可忽视，故提出了附加应力的计算公式。

7.6.9～7.6.15 柱间偏心支撑为近几十年来研究并实际应用的一种新型支撑，具有较大延性及适应往复非弹性变形的能力。因其构造有耗能梁段，在强震时可形成塑性铰以吸收地震能量，故特别适用于高(多)层结构有强震反应的抗侧力体系中。

试验研究表明：偏心支撑采用剪切屈服型耗能梁段对抗强震更为有利，故推荐此种构造类型。

综上所述，参照欧洲规范有关规定，对偏心支撑的选型、承载力、连接强度、耗能段计算与构造、相关柱的验算等均作了具体规定。

7.7 抗震构造措施

7.7.1 高强度螺栓连接具有承载能力可靠、承受反复荷载性能优良以及对大变形有良好的适应性等特性，故应优先用于重要连接中；普通螺栓连接抗剪强度较低，抗反复荷载性能很差，故对其应用范围作了限制。

7.7.2 近年来，框架梁、柱采用翼缘不带拼材的翼焊-腹栓混合连接形式，已在国内高层钢结构中普遍应用。经验表明，这种连接构造具有施工快速、节约拼材、承载力强(与母材等强或超过母材)、抗反复荷载性能良好等特点，故宜优先选用。当条件有限制时，腹板连接亦可采用焊接。对翼缘、腹板均带拼材的焊接连接，其抗反复荷载性能较差，构造亦较复杂、耗材较多，故一般不推荐在梁柱连接中采用。

7.7.3 框架节点垂直于受力方向的焊缝一般均为直接传递母材内力的焊缝，按等强要求应采用全焊透对接焊缝。

7.7.4 承压型高强度螺栓连接是以螺栓受剪或连接板承压的承载力为前提的，故现行国家标准《钢结构设计规范》GB 50017亦明确规定不得将其用于承受动载的连接。而地震作用是有动力性质的反复荷载，故不宜选用上述形式连接。

7.7.5 框排架结构主要承重柱柱脚的构造一般均要求采用双螺帽，以防止在长期使用中各种内力作用下可能发生松动而不能保证连接性能等情况；对承受地震反复作用的柱脚更应符合这一构造要求。此外，因柱脚锚栓不能抗剪，故对有较大剪力作用的柱脚宜采用有专门抗剪措施的构造(如抗剪键)。

7.7.6 本条根据设计经验提出了刚架节点加腋的构造要求。在加腋区拐点处，受压翼缘有拐折分力作用，为保证其局部稳定，应设横向加劲肋。本条节点构造示例仅示出了带拼材的节点连接构造，有条件时亦可采用翼缘无拼材对焊(应准确定位剖口等强对接焊)构造。一般在弯矩较大的拼接处不推荐采用螺栓法兰拼接，因其抗弯性能较差。

7.7.7、7.7.8 参照高层钢结构工程经验，提出了工字形截面柱翼缘对接焊的等强拼接构造及框架梁柱连接的构造要求。第7.7.7条为强制性条文。

7.7.10 在区格板上贴焊附加板需采用周边封闭焊缝，且又与原区格分格边界处已有的周边焊缝非常接近，因而会造成板域较大的附加焊接应力，对承受反复作用有不利影响，故不宜采用。

8 锅炉钢结构

8.1 一般规定

8.1.2 本条按照现行国家标准《建筑工程抗震设防分类标准》GB 50223和《电力设施抗震设计规范》GB 50260，确定单机容量为300MW及以上或规划容量为800MW及以上的火力发电厂锅炉钢结构属于乙类构筑物。

8.1.3 锅炉钢结构和邻近建筑结构属不同类型的结构，若将它们联系在一起将形成体型复杂、平立面特别不规则的建筑结构。因此，设置防震缝分割能避免锅炉钢结构和贴建厂房的地震破坏。当不能形成单独的抗侧力结构单元时，应按不规则结构采用空间结构计算模型，进行水平地震作用计算和内力调整，并对薄弱部位采取有效的抗震措施。

8.1.4 金属框架护板与锅炉钢结构梁、柱嵌固在一起，形成刚度大、能较好地抵抗水平地震作用的结构，因而可视作刚性平面结构。

8.1.5 在地震作用下，K形支撑体系可能因受压斜杆屈曲或受拉斜杆屈服引起较大的侧向变形，使柱发生屈曲甚至造成倒塌，故不宜在抗震结构中采用。偏心支撑至少有一端交在梁上，而不是交在梁与柱的节点上，使结构具有较大变形能力和耗能能力，是一种良好的抗震结构，因此偏心支撑更适用于高烈度地震区。

8.1.7、8.1.8 垂直支撑、水平支撑与柱和梁形成空间结构体系，以保证结构的空间工作，提高整体结构的侧移刚度和扭转刚度。

垂直支撑和水平支撑布置在承载较大平面内是为了传力直接，缩短传力途径。水平支撑在锅炉钢结构周围连续封闭布置，可避免柱受扭。国外有关资料规定，水平支撑的间距为40英尺，据此定为12m～15m。

8.2 计算要点

8.2.2 锅炉钢结构的基本自振周期的近似计算公式源自美国《建筑通用法规》(Uniform Building Code, UBC)，根据此公式计算得到的基本自振周期与锅炉钢结构的实测数值接近，因此推荐使用此公式计算锅炉钢结构的基本自振周期。

8.2.3 锅炉行业曾对锅炉钢结构进行过多次测震，但300MW及以上的锅炉实测较少，本条规定的阻尼比是根据实测数据，同时也参照了本规范关于钢结构阻尼比的推荐数值。

8.2.4、8.2.5 经与振型分解反应谱法计算结果比较，锅炉钢结构属剪弯型结构。因此，采用底部剪力法计算时，其结构类型指数和基本振型指数均应以剪弯型结构取值。

8.2.6 容量为300MW的锅炉钢结构，其抗震计算可采用底部剪力法，容量为600MW及以上的锅炉钢结构宜采用振型分解反应谱法进行抗震计算。

8.2.7 悬吊锅炉炉体通过导向装置将炉体的水平地震作用直接传至锅炉钢结构相应位置上，可不进行沿高度重新分配。

8.2.9 大型锅炉都设有导向装置，但是200MW及其以下的悬吊锅炉有的不设导向装置，悬吊炉体和锅筒的地震作用只作用在锅炉钢结构的顶部。根据实测分析7度Ⅱ类场地的地震影响系数为0.022，按此规定已在锅炉行业使用多年，其计算结果是偏于安全的。

200MW及以下锅炉钢结构的基本自振周期在 T_g 和 $8T_g$ 之间，地震影响系数 $\alpha=\left(\frac{T_g}{T}\right)^{0.9}\eta_2\alpha_{\max}$。当结构确定之后，结构的阻尼比和自振周期随之确定，阻尼修正系数也被确定，不同场地类别和设计地震分组的地震影响系数仅随 $(T_g)^{0.9}$ 变化。表8.2.9是以7度、加速度0.10g、第一组、Ⅱ类场地的地震影响系数等于0.022为基准，根据不同场地类别和设计地震分组的特征周期值之间的比例关系，推算出无导向装置悬吊锅炉不同场地类别、不同设计地震分组在多遇地震作用下的地震影响系数。

8.2.10 抗震设防烈度为6度时，可不进行地震作用计算。为了保证结构的安全，贯彻构件节点的破坏不应先于其连接构件的原则，其节点的承载力应比现行行业标准《锅炉构架抗震设计标准》JB 5339中的规定提高20%。

8.2.11 对于基本自振周期大于3.5s的结构，可能出现计算所得的水平地震作用效应偏小，出于结构安全考虑，给出了各主平面水平地震剪力最小值的要求。对于一般的锅炉钢结构，基本自振周期远小于3.5s，本条要求自然满足，不需进行验算。当在特殊情况下，基本周期大于3.5s时，应按本条进行验算，若不满足要求应对结构的水平地震作用效应进行相应的调整。

8.2.14 本条为强制性条文。锅炉钢结构是由永久荷载起控制作用的，风荷载是主要的可变荷载，其他可变荷载很小。考虑到锅炉钢结构以往的设计经验和效应组合的一贯做法，避免结构可靠度的降低，保持和过去的设计安全度相当，故将永久荷载分项系数和风荷载分项系数取为1.35。

8.2.15 本条为强制性条文。锅炉钢结构构件承载力的抗震调整系数根据锅炉钢结构的特点和我国锅炉行业多年的设计经验作了规定，即梁、柱强度验算的抗震调整系数与本规范表5.4.2稍有不同。

8.2.17 结构不规则且有明显薄弱层或高度大于150m及9度时的乙类锅炉钢结构，地震时可能导致严重破坏，因此规定进行罕遇地震作用下的弹塑性变形分析。

8.3 抗震构造措施

8.3.1～8.3.4 锅炉钢结构的主柱和支撑杆件的长细比，柱、梁和支撑杆件板件的宽厚比是参照现行国家标准《建筑抗震设计规范》GB 50011和现行行业标准《高层民用建筑钢结构技术规程》JGJ 99，并考虑到锅炉钢结构的特点以及锅炉界的多年设计经验而确定的，其限值有所放宽。

8.3.6 8度Ⅲ、Ⅳ类场地和9度时的锅炉钢结构，梁与柱的连接不宜采用铰接，主要考虑铰接将使结构位移增大，同时考虑双重抗侧力体系对大型锅炉钢结构抗强震是有利的。

8.3.7 埋入式柱脚是指刚接柱脚，柱底板的下标高均设在锅炉房±0.00以下，根据其截面尺寸的大小，选择埋深深度。

8.3.8 非埋入式铰接柱脚，柱底板所受地震剪力不考虑由地脚螺栓承受，现行国家标准《钢结构设计规范》GB 50017规定由底板与混凝土基础间的摩擦力承受(摩擦系数可取0.4)。当不满足时，应设抗剪键。在计算摩擦力时柱的垂直压力取0.75倍的永久荷载减去最大一种工况的上拔力，因为在计算永久荷载时是取最不利的工况，而且可能统计偏大，因此取0.75倍的永久荷载比较安全。

8.3.9 基础出现上拔力时，锚栓的数量和直径应根据柱脚作用于基础上的净上拔力确定，计算上拔力时使用最大一种工况的上拔力减去0.75倍的永久荷载，也是为了使设计更安全。

8.3.11 梁与柱为刚接时，柱在梁翼缘对应位置设置横向加劲肋是十分必要的，参照有关标准，横向加劲肋的厚度应取为梁翼缘的厚度。

8.3.12 杆端至节点板嵌固点的距离系指通过节点板与构架焊缝起点引出，垂直于支撑杆轴线的直线至支撑杆端的距离。

9 筒 仓

9.1 一般规定

9.1.1 本章适用范围系根据钢筋混凝土、钢和砌体筒仓的结构特点、震害经验和技术水平，并结合我国的抗震经验和参考国外的有关资料制定的。我国煤炭、建材、冶金、电力、粮食等行业的大、中型筒仓，一般均与厂房脱开后建成独立的结构体系。本章涉及的筒仓，有别于本规范第6章框排架结构中的筒仓，筒仓平面也不限定为圆形。散状物料是指其粒径、颗粒形状、颗粒组成及其均匀度满足散体力学特性的粒状或粉状物料所组成的贮料，如矿石、煤、焦炭、水泥、砂、石灰、粮食、灰渣、矿渣及粉煤灰等，但不包括青贮饲料、液态及纤维状物料。唐山地震的震害调查资料表明，地下、半地下式筒仓的震害极其轻微；地面上的筒仓与地下构筑物相比，遭受的震害较为严重；柱支承的筒仓与筒壁支承的筒仓相比，前者震害较为严重。由于地下、半地下式筒仓近年来使用较少，因此，本章仅考虑常见的架立于地面上的矩形筒仓或圆形筒仓。槽仓和利用支柱支承的滑坡式仓，其支承结构与矩形仓相似，可按本章的有关规定进行设计。利用地形建造的落地滑坡式仓已很少采用，抛物线仓及其他形式的地面仓，其结构特性有别于上述筒仓，又缺少相关的震害经验，因而本章未包括其抗震设计的内容。

9.1.2 保持纵横两个方向刚度接近，是群仓布置的重要原则之一。仓体结构设计应满足简单、规则，仓体质量及刚度均匀对称的要求。当因工程条件限制不能满足上述要求时，要结合结构的受力特点，通过分析研究，制定筒仓设计的抗震措施。

筒壁支承的筒仓具有良好的抗震性能。在地震区，利用仓壁向上延伸并作为其支承结构的仓顶筛分间或输送机栈桥的转载间，同样具有良好的抗震性能。其他结构的筛分间或转载间会使筒仓上部结构与下部结构形成刚度突变，随着质心高度的提高，显然对抗震不利。因此，6度、7度时，除采用向上延伸的筒壁作为筛分间或输送胶带机转载间的支承结构外，也可采用具有抗震能力的其他结构形式。8度和9度时，向上延伸的筒壁与其下部筒壁具有相同或相近的刚度，作为筛分间或输送胶带机转载间的支承结构，有良好的抗震性能，设计应优先选用这种结构形式。在无确实可靠的抗震措施时，不宜采用其他的支承结构形式。

9.1.3 筒仓结构的选型是根据以往震害经验，并结合材料及生产工艺等因素综合考虑而确定的。

筒仓的抗震能力主要取决于其支承结构。筒仓震害调查表明，柱承式矩形仓震害最严重，筒承式圆形筒仓震害最轻。

矩形、方形及圆形或其他几何形体的柱承式筒仓，尤其是支柱只到仓底不继续向上延伸的柱承式筒仓更是典型的上重下轻、上刚下柔的鸡腿式结构。其支承体系存在超静定次数低，柱轴压比大，仓体与支承柱之间刚度突变等不利因素，使得结构延性较差，对抗震不利。排仓或群仓，当各个仓体内贮料盈空不等或结构不对称时，在地震作用下还会引起扭转振动，偏心支承于群仓上的进料通廊还会加剧筒仓的地震扭转效应，在地震中有许多因此造成的破坏实例。

仓下的支承柱延伸至仓顶并增加下部支承结构的超静定次数，减少刚度突变，使柱子底端与基础的连接有较强的固接性能，增强基础与上部结构的整体性等是非常必要的构造措施。这些构造措施有利于结构吸收较多的地震能量，达到减少震害的目的，对柱承式矩形筒仓尤其重要。

筒承式圆形筒仓是壳体结构，其刚度大、抗变形能力强，单体筒仓结构对称；当组合仓群布置对称时，抗扭性能较好，设计应优先采用。

由于散粒体贮料在地震时与仓体的运动有一定的相位差，从而产生耗能作用。国内外试验研究及震后调查结果表明，筒承式筒仓的贮料耗能效果非常显著。此外，筒仓的抗震性能与其支承结构的刚度有关，刚度大者耗能效果相对也大。

支柱较多的柱承式圆形筒仓，柱轴压比一般低于柱承式矩形仓，且筒仓质心也相对较低，其抗震性能介于筒承式圆形筒仓与柱承式矩形仓之间。

柱承式矩形或方形筒仓的支承柱向上延伸，并与仓壁及仓上建筑整体连接，有利于增强仓体的整体刚度。对于柱承式非跨线(装车仓)单仓、排仓及群仓，应加大仓下支承柱的超静定次数，以利吸收地震动能而减少震害。对于柱承式跨线(装车仓)单仓、排仓及群仓，加大纵向超静定次数或刚度容易处理，但横向(跨线方向)由于受到铁路或汽车装车限界的限制，不可能增加更多的横向构件或斜撑，为此，通过调整柱的截面加强横向刚度。对于槽仓及柱承式斜坡仓亦应采取同样的处理方式。

钢筒仓延性好，轻质高强，具有较强的抗震能力。地震中无抗震设防的钢筒仓，除较少数因强度不足、支撑体系残缺和原设计不当的钢筒仓遭受严重破坏或倒塌外，一般震害轻微。

由于钢筒仓的结构形式各不相同，钢板仓群间或独立单仓间的净距应满足施工、维修、防火及防地震次生灾害的要求，控制其通道的必要宽度。

砌体圆形筒仓一般仅用于低烈度区小直径筒承式圆筒仓。从砌体筒仓的结构特点来看，该结构刚度大、强度低、延性差，其高度及直径不宜过大，需限制使用，不适用于8度、9度地区。

9.1.4 震害经验表明，钢结构的仓上建筑震害最轻，抗震性能好，即使在9度区，钢结构仓上建筑也很少发生严重的破坏。钢筋混凝土的仓上建筑抗震性能较好。砌体结构的仓上建筑抗震性能最差，震害最严重，故本规范规定在7度及其以上地区应慎用。

轻质屋面结构的地震作用效应较小，现浇钢筋混凝土屋面及相应的支承结构的整体性较好，二者对仓上建筑的抗震是有利的。

钢结构仓上建筑必须设置完整的支撑体系，保证结构的整体稳定性并选取轻质围护材料。

9.1.5 在群仓上部设有筛分间或其他工作间且形成较大高差处和辅助建筑毗邻处应设置防震缝，将结构分成若干体形简单、规整、结构刚度均匀的独立单元。但防震缝如缝宽过小，则起不到预期效果，仍难免相邻结构局部碰撞而造成损坏及次生灾害。当筒仓较高时，防震缝过大有损结构的整体性，对抗震不利。设计时也可采取结构刚度调整，平面、空间布置及其他措施，使之取得与设置防震缝同样的效果。

9.1.6 当地基属软弱土、液化土及不利地段地基土且基础的刚度和整体性较差时，在地震作用下，基础不能充分吸收上部结构传来的地震效应，将产生较大的转动，从而降低柱承式筒仓的侧移刚度，对内力和位移都将产生不利影响。对基础间无连接构件相连的独立基础，往往不能满足要求，为此选择刚度较大的整体基础是非常必要的。

9.1.8 当柱承式筒仓基础的刚度不能使支柱的底端成为真正的固定端时，基础对支柱的底部将不产生约束。地震作用产生的弯矩将全部由柱顶承受，支柱的抗力将无法满足而破坏。为此除加强基础的刚度使支柱的底部产生可靠的固端约束，将地震作用产生的弯矩分别由支柱的上、下端承受外，也可增加支撑及赘余杆件，使其分担支柱上端的地震作用效应，减少筒仓的侧移、变形及震害。

9.1.9 本条为强制性条文。未经处理的液化地基、不利地段的不均匀地基将严重影响筒仓的稳定性，使筒仓在地震时发生严重变形甚至倒塌，因此需全部消除液化沉陷或不均匀沉降。

9.1.11 在概念设计时，应避免同一结构单元采用不同的基础形式。地基刚度的突变对上部结构会产生附加内力，因此，在地震区控制地基变形尤为重要。

9.1.12 8度和9度时，高大筒仓尤其是柱承式筒仓，除增强柱与基础的固结和增加支柱的赘余构件外，采用消能减震设计可以起到良好的防震效果。近年来，国内外采用了新的设计概念，除增强结构的抗震能力外，采取消能、减震等方式取得了不错的效果。

9.2 计算要点

9.2.3 本条第1款为强制性条款。贮料是筒仓抗震设计的主要重力荷载，其取值与地震时贮料充盈程度和有无耗能作用两个因素有关。

震害调查表明，在发生地震时筒仓中的贮料满仓情况极少。

国内外大量试验研究表明，在地震作用下，贮料的运动与仓体的运动不同步，存在着相位差，因而贮料起到耗能作用。这种耗能作用的大小与筒仓的支承结构形式有关，筒承式筒仓的贮料耗能作用明显，柱承式方仓的贮料耗能作用轻微，故在计算水平地震作用及自振周期时，贮料可变荷载组合值系数，前者取0.8，后者取1.0。这与日本对贮煤筒仓所做的地震试验结果相吻合。

9.2.4 根据筒承式筒仓的结构特点，采用底部剪力法进行抗震计算时，若采用多质点体系模型进行计算，仓上建筑应作为多质点体系中的质点。在此条件下，第一自振周期偏大，由此计算出的地震影响系数偏小，底部总剪力也就偏小。除筒体向上延伸的仓上建筑外，大多数仓上建筑结构与下部筒体结构的刚度相比都有较大的变化。仓上建筑在地震时的鞭梢效应是很明显的，但对各种不同仓上建筑，考虑鞭梢效应的增大系数难以测定。本条参照有关文献，规定了不同仓上建筑的增大系数。

9.2.5 柱承式筒仓的质量主要集中于贮料部分的仓体，其支承结构的刚度远远小于该仓体的刚度，地震作用效应以剪切变形为主，因此可简化为单质点体系，采用底部剪力法计算。条文中表9.2.5所列出的增大系数是参照筒仓按整体(把仓上建筑、仓体和仓下支承系统作为整体)分析，用振型分解反应谱法计算的地震作用效应结果与仓上建筑单独分析的结果(把仓上建筑按落地独立结构计算)相比较而确定的。

9.2.6 在8度Ⅳ类场地及9度条件下，地震作用将引起较大的筒仓侧移，产生重力偏移($P-\Delta$)效应，可能使支承柱进入塑性工作状态，是造成筒仓倾斜、失稳及倒塌的重要原因。对柱承式筒仓应按本条给出的公式进行附加水平地震作用的计算，以反映重力二阶效应的影响。公式是根据能量原理导出的。

9.2.7 在地震区，排仓结构抗地震扭转能力最差。组成柱承式排仓的单仓个数是影响筒仓扭转效应的主要因素，仓数越多扭转效应就越大。因此，组成排仓的单仓个数不宜过多。

9.2.9 当筒仓采用筒壁与柱联合支承时，为了使支柱抗震能力不致过低，本条规定了其承担地震剪力的最小值。

9.2.10 开洞面积在控制范围内时，筒壁与仓底整体连接的筒壁支承筒仓，刚度大并具有良好的抗震性能。震害调查表明，在6度、7度、8度地震区此类筒仓几乎没有震害，故无需进行抗震验算。但当开洞过大或开洞不均会使筒壁支承刚度产生较大差异时，应进行抗震验算。

9.2.11 对于柱承式筒仓，由于筒仓贮料部分的仓体刚度远大于支承结构的刚度，柱顶与柱底均为刚性约束(仓底、柱底节点无转角)。因此，支柱与基础和仓体连接端的组合弯矩设计值的增大系数比普通框架略高。当柱间设有横梁时，可以提高支承结构的延性，故增大系数的取值低于无横梁框架的增大系数。地基过于软弱且柱下基础整体性不好，则地震时由于基础转动引起柱顶端弯矩增大，支承柱无横梁时柱顶弯矩会进一步增大，故应调整增大系数。

9.2.15 本条第2款为强制性条款。因贮料的自重是按实际情况确定的，且长期存在，为安全考虑，贮料荷载的组合值系数应取1.0。

9.2.20 震害调查表明，钢筒仓具有良好的抗震性能，其震害往往发生在与混凝土基础的连接部位，故在筒仓设计时需验算钢筒仓与基础的连接部位。此外，对薄壁钢仓的加强构件尚需验算地震作用下的稳定。

9.3 抗震构造措施

9.3.1 本条对水平横梁的相对位置和水平横梁与柱的线刚度比作了规定，目的在于提高筒仓结构的延性。

9.3.2～9.3.4 筒仓支柱的轴压比直接影响筒仓结构的承载力和塑性变形能力，对柱的破坏形式也有重要影响。因此，需合理确定柱轴压比的限值，避免轴压比过大而降低其延性，保证柱具有较好的变形能力。

柱承式筒仓的延性比一般框架差，柱的轴压比限值要从严。因此，要求筒仓柱轴压比限值略低于框支柱。设计时，可通过提高混凝土的强度等级、增加柱的根数等方法来减小轴压比，也可增大柱截面，但应避免形成短柱。

此外，在表9.3.2～表9.3.4中的编制形式与本规范其他章节表格形式有所不同。其他章节以抗震等级分类，本章仍以惯用的地震烈度分类。本章中的梁、柱与一般框架结构不同，框架柱高或层高基本相同，梁的尺寸变化也不大。故箍筋最小体积配筋率也未采用特征值的表达形式。经核算，本章所采用的数据与一般框架采用的数据接近且偏于安全，符合筒仓支承柱的受力要求。箍筋最小体积配筋率按 f_c/f_{yv} 计算。

地震动方向是反复的，因此柱内纵向钢筋应对称配置，配筋量根据烈度及支承柱有无横梁计算确定。多数筒仓支柱的轴压比大于一般框架柱的轴压比，因而应适当提高其最小配筋率。为了避免贮料卸载后在柱内引起水平裂缝，第9.3.3条规定了支柱纵筋的最大配筋率。美国、日本等国支柱最小配筋率分别为1.0%、0.8%，其他国家按柱位采用不同的配筋率，其值按中柱、边柱和角柱采用0.8%～1.0%。本规范考虑到筒仓使用功能、仓下支承结构形式及其支柱与一般框架不同，本次修改不再按贮料及柱位分类。

支柱箍筋应沿柱全高加密，这不仅能增强柱的抗剪能力，而且还可提高核芯混凝土强度和极限压应变，阻止纵向钢筋的压屈。条文中按筒仓震害特征，规定了箍筋最小直径、最大间距和最小体积配筋率等构造要求。

震害调查表明，支柱的箍筋形式选择不当及配置不合理是造成地震时支柱破坏的主要原因之一。在竖向及水平地震作用下，支柱两端轴力加大，绑扎箍筋脱扣，纵筋被压成灯笼状，支柱丧失承载能力。为此除加大箍筋的配筋率外，封闭箍筋接头在加密区宜采用焊接或采用复合螺旋箍筋，使混凝土具有均匀的三向受压状态，提高支柱的极限压应变。

9.3.5、9.3.6 控制支承柱横梁截面的混凝土受压区相对高度、最大配筋率、拉压筋相对比例、梁端箍筋加密范围、箍筋最大间距和最小直径等要求，目的皆在于提高梁和整个结构的变形能力。

9.3.7 鉴于支承筒壁对圆形筒仓抗震的重要性，以及为满足配置双层钢筋及施工的要求，结合以往设计经验，筒壁厚度不宜过小；洞口处筒壁截面被削弱且有应力集中，在应力集中区需加强钢筋的配置。对于大洞口设置的加强框，其截面不宜过大，与筒壁的刚度比过大将使洞口应力集中在加强框上，造成加强框严重超筋，甚至无法配置。为此，应通过洞口应力解析按应力分布状态配置钢筋更为合理；同时，为保证狭窄筒壁结构的稳定性，洞口间的筒壁尺寸不应小于本条规定的最小尺寸。

9.3.8 砌体筒仓的圈梁和构造柱设置是根据砌体筒仓震害经验，并借鉴一般砌体结构的抗震经验和研究成果确定的。

9.3.9 根据砌体结构仓上建筑的震害经验，并考虑到仓上建筑横向较空旷等特点，为了提高结构的整体性和抗震能力，提出本条构造要求。

9.3.10 钢结构筒仓震害的主要部位在柱脚。根据震害调查及相关分析，提出本条的构造规定。钢柱断面一般较小，考虑到仓下支承结构体系的整体稳定，仓下支承钢柱应设柱间支撑。

10 井 架

10.1 一 般 规 定

10.1.1 原规范井架部分有两章(钢筋混凝土井架、斜撑式钢井架)，本次修编将其合并为一章，且将适用范围扩大至双斜撑式钢井架。

立井井架是置于矿山井口上方，支承提升机天轮(导向轮)的构筑物。矿井提升机有单绳和多绳两种。井架形式大体上有五种：四柱或筒体悬臂式钢筋混凝土井架、六柱斜撑式钢筋混凝土井架、单斜撑式钢井架、双斜撑式钢井架、钢筋混凝土立架和钢斜撑组合式井架。

筒体悬臂式钢筋混凝土井架及钢筋混凝土立架和钢斜撑组合式井架使用不多，故本规范未包含此类型井架。目前也有将井架与井口房联建成一个建筑物的，此类建筑已没有井架的结构特点，更类似于多层框架结构房屋，本规范也未包括这种类型。

虽然钢井架是今后的发展趋势，但考虑钢筋混凝土井架目前仍在中、小矿山使用，所以本规范仍将其列入。

斜井井架受力状态与立井井架不完全相同，相对来说它受力比较简单，这里未将其包含进去。

这里的四柱悬臂式井架包括以井颈(锁口盘)为基础的井架，也包括将四柱叉开坐落在天然地基上的井架。斜撑式井架的立架一般都支承在(或通过井口梁支承在)井颈上，斜撑则坐落在天然地基上。双斜撑钢井架包括四柱式，也包括三柱式。双斜撑钢井架的立架有两种做法，一是立架自成体系，支承在(或通过井口梁支承在)井颈上；二是立架悬吊在双斜撑组成的上部平台上。

10.1.2 井架高度系指井颈顶面至最上面天轮轴中心之间的垂直距离。

10.1.3 本条为强制性条文。钢筋混凝土井架的结构形式与框架接近，因此，其抗震等级可采用现行国家标准《建筑抗震设计规范》GB 50011 中对钢筋混凝土框架结构的规定。鉴于井架的重要性，与原规范一致，规定抗震等级最低不低于三级。根据第 10.1.2 条的规定，钢筋混凝土井架高度一般都在 25m 以内，所以在这里将表格予以简化。

10.1.4 由于井架和贴建的井口房（井棚）结构形式不同，高度不同，刚度不同，自振周期也不同，在地震作用下，井架和井口房（井棚）之间很容易互相碰撞而产生破坏，国内外均不乏这类震害实例。因此，井架与井口房（井棚）之间应设防震缝。防震缝最小宽度，这次修编时对原规范的规定进行了一些简化。

10.1.5 单斜撑式钢井架的立架与斜撑共同支承天轮及提升荷载，此时立架支承在井口梁上时不利于抗震，所以不推荐在地震区采用这种形式。设计时可以适当加大立架平面将立架支承在井颈上或支承在井颈外侧的天然地基上。双斜撑式钢井架的立架不承担天轮及提升荷载时可不受此限制。

10.1.6 将立架悬挂在双斜撑上会使井架的地震反应复杂，不利于抗震，所以不推荐采用。

10.2 计 算 要 点

10.2.2 井架的提升平面系指提升容器的钢丝绳通过井架上部的天轮（导向轮）引向地面提升机所形成的与地面垂直的平面。它是井架主要的受力平面，结构的布置一般都以此平面为主。一个井筒布置两台提升设备时，一般也大都是将两台提升机布置在同侧或井筒相对的两侧，基本在同一提升平面内。所以该平面方向（纵向）和与其垂直的另一平面方向（横向）成为进行水平地震作用计算的两个主要方向。

四柱式钢筋混凝土井架，其纵向在 7 度、8 度水平地震影响时及六柱式钢筋混凝土结构井架，其纵向在 7 度水平地震影响时，内力组合值一般均小于断绳时的内力组合值，故可不进行抗震验算。

钢井架抗震性能较好，7 度时基本无震害，因此可不进行抗震验算。

10.2.4 无论钢筋混凝土井架还是钢井架，都是由若干空间杆件组成的结构体系，所以井架的计算模型采用多质点空间杆系模型最符合结构的实际情况。当然这需要采用振型分解反应谱法。

四柱式钢筋混凝土井架纵向对称，横向接近对称，井架的刚度沿高度的分布比较均匀，水平力作用下的空间作用小。纵、横两个方向的地震作用都可简化成平面结构进行计算（并且可只取平面结构的第一振型），所以可采用底部剪力法。

斜撑式钢井架采用时程分析法计算的结果基本上与唐山地震中的实际震害一致。因此，高烈度区设计钢井架时，除了采用振型分解反应谱法计算地震作用外，宜再用时程分析法进行多遇地震下的补充计算。考虑目前设计单位进行时程分析计算的手段还不太普及，所以本规范规定用时程分析法进行补充计算的范围为 9 度区且高度大于 60m 的钢井架。

10.2.5 原规范规定采用振型分解反应谱法时，钢筋混凝土井架应取不少于 3 个振型，钢井架应取不少于 5 个振型。考虑空间杆系模型中每个节点都有三个位移自由度，原规范规定的振型数有些偏少，故这次修编将其改为钢筋混凝土井架应取不少于 9 个振型，钢井架应取不少于 15 个振型。

10.2.6 原规范中还有六柱式钢筋混凝土井架和单斜撑式钢井架的基本自振周期经验公式，考虑本规范对这类井架都要求采用空间杆系模型、振型分解反应谱法计算，计算时会求出基本自振周期，所以这里未再列出这些经验公式。

原规范编制说明指出，四柱式钢筋混凝土井架的基本自振周期公式考虑了震时周期加长系数 1.3。

10.2.7 本条为强制性条文。提升容器（箕斗、罐笼）、拉紧重锤（单提升容器的平衡锤、钢丝绳罐道及防坠钢丝绳的拉紧重锤等）是悬挂于钢丝绳上的，在地震作用下产生的惯性运动与井架结构的运动是不一致的。即使地震时箕斗恰巧在卸载曲轨处或罐笼恰巧在四角罐道处，由于箕斗与曲轨之间、罐笼与罐道之间都有一定间隙，在地震作用下，箕斗和罐笼的运动较井架的运动滞后，两者不同步。所以在计算地震作用时，可不考虑提升容器及物料、拉紧重锤及有关钢丝绳的重力荷载。

10.2.10 本条为强制性条文。提升工作荷载标准值的计算要考虑提升容器自重、物料重、提升钢丝绳自重、尾绳自重、提升加速度、运行阻力等，计算方法按井架设计的规定执行。它不属于抗震设计的内容，所以这里未将计算公式列出。提升工作荷载的变异性大于一般永久荷载，所以其分项系数取 1.3。

10.2.11 本条规定了钢筋混凝土井架的框架梁、柱在结构分析后，对组合内力的调整，基本上与现行国家标准《建筑抗震设计规范》GB 50011 一致，但根据井架的特点作了一些修改。

1 为避免底层框架柱下端过早出现塑性屈服，影响整个结构的变形能力，而将底层柱下端弯矩设计值乘以增大系数。本款与现行国家标准《建筑抗震设计规范》GB 50011 一致。

2 依照“强柱弱梁”的抗震设计思想，将中间各层框架的梁柱节点处上、下柱端截面组合的弯矩设计值乘以增大系数。本款与现行国家标准《建筑抗震设计规范》GB 50011 一致，但考虑井架的框架基本上都是单跨，支承天轮梁的框架梁截面往往很大，所以这里作了一些修正。

3 依照“强剪弱弯”的抗震设计思想，将框架梁、柱端截面组合的剪力设计值乘以剪力增大系数。本款基本与现行国家标准《建筑抗震设计规范》GB 50011 一致。

4 因为井架几乎都是角柱，空间杆系分析中又已经考虑了结构的扭转影响，故取消了现行国家标准《建筑抗震设计规范》GB 50011中对角柱的内力调整。

10.2.13 本规范第 6.2.13 条实际上是对梁、柱截面满足抗剪能力的最低要求，它限制了梁、柱截面不能太小。

10.2.14 钢井架在地震作用下变形较大，应计算其重力附加弯矩和初始弯矩，当重力附加弯矩大于初始弯矩的 10% 时，应计入重力二阶效应的影响。

10.2.15 本条为强制性条文。在本规范第 5.4.2 条规定的基础上，对承载力抗震调整系数取值作了调整和补充。

10.3 钢筋混凝土井架的抗震构造措施

10.3.1 考虑井架在矿山生产中的重要性及井架直接位于井口上方，长期处于井下潮湿甚至有一定腐蚀的环境，所以这里规定井架的混凝土强度等级不应低于 C30。混凝土强度等级的最高限值与本规范第 3.7.3 条的规定一致。

10.3.7 为了避免地震作用下柱过早进入屈服，并保证有较大的屈服变形，规定柱的每一侧纵向钢筋的配筋率不应小于 0.3%。

井架立架在地震作用下进入弹塑性状态时，其底层柱可能全高受弯（没有弯矩零点），并且弯矩较大，轴力、剪力也较大。为了提高框架底层柱的变形能力，本条规定底层柱的箍筋加密区范围取柱的全高。

10.3.8 天轮梁的支承横梁受很大的断绳荷载作用，设计截面较大，致使井架的横向框架沿高度的刚度和质量有突变，会造成应力集中，对抗震不利。将支承横梁设计成带斜撑的梁式结构（见图 1），可以改善其抗震和传力性能。

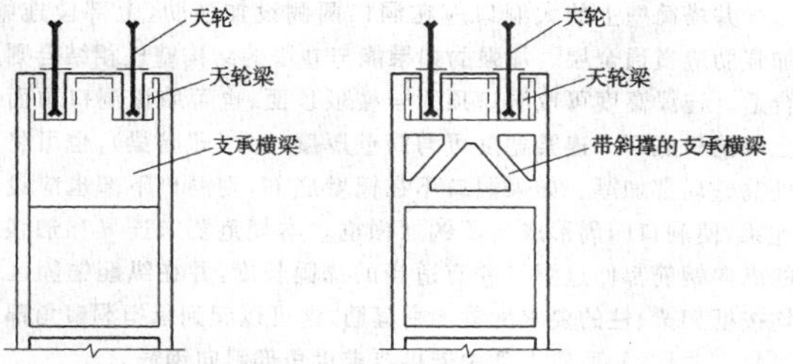

图1 天轮梁的支承横梁

10.4 钢井架的抗震构造措施

10.4.1 钢井架的实际震害表明，节点震害基本上都发生在普通螺栓连接的节点上，以螺栓剪断为主要破坏形式。因此规定钢井架采用螺栓连接时应采用高强螺栓连接，以避免螺栓受剪脆性破坏。

10.4.2 本条是依据现行国家标准《建筑抗震设计规范》GB 50011中对多、高层钢结构房屋柱长细比的限值，现行国家标准《钢结构设计规范》GB 50017 中对受压、受拉构件的长细比限值及现行国家标准《矿山井架设计规范》GB 50385 的有关规定综合确定的。

10.4.4 钢井架斜撑基础的锚栓震害主要表现在锚栓和混凝土两方面。锚栓的震害主要表现为松动或拔出。但是震害也表明，按常规设计的锚栓能满足9度地震作用的强度要求，仅在11度区有个别锚栓被剪断的实例。这是因为我国钢井架常规设计一般都采用带有锚梁（或锚板）的 M30～M40 锚栓，锚固于混凝土内的长度约为 1300mm～1450mm，较一般厂房钢柱脚的锚栓锚固长度长，所以这里未提出更多的要求。

关于锚栓中心距基础边缘的距离，国内外的规定一般是4倍～8倍锚栓直径，且不小于 100mm～150mm。我国钢井架常规设计所采用的值为4倍～7.5倍锚栓直径，与上述规定基本一致，这里规定为上限，也即8倍锚栓直径。

10.4.5 震害表明，基础混凝土开裂、酥碎及混凝土局部错断都发生在基础顶面以下 500mm 高度范围内。所以本条特别规定了斜撑基础顶面以下 1.5m 范围内，沿锥面四周应配置竖向钢筋。

11 井 塔

11.1 一 般 规 定

11.1.1 井塔是建于矿山井口上方，支承提升机及导向轮的构筑物。钢井塔的结构类型有框架、桁架、框桁架等。框桁架结构就是在框架结构的基础上再布置一定数量的斜撑，用以承受水平力，相当于钢结构房屋中的框架一支撑型。本章对框架一支撑型的一些规定是针对这类结构形式的钢井塔。桁架形式一般仅用于单跨，也即井塔平面不大时。它与框桁架的区别就是桁架的各面都有斜撑，横梁可以与柱铰接。但柱子还是连续的压弯构件，与框桁架结构的柱受力状态类似。桁架结构井塔设计时，可以参考本章对框架一支撑型结构的各项规定。

11.1.2 限制不同结构类型井塔高度是从安全、经济诸方面考虑的。本条规定的限值是综合考虑了国家现行标准《建筑抗震设计规范》GB 50011、《高层建筑混凝土结构技术规程》JGJ 3、《高层民用建筑钢结构技术规程》JGJ 99 等，又结合井塔的特点而确定的。

11.1.3 本条对地震区井塔设计的结构布置提出了一些基本要求。将原规范第 9.1.4 条和第 9.1.5 条合并为一条，删去了对井塔平面长宽比的限定，因井塔的长宽比一般都不大于2。

井塔采用固接于井筒上的井颈基础时，因井塔的平面大于井筒平面，为改善井颈及井筒的受力状态，应尽量减小井塔平面尺寸，且使井塔平面对称于井筒中心线。

井塔提升机大厅层的允许悬挑长度，原规范规定6度、7度、8度地区分别为5m、4m、3.5m。本次修编统一为4m。

11.1.4 限制井塔的高宽比主要是保证井塔的倾覆稳定。本条的限值是综合考虑了相关标准的规定，又结合了井塔的特点而确定的。如果通过抗倾覆计算可以保证井塔的倾覆稳定性也可突破本条规定的限值。

11.1.5 本条对地震区井塔设计的结构布置提出了一些基本要求。

1 框架结构中，框架柱是最主要的受力构件，除中柱可以只伸至提升机大厅楼面而在上部截断外，其他柱都不应在中间层截断，特别是底层柱，更不应被截断。

2 钢筋混凝土筒体井塔的筒壁是井塔的主要抗侧力构件，应双向布置。由于工艺要求，井塔下部筒壁经常需要开设较大的洞口。设计时，应尽量减小洞口尺寸。为了保证井塔有足够的侧移刚度和侧向承载能力，应在洞口两侧保证有足够宽度的筒壁延伸至基础。

3 钢框架一支撑型结构井塔，本规范没有推荐采用偏心支撑和设消能梁的结构体系。主要考虑井塔的平面尺寸较小，跨数较少，层高、荷载较大。

4 井塔的各层楼板虽然开孔较多，但一般情况下都不能将整个楼板当作绝对刚性楼板考虑。楼板的平面刚度大对抗震更为有利。

11.1.6 本条为强制性条文。乙类构筑物应按调整后的设防烈度确定抗震等级。

11.1.8 本条对楼面开洞尺寸的规定是可以在地震计算中将楼板当作刚性楼板的条件。各层楼面要留有提升容器通行孔、电梯通道、安装孔、楼梯孔等，要满足这些条件是很困难的。在地震作用计算中若考虑楼板变形，楼面开洞尺寸可不受此限，但设计中还是应尽量减少楼面的开洞面积，以提高井塔的整体刚度。

11.1.9 钢筋混凝土井塔与贴建的井口房（井棚）之间防震缝的宽度，原规范高烈度区规定值偏大，本次修编作了一些调整。本次修编也参考了现行国家标准《建筑抗震设计规范》GB 50011 中高层民用建筑钢结构房屋的有关条文，增添了对钢井塔与贴建的井口房（井棚）之间防震缝宽度的规定。

11.2 计 算 要 点

11.2.1 井塔在原规范中是按设防地震确定地震影响系数并进行水平地震作用和作用效应计算，计算结果再乘以 0.35 的折减系数。这使得井塔的抗震计算与其他大多数建（构）筑物的抗震计算都不一致。本次修订改为按多遇地震确定地震影响系数并进行水平地震作用和作用效应计算。井塔的结构类似于高层建筑，可以按多遇地震进行地震作用计算。

11.2.2 建于7度Ⅰ、Ⅱ类场地上的钢筋混凝土筒体井塔，当塔高不超过 50m 时，根据设计经验，在满足正常风荷载作用要求后，一般都能满足抗震强度计算要求，故可不进行抗震验算。

钢井塔抗震性能较好，7度Ⅰ、Ⅱ类场地上基本无震害，因此可不进行抗震验算。

11.2.5 井塔楼面作为刚性楼板是很困难的，所以井塔在抗震计算时很难采用平面结构空间协同计算模型。在大多数条件下，钢筋混凝土筒体井塔可采用空间杆-薄壁杆系或空间杆-墙板元计算模型。楼面应根据开洞情况，将其看作整体刚性楼面、之间弹性连接的部分刚性楼面或弹性楼面等。

钢筋混凝土和钢框架型井塔及钢框架-支撑型井塔主要受力构件是梁、柱和支撑，所以应采用空间杆系模型。

11.2.6 采用时程分析法进行多遇地震下的补充计算，限定为9度区且高度大于 60m 的井塔。

11.2.8 本条为强制性条文。井塔的各种荷载与井架类似，在计算地震作用时重力荷载代表值的取值可不计入提升容器及物料、拉紧重锤及有关钢丝绳的荷载。

11.2.10 原规范中井塔的竖向地震作用是按设防地震确定地震影响系数进行计算的，本规范已改为按多遇地震进行抗震计算，所以竖向地震作用效应乘以2.5的增大系数。高耸建筑物的竖向振动自振周期较小，接近高频振动。高频振动时结构弹塑性地震反应所受到的地震作用量值几乎等于对应的弹性结构所受到的地震作用量值。也就是说，按设防地震确定地震影响系数进行地震作用计算，对竖向地震作用计算还是比较合适的。

11.2.12 钢筋混凝土筒-框架结构井塔在水平地震作用下，剪力主要由筒壁承担。框架柱计算出的剪力一般都较小，为保证作为第二道防线的框架具有一定的抗侧力能力，需要对框架承担的剪力予以适当的调整。调整幅度参考现行国家标准《建筑抗震设计规范》GB 50011和现行行业标准《高层建筑混凝土结构技术规程》JGJ 3，并根据井塔的具体特点确定。

11.2.13 钢框架-支撑结构井塔在水平地震作用下，地震剪力主要由支撑承担。计算出的无支撑框架柱承受的剪力一般较小，出于与第11.2.12条同样的理由，需要对框架承担的剪力予以适当的调整。调整幅度参考现行国家标准《建筑抗震设计规范》GB 50011和现行行业标准《高层民用建筑钢结构技术规程》JGJ 99，并根据井塔的具体特点给出。如果梁与柱铰接连接时，梁端内力可不予调整。

11.2.14、11.2.15 钢筋混凝土井塔框架梁、柱的受力情况与井架类似，所以组合内力的调整也与井架一致。但井架没有考虑角柱的内力调整，井塔的平面尺寸大于井架，框架往往会是多跨，因此井塔增加了对角柱的内力调整要求。

11.2.17 本条调整的目的是体现"强剪弱弯"的原则，保证底层筒壁不至于受剪破坏。

11.2.21 本条是体现钢框架井塔在抗震设计中的"强柱弱梁"思想。此处增大系数较钢筋混凝土结构小，是因为钢结构的抗震性能优于钢筋混凝土结构。

11.2.22 在抗震设计中，钢框架结构的节点域既不能太强，也不能太弱。太强了会使节点域不能发挥其耗能作用，太弱了将使框架的侧向位移太大。本条第1款是保证节点域的稳定；第2款是保证节点域的强度，公式(11.2.22-2)中，系数4/3是考虑了左侧未计入剪力引起的剪应力以及节点域在周边构件的影响下其承载力会提高。第3款是防止节点域的承载能力过大。所以满足本条各款规定，就可以保证大震时节点域首先屈服，其次才是梁出现塑性铰。

11.2.23 支撑斜杆在地震时会反复受拉、压，如遇大震，受压屈曲变形较大，转为受拉时变形不能完全拉直，再次受压时承载力就会降低，即出现退化现象。所以本条要求在计算支撑斜杆的受压承载力时乘以一个强度降低系数。斜杆的长细比越大，这种退化越严重，因此该强度降低系数与斜杆长细比有关。

11.2.24 天然地基基础的井塔在抗震计算时是将基础上表面取作下端嵌固点。当井塔采用井颈基础时，井塔与井筒形成一个整体，井筒的截面又比较小，软弱场地对井筒的嵌固作用较差，如果仍将基础上表面作为井塔的嵌固点显然是不合适的。所以本条规定抗震计算时宜考虑井塔、井筒及土的相互作用。考虑这种计算方法目前在设计中应用并不普遍，所以本条规定也允许仅对井塔进行抗震计算，但在Ⅳ类场地土时，应乘以增大系数1.4。

11.3 钢筋混凝土井塔的抗震构造措施

11.3.1 钢筋混凝土井塔的框架与一般框架结构是相似的，其抗震构造措施要求按第6.3节框架结构执行。

11.3.2 井塔的筒壁与普通建(构)筑物的抗震墙不完全相同，本条根据井塔筒壁的特点作了一些规定。

规定筒壁横向钢筋配置于竖向钢筋的外侧是从方便施工考虑的。

井塔筒壁上的大洞口应在洞口两侧设加强肋，上部设连梁。加强肋应贯通全层。加强肋如果能与井塔的结构壁柱相结合则更合适。连梁高度可取洞口顶面至楼板顶面，也可取该洞口顶面至上部洞口底面。连梁宽度可与筒壁厚度一致(即暗梁)，也可将该处筒壁局部加厚。如果洞口不在筒壁底部，则洞口下部也应设置连梁，使洞口四周形成封闭的加强框。本规范要求连梁和加强肋的纵向钢筋都伸过洞口并有适当的锚固长度，并在纵筋锚固区内均按框架梁、柱的要求配置加密箍筋，这可以起到承担洞口角部应力集中的作用，所以本条中未再要求设角部斜向钢筋。

11.3.3 井颈基础混凝土的最低强度等级改为C25，是因为现行国家标准《混凝土结构设计规范》GB 50010中将与无侵蚀土壤直接接触的混凝土最低强度等级定为C25。要求井筒壁的竖向钢筋应与井颈基础的竖向钢筋焊接，且按受拉要求钢筋接头，是因为在地震作用下井筒外侧竖筋会受拉。

11.4 钢井塔的抗震构造措施

11.4.1 钢结构构件之间的连接，在现行国家标准《建筑抗震设计规范》GB 50011和现行行业标准《高层民用建筑钢结构技术规程》JGJ 99中都允许栓焊混合连接。其优点是先用螺栓安装定位，方便施工，而试验表明这种连接的滞回曲线又与全焊接相近。缺点是焊接时对螺栓预拉力有一定影响，可使螺栓预拉力平均降低10%，所以设计时应对螺栓留有余量。鉴于此，钢井塔的构件连接也允许栓焊混合连接。

11.4.2 本条是综合参考了现行国家标准《建筑抗震设计规范》GB 50011、《钢结构设计规范》GB 50017和现行行业标准《高层民用建筑钢结构技术规程》JGJ 99，并结合钢井塔的具体特点确定的。

12 双曲线冷却塔

12.1 一般规定

12.1.1 冷却塔分为塔筒和淋水装置两个部分。其中塔筒由旋转壳通风筒、斜支柱和基础(含贮水池壁)组成，淋水装置包括淋水构架、竖井、进出水管(沟)及除水器、淋水填料、填料格栅等。本次修订中增加的其他形状的自然通风冷却塔，仅指圆柱形、圆锥形(截锥)、箕舌形、钟形等钢筋混凝土旋转壳通风筒的冷却塔。

12.1.2 冷却塔系在地震时使用功能不能中断或需尽快恢复的构筑物，按其使用功能的重要性分类，应属乙类抗震设防类别的构筑物。在地震作用和抗震构造措施上，不同面积(高度)有不同的抗震要求，故本次修订中增补了本条文。塔体越大，抗震等级越高，抗震构造措施要求越严。沿用了三种不同塔淋水面积的分类，根据设防烈度标准，参照现行国家标准《混凝土结构设计规范》GB 50010，对应划分了一级、二级、三级和四级四个抗震等级。这样不但可以与相关的结构规范相容并保持一致，而且对冷却塔中一些共性的混凝土结构部分(如淋水装置的框、排架结构，以及钢筋的抗震锚固等)有关抗震的计算要求和抗震构造措施(除本规范有特殊规定以外)都能共用，这对实现共性技术问题设计方法的统一是有利的。

震后调查表明，冷却塔的结构形式有较强的抗震性能。故在抗震标准上建议冷却塔抗震措施免去应符合本地区抗震设防烈度"提高一度"和"更高"的这一要求进行抗震设计，其抗震设防标准仍按本地区抗震设防烈度的要求采取抗震构造措施。

12.2 计算要点

12.2.1 根据冷却塔抗震设防标准，以及其结构本身的抗震性能和计算分析，参照本规范第5章有关规定，冷却塔按多遇地震确定地震影响系数进行地震作用和作用效应计算是适宜的。其水平地震影响系数最大值按第5.1.5条的规定选用，竖向地震影响系数最大值按第5.1.6条的规定，可采用水平地震影响系数最大值的65%。

12.2.2 本条对塔筒可不进行抗震验算的范围作了规定。

1 双曲线自然通风冷却塔的规模一般以淋水面积计，淋水面积系指淋水填料顶高程处的毛面积。

2 本条不验算范围是根据下列情况制定的：

1)已有地震震害。

2)根据冷却塔专用程序计算，风荷载引起的环基内的环张力较小。而富氏谐波数等于0、1的竖向地震和水平地震所引起的环张力，在Ⅲ类场地上有可能大于风荷载引起的环张力而成为由地震组合控制。在这种情况下，不验算范围只能在淋水面积小于$4000m^2$的范围内。

12.2.3 本条对地震区建塔的场地条件要求作了具体规定。

如天然地基为不均匀地基，则要求严格处理成均匀地基；如为倾斜地层，则要求采取专门措施，如采用混凝土垫块等砌至基岩或砂卵石层。

12.2.5 本条推荐的公式是均匀地基上冷却塔塔筒水平、竖向地震作用标准值效应计算公式。对均匀地基的界定和有关要求，见本规范第12.2.3条的条文说明。

当需考虑不均匀地基时，应考虑竖向与水平地震作用相互耦合，其地震影响系数仍按图5.1.6得到。为简化计算可将不均匀地基简化为不均匀的等效刚度矩阵，按通用或专用有限元分析软件对冷却塔的竖向与水平向联合地震作用下整体结构进行地震响应分析。非均匀地基冷却塔塔筒地震作用标准值效应应按下式计算：

$$S_{\mathrm{Egk}}=\sqrt{\sum_{i=1}^{m}\sum_{j=1}^{m}\rho_{eij}S_{\mathrm{E}i}S_{\mathrm{E}j}} \tag{3}$$

其中，$S_{\mathrm{E}i}$、$S_{\mathrm{E}j}$分别为水平与竖向联合地震作用下耦联系统第i个振型和第j个振型的标准值效应；ρ_{eij}为水平与竖向联合地震作用下第i与j振型的耦联系数。

本条文说明中的公式及条文第12.2.5条中的公式是考虑各振型相关性时的CQC公式，其中相关性系数都满足$-1\leqslant\rho_{hij}$、ρ_{vij}、$\rho_{eij}\leqslant1$，且当$i=j$时，有$\rho_{vii}=\rho_{hii}=\rho_{eii}=1$。当各振型离散性较大可不考虑各振型相关性时，有$\rho_{vij}=\rho_{hij}=\rho_{eij}=0(i\neq j)$，此时式(12.2.5-1)和式(12.2.5-2)及本条文说明中的公式退化为SRSS(平方和开平方)公式。

12.2.6 本条根据冷却塔的结构特点和形式，对冷却塔塔筒的地震作用计算方法作了明确规定。当考虑材料及几何非线性时，宜考虑混凝土材料的软化等效应，并在环基础与基底弹簧间设置裂隙单元以模拟基础上拔力和滑移；但由于计算模型复杂，建议在9度或$10000m^2$及以上特大塔进行非线性分析。

振型分解反应谱法和时程分析法进行补充计算，应注意以下两点：

1 振型分解反应谱法。当按冷却塔专用有限元程序计算时，建议每阶谐波宜取不少于5个振型；按通用有限元程序计算时，建议宜取不少于300个振型。

采用冷却塔专用有限元软件进行算例分析时，每个谐波分别取3、5、7个振型计算结果比较，3个振型与7个振型相差稍大，而5个振型与7个振型相比，斜支柱和环基的内力仅差0.1%～2.53%；壳体底部纬向内力差4.13%，壳顶部子午向内力差6.25%，计算精度满足工程要求。因此建议每阶谐波宜取不少于5个振型。

采用通用有限元分析软件(如ANSYS，ABAQUS等)进行算例分析时，由于大部分的振型是前几阶谐波的耦合(前几阶振型是以高阶谐波为主，且存在大量的重频)，对冷却塔的地震响应几乎不起作用，为了保证计算精度，需取足够多的振型进行计算才能达到所需的精度要求。根据设计经验，建议取不少于300个振型。

2 时程分析法进行补充计算。由于输入不同地震波计算的结果相差很大，故本次修订对"选波"原则进行了规定。目前在抗震设计中有关地震波的选择有以下两种方法：

1)直接利用强震记录。常用的强震记录有埃尔森特罗波、塔夫特波、天津波等。在选择强震记录时除了最大峰值加速度应与建筑地区的设防烈度相应外，场地条件也应尽量接近，也就是该地震波的主要周期应尽量接近建筑场地的卓越周期。当所选择的实际地震记录的加速度峰值与建筑地区设防烈度所对应的加速度峰值不一致时，可将实际地震记录的加速度按比例放大或缩小来加以修正；对于强震持续时间，原则上应采用持续时间较长的波，一般为结构基本自振周期的5倍～10倍。

2)采用模拟地震波。这是根据随机过程理论产生的符合所需统计特征(如加速度峰值、频谱特性、持续时间)的地震波，又称人工地震波。人工地震波可以通过修改真实地震记录或用随机过程产生。

12.2.7 本条为强制性条文。本条明确了冷却塔地震作用效应和其他荷载效应的组合方式，同时对各分项系数的取值进行了规定，分项系数的取值是参考下列依据制定的：

1 冷却塔是以风荷载为主的结构，对风荷载反应比较敏感，现行行业标准《火力发电厂水工设计规范》DL/T 5339地震作用偶然组合条款中考虑了$0.25\times1.4S_{\mathrm{wk}}$风荷载作用效应值；此外还考虑了$0.6S_{\mathrm{tk}}$温度作用效应值。

2 1982年德国BTR冷却塔设计规范中，地震荷载组合亦考虑了$1/3S_{\mathrm{wk}}$风载作用效应及S_{tk}温度作用效应。

3 根据计算，通风筒结构抗震验算中竖向地震作用效应和水平地震效应占总地震作用效应的百分比见表1；从表1可以看出，在总地震效应中水平地震作用效应较大，但是竖向地震作用效应不可忽略，故需考虑水平地震作用效应与竖向地震作用效应的不利组合。

表1 竖向与水平地震作用效应的比例

通风筒壳体				通风筒基础	
竖向		水平		竖向	水平
子午向内力	纬向内力	子午向内力	纬向内力	环张力	环张力
49.83～15.56	3.06～44.26	50.17～84.44	96.94～55.74	26.41	73.59

以水平地震作用为主时，水平地震作用分项系数宜取1.3，竖向地震作用分项系数宜取0.5。

当需考虑不均匀地基时，此时荷载效应组合式(12.2.7)也应进行相应调整，将组合式中的水平与竖向地震作用$\gamma_{\mathrm{Eh}}S_{\mathrm{Ek}}+\gamma_{\mathrm{Ev}}S_{\mathrm{Evk}}$组合项，用非均匀地基冷却塔塔筒地震作用组合项$\gamma_{\mathrm{Ehv}}S_{\mathrm{Egk}}$替代。其中$\gamma_{\mathrm{Ehv}}$为水平与竖向耦合地震作用分项系数，建议取1.3；$S_{\mathrm{Egk}}$为非均匀地基冷却塔塔筒地震作用标准值效应，具体详见第12.2.5条的条文说明。

12.2.8 本条强调了冷却塔地震作用计算时要注意的两点要求：一是考虑结构与土的共同作用，地震与上部结构宜整体计算；二是塔筒的地震反应是竖向振动、水平振动与摇摆振动的耦合振动。因此计算时应考虑地基压缩刚度系数、剪变刚度系数和动弹性模量等一系列土动力学特性指标，这些参数一般要通过现场试验取得。计算结果表明，考虑了上述共同作用后，基础环张力比较接近实际，不致过大。

12.2.10 根据震害经验，7度区中软及以上场地的进风口高程在8m以下时，可不进行淋水构架抗震验算。

12.2.11 震害调查表明，构架与竖井、筒壁连接部分均有不同程度的拉裂、撞坏；竖井、筒壁和构架的自振周期各不相同，地震位移不一致，因而构架梁在筒壁和竖井之间要允许相对位移和转动，以免构件拉裂。

12.3 抗震构造措施

12.3.1 本条对拉筋交错布置的间距由1000mm修改为不应大于700mm，有利于内、外层钢筋的整体性。

12.3.2 本条为增补条文。参照现行国家标准《工业循环水冷却设计规范》GB/T 50102，本条对筒壁子午向及环向的受力筋接头的位置，规定应相互错开和任一搭接区段内接头面积与总面积之比，要求子午向按1/3采用，环向按1/4采用。

12.3.3 本条按现行国家标准《混凝土结构设计规范》GB 50010的规定，增加了对接头区段的长度不应小于$35d$且不应小于500mm的要求。

12.3.4 本条为增补条文。参照现行国家标准《混凝土结构设计规范》GB 50010，对不同抗震等级的冷却塔塔筒受力钢筋的搭接长度要求，条文规定了应按所采用的钢筋品种、直径等经计算确定。

12.3.6 整个冷却塔通风筒结构按地震破坏次序可分为主要部位（薄弱环节）和次要部位。斜支柱为主要部位，壳体、基础为次要部位，而最薄弱环节为斜支柱顶与环梁接触处。为了减少柱顶径向位移，布置斜支柱时要注意倾斜角的选择，倾斜角为每对斜支柱组成的侧向平面内夹角的1/2，倾斜角大小将影响塔的自振频率和振动幅值。倾斜角小于9°时柱顶径向位移将大于塔顶径向位移（图2、图3）。故本条建议倾斜角不宜小于11°。为保持塔体结构与斜支柱的整体性和减小交接处的附加应力，斜支柱的倾角轴线应与环梁保持一致。

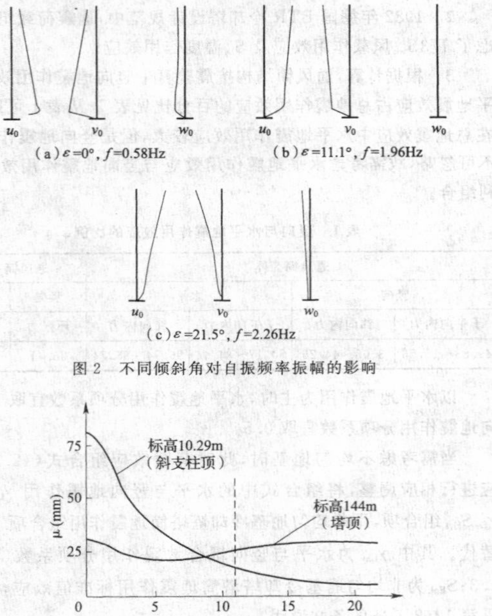

图2 不同倾斜角对自振频率振幅的影响

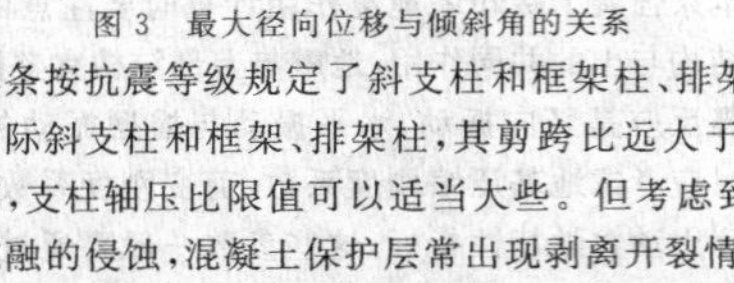

图3 最大径向位移与倾斜角的关系

12.3.8 本条按抗震等级规定了斜支柱和框架柱、排架柱的轴压比限值。实际斜支柱和框架、排架柱，其剪跨比远大于2，不易发生受压破坏，支柱轴压比限值可以适当大些。但考虑到冷却塔在北方常受冻融的侵蚀，混凝土保护层常出现剥离开裂情况，柱断面应有所放大，使支柱具有足够的延性，以保证结构有良好的抗震性能。同时条文中还规定了在不受冻融的地区建塔时，其轴压比限值可以增加0.05，即柱断面可以适当减小。

12.3.11 地震时，支柱的破坏和丧失承载力将是冷却塔遭受震害和倒塌的最重要原因。影响钢筋混凝土支柱延性的主要因素是：剪跨比、轴压比、纵向配筋率和塑性铰区的箍筋配置。参照现行国家标准《建筑抗震设计规范》GB 50011，本条主要对约束塑性铰区混凝土的箍筋加密区的体积配箍率和最小箍筋特征值及其配置要求作了规定。其中最小体积箍筋率斜支柱的量值按抗震等级给出的值，要比一般框架结构柱提高一级，与原规范基本一致；相比剪跨比不大于2的框支柱其最小体积箍筋率不应小于1.2%，9度时不应小于1.5%要小得多。原因是由于冷却塔的斜支柱和框架、排架柱均为大剪跨比柱，而且斜支柱在地震受力方向均有一倾角，支柱一般是延性压弯破坏，而不易发生剪切破坏。

由于圆形斜支柱可以减少进风口阻力，现设计的冷却塔斜支柱大多采用圆形截面，故本条推荐采用螺旋箍。螺旋箍对提高剪切强度和增加结构的延性十分有效。

12.3.15 本条明确了梁和水槽搁置于筒壁和竖井牛腿上时的措施。隔震层一般采用氯丁橡胶，空隙中的填充物通常用泡沫塑料；梁端与牛腿间可以用柔性拉结装置连接，既能防止梁倒落，又不传递地震作用。

12.3.21～12.3.23 这几条为增补条文。参照现行国家标准《混凝土结构设计规范》GB 50010，根据冷却塔淋水装置架构的实际功能情况，对梁、柱、牛腿等有关配筋的构造要求按抗震等级分别给予了规定。

13 电 视 塔

13.2 计 算 要 点

13.2.6 根据现行国家标准《混凝土电视塔结构技术规范》GB 50342的规定，对结构安全等级为三级的塔振型数取5，其他取7。而电视塔几乎没有三级，故振型数应不小于7。高度越大，高频地震作用的比例也大，结构不对称，扭转振动等振型影响大而多，故应适当增加振型数。此处250m与原规范第13.2.8条中自振周期3s基本相当。

13.2.7 参照现行国家标准《核电厂抗震设计规范》GB 50267，钢塔取"焊接钢结构"的阻尼比值。根据多座钢塔的实测，在地脉动下阻尼比也均在2%或以上，故这一数据应该说是可靠的。

13.2.8 本条为强制性条文。根据电视塔结构的特殊性和设计经验，对其截面抗震验算的承载力抗震调整系数值比第5章的规定有所增大，以提高结构的安全性。

13.2.10 地震属高频振动，变形相对较小，$P-\Delta$效应也较小。故将非线性计算范围适当缩小。而且非线性计算范围缩小后与第13.2.1条第3款中的规定较一致。

13.2.11 为了减小地基过大变形对电视塔结构抗震的不利影响，故增加控制地基变形和液化处理方面的要求。

13.3 抗震构造措施

13.3.1 钢电视塔为直接承受动力荷载的结构，但不是疲劳荷载作用下的钢结构，因此材料要求高于承受静力荷载为主的钢结构，而低于承受疲劳荷载的钢结构。故一般要求常温下冲击韧性的保证，对于严寒地区，则进一步要求0℃时冲击韧性的保证。无缝钢管以20号钢为最常用，各项性能均满足Q235-B的要求。

13.3.2 本条规定与现行国家标准《钢结构设计规范》GB 50017一致，但预应力拉杆必须"完全预应力"，即拉力不应为0。要求严格控制预拉力。

13.3.6 螺栓和销轴性能近似，但又有不同。柔性预应力拉杆两端用单个销轴连接，很普遍且技术成熟，故予以列出，但对其质量应加强控制。

13.3.8 此处增加水灰比不宜大于0.45，是为了增加混凝土的耐久性，在现行国家标准《混凝土电视塔结构技术规范》GB 50342和《高耸结构设计规范》GB 50135中都有相应条文。

13.3.9 钢筋混凝土电视塔设置横隔可提高塔身的整体刚度，确保塔身的整体受力性能。横隔与塔身筒壁的连接做成铰接，以避免对筒壁传递约束弯矩。

14 石油化工塔型设备基础

14.2 计 算 要 点

14.2.2 总高度不超过 65m 的圆筒式、圆柱式塔基础受力状态接近于单质点体系，其变形特征属于弯曲型结构，所以可采用底部剪力法计算地震作用。框架式塔基础的地震反应特征与框架接近，质量和刚度沿高度分布不均匀，因此宜采用振型分解反应谱法计算地震作用。

14.2.3 塔型设备的阻尼比目前为经验值，有实测结果时，可进行调整。

14.2.4 8 度和 9 度时，塔型设备的竖向地震作用按本规范第 5.3.1 条规定的方法计算，其计算的竖向地震作用效应再乘以增大系数 2.5。

塔型设备与基础的质量和刚度均有很大差异，且两者之间是通过螺栓连接起来的，最不利的是设备竖向地震作用直接作用在塔基础或框架顶层梁板上。考虑到以上情况，本规范规定仅考虑设备作用于塔基础或框架顶部的竖向地震作用。

14.2.5 根据塔基础的特点，本条规定了可以不进行截面抗震验算的范围。

圆筒式、圆柱式塔基础在 7 度Ⅰ、Ⅱ类场地的条件下，竖向荷载和风压值起控制作用，可不进行截面的抗震验算。

框架式塔基础，受力杆件较多，塔径也较大，地震作用所产生的杆件内力小于竖向荷载作用所产生的杆件内力，地震作用不起控制作用的范围比较大。所以不验算范围较原规范有所扩大。

14.2.8 石油化工塔型设备的基本自振周期采用理论公式计算很繁琐，同时公式中的参数难以取准，管线、平台及塔与塔相互间的影响无法考虑，因而理论公式计算值与实测值相差较大，精度较低。一般根据塔的实测周期值进行统计回归，得出通用的经验公式，较为符合实际。周期计算的理论公式中主要参数是 h^2/D_0，除考虑影响周期的相对因素 h/D_0 外，还考虑高度 h 的直接影响，所以统计公式采用 h^2/D_0 为主要因子是适宜的。

圆筒（柱）形塔基础的基本自振周期公式是分别由 50 个壁厚不大于 30mm 的塔的实测资料（$h^2/D_0<700$）和 31 个塔实测资料（$h^2/D_0\geqslant700$）统计回归得到。框架式基础塔的基本自振周期公式是由 31 个塔的实测基本自振周期数据统计回归得出的。

壁厚大于 30mm 的塔型设备，因实测数据较少，回归公式不能适用，可用现行国家规范的有关规定计算。

排塔是几个塔通过联合平台连接而成，沿排列方向形成一个整体的多层排列结构，因此，各塔的基本自振周期互相起着牵制作用，实测的周期值并非单个塔自身的基本自振周期，而是受到整体的影响，各塔的基本自振周期几乎接近。实测结果表明，在垂直于排列方向，是主塔的基本自振周期起主导作用，故规定采用主塔的基本自振周期值。在平行于排列方向，由于刚度大大加大，周期减小，根据 40 个塔的实测数据分析，约减少 10% 左右，所以乘以折减系数 0.9。

14.3 抗震构造措施

14.3.3 表 14.3.3 中地脚螺栓锚固长度是按 C20 混凝土计算所得，已经考虑了地震时螺栓长度增加 $5d$。

15 焦 炉 基 础

15.1 一 般 规 定

15.1.1 我国炭化室高度不大于 6m 的大、中型焦炉绝大多数采用的是钢筋混凝土构架式基础。震害调查表明，该种形式的焦炉炉体、基础震害较轻，大都基本完好。本节是在震害经验和理论分析的基础上编制的。

焦炉是长期连续生产的热工窑炉，它包括焦炉炉体和焦炉基础两部分。焦炉基础包括基础结构和抵抗墙。基础结构一般都采用钢筋混凝土构架形式。

15.1.2 计算结果表明，8 度Ⅲ、Ⅳ类场地和 9 度时，加强基础结构刚度，缩短自振周期，对降低基础构架水平地震作用有利。因此，本条对此作出规定。而对其他条件，基础选型可以不考虑烈度和场地条件的影响。

15.2 计 算 要 点

15.2.2 本条第 2 款为强制性条款。焦炉基础横向计算简图假设为单质点体系，是因为基础结构顶板以上的炉体和物料等重量约占焦炉及其基础全部重量的 90% 以上，类似刚性质点，并且刚心、质心对称，无扭转，顶板侧向刚度很大，可随构架式基础结构的构架柱整体振动。此外，根据辽南、唐山地震时焦炉及其基础的震害经验，即使在 10 度区基础严重损坏的条件下，炉体外观仍完整，没有松动、掉砖，炉柱顶丝无松动，设备基本完好。说明在验算焦炉基础抗震强度时，将炉体假定为刚性质点是适宜的。

图 4 为唐山某焦化厂焦炉基础结构震害调查结果。基础结构边列柱的上、下两端和侧边窄面呈局部挤压破坏，少数边柱的梁在柱边呈挤压劈裂；中间柱在上端距梁底以下 600mm～700mm 范围内和下端距地坪以上 800mm 范围内，出现单向斜裂缝或交叉斜裂缝，严重者柱下端的两侧混凝土剥落、钢筋压曲，呈灯笼式破坏，这是横向构架柱的典型震害。

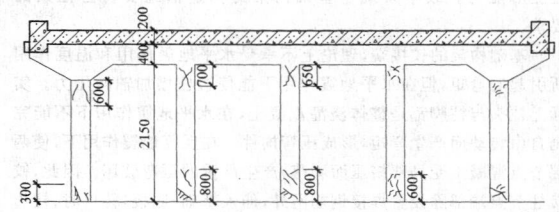

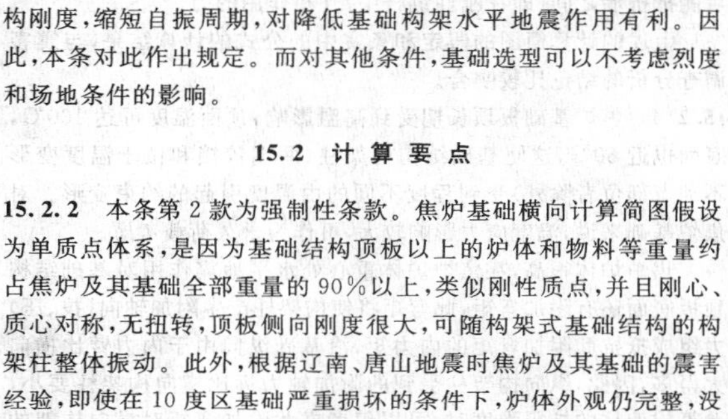

图 4 唐山焦化厂焦炉震害

条文公式中的 δ_x 值，可按结构力学方法或用电算算出。为方便计算，在附录 H 中给出了计算 δ_x 的实用公式。

附录 H 中的 K_i 数值就是按不同种类的横向构架计算的。有些构架由于推导过程复杂，其 K_i 值是根据各构架的梁与柱的线刚度比值，用电算计算而得的。

15.2.3 焦炉基础纵向计算简图是根据焦炉炉体及其基础（基础结构、抵抗墙、纵向钢拉条）处于共同工作状态的结构特点和震害调查分析的经验而确定的。

焦炉用耐火材料砌筑，连续生产焦炭。为消除焦炉炉体在高温下膨胀的影响，在炉体的实体部位预留出膨胀缝和滑动面，通过抵抗墙的反作用使滑动面滑动，从而保证了炉体的整体性。支承炉体的焦炉基础是钢筋混凝土结构，由基础顶板，构架梁、柱和基础底板组成。抵抗墙设在炉体纵向两端与炉体靠紧，是由炉顶水平梁、斜烟道水平梁、墙板和柱组成的钢筋混凝土构架。纵向钢拉条沿抵抗墙的炉顶水平梁长度方向每隔 2m～3m 设置 1 根（一般共设置 6 根），其作用是拉住抵抗墙以减少因炉体膨胀而产生的向外倾斜。正常生产时，由于炉体高温膨胀，炉体与靠紧的抵抗墙之间有相互作用的内力（对抵抗墙作用的是水平推力，纵向钢拉条中是拉力）和变形。这是焦炉及其基础的共同工作状态和各自的结构特点。

纵向水平地震作用计算时，作如下假定：以图15.2.3为例，焦炉炉体为刚性单质点（振动时仅考虑纵向水平位移）；抵抗墙和纵向钢拉条为无质量的弹性杆；支承炉体的基础结构和抵抗墙相互传力用刚性链杆表示，其位置设在炉体重心处并近似地取在抵抗墙斜烟道水平梁中线上；考虑到在高温作用下炉体与其相互靠紧的抵抗墙之间已经产生了相互作用的内（压）力和水平位移，在刚性链杆端部与炉体接触处留无宽度的缝隙，以表示只传递压力。振动时，称振动方向前面的抵抗墙为前侧抵抗墙，后面的为后侧抵抗墙。本规范附录H中隔离体图H.0.2中F_1、F_2是炉体与前、后侧抵抗墙之间（即在刚性链杆中）互相作用的力。

上述的计算简图的假定和条文中的公式的计算结果，与震害调查分析的结论比较吻合。

15.2.4 焦炉基础板顶长期受到高温影响，顶面温度可达100℃，底面也近60℃，这使基础结构构架柱（两端铰接和位于温度变形不动点部位者除外）受到程度不同的由温度引起的约束变形。对焦炉基础来说，温度应力影响较大，可作为永久荷载考虑。

焦炉炉体很高，在焦炉炉体重心处水平地震作用对基础结构顶板底面还有附加弯矩，此弯矩将使构架柱产生附加轴向（拉、压）力组成抵抗此附加弯矩的内力矩，沿基础纵向由于内力臂比横向大得多，因此，纵向构架柱受到的附加轴力远比横向构架柱要小，验算构架柱的抗震强度时，可以仅考虑此附加弯矩对横向构架的影响。

15.3 抗震构造措施

15.3.1 由于工艺的特殊性，焦炉基础构架是较典型的强梁弱柱结构。震害中柱子的破坏类型均属混凝土受压控制的脆性破坏，未见有受拉钢筋到达屈服的破坏形式。但由于柱数量较多，一般不致引起基础结构倒塌。所以应在构造上采取措施加强柱子的塑性变形能力。故本条规定基础构架的构造措施要符合框架的要求。

基础构架的铰接端，理论上不承受水平地震作用和温度作用所引起的弯矩，但在水平地震作用下能使边柱增加轴向压力。实际上柱头与柱脚都是整体浇灌混凝土，在水平地震作用下不能完全自由转动而产生弯矩，形成压弯构件。在反复地震作用下，使两端节点混凝土受局部挤压而剥落，产生严重的压弯破坏。因此，铰接柱节点端部除设置焊接钢筋网外，伸入基础（底板）杯口时，柱边与杯口内壁之间应留有间隙并浇灌柔性材料。

16 运输机通廊

16.1 一般规定

16.1.1 一般结构形式是指支承结构间采用杆式结构，廊身为普通桁架或梁板式结构的通廊；这种结构形式的通廊在我国历次大地震中已有震害经验。悬索通廊和基础及廊身为壳型结构的通廊等结构形式，未经大地震检验，不包括在本章范围内。

16.1.2 廊身露天、半露天或采用轻质材料时，质量较小，无论是在海城地震，还是在唐山地震中均完好无损。因此，建议廊身露天、半露天时采用轻质材料作为墙体材料。

16.1.3、16.1.4 通廊支承结构及承重结构以往习惯采用钢筋混凝土结构。近年来随着我国钢产量的增加，钢结构通廊逐渐增多。由于钢筋混凝土结构具有较高的受弯、受剪承载能力，所以在地震作用下具有较好的延性。钢支架一般都完好。因此，推荐优先选用钢筋混凝土支承结构，跨度较大时采用钢结构。

16.1.5 通廊是两个不同生产环节的连接通道，属窄长型构筑物。其特点是廊身纵向刚度很大，横向刚度较小，其支架刚度亦较小，和相邻建筑物相比，无论刚度和质量都存在较大的差异。同时，通廊作为传力构件，地震作用将会互相作用，导致较薄弱的建筑物产生较大的破坏。若通廊偏心支承于建（构）筑物上，还将产生扭转效应，加剧其他建筑物的破坏。基于以上原因，规定7度时，宜设防震缝脱开；8度和9度时，应设防震缝脱开。

16.1.6 通廊和建（构）筑物之间防震缝的宽度应比其相向振动时在相邻最高部位处弹塑性位移之和稍大，才能避免大的碰撞破坏。这个位移取决于烈度高低、建筑物高度、结构弹塑性变形能力、场地条件及结构形式等。通廊支承结构间距较大，相互之间没有加强整体性的各种联系，刚度较弱，地震时位移较大。表2列出了唐山、海城两地通廊震害的调查资料，表中所列位移数字为残余变形，如果加上可恢复的弹性位移，数值将更大，9度时可达高度的1%。如果防震缝按这个比例，高度在15m时即达150mm，宽度太大，将会造成构造复杂、投资增大。考虑到和其他建（构）筑物的协调一致，防震缝的宽度仍取一般框架结构的规定。

表2 通廊纵向地震位移

序号	通廊名称	烈度	高度（m）	支架结构形式	地震作用下位移（mm）	备注
1	海城华子峪装车矿槽斜通廊	9	7.5	钢筋混凝土	50	—
2	海城某厂球团车间通廊	9	9.5	钢筋混凝土	80	—
3	辽阳矿渣砖厂原料车间通廊	9	—	钢筋混凝土	50	—
4	营口青山怀矿破碎车间通廊	9	—	钢筋混凝土	60	—
5	营口青山怀矿另一通廊	9	—	钢筋混凝土	100	—
6	金家堡矿细碎2号通廊	9	—	钢结构	40	—
7	金家堡矿1号通廊	9	—	钢筋混凝土	60	—
8	吕家坨煤矿准备车间至原煤装车点通廊	9	—	钢结构	200～220	—
9	国各庄矾土矿原料筒仓至竖炉工段通廊	10	—	钢结构	100	—
10	唐钢二炼钢上料通廊	10	21.5	钢结构	230	地基液化

16.2 计算要点

16.2.2 通廊作为两个生产环节的联络构筑物，6度区的震害经验表明，支承结构的破坏主要是与相邻建筑物相互碰撞所致，因此在满足抗震构造要求时支承结构可不进行抗震验算。

16.2.6 随着计算机应用技术的普及，结构计算软件的日益丰富，一些大型计算软件已可以进行通廊的整体分析，所以规定采用符合通廊实际受力情况的空间模型进行计算。

按本规范附录J的规定进行通廊横向水平地震作用整体结构计算时，对计算假定及简图选取作了原则规定。

1 计算假定及简图选取。

1）通廊相当于支承在弹簧支座上的梁，其质量分布均匀，各支架1/4的质量作为梁的集中质量；

2）以抗震缝分开部分为计算单元；

3）端部条件：与建（构）筑物连接端或落地端视为铰支，与建

(构)筑物脱开端视为自由；

4)支架固定在基础顶面上；

5)关于坐标原点，由于廊身大都倾斜，支架高度各不相同，一般高端支架刚度较弱，变形较大；但两端自由时，悬臂较长端变形比短端要大，而坐标原点均取在变形较小端。因此，对不同边界作了具体规定，以便查表计算振型函数值。

2 横向水平地震作用和自振周期计算时振型函数的选取。

通廊体系视为具有多个弹簧支座的梁时，用能量法按拉格朗日方程可建立振动微分方程，求得自振频率计算公式。其中广义刚度为 $K=\int EIy''^2(x)\mathrm{d}x+\sum K_i y(x_i)$，式中第一项为振型函数二阶导数的平方乘廊身刚度的积分。由于廊身结构形式多样，所用材料不同，廊身刚度计算无法给出统一公式，这样会给一般设计者造成一定困难。另外，通过电算对比，发现通廊基频与廊身刚度取值关系不大，是支架刚度起主要作用；高振型以廊身弯曲变形为主，故廊身刚度起主要作用。为简化计算，将振型曲线以多条折线代替，使其二阶导数为0，这样广义刚度中不再包含廊身刚度项，使计算公式大大简化。为了保证计算精度，满足抗震设计要求，经过电算与实测的分析对比，对高振型的广义刚度进行了调整，即广义刚度乘以廊身刚度影响系数，使计算结果与按曲线振型时计算的结果非常接近。

3 横向水平地震作用采用振型分解反应谱法。

第 i 支承结构第 j 振型时的横向水平地震作用是利用该振型时，第 i 支承结构顶部的实际位移乘以单位位移所产生的力求得。其支架顶部的实际位移是按不同边界条件下振动时总的地震作用与弹簧支座总反力的平衡关系求得的。由于假设位移函数时没有考虑支承结构的影响，会造成一定程度的误差，但对基频影响是很小的，而基频对地震作用的贡献占主要地位。按本章近似方法的计算结果，在低频范围内，与实测、电算是相当接近的。地震作用的计算，按通廊结构具体情况取 2 个～3 个振型叠加即可满足抗震设计要求。

4 两端简支的通廊。

对于两端简支的通廊，当中间有两个支承机构且跨度相近，或中间有一个支承结构且跨度相近，计算地震作用时，前者不计入第三振型(即 F_{31})，后者不计入第二振型(即 F_{21})。其原因是前者对应的振型函数 $Y_3(x_i)=0$，后者 $Y_2(x_i)=0$。周期按近似公式计算时，分母广义刚度是利用刚度调整系数考虑廊身刚度，而不是和的形式。因此当 $Y_j(x_i)=0$ 时，$C_j\sum K_i y_j^2(x_i)=0$，而使周期出现无穷大，这是不合理的。但由于该振型的地震作用，由于 $Y_j(x_i)=0$，$F_{ji}=0$，这是正确的。因此，在以上情况下，对前者不考虑第三振型，对后者不考虑第二振型。

16.2.7 通廊廊身的纵向刚度相对于支架的刚度来说是很大的，且通廊廊身质量也远比支架要大，倾角一般较小。实测证实廊身纵向基本呈平移振动，故通廊可以假定按只有平动而无转动的单质点体系来计算。

16.2.9 震害调查表明，与建(构)筑物相连的通廊多数都发生破坏。因此，凡不能脱开者，规定采用传递水平力小的连接形式。本条是通廊对建(构)筑物影响的计算规定。

16.3 抗震构造措施

16.3.1 通廊支承结构为钢筋混凝土框架时，在地震中除因毗邻建(构)筑物碰撞而引起框架柱断裂事故外，框架本身的震害一般不太严重。海城、唐山两次地震震害调查均未发现由于钢筋混凝土支架自身折断而使通廊倒塌的事例，但局部损坏则较多。钢筋混凝土支架的损坏部位多在横梁(腹杆)与主柱的接头附近，横梁裂缝一般呈八字形，少数为倒八字形或X形。立柱主要在柱头处劈裂。据此，规定了支架的抗震构造措施可按框架的规定采取。

16.3.2～16.3.4 钢支承结构由于其材料强度较高，延性好，所以抗震性能好。但由于钢结构杆件截面较小，容易失稳，这已有震害实例证实。为了保证钢支承结构的抗震性能，对杆件长细比和板件的宽厚比作了规定。

16.3.6 通廊纵向承重结构采用钢筋混凝土大梁时，其主要震害为梁端拉裂，混凝土局部脱落，连接焊缝剪断。尚未发现由于竖向地震作用引起的梁弯曲破坏，因此，只需在梁端部予以加强就可满足抗震要求。

16.3.7 支承通廊纵向大梁的支架肩梁、牛腿在地震作用下除承受两个方向的剪力外，还承受竖向地震作用。当竖向地震作用从支架柱传到支座时，由于相位差，也可能会出现拉应力。因此，这些部位在地震作用下受力是极复杂的。地震中常见震害表现为：牛腿与通廊大梁的接触面处牛腿混凝土被压碎、剥落及酥碎；支座埋设件被拔出或剪断；肩梁或牛腿产生斜向裂缝。故应加强这些部位，以保证连接可靠。

16.3.8 某些情况下由于工艺要求及结构处理上的困难，通廊和建(构)筑物不可能分开自成体系，其后果如第 16.1.5 条说明所述。为了减少地震中由于刚度、质量的差异所产生的不利影响，推荐采用传递水平力小的连接构造，如球形支座(有防滑落措施)、悬吊支座、摇摆柱等。

17 管道支架

17.1 一般规定

17.1.1 独立式支架：支架与支架之间无水平构件，管道直接敷设于支架上。

管廊式支架：支架与支架之间有水平构件，管道敷设于水平构件的横梁和支架上。

17.1.2 根据海城地震、唐山地震等震害分析资料，一般钢筋混凝土和钢结构的管道支架均基本完好，说明现有的管道支架设计在选型和选材上均具有较好的抗震性能。主要表现在除管道自身变形(如补偿器弯头等)、管道与支架的活动连接、支架结构的形式外，支架的材料具有较好的延性，能适应地震时的变形要求，消耗一定能量，减小支架的地震作用，使结构保持完好。

17.1.3 该条主要考虑到在地震作用下，梁、柱节点受力复杂，装配式的梁、柱节点不易保证受力要求，故对装配式钢筋混凝土支架要求梁、柱整体预制。由于固定支架所受地震作用较大，且对保障整个管线的运行起着重要的作用，故一般情况宜为现浇结构。

17.1.4 对较大直径管道的定义目前没有统一标准，设计上可根据各行业的实际情况确定。本条与原规范相比略有调整，主要是将固定支架的结构形式扩大，而不局限于框架结构。因为实际工程中，四柱式固定支架是广泛采用的一种组合式空间体系结构。如图 5 所示。

17.1.5 唐山地震时，半铰接支架的柱脚处有裂缝出现。可见，处于半固定状态的半铰接支架，在强烈的震动作用下，承受了一定地震作用。此外，还发现管道拐弯处的半铰接支架因地震作用导致歪斜等。因此，本条规定 8 度和 9 度时，不宜采用半铰接支架。

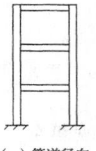

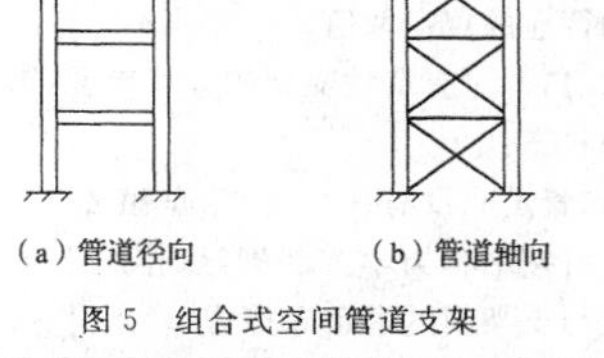

(a) 管道径向 (b) 管道轴向

图 5 组合式空间管道支架

凡以管道作为跨越结构的受力构件时，一般跨度都比较大，由于地震动对管道有较大影响，所以 8 度和 9 度时不应将输送危险介质的管道作为受力构件。

17.1.6 输送易燃、易爆、剧毒介质的支架，如在地震作用下发生破坏，将产生严重的次生灾害，故与原规范条文相比将其抗震等级提高一级。

17.2 计 算 要 点

17.2.2 本条与原规范条文相比，对可不进行抗震验算的活动支架的范围作了调整，主要考虑到：在支架的静力计算中，支架的横向水平荷载主要是管道及支架所受的风荷载，并没有考虑管道和支架间的摩擦力，因此，在高烈度下横向水平地震作用可能大于作用于支架上的其他水平荷载，故应进行地震作用下的抗震计算。在管道纵向，当管道和支架发生相对滑移时，对刚性活动支架，作用于支架上的最大地震作用不会超过静力计算中支架所受的滑动摩擦力，可不进行抗震验算，只需满足相应的抗震构造措施要求。但对柔性活动支架，在静力计算中，由于它能适应管道变形的要求，主要承受支架柱的位移反弹力，其所受纵向水平荷载小于管道与支架间的滑动摩擦力，支架所受的纵向水平力为：

$$P_f = K\Delta \tag{4}$$

式中：K——支架柱的总侧移刚度（N/m）；

Δ——支架顶的位移（m）。

由此可见，在 8 度、9 度地震作用下，当支架的位移大于静力计算的位移 Δ 时，柔性支架所受的纵向水平地震作用大于静力计算时的其他水平荷载作用，故应予验算。

17.2.3 关于计算单元和计算简图，说明如下：

1 管道横向刚度较小，支架之间横向共同工作可忽略不计，所以取每个管架的左右跨中至跨中区段作为横向计算单元。

2 管架结构沿纵向是一个长距离的连续结构，支架顶面由刚度较大的管道相互牵制。但在补偿器处纵向刚度比较小，可以不考虑管道的连续性。故采用两补偿器间区段作为纵向计算单元。

17.2.4 水平地震作用点的位置，过去设计中极不统一，有取管道中心的，有取管道与管托的接触处的，亦有取梁顶面的。各种管托的构造形式见图 6，因此水平地震作用点的位置，对上滑式管托，可近似取管道最低点；其他管托取梁顶面；对挡板式固定管托，地震作用位置为梁下 $e/3$ 处，由于离梁顶距离一般很小，故偏安全统一取为支承梁顶面。

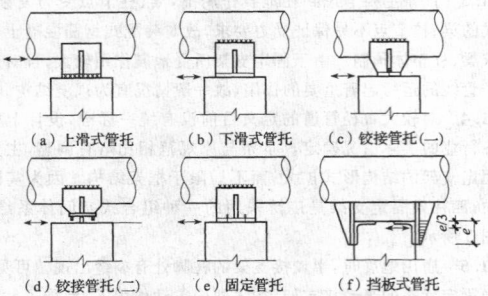

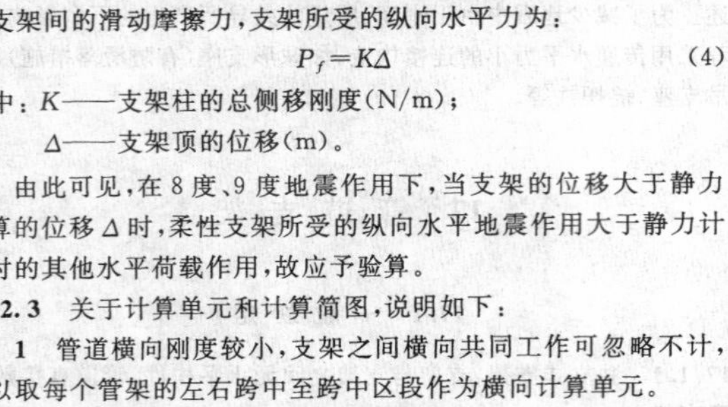

图 6 各种管托的地震作用位置

17.2.5 本条为强制性条文。补充了积灰荷载和走道活荷载的重力荷载代表值的取值。当走道活荷载是按实际情况取值时，活荷载的重力荷载代表值应取标准值的 100%，积灰荷载的大小可根据实际情况和行业的规定取值。

17.2.8～17.2.11 对有滑动支架的计算单元，纵向地震作用的计算可分为两种状态：

1 支架和管道间没有发生滑移，呈整体工作状态，此时各支架的侧移刚度可按结构力学方法确定，作用于支架上的水平地震作用小于管道与支架间的滑动摩擦力。

2 支架和管道间产生了相对滑移，成非整体工作状态。此时支架本身的刚度没有发生变化，但支架刚度并没有充分发挥，即此时滑动支架参与工作的刚度小于支架自身的固有刚度。

如设作用于活动支架上的总重力荷载代表值为 G_D，计算单元的总重力荷载代表值为 G_E，管道滑动前计算单元的地震影响系数为 α_E，活动支架的总刚度为 K_d，计算单元的总刚度为 K_D，管道和活动支架间的静摩擦力为 T。则在整体工作状态时，活动支架所承受的水平地震作用为：

$$F_{Ed} = \alpha_E G_E \cdot \frac{K_d}{K_D} \tag{5}$$

支架所承受的总水平荷载为：

$$F = \alpha_E G_E \cdot \frac{K_d}{K_D} + T \tag{6}$$

管道滑动时，活动支架所受的总滑动摩擦力为：

$$P_m = G_D \cdot \mu \tag{7}$$

令管道的滑动系数 $\zeta = \frac{F_{Ed}}{P_m}$，即 $\zeta = \alpha_E \cdot \frac{G_E}{G_D} \cdot \frac{K_d}{K_D \cdot \mu}$，当 $T + F_{Ed} \geqslant P_m$，即 $\zeta \geqslant 1.0 - \frac{T}{P_m}$ 时，管道在支架上产生滑动。

T 值的大小会随着管道的运行状态和温度的变化等情况而变化，在实际工程中难以用简单的方法确定。根据管道支架的受力特点可以确定：T 在 $(0 \sim 0.3)G_D$ 之间。通过对比实际震害调查结果，可以确定：当管道和支架间的静摩擦力 T 在 $0.1G_D \sim 0.15G_D$ 之间时，管道的滑动情况和实际震害调查结果基本吻合。为简单起见，偏于安全地取 $T = 0.15G_D$。当 $\mu = 0.3$ 时，则很容易得出，管道滑动系数 $\zeta \geqslant 0.5$ 时，管道在支架上产生滑动。

如将作用于支架上的水平地震作用和水平静摩擦力总称为水平作用，当作用于活动支架上的水平作用等于管道和支架间的滑动摩擦力 P_m 时，支架所受水平作用已达到极限状态，此时水平作用和竖向荷载之间存在直接联系，故可以设定：支架在水平作用和竖向重力荷载代表值作用下，达到了临界状态。但由于支架并未达到其承载力极限状态，故其处于一种稳定的临界状态。此时，作用于支架上的重力荷载代表值即为其临界荷载，通过求解临界荷载，可间接求出支架此时参与振动的实际刚度（有效刚度）。条文中，当管道在支架上滑动时，活动支架实际参与振动的刚度就是据此原理推导出来的。

应该注意的是：条文中的双柱活动支架是指沿管道径向为双柱，而在轴向为单柱的Π形支架。在计算纵向计算单元的水平地震作用标准值时，地震影响系数 α 应根据管道在支架上是否滑动确定。式（17.2.8）和式（17.2.9）是针对管道在刚性活动支架上滑移时得出的，对柔性活动支架，由于能适应管道的变形，与支架始终处于整体工作状态，可直接按刚度比例分配水平地震作用。

由于已经求出管道和支架产生相对滑动时支架参与工作的实际刚度，故纵向计算单元内各支架所受的水平地震作用可直接按各支架的刚度比例进行分配。

17.2.14 与原规范条文相比，本条对温度作用效应的分项系数和组合值系数取值进行了调整，以便与本规范第 5.4.1 条的规定相协调。

17.3 抗震构造措施

17.3.2 本条是参考国内相关资料，并考虑支架的环境类别至少为二 a 类的条件确定的。当支架位于腐蚀性地区或其他环境时，应满足相应规范要求。

17.3.3、17.3.4 这两条是参照国内相关资料，统计了中冶长天国际工程有限责任公司等设计单位近几年所做的部分实例工程结果，并考虑到支架所受竖向荷载一般均较小而弯矩较大的特点确定的。

17.3.5 唐山地震、海城地震等支架的震害调查表明：管道从支架上滑落下来而造成的破坏是地震区的主要震害之一。对敷设于顶层横梁上的管道为防止管道滑落，可设置防震短柱、防震挡板（见图7），或设置防震管卡。对下滑式管托，不管是地震区或非地震区，支架破坏的原因多是由于管托滑落于梁侧造成的，由于通常的设计管托长度在200mm～300mm，加上施工安装误差，实际能提供给管道的滑移量仅有80mm～100mm。管道在正常运行时，管道的伸缩量很大，接近甚至超过80mm～100mm，在地震作用下，很容易滑落于梁侧，从而导致支架破坏。

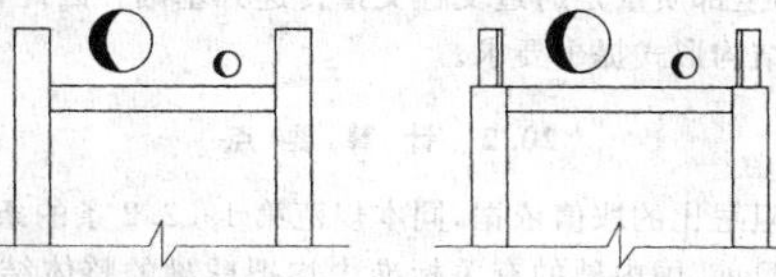

（a）防震短柱　　（b）防震挡板

图7　防止管道滑落的构造措施

17.3.6　石化行业的调查发现，部分支架的梁、柱节点和连接角钢，当所受水平荷载较大时，经常出现锚筋拔出现象。在地震区为避免钢筋"锚固先于构件破坏"，制定了本条规定。

17.3.7　支架的悬臂横梁为双向受弯兼受扭构件，受力情况复杂，在高烈度下还要受竖向地震作用的影响。柱子为斜压弯构件，一般垂直荷载较小，而管道径向或轴向的弯矩均较大，特别是单柱式支架。根据长期的设计经验，当挑梁长度大于1.5m时，由于内力较大，导致梁、柱截面过大，既不经济，又不美观。

17.3.8　管廊式支架一般可不设中间固定支架，但仍应设置中间固定点，作为纵向抗侧力构件。固定点一般设于支架横梁上。在直管线段的末端，一般设置柱间支撑，用以增加纵向刚度和稳定性；同时利用支撑承受支架的不平衡内力。柱间支撑应能将地震作用直接传至基础。水平支撑宜设置在管道固定点处。

17.3.9　半铰接支架在柱脚处出现裂缝，说明半铰接支架不是完全铰，处于半固定状态，因而在强烈震动下承担了一定地震作用。为了保证半铰接支架的使用安全，应沿纵向加强构造配筋。

17.3.12　对四柱式固定支架，在通常情况下，管道并不一定敷设于框架梁上，为保证支架在地震作用下的空间整体作用，需增加支架的刚度，抗震设防烈度为8度、9度时，在直接支承管道的平面内应设置水平支撑，同时，在支架的中间高度处亦需根据具体情况设置水平支撑。水平支撑间的间距，8度时不宜大于6m，9度时不应大于6m。

17.3.13　钢结构柱脚的设计应保证能传递柱底的内力。由于铰接柱脚仅能传递竖向压力和水平剪力，因此，一般情况下对轴心受压柱采用该种柱脚形式。固定支架，由于柱底存在较大弯矩，在地震作用下，为保证能将柱底内力传递至基础，使基础和柱子共同工作，应采用刚接柱脚。鉴于通常的钢支架中，一般不采用埋入式或外包式柱脚，本条没有推荐该两种柱脚形式。实际工程中，如支架受荷很大或有需要时，也可以采用。虽刚接柱脚比铰接柱脚繁琐，但由于固定支架受地震作用较大，且数量较少（约占支架总数的10%左右），对固定支架柱脚做重点处理是有现实意义的。

18　浓缩池

18.1　一般规定

18.1.1、18.1.2　当浓缩池池壁埋深大于壁高一半时，可称为半地下式；池壁埋深不大于壁高一半时，可称为地面式；半地下式和地面式可统称为落地式。池底位于地面以上，框架支承时，可称为架空式。浓缩池做成落地式不仅抗震性能好，而且经济指标亦优于其他形式。但当地势起伏以及工艺有要求（如需要多次浓缩）时，需抬高浓缩池，做成架空式。如无前述情况，浓缩池要优先采用落地式。

18.1.3　浓缩池的直径越来越大，已经达到了60m。底部呈扁锥形状，矢高甚小（坡度一般为8°左右），空间作用也较小，故底板只能看成为一块巨大的圆板。这种底板在平面外的刚度是很小的，在数米高水柱作用下，底板无力控制地基的沉降差异。因此，浓缩池应避开引起较大差异沉降地段。当不能避开这些地段时，要通过地基处理或加强上部结构来解决。究竟采取哪种措施或兼而用之，需视具体情况而定，不作硬性规定。

18.1.4　我国北方或风沙较大的地区，常需将浓缩池覆盖起来，将顶盖及维护墙做成轻型结构对抗震是有利的。采用自成体系还是架设在池上，取决于经济合理性。当池子直径较大时，挑板的厚度会很大，自成体系更经济。

18.1.7　架空式浓缩池的支承框架高度一般都较低，故根据设计经验，仅按烈度和高度小于或等于24m的框架确定抗震等级标准，以免抗震构造措施要求过低。

18.2　计算要点

18.2.2　浓缩池的震害甚少，因此对于按现行习惯设计的浓缩池在6度和7度时，可以仅考虑抗震构造措施要求。对8度和9度时，除半地下式8度可以不验算外，其他都要按规定进行抗震验算。

18.2.3　浓缩池是大而矮的结构（即径高比很大），在地震作用下，池壁的空间作用不明显，刚度较小。因此，8度和9度时，大部分池壁要作抗震验算。架空式浓缩池的支承结构主要包括两部分，即支承框架和池底以下的中心柱。浓缩池虽然高度不大，但自重（含贮液）很大。所以支承结构要作抗震验算。

18.2.5　在水平地震作用下，池壁自重的惯性力本来也可以展开成正弦三角级数 $\sin\frac{n\pi z}{2h}$ 的形式，但考虑到池壁顶部有走道板、钢轨及其垫板、壁顶扩大部分，所以将其视作集中质量比较符合实际，且计算简单。

18.2.6　浓缩池与一般圆形水池的差异不仅在于前者的底部呈一扁锥形状，更重要的是直径与壁高之比很大，难以形成整个池子的剪切变形，故现有的按整体剪切变形振动模型给出的动液压力表达式不大适用。考虑到这一情况，我们按池壁出现局部弯曲型振动模型进行了研究，得到了池壁呈弯曲型振动时的动液压力表达式。当然，在这个模型中，剪切型与弯曲型这两种动液压力表达式按 r/h 连续过渡而不存在不协调之处。

同时，根据半地下式浓缩池动液压力的试验与计算结果均小于地面式浓缩池的实际情况（二者之比大致是0.72～0.79），本条据此规定了池型调整系数 η_2，是偏于安全的。

18.2.7　本条采用与动液压力相似的公式形式，以日本地震学者物部长穗的静力计算方法为基准，对 $\varphi=0°\sim50°$、k_h（水平地震系数）$=0.16$、0.32，取113个点而得到的经验公式，最大误差为6.28%，且偏于安全。该公式适用于计算地面及地面下作用于池壁的动土压力，而落地式浓缩池只是其中的一种特殊情况。

18.2.10　架空式浓缩池一般用框架柱支承，柱截面的轴线方向与池的径向相一致。除了柱子以外，有些浓缩池设有中心柱（埋至地下通廊之下），故地震作用主要由上述两种支承结构共同承担。

18.2.11　本条为强制性条文。在本规范第5.1.4条规定的基础上，作了补充规定。

18.3　抗震构造措施

18.3.1　池壁厚度是根据现有设计经验确定的，同时还考虑了施工的方便性。

18.3.2　因为中心柱直径较大，以往设计对中心柱很少作计算。但即使在大直径条件下，仍然出现过地震破坏实例。因此，有必要作一些构造规定，以弥补各种未知因素带来的不利影响。特别是与池底及基础交接处，属于刚度突变部位，对箍筋作出了加强的规定。

18.3.7 底板中部有漏斗口时，设置环梁主要是考虑防止漏斗口周边产生裂缝，加强其孔边的刚性。此外，漏斗口下一般设有阀门，要求预埋螺栓，故梁宽不宜小于 300mm。

19 常压立式圆筒形储罐基础

19.1 一般规定

19.1.2 采用护坡式基础时节省投资，但抗震性能差，一般仅用于Ⅰ、Ⅱ类场地上的固定顶储罐基础。

19.2 计算要点

19.2.2 2007 年中国石化工程建设公司等单位先后对中国石化燕山石化公司、镇海炼化公司、扬子石化公司和管道储运公司等企业在役的 50 余台各类储油罐（其中拱顶储油罐 26 台、浮顶储油罐 24 台）和 19 台球形储罐进行了现场脉动振源（微震）条件下的实测，并对实测数据通过数理统计方法得到了 50 台储油罐的结构阻尼比平均值为 0.013，19 台球形储罐的结构阻尼比平均值为 0.0225。

考虑到大型储油罐这类设备，罐体是自由搁置在地面基础上的，其结构属大型空间壳体结构，内部储存大量的液体，结构动力特性属典型的壳一液耦联振动问题。据有关文献指出，自由搁置在地基上的大型立式储罐与基础大面积接触，地震时储罐很大一部分动能是由地基辐射出去，产生了很大的辐射阻尼。由于目前国内外还缺乏对大型立式储油罐的强震观测资料和对此类设备足尺寸或比例模型的振动台试验数据，因此，对大型储油罐这类设备如何根据微震条件下测得的结构阻尼比推算到实际结构的阻尼比，尚缺乏必要的数据依据。根据专家建议，对储油罐在弹性阶段抗震计算用的阻尼比按照 0.04 取值。

由于球形储罐属典型的单质点体系结构，其振动特征以剪切变形为主。因此，对球形储罐在弹性阶段抗震计算用的阻尼比按 0.035 取值。

19.2.4 按反应谱理论计算储罐基础的地震作用，在确定地震影响系数时，需要先计算储罐的罐一液耦联振动基本自振周期。目前与储罐设计有关的现行国家或行业标准中，给出的罐一液耦联振动基本自振周期计算公式可以说是各不相同。中国石化工程建设公司利用对大量储油罐的现场实测周期值和有限元计算得到的自振周期值与目前现行国家或行业标准中给出的自振周期计算公式进行了对比计算分析。通过分析得出，现行国家标准《立式圆筒形钢制焊接油罐设计规范》GB 50341 和现行行业标准《石油化工钢制设备抗震设计规范》SH 3048 中给出的罐一液耦联振动基本自振周期计算公式的计算值与实测值较接近。本条采用了现行国家标准《立式圆筒形钢制焊接油罐设计规范》GB 50341 给出的自振周期计算公式。该公式是依据梁式振动理论推导出来的近似公式经简化而得来，同时考虑了储罐的剪切变形、弯曲变形及圆筒截面变形的影响。

19.3 抗震构造措施

19.3.1 罐壁位置下设置一道钢筋混凝土构造环梁是为了提高基础的刚度。

20 球形储罐基础

20.1 一般规定

20.1.1 球罐的种类很多，结构形式也有所不同。有拉杆式的结构，其中有的拉杆是拉接在相邻支柱间，有的拉杆是隔一支柱拉接，有的是采用钢管支撑；有V形柱式支撑结构；有三柱会一形柱式结构；此外，还有因工艺要求，将球罐放置在较高的混凝土框架上而设有两层拉杆的结构。本章给出的计算方法适用于拉杆在相邻支柱间的赤道正切柱式结构的球罐。

20.1.2 球罐通常是用来储存易燃、易爆和有毒介质的高压容器，其结构形式一般都是采用赤道正切式支柱支撑。在水平地震作用下，储罐的全部质量是通过支柱支撑传递到基础。因此，本条对球罐基础的结构形式提出要求。

20.2 计算要点

20.2.2 阻尼比的取值依据，同本规范第 19.2.2 条的条文说明。

20.2.3 目前，国内外的有关标准中均把球罐的整体结构简化为单质点体系来考虑，视球壳为刚体，质量集中在球壳中心。其构架的刚度以侧移刚度为主，忽略基础的影响，以此为动力分析模型得到球罐的基本自振周期公式为：

$$T_1 = 2\pi\sqrt{\frac{m_{eq}}{K}} \tag{8}$$

其中 K 是球罐支撑结构的侧移刚度，是由构架的弯曲刚度 K_1 和剪切刚度 K_2 合成的，即：

$$K = \frac{1}{\frac{1}{K_1} + \frac{1}{K_2}} \tag{9}$$

侧移刚度的计算公式与目前国内的有关标准相比有所不同，这里是采用了日本《高压瓦斯设备抗震设计标准》中的计算方法。该方法是根据结构力学中的位移法推导出来的，结构分析计算模型见图 20.2.3-1，在推导过程中的基本假设如下：

1 球壳为刚体。
2 支柱的上端为固接。
3 支柱的底端为铰接。
4 支撑的两端为铰接。
5 考虑支柱、拉杆的伸缩和弯曲。
6 基础为刚体。

根据基本假设条件可知，式(9)的推导是合理且偏于安全的。此式在推导过程中不仅考虑了构架的剪切影响和弯曲影响，同时还考虑了拉杆位置的变化和直径变化的影响，拉杆直径的变化直接影响构架的侧移刚度，考虑这一点是至关重要的。结构变形示意见图 8。

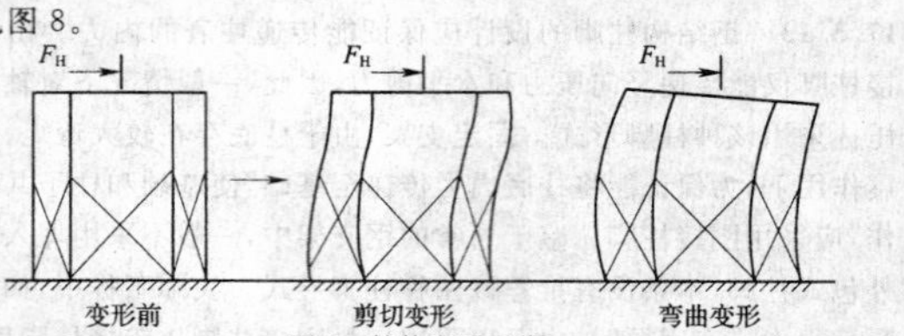

图 8 结构变形示意

另外，球罐通常用于储存石油气、煤气和氨气等液化气体，根据 G. W. Housner 理论，液体在地震中可分为两个部分，一部分是固定在罐壁上与罐体做一致运动（称为固定液体），另一部分是独立做长周期自由晃动（称为自由液体）。地震时，主要是固定罐壁上的这部分液体参与结构的整体震动。因此，在本条中引入了有效质量这一概念。结构的模拟质点体系见图 9（图中 m_1 为金属球壳质量）。

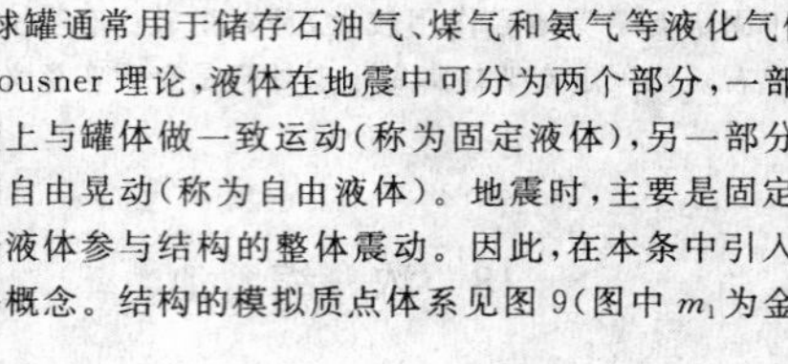

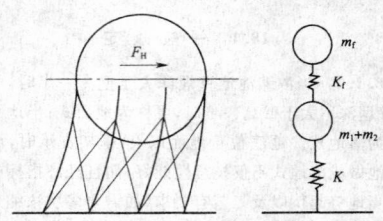

图 9 自由液体质量和固定液体质量示意

在图 9 中，自由液体质量 m_f 和固定液体质量 m_2 分别按下列公式计算：

$$m_f = (1-\varphi)m_L \tag{10}$$

$$m_2 = \varphi \cdot m_L \tag{11}$$

由式(11)可知，储液参与整体结构震动的有效质量等于球罐储液总质量 m_L 与储液有效率系数 φ 的乘积。而储液有效率系数 φ 是根据球罐中液体充满程度，按本章中给出的图 20.2.3-2 查取。

20.2.5 对球罐基础结构构件进行截面抗震验算时，其地震作用标准值效应和其他荷载效应进行组合，需按本规范第 5.4 节的规定采用。

21 卧式设备基础

21.1 一 般 规 定

21.1.3 本条根据目前常用的基础选型给出了规定。

21.2 计 算 要 点

21.2.2 大部分卧式容器是放置在地面上，而且结构的重心也比较低。因此，一般情况下对其基础可不进行地震作用计算，但应满足相应的抗震措施要求。

21.2.3 根据振动台试验和现场实测结果，卧式容器的结构基本自振周期均小于 0.2s，所以在计算基础的水平地震作用时，地震影响系数可直接采用其最大值。

22 高炉系统结构

22.1 一 般 规 定

22.1.1 高炉系统构筑物的结构形式随着工艺的不断改进可能出现较大的变化，本章条文主要适用于我国高炉系统构筑物的现状。当结构形式有较大改变，或由于某种原因可能导致结构的安全储备较一般做法降低时，有些条文规定，特别是不需抗震验算的范围就不适用，由此产生的特殊问题需要进行专门研究。

$1000m^3$ 以下的中、小型高炉受国家政策限制，将是淘汰对象，本规范不予包括。

22.1.2 本章所指的高炉系统结构，主要包括高炉、热风炉、除尘器、洗涤塔及主皮带上料通廊五部分。至于炼铁车间的其他构筑物可按其他相关规范的有关规定执行。目前，国内新建高炉一般采用皮带运输通廊上料，因此取消了原规范上料斜桥一节。与一般运输机通廊相比，高炉上料通廊有其共性，也有其特殊性，如跨度较大、支架高度较高、荷载及皮带张力均较大等。为避免重复，高炉上料通廊并入本规范第 16 章。

22.2 高 炉

22.2.1 炉体框架不仅便于生产和检修，而且有利于提高炉体的抗震能力。炉体框架在炉顶处与炉体采取水平连接，能更好地发挥组合体良好的抗震性能。

22.2.2 导出管设置膨胀器的结构形式能明显改善导出管根部和炉顶封板等薄弱部位的工作状况，无论对非抗震设计还是抗震设计都具有突出的优越性。

22.2.3 本条沿用原规范规定，提出在 8 度Ⅲ、Ⅳ类场地和 9 度时，高炉结构应进行抗震验算。但增加了 6 度时应满足抗震措施要求的规定。

22.2.4 本条为强制性条文。必须验算的部位，是根据震害调查和设计计算中所发现的薄弱环节而提出的。

22.2.5 水平地震作用的方向可以是任意的，并且每个方向都可以达到最大影响。但是针对高炉结构的特点，抗震验算时，可只考虑沿平行或垂直炉顶吊车梁及沿下降管这三个主要方向的水平地震作用。一般情况，下降管方向与炉顶吊车方向是一致的。只有在场地条件有限时，下降管才斜向布置。所以实际上主要是两个方向。高炉结构(特别是炉顶平台以上部分)在这两个方向的结构布置和荷载情况明显不同，其地震反应差别也很大。根据国内的震害调研和高炉结构的抗震验算，这两个方向是起控制作用的。当下降管斜向布置时，还要考虑下降管的方向，以便更好地反映高炉、除尘器组合体在地震作用下的实际状况。

$1000m^3$ 及以上大型高炉的下降管跨度较大，根据本规范第 5.3.2 条有关大跨度结构竖向地震作用的规定和参考国外抗震设计规定中竖向地震作用的有关资料，本条提出了跨度大于或等于 24m 的下降管应计算竖向地震作用。

22.2.6 由于高炉生产条件的特殊性，一般每隔 10 年～15 年要大修一次。目前国内除个别生产厂考虑快速大修外，均需要较长的大修施工周期，因此在此期间有必要考虑发生地震的可能性。

22.2.7 本条是关于确定高炉结构计算简图的几个原则。

1 高炉结构是由炉体、粗煤气管及框架等部分组成的复杂空间结构体系，在任一方向水平地震作用下，均表现出明显的空间地震反应特征。所以高炉结构应按空间结构模型进行地震作用计算。目前，采用的计算程序有 SAP2000、SAP8451、STAAD/PRO、ANSYS 等。

2 炉体的侧移刚度主要取决于钢壳。炉料(包括散状、熔融状及液态)的影响可以不计。至于内衬砌体，由于以下原因，可不考虑其对炉体侧移刚度的影响：

1)内衬砌体经受侵蚀，厚度逐步减少，而且各部位侵蚀情况不同；

2)内衬砌体抗拉性能极差；

3)砌体与钢壳之间不但没有连接，而且有填充隔热层分隔开，无法共同工作。

炉体上，特别是炉缸、炉腹部位开孔很多。但一般来说，局部开孔对整体侧移刚度影响不大，而要精确计算开孔后的炉壳侧移刚度亦相当困难，并且大多数洞口都有法兰和内套加强。所以建议炉壳侧移刚度的计算可以不计孔洞的影响。

22.2.8 高炉重力荷载代表值在质点上的集中，大部分情况下均可按区域进行分配，但对以下两个部位，需进行特殊处理：

1 高炉炉体沿高度分布的各部分重力荷载，不仅比较复杂，而且也较大。一般情况下，与所设质点的位置不是一一对应的关系，特别是炉顶设备自重。如果简单地将这些重力荷载按区域分配到质点上，将会使地震作用效应出现较大出入。

2 上升管顶部或球形节点质点以上的放散管、阀门、操作平台、检修吊车等重力荷载，也不能简单地加在该质点上。

以上两个部位的重力荷载，均要经折算后再进行集中。

22.2.9 本条为强制性条文。水平地震作用计算时，确定高炉的重力荷载代表值需要考虑以下几个特殊问题：

1 热风围管是通过吊杆吊挂在炉体框架梁上，围管重力荷载产生的地震作用会直接传给各水平连接点。因此，规定将围管的全部重力荷载集中于高炉上的水平连接处，并根据连接关系和高炉上被连接部位的刚度，将全部重力荷载适当分配到高炉上的有关部位。这时，可以完全忽略吊杆传递地震作用。

2 确定通过铰接单片支架或滚动支座将皮带通廊的重力荷载传递给高炉框架时，要区分与皮带通廊方向平行和垂直的两种工况：

1)平行于皮带通廊方向。从理论上讲，铰接单片支架或滚动支座均不能传递水平力。但实际上理想的纯铰接是没有的，铰接单片支架在其平面外也有一定的侧移刚度，滚动支座靠摩擦也能传递一定的水平力。因此，计算水平地震作用时，本条规定皮带通廊在高炉框架上支座反力的 30%集中于支承点处，是偏于安全的。

2)垂直于皮带通廊方向。假定铰接单片支架或滚动支座能完全传递其水平力，所以计算水平地震作用时，取全部支座反力集中于支承点处。

3 料斗和料罐直接支承于炉顶刚架或炉顶小框架上，可以直接传递水平地震作用，所以计算水平地震作用时，料罐及其上的炉料的重力荷载应全部集中到炉顶及相应的料斗或料罐处。

4 炉底有一层较厚的实心砌体，其自重很大，但它直接坐于基础上，因此在计算炉体的水平地震作用时，仅取其部分重力荷载，但取值不应小于 50%，是偏于安全的。

22.2.10 同一部位在不同振型下的地震响应不同，为尽量找出可能出现的薄弱部位并加以控制，这里建议一般取不少于 20 个振型。

22.2.11 本条为强制性条文。对高炉结构抗震验算时的效应基本组合，需要说明以下几个问题：

1 炉顶吊车，正常生产时一般是不用的，休风时做一些小型检修，起重量也不大。因此，进行正常生产时的抗震验算不考虑吊车的起吊重量，只计其自重。

2 与计算地震作用时的原则不一样，在考虑与地震作用效应组合的其他荷载效应时，作用于高炉上的各种荷载，包括热风围管自重、皮带通廊支座反力、料罐荷载，即取实际位置、实际荷载大小及实际传力情况，不考虑不能完全传递地震作用的折减。对于炉体、炉顶设备自重及煤气放散系统的自重也应如实考虑，不考虑动能等效的折减。

22.2.12 为提高高炉框架的抗震能力，本条针对其薄弱部位，以结构体系符合强柱弱梁、强节点为前提，提出应采取的加强措施。参照本规范第 7 章的有关规定，本条增加了框架梁、柱及主要支撑杆件的板件宽厚比限值的规定。

1 合理设置支撑系统，对提高高炉框架的侧移刚度，改善梁、柱受力状况，都有明显作用。这里只是强调炉顶框架和炉身范围内的炉体框架；对于炉体框架的下部，由于操作要求，一般不允许设支撑，只能采用门形刚架。主要支撑杆件的长细比限值按其受力状态区别对待，本条取值参照本规范第 7 章的规定。

2 高炉炉体框架基本上是一个矩形的空间结构。在非抗震设计的荷载作用下，框架柱和刚接梁的内力一般都不会是单向的。在地震作用下，由于实际地震动方向的随意性，框架梁、柱的各向都将有较大的地震作用效应。因此，这些杆件要选用各向都具有较好的刚度、承载能力和塑性变形能力的截面形式。

对于炉顶框架，平行和垂直于炉顶吊车梁方向的结构及荷载情况往往明显不同，框架柱也可以采用 H 形或其他不对称的截面形式。

3 柱脚固接的炉体框架侧移刚度较大、变形小，而且还能改善结构的受力状况，适宜在地震区采用。

框架的铰接柱脚连接往往是抗震的薄弱部位，抗震能力较差。增加抗剪能力的具体做法很多，如将柱脚底板与支承面的预埋钢板焊接或在支承面上加焊抗剪钢板等。当柱脚支承于混凝土基础上时，可在柱脚底板下焊接抗剪键，柱安装后通过灌注细石混凝土与基础连成一体。

22.2.13、22.2.14 导出管设置膨胀器时，其上升管及部分下降管需支承在炉顶平台梁上。这时，应使整个支承系统有足够的刚度，以加强对上升管的嵌固，减小地震变形。对支座与炉顶平台之间的连接也要加强，以保证有可靠的抗剪能力。此时，上升管支座处的管壁厚度也应与导出管同样要求。当设置球节点时，与球节点连接的上升管和下降管均应加强。

22.2.15 本条是为保证炉体框架与炉体的共同工作，充分发挥组合体的良好抗震性能，而对炉体与炉体框架之间在炉顶处的水平连接提出以下要求：

1 使其间的水平力通过水平杆系或炉顶平台的刚性盘体直接、匀称地传到高炉炉体上，而不使平台梁(特别是主梁)产生过大的平面外弯曲及扭转，也防止部分构件产生过大的局部应力。

2 需保证水平连接构件及其与炉体和炉体框架之间的连接具有足够的抗震强度，因为在地震作用下，炉体与炉体框架间的水平力是比较大的。

3 使水平连接的构造能够适应炉体和炉体框架之间的竖向差异变形。正常生产时，一般炉体的温度变形明显地比框架大，高炉炉壳会相对于框架上升数十毫米，如连接构造处理不当，将拉坏连接件或者增加框架及炉体的局部应力。

22.2.16 本条所规定的水平空隙值是针对炉顶框架顶部的各结构、设备等水平位移较大的部位。对其以下部位，随着高度的降低，可以适当减小水平间隙。所提水平空隙值要求没有考虑施工误差。设计时，根据各项工程的施工水平和工艺要求，可适当考虑可能出现的施工误差。

22.2.17 电梯间可以是自立式的，也可以依附于高炉框架。无论哪种形式，都要适当加强通道平台、电梯间和高炉框架的连接，以避免地震时连接件被拉坏，甚至发生脱落现象。

对于依附于高炉框架以保持稳定的电梯间，除通道平台外，还有与高炉框架连接的其他专门措施，也要予以加强。

加强连接的内容包括：加强连接构件、连接螺栓或连接焊缝。对于通道平台，还可以采取适当加大搁置长度的措施。

22.3 热 风 炉

22.3.1 近年来，大型高炉热风炉的燃烧室多采用钢支架或钢筒支承，其中支架结构是整个热风炉的抗震薄弱部位。因此，高烈度区推荐采用钢筒到底的燃烧室支承结构形式。

22.3.2 本条在原规范的基础上增加了 6 度时应满足相应的抗震构造措施要求的规定。

22.3.3 外燃式热风炉的顶部连通管设有膨胀器时，称为柔性连通管；不设膨胀器时，称为刚性连通管。

内燃式热风炉的质量和刚度沿高度分布比较均匀，是一个较典型的悬臂梁体系。式(22.3.3)就是由匀质悬臂弯曲梁的基本频率公式转换来的。

1 动力分析时，合理确定炉体的刚度是十分重要的。热风炉炉体一般主要由钢壳、内衬及蓄热格子砖组成，内衬与钢壳之间的空隙用松软隔热材料填充，其中格子砖及直筒部分的内衬都是直接支撑于炉底的自承重砌体。与高炉炉体不一样，这里主要考虑了下列因素，炉体刚度取用了钢壳刚度与内衬刚度之和：

1)地震时炉体变形比较大，这时钢壳与内衬将明显地共同工作；

2)正常生产时内衬能保持基本完整，地震时内衬一般也没有大的破坏，能承担一部分地震作用；

3)取钢壳与内衬刚度之和，按式(22.3.3)计算的基本周期与实测值比较接近。

2 对于刚性连通管的外燃式热风炉，虽然结构情况比内燃式热风炉复杂得多，但通过一系列的计算比较，结果都表明整个热风炉是以蓄热室的振动为主导的，燃烧室基本上是附着于蓄热室的，并且蓄热室远比燃烧室粗大，顶部连通管短而粗，刚度很大，能够迫使两室整体振动。因此，这里建议可近似地取其蓄热室的全部重力荷载代表值来计算其整体的基本周期。

3 耐火砖内衬砌体的弹性模量是参考现行国家标准《砌体结构设计规范》GB 50003 给定的方法，按 200 号耐火砖推算的。

22.3.4、22.3.5 炉底剪力修正系数是按悬臂梁体系考虑前 7 个振型的影响与只考虑基本振型时二者计算结果对比后得到的，经过修正后的简化计算方法给出更符合实际的结果。底部总水平地震剪力公式改为按多遇地震计算，取消了地震效应折减系数。

22.3.8、22.3.9 柔性连通管外燃式热风炉的重要特点是连通管上设置了膨胀器，此处接近于铰接，使两室呈现明显不同的振动特性，特别是垂直于连通管的方向。

当燃烧室为钢筒支撑时，可近似将两室分开来考虑，分别参照内燃式热风炉的方法简化计算。这个方法，对于垂直于连通管方向基本符合实际情况；对于平行连通管方向，两室相互影响较大，略去这一影响后，燃烧室的计算结果偏于安全。

当燃烧室为支架支撑时，建议按空间构架进行分析，其原因主要是：

1 支架是整个热风炉的抗震薄弱部位，对其应有较详细、准确的抗震分析。

2 支架刚度一般比炉体刚度小得多，燃烧室必然较大地依赖于蓄热室，只有整体分析才能较好地反映其共同工作情况。

3 目前还没有一个较恰当的简化计算方法，在日本，柔性连通管外燃式热风炉都是按空间杆系模型进行分析。

热风炉比高炉构造要简单，根据计算分析结果，按空间杆系模型分析时，取10个以上振型即可。

22.3.10 曾对21座生产中的大、中、小型高炉的热风炉做过调查，其中70%炉底连接破坏，炉底严重变形，边缘翘起100mm～300mm，呈锅底状。这种情况将严重影响炉体的稳定性，不仅对抗震十分不利，就是在正常使用时也应做及时处理。条文中提出的办法是目前国内外已经采用并行之有效的。只要炉底基本不变形，炉底连接螺栓或锚板一般也不会损坏。但在地震区，炉底连接对加强炉体稳定性是有作用的，比常规做法适当加强一些是合理的。

22.3.11 与热风炉相连的管道一般都比较粗大，其连接处往往是抗震薄弱环节，因此应适当加强。本条规定在9度时，热风支管上要设置膨胀器，使其成为柔性连接。这不仅对抗震有力，对适应温度变形和不均匀沉降都有好处。

22.3.12 刚性连通管外燃式热风炉对不均匀沉降是比较敏感的。为避免由于地震引起的不均匀沉降造成炉体或连通管等主要部位破坏，至少应保证每座热风炉的两室坐于同一基础之上，能使一座高炉对应的几座热风炉都置于同一基础上则更好。

22.3.13、22.3.14 支承燃烧室的支架是十分重要的受力结构，除应满足强度要求外，还要按本条规定采取相应的抗震构造措施。

22.4 除尘器、洗涤塔

22.4.2 有关除尘器的震害资料不多。1975年海城地震时，7度区的鞍钢，10座大、中型高炉的除尘器均未发现破坏；1976年唐山大地震时，10度区的唐钢4座小高炉的除尘器，其钢筋混凝土支架有明显震害，如梁、柱节点开裂及柱头压酥等。

对多座高炉的除尘器抗震验算结果表明，无论钢支架或钢筋混凝土支架，在8度地震作用下问题都不大。因此，条文中仅提出6度、7度Ⅰ、Ⅱ类场地时可不进行结构的抗震验算，是留有余地的。

洗涤塔虽然比除尘器高，但其自重较小，近似于空筒。因此，抗震性能比较好。包括经受10度地震影响的唐钢在内，洗涤塔基本上没有震害。抗震验算结果也表明，即使采用未经抗震设防的钢筋混凝土支架，也能抵御8度地震影响。因此，本条规定仅在8度Ⅲ、Ⅳ类场地和9度时，才进行支架的抗震验算。

除尘器和洗涤塔筒体是刚度和承载能力都相当好的钢壳结构，不用进行抗震验算。

22.4.3、22.4.4 重力除尘器和洗涤塔是一个比较典型的单质点体系，主要只有支架侧移一个自由度。中国地震局工程力学研究所曾作过分析比较，如果同时考虑筒体的转动和弯曲变形的影响，自振周期和地震作用效应的差别均不到10%。鉴于除尘器与高炉的连接关系，故建议优先采用与高炉一起进行空间杆系模型分析。

22.4.5 本条为强制性条文。鉴于除尘器内部正常生产时积灰量较大，地震发生时积灰量处于最大值的情况是可能的，为保证结构安全，此处积灰荷载的组合值系数是按最大积灰情况取值，即组合值系数取1.0。

22.4.6 由于洗涤塔和旋风除尘器较高而重力荷载相对较小，通常设计时风荷载的影响占的比重较大，因此规定抗震验算时考虑风荷载参与组合。

22.4.7 对除尘器和洗涤塔的构造要求，都是针对7度Ⅲ、Ⅳ类场地和8度、9度时结构中可能出现的薄弱部位提出来的。

22.4.8 加设水平环梁主要是为了减小筒体在支座处的应力集中和局部变形。常规设计时，部分大型高炉的除尘器和洗涤塔也采取了这一措施。

23 尾矿坝

23.1 一般规定

23.1.1 本章条款主要是根据冶金行业的尾矿坝特点、震害经验和技术发展水平制定的，其理念和分析方法可供其他行业（化工、建材等）的尾矿坝设计参考。

23.1.2 尾矿坝抗震等级的划分沿用了原规范的规定。

23.1.3 尾矿库是人类活动产生的重大危险源，其溃坝带来的次生灾害，对下游居民和生态环境往往是毁灭性的。因此，规定对可能产生严重次生灾害的尾矿库，其抗震设防标准需提高一级；对一、二级高大的尾矿坝，其设计地震动参数应按现行国家标准《工程场地地震安全性评价》GB 17741的规定进行安全评价，并按主管部门批准的结果确定。

23.1.5 震害调查和理论研究都已表明，上游式尾矿坝抗震性能最差，下游式尾矿坝抗震性能较好。到目前为止，已发现的尾矿坝地震破坏事例皆属上游式坝型，其破坏原因多是尾矿液化所致。国外已有部分上游式尾矿坝在低烈度区发生地震破坏的事件。我国1976年唐山地震，位于震中约80km的天津汉沽碱厂尾矿坝的溃坝；2008年汶川地震，位于震中约300km的汉中略阳县尾矿坝溃决，是低烈度区上游式尾矿坝发生垮坝破坏的典型事例。这两座尾矿坝都位于地震烈度7度区。

我国现有的尾矿坝绝大多数为上游式尾矿坝。对于那些建在高烈度区又没有进行过论证的尾矿坝，均应进行抗震设计和研究，避免灾难发生。

23.2 计算要点

23.2.1 尾矿坝是一种特殊的水工构筑物。一般来说，尾矿及地基土在设计地震作用下，其应变范围多处在非线性弹性和弹塑性阶段。所以尾矿坝要按设防地震进行抗震设计。

23.2.2 本条为强制性条文。液化、大变形和流滑是尾矿坝，特别是上游式尾矿坝地震表现的三大特点。尾矿液化是导致坝体大变形和地震破坏的主要原因。因此，液化判别是尾矿坝抗震设计的主要内容之一，也是判别坝体是否会发生大变形和流滑的基础。设计时，仅通过常规的拟静力稳定分析难以解决尾矿坝的抗震问题。

23.2.3 尾矿坝的使用年限就是尾矿坝的建设施工期，尾矿坝是随采矿、选矿的进行而逐年增高的。通常，一座大、中型尾矿坝的使用期为十几年，甚至几十年。随着尾矿坝的增高，坝体的固有动力特性也将随之发生改变。这意味着对某一特定的地震地质环境，即场地未来可能遭遇的地震动，最终坝高不一定是坝的最危险阶段。所以在进行尾矿坝抗震设计时，还需要对1/3～1/2设计高度时的工况进行抗震分析。

23.2.5 尾矿坝的地震液化分析方法还处在不断完善与发展之中。考虑到目前较为合理的分析方法（即二维或三维的时程分析法）较复杂，所以规定，对6度、7度、8度区的四级、五级坝，可采用简化分析方法进行判别；而强震区或重要的尾矿坝，需采用二维或三维的时程分析法进行。

23.2.6 剪应力对比法是目前工程界判别液化普遍采取的方法。本规范附录K中给出的简化判别法是对四级、五级上游法筑坝在7度、8度时采用二维动力分析结果的概括，简化法计算结果接近二维分析的外包线，是偏于安全的。

尾矿坝地震液化简化判别方法现有十几种，其中考虑 K_σ、K_α 的 Seed 简化法（ICOLD，2006）、日本尾矿场规程法（日本矿业协会，1982）和张克绪法（张克绪，1990）是其典型代表。这三种方法只要正确使用，均可得到满意结果。故此，在进行液化分析时，可根据具体情况选用一种或多种方法进行。

23.2.8～23.2.12 按拟静力法计算不能对液化的坝坡作出正确的安全评价，这在工程实践中早已得到验证，也得到了科学家和工程师们的认同。液化问题将本来就非常复杂的岩土工程地震稳定问题变得更加复杂。目前，工程界采用以下三个步骤，来评价液化边坡的地震稳定性，这也是当前解决此问题的最佳处理方法。

1 确定坝坡的液化区。

2 进行极限平衡分析。分析时，液化区采用残余强度（稳态强度）。

3 安全系数小于表23.2.12的规定时，坝坡可能出现流滑，须进行变形分析。

拟静力法在我国尾矿坝工程界已使用多年，积累了较为丰富的经验。所以在评价坝体地震稳定时仍推荐了此方法。由于过去我国从事尾矿工程的设计院在分析坝坡抗震问题时，多采用瑞典圆弧法，所以此次修订仍推荐为尾矿坝抗滑稳定验算的主要分析方法。但是，与瑞典圆弧法相比，简化的毕肖普法给出的结果更接近精确法，故建议在今后的工程实践中要采用简化的毕肖普法进行分析，以便积累经验并使分析结果更可靠、合理。

第23.2.10条为强制性条文。

23.3 抗震构造措施

23.3.5 本条为强制性条文。浸润线是尾矿坝的生命线。纵观尾矿坝的破坏事例，无论是静力条件下失稳，还是地震时的液化流滑破坏都与坝体浸润线过高有关。所以条文规定，对重要的尾矿坝要密切关注其浸润线变化，发现异常要及时采取措施。

24 索道支架

24.2 计算要点

24.2.4 本条为强制性条文。索道支架与一般构筑物不同，其可变荷载的组合值系数取值也有所不同，因此给出明确规定。其中雪荷载取值与本规范第5.1.4条相同，但为了不遗漏该项目，仍列入其中。

24.2.5 在以往的工程设计中，支架的抗震设计一般简单地将索系质量集中于支架顶部进行分析，未计入索系振动对支架的影响，对支架纵向、横向的分析均采用同一力学模型。此次规范修编，为更准确分析支架在地震作用下的动力特性，计入了索系振动对支架的影响，分别采用不同的力学模型沿支架纵向、横向进行研究。研究表明，沿支架纵向、横向，索系振动对支架的影响程度有差异，因此应分别沿纵向和横向按不同力学模型计算支架的水平地震作用。

24.2.6 单线索道索系与支架之间的摩擦系数较小（约0.025），近似无摩擦滑动。同时研究表明，索系自振周期较长，一般远大于支架自振周期。因此，计算单线索道支架的纵向水平地震作用时可不计入索系振动对支架的影响。双线索道，货车（或客车）地震作用的传递与单线索道情况类似，亦可不计入其对支架的影响；而承载索与支架之间的摩擦系数较大，承载索自身的重量不能忽略，为简化计算过程，沿用了传统的分析方法。

24.2.7 研究表明，在某些情况下，索系振动对支架有减震作用。为保证支架具有足够的抗震能力，规定索系有减震作用时的地震作用不应小于单独计算支架地震作用的80%。单独计算支架地震作用时，不计人索系的质量。

24.2.8 简化模型中，支架质量已集中于支架顶端，因而不再另计支架的分布质量。

计人索系影响的支架横向振动力学模型为双自由度体系，可按本规范第5章的振型分解反应谱法计算地震作用。本条规定给出了一种计算结构第一、第二振型的圆频率和质点水平相对位移的方法。

24.2.10 本条规定对高烈度区支架的地震作用效应进行增大，以保证支架具有足够的抗扭转能力。

24.2.11 本条为强制性条文。在本规范第5.4.1条规定的基本组合的基础上增加索系作用效应项，并给出索系作用的分项系数和组合值系数的取值。

24.3 抗震构造措施

24.3.1 钢支架一般为由四片平面桁架组成的空间桁架。对其横截面四角位置的弦杆（通常称立柱，一般截面尺寸均较腹杆大），7度和8度时，为保证钢支架的整体稳定和抗扭转强度，其长细比控制较腹杆更严。

24.3.4 钢筋混凝土支架由于工艺条件限制，大多采用单柱式支架，并可按悬臂构件进行设计。考虑单柱受力的不利情况，规定7度、8度时宜全高加密箍筋。

24.3.5 本条为强制性条文。设置横隔主要是为了提高支架结构的扭转刚度。

25 挡土结构

25.1 一般规定

25.1.1 本章为新增内容。刚性浅埋基础边墙包括各种构筑物的刚性地下结构边墙、建（构）筑物的地下室边墙、基础边墙等。

25.1.2 采用拟静力法进行地震土压力计算和抗震设计，其中没有考虑竖向地震影响。

25.1.3 以往的震害调查表明，强震区的高重力式挡土墙明显受竖向震动等影响，所以本章参照国外有关挡土结构抗震设计规范，对9度区高度超过15m的重力式挡土墙的抗震设计，建议进行专门研究。

25.2 地震土压力计算

25.2.1 所谓“中性状态”是指地震时墙体与土体间不产生相对位移的状态。当地震作用为零时，中性状态就是静止土压力状态。对墙基坚固的重力式挡土墙或者L形混凝土重力式挡土墙，地震时墙体与墙后填土之间几乎不会发生相对位移，建议采用中性状态时的地震土压力，其值明显比主动地震土压力要大。所以采用中性状态时的地震土压力值要更为合理一些。

25.2.2 对地震时挡土墙相对于墙后填土可能产生位移的情形，建议采用物部-岗部（1924年）提出的主动地震土压力式（25.2.2-

1)和式(25.2.2-2)。

25.2.3 对各种构筑物的刚性地下结构边墙、建筑物的地下室边墙、基础边墙等埋深不大于10m的浅埋式刚性地下边墙，地震时边墙上作用的地震土压力(包括静止土压力)随着边墙附近地基土层的惯性力方向以及边墙与地基土层之间相对位移的大小和方向不同而变化。通常一侧为主动地震土压力，另一侧为被动地震土压力。本条建议的地震土压力计算公式已考虑了惯性力方向和墙-土相对位移的影响。

25.3 计算要点

25.3.1 重力式挡土墙的抗滑稳定、倾覆稳定、偏心距、地基应力、墙身水平截面应力的计算方法可以参考有关的设计手册。

25.4 抗震构造措施

25.4.1～25.4.7 抗震构造措施是基于国内外许多震害调查资料的经验总结，参考了日本等国外以及国内有关设计规范的相应条款。

中华人民共和国行业标准

建筑消能减震技术规程

Technical specification for seismic energy dissipation of buildings

JGJ 297—2013

批准部门：中华人民共和国住房和城乡建设部
施行日期：2 0 1 3 年 1 2 月 1 日

中华人民共和国住房和城乡建设部
公　告

第48号

住房城乡建设部关于发布行业标准《建筑消能减震技术规程》的公告

现批准《建筑消能减震技术规程》为行业标准，编号为JGJ 297-2013，自2013年12月1日起实施。其中，第4.1.1、7.1.6条为强制性条文，必须严格执行。

本规程由我部标准定额研究所组织中国建筑工业出版社出版发行。

中华人民共和国住房和城乡建设部

2013年6月9日

前　言

根据原建设部《关于印发〈2006年工程建设标准规范制订、修订计划（第一批）〉的通知》（建标［2006］77号）的要求，规程编制组经广泛调查研究，认真总结实践经验，参考有关国际标准和国外先进标准，并在广泛征求意见的基础上，编制本规程。

本规程主要技术内容是：总则、术语和符号、基本规定、地震作用与作用效应计算、消能器的技术性能、消能减震结构设计、消能部件的连接与构造、消能部件的施工、验收和维护。

本规程以黑体字标志的条文为强制性条文，必须严格执行。

本规程由住房和城乡建设部负责管理和对强制性条文的解释，由广州大学负责具体技术内容的解释。在执行过程中，如有意见或建议，请寄送广州大学（地址：广州市大学城外环西路230号，邮政编码：510006）。

本规程主编单位：广州大学

本规程参编单位：中国建筑科学研究院
同济大学
清华大学
东南大学
大连理工大学
哈尔滨工业大学
南京工业大学
北京工业大学
华南理工大学
北京市建筑设计研究院
中国建筑标准设计研究院
太原理工大学
青岛理工大学
云南大学
深圳华侨城房地产有限公司
上海隆诚实业有限公司
上海材料研究所
上海蓝科建筑减震科技有限公司
昆明理工大学
隔而固（青岛）振动控制有限公司
南京丹普科技工程有限公司
四川国方建筑机械有限公司
常州容大结构减振设备有限公司
上海赛弗工程减震技术有限公司

本规程主要起草人员：周福霖　周　云　吕西林
程绍革　郭彦林　翁大根
李爱群　李宏男　叶列平
滕　军　刘伟庆　闫维明
谭　平　吴　波　苗启松
曾德民　张文芳　刘文锋
叶燎原　苏经宇　刘维亚
吴从永　陈清祥　徐　斌
宫　海　徐赵东　潘　鹏
潘　文　尹学军　刘康安

佟建国　张　敏　徐　丽
陈明中
本规程主要审查人员：王亚勇　汪大绥　莫　庸
娄　宇　郁银泉　冯　远
薛彦涛　方泰生　章一萍
陈　星　吴　斌

目　次

Contents

1 总 则

1.0.1 为了贯彻执行国家的技术经济政策，在消能减震工程中做到安全适用、技术先进、经济合理、确保质量，制定本规程。

1.0.2 本规程适用于抗震设防烈度为6～9度地区新建建筑结构和既有建筑结构抗震加固的消能减震设计、施工、验收和维护。

抗震设防烈度大于9度地区及有特殊要求的新建建筑结构和既有建筑结构抗震加固的消能减震设计、施工、验收和维护，应按有关专门规定执行。

1.0.3 按本规程设计与施工的消能减震结构，其抗震设防目标是：当遭受低于本地区抗震设防烈度的多遇地震影响时，消能部件正常工作，主体结构不受损坏或不需要修理可继续使用；当遭受相当于本地区抗震设防烈度的设防地震影响时，消能部件正常工作，主体结构可能发生损坏，但经一般修理仍可继续使用；当遭受高于本地区抗震设防烈度的罕遇地震影响时，消能部件不应丧失功能，主体结构不致倒塌或发生危及生命的严重破坏。

1.0.4 消能减震结构设计、施工、验收和维护，除应符合本规程外，尚应符合国家现行有关标准的规定。

2 术语和符号

2.1 术 语

2.1.1 消能器 energy dissipation device

消能器是通过内部材料或构件的摩擦，弹塑性滞回变形或黏（弹）性滞回变形来耗散或吸收能量的装置。包括位移相关型消能器、速度相关型消能器和复合型消能器。

2.1.2 消能减震结构 energy dissipation structure

设置消能器的结构。消能减震结构包括主体结构、消能部件。

2.1.3 位移相关型消能器 displacement dependent energy dissipation device

耗能能力与消能器两端的相对位移相关的消能器，如金属消能器、摩擦消能器和屈曲约束支撑等。

2.1.4 速度相关型消能器 velocity dependent energy dissipation device

耗能能力与消能器两端的相对速度有关的消能器，如黏滞消能器、黏弹性消能器等。

2.1.5 复合型消能器 composite energy dissipation device

耗能能力与消能器两端的相对位移和相对速度有关的消能器，如铅黏弹性消能器等。

2.1.6 金属消能器 metal energy dissipation device

由各种不同金属材料（软钢、铅等）元件或构件制成，利用金属元件或构件屈服时产生的弹塑性滞回变形耗散能量的减震装置。

2.1.7 摩擦消能器 friction energy dissipation device

由钢元件或构件、摩擦片和预压螺栓等组成，利用两个或两个以上元件或构件间相对位移时产生摩擦做功而耗散能量的减震装置。

2.1.8 屈曲约束支撑 buckling-restrained brace

由核心单元、外约束单元等组成，利用核心单元产生弹塑性滞回变形耗散能量的减震装置。

2.1.9 黏滞消能器 viscous energy dissipation device

由缸体、活塞、黏滞材料等部分组成，利用黏滞材料运动时产生黏滞阻尼耗散能量的减震装置。

2.1.10 黏弹性消能器 viscoelastic energy dissipation device

由黏弹性材料和约束钢板或圆（方形或矩形）钢筒等组成，利用黏弹性材料间产生的剪切或拉压滞回变形来耗散能量的减震装置。

2.1.11 消能部件 energy dissipation part

由消能器和支撑或连接消能器构件组成的部分。

2.1.12 消能减震层 energy dissipation layer

布置消能部件的楼层。

2.1.13 附加阻尼比 additional damping ratio

消能减震结构往复运动时消能器附加给主体结构的有效阻尼比。

2.1.14 附加刚度 additional stiffness

消能减震结构往复运动时消能部件附加给主体结构的刚度。

2.1.15 消能器极限位移 ultimate displacement of energy dissipation device

消能器能达到的最大变形量，消能器的变形超过该值后认为消能器失去消能功能。

2.1.16 消能器极限速度 ultimate velocity of energy dissipation device

消能器能达到的最大速度值，消能器的速度超过该值后认为消能器失去消能功能。

2.1.17 消能器设计位移 design displacement of energy dissipation device

消能减震结构在罕遇地震作用下消能器达到的位移值。

2.1.18 消能器设计速度 design velocity of energy dissipation device

消能减震结构在罕遇地震作用下消能器达到的速度值。

2.2 符 号

2.2.1 结构参数

F_{sy} ——设置消能部件的主体结构层间屈服

剪力；

K_t——结构抗扭刚度；

T_i——消能减震结构的第 i 阶振型周期；

ζ——消能减震结构总阻尼比；

ζ_1——主体结构阻尼比；

ω——结构自振频率；

Δu_{py}——消能部件在水平方向的屈服位移或起滑位移；

Δu_{sy}——设置消能部件的主体结构层间屈服位移。

2.2.2 消能器参数

C_D——消能器的线性阻尼系数；

C_j——第 j 个消能器由试验确定的线性阻尼系数；

F_d——消能器在相应位移下的阻尼力；

G'——黏弹性材料剪切模量；

G''——黏弹性材料储存模量；

K_b——支撑构件沿消能方向的刚度；

t_v——黏弹性消能器的黏弹性材料的总厚度；

W_{cj}——第 j 个消能部件在结构预期层间位移 Δu_j 下往复循环一周所消耗的能量；

$[\gamma]$——黏弹性材料允许的最大剪切应变；

ζ_d——消能部件附加给结构的有效阻尼比；

Δu_{dmax}——沿消能方向消能器最大可能的位移；

Δu——沿消能方向消能器的位移。

3 基本规定

3.1 一般要求

3.1.1 消能减震结构设计可分为新建消能减震结构设计和既有建筑结构消能减震加固设计。

3.1.2 新建消能减震结构的抗震设防目标应符合本规程第1.0.2条的规定，既有建筑结构采用消能减震加固时，抗震设防目标不应低于现行国家标准《建筑抗震鉴定标准》GB 50023规定。

3.1.3 消能减震结构的抗震性能化设计，应根据建筑结构的实际需求，分别选定针对整个结构、局部部位或关键部位、关键部件、重要构件、次要构件以及建筑构件和消能部件的性能目标。

3.1.4 确定消能减震结构设计方案时，消能部件的布置应符合下列规定：

1 消能部件宜根据需要沿结构主轴方向设置，形成均匀合理的结构体系。

2 消能部件宜设置在层间相对变形或速度较大的位置。

3 消能部件的设置，应便于检查、维护和替换，设计文件中应注明消能器使用的环境、检查和维护要求。

3.1.5 消能器的选择应考虑结构类型、使用环境、结构控制参数等因素，根据结构在地震作用时预期的结构位移或内力控制要求，选择不同类型的消能器。

3.1.6 当消能减震结构遭遇设防地震和罕遇地震后，应对消能器进行检查和维护。

3.1.7 抗震设防烈度为7、8、9度时，高度分别超过160m、120m、80m的大型消能减震公共建筑，应按规定设置建筑结构的地震反应观测系统，建筑设计应预留观测仪器和线路的位置和空间。

3.2 消能器要求

3.2.1 消能器选择应符合下列规定：

1 消能器应具备良好的变形能力和消耗地震能量的能力，消能器的极限位移应大于消能器设计位移的120%。速度相关型消能器极限速度应大于消能器设计速度的120%。

2 在10年一遇标准风荷载作用下，摩擦消能器不应进入滑动状态，金属消能器和屈曲约束支撑不应产生屈服。

3 消能型屈曲约束支撑和屈曲约束支撑型消能器应满足位移相关型消能器性能要求。

4 消能器应具有良好的耐久性和环境适应性。

3.2.2 应用于消能减震结构中的消能器应符合下列规定：

1 消能器应具有型式检验报告或产品合格证。

2 消能器的性能参数和数量应在设计文件中注明。

3.2.3 消能器的抽样和检测应符合下列规定：

1 消能器的抽样应由监理单位根据设计文件和本规程的有关规定进行。

2 消能器的检测应由具备资质的第三方进行。

3.3 结构分析

3.3.1 消能减震结构分析模型应正确地反映不同荷载工况的传递途径、在不同地震动水准下主体结构和消能器所处的工作状态。

3.3.2 消能减震结构的分析方法应根据主体结构、消能器的工作状态选择，可采用振型分解反应谱法、弹性时程分析法、静力弹塑性分析法和弹塑性时程分析法。

3.3.3 消能减震结构的总阻尼比应为主体结构阻尼比和消能器附加给主体结构的阻尼比的总和，结构阻尼比应根据主体结构处于弹性或弹塑性工作状态分别确定。

3.3.4 消能减震结构的总刚度应为结构刚度和消能部件附加给结构的有效刚度之和。

3.3.5 消能器的恢复力模型应采用成熟的模型并经试验验证。

3.3.6 地震作用下消能减震结构的内力和变形分析，宜采用不少于两个不同软件进行对比分析，计算结果应经分析判断确认其合理、有效后方可用于工程设计。

3.3.7 罕遇地震作用下消能器的设计位移计算，应通过结构整体弹塑性分析确定。

3.4 连接与节点

3.4.1 消能器与支撑、支承构件的连接，应符合钢构件连接、钢与钢筋混凝土构件连接、钢与钢管混凝土构件连接构造的规定。

3.4.2 消能器与支撑、连接件之间宜采用高强度螺栓连接或销轴连接，也可采用焊接。

3.4.3 在消能器极限位移或极限速度对应的阻尼力作用下，与消能器连接的支撑、墙、支墩应处于弹性工作状态；消能部件与主体结构相连的预埋件、节点板等应处于弹性工作状态，且不应出现滑移或拔出等破坏。

3.5 消能部件材料与施工

3.5.1 支撑及连接件一般采用钢构件，也可采用钢管混凝土或钢筋混凝土构件。对支撑材料和施工有特殊规定时，应在设计文件中注明。

3.5.2 钢筋混凝土构件作为消能器的支撑构件时，其混凝土强度等级不应低于C30。

3.5.3 消能部件的安装可在主体结构完成后进行或在主体结构施工时进行，消能器安装完成后不应出现影响消能器正常工作的变形，且计算分析时应考虑消能部件安装次序的影响。

3.6 耐久性规定

3.6.1 消能部件的耐久性应符合现行国家标准《混凝土结构设计规范》GB 50010 的规定，承受竖向荷载作用的消能器应按主体结构的要求进行防火处理。

3.6.2 消能器经过火灾高温环境后，应对消能器进行检查和试验。

4 地震作用与作用效应计算

4.1 一 般 规 定

4.1.1 消能减震结构的地震作用，应符合下列规定：

1 应在消能减震结构的各个主轴方向分别计算水平地震作用并进行抗震验算，各方向的水平地震作用应由该方向消能部件和抗侧力构件承担。

2 有斜交抗侧力构件的结构，当相交角度大于15°时，应分别计算各抗侧力构件方向的水平地震作用。

3 质量和刚度分布明显不对称的消能减震结构，应计入双向水平地震作用下的扭转影响；其他情况，应允许采用调整地震作用效应的方法计入扭转影响。

4 8度及8度以上的大跨度与长悬臂消能减震结构及9度时的高层消能减震结构，应计算竖向地震作用。

4.1.2 消能减震结构的地震作用效应计算，应采用下列方法：

1 当消能减震结构主体结构处于弹性工作状态，且消能器处于线性工作状态时，可采用振型分解反应谱法、弹性时程分析法。

2 当消能减震结构主体结构处于弹性工作状态，且消能器处于非线性工作状态时，可将消能器进行等效线性化，采用附加有效阻尼比和有效刚度的振型分解反应谱法、弹性时程分析法；也可采用弹塑性时程分析法。

3 当消能减震结构主体结构进入弹塑性状态时，应采用静力弹塑性分析方法或弹塑性时程分析方法。

4.1.3 在弹性时程分析和弹塑性时程分析中，消能减震结构的恢复力模型应包括结构恢复力模型和消能部件的恢复力模型。

4.1.4 采用振型分解反应谱法分析时，宜采用时程分析法进行多遇地震下的补充计算，当取3组加速度时程曲线输入时，计算结果宜取时程分析法包络值和振型分解反应谱法的较大值；当取7组及7组以上的时程曲线时，计算结果可取时程分析法的平均值和振型分解反应谱法的较大值。

4.1.5 采用时程分析法分析时，应按建筑场地类别和设计地震分组选实际强震记录和人工模拟的加速度时程曲线，其中实际强震记录数量不应少于总数的2/3，多组时程曲线的平均地震影响系数曲线应与振型分解反应谱法采用的地震影响系数曲线在统计意义上相符，其地震加速度时程的最大值可按表4.1.5采用。弹性时程分析时，每条时程曲线计算所得主体结构底部剪力不应小于振型分解反应谱法计算结果的65%，多条时程曲线计算主体结构底部剪力的平均值不应小于振型分解反应谱法计算结果的80%。

表4.1.5 时程分析所用的地震加速度时程曲线的最大值（cm/s^2）

地震影响	6度	7度		8度		9度
		0.10g	0.15g	0.20g	0.30g	
多遇地震	18	35	55	70	110	140
设防地震	50	100	150	200	300	400
罕遇地震	125	220	310	400	510	620

4.1.6 消能减震结构采用弹塑性时程分析法计算时，根据主体结构构件弹塑性参数和消能部件的参数确定消能减震结构非线性分析模型，相对于弹性分析模型可有所简化，但二者在多遇地震下的线性分析结果应

基本一致。

4.1.7 采用静力弹塑性分析方法分析时应满足下列要求：

1 消能部件中消能器和支撑根据连接形式不同，可采用串联模型或并联模型，将消能器刚度和支撑的刚度进行等效，在计算中消能部件采用等刚度的连接杆代替。

2 结构目标位移的确定应根据结构的不同性能来选择，宜采用结构总高度的 1.5%作为顶点位移的界限值。

3 消能减震结构的阻尼比由主体结构阻尼比和消能部件附加给结构的有效阻尼比组成，主体结构阻尼比应取结构弹塑性状态时的阻尼比。

4.1.8 消能器的恢复力模型宜按下列规定选取：

1 软钢消能器和屈曲约束支撑可采用双线性模型、三线性模型或 Wen 模型。

2 摩擦消能器、铅消能器可采用理想弹塑性模型。

3 黏滞消能器可采用麦克斯韦模型。

4 黏弹性消能器可采用开尔文模型。

5 其他类型消能器模型可根据组成消能器的元件是采用串联还是并联具体确定。

6 消能器的恢复力模型参数应通过足尺试验确定。

4.1.9 计算地震作用时，建筑的重力荷载代表值应取结构和构配件自重标准值和各可变荷载组合值之和。各可变荷载的组合值系数，应按表 4.1.9 采用。

表 4.1.9 各可变荷载的组合值系数

可变荷载种类		组合值系数
雪荷载		0.5
屋面积灰荷载		0.5
屋面活荷载		不计入
按实际情况计算的楼面活荷载		1.0
按等效均布荷载计算的楼面活荷载	藏书库、档案库	0.8
	其他民用建筑	0.5
吊车悬吊物重力	硬钩吊车	0.3
	软钩吊车	不计入

4.1.10 消能减震结构的地震影响系数应根据烈度、场地类别、设计地震分组和结构自振周期以及阻尼比确定，水平地震影响系数最大值应按表 4.1.10-1 采用，特征周期应根据场地类别和设计地震分组按表 4.1.10-2 采用，计算罕遇地震作用时，特征周期应增加 0.05s；周期大于 6.0s 的建筑结构所采用的地震影响系数应专门研究。

4.1.11 消能减震结构地震影响系数曲线（图 4.1.11）的阻尼调整系数和形状参数应符合下列规定：

1 当消能减震结构的阻尼比为 0.05 时，地震影响系数曲线的阻尼调整系数应按 1.0 采用，形状参数应符合下列规定：

1） 直线上升段，周期小于 0.1s 的区段。

2） 水平段，自 0.1s 至特征周期区段，应取最大值 α_{max}。

3） 曲线下降段，特征周期至 5 倍特征周期区段，衰减指数应取 0.9。

4） 直线下降段，自 5 倍特征周期至 6s 区段，下降斜率调整系数应取 0.02。

表 4.1.10-1 水平地震影响系数最大值

地震影响	6 度	7 度		8 度		9 度
		0.10g	0.15g	0.20g	0.30g	
多遇地震	0.04	0.08	0.12	0.16	0.24	0.32
设防地震	0.12	0.23	0.34	0.45	0.68	0.90
罕遇地震	0.28	0.50	0.72	0.90	1.20	1.40

表 4.1.10-2 特征周期（s）

设计地震分组	场地类别				
	Ⅰ$_0$	Ⅰ$_1$	Ⅱ	Ⅲ	Ⅳ
第一组	0.20	0.25	0.35	0.45	0.65
第二组	0.25	0.30	0.40	0.55	0.75
第三组	0.30	0.35	0.45	0.65	0.90

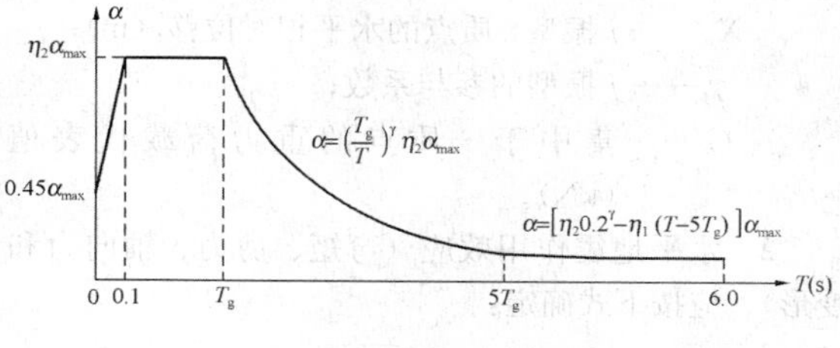

图 4.1.11 地震影响系数

α—地震影响系数；α_{max}—地震影响系数最大值；

η_1—直线下降段的下降斜率调整系数；γ—衰减指数；

T_g—特征周期；η_2—阻尼调整系数；T—结构自振周期

2 当消能减震结构的阻尼比不等于 0.05 时，地震影响系数曲线的阻尼调整系数和形状参数应符合下列规定：

1） 曲线及直线下降段的衰减指数应按下式确定：

$$\gamma = 0.9 + \frac{0.05 - \zeta}{0.3 + 6\zeta} \quad (4.1.11\text{-}1)$$

式中：γ——曲线下降段的衰减指数；

ζ——消能减震结构总阻尼比。

2） 直线下降段的下降斜率调整系数应按下式确定：

$$\eta_1 = 0.02 + \frac{0.05-\zeta}{4+32\zeta} \quad (4.1.11\text{-}2)$$

式中：η_1——直线下降段的下降斜率调整系数，小于0时取0。

3）阻尼调整系数应按下式确定：

$$\eta_2 = 1 + \frac{0.05-\zeta}{0.08+1.6\zeta} \quad (4.1.11\text{-}3)$$

式中：η_2——阻尼调整系数，当小于0.55时，应取0.55。

4.2 水平地震作用计算

4.2.1 采用振型分解反应谱法分析时，不考虑扭转耦联振动影响的结构，应按下列规定计算其地震作用和作用效应：

1 结构 j 振型 i 质点的水平地震作用标准值，应按下列公式计算：

$$F_{ji} = \alpha_j \gamma_j X_{ji} G_i (i=1,2,\cdots n, j=1,2,\cdots m) \quad (4.2.1\text{-}1)$$

$$\gamma_j = \frac{\sum_{i=1}^{n} X_{ji} G_i}{\sum_{i=1}^{n} X_{ji}^2 G_i} \quad (4.2.1\text{-}2)$$

式中：F_{ji}——j 振型 i 质点的水平地震作用标准值（kN）；

α_j——相应于 j 振型自振周期的地震影响系数，应按本规程第4.1.11条确定；

X_{ji}——j 振型 i 质点的水平相对位移（m）；

γ_j——j 振型的参与系数；

G_i——集中于 i 质点的重力荷载代表值（kN）。

2 水平地震作用效应（弯矩、剪力、轴向力和变形），应按下式确定：

$$S_{Ek} = \sqrt{\sum S_j^2} \quad (4.2.1\text{-}3)$$

式中：S_{Ek}——水平地震作用标准值的效应；

S_j——j 振型水平地震作用标准值的效应，可只取前2～3个振型，当基本自振周期大于1.5s或房屋高宽比大于5时，振型个数应适当增加。

4.2.2 消能减震结构计算水平地震作用扭转影响时，应按下列规定计算地震作用和作用效应：

1 规则结构不进行扭转耦联计算时，平行于地震作用方向的两个边榀各构件，其地震作用效应应乘以增大系数。一般情况下，短边可按1.15采用，长边可按1.05采用；当扭转刚度较小时，角边各构件宜按不小于1.30采用，角部构件宜同时乘以两个方向各自的增大系数。

2 按扭转耦联振型分解法计算时，各楼层可取两个正交的水平位移和一个转角共三个自由度，并应按下列公式计算结构的地震作用和作用效应。

1）j 振型 i 层的水平地震作用标准值，应按下列公式计算：

$$F_{xji} = \alpha_j \gamma_{tj} X_{ji} G_i \quad (4.2.2\text{-}1)$$

$$F_{yji} = \alpha_j \gamma_{tj} Y_{ji} G_i (i=1,2,\cdots n, j=1,2,\cdots m) \quad (4.2.2\text{-}2)$$

$$F_{tji} = \alpha_j \gamma_{tj} \gamma_i^2 \varphi_{ji} G_i \quad (4.2.2\text{-}3)$$

式中：F_{xji}、F_{yji}、F_{tji}——分别为 j 振型 i 层的 x 方向、y 方向和转角方向的地震作用标准值（kN）；

X_{xji}、Y_{yji}——分别为 j 振型 i 层质心在 x、y 方向的水平相对位移（m）；

φ_{ji}——j 振型 i 层的相对扭转转角；

γ_i——i 层的转动半径，可取 i 层绕质心的转动惯量除以该层质量的商的正二次方根；

γ_{tj}——计入扭转的 j 振型的参与系数，可按下列公式确定。

当仅取 x 方向地震作用时：

$$\gamma_{tj} = \frac{\sum_{i=1}^{n} X_{ji} G_i}{\sum_{i=1}^{n} (X_{ji}^2 + Y_{ji}^2 + \gamma_i^2 \varphi_{ji}^2) G_i} \quad (4.2.2\text{-}4)$$

当仅取 y 方向地震作用时：

$$\gamma_{tj} = \frac{\sum_{i=1}^{n} Y_{ji} G_i}{\sum_{i=1}^{n} (X_{ji}^2 + Y_{ji}^2 + \gamma_i^2 \varphi_{ji}^2) G_i} \quad (4.2.2\text{-}5)$$

当取于 x 方向斜交的地震作用时：

$$\gamma_{tj} = \gamma_{xj} \cos\theta + \gamma_{yj} \sin\theta \quad (4.2.2\text{-}6)$$

式中：γ_{xj}、γ_{yj}——分别由式（4.2.2-4）、式（4.2.2-5）求得的参与系数；

θ——地震作用方向与 x 方向的夹角（°）。

2）单向水平地震作用下的扭转耦联效应，可按下列公式计算：

$$S_{Ek} = \sqrt{\sum_{j=1}^{m} \sum_{k=1}^{m} \rho_{jk} S_j S_k} \quad (4.2.2\text{-}7)$$

$$\rho_{jk} = \frac{8\sqrt{\zeta_j \zeta_k}\,(\zeta_j + \lambda_T \zeta_k)\lambda_T^{1.5}}{(1-\lambda_T^2)^2 + 4\zeta_j \zeta_k (1+\lambda_T^2)\lambda_T + 4(\zeta_j^2 + \zeta_k^2)\lambda_T^2} \quad (4.2.2\text{-}8)$$

式中：S_{Ek}——地震作用标准值的扭转效应；

S_j、S_k——分别为 j、k 振型地震作用标准值的效应，可取前9～15个振型；

ζ_j、ζ_k——分别为 j、k 振型的阻尼比；

ρ_{jk}——j 振型与 k 振型的耦联系数；

λ_T——k 振型与 j 振型的自振周期比。

3）双向水平地震作用的扭转耦联效应，可按下列公式中的较大值确定：

$$S_{Ek}=\sqrt{S_x^2+(0.85S_y)^2} \quad (4.2.2\text{-}9)$$

或

$$S_{Ek}=\sqrt{S_y^2+(0.85S_x)^2} \quad (4.2.2\text{-}10)$$

式中：S_x、S_y——分别为 x 向、y 向单向水平地震作用按式（4.2.2-7）计算的扭转效应。

4.2.3 抗震验算时，结构任一楼层的水平地震剪力应符合下式规定：

$$V_{Eki}>\lambda\sum_{j=i}^{n}G_j \quad (4.2.3)$$

式中：V_{Eki}——第 i 层对应于水平地震作用标准值的楼层剪力（kN）；

λ——剪力系数，不应小于表 4.2.3 规定的楼层最小地震剪力系数值；对竖向不规则结构的薄弱层，尚应乘以 1.15 的增大系数；

G_j——第 j 层的重力荷载代表值（kN）。

表 4.2.3 楼层最小地震剪力系数值

类别	6度	7度		8度		9度
		0.10g	0.15g	0.20g	0.30g	
扭转效应明显或基本周期小于 3.5s 的结构	0.008	0.016	0.024	0.032	0.048	0.064
基本周期大于 5.0s 的结构	0.006	0.012	0.018	0.024	0.036	0.048

注：基本周期介于 3.5s 和 5s 之间的结构，可插入取值。

4.2.4 消能减震结构的楼层水平地震剪力，应按下列原则分配：

1 现浇和装配整体式混凝土楼（屋）盖等刚性楼（屋）盖建筑，宜按抗侧力构件等效刚度的比例分配。

2 普通预制装配式混凝土楼（屋）盖等半刚性楼（屋）盖建筑，可按抗侧力构件等效刚度的比例分配与按抗侧力构件从属面积上重力荷载代表值的比例分配结果的平均值。

3 结构计入空间作用、楼盖变形、墙体弹塑性变形和扭转影响时，可按现行国家标准《建筑抗震设计规范》GB 50011 的有关规定对本条第 1、2 款的分配结果作适当调整。

4.2.5 消能减震结构抗震计算，一般情况下可不计入地基与结构相互作用的影响；8 度和 9 度时建造于Ⅲ、Ⅳ类场地，采用箱基、刚性较好的筏基和桩箱、桩筏联合基础的钢筋混凝土高层消能减震结构，当结构基本自振周期处于特征周期的 1.2 倍～5 倍范围时，若计入地基与结构动力相互作用的影响，对刚性地基假定计算的水平地震剪力可按下列规定折减，其层间变形可按折减后的楼层剪力计算。

1 高宽比小于 3 的结构，各楼层水平地震剪力的折减系数，可按下式计算：

$$\psi=\left(\frac{T_1}{T_1+\Delta T}\right)^{0.9} \quad (4.2.5)$$

式中：ψ——计入地基与结构动力相互作用后的地震剪力折减系数；

T_1——按刚性地基假定确定的结构基本自振周期（s）；

ΔT——计入地基与结构动力相互作用的附加周期（s），可按表 4.2.5 采用。

表 4.2.5 附加周期（s）

烈度	场地类别	
	Ⅲ类	Ⅳ类
8	0.08	0.20
9	0.10	0.25

2 高宽比不小于 3 的结构，底部的地震剪力按第 1 款规定折减，顶部不折减，中间各层按线性插入值折减。

3 折减后各楼层的水平地震剪力，应符合本规程第 4.2.3 条的规定。

4.3 竖向地震作用计算

4.3.1 9 度时的高层消能减震结构，其竖向地震作用标准值应按下列公式确定（图 4.3.1）。楼层的竖向地震作用效应可按各构件承受的重力荷载代表值的比例分配，并宜乘以增大系数 1.5。

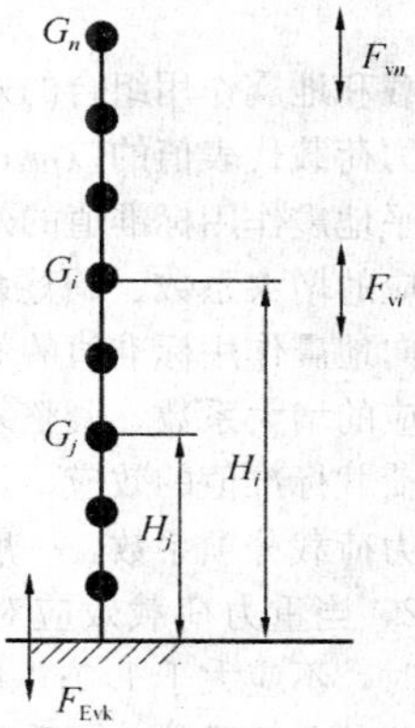

图 4.3.1 竖向地震作用计算简图

$$F_{Evk}=\alpha_{vmax}G_{eq} \quad (4.3.1\text{-}1)$$

$$F_{vi}=\frac{G_iH_i}{\Sigma G_jH_j}F_{Evk} \quad (4.3.1\text{-}2)$$

式中：F_{Evk}——结构总竖向地震作用标准值（kN）；

F_{vi}——质点 i 的竖向地震作用标准值（kN）；

α_{vmax}——竖向地震影响系数的最大值，可取水平地震影响系数最大值的65%；

G_{eq}——结构等效总重力荷载，可取其重力荷载代表值的75%（kN）。

4.3.2 平板型网架屋盖和跨度大于24m屋架的消能减震结构竖向地震作用标准值，宜取其重力荷载代表值和竖向地震作用系数的乘积；竖向地震作用系数可按表4.3.2采用。

表4.3.2 竖向地震作用系数

结构类型	烈度	场地类别		
		Ⅰ	Ⅱ	Ⅲ、Ⅳ
平板型网架、钢屋架	8	可不计算(0.10)	0.08(0.12)	0.10(0.15)
	9	0.15	0.15	0.20
钢筋混凝土屋架	8	0.10 (0.15)	0.13 (0.19)	0.13 (0.19)
	9	0.20	0.25	0.25

注：括号中数值用于设计基本地震加速度为0.30g的地区。

4.3.3 长悬臂和其他大跨度消能减震结构的竖向地震作用标准值，8度和9度可分别取该结构、构件重力荷载代表值的10%和20%；设计基本地震加速度为0.30g时，可取该结构、构件重力荷载代表值的15%。

4.4 地震作用组合的效应

4.4.1 在多遇地震作用下，结构构件的地震作用效应和其他荷载效应的基本组合的效应设计值应按下式计算：

$$S_d = \gamma_G S_{GE} + \gamma_{Eh} S_{Ehk} + \gamma_{Ev} S_{Evk} + \psi_w \gamma_w S_{wk} \tag{4.4.1}$$

式中：S_d——荷载和地震作用组合的效应设计值；

S_{GE}——重力荷载代表值的效应；

S_{Ehk}——水平地震作用标准值的效应，尚应乘以相应的增大系数、调整系数；

S_{Evk}——竖向地震作用标准值的效应，尚应乘以相应的增大系数、调整系数；

S_{wk}——风荷载标准值的效应；

γ_G——重力荷载分项系数，一般情况下应采用1.2，当重力荷载效应对构件承载力有利时，不应大于1.0；

γ_w——风荷载分项系数，应采用1.4；

γ_{Eh}——水平地震作用分项系数，应按现行国家标准《建筑抗震设计规范》GB 50011取值；

γ_{Ev}——竖向地震作用分项系数，应按现行国家标准《建筑抗震设计规范》GB 50011取值；

ψ_w——风荷载的组合值系数，一般结构取0.0，风荷载起控制作用的建筑应取0.2。

4.4.2 在罕遇地震作用下，结构构件的地震作用效应和其他荷载效应的基本组合的效应应按下式计算：

$$S_d = S_{GE} + \psi_e S_{Ek} + \psi_w S_{wk} \tag{4.4.2}$$

式中：S_{Ek}——罕遇地震作用标准值的效应；

ψ_e——地震作用的频率系数，一般结构取1.0。

4.4.3 结构构件截面抗震验算，应按现行国家标准《建筑抗震设计规范》GB 50011执行；当进行罕遇地震作用下的抗震验算时，结构构件承载力抗震调整系数均应采用1.0。

5 消能器的技术性能

5.1 一般要求

5.1.1 消能器的设计使用年限不宜小于建筑物的设计使用年限，当消能器设计使用年限小于建筑物的设计使用年限时，消能器达到使用年限应及时检测，重新确定消能器使用年限或更换。

5.1.2 消能器应具有良好的抗疲劳、抗老化性能，消能器工作环境应满足现行行业标准《建筑消能阻尼器》JG/T 209的要求，不满足时应作保温、除湿等相应处理。

5.1.3 消能器的外观应符合下列规定：

1 消能器外表应光滑，无明显缺陷。

2 消能器需要考虑防腐、防锈和防火时，应外涂防腐、防锈漆、防火涂料或进行其他相应处理，但不能影响消能器的正常工作。

3 消能器的尺寸偏差应符合本规程有关规定。

4 消能器外观应符合本规程有关规定。

5.1.4 消能器的性能应符合下列规定：

1 消能器中非消能构件的材料应达到设计强度要求，设计时荷载应按消能器1.5倍极限阻尼力选取，应保证消能器中构件在罕遇地震作用下都能正常工作。

2 消能器在要求的性能检测试验工况下，试验滞回曲线应平滑、无异常。

5.1.5 消能器应经过消能减震结构或子结构动力试验，验证消能器的性能和减震效果。

5.2 位移相关型消能器

Ⅰ 金属消能器

5.2.1 金属消能器的外观应符合下列规定：

1 金属消能器产品外观应标志清晰、表面平整、无锈蚀、无毛刺、无机械损伤，外表应采用防锈措施，涂层应均匀。

2　消能段与非消能段应光滑过渡，不应出现缺陷。

3　金属消能器尺寸偏差应为±2mm。

5.2.2　金属消能器的材料应符合下列规定：

1　金属消能器可采用钢材、铅等材料制作。

2　采用钢材制作的金属消能器的消能部分宜采用屈服点较低和高延伸率的钢材，钢板的厚度不宜超过80mm，钢棒直径根据实际情况确定，应具有较强的塑性变形能力和良好的焊接性能。

3　金属消能器中材料应符合现行行业标准《建筑消能阻尼器》JG/T 209的规定。

5.2.3　金属消能器的力学性能要求，应符合表5.2.3规定。

表5.2.3　金属消能器力学性能要求

	序号	项目	性能要求
常规性能	1	屈服荷载	每个产品的屈服荷载实测值允许偏差应为屈服荷载设计值的±15%；实测值偏差的平均值应为设计值的±10%
	2	屈服位移	每个实测产品屈服位移的实测值偏差应为设计值的±15%；实测值偏差的平均值应为设计值的±10%
	3	屈服后刚度	每个实测产品屈服后刚度的实测值偏差应为设计值的±15%；实测值偏差的平均值应为设计值的±10%
	4	极限荷载	每个实测产品极限荷载的实测值偏差应为设计值的±15%；实测值偏差的平均值应为设计值的±10%
常规性能	5	极限位移	每个实测产品极限位移值不应小于极限位移设计值
	6	滞回曲线面积	任一循环中滞回曲线包络面积实测值偏差应为产品设计值的±15%；产品实测值偏差的平均值应为设计值的±10%
疲劳性能	1	阻尼力	实测产品在设计位移下连续加载30圈，任一个循环的最大、最小阻尼力应为所有循环的最大、最小阻尼力平均值的±15%
	2	滞回曲线	1）实测产品在设计位移下连续加载30圈，任一个循环中位移在零时的最大、最小阻尼力应为所有循环中位移在零时的最大、最小阻尼力平均值的±15%； 2）实测产品在设计位移下，任一个循环中阻尼力在零时的最大、最小位移应为所有循环中阻尼力在零时的最大、最小位移平均值的±15%
	3	滞回曲线面积	实测产品在设计位移下连续加载30圈，任一个循环的滞回曲线面积应为所有循环的滞回曲线面积平均值的±15%

5.2.4　金属消能器整体稳定和局部稳定应符合现行国家标准《钢结构设计规范》GB 50017的规定，消能器在消能方向运动时，平面外应具有足够的刚度，不能产生翘曲和侧向失稳。

Ⅱ　摩擦消能器

5.2.5　摩擦消能器的外观应符合下列规定：

1　摩擦消能器产品外观应标志清晰、表面平整、无机械损伤、外表应采用防锈措施，涂层应均匀。

2　摩擦消能器尺寸偏差应为±2mm。

5.2.6　摩擦消能器的材料应符合下列规定：

1　摩擦材料可采用复合摩擦材料、金属类摩擦材料和聚合物类摩擦材料等。

2　摩擦消能器的性能主要由预压力和摩擦片的动摩擦系数确定，摩擦型消能器在正常使用过程中预压力变化不宜超过初始值的10%。

3　摩擦消能器预压螺栓宜采用高强度螺栓，高强度螺栓的数量n可由下式确定，且不应少于2个：

$$n \geqslant \frac{1.2F_{\mathrm{dmax}}}{0.9n_{\mathrm{f}}\mu P} \tag{5.2.6}$$

式中：n_{f}——传力摩擦面数；

μ——摩擦面的抗滑移系数，可按表5.2.6-1采用；

P——每个高强度螺栓的预拉力（kN），可按表5.2.6-2采用；

F_{dmax}——摩擦消能器最大阻尼力（kN）。

表5.2.6-1　摩擦面的抗滑移系数μ值

连接处构件表面处理方法	构件的钢号		
	Q235	Q345	Q390
喷砂（丸）	0.45	0.50	0.55
喷砂（丸）后涂无机富锌漆	0.35	0.40	0.40
喷砂（丸）后生赤锈	0.45	0.50	0.50
钢丝刷消除浮锈或未经处理的干净轧制表面	0.30	0.35	0.40

表5.2.6-2　每个高强度螺栓预拉力P值（kN）

螺栓性能等级	螺栓规格					
	M16	M20	M22	M24	M27	M30
8.8级	80	125	150	175	230	280
10.9级	100	155	190	225	290	355

4　摩擦消能器中采用的摩擦材料应具有稳定的摩擦系数，不应生锈，并应满足消能器预压力作用下的强度要求。

5　摩擦消能器中的受力元件应具有足够的刚度，不能产生翘曲和侧向失稳。

5.2.7　摩擦消能器力学性能要求，应符合表5.2.7规定。

表5.2.7　摩擦消能器力学性能要求

	序号	项目	性能要求
常规性能	1	起滑阻尼力	每个产品起滑阻尼力的实测值偏差应为设计值的±15%；实测值偏差的平均值应为设计值的±10%

续表 5.2.7

	序号	项目	性能要求
常规性能	2	起滑位移	每个产品起滑位移的实测值偏差应为设计值的±15%；实测值偏差的平均值应为设计值的±10%
	3	初始刚度	每个产品初始刚度的实测值偏差应为设计值的±15%；实测值偏差的平均值应为设计值的±10%
	4	极限荷载	每个产品极限荷载的实测值偏差应为设计值的±15%；实测值偏差的平均值应为设计值的±10%
	5	极限位移	每个实测产品极限位移值不应小于极限位移设计值
	6	滞回曲线面积	任一循环中滞回曲线包络面积实测值偏差应为设计值的±15%；实测值偏差的平均值应为设计值的±10%
疲劳性能	1	摩擦荷载	实测产品在设计位移下连续加载30圈，任一个循环的最大、最小阻尼力应为所有循环的最大、最小阻尼力平均值的±15%
	2	滞回曲线	1) 实测产品在设计位移下连续加载30圈，任一个循环中位移在零时的最大、最小阻尼力应为所有循环中位移在零时的最大、最小阻尼力平均值的±15%； 2) 实测产品在设计位移下，任一个循环中阻尼力在零时的最大、最小位移应为所有循环中阻尼力在零时的最大、最小位移平均值的±15%
	3	滞回曲线面积	实测产品在设计位移下连续加载30圈，任一个循环的滞回曲线面积应为所有循环的滞回曲线面积平均值的±15%

5.2.8 摩擦消能器宜实施保养，定期检查摩擦片的氧化、磨耗和锈蚀。

5.3 速度相关型消能器

Ⅰ 黏滞消能器

5.3.1 黏滞消能器的外观应符合下列规定：

1 黏滞消能器产品外观应表面平整、无机械损伤、外表应采用防锈措施，涂层应均匀。

2 黏滞消能器密封处制作精细、无渗漏。

3 黏滞消能器各构件尺寸允许偏差应为产品设计值的±2%。

5.3.2 黏滞消能器的材料应符合现行行业标准《建筑消能阻尼器》JG/T 209的规定。

5.3.3 黏滞消能器力学性能要求，应符合表5.3.3的规定。

5.3.4 黏滞消能器的疲劳性能要求，应符合表5.3.4的规定，并且消能器在试验后应无渗漏、无裂纹。

表 5.3.3 黏滞消能器力学性能要求

序号	项目	性能要求
1	极限位移	每个产品极限位移实测值不应小于极限位移设计值
2	最大阻尼力	每个产品最大阻尼力的实测值偏差应为设计值的±15%；实测值偏差的平均值应为设计值的±10%
3	极限速度	每个产品极限速度的实测值不应小于极限速度设计值
4	阻尼指数	每个产品阻尼指数的实测值偏差应为设计值的±15%；实测值偏差的平均值应为设计值的±10%
5	滞回曲线面积	任一循环中滞回曲线包络面积实测值偏差应为设计值的±15%；实测值偏差的平均值应为设计值的±10%

表 5.3.4 黏滞消能器疲劳性能要求

项目		性能要求
疲劳性能	阻尼指数	每个产品阻尼指数的实测值偏差应为设计值的±15%
	最大阻尼力	实测产品在设计速度下连续加载30圈，任一个循环的最大、最小阻尼力应为所有循环的最大、最小阻尼力平均值的±15%
	滞回曲线	1) 实测产品在设计速度下连续加载30圈，任一个循环中位移在零时的最大、最小阻尼力应为所有循环中位移在零时的最大、最小阻尼力平均值的±15%； 2) 实测产品在设计速度下连续加载30圈，任一个循环中阻尼力在零时的最大、最小位移应为所有循环中阻尼力在零时的最大、最小位移平均值的±15%
	滞回曲线面积	实测产品在设计速度下连续加载30圈，任一个循环的滞回曲线面积应为所有循环的滞回曲线面积平均值的±15%

5.3.5 黏滞消能器的其他性能要求，应符合下列规定：

1 黏滞消能器应进行慢速试验和1.5倍最大阻尼力的静力过载试验，在极限位移及过载作用下消能器不应出现渗漏、屈服或破损等现象。

2 黏滞消能器在-20℃～40℃下，在$1.0f_1$测试频率下，输入位移采用公式（5.3.5-1），每隔10℃记录消能器的最大阻尼力的实测值偏差应为设计值的±15%。

$$\Delta u = \Delta u_0 \sin(2\pi f_1 t) \qquad (5.3.5\text{-}1)$$

式中：f_1——消能减震结构的第一自振频率（Hz）；

Δu_0——黏滞消能器设计位移（m）。

3 黏滞消能器在$0.4f_1$、$0.7f_1$、$1.0f_1$、$1.3f_1$、$1.6f_1$测试频率，输入位移采用公式（5.3.5-2），其最大阻尼力的实测值偏差应为设计值的±15%。

$$\Delta u = \Delta u_0 f_1 / f \qquad (5.3.5\text{-}2)$$

式中：f——加载频率（Hz）。

Ⅱ 黏弹性消能器

5.3.6 黏弹性消能器的外观应符合下列规定：

1 要求黏弹性消能器钢板应平整、光滑、无锈蚀、无毛刺，涂刷防锈涂料两次，钢板坡口焊接，焊缝一级、平整。

2 黏弹性材料表面应密实、平整。

3 黏弹性材料与薄钢板之间应密实、无裂缝。

4 黏弹性消能器的尺寸偏差应满足下列要求：

1）黏弹性消能器钢构件和黏弹性层长宽的尺寸允许偏差应为产品设计值的±2%。

2）黏弹性层厚度允许偏差应为产品设计值的±3%，不同地方厚度允许偏差应为±5%。

5.3.7 黏弹性材料性能要求应符合现行行业标准《建筑消能阻尼器》JG/T 209的规定，钢材质量指标应符合现行国家标准《碳素结构钢》GB/T 700中碳素结构钢或低合金钢的规定。

5.3.8 在同种测量频率和温度下黏弹性消能器力学性能要求，应符合表5.3.8的规定。

表5.3.8 黏弹性消能器力学性能要求

序号	项　目	性　能　要　求
1	极限应变	每个产品极限位移实测值不应小于极限位移设计值
2	最大阻尼力	每个产品最大阻尼力的实测值偏差应为设计值的±15%；实测值偏差的平均值应为设计值的±10%
3	表观剪切模量	每个产品表观剪切模量的实测值偏差应为设计值的±15%；实测值偏差的平均值应为设计值的±10%
4	损耗因子	每个产品损耗因子的实测值偏差应为设计值的±15%；实测值偏差平均值应为设计值的±10%
5	滞回曲线面积	任一循环中滞回曲线包络面积实测值偏差应为设计值的±15%；实测值偏差的平均值应为设计值的±10%

5.3.9 在同种测量频率和温度下黏弹性消能器耐久性能要求（包括老化性能、疲劳性能），应符合表5.3.9的规定。

表5.3.9 黏弹性消能器耐久性能要求

	序号	项　目	性　能　要　求
老化性能	1	变形	变化率应为±15%
	2	最大阻尼力、表观剪切模量、损耗因子	变化率应为±15%
	3	外观	目视无变化
疲劳性能	1	变形	变化率应为±15%
	2	外观	目视无变化
	3	表观剪切模量、损耗因子	变化率应为±15%
	4	最大阻尼力	实测产品在设计位移下连续加载30圈，任一个循环的最大、最小阻尼力应为所有循环的最大、最小阻尼力平均值的±15%
	5	滞回曲线	1）实测产品在设计位移下连续加载30圈，任一个循环中位移在零时的最大、最小阻尼力应为所有循环中位移在零时的最大、最小阻尼力平均值的±15%； 2）实测产品在设计位移下连续加载30圈，任一个循环中阻尼力在零时的最大、最小位移应为所有循环中阻尼力在零时的最大、最小位移平均值的±15%
	6	滞回曲线面积	实测产品在设计位移下连续加载30圈，任一个循环的滞回曲线面积应为所有循环的滞回曲线面积平均值的±15%

5.3.10 黏弹性消能器在−20℃～40℃下，在 $1.0f_1$ 测试频率下，输入位移采用公式（5.3.5-1），每隔10℃记录消能器最大阻尼力的实测值偏差应为设计值±15%。

5.4 屈曲约束支撑

5.4.1 屈曲约束支撑根据需求可采用外包钢管混凝土型屈曲约束支撑、外包钢筋混凝土型屈服约束支撑和全钢型屈曲约束支撑等。

5.4.2 屈曲约束支撑核心单元应符合下列规定：

1 核心单元的材料宜采用屈服点低和高延伸率的钢材。

2 核心单元截面可设计成"一"字形、"H"字形、"十"字形、环形和双"一"字形等，宽厚比或径厚比限值应符合下列规定：

1）一字形板截面宽厚比取10～20；

2）十字形截面宽厚比取5～10；

3）环形截面径厚比不宜超过22；

4）其他截面形式，取现行国家标准《建筑抗震设计规范》GB 50011中心支撑的径厚比或宽厚比的限值。

3 核心单元截面采用"一"字形、"十"、"H"字形和环形时，钢板厚度宜为10mm～80mm。

5.4.3 屈曲约束支撑外约束单元应具有足够的抗弯刚度。

5.4.4 屈曲约束支撑连接段及过渡段的板件应保证不发生局部失稳破坏。

5.4.5 屈曲约束支撑的钢材选用应满足现行国家标准《金属材料 拉伸试验 第1部分：室温试验方法》GB/T 228.1和《金属材料 室温压缩试验方法》GB/T 7314的规定，混凝土材料等级不宜小于C25。

5.4.6 屈曲约束支撑在多遇地震作用下进入消能工作状态时，其力学性能应符合表5.4.6的规定。屈曲约束支撑在多遇地震作用下不进入消能工作状态时，其力学性能应符合现行国家标准《建筑抗震设计规范》GB 50011的规定。

表5.4.6 屈曲约束支撑在多遇地震作用下进入消能工作状态时力学性能要求

	序号	项目	性能要求
常规性能	1	屈服荷载	每个产品屈服荷载的实测值偏差应为设计值的±15%；实测值偏差的平均值应为设计值的±10%
常规性能	2	屈服位移	每个产品屈服位移的实测值偏差应为设计值的±15%；实测值偏差的平均值应为设计值的±10%
常规性能	3	屈服后刚度	每个产品屈服后刚度的实测值偏差应为设计值的±15%；实测值偏差的平均值应为设计值的±10%
常规性能	4	极限荷载	每个产品极限荷载的实测值偏差应为设计值的±15%；实测值偏差的平均值应为设计值的±10%
常规性能	5	极限位移	每个产品极限位移的实测值不应小于极限位移设计值
常规性能	6	滞回曲线面积	任一循环中滞回曲线包络面积实测值偏差应为设计值的±15%；实测值偏差的平均值应为设计值的±10%
疲劳性能	1	阻尼力	实测产品在设计位移下连续加载30圈，任一个循环的最大、最小阻尼力应为所有循环的最大、最小阻尼力平均值的±15%
疲劳性能	2	滞回曲线	1）实测产品在设计位移下连续加载30圈，任一个循环中位移在零时的最大、最小阻尼力应为所有循环中位移在零时的最大、最小阻尼力平均值的±15%； 2）实测产品在设计位移下，任一个循环中阻尼力在零时的最大、最小位移应为所有循环中阻尼力在零时的最大、最小位移平均值的±15%
疲劳性能	3	滞回曲线面积	实测产品在设计位移下连续加载30圈，任一个循环的滞回曲线面积应为所有循环的滞回曲线面积平均值的±15%

5.5 复合型消能器

5.5.1 复合型消能器的外观和材料应满足本规程第5.2和5.3节规定。

5.5.2 复合型消能器性能应根据位移相关型消能器和速度相关型消能器的性能综合考虑确定。

5.6 消能器性能检验与性能参数确定

5.6.1 消能器性能检验的检验批划分，应符合下列规定：

1 对黏滞消能器，抽检数量不少于同一工程同一类型同一规格数量的20%，且不应少于2个，检测合格率为100%，该批次产品可用于主体结构。检测合格后，消能器若无任何损伤、力学性能仍满足正常使用要求时，可用于主体结构。

2 对黏弹性消能器，抽检数量不少于同一工程同一类型同一规格数量的3%，当同一类型同一规格的消能器数量较少时，可在同一类型消能器中抽检总数量的3%，但不应少于2个，检测合格率为100%，该批次产品可用于主体结构。检测后的消能器不应用于主体结构。

3 对摩擦消能器、金属消能器和复合型消能器，抽检数量不少于同一工程同一类型同一规格数量的3%，当同一类型同一规格的消能器数量较少时，可在同一类型消能器中抽检总数量的3%，但不应少于2个，检测合格率为100%，该批次产品可用于主体结构。检测后的消能器不应用于主体结构。

4 对屈曲约束支撑，抽检数量不少于同一工程同一类型同一规格数量的3%，当同一类型同一规格的消能器数量较少时，可在同一类的屈曲约束支撑中抽检总数量的3%，但不应少于2个，检验支撑的工作性能和拉压反复荷载作用下的滞回性能，检测合格率为100%，该批次产品可用于主体结构。检测后的屈曲约束支撑不应用于主体结构。

5.6.2 产品检测合格率未达到100%，应在同批次抽检产品数量加倍抽检；加倍抽检的检测合格率为100%，该批次产品可用于主体结构；加倍抽检的检测合格率仍未达到100%，该批次消能器不能在主体结构中使用。

5.6.3 根据试验数据确定消能器的性能参数应符合下列规定：

1 位移相关型消能器及屈曲约束支撑的性能参数应按下列公式计算：

$$F_d = K_{eff}\Delta u \qquad (5.6.3\text{-}1)$$

$$K_{eff} = \frac{|F_d^+| + |F_d^-|}{|\Delta u^+| + |\Delta u^-|} \qquad (5.6.3\text{-}2)$$

式中：K_{eff}——消能器有效刚度（kN/m）；

F_d——消能器在相应位移下的阻尼力（kN）；

F_d^+、F_d^-——分别为消能器在相应位移时的正向阻尼力和负向阻尼力（kN）；

Δu——沿消能方向消能器的位移（m）；

Δu^+、Δu^-——分别为沿消能方向消能器的正向位移和负向位移值（m）。

2 黏滞消能器的性能参数应按下列公式计算：

$$F_d = C|\Delta\dot{u}|^\alpha \operatorname{sgn}(\Delta\dot{u}) \qquad (5.6.3\text{-}3)$$

$$C = \frac{4W_c}{\pi\omega_1(|\Delta u^+| + |\Delta u^-|)^2} \qquad (5.6.3\text{-}4)$$

式中：α——黏滞消能器阻尼指数；

C——消能器阻尼系数[kN/(m·s)]；

ω_1——试验加载圆频率；

W_c——消能器在相应加载位移时滞回曲线所围的面积（N·m）；

Δu^+、Δu^-——分别为沿消能方向消能器的正向位移和负向位移值（m）；

$\Delta\dot{u}$——沿消能方向消能器的相对速度（m/s）。

3 黏弹性消能器的性能参数应按下列公式计算：

$$F_d = K_{eff}\Delta u + C\Delta\dot{u} \qquad (5.6.3\text{-}5)$$

$$K_{eff} = \frac{|F_d^+| + |F_d^-|}{|\Delta u^+| + |\Delta u^-|} \qquad (5.6.3\text{-}6)$$

$$C = \frac{4W_c}{\pi\omega_1(|\Delta u^+| + |\Delta u^-|)^2} \qquad (5.6.3\text{-}7)$$

式中：K_{eff}——消能器有效刚度（kN/m）。

6 消能减震结构设计

6.1 一 般 规 定

6.1.1 消能减震结构设计应保证主体结构符合现行国家标准《建筑抗震设计规范》GB 50011的规定；楼（屋）盖宜满足平面内无限刚性的要求。当楼（屋）盖平面内无限刚性要求不满足时，应考虑楼（屋）盖平面内的弹性变形，并建立符合实际情况的力学分析模型。抗震计算分析模型应同时包括主体结构与消能部件。

6.1.2 当在垂直相交的两个平面内布置消能器，且分别按不同水平方向进行结构地震作用分析时，应考虑相交处的柱在双向地震作用下的受力。

6.1.3 消能减震结构的高度超过现行国家标准《建筑抗震设计规范》GB 50011规定时，应进行专项研究。

6.1.4 消能减震结构构件设计时，应考虑消能部件引起的柱、墙、梁的附加轴力、剪力和弯矩作用。

6.2 消能部件布置原则

6.2.1 消能部件的布置应符合下列规定：

1 消能部件的布置宜使结构在两个主轴方向的动力特性相近。

2　消能部件的竖向布置宜使结构沿高度方向刚度均匀。

3　消能部件宜布置在层间相对位移或相对速度较大的楼层，同时可采用合理形式增加消能器两端的相对变形或相对速度的技术措施，提高消能器的减震效率。

4　消能部件的布置不宜使结构出现薄弱构件或薄弱层。

6.2.2　消能部件的布置宜使消能减震结构的设计参数符合下列规定：

1　采用位移相关型消能器时，各楼层的消能部件有效刚度与主体结构层间刚度比宜接近，各楼层的消能部件水平剪力与主体结构的层间剪力和层间位移的乘积之比的比值宜接近。

2　采用黏滞消能器时，各楼层的消能部件的最大阻尼力与主体结构的层间剪力与层间位移的乘积之比的比值宜接近。

3　采用黏弹性消能器时，各楼层的消能部件刚度与结构层间刚度的比值宜接近，各楼层的消能部件零位移时的阻尼力与主体结构的层间剪力与层间位移的乘积之比的比值宜接近。

4　消能减震结构布置消能部件的楼层中，消能器的最大阻尼力在水平方向上分量之和不宜大于楼层层间屈服剪力的60%。

6.3　消能部件设计及附加阻尼比

6.3.1　消能部件的设计参数应符合下列规定：

1　位移相关型消能器与斜撑、支墩等附属构件组成消能部件时，消能部件的恢复力模型参数应符合下式规定：

$$\Delta u_{py}/\Delta u_{sy} \leqslant 2/3 \tag{6.3.1-1}$$

式中：Δu_{py}——消能部件在水平方向的屈服位移或起滑位移（m）；

Δu_{sy}——设置消能部件的主体结构层间屈服位移（m）。

2　黏弹性消能器的黏弹性材料总厚度应符合下式规定：

$$t_v \geqslant \Delta u_{dmax}/[\gamma] \tag{6.3.1-2}$$

式中：t_v——黏弹性消能器的黏弹性材料总厚度（m）；

Δu_{dmax}——沿消能方向消能器的最大可能的位移（m）；

$[\gamma]$——黏弹性材料允许的最大剪切应变。

3　速度线性相关型消能器与斜撑、墙体（支墩）或梁等支承构件组成消能部件时，支承构件沿消能器消能方向的刚度应符合下式规定：

$$K_b \geqslant 6\pi C_D/T_1 \tag{6.3.1-3}$$

式中：K_b——支撑构件沿消能器消能方向的刚度（kN/m）；

C_D——消能器的线性阻尼系数[kN/(m·s)]；

T_1——消能减震结构的基本自振周期（s）。

6.3.2　消能部件附加给结构的实际有效刚度和有效阻尼比，可按下列方法确定：

1　位移相关型消能部件和非线性速度相关型消能部件附加给结构的有效刚度可采用等价线性化方法确定。

2　消能部件附加给结构的有效阻尼比可按下式计算：

$$\zeta_d = \sum_{j=1}^{n} W_{cj}/4\pi W_s \tag{6.3.2-1}$$

式中：ζ_d——消能减震结构的附加有效阻尼比；

W_{cj}——第j个消能部件在结构预期层间位移Δu_j下往复循环一周所消耗的能量（kN·m）；

W_s——消能减震结构在水平地震作用下的总应变能（kN·m）。

3　不计及扭转影响时，消能减震结构在水平地震作用下的总应变能，可按下式计算：

$$W_s = \Sigma F_i u_i/2 \tag{6.3.2-2}$$

式中：F_i——质点i的水平地震作用标准值（一般取相应于第一振型的水平地震作用即可，kN）；

u_i——质点i对应于水平地震作用标准值的位移（m）。

4　速度线性相关型消能器在水平地震作用下所往复一周所消耗的能量，可按下式计算：

$$W_{cj} = (2\pi^2/T_1)\Sigma C_j \cos^2(\theta_j)\Delta u_j^2 \tag{6.3.2-3}$$

式中：T_1——消能减震结构的基本自振周期（s）；

C_j——第j个消能器由试验确定的线性阻尼系数[kN/(m·s)]；

θ_j——第j个消能器的消能方向与水平面的夹角（°）；

Δu_j——第j个消能器两端的相对水平位移（m）。

当消能器的阻尼系数和有效刚度与结构振动周期有关时，可取相应于消能减震结构基本自振周期的值。

5　非线性黏滞消能器在水平地震作用下往复循环一周所消耗的能量，可按下式计算：

$$W_{cj} = \lambda_1 F_{djmax}\Delta u_j \tag{6.3.2-4}$$

式中：λ_1——阻尼指数的函数，可按表6.3.2取值；

F_{djmax}——第j个消能器在相应水平地震作用下的最大阻尼力（kN）。

6　位移相关型和速度非线性相关型消能器在水平地震作用下往复循环一周所消耗的能量，可按下式计算：

表 6.3.2 λ_1 值

阻尼指数 α	λ_1 值
0.25	3.7
0.50	3.5
0.75	3.3
1	3.1

注：其他阻尼指数对应的 λ_1 值可线性插值。

$$W_{cj} = \Sigma A_j \quad (6.3.2\text{-}5)$$

式中：A_j——第 j 个消能器的恢复力滞回环在相对水平位移 Δu_j 时的面积（kN·m）。

6.3.3 采用振型分解反应谱法分析时，结构有效阻尼比可采用附加阻尼比的迭代方法计算。

6.3.4 采用时程分析法计算消能器附加给结构的有效阻尼比时，消能器两端的相对水平位移 Δu_{dj}、质点 i 的水平地震作用标准值 F_i、质点 i 对应于水平地震作用标准值的位移 u_i，应采用符合本规程第 4.1.4 条规定的时程分析结果的包络值。分析出的阻尼比和结构地震反应的结果应符合本规程第 4.1.4 条的规定。

6.3.5 采用静力弹塑性分析方法时，计算模型中消能器宜采用第 4 章给出的恢复力模型，并由实际分析计算获得消能器附加给结构的有效阻尼比，不能采用预估值。位移相关型消能器可采用等刚度的杆单元代替，并根据消能器的力学特性于该杆单元上设置塑性铰，以模拟位移相关型消能器的力学特性。

6.3.6 消能减震结构在多遇和罕遇地震作用下的总阻尼比应分别计算，消能部件附加给结构的有效阻尼比超过 25%时，宜按 25%计算。

6.4 主体结构设计

6.4.1 主体结构的截面抗震验算应符合下列规定：

1 主体结构的截面抗震验算，应按现行国家标准《建筑抗震设计规范》GB 50011 的规定执行。

2 振型分解反应谱法计算地震作用效应时，宜按多遇地震作用下消能器的附加阻尼比取值。

6.4.2 消能子结构的截面抗震验算宜符合下列规定：

1 消能子结构中梁、柱、墙构件宜按重要构件设计，并应考虑罕遇地震作用效应和其他荷载作用标准值的效应，其值应小于构件极限承载力。

2 消能子结构中的梁、柱和墙截面设计应考虑消能器在极限位移或极限速度下的阻尼力作用。

3 消能部件采用高强度螺栓或焊接连接时，消能子结构节点部位组合弯矩设计值应考虑消能部件端部的附加弯矩。

4 消能子结构的节点和构件应进行消能器极限位移和极限速度下的消能器引起的阻尼力作用下的截面验算。

5 当消能器的轴心与结构构件的轴线有偏差时，结构构件应考虑附加弯矩或因偏心而引起的平面外弯曲的影响。

6.4.3 消能减震结构的抗震变形验算应符合下列规定：

1 消能减震结构的弹性层间位移角限值应按现行国家标准《建筑抗震设计规范》GB 50011 取值。

2 消能减震结构的弹塑性层间位移角限值不应大于现行国家标准《建筑抗震设计规范》GB 50011 规定的限值要求。

6.4.4 主体结构的构造措施应符合下列规定：

1 主体结构的抗震等级应按现行国家标准《建筑抗震设计规范》GB 50011 取值。

2 当消能减震结构的抗震性能明显提高时，主体结构的抗震构造措施要求可适当降低，降低程度可根据消能减震主体结构地震剪力与不设置消能部件的结构的地震剪力之比确定，最大降低程度应控制在 1 度以内。

6.4.5 消能部件子结构的构造措施应符合下列规定：

1 消能部件子结构的抗震构造措施要求应按设防烈度要求执行。

2 消能部件子结构为混凝土或型钢混凝土构件时，构件的箍筋加密区长度、箍筋最大间距和箍筋最小直径，应满足国家现行标准《混凝土结构设计规范》GB 50010 和《高层建筑混凝土结构技术规程》JGJ 3 的要求；消能部件子结构为剪力墙时，其端部宜设暗柱，其箍筋加密区长度、箍筋最大间距和箍筋最小直径，不应低于国家现行标准《混凝土结构设计规范》GB 50010 和《高层建筑混凝土结构技术规程》JGJ 3 中框架柱的要求。

3 消能部件子结构为钢结构构件时，钢梁、钢柱节点的构造措施应按国家现行标准《钢结构设计规范》GB 50017 和《高层民用建筑钢结构技术规程》JGJ 99 中中心支撑的要求确定。

6.5 消能减震结构抗震性能化设计

6.5.1 消能减震结构应结合建筑实际需求选择性能水准和性能目标。

6.5.2 消能减震结构的性能水准的判别可按表 6.5.2 确定。

表 6.5.2 消能减震结构的性能水准的判别

破坏级别	损坏部位描述			继续使用的可能性	变形参考值
	竖向构件	关键构件	消能部件		
基本完好（含完好）	无损坏	无损坏	无损坏	一般不需要修理即可继续使用	$<[\Delta u_e]$
轻微损坏	个别轻微裂缝（或残余变形）	无损坏	无损坏	不需要修理或稍加修理仍可使用	$1.5[\Delta u_e] \sim 2[\Delta u_e]$

续表 6.5.2

破坏级别	损坏部位描述			继续使用的可能性	变形参考值
	竖向构件	关键构件	消能部件		
中等破坏	多数轻微裂缝(或残余变形)，部分明显裂缝(或残余变形)	轻微损坏	无损坏	需要一般修理，采取安全措施后可适当使用，检修消能部件	$3[\Delta u_e]\sim4[\Delta u_e]$
严重破坏	多数严重破坏或部分倒塌	明显裂缝(或残余变形)	轻微损坏	应排险大修，局部拆除，位移相关型消能器应更换，速度相关型根据检查情况确定是否更换	$<0.9[\Delta u_p]$
倒塌	多数倒塌	严重破坏	破坏	需拆除	$>[\Delta u_p]$

注：个别指5%以下，部分指30%以下，多数指50%以上。

中等破坏的变形参考值，取规范弹性和弹塑性位移角限值的平均值，轻微损坏取1/2平均值。

6.5.3 消能减震结构的抗震性能目标宏观判别可按表6.5.3确定。

表 6.5.3 消能减震结构的抗震性能目标宏观判别

地震水准	性能1	性能2	性能3	性能4
多遇地震	完好	完好	完好	完好
设防地震	完好，正常使用	基本完好，结构构件检修后继续使用，无需更换消能器	轻微损坏，结构构件简单修理后继续使用，无需更换消能器	轻微至接近中等损坏，结构构件需加固后才能使用，根据检修情况确定是否更换消能器
罕遇地震	基本完好，结构构件检修后继续使用，无需更换消能器	轻微至中等破坏，结构构件修复后继续使用，根据检修情况确定是否更换消能器	中等破坏，结构构件需加固后继续使用，根据检修情况确定是否更换消能器	接近严重破坏、大修，结构构件局部拆除，位移相关型消能器应更换、速度相关型消能器根据检查情况确定是否更换

6.5.4 不同性能目标的消能减震结构设计及模型计算应符合现行国家标准《建筑抗震设计规范》GB 50011 的规定。

7 消能部件的连接与构造

7.1 一 般 规 定

7.1.1 消能器与主体结构的连接一般分为：支撑型、墙型、柱型、门架式和腋撑型等，设计时应根据工程具体情况和消能器的类型合理选择连接形式。

7.1.2 当消能器采用支撑型连接时，可采用单斜支撑布置、"V"字形和人字形等布置，不宜采用"K"字形布置。支撑宜采用双轴对称截面，宽厚比或径厚比应满足现行行业标准《高层民用建筑钢结构技术规程》JGJ 99 的要求。

7.1.3 消能器与支撑、节点板、预埋件的连接可采用高强度螺栓、焊接或销轴，高强度螺栓及焊接的计算、构造要求应符合现行国家标准《钢结构设计规范》GB 50017 的规定。

7.1.4 预埋件、支撑和支墩、剪力墙及节点板应具有足够的刚度、强度和稳定性。

7.1.5 消能器的支撑或连接元件或构件、连接板应保持弹性。

7.1.6 与位移相关型或速度相关型消能器相连的预埋件、支撑和支墩、剪力墙及节点板的作用力取值应为消能器在设计位移或设计速度下对应阻尼力的1.2倍。

7.2 预埋件计算

7.2.1 预埋件的锚筋应按拉剪构件或纯剪构件计算总截面面积。

7.2.2 预埋件的锚筋和锚板设计应符合国家现行标准《混凝土结构设计规范》GB 50010 和《混凝土结构后锚固技术规程》JGJ 145 的规定。

7.3 支撑和支墩、剪力墙计算

7.3.1 支墩、剪力墙应按本规程第7.1.6条消能器附加的水平剪力进行截面验算。

7.3.2 支撑和支墩、剪力墙的计算长度应符合下列规定：

1 采用单斜消能部件时，支撑计算长度应取支撑与消能器连接处到主体结构预埋连接板连接中心处的距离。

2 采用人字形支撑时，支撑计算长度应取布置消能器水平梁平台底部到主体结构预埋连接板连接中心处的距离。

3 采用柱型支撑时，支撑计算长度应取消能器上连接板或下连接板到主体结构梁底或顶面的距离。

7.3.3 与速度线性相关型消能器连接的支撑、支墩、剪力墙的刚度应满足本规程第 6.3.1 条的要求，与其他类型消能器连接的支撑、支墩、剪力墙的刚度不宜小于消能器有效刚度的 2 倍。

7.4 节点板计算

7.4.1 节点板设计时应验算节点板构件的截面、节点板与预埋板间高强度螺栓或焊缝的强度。

7.4.2 节点板在抗拉、抗剪作用下的强度应按下列公式计算：

$$\sigma=\frac{N}{\Sigma(\eta_i A_i)}\leqslant f \qquad (7.4.2\text{-}1)$$

$$\eta_i=\frac{1}{\sqrt{1+2\cos^2\alpha_i}} \qquad (7.4.2\text{-}2)$$

式中：N——作用于节点板上消能器作用力，按本规程第 7.1.6 条的规定取值（kN）；

A_i——第 i 段破坏面的截面积，$A_i=tl_i$；当为螺栓连接时，应取净截面面积（m^2）；

η_i——第 i 段的拉剪折算系数；

f——钢材的抗拉和抗剪强度设计值（N/mm^2）；

α_i——第 i 段破坏线与拉力轴线的夹角；

t——板件厚度（mm）；

l_i——第 i 段破坏段的长度（mm），应取板件中最危险的破坏线的长度（图 7.4.2）。

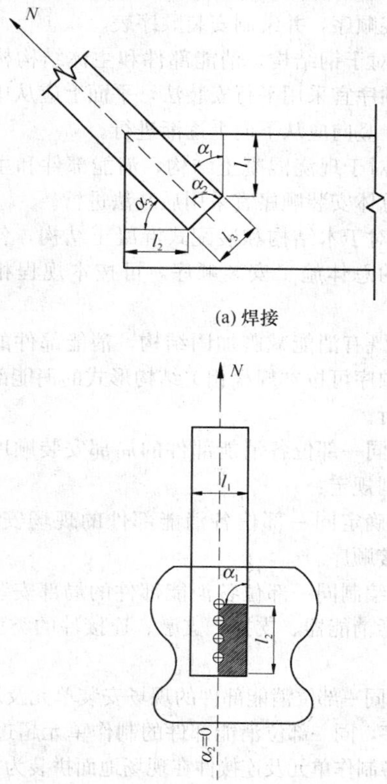

(a) 焊接

(b) 螺栓连接

图 7.4.2 节点板的拉、剪撕裂

7.4.3 节点板在压力作用下的稳定性，应符合下列规定：

1 对梁柱相交处有斜向支撑或消能器的节点，其节点板 c/t 不得大于 $22\sqrt{235/f_y}$。当 c/t 不大于 $15\sqrt{235/f_y}$ 时，可不进行稳定验算。否则，按本条第 3 款进行计算。

2 对框架梁上的节点，其节点板 c/t 不得大于 $17.5\sqrt{235/f_y}$。当 c/t 不大于 $10\sqrt{235/f_y}$ 时，节点板的稳定承载力可取为 $0.8b_e tf$；当 c/t 大于 $10\sqrt{235/f_y}$ 时，按本条第 3 款进行计算。

3 设有斜向支撑或消能器的节点板，在其轴向压力作用下，节点板 $\overline{BA}$、$\overline{AC}$ 和 $\overline{CD}$ 的稳定性应满足下列要求（图 7.4.3-1、图 7.4.3-2）：

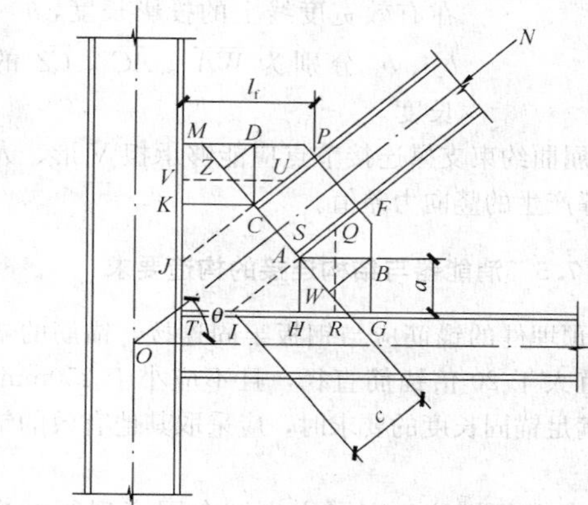

图 7.4.3-1 单斜撑节点板

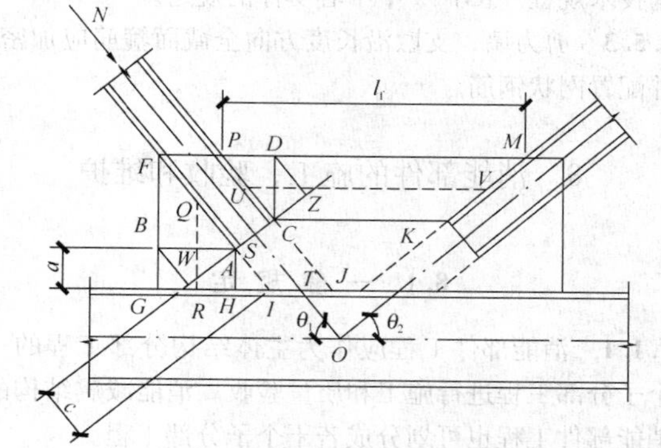

图 7.4.3-2 双斜撑节点板

$\overline{BA}$区：

$$\frac{b_1}{(b_1+b_2+b_3)}N\sin\theta_1\leqslant l_1 t_s\varphi_1 f \qquad (7.4.3\text{-}1)$$

$\overline{AC}$区：

$$\frac{b_2}{(b_1+b_2+b_3)}N\leqslant l_2 t_s\varphi_2 f \qquad (7.4.3\text{-}2)$$

$\overline{CD}$区：

$$\frac{b_3}{(b_1+b_2+b_3)}N\cos\theta_1\leqslant l_3 t_s\varphi_3 f \qquad (7.4.3\text{-}3)$$

式中： N——作用于节点板上的轴力（一般为消

能器的极限承载力，kN）；

t_s——节点板厚度（mm）；

l_1、l_2、l_3——分别为屈折线 $\overline{BA}$、$\overline{AC}$、$\overline{CD}$ 的长度（mm）；

φ_1、φ_2、φ_3——各受压区板件的轴心受压稳定系数，可按现行国家标准《钢结构设计规范》GB 50017 中 b 类截面查取；其相应的长细比分别为：$\lambda_1 = 2.77\dfrac{\overline{QR}}{t}$，$\lambda_2 = 2.77\dfrac{\overline{ST}}{t}$，$\lambda_3 = 2.77\dfrac{\overline{UV}}{t}$；式中 $\overline{QR}$、$\overline{ST}$、$\overline{UV}$ 为 $\overline{BA}$、$\overline{AC}$、$\overline{CD}$ 三区受压板件的中线长度；其中 $\overline{ST} = c$；b_1、b_2、b_3 为各屈折线段在有效宽度线上的投影长度，b_1、b_2、b_3 分别为 $\overline{WA}$、$\overline{AC}$、$\overline{CZ}$ 的长度。

7.4.4 屈曲约束支撑连接节点应能够承担 V 形、人字形支撑产生的竖向力差值。

7.5 消能器与结构连接的构造要求

7.5.1 预埋件的锚筋应与钢板牢固连接，锚筋的锚固长度宜大于 20 倍锚筋直径，且不应小于 250mm。当无法满足锚固长度的要求时，应采取其他有效的锚固措施。

7.5.2 支撑长细比、宽厚比应符合国家现行标准《钢结构设计规范》GB 50017 和《高层民用建筑钢结构技术规程》JGJ 99 中中心支撑的规定。

7.5.3 剪力墙、支墩沿长度方向全截面箍筋应加密，并配置网状钢筋。

8 消能部件的施工、验收和维护

8.1 一 般 规 定

8.1.1 消能部件工程应作为主体结构分部工程的一个子分部工程进行施工和质量验收。消能减震结构的消能部件工程也可划分成若干个子分部工程。

8.1.2 消能部件子分部工程的施工，宜根据本规程规定，结合主体结构的材料、体系、消能部件及施工条件，编制施工组织设计，确定施工技术方案。

8.1.3 消能部件子分部工程的施工作业，宜划分为二个阶段：消能部件进场验收和消能部件安装防护。消能器进场验收应提供下列资料：

1 消能器检验报告；

2 监理单位、建设单位对消能器检验的确认单。

8.1.4 消能部件尺寸、变形、连接件位置及角度、螺栓孔位置及直径、高强度螺栓、焊接质量、表面防锈漆等应符合设计文件规定。

8.2 消能部件进场验收

8.2.1 消能部件的制作单元，宜根据制作、安装和运输条件及消能部件的特点确定。

8.2.2 消能器进场验收时，应具有产品检验报告；消能器类型、规格、尺寸偏差和性能参数，应符合设计文件和现行行业标准《建筑消能阻尼器》JG/T 209 的规定。

8.2.3 消能器所用的钢材、焊接材料、紧固件和涂料，应具有质量合格证书，并应符合设计文件规定。

8.2.4 支撑或连接件等附属支承构件的制作单位应提供原材料、产品的质量合格证书。

8.3 消能部件的施工安装顺序

8.3.1 消能部件的施工安装顺序，应由设计单位、施工单位和消能器生产厂家共同商讨确定，并符合现行国家标准《混凝土结构工程施工质量验收规范》GB 50204 和《钢结构工程施工质量验收规范》GB 50205 的规定。

8.3.2 消能减震结构的施工安装顺序制定，应符合下列规定：

1 划分结构的施工流水段。

2 确定结构的消能部件及主体结构构件的总体施工顺序，并编制总体施工安装顺序表。

3 确定同一部位各消能部件及主体结构构件的局部安装顺序，并编制安装顺序表。

8.3.3 对于钢结构，消能部件和主体结构构件的总体安装顺序宜采用平行安装法，平面上应从中部向四周开展，竖向应从下向上逐渐进行。

8.3.4 对于现浇混凝土结构，消能部件和主体结构构件的总体安装顺序宜采用后装法进行。

8.3.5 对于木结构和装配式混凝土结构，各类构件或部件的总体施工安装顺序，可按本规程相关内容执行。

8.3.6 既有消能减震加固结构，消能部件的总体施工安装顺序可按本规程相关结构形式的消能部件安装方法进行。

8.3.7 同一部位各消能部件的局部安装顺序编制应符合下列规定：

1 确定同一部位各消能部件的现场安装单元、安装连接顺序。

2 编制同一部位各消能部件的局部安装连接顺序，包括消能器、支撑、支墩、连接件的类型、规格和数量。

8.3.8 同一部位消能部件的现场安装单元及局部安装连接顺序，同一部位消能部件的制作单元超过一个时，宜先将各制作单元及连接件在现场地面拼装为扩大安装单元后，再与主体结构进行连接。

消能部件的现场安装单元或扩大安装单元与主体

结构的连接，宜采用现场原位连接。

8.4 施工测量和消能部件的安装、校正

8.4.1 消能部件平面与标高的测量定位、施工测量放样和安装测量定位应符合国家现行标准《工程测量规范》GB 50026 和《建筑变形测量规范》JGJ 8 的要求。

8.4.2 消能部件安装前，准备工作应包括下列内容：

1 消能部件的定位轴线、标高点等应进行复查。

2 消能部件的运输进场、存储及保管应符合制作单位提供的施工操作说明书和国家现行有关标准的规定。

3 按照消能器制作单位提供的施工操作说明书的要求，应核查安装方法和步骤。

4 对消能部件的制作质量应进行全面复查。

8.4.3 消能部件安装的吊装就位、测量校正应符合设计文件的要求。

8.5 消能部件安装的焊接和紧固件连接

8.5.1 消能部件安装接头节点的焊接、螺栓连接，应符合设计文件和国家现行标准《钢结构焊接规范》GB 50661 及《钢结构高强度螺栓连接技术规程》JGJ 82 的规定。

8.5.2 消能部件采用铰接连接时，消能部件与销栓或球铰等铰接件之间的间隙应符合设计文件要求，当设计文件无要求时，间隙不应大于 0.3mm。

8.5.3 消能部件安装连接完成后，应符合下列规定：

1 消能器没有形状异常及损害功能的外伤。

2 消能器的黏滞材料、黏弹性材料未泄漏或剥落，未出现涂层脱落和生锈。

3 消能部件的临时固定件应予撤除。

8.6 施工安全和施工质量验收

8.6.1 消能部件的施工应符合国家现行标准《建筑施工高处作业安全技术规范》JGJ 80 和《建筑机械使用安全技术规程》JGJ 33 的有关规定，并根据消能部件的施工安装特点，在施工组织设计中制定施工安全措施。

8.6.2 消能部件子分部工程有关安全及功能的见证取样检测项目和检验项目可按表 8.6.2 的规定执行。

表 8.6.2 消能部件子分部工程有关安全及功能的见证取样检测项目和检验项目

项次	项目	抽检数量及检验方法	合格质量标准
1	见证取样送样检测项目：（1）消能部件钢材复验；（2）高强度螺栓预拉力和扭矩系数复验；（3）摩擦面抗滑移系数复验	《钢结构工程施工质量验收规范》GB 50205 的规定	《钢结构工程施工质量验收规范》GB 50205 的规定

续表 8.6.2

项次	项目	抽检数量及检验方法	合格质量标准
2	焊缝质量：（1）焊缝尺寸；（2）内部缺陷；（3）外观缺陷	一、二级焊缝按焊缝处数随机抽检 3%，且不应少于 3 处；检验采用超声波或射线探伤及量规、观察	《钢结构工程施工质量验收规范》GB 50205 的规定
3	高强度螺栓施工质量：（1）终拧扭矩；（2）梅花头检查	按节点数随机抽检 3%，且不应少于 3 个节点；检验方法应符合《钢结构工程施工质量验收规范》GB 50205 的规定	《钢结构工程施工质量验收规范》GB 50205 的规定
4	消能部件平面外垂直度	随机抽查 3 个部位的消能部件	符合设计文件及《钢结构工程施工质量验收规范》GB 50205 的规定

8.6.3 消能部件子分部工程观感质量检查项目可按表 8.6.3 的规定执行。

表 8.6.3 消能部件子分部工程观感质量检查项目

项次	项 目	抽检方法、数量	合格质量标准
1	消能部件的普通涂层表面	随机抽查 3 个部位的消能部件	均匀、无气泡、无皱纹
2	连接节点	随机抽查 10%	连接牢固，无明显外观缺陷
3	工作范围内的障碍物	随机抽查 10%	在工作范围内无障碍物

8.7 消能部件的维护

8.7.1 消能部件的检查根据检查时间或时机可分为定期检查和应急检查，根据检查方法可分为目测检查和抽样检验。

8.7.2 消能部件应根据消能器的类型、使用期间的具体情况、消能器设计使用年限和设计文件要求等进行定期检查。金属消能器、屈曲约束支撑和摩擦消能器在正常使用情况下可不进行定期检查；黏滞消能器和黏弹性消能器在正常使用情况下一般 10 年或二次装修时应进行目测检查，在达到设计使用年限时应进行抽样

检验。消能部件在遭遇地震、强风、火灾等灾害后应进行抽样检验。

8.7.3 消能器目测检查时，应观察消能器、支撑及连接构件等的外观、变形及其他问题。目测检查内容及维护方法应符合表8.7.3的规定。

表8.7.3 消能器检查内容及维护方法

序号	检查内容	维护方法
1	黏滞消能器的导杆上漏油，黏滞阻尼材料泄漏	更换消能器
2	黏弹性材料层龟裂、老化	更换消能器
3	金属消能器产生明显的累积损伤和变形	更换消能器
4	摩擦消能器的摩擦材料磨损、脱落，接触面施加压力的装置产生松弛	更换相关材料和压力装置
5	消能器连接部位的螺栓出现松动，或焊缝有损伤	拧紧、补焊
6	黏滞消能器的导杆、摩擦消能器的外露摩擦界面出现腐蚀、表面污垢硬化结斑结块	及时清除
7	消能器被涂装的金属表面外露、锈蚀或损伤，防腐或防火涂装层出现裂纹、起皮、剥落、老化等	重新涂装
8	消能器产生弯曲、局部变形	更换消能器
9	消能器周围存在可能限制消能器正常工作的障碍物	及时清除

8.7.4 支撑目测检查时，应检查支撑、连接部位变形和外观及其他问题等，目测检查内容及维护处理方法应符合表8.7.4的规定。

表8.7.4 支撑目测检查内容及维护处理方法

序号	目测检查内容	维护方法
1	出现弯曲、扭曲	更换支撑
2	焊缝有裂纹、螺栓、锚栓的螺母松动或出现间隙，连接件出现错动移位、松动等	拧紧、补焊
3	支撑和连接部位被涂装的金属表面、焊缝或紧固件表面上，出现金属外露、锈蚀或损伤等	重新涂装

8.7.5 消能部件抽样检验时，应在结构中抽取在役的典型消能器，对其基本性能进行原位测试或实验室测试，测试内容应能反映消能器在使用期间可能发生的性能参数变化，并应能推定可否达到预定的使用年限。

本规程用词说明

1 为便于在执行本规程条文时区别对待，对要求严格程度不同的用词说明如下：

1）表示很严格，非这样做不可的：
正面词采用"必须"，反面词采用"严禁"；

2）表示严格，在正常情况下均应这样做的：
正面词采用"应"，反面词采用"不应"或"不得"；

3）表示允许稍有选择，在条件许可时首先这样做的：
正面词采用"宜"，反面词采用"不宜"；

4）表示有选择，在一定条件下可以这样做的，采用"可"。

2 条文中指明应按其他有关标准执行的写法为："应符合……的规定"或"应按……执行"。

引用标准名录

1《混凝土结构设计规范》GB 50010
2《建筑抗震设计规范》GB 50011
3《钢结构设计规范》GB 50017
4《建筑抗震鉴定标准》GB 50023
5《工程测量规范》GB 50026
6《混凝土结构工程施工质量验收规范》GB 50204
7《钢结构工程施工质量验收规范》GB 50205
8《钢结构焊接规范》GB 50661
9《金属材料 拉伸试验 第1部分：室温试验方法》GB/T 228.1
10《碳素结构钢》GB/T 700
11《金属材料 室温压缩试验方法》GB/T 7314
12《高层建筑混凝土结构技术规程》JGJ 3
13《建筑变形测量规范》JGJ 8
14《建筑机械使用安全技术规程》JGJ 33
15《建筑施工高处作业安全技术规范》JGJ 80
16《钢结构高强度螺栓连接技术规程》JGJ 82
17《高层民用建筑钢结构技术规程》JGJ 99
18《混凝土结构后锚固技术规程》JGJ 145
19《建筑消能阻尼器》JG/T 209

中华人民共和国行业标准

建筑消能减震技术规程

JGJ 297—2013

条 文 说 明

制 订 说 明

《建筑消能减震技术规程》JGJ 297-2013，经住房和城乡建设部2013年6月9日以第48号公告批准、发布。

本规程编制过程中，编制组对国内外消能减震技术的应用情况进行了广泛的调查研究，总结了我国消能减震建筑的设计、施工和验收领域的实践经验，同时参考了国外先进技术法规、技术标准，通过科学研究取得了能够反映我国当前消能减震建筑领域设计、施工和验收整体水平的重要技术参数。

为了便于广大设计、施工、科研、学校等单位有关人员在使用本规程时能正确理解和执行条文规定，《建筑消能减震技术规程》编制组按章、节、条顺序编制了本规程的条文说明，对条文规定的目的、依据以及执行中需注意的有关事项进行了说明，还着重对强制性条文的强制性理由作了解释。但是，本条文说明不具备与规程正文同等的法律效力，仅供使用者作为理解和把握规程规定的参考。

目　次

1 总　　则

1.0.1 消能减震结构是指在建筑结构的某些部位（如支撑、剪力墙、节点、联结缝或连接件、楼层空间、相邻建筑间、主附结构间等）设置了消能（阻尼）器（或元件）的建筑结构。消能减震结构由主体结构、消能器和支撑组成的消能部件及基础等组成。消能子结构是指与消能部件直接连接的主体结构单元（图1）。

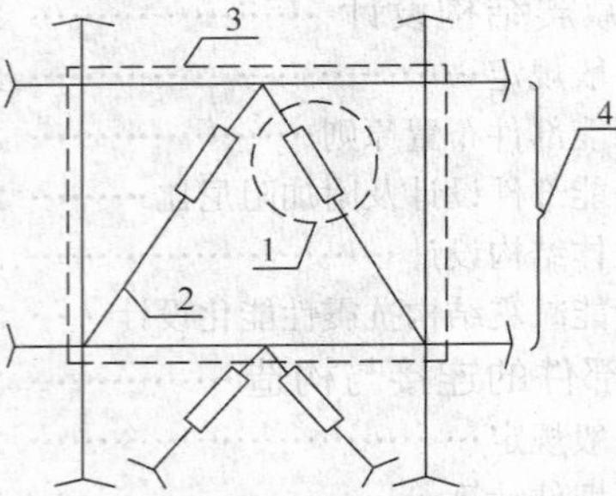

图1　消能减震结构示意

1—消能器；2—支撑；3—消能子结构；4—消能减震层

在地震作用下，消能减震结构通过设置的消能器产生摩擦，弯曲（或剪切、扭转）弹塑（或黏弹）性滞回变形来耗散或吸收地震输入结构中的能量，以减小主体结构的地震反应，与相应的非消能减震结构相比，消能减震结构可减少地震反应20%～40%左右，从而增加结构抗震能力，保护主体结构的安全。

在建筑结构中布置消能器以耗散地震输入结构的能量，是减轻地震反应和地震破坏的一种新技术和新方法。为了提高建筑抗震设计水准，推进消能减震技术的应用，制订本规程。

消能器一般属非承重构件，其功能仅在结构变形过程中发挥耗能作用，一般情况下不承担结构竖向荷载作用，即增设消能器不改变主体结构的竖向受力体系，故消能减震技术不受结构类型、形状、层数、高度等条件的限制，应用范围广。由于消能器是因两端产生相对速度或相对位移而产生滞回变形耗能的，相对运动速度越大或相对位移越大，耗能越多。一般来说，结构越高、越柔、跨度越大、变形越大，或抗震设防烈度越高，消能减震效果越显著，故消能减震技术尤其适用于高烈度区的各类建筑结构，以及使用功能有特殊要求的结构，如：首脑机关、救灾中心、纪念性建筑、特种医院、通信、消防、动力等重要建筑；从经济性、安全性和技术合理性角度考虑，应优先采用消能减震技术。

由于消能减震技术减震机理明确、减震效果显著，在施工过程中对用户的干扰较小，施工方便、施工周期短，对结构基础影响较小，因此，可用于既有建筑结构的抗震加固中。

国内外学者研制开发的消能器类型主要有：金属消能器、摩擦消能器、黏弹性消能器、黏滞消能器和复合型消能器等。我国及美国、日本、加拿大和意大利等国家已将消能器应用到新建建筑结构和既有建筑结构抗震加固工程中，取得了良好的经济和社会效益。

消能器的使用可能会减少结构造价，也可能增加结构造价。确定消能减震结构设计方案时，宜综合考虑抗震设防分类、抗震设防烈度、场地条件、使用功能等因素，对不同减震设计方案及传统抗震设计方案进行技术、经济的综合比较分析，确定最优消能减震技术方案，体现消能减震结构设计在提高结构抗震性能和经济性上的优势。

1.0.2 本规程的适用范围与现行国家标准《建筑抗震设计规范》GB 50011一致，在较低的设防区，一方面可能会发生特大的地震，如我国唐山地震、日本神户地震等；另一方面，亦会建有重要的建筑物，如医院、交通指挥中心等。因此，采用消能减震技术可起到主动耗散地震输入能量，有效保证建筑物具有良好的抗震性能。此外，消能减震技术应用于高烈度区更能显示其优越的减震效果和良好的经济效益和社会效益。在抗震设防烈度9度以上的地区也宜采用消能减震技术，可参照本规程进行设计，但应进行专门研究。

1.0.3 与传统抗震结构相比，消能减震结构能有效减小结构的地震反应20%～40%，在相同的结构可靠度下，采用消能减震技术能减小结构构件的截面尺寸和配筋率，达到节约材料，降低造价的目的；在同一结构中，采用消能减震技术可大大提高结构安全性、增加结构安全储备，但在我国目前经济水平下，尚难完全做到，因此，可合理利用消能减震技术实现降低建筑结构造价的目的；另一方面，结构中安装消能器后，不改变主体结构的竖向受力体系，因此，按本规程设计与施工的消能减震结构的设防目标，与现行国家标准《建筑抗震设计规范》GB 50011基本的抗震设防目标保持一致，即当遭受低于本地区抗震设防烈度的多遇地震影响时，消能部件正常工作，主体结构不受损坏或不需要修理可继续使用；当遭受相当于本地区抗震设防烈度的设防地震影响时，消能部件正常发挥功能，主体结构可能发生损坏，但经一般修理仍可继续使用；当遭受高于本地区抗震设防烈度的罕遇地震影响时，消能部件不应丧失功能，消能子结构不宜破坏到影响消能部件的功能发挥，主体结构不致倒塌或发生危及生命的严重破坏。

2 术语和符号

2.1 术 语

本节汇总了本规程所采用与消能减震结构设计相关的专门术语。本规程中采用的其他术语均符合现行国家标准《建筑结构设计术语和符号标准》GB/T 50083的规定。

2.2 符 号

本节汇总了本规程所采用的主要符号及其含义，按拉丁字母和希腊字母顺序排列。每个符号由主体符号或主体符号带上、下标构成。主体符号一般代表物理量，上、下标代表物理量以外的术语、说明语，用以进一步说明符号的涵义。本节未列出的其他符号及其含义均在各有关章节的条文中列出。

3 基 本 规 定

3.1 一 般 要 求

3.1.1 消能器可有效减少结构的水平地震作用，适用范围较广，可用于不同结构类型和高度的建筑结构中，同时消能器给结构附加一定的阻尼，可满足罕遇地震下预期的位移要求，对震后需抗震加固的建筑结构及由于抗震设防烈度提高而不能满足新抗震性能要求的建筑结构，在满足竖向承载力要求的情况下可采用消能减震技术来实现新的抗震设防要求。

结构中设置消能器的目的主要是为了减少消能减震结构在地震作用下的反应，降低结构构件的内力和变形。对于新建建筑结构，消能器若在设计地震作用下即发挥耗能作用，则可增加消能减震结构的总阻尼比，有利于降低结构构件的受力及变形，减小结构构件的截面尺寸，进而体现工程的经济性；若仅提高结构抗震性能，不减小结构构件的截面尺寸，不考虑工程经济性需求，则相同的抗震设防烈度下，结构的安全性能得到明显的提高。对于既有建筑结构采用消能减震技术进行抗震加固可解决既有建筑结构施工工程的难度、降低加固费用，并有效而可靠地提高结构的抗震性能。

3.1.2 消能减震结构主要由主体结构和消能部件组成，通过调整消能部件附加给结构的阻尼来实现消耗地震输入能量的目的，从而控制主体结构在不同设防目标下的反应，如主体结构保持弹性或部分构件进入弹塑性等。消能器不会改变主体结构的基本形式，主体结构设计仍按主体结构设计规范和标准执行，但增设消能器后，结构抗震安全性明显提高，可使结构更容易实现比现有的规范更高的设防目标，可采用性能化的抗震设计方法对结构进行设计。

现行国家标准《建筑抗震鉴定标准》GB 50023中要求在预期的后续使用年限内加固的建筑结构具有相应的抗震设防目标，即后续使用年限50年的既有建筑，具有与现行国家标准《建筑抗震设计规范》GB 50011相同的设防目标，后续使用年限少于50年的既有建筑，在遭遇同样的地震影响时其损坏程度略大于按后续使用年限50年鉴定的建筑，其设防目标可略低于后续使用年限为50年的既有建筑。

消能器作为结构附属构件，一般不承担结构竖向荷载。因此，对既有建筑结构进行抗震加固时，一方面主体结构构件的竖向承载能力应达到相关规范要求；另一方面消能器与结构构件相连的节点应具有良好的抗震性能，并应进行详细的检测和分析，避免节点在地震作用下发生损伤破坏，以保证消能器在地震作用下能发挥良好的耗能性能。

3.1.3 结构抗震性能化设计综合考虑结构承载能力和变形能力，具有很强的针对性和灵活性，可根据具体工程需要，对整个结构、局部部位或关键构件采取有效的抗震措施以达到预期的性能目标，进而提高结构的抗震安全性，并满足建筑结构不同使用功能的要求。性能化设计以现有抗震性能水平和经济条件为前提，一般需综合考虑使用功能、设防烈度、结构不规则程度和类型、结构延性变形能力、造价、震后损失与修复难度等因素，不同的抗震设防类别，其性能设计要求也有所不同。鉴于目前强震下结构弹塑性分析方法的计算模型及参数选用尚存在不少经验因素，缺少从强震记录、设计施工资料及实际震害的验证，对结构性能的判断难以准确把握，因此，宜偏于安全地选用性能目标。

基于现行国家标准《建筑抗震设计规范》GB 50011的要求和消能减震结构的性能水准，根据建筑重要性等级，提出消能减震结构可按以下三个层次的设防性能目标进行设计：

设防性能目标Ⅰ："小震不坏，中震可修，大震不倒"，对于丙类建筑可采用该设防目标，如一般的工业与民用建筑、公共建筑等；

设防性能目标Ⅱ："中震不坏，大震可修"，对于乙类建筑可采用该设防目标，如医院、公安消防、学校、通信、动力等建筑；

设防性能目标Ⅲ："大震不坏"，对于甲类建筑可采用该设防目标，如人民大会堂、核武器储存室等。

采用消能减震技术后，消能器耗散大量的地震能量，设计的结构较容易实现不同性能目标需求，在不改变结构布置和形式的情况下，采用消能减震技术后可实现更高设防性能目标要求。

按照设防性能目标Ⅰ设计的消能减震结构：

1 当结构遭遇第一水准烈度（多遇地震）时，一般情况下消能器处于弹性状态，不耗散地震能量，但通过合理的设计，消能器也能产生滞回耗能。

2 当结构遭遇第二水准烈度（设防地震）时，消能器处于消能状态，各性能指标都在正常工作范围内，允许主体结构发生一定的弹塑性变形，但最大变形值控制在结构允许变形能力的范围内，部分结构构件可能发生破坏，但经一般修理仍可继续使用。

3 当结构遭遇第三水准烈度（罕遇地震）时，允许结构构件经历几次较大的弹塑性变形循环，产生较大的破坏，但消能器在地震中不应丧失功能，结构的最大变形幅值不应超过结构允许变形能力，以免结构发生倒塌，从而保障建筑内部人员的生命安全。

按照设防性能目标Ⅱ设计的消能减震结构：

1 当结构遭遇第二水准烈度（设防地震）时，消能器基本处于消能状态，结构构件处于弹性状态，保持正常使用功能。

2 当结构遭遇第三水准烈度（罕遇地震）时，消能器处于消能状态，各性能指标都在正常工作范围内，允许结构发生一定的塑性变形，但最大变形值限制在结构允许变形能力的范围内，部分构件发生塑性变形，但经一般修理仍可继续使用。

按照设防性能目标Ⅲ设计的消能减震结构：

当结构遭遇第三水准烈度（罕遇地震）时，消能器处于耗能状态，结构构件基本处于弹性状态，保持正常使用功能。

消能减震结构改变了传统抗震结构“硬碰硬”的抗震方式，改“抗”为“消”，消能减震结构的抗震性能化设计可使所设计的工程结构在设计使用期内满足各种预定的性能目标要求，可根据业主的不同需求确定不同的性能目标，是对当前基于承载力抗震设计理论框架的完善和补充。

3.1.4、3.1.5 消能部件的布置需经分析确定，一般宜沿结构两个主轴方向设置，并宜设置在结构相对变形或速度较大的部位，其数量和分布应通过综合分析合理确定，以为结构提供适当的附加阻尼和刚度，并保证消能器在地震作用下具有良好的消能能力。

消能部件在沿主体结构两个主轴方向布置时，应考虑结构的平面和立面上的规则性，消能部件布置后应减少结构的扭转，为此，美国 NEHRP2000 规范要求设置消能器应逐层每一方向至少两个，以免产生扭转效应。当然，实际设计中也可以按结构本身的设计需要作出适合的调整。设计人员可根据具体情况进行综合分析确定；结构侧向刚度沿竖向宜均匀变化、避免侧向刚度和承载力突变，对于竖向规则的结构，要尽量从下到上均匀布置。特殊情况消能器也可能布置于结构某局部楼层，如屈曲约束支撑布置在加强层位置。

消能器的选择包括消能器类型和规格的选择。在概念设计阶段，消能器类型的选择应综合考虑结构类型、周围环境、设防目标、消能器耗能机理、价格及安装、施工、维修费用等因素，可从以下三个方面综合考虑选择消能器。

1 从消能器力学性能角度考虑选择消能器

消能器可分为速度相关型、位移相关型和复合型消能器三类。速度相关型消能器（黏滞消能器、黏弹性消能器）利用与速度有关的黏性抵抗地震作用，从黏滞材料的运动中获得阻尼力，消能能力取决于消能器两端相对速度的大小，速度越大，提供的阻尼力越大，消能能力也越强；位移相关型消能器（摩擦消能器、金属消能器等）利用材料的塑性滞回变形耗散能量，消能能力与消能器两端相对位移的大小有关，相对位移越大，消能能力越强。

复合型消能器是利用二种以上的消能原理或机制进行耗能的消能器，同时具有位移相关型消能器和速度相关型消能器的性能特征，但有时可能位移相关型消能器的特征比较明显，有时可能速度相关型消能器的特征比较明显，因此，对其性能的要求要根据其组合消能机理或机制具体确定。

金属消能器、摩擦消能器和黏弹性消能器能为主体结构提供附加刚度和附加阻尼，黏滞消能器只能为主体结构提供附加阻尼。为此，当结构只需要提供附加阻尼时，可考虑采用黏滞消能器；结构需要提供附加刚度和附加阻尼时，可考虑采用金属消能器、摩擦消能器和黏弹性消能器。

既有建筑结构的抗震加固时，常需要增加阻尼和侧向刚度，可以考虑选择金属消能器、摩擦消能器或黏弹性消能器。当既有建筑结构的抗震加固只需提供附加阻尼时，可采用黏滞消能器。

在确定采用哪类消能器后，还需要根据结构的位移、受力条件来确定消能器的型号。消能器型号的选用包括最大阻尼力、最大行程、工作效率等参数，对于不同的极限状态设计，均需保证消能器具有良好的安全富余度，在设计行程范围内必须避免破坏，消能器应具备良好的变形能力和消耗地震能量的能力，消能器的极限位移应大于消能器设计位移的120%。速度相关型消能器极限速度应大于消能器设计速度的120%。此外，为使消能器不会对结构造成不利影响，保护好支撑系统和连接节点不会因为阻尼力过大而先于结构破坏，控制罕遇地震时消能器的阻尼力。

2 从周围环境影响的角度考虑选择消能器

消能器的性能受环境条件的影响较大，为保证在正常使用过程中消能器的反应特征，设计时应考虑下列环境因素：

1）风或其他反复荷载产生的高频率、小位移运动会引起消能器性能的退化。如金属消能器在大变形反复作用下刚度会降低，易产生疲劳破坏，故金属消能器的屈服强度宜大于在风、温度或其他周期荷载作用下消能器中产生的阻尼力；黏滞消能器在反复荷载作用下会使黏度降低、温度升高，且过大的运行速度易使黏滞材料中混入空气，影响消能器的耗能能力。

2）消能器在重力荷载作用下产生的内力和变形。

3）腐蚀或磨损。

4）老化、湿度或化学辐射。

5）紫外线辐射。

如果结构建筑物所处环境的温度变化较大，宜选择金属消能器和摩擦消能器，因为黏弹性消能器和黏滞消能器的耗能能力受温度影响较大。

3　从经济性角度考虑选择消能器

随着经济的发展和消能减震技术的进步，消能器的价格、安装及施工费用也在不断发生变化。但目前来说，钢材是建筑材料中最常用的材料，金属消能器一般由碳素钢和低屈服点钢构成，采用机械加工制造，制作费用较低，坚实耐用，施工方便，维护与替换费用较低；摩擦消能器一般由钢板、摩擦片和高强度螺栓构成，加工也仅为普通的机械加工，费用也较低；黏弹性消能器制作需要加工模具，制作需要高温高压硫化成型，费用较金属消能器、摩擦消能器高；黏滞消能器的钢筒、活塞、密封的加工要求较高，因而成本相对较高。

消能器的数量、性能特征参数与地震作用有关，需综合分析确定。在消能器类型、型号一定的情况下，可用能量法来初步确定所需的数量，最后再通过时程分析进行验算。在预估消能器的数量时常采用能量方法进行计算，计算消能器预期耗散地震能量可由期望附加阻尼比确定，再由公式（1）计算消能器的数量。

$$n \geqslant \kappa W_s / \varphi W_c \qquad (1)$$

式中：κ——消能器预期耗散地震能量与地震输入结构的总能量比值；

φ——消能器同时工作系数，一般可取值为0.4～0.6；

W_c——消能部件在结构预期层间位移下往复循环一周所消耗的能量；

W_s——消能减震结构在水平地震作用下的总应变能。

消能器布置位置和数量基本确定后，应选用合理的布置形式，可根据消能器的特点和建筑上使用要求确定，消能器可以布置在斜撑的不同部位上、斜撑本身也可能是一个消能器，如屈曲约束支撑等（图2）。

消能部件在正常使用情况下要进行常规检查，特别是对于消能器使用年限小于主体结构使用年限的消能器，其在达到使用年限时应进行检查和更换。而消能减震结构在地震作用后消能器和主体结构都要进行应急检查，检查消能器是否超过预期的极限状态（如黏滞消能器是否出现漏油、金属消能器是否出现较大

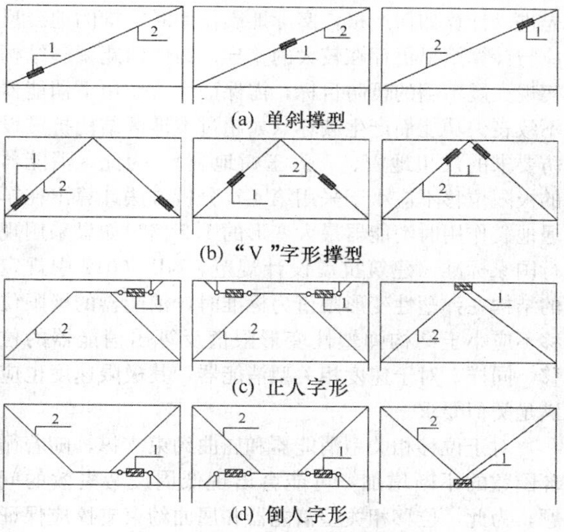

图2　消能器布置位置

1—消能器；2—支撑

的残余变形等），确定消能器是否需要更换。为此，消能器布置位置和安装预留的措施将对检查十分重要。

3.1.6　消能器在使用过程中如遇变形缝被外物堵塞或消能器本身出现性能问题将会影响消能器对结构地震反应的控制效果，为避免该现象发生，设计文件中应注明可由生产厂家在消能器正常使用期间和地震发生后对消能器进行回访检查，以确保消能器正常使用；或设计文件中注明由业主在消能器正常使用期间和地震发生后对消能器进行检查。

3.1.7　对于有特殊要求且重要的消能减震结构，为了验证消能器在实际地震作用下的减震性能，宜设置强震观测系统，为地震工程和工程抗震科学的发展提供可靠的现场实测数据。

3.2　消能器要求

3.2.1　为满足三水准设防要求，在消能减震结构的抗震设计中，必须保证消能器在罕遇地震作用时仍能发挥良好的减震效果。由于国外的设计地震作用是设防地震作用，因此对于消能器的要求只需其在设防地震作用下发挥功能，并保证罕遇地震时消能器不丧失功能。而我国抗震设计的设计地震作用为多遇地震，所以在考虑经济性的新建建筑结构和既有建筑结构中采用消能减震技术，消能器必须在多遇地震作用时就可能需要发挥消能效果，并要保证罕遇地震时消能器不丧失功能，所以我国在消能减震设计时，对消能器的极限性能要求要比国外严格。

由于地震动的不确定性，地震破坏作用及结构在地震作用下的反应也是不确定的，同时结构计算模型的各种假定和实际情况存在一定差异，根据规定的地

震作用进行结构抗震验算，不论计算理论和工具如何先进、计算如何严格，实际地震作用时结构的地震反应与计算结果仍存在较大的差异。为使消能减震结构实现大震不倒的设防目标，需保证大震作用下消能器不致丧失功能而产生破坏（如超过本地区结构抗震设防要求的汶川地震、青海玉树地震）。为此，消能器的极限位移不应小于采用第4章分析方法计算出在罕遇地震作用时消能器最大变形的1.2倍。如果采用现行国家标准《建筑抗震设计规范》GB 50011中规定的结构在弹塑性变形限值为标准时，消能器的极限位移不应小于结构弹塑性变形限值反算出消能器的位移。同样，对于速度相关型消能器，其极限速度也应满足类似要求。

对于位移相关型消能器和屈曲约束支撑，随着循环圈数的不断增加，可能会出现低周疲劳失效的问题，为此，位移相关型消能器和屈曲约束支撑应保证在弹性范围内具有足够的抵抗设计风荷载的能力，以避免过早出现非预期的破坏。

3.2.2、3.2.3 目前国内仅有较少厂家生产的消能器形成了标准化产品，多数消能器厂家还是以销定产的形式，即根据设计单位提供的消能器性能参数来加工制作消能器产品，为此，消能器的性能稳定性和质量不一定能达到设计要求。对于标准化消能器生产厂家可直接按厂家提供的参数设计消能器。为了保证消能减震结构设计的安全，无论哪类消能器生产厂家都应提供消能器型式检验报告或产品合格证，同时还需对生产并应用于实际工程中的消能器产品进行抽检，产品的抽样应在监理监督下抽取，检测应由具有检测资质的第三方完成，以验证应用于实际工程中消能器检测出的性能参数与设计文件中的参数是否吻合，确保设计出的消能减震结构的安全性。

3.3 结构分析

3.3.1、3.3.2 不同类型消能器对消能减震结构的动力特性和动力反应会产生比较大的影响，消能器工作时表现的强非线性特性使消能减震结构的分析复杂化：在多遇地震作用时，主体结构保持弹性状态，消能器未进入或刚进入工作状态，此时消能部件（黏弹性消能部件或位移相关型消能部件）基本只为主体结构提供刚度；在设防地震，消能器在主体结构进入弹塑性变形之前进入耗能阶段，消能器将表现出较强的非线性特征；在罕遇地震作用下，主体结构将产生较大的弹塑性变形，消能器也进入强烈的非线性工作状态。因此，消能减震结构分析必须考虑主体结构和消能部件在不同工作状态下的性能特征。消能减震结构的抗震计算分析，一般情况下宜采用静力弹塑性分析或弹塑性时程分析方法，但当主体结构构件基本处于弹性工作阶段时，可采取弹性分析方法，如基于等价线性化的振型分解反应谱法作简化估算。主体结构和消能器所处的状态及适合的分析方法可按表1选取。

表1 主体结构和消能器所处的状态及适合的分析方法

主体结构	消能器	分析方法	
弹塑性	非线性	静力弹塑性分析方法	弹塑性时程分析方法
弹塑性	线性	静力弹塑性分析方法	弹塑性时程分析方法
线性	非线性	振型分解反应谱法	弹塑性时程分析方法
线性	线性	振型分解反应谱法	弹性时程分析方法

3.3.3、3.3.4 消能减震结构由于消能器的存在，增加了结构的总阻尼比 ζ。因此，消能部件附加给结构的有效阻尼比的计算是消能减震结构体系设计中的关键问题。当 ζ 计算过高时，会高估消能器的耗能能力，消能器将不能有效地保护主体结构，使结构设计偏于不安全；当 ζ 计算过低时，消能器不能发挥其应有的作用，将增加经费投入。因此，需合理地计算消能器附加给结构的阻尼比，使结构设计安全又经济。

消能减震结构的阻尼比由主体结构阻尼比 ζ_1 和消能部件附加给结构的有效阻尼比 ζ_d 组成，当结构处于弹性状态时，主体结构阻尼比 ζ_1 为一定值（混凝土结构为0.05、钢结构为0.02/0.03）；当主体结构进入塑性状态后，部分结构构件发生塑性变形，阻尼比相对于弹性状态有所提高，主体结构阻尼比 ζ_1 应重新计算，并考虑结构构件塑性变形的影响。

按照现行国家标准《建筑抗震设计规范》GB 50011的要求，当消能减震结构总阻尼比超过30%时，应取30%。

消能减震结构中的消能器会给结构提供附加刚度，对于位移相关型消能器附加刚度大小与消能器的相对位移有关，而速度相关型消能器的附加刚度与消能器的相对速度有关。因此，在计算结构地震反应和振动周期时应考虑附加刚度的影响，消能器为结构提高的附加刚度一般采用有效刚度。

3.3.5 消能器恢复力模型大致有两类：一种是用复杂的数学公式予以描述的曲线型；另一种是分段线性化的折线型。曲线型恢复力模型中的刚度是连续变化的，与工程实际较为接近，但在刚度的确定及计算方法上较为复杂，在实际工程计算中并不常用。目前，广泛使用的是折线型模型，对于摩擦消能器和铅消能器宜采用理想弹塑性模型（图3）。

消能器的弹性刚度：

$$K_d = F_{dy}/\Delta u_{dy} \tag{2}$$

消能器一周耗能：

$$W_c = 4F_{dy}(\Delta u_{dmax} - \Delta u_{dy})(\Delta u_{dmax} \geqslant \Delta u_{dy}) \tag{3}$$

式中：F_{dy}——消能器屈服（起滑）荷载（kN）；

K_d——消能器弹性刚度（kN/m）；

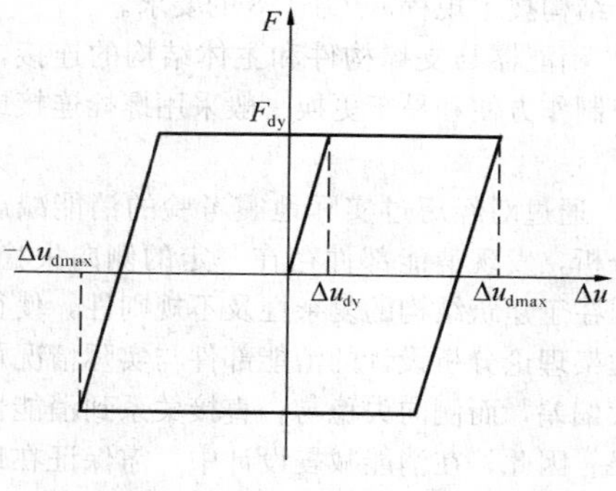

图 3　理想弹塑性力学模型

Δu_{dmax}——沿消能方向消能器最大可能的位移（m）；

Δu_{dy}——沿消能方向消能器屈服（起滑）位移（m）；

W_c——消能器在 Δu_{dmax} 位移上循环一周耗散的能量（N·m）。

金属消能器和屈曲约束支撑可采用双线性模型（图 4）。

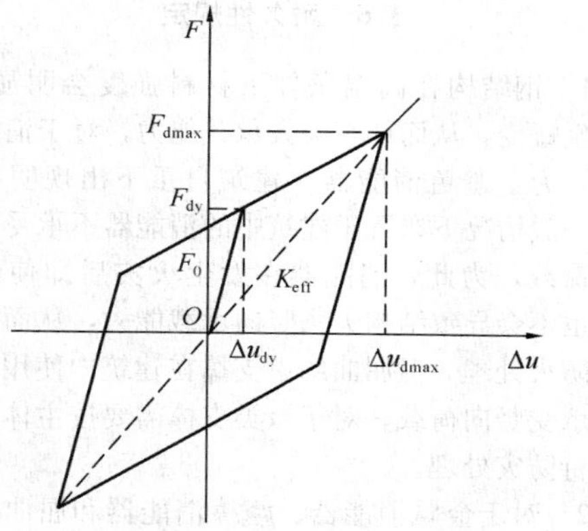

图 4　双线性模型

消能器的弹性刚度：

$$K_d = F_{dy}/\Delta u_{dy} \tag{4}$$

消能器有效刚度：

$$K_{eff} = \frac{F_{dmax}}{\Delta u_{dmax}}(\Delta u_{dmax} \geqslant \Delta u_{dy}) \tag{5}$$

消能器一周耗能：

$$W_c = 4(F_{dy}\Delta u_{dmax} - F_{dmax}\Delta u_{dy})(\Delta u_{dmax} \geqslant \Delta u_{dy}) \tag{6}$$

式中：F_0——消能器位移为“0”时的荷载（kN）；

K_{eff}——消能器有效刚度（N·m）；

F_{dmax}——消能器最大荷载（kN）。

金属消能器和屈曲约束支撑可采用 Wen 模型（文模型），其关系式为：

$$F(\Delta u, z) = \lambda_2 K_d \Delta u_d + (1-\lambda_2) K_d z \tag{7}$$

$$\dot{z} = A\Delta\dot{u}_d - \chi\,|\dot{\Delta}_d|\,z\,|z|^{n-1} - \beta\Delta\dot{u}_d\,|z|^n \tag{8}$$

式中：　λ_2——屈服后刚度比；

χ、β、A 和 n——分别为滞回曲线形状控制参数。

Wen 模型中消能器的弹性刚度、有效刚度与双线性模型计算公式相同，能量可采用积分进行计算。

速度相关型消能器宜采用 Maxwell 模型（麦克斯韦模型）或 Kelvin 模型（开尔文模型）。Maxwell 模型中阻尼单元与“弹簧单元”串联（图 5），当模拟黏滞消能器时可将弹簧单元刚度设成无穷大，则模型中只有阻尼单元发挥作用。

Kelvin 模型（图 6），该模型是由一个线性弹簧单元和一个线性阻尼单元并联组成，模型中的输出力是二者之和。

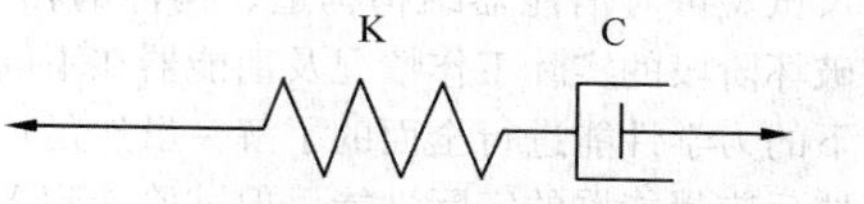

图 5　Maxwell 模型

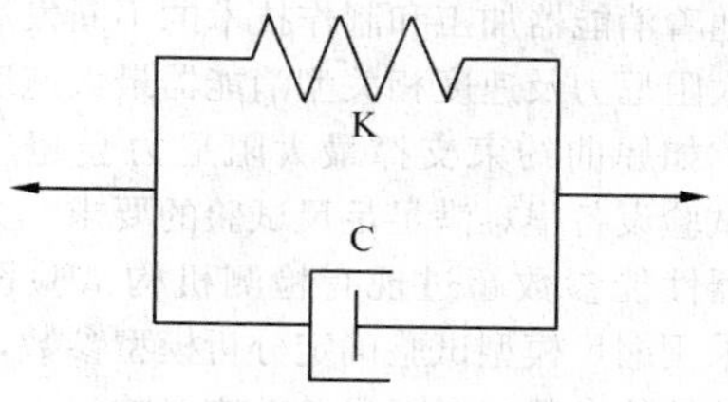

图 6　Kelvin 模型

黏滞消能器和黏弹性消能器的典型滞回曲线见图 7。

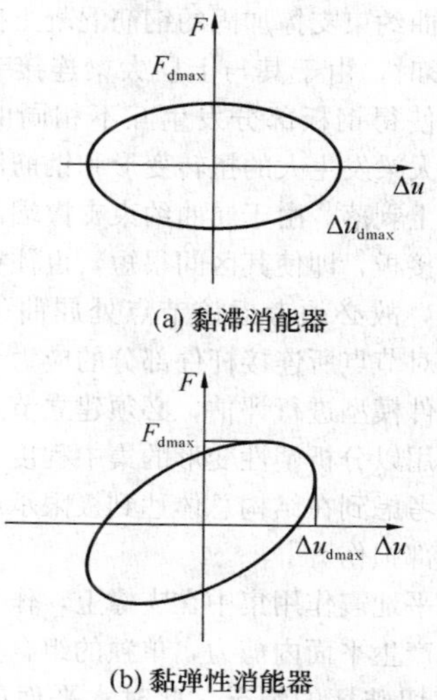

图 7　速度型消能器滞回曲线

黏滞消能器和黏弹性消能器的耗能量及相关参数的计算公式如下：

黏滞消能器：

$$W_c = \pi C_d \omega_1 \Delta u_{dmax}^2 \tag{9}$$

黏弹性消能器：

$$W_c = \pi G'' \Delta u_{\mathrm{dmax}}^2 \tag{10}$$

$$C_d = \frac{G'' A}{\omega_1 h} \tag{11}$$

$$K_{\mathrm{eff}} = \frac{\sqrt{(G'^2 + G''^2)}A}{h} \tag{12}$$

式中：ω_1——试验加载圆频率（rad/s）；

C_d——消能器阻尼系数［kN/（m·s）］；

G'——黏弹性材料剪切模量（kN/m）；

G''——黏弹性材料储存模量（kN/m）；

A——黏弹性材料层横截面面积（m^2）；

h——黏弹性材料层厚度（m）。

消能器分析模型参数宜采用足尺试验来确定，通过足尺试验可对消能器结构构造、构件的相互作用，结构破坏阶段的实际工作情况及消能器在不同位移或速度下的力学性能进行全面的了解。虽然足尺试验能较好地反应消能器的实际性能，但试验受到多方面的制约，如实验室规模、试验设备的能力和试验费用等，且随着消能器加工和制作技术的不断发展，消能器的最大阻尼力及速度相关型消能器最大速度都有很大提高，如屈曲约束支撑最大阻尼力会超过1000t，现有的试验设备很难满足足尺试验的要求。为此，对于消能器性能参数超过现有检测机构试验设备要求时，可采用缩尺模型试验确定分析模型参数，但实际消能器的性能参数应考虑尺寸效应影响。

3.4 连接与节点

3.4.1 日本《被动减震结构设计与施工手册》JSSI中指出当屈曲约束支撑加固的钢筋混凝土截面支撑设置成K字形时，由于其与上层大梁连接节点处采用钢板焊接，使得钢板部分发生互不相同的平面外失稳，并导致大梁发生大的扭转变形和钢筋混凝土加固部分的混凝土剥落。由于屈曲约束支撑端部的十字形节点板或连接板，即使其区间很短，也往往以单独的板单元出现，故必须考虑该节点处屈曲失稳的可能性。因此，对节点所连接杆件部分的应力分析不能简单地采用构件模型进行评估，必须建立节点区域局部的详细模型用以分析塑性变形的集中程度。在设计消能器时必须考虑到在结构总体达到极限承载力前不产生上述的局部损伤。

由于水平地震作用集中在支撑上，作为力传递路径的楼板将产生平面内剪力，单独的组合大梁有可能发生楼板剪切破坏的情况。此时水平面内作用有剪力，当大梁中间部分设置有“人”字形支撑时，支撑所产生的剪力可能使梁发生压剪破坏。

为了避免上述情况在消能部件中出现，消能部件设计过程中必须考虑支撑的连接部位在消能器最大阻尼力作用下的受力性能及整体稳定性，其连接构造措施应满足国家现行标准《混凝土结构设计规范》GB 50010、《钢结构设计规范》GB 50017和《型钢混凝土组合结构技术规程》JGJ 138的要求。

3.4.2 消能器与支撑构件和主体结构的连接，考虑到施工制作方便和易于更换一般采用螺栓连接或销栓连接。

3.4.3 通过对经历过实际地震考验的消能减震结构调研分析，发现消能部件存在一定的侧向失稳现象，其原因在于建筑结构的复杂性及不规则性，使得按照平面框架理论分析设计的消能部件与实际情况可能存在较大偏差，而侧向失稳与否直接关系到消能器的减震效果。因此，在消能减震设计中，需保证在地震作用下，消能部件和消能部件与结构构件相连的节点不会发生侧向失稳或破坏等问题，以保证消能器正常工作。

3.5 消能部件材料与施工

3.5.1～3.5.3 消能部件在材料选用、施工程序及材料采用应满足现行国家标准《建筑抗震设计规范》GB 50011的规定。当消能器所用材料有特殊要求时，应在设计文件中做特殊说明。

3.6 耐久性规定

3.6.1 钢结构在高温条件下材料强度会明显降低，并发生蠕变，从而使其失去承载能力，对于消能减震结构，为了避免消能器在建筑自重下出现明显的变形，一般情况下布置于建筑中的消能器不承受建筑的竖向荷载，为此，消能器在发生火灾后即使出现失效，也不会导致结构失去竖向承载能力，从而不需要进行防火处理。但屈曲约束支撑在建筑中使用，有可能要承受竖向荷载，对于该类支撑需要按主体结构要求进行防灾处理。

3.6.2 对于金属消能器、摩擦消能器和屈曲约束支撑，其消能材料或消能元件可能都是钢材，由于钢材在高温情况下性能会发生明显的改变，可能会使消能器的性能发生变化，达不到原设计要求，导致结构偏于不安全。黏弹性消能器中的消能材料为改性橡胶或复合性高分子材料，其都为易燃材料，过火后消能器可能会失去消能功能。黏滞消能器中黏滞材料的消能性能对温度较为敏感。为此，消能器在过火或高温之后应进行检查和性能检测，重新判定消能器是否能继续使用或更换。

4 地震作用与作用效应计算

4.1 一般规定

4.1.1 消能器布置于结构中，一般情况下不改变主体结构的结构形式和竖向承载能力，只是通过消能器消耗部分地震能量来减小结构在水平荷载作用下的反应，对于不同方向的水平地震作用由该方向的主体结构抗侧力构件和消能器共同承担。但在消能减震结构计算时，可将其分为主体结构和消能部件两部分，而消能部件一般不承载结构的竖向荷载，不改变主体结构类型（承载型屈曲约束支撑除外），为此，消能减震结构地震作用计算的基本要求还是应满足现行国家标准《建筑抗震设计规范》GB 50011 的要求。

4.1.2～4.1.7 不同结构采用不同的分析方法在各国抗震规范中均有体现，振型分解反应谱法仍是基本方法，时程分析法作为补充计算方法，对不规则、重要和高度较高的高层建筑要求采用。

进行时程分析时，鉴于各不同地震波输入进行时程分析的结果不同，本条规定根据小样本容量下的计算结果来估计地震效应值。通过大量地震加速度记录输入不同结构类型进行时程分析结果的统计分析，若选用不少于二条实际记录和一条人工模拟的加速度时程曲线作为输入，计算的平均地震效应值不小于大样本容量平均值的保证率在 85%以上，而且一般也不会偏大很多。所谓“在统计意义上相符”指的是，其平均地震影响系数曲线与振型分解反应谱法所用的地震影响系数曲线相比，在各个周期点上相差不大于 20%。计算结果的平均底部剪力一般不会小于振型分解反应谱法计算结果的 80%。每条地震波输入的计算结果不会小于 65%。

消能器在实际工程结构中的设置通常很难沿结构楼层均匀布置的，各楼层消能器所提供的阻尼力也不相同，因此 $\phi_i^{\mathrm{T}}C_{\mathrm{e}}\phi_j$ 一般为非经典阻尼矩阵，若忽略其非正交项进行强行解耦，其计算结果将可能出现不同程度的误差。国内外众多学者对具有非经典阻尼结构采用强解耦振型分解法的计算精度进行了详细的研究，根据非经典阻尼矩阵忽略非正交项的误差问题，提出了采用这种方法的适用条件为：

$$\xi_j \leqslant 0.05 \left| (b_{jj}/2b_{js})(T_j^2/T_s^2-1) \right|_{\substack{\min \\ i\neq j}}$$

$$j,s=(1,2,\cdots n) \qquad (13)$$

式中：ξ_j ——忽略非正交项求得的第 j 振型阻尼比；

b_{js} ——矩阵 $B=M^{*-1}C^{*}$ 的元素。

通过大量计算表明，当上式满足时，忽略非经典阻尼矩阵非正交项的结构反应误差不超过 10%，大多数情况下误差不超过 5%，即使振型阻尼比大于 20%时仍能保持 5%的精度。

国内学者研究则表明：对于设置黏滞消能器的消能减震结构，并不能保证满足上式要求并且计算误差较大。另外，通过对仅在底层设置黏滞消能器的 5 层结构进行了对比分析，研究表明忽略正交项的振型分解法，第一、二振型阻尼比略高于精确值，第三振型阻尼比产生较大的误差（约 61.8%），而顶点位移则偏小（比精确解小 18%）；对设置黏弹性消能器、金属或摩擦消能器的结构，虽然可采用强行解耦的振型分解法，但由于等效线性化得到的刚度矩阵和阻尼矩阵随结构反应的变化而变化，由此产生的反复迭代过程会使计算量大大增加。

目前研究大多是针对中低层建筑、模型简单、无刚度突变的结构（常为规则结构或平面框架），且消能器的布置也较为均匀，很少针对复杂结构（如出现薄弱层、扭转效应明显的结构等）。另外，针对消能减震结构，现行国家标准《建筑抗震设计规范》GB 50011 仅给出了简单的原则性规定：“当主体结构基本处于弹性工作阶段时，可采用线性分析方法简化估算，并根据结构的变形特征和高度等，分别采用振型分解反应谱法和时程分析法”。

总的来说，对安装位移相关型消能器结构进行初步分析时，当结构较为规则且消能器较为均匀布置时可采用振型强分解法进行分析计算，若消能器仅在个别薄弱楼层设置则一般不适用，但应注意采用振型强分解法会忽略非正交阻尼比，消能器的附加刚度和附加阻尼在迭代计算过程中不断变化，消能部件性能参数变化的“不确定性”会导致结构性能反应的“不稳定性”。

黏弹性消能器同时为结构提供附加阻尼和附加刚度，使结构自振频率增大，附加阻尼对结构的动力反应有显著的衰减效果，附加刚度虽能有效控制结构的位移反应，但不能有效抑制结构的加速度反应，因此在采用振型分解反应谱法分析黏弹性消能结构地震作用时，需进行阻尼比和刚度变化的修正。位移相关型消能器通常需要与支撑构件进行组合，并为结构提供一定初始附加刚度，当位移相关型消能器进入耗能工作状态后，其附加刚度将发生较大的变化（金属消能器屈服后刚度相对于初始弹性刚度也较小），消能器的等效线性刚度取割线刚度，等效阻尼按能量相等原理等效为线性黏滞阻尼。

4.1.8 条文中各类消能器的恢复力学模型可参照第 3.3.5 条条文说明。

4.1.9 按现行国家标准《建筑结构可靠度设计统一标准》GB 50068的规定，地震发生时恒荷载与其他重力荷载可能的组合结果总称为“抗震设计的重力荷载代表值”，即永久荷载标准值与有关可变荷载组合值之和。考虑到藏书库等活荷载在地震时组合的概率较大，故按等效楼面均布荷载计算活荷载时，其组合值系数为 0.8。

硬钩吊车的组合值系数，只适用于一般情况，吊重较大时需按实际情况取值。

4.2 水平地震作用计算

4.2.1～4.2.3 由于地震影响系数在长周期段下降较快，对于基本周期大于 3.5s 的结构，计算所得的水平地震作用效应可能会太小，为此，现行国家标准《建筑抗震设计规范》GB 50011 中规定了结构楼层最小地震剪力系数值，从而确保结构安全。但《建筑抗震设计规范》GB 50011 考虑的是结构阻尼比为5%情况下的结果，而对于位移相关型消能器、黏弹性消能器和部分复合型消能器能给结构提供附加刚度和阻尼，布置该类消能器的结构地震影响系数 α 值有可能还会出现增大的情况；黏滞消能器只给结构提供附加阻尼（刚度很小），结构的周期不会增大，地震影响系数 α 值是减小的，主体结构的楼层剪力是肯定会减小的。为此，消能减震结构的楼层最小地震剪力系数的减小，不是结构周期快速下降而导致水平地震作用效应太小，而是消能减震结构总阻尼比增加，减小结构地震反应的结果。设置各类消能器将使结构总阻尼比有所增加，一般都会大于5%。按《建筑抗震设计规范》GB 50011 提供的阻尼调整系数对地震影响系数曲线进行调整，将使地震影响系数最大值减小，计算的总地震剪力和楼层剪力也会减小。为了使结构总地震剪力和楼层地震剪力保持一个安全合理范围，消能减震结构的楼层最小地震剪力系数可根据消能器附加给结构的阻尼比大小进行调整，其值可取消能减震结构计算出的楼层剪力乘以1.2的增大系数与相应楼层的重力荷载代表值的比值。

4.3 竖向地震作用计算

4.3.1～4.3.3 消能减震结构竖向地震作用计算和普通结构基本相同，可按现行国家标准《建筑抗震设计规范》GB 50011 计算。

4.4 地震作用组合的效应

4.4.1 消能减震结构设计的荷载组合同现行国家标准《建筑抗震设计规范》GB 50011 一致，在多遇地震作用时地震作用分项系数、抗震验算中作用组合系数、地震作用标准值的效应等都与现行国家标准《建筑抗震设计规范》GB 50011 相同。

4.4.2、4.4.3 消能减震结构在设防地震作用时，消能减震结构中除消能子结构及消能部件外的其他结构构件应先达到屈服，消能子结构及消能部件宜作重要构件考虑；消能减震结构在罕遇地震作用时消能部件不丧失功能，需要保证消能子结构在罕遇地震作用具有足够的承载能力，为此，消能子结构抗震验算应考虑罕遇地震作用效应。通过对消能子结构进行专门的设计，使结构可能承受罕遇地震作用的消能子结构具有抵抗破坏的承载能力。

现行国家标准《建筑抗震设计规范》GB 50011 中指出罕遇地震为50年超越概率为2%～3%的地震，其重现期为1600年～2400年，可认为其是消能减震结构使用过程中的偶然荷载，计算时可按偶然荷载进行效应组合。

对于消能子结构及消能部件都要进行罕遇地震作用下、结构处于的弹塑性变形情况下的抗震验算，罕遇地震作用抗震验算时承载力调整系数取1.0。

5 消能器的技术性能

5.1 一 般 要 求

5.1.1 建筑物使用年限是设计规定在既定的时间内，建筑只需进行正常的维护而不需进行大修就能按预期目的使用，完成预定的功能，即房屋建筑在正常设计、正常施工、正常使用和维护下所应达到的使用年限。消能减震结构设计中，消能器的设计至关重要，消能器一旦失效，不仅原有减震设计目标很难达到，而且在地震作用下还可能产生负面效果，如结构刚度的改变、周期改变、加大地震作用，引起破坏等。

目前，还无法对地震的发生做出合理的预测，无法判断其发生的时间、地点和强度。消能器作为结构中消耗地震能量的主要构件之一，设计使用年限内应时刻处于有效工作状态，从而保证地震作用时起到减震作用。至今消能减震技术在实际结构中应用的时间还没有超过现有规范规定的建筑物使用年限，无法对每类消能器实际使用年限范围内的可靠性作出明确限定，只能通过试验推算消能器的使用年限。为此，每类消能器出厂前应由具有资质的第三方进行型式检验，并给出详细的型式检验报告，明确消能器使用年限。为了保证消能减震结构在使用年限内的安全性，消能器必须和建筑具有相同的使用年限，不满足建筑设计使用年限要求时，则在消能器达到其使用年限之前应进行重新检测，确定消能器新的使用年限，当不能满足原有设计要求时应进行更换。

5.1.2 国内外众多学者对黏弹性消能器和黏滞消能器进行了试验研究，得出了影响其耗能性能的主要因素是温度、频率和应变幅值。而影响位移相关型消能器如金属消能器、摩擦消能器等的耐久性影响主要包括腐蚀、磨耗及钢材在高温下的软化和低温下的脆性断裂等。摩擦消能器中的金属摩擦材料虽强度高，不易破裂，但经过多次反复滑动后摩擦系数下降快，胶合趋势增大。

为此，消能器的耗能性能很大程度上受温度、徐变、腐蚀、紫外线照射等因素的影响，要求在设计及使用消能器时应考虑到其所处的工作环境因素，必要时须采取特殊的措施消除环境因素的影响。

5.1.4 消能器一般由消能元件或构件和非消能构件组成，如金属消能器由连接板和消能板组成、黏滞消能器由消能黏滞材料和非消能的缸体、活塞、密封圈等组成。为避免因材料缺陷、安装偏差、超强地震作用的突增等因素引起的非消能构件失效而导致消能器无法正常工作的情形，消能器中非消能构件必须具有足够的安全储备，为此，在消能器设计时，非消能元件或构件承载能力应大于消能器1.5倍极限阻尼力选取。

5.1.5 消能器的型式检验应根据现行行业标准《建筑消能阻尼器》JG/T 209 的要求对产品各项指标进行的全面检验，报告中应详细注明消能器的各项性能参数指标。

由于消能器的性能试验仅能反应消能器的性能，并不能充分体现出消能器在结构中的真实性能和耗能减震效果。即使是同类型的消能器，不同生产厂家消能器制作工艺的不同，其性能也会有所差异。为此，要求生产厂家对每类消能器至少应进行一次消能器布置于二层及以上的整体结构或子结构中进行动力性能试验或地震模拟振动台试验，验证下列性能：

1 消能减震结构的整体工作性能和消能器的工作性能及减震效果；

2 消能器和主体结构的连接是否可靠；

3 消能部件是否会出现平面外失稳；

4 消能器的连接形式对减震效果的影响。

5.2 位移相关型消能器

5.2.1～5.2.4 金属消能器一般由不同金属（软钢、铅等）材料制成，利用金属材料屈服时产生的弹塑性滞回变形耗散外界荷载输入能量。金属消能器从受力形式上可分为剪切型、挤压型、弯曲型等。金属消能器一般需要采用精加工制作成型，在加工过程中如果出现明显的缺陷或机械损伤等，将会导致消能器出现应力集中等问题，不利于消能器发挥良好的耗能效果。

5.2.5～5.2.8 摩擦消能器一般由钢元件或构件、摩擦片和预压螺栓等组成，在地震作用下，钢元件或构件之间发生相对位移产生摩擦做功而耗散能量。由于预压螺栓的预压力在长期作用时会产生松弛，施加的预压力应大于设计值；另一方面，在长期预压力作用下钢元件或构件间、钢元件或构件与摩擦片之间会产生冷粘结或冷凝固，因此，为保证消能器的性能稳定，预压螺栓的预压力不应超过设计值的10%。

摩擦消能器虽构造简单、耗能原理清晰，但耗能性能受以下因素影响：

1 摩擦元件类型；

2 摩擦片和接触面处理情况；

3 高强度螺栓类型；

4 摩擦元件和孔槽的几何尺寸；

5 使用时间；

6 滑动速度与温度；

7 循环次数；

8 外荷载类型；

9 加工精度。

为确保摩擦消能器在实际应用中具有良好的耗能性能，需对部分主要影响因素进行控制，结合现有摩擦学相关理论可知摩擦片质量及其表面处理情况是影响其耗能性能的主要因素之一，因而应对摩擦片的性能进行明确的限定。此外，高强度螺栓是摩擦消能器必要的组成部分，是摩擦元件相互运动过程中产生摩擦力的关键，通过高强度螺栓可以很容易施加所需要的预压力。预压力一般通过扭力扳手在高强度螺栓中产生预紧力来实现，高强度螺栓的设计预紧力应符合现行国家标准《钢结构设计规范》GB 50017 中的规定。

5.3 速度相关型消能器

5.3.1～5.3.10 黏滞消能器一般是由缸体、活塞、黏滞材料等部分组成，利用黏滞材料运动时产生黏滞阻尼耗散能量的减震装置。黏弹性消能器一般是由黏弹性材料和约束钢板或圆（方形或矩形）钢筒等组成，利用黏弹性材料间产生的剪切或拉压滞回变形来耗散能量的减震装置。其力学性能受黏滞材料和黏弹性材料及加载的频率的影响比较大，需要对材料和不同频率的加载情况进行限定。

5.4 屈曲约束支撑

5.4.1 屈曲约束支撑可分为承载型屈曲约束支撑和消能型屈曲约束支撑。承载型屈曲约束支撑是指利用屈曲约束的原理来提高支撑的设计承载力，保证支撑在屈服前不会发生失稳破坏，从而充分发挥钢材强度的承载结构构件，其设计要求宜符合现行国家标准《建筑抗震设计规范》GB 50011 的规定；消能型屈曲约束支撑是利用屈曲约束的原理来提高支撑的设计承载，防止核心单元产生屈曲或失稳，保证核心单元能产生拉压屈服，利用屈服后滞回变形来耗散地震能量。

屈曲约束支撑的构成分为横向构成与纵向构成。

横向构成分为3个部分：核心钢支撑、无粘结构造层、屈曲约束机构（约束单元）（图8）。

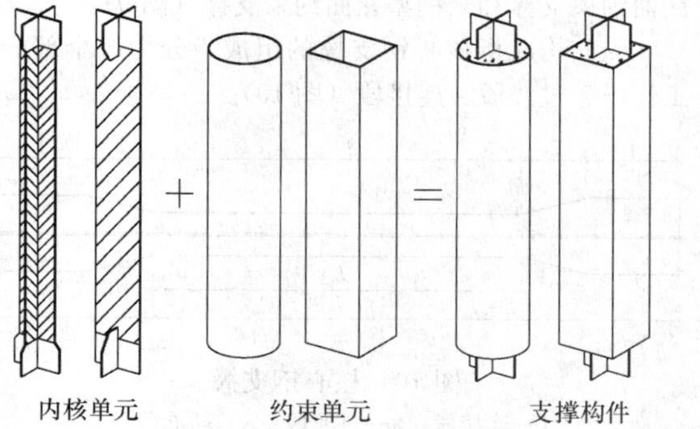

图8 屈曲约束支撑的典型构成

核心钢支撑又称芯材或核心受力单元，是屈曲约束支撑中主要受力元件，由特定强度的钢材制成，一般采用低强度钢材。常见的截面形式（图9）为十字形、T形、双T形、一字形或管形，分别适用于不同的刚度要求和耗能需求。

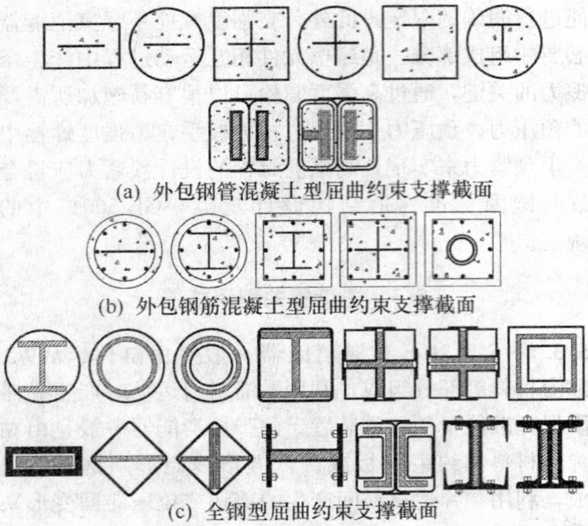

(a) 外包钢管混凝土型屈曲约束支撑截面

(b) 外包钢筋混凝土型屈曲约束支撑截面

(c) 全钢型屈曲约束支撑截面

图 9　常用截面形式

无粘结构造层用来有效减少或消除芯材受约束段与砂浆之间的剪力，可采用橡胶、聚乙烯、硅胶、乳胶等。由于约束机构作用，核心单元的耗能段可能会在高阶模态下发生微幅屈曲，此外，还需要足够的空间容许芯材在受压时膨胀，否则由于核心单元与约束机构接触而引起的摩擦力会迫使约束机构承受轴向力，因而，无粘结构造层和核心单元间需要留一定的间隙。但另一方面，如果间隙太大，核心单元的耗能段的屈曲变形和相关曲率会非常大，会减小屈服段的低周疲劳寿命，间隙过大时可能会导致核心单元的耗能段产生屈曲失稳。因此，间隙一般取1mm～2mm。

屈曲约束机构主要起约束作用，一般不承受轴力，可采用钢管、钢筋混凝土或钢管混凝土为约束机构（图 9）。根据屈曲约束机构的不同可将屈曲约束支撑分为钢管混凝土型屈曲约束支撑、钢筋混凝土型屈曲约束支撑和全钢型屈曲约束支撑（图 9）。

纵向构成指核心钢支撑的组成，分为 3 个部分：工作段、过渡段、连接段（图 10）。

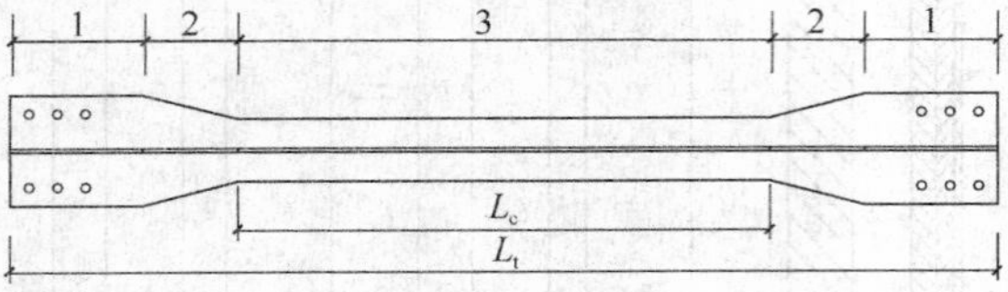

图 10　核心钢支撑

1—连接段；2—过渡段；3—耗能段；

L_c—耗能段长度；L_t—支撑长度

工作段又称耗能段：该部分可采用不同的截面形式，由于要求支撑在反复荷载下屈服耗能，因此需使用延性较好、屈服点低的钢材。同时要求钢材的屈服强度值稳定，这对屈曲约束支撑框架能力设计的可靠性非常重要。

过渡段：该部分也包在屈曲约束机构内，通常是耗能段的延伸部分。为确保其在弹性阶段工作，因此需要增加构件截面面积。可以通过增加耗能段的截面宽度实现（截面的转换需要平缓过渡以避免应力集中），也可通过焊接加劲肋来增加截面积。

连接段：该部分通常是过渡段的延伸部分，它穿出屈曲约束机构，与框架连接。为便于现场安装通常为螺栓连接，也可采用焊接连接。这部分的设计需考虑：安装公差，以便安装和拆卸，防止局部屈曲。

5.4.6　对于屈曲约束支撑节点所连接杆件部分的应力分析不能简单地采用构件模型进行评估，必须建立节点区域局部的详细模型以分析塑性变形的集中程度。在设计消能器时必须考虑到在结构总体达到极限承载力前不产生上述的局部损伤。因此，屈曲约束支撑的设计过程中必须考虑支撑连接部位在屈曲约束支撑最大承载力的受力性能及整体稳定性。

5.5　复合型消能器

5.5.1、5.5.2　复合型消能器是利用二种以上的消能原理或机制进行耗能的消能器，同时具有位移相关型消能器和速度相关型消能器的性能特征，但有可能位移相关型消能器的特征比较明显，有时可能速度相关型消能器的特征比较明显，因此，对其性能的要求要根据其组合的消能机理或机制具体确定。

5.6　消能器性能检测与性能参数确定

5.6.1～5.6.3　在地震作用下消能器应充分发挥其耗能效果，以确保消能减震结构的安全性，因此，消能器的性能参数应进行严格检验。检验应采用产品质量监督抽查管理办法执行，对检验批次的消能器进行随机抽样方式确定检测试件，如有一件抽样试件的一项性能不合格，则该次抽样检验为不合格。

对于所有的消能器出厂检验应由第三方完成。第三方检验机构应为具有相应的消能器检测资质和试验设备要求的独立单位，与检验的消能器厂家不应有利益关系，也不应生产或是销售消能器。

第三方检验机构根据消能器的性能要求，依据本规程和设计文件，对消能器的性能进行检验，从而对整批产品质量水平给予相应的评价。

对于可重复利用的黏滞消能器，抽检数量适当增多，抽检的消能器在各项性能参数都能满足设计要求时，抽检后可应用于主体结构；对于金属消能器、摩擦消能器和屈曲约束支撑等抽检后不能继续使用的消能器，在同一类型中抽检数量不少于 2 个，抽检合格率应为 100%。产品检测合格率未达到 100%，应在该批次的消能器中进行加倍抽检；检测合格率仍未达到 100%，该批次的消能器不应在工程中使用。

对于黏滞消能器，由于目前在国内外实际工程中应用得比较多，并且黏滞消能器的密封性能是影响其性能参数的关键问题，同时，黏滞消能器只给结构提供附加阻尼比，并不提供附加刚度，一旦消能器出现漏油或密封问题，对结构的安全性会造成较大的影响，基于安全考虑，黏滞消能器的抽检数量相对于其他类型的消能器数量应有所增加，本规程条文中给出的抽检数量不少于同一工程同一类型同一规格数量的20%，且不少于2个是对于丙类建筑的最低标准要求；对于乙类建筑抽检数量应不少于同一工程同一类型同一规格数量的50%；对于甲类建筑抽检数量应为消能器数量的100%。

对于位移相关型消能器，一般认为其阻尼力仅与消能器两端的相对位移有关，与激振速度、频率无关，但日本学者通过对金属消能器和摩擦消能器在不同加载频率下的滞回性能研究，发现金属消能器——特别是低屈服点钢制作的消能器在不同加载频率下其滞回性能会出现一定的变化。因此，位移相关型消能器在抽检过程中也应考虑加载速度影响，检测速度要求可按现行国家标准《金属材料　拉伸试验方法　第1部分：室温试验方法》GB/T 228.1执行。

6　消能减震结构设计

6.1　一般规定

6.1.1　对于平面规则并且无大开洞的楼板，可采用现行国家标准《建筑抗震设计规范》GB 50011中规定的刚性隔板假定。但对于复杂的结构，采用刚性隔板假定时，可能会使消能器消能力超过实际能力，从而高估了消能器的作用，为此，需考虑采用弹性板对消能减震结构进行分析。

6.1.2　在双向地震作用时，消能器都要发挥作用，通过支撑同时向双向交叉布置消能部件的柱附加荷载，为此，双向交叉布置消能部件相连的柱，交叉支撑对柱产生的外荷载要重点考虑。

6.1.3　在结构中设置消能器增加结构阻尼来减少结构地震反应是公认的事实，随着消能减震技术的发展，为了适应我国经济发展的需要，可利用消能减震技术来减轻结构的地震灾害，从而也推动高烈度区高层建筑的发展。结构中布置消能器后形成消能减震支撑结构体系，当消能器在结构中的布置满足钢支撑在不同结构体系中的要求时，其形成的消能减震高层建筑结构的最大适用高度，可按现行国家标准《建筑抗震设计规范》GB 50011中钢支撑结构体系要求取值。如果消能减震结构与满足相应抗震设防烈度要求设计的非消能减震结构水平地震影响系数之比小于0.5，其最大适用高度可按降一度要求考虑，但还应进行专门的研究。

消能减震结构采用屈曲约束支撑时，当屈曲约束支撑的布置符合现行国家标准《建筑抗震设计规范》GB 50011中钢支撑布置的规定时，其建筑适用的最大高度可按采用钢支撑建筑要求取值。

6.1.4　已有的研究成果表明，消能减震结构中，与消能部件相连的柱（墙）和梁所承受的作用不仅包括地震作用部分，还包括与该柱（墙）和梁相连的消能部件传至连接节点的作用。这样，在地震作用下，虽然消能减震结构能减小结构地震作用下反应，但是消能部件子结构由于消能部件产生附加作用可能会比较大，从而增加与消能部件相连的柱（墙）和梁的作用，设计时应考虑与消能部件相连的主体结构构件由于消能部件附加作用的影响。

6.2　消能部件布置原则

6.2.1、6.2.2　消能器一般是和支撑（支承构件）一起布置在结构中，支撑（支承构件）和消能器构成消能部件。常见的布置形式有单斜撑、“V”字形撑、“人”字形等，概念设计阶段应根据消能器的类型、构造及原结构空间使用、建筑设计、施工和检修要求选择消能部件的类型。例如：从消能器的构造、类型角度考虑，圆筒式黏弹性消能器、筒式黏滞消能器等适合采用斜杆支撑；Pall型摩擦消能器、双环金属消能器、加劲圆环金属消能器适合采用交叉支撑；剪切型金属消能器适合采用“人”字形支撑或用于耗能剪力墙中。

由于抗震结构体系要求受力明确、传力途径合理、传力路线连续，合理的抗震结构能使结构抗震分析更加符合结构在地震时的实际表现，提高结构的抗震性能，是结构选型与布置结构抗侧力体系时首要考虑因素之一，因此，消能部件的布置应使结构形成均匀合理的受力体系，减少不规则性，提高整体结构的消能能力。

消能器的布置以使结构平面两个主轴方向动力特性相近或竖向方向刚度均匀为原则；对于规则结构，平面上可在两个主轴方向上分别采用对称布置，并且使结构竖向刚度均匀。当结构平面两个主轴动力特性相差较大时，可根据需要分别在两个主轴方向布置，也可以只在较弱的一个主轴方向布置，这时结构设计时应只考虑单个方向的消能作用。对于结构竖向存在薄弱层可优先在薄弱层布置，然后再考虑沿竖向每层或隔层或跨层布置。

消能减震结构中每一楼层中消能器的布置数量不能无限增加，当布置的消能器的数量较多时，消能器的最大阻尼力之和较大，使得该楼层的层剪力产生突变，但为了满足消能减震结构的布置要求，在其他楼层中也要布置大量的消能器，整个结构需要布置的消能器数量会明显增多，其结构设计是一种不经济的方案。

对于位移相关型消能器和部分复合型消能器，随着位移的增加，消能器的刚度是减小的，楼层中布置消能器数量过多，消能器的最大阻尼力之和过大后，当遭受更大的地震作用时，消能器的阻尼力会小于最初设计值，该楼层可能会出现薄弱构件。

6.3 消能部件设计及附加阻尼比

6.3.3 对于消能减震结构，无法预先估计主体结构在加入消能部件后的最终变形情况，只能是预先假设一个阻尼比，将消能部件布置于结构中，并调整消能器的数量和位置，再对消能减震结构进行计算，反算出消能器在相应的阻尼比情况下的位移，通过消能器的恢复力模型和相应的公式求解消能减震结构的附加阻尼比，并反复迭代，使计算出的附加阻尼比与预先假设的阻尼比接近时，则计算结束。

采用附加阻尼比的迭代方法计算步骤如下：

1 假定各个消能器的设计参数和消能减震结构的总阻尼比 ζ。

2 将消能减震结构的总阻尼比和各个消能器的设计参数代入分析模型中，根据现行国家标准《建筑抗震设计规范》GB 50011的规定，采用振型分解反应谱法进行结构分析。

3 经结构分析可得第 i 楼层的水平剪力 F_i、水平地震作用标准值的位移 u_i 及第 j 个消能器的阻尼力 F_{dj} 及相对位移 Δu_{dj}。

4 由式（6.3.2-1）、式（6.3.2-2）、式（6.3.2-3）、式（6.3.2-4）和式（6.3.2-5）计算消能器附加给结构的有效阻尼比 ζ_d。

5 重新修正各个消能器的设计参数，并利用下式计算消能减震结构的总阻尼比 ζ：

$$\zeta = \zeta_1 + \zeta_d \tag{14}$$

式中：ζ_1 ——主体结构阻尼比；

ζ_d ——消能器附加给结构的有效阻尼比。

6 将步骤 5 计算得到的消能减震结构的总阻尼比和各个消能器的参数作为初始假设值，重复步骤 2～步骤 5。反复迭代，直至步骤 2 使用的消能减震结构的总阻尼比与步骤 5 计算得到的消能减震结构的总阻尼比接近。

6.3.4 消能减震结构的计算分析可根据主体结构所处的状态采用不同的分析方法，当主体结构基本处于弹性工作阶段时，可采用线性分析方法作简化计算，并根据结构的变形特征和高度等采用振型分解反应谱法和时程分析法。当主体结构进入弹塑性阶段时应采用静力弹塑性分析方法或非线性时程分析方法。振型分解反应谱法是目前国内结构设计时采用较多的分析方法，而时程分析方法又是对于消能减震结构设计分析时常需要增加补充计算的分析方法，但消能减震结构进行时程分析时，鉴于不同地震波输入进行时程分析的结果存在一定的差异，现行国家标准《建筑抗震设计规范》GB 50011 中规定一般可以根据小样本容量下（不小于 2 组实际记录和 1 组人工模拟的加速度时程曲线作为输入）的计算结果来估计结构地震作用效应值，也可以采用较大样本容量（不少地 5 组实际记录和 2 组人工模拟时程曲线作为输入）的计算结果来估计。如果 3 条地震波能满足现行国家标准《建筑抗震设计规范》GB 50011 中规定的“在统计意义上相符”要求，则 3 条地震波输入计算出结构的地震作用效应不会偏差太大，为了使设计出的结构更为安全则选用 3 条地震波时程曲线输入计算出结构地震反应的包络值反算消能器附加阻尼比。当取 7 组及 7 组以上的地震波时程曲线输入时，计算出结构的地震作用效应的保证率更高，选用 7 组及 7 组以上的地震波时程曲线输入计算出结构地震反应的平均值反算消能器附加阻尼比。

6.3.5、6.3.6 静力弹塑性分析方法是一种静力的分析方法，是在结构计算模型上施加按某种规则分布的水平侧向力，单调加载并逐级加大；一旦有构件开裂（或屈服）即修改其刚度（或使其退出工作），进而修改结构总刚度矩阵，进行下一步计算，依次循环直到结构达到预定的状态（成为机构、位移超限或达到目标位移），从而判断是否满足相应的抗震能力要求。

消能器产生减震效果主要体现在消能器的滞回耗能上，消能器需要产生往复位移或速度起作用，然而，静力弹塑性分析过程中无法直接体现出消能器的作用，以直接得出消能器附加结构的阻尼比，为了使静力弹塑性分析方法能够体现出消能器的作用，对于消能器的刚度和阻尼需要进行等代，并布置结构中进行分析。

消能减震结构中，消能器提供的附加阻尼比是反应消能器减震效果的主要因素。消能器提供的附加阻尼比可按下式计算：

$$\zeta_d = \sum_{j=1}^{n} W_{cj} / 4\pi W_s \tag{15}$$

消能减震结构中消能器在多遇地震、设防地震和罕遇地震作用时提供的阻尼比皆不会相同。一般而言，在罕遇地震时消能器所提供的附加阻尼比会比在多遇地震或设防地震时小（当主体结构进入弹塑性阶段时，结构的总应变能包含了弹性应变能和非弹性应变能，结构的总应变能会比多遇地震时的弹性应变能大很多）。为此，消能器附加给结构的阻尼比应由实际分析计算得到，而不能采用预估值。

其主要步骤为：

1 分别确定消能减震结构的主体结构截面、消能部件的非线性恢复模型及消能部件等代单元的塑性铰特性等。

2 对消能减震结构进行非线性全过程静力分析，得到结构参考点水平侧移与结构底部总水平剪力的关系曲线。

3 根据计算出消能减震结构的位移，计算消能减震结构的有效阻尼比，包括主体结构弹塑性变形耗能附加的有效阻尼比和消能器给主体结构附加的阻尼比。

4 将多自由度消能减振结构等效为一个等价的单自由度体系，分别计算等价单自由度体系的能力曲线和反应曲线。

5 图解等价单自由度体系的目标位移。

6 将此位移转化成多自由度消能减震结构各层的层间位移。

6.4 主体结构设计

6.4.1 主体结构的强度和截面验算，依据第4章求得的内力按现行国家标准《建筑抗震设计规范》GB 50011中对不同类建筑结构规定的公式计算。由于消能减震结构中附加刚度和附加阻尼相比于主体结构存在一定的变化，为此，计算地震作用效应时应考虑消能器附加刚度和附加阻尼的影响，并应考虑本规程第6.3.6条中规定的要求。

6.4.2 对于消能器连接板与框架梁连接的情况，当消能器采用平行法安装时，支撑可能会限制框架梁的竖向变形，但其作用很小不能起到明显的约束作用，为此，在确定布置消能部件跨的横梁截面时，不应考虑消能部件在跨中的支承作用；消能器在地震作用下往复作用时，消能器产生的水平阻尼力会通过连接板传递到与其相连的框架梁上，导致框架梁除承受竖向荷载作用外，还要承受消能器在地震作用时消能器附加的水平阻尼力作用。

为了确保消能减震结构在罕遇地震作用下不发生倒塌，消能减震结构需要保证在主体结构达到极限承载力前，消能部件不能产生失稳或节点板破坏；为了保证消能部件的安全，其连接节点和构件都应进行罕遇地震作用下消能器引起的附加外荷载作用下的截面验算。

6.4.3 消能减震结构的层间位移角限值应与现行国家标准《建筑抗震设计规范》GB 50011保持一致，但又要体现出消能减震技术提高结构抗震能力的优势，消能减震结构的层间位移角限值可比不设置消能减震的结构适当减小，从而更容易实现基于性能抗震设计要求。

6.4.4 对于消能减震混凝土结构中的主体结构由于消能部件附加的阻尼比使得结构的地震反应降低，构件的截面尺寸可能会有所减小，主体结构的抗震等级是根据设防烈度、结构类型、房屋高度进行区分，主体结构应采用对应结构体系的计算和构造措施执行，抗震等级的高低，体现了对结构抗震性能要求的严格程度。为此，对于消能减震混凝土结构的主体结构抗震等级应根据其自身的特点，按相应的规范和规程取值，当消能减震结构的减震效果比较明显时，主体结构的构造措施可适当降低，即当消能减震的地震影响系数不到非消能减震的50%时，主体结构的构造措施可降低一度执行。

6.4.5 消能减震结构中消能部件与结构构件进行连接，并且会传递给结构构件较大的阻尼力，为了保证结构构件在消能部件附加的外力作用下不至于发生破坏，需要在与消能部件连接的部位进行箍筋加密，并且加密区长度要延伸到连接板以外的位置，为此，加密区长度从连接板的外侧进行计算。

6.5 消能减震结构抗震性能化设计

6.5.1～6.5.3 消能减震结构的抗震性能化设计，应根据实际需要确定不同的性能目标和水准，以达到预期的设计要求。

7 消能部件的连接与构造

7.1 一般规定

7.1.1、7.1.2 消能器与主体结构的连接，根据消能器的不同，可采用不同的连接形式（图11）。K形支撑布置时会在框架柱中部交点处给柱带来侧向集中力的不利作用，在地震作用下，可能因受压斜杆屈曲或受拉斜杆屈服，引起较大的侧向变形，使柱发生屈曲甚至造成倒塌，故不宜采用“K”字形布置。

支撑斜杆宜采用双轴对称截面。当采用单轴对称截面（双角钢组合T形截面），应采取防止绕对称轴屈曲的构造措施。板件局部失稳影响支撑斜杆的承载力和消能能力，其宽厚比需要加以限制。

7.1.3 本条内容同现行国家标准《钢结构设计规范》GB 50017有关条文。连接板（或连接件）和结构构件间的连接采用高强度螺栓连接或焊接，当采用螺栓连接时，应保证相连节点在罕遇地震下不发生滑移；当消能器的阻尼力较大时，宜采用刚接；与消能器相连的支撑应保证在消能器最大输出阻尼力作用下处于弹性状态，不发生平面内、外整体失稳，同时与主体

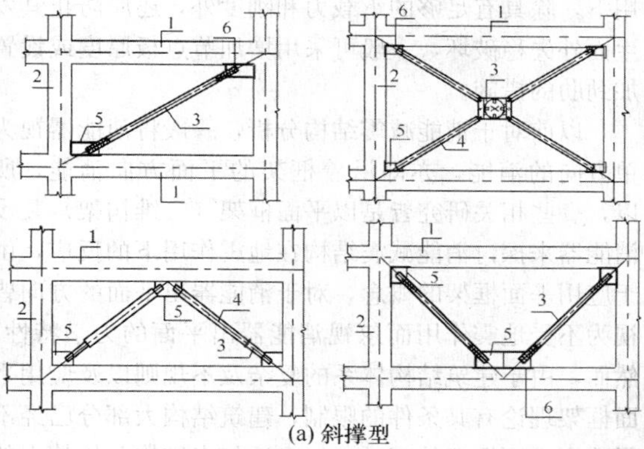

(a) 斜撑型

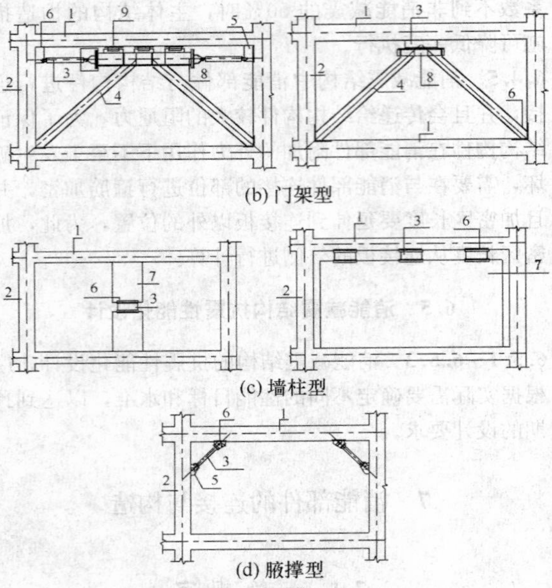

(b) 门架型

(c) 墙柱型

(d) 腋撑型

图 11　消能器布置形式

1—梁；2—柱或墙；3—消能器；4—支撑；
5—节点板；6—预制板；7—支墩或剪力墙；
8—水平平台；9—平面外限位装置

相连的预埋件、节点板等也应处于弹性状态，不得发生滑移、拔出和局部失稳等破坏。与支撑相连接的节点承载力应大于支撑的极限承载力，以保证节点足以承受罕遇地震下可能产生的最大内力。消能器与连接支撑、主体结构之间的连接节点，应符合钢构件连接、或钢与混凝土构件连接、或钢与钢-混凝土组合构件连接的构造要求。

7.1.4　消能部件属非承重构件，其功能仅在结构变形过程中发挥耗能作用，而不承担结构的竖向承载作用，即增设消能器不改变主体结构的竖向受力体系，为此，无论是新建消能减震结构还是既有建筑的抗震加固主体结构都必须满足竖向承载力的要求。与消能器相连的支撑应具有足够刚度，以保证消能部件中的变形绝大部分发生在消能器上，消能器支撑的刚度应根据计算确定。节点板在支撑力（考虑附加弯矩）作用下，除具有足够的承载力和刚度外，还应防止其发生面外失稳破坏，一般可采用增加节点板厚度或设置加劲肋的措施。

以前对于消能减震结构分析，一般将消能器视为单方向的消能，亦即沿着框架的平面方向消能，所以，一些相关研究皆是以平面框架（二维构架）装设消能器来探讨消能减震结构在地震作用下的反应，由于应用平面框架的概念，对于消能器出平面的方向皆视为不受地震作用而忽视消能器出平面的力学特性。然而，由于建筑结构体系的复杂及不规则以及应用平面框架理论有其条件的限制，建筑结构大部分已经不再适用平面框架的理论，加上近年来结构分析技术的进步，目前皆是以三维空间结构来做结构分析设计。所以，在三维空间结构分析时，消能器不仅需考虑框架平面内的力学特性，亦需考虑消能器在框架平面外的力学特性。并且由于附加支撑在消能器的阻尼力作用下，常产生轴压变形，在设计附加支撑时经常只考虑到附加支撑平面内的刚度，来保证消能器的大变形而忽略了附加支撑的平面外刚度，导致附加支撑在地震作用时平面外屈曲破坏，使消能器不能发挥其应有的耗能效果。为此，需要保证附加支撑在轴力作用的平面外刚度。

当使用无刚度黏滞消能器，且采用人字形支撑时，可同时考虑与橡胶支座的合理组合，通过橡胶支座或其他提供平面刚度装置给支撑提供一定的平面外刚度，以保持支撑平面外的稳定（图 12）。位移相关型消能器和复合型消能器都能提供二个方面的水平刚度，可利用消能器自身的性能使其满足支撑平面外稳定性要求。

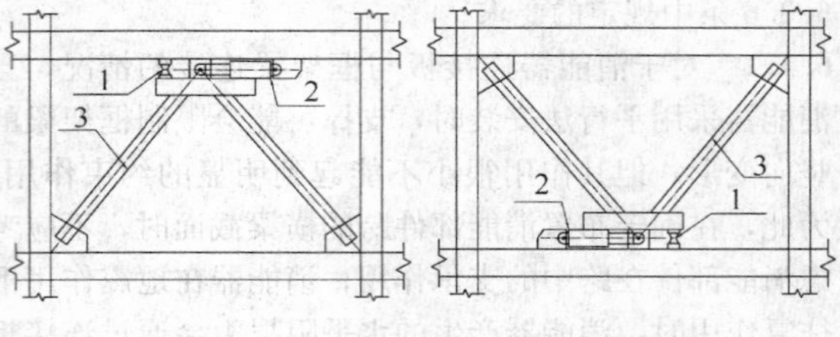

图 12　消能器安装立面图

1—平面外限位装置；2—消能器；3—支撑

7.1.5　由于消能支撑常采用连接板与主体结构相连，从现有的混凝土钢支撑结构和钢结构的支撑破坏情况发现，在地震中常出现连接钢板部分发生互不相同平面外的失稳，由此导致梁发生大的扭转变形并使钢筋混凝土剥落，使消能器不能产生相对位移，从而不能发挥相应的耗能效果。

7.1.6　与消能部件相连接的主体结构构件与节点应考虑消能器在最大输出阻尼力作用，从而保证消能器在罕遇地震作用下不丧失功能。

7.2　预埋件计算

7.2.1　预埋件的构造形式应根据受力性能和施工条件确定，力求构造简单，传力直接。预埋件可分为受力预埋件与构造预埋件两种。均由两部分组成：埋设在混凝土中的锚筋和外露在混凝土表面部分的锚板。锚筋和锚板都采用可焊性良好的结构钢。锚筋常用钢筋，对于受力较大的预埋件常采用角钢。对于 L 形预埋板相互垂直方向的预埋板承担的内力宜按支撑角度分解轴向力获取。

7.3　支撑和支墩、剪力墙计算

7.3.2　支撑的计算长度取值遵循如下原则：计算支撑的轴向刚度时，计算长度取其净长。计算平面内、外失稳时，计算长度应取支撑与消能器的长度总和。

7.4 节点板计算

7.4.2、7.4.3 本条内容同现行国家标准《钢结构设计规范》GB 50017 有关条文。

7.5 消能器与结构连接的构造要求

7.5.1～7.5.3 消能器的附加内力通过预埋件、支撑和剪力墙（支墩）传递给主体结构构件，因此，要求预埋件、支撑和剪力墙（支墩）在消能器极限位移时附加的外力作用下不会出现失效，其构造措施比一般预埋件要求更高。

8 消能部件的施工、验收和维护

8.1 一 般 规 定

8.1.1 本规程关于消能减震结构的施工、验收和维护的条文规定，是针对国内外消能减震技术工程应用中发展较为成熟的消能部件，结合混凝土结构、钢结构等类型的新建房屋，总结消能减震结构施工、验收和维护的工程实践经验，吸收日本、美国等国外相关规范和国内有关施工验收标准的先进技术而编制的。

消能减震结构中消能部件是关键部分。由于消能器有多种类型，构造多样，制作和施工安装方法各有特点。因此，消能部件及主体结构的施工安装组织设计或施工安装方案编制是组织消能减震结构施工的重要前期工作，应结合消能部件和主体结构的特点以及结构施工安装组织设计的基本要求编制。当既有建筑抗震加固采用消能减震技术时，可参照本规程的有关规定进行。

8.1.2 结合消能减震结构的特点，根据现行国家标准《建筑工程施工质量验收统一标准》GB 50300 的有关规定，将消能部件作为上部主体结构分部工程的一个子分部工程进行施工质量管理和竣工验收。

虽然消能部件工程主要是钢部件的制作安装施工，但采用消能减震技术的结构材料类型除钢结构外，还有混凝土结构和木结构等，而且消能器是一种专门技术部件，具有多种类型和不同的构造特点，其设计呈多样化，安装工种和工序较多，施工工艺和施工技术复杂，同时，消能部件又是涉及安全的重要部件。因此，在消能部件的施工质量管理和竣工验收中，若将其视为几个分项工程并分别归结到主体结构的相应分项工程验收批中，是难以适应质量验收要求的。故本规程提出在主体结构分部工程中，不论上部主体结构为钢结构、混凝土结构还是其他结构，均将消能部件作为主体结构分部工程的一个子分部工程，以利于施工质量管理和验收。

消能部件子分部工程，根据结构材料和施工方法可分为：现浇混凝土结构、装配整体式混凝土结构、钢结构和木结构等建筑的消能部件子分部工程，以及抗震加固建筑的消能部件子分部工程。

8.1.3 根据施工方法和主要工序，将消能部件子分部工程的施工作业内容划分为二个阶段。

消能部件子分部工程可按不同施工阶段划分相应的分项工程，其中，消能部件原材料和成品的进场验收，是指进入消能部件各分项工程实施现场的主要原材料、标准件、成品件或其他特殊定制成品（如消能器等）的进场及验收。

消能部件中附加钢构件的制作，可划分为钢零件及钢组件的加工、钢构件组装、组装的焊接连接、紧固件连接、钢构件预拼装、钢构件防腐涂料涂装等六个分项工程。

消能部件的安装和维护，可划分为消能部件安装、安装和焊接连接、紧固件连接、消能部件防腐防火涂装等四个分项工程。其中，安装分项工程的内容包括制定安装次序、吊装就位、测量校正定位及临时固定等工序，涂装分项工程的内容包括安装连接后普通防腐涂料局部补充涂装、防火涂料涂装等工序。

各阶段的施工作业，应根据具体工程设计情况确定其所含的分项工程或工序。

检验批次是分项工程施工质量管理和验收的基本单元，可根据与施工方式一致且便于质量控制的原则划分。消能部件分项工程的检验批，可按主体结构检验批的划分方法确定，例如可按楼层或预制柱节高度范围、施工流水段、变形缝或空间刚单元等划分。

8.1.4 消能部件大多为钢材预制部件，消能器虽然不完全是钢材制作，其外廓或接头多为钢制件，消能部件在主体结构中的安装精度要求较高，其精度随主体结构的类型和安装顺序的不同而有所不同。因此，对消能部件的制作尺寸及其他加工质量应严格要求。在消能部件制作过程中或进场前，应对其进行检查，对发现的尺寸偏差或其他质量问题应在加工过程中进行修理，不宜在消能部件到现场安装时才进行质量检查，导致因质量问题而影响施工工期。

8.2 消能部件进场验收

8.2.1 消能部件的制作单元一般将现场的安装单元、两个或多个制作单元在工地地面拼装为扩大的安装单元，因此，制作单元除根据生产、运输条件确定外，还要尽量便于安装连接，以保证安装质量。

8.2.2～8.2.4 消能器制造常为是一项专门技术，其采用的材料除钢材、焊接材料和紧固件外，还有油、橡胶及其他黏滞材料和黏弹性材料，还有摩擦材料、矿质材料、涂料等消能材料，为此，产品在进场时各类材料应具有质量合格证。进场时还应提供制作偏差等，这些材料的品种、规格和性能指标应符合现行行业标准《建筑消能阻尼器》JG/T 209 及设计文件中的规定。

8.3 消能部件的施工安装顺序

8.3.1 该条既考虑了已有不同类型及构造特点的消能器安装施工，也有利于新型消能器及相关部件的研制、开发和推广应用。消能减震结构施工安装前，应确定结构的各类普通构件和消能部件的总体及局部施工安装顺序，这对施工安装质量有重要影响，应遵循本条规定的要求，以确保施工安装质量。

8.3.3 消能减震钢结构的安装顺序，是根据一般钢结构的安装顺序，并结合消能部件的特点，按现行行业标准《高层民用建筑钢结构技术规程》JGJ 99 的规定综合制定的。采用本条的安装顺序，便于构件的安装进度和测量校正。

消能减震钢结构的安装顺序可采用以下顺序进行：

1 在每层柱所在的高度范围内，应先安装平面内的中部柱，再沿本层柱高从下向上分别进行消能部件、楼层梁吊装连接；然后从中部向四周按上述次序，逐步安装其余柱、消能部件、梁及其他构件，最后安装本层柱高范围内的各层楼梯，并铺设各层楼面板。

2 消能减震钢结构一个施工流水段的柱高度范围的全部消能部件和结构构件安装连接完毕，并验收合格后，方可进行该流水段的上一层柱范围或下一流水段的安装。

3 进行钢构件的涂装和内外墙板施工。

8.3.4 消能减震的现浇混凝土结构施工中，消能部件和主体结构构件的总体安装顺序，应根据结构特点、施工条件等确定，本规程在编制过程中，研究并总结出两种安装方法：消能部件平行安装法和后装法。

消能部件平行安装法便于消能器的吊装进位和测量校正，各层消能部件和混凝土构件一次施工安装齐备，避免后期补装，缺点是每层施工工种多，存在交叉影响。

消能部件后装法，优点是混凝土构件施工快，不受消能部件安装影响。但混凝土构件浇筑完成后，重量较重或尺寸较长的消能部件吊装会受到楼板、水暖管网、外脚手架、施工安全网等的影响，可能加大安装难度；而且后装法对部件的制作、安装精度要求高，也可能增加难度；后装法的各层消能部件在混凝土构件施工完成后再进行，可能会延长施工工期。

消能减震混凝土结构的后装法可先施工一个或多个结构层的混凝土墙柱和梁板等构件，包括混凝土构件上与消能部件相连的节点预埋件；然后安装消能部件，并与混凝土构件的预埋件连接。当设计中不考虑消能部件的抗风作用时，可在各层混凝土柱墙、梁、板以及节点预埋件全部施工完毕后，再安装消能部件。

8.3.7、8.3.8 同一部位的消能部件，当仅有消能器时直接作为安装单元，当还设有附加支撑，或与结构为销栓铰接、球面铰接时，各制作单元及铰接件在现场地面拼装成扩大安装单元后，再与结构进行安装连接。

安装单元与结构的安装连接，精度要求高，连接施工较困难。如何进行安装连接，是消能部件安装中的一个普遍问题，例如黏滞消能器通过专门铰接件与结构连接时要求无间隙连接，经分析研究，总结了有关方法，制定本条款并独立列出。

对于消能减震的钢结构，在消能部件设置部位，柱的安装单元宜采用带悬臂梁段的柱，且在柱与消能部件连接处设置柱上连接件。对于黏滞消能器，其两端与节点连接件为球面铰接、销栓铰接或螺栓连接，其同一部位消能部件的局部安装顺序为：将地面拼装后的消能器及附加连接件一起起吊，并将附加连接件在柱或基础的连接板上初步定位、校正和临时固定，再连接牢固。

对于消能减震的现浇混凝土结构：

1 采用消能部件平行安装法时，同一部位各消能部件的安装，应在其下层混凝土构件浇筑完毕以及其同层周围柱的钢筋、预埋件和模板安装后进行。黏滞消能器安装时，其两端与附加铰接件在地面拼装连接为扩大安装单元后一起起吊，再将消能器下方位端的附加连接件在已浇筑梁或基础预埋板上定位和临时固定（连接件在柱钢筋骨架中留出锚筋），将上方位端在柱的钢筋骨架上定位和临时固定，两端连接牢固之后，安装上部梁板的钢筋骨架、模板和浇筑混凝土。

2 采用消能部件后装法时，在地面或楼面将消能部件进行拼装，检查测量拼装后的总尺寸和锚栓孔位置，并与安装部位的相应空当尺寸、锚栓位置进行对照核查，凡是预拼装尺寸大于安装位置预留尺寸，或锚栓与栓孔错位大于本规程或现行国家有关规范的允许偏差，导致不能就位时，安装前应在地面进行修理。对于黏滞消能器，两端与附加铰接件地面拼装后，安装时在已浇筑的混凝土结构上初步定位、校正、临时固定，最后用焊接或锚栓连接牢固。

8.4 施工测量和消能部件的安装、校正

8.4.1 多高层建筑结构四廓主轴线及标高点施工测量放样的允许偏差，根据目前国内建筑施工测量水平，建筑物施工放线的允许偏差应符合表 2 规定，表中的允许偏差是根据国家现行标准《砌体结构工程施工质量验收规范》GB 50203 和《高层建筑混凝土结构技术规程》JGJ 3 的有关规定，对外廓主轴线及标高点相对于地面或首层的偏差控制，除控制顶部偏差

外，增加了每层相对地面的偏差控制，以避免偏差的积累。

表2 建筑物施工放线的允许偏差

项目		允许偏差 a(mm)	图例
外廓主轴线位置的放线偏差	相邻层主轴线的相对位置	3.0	
	高 Z 处楼面与首层相对位置 $Z\leqslant30$m $30\text{m}<Z\leqslant60$m $60\text{m}<Z\leqslant90$m $90\text{m}<Z\leqslant120$m $120\text{m}<Z\leqslant150$m $Z>150$m	 5.0 10.0 15.0 20.0 25.0 30.0	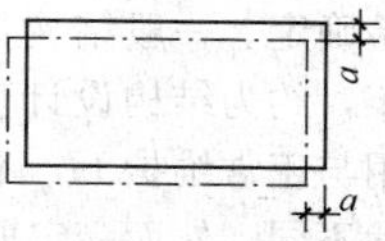
基础及各层外廓主轴线长度 L、B 的放线偏差	$L(B)\leqslant30$m $30\text{m}<L(B)\leqslant60$m $60\text{m}<L(B)\leqslant90$m $L(B)>90$m	±5.0 ±10.0 ±15.0 ±20.0	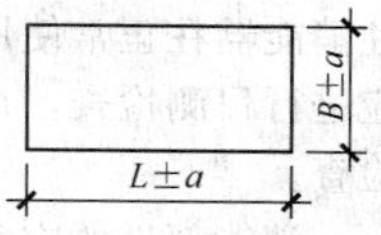
墙、柱、梁及消能部件定位轴线位置的放线偏移		2.0	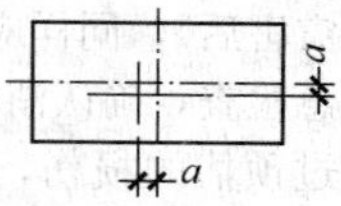
墙、柱、梁及消能部件边线位置的放线偏移		3.0	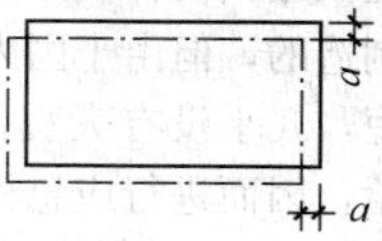
结构层标高点放样偏差	相邻楼层或柱节的相对标高	±3.0	
	高 Z 处楼面与地面相对标高 $Z\leqslant30$m $30\text{m}<Z\leqslant60$m $60\text{m}<Z\leqslant90$m $90\text{m}<Z\leqslant120$m $120\text{m}<Z\leqslant150$m $Z>150$m	 ±5.0 ±10.0 ±15.0 ±20.0 ±25.0 ±30.0	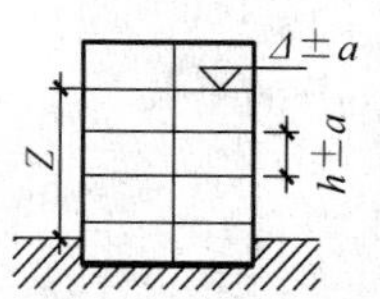

消能减震结构的施工安装及连接完成后，消能减震结构施工安装的允许偏差应符合表3规定。

表3 消能减震结构施工安装的允许偏差

项目			允许偏差 a(mm) 多高层混凝土结构	允许偏差 a(mm) 多高层钢结构	图例
消能部件底板中心线对定位轴线的安装偏移			10.0	5.0	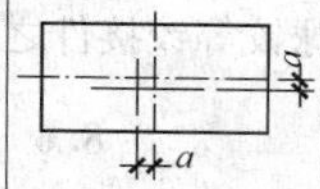
消能器的人字形附加支撑的平面外垂直度			10	$h/1000$	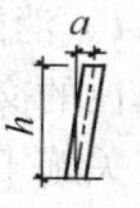
消能部件锚栓位置	锚栓预留孔中心对定位轴线偏移		10.0		
	锚栓中心对定位轴线偏移		2.0		
消能部件底板螺栓孔对底板中心线的偏移			1.5	1.5	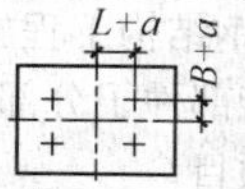
墙柱中心线对定位轴线偏移	底层柱的柱底		5.0	3.0	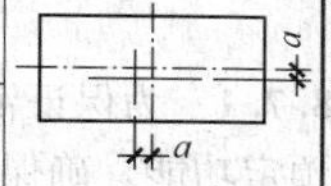
	上部层柱的柱底		5.0	2.0	
梁轴线对定位轴线的偏移			5.0	2.0	
墙柱垂直度	每层或每节柱高	≤5.0m	8	$h/1000$，且不应大于10.0	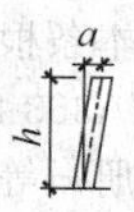
		>5.0m	10		
	主体结构全高		$H/1000$，且不应大于30.0	($H/2500$)+10.0，且不应大于50.0	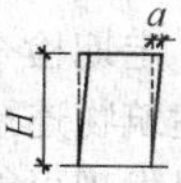
基础上柱底安装标高偏移			±5.0	±2.0	
每层或每节柱的标高偏移			±10.0	±3.0	
结构标高对标高线偏移	结构顶部标高偏移	用相对标高控制安装	±30.0	$\pm\sum_{1}^{n}(a_h+a_z+a_w)$	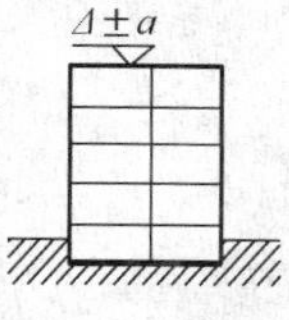
		用设计标高控制安装		$+H/1000$，且不应大于$+30.0$ $-H/1000$，且不应小于-30.0	

8.5 消能部件安装的焊接和紧固件连接

8.5.2 消能部件采用铰接连接时，连接间隙会影响消能部件的消能性能的发挥，为了减小其对结构减震性能的影响，对采用铰接连接时，消能部件与销栓或球铰等铰接件之间的间隙应做出相应的规定。

8.6 施工安全和施工质量验收

8.6.1 消能减震结构的施工是土建、安装等多工种、多单位的交叉混合施工，应严格遵守国家、行业、企业有关施工安全的技术标准和规定，并根据消能减震结构的施工安装特点，在编制施工组织设计文件时应制定安全施工、消防和环保等措施。

8.6.2、8.6.3 在消能部件子分部工程的质量验收中，为便于该子分部工程有关安全及使用功能的见证取样检测和检验的可操作性，本条根据现行国家标准《钢结构工程施工质量验收规范》GB 50205，结合消能部件子分部工程的施工安装特点，规定了具体检测项目。

8.7 消能部件的维护

8.7.1 为保证消能部件在地震作用下能正常发挥其预定功能，确保建筑结构的安全，并为以后工程应用和标准修订积累经验，业主或房产管理部门等应在建筑结构使用过程中进行维护管理。

本条根据美国《新建房屋抗震设计推荐性规范》FEMA368-2000、日本 JSSI《被动减震结构设计与施工手册》等文献关于消能减震结构的规定，经综合整理而制定。

定期检查是由物业管理部门对消能部件本身及其与建筑物连接的状况进行的正常检查，其目的是力求尽早发现可能的异常以避免消能部件不能正常使用。

应急检查是指在发生强震、强风、火灾等灾害后立即实施的检查，目的是检查确认上述灾害对消能部件性能有无影响。

其中，抽样检查是消能部件的检查方法之一。所谓抽样检查，是指在定期检查或应急检查中，在结构中抽取在役的典型消能器，对其基本性能进行原位测试或实验室测试，目的是反映消能器在使用过程中可能发生的性能参数变化，并推定消能器能否达到设计使用年限等。

8.7.2～8.7.5 消能部件正常维护中，定期目测检查的周期主要根据消能部件中关键部件——消能器的设计使用年限，并参照现有一般结构构件的维护实践经验确定。一般结构构件实际检查周期大致为 10～15 年，约为结构设计使用年限的 1/5～1/3。在正常使用与正常维护下，不同类型消能器的设计使用年限虽然不同，然而，定期检查的周期以消能器的设计使用年限为基础取其 1/5～1/3，即约为 10 年，应该属于一个较正常的时间间隔。但由于建筑使用的特殊性，进行定期检查时会影响建筑使用，为此，对于金属消能器和屈曲约束支撑等金属材料耗能的消能器，在正常使用情况下可不进行定期检查；黏滞消能器和黏弹性消能器在正常使用情况下一般 10 年或二次装修时应进行目测检查，在达到设计使用年限时应进行抽样检查。

消能部件的应急检查，包括应急目测检查和应急抽样检测，与主体结构的应急检查要求是一致的，即在地震及其他外部扰动发生后（如地震、强风、火灾等灾害后），同样应对消能部件实施应急检查。通过应急检查，确认消能器是否超过极限能力或是否受到超过预估的损伤，以判断是否需要修理或更换。另外，即使消能器经检查未遭受到损伤，也要检查其附加支撑、连接件是否受到的影响。虽然消能部件一般是根据其设计使用年限内的累积地震损伤要求来设计制造的，但由于国内外消能减震工程应用实践的时间短，几乎没有大震下的实测性能数据及震害破坏经验，因而进行应急检查是必要的。

中华人民共和国行业标准

底部框架-抗震墙砌体房屋抗震技术规程

Technical specification for earthquake-resistant of masonry buildings with frame and seismic-wall in the lower stories

JGJ 248—2012

批准部门：中华人民共和国住房和城乡建设部

施行日期：2 0 1 2 年 8 月 1 日

中华人民共和国住房和城乡建设部
公　告

第 1321 号

关于发布行业标准《底部框架-抗震墙砌体房屋抗震技术规程》的公告

现批准《底部框架-抗震墙砌体房屋抗震技术规程》为行业标准，编号为 JGJ 248－2012，自 2012 年 8 月 1 日起实施。其中，第 3.0.2、3.0.6、3.0.9、5.5.15、5.5.28、6.2.1、6.2.3、6.2.5、6.2.8、6.2.13、6.2.15 条为强制性条文，必须严格执行。

本规程由我部标准定额研究所组织中国建筑工业出版社出版发行。

中华人民共和国住房和城乡建设部

2012 年 3 月 1 日

前　言

根据原建设部《关于印发“一九九九年工程建设城建、建工行业标准制订、修订计划”的通知》（建标［1999］309 号）的要求，规程编制组经广泛调查研究，认真总结实践经验，参考有关国际标准和国外先进标准，并在广泛征求意见的基础上，编制本规程。

本规程的主要技术内容是：1. 总则；2. 术语和符号；3. 基本规定；4. 地震作用和结构抗震验算；5. 底部框架-抗震墙抗震设计；6. 上部砌体结构抗震设计；7. 结构薄弱楼层判别及弹塑性变形验算；8. 施工。

本规程中以黑体字标志的条文为强制性条文，必须严格执行。

本规程由住房和城乡建设部负责管理和对强制性条文的解释，由中国建筑科学研究院负责具体技术内容的解释。执行过程中如有意见或建议，请寄送中国建筑科学研究院（地址：北京市北三环东路 30 号，邮政编码：100013）。

本规程主编单位：中国建筑科学研究院

本规程参编单位：中国建筑西南设计研究院有限公司
北京三茂建筑工程检测鉴定有限公司
辽宁省城乡建设规划设计院
西安建筑科技大学
大连理工大学
东南大学
四川大西南正华建设有限公司
大连市城乡建设委员会

本规程主要起草人员：肖　伟　高小旺　王　菁　王　巍　张志明　张宜磊　李清洋　杨树成　汪颖富　周晓夫　周培正　梁兴文　黄宗瑜　程文濂　蔡贤辉

本规程主要审查人员：刘志刚　周炳章　张前国　李德荣　苏经宇　钟益村　耿树江　钱稼茹　曾德民　霍文营

目次

Contents

1 总　　则

1.0.1 为使底部框架-抗震墙砌体房屋经抗震设防后，减轻建筑地震破坏，避免人员伤亡，减少经济损失，制定本规程。

1.0.2 本规程主要适用于抗震设防烈度为6度、7度和8度（0.20g）、抗震设防类别为标准设防类的底层或底部两层框架-抗震墙砌体房屋的抗震设计与施工。

注：本规程中“6度、7度、8度”即“抗震设防烈度为6度、7度、8度”的简称。

1.0.3 砌体类型适用于烧结类砖（包括烧结普通砖、烧结多孔砖）砌体、混凝土砖（包括混凝土普通砖、混凝土多孔砖）砌体和混凝土小型空心砌块砌体；采用非黏土的烧结砖、混凝土砖的房屋，块体的材料性能应有可靠的试验数据；当本规程未作具体规定时，可按本规程普通砖、多孔砖房屋的相应规定执行。

注：本规程中“小砌块”即“混凝土小型空心砌块”的简称。

1.0.4 进行抗震设计的底部框架-抗震墙砌体房屋，当遭受低于本地区抗震设防烈度的多遇地震影响时，主体结构不受损坏或不需修理可继续使用；当遭受相当于本地区抗震设防烈度的设防地震影响时，可能发生损坏，但经一般性修理仍可继续使用；当遭受高于本地区抗震设防烈度的罕遇地震影响时，不致倒塌或发生危及生命的严重破坏。

1.0.5 底部框架-抗震墙砌体房屋进行抗震设计与施工时，除应符合本规程要求外，尚应符合国家现行有关标准的规定。

2 术语和符号

2.1 术　　语

2.1.1 底层框架-抗震墙砌体房屋　masonry buildings with frame and seismic-wall in first story

底层横向与纵向均为框架-抗震墙体系、第二层及其以上楼层为砌体墙承重体系构成的房屋。

2.1.2 底部两层框架-抗震墙砌体房屋　masonry buildings with frame and seismic-wall in the lower-two stories

底部两层横向与纵向均为框架-抗震墙体系、第三层及其以上楼层为砌体墙承重体系构成的房屋。

2.1.3 底部框架-抗震墙砌体房屋　masonry buildings with frame and seismic-wall in the lower stories

底层框架-抗震墙砌体房屋和底部两层框架-抗震墙砌体房屋的统称。

2.1.4 过渡楼层　transitional story

底层框架-抗震墙砌体房屋的第二层和底部两层框架-抗震墙砌体房屋的第三层。

2.2 符　　号

2.2.1 作用和作用效应

F_{Ek}——结构总水平地震作用标准值；

F_i——质点i的水平地震作用标准值；

G_{eq}——地震时结构等效总重力荷载代表值；

G_i、G_j——分别为集中于质点i、j的重力荷载代表值；

M——弯矩；

N——轴向力；

V——剪力；

σ_0——对应于重力荷载代表值的砌体截面平均压应力。

2.2.2 材料性能

C——混凝土强度等级；

Cb——混凝土小砌块灌孔混凝土的强度等级；

E——砌体弹性模量；

E_c——混凝土弹性模量；

E_g——配筋混凝土小砌块砌体抗震墙的弹性模量；

E_s——钢筋弹性模量；

f_{ck}、f_c——混凝土轴心抗压强度标准值、设计值；

f_{gk}、f_g——灌孔小砌块砌体抗压强度标准值、设计值；

f_{gvk}、f_{gv}——灌孔小砌块砌体抗剪强度标准值、设计值；

f_{tk}、f_t——混凝土轴心抗拉强度标准值、设计值；

f_v、f_{vu}——非抗震设计的砌体抗剪强度设计值、极限抗剪强度计算取值；

f_{vE}、f_{vEu}——砌体沿阶梯形截面破坏的抗震抗剪强度设计值、抗震极限抗剪强度计算值；

f_y、f'_y——钢筋的抗拉强度、抗压强度设计值；

f_{yk}——钢筋抗拉强度标准值；

G——砌体剪变模量；

G_c——混凝土剪变模量；

G_g——配筋混凝土小砌块砌体抗震墙的剪变模量；

M——砂浆强度等级；

Mb——混凝土小砌块砌筑砂浆的强度等级；

MU——块体（砖、砌块）强度等级。

2.2.3 几何参数

A——墙水平截面面积；

A_c——墙内芯柱、构造柱或边缘构件的水平截面面积；

A_s、A'_s——受拉区、受压区纵向钢筋截面面积；

A_{sv}、A_{sh}——同一截面各肢竖向、水平箍筋或分布钢筋的全部截面面积；

A_w——T形、I字形截面抗震墙腹板的面积；

a_s、a'_s——纵向受拉钢筋合力点、受压钢筋合力点至截面近边的距离；

b——矩形截面宽度、T形和I字形截面的腹板宽度；

b_f、b'_f——T形、I字形截面受拉区及受压区翼缘宽度；

b_w——抗震墙截面宽度；

d——钢筋直径或圆形截面的直径；

e_a——附加偏心距；

H_i、H_j——分别为质点 i、j 的计算高度；

H_n——框架柱的净高；

h——层高；截面高度；

h_0——截面有效高度；

h_f、h'_f——T形、I字形截面受拉区及受压区翼缘高度；

l_a——非抗震设计时纵向受拉钢筋的锚固长度；

l_{aE}——纵向受拉钢筋的抗震锚固长度；

l_n——梁的净跨度；

s——箍筋或分布钢筋间距。

2.2.4 计算系数

α_1——受压区混凝土等效矩形应力图的应力值与混凝土轴心抗压强度设计值的比值；

α_{max}——水平地震影响系数最大值；

γ_{RE}——承载力抗震调整系数；

ζ_N——砌体抗震抗剪强度的正应力影响系数；

η_c——构造柱参与墙体工作时的墙体约束修正系数；柱端弯矩增大系数；

ξ_R——底部框架-抗震墙砌体房屋的上部砌体房屋层间极限剪力系数；

ξ_y——底部框架-抗震墙砌体房屋的底部层间屈服强度系数；

ρ——小砌块墙体中芯柱的填孔率；

ρ_v——柱箍筋加密区的体积配箍率；

ρ_w——钢筋混凝土墙板竖向分布钢筋配筋率。

3 基 本 规 定

3.0.1 底部框架-抗震墙砌体房屋的抗震设计，宜使底部框架-抗震墙部分与上部砌体房屋部分的抗震性能均匀匹配，避免出现特别薄弱的楼层和避免薄弱楼层出现在上部砌体房屋部分。

3.0.2 底部框架-抗震墙砌体房屋的总高度和层数应符合下列要求：

1 抗震设防类别为重点设防类时，不应采用底部框架-抗震墙砌体房屋。标准设防类的底部框架-抗震墙砌体房屋，房屋的总高度和层数不应超过表3.0.2的规定。

表3.0.2 底部框架-抗震墙砌体房屋总高度（m）和层数限值

上部砌体抗震墙类别	上部砌体抗震墙最小厚度(mm)	烈度和设计基本地震加速度							
		6		7				8	
		0.05g		0.10g		0.15g		0.20g	
		高度	层数	高度	层数	高度	层数	高度	层数
普通砖 多孔砖	240	22	7	22	7	19	6	16	5
多孔砖	190	22	7	19	6	16	5	13	4
小砌块	190	22	7	22	7	19	6	16	5

注：1 房屋的总高度指室外地面到主要屋面板板顶或檐口的高度，半地下室可从地下室室内地面算起，全地下室和嵌固条件好的半地下室应允许从室外地面算起；对带阁楼的坡屋面应算到山尖墙的1/2高度处；

2 室内外高差大于0.6m时，房屋总高度应允许比表中数值适当增加，但增加量应少于1.0m；

3 表中上部小砌块砌体房屋不包括配筋小砌块砌体房屋。

2 上部为横墙较少时，底部框架-抗震墙砌体房屋的总高度，应比表3.0.2的规定降低3m，层数相应减少一层；上部砌体房屋不应采用横墙很少的结构。

注：横墙较少指同一楼层内开间大于4.2m的房间面积占该层总面积的40%以上；当开间不大于4.2m的房间面积占该层总面积不到20%且开间大于4.8m的房间面积占该层总面积的50%以上时为横墙很少。

3 6度、7度时，底部框架-抗震墙砌体房屋的上部为横墙较少时，当按规定采取加强措施并满足抗震承载力要求时，房屋的总高度和层数应允许仍按表3.0.2的规定采用。

3.0.3 底部框架-抗震墙砌体房屋底部楼层的层高不应超过4.5m，当底层框架-抗震墙砌体房屋的底层采用约束砌体抗震墙时，底层层高不应超过4.2m；上部砌体房屋部分的层高不应超过3.6m。

3.0.4 底部框架-抗震墙砌体房屋总高度和总宽度的比值，6度、7度时不应超过2.5，8度时不应超过2.0。其总高度与总长度的比值宜小于1.5。当建筑平面接近正方形时，其高宽比宜适当减小。

3.0.5 底部框架-抗震墙砌体房屋的建筑形体及构件布置的平面、竖向规则性，应符合下列要求：

1 房屋的平面、竖向布置宜规则、对称。房屋平面突出部分尺寸不宜大于该方向总尺寸的30%；除顶层或出屋面小建筑外，楼层沿竖向局部收进的水平向尺寸不宜大于相邻下一层该方向总尺寸的25%。

2 建筑的质量分布和刚度变化宜均匀。

3 上部砌体房屋的平面轮廓凹凸尺寸，不应超过基本部分尺寸的50%；当超过基本部分尺寸的25%时，房屋转角处应采取加强措施。

4 楼板开洞面积不宜大于该层楼面面积的30%；底部框架-抗震墙部分有效楼板宽度不宜小于该层楼板基本部分宽度的50%；上部砌体房屋楼板局部大洞口的尺寸不宜超过楼板宽度的30%，且不应在墙体两侧同时开洞。

5 过渡楼层不应错层，其他楼层不宜错层。当局部错层的楼板高差超过500mm且不超过层高的1/4时，应按两层计算，错层部位的结构构件应采取加强措施；当错层的楼板高差大于层高的1/4时，应设置防震缝，缝两侧均应设置对应的结构构件。

3.0.6 底部框架-抗震墙砌体房屋的结构体系，应符合下列要求：

1 底层或底部两层的纵、横向均应布置为框架-抗震墙体系，抗震墙应基本均匀对称布置。上部的砌体墙体与底部的框架梁或抗震墙，除楼梯间附近的个别墙段外均应对齐。

2 6度且总层数不超过四层的底层框架-抗震墙砌体房屋，应采用钢筋混凝土抗震墙、配筋小砌块砌体抗震墙或嵌砌于框架之间的约束普通砖砌体或小砌块砌体的砌体抗震墙，当采用约束砌体抗震墙时，应计入砌体墙对框架的附加轴力和附加剪力并进行底层的抗震验算，且同一方向不应同时采用钢筋混凝土抗震墙和约束砌体抗震墙；6度时其余情况及7度时应采用钢筋混凝土抗震墙或配筋小砌块砌体抗震墙；8度时应采用钢筋混凝土抗震墙。

3 底部框架-抗震墙砌体房屋的底部抗震墙应设置条形基础、筏形基础等整体性好的基础。

3.0.7 上部砌体房屋部分的结构体系和建筑布置，应符合下列要求：

1 应优先采用横墙承重或纵横墙共同承重的结构体系，不应采用砌体墙和混凝土墙混合承重的结构体系；

2 纵横向砌体抗震墙的布置应符合下列要求：

1）宜均匀对称，沿平面内宜对齐，沿竖向应上下连续；且纵横向墙体的数量不宜相差过大；内纵墙不宜错位；

2）同一轴线上的窗间墙宽度宜均匀，墙面洞口的面积，6度、7度时不宜大于墙面总面积的55%，8度时不宜大于50%；

3）房屋在宽度方向的中部应设置内纵墙，其累计长度不宜小于房屋总长度的60%（高宽比大于4的墙段不计入）。

3 楼梯间不宜设置在房屋的尽端或转角处；

4 不应在房屋转角处设置转角窗；

5 上部为横墙较少情况时或跨度较大时，宜采用现浇钢筋混凝土楼盖、屋盖。

3.0.8 底部框架-抗震墙砌体房屋的抗震横墙间距，不应超过表3.0.8的要求。

表3.0.8 房屋抗震横墙间距（m）

部位		烈度		
		6	7	8
底层或底部两层		18	15	11
上部各层	现浇或装配整体式钢筋混凝土楼盖、屋盖	15	15	11
	装配式钢筋混凝土楼盖、屋盖	11	11	9

注：1 上部砌体房屋的顶层，最大横墙间距允许适当放宽，但应采取相应加强措施；

2 上部多孔砖抗震墙厚度为190mm时，最大横墙间距应比表中数值减少3m；

3 底部抗震横墙至无抗震横墙的边轴线框架的距离，不应大于表内数值的1/2。

3.0.9 底层框架-抗震墙砌体房屋在纵横两个方向，第二层计入构造柱影响的侧向刚度与底层的侧向刚度比值，6度、7度时不应大于2.5，8度时不应大于2.0，且均不得小于1.0；

底部两层框架-抗震墙砌体房屋在纵横两个方向，底层与底部第二层侧向刚度应接近，第三层计入构造柱影响的侧向刚度与底部第二层的侧向刚度比值，6度、7度时不应大于2.0，8的度时不应大于1.5，且均不得小于1.0。

3.0.10 底部框架-抗震墙砌体房屋中，底部框架的抗震等级，6度、7度、8度时应分别按三级、二级、一级采用；底部钢筋混凝土抗震墙和配筋小砌块砌体抗震墙的抗震等级，6度、7度、8度时应分别按三级、三级、二级采用，其抗震构造措施按相应抗震等级中一般部位的要求采用（以下将“抗震等级一级、二级、三级”简称为“一级、二级、三级”）。

3.0.11 底部框架-抗震墙砌体房屋中上部砌体抗震墙墙段的局部尺寸，宜符合表3.0.11的要求。

表3.0.11 上部砌体墙的局部尺寸限值（m）

部位	6度	7度	8度
承重窗间墙最小宽度	1.0	1.0	1.2
承重外墙尽端至门窗洞边的最小距离	1.0	1.0	1.2
非承重外墙尽端至门窗洞边的最小距离	1.0	1.0	1.0
内墙阳角至门洞边的最小距离	1.0	1.0	1.5
无锚固女儿墙（非出入口处）的最大高度	0.5	0.5	0.5

注：1 局部尺寸不足时，应采取局部加强措施弥补，且最小宽度不宜小于1/4层高和表中数据的80%；

2 出入口处的女儿墙应有锚固。

3.0.12 底部框架-抗震墙砌体房屋的结构材料性能指标，应符合下列最低要求：

1 普通砖和多孔砖的强度等级不应低于MU10；其砌筑砂浆强度等级，过渡楼层及底层约束砌体抗震墙不应低于M10，其他部位不应低于M5。

2 小砌块的强度等级，过渡楼层及底层约束砌体抗震墙不应低于MU10，其他部位不应低于MU7.5；其砌筑砂浆强度等级，过渡楼层及底层约束砌体抗震墙不应低于Mb10，其他部位不应低于Mb7.5。

3 混凝土的强度等级，框架柱、梁、节点核心区及钢筋混凝土抗震墙不应低于C30，构造柱、圈梁及其他各类构件不应低于C20，小砌块砌体抗震墙的芯柱及配筋小砌块砌体抗震墙的灌孔混凝土不应低于Cb20。

4 框架和斜撑构件（含楼梯踏步段），其纵向受力钢筋采用普通钢筋时，钢筋的抗拉强度实测值与屈服强度实测值的比值不应小于1.25；钢筋的屈服强度实测值与屈服强度标准值的比值不应大于1.3，且钢筋在最大拉力下的总伸长率实测值不应小于9%。

5 普通钢筋宜优先采用延性、韧性和可焊性较好的钢筋。普通钢筋的强度等级，纵向受力筋宜选用符合抗震性能指标的不低于HRB400级的钢筋，也可采用符合抗震性能指标的HRB335级钢筋；箍筋宜选用符合抗震性能指标的不低于HRB335级的钢筋，也可选用HPB300级钢筋。

6 按本规程设计的底部框架-抗震墙砌体房屋，混凝土强度等级不应超过C50。

3.0.13 6度、7度和8度时，底部框架-抗震墙砌体房屋均应进行多遇地震作用下的截面抗震验算。

3.0.14 7度（0.15g）和8度（0.20g）时，底部框架-抗震墙砌体房屋的抗震验算，尚应符合下列规定：

1 应进行罕遇地震作用下结构薄弱楼层的判别；

2 宜进行罕遇地震作用下结构薄弱楼层的弹塑性变形验算。

3.0.15 建筑场地为Ⅰ类时，底部框架-抗震墙砌体房屋允许按本地区抗震设防烈度降低一度的要求采取抗震构造措施，但抗震设防烈度为6度时仍应按本地区抗震设防烈度的要求采取抗震构造措施；建筑场地为Ⅲ类、Ⅳ类时，对设计基本地震加速度为0.15g的地区，宜按抗震设防烈度8度（0.20g）时的要求采取抗震构造措施。

4 地震作用和结构抗震验算

4.1 水平地震作用和作用效应计算

4.1.1 底部框架-抗震墙砌体房屋的地震作用，应符合现行国家标准《建筑抗震设计规范》GB 50011的相关规定。

4.1.2 计算地震作用时，建筑的重力荷载代表值取值应符合现行国家标准《建筑抗震设计规范》GB 50011的相关规定。

4.1.3 底部框架-抗震墙砌体房屋的水平地震影响系数的确定，应符合现行国家标准《建筑抗震设计规范》GB 50011的相关规定。

4.1.4 底部框架-抗震墙砌体房屋的水平地震作用计算，应采用下列方法：

1 质量和刚度沿高度分布比较均匀的结构，可采用底部剪力法等简化方法；

2 除1款外的底部框架-抗震墙砌体房屋，宜采用振型分解反应谱法。

4.1.5 采用底部剪力法时，各楼层可仅取一个自由度，结构的水平地震作用标准值，应按下列公式计算（图4.1.5）：

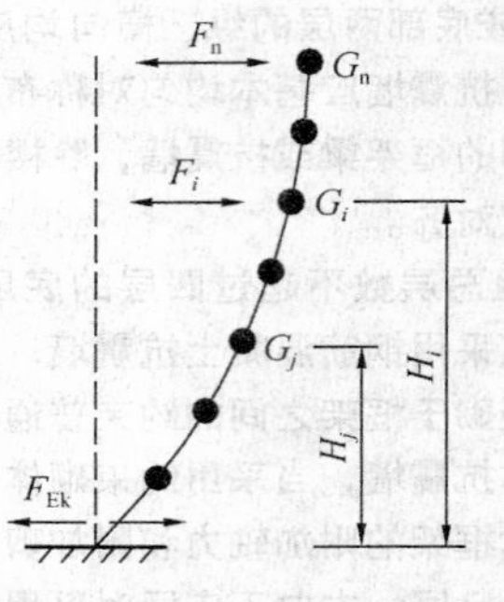

图4.1.5 结构水平地震作用计算简图

$$F_{Ek} = \alpha_{max} G_{eq} \quad (4.1.5\text{-}1)$$

$$F_i = \frac{G_i H_i}{\sum_{j=1}^{n} G_j H_j} F_{Ek}$$

$$(i=1, 2, \cdots, n) \quad (4.1.5\text{-}2)$$

式中：F_{Ek}——结构总水平地震作用标准值（N）；

α_{max}——水平地震影响系数最大值，应按本规程第4.1.3条的规定采用；

G_{eq}——结构等效总重力荷载（N），多质点取总重力荷载代表值的85%；

F_i——质点i的水平地震作用标准值（N）；

G_i、G_j——分别为集中于质点i、j的重力荷载代表值（N），应按本规程第4.1.2条的规定确定；

H_i、H_j——分别为质点i、j的计算高度（mm）。

4.1.6 采用底部剪力法时，突出屋面的屋顶间、女儿墙、烟囱等的地震作用效应，宜乘以增大系数3，此增大部分不应往下传递，但与该突出部分相连的构件应予以计入；采用振型分解法时，突出屋面部分可作为一个质点。

4.1.7 底部框架-抗震墙砌体房屋考虑扭转影响时，第i层第j榀抗侧力构件的地震剪力，可按下列公式简化计算：

$$V'_{xj}(i)=\beta_{xj}V_{xj}(i) \quad (4.1.7\text{-}1)$$

$$V'_{yj}(i)=\beta_{yj}V_{yj}(i) \quad (4.1.7\text{-}2)$$

$$\beta_{xj}=1+\frac{y_j e_{sy}}{K_\Phi}\sum_{j=1}^{n}K_{xj} \quad (4.1.7\text{-}3)$$

$$\beta_{yj}=1+\frac{x_j e_{sx}}{K_\Phi}\sum_{j=1}^{m}K_{yj} \quad (4.1.7\text{-}4)$$

$$K_\Phi=\sum_{j=1}^{n}K_{xj}y_j^2+\sum_{j=1}^{m}K_{yj}x_j^2 \quad (4.1.7\text{-}5)$$

式中：$V'_{xj}(i)$、$V'_{yj}(i)$——分别为 x、y 方向第 i 层第 j 榀构件考虑扭转影响的地震剪力（N）；

$V_{xj}(i)$、$V_{yj}(i)$——分别为 x、y 方向第 i 层第 j 榀构件不考虑扭转影响的地震剪力（N）；

β_{xj}、β_{yj}——分别为 x、y 方向考虑扭转影响的修正系数；当 β_{xj} 或 β_{yj} 小于 1.0 时取为 1.0；

K_{xj}、K_{yj}——分别为第 j 榀抗侧力构件 x、y 方向的平动刚度（N/mm）；

K_Φ——为扭转刚度（N·mm）；

e_{sx}、e_{sy}——分别为水平地震作用中心与楼层刚度中心 x、y 方向的偏心距（mm）；

x_j、y_j——分别为第 j 榀抗侧力构件到房屋平面上刚度中心 x、y 方向的距离（mm）。

4.1.8 底部框架-抗震墙砌体房屋的地震作用效应，应按下列规定调整：

1 对底层框架-抗震墙砌体房屋，当第二层与底层的侧向刚度比不小于 1.3 时，底层的纵向和横向地震剪力设计值均应乘以增大系数，其值可在 1.0～1.5 范围内选用，第二层与底层侧向刚度比大者应取大值；

注：层间侧向刚度可按本规程附录 A 的方法计算。

2 对底部两层框架-抗震墙砌体房屋，当第三层与第二层的侧向刚度比不小于 1.3 时，底层和第二层的纵向和横向地震剪力设计值均应乘以增大系数，其值可在 1.0～1.5 范围内选用，第三层与第二层侧向刚度比大者应取大值；

3 底层或底部两层纵向和横向地震剪力设计值，应全部由该方向的抗震墙承担，并按各墙体的侧向刚度比例分配。

4.1.9 底部框架-抗震墙砌体房屋中，底部框架的地震作用效应，宜按下列原则确定：

1 底部框架承担的地震剪力设计值，可按各抗侧力构件有效侧向刚度比例分配。有效侧向刚度的取值，框架不折减，混凝土抗震墙或配筋小砌块砌体抗震墙可乘以折减系数 0.30，约束普通砖砌体或小砌块砌体抗震墙可乘以折减系数 0.20。

2 当抗震墙之间楼盖长宽比大于 2.5 时，框架柱各轴线承担的地震剪力和轴向力，尚应计入楼盖平面内变形的影响。

4.1.10 底层框架-抗震墙砌体房屋的底层框架和抗震墙承担的倾覆力矩，可按该框架或抗震墙所从属重力荷载面积的比例和框架-抗震墙构件组合截面弹性弯曲刚度的比例的平均值进行分配。

4.1.11 底部两层框架-抗震墙砌体房屋的底部框架和抗震墙承担的倾覆力矩，可按第二层框架或抗震墙所从属重力荷载面积的比例和第二层框架-抗震墙构件组合截面弹性弯曲刚度的比例的平均值进行分配。

4.1.12 底层框架-抗震墙砌体房屋中底层嵌砌于框架之间的普通砖或小砌块的砌体墙，当符合本规程第 5.5.25 条、第 5.5.26 条的构造要求时，底层框架柱轴向力和剪力，应计入砖墙或小砌块墙引起的附加轴向力和附加剪力，其值可按下列公式计算（图 4.1.12）：

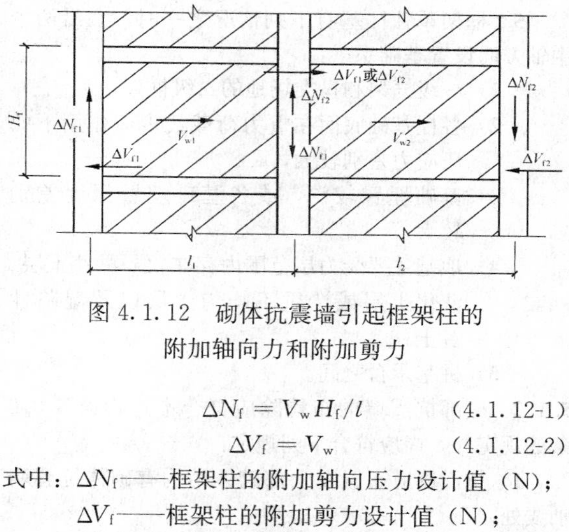

图 4.1.12 砌体抗震墙引起框架柱的附加轴向力和附加剪力

$$\Delta N_f=V_w H_f/l \quad (4.1.12\text{-}1)$$

$$\Delta V_f=V_w \quad (4.1.12\text{-}2)$$

式中：ΔN_f——框架柱的附加轴向压力设计值（N）；

ΔV_f——框架柱的附加剪力设计值（N）；

V_w——墙体承担的剪力设计值（N），框架柱两侧有墙时，采用两者的较大值；

H_f——框架层高（mm）；

l——框架跨度（mm）。

4.1.13 底部框架-抗震墙砌体房屋的楼层水平地震剪力，应按下列原则进行分配：

1 现浇和装配整体式钢筋混凝土楼盖、屋盖等刚性楼盖、屋盖建筑，宜按各抗侧力构件的等效侧向刚度的比例分配；

2 普通的预制装配式钢筋混凝土楼盖、屋盖等半刚性楼盖、屋盖建筑，宜按各抗侧力构件的等效侧向刚度的比例和其从属面积上重力荷载代表值比例的平均值分配；

3 计入空间作用、楼盖变形和扭转的影响时，可按本节相关规定对上述分配结果作适当调整。

4.2 截面抗震验算

4.2.1 底部框架-抗震墙砌体房屋的地震作用效应和其他荷载效应的基本组合、结构构件的截面抗震验算，应符合现行国家标准《建筑抗震设计规范》GB 50011的相关规定。

5 底部框架-抗震墙抗震设计

5.1 结构布置

5.1.1 底部框架的结构布置除应符合本规程第3.0.6条的规定外，尚应符合下列规定：

1 框架柱网轴线宜与上部砌体房屋的轴线一致；

2 底部应采用双向现浇钢筋混凝土框架，且不应采用单跨框架；

3 框架梁的跨度不宜大于7.5m；

4 支承上部砌体承重墙的托墙梁宜为底部框架梁；

5 框架单独柱基有下列情况之一时，宜沿两个主轴方向设置基础系梁：

1）一级框架和Ⅳ类场地的二级框架；

2）各柱基础底面在重力荷载代表值作用下的压应力差别较大；

3）基础埋置较深，或各基础埋置深度差别较大；

4）地基主要受力层范围内存在软弱黏性土层、液化土层或严重不均匀土层以及湿陷性黄土；

5）桩基承台之间。

5.1.2 底部抗震墙的布置除应符合本规程第3.0.6条的规定外，尚应符合下列规定：

1 抗震墙应布置在上部砌体结构有砌体抗震墙轴线处。

2 底部两层框架-抗震墙结构中的抗震墙应贯通底部两层。

3 抗震墙宜纵、横向相连；钢筋混凝土抗震墙墙板的两端（不包括洞口两侧）应设置框架柱；约束砌体抗震墙和配筋小砌块砌体抗震墙墙板应嵌砌于框架平面内。

4 楼梯间宜设置抗震墙，但不宜造成较大的扭转效应。

5 房屋较长时，刚度较大的纵向抗震墙不宜设置在房屋的端开间。

6 底层框架-抗震墙砌体房屋中，钢筋混凝土抗震墙的高宽比宜大于1.0；底部两层框架-抗震墙砌体房屋中，钢筋混凝土抗震墙的高宽比宜大于1.5。当不满足上述高宽比的要求时，宜采取在抗震墙的墙板中开设竖缝或在墙板中设置交叉的钢筋混凝土暗斜撑等措施。当在墙体开设洞口形成若干墙肢时，各墙肢的高宽比不宜小于2.0。

注：抗震墙高度指抗震墙底面至过渡楼层楼板面的高度，宽度指抗震墙两侧边间的距离。

7 钢筋混凝土抗震墙洞口边距框架柱边不宜小于300mm；约束砌体抗震墙和配筋小砌块砌体抗震墙洞口宜沿墙板居中设置；底部两层框架-抗震墙结构中的抗震墙洞口宜上下对齐。

8 抗震墙的基础应有良好的整体性和较强的抗转动能力。

5.1.3 底部框架-抗震墙的纵向或横向，可设置一定数量的钢支撑或耗能支撑，部分抗震墙可采用支撑替代。支撑的布置宜均匀对称。在计算楼层侧向刚度时，应计入支撑的刚度。

5.1.4 底部楼梯间应符合下列要求：

1 宜采用现浇钢筋混凝土楼梯；

2 楼梯间的布置不应导致结构平面特别不规则；楼梯构件与主体结构整浇时，应计入楼梯构件对地震作用及其效应的影响，并应对楼梯构件进行抗震承载力验算；宜采取构造措施，减少楼梯构件对主体结构刚度的影响；

3 楼梯间两侧填充墙与柱之间应加强拉结。

5.1.5 底部砌体隔墙、填充墙应符合现行国家标准《建筑抗震设计规范》GB 50011中非结构构件的有关规定。当砌体填充墙的布置导致短柱或加大扭转效应时，应与框架柱脱开或采取柔性连接等措施。

5.2 托墙梁的作用与作用效应

5.2.1 计算竖向荷载作用下托墙梁的弯矩和剪力时，作用在托墙梁上的竖向荷载可按下列规定采用：

1 当底部均为框架梁作为托墙梁时，横向框支墙梁取其承载范围内本层楼盖传递的全部竖向荷载和托墙梁以上墙体传递的相应承载范围内全部楼（屋）盖荷载与墙体自重之和的60%。

2 当底部为有次梁作为托墙梁时，纵梁支承的横向托墙梁荷载，可按本条第1款的规定采用；与其相邻的横向框支墙梁，取其承载范围内本层楼盖传递的全部竖向荷载和托墙梁以上墙体传递的相应承载范围内全部楼（屋）盖荷载与墙体自重之和的85%。

3 纵向框支墙梁取其承载范围内本层楼盖（当为现浇双向板时）传递的全部竖向荷载、托墙梁以上墙体传递的相应承载范围内全部楼（屋）盖荷载（当上部各层楼盖为现浇双向板时）与墙体自重之和的60%，以及支承在纵向托墙梁上的横向托墙梁传递的集中荷载。内纵托墙梁上的集中荷载取其承载范围内（图5.2.1）全部竖向荷载的90%；外纵托墙梁上的集中荷载取其承载范围内（图5.2.1）全部竖向荷载的1.1倍。

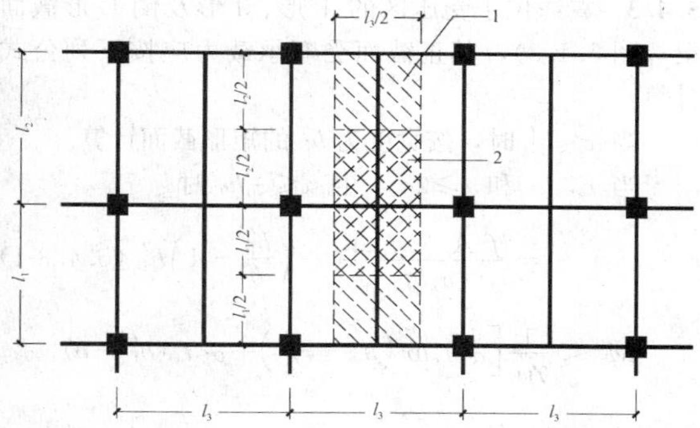

图 5.2.1　纵向框支墙梁上集中荷载承载范围示意图

1—外纵梁上集中荷载取值范围；2—内纵梁上集中荷载取值范围

5.2.2　托墙梁的地震作用效应和地震组合内力应采用下列方法计算：

1　一般的托墙梁，可按框架梁计算其水平地震作用效应。

2　一端与钢筋混凝土抗震墙平面内相连、另一端与框架相连的托墙梁，可按连梁计算其水平地震作用效应。

3　托墙梁计算地震组合内力时，应采用合适的计算简图。若考虑上部墙体与托墙梁的组合作用，应计入地震时墙体开裂对组合作用的不利影响，可调整有关的弯矩系数、轴力系数等计算参数。

5.3　构件截面组合内力的调整

5.3.1　一级、二级、三级框架的梁柱节点处，除底部框架顶层及柱轴压比小于 0.15 者外，柱端组合的弯矩设计值应符合下式要求：

$$\Sigma M_c = \eta_c \Sigma M_b \qquad (5.3.1)$$

式中：ΣM_c——节点上下柱端截面顺时针或反时针方向组合的弯矩设计值之和（N·mm），上下柱端的弯矩设计值，可按弹性分析分配；

ΣM_b——节点左右梁端截面反时针或顺时针方向组合的弯矩设计值之和（N·mm），当一级框架节点左右梁端均为负弯矩时，绝对值较小的弯矩应取零；

η_c——框架柱端弯矩增大系数，一级可取 1.4，二级可取 1.2，三级可取 1.1。

5.3.2　一级、二级、三级底部框架柱的最上端和最下端，其组合的弯矩设计值应分别乘以增大系数 1.5、1.25 和 1.15。

5.3.3　一级、二级、三级框架梁和抗震墙的连梁，其梁端截面组合的剪力设计值应按下式调整：

$$V = \eta_{vb}(M_b^l + M_b^r)/l_n + V_{Gb} \qquad (5.3.3)$$

式中：V——梁端截面组合的剪力设计值（N）；

l_n——梁的净跨（mm）；

V_{Gb}——梁在重力荷载代表值作用下，按简支梁分析的梁端截面剪力设计值（N）；

M_b^l、M_b^r——分别为梁左右端截面反时针或顺时针方向组合的弯矩设计值（N·mm），一级框架当两端弯矩均为负弯矩时，绝对值较小一端的弯矩应取零；

η_{vb}——梁剪力增大系数，一级可取 1.3，二级可取 1.2，三级可取 1.1。

5.3.4　一级、二级、三级框架柱端部组合的剪力设计值应按下式调整：

$$V = \eta_{vc}(M_c^b + M_c^t)/H_n \qquad (5.3.4)$$

式中：V——柱端截面组合的剪力设计值（N）；

H_n——柱的净高（mm）；

M_c^t、M_c^b——分别为柱的上下端顺时针或反时针方向截面组合的弯矩设计值（N·mm），应符合本规程第 5.3.1 条、5.3.2 条的规定；

η_{vc}——柱剪力增大系数，一级可取 1.4，二级可取 1.2，三级可取 1.1。

5.3.5　一级、二级、三级框架的角柱，经本规程第 5.3.1 条、5.3.2 条、5.3.4 条调整后的组合弯矩设计值、剪力设计值尚应乘以不小于 1.10 的增大系数。

5.3.6　底部框架梁柱节点核心区的抗震验算应符合下列要求：

1　底部两层框架第一层顶的节点核心区，一级、二级、三级时应进行抗震验算；

2　底部框架顶层的节点核芯区，可不进行抗震验算，但应符合抗震构造措施的要求。

5.4　截面抗震验算

5.4.1　底部框架-抗震墙砌体房屋中的底部框架梁、柱、钢筋混凝土抗震墙和连梁，其截面组合的剪力设计值应符合下列要求：

跨高比大于 2.5 的梁、连梁及剪跨比大于 2 的柱和抗震墙：

$$V \leqslant \frac{1}{\gamma_{RE}}(0.20 f_c b h_0) \qquad (5.4.1\text{-}1)$$

跨高比不大于 2.5 的连梁、剪跨比不大于 2 的柱和抗震墙：

$$V \leqslant \frac{1}{\gamma_{RE}}(0.15 f_c b h_0) \qquad (5.4.1\text{-}2)$$

剪跨比应按下式计算：

$$\lambda = M^c/(V^c h_0) \qquad (5.4.1\text{-}3)$$

式中：V——按本章第 5.3.3 条、5.3.4 条、5.3.5 条等规定调整后的梁端、柱端或墙端截面组合的剪力设计值（N）；

b——梁、柱或抗震墙墙肢的截面宽度（mm）；圆形截面柱可按面积相等的方形截面计算；

h_0——截面有效高度（mm），抗震墙可取墙肢长度；

f_c——混凝土轴心抗压强度设计值（N/mm^2）；

λ——剪跨比，取柱或墙上下端计算结果的较大值；反弯点位于柱高中部的框架柱可按柱净高与 2 倍柱截面高度之比计算；

M^c——柱端或墙端截面组合的弯矩计算值（N・mm）；

V^c——柱端或墙端截面与 M^c 对应的组合剪力计算值（N）；

γ_{RE}——承载力抗震调整系数，取 0.85。

5.4.2 矩形截面或翼缘位于受拉边的倒 T 形截面梁，其正截面受弯承载力应按下列公式计算：

当 $x \geqslant 2a_s'$，且 $x \leqslant \xi_b h_0$ 时

$$M_b \leqslant \frac{1}{\gamma_{RE}}\left[\alpha_1 f_c bx\left(h_0 - \frac{x}{2}\right) + f_y' A_s'(h_0 - a_s')\right] \tag{5.4.2-1}$$

当 $x < 2a_s'$ 时

$$M_b \leqslant \frac{1}{\gamma_{RE}}\left[f_y A_s(h_0 - a_s')\right] \tag{5.4.2-2}$$

式中：M_b——梁组合的弯矩设计值（N・mm）；

f_y、f_y'——分别为钢筋的抗拉和抗压强度设计值（N/mm^2）；

A_s、A'_s——分别为受拉区和受压区纵向钢筋的截面面积（mm^2）；

x——混凝土受压区高度（mm），应符合本章第 5.5.11 条的规定；

b——矩形截面的宽度或倒 T 形截面的腹板宽度（mm）；

h_0——梁截面的有效高度（mm）；

a_s'——受压区纵向钢筋合力点至截面受压边缘的距离（mm）；

f_c——混凝土轴心抗压强度设计值（N/mm^2）；

α_1——受压区混凝土等效矩形应力图的应力值与混凝土轴心抗压强度设计值的比值，当混凝土强度等级不超过 C50 时，α_1 取为 1.0；

ξ_b——相对界限受压区高度，应按表 5.4.2 取值；

γ_{RE}——承载力抗震调整系数，取 0.75。

表 5.4.2 混凝土强度等级不超过 C50 时热轧钢筋的 ξ_b 值

钢筋种类	HRB335 级	HRB400 级	HRB500 级
ξ_b	0.550	0.518	0.482

5.4.3 翼缘位于受压区的 T 形、I 形及倒 L 形截面梁（图 5.4.3），其正截面受弯承载力应按下列公式计算：

当 $x \leqslant h_f'$ 时，按宽度为 b_f' 的矩形截面计算。

当 $x > h_f'$ 和 $x \geqslant 2a_s'$，且 $x \leqslant \xi_b h_0$ 时

$$x = \frac{f_y A_s - f_y' A_s'}{\alpha_1 b f_c} - \left(\frac{b_f'}{b} - 1\right) h_f' \tag{5.4.3-1}$$

$$M_b \leqslant \frac{1}{\gamma_{RE}}\left[\alpha_1 f_c bx\left(h_0 - \frac{x}{2}\right) + \alpha_1 f_c (b_f' - b) \times h_f'\left(h_0 - \frac{h_f'}{2}\right) + f_y' A_s'(h_0 - a_s')\right] \tag{5.4.3-2}$$

式中：h_f'——T 形、I 形及倒 L 形截面受压区的翼缘高度（mm）；

b_f'——T 形、I 形及倒 L 形截面受压区的翼缘计算宽度（mm），按表 5.4.3 所列情况中的最小值取用；

γ_{RE}——承载力抗震调整系数，取 0.75。

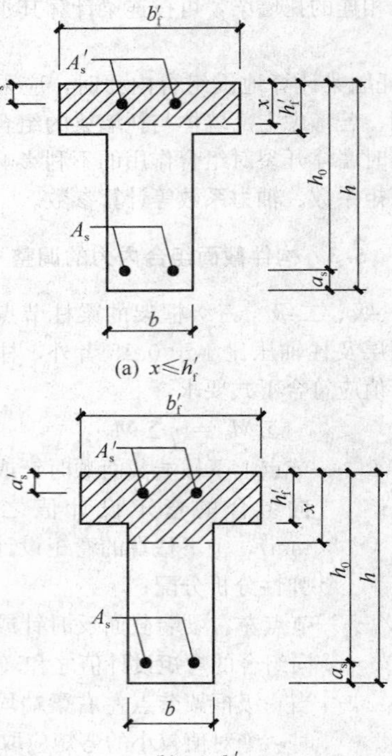

(a) $x \leqslant h_f'$

(b) $x > h_f'$

图 5.4.3 T 形截面梁受压区高度位置

表 5.4.3 受弯构件受压区有效翼缘计算宽度 b_f'

情况		T 形、I 形截面		倒 L 形截面
		肋形梁	独立梁	肋形梁
1	按计算跨度 l_0 考虑	$l_0/3$	$l_0/3$	$l_0/6$
2	按梁（肋）净距 s_n 考虑	$b+s_n$	—	$b+s_n/2$

续表 5.4.3

<table>
<tr><td colspan="3" rowspan="2">情　况</td><td colspan="2">T形、I形截面</td><td>倒L形截面</td></tr>
<tr><td>肋形梁</td><td>独立梁</td><td>肋形梁</td></tr>
<tr><td rowspan="3">3</td><td rowspan="3">按翼缘高度 h'_f 考虑</td><td>$h'_f/h_0 \geqslant 0.1$</td><td>—</td><td>$b+12h'_f$</td><td>—</td></tr>
<tr><td>$0.1>h'_f/h_0 \geqslant 0.05$</td><td>$b+12h'_f$</td><td>$b+6h'_f$</td><td>$b+5h'_f$</td></tr>
<tr><td>$h'_f/h_0<0.05$</td><td>$b+12h'_f$</td><td>b</td><td>$b+5h'_f$</td></tr>
</table>

注：1　表中 b 为梁的腹板宽度；

2　如肋形梁在梁跨内设有间距小于纵肋间距的横肋时，可不考虑表中情况 3 的规定；

3　对加腋的T形、I形和倒L形截面，当受压区加腋的高度 h_h 不小于 h'_f 且加腋的长度 b_h 不大于 $3h_h$ 时，其翼缘计算宽度可按表中情况 3 的规定分别增加 $2b_h$（T形梁、I形截面）和 b_h（倒L形截面）；

4　独立梁受压区的翼缘板在荷载作用下经验算沿纵肋方向可能产生裂缝时，其计算宽度应取腹板宽度 b。

5.4.4　考虑地震作用组合的矩形、T形和I形截面的框架梁，其斜截面受剪承载力应按下式计算：

$$V_b \leqslant \frac{1}{\gamma_{RE}}\left(0.6\alpha_{cv} f_t b h_0 + f_{yv}\frac{A_{sv}}{s}h_0\right) \quad (5.4.4)$$

式中：V_b——梁组合的剪力设计值（N）；

α_{cv}——斜截面混凝土受剪承载力系数，对于一般受弯构件取 0.7；对集中荷载作用下（包括作用有多种荷载，其中集中荷载对支座截面或节点边缘所产生的剪力值占总剪力的 75%以上的情况）的独立梁，取 α_{cv} 为 $\frac{1.75}{\lambda+1}$，λ 为计算截面的剪跨比，可取 λ 等于 a/h_0，当 λ 小于 1.5 时，取 1.5，当 λ 大于 3 时，取 3，a 取集中荷载作用点至支座截面或节点边缘的距离；

f_t——混凝土轴心抗拉强度设计值（N/mm^2）；

A_{sv}——配置在同一截面内箍筋各肢的全部截面面积（mm^2）；

f_{yv}——箍筋抗拉强度设计值（N/mm^2）；

s——沿构件长度方向的箍筋间距（mm）；

γ_{RE}——承载力抗震调整系数，取 0.85。

5.4.5　考虑地震作用组合的矩形截面偏心受压框架柱的正截面受压承载力，采用对称配筋（$A_s=A'_s$）时，应按下列公式计算：

当 $x \geqslant 2a'_s$，且 $x \leqslant \xi_b h_0$ 时

$$x = \gamma_{RE} N_c / \alpha_1 f_c b \quad (5.4.5\text{-}1)$$

$$M_c \leqslant \frac{1}{\gamma_{RE}}\left[\alpha_1 f_c bx\left(h_0-\frac{x}{2}\right)+f'_y A'_s(h_0-a'_s)\right] - N_c\left(\frac{h}{2}-a_s\right) - N_c e_a \quad (5.4.5\text{-}2)$$

当 $x \geqslant 2a'_s$，且 $x > \xi_b h_0$ 时

$$\xi = \frac{x}{h_0}$$

$$= \frac{\gamma_{RE}N_c - \xi_b \alpha_1 f_c b h_0}{\frac{\gamma_{RE}N_c\left[\left(\frac{M_c}{N_c}+e_a\right)+\frac{h}{2}-a_s\right]-0.43\alpha_1 f_c b h_0^2}{(0.8-\xi_b)(h_0-a'_s)}+\alpha_1 f_c b h_0}+\xi_b$$

(5.4.5-3)

$$M_c \leqslant \frac{1}{\gamma_{RE}}[f'_y A'_s(h_0-a'_s)+\xi(1-0.5\xi)\alpha_1 f_c b h_0^2] - N_c\left(\frac{h}{2}-a_s\right) - N_c e_a \quad (5.4.5\text{-}4)$$

当 $x<2a'_s$ 时

$$M_c \leqslant \frac{1}{\gamma_{RE}} f_y A_s(h_0-a'_s) - N_c\left(\frac{h}{2}-a_s\right) - N_c e_a$$

(5.4.5-5)

式中：M_c——柱组合的弯矩设计值（N·mm）；尚需根据柱两端截面按结构弹性分析确定的对同一主轴的组合弯矩设计值的比值、柱轴压比和柱长细比的情况，确定是否考虑轴向压力在该方向挠曲杆件中产生的附加弯矩影响；

N_c——柱组合的轴向压力设计值（N）；

e_a——附加偏心距（mm），取 20mm 和偏心方向截面最大尺寸的 1/30 两者中的较大值；

h、h_0——柱的截面高度和截面有效高度（mm）；

a_s——纵向受拉钢筋的合力点至截面近边缘的距离（mm）；

ξ——柱截面受压区相对高度；

γ_{RE}——承载力抗震调整系数，当柱轴压比小于 0.15 时取 0.75，其他情况取 0.80。

5.4.6　考虑地震作用组合的矩形截面框架柱斜截面抗震受剪承载力，应按下式计算：

$$V_c \leqslant \frac{1}{\gamma_{RE}}\left(\frac{1.05}{\lambda+1} f_t b h_0 + f_{yv}\frac{A_{sv}}{s}h_0 + 0.056N_c\right)$$

(5.4.6)

式中：V_c——柱组合的剪力设计值（N）；

N_c——柱组合的轴向压力设计值（N），当 N_c 大于 $0.3f_c bh$ 时，取 $0.3f_c bh$；

λ——柱的计算剪跨比，当 λ 小于 1.0 时，取 1.0；当 λ 大于 3.0 时，取 3.0；

γ_{RE}——承载力抗震调整系数，取 0.85。

5.4.7　考虑地震作用组合的矩形、T形、I字形偏心受压钢筋混凝土抗震墙（图 5.4.7）的正截面受压承载力，应按下列公式计算：

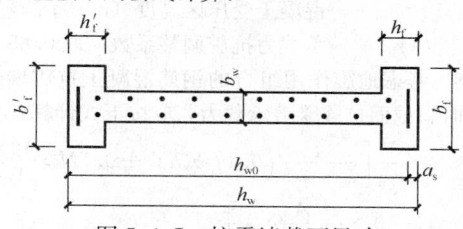

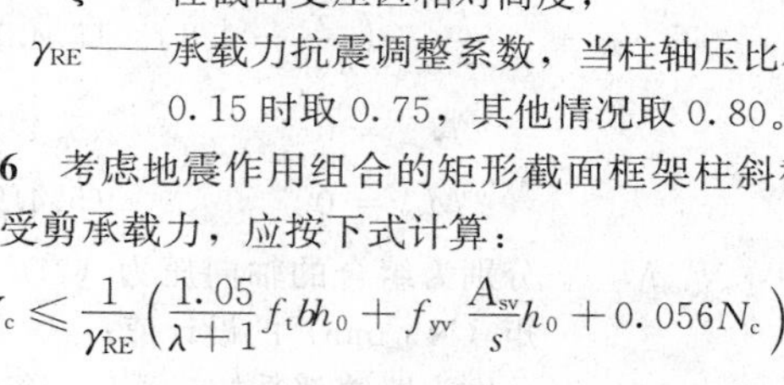

图 5.4.7　抗震墙截面尺寸

$$N \leqslant \frac{1}{\gamma_{RE}}(f'_y A'_s - \sigma_s A_s - N_{sw} + N_c) \tag{5.4.7-1}$$

$$M \leqslant \frac{1}{\gamma_{RE}}[f'_y A'_s(h_{w0} - a'_s) - M_{sw} + M_c] - N\left(h_{w0} - \frac{h_w}{2}\right) \tag{5.4.7-2}$$

当 $x > h'_f$ 时

$$N_c = \alpha_1 f_c b_w x + \alpha_1 f_c (b'_f - b_w) h'_f \tag{5.4.7-3}$$

$$M_c = \alpha_1 f_c b_w x\left(h_{w0} - \frac{x}{2}\right) + \alpha_1 f_c (b'_f - b_w) h'_f \left(h_{w0} - \frac{h'_f}{2}\right) \tag{5.4.7-4}$$

当 $x \leqslant h'_f$ 时

$$N_c = \alpha_1 f_c b'_f x \tag{5.4.7-5}$$

$$M_c = \alpha_1 f_c b'_f x\left(h_{w0} - \frac{x}{2}\right) \tag{5.4.7-6}$$

当 $x \leqslant \xi_b h_{w0}$ 时（大偏心受压）

$$\sigma_s = f_y \tag{5.4.7-7}$$

$$N_{sw} = (h_{w0} - 1.5x) b_w f_{yw} \rho_w \tag{5.4.7-8}$$

$$M_{sw} = \frac{1}{2}(h_{w0} - 1.5x)^2 b_w f_{yw} \rho_w \tag{5.4.7-9}$$

当 $x > \xi_b h_{w0}$ 时（小偏心受压）

$$\sigma_s = \frac{f_y}{\xi_b - 0.8}\left(\frac{x}{h_{w0}} - 0.8\right) \tag{5.4.7-10}$$

$$N_{sw} = 0 \tag{5.4.7-11}$$

$$M_{sw} = 0 \tag{5.4.7-12}$$

式中：N、M——分别为组合的轴向压力（N）和弯矩（N·mm）的设计值；

f_y、f'_y、f_{yw}——分别为墙端部受拉、受压钢筋和墙板竖向分布钢筋的强度设计值（N/mm²）；

f_c——混凝土轴心抗压强度设计值（N/mm²）；

ρ_w——墙板竖向分布钢筋配筋率；

ξ_b——相对界限受压区高度，按本规程表5.4.2的规定取值；

A_s、A'_s——墙端部边缘构件内受拉、受压钢筋截面面积（mm²）；

x——混凝土受压区高度（mm）；

γ_{RE}——承载力抗震调整系数，取0.85。

5.4.8 考虑地震作用组合的钢筋混凝土抗震墙偏心受压时斜截面抗震受剪承载力，应按下式计算：

$$V_w \leqslant \frac{1}{\gamma_{RE}}\left[\frac{1}{\lambda - 0.5}\left(0.4 f_t b_w h_{w0} + 0.1 N_w \frac{A_w}{A}\right) + 0.8 f_{yh} \frac{A_{sh}}{s} h_{w0}\right] \tag{5.4.8}$$

式中：N_w——组合的墙体轴向压力设计值中的较小值（N）；当 N_w 大于 $0.2f_c b_w h_w$ 时，取 $0.2f_c b_w h_w$；

V_w——墙计算截面处的组合剪力设计值（N）；

A——抗震墙截面面积（mm²）；

A_w——T形或I字形截面抗震墙腹板部分截面面积（mm²），矩形截面时，取 A_w 等于 A；

λ——计算截面处的剪跨比，$\lambda = M_w/(V_w h_{w0})$；当 λ 小于1.5时取1.5，当 λ 大于2.2时取2.2；此处，M_w 为与剪力设计值 V_w 对应的弯矩设计值；当计算截面与墙底之间的距离小于 $h_{w0}/2$ 时，λ 应按距墙底 $h_{w0}/2$ 处的弯矩设计值和剪力设计值计算；

A_{sh}——墙板水平分布钢筋和端柱同一截面内箍筋各肢的全部截面面积（mm²）；

s——墙板水平分布钢筋间距（mm）；

f_{yh}——墙板水平分布钢筋抗拉强度设计值（N/mm²）；

f_t——混凝土轴心抗拉强度设计值（N/mm²）；

γ_{RE}——承载力抗震调整系数，取0.85。

5.4.9 底层框架-抗震墙砌体房屋中，底层嵌砌于框架之间的约束普通砖抗震墙或小砌块抗震墙及两端框架柱，其抗震受剪承载力，应按下列规定计算：

1 一般情况下，应采用下式计算：

$$V_{fw} \leqslant \frac{1}{\gamma_{REc}}\Sigma(M^u_{yc} + M^l_{yc})/H_0 + \frac{1}{\gamma_{REw}}\Sigma f_{vE} A_{w0} \tag{5.4.9}$$

式中：V_{fw}——嵌砌于框架之间的约束普通砖或小砌块抗震墙及两端框架柱承担的剪力设计值（N）；

f_{vE}——约束普通砖或小砌块抗震墙抗震抗剪强度设计值（N/mm²）；

A_{w0}——约束普通砖或小砌块抗震墙水平截面的计算面积（mm²），无洞口时取实际截面面积的1.25倍；有洞口时取净截面面积，但不计入宽度小于洞口高度1/4的墙段截面面积；

M^u_{yc}、M^l_{yc}——分别为底层框架柱上下端的正截面受弯承载力设计值（N·mm），可按现行国家标准《混凝土结构设计规范》GB 50010非抗震设计的有关公式取等号计算；

H_0——底层框架柱的计算高度（mm），两侧均有约束普通砖或小砌块抗震墙时，取柱净高的2/3，其余情况，取柱净高；

γ_{REc}——底层框架柱承载力抗震调整系数，可采用0.8；

γ_{REw}——嵌砌约束普通砖或小砌块抗震墙承载力抗震调整系数，可采用0.9。

2 当计入墙体内水平配筋、中部构造柱或芯柱对抗震受剪承载力的提高作用时，可按照本规程第6.1.2条、6.1.3条规定的相关方法进行计算。

5.4.10 底部配筋小砌块砌体抗震墙的截面抗震验算，应符合本规程附录B的有关规定。

5.5 抗震构造措施

Ⅰ 框架抗震构造措施

5.5.1 底部框架柱的截面尺寸，应符合下列要求：

1 矩形截面柱的各边边长均不应小于400mm；圆形截面柱的直径不应小于450mm；

2 柱剪跨比宜大于2；

3 矩形截面柱长边与短边的边长比不宜大于2。

5.5.2 柱轴压比不宜超过表5.5.2的规定。

表5.5.2 柱轴压比限值

抗震等级	一	二	三
轴压比	0.65	0.75	0.85

注：1 轴压比指柱组合的轴压力设计值与柱的全截面面积和混凝土轴心抗压强度设计值乘积之比值；柱组合轴压力设计值应包括倾覆力矩对柱产生的轴力；

2 表内限值适用于剪跨比大于2的柱；剪跨比不大于2的柱轴压比限值应降低0.05。

5.5.3 柱的纵向钢筋配置，应符合下列要求：

1 应对称配置；

2 截面边长大于400mm的柱，纵向钢筋间距不宜大于200mm；

3 柱纵向钢筋的最小总配筋率应按表5.5.3采用；

表5.5.3 柱截面纵向钢筋的最小总配筋率（百分率）

类别	抗震等级		
	一	二	三
中柱	1.0	0.8	0.8
边柱、角柱 混凝土抗震墙端柱	1.1	0.9	0.9

注：1 柱纵向钢筋每一侧的配筋率不应小于0.2%；

2 钢筋强度标准值小于400MPa时，表中数值应增加0.1；钢筋强度标准值为400MPa时，表中数值应增加0.05。

4 柱纵向钢筋总配筋率不应大于5%；

5 剪跨比不大于2的一级柱，每侧纵向钢筋配筋率不宜大于1.2%；

6 边柱、角柱及抗震墙端柱在地震作用组合下产生小偏心受拉时，柱内纵筋总截面面积应比其计算值增加25%；

7 柱纵向钢筋的绑扎接头应避开柱端的箍筋加密区。

5.5.4 柱的箍筋直径，6度、7度时不应小于8mm，8度时不应小于10mm，且沿柱全高箍筋间距不应大于100mm。

5.5.5 柱的箍筋加密区范围，应按下列规定采用：

1 柱端，取截面高度（圆柱直径）、柱净高的1/6和500mm三者的最大值；

2 底层柱的下端不小于柱净高的1/3；

3 刚性地面上下各500mm；

4 剪跨比不大于2的柱、因设置填充墙等形成的柱净高与柱截面高度之比不大于4的柱，取全高；

5 一级、二级框架的角柱，取全高。

5.5.6 柱箍筋加密区的体积配箍率，应符合下列规定：

1 一级、二级、三级，分别不应小于0.8%、0.6%、0.4%；体积配箍率应符合下式要求：

$$\rho_v \geqslant \lambda_v f_c / f_{yv} \quad (5.5.6)$$

式中：ρ_v——柱箍筋加密区的体积配箍率；计算复合螺旋箍的体积配箍率时，其非螺旋箍的箍筋体积应乘以折减系数0.80；

f_c——混凝土轴心抗压强度设计值（N/mm^2），强度等级低于C35时，应按C35计算；

f_{yv}——箍筋或拉筋抗拉强度设计值（N/mm^2）；

λ_v——最小配箍特征值，宜按表5.5.6采用。

表5.5.6 柱箍筋加密区的箍筋最小配箍特征值

抗震等级	箍筋形式	柱轴压比						
		≤0.3	0.4	0.5	0.6	0.7	0.8	0.9
一	普通箍、复合箍	0.10	0.11	0.13	0.15	0.17	0.20	0.23
	螺旋箍、复合或连续复合矩形螺旋箍	0.08	0.09	0.11	0.13	0.15	0.18	0.21
二	普通箍、复合箍	0.08	0.09	0.11	0.13	0.15	0.17	0.19
	螺旋箍、复合或连续复合矩形螺旋箍	0.06	0.07	0.09	0.11	0.13	0.15	0.17
三	普通箍、复合箍	0.06	0.07	0.09	0.11	0.13	0.15	0.17
	螺旋箍、复合或连续复合矩形螺旋箍	0.05	0.06	0.07	0.09	0.11	0.13	0.15

注：普通箍指单个矩形箍和单个圆形箍；复合箍指由矩形、多边形、圆形箍或拉筋组成的箍筋；复合螺旋箍指由螺旋箍与矩形、多边形、圆形箍或拉筋组成的箍筋；连续复合矩形螺旋箍指用一根通长钢筋加工而成的箍筋。

2 剪跨比不大于2的柱宜采用复合螺旋箍或井字复

合箍，其体积配箍率不应小于1.2%。

5.5.7 柱箍筋非加密区的箍筋体积配箍率不宜小于加密区的50%。

5.5.8 柱箍筋加密区箍筋肢距，一级不宜大于200mm，二级、三级不宜大于250mm。至少每隔一根纵向钢筋宜在两个方向有箍筋或拉筋约束；采用拉筋复合箍时，拉筋宜紧靠纵向钢筋并钩住箍筋。

5.5.9 框架节点核芯区箍筋的最大间距和最小直径宜按本规程第5.5.4条的规定采用，一级、二级、三级框架节点核芯区的配箍特征值分别不宜小于0.12、0.10和0.08，且体积配箍率分别不宜小于0.6%、0.5%和0.4%。柱剪跨比不大于2的框架节点核芯区，体积配箍率不宜小于核芯区上、下柱端的较大体积配箍率。

5.5.10 梁的截面尺寸，应符合下列要求：

1 截面宽度不宜小于200mm；

2 截面高宽比不宜大于4；

3 净跨与截面高度之比不宜小于4。

5.5.11 梁的钢筋配置，应符合下列要求：

1 梁端计入纵向受压钢筋的混凝土受压区高度和梁截面有效高度之比，一级不应大于0.25，二级、三级不应大于0.35；

2 梁端截面的底面和顶面纵向钢筋配筋量的比值，除按计算确定外，一级不应小于0.5，二级、三级不应小于0.3；

3 梁端箍筋加密区的长度、箍筋最大间距和最小直径应按表5.5.11采用，当梁端纵向受拉钢筋的配筋率大于2%时，表中箍筋最小直径数值应增大2mm。

表5.5.11 梁端箍筋加密区的长度、箍筋的最大间距和最小直径

抗震等级	加密区的长度（采用较大值）（mm）	箍筋最大间距（采用最小值）（mm）	箍筋最小直径（mm）
一	$2h_b$，500	$h_b/4$，$6d$，100	10
二	$1.5h_b$，500	$h_b/4$，$8d$，100	8
三	$1.5h_b$，500	$h_b/4$，$8d$，150	8

注：1 d为纵向钢筋直径，h_b为梁截面高度；

2 箍筋直径大于12mm、数量不少于4肢且肢距不大于150mm时，一级、二级的最大间距允许适当放宽，但不得大于150mm。

5.5.12 梁的纵向钢筋配置，尚应符合下列规定：

1 梁端纵向受拉钢筋的配筋率不宜大于2.5%；

2 沿梁全长顶面和底面的配筋，一级、二级不应少于2ϕ14，且分别不应少于梁两端顶面和底面纵向配筋中较大截面面积的1/4；三级不应少于2ϕ12；

3 一级、二级、三级框架内贯通中柱的每根纵向钢筋直径，对矩形截面柱，不宜大于柱在该方向截面尺寸的1/20；对圆形截面柱，不宜大于纵向钢筋所在位置柱截面弦长的1/20。

5.5.13 梁端箍筋加密区的箍筋配置，尚应符合下列规定：

1 梁端加密区的箍筋肢距，一级不宜大于200mm和20倍箍筋直径的较大值，二级、三级不宜大于250mm和20倍箍筋直径的较大值；

2 梁端加密区的第一个箍筋应设置在距离节点边缘50mm以内。

5.5.14 开竖缝钢筋混凝土抗震墙的边框梁在竖缝两侧的箍筋加密区范围不宜小于1.5倍梁高。

5.5.15 底部钢筋混凝土托墙梁应符合下列要求：

1 梁截面宽度不应小于300mm，截面高度不应小于跨度的1/10；

2 箍筋直径不应小于8mm，间距不应大于200mm；梁端在1.5倍梁高且不小于1/5梁净跨范围内，以及上部墙体的洞口处和洞口两侧各500mm且不小于梁高的范围内，箍筋间距不应大于100mm；

3 沿梁截面高度应设置通长腰筋，数量不应少于2ϕ14，间距不应大于200mm；

4 梁的纵向受力钢筋和腰筋应按受拉钢筋的要求锚固在柱内，且支座上部的纵向钢筋在柱内的锚固长度应符合钢筋混凝土框支梁的有关要求。

5.5.16 底部钢筋混凝土托墙梁尚应符合下列要求：

1 当托墙梁上部墙体在梁端附近有洞口时，梁截面高度不宜小于跨度的1/8，且不宜大于跨度的1/6；

2 底部的纵向钢筋应通长设置，不得在跨中弯起或截断；每跨顶部通长设置的纵向钢筋面积，不应小于底部纵向钢筋面积的1/3，且不宜小于2ϕ18。

5.5.17 底部框架梁、柱的箍筋宜采用焊接封闭箍筋、连续螺旋箍筋或连续复合螺旋箍筋。当采用非焊接封闭箍筋时，其末端应做成135°弯钩，弯钩端头平直段长度不应小于箍筋直径的10倍；在纵向钢筋搭接长度范围内的箍筋间距不应大于搭接钢筋较小直径的5倍，且不宜大于100mm。

Ⅱ 抗震墙抗震构造措施

5.5.18 底部钢筋混凝土抗震墙的截面尺寸，应符合下列规定：

1 抗震墙墙板周边应设置梁（或暗梁）和端柱组成的边框。边框梁的截面宽度不宜小于墙板厚度的1.5倍，截面高度不宜小于墙板厚度的2.5倍；端柱的截面高度不宜小于墙板厚度的2倍，且其截面宜与同层框架柱相同。

2 抗震墙墙板的厚度不宜小于160mm，且不应小于墙板净高的1/20。

5.5.19 钢筋混凝土抗震墙的水平和竖向分布钢筋的配筋率，均不应小于0.30%，钢筋直径不宜小于10mm，间距不宜大于250mm，且应采用双排布置；双排分布钢筋间拉筋的间距不应大于600mm，直径不应小于6mm；墙体水平和竖向分布钢筋的直径，均不宜大于墙厚的1/10。

5.5.20 钢筋混凝土抗震墙两端和洞口两侧应设置构造边缘构件，边缘构件包括暗柱、端柱和翼墙。构造边缘构件的范围可按图5.5.20采用，其配筋除应满足受弯承载力要求外，并宜符合表5.5.20的要求。

5.5.21 钢筋混凝土抗震墙墙肢长度不大于墙厚的3倍时，应按柱的有关要求进行设计；矩形墙肢的厚度不大于300mm时，尚宜全高加密箍筋。

表5.5.20 钢筋混凝土抗震墙构造边缘构件的配筋要求

抗震等级	纵向钢筋最小量（取较大值）	箍筋或拉筋	
		最小直径（mm）	沿竖向最大间距（mm）
二	$0.006A_c$，$6\phi12$	8	200
三	$0.005A_c$，$4\phi12$	6	200

注：1 A_c为边缘构件的截面面积；

2 拉筋水平间距不应大于纵筋间距的2倍；转角处宜采用箍筋；

3 当端柱为框架柱或承受集中荷载时，其纵向钢筋、箍筋直径和间距应满足柱的相关要求。

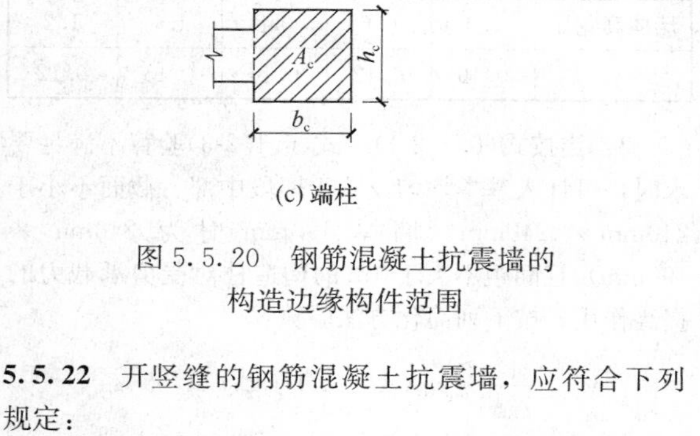

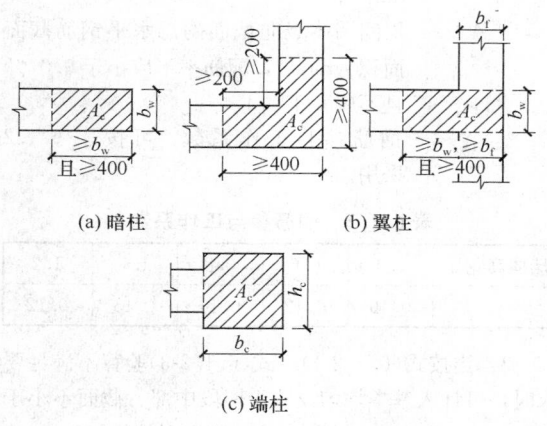

图5.5.20 钢筋混凝土抗震墙的构造边缘构件范围

5.5.22 开竖缝的钢筋混凝土抗震墙，应符合下列规定：

1 墙体水平钢筋在竖缝处断开，竖缝两侧墙板的高宽比应大于1.5；

2 竖缝两侧应设暗柱，暗柱的截面范围为1.5倍墙体厚度；暗柱的纵筋不宜少于$4\phi16$，箍筋可采用$\phi8$，箍筋间距不宜大于200mm；

3 竖缝内可放置两块预制隔板，隔板宽度应与墙体厚度相同。

5.5.23 跨高比较小的高连梁，可设水平缝形成双连梁、多连梁或采取其他加强受剪承载力的构造。

5.5.24 楼面梁与抗震墙平面外连接时，不宜支承在洞口连梁上；沿梁轴线方向宜设置与梁连接的抗震墙，梁的纵筋应锚固在墙内；也可在支承梁的位置设置扶壁柱或暗柱，并应按计算确定其截面尺寸和配筋。

5.5.25 6度设防且总层数不超过四层的底层框架-抗震墙砌体房屋，底层采用约束砖砌体抗震墙时，其构造应符合下列要求：

1 砖墙应嵌砌于框架平面内，厚度不应小于240mm，砌筑砂浆强度等级不应低于M10，应先砌墙后浇框架梁柱；

2 沿框架柱每隔300mm配置$2\phi8$水平钢筋和$\phi5$分布短钢筋平面内点焊组成的拉结钢筋网片，并沿砖墙水平通长设置；在墙体半高处尚应设置与框架柱相连的钢筋混凝土水平系梁，系梁截面不应小于240mm×180mm，纵向钢筋不应少于$4\phi12$，箍筋直径不应小于$\phi6$、间距不应大于200mm；

3 墙长大于4m时和门、窗洞口两侧，应在墙内增设钢筋混凝土构造柱，构造柱应符合本规程第6.2.2条的有关规定。

5.5.26 6度设防且总层数不超过四层的底层框架-抗震墙砌体房屋，底层采用约束小砌块砌体抗震墙时，其构造应符合下列要求：

1 小砌块墙应嵌砌于框架平面内，厚度不应小于190mm，砌筑砂浆强度等级不应低于Mb10，应先砌墙后浇框架梁柱；

2 沿框架柱每隔400mm配置$2\phi8$水平钢筋和$\phi5$分布短钢筋平面内点焊组成的拉结钢筋网片，并沿砌块墙水平通长设置；在墙体半高处尚应设置与框架柱相连的钢筋混凝土水平系梁，系梁截面不应小于190mm×190mm，纵向钢筋不应少于$4\phi12$，箍筋直径不应小于$\phi6$、间距不应大于200mm；

3 墙体在门、窗洞口两侧应设置芯柱，墙长大于4m时，应在墙内增设芯柱，芯柱应符合本规程第6.2.6条的有关规定；其余位置，宜采用钢筋混凝土构造柱替代芯柱，钢筋混凝土构造柱应符合本规程第6.2.7条的有关规定。

5.5.27 底部配筋小砌块砌体抗震墙的抗震构造措施，应符合本规程附录B的有关规定。

Ⅲ 其他抗震构造措施

5.5.28 底层框架-抗震墙砌体房屋的底层和底部两层框架-抗震墙砌体房屋第二层的顶板应采用现浇钢

筋混凝土板，并应满足下列要求：

1　楼板厚度不应小于120mm；

2　楼板应少开洞、开小洞，当洞口边长或直径大于800mm时，应采取加强措施，洞口周边应设置边梁，边梁宽度不应小于2倍板厚。

5.5.29　底部框架梁、柱和钢筋混凝土墙内纵向钢筋的锚固长度和搭接长度应符合下列规定：

1　纵向受拉钢筋的抗震锚固长度 l_{aE} 应按下列公式计算：

一级、二级：　$l_{aE}=1.15l_a$　(5.5.29-1)

三级：　$l_{aE}=1.05l_a$　(5.5.29-2)

式中：l_a——非抗震设计时纵向受拉钢筋的锚固长度(mm)。

2　当采用搭接连接时，纵向受拉钢筋的抗震搭接长度 l_{lE} 应按下式计算：

$$l_{lE}=\zeta l_{aE} \quad (5.5.29\text{-}3)$$

式中：ζ——纵向受拉钢筋搭接长度修正系数；当位于同一连接区段的内纵向钢筋搭接接头面积百分率（%）不大于25%和等于50%时，ζ 取值分别为1.2和1.4，当纵向搭接钢筋接头面积百分率为中间值时，修正系数可按内插取值。

5.5.30　底部框架-抗震墙部分采用板式楼梯时，楼梯踏步板宜采用双层配筋。

6　上部砌体结构抗震设计

6.1　截面抗震验算

6.1.1　各类砌体沿阶梯形截面破坏的抗震抗剪强度设计值，应按下式确定：

$$f_{vE}=\zeta_N f_v \quad (6.1.1)$$

式中：f_{vE}——砌体沿阶梯形截面破坏的抗震抗剪强度设计值（N/mm²）；

f_v——非抗震设计的砌体抗剪强度设计值（N/mm²），应按现行国家标准《砌体结构设计规范》GB 50003采用；

ζ_N——砌体抗震抗剪强度的正应力影响系数，应按表6.1.1采用。

表6.1.1　砌体抗震抗剪强度的正应力影响系数

砌体类别	σ_0/f_v							
	0.0	1.0	3.0	5.0	7.0	10.0	12.0	≥16.0
普通砖、多孔砖	0.80	0.99	1.25	1.47	1.65	1.90	2.05	—
混凝土小砌块	—	1.23	1.69	2.15	2.57	3.02	3.32	3.92

注：σ_0 为对应于重力荷载代表值的砌体截面平均压应力。

6.1.2　普通砖、多孔砖墙体的截面抗震受剪承载力，应按下列规定验算：

1　一般情况下，应按下列公式验算：

$$V\leqslant \beta f_{vE}A/\gamma_{RE} \quad (6.1.2\text{-}1)$$

$$\beta=\frac{1}{1+(0.1-0.4h_b/l)\sigma_0/f_v} \quad (6.1.2\text{-}2)$$

式中：V——墙段剪力设计值（N）；

A——墙体水平截面面积（mm²），多孔砖取毛截面面积；

β——考虑底部托墙梁对过渡楼层承重墙体截面抗震受剪承载力影响的降低系数，对其他楼层墙体 β 值取1.0；按式（6.1.2-2）计算所得的过渡楼层墙体的 β 值不应小于0.8；

h_b——托墙梁截面高度（mm）；

l——托墙梁的计算跨度（mm），当两跨跨度值不相等时，取较大跨度值；墙体中部设置构造柱时，式（6.1.2-2）中的 l 值取实际跨度值的1/2；

γ_{RE}——承载力抗震调整系数：自承重墙取0.75；承重墙当两端均有构造柱时取0.9，其他情况取1.0。

2　采用水平配筋的普通砖、多孔砖墙体的截面抗震受剪承载力，应按下式验算：

$$V\leqslant \frac{1}{\gamma_{RE}}(f_{vE}A+\zeta_s f_{yh}A_{sh})\beta \quad (6.1.2\text{-}3)$$

式中：f_{yh}——墙体水平钢筋抗拉强度设计值（N/mm²）；

A_{sh}——层间墙体竖向截面的总水平钢筋截面面积（mm²），配筋率不应小于0.07%且不应大于0.17%；

ζ_s——钢筋参与工作系数，可按表6.1.2采用。

表6.1.2　钢筋参与工作系数

墙体高宽比	0.4	0.6	0.8	1.0	1.2
ζ_s	0.10	0.12	0.14	0.15	0.12

3　当按式(6.1.2-1)～式(6.1.2-3)验算不满足要求时，可计入基本均匀设置于墙段中部、截面不小于240mm×240mm（墙厚190mm时为240mm×190mm）且间距不大于4m的构造柱对受剪承载力的提高作用，按下列简化方法验算：

$$V\leqslant \frac{1}{\gamma_{RE}}[\eta_c f_{vE}(A-A_c)+\zeta_c f_t A_c + 0.08f_{yc}A_{sc}+\zeta_s f_{yh}A_{sh}]\beta \quad (6.1.2\text{-}4)$$

式中：A_c——中部构造柱的截面总面积（mm²）；对横墙和内纵墙，A_c 大于0.15A 时，取

0.15A；对外纵墙，A_c 大于 0.25A 时，取 0.25A；

f_t——中部构造柱的混凝土轴心抗拉强度设计值（N/mm^2）；

A_{sc}——中部构造柱的纵向钢筋截面总面积（mm^2）；配筋率不应小于 0.6%，大于 1.4%时取 1.4%；

f_{yh}、f_{yc}——分别为墙体水平钢筋、中部构造柱纵向钢筋抗拉强度设计值（N/mm^2）；

ζ_c——中部构造柱参与工作系数；居中设一根时取 0.5，多于一根时取 0.4；

η_c——墙体约束修正系数；一般情况取 1.0，构造柱间距不大于 3.0m 时取 1.1；

A_{sh}——层间墙体竖向截面的总水平钢筋截面面积（mm^2），无水平钢筋时取 0。

6.1.3 小砌块墙体的截面抗震受剪承载力，应按下式验算：

$$V \leqslant \frac{1}{\gamma_{RE}}[f_{vE}A + (0.3f_{t1}A_{c1} + 0.3f_{t2}A_{c2} + 0.05f_{y1}A_{s1} + 0.05f_{y2}A_{s2})\zeta_c]\beta \quad (6.1.3)$$

式中：f_{t1}、f_{t2}——分别为芯柱、构造柱混凝土轴心抗拉强度设计值（N/mm^2）；

A_{c1}、A_{c2}——分别为芯柱、构造柱截面总面积（mm^2）；

A_{s1}、A_{s2}——分别为芯柱、构造柱钢筋截面总面积（mm^2）；

f_{y1}、f_{y2}——分别为芯柱、构造柱钢筋抗拉强度设计值（N/mm^2）；

ζ_c——芯柱、构造柱参与工作系数，可按表 6.1.3 采用；

γ_{RE}——承载力抗震调整系数；自承重墙取 0.75；承重墙当两端均有构造柱、芯柱时取 0.9，其他情况取 1.0。

表 6.1.3 芯柱、构造柱参与工作系数

填孔率 ρ	$\rho<0.15$	$0.15\leqslant\rho<0.25$	$0.25\leqslant\rho<0.5$	$\rho\geqslant0.5$
ζ_c	0.0	1.0	1.10	1.15

注：填孔率指芯柱根数（含构造柱和填实孔洞数量）与孔洞总数之比。

6.2 抗震构造措施

Ⅰ 上部砖砌体房屋抗震构造措施

6.2.1 上部砖砌体房屋，应按下列要求设置现浇钢筋混凝土构造柱（以下简称构造柱）：

1 构造柱设置部位应符合表 6.2.1 的要求；

表 6.2.1 上部砖砌体房屋构造柱设置要求

<table>
<tr><th colspan="3">房屋总层数</th><th colspan="2" rowspan="2">设 置 部 位</th></tr>
<tr><th>6 度</th><th>7 度</th><th>8 度</th></tr>
<tr><td>≤五</td><td>≤四</td><td>二、三</td><td rowspan="3">楼、电梯间四角，楼梯踏步段上下端对应的墙体处；
建筑物平面凹凸角处对应的外墙转角；
错层部位横墙与外纵墙交接处；
大房间内外墙交接处；
较大洞口两侧</td><td>隔 12m 或单元横墙与外纵墙交接处；
楼梯间对应的另一侧内横墙与外纵墙交接处</td></tr>
<tr><td>六</td><td>五</td><td>四</td><td>隔开间横墙（轴线）与外墙交接处；
山墙与内纵墙交接处</td></tr>
<tr><td>七</td><td>六、七</td><td>≥五</td><td>内墙（轴线）与外墙交接处；
内墙的局部较小墙垛处；
内纵墙与横墙（轴线）交接处</td></tr>
</table>

注：较大洞口，内墙指不小于 2.1m 的洞口；外墙在内外墙交接处已设置构造柱时应允许适当放宽，但洞侧墙体应加强。

2 上部砖砌体房屋为横墙较少情况时，应根据房屋增加一层后的总层数，按表 6.2.1 的要求设置构造柱。

6.2.2 上部砖砌体房屋的构造柱，应符合下列要求：

1 过渡楼层的构造柱设置，除应符合本规程表 6.2.1 的要求外，尚应在底部框架柱、混凝土墙或配筋小砌块墙、约束砌体墙构造柱所对应处，以及所有横墙（轴线）与内外纵墙交接处设置构造柱，墙体内的构造柱间距不宜大于层高。过渡楼层墙体中凡宽度不小于 1.2m 的门洞和 2.1m 的窗洞，洞口两侧宜增设截面不小于 240mm×120mm（墙厚 190mm 时为 190mm×120mm）的边框柱。

2 构造柱截面不宜小于 240mm×240mm（墙厚 190mm 时为 190mm×240mm）。

3 构造柱纵向钢筋不宜少于 4ϕ14，箍筋间距不宜大于 200mm 且在柱上下端应适当加密；外墙转角的构造柱应适当加大截面及配筋。过渡楼层构造柱的纵向钢筋，6 度、7 度时不宜少于 4ϕ16，8 度时不宜少于 4ϕ18；纵向钢筋应锚入下部的框架柱、混凝土墙或配筋小砌块墙、托墙梁内，当纵向钢筋锚固在托墙梁内时，托墙梁的相应位置应采取加强措施。

4 构造柱与墙体连接处应砌成马牙槎，且应沿墙高每隔 500mm 设置 2ϕ6 水平钢筋和 ϕ5 分布短筋平面内点焊组成的拉结网片或 ϕ5 点焊钢筋网片，每边伸入墙内长度不宜小于 1m。6 度、7 度时下部 1/3 楼层（上部砖砌体房屋部分），8 度时下部 1/2 楼层（上部砖砌体房屋部分），上述拉结钢筋网片应沿墙体水平通长设置；过渡楼层中的上述拉结钢筋网片应沿墙高每隔360mm设置。

5 构造柱应与每层圈梁连接，或与现浇楼板可靠拉结。构造柱与圈梁连接处，构造柱的纵筋应在圈梁纵筋内侧穿过，保证构造柱纵筋上下贯通。

6 当整体房屋总高度和总层数接近本规程表3.0.2规定的限值时，纵、横墙内构造柱间距尚应符合下列要求：

1）横墙内的构造柱间距不宜大于层高的两倍；下部1/3楼层（上部砖砌体房屋部分）的构造柱间距适当减少；

2）当外纵墙开间大于3.9m时，应另设加强措施；内纵墙的构造柱间距不宜大于4.2m。

6.2.3 上部砖砌体房屋的现浇钢筋混凝土圈梁设置，应符合下列要求：

1 装配式钢筋混凝土楼盖、屋盖，应按表6.2.3的要求设置圈梁；纵墙承重时，抗震横墙上的圈梁间距应比表内要求适当加密；

2 现浇或装配整体式钢筋混凝土楼盖、屋盖与墙体有可靠连接的房屋，应允许不另设圈梁，但楼板沿抗震墙体周边均应加强配筋并应与相应的构造柱钢筋可靠连接。

表6.2.3 上部砖砌体房屋现浇钢筋混凝土圈梁设置要求

墙类	烈度	
	6、7	8
外墙和内纵墙	屋盖处及每层楼盖处	屋盖处及每层楼盖处
内横墙	同上； 屋盖处间距不应大于4.5m； 楼盖处间距不应大于7.2m； 构造柱对应部位	同上； 各层所有横墙，且间距不应大于4.5m； 构造柱对应部位

6.2.4 上部砖砌体房屋现浇钢筋混凝土圈梁的构造，应符合下列要求：

1 过渡楼层圈梁设置部位，除应符合本规程表6.2.3的要求外，尚应沿纵、横向各轴线均设置。

2 圈梁应闭合，遇有洞口时圈梁应上下搭接。圈梁宜与预制板设在同一标高处或紧靠板底。

3 楼盖、屋盖为预制板时，圈梁在本规程第6.2.3条要求的间距内无横墙时，应利用梁或板缝中配筋代替圈梁；纵墙中无横墙处构造柱对应的圈梁，应在楼板处预留宽度不小于构造柱沿纵墙方向截面尺寸的板缝，做成现浇混凝土带，并与构造柱混凝土同时浇筑，现浇混凝土带的纵向钢筋不应少于4ϕ12，箍筋间距不宜大于200mm。

4 圈梁的截面高度不应小于120mm，配筋应符合表6.2.4的要求；过渡楼层圈梁的截面高度宜采用240mm、屋顶圈梁的截面高度不应小于180mm，配筋均不应少于4ϕ12。

表6.2.4 上部砖砌体房屋圈梁配筋要求

配筋	6度、7度	8度
最小纵筋	4ϕ10	4ϕ12
最大箍筋间距（mm）	250	200

Ⅱ 上部小砌块房屋抗震构造措施

6.2.5 上部小砌块房屋，应按表6.2.5的要求设置钢筋混凝土芯柱。对上部小砌块房屋为横墙较少的情况，应根据房屋增加一层后的总层数，按表6.2.5的要求设置芯柱。

表6.2.5 上部小砌块房屋芯柱设置要求

房屋总层数			设置部位	设置数量
6度	7度	8度		
≤五	≤四	二、三	建筑物平面凹凸角处对应的外墙转角； 楼、电梯间四角，楼梯踏步段上下端对应的墙体处； 大房间内外墙交接处； 错层部位横墙与外纵墙交接处； 隔12m或单元横墙与外纵墙交接处	外墙转角，灌实3个孔； 内外墙交接处，灌实4个孔； 楼梯踏步段上下端对应的墙体处，灌实2个孔
六	五	四	同上； 隔开间横墙（轴线）与外纵墙交接处	
七	六	五	同上； 各内墙（轴线）与外纵墙交接处； 内纵墙与横墙（轴线）交接处和洞口两侧	外墙转角，灌实5个孔； 内外墙交接处，灌实4个孔； 内墙交接处，灌实4～5个孔； 洞口两侧各灌实1个孔

续表 6.2.5

房屋总层数			设置部位	设置数量
6度	7度	8度		
—	七	＞五	同上； 横墙内芯柱间距不应大于 2m	外墙转角，灌实 7 个孔； 内外墙交接处，灌实 5 个孔； 内墙交接处，灌实 4～5 个孔； 洞口两侧各灌实 1 个孔

注：外墙转角、内外墙交接处、楼电梯间四角等部位，应允许采用钢筋混凝土构造柱替代部分芯柱。

6.2.6 上部小砌块房屋的芯柱，应符合下列要求：

1 过渡楼层的芯柱设置，除应符合本规程表 6.2.5 的要求外，尚应在底部框架柱、混凝土墙或配筋小砌块墙、约束砌体墙构造柱所对应处，以及所有横墙（轴线）与内外纵墙交接处设置芯柱；墙体内的芯柱最大间距不宜大于 1m。过渡楼层墙体中凡宽度不小于 1.2m 的门洞和 2.1m 的窗洞，洞口两侧宜增设单孔芯柱。

2 芯柱截面不宜小于 120mm×120mm。

3 芯柱混凝土强度等级，不应低于 Cb20。

4 芯柱的竖向插筋应贯通墙身且与每层圈梁连接，或与现浇楼板可靠拉结；芯柱每孔插筋不应小于 1ϕ14。过渡楼层芯柱的插筋，6 度、7 度时不宜少于每孔 1ϕ16，8 度时不宜少于每孔 1ϕ18；插筋应锚入下部的框架柱、混凝土墙或配筋小砌块墙、托墙梁内，当插筋锚固在托墙梁内时，托墙梁的相应位置应采取加强措施。

5 为提高墙体抗震受剪承载力而设置的芯柱，宜在墙体内均匀布置，最大净距不宜大于 2.0m。

6.2.7 上部小砌块房屋中替代芯柱的钢筋混凝土构造柱，应符合下列构造要求：

1 构造柱截面不宜小于 190mm×190mm；

2 构造柱的钢筋配置应符合本规程第 6.2.2 条第 3 款的规定；

3 构造柱与砌块墙连接处应砌成马牙槎，与构造柱相邻的砌块孔洞，6 度时宜填实，7 度时应填实，8 度时应填实并插筋；

4 构造柱应与每层圈梁连结，或与现浇楼板可靠拉结。构造柱与圈梁连接处，构造柱的纵筋应在圈梁纵筋内侧穿过，保证构造柱纵筋上下贯通。

6.2.8 上部小砌块房屋的现浇钢筋混凝土圈梁的设置位置，应按本规程第 6.2.3 条上部砖砌体房屋圈梁的规定执行；圈梁宽度不应小于 190mm，配筋不应少于 4ϕ12，箍筋间距不应大于 200mm。

6.2.9 上部小砌块房屋现浇混凝土圈梁的构造，尚应符合本规程第 6.2.4 条的相关规定。

6.2.10 上部小砌块房屋墙体交接处或芯柱（构造柱）与墙体连接处应设置拉结钢筋网片，网片可采用 ϕ5 的钢筋点焊而成，沿墙高每隔 400mm、并沿墙体水平通长设置。

6.2.11 房屋总层数在 6 度时超过五层、7 度时超过四层、8 度时超过三层时，上部小砌块房屋在顶层的窗台标高处，沿纵横墙应设置通长的水平现浇钢筋混凝土带；其截面高度不应小于 60mm，纵筋不应少于 2ϕ10，并应有分布拉结钢筋；其混凝土强度等级不应低于 C20。

水平现浇钢筋混凝土带亦可采用槽形砌块替代模板，其截面尺寸不宜小于 120mm×120mm，其纵筋和拉结钢筋不变。

Ⅲ 其他抗震构造措施

6.2.12 过渡楼层墙体的构造，尚应符合下列要求：

1 上部砌体墙的中心线宜同底部的框架梁、抗震墙的中心线相重合；构造柱或芯柱宜与框架柱上下贯通；

2 过渡楼层的砌体墙在窗台标高处，应设置沿纵横墙通长的水平现浇钢筋混凝土带；其截面高度不应小于 60mm，宽度不应小于墙厚；纵向钢筋不应少于 2ϕ10，横向分布筋的直径不应小于 6mm、间距不应大于 200mm；混凝土强度等级不应低于 C20；

3 当过渡楼层的砌体抗震墙与底部框架梁、抗震墙不对齐时，应在底部框架内对应位置设置托墙次梁，并且过渡楼层砖墙或小砌块墙应采取更高的加强措施。

6.2.13 上部砌体房屋的楼盖、屋盖应符合下列要求：

1 现浇钢筋混凝土楼板或屋面板伸进纵、横墙内的长度，均不应小于 120mm；

2 装配式钢筋混凝土楼板或屋面板，当圈梁未设在板的同一标高时，板端伸进外墙的长度不应小于 120mm，伸进内墙的长度不应小于 100mm 或采用硬架支模连接，在梁上不应小于 80mm 或采用硬架支模连接；

3 当板的跨度大于 4.8m 并与外墙平行时，靠外墙的预制板侧边应与墙或圈梁拉结；

4 房屋端部大房间的楼盖，6 度时房屋的屋盖和 7 度、8 度时房屋的楼盖、屋盖，当圈梁设在板底时，钢筋混凝土预制板应相互拉结，并应与梁、墙或圈梁拉结。

6.2.14 楼盖、屋盖的钢筋混凝土梁或屋架应与墙、柱（包括构造柱）或圈梁可靠连接。不得采用独立砖柱。跨度不小于 6m 大梁的支承构件应采用组合砌体等加强措施，并满足承载力要求。

6.2.15 上部砌体房屋的楼梯间应符合下列要求：

1 顶层楼梯间墙体应设 2ϕ6 通长钢筋和 ϕ5 分布短钢筋平面内点焊组成的拉结网片或通长 ϕ5 钢筋点焊拉结网片，拉结网片沿墙高间距砖砌体墙为 500mm、小砌块砌体墙为 400mm；7 度、8 度时其他各层楼梯间墙体应在休息平台或楼层半高处设置 60mm 厚、纵向钢筋不应少于 2ϕ10 的钢筋混凝土带或配筋砖带（对砖砌体），配筋砖带不应少于 3 皮，每皮的配筋不应少于 2ϕ6，砂浆强度等级不应低于 M7.5 且不低于同层墙体的砂浆强度等级；

2 楼梯间及门厅内墙阳角处的大梁支承长度不应小于 500mm，并应与圈梁连接；

3 装配式楼梯段应与平台板的梁可靠连接，8 度时不应采用装配式楼梯段；不应采用墙中悬挑式踏步或踏步竖肋插入墙体的楼梯，不应采用无筋砌体栏板；

4 突出屋面的楼、电梯间，构造柱或芯柱应伸到顶部，并与顶部圈梁连接；所有墙体应设 2ϕ6 通长钢筋和 ϕ5 分布短钢筋平面内点焊组成的拉结网片或通长 ϕ5 钢筋点焊拉结网片，拉结网片沿墙高间距砖砌体墙为 500mm、小砌块砌体墙为 400mm。

6.2.16 上部砌体房屋中，6 度、7 度时长度大于 7.2m 的大房间，以及 8 度时外墙转角及内外墙交接处，应设 2ϕ6 通长钢筋和 ϕ5 分布短钢筋平面内点焊组成的拉结网片或通长 ϕ5 钢筋点焊拉结网片，拉结网片沿墙高间距砖砌体墙为 500mm、小砌块砌体墙为 400mm。

6.2.17 上部砌体房屋中，坡屋顶的屋架应与顶层圈梁可靠连接，檩条或屋面板应与墙、屋架可靠连接，房屋出入口处的檐口瓦应与屋面构件锚固。采用硬山搁檩时，顶层内纵墙顶宜增砌支承山墙的踏步式墙垛，并设构造柱。

6.2.18 上部砌体房屋的门窗洞处不应采用砖过梁；过梁支承长度不应小于 240mm。

6.2.19 上部砌体房屋中，6 度、7 度时的预制阳台应与圈梁和楼板的现浇板带可靠连接，8 度时不应采用预制阳台。

6.2.20 上部砌体房屋中的后砌非承重砌体隔墙，烟道、风道、垃圾道等应符合现行国家标准《建筑抗震设计规范》GB 50011 中非结构构件的有关规定。

6.2.21 上部砌体房屋为横墙较少情况时，当整体房屋的总高度和总层数接近或达到本规程表 3.0.2 规定的限值时，应采取下列加强措施：

1 上部砌体房屋的最大开间尺寸不宜大于 6.6m。

2 同一结构单元内横墙错位数量不宜超过横墙总数的 1/3，且连续错位不宜多于两道；错位的墙体交接处均应增设构造柱，且楼（屋）面板应采用现浇钢筋混凝土板。

3 横墙和内纵墙上洞口的宽度不宜大于 1.5m；外纵墙上洞口的宽度不宜大于 2.1m 或开间尺寸的一半；且内外墙上洞口位置不应影响内外纵墙与横墙的整体连接。

4 所有纵横墙均应在楼盖、屋盖标高处设置加强的现浇钢筋混凝土圈梁；圈梁的截面高度不宜小于 150mm，上下纵筋各不应少于 3ϕ10，箍筋不应小于 ϕ6，间距不应大于 300mm。

5 所有纵横墙交接处及横墙的中部，均应增设满足下列要求的构造柱：在纵、横墙内的柱距不宜大于 3.0m，最小截面尺寸不宜小于 240mm×240mm（墙厚 190mm 时为 190mm×240mm），配筋宜符合表 6.2.21 的要求。对于上部小砌块房屋，墙体中部的构造柱可采用芯柱替代，芯柱的灌孔数量不应少于 2 孔，每孔插筋的直径不应小于 18mm。

表 6.2.21 增设构造柱的纵筋和箍筋设置要求

位置	纵向钢筋			箍筋		
	最大配筋率（%）	最小配筋率（%）	最小直径（mm）	加密区范围（mm）	加密区间距（mm）	最小直径（mm）
角柱	1.8	0.8	14	全高	100	6
边柱			14	上端 700 下端 500		
中柱	1.4	0.6	12			

6 同一结构单元的楼（屋）面板应设置在同一标高处。

7 顶层的窗台标高处，宜设置沿纵横墙通长的水平现浇钢筋混凝土带；其截面高度不应小于 60mm，宽度同墙厚；纵向钢筋不应少于 2ϕ10，横向分布筋不应小于 ϕ6、间距不应大于 200mm；混凝土强度等级不应低于 C20。

6.2.22 上部砌体房屋部分采用板式楼梯时，楼梯踏步板宜采用双层配筋。

7 结构薄弱楼层判别及弹塑性变形验算

7.0.1 罕遇地震作用下，底层框架-抗震墙砌体房屋的底层屈服强度系数，可按下列公式计算：

$$\xi_y(1) = V_R(1)/V_e(1) \quad (7.0.1\text{-}1)$$

$$V_R(1) = V_{cy} + \gamma_1 \sum V_{my} \quad (7.0.1\text{-}2)$$

$$V_R(1) = V_{cy} + \gamma_2 \sum V_{wy} \quad (7.0.1\text{-}3)$$

式中：$\xi_y(1)$——底层层间屈服强度系数；

$V_R(1)$——底层的层间极限受剪承载力（N），底层采用约束砌体抗震墙时按式（7.0.1-2）计算；底层采用混凝土抗震墙或配筋小砌块砌体抗震墙时按式（7.0.1-3）计算；

$V_e(1)$——罕遇地震作用下，按弹性分析的底层地震剪力（N）；

V_{cy}——底层框架的极限受剪承载力（N），可按本规程附录C的方法计算；

V_{my}——底层一片约束普通砖或小砌块抗震墙的极限受剪承载力（N），可按本规程附录C的方法计算；

V_{wy}——底层一片混凝土抗震墙或配筋小砌块砌体抗震墙的极限受剪承载力（N），可按本规程附录C的方法计算；

γ_1——约束普通砖或小砌块抗震墙的极限受剪承载力的折减系数，可取0.70；

γ_2——混凝土抗震墙或配筋小砌块砌体抗震墙的极限受剪承载力的折减系数，对于高宽比不大于1的整体混凝土墙或配筋小砌块砌体抗震墙，γ_2可取0.75；对于开竖缝带边框的混凝土抗震墙，γ_2可取0.90。

7.0.2 罕遇地震作用下，底部两层框架-抗震墙砌体房屋的底部两层屈服强度系数，可采用下列公式计算：

$$\xi_y(i)=V_R(i)/V_e(i) \quad (7.0.2\text{-}1)$$

$$V_R(i)=V_{cy}(i)+\gamma_3\sum V_{wy}(i) \quad (7.0.2\text{-}2)$$

式中：$\xi_y(i)$——底层或第二层的层间屈服强度系数；

$V_R(i)$——底层或第二层的层间极限受剪承载力（N）；

$V_e(i)$——罕遇地震作用下，按弹性分析的底层或第二层的地震剪力（N）；

$V_{cy}(i)$——底层或第二层框架的极限受剪承载力（N）；

$V_{wy}(i)$——底层或第二层一片混凝土抗震墙或配筋小砌块砌体抗震墙的极限受剪承载力（N）；

γ_3——底部两层混凝土抗震墙或配筋小砌块砌体抗震墙的极限受剪承载力的折减系数，对于高宽比大于1的整体混凝土墙或配筋小砌块砌体抗震墙，γ_3可取0.80。

7.0.3 罕遇地震作用下底部框架-抗震墙砌体房屋中上部砌体房屋部分的层间极限剪力系数，可按下式计算：

$$\xi_R(i)=V_R(i)/V_e(i) \quad (7.0.3)$$

式中：$\xi_R(i)$——上部砌体房屋部分第i层的层间极限剪力系数；

$V_R(i)$——上部砌体房屋部分第i层的层间极限受剪承载力（N），可按本规程附录C的方法计算；

$V_e(i)$——罕遇地震作用下，按弹性分析的上部砌体房屋部分第i层的地震剪力（N）。

7.0.4 底层框架-抗震墙砌体房屋薄弱楼层的判别，可采用下列方法：

1 当$\xi_y(1)<0.8\xi_R(2)$时，底层为薄弱楼层；

2 当$\xi_y(1)>0.9\xi_R(2)$时，第二层或上部砌体房屋中的某一楼层为相对薄弱楼层；

3 当$0.8\xi_R(2)\leqslant\xi_y(1)\leqslant0.9\xi_R(2)$时，房屋较为均匀。

7.0.5 底部两层框架-抗震墙砌体房屋薄弱楼层的判别，可采用下列方法：

1 结构薄弱楼层处于底部或上部的判别，可按下列情况确定：

1) 当$\xi_y(2)<0.8\xi_R(3)$时，薄弱楼层在底部两层中$\xi_y(i)$相对较小的楼层；

2) 当$\xi_y(2)>0.9\xi_R(3)$时，第三层或上部砌体房屋中的某一楼层为相对薄弱楼层；

3) 当$0.8\xi_R(3)\leqslant\xi_y(2)\leqslant0.9\xi_R(3)$时，房屋较为均匀。

2 当薄弱楼层处于底部时，尚应判断薄弱楼层处于底层或第二层。可按下列情况确定：

1) 当$\xi_y(2)<\xi_y(1)$时，薄弱楼层在第二层；

2) 当$\xi_y(2)>\xi_y(1)$时，薄弱楼层在底层。

7.0.6 底部框架-抗震墙砌体房屋在罕遇地震作用下结构薄弱楼层的弹塑性变形验算，可采用下列方法：

1 静力弹塑性分析方法或弹塑性时程分析法，应采用空间结构模型；

2 本规程第7.0.7条、7.0.8条给出的简化计算方法。

7.0.7 底部框架-抗震墙砌体房屋结构薄弱楼层弹塑性层间位移的简化计算，宜符合下列要求：

1 结构薄弱楼层的位置在底部框架-抗震墙部分，且薄弱楼层的屈服强度系数不大于0.5；

2 结构薄弱楼层的弹塑性层间位移可按下列公式计算：

$$\Delta u_p=\eta_p\Delta u_e \quad (7.0.7\text{-}1)$$

或

$$\Delta u_p=\mu\Delta u_y=\frac{\eta_p}{\xi_y}\Delta u_y \quad (7.0.7\text{-}2)$$

式中：Δu_p——最大层间弹塑性位移（mm）；

Δu_y——最大层间屈服位移（mm）；

μ——楼层延性系数；

Δu_e——罕遇地震作用下按弹性分析的最大层间位移（mm）；

η_p——弹塑性层间位移增大系数，当薄弱楼层的屈服强度系数不小于相邻层该系数平均值的80%时，可按表7.0.7采用；当不大于该平均值的50%时，可按表内相应数值的1.5倍采用；其他情况可采用内插法取值；

ξ_y——楼层屈服强度系数。

表 7.0.7　弹塑性层间位移增大系数 η_p

房屋总层数	ξ_y		
	0.5	0.4	0.3
2～4	1.30	1.40	1.60
5～7	1.50	1.65	1.80

7.0.8 结构薄弱楼层弹塑性层间位移应符合下式要求：

$$\Delta u_p \leqslant [\theta_p]h \quad (7.0.8)$$

式中：$[\theta_p]$——弹塑性层间位移角限值，对底部框架-抗震墙部分可取 1/100；

h——薄弱层楼层高度（mm）。

8　施　　工

8.0.1 在施工中，当需要以强度等级较高的钢筋替代原设计中的纵向受力钢筋时，应按照钢筋受拉承载力设计值相等的原则换算，并应满足最小配筋率、变形及抗裂验算等要求。

8.0.2 底部框架-抗震墙砌体房屋中的钢筋混凝土构造柱、框架梁柱和砌体抗震墙，其施工应先砌墙后浇筑构造柱和框架梁柱。

8.0.3 底部框架-抗震墙砌体房屋过渡楼层构造柱纵向钢筋的锚固应满足设计要求，当设计图纸未明确要求时，构造柱纵向钢筋在底部框架柱、框架梁或混凝土抗震墙中的锚固长度不应小于 $30d$。

8.0.4 底层开竖缝的钢筋混凝土抗震墙，在竖缝处设置两块预制隔板时，隔板应采取防止其移位、变形或倾倒的可靠拉结、固定措施。

8.0.5 底部框架-抗震墙砌体房屋的底部后砌砌体填充墙与框架柱之间采取柔性连接措施时，柔性连接的缝隙应在墙体施工完成 7d 后采用弹性材料封闭。

8.0.6 小砌块砌体抗震墙施工时，宜选用专用小砌块砌筑砂浆和专用小砌块灌孔混凝土。灌孔混凝土应在砌筑完一个楼层或半个楼层墙体时浇筑，并应连续进行；灌孔混凝土每浇筑 400mm～500mm 高度捣实一次、或边浇筑边捣实，严禁在浇筑一个楼层高度后再进行振捣。

8.0.7 底部配筋小砌块砌体抗震墙施工时，墙顶边框梁的混凝土宜与墙体灌孔混凝土一起浇筑，边框梁顶部应是毛面。

8.0.8 底部框架-抗震墙砌体房屋的施工质量控制应符合下列要求：

1 施工单位应针对工程的施工特点，制定完善的施工方案及冬期、雨期的施工措施；

2 施工单位应有完善的质量管理制度；

3 施工单位应做好各道工序的质量控制与检验，每道工序完成后应进行工序质量检验和工序间的交接检验，并形成记录；当某道工序不满足质量和下道工序的施工要求时，不得进行下道工序的施工；对于隐蔽工程，应及时进行检验并形成记录，检验合格后方可继续施工。

8.0.9 底部框架-抗震墙砌体房屋的施工应遵守施工安全、消防、环保等有关规定。

附录 A　层间侧向刚度计算

A.0.1 底层框架-抗震墙砌体房屋中，底层钢筋混凝土抗震墙或配筋小砌块砌体抗震墙的层间侧向刚度可采用下列方法进行计算：

1 无洞钢筋混凝土抗震墙的层间侧向刚度可按式（A.0.1-1）计算；无洞配筋小砌块砌体抗震墙的层间侧向刚度可按式（A.0.1-2）计算：

$$K_{cwj} = \frac{1}{\dfrac{1.2h}{G_c A} + \dfrac{h^3}{6E_c I}} \quad (A.0.1\text{-}1)$$

$$K_{gwj} = \frac{1}{\dfrac{1.2h}{G_g A} + \dfrac{h^3}{6E_g I}} \quad (A.0.1\text{-}2)$$

式中：K_{cwj}——底层第 j 片钢筋混凝土抗震墙的层间侧向刚度（N/mm）；

K_{gwj}——底层第 j 片配筋小砌块砌体抗震墙的层间侧向刚度（N/mm）；

E_c、G_c——分别为底层钢筋混凝土抗震墙的混凝土弹性模量（N/mm^2）和剪变模量（N/mm^2）；

E_g、G_g——分别为底层配筋小砌块砌体抗震墙的弹性模量（N/mm^2）和剪变模量（N/mm^2）；

I、A——分别为底层钢筋混凝土抗震墙（包括边框柱）或配筋小砌块砌体抗震墙的截面惯性矩（mm^4）和截面面积（mm^2）；

h——底层钢筋混凝土抗震墙或配筋小砌块砌体抗震墙的计算高度（mm）。

2 开洞的钢筋混凝土抗震墙或配筋小砌块砌体抗震墙的层间侧向刚度，可按照本附录第 A.0.2 条第 3 款的基本原则进行计算。

A.0.2 上部砌体抗震墙、底层框架-抗震墙砌体房屋中的底层约束普通砖砌体抗震墙或约束小砌块砌体抗震墙的层间侧向刚度可采用下列方法进行计算：

1 墙片宜按门窗洞口划分为墙段；

2 墙段的层间侧向刚度可按下列原则进行计算：

1）对于无洞墙段的层间侧向刚度，当墙段高宽比小于 1.0 时，可仅考虑其剪切变形，按式（A.0.2-1）计算；当墙段高宽比不小于 1.0 且不大于 4.0 时，应同时考虑其剪切和弯曲变形，按式（A.0.2-2）计算；当墙段的高宽比大于 4.0 时，不考虑其侧向刚度；

注：墙段的高宽比指层高与墙段长度之比，对门窗洞边的小墙段指洞净高与洞侧墙段宽之比。

$$K_b=\frac{GA}{1.2h} \quad (A.0.2\text{-}1)$$

$$K_b=\frac{1}{\frac{1.2h}{GA}+\frac{h^3}{12EI}}=\frac{GA}{h(1.2+0.4h^2/b^2)}=\frac{EA}{h(3+h^2/b^2)} \quad (A.0.2\text{-}2)$$

式中：K_b——墙段的层间侧向刚度（N/mm）；

E、G——分别为砌体墙的弹性模量（N/mm²）和剪变模量（N/mm²）；

h——该层的层高（mm），对门窗洞边的小墙段为洞净高；

b——墙段长度（mm），对门窗洞边的小墙段为洞侧墙段宽；

A——墙段的水平截面面积（mm²）。

2）对于设置构造柱的小开口墙段，可按无洞墙段计算的刚度，根据开洞率情况乘以表 A.0.2 的洞口影响系数：

表 A.0.2　小开口墙段洞口影响系数

开洞率	0.10	0.20	0.30
影响系数	0.98	0.94	0.88

注：1　开洞率为洞口水平截面积与墙段水平毛截面积之比；

2　本表中洞口影响系数的适用范围如下：

1）门洞的高度不超过墙段层间计算高度的 80%；

2）内墙门、窗洞边离墙段端部净距离不小于 500mm；

3）当窗洞高度大于墙段高的 50%时，与开门洞同样处理；当小于墙段高的 50%时，表中影响系数可乘以 1.1；

4）相邻洞口之间净宽小于 500mm 的墙段视为洞口；

5）洞口中线偏离墙段中线的距离大于墙段长度的 1/4 时，表中影响系数应乘以 0.9。

3　复杂大开洞墙片的层间侧向刚度可按下列原则进行计算：

1）一般可根据墙体开洞的实际情况，沿高度分段求出各墙段在单位水平力作用下的侧移 δ_n，求和得到整个墙片在单位水平力作用下的顶点侧移值 δ，取其倒数得到该墙片的层间侧向刚度；

2）对于图 A.0.2-1 所示的等高大开洞墙片，可采用式（A.0.2-3）计算；对于图 A.0.2-2 所示的有两个以上高度或位置大开洞的墙片，可采用式（A.0.2-4）～式（A.0.2-7）计算；

$$K_{bj}=\frac{1}{\delta}=\frac{1}{\sum\delta_n}(n=1,2;\text{或 } n=1,2,3) \quad (A.0.2\text{-}3)$$

$$K_{bj}=\frac{1}{\delta} \quad (A.0.2\text{-}4)$$

图 A.0.2-2a、b 中：

$$\delta=\delta_1+\frac{1}{\frac{1}{\delta_2+\delta_3}+\frac{1}{\delta_4}} \quad (A.0.2\text{-}5)$$

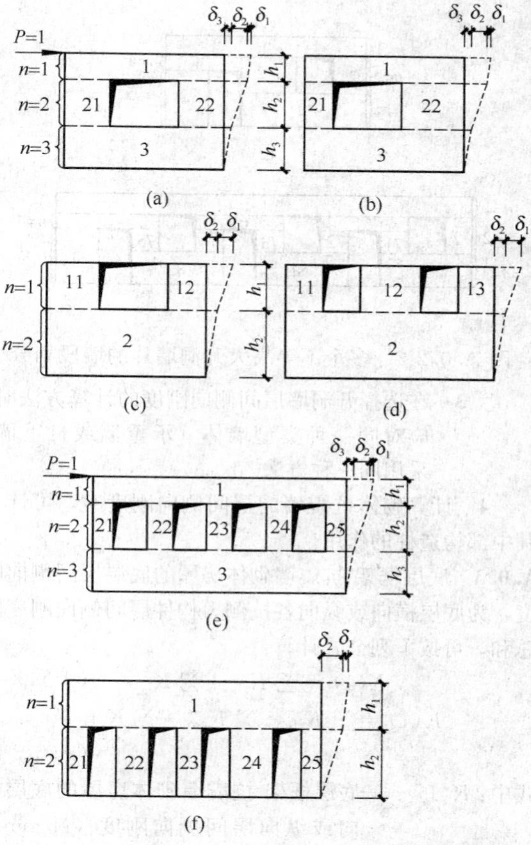

图 A.0.2-1　多个等高大开洞墙片的墙段划分

图 A.0.2-2c 中：

$$\delta=\delta_1+\frac{1}{\frac{1}{\delta_2+\delta_3}+\frac{1}{\delta_4+\delta_5}} \quad (A.0.2\text{-}6)$$

图 A.0.2-2d 中：

$$\delta=\delta_1+\frac{1}{\frac{1}{\delta_2+\delta_3}+\frac{1}{\delta_4+\delta_5}+\frac{1}{\delta_6+\delta_7+\delta_8}} \quad (A.0.2\text{-}7)$$

式中：$\delta_n(n=1,2,3,\cdots)$——第 n 墙段在单位水平力作用下的侧移

（mm）；

K_{bj}——第 j 片墙的层间侧向刚度（N/mm）。

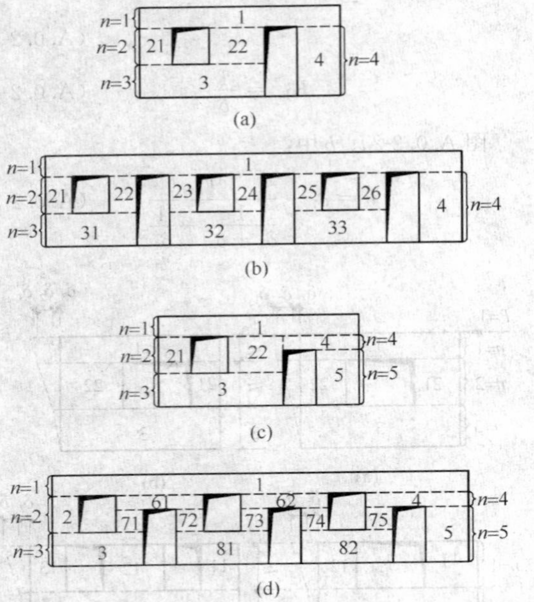

图 A.0.2-2　多个不等高大开洞墙片的墙段划分

3） 在选择开洞墙层间侧向刚度的计算方法时，应对同一种类型墙体（承重墙或自重墙）采用同一种方法。

4　计算砌体抗震墙的层间侧向刚度时，可计入其中部构造柱的作用。

A.0.3　底层框架-抗震墙砌体房屋的底层层间侧向刚度，为底层横向或纵向各抗侧力构件层间侧向刚度的总和，可按下列公式计算：

$$K(1)=\sum K_{cfj}+\sum K_{bj} \quad \text{(A.0.3-1)}$$

$$K(1)=\sum K_{cfj}+\sum K_{cwj}+\sum K_{gwj} \quad \text{(A.0.3-2)}$$

式中：$K(1)$——底层框架-抗震墙砌体房屋的底层横向或纵向层间侧向刚度（N/mm）；底层采用约束砌体抗震墙时按式（A.0.3-1）计算，底层采用混凝土抗震墙或配筋小砌块砌体抗震墙时按式（A.0.3-2）计算；

$\sum K_{cfj}$——底层钢筋混凝土框架的层间侧向刚度总和（N/mm），可采用 D 值法计算；

$\sum K_{bj}$——底层约束砌体抗震墙的层间侧向刚度总和（N/mm）；

$\sum K_{cwj}$——底层钢筋混凝土抗震墙的层间侧向刚度总和（N/mm）；

$\sum K_{gwj}$——底层配筋小砌块砌体抗震墙的层间侧向刚度总和（N/mm）。

A.0.4　上部砌体房屋的层间侧向刚度为该层横向或纵向所有墙片侧向刚度的总和，可按下式计算：

$$K(i)=\sum K_{bj} \quad \text{(A.0.4)}$$

式中：$K(i)$——上部砌体房屋第 i 层横向或纵向层间侧向刚度（N/mm）；

$\sum K_{bj}$——上部砌体房屋某层横向或纵向砌体抗震墙的层间侧向刚度总和（N/mm）。

附录 B　底部配筋小砌块砌体抗震墙抗震设计要求

B.0.1　底部配筋小砌块砌体抗震墙和配筋小砌块砌体连梁，其截面组合的剪力设计值应符合下列要求：

剪跨比大于 2 的抗震墙：

$$V\leqslant\frac{1}{\gamma_{RE}}(0.2f_{g}bh_{0}) \quad \text{(B.0.1-1)}$$

跨高比不大于 2.5 的连梁、剪跨比不大于 2 的抗震墙：

$$V\leqslant\frac{1}{\gamma_{RE}}(0.15f_{g}bh_{0}) \quad \text{(B.0.1-2)}$$

剪跨比应按本规程式（5.4.1-3）计算。

式中：V——墙端或梁端截面组合的剪力设计值（N）；

b——截面宽度（mm）；

h_0——截面有效高度（mm），抗震墙可取墙肢长度；

f_g——灌孔小砌块砌体抗压强度设计值（N/mm²）；

γ_{RE}——承载力抗震调整系数，取 0.85。

B.0.2　配筋小砌块砌体抗震墙中跨高比大于 2.5 的连梁宜采用钢筋混凝土连梁，其截面组合的剪力设计值和斜截面受剪承载力，应符合现行国家标准《混凝土结构设计规范》GB 50010 对连梁的有关规定。

B.0.3　偏心受压时配筋小砌块砌体抗震墙斜截面抗震受剪承载力，应按下列公式计算：

$$V_{w}\leqslant\frac{1}{\gamma_{RE}}\left[\frac{1}{\lambda-0.5}(0.48f_{gv}b_{w}h_{w0}+0.1N_{w})+0.72f_{yh}\frac{A_{sh}}{s}h_{w0}\right] \quad \text{(B.0.3-1)}$$

$$0.5V_{w}\leqslant\frac{1}{\gamma_{RE}}\left(0.72f_{yh}\frac{A_{sh}}{s}h_{w0}\right) \quad \text{(B.0.3-2)}$$

式中：N_w——组合的墙体轴向压力设计值（N），当 N_w 大于 $0.2f_gb_wh_w$ 时，取 $0.2f_gb_wh_w$；

V_w——墙体计算截面处的组合剪力设计值（N）；

λ——计算截面处的剪跨比，$\lambda=M_w/(V_wh_{w0})$；当 λ 小于 1.5 时，取 1.5；当 λ 大于 2.2 时，取 2.2；此处，M_w 为与剪力

设计值 V_w 对应的弯矩设计值；当计算截面与墙底之间的距离小于 $h_{w0}/2$ 时，λ 应按距墙底 $h_{w0}/2$ 处的弯矩设计值和剪力设计值计算；

f_{gv}——灌孔小砌块砌体抗剪强度设计值（N/mm²）；

A_{sh}——同一截面内的水平钢筋全部截面面积（mm²）；

s——水平分布钢筋间距（mm）；

f_{yh}——水平分布钢筋抗拉强度设计值（N/mm²）；

h_{w0}——墙体截面有效高度（mm）。

B.0.4 配筋小砌块砌体抗震墙的灌孔混凝土应采用坍落度大、流动性及和易性好，并与砌块结合良好的混凝土，灌孔混凝土的强度等级不应低于Cb20。

B.0.5 配筋小砌块砌体抗震墙应全部用灌孔混凝土灌实。

B.0.6 配筋小砌块砌体抗震墙的水平和竖向分布钢筋应符合表B.0.6的要求。水平分布钢筋宜双排布置，双排分布钢筋之间拉结筋的间距不应大于400mm，直径不应小于6mm；竖向分布钢筋宜采用单排布置，直径不应大于25mm。

表 B.0.6 配筋小砌块砌体抗震墙分布钢筋构造要求

抗震等级	最小配筋率（%）	最大间距（mm）	最小直径（mm）	
			水平分布钢筋	竖向分布钢筋
二	0.13	600	8	12
三	0.11	600	8	12

B.0.7 配筋小砌块砌体抗震墙墙肢端部应设置构造边缘构件。构造边缘构件的配筋范围为：无翼墙端部为3孔配筋，"L"形转角节点为3孔配筋，"T"形转角节点为4孔配筋；边缘构件范围内应设置水平箍筋；边缘构件的配筋应符合表B.0.7的要求。当墙肢端部为边框柱时，边框柱可作为构造边缘构件，墙肢与边框柱交接端宜设置1孔配筋。

表 B.0.7 配筋小砌块砌体抗震墙边缘构件配筋要求

抗震等级	每孔竖向钢筋最小配筋量	水平箍筋最小直径（mm）	水平箍筋最大间距（mm）
二	1ϕ16	6	200
三	1ϕ14	6	200

注：1 边缘构件水平箍筋宜采用搭接点焊网片形式；

2 边缘构件水平箍筋应采用不低于HRB335级的热轧钢筋。

B.0.8 配筋小砌块砌体抗震墙内水平和竖向分布钢筋的搭接长度不应小于48倍钢筋直径，锚固长度不应小于42倍钢筋直径。

B.0.9 配筋小砌块砌体抗震墙的水平分布钢筋，沿墙长应连续设置，两端的锚固应符合下列规定：

1 二级抗震墙，水平分布钢筋可绕竖向主筋弯180°弯钩，弯钩端部直段长度不宜小于12倍钢筋直径；水平分布钢筋也可弯入端部灌孔混凝土中，锚固长度不应小于30倍钢筋直径且不应小于250mm；当墙肢端部为边框柱时，水平分布钢筋应锚入边框柱中，其锚固构造应符合现行国家标准《混凝土结构设计规范》GB 50010的有关规定；

2 三级抗震墙，水平分布钢筋可弯入端部灌孔混凝土中，锚固长度不应小于25倍钢筋直径且不应小于200mm；当墙肢端部为边框柱时，水平分布钢筋应锚入边框柱中，其锚固构造应符合现行国家标准《混凝土结构设计规范》GB 50010的有关规定。

B.0.10 配筋小砌块砌体抗震墙中，跨高比小于2.5的连梁，可采用砌体连梁，其构造应符合下列要求：

1 连梁的上下纵向钢筋锚入墙内的长度，应符合本规程第5.5.29条中纵向受拉钢筋抗震锚固长度 l_{aE} 的要求，且均不应小于600mm；

2 连梁的箍筋应沿梁长设置；箍筋直径不应小于8mm；箍筋间距，二级不应大于100mm，三级不应大于120mm；

3 连梁在伸入墙体的纵向钢筋长度范围内应设置间距不大于200mm的构造箍筋，其直径应与该连梁的箍筋直径相同；

4 自梁顶面下200mm至梁底面上200mm范围内应增设腰筋，其间距不应大于200mm；每层腰筋的数量不应少于2ϕ10；腰筋伸入墙内的长度不应小于30倍的钢筋直径且不应小于300mm；

5 连梁内不宜开洞，需要开洞时应符合下列要求：

1）在跨中梁高1/3处预埋外径不大于200mm的钢套管；

2）洞口上下的有效高度不应小于1/3梁高，且不应小于200mm；

3）洞口处应配补强钢筋，被洞口削弱的截面应进行受剪承载力验算。

B.0.11 配筋小砌块砌体抗震墙在基础处应设置现浇钢筋混凝土地圈梁；圈梁的截面宽度应同墙厚，截面高度不宜小于200mm；圈梁混凝土抗压强度不应小于相应灌孔小砌块砌体的强度，且不应小于C20；圈梁的纵向钢筋不应小于4ϕ12，箍筋直径不应小于8mm，间距不应大于200mm。

附录C 层间极限受剪承载力计算

C.0.1 矩形框架柱的层间极限受剪承载力，可按下式计算：

$$V_{cy}=\frac{M_{cy}^{u}+M_{cy}^{l}}{H_{n}}\alpha \qquad (C.0.1)$$

式中：M_{cy}^{u}、M_{cy}^{l}——分别为验算层偏心受压柱上、下端受弯极限承载力（N·mm）；

H_n——框架柱净高度（mm）；

α——修正系数，一般取为1.0；对于底部两层框架的底层取为0.9。

C.0.2 对称配筋矩形截面偏心受压柱极限受弯承载力可按下列公式计算：

当 $N\leqslant\xi_{bk}\alpha_1 f_{ck}bh_0$ 时

$$M_{cy}=f_{yk}A_s(h_0-a'_s)+0.5Nh(1-N/\alpha_1 f_{ck}bh) \qquad (C.0.2\text{-}1)$$

当 $N>\xi_{bk}\alpha_1 f_{ck}bh_0$ 时

$$M_{cy}=f_{yk}A_s(h_0-a'_s)+\xi(1-0.5\xi)\alpha_1 f_{ck}bh_0^2-N(0.5h-a'_s) \qquad (C.0.2\text{-}2)$$

$$\xi=\frac{(\xi_{bk}-0.8)N-\xi_{bk}f_{yk}A_s}{(\xi_{bk}-0.8)\alpha_1 f_{ck}bh_0-f_{yk}A_s} \qquad (C.0.2\text{-}3)$$

$$\xi_{bk}=\frac{\beta_1}{1+\dfrac{f_{yk}}{E_s\varepsilon_{cu}}} \qquad (C.0.2\text{-}4)$$

$$\varepsilon_{cu}=0.0033-(f_{cu,k}-50)\times10^{-5} \qquad (C.0.2\text{-}5)$$

式中：N——对应于重力荷载代表值的柱轴向压力（N）；

A_s——柱实配纵向受拉钢筋截面面积（mm^2）；

f_{yk}——柱纵向钢筋抗拉强度标准值（N/mm^2）；

α_1——受压区混凝土等效矩形应力图的应力值与混凝土轴心抗压强度设计值的比值，当混凝土强度等级不超过C50时，α_1 取为1.0；

a'_s——纵向受压钢筋合力点至截面近边的距离（mm）；

ξ_{bk}——相对界限受压区高度；

β_1——系数，当混凝土强度等级不超过C50时，β_1 取为0.8；

E_s——钢筋弹性模量（N/mm^2）；

ε_{cu}——非均匀受压时正截面的混凝土极限压应变，如计算的 ε_{cu} 值大于0.0033，取0.0033；

$f_{cu,k}$——混凝土立方体抗压强度标准值（N/mm^2）。

C.0.3 钢筋混凝土抗震墙偏心受压时的层间极限受剪承载力可按下式计算：

$$V_{wy}=\frac{1}{\lambda-0.5}\left(0.4f_{tk}b_w h_{w0}+0.1N_w\frac{A_w}{A}\right)+0.8f_{yhk}\frac{A_{sh}}{s}h_{w0} \qquad (C.0.3)$$

式中：N_w——对应于重力荷载代表值的墙体轴向压力（N），当 N_w 大于 $0.2f_{ck}A_w$ 时取 $0.2f_{ck}A_w$；

A——抗震墙的截面面积（mm^2）；

A_w——T形或I字形截面抗震墙腹板部分截面面积（mm^2），矩形截面时，取 A_w 等于 A；

b_w——抗震墙截面宽度（mm）；

h_{w0}——抗震墙截面有效高度（mm）；

λ——抗震墙的计算剪跨比；当 λ 小于1.5时，取1.5；当 λ 大于2.2时，取2.2；

f_{tk}——混凝土轴心抗拉强度标准值（N/mm^2）；

f_{yhk}——抗震墙水平分布钢筋抗拉强度标准值（N/mm^2）；

s——抗震墙水平分布钢筋间距（mm）；

A_{sh}——配置在同一截面内的全部水平钢筋截面面积（mm^2）。

C.0.4 配筋小砌块砌体抗震墙偏心受压时的层间极限受剪承载力，可按下式计算：

$$V_{wy}=\frac{1}{\lambda-0.5}(0.48f_{gvk}b_w h_{w0}+0.1N_w)+0.72f_{yhk}\frac{A_{sh}}{s}h_{w0} \qquad (C.0.4)$$

式中：N_w——对应于重力荷载代表值的墙体轴向压力（N），当 N_w 大于 $0.2f_{gk}A_w$ 时取 $0.2f_{gk}A_w$；此处，A_w 为抗震墙截面面积（mm^2），f_{gk} 为灌孔小砌块砌体抗压强度标准值（N/mm^2）；

b_w——抗震墙截面宽度（mm）；

h_{w0}——抗震墙截面有效高度（mm）；

λ——抗震墙的计算剪跨比；当 λ 小于1.5时，取1.5；当 λ 大于2.2时，取2.2；

f_{gvk}——灌孔小砌块砌体抗剪强度标准值（N/mm^2）；

f_{yhk}——抗震墙水平分布钢筋抗拉强度标准值（N/mm^2）；

s——水平分布钢筋间距（mm）；

A_{sh}——同一截面内的水平钢筋全部截面面积（mm^2）。

C.0.5 底层框架-抗震墙砌体房屋中，底层嵌砌于框架之间的约束普通砖抗震墙或小砌块抗震墙及两端框架柱，其层间极限受剪承载力，应按下列规定计算：

1 一般情况下，可按下列公式计算：

$$V_{my}=\sum(M_{cy}^{u}+M_{cy}^{l})/H_0+f_{vEu}A_{w0} \qquad (C.0.5\text{-}1)$$

$$f_{vEu} = \zeta_N f_{vu} \quad (C.0.5\text{-}2)$$

$$\zeta_N = \frac{1}{1.2}\sqrt{1+\sigma_0/f_{vu}} \quad (C.0.5\text{-}3)$$

$$\begin{cases} \zeta_N = 1+0.55\sigma_0/f_{vu} & (\sigma_0/f_{vu} \leqslant 2.7) \\ \zeta_N = 1.54+0.35\sigma_0/f_{vu} & (2.7 < \sigma_0/f_{vu} \leqslant 6.8) \\ \zeta_N = 3.92 & (\sigma_0/f_{vu} > 6.8) \end{cases} \quad (C.0.5\text{-}4)$$

式中：f_{vEu}——砌体沿阶梯形截面破坏的抗震极限抗剪强度计算值（N/mm^2）；

f_{vu}——约束普通砖或小砌块抗震墙的非抗震设计的砌体极限抗剪强度计算取值（N/mm^2），可按表 C.0.5 采用；

A_{w0}——约束普通砖或小砌块抗震墙水平截面的计算面积（mm^2），无洞口时可采用 1.25 倍实际截面面积；有洞口时取净截面面积，但宽度小于洞口高度 1/4 的墙段不考虑；

H_0——底层框架柱的计算高度（mm），两侧均有约束普通砖或小砌块抗震墙时，可采用柱净高的 2/3，其余情况，可取柱净高；

ζ_N——约束普通砖或小砌块抗震墙抗震抗剪强度正应力影响系数，对于约束普通砖抗震墙按式（C.0.5-3）计算，对于约束小砌块抗震墙按式（C.0.5-4）计算；

σ_0——对应于重力荷载代表值的砌体截面平均压应力（N/mm^2）。

表 C.0.5 非抗震设计的砌体极限抗剪强度计算取值（MPa）

砌体种类	砂浆强度等级		
砖砌体	≥M10	M7.5	M5
	0.40	0.34	0.28
小砌块砌体	≥Mb10	Mb7.5	—
	0.22	0.19	—

2 当计入墙体内水平配筋、中部构造柱或芯柱对墙体层间极限受剪承载力的提高作用时，可按照本规程第 6.1.2 条、6.1.3 条规定的相关方法进行计算。水平配筋、中部构造柱或芯柱的材料强度设计值应采用材料强度标准值替代，并不应再考虑承载力抗震调整系数。

C.0.6 上部砌体结构层间极限受剪承载力，应按下列规定计算：

1 一般情况下，可按下列公式计算：

$$V_R(i) = \sum V_{Rj}(i) \quad (C.0.6\text{-}1)$$

$$V_{Rj}(i) = f_{vEu}A_j(i) \quad (C.0.6\text{-}2)$$

$$f_{vEu} = \zeta_N f_{vu} \quad (C.0.6\text{-}3)$$

式中：$V_{Rj}(i)$——上部砌体结构第 i 层第 j 个墙片的层间极限受剪承载力（N）；

$A_j(i)$——上部砌体结构第 i 层第 j 个墙片的水平截面面积（mm^2），多孔砖取毛截面面积；

f_{vu}——上部砌体抗震墙非抗震设计的砌体极限抗剪强度计算取值（N/mm^2），可按本规程表 C.0.5 采用；

ζ_N——上部砌体抗震墙的抗震抗剪强度的正应力影响系数，对于砖抗震墙和小砌块抗震墙，可分别按本规程式（C.0.5-3）和式（C.0.5-4）计算。

2 当计入墙体内水平配筋、中部构造柱或芯柱对墙体层间极限受剪承载力的提高作用时，可按照本规程第 6.1.2 条、6.1.3 条规定的相关方法进行计算。水平配筋、中部构造柱或芯柱的材料强度设计值应采用材料强度标准值替代，并不应再考虑承载力抗震调整系数。

本规程用词说明

1 为便于在执行本规程条文时区别对待，对要求严格程度不同的用词说明如下：

1）表示很严格，非这样做不可的：
正面词采用“必须”，反面词采用“严禁”；

2）表示严格，在正常情况下均应这样做的：
正面词采用“应”，反面词采用“不应”或“不得”；

3）表示允许稍有选择，在条件许可时首先这样做的：
正面词采用“宜”，反面词采用“不宜”；

4）表示有选择，在一定条件下可以这样做的，采用“可”。

2 条文中指明应按其他有关标准执行的写法为：“应符合……的规定”或“应按……执行”。

引用标准名录

1《砌体结构设计规范》GB 50003

2《混凝土结构设计规范》GB 50010

3《建筑抗震设计规范》GB 50011

中华人民共和国行业标准

底部框架-抗震墙砌体房屋抗震技术规程

JGJ 248—2012

条文说明

制 订 说 明

《底部框架-抗震墙砌体房屋抗震技术规程》JGJ 248-2012，经住房和城乡建设部2012年3月1日以第1321号公告批准、发布。

本规程制订过程中，编制组进行了广泛的调查研究，总结了近年来国内外大地震、特别是汶川大地震的经验教训。结合我国的经济条件和工程实践，总结了近十多年来我国底部框架-抗震墙砌体房屋抗震性能研究成果和工程应用经验，采纳了工程抗震的新科研成果，通过底层框架-抗震墙砖房和底部两层框架-抗震墙砖房整体模型试验等大量的试验研究，取得了这类房屋抗震性能的重要技术参数。为了进一步规范底部框架-抗震墙砌体房屋的抗震设计与施工，使之满足我国6度～8度区抗震设防的要求，本规程在主要与国家标准《建筑抗震设计规范》GB 50011-2010协调的基础上，对国家标准中底部框架-抗震墙砌体房屋的内容作了补充和细化。

为便于广大设计、施工、科研、学校等单位有关人员在使用本标准时能正确理解和执行条文规定，《底部框架-抗震墙砌体房屋抗震技术规程》编制组按章、节、条顺序编制了本规程的条文说明，对条文规定的目的、依据以及执行中需注意的有关事项进行了说明，还着重对强制性条文的强制性理由做了解释。但是，本条文说明不具备与规程正文同等的法律效力，仅供使用者作为理解和把握规程规定的参考。

目　　次

1 总　　则

1.0.1 底层框架-抗震墙砌体房屋和底部两层框架-抗震墙砌体房屋，早期是城市旧城改造和避免商业过分集中的较好结构形式。随着国民经济的快速发展，在农村城镇化及乡镇城市化的过程中，该种结构形式的房屋仍在继续兴建。目前大多集中在中小型城镇的沿街房屋中。

为了适应底部框架-抗震墙砌体房屋在抗震设防区建造的要求，总结了近十多年来的实际工程的震害经验（特别是"5・12"汶川大地震中的宝贵震害经验），结合十多年来对这种类型结构抗震性能和设计方法以及工程实践等研究成果，编制了本规程。

1.0.2 本规程的适用范围主要为抗震设防烈度为6度～8度（0.05g～0.20g）的底部框架-抗震墙砌体房屋的抗震设计与施工。由于该类结构形式抗震性能相对较弱，规定仅允许用于标准设防类建筑。

1.0.3 烧结类砖包括烧结页岩砖、烧结煤矸石砖、烧结粉煤灰砖和烧结黏土砖等，烧结多孔砖的孔洞率不大于35%。混凝土小型空心砌块是指主规格尺寸为390mm×190mm×190mm、空心率为50%左右的单排孔混凝土小型空心砌块。砌体块体类型扩大了适用范围，包括混凝土砖。对于底部框架-抗震墙砌体房屋这类抗震性能相对较弱的结构形式，由于蒸压类砖材料性能相对较差，不适宜采用。

1.0.4 本条所阐述的抗震设防的三个水准的要求，是与《建筑抗震设计规范》GB 50011－2010提出的抗震设防要求相一致的。

根据我国华北、西北和西南地区对建筑工程有影响的地震发生概率的统计分析，50年内超越概率约为63%的地震烈度为众值烈度，比基本烈度约低一度半，规范取为第一水准烈度，称为"多遇地震"；50年超越概率约10%的烈度，即1990中国地震烈度区划图规定的地震基本烈度或中国地震动参数区划图规定的峰值加速度所对应的烈度，规范取为第二水准烈度，称为"设防地震"；50年超越概率2%～3%的烈度，规范取为第三水准烈度，称为"罕遇地震"，对应基本烈度6度时为7度强、7度时为8度强、8度时为9度弱。

与各烈度水准相应的抗震设防目标是：一般情况下（不是所有情况下），遭遇第一水准烈度——众值烈度（多遇地震）时，建筑处于正常使用状态，从结构抗震分析角度，可以视为弹性体系，采用弹性反应谱进行弹性分析；遭遇第二水准烈度——基本烈度（设防地震）时，结构进入非弹性工作阶段，但非弹性变形或结构体系的损坏控制在可修复的范围；遭遇第三水准烈度——最大预估烈度（罕遇地震）时，结构有较大的非弹性变形，但应控制在规定的严重破坏范围内，以免倒塌。

1.0.5 主要阐明了本规程与国家现行有关标准的关系，即除遵守本规程规定外，尚应遵守国家现行其他有关标准的规定。

3 基 本 规 定

3.0.1 底部框架-抗震墙砌体房屋是由两种承重和抗侧力体系构成的结构，具有与同一种抗侧力体系构成的房屋不同的受力、变形和薄弱楼层判别的特点。底部框架-抗震墙具有较好的承载能力、变形能力和耗能能力，上部砌体房屋具有一定的承载能力，但其变形和耗能能力比较差，这类房屋的抗震能力不仅取决于底部框架-抗震墙和上部砌体房屋各自的抗震能力，而且还决定于两者之间抗震能力的匹配程度，即不能有一部分太弱。这种类型的房屋对结构抗震能力沿竖向分布的均匀性要求更加严格，关键在于底部与上部结构抗震能力的匹配关系，必须避免出现特别薄弱的楼层。

本规程对薄弱楼层的判别要求，是基于底部和上部之间抗震性能相匹配、不能有一部分过弱的前提而提出的，薄弱楼层系指在此前提下相对薄弱的楼层。由于底部框架-抗震墙部分具有较好的变形能力和耗能能力，在具有适当的极限承载力时不致发生集中的严重脆性破坏；而上部砌体部分的变形和耗能能力比较差，"大震"作用下若在极限承载力相对较小的楼层出现薄弱楼层，将产生集中的严重脆性破坏。实际震害表明，薄弱楼层出现在上部砌体部分时，房屋的整体抗震能力是比较差的。本规程规定结构的薄弱楼层不宜出现在上部砌体结构部分。

3.0.2 这类房屋的抗震能力不仅取决于底部框架-抗震墙和上部砌体房屋各自的抗震能力，而且还取决于两者抗震能力是否相匹配；在多层房屋中，存在着薄弱楼层，存在薄弱楼层的房屋的抗震能力，主要取决于其薄弱楼层的承载能力、变形能力以及与相邻楼层承载能力的相对比值。大量的震害表明，在强烈地震作用下，结构首先从最薄弱的楼层率先开裂、屈服、破坏，形成弹塑性变形和破坏集中的楼层，并将危及整个房屋的安全。对于底部框架-抗震墙砌体房屋，底部为钢筋混凝土框架-抗震墙体系，具有较好的承载能力、变形能力和耗能能力；上部为设置钢筋混凝土构造柱和圈梁的砌体房屋，具有一定的承载能力，其变形能力和耗能能力相对比较差，但构造柱与圈梁对脆性砌体的约束能提高其变形能力和耗能能力。依据这类房屋的抗震能力，给出了总层数和总高度的要求。

1 高烈度地区，该类房屋的破坏较为严重，8度（0.30g）时不允许采用此类结构，8度（0.20g）时对总层数和高度作了更为严格的限制。

2　房屋总层数为整数，必须严格遵守。房屋总高度按有效数字控制，当室内外高差不大于0.6m时，房屋总高度限值按表中数据的有效数字控制，即意味着可比表中数据增加0.4m；当室内外高差大于0.6m时，虽然规定房屋总高度允许比表中的数据增加不多于1.0m，实际上其增加量只能少于0.4m。

3　突出屋面的屋顶间、女儿墙、烟囱等出屋面小建筑，可不计入房屋总层数和高度。但坡屋面阁楼层一般仍需计入房屋总层数和高度；对于斜屋面下的“小建筑”是否计入房屋总高度和层数，通常可按实际有效使用面积或重力荷载代表值是否小于顶层总数的30%控制。

4　底部框架-抗震墙砌体房屋底部属于钢筋混凝土结构，其地下室的嵌固条件应符合现行国家标准《建筑抗震设计规范》GB 50011对混凝土结构的有关规定。当符合嵌固条件时，地下室的层数可不计入房屋的允许总层数内。

对于设置半地下室的底部两层框架-抗震墙砌体房屋，当半地下室不满足嵌固条件要求时，其半地下室楼层和其上部的一层已具有底部两层框架-抗震墙砌体房屋的特点，因此半地下室应计入底部两层的范围，半地下室上部仅允许再设一层框架-抗震墙的楼层。

5　关于上部砌体房屋横墙较少应降低一层的规定，主要是考虑横墙较少的砌体房屋部分的承载能力要降低的因素。对于上部砌体房屋横墙很少的情况，明确规定不允许采用。

6　对于上部砌体房屋横墙较少的情况，当按规定采取了较为严格的加强措施（按本规程第6.2.21条的要求）且抗震承载力满足要求时，6度、7度时允许与多层砌体房屋相当，底部框架-抗震墙砌体房屋的总层数和总高度可不降低。

3.0.3　当底层框架-抗震墙砌体房屋的底层采用约束砌体抗震墙时，底层层高较大会导致底层侧向刚度偏小，根据计算分析结果，底层的层高应有所减小。约束砌体的定义与国家标准《建筑抗震设计规范》GB 50011-2010相同，大体上指由间距接近层高的构造柱与圈梁组成的砌体、同时墙中拉结钢筋网片符合相应的构造要求，具体做法可参见本规程第5.5.25、5.5.26、6.2.21条等。

3.0.4　底部框架-抗震墙砌体房屋和多层砌体房屋一样，存在着弯曲变形的影响，而随着房屋高宽比的增大其弯曲影响程度增强，为了保证底部框架-抗震墙砌体房屋的整体稳定性，限制了高宽比。

目前，设计建造的多层砌体房屋和底部框架-抗震墙砌体房屋中的上部砌体房屋部分的纵向抗震能力较横向抗震能力差一些，这主要是外纵墙开洞率大、内纵墙不贯通等。为了有效地保证这类房屋的纵向抗震能力，除了限制纵墙开洞率和内纵墙贯通外，减少纵向的弯曲变形也是非常重要的，基于这方面的考虑，给出了房屋总高度与总长度的最大比值宜小于1.5的限制。当建筑平面趋近正方形时，纵向的弯曲变形对横向抗震性能的影响增大，故规定此时房屋的高宽比宜适当减小。

3.0.5　合理的建筑形体和规则的构件平面、竖向布置，是抗震设计中头等重要的原则。提倡平、立面规则对称，是基于震害经验总结和大量分析研究的成果。规则、对称的结构较容易正确估计其地震作用下的反应，可避免出现应力集中的部位，较容易采取构造措施和进行细部处理，其震害较不对称的房屋要轻。本条包含了对建筑的平、立面外形尺寸，抗侧力构件布置、质量分布，楼板开洞情况，以及错层等诸多因素的综合要求。

底部框架-抗震墙砌体房屋是由底部框架-抗震墙和上部砌体房屋两种承重和抗侧力构件构成的，底部与上部楼层的抗震能力相匹配，刚度变化不超过一定的限度等是非常重要的。由于多层砌体房屋部分的抗震能力相对比较差，而且增强应力集中部位的构造措施较为困难。因此，对于底部框架-抗震墙砌体房屋的平、立面布置规则的要求应更严格一些，其平立面布置最好为矩形，抗侧力构件在平面内布置宜对称，上下应连续、不错位、且横截面面积变化缓慢。底部框架-抗震墙砌体房屋平面突出部分不宜大于该方向总尺寸的30%，楼层沿竖向局部收进的水平向尺寸不宜大于相邻下一层该方向总尺寸的25%。不满足上述要求时，应考虑水平地震作用的扭转效应和对薄弱部位采取有效的措施。

砌体墙的抗震性能比混凝土墙弱，有关上部砌体房屋的楼板外轮廓、开大洞等不规则划分的界限应比混凝土结构有所加严。

错层结构受力复杂，底部框架-抗震墙砌体房屋结构竖向不规则，错层方面的规定应更严格。本规程明确规定过渡楼层不应错层，其他楼层不宜错层。当建筑设计确有需要时，允许局部错层，但错层部位楼板高差超过层高的1/4时必须设防震缝分成不同的结构单元，错层部位楼板高差超过500mm时应按两层计算。

3.0.6、3.0.7　抗震结构体系要求受力明确、传力合理且传力路线不间断，使结构的抗震分析更符合结构在地震时的实际反应，对提高结构的抗震能力十分有利，是布置结构抗侧力体系时首先考虑的条件之一。

1　底层框架-抗震墙砌体房屋的底层和底部两层框架-抗震墙砌体房屋的底部两层，在纵、横向均布置为框架-抗震墙体系，不能用构造柱、圈梁代替框架梁、柱，而使这类房屋的底部形不成完整的框架体系。在纵、横向均应设置一定数量的抗震墙，使这类房屋的底部形成完整的框架-抗震墙体系。

震害经验和模型试验结果表明，底层和底部两层均应沿纵横两个方向设置一定数量的抗震墙，使底部形成具有两道防线的框架-抗震墙体系。沿两个主轴方向均匀对称布置是防止扭转影响的要求。为了增强钢筋混凝土抗震墙的极限承载力和变形耗能能力、利于墙板的稳定，应把钢筋混凝土墙设计成带边框的钢筋混凝土墙，以保证抗震墙破坏后，周边的梁和边框柱仍能承受竖向荷载。

底部采用约束砌体抗震墙的情况，仅允许用于6度设防且总层数不超过四层时的底层框架-抗震墙砌体房屋，不允许在底部两层框架-抗震墙砌体房屋中采用。砌体抗震墙应采用约束砌体加强，并且不应采用约束多孔砖砌体，具体的构造见本规程第5.5节。6度、7度时，当上部为小砌块砌体房屋时，底部也允许采用配筋小砌块砌体抗震墙，应按照配筋小砌块的有关要求执行。还需注意，砌体抗震墙应基本均匀对称布置，避免或减少扭转效应，不作为抗震墙的砌体墙，应按填充墙处理，施工时后砌。

2 上部砌体房屋采用纵墙承重体系时，因横向支承较少，纵墙易受弯曲破坏而导致倒塌，故不宜采用全部纵墙承重的结构布置方案。砌体墙和混凝土墙混合承重的结构体系受力情况复杂，易造成不同材料墙体的各个击破，对于上下部分已为不同结构体系的底部框架-抗震墙砌体房屋更应避免采用。

上部砌体房屋的纵横墙分布均匀、对称，是为了使各墙体的受力较为均匀，避免出现较弱的薄弱部位破坏；沿平面内宜对齐和纵墙不宜错位以及沿竖向应上、下连续等，都是要求结构体系传力合理且传力路线不间断的具体化。当纵墙有错位时，可在错位处的楼（屋）面板增设现浇带，以便通过现浇板较好地将地震作用传递。

根据房屋两个主轴方向振动特性不宜相差过大的要求，规定纵横向墙体数量不宜相差过大，在房屋宽度方向的中部（约1/3宽度范围）应设有足够数量的内纵墙，且多道内纵墙开洞后的累计净长度不宜小于房屋纵向总长度的60%。当上部砌体房屋层数很少时，可比60%适当放宽。

控制上部砌体房屋部分墙体的开洞面积，对提高上部砌体房屋部分的整体抗震能力非常重要。开洞面积过大，使部分墙段的高宽比大于1.0，将减弱这些墙段的抗震能力。经分析比较，给出了外纵墙开洞面积的控制要求。同一轴线上的窗间墙，包括与同一直线或弧线上墙段平行错位净距离不超过2倍墙厚的墙段上的窗间墙（此时错位处两墙段之间连接墙的厚度不应小于外墙厚度）。

上部砌体房屋的楼梯间墙体缺少各层楼板的双侧侧向支承，有时楼梯踏步还会削弱楼梯间的墙体。尤其是楼梯间顶层，墙体有一层半楼层的高度，地震中震害较重。因此，在建筑布置时楼梯间应尽量不设在尽端，或对尽端开间采取专门的加强措施。

转角窗严重削弱纵横向墙体在角部的连接，局部破坏严重，必须避免采用。

3.0.8 地震中，横墙间距的大小对房屋的抗倒塌能力影响很大。底部框架-抗震墙砌体房屋的抗震横墙最大间距分为两部分，一是底部框架-抗震墙部分，二是上部砌体房屋部分。抗震横墙最大间距同《建筑抗震设计规范》GB 50011－2010的要求。底部框架-抗震墙部分的抗震横墙最大间距较高层钢筋混凝土框架-抗震墙房屋的抗震墙最大间距要求要严格一些，主要是高层钢筋混凝土框架-抗震墙房屋是分层传递地震作用，而底部框架-抗震墙砌体房屋的底部要传递上部砌体房屋部分的地震作用。

上部砌体房屋的顶层，当屋面采用现浇钢筋混凝土结构，大房间平面长宽比不大于2.5时，最大抗震横墙间距的要求可适当放宽，但不应超过表3.0.8中数值的1.4倍及18m。此时抗震横墙除应满足抗震承载力计算要求外，相应的构造柱应予加强并至少向下延伸一层。

3.0.9 结构刚度沿楼层高度分布是否均匀，集中反映出结构层间弹性位移反应的均匀性。对于各楼层均为同一种结构体系构成的结构，其层间刚度与构件的截面尺寸、层高和构件材料强度等级等有关。在钢筋混凝土结构中，在各层构件的纵筋不改变的条件下，其层间刚度与层间极限承载力的变化趋势相一致。由于底层框架-抗震墙砌体房屋的底层与上部砌体房屋之间构件承载能力和抗侧力刚度的差异等原因，这一结论已不再适用。从要求这类房屋弹性和弹塑性位移反应较为均匀的原则出发，在大量分析研究的基础上，得出第二层与底层侧向刚度比的适宜取值为1.2～2.0。由于上部砌体房屋部分的承载能力和变形、耗能能力都较底层框架-抗震墙差，所以在底层承载能力大于第二层承载能力的底层框架-抗震墙砌体房屋中，其弹塑性位移集中的楼层不是底层而是上部砌体房屋的较弱楼层，薄弱楼层在上部砌体房屋部分的底层框架-抗震墙砌体房屋的抗震能力是比较差的。因此，特别指出了第二层与底层侧向刚度的比值不应小于1.0。

底部两层框架-抗震墙砌体房屋楼层层间刚度均匀性与底层框架-抗震墙砌体房屋相类似，根据分析结果给出了第三层与第二层侧向刚度比的要求。

在计算侧向刚度比时，过渡楼层的侧向刚度应考虑构造柱的刚度贡献。

3.0.10 钢筋混凝土房屋抗震等级的划分是依据地震作用的大小（地震烈度）、房屋的主要抗侧力构件性能、房屋的高度以及所处的场地状况等综合考虑的，在抗震设计中的抗震等级应包括内力调整和抗震构造措施。底部钢筋混凝土结构部分的抗震等级大致与钢筋混凝土结构的框支层相当，底部框架的抗震等级比普通框架-抗震墙结构的要求要严格。但考虑到底部框架-抗震墙砌体房屋的总高度较低，底部钢筋混凝土抗震墙一般应按低矮墙或开竖缝墙设计，构造要求上有所区别。

3.0.11 底部框架-抗震墙砌体房屋的抗震能力取决于底部框架-抗震墙和上部砌体房屋两部分的抗震能力及其相匹配的程度，对于上部砌体房屋的局部尺寸控制是为了防止在该方向水平地震作用下因墙体的侧向刚度和破坏状态的差异而导致各个击破的破坏，防止出现相关局部部位实效而造成整体结构的破坏。个别或少数墙段不满足时可采取如增设构造柱等加强措施，但尺寸不足的小墙段应满足最小限值的要求。

外墙尽端指，建筑物平面凸角处（不包括外墙总长的中部局部凸折处）的外墙端头，以及建筑物平面凹角处（不包括外墙总长的中部局部凹折处）未与内墙相连的外墙端头。

3.0.12 底部框架-抗震墙砌体房屋的材料，主要是钢筋、混凝土、块体和砂浆，为了保证这类房屋的抗震性能提出了相应的要求。对底部框架-抗震墙部分的混凝土强度等级提出了更高的要求；过渡楼层受力复杂，其墙体材料强度应予以提高；框架梁、框架柱以及楼梯的踏步段等纵向钢筋应有足够的延性，钢筋伸长率的要求，是控制钢筋延性的重要性能指标。

规定框架普通纵向受力钢筋的抗拉强度实测值与屈服强度实测值的比值，是为保证当构件某个部位出现塑性铰以后，塑性铰处有足够的转动与耗能能力；规定屈服强度实测值与标准值的比值，是为保证实现强柱弱梁、强剪弱弯所规定的内力调整。

根据《建筑抗震设计规范》GB 50011－2010 规定的基本原则，从发展趋势考虑，不再推荐箍筋采用 HPB235 级钢筋，但现有生产的 HPB235 级钢筋仍可继续作为箍筋使用。

本规程中有关钢筋混凝土部分的规定是基于混凝土强度不超过 C50 的情况而给出的，故在其材料性能指标中限定了混凝土强度等级不超过 C50。

3.0.13 底部框架-抗震墙砌体房屋的底部和上部由两种不同的结构形式构成，结构体系上属于竖向不规则，故 6 度时也应进行多遇地震作用下的截面抗震验算。

3.0.14 《建筑抗震设计规范》GB 50011－2010 采用二阶段的设计方法，使房屋达到“小震”不坏、设防烈度可修、“大震”不倒的抗震设防要求。所谓二阶段设计方法，是指多遇“小震”作用下的构件截面抗震验算，和罕遇“大震”作用下的弹塑性变形验算以及相应的抗震构造措施。在抗震验算中，多遇“小震”作用下的构件截面抗震验算是为了使结构构件具有必要的承载能力；“大震”作用下的弹塑性变形验算是为了使结构避免出现特别薄弱的楼层，同时通过改善结构的均匀性和提高结构构件变形能力的构造措施，使房屋具有防止在“大震”作用下倒塌的能力。在《建筑抗震设计规范》GB 50011－2010 中规定底部框架-抗震墙砌体房屋宜进行罕遇地震作用下薄弱楼层的弹塑性变形验算，并给出了底部框架-抗震墙部分的弹塑性层间位移角限值为 1/100。模型试验研究的结果以及实际震害调查结果表明，底部框架-抗震墙砌体房屋的薄弱楼层不一定均在底部，薄弱楼层的位置与底部抗震墙数量的多少以及上部砌体房屋的材料强度等级、抗震墙间距等有关。

砌体房屋的抗震性能，主要是依靠砌体的承载能力和钢筋混凝土构造柱、圈梁对脆性砌体的约束作用以及房屋规则性等来保证。因此，在《建筑抗震设计规范》GB 50011－2010 中对砌体房屋的抗震设计，采用的是“小震”作用下的构件承载力截面验算和设防烈度下的抗震构造措施。多层砌体房屋变形能力的离散性比较大，墙片的试验还不能完全反应整体房屋的状况。所以在砌体房屋中采用弹塑性变形验算有一定的困难。

由于此类房屋对结构抗震能力沿竖向分布的均匀性要求比一般房屋更加严格，结构薄弱楼层判别的关键在于底部与上部结构抗震能力的匹配关系，因此，不能简单采用多层钢筋混凝土框架房屋判断薄弱楼层的方法。基于对这类房屋抗震能力分析的研究成果，本规程提出了进行罕遇地震作用下极限承载力分析、薄弱楼层判别的方法，其目的是使底部框架-抗震墙砌体房屋的抗震设计更为合理，做到既安全又经济。这里还要强调的是，相应的构造措施对于防止“大震”不倒是非常重要的。

3.0.15 历次大地震的经验表明，同样或相近的建筑，建造于Ⅰ类场地时震害较轻，建造于Ⅲ类、Ⅳ类场地震害较重。

抗震构造措施不同于抗震措施。对Ⅰ类场地，仅降低抗震构造措施，不降低抗震措施中的其他要求，如按概念设计要求的内力调整措施等；对Ⅲ类、Ⅳ类场地，仅提高抗震构造措施，不提高抗震措施中的其他要求，如按概念设计要求的内力调整措施等。

4 地震作用和结构抗震验算

4.1 水平地震作用和作用效应计算

4.1.1～4.1.6 引入国家标准《建筑抗震设计规范》GB 50011－2010 中有关地震作用计算的要求。

突出屋面的小建筑，一般按其重力荷载小于标准层 1/3 来控制。

底部框架-抗震墙砌体房屋的动力特性类似多层砌体房屋，周期短。在采用振型分解反应谱法计算水平地震作用时，应考虑底部框架填充墙的刚度贡献、作适当调整，以保证对应的地震影响系数能够达到 α_{max} 为宜。

4.1.7 对于应考虑扭转影响的底部框架-抗震墙砌体房屋，可采用考虑平动与扭转耦连的振型分解法进行分析。为了能进行简化分析，给出了近似的分析方法。

考虑扭转效应的现有的计算方法有许多，扭转效应修正系数法表示扭转时某榀抗侧力构件按平动分析的剪力效应的增大，物理概念明确。《建筑抗震设计规范》GBJ 11－89 条文说明中也给出了按平动分析的层剪力效应增大的简化计算方法，其数值依赖于各类结构大量算例的统计。对低于 40m 的框架结构，当各层的质心和“计算刚心”接近于两串轴线时，根据上千个算例的分析，若偏心参数 ε 满足 $0.1<\varepsilon<0.3$，则边榀框架的扭转效应增大系数 $\eta_t=0.65+4.5\varepsilon$。其偏心参数的计算公式是 $\varepsilon=e_y s_y/(K_\phi/K_x)$，其中，$e_y$、$s_y$ 分别为 i 层刚心和 i 层边榀框架距 i 层以上总质心的距离（y 方向），K_x、K_ϕ 分别为 i 层平动刚度和绕质心的扭转刚度。其他类型结构也有相应的扭转效应系数。

4.1.8 底部框架-抗震墙砌体房屋的地震反应，实际并未因底部的刚度小于过渡楼层而在底部出现增大的反应，但考虑到底部的严重破坏将危及整体房屋，为防止因底部严重破坏而导致房屋的整体垮塌、减少底部的薄弱程度，对底部的地震剪力设计值进行增大调整以增强底部的抗震承载能力。增大系数可按过渡楼层与其下相邻楼层的侧向刚度比值用线性插值法近似确定，侧向刚度比越大增加越多。

由于底部框架-抗震墙部分的承载能力、变形和耗能能力较上部砌体房屋部分要好一些，根据国内多家单位对这类房屋大量的抗震能力、结构均匀性与不同侧向刚度比相关性的工程实例分析结果，当过渡楼层与其下相邻楼层的侧向刚度比在 1.0～1.3 之间时，底部的地震剪力设计值可不作增大调整。

为了使底部第一道防线的抗震墙具有较好的承载能力，提出地震剪力设计值全部由抗震墙承担的要求。

4.1.9 关于底部框架承担的地震剪力，考虑了抗震墙开裂后的弹塑性内力重分布，是为了提高底部第二道防线的抗震能力。

楼层水平地震作用在各抗侧力构件之间的分配受楼盖平面内变形的影响较大，当抗震墙之间楼盖长宽比较大时，需考虑楼盖变形对楼层水平地震作用分配的影响。

4.1.10、4.1.11 底部框架-抗震墙砌体房屋地震倾覆力矩主要是引起楼层的转角。因此，地震倾覆力矩的分配就不能按过渡楼层底板处弯曲刚度无限大来考虑，这种假定是基于底部各抗震墙和框架在过渡楼层底板处的弯曲变形是相同的，与实际情况有较大差别。对上述楼板处弯曲刚度有较大贡献的是垂直于地震作用方向的梁和墙，只有当层数多，梁和墙的截面较大时效果才明显。而该楼板出平面的刚度较小。通过有限元分析比较，进一步指出了假定过渡楼层底板弯曲刚度无限大的主要问题为：①夸大了抗震墙弯曲刚度的作用，致使框架分配的倾覆力矩小于实际承担值；②钢筋混凝土墙弯曲刚度对框架的影响与距它的距离有关，而上述假定无法反应；③底部框架-抗震墙开间相差较大时，框架承担的倾覆力矩应有所差别，而上述假定无法反应。

基于有限元法的分析结果，提出了一种半刚性的分配方法，即按框架-抗震墙的弯曲刚度和框架或抗震墙间从属重力荷载面积的比例的平均值进行分配。

4.1.12、4.1.13 按《建筑抗震设计规范》GB 50011－2010 的规定。

由普通砖或小砌块砌体抗震墙与混凝土框架组成的组合抗侧力构件，其所承担的地震作用将通过周边框架向下传递，故砌体抗震墙周边的框架柱需计入墙体引起的附加轴向力和附加剪力。

4.2 截面抗震验算

4.2.1 直接引用现行国家标准《建筑抗震设计规范》GB 50011 中的相关规定。

5 底部框架-抗震墙抗震设计

5.1 结构布置

5.1.1 底部框架的柱网布置应尽量与上部砌体房屋纵、横墙的轴线相一致，主要考虑在竖向荷载作用下墙体与框架共同作用，减少框架的变形。由于上部砌体房屋的使用功能要求，其轴线上墙体不一定全部贯通。在这种情况下可通过在底部钢筋混凝土墙中设置暗柱等措施，使底部的框架-抗震墙体系较为合理。

对于底部框架抗震设计，提出了应在纵、横两个方向均设置为现浇钢筋混凝土框架的要求。

国家标准《建筑抗震设计规范》GB 50011－2010 中对于框架-抗震墙结构中的框架，允许采用单跨结构。但由于底部框架-抗震墙砌体结构属于抗震性能相对较弱的结构体系，本规程增加了控制底部单跨框架结构的要求。底部框架某个主轴方向均为单跨属于单跨框架结构；某个主轴方向有局部的单跨框架，可不作为单跨框架结构对待。

底部框架的柱距不宜过大，以保证底部具有足够的侧向刚度，同时易于上部砌体墙与底部框架梁或抗震墙的边框梁对齐，尽可能减少次梁托墙的情况。

当框架柱采用独立基础时，增设两个主轴方向的基础系梁有利于增强框架的整体性和抗震性能。对于抗震性能要求高的一级框架和Ⅳ类场地上的二级底部框架柱等情况，采用独立基础时，提出宜沿两个主轴方向增设基础系梁的要求。

5.1.2 抗震墙的承载能力与材料强度等级、约束或配筋情况以及截面尺寸有关，同时与墙体的压应力有关，抗震墙布置在上部砌体结构有砌体抗震墙的轴线处，不仅利于结构重力荷载和地震剪力的传递，也有利于提高抗震墙的抗震承载力。

底部抗震墙的布置，对底部层的抗震性能有直接的影响，纵、横墙尽量相连不仅可提高墙体的侧向刚度，而且可提高墙体的承载能力。钢筋混凝土抗震墙带有翼缘、翼墙时，尚应考虑翼缘、翼墙的抗侧力作用；计算内力和变形时，墙体应计入端部翼墙的共同工作。对于翼墙的有效长度，可按照“每侧由墙面算起可取相邻抗震墙净间距的一半、至门窗洞口的墙长度及抗震墙总高度的 15％三者的最小值”考虑，可供参考。

结合楼梯间布置抗震墙，以形成安全通道。楼梯间抗震墙的布置不宜对房屋整体造成较大的扭转效应。

底层框架-抗震墙砌体房屋的底层钢筋混凝土抗震墙，往往是高宽比小于 1.0 的低矮墙，低矮墙的破坏为脆性破坏。在钢筋混凝土墙中，高宽比大于 2.0 的为高剪力墙，其破坏状态为弯曲破坏，高宽比大于 1.0 小于 2.0 的为中等高的剪力墙，其破坏状态为弯剪破坏。为了改善带边框低矮钢筋混凝土墙的抗震性能，中国建筑科学研究院工程抗震研究所等单位进行了带边框开竖缝钢筋混凝土低矮墙的试验和分析研究。其做法是：在开竖缝处水平钢筋断开，在竖缝两侧设置暗柱。试验分为三组，一组为不开竖缝的带边框的整体墙，一组为水平钢筋在竖缝处断开，而且在竖缝处设置两块宽度与钢筋混凝土墙厚度相同的预制钢筋混凝土板，另一组为水平钢筋断开，但未设预制钢筋混凝土隔板。试验结果表明，带边框开竖缝的钢筋混凝土低矮墙具有较好的抗震性能，而且在开竖缝处设置两块钢筋混凝土预制板的墙较不设置的更好一些。因此，对带边框的钢筋混凝土低矮墙采用开竖缝至梁底，并在竖缝处放置两块预制的钢筋混凝土板，使带边框的低矮墙分成两个或三个高宽比大于 1.5 的墙板单元，可以大大改善带边框钢筋混凝土低矮墙的抗震性能，大大提高墙体的极限变形能力和耗能能力，其弹性刚度和极限承载能力较整体低矮墙降低不多，而且还具有后期变形稳定的特点。

在墙板中设置交叉暗斜撑有助于提高低矮墙的抗剪能力。

由于底部抗震墙承受相当大的地震剪力、弯矩和倾覆力矩，因此其基础应具有良好的整体性和较强的抗转动能力，防止当地基土较弱、基础刚度和整体性较差时，地震作用下抗震墙基础产生较大转动而使抗震墙的侧向刚度降低，从而对构件内力和位移产生不利影响。

5.1.3 在底部框架-抗震墙的横向或纵向设置钢支撑或耗能支撑，不仅能提高底部楼层的侧向刚度，而且能改善底部楼层的抗震性能，同时便于协调过渡楼层与其下层的侧向刚度比。当部分抗震墙采用支撑替代时，可以改善房屋使用功能的布置。

5.1.4 发生强烈地震时，楼梯间是重要的紧急逃生竖向通道，楼梯间（包括楼梯板）的破坏会延误人员疏散及救援工作，从而造成严重伤亡，楼梯间抗震设计要求应加强。楼梯边梁或横梁支承在柱上会形成短柱，震害表明，这些部位在强震中破坏是非常严重的。

楼梯构件与主体结构整浇时，梯板具有斜支撑的作用，对结构规则性、刚度、承载力的影响比较大，应参与抗震计算。当采取相应措施时（如梯板滑动支承于平台板），楼梯构件对结构刚度等的影响较小，是否参与整体抗震计算差别不大。当楼梯间设置抗震墙时，因抗震墙刚度较大，楼梯构件对结构刚度的影响较小，可不参与整体抗震计算。

5.2 托墙梁的作用与作用效应

5.2.1 本条规定了托墙梁上等效竖向荷载的取值方法。根据中国建筑科学研究院、西安建筑科技大学、大连理工大学等单位的试验研究和大量的有限元计算结果，取 30％（无洞口墙梁）和 50％（有洞口墙梁）的上部总荷载作为等效荷载计算托墙梁的弯矩和剪力，均比有限元计算结果大，为简化计算且偏于安全，不再区别墙梁是否带洞，均取 60％的上部荷载作为等效荷载。

大连理工大学、哈尔滨建筑大学的试验研究和空间有限元分析结果表明，当底部为大开间时，与相应的小开间相比，抽柱轴线的横向托墙梁承担的竖向荷载减小较多，与其相邻的横向框支墙梁上的竖向荷载增加了约 40％。考虑到空间有限元计算时，一些参数（如楼板刚度）取值的偏差，以及当上部各层楼板为预制板时，房屋实际的空间作用没有计算的那么大，所以在确定纵梁支承的横向托墙梁的等效荷载时，没有考虑房屋的整体空间作用，假定其负载范围内的竖向荷载全部由该梁承受，但仍考虑了其内拱卸荷作用，取等效荷载系数为 0.6。但在确定横向框支墙梁的等效荷载时，考虑了抽柱使其竖向荷载增加 40％的情况，取等效荷载系数为 $(1.0+0.4)\times0.6=0.84$，实际取 0.85。

当底部为大开间时，横向托墙梁将传给纵向托墙梁一个集中荷载，其值可近似取承载范围的重力荷载值，考虑到内拱卸荷作用，将按此计算的集中荷载，对内、外纵梁分别乘以 0.9 和 1.1 的系数。计算结果表明，按上述方法计算得到的集中荷载，对内、外纵梁分别为 9.3％和 5.7％的总竖向荷载。哈尔滨建筑大学的有限元计算结果表明，内、外纵梁承受的集中荷载分别为 5.9％和 3.0％的总竖向荷载。可见，按本条规定所得到的内、外纵梁上的集中荷载分别是有限元计算结果的1.6倍和1.9倍，偏于安全。

5.2.2 大震时，托墙梁上部的砌体墙开裂严重，托墙梁受力状态与非抗震时的墙梁有所差异，应对非抗震计算时的有关参数进行调整。简化计算时，应采用偏于安全的方法。

对于次梁支托计算，应注意以下要求：①托墙的次梁应按《建筑抗震设计规范》GB 50011－2010中第3.4.4条考虑地震作用的计算和内力调整；②次梁的竖向力和弯矩应作为主梁的集中力和集中扭矩，并应传递到主梁两端的竖向支承构件，形成附加的地震作用效应。这个传递过程要有明确的地震作用传递途径；③主梁两端的竖向支承构件，应考虑主梁平面外的附加内力，构造上也应相应加强。

此外，对于框架柱的轴向力应对应于上部的全部竖向荷载。

5.3 构件截面组合内力的调整

5.3.1 "强柱弱梁"的调整是底部框架应遵从的原则。对于框架托墙梁的梁柱节点，由于托墙梁与一般框架梁受力的差异，托墙梁的截面比一般框架梁大得多，其具有比较大的变形能力，与钢筋混凝土结构的框支梁相同，不再要求托墙梁节点处满足强柱弱梁的规定。

对于底部框架-抗震墙砌体房屋，本条规定适用于底部两层框架第一层顶部的中间节点。

若计入楼板的钢筋，且材料强度标准值考虑一定的超强系数，则可提高框架"强柱弱梁"的程度。计算梁端实配抗震受弯承载力时，尚应计入梁两侧有效翼缘范围内的楼板。故在计算框架刚度和承载力时，所计入的梁两侧有效翼缘范围应相互协调，承载力计算可适当计入楼板的钢筋。

5.3.2 参照框支柱顶层柱上端和底层柱下端组合弯矩设计值的调整原则乘以增大系数。对于三级框架柱，参照一级、二级框支柱增大系数的原则，给出了增大系数为1.15。

5.3.3～5.3.5 底部框架-抗震墙"强剪弱弯"和角柱加强的调整要求。

5.3.6 对于底层框架的底层顶部和底部两层框架第二层顶部的节点核芯区，由于托墙梁的存在，可不进行抗震验算，但应符合抗震构造措施要求。

5.4 截面抗震验算

5.4.1～5.4.9 根据底部框架-抗震墙砌体房屋中底部框架梁、柱、钢筋混凝土墙和约束砌体抗震墙截面抗震验算的要求，给出了上述构件截面抗震验算公式。

由约束普通砖或小砌块砌体抗震墙与混凝土框架组成的组合抗侧力构件，在满足上下层侧向刚度比2.5的前提下，数量较少但需承担全楼层100%的地震剪力（6度约为全楼总重力的4%）。因此，虽然仅适用于6度设防，但为判断其安全性，仍应进行抗震验算。

5.5 抗震构造措施

Ⅰ 框架抗震构造措施

5.5.1 底部框架-抗震墙砌体房屋的底部框架受力复杂，具有承担上部砌体房屋传递的竖向荷载、地震倾覆力矩和水平地震剪力等作用，矩形柱截面的边长比较《建筑抗震设计规范》GB 50011－2010中对一般钢筋混凝土框架柱的要求更严格一些。

5.5.2、5.5.3 柱轴压比的限值和柱纵向钢筋配置要求同《建筑抗震设计规范》GB 50011－2010。规定底部框架-抗震墙砌体房屋的底部框架柱不同于一般框架-抗震墙结构中的框架柱的要求，大体上接近框支柱的有关要求。柱轴压比、纵向钢筋的规定，参照了框架结构柱的相关要求。

5.5.4～5.5.8 按《建筑抗震设计规范》GB 50011－2010的规定，给出了柱箍筋配置的要求。因柱的箍筋间距已取全高不大于100mm，故加密区和非加密区箍筋配置的区别主要体现在体积配箍率和箍筋肢距方面。

对于由封闭箍筋和拉筋组成的复合箍，拉筋两端为135°弯钩，约束效果最好的是拉筋同时钩住主筋和箍筋，其次是拉筋紧靠纵筋并钩住箍筋，当拉筋间距符合箍筋肢距的要求，纵筋与箍筋有可靠拉结时，拉筋也可紧靠箍筋并钩住纵筋。

5.5.9 框架梁柱节点核芯区的混凝土应具有良好的约束，以使框架梁柱的纵向钢筋有可靠的锚固条件。因核芯区内箍筋的作用与柱端有所不同，其构造要求与柱端有所区别。

5.5.10～5.5.13 地震作用下，底部框架梁要有足够的变形能力，梁端截面混凝土相对受压区高度直接影响到梁的塑性转动量，从而决定了梁的变形能力，故抗震设计时梁端截面混凝土相对受压区高度应比非抗震设计时有更严格的要求。当相对受压区高度为0.25～0.35范围时，梁的位移延性系数可达到3～4，具有较好的变形能力。需注意的是，计算梁相对受压区高度和纵向受拉钢筋时，应采用梁、柱交界面的组合弯矩设计值，并计入受压钢筋量。计算梁端相对受压区高度时，宜按梁端截面实际受拉和受压钢筋面积进行计算。

梁端底面的钢筋能够增加负弯矩时梁端的塑性转动能力，还能防止地震作用下梁底出现正弯矩时梁端过早屈服或破坏严重，梁端底面和顶面纵向钢筋的合理比值对增强梁的变形能力是很重要的。

5.5.14 除按《建筑抗震设计规范》GB 50011－2010

对梁加密区箍筋的配置要求外，关于梁的箍筋加密区范围，本规程还补充了钢筋混凝土墙开竖缝处边框梁的1.5倍梁高范围，这主要是由于开竖缝处梁剪力的增大。在带边框开竖缝钢筋混凝土低矮墙模型试验中发现，由于开竖缝附近没有对梁的箍筋加密而出现了该处混凝土的剪切破坏。

5.5.15、**5.5.16** 在底部框架-抗震墙砌体房屋中，底部框架梁分为两类，第一类是底部两层框架-抗震墙砌体房屋的第一层框架梁，这类梁与一般多层框架结构中的框架梁要求相同；第二类为底层框架-抗震墙砌体房屋的底层框架托墙梁和底部两层框架-抗震墙砌体房屋的第二层框架托墙梁，这类梁是极其重要的受力构件，受力情况复杂，对其构造措施作出了专门的加强规定。

托墙梁由于承受上部多层砌体墙传递的竖向荷载，其梁截面的正应力分布与一般框架梁有差异，其正应力分布的中和轴上移或下移较为明显，其拉应力大于压应力3倍左右，其中和轴已移至离顶部1/4～1/3处，针对这类梁的应力分布特点，提出了腰筋的配置要求。

对比《建筑抗震设计规范》GB 50011－2010对托墙梁的构造要求，本规程对托墙梁在上部墙体靠梁端开洞时的跨高比提出了更严格的要求（为了使过渡楼层墙体的水平受剪承载力不致降低过多），同时对梁中通长纵向钢筋的配置给出了加强要求。

Ⅱ 抗震墙抗震构造措施

5.5.18、**5.5.19** 从提高底部钢筋混凝土墙的变形能力出发，给出了底部钢筋混凝土墙的抗震措施。由于底部钢筋混凝土墙是底部的主要抗侧力构件，对其构造上提出了更为严格的要求，以加强抗震能力。

端柱的截面宜与本层的框架柱相同，并应符合框架柱的有关要求。

5.5.20 底部钢筋混凝土抗震墙为带边框的抗震墙且总高度不超过两层，其边缘构件可按一般部位的规定设置，只需要满足构造边缘构件的要求。

5.5.22 根据对开竖缝墙的试验和分析研究，专门给出了开竖缝钢筋混凝土抗震墙的构造措施，提出开竖缝墙应在竖缝处断开和应设置暗柱的要求。竖缝宽度一般可取70mm～100mm，预制隔板可采用钢筋混凝土隔板或其他材料的隔板，每块板厚可取35mm～50mm。

5.5.23 根据实际震害的经验总结，对高连梁，推荐采用设置水平缝的方法，使一根连梁成为大跨高比的双连梁或多连梁（使其跨高比大于2.5为宜），其破坏形态从剪切破坏变为弯曲破坏。

5.5.24 钢筋混凝土抗震墙体支承平面外的抗侧力楼面大梁时，其构造措施应加强，以保证墙体出平面的性能，同时，保证梁的纵筋在墙内的有效锚固，防止在往复荷载作用下梁纵筋产生滑移和与梁连接的墙面混凝土拉脱。

5.5.25、**5.5.26** 从提高底部约束砌体抗震墙的抗震性能出发，对底部约束砌体抗震墙的墙厚、材料强度等级、约束及拉结构造等提出了要求，同时确保在使用中不致被随意拆除或更换。

Ⅲ 其他抗震构造措施

5.5.28 底层框架-抗震墙砌体房屋的底层和底部两层框架-抗震墙砌体房屋第二层的顶板应采用现浇板。考虑这层楼板传递水平地震作用和地震倾覆力矩，对现浇钢筋混凝土楼盖的厚度、配筋和开洞情况提出了要求，本规程同时对洞口边梁的宽度作出了规定。

5.5.30 实际震害表明，单层配筋的板式楼梯在强震中破坏严重，踏步板中部断裂、钢筋拉断，板式楼梯宜采用双层配筋予以加强。

6 上部砌体结构抗震设计

6.1 截面抗震验算

6.1.1 按照《建筑抗震设计规范》GB 50011－2010的方法，砌体抗震抗剪强度正应力影响系数的确定，对砖砌体采用主拉公式，对小砌块砌体采用剪摩公式。根据有关试验资料，当$\sigma_0/f_v \geqslant 16$时，小砌块砌体的正应力影响系数如仍按剪摩公式线性增加，则其值偏高，偏于不安全，因此当$\sigma_0/f_v > 16$时，小砌块砌体的正应力影响系数都按$\sigma_0/f_v = 16$时取值为3.92。

6.1.2、**6.1.3** 规定了上部砌体墙抗震受剪承载力验算方法。根据西安建筑科技大学、大连理工大学等单位的试验研究和有限元分析，发现过渡楼层墙体的水平受剪承载力比相同条件的落地墙体降低约20%～30%。降低幅度主要与托梁高跨比h_b/l、墙体高跨比h_w/l、墙体截面平均压应力σ_0与砌体抗剪强度f_v之比等因素有关。为简化计算，墙体水平抗震受剪承载力降低系数β中主要考虑了托梁高跨比h_b/l和墙体截面平均压应力σ_0的影响。

另外，为了使过渡楼层墙体的水平抗震受剪承载力不致降低过多，本规程第5.5.15条、5.5.16条对托梁的高跨比h_b/l作了限制。当σ_0在正常范围内变化，h_b/l在1/10～1/6范围内取值时，β一般大于或等于0.8。当按式（6.1.2-2）计算所得的过渡楼层墙体的β值小于0.8时，应增大h_b/l值重新计算，使β值不小于0.8。

对水平配筋普通砖、多孔砖墙体以及小砌块墙体的截面抗震受剪承载力验算时，对过渡楼层墙体，同样考虑承载力降低系数β。

计入中部构造柱对墙体受剪承载力提高作用时，

构造柱的承载力分别考虑了混凝土和钢筋的抗剪作用，但应注意不能随意加大混凝土的截面和钢筋的用量。公式（6.1.2-4）采用简化计算方法，计算的结果与试验结果相比偏于保守，供必要时利用。对于横墙较少房屋及外纵墙的墙段，计入其中部构造柱参与工作，抗震验算问题有所改善。

小砌块的计算公式中，同时设置芯柱和构造柱时，因芯柱和构造柱的材料有所区别，将芯柱和构造柱的参与项分别列出，以明确。

6.2 抗震构造措施

Ⅰ 上部砖砌体房屋抗震构造措施

6.2.1、6.2.2 构造柱对于墙体的约束作用，主要是依靠与各层墙体的圈梁或现浇楼板的整体性连接来实现，其截面尺寸并不要求很大。为保证其施工质量，构造柱需用马牙槎与墙体连接，同时应先砌墙后浇筑构造柱。底部框架-抗震墙砌体房屋比多层砌体房屋抗震性能稍弱，因此构造柱的设置要求更严格。

构造柱有利于提高房屋在地震时的抗倒塌能力，对于低层数、小规模且设防烈度低的底部框架-抗震墙砌体房屋（如房屋总层数为6度二层、三层和7度二层），本规程规定仍应按要求设置构造柱。

对楼梯间要求的加强，是为了保证在地震中具有应急疏散安全通道的作用。

表6.2.1中，间隔12m和楼梯间相对的内外墙交接处二者取一。

对于内外墙交接处的外墙小墙段，其两端存在较大洞口时，应在内外墙交接处按规定设置构造柱，考虑到施工时难以在一个不大的墙段内设置三根构造柱，墙段两端可不再设置构造柱，但小墙段的墙体需要加强，如拉结钢筋网片通长设置，间距加密。

上部砖砌体房屋部分的下部楼层加强构造柱与墙体之间的拉结措施，提高抗倒塌能力。

底部框架-抗震墙砖房的过渡楼层（底层框架-抗震墙砖房的第二层和底部两层框架-抗震墙砖房的第三层）与底部框架-抗震墙相连，受力比较复杂。要求这两类房屋的上部与底部的抗震能力大体相等或变化比较缓慢，既包括层间极限承载能力、又包括楼层的变形能力和耗能能力。对上部砖房部分的墙体设置钢筋混凝土构造柱和圈梁，除了能够提高墙体的抗震能力外，还可以大大提高墙体的变形能力和耗能能力。因此，对过渡楼层的构造柱设置和构造柱截面、配筋等提出了更为严格的要求。

6.2.3、6.2.4 采用现浇板时，可不另设圈梁，但必须保证楼板与构造柱的连接，楼板沿抗震墙体周边均应加强配筋，应有足够数量的楼板内钢筋伸入构造柱内并满足锚固要求。

底部框架-抗震墙砖房过渡楼层圈梁截面和配筋比多层砖房严格，其原因是为了增强过渡楼层的抗震能力，使过渡楼层墙体开裂后也能起到支承上部楼层的竖向荷载的作用，不至于使上部楼层的竖向荷载直接作用到底层框架-抗震墙砖房的底层和底部两层框架-抗震墙砖房第二层的框架梁上。过渡楼层除按本规程表6.2.3要求设置圈梁外，要求沿纵横向所有轴线均设置圈梁。

对于无横墙处纵墙中构造柱对应部位，给出了具体的圈梁做法要求。

底部框架-抗震墙砖房侧移比多层砖房大一些，为了使其具有较好的整体抗震性能，对其顶层圈梁的截面高度提出了较严格的要求。

Ⅱ 上部小砌块房屋抗震构造措施

6.2.5～6.2.9 对上部为混凝土小砌块房屋的芯柱、构造柱、圈梁的设置和配筋给出了规定，为提高过渡楼层的抗震能力，对过渡楼层的相应构造措施提出了更为严格的要求。

芯柱的设置要求比砖砌体房屋构造柱设置要严格。一般情况下，可在外墙转角、墙体交接处等部位，用构造柱替代芯柱，可较大程度地提高对砌块砌体的约束作用，也为施工带来方便。

砌块房屋的圈梁的要求要稍高于砖砌体房屋，主要是因为砌块砌体的竖缝间距大，砂浆不易饱满，且墙体受剪承载力低于砖砌体。

6.2.10 对于底部框架-抗震墙上部小砌块房屋的拉结措施，比一般多层小砌块房屋的要求要严格，拉结钢筋网片沿墙高度的间距加密为400mm。

6.2.11 上部小砌块房屋的底层（过渡楼层）和顶层沿楼层半高处设置通长现浇钢筋混凝土带，是作为砌块房屋总层数和高度达到与普通砖砌体房屋相同的加强措施之一。过渡楼层的墙体加强措施另在本规程第6.2.12条中体现，本条主要强调了顶层的加强措施。另外，水平现浇钢筋混凝土带可采用槽形砌块作为模板，以便于施工。

Ⅲ 其他抗震构造措施

6.2.12 本条对过渡楼层的其他加强措施作出了规定。

底部框架-抗震墙砖房的模型试验及实际震害中发现，过渡楼层外纵墙的窗台标高处出现了多条规则的水平裂缝，这表明底部框架-抗震墙砌体房屋过渡楼层纵向的抗弯能力应适当增强，除了控制房屋的高宽比减少房屋弯曲变形的影响外，还应在过渡楼层外纵墙（阳台开间除外）的窗台板下边设置钢筋混凝土带，作为过渡楼层的加强措施。横墙和内纵墙上也相应设置钢筋混凝土带，与外纵墙上混凝土带连成整体。

对于底部次梁转换的情况，过渡层墙体的拉结要求（包括墙体拉结钢筋网片的要求及水平现浇钢筋混凝土带的要求）应采取比本规程第6.2.2条第4款、第6.2.10条和本条第2款更高的加强措施。

6.2.13～6.2.20 按照《建筑抗震设计规范》GB 50011－2010，对上部砌体房屋的楼（屋）盖、楼（电）梯间、大房间和局部墙体连接、坡屋顶、过梁、预制阳台以及后砌非承重砌体隔墙、烟道、风道、垃圾道等抗震构造作出了规定。

硬架支模的施工方法是：先支设梁或圈梁的模板，再将预制楼板支承在具有一定刚度的硬支架上，然后浇筑梁或圈梁、现浇叠合层等的混凝土。

组合砌体的定义见现行国家标准《砌体结构设计规范》GB 50003。

由于楼、电梯间比较空旷、受力复杂，在历次地震中破坏严重。而其在地震中作为重要的避震疏散通道，应形成应急疏散的"安全岛"，故其抗震构造措施的特别加强是非常重要的。突出屋面的楼、电梯间因"鞭梢效应"在地震中受到较大的地震作用，其抗震构造措施也应特别加强。

坡屋顶在地震中的受力情况与震害特点均比平屋顶复杂，应保证坡屋顶系统与墙体之间、系统构件之间的有效可靠连接，屋架支撑应保证屋架的纵向稳定性。硬山搁檩的做法不利于抗震，应特别加强构造措施，在横墙顶部宜设置沿斜坡的钢筋混凝土圈梁并加强与檩条的拉结措施。

门窗洞口处，不论是配筋砖过梁还是无筋砖过梁均不应采用，应采用钢筋混凝土过梁。

6.2.21 对应本规程第3.0.2条第3款的规定，对上部砌体房屋为横墙较少时不降低总层数和总高度的特别加强措施作出了详细规定。这方面底部框架-抗震墙砌体房屋与多层砌体房屋大致是相当的。相应的加强措施是较为严格的，且同时应满足抗震承载力的要求（抗震承载力验算时计入墙段中部钢筋混凝土构造柱的承载力）。

7 结构薄弱楼层判别及弹塑性变形验算

7.0.1、7.0.2 罕遇地震作用下底部框架-抗震墙砌体房屋的底部框架-抗震墙屈服强度系数计算的核心问题，是计算底部框架-抗震墙的层间受剪极限承载力。底部框架-抗震墙是由框架、钢筋混凝土墙或配筋小砌块砌体抗震墙、约束砌体抗震墙组成的。

由于底部抗震墙的侧向刚度远大于钢筋混凝土框架，在地震作用下抗震墙承担较多的地震剪力，抗震墙先开裂。抗震墙开裂后，其侧向刚度迅速降低（钢筋混凝土墙开裂后的刚度降低为初始刚度的30%左右，砖抗震墙开裂后的刚度降低为初始刚度的20%左右），在底部的框架和抗震墙中会产生内力重分布，钢筋混凝土框架承担的地震剪力将多一些。尽管如此，是否钢筋混凝土框架和混凝土（配筋小砌块、约束砌体）抗震墙会同时达到其极限承载力，这是需要进一步深入探讨的问题。

从内力重分布来看，抗震墙开裂后侧向刚度降低，承担层间地震剪力的比例有所下降，但在钢筋混凝土框架柱开裂后，抗震墙承担的层间地震剪力的比例有所增长。因此，抗震墙会先于钢筋混凝土框架达到极限承载力。从钢筋混凝土框架和抗震墙在屈服和达到极限承载力时对应变形的来看，这两种抗侧力构件也是有差异的：钢筋混凝土框架模型试验表明，在层间位移角为0.005(1/200)左右时，构件达到屈服，在层间位移角为0.008(1/125)左右时，构件控制截面达到极限承载力；对于高宽比小于1的低矮型整体钢筋混凝土抗震墙，层间位移角在0.005(1/200)左右已达到极限承载力，而后承载力迅速降低，对于配筋小砌块砌体抗震墙和约束砌体抗震墙也大体差不多。为了改善带边框低矮墙的抗震性能，可采用在混凝土墙板中开竖缝的方法，即水平钢筋在竖缝处断开，并在竖缝两侧放置重叠的两块预制混凝土板，试验研究表明可以大大改善带边框低矮墙的变形和耗能能力。开竖缝墙达到极限承载力时的层间位移角为0.0067(1/150)左右，并且在开竖缝墙达到极限承载力后的承载力降低比较平稳。

底层框架-抗震墙砌体房屋的底层在框架达到极限承载力时，整个楼层的变形是协调的，即可根据钢筋混凝土框架达到极限承载力时的位移来判断和给出各种抗震墙极限承载力的降低情况，在总结试验研究成果的基础上提出了底层框架-抗震墙砌体房屋底层的极限承载力的计算公式。

底部两层框架-抗震墙砌体房屋底部两层的变形为剪弯变形，存在着弯剪构件（钢筋混凝土墙或配筋小砌块墙）和剪切构件（框架）协同工作。针对哪种构件较为薄弱和破坏严重的问题，在相关课题研究中也提出了底部两层框架-抗震墙砌体房屋的底部两层层间极限弯矩系数和层间极限剪力系数的分析方法。因为要把底部两层与上部砌体房屋部分的承载能力相比较以判断薄弱楼层，所以本规程提出了底部两层层间屈服强度系数的分析方法。对钢筋混凝土墙或配筋小砌块墙要分别计算弯曲破坏的受剪极限承载力和斜截面剪切破坏的受剪极限承载力，取两者的较小者作为抗震墙的层间受剪极限承载力，然后再考虑与框架的层间受剪极限承载力的综合。

7.0.3 底部框架-抗震墙砌体房屋上部砌体房屋部分层间极限剪力系数计算的核心问题，是计算上部砌体房屋各楼层墙体的受剪极限承载力，而不是楼层墙体受剪承载力的设计值。

各墙段的极限剪力系数为墙段的受剪极限承载力除以在"大震"作用下按弹性分析该墙段承担的地震剪力。地震作用下，往往从最薄弱的墙段［墙段的极

限剪力系数 $\xi_{Rj}(i)$ 最小］开裂、破坏，当薄弱的墙段开裂后，其刚度迅速降低，这一层中的各墙段将产生塑性内力重分布，当薄弱楼层中的各墙段都先后开裂后，这一层中的砌体丧失承载能力，从最薄弱部分（比如：山墙、内外纵墙的交接处、楼梯间等）破坏，局部以至整个房屋倒塌。因此，用层间极限剪力系数来判断层楼的受剪承载力和上部砌体房屋部分中的薄弱楼层是合适的。

考虑到各道墙及各墙段极限剪力系数差异将形成薄弱部分和该层各墙段的塑性内力重分布的因素，由同一层中各墙段的极限剪力系数来计算楼层的极限剪力系数时，采用加权平均的方法，即把 $\xi_{Rj}(i)$ 较小值的权取得大一些，其计算公式为：

$$\xi_R(i)=\frac{n}{\sum_{j=1}^{n}\frac{1}{\xi_{Rj}(i)}} \tag{1}$$

式中：$\xi_R(i)$ ——第 i 层的横向或纵向的层间极限剪力系数；

n ——第 i 层横向或纵向的墙体道数或墙段数。

对于上部为小砌块的房屋，也应采用同样的方法。

7.0.4、7.0.5 在强烈地震作用下，结构总是从最薄弱的部位开裂、破坏，并通过塑性内力重分布形成薄弱楼层，薄弱楼层的破坏将危及整个房屋的安全。因此，底部框架-抗震墙砌体房屋的薄弱楼层的判别是个重要的问题。震害和工程实例分析表明，对于钢筋混凝土框架或砌体结构，其 $\xi_y(i)$ 或 $\xi_R(i)$ 沿楼层高度分布最小的楼层为薄弱楼层。

底部框架-抗震墙砌体房屋是由底部框架-抗震墙和上部砌体房屋两部分构成的，其薄弱楼层的判别应先分别对这两部分进行判别，然后再加以比较确定。

1 上部砌体房屋部分薄弱楼层的判别

上部砌体房屋部分的薄弱楼层为层间极限剪力系数 $\xi_R(i)$ 沿楼层高度分布最小的楼层，可采用下列公式判别：

一般层 $\xi_R(i)<[\xi_R(i+1)+\xi_R(i-1)]/2$ (2)

顶　层 $\xi_R(n)<\xi_R(n-1)$ (3)

过渡楼层 $\xi_R(i)<\xi_R(i+1)$ (4)

对于底层框架-抗震墙砌体房屋，$i\geqslant2$；对于底部两层框架-抗震墙砌体房屋，$i\geqslant3$。

2 底层框架-抗震墙砌体房屋的薄弱楼层是否在底层的判别

对于底层是否为薄弱楼层的判别则较为复杂，由于底层框架-抗震墙的抗震性能（特别是变形能力和耗能能力）较第二层及其以上的多层砌体房屋要好得多，依据对底层框架-抗震墙砖房输入地震波的弹塑性位移反应分析结果，可根据 $\xi_y(1)$ 是否小于 $0.8\xi_R(2)$ 来判断，若 $\xi_y(1)<0.8\xi_R(2)$，则底层为薄弱楼层，若 $\xi_y(1)>0.9\xi_R(2)$，则第二层或上部砌体房屋中的某一楼层为相对薄弱楼层，若 $\xi_y(1)=(0.8\sim0.9)\xi_R(2)$，则该结构较为均匀。

3 底部两层框架-抗震墙砌体房屋的薄弱楼层是否在底部的判别

对于底部两层框架-抗震墙，应先区分抗震墙和框架的极限剪力（弯矩）系数哪个相对较小，然后再判断第一层和第二层的屈服强度系数的大小，其中相对小的楼层为底部相对薄弱的楼层。

对于底部两层框架-抗震墙砌体房屋，整个房屋薄弱楼层的确定更为复杂一些，由于底部两层框架-抗震墙的抗震性能较第三层以上砌体房屋部分好得多，根据底部两层框架-抗震墙砌体房屋直接动力法弹塑性分析结果，建议采用下列原则处理：以底部框架-抗震墙部分和上部砌体房屋部分二者相邻楼层的屈服强度系数和极限剪力系数进行对比：①当底部框架-抗震墙部分第二层的屈服强度系数小于上部砌体房屋部分第三层极限剪力系数的80%时，则薄弱楼层在底部两层框架-抗震墙中；②当底部框架-抗震墙部分第二层的屈服强度系数不小于上部砌体房屋部分第三层极限剪力系数的90%时，则薄弱楼层在上部砌体房屋中；③当底部框架-抗震墙部分第二层的屈服强度系数与上部砌体房屋部分第三层极限剪力系数之比在0.8～0.9之间时，为较为均匀的房屋。

7.0.6～7.0.8 多层结构在强烈地震作用下，总是在较薄弱的楼层率先进入开裂、钢筋屈服、发展弹塑性变形状态，形成变形集中的现象。多层结构的弹塑性变形验算实质上就是薄弱楼层的最大层间弹塑性位移是否在结构楼层的变形能力允许的范围内。

总结底部框架-抗震墙砌体房屋的震害经验，参照《建筑抗震设计规范》GB 50011－2010 对底部框架-抗震墙砌体房屋在罕遇地震作用下薄弱楼层弹塑性变形验算的要求，给出了该类房屋当底部为薄弱楼层时的弹塑性变形的计算方法和变形允许指标。

8 施　工

8.0.1 混凝土结构施工中，往往因缺乏设计规定的钢筋型号（规格）而采用另外型号（规格）的钢筋代替，此时应注意替代后的纵向钢筋的总承载力设计值不应高于原设计的纵向钢筋总承载力设计值，以免造成薄弱部位的转移，以及构件在有影响的部位发生混凝土的脆性破坏（混凝土压碎、剪切破坏等）。

除按照上述等承载力原则换算外，还应满足最小配筋率和钢筋间距等构造要求，并应注意由于钢筋的强度和直径改变会影响正常使用阶段的挠度和裂缝宽度。

8.0.2 为确保砌体抗震墙与构造柱、底部框架柱等的连接，提高砌体抗震墙的变形能力，同时为加强对施工质量的监督和控制，要求施工时应先砌墙后浇柱（或梁柱）。

8.0.3 底部框架-抗震墙砌体房屋过渡楼层构造柱纵向钢筋的锚固可能存在与底部框架柱和混凝土抗震墙相对应设置或不对应设置两种情况，与底部框架柱和混凝土抗震墙不相对应而其纵向钢筋锚入框架梁中的构造柱，其纵向钢筋的锚固，当直段长度无法达到 $30d$ 时，可采用弯折锚固措施、或其末端采用机械锚固措施。

8.0.4 底层开竖缝的钢筋混凝土抗震墙在竖缝处设置的两块预制隔板，应定位准确并保证其在施工过程中不致发生移位、变形或倾倒。可与相邻一侧抗震墙板的钢筋拉结或采取其他可靠的拉结、固定措施。

8.0.5 底部后砌砌体填充墙与框架柱之间的柔性连接缝隙，应在墙体施工完成后留置数天、使砌体的收缩变形基本完成后再进行封闭。

8.0.6 小砌块块体的壁比较薄，其砌筑砂浆和灌孔混凝土施工质量的控制是关键，宜选用专用小砌块砌筑砂浆和专用小砌块灌孔混凝土（大坍落度、自流性的细石混凝土）。灌孔混凝土必须浇捣密实，与砌块外壁之间应粘结良好、无缝隙，以保证灌孔混凝土与小砌块能较好的共同工作。

8.0.7 为保证底部配筋小砌块砌体抗震墙顶边框梁与墙体的可靠连接，边框梁的混凝土宜与墙体灌孔混凝土一起浇筑。若边框梁混凝土与墙体灌孔混凝土不一起施工，则砌块墙灌孔时不宜灌满，宜留出不小于30mm 的凹槽使后浇的边框梁混凝土能与墙体可靠连接。而边框梁顶部做成毛面也是为了使边框梁与上部的墙体有更好的连接。

8.0.8 底部框架-抗震墙砌体房屋的施工质量能否满足设计和验收规范要求，直接关系到房屋的抗震能力能否满足要求。因此，施工单位应做好施工质量的过程控制，包括：针对工程的特点制定完善的施工方案、建立完善的质量管理制度以及工序的质量控制与检验等。

建筑工程是由多道工序构成的，各道工序质量好坏不仅影响本道工序的质量而且还会影响下道工序的质量。因此，只有保证每一道工序的质量才能保证整个工程质量。本条提出了施工单位应做好各道工序的质量控制与检验的要求以及隐蔽工程的检验要求。

中华人民共和国国家标准

核电厂抗震设计规范

Code for seismic design of nuclear power plants

GB 50267—97

主编部门：国　家　地　震　局
批准部门：中华人民共和国建设部
施行日期：1 9 9 8 年 2 月 1 日

关于发布国家标准《核电厂抗震设计规范》的通知

建标［1997］198号

根据国家计委计综（1986）2630号文的要求，由国家地震局会同有关部门共同制订的《核电厂抗震设计规范》已经有关部门会审，现批准《核电厂抗震设计规范》GB 50267—97为强制性国家标准，自1998年2月1日起施行。

本标准由国家地震局负责管理，具体解释等工作由国家地震局工程力学研究所负责，出版发行由建设部标准定额研究所负责组织。

中华人民共和国建设部

一九九七年七月三十一日

目　次

1 总 则

1.0.1 为贯彻地震工作以预防为主、民用核设施安全第一的方针，使核电厂安全运行、确保质量、技术先进、经济合理，制订本规范。

1.0.2 本规范适用于极限安全地震震动的峰值加速度不大于0.5g地区的压水堆核电厂中与核安全相关物项的抗震设计。

按本规范设计核电厂，当遭受相当于运行安全地震震动的地震影响时，应能正常运行，当遭受相当于极限安全地震震动的影响时，应能确保反应堆冷却剂压力边界完整、反应堆安全停堆并维持安全停堆状态，且放射性物质的外逸不超过国家规定限值。

注：①本规范所称的物项是指安全壳、建筑物、构筑物、地下结构、管道、设备及有关部件。

②g为重力加速度，取值为$9.81m/s^2$。

1.0.3 核电厂的物项应根据其对核安全的重要性划分为下列三类：

(1) Ⅰ类物项：核电厂中与核安全有关的重要物项，包括损坏后会直接或间接造成事故的物项；保证反应堆安全停堆并维持停堆状态及排出余热所需的物项；地震时和地震后为减轻核事故破坏后果所需的物项以及损坏或丧失功能后会危及上述物项的其他物项。

(2) Ⅱ类物项：核电厂中除Ⅰ类物项外与核安全有关的物项，以及损坏或丧失功能后会危及上述物项的与核安全无关的物项。

(3) Ⅲ类物项：核电厂中与核安全无关的物项。

注：Ⅰ、Ⅱ、Ⅲ类物项可按本规范附录A的举例划分。

1.0.4 各类物项的抗震设计应采用下列抗震设防标准：

(1) Ⅰ类物项应同时采用运行安全地震震动和极限安全地震震动进行抗震设计；

(2) Ⅱ类物项应采用运行安全地震震动进行抗震设计；

(3) Ⅲ类物项应按国家现行的有关抗震设计规范进行抗震设计。

1.0.5 核电厂抗震设计时，除应符合本规范的规定外，尚应符合国家现行的有关标准规范的规定。

2 术语和符号

2.1 术 语

2.1.1 地震震动 ground motion

由地震引起的岩土层震动。

2.1.2 运行安全地震震动 operational safety ground motion

在设计基准期中年超越概率为2‰的地震震动，其峰值加速度不小于0.075g。通常为核电厂能正常运行的地震震动。

2.1.3 极限安全地震震动 ultimate safety ground motion

在设计基准期中年超越概率为0.1‰的地震震动，其峰值加速度不小于0.15g。通常为核电厂区可能遭遇的最大地震震动。

2.1.4 能动断层 capable fault

在地表或接近地表很可能产生相对位移的断层。

2.1.5 地震活动断层 seismo-active(seismotectonic)fault

可能发生破坏性地震的断层。

2.1.6 断层活动段 faulting segment

活动断层中活动状态及特性一致的一段。

2.1.7 衰减规律 attenuation law

地区或建设场地的地震震动强度随着震源距离的增大而减小的现象。

2.1.8 综合概率法 hybrid probabilistic method

综合考虑地质构造因素和地震的时空不均匀性的概率方法。

2.1.9 试验反应谱 test response spectrum

抗震试验中采用的激振加速度时间过程所对应的反应谱。

2.1.10 事故工况荷载 accidenal load

核电厂运行中对运行工况的严重偏离情况下产生的荷载。

2.2 符 号

2.2.1 地震和地震震动

I ——地震烈度；

M_0 ——起算地震震级；

M_{max} ——最大地震震级；

M_u ——震级上限；

S_d、S_v、S_a ——位移、速度、加速度反应谱值；

a ——地震加速度；

b ——震级—频度关系式中表示大小地震发生次数比例关系的一个系数；

c ——地震波的视波速；

D ——断层距；

R_0 ——考虑震级和距离的地震震动饱和参数；

V_e ——地下直管高程处的最大地震速度；

y ——地震震动参数(可以是位移、速度、加速度、反应谱等)；

ε ——表示不确定性的随机量；

λ ——地震波的视波长或波长；

υ ——地震年平均发生率。

2.2.2 作用和作用效应

A ——在事故工况下产生的作用标准值效应；

E_1 ——严重环境条件下的运行安全地震震动产生的地震作用标准值效应；

E_2 ——极端环境条件下的极限安全地震震动产生的地震作用标准值效应；

F ——施加预应力产生的荷载标准值效应；

$\{F\}$ ——结构上的等效地震作用向量；

G ——永久荷载标准值效应；

H_a ——安全壳由于内部溢水而产生的荷载标准值效应；

H_e ——侧向土压力标准值效应；

L ——活荷载的标准值效应；

M ——运行安全地震震动或极限安全地震震动各种作用效应组合引起的倾覆力矩；

N ——作用于管道的轴力设计值；

P_0 ——由于安全壳内外压力差而产生的外压荷载标准值效应；

P_a ——在设计基准事故工况下的压力荷载标准值效应；

R_a ——在设计基准事故温度条件下产生的反力标准值效应；

S ——作用效应组合(内力或应力)设计值；

S_1 ——正常运行作用与严重环境作用的作用效应组合；

S_2 ——正常运行作用与严重环境作用以及事故工况下作用的作用效应组合；

S_3 ——正常运行作用与严重环境作用以及事故工况下的水淹作用的作用效应组合；

S_4 ——正常运行作用与极端环境作用的作用效应组合；

S_5 ——正常运行作用与极端环境作用以及事故工况下的作用效应组合；

S_i ——第i种作用效应组合(内力或应力)设计值；

S_{ijk} ——第i种组合中的第j种作用的标准值效应；

T_0 ——在正常运行或停堆期间的温度作用标准值效应；

T_a ——在设计基准事故工况下管道温度作用标准值效

应；

$\{U\}$——待求的结构地震位移向量或结构的绝对位移向量；

$\{U_s\}$——输入的地基地震位移向量；

Y_j ——管道破裂时在结构上产生的喷射冲击荷载标准值效应；

Y_m ——管道破裂时在结构上施加的飞射物撞击荷载标准值效应；

Y_r ——管道破裂时破裂管道在结构上产生的荷载标准值效应；

Y_y ——在设计事故情况下产生的局部作用标准值效应；

f_s ——单位管长与周围土间的最大摩擦力；

p ——基础底面处的平均压力设计值；

p_{max}——基础底面边缘的最大压力设计值；

u ——地下管道柔性接头处的最大线位移或位移；

ν_{ij} ——第 i 种组合中的第 j 种作用的作用分项系数；

θ ——地下管道柔性接头处的最大角位移；

σ ——作用效应组合(应力)设计值；

σ_m ——管的最大地震弯曲应力；

σ_n ——管的最大地震轴向应力。

2.2.3 材料性能和抗力

K_n ——沿管轴向的地基弹簧刚度；

K_t ——沿管横向的地基弹簧刚度；

R ——截面的承载力设计值；

C_i ——地基阻尼阵中的阻尼常数；

f ——材料或连接强度设计值；

f_{SE} ——调整后的地基土抗震承载力设计值；

$[K_s]$ ——地基弹簧刚度阵；

$[C_s]$ ——地基阻尼阵。

2.2.4 几何参数

A_n ——管的净截面面积；

L ——柔性接头间的管道长度；

a ——翘离情况下基础底面实际接地宽度；

b ——基础宽度；

r_0 ——应力计算点至中和轴的距离。

2.2.5 计算系数

K_m ——力矩抗滑安全系数；

K_v ——剪切抗滑安全系数；

α_a,α_b ——波速系数；

γ_{RE} ——承载力的抗震调整系数；

η ——反应谱值针对阻尼比的修正系数。

2.2.6 其他

m_i ——质点 i 的质量；

N_0 ——液化判别标贯锤击数基准值；

N_{cr} ——液化判别标贯锤击数临界值；

Δ_j ——对应于结构反应峰值的结构频率的拓宽量；

λ_f ——被支承的子体系的基本频率与主体系的主导频率之比；

λ_m ——被支承的子体系的总质量与主体系的总质量之比。

3 抗震设计的基本要求

3.1 计算模型

3.1.1 在核电厂的抗震设计中，主体结构可作为主体系；其它被支承的结构、系统和部件可作为子体系，并应符合下列规定：

3.1.1.1 通常情况下，主体系和子体系宜进行耦联计算。

3.1.1.2 符合下列情况之一时，主体系和子体系可不作耦联计算：

(1) $\lambda_m<0.01$；

(2) $0.01\leqslant\lambda_m\leqslant0.1$，且 $\lambda_f\leqslant0.8$ 或 $\lambda_f\geqslant1.25$。

注：λ_m 为被支承的子体系的总质量与主体系的总质量之比，λ_f 为被支承的子体系的基本频率与主体系的主导频率之比。

3.1.1.3 不进行耦联计算的子体系，其地震输入可由主体系的计算确定，并可利用楼层反应时间过程或楼层反应谱进行。在进行主体系计算时，当子体系与主体系为刚性连接时，可将其质量包括在主体系质量内；当子体系与主体系为柔性连接时，可不计入子体系的质量和刚度。

3.1.2 计算模型的确定应符合下列要求：

(1)对于质量和刚度不对称分布的物项，宜计入平移和扭转的耦联作用；

(2)当采用集中质量模型时，集中质量的个数不宜少于所计入振型数的两倍；

(3)在结构计算模型中，对地基土平均剪切波速不大于1100m/s 的地基，应计入地基与结构的相互作用，基础埋深与基础底面等效半径之比小于 1/3 的浅埋结构宜采用集中参数模型，深埋结构宜采用有限元模型，对于基础底面土层平均剪切波速大于1100m/s 的地基，可不计入地基与结构的相互作用；

(4)当物项支承构件的刚度明显影响物项的动力作用效应时，应计入其刚度的作用；

(5)应计入物项内液体以及附属部件等的质量；

(6)对于因地震引起内部液体振荡的物项，应计入液体晃动效应和其他液压效应。

3.2 抗震计算

3.2.1 Ⅰ、Ⅱ类物项应按两个相互垂直的水平方向和一个竖向的地震作用进行计算；水平地震作用的方向应取对物项最不利的方向。

3.2.2 核电厂物项的抗震计算可采用线性计算方法。物项的弱非线性，可采用较大的阻尼来处理；物项的强非线性，计算时必须计入刚度和阻尼的变化。土体结构的强非线性，可采用等效线性化法进行计算。

3.2.3 通常情况下，Ⅰ、Ⅱ类物项的抗震设计应采用反应谱法和时间过程计算法。当有充分论据能保证安全时也可采用等效静力计算法。

3.2.4 当采用反应谱法时，物项的最大反应值可取各振型最大反应值的平方和的平方根。当两个振型的频率差的绝对值与其中一个较小的频率之比不大于 0.1 时，应取此两振型最大反应值的绝对值之和与其他振型的最大反应值按平方之和的平方根(SRSS)进行组合；也可采用完全二次型组合(CQC)进行组合。地震反应值不超过 10%的高阶振型可略去不计。

3.2.5 当采用时间过程法时，输入地震震动应采用地面或特定楼层平面处的设计加速度时间过程。

3.2.6 地震震动的三个分量引起的反应值，当采用反应谱法时，可取每个分量在物项同一方向引起震动的最大反应值，按平方和的平方根法进行组合。当采用时间过程法时，可求出作为时间函数的反应分量的代数和，并应取组合反应值的最大值。

3.3 地震作用

3.3.1 场地的设计地震震动参数和设计反应谱应符合本规范第4章的规定。

3.3.2 设备抗震设计时，设计楼层反应谱可根据支承体系对设计地震震动在相应楼层或规定高程处的时间过程计算值确定，并应符合下列要求：

3.3.2.1 设计楼层反应谱应包括两个相互垂直的水平向分量和一个竖向分量。对于质量、刚度对称的支承体系，给定位置处每个方向的楼层反应谱可根据该方向的地震反应直接确定；对于质量或刚度不对称的支承体系，每个方向的楼层反应谱，均应根据在两个水平向和一个竖向三个地震震动分量分别作用下沿该方向地板反应按平方和的平方根法组合的结果确定。

3.3.2.2 计算楼层反应谱时，其频率增量宜按表3.3.2采用。

楼层反应谱的频率增量　　表3.3.2

频率范围(Hz)	0.2～3.0	3.0～3.6	3.6～5.0	5.0～8.0	8.0～15.0	15.0～18.0	18.0～22.0	22.0～33.0
频率增量(Hz)	0.10	0.15	0.20	0.25	0.50	1.0	2.0	3.0

3.3.2.3 确定设计楼层反应谱时，应按下列要求对计算得到的楼层反应谱进行调整。

(1)应按结构和地基的材料性质、阻尼比值、地基与结构相互作用等技术参数不确定性以及地震计算方法的近似性而产生的结构频率不确定性，对计算确定的楼层反应谱予以修正；

(2)应拓宽与结构频率相关的每一峰值，拓宽量可取该结构频率的0.15倍；拓宽峰值由平行于原谱峰值直线段的直线确定。

3.3.3 Ⅰ、Ⅱ类物项的阻尼比应符合下列要求：

3.3.3.1 物项阻尼比可按表3.3.3采用。

阻尼比(%)　　表3.3.3

物　项	运行安全地震震动	极限安全地震震动
设　备	2	4
焊接钢结构	2	4
螺栓连接钢结构	4	7
预应力混凝土结构	3	5
钢筋混凝土结构	5	7
电缆支架	—	10

3.3.3.2 对不同材料组成的混合结构，阻尼比宜按能量加权的方法确定。

3.4 作用效应组合和截面抗震验算

3.4.1 地震作用效应应与核电厂中各种工况下的使用荷载效应进行最不利的组合。

3.4.2 混凝土结构的安全壳、建筑物、构筑物、地下结构、地下管道的截面抗震验算应符合下式要求：

$$S \leqslant k_1 R \tag{3.4.2}$$

式中 S ——作用效应(内力)设计值；

R ——截面的承载力设计值；

K_1——承载力调整系数，对各类结构构件均应取1.0。

3.4.3 建筑物、构筑物的钢结构构件的截面抗震验算应符合下式要求：

$$S \leqslant k_2 R \tag{3.4.3}$$

式中 S ——作用效应(内力)设计值；

R ——截面的承载力设计值；

k_2——承载力调整系数。

3.4.4 设备、部件和工艺管道的作用效应取值及其截面抗震验算，应分别符合本规范第8章、第9章的有关规定。

3.5 抗震构造措施

3.5.1 核电厂的安全壳、建筑物、构筑物，宜坐落在基岩或剪切波速大于400m/s的岩土上。

3.5.2 混凝土安全壳、混凝土建筑结构构件的抗震构造措施，应符合现行国家标准《建筑抗震设计规范》对抗震等级为一级的混凝土结构构件的有关要求；其他混凝土结构构件和各种钢结构构件的抗震构造措施，应符合现行国家标准《建筑抗震设计规范》对9度抗震设防时的有关要求。

3.5.3 设备、部件和工艺管道的抗震构造措施，应符合现行国家标准《建筑抗震设计规范》对9度抗震设防时的有关要求。

4　设计地震震动

4.1 一般规定

4.1.1 核电厂抗震设计，其物项的地震作用应根据设计地震震动参数确定。

4.1.2 核电厂的设计地震震动参数的确定应符合下列要求：

4.1.2.1 设计地震震动参数应包括两个水平向和一个竖向的设计加速度峰值、两个水平向和一个竖向的设计反应谱以及不少于三组的三个分量的设计加速度时间过程。

4.1.2.2 两个水平向的设计加速度峰值应采用相同数值，竖向设计加速度峰值应采用水平向设计加速度峰值的2/3。

4.1.2.3 设计地震震动的加速度时间过程应按本规范第4.4节的方法确定。

4.1.3 设计地震震动参数宜采用自由地面的数值；计算覆盖土层的地震震动参数时，应计入土层的刚度和阻尼；计算基岩面可采用剪切波速大于700m/s的土层的顶面，其下应无更低波速的土层。

4.1.4 地震震动的加速度峰值应符合下列规定：

4.1.4.1 极限安全地震震动的加速度峰值应按本规范第4.2.1条的规定采用。

4.1.4.2 运行安全地震震动的加速度峰值的取值不得小于对应的极限安全地震震动加速度峰值的1/2。

4.1.5 地震震动资料的搜集、调查和分析应符合下列要求：

4.1.5.1 地震震动的资料应包括工作区内的全部地震资料和地震地质资料。

4.1.5.2 地震震动现场调查的内容应符合《核电厂厂址选择安全规定》HAF0100的要求。

4.1.5.3 地震震动分析报告应包括地震活动断层的判定、地震构造图和工作区内发生强震的地震构造条件。

4.2 极限安全地震震动的加速度峰值

4.2.1 极限安全地震震动应取地震构造法、最大历史地震法和综合概率法确定结果中的最大值，其水平加速度峰值不得低于0.15g。

4.2.2 当采用地震构造法确定极限安全地震震动时，应符合下列要求：

4.2.2.1 根据工作区内的地震资料，应进行地震活动断层和历史地震的分析，划分地震构造区，并判定其中地震活动断层的空间位置和最大地震震级 M_{max}。

4.2.2.2 根据断层性质及活动状况，应划分可能发生最大地震的断层活动段。

4.2.2.3 对每一断层活动段，可能发生的最大地震震级 M_{max} 可根据下述因素综合确定：该断层段上历史地震的最大震级；与断层活动段密切相关的历史地震的最大震级；断层活动段的长度；断层活动段的第四纪滑移率；断层的延展深度和断层带宽度；断层活动的形式和动力特征。

4.2.2.4 在每一断层活动段内，应规定最大震级的地震将发生在该断层段最靠近厂区的部位，并根据本规范规定的地震震动衰减规律计算厂区的地震震动，然后应取所有断层活动段分别引起的厂区地震震动中的最大值。

4.2.2.5 在地震构造区内，对与地震活动断层没有明确关系的历史地震，应取其震级最大者，移到距厂址最近处，并计算所引起的厂址的地震震动。

4.2.3 采用最大历史地震法确定极限安全地震震动时应符合下列要求：

4.2.3.1 根据各次历史地震的震中位置、震中烈度和震级，应按地震震动衰减规律确定各次地震在厂区引起的地震震动，并应取其最大值。

4.2.3.2 当历史地震参数不完备时，可按历史地震在厂区或附近场地记录的最高烈度确定地震震动最大值。

4.2.4 采用综合概率法确定极限安全地震震动时，应符合下列要求：

4.2.4.1 当采用综合概率法时，应首先根据地震地质与地震活动性特征划分地震带，然后根据地震活动性和地震活动断层、地球物理场等地震地质的分析结果，在下列工作成果的基础上确定潜在震源区：

(1)地震带内中、强以上地震活动的时空分布特征；

(2)弱震活动空间分布；

(3)地震活动断层和古地震遗迹的特点和分布；

(4)新构造和现代构造的特点；

(5)地球物理场资料所反映的深部构造；

(6)工作区内已经发生中、强以上地震和具备发生中、强以上地震的构造条件的部位。

4.2.4.2 潜在震源区地震活动性参数应包括下列内容：

(1)震级上限；

(2)大小地震发生次数比例关系；

(3)地震年平均发生率；

(4)起算震级可取4级。

4.2.4.3 震级上限应根据下列因素确定：

(1)潜在震源区内历史地震的最大震级；

(2)地震活动图象特征；

(3)断层的活动性和断层活动段的规模；

(4)地震构造的特征和规模的类比。

4.2.4.4 地震发生次数比例关系系数应根据下列要求确定：

(1)被统计的地震数据及相应的震级有足够的样本量；

(2)被统计的地震数据所覆盖的时间段和震级域有足够的可信度；

(3)被划分的地震带内地震活动的一致性和相关性。

4.2.4.5 地震年平均发生率应根据下列因素确定：

(1)一定时间内可能发生的地震活动水平；

(2)地震带内的地震年平均发生率应与各潜在震源区中的该值之和相等；

(3)未来地震活动在时间、强度和地点上的不均匀性；

(4)潜在震源区发生强震的可能性。

4.2.4.6 可选用适当的地震发生模型，如泊松模型或修正泊松模型，或经论证可以表示本工作区地震发生时空特征的其他模型，计算所有潜在震源区对厂区地震震动超过某一给定值的概率之和，绘出厂区地震危险性的超越概率曲线，并应进行不确定性校正。

4.2.4.7 经过不确定性校正之后，应取对应于年超越概率为10^{-4}的加速度峰值为本法确定的极限安全地震震动值。

4.2.5 地震震动的衰减规律应符合下列规定：

4.2.5.1 烈度衰减规律应按下列步骤统计计算确定：

(1)收集工作区或在更大范围内的强地震等震线或烈度调查资料以及每一强震的震级、震源深度、震中位置和震中烈度；

(2)统计出本工作区的地震烈度衰减规律，沿等震线长、短轴方向可有不同的衰减关系。

4.2.5.2 加速度峰值的衰减规律应分别按下列情况确定：

(1)在有较多强地震加速度记录的地区，可采用统计方法确定加速度衰减规律；

(2)在缺少强地震加速度记录但有足够烈度资料的地区，可利用本地区的烈度衰减规律和外地区的烈度衰减与加速度衰减规律，换算得到适合于本地区的加速度衰减规律；

(3)在既缺少强震加速度记录又缺少烈度资料的地区，经过合理论证可选用地质构造条件相似地区的加速度衰减规律。

4.3 设计反应谱

4.3.1 设计反应谱宜采用标准反应谱或经有关主管部门批准的场地地震相关反应谱。

4.3.2 基岩场地的水平向和竖向标准反应谱应根据阻尼比分别按表4.3.2-1和表4.3.2-2采用(图4.3.2-1和图4.3.2-2)；硬土场地的水平向和竖向标准反应谱，应根据阻尼比分别按表4.3.2-3和表4.3.2-4采用(图4.3.2-3和图4.3.2-4)。

注：谱系按加速度峰值为1.0g给出的，应用时应按采用的设计地震震动加速度峰值调整。

4.3.3 华北地区的基岩地震相关反应谱可按本规范附录C确定。

4.3.4 硬土场地的场地地震相关反应谱可根据基岩地震相关反应谱确定，其步骤如下：

(1)根据工作区地震环境确定厂区地震震动的时间过程包络函数；

(2)根据工作区烈度资料确定基岩地震相关反应谱；

(3)根据本规范规定的设计加速度时间过程生成方法确定时间过程包络函数和与基岩地震相关反应谱相符的自由基岩地震震动加速度时间过程；

(4)根据自由基岩地震震动加速度时间过程确定厂区土层下基岩顶面向上的入射波或基岩顶面的地震震动加速度时间过程，计算厂区场地地面的地震震动。

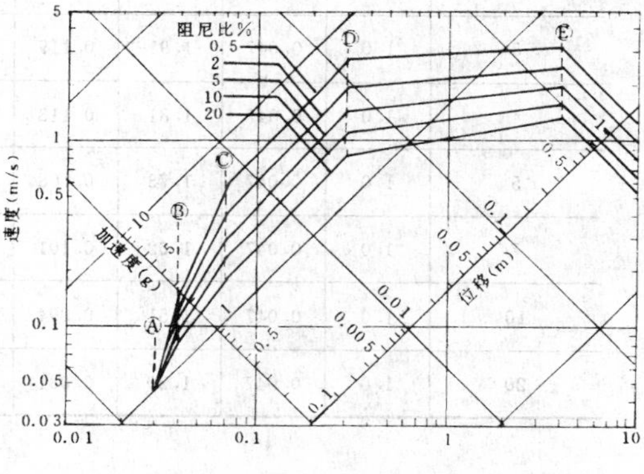

图4.3.2-1 基岩场地水平向标准反应谱

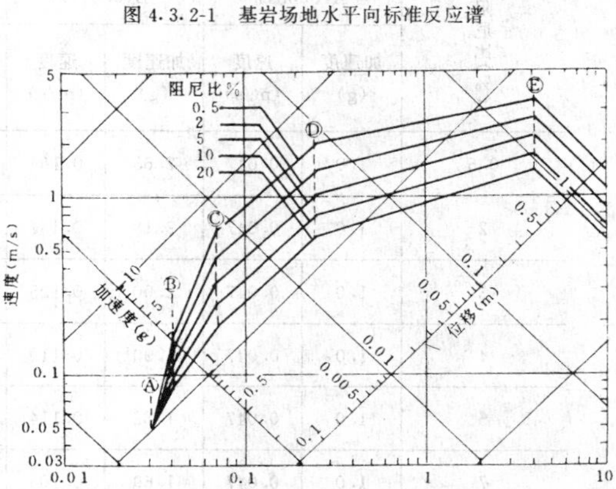

图4.3.2-2 基岩场地竖向标准反应谱

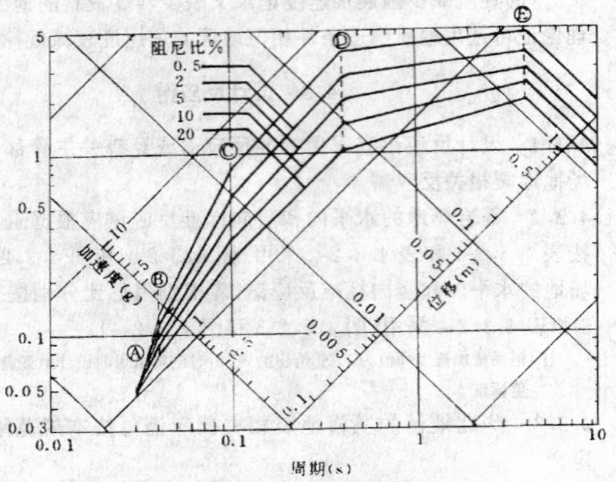

图 4.3.2-3　硬土场地水平向标准反应谱

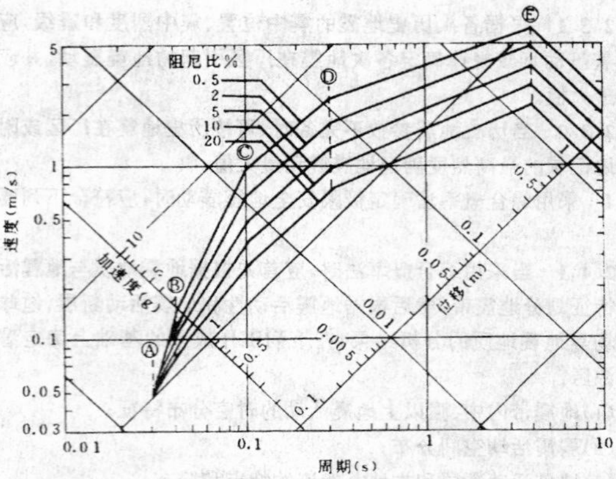

图 4.3.2-4　硬土场地竖向标准反应谱

基岩场地水平向标准反应谱控制点周期及其谱值　　**表 4.3.2-1**

阻尼比(%)	A(0.03s)		B(0.04s)		C(0.07s)		D(0.03s)		E(4.0s)		
	加速度(g)	速度(m/s)	加速度(g)	速度(m/s)	加速度(g)	速度(m/s)	加速度(g)	速度(m/s)	加速度(g)	速度(m/s)	位移(m)
0.5	1.0	0.047	2.49	0.155	5.21	0.569	5.74	2.69	0.49	3.06	1.95
2	1.0	0.047	2.07	0.129	3.72	0.406	4.10	1.92	0.39	2.43	1.55
3	1.0	0.047	1.91	0.119	3.22	0.352	3.60	1.68	0.35	2.18	1.39
4	1.0	0.047	1.81	0.113	2.91	0.318	3.28	1.54	0.33	2.06	1.31
5	1.0	0.047	1.73	0.108	2.69	0.294	3.05	1.43	0.31	1.93	1.23
7	1.0	0.047	1.62	0.101	2.39	0.261	2.69	1.26	0.28	1.75	1.11
10	1.0	0.047	1.51	0.094	2.10	0.229	2.35	1.10	0.25	1.56	0.99
20	1.0	0.047	1.30	0.081	1.61	0.176	1.78	0.83	0.21	1.31	0.83

基岩场地竖向标准反应谱控制点周期及其谱值　　**表 4.3.2-2**

阻尼比(%)	A(0.03s)		B(0.04s)		C(0.07s)		D(0.25s)		E(4.0s)		
	加速度(g)	速度(m/s)	加速度(g)	速度(m/s)	加速度(g)	速度(m/s)	加速度(g)	速度(m/s)	加速度(g)	速度(m/s)	位移(m)
0.5	1.0	0.047	2.63	0.164	5.73	0.626	4.98	1.94	0.54	3.37	2.15
2	1.0	0.047	2.18	0.137	4.09	0.447	3.56	1.39	0.44	2.75	1.75
3	1.0	0.047	2.00	0.125	3.53	0.385	3.11	1.21	0.39	2.43	1.55
4	1.0	0.047	1.90	0.119	3.19	0.348	2.82	1.10	0.36	2.25	1.43
5	1.0	0.047	1.82	0.114	2.94	0.321	2.62	1.02	0.34	2.12	1.35
7	1.0	0.047	1.69	0.105	2.57	0.281	2.29	0.893	0.30	1.87	1.19
10	1.0	0.047	1.56	0.097	2.23	0.244	1.99	0.776	0.27	1.68	1.07
20	1.0	0.047	1.33	0.083	1.68	0.183	1.52	0.593	0.22	1.37	0.87

硬土场地水平向标准反应谱控制点周期及其谱值　　表 4.3.2-3

阻尼比(%)	A(0.03s)		B(0.04s)		C(0.1s)		D(0.4s)		E(4.0s)		
	加速度(g)	速度(m/s)	加速度(g)	速度(m/s)	加速度(g)	速度(m/s)	加速度(g)	速度(m/s)	加速度(g)	速度(m/s)	位移(m)
0.5	1.0	0.047	2.04	0.127	5.22	0.814	5.95	3.71	0.74	4.62	2.94
2	1.0	0.047	1.76	0.110	3.73	0.582	4.25	2.65	0.58	3.62	2.31
3	1.0	0.047	1.66	0.104	3.25	0.507	3.71	2.32	0.53	3.31	2.11
4	1.0	0.047	1.59	0.099	2.95	0.460	3.37	2.10	0.49	3.06	1.95
5	1.0	0.047	1.54	0.096	2.74	0.427	3.13	1.95	0.47	2.93	1.87
7	1.0	0.047	1.47	0.092	2.44	0.381	2.72	1.70	0.43	2.68	1.71
10	1.0	0.047	1.39	0.087	2.16	0.337	2.28	1.42	0.39	2.43	1.55
20	1.0	0.047	1.25	0.078	1.68	0.262	1.64	1.02	0.31	1.93	1.23

硬土场地竖向标准反应谱控制点周期及其谱值　　表 4.3.2-4

阻尼比(%)	A(0.03s)		B(0.04s)		C(0.1s)		D(0.3s)		E(4.0s)		
	加速度(g)	速度(m/s)	加速度(g)	速度(m/s)	加速度(g)	速度(m/s)	加速度(g)	速度(m/s)	加速度(g)	速度(m/g)	位移(m)
0.5	1.0	0.047	2.16	0.135	5.99	0.934	5.15	2.41	0.97	6.05	3.85
2	1.0	0.047	1.87	0.117	4.28	0.667	3.68	1.72	0.77	4.80	3.06
3	1.0	0.047	1.75	0.109	3.65	0.569	3.19	1.49	0.68	4.24	2.70
4	1.0	0.047	1.66	0.104	3.25	0.507	2.88	1.35	0.63	3.93	2.50
5	1.0	0.047	1.60	0.100	2.98	0.465	2.66	1.24	0.59	3.68	2.34
7	1.0	0.047	1.50	0.094	2.58	0.402	2.33	1.09	0.52	3.24	2.06
10	1.0	0.047	1.41	0.088	2.22	0.346	2.02	0.945	0.46	2.87	1.83
20	1.0	0.047	1.25	0.078	1.67	0.261	1.54	0.721	0.35	2.18	1.39

4.4 设计加速度时间过程

4.4.1 设计加速度时间过程可采用三角级数叠加法或实际地震加速度记录生成。

4.4.2 当采用三角级数叠加法生成时，应符合下列要求：

4.4.2.1 可采用相当于厂区地震条件的实际加速度记录的相角，也可根据相角在 0～2π 之内随机均匀分布的相角；

4.4.2.2 在满足时间过程包络函数条件下，应调整各谐波的幅值，使设计加速度时间过程的反应谱能包络阻尼比为 5%～20% 的给定的目标反应谱。对基岩地震震动，低于目标反应谱的控制点数不得多于五个，其相对误差不得超过 10%，且反应谱控制点处纵坐标总和不得低于目标反应谱的相应值。

4.4.2.3 调整三角级数谐波幅值时，对基岩地震震动，在 0.03～5.00s 周期域内，反应谱控制点数不得少于 75 个，且应大体均匀地分布于周期的对数坐标上，其各频段的频率增量可按表 4.4.2 人工生成模拟地震震动控制点的频段及其增量采用。

控制点的频段及其增量　　表 4.4.2

频段(Hz)	0.2～3.0	3.0～3.6	3.6～5.0	5.0～8.0	8.0～15.0	15.0～18.0	18.0～22.0	22.0～33.0
频率增量(Hz)	0.10	0.15	0.20	0.25	0.50	1.0	2.0	3.0

4.4.3 采用实际地震加速度记录生成时，生成的加速度记录的反应谱应符合本规范第 4.4.2.2 款的要求。

5 地基和斜坡

5.1 一般规定

5.1.1 本章适用于Ⅰ、Ⅱ类物项的地基和与Ⅰ、Ⅱ类物项安全有关的斜坡的地震安全性评价。对基础的稳定性验算应符合本规范第 6.4 节基础抗震验算的规定。

5.1.2 岩土和地基的分类宜符合现行国家标准《建筑地基基础设计规范》和《建筑抗震设计规范》的规定。

5.1.3 不应选取在水平方向上由力学性质差异很大的岩土，也不应选取一部分为人工地基而另一部分为天然地基作为同一结构单元的地基。

5.1.4 不应选取由软土、液化土或填土等构成物项的地基。

5.2 地基的抗滑验算

5.2.1 本节适用于静承载力标准值大于 0.34MPa 或剪切波速大于 400m/s 的地基。

5.2.2 地基的抗震承载力设计值，可按现行国家标准《建筑抗震设计规范》规定的承载力数值的 75% 采用。

5.2.3 地基抗滑验算应依次采用滑动面法、静力有限元法和动力有限元法，直到其中一种方法验证地基为稳定时为止。验算时应计入自重、水平地震作用、竖向地震作用、结构荷载等的不利组合。

5.2.4 当采用滑动面法、静力有限元法时，土层自重产生的地震作用，其水平地震系数应取 0.2，其竖向地震系数应取 0.1。

5.2.5 当采用动力有限元法时，基岩地震震动应根据给定的地面加速度时间过程，按基础底面处的具体地层条件换算成相应的计算基岩的加速度时间过程，或直接采用基岩的加速度时间过程。

5.2.6 宜采用安全系数验算地基抗滑，各项作用的分项系数宜采用 1.0。抗滑安全系数宜按表 5.2.6 采用。

抗滑安全系数 表 5.2.6

滑动面法	静力有限元法	动力有限元法
2.0	2.0	1.5

5.3 地基液化判别

5.3.1 对存在饱和砂土和饱和粉土的地基，应进行液化判别及其危害性计算。

5.3.2 地基液化判别可采用现行国家标准《建筑抗震设计规范》规定的标准贯入试验判别法。其中的标准贯入锤击数基准值宜按下列公式计算：

$$N_0=\sum \varphi_i N_i/\sum \varphi_i \quad (5.3.2\text{-}1)$$

$$\varphi_i=\exp\left[-\left(\frac{a-b_i}{c_i}\right)^2\right] \quad (5.3.2\text{-}2)$$

式中 N_0 ——标准贯入锤击基准值；

a ——按物项的类别由规定的地震加速度峰值推算出的验算地点的地面加速度值(g)；

i ——序号；

φ_i ——计算系数；

N_i, b_i, c_i ——计算参数，可按表 5.3.2 采用。

计算参数 表 5.3.2

i	N_i	b_i(g)	c_i(g)
1	4.5	0.125	0.054
2	11.5	0.250	0.108
3	18.0	0.500	0.216

5.4 斜坡抗震稳定性验算

5.4.1 对与Ⅰ、Ⅱ类物项工程结构安全有关的斜坡必须进行抗震稳定性验算。

5.4.2 斜坡的抗震稳定性计算可依次按滑动面法、静力有限元法和动力有限元法进行，直到其中一种方法已验证斜坡为稳定时为止。

5.4.3 斜坡稳定性计算的地震作用应根据极限安全地震震动确定，并应计入水平与竖向地震作用在不利方向的组合。当采用滑动面法、静力有限元法时，地震作用中的水平地震系数宜取 0.3，竖向地震系数宜取 0.2。

5.4.4 斜坡抗震稳定性验算的安全系数应按表 5.4.4 采用。

抗滑安全系数 表 5.4.4

滑动面法	静力有限元法	动力有限元法
1.5	1.5	1.2

6 安全壳、建筑物和构筑物

6.1 一般规定

6.1.1 本章适用于混凝土安全壳及Ⅰ、Ⅱ类建筑物和构筑物。

6.1.2 防震缝的设计宜符合下列要求：

防震缝的宽度应按变形计算确定，并应等于或大于两物项地震变形之和的 2 倍。伸缩缝和沉降缝的设计应满足防震缝的要求。

6.2 作用和作用效应组合

6.2.1 安全壳、建筑物、构筑物的结构抗震设计应考虑下列各类作用或作用组合：

6.2.1.1 在正常运行和停堆期间所遇到的作用 N，包括下列各项作用标准值效应：

(1) 永久荷载标准值效应 G，包括自重、静水压力和固定设备荷载；

(2) 活荷载标准值效应 L，包括任何可活动的设备荷载以及施工前后的临时施工荷载；

(3) 施加预应力产生的荷载标准值效应 F；

(4) 在正常运行或停堆期间的温度作用标准值效应 T_0；

(5) 在正常运行或停堆期间的管道和设备反力标准值效应 R_0，但不包括永久荷载和地震作用产生的反力标准值效应；

(6) 由于安全壳内外压力差而产生的荷载标准值效应 P_0；

(7) 侧向土压力标准值效应(H_e)。

6.2.1.2 严重环境条件下的运行安全地震震动产生的地震作用标准值效应 E_1，包括运行安全地震震动所引起的管道和设备反力标准值效应。

6.2.1.3 极端环境条件下的极限安全地震震动产生的地震作用标准值效应 E_2，包括极限安全地震震动所引起的管道和设备反力标准值效应。

6.2.1.4 在事故条件下产生的作用 A，包括下列各项作用标准值效应：

(1) 在设计基准事故工况下的压力荷载标准值效应 P_a；

(2) 在设计基准事故工况下温度作用标准值效应 T_a，包括正常运行或停堆期间的温度作用标准值效应 T_0；

(3) 在设计基准事故工况下产生的管道和设备反力标准值效应 R_a，包括正常运行或停堆期间的管道反力标准值效应 R_0；

(4) 在设计基准事故工况下产生的局部作用标准值效应 Y_y，包括：

管道破裂时破裂管道在结构上产生的荷载标准值效应 Y_r；

管道破裂时在结构上产生的喷射冲击荷载标准值效应 Y_j；

管道破裂时在结构上施加的飞射物撞击荷载标准值效应 Y_m。

6.2.1.5 安全壳由于内部溢水而产生的荷载标准值效应 H_a。

6.2.2 抗震设计应考虑下列作用的作用效应组合：

6.2.2.1 包括安全壳在内的Ⅰ类建筑物、构筑物：

(1) 正常运行作用与严重环境作用的作用效应组合 S_1，当作用效应组合中计入温度作用 T_0 时为 S'_1；

(2) 正常运行作用与严重环境作用以及事故工况下作用的效应组合 S_2；

(3) 正常运行作用与严重环境作用以及事故工况后的水淹作用的效应组合 S_3(此组合仅适用于安全壳)；

(4) 正常运行作用与极端环境作用的效应组合 S_4；

(5) 正常运行作用与极端环境作用以及事故工况下作用的效应组合 S_5。

6.2.2.2 Ⅱ类建筑物、构筑物仅取与运行安全地震震动产生的地震作用标准值效应 E_1，有关的各种组合 S_1, S'_1, S_2。

6.2.3 在进行各种作用效应组合时应符合下列要求：

6.2.3.1 当不均匀沉降、徐变或收缩产生的作用效应比较显著时，除第 6.2.2.1 款以外的各种作用效应组合中应按永久荷载加入组合。其作用效应应按实际情况进行计算。

6.2.3.2 根据第 6.2.1 条确定的标准值效应 P_a、T_a、R_a、Y_y 均应乘以相应的动力系数，侧向土压力标准值效应 H_e 中应计入动土压力，活荷载标准值效应 L 中应包括运动荷载的冲击效应。

6.2.3.3 在包含设计基准事故工况下产生的局部作用标准值效应 Y_y 的各种作用效应组合中，首先可在不考虑 Y_y 的情况下进行承载力验算；在任何与安全有关的系统不致丧失其应有的功能(经过充分论证)的条件下，容许加入 Y_y 后局部截面的内力超过其承载力。

6.2.3.4 在作用效应组合中根据第 6.2.1 条确定的标准值效应 P_a、T_a、R_a 和 Y_y 均应取最大值，但经时间过程计算判断后，可以考虑上述作用的滞后影响。

6.2.4 作用效应组合的各种作用分项系数可按本规范附录 B 的规定采用。

6.3 应力计算和截面设计

6.3.1 应力计算应符合下列要求：

(1) 安全壳宜采用有限元模型，建筑物和构筑物也宜采用有限元、板、壳等计算模型，当应力计算所采用的模型与地震反应计算所采用的模型不同时，可将地震反应计算的结果转换为应力计算模型中的等效作用；

(2) 整体基础底板宜按有限元或厚板模型进行应力分析，底板周围的地基可进行有限元划分并与底板一起进行整体分析，也可用集中参数模型进行模拟；

（3）应力计算可采用弹性分析方法。

6.3.2 对混凝土安全壳应验算下列各项承载力：

（1）正截面受压、受拉和受弯承载力

（2）径向受剪承载力；

（3）切向受剪承载力，此时可不计入混凝土的受剪；

（4）集中力作用下的受冲切承载力，当有轴向拉力存在时，可不计入混凝土的冲切抗剪强度；

（5）扭矩作用下的受扭承载力。

6.4 基础抗震验算

6.4.1 混凝土安全壳和Ⅰ、Ⅱ类建筑物、构筑物的混凝土基础底板除应符合本章所规定的承载力要求外，尚应验算裂缝宽度。各种作用分项系数均应取1.0，最大裂缝宽度不应超过0.3mm。

6.4.2 天然地基的承载力验算应符合下列要求：

（1）当与有关标准值效应 E_1 的作用效应组合时，基础底面接地率（见6.4.3条）应大于75%，且应符合下列公式规定：

$$P \leqslant 0.75 f_{SE} \tag{6.4.2-1}$$

$$P_{max} \leqslant 0.90 f_{SE} \tag{6.4.2-2}$$

式中 P、P_{max}——分别为基础底面处标准值效应 E_1 的作用效应组合的平均压力设计值和基础底面边缘的最大压力设计值；

f_{SE}——调整后的地基土抗震承载力设计值，按现行国家标准《建筑抗震设计规范》采用。

（2）当与有关标准值效应 E_2 的作用效应组合时，基础底面接地率应大于50%，并使结构不丧失其功能，且符合式(6.4.2-1)和式(6.4.2-2)的要求。

6.4.3 矩形基础底面接地率可按下式计算（见图6.4.3）：

$$\beta = \frac{a}{b} \times 100\% \tag{6.4.3-1}$$

$$a = 3b\left(\frac{1}{2} - \frac{M}{N \cdot b}\right) \tag{6.4.3-2}$$

式中 β——基础底面接地率(%)；

a——翘离情况下基础底面实际接地宽度(m)；

b——基础宽度(m)；

M、N——分别为运行安全地震震动SL1或极限安全地震震动SL2各种作用效应组合引起的倾覆力矩(N·m)和竖向力(N)，后者包括结构与设备自重、竖向地震作用（方向与重力相反）和上浮力。

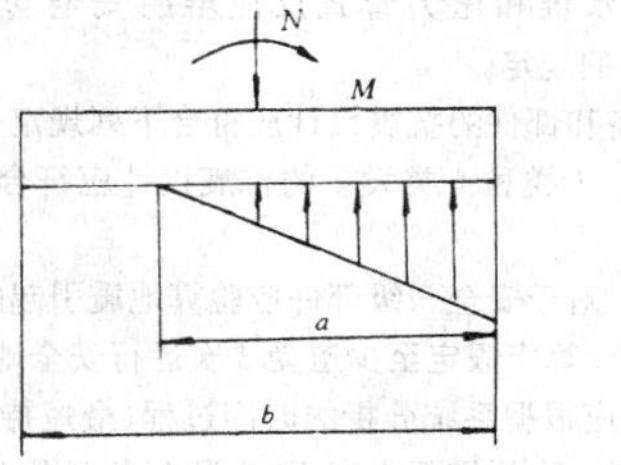

图6.4.3 矩形基础底面接地率计算

6.4.4 基础抗滑和抗倾覆稳定性验算的安全系数应符合表6.4.4的要求。

基础稳定安全系数 表6.4.4

抗震类别	作用效应组合	安全系数	
		抗倾覆	抗滑
Ⅰ、Ⅱ类	$G+H_e+E_1$	1.5	1.5
Ⅰ类	$G+H_e+E_2$	1.1	1.1

注：① 当有产生不利影响的活荷载时，上述组合中还应包含该活荷载效应；

②对Ⅰ类物项均应按表中的作用效应组合进行计算。

7 地下结构和地下管道

7.1 一般规定

7.1.1 本章适用于Ⅰ、Ⅱ类地下结构和地下管道。

7.1.2 地下结构和地下管道宜修建在密实、均匀、稳定的地基上。

7.1.3 承受水压的钢筋混凝土地下结构和地下管道除符合本章所规定的强度要求外，尚应符合国家现行标准《水工钢筋混凝土结构设计规范》抗裂的规定以及最大裂缝宽度容许值的规定。

7.2 地下结构抗震计算

7.2.1 本节适用于地下进水口、放水口、过渡段和地下竖井。

7.2.2 地下结构可采用下列方法进行地震反应计算。

（1）对于地下式结构宜采用反应位移法；

（2）对于半地下式结构宜采用多点输入弹性支承动力分析法；

（3）在上述两种计算方法中，地下结构周围地基的作用均可采用集中弹簧进行模拟，其计算简图和计算公式可按本规范附录D采用，也可采用平面有限元整体动力计算法。

7.2.3 计算中采用的地基弹簧含压缩弹簧和剪切弹簧两种。弹簧常数与地基土的动力特性、地下结构的形状和刚度特性有关，可采用试验或计算方法确定。初步计算时可采用静力平面有限元方法予以确定。

7.2.4 地下结构各高程处的地震震动作用仅施加于侧面压缩弹簧以及顶面、底面的剪切弹簧上，并按本规范第4.1.3条覆盖土层地震震动的计算方法确定。在多点输入弹性支承动力计算法中应输入地震时间过程，在反应位移法中则可仅输入最大地震位移沿高程的相对值。

7.2.5 计算地下结构的地震反应时，可不计入地震震动的竖向分量作用。

7.3 地下管道抗震计算

7.3.1 本节适用于地下直埋管道、管廊和隧洞等地下结构。当地下管廊、隧洞的截面很大而壁厚相对较薄时，地震引起的环向应变可按本规范第7.2节所述方法进行补充计算。

7.3.2 均匀地基中远离接头、弯曲、分岔等部位的地下直管，截面最大轴向地震应力的上限值可按下式计算：

$$\sigma_n = \frac{EV_e}{\alpha_a c} \tag{7.3.2}$$

式中 σ_n——地下直管最大轴向地震应力的上限值(N/m^2)；

E——材料弹性模量(N/m^2)；

V_e——地下直管高程处的最大地震速度(m/s)；

c——地基中沿管道传播的地震波的视波速(m/s)；

α_e——轴向应力波速系数，应根据起控制作用的地震波型按表7.3.2采用。

波速系数 表7.3.2

波型	压缩波	剪切波	瑞利波
轴向应力波速系数 α_a	1.0	2.0	1.0
弯曲应力波速系数 α_b	1.6	1.0	1.0

7.3.3 均匀地基中远离接头、弯曲、分岔等部位的地下直管，由地震作用引起的管壁与周围土之间的摩擦力所产生的管截面的最大轴向应力的上限值，可按下式计算：

$$\sigma_n=\frac{f_n\lambda}{\Delta A_n} \qquad (7.3.3)$$

式中 f_n——单位管长与周围土之间的最大摩擦力(N)；

λ——地下直管高程处起控制作用的地震波的视波长，当地下直管采用柔性接头分段时，应取分段间的管长；

A_n——地下直管的净截面面积。

7.3.4 均匀地基中地下直管的最大地震弯曲应力可按下式进行计算：

$$\sigma_b=\frac{Er_o a}{(\alpha_b c)^2} \qquad (7.3.4)$$

式中 σ_b——地下直管的最大地震弯曲应力(N/m^2)；

a——地下直管高程处的最大地震加速度(m/s^2)；

r_o——应力计算点至管截面中和轴的距离(m)；

α_b——弯曲应力波速系数应根据起控制作用的地震波型按表7.3.2采用。

7.3.5 上述地下直管由地震波传播产生的最大轴向应力应取按式(7.3.2)和式(7.3.3)计算所得的较小值，并按最大轴向应力与最大弯曲应力进行设计。

7.3.6 地下管道沿线的地形和地质条件有较明显变化时，应进行专门的地震反应计算，可按弹性地基梁计算其轴向应力和弯曲应力。

7.3.6.1 振动计算时采用的地震震动可根据管道沿线地形和地质条件变化的复杂程度依次选用下列一种模型进行计算：

(1) 分段一维模型。将地基土沿管长进行分段，各段按一维剪切波动模型分别独立计算其地震反应，计算时应考虑地基土的非线性特性；

(2) 集中质量模型。将地基土沿管长进行分段，各段用等效的集中质量和弹簧进行模拟，各质量间用反映地基土弹性的弹簧进行模拟；

(3) 平面有限元模型。侧面可采用能量透射边界，底面可采用粘性边界或透射边界。

7.3.6.2 设计地震震动应取管道高程处的地震震动幅值。

7.3.6.3 振动计算时地基土的阻尼比可取为5%。

7.3.6.4 地基土的弹簧刚度可根据土的动力特性通过现场试验或采用计算方法确定。初步计算时可采用下列公式：

$$K_t=3G \qquad (7.3.6\text{-}1)$$

$$K_n=\beta K_t \qquad (7.3.6\text{-}2)$$

$$k_t=DLK_t \qquad (7.3.6\text{-}3)$$

$$k_n=\beta DLK_n \qquad (7.3.6\text{-}4)$$

式中 K_n、K_t——沿管道轴向和横向单位长度地基土的弹簧刚度(MPa/m)；

G——与地震震动最大应变幅值相应的地基土的剪切模量；

β——换算系数，其值可取1/3；

k_n、k_t——地基的集中弹簧常数(10^6N/m)；

D——管直径(m)；

L——集中弹簧间距(m)。

7.3.7 计算地下管道弯曲段、分岔段和锚固点由于地震波传播产生的内力时，可将该管段按弹性地基梁进行分析。管道周围地基的轴向和横向弹簧常数可按本规范第7.3.6.4款的有关规定确定。管道中的柔性接头应采用轴向和转动弹簧模拟。

7.3.8 在地下管道与工程结构的连接处或管道转折处，应计算由于管道与周围土之间或管道两端点间相对运动在管道内所产生的附加应力。相对运动产生的管道内的附加应力与地震波沿管线传播所产生的管道应力，可按平方和的平方根法进行组合。

7.3.9 地下管道采用柔性接头进行分段时应计算其变形，使接头在地震时不致脱开。接头处的最大相对位移和角位移可按下列公式计算：

$$u=\frac{V_e L}{\alpha_a c} \qquad (7.3.9\text{-}1)$$

$$\theta=\frac{aL}{(\alpha_b c)^2} \qquad (7.3.9\text{-}2)$$

式中 u、θ——分别为地下管道柔性接头处的最大线位移和角位移；

L——柔性接头间的管道长度，但不大于地震波视波长的一半。

7.4 抗震验算和构造措施

7.4.1 地下结构和地下管道的基础和地基在地震时的承载力和稳定性应符合下列规定：

(1) 地下结构和地下管道周围地基的抗震稳定性应按本规范第5.2节的有关规定检验；

(2) 取水口、放水口等地下结构的基础在地震时的承载力和抗滑稳定性应按本规范第6.4节的有关规定进行检验。

7.4.2 地下结构和地下管道的作用效应组合应符合下列要求：

(1) Ⅰ类的地下结构和地下管道的正常作用效应组合应包括极限安全地震震动的作用效应；

(2) Ⅱ类地下结构和地下管道的正常作用效应组合应包括运行安全地震震动的作用效应，特殊作用效应组合应包括极限安全地震震动的作用效应。

7.4.3 地下结构和地下管道的截面抗震验算应符合下列要求：

(1) 混凝土地下结构和地下管道应按国家现行标准《水工混凝土结构》1级和2级建筑物的有关要求进行强度和抗裂验算；

(2) 地下钢管可按本规范第9.2节的有关要求进行验算。

7.4.4 当地下结构和地下管道穿过地震作用下可能发生滑坡、地裂、明显不均匀沉陷的地段时，应采取下列抗震构造措施：

(1) 地下管道可设置柔性接头，但应检验接头可能发生的相对变形，避免地震时脱开和断裂；

(2) 加固处理地基，更换部分软弱土或设置桩基础深入稳定土层，消除地下结构和地下管道的不均匀沉陷。

8 设备和部件

8.1 一般规定

8.1.1 设备和部件安全等级的划分，应符合国家现行法规《用于沸水堆、压水堆和压力管式反应堆的安全功能和部件分级》(HAF0201)的规定。

8.1.2 设备和部件的抗震设计应符合下列规定：

8.1.2.1 Ⅰ类和Ⅱ类设备的抗震设计应符合本规范第4章的规定。

8.1.2.2 对于安全一级部件应验算地震引起的低周疲劳效应。设备的疲劳计算应假定至少遭受5次运行安全地震震动。每次地震的周波数应根据系统分析的时间过程(最短持续时间为10s)确定，或假定每一次地震至少有10个最大应力周波。

8.1.2.3 在设备设计中应采取避免设备与支承结构发生共振的措施。设备的基本自振频率应选择在支承结构的基本自振频率的1/2及以下或2倍及以上。

8.1.2.4 在地震时和地震后，设备应保证其结构完整性(包括承压边界的完整性)；对于能动部件还应保证其可运行性；对于相邻部件之间或部件与相邻结构之间不得因其动态位移而发生碰撞。

8.1.2.5 支承节点的设计应符合设备技术规格书的规定。

8.1.2.6 设备的锚固装置应保证设备能牢固地锚固在支承结

构上。对设备的基础和地脚螺栓应进行稳定性和强度校核。对于自由放置在基础上的设备不得在地震时发生倾覆、滑移、翘离和被抛掷。

8.2 地震作用

8.2.1 对于不与支承结构耦联的设备，地震作用应采用设备支承处的设计楼层时间过程或设计楼层反应谱。与支承结构组成耦联模型的设备，地震作用应采用支承结构底部或基底的地震震动时间过程或设计反应谱。

8.2.2 设计楼层反应谱除应符合本规范第4.4节的规定外，尚应对下列两种情形进行修正。

8.2.2.1 当设备或部件有两个或两个以上的频率落在设计楼层反应谱的加宽后的峰值范围内时，可按本规范附录E的规定对楼层反应谱进行修正。

8.2.2.2 当设备主轴与支承结构主轴方向不一致时，设计楼层反应谱应按坐标变换方法进行修正。

8.2.3 当设备的抗震计算采用设计楼层时间过程时，应计入支承结构计算中引入的不确定性，可采用改变时间过程的时间间隔 Δt 来调整。对同一时间过程至少应采用三种不同的时间间隔即 Δt、Δt_1 和 Δt_2 进行计算，并取三种反应的最大值。后两种时间间隔应按下列公式计算

$$\Delta t_1=(1+\Delta f_j/f_j)\Delta t \qquad (8.2.3\text{-}1)$$

$$\Delta t_2=(1-\Delta f_j/f_j)\Delta t \qquad (8.2.3\text{-}2)$$

式中 f_j ——支承结构第j阶自振频率(Hz)；

Δf_j ——不确定因素引起的频率变化(Hz)。

8.2.4 当设备的一个自振频率 f_0 在 $f_j\pm\Delta f_j$ 的范围内时，时间过程的时间间隔可按下列公式的规定采用：

$$\Delta t_1=[1+(f_0-f_j)/f_j]\Delta t \qquad (8.2.4\text{-}1)$$

$$\Delta t_2=[1-(f_0-f_j)/f_j]\Delta t \qquad (8.2.4\text{-}2)$$

8.3 作用效应组合和设计限值

8.3.1 设备和部件的抗震设计应采用地震作用效应和各种使用荷载效应的不利组合。

8.3.2 使用荷载分为A、B、C和D四级，A级使用荷载与核电厂正常运行工况相对应；B级使用荷载与核电厂可能发生的中等频率事故(异常工况)相对应；C级使用荷载与紧急工况相对应；D级使用荷载与极限事故相对应。

8.3.3 Ⅰ类物项中的安全一级设备和部件的作用效应组合应采用下列规定。

8.3.3.1 设计荷载效应应与运行安全地震震动引起的地震作用相叠加。

8.3.3.2 A级或B级使用荷载效应应与运行安全地震震动引起的地震作用相叠加。

8.3.3.3 D级使用荷载效应应与极限安全地震震动引起的地震作用相叠加。

8.3.4 Ⅰ类物项中的安全二级和三级设备和部件的作用效应组合应采用第8.3.3.2款和第8.3.3.3款的规定。

8.3.5 Ⅱ类物项中的设备和部件的作用效应组合应采用第8.3.3.2款的规定。

8.3.6 设备和部件设计中采用的容许应力和设计限值应按本规范附录F的规定采用。

8.4 地震作用效应计算

8.4.1 抗震Ⅰ类和Ⅱ类的设备和部件可通过抗震计算或试验或两者结合的方法验证其地震作用效应。

对于能动设备和部件可进行试验验证其可运行性。验证试验应符合本规范附录G的规定。

8.4.2 当设备和部件可由一个单质点模型或单梁模型等模拟时，可采用等效静力法，但不宜用于反应堆冷却剂系统的设备。

采用等效静力法时设备质心上的地震作用可按下式计算：

$$F=\eta\frac{G}{g}S_a \qquad (8.4.2)$$

式中 F ——施加在设备质心上的地震作用(N)；

G ——设备总重力荷载，包括设备、保温层、正常贮存物、有关附件及支承件等的自重(N)；

g ——重力加速度(m/s^2)；

S_a ——相应的楼层加速度反应谱上的加速度峰值(m/s^2)；

η ——多频效应系数应取1.5；对于单自由度系统可取1。

8.4.3 采用反应谱法进行抗震计算时应符合下列规定：

8.4.3.1 计算设备和部件的反应谱可采用设计反应谱或设计楼层反应谱。振型组合可按本规范第3.2.4条的规定执行。地震三个分量引起的作用效应的组合可按本规范第3.2.6条的规定执行。

8.4.3.2 当设备和部件支承在同一结构或两个以上结构的几个支座上，且各支承点处的运动有很大差别时，应采用各支承点处的反应谱(或楼层反应谱)作多点输入，或者采用各支承点处反应谱(或楼层反应谱)的上限包络线进行计算，并应计入各支承点处相对位移的影响。支承点处的最大位移可从结构动力计算中得到，或者可按下式计算：

$$u=\frac{S_a}{\omega_1^2} \qquad (8.4.3)$$

式中 u ——支承点处的最大位移值(m)；

S_a ——楼层反应谱的零周期加速度值(m/s^2)；

ω_1 ——结构的基本圆频率(rad/s)。

8.4.3.3 上述各支承点处的位移应按最不利的组合施加到设备和部件的相应节点上，计算由支座相对位移引起的应力。

8.4.4 采用时间过程法应符合下列规定：

8.4.4.1 对于线性系统或具有间隙的几何非线性系统可采用振型叠加法；对于非线性系统应采用直接积分法。

8.4.4.2 对于具有不同输入运动的多支点设备，可采用时程法进行多点激振计算。

8.4.5 液体动力作用效应计算应符合下列规定：

8.4.5.1 贮液容器、乏燃料贮存水池和其它内部盛有液体的容器，在抗震计算时应计入所受到的动水压力。动水压力应包括脉冲压力和对流压力，可采用刚性壁理论计算。对于薄壁贮液容器计算应计入器壁柔度的影响，并对压应力进行贮液容器壁的失稳校核。对于自由放置的或高径比大的贮液容器，应进行抗滑移、抗倾覆及抗翘离的计算。

8.4.5.2 乏燃料贮存格架及其他浸入水中的部件应计入地震时动水压力和阻尼，其作用可通过对部件引入附加质量和附加阻尼来计算。

9 工艺管道

9.1 一般规定

9.1.1 本章适用于架空工艺管道的抗震设计。

9.1.2 工艺管道抗震设计除应符合本规范第3章的规定外，尚应验算管道的强度。

9.1.3 工艺管道安全等级的划分，应符合国家现行法规《用于沸水堆、压水堆和压力管式反应堆的安全功能和部件分级》(HAF0201)的规定。

9.2 作用效应组合和设计限值

9.2.1 Ⅰ类物项中的安全一级管道的作用效应组合应符合下列规定：

(1) 设计荷载效应应与运行安全地震震动引起的地震作用相叠加；

(2) A级或B级使用荷载效应应与运行安全地震震动引起的地震作用相叠加；

(3) D级使用荷载效应应与极限安全地震震动引起的地震作用相叠加。

9.2.2 Ⅰ类物项中的安全二级和三级管道的作用效应组合应采用第9.2.1条(2)、(3)的规定。

9.2.3 Ⅱ类物项中的管道的作用效应组合应采用第9.2.1条(2)的规定。

9.2.4 管道容许应力的确定应符合下列规定：

(1) 安全一级管道容许的设计应力强度 S_m 应按本规范附录F.1.1条的规定确定。

(2) 安全二级和三级管道的容许应力值 S 应按本规范附录F.1.3的规定确定。

9.2.5 安全一级管道应按下列公式计算：

(1) 当采用设计荷载时，

$$B_1\frac{PD_0}{2t}+B_2\frac{D_0}{2I}M_1\leqslant 1.5S_m \qquad (9.2.5\text{-}1)$$

式中 B_1、B_2——管道部件的应力指数，可按表9.2.6的规定选取；

P——设计压力(N/mm^2)；

D_0——管道外径(mm)；

t——管道的名义壁厚(mm)；

I——管道的截面惯性矩(mm^4)；

M_1——设计机械荷载与运行安全地震震动的地震作用效应的组合引起的合成力矩(N·mm)；

(2) 当采用A级或B级使用荷载时，在承受运行安全地震震动引起的地震作用效应与A级或B级使用荷载的效应组合时应满足下式要求：

$$C_1\frac{P_0D_0}{2t}+C_2\frac{D_0}{2I}M_1+C_3E_{ab}\left|\alpha_aT_a-\alpha_bT_b\right|\leqslant 3S_m \qquad (9.2.5\text{-}2)$$

式中 C_1、C_2、C_3——管件的二次应力指数，可按表9.2.6的规定选取；

D_0、t、I——同式(9.2.5-1)；

M_1——运行安全地震震动的地震作用引起的弯矩和其他荷载引起的弯矩的组合弯矩(N·mm)，可取下列两种情况下的较大值：(1) 地震作用引起的弯矩幅值*的一半和其他荷载引起的弯矩相组合；(2) 仅由地震作用引起的弯矩幅值；

T_a、T_b——总体结构不连续或材料不连续的a(或b)侧的平均温度(℃)，对于通常的圆柱形，T_a 是 $\sqrt{d_at_a}$ 距离上的平均温度，T_b 是 $\sqrt{d_bt_b}$ 距离上的平均温度。

d_a、d_b——总体结构不连续或材料不连续的a(或b)侧的内径(mm)；

t_a、t_b——$\sqrt{d_at_a}$(或 $\sqrt{d_bt_b}$)距离内的平均壁厚(mm)，必须用试算法求解；

α_a、α_b——总体结构不连续或材料不连续的a(或b)侧，在室温下的热膨胀系数($℃^{-1}$)；

E_{ab}——总体结构不连续或材料不连续的两侧室温下的平均弹性模量(N/mm^2)；

P_0——工作压力的变化幅值(N/mm^2)。

注：* 弯矩幅值指由一组荷载(包括温度效应、压力及其他荷载)变化到另一组荷载(包括温度效应、压力及其他荷载)引起的弯矩变化。

(3) 当采用A级或B级使用荷载时，在进行疲劳分析时应考虑地震作用引起的疲劳效应，其应力周波数应符合本规范第8.1.2.2款的规定；

(4) 当采用A级或B级使用荷载时，运行安全地震震动引起的地震作用和B级使用荷载的组合必须满足式(9.2.5-1)，其中压力 P 和力矩 M_1 为B级使用荷载，其容许应力值应为容许应力强度 S_m 的1.8倍，但不得大于工作温度下屈服强度值 S_y 的1.5倍。

(5) 当采用D级使用荷载时，在承受极限安全地震震动引起的地震作用与D级使用荷载的效应组合应满足下式要求：

$$B_1\frac{PD_0}{2t}+B_2\frac{D_0M_1}{2I}\leqslant 3.0S_m \qquad (9.2.5\text{-}3)$$

当3倍 S_m 大于工作温度下屈服强度 S_y 的2倍时，则应用2倍的屈服强度代替3倍 S_m。

式中 P——D级使用荷载的压力(N/mm^2)；

M_1——D级使用荷载引起的弯矩与极限安全地震震动引起的弯矩之和(N·mm)；其他符号同式(9.2.5-1)。

9.2.6 管道部件的应力指数可按表9.2.6选用。

管道部件的应力指数 表9.2.6

管道制品和连接接头	内压		力矩		热作用
	B_1	C_1	B_2	C_2	C_3
远离焊缝或远离不连续段的直管	0.5	1.0	1.0	1.0	1.0
直管纵向对接焊缝					
(a) 磨平的	0.5	1.0	1.0	1.0	1.0
(b) 不打磨的 $t\geqslant 4.7$ mm	0.5	1.0	1.0	1.2	1.0
(c) 不打磨的 $t<4.7$ mm	0.5	1.4	1.0	1.2	1.0
等厚度件之间的环向对接焊缝					
(a) 磨平的	0.5	1.0	1.0	1.0	0.6
(b) 不打磨的	0.5	1.0	1.0	1.0	0.6
插套焊配件、插套焊阀门、活套法兰或插套法兰的环向角焊缝	0.75	1.8	1.5	2.1	2.0
过渡段焊缝					
(a) 磨平的	0.5	—	1.0	—	—
(b) 不打磨的	0.5	—	1.0	—	—
1:3锥形过渡段范围内的焊缝					
(a) 磨平的	0.5	—	1.0	—	—
(b) 不打磨的	0.5	—	1.0	—	—
同心渐缩管的对接焊缝	1.0	—	1.0	—	1.0
支管连接焊头	0.5	—	—	—	1.8
对接焊三通	0.5	1.5	—	—	1.0

注：①本表中一次应力指数 B_1 和 B_2 适用于管道外径 D_0 与壁厚 t 之比值不大于50的管道；

②本表中的二次应力指数 C_1、C_2 和 C_3 适用于管道外径 D_0 壁厚t之比值不大于100的管道。

9.2.7 安全二、三级管道应按下列公式计算：

(1) 当采用B级使用荷载时，承受运行安全地震震动引起的地震作用和B级使用荷载效应的组合应满足下式要求：

$$B_1\frac{P_{max}D_0}{2t_0}+B_2\left(\frac{M_a+M_b}{Z}\right)\leqslant 1.8S \qquad (9.2.7\text{-}1)$$

当 $1.8S>1.5S_y$ 时，则要用 $1.5S_y$ 代替 $1.8S$

式中 P_{max}——A级或B级使用荷载的压力峰值(N/mm^2)；

M_a——自重和其他持续荷载引起的组合弯矩(N·mm)；

M_b——由对应于运行安全地震震动引起的弯矩和其他偶然荷载引起的弯矩之和(N·mm)；

Z——管道的截面模量(mm^3)；

S_y——工作温度下材料的屈服强度(N/mm^2)；

S——工作温度下材料的容许应力(N/mm^2)；

其他符号同式(9.2.5-1,2及3)。

(2) 当采用D级使用荷载时，极限安全地震震动引起的地震作用与D级使用荷载的组合应满足下式要求：

$$B_1\frac{PD_0}{2t}+B_2\frac{M_1}{Z}\leqslant 3.0S \qquad (9.2.7\text{-}2)$$

当 $3.0S>2.0S_y$ 时，则用 $2.0S_y$ 代替 $3.0S$，符号同前。

9.2.8 Ⅱ类物项中管道可按式 9.2.7-1 计算。

9.3 地震作用效应计算

9.3.1 管道的地震反应计算应符合本规范第 3 章的规定。

9.3.2 管道计算模型可按下列规定确定：

(1) 每个计算模型应以锚固点或其他已知边界条件的点为边界；

(2) 计算中应计入管道上的阀门以及其他附件的自重，当阀门或其他附件的重心与管道中心线的距离大于管道直径的 1.5 倍时，应计入偏心的影响。

9.3.3 采用等效静力法时，管道上的地震作用可用下式计算：

$$F=1.5\frac{G}{g}S_a \tag{9.3.3}$$

式中 F ——施加在管道上的地震作用(N)；

G ——管道(包括介质和保温材料)的重量(N)；

g ——重力加速度，取 $9.81(m/s^2)$；

S_a——加速度反应谱的峰值(g)。

9.3.4 采用反应谱法时，管道抗震计算的设计阻尼比宜通过试验或实测得到，也可根据管道的自振频率按下列规定选取：

(1) 当自振频率小于或等于 10Hz 时，阻尼比可取为 5%；

(2) 当自振频率大于或等于 20Hz 时，阻尼比可取为 2%；

(3) 当自振频率大于 10Hz 但小于 20Hz 时，阻尼比可在上述(1)和(2)的范围内线性插入。

9.3.5 采用反应谱法时，若管道跨越不同的建筑物或同一建筑物的不同楼层，则应考虑不同支撑点和连接点的不同地震反应谱的影响，可采用多反应谱分析法。当采用多反应谱有困难时，可采用各支撑点反应谱的包络线作为地震反应谱，同时应计入支承点处相对位移的影响。

10 地震检测与报警

10.1 仪器设置

10.1.1 核电厂中设置地震检测仪器的类型和数量应按极限安全地震震动的加速度峰值和地震报警的需要确定。设置仪器的数量不得少于表 10.1.1 规定的数量。

地震检测和报警仪器设置类型和数量(台、套)　　　表 10.1.1

<table>
<tr><td colspan="3">仪器类型</td><td colspan="2">三轴向加速度仪</td><td colspan="2">三轴向加速度计</td><td colspan="2">地震开关</td></tr>
<tr><td colspan="3">极限安全地震震动</td><td>小于 0.3g</td><td>大于等于 0.3g</td><td>小于 0.3g</td><td>大于等于 0.3g</td><td>小于 0.3g</td><td>大于等于 0.3g</td></tr>
<tr><td rowspan="12">位置</td><td colspan="2">自由场地</td><td>1</td><td>1</td><td>—</td><td>—</td><td>3</td><td>3</td></tr>
<tr><td rowspan="6">安全壳内</td><td>底板</td><td>1</td><td>1</td><td>—</td><td>—</td><td>3</td><td>3</td></tr>
<tr><td>地面高度</td><td>1</td><td>1</td><td>—</td><td>—</td><td>—</td><td>—</td></tr>
<tr><td>反应堆设备支承</td><td rowspan="2">1</td><td>1</td><td>—</td><td>—</td><td>—</td><td rowspan="2">3</td></tr>
<tr><td>反应堆管道支承</td><td>1</td><td>—</td><td>—</td><td>—</td></tr>
<tr><td>反应堆设备</td><td>—</td><td>—</td><td>1</td><td>1</td><td>—</td><td>—</td></tr>
<tr><td>反应堆管系</td><td>—</td><td>—</td><td>1</td><td>1</td><td>—</td><td>—</td></tr>
<tr><td rowspan="5">安全壳外</td><td>Ⅰ类物项</td><td>1</td><td>1</td><td>—</td><td>—</td><td>—</td><td>—</td></tr>
<tr><td>Ⅰ类设备支承</td><td rowspan="2">1</td><td>1</td><td>—</td><td>—</td><td>—</td><td>—</td></tr>
<tr><td>Ⅰ类管系支承</td><td>1</td><td>—</td><td>—</td><td>—</td><td>—</td></tr>
<tr><td>Ⅰ类设备</td><td>—</td><td>—</td><td rowspan="2">1</td><td>1</td><td>—</td><td>—</td></tr>
<tr><td>Ⅰ类管系</td><td>—</td><td>—</td><td>1</td><td>—</td><td>—</td></tr>
</table>

注：①地震开关可在控制室读数；

②当土—结构相互作用可略去不计时，底板上可不设置仪器；

③当极限安全地震震动的加速度峰值小于 0.3g 时，安全壳内可在反应堆设备支承处或反应堆管道支承处设置一台三轴向加速度仪，而在安全壳外可在Ⅰ类设备支承处或Ⅰ类管系支承处设置一台三轴向加速度仪并在Ⅰ类设备或Ⅰ类管系上设置一个三轴向加速度计；

④在安全壳内的反应堆设备和反应堆管系以及在安全壳外的Ⅰ类设备和Ⅰ类管系设置三轴向加速度计仅是推荐性的，设置的数量也是推荐性的，不做强制规定；

⑤当极限安全地震震动的加速度峰值大于等于 0.3g 时，安全壳内可在反应堆设备支承处和反应堆管道支承处共设置 3 台地震开关。

10.1.2 在建有多个工程结构的场地上设置仪器时，若其中的一个结构已设置了仪器，并根据核电厂的抗震设计计算，已知在其他结构上的地震反应与已设置仪器的结构的反应基本上相似时，可不再另外设置仪器。

10.2 仪器性能

10.2.1 仪器特性应符合下列规定：

(1)当仪器采用蓄电池电源时，电源应能维持比仪器维护周期稍长的时间，使系统在维护周期内的任何时候均能至少运行 25min；

(2)仪器维护周期不应小于三个月。

10.2.2 加速度传感器应具备下列性能：

(1)动态范围不得低于100：1；

(2)仪器从 0.1Hz 到 33.0Hz 频段内有平直的响应，或者通过校正计算得到的校正加速度记录具有上述特性；

(3)阻尼常数在 55%～70%之间，且阻尼应与速度成正比；

(4)在规定的频率范围内，即从 0.1Hz 到 33.0Hz 频段内无伪共振现象；

(5)对垂直传感器灵敏轴方向的加速度分量的横向灵敏度不应超过 0.03g/g；

(6)应满足满量程 1g，但在强烈地震区应提高到 2g。

10.2.3 记录器应具备下列性能：

(1)记录介质具有长期存放的能力；

(2)记录速度足以分辨出要求记录的最高频率，宜为 33.0Hz；

(3)具有足够的记录通道，可以记录本章第 10.1 节中规定的信号并另加至少一个单独的参考时标记录通道；

(4)每秒至少有两个脉冲或标识号，精度为±0.2%；

(5)记录与数据采集系统合在一起的动态范围不得低于 100：1。

10.2.4 地震触发器应具备下列性质：

(1)触发阈值在 0.005g 到 0.02g 之间可调，系统本身可靠，不发生误触发和漏触发；

(2)频率范围在 1.0～20.0Hz 内有平直的响应；

(3)输出量与被触发起动的设备匹配。

10.2.5 加速度仪应具备下列性能：

(1)加速度传感器的性能符合第 10.2.2 条的规定；

(2)记录器的性能符合第 10.2.3 条的规定；

(3)地震触发器的性能符合第 10.2.4 条的规定；

(4)加速度仪经触发起动后能在 0.1s 内达到完全运行，继而能在地震震动超过触发阈值期间连续运行，并在最后一次达到触发阈值后还能连续运行至少 5s；记录介质可提供的总记录时间不低于 25min。

10.2.6 加速度仪应具备可在现场测试和标定的性能，并能提供永久性的标定记录。

10.2.7 两台或两台以上的加速度仪应能进行内部联接，采用统一的触发系统和公共的时标系统。

10.2.8 加速度峰值计应具备下列性能：

(1)动态范围不低于 20：1；

(2)至少在 20Hz 以内的频段有平直的响应；

(3)阻尼常数在 55%～70%之间，且阻尼与速度成正比；

(4)在规定的频段范围内无伪共振现象；

(5)在加速度峰值计的每个记录上都要留出一定的位置，以便标记记录的方向、仪器的系列号、取得记录的时间；

(6)加速度峰值计不需电源；

(7)满量程为1g。

10.2.9 地震开关应具备下列性能：

(1)给定使地震开关作出显示的加速度值；

(2)在0.1～33.0Hz之间的响应接近平直；

(3)阻尼常数在55%以上，且阻尼与速度成正比。

10.3 观测站设置

10.3.1 观测站应设置在便于工作和维修的地点，记录器得到的记录在地震后应能保留。

10.3.2 观测仪器应与观测点紧密锚固，在设计谱的频率范围内，应把振动均匀一致地传递给仪器。

10.3.3 观测站中的三轴向仪器应有一个水平轴与抗震计算中采用的水平主轴方向平行。观测站中如果还包含有其他仪器，则所有这些仪器中的灵敏轴方向应与三轴向仪器中的一个灵敏轴方向一致。

10.3.4 触发启动应符合下列要求：

(1)应同时利用竖向和水平向地震震动触发启动加速度仪，可采用一个或多个地震触发器；

(2)所有加速度仪可用第10.1.1条规定设置的加速度仪的同一个(或组)触发器来启动；

(3)为加速度仪触发启动的地震加速度阈值不得超过0.02g；

(4)按第10.1.1条和表10.1.1规定设置的地震开关的启动加速度阈值不得大于该开关所在高程处对应于运行安全地震震动的反应的零周期加速度。

10.3.5 任何一台加速度仪或地震开关一旦启动，显示器应立即工作，该显示器可安放在核电厂控制室内。如该显示器是由第10.1.1条表10.1.1规定的地震开关安排，应保证同时有两台启动时方在控制室内发出声响警报。

10.3.6 观测站的所有组成仪器以及彼此间的联接，应能确保观测站提供的数据在相应的工作环境(包括温度、湿度、压力、振动和放射性条件等)下，其总体误差不大于全量程的5%，线性度变化应在全量程的±1.5%或0.01g以内。

附录A 各类物项分类示例

A.1 工程结构物项类别的划分

A.1.1 下列物项划为Ⅰ类：

(1)安全壳(包括贯穿件)；

(2)安全壳内部结构；

(3)核辅助厂房；

(4)燃料厂房；

(5)控制室及有关电气厂房；

(6)柴油机房；

(7)贮存乏燃料的有关结构；

(8)辅助给水系统的有关结构；

(9)安全厂用水系统和设备冷却水系统的有关结构；

(10)换料水贮存结构；

(11)安全壳排气烟囱；

(12)监测安全重要系统用的有关结构；

(13)损坏后会直接或间接造成事故工况的、有放射性物质外逸危险的以及使反应堆安全停堆并排出余热所需的其它结构。

A.1.2 下列物项划为Ⅱ类：

(1)放射性废物处理系统的有关结构(不包括放射性物质装量较少或损坏后放射性物质的外逸低于规定限值的结构)；

(2)冷却乏燃料的有关设施；

(3)安全上重要，但不属于Ⅰ类的其它结构。

A.2 系统和部件物项类别的划分

A.2.1 下列物项划为Ⅰ类：

(1)反应堆冷却剂承压边界；

(2)反应堆堆芯和反应堆容器内部构件；

(3)应急堆芯冷却、事故后安全壳热量排除或事故后安全壳空气净化(如除氢系统)所需要的系统或其一部分；

(4)停堆、余热排除或冷却乏燃料贮存池所需要的系统或其有关部分；

(5)蒸气和供水系统、从蒸气发生器二次侧延伸到并包括安全壳外隔离阀的部分和与它连接直至第一个阀门(含该阀门，包括安全或减压阀)的公称直径为63.5mm以上的管道；

(6)堆芯应急冷却、事故后安全壳热量排除、事故后安全壳空气净化、反应堆余热排除或冷却乏燃料贮存池所需要的冷却水系统、设备、冷却水系统和辅助给水系统或这些系统的有关部分，包括取水口设备；

(7)安全重要的反应堆冷却系统部件，如反应堆冷却剂泵及其运行所需要的冷却水和密封水系统或这些系统的有关部分；

(8)为应急设备供应燃料所需要的系统或其有关部分；

(9)产生保护动作信号的执行机构输入端和与其连接的所有有关电气与机械装置和线路；

(10)安全重要系统的监测和启动所需要的系统或其有关部分；

(11)乏燃料贮存架；

(12)反应性控制系统，例如控制棒、控制棒驱动机构及硼注入系统；

(13)与控制室有关的要害设备的冷却系统、通风和空调系统以及控制室内外的某些设备，即其损坏可能对控制室工作人员产生危害者；

(14)除放射性废物处理系统外，不包括上述第(1)至(13)项中含有或可能含有放射性物质的系统，且其假想破坏会导致按保守计算得出的厂外剂量对全身超过5msy或对身体任何部分超过全身的当量剂量者；

(15)安全等级为LE级的电气系统，包括上述第(1)至(14)项所列电厂装置运行所需应急电源的厂内电源辅助系统；

(16)不要求连续起作用的部分系统或部件，其破坏可能使上述第(1)至(15)项中任一电厂装置的作用降低到不能接受的安全水平，应将它们设计和建造成当发生极限安全地震震动时不会产生此种破坏。

A.2.2 下列物项划为Ⅱ类：

(1)核电厂中放射性废气处理系统中用于贮存或延迟释放放射性废气的部分；

(2)核电厂中的防火系统设备；

(3)安全重要，但不属于Ⅰ类的其它系统和部件。

附录B 建筑物、构筑物采用的作用效应组合及有关系数

B.0.1 作用效应组合通用表达式为：

$$S_i = \sum(\gamma_{ij} \cdot S_{ijk}) \quad (B.0.1)$$

式中 S_i——第i种作用效应组合(内力或应力)设计值；

γ_{ij}——第i种组合中的第j种作用的作用分项系数；

S_{ijk}——第i种组合中的第j种作用标准值效应，等于第j种作用效应系数乘第j种作用标准值。

B.0.2 作用效应组合及其作用分项系数：

(1)混凝土安全壳应符合表B.0.2-1；

(2)混凝土建筑物、构筑物应符合表 B.0.2-2；

(3)钢结构构件应符合表 B.0.2-3。

混凝土安全壳作用效应组合及其作用分项系数　　表 B.0.2-1

S_i	作用效应组合内容	作用分项系数 γ_{ij}												
		G	L	P	P_0	T_0	R_0	E_1	E_2	T_a	R_a	Y_y	P_a	H_a
S_1	$N+E_1$	1.0	1.3	1.0	1.0	1.0	1.0	1.5	—	—	—	—	—	—
S_2	$N+E_1+A$	1.0	1.0	1.0	—	—	—	1.25	—	1.0	1.0	—	1.25	—
S_3	$N+E_1+H_a$	1.0	1.0	1.0	—	1.0	—	1.0	—	—	—	—	—	1.0
S_4	$N+E_2$	1.0	1.0	1.0	1.0	1.0	1.0	—	1.0	—	—	—	—	—
S_5	$N+E_2+A$	1.0	1.0	1.0	—	—	—	—	1.0	1.0	1.0	—	1.0	—

混凝土建筑物、构筑物作用效应组合及其作用分项系数　　表 B.0.2-2

S_i	作用效应组合内容	作用分项系数 γ_{ij}										
		G	L	H	T_0	R_0	E_1	E_2	P_a	T_a	R_a	Y_y
S_1	$N+E_1$	1.4	1.7	1.7	—	1.7	1.7	—	—	—	—	—
S'_1	$N+E_1+T$	1.05	1.3	1.3	1.05	1.3	1.3	—	—	—	—	—
S_2	$N+E_1+A$	1.0	1.0	1.0	—	—	1.15	—	1.15	1.0	1.0	1.0
S_4	$N+E_2$	1.0	1.0	1.0	1.0	1.0	—	1.0	—	—	—	—
S_5	$N+E_2+A$	1.0	1.0	1.0	—	—	—	1.0	1.0	1.0	1.0	1.0

钢结构构件作用效应组合及其作用分项系数　　表 B.0.2-3

S_i	作用效应组合内容	作用分项系数 γ_{ij}									
		G	L	T_0	R_0	E_1	E_2	P_a	T_a	R_a	Y_y
S_1	$N+E_1$	1.5	1.5	—	—	1.5	—	—	—	—	—
S'_1	$N+E_1+T$	1.15	1.15	1.15	1.15	1.15	—	—	—	—	—
S_2	$N+E_1+A$	1.0	1.0	—	—	1.1	—	1.1	1.0	1.0	1.0
S_4	$N+E_2$	1.0	1.0	1.0	1.0	—	1.0	—	—	—	—
S_5	$N+E_2+A$	1.0	1.0	—	—	—	1.0	1.0	1.0	1.0	1.0

注：表 B.0.2-1，B.0.2-2，B.0.2-3 中，当各种组合中任何一种作用足以减小其它作用，如该作用系经常出现或与其它作用一定同时发生，则此作用分项系数应取为 0.9；否则取为零，即不参与组合。

B.0.3　钢结构构件的承载力调整系数 k_2 对作用效应组合 S_1 和 S'_1 取 $k_2=1.0$，对组合 S_4，取 $k_2=1.07$。对组合 S_2 和 S_5，取 $k_2=1.1$。

附录 C　地震震动衰减规律

C.0.1　华北地区的基岩地震震动衰减规律可按下列公式计算：

$$y=C_0+C_1M+C_2\lg(D+R_0)+\varepsilon \quad \text{(C.0.1-1)}$$

$$R_0=C_0\cdot\exp(C_4M) \quad \text{(C.0.1-2)}$$

式中　D——断层距(km)；

M——震级；

R_0——考虑震级和距离的地震震动饱和参数；

ε——表示地震不确定性的随机量。

C.0.2　对应于计算烈度 I、加速度峰值 a，加速度反应谱 $S_a(T,0.05)$ 时，y 分别等于 I、$\lg a$、$\lg[S_a(T,0.05)]$，其中 T 为周期(以 s 计)，0.05 为阻尼比。

C.0.3　系(参)数 C_0、C_1、C_2、C_3、C_4、σ(标准差)可按表 C.0.3 取值。

地震震动参数为地震烈度 I 时的衰减规律　　表 C.0.3-1

C_n	C_1	C_2	C_3	C_4	σ
1.586	1.515	3.185	7.000	0	0.856

地震震动参数为加速度峰值 a(cm/s²)时的衰减规律　　表 C.0.3-2

C_n	C_1	C_2	C_3	C_4	σ
0.316	0.810	2.089	0.196	0.704	0.258

地震震动参数为加速度反应谱 S_a 时的衰减规律　　表 C.0.3-3

周期(s)	C_n	C_1	C_2	C_3	C_4	σ
0.040	0.318	0.812	2.084	0.198	0.703	0.246
0.044	0.333	0.811	2.081	0.198	0.703	0.248
0.050	0.472	0.796	2.092	0.200	0.703	0.245
0.060	0.578	0.797	2.137	0.201	0.702	0.251
0.070	0.640	0.793	2.144	0.202	0.702	0.253
0.080	0.694	0.800	2.177	0.202	0.702	0.268
0.090	0.651	0.798	2.115	0.201	0.703	0.279
0.100	0.736	0.773	2.054	0.201	0.703	0.274
0.120	0.752	0.765	2.006	0.200	0.703	0.276
0.150	0.830	0.752	1.972	0.200	0.703	0.271
0.200	0.508	0.796	1.918	0.194	0.704	0.280
0.240	0.478	0.832	2.046	0.195	0.704	0.284
0.300	0.155	0.873	2.035	0.191	0.705	0.296
0.340	−0.183	0.909	1.977	0.186	0.706	0.324
0.400	−0.556	0.974	2.030	0.183	0.707	0.340
0.440	−0.641	0.988	2.060	0.183	0.707	0.343
0.500	−0.755	0.991	2.046	0.182	0.707	0.345
0.600	−0.974	0.984	1.923	0.178	0.708	0.355
0.700	−1.252	1.034	1.982	0.176	0.708	0.368
0.800	−1.286	1.035	2.005	0.177	0.708	0.376
0.900	−1.555	1.098	2.104	0.176	0.708	0.387
1.000	−1.837	1.152	2.167	0.175	0.709	0.394
1.500	−2.264	1.162	2.075	0.170	0.710	0.409
2.000	−2.266	1.089	1.917	0.169	0.710	0.380
3.000	−2.027	0.920	1.588	0.168	0.710	0.348
4.000	−2.283	0.922	1.544	0.165	0.711	0.356
5.000	−2.619	0.937	1.488	0.161	0.712	0.376
6.000	−2.594	0.867	1.289	0.155	0.713	0.384
7.000	−2.371	0.786	1.182	0.156	0.713	0.370
8.000	−2.204	0.735	1.156	0.160	0.712	0.356

C.0.4　对表 C.0.3 中未给出的周期 T(s)，其加速度反应谱值可按 $\lg T$ 和 $\lg S_a$ 线性内插。

C.0.5　加速度反应谱系按阻尼比 $\zeta=0.05$ 给出，对其它阻尼比值，反应谱值应乘以修正系数 η：

(1)当周期 $T>0.1$s 时

$$\eta=[1+15(\zeta-0.05)\exp(-0.09T)]^{-0.5} \quad \text{(C.0.5)}$$

(2)当周期 $T=0.02$s 时，取 $\eta=1.0$。

(3)当周期 $0.02\text{s}<T\leqslant0.1$s 时，可按上列二式的计算结果线性内插。

附录 D　地下结构地震作用效应计算方法及简图

D.0.1　反应位移法的基本方程如下：

$$[K]\{U\}+[K_s](\{U\}-\{U_s\})=\{F\} \quad \text{(D.0.1)}$$

式中　$[K]$——结构刚度阵，可将结构看作梁单元的集合计算确定；

$[K_s]$——地基弹簧刚度阵，每一节点含压缩和剪切两个分量；

$\{F\}$——作用于结构的等效地震作用，包括结构和设备的地震惯性力和地震动水压力以及结构顶面和底面所受到的剪力；

$\{U\}$——待求的结构地震位移；

$\{U_s\}$——输入的地基地震位移。

$\{F\}$中所含的地震惯性力可按等效静力法进行计算，设计地震加速度等于地基土层地震加速度在结构高程范围内的平均值。顶面剪力可按地基土层相应高程上的地震剪应力进行换算，底面剪力等于地震惯性力（含地震动水压力）与顶面剪力之和。$\{F\}$应为一自身平衡力系。

D.0.2 多点输入弹性支承动力计算法基本方程如下：

$$\{M\}\ddot{U}+(\{C\}+\{C_s\})\{\dot{U}\}+(\{K\}+\{K_s\})\{U\}=\{K_s\}\{U_s\} \tag{D.0.2-1}$$

式中 $\{M\}$——结构和设备的质量阵，包括动水压力的附加质量在内；

$\{C\}$——结构阻尼阵，计算时结构的阻尼比可取为5%；

$\{C_s\}$——地基阻尼阵，计算时侧面弹簧的阻尼比可取为5%，底面弹簧的阻尼比可取为3%；

$\{U\}$——结构的绝对位移；

$[K]$、$[K_s]$和$\{U_s\}$的含义同式（D.0.1）。

方程求解时，应取足够数量的振型数。

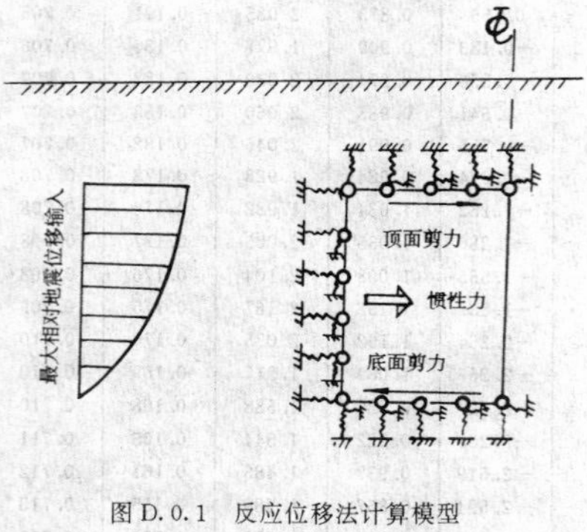

图 D.0.1 反应位移法计算模型

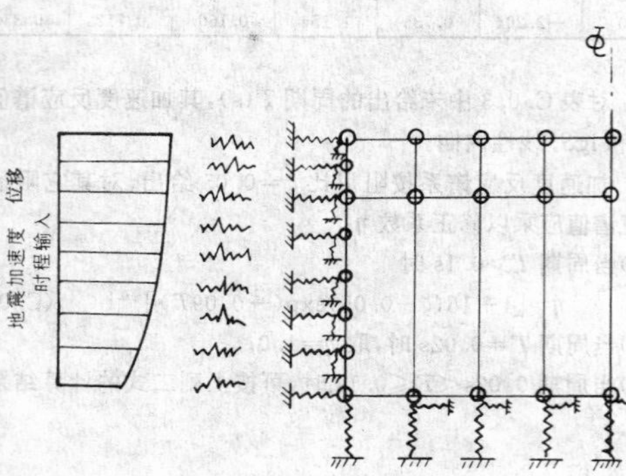

图 D.0.2 多点输入弹性支承动力计算法模型

地基阻尼阵中的阻尼常数可按下式计算：

$$C_i=2\zeta_i\sqrt{K_i m_i} \tag{D.0.2-2}$$

式中 ζ_i——第i层地基阻尼比；

m_i,K_i,C_i——节点i的质量、刚度和阻尼。

附录E 设计楼层反应谱的修正

E.0.1 当设备有一个以上的自振频率$(f_e)_1$、$(f_e)_2$、$(f_e)_3$、……落在设计楼层反应谱的拓宽了的峰值范围内时，应对楼层反应谱进行修正。

从设计楼层反应谱中可直接得到偏于安全的振型加速度a_1、a_2、a_3。可用平行线法按照图E.0.1中三种可能方案对谱进行修正（图E.0.1b～d），并取产生最大反应谱用于设计。

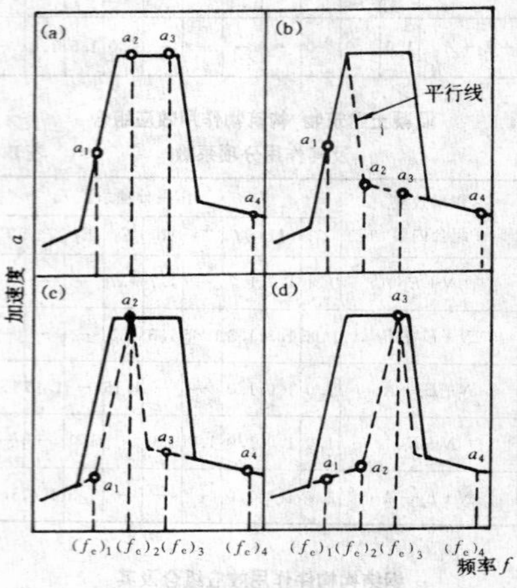

图 E.0.1 设计楼层反应谱的修正

附录F 设备、部件采用的容许应力和设计限值

F.1 容许应力

F.1.1 安全一级部件非螺栓材料的设计应力强度值S_m应按下列规定取用。

F.1.1.1 对于铁素体钢的设计应力强度值S_m应按下列规定计算并取其最小值：

（1）常温下最小抗拉强度的1/3；

（2）工作温度下抗拉强度的1/3；

（3）常温下最小屈服强度的2/3；

（4）工作温度下屈服强度的2/3。

F.1.1.2 对于奥氏体钢、镍-铬-铁合金和镍-铁-铬合金的设计应力强度值S_m应按下列规定计算并取其最小值：

（1）常温下最小抗拉强度的1/3；

（2）工作温度下抗拉强度的1/3；

（3）常温下最小屈服强度的2/3；

（4）工作温度下屈服强度的90%。

F.1.2 安全一级部件螺栓材料的设计应力强度值S_m应取常温下规定的最小屈服强度的1/3和实际工作温度下屈服强度的1/3两者的较小值。

F.1.3 安全二级及三级部件非螺栓材料的容许应力值应按下列规定取用：

F.1.3.1 对于铁素体钢的容许应力值S应按下列规定计算并取其最小值：

（1）常温下最小抗拉强度的1/4；

(2)工作温度下抗拉强度的1/4；

(3)常温下最小屈服强度的2/3；

(4)工作温度下屈服强度的2/3。

F.1.3.2 对于奥氏体钢和有色金属的容许应力值S应按下列规定计算并取其最小值：

(1)常温下最小抗拉强度的1/4；

(2)工作温度下抗拉强度的1/4；

(3)常温下最小屈服强度的2/3；

(4)工作温度下屈服强度的90%。

F.1.4 安全二级部件和三级部件螺栓材料的容许应力应符合F.1.3的规定，但对经热处理的材料尚应满足下面的附加要求：螺栓材料的容许应力应取常温下最小抗拉强度的1/5和常温下最小屈服强度的1/4两者的较小值。

F.2 设计限值

F.2.1 安全一级容器和堆内支承结构的应力限值应符合表F.2.1的规定：

安全一级容器和堆内支承结构的应力限值　　表F.2.1

使用荷载	一次应力		一次应力+二次应力	峰值应力
	P_m	P_m(或P_L)$+P_b$	P_m(或P_L)$+P_b+Q$	P_m(或P_L)$+P_b+Q+F$
设计使用荷载	$1.0S_m$	$1.5S_m$	无要求	无要求
A级或B级使用荷载	$1.1S_m$	$1.65S_m$	$3.0S_m$	S_a
D级使用荷载	$2.4S_m$或$0.7S_u$的较小值(对奥氏体钢)$0.7S_u$(对铁素体钢)	左面P_m限值的150%	无要求	无要求

表中　P_m——总体薄膜应力强度(N/mm²)；

P_L——局部薄膜应力强度(N/mm²)；

P_b——弯曲应力强度(N/mm²)；

Q——二次应力强度(N/mm²)；

F——峰值应力(N/mm²)；

S_a——疲劳极限(N/mm²)，由相应的疲劳曲线查得；

S_u——材料的抗拉强度(N/mm²)。

F.2.2 安全一级容器在D级使用荷载下静荷载或当量静荷载应不大于下列规定：

(1)极限分析破坏荷载的90%，且屈服强度等于S_m的2.3倍和$0.7S_u$的较小值；

(2)塑性分析破坏荷载的100%；

(3)试验破坏荷载的100%。

F.2.3 堆内支承结构部件在D级使用荷载下，容许将系统的弹性分析与部件的非弹性分析相组合。此时部件的应力限值应符合下列规定。

$$P_m \leqslant 0.67S_u \tag{F.2.3-1}$$

$$P_m+P_b \leqslant \max\begin{cases}0.67S_{ut}\\ S_y+(S_{ut}-S_y)/3\end{cases} \leqslant 0.9S_u \tag{F.2.3-2}$$

式中　S_{ut}——实际使用的材料应力-应变曲线上取得的抗拉强度；

S_y——材料的屈服强度。

F.2.4 安全一级泵和阀门的应力限值应符合下列要求。

F.2.4.1 按分析法设计的安全一级能动泵和阀门(不包括阀瓣、阀杆、阀座或包容在阀体和阀盖范围内的阀门其它零件)，无论在A级或B级还是D级使用荷载下，部件的应力强度均应满足表F.2.1中关于A级或B级使用荷载的应力限值的要求，并应通过试验或详细的应力和变形分析验证地震下的可运行性。

F.2.4.2 按分析法设计的安全一级非能动泵和阀门，应满足表F.2.1中关于A级或B级使用荷载的应力限值的要求。

F.2.5 安全一级部件支承件的应力限值应符合下列要求。

F.2.5.1 在A级或B级使用荷载下的板壳型支承件，其总体一次薄膜应力强度不应大于S_m；一次薄膜应力加弯曲应力强度不应大于$1.5S_m$；膨胀应力或一次应力加膨胀应力强度均不应大于$3S_m$。同时应满足临界屈曲强度极限的要求。板型支承件的压应力不应大于0.5倍临界屈曲应力。壳型支承件的压应力不应大于0.33倍临界屈曲应力。临界屈曲强度应根据工作温度下的材料性质来计算。

F.2.5.2 A级或B级使用荷载下的线型支承件，在净截面上的拉伸应力F_t不应大于$0.60S_y$和$0.50S_u$两值中的较小者。对于截面带孔减弱的零件，净截面上的F_t不应大于$0.4S_y$和$0.375S_u$两值中的较小者。杆件的许用压应力不应大于0.67倍的临界屈服应力。

F.2.5.3 在D级*使用荷载下进行弹性系统的分析时，板壳型支承件的P_m限值为$1.2S_y$和$1.5S_m$中的较大值，但不大于$0.7S_u$。P_m+P_b的限值的150%或静荷载或当量静荷载不应超过极限分析破坏荷载的90%(所用的屈曲强度取$1.2S_y$和$0.7S_u$的较小值)，或塑性破坏荷载或试验破坏荷载的100%。板壳型支承件的压应力不应大于0.67倍临界屈曲应力。

注*：在评定因对自由端位移和锚固点移动加以约束而产生的应力时，应视为一次应力。

F.2.5.4 在D级使用荷载下线性支承件的容许应力可对F.2.5.2规定的数值按下列系数r进行增大：

$$r=\min\begin{cases}2\\ 1.167S_u/S_y\end{cases}\qquad 若 S_u \geqslant 1.2S_y$$

$$r=1.4\qquad 若 S_u < 1.2S_y$$

此外，构件必须进行稳定验算。

F.2.6 安全二级及三级部件的应力限值应符合表F.2.6的规定。

安全二级及三级部件的应力限值　　表F.2.6

使用荷载	应　力	泵、阀②		容器及储槽①
		能动	非能动	
B级使用荷载	σ_m	$1.1S$	$1.1S$	$1.1S$
	σ_m(或σ_L)$+\sigma_b$	$1.65S$	$1.65S$	$1.65S$
D级使用荷载	σ_m	$1.1S$	$2.0S$	$2.0S$
	σ_m(或σ_L)$+\sigma_b$	$1.65S$	$2.4S$	$2.4S$

注①薄壁容器应考虑可能发生局部失稳或整体失稳的情况；

②本表所列应力限值不适用于阀瓣、阀杆、阀座或包容在阀体和阀盖范围内的其它零件。满足表中应力限值并不保证设备的可运行性。

F.2.7 受内压部件的螺栓紧固件连接的应力限值应符合下列规定。

F.2.7.1 在B级使用荷载下，螺栓中的实际使用应力应满足下列要求：

(1)不计应力集中，沿螺栓横截面平均的使用应力，其最大值不大于$2S_m$；

(2)不计应力集中，在螺栓横截面的周边上由拉伸加弯曲引起的使用应力，其最大值不大于$3S_m$。

注：对安全二、三级设备用S代替S_m。

F.2.7.2 在D级使用荷载下，按弹性方法计算的螺栓有效拉伸应力区域的平均拉应力不大于$0.7S_u$和S_y中的较小值；螺栓荷载应是外荷载和连接件变形产生的分离作用所引起的任何拉力的总和。

F.2.8 非受压部件的螺栓紧固件连接的应力限值应符合下列规定。

F.2.8.1 在B级使用荷载下，螺栓中的实际应力应满足下列要求：

(1)受纯拉的螺栓，其平均拉应力应限制在下列规定的F_{tb}值以下：

对于铁素体钢　　$F_{tb}=0.58S_u$；

对于奥氏体钢　　$F_{tb}=0.35S_u$；

但上述限值不应超过材料工作温度下的屈服强度。

(2)受纯剪的螺栓，其平均剪应力应限制在下列规定的 F_{vb} 值以下：

对于铁素体钢　　$F_{vb}=0.24S_u$；

对于奥氏体钢　　$F_{vb}=0.14S_u$；

(3)受拉剪联合作用的螺栓，应使拉应力和剪应力满足下式要求：

$$\frac{f_t^2}{F_{tb}^2}+\frac{f_v^2}{F_{vb}^2}\leqslant 1 \qquad (F.2.8)$$

式中 f_t ——计算的拉应力(N/mm²)；

f_v ——计算的剪应力(N/mm²)；

F_{tb} ——工作温度下的容许拉应力(N/mm²)；

F_{vb} ——工作温度下的容许剪应力(N/mm²)。

F.2.8.2 在D级使用荷载下螺栓中的实际应力应满足下列要求：

(1)平均拉应力不大于F.2.8.1(1)项的规定；

(2)有效剪切面积上螺栓平均剪应力不大于 $0.42S_u$ 和 $0.6S_y$ 中的较小值；

(3)受拉剪联合作用的螺栓应符合第F.2.8.1款(3)的规定。

F.2.9 地脚螺栓的应力限值应按F.2.8.1取值。

F.2.10 设备在A级、B级、D级使用荷载下的应变或变形限值，应满足设计技术规格书提出的要求。

F.2.11 Ⅰ类起重运输设备在地震时应保持稳定，不得发生倾覆或滑移，并应保证起吊的重物不致坠落。

F.2.12 Ⅱ类设备的应力限值可按表F.2.6中B级使用限值的规定执行。

附录G　验证试验

G.0.1 对于要求作抗震鉴定的设备或部件，当分析方法不足以合理可信地证明其在规定强度和频度的地震作用时和作用后的正常功能和完整性，或确定其开始失效的极限地震强度时，应通过对原件或模型的振动试验进行检验。

G.0.2 对Ⅰ、Ⅱ类能动设备及部件的抗震试验应按本附录规定进行。

G.0.3 设备和部件的抗震鉴定试验应包括以下几类：

G.0.3.1 动态特性探查试验应测定设备或部件的各阶自振频率、振型及阻尼值等动态特性。

G.0.3.2 功能验证试验应检验在规定强度和频度的地震作用时和作用后的正常功能及其完整性。

G.0.3.3 极限功能试验应在必要时进行，需确定开始失效时的极限地震强度。

G.0.4 验证试验的试件应按以下原则选择：

G.0.4.1 验证试验的试件应采用对抗震不利的典型原件，必要时可以在不影响试验目的前提下，对原件在结构上作适当简化或采用适当的代用试件，但应论证其合理性。在结构简化对试验结果有影响时，应通过其他方式对试验结果作相应修正，并应有专门说明。

G.0.4.2 设备的抗震验证试验件，必须先经过功能检验，必要时应考虑环境老化影响；当部件在几个试验中被应用时，应保证其主要特性在以前的试验中未被改变。

G.0.5 试件应满足以下装配、固定和工作条件的要求：

G.0.5.1 试件的装配和固定方式应符合实际安装条件。原型中如有支承构架或隔振减振措施，以及对试件抗震性能有重要影响的连接件，试验中必须计入。

G.0.5.2 功能试验的试件尚应符合实际的环境和运行条件。

G.0.6 试验宜采用下列方法和步骤：

G.0.6.1 动态特性探查试验

(1)动态特性探查试验一般在试验室进行，对具有线性振动特性的设备，其初步试验也可在施工期间及启动运行以前直接在电厂现场进行。

(2)在现场作动态探查试验时，可采用激振器、起振机等设施作正弦迫振扫描，或利用突然释放、敲击等方法，测定其基本频率及相应的振型和阻尼值。在室内试验时，除现场试验的方法外，还可在振动台上进行。

(3)在振动台上测定试件的动态特性时，宜以白噪声激振，通过频谱分析，得到其各阶自振特性，激振幅值不大于2m/s²。

(4)在以正弦迫振扫描求设备或部件的动态特性时，扫描频段通常取1.0～35.0Hz，扫频速度不大于2 oct/min，在共振峰附近不大于1 oct/min；扫描加速度幅值不大于2m/s²，在共振峰附近不大于1m/s²。

(5)对有显著非线性的设备和部件，应采用不同激振幅值进行比较。对于正弦迫振扫描，应按1.0～35.0～1.0Hz升频和降频方式扫描。

(6)在动态特性探查试验中，除了测定频率、振型和阻尼等振动参数外，还应根据设备和部件的功能检测其他有关的反应参数。

(7)应沿设备或部件的三个主轴方向求其动态特性。

G.0.6.2 功能验证试验

(1)功能验证试验的条件应从偏于安全的角度考虑。

(2)功能验证试验应在竖向及两个相互垂直的水平方向同时施加地震作用。在条件不具备时，也可采用单向或双向激振，但应计入其耦合影响。

(3)电气元件等部件被装配在整体设备中后，如直接作功能验证试验有困难，可先对整体装配后的设备施加试验要求的地震动，求出该部件在非运行状态下的加速度反应，再以此作为激振输入，单独对部件作功能验证试验。

(4)在功能验证试验中，设备或部件功能的评判准则可分为下列四级：

一级：试验时及试验后功能均正常；

二级：试验时功能失效，试验后可恢复正常；

三级：试验时功能失效，试验后需要重新调整后才能恢复正常；

四级：试验时及试验后均完全失效。

(5)在评价设备或部件的功能验证试验结果时，对批量生产的设备或部件，应考虑抽样代表性可能导致的误差。

G.0.6.3 极限功能试验的方法、步骤与功能验证试验类同，但应逐级提高激振加速度幅值，直至试件开始失效或失去完整性。

G.0.7 试验荷载应按下列原则确定：

G.0.7.1 功能验证试验的激振加速度应优先采用满足设备或部件安装部位建筑物反应谱的多频率分量的时程。在偏于安全的条件下，也可采用另外的方法和准则，如单频共振规则波。

G.0.7.2 试验的激振加速度宜采用本规范第8.2.3条给定的安装部位楼层反应时程。确有困难时，可采用根据楼层反应谱(RRS)生成的非平稳随机过程作为模拟的加速度时程，其反应谱(TRS)应包括楼层反应谱(RRS)。

G.0.7.3 模拟加速度时程应满足下列要求：

(1)对模拟加速度的要求应以确定的参考点为准，参考点取自振动台台面或试件与激振部位刚性连接处附近的点。

(2)模拟加速度时程应包括楼层反应的整个频段，在无特殊论证时，可取为1.0～33.0Hz，频率的容许误差可按表G.0.7-1确定：

频率容许误差 **表 G.0.7-1**

频率(Hz)	频率容许误差
0.0～0.25	0.05Hz
0.25～5.0	20.0%
>5.0	1.00Hz

(3)参考点的模拟加速度峰值应大于给定的安装部位的零周期加速度值。

(4)模拟加速度时程的持续时间可取为 15～30s,其中强烈震动部分不应小于 10s。

(5)在阻尼比相同的情况下,激振加速度反应谱值应大于给定的楼层反应谱值,但其相对差值不应超过 50%。

(6)检查激振加速度反应谱时的频率间隔与阻尼比有关,可按表 G.0.7-2 频率间隔确定:

频率间隔 **表 G.0.7-2**

阻尼比(%)	频率间隔 Δf(倍频程)
>10	1/3
2～10	1/6
<2	1/12

G.0.8 振动台横向效应应小于主轴峰值运动的 25%。此外,振动台本身引起的在试验工作频段以外的分量的最大幅值应小于参考点激振加速度峰值的 20%。

G.0.9 当楼层反应时程的输入为实测地震加速度时程时,应从三条不同输入的楼层反应加速度时程中选择一条反应最大的进行功能试验。

G.0.10 在功能验证后应再做一次动态特性探查试验,以检验试件动态特性的改变情况。

G.0.11 在功能验证试验中,应按发生 5 次运行安全地震震动,随后再发生 1 次极限安全地震震动的情况加载。每次地震震动的间隔以其反应不致叠加为原则,间隔时间可按下式确定:

$$t > \frac{1}{2\pi\zeta f_1} \tag{G.0.11}$$

式中 f_1 ——试件的基频;

ζ ——试件的阻尼比。

G.0.12 试验报告应包括下列内容:

(1)被试验设备或部件的类别、特性及其所属单位;

(2)试件的选择及其简化情况;

(3)试件的装配、固定条件和运行,环境条件及其简化情况;

(4)试验所采用的楼层反应谱或相应的加速度时程;

(5)试验的要求和内容;

(6)试验的方法及其步骤;

(7)试验设备的主要特性及所属单位;

(8)测点布置、测试仪器及其主要特性和标定数据及日期;

(9)试验结果;

(10)试验负责人和试验单位核准负责人签名以及试验日期。

G.0.13 试验结果应包括下列内容:

(1)设备或部件在功能试验前后的动态特性;

(2)试件功能验证试验结果,包括试验时及试验后的功能情况及标志完好性的参数值和其它观测结果;

(3)需要对试验结果修正的情况;

(4)与计算分析结果的比较;

(5)结论。

附录 H 本规范用词说明

H.0.1 为便于在执行本规范条文时区别对待,对要求严格程度不同的用词说明如下:

(1)表示很严格,非这样做不可的:

正面词采用"必须",反面词采用"严禁"。

(2)表示严格,在正常情况下均应这样做的:

正面词采用"应",反面词采用"不应"或"不得"。

(3)对表示容许稍有选择,在条件许可时首先应这样做的:

正面词采用"宜"或"可",反面词采用"不宜"。

H.0.2 条文中指定应该按其他有关标准、规范执行时,写法为"应符合……的规定"。

附加说明

本规范主编单位、参加单位和主要起草人名单

主编单位:

国家地震局工程力学研究所

参加单位:

核工业第二研究设计院

上海核工程研究设计院

国家地震局地球物理研究所

大连理工大学

清华大学

水利水电科学院抗震防护所

同济大学

哈尔滨建筑工程学院

主要起草人:

胡聿贤 庄纪良 王前信 林 皋 江近仁 谢君斐
陈厚群 何德炜 王传志 黄经绍 田胜清 门福录
高文道 时振梁 谢礼立 黄存汉 曹小玉 王孝信
乔 治 任常平 郭玉学 冯启民 于双久 沈聚敏
熊建国 罗学海 金崇磐 朱美珍 金 严 朱镜清
刘 季 高光伊

中华人民共和国国家标准

核电厂抗震设计规范

GB 50267—97

条 文 说 明

编 制 说 明

本规范系根据国家计委计综［1985］2630号文的通知，由国家地震局负责主编，具体由国家地震局工程力学研究所会同有关设计、科研单位和高等院校，在国家核安全局的指导下编制而成。

本规范在我国尚属首次编制。考虑到我国核电厂抗震经验不多，规范编制组首先开展了调查研究，总结、对比、分析了核电厂地震选址和抗震设计的国际标准和国外先进标准的规定，在此基础上开展了若干专题研究。规范编制组充分考虑我国地震的特点、一般工程的抗震设计经验以及经济技术条件和工程实际经验，并注意到核电厂安全度要求高等特点，提出了初稿，广泛征求了有关单位、部门的意见，经过反复讨论、评议，多次修改，最后由国家地震局会同国家核安全局等有关部门审查定稿，经建设部建标［1997］198号文批准，自1998年2月1日起施行。

本规范包括设计地震震动的确定，地基、结构、设备、管道等的抗震设计，地震检测和报警等三部分，涉及多种学科和专业。设计地震震动的确定方法，体现了本规范与一般工程抗震规范的主要区别，也反映了国际上核电厂抗震技术的发展趋势。在本规范中规定了核电厂抗震设计应共同遵守的基本原则。在工程结构抗震设计方面，按现行国家标准《工程结构可靠度设计统一标准》（GB 50153—92）执行，尽可能采用以概率为基础的极限状态设计方法。由于我国核电厂的建设经验尚不多，且缺少实际震害资料，故在条文规定上留有一定的灵活性，以适应实际工作的需要和抗震技术的发展。

为便于广大设计、科研、施工教学等有关单位人员在使用本国家标准时能正确理解和执行条文规定，根据编制标准、规范条文说明的统一要求，按本规范中章、节、条的顺序，编写了条文说明，供各有关单位人员参考。在使用中如发现条文中有欠妥之处，请将意见直接函寄哈尔滨学府路29号（邮编：150080）国家地震局工程力学研究所科研处。

一九九七年七月

目　次

1 总 则

1.0.1 本条说明编制本规范的目的。

1.0.2 本条规定本规范的适用范围。我国在建或拟建的核电厂均为压水型反应堆。考虑到本规范的适用期限以及目前我国尚无建设其它堆型核电厂经验的情况，将本规范的适用范围主要限于压水堆，但其基本原则也适用于其它堆型。

核电厂宜避免建于强烈地震区，当厂址极限安全地震震动地面加速度峰值大于 0.5g 时应作专门研究。因为 0.5g 加速度值已相当于《中国地震烈度表(1980)》中 9 度的加速度平均值。这样的高烈度地震区，似不宜建核电厂。另外，常规抗震规范也无法参考。本条还规定两个抗震设防水准的预期设防目标。

1.0.3 各类物项的划分应在初步设计中说明，并随同初步设计批准。

1.0.4 Ⅲ类物项的抗震设防应以当地的抗震设防烈度或当地的常规设计地震震动参数为依据；建筑物和构筑物的抗震分类，可根据其重要性参照有关常规抗震规范的丙类或乙类(重要的)采用。

1.0.5 本规范与安全导则《核电厂厂址选择中的地震问题》(HAF0101)和《核电厂的地震分析及试验》(HAF0102)应是相容的。

2 术语和符号

2.1.9 试验反应谱是用来做设备抗震试验的。

3 抗震设计的基本要求

本章列入了与抗震设计有关的各章应共同遵守的规定，仅对某类物项有关的具体规定参见相应的章节。

3.1 计算模型

计算模型选取的合理性对计算的结果影响很大。因此，对于重要的或较复杂的物项原则上应取一种以上的计算模型进行比较；同时还应通过工程经验判断，对计算模型进行修正。条文第 3.1.1 条注中所述的主导频率是指对地震反应起控制作用的头几个振型的频率。

地基与结构相互作用计算中集中参数模型和有限元模型是应用最为广泛的两种模型。大量的实践表明，使用这两种模型都可获得比较好的结果，但前提是：对于集中参数模型，弹簧和阻尼参数要选取得当；对于有限元模型，模型尺寸、边界处理和单元划分等要遵循一定的原则。

对于集中参数模型，等效弹簧和阻尼器的阻抗函数可按以下方法确定：

$$K_x=K_x'+K_x''$$
$$K_\varphi=K_\varphi'+K_\varphi''$$
$$K_z=K_z'+K_z''$$
$$C_x=C_x'$$
$$C_\varphi=C_\varphi'$$
$$C_z=C_z'$$

式中 K_x、K_φ、K_z——地基土相应于水平移动、摆动和竖向移动的等效弹簧刚度；

C_x、C_φ、C_z——地基土相应于水平移动、摆动和竖向移动的等效阻尼系数；

K_x'、K_φ'、K_z'——基础置于均质地基土表面时的等效弹簧刚度，公式见表 3-1 和 3-2；

C_x'、C_φ'、C_z'——基础置于均质地基土表面时的等效阻尼系数，公式见表 3-1 和 3-2；

K_x''、K_φ''、K_z''——考虑基础埋置效应的等效弹簧刚度。

表 3-1

圆 形 底 板

运动方式	等效弹簧刚度	等效阻尼系数
水平移动	$K_x'=\frac{32(1-\nu)Gr}{7-8\nu}$	$C_x'=0.576K_xr\ \sqrt{\rho/G}$
摆 动	$K_\varphi'=\frac{8Gr^3}{3(1-\nu)}$	$C_\varphi'=\frac{0.30}{1+\beta}K_\varphi r\ \sqrt{\rho/G}$
竖向移动	$K_z'=\frac{4Gr}{1-\nu}$	$C_z'=0.85K_zr\ \sqrt{\rho/G}$
扭 转	$K_t'=\frac{16Gr^3}{3}$	$C_t'=\frac{\sqrt{K_tJ_P}}{1+2J_P/\rho r^5}$

表中 ν ——地基土的泊桑比；

G ——地基土的剪切模量；

r ——圆形底面的半径；

ρ ——地基土的密度；

K'_t——基础置于均质地基土表面时相应于扭转的等效弹簧刚度；

C'_t——基础置于均质地基土表面时相应于扭转的等效阻尼系数；

J_P ——结构和基础底板的极转动惯量。

$\beta=\frac{3(1-\nu)J_0}{8\rho r^5}$

其中 J_0——结构和基础底板绕底板摆动轴的总转动惯量。

表 3-2

矩 形 底 板

运动方式	等效弹簧刚度	等效阻尼系数
水平移动	$K'_x=2(1+\nu)G\beta_x\ \sqrt{bL}$	同圆形底板的相应公式，其等效半径见表 3-3
摆 动	$K'_\varphi=\frac{G}{1-\nu}\beta_\varphi b^2L$	
竖向移动	$K'_z=\frac{G}{1-\nu}\beta_z\ \sqrt{bL}$	
扭转	同圆形底板的公式，但 $r=\sqrt[4]{bL(b^2+L^2)/6\pi}$	

表中 ν 和 G 同圆形底板；

b——水平激振平面内的基础底面宽度；

L——垂直于水平激振平面的基础底面长度；

β_x、β_φ、β_z 为常数，其值见下图。

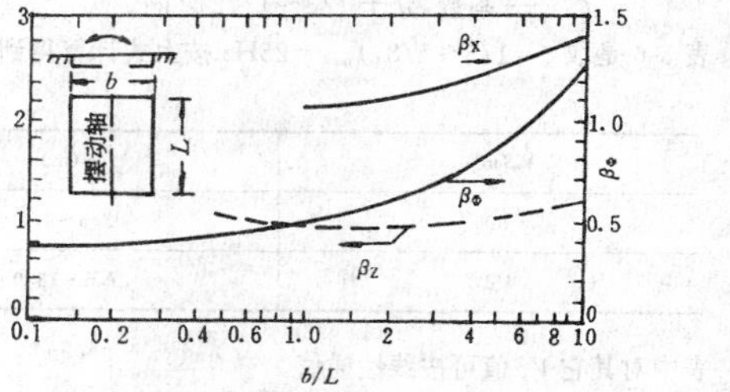

图 3-1 矩形底板的常数 β_x、β_φ、β_z

K''_x、K''_φ、K''_z 按下式计算：

$$K''_x=2.17\sum_{i=1}^{n}h_iG_i$$

$$K''_\varphi=2.17\sum_{i=1}^{n}h_iG_i(d_i^2+h_i^2/12)+2.52r^2\sum_{i=1}^{n}h_iG_i \quad (3\text{-}2)$$

$$K''_z=2.57\sum_{i=1}^{n}h_iG_i$$

表 3-3

矩形底板的等效半径
等效半径 r 取下列参数 r_x、r_φ、r_z 中最大的：
$r_x=\frac{(1+\nu)(7-8\nu)\beta_x\sqrt{bL}}{16(1-\nu)}$
$r_\varphi=\sqrt[3]{3\beta_\varphi b^2L/8}$
$r_z=\beta_z\sqrt{bL}/4$
式中参数 β_x、β_φ、β_z 见图 3-1

式中 n ——基础底面以上地基土的分层数；

G_i——各层剪变模量；

h_i——各层分层厚度；

d ——各层中心至基础底面的距离；

r ——基础底面半径，对于矩形基础按表 3-3 计算。

地基土的等效弹簧刚度和等效阻尼比，也可采用近似法确定，如表 3-4 所示。

表 3-4

等效弹簧刚度	等 效 阻 尼 比		
$K'_x=K'_{ox}$	V_s(m/s)	500	1500
	ζ_x(%)	30	10
$K'_\varphi=K'_{o\varphi}$	ζ_φ(%)	10	5

表中：K'_x、K'_φ 和 ζ_x、ζ_φ 分别为水平移动、摆动的等效弹簧刚度和等效阻尼比，K'_{ox}、$K'_{o\varphi}$为静力弹簧刚度；V_s 为剪切波速度，对于其它 V_s 值可采用线性插值法。对于有限元模型，模型的边界条件可采用下列方式处理：

模型底部：粘性边界；

模型两侧：粘性边界、透射边界或其它能量传输边界。

模型的宽度(B)和从结构基底算起的高度(H)可按表 3-5 采用。

表 3-5

V_s(m/s)	B/b	H/b
500	2.0	0.5
1500	6.0	1.5

表中 b 为结构基底宽度；对于其它 V_s 值可按线性插值。

模型中的单元高度(h)按下式选定：

$$h=\zeta\cdot\frac{V_s}{f_{max}}.$$

式中 V_s ——地基土的剪切波速；

f_{max} ——地震震动的最高频率；

ζ ——系数，介于 1/3～1/12 之间。

表 3-6 是取 $\zeta=1/5\sim1/8$，$f_{max}=25$Hz 按上式计算得到的。

表 3-6

V_s(m/s)	h(m)
500	2.5～4.0
1500	7.5～12.0

表中对其它 V_s 值可按线性插值。

如有依据，也可用其它方法和计算模型。

3.2 抗 震 计 算

目前世界各国在核电厂的实际设计工作中，一般不作非线性计算，本规范作了类似的规定。对于土体结构(包括地基)，则要求通过土工试验，确定剪切模量和阻尼比与剪应变的函数关系，供作等效线性计算时使用。

本节提出了地震反应计算的三种方法，并作了一般规定。等效静力法的适用条件及其具体应用方法在具体物项的有关章节中有详细规定。

当两个相邻振型的频率差等于或小于较低频率的 10%时，一般认为是频率间隔紧密的振型，这时，平方和的平方根的振型组合有较大的误差。

3.3 地 震 作 用

楼层反应谱的峰值拓宽采用了美国核管会 NRC R.G. 1.122 中建议的方法。下图为经平滑化和峰值拓宽的设计楼层反应谱示意图：

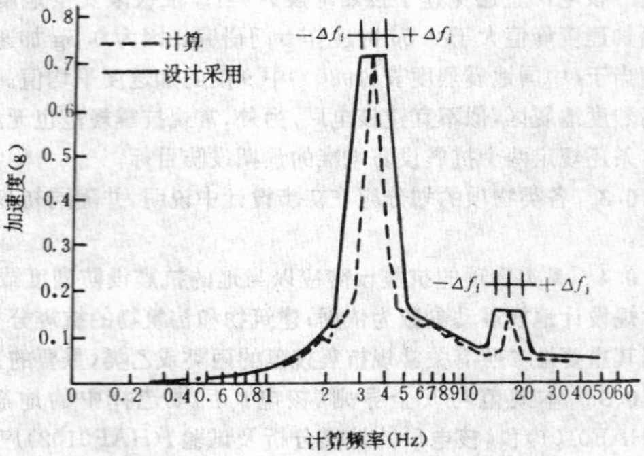

图 3-2 反应谱峰值的拓宽和平滑化

规范中的表 3.3.3 所列的值基本上取自美国核管会 NRC R.G. 1.61。一般认为 R.G.1.61 中所列的阻尼比值是偏于保守的，因此，本规范对在运行安全地震震动作用下的预应力混凝土结构和钢筋混凝土结构的阻尼比分别比 R.G.1.61 中的值提高 1%；在极限安全地震震动作用下的设备的阻尼比值也比 R.G.1.61 中的值提高 1%。当有足够根据时，在地震反应计算中尚可采用比表 3.3.3 所列为高的阻尼比值。

3.4 作用效应组合和截面抗震验算

在现行国家标准《建筑结构设计统一标准 GBJ 68-84》和国际标准《结构设计基础——结构上的地震作用》ISO-DIS 3010.2 中，地震作用可以是可变作用，也可以是偶然作用；而上述国际标准将中等程度地震相当于可变作用，强烈地震相当于偶然作用。本规范根据运行安全地震震动 SL1 和极限安全地震震动 SL2 的地震震动强度和概率水平，在工程结构作用效应组合和作用分项系数的取值上，基本上将运行安全地震震动 SL1 和极限安全地震震动 SL2 分别按可变作用和偶然作用的原则处理。

3.5 抗震构造措施

鉴于核电厂抗震措施缺乏实践经验，故采用现行国家标准《建筑抗震设计规范》等有关标准的规定，并考虑到核电厂的重要性，将相应的要求适当提高。

4 设计地震震动

4.1 一 般 规 定

4.1.3 计算基岩面系指其下土层的剪切波速大于 700m/s，即其下不得有已知的剪切波速不大于 700m/s 的土层。

4.1.5 地震资料的收集、调查和分析涉及厂址选择和地质稳定性评价的共同要求，在国内尚无相应规范的情况下，可参考有关核安全导则(HAF101，102 和 108)，并遵照《核电厂厂址选择安全规定》(HAF 100)的规定。

4.2 极限安全地震震动的加速度峰值

4.2.1 确定0.15g为加速度峰值下限包含了对本底地震的考虑。

4.2.2.2 由于我国东部地区一些大地震引起的地震断层不甚明显，地面显露的活动断层的例证也不多，目前还难以给出适用于我国东部地区的断层长度-震级关系式，为此，需采用类比的方法评估活动断层未来可能发生地震的最大震级。

断层活动形式包括正断层、逆断层和走滑断层等；断层活动的动力特征系指断层的滑动方式是蠕滑或粘滑。

蠕滑的断层系指以无震滑动或微震蠕动方式运动的活动断层；粘滑的断层系指以地层错动的方式，突然释放巨大能量而发生大地震的活动断层。

4.2.2.3 地震活动断层系指在断层上有破坏性地震震中、古地震遗迹或微震密集分布，或有证据说明有可能发生破坏性地震的活动断层。

4.2.4.1 将在地震活动性和地震构造条件具有一致性和相关性的区域，划分为地震带。地震带可以作为认识地震活动时间、强度和频率分布规律的区域范围，因此，在综合概率法中也可以用来分析评估未来地震活动水平，确定b值和ν值的统计单元。

4.3 设计反应谱

4.3.1 场地地震相关反应谱的谱值可以低于标准反应谱。

4.3.2 本条规定的标准反应谱是根据我国现有的中等地震($M\geqslant 5$，多为余震)的加速度记录和美国的中、强地震加速度记录并参考了国际通用的标准反应谱而确定的。基岩场地标准反应谱所用的数据包括水平向记录112条，竖向记录56条，基岩场地指基岩露头(或出露)的场地。硬土场地标准反应谱所用数据包括水平向记录273条，竖向记录130条。硬土场地系指现行国家标准《建筑抗震设计规范(GBJ11-89)》中的Ⅱ类场地或Ⅲ类场地中的较坚硬的场地。

对应于表中未给出数值的周期和阻尼比，反应谱值应按图表中所示数值内插求得。

为了反映我国的地区特点并从安全考虑，本条给出的标准反应谱在短周期段采用了上述记录的统计结果：其不同阻尼比的谱曲线宜取0.02s处交汇并等于1.0g。但为了减小计算工作量并与国际上的刚性结构定义(周期不大于0.03s)相一致，本条取交汇点的周期为0.03s。考虑到我国数据中缺少大地震记录，对硬土场地，当周期不小于0.4s时，其水平向标准反应谱采用了R.G.1.60的标准反应谱值。

4.3.3 本条规定适用于华北地区的地震震动衰减规律是根据国内现已采用的换算方法，从美国西部的地震震动衰减规律和美国西部与我国华北地区的地震烈度衰减规律得来的。我国其它地区的衰减规律可以按同一方法根据华北地区地震震动衰减规律换算。

本条规定的非基岩场地的场地地震相关反应谱的计算步骤是国内外广泛采用的。

5 地基和斜坡

5.1 一般规定

在核电厂抗震设计中，场地、地基的地震安全性是一个重要问题，在世界各先进国家的有关规范、安全导则、规则和管理指南中都有不同程度的规定或指示。本章在编写中主要参考了日本《原子力发电所耐震设计指针》(JEAC4.601)，也参考了原西德《核电厂抗震设计规则》(KTA 220 1.2)、法国工业部《核设施基本安全规则》(SIN No.3564/85 Rule No. Ⅰ.3.C)以及美国核安全指南1.00号《评价核电站厂址土壤抗震稳定性的方法及准则》，同时参考我国颁发的《核安全导则》以及其它有关现行规范。

地基和斜坡在地震时和地震后均应保持足够的稳定性，因此应进行抗滑验算。对基础的滑动与倾覆验算，见本规范第6章的有关规定。

5.2 地基的抗滑验算

平坦、均匀的坚硬土组成的场地，除有饱和砂土、粉土存在的情况外，一般不需要作抗震稳定性验算，但对核电厂Ⅰ、Ⅱ类物项的地基必须作抗震稳定性验算。

核电厂物项地基的抗震稳定性判别应根据地基勘察、试验等结果确定合适的计算模型，用滑动面法、静力有限元法、动力有限元法作静力计算或动力计算。

核电厂主要物项的地基，原则上应是具有良好承载力的稳定地基。但其中常存在各种薄弱面。有些Ⅰ、Ⅱ类物项不可避免地修建在软弱地基、各向异性和不均匀性显著的地基上，因此均应对沿软弱层的滑动、地基承载力等进行专门的详细验算，必要时还须作震陷计算。

地基土抗震承载力设计值取现行国家标准《建筑抗震设计规范》规定的数值的75%，是因为现行国家标准《建筑抗震设计规范》所取地基土抗震承载力的安全系数约为1.5，而本规范所取安全系数均为2.0，故予以折减。

地基的抗滑验算应采用地基岩土的自重、结构的自重和正常荷载、水平地震作用、竖向地震作用以及结构对地基的静、动力作用等的不利组合。

土层水平地震系数取0.2是参照日本的《原子力发电所耐震设计指针》JEAC.4.601而定的，该值是经过与极限安全地震震动加速度峰值为0.5g以下的动力分析结果比较而定出的包络值。但对于极限安全地震震动加速度峰值大于0.5g的场地则不在本规范包含的范围之内。

计算方法可先简后繁，依次进行。用前一种方法求得的抗滑安全系数如果已经满足安全系数的规定，就不必再作下一种方法的计算。

下面针对所用的几种计算方法作简单的介绍：

(1)滑动面法等常用方法计算：

1)常用的滑动面法有下列几种：

圆弧滑动面法；

平面滑动面法；

复合滑动面法。

采用这些方法应按照所研究地基的地质、地形条件用试算法确定最危险滑动面的形状。

对于匀质地基原则上要进行基础底面的滑动稳定性的验算，当安全度很大时，不必再做上述的滑动详细计算。

对于各向异性和不均匀地基，除进行基础底面的滑动稳定性验算外，还应验算沿着软弱层滑动的稳定性。当安全度很大时，也可以不作上述的滑动详细计算。

圆弧滑动面法仍建议用条分法，可采用瑞典条分法，也可采用简化的Bishop法。

2)可由载荷板试验、承载力公式等法求出承载力并与地震时发生的基底压力相比较而进行评价。

关于变形，在必要时可把地基看作弹性材料，用弹性理论方法验算。

(2)静力有限元计算：

静力有限元计算是用有限元方法，求出地基内的应力分布、变形分布，根据这些结果评定稳定性。

1)根据给定的地基材料的力学特性可将计算区别为两大类：

线性计算(弹性计算)；

非线性计算(非线性弹性、弹塑性、粘弹塑性、无拉应力法等)。

2)关于计算所取的结构断面,要在求得滑动面法的结果后规定计算模型应取的范围、物理性质、边界条件和单元分割等,要在对地质条件、厂房布置情况等进行通盘考虑后加以确定。

3)计算模型的范围与地形地基的应力状态、边界条件等有关,通常模型的宽度为从工程结构中心向两侧各取基础宽度的2.5倍。

4)模型的边界条件,在静力及竖向地震作用时取下边界固定,侧边界有竖向位移滚筒。在水平地震作用时,取下边界固定,侧边界有水平的位移滚筒。

5)当地基材料的非线性很显著,并对稳定性评价有重大影响时,宜采用能反映材料的非线性的计算方法。

6)抗震稳定性评价一般按下列步骤进行:

①计算自重引起的地基中的应力;

②计算地震作用引起的地基中的应力;

③计算①和②的组合应力;

④根据③所得应力评定地基的稳定性。

必要时用②的结果求出变位等作地基稳定性评价。

(3)动力计算:

动力计算是用动力有限元方法计算出地基内的应力分布、变位分布等,并用其结果作稳定性评价。

1)运动方程求解的方法有:

振型分解法;

直接积分法;

复反应分析法(傅里叶变换法)。

根据地基材料力学特性取法的不同有下列两种计算方式:

线性计算(弹性计算);

非线性计算(等效线性计算,逐次非线性计算)。

在非线性计算中,应变增大时地基材料的阻尼增大,其反应比线性计算要小,即抗滑稳定性有增加的倾向。

这种计算方法所取得的结果,与边界条件及地基土的物理力学性质的取法有密切的关系,而在作动力计算时,适当地考虑地质条件和工程结构布置就可能全面地表示出地基的应力分布和变形分布。这是工程上较适用的一种方法。

2)动力计算模型的底部叫做计算基岩。由深处来的入射波的最大振幅,假定不随位置改变,但是受地表的影响。工程结构产生的散射波,与入射波相比在深处可以忽视,若能用吸收散射能量的边界条件则计算用的基岩边界可以取得浅。此外,边界元方法,适用于地基无限性的条件,也可以作为动力计算的有效方法之一。

3)动力计算模型的水平方向范围,应根据计算方法的特点加以确定。原则上应使自由地面的反应谱能与计算模型边缘地表的反应谱相差不大。对匀质地基,计算的边界在工程结构的振动方向上各取工程结构宽的2.5倍以上。但当侧边取为无反射边界时计算的范围可以缩小。网格大小要注意截止频率这一因素。

4)动力计算时要用动力物理力学参数。这些参数通常随应变的大小及侧限压力的大小而变化。大多数场合假定基岩在地震波通过时物理力学参数不发生变化。对于表层地基、软弱层等非线性显著的场合,可参考静力计算结果确定对应的动力物理力学参数。当用等效线性方法时,可根据假定的应变值及物理力学参数关系进行反复迭代计算,达到收敛为止。

5)地震的抗滑验算按下列步骤进行:

自重引起的地基内应力计算;

静的竖向地震作用下地基内应力的计算;

水平地震作用下的反应值(地基内应力、加速度、变位等)计算;

以上三种应力的组合应力计算和抗滑验算。

(4)其它:

1)当需要考虑地质软弱面、侧面约束的影响,出现滑动面形状凹凸不平引起的摩擦抵抗力的增加等情况时,可进行三维计算。一般按三维计算求得的稳定性比按二维计算求得的稳定性要高些。通常,可只做二维分析。

2)若地基中存在弱层、存在刚性极端不同的情况,和通过连续体的力学模型计算发现地基内产生拉应力时,可用非线性弹性计算法、无拉应力法等确定应力的再分配。详细方法可根据抗震稳定性验算的必要性决定。必要时要考虑不连续面的影响,采用连接单元和不连续体力学模型。

3)上列各种计算方法,根据对地下水考虑的方式可分为总应力法和有效应力法,一般可用总应力法作稳定性评价。在对孔隙水压的发生能做出确切分析的场合,也可用有效应力法作稳定性评价。

4)基础底面比地下水位低时,要考虑浮力对基础的作用,基础底面抗滑稳定性计算要考虑到浮力。

5.3 地基液化判别

场地砂土液化的判别已有多种方法,大体上可分以经验为主的和以计算为主的两大类。各种方法都具有特定的依存条件和适用范围。对于重要的建筑物,宜用几种判别方法的结果进行比较然后作出判断。我国现行国家标准《建筑抗震设计规范》中推荐的标贯判别方法以国内外实际震害经验为基础,是在工程实践中行之有效的方法,因此本规范推荐这一方法。由于在提出这一方法时是以地震烈度为基准的,与本规范以地震震动参数为基准不相配合,因此给出了按地面加速度峰值求液化判别标贯锤击数基准值 N_0 的公式。

由于上述标贯判别式是带一定经验性的,所依据的实际液化震害大多发生在深度15米以内,因此只适用于判别埋藏深度小于15米的饱和砂土、饱和粉土的液化。当埋藏深度大于15米时已超出上述标贯判别式的适用范围,可采用其他方法。

如果地基为饱和砂、饱和粉土等,则除了对场地作液化判别之外,尚需对建筑物-地基共同作用的系统进行液化可能性判别,此时需要用有限元法考虑饱和土体在地震作用下的特性和建筑物的特性,进行专门的地震反应计算,加以判别,并作液化危险性计算,再采用相应的对策和措施。

5.4 斜坡抗震稳定性验算

需要验算的斜坡是指与厂房最外端相距50m以内或与斜坡坡脚的距离在1.4倍斜坡高度以内的斜坡,大于这个距离范围的斜坡不必专门验算,但从地震地质角度考虑有危险影响的则应进行验算。

计算模型仍可用常用的滑动面分析法、静力有限元法或动力有限元法,与地基的情况相仿。

用于静力计算的水平地震系数取为0.3是参照日本的规定确定的。与地基相比,此处对斜坡多乘了一个放大系数1.5,即0.3=1.5×0.2,但极限安全地震震动加速度峰值大于0.5g的场地和坡度很陡的斜坡,则不属本规范涉及的范围。

安全系数值的下限是参照日本规范确定的。我国国家现行标准《水工建筑物抗震设计规范》的坝坡水平地震系数(均值),9度区为0.175g,最小安全系数为1.10。而在《公路工程抗震设计规范》中,9度区为0.17g,最小安全系数为1.15。与核电厂有关的斜坡取较高的安全值是需要的,其理由为:

(1)核电厂具有特殊重要性;

(2)目前用于稳定性验算的试验方法和计算方法中还有许多不确定的因素。

6　安全壳、建筑物和构筑物

6.1　一般规定

6.1.1　本规范适用于压水型反应堆核电厂，压水堆的安全壳一般为混凝土结构，故本章只适用于混凝土安全壳，而不适用于钢安全壳。

6.1.2　本条提出关于设计防震缝的要求，并规定伸缩缝、沉降缝的设计应符合防震缝的要求。

6.2　作用和作用效应组合

6.2.1　本章中规定的安全壳、建筑物和构筑物抗震设计所应考虑的作用，参考了下列标准的规定：

(1)美国机械工程师协会(ASME)锅炉和压力容器规范第Ⅲ卷第二篇混凝土安全壳(ACI 359-86，CC-3000)；

(2)美国混凝土学会(ACI)《核安全有关的混凝土结构设计规范 ACI 349-85》；

(3)美国核管理委员会《标准审查大纲》。

6.2.2　与地震作用有关的作用效应组合共考虑了下列几种情况，即

(1)正常运行作用与严重环境作用的效应组合($N+E_1$)；

(2)正常运行作用与严重环境作用以及事故工况下作用的效应组合($N+E_1+A$)；

(3)正常运行作用与严重环境作用以及事故工况后的水淹作用的效应组合($N+E_1+H_a$)；

(4)正常运行作用与极端环境作用的效应组合($N+E_2$)；

(5)正常运行作用与极端环境作用以及事故工况下作用的效应组合($N+E_2+A$)。

安全壳取以上五种组合。

Ⅰ类建筑物和构筑物，取(1)、(2)、(3)、(4)、(5)共五种组合；Ⅱ类建筑物和构筑物取(1)、(2)、(3)共三种组合，其中组合(1)分考虑与不考虑温度作用T_o的两种情形。

6.2.3　在需要考虑不均匀沉降、徐变和收缩作用的地方应考虑这些作用的影响。

当运行荷载造成的冲击出现时，应考虑冲击荷载的作用。

作为管道破坏的结果，P_a、T_a、R_a和Y_y不一定都同时出现，故容许进行时间过程计算，并计入这些荷载的滞后影响，予以适当降低。

6.2.4　附录B中作用效应组合及其作用分项系数是参考美国机械工程师协会(ASME)锅炉和压力容器规范第Ⅲ卷第二篇混凝土安全壳(ACI 359-86CC-3000)，美国混凝土协会(ACI)《核安全有关的混凝土结构设计规范(ACI 349-85)》以及美国《核设施安全有关钢结构的设计、制作及安装规范》和美国核管会《标准审查大纲》而制定。

6.4　基础抗震验算

6.4.1　与核电厂安全有关的建筑物应有防水要求，采取多道防水措施防护。对防水要求较高的尚应设置钢衬里密封和储液罐。根据"混凝土结构规范"的规定，钢筋混凝土结构在露天或室内高湿度环境的结构构件工作条件下，按三级裂缝控制等级，最大裂缝宽度容许值为0.2mm。考虑到地震震动为瞬时作用，给予适当放宽，故规定基础底板最大裂缝宽度容许值为0.3mm。

6.4.2　天然地基抗震承载力设计值是按现行国家标准《建筑地基基础设计规范》的地基土静承载力设计值加以调整提高的。考虑到核电厂的重要性，本条规定当与E_1和E_2作用效应组合时乘以系数0.75。

本规范综合了国外核电厂的设计实践，并结合我国实际情况规定基础底面接地率的容许值。在与E_1作用效应组合时应大于75%，在与E_2作用效应组合时应大于50%。此值相当于矩形底面基础的偏心距$e=M/N$为基础宽度的1/4或1/3。

6.4.3　基础底面接地率β的计算公式是按日本《原子力发电所耐震设计指针》(JEAC 4.601)中的规定采用的。

6.4.4　本规范中针对地震引起的基础倾覆和滑移采用的作用效应组合以及安全系数是按美国核管会《标准审查大纲》第3.8.5节的规定取值。

7　地下结构和地下管道

7.1　一般规定

7.1.1　本章包括核电厂非常用取水设备、冷凝的冷却水取放水设备的有关建筑物，其中有：取水口(取水闸或进水塔)、放水口、输水配水系统(隧道或管道)、泵房等。

7.1.2　地下结构的抗震要求根据下列特点：

(1)具有比较高的重要性，关系到核电厂的安全运行和防止、减轻事故的能力。要求在遭遇强烈的地震作用时和地震后也保持其正常的供水机能，所以，需采用比较高的抗震设防标准。

(2)根据地下结构在地震时的变形特性，其抗震设计方法和地面上的工程结构有很大的不同，其周围地基的地震变形应是抗震设计中考虑的重要因素。此外，地下埋设工程结构遭受地震破坏后产生震害的部分不易发现，维修比较困难、费时，故要求有比较高的强度和适应变形的能力。

(3)地下隧道和地下管道等是长大的工程结构，整个厂区的地形、地质条件对其抗震性能均具有直接或间接的影响。

7.1.3　裂缝控制计算应按"混凝土结构规范"的有关规定选择作用效应组合，作用分项系数取1.0。尚应符合《水工钢筋混凝土结构设计规范》有关抗裂的规定，该规范中的1级和2级建筑物相应于本规范Ⅰ类和Ⅱ类物项。

7.2　地下结构抗震计算

7.2.1　地下结构的特点是截面较大，壁的厚度相对较小，由地震作用产生的截面内的变形占有重要地位。

7.2.2　地下结构地震反应计算方法，目前正在发展之中。本节所建议的几种计算方法的特点如下：

(1)反应位移法，采用等效静力计算方法。这是因为对地下埋设结构来说，地震波的传播在结构内产生的相对变形的影响远大于惯性力的影响。

(2)多点输入弹性支承动力计算法，地基作用通过弹簧进行模拟，结构本身化为一系列梁单元的组合，计算模型与以上类似，但采用动力计算方法，结构和设备的重量、动水压力等均以集中质量代替，这种模型反映了半埋设结构的一些特点，是介于等效静力计算和动力计算之间的一种计算方法。

(3)平面有限元整体计算方法，可以考虑地基土的不均匀性以及土的非线性动力特性(弹簧常数和阻尼随动应变的幅度而变化)的影响。但应注意选择适当的能量透射边界计算模型。这种方法计算工作量相对较大。

7.2.3　地基弹簧常数的选择对地下结构计算结果的可靠性影响很大。故应选择恰当的方法确定。平面有限元方法是一种可行的近似方法，其计算简图参见图7-1，在结构孔口周边沿弹簧的作用方向施加均布作用q，计算各点的相应位移u，得到各点的地基抗力系数$K_s=q/u$，再换算为集中的弹簧常数。计算中采用的地基土

的弹性模量应和地震震动产生的地基土的应变幅度大小相适应。

7.3 地下管道抗震计算

7.3.1 本节主要适用于浅埋常用直径地下管道的抗震计算，管道截面具有足够大的刚度，可以将管道看作弹性地基梁进行计算。如果埋深大，管道截面柔性较大，则地震波产生的管道环向应变不能忽略，宜采用前节方法进行补充分析。

7.3.2 对延伸很长的地下直管来说，地震波产生的轴向应变起主要作用。计算公式(7.3.2)假设管道与其沿线传播的地震波发生相同变形，不计管与地基间的相互作用影响，给出轴向应变的上限值。

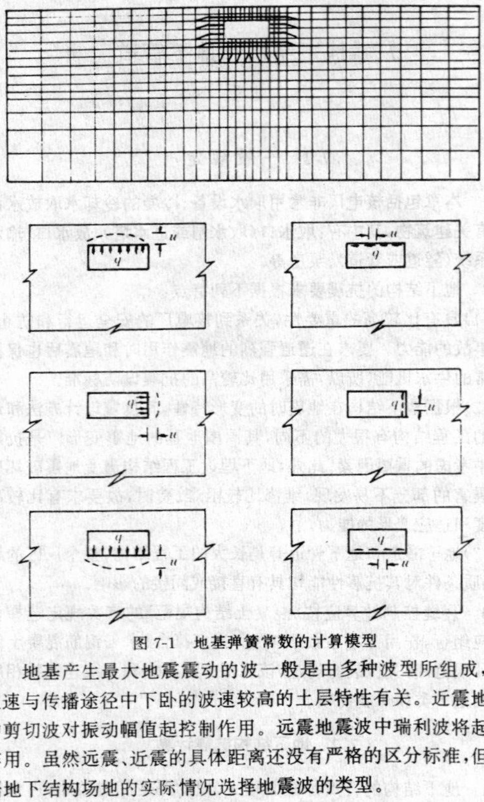

图 7-1 地基弹簧常数的计算模型

地基产生最大地震震动的波一般是由多种波型所组成，其视波速与传播途径中下卧的波速较高的土层特性有关。近震地震波中剪切波对振动幅值起控制作用。远震地震波中瑞利波将起重要作用。虽然远震、近震的具体距离还没有严格的区分标准，但可根据地下结构场地的实际情况选择地震波的类型。

实测的视波速 C 远大于地下结构近旁土介质中的波速，有的达到 2000m/s 以上。对于如此高的视波速，地震波将不再能假设为定型波。保守但合理的视波速的设计值为 600～900m/s。当基岩深度小于一个波长(一般为 60～120m)时，选择的视波速不宜小于 600m/s，否则计算出的土应变将过于保守。如基岩深度大于一个波长，则 C 值宜取为现场实测的瑞利波速。

7.3.3 在某些情况下，例如，浅埋管道或是管道外壁与土之间的摩擦系数较小时，管道与周围土可以发生相对滑移，使管面所承受的最大轴向力将较式(7.3.2)的计算值为小。

地震波长 $\lambda=4H$ 或 $\lambda=V_sT$，其中 V_s 为土层的剪切波速，T 为地震波主周期，H 为覆盖土层深度。

7.3.4 管道弯曲部分的最大弯曲应变与直管部分接近，也可近似按式(7.3.4)估计。

7.3.5 对不同类型的地震波而言，产生最大轴向应变和最大弯曲应变的入射方向是不同的。本节计算公式所给出的最大轴向应变和最大弯曲应变值都是偏于安全的估计。如果管的强度可以满足要求，则不必作进一步的计算。如果管的强度不能满足要求，则可参照本章 7.3.7 采用更为精确的方法核算管的应力。

地震波的传播在地下直管中也可能产生剪应变，但其值很小，一般可略去不计。

7.3.6 地下管道穿过不同性质的土层时，或是沿线地形、地质条件发生剧烈的变化时，其振动情况比较复杂，并产生比较高的局部应力，故宜进行专门的振动计算。

地下结构地震反应的大小主要取决于结构所在位置地震变形的幅值。规范中建议的几种输入地震震动的计算模型，可以区别情况采用。分段一维计算模型，计算简单，精度较低，适用于管道沿线地形、地质条件变化比较平缓的地区。平面有限元计算模型，可以考虑比较复杂的地形、地质变化的情况，但计算工作量相对比较大。集中质点模型(对沿管轴线方向的地震震动和管的横向振动采用不同的弹性常数分别进行计算)也适合于近似考虑地形、地质条件沿线变化对地震震动的影响，计算相对较简单，但具有必要的精度，同时还可推广应用于考虑三维复杂地形、地质条件的影响。

各种计算模型的简图见图 7-2。

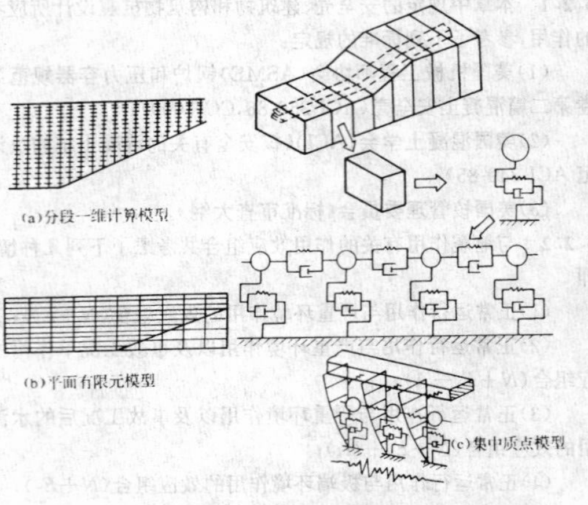

图 7-2 地震震动计算模型

7.3.8 在地下管道与工程结构的连接处或管道的转折处，由于管道与周围土之间或管道本身两端点间的相对运动，在管道中所产生的附加作用力可采用近似的方法进行计算。首先，对结构物和地基按相互作用体系进行地震反应计算，求出结构与地基间相对运动的最大幅度，分别以 u_x 和 u_y 代表平行和垂直于管轴线方向的相对运动分量，然后再按弹性地基梁的模型计算由 u_x 和 u_y 引起的管道应力。

7.3.9 由于管道接头的柔性，在地下直管中由于地震作用产生的最大轴力将较式(7.3.2)和式(7.3.3)的计算值为小。但其减小幅度难以准确估计。如作计算，取值宜偏于安全。

式(7.3.9-1)和式(7.3.9-2)给出柔性接头相对位移的上限值。

7.4 抗震验算和构造措施

7.4.3 本条给出了不利环境条件下减轻地下结构地震作用效应的构造措施。如果这些措施无法实现，而地下结构又不可避免地必须通过滑坡、地裂和地质条件剧烈变化的地区，则应通过计算估计地下结构的变形，并进行专门的设计来改善地下结构的受力状态。

由富有柔性的材料制造的地下管线有较强的适应地震变形的能力。

8 设备和部件

8.1 一般规定

8.1.1 本章适用于除管道和电缆托架等系统以外的机械、电气设备和部件，包括核蒸气供应系统部件、堆内构件、控制棒及其执行机构、贮液容器及其他容器、泵、阀门、电动机、风机、支承件和电缆支架等。

8.1.2 设备和部件安全等级的划分应符合用于沸水堆、压水堆和压力管式反应堆的安全功能和部件分级 HAF0201 规定。

设备的抗震设计应符合本规范第 3 章的规定。

关于两个水准地震震动，规范规定了部件应经受运行安全地震震动和极限安全地震震动。各国对于运行安全地震震动的要求不尽相同，尽管常常发生运行基准地震(OBE，相当于运行安全地震震动)控制的现象，美国核管会(NRC)仍坚持按两个地震震动计算。法国的做法基本上与美国相同。德国电站联盟 KWU 认为核电厂部件的分析中没有显示出由地震震动引起的疲劳有任何显著的增加。这意味着运行安全地震震动与极限安全地震震动对电厂部件具有相同的实体效应。因此从核电厂安全观点来看，验证低于极限安全地震震动的地震是没有必要的。本规范仍按两个地震震动考虑。

地震作用的周期性可能对设备的疲劳性能会有影响。美国核管会 NRC 的标准审查大纲 SRP 规定在核电厂寿期内至少应假定遭遇一次极限安全地震震动和五次运行安全地震震动。每次地震的周波数应该从用于系统分析的合成时间过程中(最短持续时间为 10s)获得或者可以假定每一个地震震动至少有 10 个最大应力周波。法国规定相当于极限安全地震震动的一半的地震震动发生 20 次，每次有 20 个最大反应循环。如上文所述，原西德认为地震激励引起的荷载循环不会增加疲劳危险，因此没有必要确定地震循环次数，也就不必进行地震引起的疲劳分析。本规范采用美国标准审查大纲 SRP 的规定次数，地震疲劳分析结合瞬态分析进行。

设备设计中避免共振的规定可参见标准审查大纲 SRP。在地震中或地震后保持其功能的规定，对于支承节点的要求均可参考《核电厂的地震分析及试验》HAF0102 导则。根据国外核电厂尤其是美国的经验，规范强调了设备锚固的重要性。

本章规定中涉及的能动部件系指依靠触发、机械运动或动力源等外部输入而动作，因而能主动影响系统的工作过程的部件，如泵、风机、继电器和晶体管等。

8.2 地震作用

8.2.1 这一节叙述如何用合理的方法产生设备所经受的地震作用。在用分析法或试验或两者相结合的方法来设计时所用的输入地震可以用反应谱、时间过程和功率谱密度函数三者之一来描述，在本规范中仅推荐采用前面两种。

对于直接支承在地面上的设备可以使用设计反应谱或时间过程输入，支承于结构上的设备则应采用楼层反应谱或者楼层时间过程曲线。安装在支承结构上的设备由于在地基和设备之间介入支承结构，它的动力反应可以比最大地面加速度放大或减弱，这取决于支承结构设备的阻尼比和固有频率。

8.2.2 楼层反应谱是设备抗震计算的基础，它反映了安装设备的建筑物的动力特性，包括建筑物的放大和过滤作用。典型的建筑物各层的楼层反应谱是窄带反应谱，具有明显的共振峰值和零周期加速度(ZPA)。关于楼层反应谱的制定由第 3 章叙述。

规范提出了在使用楼层反应谱时的一些建议。当系统或部件有两个或两个以上的频率落在峰值范围内时，为了不致过份保守，应对楼层反应谱进行修正，这种修正的主导思想是地震只能使支承结构激励起一个共振峰值。这种修正美国已广泛用于设计中，并已纳入美国机械工程师协会 ASME 规范的附录中。在设备主轴与反应谱方向不一致的情形下，可以进行修正，规范规定的方法同样适用于设计反应谱。这种方法只是坐标变换，因此没有必要列出公式。

8.2.3 规范在使用设计楼层时间历程时，由于考虑支承结构基本频率的不确定性，规定了用三种不同时间尺度的方法进行修正，这种方法同样在美国和法国的设计中得到应用。

8.3 作用效应组合和设计限值

8.3.1 总的原则是：与核安全有关的设备，尤其是流体系统的部件(即包含水或蒸气的部件)的设计条件和功能要求，应在这些部件在役时能承受的最不利作用效应组合所采用的适当设计限值上得到反映。本规范中规定的作用效应组合中考虑规定的运行安全地震震动和极限安全地震震动与各类使用荷载有关的瞬态过程和事件所引起的作用效应的组合。

核电厂的运行工况，包括正常工况、异常工况、紧急工况和事故工况四类。但对设备而言，考虑各类使用荷载，即 A、B、C、D 四级使用荷载与它相对应。这种分法已在美国机械工程师协会 ASME 规范中使用。还包括设计和试验工况。本规范所采用的作用效应组合是指运行安全地震震动和极限安全地震震动引起的地震作用效应与上述使用荷载效应的组合。编写的主要依据是美国核管会 NRC RG1.48 和美国机械工程师协会 ASME 规范第Ⅲ篇，并且参考了压水堆核岛机械设备设计建造规则 RCC-M，法国 900MWe 压水堆核电站系统设计和建造规则 RCC-P 和德国核技术委员会 KTA 规范 2201.4。

8.3.2 本规范定义两类效应组合：运行安全地震震动引起的地震作用效应与 A 级或 B 级荷载效应的组合以及极限安全地震震动引起的地震作用效应与 D 级荷载效应的组合。抗震Ⅰ类设备要同时承受上述两种效应组合，而对抗震Ⅱ类设备只要求承受第一种效应组合。各类效应组合中，A 级或 B 级荷载效应与运行安全地震震动引起的作用效应按最不利的情形组合，即按绝对值相加，而极限安全地震震动引起的地震作用效应与失水事故荷载效应 LOCA的组合，考虑到地震引起的失水事故荷载效应 LOCA 或者极限安全地震震动与失水事故荷载效应 LOCA 同时发生的概率极低，因此用平方和的平方根法(SRSS)进行组合。同时，运行安全地震震动引起的地震作用效应还应与设计荷载效应相组合。

8.3.3 设计应力强度和容许应力的规定参见美国机械工程师协会 ASME 规范第Ⅲ篇。

主要部件抗震设计应满足的设计限值基本上采用美国机械工程师协会 ASME 规范第Ⅲ篇的准则，并符合 RG1.48 的要求。需要指出的是，由于我们目前尚未制定核动力装置的压力容器规范，因此在规范中对部件的分级(规范级别)，如安全一级、二级和三级部件，是与国外核电站部件的美国机械工程师协会 ASME 规范和法国 RCC-M 规范的级别相当。本规范条文列出了主要应力极限的一些具体规定，使用时建议参考美国机械工程师协会 ASME 规范第Ⅲ篇。同时在机械设备和部件的设计中，美国机械工程师协会 ASME 规范已得到各国的普遍使用，并已在国内核电站设计中使用，因此，本章使用的符号由于考虑行业习惯和国际上通用，均采用美国机械工程师协会 ASME 规范所使用的符号，无法与本规范其它章节相统一。

除另有说明外，在部件、设备抗震计算中均采用弹性分析法。

安全一级部件的应力评定采用第三强度理论，应力强度是复合应力的当量强度，即定义为最大剪应力的两倍。换句话说，应力强度是在给定点上代数最大主应力与代数最小主应力之差，并对应力进行分类。安全一级部件应按分析法进行设计，有关的概念和推导参见美国机械工程师协会 ASME 规范第Ⅲ篇 NB 章。表 8-1 列出了本规范和美国、法国规范关于安全一级部件的荷载组合和应力限值的比较。安全二、三级部件可参见美国机械工程师协会 ASME Ⅲ的 NC、ND 章。

能动部件除了保证其完整性之外还必须保证其可运行性，系统和部件的可运行性通常指地震时和地震后的可运行性，因此对于能动的安全一级泵和阀门为了保证其可运行性必须对应力作严格的限制，在运行安全地震震动时满足 B 级使用限制，而在极限

安全一级部件的荷载组合和应力限值　　表 8-1

工况	作用效应组合	美国机械工程师协会(ASME)	法国压水堆核岛机械设备设计和建造规则(RCC-M)	本规范
设计	设计压力和温度、自重、接管荷载	设计使用限制	O 级使用限制	相当 O 级使用限制
正常	A 级使用瞬态、自重、接管荷载	A 级使用限制	B 级使用限制	
异常	B 级使用瞬态、自重、接管荷载、运行安全地震震动	B 级使用限制	B 级使用限制	相当于 B 级使用限制
紧急	C 级使用瞬态、自重、接管荷载	C 级使用限制	C 级使用限制	
事故	D 级使用瞬态、自重、接管荷载、极限安全地震震动、管子破裂荷载	D 级使用限制	D 级使用限制	相当于 D 级使用限制

注：①RCC-M 将设计工况定为 1 类工况，包括 $\frac{1}{2}$SSE(相当于运行安全地震震动)；

②使用限制是容许应力的准则，如 A 级准则 $P_M \leqslant S_M$，$P_M + P_b \leqslant 1.5S_M$；B 级准则分别为 $1.1S_M$ 及 $1.65S_M$ 等等。

安全地震震动(即 D 级使用荷载)时，不能采用 D 级使用限制规定的应力限值，因为 D 级使用限制的应力限值可以容许部件产生显著的整体变形，其结果会使部件丧失尺寸的稳定性并有需作修理的损坏，从而使该设备停止使用(见表 8-2)。因此对于极限安全地震震动也必须满足 B 级使用限制，使其承压部分不致产生过大的变形，但是对于非承压部分如轴、叶轮、阀瓣、外伸部分等应按照设计规格书验证其变形，或经过抗震鉴定试验最终验证其可运行性。

安全二级和三级泵的应力限值　　表 8-2

荷载组合	应力	美国机械工程师协会 ASME Ⅲ NC	美国核管会安全导则 RG1.48		西屋公司		法马通公司		本规范	
			能动	非能动	能动	非能动	能动	非能动	能动	非能动
B 级使用荷载	σ_M	1.10S	1.0S	1.1S	1.0S	1.1S	1.10S	1.10S	1.10S	1.10S
	$\sigma_M+\sigma_b$	1.65S	1.5S	1.65S	1.5S	1.65S	1.65S	1.65S	1.65S	1.65S
D 级使用荷载	σ_M	2.0S	1.0S	1.20S	1.2S	2.0S	1.10S	2.0S	1.10S	2.0S
	$\sigma_M+\sigma_b$	2.4S	1.5S	1.80S	1.8S	2.4S	1.65S	2.4S	1.65S	2.4S

注：①美国机械工程师协会 ASME 第Ⅲ篇 NC 章及 ND 章系 1977 年版，用于泵设计验收的这些要求不意味着保证泵的可运行性；

②美国核管会安全导则 RG1.48 系 1973 年 5 月颁布的；

③西屋公司见 SHNPP 核电站的最终安全分析报告 FSAR；

④法马通采用的应力准则见广东核电站初步安全分析报告 PSAR。相应于各级准则的应力极限见压水堆核岛机械设备设计和建造规则 RCC-M。

在规范附录 F 和表 F.2.4 关于安全二级和三级泵和阀门的应力极限中，对于能动的泵和阀门，在美国核管会安全导则 RG1.48、美国机械工程师协会 ASME 和压水堆核岛机械设备设计和建造规则 RCC-M 中对应力限值的采用分歧较大。RG1.48 规定，对能动的泵和阀门无论在运行安全地震震动或极限安全地震震动中均采用类似于美国机械工程师协会 ASME Ⅲ 篇中 A 级使用限制的限值。美国西屋公司对于运行安全地震震动引起的荷载采用 A 级使用的限值，而极限安全地震震动引起的荷载采用相当于 C 级使用的限值。法马通均采用相当于 B 级使用的限值。经过比较，本规范采用法国的做法，我们认为美国核管会安全导则 RG1.48 是 1973 年的版本，无论对于能动泵、阀门还是非能动泵和阀门的要求都是偏高的。

关于支承件和螺栓紧固件的应力限值参见美国机械工程师协会 ASME 规范第Ⅲ篇。

对于起重运输设备的抗震要求，参见安全导则 RG1.104。

8.4 地震作用效应计算

8.4.1 设备的地震反应计算方法和一般原则已在第 3 章规定，本章仅就有关问题作适当补充。

8.4.2 等效静力法

等效静力法计算十分简便。它是一种近似的计算方法，适用于简单的或不重要的部件以及初步设计中。由于实际地震是复杂的、多频率的，而且设备的固有频率往往不止一个，它的反应也是多频率的，因此在采用反应谱加速度峰值的基础上可乘以大于 1 的系数。美国核管会 NRC 标准审查大纲 SRP 中有详细的规定，法国的做法与美国相同，这个系数一般取 1.5，只有在确实证明设备是单自由度系统，系数才容许取 1.0。值得指出的是，这种静力法与日本的静力系数法在系数的选取上有很大不同。此外规范还对静力法的使用场合作了限制。

8.4.3 反应谱法

反应谱法在第 3 章中有规定。本条对具有不同输入运动的多支点设备和部件的反应作了补充规定。可参见美国机械工程师协会 ASME Ⅲ 的附录和标准审查大纲 SRP。

8.4.5 液体的动力效应

核电厂中贮液容器的应用是很多的，如换料水箱、冷凝水箱、含硼的冷却剂贮槽以及乏燃料贮存水池等等。在地震作用下贮液的动力效应已经得到广泛的研究，Housner 的刚性壁理论比较简单，所以应用得较多。许多学者对槽壁的挠曲性对贮槽抗震的影响作了许多研究，结果表明，对于薄壁贮槽来说，Housner 理论过低估计了动液作用，是不安全的。因此对于薄壁贮槽，可用柔性壁理论来计算，可考虑贮槽壁本身变形的影响。

Housner 理论假设液体是不可压缩的理想液体，并且只考虑水平地震的影响。当一平底的盛有液体的圆柱形(或矩形)贮槽受一水平加速度激励时，液体中的一部分重量为 W_0 的与贮槽刚性接触，贮槽呈刚体运动，其底和侧壁具有与地面相同的加速度。这部分液体产生的水平惯性力正比于贮槽底的加速度，这个力称作脉冲力。加速度还引起液体的振荡，将对贮槽的底板和侧壁产生附加的动压力。这一部分重量为 W_1 的液体与槽壁挠曲性相关连。与槽壁相连液体的水平移动的最大振幅 A_1 决定了水面的最大竖向位移(即晃动高度)和施加于槽壁和底板上的压力，这种压力的合力称为对流力。它将引起液体的晃动，值得指出的是贮槽中液体的晃动是一种长周期的运动。可用正弦波作为输入运动。

对于薄壁贮液容器，应校核压应力，防止贮液容器下部壁板的失稳，其临界压应力的计算可参考钢制压力容器规范的编制说明。

9　工艺管道

9.1 一般规定

本章所述内容适用于架空工艺管道的抗震设计。

本章叙述核电厂管道设计的一般规定、作用效应组合、设计限值、地震反应分析及强度分析。有关重要性分类、地震反应分析的一般方法和准则按本规范第 3 章执行。

核电厂管道抗震设计的基本步骤见图 9-1 流程图。

核电厂管道应能经受两个水准地震动，即运行安全地震动和极限安全地震动。

核电厂管道按其重要性进行适当的分类，除抗震分类以外，还应按其放射性的多少、执行安全功能的重要程度以及损坏后对经济和人身、环境的影响，分成核安全一级、二级、三级和四级。由于目前国内尚未制订核电厂管道设计规范，在本规范内管道级别是与美国 ASME 规范第Ⅲ篇的规定相适应。

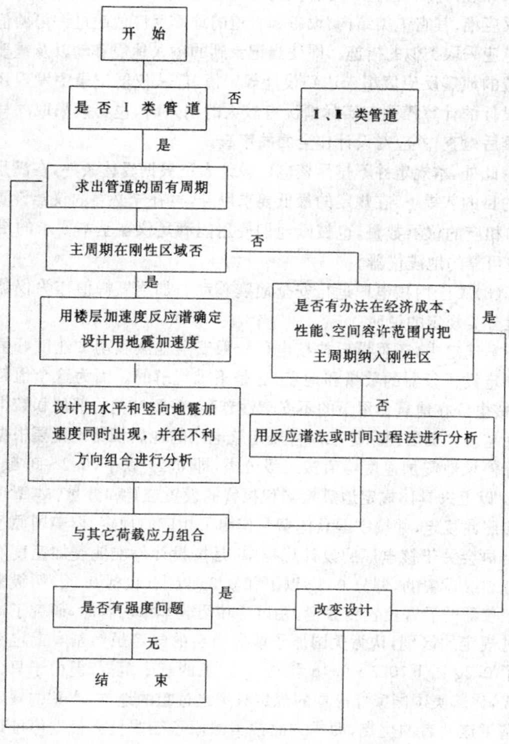

图9-1 管道抗震设计流程图（一）

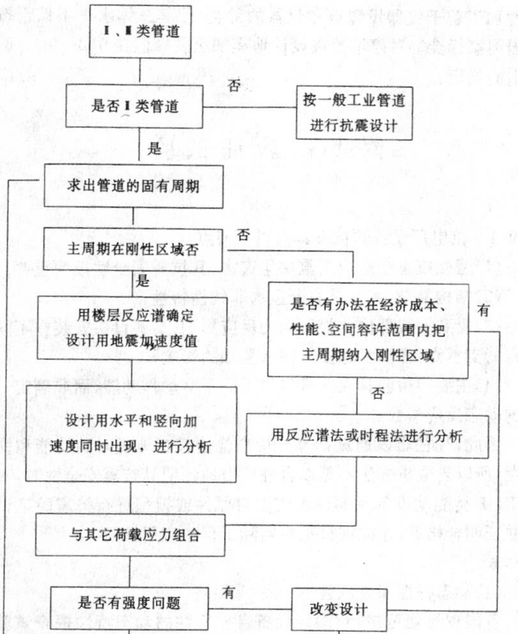

图9-1 管道抗震设计流程图（二）

9.2 作用效应组合和设计限值

9.2.1 作用效应组合

作用效应组合的要求与美国核管会 RG1.48 导则及 ASME 规范Ⅲ篇的要求一致。

9.2.2 主要管道的容许应力

规范给出了管道材料基本容许应力的确定原则，这些原则与 ASME 规范第Ⅲ篇的附录相一致。

9.2.3 安全一级管道的计算与美国机械工程师协会 ASME 规范第Ⅲ篇一致，可参考该规范 1986 年版。

9.2.4 安全二、三级管道的计算与美国机械工程师协会 ASME 规定第Ⅲ篇一致，可参考该规范 1986 年版。

9.3 地震作用效应计算

9.3.1 地震作用效应计算方法，是对第 3 章的补充。

9.3.3 等效静力法

规范是根据"标准审查大纲"的规定编制的，保证计算结果偏于安全，系数 1.5 是考虑管道的和地震震动的多频效应确定的。

9.3.4 设计阻尼比值

本条是根据美国机械工程师协会的锅炉和压力容器规范的条例 N411 编写的。这是美国机械工程师协会 ASME 委员会针对美国机械工程师协会 ASME 规范第Ⅲ篇第一分册的一级、二级和三级管道建议的。

图 9-2 给出的阻尼比可同时适用于运行安全地震震动和极限安全地震震动，而且与管道的直径无关。

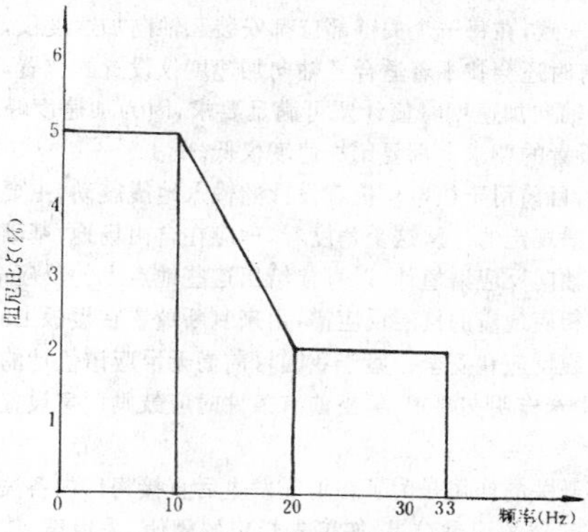

图9-2 阻尼比取值

10 地震检测与报警

为了确保核电厂设备的安全，特别是确保对人体健康和核安全有重要影响的设备的安全运行，要求核电厂具备一系列的检测设备和系统，其中地震检测和报警方面的仪器和设备就是一例。实际上，国内核电厂主管部门在签发核电厂使用和生产许可证时，往往把申请单位是否具有符合规定的地震检测和报警仪器和是否安装在合适的位置上，作为能否签发许可证的重要依据。核电厂如果发生事故，也往往把核电厂是否拥有适当数量、适当性能、安放在适宜地点正常运行的地震观测和报警仪器作为追究事故责任的依据。因此国际上在编制"核电厂抗震设计规范"时，几乎无例外地要把有关"地震检测和报警仪器"作为规范中的专门一章。

在核电厂的场地，在反应堆或其他重要的结构、设备、管道上布置各类工程地震仪器，主要目的有三：

1）发生地震时，记录核电厂反应堆和Ⅰ类结构、设备、管道的地震反应和所经受的地震震动，供震后对有关的部件进行检查时使用；

2)收集核电厂反应堆和Ⅰ类结构、设备、管道的地震反应，了解其抗震性能以及原来的抗震计算和抗震设计是否可靠、正确；

3)仪器记录的数据，可供核电厂管理人员在是否需要发布报警以及停堆进行决策时作参考，有些国家，特别是在强烈地震区，还往往把这种仪器直接与自动停堆系统联接在一起，根据仪器的记录和事先安排好的程序，直接报警或实施停堆动作。有关这方面的要求，需另作专门研究，本章未涉及。

(1)关于设置各类不同地震仪器的说明

目前关于地震震动性质与结构反应和破坏的关系的研究，还不能十分有把握地说明，究竟是地震震动的什么性质和什么参数对结构的反应和破坏具有决定性的作用。总的来说，地面运动的峰值、频谱分量、相位关系和持续时间对结构的地震反应都有重要的影响。三轴向的加速度仪(记录加速度时间过程的仪器)，不但能给出上述四个因素的信息，还能给出除此以外的其他地震震动的信息。因此，在核电厂的关键部位，如自由场地，反应堆及其基础，Ⅰ类结构、管道、设备的支承，或安置设备、管道的楼板上，设置这样的仪器是十分必要的。

一个地震发生后，人们最急需了解的是究竟地震对核电厂厂址有多大的影响，希望能立刻知道地震震动的峰值，但三轴向加速度仪的记录必须经过一定的处理(如记录的冲洗、读数或记录的回放)后才知道确切的峰值，而三轴向的加速度峰值计可以十分迅速地、直接地给出地震震动或者地震反应的峰值，便于核电厂管理人员最快地了解地震的影响，并为决定是否需要采取进一步措施提供第一手资料。除此以外，一个结构或设备、管道的各部位的地震反应不尽一致，在每一个关键部位都安装三轴向加速度仪，不仅价格昂贵，有时还会找不着适合三轴向加速度仪设置的位置，这时适当补充三轴向加速度峰值计便可满足要求，因为加速度峰值计在价格上、设置的要求上都要比加速度仪低。

此外，目前用于核电厂抗震设计的输入地震震动，主要也是用设计反应谱规定的。从这个角度看，理应在自由场地、基础和楼板上放置三轴向反应谱值计，以直接给出这些地点上的反应谱值，并直接给出相应地震的楼层反应谱，用来判断放置在楼板上的设备、管道的地震反应和安全。鉴于我国目前尚无反应谱值计的定型产品，规范中未作明文要求，但当前有条件时应鼓励厂家设置此种仪器。

地震开关的作用是为了在地震发生后直接将厂内各关键部位上的地震仪器的记录结果，按事先规定的阈值，采用声、像或数字显示方法，传送到控制室，使管理人员能及时了解地震发生后的影响，迅速作出处理决策。

上面提到的几种仪器，有的国内已有生产，有的正进行研制，从国内目前技术水平来说，是具备研制和生产这类地震仪器的能力的，本规范设置仪器的要求是完全可以实现的。

(2)关于仪器设置位置和数量的规定

本章第10.1节对仪器设置位置和数量以表10.1.1的形式作出了具体规定。

上述规定，都是为了达到下述目的：根据观测到的核电厂厂址的输入地震震动以及各关键部位(反应堆，其它Ⅰ类结构、设备、管道)的地震反应数据来判别：

1)记录的地震震动和反应谱有没有超过用于设计的输入地震震动和反应谱；

2)记录到的各关键部位的地震反应有没有超过设计确定的容许地震反应值。

3)用于计算反应堆、结构、设备、管道的地震反应计算模型的正确性以及可应用的程度。

4)决定是否发出报警信息。

用实际记录到的地震数据进行上述四种判别，对核电厂的安全是十分重要的。输入地震震动数据是核电厂抗震设计的依据，也是判别整个核电厂抗震安全的基本数据。一旦记录的输入地震震动数据超过设计规范限值，不管其他情况怎样，必须对核电厂的重要部分进行震后检查和对有关的设计进行重新审查。同样当发现核反应堆、其它Ⅰ类结构、设备和管道的地震反应值超过许可的值时也应采取类似的措施。即使当记录到的输入地震震动以及重要部位的地震反应值都未达到设计规定值，但从仪器记录中发现用于设计的计算模型与实际情况有较大的出入时，也必须采取同样的震后检查，并应对设计作全面的审查。

此外，本规定并不排斥核电厂设计人员根据具体条件，在满足总的目的前提下，在规定的最低要求以外，再补充必要的仪器设置点和相应的仪器数量，也鼓励他们使用能满足仪器基本要求的更先进可靠的地震仪器。

(3)关于用核电厂运行安全地震震动的加速度峰值作为仪器设置分类规定的说明

本规定中，还强调要按核电厂极限安全地震震动加速度峰值来决定设置仪器的数量和地点，这是不难理解的。因为这个值越大，核电厂在地震作用下的不安全性越高，需要检测的部位和数据也就越多。美国国家标准局曾规定核电厂的地震仪器设置要根据设计停堆地震加速度峰值按三级分类，即0.2g以下，0.2～0.4g，0.4g以上来具体规定地震检测和报警的设置位置和数量。本章也曾参照此规定，并按中国具体情况作出了相应的规定。但美国原子能委员会关于核电厂的设计规程中，是按设计停堆地震加速度峰值分二级设置的，即分0.3g以下和0.3g以上(包括0.3g)两级来规定仪器的设置位置和数量。在讨论和修改本章内容时，研究了这两种规定的区别，认为美国原子能委员会的规定虽然基本上也覆盖了0.2g以下，0.2～0.4g和0.4g以上的三个范围，但由于只分两级，比起美国国家标准局的规定有失之过粗的地方。本章的规定兼备了这两者的优点，即一方面按美国原子能委员会根据停堆地震设计地震加速度峰值分成0.3g以下和0.3g以上(含0.3g)两级来给出仪器设置位置和数量的规定，同时又在0.3g以上的规定中增加了若干仪器设置点和仪器的种类，使其总体水平不低于按美国国家标准局对停堆地震设计地震加速度峰值在0.2～0.4g时作出的规定。

附录G　验证试验

G.0.1　核电厂设备的抗震具有以下特点：

(1)遭受震害会造成严重次生灾害，其抗震安全性极为重要；

(2)结构复杂，并常具有严重的非线性特性；

(3)受到安装部位的楼层动力反应影响，有些设备安装在不同高程的支承点，需要考虑多点输入激励的影响；

(4)主要须检验其在地震作用下的正常动作功能，而非确定一般的动态反应参数。

因此，往往难以通过计算分析来检验其在地震时的功能和完好性，所以当分析方法不足以合理可信地证明其抗震安全性时，对于Ⅰ、Ⅱ类能动设备及部件都需要对原件或模型进行抗震验证试验并证明合格后，才能被核准在实际工程中应用。

G.0.6

(1)动态特性探查试验

各国现行规范中，对测定设备自振特性的动态特性探查试验都采用正弦扫频，其扫频范围、扫描速率、最大加速度幅值都并不完全统一(见表G-1)。大体上说，采用(1～35～1)Hz的扫频范围，1倍频程/分的扫描速率和0.2g的最大加速度幅值的居多数。

本规范建议的方法是：从X、Y、Z三个主轴方向分别以几个给定的不同幅值白噪声进行测振，通过对典型部位的反应的分析和参数识别，求得其比较完整的动态特性。与传统的用正弦扫频方法求共振曲线的初步试验方法相比，规范采用的方法有以下优点：

1)试验工作量大为减小，并且提高了精度；

2)避免多次振动对试件特性的影响；

3)可以更精确地了解非线性影响；

4)不仅可以分别测定试件沿 X、Y、Z 主轴方向的动态特性，而且可以比较方便地测定可能存在的扭转、摇摆等振动特性。

各国动态特性探查试验要求　　表 G-1

国　家	规　程	扫频(Hz)	扫描速率	最大加速度(g)
智　利	电器事务所 ENDESA	1.5～20		
法　国	MG 公司	1～30	1 倍频程/分	0.2
法　国	电工技术协会 UTEC－20－40	1～35～1	1 倍频程/分	0.2
美　国	美国电子和电器工程研究所 IEEE－344	0～33	≤1 倍频程/分	0.2
国际电工协会 IEC	IEC－50A	1～35～1	1 倍频程/分	0.2(峰值处 0.1)
日　本	原子力发电所耐震设计技术指针 JEAG5003	0.5～10		

(2)功能验证试验

核电站抗震功能验证试验中的主要问题是如何合理地加载，这也关系到所采用的试验方法和步骤。已有的验证试验规程虽然都指出，地震时核电厂设备受到竖向和两个相互垂直水平方向的地震震动激励，其波形应当是包含多种频率分量的不规则波。但实际上，所有规范都是把验证试验建立在单向、单频共振规则波的激励上的，并使设备重心处的反应不小于给定的楼层反应谱值，这个矛盾正是当前核电厂设备抗震验证试验中问题的关键所在。本规范根据我国核电厂为数不多而又十分重要，以及已经建立了多台大型模拟地震振动台的具体情况，要求在核电厂重要设备的抗震验证试验中，摆脱传统的单频共振规则波试验的限制，采用更为合理的直接多方向同时输入实际的楼层加速度反应时间过程的方法。

(3)关于振动方向

在目前普遍采用单向加载的情况下，为计入设备实际所经受的空间运动的影响，主要通过下列几种途径：

1)最简单的是为计入其它方向的影响，引入一个所谓“几何因子”，其值一般取 1.5；在日本电气设备抗震规程中，为计入竖向地震影响和连接方式的不确定性，引入了一个 1.1 的因子；

2)当只考虑两个相关的水平方向时，采用沿与两个相互垂直的水平主轴呈 45°角的方向加载，并把荷载相应放大 $\sqrt{2}$ 倍，这样的方向有两种可能，需要分别加载。这样处理的问题在于：

假定了沿两个主轴方向的运动是完全相同的，而当两个方向给定的楼层反应谱不相同时，一般都取其中较大的一个。

显然，这并不符合实际情况，并使试验结果更偏于保守。

3)当考虑相关的三向运动时，一般建议在沿斜面滑动的单向振动台上进行试验，把设备转动 90°、180°、270°后再分别进行试验，总共有 4 个可能的方案。由于斜面的角度实际很难随意改变，因而水平和竖向分量的比例是固定的。同时，存在着与上述计入两个水平方向的情况同样的问题，而且，实际上这样的装置也较难实现，此外，多次对各方案进行试验，可能影响试件性能。

因此，本规范要求：功能验证试验原则上应考虑在竖向和两个相互垂直的水平向同时施加地震荷载，这在我国目前的技术条件下并无困难。

G.0.7　荷载

现行验证试验都主要采用单频共振规则波激励，通过对试件反应的测定，调整输入幅度，以拟合在实际的空间运动下产生的楼层反应谱。这样处理的关键问题在于对加载波形的要求。本来只涉及设备底座的输入运动，在这里却不得不和试件的反应联系起来了，因而卷入设备的动态特性影响，使问题复杂化，同时，产生了以下一系列问题：

(1)首先因为采用单频共振规则波去拟合楼层反应谱，需要先求出设备的各阶主要的自振频率，并分别以这些频率选取合适的共振规则波，再分别进行功能验证。这里的问题是：

1)对核电厂的有些设备，可能很难测出其自振频率，或者其自振频率相当密集。实际上，只有当设备的各阶自振频率相隔至少 1/4 倍频程时，才可略去其各阶反应间的耦合影响。

2)通常都采用扫频方法测定共振曲线，由其峰值确定设备自振频率。但核电厂的有些设备具有相当严重的非线性，使其自振频率并非固定值，随加载强度和次数而变化。

3)当设备是由若干部件组装在一起时，例如电气控制柜等，柜体的共振并不代表部件的共振，而部件的共振往往很难测定，而且一些部件的动作功能主要取决于某些弹簧和接触点的振动，这些部位的共振都是很难在未通电的状况下被发现和测定。

4)在自振频率不能被测出的情况下，现行各类规程常要求以 1/3 倍频程的间隔，逐个进行激励以拟合给定的反应谱，这样不仅工作量很大，而且试件也容易因疲劳而使其特性恶化。

(2)拟合楼层反应谱时需要知道试件的阻尼值，而阻尼一般不易测准。而且实际上各阶共振频率对应的阻尼不同，而楼层反应谱是在各个频率具有相同阻尼值情况下给出的，因此宜直接从设备安装部位的楼层反应出发。为计入建筑物自振频率求解的不确定性影响，可以在离散楼层反应时程曲线时，采用 Δt，$(1\pm0.1)\Delta t$ 三种不同时段，而反应幅值都对应于 Δt 的。选用其中最不利的一个。

(3)因为要通过试件反应的量测来检验激振输入反应谱(TRS)是否大于要求的反应谱(RRS)，而反应谱是对单自由度体系而言的，因此，对于实际被试设备，首先要确定以其那一点的反应为准。目前一般都选试件重心处的反应，问题在于实际设备并非单自由度体系，因此，应当以 $\eta_j\Phi_j=0.1$ 处的反应为准(Φ_j，η_j 分别为 j 阶振型及其振型参与系数)，否则将带来相当的误差。但为求得 η、Φ 需要在设备上布设很多测点才行，而且求 η 还涉及质量分布问题，对于复杂的设备，实际上较难实现，或者要借助于模态识别技术，即使对于较简单的设备，其量测和分析的工作量也是相当大的。

(4)因为采用单频共振规则波拟合楼层反应谱，就有一个选什么样的规则波的问题，目前常用的波形有以下几种：

1)正弦拍波

这是欧美各国设备抗震验证试验中采用得最多的波形。采用的理由是地震波通过楼层滤波后其反应接近拍波，实际拍波是两个频率十分接近的余弦波叠加的结果。对于具有不同阻尼比的单自由度体系，每拍振动波数 n 对正弦拍波反应谱有较大影响，通常取 5～10 之间，实际应视地震持续时间而定，目前在抗震验证试验中最常用的是 $n=5$，但也并无充分根据。

2)连续正弦波或正弦 N 波

日本电器设备抗震验证中都用等幅正弦三波作为输入波形，我国在高压电器抗震验证试验中也应用很广，通常都取加速度峰值为 0.3g。这是因为对于阻尼比为 5%的单质点体系，在考虑了基础放大系数 1.2 和计入竖直分量和连接方式影响的系数 1.1 后，在日本以往的 549 次地震波记录的作用下，其反应都小于突加的等幅正弦三波的反应，但这里显然存在以下几点不足之处：

第一，不分地区震动强度，加速度峰值都为 0.3g；

第二，不分场地具体情况，地基基础放大系数都取 1.2；

第三，不分室内外都采用正弦三波，而室内的输入波形可能更接近正弦拍波；

第四，对于阻尼比不同于 5%的情况，缺乏论证。

3)正弦扫描

为使反应相对稳定，通常取扫描速率为 1 倍频程/分。

采用以上各类单频共振规则波存在的共同问题是：

第一，不能计入实际地震波持续时间的影响，这对于非线性特性显著的设备是很重要的问题。

第二，各类波形的反应很不相同，虽然在线弹性的假定下，就其最大反应讲，相互间有一定的换算关系，例如，采用每拍 5 周的正弦拍波和突加等幅正弦三波的结果比较接近，后者稍大一些；若将其和连续正弦或 1 倍频程/分的正弦扫描反应相比，其比值如表 G-2 所示。但对于非线性体系，不同波形的影响不能简单地按最大反应换算，其结果也并不统一。

不同波形反应比值　　　　表 G-2

阻尼比 ζ(%)	反应比值
<2	0.3
2～10	0.55
>10	0.8

第三，采用单频共振规则波拟合给定的楼层反应谱比较复杂，而且对同一楼层上的不同设备往往要分别进行拟合。有时为拟合宽带楼层反应谱，需叠加几种波形的反应，使加载更为复杂，相应的误差也更大。

综上所述，目前被普遍采用的以各类单频共振规则波进行核电厂设备抗震验证的方法有很多问题，这主要是由于受到缺乏大型模拟地震振动设备的限制。近年来，振动设备的设计和制造水平发展很快，我国已建立了不少大型地震模拟振动台，包括三向六自由度的能模拟任何给定地震震动的振动台。同时，若只能给定设计楼层谱时，据此生成人工模拟地震加速度时间过程的技术也已达到能广泛实际应用的水平。这些为更合理地制订核电厂抗震验证试验的加载方法提供了条件。本规范规定优先采用的直接输入多频分量加速度时间过程的加载方法避免了上述单频共振规则波加载的缺点，在技术上也是完全可行的。

G.0.10　试验中对每次地震震动间隔时间的确定原则是：每次地震结束后，设备按 $e^{-\zeta\omega t}$ 规律作衰减自由振动，待其振幅为零，即 $e^{-\zeta\omega t}=0$ 时，再开始下一次振动，由此可根据设备基频及阻尼比求出要求的最小间隔 t。通常可取 $t=2s$，但当其基频及阻尼比都较小时，t 可能超过 2s。

中华人民共和国国家标准

室外给水排水和燃气热力工程抗震设计规范

Code for seismic design of outdoor water supply,
sewerage, gas and heating engineering

GB 50032—2003

主编部门：北 京 市 规 划 委 员 会
批准部门：中华人民共和国建设部
施行日期：2 0 0 3 年 9 月 1 日

中华人民共和国建设部
公　　告

第145号

建设部关于发布国家标准《室外给水排水和燃气热力工程抗震设计规范》的公告

现批准《室外给水排水和燃气热力工程抗震设计规范》为国家标准，编号为GB 50032—2003，自2003年9月1日起实施。其中，第1.0.3、3.4.4、3.4.5、3.6.2、3.6.3、4.1.1、4.1.4、4.2.2、4.2.5、5.1.1、5.1.4、5.1.10、5.1.11、5.4.1、5.4.2、5.5.2、5.5.3、5.5.4、6.1.2、6.1.5、7.2.8、9.1.5、10.1.2条为强制性条文，必须严格执行。原《室外给水排水和煤气热力工程抗震设计规范》TJ 32—78同时废止。

本规范由建设部定额研究所组织中国建筑工业出版社出版发行。

中华人民共和国建设部

2003年4月25日

前　　言

根据建设部要求，由主编部门北京市规划委员会组织北京市市政工程设计研究总院和北京市煤气热力工程设计院共同对《室外给水排水和煤气热力工程抗震设计规范》TJ 32—78进行修订，经有关部门专家会审，批准为国家标准，改名为《室外给水排水和燃气热力工程抗震设计规范》GB 50032—2003。

随着地震工程学科的发展和新的震害反映的积累，TJ 32—78在内容上和技术水准上已明显呈现不足，为此需加以修订。此外，在工程结构设计标准体系上，亦已由单一安全系数转向以概率统计为基础的极限状态设计方法，据此抗震设计亦需与之相协调匹配，对原规范进行必要的修订。

本规范共有10章及3个附录，内容包括总则、主要符号、抗震设计的基本要求、场地、地基和基础、地震作用和结构抗震验算、盛水构筑物、贮气构筑物、泵房、水塔、管道等。

本规范以黑体字标志的条文为强制性条文，必须严格执行。本规范将来可能需要进行局部修订，有关局部修订的信息和条文内容将刊登在《工程建设标准化》杂志上。

本规范由建设部负责管理和对强制性条文的解释，北京市规划委员会负责具体管理，北京市市政工程设计研究总院负责具体技术内容的解释。

为提高规范的质量，请各单位在执行本规范过程中，结合工程实践，认真总结经验，并将意见和建议寄交北京市市政工程设计研究总院（地址：北京市西城区月坛南街乙二号；邮编：100045）。

本标准主编单位：北京市市政工程设计研究总院

参编单位：北京市煤气热力工程设计院

主要起草人员：沈世杰　刘雨生　雷宜泰　钟敢承　王乃震　舒亚俐

目　次

1 总 则

1.0.1 为贯彻执行《中华人民共和国建筑法》和《中华人民共和国防震减灾法》，并施行以预防为主的方针，使室外给水、排水和燃气、热力工程设施经抗震设防后，减轻地震破坏，避免人员伤亡，减少经济损失，特制订本规范。

1.0.2 按本规范进行抗震设计的构筑物及管网，当遭遇低于本地区抗震设防烈度的多遇地震影响时，一般不致损坏或不需修理仍可继续使用。当遭遇本地区抗震设防烈度的地震影响时，构筑物不需修理或经一般修理后仍能继续使用；管网震害可控制在局部范围内，避免造成次生灾害。当遭遇高于本地区抗震设防烈度预估的罕遇地震影响时，构筑物不致严重损坏，危及生命或导致重大经济损失；管网震害不致引发严重次生灾害，并便于抢修和迅速恢复使用。

1.0.3 抗震设防烈度为6度及高于6度地区的室外给水、排水和燃气、热力工程设施，必须进行抗震设计。

1.0.4 抗震设防烈度应按国家规定的权限审批、颁发的文件（图件）确定。

1.0.5 本规范适用于抗震设防烈度为6度至9度地区的室外给水、排水和燃气、热力工程设施的抗震设计。

对抗震设防烈度高于9度或有特殊抗震要求的工程抗震设计，应按专门研究的规定设计。

注：本规范以下条文中，一般略去“抗震设防烈度”表叙字样，对“抗震设防烈度为6度、7度、8度、9度”简称为“6度、7度、8度、9度”。

1.0.6 抗震设防烈度可采用现行的中国地震动参数区划图的地震基本烈度（或与本规范设计基本地震加速度值对应的烈度值）；对已编制抗震设防区划的地区或厂站，可按经批准的抗震设防区划确认的抗震设防烈度或抗震设计地震动参数进行抗震设防。

1.0.7 对室外给水、排水和燃气、热力工程系统中的下列建、构筑物（修复困难或导致严重次生灾害的建、构筑物），宜按本地区抗震设防烈度提高一度采取抗震措施（不作提高一度抗震计算），当抗震设防烈度为9度时，可适当加强抗震措施。

1 给水工程中的取水构筑物和输水管道、水质净化处理厂内的主要水处理构筑物和变电站、配水井、送水泵房、氯库等；

2 排水工程中的道路立交处的雨水泵房、污水处理厂内的主要水处理构筑物和变电站、进水泵房、沼气发电站等；

3 燃气工程厂站中的贮气罐、变配电室、泵房、贮瓶库、压缩间、超高压至高压调压间等；

4 热力工程主干线中继泵站内的主厂房、变配电室等。

1.0.8 对位于设防烈度为6度地区的室外给水、排水和燃气、热力工程设施，可不作抗震计算；当本规范无特别规定时，抗震措施应按7度设防的有关要求采用。

1.0.9 室外给水、排水和燃气、热力工程中的房屋建筑的抗震设计，应按现行的《建筑抗震设计规范》GB 50011执行；水工建筑物的抗震设计，应按现行的《水工建筑物抗震设计规范》SDJ 10执行；本规范中未列入的构筑物的抗震设计，应按现行的《构筑物抗震设计规范》GB 50191执行。

2 主要术语、符号

2.1 术 语

2.1.1 地震作用 earthquake action

由地震动引起的结构动态作用，包括水平地震作用和竖向地震作用。

2.1.2 抗震设防烈度 seismic fortification intensity

按国家规定的权限批准作为一个地区抗震设防依据的地震烈度。

2.1.3 设计地震动参数 design parameter of ground motion

抗震设计采用的地震加速度（速度、位移）时程曲线、加速度反应谱和峰值加速度。

2.1.4 设计基本加速度 design basic acceleration of ground motion

50年设计基准期超越概率10%的地震加速度的设计取值。

2.1.5 设计特征周期 design characteristic period of ground motion

抗震设计采用的地震影响系数曲线中，反映地震震级、震中距和场地类别等因素的下降段起点对应的周期值。

2.1.6 场地 site

工程群体所在地，具有相同的反应谱特征。其范围相当于厂区、居民小区和自然村或不小于1.0km^2的平面面积。

2.1.7 抗震概念设计 seismic conceptual design

根据地震震害和工程经验所获得的基本设计原则和设计思想，进行结构总体布置并确定细部抗震措施的过程。

2.1.8 抗震措施 seismic fortification measures

除地震作用计算和抗震计算以外的抗震内容，包括抗震构造措施。

2.2 符 号

2.2.1 作用和作用效应

F_{EK}、F_{EVK}——结构上的水平、竖向地震作用的标准值；

G_E、G_{eq}——地震时结构(构件)的重力荷载代表值、等效总重力荷载代表值；

p——基础底面压力；

s——地震作用效应与其他荷载效应的基本组合；

s_E——地震作用效应（弯矩、轴向力、剪力、应力和变形）；

s_K——作用、荷载标准值的效应；

$\Delta_{pl,k}$——地震引起半个视波长范围内管道沿管轴向的位移量标准值。

2.2.2 材料性能和抗力

f、f_K、f_E——各种材料的强度设计值、标准值和抗震设计值；

K——结构（构件）的刚度；

R——结构构件承载力；

$[u_a]$——管道接头的允许位移量。

2.2.3 几何参数

A——构件截面面积；

d——土层深度或厚度；

H——结构高度、池壁高度；

H_w——池内水深；

L——剪切波的波长；

l——构件长度；

l_p——每根管子的长度。

2.2.4 计算参数

f_w——动水压力系数；

α——水平地震影响系数；

α_{max}、α_{Vmax}——水平地震、竖向地震影响系数最大值；

γ_{RE}——承载力抗震调整系数；

η——地震作用效应调整系数；

ψ——拉杆影响系数；

ψ_λ——结构杆件长细比影响系数；

ζ_t——沿管道方向的位移传递系数。

3 抗震设计的基本要求

3.1 规 划 与 布 局

3.1.1 位于地震区的大、中城市中的给水水源、燃气气源、集中供热热源和排水系统，应符合下列要求：

1 水源、气源和热源的设置不宜少于两个，并应在规划中确认布局在城市的不同方位；

2 对取地表水作为主要水源的城市，在有条件时宜配置适量的取地下水备用水源井；

3 在统筹规划、合理布局的前提下，用水较大的工业企业宜自建水源供水；

4 排水系统宜分区布局，就近处理和分散出口。

3.1.2 地震区的大、中城市中给水、燃气和热力的管网和厂站布局，应符合下列要求：

1 给水、燃气干线应敷设成环状；

2 热源的主干线之间应尽量连通；

3 净水厂、具有调节水池的加压泵房、水塔和燃气贮配站、门站等，应分散布置。

3.1.3 排水系统内的干线与干线之间，宜设置连通管。

3.2 场地影响和地基、基础

3.2.1 对工程建设的场地，应根据工程地质、地震地质资料及地震影响按下列规定判别出有利、不利和危险地段：

1 坚硬土或开阔平坦密实均匀的中硬土地段，可判为有利建设场地；

2 软弱土、液化土、非岩质的陡坡、条状突出的山嘴、高耸孤立的山丘、河岸边缘、断层破碎地带、故河道及暗埋的塘浜沟谷地段，应判为不利建设场地；

3 地震时可能发生滑坡、崩塌、地陷、地裂、泥石流等及发震断裂带上可能发生地表错位的地段，应判为危险建设场地。

3.2.2 建设场地的选择，应符合下列要求：

1 宜选择有利地段；

2 应尽量避开不利地段；当无法避开时，应采取有效的抗震措施；

3 不应在危险地段建设。

3.2.3 位于Ⅰ类场地上的构筑物，可按本地区抗震设防烈度降低一度采取抗震构造措施，但设计基本地震加速度为 0.15g 和 0.30g 地区不降；计算地震作用时不降；抗震设防烈度为 6 度时不降。

3.2.4 对地基和基础的抗震设计，应符合下列要求：

1 当地基受力层范围内存在液化土或软弱土层时，应采取措施防止地基承载力失效、震陷和不均匀沉降导致构筑物或管网结构损坏。

2 同一结构单元的构筑物不宜设置在性质截然不同的地基土上，并不宜部分采用天然地基、部分采用桩基等人工地基。当不可避免时，应采取有效措施避免震陷导致损坏结构，例如设置变形缝分离，加设垫褥等方法。

3 同一结构单元的构筑物，其基础宜设置在同一标高上；当不可避免存在高差时，基础应缓坡相接，缓坡坡度不宜大于1∶2。

4 当构筑物基底受力层内存在液化土、软弱黏性土或严重不均匀土层时，虽经地基处理，仍应采取措施加强基础的整体性和刚度。

3.3 地震影响

3.3.1 工程设施所在地区遭受的地震影响，应采用相应于抗震设防烈度的设计基本地震加速度和设计特征周期或本规范第1.0.5条规定的设计地震动参数作为表征。

3.3.2 抗震设防烈度和设计基本地震加速度取值的对应关系，应符合表3.3.2的规定。设计基本地震加速度为0.15g和0.30g地区的工程设施，应分别按抗震设防烈度7度和8度的要求进行抗震设计。

表3.3.2 抗震设防烈度和设计基本地震加速度的对应关系

抗震设防烈度	6	7	8	9
设计基本地震加速度	0.05g	0.10g (0.15g)	0.20g (0.30g)	0.40g
注：g为重力加速度。				

3.3.3 设计特征周期应根据工程设施所在地区的设计地震分组和场地类别确定。本规范的设计地震共分为三组。

3.3.4 我国主要城镇（县级及县级以上城镇）中心地区的抗震设防烈度、设计基本地震加速度值和所属的设计地震分组，可按本规范附录A采用。

3.4 抗震结构体系

3.4.1 抗震结构体系应根据建筑物、构筑物和管网的使用功能、材质、建设场地、地基地质、施工条件和抗震设防要求等因素，经技术经济综合比较后确定。

3.4.2 给水、排水和燃气、热力工程厂站中建筑物的建筑设计中有关规则性的抗震概念设计要求，应按现行《建筑抗震设计规范》GB 50011的规定执行。

3.4.3 构筑物的平面、竖向布置，应符合下列要求：

1 构筑物的平面、竖向布置宜规则、对称，质量分布和刚度变化宜均匀；相邻各部分间刚度不宜突变。

2 对体型复杂的构筑物，宜设置防震缝将结构分成规则的结构单元；当设置防震缝有困难时，应对结构进行整体抗震计算，针对薄弱部位，采取有效的抗震措施。

3 防震缝应根据抗震设防烈度、结构类型及材质、结构单元间的高差留有足够宽度，其两侧上部结构应完全分开，基础可不分；当防震缝兼作变形缝（伸缩、沉降）时，基础亦应分开。变形缝的缝宽，应符合防震缝的要求。

3.4.4 构筑物和管道的结构体系，应符合下列要求：

1 应具有明确的计算简图和合理的地震作用传递路线；

2 应避免部分结构或构件破坏而导致整个体系丧失承载能力；

3 同一结构单元应具有良好的整体性；对局部削弱或突变形成的薄弱部位，应采取加强措施。

3.4.5 结构构件及其连接，应符合下列要求：

1 混凝土结构构件应合理选择截面尺寸及配筋，避免剪切先于弯曲破坏、混凝土压溃先于钢筋屈服，钢筋锚固先于构件破坏；

2 钢结构构件应合理选择截面尺寸，防止局部或整体失稳；

3 构件节点的承载力，不应低于其连接构件的承载力；

4 装配式结构的连接，应能保证结构的整体性；

5 管道与构筑物、设备的连接处（含一定距离内），应配置柔性构造措施；

6 预应力混凝土构件的预应力钢筋，应在节点核心区以外锚固。

3.5 非结构构件

3.5.1 非结构构件，包括建筑非结构构件和各种设备，这类构件自身及其与结构主体的连接，应由相关专业人员分别负责进行抗震设计。

3.5.2 围护墙、隔墙等非承重受力构件，应与主体结构有可靠连接；当位于出入口、通道及重要设备附近处，应采取加强措施。

3.5.3 幕墙、贴面等装饰物，应与主体结构有可靠连接。不宜设置贴镶或悬吊较重的装饰物，当必要时应加强连接措施或防护措施，避免地震时脱落伤人。

3.5.4 各种设备的支座、支架和连接，应满足相应烈度的抗震要求。

3.6 结构材料与施工

3.6.1 给水、排水和燃气、热力工程厂站中建筑物的结构材料与施工要求，应符合现行《建筑抗震设计规范》GB 50011的规定。

3.6.2 钢筋混凝土盛水构筑物和地下管道管体的混凝土等级，不应低于C 25。

3.6.3 砌体结构的砖砌体强度等级不应低于MU10，块石砌体的强度等级不应低于MU20；砌筑砂浆应采用水泥砂浆，其强度等级不应低于M7.5。

3.6.4 在施工过程中，不宜以屈服强度更高的钢筋替代原设计的受力钢筋；当不能避免时，应按钢筋强度设计值相等的原则换算，并应满足正常使用极限状态和抗震要求的构造措施规定。

3.6.5 毗连构筑物及与构筑物连接的管道，当坐落在回填土上时，回填土应严格分层压实，其压实密度应达到该回填土料最大压实密度的95%～97%。

3.6.6 混凝土构筑物和现浇混凝土管道的施工缝处，应严格剔除浮浆、冲洗干净，先铺水泥浆后再进行二次浇筑，不得在施工缝处铺设任何非胶结材料。

4 场地、地基和基础

4.1 场 地

4.1.1 建（构）筑物、管道场地的类别划分，应以土层的等效剪切波速和场地覆盖层厚度的综合影响作为判别依据。

4.1.2 在场地勘察时，对测定土层剪切波速的钻孔数量，应符合下列要求：

1 在初勘阶段，对大面积同一地质单元，应为控制性钻孔数量的1/3～1/5；对山间河谷地区可适量减少，但不宜少于3个孔。

2 在详勘阶段，对每个建（构）筑物不宜少于2个孔，当处于同一地质单元，且建（构）筑物密集时，虽测孔数可适量减少，但不得少于1个。对地下管道不应少于控制性钻孔的1/2。

4.1.3 对厂站内的小型附属建（构）筑物或埋地管道，当无实测剪切波速或实测数量不足时，可根据各层岩土名称及性状，按表4.1.3划分土的类型，并依据当地经验或已测得的少量剪切波速数据，参照表4.1.3内给出的波速范围内判定各土层的剪切波速。

表 4.1.3 土的类型划分和剪切波速范围

土的类型	岩土名称和性状	剪切波速范围（m/s）
坚硬土或岩石	稳定岩石，密实的碎石土。	$V_S>500$
中硬土	中密、稍密的碎石土，密实、中密的砾、粗、中砂，$f_{ak}>200$的粘性土和粉土，坚硬黄土。	$500\geqslant V_S>250$
中软土	稍密的砾、粗、中砂，除松散外的细、粉砂，$f_{ak}\leqslant200$的粘性土和粉土，$f_{ak}\geqslant130$的填土，可塑黄土。	$250\geqslant V_S>140$
软弱土	淤泥和淤泥质土，松散的砂，新近沉积的粘性土和粉土，$f_{ak}<130$的填土，新近堆积黄土和流塑黄土。	$V_S\leqslant140$

注：f_{ak}为地基静承载力特征值（kPa）；
V_S为岩土剪切波速。

4.1.4 工程场地覆盖层厚度的确定，应符合下列要求：

1 一般情况下，应按地面至剪切波速大于500m/s土层顶面的距离确定；

2 当地面5m以下存在剪切波速大于相邻上层土剪切波速的2.5倍的土层，且其下卧土层的剪切波速均不小于400m/s时，可取地面至该土层顶面的距离确定。

3 剪切波速大于500m/s的孤石、透镜体，应视同周围土层；

4 土层中的火山岩硬夹层，应视为刚体，其厚度应从覆盖土层中扣除。

4.1.5 土层等效剪切波速应按下列公式计算

$$V_{se}=\frac{d_0}{t} \tag{4.1.5-1}$$

$$t=\sum_{i=1}^{n}\left(\frac{d_i}{V_{si}}\right) \tag{4.1.5-2}$$

式中 V_{se}——土层等效剪切波速（m/s）；

d_0——计算深度（m），取覆盖层厚度和20m两者的较小值；

t——剪切波在地表与计算深度之间传播的时间（s）；

d_i——计算深度范围内第i土层的厚度（m）；

n——计算深度范围内土层的分层数；

V_{si}——计算深度范围内第i层土层的剪切波速（m/s）。

4.1.6 建（构）筑物和管道的场地类别，应根据土层等效剪切波速和场地覆盖层厚度按表4.1.6的划分确定。

表 4.1.6 场地类别划分表

等效剪切波速（m/s） \ 覆盖层厚度（m） \ 场地类别	Ⅰ	Ⅱ	Ⅲ	Ⅳ
$V_{se}>500$	0			
$500\geqslant V_{se}>250$	<5	≥5		
$250\geqslant V_{se}>140$	<3	3～50	>50	
$V_{se}\leqslant140$	<3	3～15	16～80	>80

4.1.7 当厂站或埋地管道工程的场地遭遇发震断裂时，应对断裂影响做出评价。符合下列条件之一者，可不考虑发震断裂错动对建（构）筑物和埋地管道的影响。

1 抗震设防烈度小于8度；

2 非全新世活动断裂；

3 抗震设防烈度为8度、9度地区，前第四纪基岩隐伏断裂的土层覆盖厚度分别大于60m、90m。

当不能满足上述条件时，首先应考虑避开主断裂带，其避开距离不宜少于表4.1.7的规定。如管道无法避免时，应采取必要的抗震措施或控制震害的应急措施。

表 4.1.7 避开发震断裂的最小距离表（m）

烈度 \ 工程类别	厂站	管道工程	
		输水、气、热	配管、排水管
8	300	300	200
9	500	500	300

注：1 避开距离指至主断裂外缘的水平距离。
2 厂站的避开距离应为主断裂带外缘至厂站内最近建（构）筑物的距离。

4.1.8 当需要在条状突出的山嘴、高耸孤立的山丘、非岩质的陡坡、河岸和边坡边缘等抗震不利地段建造建（构）筑物时，除应确保其在地震作用下的稳定性外，尚应考虑该场地的震动放大作用。相应各种条件下地震影响系数的放大系数（λ），可按表 4.1.8 采用。

表 4.1.8 地震影响系数的放大系数 λ 表

突出台地坡降 H/L \ $\frac{B}{H}$ \ 突出高度 H(m)	岩质地层	$H<20$	$20\leqslant H<40$	$40\leqslant H<60$	$H\geqslant 60$
	非岩质地层	$H<5$	$5\leqslant H<15$	$15\leqslant H<25$	$H\geqslant 25$
$\frac{H}{L}<0.3$	$\frac{B}{H}<2.5$	1.00	1.10	1.20	1.30
	$2.5\leqslant\frac{B}{H}<5$	1.00	1.06	1.12	1.18
	$\frac{B}{H}\geqslant 5$	1.00	1.03	1.06	1.09
$0.3\leqslant\frac{H}{L}<0.6$	$\frac{B}{H}<2.5$	1.10	1.20	1.30	1.40
	$2.5\leqslant\frac{B}{H}<5$	1.06	1.12	1.18	1.24
	$\frac{B}{H}\geqslant 5$	1.03	1.06	1.09	1.12
$0.6\leqslant\frac{H}{L}<1.0$	$\frac{B}{H}<2.5$	1.20	1.30	1.40	1.50
	$2.5\leqslant\frac{B}{H}<5$	1.12	1.18	1.24	1.30
	$\frac{B}{H}\geqslant 5$	1.06	1.09	1.12	1.15
$\frac{H}{L}\geqslant 1.0$	$\frac{B}{H}<2.5$	1.30	1.40	1.50	1.60
	$2.5\leqslant\frac{B}{H}<5$	1.18	1.24	1.30	1.36
	$\frac{B}{H}\geqslant 5$	1.09	1.12	1.15	1.18

注：表中 B 为建（构）筑物至突出台地边缘的距离；
L 为突出台地边坡的水平长度。

4.1.9 对场地岩土工程勘察，除应按国家有关标准的规定执行外，尚应根据实际需要划分对抗震有利、不利和危险的地段，并提供建设场地类别及岩土的地震稳定性（滑坡、崩塌、液化及震陷特性等）评价。

4.2 天然地基和基础

4.2.1 天然地基上的埋地管道和下列建（构）筑物，可不进行地基和基础的抗震验算：

1 本规范规定可不进行抗震验算的建（构）筑物；

2 设防烈度为 7 度、8 度或 9 度时，水塔及地基的静力承载力标准值分别大于 80、100、120kPa 且高度不超过 25m 的建（构）筑物。

4.2.2 对天然地基进行抗震验算时，应采用地震作用效应标准组合；相应地基抗震承载力应取地基承载力特征值乘以地基抗震承载力调整系数确定。

4.2.3 地基土的抗震承载力应按下式计算：

$$f_{aE}=f_a\cdot\zeta_a \tag{4.2.3}$$

式中 f_{aE}——调整后的地基抗震承载力；

f_a——深宽修正后的地基土承载力特征值，应按现行《建筑地基基础设计规范》GB 50007 的规定确定；

ζ_a——地基抗震承载力调整系数，应按表 4.2.3 采用。

表 4.2.3 地基土抗震承载力调整系数（ζ_a）

岩土名称和性状	ζ_a
岩石，密实的碎石土，密实的砾、粗、中砂，$f_{aK}\geqslant 300$kPa 的粘性土和粉土。	1.5
中密、稍密的碎石土，中密、稍密的砾、粗、中、砂，密实、中密的细、粉砂，150kPa$\leqslant f_{aK}<$300kPa 的粘性土和粉土，坚硬黄土。	1.3
稍密的细、粉砂，100kPa$\leqslant f_{aK}<$150kPa 的粘性土和粉土，新近沉积的粘性土和粉土，可塑黄土。	1.1
淤泥，淤泥质土，松散的砂，填土，新近堆积黄土。	1.0

4.2.4 对天然地基验算地震作用下的竖向承载力时，应符合下式要求：

$$p\leqslant f_{aE} \tag{4.2.4-1}$$

$$p_{max}\leqslant 1.2f_{aE} \tag{4.2.4-2}$$

式中 p——在地震作用效应标准组合下的基底平均压力；

p_{max}——在地震作用效应标准组合下的基底最大压力。

对高宽比大于 4 的建（构）筑物，在地震作用下基础底面不宜出现零压应力区；其他建（构）筑物允许出现零压应力区，但其面积不应超过基础底面积的 15%。

4.2.5 设防烈度为 8 度或 9 度，当建（构）筑物的地基土持力层为软弱粘性土（f_{aK} 小于 100kPa、120kPa）时，对下列建（构）筑物应进行抗震滑动验算：

1 矩形敞口地面式水池，底板为分离式的独立基础挡水墙。

2　地面式泵房等厂站构筑物，未设基础梁的柱间支撑部位的柱基等。

验算时，抗滑阻力可取基础底面上的摩擦力与基础正侧面上的水平土抗力之和。水平土抗力的计算取值不应大于被动土压力的1/3。抗滑安全系数不应小于1.10。

4.3　液化土和软土地基

4.3.1　饱和砂土或粉土（不含黄土）的液化判别及相应的地基处理，对位于设防烈度为6度地区的建（构）筑物和管道工程可不考虑。

4.3.2　在地面以下15m或20m范围内的饱和砂土或粉土（不含黄土），当符合下列条件之一时，可初步判为不液化或不考虑液化影响：

1　地质年代为第四纪晚更新世（Q_3）及其以前、设防烈度为7度、8度时；

2　粉土的黏粒（粒径小于0.005mm的颗粒）含量百分率，7度、8度和9度分别不小于10、13和16时；

注：黏粒含量判别系采用六偏磷酸钠作分散剂测定，采用其他方法时应按有关规定换算。

3　当上覆非液化土层厚度和地下水位深度符合下列条件之一时，可不考虑液化影响：

$$d_u > d_0 + d_b - 2 \quad (4.3.2\text{-}1)$$

$$d_w > d_0 + d_b - 3 \quad (4.3.2\text{-}2)$$

$$d_u + d_w > 1.5d_0 + d_b - 4.5 \quad (4.3.2\text{-}3)$$

式中　d_u——上覆盖非液化土层厚度（m），淤泥和淤泥质土层不宜计入；

d_w——地下水位深度（m），宜按工程使用期内的年平均最高水位采用；当缺乏可靠资料时，也可按近期内年最高水位采用；

d_b——基础埋置深度（m），当不大于2m时，应按2m计算；

d_0——液化土特征深度（m），可按表4.3.2采用。

表4.3.2　液化土特征深度（m）

饱和土类别＼设防烈度	7	8	9
粉土	6	7	8
砂土	7	8	9

4.3.3　饱和砂土或粉土经初步液化判别后，确认需要进一步做液化判别时，应采用标准贯入试验法。当标准贯入锤击数实测值（未经杆长修正）小于液化判别标准贯入锤击数临界值时，应判为液化土。

液化判别标准贯入锤击数临界值可按下式计算：

1　当 $d_s \leqslant 15$m时：

$$N_{cr} = N_0[0.9 + 0.1(d_s - d_w)]\sqrt{\frac{3}{\rho_c}} \quad (4.3.3\text{-}1)$$

2　当 $d_s \geqslant 15$m时（适用于基础埋深大于5m或采用桩基时）：

$$N_{cr} = N_0(2.4 - 0.1d_w)\sqrt{\frac{3}{\rho_c}} \quad (4.3.3\text{-}2)$$

式中　d_s——标准贯入点深度（m）；

N_{cr}——液化判别标准贯入锤击数临界值；

N_0——液化判别标准贯入锤击数基准值，应按表4.3.3采用；

ρ_c——粘粒含量百分率，当小于3或为砂土时应取3计算。

表4.3.3　标准贯入锤击数基准值（N_0）

设计地震分组＼设防烈度	7	8	9
第一组	6（8）	10（13）	16
第二、三组	8（10）	12（15）	18

注：括号内数值适用于设计基本地震加速度为0.15g和0.30g的地区。

4.3.4　当地基中15m或20m深度内存在液化土层时，应探明各液化土层的深度和厚度，并按下式计算每个钻孔的液化指数：

$$I_{lE} = \sum_{i=1}^{n}\left(1 - \frac{N_i}{N_{cri}}\right)d_i w_i \quad (4.3.4)$$

式中　I_{lE}——液化指数；

n——每一个钻孔15m或20m深度范围内液化土中标准贯入试验点的总数；

N_i、N_{cri}——分别为深度 i 点处标准贯入锤击数的实测值和临界值，当实测值大于临界值时应取临界值的数值；

d_i——i 点所代表的土层厚度（m），可采用与该标准贯入试验点相邻的上、下两标准贯入试验点深度差的一半，但上界不高于地下水位深度，下界不深于液化深度；

w_i——i 土层考虑单位土层厚度的层位影响权函数值（单位为 m^{-1}），当该层中点的深度不大于5m时应取10，等于15m或20m（根据判别深度）时应取为0，5～15m或20m时应按线性内插法取值。

注：对第1.0.7条规定的构筑物，可按本地区抗震设防烈度的要求计算液化指数。

4.3.5　对存在液化土层的地基，应根据其钻孔的液化指数按表4.3.5确定液化等级。

表 4.3.5 液化等级划分表

判别深度 \ 液化等级	轻微	中等	严重
15	$0<I_{lE}\leqslant5$	$5<I_{lE}\leqslant15$	$I_{lE}>15$
20	$0<I_{lE}\leqslant6$	$6<I_{lE}\leqslant18$	$I_{lE}>18$

4.3.6 未经处理的液化土层一般不宜作为天然地基的持力层。对地基的抗液化处理措施，应根据建（构）筑物和管道工程的使用功能、地基的液化等级，按表 4.3.6 的规定选择采用。

表 4.3.6 抗液化措施

工程项目类别 \ 液化等级		轻微	中等	严重
第 1.0.6 条规定的工程项目		B 或 C	A 或 B+C	A
厂站内其他建（构）筑物		C	B 或 C	A 或 B+C
管道	输水、气、热干线	D	C	B+C
	配管主干线	D	C	B+D
	一般配管	不采取措施	D	C

注：A——全部消除地基液化沉陷；
B——部分消除地基液化沉陷；
C——减小不均匀沉陷、提高结构对不均匀沉陷的适应能力；
D——提高管道结构适应不均匀沉陷的能力。

4.3.7 全部消除地基液化沉陷的措施，应符合下列要求：

1 采用桩基时，应符合本章第 4 节有关条款的要求；

2 采用深基础时，基础底面应埋入液化深度以下的稳定土层中，其埋入深度不应小于 500mm；

3 采用加密法（如振冲、振动加密、碎石桩挤密，强夯等）加固时，处理深度应达到液化深度下界；处理后桩间土的标准贯入锤击数实测值不宜小于相应的液化标准贯入锤击数临界值（N_{cr}）。

4 采用换土法时，应挖除全部液化土层；

5 采用加密法或换土法时，其处理宽度从基础底面外边缘算起，不应小于基底处理深度的 1/2，且不应小于 2m。

4.3.8 部分清除地基液化沉陷的措施，应符合下列要求：

1 处理深度应使处理后的地基液化指数不大于 4（判别深度为 15m 时）或 5（判别深度为 20m 时）；对独立基础或条形基础，尚不应小于基底液化土层特征深度值（d_0）和基础宽度的较大值。

2 土层当采用振冲或挤密碎石桩加固时，加固后的桩间土的标准贯入锤击数，应符合 4.3.7 条 3 款的要求。

3 基底平面的处理宽度，应符合 4.3.7 条 5 款的要求。

4.3.9 减轻液化沉陷影响，对建（构）筑物基础和上部结构的处理，可根据工程具体情况采用下列各项措施：

1 选择合适的基础埋置深度；

2 调整基础底面积，减少基础偏心；

3 加强基础的整体性和刚度，如采用整体底板（筏基）等；

4 减轻荷载，增强上部结构的整体性、刚度和均匀对称性，合理设置沉降缝，对敞口式构筑物的壁顶加设圈梁等。

4.3.10 提高管道适应液化沉陷能力，应符合下列要求：

1 对埋地的输水、气、热力管道，宜采用钢管；

2 对埋地的承插式接口管道，应采用柔性接口；

3 对埋地的矩形管道，应采用钢筋混凝土现浇整体结构，并沿线设置具有抗剪能力的变形缝，缝宽不宜小于 20mm，缝距一般不宜大于 15m；

4 当埋地圆形钢筋混凝土管道采用预制平口接头管时，应对该段管道做钢筋混凝土满包，纵向钢筋的总配筋率不宜小于 0.3%；并应沿线加密设置变形缝（构造同 3 款要求），缝距一般不宜大于 10m；

5 架空管道应采用钢管，并应设置适量的活动、可挠性连接构造。

4.3.11 设防烈度为 8 度、9 度地区，当建（构）筑物地基主要受力层内存在淤泥、淤泥质土等软弱黏性土层时，应符合下列要求：

1 当软弱黏性土层上覆盖有非软土层，其厚度不小于 5m（8 度）或 8m（9 度）时，可不考虑采取消除软土震陷的措施。

2 当不满足要求时，消除震陷可采用桩基或其他地基加固措施。

4.3.12 厂站建（构）筑物或地下管道傍故河道、现代河滨、海滨、自然或人工坡边建造，当地基内存在液化等级为中等或严重的液化土层时，宜避让至距常时水线 150m 以外；否则应对地基做有效的抗滑加固处理，并应通过抗滑动验算。

4.4 桩 基

4.4.1 设防烈度为 7 度或 8 度地区，承受竖向荷载为主的低承台桩基，当地基无液化土层时，可不进行桩基抗震承载力验算。

4.4.2 当地基无液化土层时，低承台桩基的抗震验算，应符合下列规定：

1 单桩的竖向和水平向抗震承载力设计值，可比静载时提高 25%；

2 当承台四周侧面的回填土的压实系数不低于 90%时，可考虑承台正面填土抗力与桩共同承担水平地震作用，但不应计入承台底面与地基土间的摩擦力。

承台正面填土的土抗力，可按朗金被动土压力的1/3计算。

4.4.3 当地基内存在液化土层时，低承台的抗震验算，应符合下列规定：

1 对一般浅基础不宜计入承台正面填土的土抗力作用；

2 当桩承台底面上、下分别有厚度不小于1.5m、1.0m的非液化土层时，可按下列两种情况进行桩的抗震验算，并按不利情况设计：

（1）桩承受全部地震作用，桩承载力按本节第4.4.2条规定采用，但液化土的桩周摩阻力及桩水平抗力均应乘以表4.4.3所列的折减系数；

表 4.4.3 土层液化影响折减系数

λ_N	深度 d_s（m）	折减系数
$\lambda_N \leqslant 0.6$	$d_s<10$	0
	$10<d_s\leqslant 20$	1/3
$0.6<\lambda_N\leqslant 0.8$	$d_s<10$	1/3
	$10<d_s\leqslant 20$	2/3
$0.8<\lambda_N\leqslant 1.0$	$d_s<10$	2/3
	$10<d_s\leqslant 20$	1

注：λ_N 为液化土层的标准贯入锤击数实测值与相应的临界值之比。

（2）地震作用按水平地震影响系数最大值的10%采用，桩承载力按本节第4.4.2条规定采用，但应扣除液化土层的全部摩阻力及桩承台下2m深度范围内非液化土的桩周摩阻力。

4.4.4 厂站内的各类盛水构筑物，其基础为整体式筏基，当采用预制桩或其他挤土桩，且桩距不大于4倍桩径时，打桩后桩间土的标准贯入锤击数达到不液化要求时，其单桩承载力可不折减，但对桩尖持力层做强度校核时，桩群外侧的应力扩散角应取为零。

4.4.5 处于液化土中的桩基承台周围，应采用非液化土回填夯实。

4.4.6 存在液化土层的桩基，桩的箍筋间距应加密，宜与桩顶部相同，加密范围应自桩顶至液化土层下界面以下2倍桩径处；在此范围内，桩的纵向钢筋亦应与桩顶保持一致。

5 地震作用和结构抗震验算

5.1 一 般 规 定

5.1.1 各类厂站构筑物的地震作用，应按下列规定确定：

1 一般情况下，应对构筑物结构的两个主轴方向分别计算水平向地震作用，并进行结构抗震验算；各方向的水平地震作用，应由该方向的抗侧力构件全部承担。

2 设有斜交抗侧力构件的结构，应分别考虑各抗侧力构件方向的水平地震作用。

3 设防烈度为9度时，水塔、污泥消化池等盛水构筑物、球形贮气罐、水槽式螺旋轨贮气罐、卧式圆筒形贮气罐应计算竖向地震作用。

5.1.2 各类构筑物的结构抗震计算，应采用下列方法：

1 湿式螺旋轨贮气罐以及近似于单质点体系的结构，可采用底部剪力法计算；

2 除第1款规定外的构筑物，宜采用振型分解反应谱法计算。

5.1.3 管道结构的抗震计算，应符合下列规定：

1 埋地管道应计算地震时剪切波作用下产生的变位或应变；

2 架空管道可对支承结构作为单质点体系进行抗震计算。

5.1.4 计算地震作用时，构筑物（含架空管道）的重力荷载代表值应取结构构件、防水层、防腐层、保温层（含上覆土层）、固定设备自重标准值和其他永久荷载标准值（侧土压力、内水压力）、可变荷载标准值（地表水或地下水压力等）之和。可变荷载标准值中的雪荷载、顶部和操作平台上的等效均布荷载，应取50%计算。

5.1.5 一般构筑物的阻尼比（ζ）可取0.05，其水平地震影响系数应根据烈度、场地类别、设计地震分组及结构自振周期按图5.1.5采用，其形状参数应符合下列规定：

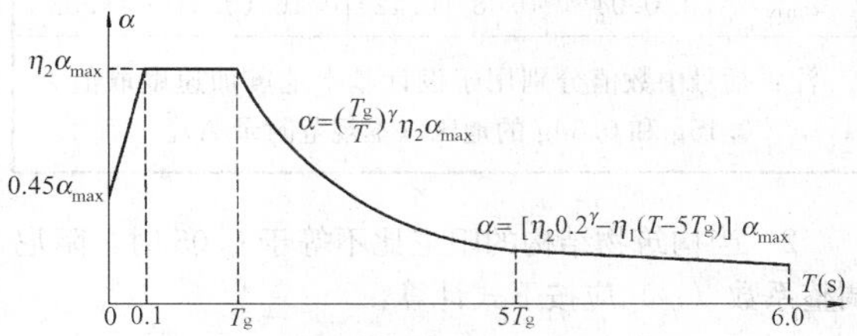

图 5.1.5 地震影响系数曲线

α—地震影响系数；α_{max}—水平地震影响系数最大值；T_g—特征周期；T—结构自振周期；η_1—直线下降段斜率调整系数；η_2—阻尼调整系数；γ—衰减指数。

1 周期小于0.1s的区段，应为直线上升段。

2 自0.1s至特征周期区段，应为水平段，相应阻尼调整系数为1.0，地震影响系数为最大值 α_{max}，应按本规范5.1.7条规定采用。

3 自特征周期 T_g 至5倍特征周期区段，应为曲线下降段，其衰减指数（γ）应采用0.9。

4 自5倍特征周期至6s区段，应为直线下降段，其下降斜率调整系数（η_l）应取0.02。

5　特征周期应根据本规范附录 A 列出的设计地震分组按表 5.1.5 的规定采用。

注：当结构自振周期大于 6.0s 时，地震影响系数应作专门研究确定。

表 5.1.5　特征周期值（s）

场地类别 / 设计地震分组	Ⅰ	Ⅱ	Ⅲ	Ⅳ
第一组	0.25	0.35	0.45	0.65
第二组	0.30	0.40	0.55	0.75
第三组	0.35	0.45	0.65	0.90

5.1.6　当构筑物结构的阻尼比（ζ）不等于 0.05 时，其水平地震影响系数曲线仍可按图 5.1.5 确定，但形状参数应按下列规定调整：

1　曲线下降段的衰减指数应按下式确定：

$$\gamma = 0.9 + \frac{0.05-\zeta}{0.5+5\zeta} \tag{5.1.6-1}$$

2　直线下降段的下降斜率调整系数应按下式确定：

$$\eta_1 = 0.02 + \frac{0.05-\zeta}{8} \tag{5.1.6-2}$$

当 η_1 值小于零时，应取零。

5.1.7　水平地震影响系数最大值的取值，应符合下列规定：

1　当构筑物结构的阻尼比为 0.05 时，多遇地震的水平地震影响系数最大值应按表 5.1.7 采用。

表 5.1.7　多遇地震的水平地震影响系数最大值（ζ=0.05）

烈　度	6	7	8	9
α_{max}	0.04	0.08（0.12）	0.16（0.24）	0.32
注：括号中数值分别用于设计基本地震加速度取值为 0.15g 和 0.30g 的地区（本规范附录 A）。				

2　当构筑物结构的阻尼比不等于 0.05 时，阻尼调整系数（η_2）应按下式计算：

$$\eta_2 = 1 + \frac{0.05-\zeta}{0.06+1.7\zeta} \tag{5.1.7}$$

当 η_2<0.55 时，应取 0.55。

5.1.8　构筑物结构的自振周期，可按本规范有关各章的规定确定；当采用实测周期时，应根据实测方法乘以 1.1～1.4 系数。

5.1.9　当考虑竖向地震作用时，竖向地震影响系数的最大值（α_{Vmax}）可取水平地震影响系数最大值的 65%。

5.1.10　当按水平地震加速度计算构筑物或管道结构的地震作用时，其设计基本地震加速度值应按表 3.3.2 采用。

5.1.11　构筑物和管道结构的抗震验算，应符合下列规定：

1　设防烈度为 6 度或本规范有关各章规定不验算的结构，可不进行截面抗震验算，但应符合相应设防烈度的抗震措施要求。

2　埋地管道承插式连接或预制拼装结构（如盾构、顶管等），应进行抗震变位验算。

3　除 1、2 款外的构筑物、管道结构均应进行截面抗震强度或应变量验算；对污泥消化池、挡墙式结构等，尚应进行抗震稳定验算。

5.2　构筑物的水平地震作用和作用效应计算

5.2.1　当采用基底剪力法时，结构的水平地震作用计算简图可按图 5.2.1 采用；水平地震作用标准值应按下列公式确定：

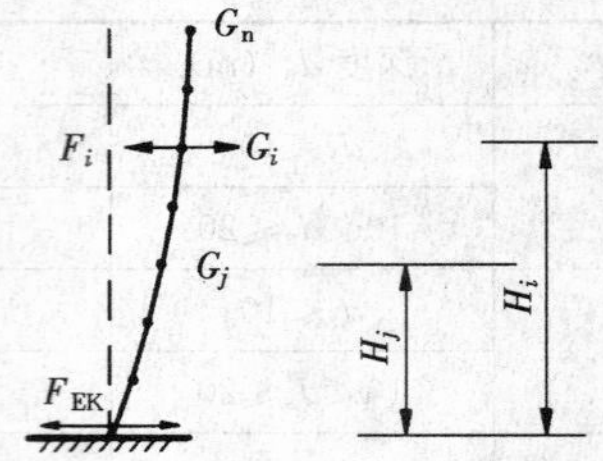

图 5.2.1　水平地震作用计算简图

$$F_{EK} = \alpha_1 G_{eq} \tag{5.2.1-1}$$

$$F_i = \frac{G_i H_i}{\sum_{j=1}^{n} G_j \cdot H_j} \tag{5.2.1-2}$$

式中　F_{EK}——结构总水平地震作用标准值；

α_1——相应于结构基本自振周期的水平地震影响系数值，应按本章第 5.1.5 条的规定确定；

G_{eq}——结构等效总重力荷载代表值；单质点应取总重力荷载代表值；多质点可取总重力荷载代表值的 85%；

G_i、G_j——分别为集中于质点 i、j 的重力荷载代表值，应按本章第 5.1.4 条规定确定；

F_i——质点 i 的水平地震作用标准值；

H_i、H_j——分别为质点 i、j 的计算高度。

5.2.2　当采用振型分解反应谱法时，可不计扭转影响的结构，应按下列规定计算水平地震作用和作用效应：

1　结构 j 振型 i 质点的水平地震作用标准值，应按下列公式确定：

$$F_{ji} = \alpha_j \cdot \gamma_j \cdot \chi_{ji} \cdot G_i \tag{5.2.2-1}$$

$$\gamma_j = \frac{\sum_{i=1}^{n} \chi_{ji} G_i}{\sum_{i=1}^{n} \chi_{ji}^2 G_i} \tag{5.2.2-2}$$

$(i=1,2,\cdots n; j=1,2,\cdots m)$

式中 F_{ji}——j 振型 i 质点的水平地震作用标准值；

α_j——相应于 j 振型自振周期的地震影响系数，应按本规范 5.1.5 条的规定确定；

x_{ji}——j 振型 i 质点的水平相对位移；

γ_j——j 振型的参与系数。

2 水平地震作用效应（弯矩、剪力、轴力和变形），应按下式确定：

$$S=\sqrt{\Sigma S_j^2} \quad (5.2.2\text{-}3)$$

式中 S——水平地震作用效应；

S_j——j 振型水平地震作用产生的作用效应，可只取前 1～3 个振型；当基本振型的自振周期大于 1.5s 时，所取振型个数可适当增加。

5.2.3 对突出构筑物顶部的小型结构，当采用底部剪力法计算时，其地震作用效应宜乘以增大系数 3.0，此增大部分不应往下传递，但与该突出结构直接相联的构件应予计入。

5.2.4 对于有盖的矩形盛水构筑物应考虑空间作用，其水平地震作用和作用效应计算，可按本规范有关条文规定确定。

5.2.5 计算水平地震作用时，除本规范专门规定外，一般情况下可不考虑结构与地基土的相互作用影响。

5.3 构筑物的竖向地震作用计算

5.3.1 竖向地震作用除本规范有关条文另有规定外，对筒式或塔式构筑物，其竖向地震作用标准值可按下式确定（图 5.3.1）：

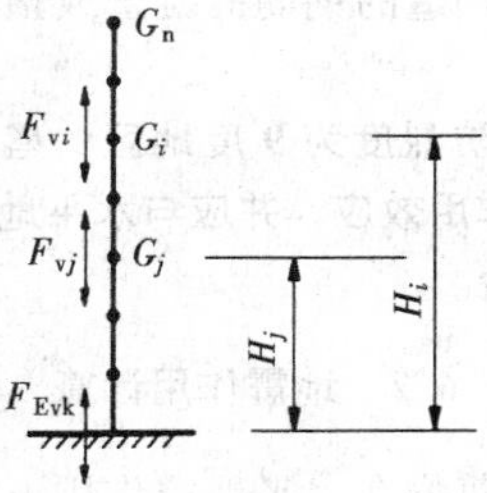

图 5.3.1 结构竖向地震作用计算简图

$$F_{EVK}=\alpha_{Vmax}\cdot G_{eqV} \quad (5.3.1\text{-}1)$$

$$F_{vi}=F_{EVK}\frac{G_iH_i}{\Sigma G_jH_j} \quad (5.3.1\text{-}2)$$

式中 F_{EVK}——结构总竖向地震作用标准值；

F_{Vi}——质点 i 的竖向地震作用标准值；

α_{Vmax}——竖向地震影响系数的最大值，应按第 5.1.9 条的规定确定；

G_{eqV}——结构等效总重力荷载，可取其重力荷载代表值的 75%；

H_i、H_j——分别为质点 i、j 的计算高度。

5.3.2 对长悬臂和大跨度结构的竖向地震作用标准值，当 8 度或 9 度时分别取该结构、构件重力荷载代表值的 10% 或 20%。

5.4 构筑物结构构件截面抗震强度验算

5.4.1 结构构件的地震作用效应和其他作用效应的基本组合，应按下式计算：

$$S=\gamma_G\sum_{i=1}^{n}C_{Gi}G_{Ei}+\gamma_{EH}C_{EH}F_{EH,k}+\gamma_{EV}C_{EV}F_{EV,k}+\psi_t\gamma_tC_t\Delta_{tk}+\psi_w\gamma_wC_ww_k \quad (5.4.1)$$

式中 S——结构构件内力组合设计值，包括组合的弯矩、轴力和剪力设计值；

γ_G——重力荷载分项系数，一般情况应采用 1.2，当重力荷载效应对构件承载力有利时，可取 1.0；

γ_{EH}、γ_{EV}——分别为水平、竖向地震作用分项系数，应按表 5.4.1 的规定采用；

γ_t——温度作用分项系数，应取 1.4；

γ_w——风荷载分项系数，应取 1.4；

G_{Ei}——i 项重力荷载代表值，可按 5.1.4 条的规定采用；

$F_{EH,k}$、$F_{EV,k}$——分别为水平、竖向地震作用标准值；

Δ_{tk}——温度作用标准值；

w_k——风荷载标准值；

ψ_t——温度作用组合系数，可取 0.65；

ψ_w——风荷载组合系数，一般构筑物可不考虑（即取零），对消化池、贮气罐、水塔等较高的筒型构筑物可采用 0.2；

C_G、C_{EH}、C_{EV}、C_t、C_w——分别为重力荷载、水平地震作用、竖向地震作用、温度作用和风荷载的作用效应系数，可按弹性理论结构力学方法确定。

表 5.4.1 地震作用分项系数

地震作用	γ_{EH}	γ_{EV}
仅考虑水平地震作用	1.3	—
仅考虑竖向地震作用	—	1.3
同时考虑水平与竖向地震作用	1.3	0.5

5.4.2 结构构件的截面抗震强度验算，应按下式确定：

$$S \leqslant \frac{R}{\gamma_{RE}} \quad (5.4.2)$$

式中 R——结构构件承载力设计值，应按各相关的结构设计规范确定；

γ_{RE}——承载力抗震调整系数，应按表5.4.2的规定采用。

表 5.4.2 承载力抗震调整系数

材料	结构构件	受力状态	γ_{RE}
钢	柱	偏压	0.70
	柱间支撑	轴拉、轴压	0.90
	节点板、连接螺栓		0.90
	构件焊缝		1.00
砌体	两端设构造柱、芯柱的抗震墙	受剪	0.90
	其他抗震墙	受剪	1.00
钢筋混凝土	梁	受弯	0.75
	轴压比小于0.15的柱	偏压	0.75
	轴压比不小于0.15的柱	偏压	0.80
	抗震墙	偏压	0.85
	各类构件	剪、拉	0.85

5.4.3 当仅考虑竖向地震作用时，各类结构构件承载力抗震调整系数均宜采用1.0。

5.5 埋地管道的抗震验算

5.5.1 埋地管道的地震作用，一般情况可仅考虑剪切波行进时对不同材质管道产生的变位或应变；可不计算地震作用引起管道内的动水压力。

5.5.2 承插式接头的埋地圆形管道，在地震作用下应满足下式要求；

$$\gamma_{EHP}\Delta_{pl,k} \leqslant \lambda_c \sum_{i=1}^{n}[u_a]_i \quad (5.5.2)$$

式中 $\Delta_{pl,k}$——剪切波行进中引起半个视波长范围内管道沿管轴向的位移量标准值；

γ_{EHP}——计算埋地管道的水平向地震作用分项系数，可取1.20；

$[u_a]_i$——管道 i 种接头方式的单个接头设计允许位移量；

λ_c——半个视波长范围内管道接头协同工作系数，可取0.64计算；

n——半个视波长范围内,管道的接头总数。

5.5.3 整体连接的埋地管道，在地震作用下的作用效应基本组合，应按下式确定：

$$S=\gamma_G S_G+\gamma_{EHP} S_{Ek}+\psi_t \gamma_t C_t \Delta_{tk} \quad (5.5.3)$$

式中 S_G——重力荷载（非地震作用）的作用标准值效应；

S_{Ek}——地震作用标准值效应。

5.5.4 整体连接的埋地管道，其结构截面抗震验算应符合下式要求：

$$S \leqslant \frac{|\varepsilon_{ak}|}{\gamma_{PRE}} \quad (5.5.4)$$

式中 $|\varepsilon_{ak}|$——不同材质管道的允许应变量标准值；

γ_{PRE}——埋地管道抗震调整系数，可取0.90计算。

6 盛水构筑物

6.1 一般规定

6.1.1 本章内容适用于钢筋混凝土、预应力混凝土和砌体结构的各种功能的盛水构筑物，其他材质的盛水构筑物可参照执行。

6.1.2 当设防烈度为8度、9度时，盛水构筑物不应采用砌体结构。

6.1.3 对盛水构筑物进行抗震验算时，当构筑物高度一半以上埋于地下时，可按地下式结构验算；当构筑物高度一半以上位于地面以上时，可按地面式结构验算。

6.1.4 下列情况的盛水构筑物，当满足抗震构造要求时，可不进行抗震验算：

1 设防烈度为7度各种结构型式的不设变形缝、单层水池；

2 设防烈度为8度的地下式敞口钢筋混凝土和预应力混凝土圆形水池；

3 设防烈度为8度的地下式，平面长宽比小于1.5、无变形缝构造的钢筋混凝土或预应力混凝土的有盖矩形水池。

6.1.5 位于设防烈度为9度地区的盛水构筑物，应计算竖向地震作用效应，并应与水平地震作用效应按平方和开方组合。

6.2 地震作用计算

6.2.1 盛水构筑物在水平地震作用下的自重惯性力标准值，应按下列规定计算（图6.2.1）：

1 地面式水池壁板的自重惯性力标准值，应按下式计算：

$$F_{GWZ,k}=\eta_m \alpha_1 \gamma_1 g_w \sin\left(\frac{\pi Z}{2H}\right) \quad (6.2.1\text{-}1)$$

2 地面式水池顶盖的自重惯性力标准值，应按下式计算：

$$F_{Gd,k}=\eta_m \alpha_1 \gamma_1 W_d \quad (6.2.1\text{-}2)$$

3 地下式水池池壁和顶盖的自重惯性力标准值，可按式（6.2.1-1）和（6.2.1-2）计算，但应取 $\gamma_1 \alpha_1 \sin\left(\frac{\pi Z}{2H}\right)=\frac{1}{3}K_H$ 和 $\alpha_1 \gamma_1=\frac{1}{3}K_H$，其中 K_H 为设计基本地震加速度（按表3.3.2）与重力加速度的比值。

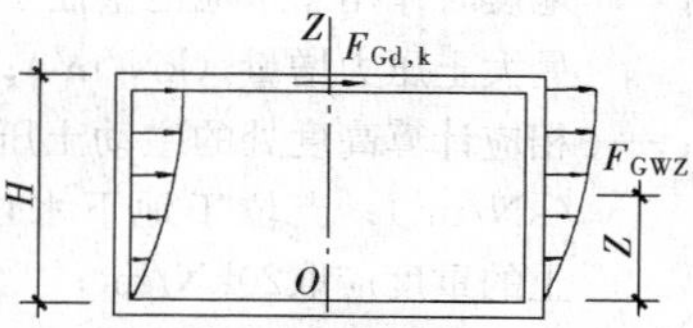

(a)地面式沿高度分布

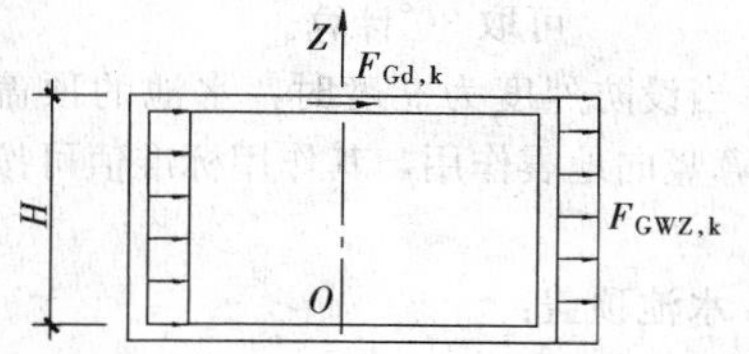

(b)地下式沿高度分布

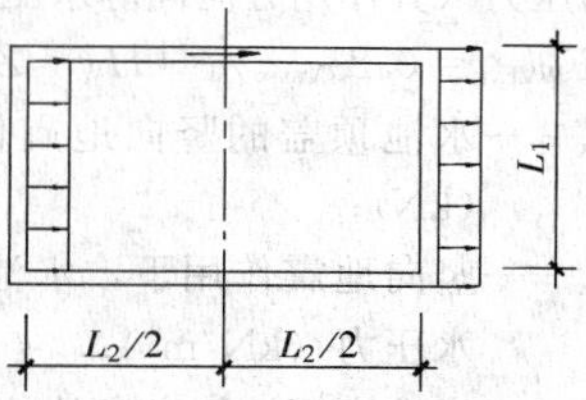

(c)矩形构筑物沿平面分布

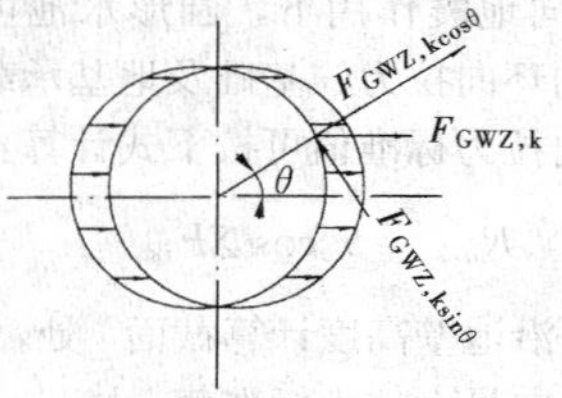

(d)圆形构筑物沿平面分布

图 6.2.1　自重惯性力分布图

上列式中　$F_{GWZ,k}$——池壁沿高度的自重惯性力标准值（kN/m^2）；

η_m——地震影响系数的调整系数，可取 1.5；

α_1——相应于水池结构基振型的地震影响系数，一般可取 $\alpha_1=\alpha_{max}$；

γ_1——相应于水池结构基振型的振型参与系数，一般可取 1.10；

g_W——池壁沿高度的单位面积重度（kN/m^2）；

W_d——水池顶盖的自重（kN）；

$F_{Gd,k}$——水池顶盖的自重惯性力标准值（kN）；

H——池壁高度（m）；

Z——计算截面距池壁底端的高度（m）。

6.2.2　圆形水池在水平地震作用下的动水压力标准值，应按下列公式计算（图 6.2.2）：

$$F_{wc,k}(\theta)=K_H\cdot\gamma_W\cdot H_W\cdot f_{wc}\cos\theta \tag{6.2.2-1}$$

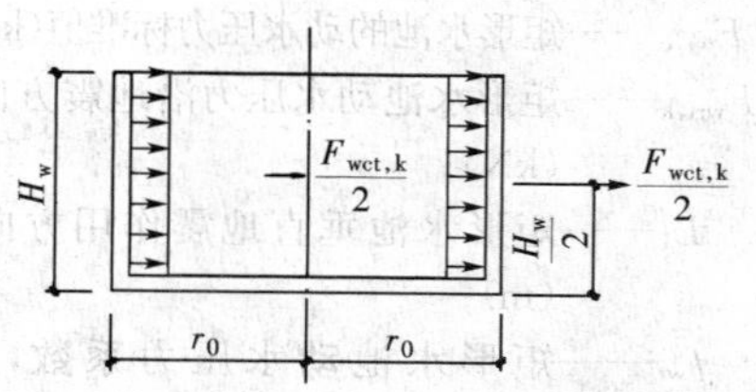

(a)沿高度分布

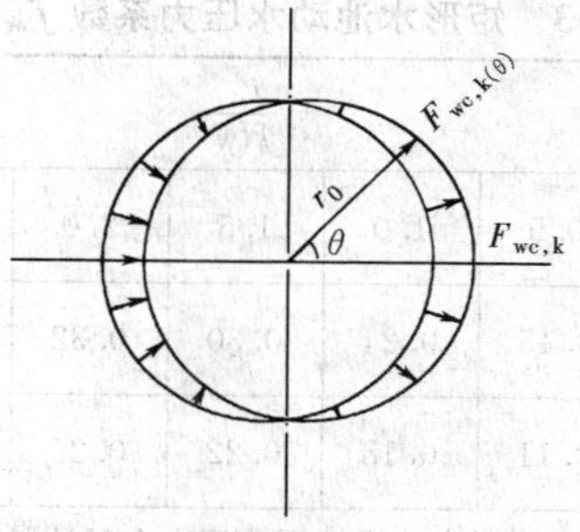

(b)沿环向分布

图 6.2.2　圆形水池动水压力

$$F_{wct,k}=K_H\cdot\gamma_w\cdot\pi\cdot r_0\cdot H_w^2\cdot f_{wc} \tag{6.2.2-2}$$

式中　$F_{wc,k}(\theta)$——圆形水池的动水压力标准值（kN/m^2）；

$F_{wct,k}$——圆形水池动水压力标准值沿地震方向的合力（kN）；

γ_W——池内水的重力密度（kN/m^3）；

r_0——水池的内半径（m）；

H_W——池内水深（m）；

θ——计算截面与沿地震方向轴线的夹角；

f_{wc}——圆形水池的动水压力系数，可按表 6.2.2 采用；

K_H——水平地震加速度与重力加速度的比值，应按表 3.3.2 确定。

表 6.2.2　圆形水池动水压力系数 f_{Wc}

水池形式	H_W/r_0								
	≤0.6	0.8	1.0	1.2	1.4	1.6	1.8	2.0	2.2
地面式	0.40	0.39	0.36	0.34	0.32	0.30	0.28	0.26	0.25
地下式	0.32	0.30	0.28	0.26	0.24	0.22	0.21	0.19	0.18

6.2.3　矩形水池在水平地震作用下的动水压力标准值，应按下列公式计算（图 6.2.3）：

$$F_{wr,c}=K_H\cdot\gamma_W H_W\cdot f_{wr} \tag{6.2.4-1}$$

$$F_{wrt,k}=2K_H\cdot\gamma_W L_1 H_W^2\cdot f_{wr} \tag{6.2.3-2}$$

式中 $F_{wr,c}$——矩形水池的动水压力标准值(kN/m²)；

$F_{wrt,k}$——矩形水池动水压力沿地震方向的合力(kN)；

L_1——矩形水池垂直地震作用方向的边长(m)；

f_{wr}——矩形水池动水压力系数，可按表6.2.3采用。

表 6.2.3 矩形水池动水压力系数 f_{wr}

水池形式	$\frac{L_2}{H_W}$				
	0.5	1.0	1.5	2.0	≥3.0
地面式	0.15	0.24	0.30	0.32	0.35
地下式	0.11	0.18	0.22	0.25	0.27
注：表中 L_2 为矩形水池沿地震作用方向的边长（m）。					

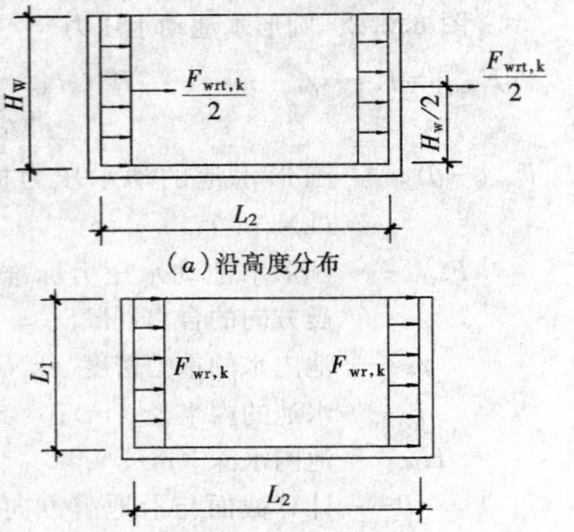

(*a*)沿高度分布

(*b*)沿平面分布

图 6.2.3 矩形水池动水压力

6.2.4 作用在水池池壁上的动土压力标准值，应按下式计算（图 6.2.4）：

$$F_{es,k}=K_H\cdot F_{ep,k}\cdot \mathrm{tg}\phi \quad (6.2.4)$$

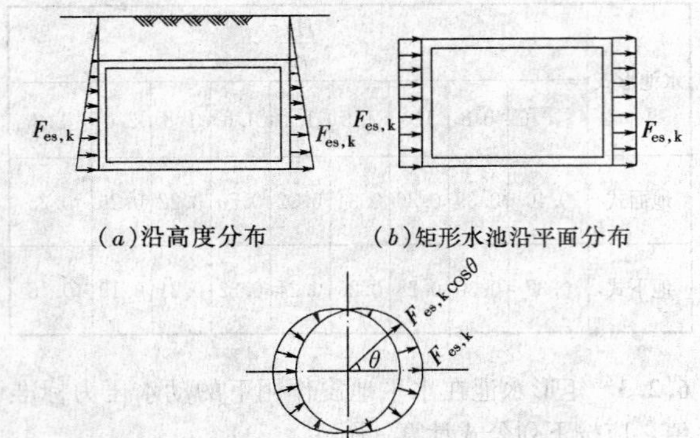

(*a*)沿高度分布　(*b*)矩形水池沿平面分布

(*c*)圆形水池沿平面分布

图 6.2.4 动土压力分布图

式中 $F_{es,k}$——地震时作用于水池池壁任一高度上的最大土压力增量（kN/m²）；

$F_{ep,k}$——相应计算高度处的主动土压力标准值（kN/m²）；当位于地下水位以下时，土的重度应取20kN/m³；

ϕ——池壁外侧土的内摩擦角，一般情况下可取30°计算。

6.2.5 当设防烈度为9度时，水池的顶盖和动水压力应计算竖向地震作用，其作用标准值可按下列公式确定：

1 水池顶盖：

$$F_{GdV,k}=\alpha_{Vmax}\cdot W_d \quad (6.2.5\text{-}1)$$

2 动水压力（其作用方向同静水压力）：

$$F_{WVE,k}=0.8\alpha_{Vmax}\gamma_W(H_W-Z) \quad (6.2.5\text{-}2)$$

式中 $F_{GdV,k}$——水池顶盖的竖向地震作用标准值（kN）；

$F_{WVE,k}$——竖向地震作用下，水池池壁上的动水压力（kN/m²）；

Z——由池底至计算高度处的距离（m）。

6.2.6 在水平向地震作用下，圆形水池可按竖向剪切梁验算池壁的环向拉力、基础及地基承载力。

池壁的环向拉力标准值可按下式计算：

$$R_{ti,k}=r_c\cos\theta\Sigma F_{ik} \quad (6.2.6)$$

式中 $P_{ti,k}$——沿池壁高度计算截面 i 处，池壁的环向最大拉力标准值（kN/m）；

F_{ik}——计算截面 i 处的水平地震作用标准值（自重惯性力、动水压力、动土压力）（kN/m²）；

r_c——计算截面 i 处的水池计算半径（m），即圆水池中心至壁厚中心的距离；

θ——由水平地震方向至计算截面的夹角。

6.2.7 有盖的矩形水池，当顶盖结构整体性良好并与池壁、立柱有可靠连接时，在水平向地震作用下的抗震验算应考虑结构体系的空间作用，可按附录B进行计算。

6.2.8 水池内部的隔墙或导流墙，在水平地震作用下，应类同于池壁计算其自重惯性力和动水压力的作用及作用效应。

6.3 构造措施

6.3.1 当水池顶盖板采用预制装配结构时，应符合下列构造要求：

1 在板缝内应配置不少于1ϕ6钢筋，并应采用M10水泥砂浆灌严；

2 板与梁的连接应预留埋件焊接；

3 设防烈度为9度时，预制板上宜浇筑二期钢筋混凝土叠合层。

6.3.2 水池顶盖与池壁的连接，应符合下列要求：

1　当顶盖与池壁非整体连接时，顶盖在池壁上的支承长度不应小于200mm；

2　当设防烈度为7度且场地为Ⅲ、Ⅳ类时，砌体池壁的顶部应设置钢筋混凝土圈梁，并应预留埋件与顶盖上的预埋件焊连；

3　当设防烈度为7度且场地为Ⅲ、Ⅳ类和设防烈度为8度、9度时，钢筋混凝土池壁的顶部，应设置预埋件与顶盖内预埋件焊连。

6.3.3　设防烈度为8度、9度时，有盖水池的内部立柱应采用钢筋混凝土结构；其纵向钢筋的总配筋率分别不宜小于0.6%、0.8%；柱上、下两端1/8、1/6高度范围内的箍筋应加密，间距不应大于10cm；立柱与梁或板应整体连结。

6.3.4　设防烈度为7度且场地为Ⅲ、Ⅳ类时，采用砌体结构的矩形水池，在池壁拐角处，每沿300～500mm高度内，应加设不少于3ϕ6水平钢筋，伸入两侧池壁内的长度不应小于1.0m。

6.3.5　设防烈度为8度、9度时，采用钢筋混凝土结构的矩形水池，在池壁拐角处，里、外层水平向钢筋的配筋率均不宜小于0.3%，伸入两侧池壁内的长度不应小于1/2池壁高度。

6.3.6　设防烈度为8度且位于Ⅲ类、Ⅳ类场地上的有盖水池、池壁高度应留有足够高度的干弦，其高度宜按表6.3.6采用。

表6.3.6　池壁干弦高度（m）

场地类别 \ $\frac{H_W}{r_0}$或$\frac{2H_w}{L_2}$	≤0.2	0.3	0.4	0.5
Ⅲ	0.30	0.30	0.30 (0.35)	0.35 (0.40)
Ⅳ	0.30 (0.40)	0.35 (0.45)	0.40 (0.50)	0.50 (0.60)

注：1　按$\frac{H_W}{r_0}$或$\frac{2H_w}{L_2}$确定的无需插入，就近采用即可；

2　表中括号内数值适用于设计基本地震加速度为0.30g地区。

6.3.7　水池内部的导流墙与立柱的连接，应采取有效措施避免立柱在干弦高度范围内形成短柱。

7　贮气构筑物

7.1　一般规定

7.1.1　本章内容适用于燃气工程中的钢制球形贮气罐（简称球罐），卧式圆筒形贮气罐（简称卧罐）和水槽式螺旋轨贮气罐（简称湿式罐）。

7.1.2　贮气构筑物在水平地震作用下，均可按沿主轴方向进行抗震计算。

7.1.3　湿式罐的钢筋混凝土水槽的地震作用，可按6.2中有关敞口圆形池的条文确定。钢水槽和地下式环形水槽，均可不做抗震强度验算。

7.2　球形贮气罐

7.2.1　球罐可简化为单质点体系，其基本自振周期可按下式计算：

$$T_1=2\pi\sqrt{\frac{W_{eqs,k}}{gK_s}} \tag{7.2.1}$$

式中　T_1——球罐的基本自振周期（s）；

$W_{eqs,k}$——等效总重力荷载标准值（N）；

K_s——球罐结构的侧移刚度（N/m）。

7.2.2　球罐的等效总重力荷载，应按下式计算：

$$W_{eqs,k}=W_{sk}+0.5W_{ck}+0.7W_{lk} \tag{7.2.2}$$

式中　W_{sk}——球罐壳体及保温层、喷淋装置及工作梯等附件的自重标准值（N）；

W_{ck}——球罐支柱和拉杆的自重标准值（N）；

W_{lk}——罐内贮液的自重标准值（N）。

7.2.3　球罐结构的侧移刚度，可按下列公式计算（图7.2.3）：

$$K_s=\frac{12E_sI_s}{h_0^3}\Sigma\frac{n_i}{\psi_i} \tag{7.2.3-1}$$

$$\psi_i=1-\frac{(1-\psi_h)^4\ (1+2\psi_h)^2}{\psi_\lambda\cdot\frac{I_sl}{A_1h_0^3\cos^2\theta\cos^2\phi_i}+(1+3\psi_h)\ (1-\psi_h)^3} \tag{7.2.3-2}$$

$$\psi_h=1-\frac{h_1}{h_0} \tag{7.2.3-3}$$

式中　K_s——侧移刚度（N/m）；

E_s——支柱及支撑杆件材料的弹性模量(N/m^2)；

I_s——单根支柱的截面惯性矩（m^4）；

h_0——支柱基础顶面至罐中心的高度（m）；

A_1——单根支撑杆件的截面面积（m^2）；

h_1——支撑结构的高度（m）；

l——支撑杆件的长度（m）；

n_i——与地震作用方向夹角为ϕ_i的构架榀数，可按表7.2.3确定；

ψ_i——i构架支撑结构在地震作用方向的拉杆影响系数；

ψ_h——拉杆高度影响系数；

ϕ_i——i构架与地震作用方向的夹角（°），可按表7.2.3采用；

θ——支撑杆件与水平面的夹角（°）；

ψ_λ——支撑杆件长细比影响系数，长细比小于150时，可采用6；长细比大于、等于150时，可采用12。

表 7.2.3 ϕ_i 及相应的 n_i 值

构架总榀数 / ϕ_i 及 n_i	6		8		10			12		
ϕ_i	60°	0°	67.5°	22.5°	72°	36°	0°	75°	45°	15°
n_i	4	2	4	4	4	4	2	4	4	4

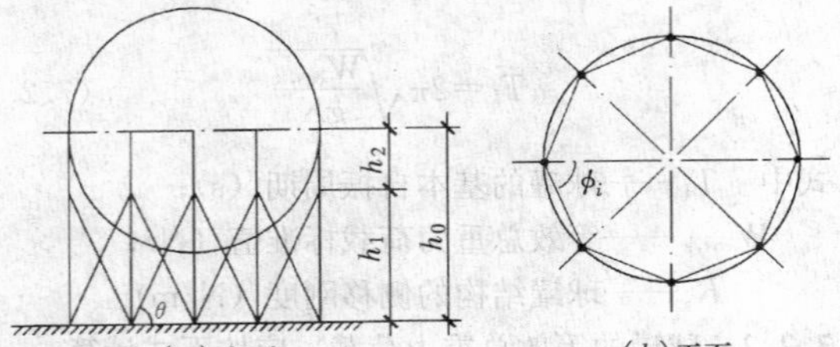

(a)立面　　(b)平面

图 7.2.3　球罐简图

7.2.4　球罐的水平地震作用标准值应按下式计算：

$$F_{sHk}=\eta_m\alpha_1 W_{eqs,k} \quad (7.2.4)$$

式中　$F_{sH,k}$——水平地震作用标准值（N）。

注：确定 α_1 时，应取阻尼比 $\zeta=0.02$。

7.2.5　当设防烈度为 9 度时，球罐应计入竖向地震效应，竖向地震作用标准值应按下式计算：

$$F_{sV,k}=\alpha_{Vm}W_{eqs,k} \quad (7.2.5)$$

式中　$F_{sV,k}$——竖向地震作用标准值（N）。

7.2.6　当设防烈度为 6 度、7 度且场地为Ⅰ、Ⅱ类时，球罐可采用独立墩式基础；当设防烈度为 8 度、9 度或场地为Ⅲ、Ⅳ类时，球罐宜采用环形基础或在墩式基础间设置地梁连接成整体。

7.2.7　球罐基础的混凝土强度等级不宜低于 C20，基础埋深不宜小于 1.5m。

7.2.8　位于Ⅲ、Ⅳ类场地的球罐，与之连接的液相、气相管应设置弯管补偿器或其他柔性连接措施。

7.3　卧式圆筒形贮罐

7.3.1　卧罐可按单质点体系计算，其水平地震作用标准值应按下式确定：

$$F_{hH,k}=\eta_m\alpha_{max}W_{eqh,k} \quad (7.3.1)$$

式中　$F_{hH,k}$——水平地震作用标准值（N）；

$W_{eqh,k}$——卧罐的等效重力荷载标准值（N）。

7.3.2　卧罐按单质点体系，在地震作用下的等效重力荷载标准值可按下式计算：

$$W_{eqh,k}=0.5\,(W_{sk}+W_{lk}) \quad (7.3.2)$$

式中　W_{sk}——罐体及保温层等重量（N）。

7.3.3　当设防烈度为 9 度时，卧罐应计入竖向地震效应，其竖向地震作用标准值应按下式计算：

$$F_{hV,k}=\alpha_{Vm}W_{eqh,k} \quad (7.3.3)$$

7.3.4　卧罐应设置鞍型支座，支座与支墩间应采用螺栓连接。

7.3.5　卧罐宜设置在构筑物的底层；罐间的联系平台的一端应采用活动支承。

7.3.6　位于Ⅲ、Ⅳ类场地的卧罐，与之连接的液相、气相管应设置弯管补偿器或其他柔性连接措施。

7.4　水槽式螺旋轨贮气罐

7.4.1　湿式罐可简化为多质点体系（图 7.4.1），其水平方向的地震作用标准值可按下列公式计算：

$$Q_{wH,k}=\eta_m\alpha_1 W_{wk} \quad (7.4.1\text{-}1)$$

$$F_{wHi,k}=\frac{W_{wi}H_{wi}}{\sum_{i=1}^{n}W_{wi}H_{wi}}Q_{wH} \quad (7.4.1\text{-}2)$$

式中　Q_{wH}——水槽顶面处上部贮气塔体的总水平地震作用标准值（N）；

W_{wk}——贮气塔体总重量（N），包括各塔塔体结构、水封环内贮水、导轮、附件的重量和配重及罐顶半边均布雪载的 50%；

$F_{wHi,k}$——集中质点 i 处的水平向地震作用标准值（N）；

W_{wi}——集中质点 i 处的重量（N），包括 i 塔体结构、水封环内贮水、导轮、附件的重量和配重，顶塔尚应包括罐顶半边均有雪载的 50%；

H_{wi}——由水槽顶面至相应集中质点 i 处的高度（m）；

α_1——相应于基振型周期的地震影响系数，当罐容量不大于 15 万 m^3 时，可取 $T_1=0.5s$。

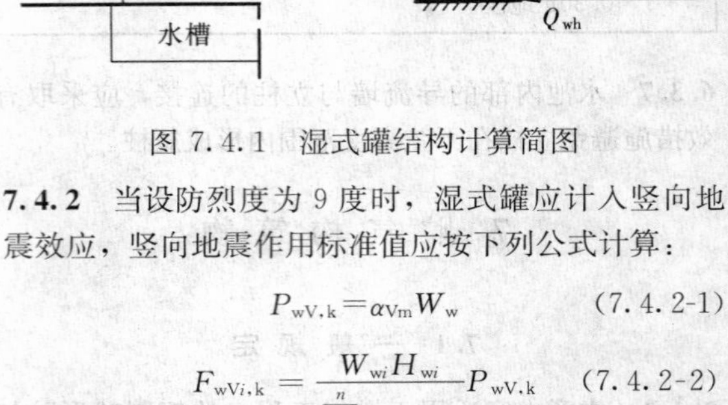

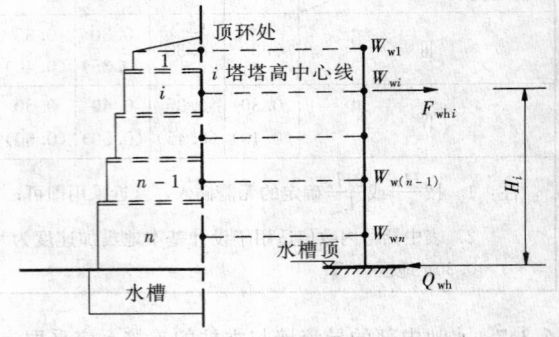

图 7.4.1　湿式罐结构计算简图

7.4.2　当设防烈度为 9 度时，湿式罐应计入竖向地震效应，竖向地震作用标准值应按下列公式计算：

$$P_{wV,k}=\alpha_{Vm}W_w \quad (7.4.2\text{-}1)$$

$$F_{wVi,k}=\frac{W_{wi}H_{wi}}{\sum_{i=1}^{n}W_{wi}H_{wi}}P_{wV,k} \quad (7.4.2\text{-}2)$$

式中　$P_{wV,k}$——总竖向地震作用标准值（N）；

$F_{wVi,k}$——集中质点 i 处的竖向地震作用标准值（N）。

7.4.3 湿式罐的贮气塔体结构，应分别按下列两种情况进行抗震验算：

1 贮气塔全部升起时，应验算各塔导轮、导轨的强度；

2 仅底塔未升起时，应验算该塔上部伸出挂圈的导轨与上挂圈之间的连接强度。

验算时，作用在导轮、导轨上的力应乘以不均匀系数，可取1.2计算。

7.4.4 环形水槽在水平地震作用下的动水压力标准值，应按下列公式计算（图7.4.4）：

$$F_{wr1,k}(\theta)=K_H\gamma_w H_w F_{wr1}\cos\theta \quad (7.4.4\text{-}1)$$

$$F_{wr2,k}(\theta)=K_H\gamma_w H_w F_{wr2}\cos\theta \quad (7.4.4\text{-}2)$$

$$F_{wr1,k}=K_H\pi\gamma_{10}H_w^2 f_{wr1} \quad (7.4.4\text{-}3)$$

$$F_{wr2,k}=K_H\pi\gamma_{20}H_w^2 f_{wr2} \quad (7.4.4\text{-}4)$$

式中 $F_{wr1,k}(\theta)$——外槽壁上的动水压力标准值（N/m^2）；

$F_{wr2,k}(\theta)$——内槽壁上的动水压力标准值（N/m^2）；

$F_{wr1,k}$——外槽壁上动水压力标准值沿地震方向的合力（N）；

$F_{wr2,k}$——内槽壁上动水压力标准值沿地震方向的合力（N）；

r_{10}——环形水槽外壁的内半径（m）；

r_{20}——环形水槽内壁的外半径（m）；

f_{wr1}——外槽壁上的动水压力系数，可按表7.4.4采用；

f_{wr2}——内槽壁上的动水压力系数，可按表7.4.4采用。

表7.4.4 环形水槽动水压力系数 f_{wr1}、f_{wr2}

H_w/r_{10} \ r_{20}/r_{10}	0.75		0.80		0.85		0.90	
f_{wr}	f_{wr1}	f_{wr2}	f_{wr1}	f_{wr2}	f_{wr1}	f_{wr2}	f_{wr1}	f_{wr2}
0.20	0.33	0.25	0.30	0.22	0.26	0.18	0.21	0.12
0.25	0.31	0.21	0.28	0.17	0.24	0.13	0.19	0.08
0.30	0.29	0.17	0.27	0.14	0.23	0.10	0.18	0.05
0.35	0.58	0.13	0.26	0.10	0.22	0.06	0.17	0.02
0.40	0.57	0.10	0.25	0.07	0.21	0.03	—	—

7.4.5 位于Ⅲ、Ⅳ类场地上的湿式罐，其高度与直径之比不宜大于1.2。

7.4.6 贮气塔的每组导轮的轴座，应具有良好的整体构造，如整体浇铸等。

7.4.7 湿式罐的罐容量等于或大于5000m³时，其贮气塔的导轮不宜采用小于24kg/m的钢轨。

7.4.8 位于Ⅲ、Ⅳ类场地上的湿式罐，与之连接的进、出口燃气管，均应设置弯管补偿器或其他柔性连接措施。

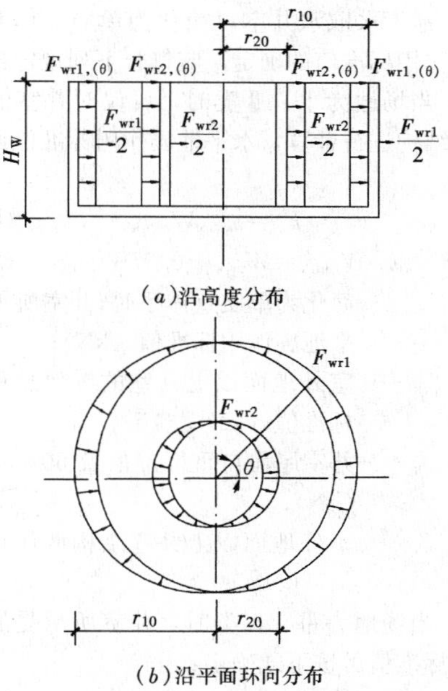

图7.4.4 环形水槽动水压力

8 泵 房

8.1 一般规定

8.1.1 本章内容可适用于各种功能的提升、加压、输送等泵房结构。

8.1.2 对设防烈度为6度、7度和设防烈度为8度且泵房地下部分高度与地面以上高度之比大于1的地下水取水井室（泵房）、各种功能泵房的地下部分结构；均可不进行抗震验算，但均应符合相应设防烈度（含需要提高一度设防）的抗震措施要求。

8.1.3 采用卧式泵和轴流泵的地面以上部分泵房结构，其抗震验算和相应的抗震措施，应按《建筑抗震设计规范》GB50011中相应结构类别的有关规定执行。

8.1.4 当泵房和控制室、配电室或生活用房毗连时，应符合下列要求：

1 基础不宜坐落在不同高程；当不可避免时，对埋深浅的基础下应做人工地基处理，避免导致震陷。

2 当基础坐落高差或建筑竖向高差较大；平面布置相差过大；结构刚度截然不同时，均应设防震缝。

3 防震缝应沿建筑物全高设置，缝两侧均应设置墙体，基础可不设缝（当结合沉降缝时则应贯通基础），缝宽不宜小于50mm。

8.2 地震作用计算

8.2.1 地下水取水井室可简化为单质点体系，其水平地震作用标准值的确定，应符合下列规定：

1 当场地为Ⅰ、Ⅱ类时，可仅对井室的室外地面以上结构进行计算，水平地震作用标准值可按下式确定：

$$F_{pk}=\alpha_{max}W_{eqp,k} \quad (8.2.1\text{-}1)$$

$$W_{eqp,k}=W_{pt,k}+0.37W_{pw,k} \quad (8.2.1\text{-}2)$$

式中 F_{pk}——简化为单质点体系时，井室所承受的水平地震作用标准值（kN）；

$W_{eqp,k}$——室外地面以上井室的等效总重力荷载标准值（kN）；

$W_{pt,k}$——井室屋盖自重标准值及50%雪载之和（kN）；

$W_{pw,k}$——室外地面以上井室结构墙体自重标准值（kN）。

2 当场地为Ⅲ、Ⅳ类时，井室所承受的水平地震作用标准值可按下式确定：

$$F_{pk}=\eta_p\alpha_{max}W'_{eqp,k} \quad (8.2.1\text{-}3)$$

$$W'_{eqp,k}=W_{pt,k}+0.25W'_{pw,k} \quad (8.2.1\text{-}4)$$

式中 η_p——考虑井室结构与地基土共同作用的折减系数，可按表8.2.1采用；

$W'_{eqp,k}$——井室的等效总重力荷载（kN）；

$W'_{pw,k}$——井室基础以上墙体及楼梯等的自重标准值（kN）。

表 8.2.1 折减系数 η_p

$\frac{D_p}{H_p}$	0.40	0.50	0.55	0.60	0.65	0.70	0.75	0.80
η_p	1.00	0.94	0.89	0.85	0.78	0.74	0.68	0.63

注：表中 H_p 为井室全高；D_p 为井室地面以下埋深。

8.2.2 当设防烈度为8度、9度时，各种功能泵房的地下部分结构，应计入水平地震作用所产生的结构自重惯性力、动水压力（泵房内部）和动土压力，其标准值可按第6章相应计算规定确定。

8.3 构造措施

8.3.1 地下水取水井室的结构构造，应符合下列规定：

1 当设防烈度为7度、8度时，砌体砂浆不应低于M7.5；门宽不宜大于1.0m；窗宽不宜大于0.6m。

2 当设防烈度为7度、8度时，预制装配式钢筋混凝土屋盖的板缝应配置不少于1ϕ6钢筋，并应采用不低于M10砂浆灌严；墙顶应设置钢筋混凝土圈梁；板缝钢筋应与圈梁拉结；板与梁和梁与圈梁间应有可靠拉结。

3 当设防烈度为9度时，屋盖宜整体现浇钢筋混凝土结构或在预制装配结构上浇筑二期钢筋混凝土叠合层；砌体墙上门及窗洞处应设置钢筋混凝土边框，厚度不宜小于120mm。

8.3.2 管井的设计构造应符合下列要求：

1 除设防烈度为6度或7度的Ⅰ、Ⅱ类场地外，管井不宜采用非金属材质。

2 当采用深井泵时，井管内径与泵体外径间的空隙不宜少于50mm。

3 当管井必须设置在可液化地段时，井管应采用钢管，并宜采用潜水泵；水泵的出水管应设有良好的柔性连接。

4 对运转中可能出砂的管井，应设置补充滤料设施。

8.3.3 各种功能泵房的屋盖构造，均应符合8.3.1规定的要求。

8.3.4 各种功能矩形泵房的地下部分墙体的拐角处及两墙相交处，当设防烈度为8度、9度时，均应符合第6章6.3.5的要求。

9 水 塔

9.1 一 般 规 定

9.1.1 本章内容可适用于下列条件的水塔：

1 普通类型、功能单一的独立式水塔；

2 水柜为钢筋混凝土结构。

9.1.2 水柜的支承结构应根据水塔建设场地的抗震设防烈度、场地类别及水柜容量确定结构型式。

1 6度、7度地区且场地为Ⅰ、Ⅱ类，水柜容积不大于20m^3时，可采用砖柱支承；

2 6度、7度或8度Ⅰ、Ⅱ类场地，水柜容积不大于50m^3时，可采用砖筒支承；

3 9度或8度且场地为Ⅲ、Ⅳ类时，应采用钢筋混凝土结构支承。

9.1.3 水柜可不进行抗震验算，但应符合本章给出的相应构造措施要求。

9.1.4 水柜支承结构当符合下列条件时，可不进行抗震验算，但应符合本章给出的相应构造措施要求。

1 7度且场地为Ⅰ、Ⅱ类的钢筋混凝土支承结构；水柜容积不大于50m^3且高度不超过20m的砖筒支承结构；水柜容积不大于20m^3且高度不超过7m的砖柱支承结构。

2 7度或8度且场地为Ⅰ、Ⅱ类，水柜的钢筋混凝土筒支承结构。

9.1.5 水塔的抗震验算应符合下列规定：

1 应考虑水塔上满载和空载两种工况；

2 支承结构为构架时，应分别按正向和对角线方向进行验算；

3 9度地区的水塔应考虑竖向地震作用。

9.2 地震作用计算

9.2.1 水塔的地震作用可按单质点计算，在水平地震作用下的地震作用标准值可按下式计算：

$$F_{wt,k}=[(\alpha_f W_f)^2+(\alpha_s W_s)^2]^{\frac{1}{2}} \quad (9.2.1\text{-}1)$$

$$W_s=0.456\frac{r_0}{h_w}\tanh\left(1.84\frac{h_w}{r_0}\right)W_w \quad (9.2.1\text{-}2)$$

$$W_f=(W_w-W_s)+\xi_{ts}G_{ts,k}+G_{tw,k} \quad (9.2.1\text{-}3)$$

式中 $F_{wt,k}$——作用在水柜重心处的水平地震作用标准值（kN）；

W_s——水柜中产生对流振动的水体重量（kN）；

W_f——作用在水柜重心处水塔结构的等效重量及水柜中脉冲水体的重量之和（kN）；

W_w——水柜中的总贮水重量（kN）；

$G_{ts,k}$——水塔支承结构的重量标准值（kN）；

$G_{tw,k}$——水塔水柜结构的重量标准值（kN）；

ζ_{ts}——水塔支承结构重量作用在水柜重心处的等效系数，对等刚度支承结构可取0.35；对变刚度支承结构可按具体条件取 $0.35>\xi_{ts}\geqslant 0.25$；

h_w——水柜内的贮水高度，对倒锥形水柜可取水面至锥壳底端的高度（m）；

r_0——水柜的内半径，对倒锥形水柜可取上部筒壳的内半径（m）；

α_f——相应于水塔结构基本自振周期的水平地震影响系数（空柜或满水），应按本规范5.1.5条确定；

α_s——相应于水柜中水的基本自振周期的水平地震影响系数，可按本规范5.1.5条及5.1.6条规定并取 $\zeta=0$ 确定。

9.2.2 水塔结构的基本自振周期可按下式计算：

$$T_{ts}=2\pi\sqrt{\frac{W_f}{gK_{ts}}} \quad (9.2.2)$$

式中 T_{ts}——水塔结构的基本自振周期（s）；

K_{ts}——水塔支承结构的刚度（kN/m）；

g——重力加速度（m/s^2）。

注：当计算空柜时，W_f 中不含贮水作用项。

9.2.3 水柜中水的基本自振周期可按下式计算：

$$T_w=\frac{2\pi}{\sqrt{\frac{g}{r_0}1.84\tanh\left(1.84\frac{h_w}{r_0}\right)}} \quad (9.2.3)$$

9.2.4 对位于9度地区的水塔，应验算竖向地震作用，可按本规范5.3.2条规定计算。当验算竖向地震作用与水平地震作用组合效应时，应采用平方和开方组合确定。

9.3 构 造 措 施

9.3.1 除Ⅰ类场地外，水塔采用柱支承时，柱基宜采用整体筏基或环状基础；当采用独立柱基时，应设置连系梁。

9.3.2 水柜由钢筋混凝土筒支承时，应符合下列构造要求：

1 筒壁的竖向钢筋直径不应小于12mm，间距不应大于200mm。

2 筒壁上的门洞处，应设置加厚门框，并配置加强筋，两侧门框内的加强筋截面积不应少于切断竖向钢筋截面积的1.5倍，并应在门洞顶部两侧加设八字斜筋，斜筋里外层不少于2ϕ12钢筋。

3 筒壁上的窗洞或其他孔洞处，周围应设置加强筋；加强筋构造同门洞处要求，但八字斜筋应上下均设置。

9.3.3 水柜由钢筋混凝土构架支承时，应符合下列构造要求：

1 横梁内箍筋的搭接长度不应少于40倍钢筋直径；箍筋间距不应大于200mm，且在梁端的1倍梁高范围内，箍筋间距不应大于100mm。

2 立柱内的箍筋间距不应大于200mm，且在水柜以下和基础以上各800mm范围内以及梁柱节点上下各1倍柱宽并不小于1/6柱净高范围内，柱内箍筋间距不应大于100mm；箍筋直径，7度、8度不应小于8mm，9度不应小于10mm。

3 水柜下环梁和支架梁端应加设腋角，并配置不少于主筋截面积50%的钢筋。

4 8度、9度时，当水塔高度超过20m时，沿支架高度每隔10m左右宜设置钢筋混凝土水平交叉支撑一道，支撑构件的截面不宜小于支架柱的截面。

9.3.4 水柜由砖筒支承的水塔，应符合下列构造要求：

1 对6度Ⅳ类场地和7度Ⅰ、Ⅱ类场地的砖筒内应有适量配筋，其配筋范围及配筋量不应少于表9.3.4的要求。

表 9.3.4 砖筒壁配筋要求

配筋方式 \ 烈度和场地类别	6度Ⅳ类场地和7度Ⅰ、Ⅱ类场地
配筋高度范围	全高
砌体内竖向配筋	ϕ10，间距500～700mm，并不少于6根
砌体竖槽配筋	每槽1ϕ12，间距1000mm，并不少于6根
砌体内环向配筋	ϕ8，间距360mm

2 对7度Ⅲ、Ⅳ类场地和8度Ⅰ、Ⅱ类场地的砖筒壁，宜设置不少于4根构造柱，柱截面不宜小于240mm×240mm，并与圈梁连接；柱内纵向钢筋宜采

用4ϕ14，箍筋间距不应大于200mm，且在柱上、下两端宜加密；沿柱高每隔500mm设置2ϕ6拉结钢筋，每边伸入筒壁内长度不宜小于1m；柱底端应锚入筒壁基础内。

3 砖筒沿高度每隔4m左右宜设圈梁一道，其截面高度不宜小于180mm，宽度不宜小于筒壁厚度的2/3或240mm；梁内纵筋不宜少于4ϕ12，箍筋间距不宜大于250mm。

4 砖筒上的门洞上下应设置钢筋混凝土圈梁。洞两侧7度Ⅰ、Ⅱ类场地应设置门框，门框的截面尺寸应能弥补门洞削弱的刚度；7度Ⅲ、Ⅳ类场地和8度Ⅰ、Ⅱ类场地应设置钢筋混凝土门框，门框内竖向钢筋截面积不应少于上下圈梁内的配筋量，并应锚入圈梁内。

5 砖筒上的其他洞口处，宜与门洞处采取相同的构造措施，当洞上下无圈梁时应加设3ϕ8钢筋，其两端伸入筒壁长度不应小于1m。

10 管 道

10.1 一 般 规 定

10.1.1 本章中架空管道内容适用于跨越河、湖及其他障碍的自承式管道。

10.1.2 埋地管道应计算在水平地震作用下，剪切波所引起管道的变位或应变。

10.1.3 对高度大于3.0mm的埋地矩形或拱形管道，除应计算管道纵向作用效应外，尚应计算在水平地震作用下动土压力等对管道横截面的作用效应。

10.1.4 符合下列条件的管道结构可不进行抗震验算：

1 各种材质的埋地预制圆形管材，其连接接口均为柔性构造，且每个接口的允许轴向拉、压变位不小于10mm。

2 设防烈度6度、7度，符合7度抗震构造要求的埋地雨、污水管道。

3 设防烈度为6度、7度或8度Ⅰ、Ⅱ类场地的焊接钢管和自承式架空平管。

4 管道上的阀门井、检查井等附属构筑物。

10.2 地震作用计算

10.2.1 地下直埋式管道的抗震验算应满足第5章5.5的要求，由地震时剪切波行进中引起的直线段管道结构的作用效应标准值，可按附录C计算。

10.2.2 符合本章10.1.3规定的地下管道，在水平地震作用下土压力标准值，可按本规定6.2.4的规定计算。

10.2.3 架空管道纵向或横向的基本自振周期，可按下式计算：

$$T_1=2\pi\sqrt{\frac{G_{eq}}{gK_c}} \tag{10.2.3}$$

式中 T_1——基本自振周期（s）；

G_{eq}——纵向或横向计算单元（跨度）等代重力荷载代表值（N），应取永久荷载标准值的100%，可变荷载标准值的50%和支承结构自重标准值的30%；

K_c——纵向或横向支承结构的刚度（N/m）。

10.2.4 架空管道支承结构所承受的水平地震作用标准值，可按下式计算：

$$F_{hc,k}=\alpha_1 G_{eq} \tag{10.2.4}$$

式中 α_1——相应纵向或横向基本自振周期的地震影响系数。

10.2.5 当设防烈度为9度时，架空管道支承结构应计算竖向地震作用效应，其竖向地震作用标准值可按下式计算：

$$F_{cV,k}=\alpha_{Vmax}G_{eq} \tag{10.2.5}$$

10.2.6 架空管道结构所承受的水平地震作用标准值，可按下列公式计算：

1 平管：

$$F_{ph,k}=\frac{\alpha_1 G'_{eq}}{l} \tag{10.2.6-1}$$

2 折线形管：

$$F_{pc,k}=\frac{\alpha_1 G'_{eq}}{2l_1+l_2} \tag{10.2.6-2}$$

3 拱形管：

$$F_{pa,k}=\frac{\alpha_1 G'_{eq}}{l_a} \tag{10.2.6-3}$$

式中 $F_{ph,k}$——平管单位长度的水平地震作用标准值（N/mm）；

l——平管的计算单元长度（mm）；

$F_{pc,k}$——折线形管单位长度的水平地震作用标准值(N/mm)；

l_1——折线形管的折线部分管道长度（mm）；

l_2——折线形管的水平部分管道长度（mm）；

$F_{pa,k}$——拱形管单位长度的水平地震作用标准值(N/mm)；

l_a——拱形管道的拱形弧长（mm）；

G'_{eq}——管道的总重力荷载标准值（N），即为G_{eq}减去管道支承结构自重标准值的30%。

10.2.7 当设防烈度为9度时，架空管道应计算竖向地震作用效应，其竖向地震作用标准值可按下列公式计算：

1 平管：

$$F_{phv,k}=\alpha_{vm}\frac{G'_{eq}}{l} \qquad (10.2.7\text{-}1)$$

2 折线形管：

$$F_{pcv,k}=\alpha_{vm}\frac{G'_{eq}}{2l_1+l_2} \qquad (10.2.7\text{-}2)$$

3 拱形管：

$$F_{pav,k}=\alpha_{vm}\frac{G'_{eq}}{l_a} \qquad (10.2.7\text{-}3)$$

式中 $F_{phv,k}$——平管单位长度的竖向地震作用标准值(N/mm)；

$F_{pcv,k}$——折线形管单位长度的竖向地震作用标准值(N/mm)；

$F_{pav,k}$——拱形管单位长度的竖向地震作用标准值(N/mm)。

10.3 构造措施

10.3.1 给水和燃气管道的管材选择，应符合下列要求：

1 材质应具有较好的延性；

2 承插式连接的管道，接头填料宜采用柔性材料；

3 过河倒虹吸管或架空管应采用焊接钢管；

4 穿越铁路或其他主要交通干线以及位于地基土为液化土地段的管道，宜采用焊接钢管。

10.3.2 地下直埋或架空敷设的热力管道，当设防烈度为8度（含8度）以下时，管外保温材料应具有良好的柔性；当设防烈度为9度时，宜采取管沟内敷设。

10.3.3 地下直埋圆形排水管道应符合下列要求：

1 当采用钢筋混凝土平口管，设防烈度为8度以下及8度Ⅰ、Ⅱ类场地时，应设置混凝土管基，并应沿管线每隔26～30m设置变形缝，缝宽不小于20mm，缝内填柔性材料；8度Ⅲ、Ⅳ类场地或9度时，不应采用平口连接管。

2 8度Ⅲ、Ⅳ类场地或9度时，应采用承插式管或企口管，其接口处填料应采用柔性材料。

10.3.4 混合结构的矩形管道应符合下列要求：

1 砌体采用砖不应低于MU10；块石不应低于MU20；砂浆不应低于M10。

2 钢筋混凝土盖板与侧墙应有可靠连接。设防烈度为7度、8度且属Ⅲ、Ⅳ类场地时，预制装配顶盖不得采用梁板系统结构（不含钢筋混凝土槽形板结构）。

3 基础应采用整体底板。当设防烈度为8度且场地为Ⅲ、Ⅳ类时，底板应为钢筋混凝土结构。

10.3.5 当设防烈度为9度或场地土为可液化地段时，矩形管道应采用钢筋混凝土结构，并适当加设变形缝；缝的构造等应符合4.3.10的第3款要求。

10.3.6 地下直埋承插式圆形管道和矩形管道，在下列部位应设置柔性接头及变形缝：

1 地基土质突变处；

2 穿越铁路及其他重要的交通干线两端；

3 承插式管道的三通、四通、大于45°的弯头等附件与直线管段连接处。

注：附件支墩的设计应符合该处设置柔性连接的受力条件。

10.3.7 当设防烈度为7度且地基土为可液化地段或设防烈度为8度、9度时，泵及压送机的进、出管上宜设置柔性连接。

10.3.8 管道穿过建（构）筑物的墙体或基础时，应符合下列要求：

1 在穿管的墙体或基础上应设置套管，穿管与套管间的缝隙内应填充柔性材料。

2 当穿越的管道与墙体或基础为嵌固时，应在穿越的管道上就近设置柔性连接。

10.3.9 当设防烈度为7度、8度且地基土为可液化土地段或设防烈度为9度时，热力管道干线的附件均应采用球墨铸铁或铸钢材料。

10.3.10 燃气厂及储配站的出口处，均应设置紧急关断阀。

10.3.11 管网上的阀门均应设置阀门井。

10.3.12 当设防烈度为7度、8度且地基土为可液化土地段或设防烈度为9度时，管网的阀门井、检查井等附属构筑物不宜采用砌体结构。如采用砌体结构时，砖不应低于MU10，块石不应低于MU20，砂浆不应低于M10，并应在砌体内配置水平封闭钢筋，每500mm高度内不应少于2ϕ6。

10.3.13 架空管道的活动支架上，应设置侧向挡板。

10.3.14 当输水、输气等埋地管道不能避开活动断裂带时，应采取下列措施：

1 管道宜尽量与断裂带正交；

2 管道应敷设在套筒内，周围填充砂料；

3 管道及套筒应采用钢管；

4 断裂带两侧的管道上（距断裂带有一定的距离）应设置紧急关断阀。

附录A 我国主要城镇抗震设防烈度、设计基本地震加速度和设计地震分组

本附录仅提供我国抗震设防区各县级及县级以上的中心地区工程建设抗震设计时所采用的抗震设防烈度、设计基本地震加速度和设计地震分组。

注：本附录一般把设计抗震第一、二、三组简称为“第一组、第二组、第三组”。

A.0.1 首都和直辖市

1 抗震设防烈度为8度、设计基本地震加速度值为0.20g：

北京（除昌平、门头沟外的11个市辖区），平谷，大兴，延庆，宁河，汉沽。

2 抗震设防烈度为7度、设计基本地震加速度值为0.15*g*：

密云，怀柔，昌平，门头沟，天津（除汉沽、大港外的12个市辖区），蓟县，宝坻，静海。

3 抗震设防烈度为7度、设计基本地震加速度值为0.10*g*：

大港，上海（除金山外的15个市辖区），南汇，奉贤。

4 抗震设防烈度为6度、设计基本地震加速度值为0.05*g*：

崇明，金山，重庆（14个市辖区），巫山，奉节，云阳，忠县，丰都，长寿，壁山，合川，铜梁，大足，荣昌，永川，江津，綦江，南川，黔江，石柱，巫溪*。

注：1 首都和直辖市的全部县级和县级以上设防城镇，设计地震分组均为第一组；

2 上标*指该城镇的中心位于本设防区和较低设防区的分界线，下同。

A.0.2 河北省

1 抗震设防烈度为8度、设计基本地震加速度值为0.20*g*：

第一组：廊坊（2个市辖区），唐山（5个市辖区），三河，大厂，香河，丰南，丰润，怀来，涿鹿。

2 抗震设防烈度为7度、设计基本地震加速度值为0.15*g*：

第一组：邯郸（4个市辖区），邯郸县，文安，任丘，河间，大城，涿州，高碑店。涞水，固安，永清，玉田，迁安，卢龙，滦县，滦南，唐海，乐亭，宣化，蔚县，阳原，成安，磁县，临漳，大名，宁晋。

3 抗震设防烈度为7度、设计基本地震加速度值为0.10*g*：

第一组：石家庄（6个市辖区），保定（3个市辖区）。张家口（4个市辖区），沧州（2个市辖区），衡水，邢台（2个市辖区），霸州，雄县，易县，沧县，张北，万全，怀安，兴隆，迁西，抚宁，昌黎，青县，献县，广宗，平乡，鸡泽，隆尧，新河曲周，肥乡，馆陶，广平，高邑，内丘，邢台县，赵县，武安，涉县，赤城，涞源，定兴，容城，徐水，安新，高阳，博野，蠡县，肃宁，深泽，安平，饶阳，魏县，藁城，栾城，晋州，深州，武强，辛集，冀州，任县，柏乡，巨鹿，南和，沙河，临城，泊头，永年，崇礼，南宫*。

第二组：秦皇岛（海港、北戴河），清苑，遵化，安国。

4 抗震设防烈度为6度、设计基本地震加速度值为0.05*g*：

第一组：正定，围场，尚义，灵寿，无极，平山，鹿泉，井陉，元氏，南皮，吴桥，景县，东光。

第二组：承德（除鹰手营子以外的两个市辖区），隆化，承德县，宽城，青龙，阜平，满城，顺平，唐县，望都，曲阳，定州，行唐，赞皇，黄骅，海兴，孟村，盐山，阜城，故城，清河，山海关，沽源，新乐，武邑，枣强，威县。

第三组：丰宁，滦平，鹰手营子，平泉，临西，邱县。

A.0.3 山西省

1 抗震设防烈度为8度、设计基本地震加速度值为0.20*g*：

第一组：太原（6个市辖区），临汾，忻州，祁县，平遥，古县，代县，原平，定襄，阳曲，太谷，介休，耿石，汾西，霍州，洪洞，襄汾，晋中，浮山，永济，清徐。

2 抗震设防烈度为7度、设计基本地震加速度值为0.15*g*：

第一组：大同（4个市辖区），朔州（朔城区），大同县，怀仁，浑源，广灵，应县，山阴，灵丘，繁峙，五台，古交，交城，文水，汾阳，曲沃，孝义，侯马，新绛，稷山，绛县，河津，闻喜，翼城，万荣。临猗，夏县，运城，芮城，平陆。沁源*，宁武*。

3 抗震设防烈度为7度、设计基本地震加速度值为0.10*g*：

第一组：长治（2个市辖区），阳泉（3个市辖区），长治县，阳高，天镇，左云，右玉，神池，寿阳，昔阳。安泽，乡宁，垣曲，沁水，平定，和顺，黎城，潞城，壶关。

第二组：平顺，榆社，武乡，娄烦，交口，隰县，蒲县，吉县，静乐，盂县，沁县，陵川，平鲁。

4 抗震设防烈度为6度、设计基本地震加速度值为0.05*g*：

第二组：偏关，河曲，保德，兴县，临县，方山，柳林。

第三组：晋城，离石，左权，襄垣，屯留，长子，高平，阳城，泽州，五寨，岢岚，岚县，中阳，石楼，永和，大宁。

A.0.4 内蒙古自治区

1 抗震设防烈度为8度、设计基本地震加速度值为0.30*g*：

第一组：土默特右旗，达拉特旗*。

2 抗震设防烈度为8度、设计基本地震加速度值为0.20*g*：

第一组：包头（除白云矿区外的5个市辖区），呼和浩特（4个市辖区），土默特左旗，乌海（3个市辖区），杭锦后旗，磴口，宁城，托克托*。

3 抗震设防烈度为7度、设计基本地震加速度值为0.15g：

第一组：喀拉沁旗，五原，乌拉特前旗，临河，固阳，武川，凉城，和林格尔，赤峰（红山*，元宝山区）

第二组：阿拉善左旗。

4 抗震设防烈度为7度、设计基本地震加速度值为0.10g：

第一组：集宁，清水河，开鲁，傲汉旗，乌特拉后旗，卓资，察右前旗，丰镇，扎兰屯，乌特拉中旗，赤峰（松山区），通辽*。

第三组：东胜，准格尔旗。

5 抗震设防烈度为6度、设计基本地震加速度值为0.05g：

第一组：满洲里，新巴尔虎右旗，莫力达瓦旗，阿荣旗，扎赉特旗，翁牛特旗，兴和，商都，察右后旗，科左中旗，科左后旗，奈曼旗，库伦旗，乌审旗，苏尼特右旗。

第二组：达尔罕茂明安联合旗，阿拉善右旗，鄂托克旗，鄂托克前旗，白云。

第三组：伊金霍洛旗，杭锦旗，四王子旗，察右中旗。

A.0.5 辽宁省

1 抗震设防烈度为8度、设计基本地震加速度值为0.20g：

普兰店，东港。

2 抗震设防烈度为7度、设计基本地震加速度值为0.15g：

营口（4个市辖区），丹东（3个市辖区），海城，大石桥，瓦房店，盖州，金州。

3 抗震设防烈度为7度、设计基本地震加速度值为0.10g：

沈阳（9个市辖区），鞍山（4个市辖区），大连（除金州外的5个市辖区），朝阳（2个市辖区），辽阳（5个市辖区），抚顺（除顺城外的3个市辖区），铁岭（2个市辖区），盘锦（2个市辖区），盘山，朝阳里，辽阳里，岫岩，铁岭县，凌源，北票，建平，开原，抚顺县，灯塔，台安，大洼，辽中。

4 抗震设防烈度为6度、设计基本地震加速度值为0.05g：

本溪（4个市辖区），阜新（5个市辖区），锦州（3个市辖区），葫芦岛（3个市辖区），昌图，西丰，法库，彰武，铁法，阜新县，康平，新民，黑山，北宁，义县，喀喇沁，凌海，兴城，绥中，建昌，宽甸，凤城，庄河，长海，顺城。

注：全省县级及县级以上设防城镇的设计地震分组。除兴城，绥中，建昌。南票为第二组外，均为第一组。

A.0.6 吉林省

1 抗震设防烈度为8度、设计基本地震加速度值为0.20g：

前郭尔罗斯，松原。

2 抗震设防烈度为7度、设计基本地震加速度值为0.15g：

大安*。

3 抗震设防烈度为7度、设计基本地震加速度值为0.10g：

长春（6个市辖区），吉林，（除丰满外的3个市辖区），白城，乾安，舒兰，九台，永吉*。

4 抗震设防烈度为6度、设计基本地震加速度值为0.05g：

四平（2个市辖区），辽源（2个市辖区），镇赉，洮南，延吉，汪清，图们，珲春，龙井，和龙，安图，蛟河，桦甸，梨树，磐石，东丰，辉南，梅河口，东辽，榆树，靖宇，抚松，长岭，通榆，德惠，农安，伊通，公主岭，扶余，丰满。

注：全省县级及县级以上设防城镇，设计地震分组均为第一组。

A.0.7 黑龙江省

1 抗震设防烈度为7度、设计基本地震加速度值为0.10g：

绥化，萝北，泰来。

2 抗震设防烈度为6度、设计基本地震加速度值为0.05g：

哈尔滨（7个市辖区），齐齐哈尔（7个市辖区），大庆（5个市辖区），鹤岗（6个市辖区），牡丹江（4个市辖区），鸡西（6个市辖区），佳木斯（5个市辖区），七台河（3个市辖区），伊春（伊春区，乌马河区），鸡东，望奎，穆棱，绥芬河，东宁，宁安，五大连池，嘉荫，汤原，桦南，桦川，依兰，勃利，通河，方正，木兰，巴彦，延寿，尚志，宾县，安达，明水，绥棱，庆安，兰西，肇东，肇州，肇源，呼兰，阿城，双城，五常，讷河，北安，甘南，富裕，龙江，黑河，青冈*，海林*。

注：全省县级及县级以上设防城镇，设计地震分组均为第一组。

A.0.8 江苏省

1 抗震设防烈度为8度、设计基本地震加速度值为0.30g：

第一组：宿迁，宿豫*。

2 抗震设防烈度为6度、设计基本地震加速度值为0.20g：

第一组：新沂，邳州，睢宁。

3 抗震设防烈度为7度、设计基本地震加速度值为0.15g：

第一组：扬州（3个市辖区），镇江（2个市辖区），东海，沭阳，泗洪，江都，大丰。

4 抗震设防烈度为7度、设计基本地震加速度值为0.10g：

第一组：南京（11个市辖区），淮安（除楚州外的3个市辖区），徐州（5个市辖区），铜山，沛县，常州（4个市辖区），泰州（2个市辖区），赣榆，泗阳，盱眙，射阳，江浦，武进，盐城，盐都，东台，海安，姜堰，如皋，如东，扬中，仪征，兴化，高邮，六合，句容，丹阳，金坛，丹徒，溧阳，溧水，昆山，太仓。

第三组：连云港（4个市辖区），灌云。

5 抗震设防烈度为6度、设计基本地震加速度值为0.05g：

第一组：南通（2个市辖区），无锡（6个市辖区），苏州（6个市辖区），通州，宜兴，江阴，洪泽，金湖，建湖，常熟，吴江，靖江，泰兴，张家港，海门，启东，高淳，丰县。

第二组：响水，滨海，阜宁，宝应，金湖。

第三组：灌南，涟水，楚州。

A.0.9 浙江省

1 抗震设防烈度为7度、设计基本地震加速度值为0.10g：

岱山，嵊泗，舟山（2个市辖区）。

2 抗震设防烈度为6度、设计基本地震加速度值为0.05g：

杭州（6个市辖区），宁波（5个市辖区），湖州，嘉兴（2个市辖区），温州（3个市辖区），绍兴，绍兴县，长兴，安吉，临安，奉化，鄞县，象山，德清，嘉善，平湖，海盐，桐乡，余杭，海宁，萧山，上虞，慈溪，余姚，瑞安，富阳，平阳，苍南，乐清，永嘉，泰顺，景宁，云和，庆元，洞头。

注：全省县级及县级以上设防城镇，设计地震分组均为第一组。

A.0.10 安徽省

1 抗震设防烈度为7度、设计基本地震加速度值为0.15g：

第一组：五河，泗县。

2 抗震设防烈度为7度、设计基本地震加速度值为0.10g：

合肥（4个市辖区），蚌埠（4个市辖区），阜阳（3个市辖区），淮南（5个市辖区），枞阳，怀远，长丰，六安（2个市辖区），灵璧，固镇，凤阳，明光，定远，肥东，肥西，舒城，庐江，桐城，霍山，涡阳，安庆（3个市辖区）*，铜陵县*。

3 抗震设防烈度为6度、设计基本地震加速度值为0.05g：

第一组：铜陵（3个市辖区），芜湖（4个市辖区），巢湖，马鞍山（4个市辖区），滁州（2个市辖区），芜湖县，砀山，萧县，亳州，界首，太和，临泉，阜南，利辛，蒙城，凤台，寿县，颖上，霍丘，金寨，天长，来安，全椒，含山，和县，当涂，无为，繁昌，池州，岳西，潜山，太湖，怀宁，望江，东至，宿松，南陵，宣城，郎溪，广德，泾县，青阳，石台。

第二组：濉溪，淮北。

第三组：宿州。

A.0.11 福建省

1 抗震设防烈度为8度、设计基本地震加速度值为0.20g：

第一组：金门*。

2 抗震设防烈度为7度、设计基本地震加速度值为0.15g：

第一组：厦门（7个市辖区），漳州（2个市辖区），晋江，石狮，龙海，长泰，漳浦，东山，诏安。

第二组：泉州（4个市辖区）。

3 抗震设防烈度为7度、设计基本地震加速度值为0.10g：

第一组：福州（除马尾外的4个市辖区），安溪，南靖，华安，平和，云霄。

第二组：莆田（2个市辖区），长乐，福清，莆田县，平潭，惠安，南安，马尾。

4 抗震设防烈度为6度、设计基本地震加速度值为0.05g：

第一组：三明（2个市辖区），政和，屏南，霞浦，福鼎，福安，柘荣，寿宁，周宁，松溪，宁德，古田，罗源，沙县，龙溪，闽清，闽侯，南平，大田，漳平，龙岩，永定，泰宁，宁化，长汀，武平，建宁，将乐，明溪，清流，连城，上杭，永安，建瓯。

第二组：连江，永泰，德化，永春，仙游。

A.0.12 江西省

1 抗震设防烈度为7度、设计基本地震加速度值为0.10g：

寻乌，会昌。

2 抗震设防烈度为6度、设计基本地震加速度值为0.05g：

南昌（5个市辖区），九江（2个市辖区），南昌县，进贤，余干，九江县，彭泽，湖口，星子，瑞昌，德安，都昌，武宁，修水，靖安，铜鼓，宜丰，宁都，石城，瑞金，安远，安南，龙南，全南，大余。

注：全省县级及县级以上设防城镇，设计地震分组均为第一组。

A.0.13 山东省

1 抗震设防烈度为8度、设计基本地震加速度值为0.20g：

第一组：郯城，临沭，莒南，莒县，沂水，安丘，阳谷。

2 抗震设防烈度为7度、设计基本地震加速度值为0.15g：

第一组：临沂（3个市辖区），潍坊（4个市辖区），菏泽，东明，聊城，苍山，沂南，昌邑，昌乐，青州，临驹，诸城，五莲，长岛，蓬莱，龙口，莘县，鄄城，寿光*。

3 抗震设防烈度为7度、设计基本地震加速度值为0.10g：

第一组：烟台（4个市辖区），威海，枣庄（5个市辖区），淄博（除博山外的4个市辖区），平原，高唐，茌平，东阿，平阴，梁山，郓城，定陶，巨野，成武，曹县，广饶，博兴，高青，桓台，文登，沂源，蒙阴，费县，微山，禹城，冠县，莱芜（2个市辖区）*，单县*，夏津*。

第二组：东营（2个市辖区），招远，新泰，栖霞，莱州，日照，平度，高密，垦利，博山，滨州*，平邑*。

4 抗震设防烈度为6度、设计基本地震加速度值为0.05g：

第一组：德州，宁阳，陵县，曲阜，邹城，鱼台，乳山，荣成，兖州。

第二组：济南（5个市辖区），青岛（7个市辖区），泰安（2个市辖区），济宁（2个市辖区），武城，乐陵，庆云，无棣，阳信，宁津，沾化，利津，惠民，商河，临邑，济阳，齐河，邹平，章丘，泗水，莱阳，海阳，金乡，滕州，莱西，即墨。

第三组：胶南，胶州，东平，汶上，嘉祥，临清，长清，肥城。

A.0.14 河南省

1 抗震设防烈度为8度、设计基本地震加速度值为0.20g：

第一组：新乡（4个市辖区），新乡县，安阳（4个市辖区），安阳县，鹤壁（3个市辖区），原阳，延津，汤阴，淇县，卫辉，获嘉，范县，辉县。

2 抗震设防烈度为7度、设计基本地震加速度值为0.15g：

第一组：郑州（6个市辖区），濮阳，濮阳县，长桓，封丘，修武，武陟，内黄，浚县，滑县，台前，南乐，清丰，灵宝，三门峡，陕县，林州*。

3 抗震设防烈度为7度、设计基本地震加速度值为0.10g：

第一组：洛阳（6个市辖区），焦作（4个市辖区），开封（5个市辖区），南阳（2个市辖区），开封县，许昌县，沁阳，博爱，孟州，孟津，巩义，偃师，济源，新密，新郑，民权，兰考，长葛，温县，荥阳，中牟，杞县*，许昌*。

4 抗震设防烈度为6度、设计基本地震加速度值为0.05g：

第一组：商丘（2个市辖区），信阳（2个市辖区），漯河，平顶山（4个市辖区），登封，义马，虞城，夏邑，通许，尉氏，睢县，宁陵，柘城，新安，宜阳，嵩县，汝阳，伊川，禹州，郏县，宝丰，襄城，郾城，鄢陵，扶沟，太康，鹿邑，郸城，沈丘，项城，淮阳，周口，商水，上蔡，临颍，西华，西平，栾川，内乡，镇平，唐河，邓州，新野，社旗，平舆，新县，驻马店，泌阳，汝南，桐柏，淮滨，息县，正阳，遂平，光山，罗山，潢川，商城，固始，南召，舞阳*。

第二组：汝州，睢县，永城。

第三组：卢氏，洛宁，渑池。

A.0.15 湖北省

1 抗震设防烈度为7度、设计基本地震加速度值为0.10g：

竹溪，竹山，房县。

2 抗震设防烈度为6度、设计基本地震加速度值为0.05g：

武汉（13个市辖区），荆州（2个市辖区），荆门，襄樊（2个辖区），襄阳，十堰（2个市辖区），宜昌（4个市辖区），宜昌县，黄石（4个市辖区），恩施，咸宁，麻城，团风，罗田，英山，黄冈，鄂州，浠水，蕲春，黄梅，武穴，郧西，郧县，丹江口，谷城，老河口，宜城，南漳，保康，神农架，钟祥，沙洋，远安，兴山，巴东，秭归，当阳，建始，利川，公安，宣恩，咸丰，长阳，宜都，枝江，松滋，江陵，石首，监利，洪湖，孝感，应城，云梦，天门，仙桃，红安，安陆，潜江，嘉鱼，大冶，通山，赤壁，崇阳，通城，五峰*，京山*。

注：全省县级及县级以上设防城镇，设计地震分组均为第一组。

A.0.16 湖南省

1 抗震设防烈度为7度、设计基本地震加速度值为0.15g：

常德（2个市辖区）。

2 抗震设防烈度为7度、设计基本地震加速度值为0.10g：

岳阳（3个市辖区），岳阳县，汨罗，湘阴，临澧，澧县，津市，桃源，安乡，汉寿。

3 抗震设防烈度为6度、设计基本地震加速度值为0.05g：

长沙（5个市辖区），长沙县，益阳（2个市辖区），张家界（2个市辖区），郴州（2个市辖区），邵阳（3个市辖区），邵阳县，泸溪，沅陵，娄底，宜章，资兴，平江，宁乡，新化，冷水江，涟源，双峰，新邵，邵东，隆回，石门，慈利，华容，南县，临湘，沅江，桃江，望城，溆浦，会同，靖州，韶山，江华，宁远，道县，临武，湘乡*，安化*，中方*，洪江*。

注：全省县级及县级以上设防城镇，设计地震分组均为第一组。

A.0.17 广东省

1 抗震设防烈度为8度、设计基本地震加速度值为0.20g：

汕头（5个市辖区），澄海，潮安，南澳，徐闻，潮州*。

2 抗震设防烈度为7度、设计基本地震加速度值为0.15g：

揭阳，揭东，潮阳，饶平。

3 抗震设防烈度为7度、设计基本地震加速度值为0.10g：

广州（除花都外的9个市辖区），深圳（6个市辖区），湛江（4个市辖区），汕尾，海丰，普宁，惠来，阳江，阳东，阳西，茂名，化州，廉江，遂溪，吴川，丰顺，南海，顺德，中山，珠海，斗门，电白，雷州，佛山（2个市辖区）*，江门（2个市辖区）*，新会*，陆丰*。

4 抗震设防烈度为6度、设计基本地震加速度值为0.05g：

韶关（3个市辖区），肇庆（2个市辖区），花都，河源，揭西，东源，梅州，东莞，清远，清新，南雄，仁化，始兴，乳源，曲江，英德，佛冈，龙门，龙川，平远，大埔，从化，梅县，兴宁，五华，紫金，陆河，增城，博罗，惠州，惠阳，惠东，三水，四会，云浮，云安，高要，高明，鹤山，封开，郁南，罗定，信宜，新兴，开平，恩平，台山，阳春，高州，翁源，连平，和平，蕉岭，新丰*。

注：全省县级及县级以上设防城镇，设计地震分组均为第一组。

A.0.18 广西自治区

1 抗震设防烈度为7度、设计基本地震加速度值为0.15g：

灵山，田东。

2 抗震设防烈度为7度、设计基本地震加速度值为0.10g：

玉林，兴业，横县，北流，百色，田阳，平果，隆安，浦北，博白，乐业*。

3 抗震设防烈度为6度、设计基本地震加速度值为0.05g：

南宁（6个市辖区），桂林（5个市辖区），柳州（5个市辖区），梧州（3个市辖区），钦州（2个市辖区），贵港（2个市辖区），防城港（2个市辖区），北海（2个市辖区），兴安，灵川，临桂，永福，鹿寨，天峨，东兰，巴马，都安，大化，马山，融安，象州，武宣，桂平，平南，上林，宾阳，武鸣，大新，扶绥，邕宁，东兴，合浦，钟山，贺州，藤县，苍梧，容县，岑溪，陆川，凤山，凌云，田林，隆林，西林，德保，靖西，那坡，天等，崇左，上思，龙州，宁明，融水，凭祥，全州。

注：全省县级及县级以上设防城镇，设计地震分组均为第一组。

A.0.19 海南省

1 抗震设防烈度为8度、设计基本地震加速度值为0.30g：

海口（3个市辖区），琼山。

2 抗震设防烈度为8度、设计基本地震加速度值为0.20g：

文昌，文安。

3 抗震设防烈度为7度、设计基本地震加速度值为0.15g：

澄迈。

4 抗震设防烈度为7度、设计基本地震加速度值为0.10g：

临高，琼海，儋州，屯昌。

5 抗震设防烈度为6度、设计基本地震加速度值为0.05g：

三亚，万宁，琼中，昌江，白沙，保亭，陵水，东方，乐东，通什。

注：全省县级及县级以上设防城镇，设计地震分组均为第一组。

A.0.20 四川省

1 抗震设防烈度不低于9度、设计基本地震加速度值不小于0.40g：

第一组：康定，西昌。

2 抗震设防烈度为8度、设计基本地震加速度值为0.30g：

第一组：冕宁*。

3 抗震设防烈度为8度、设计基本地震加速度值为0.20g：

第一组：松潘，道孚，泸定，甘孜，炉霍，石棉，喜德，普格，宁南，德昌，理塘。

第二组：九寨沟。

4 抗震设防烈度为7度、设计基本地震加速度值为0.15g：

第一组：宝兴，茂县，巴塘，德格，马边，雷波。

第二组：越西，雅江，九龙，平武，木里，盐源，会东，新龙。

第三组：天全，荥经，汉源，昭觉，布拖，丹巴，芦山，甘洛。

5 抗震设防烈度为7度、设计基本地震加速度值为0.10g：

第一组：成都（除龙泉驿、清白江的5个市辖区），乐山（除金口河外的3个市辖区），自贡（4个市辖区），宜宾，宜宾县，北川，安县，绵竹，汶川，都江堰，双流，新津，青神，峨边，沐川，屏山，理县，得荣，新都*。

第二组：攀枝花（3个市辖区），江油，什邡，彭州，郫县，温江，大邑，崇州，邛崃，蒲江，彭山，丹棱，眉山，洪雅，夹江，峨嵋山，若尔盖，色达，壤塘，马尔康，石渠，白玉，金川，黑水，盐边，米易，乡城，稻城，金口河，朝天区*。

第三组：青川，雅安，名山，美姑，金阳，小金，会理。

6 抗震设防烈度为6度、设计基本地震加速度值为0.05*g*：

第一组：泸州（3个市辖区），内江（2个市辖），德阳，宣汉，达州，达县，大竹，邻水，渠县，广安，华蓥，隆昌，富顺，泸县，南溪，江安，长宁，高县，珙县，兴文，叙永。古蔺，金堂，广汉，简阳，资阳，仁寿，资中，犍为，荣县，威远，南江，通江，万源，巴中，苍溪，阆中，仪陇，西充，南部，盐亭，三台，射洪，大英，乐至，旺苍，龙泉驿，清白江。

第二组：绵阳（2个市辖区），梓潼，中江，阿坝，筠连，井研。

第三组：广元（除朝天区外的2个市辖区），剑阁，罗江，红原。

A.0.21 贵州省

1 抗震设防烈度为7度、设计基本地震加速度值为0.10*g*：

第一组：望谟。

第二组：威宁。

2 抗震设防烈度为6度、设计基本地震加速度值为0.05*g*：

第一组：贵阳（除白云外的5个市辖区），凯里，毕节，安顺，都匀，六盘水，黄平，福泉，贵定，麻江，清镇，龙里，平坝，纳雍，织金，水城，普定，六枝，镇宁，惠水，长顺，关岭，紫云，罗甸，兴仁，贞丰，安龙，册享，金沙，印江，赤水，习水，思南*。

第二组：赫章，普安，晴隆，兴义。

第三组：盘县。

A.0.22 云南省

1 抗震设防烈度不低于9度、设计基本地震加速度值不小于0.40*g*：

第一组：寻甸，东川。

第二组：澜沧。

2 抗震设防烈度为8度、设计基本地震加速度值为0.30*g*：

第一组：剑川，嵩明，宜良，丽江，鹤庆，永胜，潞西。龙陵，石屏，建水

第二组：耿马，双江，沧源，勐海，西盟，孟连。

3 抗震设防烈度为8度、设计基本地震加速度值为0.20*g*：

第一组：石林，玉溪，大理，永善，巧家，江川，华宁，峨山，通海，洱源，宾川，弥渡，祥云，会泽，南涧。

第二组：昆明（除东川外的4个市辖区），思茅，保山，马龙，呈贡，澄江，晋宁，易门，漾濞，巍山，云县，腾冲，施甸，瑞丽，梁河，安宁，凤庆*，陇川*。

第三组：景洪，永德，镇康，临沧。

4 抗震设防烈度为7度、设计基本地震加速度值为0.15*g*：

第一组：中甸，泸水，大关，新平*。

第二组：沾益，个旧，红河，元江，禄丰，双柏，开远，盈江，永平，昌宁，宁蒗，南华，楚雄，勐腊，华坪，景东*。

第三组：曲靖，弥勒，陆良，富民，禄功，武定，兰坪，云龙，景谷，普洱。

5 抗震设防烈度为7度、设计基本地震加速度值为0.10*g*：

第一组：盐津，绥江，德钦，水富，贡山。

第二组：昭通，彝良，鲁甸，福贡，永仁，大姚，元谋，姚安，牟定，墨江，绿春，镇沅，江城，金平。

第三组：富源，师宗，泸西，蒙自，元阳，维西，宣威。

6 抗震设防烈度为6度、设计基本地震加速度值为0.05*g*：

第一组：威信，镇雄，广南，富宁，西畴，麻栗坡，马关。

第二组：丘北，砚山，屏边，河口，文山。

第三组：罗平。

A.0.23 西藏自治区

1 抗震设防烈度不低于9度、设计基本地震加速度值不小于0.40*g*：

第二组：当雄，墨脱。

2 抗震设防烈度为8度、设计基本地震加速度值为0.30*g*：

第一组：申扎。

第二组：米林，波密。

3 抗震设防烈度为8度、设计基本地震加速度值为0.20*g*：

第一组：普兰，聂拉木，萨嘎。

第二组：拉萨，堆龙德庆，尼木，仁布，尼玛，洛隆，隆子，错那，曲松。

第三组：那曲，林芝（八一镇），林周。

4 抗震设防烈度为7度、设计基本地震加速度值为0.15*g*：

第一组：扎达，吉隆，拉孜，谢通门，亚东，洛扎，昂仁。

第二组：日土，江孜，康马，白朗，扎囊，措美，桑日，加查，边坝，八宿，丁青，类乌齐，乃东，琼结，贡嘎，朗县，达孜，日喀则*，噶尔*。

第三组：南木林，班戈，浪卡子，墨竹工卡，曲水，安多，聂荣。

5 抗震设防烈度为7度、设计基本地震加速度值为0.10g：

第一组：改则，措勤，仲巴，定结，芒康。

第二组：昌都，定日，萨迦，岗巴，巴青，工布江达，索县，比如，嘉黎，察雅，左贡，察隅，江达，贡觉。

6 抗震设防烈度为6度、设计基本地震加速度值为0.05g：

第一组：革吉。

A.0.24 陕西省

1 抗震设防烈度为8度、设计基本地震加速度值为0.20g：

第一组：西安（8个市辖区），渭南，华县，华阴，潼关，大荔。

第二组：陇县。

2 抗震设防烈度为7度、设计基本地震加速度值为0.15g：

第一组：咸阳（3个市辖区），宝鸡，（2个市辖区），高陵，千阳，岐山，凤翔，扶风，武功，兴平，周至，眉县，宝鸡县，三原，富平，澄城，蒲城，泾阳，礼泉，长安，户县，蓝田，韩城，合阳。

第二组：凤县。

3 抗震设防烈度为7度、设计基本地震加速度值为0.10g：

第一组：安康，平利，乾县，洛南。

第二组：白水，耀县，淳化，麟游，永寿，商州，铜川（2个市辖区）*，柞水*。

第三组：太白，留坝，勉县，略阳。

4 抗震设防烈度为6度、设计基本地震加速度值为0.05g：

第一组：延安，清涧，神木，佳县，米脂，绥德，安塞，延川，延长，定边，吴旗，志丹，甘泉，富县，商南，旬阳，紫阳，镇巴，白河，岚皋，镇坪，子长*。

第二组：府谷，吴堡，洛川，黄陵，旬邑，洋县，西乡，石泉，汉阴，宁陕，汉中，南郑，城固。

第三组：宁强，宜川，黄龙，宜君，长武，彬县，佛坪，镇安，丹凤，山阳。

A.0.25 甘肃省

1 抗震设防烈度不低于9度、设计基本地震加速度值不小于0.40g：

第二组：古浪。

2 抗震设防烈度为8度、设计基本地震加速度值为0.30g：

第一组：天水（2个市辖区），礼县，西和。

3 抗震设防烈度为8度、设计基本地震加速度值为0.20g：

第一组：宕昌，文县，肃北，武都。

第二组：兰州（5个市辖区），成县，舟曲，徽县，康县，武威，永登，天祝，景泰，靖远，陇西，武山，秦安，清水，甘谷，漳县，会宁，静宁，庄浪，张家川，通渭，华亭。

4 抗震设防烈度为7度、设计基本地震加速度值为0.15g：

第一组：康乐，嘉峪关，玉门，酒泉，高台，临泽，肃南。

第二组：白银（2个市辖区），永靖，岷县，东乡，和政，广河，临谭，卓尼，迭部，临洮，渭源，皋兰，崇信，榆中，定西，金昌，两当，阿克塞，民乐，永昌。

第三组：平凉。

5 抗震设防烈度为7度、设计基本地震加速度值为0.10g：

第一组：张掖，合作，玛曲，金塔，积石山。

第二组：敦煌，安西，山丹，临夏，临夏县，夏河，碌曲，泾川，灵台。

第三组：民勤，镇原，环县。

6 抗震设防烈度为6度、设计基本地震加速度值为0.05g：

第二组：华池，正宁，庆阳，合水，宁县。

第三组：西峰。

A.0.26 青海省

1 抗震设防烈度为8度、设计基本地震加速度值为0.20g：

第一组：玛沁。

第二组：玛多，达日。

2 抗震设防烈度为7度、设计基本地震加速度值为0.15g：

第一组：祁连，玉树。

第二组：甘德，门源。

3 抗震设防烈度为7度、设计基本地震加速度值为0.10g：

第一组：乌兰，治多，称多，杂多，囊谦。

第二组：西宁（4个市辖区），同仁，共和，德令哈，海宴，湟源，湟中，平安，民和，化隆，贵德，尖扎，循化，格尔木，贵南，同德，河南，曲麻莱，久治，班玛，天峻，刚察。

第三组：大通，互助，乐都，都兰，兴海。

4 抗震设防烈度为6度、设计基本地震加速度值为0.05g：

第二组：泽库。

A.0.27 宁夏自治区

1 抗震设防烈度为8度、设计基本地震加速度值为0.30g：

第一组：海原。

2 抗震设防烈度为8度、设计基本地震加速度值为0.20g：

第一组：银川（3个市辖区），石嘴山（3个市辖区），吴忠，惠农，平罗，贺兰，永宁，青铜峡，泾源，灵武，陶乐，固原。

第二组：西吉，中卫，中宁，同心，隆德。

3 抗震设防烈度为7度、设计基本地震加速度值为0.15g：

第三组：彭阳。

4 抗震设防烈度为6度、设计基本地震加速度值为0.05g：

第三组：盐池。

A.0.28 新疆自治区

1 抗震设防烈度不低于9度、设计基本地震加速度值不小于0.40g：

第二组：乌恰，塔什库尔干。

2 抗震设防烈度为8度、设计基本地震加速度值为0.30g：

第二组：阿图什，喀什，疏附。

3 抗震设防烈度为8度、设计基本地震加速度值为0.20g：

第一组：乌鲁木齐（7个市辖区），乌鲁木齐县，温宿，阿克苏，柯坪，米泉，乌苏，特克斯，库车，巴里坤，青河，富蕴，乌什*。

第二组：尼勒克，新源，巩留，精河，奎屯，沙湾，玛纳斯，石河子，独山子。

第三组：疏勒，伽师，阿克陶，英吉沙。

4 抗震设防烈度为7度、设计基本地震加速度值为0.15g：

第一组：库尔勒，新和，轮台，和静，焉耆，博湖，巴楚，昌吉，拜城，阜康*，木垒*。

第二组：伊宁，伊宁县，霍城，察布查尔，呼图壁。

第三组：岳普湖。

5 抗震设防烈度为7度、设计基本地震加速度值为0.10g：

第一组：吐鲁番，和田，和田县，昌吉，吉木萨尔，洛浦，奇台，伊吾，鄯善，托克逊，和硕，尉犁，墨玉，策勒，哈密。

第二组：克拉玛依（克拉玛依区），博乐，温泉，阿合奇，阿瓦提，沙雅。

第三组：莎车，泽普，叶城，麦盖提，皮山。

6 抗震设防烈度为6度、设计基本地震加速度值为0.05g：

第一组：于田，哈巴河，塔城，额敏，福海，和布克赛尔，乌尔禾。

第二组：阿勒泰，托里。民丰，若羌，布尔津，吉木乃，裕民，白碱滩。

第三组：且末。

A.0.29 港澳特区和台湾省

1 抗震设防烈度不低于9度、设计基本地震加速度值不小于0.40g：

第一组：台中。

第二组：苗栗，云林，嘉义，花莲。

2 抗震设防烈度为8度、设计基本地震加速度值为0.30g：

第二组：台北，桃园，台南，基隆，宜兰，台东，屏东。

3 抗震设防烈度为8度、设计基本地震加速度值为0.20g：

第二组：高雄，澎湖。

4 抗震设防烈度为7度、设计基本地震加速度值为0.15g：

第一组：香港。

5 抗震设防烈度为7度、设计基本地震加速度值为0.10g：

第一组：澳门。

附录B 有盖矩形水池考虑结构体系的空间作用时水平地震作用效应标准值的确定

B.0.1 有盖的矩形水池，当符合本规范6.2.7要求时，可将水池结构简化为若干等代框架组成，每榀等代框架所受的地震作用，通过空间作用，由顶盖传至周壁共同承担。

B.0.2 各榀等代框架所承受的地震作用及其作用效应（内力），可按下列方法确定：

1 先按本规范第6.2.1、6.2.3及6.2.4条规定，计算各项水平地震作用标准值，并折算到每榀等代框架上；

2 在等代框架顶端加设限制侧移的链杆，计算等代框架在水平地震作用下的内力，并求出附加链杆的反力R；

3 根据矩形水池的长、宽比$\left(\frac{L}{B}\right)$及顶盖结构构造，按附表B.0.2确定地震作用折减系数η_r，将链杆反力R折减为$\eta_r R$；

4 将$\eta_r R$反方向作用于等代框架顶部，计算等代框架的内力；

5 将上述第2、4项计算所得的等代框架内力叠加，即为考虑空间作用时，等代框架在水平地震作用下所产生的作用效应（内力）。

表B.0.2 水平地震作用折减系数η_r（%）

水池顶盖结构构造	水池长宽比$\frac{L}{B}$								
	1.0	1.2	1.4	1.6	1.8	2.0	2.5	3.0	4.0
现浇钢筋混凝土	6	7	9	11	12	14	21	28	47
预制装配钢筋混凝土	9	12	14	17	21	25	35	47	70

B.0.3 对于大容量的水池，结构的长度或宽度上，或两个方向上设有变形缝时，在变形缝处应设置抗侧力构件。此时考虑空间作用应取变形缝间的水池结构作为计算单元，等代框架两侧的抗侧力构件及其刚度，应根据计算单元的具体构造确定，在水平地震作用下的作用效应计算方法，可参照 B.0.2 进行。

附录C 地下直埋直线段管道在剪切波作用下的作用效应计算

C.1 承插式接头管道

C.1.1 地下直埋直线段管道沿管轴向的位移量标准值，可按下列公式计算（图 C.1.1）：

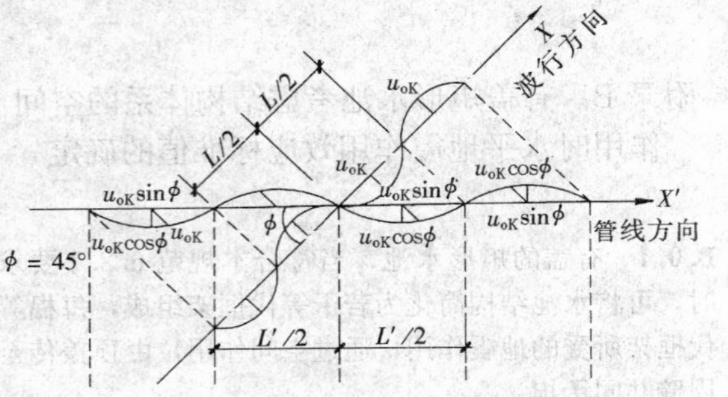

图 C.1.1 地下管道计算简图

管道在行波作用下，管道敷设处自由土体的变位

$$\Delta_{pl,k}=\zeta_1\Delta'_{sl,k} \tag{C.1.1-1}$$

$$\Delta'_{sl,k}=\sqrt{2}U_{0k} \tag{C.1.1-2}$$

$$\zeta_t=\frac{1}{1+\left(\frac{2\pi}{L}\right)^2\frac{EA}{K_1}} \tag{C.1.1-3}$$

式中 $\Delta_{pl,k}$——在剪切波作用下，管道沿管线方向半个视波长范围内的位移标准值（mm）；

$\Delta'_{sl,k}$——在剪切波作用下，沿管线方向半个视波长范围内自由土体的位移标准值（mm）；

ζ_t——沿管道方向的位移传递系数；

E——管道材质的弹性模量（N/mm^2）；

A——管道的横截面面积（mm^2）；

K_1——沿管道方向单位长度的土体弹性抗力（N/mm^2），可按 C.1.2 确定；

L——剪切波的波长（mm）；可按 C.1.3 确定；

U_{0k}——剪切波行进时管道埋深处的土体最大位移标准值（mm）；可按 C.1.4 确定。

C.1.2 沿管道方向的土体弹性抗力，可按下式计算：

$$K_1=u_pk_1 \tag{C.1.2}$$

式中 u_p——管道单位长度的外缘表面积（mm^2/mm）；对无刚性管基的圆管即为 πD_1（D_1 为管外径）；当设置刚性管基时，即为包括管基在内的外缘面积；

k_1——沿管道方向土体的单位面积弹性抗力（N/mm^3），应根据管道外缘构造及相应土质试验确定，当无试验数据时，一般可采用 $0.06N/mm^3$。

C.1.3 剪切波的波长可按下式计算：

$$L=V_{sp}T_g \tag{C.1.3}$$

式中 V_{sp}——管道埋设深度处土层的剪切波速（mm/s），应取实测剪切波速的 2/3 值采用；

T_g——管道埋设场地的特征周期（s）。

C.1.4 剪切波行进时管道埋深处的土体最大水平位移标准值，可按下式确定：

$$U_{0k}=\frac{K_HgT_g}{4\pi^2} \tag{C.1.4}$$

C.1.5 地下直埋承插式圆形管道的结构抗震验算应满足本规范 5.5.2 的要求。管道各种接头方式的单个接头设计允许位移量［U_a］；可按表 C.1.5 采用；半个剪切波视波长度范围内的管道接头数量（n），可按下式确定：

$$n=\frac{V_{sp}T_g}{\sqrt{2}l_p} \tag{C.1.5}$$

式中 l_p——管道的每根管子长度（mm）。

表 C.1.5 管道单个接头设计允许位移量［U_a］

管道材质	接头填料	［U_a］（mm）
铸铁管（含球墨铸铁）、PC 管	橡胶圈	10
铸铁、石棉水泥管	石棉水泥	0.2
钢筋混凝土管	水泥砂浆	0.4
PCCP	橡胶圈	15
PVC、FRP、PE 管	橡胶圈	10

C.1.6 地下矩形管道变形缝的单个接缝设计允许位移量，当采用橡胶或塑料止水带时，其轴向位移可取 30mm。

C.2 整体焊接钢管

C.2.1 焊接钢管在水平地震作用下的最大应变量标准值可按下式计算；

$$\varepsilon_{sm,k}=\zeta_tU_{0k}\frac{\pi}{L} \tag{C.2.1}$$

C.2.2 焊接钢管的抗震验算应符合本规范 5.5.3 及 5.5.4 规定的要求。

C.2.3 钢管的允许应变量标准值，可按下式采用：

1 拉伸 $[\varepsilon_{at,k}]=1.0\%$ (C.2.3-1)

2 压缩 $[\varepsilon_{ac,k}]=0.35\frac{t_p}{D_1}$ (C.2.3-2)

式中 $[\varepsilon_{at,k}]$——钢管的允许拉应变标准值；

$[\varepsilon_{ac,k}]$——钢管的允许压应变标准值；

t_p——管壁厚；

D_1——管外径。

本规范用词说明

1 为便于在执行本规范条文时区别对待，对要求严格程度不同的用词说明如下：

1）表示很严格，非这样做不可的：

正面词采用“必须”，反面词采用“严禁”。

2）表示严格，在正常情况下均应这样做的：

正面词采用“应”，反面词采用“不应”或“不得”，

3）对表示允许稍有选择，在条件许可时首先应这样做的：

正面词采用“宜”或“可”，反面词采用“不宜”。

2 指定应按其他有关标准、规范执行时，写法为“应符合……的规定”“应按……执行”。非必须按所指定的标准、规范或其他规范执行时，写法为“可参照……”。

中华人民共和国国家标准

室外给水排水和燃气热力工程抗震设计规范

GB 50032—2003

条文说明

修订总说明

本规范修订中，主要做了如下的修改和增补：

1. 根据给水、排水、燃气、热力工程的特点，使之符合“小震不坏、中震可修、大震不倒”的抗震设防要求，并与常规结构设计采用的以概率统计为基础的极限状态设计模式相协调。

2. 对设计反应谱、场地划分、液化土判别等抗震设计的一系列基础性数据，做了全面修订，与我国现行《建筑抗震设计规范》GB 50011—2001 等协调一致。

3. 对设防烈度为 9 度（一般为震中）地区，增补了应进行竖向地震作用的抗震验算；对盛水构筑物的动水压力，增补了考虑长周期地震波动的影响。

4. 对贮气构筑物中的球罐和卧罐，修改了地震作用计算公式，以使与《构筑物抗震设计规范》GB50191 协调一致。

5. 将各种功能的泵房结构独立成章，增补了对地下水取水泵房的地震作用计算规定；并对埋深较大的泵房，规定了考虑结构与土共同工作的计算方法。

6. 增补了自承式架空管道的地震作用计算规定。

7. 对地下直埋管的抗震验算，修改了位移传递系数的确定，使之与国际接轨。

8. 根据新修订的《建筑抗震设计规范》GB 50011—2001，其内容中已删去“水塔”抗震，为此将其纳入本规范中。在确定“水塔”地震作用时，对水柜中的贮水，分别考虑了脉冲质量和对流振动质量，并对抗震措施做了若干补充，方便工程应用。

目　次

1 总　　则

1.0.1 本条是编制本规范的目的和设防要求。阐明了本规范的编制是以"地震工作要以预防为主"作为基本指导思想，达到减轻地震对工程设施的破坏程度，保障工作人员和生产安全的目的。

1.0.2 本条规定体现了抗震设防三个水准的要求："小震不坏，中震可修，大震不倒"。即当遭遇低于设防烈度的地震影响时，结构基本处于弹性工作状态，不需修理仍能保持其正常使用功能；当遭遇本地区设防烈度的地震影响时，给水、排水、燃气和热力工程中的各类构筑物的损坏仅可能出现在非主要受力构件，主要受力构件不需修理或经一般修理后仍能继续生产运行；当遭遇高于本地区设防烈度一度时，相当于遭遇大震（50年超越概率2%～3%），此时构筑物符合抗震设计基本要求，通过概念设计的控制并满足抗震构造措施，即可避免严重震害，不致发生倒塌或大量涌水危及工作人员生命安全。

给水、排水、燃气和热力工程的管网，是城市生命线工程的主体，涉及面广，沿线地基土质情况、场地条件多变，由此遭遇的地震影响各异，很难确保完全避免震害。本规范立足于尽量减少损坏，并通过抗震构造措施，当局部发生损坏时，不致造成严重次生灾害，并便于抢修，迅速恢复运行。

1.0.3 本条阐明本规范的适用范围。适用的地震烈度区，除设防烈度7～9度地区外，还增加了6度区，主要是依据当前国家有关政策规定拟定的，同时也和现行国家标准《建筑抗震设计规范》等协调一致。

1.0.6 本条阐明了抗震设防的基本依据。明确在一般情况下可采用现行中国地震动参数区划图规定的基本烈度作为设防烈度。同时根据其说明书提到："由于编图所依据的基础资料、比例尺和概率水平所限，本区划图不宜作为重大工程和某些可能引起严重次生灾害的工程建设的抗震设防依据"。即当厂站占地大、场地条件复杂时，按区划基本烈度进行抗震设计可能导致较大误差。为了使抗震设计尽量符合实际情况，很多大的工程建设和某些地震区城市均有针对性地做了抗震设施区划，经审查确认批准后，该区划所提供的设防烈度和地震动参数可作为抗震设计依据。

1.0.7 本条针对给水、排水、燃气和热力工程系统中的一些关键部位设施，在抗震设计时应加强其抗震能力，并明确了加强方法可从抗震措施上着手，即可按本地区设防烈度提高一度采取抗震措施；当设防烈度为9度时，则可在相应9度烈度抗震措施的基础上适当予以加强。

本条规定主要考虑到这些工程设施，均系城市生命线工程的重要组成部分，一旦遭受地震后严重损坏，将导致城市赖以运行的生命线陷于瘫痪，酿成严重次生灾害（二次灾害）或危及人民生命安全。例如给水工程中的净水厂、水处理构筑物、变电站、进水和输水泵房及氯库等，前者决定着有否供水能力，后者氯毒外泄有害生命；排水工程中除对污水处理厂设施应防止震害导致污染第二次灾害外，还有道路立交排水泵房，当遭遇严重损坏无法正常使用时，将导致立交路口雨水集中不能及时排除而中断交通，1976年唐山地震后适逢降大雨，正是由于立交路口积水过深阻断交通，给震后抢救工作带来很大困难，因此从次生灾害考虑，对这类泵房的抗震能力有必要适当提高；类似这种情况，对燃气工程系统中一些关键部位设施，如加压站、高中压调压站以及相应的配电室等，均应尽量减少次生灾害，适当提高抗震能力。

1.0.8 本条提出了对位于设防烈度为6度区的工程设施的抗震要求，即可以不做抗震计算，但在抗震措施方面符合7度的要求即可。

1.0.9 在给水、排水、燃气、热力工程的厂站中，其厂前区通常均设有综合办公楼、化验室及其他单宿、食堂等附属建筑物，本条文明确对于这类建筑物的抗震设计要求，应按《建筑抗震设计规范》执行；同时在水源工程中还会遇到挡水坝等中、小型水工建筑物，在燃气、热力工程中尚有些工业构筑物及设备，条文同样明确了应按现行的《水工建筑物抗震设计规范》SDJ110和《构筑物抗震设计规范》GB50191执行，本规范不再转引。

3 抗震设计的基本要求

3.1 规划与布局

3.1.1～3.1.3 这些条文的要求，基本上沿用了原规范的规定。

主要考虑到给水、排水、燃气和热力工程设施是城市生命线工程的重要组成部分，一旦受到震害严重损坏后，将影响城市正常运转，给居民生活造成困难，工业生产和国家财产受到大量损失。在强烈地震时，往往由于场地、地基等因素的影响，城市中各个区域的震害反映是不等同的，例如1975年我国辽南海城地震时，7度区鞍山市的震害，以铁西区最为突出；1976年河北唐山地震时，唐山路南区受灾甚于路北区，天津市以和平区最为严重。因此，首先应该从整体城市建设方面做出合理的规划，地震区城市中的给水水源、燃气气源、热力热源和相应输配管网亟需统筹规划，合理布局，排水管网及污水处理厂的分区布局、干线沟通等筹划，这是提高城市建设整体抗震能力、力求减少震害、次生灾害的基本措施。

3.2 场地影响和地基基础

3.2.1，3.2.2 条文提出的要求，均沿用原规范的规定。

主要考虑到历次烈震中工程设施的震害反映，建设场地的影响十分显著，在有条件时宜尽量避开对抗震不利的措施，并不应在危险的场地建设，这样做可以确保工程设施的安全可靠，同时也可减少工程投资，提高工程设施的投资效益。

3.2.3 本条对位于Ⅰ类场地上的构筑物，规定了在抗震措施方面可以适当降低要求，即可按建设地区的设防烈度降低一度采用，但在抗震计算时不能降低。主要考虑到Ⅰ类场地的地震动力反应较小，而给水、排水、燃气、热力工程中的各类构筑物一般整体性较好，可以不需要做进一步加强，即可满足要求。同时对设防烈度为6度区的构筑物，规定了不宜再降低，还是应该定位在地震区建设的范畴，符合必要的抗震措施要求。

3.2.4 条文对地基和基础的抗震设计提出了总体要求。首先指出当工程设施的地震受力层内存在液化土时，应防止可能导致地基承载力失效；当存在软弱土层时，应防止震陷或显著不均匀沉降，导致工程设施损坏或影响正常运转（例如一些水质净化处理水设备等）。同时条文还规定了当对液化土和软弱粘性土进行必要的地基处理后，还有必要采取措施加强各类构筑物基础的整体性和刚度，主要考虑到地基处理比较复杂，很难做到完全消除地基变形和不均匀沉降。

此外，条文对各类构筑物基础的设计高程和构造提出了要求。当同一结构单元的构筑物不可避免设置在性质截然不同的地基土上时，应考虑到地基震动形态的差异，为此要求在相应部位的结构上设置防震缝分离或通过加设垫褥地基，以消除结构遭致损坏。与此相类似情况，同一结构单元的构筑物，宜采用同一结构类型的基础，不宜混用天然地基和人工地基。

结合给水、排水工程中经常遇到的情况，构筑物的基础高程由于工艺条件存在不同高差，对此，条文要求这种情况的基础宜缓坡相连，以免地震时产生滑移而导致结构损坏。

3.3 地震影响

3.3.1 对工程抗震设计，如何反映地震作用影响，本条明确了应以相应抗震设防烈度的设计基本地震加速度和设计特征周期作为表征。对已编制抗震设防区划的地区或厂站，则可按批准确认的抗震设防烈度或抗震设计地震动参数进行抗震设防。

3.3.2 本条给定了抗震设防烈度和设计基本地震加速度的对应关系，这些数据与原规范是一致的，只是根据新修订的《中国地震动参数区划图 A_1》，在地震动峰值加速度 $0.1g$ 和 $0.2g$ 之间存在 $0.15g$ 区域，$0.2g$ 和 $0.4g$ 之间存在 $0.3g$ 区域。条文明确规定了该两个区域内的工程设施，其抗震设计要求应分别与7度和8度地区相当。

3.3.3 条文针对设计特征周期，即设计所用的地震影响系数特征周期（T_g）的确定，按工程设施所在地的设计地震分组和场地类别给出了规定。主要是根据实际震害反应，在同一影响烈度条件下，远震和近震的影响不同，对高柔结构、贮液构筑物、地下管线等工程设施，远震长周期的影响更甚，为此条文将设计地震分为三组，更好地反映震中距的影响。

3.3.4 条文明确了以附录A给出我国主要城镇中心区的抗震设防烈度、设计基本地震加速度和相应的设计地震分组，便于工程抗震设计应用。

3.4 抗震结构体系

3.4.1 本条是对抗震设计提出的总体要求。根据国内外历次强烈地震中的震害反映，对构筑物的结构体系和管网的结构构造，应综合考虑其使用功能、结构材质、施工条件以及建设场地、地基地质等因素，通过技术经济综合比较后选定。

3.4.2、3.4.3 条文对构筑物的工艺设计提出了要求。工艺设计对结构抗震性能影响显著，平、立面布置不规则，质量和刚度变化较大时，将导致结构在地震作用下产生扭矩，对结构体系的抗震带来困难，因此条文要求尽量避免。当不可避免时，则宜将构筑物的结构采用防震缝分割成若干规则的结构单元，避免造成震害。对设置防震缝确有困难时，条文要求应对结构体系进行整体分析，并对其薄弱部位采取恰当的抗震构造措施。

针对建筑物这方面的抗震规定，条文明确应按《建筑抗震设计规范》GB50011 执行。

3.4.4 本条要求结构分析的计算简图应明确，并符合实际情况；在水平地震作用下具有合理的传递路线；充分发挥地基逸散阻尼对上部结构的减震效果。

同时要求在结构体系上尽量具有多道抗震防线，例如尽可能具备结构体系的空间工作和超静定作用，藉以提高结构的抗震能力，避免部分结构或构件破坏导致整个结构体系丧失承载力。此外，针对工艺要求往往形成结构上的削弱部位，将是抗震的薄弱部位，应加强其构造措施，使同一单元的结构体系，具有良好的整体性。

3.4.5 本条对钢筋混凝土结构构件提出的要求，主要是改善其适应变形的性能。对钢结构应注意在地震作用下（水平向及竖向）防止局部或整体失稳，合理确定其构件的截面尺寸。

同时，条文还对各类构件的节点连接提出了要求，除满足承载力外，尚应符合加强结构的整体性，以求获得结构体系的整体空间作用效果，提高结构的抗震能力。

对地下管道结构的要求，不同于构筑物，管道为一线状结构，管周覆土形成很大的阻尼，管道结构的振动特性可以忽略，主要随地震时剪切波的行进形态而变位，不可能以单纯加强管道结构的刚度达到抗震目的，为此条文提出在管道与构筑物、设备的连接处，应予妥善处理，既要防止管道本身损坏，又要避免由于管道变位（瞬时拉、压）造成设备损坏（唐山地震中就发生过多起事故），因此该连接处应在管道上设置柔性连接接头，但可以离开一定的距离（根据管线的布置确定），以使在柔性接头与设备等之间尚可设置止推（拉）的构造措施。

3.5 非结构构件

3.5.1～3.5.4 非承重受力构件遭受震害破坏，往往引起二次灾害，砸坏设备，甚至砸伤工作人员，对震后的生产正常运行和人民生命造成祸害，为此条文要求进行抗震设计并加强其抗震措施。

3.6 结构材料与施工

3.6.2～3.6.3 在水工业工程中，通常应用混凝土和砌体材料，当承受地震作用时，一般对材料的抗拉、抗剪强度要求较高，过低的混凝土等级或砂浆等级（砌体结构主要与灰缝强度有关）对抗震不利，为此条文提出了低限的要求。

3.6.4 本条要求主要是从控制混凝土构件的延性考虑，规定在施工过程中对原设计的钢筋不能以屈服强度更高的钢材直接简单地替代。

3.6.5 构筑物基础或地下管道坐落在肥槽回填土，在厂站工程中经常会遇到，此时有必要控制好回填土的密实度；地震时密实度不够的回填土将会出现震陷，从而损坏结构。为此条文规定了对回填土压实密度的要求。

3.6.6 混凝土构筑物和管道的施工缝，通常是结构的关键部位，接茬质量不佳就会形成薄弱部位，当承受水平地震作用时，施工缝处的连接质量尤为重要，因此条文规定了最低限度应做到的要求。条文还针对有在施工缝处放置非胶结材料的做法作了限制，这种处理虽对该处防止渗水有一定作用，但却削弱了该处的截面强度（尤其是抗剪），对抗震不利。

4 场地、地基和基础

4.1 场　　地

本节内容包括场地类别划分方法及其所依据的指标、地下断裂对工程建设的影响评价、局部突出地形对地震动参数的放大作用等，条文对此所做出的规定，均系按照我国《建筑抗震设计规范》GB50011（最新修订的版本）的要求引用。这样对工程抗震设计的基础数据和条件方面，在我国保持协调一致。

4.2 天然地基和基础

本节内容除保留原规范的规定外，补充了对基些构筑物的稳定验算要求，例如厂站中的地面式敞口水处理池，不少情况会采用分离式基础，墙体结构成为独立挡水墙，此时在水平地震作用下应进行抗滑稳定验算；同时规定水平向土抗力的取值不应大于被动土压力的 1/3，避免过多利用土的被动抗力导致过大变位。

4.3 液化土和软土地基

4.4 桩　　基

这两节的内容和规定，基本上按《建筑抗震设计规范》GB50011 的要求引用。其中对管道结构的抗液化沉陷，系针对管道结构和功能的特点，补充了如下规定：

1. 管道组成的网络结构在城市中密布，涉及面广，通过液化土地段的沉陷量及其可能出现的不均匀沉陷，很难准确预计，管道能否完全免除震害难以确认；据此对输水、气和热力管道，考虑到遭受震害损坏后次生灾害严重，规定应采用钢管敷设，钢管的延性较好，同时还立足于抢修方便。

2. 对采用承插式接口的管道，要求采用柔性接口以此适应地震波动位移和震陷，达到免除或减少震害。

3. 对矩形管道和平口连接的钢筋混凝土预制管管道，从采用钢筋混凝土结构和沿线设置变形缝（沉降缝）两方面做了规定；前者增加管道结构的整体性，后者用以适应波动位移和震陷。

4. 对架空管道规定了应采用钢管，同时设置适量的可挠性连接，用以适应震陷并便于抢修。

5 地震作用和结构抗震验算

5.1 一 般 规 定

5.1.1 本条对给水、排水、燃气、热力工程各类厂站中构筑物的地震作用，规定了计算原则，其中，对污水处理厂中的消化池和各种贮气罐，提出了当设防烈度为 9 度时，应计算竖向地震作用的影响，前者考虑到壳型顶盖的受力条件；后者罐体的连接件的强度。这些部位均属结构上的薄弱环节，在震中地区承受竖向拉、压应有足够的强度，避免震害损坏导致次生灾害。

5.1.2 本条关于各类构筑的抗震计算方法的规定，沿用了原规范的要求。

5.1.3 本条对埋地管道结构的抗震计算模式，沿用了原规范的规定。同时补充了对架空管道结构的抗震计算方法的规定。

5.1.4 本条系根据《工程结构设计统一标准》的原则规定和原规范的规定，对计算地震作用时构筑物的重力荷载代表值提出了统一要求。

5.1.5～5.1.7 条文对于抗震设计反应谱的规定，系按《建筑抗震设计规范》GB50011的规定引用，这样也可在抗震设计基本数据上取得协调一致。

5.1.8 本条对构筑物的自振周期的取值做了规定。构筑物结构的实测振动周期，通常是在脉动或小振幅振动的条件下测得，而当遭遇地震强烈振动时，结构的阻尼作用将减少，相应的振动周期加长，因此条文规定当根据实测周期采用时，应予以适当加长。

5.1.9 当考虑竖向地震作用时，竖向地震影响系数的最大值，国内外取值不尽相同，条文规定系根据国内统计数据，即取水平地震影响系数最大值的65%作为计算依据。

5.1.10 埋地管道结构在水平地震作用下，通常需要应用水平地震加速度计算管道的位移或应力，据此条文规定了相应设防烈度的水平地震加速度值。此项取值沿用了原规范的规定，同时也和国内其他专业的抗震设计规范的规定协调一致。

5.1.11 本条对各类构筑物和管道结构的抗震验算，做了原则规定。即当设防烈度为6度或有关章节规定可不做抗震验算的结构，在抗震构造措施上，仍应符合本规范规定的要求。对埋地管道，当采用承插式连接或预制拼装结构时，在地震作用下应进行变位验算，因为大量震害反映，这类管道结构的震害通常多发生在连接处变位过量，从而导致泄漏，甚至破坏。对污泥消化池等较高的构筑物和独立式挡墙结构，除满足强度要求外，尚应进行抗震稳定验算，以策安全。

5.2 构筑物的水平地震作用和作用效应计算

本节内容分别对水平地震作用下的基底剪力法和振型分解法的具体计算方法，给出了规定，基本上沿用了原规范的要求。当考虑构筑物两个或两个以上振型时，其作用效应标准值由各振型提供的分量的平方和开方确定。

5.3 构筑物的竖向地震作用计算

本节对构筑物的竖向地震作用计算做了具体规定。通常竖向地震的第一振型振动周期是很短的，其相应的地震影响系数可取最大值。对湿式燃气罐的第一振型可确定为线性变化，故条文规定其竖向地震作用可按竖向地震影响系数的最大值与第一振型等效质量的乘积计算；相应对于其他长悬臂结构等，均可直接按这一原则进行计算。

5.4 构筑物结构构件截面抗震强度验算

本节规定了构筑物结构构件截面的抗震强度验算。其中关于荷载（作用）分项系数的取值，考虑了与常规设计协调，对永久作用取1.20，可变作用取1.40；对地震作用的分项系数与《建筑抗震设计规范》协调一致，由此相应的承载力抗震调整系数一并引入。

5.5 埋地管道的抗震验算

5.5.1 本条规定了埋地管道地震作用的计算原则，同时明确可不计地震动引起管道内的动水压力。因为在常规设计中，需要考虑管道运行中可能出现的残余水锤作用，此值一般取正常运行压力的40%～50%，而强烈地震与残余水锤同时发生的几率极小，因此可以不再计入地震动引起的管内动水压力。

5.5.2 本条规定了承插式接头埋地圆管的抗震验算要求。地震作用引起的管道位移，对承插接头的圆管，由于接口是薄弱环节，位移量将由管道接头来承担，如果接头的允许位移不足，就会形成泄漏、拔脱等震害，这在国内外次强烈地震中多有反映。为此条文规定具体验算条件，应满足（5.5.2）式，其中采用了数值小于1.0的接头协同工作系数，主要考虑到虽然管道上的接头在顺应地震动位移时都会发挥作用，但也不可能每个接头的允许位移量都能充分发挥，因此必须给予一定的折减。对接头协同工作系数取0.64，与原规范保持一致。

5.5.3～5.5.4 对整体连接的埋地管道，例如焊接钢管等，条文给出了验算方法，以验算管道结构的应变量控制，对钢管可考虑其可延性，允许进入塑性阶段，与国外标准协调一致。

6 盛水构筑物

6.1 一般规定

本节内容基本上保持了原规范的规定，补充明确了当设防烈度为8度和9度时，不应采用砌体结构，主要考虑到砌体结构的抗拉强度低，难以满足抗震要求，如果执意加厚截面厚度或加设钢筋，也将是不经济的，不如采用钢筋混凝土结构，提高其抗震能力，稳妥可靠。

此外，结合当前大型水池和双层盛水构筑物的兴建，对不需进行抗震验算的范围，做了修正和补充；并对位于9度地区的盛水构筑物明确了计算竖向地震作用的要求，提高抗震安全。

6.2 地震作用计算

本节内容基本上保持了原规范的规定，仅对设防烈度为9度时，补充了顶盖和内贮水的竖向地震作用计算，其中在竖向地震作用下的动水压力标准值，系根据美国A.S.Veletsos和国内的研究报告给出。此外，还对水池中导流墙，规定了需进行水平地震作用的验算要求。

6.3 构 造 措 施

本节内容除保持了原规范的要求外，补充了下列规定：

1. 对位于Ⅲ、Ⅳ类场地上的有盖水池，规定了在运行水位基础上池壁应预留的干弦高度。这是考虑到在长周期地震波的影响下，池内水面可能会出现晃动，此时如干弦高度不足将形成真空压力，顶盖受力剧增。条文对此项液面晃动影响，主要考虑长周期地震的作用，9度通常为震中，7度的影响有限，为此仅对8度Ⅲ、Ⅳ类场地提出了干弦高度的要求。根据理论计算，由于水的阻尼很小，液面晃动高度会是很高的，考虑到地震毕竟发生几率很小，不宜过于增加投资，因此只是按照计算数值，给定了适当提高干弦高度的要求，即允许顶盖出现部分损坏，例如裂缝宽度超过常规设计的规定等。

2. 对水池内导流墙，须要与立柱或池壁连接，又需要避免立柱在干弦高度内形成短柱，不利于抗震，为此条文提出应采取有效措施，符合两方面的要求。

7 贮 气 构 筑 物

本章内容基本上保持了原规范的规定，仅就下列内容做了补充和修改：

1. 增补了竖向地震作用的计算规定；

2. 对球罐和卧罐的水平地震作用计算规定，按《构筑物抗震设计规范》GB50191的相应内容做了修改，以使协调一致，但明确了在计算地震作用时，应取阻尼比 $\zeta=0.02$；

3. 对湿式贮气罐的环形水槽动水压力系数做了修改，即使在计算式中不再出现原规范引用的结构系数 C 值，因此将 C 值归入动水压力系数中，这样计算结果保持了原规范中的规定。

8 泵 房

8.1 一 般 规 定

8.1.1 在给水、排水、燃气、热力工程中，各种功能的泵房众多，根据工艺要求泵房的体型、竖向高程设计各不相似，条文明确了本章内容对这些泵房的抗震验算等均可适用。

8.1.2 在历次强烈地震中，提升地下水的取水井室（泵房型式的一种）当地下部分大于地面以上结构高度时，在6度、7度区并未发生过震害损坏。主要是这种井室体型不大，结构构造简单、整体刚度较好，当埋深较大时动力效应较小，因此条文规定只需符合相应的抗震构造措施，可不做抗震验算。

8.1.3 卧式泵和轴流泵的泵房地面以上结构，其结构型式均与工业民用建筑雷同，因此条文明确应直接按《建筑抗震设计规范》GB50011的规定执行。

8.1.4 本条要求保持了原规范的规定。

8.2 地 震 作 用 计 算

本节主要对地下水取水井室的地震作用计算做了规定。这类取水泵房在唐山地震中受到震害众多，一旦损坏，水源断绝，给震后生活、生产造成很大的次生灾害。

条文对位于Ⅰ、Ⅱ类场地的井室结构，规定了仅可对其地面以上部分结构计算水平地震作用，并考虑结构以剪切变形为主。对位于Ⅲ、Ⅳ类场地的井室结构，则规定应对整个井室进行地震作用计算，但可考虑结构与土的共同作用，结构所承受的地震作用随地下埋深而衰减。此时将结构视为以弯曲变形为主，并通过有限元分析确定了衰减系数的具体数据。

8.3 构 造 措 施

本节内容保持了原规范的各项规定。

9 水 塔

本章内容原属《建筑抗震设计规范》GBJ 11—89中的一部分，经新修订后，将水塔的抗震设计纳入本规范。

本章内容除保留了原规范拟定的抗震设计要求外，做了以下几方面的修订：

1 明确了水塔的水柜可不进行抗震计算，主要考虑支水柜通常的容量都不大，在历次强震中均未出现震害，损坏都位于水柜的支承结构。

2 修订了确定地震作用的计算公式，计入了在水平地震作用下，水柜内贮水的对流振动作用。地震动时，水柜内贮水将形成脉冲和对流两种运动形态，前者随结构一并振动，后者将产生水的晃动，两者的振动周期不同，因此应予分别计入。

3 在分别计算贮水的脉冲和对流作用时，考虑到贮水振动和结构振动的周期相差较大，两者的耦联影响很小，因此未予计入，简化了工程抗震计算。

4 在确定对流振动作用时，考虑到水的阻尼要远小于0.05，因此在确定地震影响系数 α 时，规定了可取阻尼比 $\zeta=0$。

5 水柜内贮水的脉冲质量约位于柜底以上 $0.38H_w$（水深）处，与对流质量组合后其总的动水压力作用将会提高，为简化计算，与结构重力荷载代表值的等效作用一并取在水柜结构的重心处。

6 在构造措施方面，对支承筒体的孔洞加强措施，做了进一步具体的补充。

10 管 道

10.1 一 般 规 定

10.1.1 本条明确了本章有关架空管道的规定，主要是针对给水、排水、燃气、热力工程中跨越河、湖等障碍的自承式钢管道，对其他非自承式架空管道则可参照执行。

10.1.2 条文规定对埋地管道主要应计算在水平地震作用下，剪切波所引起的管道变位或应力，相的剪切波速应为管道埋深一定范围内的综合平均波速，规定应由工程地质勘察单位提供自地面至管底不小于5m深度内各层土的剪切波速。

10.1.3 条文规定了对较大的矩形或拱形管道，除应验算剪切波引起的位移或应力外，尚应对其横截面进行抗震验算，即此时管道横截面上尚承受动土压力等作用，对较大的矩形或拱形管道不应忽视，唐山地震中的一些大断面排水矩形管道，就发生过多起横断面抗震强度不足的震害。

10.1.4 条文规定了对埋地管道可以不做抗震验算的几种情况，主要是根据历次强震中的反映和原规范的相应规定。

10.2 地震作用计算

本节内容规定了埋地和架空管道地震作用的计算方法。对架空管道可按单质点体系计算，在确定等代重力荷载代表值时，条文分别给出了不同结构型式架空管道的地震作用计算公式。

10.3 构 造 措 施

本节内容保持了原规范的各项规定。需要补充说明的是管道与机泵等设备的连接，从地震动考虑，管道在剪切波作用下将瞬时产生接、压位移，造成对与之连接设备的损坏，唐山地震中多有发生（如汉沽取水泵房等），据此要求在该连接处应设置柔性可活动接头；而常规运行时，可能发生回水推力，该处需可靠连接，共同承受此项推力。据此本次修改时在10.3.7、10.3.8中，明确规定了针对这种情况，应在该连接管道上就近设置柔性连接，兼顾常规运行和抗震的需要。

附录B 有盖矩形水池考虑结构体系的空间作用时水平地震作用效应标准值的确定

本附录保持了原规范的内容。同时针对当前城市给水工程中清水池的池容量日益扩大，不少清水池结构由于超长而设置了温度变形缝，附录条文中规定了在变形缝处应设置抗侧力构件（框架、斜撑等），此时水平地震作用的作用效应计算方法完全一致，只是水池的边墙由该处的抗侧力构件替代，从而计算其水平地震作用折减系数 η_l 值。

附录C 地下直埋直线段管道在剪切波作用下的作用效应计算

1 计算模式及公式

地下直埋管道在剪切波作用下，如图C.1.6所示，在半个视波长范围内的管段，将随波的行进处于瞬时受拉、瞬时受压状态。半个视波长内管道沿管轴向的位移量标准值（Δ_{pl}）可按（C.1.1-1）式计算，即

$$\Delta_{pl} = \zeta_t \cdot \Delta_{sl} \qquad (C.1.1\text{-}1)$$

此式的计算模式系将管道视作弹性地基内的线状结构。ζ_t 为剪切波作用下沿管轴向土体位移传递到管道上的传递系数，原规范对传递系数的取值系根据我国1975年海城营口地震和1976年唐山地震中承插式铸铁管的震害数据统计获得，这次修改时考虑到原规范统计数据毕竟很有限，为此对传递系数 ζ_t 值改用计算模式的理论解，即（C.1.1-3）式。

对管道位移量的计算，并非管道上各点的位移绝对值，而应是管道在半个视波长内的位移增量，这是导致管道损坏的主要因素。

2 计算参数

沿管道轴向土体的单位面积弹性抗力（K_1），当无实测数据时，给定可采用0.06N/mm^3，系引用日本高、中压煤气抗震设计规范所提供数据。从理论上分析，此值应与管道埋深有关，而且还应与管道外表面的构造、体型有关，很难统一取值，这里给出的采用值不是很确切的，必要时应通过试验测定。在无实测数据时，对 K_1 推荐采用统一常数，主要考虑到埋地管体均与回填土相接触，其误差不致很大。

关于管道单个接头的设计允许位移量［U_a］，系通过国内试验测定获得的。该项专题试验研究，由北京市科委给予经费资助。

3 对焊接钢管这种整体连接管道，条文规定了可以直接验算在水平地震作用下的最大应变量，同时亦可与国内外有关钢管的抗震验算取得协调。对于钢管的允许应变量，考虑到在市政工程中钢管的材质多采用Q235钢，因此条文中的允许应变量系针对Q235给出。

中华人民共和国行业标准

预应力混凝土结构抗震设计规程

Specification for seismic design of prestressed concrete structures

JGJ 140—2004

批准部门：中华人民共和国建设部

施行日期：2 0 0 4 年 5 月 1 日

中华人民共和国建设部
公　　告

第206号

建设部关于发布行业标准《预应力混凝土结构抗震设计规程》的公告

现批准《预应力混凝土结构抗震设计规程》为行业标准，编号为JGJ 140—2004，自2004年5月1日起实施。其中，第3.1.1、3.1.5、3.2.2、4.2.2、4.2.4条为强制性条文，必须严格执行。

本规范由建设部标准定额研究所组织中国建筑工业出版社出版发行。

中华人民共和国建设部

2004年1月29日

前　　言

根据建设部建标［1992］732号文的要求，规程编制组经广泛的调查研究，开展专题研究，认真总结工程实践经验及震害经验，参考有关国际标准和国外先进标准，并在广泛征求意见的基础上，制定了本规程。

本规程的主要技术内容是：1. 总则；2. 术语、符号；3. 抗震设计的一般规定；4. 预应力混凝土框架和门架；5. 预应力混凝土板柱结构。

本规程由建设部负责管理和对强制性条文的解释，由主编单位负责具体技术内容的解释。

本规程主编单位：中国建筑科学研究院（邮政编码：100013，地址：北京市北三环东路30号）

本规程参加单位：东南大学

中元国际工程设计研究院（原机械工业部设计研究院）

北京市建筑设计研究院

浙江泛华设计院

本规程主要起草人：陶学康　吕志涛　张维斌

胡庆昌　韦承基　陈远椿

徐福泉　黄茂智　王　霓

目　　次

1 总 则

1.0.1 为贯彻执行地震工作以预防为主的方针，使预应力混凝土建筑结构经抗震设防后，减轻其地震破坏，避免人员伤亡，减少经济损失，制定本规程。

1.0.2 本规程适用于抗震设防烈度为 6 度至 8 度地区的现浇后张预应力混凝土框架和板柱等建筑结构的抗震设计；抗震设防烈度为 9 度地区的预应力混凝土结构，其抗震设计应有充分依据，并采取可靠措施。

1.0.3 预应力混凝土建筑结构的抗震设计，除应符合本规程外，尚应符合国家现行有关强制性标准的规定。

2 术语、符号

2.1 术 语

2.1.1 阻尼比 damping ratio

阻尼振动的实际阻力与产生临界阻尼所需阻力的比值。

2.1.2 轴压比 ratio of axial compressive force to axial compressive ultimate capacity of section under combination of earthquake action

混凝土柱考虑地震作用组合的轴向压力设计值与柱全截面面积和混凝土轴心抗压强度设计值乘积之比值；对预应力混凝土柱，取预应力作用参与组合的轴力设计值。

2.1.3 后张法有粘结预应力混凝土结构 post-tensioned bonded prestressed concrete structure

在混凝土硬结后，通过张拉预应力筋并锚固而建立预加应力，且在管道内灌浆实现粘结的混凝土结构，如预应力混凝土框架、门架等。

2.1.4 无粘结预应力混凝土结构 unbonded prestressed concrete structure

配置带有涂料层和外包层的预应力筋而与混凝土相互不粘结的后张法预应力混凝土结构。

2.2 符 号

2.2.1 材料性能

f_c——混凝土轴心抗压强度设计值；

f_t——混凝土轴心抗拉强度设计值；

f_y、f'_y——普通钢筋的抗拉、抗压强度设计值；

f_{py}——预应力筋的抗拉强度设计值；

f_{yv}——箍筋的抗拉强度设计值。

2.2.2 作用和作用效应

N——柱考虑地震作用组合的轴向压力设计值；

V——考虑地震作用组合的剪力设计值；

N_{pe}——预应力筋的总有效预加力。

2.2.3 几何参数

A_s、A'_s——受拉区、受压区非预应力钢筋截面面积；

A_p——受拉区预应力筋截面面积；

A_{svj}——核心区有效验算宽度范围内同一截面验算方向箍筋的总截面面积；

b——矩形截面宽度、T 形和 I 形截面的腹板宽度；

h——截面高度；

h_0——截面有效高度；

h_p——纵向受拉预应力筋合力点至梁截面受压边缘的有效距离；

h_s——纵向受拉非预应力钢筋合力点至梁截面受压边缘的有效距离；

b_c、h_c——柱截面宽度、高度；

b_j、h_j——节点核心区的截面有效验算宽度、高度；

b_d——平托板的有效宽度；

l_0——计算跨度；

x——混凝土受压区高度；

l_{aE}——纵向受拉钢筋考虑抗震要求的最小锚固长度；

s——箍筋间距。

2.2.4 计算系数及其他

α——水平地震影响系数值；

α_{max}——水平地震影响系数最大值；

γ_p——预应力分项系数；

γ_{RE}——承载力抗震调整系数；

ε_{apu}——预应力筋-锚具组装件达到实测极限拉力时的总应变；

η_a——预应力筋-锚具组装件静载试验测得的锚具效率系数；

λ——预应力强度比；

β_c——混凝土强度影响系数；

ρ——纵向受拉钢筋配筋率；

η_j——正交梁的约束影响系数；

λ_{Np}——预应力混凝土柱的轴压比；

T——结构自振周期；

T_g——场地的特征周期。

3 抗震设计的一般规定

3.1 地震作用及结构抗震验算

3.1.1 建筑结构的地震影响系数应根据烈度、场地类别、设计地震分组和结构自振周期以及阻尼比确定。其水平地震影响系数最大值应按表 3.1.1-1 采用；特征周期应根据场地类别和设计地震分组按表 3.1.1-2采用，计算 8、9 度罕遇地震作用时，特征周期应增加 0.05s。

注：1 周期大于 6.0s 的建筑结构所采用的地震影响系

数应专门研究；

2 已编制抗震设防区划的城市，应允许按批准的设计地震动参数采用相应的地震影响系数。

表 3.1.1-1 水平地震影响系数最大值

地震影响	6 度	7 度	8 度	9 度
多遇地震	0.04	0.08(0.12)	0.16(0.24)	0.32
罕遇地震	—	0.50(0.72)	0.90(1.20)	1.40
注：括号中数值分别用于设计基本地震加速度为 0.15g 和 0.30g 的地区。				

表 3.1.1-2 特征周期值 (s)

设计地震分组	场地类别			
	Ⅰ	Ⅱ	Ⅲ	Ⅳ
第一组	0.25	0.35	0.45	0.65
第二组	0.30	0.40	0.55	0.75
第三组	0.35	0.45	0.65	0.90

3.1.2 以预应力混凝土框架结构、板柱-框架结构作为主要抗侧力体系的建筑结构，其阻尼比应取 0.03，地震影响系数曲线（见图 3.1.2）的阻尼调整系数应按 1.18 采用，形状参数应符合下列要求：

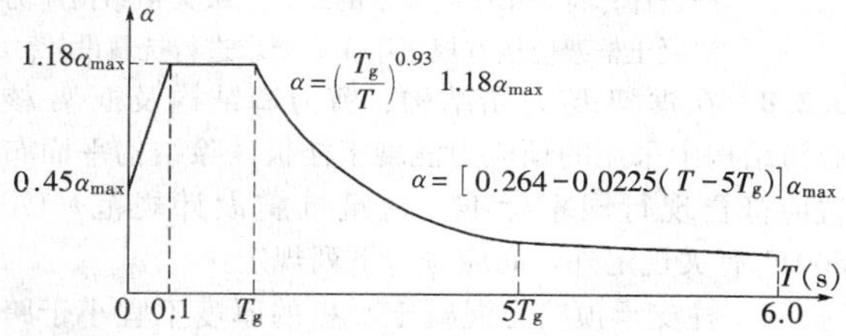

图 3.1.2 地震影响系数曲线

α—地震影响系数；α_{max}—地震影响系数最大值；T_g—特征周期；T—结构自振周期

1 直线上升段，周期小于 0.1s 的区段。

2 水平段，自 0.1s 至特征周期区段，应取 1.18α_{max}。

3 曲线下降段，自特征周期至 5 倍特征周期区段，衰减指数应取 0.93。

4 直线下降段，自 5 倍特征周期至 6s 区段，地震影响系数 α 应按下式计算：

$$\alpha=[0.264-0.0225(T-5T_g)]\alpha_{max} \quad (3.1.2)$$

注：1 预应力混凝土板柱-框架结构指由预应力板柱结构与框架组成的结构；

2 当在框架-剪力墙结构、框架-核心筒结构及板柱-剪力墙结构中，采用预应力混凝土梁或板时，仍应按现行国家标准《建筑抗震设计规范》GB 50011 取阻尼比为 0.05 的地震影响系数曲线，确定水平地震力。

3.1.3 8 度时跨度大于 24m 屋架、长悬臂和其他大跨度预应力混凝土结构的竖向地震作用标准值，宜取其重力荷载代表值与竖向地震作用系数的乘积；竖向地震作用系数可按表 3.1.3 采用。

表 3.1.3 竖向地震作用系数

结构类别	烈度	场地类别		
		Ⅰ	Ⅱ	Ⅲ、Ⅳ
预应力混凝土屋架、长悬臂及其他大跨度预应力混凝土结构	8	0.10 (0.15)	0.13 (0.19)	0.13 (0.19)
注：括号内数值用于设计基本地震加速度为 0.30g 的地区。				

3.1.4 需采用时程分析法进行补充计算的预应力混凝土框架结构、板柱-框架结构，弹性计算时阻尼比可取 0.03。

3.1.5 预应力混凝土结构构件在地震作用效应和其他荷载效应的基本组合下，进行截面抗震验算时，应加入预应力作用效应项。当预应力作用效应对结构不利时，预应力分项系数应取 1.2；有利时应取 1.0。

承载力抗震调整系数 γ_{RE}，除另有规定外，应按表 3.1.5 取用。

表 3.1.5 承载力抗震调整系数

结构构件	受力状态	γ_{RE}
梁	受弯	0.75
轴压比小于 0.15 的柱	偏压	0.75
轴压比不小于 0.15 的柱	偏压	0.80
框架节点	受剪	0.85
各类构件	受剪、偏拉	0.85
局部受压部位	局部受压	1.00

3.1.6 当仅计算竖向地震作用时，各类预应力混凝土结构构件的承载力抗震调整系数 γ_{RE} 均宜采用 1.0。

3.1.7 考虑地震作用组合的预应力混凝土框架节点核心区抗震受剪承载力，应按本规程第 4.4.1 条计算；预应力混凝土框架梁、柱的斜截面抗震受剪承载力计算应符合现行国家标准《混凝土结构设计规范》GB 50010 有关条款的规定。

3.2 设计的一般规定

3.2.1 按本规程进行抗震设计的预应力混凝土结构，其房屋最大高度不应超过表 3.2.1 所规定的限值。对平面和竖向均不规则的结构或建造于Ⅳ类场地的结构或跨度较大的结构，适用的最大高度应适当降低。

表 3.2.1　现浇预应力混凝土房屋适用的最大高度（m）

结构体系	烈度		
	6	7	8
框架结构	60	55	45
框架-剪力墙	130	120	100
部分框支剪力墙	120	100	80
框架-核心筒	150	130	100
板柱-剪力墙	40	35	30
板柱-框架结构	22	18	

注：1　房屋高度指室外地面到主要屋面板板顶的高度（不考虑局部突出屋顶部分）；
2　框架-核心筒结构指周边稀柱框架与核心筒组成的结构；
3　部分框支剪力墙结构指首层或底部两层框支剪力墙结构；
4　板柱-框架结构指由预应力板柱结构与框架组成的结构；
5　乙类建筑可按本地区抗震设防烈度确定适用的最大高度；
6　超过表内高度的房屋，应进行专门研究和论证，采取有效的加强措施。

3.2.2　预应力混凝土结构构件的抗震设计，应根据设防烈度、结构类型、房屋高度采用不同的抗震等级，并应符合相应的计算和构造措施要求。丙类建筑的抗震等级应按本地区的设防烈度由表 3.2.2 确定。

3.2.3　抗震设防类别为甲、乙、丁类的建筑，应按现行国家标准《建筑抗震设计规范》GB 50011 的规定调整设防烈度后，再按表 3.2.2 确定抗震等级。

表 3.2.2　现浇预应力混凝土结构构件的抗震等级

<table>
<tr><th colspan="2" rowspan="2">结构体系</th><th colspan="6">设防烈度</th></tr>
<tr><th colspan="2">6</th><th colspan="2">7</th><th colspan="2">8</th></tr>
<tr><td rowspan="3">框架结构</td><td>高度（m）</td><td>≤30</td><td>>30</td><td>≤30</td><td>>30</td><td>≤30</td><td>>30</td></tr>
<tr><td>框　架</td><td>四</td><td>三</td><td>三</td><td>二</td><td>二</td><td>一</td></tr>
<tr><td>剧场、体育馆等大跨度公共建筑中的框架</td><td colspan="2">三</td><td colspan="2">二</td><td colspan="2">一</td></tr>
<tr><td rowspan="2">框架-剪力墙结构</td><td>高度（m）</td><td>≤60</td><td>>60</td><td>≤60</td><td>>60</td><td>≤60</td><td>>60</td></tr>
<tr><td>框　架</td><td>四</td><td>三</td><td>三</td><td>二</td><td>二</td><td>一</td></tr>
<tr><td rowspan="2">部分框支剪力墙结构</td><td>高度（m）</td><td>≤80</td><td>>80</td><td>≤80</td><td>>80</td><td>≤80</td><td>>80</td></tr>
<tr><td>框支层框架</td><td colspan="2">二</td><td>二</td><td>一</td><td>一</td><td></td></tr>
<tr><td>框架-核心筒结构</td><td>框　架</td><td colspan="2">三</td><td colspan="2">二</td><td colspan="2">一</td></tr>
<tr><td>板柱-剪力墙结构</td><td>板柱的柱及周边框架</td><td colspan="2">三</td><td colspan="2">二</td><td colspan="2">一</td></tr>
</table>

注：1　接近或等于高度分界时，应结合房屋不规则程度及场地、地基条件确定抗震等级；
2　剪力墙等非预应力构件的抗震等级应按钢筋混凝土结构的规定执行。

3.2.4　在框架-核心筒结构的周边框架柱间可采用预应力混凝土框架梁。

3.2.5　后张预应力框架、门架、转换层大梁宜采用有粘结预应力筋；当框架梁采用无粘结预应力筋时，应符合本规程第 3.2.7 条的规定。

3.2.6　分散配置预应力筋的板类结构及楼盖的次梁宜采用无粘结预应力筋。无粘结预应力筋不得用于承重结构的受拉杆件及抗震等级为一级的框架。

3.2.7　在地震作用效应和重力荷载效应组合下，当符合下列二款之一时，无粘结预应力筋可在二、三级框架梁中应用；当符合第 1 款时，无粘结预应力筋可在悬臂梁中应用：

1　框架梁端部截面及悬臂梁根部截面由非预应力钢筋承担的弯矩设计值，不应少于组合弯矩设计值的 65%；或仅用于满足构件的挠度和裂缝要求；

2　设有剪力墙或筒体，且在基本振型地震作用下，框架承担的地震倾覆力矩小于总地震倾覆力矩的 35%。

注：符合第 1 款要求采用无粘结预应力筋的二、三级框架结构，可仍按现行国家标准《建筑抗震设计规范》GB 50011 中对钢筋混凝土框架的要求进行抗震设计；符合第 2 款要求的二、三级无粘结预应力混凝土框架应按本规程第 4 章要求进行抗震设计。

3.2.8　在框架-剪力墙结构、剪力墙结构及框架-核心筒结构中采用的预应力混凝土楼板，除结构平面布置应符合现行国家标准《建筑抗震设计规范》GB 50011 有关规定外，尚应符合下列规定：

1　柱支承预应力混凝土平板的厚度不宜小于跨度的 1/40～1/45，周边支承预应力混凝土板厚度不宜小于跨度的 1/45～1/50，且其厚度分别不应小于 200mm 及 150mm；

2　在核心筒四个角部的楼板中，应设置扁梁或暗梁与外柱相连接，其余外框架柱处亦宜设置暗梁与内筒相连接；

3　在预应力混凝土平板凹凸不规则处及开洞处，应设置附加钢筋混凝土暗梁或边梁，予以加强；

4　预应力混凝土平板的板端截面按下式计算的预应力强度比 λ 不宜大于 0.75。

$$\lambda=\frac{f_{py}A_{p}h_{p}}{f_{py}A_{p}h_{p}+f_{y}A_{s}h_{s}} \tag{3.2.8}$$

注：1　对无粘结预应力混凝土平板，公式（3.2.8）中的 f_{py} 应取用无粘结预应力筋的应力设计值 σ_{pu}；
2　对周边支承在梁、墙上的预应力混凝土平板可不受上述预应力强度比的限制。

3.2.9　对无粘结预应力混凝土单向多跨连续板，在设计中宜将无粘结预应力筋分段锚固，或增设中间锚固点，并应按国家现行标准《无粘结预应力混凝土结构技术规程》JGJ/T 92 中有关规定，配置非预应力钢筋。

3.2.10 后张预应力筋的锚具不宜设置在梁柱节点核心区，并应布置在梁端箍筋加密区以外。

注：当有试验依据、或其他可靠的工程经验时，可将锚具设置在节点区，但应合理处理箍筋布置问题，必要时应考虑锚具对受剪截面产生削弱的不利影响。

3.2.11 四级抗震等级预应力混凝土框架的抗震计算和构造措施，应符合现行国家标准《混凝土结构设计规范》GB 50010 的有关规定。

3.3 材料及锚具

3.3.1 结构材料性能指标，除本规程各章有特别规定外，应符合下列要求：

1 预应力混凝土框架构件的混凝土强度等级不宜低于 C40，平板及其他构件不应低于 C30；

2 预应力筋宜采用预应力钢绞线、钢丝，也可采用热处理钢筋；

3 非预应力纵向受力钢筋宜采用 HRB335、HRB400 级热轧钢筋，箍筋宜选用 HRB335、HRB400、HPB235 级热轧钢筋。

3.3.2 预应力筋-锚具组装件的锚固性能，应符合下列规定：

1 锚具的静载锚固性能应同时符合下列要求：

$$\eta_a \geqslant 0.95 \quad (3.3.2\text{-}1)$$

$$\varepsilon_{apu} \geqslant 2.0\% \quad (3.3.2\text{-}2)$$

式中 η_a——预应力筋-锚具组装件静载试验测得的锚具效率系数；

ε_{apu}——预应力筋-锚具组装件达到实测极限拉力时的总应变。

2 预应力筋-锚具组装件的抗震周期荷载试验，应满足上限取预应力钢材抗拉强度标准值 f_{ptk} 的 80%、下限取预应力钢材抗拉强度标准值 f_{ptk} 的 40%、经 50 次循环荷载后预应力筋在锚具夹持区域不发生破断。

4 预应力混凝土框架和门架

4.1 一般规定

4.1.1 本章适用于预应力混凝土框架结构，框架-剪力墙结构和框架-核心筒结构中的预应力混凝土框架以及预应力混凝土门架。

4.1.2 预应力混凝土框架应设计为具备良好的变形能力和消耗地震能量能力的延性框架，其组成构件应避免剪切先于弯曲破坏，节点不应先于其连接构件破坏。

4.2 预应力混凝土框架梁

4.2.1 预应力混凝土框架梁的截面尺寸，宜符合下列各项要求：

1 截面的宽度不宜小于 250mm；

2 截面高度与宽度的比值不宜大于 4；

3 梁高宜在计算跨度的（1/12～1/22）范围内选取，净跨与截面高度之比不宜小于 4。

4.2.2 预应力混凝土框架梁端，考虑受压钢筋的截面混凝土受压区高度应符合下列要求：

一级抗震等级 $$x \leqslant 0.25h_0 \quad (4.2.2\text{-}1)$$

二、三级抗震等级 $$x \leqslant 0.35h_0 \quad (4.2.2\text{-}2)$$

且纵向受拉钢筋按非预应力钢筋抗拉强度设计值换算的配筋率不应大于 2.5%（HRB400 级钢筋）或 3.0%（HRB335 级钢筋）。

4.2.3 在预应力混凝土框架梁中，应采用预应力筋和非预应力钢筋混合配筋的方式，框架结构梁端截面按本规程（3.2.8）式计算的预应力强度比 λ 宜符合下列要求：

一级抗震等级 $$\lambda \leqslant 0.60 \quad (4.2.3\text{-}1)$$

二、三级抗震等级 $$\lambda \leqslant 0.75 \quad (4.2.3\text{-}2)$$

注：对框架-剪力墙或框架-核心筒结构中的后张有粘结预应力混凝土框架，其 λ 限值对一级抗震等级和二、三级抗震等级可分别增大 0.1 和 0.05。

4.2.4 预应力混凝土框架梁端截面的底面和顶面纵向非预应力钢筋截面面积 A_s' 和 A_s 的比值，除按计算确定外，尚应满足下列要求：

一级抗震等级 $$\frac{A_s'}{A_s} \geqslant \frac{0.5}{1-\lambda} \quad (4.2.4\text{-}1)$$

二、三级抗震等级 $$\frac{A_s'}{A_s} \geqslant \frac{0.3}{1-\lambda} \quad (4.2.4\text{-}2)$$

且梁底面纵向非预应力钢筋配筋率不应小于 0.2%。

4.2.5 在与板整体浇筑的 T 形和 L 形预应力混凝土框架梁中，当考虑板中的部分钢筋对抵抗弯矩的有利作用时，宜符合下列规定：

1 在内柱处，当横向有宽度与柱宽相近的框架梁时，宜取从柱两侧各 4 倍板厚范围内板内钢筋；

2 在内柱处，当没有横向框架梁时，宜取从柱两侧各延伸 2.5 倍板厚范围内板内钢筋；

3 在外柱处，当横向有宽度与柱相近的框架梁，而所考虑的梁中钢筋锚固在柱内时，宜取从柱两侧各延伸 2 倍板厚范围内板内钢筋；

4 在外柱处，当没有横梁时，宜取柱宽范围内的板内钢筋；

5 在所有情况下，在考虑板中部分钢筋参加工作的梁中，受弯承载力所需的纵向钢筋至少应有 75%穿过柱子或锚固于柱内；当纵向钢筋由重力荷载效应组合控制时，则仅应考虑地震作用组合的纵向钢筋的75%穿过柱子或锚固于柱内。

4.2.6 对预应力混凝土框架梁的梁端加腋处，其箍筋配置应符合下列规定：

1 当加腋长度 $L_h \leqslant 0.8h$ 时，箍筋加密区长度应取加腋区及距加腋区端部1.5倍梁高；

2 当加腋长度 $L_h > 0.8h$ 时，箍筋加密区长度应取1.5倍梁端部高度；且不小于加腋长度 L_h；

3 箍筋加密区的箍筋间距不应大于100mm，箍筋直径不应小于10mm，箍筋肢距不宜大于200mm和20倍箍筋直径的较大值。

4.2.7 对现浇混凝土框架，当采用预应力混凝土扁梁时，扁梁的跨高比 l_0/h_b 不宜大于25，梁截面高度宜大于板厚度的2倍，其截面尺寸应符合下列要求，并应满足现行有关规范对挠度和裂缝宽度的规定：

$$b_b \leqslant 2b_c \quad (4.2.7\text{-}1)$$

$$b_b \leqslant b_c + h_b \quad (4.2.7\text{-}2)$$

$$h_b \geqslant 16d \quad (4.2.7\text{-}3)$$

式中 b_c——柱截面宽度；

b_b、h_b——分别为梁截面宽度和高度；

d——柱纵筋直径。

4.2.8 采用梁宽大于柱宽的预应力混凝土扁梁时，应符合下列规定：

1 应采用现浇楼板，扁梁中线宜与柱中线重合，且应双向布置；梁宽大于柱宽的扁梁不得用于一级框架结构。

2 梁柱节点应符合下列要求：

1）扁梁框架的梁柱节点核心区应根据梁纵筋在柱宽范围内、外的截面面积比例，对柱宽以内和柱宽以外的范围分别验算受剪承载力；

2）按本规程式（4.4.1-1）验算核心区剪力限值时，核心区有效宽度可取梁宽与柱宽之和的平均值；

3）四边有梁的约束影响系数，验算柱宽范围内核心区的受剪承载力时可取1.5，验算柱宽范围外核心区的受剪承载力时宜取1.0；

4）按本规程式（4.4.1-2）验算核心区受剪承载力时，在柱宽范围内的核心区，轴向力的取值可与一般梁柱节点相同；柱宽以外的核心区，可不考虑轴力对受剪承载力的有利作用；

5）预应力筋宜布置在柱宽范围内。

3 预应力混凝土扁梁配筋构造要求：

1）扁梁端箍筋加密区长度，应取自柱边算起至梁边以外 $b+h$ 范围内长度和自梁边算起 l_{aE} 中的较大值（图4.2.8a）；加密区的箍筋最大间距和最小直径及箍筋肢距应符合现行国家标准《建筑抗震设计规范》GB 50011的有关规定；

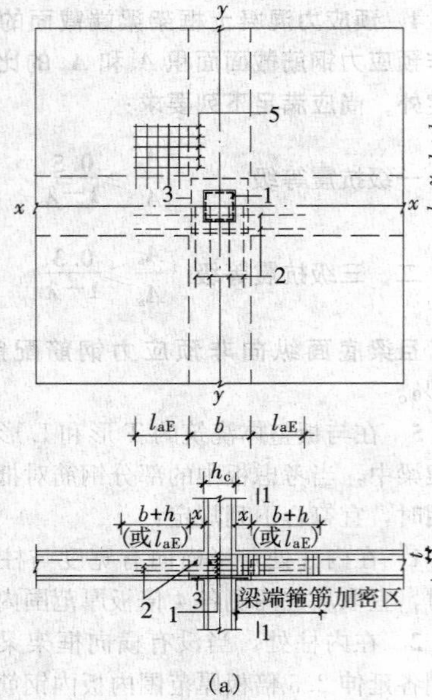

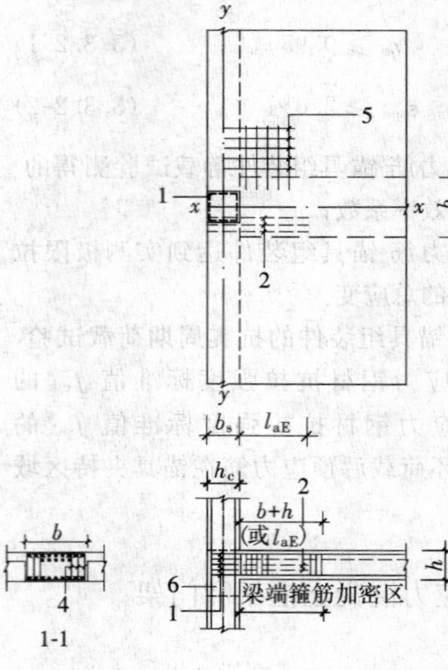

图4.2.8 扁梁柱节点的配筋构造

(a) 中柱节点；(b) 边柱节点

1—柱内核心区箍筋；2—核心区附加腰筋；3—柱外核心区附加水平箍筋；4—拉筋；5—板面附加钢筋网片；6—边梁

2）对于柱内节点核心区的配箍量及构造要求同普通框架；对于扁梁中柱节点柱外核心区，可配置附加水平箍筋及拉筋，当核心区受剪承载力不能满足计算要求时，可配置附加腰筋（图4.2.8a）；对于扁梁边柱节点核心区，也可配置附加腰筋(图4.2.8b)；

3）当中柱节点和边柱节点在扁梁交角处的板面

顶层纵向钢筋和横向钢筋间距较大时，应在板角处布置附加构造钢筋网片，其伸入板内的长度，不宜小于板短跨方向计算跨度的1/4，并应按受拉钢筋锚固在扁梁内。

4.2.9 扁梁框架的边梁不宜采用宽度 b_s 大于柱截面高度 h_c 的预应力混凝土扁梁。当与框架边梁相交的内部框架扁梁大于柱宽时，边梁应采取配筋构造措施考虑其受扭的不利影响。

4.2.10 预应力混凝土长悬臂梁，除在设防烈度为8度时应考虑竖向地震作用外，尚应符合下列规定：

1 预应力混凝土悬臂梁应采用预应力筋和非预应力钢筋混合配筋的方式，其截面混凝土受压区高度应符合本规程第4.2.2条的规定，预应力强度比 λ 宜符合本规程第4.2.3条的规定；悬臂梁梁底和梁顶非预应力钢筋截面面积的比值尚应符合本规程第4.2.4条的规定；

2 悬臂构件加强段指自根部算起1/4跨长，截面高度 $2h$ 及500mm三者中的较大值，按该段根部截面的弯矩设计值配置的纵向预应力筋，在加强段不得截断，且加强段的箍筋构造应满足箍筋加密区要求；对于集中荷载在支座截面所产生的剪力值占总剪力值75%以上情况，箍筋加密区应延伸至集中荷载作用截面处，且不应小于加强段的长度。

4.3 预应力混凝土框架柱

4.3.1 预应力混凝土框架柱的剪跨比宜大于2。

4.3.2 在预应力混凝土框架中，与预应力混凝土梁相连接的预应力混凝土柱或钢筋混凝土柱除应符合现行国家标准《建筑抗震设计规范》GB 50011有关调整框架柱端组合的弯矩设计值的相关规定外，对二、三级抗震等级的框架边柱，其柱端弯矩增大系数 η_c 二级应取1.4，三级应取1.2。

4.3.3 考虑地震作用组合的预应力混凝土框架柱，按式（4.3.3）计算的轴压比宜符合表4.3.3的规定。

$$\lambda_{Np}=\frac{N+1.2N_{pe}}{f_cA} \qquad (4.3.3)$$

式中 λ_{Np}——预应力混凝土柱的轴压比；

N——柱考虑地震作用组合的轴向压力设计值；

N_{pe}——作用于框架柱预应力筋的总有效预加力；

A——柱截面面积；

f_c——混凝土轴心抗压强度设计值。

4.3.4 在地震作用组合下，当采用对称配筋的框架柱中全部纵向受力普通钢筋配筋率大于5%时，可采用预应力混凝土柱，其纵向受力钢筋的配置，可采用非对称配置预应力筋的配筋方式，即在截面受拉较大的一侧采用预应力筋和非预应力钢筋的混合配筋，另一侧仅配置非预应力钢筋。

4.3.5 预应力混凝土框架柱的截面配筋应符合下列规定：

1 预应力混凝土框架柱纵向非预应力钢筋的最小配筋率应符合现行国家标准《混凝土结构设计规范》GB 50010有关钢筋混凝土受压构件纵向受力钢筋最小配筋百分率的规定；

2 预应力混凝土框架柱中全部纵向受力钢筋按非预应力钢筋抗拉强度设计值换算的配筋率不应大于5%；

3 纵向预应力筋不宜少于两束，其孔道之间的净间距不宜小于100mm。

表4.3.3 预应力混凝土框架柱轴压比限值

结构类型	抗震等级		
	一级	二级	三级
框架结构、板柱-框架结构	0.6	0.7	0.8
框架-剪力墙、框架-核心筒、板柱-剪力墙	0.75	0.85	0.95

注：1 当混凝土强度等级为C65～C70时，轴压比限值宜按表中数值减小0.05；

2 沿柱全高采用井字复合箍，且箍筋间距不大于100mm、肢距不大于200mm、直径不小于12mm，或沿柱全高采用复合螺旋箍，且螺距不大于100mm、肢距不大于200mm、直径不小于12mm，或沿柱全高采用连续复合矩形螺旋箍，且螺距不大于80mm、肢距不大于200mm、直径不小于10mm时，轴压比限值均可按表中数值增加0.10；采用上述三种箍筋时，均应按所增大的轴压比确定其箍筋配箍特征值 λ_v。

4.3.6 预应力混凝土框架柱柱端加密区配箍要求不低于普通钢筋混凝土框架柱的要求；对预应力混凝土框架结构，其柱的箍筋应沿柱全高加密。

4.3.7 对双向预应力混凝土框架的边柱和角柱，在进行局部受压承载力计算时，可将框架柱中的纵向受力主筋和横向箍筋兼作间接钢筋网片。

4.4 预应力混凝土框架节点

4.4.1 预应力混凝土框架梁柱节点核心区截面抗震验算，应符合下列规定：

1 框架节点核心区受剪的水平截面应符合下列条件：

$$V_j\leqslant\frac{1}{\gamma_{RE}}(0.30\beta_c\eta_j f_cb_jh_j) \qquad (4.4.1\text{-}1)$$

式中 V_j——梁柱节点核心区考虑地震作用组合的剪力设计值；

β_c——混凝土强度影响系数，按现行国家标准《混凝土结构设计规范》GB 50010有关规定取值；

η_j——正交梁的约束影响系数，楼板为现浇，梁柱中线重合，四侧各梁截面宽度不小于该侧柱截面宽度的1/2，且正交方向梁高度不小于框架梁高度的3/4，可采用1.5，其他情况均采用1.0；

b_j——节点核心区的截面有效验算宽度，应按现行国家标准《建筑抗震设计规范》GB 50011有关规定取值；

h_j——节点核心区的截面高度，可采用验算方向的柱截面高度；

γ_{RE}——承载力抗震调整系数，可采用0.85。

2 对正交方向有梁约束的预应力框架中间节点，当预应力筋从一个方向或两个方向穿过节点核心区，设置在梁截面高度中部1/3范围内时，预应力框架节点核心区的受剪承载力，应按下列公式计算：

$$V_j \leqslant \frac{1}{\gamma_{RE}}\left[1.1\eta_j f_t b_j h_j + 0.05\eta_j N \frac{b_j}{b_c} + f_{yv}\frac{A_{svj}}{s}(h_{b0} - a'_s) + 0.4N_{pe}\right] \tag{4.4.1-2}$$

式中 b_c——验算方向的柱截面宽度；

N——对应于考虑地震作用组合剪力设计值的上柱组合轴向压力较小值，其取值不应大于柱的截面面积和混凝土轴心抗压强度设计值的乘积的50%，当N为拉力时，取$N=0$，且不计预应力筋预加力的有利作用；

f_{yv}——箍筋的抗拉强度设计值；

f_t——混凝土轴心抗拉强度设计值；

A_{svj}——核心区有效验算宽度范围内同一截面验算方向箍筋的总截面面积；

s——箍筋间距；

h_{b0}——梁截面有效高度，节点两侧梁截面高度不等时可取平均值；

a'_s——梁受压钢筋合力点至受压边缘的距离；

N_{pe}——作用在节点核心区预应力筋的总有效预加力。

在公式（4.4.1-1）和（4.4.1-2）中，当确定b_j、h_j值时，尚应考虑预应力孔道削弱核心区截面有效面积的影响。

4.5 预应力混凝土门架结构

4.5.1 本节适用于以预应力混凝土门架为主体结构的空旷房屋。其抗震设计除符合本节规定外，尚应符合现行国家标准《建筑抗震设计规范》GB 50011中有关规定。

4.5.2 采用预应力混凝土门架为主体结构的空旷房屋，门架柱宜采用矩形或工字形截面；门架柱柱底至室内地坪以上500mm范围内，节点加腋边缘向下延伸2倍柱高h_c范围和横梁自节点加腋边缘向跨中延伸2倍横梁高h范围，以及节点区域应采用矩形截面。

4.5.3 跨度大于24m的预应力混凝土门架应按本规程第3.1.2条要求考虑竖向地震作用。

4.5.4 预应力混凝土门架倒“L”形构件宜通长设置折线预应力筋，当采用分段直线预应力筋时，不宜将锚具设置在转角节点区域。

4.5.5 预应力混凝土门架横梁箍筋加密区长度宜取1.5倍梁端部高度。加密箍筋宜按本规程第4.2.6条要求配置。

4.5.6 预应力混凝土门架立柱的箍筋加密区位置及箍筋配置要求应符合下列要求：

1 门架立柱箍筋加密区位置应符合下列要求：

1）柱上端区域，取截面高度和1000mm，1/4柱净高的最大值；

2）底部受约束的柱根，取下柱柱底至室内地坪以上500mm；

3）柱变位受平台等约束的部位，柱间支撑与柱连接节点，取节点上、下各1倍柱高h_c；

4）有牛腿的门架，自柱顶至牛腿以下1倍柱高h_c范围。

2 加密区的箍筋间距不应大于100mm。

3 箍筋形式宜为复合箍，箍筋肢距和最小直径应符合下列要求：

1）6度和7度Ⅰ、Ⅱ类场地，箍筋肢距不大于300mm，直径不小于8mm；

2）7度Ⅲ、Ⅳ类场地和8度，箍筋肢距不大于200mm，直径不小于10mm。

4.5.7 预应力混凝土门架边转角节点区域的箍筋配置不应低于立柱与横梁加密区要求。

5 预应力混凝土板柱结构

5.1 设计的一般规定

5.1.1 本章适用于后张法无粘结预应力混凝土或有粘结预应力混凝土板柱-剪力墙结构、板柱-框架结构。

5.1.2 当设防烈度为8度时应采用板柱-剪力墙结构；6度、7度时宜采用板柱-剪力墙结构、板柱-框架结构，其剪力墙、柱的抗震构造应符合现行国家标准《建筑抗震设计规范》GB 50011的有关规定。当采用板柱-框架结构时，其单列柱数不得少于3根，房屋高度应按表3.2.1取用，且应符合下列规定：

1 结构周边和楼、电梯洞口周边应采用有梁框架；沿楼板洞口宜设置边梁；

2 当楼板长宽比大于2时，或长度大于32m时，应设置框架结构；

3 在基本振型地震作用下，板柱结构承受的地震剪力应小于结构总地震剪力的50%；

4 板柱的柱及框架的抗震等级，对6度、7度应分别采用三级、二级，并应符合相应的计算和构造措施要求。

5.1.3 8度时宜采用有托板或柱帽的板柱节点，托板或柱帽根部的厚度（包括板厚）不宜小于柱纵筋直径的16倍。托板或柱帽的边长不宜小于4倍板厚及柱截面相应边长之和。

5.1.4 预应力混凝土板柱-剪力墙结构和板柱-框架结构中的后张平板，柱上板带截面承载力计算中，板端混凝土受压区高度应符合下列要求：

8度设防烈度　　$x \leqslant 0.25h_0$　　(5.1.4-1)

6度、7度设防烈度　　$x \leqslant 0.35h_0$　　(5.1.4-2)

且纵向受拉钢筋按非预应力钢筋抗拉强度设计值换算的配筋率不宜大于2.5%。

5.1.5 在预应力混凝土板柱-剪力墙结构和板柱-框架结构中的后张平板，柱上板带板端截面按本规程(3.2.8)式计算的预应力强度比λ宜符合下列要求：

$$\lambda \leqslant 0.75 \tag{5.1.5}$$

5.1.6 沿两个主轴方向通过内节点柱截面的连续预应力筋及板底非预应力钢筋，应符合下列要求：

1 沿两个主轴方向通过内节点柱截面的连续钢筋的总截面面积，应符合下式要求：

$$f_{py}A_p + f_yA_s \geqslant N_G \tag{5.1.6}$$

式中 A_s——板底通过柱截面连续非预应力钢筋总截面面积；

A_p——板中通过柱截面连续预应力筋总截面面积；

f_y——非预应力钢筋的抗拉强度设计值；

f_{py}——预应力筋的抗拉强度设计值，对无粘结预应力混凝土平板，应取用无粘结预应力筋的抗拉强度设计值 σ_{pu}；

N_G——在该层楼板重力荷载代表值作用下的柱轴压力。重力荷载代表值的确定应按现行国家标准《建筑抗震设计规范》GB 50011有关规定执行。

2 连续预应力筋应布置在板柱节点上部，呈下凹进入板跨中；

3 连续非预应力钢筋应布置在板柱节点下部及预应力筋的下方，宜在距柱面为2倍纵向钢筋锚固长度以外搭接，且钢筋端部宜有垂直于板面的弯钩（图5.1.6）。

5.1.7 板柱-框架结构柱的箍筋应沿全高加密；板柱-剪力墙结构应布置成双向抗侧力体系，两个主轴方向均应设置剪力墙；其屋盖及地下一层顶板，宜采用梁板结构。

5.1.8 后张预应力混凝土板柱-剪力墙结构的周边应设置框架梁，其配筋应满足重力荷载作用下抗扭计算的要求。箍筋间距不应大于150mm，且在离柱边2倍梁高范围内，间距不应大于100mm。平板楼盖的楼、电梯洞口周边应设置与主体结构相连的梁。

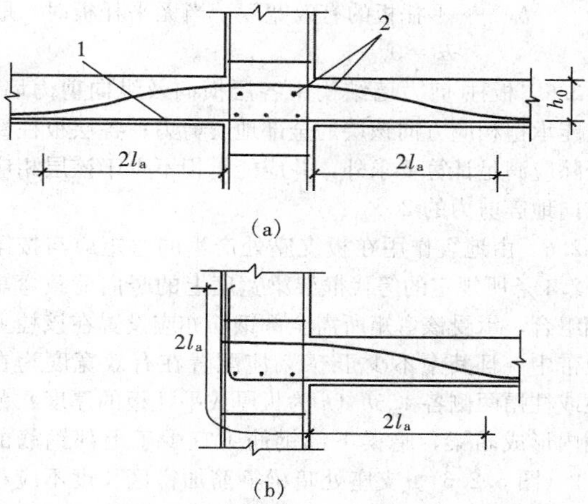

图5.1.6 通过柱截面的钢筋

(a) 内柱；(b) 边柱

1—非预应力钢筋；2—预应力筋

5.2 计算要求

5.2.1 在竖向荷载作用下，板柱-剪力墙结构和板柱-框架结构中的板柱框架的内力可采用等代框架法按下列规定计算：

1 等代框架的计算宽度，可取垂直于计算跨度方向的两个相邻平板中心线的间距；

2 有柱帽的等代框架的板梁、柱的线刚度可按国家现行标准《无粘结预应力混凝土结构技术规程》JGJ/T 92的有关规定确定；

3 纵向和横向每个方向的等代框架均应承担全部作用荷载；

4 宜考虑活荷载的不利组合。

5.2.2 板柱-剪力墙结构在地震作用下，可按多连杆联系的总剪力墙和总框架协同工作的计算图形或其他更精确的方法计算内力和位移。

5.2.3 在地震作用下，板柱-剪力墙结构和板柱-框架结构中的板柱框架的内力及位移，应沿两个主轴方向分别进行计算。当柱网较为规则、板面无大的集中荷载和大开孔时，可采用等代框架法进行内力计算，等代梁的板宽取值宜符合第5.2.4条的规定。地震作用产生的内力，应组合到柱上板带上。

柱网不规则或板面承受大的集中荷载和大开孔时，宜采用有限单元法进行内力和位移计算。

5.2.4 在地震作用下，等代框架梁的计算宽度宜取下列公式计算结果的较小值：

$$b_y = (l_{ox} + b_d)/2 \tag{5.2.4-1}$$

$$b_y = \frac{3}{4}l_{oy} \tag{5.2.4-2}$$

式中 b_y——y向等代框架梁的计算宽度；

l_{ox}，l_{oy}——等代梁的计算跨度；

b_d——平托板的有效宽度，当无平托板时，取 $b_d=0$。

5.2.5 板柱-剪力墙结构中各层横向及纵向剪力墙，应能承担相应方向该层的全部地震剪力；各层板柱部分除应满足计算要求外，并应能承担不少于该层相应方向地震剪力的20%。

5.2.6 由地震作用在板支座处产生的弯矩应与按第5.2.4条所规定的等代框架梁宽度上的竖向荷载弯矩相组合，承受该弯矩所需全部钢筋亦应设置在该柱上板带中，且其中不少于50%应配置在有效宽度为在柱或柱帽两侧各1.5h（h为板厚或平托板的厚度）范围内形成暗梁，暗梁下部钢筋不宜少于上部钢筋的1/2（图5.2.6）。支座处暗梁箍筋加密区长度不应小于3h，其箍筋肢距不应大于250mm，箍筋间距不应大于100mm，箍筋直径按计算确定，但不应小于8mm。此外，支座处暗梁的1/2上部纵向钢筋，应连续通长布置。

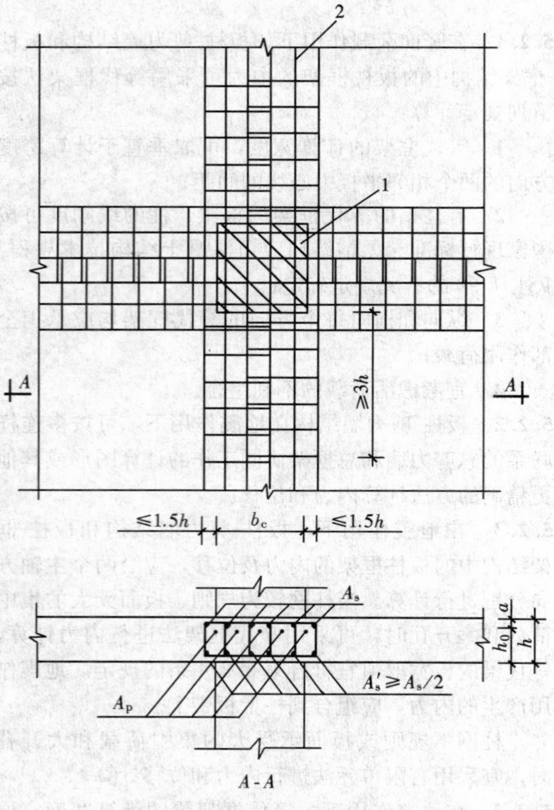

图5.2.6 暗梁配筋要求

1—柱；2—1/2的上部钢筋应连续

由弯矩传递的部分不平衡弯矩，应由有效宽度为在柱或柱帽两侧各1.5h（h为板厚或平托板的厚度）范围内的板截面受弯传递。配置在此有效范围内的无粘结预应力筋和非预应力钢筋可用以承受这部分弯矩。

5.2.7 板柱节点在竖向荷载和地震作用下的冲切计算，应考虑由板柱节点冲切破坏面上的剪应力传递一部分不平衡弯矩。其受冲切承载力计算中所用的等效集中反力设计值 $F_{l,eq}$，应按现行国家标准《混凝土结构设计规范》GB 50010附录G的规定执行。

5.2.8 未经加强的板柱节点、配置箍筋的节点，其冲切承载力的计算应符合现行国家标准《混凝土结构设计规范》GB 50010有关规定；采用型钢剪力架加强的板柱节点的冲切承载力的计算，应按国家现行标准《无粘结预应力混凝土结构技术规程》JGJ/T 92的有关规定执行。

5.2.9 板柱结构的柱、剪力墙的受剪截面要求及考虑抗震等级的剪力设计值和斜截面受剪承载力计算，应符合现行国家标准《混凝土结构设计规范》GB 50010的有关规定。

5.2.10 考虑地震作用组合的板柱-框架结构底层柱下端截面的弯矩设计值，对二、三级抗震等级应按考虑地震作用组合的弯矩设计值分别乘以增大系数1.25、1.15。

5.2.11 在地震作用下，板柱-框架结构考虑水平地震作用扭转影响时，其地震作用和作用效应计算，以及对角柱调整后组合弯矩设计值、剪力设计值乘以增大系数的要求等均应按现行国家标准《建筑抗震设计规范》GB 50011有关规定执行。

本规程用词说明

1 为便于在执行本规程条文时区别对待，对于要求严格程度不同的用词说明如下：

1）表示很严格，非这样做不可的：

正面词采用"必须"；反面词采用"严禁"。

2）表示严格，在正常情况下均应这样做的：

正面词采用"应"；反面词采用"不应"或"不得"。

3）表示允许稍有选择，在条件许可时首先这样做的：

正面词采用"宜"；反面词采用"不宜"。

表示有选择，在一定条件下可以这样做的，采用"可"。

2 条文中指明应按其他有关标准、规范执行时，写法为："应符合……的要求（规定）"或"应按……执行"。

中华人民共和国行业标准

预应力混凝土结构抗震设计规程

JGJ 140—2004

条 文 说 明

前　言

《预应力混凝土结构抗震设计规程》JGJ 140—2004，经建设部 2004 年 1 月 29 日以公告 206 号批准，业已发布。

为便于广大设计、施工、科研、学校等单位的有关人员在使用本规程时能正确理解和执行条文规定，规程编制组按章、节、条的顺序，编制了本规程的条文说明，供使用者参考。在使用过程中，如发现本规程条文说明有不妥之处，请将意见函寄中国建筑科学研究院《预应力混凝土结构抗震设计规程》管理组（邮政编码：100013，地址：北京市北三环东路 30 号）。

目　次

1 总 则

1.0.1 本条是制定本规程的目的、指导思想和条件。制定本规程的目的，是为了减轻预应力混凝土结构的地震破坏程度，保障人员安全和生产安全。鉴于预应力混凝土结构的抗震设计问题，研究的起步比一般钢筋混凝土结构晚，震害经验较少，技术难度也较大；本规程的科学依据，只能是现有的震害防治经验、研究成果和设计经验，随着预应力混凝土抗震科学水平的不断提高，本规程的内容将会得到完善和提高。

1.0.2 本条规定现浇后张预应力混凝土结构适用的设防烈度范围为6、7、8度地区。考虑到抗震设防烈度为9度地区，地震反应强烈，尚需进一步积累工程经验，故要求在设计中需针对不同的现浇后张预应力混凝土结构类型，对其抗震性能及措施，进行必要的试验或分析等研究，并经过有关专家审查认可，在有充分依据，并采取可靠的抗震措施后，也可以采用预应力混凝土结构。

此外，震害表明由预制预应力混凝土构件拼装而成的装配式建筑，在地震中结构倒塌的主要原因是节点设计不足，几乎未见因预应力混凝土构件本身承载力不够，而引起结构总体破坏的现象。装配整体单层钢筋混凝土柱厂房及其节点设计应按现行国家标准《建筑抗震设计规范》GB 50011有关规定执行。预制装配式框架结构的抗震设计应符合有关专门规程的规定。

2 术语、符号

本章根据现行国家标准《建筑结构设计术语和符号标准》GB/T 50083规定了预应力混凝土结构抗震设计中的有关术语、符号及其意义。

3 抗震设计的一般规定

3.1 地震作用及结构抗震验算

3.1.1～3.1.4 预应力混凝土框架结构系指在所有框架梁中采用预应力混凝土梁，有时也在上层柱采用预应力混凝土柱的框架结构。预应力混凝土板柱结构系指由水平构件为预应力混凝土板和竖向构件为柱所组成的预应力混凝土结构。由预应力混凝土板柱结构与框架或剪力墙可组合为预应力混凝土板柱-框架结构或板柱-剪力墙结构。本规程列入预应力混凝土板柱-框架结构是为了满足我国低抗震设防烈度区在多层建筑中采用板柱结构的需要。

中国建筑科学研究院的研究表明，预应力混凝土框架结构和板柱结构在弹性阶段阻尼比约为0.03；当出现裂缝后，在弹塑性阶段可取与钢筋混凝土相同的阻尼比0.05。预应力混凝土构件滞回曲线的环带宽度比钢筋混凝土构件的窄，能量消散能力较小，但其有较高的弹性性能，屈服后恢复能力较强，残余变形较小。采用时程分析法进行地震反应分析的结果表明，上述预应力混凝土结构的地震位移反应大约为钢筋混凝土结构的1.1～1.3倍；预应力混凝土结构抗震设计反应谱的研究表明，预应力混凝土结构的设计地震剪力应作适当提高。本规程第3.1.2条关于预应力混凝土框架结构、板柱-框架结构水平地震影响系数曲线的取值规定，是按现行国家标准《建筑抗震设计规范》GB 50011有关规定取阻尼比为0.03确定的。设计地震分组应按《建筑抗震设计规范》GB 50011附录A确定。

本规程第3.1.2条所述的以预应力混凝土框架结构，或预应力混凝土板柱-框架结构作为主要抗侧力体系，系指在基本振型地震作用下，其承受的地震倾覆力矩超过结构总地震倾覆力矩的50%；或在预应力混凝土框架结构或预应力混凝土板柱-框架结构中仅设置有楼、电梯井及边梁，也应按本条取阻尼比为0.03的地震影响系数曲线，确定水平地震力。当仅在框架结构中采用几根预应力混凝土梁，以满足构件的挠度和裂缝要求；或在框架-剪力墙、框架-核心筒或板柱-剪力墙结构中，采用预应力混凝土平板或框架的情况，该建筑结构仍应按阻尼比取0.05进行抗震设计。

8度时对跨度大于24m屋架，长悬臂和其他大跨度预应力混凝土结构，其竖向地震作用标准值主要采用了现行国家标准《建筑抗震设计规范》GB 50011对大跨钢筋混凝土屋架的取值规定。对长悬臂和其他大跨度预应力混凝土结构，在场地类别为Ⅱ类以上的情况下，竖向地震作用系数提高约25%～30%。

3.1.5 预应力混凝土结构构件的地震作用效应和其他荷载效应的基本组合主要按照现行国家标准《建筑抗震设计规范》GB 50011的有关规定确定，并加入了预应力作用效应项，预应力作用效应也包括预加力产生的次弯矩、次剪力。当预应力作用效应对构件承载能力有利时，预应力分项系数应取1.0，不利时应取1.2，是参考国内外有关规范做出规定的。

预应力混凝土结构的承载力抗震调整系数、层间位移角限值，仍采用现行国家标准《建筑抗震设计规范》GB 50011有关对钢筋混凝土相同的规定。控制层间位移角以防止非结构构件的损坏和限制重力P-Δ效应。

3.1.7 预应力混凝土框架梁、柱的受剪承载力，按现行国家标准《混凝土结构设计规范》GB 50010第11章有关条款进行计算时，其未计及预应力对提高构件受剪承载力的有利作用，即取预应力分项系数为0，是偏于安全的。

3.2 设计的一般规定

3.2.1～3.2.4 对采用预应力混凝土建造的多层及高层建筑，从安全和经济等方面考虑，对其适用高度应有限制；并应根据抗震设防烈度，不同结构体系及不同高度，划分抗震等级，采取相应的抗震构造措施。由于在高层建筑中主要在楼盖结构中采用预应力混凝土，故对建筑最大适用高度限值及抗震等级的划分仍采用现行国家标准《建筑抗震设计规范》GB 50011有关条款的规定。表中的“框架”和“框架结构”有不同的含意，“框架结构”指纯框架结构，而“框架”则泛指框架结构和框架-剪力墙等结构体系中的框架。框架-剪力墙结构一般指在基本振型地震作用下，框架承受的地震倾覆力矩小于结构总地震倾覆力矩的50%。其框架部分的抗震等级可按框架-剪力墙结构的规定划分。

由于板柱节点存在不利于抗震的弱点，本规程除允许将板柱-框架结构用于抗震设防低烈度区的多层建筑外，规定在多、高层建筑中采用板柱结构时，应用范围原则上限于板柱-剪力墙结构。对框架-核心筒结构，按照国家现行标准《高层建筑混凝土结构技术规程》JGJ 3 的规定，在该结构的周边柱间必须设置框架梁，故在这种结构体系中，带有一部分仅承受竖向荷载的板柱结构时，不作为板柱-剪力墙结构。

当预应力混凝土结构的房屋高度超过最大适用高度或在抗震设防烈度为 9 度地区采用预应力混凝土结构时，应进行专门研究和论证，采取有效的加强措施。

3.2.5～3.2.7 国内外大量工程实践表明，无粘结预应力筋适用于采用分散配筋的板类结构及楼盖的次梁，不得用于屋架下弦拉杆等主要受拉的承重构件，后张预应力混凝土框架结构亦不宜采用无粘结预应力筋。这是由于无粘结预应力筋的应力沿筋全长几乎保持等同，这样预应力钢材的非弹性性能亦即构件的能量消散不能得到充足发挥。当发生大的非弹性变形时，可能导致仅产生几条宽裂缝，从而削弱了构件的延性性能；此外，在反复荷载下难以准确预测配置无粘结预应力筋截面的极限受弯承载力。

当采用非预应力钢筋为主的混合配筋时，可消除上述疑虑。Hawkins 和 Ishizuka 对无粘结后张延性抗弯框架的研究认为，适量预应力对延性抗弯框架的抗震性能无不良影响。由于在混凝土中存在预压应力，减轻了节点刚度退化效应；预应力抑制了梁筋从节点拔出，减少了梁筋失稳破坏的可能性。所提建议为：基于梁的矩形截面面积，其平均预压应力不宜超过 $2.5N/mm^2$；非预应力钢筋拉力至少应达到非预应力钢筋及预应力筋总拉力的 65%；此外，框架梁端截面需配置足够数量的底筋。对于无粘结预应力筋在地震区应用的条款是参考了上述理论及试验研究，以及国外相关预应力混凝土设计规定而制定的。并规定抗震等级为一级的框架不得应用无粘结预应力筋；当设有剪力墙或筒体时，对抗震等级为二、三级的框架，其在基本振型地震作用下，所承担的地震倾覆力矩小于总地震倾覆力矩的 35%时，允许采用无粘结预应力筋，这比通常小于 50%更为严格。

3.2.8 根据国内外的工程设计经验，对高层建筑常用结构类型楼盖中采用预应力混凝土平板的抗震设计，从确保其传递剪力的横隔板作用等抗震性能方面做出了规定。

3.2.9 在强烈地震产生的荷载作用下，若使无粘结预应力混凝土连续板或梁一跨破坏，可能引起多跨结构中其他各跨连续破坏。为避免发生这种连续破坏现象，根据国内外规范及工程经验做出本条设计规定。

3.2.10 将锚具布置在梁柱节点核心区域以外，可避免该区域在剪力作用所产生较大对角拉应力的情况下，再承受锚具引起的劈裂应力。在外节点，锚具宜设置在节点核心区之外的伸出凸端上。仅当有试验依据，或其他可靠的工程经验时，才可将锚具设置在节点区，此时，应在保持箍筋总量的前提下，处理好箍筋的布置问题。

3.3 材料及锚具

3.3.1 随着高强度低松弛预应力钢绞线及钢丝在我国的推广应用，必须采用较高强度等级的混凝土，则可充分发挥两者的作用，承载力可大幅度提高，或截面高度可以有效地减小。但是，对 C60 以上强度等级混凝土用于预应力混凝土结构构件，其裂缝控制及延性要求等国内外研究还不够多，故应用中应注意采取必要的措施。

3.3.2 用于地震区预应力混凝土结构的锚具，其预应力筋-锚具组装件的静载锚固性能、抗地震的周期荷载性能的试验要求，是根据现行国家标准《预应力筋用锚具、夹具和连接器》GB/T 14370 中对锚具锚固性能要求制定的。

4 预应力混凝土框架和门架

4.1 一般规定

4.1.1 在我国预应力混凝土框架、排架及门架等已得到较多应用，积累了丰富的工程经验，在这方面所做的研究工作也较多，已具备编制规程的条件。预应力混凝土的其他结构型式，如巨型结构，带转换层结构等工程的应用和理论研究尚处于积累阶段，故本规程未包括这方面的内容。

4.1.2 在大跨度预应力混凝土框架梁中，预应力筋的面积是由裂缝控制等级确定的，为了增加梁端截面延性，则需要配置一定数量的非预应力钢筋，采用混合配筋方式，这在某种程度上增加了梁的强度储备。国内外研究表明，在罕遇地震作用下，要求预应力混凝土框架梁端临界截面的屈服先于柱截面产生塑性铰，呈现梁铰侧移机制是难以实现的；若确保在边节点处的梁端出现铰、柱端不出现铰，呈现混合侧移机制时结构仍是稳定的，这将同时依靠梁铰和柱铰去耗散地震能量，其对柱端的截面延性亦有较高要求。为了确保在一定程度上减缓柱端的屈服，本规程第4.3.2条规定对二、三级抗震等级的框架边柱，其柱端弯矩增大系数 η_c 分别按1.4、1.2取值。并要求预应力混凝土框架结构柱的箍筋应沿柱全高加密。

4.2 预应力混凝土框架梁

4.2.1 预应力混凝土结构的跨度一般较大，若截面高宽比过大容易引起梁侧向失稳，故有必要对梁截面高宽比提出要求。关于梁高跨比的限制，采用梁高在（1/12～1/22）l_0 之间比较经济。

4.2.2～4.2.3 在抗震设计中，为保证预应力混凝土框架的延性要求，梁端塑性铰应具有满意的塑性转动能力。国内外研究表明，对梁端塑性铰区域混凝土截面受压区高度和受拉钢筋配筋率加以限制是最重要的。本条是参考国外规范及国内的设计经验做出具体规定的。本规程对受拉钢筋最大配筋率2.5%的限制，是以HRB400级钢筋的抗拉强度设计值进行折算得出的，当采用HRB335级钢筋时，其限值可放松到3.0%。

采用预应力筋和非预应力普通钢筋混合配筋的部分预应力混凝土，有利于改善裂缝和提高能量消散能力，可改善预应力混凝土结构的抗震性能。预应力强度比 λ 的表达式为：

$$\lambda=\frac{f_{py}A_p h_p}{f_{py}A_p h_p+f_y A_s h_s} \quad (1)$$

λ 的选择需要全面考虑使用阶段和抗震性能两方面要求。从使用阶段看，λ 大一些好；从抗震角度，λ 不宜过大，这样可使弯矩-曲率滞回曲线的环带宽度、能量消散能力，在屈服后卸载时的恢复能力和残余变形均介于预应力混凝土和钢筋混凝土构件的滞回曲线之间，同时具有两者的优点。参考东南大学的试验研究成果，本规程要求对一级框架结构梁，λ 不宜大于0.60，二、三级框架结构梁，λ 不宜大于0.75；并对框架-剪力墙及框架-筒体结构中的后张有粘结预应力混凝土框架，适当放宽了 λ 限值。

在预应力强度比 λ 限值下，设计裂缝控制等级宜尽量采用允许出现裂缝的三级，而不是采用较严的裂缝控制等级。此外，宜将框架边跨梁端预应力筋的位置，尽可能整体下移，使梁端截面负弯矩承载力设计值不致于超强过多，并可使梁端预应力偏心引起的弯矩尽可能小，从而使框架梁内预应力筋在柱中引起的次弯矩较为有利。按上述考虑设计的预应力混凝土框架梁可达到钢筋混凝土梁不能达到的跨度，且具有良好的抗震耗能及延性性能。

4.2.4 控制梁端截面的底面配筋面积 A_s' 和顶面配筋面积 A_s 的比值 A_s'/A_s，有利于满足梁端塑性铰区的延性要求，同时也考虑到在地震反复荷载作用下，底部钢筋可能承受较大的拉力。本规范对预应力混凝土框架梁端截面 A_s'/A_s 面积比的具体限值的规定，是参考国内外的试验研究及钢筋混凝土框架梁的有关规定，经综合分析确定的。

4.2.5 分析研究和实测表明，T形截面受弯构件当翼缘位于受拉区时，参加工作的翼缘宽度较受压翼缘宽度小些，为了确保翼缘内纵向钢筋对框架梁端受弯承载力做出贡献，故做出不少于翼缘内部纵筋的75%应通过柱或锚固于柱内的规定。本条是借鉴新西兰《混凝土结构设计实用规范》NZS 3101做出规定的。

4.2.6 预应力混凝土框架梁端箍筋的加密区长度、箍筋最大间距和箍筋的最小直径等构造要求应符合现行国家标准《建筑抗震设计规范》GBJ 50011有关条款的要求。本条对预应力混凝土大梁加腋区端部可能出现塑性铰的区域，规定采用较密的箍筋，以改善受弯延性。

4.2.7 对扁梁截面尺寸的要求是根据国内外有关规范和资料提出的。跨高比过大，则扁梁体系太柔对抗震不利，研究表明该限值取25比较合适。

4.2.8 为避免或减小扭转的不利影响，对扁梁的结构布置和采用整体现浇楼盖的要求，以及梁柱节点核心区受剪承载力的验算等，原则上与现行国家标准《建筑抗震设计规范》GB 50011对钢筋混凝土扁梁的要求相一致，但采用预应力筋有利于节点抗剪，可按本规程提供的公式进行节点受剪承载力计算。

预应力混凝土扁梁框架梁柱节点的配筋构造要求、扁梁箍筋加密区长度满足抗扭钢筋延伸长度的规定等，是根据原机械工业部设计研究院所做试验研究及工程经验做出规定的。为了防止在混凝土收缩及温度作用下，在扁梁交角处板面出现裂缝，当板面顶层钢筋网间距不小于200mm时，需配置不少于 $\phi8@100$ 的附加构造钢筋网片。

4.2.9 对于预应力混凝土框架的边梁，要求其宽度不大于柱高，可避免其对垂直于该边梁方向的框架扁梁产生扭矩；当与此边梁相交的内部框架扁梁大于柱宽时，也将对该边梁产生扭矩，为消除此扭矩，对于框架边梁应采取有效的配筋构造措施，考虑其受扭的不利作用。

4.2.10 工程经验表明，由悬臂构件根部截面荷载效应组合的弯矩设计值确定的纵向钢筋，在横向、竖向悬臂构件根部加强部位（指自根部算起1/4跨长，截面高度 $2h$ 及500mm三者中的较大值）不得截断，且加强部位的箍筋应予以加密；为使悬臂构件受弯屈服限制在确定部位，本条规定了相应的配筋构造措施，使这些部位具有所需的延性和耗能能力，且要求加强段钢筋的实际面积与计算面积的比值，不应大于相邻的一般部位。并从配筋构造上要求在悬臂构件顶面和底面均配置抗弯的受力钢筋。

4.3 预应力混凝土框架柱

4.3.1 预应力混凝土框架结构跨度较大，柱的截面尺寸亦较大，柱的净高 H_{co} 与截面高度 h 的比值 H_{co}/h 一般在 4 左右，此时剪跨比约为 2。当主房框架与附房相连时，两层附房相当于一层主房框架，H_{co}/h 将小于 2，对剪跨比小于 2 的预应力混凝土框架柱，应进行特别设计。若柱无反弯点时，剪跨比可按 $M^c_{max}/(V^c h_0)$ 进行计算，式中 M^c_{max} 为柱上下端截面组合弯矩计算结果的较大值；V^c 为对应的截面组合剪力计算值。

4.3.3 在抗震设计中，采用预应力混凝土柱也要求呈现大偏心受压的破坏状态，使具有一定的延性。本条应用预应力等效荷载的概念，将部分预应力混凝土偏压构件柱等效为承受预应力作用的非预应力偏心受压构件。在计算中将预应力作用按总有效预加力表示，由于将预应力考虑为外荷载，并乘以预应力分项系数 1.2，故在公式中取 $1.2N_{pe}$ 为预应力作用引起的轴压力设计值。

当预应力混凝土框架的跨度很大时，为了适当控制其适用的最大高度；必要时方便地在节点区布置锚具；以及考虑孔道对节点核心区受剪截面的影响等因素，根据工程经验，本规程将预应力混凝土框架结构及板柱-框架结构柱的轴压比限值加严，按比钢筋混凝土柱约低 10%确定。

4.3.4 对于承受较大弯矩而轴向压力小的框架顶层边柱，可以按预应力混凝土梁设计，采用非对称配筋的预应力混凝土柱，弯矩较大截面的受拉一侧采用预应力筋和非预应力普通钢筋混合配筋，另一侧仅配普通钢筋，并应符合一定的配筋构造要求。东南大学的试验表明，非对称配筋大偏心受压预应力混凝土柱的耗能能力和延性都较好，有良好的抗震性能。

4.3.5～4.3.6 试验研究表明，预应力混凝土柱在高配筋率下，容易发生粘结型剪切破坏，此时，增加箍筋的效果已不显著，故对预应力混凝土框架柱的最大配筋率限值做出了规定。预应力混凝土柱尚应符合现行国家标准《混凝土结构设计规范》GB 50010 关于框架柱纵向非预应力钢筋最小配筋百分率的规定及柱端加密区配箍要求。此外，对预应力混凝土纯框架结构要求柱的箍筋应沿柱全高加密。

4.3.7 试验结果表明，当混凝土处于双向局部受压时，其局压承载力高于单向局压承载力。在局部承压设计中，将框架柱中纵向受力主筋和横向箍筋兼作间接钢筋网片用是根据试验研究和工程设计经验提出的。

4.4 预应力混凝土框架节点

4.4.1 由于预应力对节点的侧向约束作用，使节点混凝土处于双向受压状态，不仅可以提高节点的开裂荷载，也可提高节点的受剪承载力。东南大学的试验资料表明，在节点破坏时仍能保持一定的预应力，在考虑反复荷载使有效预应力降低后，取预应力作用的承剪力 $V_p=0.4N_{pe}$，式中 N_{pe} 为作用在节点核心区预应力筋的总有效预应力。鉴于我国对预应力作用的表达方式有时列为公式右端项，并考虑承载力抗震调整系数 γ_{RE}，上述 V_p 值将约为 $0.5N_{pe}$。新西兰《混凝土结构设计实用规范》NZS 3101 中，对预应力抗剪作用取值为 $0.7N_{pe}$。本规程也参考了上述规范的计算规定。

4.5 预应力混凝土门架结构

4.5.2 震害调查发现，平腹杆双肢柱及薄壁开孔预制腹板工形柱易发生剪切破坏，而整体浇筑的矩形、工字形截面柱震害轻微。此外，在柱子易出现塑性铰的区域，亦应使用矩形截面，且应从构造上予以加强。

4.5.3 24m 跨的预应力混凝土空旷房屋竖向地震作用明显，故应考虑竖向地震作用。

4.5.4 采用通长的折线预应力筋可避免在边节点处配置过密的普通钢筋，以方便施工，并易于保证施工质量。

当采用分段直线预应力筋时，预应力筋的锚固端不应削弱节点核心区，故不允许将预应力筋直接锚固于节点核心区内。

4.5.5 预应力混凝土门架梁中塑性铰是有可能发生在加腋段以外区域的。对可能出现塑性铰的区段应加密箍筋。

4.5.6～4.5.7 门架宜发生梁铰的破坏机制，然而实际上难以做到真正的“强柱弱梁”，工程设计经验表明，在按照现行国家标准《建筑抗震设计规范》GB 50011 有关章节中框架梁、柱抗震设计方法，对门架构件内力进行调整之后进行截面设计，仍有可能在柱端发生柱铰。因此，凡是可能出现塑性铰的区段或可能发生剪切破坏区段均应加密箍筋。

5 预应力混凝土板柱结构

5.1 设计的一般规定

5.1.2 根据我国地震区板柱结构设计、施工经验及震害调查结果，在 8 度设防地区采用无粘结预应力多层板柱结构，当增设剪力墙后，其吸收地震剪力效果显著。因此，规定板柱结构用于多层及高层建筑时，原则上应采用抗侧力刚度较大的板柱-剪力墙结构。

考虑到在6度、7度抗震设防烈度区建造多层板柱结构的需要，为了加强其抗震能力，本规程增加了板柱-框架结构，并根据工程实践经验，做出了抗震应符合的规定。

5.1.3 考虑到板柱节点是地震作用下的薄弱环节，当8度设防时，板柱节点宜采用托板或柱帽，托板或柱帽根部的厚度（包括板厚）不小于16倍柱纵筋直径是为了保证板柱节点的抗弯刚度。

5.1.6 为了防止无柱帽板柱结构在柱边开裂以后发生楼板脱落，穿过柱截面的后张预应力筋及板底两个方向的非预应力钢筋的受拉承载力应满足本条的规定。"重力荷载代表值作用下的柱轴压力"表示分项系数为1.2，重力荷载代表值包括楼板自重和活荷载。

5.1.8 设置边梁的目的是为加强板柱结构边柱的受冲切承载力及增加整个楼板的抗扭能力。边梁可以做成暗梁形式，但其构造仍应满足抗扭要求。

5.2 计算要求

5.2.1～5.2.4 板柱体系在竖向荷载和水平荷载作用下，受力情况和升板结构在使用状态下是相似的，内力和位移计算可按现行国家标准《钢筋混凝土升板结构技术规范》GBJ 130或《无粘结预应力混凝土结构技术规程》JGJ/T 92规定的方法进行。本节这几条主要是根据上述规范的有关规定编写的。

5.2.6～5.2.8 本条是参照国家现行标准《无粘结预应力混凝土结构技术规程》JGJ/T 92的有关条款做出规定的，其目的是强调在柱上板带中设置暗梁，以及为了有效地传递不平衡弯矩，除满足受冲切承载力计算要求，板柱结构的节点连接构造亦十分重要，设计中应给予充分重视。

5.2.10 为了推迟板柱结构底层柱下端截面出现塑性铰，故规定对该部位柱的弯矩设计值乘以增大系数，以提高其正截面受弯承载力。

5.2.11 本条指的是未设置或未有效设置剪力墙或垂直支撑的板柱结构。这类结构的柱子既是横向抗侧力构件，又是纵向抗侧力构件，在实际地震动作用下，大部分属于双向偏心受压构件，容易发生对角破坏。故本条规定这类结构柱子的截面设计应考虑地震作用的正交效应。

中华人民共和国行业标准

镇（乡）村建筑抗震技术规程

Seismic technical specification for building construction in town and village

JGJ 161—2008
J 798—2008

批准部门：中华人民共和国住房和城乡建设部
施行日期：2 0 0 8 年 1 0 月 1 日

中华人民共和国住房和城乡建设部
公　　告

第49号

关于发布行业标准《镇（乡）村建筑抗震技术规程》的公告

现批准《镇(乡)村建筑抗震技术规程》为行业标准，编号为JGJ 161—2008，自2008年10月1日起实施。其中，第1.0.4、1.0.5条为强制性条文，必须严格执行。

本规程由我部标准定额研究所组织中国建筑工业出版社出版发行。

中华人民共和国住房和城乡建设部

2008年6月13日

前　言

根据建设部《关于印发〈二〇〇四年度工程建设城建、建工行业标准制订、修订计划〉的通知》（建标[2004] 66号）的要求，编制组经过广泛调查研究，认真总结近些年国内村镇建筑的抗震经验和专题试验研究，采纳新的科研成果，考虑我国农村当前的经济状况，并在广泛征求意见的基础上，制定了本规程。

本规程的主要技术内容是：1. 总则；2. 术语、符号；3. 抗震基本要求；4. 场地、地基和基础；5. 砌体结构房屋；6. 木结构房屋；7. 生土结构房屋；8. 石结构房屋；9. 附录。

本规程以黑体字标志的条文为强制性条文，必须严格执行。

本规程由住房和城乡建设部负责管理和对强制性条文的解释，由主编单位负责具体技术内容的解释。

本规程主编单位：中国建筑科学研究院（地址：北京北三环东路30号，邮政编码：100013）

本规程参加单位：北京工业大学
长安大学
福建省抗震防灾技术中心
广州大学
昆明理工大学
河北工业大学
云南大学
山东建工学院
辽宁省建设科学研究院

本规程主要起草人：葛学礼　王毅红　张小云
苏经宇　周　云　朱立新
潘　文　池家祥　窦远明
缪　升　傅传国　王敏权

目　次

1 总 则

1.0.1 为贯彻执行《中华人民共和国建筑法》和《中华人民共和国防震减灾法》并实行以预防为主的方针，减轻地震破坏，减少人员伤亡及经济损失，制定本规程。

1.0.2 本规程适用于抗震设防烈度为6、7、8和9度地区镇（乡）村（以下简称村镇）建筑的抗震设计与施工。

村镇建筑系指乡镇与农村中层数为一、二层，采用木或冷轧带肋钢筋预应力圆孔板楼（屋）盖的一般民用房屋。对于村镇中三层及以上的房屋，或采用钢筋混凝土圈梁、构造柱和楼（屋）盖的房屋，应按现行国家标准《建筑抗震设计规范》GB 50011 进行设计。

1.0.3 按本规程进行抗震设防的建筑，其设防目标是：当遭受低于本地区抗震设防烈度的多遇地震影响时，一般不需修理可继续使用；当遭受相当于本地区抗震设防烈度的地震影响时，主体结构不致严重破坏，围护结构不发生大面积倒塌。

1.0.4 抗震设防烈度为6度及以上地区的村镇建筑，必须采取抗震措施。

1.0.5 抗震设防烈度必须按国家规定的权限审批、颁发的文件（图件）确定。

1.0.6 一般情况下，抗震设防烈度可采用中国地震动参数区划图的地震基本烈度；已编制抗震防灾规划的村镇，可按批准的抗震设防烈度进行抗震设防。

1.0.7 村镇建筑的抗震设计与施工，除应符合本规程要求外，尚应符合国家现行有关标准的规定。

2 术语、符号

2.1 术 语

2.1.1 抗震设防烈度 seismic fortification intensity

按国家规定的权限批准作为一个地区抗震设防依据的地震烈度。

注：本规程中为避免重复，“抗震设防烈度为6度、7度……”，一般简写为“6度、7度……”，而省略“抗震设防烈度”字样。

2.1.2 地震作用 earthquake action

由地震动引起的结构动态作用，包括水平地震作用和竖向地震作用。

2.1.3 抗震措施 seismic fortification measures

除地震作用计算和抗力计算以外的抗震设计内容，包括抗震构造措施。

2.1.4 抗震构造措施 details of seismic design

根据抗震概念设计原则，一般不需要计算而对结构和非结构各部分必须采取的各种细部要求。

2.1.5 场地 site

工程群体所在地，具有相似的工程地质条件。其范围大体相当于自然村或不小于1km^{2}的平面面积。

2.1.6 砌体结构房屋 masonry structure

由砖或砌块和砂浆砌筑而成的墙、柱作为主要承重构件的房屋。砖包括烧结普通砖、烧结多孔砖、蒸压灰砂砖和蒸压粉煤灰砖等，砌块指混凝土小型空心砌块。主要包括实心砖墙、多孔砖墙、蒸压砖墙、小砌块墙和空斗砖墙等砌体承重房屋。

2.1.7 木结构房屋 timber structure

由木柱作为主要承重构件，生土墙（土坯墙或夯土墙）、砌体墙和石墙作为围护墙的房屋。主要包括穿斗木构架、木柱木屋架、木柱木梁房屋。

2.1.8 生土结构房屋 raw soil structure

由生土墙（土坯墙或夯土墙）作为主要承重构件的木楼（屋）盖房屋。主要指土坯墙和夯土墙承重房屋。

2.1.9 石结构房屋 stone structure

由石砌体作为主要承重构件的房屋。主要指料石和平毛石砌体承重房屋。

2.1.10 结构体系 structural system

房屋承受竖向和水平荷载的构件及其相互连接形式的总称。

2.1.11 结构单元 structural cell

能够独立地承受竖向和水平荷载的房屋单元，通常由伸缩缝、沉降缝相隔离。

2.1.12 木构造柱 wood constructional column

为加强结构整体性和提高墙体的抗倒塌能力，在房屋墙体的规定部位设置的木柱。

2.1.13 配筋砖圈梁 reinforced brick ring beam

为加强结构整体性和提高墙体的抗倒塌能力，在承重墙体的底部或顶部，在两皮或多皮砖砌筑砂浆中配置水平钢筋所构成的水平约束构件。

2.1.14 配筋砂浆带 reinforced mortar band

为加强结构整体性和提高墙体的抗倒塌能力，在承重墙体沿竖向的中部设置50～60mm厚的水平砂浆带，砂浆带中配置通长水平钢筋。

2.1.15 抗震墙 seismic structural wall

主要用以抵抗地震水平作用的墙体。

2.1.16 水平系杆 horizontal rigid tie bar

沿房屋纵向在跨中屋檐高度处设置的联系杆件，通常采用木杆或角钢制作。

2.2 符 号

2.2.1 作用和作用效应

F_{Ekb}——基本烈度地震作用下的结构总水平地震作用标准值；

V_b——基本烈度地震作用下墙体剪力标

准值。

2.2.2 材料性能和抗力

$f_{v,m}$——非抗震设计的砌体抗剪强度平均值；

f_2——生土墙砌筑泥浆的抗压强度平均值；

MU——砌块（砖）的强度等级；

M——砌筑砂浆的强度等级；

Cb——混凝土小型空心砌块灌孔混凝土的强度等级；

Mb——混凝土小型空心砌块砌筑砂浆的强度等级。

2.2.3 几何参数

B——房屋总宽度或矩形木柱宽度；

b——基础底面宽度或矩形构件截面宽度或门窗洞口宽度；

D——圆形截面木柱直径；

D'——圆形截面木柱开榫一端直径；

d——钢筋直径或圆形截面木构件直径；

h——矩形构件截面高度；

h_w——过梁上墙体高度；

L——抗震横墙间距；

l_n——过梁净跨度；

t——墙体厚度。

2.2.4 计算系数

α_{maxb}——基本烈度地震作用下的水平地震影响系数最大值；

γ_{bE}——极限承载力抗震调整系数；

ξ_N——砌体抗震抗剪强度的正应力影响系数。

3 抗震基本要求

3.1 建筑设计和结构体系

3.1.1 房屋体形应简单、规整，平面不宜局部突出或凹进，立面不宜高度不等。

3.1.2 房屋的结构体系应符合下列要求：

1 纵横墙的布置宜均匀对称，在平面内宜对齐，沿竖向应上下连续；在同一轴线上，窗间墙的宽度宜均匀；

2 抗震墙层高的1/2处门窗洞口所占的水平横截面面积：对承重横墙，不应大于总截面面积的25%；对承重纵墙，不应大于总截面面积的50%；

3 烟道、风道和垃圾道不应削弱承重墙体；当承重墙体被削弱时，应对墙体采取加强措施；

4 二层房屋的楼层不应错层，楼梯间不宜设在房屋的尽端和转角处，且不宜设置悬挑楼梯；

5 不应采用无锚固的钢筋混凝土预制挑檐；

6 木屋架不得采用无下弦的人字屋架或无下弦的拱形屋架。

3.1.3 同一房屋不应采用木柱与砖柱、木柱与石柱混合的承重结构；也不应在同一高度采用砖（砌块）墙、石墙、土坯墙、夯土墙等不同材料墙体混合的承重结构。

3.2 整体性连接和抗震构造措施

3.2.1 楼（屋）盖构件的支承长度不应小于表3.2.1的规定。

3.2.2 木屋架、木梁在外墙上的支承部位应符合下列要求：

1 搁置在砖（砌块）墙和石墙上的木屋架或木梁下应设置木垫板或混凝土垫块，木垫板的长度和厚度分别不宜小于500mm、60mm，宽度不宜小于240mm或墙厚；

表3.2.1 楼（屋）盖构件的最小支承长度（mm）

构件名称	预应力圆孔板		木屋架、木梁	对接木龙骨、木檩条		搭接木龙骨、木檩条
位置	墙上	混凝土梁上	墙上	屋架上	墙上	屋架上、墙上
支承长度与连接方式	80(板端钢筋连接并灌缝)	60(板端钢筋连接并灌缝)	240(木垫板)	60(木夹板与螺栓)	120(砂浆垫层、木夹板与螺栓)	满搭

2 搁置在生土墙上的木屋架或木梁在外墙上的支承长度不应小于370mm，且宜满搭，支承处应设置木垫板；木垫板的长度、宽度和厚度分别不宜小于500mm、370mm和60mm；

3 木垫板下应铺设砂浆垫层；木垫板与木屋架、木梁之间应采用铁钉或扒钉连接。

3.2.3 突出屋面无锚固的烟囱、女儿墙等易倒塌构件的出屋面高度，8度及8度以下时不应大于500mm；9度时不应大于400mm。当超出时，应采取拉结措施。

注：坡屋面上的烟囱高度由烟囱的根部上沿算起。

3.2.4 横墙和内纵墙上的洞口宽度不宜大于1.5m；外纵墙上的洞口宽度不宜大于1.8m或开间尺寸的一半。

3.2.5 门窗洞口过梁的支承长度，6～8度时不应小于240mm，9度时不应小于360mm。

3.2.6 墙体门窗洞口的侧面应均匀分布预埋木砖，门洞每侧宜埋置3块，窗洞每侧宜埋置2块，门窗框应采用圆钉与预埋木砖钉牢。

3.2.7 当采用冷摊瓦屋面时，底瓦的弧边两角应设置钉孔，可采用铁钉与椽条钉牢；盖瓦与底瓦宜采用石灰或水泥砂浆压垄等做法与底瓦粘结牢固。

3.2.8 当采用硬山搁檩屋盖时，山尖墙墙顶处应采用砂浆顺坡塞实找平。

3.2.9 屋檐外挑梁上不得砌筑砌体。

3.3 结构材料和施工要求

3.3.1 结构材料性能指标应符合下列要求：

1 砖及砌块的强度等级：烧结普通砖、烧结多孔砖、混凝土小型空心砌块不应低于MU7.5；蒸压灰砂砖、蒸压粉煤灰砖不应低于MU15；

2 砌筑砂浆强度等级：烧结普通砖、烧结多孔砖、料石和平毛石砌体不应低于M1；混凝土小型空心砌块不应低于Mb5；蒸压灰砂砖、蒸压粉煤灰砖不应低于M2.5；

3 钢筋宜采用HPB235（Ⅰ级）和HRB335（Ⅱ级）热轧钢筋；

4 铁件、扒钉等连接件宜采用Q235钢材；

5 木构件应选用干燥、纹理直、节疤少、无腐朽的木材；

6 生土墙体土料应选用杂质少的黏性土；

7 石材应质地坚实，无风化、剥落和裂纹；

8 混凝土小型空心砌块孔洞的灌注，应采用专用灌孔混凝土，强度等级不应低于Cb20；

9 混凝土构件的强度等级不应低于C20；

10 不同强度等级砂浆的配合比可按附录G进行配制。

3.3.2 施工除应符合各章要求外，还应符合以下要求：

1 HPB235（光圆）钢筋端头应设置180°弯钩；

2 外露铁件应做防锈处理；

3 嵌在墙内的木柱宜采取防腐措施；木柱伸入基础内部分必须采取防腐和防潮措施；

4 配筋砖圈梁和配筋砂浆带中的钢筋应完全包裹在砂浆中，不得露筋；砂浆层应密实；

5 设有纵横墙连接钢筋的灰缝处，勾缝砂浆强度等级不应低于M5，并应抹压密实。

4 场地、地基和基础

4.1 场 地

4.1.1 选择建筑场地时，应按表4.1.1的规定划分对建筑抗震有利、不利和危险的地段。

表4.1.1 对建筑抗震有利、不利和危险地段的划分

地段类型	地质、地形、地貌
有利地段	稳定基岩，坚硬土，开阔、平坦、密实、均匀的中硬土等
不利地段	软弱土，液化土，条状突出的山嘴，高耸孤立的山丘，非岩质的陡坡，河岸和边坡的边缘，平面分布上成因、岩性、状态明显不均匀的土层（如故河道、疏松的断层破碎带、暗埋的塘浜沟谷和半填半挖地基）等
危险地段	地震时可能发生滑坡、崩塌、地陷、地裂、泥石流等及发震断裂带上可能发生地表错位的部位

4.1.2 建筑场地宜选择对建筑抗震有利的地段，宜避开不利地段；当无法避开时，应采取有效措施；不应在危险地段建造房屋。

4.2 地基和基础

4.2.1 地基和基础应符合下列要求：

1 同一结构单元的基础不宜设置在性质明显不同的地基土上；

2 同一结构单元不宜采用不同类型的基础；

3 当同一结构单元基础底面不在同一标高时，应按1∶2的台阶逐步放坡；

4 基础材料可采用砖、石、灰土或三合土等；砖基础应采用实心砖砌筑，对灰土或三合土应夯实。

4.2.2 当地基有淤泥、可液化土或严重不均匀土层时，应采取垫层换填方法进行处理；换填材料和垫层厚度、处理宽度应符合下列要求：

1 垫层换填可选用砂石、黏性土、灰土或质地坚硬的工业废渣等材料，并应分层夯实；

2 换填材料砂石级配应良好，黏性土中有机物含量不得超过5%；灰土体积配合比宜为2∶8或3∶7，灰土宜用新鲜的消石灰，颗粒粒径不得大于5mm；

3 垫层的底面宜至老土层，垫层厚度不宜大于3m；

4 垫层在基础底面以外的处理宽度：垫层底面每边应超过垫层厚度的1/2且不小于基础宽度的1/5；垫层顶面宽度可从垫层底面两侧向上，按基坑开挖期间保持边坡稳定的当地经验放坡确定，垫层顶面每边超出基础底边不宜小于300mm。

4.2.3 当地基土为湿陷性黄土或膨胀土时，宜分别按现行国家标准《湿陷性黄土地区建筑规范》GB 50025或《膨胀土地区建筑技术规范》GBJ 112中的有关规定处理。

4.2.4 基础的埋置深度应符合下列规定：

1 除岩石地基外，基础埋置深度不宜小于500mm；

2 当为季节性冻土时，宜埋置在冻深以下或采取其他防冻措施；

3 基础宜埋置在地下水位以上；当地下水位较高，基础不能埋置在地下水位以上时，宜将基础底面设置在最低地下水位200mm以下，施工时尚应考虑基坑排水。

4.2.5 石砌基础应符合下列要求（图4.2.5）：

1 基础放脚及刚性角要求：

1）石砌基础的高度应符合下式要求：

$$H_0 \geqslant (b-b_1)/3 \quad (4.2.5\text{-}1)$$

式中 H_0——基础的高度；

b——基础底面的宽度；

b_1——墙体的厚度。

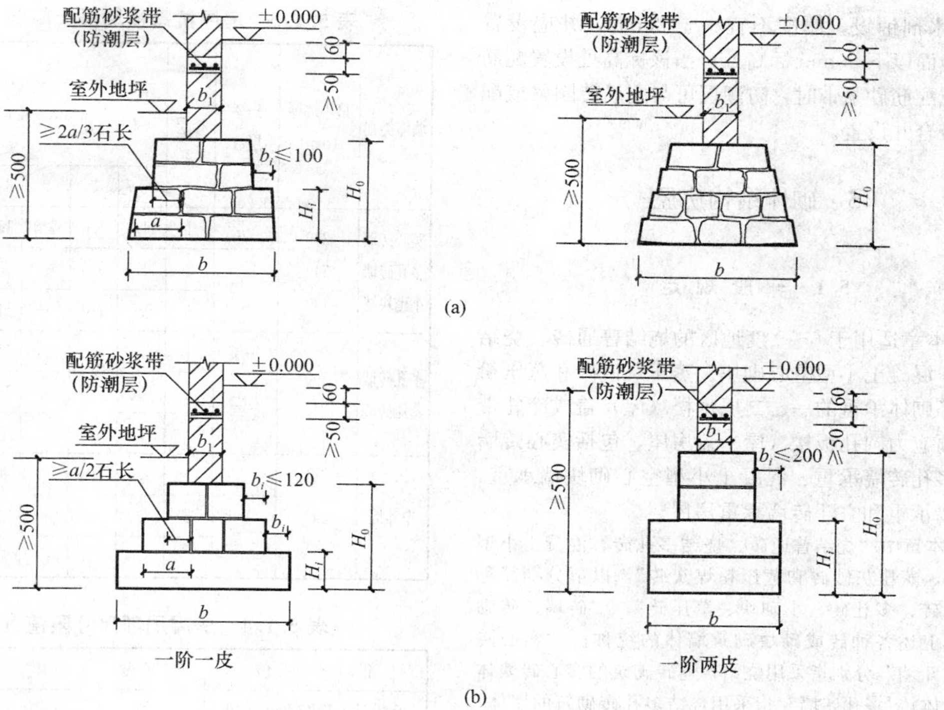

图 4.2.5 平毛石、毛料石基础做法

(a) 平毛石基础；(b) 毛料石基础

2）阶梯形石基础的每阶放出宽度，平毛石不宜大于 100mm，每阶不应少于两层。当毛料石采用一阶两皮时，宽度不宜大于 200mm；采用一阶一皮时，宽度不宜大于 120mm。基础阶梯应满足下式要求：

$$H_i/b_i \geqslant 1.5 \qquad (4.2.5\text{-}2)$$

式中 H_i——基础阶梯的高度；

b_i——基础阶梯收进宽度。

2 平毛石基础砌体的第一皮块石应坐浆，并将大面朝下；阶梯形平毛石基础，上阶平毛石压砌下阶平毛石长度不应小于下阶平毛石长度的 2/3；相邻阶梯的毛石应相互错缝搭砌；

3 料石基础砌体的第一皮应坐浆丁砌；阶梯形料石基础，上阶石块与下阶石块搭接长度不应小于下阶石块长度的 1/2；

4 当采用卵石砌筑基础时，应将其凿开使用。

4.2.6 实心砖或灰土（三合土）基础应符合下列要求(图 4.2.6)：

1 砌筑基础的材料不应低于上部墙体的砂浆和砖的强度等级。砂浆强度等级不应低于 M2.5；

2 灰土（三合土）基础厚度不宜小于 300mm，宽度不宜小于 700mm。

4.2.7 当上部墙体为生土墙时，基础砖（石）墙砌筑高度应取室外地坪以上 500mm 和室内地面以上 200mm 中的较大者。

4.2.8 基础的防潮层宜采用 1∶2.5 的水泥砂浆内掺

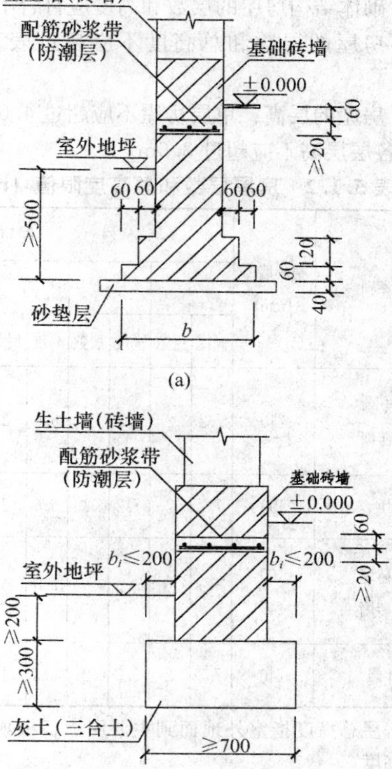

图 4.2.6 砖、灰土基础做法

(a) 砖基础；(b) 灰土（三合土）基础

5%的防水剂铺设，厚度不宜小于 20mm，并应设置在室内地面以下 60mm 标高处；当该标高处设置配筋砖圈梁或配筋砂浆带时，防潮层可与配筋砖圈梁或配筋砂浆带合并设置。

5 砌体结构房屋

5.1 一 般 规 定

5.1.1 本章适用于 6～9 度地区的烧结普通砖、烧结多孔砖、混凝土小型空心砌块、蒸压灰砂砖和蒸压粉煤灰砖等砌体承重的一、二层木楼（屋）盖或冷轧带肋钢筋预应力圆孔板楼（屋）盖房屋，包括实心砖墙承重、多孔砖墙承重、混凝土小型空心砌块墙承重、蒸压砖墙承重和空斗砖墙承重房屋。

注：本章中“烧结普通砖、烧结多孔砖、混凝土小型空心砌块、蒸压灰砂砖和蒸压粉煤灰砖”，以下分别简称为“普通砖、多孔砖、小砌块、蒸压砖”；“砖墙、砖砌体”泛指上述各种砖或砌块砌筑墙体的统称；“实心砖墙”、“空斗墙”分别指采用烧结普通砖砌筑的实心砖墙体和空斗墙体；“多孔砖墙”指采用烧结多孔砖砌筑的墙体；“小砌块墙”指采用混凝土小型空心砌块砌筑的墙体，小砌块的规格应为 390mm×190mm×190mm，孔洞率不应大于 35%；“蒸压砖墙”指采用蒸压灰砂砖或蒸压粉煤灰砖砌筑的实心墙体。

5.1.2 砌体结构房屋的层数和高度应符合下列要求：

1 房屋的层数和总高度不应超过表 5.1.2 的规定；

2 房屋的层高：单层房屋不应超过 4.0m；两层房屋其各层层高不应超过 3.6m。

表 5.1.2 房屋层数和总高度限值（m）

墙体类别	最小墙厚（mm）	烈度 6 高度	6 层数	7 高度	7 层数	8 高度	8 层数	9 高度	9 层数
实心砖墙、多孔砖墙	240	7.2	2	7.2	2	6.6	2	3.3	1
小砌块墙	190	7.2	2	7.2	2	6.6	2	3.3	1
多孔砖墙 蒸压砖墙	190 240	7.2	2	6.6	2	6.0	2	3.0	1
空斗墙	240	7.2	2	6.0	2	3.3	1	—	—

注：房屋总高度指室外地面到主要屋面板板顶或檐口的高度。

5.1.3 房屋抗震横墙间距不应超过表 5.1.3 的要求。

5.1.4 砌体结构房屋的局部尺寸限值宜符合表 5.1.4 的要求。

表 5.1.3 房屋抗震横墙最大间距（m）

墙体类别	最小墙厚（mm）	房屋层数	楼层	烈度 木楼（屋）盖 6、7	木楼（屋）盖 8	木楼（屋）盖 9	预应力圆孔板楼（屋）盖 6、7	预应力圆孔板楼（屋）盖 8	预应力圆孔板楼（屋）盖 9
实心砖墙 多孔砖墙 小砌块墙	240 240 190	一层	1	11.0	9.0	5.0	15.0	12.0	6.0
		二层	2	11.0	9.0	—	15.0	12.0	—
			1	9.0	7.0	—	11.0	9.0	—
多孔砖墙 蒸压砖墙	190 240	一层	1	9.0	7.0	5.0	11.0	9.0	6.0
		二层	2	9.0	7.0	—	11.0	9.0	—
			1	7.0	5.0	—	9.0	7.0	—
空斗墙	240	一层	1	7.0	5.0	—	9.0	7.0	—
		二层	2	7.0	—	—	9.0	—	—
			1	5.0	—	—	7.0	—	—

表 5.1.4 房屋局部尺寸限值（m）

部位	6、7 度	8 度	9 度
承重窗间墙最小宽度	0.8	1.0	1.3
承重外墙尽端至门窗洞边的最小距离	0.8	1.0	1.3
非承重外墙尽端至门窗洞边的最小距离	0.8	0.8	1.0
内墙阳角至门窗洞边的最小距离	0.8	1.2	1.8

5.1.5 砌体结构房屋的结构体系应符合下列要求：

1 应优先采用横墙承重或纵横墙共同承重的结构体系；

2 当为 8、9 度时不应采用硬山搁檩屋盖。

5.1.6 砌体结构房屋应在下列部位设置配筋砖圈梁：

1 所有纵横墙的基础顶部、每层楼（屋）盖（墙顶）标高处；

2 当 8 度为空斗墙房屋和 9 度时尚应在层高的中部设置一道。

5.1.7 木楼（屋）盖砌体结构房屋应在下列部位采取拉结措施：

1 两端开间和中间隔开间的屋架间或硬山搁檩屋盖的山尖墙之间应设置竖向剪刀撑；

2 山墙、山尖墙应采用墙揽与木屋架或檩条拉结；

3 内隔墙墙顶应与梁或屋架下弦拉结。

5.1.8 承重(抗震)墙厚度：实心砖墙、蒸压砖墙不应小于 240mm；多孔砖墙不应小于 190mm；小砌块墙不应小于 190mm；空斗墙不应小于 240mm。

5.1.9 当屋架或梁的跨度大于或等于下列数值时，

支承处宜加设壁柱，或采取其他加强措施：

1 240mm 以上厚实心砖墙、蒸压砖墙、多孔砖墙为 6m；190mm 厚多孔砖墙为 4.8m；

2 190mm 厚小砌块墙为 4.8m；

3 240mm 厚空斗墙为 4.8m。

5.1.10 砌体结构房屋的抗震设计计算可按本规程附录 A 的方法进行，也可按本规程附录 B 确定抗震横墙间距（L）和房屋宽度（B）。

5.2 抗震构造措施

5.2.1 配筋砖圈梁的构造应符合下列要求：

1 砂浆强度等级：6、7 度时不应低于 M5，8、9 度时不应低于 M7.5；

2 配筋砖圈梁砂浆层的厚度不宜小于 30mm；

3 配筋砖圈梁的纵向钢筋配置不应低于表 5.2.1 的要求；

表 5.2.1 配筋砖圈梁最小纵向配筋

墙体厚度 t（mm）	6、7 度	8 度	9 度
≤240	2ϕ6	2ϕ6	2ϕ6
370	2ϕ6	2ϕ6	3ϕ8
490	2ϕ6	3ϕ6	3ϕ8

4 配筋砖圈梁交接（转角）处的钢筋应搭接（图 5.2.1）；

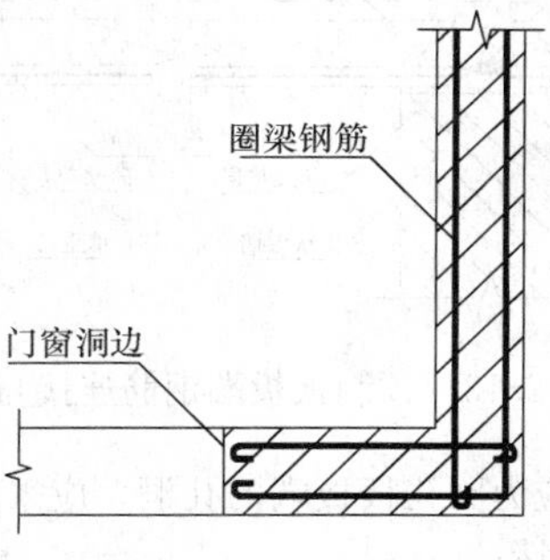

图 5.2.1 配筋砖圈梁在洞口边、转角处钢筋搭接做法

5 当采用小砌块墙体时，在配筋砖圈梁高度处应卧砌不少于两皮普通砖。

5.2.2 纵横墙交接处的连接应符合下列要求：

1 7 度时空斗墙房屋、其他房屋中长度大于 7.2m 的大房间，及 8 度和 9 度时，外墙转角及纵横墙交接处，应沿墙高每隔 750mm 设置 2ϕ6 拉结钢筋或 ϕ4@200 拉结铁丝网片，拉结钢筋或网片每边伸入墙内的长度不宜小于 750mm 或伸至门窗洞边（图 5.2.2-1、图 5.2.2-2）；

2 突出屋顶的楼梯间的纵横墙交接处，应沿墙高每隔 750mm 设 2ϕ6 拉结钢筋，且每边伸入墙内的长度不宜小于 750mm（图 5.2.2-1、图 5.2.2-2）。

5.2.3 8、9 度时，顶层楼梯间的横墙和外墙，宜沿

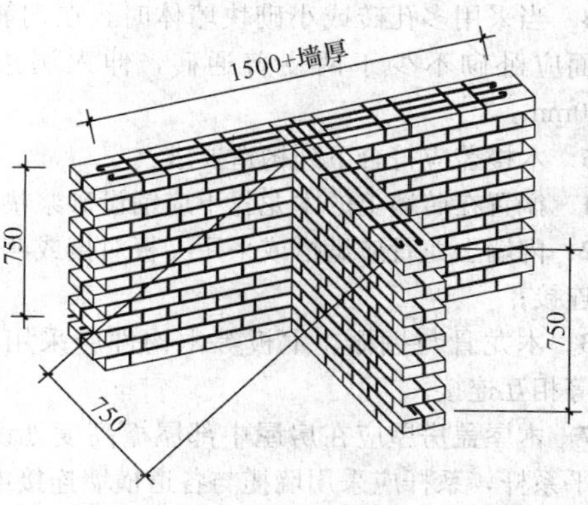

图 5.2.2-1 纵横墙交接处拉结（T 形墙）

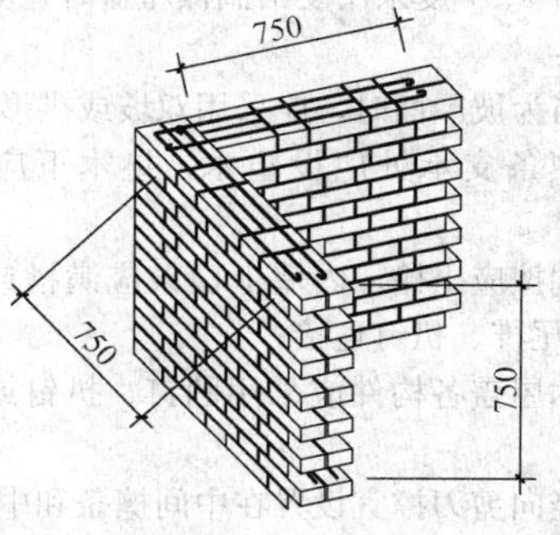

图 5.2.2-2 纵横墙交接处拉结（L 形墙）

墙高每隔 750mm 设置 2ϕ6 通长钢筋。

5.2.4 后砌非承重隔墙应沿墙高每隔 750mm 设置 2ϕ6 拉结钢筋或 ϕ4@200 铁丝网片与承重墙拉结，拉结钢筋或铁丝网片每边伸入墙内的长度不宜小于 500mm；长度大于 5m 的后砌隔墙，墙顶应与梁、楼板或檩条连接，连接做法应符合本规程第 6 章的有关规定。

5.2.5 钢筋混凝土楼（屋）盖房屋，门窗洞口宜采用钢筋混凝土过梁；木楼（屋）盖房屋，门窗洞口可采用钢筋混凝土过梁或钢筋砖过梁。当门窗洞口采用钢筋砖过梁时，钢筋砖过梁的构造应符合下列规定：

1 钢筋砖过梁底面砂浆层中的纵向钢筋配筋量不应低于表 5.2.5 的要求，也可按附录 F 的方法计算确定；钢筋直径不应小于 6mm，间距不宜大于 100mm；钢筋伸入支座砌体内的长度不宜小于 240mm；

2 钢筋砖过梁底面砂浆层的厚度不宜小于 30mm，砂浆层的强度等级不应低于 M5；

3 钢筋砖过梁截面高度内的砌筑砂浆强度等级不宜低于 M5；

表 5.2.5 钢筋砖过梁底面砂浆层最小配筋

过梁上墙体高度 h_w（m）	门窗洞口宽度 b（m）	
	$b \leq 1.5$	$1.5 < b \leq 1.8$
$h_w \geq b/3$	3ϕ6	3ϕ6
$0.3 < h_w < b/3$	4ϕ6	3ϕ8

4 当采用多孔砖或小砌块墙体时，在钢筋砖过梁底面应卧砌不少于两皮普通砖，伸入洞边不小于 240mm。

5.2.6 木楼盖应符合下列构造要求：

1 搁置在砖墙上的木龙骨下应铺设砂浆垫层；

2 内墙上龙骨应满搭或采用夹板对接或燕尾榫、扒钉连接；

3 木龙骨与搁栅、木板等木构件应采用圆钉、扒钉等相互连接。

5.2.7 木屋盖房屋应在房屋中部屋檐高度处设置纵向水平系杆，系杆应采用墙揽与各道横墙连接或与屋架下弦杆钉牢。

5.2.8 当 6、7 度采用硬山搁檩屋盖时，应符合下列构造要求：

1 当为坡屋面时，应采用双坡或拱形屋面；

2 檩条支承处应设垫木，垫木下应铺设砂浆垫层；

3 端檩应出檐，内墙上檩条应满搭或采用夹板对接或燕尾榫、扒钉连接；

4 木屋盖各构件应采用圆钉、扒钉或铁丝等相互连接；

5 竖向剪刀撑宜设置在中间檩条和中间系杆处；剪刀撑与檩条、系杆之间及剪刀撑中部宜采用螺栓连接；剪刀撑两端与檩条、系杆应顶紧不留空隙（图 5.2.8）；

6 木檩条宜采用 8 号铁丝与配筋砖圈梁中的预埋件拉结。

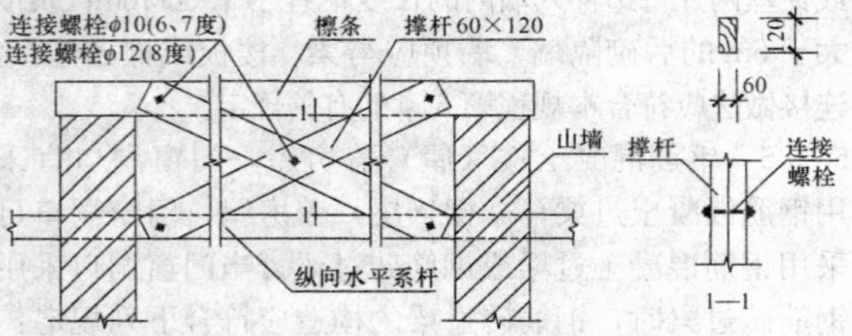

图 5.2.8 硬山搁檩屋盖山尖墙竖向剪刀撑

5.2.9 当采用木屋架屋盖时，应符合下列构造要求：

1 木屋架上檩条应满搭或采用夹板对接或燕尾榫、扒钉连接；

2 屋架上弦檩条搁置处应设置檩托，檩条与屋架应采用扒钉或铁丝等相互连接；

3 檩条与其上面的椽子或木望板应采用圆钉、铁丝等相互连接；

4 竖向剪刀撑的构造做法应符合本规程第 6.2.10 条的规定。

5.2.10 空斗墙体的下列部位，应卧砌成实心砖墙：

1 转角处和纵横墙交接处距墙体中心线不小于 300mm 宽度范围内墙体；

2 室内地面以上不少于三皮砖、室外地面以上不少于十皮砖标高处以下部分墙体；

3 楼板、龙骨和檩条等支承部位以下通长卧砌四皮砖；

4 屋架或大梁支承处沿全高，且宽度不小于 490mm 范围内的墙体；

5 壁柱或洞口两侧 240mm 宽度范围内；

6 屋檐或山墙压顶下通长卧砌两皮砖；

7 配筋砖圈梁处通长卧砌两皮砖。

5.2.11 小砌块墙体的下列部位，应采用不低于 Cb20 灌孔混凝土，沿墙全高将孔洞灌实作为芯柱：

1 转角处和纵横墙交接处距墙体中心线不小于 300mm 宽度范围内墙体；

2 屋架、大梁的支承处墙体，灌实宽度不应小于 500mm；

3 壁柱或洞口两侧不小于 300mm 宽度范围内。

5.2.12 小砌块房屋的芯柱竖向插筋不应小于 $\phi12$，并应贯通墙身；芯柱与墙体配筋砖圈梁交叉部位局部采用现浇混凝土，在灌孔时应同时浇筑，芯柱的混凝土和插筋、配筋砖圈梁的水平配筋应连续通过。

5.2.13 预应力圆孔板楼（屋）盖的整体性连接及构造，应符合下列要求：

1 支承在墙或混凝土梁上的预应力圆孔板，板端钢筋应搭接，并应在板端缝隙中设置直径不小于 $\phi8$ 的拉结钢筋与板端钢筋焊接（图 5.2.13）；

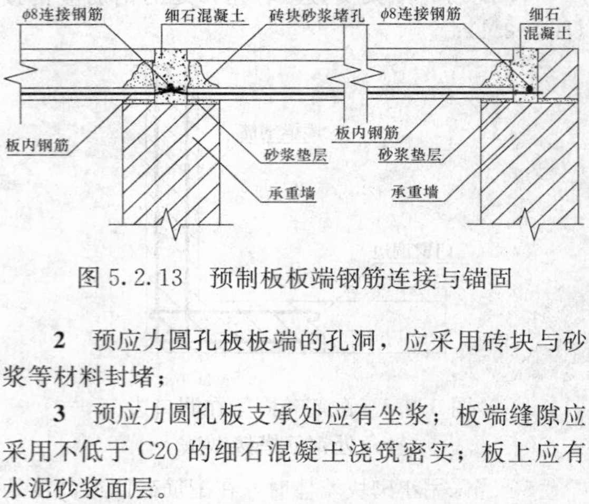

图 5.2.13 预制板板端钢筋连接与锚固

2 预应力圆孔板板端的孔洞，应采用砖块与砂浆等材料封堵；

3 预应力圆孔板支承处应有坐浆；板端缝隙应采用不低于 C20 的细石混凝土浇筑密实；板上应有水泥砂浆面层。

5.2.14 钢筋混凝土梁下应设置混凝土或钢筋混凝土垫块。

5.2.15 木屋架各构件之间的连接应符合本规程第 6 章的有关规定。

5.2.16 山墙、山尖墙墙揽的设置与构造应符合本规程第 6 章的有关规定。

5.3 施 工 要 求

5.3.1 砖砌体施工应符合下列要求：

1 砌筑前，砖或砌块应提前 1～2d 浇水润湿；

2 砖砌体的灰缝应横平竖直，厚薄均匀；水平灰缝的厚度宜为 10mm，不应小于 8mm，也不应大于

12mm；水平灰缝砂浆应饱满，竖向灰缝不得出现透明缝、瞎缝和假缝；

3 砖砌体应上下错缝，内外搭砌；砖柱不得采用包心砌法（图 5.3.1）；

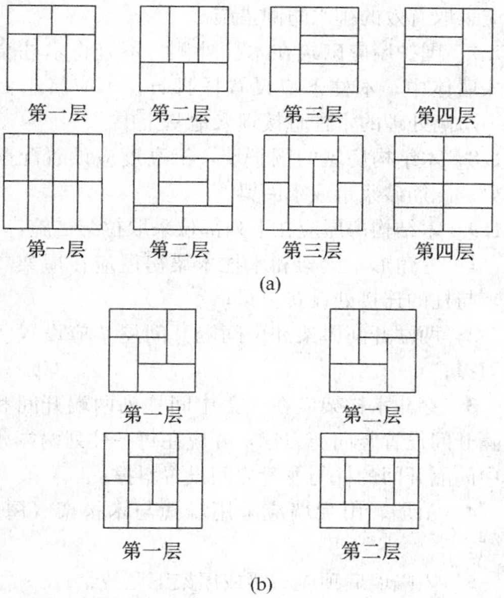

图 5.3.1 砖柱的砌筑方法

（a）正确的砌筑方法；（b）不正确的包心砌法

4 砖砌体在转角和内外墙交接处应同时砌筑；对不能同时砌筑而又需留置的临时间断处，应砌成斜槎，斜槎的水平长度不应小于高度的 2/3；严禁砌成直槎；

5 砌筑钢筋砖过梁时，应设置砂浆层底模板和临时支撑；钢筋砖过梁的钢筋应埋入砂浆层中，过梁端部钢筋伸入支座内的长度应符合本规程第 3.2.5 条的要求，并设 90°弯钩埋入墙体的竖缝中，竖缝应用砂浆填塞密实；

6 小砌块墙纵横墙交接处拉结筋的端部应设置 90°弯钩，弯钩应向下伸入小砌块的孔中，并应用砂浆等材料将孔洞填塞密实；

7 埋入砖砌体中的拉结筋，应位置准确、平直，其外露部分在施工中不得任意弯折；设有拉结筋的水平灰缝应密实，不得露筋；

8 砖砌体每日砌筑高度不宜超过 1.5m。

5.3.2 空斗墙体施工除应满足本规程第 5.3.1 条的有关要求外，尚应符合下列要求：

1 空斗墙体沿高度应采用一眠一斗的砌筑形式，设置配筋砖圈梁和纵横墙拉结钢筋处应采用两眠砌筑，沿水平方向每隔一块斗砖应砌一至二块丁砖，墙面不得有竖向通缝；

2 空斗墙体应采用整砖砌筑，不够整砖处应加丁砖，不得砍凿斗砖；

3 空斗墙体不应采用非水泥砂浆砌筑；

4 空斗墙体中的洞口，必须在砌筑时预留，严禁砌完后再进行砍凿；

5 空斗墙体与实心砌体的竖向连接处，应相互搭砌。

6 木结构房屋

6.1 一般规定

6.1.1 本章适用于 6～9 度地区的木结构承重房屋，包括穿斗木构架、木柱木屋架、木柱木梁承重，砖（小砌块）围护墙、生土围护墙和石围护墙木楼（屋）盖房屋。

6.1.2 木结构房屋的层数和高度应符合下列要求：

1 房屋的层数和总高度不应超过表 6.1.2 的规定；

2 房屋的层高：单层房屋不应超过 4.0m；两层房屋其各层层高不应超过 3.6m。

表 6.1.2 房屋层数和总高度限值（m）

结构类型	围护墙种类（墙厚 mm）		烈度 6		烈度 7		烈度 8		烈度 9	
			高度	层数	高度	层数	高度	层数	高度	层数
穿斗木构架和木柱木屋架	砖墙	实心砖（240） 多孔砖（240）	7.2	2	7.2	2	6.6	2	3.3	1
		小砌块（190）	7.2	2	7.2	2	6.6	2	3.3	1
		多孔砖（190） 蒸压砖（240）	7.2	2	6.6	2	6.0	2	3.0	1
		空斗墙（240）	7.2	2	6.0	2	3.3	1	—	—
	生土墙（≥250）		6.0	2	4.0	1	3.3	1	—	—
	石墙	细料石（240）	7.0	2	7.0	2	6.0	2	—	—
		粗料石（240）	7.0	2	6.6	2	3.6	1	—	—
		平毛石（400）	4.0	1	3.6	1	—	—	—	—
木柱木梁	砖墙	实心砖（240） 多孔砖（240）	4.0	1	4.0	1	3.6	1	3.3	1
		小砌块（190）	4.0	1	4.0	1	3.6	1	3.3	1
		多孔砖（190） 蒸压砖（240）	4.0	1	4.0	1	3.6	1	3.0	1
		空斗墙（240）	4.0	1	3.6	1	3.3	1	—	—
	生土墙（≥250）		4.0	1	4.0	1	3.3	1	—	—
	石墙	细料石（240）	4.0	1	4.0	1	3.6	1	—	—
		粗料石（240）	4.0	1	4.0	1	3.6	1	—	—
		平毛石（400）	4.0	1	3.6	1	—	—	—	—

注：1 房屋总高度指室外地面到主要屋面板板顶或檐口的高度；

2 坡屋面应算到山尖墙的 1/2 高度处。

6.1.3 房屋抗震横墙间距不应超过表 6.1.3 的要求。

表 6.1.3 房屋抗震横墙最大间距（m）

结构类型	围护墙种类（最小墙厚 mm）		房屋层数	楼层	烈度 6	烈度 7	烈度 8	烈度 9
穿斗木构架和木柱木屋架	砖墙	实心砖（240）多孔砖（240）	一层	1	11.0	9.0	7.0	5.0
			二层	2	11.0	9.0	7.0	—
				1	9.0	7.0	6.0	—
		小砌块墙（190）	一层	1	11.0	9.0	7.0	5.0
			二层	2	11.0	9.0	7.0	—
				1	9.0	7.0	6.0	—
		多孔砖（190）蒸压砖（240）	一层	1	9.0	7.0	6.0	—
			二层	2	9.0	7.0	6.0	—
				1	7.0	6.0	5.0	—
		空斗墙（240）	一层	1	7.0	6.0	5.0	—
			二层	2	7.0	6.0	—	—
				1	5.0	4.2	—	—
	生土墙（250）		一层	1	6.0	4.5	3.3	—
			二层	2	6.0	—	—	—
				1	4.5	—	—	—
	石墙	细、半细料石（240）	一层	1	11.0	9.0	6.0	—
			二层	2	11.0	9.0	6.0	—
				1	7.0	6.0	5.0	—
		粗料、毛料石（240）	一层	1	11.0	9.0	6.0	—
			二层	2	11.0	9.0	—	—
				1	7.0	6.0	—	—
		平毛石（400）	一层	1	11.0	9.0	6.0	—
木柱木梁	砖墙	实心砖（240）多孔砖（240）	一层	1	11.0	9.0	7.0	5.0
		小砌块（190）	一层	1	11.0	9.0	7.0	5.0
		多孔砖（190）蒸压砖（240）	一层	1	9.0	7.0	6.0	5.0
		空斗墙（240）	一层	1	7.0	6.0	5.0	—
	生土墙（250）		一层	1	6.0	4.5	3.3	—
	石墙（240、400）		一层	1	11.0	9.0	6.0	—

注：400mm 厚平毛石房屋仅限 6、7 度。

6.1.4 木结构房屋围护墙的局部尺寸限值宜符合表 6.1.4 的要求。

表 6.1.4 房屋围护墙局部尺寸限值（m）

部 位	6 度	7 度	8 度	9 度
窗间墙最小宽度	0.8	1.0	1.2	1.5
外墙尽端至门窗洞边的最小距离	0.8	1.0	1.0	1.0
内墙阳角至门窗洞边的最小距离	0.8	1.0	1.5	2.0

6.1.5 木柱木屋架和穿斗木屋架房屋宜采用双坡屋盖，且坡度不宜大于 30°；屋面宜采用轻质材料（瓦屋面）。

6.1.6 生土围护墙的勒脚部分，应采用砖、石砌筑，并应采取有效的排水防潮措施。

6.1.7 围护墙应砌筑在木柱外侧，不宜将木柱全部包入墙体中；木柱下应设置柱脚石，不应将未做防腐、防潮处理的木柱直接埋入地基土中。

6.1.8 木结构房屋的围护墙，沿高度应设置配筋砖圈梁、配筋砂浆带或木圈梁。

6.1.9 木结构房屋应在下列部位采取拉结措施：

1 三角形木屋架和木柱木梁房屋应在屋架（木梁）与柱的连接处设置斜撑；

2 两端开间屋架和中间隔开间屋架应设置竖向剪刀撑；

3 穿斗木构架应在屋盖中间柱列两端开间和中间隔开间设置竖向剪刀撑，并应在每一柱列两端开间和中间隔开间的柱与龙骨之间设置斜撑；

4 山墙、山尖墙应采用墙揽与木构架（屋架）拉结；

5 内隔墙墙顶应与梁或屋架下弦拉结。

6.1.10 木结构房屋应设置端屋架（木梁），不得采用硬山搁檩。

6.1.11 砖、小砌块抗震墙厚度不应小于 190mm；生土抗震墙厚度不应小于 250mm；石抗震墙厚度不应小于 240mm。

6.1.12 木柱梢径不宜小于 150mm。

6.1.13 各类围护墙木结构房屋的抗震设计计算可按本规程附录 A 的方法进行，也可按本规程附录 C，确定抗震横墙间距（L）和房屋宽度（B）。

6.2 抗震构造措施

6.2.1 柱脚与柱脚石之间宜采用石销键或石榫连接（图 6.2.1）；柱脚石埋入地面以下的深度不应小于 200mm。

6.2.2 砖（小砌块）围护墙、生土围护墙和石围护墙的抗震构造措施和配筋砖圈梁、配筋砂浆带的纵向

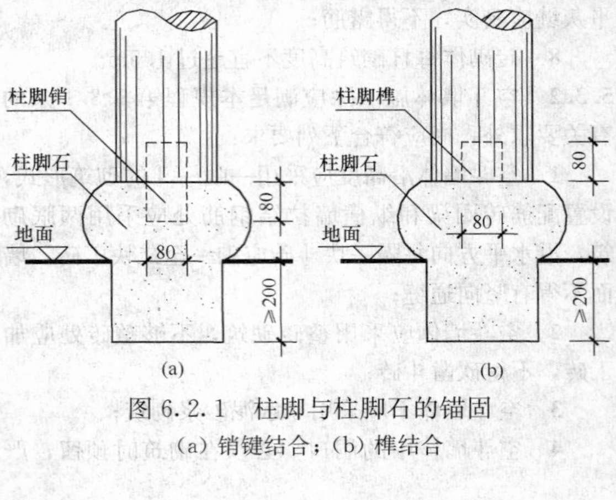

图 6.2.1 柱脚与柱脚石的锚固

(a) 销键结合；(b) 榫结合

钢筋配置和构造应分别符合本规程第 5 章、第 7 章和第 8 章的有关规定。

6.2.3 配筋砖圈梁、配筋砂浆带和木圈梁与柱的连接应符合下列要求：

1 配筋砖圈梁、配筋砂浆带与木柱应采用不小于 $\phi 6$ 的钢筋拉结（图 6.2.3-1）；

2 木圈梁应加强接头处的连接（图 6.2.3-2），并应与木柱采用扒钉等可靠连接（图 6.2.3-3）。

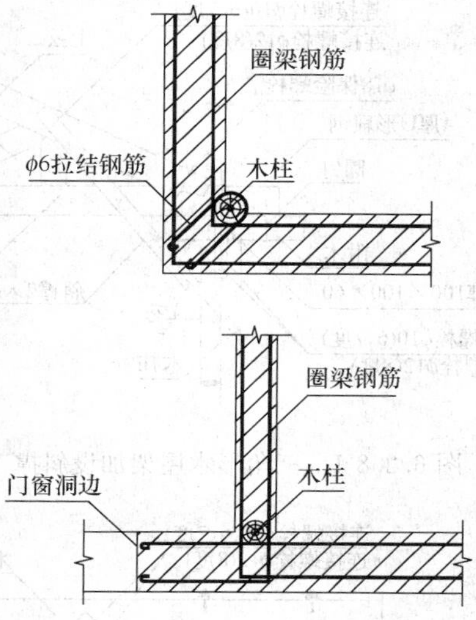

图 6.2.3-1 配筋砖圈梁、配筋砂浆带与木柱的拉结

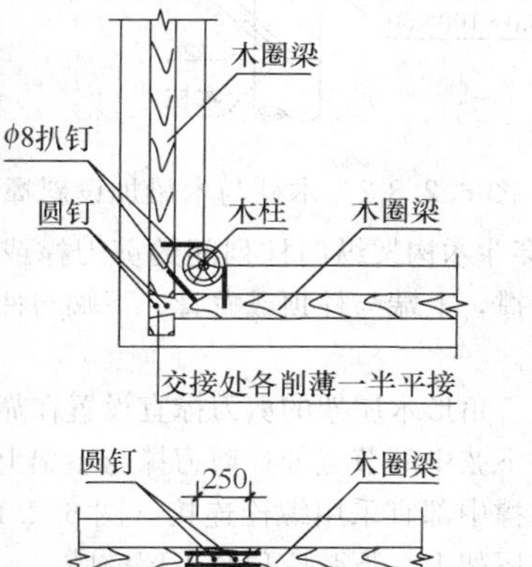

图 6.2.3-2 木圈梁接头处及与木柱的连接

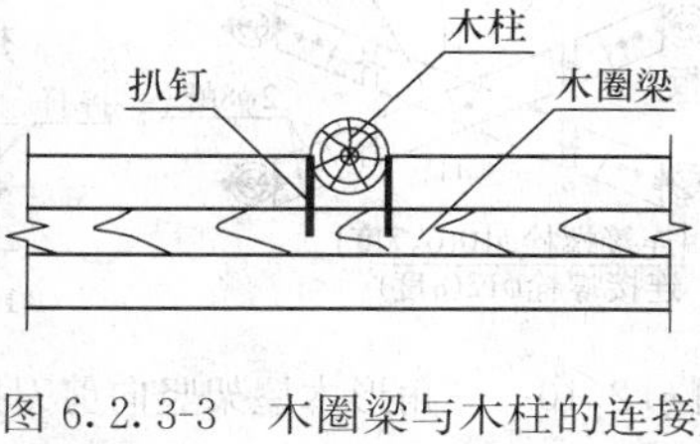

图 6.2.3-3 木圈梁与木柱的连接

6.2.4 内隔墙墙顶与屋架下弦或梁应每隔 1000mm 采用木夹板或铁件连接（图 6.2.4）。

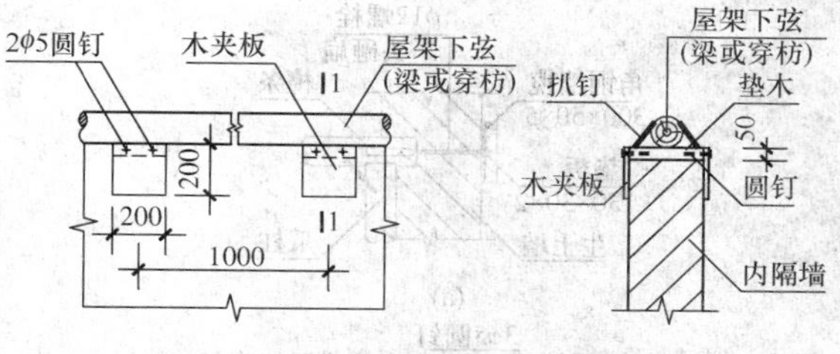

图 6.2.4 内隔墙墙顶与屋架下弦或梁的连接

6.2.5 山墙、山尖墙墙揽的设置与构造应符合下列要求：

1 抗震设防烈度为 6、7 度时山墙设置的墙揽数不宜少于 3 个，8、9 度或山墙高度大于 3.6m 时墙揽数不宜少于 5 个；

2 墙揽可采用角钢、梭形铁件或木条等制作；墙揽的长度不应小于 300mm，并应竖向放置；

3 檩条出山墙时可采用木墙揽（图 6.2.5-1），木墙揽可用木销或铁钉固定在檩条上，并应与山墙卡紧；

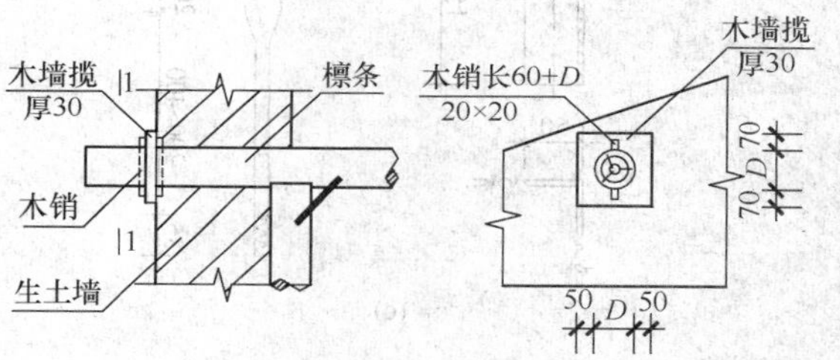

图 6.2.5-1 木墙揽连接做法

4 檩条不出山墙时宜采用铁件（如角钢、梭形铁件等）墙揽，铁件墙揽可根据设置位置与檩条、屋架腹杆、下弦或柱固定（图 6.2.5-2）；

5 墙揽应靠近山尖墙面布置，最高的一个应设置在脊檩正下方，纵向水平系杆位置应设置一个，其余的可设置在其他檩条的正下方或屋架腹杆、下弦及柱的对应位置处。

6.2.6 穿斗木构架房屋的构件设置及节点连接构造应符合下列要求：

1 木柱横向应采用穿枋连接，穿枋应贯通木构架各柱，在木柱的上、下端及二层房屋的楼板处均应设置；

2 榫接节点宜采用燕尾榫、扒钉连接；采用平榫时应在对接处两侧加设厚度不小于 2mm 的扁钢，扁钢两端应采用两根直径不小于 12mm 的螺栓夹紧；

3 穿枋应采用透榫贯穿木柱，穿枋端部应设木销钉，梁柱节点处应采用燕尾榫（图 6.2.6）；

4 当穿枋的长度不足时，可采用两根穿枋在木柱中对接，并应在对接处两侧沿水平方向加设扁钢；扁钢厚度不宜小于 2mm、宽度不宜小于 60mm，两端应采用两根直径不小于 12mm 的螺栓夹紧；

5 立柱开槽宽度和深度应符合表 6.2.6 的要求。

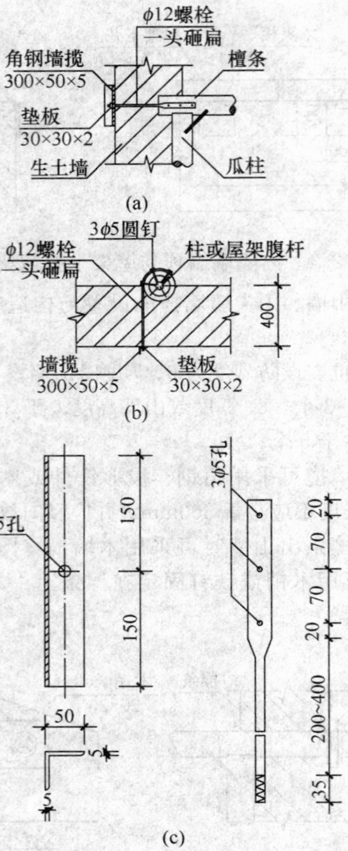

图 6.2.5-2　角钢墙揽连接做法
(a) 墙揽与檩条的连接；(b) 墙揽与柱（屋架腹杆）的连接；(c) 角钢墙揽做法

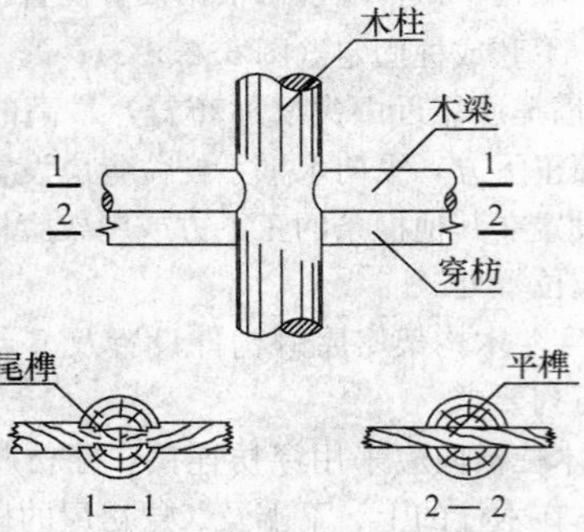

图 6.2.6　梁柱节点处燕尾榫构造形式

表 6.2.6　穿斗木构架立柱开槽宽度和深度

榫类型		柱类型	
		圆柱	方柱
透榫宽度	最小值	$D/4$	$B/4$
	最大值	$D'/3$	$3B/10$
半榫深度	最小值	$D'/6$	$B/6$
	最大值	$D'/3$	$3B/10$

注：D—圆柱直径；D'—圆柱开榫一端直径；B—方柱宽度。

6.2.7　三角形木屋架的跨中处应设置纵向水平系杆，系杆应与屋架下弦杆钉牢；屋架腹杆与弦杆除用暗榫连接外，还应采用双面扒钉钉牢。

6.2.8　三角形木屋架或木梁与柱之间的斜撑宜采用木夹板，并应采用螺栓连接木柱与屋架上、下弦（木梁）；木柱柱顶应设置暗榫插入柱顶下弦（木梁）或附木中，木柱、附木及屋架下弦（木梁）宜采用"U"形扁钢和螺栓连接（图 6.2.8-1、图 6.2.8-2）。

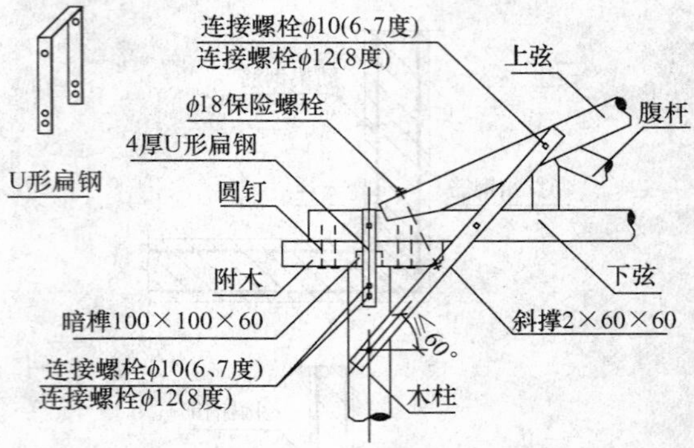

图 6.2.8-1　三角形木屋架加设斜撑

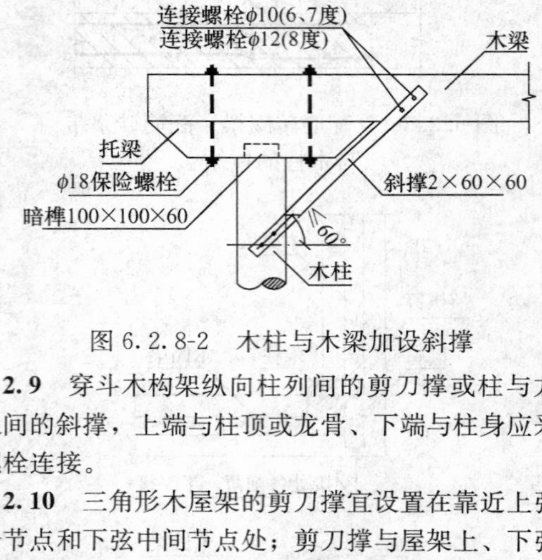

图 6.2.8-2　木柱与木梁加设斜撑

6.2.9　穿斗木构架纵向柱列间的剪刀撑或柱与龙骨之间的斜撑，上端与柱顶或龙骨、下端与柱身应采用螺栓连接。

6.2.10　三角形木屋架的剪刀撑宜设置在靠近上弦屋脊节点和下弦中间节点处；剪刀撑与屋架上、下弦之间及剪刀撑中部宜采用螺栓连接（图 6.2.10）；剪刀撑两端与屋架上、下弦应顶紧不留空隙。

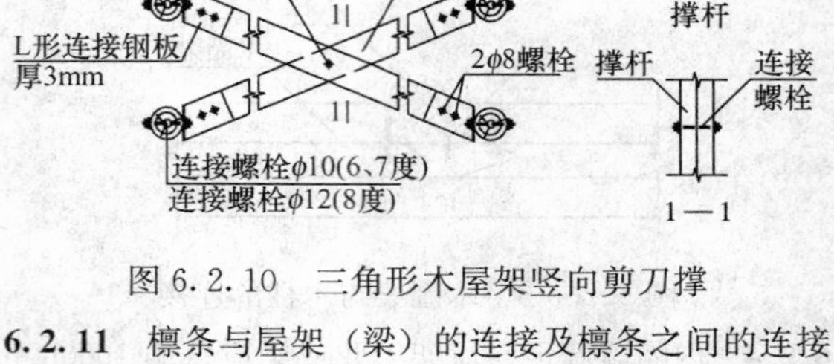

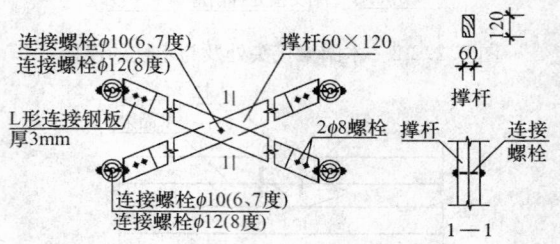

图 6.2.10　三角形木屋架竖向剪刀撑

6.2.11　檩条与屋架（梁）的连接及檩条之间的连接应符合下列要求：

1 连接用的扒钉直径：当6、7度时宜采用$\phi8$；8度时宜采用$\phi10$；9度时宜采用$\phi12$；

2 搁置在梁、屋架上弦上的檩条宜采用搭接，搭接长度不应小于梁或屋架上弦的宽度（直径），檩条与梁、屋架上弦以及檩条与檩条之间应采用扒钉或8号铁丝连接；

3 当檩条在梁、屋架、穿斗木构架柱头上采用对接时，应采用燕尾榫对接方式，且檩条与梁、屋架上弦、穿斗木构架柱头应采用扒钉连接；檩条与檩条之间应采用扒钉、木夹板或扁钢连接；

4 三角形屋架在檩条斜下方一侧（脊檩两侧）应设置檩托支托檩条；

5 双脊檩与屋架上弦的连接除应符合以上各款的要求外，双脊檩之间尚应采用木条或螺栓连接。

6.2.12 椽子或木望板应采用圆钉与檩条钉牢。

6.2.13 砖（小砌块）围护墙、生土围护墙和石围护墙的门窗洞口钢筋砖（石）过梁和木过梁的设置及构造要求尚应分别符合本规程第5章、第7章和第8章的有关规定；过梁底面砂浆层中的配筋及木过梁截面尺寸应符合下列要求：

1 墙厚为190mm、240mm的砖（小砌块）墙，钢筋砖过梁配筋应采用2$\phi6$；墙厚为370mm、490mm时，应采用3$\phi6$；

2 墙厚为240mm的石墙，钢筋石过梁配筋应采用2$\phi6$；墙厚为400mm时，应采用3$\phi6$；

3 木过梁截面尺寸不应小于表6.2.13的要求，其中矩形截面木过梁的宽度宜与墙厚相同；

表6.2.13 木过梁截面尺寸（mm）

墙厚（mm）	门窗洞口宽度 b（m）					
	$b\leqslant1.2$			$1.2<b\leqslant1.5$		
	矩形截面	圆形截面		矩形截面	圆形截面	
	高度 h	根数	直径 d	高度 h	根数	直径 d
240	35	5	45	45	4	60
370	35	8	45	45	6	60
500	35	10	45	45	8	60
700	35	12	45	45	10	60

注：d为每一根圆形截面木过梁的直径。

4 当一个洞口采用多根木杆组成过梁时，木杆上表面宜采用木板、扒钉、铁丝等将各根木杆连接成整体。

6.3 施工要求

6.3.1 木柱的施工应符合下列要求：

1 木柱不宜有接头；当接头不可避免时，接头处应采用拍巴掌榫搭接，并应采用铁套或铁件将接头处连接牢固，接头处的强度和刚度不得低于柱的其他部位；

2 严禁在木柱同一高度处纵横向同时开槽；

3 在同一截面处开槽面积不应超过截面总面积的1/2。

6.3.2 砖（小砌块）围护墙、生土围护墙和石围护墙的施工要求应分别符合本规程第5章、第7章和第8章的有关规定。

7 生土结构房屋

7.1 一般规定

7.1.1 本章适用于6～8度地区的生土结构房屋，包括土坯墙、夯土墙承重的一、二层木楼（屋）盖房屋。

7.1.2 生土结构房屋的层数和高度应符合下列要求：

1 房屋的层数和总高度不应超过表7.1.2的规定；

2 房屋的层高：单层房屋不应超过4.0m；两层房屋其各层层高不应超过3.0m。

表7.1.2 房屋层数和总高度限值（m）

烈度					
6		7		8	
高度	层数	高度	层数	高度	层数
6.0	2	4.0	1	3.3	1

注：房屋总高度指室外地面到平屋面屋面板板顶或坡屋面檐口的高度。

7.1.3 房屋抗震横墙间距不应超过表7.1.3的要求。

表7.1.3 房屋抗震横墙最大间距（m）

房屋层数	楼层	烈度		
		6	7	8
一层	1	6.6	4.8	3.3
二层	2	6.6	—	—
	1	4.8	—	—

注：抗震横墙指厚度不小于250mm的土坯墙或夯土墙。

7.1.4 生土结构房屋的局部尺寸限值宜符合表7.1.4的要求。

表7.1.4 房屋局部尺寸限值（m）

部位	6度	7度	8度
承重窗间墙最小宽度	1.0	1.2	1.4
承重外墙尽端至门窗洞边的最小距离	1.0	1.2	1.4
非承重外墙尽端至门窗洞边的最小距离	1.0	1.0	1.0
内墙阳角至门窗洞边的最小距离	1.0	1.2	1.5

7.1.5 生土结构房屋门窗洞口的宽度，6、7度时不应大于1.5m，8度时不应大于1.2m。

7.1.6 生土结构房屋的结构体系应符合下列要求：

1 应优先采用横墙承重或纵横墙共同承重的结构体系；

2 8度时不应采用硬山搁檩屋盖。

7.1.7 生土结构房屋不宜采用单坡屋盖；坡屋顶的坡度不宜大于30°；屋面宜采用轻质材料（瓦屋面）。

7.1.8 生土墙应采用平毛石、毛料石、凿开的卵石、黏土实心砖或灰土（三合土）基础，基础墙应采用混合砂浆或水泥砂浆砌筑。

7.1.9 生土结构房屋的配筋砖圈梁、配筋砂浆带或木圈梁的设置应符合下列规定：

1 所有纵横墙基础顶面处应设置配筋砖圈梁；各层墙顶标高处应分别设一道配筋砖圈梁或木圈梁，夯土墙应采用木圈梁，土坯墙应采用配筋砖圈梁或木圈梁；

2 8度时，夯土墙房屋尚应在墙高中部设置一道木圈梁；土坯墙房屋尚应在墙高中部设置一道配筋砂浆带或木圈梁。

7.1.10 生土结构房屋应在下列部位采取拉结措施：

1 每道横墙在屋檐高度处应设置不少于三道的纵向通长水平系杆；并应在横墙两侧设置墙揽与纵向系杆连接牢固，墙揽可采用方木、角钢等材料；

2 两端开间和中间隔开间山尖墙应设置竖向剪刀撑；

3 山墙、山尖墙应采用墙揽与木檩条和系杆等屋架构件拉结。

7.1.11 生土承重墙体厚度：外墙不宜小于400mm，内墙不宜小于250mm。

7.1.12 生土结构房屋的抗震设计计算可按本规程附录A的方法进行，也可按本规程附录D确定抗震横墙间距（L）和房屋宽度（B）。

7.2 抗震构造措施

7.2.1 8度时生土结构房屋应按下列要求设置木构造柱：

1 在外墙转角及内外墙交接处设置；

2 木构造柱的梢径不应小于120mm；

3 木构造柱应伸入墙体基础内，并应采取防腐和防潮措施。

7.2.2 生土结构房屋配筋砖圈梁、配筋砂浆带和木圈梁的构造应符合下列要求：

1 配筋砖圈梁和配筋砂浆带的砂浆强度等级在6、7度时不应低于M5，8度时不应低于M7.5；

2 配筋砖圈梁和配筋砂浆带的纵向钢筋配置不应低于表7.2.2的要求；

3 配筋砖圈梁的砂浆层厚度不宜小于30mm；

4 配筋砂浆带厚度不应小于50mm；

5 木圈梁的截面尺寸不应小于（高×宽）40mm×120mm。

表7.2.2 土坯墙、夯土墙房屋配筋砖圈梁和配筋砂浆带最小纵向配筋

墙体厚度 t (mm)	设防烈度		
	6度	7度	8度
$t \leqslant 400$	2ϕ6	2ϕ6	2ϕ6
$400 < t \leqslant 600$	2ϕ6	2ϕ6	3ϕ6
$t > 600$	2ϕ6	3ϕ6	4ϕ6

7.2.3 生土墙应在纵横墙交接处沿高度每隔500mm左右设一层荆条、竹片、树条等编制的拉结网片，每边伸入墙体不应小于1000mm或至门窗洞边（图7.2.3)，拉结网片在相交处应绑扎，当墙中设有木构造柱时，拉结材料与木构造柱之间应采用8号铁丝连接。

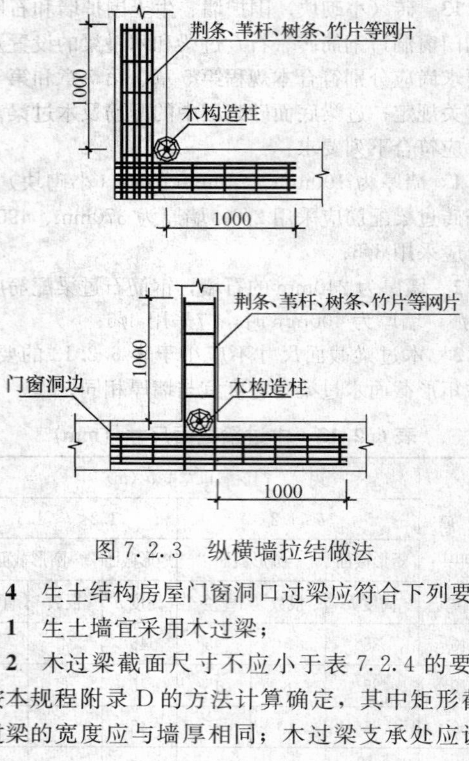

图7.2.3 纵横墙拉结做法

7.2.4 生土结构房屋门窗洞口过梁应符合下列要求：

1 生土墙宜采用木过梁；

2 木过梁截面尺寸不应小于表7.2.4的要求，或按本规程附录D的方法计算确定，其中矩形截面木过梁的宽度应与墙厚相同；木过梁支承处应设置垫木；

表7.2.4 木过梁截面尺寸（mm）

墙厚 (mm)	门窗洞口宽度 b (m)					
	$b \leqslant 1.2$			$1.2 < b \leqslant 1.5$		
	矩形截面	圆形截面		矩形截面	圆形截面	
	高度 h	根数	直径 d	高度 h	根数	直径 d
240	90	2	120	110	—	—
360	75	3	105	95	3	120
500	65	5	90	85	4	115
700	60	8	80	75	6	100

注：d 为每一根圆形截面木过梁（木杆）的直径。

3 当一个洞口采用多根木杆组成过梁时，木杆上表面宜采用木板、扒钉、铁丝等将各根木杆连接成整体。

7.2.5 生土墙门窗洞口两侧宜设木柱（板）；夯土墙门窗洞口两侧宜沿墙体高度每隔 500mm 左右加入水平荆条、竹片、树枝等编制的拉结网片，每边伸入墙体不应小于 1000mm 或至门窗洞边。

7.2.6 硬山搁檩房屋檩条的设置与构造应符合下列要求：

1 檩条支承处应设置不小于 400mm×200mm×60mm（长×宽×高）的木垫板或砖垫（图 7.2.6-1）；

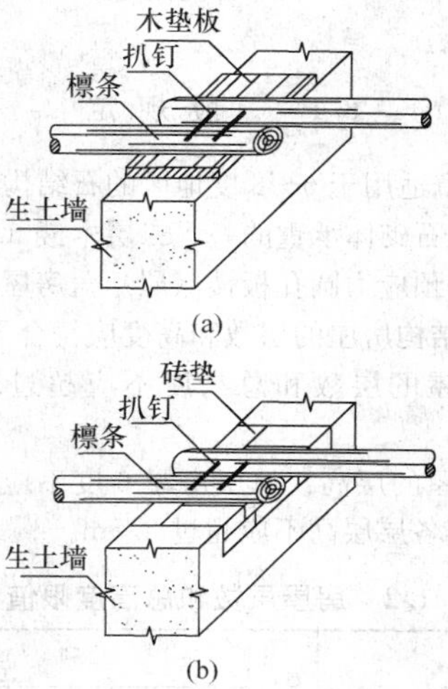

图 7.2.6-1　檩条支承及连接做法
(a) 檩条下为木垫板；(b) 檩条下为砖垫

2 内墙檩条应满搭并应采用扒钉钉牢（图 7.2.6-1）；当不能满搭时，应采用木夹板对接或燕尾榫扒钉连接；

3 檐口处椽条应伸出墙外做挑檐，并应在纵墙墙顶两侧设置双檐檩夹紧墙顶（图 7.2.6-2），檐檩宜嵌入墙内；

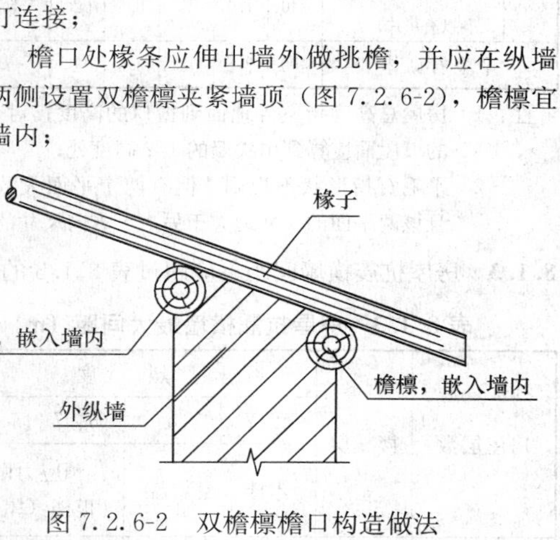

图 7.2.6-2　双檐檩檐口构造做法

4 硬山搁檩房屋的端檩应出檐，山墙两侧应采用方木墙揽与檩条连接（图 7.2.6-3）；

5 山尖墙顶宜沿斜面放置木卧梁支撑檩条（图 7.2.6-4）；

6 木檩条宜采用 8 号铁丝与山墙配筋砂浆带或

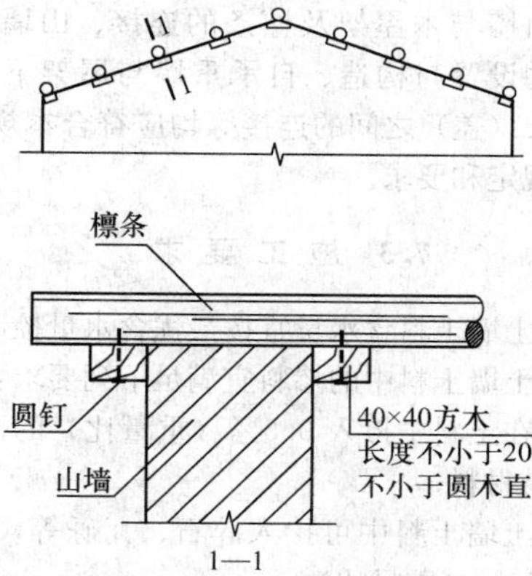

图 7.2.6-3　山墙与檩条、墙揽连接做法

配筋砖圈梁中的预埋件拉结。

7.2.7 当硬山山墙高厚比大于 10 时，应设置扶壁墙垛（图 7.2.7）。

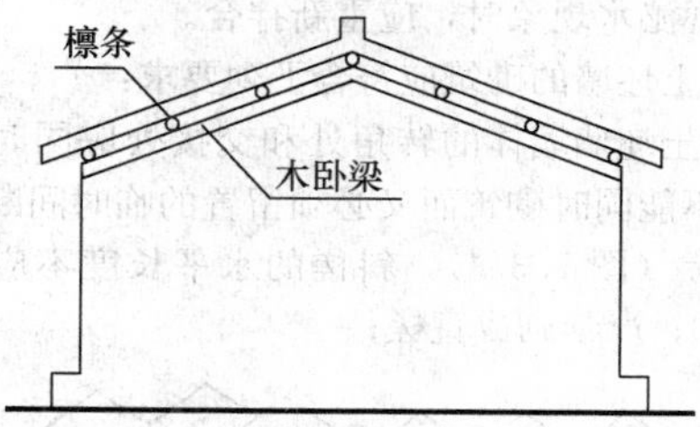

图 7.2.6-4　山尖墙斜面木卧梁

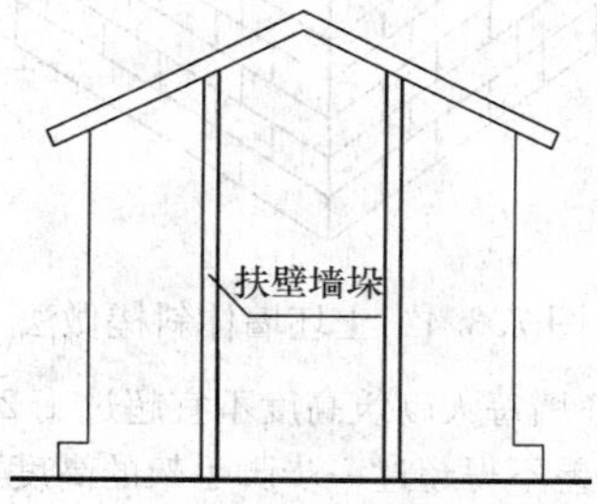

图 7.2.7　山墙扶壁墙垛

7.2.8 7 度及 7 度以上地区，夯土墙在上下层接缝处应设置木杆、竹杆（片）等竖向销键（图 7.2.8），沿墙长度方向间距宜取 500mm，长度可取 400mm。

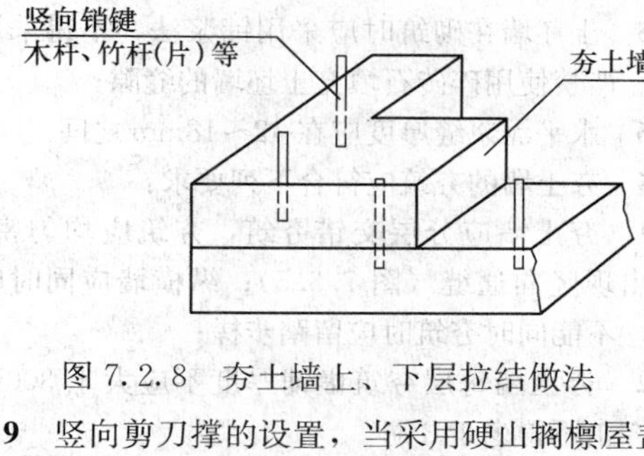

图 7.2.8　夯土墙上、下层拉结做法

7.2.9 竖向剪刀撑的设置，当采用硬山搁檩屋盖时，应符合本规程第 5.2.8 条第 5 款的规定；当采用木屋架屋盖时，应符合本规程第 6.2.10 条的规定。

7.2.10 山墙与木屋架及檩条的连接、山墙（山尖墙）墙揽的设置与构造、自承重墙与屋架下弦的连接、木屋架（盖）之间的连接等均应符合本规程第6章的有关规定和要求。

7.3 施工要求

7.3.1 夯土墙土料含水量宜按最优含水量控制。

7.3.2 生土墙土料中的掺料宜满足下列要求：

1 宜在土料中掺入0.5%（重量比）的碎麦秸、稻草等拉结材料；

2 夯土墙土料中可掺入碎石、瓦砾等，其重量不宜超过25%（重量比）；

3 夯土墙土料中掺入熟石灰时，熟石灰含量宜在5%～10%（重量比）之间。

7.3.3 土坯墙砌筑泥浆内宜掺入0.5%（重量比）的碎草，泥浆不宜过稀，应随拌随用。泥浆在使用过程中出现泌水现象时，应重新拌合。

7.3.4 土坯墙的砌筑应符合下列要求：

1 土坯墙墙体的转角处和交接处应同时咬槎砌筑，对不能同时砌筑而又必须留置的临时间断处，应砌成斜槎（图7.3.4），斜槎的水平长度不应小于高度的2/3；严禁砌成直槎；

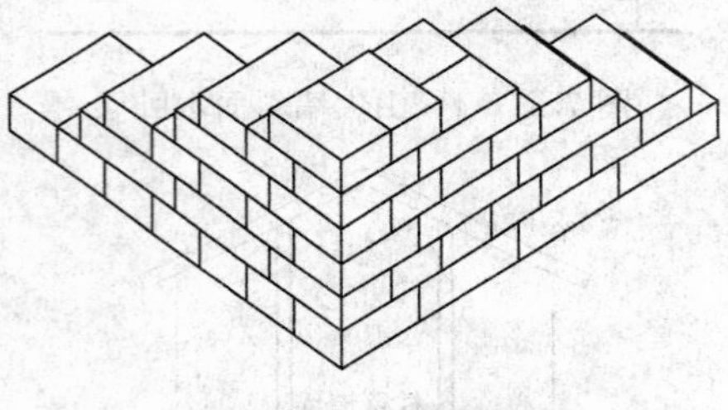

图7.3.4 土坯墙体斜槎做法

2 土坯墙每天砌筑高度不宜超过1.2m；临时间断处的高度差不得超过一步脚手架的高度；

3 土坯的大小、厚薄应均匀，墙体转角和纵横墙交接处应采取拉结措施；

4 土坯墙砌筑应采用错缝卧砌，泥浆应饱满；土坯墙接槎时，应将接槎处的表面清理干净，并应填实泥浆，保持泥缝平直；

5 土坯墙在砌筑时应采用铺浆法，不得采用灌浆法。严禁使用碎砖石填充土坯墙的缝隙；

6 水平泥浆缝厚度应在12～18mm之间。

7.3.5 夯土墙的夯筑应符合下列要求：

1 夯土墙应分层交错夯筑，夯筑应均匀密实，不应出现竖向通缝（图7.3.5）；纵横墙应同时咬槎夯筑，不能同时夯筑时应留踏步槎；

2 夯土墙每层夯筑虚铺厚度不应大于300mm，每层夯击不得少于3遍。

7.3.6 房屋室外应做散水，散水面层可采用砖、片石及碎石三合土等。

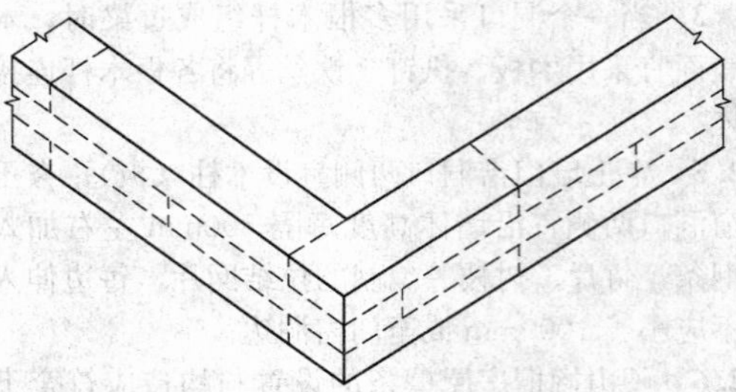

图7.3.5 夯土墙交错夯筑做法

8 石结构房屋

8.1 一般规定

8.1.1 本章适用于6～8度地区的石结构房屋，包括料石、平毛石砌体承重的一、二层木楼（屋）盖或冷轧带肋钢筋预应力圆孔板楼（屋）盖房屋。

8.1.2 石结构房屋的层数和高度应符合下列要求：

1 房屋的层数和总高度不应超过表8.1.2的规定；

2 房屋的层高：单层房屋6度不应超过4.0m；两层房屋其各层层高不应超过3.5m。

表8.1.2 房屋层数和总高度限值（m）

墙体类别		最小墙厚(mm)	烈度					
			6		7		8	
			高度	层数	高度	层数	高度	层数
料石砌体	细、半细料石砌体（无垫片）	240	7.0	2	7.0	2	6.6	2
	粗料、毛料石砌体（有垫片）	240	7.0	2	6.6	2	3.6	1
平毛石砌体		400	3.6	1	3.6	1	—	—

注：1 房屋总高度指室外地面到檐口的高度；对带阁楼的坡屋面应算到山尖墙的1/2高度处；

2 平毛石指形状不规则，但有两个平面大致平行、且该两平面的尺寸远大于另一个方向尺寸的块石。

8.1.3 房屋抗震横墙间距不应超过表8.1.3的要求。

表8.1.3 房屋抗震横墙最大间距（m）

房屋层数	楼层	烈度			
		6、7	8	6、7	8
		木楼（屋）盖		预应力圆孔板楼（屋）盖	
一层	1	11.0	7.0	13.0	9.0
二层	2	11.0	7.0	13.0	9.0
	1	7.0	5.0	9.0	7.0

注：抗震横墙指厚度不小于240mm的料石墙或厚度不小于400mm的毛石墙。

8.1.4 石结构房屋的局部尺寸限值宜符合表 8.1.4 的要求。

表 8.1.4 房屋局部尺寸限值（m）

部 位	烈 度	
	6、7	8
承重窗间墙最小宽度	1.0	1.0
承重外墙尽端至门窗洞边的最小距离	1.0	1.2
非承重外墙尽端至门窗洞边的最小距离	1.0	1.0
内墙阳角至门窗洞边的最小距离	1.0	1.2

注：出入口处的女儿墙应有锚固。

8.1.5 石结构房屋的结构体系应符合下列要求：

1 应优先采用横墙承重或纵横墙共同承重的结构体系；

2 8 度时不应采用硬山搁檩屋盖；

3 严禁采用石板、石梁及独立料石柱作为承重构件；

4 严禁采用悬挑踏步板式楼梯。

8.1.6 石结构房屋应在下列部位设置配筋砂浆带：

1 所有纵横墙的基础顶部、每层楼（屋）盖（墙顶）标高处；

2 8 度时尚应在墙高中部增设一道。

8.1.7 木楼（屋）盖石结构房屋应在下列部位采取拉结措施：

1 两端开间屋架和中间隔开间屋架应设置竖向剪刀撑；

2 山墙、山尖墙应采用墙揽与木屋架或檩条拉结；

3 内隔墙墙顶应与梁或屋架下弦拉结。

8.1.8 石材规格应符合下列要求：

1 料石的宽度、高度分别不宜小于 240mm 和 220mm；长度宜为高度的 2～3 倍，且不宜大于高度的 4 倍。料石加工面的平整度应符合表 8.1.8 的要求：

表 8.1.8 料石加工面的平整度（mm）

料石种类	外露面及相接周边的表面凹入深度	上、下叠砌面及左右接砌面的表面凹入深度	尺寸允许偏差	
			宽度及高度	长度
细料石	≤2	≤10	±3	±5
半细料石	≤10	≤15	±3	±5
粗料石	≤20	≤20	±5	±7
毛料石	稍加修整	≤25	±10	±15

2 平毛石应呈扁平块状，其厚度不宜小于 150mm。

8.1.9 承重石墙厚度，料石墙不宜小于 240mm，平毛石墙不宜小于 400mm。

8.1.10 当屋架或梁的跨度大于 4.8m 时，支承处宜加设壁柱或采取其他加强措施，壁柱宽度不宜小于 400mm，厚度不宜小于 200mm，壁柱应采用料石砌筑（图 8.1.10）。

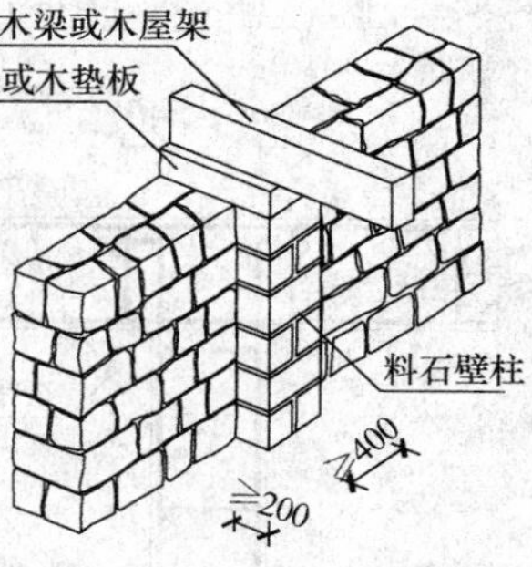

(a)

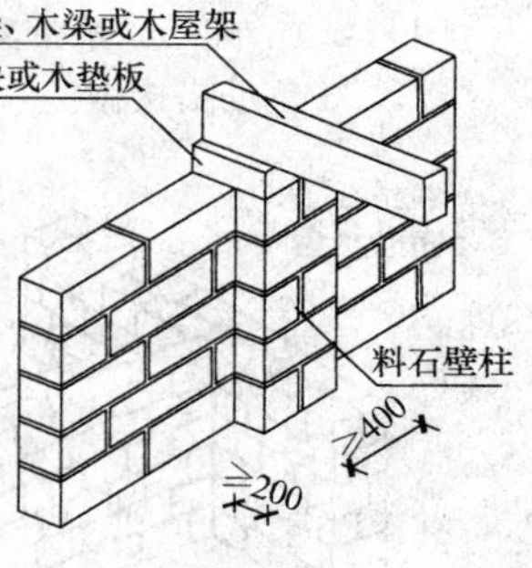

(b)

图 8.1.10 料石壁柱砌法

(a) 平毛石墙体（注：墙厚≥450mm 时可不设壁柱）；(b) 料石墙体（注：双轨墙体可不设壁柱）

8.1.11 石结构房屋的抗震设计计算可按本规程附录 A 的方法进行，也可按本规程附录 E 确定抗震横墙间距（L）和房屋宽度（B）。

8.2 抗震构造措施

8.2.1 配筋砂浆带的构造应符合下列要求：

1 砂浆强度等级：6、7 度时不应低于 M5，8 度时不应低于 M7.5；

2 配筋砂浆带的厚度不宜小于 50mm；

3 配筋砂浆带的纵向钢筋配置不应低于表 8.2.1 的要求：

表 8.2.1 配筋砂浆带最小纵向配筋

墙体厚度 t（mm）	6、7 度	8 度
≤300	2ϕ8	2ϕ10
>300	3ϕ8	3ϕ10

4 配筋砂浆带交接（转角）处钢筋应搭接（图 8.2.1）。

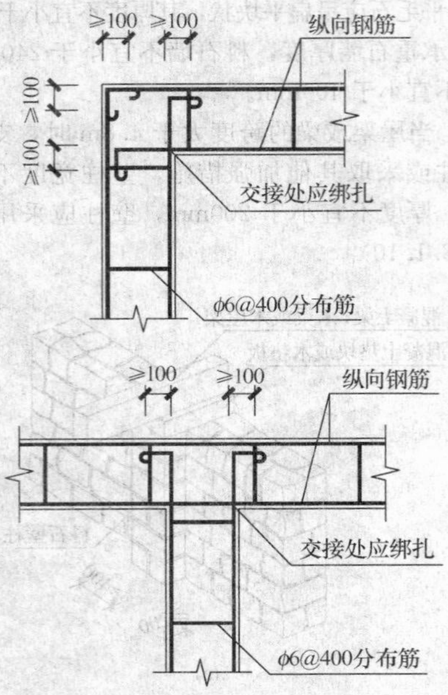

图 8.2.1 配筋砂浆带交接处钢筋搭接做法

8.2.2 纵横墙交接处应符合下列要求：

1 料石砌体应采用无垫片砌筑，平毛石砌体应每皮设置拉结石（图 8.2.2-1）；

2 7、8 度时应沿墙高每隔 500～700mm 设置 2ϕ6 拉结钢筋，每边伸入墙内宜不小于 1000mm 或伸至门窗洞边（图 8.2.2-2）。

8.2.3 钢筋混凝土楼（屋）盖房屋，门窗洞口宜采用钢筋混凝土过梁；木楼（屋）盖房屋，门窗洞口可采用钢筋混凝土过梁或钢筋石过梁。当门窗洞口采用钢筋石过梁时，钢筋石过梁的构造应符合下列规定：

1 钢筋石过梁底面砂浆层中的钢筋配筋量不应低于表 8.2.3 的规定，也可按本规程附录 F 的方法计算确定，间距不宜大于 100mm；

2 钢筋石过梁底面砂浆层的厚度不宜小于 40mm，砂浆层的强度等级不应低于 M5，钢筋伸入支座长度不宜小于 300mm；

3 钢筋石过梁截面高度内的砌筑砂浆强度等级不宜低于 M5。

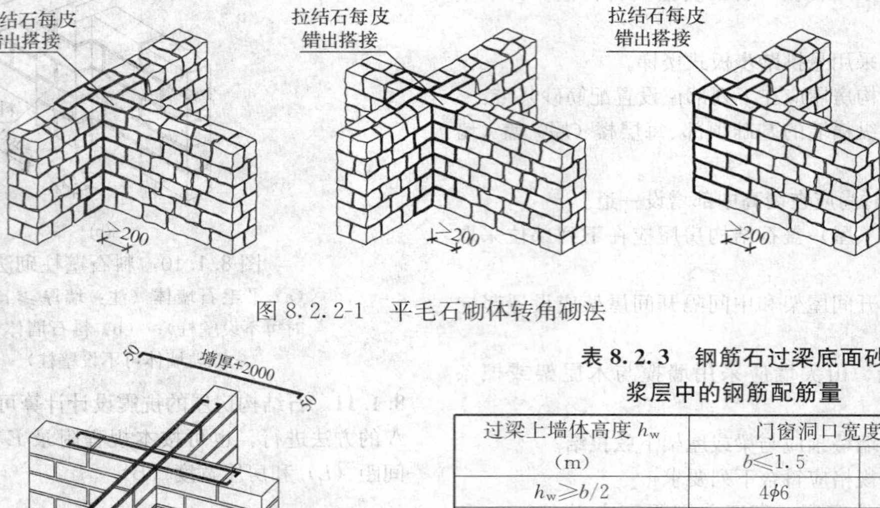

图 8.2.2-1 平毛石砌体转角砌法

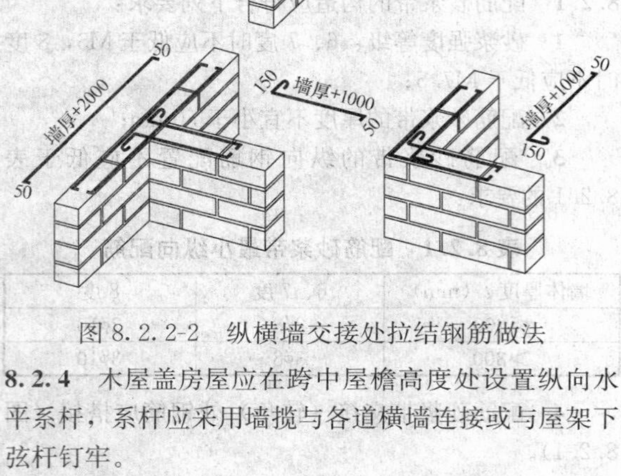

图 8.2.2-2 纵横墙交接处拉结钢筋做法

8.2.4 木屋盖房屋应在跨中屋檐高度处设置纵向水平系杆，系杆应采用墙揽与各道横墙连接或与屋架下弦杆钉牢。

表 8.2.3 钢筋石过梁底面砂浆层中的钢筋配筋量

过梁上墙体高度 h_w（m）	门窗洞口宽度 b（m）	
	$b \leqslant 1.5$	$1.5 < b \leqslant 1.8$
$h_w \geqslant b/2$	4ϕ6	4ϕ6
$0.3 \leqslant h_w < b/2$	4ϕ6	4ϕ8

8.2.5 当采用硬山搁檩木屋盖时，屋盖木构件拉结措施应符合下列要求：

1 檩条应在内墙满搭并应采用扒钉钉牢，不能满搭时应采用木夹板对接或燕尾榫扒钉连接；

2 木檩条应用 8 号铁丝与山墙配筋砂浆带中的预埋件拉结；

3 木屋盖各构件应采用圆钉、扒钉或铁丝等相互连接。

8.2.6 当采用木屋架屋盖时，屋架的构造措施、山墙与木屋架及檩条的连接、山墙（山尖墙）墙揽的设置与构造、以及屋架构件之间的连接措施等均应符合本规程第 6 章的有关规定和要求。

8.2.7 内隔墙墙顶与梁或屋架下弦每隔 1000mm 应

采用木夹板或铁件连接，参见本规程图 6.2.4。

8.2.8 突出屋面的楼梯间，内外墙交接处应沿墙高每隔 500～700mm 设 2ϕ6 拉结钢筋，且每边伸入墙内不应小于 1000mm。7、8 度时顶层楼梯间横墙和外墙宜沿墙高每隔 1000mm 左右设 2ϕ6 通长钢筋。

8.2.9 预制混凝土圆孔板楼（屋）盖的整体性连接及其构造，应符合本规程第 5.2.12 条的要求。

8.3 施工要求

8.3.1 石结构的砌筑应符合下列要求：

1 石砌体砌筑前应清除石材表面的泥垢、水锈等杂质；

2 砌筑砂浆稠度（坍落度）：无垫片为 10～30mm，有垫片为 40～50mm，并可根据气候变化情况进行适当调整；

3 石砌体的灰缝厚度：细料石砌体不宜大于 5mm；半细料石砌体不宜大于 10mm；无垫片粗料石砌体不宜大于 20mm；有垫片粗料石、毛料石、平毛石砌体不宜大于 30mm；

4 无垫片料石和平毛石砌体每日砌筑高度不宜超过 1.2m；有垫片料石砌体每日砌筑高度不宜超过 1.5m；

5 已砌好的石块不应移位、顶高；当必须移动时，应将石块移开，将已铺砂浆清理干净，重新铺浆。

8.3.2 料石砌体施工应符合下列要求：

1 料石砌筑时，应放置平稳；砂浆铺设厚度应略高于规定灰缝厚度，其高出厚度：细料石、半细料石宜为 3～5mm，粗料石、毛料石宜为 6～8mm；

2 料石墙体上下皮应错缝搭砌，错缝长度不宜小于料石长度的 1/3；

3 有垫片料石砌体砌筑时，应先满铺砂浆，并在其四角安置主垫，砂浆应高出主垫 10mm，待上皮料石安装调平后，再沿灰缝两侧均匀塞入副垫。主垫不得采用双垫，副垫不得用锤击入；

4 料石砌体的竖缝应在料石安装调平后，用同样强度等级的砂浆灌注密实，竖缝不得透空；

5 石砌墙体在转角和内外墙交接处应同时砌筑。对不能同时砌筑而又需留置的临时间断处，应砌成斜槎，斜槎的水平长度不应小于高度的 2/3；严禁砌成直槎。

8.3.3 平毛石砌体施工应符合下列要求：

1 平毛石砌体宜分皮卧砌，各皮石块间应利用自然形状敲打修整，使之与先砌石块基本吻合、搭砌紧密；应上下错缝，内外搭砌，不得采用外面侧立石块中间填心的砌筑方法；中间不得夹砌过桥石（仅在两端搭砌的石块）、铲口石（尖角倾斜向外的石块）和斧刃石；

2 平毛石砌体的灰缝厚度宜为 20～30mm，石块间不得直接接触；石块间空隙较大时应先填塞砂浆后用碎石块嵌实，不得采用先摆碎石后塞砂浆或干填碎石块的砌法；

3 平毛石砌体的第一皮和最后一皮，墙体转角和洞口处，应采用较大的平毛石砌筑；

4 平毛石砌体必须设置拉结石（图 8.3.3），拉结石应均匀分布，互相错开；拉结石宜每 0.7m^2 墙面设置一块，且同皮内拉结石的中距不应大于 2m；

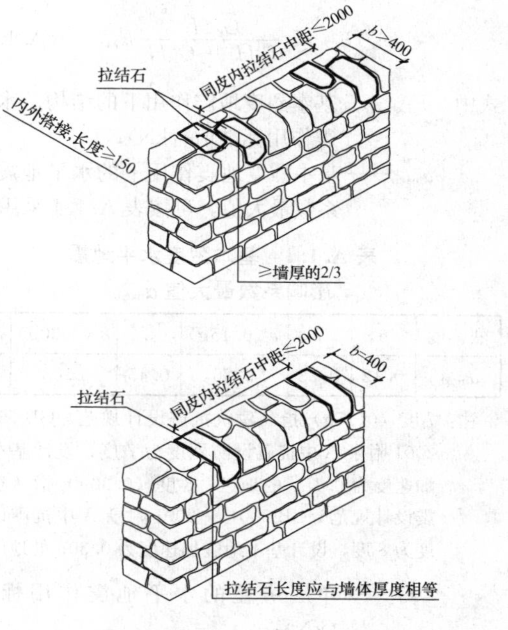

图 8.3.3 平毛石砌体拉结石砌法

拉结石的长度，当墙厚等于 400mm 时，应与墙厚相等；当墙厚大于 400mm 时，可用两块拉结石内外搭接，搭接长度不应小于 150mm，且其中一块的长度不应小于墙厚的 2/3。

附录 A 墙体截面抗震受剪极限承载力验算方法

A.1 水平地震作用标准值计算

A.1.1 基本烈度地震作用下结构的水平地震作用标准值可按下式确定（图 A.1.1）：

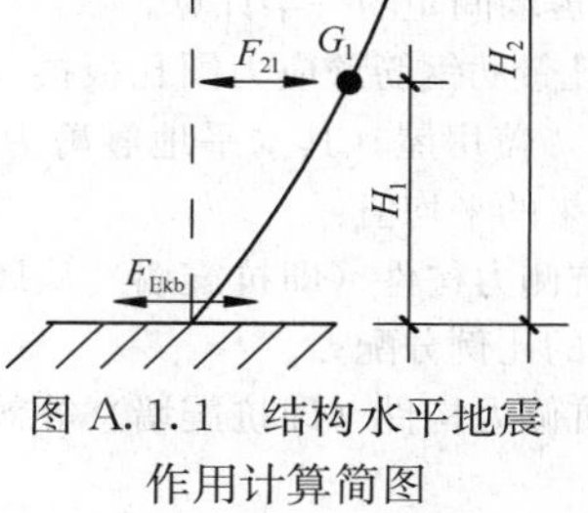

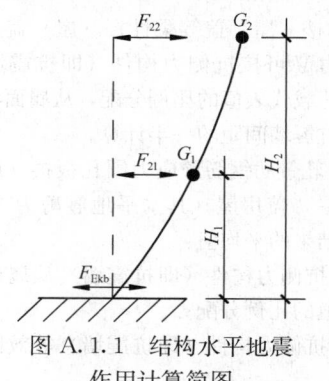

图 A.1.1 结构水平地震作用计算简图

$$F_{Ekb}=\alpha_{maxb}G_{eq} \quad (A.1.1\text{-}1)$$

1 对于单层房屋：

$$F_{11}=F_{Ekb} \quad (A.1.1\text{-}2)$$

2 对于两层房屋：

$$F_{21}=\frac{G_1H_1}{G_1H_1+G_2H_2}F_{Ekb} \quad (A.1.1\text{-}3)$$

$$F_{22}=\frac{G_2H_2}{G_1H_1+G_2H_2}F_{Ekb} \quad (A.1.1\text{-}4)$$

式中 F_{Ekb}——基本烈度地震作用下的结构总水平地震作用标准值（kN）；

α_{maxb}——基本烈度地震作用下的水平地震影响系数最大值，可按表 A.1.1 采用；

表 A.1.1 基本烈度水平地震影响系数最大值 α_{maxb}

烈 度	6	7	7（0.15g）	8	8（0.30g）	9
α_{maxb}	0.12	0.23	0.36	0.45	0.68	0.90

注：7 度（0.15g）指《建筑抗震设计规范》GB 50011—2001 附录 A 中抗震设防烈度为 7 度，设计基本地震加速度为 0.15g 的地区；8 度（0.30g）指《建筑抗震设计规范》GB 50011—2001 附录 A 中抗震设防烈度为 8 度，设计基本地震加速度为 0.30g 的地区。

F_{11}——单层房屋的水平地震作用标准值（kN）；

F_{21}——两层房屋质点 1 的水平地震作用标准值（kN）；

F_{22}——两层房屋质点 2 的水平地震作用标准值（kN）；

G_{eq}——结构等效总重力荷载（kN），单层房屋应取总重力荷载代表值，两层房屋可取总重力荷载代表值的 95%；

G_1、G_2——为集中于质点 1 和质点 2 的重力荷载代表值（kN），应分别取结构和构件自重标准值与 0.5 倍的楼面活荷载、0.5 倍的屋面雪荷载之和；

H_1、H_2——分别为质点 1 和质点 2 的计算高度（m）。

A.1.2 木楼（屋）盖等柔性楼（屋）盖房屋，其水平地震剪力 V 可按抗侧力构件（即抗震墙）从属面积上重力荷载代表值的比例分配，从属面积可按左右两侧相邻抗震墙间距的一半计算。

A.1.3 冷轧带肋钢筋预应力圆孔板楼（屋）盖等半刚性楼（屋）盖房屋，其水平地震剪力 V 可取以下两种分配结果的平均值：

1 按抗侧力构件（即抗震墙）从属面积上重力荷载代表值的比例分配；

2 按抗侧力构件（即抗震墙）等效刚度的比例分配。

A.2 墙体截面抗震受剪极限承载力验算

A.2.1 墙体的截面抗震受剪极限承载力，可按下式进行验算：

$$V_b \leqslant \gamma_{bE}\zeta_N f_{v,m}A \quad (A.2.1\text{-}1)$$

$$\zeta_N=\frac{1}{1.2}\sqrt{1+0.45\sigma_0/f_v} \quad (A.2.1\text{-}2)$$

$$\zeta_N=\begin{cases}1+0.25\sigma_0/f_v & (\sigma_0/f_v\leqslant 5)\\ 2.25+0.17(\sigma_0/f_v-5) & (\sigma_0/f_v>5)\end{cases} \quad (A.2.1\text{-}3)$$

式中 V_b——基本烈度地震作用下墙体剪力标准值（kN），可按本规程第 A.1.2 条确定；

γ_{bE}——极限承载力抗震调整系数，承重墙可取 0.85，非承重墙（围护墙）可取 0.95；

$f_{v,m}$——非抗震设计的砌体抗剪强度平均值（N/mm²）；

A——抗震墙墙体横截面面积（mm²）；

ζ_N——砌体抗震抗剪强度的正应力影响系数；除混凝土小砌块砌体以外的砌体可按式 A.2.1-2 计算，混凝土小砌块砌体可按式 A.2.1-3 计算；

σ_0——对应于重力荷载代表值的砌体截面平均压应力（N/mm²）。

A.2.2 砌体抗剪强度平均值 $f_{v,m}$，可按下列方法计算：

1 对于砖砌体

$$f_{v,m}=2.38f_v \quad (A.2.2\text{-}1)$$

2 对于毛石砌体

$$f_{v,m}=2.70f_v \quad (A.2.2\text{-}2)$$

3 对于生土墙体

$$f_{v,m}=0.125\sqrt{f_2} \quad (A.2.2\text{-}3)$$

式中 f_v——非抗震设计的砌体抗剪强度设计值（N/mm²），砖和石砌体可按表 A.2.2-1 采用，土坯墙体可按表 A.2.2-2 采用；

f_2——砌筑泥浆的抗压强度平均值（N/mm²）。

表 A.2.2-1 非抗震设计的砌体抗剪强度设计值 f_v（N/mm²）

砌体种类	砌体砂浆强度等级					
	M10	M7.5	M5	M2.5	M1	M0.4
普通砖、多孔砖	0.17	0.14	0.11	0.08	0.05	0.03
小砌块	0.09	0.08	0.06	—	—	—
蒸压砖	0.12	0.10	0.08	0.06	—	—
料石、平毛石	0.21	0.19	0.16	0.11	0.07	0.04

表 A.2.2-2　非抗震设计的土坯墙抗剪强度设计值 f_v（N/mm^2）

砌筑泥浆抗压强度平均值 f_2	3.0	2.5	2.0	1.5	1.0 (M1)	0.7 (M0.7)	0.5
抗剪强度设计值 f_v	0.09	0.08	0.07	0.06	0.05	0.04	0.04

注：土坯的抗压强度平均值不应低于对应的砌筑泥浆的抗压强度平均值。

附录 B　砌体结构房屋抗震横墙间距（L）和房屋宽度（B）限值

B.0.1　当砖墙厚度满足本规程第 5.1.8 条规定、墙体洞口水平截面面积满足本规程第 3.1.2 条规定、层高不大于本附录下列表中对应值时，各类墙体砌体结构房屋的抗震横墙间距（L）和对应的房屋宽度（B）的限值宜分别按表 B.0.1-1 至表 B.0.1-20 采用。抗震横墙间距和对应的房屋宽度满足表中对应限值要求时，房屋墙体的抗震承载力可满足对应的设防烈度地震作用的要求。对表 B.0.1-1 至表 B.0.1-20 的采用，应符合下列要求：

1　表中的抗震横墙间距，对横墙间距不同的木楼（屋）盖房屋为最大横墙间距值；对预应力圆孔板楼（屋）盖房屋为横墙间距的平均值。表中分别给出房屋宽度的下限值和上限值，对确定的抗震横墙间距，房屋宽度应在下限值和上限值之间选取确定；抗震横墙间距取其他值时，可内插求得对应的房屋宽度限值。

2　表中为“—”者，表示采用该强度等级砂浆砌筑墙体的房屋，其墙体抗震承载力不能满足对应的设防烈度地震作用的要求，应提高砌筑砂浆强度等级。

3　当两层房屋一、二层墙体采用相同强度等级的砂浆砌筑时，实际房屋宽度应按第一层限值采用。

4　当两层房屋一、二层墙体采用不同强度等级的砂浆砌筑或一、二层采用不同形式的楼（屋）盖时，实际房屋宽度应同时满足表中一、二层限值要求。

5　墙厚为 240mm 的实心砖墙木楼（屋）盖房屋，与抗震横墙间距（L）对应的房屋宽度（B）的限值宜按表 B.0.1-1 采用。

表 B.0.1-1　抗震横墙间距和房屋宽度限值（240mm 实心砖墙木楼屋盖）(m)

烈度	层数	层号	层高	抗震横墙间距（L）	与砂浆强度等级对应的房屋宽度限值（B）									
					M1		M2.5		M5		M7.5		M10	
					下限	上限	下限	上限	下限	上限	下限	上限	下限	上限
6	一	1	4.0	3～11	4	11	4	11	4	11	4	11	4	11
7	一	1	4.0	3～11	4	11	4	11	4	11	4	11	4	11
7 (0.15g)	一	1	4.0	3	4	6	4	9.9	4	11	4	11	4	11
				3.6	4	6.8	4	11	4	11	4	11	4	11
				4.2	4	7.4	4	11	4	11	4	11	4	11
				4.8	4	8	4	11	4	11	4	11	4	11
				5.4	4	8.5	4	11	4	11	4	11	4	11
				6	4	9	4	11	4	11	4	11	4	11
				6.6	4.3	9.4	4	11	4	11	4	11	4	11
				7.2	4.8	9.8	4	11	4	11	4	11	4	11
				7.8	5.3	10.1	4	11	4	11	4	11	4	11
				8.4	5.9	10.4	4	11	4	11	4	11	4	11
				9	6.5	10.7	4	11	4	11	4	11	4	11
				9.6	7.1	11	4	11	4	11	4	11	4	11
				10.2	7.8	11	4	11	4	11	4	11	4	11
				11	8.9	11	4	11	4	11	4	11	4	11
8	一	1	3.6	3	4	4.8	4	8.1	4	9	4	9	4	9
				3.6	4	5.4	4	9	4	9	4	9	4	9
				4.2	4	5.9	4	9	4	9	4	9	4	9
				4.8	4.1	6.3	4	9	4	9	4	9	4	9
				5.4	4.6	6.7	4	9	4	9	4	9	4	9
				6	5.6	7.1	4	9	4	9	4	9	4	9
				6.6	6.5	7.4	4	9	4	9	4	9	4	9
				7.2	7.6	7.7	4	9	4	9	4	9	4	9
				7.8～8.4	—	—	4	9	4	9	4	9	4	9
				9	—	—	4.3	9	4	9	4	9	4	9

续表 B.0.1-1

烈度	层数	层号	层高	抗震横墙间距（L）	与砂浆强度等级对应的房屋宽度限值（B） M1 下限	M1 上限	M2.5 下限	M2.5 上限	M5 下限	M5 上限	M7.5 下限	M7.5 上限	M10 下限	M10 上限
8 (0.30g)	一	1	3.6	3	—	—	4	4.7	4	6.9	4	9	4	9
				3.6	—	—	4	5.3	4	7.7	4	9	4	9
				4.2	—	—	4	5.8	4	8.4	4	9	4	9
				4.8	—	—	4.8	6.2	4	9	4	9	4	9
				5.4	—	—	5.4	6.6	4	9	4	9	4	9
				6	—	—	7	7	4	9	4	9	4	9
				6.6	—	—	—	—	4.1	9	4	9	4	9
				7.2	—	—	—	—	4.7	9	4	9	4	9
				7.8	—	—	—	—	5.3	9	4	9	4	9
				8.4	—	—	—	—	6	9	4	9	4	9
				9	—	—	—	—	6.8	9	4	9	4	9
9	一	1	3.3	3	—	—	—	—	4	5.1	4	6	4	6
				3.6	—	—	—	—	4	5.7	4	6	4	6
				4.2	—	—	—	—	4	6	4	6	4	6
				4.8	—	—	—	—	4.4	6	4	6	4	6
				5	—	—	—	—	4.7	6	4	6	4	6
			3.0	3	—	—	—	—	4	5.6	4	6	4	6
				3.6～5	—	—	—	—	4	6	4	6	4	6
6	二	2	3.6	3～11	4	11	4	11	4	11	4	11	4	11
		1	3.6	3～9	4	11	4	11	4	11	4	11	4	11
7	二	2	3.6	3	4	7.7	4	11	4	11	4	11	4	11
				3.6	4	8.7	4	11	4	11	4	11	4	11
				4.2	4	9.5	4	11	4	11	4	11	4	11
				4.8	4	10.3	4	11	4	11	4	11	4	11
				5.4～9	4	11	4	11	4	11	4	11	4	11
				9.6	4.3	11	4	11	4	11	4	11	4	11
				10.2	4.6	11	4	11	4	11	4	11	4	11
				11	5	11	4	11	4	11	4	11	4	11
		1	3.6	3	4	5.1	4	8	4	10.8	4	11	4	11
				3.6	4	5.8	4	9.2	4	11	4	11	4	11
				4.2	4	6.5	4	10.3	4	11	4	11	4	11
				4.8	4	7.1	4	11	4	11	4	11	4	11
				5.4	4.4	7.7	4	11	4	11	4	11	4	11
				6	4.9	8.2	4	11	4	11	4	11	4	11
				6.6	5.4	8.7	4	11	4	11	4	11	4	11
				7.2	6	9.2	4	11	4	11	4	11	4	11
				7.8	6.5	9.6	4	11	4	11	4	11	4	11
				8.4	7.1	10	4	11	4	11	4	11	4	11
				9	7.7	10.4	4.2	11	4	11	4	11	4	11

续表 B.0.1-1

烈度	层数	层号	层高	抗震横墙间距（L）	与砂浆强度等级对应的房屋宽度限值（B）									
					M1		M2.5		M5		M7.5		M10	
					下限	上限	下限	上限	下限	上限	下限	上限	下限	上限
7（0.15g）	二	2	3.6	3	4	4.2	4	7.2	4	10.2	4	11	4	11
				3.6	4.3	4.8	4	8.2	4	11	4	11	4	11
				4.2	5.1	5.2	4	9	4	11	4	11	4	11
				4.8	—	—	4	9.7	4	11	4	11	4	11
				5.4	—	—	4	10.3	4	11	4	11	4	11
				6	—	—	4	10.9	4	11	4	11	4	11
				6.6～7.2	—	—	4	11	4	11	4	11	4	11
				7.8	—	—	4.3	11	4	11	4	11	4	11
				8.4	—	—	4.7	11	4	11	4	11	4	11
				9	—	—	5.1	11	4	11	4	11	4	11
				9.6	—	—	5.6	11	4	11	4	11	4	11
				10.2	—	—	6.1	11	4	11	4	11	4	11
				11	—	—	6.8	11	4	11	4	11	4	11
		1	3.6	3	—	—	4	4.3	4	6.1	4	7.9	4	9.6
				3.6	—	—	4	4.9	4	7	4	9	4	11
				4.2	—	—	4.5	5.5	4	7.8	4	10.1	4	11
				4.8	—	—	5.3	6	4	8.6	4	11	4	11
				5.4	—	—	—	—	4	9.3	4	11	4	11
				6	—	—	—	—	4.2	9.9	4	11	4	11
				6.6	—	—	—	—	4.6	10.5	4	11	4	11
				7.2	—	—	—	—	5.1	11	4	11	4	11
				7.8	—	—	—	—	5.6	11	4	11	4	11
				8.4	—	—	—	—	6.1	11	4	11	4	11
				9	—	—	—	—	6.7	11	4	11	4	11
8	二	2	3.3	3	—	—	4	5.8	4	8.4	4	9	4	9
				3.6	—	—	4	6.5	4	9	4	9	4	9
				4.2	—	—	4	7.2	4	9	4	9	4	9
				4.8	—	—	4	7.7	4	9	4	9	4	9
				5.4	—	—	4	8.2	4	9	4	9	4	9
				6	—	—	4.4	8.6	4	9	4	9	4	9
				6.6	—	—	5	9	4	9	4	9	4	9
				7.2	—	—	5.7	9	4	9	4	9	4	9
				7.8	—	—	6.4	9	4	9	4	9	4	9
				8.4	—	—	7.3	9	4	9	4	9	4	9
				9	—	—	8.2	9	4	9	4	9	4	9

续表 B.0.1-1

烈度	层数	层号	层高	抗震横墙间距（L）	与砂浆强度等级对应的房屋宽度限值（B）									
					M1		M2.5		M5		M7.5		M10	
					下限	上限	下限	上限	下限	上限	下限	上限	下限	上限
8	二	1	3.3	3	—	—	—	—	4	4.8	4	6.3	4	7.8
				3.6	—	—	—	—	4	5.5	4	7.2	4	9
				4.2	—	—	—	—	4	6.1	4	8.1	4	9
				4.8	—	—	—	—	4.5	6.7	4	8.8	4	9
				5.4	—	—	—	—	5.2	7.2	4	9	4	9
				6	—	—	—	—	6	7.7	4	9	4	9
				6.6	—	—	—	—	6.8	8.1	4	9	4	9
				7	—	—	—	—	7.3	8.4	4	9	4	9
8 (0.30g)	二	2	3.3	3	—	—	—	—	4	4.9	4	6.6	4	8.3
				3.6	—	—	—	—	4	5.5	4	7.4	4	9
				4.2	—	—	—	—	4	6	4	8.1	4	9
				4.8	—	—	—	—	4.7	6.5	4	8.7	4	9
				5.4	—	—	—	—	5.7	6.9	4	9	4	9
				6	—	—	—	—	6.8	7.2	4	9	4	9
				6.6	—	—	—	—	—	—	4.6	9	4	9
				7.2	—	—	—	—	—	—	5.3	9	4	9
				7.8	—	—	—	—	—	—	6.1	9	4	9
				8.4	—	—	—	—	—	—	6.9	9	4	9
				9	—	—	—	—	—	—	7.9	9	4	9
		1	3.3	3	—	—	—	—	—	—	—	—	4	4.4
				3.6	—	—	—	—	—	—	—	—	4	5.1
				4.2	—	—	—	—	—	—	—	—	4.6	5.7
				4.8	—	—	—	—	—	—	—	—	5.5	6.2
				5.4	—	—	—	—	—	—	—	—	6.4	6.7
				6～7	—	—	—	—	—	—	—	—	—	—

6 墙厚为370mm的实心砖墙木楼（屋）盖房屋（单开间），与抗震横墙间距（L）对应的房屋宽度（B）的限值宜按表B.0.1-2采用。

表B.0.1-2 抗震横墙间距和房屋宽度限值（370mm实心砖墙木楼屋盖）(m)

烈度	层数	层号	层高	抗震横墙间距（L）	与砂浆强度等级对应的房屋宽度限值（B）									
					M1		M2.5		M5		M7.5		M10	
					下限	上限	下限	上限	下限	上限	下限	上限	下限	上限
6	一	1	4.0	3～11	4	11	4	11	4	11	4	11	4	11
7	一	1	4.0	3～11	4	11	4	11	4	11	4	11	4	11
7 (0.15g)	一	1	4.0	3	4	6.9	4	11	4	11	4	11	4	11
				3.6	4	7.9	4	11	4	11	4	11	4	11
				4.2	4	8.8	4	11	4	11	4	11	4	11
				4.8	4	9.6	4	11	4	11	4	11	4	11
				5.4	4	10.3	4	11	4	11	4	11	4	11
				6～11	4	11	4	11	4	11	4	11	4	11

续表 B.0.1-2

烈度	层数	层号	层高	抗震横墙间距（L）	与砂浆强度等级对应的房屋宽度限值（B）									
					M1		M2.5		M5		M7.5		M10	
					下限	上限	下限	上限	下限	上限	下限	上限	下限	上限
8	一	1	3.6	3	4	5.6	4	9	4	9	4	9	4	9
				3.6	4	6.3	4	9	4	9	4	9	4	9
				4.2	4	7	4	9	4	9	4	9	4	9
				4.8	4	7.7	4	9	4	9	4	9	4	9
				5.4	4	8.2	4	9	4	9	4	9	4	9
				6	4	8.7	4	9	4	9	4	9	4	9
				6.6～9	4	9	4	9	4	9	4	9	4	9
8 (0.30g)	一	1	3.6	3	—	—	4	5.5	4	7.9	4	9	4	9
				3.6	—	—	4	6.2	4	9	4	9	4	9
				4.2	—	—	4	6.9	4	9	4	9	4	9
				4.8	4	4.1	4	7.5	4	9	4	9	4	9
				5.4	4	4.4	4	8.1	4	9	4	9	4	9
				6	4	4.7	4	8.6	4	9	4	9	4	9
				6.6	4.2	4.9	4	9	4	9	4	9	4	9
				7.2	4.7	5.2	4	9	4	9	4	9	4	9
				7.8	5.3	5.4	4	9	4	9	4	9	4	9
				8.4～9	—	—	4	9	4	9	4	9	4	9
9	一	1	3.3	3	—	—	4	4	4	6	4	6	4	6
				3.6	—	—	4	4.5	4	6	4	6	4	6
				4.2	—	—	4	5	4	6	4	6	4	6
				4.8	—	—	4	5.4	4	6	4	6	4	6
				5	—	—	4	5.5	4	6	4	6	4	6
			3.0	3	—	—	4	4.4	4	6	4	6	4	6
				3.6	—	—	4	5	4	6	4	6	4	6
				4.2	—	—	4	5.5	4	6	4	6	4	6
				4.8	—	—	4	5.9	4	6	4	6	4	6
				5	—	—	4	6	4	6	4	6	4	6
6	二	2	3.6	3～11	4	11	4	11	4	11	4	11	4	11
		1	3.6	3～9	4	11	4	11	4	11	4	11	4	11
7	二	2	3.6	3	4	8.8	4	11	4	11	4	11	4	11
				3.6	4	10	4	11	4	11	4	11	4	11
				4.2～11	4	11	4	11	4	11	4	11	4	11
		1	3.6	3	4	5.6	4	8.7	4	11	4	11	4	11
				3.6	4	6.5	4	10.2	4	11	4	11	4	11
				4.2	4	7.3	4	11	4	11	4	11	4	11
				4.8	4	8.1	4	11	4	11	4	11	4	11
				5.4	4	8.8	4	11	4	11	4	11	4	11
				6	4	9.5	4	11	4	11	4	11	4	11
				6.6	4	10.2	4	11	4	11	4	11	4	11
				7.2	4	10.8	4	11	4	11	4	11	4	11
				7.8～9	4	11	4	11	4	11	4	11	4	11
7 (0.15g)	二	2	3.6	3	4	4.8	4	8.2	4	11	4	11	4	11
				3.6	4	5.5	4	9.4	4	11	4	11	4	11
				4.2	4	6.1	4	10.5	4	11	4	11	4	11
				4.8	4	6.7	4	11	4	11	4	11	4	11
				5.4	4	7.2	4	11	4	11	4	11	4	11
				6	4	7.7	4	11	4	11	4	11	4	11
				6.6	4	8.2	4	11	4	11	4	11	4	11
				7.2	4	8.6	4	11	4	11	4	11	4	11
				7.8	4	9	4	11	4	11	4	11	4	11
				8.4	4	9.3	4	11	4	11	4	11	4	11
				9	4	9.7	4	11	4	11	4	11	4	11
				9.6	4	10	4	11	4	11	4	11	4	11
				10.2	4	10.3	4	11	4	11	4	11	4	11
				11	4.2	10.7	4	11	4	11	4	11	4	11

续表 B.0.1-2

烈度	层数	层号	层高	抗震横墙间距（L）	与砂浆强度等级对应的房屋宽度限值（B）									
					M1		M2.5		M5		M7.5		M10	
					下限	上限	下限	上限	下限	上限	下限	上限	下限	上限
7（0.15g）	二	1	3.6	3	—	—	4	4.7	4	6.7	4	8.6	4	10.5
				3.6	—	—	4	5.5	4	7.8	4	10	4	11
				4.2	—	—	4	6.2	4	8.8	4	11	4	11
				4.8	—	—	4	6.9	4	9.7	4	11	4	11
				5.4	4	4.2	4	7.5	4	10.6	4	11	4	11
				6	4.3	4.6	4	8.1	4	11	4	11	4	11
				6.6	4.7	4.9	4	8.6	4	11	4	11	4	11
				7.2	5.2	5.2	4	9.2	4	11	4	11	4	11
				7.8	—	—	4	9.7	4	11	4	11	4	11
				8.4	—	—	4	10.2	4	11	4	11	4	11
				9	—	—	4	10.6	4	11	4	11	4	11
8	二	2	3.3	3	—	—	4	6.7	4	9	4	9	4	9
				3.6	4	4.3	4	7.6	4	9	4	9	4	9
				4.2	4	4.8	4	8.5	4	9	4	9	4	9
				4.8	4	5.2	4	9	4	9	4	9	4	9
				5.4	4	5.6	4	9	4	9	4	9	4	9
				6	4	5.9	4	9	4	9	4	9	4	9
				6.6	4	6.3	4	9	4	9	4	9	4	9
				7.2	4	6.6	4	9	4	9	4	9	4	9
				7.8	4	6.9	4	9	4	9	4	9	4	9
				8.4	4.1	7.1	4	9	4	9	4	9	4	9
				9	4.5	7.4	4	9	4	9	4	9	4	9
		1	3.3	3	—	—	—	—	4	5.3	4	7	4	8.6
				3.6	—	—	4	4.2	4	6.1	4	8.1	4	9
				4.2	—	—	4	4.7	4	6.9	4	9	4	9
				4.8	—	—	4	5.2	4	7.7	4	9	4	9
				5.4	—	—	4	5.7	4	8.4	4	9	4	9
				6	—	—	4	6.1	4	9	4	9	4	9
				6.6	—	—	4	6.6	4	9	4	9	4	9
				7	—	—	4	6.8	4	9	4	9	4	9

续表 B.0.1-2

烈度	层数	层号	层高	抗震横墙间距（L）	与砂浆强度等级对应的房屋宽度限值（B）									
					M1		M2.5		M5		M7.5		M10	
					下限	上限	下限	上限	下限	上限	下限	上限	下限	上限
8（0.30g）	二	2	3.3	3	—	—	—	—	4	5.6	4	7.5	4	9
				3.6	—	—	4	4.2	4	6.4	4	8.6	4	9
				4.2	—	—	4	4.7	4	7.1	4	9	4	9
				4.8	—	—	4	5.1	4	7.8	4	9	4	9
				5.4	—	—	4	5.5	4	8.4	4	9	4	9
				6	—	—	4	5.8	4	8.9	4	9	4	9
				6.6	—	—	4	6.2	4	9	4	9	4	9
				7.2	—	—	4	6.5	4	9	4	9	4	9
				7.8	—	—	4.1	6.8	4	9	4	9	4	9
				8.4	—	—	4.5	7	4	9	4	9	4	9
				9	—	—	4.9	7.3	4	9	4	9	4	9
		1	3.3	3	—	—	—	—	—	—	—	—	4	4.9
				3.6	—	—	—	—	—	—	4	4.4	4	5.7
				4.2	—	—	—	—	—	—	4	5	4	6.4
				4.8	—	—	—	—	—	—	4	5.5	4	7.1
				5.4	—	—	—	—	4	4.3	4	6	4	7.7
				6	—	—	—	—	4.2	4.6	4	6.5	4	8.3
				6.6	—	—	—	—	4.7	4.9	4	6.9	4	8.9
				7	—	—	—	—	5	5.1	4	7.2	4	9

7 外墙厚为 370mm、内墙厚为 240mm 的实心砖墙木楼（屋）盖房屋，与抗震横墙间距（L）对应的房屋宽度（B）的限值宜按表 B.0.1-3 采用。

表 B.0.1-3 抗震横墙间距和房屋宽度限值（外墙 370mm、内墙 240mm 实心砖墙木楼屋盖）（m）

烈度	层数	层号	层高	抗震横墙间距（L）	与砂浆强度等级对应的房屋宽度限值（B）									
					M1		M2.5		M5		M7.5		M10	
					下限	上限	下限	上限	下限	上限	下限	上限	下限	上限
6	一	1	4.0	3～11	4	11	4	11	4	11	4	11	4	11
7	一	1	4.0	3～11	4	11	4	11	4	11	4	11	4	11
7（0.15g）	一	1	4.0	3	4	9	4	11	4	11	4	11	4	11
				3.6	4	10.2	4	11	4	11	4	11	4	11
				4.2	4.6	11	4	11	4	11	4	11	4	11
				4.8	5.4	11	4	11	4	11	4	11	4	11
				5.4	6.2	11	4	11	4	11	4	11	4	11
				6	7.1	11	4	11	4	11	4	11	4	11
				6.6	8.1	11	4	11	4	11	4	11	4	11
				7.2	9.1	11	4.2	11	4	11	4	11	4	11
				7.8	10.2	11	4.6	11	4	11	4	11	4	11
				8.4	—	—	5	11	4	11	4	11	4	11
				9	—	—	5.4	11	4	11	4	11	4	11
				9.6	—	—	5.9	11	4	11	4	11	4	11
				10.2	—	—	6.3	11	4	11	4	11	4	11
				11	—	—	7	11	4	11	4	11	4	11
8	一	1	3.6	3	4.5	7.2	4	9	4	9	4	9	4	9
				3.6	5.7	8.1	4	9	4	9	4	9	4	9
				4.2	7	8.8	4	9	4	9	4	9	4	9
				4.8	8.4	9	4	9	4	9	4	9	4	9
				5.4	—	—	4	9	4	9	4	9	4	9
				6	—	—	4.6	9	4	9	4	9	4	9
				6.6	—	—	5.1	9	4	9	4	9	4	9
				7.2	—	—	5.7	9	4	9	4	9	4	9
				7.8	—	—	6.4	9	4	9	4	9	4	9
				8.4	—	—	7.1	9	4.2	9	4	9	4	9
				9	—	—	7.8	9	4.6	9	4	9	4	9

续表 B.0.1-3

烈度	层数	层号	层高	抗震横墙间距（L）	与砂浆强度等级对应的房屋宽度限值（B）									
					M1		M2.5		M5		M7.5		M10	
					下限	上限	下限	上限	下限	上限	下限	上限	下限	上限
8（0.30g）	一	1	3.6	3	—	—	5.1	7.1	4	9	4	9	4	9
				3.6	—	—	6.6	7.9	4	9	4	9	4	9
				4.2	—	—	8.3	8.6	4.1	9	4	9	4	9
				4.8	—	—	—	—	4.9	9	4	9	4	9
				5.4	—	—	—	—	5.8	9	4	9	4	9
				6	—	—	—	—	6.7	9	4.3	9	4	9
				6.6	—	—	—	—	7.8	9	4.8	9	4	9
				7.2	—	—	—	—	9	9	5.5	9	4	9
				7.8	—	—	—	—	—	—	6.1	9	4.4	9
				8.4	—	—	—	—	—	—	6.8	9	4.8	9
				9	—	—	—	—	—	—	7.6	9	5.3	9
9	一	1	3.3	3	—	—	—	—	4.4	6	4	6	4	6
				3.6	—	—	—	—	5.8	6	4	6	4	6
				4.2	—	—	—	—	—	—	4.2	6	4	6
				4.8～5	—	—	—	—	—	—	—	—	4	6
			3.0	3	—	—	—	—	4	6	4	6	4	6
				3.6	—	—	—	—	4.8	6	4	6	4	6
				4.2	—	—	—	—	6	6	4	6	4	6
				4.8	—	—	—	—	—	—	4.3	6	4	6
				5	—	—	—	—	—	—	4.6	6	4	6
6	二	2	3.6	3～11	4	11	4	11	4	11	4	11	4	11
		1	3.6	3～9	4	11	4	11	4	11	4	11	4	11
7	二	2	3.6	3～5.4	4	11	4	11	4	11	4	11	4	11
				6	4.5	11	4	11	4	11	4	11	4	11
				6.6	5	11	4	11	4	11	4	11	4	11
				7.2	5.4	11	4	11	4	11	4	11	4	11
				7.8	5.9	11	4	11	4	11	4	11	4	11
				8.4	6.5	11	4	11	4	11	4	11	4	11
				9	7	11	4	11	4	11	4	11	4	11
				9.6	7.5	11	4	11	4	11	4	11	4	11
				10.2	8.1	11	4.2	11	4	11	4	11	4	11
				11	8.9	11	4.6	11	4	11	4	11	4	11
		1	3.6	3	4.9	7.5	4	11	4	11	4	11	4	11
				3.6	5.9	8.6	4	11	4	11	4	11	4	11
				4.2	6.9	9.7	4	11	4	11	4	11	4	11
				4.8	7.9	10.6	4	11	4	11	4	11	4	11
				5.4	8.9	11	4.5	11	4	11	4	11	4	11
				6	10	11	4.9	11	4	11	4	11	4	11
				6.6	—	—	5.4	11	4	11	4	11	4	11
				7.2	—	—	5.9	11	4	11	4	11	4	11
				7.8	—	—	6.4	11	4.3	11	4	11	4	11
				8.4	—	—	6.9	11	4.6	11	4	11	4	11
				9	—	—	7.4	11	5	11	4	11	4	11

续表 B.0.1-3

烈度	层数	层号	层高	抗震横墙间距（L）	与砂浆强度等级对应的房屋宽度限值（B）									
					M1		M2.5		M5		M7.5		M10	
					下限	上限	下限	上限	下限	上限	下限	上限	下限	上限
7（0.15g）	二	2	3.6	3	—	—	4	10.8	4	11	4	11	4	11
				3.6～4.2	—	—	4	11	4	11	4	11	4	11
				4.8	—	—	4.3	11	4	11	4	11	4	11
				5.4	—	—	4.9	11	4	11	4	11	4	11
				6	—	—	5.6	11	4	11	4	11	4	11
				6.6	—	—	6.3	11	4	11	4	11	4	11
				7.2	—	—	7	11	4.2	11	4	11	4	11
				7.8	—	—	7.8	11	4.6	11	4	11	4	11
				8.4	—	—	8.6	11	5	11	4	11	4	11
				9	—	—	9.5	11	5.5	11	4	11	4	11
				9.6	—	—	10.4	11	5.9	11	4.1	11	4	11
				10.2	—	—	—	—	6.4	11	4.4	11	4	11
				11	—	—	—	—	7	11	4.9	11	4	11
		1	3.6	3	—	—	—	—	4	9	4	11	4	11
				3.6	—	—	—	—	4.6	10.4	4	11	4	11
				4.2	—	—	—	—	5.4	11	4	11	4	11
				4.8	—	—	—	—	6.3	11	4.3	11	4	11
				5.4	—	—	—	—	7.2	11	4.9	11	4	11
				6	—	—	—	—	8.1	11	5.4	11	4.1	11
				6.6	—	—	—	—	9	11	6	11	4.6	11
				7.2	—	—	—	—	10	11	6.6	11	5	11
				7.8	—	—	—	—	11	11	7.3	11	5.5	11
				8.4	—	—	—	—	—	—	7.9	11	5.9	11
				9	—	—	—	—	—	—	8.5	11	6.4	11
8	二	2	3.3	3	—	—	4	8.6	4	9	4	9	4	9
				3.6	—	—	4.3	9	4	9	4	9	4	9
				4.2	—	—	5.2	9	4	9	4	9	4	9
				4.8	—	—	6.2	9	4	9	4	9	4	9
				5.4	—	—	7.3	9	4	9	4	9	4	9
				6	—	—	8.6	9	4.6	9	4	9	4	9
				6.6	—	—	—	—	5.2	9	4	9	4	9
				7.2	—	—	—	—	5.8	9	4	9	4	9
				7.8	—	—	—	—	6.5	9	4.3	9	4	9
				8.4	—	—	—	—	7.2	9	4.7	9	4	9
				9	—	—	—	—	7.9	9	5.2	9	4	9
		1	3.3	3	—	—	—	—	5.5	7.1	4	9	4	9
				3.6	—	—	—	—	6.8	8.1	4.3	9	4	9
				4.2	—	—	—	—	8.2	9	5.1	9	4	9
				4.8	—	—	—	—	—	—	6	9	4.3	9
				5.4	—	—	—	—	—	—	6.8	9	4.9	9
				6	—	—	—	—	—	—	7.8	9	5.5	9
				6.6	—	—	—	—	—	—	8.7	9	6.2	9
				7	—	—	—	—	—	—	—	—	6.6	9

续表 B. 0. 1-3

烈度	层数	层号	层高	抗震横墙间距（L）	与砂浆强度等级对应的房屋宽度限值（B）									
					M1		M2.5		M5		M7.5		M10	
					下限	上限	下限	上限	下限	上限	下限	上限	下限	上限
8（0.30g）	二	2	3.0	3	—	—	—	—	4.1	9	4	9	4	9
				3.6	—	—	—	—	5.2	9	4	9	4	9
				4.2	—	—	—	—	6.6	9	4	9	4	9
				4.8	—	—	—	—	8.2	9	4.7	9	4	9
				5.4	—	—	—	—	—	—	5.5	9	4	9
				6	—	—	—	—	—	—	6.5	9	4.4	9
				6.6	—	—	—	—	—	—	7.5	9	5	9
				7.2	—	—	—	—	—	—	8.7	9	5.7	9
				7.8	—	—	—	—	—	—	—	—	6.4	9
				8.4	—	—	—	—	—	—	—	—	7.2	9
				9	—	—	—	—	—	—	—	—	8.1	9
		1	3.0	3	—	—	—	—	—	—	—	—	5.4	7.2
				3.6	—	—	—	—	—	—	—	—	6.8	8.2
				4.2	—	—	—	—	—	—	—	—	8.4	9
				4.8～7	—	—	—	—	—	—	—	—	—	—

8 墙厚为 240mm 的多孔砖墙木楼（屋）盖房屋， 表 B. 0. 1-4 采用。
与抗震横墙间距（L）对应的房屋宽度（B）的限值宜按

表 B. 0. 1-4 抗震横墙间距和房屋宽度限值
（240mm 多孔砖墙木楼屋盖）（m）

烈度	层数	层号	层高	抗震横墙间距（L）	与砂浆强度等级对应的房屋宽度限值（B）									
					M1		M2.5		M5		M7.5		M10	
					下限	上限	下限	上限	下限	上限	下限	上限	下限	上限
6	一	1	4.0	3～11	4	11	4	11	4	11	4	11	4	11
7	一	1	4.0	3～11	4	11	4	11	4	11	4	11	4	11
7（0.15g）	一	1	4.0	3	4	6.6	4	10.7	4	11	4	11	4	11
				3.6	4	7.3	4	11	4	11	4	11	4	11
				4.2	4	8	4	11	4	11	4	11	4	11
				4.8	4	8.6	4	11	4	11	4	11	4	11
				5.4	4	9.1	4	11	4	11	4	11	4	11
				6	4	9.6	4	11	4	11	4	11	4	11
				6.6	4	10	4	11	4	11	4	11	4	11
				7.2	4.1	10.4	4	11	4	11	4	11	4	11
				7.8	4.5	10.7	4	11	4	11	4	11	4	11
				8.4	5	11	4	11	4	11	4	11	4	11
				9	5.5	11	4	11	4	11	4	11	4	11
				9.6	6.1	11	4	11	4	11	4	11	4	11
				10.2	6.7	11	4	11	4	11	4	11	4	11
				11	7.5	11	4	11	4	11	4	11	4	11

续表 B.0.1-4

烈度	层数	层号	层高	抗震横墙间距（L）	与砂浆强度等级对应的房屋宽度限值（B）									
					M1		M2.5		M5		M7.5		M10	
					下限	上限	下限	上限	下限	上限	下限	上限	下限	上限
8	一	1	3.6	3	4	5.3	4	8.8	4	9	4	9	4	9
				3.6	4	5.9	4	9	4	9	4	9	4	9
				4.2	4	6.4	4	9	4	9	4	9	4	9
				4.8	4	6.8	4	9	4	9	4	9	4	9
				5.4	4.1	7.2	4	9	4	9	4	9	4	9
				6	4.7	7.6	4	9	4	9	4	9	4	9
				6.6	5.5	7.9	4	9	4	9	4	9	4	9
				7.2	6.3	8.1	4	9	4	9	4	9	4	9
				7.8	7.3	8.4	4	9	4	9	4	9	4	9
				8.4	8.3	8.6	4	9	4	9	4	9	4	9
				9	—	—	4	9	4	9	4	9	4	9
8 (0.30g)	一	1	3.6	3	—	—	4	5.2	4	7.5	4	9	4	9
				3.6	—	—	4	5.8	4	8.4	4	9	4	9
				4.2	—	—	4	6.3	4	9	4	9	4	9
				4.8	—	—	4	6.7	4	9	4	9	4	9
				5.4	—	—	4.8	7.1	4	9	4	9	4	9
				6	—	—	5.7	7.5	4	9	4	9	4	9
				6.6	—	—	6.8	7.8	4	9	4	9	4	9
				7.2	—	—	8	8	4	9	4	9	4	9
				7.8	—	—	—	—	4.5	9	4	9	4	9
				8.4	—	—	—	—	5.1	9	4	9	4	9
				9	—	—	—	—	5.8	9	4	9	4	9
9	一	1	3.3	3	—	—	—	—	4	5.6	4	6	4	6
				3.6	—	—	4	4.2	4	6	4	6	4	6
				4.2	—	—	4.6	4.6	4	6	4	6	4	6
				4.8	—	—	—	—	4	6	4	6	4	6
				5	—	—	—	—	4.5	6	4	6	4	6
			3.0	3	—	—	4	4.1	4	6	4	6	4	6
				3.6	—	—	4	4.6	4	6	4	6	4	6
				4.2～5	—	—	—	—	4	6	4	6	4	6

续表 B.0.1-4

烈度	层数	层号	层高	抗震横墙间距（L）	与砂浆强度等级对应的房屋宽度限值（B）									
					M1		M2.5		M5		M7.5		M10	
					下限	上限	下限	上限	下限	上限	下限	上限	下限	上限
6	二	2	3.6	3～11	4	11	4	11	4	11	4	11	4	11
		1	3.6	3～9	4	11	4	11	4	11	4	11	4	11
7	二	2	3.6	3	4	8.4	4	11	4	11	4	11	4	11
				3.6	4	9.4	4	11	4	11	4	11	4	11
				4.2	4	10.3	4	11	4	11	4	11	4	11
				4.8～10.2	4	11	4	11	4	11	4	11	4	11
				11	4.3	11	4	11	4	11	4	11	4	11
		1	3.6	3	4	5.6	4	8.7	4	11	4	11	4	11
				3.6	4	6.3	4	10	4	11	4	11	4	11
				4.2	4	7.1	4	11	4	11	4	11	4	11
				4.8	4	7.7	4	11	4	11	4	11	4	11
				5.4	4	8.3	4	11	4	11	4	11	4	11
				6	4.2	8.8	4	11	4	11	4	11	4	11
				6.6	4.7	9.3	4	11	4	11	4	11	4	11
				7.2	5.1	9.8	4	11	4	11	4	11	4	11
				7.8	5.6	10.2	4	11	4	11	4	11	4	11
				8.4	6.1	10.6	4	11	4	11	4	11	4	11
				9	6.6	11	4	11	4	11	4	11	4	11
7 (0.15*g*)	二	2	3.6	3	4	4.7	4	7.9	4	11	4	11	4	11
				3.6	4	5.2	4	8.9	4	11	4	11	4	11
				4.2	4	5.7	4	9.7	4	11	4	11	4	11
				4.8	4.2	6.2	4	10.4	4	11	4	11	4	11
				5.4	5	6.5	4	11	4	11	4	11	4	11
				6	5.8	6.9	4	11	4	11	4	11	4	11
				6.6	6.7	7.2	4	11	4	11	4	11	4	11
				7.2～8.4	—	—	4	11	4	11	4	11	4	11
				9	—	—	4.4	11	4	11	4	11	4	11
				9.6	—	—	4.8	11	4	11	4	11	4	11
				10.2	—	—	5.2	11	4	11	4	11	4	11
				11	—	—	5.8	11	4	11	4	11	4	11
		1	3.6	3	—	—	4	4.8	4	6.7	4	8.7	4	10.6
				3.6	—	—	4	5.5	4	7.7	4	9.9	4	11
				4.2	—	—	4	6.1	4	8.6	4	11	4	11
				4.8	—	—	4.4	6.6	4	9.3	4	11	4	11
				5.4	—	—	5.1	7.1	4	10.1	4	11	4	11
				6	—	—	5.7	7.6	4	10.7	4	11	4	11
				6.6	—	—	6.5	8	4	11	4	11	4	11
				7.2	—	—	7.2	8.4	4.4	11	4	11	4	11
				7.8	—	—	8	8.8	4.8	11	4	11	4	11
				8.4	—	—	8.9	9.2	5.2	11	4	11	4	11
				9	—	—	—	—	5.7	11	4	11	4	11

续表 B.0.1-4

烈度	层数	层号	层高	抗震横墙间距（L）	与砂浆强度等级对应的房屋宽度限值（B）									
					M1		M2.5		M5		M7.5		M10	
					下限	上限	下限	上限	下限	上限	下限	上限	下限	上限
8	二	2	3.3	3	—	—	4	6.4	4	9	4	9	4	9
				3.6	—	—	4	7.1	4	9	4	9	4	9
				4.2	—	—	4	7.8	4	9	4	9	4	9
				4.8	—	—	4	8.3	4	9	4	9	4	9
				5.4	—	—	4	8.8	4	9	4	9	4	9
				6	—	—	4	9	4	9	4	9	4	9
				6.6	—	—	4.2	9	4	9	4	9	4	9
				7.2	—	—	4.8	9	4	9	4	9	4	9
				7.8	—	—	5.4	9	4	9	4	9	4	9
				8.4	—	—	6.1	9	4	9	4	9	4	9
				9	—	—	6.8	9	4	9	4	9	4	9
		1	3.3	3	—	—	—	—	4	5.4	4	7	4	8.6
				3.6	—	—	—	—	4	6.1	4	8	4	9
				4.2	—	—	—	—	4	6.8	4	8.8	4	9
				4.8	—	—	—	—	4	7.4	4	9	4	9
				5.4	—	—	—	—	4.4	7.9	4	9	4	9
				6	—	—	—	—	5	8.4	4	9	4	9
				6.6	—	—	—	—	5.7	8.9	4	9	4	9
				7	—	—	—	—	6.1	9	4.1	9	4	9
8 (0.30g)	二	2	3.3	3	—	—	—	—	4	5.4	4	7.3	4	9
				3.6	—	—	—	—	4	6.1	4	8.1	4	9
				4.2	—	—	—	—	4	6.6	4	8.8	4	9
				4.8	—	—	—	—	4	7.1	4	9	4	9
				5.4	—	—	—	—	4.7	7.5	4	9	4	9
				6	—	—	—	—	5.6	7.9	4	9	4	9
				6.6	—	—	—	—	6.6	8.2	4	9	4	9
				7.2	—	—	—	—	7.8	8.5	4.5	9	4	9
				7.8	—	—	—	—	—	—	5.1	9	4	9
				8.4	—	—	—	—	—	—	5.8	9	4	9
				9	—	—	—	—	—	—	6.6	9	4.4	9
		1	3.3	3	—	—	—	—	—	—	—	—	4	5
				3.6	—	—	—	—	—	—	4	4.5	4	5.7
				4.2	—	—	—	—	—	—	4.5	4.9	4	6.3
				4.8	—	—	—	—	—	—	—	—	4.5	6.9
				5.4	—	—	—	—	—	—	—	—	5.3	7.4
				6	—	—	—	—	—	—	—	—	6.2	7.8
				6.6	—	—	—	—	—	—	—	—	7.1	8.3
				7	—	—	—	—	—	—	—	—	7.8	8.5

9 墙厚为190mm的多孔砖墙木楼(屋)盖房屋，与抗震横墙间距(L)对应的房屋宽度(B)的限值宜按表B.0.1-5采用。

表B.0.1-5 抗震横墙间距和房屋宽度限值
(190mm多孔砖墙木楼屋盖)(m)

烈度	层数	层号	层高	抗震横墙间距(L)	与砂浆强度等级对应的房屋宽度限值(B)									
					M1		M2.5		M5		M7.5		M10	
					下限	上限	下限	上限	下限	上限	下限	上限	下限	上限
6	一	1	4.0	3～9	4	9	4	9	4	9	4	9	4	9
7	一	1	4.0	3～9	4	9	4	9	4	9	4	9	4	9
7(0.15g)	一	1	4.0	3	4	5.8	4	9	4	9	4	9	4	9
				3.6	4	6.5	4	9	4	9	4	9	4	9
				4.2	4	7	4	9	4	9	4	9	4	9
				4.8	4	7.5	4	9	4	9	4	9	4	9
				5.4	4	7.9	4	9	4	9	4	9	4	9
				6	4	8.2	4	9	4	9	4	9	4	9
				6.6	4.1	8.6	4	9	4	9	4	9	4	9
				7.2	4.7	8.8	4	9	4	9	4	9	4	9
				7.8	5.3	9	4	9	4	9	4	9	4	9
				8.4	5.9	9	4	9	4	9	4	9	4	9
				9	6.6	9	4	9	4	9	4	9	4	9
8	一	1	3.6	3	4	4.7	4	7	4	7	4	7	4	7
				3.6	4	5.1	4	7	4	7	4	7	4	7
				4.2	4	5.5	4	7	4	7	4	7	4	7
				4.8	4	5.9	4	7	4	7	4	7	4	7
				5.4	4.8	6.2	4	7	4	7	4	7	4	7
				6	5.8	6.5	4	7	4	7	4	7	4	7
				6.6～7	—	—	4	7	4	7	4	7	4	7
8(0.30g)	一	1	3.6	3	—	—	4	4.6	4	6.6	4	7	4	7
				3.6	—	—	4	5.1	4	7	4	7	4	7
				4.2	—	—	4	5.5	4	7	4	7	4	7
				4.8	—	—	4.9	5.8	4	7	4	7	4	7
				5.4	—	—	6.1	6.1	4	7	4	7	4	7
				6	—	—	—	—	4	7	4	7	4	7
				6.6	—	—	—	—	4.2	7	4	7	4	7
				7	—	—	—	—	4.7	7	4	7	4	7
9	一	1	3.0	3	—	—	—	—	4	5.3	4	6	4	6
				3.6	—	—	—	—	4	5.8	4	6	4	6
				4.2～4.8	—	—	—	—	4	6	4	6	4	6
				5	—	—	—	—	4.3	6	4	6	4	6

续表 B.0.1-5

烈度	层数	层号	层高	抗震横墙间距（L）	与砂浆强度等级对应的房屋宽度限值（B）									
					M1		M2.5		M5		M7.5		M10	
					下限	上限	下限	上限	下限	上限	下限	上限	下限	上限
6	二	2	3.6	3～9	4	9	4	9	4	9	4	9	4	9
		1	3.6	3～7	4	9	4	9	4	9	4	9	4	9
7	二	2	3.3	3	4	8.7	4	9	4	9	4	9	4	9
				3.6～9	4	9	4	9	4	9	4	9	4	9
		1	3.3	3	4	5.8	4	9	4	9	4	9	4	9
				3.6	4	6.6	4	9	4	9	4	9	4	9
				4.2	4	7.3	4	9	4	9	4	9	4	9
				4.8	4	7.9	4	9	4	9	4	9	4	9
				5.4	4	8.5	4	9	4	9	4	9	4	9
				6	4	9	4	9	4	9	4	9	4	9
				6.6	4.4	9	4	9	4	9	4	9	4	9
				7	4.7	9	4	9	4	9	4	9	4	9
7 (0.15g)	二	2	3.3	3	4	4.9	4	8.3	4	9	4	9	4	9
				3.6	4	5.5	4	9	4	9	4	9	4	9
				4.2	4	5.9	4	9	4	9	4	9	4	9
				4.8	4.3	6.4	4	9	4	9	4	9	4	9
				5.4	5.1	6.8	4	9	4	9	4	9	4	9
				6	6	7.1	4	9	4	9	4	9	4	9
				6.6	7.1	7.4	4	9	4	9	4	9	4	9
				7.2～9	—	—	4	9	4	9	4	9	4	9
		1	3.3	3	—	—	4	5	4	7	4	9	4	9
				3.6	—	—	4	5.7	4	8	4	9	4	9
				4.2	—	—	4	6.3	4	8.9	4	9	4	9
				4.8	—	—	4.3	6.9	4	9	4	9	4	9
				5.4	—	—	4.9	7.4	4	9	4	9	4	9
				6	—	—	5.5	7.9	4	9	4	9	4	9
				6.6	—	—	6.4	8.3	4	9	4	9	4	9
				7	—	—	6.9	8.6	4	9	4	9	4	9
8	二	2	3.0	3	—	—	4	6.7	4	7	4	7	4	7
				3.6～6	—	—	4	7	4	7	4	7	4	7
				6.6	—	—	4.3	7	4	7	4	7	4	7
				7	—	—	4.8	7	4	7	4	7	4	7

续表 B. 0. 1-5

烈度	层数	层号	层高	抗震横墙间距（L）	与砂浆强度等级对应的房屋宽度限值（B）									
					M1		M2.5		M5		M7.5		M10	
					下限	上限	下限	上限	下限	上限	下限	上限	下限	上限
8	二	1	3.0	3	—	—	—	—	4	5.7	4	7	4	7
				3.6	—	—	—	—	4	6.4	4	7	4	7
				4.2～5	—	—	—	—	4	7	4	7	4	7
8 (0.30g)	二	2	3.0	3	—	—	—	—	4	5.7	4	7	4	7
				3.6	—	—	—	—	4	6.4	4	7	4	7
				4.2	—	—	—	—	4	6.9	4	7	4	7
				4.8	—	—	—	—	4	7	4	7	4	7
				5.4	—	—	—	—	5	7	4	7	4	7
				6	—	—	—	—	6.1	7	4	7	4	7
				6.6	—	—	—	—	—	—	4.1	7	4	7
				7	—	—	—	—	—	—	4.6	7	4	7
		1	3.0	3	—	—	—	—	—	—	4	4.2	4	5.3
				3.6	—	—	—	—	—	—	4.4	4.7	4	6
				4.2	—	—	—	—	—	—	—	—	4	6.7
				4.8	—	—	—	—	—	—	—	—	4.5	7
				5	—	—	—	—	—	—	—	—	4.7	7

10 墙厚为 240mm 的蒸压砖墙木楼（屋）盖房屋，与抗震横墙间距（L）对应的房屋宽度（B）的限值宜按表 B. 0. 1-6 采用。

表 B. 0. 1-6 抗震横墙间距和房屋宽度限值
（240mm 蒸压砖墙木楼屋盖）（m）

烈度	层数	层号	层高	抗震横墙间距（L）	与砂浆强度等级对应的房屋宽度限值（B）							
					M2.5		M5		M7.5		M10	
					下限	上限	下限	上限	下限	上限	下限	上限
6	一	1	4.0	3～9	4	9	4	9	4	9	4	9
7	一	1	4.0	3～9	4	9	4	9	4	9	4	9
7 (0.15g)	一	1	4.0	3	4	7.6	4	9	4	9	4	9
				3.6	4	8.5	4	9	4	9	4	9
				4.2～7.8	4	9	4	9	4	9	4	9
				8.4	4.1	9	4	9	4	9	4	9
				9	4.5	9	4	9	4	9	4	9
8	一	1	3.6	3	4	6.2	4	7	4	7	4	7
				3.6	4	6.9	4	7	4	7	4	7
				4.2～6	4	7	4	7	4	7	4	7
				6.6	4.3	7	4	7	4	7	4	7
				7	4.6	7	4	7	4	7	4	7
8 (0.30g)	一	1	3.6	3	—	—	4	5	4	6.4	4	7
				3.6	—	—	4	5.5	4	7	4	7
				4.2	—	—	4	6	4	7	4	7
				4.8	—	—	4.6	6.5	4	7	4	7
				5.4	—	—	5.5	6.8	4	7	4	7
				6	—	—	6.7	7	4.1	7	4	7
				6.6	—	—	—	—	4.8	7	4	7
				7	—	—	—	—	5.2	7	4	7
9	一	1	3.0	3	—	—	—	—	4	5.2	4	6
				3.6	—	—	—	—	4	5.7	4	6
				4.2	—	—	—	—	4	6	4	6
				4.8	—	—	—	—	4.4	6	4	6
				5	—	—	—	—	4.7	6	4	6

续表 B.0.1-6

烈度	层数	层号	层高	抗震横墙间距（L）	与砂浆强度等级对应的房屋宽度限值（B）							
					M2.5		M5		M7.5		M10	
					下限	上限	下限	上限	下限	上限	下限	上限
6	二	2	3.6	3～9	4	9	4	9	4	9	4	9
		1	3.6	3～7	4	9	4	9	4	9	4	9
7	二	2	3.3	3～9	4	9	4	9	4	9	4	9
		1	3.3	3	4	6.7	4	9	4	9	4	9
				3.6	4	7.7	4	9	4	9	4	9
				4.2	4	8.5	4	9	4	9	4	9
				4.8～7	4	9	4	9	4	9	4	9
7（0.15g）	二	2	3.3	3	4	5.9	4	8.1	4	9	4	9
				3.6	4	6.6	4	9	4	9	4	9
				4.2	4	7.2	4	9	4	9	4	9
				4.8	4	7.7	4	9	4	9	4	9
				5.4	4	8.2	4	9	4	9	4	9
				6	4	8.6	4	9	4	9	4	9
				6.6	4.5	9	4	9	4	9	4	9
				7.2	5.1	9	4	9	4	9	4	9
				7.8	5.7	9	4	9	4	9	4	9
				8.4	6.4	9	4	9	4	9	4	9
				9	7.1	9	4.2	9	4	9	4	9
		1	3.3	3	—	—	4	4.9	4	6.2	4	7.5
				3.6	—	—	4	5.6	4	7.1	4	8.6
				4.2	—	—	4	6.2	4	7.9	4	9
				4.8	—	—	4.2	6.7	4	8.6	4	9
				5.4	—	—	4.9	7.3	4	9	4	9
				6	—	—	5.5	7.7	4	9	4	9
				6.6	—	—	6.2	8.2	4.4	9	4	9
				7	—	—	6.7	8.4	4.7	9	4	9
8	二	2	3.0	3	4	4.7	4	6.6	4	7	4	7
				3.6	4	5.2	4	7	4	7	4	7
				4.2	4	5.7	4	7	4	7	4	7
				4.8	4.3	6.1	4	7	4	7	4	7
				5.4	5.2	6.5	4	7	4	7	4	7
				6	6.1	6.8	4	7	4	7	4	7
				6.6	—	—	4	7	4	7	4	7
				7	—	—	4.3	7	4	7	4	7
		1	3.0	3	—	—	—	—	4	4.9	4	6.1
				3.6	—	—	—	—	4	5.6	4	6.9
				4.2	—	—	—	—	4	6.2	4	7
				4.8	—	—	—	—	4.2	6.8	4	7
				5	—	—	—	—	4.4	6.9	4	7

11 墙厚为370mm的蒸压砖墙木楼（屋）盖房屋（单开间），与抗震横墙间距（L）对应的房屋宽度（B）的限值宜按表B.0.1-7采用。

表 B.0.1-7 抗震横墙间距和房屋宽度限值（370mm蒸压砖墙木楼屋盖）（m）

烈度	层数	层号	层高	抗震横墙间距（L）	与砂浆强度等级对应的房屋宽度限值（B）							
					M2.5		M5		M7.5		M10	
					下限	上限	下限	上限	下限	上限	下限	上限
6	一	1	4.0	3～9	4	9	4	9	4	9	4	9

续表 B.0.1-7

烈度	层数	层号	层高	抗震横墙间距（L）	与砂浆强度等级对应的房屋宽度限值（B）							
					M2.5		M5		M7.5		M10	
					下限	上限	下限	上限	下限	上限	下限	上限
7	一	1	4.0	3～9	4	9	4	9	4	9	4	9
7（0.15g）	一	1	4.0	3	4	8.7	4	9	4	9	4	9
				3.6～9	4	9	4	9	4	9	4	9
8	一	1	3.6	3～7	4	7	4	7	4	7	4	7
8（0.30g）	一	1	3.6	3	4	4	4	5.7	4	7	4	7
				3.6	4	4.6	4	6.5	4	7	4	7
				4.2	4	5.1	4	7	4	7	4	7
				4.8	4	5.5	4	7	4	7	4	7
				5.4	4	5.9	4	7	4	7	4	7
				6	4	6.3	4	7	4	7	4	7
				6.6	4	6.6	4	7	4	7	4	7
				7	4	6.8	4	7	4	7	4	7
9	一	1	3.0	3	—	—	4	4.6	4	6	4	6
				3.6	—	—	4	5.2	4	6	4	6
				4.2	—	—	4	5.8	4	6	4	6
				4.8	4	4.2	4	6	4	6	4	6
				5	4	4.3	4	6	4	6	4	6
6	二	2	3.6	3～9	4	9	4	9	4	9	4	9
		1	3.6	3～7	4	9	4	9	4	9	4	9
7	二	2	3.3	3～9	4	9	4	9	4	9	4	9
		1	3.3	3	4	7.4	4	9	4	9	4	9
				3.6	4	8.6	4	9	4	9	4	9
				4.2～7	4	9	4	9	4	9	4	9
7（0.15g）	二	2	3.3	3	4	6.8	4	9	4	9	4	9
				3.6	4	7.7	4	9	4	9	4	9
				4.2	4	8.5	4	9	4	9	4	9
				4.8～9	4	9	4	9	4	9	4	9
		1	3.3	3	—	—	4	5.4	4	6.9	4	9
				3.6	4	4.5	4	6.2	4	7.9	4	9
				4.2	4	5.1	4	7	4	8.9	4	9
				4.8	4	5.6	4	7.8	4	9	4	9
				5.4	4	6.1	4	8.4	4	9	4	9
				6	4	6.6	4	9	4	9	4	9
				6.6	4	7	4	9	4	9	4	9
				7	4	7.3	4	9	4	9	4	9
8	二	2	3.0	3	4	5.5	4	7	4	7	4	7
				3.6	4	6.2	4	7	4	7	4	7
				4.2	4	6.9	4	7	4	7	4	7
				4.8～7	4	7	4	7	4	7	4	7
		1	3.0	3	—	—	4	4.2	4	5.5	4	6.8
				3.6	—	—	4	4.9	4	6.4	4	7
				4.2	—	—	4	5.5	4	7	4	7
				4.8	4	4.2	4	6.1	4	7	4	7
				5	4	4.3	4	6.2	4	7	4	7

12 外墙厚为370mm、内墙厚为240mm的蒸压砖墙木楼（屋）盖房屋，抗震横墙间距（*L*）和房屋宽度（*B*）的限值宜按表B.0.1-8采用。

表 B.0.1-8 抗震横墙间距和房屋宽度限值
（外墙370mm、内墙240mm蒸压砖墙木楼屋盖）（m）

烈度	层数	层号	层高	抗震横墙间距（*L*）	与砂浆强度等级对应的房屋宽度限值（*B*）							
					M2.5		M5		M7.5		M10	
					下限	上限	下限	上限	下限	上限	下限	上限
6	一	1	4.0	3～9	4	9	4	9	4	9	4	9
7	一	1	4.0	3～9	4	9	4	9	4	9	4	9
7（0.15*g*）	一	1	4.0	3～4.8	4	9	4	9	4	9	4	9
				5.4	4.3	9	4	9	4	9	4	9
				6	4.8	9	4	9	4	9	4	9
				6.6	5.4	9	4	9	4	9	4	9
				7.2	6	9	4	9	4	9	4	9
				7.8	6.7	9	4.4	9	4	9	4	9
				8.4	7.3	9	4.8	9	4	9	4	9
				9	8	9	5.3	9	4	9	4	9
8	一	1	3.6	3	4	7	4	7	4	7	4	7
				3.6	4	7	4	7	4	7	4	7
				4.2	4.4	7	4	7	4	7	4	7
				4.8	5.2	7	4	7	4	7	4	7
				5.4	6.1	7	4	7	4	7	4	7
				6	—	—	4.4	7	4	7	4	7
				6.6	—	—	4.9	7	4	7	4	7
				7	—	—	5.3	7	4	7	4	7
8（0.30*g*）	一	1	3.6	3	—	—	4.7	7	4	7	4	7
				3.6	—	—	6.1	7	4	7	4	7
				4.2	—	—	—	—	4.6	7	4	7
				4.8	—	—	—	—	5.6	7	4	7
				5.4	—	—	—	—	6.7	7	4.6	7
				6	—	—	—	—	—	—	5.6	7
				6.6	—	—	—	—	—	—	6.4	7
				7	—	—	—	—	—	—	6.7	7
9	一	1	3.0	3	—	—	—	—	4.2	6	4	6
				3.6	—	—	—	—	5.6	6	4	6
				4.2	—	—	—	—	—	—	4.6	6
				4.8	—	—	—	—	—	—	5.7	6
				5	—	—	—	—	—	—	—	—
6	二	2	3.6	3～9	4	9	4	9	4	9	4	9
		1	3.6	3～7	4	9	4	9	4	9	4	9
7	二	2	3.3	3～7.8	4	9	4	9	4	9	4	9
				8.4	4.1	9	4	9	4	9	4	9
				9	4.4	9	4	9	4	9	4	9
		1	3.3	3～3.6	4	9	4	9	4	9	4	9
				4.2	4.2	9	4	9	4	9	4	9
				4.8	4.8	9	4	9	4	9	4	9
				5.4	5.4	9	4	9	4	9	4	9
				6	6	9	4.1	9	4	9	4	9
				6.6	6.6	9	4.5	9	4	9	4	9
				7	7	9	4.7	9	4	9	4	9
7（0.15*g*）	二	2	3.3	3	4	8.7	4	9	4	9	4	9
				3.6	4	9	4	9	4	9	4	9
				4.2	4.8	9	4	9	4	9	4	9
				4.8	5.6	9	4	9	4	9	4	9
				5.4	6.6	9	4	9	4	9	4	9
				6	7.6	9	4.5	9	4	9	4	9
				6.6	8.7	9	5	9	4	9	4	9
				7.2	—	—	5.6	9	4	9	4	9
				7.8	—	—	6.2	9	4.4	9	4	9
				8.4	—	—	6.9	9	4.8	9	4	9
				9	—	—	7.6	9	5.2	9	4	9

续表 B.0.1-8

烈度	层数	层号	层高	抗震横墙间距（*L*）	与砂浆强度等级对应的房屋宽度限值（*B*）							
					M2.5		M5		M7.5		M10	
					下限	上限	下限	上限	下限	上限	下限	上限
7 (0.15*g*)	二	1	3.3	3	—	—	5.2	9	4	9	4	9
				3.6	—	—	6.3	9	4.3	9	4	9
				4.2	—	—	7.6	9	5	9	4	9
				4.8	—	—	8.9	9	5.8	9	4	9
				5.4	—	—	—	—	6.6	9	4	9
				6	—	—	—	—	7.5	9	4	9
				6.6	—	—	—	—	8.4	9	4	9
				7	—	—	—	—	9	9	4	9
8	二	2	3.0	3	4.6	7	4	7	4	7	4	7
				3.6	5.9	7	4	7	4	7	4	7
				4.2	—	—	4	7	4	7	4	7
				4.8	—	—	4.8	7	4	7	4	7
				5.4	—	—	5.6	7	4	7	4	7
				6	—	—	6.5	7	4.3	7	4	7
				6.6	—	—	—	—	4.9	7	4	7
				7	—	—	—	—	5.3	7	4	7
		1	3.0	3	—	—	—	—	5	7	4	7
				3.6	—	—	—	—	6.2	7	4.4	7
				4.2	—	—	—	—	—	—	5.2	7
				4.8	—	—	—	—	—	—	6.1	7
				5	—	—	—	—	—	—	6.4	7

13 墙厚为190mm的小砌块墙木楼（屋）盖房屋，与抗震横墙间距（*L*）对应的房屋宽度（*B*）的限值宜按表B.0.1-9采用。

表 B.0.1-9 抗震横墙间距和房屋宽度限值（190mm小砌块墙木楼屋盖）(m)

烈度	层数	层号	层高	抗震横墙间距（*L*）	与砂浆强度等级对应的房屋宽度限值（*B*）											
					普通小砌块						轻骨料小砌块					
					M5		M7.5		M10		M5		M7.5		M10	
					下限	上限	下限	上限	下限	上限	下限	上限	下限	上限	下限	上限
6	一	1	4.0	3～11	4	11	4	11	4	11	4	11	4	11	4	11
7	一	1	4.0	3～11	4	11	4	11	4	11	4	11	4	11	4	11
7 (0.15*g*)	一	1	4.0	3	4	8.4	4	11	4	11	4	9.7	4	11	4	11
				3.6	4	9.3	4	11	4	11	4	10.7	4	11	4	11
				4.2	4	10.2	4	11	4	11	4	11	4	11	4	11
				4.8	4	10.9	4	11	4	11	4	11	4	11	4	11
				5.4～11	4	11	4	11	4	11	4	11	4	11	4	11
8	一	1	3.6	3	4	6.7	4	9	4	9	4	7.8	4	9	4	9
				3.6	4	7.5	4	9	4	9	4	8.6	4	9	4	9
				4.2	4	8.1	4	9	4	9	4	9	4	9	4	9
				4.8	4	8.7	4	9	4	9	4	9	4	9	4	9
				5.4～9	4	9	4	9	4	9	4	9	4	9	4	9

续表 B.0.1-9

烈度	层数	层号	层高	抗震横墙间距（L）	与砂浆强度等级对应的房屋宽度限值（B）											
					普通小砌块						轻骨料小砌块					
					M5		M7.5		M10		M5		M7.5		M10	
					下限	上限	下限	上限	下限	上限	下限	上限	下限	上限	下限	上限
8（0.30g）	一	1	3.6	3	—	—	4	5.3	4	6	4	4.7	4	6.4	4	7.2
				3.6	—	—	4	5.9	4	6.7	4	5.1	4	7	4	7.9
				4.2	—	—	4	6.4	4	7.3	4	5.5	4	7.5	4	8.5
				4.8	—	—	4	6.8	4	7.8	4	5.8	4	7.9	4	9
				5.4	—	—	4	7.2	4	8.2	4	6.1	4	8.3	4	9
				6	—	—	4.2	7.6	4	8.6	4.6	6.3	4	8.7	4	9
				6.6	—	—	4.7	7.9	4	9	5.2	6.6	4	9	4	9
				7.2	—	—	5.3	8.2	4.4	9	5.9	6.8	4	9	4	9
				7.8	—	—	5.9	8.4	4.8	9	6.6	6.9	4.1	9	4	9
				8.4	—	—	6.5	8.6	5.3	9	—	—	4.5	9	4	9
				9	—	—	7.1	8.8	5.8	9	—	—	4.9	9	4.1	9
9	一	1	3.3	3	—	—	—	—	4	4.4	—	—	4	4.7	4	5.4
				3.6	—	—	—	—	4	4.9	—	—	4	5.1	4	5.9
				4.2	—	—	—	—	4	5.3	—	—	4	5.5	4	6
				4.8	—	—	—	—	4.7	5.6	—	—	4	5.8	4	6
				5	—	—	—	—	5	5.8	—	—	4.2	5.9	4	6
			3.0	3	—	—	—	—	4	4.8	—	—	4	5	4	5.7
				3.6	—	—	—	—	4	5.2	—	—	4	5.4	4	6
				4.2	—	—	—	—	4	5.6	—	—	4	5.8	4	6
				4.8	—	—	—	—	4	6	—	—	4	6	4	6
				5	—	—	—	—	4.3	6	—	—	4	6	4	6
6	二	2	3.6	3～11	4	11	4	11	4	11	4	11	4	11		11
		1	3.6	3～9	4	11	4	11	4	11	4	11	4	11	4	11
7	二	2	3.6	3～11	4	11	4	11	4	11	4	11	4	11	4	11
		1	3.6	3	4	8.3	4	11	4	11	4	9.3	4	11	4	11
				3.6	4	9.5	4	11	4	11	4	10.5	4	11	4	11
				4.2	4	10.5	4	11	4	11	4	11	4	11	4	11
				4.8～9	4	11	4	11	4	11	4	11	4	11	4	11
7（0.15g）	二	2	3.6	3	4	6	4	8	4	9.1	4	7.2	4	9.6	4	10.8
				3.6	4	6.7	4	9	4	10.1	4	7.9	4	10.6	4	11
				4.2	4	7.4	4	9.8	4	11	4	8.6	4	11	4	11
				4.8	4	7.9	4	10.6	4	11	4	9.1	4	11	4	11
				5.4	4	8.4	4	11	4	11	4	9.6	4	11	4	11
				6	4	8.8	4	11	4	11	4	10.1	4	11	4	11
				6.6	4	9.2	4	11	4	11	4	10.4	4	11	4	11
				7.2	4	9.6	4	11	4	11	4	10.8	4	11	4	11
				7.8	4	9.9	4	11	4	11	4	11	4	11	4	11
				8.4	4	10.2	4	11	4	11	4	11	4	11	4	11
				9	4.2	10.5	4	11	4	11	4	11	4	11	4	11
				9.6	4.4	10.8	4	11	4	11	4	11	4	11	4	11
				10.2	4.7	11	4	11	4	11	4	11	4	11	4	11
				11	5.1	11	4	11	4	11	4	11	4	11	4	11
		1	3.6	3	4	4.5	4	5.7	4	6.3	4	5.2	4	6.7	4	7.4
				3.6	4	5.1	4	6.5	4	7.2	4	5.9	4	7.6	4	8.4
				4.2	4	5.7	4	7.2	4	8	4	6.5	4	8.3	4	9.2
				4.8	4	6.3	4	7.9	4	8.7	4	7	4	9	4	10
				5.4	4.4	6.7	4	8.5	4	9.4	4	7.5	4	9.6	4	10.7
				6	4.8	7.2	4	9.1	4	10	4	8	4	10.2	4	11
				6.6	5.3	7.6	4	9.6	4	10.6	4	8.4	4	10.7	4	11
				7.2	5.8	8	4.1	10.1	4	11	4.1	8.7	4	11	4	11
				7.8	6.3	8.3	4.4	10.5	4	11	4.5	9	4	11	4	11
				8.4	6.7	8.6	4.8	10.9	4.2	11	4.8	9.3	4	11	4	11
				9	7.2	8.9	5.1	11	4.5	11	5.1	9.6	4	11	4	11

续表 B.0.1-9

烈度	层数	层号	层高	抗震横墙间距（L）	与砂浆强度等级对应的房屋宽度限值（B）											
					普通小砌块						轻骨料小砌块					
					M5		M7.5		M10		M5		M7.5		M10	
					下限	上限	下限	上限	下限	上限	下限	上限	下限	上限	下限	上限
8	二	2	3.3	3	4	4.7	4	6.4	4	7.3	4	5.7	4	7.7	4	8.8
				3.6	4	5.3	4	7.2	4	8.2	4	6.3	4	8.5	4	9
				4.2	4	5.7	4	7.8	4	8.9	4	6.8	4	9	4	9
				4.8	4	6.2	4	8.4	4	9	4	7.2	4	9	4	9
				5.4	4	6.5	4	8.9	4	9	4	7.6	4	9	4	9
				6	4.2	6.8	4	9	4	9	4	7.9	4	9	4	9
				6.6	4.7	7.1	4	9	4	9	4	8.2	4	9	4	9
				7.2	5.1	7.4	4	9	4	9	4	8.4	4	9	4	9
				7.8	5.6	7.6	4	9	4	9	4	8.7	4	9	4	9
				8.4	6	7.9	4.1	9	4	9	4.2	8.9	4	9	4	9
				9	6.5	8.1	4.5	9	4	9	4.6	9	4	9	4	9
		1	3.3	3	—	—	4	4.3	4	4.9	4	4	4	5.2	4	5.8
				3.6	—	—	4	4.9	4	5.5	4	4.5	4	5.9	4	6.6
				4.2	—	—	4	5.5	4	6.1	4	4.9	4	6.4	4	7.2
				4.8	—	—	4.1	6	4	6.7	4	5.3	4	6.9	4	7.8
				5.4	—	—	4.5	6.4	4	7.2	4.4	5.6	4	7.4	4	8.3
				6	—	—	5	6.8	4.4	7.6	5	5.9	4	7.8	4	8.7
				6.6	—	—	5.4	7.2	4.8	8	5.6	6.2	4	8.2	4	9
				7	—	—	5.7	7.4	4	8.3	6	6.4	4.1	8.4	4	9

14 墙厚为240mm的空斗墙木楼（屋）盖房屋，与抗震横墙间距（L）对应的房屋宽度（B）的限值宜按表B.0.1-10采用。

表 B.0.1-10 抗震横墙间距和房屋宽度限值
（240mm空斗墙木楼屋盖）（m）

烈度	层数	层号	层高	抗震横墙间距（L）	与砂浆强度等级对应的房屋宽度限值（B）									
					M1		M2.5		M5		M7.5		M10	
					下限	上限	下限	上限	下限	上限	下限	上限	下限	上限
6	一	1	4.0	3～7	4	7	4	7	4	7	4	7	4	7
7	一	1	3.6	3	4	6.5	4	7	4	7	4	7	4	7
				3.6～7	4	7	4	7	4	7	4	7	4	7
7（0.15g）	一	1	3.6	3	—	—	4	5.9	4	7	4	7	4	7
				3.6	—	—	4	6.5	4	7	4	7	4	7
				4.2～7	—	—	4	7	4	7	4	7	4	7
8	一	1	3.3	3	—	—	4	4.7	4	6	4	6	4	6
				3.6	—	—	4	5.1	4	6	4	6	4	6
				4.2	—	—	4	5.6	4	6	4	6	4	6
				4.8	—	—	4	5.9	4	6	4	6	4	6
				5	—	—	4.3	6	4	6	4	6	4	6
8（0.30g）	一	1	3.3	3	—	—	—	—	—	—	4	5.1	4	6
				3.6	—	—	—	—	—	—	4	5.6	4	6
				4.2～4.8	—	—	—	—	—	—	4	6	4	6
				5	—	—	—	—	—	—	4.3	6	4	6

续表 B.0.1-10

烈度	层数	层号	层高	抗震横墙间距（L）	与砂浆强度等级对应的房屋宽度限值（B）									
					M1		M2.5		M5		M7.5		M10	
					下限	上限	下限	上限	下限	上限	下限	上限	下限	上限
6	二	2	3.6	3～7	4	7	4	7	4	7	4	7	4	7
		1	3.6	3～5	4	7	4	7	4	7	4	7	4	7
7	二	2	3.0	3	4	4.9	4	7	4	7	4	7	4	7
				3.6	4	5.4	4	7	4	7	4	7	4	7
				4.2	4	5.8	4	7	4	7	4	7	4	7
				4.8	4	6.2	4	7	4	7	4	7	4	7
				5.4	4	6.5	4	7	4	7	4	7	4	7
				6	4	6.8	4	7	4	7	4	7	4	7
				6.6	4.5	7	4	7	4	7	4	7	4	7
				7	4.9	7	4	7	4	7	4	7	4	7
		1	3.0	3	—	—	4	5.4	4	7	4	7	4	7
				3.6	—	—	4	6.1	4	7	4	7	4	7
				4.2	—	—	4	6.7	4	7	4	7	4	7
				4.8～5	—	—	4	7	4	7	4	7	4	7
7 (0.15g)	二	2	3.0	3	—	—	4	4.5	4	6.4	4	7	4	7
				3.6	—	—	4	4.9	4	7	4	7	4	7
				4.2	—	—	4	5.3	4	7	4	7	4	7
				4.8	—	—	4.2	5.7	4	7	4	7	4	7
				5.4	—	—	5	6	4	7	4	7	4	7
				6	—	—	5.9	6.3	4	7	4	7	4	7
				6.6	—	—	7	6.5	4	7	4	7	4	7
				7	—	—	—	—	4	7	4	7	4	7
		1	3.0	3	—	—	—	—	—	—	4	5.2	4	6.4
				3.6	—	—	—	—	—	—	4	5.8	4	7
				4.2	—	—	—	—	—	—	4	6.4	4	7
				4.8	—	—	—	—	—	—	4	6.9	4	7
				5	—	—	—	—	—	—	4	7	4	7

15 墙厚为 240mm 的实心砖墙预应力圆孔板楼（屋）盖房屋，与抗震横墙间距（L）对应的房屋宽度（B）的限值宜按表 B.0.1-11 采用。

表 B.0.1-11　抗震横墙间距和房屋宽度限值（240mm 实心砖墙圆孔板楼屋盖）(m)

烈度	层数	层号	层高	抗震横墙间距（L）	与砂浆强度等级对应的房屋宽度限值（B）									
					M1		M2.5		M5		M7.5		M10	
					下限	上限	下限	上限	下限	上限	下限	上限	下限	上限
6	一	1	4.0	3～15	4	15	4	15	4	15	4	15	4	15
7	一	1	4.0	3	4	13.1	4	15	4	15	4	15	4	15
				3.6	4	14.7	4	15	4	15	4	15	4	15
				4.2～15	4	15	4	15	4	15	4	15	4	15
7 (0.15g)	一	1	4.0	3	4	7.6	4	12.2	4	15	4	15	4	15
				3.6	4	8.6	4	13.7	4	15	4	15	4	15
				4.2	4	9.4	4	15	4	15	4	15	4	15
				4.8	4	10.1	4	15	4	15	4	15	4	15
				5.4	4	10.8	4	15	4	15	4	15	4	15
				6	4	11.4	4	15	4	15	4	15	4	15
				6.6	4	11.9	4	15	4	15	4	15	4	15
				7.2	4	12.4	4	15	4	15	4	15	4	15
				7.8	4	12.8	4	15	4	15	4	15	4	15
				8.4	4	13.2	4	15	4	15	4	15	4	15
				9	4	13.6	4	15	4	15	4	15	4	15
				9.6	4	13.9	4	15	4	15	4	15	4	15
				10.2	4.2	14.2	4	15	4	15	4	15	4	15
				10.8	4.5	14.5	4	15	4	15	4	15	4	15
				11.4	4.8	14.8	4	15	4	15	4	15	4	15
				12	5.1	15	4	15	4	15	4	15	4	15
				12.6	5.4	15	4	15	4	15	4	15	4	15
				13.2	5.7	15	4	15	4	15	4	15	4	15
				13.8	6.1	15	4	15	4	15	4	15	4	15
				14.4	6.4	15	4	15	4	15	4	15	4	15
				15	6.8	15	4	15	4	15	4	15	4	15

续表 B.0.1-11

烈度	层数	层号	层高	抗震横墙间距（L）	与砂浆强度等级对应的房屋宽度限值（B）									
					M1		M2.5		M5		M7.5		M10	
					下限	上限	下限	上限	下限	上限	下限	上限	下限	上限
8	一	1	3.6	3	4	6.2	4	10.1	4	12	4	12	4	12
				3.6	4	6.9	4	11.3	4	12	4	12	4	12
				4.2	4	7.5	4	12	4	12	4	12	4	12
				4.8	4	8.1	4	12	4	12	4	12	4	12
				5.4	4	8.6	4	12	4	12	4	12	4	12
				6	4	9	4	12	4	12	4	12	4	12
				6.6	4	9.4	4	12	4	12	4	12	4	12
				7.2	4.4	9.8	4	12	4	12	4	12	4	12
				7.8	4.9	10.1	4	12	4	12	4	12	4	12
				8.4	5.4	10.4	4	12	4	12	4	12	4	12
				9	5.9	10.6	4	12	4	12	4	12	4	12
				9.6	6.5	10.9	4	12	4	12	4	12	4	12
				10.2	7.1	11.1	4	12	4	12	4	12	4	12
				10.8	7.7	11.3	4	12	4	12	4	12	4	12
				11.4	8.4	11.5	4	12	4	12	4	12	4	12
				12	9.2	11.7	4.2	12	4	12	4	12	4	12
8 (0.30g)	一	1	3.6	3	—	—	4	6.1	4	8.6	4	11.2	4	12
				3.6	—	—	4	6.8	4	9.6	4	12	4	12
				4.2	—	—	4	7.4	4	10.5	4	12	4	12
				4.8	—	—	4	7.9	4	11.3	4	12	4	12
				5.4	—	—	4	8.4	4	12	4	12	4	12
				6	—	—	4	8.8	4	12	4	12	4	12
				6.6	—	—	4	9.2	4	12	4	12	4	12
				7.2	—	—	4.6	9.6	4	12	4	12	4	12
				7.8	—	—	5.1	9.9	4	12	4	12	4	12
				8.4	—	—	5.7	10.2	4	12	4	12	4	12
				9	—	—	6.4	10.4	4	12	4	12	4	12
				9.6	—	—	7.2	10.7	4	12	4	12	4	12
				10.2	—	—	8	10.9	4.3	12	4	12	4	12
				10.8	—	—	8.9	11.1	4.7	12	4	12	4	12
				11.4	—	—	10	11.3	5.1	12	4	12	4	12
				12	—	—	11.1	11.5	5.5	12	4	12	4	12
9	一	1	3.3	3	—	—	4	4.5	4	6	4	6	4	6
				3.6	—	—	4	5	4	6	4	6	4	6
				4.2	—	—	4	5.4	4	6	4	6	4	6
				4.8	—	—	4.4	5.8	4	6	4	6	4	6
				5.4	—	—	5.3	6	4	6	4	6	4	6
				6	—	—	—	—	4	6	4	6	4	6
			3.0	3	—	—	4	4.8	4	6	4	6	4	6
				3.6	—	—	4	5.4	4	6	4	6	4	6
				4.2	—	—	4	5.8	4	6	4	6	4	6
				4.8	—	—	4	6	4	6	4	6	4	6
				5.4	—	—	4.5	6	4	6	4	6	4	6
				6	—	—	5.4	6	4	6	4	6	4	6
6	二	2	3.6	3～15	4	15	4	15	4	15	4	15	4	15
		1	3.6	3	4	13.7	4	15	4	15	4	15	4	15
				3.6～11	4	15	4	15	4	15	4	15	4	15

续表 B.0.1-11

烈度	层数	层号	层高	抗震横墙间距（L）	与砂浆强度等级对应的房屋宽度限值（B）									
					M1		M2.5		M5		M7.5		M10	
					下限	上限	下限	上限	下限	上限	下限	上限	下限	上限
7	二	2	3.6	3	4	9.5	4	15	4	15	4	15	4	15
				3.6	4	10.7	4	15	4	15	4	15	4	15
				4.2	4	11.7	4	15	4	15	4	15	4	15
				4.8	4	12.6	4	15	4	15	4	15	4	15
				5.4	4	13.4	4	15	4	15	4	15	4	15
				6	4	14.1	4	15	4	15	4	15	4	15
				6.6	4	14.8	4	15	4	15	4	15	4	15
				7.2～13.8	4	15	4	15	4	15	4	15	4	15
				14.4	4.2	15	4	15	4	15	4	15	4	15
				15	4.4	15	4	15	4	15	4	15	4	15
		1	3.6	3	4	6.2	4	9.5	4	12.6	4	15	4	15
				3.6	4	7	4	10.7	4	14.4	4	15	4	15
				4.2	4	7.7	4	11.9	4	15	4	15	4	15
				4.8	4	8.4	4	12.9	4	15	4	15	4	15
				5.4	4	9	4	13.9	4	15	4	15	4	15
				6	4	9.6	4	14.7	4	15	4	15	4	15
				6.6	4	10.1	4	15	4	15	4	15	4	15
				7.2	4	10.4	4	15	4	15	4	15	4	15
				7.8	4	11	4	15	4	15	4	15	4	15
				8.4	4.2	11.4	4	15	4	15	4	15	4	15
				9	4.4	11.8	4	15	4	15	4	15	4	15
				9.6	4.8	12.2	4	15	4	15	4	15	4	15
				10.2	5.1	12.5	4	15	4	15	4	15	4	15
				11	5.5	12.9	4	15	4	15	4	15	4	15
7 (0.15g)	二	2	3.6	3	4	5.4	4	8.9	4	12.5	4	15	4	15
				3.6	4	6	4	10	4	14	4	15	4	15
				4.2	4	6.6	4	11	4	15	4	15	4	15
				4.8	4	7.1	4	11.8	4	15	4	15	4	15
				5.4	4	7.6	4	12.6	4	15	4	15	4	15
				6	4	8	4	13.3	4	15	4	15	4	15
				6.6	4.3	8.4	4	13.9	4	15	4	15	4	15
				7.2	4.8	8.7	4	14.4	4	15	4	15	4	15
				7.8	5.3	9	4	15	4	15	4	15	4	15
				8.4	5.8	9.3	4	15	4	15	4	15	4	15
				9	6.4	9.5	4	15	4	15	4	15	4	15
				9.6	7.1	9.8	4	15	4	15	4	15	4	15
				10.2	7.8	10	4	15	4	15	4	15	4	15
				10.8	8.8	10.3	4	15	4	15	4	15	4	15
				11.4	9.3	10.4	4.2	15	4	15	4	15	4	15
				12	10.2	10.6	4.4	15	4	15	4	15	4	15
				12.6	—	—	4.7	15	4	15	4	15	4	15
				13.2	—	—	5	15	4	15	4	15	4	15
				13.8	—	—	5.3	15	4	15	4	15	4	15
				14.4	—	—	5.6	15	4	15	4	15	4	15
				15	—	—	6	15	4	15	4	15	4	15
		1	3.6	3	—	—	4	5.3	4	7.3	4	9.3	4	11.3
				3.6	—	—	4	6	4	8.3	4	10.6	4	12.8
				4.2	—	—	4	6.6	4	9.2	4	11.7	4	14.2
				4.8	—	—	4	7.2	4	10	4	12.7	4	15
				5.4	—	—	4	7.8	4	10.7	4	13.7	4	15
				6	—	—	4	8.2	4	11.4	4	14.5	4	15
				6.6	—	—	4.4	8.7	4	12	4	15	4	15
				7.2	—	—	4.7	9	4	12.4	4	15	4	15
				7.8	—	—	5.3	9.5	4	13.1	4	15	4	15
				8.4	—	—	5.8	9.8	4	13.6	4	15	4	15
				9	—	—	6.3	10.1	4.1	14	4	15	4	15
				9.6	—	—	6.8	10.4	4.4	14.4	4	15	4	15
				10.2	—	—	7.3	10.7	4.7	14.8	4	15	4	15
				11	—	—	8.1	11	5.1	15	4	15	4	15

续表 B.0.1-11

烈度	层数	层号	层高	抗震横墙间距(L)	与砂浆强度等级对应的房屋宽度限值(B)									
					M1		M2.5		M5		M7.5		M10	
					下限	上限	下限	上限	下限	上限	下限	上限	下限	上限
8	二	2	3.3	3	4	4.2	4	7.2	4	10.2	4	12	4	12
				3.6	4	4.7	4	8.1	4	11.4	4	12	4	12
				4.2	4	5.2	4	8.8	4	12	4	12	4	12
				4.8	4.2	5.5	4	9.5	4	12	4	12	4	12
				5.4	4.9	5.9	4	10.1	4	12	4	12	4	12
				6	5.8	6.2	4	10.6	4	12	4	12	4	12
				6.6	—	—	4	11.1	4	12	4	12	4	12
				7.2	—	—	4	11.5	4	12	4	12	4	12
				7.8	—	—	4	11.9	4	12	4	12	4	12
				8.4	—	—	4	12	4	12	4	12	4	12
				9	—	—	4.4	12	4	12	4	12	4	12
				9.6	—	—	4.8	12	4	12	4	12	4	12
				10.2	—	—	5.2	12	4	12	4	12	4	12
				10.8	—	—	5.9	12	4	12	4	12	4	12
				11.4	—	—	6.2	12	4	12	4	12	4	12
				12	—	—	6.7	12	4	12	4	12	4	12
		1	3.3	3	—	—	4	4.1	4	5.8	4	7.5	4	9.2
				3.6	—	—	4	4.6	4	6.6	4	8.5	4	10.4
				4.2	—	—	4	5.1	4	7.3	4	9.4	4	11.5
				4.8	—	—	4.4	5.6	4	7.9	4	10.2	4	12
				5.4	—	—	5.1	5.9	4	8.4	4	10.9	4	12
				6	—	—	5.8	6.3	4	8.9	4	11.6	4	12
				6.6	—	—	6.6	6.6	4	9.4	4	12	4	12
				7.2	—	—	—	—	4.3	9.7	4	12	4	12
				7.8	—	—	—	—	4.8	10.2	4	12	4	12
				8.4	—	—	—	—	5.3	10.6	4	12	4	12
				9	—	—	—	—	5.8	10.9	4.1	12	4	12
8 (0.30g)	二	2	3.3	3	—	—	4	4.2	4	6.1	4	8.1	4	10.1
				3.6	—	—	4	4.7	4	6.9	4	9.1	4	11.3
				4.2	—	—	4	5.1	4	7.5	4	9.9	4	12
				4.8	—	—	4.9	5.5	4	8.1	4	10.7	4	12
				5.4	—	—	—	—	4	8.6	4	11.3	4	12
				6	—	—	—	—	4	9	4	11.9	4	12
				6.6	—	—	—	—	4.2	9.4	4	12	4	12
				7.2	—	—	—	—	4.8	9.7	4	12	4	12
				7.8	—	—	—	—	5.4	10.1	4	12	4	12
				8.4	—	—	—	—	6.1	10.4	4	12	4	12
				9	—	—	—	—	6.9	10.6	4.3	12	4	12
				9.6	—	—	—	—	7.8	10.9	4.7	12	4	12
				10.2	—	—	—	—	8.8	11.1	5.2	12	4.1	12
				10.8	—	—	—	—	10.3	11.4	5.9	12	4.3	12
				11.4	—	—	—	—	11.2	11.5	6.2	12	4.7	12
				12	—	—	—	—	—	—	6.8	12	4	12
		1	3.3	3	—	—	—	—	—	—	4	4.3	4	5.4
				3.6	—	—	—	—	—	—	4	4.8	4	6.1
				4.2	—	—	—	—	—	—	4	5.3	4	6.7
				4.8	—	—	—	—	—	—	4.6	5.8	4	7.3
				5.4	—	—	—	—	—	—	5.3	6.2	4	7.8
				6	—	—	—	—	—	—	6.2	6.6	4.3	8.3
				6.6	—	—	—	—	—	—	—	—	4.9	8.7
				7.2	—	—	—	—	—	—	—	—	5.3	9
				7.8	—	—	—	—	—	—	—	—	6.2	9.5
				8.4	—	—	—	—	—	—	—	—	6.9	9.8
				9	—	—	—	—	—	—	—	—	7.6	10.1

16 墙厚为370mm的实心砖墙预应力圆孔板楼（屋）盖房屋（单开间），与抗震横墙间距（L）对应的房屋宽度（B）的限值宜按表B.0.1-12采用。

表B.0.1-12 抗震横墙间距和房屋宽度限值

（370mm实心砖墙圆孔板楼屋盖）(m)

烈度	层数	层号	层高	抗震横墙间距（L）	与砂浆强度等级对应的房屋宽度限值（B）									
					M1		M2.5		M5		M7.5		M10	
					下限	上限	下限	上限	下限	上限	下限	上限	下限	上限
6	一	1	4.0	3～15	4	15	4	15	4	15	4	15	4	15
7	一	1	4.0	3	4	14.9	4	15	4	15	4	15	4	15
				3.6～15	4	15	4	15	4	15	4	15	4	15
7（0.15g）	一	1	4.0	3	4	8.7	4	13.9	4	15	4	15	4	15
				3.6	4	9.9	4	15	4	15	4	15	4	15
				4.2	4	11.1	4	15	4	15	4	15	4	15
				4.8	4	12.1	4	15	4	15	4	15	4	15
				5.4	4	13	4	15	4	15	4	15	4	15
				6	4	13.9	4	15	4	15	4	15	4	15
				6.6	4	14.7	4	15	4	15	4	15	4	15
				7.2～15	4	15	4	15	4	15	4	15	4	15
8	一	1	3.6	3	4	7.1	4	11.6	4	12	4	12	4	12
				3.6	4	8.1	4	12	4	12	4	12	4	12
				4.2	4	9	4	12	4	12	4	12	4	12
				4.8	4	9.8	4	12	4	12	4	12	4	12
				5.4	4	10.5	4	12	4	12	4	12	4	12
				6	4	11.2	4	12	4	12	4	12	4	12
				6.6	4	11.8	4	12	4	12	4	12	4	12
				7.2～12	4	12	4	12	4	12	4	12	4	12
8（0.30g）	一	1	3.6	3	4	4	4	7	4	9.9	4	12	4	12
				3.6	4	4.5	4	7.9	4	11.3	4	12	4	12
				4.2	4	5	4	8.8	4	12	4	12	4	12
				4.8	4	5.5	4	9.6	4	12	4	12	4	12
				5.4	4	5.9	4	10.3	4	12	4	12	4	12
				6	4	6.3	4	10.9	4	12	4	12	4	12
				6.6	4	6.6	4	11.5	4	12	4	12	4	12
				7.2	4	6.9	4	12	4	12	4	12	4	12
				7.8	4.5	7.2	4	12	4	12	4	12	4	12
				8.4	4.9	7.5	4	12	4	12	4	12	4	12
				9	5.4	7.7	4	12	4	12	4	12	4	12
				9.6	6	8	4	12	4	12	4	12	4	12
				10.2	6.5	8.2	4	12	4	12	4	12	4	12
				10.8	7.1	8.4	4	12	4	12	4	12	4	12
				11.4	7.7	8.6	4	12	4	12	4	12	4	12
				12	8.4	8.7	4	12	4	12	4	12	4	12

续表 B.0.1-12

烈度	层数	层号	层高	抗震横墙间距（L）	与砂浆强度等级对应的房屋宽度限值（B）									
					M1		M2.5		M5		M7.5		M10	
					下限	上限	下限	上限	下限	上限	下限	上限	下限	上限
9	一	1	3.3	3	—	—	4	5.2	4	6	4	6	4	6
				3.6	—	—	4	5.9	4	6	4	6	4	6
				4.2	—	—	4	6	4	6	4	6	4	6
				4.8～5.4	—	—	4	6	4.1	6	4	6	4	6
				6	—	—	4	6	4.8	6	4	6	4	6
			3.0	3	—	—	4	5.7	4	6	4	6	4	6
				3.6～6	—	—	4	6	4	6	4	6	4	6
6	二	2	3.6	3～15	4	15	4	15	4	15	4	15	4	15
		1	3.6	3～11	4	11	4	11	4	11	4	11	4	11
7	二	2	3.6	3	4	10.8	4	15	4	15	4	15	4	15
				3.6	4	12.4	4	15	4	15	4	15	4	15
				4.2	4	13.8	4	15	4	15	4	15	4	15
				4.8～15	4	15	4	15	4	15	4	15	4	15
		1	3.6	3	4	6.8	4	10.5	4	14	4	15	4	15
				3.6	4	7.9	4	12.1	4	15	4	15	4	15
				4.2	4	8.9	4	13.6	4	15	4	15	4	15
				4.8	4	9.8	4	15	4	15	4	15	4	15
				5.4	4	10.6	4	15	4	15	4	15	4	15
				6	4	11.4	4	15	4	15	4	15	4	15
				6.6	4	12.1	4	15	4	15	4	15	4	15
				7.2	4	12.6	4	15	4	15	4	15	4	15
				7.8	4	13.4	4	15	4	15	4	15	4	15
				8.4	4	14	4	15	4	15	4	15	4	15
				9	4	14.6	4	15	4	15	4	15	4	15
				9.6	4	15	4	15	4	15	4	15	4	15
				10.2	4	15	4	15	4	15	4	15	4	15
				11	4	15	4	15	4	15	4	15	4	15
7 (0.15g)	二	2	3.6	3	4	6.1	4	10.2	4	14.2	4	15	4	15
				3.6	4	7	4	11.6	4	15	4	15	4	15
				4.2	4	7.8	4	12.9	4	15	4	15	4	15
				4.8	4	8.5	4	14.1	4	15	4	15	4	15
				5.4	4	9.2	4	15	4	15	4	15	4	15

续表 B.0.1-12

烈度	层数	层号	层高	抗震横墙间距（L）	与砂浆强度等级对应的房屋宽度限值（B）									
					M1		M2.5		M5		M7.5		M10	
					下限	上限	下限	上限	下限	上限	下限	上限	下限	上限
7 (0.15g)	二	2	3.6	6	4	9.8	4	15	4	15	4	15	4	15
				6.6	4	10.3	4	15	4	15	4	15	4	15
				7.2	4	10.8	4	15	4	15	4	15	4	15
				7.8	4	11.3	4	15	4	15	4	15	4	15
				8.4	4	11.8	4	15	4	15	4	15	4	15
				9	4	12.2	4	15	4	15	4	15	4	15
				9.6	4	12.6	4	15	4	15	4	15	4	15
				10.2	4	12.9	4	15	4	15	4	15	4	15
				10.8	4	13.4	4	15	4	15	4	15	4	15
				11.4	4	13.6	4	15	4	15	4	15	4	15
				12	4.2	13.9	4	15	4	15	4	15	4	15
				12.6	4.4	14.2	4	15	4	15	4	15	4	15
				13.2	4.7	14.4	4	15	4	15	4	15	4	15
				13.8	4.9	14.7	4	15	4	15	4	15	4	15
				14.4	5.2	14.9	4	15	4	15	4	15	4	15
				15	5.5	15	4	15	4	15	4	15	4	15
		1	3.6	3	—	—	4	5.9	4	8.1	4	10.3	4	12.5
				3.6	4	4.1	4	6.8	4	9.4	4	11.9	4	14.5
				4.2	4	4.6	4	7.6	4	10.5	4	13.4	4	15
				4.8	4	5	4	8.4	4	11.6	4	14.8	4	15
				5.4	4	5.5	4	9.1	4	12.6	4	15	4	15
				6	4	5.9	4	9.8	4	13.5	4	15	4	15
				6.6	4.2	6.3	4	10.4	4	15	4	15	4	15
				7.2	4.5	6.5	4	10.8	4	15	4	15	4	15
				7.8	5	6.9	4	11.5	4	15	4	15	4	15
				8.4	5.5	7.3	4	12	4	15	4	15	4	15
				9	5.9	7.5	4	12.5	4	15	4	15	4	15
				9.6	6.4	7.8	4	13	4	15	4	15	4	15
				10.2	6.9	8.1	4	13.4	4	15	4	15	4	15
				11	7.5	8.4	4	14	4	15	4	15	4	15
8	二	2	3.3	3	4	4.9	4	8.3	4	11.8	4	12	4	12
				3.6	4	5.5	4	9.5	4	12	4	12	4	12
				4.2	4	6.1	4	10.5	4	12	4	12	4	12
				4.8	4	6.7	4	11.5	4	12	4	12	4	12
				5.4	4	7.2	4	12	4	12	4	12	4	12
				6	4	7.6	4	12	4	12	4	12	4	12
				6.6	4	8.1	4	12	4	12	4	12	4	12
				7.2	4	8.4	4	12	4	12	4	12	4	12
				7.8	4	8.8	4	12	4	12	4	12	4	12
				8.4	4	9.1	4	12	4	12	4	12	4	12
				9	4	9.4	4	12	4	12	4	12	4	12
				9.6	4.3	9.7	4	12	4	12	4	12	4	12
				10.2	4.7	10	4	12	4	12	4	12	4	12
				10.8	5.2	10.3	4	12	4	12	4	12	4	12
				11.4	5.4	10.5	4	12	4	12	4	12	4	12
				12	5.8	10.7	4	12	4	12	4	12	4	12
		1	3.3	3	—	—	4	4.6	4	6.5	4	8.4	4	10.3
				3.6	—	—	4	5.3	4	7.5	4	9.7	4	11.9
				4.2	—	—	4	5.9	4	8.4	4	10.8	4	12
				4.8	—	—	4	6.5	4	9.2	4	11.9	4	12
				5.4	—	—	4	7	4	10	4	12	4	12
				6	—	—	4	7.5	4	10.7	4	12	4	12
				6.6	—	—	4	8	4	11.4	4	12	4	12
				7.2	—	—	4	8.3	4	11.8	4	12	4	12
				7.8	—	—	4	8.9	4	12	4	12	4	12
				8.4	—	—	4	9.2	4	12	4	12	4	12
				9	—	—	4.3	9.6	4	12	4	12	4	12

续表 B.0.1-12

烈度	层数	层号	层高	抗震横墙间距（L）	与砂浆强度等级对应的房屋宽度限值（B）									
					M1		M2.5		M5		M7.5		M10	
					下限	上限	下限	上限	下限	上限	下限	上限	下限	上限
8 (0.30g)	二	2	3.3	3	—	—	4	4.8	4	7.1	4	9.4	4	11.6
				3.6	—	—	4	5.5	4	8.1	4	10.6	4	12
				4.2	—	—	4	6.1	4	8.9	4	11.8	4	12
				4.8	—	—	4	6.6	4	9.7	4	12	4	12
				5.4	—	—	4	7.1	4	10.5	4	12	4	12
				6	—	—	4	7.5	4	11.1	4	12	4	12
				6.6	—	—	4	7.9	4	11.7	4	12	4	12
				7.2	—	—	4	8.3	4	12	4	12	4	12
				7.8	—	—	4	8.7	4	12	4	12	4	12
				8.4	—	—	4	9	4	12	4	12	4	12
				9	—	—	4.3	9.3	4	12	4	12	4	12
				9.6	—	—	4.7	9.6	4	12	4	12	4	12
				10.2	—	—	5.1	9.8	4	12	4	12	4	12
				10.8	—	—	5.7	10.2	4	12	4	12	4	12
				11.4	—	—	6	10.3	4	12	4	12	4	12
				12	—	—	6.5	10.5	4	12	4	12	4	12
		1	3.3	3	—	—	—	—	—	—	4	4.8	4	6
				3.6	—	—	—	—	4	4.1	4	5.5	4	7
				4.2	—	—	—	—	4	4.6	4	6.2	4	7.8
				4.8	—	—	—	—	4	5	4	6.8	4	8.6
				5.4	—	—	—	—	4	5.4	4	7.4	4	9.3
				6	—	—	—	—	4	5.8	4	7.9	4	9.9
				6.6	—	—	—	—	4.2	6.2	4	8.4	4	10.5
				7.2	—	—	—	—	4.6	6.4	4	8.7	4	10.9
				7.8	—	—	—	—	5.2	6.8	4	9.3	4	11.7
				8.4	—	—	—	—	5.7	7.1	4	9.7	4	12
				9	—	—	—	—	6.3	7.4	4.3	10	4	12

17 外墙厚为 370mm、内墙厚为 240mm 的实心砖墙预应力圆孔板楼（屋）盖房屋，与抗震横墙间距（L）对应的房屋宽度（B）的限值宜按表 B.0.1-13 采用。

表 B.0.1-13 抗震横墙间距和房屋宽度限值
（外墙 370mm、内墙 240mm 实心砖墙圆孔板楼屋盖）（m）

烈度	层数	层号	层高	抗震横墙间距（L）	与砂浆强度等级对应的房屋宽度限值（B）									
					M1		M2.5		M5		M7.5		M10	
					下限	上限	下限	上限	下限	上限	下限	上限	下限	上限
6	一	1	4.0	3～15	4	15	4	15	4	15	4	15	4	15
7	一	1	4.0	3～15	4	15	4	15	4	15	4	15	4	15
7 (0.15g)	一	1	4.0	3	4	11.4	4	15	4	15	4	15	4	15
				3.6	4	12.8	4	15	4	15	4	15	4	15
				4.2	4	14.1	4	15	4	15	4	15	4	15
				4.8～7.2	4	15	4	15	4	15	4	15	4	15
				7.8	4.3	15	4	15	4	15	4	15	4	15
				8.4	4.7	15	4	15	4	15	4	15	4	15
				9	5	15	4	15	4	15	4	15	4	15
				9.6	5.4	15	4	15	4	15	4	15	4	15
				10.2	5.8	15	4	15	4	15	4	15	4	15
				10.8	6.2	15	4	15	4	15	4	15	4	15
				11.4	6.5	15	4	15	4	15	4	15	4	15
				12	6.9	15	4	15	4	15	4	15	4	15
				12.6	7.3	15	4	15	4	15	4	15	4	15
				13.2	7.8	15	4.2	15	4	15	4	15	4	15
				13.8	8.2	15	4.4	15	4	15	4	15	4	15
				14.4	8.6	15	4.6	15	4	15	4	15	4	15
				15	9.1	15	4.8	15	4	15	4	15	4	15

续表 B.0.1-13

烈度	层数	层号	层高	抗震横墙间距（*L*）	与砂浆强度等级对应的房屋宽度限值（*B*）									
					M1		M2.5		M5		M7.5		M10	
					下限	上限	下限	上限	下限	上限	下限	上限	下限	上限
8	一	1	3.6	3	4	9.2	4	12	4	12	4	12	4	12
				3.6	4	10.3	4	12	4	12	4	12	4	12
				4.2	4	11.3	4	12	4	12	4	12	4	12
				4.8	4	12	4	12	4	12	4	12	4	12
				5.4	4	12	4	12	4	12	4	12	4	12
				6	4.4	12	4	12	4	12	4	12	4	12
				6.6	4.9	12	4	12	4	12	4	12	4	12
				7.2	5.4	12	4	12	4	12	4	12	4	12
				7.8	6	12	4	12	4	12	4	12	4	12
				8.4	6.5	12	4	12	4	12	4	12	4	12
				9	7.1	12	4	12	4	12	4	12	4	12
				9.6	7.7	12	4	12	4	12	4	12	4	12
				10.2	8.4	12	4.2	12	4	12	4	12	4	12
				10.8	9.1	12	4.4	12	4	12	4	12	4	12
				11.4	9.8	12	4.7	12	4	12	4	12	4	12
				12	10.5	12	5	12	4	12	4	12	4	12
8 (0.30*g*)	一	1	3.6	3	—	—	4	9	4	12	4	12	4	12
				3.6	—	—	4	10.1	4	12	4	12	4	12
				4.2	—	—	4	11	4	12	4	12	4	12
				4.8	—	—	4	11.9	4	12	4	12	4	12
				5.4	—	—	4.5	12	4	12	4	12	4	12
				6	—	—	5.1	12	4	12	4	12	4	12
				6.6	—	—	5.8	12	4	12	4	12	4	12
				7.2	—	—	6.5	12	4	12	4	12	4	12
				7.8	—	—	7.2	12	4.2	12	4	12	4	12
				8.4	—	—	8.1	12	4.7	12	4	12	4	12
				9	—	—	8.9	12	5.1	12	4	12	4	12
				9.6	—	—	9.9	12	5.5	12	4	12	4	12
				10.2	—	—	10.9	12	6	12	4.1	12	4	12
				10.8	—	—	—	—	6.4	12	4.4	12	4	12
				11.4	—	—	—	—	6.9	12	4.7	12	4	12
				12	—	—	—	—	7.5	12	5.1	12	4	12
9	一	1	3.3	3	—	—	4	6	4	6	4	6	4	6
				3.6	—	—	4.4	6	4	6	4	6	4	6
				4.2	—	—	5.4	6	4	6	4	6	4	6
				4.8	—	—	—	—	4	6	4	6	4	6
				5.4	—	—	—	—	4.1	6	4	6	4	6
				6	—	—	—	—	4.8	6	4	6	4	6
			3.0	3～3.6	—	—	4	6	4	6	4	6	4	6
				4.2	—	—	4.6	6	4	6	4	6	4	6
				4.8	—	—	5.5	6	4	6	4	6	4	6
				5.4	—	—	—	—	4	6	4	6	4	6
				6	—	—	—	—	4.1	6	4	6	4	6

续表 B. 0. 1-13

烈度	层数	层号	层高	抗震横墙间距（L）	与砂浆强度等级对应的房屋宽度限值（B）									
					M1		M2. 5		M5		M7. 5		M10	
					下限	上限	下限	上限	下限	上限	下限	上限	下限	上限
6	二	2	3. 6	3～15	4	15	4	15	4	15	4	15	4	15
		1	3. 6	3～11	4	15	4	15	4	15	4	15	4	15
7	二	2	3. 6	3	4	14. 1	4	15	4	15	4	15	4	15
				3. 6～10. 2	4	15	4	15	4	15	4	15	4	15
				10. 8	4. 3	15	4	15	4	15	4	15	4	15
				11. 4	4. 5	15	4	15	4	15	4	15	4	15
				12	4. 7	15	4	15	4	15	4	15	4	15
				12. 6	4. 9	15	4	15	4	15	4	15	4	15
				13. 2	5. 2	15	4	15	4	15	4	15	4	15
				13. 8	5. 4	15	4	15	4	15	4	15	4	15
				14. 4	5. 7	15	4	15	4	15	4	15	4	15
				15	5. 9	15	4	15	4	15	4	15	4	15
		1	3. 6	3	4	9. 1	4	14	4	15	4	15	4	15
				3. 6	4	10. 4	4	15	4	15	4	15	4	15
				4. 2	4	11. 5	4	15	4	15	4	15	4	15
				4. 8	4	12. 5	4	15	4	15	4	15	4	15
				5. 4	4	13. 5	4	15	4	15	4	15	4	15
				6	4. 4	14. 3	4	15	4	15	4	15	4	15
				6. 6	4. 8	15	4	15	4	15	4	15	4	15
				7. 2	5	15	4	15	4	15	4	15	4	15
				7. 8	5. 6	15	4	15	4	15	4	15	4	15
				8. 4	6	15	4	15	4	15	4	15	4	15
				9	6. 4	15	4	15	4	15	4	15	4	15
				9. 6	6. 8	15	4	15	4	15	4	15	4	15
				10. 2	7. 2	15	4. 2	15	4	15	4	15	4	15
				11	7. 7	15	4. 5	15	4	15	4	15	4	15
7 (0. 15g)	二	2	3. 6	3	4	8	4	13. 3	4	15	4	15	4	15
				3. 6	4	9	4	14. 9	4	15	4	15	4	15
				4. 2	4	9. 9	4	15	4	15	4	15	4	15
				4. 8	4. 3	10. 6	4	15	4	15	4	15	4	15
				5. 4	4. 9	11. 3	4	15	4	15	4	15	4	15
				6	5. 5	12	4	15	4	15	4	15	4	15
				6. 6	6. 2	12. 6	4	15	4	15	4	15	4	15
				7. 2	6. 8	13. 1	4	15	4	15	4	15	4	15
				7. 8	7. 6	13. 5	4	15	4	15	4	15	4	15
				8. 4	8. 3	14	4. 1	15	4	15	4	15	4	15
				9	9. 1	14. 4	4. 4	15	4	15	4	15	4	15
				9. 6	9. 9	14. 7	4. 7	15	4	15	4	15	4	15
				10. 2	10. 8	15	5. 1	15	4	15	4	15	4	15
				10. 8	12. 1	15	5. 5	15	4	15	4	15	4	15

续表 B.0.1-13

烈度	层数	层号	层高	抗震横墙间距（L）	与砂浆强度等级对应的房屋宽度限值（B）									
					M1		M2.5		M5		M7.5		M10	
					下限	上限	下限	上限	下限	上限	下限	上限	下限	上限
7（0.15g）	二	2	3.6	11.4	12.7	15	5.7	15	4	15	4	15	4	15
				12	13.8	15	6.1	15	4	15	4	15	4	15
				12.6	14.9	15	6.5	15	4.2	15	4	15	4	15
				13.2	—	—	6.8	15	4.4	15	4	15	4	15
				13.8	—	—	7.2	15	4.7	15	4	15	4	15
				14.4	—	—	7.6	15	4.9	15	4	15	4	15
				15	—	—	8	15	5.1	15	4	15	4	15
		1	3.6	3	—	—	4	7.8	4	10.8	4	13.8	4	15
				3.6	—	—	4	8.9	4	12.3	4	15	4	15
				4.2	—	—	4.1	9.9	4	13.7	4	15	4	15
				4.8	—	—	4.7	10.8	4	14.9	4	15	4	15
				5.4	—	—	5.3	11.6	4	15	4	15	4	15
				6	—	—	5.9	12.3	4	15	4	15	4	15
				6.6	—	—	6.5	13	4.2	15	4	15	4	15
				7.2	—	—	6.9	13.4	4.5	15	4	15	4	15
				7.8	—	—	7.8	14.2	5	15	4	15	4	15
				8.4	—	—	8.5	14.7	5.4	15	4	15	4	15
				9	—	—	9.1	15	5.8	15	4.3	15	4	15
				9.6	—	—	9.8	15	6.2	15	4.6	15	4	15
				10.2	—	—	10.6	15	6.6	15	4.9	15	4	15
				11	—	—	11.6	15	7.2	15	5.3	15	4.2	15
8	二	2	3.3	3	4	6.3	4	10.7	4	12	4	12	4	12
				3.6	4.4	7	4	12	4	12	4	12	4	12
				4.2	5.4	7.7	4	12	4	12	4	12	4	12
				4.8	6.3	8.3	4	12	4	12	4	12	4	12
				5.4	7.4	8.8	4	12	4	12	4	12	4	12
				6	8.6	9.3	4	12	4	12	4	12	4	12
				6.6	—	—	4.2	12	4	12	4	12	4	12
				7.2	—	—	4.7	12	4	12	4	12	4	12
				7.8	—	—	5.1	12	4	12	4	12	4	12
				8.4	—	—	5.6	12	4	12	4	12	4	12
				9	—	—	6.1	12	4	12	4	12	4	12
				9.6	—	—	6.7	12	4.1	12	4	12	4	12
				10.2	—	—	7.2	12	4.4	12	4	12	4	12
				10.8	—	—	8	12	4.8	12	4	12	4	12
				11.4	—	—	8.4	12	5	12	4	12	4	12
				12	—	—	9.1	12	5.4	12	4	12	4	12

续表 B.0.1-13

烈度	层数	层号	层高	抗震横墙间距（L）	与砂浆强度等级对应的房屋宽度限值（B）									
					M1		M2.5		M5		M7.5		M10	
					下限	上限	下限	上限	下限	上限	下限	上限	下限	上限
8	二	1	3.3	3	—	—	4.1	6.1	4	8.6	4	11.1	4	12
				3.6	—	—	5	6.9	4	9.8	4	12	4	12
				4.2	—	—	5.9	7.6	4	10.8	4	12	4	12
				4.8	—	—	6.9	8.3	4.1	11.7	4	12	4	12
				5.4	—	—	7.9	8.9	4.7	12	4	12	4	12
				6	—	—	9	9.4	5.2	12	4	12	4	12
				6.6	—	—	—	—	5.8	12	4.1	12	4	12
				7.2	—	—	—	—	6.2	12	4.4	12	4	12
				7.8	—	—	—	—	7	12	4.9	12	4	12
				8.4	—	—	—	—	7.7	12	5.4	12	4.1	12
				9	—	—	—	—	8.3	12	5.8	12	4.5	12
8 (0.30g)	二	2	3.3	3	—	—	4	6.2	4	9.1	4	12	4	12
				3.6	—	—	5	6.9	4	10.2	4	12	4	12
				4.2	—	—	6.2	7.6	4	11.2	4	12	4	12
				4.8	—	—	7.5	8.2	4	12	4	12	4	12
				5.4	—	—	—	—	4.6	12	4	12	4	12
				6	—	—	—	—	5.3	12	4	12	4	12
				6.6	—	—	—	—	6	12	4	12	4	12
				7.2	—	—	—	—	6.8	12	4.4	12	4	12
				7.8	—	—	—	—	7.7	12	4.9	12	4	12
				8.4	—	—	—	—	8.6	12	5.4	12	4	12
				9	—	—	—	—	9.7	12	6	12	4.3	12
				9.6	—	—	—	—	10.8	12	6.5	12	4.7	12
				10.2	—	—	—	—	—	—	7.1	12	5.1	12
				10.8	—	—	—	—	—	—	8	12	5.6	12
				11.4	—	—	—	—	—	—	8.4	12	5.9	12
				12	—	—	—	—	—	—	9.2	12	6.4	12
		1	3.3	3	—	—	—	—	—	—	4.1	6.3	4	8
				3.6	—	—	—	—	—	—	5	7.2	4	9
				4.2	—	—	—	—	—	—	6	7.9	4.3	10
				4.8	—	—	—	—	—	—	7.1	8.6	5	10.9
				5.4	—	—	—	—	—	—	8.3	9.3	5.7	11.7
				6	—	—	—	—	—	—	9.6	9.8	6.5	12
				6.6	—	—	—	—	—	—	—	—	7.3	12
				7.2	—	—	—	—	—	—	—	—	7.9	12
				7.8	—	—	—	—	—	—	—	—	9.1	12
				8.4	—	—	—	—	—	—	—	—	10.1	12
				9	—	—	—	—	—	—	—	—	11.2	12

18 墙厚为240mm的多孔砖墙预应力圆孔板楼（屋）盖房屋，与抗震横墙间距（L）对应的房屋宽度（B）的限值宜按表B.0.1-14采用。

表B.0.1-14 抗震横墙间距和房屋宽度限值
（240mm多孔砖墙圆孔板楼屋盖）(m)

烈度	层数	层号	层高	抗震横墙间距（L）	与砂浆强度等级对应的房屋宽度限值（B）									
					M1		M2.5		M5		M7.5		M10	
					下限	上限	下限	上限	下限	上限	下限	上限	下限	上限
6	一	1	4.0	3～15	4	15	4	15	4	15	4	15	4	15
7	一	1	4.0	3	4	14	4	15	4	15	4	15	4	15
				3.6～15	4	15	4	15	4	15	4	15	4	15
7 (0.15g)	一	1	4.0	3	4	8.3	4	13.2	4	15	4	15	4	15
				3.6	4	9.2	4	14.7	4	15	4	15	4	15
				4.2	4	10.1	4	15	4	15	4	15	4	15
				4.8	4	10.8	4	15	4	15	4	15	4	15
				5.4	4	11.4	4	15	4	15	4	15	4	15
				6	4	12	4	15	4	15	4	15	4	15
				6.6	4	12.5	4	15	4	15	4	15	4	15
				7.2	4	13	4	15	4	15	4	15	4	15
				7.8	4	13.4	4	15	4	15	4	15	4	15
				8.4	4	13.8	4	15	4	15	4	15	4	15
				9	4	14.2	4	15	4	15	4	15	4	15
				9.6	4	14.5	4	15	4	15	4	15	4	15
				10.2	4	14.8	4	15	4	15	4	15	4	15
				10.8	4	15	4	15	4	15	4	15	4	15
				11.4	4.1	15	4	15	4	15	4	15	4	15
				12	4.4	15	4	15	4	15	4	15	4	15
				12.6	4.7	15	4	15	4	15	4	15	4	15
				13.2	5	15	4	15	4	15	4	15	4	15
				13.8	5.3	15	4	15	4	15	4	15	4	15
				14.4	5.6	15	4	15	4	15	4	15	4	15
				15	5.9	15	4	15	4	15	4	15	4	15
8	一	1	3.6	3	4	6.7	4	10.9	4	12	4	12	4	12
				3.6	4	7.4	4	12	4	12	4	12	4	12
				4.2	4	8.1	4	12	4	12	4	12	4	12
				4.8	4	8.6	4	12	4	12	4	12	4	12
				5.4	4	9.1	4	12	4	12	4	12	4	12
				6	4	9.6	4	12	4	12	4	12	4	12
				6.6	4	10	4	12	4	12	4	12	4	12
				7.2	4	10.3	4	12	4	12	4	12	4	12
				7.8	4	10.6	4	12	4	12	4	12	4	12
				8.4	4	10.9	4	12	4	12	4	12	4	12
				9	4.4	11.2	4	12	4	12	4	12	4	12
				9.6	4.8	11.4	4	12	4	12	4	12	4	12
				10.2	5.2	11.6	4	12	4	12	4	12	4	12
				10.8	5.7	11.8	4	12	4	12	4	12	4	12
				11.4	6.2	12	4	12	4	12	4	12	4	12
				12	6.7	12	4.3	12	4	12	4	12	4	12
8 (0.30g)	一	1	3.6	3	—	—	4	6.6	4	9.4	4	12	4	12
				3.6	4	4.3	4	7.4	4	10.4	4	12	4	12
				4.2	4.3	4.6	4	8	4	11.3	4	12	4	12
				4.8	—	—	4	8.5	4	12	4	12	4	12
				5.4	—	—	4	9	4	12	4	12	4	12
				6	—	—	4	9.5	4	12	4	12	4	12
				6.6	—	—	4	9.8	4	12	4	12	4	12
				7.2	—	—	4	10.2	4	12	4	12	4	12
				7.8	—	—	4.4	10.5	4	12	4	12	4	12
				8.4	—	—	4.9	10.8	4	12	4	12	4	12
				9	—	—	5.5	11	4	12	4	12	4	12
				9.6	—	—	6.1	11.3	4	12	4	12	4	12
				10.2	—	—	6.8	11.5	4	12	4	12	4	12
				10.8	—	—	7.5	11.7	4.1	12	4	12	4	12
				11.4	—	—	8.4	11.9	4.4	12	4	12	4	12
				12	—	—	9.3	12	4.8	12	4	12	4	12

续表 B.0.1-14

烈度	层数	层号	层高	抗震横墙间距（L）	与砂浆强度等级对应的房屋宽度限值（B）									
					M1		M2.5		M5		M7.5		M10	
					下限	上限	下限	上限	下限	上限	下限	上限	下限	上限
9	一	1	3.3	3	—	—	4	4.9	4	6	4	6	4	6
				3.6	—	—	4	5.4	4	6	4	6	4	6
				4.2	—	—	4	5.9	4	6	4	6	4	6
				4.8	—	—	4	6	4	6	4	6	4	6
				5.4	—	—	4.4	6	4	6	4	6	4	6
				6	—	—	5.3	6	4	6	4	6	4	6
			3.0	3	—	—	4	5.3	4	6	4	6	4	6
				3.6	—	—	4	5.8	4	6	4	6	4	6
				4.2～6	—	—	4	6	4	6	4	6	4	6
6	二	2	3.6	3～15	4	15	4	15	4	15	4	15	4	15
		1	3.6	3～11	4	15	4	15	4	15	4	15	4	15
7	二	2	3.6	3	4	10.2	4	15	4	15	4	15	4	15
				3.6	4	11.4	4	15	4	15	4	15	4	15
				4.2	4	12.5	4	15	4	15	4	15	4	15
				4.8	4	13.4	4	15	4	15	4	15	4	15
				5.4	4	14.2	4	15	4	15	4	15	4	15
				6	4	14.9	4	15	4	15	4	15	4	15
				6.6～15	4	15	4	15	4	15	4	15	4	15
		1	3.6	3	4	6.6	4	10.2	4	13.6	4	15	4	15
				3.6	4	7.5	4	11.5	4	15	4	15	4	15
				4.2	4	8.3	4	12.7	4	15	4	15	4	15
				4.8	4	9	4	13.7	4	15	4	15	4	15
				5.4	4	9.6	4	14.7	4	15	4	15	4	15
				6	4	10.2	4	15	4	15	4	15	4	15
				6.6	4	10.7	4	15	4	15	4	15	4	15
				7.2	4	11	4	15	4	15	4	15	4	15
				7.8	4	11.6	4	15	4	15	4	15	4	15
				8.4	4	12	4	15	4	15	4	15	4	15
				9	4	12.3	4	15	4	15	4	15	4	15
				9.6	4.1	12.7	4	15	4	15	4	15	4	15
				10.2	4.4	13	4	15	4	15	4	15	4	15
				11	4.8	13.4	4	15	4	15	4	15	4	15

续表 B.0.1-14

烈度	层数	层号	层高	抗震横墙间距（L）	与砂浆强度等级对应的房屋宽度限值（B）									
					M1		M2.5		M5		M7.5		M10	
					下限	上限	下限	上限	下限	上限	下限	上限	下限	上限
7（0.15g）	二	2	3.6	3	4	5.9	4	9.7	4	13.5	4	15	4	15
				3.6	4	6.6	4	10.8	4	15	4	15	4	15
				4.2	4	7.2	4	11.8	4	15	4	15	4	15
				4.8	4	7.7	4	12.7	4	15	4	15	4	15
				5.4	4	8.1	4	13.5	4	15	4	15	4	15
				6	4	8.6	4	14.1	4	15	4	15	4	15
				6.6	4	8.9	4	14.7	4	15	4	15	4	15
				7.2	4.1	9.3	4	15	4	15	4	15	4	15
				7.8	4.5	9.6	4	15	4	15	4	15	4	15
				8.4	5	9.8	4	15	4	15	4	15	4	15
				9	5.5	10.1	4	15	4	15	4	15	4	15
				9.6	6	10.3	4	15	4	15	4	15	4	15
				10.2	6.6	10.5	4	15	4	15	4	15	4	15
				10.8	7.4	10.8	4	15	4	15	4	15	4	15
				11.4	7.9	10.9	4	15	4	15	4	15	4	15
				12	8.6	11.1	4	15	4	15	4	15	4	15
				12.6	9.4	11.2	4	15	4	15	4	15	4	15
				13.2	10.2	11.4	4	15	4	15	4	15	4	15
				13.8	11.1	11.5	4	15	4	15	4	15	4	15
				14.4	—	—	4	15	4	15	4	15	4	15
				15	—	—	4	15	4	15	4	15	4	15
		1	3.6	3	—	—	4	5.8	4	8	4	10.1	4	12.3
				3.6	—	—	4	6.5	4	9	4	11.4	4	13.9
				4.2	—	—	4	7.2	4	9.9	4	12.6	4	15
				4.8	—	—	4	7.8	4	10.8	4	13.7	4	15
				5.4	—	—	4	8.3	4	11.5	4	14.6	4	15
				6	—	—	4	8.8	4	12.2	4	15	4	15
				6.6	—	—	4	9.3	4	12.8	4	15	4	15
				7.2	—	—	4	9.5	4	13.2	4	15	4	15
				7.8	—	—	4.6	10.1	4	13.9	4	15	4	15
				8.4	—	—	5	10.4	4	14.3	4	15	4	15
				9	—	—	5.4	10.7	4	14.8	4	15	4	15
				9.6	—	—	5.8	11	4	15	4	15	4	15
				10.2	—	—	6.3	11.3	4	15	4	15	4	15
				11	—	—	6.9	11.6	4	15	4	15	4	15
8	二	2	3.3	3	4	4.6	4	7.9	4	11.1	4	12	4	12
				3.6	4	5.2	4	8.8	4	12	4	12	4	12
				4.2	4	5.6	4	9.5	4	12	4	12	4	12
				4.8	4	6	4	10.2	4	12	4	12	4	12
				5.4	4.2	6.4	4	10.8	4	12	4	12	4	12
				6	4.8	6.7	4	11.3	4	12	4	12	4	12
				6.6	5.6	6.9	4	11.8	4	12	4	12	4	12
				7.2	6.4	7.2	4	12	4	12	4	12	4	12
				7.8	7.4	7.4	4	12	4	12	4	12	4	12
				8.4	—	—	4	12	4	12	4	12	4	12
				9	—	—	4	12	4	12	4	12	4	12
				9.6	—	—	4.1	12	4	12	4	12	4	12
				10.2	—	—	4.5	12	4	12	4	12	4	12
				10.8	—	—	5	12	4	12	4	12	4	12
				11.4	—	—	5.3	12	4	12	4	12	4	12
				12	—	—	5.8	12	4	12	4	12	4	12
		1	3.3	3	—	—	4	4.5	4	6.4	4	8.2	4	10
				3.6	—	—	4	5.1	4	7.2	4	9.2	4	11.3
				4.2	—	—	4	5.6	4	7.9	4	10.2	4	12
				4.8	—	—	4	6	4	8.5	4	11	4	12
				5.4	—	—	4.3	6.4	4	9.1	4	11.7	4	12
				6	—	—	4.9	6.8	4	9.6	4	12	4	12
				6.6	—	—	5.5	7.1	4	10.1	4	12	4	12
				7.2	—	—	6	7.3	4	10.3	4	12	4	12
				7.8	—	—	7	7.7	4.2	10.9	4	12	4	12
				8.4	—	—	7.8	8	4.5	11.2	4	12	4	12
				9	—	—	8.6	8.2	5	11.5	4	12	4	12

续表 B. 0. 1-14

烈度	层数	层号	层高	抗震横墙间距（L）	与砂浆强度等级对应的房屋宽度限值（B）									
					M1		M2.5		M5		M7.5		M10	
					下限	上限	下限	上限	下限	上限	下限	上限	下限	上限
8（0.30g）	二	2	3.3	3	—	—	4	4.6	4	6.8	4	8.9	4	11
				3.6	—	—	4	5.1	4	7.5	4	9.9	4	12
				4.2	—	—	4	5.6	4	8.2	4	10.7	4	12
				4.8	—	—	4.1	6	4	8.7	4	11.5	4	12
				5.4	—	—	4.9	6.3	4	9.2	4	12	4	12
				6	—	—	5.8	6.6	4	9.7	4	12	4	12
				6.6	—	—	6.9	6.9	4	10.1	4	12	4	12
				7.2	—	—	—	—	4	10.4	4	12	4	12
				7.8	—	—	—	—	4.6	10.8	4	12	4	12
				8.4	—	—	—	—	5.2	11	4	12	4	12
				9	—	—	—	—	5.8	11.3	4	12	4	12
				9.6	—	—	—	—	6.5	11.6	4	12	4	12
				10.2	—	—	—	—	7.3	11.8	4.4	12	4	12
				10.8	—	—	—	—	8.6	12	5	12	4	12
				11.4	—	—	—	—	9.3	12	5.3	12	4	12
				12	—	—	—	—	10.4	12	5.8	12	4	12
		1	3.3	3	—	—	—	—	—	—	4	4.8	4	6
				3.6	—	—	—	—	—	—	4	5.4	4	6.7
				4.2	—	—	—	—	—	—	4	5.9	4	7.4
				4.8	—	—	—	—	—	—	4	6.4	4	8
				5.4	—	—	—	—	—	—	4.5	6.8	4	8.5
				6	—	—	—	—	—	—	5.1	7.2	4	9
				6.6	—	—	—	—	—	—	5.9	7.5	4.2	9.4
				7.2	—	—	—	—	—	—	6.4	7.7	4.5	9.7
				7.8	—	—	—	—	—	—	7.6	8.1	5.2	10.2
				8.4	—	—	—	—	—	—	—	—	5.8	10.5
				9	—	—	—	—	—	—	—	—	6.4	10.8

19 墙厚为 190mm 的多孔砖墙预应力圆孔板楼（屋）盖房屋，与抗震横墙间距（L）对应的房屋宽度（B）的限值宜按表 B. 0. 1-15 采用。

表 B. 0. 1-15 抗震横墙间距和房屋宽度限值
（190mm 多孔砖墙圆孔板楼屋盖）（m）

烈度	层数	层号	层高	抗震横墙间距（L）	与砂浆强度等级对应的房屋宽度限值（B）									
					M1		M2.5		M5		M7.5		M10	
					下限	上限	下限	上限	下限	上限	下限	上限	下限	上限
6	一	1	4.0	3～11	4	11	4	11	4	11	4	11	4	11
7	一	1	4.0	3～11	4	11	4	11	4	11	4	11	4	11
7（0.15g）	一	1	4.0	3	4	7.4	4	11	4	11	4	11	4	11
				3.6	4	8.1	4	11	4	11	4	11	4	11
				4.2	4	8.8	4	11	4	11	4	11	4	11
				4.8	4	9.4	4	11	4	11	4	11	4	11
				5.4	4	9.9	4	11	4	11	4	11	4	11
				6	4	10.4	4	11	4	11	4	11	4	11
				6.6	4	10.8	4	11	4	11	4	11	4	11
				7.2～10.2	4	11	4	11	4	11	4	11	4	11
				11	4.4	11	4	11	4	11	4	11	4	11

续表 B. 0. 1-15

烈度	层数	层号	层高	抗震横墙间距（L）	与砂浆强度等级对应的房屋宽度限值（B）									
					M1		M2.5		M5		M7.5		M10	
					下限	上限	下限	上限	下限	上限	下限	上限	下限	上限
8	一	1	3.6	3	4	5.9	4	9	4	9	4	9	4	9
				3.6	4	6.5	4	9	4	9	4	9	4	9
				4.2	4	7	4	9	4	9	4	9	4	9
				4.8	4	7.5	4	9	4	9	4	9	4	9
				5.4	4	7.9	4	9	4	9	4	9	4	9
				6	4	8.2	4	9	4	9	4	9	4	9
				6.6	4	8.5	4	9	4	9	4	9	4	9
				7.2	4	8.7	4	9	4	9	4	9	4	9
				7.8	4.1	9	4	9	4	9	4	9	4	9
				8.4	4.6	9	4	9	4	9	4	9	4	9
				9	5.1	9	4	9	4	9	4	9	4	9
8 (0.30g)	一	1	3.6	3	—	—	4	4.5	4	5.8	4	8.3	4	9
				3.6	—	—	4	5	4	6.4	4	9	4	9
				4.2	—	—	4	5.5	4	6.9	4	9	4	9
				4.8	—	—	4	5.9	4	7.4	4	9	4	9
				5.4	—	—	4	6.2	4	7.7	4	9	4	9
				6	—	—	4	6.6	4	8.1	4	9	4	9
				6.6	—	—	4	6.8	4	8.4	4	9	4	9
				7.2	—	—	4.6	7.1	4	8.6	4	9	4	9
				7.8	—	—	5.3	7.3	4	8.9	4	9	4	9
				8.4	—	—	6.1	7.5	4	9	4	9	4	9
				9	—	—	6.9	7.7	4	9	4	9	4	9
9	一	1	3.0	3	—	—	4	4.6	4	6	4	6	4	6
				3.6	—	—	4	5	4	6	4	6	4	6
				4.2	—	—	4	5.4	4	6	4	6	4	6
				4.8	—	—	4	5.7	4	6	4	6	4	6
				5.4	—	—	4.8	6	4	6	4	6	4	6
				6	—	—	—	—	4	6	4	6	4	6
6	二	2	3.6	3～11	4	11	4	11	4	11	4	11	4	11
		1	3.6	3～9	4	11	4	11	4	11	4	11	4	11
7	二	2	3.3	3	4	9.6	4	11	4	11	4	11	4	11
				3.6	4	10.6	4	11	4	11	4	11	4	11
				4.2～11	4	11	4	11	4	11	4	11	4	11

续表 B. 0. 1-15

烈度	层数	层号	层高	抗震横墙间距（*L*）	与砂浆强度等级对应的房屋宽度限值（*B*）									
					M1		M2. 5		M5		M7. 5		M10	
					下限	上限	下限	上限	下限	上限	下限	上限	下限	上限
7	二	1	3. 3	3	4	6. 3	4	9. 7	4	11	4	11	4	11
				3. 6	4	7	4	10. 8	4	11	4	11	4	11
				4. 2	4	7. 7	4	11	4	11	4	11	4	11
				4. 8	4	8. 2	4	11	4	11	4	11	4	11
				5. 4	4	8. 7	4	11	4	11	4	11	4	11
				6	4	9. 2	4	11	4	11	4	11	4	11
				6. 6	4	9. 6	4	11	4	11	4	11	4	11
				7. 2	4	9. 8	4	11	4	11	4	11	4	11
				7. 8	4	10. 3	4	11	4	11	4	11	4	11
				8. 4	4	10. 5	4	11	4	11	4	11	4	11
				9	4	10. 8	4	11	4	11	4	11	4	11
7（0. 15*g*）	二	2	3. 3	3	4	5. 5	4	9. 1	4	11	4	11	4	11
				3. 6	4	6. 1	4	10. 1	4	11	4	11	4	11
				4. 2	4	6. 6	4	10. 9	4	11	4	11	4	11
				4. 8	4	7	4	11	4	11	4	11	4	11
				5. 4	4	7. 4	4	11	4	11	4	11	4	11
				6	4	7. 7	4	11	4	11	4	11	4	11
				6. 6	4	7. 9	4	11	4	11	4	11	4	11
				7. 2	4. 1	8. 2	4	11	4	11	4	11	4	11
				7. 8	4. 6	8. 4	4	11	4	11	4	11	4	11
				8. 4	5. 1	8. 6	4	11	4	11	4	11	4	11
				9	5. 7	8. 8	4	11	4	11	4	11	4	11
				9. 6	6. 4	9	4	11	4	11	4	11	4	11
				10. 2	7. 1	9. 1	4	11	4	11	4	11	4	11
				11	8. 2	9. 3	4	11	4	11	4	11	4	11
		1	3. 3	3	—	—	4	5. 5	4	7. 6	4	9. 7	4	11
				3. 6	—	—	4	6. 2	4	8. 5	4	10. 8	4	11
				4. 2	—	—	4	6. 7	4	9. 3	4	11	4	11
				4. 8	—	—	4	7. 2	4	9. 9	4	11	4	11
				5. 4	—	—	4	7. 6	4	10. 5	4	11	4	11
				6	—	—	4	8	4	11	4	11	4	11
				6. 6	—	—	4	8. 4	4	11	4	11	4	11
				7. 2	—	—	4	8. 6	4	11	4	11	4	11
				7. 8	—	—	4. 4	9	4	11	4	11	4	11
				8. 4	—	—	4. 9	9. 2	4	11	4	11	4	11
				9	—	—	5. 3	9. 5	4	11	4	11	4	11

续表 B.0.1-15

烈度	层数	层号	层高	抗震横墙间距（L）	与砂浆强度等级对应的房屋宽度限值（B）									
					M1		M2.5		M5		M7.5		M10	
					下限	上限	下限	上限	下限	上限	下限	上限	下限	上限
8	二	2	3.0	3	4	4.4	4	7.4	4	9	4	9	4	9
				3.6	4	4.8	4	8.2	4	9	4	9	4	9
				4.2	4	5.2	4	8.8	4	9	4	9	4	9
				4.8	4	5.5	4	9	4	9	4	9	4	9
				5.4	4.2	5.8	4	9	4	9	4	9	4	9
				6	5	6	4	9	4	9	4	9	4	9
				6.6	6	6.2	4	9	4	9	4	9	4	9
				7.2～9	—	—	4	9	4	9	4	9	4	9
		1	3.0	3	—	—	4	4.3	4	6.1	4	7.9	4	9
				3.6	—	—	4	4.8	4	6.8	4	8.7	4	9
				4.2	—	—	4	5.2	4	7.4	4	9	4	9
				4.8	—	—	4	5.6	4	7.9	4	9	4	9
				5.4	—	—	4.2	5.9	4	8.3	4	9	4	9
				6	—	—	4.8	6.2	4	8.7	4	9	4	9
				6.6	—	—	5.5	6.5	4	9	4	9	4	9
				7	—	—	6	6.6	4	9	4	9	4	9
8（0.30g）	二	2	3.0	3	—	—	4	4.4	4	6.4	4	8.4	4	9
				3.6	—	—	4	4.8	4	7	4	9	4	9
				4.2	—	—	4	5.2	4	7.5	4	9	4	9
				4.8	—	—	4.2	5.5	4	8	4	9	4	9
				5.4	—	—	5.3	5.8	4	8.4	4	9	4	9
				6	—	—	—	—	4	8.7	4	9	4	9
				6.6	—	—	—	—	4	9	4	9	4	9
				7.2	—	—	—	—	4.3	9	4	9	4	9
				7.8	—	—	—	—	4.9	9	4	9	4	9
				8.4	—	—	—	—	5.7	9	4	9	4	9
				9	—	—	—	—	6.6	9	4	9	4	9
		1	3.0	3	—	—	—	—	—	—	4	4.6	4	5.8
				3.6	—	—	—	—	—	—	4	5.1	4	6.4
				4.2	—	—	—	—	—	—	4	5.6	4	7
				4.8	—	—	—	—	—	—	4	6	4	7.4
				5.4	—	—	—	—	—	—	4.4	6.3	4	7.9
				6	—	—	—	—	—	—	5.2	6.6	4	8.2
				6.6	—	—	—	—	—	—	6.1	6.9	4.2	8.6
				7	—	—	—	—	—	—	6.8	7	4.5	8.8

20 墙厚为240mm的蒸压砖墙预应力圆孔板楼（屋）盖房屋，与抗震横墙间距（L）对应的房屋宽度（B）的限值宜按表B.0.1-16采用。

表B.0.1-16 抗震横墙间距和房屋宽度限值
（240mm蒸压砖墙圆孔板楼屋盖）（m）

烈度	层数	层号	层高	抗震横墙间距（L）	与砂浆强度等级对应的房屋宽度限值（B）							
					M2.5		M5		M7.5		M10	
					下限	上限	下限	上限	下限	上限	下限	上限
6	一	1	4.0	3～11	4	11	4	11	4	11	4	11
7	一	1	4.0	3～11	4	11	4	11	4	11	4	11
7（0.15g）	一	1	4.0	3	4	9.5	4	11	4	11	4	11
				3.6	4	10.7	4	11	4	11	4	11
				4.2～11	4	11	4	11	4	11	4	11
8	一	1	3.6	3	4	7.8	4	9	4	9	4	9
				3.6	4	8.7	4	9	4	9	4	9
				4.2～9	4	9	4	9	4	9	4	9
8（0.30g）	一	1	3.6	3	4	4.5	4	6.3	4	8.1	4	9
				3.6	4	5	4	7	4	9	4	9
				4.2	4	5.5	4	7.7	4	9	4	9
				4.8	4	5.9	4	8.2	4	9	4	9
				5.4	4.7	6.2	4	8.7	4	9	4	9
				6	5.6	6.6	4	9	4	9	4	9
				6.6	6.5	6.8	4	9	4	9	4	9
				7.2	—	—	4.2	9	4	9	4	9
				7.8	—	—	4.8	9	4	9	4	9
				8.4	—	—	5.3	9	4	9	4	9
				9	—	—	5.9	9	4	9	4	9
9	一	1	3.0	3	—	—	4	5.1	4	6	4	6
				3.6	—	—	4	5.6	4	6	4	6
				4.2	4	4.2	4	6	4	6	4	6
				4.8	4	4.5	4	6	4	6	4	6
				5.4	4	4.7	4.2	6	4	6	4	6
				6	4	5	5	6	4	6	4	6
6	二	2	3.6	3～11	4	11	4	11	4	11	4	11
		1	3.6	3～9	4	11	4	11	4	11	4	11
7	二	2	3.3	3～11	4	11	4	11	4	11	4	11
		1	3.3	3	4	7.9	4	10.3	4	11	4	11
				3.6	4	9	4	11	4	11	4	11
				4.2	4	9.9	4	11	4	11	4	11
				4.8	4	10.7	4	11	4	11	4	11
				5.4～9	4	11	4	11	4	11	4	11

续表 B.0.1-16

烈度	层数	层号	层高	抗震横墙间距（L）	与砂浆强度等级对应的房屋宽度限值（B）							
					M2.5		M5		M7.5		M10	
					下限	上限	下限	上限	下限	上限	下限	上限
7（0.15g）	二	2	3.3	3	4	7.3	4	9.9	4	11	4	11
				3.6	4	8.1	4	11	4	11	4	11
				4.2	4	8.9	4	11	4	11	4	11
				4.8	4	9.5	4	11	4	11	4	11
				5.4	4	10.1	4	11	4	11	4	11
				6	4	10.6	4	11	4	11	4	11
				6.6～9	4	11	4	11	4	11	4	11
				9.6	4.3	11	4	11	4	11	4	11
				10.2	4.6	11	4	11	4	11	4	11
				11	5.1	11	4	11	4	11	4	11
		1	3.3	3	4	4.3	4	5.9	4	7.4	4	8.8
				3.6	4	4.9	4	6.6	4	8.3	4	10
				4.2	4	5.4	4	7.3	4	9.2	4	11
				4.8	4	5.8	4	7.9	4	9.9	4	11
				5.4	4.4	6.3	4	8.4	4	10.6	4	11
				6	4.9	6.6	4	8.9	4	11	4	11
				6.6	5.5	6.9	4	9.4	4	11	4	11
				7.2	5.9	7.1	4	9.6	4	11	4	11
				7.8	6.8	7.5	4.4	10.2	4	11	4	11
				8.4	7.5	7.8	4.8	10.5	4	11	4	11
				9	—	—	5.2	10.8	4	11	4	11
8	二	2	3.0	3	4	5.9	4	8.1	4	9	4	9
				3.6	4	6.5	4	9	4	9	4	9
				4.2	4	7.1	4	9	4	9	4	9
				4.8	4	7.6	4	9	4	9	4	9
				5.4	4	8	4	9	4	9	4	9
				6	4	8.4	4	9	4	9	4	9
				6.6	4	8.7	4	9	4	9	4	9
				7.2	4.3	9	4	9	4	9	4	9
				7.8	4.8	9	4	9	4	9	4	9
				8.4	5.4	9	4	9	4	9	4	9
				9	6	9	4	9	4	9	4	9
		1	3.0	3	—	—	4	4.6	4	5.9	4	7.2
				3.6	—	—	4	5.2	4	6.6	4	8
				4.2	—	—	4	5.7	4	7.3	4	8.8
				4.8	—	—	4	6.2	4	7.9	4	9
				5.4	—	—	4.1	6.6	4	8.4	4	9
				6	—	—	4.7	6.9	4	8.8	4	9
				6.6	—	—	5.3	7.3	4	9	4	9
				7	—	—	5.7	7.5	4	9	4	9

21 墙厚为370mm的蒸压砖墙预应力圆孔板楼（屋）盖房屋（单开间），与抗震横墙间距（L）对应的房屋宽度（B）的限值宜按表B.0.1-17采用。

表B.0.1-17 抗震横墙间距和房屋宽度限值
（370mm蒸压砖墙圆孔板楼屋盖）（m）

烈度	层数	层号	层高	抗震横墙间距（L）	与砂浆强度等级对应的房屋宽度限值（B）							
					M2.5		M5		M7.5		M10	
					下限	上限	下限	上限	下限	上限	下限	上限
6	一	1	4.0	3～11	4	11	4	11	4	11	4	11
7	一	1	4.0	3～11	4	11	4	11	4	11	4	11
7（0.15g）	一	1	4.0	3	4	10.9	4	11	4	11	4	11
				3.6～11	4	11	4	11	4	11	4	11
8	一	1	3.6	3～9	4	9	4	9	4	9	4	9
8（0.30g）	一	1	3.6	3	4	5.2	4	7.3	4	9	4	9
				3.6	4	6	4	8.3	4	9	4	9
				4.2	4	6.6	4	9	4	9	4	9
				4.8	4	7.2	4	9	4	9	4	9
				5.4	4	7.7	4	9	4	9	4	9
				6	4	8.2	4	9	4	9	4	9
				6.6	4	8.6	4	9	4	9	4	9
				7.2～9	4	9	4	9	4	9	4	9
9	一	1	3.0	3	4	4.2	4	6	4	6	4	6
				3.6	4	4.7	4	6	4	6	4	6
				4.2	4	5.2	4	6	4	6	4	6
				4.8	4	5.6	4	6	4	6	4	6
				5.4～6	4	6	4	6	4	6	4	6
6	二	2	3.6	3～11	4	11	4	11	4	11	4	11
		1	3.6	3～9	4	11	4	11	4	11	4	11
7	二	2	3.3	3～11	4	11	4	11	4	11	4	11
		1	3.3	3	4	8.9	4	11	4	11	4	11
				3.6	4	10.2	4	11	4	11	4	11
				4.2～9	4	11	4	11	4	11	4	11
7（0.15g）	二	2	3.3	3	4	8.4	4	11	4	11	4	11
				3.6	4	9.6	4	11	4	11	4	11
				4.2	4	10.6	4	11	4	11	4	11
				4.8～11	4	11	4	11	4	11	4	11
		1	3.3	3	4	4.9	4	6.6	4	8.3	4	9.9
				3.6	4	5.6	4	7.6	4	9.5	4	11
				4.2	4	6.3	4	8.5	4	10.6	4	11
				4.8	4	6.9	4	9.3	4	11	4	11
				5.4	4	7.4	4	10	4	11	4	11
				6	4	8	4	10.8	4	11	4	11
				6.6	4	8.5	4	11	4	11	4	11
				7.2	4	8.8	4	11	4	11	4	11
				7.8	4	9.3	4	11	4	11	4	11
				8.4	4	9.7	4	11	4	11	4	11
				9	4	10.1	4	11	4	11	4	11

续表 B. 0. 1-17

烈度	层数	层号	层高	抗震横墙间距（L）	M2.5 下限	M2.5 上限	M5 下限	M5 上限	M7.5 下限	M7.5 上限	M10 下限	M10 上限
8	二	2	3.0	3	4	6.9	4	9	4	9	4	9
				3.6	4	7.8	4	9	4	9	4	9
				4.2	4	8.6	4	9	4	9	4	9
				4.8～9	4	9	4	9	4	9	4	9
		1	3.0	3	—	—	4	5.3	4	6.7	4	8.1
				3.6	4	4.3	4	6	4	7.7	4	9
				4.2	4	4.8	4	6.7	4	8.5	4	9
				4.8	4	5.3	4	7.3	4	9	4	9
				5.4	4	5.7	4	7.9	4	9	4	9
				6	4	6.1	4	8.4	4	9	4	9
				6.6	4	6.4	4	8.9	4	9	4	9
				7	4	6.7	4	9	4	9	4	9

22 外墙厚为 370mm、内墙厚为 240mm 的蒸压砖墙预应力圆孔板楼（屋）盖房屋，与抗震横墙间距（L）对应的房屋宽度（B）的限值宜按表 B. 0. 1-18 采用。

表 B. 0. 1-18 抗震横墙间距和房屋宽度限值
（外墙 370mm、内墙 240mm 蒸压砖墙圆孔板楼屋盖）(m)

烈度	层数	层号	层高	抗震横墙间距（L）	M2.5 下限	M2.5 上限	M5 下限	M5 上限	M7.5 下限	M7.5 上限	M10 下限	M10 上限
6	一	1	4.0	3～11	4	11	4	11	4	11	4	11
7	一	1	4.0	3～11	4	11	4	11	4	11	4	11
7 (0.15g)	一	1	4.0	3～9.6	4	11	4	11	4	11	4	11
				10.2	4.3	11	4	11	4	11	4	11
				11	4.6	11	4	11	4	11	4	11
8	一	1	3.6	3～7.2	4	9	4	9	4	9	4	9
				7.8	4.2	9	4	9	4	9	4	9
				8.4	4.6	9	4	9	4	9	4	9
				9	5	9	4	9	4	9	4	9
8 (0.30g)	一	1	3.6	3	4	6.8	4	9	4	9	4	9
				3.6	4.1	7.5	4	9	4	9	4	9
				4.2	5	8.2	4	9	4	9	4	9
				4.8	5.9	8.8	4	9	4	9	4	9
				5.4	7	9	4.1	9	4	9	4	9
				6	8.2	9	4.7	9	4	9	4	9
				6.6	—	—	5.3	9	4	9	4	9
				7.2	—	—	6	9	4.1	9	4	9
				7.8	—	—	6.7	9	4.6	9	4	9
				8.4	—	—	7.4	9	5	9	4	9
				9	—	—	8.2	9	5.5	9	4.1	9
9	一	1	3.0	3	—	—	4	6	4	6	4	6
				3.6	—	—	4	6	4	6	4	6
				4.2	—	—	4.2	6	4	6	4	6
				4.8	—	—	5.1	6	4	6	4	6
				5.4	—	—	—	—	4	6	4	6
				6	—	—	—	—	4.5	6	4	6

续表 B. 0. 1-18

烈度	层数	层号	层高	抗震横墙间距（L）	与砂浆强度等级对应的房屋宽度限值（B）							
					M2. 5		M5		M7. 5		M10	
					下限	上限	下限	上限	下限	上限	下限	上限
6	二	2	3. 6	3～11	4	11	4	11	4	11	4	11
		1	3. 6	3～9	4	11	4	11	4	11	4	11
7	二	2	3. 3	3～11	4	11	4	11	4	11	4	11
		1	3. 3	3～7. 8	4	11	4	11	4	11	4	11
				8. 4	4. 1	11	4	11	4	11	4	11
				9	4. 3	11	4	11	4	11	4	11
7（0. 15g）	二	2	3. 3	3	4	10. 8	4	11	4	11	4	11
				3. 6～6. 6	4	11	4	11	4	11	4	11
				7. 2	4. 2	11	4	11	4	11	4	11
				7. 8	4. 6	11	4	11	4	11	4	11
				8. 4	5	11	4	11	4	11	4	11
				9	5. 5	11	4	11	4	11	4	11
				9. 6	5. 9	11	4	11	4	11	4	11
				10. 2	6. 3	11	4. 2	11	4	11	4	11
				11	7	11	4. 6	11	4	11	4	11
7（0. 15g）	二	1	3. 3	3	4	6. 4	4	8. 7	4	10. 9	4	11
				3. 6	4. 3	7. 3	4	9. 8	4	11	4	11
				4. 2	5. 1	8	4	10. 8	4	11	4	11
				4. 8	5. 8	8. 7	4	11	4	11	4	11
				5. 4	6. 6	9. 3	4. 3	11	4	11	4	11
				6	7. 4	9. 9	4. 8	11	4	11	4	11
				6. 6	8. 3	10. 4	5. 3	11	4	11	4	11
				7. 2	8. 8	10. 7	5. 6	11	4. 2	11	4	11
				7. 8	10. 1	11	6. 3	11	4. 7	11	4	11
				8. 4	11	11	6. 9	11	5. 1	11	4	11
				9	—	—	7. 4	11	5. 4	11	4. 3	11
8	二	2	3. 0	3	4	8. 7	4	9	4	9	4	9
				3. 6～4. 8	4	9	4	9	4	9	4	9
				5. 4	4. 2	9	4	9	4	9	4	9
				6	4. 7	9	4	9	4	9	4	9
				6. 6	5. 3	9	4	9	4	9	4	9
				7. 2	6	9	4	9	4	9	4	9
				7. 8	6. 7	9	4. 2	9	4	9	4	9
				8. 4	7. 4	9	4. 5	9	4	9	4	9
				9	8. 2	9	5	9	4	9	4	9
		1	3. 0	3	5. 2	5. 3	4	6. 8	4	8. 7	4	9
				3. 6	—	—	4	7. 7	4	9	4	9
				4. 2	—	—	4. 6	8. 5	4	9	4	9
				4. 8	—	—	5. 4	9	4	9	4	9
				5. 4	—	—	6. 1	9	4. 3	9	4	9
				6	—	—	6. 9	9	4. 8	9	4	9
				6. 6	—	—	7. 8	9	5. 4	9	4. 2	9
				7	—	—	8. 4	9	5. 8	9	4. 4	9

23 墙厚为190mm的小砌块墙预应力圆孔板楼（屋）盖房屋，与抗震横墙间距（L）对应的房屋宽度（B）的限值宜按表B.0.1-19采用。

表 B.0.1-19 抗震横墙间距和房屋宽度限值（190mm 小砌块墙圆孔板楼屋盖）(m)

烈度	层数	层号	层高	抗震横墙间距（L）	与砂浆强度等级对应的房屋宽度限值（B）											
					普通小砌块						轻骨料小砌块					
					M5		M7.5		M10		M5		M7.5		M10	
					下限	上限	下限	上限	下限	上限	下限	上限	下限	上限	下限	上限
6	一	1	4.0	3～15	4	15	4	15	4	15	4	15	4	15	4	15
7	一	1	4.0	3～15	4	15	4	15	4	15	4	15	4	15	4	15
7 (0.15g)	一	1	4.0	3	4	10.4	4	13.5	4	15	4	12	4	15	4	15
				3.6	4	11.6	4	15	4	15	4	13.2	4	15	4	15
				4.2	4	12.7	4	15	4	15	4	14.2	4	15	4	15
				4.8	4	13.6	4	15	4	15	4	15	4	15	4	15
				5.4	4	14.4	4	15	4	15	4	15	4	15	4	15
				6～15	4	15	4	15	4	15	4	15	4	15	4	15
8	一	1	3.6	3	4	8.4	4	11.1	4	12	4	9.7	4	12	4	12
				3.6	4	9.4	4	12	4	12	4	10.7	4	12	4	12
				4.2	4	10.2	4	12	4	12	4	11.5	4	12	4	12
				4.8	4	10.9	4	12	4	12	4	12	4	12	4	12
				5.4	4	11.5	4	12	4	12	4	12	4	12	4	12
				6～12	4	12	4	12	4	12	4	12	4	12	4	12
8 (0.30g)	一	1	3.6	3	4	5	4	6.7	4	7.6	4	5.9	4	8	4	9
				3.6	4	5.5	4	7.5	4	8.4	4	6.5	4	8.7	4	9.8
				4.2	4	6	4	8.1	4	9.2	4	7	4	9.4	4	10.6
				4.8	4	6.4	4	8.7	4	9.8	4	7.4	4	9.9	4	11.2
				5.4	4	6.8	4	9.2	4	10.3	4	7.7	4	10.4	4	11.7
				6	4	7.1	4	9.6	4	10.8	4	8	4	10.8	4	12
				6.6	4	7.4	4	10	4	11.3	4	8.3	4	11.2	4	12
				7.2	4.1	7.7	4	10.3	4	11.7	4	8.6	4	11.5	4	12
				7.8	4.4	7.9	4	10.7	4	12	4	8.8	4	11.8	4	12
				8.4	4.8	8.1	4	10.9	4	12	4	9	4	12	4	12
				9	5.1	8.3	4	11.2	4	12	4	9.1	4	12	4	12
				9.6	5.5	8.5	4	11.4	4	12	4	9.3	4	12	4	12
				10.2	5.9	8.6	4.2	11.7	4	12	4.2	9.4	4	12	4	12
				10.8	6.4	8.8	4.4	11.9	4	12	4.5	9.6	4	12	4	12
				11.4	6.9	8.9	4.7	12	4.1	12	4.9	9.7	4	12	4	12
				12	7.5	9.1	4.9	12	4.3	12	5.3	9.8	4	12	4	12

续表 B.0.1-19

烈度	层数	层号	层高	抗震横墙间距（L）	与砂浆强度等级对应的房屋宽度限值（B）											
					普通小砌块						轻骨料小砌块					
					M5		M7.5		M10		M5		M7.5		M10	
					下限	上限	下限	上限	下限	上限	下限	上限	下限	上限	下限	上限
9	一	1	3.3	3	—	—	4	4.9	4	5.6	4	4.3	4	5.9	4	6
				3.6	—	—	4	5.5	4	6	4	4.7	4	6	4	6
				4.2	4	4.3	4	5.9	4	6	4	5.1	4	6	4	6
				4.8	—	—	4	6	4	6	4	5.3	4	6	4	6
				5.4	—	—	4	6	4	6	4	5.6	4	6	4	6
				6	—	—	4	6	4	6	4	5.8	4	6	4	6
			3.0	3	—	—	4	5.3	4	6	4	4.6	4	6	4	6
				3.6	4	4.2	4	5.8	4	6	4	5	4	6	4	6
				4.2	4	4.5	4	6	4	6	4	5.3	4	6	4	6
				4.8	4.1	4.8	4	6	4	6	4	5.6	4	6	4	6
				5.4	4.8	5.1	4	6	4	6	4	5.8	4	6	4	6
				6	—	—	4	6	4	6	4	6	4	6	4	6
6	二	2	3.6	3～15	4	15	4	15	4	15	4	15	4	15	4	15
		1	3.6	3～11	4	15	4	15	4	15	4	11	4	11	4	11
7	二	2	3.6	3	4	12.7	4	15	4	15	4	14.6	4	15	4	15
				3.6	4	14.2	4	15	4	15	4	15	4	15	4	15
				4.2～15	4	15	4	15	4	15	4	15	4	15	4	15
		1	3.6	3	4	9.7	4	11.8	4	13.8	4	10.7	4	13.2	4	15
				3.6	4	11	4	13.3	4	15	4	11.9	4	14.7	4	15
				4.2	4	12.1	4	14.7	4	15	4	13	4	15	4	15
				4.8	4	13.1	4	15	4	15	4	14	4	15	4	15
				5.4	4	14	4	15	4	15	4	14.8	4	15	4	15
				6.0	4	14.8	4	15	4	15	4	15	4	15	4	15
				6.6～11	4	15	4	15	4	15	4	15	4	15	4	15
7（0.15g）	二	2	3.6	3	4	7.4	4	9.8	4	11	4	8.7	4	11.6	4	13
				3.6	4	8.3	4	11	4	12.3	4	9.6	4	12.8	4	14.3
				4.2	4	9.1	4	12	4	13.4	4	10.4	4	13.8	4	15
				4.8	4	9.7	4	12.9	4	14.4	4	11	4	14.6	4	15
				5.4	4	10.3	4	13.6	4	15	4	11.6	4	15	4	15
				6	4	10.8	4	14.3	4	15	4	12.1	4	15	4	15
				6.6	4	11.3	4	14.9	4	15	4	12.5	4	15	4	15
				7.2	4	11.7	4	15	4	15	4	12.9	4	15	4	15
				7.8	4	12.1	4	15	4	15	4	13.3	4	15	4	15
				8.4	4	12.5	4	15	4	15	4	13.6	4	15	4	15
				9	4	12.8	4	15	4	15	4	13.9	4	15	4	15
				9.6	4	13.1	4	15	4	15	4	14.2	4	15	4	15
				10.2	4	13.3	4	15	4	15	4	14.4	4	15	4	15
				10.8	4	13.6	4	15	4	15	4	14.6	4	15	4	15
				11.4	4	13.8	4	15	4	15	4	14.8	4	15	4	15
				12	4	14.1	4	15	4	15	4	15	4	15	4	15
				12.6	4	14.3	4	15	4	15	4	15	4	15	4	15
				13.2	4	14.5	4	15	4	15	4	15	4	15	4	15
				13.8	4	14.6	4	15	4	15	4	15	4	15	4	15
				14.4	4.1	14.8	4	15	4	15	4	15	4	15	4	15
				15	4.3	15	4	15	4	15	4	15	4	15	4	15
		1	3.6	3	4	5.5	4	6.8	4	7.5	4	6.1	4	7.8	4	8.6
				3.6	4	6.2	4	7.7	4	8.4	4	6.9	4	8.7	4	9.6
				4.2	4	6.8	4	8.5	4	9.3	4	7.5	4	9.5	4	10.4
				4.8	4	7.4	4	9.2	4	10.1	4	8	4	10.1	4	11.2
				5.4	4	7.9	4	9.8	4	10.8	4	8.5	4	10.8	4	11.9
				6	4	8.4	4	10.4	4	11.4	4	9	4	11.3	4	12.5
				6.6	4	8.8	4	10.9	4	12	4	9.4	4	11.8	4	13
				7.2	4	9.2	4	11.4	4	12.5	4	9.7	4	12.2	4	13.5
				7.8	4	9.5	4	11.8	4	13	4	10	4	12.6	4	14
				8.4	4	9.9	4	12.2	4	13.4	4	10.3	4	13	4	14.4
				9	4	10.2	4	12.6	4	13.9	4	10.6	4	13.3	4	14.7
				9.6	4	10.4	4	13	4	14.2	4	10.8	4	13.7	4	15
				10.2	4	10.7	4	13.3	4	14.6	4	11.1	4	13.9	4	15
				11	4	11	4	13.7	4	15	4	11.3	4	14.3	4	15

续表 B.0.1-19

烈度	层数	层号	层高	抗震横墙间距（L）	与砂浆强度等级对应的房屋宽度限值（B）											
					普通小砌块						轻骨料小砌块					
					M5		M7.5		M10		M5		M7.5		M10	
					下限	上限	下限	上限	下限	上限	下限	上限	下限	上限	下限	上限
8	二	2	3.3	3	4	5.9	4	7.9	4	9	4	7	4	9.4	4	10.6
				3.6	4	6.6	4	8.8	4	10	4	7.7	4	10.3	4	11.6
				4.2	4	7.1	4	9.6	4	10.8	4	8.3	4	11.1	4	12
				4.8	4	7.6	4	10.3	4	11.6	4	8.8	4	11.7	4	12
				5.4	4	8.1	4	10.9	4	12	4	9.2	4	12	4	12
				6	4	8.5	4	11.4	4	12	4	9.5	4	12	4	12
				6.6	4	8.8	4	11.8	4	12	4	9.9	4	12	4	12
				7.2	4	9.1	4	12	4	12	4	10.2	4	12	4	12
				7.8	4	9.4	4	12	4	12	4	10.4	4	12	4	12
				8.4	4	9.7	4	12	4	12	4	10.7	4	12	4	12
				9	4	9.9	4	12	4	12	4	10.9	4	12	4	12
				9.6	4	10.1	4	12	4	12	4	11.1	4	12	4	12
				10.2	4.1	10.3	4	12	4	12	4	11.2	4	12	4	12
				10.8	4.3	10.5	4	12	4	12	4	11.4	4	12	4	12
				11.4	4.6	10.7	4	12	4	12	4	11.6	4	12	4	12
				12	4.9	10.8	4	12	4	12	4	11.7	4	12	4	12
		1	3.3	3	4	4.1	4	5.2	4	5.8	4	4.7	4	6.1	4	6.8
				3.6	4	4.6	4	5.9	4	6.5	4	5.2	4	6.8	4	7.5
				4.2	4	5.1	4	6.5	4	7.2	4	5.7	4	7.4	4	8.2
				4.8	4	5.5	4	7	4	7.8	4	6.1	4	7.9	4	8.8
				5.4	4	5.9	4	7.5	4	8.3	4	6.5	4	8.3	4	9.3
				6	4	6.2	4	7.9	4	8.8	4	6.8	4	8.7	4	9.7
				6.6	4.4	6.5	4	8.3	4	9.2	4	7.1	4	9.1	4	10.1
				7.2	4.8	6.8	4	8.6	4	9.6	4	7.3	4	9.4	4	10.5
				7.8	5.1	7	4	9	4	9.9	4	7.5	4	9.7	4	10.8
				8.4	5.5	7.2	4	9.2	4	10.2	4	7.7	4	10	4	11.1
				9	5.9	7.5	4.3	9.5	4	10.5	4.2	7.9	4	10.2	4	11.3
8 (0.30g)	二	2	3.0	3	—	—	4	5	4	5.7	4	4.4	4	6	4	6.9
				3.6	4	4	4	5.5	4	6.3	4	4.8	4	6.6	4	7.5
				4.2	4	4.3	4	6	4	6.9	4	5.1	4	7.1	4	8
				4.8	4.5	4.6	4	6.4	4	7.3	4	5.4	4	7.5	4	8.5
				5.4	—	—	4	6.7	4	7.7	4	5.7	4	7.8	4	8.9
				6	—	—	4	7.1	4	8.1	4.1	5.9	4	8.1	4	9.2
				6.6	—	—	4.2	7.3	4	8.4	4.6	6.1	4	8.4	4	9.5
				7.2	—	—	4.7	7.6	4	8.6	5.2	6.2	4	8.6	4	9.8
				7.8	—	—	5.2	7.8	4.3	8.9	5.9	6.4	4	8.8	4	10
				8.4	—	—	5.8	8	4.8	9.1	6.5	6.5	4	9	4	10.2
				9	—	—	6.3	8.2	5.2	9.3	—	—	4.4	9.2	4	10.4
				9.6	—	—	6.9	8.3	5.7	9.5	—	—	4.8	9.3	4	10.6
				10.2	—	—	7.5	8.5	6.2	9.7	—	—	5.2	9.4	4.3	10.7
				10.8	—	—	8.2	8.6	6.7	9.8	—	—	5.7	9.6	4.7	10.9
				11.4	—	—	8.9	8.7	7.2	10	—	—	6.1	9.7	5	11
				12	—	—	4.9	8.9	7.7	10.1	—	—	6.6	9.8	5.4	11.1
		1	3.0	3	—	—	—	—	—	—	—	—	—	—	4	4.1
				3.6	—	—	—	—	—	—	—	—	4	4	4	4.5
				4.2	—	—	—	—	4	4.2	—	—	4	4.4	4	4.9
				4.8	—	—	—	—	4.4	4.5	—	—	4	4.6	4	5.3
				5.4	—	—	—	—	—	—	—	—	4	4.9	4	5.5
				6	—	—	—	—	—	—	—	—	4.5	5.1	4	5.8
				6.6	—	—	—	—	—	—	—	—	5	5.3	4.3	6
				7.2	—	—	—	—	—	—	—	—	—	—	4.6	6.2
				7.8	—	—	—	—	—	—	—	—	—	—	5.1	6.4
				8.4	—	—	—	—	—	—	—	—	—	—	5.7	6.6
				9	—	—	—	—	—	—	—	—	—	—	6.3	6.7

24 墙厚为 240mm 的空斗墙预应力圆孔板楼（屋）盖房屋，与抗震横墙间距（*L*）对应的房屋宽度（*B*）的限值宜按表 B.0.1-20 采用。

表 B.0.1-20 抗震横墙间距和房屋宽度限值（240mm 空斗墙圆孔板楼屋盖）(m)

烈度	层数	层号	层高	抗震横墙间距（*L*）	与砂浆强度等级对应的房屋宽度限值（*B*）									
					M1		M2.5		M5		M7.5		M10	
					下限	上限	下限	上限	下限	上限	下限	上限	下限	上限
6	一	1	4.0	3～9	4	9	4	9	4	9	4	9	4	9
7	一	1	3.6	3	4	8.2	4	9	4	9	4	9	4	9
				3.6～9	4	9	4	9	4	9	4	9	4	9
7 (0.15*g*)	一	1	3.6	3	4	4.6	4	7.4	4	9	4	9	4	9
				3.6	4	5.1	4	8.2	4	9	4	9	4	9
				4.2	4	5.5	4	8.9	4	9	4	9	4	9
				4.8	4	5.9	4	9	4	9	4	9	4	9
				5.4	4	6.2	4	9	4	9	4	9	4	9
				6	4	6.5	4	9	4	9	4	9	4	9
				6.6	4.5	6.7	4	9	4	9	4	9	4	9
				7.2	5.1	6.9	4	9	4	9	4	9	4	9
				7.8	5.8	7.1	4	9	4	9	4	9	4	9
				8.4	6.4	7.3	4	9	4	9	4	9	4	9
				9	7.2	7.5	4	9	4	9	4	9	4	9
8	一	1	3.3	3	4	3.5	4	5.9	4	7	4	7	4	7
				3.6	4	3.9	4	6.5	4	7	4	7	4	7
				4.2	4	4.2	4	7	4	7	4	7	4	7
				4.8～7	—	—	4	7	4	7	4	7	4	7
8 (0.30*g*)	一	1	3.3	3	—	—	—	—	4	4.9	4	6.5	4	7
				3.6	—	—	—	—	4	5.4	4	7	4	7
				4.2	—	—	—	—	4	5.9	4	7	4	7
				4.8	—	—	—	—	4	6.2	4	7	4	7
				5.4	—	—	—	—	4	6.5	4	7	4	7
				6	—	—	—	—	4.6	6.8	4	7	4	7
				6.6	—	—	—	—	5.5	7	4	7	4	7
				7	—	—	—	—	6.1	7	4	7	4	7
6	二	2	3.6	3～9	4	9	4	9	4	9	4	9	4	9
		1	3.6	3～7	4	9	4	9	4	9	4	9	4	9
7	二	2	3.0	3	4	6	4	9	4	9	4	9	4	9
				3.6	4	6.7	4	9	4	9	4	9	4	9
				4.2	4	7.2	4	9	4	9	4	9	4	9
				4.8	4	7.6	4	9	4	9	4	9	4	9
				5.4	4	8	4	9	4	9	4	9	4	9
				6	4	8.4	4	9	4	9	4	9	4	9
				6.6	4	8.7	4	9	4	9	4	9	4	9
				7.2～9	4	9	4	9	4	9	4	9	4	9
		1	3.0	3	4	4.1	4	6.3	4	8.4	4	9	4	9
				3.6	4	4.5	4	7	4	9	4	9	4	9
				4.2	4	5	4	7.7	4	9	4	9	4	9
				4.8	4	5.3	4	8.2	4	9	4	9	4	9
				5.4	4	5.6	4	8.7	4	9	4	9	4	9
				6	4.3	5.9	4	9	4	9	4	9	4	9
				6.6	4.7	6.2	4	9	4	9	4	9	4	9
				7	5.1	6.3	4	9	4	9	4	9	4	9
7 (0.15*g*)	二	2	3.0	3	—	—	4	5.6	4	7.8	4	9	4	9
				3.6	—	—	4	6.1	4	8.6	4	9	4	9
				4.2	—	—	4	6.6	4	9	4	9	4	9
				4.8	—	—	4	7	4	9	4	9	4	9
				5.4	—	—	4	7.4	4	9	4	9	4	9
				6	—	—	4	7.7	4	9	4	9	4	9
				6.6	—	—	4	8	4	9	4	9	4	9
				7.2	—	—	4	8.3	4	9	4	9	4	9
				7.8	—	—	4.5	8.5	4	9	4	9	4	9
				8.4	—	—	5	8.7	4	9	4	9	4	9
				9	—	—	5.6	8.9	4	9	4	9	4	9
		1	3.0	3	—	—	—	—	4	4.7	4	6.1	4	7.4
				3.6	—	—	—	—	4	5.3	4	6.8	4	8.2
				4.2	—	—	—	—	4	5.8	4	7.4	4	9
				4.8	—	—	—	—	4	6.2	4	7.9	4	9
				5.4	—	—	—	—	4	6.6	4	8.4	4	9
				6	—	—	—	—	4	6.9	4	8.8	4	9
				6.6	—	—	—	—	4.5	7.2	4	9	4	9
				7	—	—	—	—	4.8	7.4	4	9	4	9

墙间距取其他值时，可内插求得对应的房屋宽度限值。

附录C 木结构房屋抗震横墙间距(L)和房屋宽度(B)限值

C.0.1 当围护墙厚度满足本规程第6.1.11条规定、墙体洞口水平截面面积满足第3.1.2条规定、层高不大于本附录下列表中对应值时，各类围护墙木结构房屋的抗震横墙间距（L）和对应的房屋宽度（B）的限值宜分别按表C.0.1-1至表C.0.1-10采用。抗震横墙间距和对应的房屋宽度满足表中对应限值要求时，房屋墙体的抗震承载力可满足对应的设防烈度地震作用的要求。在采用表C.0.1-1至表C.0.1-10时，应符合下列要求：

1 表中的抗震横墙间距，对横墙间距不同的木楼（屋）盖房屋为最大横墙间距值。表中分别给出房屋宽度的下限值和上限值，对确定的抗震横墙间距，房屋宽度应在下限值和上限值之间选取确定；抗震横墙间距取其他值时，可内插求得对应的房屋宽度限值。

2 表中为“—”者，表示采用该强度等级砂浆（泥浆）砌筑墙体的房屋，其纵、横向墙体抗震承载力不能满足对应的设防烈度地震作用的要求，应提高砌筑砂浆（泥浆）强度等级。

3 当两层房屋一、二层墙体采用相同强度等级的砂浆（泥浆）砌筑时，实际房屋宽度应按第一层限值采用。

4 当两层房屋一、二层墙体采用不同强度等级的砂浆（泥浆）砌筑时，实际房屋宽度应同时满足表中一、二层限值要求。

5 表中一层房屋适用于穿斗木构架、木柱木屋架和木柱木梁房屋，两层房屋适用于穿斗木构架和木柱木屋架房屋。

6 墙厚为240mm的实心砖围护墙房屋，与抗震横墙间距（L）对应的房屋宽度（B）的限值宜按表C.0.1-1采用。

表C.0.1-1 抗震横墙间距和房屋宽度限值（240mm实心砖墙）（m）

烈度	层数	层号	层高	抗震横墙间距（L）	与砂浆强度等级对应的房屋宽度限值（B）									
					M1		M2.5		M5		M7.5		M10	
					下限	上限	下限	上限	下限	上限	下限	上限	下限	上限
6	一	1	4.0	3～11	4	11	4	11	4	11	4	11	4	11
7	一	1	4.0	3～8.4	4	9	4	9	4	9	4	9	4	9
				9	4.1	9	4	9	4	9	4	9	4	9
7（0.15g）	一	1	4.0	3	4	7.1	4	9	4	9	4	9	4	9
				3.6	4	7.9	4	9	4	9	4	9	4	9
				4.2	4	8.6	4	9	4	9	4	9	4	9
				4.8～5.4	4	9	4	9	4	9	4	9	4	9
				6	5.6	9	4	9	4	9	4	9	4	9
				6.6	6.8	9	4	9	4	9	4	9	4	9
				7.2	8.4	9	4	9	4	9	4	9	4	9
				7.8～8.4	—	—	4	9	4	9	4	9	4	9
				9	—	—	4.5	9	4	9	4	9	4	9
8	一	1	3.6	3	4	5.7	4	7	4	7	4	7	4	7
				3.6	4	6.3	4	7	4	7	4	7	4	7
				4.2	4.4	6.8	4	7	4	7	4	7	4	7
				4.8	5.8	7.2	4	7	4	7	4	7	4	7
				5.4～6.6	—	—	4	7	4	7	4	7	4	7
				7	—	—	4.1	7	4	7	4	7	4	7
8（0.30g）	一	1	3.6	3	—	—	4	5.5	4	7	4	7	4	7
				3.6	—	—	4	6.1	4	7	4	7	4	7
				4.2	—	—	4.4	6.6	4	7	4	7	4	7
				4.8	—	—	5.8	7	4	7	4	7	4	7
				5.4	—	—	—	—	4	7	4	7	4	7
				6	—	—	—	—	4.1	7	4	7	4	7
				6.6	—	—	—	—	4.9	7	4	7	4	7
				7	—	—	—	—	5.6	7	4	7	4	7
9	一	1	3.3	3～4.2	—	—	—	—	4	6	4	6	4	6
				4.8	—	—	—	—	4.8	6	4	6	4	6
				5	—	—	—	—	5.2	6	4	6	4	6
6	二	2	3.6	3～11	4	11	4	11	4	11	4	11	4	11
		1	3.6	3～9	4	11	4	11	4	11	4	11	4	11

续表 C.0.1-1

烈度	层数	层号	层高	抗震横墙间距（L）	与砂浆强度等级对应的房屋宽度限值（B）									
					M1		M2.5		M5		M7.5		M10	
					下限	上限	下限	上限	下限	上限	下限	上限	下限	上限
7	二	2	3.6	3～6	4	9	4	9	4	9	4	9	4	9
				6.6	4.1	9	4	9	4	9	4	9	4	9
				7.2	4.8	9	4	9	4	9	4	9	4	9
				7.8	5.5	9	4	9	4	9	4	9	4	9
				8.4	6.4	9	4	9	4	9	4	9	4	9
				9	7.4	9	4	9	4	9	4	9	4	9
		1	3.6	3	4	6.2	4	9	4	9	4	9	4	9
				3.6	4	7	4	9	4	9	4	9	4	9
				4.2	4.2	7.8	4	9	4	9	4	9	4	9
				4.8	5.1	8.4	4	9	4	9	4	9	4	9
				5.4	6.2	9	4	9	4	9	4	9	4	9
				6	7.4	9	4	9	4	9	4	9	4	9
				6.6	8.8	9	4	9	4	9	4	9	4	9
				7	—	—	4.2	9	4	9	4	9	4	9
7 (0.15g)	二	2	3.6	3	4	5	4	8.6	4	9	4	9	4	9
				3.6	4.2	5.6	4	9	4	9	4	9	4	9
				4.2	5.6	6	4	9	4	9	4	9	4	9
				4.8	5.1	6.5	4	9	4	9	4	9	4	9
				5.4	6	6.8	4	9	4	9	4	9	4	9
				6	7	7.2	4	9	4	9	4	9	4	9
				6.6	—	—	4.4	9	4	9	4	9	4	9
				7.2	—	—	5.2	9	4	9	4	9	4	9
				7.8	—	—	6	9	4	9	4	9	4	9
				8.4	—	—	7	9	4	9	4	9	4	9
				9	—	—	8.2	9	4	9	4	9	4	9
		1	3.6	3	—	—	4	5.2	4	7.4	4	9	4	9
				3.6	—	—	4.2	5.9	4	8.4	4	9	4	9
				4.2	—	—	5.2	6.6	4	9	4	9	4	9
				4.8	—	—	6.5	7.2	4	9	4	9	4	9
				5.4	—	—	—	—	4.3	9	4	9	4	9
				6	—	—	—	—	5	9	4	9	4	9
				6.6	—	—	—	—	5.8	9	4	9	4	9
				7	—	—	—	—	6.3	9	4.2	9	4	9
8	二	2	3.3	3	—	—	4	6.8	4	7	4	7	4	7
				3.6～4.8	—	—	4	7	4	7	4	7	4	7
				5.4	—	—	4.6	7	4	7	4	7	4	7
				6	—	—	5.7	7	4	7	4	7	4	7
				6.6	—	—	7	7	4	7	4	7	4	7
				7	—	—	—	—	4	7	4	7	4	7
		1	3.3	3	—	—	—	—	4	5.8	4	7	4	7
				3.6	—	—	—	—	4	6.6	4	7	4	7
				4.2	—	—	—	—	4.2	7	4	7	4	7
				4.8	—	—	—	—	5.2	7	4	7	4	7
				5.4	—	—	—	—	6.3	7	4	7	4	7
				6	—	—	—	—	—	—	4.6	7	4	7

续表 C. 0. 1-1

烈度	层数	层号	层高	抗震横墙间距（L）	与砂浆强度等级对应的房屋宽度限值（B）									
					M1		M2. 5		M5		M7. 5		M10	
					下限	上限	下限	上限	下限	上限	下限	上限	下限	上限
8（0. 30g）	二	2	3. 3	3	—	—	—	—	4	5. 8	4	7	4	7
				3. 6	—	—	—	—	4	6. 4	4	7	4	7
				4. 2	—	—	—	—	4	6. 9	4	7	4	7
				4. 8	—	—	—	—	5. 1	7	4	7	4	7
				5. 4	—	—	—	—	6. 5	7	4	7	4	7
				6	—	—	—	—	—	—	4. 3	7	4	7
				6. 6	—	—	—	—	—	—	5. 2	7	4	7
				7	—	—	—	—	—	—	5. 8	7	4	7
		1	3. 3	3	—	—	—	—	—	—	4. 2	4. 2	4	5. 4
				3. 6	—	—	—	—	—	—	—	—	4	6. 1
				4. 2	—	—	—	—	—	—	—	—	4. 6	6. 7
				4. 8	—	—	—	—	—	—	—	—	5. 7	7
				5. 4	—	—	—	—	—	—	—	—	7	7
				6	—	—	—	—	—	—	—	—	—	—

7 外墙厚为370mm、内墙厚为240mm的实心砖围护墙房屋，与抗震横墙间距（L）对应的房屋宽度（B）的限值宜按表C. 0. 1-2采用。

表 C. 0. 1-2 抗震横墙间距和房屋宽度限值
（外墙 370mm、内墙 240mm 实心砖墙）（m）

烈度	层数	层号	层高	抗震横墙间距（L）	与砂浆强度等级对应的房屋宽度限值（B）									
					M1		M2. 5		M5		M7. 5		M10	
					下限	上限	下限	上限	下限	上限	下限	上限	下限	上限
6	一	1	4. 0	3～11	4	11	4	11	4	11	4	11	4	11
7	一	1	4. 0	3～6	4	9	4	9	4	9	4	9	4	9
				6. 6	4. 4	9	4	9	4	9	4	9	4	9
				7. 2	5	9	4	9	4	9	4	9	4	9
				7. 8	5. 7	9	4	9	4	9	4	9	4	9
				8. 4	6. 4	9	4	9	4	9	4	9	4	9
				9	7. 3	9	4	9	4	9	4	9	4	9
7（0. 15g）	一	1	4. 0	3	4	9	4	9	4	9	4	9	4	9
				3. 6	4. 5	9	4	9	4	9	4	9	4	9
				4. 2	5. 8	9	4	9	4	9	4	9	4	9
				4. 8	7. 4	9	4	9	4	9	4	9	4	9
				5. 4	—	—	4	9	4	9	4	9	4	9
				6	—	—	4. 1	9	4	9	4	9	4	9
				6. 6	—	—	4. 7	9	4	9	4	9	4	9
				7. 2	—	—	5. 4	9	4	9	4	9	4	9
				7. 8	—	—	6. 2	9	4	9	4	9	4	9
				8. 4	—	—	7	9	4	9	4	9	4	9
				9	—	—	8	9	4. 4	9	4	9	4	9
8	一	1	3. 6	3	5. 1	7. 3	4	7	4	7	4	7	4	7
				3. 6～4. 8	—	—	4	7	4	7	4	7	4	7
				5. 4	—	—	4. 8	7	4	7	4	7	4	7
				6	—	—	5. 7	7	4	7	4	7	4	7
				6. 6	—	—	6. 8	7	4	7	4	7	4	7
				7	—	—	—	—	4	7	4	7	4	7
8（0. 30g）	一	1	3. 6	3～3. 6	—	—	—	—	4	7	4	7	4	7
				4. 2	—	—	—	—	4. 2	7	4	7	4	7
				4. 8	—	—	—	—	5. 3	7	4	7	4	7
				5. 4	—	—	—	—	6. 5	7	4	7	4	7
				6	—	—	—	—	—	—	4. 5	7	4	7
				6. 6	—	—	—	—	—	—	5. 3	7	4	7
				7	—	—	—	—	—	—	5. 9	7	4	7

续表 C.0.1-2

烈度	层数	层号	层高	抗震横墙间距（L）	与砂浆强度等级对应的房屋宽度限值（B）									
					M1		M2.5		M5		M7.5		M10	
					下限	上限	下限	上限	下限	上限	下限	上限	下限	上限
9	一	1	3.3	3	—	—	—	—	4.2	6	4	6	4	6
				3.6	—	—	—	—	5.7	6	4	6	4	6
				4.2	—	—	—	—	—	—	4.2	6	4	6
				4.8	—	—	—	—	—	—	5.2	6	4	6
				5	—	—	—	—	—	—	5.6	6	4	6
			3.0	3	—	—	—	—	4	6	4	6	4	6
				3.6	—	—	—	—	4.8	6	4	6	4	6
				4.2	—	—	—	—	—	—	4	6	4	6
				4.8	—	—	—	—	—	—	4.4	6	4	6
				5	—	—	—	—	—	—	4.7	6	4	6
6	二	2	3.6	3～11	4	11	4	11	4	11	4	11	4	11
		1	3.6	3～9	4	11	4	11	4	11	4	11	4	11
7	二	2	3.6	3～4.2	4	9	4	9	4	9	4	9	4	9
				4.8	4.5	9	4	9	4	9	4	9	4	9
				5.4	5.4	9	4	9	4	9	4	9	4	9
				6	6.5	9	4	9	4	9	4	9	4	9
				6.6	7.7	9	4	9	4	9	4	9	4	9
				7.2	—	—	4	9	4	9	4	9	4	9
				7.8	—	—	4.1	9	4	9	4	9	4	9
				8.4	—	—	4.6	9	4	9	4	9	4	9
				9	—	—	5.1	9	4	9	4	9	4	9
		1	3.6	3	5.6	7.5	4	9	4	9	4	9	4	9
				3.6	7.2	8.6	4	9	4	9	4	9	4	9
				4.2	—	—	4	9	4	9	4	9	4	9
				4.8	—	—	4.6	9	4	9	4	9	4	9
				5.4	—	—	5.4	9	4	9	4	9	4	9
				6	—	—	6.3	9	4	9	4	9	4	9
				6.6	—	—	7.2	9	4.4	9	4	9	4	9
				7	—	—	7.9	9	4.7	9	4	9	4	9
7 (0.15g)	二	2	3.6	3～4.2	—	—	4	9	4	9	4	9	4	9
				4.8	—	—	4.9	9	4	9	4	9	4	9
				5.4	—	—	5.9	9	4	9	4	9	4	9
				6	—	—	7.1	9	4	9	4	9	4	9
				6.6	—	—	8.5	9	4.3	9	4	9	4	9
				7.2	—	—	—	—	4.9	9	4	9	4	9
				7.8	—	—	—	—	5.6	9	4	9	4	9
				8.4	—	—	—	—	6.3	9	4.1	9	4	9
				9	—	—	—	—	7.2	9	4.5	9	4	9

续表 C.0.1-2

烈度	层数	层号	层高	抗震横墙间距（L）	与砂浆强度等级对应的房屋宽度限值（B）									
					M1		M2.5		M5		M7.5		M10	
					下限	上限	下限	上限	下限	上限	下限	上限	下限	上限
7（0.15g）	二	1	3.6	3	—	—	—	—	4	9	4	9	4	9
				3.6	—	—	—	—	4.8	9	4	9	4	9
				4.2	—	—	—	—	5.9	9	4	9	4	9
				4.8	—	—	—	—	7.1	9	4.6	9	4	9
				5.4	—	—	—	—	8.5	9	5.3	9	4	9
				6	—	—	—	—	—	—	6.2	9	4.5	9
				6.6	—	—	—	—	—	—	7.1	9	5	9
				7	—	—	—	—	—	—	7.7	9	5.5	9
8	二	2	3.3	3	—	—	3.5	7	4	7	4	7	4	7
				3.6	—	—	4.6	7	4	7	4	7	4	7
				4.2	—	—	5.9	7	4	7	4	7	4	7
				4.8	—	—	7.5	7	4	7	4	7	4	7
				5.4	—	—	—	—	4.4	7	4	7	4	7
				6	—	—	—	—	5.2	7	4	7	4	7
				6.6	—	—	—	—	6.1	7	4	7	4	7
				7	—	—	—	—	6.8	7	4.2	7	4	7
		1	3.3	3	—	—	—	—	5.5	7	4	7	4	7
				3.6	—	—	—	—	—	—	4	7	4	7
				4.2	—	—	—	—	—	—	5.3	7	4	7
				4.8	—	—	—	—	—	—	6.5	7	4.5	7
				5.4	—	—	—	—	—	—	—	—	5.3	7
				6	—	—	—	—	—	—	—	—	6.1	7
8（0.30g）	二	2	3.0	3～4.2	—	—	—	—	—	—	4	7	4	7
				4.8	—	—	—	—	—	—	4.8	7	4	7
				5.4	—	—	—	—	—	—	5.8	7	4	7
				6	—	—	—	—	—	—	—	—	4.5	7
				6.6	—	—	—	—	—	—	—	—	5.3	7
				7	—	—	—	—	—	—	—	—	5.9	7
		1	3.0	3	—	—	—	—	—	—	—	—	5.1	7
				3.6	—	—	—	—	—	—	—	—	6.6	7
				4.2～6	—	—	—	—	—	—	—	—	—	—

8 墙厚为240mm的多孔砖围护墙房屋，与抗震横墙间距（L）对应的房屋宽度（B）的限值宜按表C.0.1-3采用。

表 C.0.1-3 抗震横墙间距和房屋宽度限值

（240mm 多孔砖墙）（m）

烈度	层数	层号	层高	抗震横墙间距（L）	与砂浆强度等级对应的房屋宽度限值（B）									
					M1		M2.5		M5		M7.5		M10	
					下限	上限	下限	上限	下限	上限	下限	上限	下限	上限
6	一	1	4.0	3～11	4	11	4	11	4	11	4	11	4	11
7	一	1	4.0	3～9	4	9	4	9	4	9	4	9	4	9
7（0.15g）	一	1	4.0	3	4	7.7	4	9	4	9	4	9	4	9
				3.6	4	8.5	4	9	4	9	4	9	4	9
				4.2～5.4	4	9	4	9	4	9	4	9	4	9
				6	4.8	9	4	9	4	9	4	9	4	9
				6.6	5.8	9	4	9	4	9	4	9	4	9
				7.2	7.1	9	4	9	4	9	4	9	4	9
				7.8	8.8	9	4	9	4	9	4	9	4	9
				8.4～9	—	—	4	9	4	9	4	9	4	9
8	一	1	3.6	3	4	6.2	4	7	4	7	4	7	4	7
				3.6	4	6.8	4	7	4	7	4	7	4	7
				4.2	4	7	4	7	4	7	4	7	4	7
				4.8	4.8	7	4	7	4	7	4	7	4	7
				5.4	6.3	7	4	7	4	7	4	7	4	7
				6～7	—	—	4	7	4	7	4	7	4	7
8（0.30g）	一	1	3.6	3	—	—	4	6.1	4	7	4	7	4	7
				3.6	—	—	4	6.7	4	7	4	7	4	7
				4.2	—	—	4	7	4	7	4	7	4	7
				4.8	—	—	4.7	7	4	7	4	7	4	7
				5.4	—	—	6.2	7	4	7	4	7	4	7
				6	—	—	—	—	4	7	4	7	4	7
				6.6	—	—	—	—	4.1	7	4	7	4	7
				7	—	—	—	—	4.7	7	4	7	4	7
9	一	1	3.3	3	—	—	4	4.4	4	6	4	6	4	6
				3.6～4.8	—	—	—	—	4	6	4	6	4	6
				5	—	—	—	—	4.3	6	4	6	4	6
			3.0	3	—	—	4	4.7	4	6	4	6	4	6
				3.6	—	—	4.4	5.2	4	6	4	6	4	6
				4.2～5	—	—	—	—	4	6	4	6	4	6
6	二	2	3.6	3～11	4	11	4	11	4	11	4	11	4	11
		1	3.6	3～9	4	11	4	11	4	11	4	11	4	11
7	二	2	3.6	3～6.6	4	9	4	9	4	9	4	9	4	9
				7.2	4.1	9	4	9	4	9	4	9	4	9
				7.8	4.8	9	4	9	4	9	4	9	4	9
				8.4	5.5	9	4	9	4	9	4	9	4	9
				9	6.4	9	4	9	4	9	4	9	4	9
		1	3.6	3	4	6.7	4	9	4	9	4	9	4	9
				3.6	4	7.6	4	9	4	9	4	9	4	9
				4.2	4	8.4	4	9	4	9	4	9	4	9
				4.8	4.4	9	4	9	4	9	4	9	4	9
				5.4	5.3	9	4	9	4	9	4	9	4	9
				6	6.4	9	4	9	4	9	4	9	4	9
				6.6	7.6	9	4	9	4	9	4	9	4	9
				7	8.5	9	4	9	4	9	4	9	4	9

续表 C.0.1-3

烈度	层数	层号	层高	抗震横墙间距（L）	与砂浆强度等级对应的房屋宽度限值（B）									
					M1		M2.5		M5		M7.5		M10	
					下限	上限	下限	上限	下限	上限	下限	上限	下限	上限
7（0.15g）	二	2	3.6	3	4	5.5	4	9	4	9	4	9	4	9
				3.6	4	6.1	4	9	4	9	4	9	4	9
				4.2	4.6	6.6	4	9	4	9	4	9	4	9
				4.8	6.1	7	4	9	4	9	4	9	4	9
				5.4～6.6	—	—	4	9	4	9	4	9	4	9
				7.2	—	—	4.4	9	4	9	4	9	4	9
				7.8	—	—	5.2	9	4	9	4	9	4	9
				8.4	—	—	6	9	4	9	4	9	4	9
				9	—	—	7	9	4	9	4	9	4	9
		1	3.6	3	—	—	4	5.8	4	8.1	4	9	4	9
				3.6	—	—	4	6.5	4	9	4	9	4	9
				4.2	—	—	4.4	7.2	4	9	4	9	4	9
				4.8	—	—	5.5	7.8	4	9	4	9	4	9
				5.4	—	—	6.7	8.3	4	9	4	9	4	9
				6	—	—	8.1	8.8	4.3	9	4	9	4	9
				6.6	—	—	—	—	5	9	4	9	4	9
				7	—	—	—	—	5.5	9	4	9	4	9
8	二	2	3.3	3～5.4	—	—	4	7	4	7	4	7	4	7
				6	—	—	4.8	7	4	7	4	7	4	7
				6.6	—	—	5.8	7	4	7	4	7	4	7
				7	—	—	6.7	7	4	7	4	7	4	7
		1	3.3	3	—	—	—	—	4	6.4	4	7	4	7
				3.6	—	—	—	—	4	7	4	7	4	7
				4.2	—	—	—	—	4	7	4	7	4	7
				4.8	—	—	—	—	4.4	7	4	7	4	7
				5.4	—	—	—	—	5.3	7	4	7	4	7
				6	—	—	—	—	6.4	7	4	7	4	7
8（0.30g）	二	2	3.0	3	—	—	4	4.6	4	6.8	4	7	4	7
				3.6	—	—	4.6	5	4	7	4	7	4	7
				4.2	—	—	—	—	4	7	4	7	4	7
				4.8	—	—	—	—	4	7	4	7	4	7
				5.4	—	—	—	—	4.5	7	4	7	4	7
				6	—	—	—	—	5.7	7	4	7	4	7
				6.6	—	—	—	—	—	—	4	7	4	7
				7	—	—	—	—	—	—	4.2	7	4	7
		1	3.0	3	—	—	—	—	—	—	4	4.7	4	6
				3.6	—	—	—	—	—	—	4.5	5.3	4	6.7
				4.2	—	—	—	—	—	—	5.6	5.8	4	7
				4.8	—	—	—	—	—	—	—	—	4.5	7
				5.4	—	—	—	—	—	—	—	—	5.3	7
				6	—	—	—	—	—	—	—	—	6.2	7

9 墙厚为190mm的多孔砖围护墙房屋，与抗震横墙间距（L）对应的房屋宽度（B）的限值宜按表C.0.1-4采用。

表C.0.1-4 抗震横墙间距和房屋宽度限值（190mm多孔砖墙）(m)

烈度	层数	层号	层高	抗震横墙间距（L）	与砂浆强度等级对应的房屋宽度限值（B）									
					M1		M2.5		M5		M7.5		M10	
					下限	上限	下限	上限	下限	上限	下限	上限	下限	上限
6	一	1	4.0	3～9	4	9	4	9	4	9	4	9	4	9
7	一	1	4.0	3～7	4	7	4	7	4	7	4	7	4	7
7 (0.15g)	一	1	4.0	3	4	6.8	4	7	4	7	4	7	4	7
				3.6	4	7	4	7	4	7	4	7	4	7
				4.2	4	7	4	7	4	7	4	7	4	7
				4.8	4.1	7	4	7	4	7	4	7	4	7
				5.4	5.2	7	4	7	4	7	4	7	4	7
				6	6.8	7	4	7	4	7	4	7	4	7
				6.6～7	—	—	4	7	4	7	4	7	4	7
8	一	1	3.6	3	4	5.3	4	6	4	6	4	6	4	6
				3.6	4	5.8	4	6	4	6	4	6	4	6
				4.2	5.1	6	4	6	4	6	4	6	4	6
				4.8～6	—	—	4	6	4	6	4	6	4	6
8 (0.30g)	一	1	3.6	3	—	—	4	5.3	4	6	4	6	4	6
				3.6	—	—	4	5.7	4	6	4	6	4	6
				4.2	—	—	5	6	4	6	4	6	4	6
				4.8～5.4	—	—	—	—	4	6	4	6	4	6
				6	—	—	—	—	4.7	6	4	6	4	6
9	一	1	3.0	3	—	—	4.1	4.1	4	6	4	6	4	6
				3.6～4.2	—	—	—	—	4	6	4	6	4	6
				4.8	—	—	—	—	4.9	6	4	6	4	6
				5	—	—	—	—	5.4	6	4	6	4	6
6	二	2	3.6	3～9	4	9	4	9	4	9	4	9	4	9
		1	3.6	3～7	4	9	4	9	4	9	4	9	4	9
7	二	2	3.3	3～6.6	4	7	4	7	4	7	4	7	4	7
				7	4.6	7	4	7	4	7	4	7	4	7
		1	3.3	3	4	6.4	4	7	4	7	4	7	4	7
				3.6～4.2	4	7	4	7	4	7	4	7	4	7
				4.8	4.8	7	4	7	4	7	4	7	4	7
				5.4	6	7	4	7	4	7	4	7	4	7
				6	—	—	4	7	4	7	4	7	4	7
7 (0.15g)	二	2	3.3	3	4	5.1	4	7	4	7	4	7	4	7
				3.6	4	5.6	4	7	4	7	4	7	4	7
				4.2	5.5	6	4	7	4	7	4	7	4	7
				4.8～6	—	—	4	7	4	7	4	7	4	7
				6.6	—	—	4.3	7	4	7	4	7	4	7
				7	—	—	4.9	7	4	7	4	7	4	7
		1	3.3	3	—	—	4	5.5	4	7	4	7	4	7
				3.6	—	—	4	6.2	4	7	4	7	4	7
				4.2	—	—	4.7	6.7	4	7	4	7	4	7
				4.8	—	—	6.1	7	4	7	4	7	4	7
				5.4	—	—	—	—	4	7	4	7	4	7
				6	—	—	—	—	4.6	7	4	7	4	7

续表 C.0.1-4

烈度	层数	层号	层高	抗震横墙间距（L）	与砂浆强度等级对应的房屋宽度限值（B）									
					M1		M2.5		M5		M7.5		M10	
					下限	上限	下限	上限	下限	上限	下限	上限	下限	上限
8	二	2	3.0	3～4.8	—	—	4	6	4	6	4	6	4	6
				5.4	—	—	4.5	6	4	6	4	6	4	6
				6	—	—	5.8	6	4	6	4	6	4	6
		1	3.0	3	—	—	4.2	4.3	4	6	4	6	4	6
				3.6～4.2	—	—	—	—	4	6	4	6	4	6
				4.8	—	—	—	—	4.7	6	4	6	4	6
				5	—	—	—	—	5.1	6	4	6	4	6
8（0.30g）	二	2	3.0	3～4.2	—	—	—	—	4	6	4	6	4	6
				4.8	—	—	—	—	4.9	6	4	6	4	6
				5.4	—	—	—	—	—	—	4	6	4	6
				6	—	—	—	—	—	—	4.2	6	4	6
		1	3.0	3	—	—	—	—	—	—	4	4.6	4	5.8
				3.6	—	—	—	—	—	—	4.8	5.1	4	6
				4.2	—	—	—	—	—	—	—	—	4	6
				4.8	—	—	—	—	—	—	—	—	5.1	6
				5	—	—	—	—	—	—	—	—	5.5	6

10 墙厚为 240mm 的蒸压砖围护墙房屋，与抗震横墙间距（L）对应的房屋宽度（B）的限值宜按表 C.0.1-5 采用。

表 C.0.1-5 抗震横墙间距和房屋宽度限值（240mm 蒸压砖墙）（m）

烈度	层数	层号	层高	抗震横墙间距（L）	与砂浆强度等级对应的房屋宽度限值（B）							
					M2.5		M5		M7.5		M10	
					下限	上限	下限	上限	下限	上限	下限	上限
6	一	1	4.0	3～9	4	9	4	9	4	9	4	9
7	一	1	4.0	3～7	4	7	4	7	4	7	4	7
7（0.15g）	一	1	4.0	3～6	4	7	4	7	4	7	4	7
				6.6	4.2	7	4	7	4	7	4	7
				7	4.7	7	4	7	4	7	4	7
8	一	1	3.6	3～4.8	4	6	4	6	4	6	4	6
				5.4	4.3	6	4	6	4	6	4	6
				6	5.4	6	4	6	4	6	4	6
8（0.30g）	一	1	3.6	3	—	—	4	5.8	4	6	4	6
				3.6～4.2	—	—	4	6	4	6	4	6
				4.8	—	—	5.3	6	4	6	4	6
				5.4	—	—	—	—	4	6	4	6
				6	—	—	—	—	4.7	6	4	6
9	一	1	3.0	3	—	—	4	4.5	4	6	4	6
				3.6	—	—	4.9	4.9	4	6	4	6
				4.2	—	—	—	—	4	6	4	6
				4.8	—	—	—	—	4.8	6	4	6
				5	—	—	—	—	5.3	6	4	6

续表 C.0.1-5

烈度	层数	层号	层高	抗震横墙间距（L）	与砂浆强度等级对应的房屋宽度限值（B）							
					M2.5		M5		M7.5		M10	
					下限	上限	下限	上限	下限	上限	下限	上限
6	二	2	3.6	3～9	4	9	4	9	4	9	4	9
		1	3.6	3～7	4	9	4	9	4	9	4	9
7	二	2	3.3	3～7	4	7	4	7	4	7	4	7
		1	3.3	3～5.4	4	7	4	7	4	7	4	7
				6	4.5	7	4	7	4	7	4	7
7（0.15g）	二	2	3.3	3	4	6.9	4	7	4	7	4	7
				3.6～4.8	4	7	4	7	4	7	4	7
				5.4	4.7	7	4	7	4	7	4	7
				6	5.8	7	4	7	4	7	4	7
				6.6	—	—	4	7	4	7	4	7
				7	—	—	4.1	7	4	7	4	7
		1	3.3	3	—	—	4	5.9	4	7	4	7
				3.6	—	—	4	6.6	4	7	4	7
				4.2	—	—	4.3	7	4	7	4	7
				4.8	—	—	5.3	7	4	7	4	7
				5.4	—	—	6.4	7	4.2	7	4	7
				6	—	—	—	—	4.9	7	4	7
8	二	2	3.0	3	4	5.5	4	6	4	6	4	6
				3.6	4	6	4	6	4	6	4	6
				4.2	4.5	6	4	6	4	6	4	6
				4.8	6	6	4	6	4	6	4	6
				5.4	—	—	4	6	4	6	4	6
				6	—	—	4.5	6	4	6	4	6
		1	3.0	3	—	—	4	4.5	4	5.9	4	6
				3.6	—	—	5.1	5.1	4	6	4	6
				4.2	—	—	—	—	4.1	6	4	6
				4.8	—	—	—	—	5	6	4	6
				5	—	—	—	—	5.4	6	4	6

11 外墙厚为370mm、内墙厚为240mm的蒸压砖围护墙房屋，与抗震横墙间距（L）对应的房屋宽度（B）的限值宜按表C.0.1-6采用。

表 C.0.1-6 抗震横墙间距和房屋宽度限值
（外墙 370mm、内墙 240mm 蒸压砖墙）（m）

烈度	层数	层号	层高	抗震横墙间距（L）	与砂浆强度等级对应的房屋宽度限值（B）							
					M2.5		M5		M7.5		M10	
					下限	上限	下限	上限	下限	上限	下限	上限
6	一	1	4.0	3～9	4	9	4	9	4	9	4	9
7	一	1	4.0	3～7	4	7	4	7	4	7	4	7
7（0.15g）	一	1	4.0	3～4.2	4	7	4	7	4	7	4	7
				4.8	4.6	7	4	7	4	7	4	7
				5.4	5.6	7	4	7	4	7	4	7
				6	6.7	7	4	7	4	7	4	7
				6.6	—	—	4.4	7	4	7	4	7
				7	—	—	4.8	7	4	7	4	7
8	一	1	3.6	3	4	6	4	6	4	6	4	6
				3.6	4.2	6	4	6	4	6	4	6
				4.2	5.4	6	4	6	4	6	4	6
				4.8	—	—	4	6	4	6	4	6
				5.4	—	—	4.4	6	4	6	4	6
				6	—	—	5.3	6	4	6	4	6

续表 C.0.1-6

烈度	层数	层号	层高	抗震横墙间距(*L*)	与砂浆强度等级对应的房屋宽度限值(*B*)							
					M2.5		M5		M7.5		M10	
					下限	上限	下限	上限	下限	上限	下限	上限
8(0.30*g*)	一	1	3.6	3	—	—	4.6	6	4	6	4	6
				3.6	—	—	—	—	4	6	4	6
				4.2	—	—	—	—	4.8	6	4	6
				4.8	—	—	—	—	6	6	4	6
				5.4	—	—	—	—	—	—	4.9	6
				6	—	—	—	—	—	—	5.8	6
9	一	1	3.0	3	—	—	—	—	4	6	4	6
				3.6	—	—	—	—	5.5	6	4	6
				4.2	—	—	—	—	—	—	4.6	6
				4.8	—	—	—	—	—	—	5.9	6
				5	—	—	—	—	—	—	—	—
6	二	2	3.6	3～9	4	9	4	9	4	9	4	9
		1	3.6	3～7	4	9	4	9	4	9	4	9
7	二	2	3.3	3～6	4	7	4	7	4	7	4	7
				6.6	4.4	7	4	7	4	7	4	7
				7	4.8	7	4	7	4	7	4	7
		1	3.3	3～3.6	4	7	4	7	4	7	4	7
				4.2	5.1	7	4	7	4	7	4	7
				4.8	6.2	7	4	7	4	7	4	7
				5.4	—	—	4.5	7	4	7	4	7
				6	—	—	5.2	7	4	7	4	7
7(0.15*g*)	二	2	3.3	3	4	7	4	7	4	7	4	7
				3.6	4.6	7	4	7	4	7	4	7
				4.2	5.9	7	4	7	4	7	4	7
				4.8	—	—	4	7	4	7	4	7
				5.4	—	—	4.8	7	4	7	4	7
				6	—	—	5.7	7	4	7	4	7
				6.6	—	—	6.7	7	4.2	7	4	7
				7	—	—	—	—	4.7	7	4	7
		1	3.3	3	—	—	5.5	7	4	7	4	7
				3.6	—	—	—	—	4.6	7	4	7
				4.2	—	—	—	—	5.6	7	4.1	7
				4.8	—	—	—	—	6.9	7	4.8	7
				5.4	—	—	—	—	—	—	5.7	7
				6	—	—	—	—	—	—	6.7	7
8	二	2	3.0	3	5.2	6	4	6	4	6	4	6
				3.6	—	—	4	6	4	6	4	6
				4.2	—	—	4.6	7	4	6	4	6
				4.8	—	—	5.7	7	4	6	4	6
				5.4	—	—	—	—	4.3	6	4	6
				6	—	—	—	—	5.1	6	4	6
		1	3.0	3	—	—	—	—	4	6	4	6
				3.6	—	—	—	—	—	—	4.6	6
				4.2	—	—	—	—	—	—	5.7	6
				4.8～5	—	—	—	—	—	—	—	—

12 墙厚为190mm的小砌块围护墙房屋，与抗震横墙间距（L）对应的房屋宽度（B）的限值宜按表C.0.1-7采用。

表C.0.1-7 抗震横墙间距和房屋宽度限值（190mm小砌块墙）(m)

烈度	层数	层号	层高	抗震横墙间距（L）	与砂浆强度等级对应的房屋宽度限值（B）											
					普通小砌块						轻骨料小砌块					
					M5		M7.5		M10		M5		M7.5		M10	
					下限	上限	下限	上限	下限	上限	下限	上限	下限	上限	下限	上限
6	一	1	4.0	3～11	4	11	4	11	4	11	4	11	4	11	4	11
7	一	1	4.0	3～9	4	9	4	9	4	9	4	9	4	9	4	9
7（0.15g）	一	1	4.0	3～6.6	4	9	4	9	4	9	4	9	4	9	4	9
				7.2	4.4	9	4	9	4	9	4	9	4	9	4	9
				7.8	5.2	9	4	9	4	9	4	9	4	9	4	9
				8.4	6.1	9	4	9	4	9	4.5	9	4	9	4	9
				9	7.1	9	4	9	4	9	5.3	9	4	9	4	9
8	一	1	3.6	3～5.4	4	7	4	7	4	7	4	7	4	7	4	7
				6	4.8	7	4	7	4	7	4	7	4	7	4	7
				6.6	5.9	7	4	7	4	7	4.3	7	4	7	4	7
				7	6.9	7	4	7	4	7	4.9	7	4	7	4	7
8（0.30g）	一	1	3.6	3	4	4.5	4	6.2	4	7	4	5.3	4	7	4	7
				3.6	—	—	4	6.8	4	7	4	5.8	4	7	4	7
				4.2	—	—	4	7	4	7	5.2	6.1	4	7	4	7
				4.8	—	—	4.9	7	4	7	—	—	4	7	4	7
				5.4	—	—	6.3	7	4.6	7	—	—	4.3	7	4	7
				6	—	—	—	—	5.8	7	—	—	5.5	7	4	7
				6.6	—	—	—	—	—	—	—	—	—	—	5	7
				7	—	—	—	—	—	—	—	—	—	—	5.9	7
9	一	1	3.3	3	—	—	4	4.4	4	5.1	—	—	4	6	4	6
				3.6	—	—	—	—	4	5.6	—	—	4	6	4	6
				4.2	—	—	—	—	5.4	6	—	—	4	6	4	6
				4.8	—	—	—	—	—	—	—	—	4.9	6	4.9	6
				5	—	—	—	—	—	—	—	—	—	—	5.4	6
			3.0	3	—	—	4	4.7	4	5.4	—	—	4	5.6	4	6
				3.6	—	—	4.6	5.2	4	5.9	—	—	4	6	4	6
				4.2	—	—	—	—	4.6	6	—	—	4.3	6	4	6
				4.8	—	—	—	—	—	—	—	—	—	—	4.2	6
				5	—	—	—	—	—	—	—	—	—	—	4.7	6
6	二	2	3.6	3～11	4	11	4	11	4	11	4	11	4	11	4	11
		1	3.6	3～9	4	11	4	11	4	11	4	11	4	11	4	11
7	二	2	3.6	3～8.4	4	9	4	9	4	9	4	9	4	9	4	9
				9	4.3	9	4	9	4	9	4	9	4	9	4	9
		1	3.6	3～6	4	9	4	9	4	9	4	9	4	9	4	9
				6.6	4.2	9	4	9	4	9	4	9	4	9	4	9
				7	4.6	9	4	9	4	9	4	9	4	9	4	9

续表 C.0.1-7

烈度	层数	层号	层高	抗震横墙间距（L）	与砂浆强度等级对应的房屋宽度限值（B）											
					普通小砌块						轻骨料小砌块					
					M5		M7.5		M10		M5		M7.5		M10	
					下限	上限	下限	上限	下限	上限	下限	上限	下限	上限	下限	上限
7（0.15g）	二	2	3.6	3	4	7	4	9	4	9	4	8.3	4	9	4	9
				3.6	4	7.8	4	9	4	9	4	9	4	9	4	9
				4.2	4	8.4	4	9	4	9	4	9	4	9	4	9
				4.8	4	9	4	9	4	9	4	9	4	9	4	9
				5.4	4.8	9	4	9	4	9	4	9	4	9	4	9
				6	5.9	9	4	9	4	9	4.2	9	4	9	4	9
				6.6	7.3	9	4	9	4	9	5.1	9	4	9	4	9
				7.2	9	9	4.5	9	4	9	6.3	9	4	9	4	9
				7.8	—	—	5.2	9	4.1	9	7.8	9	4	9	4	9
				8.4	—	—	6.1	9	4.7	9	—	—	4.4	9	4	9
				9	—	—	7.1	9	5.4	9	—	—	5.1	9	4	9
		1	3.6	3	4	5.4	4	6.9	4	7.6	4	6.2	4	7.9	4	8.8
				3.6	4.5	6.2	4	7.8	4	8.6	4	6.9	4	8.9	4	9
				4.2	5.8	6.8	4	8.6	4	9	4.4	7.6	4	9	4	9
				4.8	7.3	7.3	4.5	9	4	9	5.5	8.1	4	9	4	9
				5.4	—	—	5.4	9	4.5	9	7	8.6	4.1	9	4	9
				6	—	—	6.5	9	5.3	9	8.8	9	4.9	9	4	9
				6.6	—	—	7.8	9	6.3	9	—	—	5.8	9	4.7	9
				7	—	—	8.7	9	6.9	9	—	—	6.6	9	5.2	9
8	二	2	3.3	3	4	5.5	4	7	4	7	4	6.5	4	7	4	7
				3.6	4	6.1	4	7	4	7	4	7	4	7	4	7
				4.2	4.7	6.5	4	7	4	7	4	7	4	7	4	7
				4.8	6.3	7	4	7	4	7	4.2	7	4	7	4	7
				5.4	—	—	4	7	4	7	5.6	7	4	7	4	7
				6	—	—	4.9	7	4	7	—	—	4	7	4	7
				6.6	—	—	6	7	4.5	7	—	—	4.2	7	4	7
				7	—	—	6.9	7	5.1	7	—	—	4.7	7	4	7
		1	3.3	3	—	—	4	5.2	4	5.8	—	—	4	6.1	4	6.9
				3.6	—	—	4.5	5.9	4	6.6	—	—	4	6.8	4	7
				4.2	—	—	5.8	6.5	4.6	7	—	—	4.1	7	4	7
				4.8	—	—	—	—	5.8	7	—	—	5.2	7	4.2	7
				5.4	—	—	—	—	—	—	—	—	6.7	7	5.1	7
				6	—	—	—	—	—	—	—	—	—	—	6.3	7

13 墙厚为240mm的空斗砖围护墙房屋，与抗震横墙间距（L）对应的房屋宽度（B）的限值宜按表C.0.1-8采用。

表C.0.1-8 抗震横墙间距和房屋宽度限值（240mm空斗墙）（m）

烈度	层数	层号	层高	抗震横墙间距（L）	与砂浆强度等级对应的房屋宽度限值（B）									
					M1		M2.5		M5		M7.5		M10	
					下限	上限	下限	上限	下限	上限	下限	上限	下限	上限
6	一	1	4.0	3～7	4	7	4	7	4	7	4	7	4	7
7	一	1	3.6	3～4.8	4	6	4	6	4	6	4	6	4	6
				5.4	4.3	6	4	6	4	6	4	6	4	6
				6	5.4	6	4	6	4	6	4	6	4	6
7（0.15g）	一	1	3.6	3～4.8	—	—	4	6	4	6	4	6	4	6
				5.4	—	—	5	6	4	6	4	6	4	6
				6	—	—	—	—	4	6	4	6	4	6
8	一	1	3.3	3	—	—	4	5.3	4	6	4	6	4	6
				3.6	—	—	4	5.8	4	6	4	6	4	6
				4.2	—	—	5	6	4	6	4	6	4	6
				4.8～5	—	—	—	—	4	6	4	6	4	6
8（0.30g）	一	1	3.3	3	—	—	—	—	4	4.4	4	5.9	4	6
				3.6～4.2	—	—	—	—	—	—	4	6	4	6
				4.8	—	—	—	—	—	—	5.2	6	4	6
				5	—	—	—	—	—	—	5.8	6	4	6
6	二	2	3.6	3～7	4	7	4	7	4	7	4	7	4	7
		1	3.6	3～5	4	7	4	7	4	7	4	7	4	7
7	二	2	3.0	3	4	5.6	4	6	4	6	4	6	4	6
				3.6	4	6	4	6	4	6	4	6	4	6
				4.2	4.6	6	4	6	4	6	4	6	4	6
				4.8～6	—	—	4	6	4	6	4	6	4	6
		1	3.0	3～4.2	—	—	4	6	4	6	4	6	4	6
7（0.15g）	二	2	3.0	3	—	—	4	5.1	4	6	4	6	4	6
				3.6	—	—	4	5.6	4	6	4	6	4	6
				4.2	—	—	5.4	6	4	6	4	6	4	6
				4.8～5.4	—	—	—	—	4	6	4	6	4	6
				6	—	—	—	—	5	6	4	6	4	6
		1	3.0	3	—	—	—	—	4	4.7	4	6	4	6
				3.6	—	—	—	—	5	5.2	4	6	4	6
				4.2	—	—	—	—	4	6	4	6	4	6

14 墙厚不小于表中对应值的生土围护墙房屋，与抗震横墙间距（*L*）对应的房屋宽度（*B*）的限值宜按表C.0.1-9采用。

表C.0.1-9 抗震横墙间距和房屋宽度限值（生土墙）(m)

烈度	层数	层号	层高	房屋墙体厚度类别	抗震横墙间距（*L*）	与砌筑泥浆强度等级对应的房屋宽度限值（*B*）			
						M0.7		M1	
						下限	上限	下限	上限
6	一	1	4.0	①②③④	3～6	4	6	4	6
	二	2	3.0	①②③④	3～6	4	6	4	6
		1	3.0		3～4.5	4	6	4	6
7	一	1	4.0	①②③④	3～4.5	4	6	4	6
7 (0.15*g*)	一	1	4.0	①	3	4.1	6	4	6
					3.3	4.7	6	4	6
					3.6	5.4	6	4	6
					3.9	—	—	4.3	6
					4.2	—	—	4.8	6
					4.5	—	—	5.3	6
				②	3	4.1	6	4	6
					3.3	4.6	6	4	6
					3.6	5.3	6	4	6
					3.9	5.9	6	4.2	6
					4.2	—	—	4.6	6
					4.5	—	—	5.1	6
				③	3～4.2	4	6	4	6
					4.5	4.4	6	4	6
				④	3～4.5	4	6	4	6
8	一	1	3.3	①	3	5.3	6	4	6
					3.3	—	—	4.1	6
				②	3	5.1	6	4	6
					3.3	5.9	6	4	6
				③④	3～3.3	4	6	4	6
8 (0.30*g*)	一	1	3.0	①②	3～3.3	—	—	—	—
				③	3	—	—	4.6	6
					3.3	—	—	5.3	6
				④	3	—	—	4	5.1
					3.3	—	—	4	5.5

注：墙体厚度分别指：①外墙400mm，内横墙250mm；②外墙500mm，内横墙300mm；③外墙700mm，内横墙500mm；④内外墙均为400mm。

15 对料石围护墙房屋和毛石围护墙房屋，与抗震横墙间距（L）对应的房屋宽度（B）的限值宜按表C.0.1-10采用。

表C.0.1-10 抗震横墙间距和房屋宽度限值（石墙）（m）

烈度	层数	层号	层高	房屋墙体类别	抗震横墙间距（L）	与砂浆强度等级对应的房屋宽度限值（B）									
						M1		M2.5		M5		M7.5		M10	
						下限	上限	下限	上限	下限	上限	下限	上限	下限	上限
6	一	1	4.0	①②③	3～11	4	11	4	11	4	11	4	11	4	11
7	一	1	4.0	①②③	3～9	4	9	4	9	4	9	4	9	4	9
7（0.15g）	一	1	4.0	①②	3～7.2	4	9	4	9	4	9	4	9	4	9
					7.8	4.2	9	4	9	4	9	4	9	4	9
					8.4	4.8	9	4	9	4	9	4	9	4	9
					9	5.4	9	4	9	4	9	4	9	4	9
			3.6	③	3～9	4	9	4	9	4	9	4	9	4	9
8	一	1	3.6	①②	3～6	4	6	4	6	4	6	4	6	4	6
8（0.30g）	一	1	3.6	①②	3	4	4.9	4	6	4	6	4	6	4	6
					3.6	4.3	5.4	4	6	4	6	4	6	4	6
					4.2	5.8	5.9	4	6	4	6	4	6	4	6
					4.8～6	—	—	4	6	4	6	4	6	4	6
6	二	2	3.5	①②	3～11	4	11	4	11	4	11	4	11	4	11
		1	3.5		3～7	4	11	4	11	4	11	4	11	4	11
7	二	2	3.5	①	3～9	4	9	4	9	4	9	4	9	4	9
		1	3.5		3～6	4	9	4	9	4	9	4	9	4	9
	二	2	3.3	②	3～9	4	9	4	9	4	9	4	9	4	9
		1	3.3		3～6	4	9	4	9	4	9	4	9	4	9
7（0.15g）	二	2	3.5	①	3	4	7.8	4	9	4	9	4	9	4	9
					3.6	4	8.7	4	9	4	9	4	9	4	9
					4.2～5.4	4	9	4	9	4	9	4	9	4	9
					6	4.5	9	4	9	4	9	4	9	4	9
					6.6	5.3	9	4	9	4	9	4	9	4	9
					7.2	6.2	9	4	9	4	9	4	9	4	9
					7.8	7.3	9	4	9	4	9	4	9	4	9
					8.4	8.5	9	4	9	4	9	4	9	4	9
					9	—	—	4	9	4	9	4	9	4	9

续表 C.0.1-10

烈度	层数	层号	层高	房屋墙体类别	抗震横墙间距（L）	与砂浆强度等级对应的房屋宽度限值（B）									
						M1		M2.5		M5		M7.5		M10	
						下限	上限	下限	上限	下限	上限	下限	上限	下限	上限
7（0.15g）	二	1	3.5	①	3	4	4.8	4	7.8	4	9	4	9	4	9
					3.6	4.9	5.5	4	8.9	4	9	4	9	4	9
					4.2	6.1	6.1	4	9	4	9	4	9	4	9
					4.8～5.4	—	—	4	9	4	9	4	9	4	9
					6	—	—	4.6	9	4	9	4	9	4	9
	二	2	3.3	②	3	4	8.1	4	9	4	9	4	9	4	9
					3.6～5.4	4	9	4	9	4	9	4	9	4	9
					6	4.1	9	4	9	4	9	4	9	4	9
					6.6	4.9	9	4	9	4	9	4	9	4	9
					7.2	5.7	9	4	9	4	9	4	9	4	9
					7.8	6.7	9	4	9	4	9	4	9	4	9
					8.4	7.8	9	4	9	4	9	4	9	4	9
					9	—	—	4	9	4	9	4	9	4	9
		1	3.3		3	4	5	4	8.2	4	9	4	9	4	9
					3.6	4.5	5.7	4	9	4	9	4	9	4	9
					4.2	5.6	6.4	4	9	4	9	4	9	4	9
					4.8	6.9	7	4	9	4	9	4	9	4	9
					5.4	—	—	4	9	4	9	4	9	4	9
					6	—	—	4.3	9	4	9	4	9	4	9
8	二	2	3.3	①	3～4.2	4	6	4	6	4	6	4	6	4	6
					4.8	4.8	6	4	6	4	6	4	6	4	6
					5.4	5.9	6	4	6	4	6	4	6	4	6
					6	—	—	4	6	4	6	4	6	4	6
		1	3.3		3～3.6	—	—	4	6	4	6	4	6	4	6
					4.2	—	—	4.1	6	4	6	4	6	4	6
					4.8	—	—	5	6	4	6	4	6	4	6
					5	—	—	5.3	6	4	6	4	6	4	6
8（0.30g）	二	2	3.3	①	3	—	—	4	5.9	4	6	4	6	4	6
					3.6～4.2	—	—	4	6	4	6	4	6	4	6
					4.8	—	—	4.9	6	4	6	4	6	4	6
					5.4	—	—	6	6	4	6	4	6	4	6
					6	—	—	—	—	4	5	4	6	4	6
		1	3.3		3	—	—	—	—	4.1	5.7	4	6	4	6
					3.6	—	—	—	—	5.2	6	4	6	4	6
					4.2	—	—	—	—	—	—	4	6	4	6
					4.8	—	—	—	—	—	—	4.5	6	4	6
					5	—	—	—	—	—	—	4.7	6	4	6

注：表中墙体类别指：①240mm厚细、半细料石砌体；②240mm厚粗料石、毛料石砌体；③400mm厚平毛石墙。

附录D　生土结构房屋抗震横墙间距(*L*)和房屋宽度(*B*)限值

D.0.1　当生土墙厚度满足本规程第7.1.11条规定、墙体洞口水平截面面积满足第3.1.2条规定、层高不大于本附录下列表中对应值时，生土结构房屋的抗震横墙间距（*L*）和对应的房屋宽度（*B*）的限值宜分别按表D.0.1-1至表D.0.1-2采用。抗震横墙间距和对应的房屋宽度满足表中对应限值要求时，房屋墙体的抗震承载力可满足对应的设防烈度地震作用的要求。在采用表D.0.1-1至表D.0.1-2时，应符合下列要求：

1　表中的抗震横墙间距，对横墙间距不同的木楼（屋）盖房屋为最大横墙间距值。表中分别给出房屋宽度的下限值和上限值，对确定的抗震横墙间距，房屋宽度应在下限值和上限值之间选取确定；抗震横墙间距取其他值时，可内插求得对应的房屋宽度限值。

2　表中为"—"者，表示采用该强度等级泥浆砌筑墙体的房屋，其墙体抗震承载力不能满足对应的设防烈度地震作用的要求，应提高砌筑泥浆强度等级。

3　当两层房屋一、二层墙体采用相同强度等级的泥浆砌筑时，实际房屋宽度应按第一层限值采用。

4　当两层房屋一、二层墙体采用不同强度等级的泥浆砌筑时，实际房屋宽度应同时满足表中一、二层限值要求。

5　多开间生土结构房屋，与抗震横墙间距（*L*）对应的房屋宽度（*B*）的限值宜按表D.0.1-1采用。

6　单开间生土结构房屋，与抗震横墙间距（*L*）对应的房屋宽度（*B*）的限值宜按表D.0.1-2采用。

表D.0.1-1　抗震横墙间距和房屋宽度限值（多开间生土结构房屋）(m)

烈度	层数	层号	层高	房屋墙体厚度类别	抗震横墙间距(*L*)	与砌筑泥浆强度等级对应的房屋宽度限值(*B*)			
						M0.7		M1	
						下限	上限	下限	上限
6	一	1	4.0	①②③④	3～6.6	4	6.6	4	6.6
	二	2	3.0	①②③④	3～6.6	4	6.6	4	6.6
		1	3.0		3～4.8	4	6.6	4	6.6
7	一	1	4.0	①②③④	3～4.8	4	6.6	4	6.6
7(0.15*g*)	一	1	4.0	①	3	4	6.6	4	6.6
					3.3	4	6.6	4	6.6
					3.6	4.4	6.6	4	6.6
					3.9	4.9	6.6	4	6.6
					4.2	5.3	6.6	4	6.6
					4.5	5.8	6.6	4.3	6.6
					4.8	6.2	6.6	4.6	6.6
				②	3	4	6.6	4	6.6
					3.3	4.2	6.6	4	6.6
					3.6	4.6	6.6	4	6.6
					3.9	5.1	6.6	4	6.6
					4.2	5.5	6.6	4.1	6.6
					4.5	6	6.6	4.4	6.6
					4.8	6.4	6.6	4.8	6.6
				③	3～4.2	4	6.6	4	6.6
					4.5	4.3	6.6	4	6.6
					4.8	4.6	6.6	4	6.6
				④	3～4.8	4	6.6	4	6.6
8	一	1	3.3	①	3	4.4	6	4	6
					3.3	5	6	4	6
				②	3～3.3	4	6	4	6
				③	3～3.3	4	6	4	6
				④	3～3.3	4	6	4	6

续表 D.0.1-1

烈度	层数	层号	层高	房屋墙体厚度类别	抗震横墙间距（L）	与砌筑泥浆强度等级对应的房屋宽度限值（B）			
						M0.7		M1	
						下限	上限	下限	上限
8 （0.30g）	一	1	3.0	①②	3～3.3	—	—	—	—
				③	3 3.3	— —	— —	4.9 5.6	6 6
				④	3 3.3	— —	— —	4 4	5.1 5.5

注：墙体厚度分别指：①外墙 400mm，内横墙 250mm；②外墙 500mm，内横墙 300mm；③外墙 700mm，内横墙 500mm；④内外墙均为 400mm。

表 D.0.1-2 抗震横墙间距和房屋宽度限值（单开间生土结构房屋）(m)

烈度	层数	层号	层高	房屋墙体厚度类别	抗震横墙间距（L）	与砌筑泥浆强度等级对应的房屋宽度限值（B）			
						M0.7		M1	
						下限	上限	下限	上限
6	一	1	4.0	①②③④	3～6.6	4	6.6	4	6.6
	二	2	3.0	①②③④	3～6.6	4	6.6	4	6.6
		1	3.0		3～4.8	4	6.6	4	6.6
7	一	1	4.0	①②③④	3～4.8	4	6.6	4	6.6
7 （0.15g）	一	1	4.0	①②③④	3～4.8	4	6.6	4	6.6
8	一	1	3.3	①	3 3.3	4 4	5.2 5.6	4 4	6 6
				②	3 3.3	4 4	6 5.8	4 4	6 6
				③	3～3.3	4	6	4	6
				④	3～3.3	4	6	4	6
8 （0.30g）	一	1	3.0	①	3 3.3	— —	— —	— 4	— 4.2
				②	3 3.3	— —	— —	4 4	4.3 4.6
				③	3 3.3	— 4	— 4	4 4	4.7 5
				④	3 3.3	— 4	— 4.2	4 4	4.9 5.2

注：墙体厚度分别指：①墙厚为 300mm；②墙厚为 400mm；③墙厚为 500mm；④墙厚为 600mm。

附录E 石结构房屋抗震横墙间距(L)和房屋宽度(B)限值

E.0.1 当石墙厚度满足本规程第8.1.9条规定、墙体洞口水平截面面积满足第3.1.2条规定、层高不大于本附录下列表中对应值时，石结构房屋的抗震横墙间距（L）和对应的房屋宽度（B）的限值宜分别按表E.0.1-1至表E.0.1-4采用。抗震横墙间距和对应的房屋宽度满足表中对应限值要求时，房屋墙体的抗震承载力可满足对应的设防烈度地震作用的要求。当采用表E.0.1-1至表E.0.1-4时，应符合下列要求：

1 表中的抗震横墙间距，对横墙间距不同的木楼（屋）盖房屋为最大横墙间距值；对预应力圆孔板楼（屋）盖房屋为横墙间距的平均值。表中分别给出房屋宽度的下限值和上限值，对确定的抗震横墙间距，房屋宽度应在下限值和上限值之间选取确定；抗震横墙间距取其他值时，可内插求得对应的房屋宽度限值。

2 表中为"—"者，表示采用该强度等级砂浆砌筑墙体的房屋，其墙体抗震承载力不能满足对应的设防烈度地震作用的要求，应提高砌筑砂浆强度等级。

3 当两层房屋一、二层墙体采用相同强度等级的砂浆砌筑时，实际房屋宽度应按第一层限值采用。

4 当两层房屋一、二层墙体采用不同强度等级的砂浆砌筑或一、二层采用不同形式的楼（屋）盖时，实际房屋宽度应同时满足表中一、二层限值要求。

5 表中墙体类别指：①240mm厚细、半细料石砌体；②240mm厚粗料、毛料石砌体；③400mm厚平毛石墙。

6 多开间石结构木楼（屋）盖房屋，与抗震横墙间距（L）对应的房屋宽度（B）的限值宜按表E.0.1-1采用。

表E.0.1-1 抗震横墙间距和房屋宽度限值（多开间石结构木楼屋盖）(m)

烈度	层数	层号	层高	房屋墙体类别	抗震横墙间距(L)	与砂浆强度等级对应的房屋宽度限值(B)									
						M1		M2.5		M5		M7.5		M10	
						下限	上限	下限	上限	下限	上限	下限	上限	下限	上限
6	一	1	4.0	①②	3～11	4	11	4	11	4	11	4	11	4	11
			3.6	③	3～11	4	11	4	11	4	11	4	11	4	11
7	一	1	4.0	①②	3～11	4	11	4	11	4	11	4	11	4	11
			3.6	③	3～11	4	11	4	11	4	11	4	11	4	11
7 (0.15g)	一	1	4.0	①②	3	4	10.5	4	11	4	11	4	11	4	11
					3.3～9.6	4	11	4	11	4	11	4	11	4	11
					10.2	4.3	11	4	11	4	11	4	11	4	11
					11	4.7	11	4	11	4	11	4	11	4	11
			3.6	③	3～10.2	4	11	4	11	4	11	4	11	4	11
					11	4.4	11	4	11	4	11	4	11	4	11
8	一	1	3.6	①②	3～7	4	7	4	7	4	7	4	7	4	7
8 (0.30g)	一	1	3.6	①②	3	4	4.9	4	7	4	7	4	7	4	7
					3.6	4	5.4	4	7	4	7	4	7	4	7
					4.2	4.9	5.9	4	7	4	7	4	7	4	7
					4.8	6	6.3	4	7	4	7	4	7	4	7
					5.4	6.4	6.4	4	7	4	7	4	7	4	7
					6～6.6	—	—	4	7	4	7	4	7	4	7
					7	—	—	4.3	7	4	7	4	7	4	7
6	二	2	3.5	①②	3～11	4	11	4	11	4	11	4	11	4	11
		1	3.5		3～7	4	11	4	11	4	11	4	11	4	11

续表 E.0.1-1

烈度	层数	层号	层高	房屋墙体类别	抗震横墙间距（L）	与砂浆强度等级对应的房屋宽度限值（B）									
						M1		M2.5		M5		M7.5		M10	
						下限	上限	下限	上限	下限	上限	下限	上限	下限	上限
7	二	2	3.5	①	3～11	4	11	4	11	4	11	4	11	4	11
		1	3.5		3	4	9.1	4	11	4	11	4	11	4	11
					3.6	4	10.4	4	11	4	11	4	11	4	11
					4.2～7	4	11	4	11	4	11	4	11	4	11
	二	2	3.3	②	3～11	4	11	4	11	4	11	4	11	4	11
		1	3.3		3	4	9.5	4	11	4	11	4	11	4	11
					3.6	4	10.8	4	11	4	11	4	11	4	11
					4.2～7	4	11	4	11	4	11	4	11	4	11
7 (0.15g)	二	2	3.5	①	3	4	7.8	4	11	4	11	4	11	4	11
					3.6	4	8.7	4	11	4	11	4	11	4	11
					4.2	4	9.5	4	11	4	11	4	11	4	11
					4.8	4	10.3	4	11	4	11	4	11	4	11
					5.4	4	10.9	4	11	4	11	4	11	4	11
					6～6.6	4	11	4	11	4	11	4	11	4	11
					7.2	4.4	11	4	11	4	11	4	11	4	11
					7.8	4.9	11	4	11	4	11	4	11	4	11
					8.4	5.3	11	4	11	4	11	4	11	4	11
					9	5.8	11	4	11	4	11	4	11	4	11
					9.6	6.4	11	4	11	4	11	4	11	4	11
					10.2	6.9	11	4	11	4	11	4	11	4	11
					11	7.7	11	4	11	4	11	4	11	4	11
		1	3.5		3	4	4.8	4	7.8	4	11	4	11	4	11
					3.6	4.4	5.5	4	8.9	4	11	4	11	4	11
					4.2	5.2	6.1	4	9.9	4	11	4	11	4	11
					4.8	6.1	6.7	4	10.8	4	11	4	11	4	11
					5.4	7	7.2	4	11	4	11	4	11	4	11
					6	—	—	4	11	4	11	4	11	4	11
					6.6	—	—	4.4	11	4	11	4	11	4	11
					7	—	—	4.7	11	4	11	4	11	4	11
	二	2	3.3	②	3	4	8.1	4	11	4	11	4	11	4	11
					3.6	4	9.1	4	11	4	11	4	11	4	11
					4.2	4	9.9	4	11	4	11	4	11	4	11
					4.8	4	10.6	4	11	4	11	4	11	4	11
					5.4～6.6	4	11	4	11	4	11	4	11	4	11
					7.2	4.1	11	4	11	4	11	4	11	4	11
					7.8	4.5	11	4	11	4	11	4	11	4	11
					8.4	4.9	11	4	11	4	11	4	11	4	11
					9	5.4	11	4	11	4	11	4	11	4	11
					9.6	5.8	11	4	11	4	11	4	11	4	11
					10.2	6.3	11	4	11	4	11	4	11	4	11
					11	7	11	4	11	4	11	4	11	4	11

续表 E. 0. 1-1

烈度	层数	层号	层高	房屋墙体类别	抗震横墙间距（L）	与砂浆强度等级对应的房屋宽度限值（B）									
						M1		M2. 5		M5		M7. 5		M10	
						下限	上限	下限	上限	下限	上限	下限	上限	下限	上限
7 （0. 15g）	二	1	3. 3	②	3	4	5	4	8. 2	4	11	4	11	4	11
					3. 6	4	5. 7	4	9. 3	4	11	4	11	4	11
					4. 2	4. 8	6. 4	4	10. 3	4	11	4	11	4	11
					4. 8	5. 5	7	4	11	4	11	4	11	4	11
					5. 4	6. 3	7. 5	4	11	4	11	4	11	4	11
					6	7. 2	8	4	11	4	11	4	11	4	11
					6. 6	8	8. 4	4. 1	11	4	11	4	11	4	11
					7	8. 6	8. 7	4. 3	11	4	11	4	11	4	11
8	二	2	3. 3	①	3	4	6	4	7	4	7	4	7	4	7
					3. 6	4	6. 7	4	7	4	7	4	7	4	7
					4. 2～4. 8	4	7	4	7	4	7	4	7	4	7
					5. 4	4. 6	7	4	7	4	7	4	7	4	7
					6	5. 3	7	4	7	4	7	4	7	4	7
					6. 6	6. 1	7	4	7	4	7	4	7	4	7
					7	6. 6	7	4	7	4	7	4	7	4	7
		1	3. 3		3	—	—	4	6	4	7	4	7	4	7
					3. 6	—	—	4	6. 8	4	7	4	7	4	7
					4. 2	—	—	4	7	4	7	4	7	4	7
					4. 8	—	—	4. 5	7	4	7	4	7	4	7
					5	—	—	4. 7	7	4	7	4	7	4	7
8 （0. 30g）	二	2	3. 3	①	3	—	—	4	5. 9	4	7	4	7	4	7
					3. 6	—	—	4	6. 6	4	7	4	7	4	7
					4. 2	—	—	4	7	4	7	4	7	4	7
					4. 8	—	—	4. 6	7	4	7	4	7	4	7
					5. 4	—	—	5. 4	7	4	7	4	7	4	7
					6	—	—	6. 3	7	4	7	4	7	4	7
					6. 6～7	—	—	—	—	4	7	4	7	4	7
		1	3. 3		3	—	—	—	—	4	5	4	6. 2	4	7
					3. 6	—	—	—	—	4. 3	5. 7	4	7	4	7
					4. 2	—	—	—	—	5. 1	6. 4	4	7	4	7
					4. 8	—	—	—	—	6. 1	7	4. 4	7	4	7
					5	—	—	—	—	6. 4	7	4. 7	7	4	7

7 单开间石结构木楼（屋）盖房屋，与抗震横墙间距（L）对应的房屋宽度（B）的限值宜按表 E. 0. 1-2 采用。

表 E. 0. 1-2 抗震横墙间距和房屋宽度限值（单开间石结构木楼屋盖）(m)

烈度	层数	层号	层高	房屋墙体类别	抗震横墙间距（L）	与砂浆强度等级对应的房屋宽度限值（B）									
						M1		M2. 5		M5		M7. 5		M10	
						下限	上限	下限	上限	下限	上限	下限	上限	下限	上限
6	一	1	4. 0	①②	3～11	4	11	4	11	4	11	4	11	4	11
			3. 6	③	3～11	4	11	4	11	4	11	4	11	4	11
7	一	1	4. 0	①②	3～11	4	11	4	11	4	11	4	11	4	11
			3. 6	③	3～11	4	11	4	11	4	11	4	11	4	11
7 （0. 15g）	一	1	4. 0	①②	3	4	8. 8	4	11	4	11	4	11	4	11
					3. 6	4	10	4	11	4	11	4	11	4	11
					4. 2～11	4	11	4	11	4	11	4	11	4	11
			3. 6	③	3～11	4	11	4	11	4	11	4	11	4	11

续表 E.0.1-2

烈度	层数	层号	层高	房屋墙体类别	抗震横墙间距（L）	与砂浆强度等级对应的房屋宽度限值（B） M1 下限	M1 上限	M2.5 下限	M2.5 上限	M5 下限	M5 上限	M7.5 下限	M7.5 上限	M10 下限	M10 上限
8	一	1	3.6	①②	3～7	4	7	4	7	4	7	4	7	4	7
8（0.30g）	一	1	3.6	①②	3	4	4.1	4	7	4	7	4	7	4	7
					3.6	4	4.6	4	7	4	7	4	7	4	7
					4.2	4	5.1	4	7	4	7	4	7	4	7
					4.8	4	5.5	4	7	4	7	4	7	4	7
					5.4	4	5.6	4	7	4	7	4	7	4	7
					6	4	6.2	4	7	4	7	4	7	4	7
					6.6	4	6.5	4	7	4	7	4	7	4	7
					7	4	6.7	4.3	7	4	7	4	7	4	7
6	二	2	3.5	①②	3～11	4	11	4	11	4	11	4	11	4	11
		1	3.5		3～7	4	11	4	11	4	11	4	11	4	11
7	二	2	3.5	①	3～11	4	11	4	11	4	11	4	11	4	11
		1	3.5		3	4	7.5	4	11	4	11	4	11	4	11
					3.6	4	8.6	4	11	4	11	4	11	4	11
					4.2	4	9.6	4	11	4	11	4	11	4	11
					4.8	4	10.6	4	11	4	11	4	11	4	11
					5.4～7	4	11	4	11	4	11	4	11	4	11
		2	3.3	②	3～11	4	11	4	11	4	11	4	11	4	11
		1	3.3		3	4	7.8	4	11	4	11	4	11	4	11
					3.6	4	8.9	4	11	4	11	4	11	4	11
					4.2	4	10	4	11	4	11	4	11	4	11
					4.8～7	4	11	4	11	4	11	4	11	4	11
7（0.15g）	二	2	3.5	①	3	4	6.5	4	10.6	4	11	4	11	4	11
					3.6	4	7.4	4	11	4	11	4	11	4	11
					4.2	4	8.2	4	11	4	11	4	11	4	11
					4.8	4	8.9	4	11	4	11	4	11	4	11
					5.4	4	9.5	4	11	4	11	4	11	4	11
					6	4	10	4	11	4	11	4	11	4	11
					6.6	4	10.6	4	11	4	11	4	11	4	11
					7.2～11	4	11	4	11	4	11	4	11	4	11
		1	3.5		3	—	—	4	6.4	4	9.4	4	11	4	11
					3.6	4	4.5	4	7.4	4	10.8	4	11	4	11
					4.2	4	5.1	4	8.3	4	11	4	11	4	11
					4.8	4	5.6	4	9.1	4	11	4	11	4	11
					5.4	4	6.1	4	9.9	4	11	4	11	4	11
					6	4	6.5	4	10.6	4	11	4	11	4	11
					6.6	4	6.9	4	11	4	11	4	11	4	11
					7	4	7.2	4	11	4	11	4	11	4	11
	二	2	3.3	②	3	4	6.9	4	11	4	11	4	11	4	11
					3.6	4	7.7	4	11	4	11	4	11	4	11
					4.2	4	8.5	4	11	4	11	4	11	4	11
					4.8	4	9.2	4	11	4	11	4	11	4	11
					5.4	4	9.9	4	11	4	11	4	11	4	11
					6	4	10.4	4	11	4	11	4	11	4	11
					6.6～11	4	11	4	11	4	11	4	11	4	11
		1	3.3		3	4	4.1	4	6.7	4	9.8	4	11	4	11
					3.6	4	4.8	4	7.7	4	11	4	11	4	11
					4.2	4	5.3	4	8.6	4	11	4	11	4	11
					4.8	4	5.9	4	9.5	4	11	4	11	4	11
					5.4	4	6.3	4	10.3	4	11	4	11	4	11
					6	4	6.8	4	11	4	11	4	11	4	11
					6.6	4	7.2	4	11	4	11	4	11	4	11
					7	4	7.5	4	11	4	11	4	11	4	11

续表 E.0.1-2

烈度	层数	层号	层高	房屋墙体类别	抗震横墙间距（L）	与砂浆强度等级对应的房屋宽度限值（B）									
						M1		M2.5		M5		M7.5		M10	
						下限	上限	下限	上限	下限	上限	下限	上限	下限	上限
8	二	2	3.3	①	3	4	5.1	4	7	4	7	4	7	4	7
					3.6	4	5.7	4	7	4	7	4	7	4	7
					4.2	4	6.3	4	7	4	7	4	7	4	7
					4.8	4	6.8	4	7	4	7	4	7	4	7
					5.4～7	4	7	4	7	4	7	4	7	4	7
		1	3.3		3	—	—	4	4.9	4	7	4	7	4	7
					3.6	—	—	4	5.7	4	7	4	7	4	7
					4.2	—	—	4	6.3	4	7	4	7	4	7
					4.8	4	4	4	7	4	7	4	7	4	7
					5	4	4.2	4	7	4	7	4	7	4	7
8（0.30g）	二	2	3.3	①	3	—	—	4	4.9	4	7	4	7	4	7
					3.6	—	—	4	5.6	4	7	4	7	4	7
					4.2	—	—	4	6.2	4	7	4	7	4	7
					4.8	—	—	4	6.7	4	7	4	7	4	7
					5.4～7	—	—	4	7	4	7	4	7	4	7
		1	3.3		3	—	—	—	—	4	4.1	4	5.1	4	5.8
					3.6	—	—	—	—	4	4.8	4	5.9	4	6.6
					4.2	—	—	—	—	4	5.3	4	6.6	4	7
					4.8	—	—	—	—	4	5.9	4	7	4	7
					5	—	—	—	—	4	6	4	7	4	7

8 多开间石结构预应力圆孔板楼（屋）盖房屋，与抗震横墙间距（L）对应的房屋宽度（B）的限值宜按表 E.0.1-3 采用。

表 E.0.1-3 抗震横墙间距和房屋宽度限值
（多开间石结构圆孔板楼屋盖）（m）

烈度	层数	层号	层高	房屋墙体类别	抗震横墙间距（L）	与砂浆强度等级对应的房屋宽度限值（B）									
						M1		M2.5		M5		M7.5		M10	
						下限	上限	下限	上限	下限	上限	下限	上限	下限	上限
6	一	1	4.0	①②③	3～13	4	13	4	13	4	13	4	13	4	13
7	一	1	4.0	①②③	3～13	4	13	4	13	4	13	4	13	4	13
7（0.15g）	一	1	4.0	①②	3～13	4	13	4	13	4	13	4	13	4	13
			3.6	③	3～13	4	13	4	13	4	13	4	13	4	13
8	一	1	3.6	①②	3～9	4	9	4	9	4	9	4	9	4	9
8（0.30g）	一	1	3.6	①②	3	4	6.3	4	9	4	9	4	9	4	9
					3.6	4	7	4	9	4	9	4	9	4	9
					4.2	4	7.6	4	9	4	9	4	9	4	9
					4.8	4	8.2	4	9	4	9	4	9	4	9
					5.4	4	8.7	4	9	4	9	4	9	4	9
					6	4.3	9	4	9	4	9	4	9	4	9
					6.6	4.8	9	4	9	4	9	4	9	4	9
					7.2	5.4	9	4	9	4	9	4	9	4	9
					7.8	6.1	9	4	9	4	9	4	9	4	9
					8.4	6.8	9	4	9	4	9	4	9	4	9
					9	7.6	9	4	9	4	9	4	9	4	9
6	二	2	3.5	①②	3～13	4	13	4	13	4	13	4	13	4	13
		1	3.5		3～9	4	13	4	13	4	13	4	13	4	13

续表 E.0.1-3

烈度	层数	层号	层高	房屋墙体类别	抗震横墙间距（L）	与砂浆强度等级对应的房屋宽度限值（B）									
						M1		M2.5		M5		M7.5		M10	
						下限	上限	下限	上限	下限	上限	下限	上限	下限	上限
7	二	2	3.5	①	3～13	4	13	4	13	4	13	4	13	4	13
		1	3.5		3	4	11.5	4	13	4	13	4	13	4	13
					3.6～13	4	13	4	13	4	13	4	13	4	13
	二	2	3.3	②	3～13	4	13	4	13	4	13	4	13	4	13
		1	3.3		3	4	11.1	4	13	4	13	4	13	4	13
					3.6	4	12.5	4	13	4	13	4	13	4	13
					4.2～13	4	13	4	13	4	13	4	13	4	13
7（0.15g）	二	2	3.5	①	3	4	9.6	4	13	4	13	4	13	4	13
					3.6	4	10.8	4	13	4	13	4	13	4	13
					4.2	4	11.8	4	13	4	13	4	13	4	13
					4.8	4	12.6	4	13	4	13	4	13	4	13
					5.4～9.6	4	13	4	13	4	13	4	13	4	13
					10.2	4.1	13	4	13	4	13	4	13	4	13
					10.8	4.4	13	4	13	4	13	4	13	4	13
					11.4	4.7	13	4	13	4	13	4	13	4	13
					12	5	13	4	13	4	13	4	13	4	13
					12.6	5.3	13	4	13	4	13	4	13	4	13
					13	5.5	13	4	13	4	13	4	13	4	13
	二	1	3.5	①	3	4	6.3	4	6.4	4	13	4	13	4	13
					3.6	4	7.2	4	7.4	4	13	4	13	4	13
					4.2	4	8	4	8.3	4	13	4	13	4	13
					4.8	4	8.8	4	9.1	4	13	4	13	4	13
					5.4	4	9.5	4	9.9	4	13	4	13	4	13
					6	4.4	10.1	4	10.6	4	13	4	13	4	13
					6.6	4.8	10.7	4	13	4	13	4	13	4	13
					7.2	5.3	11.2	4	13	4	13	4	13	4	13
					7.8	5.7	11.7	4	13	4	13	4	13	4	13
					8.4	6.2	12.1	4	13	4	13	4	13	4	13
					9	6.7	12.6	4	13	4	13	4	13	4	13
7（0.15g）	二	2	3.3	②	3	4	10	4	13	4	13	4	13	4	13
					3.6	4	11.2	4	13	4	13	4	13	4	13
					4.2	4	12.2	4	13	4	13	4	13	4	13
					4.8～10.2	4	13	4	13	4	13	4	13	4	13
					10.8	4.1	13	4	13	4	13	4	13	4	13
					11.4	4.3	13	4	13	4	13	4	13	4	13
					12	4.6	13	4	13	4	13	4	13	4	13
					12.6	4.9	13	4	13	4	13	4	13	4	13
					13	5.1	13	4	13	4	13	4	13	4	13
		1	3.3		3	4	6.1	4	9.7	4	13	4	13	4	13
					3.6	4	6.9	4	10.9	4	13	4	13	4	13
					4.2	4	7.6	4	12	4	13	4	13	4	13
					4.8	4	8.3	4	13	4	13	4	13	4	13
					5.4	4	8.8	4	13	4	13	4	13	4	13
					6	4.1	9.3	4	13	4	13	4	13	4	13
					6.6	4.5	9.8	4	13	4	13	4	13	4	13
					7.2	5	10.2	4	13	4	13	4	13	4	13
					7.8	5.4	10.6	4	13	4	13	4	13	4	13
					8.4	5.9	11	4	13	4	13	4	13	4	13
					9	6.4	11.3	4	13	4	13	4	13	4	13

续表 E.0.1-3

烈度	层数	层号	层高	房屋墙体类别	抗震横墙间距（L）	与砂浆强度等级对应的房屋宽度限值（B）									
						M1		M2.5		M5		M7.5		M10	
						下限	上限	下限	上限	下限	上限	下限	上限	下限	上限
8	二	2	3.3	①	3	4	7.6	4	9	4	9	4	9	4	9
					3.6	4	8.4	4	9	4	9	4	9	4	9
					4.2～7.2	4	9	4	9	4	9	4	9	4	9
					7.8	4.3	9	4	9	4	9	4	9	4	9
					8.4	4.7	9	4	9	4	9	4	9	4	9
					9	5.2	9	4	9	4	9	4	9	4	9
		1	3.3		3	4	4.4	4	7.2	4	9	4	9	4	9
					3.6	4	5	4	8.1	4	9	4	9	4	9
					4.2	4.5	5.5	4	8.9	4	9	4	9	4	9
					4.8	5.3	5.9	4	9	4	9	4	9	4	9
					5.4	6.1	6.3	4	9	4	9	4	9	4	9
					6	—	—	4	9	4	9	4	9	4	9
					6.6	—	—	4	9	4	9	4	9	4	9
					7	—	—	4.1	9	4	9	4	9	4	9
8 (0.30g)	二	2	3.3	①	3	4	4.2	4	7.4	4	9	4	9	4	9
					3.6	4.1	4.7	4	8.2	4	9	4	9	4	9
					4.2	5.1	5.1	4	8.9	4	9	4	9	4	9
					4.8	—	—	4	9	4	9	4	9	4	9
					5.4	—	—	4	9	4	9	4	9	4	9
					6	—	—	4	9	4	9	4	9	4	9
					6.6	—	—	4.1	9	4	9	4	9	4	9
					7.2	—	—	4.6	9	4	9	4	9	4	9
					7.8	—	—	5.1	9	4	9	4	9	4	9
					8.4	—	—	5.7	9	4	9	4	9	4	9
					9	—	—	6.3	9	4	9	4	9	4	9
		1	3.3		3	—	—	—	—	4	6.1	4	7.5	4	8.4
					3.6	—	—	—	—	4	6.9	4	8.4	4	9
					4.2	—	—	—	—	4	7.6	4	9	4	9
					4.8	—	—	—	—	4	8.3	4	9	4	9
					5.4	—	—	—	—	4.1	8.8	4	9	4	9
					6	—	—	—	—	4.7	9	4	9	4	9
					6.6	—	—	—	—	5.3	9	4	9	4	9
					7	—	—	—	—	5.7	9	4.3	9	4	9

9 单开间石结构预应力圆孔板楼（屋）盖房屋， 宜按表 E.0.1-4 采用。
与抗震横墙间距（L）对应的房屋宽度（B）的限值

表 E.0.1-4 抗震横墙间距和房屋宽度限值（单开间石结构圆孔板楼屋盖）(m)

烈度	房屋层数	层号	层高	房屋墙体类别	抗震横墙间距（L）	与砂浆强度等级对应的房屋宽度限值（B）									
						M1		M2.5		M5		M7.5		M10	
						下限	上限	下限	上限	下限	上限	下限	上限	下限	上限
6	一	1	4.0	①②③	3～13	4	13	4	13	4	13	4	13	4	13
7	一	1	4.0	①②	3～13	4	13	4	13	4	13	4	13	4	13
		1	3.6	③	3～13	4	13	4	13	4	13	4	13	4	13
7 (0.15g)	一	1	4.0	①②	3	4	11	4	13	4	13	4	13	4	13
					3.6	4	12.5	4	13	4	13	4	13	4	13
					4.2～13	4	13	4	13	4	13	4	13	4	13
			3.6	③	3～13	4	13	4	13	4	13	4	13	4	13
8	一	1	3.6	①②	3～9	4	9	4	9	4	9	4	9	4	9
8 (0.30g)	一	1	3.6	①②	3	4	5.3	4	8.8	4	9	4	9	4	9
					3.6	4	6	4	9	4	9	4	9	4	9
					4.2	4	6.6	4	9	4	9	4	9	4	9
					4.8	4	7.1	4	9	4	9	4	9	4	9
					5.4	4	7.6	4	9	4	9	4	9	4	9
					6	4	8	4	9	4	9	4	9	4	9
					6.6	4	8.4	4	9	4	9	4	9	4	9
					7.2	4	8.8	4	9	4	9	4	9	4	9
					7.8～9	4	9	4	9	4	9	4	9	4	9

续表 E.0.1-4

烈度	房屋层数	层号	层高	房屋墙体类别	抗震横墙间距（L）	与砂浆强度等级对应的房屋宽度限值（B）									
						M1		M2.5		M5		M7.5		M10	
						下限	上限	下限	上限	下限	上限	下限	上限	下限	上限
6	二	2	3.5	①②	3～13	4	13	4	13	4	13	4	13	4	13
		1	3.5		3～9	4	13	4	13	4	13	4	13	4	13
7	二	2	3.5	①	3～13	4	13	4	13	4	13	4	13	4	13
		1	3.5		3	4	8.9	4	13	4	13	4	13	4	13
					3.6	4	10.2	4	13	4	13	4	13	4	13
					4.2	4	11.3	4	13	4	13	4	13	4	13
					4.8	4	12.4	4	13	4	13	4	13	4	13
					5.4～13	4	13	4	13	4	13	4	13	4	13
		2	3.3	②	3～13	4	13	4	13	4	13	4	13	4	13
		1	3.3		3	4	9.2	4	13	4	13	4	13	4	13
					3.6	4	10.5	4	13	4	13	4	13	4	13
					4.2	4	11.7	4	13	4	13	4	13	4	13
					4.8	4	12.7	4	13	4	13	4	13	4	13
					5.4～13	4	13	4	13	4	13	4	13	4	13
7 (0.15g)	二	2	3.5	①	3	4	8.1	4	13	4	13	4	13	4	13
					3.6	4	9.2	4	13	4	13	4	13	4	13
					4.2	4	10.1	4	13	4	13	4	13	4	13
					4.8	4	10.9	4	13	4	13	4	13	4	13
					5.4	4	11.7	4	13	4	13	4	13	4	13
					6	4	12.4	4	13	4	13	4	13	4	13
					6.6～13	4	13	4	13	4	13	4	13	4	13
		1	3.5		3	4	4.9	4	7.7	4	11.1	4	13	4	13
					3.6	4	5.6	4	8.8	4	12.7	4	13	4	13
					4.2	4	6.2	4	9.8	4	13	4	13	4	13
					4.8	4	6.8	4	10.7	4	13	4	13	4	13
					5.4	4	7.3	4	11.5	4	13	4	13	4	13
					6	4	7.8	4	12.3	4	13	4	13	4	13
					6.6	4	8.3	4	13	4	13	4	13	4	13
					7.2	4	8.7	4	13	4	13	4	13	4	13
					7.8	4	9.1	4	13	4	13	4	13	4	13
					8.4	4	9.4	4	13	4	13	4	13	4	13
					9	4	9.8	4	13	4	13	4	13	4	13
	二	2	3.3	②	3	4	8.5	4	13	4	13	4	13	4	13
					3.6	4	9.6	4	13	4	13	4	13	4	13
					4.2	4	10.5	4	13	4	13	4	13	4	13
					4.8	4	11.4	4	13	4	13	4	13	4	13
					5.4	4	12.1	4	13	4	13	4	13	4	13
					6	4	12.8	4	13	4	13	4	13	4	13
					6.6～13	4	13	4	13	4	13	4	13	4	13

续表 E. 0. 1-4

烈度	房屋层数	层号	层高	房屋墙体类别	抗震横墙间距（L）	与砂浆强度等级对应的房屋宽度限值（B）									
						M1		M2.5		M5		M7.5		M10	
						下限	上限	下限	上限	下限	上限	下限	上限	下限	上限
7 (0.15g)	二	1	3.3	②	3	4	5.1	4	8	4	11.6	4	13	4	13
					3.6	4	5.8	4	9.2	4	13	4	13	4	13
					4.2	4	6.5	4	10.2	4	13	4	13	4	13
					4.8	4	7.1	4	11.1	4	13	4	13	4	13
					5.4	4	7.6	4	11.9	4	13	4	13	4	13
					6	4	8.1	4	12.7	4	13	4	13	4	13
					6.6	4	8.5	4	13	4	13	4	13	4	13
					7.2	4	9	4	13	4	13	4	13	4	13
					7.8	4	9.4	4	13	4	13	4	13	4	13
					8.4	4	9.7	4	13	4	13	4	13	4	13
					9	4	10	4	13	4	13	4	13	4	13
8	二	2	3.3	①	3	4	6.4	4	9	4	9	4	9	4	9
					3.6	4	7.2	4	9	4	9	4	9	4	9
					4.2	4	7.9	4	9	4	9	4	9	4	9
					4.8	4	8.6	4	9	4	9	4	9	4	9
					5.4～9	4	9	4	9	4	9	4	9	4	9
		1	3.3		3	—	—	4	6	4	9	4	9	4	9
					3.6	4	4.2	4	6.8	4	9	4	9	4	9
					4.2	4	4.6	4	7.6	4	9	4	9	4	9
					4.8	4	5.1	4	8.3	4	9	4	9	4	9
					5.4	4	5.4	4	8.9	4	9	4	9	4	9
					6	4	5.8	4	9	4	9	4	9	4	9
					6.6	4	6.1	4	9	4	9	4	9	4	9
					7	4.1	6.3	4	9	4	9	4	9	4	9
8 (0.30g)	二	2	3.3	①	3	—	—	4	6.2	4	9	4	9	4	9
					3.6	4	4	4	7	4	9	4	9	4	9
					4.2	4	4.4	4	7.7	4	9	4	9	4	9
					4.8	4	4.8	4	8.4	4	9	4	9	4	9
					5.4	4	5.1	4	8.9	4	9	4	9	4	9
					6	4	5.4	4	9	4	9	4	9	4	9
					6.6	4.1	5.6	4	9	4	9	4	9	4	9
					7.2	4.7	5.9	4	9	4	9	4	9	4	9
					7.8	5.2	6.1	4	9	4	9	4	9	4	9
					8.4	5.9	6.3	4	9	4	9	4	9	4	9
					9	—	—	4	9	4	9	4	9	4	9
		1	3.3		3	—	—	—	—	4	5.1	4	6.2	4	7
					3.6	—	—	—	—	4	5.8	4	7.1	4	7.9
					4.2	—	—	4	4.1	4	6.5	4	7.9	4	8.8
					4.8	—	—	4	4.5	4	7.1	4	8.6	4	9
					5.4	—	—	4	4.8	4	7.6	4	9	4	9
					6	—	—	4.1	5.1	4	8.1	4	9	4	9
					6.6	—	—	4.6	5.4	4	8.5	4	9	4	9
					7	—	—	5	5.6	4	8.8	4	9	4	9

附录F 过梁计算

F.0.1 过梁的荷载，应按下列规定采用：

1 梁、板荷载

对砖、混凝土小型空心砌块和土坯砌体，当梁、板下的墙体高度（h_w）小于过梁的净跨（l_n）时，应计入梁、板传来的荷载。当梁、板下的墙体高度（h_w）不小于过梁净跨（l_n）时，可不考虑梁、板荷载。

2 墙体荷载

1） 对砖和土坯砌体，当过梁上的墙体高度（h_w）小于过梁净跨（l_n）的$\frac{1}{3}$时，应按墙体的均布自重采用。当墙体高度（h_w）不小于过梁净跨（l_n）的$\frac{1}{3}$时，应按高度为$l_n/3$墙体的均布自重来采用；

2） 对混凝土小型空心砌块和石砌体，当过梁上的墙体高度（h_w）小于过梁净跨（l_n）的$\frac{1}{2}$时，应按墙体的均布自重采用。当墙体高度（h_w）不小于过梁净跨（l_n）的$\frac{1}{2}$时，应按高度为$l_n/2$墙体的均布自重采用。

F.0.2 钢筋砖（石）过梁的受弯承载力可按下式计算：

$$M \leqslant 0.85 h_0 f_y A_s \tag{F.0.2}$$

式中 M——按简支梁计算的跨中弯矩设计值（N·mm）；

f_y——钢筋的抗拉强度设计值（N/mm²），对HPB235（Ⅰ级）和HRB335（Ⅱ级）热轧钢筋 f_y 分别取为210N/mm²、310N/mm²；

A_s——受拉钢筋的截面面积（mm²）；

h_0——过梁截面的有效高度（mm），$h_0=h-a_s$；

a_s——受拉钢筋重心至截面下边缘的距离（mm）；

h——过梁的截面计算高度（mm），取过梁底面以上的墙体高度，但不大于$l_n/3$；当考虑梁、板传来的荷载时，则应按梁、板下的高度采用。

F.0.3 过梁底面砂浆层处的钢筋，其直径不应小于6mm，间距不宜大于100mm，钢筋伸入支座砌体内的长度不宜小于240mm，砂浆层的厚度不宜小于30mm。

F.0.4 木过梁的受弯承载力可按下式计算：

$$M \leqslant W_n f_m \tag{F.0.4}$$

式中 M——按简支梁计算的跨中弯矩设计值（N·mm）；

W_n——木过梁的净截面抵抗矩（mm³），对矩形截面W_n为$bh^2/6$，对圆形截面W_n为$\pi d^3/32$；

f_m——木材抗弯强度设计值（N/mm²），木材的强度等级和强度设计值应分别按表F.0.4-1和表F.0.4-2采用；

b——矩形木过梁净截面宽度（mm）；

h——矩形木过梁净截面高度（mm）；

d——圆形木过梁净截面直径（mm）。

表 F.0.4-1 木材的强度等级

针叶树种木材		
强度等级	组 别	选 用 树 种
TC17	A	柏木 长叶松 湿地松 粗皮落叶松
	B	东北落叶松 欧洲赤松 欧洲落叶松
TC15	A	铁杉 油杉 太平洋海岸黄柏 花旗松—落叶松 西部铁杉 南方松
	B	鱼鳞云松 西南云松 南亚松
TC13	A	油松 新疆落叶松 云南松 马尾松 扭叶 松北美落叶松 海岸松
	B	红皮云松 丽江云松 樟子松 红松 西加云松 俄罗斯红松 欧洲云松 北美山地云松 北美短叶松
TC11	A	西北云松 新疆云松 北美黄松 云杉—松—冷杉 铁—冷杉 东部铁杉 杉木
	B	冷杉 速生杉木 速生马尾松 新西兰辐射松
阔叶树种木材		
TB20	青冈 椆木 门格里斯木 卡普木 沉水稍克木 绿心木 紫心木 李叶豆 塔特布木	
TB17	栎木 达荷玛木 萨佩莱木 苦油树 毛罗藤黄	
TB15	椎栗（栲木） 桦木 黄梅兰 梅萨瓦木 水曲柳 红劳罗木	
TB13	深红梅兰蒂 浅红梅兰蒂 百梅兰蒂 巴西红厚壳木	
TB11	大叶猴 小叶猴	

表 F.0.4-2　木材的强度设计值和弹性模量（N/mm^2）

强度等级	组别	抗弯 f_m	顺纹抗压及承压 f_c	顺纹抗拉 f_t	顺纹抗剪 f_v	横纹承压 $f_{c,90}$			弹性模量 E
						全表面	局部表面和齿面	拉力螺栓垫板下	
TC17	A	17	16	10.0	1.7	2.3	3.5	4.6	10000
	B		15	9.5	1.6				
TC15	A	15	13	9.0	1.6	2.1	3.1	4.2	10000
	B		12	9.0	1.5				
TC13	A	13	12	8.5	1.5	1.9	2.9	3.8	10000
	B		10	8.0	1.4				9000
TC11	A	11	10	7.5	1.4	1.8	2.7	3.6	9000
	B		10	7.0	1.2				
TB20	—	20	18	12.0	2.8	4.2	6.3	8.4	12000
TB17	—	17	16	11.0	2.4	3.8	5.7	7.6	11000
TB15	—	15	14	10.0	2.0	3.1	4.7	6.2	10000
TB13	—	13	12	9.0	1.4	2.4	3.6	4.8	8000
TB11	—	11	10	8.0	1.3	2.1	3.2	4.1	7000

附录G　砂浆配合比

表 G.1　水泥砂浆配合比（32.5 级水泥）

砂浆强度等级	用量（kg/m^3）与比例	配　比								
		粗　砂			中　砂			细　砂		
		水泥	砂子	水	水泥	砂子	水	水泥	砂子	水
M1	用量	195	1500	270	200	1450	300	205	1400	330
	比例	1	7.69	1.38	1	7.25	1.50	1	6.83	1.61
M2.5	用量	207	1500	270	213	1450	300	220	1400	330
	比例	1	7.25	1.30	1	6.81	1.41	1	6.36	1.50
M5	用量	253	1500	270	260	1450	300	268	1400	330
	比例	1	5.93	1.07	1	5.58	1.15	1	5.22	1.23
M7.5	用量	276	1500	270	285	1450	300	294	1400	330
	比例	1	5.43	0.98	1	5.09	1.05	1	4.76	1.12
M10	用量	305	1500	270	315	1450	300	325	1400	330
	比例	1	4.92	0.89	1	4.60	0.95	1	4.31	1.02
M15	用量	359	1500	270	370	1450	300	381	1400	330
	比例	1	4.18	0.75	1	3.92	0.81	1	3.67	0.87

表 G.2 混合砂浆配合比（32.5 级水泥）

砂浆等级	用量（kg/m³）与比例	配比								
		粗砂			中砂			细砂		
		水泥	石灰	砂子	水泥	石灰	砂子	水泥	石灰	砂子
M1	用量	157	173	1500	163	167	1450	169	161	1400
	比例	1	1.10	9.53	1	1.02	8.87	1	0.95	8.26
M2.5	用量	176	154	1500	183	147	1450	190	140	1400
	比例	1	0.88	8.52	1	0.80	7.92	1	0.74	7.40
M5	用量	204	126	1500	212	118	1450	220	110	1400
	比例	1	0.62	7.35	1	0.56	6.84	1	0.50	6.36
M7.5	用量	233	97	1500	242	88	1450	251	79	1400
	比例	1	0.42	6.44	1	0.36	5.99	1	0.31	5.58
M10	用量	261	69	1500	271	59	1450	281	49	1400
	比例	1	0.26	5.75	1	0.22	5.35	1	0.17	4.98

表 G.3 混合砂浆配合比（42.5 级水泥）

砂浆等级	用量（kg/m³）与比例	配比								
		粗砂			中砂			细砂		
		水泥	石灰	砂子	水泥	石灰	砂子	水泥	石灰	砂子
M1	用量	121	209	1500	125	205	1450	129	201	1400
	比例	1	1.73	12.40	1	1.64	11.60	1	1.56	10.86
M2.5	用量	135	195	1500	140	190	1450	145	185	1400
	比例	1	1.44	11.11	1	1.36	10.36	1	1.28	9.66
M5	用量	156	174	1500	162	168	1450	168	162	1400
	比例	1	1.12	9.62	1	1.04	8.95	1	0.96	8.33
M7.5	用量	178	152	1500	185	145	1450	192	138	1400
	比例	1	0.85	8.43	1	0.78	7.84	1	0.72	7.29
M10	用量	199	131	1500	207	123	1450	215	115	1400
	比例	1	0.66	7.54	1	0.59	7.00	1	0.53	6.51

附录 H 砂浆、砖、混凝土的强度等级与标号对应关系

表 H.1 砂浆强度等级与标号对应关系

强度等级（N/mm²）	M15	M10	M7.5	M5	M2.5	M1
标号（kg/cm²）	150	100	75	50	25	10

表 H.2 砖强度等级与标号对应关系

强度等级（N/mm²）	MU30	MU25	MU20	MU15	MU10	MU7.5
标号（kg/cm²）	300	250	200	150	100	75

表 H.3 混凝土强度等级与标号对应关系

强度等级（N/mm²）	C38	C30	C28	C25	C23	C20	C18	C15	C13	C8
标号（kg/cm²）	400	320	300	270	250	220	200	170	150	100

本规程用词说明

1 为便于在执行本规程条文时区别对待，对要求严格程度不同的用词说明如下：

1）表示很严格，非这样做不可的：

正面词采用“必须”；反面词采用“严禁”。

2）表示严格，在正常情况下均应这样做的：

正面词采用“应”；反面词采用“不应”或“不得”。

3）表示允许稍有选择，在条件许可时首先这样做的：

正面词采用“宜”；反面词采用“不宜”；

表示有选择，在一定条件下可以这样做的，采用“可”。

2 条文中指明应按其他有关标准、规范执行时，写法为：“应按……执行”或“应符合……的规定”。

中华人民共和国行业标准

镇(乡)村建筑抗震技术规程

JGJ 161—2008

条 文 说 明

前　言

《镇（乡）村建筑抗震技术规程》JGJ 161—2008经住房和城乡建设部2008年6月13日以第49号公告批准、发布。

为便于广大设计、施工、科研、学校等单位有关人员在使用本规程时能正确理解和执行条文规定，镇（乡）村建筑抗震技术规程》编制组按章、节、条顺序编制了本规程的条文说明，供使用者参考。在使用中如发现本条文说明中有不妥之处，请将意见函寄中国建筑科学研究院（地址：北京市北三环东路30号；邮政编码：100013）。

目　次

1 总 则

1.0.1 制定本规程的目的，是为了减轻村镇房屋地震破坏，减少人员伤亡和经济损失。

1.0.2 该条明确了本规程的适用范围和适用对象。鉴于村镇民房基本未进行抗震设防，抗震能力差，而很多6度地区发生了中强地震，造成了村镇房屋的严重震害，因此6度地区必须采取抗震措施。适用对象主要是村镇中层数为一、二层，采用木楼（屋）盖，或采用冷轧带肋钢筋预应力圆孔板楼（屋）盖的一般民用房屋。对村镇中三层及以上的房屋，或采用钢筋混凝土构造柱、圈梁和楼（屋）盖的房屋，应按现行国家标准《建筑抗震设计规范》GB 50011（以下简称《抗震规范》）进行设计和建造。

1.0.3 相对于城市建筑，我国村镇建筑具有单体规模小、就地取材、造价低廉等特点；并且基本上是由当地建筑工匠按传统习惯进行建造，一般不进行正规设计。在抗震能力方面，由于村镇建筑存在主体结构材料强度低（如生土、砌体、石结构）、结构整体性差、房屋各构件之间连接薄弱等问题，加之普遍未采取抗震措施，地震震害严重。

针对目前我国大部分村镇地区房屋的现状，本规程提出村镇建筑抗震设防目标是：当遭受低于本地区抗震设防烈度的多遇地震影响时，一般不需修理可继续使用；当遭受相当于本地区抗震设防烈度的地震影响时，主体结构不致严重破坏，围护结构不发生大面积倒塌。

《抗震规范》提出的是“小震不坏，中震可修，大震不倒”的抗震设防三水准目标。从《抗震规范》的设计思想可以看出，概念设计和抗震构造措施是实现设防目标的重要保证，历次的震害经验也充分证明了这一点。在《抗震规范》中对于各类结构的概念设计和抗震构造措施都提出了具体而全面的要求，对于城镇中经正规抗震设计，材料强度有保证、施工质量可靠的房屋，是完全可以达到抗震设防的三水准目标的。但对大部分村镇地区的房屋而言，结构类型及建筑材料的选用有明显的地域性，以土、木、石及砖为主要建筑材料的低造价房屋仍在大量使用和建造，这些房屋在建筑材料、施工技术等方面有较大局限性，与按照《抗震规范》设计、建造的房屋有很大差别，难以达到《抗震规范》中第三水准的抗震设防目标的要求。以城市和村镇中常见的砖砌体房屋为例，《抗震规范》对砌墙砖和砌筑砂浆的强度等级及力学性能指标参数都有详细的划分和规定，在结构体系和计算要点方面也作出了具体的要求和规定，同时采取了设置强度高、延性好的钢筋混凝土圈梁、构造柱及其他抗震构造措施作为大震不倒的保证；而村镇地区大量建造的低层（二层以下）砌体房屋，由于受技术经济等条件的限制，其主要承重构件为砖墙、砖（或木）柱和木或钢筋混凝土预制楼（屋）盖，在不大幅度提高造价、不改变结构类型和主要构件材料的条件下，采取的抗震构造措施是设置配筋砖圈梁、配筋砂浆带、木圈梁和墙揽等，与《抗震规范》的钢筋混凝土圈梁、构造柱有很大差别，达到的抗震效果也存在实际的差距。综合考虑各方面的因素，村镇建筑采用“小震不坏，中震主体结构不致严重破坏”的抗震设防目标是比较切合实际的，满足了经济合理、简便易行、有效的原则，在农民可接受的造价范围内较大程度地提高了农村房屋的抗震能力。

一、二层村镇建筑体型小、规模小、房屋质量轻（木楼屋盖），与城镇建筑比较，其震害影响范围、程度也小。本规程的“中震主体结构不致严重破坏”抗震设防水准是符合国情的。

对于较正规的村镇公用建筑以及三层、三层以上和经济发达的农村地区的民居（如采用了现浇钢筋混凝土构造柱和楼屋盖），则应按照《抗震规范》进行设计。

中震主体结构不致严重破坏采用的是结构极限承载力设计思想，叙述如下：

房屋在地震作用下抗震墙体开裂后，结构进入弹塑性阶段，当地震作用使结构的承载力达到极限状态时，取抗震设防烈度对应为这时的地震作用效应 S，同时取结构的极限承载力作为抗力 R，使：

$$S \leqslant \gamma_{bE} R \quad (1)$$

式中 S——基本烈度地震作用效应标准值；

γ_{bE}——极限承载力抗震调整系数；

R——结构的极限承载力，取材料强度平均值计算。

结构的极限承载力 R 由结构材料的力学性能与几何尺寸等决定，可以计算。结构抗震极限承载力调整系数 γ_{bE} 考虑了一定的承载力储备，与抗侧力构件（抗震墙）的类型（承重或非承重）有关，并综合考虑了当前我国村镇地区的经济水平。

本规程本着“因地制宜、就地取材”的原则，充分考虑到我国一些地区（特别是西部经济不发达地区）农民的经济状况较差，没有能力按照《抗震规范》的要求建造砖混结构等抗震性能较好的房屋，缺少保证大震不倒的钢筋混凝土圈梁、构造柱等抗震构造措施，故采用基本烈度地震进行砌体截面的极限承载力设计，以达到基本烈度不倒墙塌架的设防目标，避免和减少人员伤亡及财产损失。

1.0.4 本条为强制性条文，要求抗震设防区村镇中的新建房屋都必须进行抗震设防。

1.0.5 为适应《工程建设标准强制性条文》的要求，采用最严的规范用语“必须”。

1.0.6 本条指出了采用抗震设防烈度的依据，即一般情况抗震设防烈度可采用地震基本烈度（作为一个地区抗震设防依据的地震烈度）；一定条件下，可采用抗震设防区划提供的地震动参数（如地面运动加速度峰值、反应谱值等）。抗震设防烈度和抗震设防区划的审批权限，由国家有关主管部门规定。

村镇建筑抗震设防烈度，按本地区地震主管部门规定取值。《抗震规范》只标示出县级及县级以上城镇中心地区的地震基本烈度（或抗震设防烈度），对于按行政管辖区划分的所属村镇地区，其地震基本烈度值可能高于（或低于）该县市中心地区的地震基本烈度值，一般情况下，应依据《中国地震动参数区划图》GB 18306 确定某一村镇的地震基本烈度；对于分界线附近的地区，应按有关要求进行烈度复核并经地震主管部门批准后采用。

2 术语、符号

明确了抗震措施与抗震构造措施的区别，抗震构造措施只是抗震措施的一个组成部分。对村镇各类房屋的结构类型进行了界定，明确了各结构类型的定义及所包含的基本形式，并对主要抗震构造措施进行了说明，解释了本规程所采用的主要符号的意义。

3 抗震基本要求

3.1 建筑设计和结构体系

3.1.1 形状比较简单、规则的房屋，在地震作用下受力明确，同时便于进行结构分析，在设计上易于处理。以往的震害经验也充分表明，简单、规整的房屋在遭遇地震时破坏也相对较轻。

3.1.2 墙体均匀、对称布置，在平面内对齐、竖向连续是传递地震作用的要求，这样沿主轴方向的地震作用能够均匀对称地分配到各个抗侧力墙段，避免出现应力集中或因扭转造成部分墙段受力过大而破坏、倒塌。例如我国南方一些地区农村的二、三层房屋，外纵墙在一、二层上下不连续，即二层外纵墙外挑，在7度地震影响下二层墙体普遍严重开裂。

抗震墙是砌体房屋抵抗水平地震作用的主要构件，对纵横墙开洞率作出规定是为了确保抗震墙体有足够的抗剪承载能力所需的水平截面面积。在我国南方部分地区，很多房屋前纵墙开洞过大，除纵横墙交接处留有墙垛外，基本均为门窗洞口，抗震墙体截面严重不足，不但整体的抗震能力不能满足要求，局部尺寸过小的门窗间墙在水平地震作用会因局部失效导致房屋整体破坏。前后纵墙开洞不一致还会造成地震作用下的房屋平面扭转，加重震害。

楼梯间墙体侧向支承较弱，是抗震的薄弱部位，设置在房屋尽端或转角处时会进一步加重震害，在建筑布置时宜尽量避免将楼梯间设于尽端和转角处。悬挑楼梯在墙体开裂后会因嵌固端破坏而失去承载能力，容易造成人员跌落伤亡。

烟道等竖向孔洞在墙体中留置时，因留洞削弱了墙体的厚度，刚度的突变容易引起应力集中，在地震作用下会首先破坏。应采取措施避免墙体的削弱，如改为附墙式或在砌体中增加配筋等。

无下弦的人字屋架和拱形屋架端部节点有向外的水平推力，在地震作用下屋架端点位移增加会进一步加大对外纵墙的推力，使外纵墙产生外倾破坏。

3.1.3 震害调查发现，有的房屋纵横墙采用不同材料砌筑，如纵墙用砖砌筑、横墙和山墙用土坯砌筑，这类房屋由于两种材料砌块的规格不同，砖与土坯之间不能咬槎砌筑，不同材料墙体之间为通缝，导致房屋整体性差，在地震中破坏严重，抗震性能甚至低于生土结构；又如有些地区采用的外砖里坯（亦称里生外熟）承重墙，地震中墙体倒塌现象较为普遍。

这里所说的不同墙体混合承重，是指左右相邻不同材料的墙体，对于下部采用砖（石）墙，上部采用土坯墙，或下部采用石墙，上部采用砖或土坯墙的做法则不受此限制，但这类房屋的抗震承载力应按上部相对较弱的墙体考虑。

3.2 整体性连接和抗震构造措施

3.2.1 农村房屋因楼（屋）盖构件支承长度不足导致楼（屋）盖塌落现象在地震中较为常见。因此，对楼（屋）盖支承长度提出要求，是保证楼（屋）盖与墙体连接以及楼（屋）盖构件之间连接的重要措施。

3.2.2 木屋架和木梁浮搁在墙体上时，水平地震往复作用下屋架或梁支承处松动产生位移，与墙体之间相互错动，严重时会造成屋架或梁掉落导致屋面局部塌落破坏。加设垫木既可以加强屋盖构件与墙体的锚固，还增大了端部支承面积，有利于分散作用在墙体上的竖向压力。

由于生土墙体强度较低，抗压能力差，因此木屋架和木梁在外墙上的支承长度要求大于砖石墙体，同时也要求木屋架和木梁在支承处设置木垫块或砖砌垫层，以减少支承处墙体的局部压应力。

3.2.3 突出屋面的烟囱、女儿墙等局部突出的非结构构件，如果没有可靠的连接，在地震中是最容易破坏的部位。震害表明，在6度区这些构件就有损坏和塌落，7、8度区破坏就比较严重和普遍，易掉落砸物伤人。因此减小高度或采取拉结措施是减轻破坏的有效手段。

3.2.4 砌体房屋的墙体是承受水平地震作用的唯一构件，开洞过大会减小墙体的抗剪面积，削弱墙体的抗震能力。因此，控制墙体上的开洞宽度，是避免因局部墙体的失效导致房屋倒塌的有效措施。

3.2.5 地震现场调查可知，过梁支承处墙体出现倒八字裂缝是较为普遍的破坏现象，有时也会由于支承长度不足而发生破坏。因此地震区过梁支承长度要求在 240mm 以上，9 度时更应提高要求。

3.2.7 地震中溜瓦是瓦屋面常见的破坏形式，冷摊瓦屋面的底瓦浮搁在椽条上时更容易发生溜瓦，掉落伤人。因此，本条要求冷摊瓦屋面的底瓦与椽条应有锚固措施。根据地震现场调查情况，建议在底瓦的弧边两角设置钉孔，采用铁钉与椽条钉牢。盖瓦可用石灰或水泥砂浆压垄等做法与底瓦粘结牢固。该项措施还可以防止风暴对冷摊瓦屋面造成的破坏。

3.2.8 调查发现，农村不少硬山搁檩房屋的檩条直接搁置在山尖墙的砖块上，山尖墙的墙顶为锯齿形，搁置檩条的砖块只在下表面和上侧面有砂浆粘结，地震时山尖墙易出平面破坏或砖块掉落伤人，故要求采用砂浆将山尖墙墙顶顺坡塞实找平，加强墙顶的整体性并将檩条固定。

3.2.9 调查发现，一些村镇房屋设有较宽的外挑檐，在屋檐外挑梁的上面砌筑用于搁置檩条的小段墙体，甚至砌成花格状，没有任何拉结措施，地震时中容易破坏掉落伤人，因此明确规定不得采用。该位置可采用三角形小屋架或设瓜柱解决外挑部位檩条的支承问题。

3.3 结构材料和施工要求

3.3.1 墙体砌筑材料、木构件和连接件、钢筋及混凝土的材质和强度等级直接关系到墙体、木构架的承载能力和房屋整体性连接的可靠性，本条规定是对结构材料的基本要求。

3.3.2 光圆钢筋端头设置 180°弯钩可以保证钢筋在砂浆层中的锚固，充分发挥钢筋的拉结作用。

地震作用下，木构架节点处受力复杂，榫接节点的榫头容易松动和脱出，易造成木构架倾斜和倒塌，在节点的连接处加设铁件是加强木构架整体性的主要措施。铁件锈蚀会降低连接的效果甚至失效，因此外露铁件应做防锈处理。

木柱嵌入墙内不利于通风防腐，当出现腐朽、虫蚀或其他问题时也不易检查发现。木柱伸入基础部分容易受潮，柱根长期受潮糟朽引起截面处严重削弱，从而导致木柱在地震中倾斜、折断，引起房屋的严重破坏甚至倒塌。

配筋砖圈梁和配筋砂浆带中的钢筋应完全包裹在砂浆中，如果钢筋暴露在空气中或砂浆不密实，空气中的水分易于渗入，日久将使钢筋锈蚀，失去作用。在设有纵横墙连接钢筋的灰缝处，强度等级高、抹压密实的勾缝砂浆，可有效保护钢筋。

4 场地、地基和基础

4.1 场　　地

4.1.1 该条引自现行《抗震规范》，有利、不利和危险地段的划分沿用了历次规范的规定。本条中只列出了有利、不利和危险地段的划分，其他地段可视为可进行建设的一般场地。

地震波是通过场地土传播的，场地土的土质和覆盖层厚度对建筑物的震害程度影响很大。条状突出的山嘴、高耸孤立的山丘以及非岩质的陡坡等地段，地震动会有明显的加强效应，出现局部的烈度异常区，建筑物的破坏也会相应加重。地震滑坡是丘陵地区及河、湖岸边等常见的震害，在历史上有多次记录，对房屋危害极大。软弱土的震陷和砂土液化也是常见的震害现象，地基失稳引起的不均匀沉降对于结构整体性较差的村镇房屋更易造成严重破坏，造成墙体裂缝或错位，这种破坏往往由上部墙体贯通到基础，震后难以修复；上部结构和基础整体性较好时地基不均匀沉降则会造成建筑物倾斜。

4.1.2 场地条件对上部结构的震害有直接影响，因此抗震设防区房屋选址时应选择有利的地段，尽可能避开不利的地段，并且不在危险地段建房。

4.2 地基和基础

4.2.1 村镇房屋占地面积小，基础平面简单，易于保证地基土和基础类型的一致性，避免因地基土性质不同或基础类型的差异引起不均匀沉降，造成上部结构的破坏。

当建筑场地存在旧河沟、暗浜或局部回填土，确实无法避开时，为保证基础持力层具有足够的承载力，需要挖除软弱土层换填或放坡。逐步放坡可以避免基础高度转换处产生应力集中破坏。

村镇建筑的基础材料一般因地制宜选取，但应保证基础具有一定的强度和防潮能力。

为了满足防潮的要求，砖基础应用实心砖由砂浆砌筑而成，不宜采用空心砖或空心砌块。

石基础多用于产石地区，用平毛石或毛料石由砂浆砌筑而成。

灰土基础是用经过消解的石灰粉和过筛的黏土，按一定体积比（石灰粉与黏土比例为 2：8 或 3：7），洒适量水拌合均匀（以手紧握成团，两指轻捏又松散为宜），然后分层夯实而成。一般每层虚铺 220～250mm，夯实后为 150mm 厚。石灰粉为气硬性材料，在大气中能硬结，但抗冻性能较差，因此灰土基础只适用于地下水位以上和冰冻线以下的深度。

三合土基础由石灰、黄砂、骨料（碎砖、碎石）以1：2：4或1：3：6的体积比拌合后，以 150mm 厚为一步（虚铺 200mm）分层夯实。三合土基础适用于土质较好、地下水位较低的地区。

4.2.2 换填法又叫换土垫层法，是将原基底土层（一般为软弱土层）挖除，然后用质量较好的土料等分层夯实，是一种浅层处理方法。

对于村镇建筑的浅基础，采用垫层换填是一种有效的解决方法，但应保证换填的范围和深度才能达到预期的效果。垫层底面宽度的规定是为了满足基础底面压力扩散的要求，顶面宽度的规定主要是考虑施工的要求，避免开挖时边坡失稳。

4.2.3 湿陷性黄土又称大孔土，具有大孔结构，粉粒含量在60%以上，并含有大量可溶盐类，在一定压力下受水浸湿，可溶盐类物质溶解，土结构会迅速破坏，并产生显著附加下沉，这种现象即称为湿陷。湿陷性黄土又分为自重湿陷性黄土和非自重湿陷性黄土两种，两者的区别在于自重压力作用下受水浸湿土体是否发生显著附加下沉。在我国西北黄土高原地区，湿陷性黄土分布较广泛。

膨胀土是一种黏性土，黏粒成分主要由亲水性强的蒙脱土和伊利土等矿物组成，具有吸水膨胀、失水收缩、胀缩变形显著的变形性质，遇水膨胀隆起，失水则收缩下沉并干裂。当地基土中水分发生剧烈变化时，上部结构墙体会因地基不均匀胀缩变形产生X形剪切裂缝，形态类似于地震引起的裂缝，因此膨胀土的胀缩变形又称为无声的“地震”。

不经处理的湿陷性黄土和膨胀土地基的变形性质会对上部结构造成不利影响，宜按照《湿陷性黄土地区建筑规范》GB 50025和《膨胀土地区建筑技术规范》GBJ 112的有关规定进行处理。对于村镇地区的低层房屋，建筑规模小，基础埋深较浅，对地基进行换填、砂石垫层或土性改良等处理后，基本可以消除湿陷性黄土和膨胀土地基的不利影响。

4.2.4 基础的埋置深度是指从室外地坪到基础底面的距离。村镇房屋层数低，上部结构荷载较小，对地基承载力的要求相对不高，在满足地基稳定和变形要求的前提下，基础宜浅埋，施工方便、造价低。在实际操作中，基础埋置深度应结合当地情况，考虑土质、地下水位及气候条件等因素综合确定。

为避免地基土冻融对上部结构的不利影响，季节性冻土地区的基础埋置深度宜大于地基土的冻结深度，或根据当地经验采取有效的防冻、隔离措施。

地下水会影响地基的承载力，给基础施工增加难度，有侵蚀性的地下水还会对基础造成腐蚀。因此，基础一般应埋置在地下水位以上。

4.2.5 毛石属于抗压性能好，而抗拉、抗弯性能较差的脆性材料，毛石基础是刚性基础。刚性基础需要具有很大的抗弯刚度，受弯后基础不允许出现挠曲变形和开裂。因此，设计时必须保证基础内产生的拉应力和剪应力不超过相应的材料强度设计值，这种保证通常是通过限制基础台阶宽高比来实现的。在这种限制下，基础的相对高度一般都比较大，几乎不发生挠曲变形。公式（4.2.5）是《建筑地基基础设计规范》GB 50007的公式（8.1.2），是该规范对刚性基础构造高度的要求：

$$H_0 \geqslant \frac{b-b_0}{2\tan\alpha} \tag{2}$$

式中 b——基础底面宽度；

b_0——基础顶面的墙体宽度或柱脚宽度；

H_0——基础高度；

$\tan\alpha$——基础台阶宽高比（三角正切函数），《建筑地基基础设计规范》GB 50007中给出了其允许值。

无筋扩展混凝土基础台阶宽高比的允许值，是根据材料力学原理和现行《混凝土结构设计规范》GB 50010确定的。因本条主要针对毛石基础而言，所以在公式（4.2.5）中直接取$\tan\alpha$（基础台阶宽高比）为限值1.5，这与本条公式（4.2.5-2）是统一的。

为使毛石基础和料石基础与地基或基础垫层粘结紧密，保证传力均匀和石块平稳，故要求砌筑毛石基础时的第一皮石块应坐浆并将大面向下，砌筑料石基础时的第一皮石块应采用丁砌并坐浆砌筑。

卵石表面圆滑，相互之间咬砌困难，在水平地震力作用下难以保证砌体的稳定性和强度，易产生滑动或错位，造成上部结构的破坏。故应将其凿开使用。

4.2.6 本条规定了采用砖基础的砂浆和砖的强度等级，是为了满足基础强度和防潮的要求。

4.2.7 由于生土墙受潮湿后强度大幅降低，故要求基础墙体（砖或石）的高度应满足一定要求，尽可能比室外地坪高一些，防止雨水侵蚀墙体。

4.2.8 防潮层的作用是阻止土壤中的潮气和水分对墙体造成侵蚀，影响墙体的强度和耐久性，同时可防止因室内潮湿影响居住的舒适性。在基础顶面设置配筋砖圈梁或配筋砂浆带的目的是为了加强基础的整体性，将防潮层与配筋砂浆带合并设置便于施工。

5 砌体结构房屋

5.1 一般规定

5.1.1 砌体结构房屋历史悠久，是我国目前村镇中最为普遍的一种结构形式。以砖墙为承重结构，在不同地区屋面做法有所区别，华北和西北地区为满足冬季保温的要求，多采用吊顶做法，屋盖较重，在华东、西南、中南等地区则以小青瓦屋盖居多。钢筋混凝土圆孔楼板在我国华东、中南地区应用广泛，鉴于冷拔光圆铁丝握裹性能差，以及农村施工条件所限，自行制造的圆孔楼板质量难以保证，本规程要求采用工厂生产的冷轧带肋钢筋预应力圆孔楼板作为楼（屋）盖。

砌体房屋的承重墙体材料传统上为烧结黏土砖，目前随着建筑材料的发展和适应少占农田、限制黏土砖的环保要求，墙体材料已大为扩展。以墙体砌块材料和墙体砌筑方式可划分为以下几种形式：

①实心砖墙。实心砖墙的承重材料是烧结普通砖。烧结普通砖由黏土、页岩、煤矸石或粉煤灰为主

要原料，经高温焙烧而成，为实心或孔洞率不大于规定值且外形尺寸符合规定的砖，分为烧结黏土砖、烧结页岩砖、烧结煤矸石砖和烧结粉煤灰砖等，标准规格为240mm×115mm×53mm。

实心砖墙厚度多为一砖墙（240mm）或一砖半墙（370mm）。当材料和施工质量有保证时，实心砖墙体具有较好的抗震能力。

②多孔砖墙。多孔砖墙的承重材料是烧结多孔砖，简称多孔砖。以黏土、页岩、煤矸石为主要原料，经焙烧而成，孔洞率不小于25%，孔为圆形或非圆形，孔尺寸小而数量多，主要用于承重部位的墙体，简称多孔砖。目前多孔砖分为P型砖和M型砖，P型多孔砖外形尺寸为240mm×115mm×90mm，M型多孔砖外形尺寸为190mm×190mm×190mm。

③小砌块墙。小砌块墙的承重材料是混凝土小型空心砌块，是普通混凝土小型空心砌块和轻骨料混凝土空心砌块的的总称，简称小砌块。普通混凝土小型空心砌块以碎石和击碎卵石为粗骨料，简称普通小砌块；轻骨料混凝土小型空心砌块以浮石、火山渣、自然煤矸石、陶粒等为粗骨料，简称轻骨料小砌块；主规格尺寸均为390mm×190mm×190mm，孔洞率在25%～50%之间。

④蒸压砖墙。蒸压砖墙的承重材料是蒸压灰砂砖、蒸压粉煤灰砖，简称蒸压砖。蒸压砖属于非烧结硅酸盐砖，是指采用硅酸盐材料压制成坯并经高压釜蒸汽养护制成的砖，分为蒸压灰砂砖和蒸压粉煤灰砖，其规格与标准砖相同。蒸压灰砂砖以石灰和砂为主要原料，蒸压粉煤灰砖以粉煤灰、石灰为主要原料，掺加适量石膏和集料。

⑤空斗砖墙。空斗砖墙是采用烧结普通砖砌筑的空心墙体，厚度一般为一砖（240mm）。空斗墙砌筑形式有一斗一眠、三斗一眠、五斗一眠等，有的地区甚至在一层内均采用无眠砖砌筑。空斗墙的优点是节约用砖量，但因墙体砖块立砌，拉结不好，墙体整体性差，因此抗震性能相对较差。目前在我国南方长江流域、华东、中南等地区应用仍较为广泛。

5.1.2 砌体材料属于脆性材料，材料强度低，变形能力差，水平地震作用是导致砖墙承重房屋破坏的主要因素。房屋的抗震能力除与材料、施工等多方面因素有关外，与房屋的总高度直接相关。村镇砌体房屋与正规设计的多层砖砌体房屋相比，在结构体系、材料、施工技术等方面有较大差距，抗震构造措施囿于经济水平，远达不到现行《抗震规范》的要求，因此对其层数和高度进行控制，以保证砌体房屋的抗震能力达到本规程设防目标的要求。对抗震性能较差的空斗墙承重房屋的层高要求更为严格。

5.1.3 除墙体的剪切破坏和纵横墙连接处的破坏外，弯曲破坏也是砌体结构房屋的一种常见破坏形式。当横墙间距较大时，因为木、混凝土预制楼板楼（屋）盖的刚度相对于钢筋混凝土现浇楼板低，把地震力传递给横墙的能力相对较差，一部分地震力就会垂直作用在纵墙上，纵墙呈平面外受弯的受力状态，产生弯曲破坏。弯曲破坏的特征为水平弯拉破坏，首先在薄弱部位如窗口下沿窗间墙处出现水平裂缝，严重时墙体外闪导致房屋倒塌。震害实践表明，横墙间距越大的房屋，震害越严重。

5.1.4 墙体是主要的抗侧力构件，一般来说，墙体水平总截面积越大，就越容易满足抗震要求。对砖砌体房屋局部尺寸作出限制，是为了防止因这些部位的破坏失效，引起房屋整体的破坏。本条参考现行《抗震规范》中多层砌体房屋的有关规定，放宽了一些局部尺寸的要求。

在设计中尚应注意洞口（墙段）布置的均匀对称，同一片墙体上窗洞大小应尽可能一致，窗间墙宽度尽可能相等或相近，并均匀布置，避免各墙段之间刚度相差过大引起地震作用分配不均匀，从而使承受地震作用较大的墙段率先破坏。震害表明，墙段布置均匀对称时，各墙段的抗剪承载力能够充分发挥，墙体的震害相对较轻，各墙段宽度不均匀时，有时宽度大的墙段因承担较多的地震作用，破坏反而重于宽度小的墙段。

5.1.5 震害实践表明，房屋的震害程度与承重体系有关。相对而言，横墙承重或纵横墙共同承重房屋的震害较轻，纵墙承重房屋因横向支撑较少震害较重。横墙承重房屋纵墙只承受自重，起围护及稳定作用，这种体系横墙间距小，横墙间由纵墙拉结，具有较好的整体性和空间刚度，因此抗震性能较好。纵墙承重房屋横墙起分隔作用，通常间距较大，房屋的横向刚度差，对纵墙的支承较弱，纵墙在地震作用下易出现弯曲破坏。

采用硬山搁檩屋盖时，如果山墙与屋盖系统没有有效的拉结措施，山墙为独立悬墙，平面外的抗弯刚度很小，纵向地震作用下山墙承受由檩条传来的水平推力，易产生外闪破坏。在8度地震区檩条拔出、山墙外闪以至房屋倒塌是常见的破坏现象。因此在8度及以上高烈度地区不应采用硬山搁檩屋盖做法。

5.1.6 历次震害表明，设有圈梁的砌体房屋的震害相对未设置圈梁的房屋要轻得多，其作用十分明显，设置圈梁是增强房屋整体性和抗倒塌能力的有效措施。在村镇地区，考虑到施工条件和经济发展状况，设置配筋砖圈梁是简单有效、经济可行的抗震构造措施。

5.1.7 加强房屋的整体性可以有效地提高房屋的抗震性能，各构件之间的拉结是加强整体性的重要措施。试验研究表明，木屋盖加设斜撑、竖向剪刀撑可增强木屋架横向与纵向稳定性；墙揽拉结山墙与屋盖，可防止山墙的外闪破坏；内隔墙稳定性差，墙顶与梁或屋架下弦拉结是防止其平面外失稳倒塌的有效措施。

5.1.8 墙体是砌体房屋的主要承重构件和围护结构，本条中最小墙厚的规定是为了保证承重墙体基本的承载力和稳定性，在实际中尚应根据当地情况综合考虑所在地区的设防烈度和气候条件确定。在高烈度地区，墙厚由抗震承载力的要求控制，可计算确定或按第5.1.10条的有关规定采用。在我国北方，墙厚的确定一般要考虑保温要求，墙体实际厚度通常要大于抗震承载力计算所需的墙厚。

实心砖墙、蒸压砖墙，当墙体厚度为120mm（俗称1/2砖墙）和180mm（俗称3/4砖墙）时，其自身的稳定性、抗压和抗剪能力差，不能作为抗震墙看待。因此，实心砖墙、蒸压砖墙厚度不应小于240mm，即不应小于一砖厚。

5.1.9 屋架或梁跨度较大时，端部支承处墙体承受较大的竖向压力，加设壁柱可增大承载面积，避免墙体因静载下的竖向承载力不足而破坏，并提高屋架（梁）支承部位墙体的稳定性。

5.1.10 考虑到村镇房屋建造中以自行施工为主、设计能力相对较弱的特点，本条给出了砌体房屋抗震设计的两个途径。附录A中给出了具体的抗震设计方法和材料强度，可供具有一定设计能力的技术人员或工匠根据具体情况进行设计。附录B中以表格形式列出了按附录A进行试设计计算后的规整化结果，以墙体类别、屋盖类别、房屋层数、层高、抗震横墙间距（开间）、房屋宽度（进深）、设防烈度等为参数，在基本确定拟建房屋的上述参数后，即可查得满足抗震承载力要求的砌筑砂浆强度等级，采用不低于该强度等级的砂浆砌筑墙体，同时满足各项抗震构造措施的要求时，房屋即可达到本规程中的抗震设防要求。

5.2 抗震构造措施

5.2.1 配筋砖圈梁是村镇砌体结构房屋的重要抗震构造措施，可以有效加强房屋整体性，增强房屋刚度，并且可以使墙体受力均匀，对墙体起到约束作用，提高墙体的抗震承载力。对配筋砖圈梁的砂浆强度等级、厚度及配筋构造要求作出规定是为了保证其质量，使其起到应有的作用。当采用小砌块墙体时，由于小砌块的孔洞大，不易配置水平钢筋，故要求在配筋砖圈梁高度处卧砌不少于两皮普通砖的配筋砖圈梁。

5.2.2 墙体转角及内外墙交接处是抗震的薄弱环节，刚度大、应力集中，尤其房屋四角还承受地震的扭转作用，地震破坏更为普遍和严重。由于我国村镇房屋基本不进行抗震设防，房屋墙体在转角处缺少有效拉结，纵横墙体连接不牢固，往往7度时就出现破坏现象，8度区则破坏明显。在转角处加设水平拉结钢筋可以加强转角处和内外墙交接处墙体的连接，约束该部位墙体，减轻地震时的破坏。震害调查表明，在内外墙交接处设置有水平拉结钢筋时，8度及8度以下时未见破坏，但在9度及以上时，锚固不好的拉结筋会出现被拔出的现象。

出屋面楼梯间由于地震动力反应放大的鞭梢效应，易遭受破坏，其震害较主体结构重，应加强纵、横墙的拉结。

5.2.3 顶层楼梯间墙体高度大于层高，外墙的高度是层高的1.5倍，在地震中易遭受破坏。顶层楼梯间的震害较重，通常在墙体上出现交叉裂缝，角部的纵横墙在不同方向地震力作用下会出现V字形裂缝。楼梯间是疏散通道，为保证震时人员安全疏散，应加强构造措施提高楼梯间墙体的整体性。

5.2.4 后砌非承重隔墙不承受楼、屋面荷载，也不是承担水平地震作用的主要构件，但与承重墙和楼、屋面构件没有可靠连接时，在水平地震作用下平面外的稳定性很差，易局部倒塌伤人。因此当非承重墙不能与承重墙同时砌筑时，应在砌筑承重墙时预先留置水平拉结钢筋，在砌筑非承重墙时砌入墙内，加强承重墙与非承重墙之间的连接。非承重墙长度较大时尚应在墙顶与楼、屋面构件间采取连接措施，如木夹板护墙等，限制墙顶位移，减小墙平面外弯曲。试验研究结果表明，在墙顶设置连接措施具有明显效果。

5.2.5 无筋的砖砌平过梁或砖砌拱形过梁，在地震中低烈度区就会发生破坏，出现裂缝，严重时过梁脱落。因此，在地震区不应采用无筋砖过梁。钢筋砖过梁在7、8度地震区破坏较少，跨度较大（1.5m以上）时也会出现破坏，在9度地震区破坏则较为普遍。本条对钢筋砖过梁的砂浆层强度等级、砂浆层厚度及过梁截面高度内的砌筑砂浆强度等级均作了明确规定，底面砂浆层中的配筋经过计算（本规程附录F）求得，并规定了支承长度的最低要求。

5.2.6 檩条在墙上的搭接不应浮搁，并且在墙上的搭接长度不应太短，一般应满搭，防止脱落。檩条长度不足必须对接时应采用本条规定的连接措施，以保证对接处有一定的强度和刚度，防止地震时接头处松动掉落。屋面各木构件之间相互连接可以提高屋盖的整体性和刚度，减轻震害。

5.2.7 设置纵向水平系杆可以加强砌体房屋木屋盖系统的纵向稳定性，当与竖向剪刀撑连接时可提高木屋盖系统的纵向抗侧力能力，改善砌体房屋的抗震性能。采用墙揽与各道横墙连接时可以加强横墙平面外的稳定性。

5.2.8 震害调查表明，7度地震区硬山搁檩屋盖就会因檩条从山墙中拔出造成屋盖的局部破坏，因此在6、7度区采用硬山搁檩屋盖时要采取措施加强檩条与山墙的连接，同时加强屋盖系统各构件之间的连接，提高屋盖的整体性和刚度，以减小屋盖在地震作用下的变形和位移，减轻山墙的破坏。

5.2.9 加强木屋架屋盖檩条间及檩条与其他屋面构

件的连接，其目的是为了加强屋盖的整体性，避免地震时各构件之间连接失效造成屋盖的塌落。屋盖各构件的牢固连接对屋盖刚度的提高也有利于减小屋盖变形，减轻震害。

5.2.10 空斗墙房屋的破坏规律与实心砖墙房屋类似，但抗震性能不如实心砖墙房屋。在一些抗震薄弱部位及静载下的主要受力部位采用实心卧砌予以加强。承重、关键部位的加强可以在一定程度上提高抗震性能，另一方面主要是考虑在竖向荷载下墙体的承载力及稳定性的要求。

5.2.11 混凝土小型空心砌块房屋在屋架、大梁的支撑面以下部分的墙体为承重墙体，转角处和纵横墙交接处以及壁柱或洞口两侧部位为重要的关键部位，对这些部位墙体沿全高将小砌块的孔洞灌实，有利于提高房屋的抗震承载能力。

5.2.12 在小砌块房屋墙体中设置芯柱并配置竖向插筋可以增加房屋的整体性和延性，提高抗震能力。芯柱与配筋砖圈梁交叉时，可在交叉部位局部支模浇筑混凝土，同时保证芯柱与配筋砖圈梁的竖向和水平连续，充分发挥抗倒塌的作用。

5.2.13 该条对钢筋混凝土预应力圆孔板楼（屋）盖的整体性连接及其构造提出了具体要求。由于农村房屋缺乏有效的抗震构造措施，预制圆孔板楼（屋）盖的整体性很差。震害调查表明，在7度地震作用下，有相当数量的房屋预制圆孔楼板纵向板缝开裂，有的开裂宽度达20mm。该条的规定是为了加强预制圆孔板楼（屋）盖的整体性。

5.2.14 钢筋混凝土梁对支承处墙体的压应力较大，当砌体的抗压强度较低时，梁下墙体会产生竖向裂缝，故要求设置素混凝土或钢筋混凝土垫块，以分散墙上的压应力。

5.3 施工要求

5.3.1 有了合理的设计和构造措施，房屋的质量最终必须由施工来保证。砖墙施工方式和质量的好坏直接关系到墙体的整体性和承载力，在村镇建房中应予以足够的重视，改进传统做法中的不良施工习惯，切实保证施工质量。本节从多个方面对墙体的施工方式和质量要求作出了具体规定，对于空斗墙体除应满足第5.3.1条的各项要求外，还针对空斗墙构造和施工的特点在第5.3.2条中提出了更多有针对性的要求，以保证空斗墙体房屋具有一定的抗震性能。

1 砖在砌筑前湿润主要是为了防止在砌筑时因砖干燥吸水使砂浆失水，影响砖与砂浆之间的粘合。但应注意砖不应过湿，应提前洇湿、表面微干即可。

2 灰缝的厚度在适宜的范围内时，既便于施工又可以保证质量、节约材料，过薄或过厚均不利于保证砌体的强度。水平灰缝的质量直接影响墙体的抗剪承载力，必须保证饱满，竖缝也应具有一定的饱满度。

实心墙体的砌筑形式有多种，但不管哪种形式都必须错缝咬槎砌筑，使其具有良好的连接和整体性。

3 采用包心砌法的砖柱沿竖向有通缝，抗震性能差。

4 转角和内外墙交接处是受力集中的部位，应同时砌筑以保证整体连接和承载力，必须留槎时应按本条要求采取相应措施。

5 钢筋砖过梁是受弯构件，底面砂浆层中的钢筋承受拉力，必须埋入砂浆层中使其充分发挥作用，并保证保护层的厚度，防止钢筋锈蚀降低承载力。钢筋端部设90°弯钩埋入墙体的竖缝中以免被拉出。

6 由于小砌块有孔洞，纵横墙交接处拉结筋在孔洞处不能很好地被砂浆裹住，将钢筋端部设置成90°弯钩向下插入小砌块的孔中，并用砂浆等材料将孔洞填塞密实才能起到锚固作用。

7 埋入砖砌体中的拉结筋是保证房屋整体性的重要抗震构造措施，应保证其施工质量。

8 对每日砌筑高度作出限制是为了避免砌体在砂浆凝固、强度达到设计值前承受过大的竖向荷载，产生压缩变形，影响砌体的最终强度。

5.3.2 空斗墙房屋的抗震性能与砌筑质量和砂浆强度有很大关系。眠砖用于拉结两块斗砖，并保证空斗墙的整体性和稳定性，因此要求地震区采用一斗一眠的砌筑方式，并应采用混合砂浆砌筑。空斗墙的稳定性相对较差，要求洞口在砌筑之时完成，不得砌筑后再行砍凿，以免对墙体造成破坏。在空斗墙房屋中为了增强重要部位的整体性和提高竖向承载力，设有局部加强的实心砌筑部位，这些部位与空斗部分刚度不同，竖向连接处应搭砌，不得出现竖向通缝，以降低刚度差异的不利影响，发挥局部加强的有利作用。

6 木结构房屋

6.1 一般规定

6.1.1 我国木构架房屋应用广泛，发展历史悠久，形式多种多样，本规程按照承重结构形式将木结构房屋分为穿斗木构架、木柱木屋架、木柱木梁三种，均采用木楼（屋）盖，这三种类型的房屋在我国广大村镇地区被广泛采用。

6.1.2 由于结构构造、骨架与墙体连接方式、基础类型、施工做法及屋盖形式等各方面存在不同，各类木结构房屋的抗震性能也有一定的差异。其中穿斗木构架和木柱木屋架房屋结构性能较好，通常采用重量较轻的瓦屋面，具有结构重量轻、延性较好及整体性较好的优点，因此抗震性能比木柱木梁房屋要好，6、7度时可以建造两层房屋。木柱木梁房屋一般为重量较大的平屋盖泥被屋顶，通常为粗梁细柱，梁、柱之间连接简单，从震害调查结果看，其抗震性能低于穿斗木构架和木柱木屋架房屋，一般仅建单层房屋。

6.1.3 抗震横墙是承担横向地震力的主要构件，应有足够的抗剪承载力；同时抗震横墙刚度较大，当墙体与木构架连接牢固时，可以约束木构架的横向变形，增加房屋的抗震性能。限制抗震横墙的间距可以保证房屋横向抗震能力和整体的抗震性能。

6.1.4 本条规定是根据震害经验确定的。窗洞角部是抗震的薄弱部位，窗间墙由窗角延伸的X形裂缝是典型的震害现象；门（窗）洞边墙位于墙角处，在地震作用下易出现应力集中，很容易产生破坏甚至局部倒塌；对这些部位的房屋局部尺寸作出限制，就是为了防止因这些部位的失效造成房屋整体的破坏甚至倒塌。

6.1.5 双坡屋架结构的受力性能较单坡的好，双坡屋架的杆件仅承受拉、压，而单坡屋架的主要杆件受弯。采用轻型材料屋面是提高房屋抗震能力的重要措施之一。重屋盖房屋重心高，承受的水平地震作用相对较大，震害调查也表明，地震时重屋盖房屋比轻屋盖房屋破坏严重，因此地震区房屋应优先选用轻质材料做屋盖。在我国华北等一些地区农村普遍采用重量较大的平顶泥被屋面，并且在使用过程中随着屋面维修逐年增加泥被的厚度，造成屋盖越加越厚，对抗震极为不利。

6.1.6 生土墙体防潮性能差，勒脚部位容易返潮或受雨水侵蚀而酥松剥落，削弱墙体截面并降低墙体的承载力，因此采取排水防潮、通风防蛀措施非常重要。

6.1.7 墙体砌筑在木柱外侧可以避免墙体向内倒塌伤人，且便于木柱的维护检查，预防木柱腐朽。木柱下设置柱脚石也是为了防止木柱受潮腐烂。

6.1.8 根据围护墙的不同种类型设置相应的圈梁或砂浆带，是重要的抗震构造措施，具体要求可按不同类型参照相应各章的有关规定。

6.1.9 木构架各构件之间的拉结措施是提高木构架的整体性的重要手段，可以有效地提高木结构房屋的抗震性能。

1 木屋架（梁）与柱之间通常是榫接，节点没有足够的强度和刚度，在较大水平地震作用下一旦松动就变成铰接，成为几何可变体系，即便不脱卯断榫，木构架也会倾斜，严重的甚至会倒塌，这在近些年云南丽江、大姚和新疆伽师、巴楚等地震中是常见的破坏形式。在屋架（梁）与柱连接处设置斜撑，使木构架在横向成为几何不变体系，大大提高了木构架横向刚度和稳定性。

2 设置剪刀撑可以增强木构架平面外的纵向稳定性，提高木构架的整体刚度。

3 穿斗木构架柱间横向有穿枋联系，纵向有木龙骨和檩条联系，空间整体性较好，具有较好的变形能力和抗侧力能力。但纵向刚度相对差些，故要求在纵向设置竖向剪刀撑或斜撑，以提高纵向稳定性。

4 振动台试验表明，用墙揽拉结山墙与木构架，可以有效防止山墙尤其是高大的山尖墙在地震时外闪倒塌。

5 内隔墙墙顶与屋架构件拉结是为了增强内隔墙的稳定，防止墙体在水平地震作用下平面外失稳倒塌。

6.1.10 木结构房屋应由木构架承重，墙体只起围护作用。木构架的设置要完全，在山墙处也应设木构架，不得采用中部用木构架承重、端山墙硬山搁檩由山墙承重的混合承重方式。新疆巴楚和云南大姚地震表明，房屋中部采用木构架承重、端山墙硬山搁檩的混合承重房屋破坏严重，主要是两者的变形能力不协调，山墙易外闪倒塌，造成端开间的塌落。

6.1.11 在木构架与围护墙之间采取较强的连接措施后，砌体围护墙成为主要的抗侧力构件，因此墙体厚度应满足一定的要求。

6.1.12 木柱是主要的承重构件，对其尺寸作出规定是为了保证满足承载力的要求。

6.1.13 参见第5.1.10条条文说明。

6.2 抗震构造措施

6.2.1 震害表明，当木柱直接浮搁在柱脚石上时，地震时木柱的晃动易引起柱脚滑移，严重时木柱从柱脚石上滑落，引起木构架的塌落。因此应采用销键结合或榫结合加强木柱柱脚与柱脚石的连接，并且销键和榫的截面及设置深度应满足一定的要求，以免在地震作用较大时销键或榫断裂、拔出而失去作用。

6.2.2 根据围护墙种类的不同，采取相应的抗震构造措施以保证房屋的整体性和构件之间拉结牢固。

6.2.3 木构架和砌体围护墙（抗震墙）的质量、刚度有明显差异，自振特性不同，在地震作用下变形性能和产生的位移不一致，木构件的变形能力大于砌体围护墙，连接不牢时两者不能共同工作，甚至会相互碰撞，引起墙体开裂、错位，严重时倒塌。加强墙体与柱的连接，可以提高木构架与围护墙的协同工作性能。一方面柱间刚度较大的抗震墙能减小木构架的侧移变形；另一方面抗震墙受到木柱的约束，有利于墙体抗剪。振动台试验表明，在较强地震作用下即使墙体因抗剪承载力不足而开裂，在与木柱有可靠拉结的情况下也不致倒塌。

6.2.4 内隔墙不承受楼、屋面荷载，顶部为自由端，稳定性差。在墙顶与屋架下弦连接是为了防止内隔墙平面外失稳。中国建筑科学研究院所做的木构架房屋振动台足尺模型试验研究证明，在内隔墙顶采用木夹板连接对防止内隔墙失稳有明显的效果。在输入8度（0.3g）地震波时，墙顶出现了明显的平面外往复位移，由于木夹板的限制，位移被控制在一定范围内，在停止振动后，内隔墙上未出现平面外受弯的水平裂缝，但可以观察到木夹板由于承受墙顶的水平推力在板下端有轻微的外斜，夹板与墙体之间出现空隙。在实际中，可以在震后对墙顶连接部位进行检查、修复，以保证连接的效果。

6.2.5 山尖墙的外闪、倒塌是常见的震害现象，加设墙揽可以有效加强山墙与屋盖系统的连接，约束墙顶的位移，减轻震害。墙揽的设置和构造应满足一定的要求才能起到应有的作用。墙揽布置时应尽量靠近山尖屋面处，沿山尖墙顶布置，纵向水平系杆位置应设置一个，这样对整个墙的拉结效果较好。选用墙揽材料时可根据当地情况，在潮湿多雨地区不宜选用木墙揽，以免木材糟朽失去作用。同时应保证墙揽在山墙平面外方向有一定的刚度，才能发挥对墙体约束作用，所以在选用铁制墙揽时应采用角钢或有一定厚度的铁件（如梭形铁件），不宜选用平面外刚度较差的扁钢。如江西有农村采用一种打制的长约 400mm 的梭形铁件作为墙揽，中部厚约 20mm，有的下端做成钩状可以悬挂物品，既起到了拉结山墙的作用，又美观实用。我国幅员辽阔，村镇房屋类型多样，材料选用各有特点，对于墙揽来说，关键是布置的位置、与屋盖系统的连接和长度、刚度等应满足一定要求，具体做法除规程所列外，一些传统的做法也可以借鉴。

6.2.6 做法正规的穿斗木构架有较好的整体性和抗震性能，本条对穿斗木构架的构件设置和节点连接构造作出了具体规定。在满足要求时，才能保证穿斗木构架的整体性和抗震性能。穿枋和木梁允许在柱中对接，主要是考虑对木料的有效利用，降低房屋造价，但必须在对接处用铁件连接牢固。限制立柱的开槽宽度和深度是为了避免立柱的截面削弱过多造成强度和刚度明显降低。

6.2.7 三角形木屋架在纵向的整体性和刚度相对较差，设置纵向水平系杆可以在一定程度上提高纵向的整体性。木屋架的腹杆与弦杆靠暗榫连接，在强震作用时容易脱榫，采用双面扒钉钉牢可以加强节点处连接，防止节点失效引起屋架整体破坏。

6.2.8～6.2.10 加强木构架纵、横向整体性和稳定性的各项构造措施应满足一定的要求，6.2.8～6.2.10 条分别是三角形木屋架和木柱木梁加设斜撑、穿斗木构架加设竖向斜撑及三角形木屋架加设竖向剪刀撑的具体做法。在重要的节点部位均应采用螺栓连接以保证连接的可靠性。

6.2.11 檩条是承受和传递楼、屋面荷载的主要构件，檩条与屋架（梁）的连接及檩条之间的连接方式、构造要求均应满足条文要求以保证连接质量。实践表明，屋面木构件之间采用铁件、扒钉和铁丝（8 号线）等连接牢固可有效提高屋盖系统的整体性，较大幅度地提高房屋的抗震能力。

6.2.13 本条中钢筋砖（石）过梁底面砂浆层中的配筋及木过梁截面尺寸均经过计算（本规程附录 F）求得。过梁的其他构造要求根据围护墙体类别分别参照其他相应各章有关规定。

6.3 施 工 要 求

6.3.1 木柱有接头时，截面刚度不连续，在水平地震作用下受力（偏心受压状态）极为不利。但当接头无法避免时，应满足接头处的强度和刚度不低于柱的其他部位的要求。这有利于经济状况较差的农户充分利用已有材料，降低房屋造价。

梁柱节点处是应力集中部位，连接部位不可避免要在木柱开槽，尤其对于穿斗木构架，穿枋也要在柱上开槽通过。柱截面削弱过大时，易因强度、刚度不足引起破坏，在震害实际中是常见的破坏形式。对木柱开槽位置和面积作出限制可以在一定程度上减轻或延缓薄弱部位的破坏。

7 生土结构房屋

7.1 一 般 规 定

7.1.1 生土墙承重房屋在我国西部广大地区农村大量使用，在我国华北、东北等经济欠发达地区农村也有一定数量的生土墙承重房屋。本章的适用范围界定在抗震设防烈度为 6、7 和 8 度地区土坯墙和夯土墙承重的一、二层木楼（屋）盖房屋。

震害调查表明，9 度区生土墙承重房屋多数严重破坏或倒塌，少数产生中等程度破坏。缩尺模型的生土墙体拟静力试验结果表明，夯土墙在 6 度时基本保持完好；在 7 度时已超过或接近开裂荷载，8 度时墙体承载能力达到或接近极限荷载，当地震烈度达到 9 度时，地震作用已超过墙体的极限荷载。因此，规定生土结构房屋在 8 度及 8 度以下地区使用。

7.1.2 基于生土材料强度低、易开裂的特性和震害经验，应限制房屋层数和高度。生土房屋的抗震能力，除依赖于横墙间距、墙体强度、房屋的整体性和施工质量等因素外，还与房屋的总高度有直接的关系。

7.1.3 生土结构房屋的横向地震力主要由横墙承担，限制抗震横墙的间距，既保证了房屋横向抗震能力，也加强了纵墙的平面外刚度和稳定性。

7.1.4、7.1.5 对房屋墙体局部尺寸最小值作出规定是为了满足墙体抗剪承载力的要求，目的在于防止因这些部位的破坏而造成整栋房屋的破坏甚至倒塌。抗震墙上开洞会削弱墙体抗震能力，因此对门窗洞口宽度进行限制。

7.1.6 参见本规程 5.1.5 条说明。

7.1.7 单坡屋面结构不对称，房屋前后高差大，地震时前后墙的惯性力相差较大，高墙易首先破坏引起屋盖塌落或房屋的倒塌；屋面采用轻型材料，可以减轻地震作用。

7.1.8 本条规定了生土墙基础应采用的砌筑材料和砌筑砂浆种类。

7.1.9 圈梁能增强房屋的整体性，提高房屋的抗震能力，是抗震的有效措施，圈梁类别的选取还应考虑生土墙体的施工特点；夯土墙夯筑上部墙体时易造成下面的钢筋砖圈梁或配筋砂浆带的损坏，因此，夯土墙体宜使用木圈梁，仅在基础和屋盖处可使用钢筋砖圈梁。

7.1.10 在两道承重横墙之间，屋檐高度处设置纵向通长水平系杆，可加强横墙之间的拉结，增强房屋纵向的稳定性；生土房屋的振动台试验表明，山尖墙之间或山尖墙和木屋架之间的竖向剪刀撑具有很好的抗震效果；震害调查表明，檩条在山墙上搭接较短或与山墙没有连接时，地震中檩条易从墙中拔出，引起屋顶塌落，山墙倒塌。

7.1.11 夯土墙、土坯墙缩尺模型的拟静力试验表明，生土墙体抗剪强度低，具有一定厚度的墙体才能承担地震作用。同时，试验表明，土坯墙、夯土墙抗剪能力相当，因此最小厚度的规定相同。

7.1.12 参见第5.1.10条条文说明。

7.2 抗震构造措施

7.2.1 振动台试验结果表明，木构造柱与墙体用钢筋连接牢固，不仅能提高房屋整体变形能力，还可以有效约束墙体，使开裂后的墙体不致倒塌。

7.2.2 震害表明，木构造柱和圈梁组成的边框体系可以有效提高墙体的变形能力，改善墙体的抗震性能，增强房屋在地震作用下的抗倒塌能力。

7.2.3 生土墙在纵横墙交接处沿高度每隔500mm左右设一层荆条、竹片、树条等拉结网片，可以加强转角处和内外墙交接处墙体的连接，约束该部位墙体，提高墙体的整体性，减轻地震时的破坏。震害表明，较细的多根荆条、竹片编制的网片，比较粗的几根竹竿或木杆的拉结效果好。原因是网片与墙体的接触面积大，握裹好。

7.2.4 土坯墙与夯土墙的强度较低（M1左右），不能满足附录F钢筋砖过梁砂浆层以上砌筑砂浆强度等级不宜低于M5的要求，因此宜采用木过梁。当一个洞口采用多根木杆组成过梁时，在木杆上表面采用木板、扒钉、铁丝等将各根木杆连接成整体可避免地震时局部破坏塌落。

7.2.5 调查中发现，土坯及夯土墙体在使用荷载长期压应力作用下洞口两侧墙体易向洞口内鼓胀，在门窗洞口边缘采取构造措施，可以约束墙体变形。民间夯土墙房屋建造时在洞边预加拉结材料，可以提高洞边墙体强度和整体性，也有一定效果。

7.2.6 由于生土墙材料强度较低，为防止在局部集中荷载作用下墙体产生竖向裂缝，集中荷载作用点均应有垫板或圈梁。檩条要满搭在墙上，端檩要出檐，以使外墙受荷均匀，增加接触面积。

伸入外纵墙上的挑檐木在地震时往返摆动，会导致外纵墙开裂甚至倒塌。因此房屋不应采用挑檐木，应直接把椽条伸出做挑檐，并在纵墙顶部两侧放置檩条，固定挑出的椽条，保证纵墙稳定。

7.2.7 震害调查表明，檩条在山墙上搭接较短或与山墙没有连接，地震时易造成檩条从墙中拔出，引起屋顶塌落，山墙倒塌。

生土山墙较高或较宽时，地震时易发生平面外失稳破坏，设置扶壁柱可以增强山墙平面外稳定性。

7.2.8 墙体抗震性能试验结果表明，两层夯土墙水平接缝处是夯土墙的薄弱环节，在地震往复荷载作用下，该处最先出现水平裂缝，施工时应在水平接缝处竖向加竹片、木条等拉结材料予以加强。

7.3 施 工 要 求

7.3.1～7.3.3 制作土坯及夯土墙的土质最终决定生土墙的强度。土的夯实程度与土的含水率有很大关系，当土的含水率为最优含水率ω_{op}时，土的密度达到最大，夯实效果最好。最优含水量可通过击实试验确定，鉴于村镇地区条件限制，一般可按经验取用，现场检验方法是“手握成团，落地开花”。

土料中掺入砂石、麦草、石灰等可以改善生土墙体的受力性能。各地区墙土常用掺料见表1。

表1 墙土常用掺料

种类	名 称	规 格	掺入量（重量比）	备 注
骨料	细粒石	粒径＜1cm	10%	用于砂质黏土土坯
	瓦砾	粒径≤5cm	—	用于夯土墙
	卵石	粒径2～4cm	—	
	砂粒	—	—	
	稻谷草、麦秸草	段长4～8cm	6～15kg/m³	在砂质黏土和黏土中
	谷糠	—	—	
	松针叶	—	—	
	羊草	3cm	—	
	动物毛发	—	—	
	人工合成纤维	—	—	
胶结料	淤泥	—	3%～4%	
	生石灰	粒径≤0.21mm	5%～10%	用于土质黏性不良和抗水性差时
	消石灰	—	5%～10%	
	水淬矿渣粉	粒径≤0.66mm	10%	
	水泥	300～400号	5%～10%	宜用于砂质土中，需养护14d以上
	沥青	—	2%～8%	沥青和连接料同时使用时，沥青必须首先掺入黏土中彻底搅拌，而后加入连接料

泥浆的强度对土墙的受力性能有重要的影响。在泥浆内掺入碎草，可以增强泥浆的粘结强度，提高墙体的抗震能力。泥浆存放时间较长时，对强度有不利影响。施工中泥浆产生泌水现象时，和易性差、施工困难，且不容易保证泥缝的饱满度。

7.3.4 土坯墙体的转角处和交接处同时砌筑，对保证墙体整体性能有很大作用。临时间断处高度差和每天砌筑高度的限定，是考虑施工的方便和防止刚砌好的墙体变形和倒塌。试验表明，泥缝横平竖直不仅仅是墙体美观的要求，也关系到墙体的质量。水平泥缝厚度过薄或过厚，都会降低墙体强度。

7.3.5 竖向通缝严重影响墙体的整体性，不利于抗震。规定每层虚铺厚度，使其既能满足该层的压密条件，又能防止破坏下层结构，以求达到最佳夯筑效果。

7.3.6 生土墙体防潮性差，下部受雨水侵蚀会削弱墙体截面，降低墙体的承载力，在室外做散水便于迅速排干雨水，避免雨水积聚。

8 石结构房屋

8.1 一 般 规 定

8.1.1 本章主要是针对我国量大面广的农村地区的石结构房屋，综合考虑我国的国情和不同地域石结构房屋的差异，总结历史震害中石结构房屋破坏的经验与教训，把本章的适用范围界定在抗震设防烈度为6、7和8度地区料石、平毛石砌体承重的一、二层木或冷轧带肋钢筋圆孔板楼（屋）盖房屋。目前有些地区农村也有三层甚至三层以上的钢筋混凝土楼（屋）盖石结构房屋，这些石结构房屋的抗震设计、构造及施工可按照《抗震规范》和《砌体结构设计规范》GB 50003的有关规定执行。

钢筋混凝土圆孔楼板在我国华东、中南地区应用广泛，鉴于冷拔光圆铁丝握裹性能差，以及农村施工条件所限，本规程要求圆孔楼板中的钢筋为冷轧带肋钢筋。

8.1.2 历史地震震害调查和石墙体结构试验研究均表明：多层石结构房屋地震破坏机理及特征与砖砌体房屋基本相似，其在地震中的破坏程度随房屋层数的增多、高度的增大而加重。因此，基于石砌体材料的脆性性能和震害经验，应对房屋结构层数和高度加以控制。同时，鉴于石材砌块的不规整性及不同施工方法的差异性，对多层石砌体房屋层高和总高度的限值相对砖砌体结构更为严格。

8.1.3 石结构墙体在平面内的受剪承载力较大，而平面外的受弯承载力相对很低，横向地震作用主要由横墙承担，当房屋横墙间距较大，而木或预制圆孔板楼（屋）盖又没有足够的水平刚度传递水平地震作用时，一部分地震作用会转而由纵墙承担，纵墙就会产生平面外弯曲破坏。因此，石结构房屋应按所在地区的抗震设防烈度和楼（屋）盖的类型来限制横墙的最大间距。

对于纵墙承重的房屋，横墙间距同样应满足本条规定。

8.1.4 大量震害表明，房屋局部的破坏必然影响房屋的整体抗震性能，而且，某些重要部位的局部破坏还会带来连锁反应，从而形成“各个击破”以至倒塌。根据震害经验，对易遭受破坏的墙体局部尺寸进行限制，可以防止由于这些部位的失效造成房屋整体的破坏甚至倒塌。

8.1.5 合理的抗震结构体系对于提高房屋整体抗震能力是非常重要的。震害经验表明，纵墙承重的砌体结构中，横墙间距较大，纵墙的横向支撑较少，易发生平面外的弯曲破坏，且横墙为非承重墙，抗剪承载能力较低，故房屋整体破坏程度比较重，应优先采用整体性和空间刚度比较好的横墙承重或纵横墙共同承重的结构体系。

石砌体相对砖砌体而言，本身的整体性比较差，又因为石板、石梁自重大、材料缺陷或偶然荷载作用下易发生脆性断裂，因此，从房屋抗震性能和安全使用的角度来说，都不应采用石板、石梁及独立料石柱作为承重构件。

8.1.6 1976年的唐山大地震造成了巨大的损失，但同时也为房屋抗震提供了极其宝贵的经验，其中圈梁和构造柱能够较大地提高砌体结构整体性和抗震性能即是其中之一，这里综合考虑农村地区经济状况和房屋抗震性能需求，以配筋砂浆带代替钢筋混凝土圈梁，既可以降低房屋造价，又能适当提高房屋整体性和抗震能力。

8.1.7 我国农村房屋，尤其是南方多雨地区大多以木屋架坡屋顶为主，而多次震害调查结果表明，此类房屋屋架整体性较差。加强房屋屋盖体系及其与承重结构的连接，提高屋盖体系整体性，发挥结构空间作用效应，对提高房屋抗震性能具有重要作用。

8.1.8 本条是对石结构房屋砌筑用石材规格的具体规定。

8.1.9 墙体是石结构房屋的主要承重构件和围护结构，最小墙厚的规定是为了保证承重墙体基本的承载力和稳定性，在实际中尚应根据当地情况综合考虑所在地区的设防烈度和气候条件确定。

8.1.10 当屋架或梁跨度较大时，梁端有较大的集中力作用在墙体上，设置壁柱除了可进一步增大承压面积，还可以增加支承墙体在水平地震作用下的稳定性。

8.1.11 参见第5.1.10条条文说明。

8.2 抗震构造措施

8.2.1 用配筋砂浆带代替钢筋混凝土圈梁，主要是考虑农民的经济承受能力，对经济状况好的可按《抗震规范》要求设置钢筋混凝土圈梁。由于同等厚度的石结构墙体相对其他材料墙体来说质量较大，石墙体配筋砂浆带的砂浆强度等级和纵向钢筋配置量较本规程其他结构类型的稍大。对配筋砂浆带的砂浆强度等级、厚度及配筋作出规定是为了保证圈梁的质量，使其起到应有的作用。

8.2.2 石砌墙体转角及内外墙交接处是抗震的薄弱环节，刚度大、应力集中，地震破坏严重。由于我国村镇房屋基本不进行抗震设防，房屋墙体在转角处无有效拉结措施，墙体连接不牢固，往往7度时就出现破坏现象，8度区则破坏明显。在转角处加设水平拉结钢筋可以加强转角处和内外墙交接处墙体的连接，约束该部位墙体，减轻地震时的破坏。

8.2.3 调查发现，农村中不少石砌体房屋的门窗过梁是用整块条石砌筑的，由于条石是脆性材料，抗弯强度低，条石过梁在跨中横向断裂较为多见。为防止地震中因过梁破坏导致房屋震害加重，本规程借鉴《砌体结构设计规范》GB 50003对钢筋砖过梁的计算方法，用以计算钢筋石过梁。钢筋石过梁底面砂浆层中的钢筋配筋量可以查表8.2.3确定，也可以按附录F的方法计算确定。在经济条件允许的情况下，石墙房屋应尽可能采用钢筋混凝土过梁。

8.2.4 设置纵向水平系杆可以加强石结构房屋屋盖系统的纵向稳定性，提高屋盖系统的抗侧力能力，改善石房屋的抗震性能。当采用墙揽与各道横墙连接时还可以加强横墙平面外的稳定性。

8.2.5～8.2.8 石结构房屋的抗震性能除与墙体砌筑方式及质量有直接关系外，墙体之间、楼（屋）盖构件之间以及墙体与楼（屋）盖系统之间的连接也是重要的影响因素，地震震害调查与试验研究均表明，石结构房屋的墙体转角、纵横墙交接处、门窗洞口、无拉结隔墙、楼梯间、硬山搁檩山墙及局部突出部位等是抗震薄弱的部位，如果没有有效的连接措施，这些部位往往容易在地震中率先破坏。传统的石结构房屋的施工做法在整体性方面比较欠缺，而且石结构房屋自重大，承受的地震作用也大，其破坏与砌体结构房屋破坏规律类似，但破坏程度要重于砌体结构房屋。

因此，采取一定的构造加强措施，增强结构的整体性和空间刚度，约束墙体的变形，对提高石砌房屋的抗震性能有明显的作用。

8.3 施工要求

8.3.1 为了保证石材与砂浆的粘结质量，避免泥垢、水锈等杂质对粘结的不利影响，要求砌筑前对砌筑石材表面进行清洁处理。

根据对砖砌体强度的试验研究，灰缝厚度对砌体的抗压强度具有一定的影响，相对而言，并不是厚度越厚或者越薄砌体强度就越高，而是灰缝厚度应在适宜的范围内。根据调研结果并总结多年来的实践经验，本条对石砌体灰缝厚度作出毛料石和粗料石砌体不宜大于20mm、细料石砌体不宜大于5mm的规定，经实践验证是可行的，既便于施工操作，又能满足砌体强度和稳定性的要求。

砂浆初凝后，如果再移动已砌筑的石块，砂浆的内部及砂浆与石块的粘结面的粘结力会被破坏，降低砌体的强度及整体性，因此，应将原砂浆清理干净后重新铺浆砌筑。

8.3.2 石砌体的抗震性能与砌筑方法有直接关系，本条从确保石砌体结构的整体性和承载力出发，对料石砌体的砌筑方法提出一些基本要求，既有利于砌体均匀传力，又符合美观的要求。

料石砌体和砖砌体房屋的破坏机制和震害规律类似，砌体转角处、纵横墙交接处的砌筑和接槎质量，是保证石砌体结构整体性能和抗震性能的关键之一。唐山地震中墙体交接处的竖向裂缝以及墙体外闪和局部倒塌是常见的破坏形式，破坏情况与墙体转角及交接处的砌筑方式有密切关系。根据陕西省建筑科学研究设计院对墙体交接处同时砌筑和各种留槎形式下的接槎部位连接性能的试验分析，证明同时砌筑时连接性能最佳，留踏步槎（斜槎）的次之，留直槎并按规定加拉结钢筋的再次之，仅留直槎而不加设拉结钢筋的最差。上述不同砌筑和留槎形式的连接性能之比为1.00：0.93：0.85：0.72。

8.3.3 平毛石的规整程度较料石差，本条是根据平毛石的特点提出的砌筑要求。不恰当的砌筑方式会降低墙体的整体性和稳定性，影响墙体的抗震承载力。夹砌过桥石、铲口石和斧刃石都是错误的砌筑方法（图1），应注意避免。

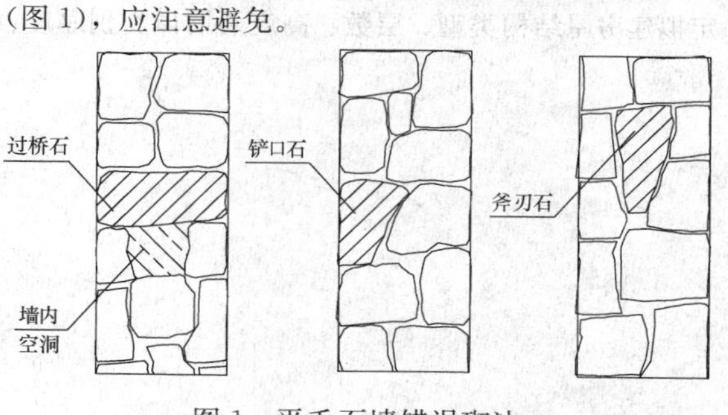

图1 平毛石墙错误砌法

石砌体中一些重要受力部位用较大的平毛石砌筑，是为了加强该部位砌体的拉结强度和整体性，同时，为使砌体传力均匀及搁置的楼（屋）面板平稳牢固，要求在每个楼层（包括基础）砌体的顶面，选用较大的平毛石砌筑。

附录A 墙体截面抗震受剪极限承载力验算方法

本规程的使用对象是县级设计室和村镇工匠，主要是以图、表的形式表达，对于具备一定建筑设计能力的技术人员，可采用附录A所给出的方法进行设计计算。

本规程在基本烈度地震影响下的设防目标是：主体结构不致严重破坏，围护结构不发生大面积倒塌。与设防目标相对应，在截面抗震验算中采用基本烈度（与抗震设防烈度相当）地震作用标准值进行极限承载力设计的方法，直接验算结构开裂后的极限承载力，用抗震构造措施作为设防烈度地震影响下不倒墙塌架的保证。

由于附录A式（A.2.1-1）和式（A.2.1-2）对墙体的截面抗震受剪极限承载力计算采用的是砌体抗剪强度平均值 $f_{v,m}$，没有任何抗剪储备，所以采用抗震极限承载力调整系数 γ_{bE} 进行适当调整。当 γ_{bE} 取0.85时，对应于砌体抗剪强度平均值 $f_{v,m}$ 与标准值 $f_{v,k}$ 之和的1/2左右。

附录B～附录E 砌体结构房屋、木结构房屋、生土结构房屋、石结构房屋抗震横墙间距（L）和房屋宽度（B）限值

附录B～附录E各项规定是当房屋纵、横墙开洞的水平截面面积率 λ_A 分别为50%和25%时，按照附录A的方法进行房屋抗震承载力验算，并将计算结果适当归整后得到的。采用给出不同结构类型房屋、不同墙体类别、不同楼（屋）盖形式与烈度、砌筑砂（泥）浆强度等级、层数、层高等对应的抗震横墙间距（L）和房屋宽度（B）限值表的方式，便于村镇农民建房时直接选用，不必进行复杂的计算，基本确定拟建房屋结构类型、层数、高度及墙体类别厚度、屋盖类型后，直接查表即可选择满足抗震承载力要求的砌筑砂（泥）浆强度等级。

房屋为柔性木楼（屋）盖时，抗震横墙从属面积按左右两侧相邻抗震墙间距之半计算，因此取承受地震剪力最大的墙段进行验算（一般为内横墙），当房屋为多开间且各道横墙间距不同时，表中抗震横墙间距值对应于其中最大的抗震横墙间距。

房屋为半刚性的预应力圆孔板楼（屋）盖，多开间且各道横墙间距不同时，表中抗震横墙间距值对应于抗震横墙间距的平均值。

各附录表中分档给出了与不同抗震横墙间距对应的房屋宽度的上限值和下限值，在基本确定了拟建房屋的结构类型、层数、墙体类别、屋盖类型、抗震横墙间距及所在地区的抗震设防烈度后，可直接查表，选取房屋宽度范围（上、下限之间）包括拟建房屋宽度的砂（泥）浆强度等级，采用该等级砂（泥）浆砌筑的房屋，墙体的抗震承载力即可满足本规程的设防要求。

当两层房屋一、二层楼（屋）盖采用不同类型时，应保证与抗震横墙间距对应的房屋宽度同时满足不同楼层的限值要求，必要时应选取不同强度等级的砌筑砂（泥）浆。

附录F 过 梁 计 算

附录F是《砌体结构设计规范》GB 50003对钢筋砖过梁的计算方法，本规程也用以计算配筋石过梁。房屋设计人员对各种过梁可以查相应条文中的表格确定，也可以按附录F的方法计算确定。

中华人民共和国国家标准

建筑工程容许振动标准

Standard for allowable Vibration of building engineering

GB 50868—2013

主编部门：中 国 机 械 工 业 联 合 会
批准部门：中华人民共和国住房和城乡建设部
施行日期：2 0 1 3 年 9 月 1 日

中华人民共和国住房和城乡建设部
公　　告

第1625号

住房城乡建设部关于发布国家标准《建筑工程容许振动标准》的公告

现批准《建筑工程容许振动标准》为国家标准，编号为GB 50868—2013，自2013年9月1日起实施。其中，第3.1.1、3.2.4条为强制性条文，必须严格执行。

本规范由我部标准定额研究所组织中国计划出版社出版发行。

中华人民共和国住房和城乡建设部

2013年1月28日

前　　言

本标准是根据中华人民共和国住房和城乡建设部《关于印发〈2009年工程建设标准制订、修订计划〉的通知》（建标［2009］88号）的要求，由中国机械工业集团有限公司会同有关设计、科研、生产和教学单位共同编制而成。

在本标准编制过程中，编制组开展了专题研究，进行了广泛的调查分析，总结了我国在建筑工程振动领域的科研成果，与相关标准进行了协调，比较和借鉴了国际先进标准，充分考虑了我国的经济条件和工程实践，在此基础上以多种形式征求全国有关单位的意见，经审查定稿。

本标准共分9章，主要内容包括：总则，术语和符号，基本规定，精密仪器和设备，动力机器基础，建筑物内人体舒适性和疲劳-工效降低，交通振动，建筑施工振动，声学环境振动。

本标准中以黑体字标志的条文为强制性条文，必须严格执行。

本标准由住房和城乡建设部负责管理和对强制性条文的解释，由中国机械工业联合会负责日常管理，由中国机械工业集团有限公司负责具体技术内容的解释。在执行过程中，请各单位结合工程实践，认真总结经验，并将意见和建议寄交中国机械工业集团有限公司《建筑工程容许振动标准》管理组（地址：北京市海淀区丹棱街3号，邮政编码：100080），以便今后修订时参考。

本标准组织单位：中国机械工业勘察设计协会

本标准主编单位：中国机械工业集团有限公司

本标准参编单位：中国汽车工业工程公司
北方工程设计研究院有限公司
中国电子工程设计院
中国铁道科学研究院
合肥工业大学
上海交通大学
机械工业勘察设计研究院
隔而固（青岛）振动控制公司
国电华北电力设计院工程有限公司
中国寰球工程公司
中冶建筑研究总院有限公司
中国通用机械研究院有限公司
中船第九设计研究院
中国昆仑工程公司
海军司令部直属工作部
北京市劳动保护研究所
中国中元国际工程公司
中国联合工程公司
机械工业第六设计研究院有限公司
中国重型机械研究院有限公司
中机国际工程设计研究院

有限责任公司
中国机械工业建设集团有限公司
宝钢工程技术集团有限公司
清华大学
中国航空规划建设发展有限公司
中国五洲工程设计有限公司

本标准主要起草人员：徐　建　万叶青　黎益仁
陈　骝　杨宜谦　柳炳康
陈龙珠　郑建国　尹学军
黄尽才　周建军　余东航
李永录　于跃平　杨毅萌
王永国　徐　辉　宫海军
娄　宇　凌秀美　王庭佛
张　斌　孙家麒　李　亮
陆　锋　赵　新　李亚民
王建刚　王建立　冯延雅
王　劲　徐衍林　陈　炯
燕　翔　邹　宏　马东霞

本标准主要审查人员：程耿东　茅玉泉　吴成元
张芳芑　任书考　吴邦达
高广运　张同亿

目　次

Contents

1 总　则

1.0.1 为了在建筑工程振动控制中贯彻国家的技术经济政策，以符合安全适用、经济合理、确保正常生产和满足环境要求，制定本标准。

1.0.2 本标准适用于建筑工程在工业与环境振动作用下的振动控制和振动影响评价。

本标准不适用于建筑工程在地震及风振作用下的振动控制和振动影响评价，不适用于古建筑的振动控制和振动影响评价。

1.0.3 建筑工程的振动控制和振动影响评价除应符合本标准外，尚应符合国家现行有关标准的规定。

2 术语和符号

2.1 术　语

2.1.1 建筑振动　building vibration

建筑由动力机器、交通运输、施工作用等引起的振动。

2.1.2 容许振动值　allowable vibration value

受振对象的最大振动限制值。

2.1.3 容许振动位移　allowable vibration displacement value

受振对象的最大振动位移限制值。

2.1.4 容许振动速度　allowable vibration velocity value

受振对象的最大振动速度限制值。

2.1.5 容许振动加速度　allowable vibration acceleration value

受振对象的最大振动加速度限制值。

2.1.6 峰值　peak value

给定时间区间内振动最大值。

2.1.7 均方根值　root-mean-square value(RMS value)

对一组数据的平方和进行平均后，取其平方根。

2.1.8 水平振动　horizontal vibration

与地面平行的振动。

2.1.9 竖向振动　vertical vibration

与地面垂直的振动。

2.1.10 暴露时间　exposure time

暴露于振动作用下的时间。

2.1.11 人体舒适性　human comfort

人体对所暴露的振动环境，主观状态良好，在身体或心理上没有感到困扰和不安的程度。

2.1.12 计权加速度级　weighted acceleration level

影响人体的与振动频率和暴露时间有关的振动加速度值，经过不同频率计权因子修正后得到的振动加速度级。

2.1.13 四次方振动剂量值　fourth power vibration dose value

以计权加速度时间历程四次方作为计算平均基础的量值。

2.2 符　号

d——建筑工程计算或测试的振动位移；

v——建筑工程计算或测试的振动速度；

a——建筑工程计算或测试的振动加速度；

$[d]$——建筑工程的容许振动位移；

$[v]$——建筑工程的容许振动速度；

$[a]$——建筑工程的容许振动加速度；

VDV_z——竖向四次方振动剂量值。

3 基本规定

3.1 一般规定

3.1.1 建筑工程的振动控制应符合下列表达式的规定：

$$d \leqslant [d] \tag{3.1.1-1}$$

$$v \leqslant [v] \tag{3.1.1-2}$$

$$a \leqslant [a] \tag{3.1.1-3}$$

式中：d——建筑工程计算或测试的振动位移；

v——建筑工程计算或测试的振动速度；

a——建筑工程计算或测试的振动加速度；

$[d]$——建筑工程的容许振动位移；

$[v]$——建筑工程的容许振动速度；

$[a]$——建筑工程的容许振动加速度。

3.1.2 建筑工程振动控制时，精密仪器及设备的容许振动值宜由设备制造厂家提供或通过试验确定；当设备制造厂家不能提供或无法试验确定时，应符合本标准的规定。

3.1.3 本标准中昼间和夜间的时间应符合当地人民政府的有关规定。当无规定时，昼间宜取6时至22时，夜间宜取22时至次日6时。

3.2 振动测试要求

Ⅰ 测试方法

3.2.1 振动测试仪器的性能技术指标应符合国家现行有关标准的规定。

3.2.2 振动测试系统应根据测试对象的振动类型和振动特性的要求选取；测试系统应符合国家现行有关标准的规定，其测试仪器应由国家认定的计量部门定期进行校准。振动测试时，测试仪器应在校准有效期内。

3.2.3 振动测试时，应根据测试对象的容许振动值采用的物理量及振动频率范围选择相应的传感器，并应符合下列规定：

1　一般情况下，宜采用加速度传感器。

2　当测试振动信号频率范围不大于10Hz时，宜选用位移型或速度型传感器。

3　对于宽频带冲击机器的振动测试，宜选用位移型和速度型传感器同时进行测试。

3.2.4 振动测试点应设在振动控制点上，振动传感器的测试方向应与测试对象所需测试的振动方向一致，测试过程中不得产生倾斜和附加振动。

3.2.5 除各章特别规定外，振动控制点应取基础或支承结构顶面振动最大点；振动控制方向应包括竖向和水平向两个主轴方向。

3.2.6 振动测试时，应选择多种具有代表性的工况进行测试。

Ⅱ 数据分析

3.2.7 周期振动、随机振动、瞬态振动等不同类型振动产生的信号，应采用相应的数据分析和评估方法。

3.2.8 振动测试时，振动信号的采样频率应满足奈奎斯特采样定理的要求，采样频率与截止频率的比值宜取2.5～6.0；振动数据采集时，在信号进行模拟转换前应经过抗混滤波器处理。

3.2.9 冲击信号的幅值分析宜采用时域分析法，测试最大值分析次数不得少于3次。

3.2.10 稳态周期振动宜采用时域分析法，并将测试信号中所有幅值在测试区间内进行平均；测试结果亦可采用幅值谱分析的数据。每个样本数据不应少于 1024 个，并应进行加窗函数处理，频域上的总体平均次数不应少于 20 次。

3.2.11 随机信号分析时，应对随机信号的平稳性进行评估；对于平稳随机过程宜采用总体平滑的方法提高测试精度；当采用快速傅里叶变换分析或频谱分析时，每个样本数据不应少于 1024 个，并应进行加窗函数处理，频域上的总体平均次数不应少于 32 次。

3.2.12 每个测点记录有效振动数据的次数不得少于 3 次。当 3 次测试结果与其算术平均值的相对误差在±5%以内时，测试结果可取其平均值。

4 精密仪器和设备

4.1 精密加工与检测设备

4.1.1 精密加工设备在时域范围内的容许振动值，宜按表 4.1.1 的规定确定。

表 4.1.1 精密加工设备在时域范围内的容许振动值

设备名称	容许振动速度峰值(μm/s)
3μm～5μm 厚金属箔材轧制机	30
高精度刻线机、胶片和相纸挤压涂布机、光导纤维拉丝机等	50
高精度机床装配台、超微粒干板涂布机	100
硬质金属毛坯压制机	200
精密自动绕线机	300

4.1.2 电子工厂、纳米实验室及物理实验室用精密仪器和设备在频域范围内 1/3 倍频程的容许振动值，宜按表 4.1.2 的规定确定。

表 4.1.2 精密仪器及设备在频域范围内 1/3 倍频程的容许振动值

仪器及设备名称	容许振动加速度均方根值(mm/s²)	容许振动速度均方根值(μm/s)	对应频率(Hz)
纳米研发设备	—	0.78	1～100
纳米实验设备	—	1.60	1～100
长路径激光设备、小于 0.1μm 的超精密加工及检测设备	—	3.00	1～100
电子束曝光设备、0.1μm～0.3μm 的超精密加工及检测设备	—	6.00	1～100
1μm～3μm 的精密加工及检测设备，薄膜场效应晶体管(TFT-LCD)及有机发光二极管(OLED)的阵列、彩膜加工设备	—	12.00	1～100
大于 3μm 的精密加工及检测设备，TFT-LCD 背光源组装设备	1.25	—	4～8
	—	25.00	8～100
接触式和投影式光刻机、薄膜太阳能电池加工设备	2.50	—	4～8
	—	50.00	8～100

注：当频率重叠时，应同时满足两个频率区间上的容许振动要求。

4.1.3 三坐标测量机在频域范围内的容许振动值，宜按表 4.1.3 的规定确定。

表 4.1.3 三坐标测量机在频域范围内的容许振动值

测量精度	容许振动位移峰值(μm)	容许振动加速度峰值(mm/s²)	对应频率(Hz)
$1.0\times10^{-5}L<\varepsilon\leqslant1.0\times10^{-4}L$	4.0	—	<8
	—	10.0	8～30
	—	20.0	50～100
$1.0\times10^{-6}L<\varepsilon\leqslant1.0\times10^{-5}L$	2.0	—	<8
	—	5.0	8～30
	—	10.0	50～100
$\varepsilon\leqslant1.0\times10^{-6}L$	1.0	—	<8
	—	2.5	8～30
	—	5.0	50～100

注：1 本表适用于测量范围在 500mm～2000mm 的三坐标测量机；
2 ε 为测量精度，L 为三坐标测量机的最大量程；
3 表中 30Hz～50Hz 之间数值可采用线性插值计算。

4.2 计量与检测仪器

4.2.1 计量与检测仪器在时域范围内的容许振动值，宜按表 4.2.1 的规定确定。

表 4.2.1 计量与检测仪器在时域范围内的容许振动值

仪器名称	容许振动位移峰值(μm)	容许振动速度峰值(μm/s)
精度为 0.03μm 光波的干涉孔径测量仪、精度为 0.02μm 的干涉仪、精度为 0.01μm 的光管测角仪	—	30.0
表面粗糙度为 0.025μm 的测量仪	—	50.0
检流计、0.2μm 分光镜(测角仪)	—	100.0
精度为 1×10^{-7} 的一级天平	1.5	—
精度为 1μm 的立式(卧式)光学比较仪、投影光学计、测量计	—	200.0
精度为 $1\times10^{-5}\sim5\times10^{-7}$ 的单盘天平和三级天平	3.0	—
接触式干涉仪	—	300.0
六级天平、分析天平、陀螺仪摇摆试验台、陀螺仪偏角试验台、陀螺仪阻尼试验台	4.8	—
卧式光度计、阿贝比长仪、电位计、万能测长仪	—	500.0
台式光点反射检流计、硬度计、色谱仪、湿度控制仪	10.0	—
卧式光学仪、扭簧比较仪、直读光谱分析仪	—	700.0
示波检线器、动平衡机	—	1000.0

4.2.2 计量与检测仪器在频域范围内的容许振动值，宜按表 4.2.2 的规定确定。

表 4.2.2 计量与检测仪器在频域范围内的容许振动值

仪器名称	容许振动位移均方根值(μm)	容许振动速度均方根值(μm/s)	对应频率(Hz)
原器天平、绝对重力仪、微加速度仪	—	5.0	2～30
量块基准设备、激光波长基准设备、2m 比长仪、喷泉时频基准设备	—	10.0	2～30
水平准线基准、光辐射传感器测试仪	—	20.0	2～30
激光能量基准与标准设备、光学传递函数评价基准设备、光谱辐射基准设备	1.8	—	5～30

4.3 光学加工及检测设备

4.3.1 光栅刻线和光学加工设备在时域范围内的容许振动值,宜按表 4.3.1 的规定确定。

表 4.3.1 光栅刻线和光学加工设备在时域范围内的容许振动值

设备名称	容许振动速度峰值(μm/s)
每毫米刻 6000 条线的光栅刻线机	5
每毫米刻 3600 条线的光栅刻线机	10
每毫米刻 2400 条线的光栅刻线机	20
每毫米刻 1800 条线的光栅刻线机、全息曝光机	30
每毫米刻 1200 条线的光栅刻线机	50
每毫米刻 600 条线的光栅刻线机	100
镀膜机、环抛机	300

4.3.2 光学检测设备在频域范围内的容许振动值,宜按表 4.3.2 的规定确定。

表 4.3.2 光学检测设备在频域范围内的容许振动值

设备名称	容许振动位移均方根值(μm)	容许振动加速度均方根值(mm/s^2)	对应频率(Hz)
水平干涉检测设备	0.50	—	0.5～1
	—	0.02	1～100
垂直干涉检测设备	0.25	—	0.5～1
	—	0.01	1～100

注:当频率重叠时,应同时满足两个频率区间上的容许振动要求。

4.4 显 微 镜

4.4.1 光学显微镜和电子显微镜在时域范围内的容许振动值,宜按表 4.4.1 的规定确定。

表 4.4.1 显微镜在时域范围内的容许振动值

显微镜类型	容许振动速度峰值(μm/s)
80 万倍电子显微镜、14 万倍扫描电镜	30
6 万倍以下电子显微镜、精度为 0.025μm 干涉显微镜	50
立体金相显微镜	100
精度为 1μm 的万能工具显微镜	300
大型工具显微镜、双管显微镜	500

4.4.2 光学显微镜和电子显微镜在频域范围内 1/3 倍频程的容许振动值,宜按表 4.4.2 的规定确定。

表 4.4.2 显微镜在频域范围内 1/3 倍频程的容许振动值

显微镜类型	容许振动加速度均方根值(mm/s^2)	容许振动速度均方根值(μm/s)	对应频率(Hz)
电子显微镜[透射电子显微镜(TEM)及扫描电子显微镜(SEM)]	0.30	—	4～8
	—	6.00	8～100
1000 倍以下的光学显微镜	1.25	—	4～8
	—	25.00	8～100
400 倍以下的光学显微镜	2.50	—	4～8
	—	50.00	8～100

注:当频率重叠时,应同时满足两个频率区间上的容许振动要求。

5 动力机器基础

5.1 压缩机基础

5.1.1 当活塞式压缩机采用块式或墙式基础时,活塞式压缩机基础在时域范围内的容许振动值,应按表 5.1.1 的规定确定;排气压力大于 100MPa 的超高压活塞式压缩机基础的容许振动值,应由设备制造厂提供。

表 5.1.1 活塞式压缩机基础在时域范围内的容许振动值

基础类型	容许振动位移峰值(mm)	容许振动速度峰值(mm/s)
普通基础	0.2	6.3
隔振基础	—	20.0

5.1.2 工作转速大于 3000r/min 的离心式压缩机基础在时域范围内的容许振动值,应按表 5.1.2 的规定确定。

表 5.1.2 离心式压缩机基础在时域范围内的容许振动值

基础类型	容许振动速度峰值(mm/s)
普通基础	5.0
隔振基础	10.0

5.2 汽轮发电机组和重型燃气轮机基础

5.2.1 汽轮发电机组普通基础在时域范围内的容许振动值,应按表 5.2.1 的规定确定。

表 5.2.1 汽轮发电机组普通基础在时域范围内的容许振动值

机器额定转速(r/min)	容许振动位移峰值(mm)
3000	0.02
1500	0.04

注:当汽轮发电机组转速小于额定转速的 75%时,其容许振动值应取表中规定数值的 1.5 倍。

5.2.2 弹簧隔振汽轮发电机组基础在时域范围内的容许振动值,应按表 5.2.2 的规定确定。

表 5.2.2 弹簧隔振汽轮发电机组基础在时域范围内的容许振动值

机器额定转速(r/min)	容许振动速度均方根值(mm/s)
3000	3.8
1500	2.8

5.2.3 功率大于 3MW、转速在 3000r/min～20000r/min 范围内的发电和机械驱动的重型燃气轮机基础,在时域范围内的容许振动速度均方根值应取 4.5mm/s。

5.3 锻 锤 基 础

5.3.1 锻锤基础在时域范围内的容许振动值,应根据地基土类别、地基土承载力特征值和锻锤落下部分的公称质量,按表 5.3.1 的规定确定。

表 5.3.1 锻锤基础在时域范围内的容许振动值

地基土类别	锻锤落下部分公称质量(t)	容许振动位移峰值(mm)	容许振动加速度峰值(m/s^2)
碎石土:$f_{ak}>500$ 黏性土:$f_{ak}>250$	<2	0.92～1.38	9.78～14.95
	2～5	0.80～1.20	8.50～13.00
	>5	0.64～0.96	6.80～10.40
碎石土:$300<f_{ak}\leqslant500$ 粉土、砂土:$250<f_{ak}\leqslant400$ 黏性土:$180<f_{ak}\leqslant250$	<2	0.75～0.92	7.48～9.78
	2～5	0.65～0.80	6.50～8.50
	>5	0.52～0.64	5.20～6.80
碎石土:$180<f_{ak}\leqslant300$ 粉土、砂土:$160<f_{ak}\leqslant250$ 黏性土:$130<f_{ak}\leqslant180$	<2	0.46～0.75	5.18～7.48
	2～5	0.40～0.65	4.50～6.50
	>5	0.32～0.52	3.60～5.20

续表 5.3.1

地基土类别	锻锤落下部分公称质量(t)	容许振动位移峰值(mm)	容许振动加速度峰值(m/s^2)
粉土、砂土:$120<f_{ak}\leqslant160$ 黏性土:$80<f_{ak}\leqslant130$	<2	0.46	5.18
	2~5	0.40	4.50
	>5	0.32	3.60

注:1 f_{ak}为地基土承载力特征值(kPa);
2 对孔隙比较大的黏性土、松散的碎石土、稍密或很湿到饱和的砂土,细、粉砂以及软塑到可塑的黏性土,容许振动位移和容许振动加速度应取表中相应地基土类别的较小值。对孔隙比较小的黏性土、密实的碎石土、砂土以及硬塑黏性土,容许振动位移和容许振动加速度应取表中相应地基土类别的较大值;
3 当湿陷性黄土及膨胀土采取有关措施后,可按表内相应的地基土类别选用容许振动值;
4 当锻锤基础与厂房柱基处在不同地基土上时,应按较差的土质选用容许振动值;
5 当锻锤基础和厂房柱基均为桩基时,可按桩端处的地基土类别选用容许振动值。

5.3.2 锻锤隔振基础在时域范围内的容许振动值应按下列规定确定:

1 当隔振装置间接支承在块体基础下部时,模锻锤块体基础的竖向容许振动位移峰值应取8mm,自由锻锤块体基础的竖向容许振动位移峰值应取5mm。

2 当隔振装置直接支承在锻锤底部时,锤身竖向容许振动位移峰值应取20mm。

5.4 压力机基础

5.4.1 压力机基础底座处在时域范围内的容许振动位移峰值,应按表5.4.1的规定确定。

表 5.4.1 压力机基础底座处在时域范围内的容许振动值

机组固有频率(Hz)	容许振动位移峰值(mm)
$f_n\leqslant3.6$	0.5
$3.6<f_n\leqslant6.0$	$1.8/f_n$
$6.0<f_n\leqslant15.0$	0.3
$f_n>15.0$	$0.1+3/f_n$

注:f_n为机组固有频率。

5.4.2 压力机隔振基础底座处在时域范围内的容许振动位移峰值应取3mm;当不带有动平衡机构的高速冲床和冲剪厚板料时,压力机底座处在时域范围内的容许振动位移峰值应取5mm。

5.5 破碎机和磨机基础

5.5.1 破碎机基础在时域范围内的容许振动值,应按表5.5.1的规定确定。

表 5.5.1 破碎机基础在时域范围内的容许振动值

机器额定转速(r/min)	水平容许振动位移峰值(mm)	竖向容许振动位移峰值(mm)
$n\leqslant300$	0.25	—
$300<n\leqslant750$	0.20	0.15
$n>750$	0.15	0.10

注:1 表中容许振动值仅适用于基础布置在建筑物楼层上的情况;
2 n为机器额定转速。

5.5.2 风扇类磨机基础在时域范围内的容许振动值,应按表5.5.2的规定确定。

表 5.5.2 风扇类磨机基础在时域范围内的容许振动值

机器额定转速(r/min)	水平容许振动位移峰值(mm)
$n<500$	0.20
$500\leqslant n\leqslant750$	0.15

注:n为机器额定转速。

5.6 发动机基础

5.6.1 活塞式发动机基础在时域范围内的容许振动值,应按表5.6.1的规定确定。

表 5.6.1 活塞式发动机基础在时域范围内的容许振动值

基础类型	容许振动速度峰值(mm/s)
普通基础	10.0
隔振基础	20.0

注:1 对于惯性力和惯性力矩均已平衡的发动机基础、功率小于100kW的发动机基础,表中的容许振动值应降低30%;
2 当地基为松散砂土、软土、饱和土和桩基时,应进行专门研究;
3 当发动机或柴油发电机组所处场地的周边有振动控制要求时,发动机基础的容许振动值应由设备制造商或工艺专业提供,或通过振动衰减计算确定。

5.6.2 活塞式发动机试验台基础在时域范围内的容许振动值,应按表5.6.2的规定确定。

表 5.6.2 活塞式发动机试验台基础在时域范围内的容许振动值

基础类型	容许振动速度峰值(mm/s)
普通基础	3.2
隔振基础	6.3

注:对于振动有特殊要求的试验台,容许振动值应由设备制造厂家或工艺专业提供。

5.7 振动试验台基础

5.7.1 电液伺服液压振动试验台基础在时域范围内的容许振动值,应按表5.7.1的规定确定。

表 5.7.1 电液伺服液压振动试验台基础在时域范围内的容许振动值

振动形式	容许振动位移峰值(mm)	容许振动位移均方根值(mm)	容许振动加速度峰值(m/s^2)	容许振动加速度均方根值(m/s^2)
稳态振动	0.1	—	1.00	—
随机振动	—	0.07	—	0.70

注:1 表中数值适用于单个作动器激振力不大于500kN,激振频率范围不超过200Hz,最大加速度不大于300m/s^2,最大行程不大于300mm;
2 振动测试频率不宜大于100Hz。

5.7.2 电动振动试验台基础在时域范围内的容许振动值,应按表5.7.2的规定确定。

表 5.7.2 电动振动试验台基础在时域范围内的容许振动值

激振力(kN)	容许振动速度峰值(mm/s)	容许振动加速度峰值(m/s^2)
≤6.0	6.3	0.5
>6.0	10.0	0.8

注:电动振动试验台最大激振力不大于200kN,激振频率不超过2000Hz,最大加速度不大于1000m/s^2,最大行程不大于55mm。

5.7.3 振动试验台基础的振动控制点宜取基础中点和作动器底座附近,以及基础的四个角点处。

5.8 通用机械基础

5.8.1 通用机械基础在时域范围内的容许振动值,应按表5.8.1的规定确定。

表 5.8.1 通用机械基础在时域范围内的容许振动值

机械类别及分类		容许振动速度峰值(mm/s) 普通基础	隔振基础
泵	功率≤75kW	3.0	7.0
	功率>75kW	5.0	10.0
风机	功率≤15kW	3.0	7.0
	15kW<功率<75kW	5.0	10.0
	功率≥75kW	6.3	12.0
离心机、分离机、膨胀机		5.0	10.0
电机	轴心高度<315mm	3.0	—
	轴心高度≥315mm	5.0	—

注:表中数值适用于块体式基础和隔振基础或刚性台座,不适用于设置在楼面或平台上的通用机械。

5.8.2 当通用机械转速低于600r/min时,基础在时域范围内的容许振动位移峰值应取0.1mm。

5.8.3 汽动给水泵与电动给水泵组基础在时域范围内的容许振动值，应按表5.8.3的规定确定。

表5.8.3 汽动给水泵与电动给水泵组基础在时域范围内的容许振动值

基础类型	容许振动速度均方根值(mm/s)
普通基础	2.3
隔振基础	3.5

5.9 纺织机基础

5.9.1 振动频率不大于60Hz的有梭纺织机基础，在时域范围内的水平和竖向容许振动位移峰值应取0.08mm。

5.9.2 振动频率不大于60Hz的剑杆纺织机基础，在时域范围内的水平和竖向容许振动位移峰值应取0.05mm。

5.10 金属切削机床基础

5.10.1 金属切削机床基础在频域范围内1/3倍频程的竖向容许振动值，应按表5.10.1的规定确定；当金属切削机床对基础振动有特殊要求时，应按国家现行有关标准的规定确定。

表5.10.1 金属切削机床基础在频域范围内1/3倍频程的竖向容许振动值

金属切削机床精度等级	竖向容许振动速度均方根值(mm/s)	对应频率(Hz)
Ⅰ	0.07	3～100
Ⅱ	0.10	
Ⅲ	0.20	
Ⅳ	0.30	
Ⅴ	0.50	
Ⅵ	1.00	

注：金属切削机床的精度等级应按现行国家标准《金属切削机床 精度分级》GB/T 25372的规定确定。

5.10.2 金属切削机床基础在频域范围内1/3倍频程的水平容许振动值，应取表5.10.1中相应数值的75%。

5.11 振动筛和轧机基础

5.11.1 冶金工业用的直线型振动筛、圆振动筛和共振筛，在时域范围内的水平及竖向容许振动速度峰值应取10.0mm/s。

5.11.2 冶金工业用的各类轧机，在时域范围内的水平及竖向容许振动加速度峰值应取1.0m/s²。

6 建筑物内人体舒适性和疲劳-工效降低

6.0.1 建筑物内人体舒适性的容许振动计权加速度级，宜按表6.0.1的规定确定。

表6.0.1 建筑物内人体舒适性的容许振动计权加速度级(dB)

地点	时段	连续振动、间歇振动和重复性冲击振动			每天只发生数次的冲击振动		
		水平向	竖向	混合向	水平向	竖向	混合向
医院手术室和振动要求严格的工作区	昼间	71	74	71	71	74	71
	夜间						
住宅区	昼间	77	80	77	101	104	101
	夜间	74	77	74	74	77	74
办公室	昼间	83	86	83	107	110	107
	夜间						
车间办公区	昼间	89	92	89	110	113	110
	夜间						

注：1 本表适用于建筑物内人体承受1Hz～80Hz全身振动对工作、学习、睡眠等活动不受干扰的人体舒适性；

2 当建筑物内使用者和居住者以站姿、坐姿、卧姿方式活动，活动姿势相对固定时，应采用水平向或竖向数值；当活动姿势不固定时，应采用混合向数值。

6.0.2 生产操作区容许振动计权加速度级包括不同方向的人体全身振动舒适性降低界限容许振动计权加速度级、疲劳-工效降低界限的容许振动计权加速度级。生产操作区容许振动计权加速度级宜按表6.0.2的规定确定。

表6.0.2 生产操作区容许振动计权加速度级(dB)

界限		暴露时间								
		24h	16h	8h	4h	2.5h	1h	25min	16min	1min
舒适性降低界限	竖向	95	98	102	105	109	113	117	118	121
	水平向	90	95	97	101	104	108	112	113	116
疲劳-工效降低界限	竖向	105	108	112	115	119	123	127	128	130
	水平向	100	105	107	111	114	118	122	123	126

注：本表适用于人体承受1Hz～80Hz全身振动，并通过主要支承面将振动作用于立姿、坐姿和斜靠姿的操作人员。

7 交通振动

7.1 对建筑结构的影响

7.1.1 交通振动对建筑结构影响评价的频率范围应为1Hz～100Hz，应评价下列位置和参数：

1 建筑物顶层楼面中心位置处水平向两个主轴方向的振动速度峰值及其对应的频率。

2 建筑物基础处竖向和水平向两个主轴方向的振动速度峰值及其对应的频率。

注：本章所称交通，是指公路、铁路和城市轨道交通的通称。

7.1.2 交通振动对建筑结构影响在时域范围内的容许振动值，宜按表7.1.2的规定采用。

表7.1.2 交通振动对建筑结构影响在时域范围内的容许振动值

建筑物类型	顶层楼面处容许振动速度峰值(mm/s)	基础处容许振动速度峰值(mm/s)		
	1Hz～100Hz	1Hz～10Hz	50Hz	100Hz
工业建筑、公共建筑	10.0	5.0	10.0	12.5
居住建筑	5.0	2.0	5.0	7.0
对振动敏感、具有保护价值、不能划归上述两类的建筑	2.5	1.0	2.5	3.0

注：1 表中容许振动值应按频率线性插值确定；

2 当无法在基础处评价时，评价位置可取最底层主要承重外墙的底部。

7.1.3 对于未达到国家现行抗震设防标准的城市旧房和镇(乡)村未经正规设计自行建造的房屋的容许振动值，宜按表7.1.2中居住建筑的70%确定。

7.2 对建筑物内人体舒适性的影响

7.2.1 交通振动对建筑物内人体舒适性影响的评价频率范围应为1Hz～80Hz，评价位置应取建筑物室内地面中央或室内地面振动敏感处。

7.2.2 交通引起的振动对建筑物内人体舒适性影响的评价，应附加采用竖向四次方振动剂量值，竖向四次方振动剂量值应按下式计算：

$$VDV_z=\left\{\int_0^T[a_{zw}(t)]^4\mathrm{d}t\right\}^{\frac{1}{4}} \tag{7.2.2}$$

式中：VDV_z——竖向四次方振动剂量值（$m/s^{1.75}$）；

$a_{zw}(t)$——按现行国家标准《机械振动与冲击　人体暴露于全身振动的评价　第1部分：一般要求》GB/T 13441.1规定的基本频率计权 W_k 进行计权的瞬时竖向加速度（m/s^2）；

T——昼间或夜间时间长度（s）；

t——时间。

7.2.3 交通振动对建筑物内人体舒适性影响的容许振动值，宜按表7.2.3的规定确定。

表7.2.3 交通振动对建筑物内人体舒适性影响的容许振动值

建筑物类型	时间	容许竖向四次方振动剂量值（$m/s^{1.75}$）
居住建筑	昼间	0.2
	夜间	0.1
办公建筑	昼间	0.4
车间办公区	昼间	0.8

8 建筑施工振动

8.0.1 建筑施工振动对建筑结构影响评价的频率范围应为1Hz～100Hz；建筑结构基础和顶层楼面的振动速度时域信号测试应取竖向和水平向两个主轴方向，评价指标应取三者峰值的最大值及其对应的振动频率。

注：本章的建筑施工是指打桩、地基处理等。

8.0.2 当采用锤击和振动法打桩、振冲法处理地基时，打桩、振冲等基础施工对建筑结构影响在时域范围内的容许振动值，宜按表8.0.2-1的规定确定；当采用强夯处理地基时，强夯施工对建筑结构影响在时域范围内的容许振动值，宜按表8.0.2-2的规定确定。岩土爆破施工对建筑结构影响的容许振动值，应符合现行国家标准《爆破安全规程》GB 6722的要求。

表8.0.2-1 打桩、振冲等基础施工对建筑结构影响在时域范围内的容许振动值

建筑物类型	顶层楼面处容许振动速度峰值（mm/s）	基础处容许振动速度峰值（mm/s）		
	1Hz～100Hz	1Hz～10Hz	50Hz	100Hz
工业建筑、公共建筑	12.0	6.0	12.0	15.0
居住建筑	6.0	3.0	6.0	8.0
对振动敏感、具有保护价值、不能划归上述两类的建筑	3.0	1.5	3.0	4.0

注：表中容许振动值按频率线性插值确定。

表8.0.2-2 强夯施工对建筑结构影响在时域范围内的容许振动值

建筑物类型	顶层楼面容许振动速度峰值（mm/s）	基础容许振动速度峰值（mm/s）	
	1Hz～50Hz	1Hz～10Hz	50Hz
工业建筑、公共建筑	24.0	12.0	24.0
居住建筑	12.0	5.0	12.0
对振动敏感、具有保护价值、不能划归上述两类的建筑	6.0	3.0	6.0

注：表中容许振动值按频率线性插值确定。

8.0.3 对于未达到国家现行抗震设防标准的城市旧房和镇（乡）村未经正规设计自行建造的房屋的容许振动值，宜按表8.0.2-1或表8.0.2-2中居住建筑的70%确定。

8.0.4 当打桩根数少于10根时，建筑物容许振动值，可在表8.0.2-1中规定值的基础上适当提高，但不应超过表8.0.2-2中相应的数值。

8.0.5 对于处于施工期的建筑结构，当混凝土、砂浆的强度低于设计要求的50%时，应避免遭受施工振动影响；当混凝土、砂浆的强度达到设计要求的50%～70%时，其容许振动值不宜超过表8.0.2-1或表8.0.2-2中数值的70%。

9 声学环境振动

9.1 民用建筑

9.1.1 噪声敏感建筑物内房间的声学环境功能区类别，宜根据房间类别、时段和建筑物内噪声排放限值按表9.1.1的规定确定。

表9.1.1 噪声敏感建筑物内房间的声学环境功能区类别

房间类别	A类房间		B类房间		声学环境功能区类别
时　段	昼间	夜间	昼间	夜间	
噪声排放限值 dB(A)	40	30	40	30	0
	40	30	45	35	1
	45	35	50	40	2、3、4

注：1 A类房间是指以睡眠为主要目的，需要保证夜间安静的房间，包括住宅卧室、医院病房、宾馆客房等；

2 B类房间是指主要在昼间使用，需要保证思考与精神集中，正常讲话不被干扰的房间，包括学校教室、会议室、办公室、住宅中卧室以外的其他房间等。

9.1.2 根据建筑物内房间的声学环境要求，民用建筑室内在频域范围内的容许振动值，A类房间容许振动加速度均方根值宜按表9.1.2-1的规定确定，B类房间容许振动加速度均方根值宜按表9.1.2-2的规定确定。

表9.1.2-1 A类房间容许振动加速度均方根值（mm/s^2）

功能区类别	时段	倍频程中心频率（Hz）			
		31.5	63	125	250、500
0、1	昼间	20.0	6.0	3.5	2.5
	夜间	9.5	2.5	1.0	0.8
2、3、4	昼间	30.0	9.5	5.5	4.0
	夜间	13.5	4.0	2.0	1.5

表9.1.2-2 B类房间容许振动加速度均方根值（mm/s^2）

功能区类别	时段	倍频程中心频率（Hz）			
		31.5	63	125	250、500
0	昼间	20.0	6.0	3.5	2.5
	夜间	9.5	2.5	1.0	0.8
1	昼间	30.0	9.5	5.5	4.0
	夜间	13.5	3.5	2.0	1.5
2、3、4	昼间	42.5	15.0	8.5	7.5
	夜间	20.0	6.0	3.5	2.5

9.1.3 振动测试时，应采用多点测试统计平均方法，振动测试方向应与结构楼板或墙面的垂直方向一致，同一构件上的测试点应等距离均匀布置。对于板构件的振动测试，测点数量不应少于5个，振动评价应取各个测点的平均值。

9.2 声学试验室

9.2.1 当声学试验室本底噪声不低于20dB(A)，且不大于50dB(A)时，在频域范围内的声学试验室容许振动加速度均方根值宜按表9.2.1的规定确定。

表9.2.1 声学试验室容许振动加速度均方根值(mm/s^2)

本底噪声 dB(A)	倍频程中心频率(Hz)			
	31.5	63	125	250、500
20	6.5	3.0	1.8	1.5
25	11.0	5.0	3.0	2.5
30	20.0	8.5	5.5	4.5
35	35.0	15.0	10.0	8.5
40	60.0	25.0	17.0	15.0
45	100.0	45.0	30.0	25.0
50	100.0	85.0	50.0	45.0

9.2.2 振动测试应符合本标准第9.1.3条的规定。

9.3 水 声 试 验

9.3.1 振动测试及评价的倍频程中心频率宜取400Hz～1000Hz。

9.3.2 消声水池的侧壁和底板，在频域范围内与测试面垂直方向的容许振动加速度均方根值宜取0.015mm/s^2。

本标准用词说明

1 为便于在执行本标准条文时区别对待，对要求严格程度不同的用词说明如下：

1)表示很严格，非这样做不可的：
正面词采用"必须"，反面词采用"严禁"；

2)表示严格，在正常情况下均应这样做的：
正面词采用"应"，反面词采用"不应"或"不得"；

3)表示允许稍有选择，在条件许可时首先应这样做的：
正面词采用"宜"，反面词采用"不宜"；

4)表示有选择，在一定条件下可以这样做的，采用"可"。

2 条文中指明应按其他有关标准执行的写法为："应符合……的规定"或"应按……执行"。

引用标准名录

《爆破安全规程》GB 6722

《机械振动与冲击　人体暴露于全身振动的评价　第1部分：一般要求》GB/T 13441.1

《金属切削机床　精度分级》GB/T 25372

中华人民共和国国家标准

建筑工程容许振动标准

GB 50868—2013

条 文 说 明

制 订 说 明

《建筑工程容许振动标准》GB/T 50868—2013，经住房和城乡建设部 2013 年 1 月 28 日以第 1625 号公告批准发布。

本标准制订过程中，编制组进行了大量的调查研究和科学试验工作，总结了我国工程振动领域的实践经验，参照了国外先进技术法规和技术标准。

为便于广大设计、施工、科研、学校等单位有关人员在使用本标准时能够准确理解和执行条文规定，《建筑工程容许振动标准》编制组按章、节、条顺序编制了本标准的条文说明，对条文规定的目的、依据以及执行中需注意的有关事项进行了说明。但是，本条文说明不具备与标准正文同等的法律效力，仅供使用者作为理解和把握标准规定的参考。

目　次

1 总 则

1.0.1 本条是编写本标准的宗旨。建筑工程中的振动问题越来越引起人们的重视，如果振动过大，会危害建筑物的安全，影响机器设备的正常工作、仪器仪表的测量精度、工作人员的身体健康，还会对环境造成污染。本标准编写的目的是统一我国建筑振动的容许振动标准，为工程设计提供可靠依据。本标准的实施对于减少振动影响、改善振动环境将起到积极的作用。

1.0.2 本条规定了标准的适用范围，适用于建筑工程中有振动控制要求的工程设计，对于地震、风振作用和古建筑按国家现行有关标准执行。

2 术语和符号

2.1 术 语

本节所列术语均按现行国家标准《机械振动、冲击与状态监测 词汇》GB/T 2298、《建筑结构设计通用符号、计量单位和基本术语》GBJ 83 的有关规定，并结合本标准的专用名词而编写。

2.2 符 号

本节列出本标准采用的主要符号，并给出解释。

3 基 本 规 定

3.1 一 般 规 定

3.1.1 本条给出了建筑结构振动设计的表达式。

3.1.2 本条强调了精密仪器及设备容许振动值的确定宜由设备制造厂家提供或通过试验确定，这样更符合每种仪器设备的实际情况。当无法提供资料或不能进行试验时，应按本标准采用。

3.1.3 本条给出了昼间和夜间的划分方法。

3.2 振动测试要求

Ⅰ 测 试 方 法

3.2.1 本条对振动测试仪器的性能提出要求。

3.2.2 振动测试系统应根据被测试对象的振动类型和振动特性来选取。振动类型包括周期振动、随机振动和瞬态振动等，振动特性是指频率范围、振幅大小、持续时间和振动方向等。对振动测试仪器设备的标定，在我国有较为系统的标准体系。测试仪器应按照国家现行相关标准的要求，定期进行标定或校准。为了确保测试结果的可靠，应确保振动测试系统在校准的有效期内。

3.2.3 不同测试频段应采用不同的物理量指标。对于低频段信号，特别是 1Hz 以下的振动，振动加速度信号较小，如果采用加速度测试，容易产生较大的测试误差，因此规定低频段微振动测试应当采用位移或速度参量；而对于高频振动，位移和速度信号较弱，需用加速度参量来描述。

分别以位移(1.0mm)、速度(1.0mm/s)、加速度(1.0m/s²)为基准比较 0.1Hz、1Hz、10Hz 和 100Hz 的数量级关系，见表 1～表 3。测量系统难免会有干扰信号，如果数量级太小，真实信号就会被噪声所淹没，即便使用信噪比很高的仪器也无法避免这类误差。由于冲击振动包含的频率成分非常丰富，最好同时测试振动位移和加速度信号。建议在有条件的情况下，测试中可以同时记录位移、速度和加速度三个物理量信号，必要时还可以进行分频段测试。

表 1 以位移为基准的数量级关系

频率(Hz)	0.1	1	10	100
位移(mm)	**1.0000**	**1.0000**	**1.0000**	**1.0000**
速度(mm/s)	0.6300	6.2800	62.8300	628.3200
加速度(m/s^2)	0.0004	0.0395	3.9500	394.7800

表 2 以速度为基准的数量级关系

频率(Hz)	0.1	1	10	100
位移(mm)	1.5915	0.1592	0.0159	0.0016
速度(mm/s)	**1.0000**	**1.0000**	**1.0000**	**1.0000**
加速度(m/s^2)	0.0006	0.0063	0.0628	0.6283

表 3 以加速度为基准的数量级关系

频率(Hz)	0.1	1	10	100
位移(mm)	2533.0300	25.3300	0.2500	0.0025
速度(mm/s)	1591.5500	159.1500	15.9200	1.5900
加速度(m/s^2)	**1.0000**	**1.0000**	**1.0000**	**1.0000**

3.2.4 振动传感器安装时，其测试方向应与测试对象的振动方向一致。对于杆件振动，应是横杆件截面平面内两个相互垂直的方向；对于平板结构，应为板平面的法线方向。测试时，尚应根据具体要求考虑测试方向。传感器安装应当满足现行有关国家标准的要求。

3.2.5 本条给出了振动控制点和控制方向的规定；当各章有特殊要求时，按各章规定执行。

3.2.6 振动设备运行往往有多种工况，振动测试时需要选择能反映实际情况的典型工况测试。

Ⅱ 数 据 分 析

3.2.7 在建筑工程振动中，常见的三种振动形式为：周期振动(旋转机械、往复机械等的运行等)、随机振动(汽车、拖拉机、火车等陆用车辆的行驶等)和瞬态冲击(如锻锤、压力机、打桩等操作等)。不同的振动信号，在数据分析时采用的方法不尽相同，需要区别对待。

3.2.8 本条规定采样频率在信号进行模拟转换前需经过抗混滤波器处理，是为了提高测试信号的准确性，避免频率混淆现象发生。本标准中的许多指标与振动频率有关，如果出现频率混淆现象，则振动测试的结果就失去意义。

3.2.9 冲击信号在频域表现为能量分布在较宽频带的振动特性；在时域内，具有较高的瞬时峰值，评判冲击作用的大小关键在于冲击最大值和持续的时间。脉冲冲击的持续时间通常为 0.5ms～25ms，振动加速度值一般为 10m/s²～250m/s²。就锻锤而言，锻打工作时，冲击作用时间非常短，多在 10ms 以内，打击工件过程中，许多砧座下基础最大振动加速度值都在 20 m/s² 以上。

冲击振动测试时，无论是冲击激励本身，还是测试系统特性都可能会有一定的误差。如锻锤在锻打时，打击能量一定，锻打同一工件的情况下，锻打工件的形状和温度都会影响打击振动的响应。普通接触式加速度传感器在测试瞬时冲击时，往往会有一些误差，特别是对于矩形脉冲，有些传感器测试误差可达 20%以上。

根据最大冲击作用数据分析要求，确保数据准确可靠，在自由振动测试中，要求铁锤自由下落冲击测试记录时段不应少于 3 次。

图 1 为锻锤隔振基础在一个锻打过程中的基础振动响应曲线。

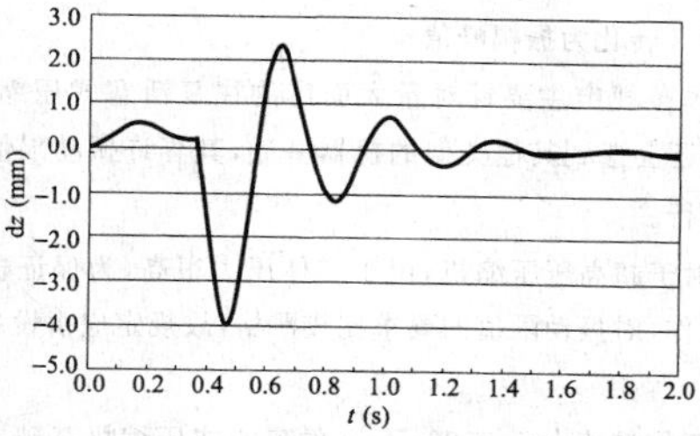

图1　锻锤隔振基础动力响应

3.2.10、3.2.11　每个样本的记录长度是根据数据分析的要求决定的。对于采用快速傅里叶变换（FFT）分析的数据，每个数据帧应为 2^n 个。最常用的数据量为 512、1024 和 2048 等。为了确保分析精度，本标准建议取不少于 1024 个点。

测试误差通常是难免的。测试误差包括系统误差、随机误差和过失误差。

系统误差主要依靠系统标定和测试仪器的内在质量来保证，同时也要验证振动测试方法的准确性和精确度。在测试过程中，测试人员对测试参数档位的设置要正确。对于过失误差，则需要加强测试人员的责任心和进行必要的校核检查工作。而这两条要求在频谱分析中的总体平均次数是为了减少信号的随机误差。

在一些现行标准中规定了不同的随机数据样本总体平滑数量的要求，常用的平滑段数有 20、32、40、100。对于随机数据而言，不论取多少段平均，随机误差总是存在的，即使取了 100 段数据平均，也存在 10% 的随机误差可能性。随机误差与总体平滑数量的关系见表 4。

表 4　随机数据的统计误差

平滑段数	10	20	32	40	100
统计误差	0.316	0.224	0.177	0.158	0.100

随着总体平滑数量的增加，测试和分析工作量也急剧增加。考虑到测试的现实条件以及信号本身的特点，制订相应的数据平滑段数要求；同时，提出了进一步测试要求，以确保数据精度。

对于稳态周期振动，如果数据中的随机信号或噪声干扰部分的振动能量不超过总能量的 10%，采用 20 段数据平滑，其统计精度可达 95% 以上。

对于周期或随机振动，在振动信号分析之前，应当先对数据进行周期性或稳态性检验，只有符合周期性或稳态性条件，才能运用相应的数据分析方法分析数据。

此外，对于周期或随机振动，本标准绝大多数指标适用于波峰因数小于或等于 9 的情形。当波峰因数大于 9 时，应当按照特定的评价指标分析评估，或进行专项研究。

3.2.12　本条的要求参照了国际和国内振动测试标准的规定。当 3 次测试结果与其算术平均值的相对误差小于 5% 时，通常可以避免人为的过失误差，也可以判断出较大的系统误差，同时也能够提高统计精度，减小随机误差。如果满足 3 次测试结果与其算术平均值的相对误差在 5% 以内，并以其算术平均值作为最终结果，则其测试精度可以达到 95% 以上。本标准规定了每个测点记录有效振动数据的次数不得少于 3 次，是为了确保振动测试数据的可靠和精确。

4　精密仪器和设备

4.1　精密加工与检测设备

4.1.1　本条给出了部分以时域示值的精密加工设备的容许振动值，并明确是以时域的峰值表示。

4.1.2　本标准规定的容许振动值有如下特点：

（1）由于精密仪器与设备本身是一个多自由度的复杂弹性系统，自身具有多个固有振动频率及阻尼比，当外界振动频率与某个固有振动频率一致时，系统产生共振，会影响其正常工作。而对于外界环境振动，经大量实例及研究结果证明，是一种平稳随机振动过程，本身含有丰富的简谐振动频率，为了确保仪器及设备的正常工作，对外界环境中存在各种不同频率的振动幅值进行限制，以减弱因共振等产生振动影响的做法是较为科学的。因此，本条规定的容许振动值均采用频域表达。

（2）频域采用 1/3 倍频程中心频率的幅值表示，这是因为对于随机振动频谱，采用 1/3 倍频程带宽的能量来描述随机振动幅值大小是合适的，同时，设备制造提供的容许振动值也基本采用 1/3 倍频程的中心频率值表示。

（3）由于随机振动能量分布在较宽的频率范围内，用峰值描述难以反映随机振动的特性，采用均方根值有利于数据的检验及比对，因此本条规定的容许振动值采用频域均方根值。

（4）由于普通的精密仪器与设备对于 4Hz 以下频段的振动不敏感，因此不考虑其振动影响；对于 4Hz～8Hz 频段，则反映为对振动加速度敏感，因此采用振动加速度作为控制指标。但对于控制精度较高的集成电路、激光装置、纳米加工等，其研发、加工与试验用仪器及设备的自身即带有空气弹簧隔振装置，而它们的固有振动频率往往在 1Hz～3Hz，为了降低这些频段的振动响应，将容许振动值的频段范围延至 1Hz，也即提高了对低频段的振动限值要求。

本条明确了电子工厂、纳米实验室及物理实验室用精密仪器与设备以频域的 1/3 倍频程均方根值作为容许振动标准的限值，且不同频段以不同的物理量示值。

4.1.3　通常大中型三坐标测量机，特别是大型悬臂式测量机容易受到环境振动影响。由于设备与被测工件较大，测量机布置位置相对固定，需要安装在专门的地基基础上，对基础振动有一定要求。当测量机对测量精度有特殊要求时，需要根据设备的具体要求专门设计地基基础，或采取必要的减振和隔振措施。

根据三坐标测量机厂家提供的测量机对环境振动的要求，以及对三坐标测量机测试结构系统的动力分析发现，三坐标测量机的一阶固有频率多在 10Hz～30Hz 范围内，在此区间的环境振动容易引起测试机构共振，影响测量精度。在通常情况下，只要确保 8Hz～100Hz 范围内的基础振动符合设备使用条件，就能保证测量精度不受振动影响。而多数三坐标测量机要求的频率范围是 0.5Hz～100Hz，在这个频率区间内控制好环境振动，应该更能确保三坐标测量精度，这样的要求也更加保险。测量值应取平均幅值，测量的波峰因数应小于 6。

由于三坐标测量机的型式种类非常多，不同厂家不同机型的容许振动限值也不一样。根据数十台三坐标测量机的技术条件，在确保 80% 保证率的前提下，提出了三坐标基础的容许振动限值。对于少数有特殊要求的三坐标测量机，则需要根据具体设备的要求设计基础。

位移限值主要用于低频振动控制，加速度限值用于高频振动控制。对于 10Hz～30Hz 范围的振动要求较严格一些。当频率大于 100Hz 时，振动控制相对容易一些，有些较低精度三坐标测量机的振动要求可以达到 $300mm/s^2$。考虑到本标准其他章节的限值条件，容许振动加速度值均控制在 $200mm/s^2$～$300mm/s^2$。在实际应用中，可以根据具体测量机的要求对技术指标作适当调整。图 2 是三坐标测量机对环境振动的要求。

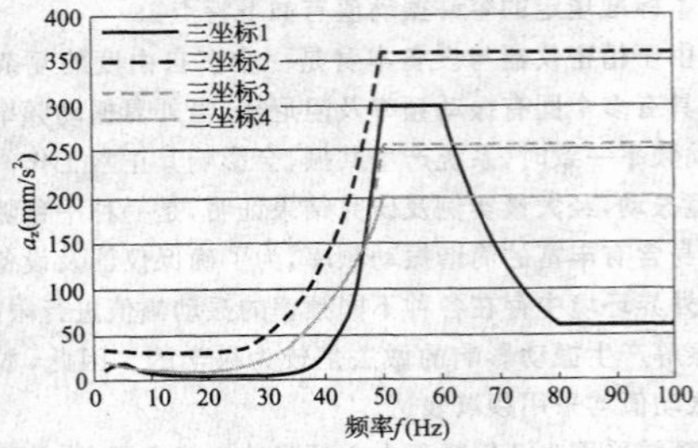

图2 三坐标测量机的容许振动值

4.2 计量与检测仪器

4.2.1 本条给出了部分以时域示值的计量与检测仪器的容许振动值，并明确是以时域的峰值表示。

4.2.2 本条给出了部分以频域示值的计量与检测仪器的容许振动值，并以频域的均方根值作为容许振动标准的限值，且不同频段以不同的物理量示值。

4.3 光学加工及检测设备

4.3.1 光栅刻线机、全息曝光机、镀膜机、环抛机均为光学加工的典型设备。光栅刻线设备的工艺有其特殊性，在防止外界振动对刻划有影响的情况下，其自身的内部设备要产生振动，振动的幅值现在无法准确定量，表4.3.1中的振动标准应为静态时的控制标准。

4.3.2 光学检测设备在频域范围内的容许振动值是长期工程实测资料的经验总结，特别是近年来发展很快的空间光学部件检测和整机检测实测资料经验总结。空间光学设备的检测，一般光路长度达到十几米甚至几十米，分成水平检测和垂直检测两种，水平检测的基础一般细长，测点需沿长度方向均匀布置，并不少于3个，以保证测试结果的代表性和可靠性。

4.4 显 微 镜

4.4.1、4.4.2 显微镜在各行业的应用非常广泛，而且新产品发展很快，各个厂商生产的各类型号显微镜的容许振动标准也各不相同，无法确切地进行统计。表4.4.1和表4.4.2中列出的是目前较常使用的光学显微镜和电子显微镜的容许振动标准。实际使用中，应更多地依据生产厂商提出的容许振动标准进行设计。两个表分别明确一部分显微镜以时域峰值作为容许振动标准的限值，而另一部分显微镜以频域的1/3倍频程均方根值作为容许振动标准的限值，且不同频段以不同的物理量示值。

5 动力机器基础

5.1 压缩机基础

5.1.1 压缩机基础动力计算的最终目的是要把基础的振动控制在容许范围内，使机器正常运转、工人正常操作、对周围建（构）筑物及仪表无不良影响。

(1)压缩机基础的振动应在满足本条规定容许振动值的同时，满足为防止引起机器损坏或为保证设备的正常运行、由机器制造厂家提出的对基础振动的限值。

(2)本节中规定的振幅均对应于振动位移峰值，振动速度均对应于速度峰值。若制造厂家提出的振动位移限值是振幅峰-峰值，则应除以2转化为振幅峰值。

(3)本条规定主要针对量大面广的往复活塞式压缩机基础。在设计中还会遇到其他类似的机器基础，其容许振动限值也可参照本条执行。

(4)对于超高压压缩机，由于气体压力很高，为保证机器和管道安全工作，对振动限值的要求比较严格，故规定应由设备制造厂提供。

5.1.2 工作转速大于3000r/min的离心式压缩机基础一般为刚架式基础，也有个别为墙式基础，其振动限值均要满足本条规定。符合多自由度体系假定的空间刚架式基础顶面的振动最大点通常是在基础顶面的扰力作用点或梁中点。

5.2 汽轮发电机组和重型燃气轮机基础

5.2.1 汽轮发电机组基础的容许振动标准和计算相关规定是根据现行国家标准《动力机器基础设计规范》GB 50040的有关规定确定的。

总体要求概括来说，在机器额定转速的±25%频率范围内，扰力值取机器转子重量的0.2倍，对汽轮发电机基础进行强迫振动响应分析，基础的容许振动值采用容许振动位移控制，位移峰值不大于20μm。

国外主要国家和汽轮机制造厂家均采用ISO标准。机器动扰力的取值规定参照现行国家标准《机械振动 恒态(刚性)转子平衡品质要求 第1部分:规范与平衡允差的检验》GB/T 9239.1—2006(ISO 1940—1:2003)。机器扰力的计算公式为：

$$P_{gi}=W_{gi}\cdot\frac{G\Omega^2}{g\omega} \tag{1}$$

$$G=e\omega \tag{2}$$

式中：P_{gi}——工作转速时作用在基础第i点的扰力值(kN)；

W_{gi}——作用在基础第i点的机器转子重力(kN)；

G——衡量转子平衡质量等级的参数(mm/s)，由设备厂家提供，ISO标准建议采用2.5mm/s的平衡等级；

e——转动质量的偏心距，等于转动轴与转动质量质心间的距离(mm)；

ω——机器设计的额定运转速度时的角速度(rad/s)；

Ω——计算不平衡力的转速时的角速度(rad/s)；

g——重力加速度。

当平衡等级G取2.5、机器工作频率为50Hz时，动扰力约为转子重量的0.08倍；当平衡等级G取6.3时，动扰力约为转子重量的0.2倍。

基础容许振动限值规定参照现行国家标准《机械振动 在非旋转部件上测量和评价机器的振动 第2部分:50MW以上，额定转速1500r/min、1800r/min、3000r/min、3600r/min陆地安装的大型汽轮机和发电机》GB/T 6075.2—2012(ISO 10816—2:2009)。ISO标准采用四个评价区域对机器振动进行评价：

区域A：新投产的机器，振动通常宜在此区域内。

区域B：通常认为振动在此区域内的机器，可不受限制地长期运行。

区域C：通常认为振动在此区域内的机器，不适宜长期连续运行。一般来说，在有适当机会采取补救措施之前，机器在这种状态下可运行有限的一段时间。

区域D：振动在此区域内一般认为其烈度足以引起机器损坏。

表5为汽轮发电机组轴承座振动速度评价区域边界的推荐值。

表 5 汽轮发电机组轴承座振动速度评价区域边界的推荐值表

区域边界	轴转速(r/min)	
	1500 或 1800	3000 或 3600
	振动速度均方根值(mm/s)	
A/B	2.8	3.8
B/C	5.3	7.5
C/D	8.5	11.8

注:这些数值相应于在额定转速、稳定工况下在推荐的测量位置上用于所有轴承的径向振动测量和推力轴承的轴向振动测量。

汽轮发电机基础的振动波形是基于单个正弦曲线组成,振动位移峰值与振动速度均方根值之间存在简单的变换关系,振动位移与振动速度可采用以下公式进行替换:

$$A = 225V/f_m \tag{3}$$

式中:A——基础的振动位移峰值(μm);

V——基础的振动速度均方根值(mm/s);

f_m——机器的运行频率(Hz)。

新建机组工作频率为 50Hz,振动速度均方根限值为 3.8mm/s,转换为振动位移峰值约 0.017mm。

综合比较动扰力和振动位移限值,现行国家标准《动力机器基础设计规范》GB 50040 的振动控制要求与 ISO 标准平衡等级 G6.3 相当,而比 ISO 标准推荐采用的平衡等级 G2.5 要严格得多。

5.2.2 由于目前我国现行规范没有弹簧隔振汽轮发电机组基础的振动限值规定,所以本条的容许振动值是参考现行国家标准《机械振动 在非旋转部件上测量和评价机器的振动 第 2 部分:50MW 以上,额定转速 1500r/min、1800r/min、3000r/min、3600r/min 陆地安装的大型汽轮机和发电机》GB/T 6075.2(ISO 10816—2)的有关规定制订的,该标准被国内外主要汽轮发电机制造商和弹簧制造商所认可,并在国内外工程中普遍使用。

在 ISO 标准中,弹簧隔振汽轮发电机组基础与非隔振基础的振动控制要求没有区别。基于第 5.2.1 条的条文说明,实际上本标准弹簧隔振基础的振动控制限值比普通基础有所放松,当平衡等级取 ISO 标准推荐的 G2.5 时,弹簧隔振汽轮发电机组基础的振动限值与现行国家标准《动力机器基础设计规范》GB 50040 普通基础相比,放大约 1.1 倍。

5.2.3 对于功率在 3MW 以上、转速范围在 3000r/m～20000r/m 之间、用于发电和机械驱动的重型燃气轮机,目前国内规范没有明确规定,其容许振动值是参考现行国家标准《在非旋转部件上测量和评价机器的机械振动 第 4 部分:不包括航空器类的燃气轮机驱动装置》GB/T 6075.4—2001(ISO 10816—4:1998)制订的。

5.3 锻锤基础

5.3.1 本条规定是指锻锤未安装隔振装置时锻锤基础的容许振动位移和容许振动加速度。

5.3.2 本条规定了安装隔振装置时锻锤基础的容许振动位移,是为了保证自由锻锤在安装隔振装置后能够正常工作。同时,为了避免误导锻锤使用者对自由锻锤的砧座单独进行隔振,本标准明确为"当隔振装置直接支承在锻锤底部时"。本条标准限制隔振后锻锤设备和块体基础位移大小的目的是为了保证不会因为位移太大而影响锻锤正常工作。

本条所给出的容许振动位移值是指锻锤或块体基础离开静态零位移点的单向最大值。

5.4 压力机基础

5.4.1、5.4.2 限制压力机设备和其基础位移大小的目的是为了保证不会因为位移太大而影响压力机正常工作。

压力机基础容许振动位移区分为非隔振和隔振两种情况,分别作出规定是为了便于进行控制。因为隔振后很多压力机在底座处的竖向振动位移超过 1mm 仍能正常工作,所以该容许振动位移数值规定为 3mm,使之更加合理。对于隔振的情况,无论压力机支承于块体基础或钢梁上,还是直接支承在隔振器上,控制点都是压力机底座处。

本条所给出的容许振动位移值是指压力机或块体基础离开静态零位移点的单向最大值。

5.5 破碎机和磨机基础

5.5.1、5.5.2 这两条是根据现行国家标准《动力机器基础设计规范》GB 50040 和现行行业标准《火力发电厂土建结构设计技术规定》DL 5022 的设计原则确定的。

5.6 发动机基础

5.6.1 活塞式发动机自身的振动评级有现行国家标准《在非旋转部件上测量和评价机器的振动 第 6 部分:功率大于 100kW 的往复式机器》GB/T 6075.6 和《中小功率柴油机 振动测量及评级》GB/T 7184 等,都采用振动速度均方根值作为振动评级和验收的衡量指标。考虑到与机器自身振动评级呼应,且振动速度与振动能量和振动产生的内应力直接对应,以及建筑行业采用峰值的习惯,本标准采用了时域内振动速度峰值作为发动机基础的容许振动值。当需要与振动速度有效值作比较时,可近似取表 5.6.1 中数值的 1/3～1/2 换算。无论峰值和均方根值,现代测振仪器都很容易直接测得。发动机基础的容许振动值是按与机器振动评级 B 的上限值对应的振动烈度值并留有余地确定的。发动机基础也包括与其配套并设置在同一基础上的发电机组基础。发电机组基础的容许振动值参考了现行国家标准《往复式内燃机驱动的交流发电机组 第 9 部分:机械振动的测量和评价》GB/T 2820.9(ISO 8528—9)。由于发动机的功率大小和平衡性能相差很大,对平衡好的或功率小的发动机,设计时容许振动值宜控制得严一些。发动机基础隔振后,不存在振动对地基和周围环境的影响,且隔振基础的振动更接近于设备自身的振动,故发动机隔振基础的容许振动值可以比地基上的基础大幅提高。表 5.6.1 中的数值提高后仍小于或大大小于柔性支承的机器自身的容许振动指标,对机器运行是安全的。

表 5.6.1 中的容许振动值仅针对发动机基础所处场地的一般情况,而实际工程会有各种不同的环境振动要求。这些要求反映到发动机基础的容许振动值上,有的工艺专业或用户会提出,有的则需设计人员根据项目要求,通过振动衰减计算和经验去确定。基础或隔振基础设计时,容许振动值宜留有余地。

5.6.2 发动机试验室的试验台基础是一种特殊的发动机基础,它紧靠控制室,地面振动衰减有限。为了避免振动对控制室操作人员、仪器、试验精度可能产生的不利影响,振动控制应比普通基础严格。现在采用的容许振动速度峰值 3.2mm/s,经地面振动传播衰减后,控制室的控制台处地面振动速度峰值可控制在 1mm/s 左右,低转速发动机还会略大些,试验操作人员只有不大的振动感觉。试验台基础隔振以后,容许振动值控制也比普通基础严格很多,主要是考虑试验台的重要性和隔振器的耐久性要求。从现有的试验台看,此指标不难实现。有些对振动有特殊要求的试验室,如振动噪声试验室,试验台基础的容许振动值应由工艺专业根据试验要求确定并提供。

5.7 振动试验台基础

5.7.1 电液伺服液压振动试验台基础容许振动值的确定主要考虑以下几个原则:

(1)电液伺服液压振动试验台是一种以液压源为动力，伺服阀驱动，通过电控系统形成闭环控制的振动试验系统（见图3）。激振力较大，试验精度也相对较高。此类振动试验台属于强力振动设备。在进行振动试验时，一方面，试验台作动器的推力较大，运动过程中可能会引起地基的振动响应，如果振动过大可能会危及房屋安全，也会影响周边环境；另一方面，外部环境振动过大，也会影响振动台的试验精度。因此，在地基基础设计时，除了要减少振动对周围环境的影响和避免对附近建筑安全的影响外，还要避免环境振动对试验精度的影响。

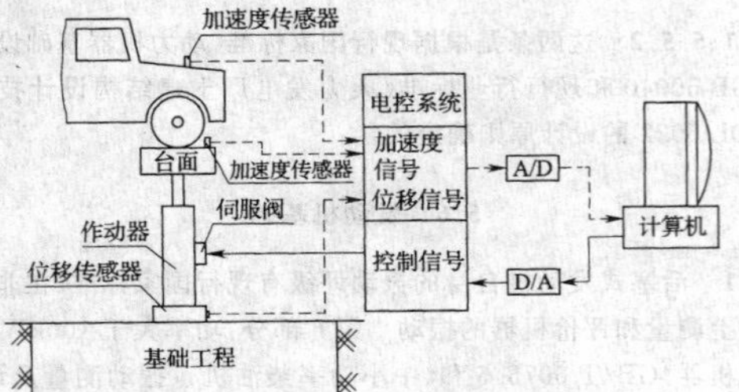

图3　电液伺服振动台原理框图

电液伺服液压振动试验台模拟的激振波形种类很多，包括稳态激励、随机激励、脉冲激励等。可以产生低频振动激励，激振频率可以达到或者接近0。根据大量数据统计，国内外电液伺服液压振动试验台主要试验频率区间是在0～200Hz，并以1.0Hz～30Hz的激励为主；绝大多数振动试验台作动器的行程为300mm，振动试验的位移振幅控制范围为±150mm。

(2)振动控制指标的物理量包括振动位移和加速度。位移控制低频振动，通常在不大于10Hz的频率范围内，应以位移限制为主；加速度主要控制高频振动，对于大于20Hz的振动激励，需要考虑振动加速度指标。

(3)本标准同时给出了振动位移和加速度的限制指标，其限值曲线见图4所示。这些技术指标是根据一些设备厂家提供的数据资料，振动台的试验精度要求，以及试验机地基基础设计分析和现场振动实测数据的经验积累结果而确定的。振动试验台的容许界限是按照正弦周期信号振幅大小为准。如果振动测试或者分析过程中，信号为非单频或非周期信号时，可按照采取幅值等效的方法来评估。亦即根据振动信号的均方根或者有效值乘以$\sqrt{2}$，就可以得到等效正弦信号的幅值。对于冲击激励的试验，应以振动响应的最大值作为技术指标，控制基础振动响应。

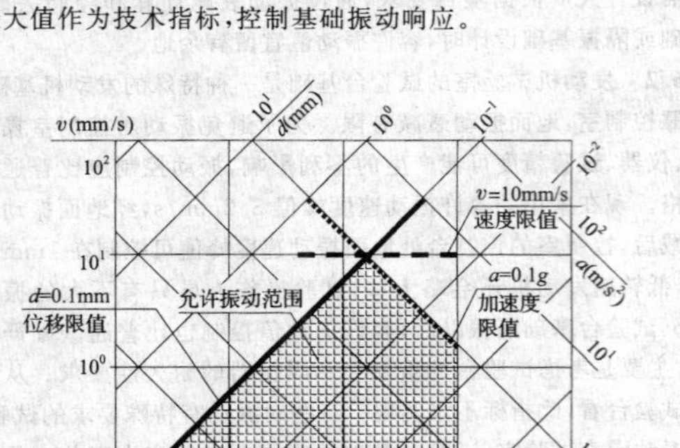

图4　电液伺服试验台基础容许振动幅值

5.7.2　电动振动试验台基础在时域范围内容许振动值的确定主要考虑以下因素：

电动振动试验台多用于高频、大加速度振动试验。相对而言，激振力小一些。频率范围多为5Hz～2000Hz，有些厂家称其产品激振频率能够达到3Hz或者更低，考虑到电动振动台的振动位移量较小，多在50mm以下，低频振动的激振力往往比较小，可以不考虑。电动振动台设备下需要安装隔振器，根据现有设备隔振的效果来看，对于大于10Hz以上的激振力，隔振效率可达80%以上，做得好的可以达到90%以上。在制订指标时，根据实际工程案例和分析实测结果，并参考其他规范的规定，选取了折中的数值。

5.7.3　基础中点为竖向振动和水平振动的控制点，角点是为了控制基础回转和水平振动而设置的，作动器底座的测点主要是用于控制环境振动对试验的影响。

5.8　通用机械基础

5.8.1、5.8.2　这两条提出了容许振动的数值及取值规则。容许振动值是根据两个原则确定的：一是应保证机器本身的正常运转；二是动力设备基础振动所产生的振动波，通过地面振动传播衰减后，对工业建筑物和操作工人不产生有害影响。保证机器本身的正常运转，主要依据现行国家标准《机械振动　在非旋转部件上测量评价机器的振动　第3部分：额定功率大于15kW，额定转速在120r/min至15000r/min之间的在现场测量的工业机器》GB/T 6075.3—2011中表A1、A2和旋转泵、离心机、风机、膨胀机振动限值对应标准：《泵的振动测量与评价方法》JB/T 8097、《离心机　分离机　机械振动测试方法》GB/T 10895、《通风机振动检测及其限值》JB/T 8689（《一般用途离心式鼓风机》JB/T 7258）及《增压透平膨胀机　技术条件》JB/T 6894。这些标准均以振动速度有效值作为振动烈度的评价物理量。设备基础的容许振动值应低于设备自身的振动值，但建筑设计习惯采用振动速度幅值作为容许振动值，为此按单谐波进行了有效值与幅值的转换，并以机器振动评级的B级上限值作参照，确定动力设备基础的容许振动值。鉴于操作工人很少需要站在机器基础上操作，考虑地面振动衰减后，除有振动要求的建筑物和特殊场合外，本标准采用的机器基础容许振动值，对工业建筑物和操作工人均不会产生有害影响。而当振动设备基础的厂房周边有振动控制要求，或当风机、水泵等基础设置在其他建筑物地面或地下室时，基础的容许振动值实际变为由相关建筑物功能的振动要求控制，情况就很复杂，本标准现难以作出具体规定。项目设计中，设计人员应综合考虑后确定容许振动值和基础设计方案，还应特别注意振动固体传声和管道振动对楼盖的影响。

基础顶面控制点处的振动速度还参照了国家现行标准《动力机器基础设计规范》GB 50040、《离心式压缩机基础设计规定》HG 20555及实际调研的结果，包括对几十台风机及十余台泵等进行的现场运行或出厂运转试验，以及现有此类设备基础的振动状况调查。由于此类设备振动源均为旋转运动部件初始不平衡、装配误差及使用过程中磨损、腐蚀等因素形成的不确定扰力，总体说来，同一种设备的功率和振动大小相差很大。振动较小的通用机械，尤其中小型水泵、电机和大多数通风机等，基础设计只要宏观判定不共振，一般无需动力计算，按设备制造厂提供的参考基础图设计即可。但大型设备和工作环境恶劣的设备，则会产生较大振动，基础设计需做动力计算，尤其是可能产生共振的设备基础。大型、低转速风机等设备的基础，为控制刚性连接的管道振动不致过大及地面振动衰减对周边环境的影响，当转速低于600r/min时，还需增加位移控制。因此，有必要对容许振动值进行适当分级。20世纪80年代以来，动力设备采用隔振已逐步普遍，尤其工业与民用建筑中的水泵、风机等。隔振以后，隔振基础上的振动比不隔振会增大很多，但这种增大的振动对被隔振设备是无害的。基础隔振后，要求对连接管道采用柔性接头，不会使管道等附属部件造成损害。对厂房和周边环境的振动影响，通过隔振已完全消除，更无须考虑。根据风机、水泵等的多年使用经验，本标准取用了较大的容许振动值。但风机、水泵等设备隔振后，管道也需同时采取隔振措施，才不至于使管道振动影响建筑物内工作环境超标。电机为各种动力机器的驱动机，它自身对振动并不敏感，参照现行国家标准《往复式内燃机驱动的交流发电机组　第9部分：机械振动的测量与评价》GB/T 2820.9，对隔振以后的电机可不提出容许振动要求，按相关使用机器的容许振动值控制就可以了。

潜液泵、往复泵等目前尚无设备振动限值标准，往复泵为曲柄连杆式机器，自身存在很大的惯性力，与本节设备非同一类型，本标准暂未列入。

5.8.3　汽动给水泵与电动给水泵基础的容许振动值在国内规范中没有明确规定，实际工程中一般借鉴高频离心式压缩机的规定，容许振动速度峰值为5mm/s。考虑到汽动给水泵与电动给水泵是火力发电厂重要的辅助机器，本条依据现行国家标准《在非旋转部件上测量和评价机器的机械振动　第3部分：额定功率大于15MW额定转速在120r/min至15000r/min之间的在现场测量的工业机器》GB/T 6075.3—2011(ISO 10816—3:2009)制订了容许振动限值，相对更为严格。考虑到标准的一致性，本标准采用容许振动速度均方根值，若转换为振动速度峰值(对于简谐振动，振动速度峰值与振动速度均方根值存在$\sqrt{2}$倍的关系)，则普通基础的振动速度峰值为3.25mm/s，隔振基础的振动速度峰值为4.95mm/s。

5.9　纺织机基础

5.9.1　通过对国内几十家已建并在生产的多层织造厂房的测试普查，发现有两家厂房结构出现很大裂缝，有影响结构安全的危险；有少数几家厂房的竖向、水平向的振幅较大，影响到纺织机的正常生产，如飞梭增加、断头率提高、平车频繁、易损件更换率偏高等；多数厂房的振动属正常范围。为了确保厂房结构的安全、确保生产人员的生理健康和满足工艺生产的正常技术条件，需制订纺织机基础的振动限制，从而控制织造厂房的水平向和竖向的振动量，确保厂房的振动满足上述三方面的要求。通过对上述几十家厂房的实际测试，并对大量的测试结果进行整理、比较和分析，对振动频率不大于60Hz的国产有梭纺织机的水平振动和竖向振动，其容许振动位移幅值统一取0.08mm。采用该限值，对测试的几十家厂房，其振动合格率达93.75%。

5.9.2　当今纺织机发展日新月异，尤其是国外纺织机型号不断翻新，其先进程度较高，采用了高科技的技术手段，特别是电子设备，我们对此类灵敏度要求较高的设备的允许振动限量未做专门研究，根据对国内多家现有进口的振动频率不大于60Hz的剑杆纺织机的生产车间进行实测结果来看，其振动幅值一般在0.05mm范围以内，未发现振动对生产有异常现象，故确定0.05mm为其振动限值。

5.10　金属切削机床基础

5.10.1、5.10.2　本条规定了金属切削机床的适用范围和容许振动值，说明如下：

(1)适用范围：

本节适用于一般用途的金属切削机床，当金属切削机床对基础的振动有特殊要求时，需要根据具体要求专门设计基础。金属切削机床的基础是指金属切削机床安装处的混凝土基础或金属切削机床坐落处的地坪面。

本标准中的金属切削机床的精度等级参考了现行国家标准《金属切削机床　通用技术条件》GB/T 9061和《金属切削机床　精度分级》GB/T 25372。

金属切削机床安装处基础的振动对金属切削机床的加工精度会产生一定影响，为了保证金属切削机床的加工精度，在基础的设计中应根据不同精度金属切削机床基础的振动限值，考虑环境振动的传递影响，采取合适的结构形式或隔振措施。

(2)容许振动值：

本标准没有涉及基础和机床的隔振，如果机床所处的环境振动较大，可以在基础的设计中采取合适的隔振措施，也可以在机床底座和基础之间安装隔振器。

本标准中的金属切削机床基础的振动测量方法应按现行国家标准《金属切削机床　振动测量方法》GB/T 16768和《城市区域环境振动测量方法》GB 10071执行，同时考虑了一般振动测量仪器优先选用的振动频率范围。对于3Hz以下的振动，以大地脉动为主，而且一般振动测量仪器的误差较大。故本标准中金属切削机床基础的振动测量参数为3Hz～100Hz频率范围振动速度的均方根值(RMS)。

5.11　振动筛和轧机基础

5.11.1　冶金工业振动筛多放置在框架结构的平台上，其振动会对整个框架结构建筑物产生明显影响。为避免振动筛振动对建筑物造成危害，本条规定是根据现有规范、标准以及对若干振动筛的振动测试统计分析得出的。

5.11.2　冶金工业热轧、冷轧等各类轧机的基础一般都是采用墙式或大块式基础，基础的水平和竖向刚度较大，在冲击力作用下，基础振动速度和位移较小。从实际测试轧机的振动结果来看，轧机基础的最大振动加速度均在0.2 m/s^2～0.8m/s^2之间，且冶金企业多位于7度或7度以上设防地区。从抗震角度考虑并根据现场振动测试分析，本条确定了振动加速度限值。

6　建筑物内人体舒适性和疲劳-工效降低

6.0.1　为防止建筑物周边或建筑物内振动源对室内使用者和居住者的干扰，满足建筑物内人体舒适性要求，制订本条规定。

建筑物内振动对人体的影响属于全身振动，本条适用于频率范围为1Hz～80Hz的周期振动、随机振动或具有分布频谱的非周期性振动，也适用于其能量在此频带范围内的连续冲击型振动。

容许振动标准采用1/3倍频程分析法，用分布在1/3倍频段的加速度值(m/s^2)或速度值(m/s)表示振动限值；也可采用振动计权分析法，用单一参数振动计权加速度级(dB)表示振动限值。

采用1/3倍频程分析法，用加速度值或速度值表示振动限值时，建筑物内人体舒适性的容许振动加速度和容许振动速度值可按表6采用。

表6　建筑物内人体舒适性的容许振动加速度和容许振动速度值

1/3倍频程中心频率(Hz)	容许振动加速度均方根值(m/s^2)			容许振动速度均方根值(m/s)		
	竖向	水平向	混合向	竖向	水平向	混合向
1	1.00×10^{-2}	3.60×10^{-3}	3.60×10^{-3}	1.59×10^{-3}	5.73×10^{-4}	5.73×10^{-4}
1.25	8.90×10^{-3}	3.60×10^{-3}	3.60×10^{-3}	1.13×10^{-3}	4.58×10^{-4}	4.58×10^{-4}
1.6	8.00×10^{-3}	3.60×10^{-3}	3.60×10^{-3}	7.96×10^{-4}	3.58×10^{-4}	3.58×10^{-4}
2	7.00×10^{-3}	3.60×10^{-3}	3.60×10^{-3}	5.57×10^{-4}	2.87×10^{-4}	2.87×10^{-4}
2.5	6.30×10^{-3}	4.51×10^{-3}	3.72×10^{-3}	4.01×10^{-4}	2.87×10^{-4}	2.37×10^{-4}
3.15	5.70×10^{-3}	5.68×10^{-3}	3.87×10^{-3}	2.88×10^{-4}	2.87×10^{-4}	1.95×10^{-4}
4	5.00×10^{-3}	7.21×10^{-3}	4.07×10^{-3}	1.99×10^{-4}	2.87×10^{-4}	1.62×10^{-4}
5	5.00×10^{-3}	9.02×10^{-3}	4.30×10^{-3}	1.59×10^{-4}	2.87×10^{-4}	1.36×10^{-4}
6.3	5.00×10^{-3}	1.14×10^{-2}	4.60×10^{-3}	1.26×10^{-4}	2.87×10^{-4}	1.16×10^{-4}
8	5.00×10^{-3}	1.44×10^{-2}	5.00×10^{-3}	9.95×10^{-5}	2.87×10^{-4}	9.95×10^{-5}
10	6.30×10^{-3}	1.80×10^{-2}	6.30×10^{-3}	9.95×10^{-5}	2.87×10^{-4}	9.95×10^{-5}
12.5	7.81×10^{-3}	2.25×10^{-2}	7.80×10^{-3}	9.95×10^{-5}	2.87×10^{-4}	9.95×10^{-5}

续表 6

1/3 倍频程中心频率(Hz)	容许振动加速度均方根值 (m/s^2)			容许振动速度均方根值 (m/s)		
	竖向	水平向	混合向	竖向	水平向	混合向
16	1.00×10^{-2}	2.89×10^{-2}	1.00×10^{-2}	9.95×10^{-5}	2.87×10^{-4}	9.95×10^{-5}
20	1.25×10^{-2}	3.61×10^{-2}	1.25×10^{-2}	9.95×10^{-5}	2.87×10^{-4}	9.95×10^{-5}
25	1.56×10^{-2}	4.51×10^{-2}	1.56×10^{-2}	9.95×10^{-5}	2.87×10^{-4}	9.95×10^{-5}
31.5	1.97×10^{-2}	5.68×10^{-2}	1.97×10^{-2}	9.95×10^{-5}	2.87×10^{-4}	9.95×10^{-5}
40	2.50×10^{-2}	7.21×10^{-2}	2.50×10^{-2}	9.95×10^{-5}	2.87×10^{-4}	9.95×10^{-5}
50	3.13×10^{-2}	9.02×10^{-2}	3.13×10^{-2}	9.95×10^{-5}	2.87×10^{-4}	9.95×10^{-5}
63	3.94×10^{-2}	1.14×10^{-1}	3.94×10^{-2}	9.95×10^{-5}	2.87×10^{-4}	9.95×10^{-5}
80	5.00×10^{-2}	1.44×10^{-1}	5.00×10^{-2}	9.95×10^{-5}	2.87×10^{-4}	9.95×10^{-5}

建筑物内使用者和居住者以站姿、坐姿、卧姿多种方式活动。当人在建筑物内活动姿势相对固定时，采用水平向或竖向数值；当人在建筑物内站立、躺卧姿势不固定时，采用混合向曲线。考虑到使用者工作、生活主要是在建筑物室内地面或楼面上，故竖向振动是影响的主要因素。

对于不同使用功能的建筑物和不同性质的振动，由于使用要求和使用人群的不同，振动可忍性有很大变化，具体取值取决于社会背景、文化因素、心理状态及对居住的妨碍程度。

表 7 给出了建筑物内人体舒适性容许振动修正系数(倍乘因子)，对振动容许值进行调整。根据不同情况，以表 6 中人最敏感频率范围容许振动加速度值为基准，按表 7 中修正系数(倍乘因子)对加速度进行调整，再按振动加速度级的计算方法进行计算，得出不同使用功能建筑物和不同性质振动的计权加速度级容许值，即本条规定的建筑物内人体舒适性振动计权加速度级容许值，表 6.0.1 中数值为不得超过的限值。

表 7　建筑物内人体舒适性容许振动修正系数

地　点	时段	连续振动、间歇振动和重复性冲击	每天只发生数次的冲击振动
医院手术室和振动要求严格的工作区	昼间	1	1
	夜间		
住宅	昼间	2	30
	夜间	1.4	1.4
办公室	昼间	4	60
	夜间		
车间办公区	昼间	8	90
	夜间		

振动测点应布置于建筑物室内地面中央人经常活动处，或室内地面振动敏感处。测量时拾振器应平稳地安放在平坦、坚实的地面上，拾振器的灵敏度主轴方向应与地面的垂直方向一致。

6.0.2　本条主要考虑在动力机械附近工作的操作人员受全身振动影响时，建筑物内以及振动机械附近，生产操作区的操作人员通过支承面传递到整个身体的振动。即通过站立人双脚、就座人臀部或斜靠人背部的支撑表面传递到人体的振动。适用于生产操作区立姿、坐姿和斜靠姿的人。

振动对人体的作用取决于 4 个参数：振动强度、频率、方向和暴露时间。当生产操作区的操作人员承受全身振动的影响时，根据振动强度、频率、方向和持续时间，将振动控制界限划分为舒适性降低界限、疲劳-工效降低界限。

本条适用于频率范围为 1Hz～80Hz 的周期振动、随机振动或具有分布频谱的非周期性振动，也适用于其能量在此频带范围内的连续冲击型振动。低于 1Hz 的振动会出现许多传递形式，并产生一些与较高频率完全不同的影响，不能简单地通过振动的强度、频率和持续时间来解释。高于 80Hz 的振动，感觉和影响主要取决于作用点的局部条件，目前还没有建立 80Hz 以上的关于人的整体振动标准。

容许振动标准可采用 1/3 倍频程分析法，用分布在 1/3 倍频段的加速度值(m/s^2)表示振动限值；也可采用振动计权分析法，采用单一参数振动计权加速度级(dB)表示振动限值。

采用 1/3 倍频程分析法时，需将振动做频谱分析，给出每个频段(或 1/3 倍频段)的加速度值，将这些数值与容许加速度值对应比较，有任何一组值超过限值，则认为该振动环境超过劳动保护标准。

在振动作业环境中，可取使操作人员注意力转移、工作效率降低时的振动界限为疲劳-工效降低界限，保持人体生理和心理舒适性的振动限值为舒适性降低界限，生产操作区竖向和水平向的疲劳-工效降低界限的容许振动加速度值可按表 8 和表 9 采用。舒适性降低界限的容许加速度值，可取表 8 和表 9 中加速度值除以 3.15。

表 8　竖向振动的疲劳-工效降低的容许加速度值 (m/s^2)

1/3 倍频程中心频率 (Hz)	暴露时间								
	24h	16h	8h	4h	2.5h	1h	25min	16min	1min
1.00	0.280	0.425	0.63	1.06	1.40	2.36	3.55	4.25	5.60
1.25	0.250	0.375	0.56	0.95	1.26	2.12	3.15	3.75	5.00
1.6	0.224	0.335	0.50	0.85	1.12	1.90	2.80	3.35	4.50
2.0	0.200	0.300	0.45	0.75	1.00	1.70	2.50	3.00	4.00
2.5	0.180	0.265	0.40	0.67	0.90	1.50	2.24	2.65	3.10
3.15	0.160	0.285	0.355	0.60	0.80	1.32	2.00	2.35	3.15
4.0	0.140	0.212	0.315	0.53	0.71	1.18	1.80	2.12	2.80
5.0	0.140	0.212	0.315	0.53	0.71	1.18	1.80	2.12	2.80
6.3	0.140	0.212	0.315	0.53	0.71	1.18	1.80	2.12	2.80
8.0	0.140	0.212	0.315	0.53	0.71	1.18	1.80	2.12	2.80
10.0	0.180	0.265	0.40	0.67	0.90	1.50	2.24	2.65	3.55
12.5	0.224	0.335	0.50	0.85	1.12	1.90	2.80	3.35	4.50
16.0	0.280	0.425	0.63	1.06	1.40	2.36	3.55	4.25	5.60
20.0	0.355	0.530	0.80	1.32	1.80	3.00	4.50	5.30	7.10
25.0	0.450	0.670	1.00	1.70	2.24	3.75	5.60	6.70	9.00
31.5	0.560	0.850	1.25	2.12	2.80	4.75	7.10	8.50	11.2
40.0	0.710	1.060	1.60	2.65	3.55	6.00	9.00	10.6	14.0
50.0	0.900	1.320	2.00	3.35	4.50	7.50	11.20	13.2	18.0
63.0	1.120	1.700	2.50	4.25	5.60	9.50	14.00	17.0	22.4
80.0	1.400	2.120	3.15	5.30	7.10	11.80	18.00	21.2	28.0

注：本表界限值指分布在 1/3 倍频带内的振动均方根值。

表 9　水平振动的疲劳-工效降低的容许加速度值(m/s^2)

1/3 倍频程中心频率 (Hz)	暴露时间								
	24h	16h	8h	4h	2.5h	1h	25min	16min	1min
1.00	0.100	0.150	0.224	0.355	0.50	0.85	1.25	1.50	2.00
1.25	0.100	0.150	0.224	0.355	0.50	0.85	1.25	1.50	2.00
1.6	0.100	0.150	0.224	0.355	0.50	0.85	1.25	1.50	2.00
2.0	0.100	0.150	0.224	0.355	0.50	0.85	1.25	1.50	2.00
2.5	0.125	0.190	0.280	0.450	0.63	1.06	1.6	1.9	2.50
3.15	0.160	0.235	0.355	0.56	0.8	1.32	2.0	2.36	3.15
4.0	0.200	0.300	0.45	0.71	1.0	1.70	2.5	3.0	4.00
5.0	0.250	0.375	0.56	0.90	1.25	2.12	3.15	3.75	5.00
6.3	0.315	0.475	0.71	1.12	1.6	2.65	4.0	4.75	6.30

续表 9

1/3 倍频程中心频率 (Hz)	暴露时间								
	24h	16h	8h	4h	2.5h	1h	25min	16min	1min
8.0	0.40	0.60	0.90	1.40	2.0	3.35	5.0	6.0	8.00
10.0	0.50	0.75	1.12	1.80	2.5	4.25	6.3	7.5	10.0
12.5	0.63	0.95	1.40	2.24	3.15	5.30	8.0	9.5	12.5
16.0	0.80	1.18	1.80	2.80	4.0	6.70	10.0	11.8	16.0
20.0	1.00	1.50	2.24	3.55	5.0	8.50	12.5	15	20.0
25.0	1.25	1.90	2.80	4.50	6.3	10.6	16.0	19	25.0
31.5	1.60	2.36	3.55	5.6	8.0	13.2	20.0	23.6	31.5
40.0	2.00	3.00	4.50	7.1	10.0	17.0	25.0	30	40.0
50.0	2.50	3.75	5.60	9.0	12.5	21.2	31.5	37.5	50.0
63.0	3.15	4.75	7.10	11.2	16.0	26.5	40.0	45.7	63.0
80.0	4.00	6.00	9.00	14.0	20.0	33.5	50.0	60	80.0

注：本表界限值指分布在 1/3 倍频带内的振动加速度均方根值。

容许振动标准也可采用振动计权分析法，采用该法时，直接用仪器测得振动计权加速度级，然后与本条规定的数值进行比较，超过表中限值，则认为该振动环境超过劳动保护标准。

本条的振动级是经过计权因子计权后的加速度级。

振动加速度级按下式定义：

$$VAL = 20\lg\frac{a}{a_0} \qquad (4)$$

式中：VAL——振动加速度级（dB）；

a_0——基准加速度，取 $a_0 = 10^{-6}\text{m/s}^2$；

a——实测或计算的振动加速度有效值（m/s^2）。

振动加速度级和振动加速度有效值之间的关系见图 5。

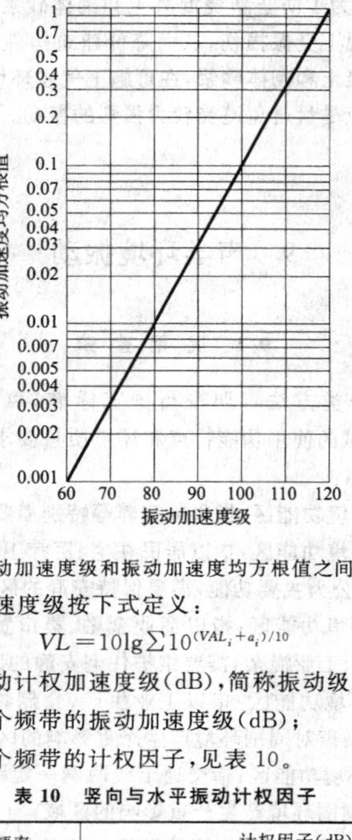

图 5 振动加速度级和振动加速度均方根值之间的关系

振动计权加速度级按下式定义：

$$VL = 10\lg\sum 10^{(VAL_i + a_i)/10} \qquad (5)$$

式中：VL——振动计权加速度级（dB），简称振动级或振级；

VAL_i——每个频带的振动加速度级（dB）；

a_i——每个频带的计权因子，见表 10。

表 10 竖向与水平振动计权因子

1/3 倍频程中心频率 (Hz)	计权因子（dB）	
	竖向振动	水平振动
1.0	−6.33	0.10
1.25	−6.29	0.07
1.6	−6.12	−0.28
2.0	−5.49	−1.01
2.5	−4.01	−2.20
3.15	−1.90	−3.85
4.0	−0.29	−5.82
5.0	0.33	−7.76
6.3	0.46	−9.81
8.0	0.31	−11.93
10.0	−0.10	−13.91
12.5	−0.89	−15.87
16.0	−2.28	−18.03
20.0	−3.93	−19.99
25.0	−5.80	−21.94
31.5	−7.86	−23.98
40.0	−10.05	−26.13
50.0	−12.19	−28.22
63.0	−14.61	−30.60
80.0	−17.56	−33.53

本条的振动计权加速度级计算采用现行国家标准《机械振动与冲击　人体暴露于全身振动的评价　第 2 部分：建筑物内的振动（1Hz～80Hz）》GB/T 13441.2 规定的频率计权因子。振动加速度级计算时取基准加速度为 10^{-6}m/s^2。

采用计权法单一数值表征振动环境是一种近似方法，一般情况下，由于振动频谱不会和频率计权网络性状相同或相似，且频带一般不会很宽，振动计权分析法与 1/3 倍频程分析法两种方法衡量结果差别不大。

当某一振动环境的振动能量全部集中在一个 1/3 倍频程内，两种方法得到的评价结果完全一致。当某一振动环境的频谱为一宽带谱，具有一个与之相适应的 1/3 倍频程谱，采用计权法的振动加速度级可能比最灵敏频带内的 1/3 倍频程级高 13dB，产生的加速度比用 1/3 倍频程分析法的容许值低 4 倍。显然，这种情况下计权法过于保守。由于计权法偏于保守，对于劳动保护是有利的。

7 交通振动

7.1 对建筑结构的影响

7.1.1～7.1.3 国外一些标准，如德国标准《Structural vibration. Part 3：Effects of vibration on structures》DIN 4150—3：1999、英国标准《Evaluation and measurement for vibration in buildings. Part 2：Guide to damage levels from groundborne vibration》BS 7385—2：1993、瑞士标准《Les ébranlements. Effet des ébranlements sur les constructions》SN 640 312a：1992 均给出了振动对建筑物结构影响的测量方法和容许值。

在考虑了我国建筑结构实际情况的前提下，本节条文的建筑物分类方法依据 DIN 4150—3：1999；容许值主要参考了 DIN 4150—3：1999，适当参考了 BS 7385—2：1993 和 SN 640 312a：1992。

表 7.1.2 中的"对振动敏感、具有保护价值、不能划归上述两类的建筑"是指未核定为文物保护单位的不可移动，具有历史、艺术、科学价值且需要保护的古建筑、古文化遗址、古墓葬、石窟寺、石刻、壁画、近现代史迹和代表性建筑等，主要包括住房和城乡建设部与国家文物局公布的中国历史文化名镇、中国历史文化名村，文化部和国家文物局公布的中国历史文化名街，省、自治区、直辖

市和副省级市、地级市人民政府核定公布的优秀近代建筑、优秀历史建筑、历史文化街区、历史风貌保护区、旧城风貌区，民政部公布的全国重点烈士纪念建筑物保护单位等。

经验表明，如果不超过限值，建筑物不会发生损坏。超过限值较小，不一定会导致建筑物损坏；如果超过限值较大，应考虑用结构动应力来评价。对于多层框架结构，结构动应力可以由垂直杆件端部的相对位移来确定。

7.2 对建筑物内人体舒适性的影响

7.2.1～7.2.3 国际标准《Evaluation of human exposure to whole-body vibration. Part 2：Continuous and shock-induced vibrations in buildings(1Hz to 80Hz)》ISO 2631—2：1989 给出了建筑物内人体舒适性的振动容许值。但是在其替代版本 ISO 2631—2：2003 中删除了振动容许值。

国际标准《Mechanical vibration and shock-Evaluation of human exposure to whole-body vibration-Part 1：General requirements》ISO 2631—1：1997，英国标准《Guide to measurement and evaluation of human exposure to whole-body mechanical vibration and repeated shock》BS 6841：1987、《Guide to evaluation of human exposure to vibration in buildings（1Hz to 80Hz）》BS 6472：1984 指出，以计权振动加速度均方根植为基础评价方法在以下三种情况会低估振动影响：波峰因数大于 9（ISO 2631—1：1997）或大于 6（BS 6841：1987）；波峰因数不大于 9（或 6），但包含有间歇振动、偶然性冲击振动；瞬态振动。上述情况，应采用四次方振动剂量值（VDV）等方法替代基本评价方法评价。即使不属于上述情况，有怀疑时，应采用 VDV 等方法补充评价。英国标准《Guide to evaluation of human exposure to vibration in buildings. Part1：Vibration sources other than blasting》BS 6472—1：2008 不区分振动特征，只推荐采用 VDV 法，抛弃了基本评价方法。VDV 法与基本评价方法相比，由于使用加速度时间历程的四次方而不是平方作为计算平均的基础，所以 VDV 法对峰值更为敏感。同时 VDV 法考虑了振动暴露时间对人体舒适性的影响。

BS 6472：1984、BS 6841：1987、ISO 2631—2：1989 和ISO 2631—1：1997 提出了 VDV 的概念和定义。《Guide to evaluation of human exposure to vibration in building(1Hz to 80Hz)》BS 6472：1992 首次给出了振动对建筑物内人体舒适性影响的 VDV 容许值，并特别介绍了铁路环境振动 VDV 的估算例子。BS 6472—1：2008 替代了 BS 6472：1992 中除爆破之外的振源部分，抛弃了基本评价方法，只采用 VDV 法评价，同时对 VDV 容许值进行了补充和修改。

由于交通振动的间歇性和长期性，我国现行的相关环境振动标准采用以计权加速度均方根值为基础的基本评价方法可能会低估振动对人体舒适性的影响，因此交通振动对建筑物内人体舒适性影响的评价应附加 1Hz～80Hz 竖向 VDV 法。以后可考虑按照 BS 6472—1：2008 的做法，采用 VDV 法替代基本评价方法。

数据处理中应按照现行国家标准《机械振动与冲击　人体暴露于全身振动的评价　第 1 部分：一般要求》GB/T 13441.1—2007（等同采用 ISO 2631—1：1997）规定的基本频率计权 W_k 对竖向加速度进行计权（1Hz～80Hz）。本节条文的建筑物分类方法和容许值依据 BS 6472—1：2008。

8 建筑施工振动

8.0.1 本章主要为了防止建筑施工振动对建筑结构产生损伤，不适用于室内生产条件和人体舒适性的评估。主要涵盖民用与工业建筑，不包括古代建筑。另外，对室内外非结构性构件和各类悬挂物体等，由于其特性及受支承或约束的方式具有较强的不确定性，故其受施工振动的安全性评估不得套用本章规定。

根据理论研究和工程实践，建筑结构附加动应力与地基基础振动速度的相关性良好。因此，本章采用振动速度作为由施工引起的振动对建筑结构影响的评价物理量，并将地基基础和顶层楼面处各自实测的三个振动速度分量峰值的最大值 V 作为容许振动评价指标。评价中所涉及的振动频率是指该最大值在相应振动速度分量时域信号上的标称频率，其值可按图 6 所示取为 $1/T_0$。

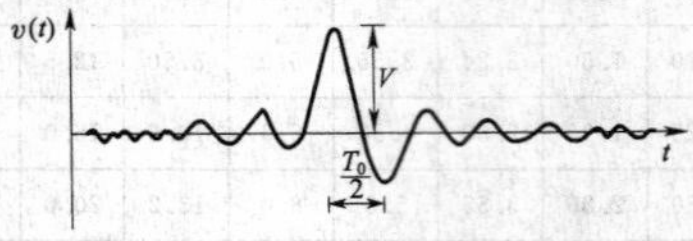

图 6　振动速度分量时域信号

8.0.2 表 8.0.2-1 和表 8.0.2-2 中的数据是根据国内及德国等国外相关科技文献资料和编者工程经验而提出的，其中工业建筑、公共建筑和居住建筑是指符合设计和施工质量相关技术标准的普通建筑。在每个具体工程中，为尽可能地避免建筑结构因沿高度存在振动放大效应而损伤，地基基础处和顶层楼面处的振动速度峰值均不得超过各自的容许振动值。为保持与现行相关的国家标准一致，岩土爆破振动测试与影响评价应符合现行国家标准《爆破安全规程》GB 6722 的规定。

8.0.3 城市旧房是指设计建造时未考虑抗震要求或低于现行抗震设防标准的既有建筑，而镇（乡）村自建房屋绝大多数是未经正式设计、施工质量未受正规监督的，其整体性以及抵抗场地建筑施工振动的性能相对较差，因而应该降低它们的容许振动速度峰值。

8.0.4 振动对建筑结构的影响具有累积效应。当振动作用次数较少、时间较短时，容许振动速度峰值可适当提高，但同时应该加强对受振建筑结构实际安全状况的观察。

8.0.5 本条是为了防止新浇混凝土和砌体砂浆在强度明显低于设计强度的情况下受振损伤，从而降低建筑构件的承载力和耐久性。对普通混凝土和砌体砂浆，在可施工气候环境条件下，浇筑后 1 天～2 天内，应尽量避免遭受较为强烈的振动。

9 声学环境振动

9.1 民用建筑

9.1.1 建筑分类方法参照现行国家标准《声环境质量标准》GB 3096，按区域的使用功能特点和环境质量要求，环境功能区分为以下五种类型：

0 类声学环境功能区：指康复疗养等特别需要安静的区域。

1 类声学环境功能区：指以居民住宅、医疗卫生、文化教育、科研设计、行政办公为主要功能，需要保持安静的区域。

2 类声学环境功能区：指以商业金融、集市贸易为主要功能，或者居住、商业、工业混杂，需要维护住宅安静的区域。

3 类声学环境功能区：指以工业生产、仓储物流为主要功能，需要防止工业噪声对周围环境产生严重影响的区域。

4 类声学环境功能区：指交通干线两侧一定距离之内，需要防止交通噪声对周围环境产生严重影响的区域。

本节主要是针对由建筑物的结构体系传播振动引起的噪声，或由结构承重构件自身振动产生的噪声问题。承重结构构件包括钢筋混凝土或钢结构梁、板、柱和剪力墙等。提出的相应的振动容许值是为了控制由结构振动造成的噪声。而建筑维护装饰构件，如门、窗、隔断、填充墙、幕墙、吊顶等，在风荷载作用下或由温度变化引起的噪声，以及机械设备的振动噪声和室外环境噪声等问题不包含在此项中。

由结构振动产生的噪声的频率主要是在20Hz以上的振动成分。而当振动频率超过500Hz时，建筑结构构件对振动传播的衰减较快，可以忽略。因此建筑工程的声环境振动问题分析通常限于31.5Hz～500Hz的频率范围内。

关于建筑工程振动引发噪声问题，由于结构构件振动特性、安全要求舒适性条件等限制，不允许过大的振动。在满足上述条件的前提下，结构振动所能产生的噪声是有限的。因此，对于噪声较大的工业建筑和人群密集嘈杂的商业区等可以不考虑此类振动噪声问题。

9.1.2 振动评价有许多物理指标，如速度、加速度以及振动级等。按照现行国家标准《社会生活环境噪声排放标准》GB 22337和《工业企业厂界环境噪声排放标准》GB 12348的规定，在社会生活噪声排放源位于噪声敏感建筑物内的情况下，噪声通过建筑物结构传播至噪声敏感建筑物室内时，噪声敏感建筑物室内噪声排放限值不得超过本标准表9.1.1的规定。

应当指出：振动级 VL_z(dB)为按照人体计权的振动评价，虽然简单明了，但由于振动级的计权是根据人体全身振动感受得到的数据，与通过人耳听觉感受的噪声计权不同，它们计权的趋势刚好相反，所以振动级不适用于噪声评价的场合。

振动速度与声压是成正比的，当采用声压级描述声环境时，以振动速度为技术指标是合适的。

本条中噪声评价采用了A声级。A声级的A计权曲线反映的是人的听觉特性。根据分析，采用加速度频响特性更加接近人的听觉感受，因此本标准中采用了振动加速度物理指标。

本条适用的建筑物室内振动噪声具有一定的随机特性，在振动测试和振动评价时都采用了具有统计意义的技术指标和参数，本章采用的是频域内的振动加速度均方根值。

对于本条中规定的几类建筑物室内噪声要求，根据现行国家标准《社会生活环境噪声排放标准》GB 22337和《工业企业厂界环境噪声排放标准》GB 12348的规定，噪声限值见表11。

声振特性非常复杂，有许多不确定因素。在声振特性分析中，主要包含了声辐射、指向特性、室内混响、叠加特性、计权特性等内容。为了解决工程问题，在许可精度要求的前提下，需要运用必要的简化处理。

表11 结构传播固定设备室内噪声排放限值(倍频带声压级)(dB)

噪声敏感建筑物声环境所处功能区类别	时段	倍频程中心频率(Hz) / 房间类型	室内噪声倍频带声压级限值				
			31.5	63	125	250	500
0	昼间	A、B类房间	76	59	48	39	34
	夜间	A、B类房间	69	51	39	30	24
1	昼间	A类房间	76	59	48	39	34
		B类房间	79	63	52	44	38
	夜间	A类房间	69	51	39	30	24
		B类房间	72	55	43	35	29
2、3、4	昼间	A类房间	79	63	52	44	38
		B类房间	82	67	56	49	43
	夜间	A类房间	72	55	43	35	29
		B类房间	76	59	48	39	34

注：对于在噪声测量期间发生非稳态噪声（如电梯噪声等）的情况，最大声级超过限值的幅度不得高于10dB(A)。

可以运用理论和数值分析方法估算结构构件振动的声辐射，考虑到结构振动和室内噪声具有随机性，结合振动噪声试验并运用统计计算可以得到有价值的结果。

在普通居住环境的室内，声的混响是不可避免的。分析表明：当室内平均吸声系数为0.05时，混响声压级增加9dB；当吸声系数为0.25时，声压级增加6dB。此外，居民生活区域内，不能避免室外环境噪声的影响，这些噪声通过门窗和有声桥的地方会传播到室内，与室内振动噪声叠加起来。当室外噪声已经达到容许值时，如果结构振动产生较大噪声，就很有可能超限。考虑一种极端的情况，当室外环境噪声与固体噪声相当，都分别达到容许噪声值时，两个噪声叠加起来，声压级大约会增加3dB。

经过上述分析，参考了国内外有关标准资料和本标准中相关条文的要求，本条规定了相应的振动容许值。对比测试结果和数值分析结果，容许振动指标的误差范围可以控制在－6dB～＋3dB之间。从均值上看，是有利于安全舒适的。

9.1.3 结构墙、板构件可视为连续弹性体，理论上具有无穷振型。在振动过程中各点的振幅不同，往往具有随机性，因此测试中采用多点测试统计平均方法。振动测试方向应与结构楼板或墙面的垂直方向(法向)一致，同一构件上的测试点应等间隔均匀布置。对于板构件的振动测试，测点数量不应少于5个，振动评价应按照几个测点的算术平均值计算。

9.2 声学试验室

9.2.1 消声室的本底噪声要求通常由用户根据使用条件确定。对于消声室，本底噪声的声压级应当低于有效测试范围内最小信号声压级的10dB～15dB。多数情况下，用户是按照A声级指标提出的要求，因此本条的容许振动限值依然按照A声级，分别提出在31.5Hz～500Hz倍频程中心频率所对应的不同噪声级的振动加速度限值要求。

对于消声室等声学试验室，由于设置吸声材料能有效地削弱室内噪声反射和混响，所以在消声室等试验室内可仅考虑与背景噪声的叠加问题，亦即可以适当提高振动指标。本标准按照声压级提高3dB的原则来计算振动加速度值。

9.3 水声试验

9.3.1、9.3.2 通常情况，水声频率较高。对于高频振动，结构体系在传播振动过程中衰减较快，一般对水下噪声影响会迅速降低。国家现行标准《消声水池声学特性校准规范》JJF 1146中规定：“消声水池的频率范围可以从几千赫兹甚至几百赫兹到兆赫兹的频段”。该规范对于消声水池本底噪声的要求为：“一般情况下消声水池内本底噪声的声压谱级应不大于零级海况下的海洋噪声声压谱级(在1kHz频率处为44dB)，或应小于利用消声水池测量时的测量信噪比不低于规定值。”

据调查，通常的消声水池频率下限都在400Hz以上，而对于1000Hz以上的振动，在土中和结构体系中衰减较快，可以忽略。因此，振动测试及评价的倍频程中心频率取400Hz～1000Hz的范围是切实可行的。

中华人民共和国国家标准

隔振设计规范

Code for design of vibration isolation

GB 50463—2008

主编部门：中 国 机 械 工 业 联 合 会
批准部门：中华人民共和国住房和城乡建设部
施行日期：2 0 0 9 年 6 月 1 日

中华人民共和国住房和城乡建设部
公　　告

第 169 号

住房和城乡建设部关于发布国家标准《隔振设计规范》的公告

现批准《隔振设计规范》为国家标准，编号为 GB 50463—2008，自 2009 年 6 月 1 日起实施。其中，第3.2.1（2）、3.2.5、8.2.8 条（款）为强制性条文，必须严格执行。

本规范由我部标准定额研究所组织中国计划出版社出版发行。

中华人民共和国住房和城乡建设部

二〇〇八年十一月二十七日

前　　言

本规范是根据建设部建标〔2003〕102 号文《关于印发“二〇〇二～二〇〇三年工程建设国家标准制定、修订计划”的通知》的要求，由中国中元国际工程公司会同有关设计、科研、生产和教学单位共同编制而成。

本规范在编制过程中，编制组开展了专题研究，进行了广泛的调查分析，总结了近年来我国在隔振设计方面的实践经验，与相关标准进行了协调，与国际先进标准进行了比较和借鉴，充分考虑了我国的经济条件和工程实践，在此基础上以多种方式广泛征求全国有关单位的意见，并经过反复讨论、修改、充实和试设计，最后经审查定稿。

本规范共分 8 章 1 个附录，主要内容包括：总则，术语、符号，基本规定，容许振动值，隔振参数及固有频率，主动隔振，被动隔振，隔振器与阻尼器等。

本规范以黑体字标志的条文为强制性条文，必须严格执行。

本规范由住房和城乡建设部负责管理和对强制性条文的解释，由中国中元国际工程公司负责具体内容解释。请在执行本规范的过程中，注意总结经验，积累资料，并将意见和建议寄至中国中元国际工程公司国家标准《隔振设计规范》管理组（北京市西三环北路 5 号，邮政编码：100089），以供今后修订时参考。

本规范主编单位、参编单位和主要起草人：

主 编 单 位： 中国中元国际工程公司

参 编 单 位： 中国机械工业集团公司
北方设计研究院
中国电子工程设计研究院
中国汽车工业工程公司
南昌大学
国电华北电力设计院
中联西北工程设计研究院
北京市劳动保护研究所
合肥工业大学
隔而固青岛振动控制有限公司
中国联合工程公司
湖南大学
中工国际工程股份有限公司
北京振冲安和隔振技术有限公司
中国铁道科学研究院
江南大学

主要起草人： 徐　建　刘纯康　黎益仁　俞渭雄　杨先健　杨国泰　翟荣民　易干明　何成宏　张维斌　孙家麒　尹学军　柳炳康　徐　辉　高志尧　唐驾时　高象波　杨宜谦　虞仁兴

目　次

1 总　　则

1.0.1 为使隔振设计依据振源及隔振对象的特性，合理地选择有关动力参数、支承结构形式和隔振器等，做到技术先进、经济合理，确保正常生产和满足环境要求，制定本规范。

1.0.2 本规范适用于下列情况的隔振设计：

1 对生产、工作及建筑物的周围环境产生有害振动影响的动力机器的主动隔振。

2 对周围环境振动反应敏感或受环境振动影响而不能正常使用的仪器、仪表或机器的被动隔振。

1.0.3 本规范不适用于隔离由地震、风振、海浪和噪声等引起的振动，不适用于古建筑的隔振设计。

1.0.4 隔振设计除应执行本规范外，尚应符合国家现行的有关标准的规定。

2 术语、符号

2.1 术　　语

2.1.1 主动隔振　active vibro-isolation

为减小动力机器产生的振动，而对其采取的隔振措施。

2.1.2 被动隔振　passive vibro-isolation

为减小振动敏感的仪器、仪表或机器受外界的振动影响，而对其采取的隔振措施。

2.1.3 隔振体系　vibration isolating system

由隔振对象、台座结构、隔振器和阻尼器组成的体系。

2.1.4 隔振对象　vibration isolated object

需要采取隔振措施的机器、仪器或仪表等。

2.1.5 容许振动值　allowable vibration value

所要求的点或面处的最大振动限值。

2.1.6 传递率　transmissibility

对于主动隔振为隔振体系在扰力作用下的输出振动线位移与静位移之比；

对于被动隔振为隔振体系的输出振动线位移与受外界干扰的振动线位移之比；

对于地面屏障式隔振为屏障设置后地面振动线位移与屏障设置前地面振动线位移之比。

2.1.7 隔振器　isolator

具有衰减振动功能的支承元件。

2.1.8 阻尼器　damper

用能量损耗的方法减小振动幅值的装置。

2.2 符　　号

2.2.1 作用和作用效应

P_{ox}——作用在隔振体系质量中心处沿 x 轴向的扰力值；

P_{oy}——作用在隔振体系质量中心处沿 y 轴向的扰力值；

P_{oz}——作用在隔振体系质量中心处沿 z 轴向的扰力值；

M_{ox}——作用在隔振体系质量中心处绕 x 轴旋转的扰力矩值；

M_{oy}——作用在隔振体系质量中心处绕 y 轴旋转的扰力矩值；

M_{oz}——作用在隔振体系质量中心处绕 z 轴旋转的扰力矩值；

A——干扰振动线位移；

A_x——隔振体系质量中心处沿 x 轴向的振动线位移；

A_y——隔振体系质量中心处沿 y 轴向的振动线位移；

A_z——隔振体系质量中心处沿 z 轴向的振动线位移；

$A_{\varphi x}$——隔振体系质量中心处绕 x 轴旋转的振动角位移；

$A_{\varphi y}$——隔振体系质量中心处绕 y 轴旋转的振动角位移；

$A_{\varphi z}$——隔振体系质量中心处绕 z 轴旋转的振动角位移；

A_{ox}——支承结构或基础处产生的沿 x 轴向的干扰振动线位移；

A_{oy}——支承结构或基础处产生的沿 y 轴向的干扰振动线位移；

A_{oz}——支承结构或基础处产生的沿 z 轴向的干扰振动线位移；

$A_{o\varphi x}$——支承结构或基础处产生的绕 x 轴旋转的干扰振动角位移；

$A_{o\varphi y}$——支承结构或基础处产生的绕 y 轴旋转的干扰振动角位移；

$A_{o\varphi z}$——支承结构或基础处产生的绕 z 轴旋转的干扰振动角位移。

2.2.2 计算指标

K_x——隔振器沿 x 轴向的总刚度；

K_y——隔振器沿 y 轴向的总刚度；

K_z——隔振器沿 z 轴向的总刚度；

$K_{\varphi x}$——隔振器绕 x 轴旋转的总刚度；

$K_{\varphi y}$——隔振器绕 y 轴旋转的总刚度；

$K_{\varphi z}$——隔振器绕 z 轴旋转的总刚度；

ω——干扰圆频率；

ω_{nx}——隔振体系沿 x 轴向的无阻尼固有圆频率；

ω_{ny}——隔振体系沿 y 轴向的无阻尼固有圆频率；

ω_{nz}——隔振体系沿 z 轴向的无阻尼固有圆频率；

$\omega_{n\varphi x}$——隔振体系绕 x 轴旋转的无阻尼固有圆频率；

$\omega_{n\varphi y}$——隔振体系绕 y 轴旋转的无阻尼固有圆频率；

$\omega_{n\varphi z}$——隔振体系绕 z 轴旋转的无阻尼固有圆频率；

ω_{n1}——双自由度耦合振动时的无阻尼第一振型固有圆频率；

ω_{n2}——双自由度耦合振动时的无阻尼第二振型固有圆频率；

ζ_x——隔振器沿 x 轴向振动时的阻尼比；

ζ_y——隔振器沿 y 轴向振动时的阻尼比；

ζ_z——隔振器沿 z 轴向振动时的阻尼比；

$\zeta_{\varphi x}$——隔振器绕 x 轴旋转振动时的阻尼比；

$\zeta_{\varphi y}$——隔振器绕 y 轴旋转振动时的阻尼比；

$\zeta_{\varphi z}$——隔振器绕 z 轴旋转振动时的阻尼比；

E_{st}——隔振材料的静弹性模量；

E_d——隔振材料的动弹性模量；

$[A]$——容许振动线位移；

$[V]$——容许振动速度；

$[\tau]$——容许剪应力；

m——隔振体系的总质量。

2.2.3 几何参数

z——隔振器刚度中心或吊杆下端至隔振体系质量中心的竖向距离；

J_x——隔振体系绕 x 轴旋转的转动惯量；

J_y——隔振体系绕 y 轴旋转的转动惯量；

J_z——隔振体系绕 z 轴旋转的转动惯量。

3 基本规定

3.1 设计条件和隔振方式

3.1.1 隔振设计应具备下列资料：

1 隔振对象的型号、规格及轮廓尺寸。

2 隔振对象的质量中心位置、质量及其转动惯量。

3 隔振对象底座外轮廓图，附属设备、管道位置及坑、沟、孔洞的尺寸，灌浆层厚度、地脚螺栓和预埋件的位置。

4 与隔振对象及基础连接有关的管线图。

5 当隔振器支承在楼板或支架上时，需有支承结构的设计资料。当隔振器支承在基础上时，应有工程勘察资料、地基动力参数和相邻基础的有关资料。

6 当动力机器为周期性扰力时，应有频率、扰力、扰力矩及其作用点的位置和作用方向；若为冲击性扰力时，应有冲击质量、冲击速度及两次冲击的间隔时间。

7 对于被动隔振应具有隔振对象支承处的干扰振动幅值和频率。

8 隔振对象的环境温度和有无腐蚀性介质。

9 隔振对象的容许振动值。

3.1.2 隔振方式的选用，宜符合下列规定：

1 支承式隔振（图 3.1.2a、b），隔振器宜设置在隔振对象的底座或台座结构下，可用于主动隔振或被动隔振。

2 悬挂式隔振（图 3.1.2c、d），隔振对象宜安置在由两端铰接刚性吊杆悬挂的刚性台座上，或将隔振对象的底座悬挂在刚性吊杆上，可用于隔离水平振动。

3 悬挂兼支承式隔振（图 3.1.2e、f），隔振器宜设置在悬挂式的刚性吊杆上端或下端，可用于同时隔离竖向和水平振动。

4 地面屏障式隔振及隔振沟，可作为隔振的辅助措施。地面屏障式隔振的设计，宜符合本规范附录 A 的规定。

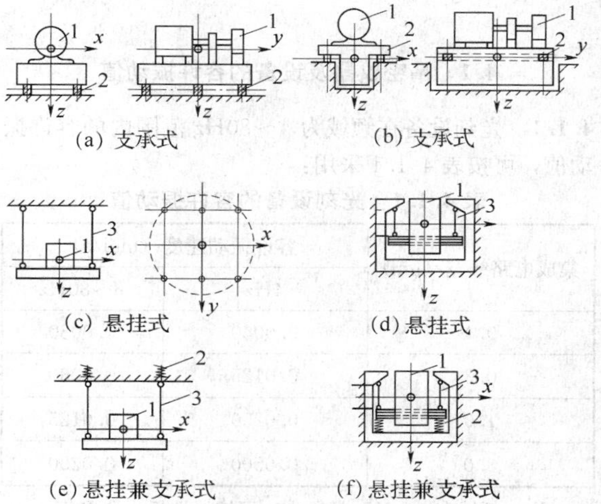

图 3.1.2 隔振方式

1—隔振对象；2—隔振器；3—刚性吊杆

3.2 设计原则

3.2.1 隔振设计应符合下列要求：

1 隔振方案的选用，应经多方案比较后确定。

2 隔振器或阻尼器的采用，应经隔振计算后确定。

3.2.2 隔振对象下宜设置台座结构；当隔振对象的质量和底座的刚度满足设计要求时，可不设置台座结构。

3.2.3 隔振体系的固有圆频率，不宜大于干扰圆频率的 0.4 倍。

3.2.4 弹簧隔振器布置在梁上时，弹簧的压缩量不宜小于支承梁挠度的 10 倍；当不能满足要求时，应计入梁与隔振体系的耦合作用。

3.2.5 隔振对象经隔振后的最大振动值，不应大于容许振动值。

3.2.6 隔振对象的容许振动值，宜由试验确定或由制造部门提供，亦可按本规范第4章的规定采用。

3.2.7 隔振器和阻尼器的布置，应符合下列要求：

1 隔振器的刚度中心与隔振体系的质量中心宜在同一铅垂线上，隔振体系宜为单自由度体系；当不能满足要求时，应计入耦合作用，但不宜超过2个自由度体系。

2 应减小隔振体系的质量中心与扰力作用线之间的距离。

3 隔振器宜布置在同一水平内。

4 应留有隔振器的安装和维修所需要的空间。

3.2.8 隔振对象与管道等宜采用柔性连接。

3.2.9 当水平位移有限制要求时，宜设置水平限位装置，并应与隔振对象和台座结构完全脱离。

4 容许振动值

4.1 精密仪器及设备的容许振动值

4.1.1 光刻设备在频域为4～80Hz范围内的容许振动值，可按表4.1.1采用：

表4.1.1 光刻设备的容许振动值

<table>
<tr><th rowspan="2">集成电路线宽（μm）</th><th colspan="2">容许振动速度（mm/s）</th></tr>
<tr><th>4Hz</th><th>8～80Hz</th></tr>
<tr><td>0.1</td><td>0.0060</td><td>0.0030</td></tr>
<tr><td>0.3</td><td>0.0125</td><td>0.0060</td></tr>
<tr><td>1.0</td><td>0.0250</td><td>0.0125</td></tr>
<tr><td>3.0</td><td>0.0500</td><td>0.0250</td></tr>
</table>

注：频域在4～8Hz频段内，可按线性插入法取值。

4.1.2 精密仪器与设备在时域范围内的容许振动值，可按表4.1.2采用。

表4.1.2 精密仪器与设备的容许振动值

<table>
<tr><th>精密仪器与设备</th><th>容许振动线位移（μm）</th><th>容许振动速度（mm/s）</th></tr>
<tr><td>每毫米刻3600条的光栅刻线机</td><td>—</td><td>0.01</td></tr>
<tr><td>每毫米刻2400条的光栅刻线机</td><td>—</td><td>0.02</td></tr>
<tr><td>每毫米刻1800条的光栅刻线机、自控激光光波比长仪及光栅刻线检刻机、80万倍电子显微镜、精度0.03μm光波干涉孔径测量仪、14万倍扫描电镜、精度0.02μm干涉仪、精度0.01μm的光管测角仪</td><td rowspan="2">—</td><td rowspan="2">0.03</td></tr>
<tr><td>表面粗糙度为0.012μm的超精密车床、铣床、磨床等</td></tr>
</table>

续表4.1.2

<table>
<tr><th>精密仪器与设备</th><th>容许振动线位移（μm）</th><th>容许振动速度（mm/s）</th></tr>
<tr><td>每毫米刻1200条的光栅刻线机、6万倍以下的电子显微镜、精度为0.025μm干涉显微镜、表面粗糙度为0.025μm测量仪、光导纤维拉丝机、胶片和相纸挤压涂布机</td><td rowspan="2">—</td><td rowspan="2">0.05</td></tr>
<tr><td>表面粗糙度为0.025μm的丝杠车床、螺纹磨床、高精度刻线机、高精度外圆磨床和平面磨床等</td></tr>
<tr><td>每毫米600条的光栅刻线机、立体金相显微镜、检流计、0.2μm分光镜（测角仪）、高精度机床装配台、超微粒干板涂布机</td><td>—</td><td rowspan="3">0.10</td></tr>
<tr><td>表面粗糙度为0.05μm的丝杠车床、螺纹磨床、精密滚齿机、精密辊磨床</td><td rowspan="2">1.50</td></tr>
<tr><td>精度为1×10^{−7}的一级天平</td></tr>
<tr><td>精度为1μm的立式（卧式）光学比较仪、投影光学计、测量计、硬质金属毛坯压制机</td><td>—</td><td rowspan="3">0.20</td></tr>
<tr><td>加工精度1～3μm、表面粗糙度为0.1～0.2μm的精密磨床、齿轮磨床、精密车床、坐标镗床等</td><td rowspan="2">3.00</td></tr>
<tr><td>精度为1×10^{−5}～5×10^{−7}的单盘天平和三级天平</td></tr>
<tr><td>精度为1μm的万能工具显微镜、精密自动绕线机、接触式干涉仪</td><td>—</td><td rowspan="3">0.30</td></tr>
<tr><td>加工精度为3～5μm、表面粗糙度为0.1～0.8μm的精密卧式镗床、精密车床、数控车床、仿形铣床和磨床等</td><td rowspan="2">4.80</td></tr>
<tr><td>六级天平、分析天平，陀螺仪摇摆试验台，陀螺仪偏角试验台，陀螺仪阻尼试验台</td></tr>
<tr><td>卧式光度计、大型工具显微镜、双管显微镜、阿贝测长仪、电位计、万能测长仪</td><td>—</td><td rowspan="3">0.50</td></tr>
<tr><td>台式光点反射检流计、硬度计、色谱仪、湿度控制仪</td><td rowspan="2">10.00</td></tr>
<tr><td>表面粗糙度为0.8～1.6μm的精密车床及磨床等</td></tr>
<tr><td>卧式光学仪、扭簧比较仪、直读光谱分析仪</td><td>—</td><td>0.70</td></tr>
<tr><td>示波检线器、动平衡机、表面粗糙度为1.6～3.2μm的机床</td><td>—</td><td>1.00</td></tr>
<tr><td>表面粗糙度大于3.2μm的机床</td><td>—</td><td>1.50</td></tr>
</table>

注：表内同时列有容许振动线位移和容许振动速度的精密仪器与设备，两者均应满足。

4.2 动力机器基础的容许振动值

4.2.1 汽轮发电机组和电机基础的容许振动值，可按表4.2.1采用：

表4.2.1 汽轮发电机组和电机基础的容许振动值

机器工作转速(r/min)	3000	1500	1000	750	≤500
容许振动线位移(mm)	0.02	0.04	0.08	0.12	0.16

4.2.2 破碎机基础顶面的水平向容许振动值，可按表4.2.2采用：

表4.2.2 破碎机基础顶面水平向的容许振动值

机器转速（r/min）	容许振动线位移（mm）
$n\leqslant 300$	0.25
$300<n\leqslant 750$	0.20
$n>750$	0.15

注：n 为机器转速。

4.2.3 锻锤基础的容许振动值，宜符合下列规定：

1 当块体基础下设有隔振装置时，块体基础竖向容许振动线位移宜取8mm。

2 当砧座下设有隔振装置时，砧座竖向容许振动线位移宜取20mm。

4.2.4 压力机基础的容许振动值，宜符合下列规定：

1 压力机基础控制点的容许振动值，可按表4.2.4采用：

表4.2.4 压力机基础控制点的容许振动值

基组固有频率（Hz）	容许振动线位移（mm）
$f_n\leqslant 3.6$	1.0
$3.6<f_n\leqslant 6.0$	$3.6/f_n$

注：f_n 为基组固有频率。

2 压力机基组的固有频率，可按下列公式计算：

1）确定水平容许振动线位移时：

$$f_n=\omega_{n1}/2\pi \tag{4.2.4-1}$$

2）确定竖向容许振动线位移时：

$$f_n=\omega_{n2}/2\pi \tag{4.2.4-2}$$

式中 ω_{n1}——无阻尼第一振型固有频率（Hz）；

ω_{n2}——无阻尼第二振型固有频率（Hz）。

4.2.5 发动机等动力机器基础的容许振动值，可按表4.2.5采用：

表4.2.5 发动机等动力机器基础的容许振动值

机 器 名 称	容许振动速度（mm/s）
发动机普通试验台	6
水泵、离心机、风机	10
活塞式压缩机和发动机	22

5 隔振参数及固有频率

5.1 隔 振 参 数

5.1.1 隔振的基本参数，应包括下列内容：

1 隔振体系的质量。

2 隔振体系的转动惯量。

3 隔振体系的传递率。

4 隔振器的刚度。

5 隔振器的阻尼比。

5.1.2 隔振体系的传递率，宜符合下列规定：

1 被动隔振的传递率，宜符合下列公式的要求：

1）当容许振动值为容许振动线位移时：

$$\eta\leqslant\frac{[A]}{A} \tag{5.1.2-1}$$

2）当容许振动值为容许振动速度时：

$$\eta\leqslant\frac{[V]}{A\omega} \tag{5.1.2-2}$$

式中 η——隔振体系的传递率；

$[A]$——容许振动线位移（m）；

$[V]$——容许振动速度（m/s）；

A——干扰振动线位移（m）；

ω——干扰圆频率（rad/s）。

2 主动隔振的传递率，可取不大于0.1。

5.1.3 隔振体系的固有圆频率，可按下式计算：

$$\omega_n=\omega\sqrt{\frac{\eta}{1+\eta}} \tag{5.1.3}$$

式中 ω_n——隔振体系的固有圆频率（rad/s）。

5.1.4 主动隔振时，台座结构的质量，宜符合下式的要求：

$$m_2\geqslant\frac{P_{oz}}{[A]\ \omega^2}-m_1 \tag{5.1.4}$$

式中 m_1——隔振对象的质量（kg）；

m_2——台座结构的质量（kg）；

P_{oz}——作用在隔振体系质量中心处沿 z 轴向的扰力值（N）。

5.1.5 隔振器的总刚度，可按下列公式计算：

$$K=m\omega_n^2 \tag{5.1.5-1}$$

$$m=m_1+m_2 \tag{5.1.5-2}$$

式中 K——隔振器的总刚度（N/m）；

m——隔振对象与台座结构的总质量（kg）。

5.1.6 隔振器的数量，可按下式计算：

$$n=\frac{K}{K_i} \tag{5.1.6}$$

式中 n——隔振器的数量；

K_i——所选用的单个隔振器的刚度（N/m）。

5.1.7 单个隔振器的承载力，宜符合下式的要求：

$$P_i\geqslant\frac{mg+1.5P_{oz}}{n} \tag{5.1.7}$$

式中 g——重力加速度；

P_i——单个隔振器的承载力（N）。

5.1.8 通过调整隔振体系的质量和总刚度，其振动计算值不应大于容许振动值；主动隔振时，尚应符合环境振动的要求。

5.1.9 主动隔振体系阻尼比的确定，宜符合下列

规定：

1 脉冲振动的阻尼比，可按下列公式计算：

$$\zeta=\frac{1}{\omega_{\mathrm{n}}t}\ln\frac{A_{\mathrm{p}}}{A_{\mathrm{a}}} \quad (5.1.9\text{-}1)$$

$$\zeta_{\varphi}=\frac{1}{\omega_{\mathrm{n}\varphi}t}\ln\frac{A_{\mathrm{p}\varphi}}{A_{\mathrm{a}\varphi}} \quad (5.1.9\text{-}2)$$

式中 ζ——隔振器沿 x、y、z 轴向振动时的阻尼比；

ζ_{φ}——隔振器绕 x、y、z 轴旋转振动时的阻尼比；

$\omega_{\mathrm{n}\varphi}$——隔振体系绕 x、y、z 轴旋转的无阻尼固有圆频率（rad/s）；

A_{p}——受脉冲扰力作用下产生的最大振动线位移（m）；

$A_{\mathrm{p}\varphi}$——受脉冲扰力作用下产生的最大振动角位移（rad）；

A_{a}——受脉冲扰力作用产生的经时间 t 后衰减的线位移值（m）；

$A_{\mathrm{a}\varphi}$——受脉冲扰力作用产生的经时间 t 后衰减的角位移值（rad）；

t——振动衰减时间（s）。

2 其他振动的阻尼比，可按下列公式计算：

$$\zeta=\frac{P_{\mathrm{ov}}}{2A_{\mathrm{kt}}K}\left(\frac{\omega_{\mathrm{nv}}}{\omega}\right)^{2} \quad (5.1.9\text{-}3)$$

$$\zeta_{\varphi}=\frac{M_{\mathrm{o}}}{2A_{\varphi}K_{\varphi}}\left(\frac{\omega_{\mathrm{nv}}}{\omega}\right)^{2} \quad (5.1.9\text{-}4)$$

式中 P_{ov}——在工作转速时，作用在隔振体系质量中心处沿 x、y、z 轴向的扰力值（N）；

M_{o}——作用在隔振体系质量中心处绕 x、y、z 轴旋转的扰力矩值（N·m）；

A_{kt}——机器在开机和停机过程中，共振时要求控制的最大振动线位移（m）；

A_{φ}——机器在开机和停机过程中，共振时要求控制的最大振动角位移（rad）；

K——隔振器沿 x、y、z 轴向的总刚度（N/m）；

K_{φ}——隔振器绕 x、y、z 轴旋转的总刚度（N·m）；

ω_{nv}——隔振体系沿 x、y、z 轴的固有圆频率（rad/s）。

5.2 隔振体系的固有频率

5.2.1 隔振体系固有圆频率的确定，宜符合下列规定：

1 单自由度体系时的固有圆频率，可按下列公式计算：

$$\omega_{\mathrm{nx}}=\sqrt{\frac{K_{\mathrm{x}}}{m}} \quad (5.2.1\text{-}1)$$

$$\omega_{\mathrm{ny}}=\sqrt{\frac{K_{\mathrm{y}}}{m}} \quad (5.2.1\text{-}2)$$

$$\omega_{\mathrm{nz}}=\sqrt{\frac{K_{\mathrm{z}}}{m}} \quad (5.2.1\text{-}3)$$

$$\omega_{\mathrm{n}\varphi\mathrm{x}}=\sqrt{\frac{K_{\varphi\mathrm{x}}}{J_{\mathrm{x}}}} \quad (5.2.1\text{-}4)$$

$$\omega_{\mathrm{n}\varphi\mathrm{y}}=\sqrt{\frac{K_{\varphi\mathrm{y}}}{J_{\mathrm{y}}}} \quad (5.2.1\text{-}5)$$

$$\omega_{\mathrm{n}\varphi\mathrm{z}}=\sqrt{\frac{K_{\varphi\mathrm{z}}}{J_{\mathrm{z}}}} \quad (5.2.1\text{-}6)$$

式中 ω_{nx}——隔振体系沿 x 轴向的无阻尼固有圆频率（rad/s）；

ω_{ny}——隔振体系沿 y 轴向的无阻尼固有圆频率（rad/s）；

ω_{nz}——隔振体系沿 z 轴向的无阻尼固有圆频率（rad/s）；

$\omega_{\mathrm{n}\varphi\mathrm{x}}$——隔振体系绕 x 轴旋转的无阻尼固有圆频率（rad/s）；

$\omega_{\mathrm{n}\varphi\mathrm{y}}$——隔振体系绕 y 轴旋转的无阻尼固有圆频率（rad/s）；

$\omega_{\mathrm{n}\varphi\mathrm{z}}$——隔振体系绕 z 轴旋转的无阻尼固有圆频率（rad/s）；

K_{x}——隔振器沿 x 轴向的总刚度（N/m）；

K_{y}——隔振器沿 y 轴向的总刚度（N/m）；

K_{z}——隔振器沿 z 轴向的总刚度（N/m）；

$K_{\varphi\mathrm{x}}$——隔振器绕 x 轴旋转的总刚度（N·m）；

$K_{\varphi\mathrm{y}}$——隔振器绕 y 轴旋转的总刚度（N·m）；

$K_{\varphi\mathrm{z}}$——隔振器绕 z 轴旋转的总刚度（N·m）；

J_{x}——隔振体系绕 x 轴旋转的转动惯量（kg·m）；

J_{y}——隔振体系绕 y 轴旋转的转动惯量（kg·m）；

J_{z}——隔振体系绕 z 轴旋转的转动惯量（kg·m）。

2 双自由度耦合振动时的固有圆频率，可按下列公式计算：

$$\omega_{\mathrm{n1}}^{2}=\frac{1}{2}\left[(\lambda_{1}^{2}+\lambda_{2}^{2})^{2}-\sqrt{(\lambda_{1}^{2}-\lambda_{2}^{2})^{2}+4\gamma\lambda_{1}^{4}}\right] \quad (5.2.1\text{-}7)$$

$$\omega_{\mathrm{n2}}^{2}=\frac{1}{2}\left[(\lambda_{1}^{2}+\lambda_{2}^{2})^{2}+\sqrt{(\lambda_{1}^{2}-\lambda_{2}^{2})^{2}+4\gamma\lambda_{1}^{4}}\right] \quad (5.2.1\text{-}8)$$

式中 ω_{n1}——双自由度耦合振动时的无阻尼第一振型固有圆频率（rad/s）；

ω_{n2}——双自由度耦合振动时的无阻尼第二振型固有圆频率（rad/s）；

λ_{1}、λ_{2}、γ——计算系数。

5.2.2 隔振器刚度的确定，宜符合下列规定：

1 对于支承式，可按下列公式计算：

$$K_{\mathrm{x}}=\sum_{i=1}^{n}K_{\mathrm{x}i} \quad (5.2.2\text{-}1)$$

$$K_{\mathrm{y}}=\sum_{i=1}^{n}K_{\mathrm{y}i} \quad (5.2.2\text{-}2)$$

$$K_z = \sum_{i=1}^{n} K_{zi} \quad (5.2.2\text{-}3)$$

$$K_{\varphi x} = \sum_{i=1}^{n} K_{yi} z_i^2 + \sum_{i=1}^{n} K_{zi} y_i^2 \quad (5.2.2\text{-}4)$$

$$K_{\varphi y} = \sum_{i=1}^{n} K_{xi} z_i^2 + \sum_{i=1}^{n} K_{zi} x^2 \quad (5.2.2\text{-}5)$$

$$K_{\varphi z} = \sum_{i=1}^{n} K_{xi} y_i^2 + \sum_{i=1}^{n} K_{yi} x_i^2 \quad (5.2.2\text{-}6)$$

式中 K_{xi}——第 i 个隔振器沿 x 轴向的刚度(N/m);
K_{yi}——第 i 个隔振器沿 y 轴向的刚度(N/m);
K_{zi}——第 i 个隔振器沿 z 轴向的刚度(N/m);
x_i——第 i 个隔振器的 x 轴坐标值 (m);
y_i——第 i 个隔振器的 y 轴坐标值 (m);
z_i——第 i 个隔振器的 z 轴坐标值 (m)。

2 对于悬挂式和悬挂兼支承式，可按下列公式计算：

$$K_x = \frac{mg}{L} \quad (5.2.2\text{-}7)$$

$$K_y = \frac{mg}{L} \quad (5.2.2\text{-}8)$$

$$K_{\varphi z} = \frac{mgR^2}{L} \quad (5.2.2\text{-}9)$$

式中 L——刚性吊杆的长度 (m);
R——刚性吊杆按圆形排列时，圆的半径 (m)。

5.2.3 计算系数的确定，宜符合下列规定：

1 支承式隔振，计算系数 λ_1、λ_2 可按下列公式计算：

1) 当 $x-\varphi_y$ 耦合振动时：

$$\lambda_1 = \sqrt{\frac{K_x}{m}} \quad (5.2.3\text{-}1)$$

$$\lambda_2 = \sqrt{\frac{K_{\varphi y}}{J_y}} \quad (5.2.3\text{-}2)$$

2) 当 $y-\varphi_x$ 耦合振动时：

$$\lambda_1 = \sqrt{\frac{K_y}{m}} \quad (5.2.3\text{-}3)$$

$$\lambda_2 = \sqrt{\frac{K_{\varphi x}}{J_x}} \quad (5.2.3\text{-}4)$$

2 悬挂式和悬挂兼支承式隔振，计算系数 λ_1、λ_2 可按下列公式计算：

$$\lambda_1 = \sqrt{\frac{g}{L}} \quad (5.2.3\text{-}5)$$

1) 当 $x-\varphi_y$ 耦合振动时：

$$\lambda_2 = \sqrt{\frac{\sum_{i=1}^{n} K_{zi} x_i^2 + \frac{mgz^2}{L}}{J_y}} \quad (5.2.3\text{-}6)$$

式中 z——隔振器刚度中心或吊杆下端至隔振体系质量中心的竖向距离 (m)。

2) 当 $y-\varphi_x$ 耦合振动时：

$$\lambda_2 = \sqrt{\frac{\sum_{i=1}^{n} K_{zi} y_i^2 + \frac{mgz^2}{L}}{J_x}} \quad (5.2.3\text{-}7)$$

3 计算系数 γ，可按下列公式计算：

1) 当 $x-\varphi_y$ 耦合振动时：

$$\gamma = \frac{mz^2}{J_y} \quad (5.2.3\text{-}8)$$

2) 当 $y-\varphi_x$ 耦合振动时：

$$\gamma = \frac{mz^2}{J_x} \quad (5.2.3\text{-}9)$$

6 主 动 隔 振

6.1 计 算 规 定

6.1.1 当隔振体系为单自由度时，质量中心处的振动位移，可按下列公式计算：

$$A_x = \frac{P_{ox}}{K_x} \eta_x \quad (6.1.1\text{-}1)$$

$$A_y = \frac{P_{oy}}{K_y} \eta_y \quad (6.1.1\text{-}2)$$

$$A_z = \frac{P_{oz}}{K_z} \eta_z \quad (6.1.1\text{-}3)$$

$$A_{\varphi x} = \frac{M_{ox}}{K_{\varphi x}} \eta_{\varphi x} \quad (6.1.1\text{-}4)$$

$$A_{\varphi y} = \frac{M_{oy}}{K_{\varphi y}} \eta_{\varphi y} \quad (6.1.1\text{-}5)$$

$$A_{\varphi z} = \frac{M_{oz}}{K_{\varphi z}} \eta_{\varphi z} \quad (6.1.1\text{-}6)$$

式中 A_x——隔振体系质量中心处沿 x 轴向的振动线位移 (m);
A_y——隔振体系质量中心处沿 y 轴向的振动线位移 (m);
A_z——隔振体系质量中心处沿 z 轴向的振动线位移 (m);
$A_{\varphi x}$——隔振体系质量中心处绕 x 轴旋转的振动角位移 (rad);
$A_{\varphi y}$——隔振体系质量中心处绕 y 轴旋转的振动角位移 (rad);
$A_{\varphi z}$——隔振体系质量中心处绕 z 轴旋转的振动角位移 (rad);
P_{ox}——作用在隔振体系质量中心处沿 x 轴向的扰力值 (N);
P_{oy}——作用在隔振体系质量中心处沿 y 轴向的扰力值 (N);
P_{oz}——作用在隔振体系质量中心处沿 z 轴向的扰力值 (N);
M_{ox}——作用在隔振体系质量中心处绕 x 轴旋转的扰力矩值 (N·m);
M_{oy}——作用在隔振体系质量中心处绕 y 轴旋转的扰力矩值 (N·m);
M_{oz}——作用在隔振体系质量中心处绕 z 轴旋转的扰力矩值 (N·m);

η_x——单自由度隔振体系沿 x 轴向的传递率；

η_y——单自由度隔振体系沿 y 轴向的传递率；

η_z——单自由度隔振体系沿 z 轴向的传递率。

6.1.2 当隔振体系为双自由度耦合振动时，质量中心处的振动位移，可按下列公式计算：

1 当 $x-\varphi_y$ 耦合振动时，可按下列公式计算：

$$A_x=\rho_1 A_{\varphi 1}\eta_1+\rho_2 A_{\varphi 2}\eta_2 \tag{6.1.2-1}$$

$$A_{\varphi y}=A_{\varphi 1}\eta_1+A_{\varphi 2}\eta_2 \tag{6.1.2-2}$$

$$A_{\varphi 1}=\frac{P_{ox}\rho_1+M_{oy}}{(m\rho_1^2+J_y)\ \omega_{n1}^2} \tag{6.1.2-3}$$

$$A_{\varphi 2}=\frac{P_{ox}\rho_2+M_{oy}}{(m\rho_2^2+J_y)\ \omega_{n2}^2} \tag{6.1.2-4}$$

$$\rho_1=\frac{K_x z}{K_x-m\omega_{n1}^2} \tag{6.1.2-5}$$

$$\rho_2=\frac{K_x z}{K_x-m\omega_{n2}^2} \tag{6.1.2-6}$$

2 当 $y-\varphi_x$ 耦合振动时，可按下列公式计算：

$$A_y=\rho_1 A_{\varphi 1}\eta_1+\rho_2 A_{\varphi 2}\eta_2 \tag{6.1.2-7}$$

$$A_{\varphi x}=A_{\varphi 1}\eta_1+A_{\varphi 2}\eta_2 \tag{6.1.2-8}$$

$$A_{\varphi 1}=\frac{P_{oy}\rho_1+M_{ox}}{(m\rho_1^2+J_x)\ \omega_{n1}^2} \tag{6.1.2-9}$$

$$A_{\varphi 2}=\frac{P_{oy}\rho_2+M_{ox}}{(m\rho_2^2+J_x)\ \omega_{n2}^2} \tag{6.1.2-10}$$

$$\rho_1=\frac{K_y z}{K_y-m\omega_{n1}^2} \tag{6.1.2-11}$$

$$\rho_2=\frac{K_y z}{K_y-m\omega_{n2}^2} \tag{6.1.2-12}$$

式中 $A_{\varphi 1}$——隔振体系耦合振动第一振型的当量静角位移（rad）；

$A_{\varphi 2}$——隔振体系耦合振动第二振型的当量静角位移（rad）；

ρ_1——隔振体系耦合振动第一振型中的水平位移与转角的比值（m/rad）；

ρ_2——隔振体系耦合振动第二振型中的水平位移与转角的比值（m/rad）；

η_1——双自由度隔振体系第一振型的传递率；

η_2——双自由度隔振体系第二振型的传递率。

6.1.3 隔振体系传递率的确定，宜符合下列规定：

1 扰力、扰力矩为简谐函数时，传递率可按下列公式计算：

$$\eta_x=\frac{1}{\sqrt{\left[1-\left(\frac{\omega}{\omega_{nx}}\right)^2\right]^2+\left(2\zeta_x\frac{\omega}{\omega_{nx}}\right)^2}} \tag{6.1.3-1}$$

$$\eta_y=\frac{1}{\sqrt{\left[1-\left(\frac{\omega}{\omega_{ny}}\right)^2\right]^2+\left(2\zeta_y\frac{\omega}{\omega_{ny}}\right)^2}} \tag{6.1.3-2}$$

$$\eta_z=\frac{1}{\sqrt{\left[1-\left(\frac{\omega}{\omega_{nz}}\right)^2\right]^2+\left(2\zeta_z\frac{\omega}{\omega_{nz}}\right)^2}} \tag{6.1.3-3}$$

$$\eta_{\varphi x}=\frac{1}{\sqrt{\left[1-\left(\frac{\omega}{\omega_{n\varphi x}}\right)^2\right]^2+\left(2\zeta_{\varphi x}\frac{\omega}{\omega_{n\varphi x}}\right)^2}} \tag{6.1.3-4}$$

$$\eta_{\varphi y}=\frac{1}{\sqrt{\left[1-\left(\frac{\omega}{\omega_{n\varphi y}}\right)^2\right]^2+\left(2\zeta_{\varphi y}\frac{\omega}{\omega_{n\varphi y}}\right)^2}} \tag{6.1.3-5}$$

$$\eta_{\varphi z}=\frac{1}{\sqrt{\left[1-\left(\frac{\omega}{\omega_{n\varphi z}}\right)^2\right]^2+\left(2\zeta_{\varphi z}\frac{\omega}{\omega_{n\varphi z}}\right)^2}} \tag{6.1.3-6}$$

$$\eta_1=\frac{1}{\sqrt{\left[1-\left(\frac{\omega}{\omega_{n1}}\right)^2\right]^2+\left(2\zeta_1\frac{\omega}{\omega_{n1}}\right)^2}} \tag{6.1.3-7}$$

$$\eta_2=\frac{1}{\sqrt{\left[1-\left(\frac{\omega}{\omega_{n2}}\right)^2\right]^2+\left(2\zeta_2\frac{\omega}{\omega_{n2}}\right)^2}} \tag{6.1.3-8}$$

$$\zeta_x=\frac{\sum_{i=1}^{n}\zeta_{xi}K_{xi}}{K_x} \tag{6.1.3-9}$$

$$\zeta_y=\frac{\sum_{i=1}^{n}\zeta_{yi}K_{yi}}{K_y} \tag{6.1.3-10}$$

$$\zeta_z=\frac{\sum_{i=1}^{n}\zeta_{zi}K_{zi}}{K_z} \tag{6.1.3-11}$$

$$\zeta_{\varphi x}=\frac{\zeta_y\frac{\omega_{n\varphi x}}{\omega_{ny}}\sum_{i=1}^{n}K_{yi}z_i^2+\zeta_z\frac{\omega_{n\varphi x}}{\omega_{nz}}\sum_{i=1}^{n}K_{zi}y_i^2}{K_{\varphi x}} \tag{6.1.3-12}$$

$$\zeta_{\varphi y}=\frac{\zeta_z\frac{\omega_{n\varphi y}}{\omega_{nz}}\sum_{i=1}^{n}K_{zi}x_i^2+\zeta_x\frac{\omega_{n\varphi y}}{\omega_{nx}}\sum_{i=1}^{n}K_{xi}z_i^2}{K_{\varphi y}} \tag{6.1.3-13}$$

$$\zeta_{\varphi z}=\frac{\zeta_x\frac{\omega_{n\varphi z}}{\omega_{nx}}\sum_{i=1}^{n}K_{xi}y_i^2+\zeta_y\frac{\omega_{n\varphi z}}{\omega_{ny}}\sum_{i=1}^{n}K_{yi}x_i^2}{K_{\varphi z}} \tag{6.1.3-14}$$

式中 ζ_x——隔振器沿 x 轴向振动时的阻尼比；

ζ_y——隔振器沿 y 轴向振动时的阻尼比；

ζ_z——隔振器沿 z 轴向振动时的阻尼比；

$\zeta_{\varphi x}$——隔振器绕 x 轴旋转振动时的阻尼比；

$\zeta_{\varphi y}$——隔振器绕 y 轴旋转振动时的阻尼比；

$\zeta_{\varphi z}$——隔振器绕 z 轴旋转振动时的阻尼比；

ζ_1——双自由度隔振体系第一振型的阻尼比；

ζ_2——双自由度隔振体系第二振型的阻尼比；

ζ_{xi}——第 i 个隔振器沿 x 轴向振动时的阻尼比；

ζ_{yi}——第 i 个隔振器沿 y 轴向振动时的阻尼比；

ζ_{zi}——第 i 个隔振器沿 z 轴向振动时的阻尼比。

2　当扰力、扰力矩为矩形或等腰三角形脉冲作用时，传递率可按表 6.1.3 确定：

表 6.1.3　脉冲作用时的传递率

脉冲形状	t_o/T_{nk}										
	0.00	0.05	0.10	0.15	0.20	0.25	0.30	0.35	0.40	0.45	0.50
矩形脉冲	0.000	0.313	0.618	0.908	1.176	1.414	1.618	1.782	1.902	1.975	2.000
等腰三角形脉冲	0.000	0.157	0.312	0.463	0.608	0.746	0.875	0.993	1.100	1.193	1.273

注：1　t_o 为作用时间；

2　T_{nk} 为隔振体系的固有周期；

3　当 t_o/T_{nk} 为表中中间值时，传递率可采用插入法取值；

4　T_{nk} 脚标中的 k，单自由度体系时代表 x，y，z 或 φ_x、φ_y，φ_z；双自由度耦合振动时代表振型 1 和 2。

6.1.4　双自由度隔振体系第一、第二振型的阻尼比的确定，宜符合下列规定：

1　当 $x-\varphi_y$ 耦合振动时，宜符合下列规定：

1）第一振型的阻尼比，可取隔振器沿 x 轴向振动时的阻尼比与隔振器绕 y 轴向旋转振动时的阻尼比二者较小值；

2）第二振型的阻尼比，可取隔振器沿 x 轴向振动时的阻尼比与隔振器绕 y 轴向旋转振动时的阻尼比二者较大值。

2　当 $y-\varphi_x$ 耦合振动时，宜符合下列规定：

1）第一振型的阻尼比，可取隔振器沿 y 轴向振动时的阻尼比与隔振器绕 x 轴向旋转振动时的阻尼比二者较小值；

2）第二振型的阻尼比，可取隔振器沿 y 轴向振动时的阻尼比与隔振器的绕 x 轴向旋转振动时的阻尼比二者较大值。

6.1.5　任意点处振动线位移的确定，宜符合下列规定：

1　当作用在隔振体系质量中心处沿各轴向的简谐扰力和绕各轴旋转的简谐扰力矩的工作频率均相同、且在作用时间上没有相位差时，任意点处的振动线位移，可按下列公式计算：

$$A_{xL}=A_x+A_{\varphi y}z_L-A_{\varphi z}y_L \quad (6.1.5\text{-}1)$$

$$A_{yL}=A_y+A_{\varphi z}x_L-A_{\varphi x}z_L \quad (6.1.5\text{-}2)$$

$$A_{zL}=A_z+A_{\varphi x}y_L-A_{\varphi y}x_L \quad (6.1.5\text{-}3)$$

式中　A_{xL}——隔振体系任意点处沿 x 轴向的振动线位移（m）；

A_{yL}——隔振体系任意点处沿 y 轴向的振动线位移（m）；

A_{zL}——隔振体系任意点处沿 z 轴向的振动线位移（m）；

x_L——任意点的 x 轴坐标值（m）；

y_L——任意点的 y 轴坐标值（m）；

z_L——任意点的 z 轴坐标值（m）。

2　当作用在隔振体系质量中心处沿各轴向的简谐扰力和绕各轴旋转的简谐扰力矩的工作频率均相同、且在作用时间上有相位差时，任意点处的振动线位移，应按各轴向振动的相位差计算。

3　当作用在隔振体系质量中心处沿各轴向的简谐扰力和绕各轴旋转的简谐扰力矩的工作频率均不相同时，任意点处各轴向的最大振动线位移，可按下列公式计算：

$$A_{xL,max}=|A_x|+|A_{\varphi y}z_L|+|A_{\varphi z}y_L| \quad (6.1.5\text{-}4)$$

$$A_{yL,max}=|A_y|+|A_{\varphi z}x_L|+|A_{\varphi x}z_L| \quad (6.1.5\text{-}5)$$

$$A_{zL,max}=|A_z|+|A_{\varphi x}y_L|+|A_{\varphi y}x_L| \quad (6.1.5\text{-}6)$$

式中　$A_{xL,max}$——隔振体系任意点处沿 x 轴向的最大振动线位移（m）；

$A_{yL,max}$——隔振体系任意点处沿 y 轴向的最大振动线位移（m）；

$A_{zL,max}$——隔振体系任意点处沿 z 轴向的最大振动线位移（m）。

4　当扰力、扰力矩为脉冲作用时，任意点处的振动线位移，可按公式（6.1.5-1）～（6.1.5-3）计算。

6.2　旋转式机器

6.2.1　旋转式机器的隔振，宜采用支承式。隔振器的选用和设置，宜符合下列规定：

1　汽轮发电机、汽动给水泵基础的隔振，可采用圆柱螺旋弹簧隔振器，隔振器宜设置在柱顶或台座下梁的顶面。

2　离心泵、离心通风机基础的隔振，可采用圆柱螺旋弹簧隔振器或橡胶隔振器，隔振器宜设置在梁顶或底板上。

3　圆柱螺旋弹簧隔振器应具有三维隔振功能。

4　在汽轮发电机、汽动给水泵的隔振体系中，隔振器应与阻尼器一起使用。

6.2.2　汽轮发电机、汽动给水泵的隔振，可采用钢筋混凝土台座结构；台座结构可采用板式、梁式或梁板混合式；台座结构应按多自由度体系进行动力分析，并应计入台座弹性变形的影响。

离心泵、离心通风机的隔振，可采用钢筋混凝土板或具有足够刚度的钢支架作为台座结构；台座结构可按刚体进行动力分析。

6.2.3　汽轮发电机、汽动给水泵在工作转速时，振动线位移的计算宜取在工作转速±25%范围内的最大振动线位移；对于小于75%工作转速范围内的计算振动线位移，应小于容许振动线位移的1.5倍。

6.2.4　旋转式机器的隔振设计，当缺乏扰力资料时，扰力的确定，宜符合下列规定：

1　工作转速大于3000r/min高转速机组的扰力，可按下列公式计算：

$$P_{zi}=0.25W_{gi}\ (n/3000)^{3/2} \qquad (6.2.4\text{-}1)$$

$$P_{xi}=0.25W_{gi}\ (n/3000)^{3/2} \qquad (6.2.4\text{-}2)$$

$$P_{yi}=0.125W_{gi}\ (n/3000)^{3/2} \qquad (6.2.4\text{-}3)$$

式中　P_{zi}——作用在隔振体系第i点沿竖向的机器扰力（N）；

P_{xi}——作用在隔振体系第i点沿横向的机器扰力（N）；

P_{yi}——作用在隔振体系第i点沿纵向的机器扰力（N）；

W_{gi}——作用在隔振体系第i点的机器转子重力荷载（N）；

n——机器的工作转速（r/min）。

2　汽轮发电机组的扰力，可按表6.2.4-1确定：

表6.2.4-1　汽轮发电机组的扰力

机器工作转速（r/min）		3000	1500
第i点的扰力（N）	竖向、横向	$0.20W_{gi}$	$0.16W_{gi}$
	纵向	$0.10W_{gi}$	$0.08W_{gi}$

3　电机的扰力，可按表6.2.4-2确定：

表6.2.4-2　电机的扰力

机器工作转速（r/min）	<500	500～750	>750
第i点的扰力（N）	$0.10W_{gi}$	$0.15W_{gi}$	$0.20W_{gi}$

4　其他旋转式机器的扰力，可按下式计算：

$$P=m_{x}e\omega^{2} \qquad (6.2.4\text{-}4)$$

式中　P——作用在隔振体系质量中心处沿竖向或横向的机器扰力（N）；

m_x——机器旋转部件的总质量（kg）；

e——机器旋转部件的当量偏心距（m），可按表6.2.4-3确定：

6.2.5　对汽轮发电机、汽动给水泵弹簧隔振体系进行振动测试时，应进行频谱分析，振动线位移应按各个频段的振动线位移分量进行换算叠加。

表6.2.4-3　机器旋转部件的当量偏心距

机器名称	机器转动部件	工作转速（r/min）	偏心距（mm）
风机	叶轮	—	0.50～1.00
水泵	叶轮	$n\geqslant1500$	0.10
		$1000\leqslant n<1500$	0.20
		$n<1000$	0.25～0.50
风扇磨煤机	叶轮	—	1.00～2.00
反击式碎煤机	转子	—	1.00～2.00
锤击式碎煤机	转子	—	1.00
环式碎煤机	转子	—	0.60～1.00

注：1　机器处在腐蚀性环境时，偏心距宜取上限值；
2　n为工作转速。

6.3　曲柄连杆式机器

6.3.1　曲柄连杆式机器隔振方式的选用，宜符合下列规定：

1　试验台和大、中型机器，宜采用图3.1.2b。

2　中小型活塞式压缩机和柴油发电机组，宜采用图3.1.2a，台座结构应采用钢筋混凝土厚板或刚性支架，隔振器可直接支承在刚性地面上。

6.3.2　曲柄连杆式机器的隔振设计，其台座结构或试验台的平面尺寸应由工艺条件确定，台座的最小质量应满足容许振动值的要求；隔振器的选用，应符合下列要求：

1　宜采用竖向和水平向刚度接近、配有竖向和水平向阻尼的圆柱螺旋弹簧隔振器或空气弹簧隔振器；当用于工作转速不低于1000r/min的机器隔振时，亦可采用水平刚度与竖向刚度相差较小的橡胶隔振器。

2　隔振体系的阻尼比不应小于0.05，四冲程发动机最低工作转速所对应的频率与固有频率之比不宜小于4。

3　隔振器的刚度和阻尼性能，应符合使用环境要求，隔振器的使用寿命不宜低于机器的使用寿命。

6.3.3　曲柄连杆式机器的扰力，应计入运动部件质量误差和汽缸内压力变化等因素对扰力的增值影响。当缺乏扰力值资料时，应符合下列规定：

1　机器的一谐、二谐扰力值和扰力矩值，应按有关理论公式计算，并应按下列规定取值：

1）计算值应乘以综合影响系数，综合影响系数可取1.1～1.35；

2）当计算值很小时，可取计算值与由运动部件质量误差和汽缸内压力变化等综合因素产生的附加扰力相叠加。

2　发动机的扰力值，应计入扭转反作用力矩。

3 扰力作用点可取曲轴中心。

6.3.4 隔振设计时，应分别计算在单一扰力或扰力矩作用下，隔振体系质量中心点和验算点的振动位移和振动速度，总振动位移和振动速度的计算，应符合下列规定：

1 一谐竖向扰力和扰力矩所产生的振动值，与一谐水平扰力和扰力矩所产生的振动值，应按平方和开方叠加，但当具有下列情形之一时，宜按绝对值相加：

1）隔振体系质量中心至刚度中心的距离，大于隔振器至主轴中心线的水平距离；

2）管道连接未全采用柔性接头。

2 竖向和水平向二谐扰力和扰力矩所产生的振动值，可按同相位相加。

3 各谐扰力和扰力矩所产生的振动值，宜按绝对值相加，有效值应按平方和开方叠加。

6.3.5 验算机器基础的容许振动值时，验算点可取基座板角点外的试验台顶面或台座结构顶面的角点上；当隔振体系质量中心点的回转振动角位移在数值上大于水平振动线位移时，应取水平振动第二验算点在主轴端部。

6.3.6 试验台的隔振设计，应符合下列要求：

1 隔振体系的刚度中心与质量中心宜在同一铅垂线上；当不能满足时，刚度中心与质量中心在旋转轴方向产生的偏心，不应大于试验台该方向边长的1.5%。

2 隔振计算应采用扰力最大机型所对应的参数，隔振器的选择应符合最大负荷的承载要求。

3 试验台应根据安装工具和操作要求，预留安装隔振器的操作空间。

4 试验台与周边结构之间应设置隔振缝，缝宽不应小于50mm，当超过60mm时，缝的顶部应加活动盖板。

5 隔振器的弹簧和阻尼元件应避免与水、油、烟气接触，当排烟管从地下室或基础箱中通过时，应采取隔热或降温措施，或选用能适应该环境要求的隔振器和阻尼器。

6 试验台周边及地下室或基础箱底面，应设排水沟并与外部排水管道连接，管道与试验台的连接处应采用柔性接头，发动机的排烟管应采用金属波纹管连接，压缩机的排气管宜采用金属软管连接。

6.4 冲击式机器

6.4.1 锻锤基础的隔振设计，应符合下列要求：

1 基础和砧座的最大竖向振动位移不应大于容许振动值。

2 锻锤在下一次打击时，砧座应停止振动。

3 锻锤打击后，隔振器上部质量不应与隔振器分离。

6.4.2 锻锤隔振后振动分析模型的采用，应符合下列规定：

1 分析砧座振动时，可假定基础为不动体，宜采用有阻尼单自由度振动模型（图6.4.2-1）。

2 分析基础振动时，扰力可取隔振器作用于基础的动力荷载，宜采用无阻尼单自由度振动模型（图6.4.2-2）。

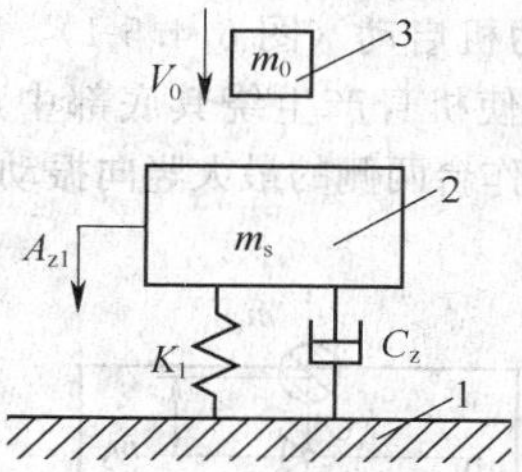

图6.4.2-1 有阻尼单自由度振动模型

1—基础；2—砧座；3—锤头

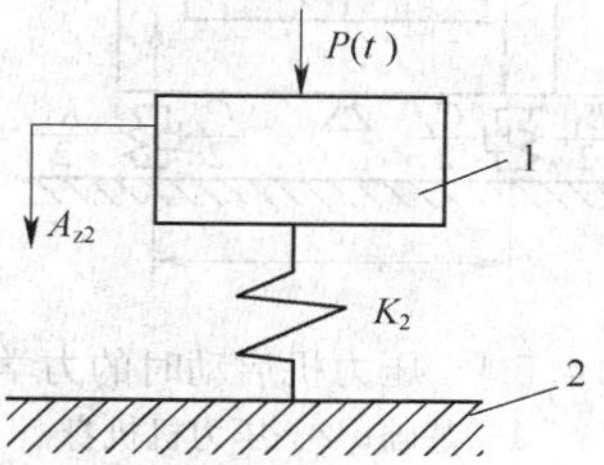

图6.4.2-2 无阻尼单自由度振动模型

1—基础；2—地基

6.4.3 隔振锻锤砧座的最大竖向振动位移（图6.4.2-1），可按下列公式计算：

$$A_{z1}=\frac{(1+e_1)\ m_0V_0}{(m_0+m_s)\ \omega_n}\exp\left[-\zeta_z\frac{\pi}{2}\right] \tag{6.4.3-1}$$

$$\omega_n=\sqrt{\frac{K_1}{m_s}} \tag{6.4.3-2}$$

$$\zeta_z=\frac{C_z}{2\sqrt{m_sK_1}} \tag{6.4.3-3}$$

式中 A_{z1}——砧座最大竖向振动位移（m）；

m_0——锻锤落下部分质量（kg）；

m_s——隔振器上部的总质量（kg）；

V_0——落下部分的最大冲击速度（m/s）；

e_1——回弹系数，模锻锤取0.5，自由锻锤取0.25，锻打有色金属时取0；

K_1——隔振器的竖向刚度（N/m）；

ζ_z——隔振体系的阻尼比；

C_z——隔振器的竖向阻尼系数（N·s/m）。

6.4.4 隔振锻锤基础的最大竖向振动位移（图6.4.2-2），可按下列公式计算：

$$A_{z2}=\frac{K_1\ (1+e_1)\ m_0V_0}{K_2\ (m_0+m_s)\ \omega_n}\sqrt{1+4\zeta_z^2}$$

$$\exp\left[-\zeta_z\left(\frac{\pi}{2}-\tan^{-1}2\zeta_z\right)\right] \tag{6.4.4-1}$$

$$K_2 = 2.67K_z \quad (6.4.4\text{-}2)$$

式中 A_{z2}——基础最大竖向振动位移（m）；

K_2——基础底部的折算刚度（N/m）；

K_z——基础底部地基土的抗压刚度（N/m），应符合现行国家标准《动力机器基础设计规范》GB 50040 的有关规定。

6.4.5 压力机隔振参数的确定，宜符合下列规定：

1 当压力机启动（图 6.4.5-1），离合器结合产生的冲击力矩使机身产生绕其底部中点的摇摆振动时，压力机工作台两侧的最大竖向振动位移，可按下列公式计算：

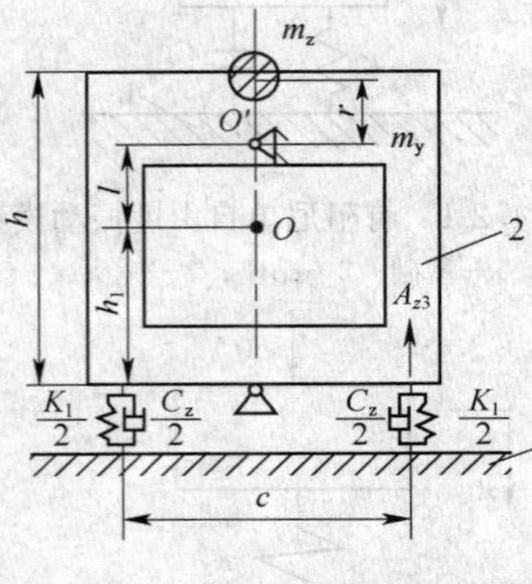

图 6.4.5-1 压力机启动时的力学模型

1—基础；2—压力机机身

$$A_{z3} = \frac{cm_z r n_y (l+h_1)}{2m_y \omega_k (R_1^2+h_1^2)} \exp\left(-\zeta_{z1}\frac{\pi}{2}\right) \quad (6.4.5\text{-}1)$$

$$R_1 = \sqrt{\frac{J}{m_y}} \quad (6.4.5\text{-}2)$$

$$\omega_k = \sqrt{\frac{c^2 K_1}{4(R_1^2+h_1^2)m_y}} \quad (6.4.5\text{-}3)$$

$$\zeta_{z1} = \frac{C_z c}{4\sqrt{(R_1^2+h_1^2)m_y K_1}} \quad (6.4.5\text{-}4)$$

式中 A_{z3}——压力机工作台两侧的最大竖向振动位移（m）；

m_y——压力机质量（kg）；

m_z——主轴偏心质量与连杆折合质量之和（kg），连杆折合质量可取连杆质量的 1/3；

r——曲柄半径（m）；

h——压力机顶部至隔振器的距离（m）；

h_1——压力机质心 O 至隔振器的距离（m）；

l——主轴轴承 O' 至压力机质心 O 的距离（m）；

c——隔振器之间的距离（m）；

R_1——压力机绕质心轴的回转半径（m）；

J——压力机绕质心轴的质量惯性矩（kg·m²）；

n_y——压力机主轴的额定转速（rad/s）；

ω_k——压力机作摇摆振动的固有圆频率（rad/s）；

ζ_{z1}——隔振体系的摆动阻尼比。

2 压力机冲压工作时（图 6.4.5-2），工作台的最大竖向振动位移，可按下列公式计算：

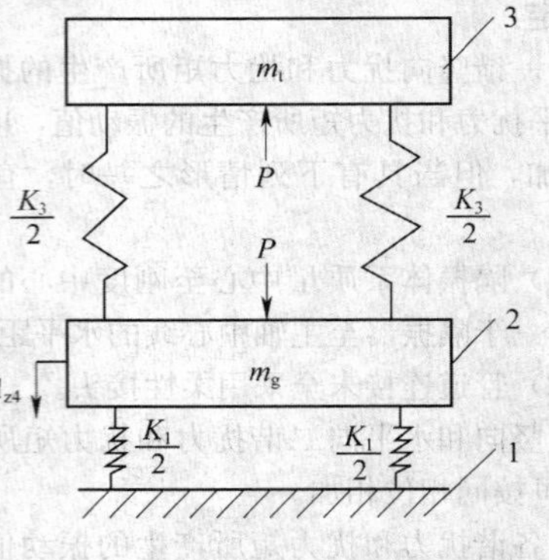

图 6.4.5-2 压力机冲压工件时的力学模型

1—基础；2—压力机工作台；3—压力机头部

$$A_{z3} = \frac{2Pm_t}{K_3(m_t+m_g)} \quad (6.4.5\text{-}5)$$

$$K_3 = \frac{E_1 F_1}{L_1} + \frac{E_2 F_2}{L_2} \quad (6.4.5\text{-}6)$$

式中 A_{z4}——压力机工作台的最大竖向振动位移（m）；

P——压力机额定工作压力（N）；

m_t——压力机头部的质量（kg）；

m_g——压力机工作台的质量（kg）；

K_3——压力机立柱及拉杆的刚度（N/m）；

E_1——压力机立柱的弹性模量（N/m²）；

E_2——压力机拉杆的弹性模量（N/m²）；

F_1——压力机立柱的平均截面积（m²）；

F_2——压力机拉杆的平均截面积（m²）；

L_1——压力机立柱的工作长度（m）；

L_2——压力机拉杆的工作长度（m）。

3 压力机冲压工件时，其基础的竖向位移可按下式计算：

$$A_{z5} = A_{z4}\frac{K_1}{K_2} \quad (6.4.5\text{-}7)$$

式中 A_{z5}——冲压工件时压力机基础的竖向位移（m）。

6.4.6 锻锤的隔振设计，应符合下列要求：

1 锻锤砧座质量较大时，可直接对砧座进行隔振；砧座质量较小时，可在砧座下增设钢筋混凝土台座。

2 砧座或钢筋混凝土台座底面积较大、砧座重心与砧座底面距离较小时，可采用支承式隔振；砧座底面积较小、砧座重心与砧座底面距离较大、且不采用钢筋混凝土台座时，可采用悬挂式隔振。

3 锻锤的打击中心、隔振器的刚度中心和隔振器上部的质量中心，宜在同一铅垂线上。

4 砧座或钢筋混凝土台座，宜设置导向或防偏摆的限位装置。

5 采用圆柱螺旋弹簧隔振器时，应配置阻尼器；采用迭板弹簧隔振器时，可不配置阻尼器。

6 锻锤隔振系统的阻尼比，不应小于0.25。

6.4.7 压力机的隔振设计，应符合下列要求：

1 闭式多点压力机，宜将隔振器直接安装在压力机底部。

2 闭式单点压力机和开式压力机，可在压力机下部设置台座，隔振器宜安置在台座下部。

3 压力机隔振系统的竖向阻尼比，宜取0.10～0.15。

7 被动隔振

7.1 计算规定

7.1.1 当隔振体系支承结构或地基处产生简谐干扰位移时，隔振体系质量中心处的振动位移的确定，宜符合下列规定：

1 当隔振体系为单自由度时，可按下列公式计算：

$$A_x = A_{ox}\eta_x \quad (7.1.1\text{-}1)$$

$$A_y = A_{oy}\eta_y \quad (7.1.1\text{-}2)$$

$$A_z = A_{oz}\eta_z \quad (7.1.1\text{-}3)$$

$$A_{\varphi x} = A_{o\varphi x}\eta_{\varphi x} \quad (7.1.1\text{-}4)$$

$$A_{\varphi y} = A_{o\varphi y}\eta_{\varphi y} \quad (7.1.1\text{-}5)$$

$$A_{\varphi z} = A_{o\varphi z}\eta_{\varphi z} \quad (7.1.1\text{-}6)$$

式中 A_{ox}——支承结构或地基处产生的沿 x 轴向的干扰振动线位移（m）；

A_{oy}——支承结构或地基处产生的沿 y 轴向的干扰振动线位移（m）；

A_{oz}——支承结构或地基处产生的沿 z 轴向的干扰振动线位移（m）；

$A_{o\varphi x}$——支承结构或基础处产生的绕 x 轴旋转的干扰振动角位移（rad）；

$A_{o\varphi y}$——支承结构或基础处产生的绕 y 轴旋转的干扰振动角位移（rad）；

$A_{o\varphi z}$——支承结构或基础处产生的绕 z 轴旋转的干扰振动角位移（rad）；

$\eta_{\varphi x}$——单自由度隔振体系绕 x 轴旋转的传递率；

$\eta_{\varphi y}$——单自由度隔振体系绕 y 轴旋转的传递率；

$\eta_{\varphi z}$——单自由度隔振体系绕 z 轴旋转的传递率。

2 当隔振体系为双自由度耦合振动时，可按下列公式计算：

1）当 $x-\varphi_y$ 耦合振动时：

$$A_x = \rho_1 A_{\varphi 1}\eta_1 + \rho_2 A_{\varphi 2}\eta_2 \quad (7.1.1\text{-}7)$$

$$A_{\varphi y} = A_{\varphi 1}\eta_1 + A_{\varphi 2}\eta_2 \quad (7.1.1\text{-}8)$$

$$A_{\varphi 1} = \frac{K_x(\rho_1 - z)A_{ox} + (K_{\varphi y} - \rho_1 K_x z)A_{o\varphi y}}{(m\rho_1^2 + J_y)\omega_{n1}^2} \quad (7.1.1\text{-}9)$$

$$A_{\varphi 2} = \frac{K_x(\rho_2 - z)A_{ox} + (K_{\varphi y} - \rho_2 K_x z)A_{o\varphi y}}{(m\rho_2^2 + J_y)\omega_{n2}^2} \quad (7.1.1\text{-}10)$$

2）当 $y-\varphi_2$ 耦合振动时：

$$A_y = \rho_1 A_{\varphi 1}\eta_1 + \rho_2 A_{\varphi 2}\eta_2 \quad (7.1.1\text{-}11)$$

$$A_{\varphi x} = A_{\varphi 1}\eta_1 + A_{\varphi 2}\eta_2 \quad (7.1.1\text{-}12)$$

$$A_{\varphi 1} = \frac{K_y(\rho_1 - z)A_{oy} + (K_{\varphi x} - \rho_1 K_y z)A_{o\varphi x}}{(m\rho_1^2 + J_x)\omega_{n1}^2} \quad (7.1.1\text{-}13)$$

$$A_{\varphi 2} = \frac{K_y(\rho_2 - z)A_{oy} + (K_{\varphi x} - \rho_2 K_y z)A_{o\varphi x}}{(m\rho_2^2 + J_x)\omega_{n2}^2} \quad (7.1.1\text{-}14)$$

7.1.2 隔振体系的传递率，可按下列公式计算：

$$\eta_x = \frac{\sqrt{1 + \left(2\zeta_x \frac{\omega}{\omega_{nx}}\right)^2}}{\sqrt{\left[1 - \left(\frac{\omega}{\omega_{nx}}\right)^2\right]^2 + \left(2\zeta_x \frac{\omega}{\omega_{nx}}\right)^2}} \quad (7.1.2\text{-}1)$$

$$\eta_y = \frac{\sqrt{1 + \left(2\zeta_y \frac{\omega}{\omega_{ny}}\right)^2}}{\sqrt{\left[1 - \left(\frac{\omega}{\omega_{ny}}\right)^2\right]^2 + \left(2\zeta_y \frac{\omega}{\omega_{ny}}\right)^2}} \quad (7.1.2\text{-}2)$$

$$\eta_z = \frac{\sqrt{1 + \left(2\zeta_z \frac{\omega}{\omega_{nz}}\right)^2}}{\sqrt{\left[1 - \left(\frac{\omega}{\omega_{nz}}\right)^2\right]^2 + \left(2\zeta_z \frac{\omega}{\omega_{nz}}\right)^2}} \quad (7.1.2\text{-}3)$$

$$\eta_{\varphi x} = \frac{\sqrt{1 + \left(2\zeta_{\varphi x} \frac{\omega}{\omega_{n\varphi x}}\right)^2}}{\sqrt{\left[1 - \left(\frac{\omega}{\omega_{n\varphi x}}\right)^2\right]^2 + \left(2\zeta_{\varphi x} \frac{\omega}{\omega_{n\varphi x}}\right)^2}} \quad (7.1.2\text{-}4)$$

$$\eta_{\varphi y} = \frac{\sqrt{1 + \left(2\zeta_{\varphi y} \frac{\omega}{\omega_{n\varphi y}}\right)^2}}{\sqrt{\left[1 - \left(\frac{\omega}{\omega_{n\varphi y}}\right)^2\right]^2 + \left(2\zeta_{\varphi y} \frac{\omega}{\omega_{n\varphi y}}\right)^2}} \quad (7.1.2\text{-}5)$$

$$\eta_{\varphi z} = \frac{\sqrt{1 + \left(2\zeta_{\varphi z} \frac{\omega}{\omega_{n\varphi z}}\right)^2}}{\sqrt{\left[1 - \left(\frac{\omega}{\omega_{n\varphi z}}\right)^2\right]^2 + \left(2\zeta_{\varphi z} \frac{\omega}{\omega_{n\varphi z}}\right)^2}} \quad (7.1.2\text{-}6)$$

$$\eta_1 = \frac{\sqrt{1 + \left(2\zeta_1 \frac{\omega}{\omega_{n1}}\right)^2}}{\sqrt{\left[1 - \left(\frac{\omega}{\omega_{n1}}\right)^2\right]^2 + \left(2\zeta_1 \frac{\omega}{\omega_{n1}}\right)^2}} \quad (7.1.2\text{-}7)$$

$$\eta_2=\frac{\sqrt{1+\left(2\zeta_2\frac{\omega}{\omega_{n2}}\right)^2}}{\sqrt{\left[1-\left(\frac{\omega}{\omega_{n2}}\right)^2\right]^2+\left(2\zeta_2\frac{\omega}{\omega_{n2}}\right)^2}}$$

（7.1.2-8）

7.2 精密仪器及设备

7.2.1 设有精密仪器及设备厂房的建设场地应进行环境振动测试。厂房中的精密仪器及设备除应远离振源布置外，尚应采取下列措施：

1 减弱建筑物地基基础和结构的振动。

2 振源设备的主动隔振。

3 精密仪器及设备的被动隔振。

7.2.2 精密仪器及设备的隔振计算，应包括下列内容：

1 隔振体系固有频率的计算。

2 在支承结构干扰振动位移作用下，隔振体系振动响应的计算。

3 隔振体系受精密设备内部振动源影响的振动计算。

4 本条第2款和第3款计算结果的叠加值，不应大于精密仪器及设备的容许振动值。

7.2.3 隔振体系各向的阻尼比，不宜小于0.10。

7.2.4 大型及超长型台座隔振计算时，宜计入台座的弹性影响。

7.2.5 采用商品隔振台座时，应根据隔振台座的特性参数验算支承结构干扰振动位移作用下隔振体系的振动响应。

7.3 精密机床

7.3.1 精密机床的隔振设计，应根据环境振动测试结果优选精密机床工作场地，其隔振计算应包括下列内容：

1 隔振体系固有频率的计算。

2 隔振体系在外部干扰作用下的振动响应的计算。

3 当机床本身有内部较大扰力时，应验算机床因内部扰力产生的振动响应。

4 本条第2款和第3款计算结果的叠加值，不应大于机床的振动容许值。

7.3.2 当机床有慢速往复运动部件时，机床质量中心变化产生的倾斜度应按下式计算，其值不应大于该机床倾斜度的容许值：

$$q=\frac{m_j g l_v}{\sum K_{gi} x_{gi}^2} \tag{7.3.2}$$

式中 q——机床的倾斜度；

m_j——机床慢速往复运动部件的质量（kg）；

l_v——移动部分质心相对于初始状态的移动距离（m）；

K_{gi}——各支承点的竖向刚度（N/m）；

x_{gi}——各支承点距刚度中心的坐标（m）。

7.3.3 当机床有内部扰力时，台座结构的一阶弯曲固有频率不宜小于机床最高干扰频率的1.25倍；台座结构的一阶弯曲固有频率，可按下式计算：

$$f_{b1}=3.56\sqrt{\frac{EI}{ml_1^3}} \tag{7.3.3}$$

式中 f_{b1}——台座结构的一阶弯曲固有频率（Hz）；

E——台座材料的弹性模量（N/m^2）；

I——台座结构的截面惯性矩（m^4）；

l_1——台座结构的长度（m）。

7.3.4 当机床台座为大块式台座时，在下列情况，可不计算机床内部扰力引起的振动响应：

1 当内部扰力仅有不平衡质量产生的扰力，且最大转动质量小于机床和台座总质量的1/100时。

2 当内部最大扰力小于机床和台座总重量的1/1000时。

7.3.5 下列情况的机床，应设置台座结构：

1 机床采用直接弹性支承，不能满足机床的刚度要求时。

2 机床由若干个分离部分组成，需将各部分连成整体时。

3 机床的内部扰力产生的振动值大于机床的振动容许值，需增加机床的刚度和配重时。

4 机床有慢速往复运动部件使机床产生过大倾斜，需增加配重时。

7.3.6 台座结构可采用钢筋混凝土台座、钢板台座或钢架台座。

7.3.7 精密机床隔振器的阻尼比不应小于0.10；当机床有加速度较大的回转部件或快速往复运动部件时，不宜小于0.15。

7.3.8 精密机床隔振采用的隔振器，应设有高度调节元件。

8 隔振器与阻尼器

8.1 一般规定

8.1.1 隔振器和阻尼器，应符合下列要求：

1 应具有较好的耐久性，性能应稳定。

2 隔振器应弹性好、刚度低、承载力大，阻尼应适当。

3 阻尼材料应动刚度小、不易老化，粘流体材料的阻尼系数变化应较小。

4 当使用环境有腐蚀性介质时，隔振器和阻尼器与腐蚀性介质的接触面应具有耐腐蚀能力。

5 隔振器和阻尼器应易于安装和更换，当隔振器或阻尼器的内部材料易受污染时，应设置防护装置。

8.1.2 隔振器和阻尼器的选用，应具备下列参数：

1 用于竖向隔振时，应具有承载力、竖向刚度、竖向阻尼比或阻尼系数等性能参数。

2 用于竖向和水平向隔振时，应具有承载力、竖向和水平向刚度、阻尼比或阻尼系数等性能参数。

3 当动刚度和静刚度不一致时，应具有动静刚度比或动、静刚度性能参数。

4 当产品性能随温度、湿度等变化时，应具有随温度或湿度等变化的特性参数。

8.1.3 隔振设计时，隔振器和阻尼器宜选用定型产品；当定型产品不能满足设计要求时，可另行设计。

8.2 圆柱螺旋弹簧隔振器

8.2.1 圆柱螺旋弹簧隔振器的选用，宜符合下列规定：

1 动力设备的主动隔振和精密仪器及设备的被动隔振，可采用支承式隔振器。

2 动力管道的主动隔振和精密仪器的悬挂隔振，可采用悬挂式隔振器。

8.2.2 圆柱螺旋弹簧隔振器，应配置材料阻尼或介质阻尼器，阻尼器的行程、侧向变位空间和使用寿命应与弹簧相匹配。

8.2.3 圆柱螺旋弹簧的选材，宜符合下列规定：

1 用于冲击式机器隔振时，宜选择铬钒弹簧钢丝或热轧圆钢，亦可采用硅锰弹簧钢丝或热轧圆钢。

2 用于其他隔振对象隔振、且弹簧直径小于8mm时，宜采用优质碳素弹簧钢丝或硅锰弹簧钢丝；直径为8～12mm时，宜采用硅锰弹簧钢丝或铬钒弹簧钢丝；直径大于12mm时，宜采用热轧硅锰弹簧钢丝或圆钢。

3 有防腐要求时，宜选择不锈钢弹簧钢丝或圆钢。

8.2.4 圆柱螺旋弹簧设计时，其材料的力学性能，应符合国家现行有关标准的规定；容许剪应力的取值，宜符合下列规定：

1 用于被动隔振时，可按弹簧材料Ⅲ类载荷的88%取值。

2 用于除冲击式机器外的主动隔振时，可按弹簧材料Ⅱ类载荷取值。

3 用于冲击式机器的主动隔振时，可按弹簧材料Ⅰ类载荷取值或进行疲劳强度验算取值。

4 成品圆柱螺旋弹簧在试验负荷下压缩或压并3次后产生的永久变形，不得大于其自由高度的3‰。

8.2.5 圆柱螺旋弹簧的动力参数的确定，应符合下列规定：

1 圆柱螺旋弹簧的承载力和轴向刚度，应按下列公式计算：

$$P_{\mathrm{j}}=\frac{\pi d_1^2\,[\tau]}{8kc_1} \tag{8.2.5-1}$$

$$K_{\mathrm{zj}}=\frac{Gd_1}{8n_1c_1^3} \tag{8.2.5-2}$$

$$k=\frac{4c_1-1}{4c_1-4}+\frac{0.615}{c_1} \tag{8.2.5-3}$$

$$c_1=\frac{D_1}{d_1} \tag{8.2.5-4}$$

式中 P_{j}——圆柱螺旋弹簧的承载力（N）；

K_{zj}——圆柱螺旋弹簧的轴向刚度（N/m）；

G——圆柱螺旋弹簧线材的剪切模量（$\mathrm{N/m^2}$）；

$[\tau]$——圆柱螺旋弹簧线材的容许剪应力（$\mathrm{N/m^2}$）；

d_1——圆柱螺旋弹簧的线径（m）；

D_1——圆柱螺旋弹簧的中径（m）；

c_1——圆柱螺旋弹簧的中径与线径的比值；

n_1——圆柱螺旋弹簧的有效圈数；

k——圆柱螺旋弹簧的曲度系数。

2 圆柱螺旋弹簧的横向刚度，可按下列公式计算：

$$K_{\mathrm{xj}}=\frac{1-\xi_{\mathrm{p}}}{0.384+0.295\left(\dfrac{H_{\mathrm{p}}}{D_1}\right)^2}K_{\mathrm{zj}} \tag{8.2.5-5}$$

$$\xi_{\mathrm{p}}=0.77\frac{\Delta_1}{H_{\mathrm{p}}}\left[\sqrt{1+4.29\left(\frac{D_1}{H_{\mathrm{p}}}\right)^2}-1\right]^{-1} \tag{8.2.5-6}$$

$$\Delta_1=\frac{P_{\mathrm{g}}}{K_{\mathrm{zj}}} \tag{8.2.5-7}$$

$$H_{\mathrm{p}}=H_{\mathrm{o}}-\Delta_1-d \tag{8.2.5-8}$$

式中 K_{xj}——圆柱螺旋弹簧的横向刚度（N/m）；

P_{g}——圆柱螺旋弹簧的工作荷载（N）；

ξ_{p}——圆柱螺旋弹簧的工作荷载与临界荷载之比；

H_{p}——圆柱螺旋弹簧在工作荷载作用下的有效高度（m）；

H_{o}——圆柱螺旋弹簧的自由高度（m）；

Δ_1——圆柱螺旋弹簧在工作荷载作用下的变形量（m）。

3 圆柱螺旋弹簧的外圈弹簧的横向刚度不宜小于其轴向刚度的一半，内圈弹簧的工作荷载与临界荷载之比不宜大于1，当大于1时应取1，并应设置导向杆或调整弹簧参数。

4 圆柱螺旋弹簧的一阶颤振固有频率应大于干扰圆频率的2倍，一阶颤振固有频率可按下列公式计算：

1）压缩弹簧：

$$f=356\frac{d_1}{n_1D_1^2} \tag{8.2.5-9}$$

2）拉伸弹簧：

$$f=178\frac{d_1}{n_1D_1^2} \tag{8.2.5-10}$$

8.2.6 圆柱螺旋弹簧隔振器的性能参数的确定，宜符合下列规定：

1 圆柱螺旋弹簧隔振器的承载力，可取单个弹簧承载力之和，除冲击式机器隔振外，其承载力可按静荷载验算。

2 圆柱螺旋弹簧隔振器的竖向动刚度，应按下式验算：

$$K_{zi}=\sum K_{zj}+K_{zc} \qquad (8.2.6\text{-}1)$$

式中 K_{zi}——圆柱螺旋弹簧隔振器的竖向动刚度（N/m）；

K_{zc}——阻尼材料或阻尼器产生的竖向动刚度（N/m），当不超过圆柱螺旋弹簧刚度的容许误差时，可不计入。

3 圆柱螺旋弹簧隔振器的横向动刚度，可按下式计算：

$$K_{xi}=\sum K_{xj}+K_{xc} \qquad (8.2.6\text{-}2)$$

式中 K_{xj}——圆柱螺旋弹簧隔振器的横向动刚度（N/m）；

K_{xc}——阻尼材料或阻尼器产生的横向动刚度（N/m），当不超过圆柱螺旋弹簧刚度的容许误差时，可不计入。

4 圆柱螺旋弹簧隔振器的变形量和工作高度，应按下列公式计算：

$$\Delta=\frac{P_i-P_o}{K_{zs}} \qquad (8.2.6\text{-}3)$$

$$H_1=H_c-\Delta \qquad (8.2.6\text{-}4)$$

式中 Δ——圆柱螺旋弹簧隔振器的变形量（m），压缩取正值，拉伸取负值；

P_i——圆柱螺旋弹簧隔振器的工作荷载（N）；

P_o——圆柱螺旋弹簧隔振器的预压荷载或预拉荷载（N）。

K_{zs}——圆柱螺旋弹簧隔振器的竖向静刚度（N/m），可取圆柱螺旋弹簧轴向刚度之和；

H_1——圆柱螺旋弹簧隔振器的工作高度（m）；

H_c——圆柱螺旋弹簧隔振器的初始高度（m）。

8.2.7 圆柱螺旋弹簧隔振器的弹簧配置和组装，应符合下列要求：

1 隔振器应采用同一规格的弹簧或同一匹配的弹簧组，弹簧组的内圈弹簧与外圈弹簧的旋向宜相反，弹簧之间的间隙不宜小于外圈弹簧内径的5%，其参数匹配应符合下式的要求：

$$\frac{d_1c_1^2n_1\ [\tau_1]}{G_1k_1}=\frac{d_2c_2^2n_2\ [\tau_2]}{G_2k_2} \qquad (8.2.7)$$

式中 d_1——弹簧组外圈圆柱螺旋弹簧的线径（m）；

d_2——弹簧组内圈圆柱螺旋弹簧的线径（m）；

c_1——弹簧组外圈螺旋弹簧的中径与线径的比值；

c_2——弹簧组内圈螺旋弹簧的中径与线径的比值；

n_1——弹簧组外圈圆柱螺旋弹簧的有效圈数；

n_2——弹簧组内圈圆柱螺旋弹簧的有效圈数；

k_1——弹簧组外圈圆柱螺旋弹簧的曲度系数；

k_2——弹簧组外圈圆柱螺旋弹簧的曲度系数；

G_1——弹簧组外圈圆柱螺旋弹簧线材的剪切模量（N/m^2）；

G_2——弹簧组内圈圆柱螺旋弹簧线材的剪切模量（N/m^2）；

$[\tau_1]$——弹簧组外圈圆柱螺旋弹簧线材的容许剪应力（N/m^2）；

$[\tau_2]$——弹簧组内圈圆柱螺旋弹簧线材的容许剪应力（N/m^2）。

2 压缩圆柱螺旋弹簧的两端应磨平并紧，在容许荷载作用下，圆柱螺旋弹簧的节间间隙不宜小于弹簧线径的10%和最大变形量的2%。

3 圆柱螺旋弹簧两端的支承板应设置定位挡圈或挡块，其高度不宜小于弹簧的线径。

4 圆柱螺旋弹簧隔振器组装时，应对圆柱螺旋弹簧施加预应力预紧，当预应力超过工作荷载时，其预紧螺栓在隔振器安装后应予放松。

5 圆柱螺旋弹簧隔振器应设保护外壳和高度调节、调平装置，支承式隔振器的上下支承面应平整、平行，其平行度不宜大于3mm/m，并宜设置柔性材料制作的垫片。

6 圆柱螺旋弹簧隔振器的金属零部件应做防锈、防腐等表面处理。

8.2.8 拉伸式圆柱螺旋弹簧隔振器，应设置过载保护装置。

8.3 碟形弹簧与迭板弹簧隔振器

Ⅰ 碟形弹簧隔振器

8.3.1 具有冲击及扰力较大设备的竖向隔振，可采用无支承面式或有支承面式碟形弹簧（图8.3.1）。

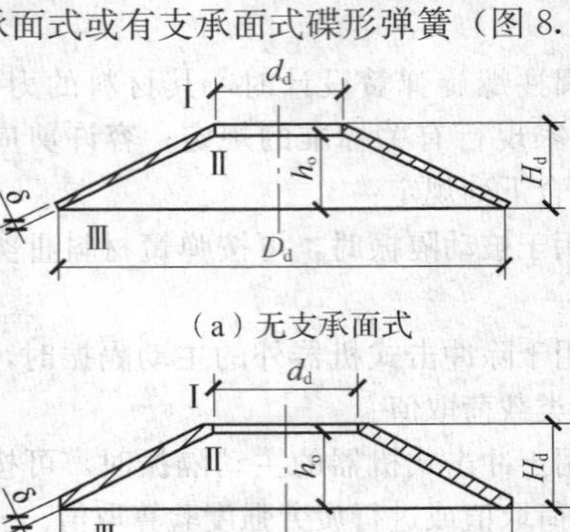

（a）无支承面式

（b）有支承面式

图8.3.1 碟形弹簧

8.3.2 碟形弹簧的材料，可采用60Si2MnA或50CrVA弹簧钢，其容许应力可按下列规定取值：

1 当承受静荷载或循环次数小于10^4的动荷载，碟形弹簧变形量不大于加载前碟片内锥高度的0.75

倍时，图 8.3.1 中Ⅰ点的容许应力可取 $2\times10^{9}\,\mathrm{N/m^2}$。

2　当承受动荷载，碟形弹簧预压变形量为加载前碟片内锥高度的 0.25 倍时，图 8.3.1 中Ⅱ点和Ⅲ点疲劳强度容许应力可取 $9\times10^{8}\,\mathrm{N/m^2}$。

8.3.3　碟形弹簧安装时的预压变形量，不宜小于加载前碟片内锥高度的 0.25 倍。

8.3.4　无支承面单片碟形弹簧受压后，Ⅰ、Ⅱ、Ⅲ点的应力，可按下列公式计算，其计算值不应大于本规范第 8.3.2 条中规定的容许应力：

$$\sigma_{\mathrm{I}}=\alpha_{\mathrm{I}}\frac{h_{\mathrm{o}}\delta}{D_{\mathrm{d}}^{2}} \tag{8.3.4-1}$$

$$\sigma_{\mathrm{II}}=\alpha_{\mathrm{II}}\frac{h_{\mathrm{o}}\delta}{D_{\mathrm{d}}^{2}} \tag{8.3.4-2}$$

$$\sigma_{\mathrm{III}}=\alpha_{\mathrm{III}}\frac{h_{\mathrm{o}}\delta}{D_{\mathrm{d}}^{2}} \tag{8.3.4-3}$$

式中　h_{o}——加载前碟片内锥高度（m）；

δ——碟片厚度（m）；

D_{d}——碟片外径（m）；

σ_{I}、σ_{II}、σ_{III}——无支承面碟形弹簧Ⅰ、Ⅱ、Ⅲ点的应力（$\mathrm{N/m^2}$）；

α_{I}、α_{II}、α_{III}——计算系数，可按表 8.3.4 采用。

表 8.3.4　计算系数 α_{I}、α_{II}、α_{III} 值（$\times10^{12}$）

Δ_2/h_{o}			0.25			0.50			0.75		
h_{o}/δ			0.40	0.75	1.30	0.40	0.75	1.30	0.40	0.75	1.30
$D_{\mathrm{d}}/d_{\mathrm{d}}$	1.6	α_{I}	0.65	0.79	1.00	1.25	1.49	1.86	1.81	2.11	2.57
		α_{II}	0.33	0.19	0.02	0.71	0.47	0.10	1.13	0.84	0.37
		α_{III}	0.42	0.52	0.68	0.81	0.98	1.26	1.17	1.38	1.73
	1.8	α_{I}	0.61	0.74	0.94	1.18	1.40	1.75	1.71	1.98	2.42
		α_{II}	0.32	0.19	0.00	0.68	0.46	0.11	1.08	0.80	0.37
		α_{III}	0.36	0.44	0.58	0.69	0.83	1.07	0.99	1.17	1.46
	2.0	α_{I}	0.60	0.72	0.92	1.16	1.37	1.71	1.68	1.94	2.36
		α_{II}	0.32	0.19	0.00	0.67	0.46	0.13	1.07	0.80	0.39
		α_{III}	0.32	0.40	0.52	0.61	0.74	0.96	0.88	1.05	1.31
$D_{\mathrm{d}}/d_{\mathrm{d}}$	2.2	α_{I}	0.60	0.72	0.92	1.16	1.37	1.70	1.68	1.95	2.37
		α_{II}	0.32	0.20	0.00	0.68	0.47	0.14	1.08	0.82	0.41
		α_{III}	0.29	0.36	0.48	0.56	0.68	0.88	0.81	0.96	1.20
	2.4	α_{I}	0.61	0.73	0.93	1.18	1.39	1.72	1.71	1.97	2.38
		α_{II}	0.33	0.21	0.01	0.70	0.49	0.16	1.11	0.84	0.43
		α_{III}	0.27	0.34	0.45	0.52	0.64	0.83	0.75	0.90	1.13

注：1　Δ_2 为单个碟片的变形量（m）；

2　d_{d} 为碟片内径（m）。

8.3.5　单片碟形弹簧的承载力和竖向刚度的确定，宜符合下列规定：

1　无支承面单片碟形弹簧的承载力和竖向刚度，可按下列公式计算：

$$P_{\mathrm{dz}}=\beta_{1}\frac{h_{\mathrm{o}}\delta^{3}}{D_{\mathrm{d}}^{2}} \tag{8.3.5-1}$$

$$K_{\mathrm{dz}}=\gamma_{1}\frac{\delta^{3}}{D_{\mathrm{d}}^{2}} \tag{8.3.5-2}$$

式中　P_{dz}——单片碟形弹簧的承载力（N）；

K_{dz}——单片碟形弹簧的竖向刚度（N/m）；

β_1、γ_1——计算系数，可按表 8.3.5-1 和表 8.3.5-2 采用。

2　有支承面单片碟形弹簧的承载力可按式（8.3.5-1）的计算值提高 10%；竖向刚度可按式（8.3.5-2）的计算值提高 10%。

表 8.3.5-1　计算系数 β_1 值（$\times10^{12}$）

Δ_2/h_{o}		0.25			0.50			0.75		
h_{o}/δ		0.40	0.75	1.30	0.40	0.75	1.30	0.40	0.75	1.30
$D_{\mathrm{d}}/d_{\mathrm{d}}$	1.6	0.44	0.55	0.85	0.85	0.97	1.31	1.24	1.31	1.53
	1.8	0.40	0.49	0.75	0.76	0.87	1.17	1.10	1.17	1.36
	2.0	0.37	0.46	0.70	0.70	0.80	1.09	1.02	1.08	1.26
	2.2	0.35	0.43	0.67	0.67	0.77	1.04	0.97	1.03	1.20
	2.4	0.34	0.43	0.65	0.65	0.74	1.00	0.94	1.00	1.16

表 8.3.5-2　计算系数 γ_1 值（$\times10^{12}$）

Δ_2/h_{o}		0.25			0.50			0.75		
h_{o}/δ		0.40	0.75	1.30	0.40	0.75	1.30	0.40	0.75	1.30
$D_{\mathrm{d}}/d_{\mathrm{d}}$	1.6	1.70	1.92	2.54	1.58	1.50	1.27	1.50	1.24	0.50
	1.8	1.51	1.71	2.26	1.40	1.33	1.13	1.34	1.10	0.45
	2.0	1.40	1.59	2.10	1.30	1.24	1.00	1.24	1.03	0.42
	2.2	1.34	1.51	2.00	1.24	1.18	1.00	1.19	0.98	0.40
	2.4	1.30	1.47	1.94	1.20	1.14	0.97	1.15	0.95	0.38

8.3.6　当需要增大碟形弹簧隔振器承载力时，可采用叠合式组合碟形弹簧（图 8.3.6a）；当需要降低碟形弹簧刚度时，可采用对合式组合碟形弹簧（图 8.3.6b）；当既要增大承载力又要降低刚度时，可采用复合式组合碟形弹簧（图 8.3.6c）；碟形弹簧各种组合方式的特性线和计算公式，宜符合表 8.3.6 的规定。

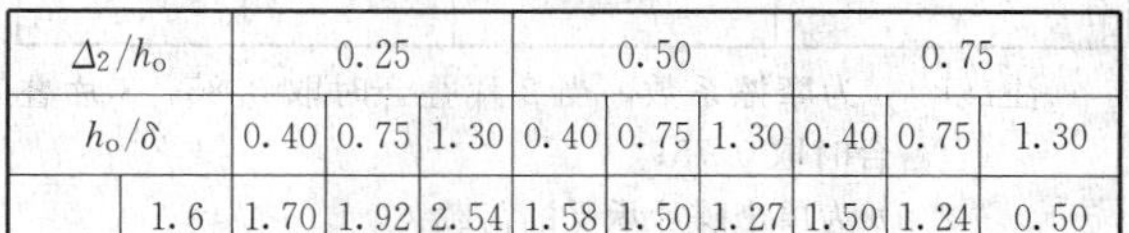

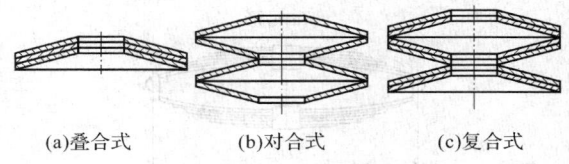

(a)叠合式　(b)对合式　(c)复合式

图 8.3.6　组合碟形弹簧

8.3.7　组合弹簧的阻尼比宜由试验确定；当无条件试验时，无油污的组合弹簧的阻尼比，可取 0.05～0.10。

表 8.3.6 碟形弹簧各种组合方式的特性线和计算公式

组合方式		特性线	载荷与变形计算	自由高度 H_{dz}
弹簧	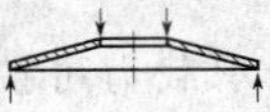	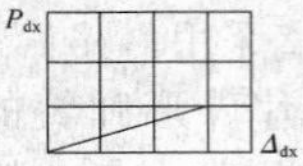	$P_{dx}=p$ $\Delta_{dx}=\Delta_2$	$H_{dz}=H_d$
对合式组合	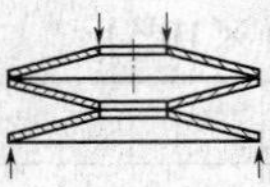	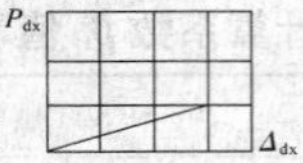	$P_{dx}=p$ $\Delta_{dx}=n_t\Delta_2$	$H_{dz}=n_t H_d$
叠合式组合	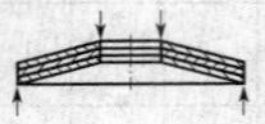	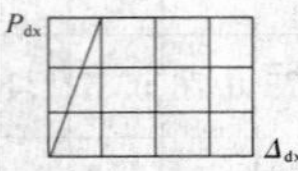	$P_{dx}=n_t\mu p$ $\Delta_{dx}=\Delta_2$	$H_{dz}=H_d+(n_t-1)\delta$
复合式组合	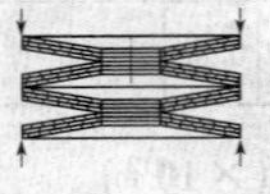	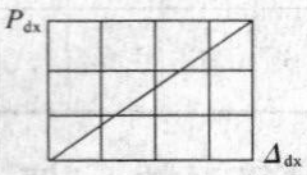	$P_{dx}=n_t\mu p$ $\Delta_{dx}=i\Delta_2$	$H_{dz}=i[H_d+(n_t-1)\delta]$

注：1 μ 为摩擦系数，当 2 片叠合时取 0.85，3 片叠合时取 0.75；
2 p 为单个碟片承受的荷载；
3 n_t 为弹簧的片数；
4 i 为叠合弹簧的组数；
5 H_d 为碟片高度；
6 H_{dz} 为碟形弹簧的自由高度。

Ⅱ 迭板弹簧隔振器

8.3.8 承受冲击荷载设备的竖向隔振，宜采用迭板弹簧。迭板弹簧的结构可采用弓形和椭圆形（图 8.3.8），板簧材料可采用 $60Si_2Mn$ 或 50CrVA 弹簧钢。

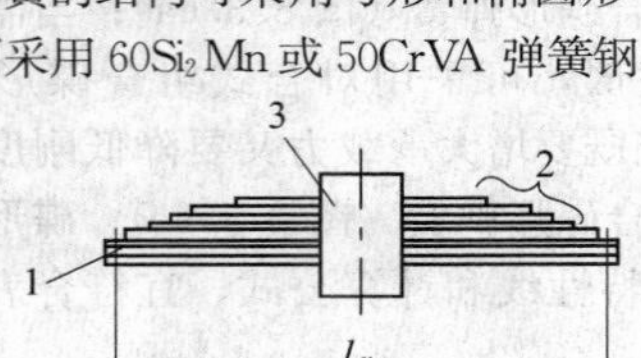

(a)弓形

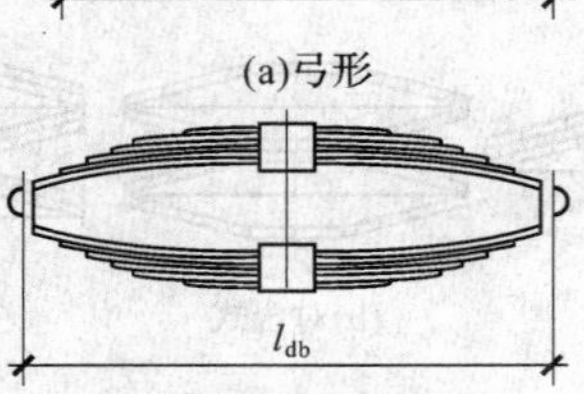

(b)椭圆形

图 8.3.8 迭板弹簧隔振器

1—主板；2—副板；3—簧箍

8.3.9 迭板弹簧的刚度的确定，宜符合下列规定：

1 弓形迭板弹簧的刚度，可按下式计算：

$$K_{db}=\frac{Eb_1\delta_1^3(3n_{dz}+2n_{df})}{6\left[\frac{l_{db}}{2}-\frac{b_2}{6}\right]^3} \tag{8.3.9}$$

式中 K_{db}——迭板弹簧的刚度（N/m）；
E——材料的弹性模量（N/m^2）；
b_1——板簧的宽度（m）；
δ_1——每片板簧的厚度（m）；
l_{db}——板簧的弦长（m）；
b_2——簧箍的长度（m）；
n_{dz}——迭板弹簧主板片数；
n_{df}——迭板弹簧副板片数。

2 椭圆形迭板弹簧的刚度，可取相同尺寸弓形迭板弹簧刚度的一半。

8.3.10 迭板弹簧应进行疲劳验算，最大和最小应力可按下列公式计算：

$$\sigma_{max}=\frac{3P_{max}l_{db}}{2(n_{dz}+n_{df})b_1\delta_1^2} \tag{8.3.10-1}$$

$$\sigma_{min}=\frac{3P_{min}l_{db}}{2(n_{dz}+n_{df})b_1\delta_1^2} \tag{8.3.10-2}$$

式中 σ_{max}——迭板弹簧验算的最大应力（N/m^2）；
σ_{min}——迭板弹簧验算的最小应力（N/m^2）；
P_{max}——迭板弹簧所承受的最大荷载（N）；
P_{min}——迭板弹簧所承受的最小荷载（N）。

8.3.11 迭板弹簧的刚度的确定，宜符合下列规定：

1 加荷载时，迭板弹簧的刚度可按下列公式计算：

$$K_{db1}=(1+\varphi)K_{db} \tag{8.3.11-1}$$

$$\varphi=\frac{2(n_{dz}+n_{df}-1)\mu\delta_1}{l_{db}} \tag{8.3.11-2}$$

式中 K_{db1}——加荷载时迭板弹簧的刚度（N/m）；
φ——当量摩擦系数；
μ——摩擦系数，可取 0.5～0.8；当板面粗糙时取大值，当板面光滑时取小值。

2 卸荷载时，迭板弹簧的刚度可按下式计算：

$$K_{db2}=(1-\varphi)K_{db} \tag{8.3.11-3}$$

式中 K_{db2}——卸荷载时迭板弹簧的刚度（N/m）。

8.3.12 迭板弹簧的当量粘性阻尼系数，可按下式计算：

$$C_\varphi=\frac{4\varphi P_{db}}{\pi\omega A} \tag{8.3.12}$$

式中 C_φ——迭板弹簧的当量粘性阻尼系数（N·s/m）；
P_{db}——迭板弹簧振动时所承受的压力（N）；
A——振动线位移（m）。

8.4 橡胶隔振器

8.4.1 橡胶隔振器的橡胶材料，应根据隔振对象、使用要求、振动频率、工作荷载及蠕变、疲劳和老化等特性综合确定。

8.4.2 橡胶隔振器的选型，应符合下列规定：

1 当橡胶隔振器承受的动力荷载较大，或机器转速大于 1600r/min，或安装隔振器部位空间受限制时，可采用压缩型橡胶隔振器。

2 当橡胶隔振器承受的动力荷载较大且机器转速大于 1000r/min 时，可采用压缩—剪切型橡胶隔振器。

3 当橡胶隔振器承受的动力荷载较小，或机器转速大于 600r/min，或要求振动主方向的刚度较低时，可采用剪切型橡胶隔振器。

8.4.3 橡胶隔振器的容许应力与容许应变，可按表 8.4.3 采用：

表 8.4.3 橡胶隔振器的容许应力与容许应变

橡胶隔振器的受力类型	容许应力×10⁴（N/m²）		容许应变	
	静态	动态	静态	动态
压缩型	300	100	0.15	0.05
剪切型	150	40	0.28	0.10

注：表中数值是橡胶的肖氏硬度在 $40H_s$ 以上的指标。

8.4.4 压缩型橡胶隔振器的设计，应符合下列规定：

1 压缩型橡胶隔振器的竖向固有圆频率和总刚度，可按本规范第 5 章的有关规定计算。

2 压缩型橡胶隔振器的截面面积，可按下式计算：

$$S_{ys}=\frac{P_{ys}}{[\sigma]} \tag{8.4.4-1}$$

式中 S_{ys}——橡胶隔振器的截面面积（m²）；

P_{ys}——橡胶隔振器承受的荷载（N）；

$[\sigma]$——橡胶隔振器的容许应力（N/m²）。

3 压缩型橡胶隔振器的有效高度，可按下式计算：

$$H_{yso}=\frac{E_d S_{ys}}{K_{ys}} \tag{8.4.4-2}$$

式中 H_{yso}——橡胶隔振器的有效高度（m）；

K_{ys}——橡胶隔振器的刚度（N/m）；

E_d——橡胶的动态弹性模量（N/m²），可按图 8.4.4 确定。

4 隔振器的横向尺寸，不宜小于橡胶隔振器的有效高度，且不宜大于橡胶隔振器有效高度的 1.5 倍。

5 隔振器的总高度，可按下式计算：

$$H_{ys}=H_{yso}+\frac{B}{8} \tag{8.4.4-3}$$

式中 H_{ys}——压缩型橡胶隔振器的总高度（m）；

B——压缩型橡胶隔振器的横向尺寸（m）。

8.4.5 剪切型橡胶隔振器的静刚度，可按下列规定确定：

1 一般剪切型橡胶隔振器（图 8.4.5-1）的静刚度，可按下列公式计算，当受压面积与自由侧面积之比很小时，橡胶的静弹性模量可取剪切模量的 3 倍：

$$K_{st}=\frac{2G_j H_{jq} b_j}{\delta_2} \tag{8.4.5-1}$$

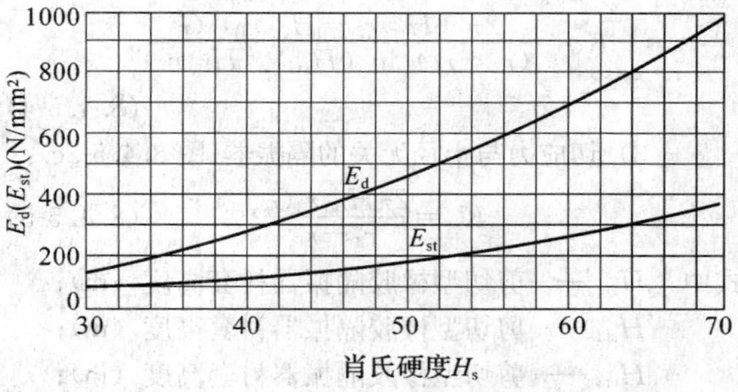

图 8.4.4 橡胶硬度与动、静弹性模量的关系曲线

$$G_j=11.9\times10^{-4}e^{0.034H_s} \tag{8.4.5-2}$$

式中 K_{st}——隔振器的静刚度（N/m）；

δ_2——橡胶厚度（m）；

H_{jq}——橡胶剪切面的高度（m）；

b_j——橡胶剪切面的宽度（m）；

G_j——橡胶的剪切模量（N/m²）。

H_s——橡胶的肖氏硬度。

2 衬套结构的剪切型橡胶隔振器（图 8.4.5-2）的静刚度，可按下列公式计算：

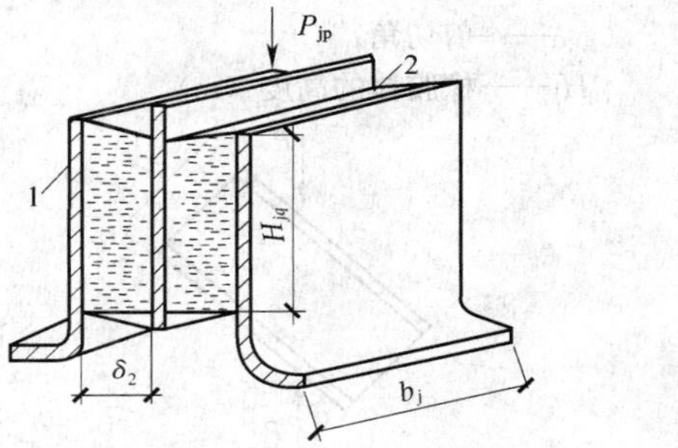

图 8.4.5-1 一般剪切型橡胶隔振器

1—钢板；2—橡胶

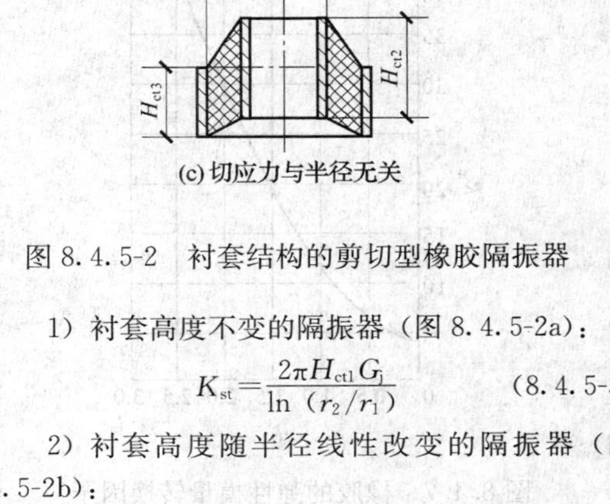

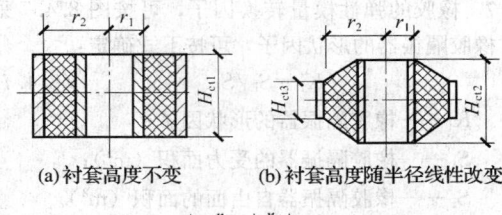

(a)衬套高度不变 (b)衬套高度随半径线性改变

(c)切应力与半径无关

图 8.4.5-2 衬套结构的剪切型橡胶隔振器

1）衬套高度不变的隔振器（图 8.4.5-2a）：

$$K_{st}=\frac{2\pi H_{ct1} G_j}{\ln(r_2/r_1)} \tag{8.4.5-3}$$

2）衬套高度随半径线性改变的隔振器（图 8.4.5-2b）：

$$K_{st}=\frac{2\pi\ (H_{ct2}r_2-H_{ct3}r_1)\ G_j}{(r_2-r_1)\ \ln\ (H_{ct2}r_2/H_{ct3}r_1)}\tag{8.4.5-4}$$

3）切应力与半径无关的隔振器（图 8.4.5-2c）：

$$K_{st}=\frac{2\pi H_{ct3}r_2G_j}{r_2-r_1}\tag{8.4.5-5}$$

式中 H_{ct1}——剪切型橡胶隔振器衬套高度（m）；

H_{ct2}——剪切型橡胶隔振器衬套高度（m）；

H_{ct3}——剪切型橡胶隔振器衬套高度（m）；

r_1——圆柱型衬套结构中心轴线至内层衬套外壁的距离（m）；

r_2——圆柱型衬套结构中心轴线至外层衬套外壁的距离（m）。

8.4.6 压缩—剪切型橡胶隔振器（图 8.4.6）的静刚度，可按下列公式计算：

$$K_{st}=\frac{S_{ys}}{H_j}\ (G_j\sin^2\alpha+E_a\cos^2\alpha)\tag{8.4.6-1}$$

$$E_a=G_jK_m\tag{8.4.6-2}$$

式中 E_a——橡胶的表现模量（N/m^2）；

K_m——橡胶的弹性模量转换因子；

α——剪切角；

H_j——橡胶体的高度（m）。

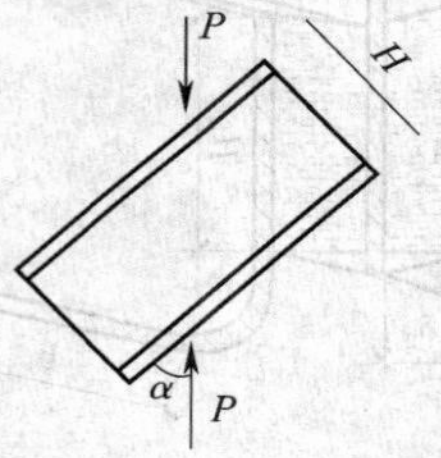

图 8.4.6 压缩—剪切型橡胶隔振器

8.4.7 橡胶的弹性模量转换因子，可按图 8.4.7 采用。橡胶隔振器的形状因子，可按下式确定：

$$K_f=S_L/S_F\tag{8.4.7}$$

式中 K_f——橡胶隔振器的形状因子；

S_L——橡胶隔振器的受力面积（m^2）；

S_F——橡胶隔振器自由面的面积（m^2）。

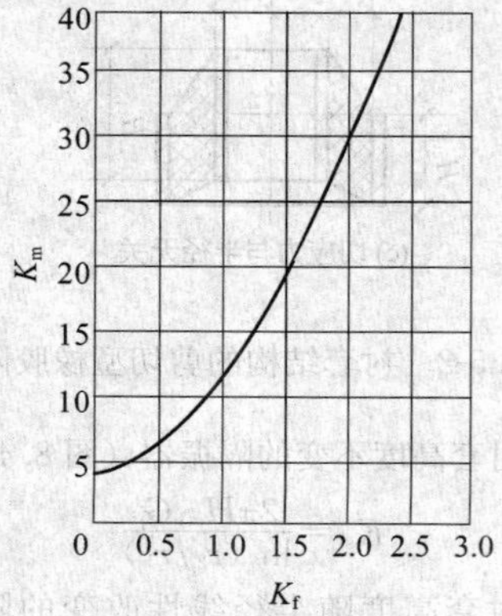

图 8.4.7 橡胶的弹性模量转换因子

8.4.8 竖向极限压应力和竖向刚度的变化率不应大于30%。

8.4.9 橡胶隔振器的阻尼比宜取 0.07～0.10。

8.4.10 橡胶隔振器的老化、蠕变、疲劳等耐久性能，应符合表 8.4.10 的规定：

表 8.4.10 橡胶隔振器的老化、蠕变、疲劳的性能要求

序号	项目		性能要求
1	老化	竖向刚度	变化率不应大于 20%
		水平刚度	
		等效粘滞阻尼比	
		水平极限变形能力	
		支座外观	目视无龟裂
2	蠕变		蠕变量不应大于橡胶层总厚度的 5%
3	疲劳	竖向刚度	变化率不应大于 20%
		水平刚度	
		等效粘滞阻尼比	
		支座外观	目视无龟裂

8.4.11 橡胶隔振器的各种相关性能，应符合表 8.4.11 的规定：

表 8.4.11 橡胶隔振器的各种相关性能的要求

项目		性能要求
竖向应力	水平刚度	最大变化率不应大于 15%
	等效粘滞阻尼比	
大变形	水平刚度	最大变化率不应大于 20%
	等效粘滞阻尼比	
加载频率	水平刚度	最大变化率不应大于 10%
	等效粘滞阻尼比	
温度	水平刚度	最大变化率不应大于 25%
	等效粘滞阻尼比	

8.5 空气弹簧隔振器

8.5.1 下列情况，可采用空气弹簧隔振器：

1 隔振体系的固有频率不大于 3Hz 时。

2 隔振体系的阻尼比为 0.1～0.3 时。

3 使用温度为－20～70℃时。

8.5.2 空气弹簧隔振器宜选用标准产品或定型产品。当有特殊要求时，可按本规范的规定进行设计。

8.5.3 空气弹簧隔振器的选择，宜符合下列要求：

1 空气弹簧，可用于动力机器的主动隔振。

2 空气弹簧隔振装置，可用于精密仪器及设备的被动隔振。

3 空气弹簧隔振台座，可用于小型精密仪器的被动隔振。

8.5.4 空气弹簧的胶囊形式，可根据隔振设计的要求，按下列规定选择：

1 当要求横向刚度小于竖向刚度时，胶囊宜选择滚膜式或多曲囊式，但多曲囊式不宜大于 3 曲。

2 当要求竖向刚度小于横向刚度时，胶囊宜选择约束膜式或单曲囊式。

3 当要求横向与竖向刚度相近时，胶囊宜选择自由膜式。

8.5.5 隔振设计时，空气弹簧隔振器应具备下列资料：

1 采用空气弹簧时，应具备下列资料：

1）外形尺寸、质量及安装要求；

2）有效直径；

3）工作压力范围及容许使用最大压力等气压参数；

4）承载力及其范围；

5）工作高度；

6）竖向及横向容许最大位移；

7）24h 气压下降量等气密性参数，不宜大于 0.02MPa；

8）不同工作气压时竖向和横向的动刚度及动刚度曲线；

9）x、y、z 轴向刚度中心的位置；

10）竖向的阻尼及其变化范围；

11）使用的环境条件。

2 采用空气弹簧隔振装置时，除本条第 1 款规定的各项资料外，尚应具备下列资料：

1）高度控制阀的灵敏度；

2）横向阻尼器的阻尼及其变化范围；

3）气源设备的供气压力及气体洁净度等级。

3 采用空气弹簧隔振台座时，除本条第 2 款规定的各项资料外，尚应具备下列资料：

1）台座承载力及容许配置的被隔振设备的质量、质心位置和安装要求；

2）隔振性能。

8.5.6 空气弹簧隔振器的气源设备配置，应符合下列要求：

1 采用空气弹簧时，可采用人力充气设备。

2 采用小型空气弹簧隔振装置和小型空气弹簧隔振台座时，可采用氮气瓶供气。

3 采用大、中型空气弹簧隔振装置或大、中型空气弹簧隔振台座时，可采用空气压缩设备。

8.5.7 安装于洁净厂房内的空气弹簧隔振器，对气源应进行净化处理，气源的洁净度等级应与洁净厂房要求相同。

8.5.8 空气弹簧的竖向刚度，可按下列公式计算：

$$K_v = C_{kt}(p_{kt}+p_a)\frac{S_{kt}^2}{V_{kt}} + \alpha_{kt}p_{kt}S_{kt} \tag{8.5.8-1}$$

$$S_{kt} = \pi R_n^2 \tag{8.5.8-2}$$

式中 K_v——空气弹簧的竖向刚度（N/m）；

p_{kt}——空气弹簧的内压力（N/m^2）；

p_a——大气压力，可取 $1.0\times10^5 N/m^2$；

V_{kt}——空气弹簧的容积，可取空气弹簧胶囊容积与附加气室容积之和（m^3）；

S_{kt}——空气弹簧的有效面积（m^2）；

α_{kt}——竖向形状系数（1/m）；

C_{kt}——多变指数，在等温过程：$C_{kt}=1$；在绝热过程：$C_{kt}=1.4$；一般动态过程：$1<C_{kt}\leqslant1.4$；

R_n——空气弹簧胶囊的有效半径（m）。

8.5.9 竖向形状系数，可按下列公式计算：

1 囊式空气弹簧胶囊（图 8.5.9-1），可按下式计算：

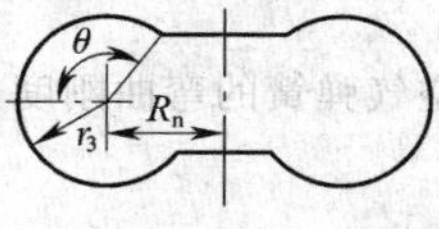

图 8.5.9-1 囊式空气弹簧胶囊

$$\alpha_{kt} = \frac{1}{n_q R_n}\cdot\frac{\cos\theta+\frac{\pi\theta}{180}\sin\theta}{\sin\theta-\frac{\pi\theta}{180}\cos\theta} \tag{8.5.9-1}$$

式中 n_q——胶囊曲数；

θ——胶囊圆弧角度的一半（°）。

2 自由膜式空气弹簧胶囊（图 8.5.9-2），可按下式计算：

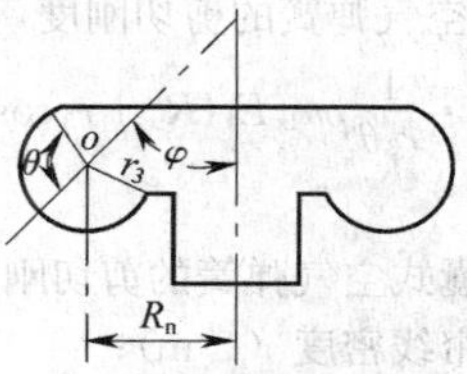

图 8.5.9-2 自由膜式空气弹簧胶囊

$$\alpha_{kt} = \frac{1}{R_n}\cdot\frac{\sin\theta\cos\theta+\frac{\pi\theta}{180}\ (\sin^2\theta-\cos^2\varphi)}{\sin\theta\left(\sin\theta-\frac{\pi\theta}{180}\cos\theta\right)} \tag{8.5.9-2}$$

式中 φ——胶囊圆弧（过圆心的）平分线与空气弹簧中心线的夹角（°）。

3 约束膜式空气弹簧胶囊（图 8.5.9-3），可按下式计算：

$$\alpha_{kt} = -\frac{1}{R_n}\cdot$$

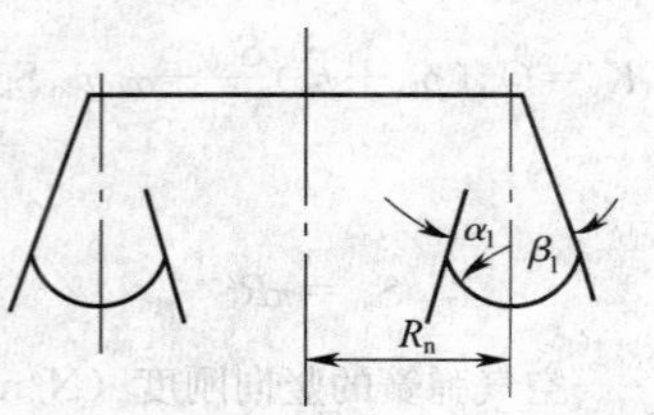

图 8.5.9-3 约束膜式空气弹簧胶囊

$$\frac{\sin(\alpha_1+\beta_1)+\left[\pi+\frac{\pi(\alpha_1+\beta_1)}{180}\right]\sin\alpha_1\sin\beta_1}{1+\cos(\alpha_1+\beta_1)+\frac{1}{2}\left[\pi+\frac{\pi(\alpha_1+\beta_1)}{180}\right]\sin(\alpha_1+\beta_1)}$$

(8.5.9-3)

式中 α_1——内约束环与平分胶囊胶圆弧的垂直线的夹角（°）；

β_1——外约束环与平分胶囊胶圆弧的垂直线的夹角（°）。

8.5.10 空气弹簧的横向刚度的确定，宜符合下列规定：

1 囊式空气弹簧横向刚度的确定，宜符合下列规定：

1）囊式空气弹簧的弯曲刚度，可按下列公式计算：

$$K_b=\frac{1}{2}\alpha_{nk}\pi p_{kt}R_n^3\ (R_n+r_3\cos\theta)$$

(8.5.10-1)

$$\alpha_{nk}=\frac{1}{R_n}\cdot\frac{\cos\theta+\frac{\pi\theta}{180}\sin\theta}{\sin\theta-\frac{\pi\theta}{180}\cos\theta} \quad (8.5.10\text{-}2)$$

式中 K_b——囊式空气弹簧的弯曲刚度（N·m）；

α_{nk}——竖向形状系数（1/m）；

r_3——胶囊圆弧至圆心的距离（m）。

2）囊式空气弹簧的剪切刚度，可按下式计算：

$$K_s=\frac{45}{4}\cdot\frac{1}{r_3\theta}\rho n_{lx}E_f(R_n+r_3\cos\theta)\sin^2 2\psi$$

(8.5.10-3)

式中 K_s——囊式空气弹簧的剪切刚度（N/m）；

ρ——帘线密度（1/m）；

n_{lx}——帘线的层数，宜取偶数；

E_f——一根帘线的断面面积和其弹性模量的乘积（N）；

ψ——帘线与径线间的角度（°）。

3）囊式空气弹簧的横向刚度，可按下式计算：

$$K_h=\left\{\frac{n_{lx}}{K_s}+\frac{\left[(n_{lx}-1)\left(h_2+h_3+\frac{P_{kt}}{K_s}\right)\right]^2}{\left(2K_b+\frac{P_{kt}{}^2}{2K_s}\right)-P_{kt}(n_{lx}-1)\left(h_2+h_3+\frac{P_{kt}}{K_s}\right)}\right\}^{-1}$$

(8.5.10-4)

式中 K_h——囊式空气弹簧的横向刚度（N/m）；

h_2——一曲胶囊的高度（m）；

h_3——中间腰环的高度（m）；

P_{kt}——空气弹簧承受的竖向荷载（N）。

2 自由膜式空气弹簧的横向刚度，可按下列公式计算：

$$K_{zk}=\alpha_{zk}P_{kt}S_{kt}+K_r \quad (8.5.10\text{-}5)$$

$$\alpha_{zk}=\frac{1}{2R_n}\cdot\frac{\sin\theta\cos\theta+\frac{\pi\theta}{180}\ (\sin^2\theta-\sin^2\varphi)}{\sin\theta\left(\sin\theta-\frac{\pi\theta}{180}\cos\theta\right)}$$

(8.5.10-6)

式中 K_{zk}——自由模式空气弹簧的横向刚度（N/m）；

α_{zk}——横向形状系数（1/m）；

K_r——胶囊的横向膜刚度（N/m），应由试验确定。

3 约束膜式空气弹簧的横向刚度，可按式（8.5.10-5）计算；约束膜式空气弹簧的横向形状系数，可按下式计算：

$$\alpha_{zk}=\frac{1}{2R_n}\cdot\frac{-\sin\ (\alpha_1+\beta_1)\ +\left[\pi+\frac{\pi\ (\alpha_1+\beta_1)}{180}\right]\cos\alpha_1\cos\beta_1}{1+\cos\ (\alpha_1+\beta_1)\ +\frac{1}{2}\left[\pi+\frac{\pi\ (\alpha+\beta)}{180}\right]\sin\ (\alpha_1+\beta_1)}$$

(8.5.10-7)

8.5.11 空气弹簧的下列参数，宜由试验验证：

1 竖向及横向刚度。

2 竖向阻尼比及其变化范围。

3 横向阻尼比。

4 气密性参数。

8.6 粘流体阻尼器

8.6.1 隔振体系中阻尼器的结构选型，应根据粘流体材料的运动粘度和隔振对象等综合因素，按下列规定选择：

1 旋转式及曲柄连杆式稳态振动机器的主动隔振，可采用单、多片型或多动片型阻尼器，亦可选用活塞柱型阻尼器。

2 冲击式或随机振动隔振，可采用活塞柱型或多片型阻尼器。

3 水平振动主动隔振，可采用锥片型或多片型阻尼器。

4 被动隔振，可采用锥片型或片型阻尼器。

5 当粘流体 20℃且运动粘度等于或大于 $20m^2/s$ 时，可采用片型阻尼器。

8.6.2 片型阻尼器的阻尼系数的确定，应符合下列规定：

1 单片型阻尼器（图 8.6.2-1）的阻尼系数，可按下列公式计算：

$$C_{zx}=2\frac{\mu_n\delta_s S_n^2}{L_s t^3} \quad (8.6.2\text{-}1)$$

$$C_{zy}=2\frac{\mu_n S_n}{d_s} \quad (8.6.2\text{-}2)$$

$$C_{zz}=2\frac{\mu_n S_n}{d_s} \quad (8.6.2\text{-}3)$$

式中 C_{zx}——阻尼器沿 x 轴向振动时的阻尼系数

（N·s/m）；

C_{zy}——阻尼器沿 y 轴向振动时的阻尼系数（N·s/m）；

C_{zz}——阻尼器沿 z 轴向振动时的阻尼系数（N·s/m）；

t——单片型阻尼器动片在粘流体中的侧面与定片三面的间隙（m）；

δ_s——单片型阻尼器动片的厚度（m）；

L_s——单片型阻尼器动片在粘流体中的三边边长（m）；

μ_n——粘流体材料的动力粘度（N·s/m²）；

S_n——单片型阻尼器动片与粘流体接触面的单侧面积（m²）；

d_s——单片型阻尼器动片与定片之间距离（m）。

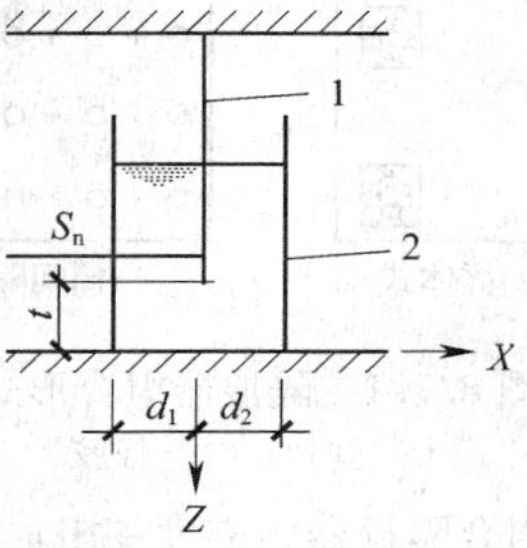

图 8.6.2-1　单片型阻尼器

1—动片；2—定片

2　多片型阻尼器（图 8.6.2-2）的阻尼系数，可按下列公式计算：

$$C_{zx}=2\mu_n\sum_{i=1}^{n}\frac{\delta_{mi}S_{ni}^2}{L_{mi}t_i^3} \qquad (8.6.2\text{-}4)$$

$$C_{zy}=2\mu_n\sum_{i=1}^{n}\frac{S_{ni}}{d_{mi}} \qquad (8.6.2\text{-}5)$$

$$C_{zz}=2\mu_n\sum_{i=1}^{n}\frac{S_{ni}}{d_{mi}} \qquad (8.6.2\text{-}6)$$

式中　t_i——多片型阻尼器动片在粘流体中的侧面与定片三面的间隙（m）；

δ_{mi}——多片型阻尼器动片的厚度（m）；

L_{mi}——多片型阻尼器动片在粘流体中的三边边长（m）；

S_{ni}——多片型阻尼器动片与粘流体接触面的单侧面积（m²）；

d_{mi}——多片型阻尼器动片与定片之间的距离（m）。

3　多动片型阻尼器（图 8.6.2-3）的阻尼系数，可按下列公式计算：

$$C_{zx}=2\mu_n\frac{\delta_s S_{ni}^2\sum_{i=1}^{n}\beta d_{mi}}{L_{mi}t^3} \qquad (8.6.2\text{-}7)$$

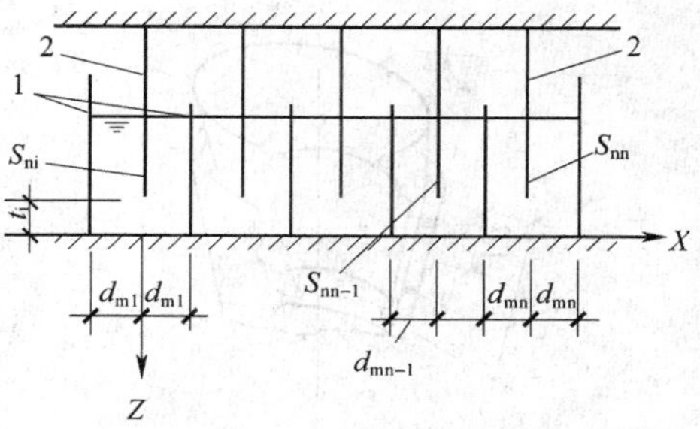

图 8.6.2-2　多片型阻尼器

1—定片；2—动片

$$C_{zy}=2\mu_n\frac{\sum_{i=1}^{n}S_{ni}}{d_{mi}} \qquad (8.6.2\text{-}8)$$

$$C_{zz}=2\mu_n\frac{\sum_{i=1}^{n}S_{ni}}{d_{mi}} \qquad (8.6.2\text{-}9)$$

式中　β——计算系数，可按表 8.6.2 采用；

L_{mi}——多动片型阻尼器动片在粘流体中的三边边长（m）。

表 8.6.2　计算系数 β 值

运动粘度	β
≤10	1.5
20	2.0
＞20	由试验确定

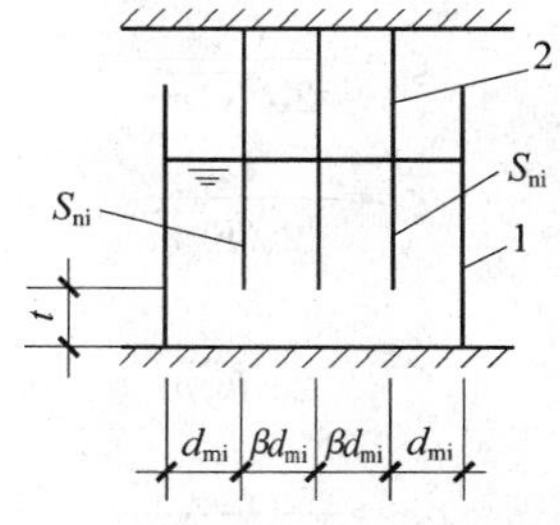

图 8.6.2-3　多动片型阻尼器

1—定片；2—动片

4　内锥不封底的圆锥片型阻尼器（图 8.6.2-4）的阻尼系数，可按下列公式计算：

$$C_{zx}=\frac{2\mu_n l_n^3 r_n}{d_{mi}^3}\sin^2\alpha_2 \qquad (8.6.2\text{-}10)$$

$$C_{zz}=\frac{2\pi\mu_n l_n^3 r_n}{d_{mi}^3}\cos^2\alpha_2 \qquad (8.6.2\text{-}11)$$

式中　r_n——内锥壳平均半径（m）；

α_2——锥壁与水平线间的夹角；

l_n——内锥壳边长（m）。

8.6.3　活塞柱型阻尼器（图 8.6.3）的阻尼系数，可按下式计算：

$$C_{zz}=12\frac{\mu_n h_{hs}S_{hs}^2}{\pi d_{hs}d_h^3} \qquad (8.6.3)$$

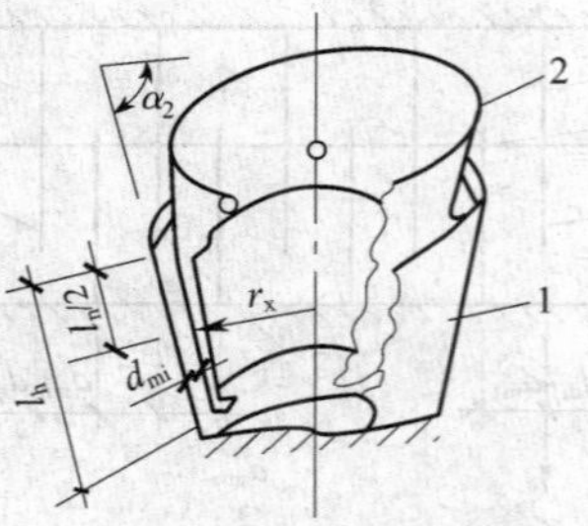

图 8.6.2-4　圆锥片型阻尼器

1—定片；2—动片

式中　d_{hs}——活塞柱直径（m）；

h_{hs}——活塞高度（m）；

S_{hs}——活塞底面面积（m^2）；

d_h——活塞动片与静片之间的距离（m）。

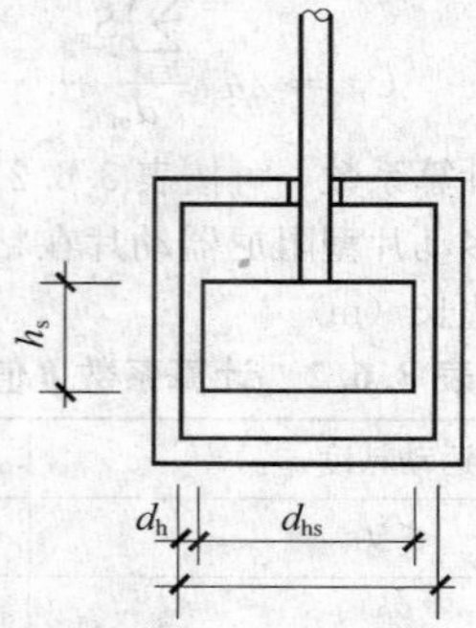

图 8.6.3　活塞柱型阻尼器

8.6.4　隔振体系的阻尼比，可按下列公式计算：

$$\zeta_x=\frac{C_{zx}}{2\sqrt{K_x m}} \tag{8.6.4-1}$$

$$\zeta_y=\frac{C_{zy}}{2\sqrt{K_y m}} \tag{8.6.4-2}$$

$$\zeta_z=\frac{C_{zz}}{2\sqrt{K_z m}} \tag{8.6.4-3}$$

$$\zeta_{\varphi x}=\frac{C_{\varphi x}}{2\sqrt{K_{\varphi x} J_x}} \tag{8.6.4-4}$$

$$\zeta_{\varphi y}=\frac{C_{\varphi y}}{2\sqrt{K_{\varphi y} J_y}} \tag{8.6.4-5}$$

$$\zeta_{\varphi z}=\frac{C_{\varphi z}}{2\sqrt{K_{\varphi z} J_z}} \tag{8.6.4-6}$$

8.6.5　粘流体材料的动力粘度，可按下式计算：

$$\mu_n=V_n\rho_n \tag{8.6.5}$$

式中　V_n——粘流体的运动粘度（m^2/s）；

ρ_n——粘流体的密度（$N\cdot s^2/m^4$）。

8.6.6　阻尼器的设计，应符合下列要求：

1　阻尼器体积较小时，阻尼器可在隔振器箱体内与弹簧并联设置；阻尼器体积较大时，阻尼器可与隔振器相互独立并联设置。

2　阻尼器应沿隔振器刚度中心对称设置，其位置应靠近竖向或水平向刚度最大处。

3　独立设置的阻尼器，阻尼器底部应与隔振台座可靠连接。

4　片型阻尼器，可设计成矩形，也可设计成以定片为内、外圆圈的圆柱形。

8.7　组合隔振器

8.7.1　当采用钢弹簧隔振器不能满足隔振体系阻尼或变形要求，且采用橡胶隔振器不能满足隔振体系低固有频率的设计要求时，可采用圆柱螺旋弹簧与橡胶组合隔振器，也可采用其他不同材料的组合隔振器。

隔振器的组合形式，可采用群体式或间隔式（图 8.7.1）。

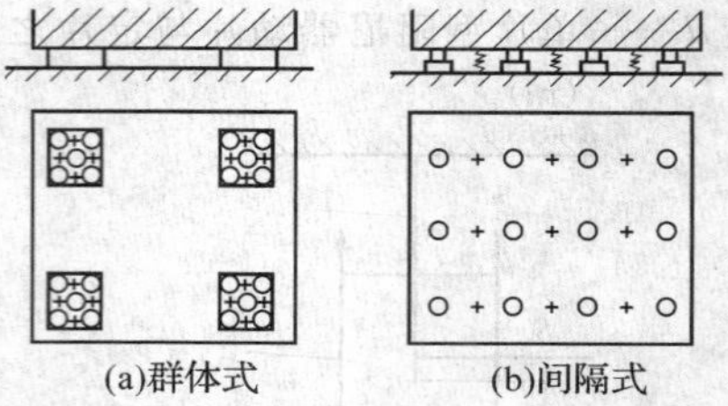

图 8.7.1　隔振器组合形式

+—弹簧；○—橡胶

8.7.2　组合隔振器的刚度和阻尼比，可按下列公式计算：

1　并联组合隔振器（图 8.7.2a、b），可按下列公式计算：

$$K_{Zh}=K_{ZR}+K_{ZS} \tag{8.7.2-1}$$

$$\zeta_{Zh}=\frac{\zeta_S K_{ZS}+\zeta_R K_{ZR}}{K_{ZS}+K_{ZR}} \tag{8.7.2-2}$$

2　串联组合隔振器（图 8.7.2c），可按下列公式计算：

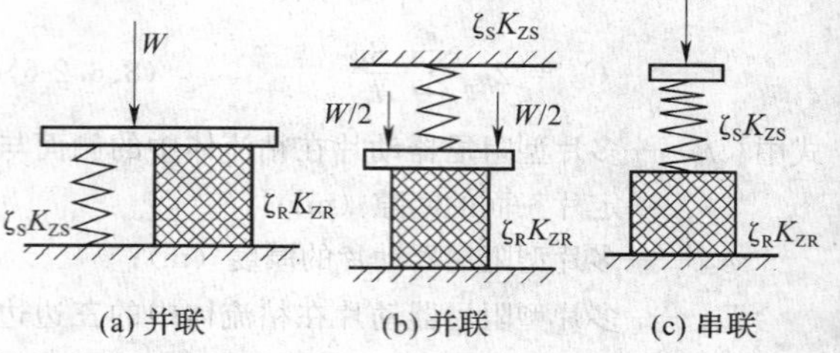

图 8.7.2　并联、串联组合隔振器示意

$$K_{Zh}=\frac{K_{ZS}K_{ZR}}{K_{ZS}+K_{ZR}} \tag{8.7.2-3}$$

$$\zeta_{Zh}=\frac{\zeta_S K_{ZR}+\zeta_R K_{ZS}}{K_{ZR}+K_{ZS}} \tag{8.7.2-4}$$

式中　K_{Zh}——组合隔振器竖向总刚度（N/m）；

ζ_{Zh}——组合隔振器阻尼比；

K_{ZS}——圆柱螺旋弹簧隔振器的刚度（N/m）；

K_{ZR}——橡胶隔振器的刚度（N/m）；

ζ_S——圆柱螺旋弹簧的阻尼比；

ζ_R——橡胶的阻尼比。

8.7.3 并联组合隔振器中，圆柱螺旋弹簧隔振器与橡胶隔振器的自由高度不同时，应在较低高度的隔振器下设置支垫（图 8.7.3），支垫的高度可按下列公式计算：

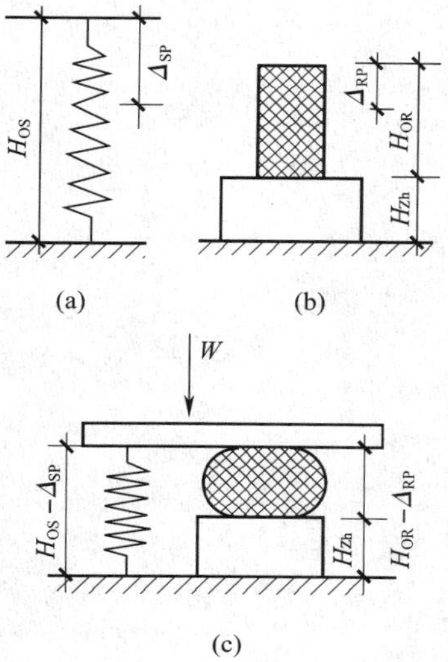

图 8.7.3 并联组合联振器原件的支垫高度示意

$$H_{Zh}=H_{OS}-H_{OR}-\Delta_{SP}+\Delta_{RP} \quad (8.7.3\text{-}1)$$

$$\Delta_{SP}=\frac{P_S}{K_{ZS}} \quad (8.7.3\text{-}2)$$

$$\Delta_{RP}=\frac{P_R}{K_{ZR}} \quad (8.7.3\text{-}3)$$

$$P_S=1.5\,[A]\,K_{ZS} \quad (8.7.3\text{-}4)$$

$$P_R=W-P_S \quad (8.7.3\text{-}5)$$

式中 H_{Zh}——支垫的高度；

H_{OS}——圆柱螺旋弹簧隔振器的自由高度（m）；

H_{OR}——橡胶隔振器的自由高度（m）；

Δ_{SP}——圆柱螺旋弹簧隔振器的静力变形；

Δ_{RP}——橡胶隔振器的静力变形（m）；

P_S——圆柱螺旋弹簧隔振器承受的压力；

P_R——橡胶隔振器承受的压力；

W——隔振体系的总重力（N）。

附录 A 地面屏障式隔振

A.0.1 屏障可采用排桩（图 A.0.1a）或隔板（图 A.0.1b）；当隔振要求较高时，可采用屏障并联隔振（图 A.0.1c）。排桩屏障可用于干扰频率为 10Hz 以上时的屏障式隔振，隔板屏障与屏障并联隔振可用于干扰频率为 0～100Hz 时的屏障式隔振。

A.0.2 排桩屏障的隔振设计，应符合下列要求：

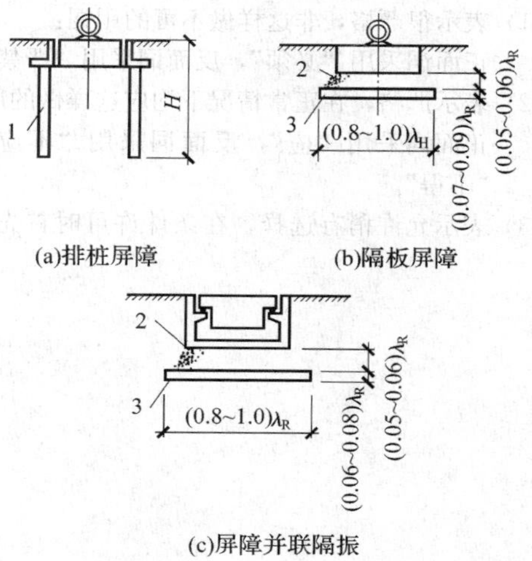

图 A.0.1 屏障隔振方式

1—排桩或排孔；2—粗砂砾石填实；3—混凝土隔板

1 当屏障至波源距离不大于地基土面波波长 2 倍时，排桩长度可取地基土面波波长的 0.8～1.0 倍；当屏障至波源距离大于地基土面波波长 2 倍时，排桩长度可取地基土面波波长的 0.7～0.9 倍。

2 排桩可采用单排、双排或多排，桩距宜为桩直径的 1.5 倍；当排桩为双排和多排时，两排之间的距离可取桩直径的 2.5 倍。

3 排桩式屏障用于主动隔振时，宜计入其固有频率的提高对于淤泥质土或饱和粉细砂地基的影响。

A.0.3 当符合下列公式之一时，屏障可采用隔板：

$$f_z<[1.1/(1-\mu_b)]\frac{V_s}{4h_g} \quad (A.0.3\text{-}1)$$

$$f_x<\frac{V_s}{4h_g} \quad (A.0.3\text{-}2)$$

式中 f_z——竖向振动频率（Hz）；

f_x——水平向振动频率（Hz）；

V_s——粗砂砾石填实层的剪切波速（m/s）；

h_g——隔振屏障顶面至基础底面的土层厚度（m）；

λ_R——地基土面波波长（m）；

μ_b——粗砂砾石填实层的泊松比。

A.0.4 当采用屏障并联隔振时，隔振体系的计算可不计入隔板的振动耦合。

A.0.5 排桩及隔板材料，可采用强度等级不低于 C20 的钢筋混凝土。

A.0.6 地面屏障式隔振的传递率，可采用 0.5～0.6。

本规范用词说明

1 为便于在执行本规范条文时区别对待，对要求严格程度不同的用词说明如下：

1）表示很严格，非这样做不可的用词：

正面词采用“必须”，反面词采用“严禁”。

2）表示严格，在正常情况下均应这样做的用词：

正面词采用“应”，反面词采用“不应”或“不得”。

3）表示允许稍有选择，在条件许可时首先应这样做的用词：

正面词采用“宜”，反面词采用“不宜”；

表示有选择，在一定条件下可以这样做的用词，采用“可”。

2 本规范中指明应按其他有关标准、规范执行的写法为“应符合……的规定”或“应按……执行”。

中华人民共和国国家标准

隔振设计规范

GB 50463—2008

条 文 说 明

目　次

1 总 则

1.0.1 本条阐明了本规范的指导思想，根据隔振的特点，要求合理地选择有关动力参数、支承结构形式和隔振器等。在隔振设计中，有关动力参数如频率、刚度等，若取值不当，可能会造成浪费，甚至会产生相反的效果，因此，合理地选择有关动力参数和隔振方案有其重要意义。

1.0.2 明确了本规范的适用范围。

1.0.3 设计隔振体系时，除应按本规范执行外，尚应符合国家现行的有关标准和规范的规定。

2 术语、符号

2.1 术 语

2.1.1～2.1.8 所列术语均是按现行国家标准《机械振动与冲击名词术语》的规定和本规范的专用名词编写的。

2.2 符 号

2.2.1～2.2.3 本节中采用的符号系按现行国家标准《建筑结构设计通用符号、计量单位和基本术语》的规定，并结合本规范的特点编写的。

3 基本规定

3.1 设计条件和隔振方式

3.1.1 本条规定了设计隔振体系时所需要的资料。

3.1.2 本条规定了常用几种隔振方式供设计者选用。在隔振装置中最普遍应用的是支承式隔振方式。隔振沟的隔振效果并不明显，也无法估算，只能作为隔离冲击振动或频率较高振动的附加措施，隔振沟不宜用于隔离频率小于30Hz的地面振动。

3.2 设计原则

3.2.1 隔振体系设计时，有多种方案可供选择。实际工作中，应根据工程具体情况和经济因素，进行多方案比较，从中选择出经济合理的最优方案。

3.2.2 若被隔振设备的质量较大时，一般要在底部设置刚性台座，尽量使其成为单质点的刚体单元。如果被隔振对象本身具有单质量刚体单元的性能，且其底部面积能设置所需的隔振器数量，则可不设置刚性台座。

3.2.3 本条规定是对隔振设计的基本要求，否则就难以达到较好的隔振效果。

3.2.4 当弹簧隔振器布置在梁上时，弹簧压缩量宜大于支承梁挠度的10倍，这主要是为了避免耦合振动，在进行弹簧隔振体系动力分析时可不考虑梁的挠度。

3.2.5 本条规定了隔振对象经隔振后，其振动幅值应满足要求。

3.2.6 仪器、设备及动力机器的容许振动值是一个较复杂的问题。由于其种类繁多，工作原理、构造及制造精度各异，所以对振动的敏感程度差别很大。一个完善的隔振设计，必须在了解该设备容许振动值及振源的前提下才能进行，容许振动值最好是通过试验确定或制造部门提供，这更符合单项设计的具体情况。规范第4章所提出的容许振动值，是在收集和整理国内外有关资料的基础上，并对一些重要设备进行了实测和分析而确定的。当无试验条件时，可按第4章规定采用。

3.2.7 本条规定了要缩短隔振体系的质心与扰力作用线之间的距离，目的是尽量减小由扰力引起的偏心距。同时还要求隔振器的刚度中心与隔振体系质量中心宜在同一竖直线上，这也是为了避免偏心振动。总之，隔振体系最好能设计成为单自由度振动体系。

3.2.8 管道与被隔对象连接时，宜采用柔性接头，以避免接头损坏或破裂。

4 容许振动值

4.1 精密仪器及设备的容许振动值

4.1.1、4.1.2 本节规定的容许振动值，是指保证精密仪器与设备在正常工作或生产条件下，其台座结构或设备基础的容许振动值。

振动对精密仪器的影响表现为：

1 影响仪器的正常运行，过大的振动会直接损害仪器，使之无法应用。

2 影响对仪器仪表刻度阅读的准确性和阅读速度，有时根本无法读数，对于自动打印和描绘曲线，有时无法正常进行工作。

3 对于某些精密和灵敏的电器，如灵敏继电器等，过大的振动甚至使其产生误动作，从而引起较大事故。

振动对精密设备的影响或危害表现在：

1 振动会影响精密设备的正常运行，降低机器的使用寿命，严重时可使设备的某些零件受到损害。

2 对精密加工机床，振动会使工件的加工面、光洁度和精度下降，并会降低其使用寿命。

容许振动值是衡量精密仪器与设备抵抗振动的能力。容许振动数值越大，抵抗振动的能力就越强，反之就越小。如果提出的容许振动量能反映仪器或设备本身的实际情况，就能为隔振设计提供可靠依据，收到明显的经济效果。

光刻设备对环境振动的要求很严格。由于其制造厂不同，所提出的环境要求不同，控制及表达的物理量也不同。美国某公司在 0～120Hz 范围内用加速度来控制，荷兰某公司按集成电路的线宽在 1～100Hz 范围内用加速度功率谱密度来控制，还有大部分制造厂是用速度来控制的。控制点在光刻设备安装底座处。本条所规定的光刻设备容许振动值，是结合国外常用的光刻设备容许振动标准，总结国内一些实践和设计经验，考虑到国内精密设备容许振动值的表达习惯来确定的。

精密仪器与设备的容许振动值，大多数是通过试验和应用随机函数平稳化理论来确定，有些是通过长期工作实践和普查得到的。试验中采用有代表性的设备，对其 x、y、z 三个方向进行不同频率下的激振，激振波多是单一的正弦波形，试验结果采用随机函数平稳化理论进行分析确定。所以控制测试点应是仪器及设备台座结构上表面四周的角点，并且 x、y、z 三个方向均应满足要求。

表 4.1.1 给出的光刻设备的容许振动值为 1/3 倍频程频域容许振动速度均方根值，表 4.1.2 给出的精密仪器与设备容许振动位移与容许振动速度均为峰值。

4.2 动力机器基础的容许振动值

4.2.1～4.2.5 本节规定的容许振动值，是指不影响动力机器的正常生产时，动力机器基础在时域范围内的容许振动值，其容许振动线位移和容许振动速度均为峰值。

某些动力机器在运行时会产生很大的振动，有时对建筑物、周边环境或动力机器本身产生较大影响。容许振动值确定的原则主要是基础的振动不影响机器的正常运转和生产，其次是基础的振动不应对机器本身及操作人员造成不良影响，从生产和环境保护的角度出发，需对动力机器运行时基础上的振动加以限制。其控制测试点在动力机器基础上表面的四周角点上，除注明外，x、y、z 三个方向均应满足。本规范所指的峰值为单峰值。

第 4.2.4 条的基组为压力机基础上的机器、附属设备和填土的总称。ω_{n1} 为基组水平回转耦合振动第一振动的固有频率；ω_{n2} 为基组水平回转耦合振动第二振型的固有频率。

5 隔振参数及固有频率

5.1 隔 振 参 数

5.1.1 本条列出了隔振设计中所采用的基本参数。

5.1.2～5.1.8 提供了隔振基础设计时，基本参数的选择方法和步骤。选择隔振体系的基本参数时，假定隔振体系为无阻尼单自由度体系。

5.1.9 主动隔振中，阻尼起到重要作用；特别是在机器启动和停机过程中，通过共振区时，为了防止出现过大的振动，隔振体系必须具有足够的阻尼。在冲击作用下，如锻锤基础中，其隔振体系必须要有阻尼的作用，其目的要在一次冲击后，振动很快衰减，在下一次冲击之前，应使砧座回复到平衡位置或振动位移很小的状态，以避免锤头与砧座同相运动而使打击能量损失。为此本条给出阻尼的计算公式。

按规范计算振动位移公式：

$$A_v=\frac{P_{ov}}{K_v}\eta_v \quad (V=x、y、z) \qquad (1)$$

在共振时：$\eta=\frac{1}{2\zeta_v}$；P_{ov} 为工作转速（即圆频率为 ω）时的扰力，当圆频率为 ω_{nv} 时的扰力 $P_v=P_{ov}\left(\frac{\omega_{nv}^2}{\omega^2}\right)$，将 P_v 代入式（1）中的 P_{ov}，将 $\frac{1}{2\zeta_v}$ 代入式（1）中的 η_v 即得规范公式（5.1.9-3），当为扰力矩时，只要将 M_{ov}、$\zeta_{\varphi v}$、$K_{\varphi v}$、$\omega_{n\varphi v}$ 分别取代公式（5.1.9-1）中的 P_{ov}、ζ_v、K_v 和 ω_{nv}，即得规范公式（5.1.9-4）。

冲击振动所产生的位移—时间曲线，由于阻尼作用，其振动波形呈衰减曲线，由冲击振动最大位移 A_{ov} 经过时间 t 后衰减为 A_v，其峰值比应为 $\frac{A_{ov}}{A_v}=e^{m}$，式中 n 为阻尼系数，即 $n=\zeta_v\omega_{nv}$，此时式 1 变为：

$$\frac{A_{ov}}{A_v}=e^{\zeta_v\omega_{nv}t} \qquad (2)$$

将式 2 的两边取自然对数即可得到公式（5.1.9-1），当为冲击力矩时，将 $\zeta_{\varphi v}$、$\omega_{n\varphi v}$、$A_{\varphi v}$、$A_{a\varphi v}$ 分别取代公式（5.1.9-3）中的 ζ_v、ω_{nv}、A_v、A_{av} 即得公式（5.1.9-2）。

5.2 隔振体系的固有频率

5.2.1 本条给出了隔振体系固有频率的计算公式。

1 在各类隔振公式中，其振型的独立与耦合可分为下列情况：

1）支承式（图 3.1.2a）：当隔振体系的质量中心 C_g 与隔振器刚度中心 C_s 在同一铅垂线上，但不在同一水平轴线上时，z 与 φ_z 为单自由度体系，x 与 φ_y 相耦合，y 与 φ_x 相耦合。

当隔振体系的质量中心 C_g 与隔振器刚度中心 C_s 重合于一点时（图 3.1.2b），x、y、z、φ_x、φ_y、φ_z 均为单自由度体系。

2）悬挂式（图 3.1.2c、d）：当刚性吊杆的平面位置在半径为 R 的圆周上时，x、y 与 φ_z 为单自由度体系，其余均受约束。

3）悬挂兼支承式（图 3.1.2e、f）：隔振体系的质量中心 C_g 与隔振器刚度中心 C_s 在同一铅垂线上，当刚性吊杆与隔振器的平面位置在半径为 R 的圆周上时，z 与 φ_z 为单自由度体系，x 与 φ_y 相耦合；y 与 φ_x 相耦合，当吊杆与隔振器的平面位置不全在半径为 R 的圆周上时，z 轴向为单自由度体系，x 与 φ_y 相耦合；y 与 φ_x 相耦合，φ_z 受约束。

2 独立振型。如图 1 所示的体系，沿 x 轴向自由振动的微分方程为：

$$\left.\begin{aligned}&m_x\ddot{x}+C_x\dot{x}+K_x\cdot x=0\\&\text{或}\ \ddot{x}+2n_x\dot{x}+\omega_{nx}^2x=0\end{aligned}\right\} \quad (3)$$

式中　C_x——体系沿 x 轴向总的阻尼系数(kN·s/m)。

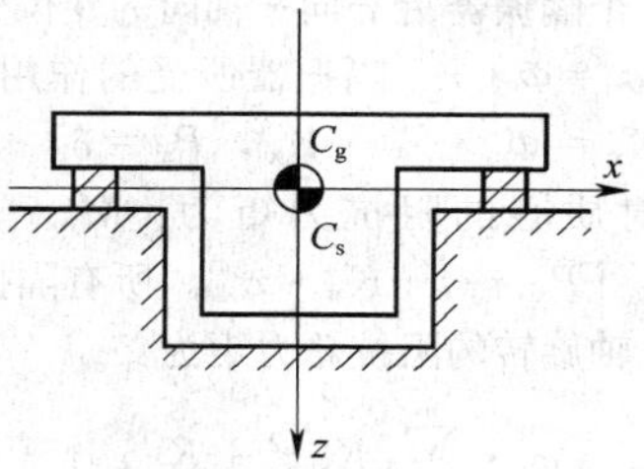

图 1

$$C=2m\cdot n \quad (4)$$

式中　n_x——体系沿 x 轴向总的阻尼特征系数(red/s)；

K_x——体系沿 x 轴向总的弹簧刚度(kN/m)；

m_x——隔振体系沿 x 轴向参加振动总的质量(t)。

设式 (3) 的解为：　　$x=Ae^{rt}$ (5)

代入式 (3) 得：

$$A\ (r^2+2n_xr+\omega_{nx}^2)\ e^{rt}=0$$

由于 $e^{rt}\neq0$，$A\neq0$，故：$(r^2+2n_xr+\omega_{nx}^2)=0$

$$r=-n_x\pm\sqrt{n_x^2-\omega_{nx}^2}=-n_x\pm i\sqrt{\omega_{nx}^2-n_x^2}$$
$$=-n_x\pm i\cdot\omega_{nx}\sqrt{1-\zeta_x^2}=-n_x\pm i\omega_{dx} \quad (6)$$

式中　ω_{nx}——体系沿 x 向无阻尼固有圆频率：

$$\omega_{nx}=\sqrt{\frac{K_x}{m_x}} \quad (7)$$

ω_{dx}——体系沿 x 向有阻尼固有圆频率：

$$\omega_{dx}=\omega_{nx}\sqrt{1-\zeta_x^2} \quad (8)$$

ζ_x——体系沿 x 向的阻尼比：

$$\zeta_x=\frac{n_x}{\omega_{nx}}=\frac{C_x}{2m\omega_{nx}} \quad (9)$$

将式 (6) 代入式 (5) 得式 (3) 的解为：

$$x=A\cdot e^{rt}=A_1\cdot e^{(-nx+i\omega_{dx})t}+A_2\cdot e^{(-nx-i\omega_{dx})t}$$
$$=e^{-n_et}\ [A_1\cdot e^{i\omega_{dx}t}+A_2\cdot e^{-i\omega_{dx}t}]$$
$$=e^{-n_et}\ [\ (A_1+A_2)\ \cos\omega_{dx}t$$
$$+i\ (A_1-A_2)\ \cdot\sin\omega_{dx}t]$$
$$=e^{-n_et}\ [B_1\cos\omega_{dx}t+B_2\sin\omega_{dx}t] \quad (10)$$

式 (10) 中 $B_1=A_1+A_2$，$B_2=i\ (A_1-A_2)$ 为根据初始条件确定的待定系数。

$$\dot{x}=-n_x\cdot e^{-n_xt}\ [B_1\cos\omega_{dx}t+B_2\cdot\sin\omega_{dx}t]$$
$$+e^{-n_xt}\omega_{dx}\ [B_1\sin\omega_{dx}t+B_2\cdot\cos\omega_{dx}t] \quad (11)$$

由式 (10) 和式 (11) 得：

当 $t=0$ 时，若 $X=x_o$ 得　$B_t=x_o$

当 $t=0$ 时，若 $X=x_o$ 得　$B_2=\dfrac{\dot{x}+n_xx_o}{\omega_{dx}}$

代入式 (10) 则得该体系自由振动时的位移方程为：

$$x=e^{-n_xt}\left[x_o\cdot\cos\omega_{dx}t+\frac{\dot{x}_o+nx_o}{\omega_d}\cdot\sin\omega_{dx}t\right] \quad (12)$$

式 (12) 中 $A_o=\sqrt{x_o^2+\left(\dfrac{\dot{x}_o+n_x\cdot x_o}{\omega_{dx}}\right)^2}$；$\tan\theta_x=\dfrac{x_o\cdot\omega_{dx}}{\dot{x}_o+n_xx_o}$

同理，对沿 y、z 轴的单自由度体系的自由振动，可将上述有关式中的位移和标脚 x，改为 y、z 即可，对绕 φ_x、φ_y、φ_z 轴回转的单自由度体系的自由振动，可将位移和标脚的符号 x，分别改为 φ_x、φ_y、φ_z，另外将惯量 m_x 分别改为 J_x、J_y、J_z 即可。

根据式 (7) ～式 (9) 可得：

$$\omega_{nv}=\sqrt{\frac{K_v}{m_v}}；\omega_{n\varphi v}=\sqrt{\frac{K_{\varphi v}}{J_v}}\ (v\text{分别为}x、y、z) \quad (13)$$

3 双自由度耦合振动。图 2 所示 x 轴向与绕 y 轴旋转轴的两个自由度水平回转耦合振动体系上，作用水平扰力 $P_x\ (\tau)\ =P_xg_{(\tau)}$ 和扰力矩 $M_{y(\tau)}=M_yg\ (\tau)$，其中 $g_{(\tau)}$ 为扰力和扰力矩的时间函数。

隔振体系质心处的运动微分方程为：

$$m\ddot{x}x+c_x\ (\dot{x}-h_2\dot{\varphi}_y)\ +K_x\ (x-h_2\varphi_y)$$
$$=P_x\ (\tau)\ =P_x\cdot g\ (\tau) \quad (14)$$
$$J_y\ddot{\varphi}_y+C_{\varphi y}\dot{\varphi}_y+K_{\varphi y}\varphi_y-C_z\dot{x}h_2-K_xxh_2$$
$$=M_{oy}g\ (\tau)\ =P_xh_3+M_yg\ (\tau)$$

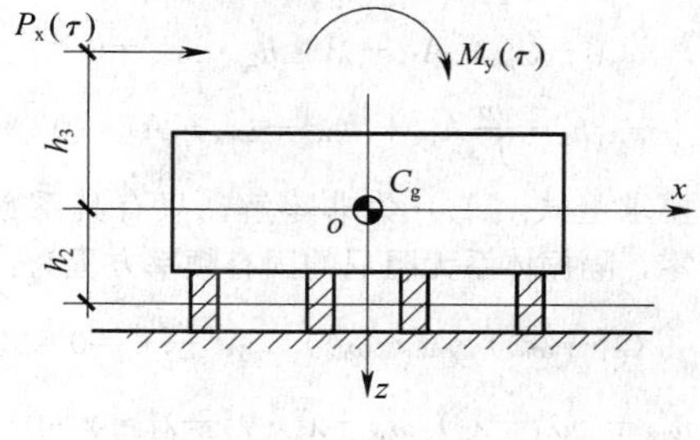

图 2

式 (14) 中有一项自由重产生的 $mgh_2\varphi_y$ 因其数量相对很小，故忽略不计，公式中的 h_2 即为规范正文中的 z。

将上式写成矩阵形式。可简化为：

$$[M]\ \{\ddot{\Delta}\}+[C]\ \{\dot{\Delta}\}+[K]\ \{\Delta\}=\{g_o\}\ \cdot g\ (\tau) \quad (15)$$

式 (15) 中 $[M]=\begin{bmatrix}m & o\\ o & J_y\end{bmatrix}$；

$$[C]=\begin{bmatrix}C_x & -C_xh_2\\ -C_xh_2 & C_{\varphi y}\end{bmatrix}；$$

$$[K]=\begin{bmatrix}K_x & -K_x h_2\\ -k_x h_2 & k_{\varphi y}\end{bmatrix}$$

$$\{\Delta\}=\begin{Bmatrix}x\\ \psi_y\end{Bmatrix};\ \{g_o\}=\begin{Bmatrix}P_x\\ P_x h_3+M_y\end{Bmatrix}=\begin{Bmatrix}P_{ox}\\ M_{oy}\end{Bmatrix} \quad (16)$$

式（16）中 P_{ox} 和 M_{oy} 分别为作用在隔振体系质心 o 点处的沿 x 轴向的扰力幅值和绕 y 轴旋轴的扰力矩幅值。当扰力和扰力矩的时间函数不同时，则扰力所产生的振幅和扰力矩所产生的振幅，应分别计算，然后再进行叠加（或线性组合）。

此时的运动微分方程为：

$$[M]\{\ddot{\Delta}\}+[C]\{\dot{\Delta}\}+[K]\{\Delta\}=\{g_1\}g_1(\tau) \quad (17)$$

$$[M]\{\ddot{\Delta}\}+[C]\{\dot{\Delta}\}+[K]\{\Delta\}=\{g_2\}g_2(\tau) \quad (18)$$

式（17）和式（18）中

$$\{g_1\}=\begin{Bmatrix}P_x\\ P_x h_3\end{Bmatrix};\ \{g_2\}=\begin{Bmatrix}o\\ M_y\end{Bmatrix}$$

对于无阻尼体系，$[C]=0$；自由振动时，$\{g\}=\{0\}$。

此时体系的运动微分方程为：

$$[M]\{\ddot{\Delta}\}+[K]\cdot\{\Delta\}=\{0\} \quad (19)$$

设其解为：$\{\Delta\}=\{A_k\}\cdot e^{j(\omega_{nx}t+\alpha_k)}$

其中标脚 k 为第 k 振型，代入式（19），则得：

$(-\omega_{nk}^2[M]\{A_k\}+[K]\{A_k\})\cdot e^{j(\omega_{nx}t+\alpha_k)}=\{0\}$

由于 $e^{j(\omega_{nx}t+\alpha_k)}\neq 0$ 故只有：

$$[K]\{A_k\}-\omega_{nk}^2[M]\{A_k\}=\{0\} \quad (20)$$

将上式展开，经简化，并令：

$$\lambda_1^2=\frac{K_x}{m};\ \lambda_2^2=\frac{K_{\varphi x}}{J_y};\ \gamma=\frac{mh_2^2}{J_y}$$

可得：

$$(\lambda_1^2-\omega_{nk}^2)A_{1k}-\lambda_1^2\cdot h_2\cdot A_{2k}=0$$

$$-\lambda_1^2 h_2\cdot\frac{m}{J_y}A_{1k}+(\lambda_2^2-\omega_{nk}^2)A_{2k}=0 \quad (21)$$

若要求上式 $\{A_k\}$ 为非零解，只有其系数行列式等于零，隔振体系无阻尼的固有频率方程为：

$$(\lambda_1^2-\omega_{nk}^2)(\lambda_2^2-\omega_{nk}^2)-\lambda_1^4\frac{mh_2^2}{J_y}=0$$

$$\omega_{nk}^4-(\lambda_1^2+\lambda_2^2)\omega_{nk}^2+\lambda_1^2\cdot\lambda_2^2-\lambda_1^4\cdot\gamma=0$$

求解上式，得隔振体系无阻尼固有圆频率 ω_{nk} 为：

$$\omega_{n_2^1}^2=\frac{1}{2}\left[(\lambda_1^2+\lambda_2^2)\mp\sqrt{(\lambda_1^2-\lambda_2^2)^2+4\lambda_1^4\gamma}\right] \quad (22)$$

由式（21）的第一式，可求得振型 K 的幅值比为：

$$\rho_{1k}=\frac{A_{1k}}{A_{2k}}=\frac{\lambda_1^2 h_2}{(\lambda_1^2-\omega_{nk}^2)}=\frac{K_x h_2}{K_x-m\omega_{nk}^2};\ \rho_{zk}=\frac{A_{zk}}{A_{zk}}=1 \quad (23)$$

5.2.2 本条给出隔振器刚度的计算公式：

1 当 n 个隔振器并联时，在外力 P_z 作用线通过刚度中心时，所有隔振器的变位 δ_{zi} 相同，即 $\delta_{zi}=\delta_z$ 如果隔振动器的刚度不同分别为 K_{zi}，则 n 个隔振器的受力将不同，分别为 P_{z1}、$P_{z2}\cdots P_{zi}\cdots P_{zN}$。故有：

$$P_z=P_{z1}+P_{z2}+\cdots+P_{zN}=\sum_{i=1}^{n}P_{zi}=\delta_z K_{z1}$$
$$+\delta_z\cdot K_{z2}+\cdots+\delta_i K_{zn}=\delta_z\sum_{i=1}^{n}\cdot K_{zi}$$

$$\left.\begin{aligned}K_z&=\frac{P_z}{\delta_z}=\sum_{i=1}^{n}K_{zi}\\ K_x&=\sum_{i=1}^{n}K_{xi};\quad K_y=\sum_{i=1}^{n}K_{yi}\end{aligned}\right\} \quad (24)$$

当外力矩 M_y 绕通过质心的 y 轴旋转时，设转角为 Φ_y，第 i 个隔振器沿 x 向 z 轴向的变位分别为：$\delta_{xi}=\Phi_y\cdot z_i$，$\delta_{xi}=\Phi\cdot x_i$。隔振器所受的作用力分别为：$P_{xi}=\delta_{xi}\cdot K_{xi}=\Phi_y\cdot z_{i0}\cdot K_{xi}$，$P_{zi}=\delta_{zi}\cdot K_{zi}=\Phi_y\cdot x_1\cdot K_{xi}$，对质心的阻抗力矩为：$M_{yi}=P_{xi}\cdot z_i+P_{zi}\cdot x_i=\Phi_y[P_{xi}\cdot z_i^2+K_{zi}\cdot x_i^2]$。所有隔振器对绕通过质心的 y 轴旋转的阻抗总力矩为：

$$\left.\begin{aligned}M_y&=\varphi_y\cdot\sum_{i=1}^{n}[K_{xi}z_i^2+K_{zi}x_i^2]\\ K_{\varphi y}&=\frac{M_y}{\varphi_y}=\sum_{i=1}^{n}K_{zi}x_i^2+\sum_{u=1}^{n}K_{xi}z_i^2\\ K_{\varphi x}&=\frac{M_x}{\varphi_x}=\sum_{i=1}^{n}K_{yi}z_i^2+\sum_{u=1}^{n}K_{zi}y_i^2\\ K_{\varphi z}&=\frac{M_z}{\varphi_z}=\sum_{i=1}^{n}K_{xi}y_i^2+\sum_{u=1}^{n}K_{yi}x_i^2\end{aligned}\right\} \quad (25)$$

2 对于按本规范中图 3.2.1c、d 排列时的悬挂式隔振装置，当在 x 轴向或 y 轴向产生位移为 δ 时的作用力为 $P=W\sin\theta$，$\delta=L\sin\theta$，如图 3 所示。根据刚度的定义：$K_x=K_y=\dfrac{P}{\delta}=\dfrac{W\sin\theta}{L\sin\theta}=\dfrac{W}{L}$，同理可得 $K_{\varphi z}=\dfrac{WR^2}{L}$。

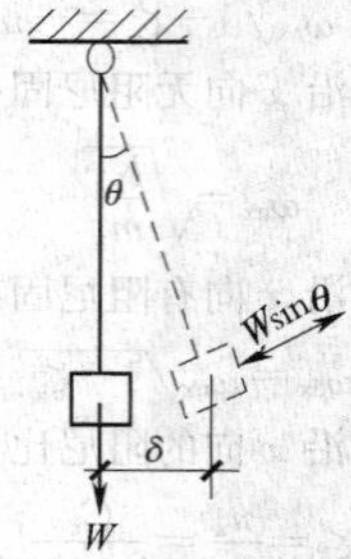

图 3

6 主动隔振

6.1 计算规定

6.1.1 干扰力为简谐时间函数（稳态振动）时，如图 4 所示的主动隔振体系，在扰力 $P_{z(t)}=P_z\sin\omega t$ 作用下，其运动微分方程为：

$$m\ddot{z}+c_z\dot{z}+k_z\cdot z=p_z\cdot\sin\omega t \quad (26)$$

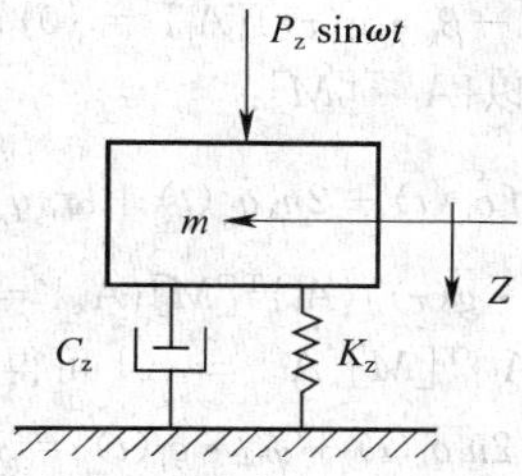

图 4

即： $$\ddot{z}+2n_z\dot{z}+\omega_{nz}^2\cdot z=\frac{p_z}{m}\cdot\sin\omega t \quad (27)$$

设其解为： $$z=a_{zo}e^{j\omega t}\text{（取虚部）} \quad (28)$$

代入式（27）得：$(-a_{zo}\omega^2+j2n_z\cdot a_{zo}\omega+\omega_{nz}^2\cdot a_{zo})e^{j\omega t}=\frac{p_z}{m}\cdot e^{j\omega t}$

$$a_{zo}=\frac{p_z}{m(\omega_{nz}^3-\omega^2)+j(2n_z\omega)}$$

$$=\frac{p_z}{m\sqrt{(\omega_{nz}^2-\omega^2)^2+(2n_z\omega)^2\cdot e^{j\theta_z}}}$$

代入式（28）得位移方程：

$$z=\frac{p_z}{m\cdot\omega_{nz}^2}\cdot\frac{1}{\sqrt{\left(1-\frac{\omega^2}{\omega_{nz}^2}\right)^2+\left(2\zeta_z\frac{\omega}{\omega_{nz}}\right)^2}}e^{j(\omega t\cdot\theta_2)}$$

$$=a_z\cdot e^{j(\omega t-\theta_z)}=a_z\cdot\sin(\omega t-\theta_z) \quad (29)$$

式（29）中 $a_z=\frac{p_z}{m\cdot\omega_{nz}^2}\cdot\frac{1}{\sqrt{\left(1-\frac{\omega^2}{\omega_{nz}^2}\right)^2+\left(2\zeta_z\frac{\omega}{\omega_{nz}}\right)^2}}$；

$\tan\theta_z=\frac{2n_z\omega}{\omega_{nz}^2-\omega^2}$ $\zeta_z=\frac{n_z}{\omega_{nz}}$；$m\omega_{nz}^2=K_z$；

当 $\sin(\omega t-\theta_z)=1$ 时，振动最大，此时振幅值为：

$$a_z=\frac{p_z}{k_z}\cdot\eta_{z\cdot\max}；$$

$$\eta_{z\cdot\max}=\frac{1}{\sqrt{\left(1-\frac{\omega^2}{\omega_{nz}^2}\right)+\left(2\zeta_z\frac{\omega}{\omega_{nz}}\right)^2}} \quad (30)$$

同理，对沿和绕其他各轴向的振动幅值，可用通用公式表示为：

$$a_v=\frac{p_{ov}}{k_v}\cdot\eta_{v\max}；\ a_{\varphi v}=\frac{M_{ov}}{K_{\varphi v}}\cdot\eta_{\varphi v\cdot\max} \quad (31)$$

$$\eta_{v\max}=\frac{1}{\sqrt{1-\left(\frac{\omega}{\omega_{nv}}\right)^2+\left(2\zeta_v\frac{\omega}{\omega_{nv}}\right)^2}}；$$

$$\eta_{\varphi v\max}=\frac{1}{\sqrt{1-\left(\frac{\omega}{\omega_{n\varphi v}}\right)^2+\left(2\zeta_{\varphi v}\frac{\omega}{\omega_{n\varphi v}}\right)^2}}$$

式（31）中 v 分别代表 x、y、z。

阻尼比的计算：

并联阻尼器的阻尼系数。当 n 个阻尼器并联时（图 5），其阻尼系数分别为：c_{z1}、$c_{z2}\cdots c_{zN}$，在外力 P_z 作用线通过刚度中心时，设块体的运动速度为 $\dot{z}$，则：

$$P_z=P_{z1}+P_{z2}+\cdots+P_{zn}=\dot{z}\sum_{i=1}^{n}c_{zi} \quad (32)$$

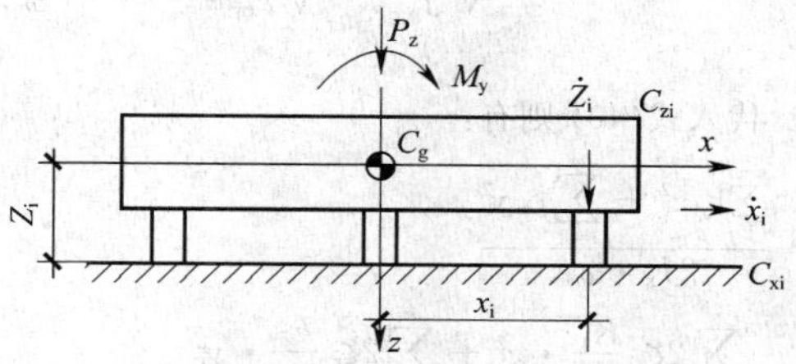

图 5

并联阻尼器的阻尼系数为：

$$c_z=\frac{P_z}{\dot{z}}=\sum_{i=1}^{n}c_{zi} \quad (33)$$

即： $$c_v=\frac{P_y}{v}=\sum_{i=1}^{n}c_{vi} \quad (34)$$

当外力矩 M_y 绕通过质心的 y 轴旋转时，设转角速度为 $\dot{\varphi}_y$，第 i 阻尼器上端沿 x 和 z 轴向的变位速度分别为：$\dot{\delta}_{xi}=\dot{\varphi}_y z_i$，$\dot{\delta}_{zi}=\dot{\varphi}_y x_i$。阻尼器所受的阻力分别为：$p_{xi}=\dot{\delta}_{xi}c_{xi}=\dot{\varphi}_y c_{xi}z_i$；$p_{zi}=\dot{\delta}_{zi}c_{zi}=\dot{\varphi}_y c_{zi}x_i$。对质心的阻力矩为：$M_{yi}=p_{xi}z_i+p_{zi}x_i=\dot{\varphi}[c_{xi}z_i^2+c_{zi}x_i^2]$

所有阻尼器对绕通过质心的 y 轴旋转的总阻力矩为：

$$M_y=\dot{\varphi}_y\sum_{i=1}^{n}[c_{xi}z_i^2+c_{zi}x_i^2] \quad (35)$$

可得： $$c_{\varphi y}=\frac{M_y}{\dot{\varphi}_y}=\sum_{i=1}^{N}c_{xi}z_i^2+\sum_{i=1}^{N}c_{zi}x_i^2 \quad (36)$$

$$c_{\varphi x}=\frac{M_x}{\dot{\varphi}_x}=\sum_{i=1}^{N}c_{yi}z_i^2+\sum_{i=1}^{N}c_{zi}y_i^2 \quad (37)$$

$$c_{\varphi z}=\frac{M_z}{\dot{\varphi}_z}=\sum_{i=1}^{N}c_{xi}y_i^2+\sum_{i=1}^{N}c_{yi}x_i^2 \quad (38)$$

$$\zeta_x=\frac{\sum_{i=1}^{N}c_{xi}}{2m\omega_{nx}};\zeta_y=\frac{\sum_{i=1}^{N}c_{yi}}{2m\omega_{ny}};\zeta_z=\frac{\sum_{i=1}^{N}c_{zi}}{2m\omega_{nz}} \quad (39)$$

$$\zeta_{\varphi x}=\frac{\sum_{i=1}^{N}c_{yi}z_i^2+\sum_{i=1}^{N}c_{zi}y_i^2}{2J_x\cdot\omega_n\varphi_x};\zeta_{\varphi y}=\frac{\sum_{i=1}^{N}c_{zi}y_i^2+\sum_{i=1}^{N}c_{xi}z_i^2}{2J_y\cdot\omega_n\varphi_y};$$

$$\zeta_{\varphi z}=\frac{\sum_{i=1}^{N}c_{xi}y_i^2+\sum_{i=1}^{N}c_{yi}x_i^2}{2J_z\cdot\omega_n\varphi_z} \quad (40)$$

当每个隔振器的特性均相同时：

$$\omega_{nv}=\sqrt{\frac{K_v}{m}}=\sqrt{\frac{n\cdot k_{vi}}{m}}=\sqrt{\frac{K_{vi}}{m_i}}\ (v=x、y、z) \quad (41)$$

$$\zeta_v=\frac{c_v}{2m\omega_{nv}}=\frac{Nc_{vi}}{2m\omega_{nv}}=\frac{c_{vi}}{2m_i\omega_{nv}}=\zeta_{vi} \quad (42)$$

$$c_{vi}=\zeta_v\cdot 2m_i\omega_{nv}=2\zeta_v\cdot m_i\sqrt{\frac{k_{vi}}{m_i}}$$

$$=2\zeta_v\cdot\sqrt{\frac{m_i}{k_{vi}}}\cdot k_{vi}=2\zeta_v\frac{k_{vi}}{\omega_{nv}} \quad (43)$$

$$m_i = \frac{m}{N}$$

$$2J_v \cdot \omega_{n\varphi v} = 2J_v \cdot \sqrt{\frac{k_{\varphi v}}{J_v}} = 2\sqrt{\frac{J_v}{k_{\varphi v}}} \cdot k_{\varphi v} = 2\frac{K_{\varphi v}}{\omega_{n\varphi v}} \tag{44}$$

代入式(40)则有：

$$\zeta_{\varphi x} = \frac{\sum_{i=1}^{n} c_{yi} z_i^2 + \sum_{i=1}^{n} c_{zi} y_i^2}{2J_x \cdot \omega_{n\varphi x}}$$

$$= \frac{\sum_{i=1}^{n} 2\zeta_y \frac{K_{yi}}{\omega_{ny}} \cdot z_i^2 + \sum_{i=1}^{n} 2\zeta_z \frac{k_{zi}}{\omega_{nz}} \cdot y_i^2}{2\frac{k_{\varphi x}}{\omega_{o\varphi x}}}$$

$$= \frac{\zeta_y \frac{\omega_{n\varphi x}}{\omega_{ny}} \sum_{i=1}^{n} K_{yi} z_i^2 + \zeta_z \frac{\omega_{n\varphi x}}{\omega_{nz}} \sum_{u=1}^{n} K_{zi} \cdot y_i^2}{K_{\varphi x}} \tag{45}$$

同理：
$$\zeta_{\varphi y} = \frac{\zeta_z \frac{\omega_{n\varphi y}}{\omega_{nz}} \sum_{i=1}^{n} K_{zi} x_i^2 + \zeta_x \frac{\omega_{n\varphi y}}{\omega_{nx}} \sum_{u=1}^{n} K_{xi} \cdot z_i^2}{K_{\varphi x}} \tag{46}$$

$$\zeta_{\varphi z} = \frac{\zeta_x \frac{\omega_{n\varphi z}}{\omega_{nx}} \sum_{i=1}^{n} K_{xi} y_i^2 + \zeta_y \frac{\omega_{n\varphi z}}{\omega_{ny}} \sum_{u=1}^{n} K_{yi} \cdot x_i^2}{K_{\varphi x}} \tag{47}$$

本规范中所有的扰力值和扰力矩值均为幅值。

6.1.2 双自由度耦合振动时的振动位移。

对于有阻尼的强迫振动，其微分方程为：

$$[M]\{\ddot{\Delta}\} + [C] \cdot \{\dot{\Delta}\} + [K]\{\Delta\} = \{g_0\} g(\tau) = [M][M]^{-1}\{g_0\} g(\tau) \tag{48}$$

可设其解和将扰力项中的 $[M]^{-1}$ $\{g_0\}$ 为振型的线性组合：

$$\{\Delta\} = \sum_{i=1}^{2} \{A_k\} \cdot q_k(t) \tag{49}$$

$$[M]^{-1}\{g_0\} = \sum_{k=1}^{2} \beta_k \cdot \{A_k\} \tag{50}$$

根据式（50）可求得：

$$\beta_k = \frac{p_{ox}\rho_{1k} + M_{oy}}{A_{2k}(m\rho_{1k}^2 + J_y)} \tag{51}$$

将式（49）和式（50）代入式（48）得：

$$\sum_{k=1}^{2} \ddot{q}_k(t)[M]\{A_k\} + \sum_{k=1}^{2} \dot{q}_k(t)[c]\{A_k\} + \sum_{k=1}^{2} q_k(t)[K]\{A_k\} = [M]\sum_{k=1}^{2} \beta_k \{A_k\} g(\tau) \tag{52}$$

$$\sum_{k=1}^{2} \{\ddot{q}(t) + q_k(t)[M]^{-1}[c] + q_k(t)[M]^{-1}[k] - \beta_k g(\tau)\}\{A_k\} = \{0\} \tag{53}$$

由：$[K]\{A_k\} = \omega_{nk}^2[M]\{A_k\}$

得：$[M]^{-1}[K] \cdot \{A_k\} = \omega_{nk}^2\{A_k\}$

$$[M]^{-1}[C]\{A_k\} = \alpha[M]^{-1}[K]\{A_k\} = \alpha\omega_{nk}^2\{A_k\} = 2n_k\{A_k\} \tag{54}$$

$$\sum_{k=1}^{2} [\ddot{q}_k(t) + 2n_k \dot{q}_k(t) + \omega_{nk}^2 q_k(t) - \beta_k \cdot g(\tau)]\{A_l\} = \{0\} \tag{55}$$

等式两侧均乘以$\{A_l\}^T[M]$：

$$\sum_{k=1}^{2} [\ddot{q}_k(t) + 2n_k \dot{q}_k(t) + \omega_{nk}^2 q_k(t) - \beta_k \cdot g(\tau)]\{A_l\}^T[M]\{A_k\} = \{0\}$$

当 $k = l$ 时，$\{A_l\}^T[M]\{A_l\} \neq \{0\}$ 可得：

$$q_l(t) + 2n_l \dot{q}_l(t) + \omega_{nl}^2 \cdot q_l(t) = \beta_l \cdot g(t)$$

对第 k 振型：

$$\ddot{q}_k(t) + 2n_k \dot{q}_k(t) + \omega_{nk}^2 \cdot q_k(t) = \frac{p_{0x}\rho_{1k} + M_{0y}}{A_{2k}(m\rho_{1k}^2 + J_y)} \cdot g(t) \tag{56}$$

与式（27）对比，上式与单自由度有阻尼强迫振动的运动微分方程的表达形式是一样的，只不过其中系数包含的内容不同，故求解的方法也相同。

当扰力时间函数为简谐时，$g(t) = \sin\omega t$，其解为：

$$\ddot{q}_k(t) = \frac{p_{0x}\rho_{1k} + M_{oy}}{A_{2k}(m\rho_{1k}^2 + J_y)\omega_{nk}^2} \cdot \frac{\sin(\omega t - \theta_k)}{\sqrt{\left(1 - \frac{\omega^2}{\omega_{nk}^2}\right)^2 + \left(2\zeta_k \frac{\omega}{\omega_{nk}}\right)^2}} \tag{57}$$

代入式（49），即求得式（48）的解为：

$$\{\Delta\} = \begin{Bmatrix} x(t) \\ \varphi_t(t) \end{Bmatrix} = \sum_{k=1}^{2} \begin{Bmatrix} A_{1k} \\ A_{2k} \end{Bmatrix} q_k(t) = \sum_{k=1}^{2} \begin{Bmatrix} \rho_{1k} \\ 1 \end{Bmatrix} A_{2k} q_k(t)$$

$$= \begin{bmatrix} \rho_{11} & \rho_{12} \\ 1 & 1 \end{bmatrix} \begin{Bmatrix} \frac{P_{ox}\rho_{11} + M_{oy}}{(m\rho_{11}^2 + J_y)\omega_{n1}^2} \frac{\sin(\omega t - \theta_1)}{\sqrt{\left[1 - \left(\frac{\omega}{\omega_{n1}}\right)^2\right]^2 + \left(2\zeta_1 \frac{\omega}{\omega_{n1}}\right)^2}} \\ \frac{P_{ox}\rho_{12} + M_{oy}}{(m\rho_{12}^2 + J_y)\omega_{n2}^2} \frac{\sin(\omega t - \theta_2)}{\sqrt{\left[1 - \left(\frac{\omega}{\omega_{n2}}\right)^2\right]^2 + \left(2\zeta_2 \frac{\omega}{\omega_{n2}}\right)^2}} \end{Bmatrix} \tag{58}$$

由于是稳态振动，虽然在任意时间 t：$\sin(\omega t - \theta_1) = 1$ 时，$\sin(\omega t - \theta_2)$ 并不一定等于 1，为安全考虑，假设均等于 1，此时振幅值最大，故上式可写为：

$$\left.\begin{aligned} x_{(t\max)} = \alpha_x &= \sum_{k=1}^{2} \rho_{1k} \cdot \frac{p_{ox}\rho_{1k} + M_{oy}}{(m \cdot \rho_{1k} + J_y)\omega_{nk}^2} \cdot \eta_{k \cdot \max} \\ \varphi_{y(t\max)} = \alpha_{\varphi y} &= \sum_{k=1}^{2} \frac{p_{ox}\rho_{1k} + M_{oy}}{(m \cdot \rho_{1k} + J_y)\omega_{nk}^2} \cdot \eta_{k \cdot \max} \end{aligned}\right\} \tag{59}$$

式中
$$\eta_{k \cdot \max} = \frac{1}{\sqrt{\left[1 - \left(\frac{\omega}{\omega_{nk}}\right)^2\right]^2 + \left(2\zeta_k \cdot \frac{\omega}{\omega_{nk}}\right)^2}} \tag{60}$$

6.1.5 在隔振基础上任意点的振动幅值的计算方法，特别是扰力（扰力矩）的工作频率均不相同时，或作用时间有相位时，均采用振动幅值绝对值之和，这是既简便又比较安全的。

6.2 旋转式机器

6.2.1 旋转式机器的种类很多，汽轮发电机组系火力发电厂、核电站的主机，为典型的旋转式机器；国际上，一些国家于20世纪70年代在大型汽轮发电机组，特别是在核电站的汽轮发电机组比较多地采用弹簧隔振基础，目前，采用弹簧隔振基础的火电机组的最大功率为1300MW、核电机组的最大功率为1600MW；我国于20世纪70年代后期开展了汽轮发电机组弹簧隔振基础的试验研究，并在河南某电厂建成了我国第一台6MW汽轮发电机组弹簧隔振基础；20世纪80年代随着从国外引进汽轮发电机组，河南鸭河口电厂（2×350MW）、北京第一热电厂（2×200MW）和合肥第二电厂（2×350MW）汽轮发电机组和田湾核电站（2×1000MW）核电机组均成功地采用弹簧隔振基础。国内外工程实践都证明汽轮发电机弹簧隔振基础具有很大的优越性。

火力发电厂的其他旋转式机器，如汽动（电动）给水泵、风扇磨煤机、引（送）风机、碎煤机等，从20世纪80年代起，逐步在我国工程中应用，近几年有了很大的发展。

汽轮发电机、汽动给水泵采用弹簧隔振基础后，可避免将振动传递给周围环境，有利于改善机器的振动情况，并给机组轴系进行快速找中调平提供了方便条件。在高烈度地震区还可以显著提高其抗震性能。

适用于工业与民用建筑的离心通风机、离心泵、空调冷水机组等比较普遍的采用弹簧隔振基础，并编制了相应的全国通用建筑标准设计图集。

本条文将旋转式机器分成二类，对其隔振基础的隔振方式、隔振器的选择主要依据工程实践经验作了一般性的规定。

本条文强调弹簧隔振器应具有三维隔振性能，同时对汽轮发电机、汽动给水泵等大型旋转式机器的弹簧隔振基础强调隔振器应与阻尼器一起使用，这些规定都是为了能控制各向的振动线位移。

6.2.2 本条涉及台座型式，台座结构的动力计算。

对汽轮发电机、汽动给水泵等大型旋转式机器，根据工程实践经验，通常都采用钢筋混凝土台座，同时为了满足设备布置的要求，往往需将台座设计成梁式、板式或梁板混合式。

对离心泵、离心通风机等旋转式机器，目前在工程中存在钢筋混凝土板和钢支架两种型式，所以条文按此作了规定，但强调如采用钢支架台座时、应具备足够刚度，避免出现钢支架台座振动过大，对这些机组根据工程经验，可将台座结构假定为刚体进行动力分析。

过去有的工程，机器设备较大，采用钢制台座后，由于参振质量小，使得台座振动过大，而不得不采取改造措施，因此，对其他较大型的旋转式机器台座型式、由于涉及机器类型较多、条文中没有具体规定，但根据工程实践中出现的问题，一般亦宜采用钢筋混凝土台座。

对汽轮发电机、汽动给水泵采用钢筋混凝土台座结构，如何进行动力分析将涉及很多问题，规范对此明确规定：台座结构应分别计算工作转速时的振动线位移及起动过程中的振动线位移；计算振动线位移时应将台座结构作为弹性体，按多自由度体系进行，这些计算原则与现行国家标准《动力机器基础设计规范》GB 50040完全一致。通过大量的工程实践，说明现行国家标准《动力机器基础设计规范》GB 50040大体上是能满足工程建设的需要，但随着汽轮发电机组单机容量的不断加大，目前将发展1000MW等级的机组，以及随着基础动力计算技术、动力测试的技术发展，现行国家标准《动力机器基础设计规范》GB 50040理应作相应的修改和补充，显然这些修改和补充亦都应建立在大量研究工作的基础上，这些工作都有待于现行国家标准《动力机器基础设计规范》GB 50040的修订时考虑，因此制定《隔振设计规范》宜将其有关的计算原则与现行国家标准《动力机器基础设计规范》GB 50040取得一致比较好，有利于当前工程建设的需要。

6.2.4 高转速机组、汽轮发电机组、电机的扰力值沿用现行国家标准《动力机器基础设计规范》GB 50040的规定；其他旋转式机器的扰力参照《火力发电厂土建结构设计技术规定》DL 5022的规定。这里需要说明的，其他旋转式机器包括机器种类很多，规范中只给出扰力值的一定范围，因此设计者使用的根据机器的具体情况、结合设计经验加以选取。

6.2.5 汽轮发电机、汽动给水泵采用弹簧隔振基础，其基频较常规框架式基础明显降低，频谱特性有所不同，这是弹簧隔振基础其动力特性优于常规基础的特征之一；这个明显的特征，有时亦会带来一些新的情况，当存在低频激振源时（有时与汽轮机连接的管道，在特定条件下可能产生低频随机振动），就会产生较大的低频振动线位移，实际上计算其速度分量很小。对机器振动影响很小；这些现象只能在对基础进行振动实测时才能出现，如将低频振动线位移与高频振动线位移直接叠加，将此数值与允许振动线位移进行对比，显然是不合理的。因此，本条文特别强调在进行振动实测时应进行频谱分析，区别对待各个频段的振动线位移分量。

6.3 曲柄连杆式机器

6.3.1 曲柄连杆式机器的扰力和振动较大，选择合适的隔振方式可以充分利用材料，减小振动，提高经济效益。试验台要求高、大中型机器扰力大时，采用规范图3.1.2b所示的支承式可以降低质心，减小回转振动。中小型活塞式压缩机和柴油发电机组量大面广，隔振要求比试验台低，在满足容许振动值的前提下，采用规范图3.1.2a所示的支承式，可以使设备布置和移动方便，有利于推广应用。

6.3.2 针对曲柄连杆式机器的特点，提出一些方案设计的特殊要求。曲柄连杆式机器的水平扰力或回转力矩一般较大，至少3个以上的振型都会产生较大振动，按单自由度估算的最小质量往往偏小很多，应以满足基础容许振动值的要求来确定基础的最小质量。同时，发动机的转速是可调的，压缩机在充气与空转之间经常切换，阻尼比不仅要满足启动和停机时通过共振的需要，还应保证正常运转时的平稳，因此隔振体系的最小阻尼比要求，不仅竖向应当满足，其他隔振方向也应当满足。研究和实测结果表明：四冲程发动机的基频与转速的1/2对应，且其振动较大，规定其最低工作转速所对应的频率与固有频率之比不宜小于4，以保证隔振效果。曲柄连杆式机器的自身价值较高，试验台管道多、连接复杂，更换隔振器很困难，采用使用寿命长的优质产品是经济合理的。

6.3.3 曲柄连杆式机器是旋转运动与往复运动相互转化的动力设备，不仅运动部件会产生很大的离心力和惯性力及其力矩，直接作用于基础，而且汽缸内压力的剧烈变化，也会以以下两种主要方式作用于基础：一是以内扰力方式使机器自身产生振动传给基础；二是根据机械的不同支承条件，扭振反作用力矩的部分乃至全部会以外扰力方式直接作用于基础。因此，这类设备的振动强烈，其扰力较其他动力设备复杂得多，一般设计人员难以计算和取值，应由机器制造厂提供。

机器制造厂提供的扰力包括一谐扰力或扰力矩、二谐扰力或扰力矩，方向上分为竖向和水平向，其理论值都有公式可以计算。但二谐扰力，可采用2倍于转速的装置予以平衡，应减去它所平衡的部分。理论公式计算得出的扰力或扰力矩值，只是一种理想状况，并未考虑质量误差、汽缸内压力变化等其他因素的影响。因此，隔振设计采用的扰力值，当仅为理论计算值时，需要乘以综合影响系数进行调整，否则可能偏小。因此规范规定：机器的一谐、二谐扰力值和扰力矩值应取计算值乘以综合影响系数1.1～1.35，当理论计算值较小时取大值，理论计算值较大时取小值。这种情况仅适用于曲柄连杆式机器的缸数较少、平衡性能较差、扰力或扰力矩的理论计算值仍较大的机型。但对于多缸的曲柄连杆式机器，当平衡性能设计得很好时，不仅一谐扰力和扰力矩已平衡，二谐扰力和扰力矩也已平衡，扰力的理论计算值为0或很小，致使运动部件的质量误差等综合因素产生的扰力上升至主导地位，这就需要取扰力值为理论计算值与运动部件的质量误差等综合因素产生的扰力值相叠加。运动部件质量误差产生扰力的计算公式，可以采用误差理论从扰力计算公式推出。规范编制过程中，对此问题做了研究，推导出了由运动部件质量误差等因素产生的综合一谐扰力值计算公式，但由于未经充分的试验验证，暂不列入规范。隔振设计时应要求机器制造厂提供的扰力值包含该部分扰力，当不能提供时，可对有关资料进行分析或经过试验取扰力值。

由于发动机气缸内的压力变化比压缩机剧烈得多，所产生的扭振也大得多，且因曲轴输出端的减振、隔振作用，使扭振的输出力矩与其反作用力矩对基础的作用不对称，即使发动机与测功器或发电机设置在同一刚性基础上，该扰力矩的一部分或绝大部分仍会以外扰力方式作用到基础上。扭振反作用力矩不仅包含与扭振主频率对应的部分，还应包含自基频始低于扭振主频率的低谐波部分，以及内扰力使机器振动传来的等效扰力。隔振设计时应充分注意这一点。当机器制造厂提供这些扰力矩有困难时，可通过对有关资料的分析或试验取等效扰力值。对于8缸以上的发动机，由于扭矩不均匀度大大减小，与扭振主频率对应的反作用力矩对基础的振动影响已很小，隔振设计时主要应计入扭振反作用力矩中低于扭振主频率的低谐波部分。

当曲柄连杆式机器与电机或测功器或发电机不设置在同一基础上时，伴随扭振力矩还有一个与功率相对应的静力矩作用在各自的基础上，但所产生的变位一般较小，且为静态的，调速和启动、停机时则为低频或超低频波动，隔振设计时可以不予考虑。

6.3.4 曲柄连杆式机器的隔振计算时，由于扰力的作用方向、相位和干扰频率的不同，适宜以单一扰力或扰力矩作用下，按第6.1节的基本公式计算质心点和验算点的振动位移，然后再考虑各扰力的频率和相位差，将计算所得的振动位移和速度叠加，计算总的振动位移和速度。一谐水平扰力与竖向扰力相位差为90°，采用平方和开方叠加是适合的。但当隔振体系的质心至刚度中心的距离大于隔振器至主轴中心线的水平距离、或管道连接未完全采用柔性接头时，隔振体系的实际模型会偏离其计算假定，系统将产生较大的附加振动，此时按平方和开方叠加计算总振动值偏于不安全，应取绝对值相加。当活塞到达其行程的上死点时，一谐扰力与二谐扰力同时达到最大值，因此最大幅值应按绝对值相加。二谐水平扰力与竖向扰力的相位差与汽缸中心线的夹角有关，有的同时达到最大值，有的有相位差，可以都按同相位相加。根据实测波形的频谱图分析，以上规定是合适的。测功器的扰力比发动机的要小得多，计算中可以不计；配套电机的扰力比测功器大，不能忽略，可以按6.2节的方法计算或将按本节计算的振动位移和速度乘以增大系数1.1～1.2作适当提高，机器的平衡性能好时取大值，平衡性能差时取小值。

6.3.5 试验台根据用途不同，容许振动值也不同，而普通机器隔振，则只要满足机器自身的振动要求就可以了。验算点的位置，比第4章的规定更具体，其原因有二：一是试验台有时台面很大，台面角点离设备很远，代表性差；二是曲柄连杆式机器的回转振动大，当回转振动角较大时，台座结构顶面的水平振动可能比主轴处小得多，为避免基础摇摆过大，要求取水平振动的第二验算点在主轴端部。新产品尚未成熟，影响振动的一些因素尚在摸索中，振动比已定型的产品大一些是正常的。计算值与容许振动值之间需要留较大余地。

6.3.6 试验台需有较好的通用性，要适应多种机型的安装和试验要求，需要对试验台采取平衡措施，使无论哪种机型安装，都能满足隔振体系的质量中心与刚度中心处在同一铅垂线上的计算假定。一般情况下，测功器的位置是固定的，不同机器的质量和质心位置各不相同，这就会在旋转轴方向导致隔振体系的质量中心偏离刚度中心。在此方向上，如要求所有机型安装时都不产生偏心，有时是困难的，或给使用带来很大不便，经试算，当偏心不超过试验台该方向边长的 1.5%时，隔振器的最大应力与最小应力之比在 1.14 左右，与平均值偏差约 7%，台面两端高差 7～10mm。与计算假定基本相符，对试验台的隔振性能和隔振器使用寿命影响不大，将其规定为最不利情况下试验台的容许偏心极限值；另一方向应按无偏心设计。

试验台是一种特殊的隔振基础，因此构造上也有特殊要求。首先，它的质量很大，设计要考虑隔振器安装时，操作方便与安全和支承结构的受力与稳定，否则易造成事故；其次，由于高温、潮湿、油多、水多，环境较恶劣等，台面经常要用水冲洗，管道软接头也要考虑这些因素的影响；再次，它要通风、散热，管道多，设计中应与工艺、暖通和水道专业密切配合。

6.4 冲击式机器

6.4.1 锻锤隔振后应满足下列基本要求：

1 “基础和砧座的最大竖向振动位移不应大于容许振动值”，是指隔振后基础和砧座的竖向振动位移值应小于用户提出的容许振动值或有关规范标准规定的容许值。若用户或规范规定的容许值是距锻锤一定距离处的容许值，则应根据具体地质条件和振动在地基中的传播规律，换算出锻锤基础的竖向容许振动值，通过控制基础的振动值来控制距锻锤一定距离处振动容许值。砧座的最大竖向振动位移容许值，在本规范 4.2 节中已有规定；国内外大量的锻锤隔振实践已经证明，砧座振幅接近 20mm 时，既不影响生产操作，也不影响打击效率，并可有效地节省投资；而在砧座下设置钢筋混凝土台座，即设有浮动的块体式基础时，砧座与块体基础一起运动，因运动部分质量增大，其竖向振动位移很容易达到小于 8mm 的要求，从而使砧座运动更为平稳。

2 “锻锤在下一次打击时，砧座应停止振动”和“锻锤打击后，隔振器上部质量不应与隔振器分离”，都是锻锤生产操作的实际需要。

为满足以上要求，锻锤隔振系统的阻尼比通常在 0.25～0.30 的范围内较为合理。

6.4.2 锻锤隔振后砧座最大竖向位移值的计算，采用单自由度模型是因为锻锤隔振后砧座的振幅均在 10mm 左右，而其基础的振幅均在 0.5mm 以下，二者相差一个数量级以上，计算砧座振幅时认为基础不动，不会带来多大误差。

6.4.3、6.4.4 砧座与基础的最大位移值计算。

1 规范中图 6.4.2-1 所示单自由度振动模型，受锤头 m_0 以速度 V_0 冲击后，按质心碰撞理论，砧座 m_s 将获得初始速度 V_1：

$$V_1=\frac{(1+e_1)\ m_0V_0}{(m_s+m_0)} \tag{61}$$

式（61）中 e_1 为无量纲的回弹系数。

按单自由度有阻尼系统振动理论，受初始速度 V_1 激励后，质量 m_s 将按图 6 所示曲线作为衰减的自由振动，即砧座的位移随时间变化的规律可由下式描述：

$$X_1=\frac{V_1}{\omega_n}\sin\omega_n t\cdot\exp\left[-\zeta_z\omega_n t\right] \tag{62}$$

式（62）中，$\omega_n=\sqrt{\frac{K_1}{m_s}}$，是系统的固有频率；$\zeta_z=\frac{C_z}{2\sqrt{m_sK_1}}$，是隔振系统的阻尼比；$C_z$ 是隔振器的阻尼系数。

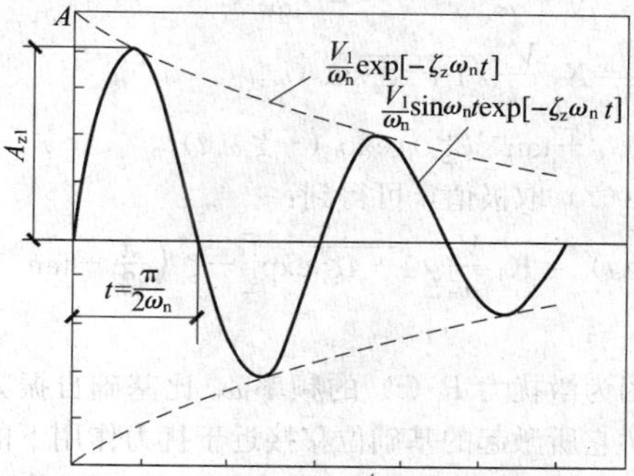

图 6　砧座位移随时间变化曲线

当砧座振动 1/4 周期时，即 $t=\frac{\pi}{2\omega_n}$时，其位移达到最大值 A_{z1}，按式（62）计算。

$$A_{z1}=\frac{V_1}{\omega_n}\sin\frac{\pi}{2}\exp\left[-\zeta_z\frac{\pi}{2}\right]=\frac{V_1}{\omega_n}\exp\left[-\zeta_z\frac{\pi}{2}\right] \tag{63}$$

隔振锻锤砧座位移的最大值为：

$$A_{z1}=\frac{m_0V_0\ (1+e_1)}{(m_0+m_s)\ \omega_n}\exp\left[-\zeta_z\frac{\pi}{2}\right] \tag{64}$$

2 计算隔振后基础最大竖向位移采用规范图

6.4.2-2 所示单自由度强迫振动模型，是因为：隔振后砧座振动频率 $\omega_n=\sqrt{\frac{K_1}{m_s}}$ 比基础自振频率小得多，二者耦合的影响很小，隔振系统对基础的激扰，可以近似看成按规范图 6.4.2-1 所示砧座单自由度振动模型计算出的砧座位移与速度引起的隔振器中弹性力与阻尼力对基础的激扰，规范图 6.4.2-2 中 $P(t)$ 为隔振器施加给基础的动载荷，包括弹性力与阻尼力。图中所示地基刚度 K_2 为折算刚度，是按现行国家标准《动力机器基础设计规范》GB 50040 中的有关规定查出地基抗压刚度系数 C_z 乘以基础底面积计算出地基的抗压刚度 K_z 之后，乘以修正系数 2.67 后得到的。修正系数 2.67，实际上是综合考虑了基础侧面回填土的影响和地基土阻尼作用得到的，因而 K_z 也反映了地基阻尼的影响。力学模型中未直接表示出阻尼，则可以使计算大为简化。

通过隔振器作用于基础的动载荷 $P(t)$ 包括两部分：与砧座位移成比例的弹性力 $P_1(t)$ 和与砧座速度成比例的阻尼力 $P_2(t)$。其中：

$$P_1(t)=K_1X_1(t)=K_1\frac{V_1}{\omega_n}\sin\omega_n t\exp[-\zeta_z\omega_n t] \tag{65}$$

$$P_2(t)=C_1\dot{X}_1(t)=2\zeta_z m\omega_n V_1\cos\omega_n t\exp[-\zeta_z\omega_n t]$$
$$=2\zeta_z\frac{K_1V_1}{\omega_n}\cos\omega_n t\exp[-\zeta_z\omega_n t] \tag{66}$$

弹性力与阻尼力之和：

$$P(t)=P_1(t)+P_2(t)$$
$$=\left(K_1\frac{V_1}{\omega_n}\sin\omega_n t+2\zeta_z\frac{K_1V_1}{\omega_n}\cos\omega_n t\right)\exp[-\zeta_z\omega_n t]$$
$$=K_1\frac{V_1}{\omega_n}\sqrt{1+4\zeta_z^2}\sin(\omega_n t+\tan^{-1}2\zeta_z)\exp(-\zeta_z\omega_n t) \tag{67}$$

对式（67）取极值，可得到：

$$P_{max}(t)=K_1\frac{V_1}{\omega_n}\sqrt{1+4\zeta_z^2}\exp\left[-\zeta_z\left(\frac{\pi}{2}-\tan^{-1}\zeta_z\right)\right] \tag{68}$$

因为激扰力 $P(t)$ 的频率 ω_n 比基础自振频率小得多，它所激起的基础位移接近于扰力作用下的静位移，所以基础位移可表示为 $X_2=\frac{P(t)}{K_2}$，基础最大位移 A_{z2} 可表示为：

$$A_{z2}=\frac{P_{max}(t)}{K_2}=\frac{K_1(1+e_1)m_0V_0}{K_2\omega_n(m_s+m_0)}\sqrt{1+4\zeta_z^2}\exp\left[-\zeta_z\left(\frac{\pi}{2}-\tan^{-1}\zeta_z\right)\right] \tag{69}$$

6.4.5 压力机隔振参数的计算。

压力机隔振参数的计算是指机械压力机隔振参数的计算。机械压力机传动系统中因设有离合器与制动器，运行时离合器结合、制动器制动以及冲压工件都会激起振动。离合器结合与制动器制动激起的振动，性质与强度相同，只是方向相反，因而可以只计算离合器结合时的振动，而不再计算制动器制动时的振动。冲压工件时激起的振动，因性质不同而需单独计算。由于压力机隔振后其基础振动远小于压机自身的振动，分析压机自身振动时近似认为基础不动；分析基础振动时则把因压机振动引起隔振器伸缩而作用于基础的动载荷看作基础振动的扰力。

1 离合器结合时，曲柄连杆机构突然加速的惯性力，通过轴承水平地作用在机身上，激起压力机作摇摆振动，其力学模型见规范中的图 6.4.5-1。因为离合器结合过程时间很短，作用于轴承处的冲击力的大小难以计算，但结合过程中通过主轴轴承作用于机身的冲量 N 正好等于曲柄连杆机构所获得的动量，可用下式表示：

$$N=m_z r n_y \tag{70}$$

式中 N——通过主轴由轴承 O' 作用于机身的冲量；

m_z——主轴偏心质量与连杆折合质量之和，连杆折合质量可取连杆质量的 1/3；

r——曲柄半径；

n_y——压力机主轴的额定转速。

因为压力机主轴轴承 O' 的位置较高，在此冲量作用下，压力机将产生摇摆振动。

由于设在压力机机脚处的隔振器的横向刚度通常都远大于竖向刚度，振动时压力机机脚处的横向位移趋近于零，可近似认为隔振器横向刚度为无穷大。

压力机绕质心的回转半径 R_1：

$$R_1=\sqrt{\frac{J}{m_y}} \tag{71}$$

式（71）即规范中的公式（6.4.5-2）。

在水平扰力激励下，按规范中图 6.4.5-1 所示力学模型，压力机将绕底部中点作单自由度摆动，其微分方程为：

$$(J+h_1^2m_y)\ddot{\phi}+\left(\frac{C}{2}\right)^2C_z\phi+\left(\frac{C}{2}\right)K_1\phi=0$$

$$(R_1^2+h_1^2)m_y\ddot{\phi}+\left(\frac{C}{2}\right)^2C_z\phi+\left(\frac{C}{2}\right)^2K_1\phi=0 \tag{72}$$

式（72）中第 1 项是压力机的摆动惯性力矩，第 2 项是压力机承受的来自隔振器的阻尼力力矩，第 3 项是压力机承受来自隔振器的弹性反力矩。摆动的固有频率 ω_k 为：

$$\omega_k=\sqrt{\frac{C^2K_1}{4(R_1^2+h_1^2)m_y}} \tag{73}$$

系统的阻尼比为 $\zeta_{z1}=\frac{C_zC}{4\sqrt{(R_1^2+h_1^2)m_yK_1}}$

利用初始条件 $t=0$ 时，压力机获得的动量矩等于冲量矩，可求出压力机摇摆的初角速度 $\dot{\phi}$：

$$\dot{\phi}=\frac{(l+h_1)N}{J+h_1^2m_y}=\frac{(l+h_1)m_pr\omega}{(R_1^2+h_1^2)m_y} \tag{74}$$

按此初始条件解微分方程（72），可以得到离合器结合后压力机摇摆振动 1/4 周期引起的顶部最大水平位移为：

$$A_{yh}=\frac{hm_z rn_y\ (l+h_1)}{m\omega_k\ (R_1^2+h_1^2)}\exp\left(-\zeta_z\ \frac{\pi}{2}\right) \tag{75}$$

压力机工作台两侧的最大竖向位移为：

$$A_{z3}=\frac{cm_z rn_y\ (l+h_1)}{2m_y\omega_k\ (R_1^2+h_1^2)}\exp\left(-\zeta_z\ \frac{\pi}{2}\right) \tag{76}$$

2 冲压工件时，忽略掉基础的振动，则隔振压力机的力学模型如规范中图 6.4.5-2 所示，图中 m_t 为压力机头部的质量，m_g 为压力机工作台的质量，K_4 是压力机机身的刚度，（包括立柱刚度和拉杆刚度），K_1 是隔振器的刚度，P 是压力机工作压力。

因为冲压工艺力一般是从小到大，然后突然消失，而最典型的工况是冲裁：当冲裁力达到最大值时，工件断裂使机身突然失去载荷而引起振动。压力机最严重的振动发生在以额定压力冲裁工件时，为使分析简化，可以近似认为冲裁加载阶段只引起机身静变形 $X_1=p/K_4$，突然失荷时，机身因弹性恢复而产生自由振动。按规范图 6.4.5-2 所示双自由度振动模型，其自由振动微分方程为：

$$\begin{cases}m_t\ddot{X}_1+K_4\ (X_1-X_2)\ =0\\ m_g\ddot{X}_2-K_4\ (X_1-X_2)\ +K_1X_2=0\end{cases} \tag{77}$$

按初始条件：

$$\begin{cases}X_1\ (0)\ =-P/K_4\\ X_2\ (0)\ =\dot{X}_2\ (0)\ =\dot{X}_1\ (0)\ =0\end{cases} \tag{78}$$

可得出压力机头部与工作台的位移表达式：

$$\begin{cases}X_1=\dfrac{\dfrac{P}{K_4}\left(\dfrac{K_4}{m_t}-\omega_1^2\right)}{\omega_1^2-\omega_2^2}\cos\omega_2 t-\dfrac{\dfrac{P}{K_4}\left(\dfrac{K_4}{m_t}-\omega_2^2\right)}{\omega_1^2-\omega_2^2}\cos\omega_1 t\\ X_2=\dfrac{\dfrac{P}{K_4}\left(\dfrac{K_4}{m_t}-\omega_1^2\right)\left(\dfrac{K_4}{m_t}-\omega_2^2\right)}{\dfrac{K_4}{m_t}\ (\omega_1^2-\omega_2^2)}\ (\cos\omega_2 t-\cos\omega_1 t)\end{cases} \tag{79}$$

式（79）中 ω_1、ω_2 为系统的一阶和二阶固有频率。

对式（79）的分析表明，当刚度比 $K_4/K_1>10$ 以后，压力机头部和压力机工作台的最大位移，就几乎与隔振器的刚度 K_1 无关，而只是机身刚度 K_4 与质量比 m_1/m_2 的函数，可表示为：

$$\begin{cases}X_{1\max}=\dfrac{2pm_g}{K_4\ (m_t+m_g)}\\ X_{2\max}=\dfrac{2pm_t}{K_4\ (m_t+m_g)}\end{cases} \tag{80}$$

实际上压力机隔振器的刚度 K_1 远小于机身刚度 K_4，比值 K_4/K_1 均在 50 以上，用式（80）计算冲压时压力机头部与工作台的最大竖向位移，有足够的可信度。

3 冲压工件时基础竖向位移的计算。将隔振压力机基础的振动，看成是通过隔振器作用于基础的动载荷激起的振动，忽略隔振器的阻尼力，可得到图 7 所示力学模型，图中 P_2 是隔振器作用于基础的载荷，K_1 是隔振器的刚度，X_2（t）是压力机工作台即机座的位移，m_3 是基础质量，K_2 是基础底部地基土的抗压刚度。

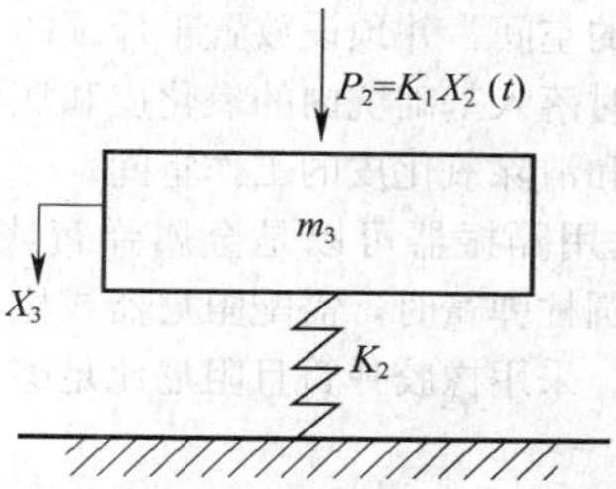

图 7　压力机基础振动时的力学模型

因为隔振器刚度 K_1 远小于地基土抗压刚度 K_2，隔振器的伸缩频率，即扰力 P_2 的频率远小于基础 m_3 的自振频率，按单自由度强迫振动理论，此时基础的位移可近似看成扰力 P_2 作用下基础的静位移，即：

$$X_3\ (t)\ =\frac{P_{2(t)}}{K_2}=\frac{K_1X_2\ (t)}{K_2} \tag{81}$$

由于压机工作台即机座的最大位移 $X_2\ (t)_{\max}=A_{z4}$，所以基础的最大竖向位移 A_{z5} 可表示为：

$$A_{z5}=X_3\ (t)_{\max}=\frac{X_2\ (t)_{\max}\cdot K_1}{K_2}=\frac{A_{z4}K_1}{K_2} \tag{82}$$

6.4.6 设计锻锤隔振装置应注意以下几点：

1 当锻锤砧座质量较大，依靠砧座质量能有效承载振动能量、控制砧座振幅时，可以只对砧座隔振（称砧下直接隔振），以减少隔振工程量；当砧座质量相对较小时，可在砧座下增设钢筋混凝土台座（称惯性块），或通过钢筋混凝土台座将砧座与锤身结为一体，将隔振器设在钢筋混凝土台座下部，对砧座——惯性块实行整体隔振（称有惯性块式隔振），以控制打击后的砧座振幅。

2 锻锤的打击中心、隔振器的刚度中心和隔振器上部质量的质心，应尽可能布置在同一铅垂线上，若对砧座与锤身实行整体式隔振，设计单臂锻锤联结砧座与锤身的钢筋混凝土台座（即惯性块）时，应使惯性块的重心置于与锤身对称的一侧，使砧座—锤身—惯性块的整体重心尽量与砧座重心即锻锤的打击中心重合。

3 当砧座或惯性块底面积较大，且重心与底面之间的距离较小时，可直接将隔振器置于砧座或惯性块的下部，构成支承式隔振结构；当砧座底面积较小，砧座重心的位置相对于砧座底面较高，又不采用钢筋混凝土台座（惯性块）时，可将整个砧座悬吊在隔振器下部，隔振器则布置在砧座旁与砧座重心高度相近的水平面上，构成悬吊式隔振结构，以增加砧座运行的稳定性。

4 锻锤隔振后，砧座将产生幅度 10mm 左右的振动位移，为防止打击后砧座侧向晃动，宜对砧座或惯性块设置导向或防偏摆的限位装置。

5 锻锤的砧座和惯性块结构庞大，起吊困难，通常应在安装隔振器的基础坑内留出便于工人维修和调整隔振器的空间，并预设放置千斤顶的位置。为清除锻锤工作时落入基础坑内的氧化皮和润滑液，坑内应有积液池和清除氧化皮的工作空间。

6 锻锤用隔振器可以是金属弹簧或橡胶弹簧。采用钢螺旋圆柱弹簧时，需配阻尼器或橡胶，以保证足够的阻尼。采用橡胶弹簧且阻尼比足够大时，可不另配阻尼器。

6.4.7 闭式多点机械压力机机身质量较大，工作台面宽，通常可将隔振器直接装在机脚处而不另设钢筋混凝土台座。

对于动力系统在机身上部、工作台面较窄的闭式单点压力机，可在机身下设置钢制台座，在台座下安装隔振器，以加大隔振器之间的距离，提高压力机的稳定性。

开式压力机工作台的中心与机身重心不在一条铅垂线上，需在机身下设置台座，在台座下再安装隔振器，以调整隔振器上部质量重心的位置，使其尽可能靠近工作台中心线，并拉开隔振器之间的距离，使隔振器刚度中心靠近工作台中心，避免压机工作时摇晃。

7 被 动 隔 振

7.1 计 算 规 定

7.1.1、7.1.2 被动隔振仅考虑支承结构（或地基）作用的简谐干扰位移 $a_{ov}(t)=a_{ov}\sin\omega t$ 和简谐干扰转角 $a_{ov}\phi_v(t)=a_{ov}\phi_v\sin\omega t$（如图 8），而不考虑作用有脉冲干扰位移和脉冲干扰转角的情况，这种情况对支承结构（或地基）来说是不会发生的。

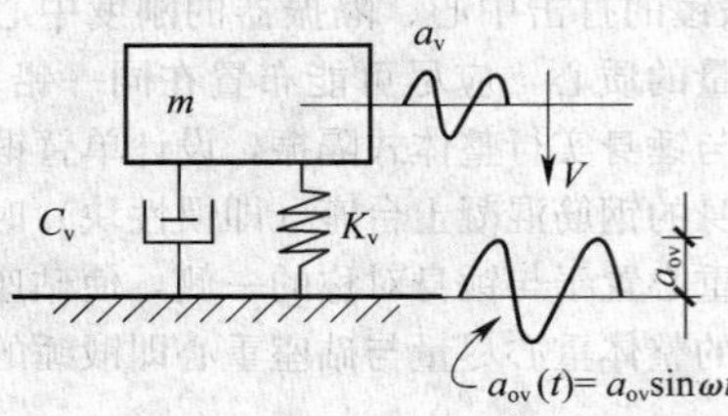

图 8

图 8 所示的隔振体系，质点 m 的运动微分方程为：

$$\left.\begin{aligned}&m\ddot{V}(t)+C_v\left[\dot{V}(t)-\dot{a}_{ov}(t)\right]\\&\quad+K_v\left[V(t)-a_{ov}(t)\right]=0\\&\ddot{V}(t)+2n_v\dot{V}(t)+\omega_{nv}^2V(t)\\&\quad=2n_v\dot{a}_{ov}(t)+\omega_{nv}^2a_{ov}(t)\end{aligned}\right\}\tag{83}$$

式中 $$2n_v=\frac{C_v}{m};\ \omega_{nv}^2=\frac{K_v}{m}\tag{84}$$

令 $a_{ov}(t)=a_{ov}\cdot\sin\omega t=a_{ov}\cdot e^{j\omega t}$（取虚部）

则： $$V(t)=V_o\cdot e^{j\omega t}\ （取虚部）\tag{85}$$

代入式（83）则得：

$$\left.\begin{aligned}V_o&=\left[(\omega_{nv}^2-\omega^2)+j2n_v\cdot\omega\right]e^{j\omega t}\\&=a_{ov}(\omega_{nv}^2+j2n_v\cdot\omega)\cdot e^{j\omega t}\\V_o&=a_{ov}\frac{\sqrt{(\omega_{nv}^2)^2+(2n_v\omega)^2}\cdot e^{j\delta v}}{\sqrt{(\omega_{nv}^2-\omega^2)^2+(2n_v\omega)^2}\cdot e^{j\theta v}}\end{aligned}\right\}\tag{86}$$

式中 $\tan\delta_v=\dfrac{2n_v\cdot\omega}{\omega_{nv}^2}$；$\tan\theta_v=\dfrac{2n_v\cdot\omega}{\omega_{nv}^2-\omega^2}$

代入式（85）则得式（83）的解为：

$$\begin{aligned}V(t)&=a_{ov}\cdot\frac{\sqrt{1+\left(2\zeta_v\dfrac{\omega}{\omega_{nv}}\right)^2}}{\sqrt{\left[1-\left(\dfrac{\omega}{\omega_{nv}}\right)^2\right]^2+\left(2\zeta_v\dfrac{\omega}{\omega_{nv}}\right)^2}}\cdot\\&\quad\sin(\omega t+\delta_v-\theta_v)\\&=a_v\cdot\sin(\omega t+\delta_v-\theta_v)\end{aligned}\tag{87}$$

上式当 $\sin(\omega t+\delta_v-\theta_v)=1$ 时，得最大振幅值为：

$$\left.\begin{aligned}a_v&=a_{ov}\cdot\eta_{v\cdot max}\\a_{\psi v}&=a_{o\psi v}\cdot\eta_{\psi v\cdot max}\end{aligned}\right\}\tag{88}$$

式中

$$\left.\begin{aligned}&\eta_{v\cdot max}=\frac{\sqrt{1+\left(2\zeta_v\cdot\dfrac{\omega}{\omega_{nv}}\right)^2}}{\sqrt{\left[1-\left(\dfrac{\omega}{\omega_{nv}}\right)^2\right]^2+\left(2\zeta_v\cdot\dfrac{\omega}{\omega_{nv}}\right)^2}};\ \zeta_v=\frac{n_v}{\omega_{nv}}\\&\eta_{\psi v\cdot max}=\frac{\sqrt{1+\left(2\zeta_{\psi v}\cdot\dfrac{\omega}{\omega_{n\psi v}}\right)^2}}{\sqrt{\left[1-\left(\dfrac{\omega}{\omega_{n\psi v}}\right)^2\right]^2+\left(2\zeta_v\cdot\dfrac{\omega}{\omega_{n\psi v}}\right)^2}};\ \zeta_v=\frac{n_{\psi v}}{\omega_{n\psi v}}\end{aligned}\right\}\tag{89}$$

对于双自由度耦合振型的被动隔振系统的计算公式同样可参照上述方法和主动隔振的计算公式进行推导而得，这里不再详述。

7.2 精密仪器及设备

7.2.1 减弱环境振动对精密设备仪器及设备的影响，应是一项综合措施，综合措施一般包括：减弱建筑物地基基础和建筑结构振动、振源设备隔振及对精密仪器及设备隔振，对于要求较高的精密仪器及设备，往往不可能只采取单一的措施就能达到目的，采取综合措施尤为重要，而对精密仪器及设备进行隔振，仅是其中的一项措施。由于精密仪器及设备感受的是一个十分微量的振动，而这样微量的振动，其影响因素及传递途径都较复杂，因此在工程设计中，对它采取的综合措施，常分阶段实施，其间还需要进行分阶段实测微振动，为下一步措施提供数据。

7.2.2 精密仪器及设备的隔振设计，除应按本条规定进行外，还有必要进行多方案比较，其中包括选择不同的隔振器、阻尼器以及不同的台座形式等，从中选择优化方案，特别对于防微振要求较高的或大型的精密仪器及设备，隔振工程的投资量较大，在满足要求的前提下，尚应节省投资，更需要进行方案比较。

7.2.3 隔振体系应具有恰当的阻尼比，根据实践经验，阻尼比不宜小于0.10。

7.2.4 对于大型及超长型台座，在隔振计算时不能将台座视为刚体，需要计算台座本身的固有频率，进行模态分析，并考虑外部干扰振动位移作用下的振动响应。

7.2.5 隔振设计中采用商品隔振器时，要求供应商提供隔振器刚度、刚度中心坐标值、阻尼比、承载力及安装尺寸等数据，以便于进行隔振计算。

对于商品隔振台座，特别如配置空气弹簧隔振装置的隔振台座，要求供应商提供隔振体系固有频率、阻尼比、隔振台座承载力及高度控制阀的灵敏度等有关数据，以便于进行振动响应计算。

7.3 精密机床

本节的精密机床是指精度较高的加工机床或类似的精密机器，如轧辊磨床、加工中心、精密磨床、铣床和三坐标测量机等。

7.3.1 本条列出了机床被动隔振设计应考虑的内容。

精密机床对环境振动要求较高，不同场地的环境振动相差可达10倍以上，选择好的场地可以减少消极隔振的难度，以最低的成本达到事半功倍的效果。设计前应对候选场地进行环境振动测试，并根据测试结果优选精密机床工作场地。

隔振体系在外部干扰力作用下的振动响应的计算见7.1节"计算规定"，主要计算隔振体系质心处或参考点处的振动位移或速度。

上述两项振动叠加后应满足机床的容许振动值，不满足时可降低隔振体系固有频率或加大台座质量，仍不满足时应考虑其他辅助措施，如对振源采取主动隔振措施。

7.3.2 当机床采用固定基础时，机床上慢速往复运动的部件不会使机床产生可见的倾斜。但在弹性基础的情况下，移动部件如轧辊磨床的移动砂轮工作台会使机床质量重心变化而使机床稍微倾斜，这是采用弹性基础无法避免的特点，但大多数情况下并不影响机床的功能和精度。只有倾斜度过大，或某些机床对重力较敏感时，才有必要控制。采用式（7.3.2）可快速方便地计算机床的倾斜度及变化。

式（7.3.2）既适用于绝对倾斜度的计算（相对于床身为水平时的初始状态），也适用于移动质量质心任意两位置之间的相对倾斜度变化的计算。

7.3.3 计算机床内部干扰力产生的振动响应时，按框架式台座计算要比按大块式台座复杂得多，参见现行国家标准《动力机器基础设计规范》GB 50040。多数情况下机床和台座的刚度及质量相对于内部干扰力较大，按大块式台座计算已足够准确，亦即将台座结构视作刚体。为了既能简化计算又不失原则性，本条借鉴德国工业标准DIN 4024，推荐了频率控制方法和相应算式，按此方法可以较快地确定台座结构的尺寸，并避免台座与内部干扰源产生共振，使满足该条件的台座可按大块式台座计算。

如果台座结构的一阶弯曲固有频率不能满足不小于机床最高干扰频率的1.25倍时，可加大台座结构的质量或厚度使之满足，仍不满足时，应按框架式台座计算台座的振动响应。

7.3.4 当机床台座为大块式，且产生的振动响应也很小时，可不必计算内部扰力引起的振动响应，本条借鉴德国工业标准DIN 4024给出了量化的判据。

7.3.5 本条列出了应设台座结构的情况及用途。设置台座结构增加隔振体系的质量可以减少机床内部扰力产生的振动；对于同等的移动质量，设置台座结构增加隔振体系的质量可以降低机床的倾斜度。

7.3.7 阻尼的作用是当机床受到振动干扰时，吸收振动能量，抑制系统振幅，使机床迅速恢复平稳，但阻尼太大会降低隔振效率。由于精密机床一般扰力不大，隔振系统的阻尼比取0.10已足够。当机床有加速度较大的回转部件或快速移动部件时，如精密加工中心，应适当加大阻尼比，以保证机床的稳定性，此时应取0.15。

7.3.8 高度调节元件能方便设备安装调平，并可以在基础沉降发生后的重新调平。

8 隔振器与阻尼器

8.1 一般规定

8.1.1 本条规定了隔振器和阻尼器应有的性能。

8.1.2 本文给出了隔振器和阻尼器的选用应具备的参数。

8.1.3 本条要求在隔振设计时，尽可能选用定型产品的隔振器。

8.2 圆柱螺旋弹簧隔振器

8.2.1 本条为圆柱螺旋弹簧隔振器的分类和适用范围。鉴于市场上已有配阻尼的圆柱螺旋弹簧隔振器可供选用，且隔振器厂家的产品质量更有保证，隔振设计时，设计、制造非标准弹簧和隔振器的必要性已不大，因此，本节仅对隔振器的设计、选用和阻尼配置作出规定。弹簧设计已有国家标准，除与隔振器性能参数的确定直接有关的内容外，不再列入规范。

8.2.2 圆柱螺旋弹簧隔振器是一种性能稳定、使用最广泛的隔振器。由于它自身的阻尼很小，为了保证其隔振性能，就应根据隔振方向的不同配置阻尼，可以是材料阻尼，也可以是介质阻尼器。材料阻尼或介质阻尼器适宜配置于隔振器内，这样才能节约空间、便于布置和安装。配置于隔振器外的阻尼器，只有与隔振器并联，且上部和下部都分别与台座结构和支承结构固定牢靠，才能发挥作用。为了保证阻尼特性与弹簧的性能相匹配，除应符合第 8.1 节的要求外，对阻尼器的构造和材料的使用寿命也提出了相应要求，以免因阻尼器的运动体与固定体之间的间隙过小，以及材料易老化、性能欠稳定等缺陷影响隔振器的整体性能和使用寿命。

8.2.3、8.2.4 根据不同用途和使用环境选用弹簧材料，有利于充分发挥材料性能、保证产品质量。弹簧线材的机械性能相关标准有规定，应直接采用。主动隔振和被动隔振的容许剪应力较 JBJ 22—91 都作了较大提高。这是由于：被动隔振为静荷载，弹簧的容许剪应力应以静荷载控制，考虑到隔振器所用弹簧要求弹性稳定、不允许塑性变形、寿命长、不便更换的特殊要求，规定被动隔振时，可按Ⅲ类弹簧降低12%取值，以避免超过产生塑性变形的应力极限；除冲击式机器以外的主动隔振时，由于容许振动值的控制，弹簧的最大应力与最小应力之比也接近 1.0，基本仍为静荷载起控制作用，但毕竟长期处于振动环境中，可按Ⅱ类弹簧取值；用于冲击式机器隔振的弹簧，剪应力为疲劳控制，容许剪应力值应予降低，降低的幅度与变负荷的循环特征等因素有关，因此可按Ⅰ类弹簧取值或进行疲劳强度验算取值。为保证弹簧的弹性、韧性和可靠性，规定弹簧在试验负荷下压缩或压并 3 次后，产生的永久变形不得大于其自由高度的 3‰。

8.2.5 钢螺旋圆柱弹簧的动力参数有承载力、轴向刚度、横向刚度、一阶颤振固有频率。除横向刚度外，计算公式与国家标准《圆柱螺旋弹簧设计计算》GB/T 1239.6 一致。横向刚度的计算，采用原行业标准《隔振设计规范》JBJ 22—91 的公式，并与德国标准 DIN 2089 的计算公式作了对比。通过计算及与试验结果的对比分析发现：弹簧横向刚度计算公式的误差比轴向刚度计算公式的要大一些，且决定横向刚度的主要因素是弹簧的高径比，压缩量的变化对横向刚度的影响较小，当横向刚度不小于轴向刚度的 45%时，在工作荷载范围内的计算结果，与取工作荷载的中值计算所得的弹簧横向刚度相比，误差均不超过±5%，小于公式自身带来的计算误差和制造误差，是工程所允许的。当需要更为精确的横向刚度时，应通过试验确定。这样修改后，隔振器提出横向刚度参数就有了依据。考虑到大荷载、大直径弹簧的一阶颤振固有频率较低，且只要求避免共振，因此只要求一阶颤振固有频率应大于干扰频率的 2 倍，以利于大荷载、大直径弹簧的推广应用。

8.2.6 圆柱螺旋弹簧的轴向动刚度与静刚度基本一致，横向动刚度比静刚度稍大，计算隔振器的动刚度时，通常可以不考虑这些差别。隔振器的弹簧和阻尼器为并联装置，除自身带弹性回位元件外，阻尼器一般无静刚度，但都产生一定的动刚度，这是计算隔振器动刚度时应予考虑的，尤其带水平阻尼的隔振器，阻尼器对横向动刚度和轴向动刚度都将产生较大影响。隔振器的动刚度计算中计入阻尼器产生的动刚度，不仅可使隔振器的动刚度更准确，也有利于阻尼器的推广应用。

8.2.7 本条是隔振器的构造要求。为了保证隔振器的质量，保证弹簧的受力均匀，便于安装调平，能适应使用环境的要求，维持其正常使用寿命，作了这些规定。

8.2.8 本条是为了保证拉伸弹簧制作的隔振器，不致因弹簧的破坏而使被隔振设备跌落，造成损失和安全事故。

8.3 碟形弹簧与迭板弹簧隔振器

Ⅰ 碟形弹簧隔振器

8.3.1 本条简述碟形弹簧特点及其适用范围，作为隔振元件一般应选用国家标准《碟形弹簧》GB/T 1972 中规定的定型产品，只在有特殊要求时才自行设计。因为国家标准中规定的碟簧定型产品覆盖面比较宽，且定型产品质量稳定、性能可靠；而自行设计的专用碟簧，不仅计算复杂，而且要经历新产品研发的各种工艺问题，一般应予避免。

8.3.3 “碟形弹簧安装时的预压变形量，不宜小于加载前碟片内锥高度的 0.25 倍。”因为必要的预压变形量可防止碟形弹簧断面中点Ⅰ（见规范中的图 8.3.1）附近产生径向裂纹，以提高碟形弹簧的疲劳寿命；而且也可防止在冲击激励或较大变荷载激励下，碟簧上部质量跳离碟形弹簧。

8.3.4 碟形弹簧受压后截面内Ⅰ、Ⅱ、Ⅲ各点的应力计算公式是参照国家标准《碟形弹簧》GB/T 1972 得出的简化计算公式，可用于计算出与任何变形量对应的σ_{I}、σ_{II}、σ_{III}值；为避免规范过于繁琐，规范中只写出了适用于无支承面碟形弹簧的形式。

对于承受静荷载或小于 10^4 次变荷载碟形弹簧，只需校核点Ⅰ处的应力，是因为点Ⅰ是碟形弹簧中最大压应力位置。而对于承受较高次数变载荷的蝶形弹簧，因Ⅱ、Ⅲ两点是出现疲劳裂纹可能性最大的地方，本规范中采用国家标准《碟形弹簧》GB/T 1972 中推荐的办法校核其强度，取疲劳容许应力为$9\times10^8\mathrm{N/m^2}$。

8.3.5 本条给出无支承面单片碟形弹簧的载荷 P 与变形量 δ 之间的关系。有支承面碟形弹簧因支承条件改变，刚度有所提高，所以实际承载能力与刚度都比无支承面式的碟形弹簧高 10%左右。

Ⅱ 迭板弹簧隔振器

8.3.8 本条对迭板弹簧特性、结构型式和使用范围作了扼要说明。

8.3.9 规范中图 8.3.8（a）所示弓形迭板弹簧若开

展在平面上，并分别将其主板部分与副板部分拼接在一起，就会得到图 9（a）所示的等截面梁和近似得到图 9（b）所示变截面梁。

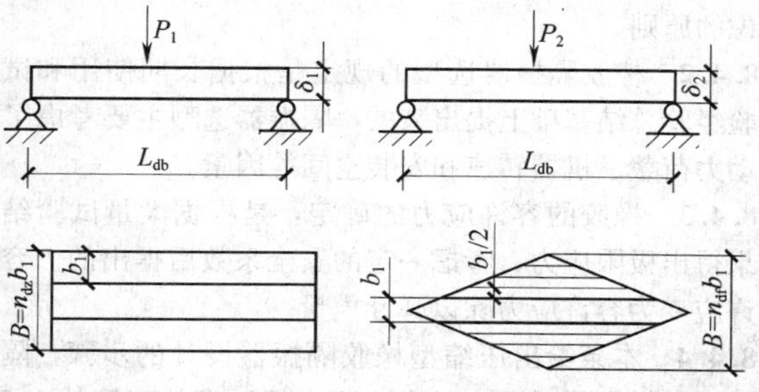

(a)与主片对应的等截面梁　(b)与副片对应的变截面梁

图 9　迭板弹簧展开后的等效梁

根据材料力学的分析，图 9（a）所示两端自由支承的矩形等截面板簧的变形 f 与载荷 P_1 之间的关系为：

$$f=\frac{P_1L_{db}^3}{48EI_0}=\frac{P_1L_{db}^3}{4En_{dz}b_1\delta_1^3} \quad (90)$$

$$K_1=\frac{P_1}{f}=\frac{4En_{dz}b_1\delta_1^3}{L_{db}^3} \quad (91)$$

图 9（b）所示两端自由支承矩形断面变截面梁变形 f 与载荷 P_2 之间的关系为：

$$f=\frac{P_2L_{db}^3}{32En_{df}I_0}=\frac{3P_2L_{db}^3}{8En_{df}b_1\delta_1^3} \quad (92)$$

$$K_2=\frac{P_2}{f}=\frac{8En_{df}b_1\delta_1}{3L_{db}^3} \quad (93)$$

式中　δ_1——板厚；

b_1——板宽；

n_{dz}——主板数；

n_{df}——副板数；

E——弹性模量；

I_0——截面惯性矩，$I_0=\frac{b_1\delta_1^3}{12}$。

迭板弹簧的刚度 K_{db} 是主板刚度 K_1 与副板刚度 K_2 之和：

$$K_{db}=K_1+K_2=\frac{4En_{dz}b_1\delta_1^3}{L_{db}^3}+\frac{8En_{df}b_1\delta_1^3}{3L_{db}^3}$$

$$=\frac{E\left(4n_{dz}+\frac{8}{3}n_{df}\right)b_1\delta_1^3}{L_{db}^3} \quad (94)$$

考虑迭板弹簧中部长度为 b_2 的簧箍使一部分板簧长度弹性失效，将式（94）中的跨度 L_{db} 改为 $\left(L_{db}-\frac{b_2}{3}\right)$，可得：

$$K_{db}=\frac{Eb_1\delta_1^3\left(4n_{dz}+\frac{8}{3}n_{df}\right)}{\left(L_{db}-\frac{b_z}{3}\right)^3}=\frac{Eb_1\delta_1^3\ (3n_{dz}+2n_{df})}{6\left(\frac{L_{db}}{2}-\frac{b_2}{6}\right)^3} \quad (95)$$

椭圆形迭板弹簧由两个弓形弹簧对合组成，在相同载荷作用下其变形量较弓形弹簧增加一倍，因而其刚度是弓形弹簧的一半。

8.3.10　迭板弹簧因承受变载荷需进行疲劳强度验算。迭板弹簧中的危险应力出现在中间断面，用于计算疲劳强度的对应于板簧所承受的最大载荷 P_{max} 与最小载荷 P_{min} 的危险点最大最小应力分别为：

$$\sigma_{max}=\frac{M_{max}}{W}=\frac{\frac{P_{max}}{2}\cdot\frac{L_{db}}{2}}{\frac{1}{6}\ (n_{dz}+n_{df})\ b_1\delta_1^2}=\frac{3P_{max}L_{db}}{2\ (n_{dz}+n_{df})\ b_1\delta_1^2} \quad (96)$$

$$\sigma_{min}=\frac{M_{min}}{W}=\frac{\frac{P_{min}}{2}\cdot\frac{L_{db}}{2}}{\frac{1}{6}\ (n_{dz}+n_{df})\ b_1\delta_1^2}=\frac{3P_{min}L_{db}}{2\ (n_{dz}+n_{df})\ b_1\delta_1^2} \quad (97)$$

式（96）和式（97）中 M_{max}、M_{min} 分别为板簧中间断面所承受的最大与最小弯矩，W 是中间断面的抗弯截面系数。

8.3.11　迭板弹簧的板间摩擦力加载时阻碍变形发展，使迭板弹簧刚度增大，卸载时阻碍弹性恢复，使迭板刚度下降，在一个工作循环中形成滞回曲线。

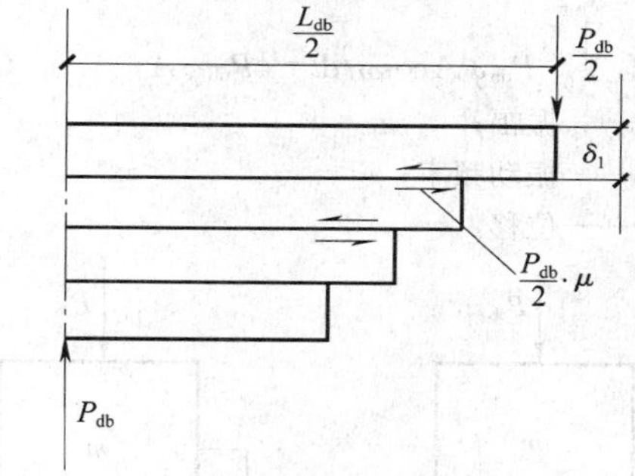

图 10　板间摩擦力

设板间摩擦系数为 μ，则在载荷 P_{db} 作用下板间摩擦力为 $\frac{P_{db}}{2}\mu$，如图 10 所示，除上下两层外，中间各片板簧承受的摩擦力矩为 $\frac{P_{db}}{2}\mu\delta_1$，上下两层因为只有单面摩擦，承受的摩擦力矩为 $\frac{1}{2}\cdot\frac{P_{db}}{2}\mu$，因而整个迭板弹簧承受的摩擦阻力矩为：

$$M_{\mu}=(n_{dz}+n_{df}-2)\ \frac{P_{db}}{2}\mu\delta_1+2\frac{P_{db}}{2}\mu\frac{\delta_1}{2}$$

$$=(n_{dz}+n_{df}-2)\ \frac{P_{db}}{2}\mu\delta_1 \quad (98)$$

式中　μ——板间摩擦系数。

为克服板间摩擦所形成的摩擦阻力矩，需增加外力 ΔP 形成与之相平衡的外力矩，即满足：

$$M_{\mu}=\frac{\Delta P}{2}\cdot\frac{1}{2}=(n_{dz}+n_{df}-1)\ \frac{P_{db}}{2}\mu\delta_1 \quad (99)$$

由此得到迭板弹簧的当量摩擦系数：

$$\varphi=\frac{\Delta P}{P_{db}}=2\ (n_{dz}+n_{df}-1)\ \mu\delta_1/L_{db} \quad (100)$$

利用迭板弹簧的板间摩擦，可以耗散振动系统的能量，发挥阻滞作用。通过调节板簧片数、板厚和跨度来调节当量摩擦系数 φ，可以获得希望的阻尼值。

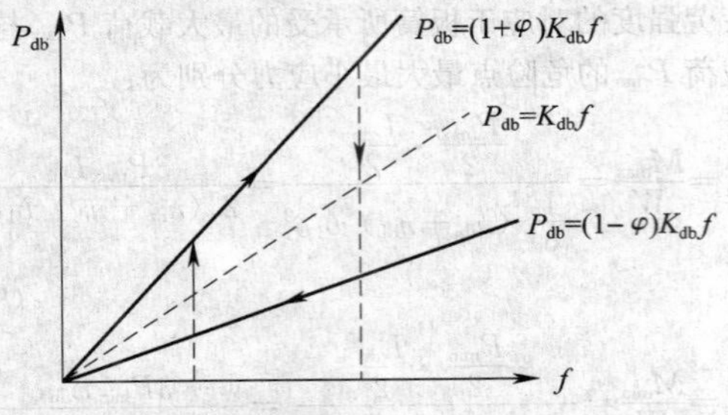

图 11　P-f 关系曲线

8.3.12　迭板弹簧的当量摩擦系数 φ 是以库仑摩擦系数的形式出现的，在载荷 P_{db} 作用下其相应的摩擦力 $F_d=P_{db}\varphi$。如图 12（a）所示作简谐运动有库仑阻尼的单自由度振动系统，所耗散的功为摩擦力与位移之积，一个周期中耗散的功为：

$$\Delta\mu=\int_0^T F_d\,dx=\int_0^T P_{db}\varphi dx$$

$$=4\int_0^{\frac{\pi}{2}} P_{db}\varphi A\cos\omega t\,dt=4P_{db}\varphi A \qquad (101)$$

式中　A——振幅；

ω——振动频率；

x——位移。

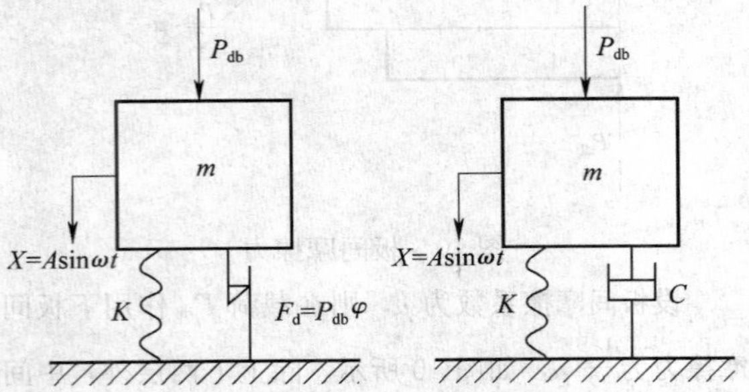

图 12　库仑阻尼的当量粘性阻尼系数

以同样振幅 A、同样频率 ω 作单自由度简谐振动的粘性阻尼系统如图 12（b）所示，则其一周期中所耗散的能量为：

$$\Delta U=\int_0^T X\,dx=\int_0^T CA\cos\omega t\cdot\omega\cos\omega t\,dt$$

$$=\pi A^2C\omega \qquad (102)$$

式中　C——系统的粘性阻尼系数。

按照一个周期中耗散能量相等的原则，令式（101）与式（102）相等，可以得到与迭板弹簧当量摩擦系数 φ 对应的当量粘性阻尼系数 C_φ：

$$4P_{db}\varphi A=\pi A^2C_\varphi\omega$$

$$C_\varphi=\frac{4\varphi P_{db}}{\pi\omega A} \qquad (103)$$

8.4　橡胶隔振器

8.4.1　本条给出橡胶隔振器所用橡胶材料选择应考虑的原则。

8.4.2　橡胶隔振器选型的规定是根据长期使用和试验经验总结基础上提出来的，隔振器选型主要考虑了动力荷载、机器转速和安装空间等因素。

8.4.3　橡胶的容许应力的确定，是根据大量试验结果得出极限应力，考虑一定的安全系数后得出的。容许应变为容许应力除以弹性模量。

8.4.4　本条给出压缩型橡胶隔振器设计的步骤，隔振器的横向尺寸不宜过大，不宜超过有效高度的 1.5 倍，隔振器的总高度略大于有效高度。

8.4.5　剪切型橡胶隔振器可分为一般剪切型和衬套结构剪切型，一般剪切型隔振器的静刚度可按静力学方法计算，衬套结构剪切型隔振器的静刚度则应考虑不同结构形式，通过理论分析得出。

8.4.6　压缩—剪切型橡胶隔振器的静刚度是由剪切刚度和压缩刚度两部分组成，表现弹性模量是针对某一种橡胶隔振器，在压缩变形状态下的弹性模量。

8.5　空气弹簧隔振器

8.5.1　由于空气弹簧（与其他隔振材料或隔振器相比）具有较低的刚度，且有较高的阻尼值，能获得较好的隔振效果，已成为精密仪器及设备隔振的主要隔振元件。

8.5.2　空气弹簧隔振器由于构造复杂、加工难度大，非专业工厂生产难以保证质量，因此宜选用市场供应的由专业工厂生产、技术上成熟的标准产品或定型产品。有特殊要求者，可以进行专门设计和制造。

8.5.3　空气弹簧隔振器按其组成分三大类，适用于不同场合。

1　空气弹簧。其构造较简单，可采用人力充气设备充气，适用于动力机器的主动隔振。

2　空气弹簧隔振装置。由空气弹簧、横向阻尼器、高度控制阀、控制柜、气源设备和管线等组成。当精密仪器及设备运行过程中产生质量或质量中心位置变化时，由于高度控制阀的作用，可改变空气弹簧的刚度，使支承台座的各空气弹簧的刚度值改变，由此改变了刚度中心的位置，实现隔振体系刚度中心对质量中心位置移动的跟踪，保持了台座的水平，它适用于精密仪器及设备的隔振。

3　空气弹簧隔振台座。由空气弹簧、横向阻尼器、高度控制阀、台座、气源设备及管路等组成，多为商品隔振台座。由于台座平面尺寸较小，承载力较小，移动及安装方便，适用于小型精密仪器隔振。

由于空气弹簧的横向阻尼值较小，因此用于精密仪器及设备隔振的空气弹簧隔振装置或空气弹簧隔振台座，应另加横向阻尼器，使隔振体系具有恰当的横向阻尼比。

8.5.4 在容积不变的条件下，空气弹簧的刚度因胶囊结构形式不同而变化，常用的胶囊结构形式有 4 种，即自由膜式、约束膜式、囊式及滚膜式。其中自由膜式及约束膜式最为常用，多曲囊式当大于 3 曲时，会由于横向刚度过小而产生横向不稳定现象，因此不宜使用；滚膜式不常使用。

8.5.5 本条给出隔振设计时，要求空气弹簧隔振器制造商提供的资料，其中空气弹簧气密性参数为当充气气压达 0.5MPa 后保压（即不充、不排），经 24h 后气压下降值不大于 0.02MPa 时，认为气密性是良好的。高度控制阀的灵敏度由 2 个指标衡量，即：被隔振体由倾斜到调平的时间，一般不大于 10s；被隔振体调平的精度一般不大于 0.1mm/m。

8.5.6 对于空气弹簧隔振装置和空气弹簧隔振台座，其气源配置，应根据使用状况不同来选择，例如，对于耗气量大的大中型隔振台座，应使用专用气源，一般为空压设备，而耗气量小的小型隔振装置可使用瓶装惰性气体，如氮气、氦气等，严禁使用氢气、氧气等可燃、易燃气体作为气源。

8.5.7 由于空气弹簧隔振装置的高度控制阀在调整台座高度时需将空气弹簧内的部分压缩空气（或惰性气体）排出，排入室内，当这类隔振装置位于清净厂房的洁净室内时，要求从高度控制阀排出的压缩气体的洁净度不低于洁净室内空气的洁净度，如低于该等级，则排出压缩气体将对洁净室产生污染。洁净厂房空气洁净度等级的规定可参见现行国家标准《洁净厂房设计规范》GB 50073。

8.5.8～8.5.10 条文中提供了囊式、自由膜式及约束膜式空气弹簧竖向、横向刚度的计算公式，由于影响空气弹簧刚度的不确定因素较多，胶囊的膜刚度，需经试验确定。因此空气弹簧刚度的计算宜用试验数据来加以验证。

8.6 粘流体阻尼器

粘流体阻尼器曾以“油阻尼器”命名该类型阻尼器。目前一般用于阻尼器的阻尼材料，均为具有较高粘度为粘流体，即使运动粘度很小的油脂类液体，亦具有一定粘度，故称“粘流体阻尼器”。同时亦明确与常用摩擦阻尼器区分。

8.6.1 隔振体系中阻尼器结构选型系按隔振对象的振动性能、振动幅值（线位移、速度）的控制值，选用相应适合型式的阻尼器，例如冲击式设备振动较大，采用活塞柱型、多片型阻尼器较好。水平振动主动隔振，则宜采用锥片型或多片型。其余可按具体情况选型，如 8.6.2 条阻尼剂的运动（或动力）粘度与阻尼器型式的匹配等。

试验显示粘流体材料在 20℃时的运动粘度等于或大于 20m²/s 时，采用活塞型阻尼器，其运动稳定性较差，而片型阻尼器稳定性较好。

8.6.2 最简单的片型粘流体阻尼器如图 13，系由两个内夹粘流体阻尼剂平行钢片组成，其面积为 S，在其平面内的速度分别与 $V_1-V_2=V$ 成正比，为：

$$F=C\,\frac{dz}{dt}=\frac{\mu_n S_n}{d_s}V \tag{104}$$

$$C=\frac{\mu_n S_n}{d_s} \tag{105}$$

式中 C——阻尼系数（N·s/m）；

z——隔振体系竖向线位移（m）；

t——时间（s）；

S_n——钢片单侧面积（m²）；

μ_n——粘流体材料动力粘度（N·s/m²）。

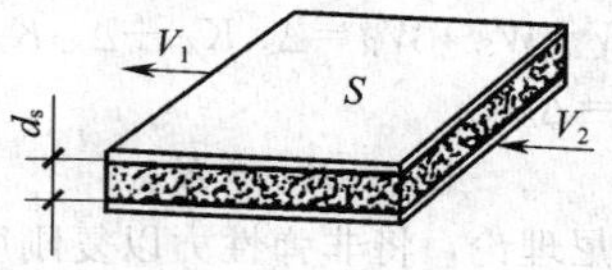

图 13 作相对运动钢片之间粘流体剪切阻尼模型

1 由图 8.6.2-1 动片与粘流体接触面为两侧面积，故其阻尼系数为：

$$C_{zz}=C_{zy}=2\,\frac{\mu_n S_n}{d_s} \tag{106}$$

另由流体力学中的 Stoke's 定律，一面积为 S_n 的物体在粘流体中作侧向（x 向）运动时，其阻尼系数为：

$$C_{zx}=\frac{6\mu_n\delta_s S_n^2}{3t^3 L_s}=2\mu_n\,\frac{\delta_s S_n^2}{L_s t^3} \tag{107}$$

2 多片型阻尼器，图 8.6.2-1 叠加。

3 多动片型阻尼器，图 8.6.2-3，当动片之间的距离 βd_{mi}，满足规范要求时，其 C_{zy} 式（8.6.2-8）、C_{zz} 式（8.6.2-9）、C_{zx} 式（8.6.2-7），在阻尼器中相当于增加了设计所需的动片。

4 内锥不封底的锥片型阻尼器，C_{zz} 式（8.6.2-11）、C_{zx} 式（8.6.2-10）原理与式（8.6.2-1）及式（8.6.2-2）相同，只是圆锥壳片的面积与角度有变化。

8.6.3 活塞柱型阻尼器，由式（8.6.2-2）相同原理活塞型阻尼器阻尼系数为：

$$C_{zz}=6\,\frac{\mu_n h_{ns} S_{ns}^2}{\pi R d_n^3}=12\,\frac{\mu_n h_{ns} S_{ns}^2}{\pi d_{ns} d_n^3} \tag{108}$$

8.6.4 隔振体系的阻尼比。

1 式（8.6.4-1）～式（8.6.4-9）中阻尼系数 C_v 系为常数，设置阻尼器的隔振体系中的阻尼比，还应由该体系中的质量 m 与刚度 K_v 相互作用形成，为：

$$\zeta_v=\frac{C_v}{C_c} \tag{109}$$

$$c_c=2m\omega_{nv}$$

故 $\zeta_v=\frac{c_v}{2\sqrt{K_v m}}$ $(V=x、y、z)$ (110)

2 同理：

$$\zeta_{\phi v}=\frac{c_{\phi v}}{2\sqrt{K_{\phi v}J_v}} \quad (111)$$

8.7 组合隔振器

8.7.1 本条规定了组合隔振器的适用条件。

8.7.2 本条规定了组合隔振器刚度和阻尼比的计算方法：

1 并联组合隔振器（图 8.7.2a、b）。按每个弹性元件承受的荷载 W_i 与其刚度成正比，且其竖向位移相等，则：

$$W=W_S+W_R=\Delta_{SP}K_{ZS}+\Delta_{RP}K_{ZR}$$

当：$W=\Delta_Z K_{Zh}$

即： $K_{Zh}=K_{ZR}+K_{ZS}$ (112)

按复阻尼理论，将非弹性力以复刚度代入 $(1+i\zeta_S)K_{ZS}+(i\zeta_R)K_{ZR}=(1+i\zeta_Z)K_{Zh}$

化简后：$\zeta_S K_{ZS}+\zeta_R K_{ZR}=\zeta_Z K_{Zh}$

即： $\zeta_Z=\frac{\zeta_S K_{ZS}+\zeta_R K_{ZR}}{K_{ZS}+K_{ZR}}$ (113)

2 串联组合隔振器（图 8.7.2c）。按每个弹性元件承受的传递力相等，总变形为各元件弹性变形之和：

$$\Delta_Z=\Delta_{SP}+\Delta_{RP}$$

即： $\frac{W}{K_{Zh}}=\frac{W}{K_{ZS}}+\frac{W}{K_{ZR}}$

化简后： $K_{Zh}=\frac{K_{ZS}\cdot K_{ZR}}{K_{ZS}+K_{ZR}}$ (114)

以复刚度代入上式：

$$K_{Zh}(1+i\zeta_Z)=\frac{K_{ZS}(1+i\zeta_S)\cdot K_{ZR}(1+i\zeta_R)}{K_{ZS}(1+i\zeta_S)+K_{ZR}(1+i\zeta_R)}$$
$$=\frac{K_{ZS}\cdot K_{ZR}(1+i\zeta)\cdot(1+i\zeta_R)}{(K_{ZS}+K_{ZR})+i(K_{ZS}\zeta_S+K_{ZR}\zeta_R)}$$
$$=\frac{A}{B}$$

其中：

$$A=K_{ZS}\cdot K_{ZR}\{K_{ZS}(1+\zeta_S^2)+K_{ZR}(1+\zeta_R^2)+i[K_{ZS}\zeta_R(1+\zeta_S^2)+K_{ZR}\zeta_S(1+\zeta_R^2)]\}$$

$$B=K_{ZS}^2(1+\zeta_S^2)+K_{ZR}^2(1+\zeta_R^2)+2K_{ZS}\cdot K_{ZR}(1+\zeta_S\zeta_R)$$

因：$\zeta_S,\ \zeta_R\ll 1$

故：$1+\zeta_S^2=1+\zeta_R^2=1+\zeta_S\zeta_R\approx 1$

化简后：

$$K_{Zh}(1+i\zeta_{Zh})=\frac{K_{ZS}\cdot K_{ZR}[K_{ZS}+K_{ZR}+i(K_{ZS}\zeta_R+K_{ZR}\zeta_S)]}{K_{ZS}+K_{ZR}}$$

实部与虚部相等：

$$\zeta_{Zh}=\frac{\zeta_S K_{ZR}+\zeta_R K_{ZS}}{K_{ZR}+K_{ZS}} \quad (115)$$

8.7.3 本条规定了隔振器下设置支垫时的计算方法：

1 公式（8.7.3-1）中系数 1.5，系考虑弹性元件动力疲劳影响系数。

2 图 8.7.3c 中，令弹簧元件与橡胶元件加支垫 h 后，其高度相等：

$$H_{OS}-\Delta_{SP}=H_{Zh}+H_{OR}-\Delta_{RP} \quad (116)$$

故： $H_{Zh}=H_{OS}-\Delta_{SP}-H_{OR}+\Delta_{RP}$

中华人民共和国国家标准

多层厂房楼盖抗微振设计规范

Code for design of anti-microvibration
of multistory factory floor

GB 50190—93

主编部门：中华人民共和国机械工业部
批准部门：中 华 人 民 共 和 国 建 设 部
施行日期：1 9 9 4 年 6 月 1 日

关于发布国家标准《多层厂房楼盖抗微振设计规范》的通知

建标〔1993〕859号

根据国家计委计综〔1984〕305号文的要求，由原机械电子工业部设计研究院主编，会同有关单位共同编制的国家标准《多层厂房楼盖抗微振设计规范》，已经有关部门会审。现批准《多层厂房楼盖抗微振设计规范》GB 50190—93为强制性国家标准，自一九九四年六月一日起施行。

本规范由机械工业部管理，其具体解释等工作由机械工业部设计研究院负责，出版发行由建设部标准定额研究所负责组织。

中华人民共和国建设部

一九九三年十一月十六日

目　次

1 总则

1.0.1 为了使多层厂房楼盖设计做到技术先进，经济合理，简便适用，确保正常生产，制定本规范。

1.0.2 本规范适用于多层厂房楼盖在动力荷载小于600N的中小型机床、制冷压缩机、电机、风机或水泵等设备作用下的振动计算和设计。

1.0.3 多层厂房楼盖抗微振设计时，楼盖上设备的动力荷载应按本规范执行，楼盖上的其它荷载应按现行国家标准《建筑结构荷载规范》的规定执行；楼盖的结构计算、区域环境和劳动保护的振动要求，应符合国家现行有关标准规范的规定。

2 术语、符号

2.1 术语

2.1.1 第一频率密集区 Compact zone of first frequency

在动力荷载作用下的多跨连续梁，其幅频特性曲线上出现若干密集区，每个密集区内拥有若干个固有频率，在幅频特性曲线上首先出现的频率密集区，称为第一频率密集区。

2.1.2 板梁相对抗弯刚度比 Ratio of relative fiexural rigidity of slab to beam

板单位宽度的相对抗弯刚度乘以主梁跨度与主梁的相对抗弯刚度之比。

2.2 符号

2.2.1 作用和作用效应

编号	符号	涵义
2.2.1.1	P	机器扰力
2.2.1.2	A_z	楼盖的竖向振动位移
2.2.1.3	A_{st}	机器扰力作用点，楼盖的静位移
2.2.1.4	A_o	机器扰力作用点，楼盖的竖向振动位移
2.2.1.5	A_r	同一楼层上扰力作用点以外各验算点的响应振动位移
2.2.1.6	A_m	多台机器同时运转时，楼盖某验算点产生的合成振动位移
2.2.1.7	V_m	多台机器同时运转时，楼盖某验算点产生的合成振动速度
2.2.1.8	A_j	一台机器运转时，楼盖上某验算点产生的响应振动位移
2.2.1.9	V_j	一台机器运转时，楼盖上某验算点产生的响应振动速度
2.2.1.10	A_{ri}	第i受振层上各验算点的响应振动位移
2.2.1.11	$\overline{m}$	楼盖构件上单位长度的均布质量
2.2.1.12	f_{1l}	楼盖第一频率密集区内最低固有频率
2.2.1.13	f_{1h}	楼盖第一频率密集区内最高固有频率
2.2.1.14	f_1	楼盖第一频率密集区内最低固有频率计算值
2.2.1.15	f_2	楼盖第一频率密集区内最高固有频率计算值
2.2.1.16	f_0	机器的扰力频率

2.2.2 计算指标

编号	符号	涵义
2.2.2.1	$[A]$	竖向振动位移允许值
2.2.2.2	$[V]$	竖向振动速度允许值
2.2.2.3	E	材料的弹性模量
2.2.2.4	ζ	楼盖的阻尼比

2.2.3 几何参数

编号	符号	涵义
2.2.3.1	I	截面惯性矩
2.2.3.2	l	楼盖沿纵向的次梁或预制槽形板的跨度
2.2.3.3	l_y	主梁的跨度
2.2.3.4	c	次梁间距或预制槽形板宽度

2.2.4 计算参数

编号	符号	涵义
2.2.4.1	k_j	集中质量换算系数
2.2.4.2	k_i	位移系数
2.2.4.3	ε	空间影响系数
2.2.4.4	φ	扰力点位置修正系数
2.2.4.5	ρ	扰力点位置换算系数
2.2.4.6	γ	振动位移传递系数

3 基本规定

3.0.1 承受动力荷载的楼盖设计，应取得下列资料：

(1) 建筑物的平面与剖面图；

(2) 楼盖上设备平面布置图、设备名称及其底座尺寸；

(3) 设备的扰力、扰频、扰力作用的方向和位置以及自重等；

(4) 楼盖上机床、设备和仪器的竖向振动允许值。

3.0.2 承受动力荷载的楼盖宜采用现浇钢筋混凝土肋形楼盖或装配整体式楼盖。

3.0.3 次梁间距小于或等于2m、板厚大于或等于80mm的肋形楼盖和预制槽板宽度小于或等于1.2m的装配整体式楼盖，其梁和板的截面最小尺寸，应符合表3.0.3的规定。

梁和板的截面最小尺寸 表3.0.3

肋形楼盖		装配整体式楼盖			主梁高跨比
板高跨比	次梁高跨比	现浇面层厚度(mm)	板肋高跨比	板厚(mm)	
$\frac{1}{18}$	$\frac{1}{15}$	60	$\frac{1}{20}$	30	$\frac{1}{10}$

3.0.4 由动力设备产生的动力荷载应由设备制造厂提供；当无资料时，可按本规范第4章的规定采用。

3.0.5 支承机床、仪器和设备的楼面或台面，其振动位移允许值和振动速度允许值应由设备和仪器制造厂提供或通过试验确定；当无资料时，可按本规范第5章的规定采用。

3.0.6 楼盖的竖向振动值，应符合下列表达式要求：

$$A_z \leqslant [A] \tag{3.0.6-1}$$

$$V_z \leqslant [V] \tag{3.0.6-2}$$

式中 A_z——楼盖的竖向振动位移 (m)；

V_z——楼盖的竖向振动速度 (m/s)；

$[A]$——竖向振动位移允许值 (m)；

$[V]$——竖向振动速度允许值 (m/s)。

3.0.7 当楼盖上设置加工表面粗糙度较粗的机床，其楼盖单位宽度的相对抗弯刚度 (E_pI_p/cl^3) 大于或等于表3.0.7的规定值时，可不做竖向振动计算。

楼盖单位宽度的相对抗弯刚度 E_pI_p/cl^3(N/m²) 表3.0.7

楼盖横向跨数	板梁相对抗弯刚度比 α	机床分布密度(m²/台)		
		<10	11～18	>18
1	<0.4	240	200	170
	0.8	280	220	180
	1.6	330	270	220
2	<0.4	230	180	160
	0.8	270	200	180
	1.6	300	240	200
3	<0.4	220	170	150
	0.8	260	200	170
	1.6	280	220	190

注：①机床分布密度为机床布置区的总面积除以机床台数。

②E_p——次梁或预制槽形板的弹性模量 (N/m²)；

I_p——次梁或预制槽形板的截面惯性矩 (m⁴)；

c——次梁间距或预制槽形板的宽度 (m)；

l——次梁或预制槽形板的跨度 (m)。

③板梁相对抗弯刚度比α，按 (6.2.3) 式计算。

4 动力荷载

4.1 机床扰力

4.1.1 机床的扰力可按表 4.1.1 确定。

机床扰力 **表 4.1.1**

	车床		铣床			刨床		磨床			钻床
机床型号	CG6125 CM6125	C616 C620 C630 CA6140 CW5140 C1336 C336	X60W X634W X8126	X61W X62W X63W	X51 X52 X53	B635 B5032	B6050 B650 B665	M1010	M7120 M7130 M2110 M2120	M120W M131W M1040 M1080	Z535 Z3040 Z5135 Z3025
扰力 (N)	50	100～150	100～150	200～300	300～400	300～400	500～600	50	100～150	200～300	50

注：①表中的扰力为当量竖向扰力；
②加工铝、铜制品时，扰力取下限值；加工钢制品时，扰力取上限值。

4.1.2 机床扰力的作用点，可取机床底面的几何中心。

4.2 风机、水泵和电机扰力

4.2.1 风机、水泵和电机的扰力，可按下列公式计算：

$$P = m_0 e_0 \omega_0^2 \qquad (4.2.1-1)$$

$$\omega_0 = 0.105n \qquad (4.2.1-2)$$

式中 P ——机器扰力（N）；

m_0——旋转部件的总质量（kg）；

e_0 ——旋转部件总质量对转动中心的当量偏心距（m）；

ω_0——机器的工作圆频率（rad／s）；

n ——机器转速（r／min）。

4.2.2 旋转部件总质量对转动中心的当量偏心距 e_0，可按表 4.2.2 确定。

旋转部件总质量对转动中心的当量偏心距 e_0 **表 4.2.2**

机器类别	风机					电机				水泵			
	<5 号直联	皮带传动				转速 (r／min)				转速 (r／min)			
		6 号	7 号	8 号	10～20 号	3000	1500	1000	750	3000	1500	1000	750
e_0(m)	2.5×10^{-4}	5.5×10^{-4}	5×10^{-4}	4.5×10^{-4}	4×10^{-4}	0.5×10^{-4}	1×10^{-4}	1.5×10^{-4}	3×10^{-4}	2×10^{-4}	4×10^{-4}	6×10^{-4}	8×10^{-4}

4.2.3 在腐蚀环境中工作的机器，其旋转部件总质量对转动中心的当量偏心距 e_0，应按表 4.2.2 的数值乘以介质系数，介质系数可取 1.1～1.2；塑料风机的介质系数可取 1.0。

4.3 制冷压缩机扰力

4.3.1 制冷压缩机的扰力和扰力矩计算的参数，应按下列规定确定：

4.3.1.1 各旋转部件质量换算到曲柄中心（图 4.3.1）的质量，可按下列公式计算：

（1）单曲柄：

$$m_r = m_1 + 2\frac{r_{a1}}{r_{a0}}m_2 + \left(1 - \frac{l_c}{l_0}\right)n_r m_3 - 2\frac{r_{a2}}{r_{a0}}m_4 \qquad (4.3.1-1)$$

（2）双曲柄：

$$m_r = m_1 + \frac{r_{a1}d}{r_{a0}b}m_2 + \frac{r'_{a1}d'}{r_{a0}b}m'_2 + \left(1 - \frac{l_c}{l_0}\right)n_r m_3 - \frac{r_{a2}a}{r_{a0}b}m_4 \qquad (4.3.1-2)$$

式中 m_r——各旋转部件质量换算到曲柄中心的质量（kg）；

m_1——曲柄销质量（kg）；

m_2——单曲柄臂或端曲柄臂质量（kg）；

m'_2——中间曲柄臂质量（kg）；

m_3——单连杆组件质量（kg）；

m_4——单平衡铁质量（kg）；

r_{a0}——曲柄半径（m）；

r_{a1}——单曲柄臂或端曲柄臂质心至主轴中心的距离（m）；

r'_{a1}——中间曲柄臂质心至主轴中心的距离（m）；

b——曲柄距离（m）；

d——两端曲柄臂质心之间的距离（m）；

d'——上、下与中间曲柄臂质心之间的轴向距离（m）；

l_c——连柄质心至曲柄销的距离（m）；

l_0——连杆长度（m）；

n_r——一个曲柄所带的连杆数；

r_{a2}——平衡铁质心至主轴距离（m）；

a——两平衡铁质心之间的轴向距离（m）；

c——连杆间距（m）。

4.3.1.2 往复运动的部件，曲柄连杆机构的质量换算到曲柄销的质量，可按下式计算：

$$m_s = m_5 + \frac{l_c}{l_0}m_3 \qquad (4.3.1-3)$$

式中 m_s——曲柄连杆机构的质量换算到曲柄销的质量(kg)；

m_5——曲柄连杆机构上所有活塞组件（包括活塞杆和活塞）的质量（kg）。

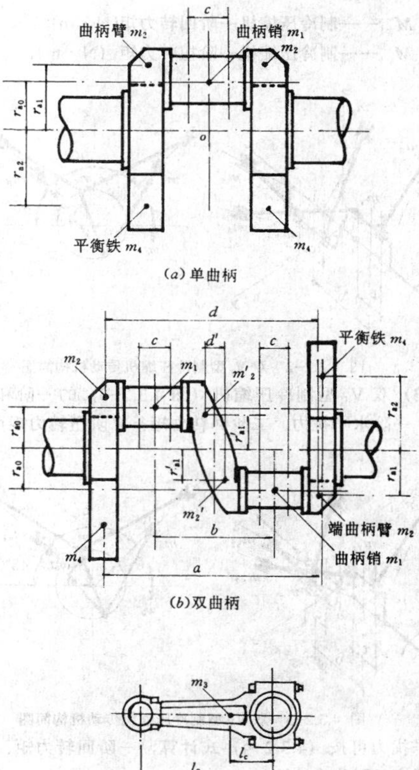

(a) 单曲柄

(b) 双曲柄

(c) 连杆

图 4.3.1 曲 柄

4.3.2 制冷压缩机的扰力和扰力矩，可按下列规定计算：

(1) 单 V 型制冷压缩机（图 4.3.2-1）的二阶竖向扰力、一阶和二阶回转力矩、一阶和二阶扭转力矩可取 0；一阶竖向扰力，一阶和二阶水平扰力可按下列公式计算：

$$P_{z1} = r_{a0}\omega_0^2(m_r + m_s) \qquad (4.3.2-1)$$

$$P_{x1} = r_{a0}\omega_0^2(m_r + m_s) \qquad (4.3.2-2)$$

$$P_{x2} = \sqrt{2}\, r_{a0}\omega_0^2 \frac{r_{a0}}{l_0} m_r \qquad (4.3.2-3)$$

式中 P_{z1}——制冷压缩机一阶竖向扰力(N)；

P_{x1}——制冷压缩机一阶水平扰力(N)；

P_{x2}——制冷压缩机二阶水平扰力（N）。

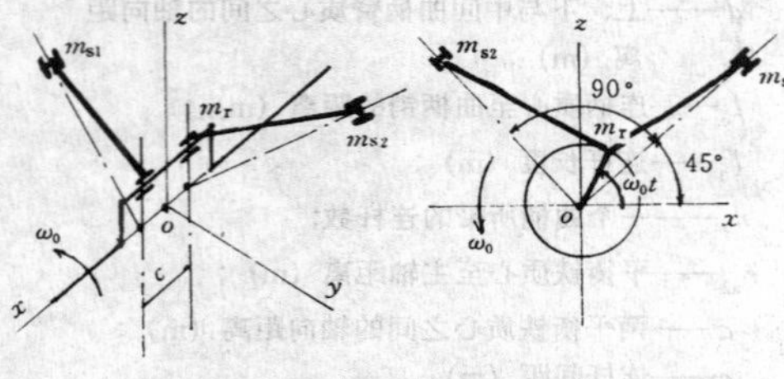

图 4.3.2-1 单 V 型制冷压缩机传动机构简图

(2) 双 V_I 型制冷压缩机（图 4.3.2-2）的一阶和二阶竖向扰力，一阶水平扰力、二阶回转力矩、二阶扭转力矩可取 0；二阶水平扰力、一阶回转力矩、一阶扭转力矩可按下列公式计算：

$$P_{x2} = 2\sqrt{2}\, r_{a0}\omega_0^2 \frac{r_{a0}}{l_0} m_s \qquad (4.3.2-4)$$

$$M_{\varphi 1} = r_{a0}\omega_0^2 b(m_r + m_s) \qquad (4.3.2-5)$$

$$M_{\psi 1} = r_{a0}\omega_0^2 b(m_r + m_s) \qquad (4.3.2-6)$$

式中 $M_{\varphi 1}$——制冷压缩机一阶回转力矩(N·m)；

$M_{\psi 1}$——制冷压缩机一阶扭转力矩（N·m）。

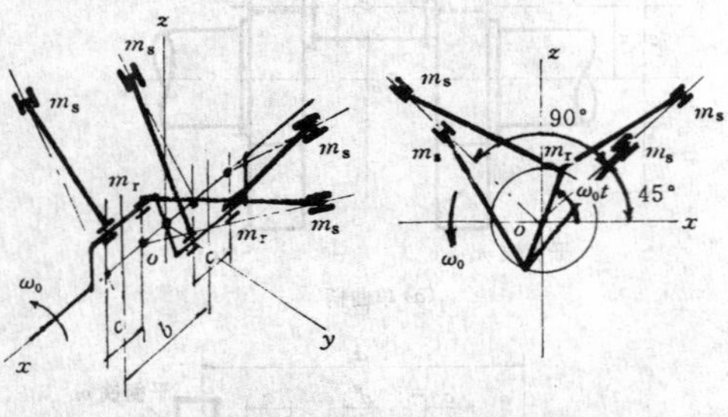

图 4.3.2-2 双 V_I 型制冷压缩机传动机构简图

(3) 双 V_{II} 型制冷压缩机（图 4.3.2-3）的一阶和二阶竖向扰力、一阶水平扰力、二阶回转力矩、二阶扭转力矩可取 0；二

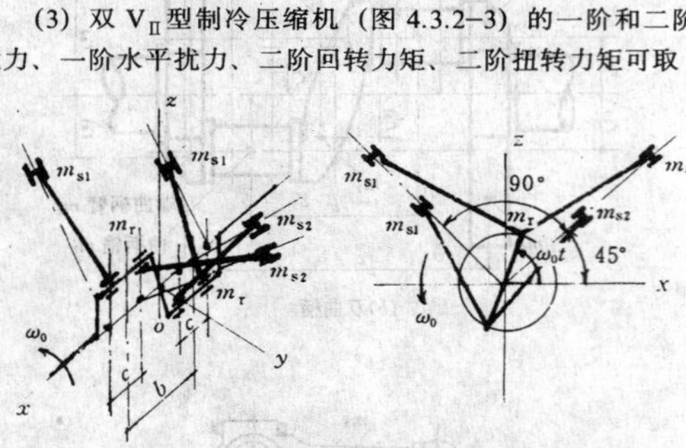

图 4.3.2-3 双 V_{II} 型制冷压缩机传动机构简图

阶水平扰力可按（4.3.2-4）式计算；一阶回转力矩、一阶扭转力矩可按下列公式计算：

$$M_{\varphi 1} = r_{a0}\omega_0^2 b\sqrt{(m_r + m_s)^2 + \left(\frac{c}{b} m_s\right)^2} \qquad (4.3.2-7)$$

$$M_{\psi 1} = r_{a0}\omega_0^2 b\sqrt{(m_r + m_s)^2 + \left(\frac{c}{b} m_s\right)^2} \qquad (4.3.2-8)$$

(4) 单 W 型制冷压缩机（图 4.3.2－4）的二阶竖向扰力、一阶和二阶回转力矩、一阶和二阶扭转力矩可取 0；一阶竖向扰力、一阶和二阶水平扰力可按下列公式计算：

$$P_{z1} = r_{a0}\omega_0^2(m_r + 1.5m_s) \qquad (4.3.2-9)$$

$$P_{x1} = r_{a0}\omega_0^2(m_r + 1.5m_s) \qquad (4.3.2-10)$$

$$P_{x2} = 1.5r_{a0}\omega_0^2 \frac{r_{a0}}{l_0} m_s \qquad (4.3.2-11)$$

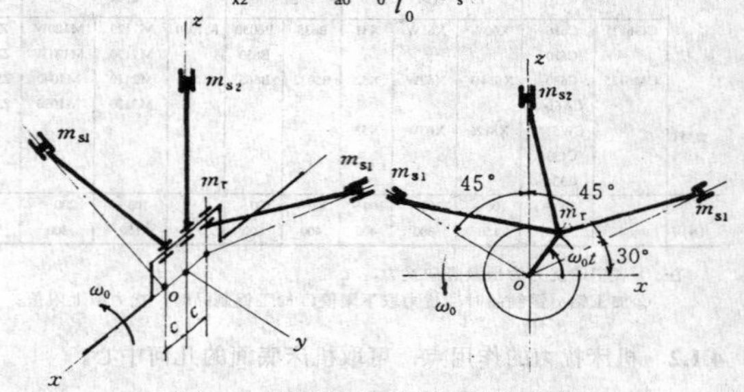

图 4.3.2－4 单W型制冷压缩机传动机构简图

(5) 双 W 型制冷压缩机（图 4.3.2－5）的一阶竖向扰力、一阶水平扰力、一阶和二阶回转力矩、一阶和二阶扭转力矩可取 0；二阶竖向扰力、二阶水平扰力可按下列公式计算：

$$P_{z2} = r_{a0}\omega_0^2 \frac{r_{a0}}{l_0} m_s \qquad (4.3.2-12)$$

$$P_{x2} = 3r_{a0}\omega_0^2 \frac{r_{a0}}{l_0} m_s \qquad (4.3.2-13)$$

式中 P_{z2}——制冷压缩机二阶竖向扰力(N)。

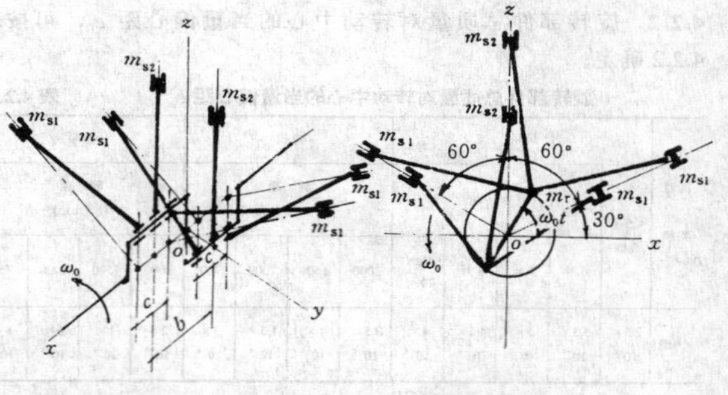

图 4.3.2-5 双 W 型制冷压缩机传动机构简图

(6) 单 S 型制冷压缩机（图 4.3.2-6）的一阶和二阶回

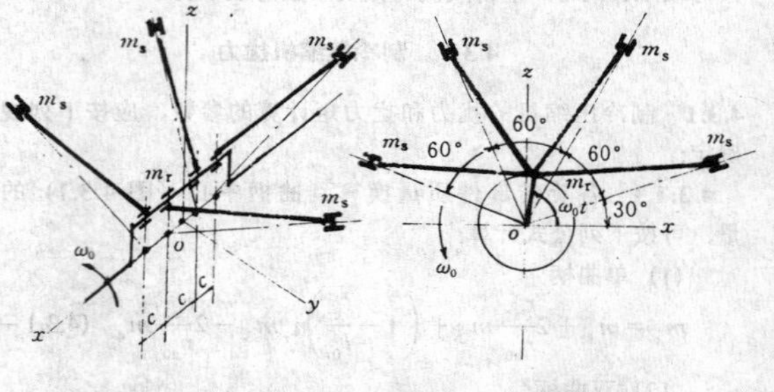

图 4.3.2-6 单 S 型制冷压缩机传动机构简图

转力矩、一阶和二阶扭转力矩可取 0；一阶和二阶竖向扰力、一阶和二阶水平扰力可按下列公式计算：

$$P_{z1} = r_{a0}\omega_0^2(m_r + 2m_s) \qquad (4.3.2-14)$$

$$P_{x1} = r_{a0}\omega_0^2(m_r + 2m_s) \qquad (4.3.2-15)$$

$$P_{z2}=0.7654r_{a0}\omega_0^2\frac{r_{a0}}{l_0}m_s \tag{4.3.2-16}$$

$$P_{x2}=1.848r_{a0}\omega_0^2\frac{r_{a0}}{l_0}m_s \tag{4.3.2-17}$$

(7) 双S型制冷压缩机（图4.3.2-7）的一阶竖向扰力、一阶水平扰力可取0；二阶竖向扰力、二阶水平扰力、一阶和二阶回转力矩、一阶和二阶扭转力矩可按下列公式计算：

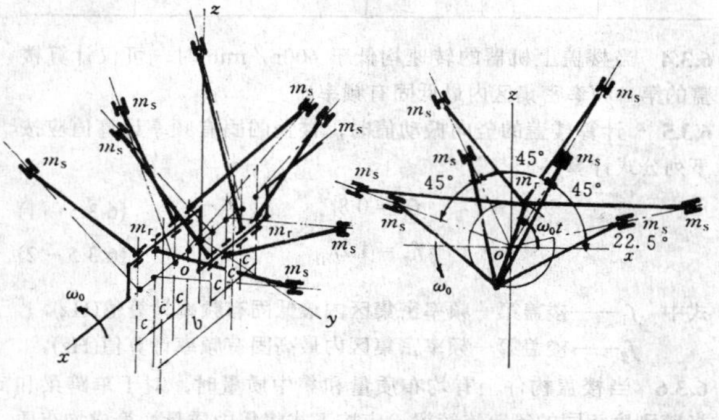

图 4.3.2-7　双S型制冷压缩机传动机构简图

$$P_{z2}=1.531r_{a0}\omega_0^2\frac{r_{a0}}{l_0}m_s \tag{4.3.2-18}$$

$$P_{x2}=3.696r_{a0}\omega_0^2\frac{r_{a0}}{l_0}m_s \tag{4.3.2-19}$$

$$M_{\varphi1}=r_{a0}\omega_0^2b(m_r+2m_s) \tag{4.3.2-20}$$

$$M_{\psi1}=r_{a0}\omega_0^2b(m_r+2m_s) \tag{4.3.2-21}$$

$$M_{\varphi2}=4.132r_{a0}\omega_0^2\frac{r_{a0}}{l_0}cm_s \tag{4.3.2-22}$$

$$M_{\psi2}=1.711r_{a0}\omega_0^2\frac{r_{a0}}{l_0}cm_s \tag{4.3.2-23}$$

式中　$M_{\varphi2}$——制冷压缩机二阶回转力矩(N · m)；

　　　$M_{\psi2}$——制冷压缩机二阶扭转力矩(N · m)。

(8) 单立式制冷压缩机（图4.3.2-8）的二阶水平扰力、一阶和二阶回转力矩、一阶和二阶扭转力矩可取0；一阶竖向扰力可按（4.3.2-1）式计算，二阶竖向扰力可按（4.3.2-12）式计算；一阶水平扰力可按下式计算：

$$P_{x1}=r_{a0}\omega_0^2m_r \tag{4.3.2-24}$$

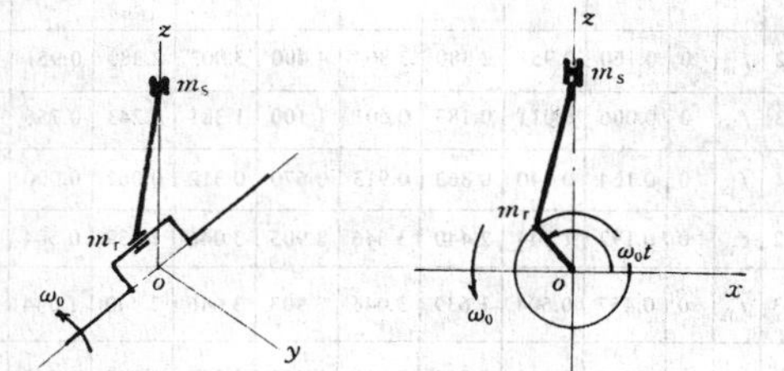

图 4.3.2-8　单立式制冷压缩机传动机构简图

(9) 双立式制冷压缩机（图4.3.2-9）的一阶竖向扰力、一阶和二阶水平扰力、二阶回转力矩、二阶扭转力矩可取0；二阶竖向扰力、一阶回转力矩、一阶扭转力矩可按下列公式计算：

$$P_{z2}=2r_{a0}\omega_0^2\frac{r_{a0}}{l_0}m_s \tag{4.3.2-25}$$

$$M_{\varphi1}=r_{a0}\omega_0^2c(m_r+m_s) \tag{4.3.2-26}$$

$$M_{\psi1}=r_{a0}\omega_0^2cm_r \tag{4.3.2-27}$$

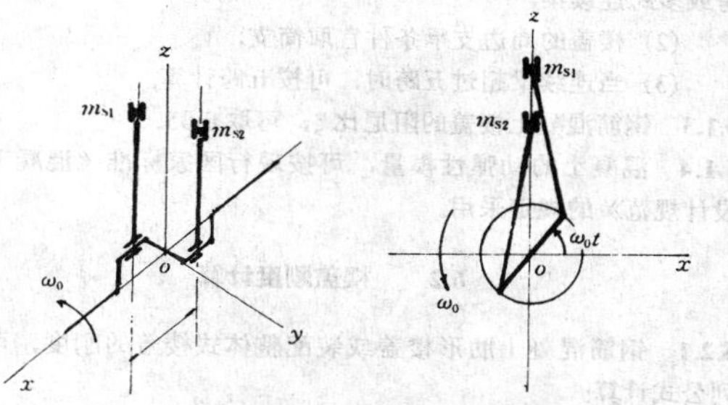

图 4.3.2-9　双立式制冷压缩机传动机构简图

4.3.3　制冷压缩机的回转力矩和水平扰力在楼盖上产生的回转力矩，可换算为作用在设备底部螺栓处的一对竖向力耦；扭转力矩对楼盖振动的影响可不计入。

5　竖向振动允许值

5.0.1　机床的竖向振动允许值可按表5.0.1采用。

机床的竖向振动允许值　　**表 5.0.1**

机床名称	加工精度	振动位移允许值(μm)	振动速度允许值(mm/s)
表面粗糙度 $R_a>0.4\sim0.8\mu m$ 的精密卧式镗床、精密车床、数控车床和磨床等	较高	4.8	0.3
表面粗糙度 $R_a>0.8\sim1.6\mu m$ 的精密车床及磨床等		10	0.5
表面粗糙度 $R_a>1.6\sim3.2\mu m$ 的机床	一般	–	1.0
表面粗糙度 $R_a>3.2\mu m$ 的机床	较粗	–	1.5

5.0.2　仪器和设备的竖向振动允许值可按表5.0.2采用。

仪器和设备的竖向振动允许值　　**表 5.0.2**

仪器、设备名称	测试精度	振动位移允许值(μm)	振动速度允许值(mm/s)
六级天平：TG628A分析天平，陀螺仪摇摆试验台、陀螺仪偏角试验台、陀螺仪阻尼试验台	较高	4.8	0.3
精度为1μm的万能工具显微镜		–	
台式光点反射检流计、硬度计、色谱仪、温度控制仪		10.0	0.5
大型工具显微镜、双管显微镜、阿贝测长仪、万能测长仪、卧式光度计		–	
示波检线器 动平衡机	一般	–	1.0

6　竖向振动值

6.1　一 般 规 定

6.1.1　楼盖竖向振动值计算应按下列步骤进行：

(1) 确定动力荷载；

(2) 计算楼盖的固有频率；

(3) 计算楼盖的竖向振动值，其计算结果应符合本规范第3.0.6条的规定。

6.1.2　楼盖竖向振动值计算时，其计算简图可按下列规定选取：

(1) 计算板上位移时，宜沿厂房纵向将楼盖视为由彼此分开的多跨连续T形梁组成；计算主梁上位移时，可将主梁视为单跨或多跨连续梁；

(2) 楼盖的周边支承条件宜取简支；

(3) 当连续梁超过五跨时，可按五跨计算。

6.1.3 钢筋混凝土楼盖的阻尼比ζ，可取0.05。

6.1.4 混凝土的动弹性模量，可按现行国家标准《混凝土结构设计规范》的规定采用。

6.2 楼盖刚度计算

6.2.1 钢筋混凝土肋形楼盖或装配整体式楼盖的刚度，可按下列公式计算：

(1) 计算主梁时：

$$D = EI \tag{6.2.1-1}$$

(2) 计算次梁或预制槽形板时：

$$D = E_p I_p \tag{6.2.1-2}$$

式中 D——楼盖刚度（$N \cdot m^2$）；

E——主梁的弹性模量（$N \cdot m^2$）；

I——主梁的截面惯性矩（m^4）；

E_p——次梁或预制槽形板的弹性模量（N/m^2）；

I_p——次梁或预制槽形板的截面惯性矩（m^4）。

6.2.2 计算楼盖刚度时，其截面惯性矩可按下列规定确定：

(1) 现浇钢筋混凝土肋形楼盖中梁的截面惯性矩，宜按T形截面计算，其翼缘宽度应取梁的间距，但不应大于梁跨度的一半；

(2) 装配整体式楼盖中预制槽形板的截面惯性矩，宜取包括现浇面层在内的预制槽形板的截面计算；

(3) 装配整体式楼盖中主梁的截面惯性矩，宜按T形截面计算，其翼缘厚度宜取现浇面层厚度，翼缘的宽度应取主梁的间距，但不应大于主梁跨度的一半。

6.2.3 楼盖的板梁相对抗弯刚度比，应按下式计算：

$$\alpha = \frac{E_p I_p}{c l^3} \Big/ \frac{EI}{l_y^4} \tag{6.2.3}$$

式中 α——板梁相对抗弯刚度比；

l——次梁或预制槽形板的跨度（m）；

l_y——主梁的跨度(m)；

c——次梁间距或预制槽形板的宽度（m）。

6.3 固有频率计算

6.3.1 计算楼盖的固有频率时，其质量应包括楼盖构件质量、设备质量、长期堆放的原材料和备件及成品等的质量。

6.3.2 楼盖第一频率密集区内的最低和最高固有频率，应按下列公式计算：

$$f_{11} = \varphi_1 \sqrt{\frac{D}{\overline{m} l_0^4}} \tag{6.3.2-1}$$

$$f_{1h} = \varphi_h \sqrt{\frac{D}{\overline{m} l_0^4}} \tag{6.3.2-2}$$

式中 f_{11}——楼盖第一频率密集区内最低固有频率(Hz)；

f_{1h}——楼盖第一频率密集区内最高固有频率(Hz)；

$\overline{m}$——楼盖构件上单位长度的均匀质量(kg/m)，当有集中质量时，应按本规范第6.3.6条的规定计算；

l_0——楼盖构件的跨度(m)；

φ_1、φ_h——固有频率系数。

6.3.3 对于单跨和等跨连续梁，其固有频率系数可按表6.3.3确定。

固有频率系数 表6.3.3

固有频率系数	梁的跨数 1	2	3	4	5
φ_1	1.57	1.57	1.57	1.57	1.57
φ_h	1.57	2.45	2.94	3.17	3.30

6.3.4 当楼盖上机器的转速均低于600r/min时，可仅计算楼盖的第一频率密集区内最低固有频率f_{11}。

6.3.5 计算楼盖的竖向振动值时，楼盖的固有频率计算值应按下列公式计算：

$$f_1 = 0.8 f_{11} \tag{6.3.5-1}$$

$$f_2 = 1.2 f_{1h} \tag{6.3.5-2}$$

式中 f_1——楼盖第一频率密集区内最低固有频率计算值(Hz)；

f_2——楼盖第一频率密集区内最高固有频率计算值(Hz)。

6.3.6 当楼盖构件上有均布质量和集中质量时，对于单跨梁和各跨刚度相同的等跨连续梁，应按下式将集中质量换算成均布质量：

$$\overline{m} = m_u + \frac{1}{n l_0} \sum_{j=1}^{n} k_j m_j \tag{6.3.6}$$

式中 m_u——楼盖构件上单位长度的均布质量(kg/m)；

m_j——楼盖构件上的集中质量(kg)；

n——梁的跨数；

k_j——集中质量换算系数。

6.3.7 集中质量换算系数k_j可按表6.3.7采用。

计算多跨连续梁的第一频率密集区内最低固有频率f_{11}时，集中质量换算系数k_j可按单跨梁选用；计算第一频率密集区内最高固有频率f_{1h}时，集中质量换算系数k_j应根据跨数及其序号选用。

集中质量换算系数k_j 表6.3.7

跨度数	跨度序号	固有频率	α_j 0	0.10	0.20	0.30	0.40	0.50	0.60	0.70	0.80	0.90
1	1	f_{11}	0	0.191	0.691	1.310	1.810	2.000	1.810	1.310	0.691	0.191
2	1	f_{1h}	0	0.311	1.070	1.863	2.267	2.088	1.456	0.720	0.208	0.018
	2	f_{1h}	0	0.018	0.208	0.720	1.456	2.088	2.267	1.863	1.070	0.311
3	1	f_{1h}	0	0.226	0.756	1.243	1.381	1.100	0.601	0.183	0.011	0.006
	2	f_{1h}	0	0.160	0.951	2.380	3.803	4.400	3.803	2.380	0.951	0.160
	3	f_{1h}	0	0.006	0.011	0.183	0.601	1.100	1.381	1.243	0.756	0.226
4	1	f_{1h}	0	0.164	0.540	0.863	0.913	0.670	0.312	0.062	0.000	0.018
	2	f_{1h}	0	0.192	1.044	2.440	3.646	3.903	3.046	1.639	0.504	0.046
	3	f_{1h}	0	0.457	0.504	1.639	3.046	3.903	3.646	2.440	1.044	0.192
	4	f_{1h}	0	0.018	0.000	0.062	0.312	0.670	0.913	0.863	0.540	0.164
5	1	f_{1h}	0	0.122	0.397	0.623	0.641	0.448	0.188	0.026	0.004	0.022
	2	f_{1h}	0	0.170	0.914	2.070	2.992	3.072	2.260	1.104	0.278	0.012
	3	f_{1h}	0	0.106	0.841	2.367	3.992	4.693	3.992	2.367	0.841	0.106
	4	f_{1h}	0	0.142	0.278	1.104	2.260	3.072	2.992	2.070	0.914	0.170
	5	f_{1h}	0	0.022	0.004	0.026	0.188	0.448	0.641	0.623	0.397	0.120

注：α_j为集中荷载离左边支座距离x与梁或板的跨度l_0之比，对于中间跨内集中荷载的X值，仍为集中荷载离本跨左边支座的距离。

6.4 竖向振动值计算

6.4.1 楼盖的竖向振动位移，应按下列规定计算：

6.4.1.1 当机器扰力作用在主梁上或各跨跨中板条上时，扰力作用点的竖向振动位移，可按下列公式计算：

(1) 当$f_0 \leqslant f_1$时：

$$A_0=\varphi\left[\frac{1-2\zeta\eta_1}{1-2\zeta}A_{\rm st}+\frac{\eta_1-1}{1-2\zeta}A_1\right] \quad (6.4.1-1)$$

$$\eta_1=\frac{1}{\sqrt{\left(\left(1-\frac{f_0^2}{f_1^2}\right)\right)^2+\left(2\zeta\frac{f_0}{f_1}\right)^2}} \quad (6.4.1-2)$$

$$A_{\rm st}=k_{\rm st}\frac{Pl_0^3}{100D\varepsilon} \quad (6.4.1-3)$$

$$A_1=k_1\frac{Pl_0^3}{100D\varepsilon} \quad (6.4.1-4)$$

$$\varepsilon=\frac{l_0}{3c} \quad (6.4.1-5)$$

(2) 当$f_1 \leqslant f_0 \leqslant f_{11}$时：

$$A_0=\varphi\frac{A_1}{2\zeta} \quad (6.4.1-6)$$

(3) 当$f_{11} \leqslant f_0 \leqslant f_2$时：

$$A_0=\varphi\left[A_1\eta_2+A_2\left(\frac{1}{2\zeta}-\eta_2\right)\right] \quad (6.4.1-7)$$

$$\eta_2=\frac{1}{2\zeta}\cdot\frac{f_2-f_0}{f_2-f_1} \quad (6.4.1-8)$$

$$A_2=k_2\frac{Pl_0^3}{100D\varepsilon} \quad (6.4.1-9)$$

式中 A_0——机器扰力作用点，楼盖的竖向振动位移（m）；

$A_{\rm st}$——机器扰力作用点,楼盖的静位移（m）；

f_0——机器的扰力频率（Hz）；

P——机器扰力（N）；

A_1——机器扰力频率f_0与楼盖第一频率密集区最低固有频率计算值f_1相同，且不考虑动力系数η时的竖向振动位移（m）；

A_2——机器扰力频率f_0与楼盖第一频率密集区最高固有频率计算值f_2相同，且不考虑动力系数η时的竖向振动位移（m）；

$k_{\rm st}$、k_1、k_2——位移系数；

ζ——楼盖的阻尼比；

ε——空间影响系数，当计算主梁的振动位移时，ε取为1；

η_1、η_2——动力系数；

φ——扰力作用点位置修正系数，应按本规范第6.4.3条的规定采用。

6.4.1.2 当机器扰力不作用在跨中板条上时，其作用点的竖向振动位移（图 6.4.1），可按下列公式计算：

$$A'_{01}=0.6A_{01} \quad (6.4.1-10)$$

$$A'_{02}=0.65A_{02} \quad (6.4.1-11)$$

$$A'_{03}=0.65A_{03} \quad (6.4.1-12)$$

$$A'_{04}=0.70A_{04} \quad (6.4.1-13)$$

式中 A_{01}、A_{02}、A_{03}、A_{04}——跨中板条上各扰力作用点的竖向振动位移（m）；

A'_{01}、A'_{02}、A'_{03}、A'_{04}——跨中板条以外的各扰力作用点竖向振动位移（m）。

6.4.2 位移系数可按表 6.4.2 确定。

6.4.3 扰力作用点位置修正系数 φ，可按下列规定取值：

(1) 当扰力作用点位于主梁上及三跨或两跨边跨的跨中板条上时，扰力作用点位置修正系数 φ 可取 1；

(2) 当扰力作用点位于三跨中跨的跨中板条时，扰力作用点位置修正系数 φ 可取 0.8；

(3) 当扰力作用点位于单跨的跨中板条上时，扰力作用点位置修正系数 φ 可取 1.2。

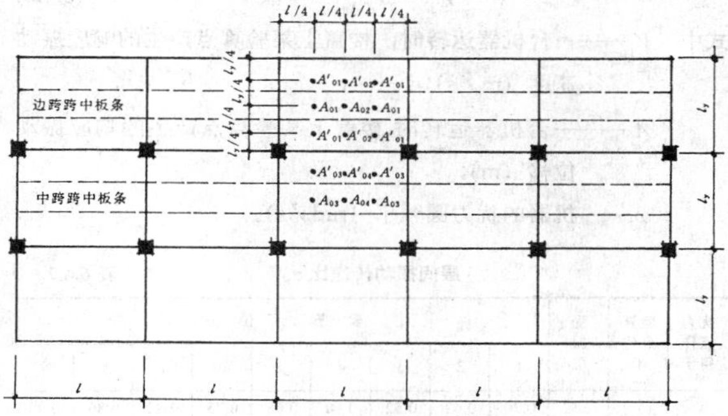

图 6.4.1 扰力作用点平面位置图

位移系数$k_{\rm st}$、k_1、k_2 表 6.4.2

计算简图	$k_{\rm st}$			k_1			k_2		
	$\frac{x}{l}$			$\frac{x}{l}$			$\frac{x}{l}$		
	0.25	0.50	0.75	0.25	0.50	0.75	0.25	0.50	0.75
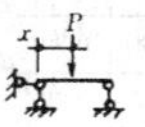	1.172	2.083	1.172	1.042	2.054	1.042	–	–	–
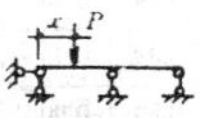	0.942	1.497	0.723	0.578	1.101	0.541	0.362	0.513	0.138
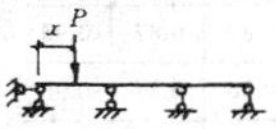	0.928	1.458	0.693	0.461	0.861	0.412	0.160	0.193	0.054
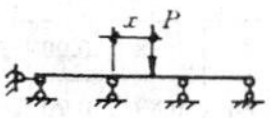	0.620	1.146	0.620	0.379	0.747	0.379	0.185	0.460	0.185
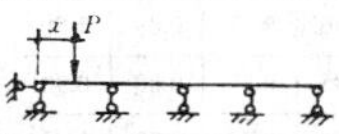	0.927	1.456	0.691	0.428	0.792	0.373	0.108	0.126	0.043
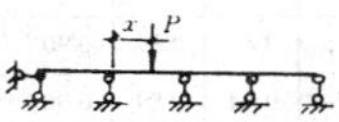	0.613	1.121	0.597	0.326	0.625	0.309	0.139	0.303	0.107
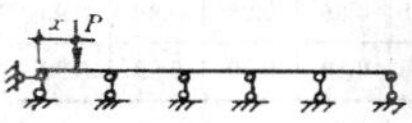	0.927	1.455	0.691	0.424	0.781	0.366	0.089	0.103	0.040
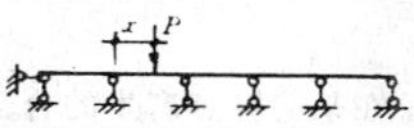	0.612	1.119	0.595	0.312	0.590	0.286	0.110	0.228	0.082
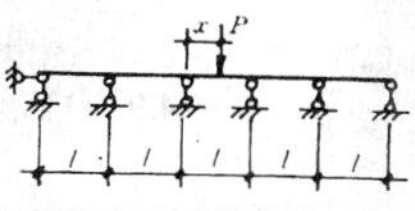	0.590	1.096	0.590	0.269	0.523	0.269	0.107	0.268	0.107

6.4.4 计算楼盖竖向振动位移时，机床的扰力频率 f_0 可取楼盖第一频率密集区内最低固有频率f_{11}。

6.4.5 同一层楼盖上，扰力作用点以外各验算点的响应振动位移，可按下式计算：

$$A_{\rm r}=\gamma A_0 \quad (6.4.5)$$

式中 $A_{\rm r}$——同一楼层上扰力作用点以外各验算点的响应振动位移(m)；

γ——位移传递系数，应按本规范附录A确定。

6.4.6 当楼盖上设有对振动敏感的设备和仪器时，应计算各层楼盖的层间响应振动位移。第 i 受振层上各验算点的响应振动位移，可按下式计算：

$$A_{ri}=\alpha_{ri}A_{r} \tag{6.4.6}$$

式中 A_{ri}——第i受振层上各验算点的响应振动位移；

α_{ri}——层间振动传递比。

6.4.7 层间振动传递比α_{ri}，可按表 6.4.7 确定。

6.4.8 楼盖的竖向振动速度，应按下式计算：

$$V_{j}=\omega_{j}A_{j} \tag{6.4.8}$$

式中 V_j——一台机器运转时，楼盖上某验算点产生的响应振动速度（m／s）；

A_j——一台机器运转时，楼盖上某验算点产生的响应振动位移（m）；

ω_j——机器的扰力圆频率（rad／s）。

层间振动传递比 α_{ri}　　　　表 6.4.7

扰力点作用于	验算点位于	受振层	验算点位置 1	2	3	4	5	6	7	8	9
二层梁中	本跨	三层	0.30	0.42	0.52	0.60	0.68	0.75	0.82	0.86	0.90
		四层	0.35	0.49	0.60	0.68	0.75	0.81	0.83	0.88	0.90
	邻跨或隔跨	三层	0.50	0.58	0.66	0.72	0.77	0.82	0.85	0.88	0.90
		四层	0.60	0.68	0.74	0.79	0.83	0.86	0.88	0.89	0.90
二层板中	本跨	三层		0.35	0.51	0.63	0.72	0.79	0.80	0.88	0.90
		四层		0.40	0.58	0.70	0.77	0.83	0.87	0.89	0.90
	邻跨或隔跨	三层		0.50	0.63	0.73	0.80	0.83	0.88	0.89	0.90
		四层		0.51	0.64	0.73	0.79	0.84	0.85	0.88	0.90
三层梁中	本跨	二层	0.30	0.45	0.57	0.66	0.74	0.79	0.84	0.87	0.90
		四层	0.40	0.52	0.62	0.70	0.76	0.82	0.85	0.89	0.90
	邻跨或隔跨	二层	0.60	0.68	0.75	0.80	0.82	0.86	0.88	0.89	0.90
		四层	0.65	0.72	0.76	0.81	0.84	0.87	0.88	0.89	0.90
三层板中	本跨	二层		0.35	0.51	0.62	0.70	0.77	0.82	0.87	0.90
		四层		0.45	0.58	0.68	0.75	0.82	0.85	0.87	0.90
	邻跨或隔跨	二层		0.50	0.60	0.68	0.75	0.84	0.84	0.87	0.90
		四层		0.55	0.64	0.71	0.76	0.81	0.85	0.88	0.90
四层梁中	本跨	二层	0.60	0.68	0.74	0.79	0.84	0.86	0.88	0.89	0.90
		三层	0.65	0.71	0.76	0.80	0.84	0.86	0.88	0.89	0.90
	邻跨或隔跨	二层	0.65	0.70	0.75	0.80	0.83	0.85	0.87	0.89	0.90
		三层	0.70	0.75	0.80	0.84	0.86	0.88	0.89	0.89	0.90
四层板中	本跨	二层		0.40	0.51	0.60	0.68	0.75	0.81	0.89	0.90
		三层		0.45	0.56	0.66	0.74	0.79	0.84	0.89	0.90
	邻跨或隔跨	二层		0.70	0.76	0.81	0.84	0.86	0.88	0.89	0.90
		三层		0.80	0.84	0.86	0.88	0.89	0.89	0.89	0.90

注：验算点位置见附录 A 中图 A.0.3。

6.4.9 当楼盖上有多台机器同时运转时，在某验算点产生的合成振动位移和速度，应按下列公式计算：

$$A_{m}=\sqrt{\sum_{j=1}^{m}A_{j}^{2}} \tag{6.4.9-1}$$

$$V_{m}=\sqrt{\sum_{j=1}^{m}V_{j}^{2}} \tag{6.4.9-2}$$

式中 A_m——多台机器同时运转时，在楼盖某验算点产生的合成振动位移（m）；

V_m——多台机器同时运转时，在楼盖某验算点产生的合成振动速度（m／s）。

6.4.10 当楼盖上设置的风机、制冷压缩机、水泵等周期性运转机器为 2～4 台时，其合成振动位移或速度可取其中两台在验算点上产生较大的响应振动位移或速度之和。

7　设备布置、隔振及构造措施

7.1　设 备 布 置

7.1.1 有抗微振要求的多层厂房，设备的布置应符合下列规定：

（1）厂房中有强烈振动的设备或对振动很敏感的设备和仪器，宜布置在厂房底层；

（2）厂房中有较大振动的设备或对振动敏感的设备和仪器，宜靠近承重墙、框架梁及柱等楼盖局部刚度较大的部位布置；

（3）厂房内同时布置有较大振动的设备和对振动敏感的设备、仪器时，宜分类集中，分区布置，并利用厂房变形缝分隔；

（4）对振动敏感的设备和仪器，应远离有较大振动的设备；

（5）厂房中有水平扰力较大的设备时，宜使其扰力方向与厂房结构水平刚度较大的方向一致。

7.1.2 多层厂房中设有对振动敏感的设备和仪器时，不宜设置吊车。

7.2　设备及管道隔振

7.2.1 设置在楼盖上的牛头刨床、砂轮机、制冷压缩机和水泵等设备，宜采用加设橡胶隔振垫等简易隔振措施。

7.2.2 各类动力设备与管道之间，宜采用软管或弹性软管连接；管道与建筑物连接部位应采取隔振措施。

7.3　构 造 措 施

7.3.1 多层厂房为多跨结构时，宜采用等跨结构。

7.3.2 楼盖采用的混凝土强度等级，不应低于 C20。

7.3.3 装配整体式楼盖的构造，应符合下列要求：

（1）楼盖主梁应按迭合式梁设计，框架柱与主梁应采用刚性接头；

（2）预制板的板缝中应配置统长钢筋，其直径不应小于10mm，板缝应采用 C20 细石混凝土填实；

（3）预制板上必须加设细石混凝土后浇层，其强度等级不应小于 C20，厚度不应小于 60mm。后浇层中应配置钢筋网，钢筋网中钢筋的间距不应大于 200mm，直径宜为 6～8mm。板的支座处，后浇层顶部应加设负钢筋，其间距不应大于 200mm，直径不应小于 10mm。

7.3.4 楼板应与圈梁、连系梁连成整体。

7.3.5 厂房底层设有强烈振动的设备时，应设置独立基础，并应与厂房基础脱开。

附录 A　多层厂房楼盖振动位移传递系数简化计算法

A.0.1 本附录适用于板梁相对抗弯刚度比 α 在 0.4～3 范围内，厂房跨度少于或等于三跨的现浇钢筋混凝土肋形楼盖或带现浇钢筋混凝土面层的预制槽形板楼盖。

A.0.2 位移传递系数的计算，应符合下列规定：

A.0.2.1 当$f_1 \leqslant f_0 \leqslant f_{11}$时：

（1）扰力作用点在梁中或板中，验算点也在梁中或板中的位移传递系数，可按下式计算：

$$\gamma=\gamma_{1} \tag{A.0.2-1}$$

式中 γ_1——扰力作用点在梁中或板中，机器扰力频率大于或等于楼盖第一频率密集区内最低固有频率计算值且小于或等于楼盖第一频率密集区内最低固有频率时，楼盖上其它梁中或板中某验算点的位移传递系数。

(2) 当扰力作用点不在梁中或板中，验算点在梁中或板中的位移传递系数，可按下式计算：

$$\gamma = \rho\gamma_1 \qquad (A.0.2-2)$$

式中 ρ——扰力作用点位置换算系数。

(3) 当验算点不在梁中或板中时的位移传递系数，可按本规范第 A.0.5 条的规定确定。

A.0.2.2 当 $f_0 < f_1$ 时：

位移传递系数可按本规范第 A.0.6 条的规定确定。

A.0.3 扰力作用点在梁中或板中，机器扰力频率大于或等于楼盖第一频率密集区内最低固有频率计算值且小于或等于楼盖第一频率密集区内最低固有频率时，楼盖的其它各梁中或板中验算点(图 A.0.3)的位移传递系数 γ_1，可按表 A.0.3 确定。

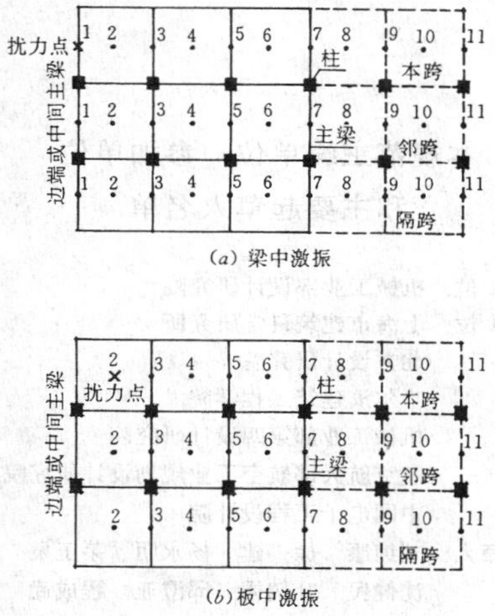

(a) 梁中激振

(b) 板中激振

图 A.0.3 扰力作用点和验算点位置图

A.0.4 扰力作用点位置换算系数 ρ，可按下列规定计算：

(1) 根据扰力作用点和验算点的位置，将所计算的楼盖分区(图 A.0.4)，其中 C 区为扰力作用点所在的区，当扰力作用点在三跨的中跨时，C 区沿跨度方向的相邻区为 D 区，单跨楼盖无 D 区；

(2) 当扰力作用点在梁上，验算点位于 A 区时，扰力作用点位置换算系数 ρ 可按表 A.0.4-1 确定；

位移传递系数 γ_1 表 A.0.3

扰力作用点位置	验算点所在跨	验算点位置						
		1	2	3	4	5	6	7
板中	本跨		1.00	$0.55+0.03\alpha-0.1\alpha^{-1}$	$0.50+0.02\alpha-0.12\alpha^{-1}$	$0.30+0.03\alpha-0.1\alpha^{-1}$	$0.18+0.04\alpha$	$0.05+0.03\alpha$
	邻跨		$0.30+0.08\alpha$	$0.20+0.08\alpha$	$0.15+0.08\alpha$	$0.08+0.05\alpha$	$0.06+0.05\alpha$	$0.04+0.02\alpha$
	隔跨		$0.12+0.06\alpha$	$0.10+0.05\alpha$	$0.08+0.05\alpha$	$0.06+0.04\alpha$	$0.04+0.04\alpha$	$0.03+0.01\alpha$
梁中	本跨	1.00	$0.90+0.2\alpha^{-1}$	$0.36+0.08\alpha$	$0.32+0.06\alpha$	$0.10+0.08\alpha$	$0.13+0.04\alpha$	$0.05+0.02\alpha$
	邻跨	0.75	$0.60+0.15\alpha^{-1}$	$0.29+0.06\alpha$	$0.27+0.05\alpha$	$0.10+0.06\alpha$	$0.10+0.04\alpha$	$0.03+0.02\alpha$
	隔跨	0.50	$0.40+0.1\alpha^{-1}$	$0.18+0.04\alpha$	$0.17+0.03\alpha$	$0.08+0.04\alpha$	$0.08+0.03\alpha$	$0.03+0.01\alpha$

注：8、9 点的位移传递系数按 6、7 点相应数值乘以 0.8，10、11 点的位移传递系数按 6、7 点相应数值乘以 0.6。

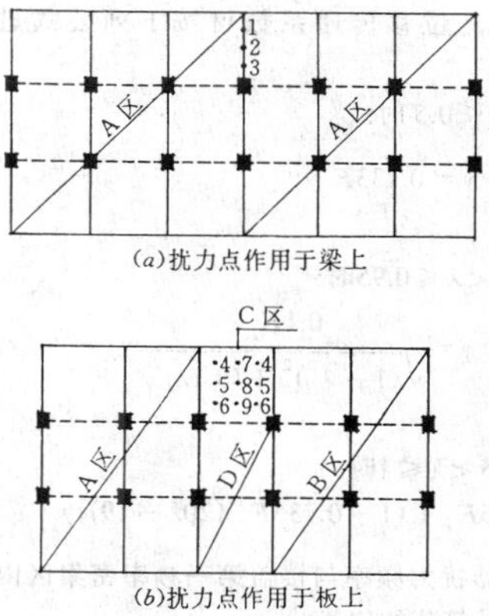

(a) 扰力点作用于梁上

(b) 扰力点作用于板上

图 A.0.4 楼盖分区图

扰力作用点在梁上的 ρ 值 表 A.0.4-1

验算点所在区	扰力点位置		
	1	2	3
A 区	1.40	1.00	1.40

(3) 当扰力作用点在板上，验算点位于 A、B、C 区时，扰力作用点位置换算系数 ρ 可按表 A.0.4-2 确定；

扰力作用点在板上的 ρ 值 表 A.0.4-2

验算点所在区	扰力点位置					
	4	5	6	7	8	9
A 区	1.20	1.10	1.20	1.10	1.00	1.10
B 区	1.80	1.50	1.80	1.10	1.00	1.10
C 区	1.20	1.10	1.20	1.05	1.00	1.05

注：当扰力作用点在4点、5点、6点时，靠近扰力点的主梁，其扰力作用点位置换算系数可采用 B 区的数值乘以 0.9。

(4) 当扰力作用点在板上，验算点在 D 区时，扰力作用点位置换算系数 ρ' 可按 A 区、B 区的数值，由线性插入法计算。

A.0.5 验算点不在梁中或板中时，其位移传递系数的确定，应符合下列规定：

(1) 当验算点与扰力作用点不在同一区格时，可先求出验算点所在区格梁中和板中的位移传递系数 γ_a、γ_c、γ_b，再按图 A.0.5 的规定计算验算点的位移传递系数；

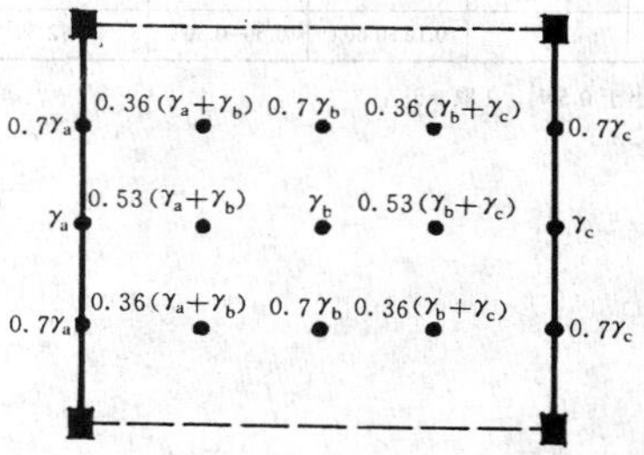

图 A.0.5 验算点与扰力作用点不在同一区格时的位移传递系数

(2) 当验算点与扰力作用点在同一区格时，验算点的位移传递系数可按表 A.0.5 计算。

验算点与扰力作用点在同一区格时的位移传递系数 表 A.0.5

扰力点位置	验算点位置							
	4	5	6	7	9	4′	5′	6′
4	1.00	0.69η	0.49η	1.15	0.91	0.56η	0.64η	0.44η
5	0.42η	1.00	0.42η	0.80	0.80	0.38η	0.58η	0.38η
6	0.5η	0.69η	1.00	0.90	1.15	0.44η	0.6η	0.56η
7	0.52η	0.53η	0.38η	1.00	0.80	0.52η	0.53η	0.38η
9	0.38η	0.53η	0.52η	0.80	1.00	0.38η	0.53η	0.52η

$\eta = 1.55+0.03\alpha-0.1\alpha^{-1}$

A.0.6 机器扰力频率 f_0 小于楼盖第一频率密集区内最低固有频

率计算值 f_1 时，位移传递系数可按下列公式进行计算(图A.0.6)：

(1) 当 $0<\lambda\leqslant 0.5$ 时：

$$\gamma=0.133F_{\lambda}\gamma_{s} \qquad (A.0.6-1)$$

(2) 当 $0.5<\lambda\leqslant 0.95$ 时：

$$\gamma=\frac{0.1F_{\lambda}}{\sqrt{(1-\lambda^{2})^{2}+(0.1\lambda)^{2}}}\gamma_{s} \qquad (A.0.6-2)$$

(3) 当 $0.95<\lambda\leqslant 1$ 时：

$$\gamma=[0.735F_{\lambda}+(1-0.735F_{\lambda})(20\lambda-19)]\gamma_{s} \qquad (A.0.6-3)$$

式中 λ——机器扰力频率与楼盖第一频率密集区内最低固有频率计算值的比值；

γ_s——机器扰力频率与楼盖第一频率密集区内最低固有频率计算值相同时的位移传递系数；

F_{λ}——调整系数，按本规范第A.0.7条的规定确定。

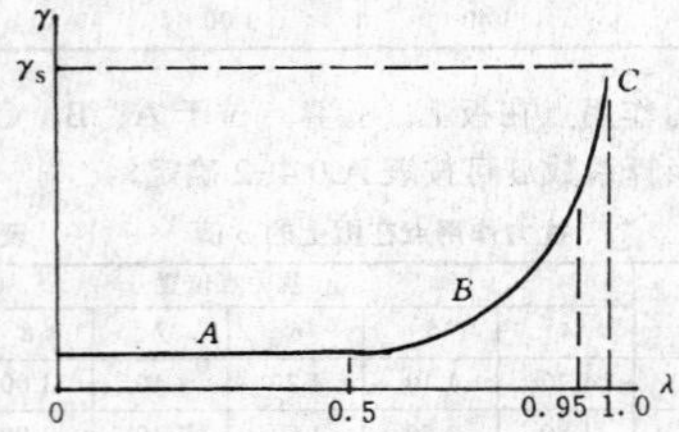

图 A.0.6 γ-λ 关系曲线

A.0.7 调整系数 F_{λ}，可按表 A.0.7 确定。

调整系数 F_{λ} 表 A.0.7

扰力作用点位于	验算点位于	验算点位置 5	4	3	2	1
板中	本跨	3.20−2.25λ	3.80−2.85λ	10.80−10.00λ	1.00	
	邻跨	0.09−0.15λ	1.35−0.40λ	2.90−2.05λ	2.70−1.80λ	
	隔跨	1.60−0.75λ	0.55+0.20λ	1.60−0.75λ	0.82	
梁中	本跨		3.30−2.55λ	4.65−3.60λ	12.30−11.5λ	1.00
	邻跨		1.10−0.35λ	1.20−0.25λ	3.20−2.25λ	4.90−4.00λ
	隔跨		0.10+0.60λ	0.50+0.30λ	0.82	1.25−0.40λ

注：当 λ 小于 0.5 时，λ 取 0.5。

附录 B 本规范用词说明

B.0.1 为便于在执行本规范条文时区别对待，对要求严格程度不同的用词说明如下：

(1) 表示很严格，非这样做不可的：
正面词采用"必须"；
反面词采用"严禁"。

(2) 表示严格，在正常情况均应这样做的：
正面词采用"应"；
反面词采用"不应"或"不得"。

(3) 表示允许稍有选择，在条件许可时首先应这样做的：
正面词采用"宜"或"可"；
反面词采用"不宜"。

B.0.2 条文中指定应按其它有关标准、规范执行时，写法为"应符合……的规定"或"应按……执行"。

附加说明

本规范主编单位、参加单位和主要起草人名单

主编单位：机械工业部设计研究院

参加单位：上海市建筑科学研究所
北方设计研究院
哈尔滨建筑工程学院
机械工业部第四设计研究院
航空航天部航空工业规划设计研究院
中国电子工程设计院

主要起草人：刘纯康 徐建 杨永明 茅玉泉 郭长城 沈健民 叶鹤秀 邱澄亚 程成武 赵贞福 刘世友 陈巍 朱本全

中华人民共和国国家标准

多层厂房楼盖抗微振设计规范

GB 50190—93

条 文 说 明

前　言

本规范是根据国家计委计综（1984）305号文的要求，由机械工业部负责主编，具体由机械工业部设计研究院会同上海市建筑科学研究所、北方设计研究院、哈尔滨建筑工程学院、机械工业部第四设计研究院、航空航天部航空工业规划设计研究院、中国电子工程设计院共同编制而成，经建设部一九九三年十一月十六日以建标〔1993〕859号文批准，并会同国家技术监督局联合发布。

在本规范的编制过程中，规范编制组进行了广泛的调查研究，认真总结我国的科研成果和工程实践经验，同时参考了有关国外先进标准，并广泛征求了全国有关单位的意见。最后由我部会同有关部门审查定稿。

鉴于本规范系初次编制，在执行过程中希望各单位结合工程实践和科学研究，认真总结经验，注意积累资料，如发现需要修改和补充之处，请将意见和有关资料寄交机械工业部设计研究院（北京王府井大街277号、邮政编码：100740），并抄送机械工业部，以供今后修订时参考。

中华人民共和国建设部

一九九三年十一月

目　次

1　总　则

1.0.1、1.0.2　随着工业建设的发展，为了节约土地，减少管线长度和生产运输距离，多层工业厂房越来越多，需要有这方面的设计规范来指导机器设备上楼的楼盖设计。本规范为中小型金属切削机床、制冷压缩机、电机、风机或水泵等设备设在楼盖上时的抗微振设计提供了整套设计方法，其目的是将机器设备上楼后楼盖产生的振动对机床加工精度、仪器仪表正常工作和操作人员健康的影响控制在允许限值内。通过对已投入使用的70多个多层厂房调查，目前上楼的动力设备其扰力一般都小于600N，本规范的试验和调查资料都是在这种条件下得到的，因此规范提出了动力荷载在600N以下的限制。

1.0.3　本规范仅对楼盖的抗微振设计作出规定，对于多层厂房的静力和抗震设计，仍需按相应的国家现行标准规范进行设计。

3　基本规定

3.0.1　本条根据多层厂房楼盖抗微振设计的需要，提出了楼盖抗微振设计所需的资料。

3.0.2　本条根据对目前我国已经建成投产的多层厂房的调查研究，提出了适合我国国情的楼盖形式。

3.0.3　本条是根据73个多层厂房的宏观调查而提出楼盖梁、板的最小尺寸，供设计者在初步设计时参考，同时也可避免设计时采用过小的截面尺寸而造成不良后果。

3.0.4　本条强调各类设备的动力荷载应由设备制造厂提供。但目前并非所有的上楼设备都具有扰力资料，当没有扰力资料时，应按第4章的规定确定。

3.0.5　各类机床、仪器和设备的振动允许值应由制造厂家或研制部门提供，但鉴于国内外目前还无法做到，为今后能逐步达到上述要求，因此本条中强调应由有关部门提出。

3.0.6　本条给出了动力设备上楼后楼盖上产生的振动对机床加工精度、仪器或设备正常工作以及操作人员健康的影响限制在允许范围内的设计表达式。

3.0.7　机器设备上楼楼盖的振动计算比较复杂，规范编制组通过大量调查统计分析后，提出了楼盖界限刚度值，设计时只要采用的梁板刚度不低于该界限值，楼盖振动就可以基本上控制在设备加工精度要求的允许范围内。统计表明，每台机床在生产区的占有面积大致可分为三类，即密集（小于$10m^2$／台）、一般（11～$18m^2$／台）、稀疏（大于$18m^2$／台），各自所占的比例约为18%、62%和20%。表3.0.7就是根据本规范的机床扰力值，按最不利的排列进行振动计算，在满足加工粗糙度要求“较粗”时（即楼盖控制点合成振动速度不大于1.5mm／s）楼盖的最低刚度与机床分布密度、梁板刚度比之间的关系。

4　动力荷载

4.1　机床扰力

4.1.1、4.1.2　决定机床扰力的影响因素很多，如运转质量、不平衡的偏心距、加工材料和切削量、操作过程中回车换向时的脉冲性冲击和运行部件间的摩擦等，因此机床扰力很难由质量、偏心距和频率的关系来确定。

表4.1.1中的机床扰力值是采用对称质量偏心法、激振模拟法和弹性支承法对几十台机床进行试验，测定了综合竖向效应的扰力值，按同类分组进行数理统计分析，使所提供的机床扰力具有95%以上的保证率，因此表4.1.1中的机床扰力值是当量竖向扰力。

机床扰力作用点的确定，曾有三种观点：一是在加工部位的主轴旋转中心；二是取机床的质心；三是根据试验实测时，均取机床支承结构处的振动量，所以应取机床支承底面积中心。为了便于取值，并与试验一致，本规范取机床支承底面积中心作为扰力作用点。

4.2　风机、水泵和电机扰力

4.2.1～4.2.3　风机、水泵和电机属于旋转运动设备，这类设备在传动过程中由不平衡质量引起的扰力，除了与偏心质量、偏心距和工作频率有关外，还与制造装配的密合性，间隙、磨损、轴承变形以及运转部件质量分布不均匀程度有关。这三类设备的工况属稳态振动，其扰力的确定采用理论公式（4.2.1−1）计算，取叶轮和转子的质量作为旋转部分的质量，其它部分影响综合到对应的当量偏心距e_0中。当量偏心距e_0按下列方法确定：

(1) 风机的当量偏心距是根据国家标准图CG327提供的扰力试验资料换算得到的，由于风机分直联和皮带传动两种，直联式风机无附加传动部件，运动平稳，因此偏心距比皮带传动式小。

(2) 目前上楼的水泵大多数是清水泵，清水泵的允许偏心距根据技术条件规定，叶轮不平衡试验精度不应低于G6.3级，即$e_0\omega=6.3$。其叶轮质量不平衡偏心距，参照国外资料，将产品的允许偏心距乘以10倍得出当量偏心距。

(3) 根据电机技术条件规定，电机转子的允许偏心距e_0按下式确定：

$$e_0 = Gr / w \tag{1}$$

式中　G——转子不平衡重量；

r——转子半径；

w——转子重量。

参照国外资料，将电机的允许偏心距乘以5倍得出当量偏心距。

在规范编制过程中，对表4.2.2所列的当量偏心距进行过可靠性试验，对5台风机、3台水泵和8台电机进行扰力试验，试验结果表明按表4.2.2计算的扰力值为试验值的1.2～2.5倍，按表4.2.2的当量偏心距计算设备的扰力值是安全可靠的。

4.3　制冷压缩机扰力

4.3.1～4.3.3　制冷压缩机通常称为冷冻机，属旋转往复运动设备，气缸型式有立式、V型、W型、S型四类，曲柄可分为单曲柄和双曲柄。当制冷压缩机各列往复质量相等并配以适当的平衡块时，理论上一阶扰力和扰力矩是完全可以平衡的，只有二阶扰力和扰力矩；而高阶扰力很小可忽略不计。至于配用电机产生的一阶扰力可由公式（4.2.1−1）计算，与制冷压缩机扰力同时作用于支承结构上。

在计算制冷压缩机的扰力和扰力矩时，扰力矩和水平扰力引起的回转力矩可以简化为一对方向相反的竖向扰力，作用于设备底座边缘或底脚螺栓的位置，而扭转力矩可忽略。

5　竖向振动允许值

5.0.1、5.0.2　本章针对多层工业厂房中机床、仪器和设备上楼后的抗微振要求，提出了相应的振动控制标准，适用于机械加工、装配调试、科研试验楼等多层建筑。

由于对振动允许值的控制部位有不同的要求和理解，从机床、仪器和设备的生产、研制部门角度来说，要求控制其最敏感的部位，如机床的加工刀具与工件接触部位、仪器设备的光栅、光刻读数部位或支承刀口部位等。但从土建工程设计角度来说，上述部位的振动控制需换算到直接支承机床、仪器和设备的支承台面，即台座或基座表面的振动。因此本章所规定的振动允许值的控制部位一律指机床或仪器、设备的支承面上。

表达振动允许值的参量是很复杂的。大量试验表明，机床、仪器和设备的振动允许值并非常量，在试验的幅频曲线上呈现复杂的关系，每种设备有若干共振频率，在这些共振频率上表现出它们对振动敏感，而在其它频率上不太敏感。即使同种设备，由于制造和装配的误差不同，每台设备的共振点也不会在同一频率上。若要用这些曲线来表达多种机床、仪器和设备的振动允许值，显然是不现实的。经过对试验数据的统计分析得出每种机床、仪器和设备的振动允许值，在诸多物理量中总能接近某个振动物理量，统计结果表明这个物理量就是振动速度。同时试验又表明，也有部分仪器、设备的振动允许值受振动频率的影响不太明显，而采用振动位移来控制更接近实际。为此本章在规定振动允许值以振动速度作为基本控制指标的同时，对部分仪器、设备在频率为10Hz以下的低频段增加了振动位移的控制指标。

本章表5.0.1和表5.0.2规定的振动允许值是根据下列因素确定的：

(1) 保证机床、仪器和设备正常工作和加工精度要求，不致因上楼设备的运行而影响产品质量和操作人员的正常工作与健康；

(2) 所给定的振动允许值以试验为基本依据，是30年来对仪器仪表和设备正常工作状态下的测试资料和对生产实践经验的广泛调查研究的成果。

本规范所确定的振动允许值只列举了可以上楼的仪器设备并经过试验、调查和统计分析的机床和仪器设备，对于未列入和由于科学技术的发展而研制和生产的新设备的振动允许值，仍应按上述原则要经过试验确定。在无试验条件的情况下，可以参照本章确定，这时首先应将结构特征和工作原理与本章中同类设备的结构特征和工作原理相近的设备进行对比，以确定该机床或仪器、设备振动允许值的衡量标准，然后比较它们的加工或测试精度，以确定该机床或仪器、设备的振动允许值。

6 竖向振动值

6.1 一般规定

6.1.1 本条提出了楼盖振动计算的步骤和要求。

6.1.2 为了简化计算，规范编制组经过多年的试验研究分析，提出了简易实用且具有一定准确性的扰力作用点下振动位移的计算方法。该方法是将楼盖沿纵向视作彼此分开的多跨连续T形梁，当计算主梁上扰力作用点下的振动位移时，则可直接将主梁视作T形梁来计算。因此，楼盖的振动计算简化为T形单跨或多跨连续梁的计算模型。

6.1.3 钢筋混凝土楼盖结构的阻尼比ζ，通过大量实测资料统计，装配整体式楼盖的阻尼比为0.065～0.08，现浇混凝土楼盖的阻尼比为0.045～0.06，本规范中阻尼比统一取为0.05，是偏于安全的。

6.1.4 通过三组混凝土构件（C20、C30、C40），分别在静态万能试验机及动态试验机上进行试验，动荷载的频率范围为10～40Hz，三组试件平均动静弹性模量比值见表1：

动静弹性模量比值　　表1

动荷载幅度(N)	2000～5000	5000～10000	5000～20000	10000～30000
$E_{动}/E_{静}$	1.04	1.16	1.27	1.34

由于本规范上楼设备属中小型，扰力很小，$E_{动}/E_{静}<1.04$，因此建议混凝土的动弹性模量可近似地取静弹性模量值。

6.2 楼盖刚度计算

6.2.1～6.2.3 本节给出钢筋混凝土肋形楼盖或装配整体式楼盖刚度计算公式，其计算简图按本规范第6.1.2条的规定采用。

6.3 固有频率计算

6.3.1～6.3.3 楼盖竖向固有频率的计算，按本规范第6.1.2条中提出的计算模式进行，即采用单跨或多跨连续梁的计算模型，由梁的自由振动方程式：

$$\frac{(1+ir)EI}{\overline{m}}\frac{\partial^4 z}{\partial x^4}+\frac{\partial^2 z}{\partial t^2}=0 \tag{2}$$

可解得K振型固有频率：

$$f_k=\varphi_k\sqrt{\frac{EI}{\overline{m}l_0^4}} \tag{3}$$

$$\varphi_k=\frac{\alpha_k^2}{2\pi} \tag{4}$$

第6.3.3条给出了固有频率系数φ_k的计算表格。

6.3.6 在梁上同时具有均布质量m_u和集中质量m_j时，用精确法求算该体系的固有频率和振型是十分复杂的，可近似地采用“能量法”将集中质量换算成均布质量，较简便地求出该体系的固有频率和振型。对于同时具有均布质量m_u和集中质量m_j的梁，假定其振型曲线$z(x)$与具有均布质量$\overline{m}$梁的振型曲线相同。

当仅有均布质量m_u时，体系的固有圆频率为：

$$\omega=\sqrt{\frac{\int_0^l EI[z''(x)]^2dx}{\int_0^l m_u z^2(x)dx}} \tag{5}$$

当既有均布质量m_u，又有集中质量m_j时，体系的固有圆频率为：

$$\omega=\sqrt{\frac{\int_0^l EI[z''(x)]^2dx}{m_u\int_0^l z^2(x)dx+\sum_{j=1}^{n}m_j z_j^2}} \tag{6}$$

令两者的固有频率和振型相同可得：

$$\overline{m}=m_u+\frac{1}{l}\sum_{j=1}^{n}m_j k_j \tag{7}$$

$$k_j=\frac{z_j^2}{\frac{1}{l}\int_0^l z^2(x)dx}$$

表6.3.7中的k_j值就是按上式求得的，上述公式是按单跨梁推导的，关于连续梁上的集中质量换算成均布质量，其原理与单跨梁相同。

6.4 竖向振动值计算

6.4.1、6.4.2 楼盖扰力作用点的竖向振动位移，采用了连续梁的计算模型，由梁的振动方程：

$$EI\frac{(1+ir)}{\overline{m}}\frac{\partial^4 z(x,t)}{\partial x^4}+\frac{\partial^2 z(x,t)}{\partial t^2}=\frac{P(x)}{\overline{m}}e^{j\omega t} \tag{8}$$

可解得：

$$z(x,t)=\sum_{k=1}^{\infty}\frac{\beta_k}{\sqrt{\left(1-\frac{\omega^2}{\omega_{nk}^2}\right)^2+(2\zeta)^2}}z_k(x)e^{j(\omega t-r_k)} \tag{9}$$

$$\beta_k=\frac{\sum_{i=1}^{n}\int_0^l\frac{P_i(x)}{\overline{m}}z_{ik}(x)dx}{\omega_{nk}^2\sum_{j=1}^{n}\int_0^l z_{ik}^2(x)dx} \tag{10}$$

$$r_k=\tan^{-1}\frac{2\zeta}{1-\frac{\omega^2}{\omega_{nk}^2}} \tag{11}$$

$$\omega_{nk}=\frac{\alpha_k^2}{l^2}\sqrt{\frac{EI}{\overline{m}}} \tag{12}$$

如果略去相位角 r_k，并令 $\sin\omega t=1$，则得到梁上任一点 x 处的最大位移方程为：

$$A(x)=\sum_{k=1}^{\infty}\frac{\sum_{i=1}^{n}\int_0^l P_i(x)z_{ik}(x)dx}{\overline{m}\omega_{nk}^2\sum_{i=1}^{n}\int_0^l z_{ik}^2(x)dx}\quad z_k(x)\frac{1}{\sqrt{\left(1-\frac{\omega^2}{\omega_{nk}^2}\right)^2+(2\zeta)^2}} \tag{13}$$

当连续梁第 s 跨作用有一集中扰力 $P_s\sin\omega t$ 时，则：

$$\sum_{i=1}^{n}\int_0^l P_i(x)z_{ik}(x)dx=P_s z_{sk}(x_p) \tag{14}$$

式中 x_p——集中扰力 $P_s\sin\omega t$ 离支座的距离。

$$A(x)=\frac{2P_s l^3}{nEI}\sum_{k=1}^{\infty}\frac{z_{skB}(x_p)z_{ikB}(x)}{\alpha_k^4}$$

$$+\frac{2P_s l^3}{nEI}\sum_{k=1}^{\infty}\frac{y_{skB}(x_p)y_{ikB}(x)}{\alpha_k^4}\left(\frac{1}{\sqrt{(1-\frac{\omega^2}{\omega_{nk}^2})^2-(2\zeta)^2}}-1\right)$$

$$=A_{st}+A_1(\eta_1-1) \tag{15}$$

本规范采用连续梁模型来计算楼盖的固有频率和扰力作用点下的位移，由于做了简化处理，楼盖固有频率和位移计算必将产生一定的误差，规范做了以下考虑：计算连续梁第一密集区内最低和最高固有频率时，考虑±20%的误差范围，如图 1 所示，然后将频率密集区内多条 A–f 响应曲线汇成一条包络线 a、b、c、d、e，从而可将多自由度体系用当量单自由度体系的形式来表达。

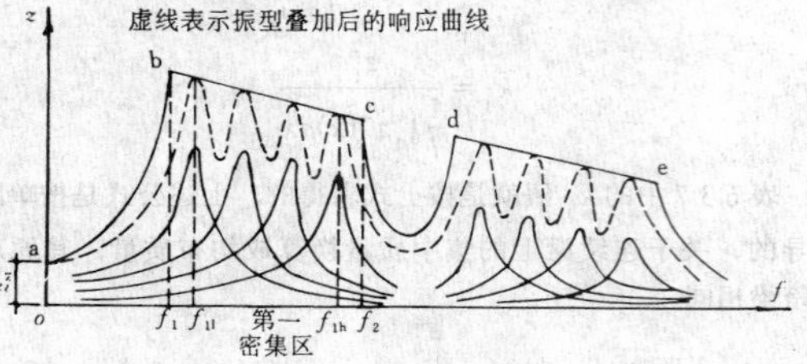

图 1 A–f 响应曲线

然后在此基础上将响应曲线按不同频率进行分段，计算其振动位移。在共振区前 $f_0<f_1$ 时按上述推导公式计算：

$$A_0=A_{st}+A_1(\eta_1-1) \tag{16}$$

$$\eta_1=\frac{1}{\sqrt{\left(1-\frac{f_0^2}{f_1^2}\right)^2+\left(2\zeta\frac{f_0}{f_1}\right)^2}} \tag{17}$$

当 $f_1\leqslant f_0\leqslant f_2$ 时：

$$A_0=A_1\eta_2-A_2\left(\frac{1}{2\zeta}-\eta_2\right) \tag{18}$$

$$\eta_2=\frac{1}{2\zeta}\frac{f_2-f_0}{f_2-f_1} \tag{19}$$

由于（6.15）式和（6.17）式在 $f_0=f_1$ 处不连续，因此将（6.15）式改为：

$$A_0=\frac{1-2\zeta\eta_1}{1-2\zeta}A_{st}+\frac{\eta_1-1}{1-2\zeta}A_1 \tag{20}$$

规范中引用了空间影响系数 ε，这是由于连续梁的计算简图是将楼盖视作彼此独立的梁来进行计算，未考虑其空间整体作用，因此计算结果均较实测数据大，通过计算与实测数据对比分析，引入空间影响系数 ε 后，使计算结果更符合实际。用本规范方法计算跨中板条上激振点下位移和固有频率与实测结果的对比见表 2。

6.4.3 扰力作用点下位移计算的位置修正系数 φ 值，是由于计算和实测对比分析都是根据二跨及三跨多层厂房楼盖边跨的跨中板条作为一连续梁计算的，对于扰力作用点在单跨跨中或三跨中间跨的跨中板条上时，通过有限元计算得到其位移与前者的比例关系分别为 1.2 和 0.8。

用本规范计算激振点下位移与自振频率与实测结果对比　　表 2

厂　房	扰力 N 激振点		自振频率 计算值/实测值 Hz		激振点位移 计算值/实测值 μm	
	板中	梁中	板　中	梁　中	板　中	梁　中
微型轴承厂	130	1325	20/23.7	21.02/20.8	9.5/8.6	24.6/27.6
	1735	1707	20/23.8	21.02/23.6	122/109.5	26.3/23.7
上海拖拉机厂中小件车间	700		15.42/15.10		112/119	—
	746		15.42/13.90	—	56/45.9	—
上海铁锅厂	154	1009	16.0/23	17.5/18.4	10/11.5	27.6/22.5
	154	1324	16/21	17.5/20.8	10.4/6.7	35.2/46.5
	154	154	16/19.5	17.5/18.5	10.7/10.8	4.1/3.5
石家庄电机厂	113	157	13.3/20	14.6/17	5.3/5.2	4.4/4.2
	113	157	13.3/15	14.6/15	5.8/6.9	4.6/4.4
	147		13.3/15	—	7.6/7.2	—
华北光学仪器厂	162	162	15/17.75	19/17.25	12.7/10.1	10.1/6.6
	113	113	15/17.75	19/18.25	8.8/8.5	7.8/5.9
	56	56	15/18	19/18.25	4.4/4.9	3.9/3.6
上海柴油机厂油泵分厂	154	154	15.46/15.4	14.8/15.4	15.1/15～17.5	9.5/6.7
	154		15.46/21.60	—	14.7/15.4	—
唐山煤炭科学研究院	239		32.755/31.562	30.60/31.125	7/5.3～6.36	5.096/4.95～5.01
			—	—	—	—
上海矿用电器厂	165		12.7/13	—	15.4/12.3	—
上海灯泡一厂	165		15.2/22	—	16.6/16.9	—
东方造纸机械厂	165		17.3/19	—	7/5.3	—
唐山电子管厂				24.78/24.75～25.44		

6.4.4 机床是一个多自由度振动体系，其工作转速随加工材料和工艺要求不同，变化范围很大，且启闭频繁，很难避开楼盖的固有频率，因此机床的扰力频率可近似地取楼盖的第一密集区中最低固有频率 f_{1l}。

6.4.5 机器扰力作用点以外的楼盖响应振动位移简化计算法的提出是以有限单元法为基础，采用计算和实测相结合的原则，吸取了国内所提出的各种计算方法中的优点。

简化计算法的基本思想是："抓住一条主线，做出三个修正。"一条主线是扰力点作用于梁中（板中）共振时，其它各梁中（板中）位移传递系数的计算。三个修正是：扰力点不作用在梁中（板中）的修正；验算点不在梁中（板中）的修正；非共振（共振前）的修正。

影响楼盖振动位移传递系数的因素有：板梁刚度比，阻尼比，频率比，扰力点及验算点的位置等。由于本规范中阻尼比已取为定值 0.05，其它因素简化计算法中均给予考虑。

(1) 扰力作用于梁中（板中）共振时，其它各梁中（板中）位移传递系数 γ_1，是通过对 44 个模拟厂房的有限元计算和 10 多个厂房实测结果进行数理统计，取具有 90%以上保证率进行回归分析，对得到的曲线进行归类优化，得出 γ_1 的计算公式。

所选取厂房的板梁刚度比变化范围为 0.4～3.0，取单跨、二跨和三跨分别进行统计和回归。结果表明：单跨、二跨和三跨的本跨，二跨和三跨的邻跨，其位移传递系数的数值相差不多（小于 10%），为简化计算，对本跨和邻跨按同一公式考虑。

(2) 对扰力点不作用在梁中（板中）时的位移传递系数与扰力作用于梁中（板中）时位移传递系数的比值分析发现，在某些区域内，扰力点位置换算系数 ρ 为常数。

ρ 值与板梁刚度比有关，但相差不大（小于 15%），为简化起见，换算系数取其包络值，而不与板梁刚度比相联系。

(3) 验算点位置换算系数是采用插入法原理并根据有限单元法计算结果进行了调整。

(4) 共振前的传递系数，采用有限元进行分析，频率比采用 0.1、0.2、0.3、0.4、0.5、0.6、0.7、0.75、0.8、0.85、0.9、0.95、1.0 共 13 个档次。对于每一验算点，其传递系数随频率比呈抛物线变化，类似于单质点放大系数曲线，但其数值不同，两者的差别用函数 F_λ 来修正。

计算结果表明：当频率比 $\lambda \leqslant 0.5$ 时，其传递系数变化较小，接近常数；当 $0.5<\lambda \leqslant 0.95$ 时呈抛物线变化，当 $0.95<\lambda \leqslant 1$ 时呈直线变化。

用本规范计算的传递系数值与实测结果的对比见图 2。

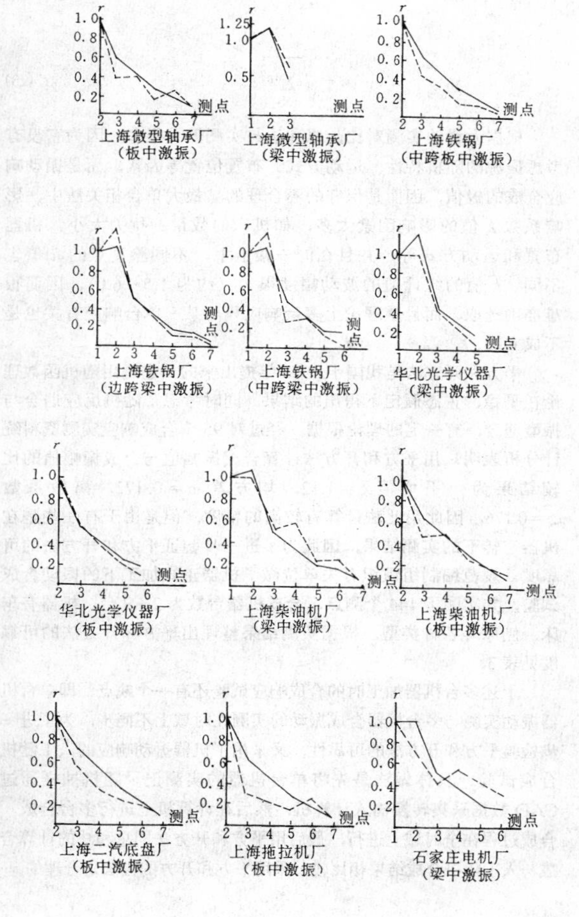

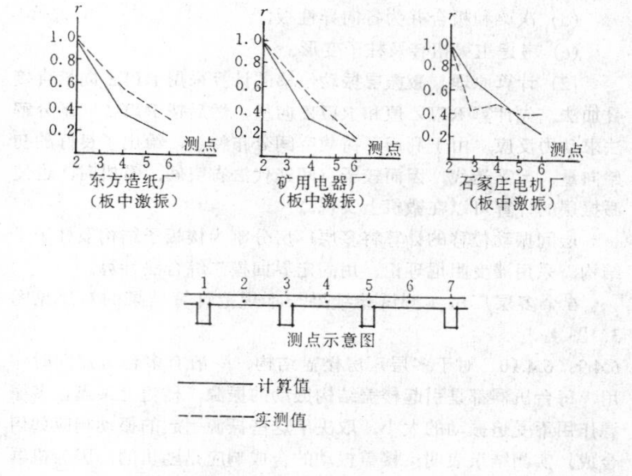

图 2 本规范传递系数简化计算方法与实测结果对比

6.4.6、6.4.7 多层厂房楼盖上各种动力机器设备在生产使用过程中，产生的振动将波及到整个厂房，当楼层内设有精密加工设备、精密仪器和仪表时，其精度和寿命会受到严重的影响。因此必须考虑激振层的平面振动传递，然后通过激振层的柱子传递到其它受振层。

层间振动传递是个复杂的问题，早在 60 年代初就提出来了，并进行了实测试验。80 年代后期，对此又继续进行实测试验，并进行了理论研究。对层间振动传递较为系统地进行了 6 个多层厂房的实测试验，还有个别局部试验或实际生产的测定。在理论研究方面，将多层厂房分割为楼板子结构及柱子子结构，采用固定界面模态综合法计算，并编制了电算程序，其计算值与实测结果相比吻合较好，为层间传递比提供了较为可靠的基础。

（一）层间振动传递的实测试验

(1) 层间振动传递实测试验的结果。实测试验结果表明：层间传递比离散性较大，主要由于影响层间振动的因素较多，如各层楼盖及与振源远近的不同测点均存在一定的共振频率差；在某一共振频率时，并不是各层楼盖及各测点均出现振动的最大响应；在实测试验中存在着某些外界振动干扰或因振动位移较小等因素，给实测试验结果带来误差。

6 个多层厂房的实测值，均考虑在第一共振频率密集区的最大响应，在多个共振频率下，可得到不同的试验值，剔弃过大、过小值，然后对 1 个厂房的多个数据取其均值为实测值。

从 6 个多层厂房楼盖层振动传递的数据中取保证率为 90%以上进行回归分析，并以此作为确定对应距振源 r 处的层间振动传递比。层间振动传递比的大小，一般远处大于近处，大约传到 4 个柱距可考虑接近 1；振源附近各层相差较大，而远距振源各层相差甚小；上层区域大于下层区域；隔跨区域大于本跨区域；振幅小时大于振幅大时。

(2) 生产使用时的层间振动传递比。从西安东风仪表厂实际生产使用时的测定表明：当二层机床开动率为 60%～80%时，梁中最大振动位移 1～6μm，板中最大位移 2～10μm，振动传到三层；其上下对应点的层间振动传递比，梁中为 0.35～0.50，板中为 0.20～0.60，振幅小时传递比大，反之则小。

（二）电算程序说明

为了进行激振层和层间振动位移传递系数的计算，规范组编制了专门计算程序，其计算模型和计算原理如下：

(1) 计算模型。

(a) 以激振层结构或整个厂房为对象做整体计算；

(b) 略去水平位移；

(c) 每个结点取 3 个自由度，竖向位移及绕两个水平轴的转动；

(d) 次梁和板合并为各向异性板；

(e) 考虑主梁扭转及柱子变形。

(2) 计算原理。激振层振动位移的计算采用 RITZ 向量直接叠加法，先计算 RITZ 值和 RITZ 向量，然后按 RITZ 向量分解法求动力反应。由于利用了荷载空间分布特点，给出了良好的初始向量，无需迭代，因而较子空间迭代法省空间、省机时，也使激振层的计算可以在微机上实现。

层间振动位移的计算将多层厂房分割为楼板子结构及柱子子结构，采用滞变阻尼理论，用固定界面模态综合法计算。

6 个多层厂房实测试验结果与本规范计算结果的对比见图 3、图 4。

6.4.9、6.4.10 对于多层厂房楼盖结构，一般有多台机器同时作用，每台机器都是引起楼盖结构振动的振源，楼盖上某点在多振源作用下受迫振动的大小，取决于这些振源引起的振动响应如何合成。实测结果表明：楼盖振动的合成响应是随机的，因为机器的力幅、频率、相位差与加工情况等都有很大的随机性。另外对于多自由度体系的楼盖而言，在随机扰力作用下的最大振动响应往往不会在同一时刻到达，因此多台机器共同作用下的动力响应合成是随机反应遇合与振型遇合的统计率问题。

目前考虑响应合成的方法有如下几种：

(1) 总和法：前苏联 И200−54 认为最大合成响应为各振源单台最大响应的绝对值总和。

$$w = \sum_{i=1}^{n} |w_i| \tag{21}$$

(2) 最大单台相关法：以某单台响应为基数再乘以综合影响系数 k。

$$w = k|w_1| \tag{22}$$

(3) 平方和开方法：合成响应为各单台响应的平方和开方。

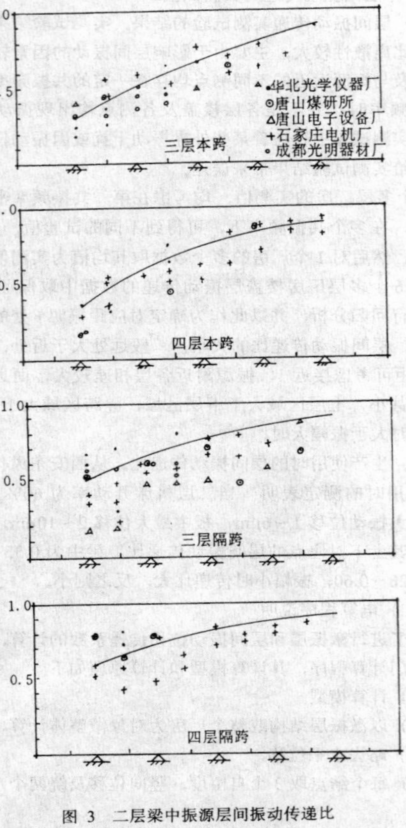

图 3 二层梁中振源层间振动传递比

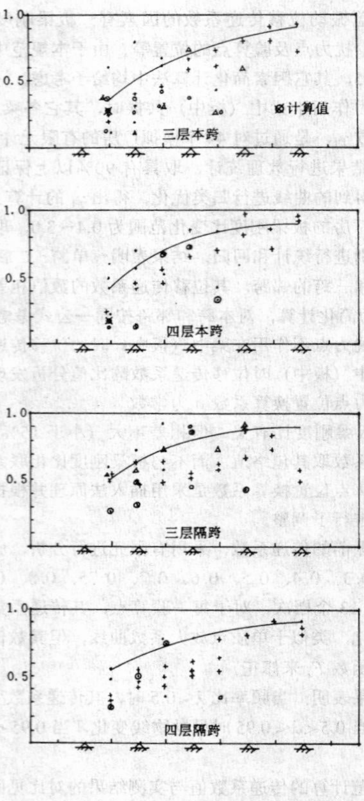

图 4 二层板中振源层间振动传递比

$$w = \sqrt{\sum_{i=1}^{n} w_i^2} \tag{23}$$

根据大量的实测对比，总和法与实测偏大很多，因为它没有考虑振源的随机特性、运动方式、布置位置等因素，而是振动响应合成的极值，因而是保守的不合理的。最大单台相关法中，影响系数 k 值的影响因素太多，如机床的数量、扰力大小、机器布置和运动方式等，并且在同一楼盖上，不同验算点的 k 值也不同。k 值的统计值的波动幅度很大（约为 1.5～6.0），因而很难准确选取，而且从理论上多台响应只与某一单台响应有关也是不成立的。

平方和开方法是我国于 1978 年提出来的，它是用随机函数理论在平稳、正态假定下得出的结果，同时考虑了随机反应遇合与振型遇合，有一定的理论根据。经过对 95 个合成响应实测资料统计分析表明，用平方和开方法计算合成振幅值与合成振幅值的比较结果为：平均值 $\bar{x} = 1.12$，均方差 $\sigma = 0.172$，离散系数 $c_v = 0.176$，因此用此法计算有较高的精度。但是由于有一些是在机器空转下的实测结果，因此为了进一步验证平方和开方法的可靠度，规范编制组组织有关单位做了机器正式加工下的振动合成试验，共实测了 144 个测点，合成机器台数为 2～9 台，机器有车床、刨床等各种类型。根据实测结果整理出平方和开方法的可靠度见表 3。

上述多台机器加工时的合成响应试验还有一个缺点，即单台机器振动实测与多台机器合成振动的实测在时域上不同步。为了进一步检验平方和开方法的可靠性，又采用了机器振动响应的人工随机合成试验，具体做法是先将单台机器的实测记录随机抽样通过 CAD 数据采集转换输入计算机，然后在计算机上进行多台合成，合成过程在全时域上进行，最后用平方和开方法同总和法的计算合成与人工随机合成结果相比较，采用平方和开方的方法是合理的。

平方和开方法的可靠度　　表 3

机器合成台数	2	3	4	5	7	9
测试次数	56	24	24	16	16	8
可靠度 100% 的次数	32	13	19	15	11	6
可靠度 < 100% 的次数	24	11	5	1	5	2
最小可靠度 (%)	98.15	98.86	99.86	99.99	99.99	99.99

合成动力响应采用平方和开方法计算简便，精确度高，可靠度亦大，尤其是机器愈多，且类型又多样时，则与平稳、正态假定愈符合，计算精度亦愈高。但对于扰力周期性较强的同类型机器（如风机、冷冻机等），且台数为 4 台或 4 台以下时宜作修正。理论分析表明：对四台同等简谐扰力作用下，仅考虑相位随机因素时，平方和开方法的可靠度为 84%。实测结果表明，可以直接取其中最大两个单台响应之和。

7　设备布置、隔振及构造措施

7.1　设备布置

7.1.1　本条从设备布置方面对有抗微振要求的楼盖设计提出要求，以限制有强烈振动的设备引起楼盖产生较大的振动，减小对振动敏感设备、仪器的不利影响。在设备布置时，应首先考虑把它们放在厂房的底层。否则为限制个别有强烈振动的设备产生的振动，或为满足个别对振动敏感的设备、仪器的振动控制要求，而采用提高整个楼盖结构刚度的方案在经济上是不合理的。

楼盖振动虽然不遵循类似于地面振动沿各辐射方向有大致相同的振动衰减规律，但有强烈振动的设备安装处将引起较大的楼盖振动，且在其附近常伴有局部振动。虽然此类设备自身对振动限制不严，但它产生的振动波及邻近区域，对其它仪器、设备产生影响。因此，有较大振动的设备和对振动敏感的设备、仪器应分别集中、分区布置。有条件时，可利用厂房伸缩缝（沉降缝、抗震缝）进行分隔。伸缩缝等在构造上若处理得当，对楼盖振动有一定的隔离作用。试验资料表明，有时伸缩缝等可减小 40% 左右的振动量。

对于目前常用的梁板式楼盖，靠近支座（如框架柱、承重墙）部位振动量相对较小，若把对振动敏感的设备、仪器布置在这些楼盖局部刚度较大的部位，则可减小楼盖振动对它们的影响。同理，当设备扰力作用在这些部位时，引起较小的楼盖振动，在这些部位布置有较大振动的设备也是适宜的。

本规范中楼盖的抗微振设计主要考虑楼盖垂直振动的影响，楼盖上设备的水平扰力对楼盖振动的影响采用一对竖向集中力等效。当多层厂房需要考虑水平振动影响时，使水平扰力较大设备的扰力方向与厂房结构水平刚度较大的方向取得一致是有益的。

7.1.2　调查结果表明，设有吊车的多层厂房，吊车运行时楼盖上的设备将受到较大的振动影响，有些工厂的吊车只有等楼盖上设备不工作时才能使用。有抗微振要求的多层厂房，一般不应设置吊车。

7.2　设备及管道隔振

7.2.1　对有强烈振动的设备采取隔振措施可以有效地控制楼盖振动。

砂轮机、空调设备等也宜采用简易隔振措施，如加设橡胶隔振垫等。在多层厂房使用调查中发现，有的厂房楼盖上的磨床受到未经隔振的砂轮机的影响，加工精度不能满足要求；又如某厂房安装在楼盖上的万能工具显微镜，因空调设备的运行无法正常工作。

7.2.2　动力设备与管道之间若不用软管连接，将导致管道振动过大，严重时会引起管道连接处损坏。在管道与建筑物连接部位采用简易隔振措施（如弹性套垫等），可防止安装在墙体上的某些仪表、开关失灵，也可避免因管道振动造成墙体开裂。

7.3　构造措施

7.3.1　多层厂房为多跨结构时，采用等跨结构与采用不等跨结构相比，前者各跨间楼盖的振动分布比较均匀，便于灵活布置对振动要求相近的设备。

7.3.3　采用装配整体式结构时，必须采取措施增强楼盖的整体性，否则将大大降低楼盖的抗微振能力。如因主梁未按迭合梁设计、后浇层厚度过薄，将造成楼盖整体性差、刚度不足，导致楼盖振动过大。

7.3.4　楼板与圈梁、连系梁连成整体，可起到约束楼盖四周边界振动的作用。

7.3.5　在厂房底层，有强烈振动的设备应设置独立基础并与厂房基础脱开，可避免其振动直接通过柱子或墙体传给楼盖，减小对楼盖的振动影响。

中华人民共和国国家标准

古建筑防工业振动技术规范

Technical specifications for protection of historic buildings against man-made vibration

GB/T 50452—2008

主编部门：中华人民共和国住房和城乡建设部

批准部门：中华人民共和国住房和城乡建设部

施行日期：2 0 0 9 年 1 月 1 日

中华人民共和国住房和城乡建设部
公　　告

第121号

关于发布国家标准
《古建筑防工业振动技术规范》的公告

现批准《古建筑防工业振动技术规范》为国家标准，编号为GB/T 50452－2008，自2009年1月1日起实施。

本规范由我部标准定额研究所组织中国建筑工业出版社出版发行。

中华人民共和国住房和城乡建设部

2008年9月24日

前　　言

根据建设部《1999年工程建设国家标准制订、修订计划》（建标［1999］308号）的要求编制本规范。

本规范在编制前，开展了《工业环境振动对文物古迹的影响及相应规范》课题的研究，对主要的工业振源、全国有代表性的古建筑结构及古建筑材料等进行了现场测试和室内实验，取得了大量可供分析的原始数据；对古建筑结构的振动控制标准、结构的动力特性和响应等方面进行了理论研究和实际验证，为制订规范提供了科学的、可靠的依据。

在编制过程中，编制组以上述科研成果为依据、实践经验为基础，对规范的主要内容和问题，采取多种方式广泛征求有关单位和专家、学者的意见，反复讨论、修改，完成规范的送审稿和报批稿，经全国审查会定稿。

本规范分8章、2个附录。主要内容为：古建筑结构的容许振动标准、工业振动对古建筑结构影响的评估、工业振源地面振动的传播、古建筑结构动力特性和响应的计算与测试、防振措施。

本规范由住房和城乡建设部负责管理和解释，五洲工程设计研究院负责具体技术内容解释。在执行过程中，请各单位总结经验，积累资料，如发现需要修改或补充之处，请将意见和建议寄五洲工程设计研究院（地址：北京市西便门内大街85号，邮编：100053），以供今后修订时参考。

本规范主编单位：五洲工程设计研究院（中国兵器工业第五设计研究院）

本规范参编单位：中国文化遗产研究院
中国汽车工业工程公司
中铁工程设计咨询集团有限公司
交通部规划研究院

本规范主要起草人：潘复兰　黄克忠　杨先健　许有全　汪亚干　马冬霞　王洪章　吴丽波

目　次

1 总　　则

1.0.1 为防止工业振源引起的地面振动对古建筑结构产生有害影响，保护历史文化遗产，制定本规范。

1.0.2 本规范适用于：

1 工业交通基础设施等布局中古建筑结构的保护；

2 工业振动对古建筑结构影响的评估和防治。

1.0.3 工业交通基础设施等的布局和工业振动环境中古建筑结构的保护，应遵守《中华人民共和国文物保护法》，正确处理经济建设、社会发展与古建筑保护的关系。保护方案应经过技术经济比较确定。

1.0.4 古建筑防工业振动，除应执行本规范外，尚应符合国家现行有关标准的规定。

2 术语、符号

2.1 术　　语

2.1.1 古建筑　historic buildings

历代留传下来的对研究社会政治、经济、文化发展有价值的建筑物。

2.1.2 古建筑结构　historic building structure

古建筑的承重骨架。

2.1.3 古建筑木结构　historic timber structure

以木材作为承重骨架的古建筑结构。

2.1.4 古建筑砖石结构　historic brick masonry structure

以砖、石砌体为承重骨架的古建筑结构。

2.1.5 殿堂　palatial hall

古代建筑群中的主体建筑，包括殿和堂两类建筑形式。

2.1.6 楼阁　storeyed building

古代建筑中的多层建筑。

2.1.7 塔　pagoda

高耸型点式的多层建筑。

2.1.8 工业振动　man-made vibration

铁路（火车）、公（道）路（汽车）、城市轨道交通（地铁、城铁）、大型动力设备、工程施工等工业振源产生的振动。

2.1.9 动力特性　dynamic characteristic

表示结构动态特性的基本物理量，如固有频率、振型和阻尼等。

2.1.10 动力响应　dynamic response

结构受动力输入作用时的输出，如位移响应、速度响应、加速度响应等。

2.1.11 速度时程　velocity time history

结构质点振动速度在时域内的变化过程。

2.1.12 综合变形系数　multi-transfiguration coefficient

结构弯曲变形、剪切变形、转动惯量等对固有频率影响的系数。

2.1.13 质量刚度参数　mass and stiffness parameter

结构总体质量和刚度的大小及其分布的参数。

2.1.14 动力放大系数　dynamic magnification coefficient

单质点结构在工业振动作用下最大速度响应与地面同方向最大速度的比值。

2.1.15 防振距离　vibration-proof distance

将引起地面振动的振源远离古建筑结构，使之不受振动的有害影响所需的最小距离。

2.1.16 振源减振　vibration absorption of source

通过采取措施以减小振源产生的振动。

2.2 符　　号

2.2.1 作用及作用效应符号

f_r——工业振源地面振动频率；

f_j——结构第 j 阶固有频率；

V_r——工业振源地面振动速度；

V_{max}——结构最大速度响应。

2.2.2 几何参数和计算参数、系数符号

A——截面面积；

b_0——底面宽度；

H——计算总高度；

β——动力放大系数；

γ——振型参与系数；

α——综合变形系数；

λ——固有频率计算系数；

ψ——质量刚度参数。

2.2.3 材料性能及其他符号

E——弹性模量；

$[v]$——容许振动速度；

V_p——弹性纵波（拉压波）传播速度；

V_s——弹性横波（剪切波）传播速度。

3 古建筑结构的容许振动标准

3.1 一般规定

3.1.1 古建筑结构的容许振动应以结构的最大动应变为控制标准，以振动速度表示。

3.1.2 古建筑结构的容许振动速度，应根据结构类型、保护级别和弹性波在古建筑结构中的传播速度选用。

3.1.3 列入世界文化遗产名录的古建筑，其结构容许振动速度应按全国重点文物保护单位的规定采用。

3.2 容许振动标准

3.2.1 古建筑砖石结构的容许振动速度应按表3.2.1-1和3.2.1-2的规定采用。

表3.2.1-1 古建筑砖结构的容许振动速度［v］(mm/s)

保护级别	控制点位置	控制点方向	砖砌体 V_p（m/s）		
			＜1600	1600～2100	＞2100
全国重点文物保护单位	承重结构最高处	水平	0.15	0.15～0.20	0.20
省级文物保护单位	承重结构最高处	水平	0.27	0.27～0.36	0.36
市、县级文物保护单位	承重结构最高处	水平	0.45	0.45～0.60	0.60

注：当 V_p 介于1600～2100m/s之间时，［v］采用插入法取值。

表3.2.1-2 古建筑石结构的容许振动速度［v］(mm/s)

保护级别	控制点位置	控制点方向	石砌体 V_p（m/s）		
			＜2300	2300～2900	＞2900
全国重点文物保护单位	承重结构最高处	水平	0.20	0.20～0.25	0.25
省级文物保护单位	承重结构最高处	水平	0.36	0.36～0.45	0.45
市、县级文物保护单位	承重结构最高处	水平	0.60	0.60～0.75	0.75

注：当 V_p 介于2300～2900m/s之间时，［v］采用插入法取值。

3.2.2 古建筑木结构的容许振动速度应按表3.2.2的规定采用。

表3.2.2 古建筑木结构的容许振动速度［v］(mm/s)

保护级别	控制点位置	控制点方向	顺木纹 V_p（m/s）		
			＜4600	4600～5600	＞5600
全国重点文物保护单位	顶层柱顶	水平	0.18	0.18～0.22	0.22
省级文物保护单位	顶层柱顶	水平	0.25	0.25～0.30	0.30
市、县级文物保护单位	顶层柱顶	水平	0.29	0.29～0.35	0.35

注：当 V_p 介于4600～5600m/s之间时，［v］采用插入法取值。

3.2.3 石窟的容许振动速度应按表3.2.3的规定采用。

表3.2.3 石窟的容许振动速度［v］(mm/s)

保护级别	控制点位置	控制点方向	岩石类别	岩石 V_p（m/s）		
全国重点文物保护单位	窟顶	三向	砂岩	＜1500	1500～1900	＞1900
				0.10	0.10～0.13	0.13
			砾岩	＜1800	1800～2600	＞2600
				0.12	0.12～0.17	0.17
			灰岩	＜3500	3500～4900	＞4900
				0.22	0.22～0.31	0.31

注：1 表中三向指窟顶的径向、切向和竖向；
2 当 V_p 介于1500～1900m/s、1800～2600m/s、3500～4900m/s之间时，［v］采用插入法取值。

3.2.4 砖木混合结构的容许振动速度，主要以砖砌体为承重骨架的，可按表3.2.1-1采用；主要以木材为承重骨架的，可按表3.2.2采用。

4 工业振动对古建筑结构影响的评估

4.1 一般规定

4.1.1 评估工业振动对古建筑结构的影响，应根据工业振源和古建筑的现状调查、古建筑结构的容许振动速度标准以及计算或测试的古建筑结构速度响应，通过分析论证，提出评估意见。

4.1.2 古建筑结构速度响应的确定，宜采用计算法。当古建筑周边已有工业振源时，亦可采用测试法。

4.1.3 对古建筑进行现状调查和现场测试时，不得对古建筑造成损害。

4.2 评估步骤和方法

4.2.1 评估工业振动对古建筑结构的影响，可按下列步骤进行：

1 调查古建筑和工业振源的状况；

2 测试弹性波在古建筑结构中的传播速度；

3 确定古建筑结构的容许振动标准；

4 计算或测试古建筑结构的速度响应；

5 综合分析提出评估意见。

4.2.2 状况调查和资料收集应包括下列内容：

1 工业振源的类型、频率范围、分布状况及工程概况；

2 古建筑的修建年代、保护级别、结构类型、建筑材料、结构总高度、底面宽度、截面面积等及有关图纸；

3 工业振源与古建筑的地理位置、两者之间的距离以及场地土类别等。

4.2.3 弹性波传播速度的测试，应符合本规范附录A的规定。

4.2.4 古建筑结构的容许振动标准，应根据所调查的结构类型、保护级别和测得的弹性波传播速度按本规范第3章的规定确定。

4.2.5 古建筑结构速度响应的计算或测试，应分别按本规范第6章和第7章的规定进行。当计算值和测试值不同时，应取两者的较大值。

4.3 评估意见

4.3.1 工业振动对古建筑结构影响的评估意见应包括下列内容：

1 按本规范第4.2.2条规定的调查内容叙述工业振源和古建筑的基本情况；

2 古建筑结构容许振动标准的确定及其依据；

3 评估工业振动对古建筑结构影响所采用的方法及计算或测试结果；

4 对计算或测试结果与容许振动标准进行分析、比较，做出工业振动对古建筑结构是否造成有害影响的结论；

5 当工业振动对古建筑结构造成有害影响时，应提出防振方案和建议。

5 工业振源地面振动的传播

5.1 地面振动速度

5.1.1 工业振源引起的不同距离处的地面振动速度，可根据振源类型和场地土类别，按表5.1.1选用。

5.1.2 对表5.1.1中未做规定的振源和场地土，其不同距离处的地面振动速度，应按《地基动力特性测试规范》GB/T 50269的规定进行现场测试。无条件时，可按本规范附录B进行计算。

表 5.1.1 地面振动速度 V_r（mm/s）

振源类型	场地土类别	V_s（m/s）	距离 r（m）								
			10	50	100	200	400	500	700	800	1000
火车	黏土	140～220	—	0.655	0.385	0.225	0.125	0.100	0.060	0.040	0.025
	粉细砂	150～200	—	0.825	0.435	0.220	0.110	0.085	0.050	0.035	0.020
	淤泥质粉质黏土	110～140	—	0.755	0.470	0.340	0.175	0.125	0.075	0.045	0.035
汽车	粉细砂	150～200	—	0.230	0.110	0.050	0.025	—	—	—	—
地铁	黏土	140～220	0.418	0.166	0.072	0.056	0.044	—	—	—	—
城铁	黏土	140～220	—	0.206	0.113	0.030	0.020	—	—	—	—
打桩	砂砾石	200～280	—	1.100	0.640	0.370	0.220	0.180	0.140	0.120	0.100
强夯	回填土	110～130	—	11.870	3.130	1.000	0.433	0.150	0.070	—	—

注：1 汽车的 V_r 值，当汽车载质量大于7t时，应乘1.3；小于4t时，应乘0.5；

2 地铁的 V_r 值，当距离 r 等于1～3倍地铁隧道埋深 h 时，应乘1.2；

3 打桩的 V_r 为桩尖入土深度22m时之值；

4 强夯的 V_r 为夯锤质量20t、落距15m时之值。

5.2 地面振动频率

5.2.1 工业振源引起的不同距离处的地面振动频率，可根据振源类型和场地土类别，按表5.2.1选用。

5.2.2 对表5.2.1中未做规定的振源和场地土，其不同距离处的地面振动频率，应按《地基动力特性测试规范》GB/T 50269的规定进行现场测试。其测试数据应按本规范第7.3节的规定处理。

表 5.2.1 地面振动频率 f_r（Hz）

振源类型	场地土类别	V_s（m/s）	距离 r（m）								
			10	50	100	200	400	500	700	800	1000
火车	黏土	140～220	—	7.38	6.90	6.50	6.20	6.00	5.90	5.80	5.70
	粉细砂	150～200	—	5.80	5.30	4.90	4.50	4.30	4.20	4.10	4.00
	淤泥质粉质黏土	110～140	—	6.70	5.90	5.20	4.50	4.40	4.10	4.00	3.80
汽车	粉细砂	150～200	—	7.10	5.90	5.00	4.20	—	—	—	—
地铁	黏土	140～220	13.40	12.50	12.40	12.30	12.20	—	—	—	—
城铁	黏土	140～220	—	13.65	10.95	10.85	10.05	—	—	—	—
强夯	回填土	110～130	—	7.56	6.23	5.19	4.25	3.97	3.61	—	—

6 古建筑结构动力特性和响应的计算

6.1 一般规定

6.1.1 本章适用于古建筑砖石结构和木结构动力特性和响应的计算。

6.1.2 古建筑结构动力特性和响应的计算，应根据本规范第4章的规定对古建筑进行调查和收集资料，确定计算简图及相关数据。

6.1.3 古建筑结构动力特性和响应的计算，当结构对称时，可按任一主轴水平方向计算；当结构不对称时，应按各个主轴水平方向分别计算。

6.2 古建筑砖石结构

6.2.1 古建筑砖石古塔（图6.2.1）的水平固有频率可按下式计算：

$$f_j = \frac{\alpha_j b_0}{2\pi H^2}\psi \tag{6.2.1}$$

式中 f_j——结构第 j 阶固有频率（Hz）；

α_j——结构第 j 阶固有频率的综合变形系数，按表6.2.1-1选用；

b_0——结构底部宽度（两对边的距离）（m）；

H——结构计算总高度（台基顶至塔刹根部的高度）（m）；

ψ——结构质量刚度参数（m/s），按表6.2.1-2选用。

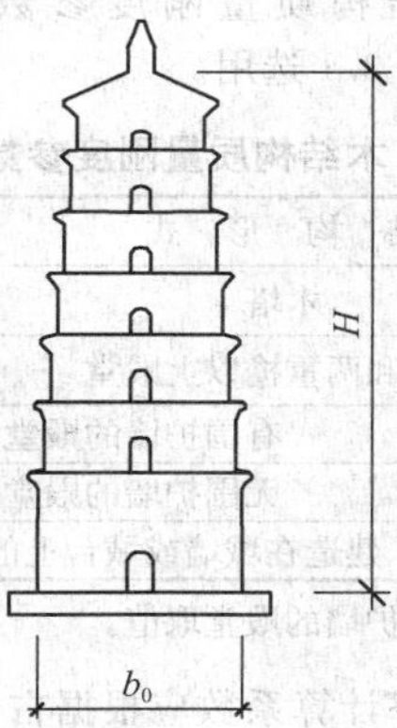

图 6.2.1　砖石古塔结构

表 6.2.1-1　砖石古塔的固有频率综合变形系数 α_j

H/b_m	b_m/b_0	0.60	0.65	0.70	0.80	0.90	1.00
2.0	α_1	1.175	1.106	1.049	0.961	0.899	0.842
	α_2	2.564	2.633	2.727	2.928	3.142	3.343
	α_3	4.348	4.637	4.939	5.580	6.220	6.868
3.0	α_1	1.414	1.301	1.213	1.081	0.987	0.911
	α_2	3.318	3.406	3.512	3.764	4.009	4.247
	α_3	5.843	6.239	6.667	7.527	8.394	9.255
5.0	α_1	1.596	1.455	1.326	1.162	1.043	0.955
	α_2	4.197	4.285	4.405	4.675	4.945	5.209
	α_3	7.867	8.426	9.004	10.160	11.297	12.409
8.0	α_1	1.678	1.502	1.376	1.194	1.068	0.974
	α_2	4.725	4.807	4.926	5.196	5.466	5.730
	α_3	9.450	10.135	10.826	12.171	13.477	14.740

注：b_m 为高度 H 范围内各层宽度对层高的加权平均值（m）。

表 6.2.1-2　砖石古塔质量刚度参数 ψ（m/s）

结构类型	ψ	结构类型	ψ
砖塔	$5.4H+615$	石塔	$2.4H+591$

6.2.2　古建筑砖石钟鼓楼、宫门（图 6.2.2）的水平固有频率应按下式计算：

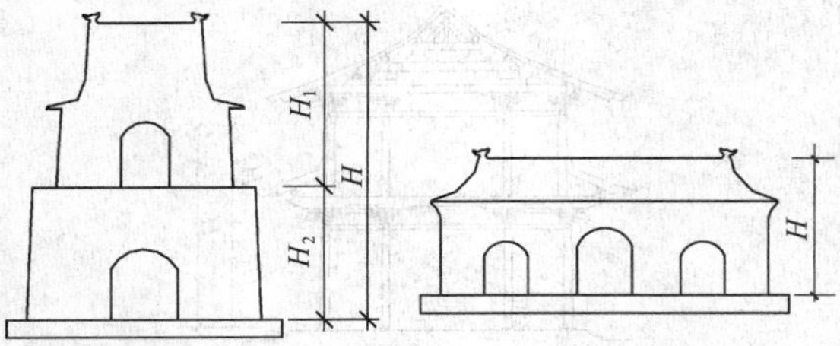

图 6.2.2　砖石钟鼓楼、宫门结构
（a）钟鼓楼；（b）宫门

$$f_j=\frac{1}{2\pi H}\lambda_j\psi \qquad (6.2.2)$$

式中　f_j——结构第 j 阶固有频率（Hz）；

H——结构计算总高度（台基顶至承重结构最高处的高度）（m）；

λ_j——结构第 j 阶固有频率计算系数，按表 6.2.2 选用；

ψ——结构质量刚度参数（m/s），取 230。

表 6.2.2　砖石钟鼓楼、宫门的固有频率计算系数 λ_j

H_2/H_1	A_2/A_1	0.2	0.4	0.6	0.8	1.0
0.6	λ_1	2.178	1.958	1.798	1.673	1.571
	λ_2	4.405	4.528	4.611	4.669	4.712
	λ_3	7.630	7.704	7.763	7.813	7.854
0.8	λ_1	2.272	2.002	1.818	1.680	1.571
	λ_2	4.068	4.322	4.491	4.616	4.712
	λ_3	8.269	8.122	8.012	7.925	7.854
1.0	λ_1	2.300	2.012	1.824	1.682	1.571
	λ_2	3.982	4.268	4.460	4.601	4.712
	λ_3	8.582	8.296	8.107	7.965	7.854

注：1　H_1 为台基顶至第一层台面的高度（m），H_2 为第一层台面至承重结构最高处的高度（m），H 为 H_1 与 H_2 之和；A_1 为第一层截面周边所围面积（m^2），A_2 为第二层结构截面周边所围面积（m^2）；

2　当 $H_2/H_1>1$ 时，按 H_1/H_2 选用；

3　对于单层结构，A_2/A_1 取 1.0，与 H_2/H_1 无关。

6.2.3　古建筑砖石结构在工业振源作用下的最大水平速度响应可按下式计算：

$$V_{max}=V_r\sqrt{\sum_{j=1}^{n}[\gamma_j\beta_j]^2} \qquad (6.2.3)$$

式中　V_{max}——结构最大速度响应（mm/s）；

V_r——基础处水平向地面振动速度（mm/s），按本规范第 5 章的规定选用；

n——振型叠加数，取 3；

γ_j——第 j 阶振型参与系数，古塔按表 6.2.3-1 选用；钟鼓楼、宫门按表 6.2.3-2 选用；

β_j——第 j 阶振型动力放大系数，按表 6.2.3-3 选用。

表 6.2.3-1　砖石古塔的振型参与系数 γ_j

H/b_m	b_m/b_0	0.6	0.65	0.7	0.8	0.9	1.0
2.0	γ_1	2.284	2.051	1.892	1.699	1.591	1.523
	γ_2	−2.164	−1.693	−1.394	−1.046	−0.856	−0.738
	γ_3	1.471	1.054	0.817	0.561	0.426	0.344

续表 6.2.3-1

H/b_m	b_m/b_0	0.6	0.65	0.7	0.8	0.9	1.0
3.0	γ_1	2.412	2.129	1.947	1.736	1.619	1.547
	γ_2	−2.484	−1.896	−1.541	−1.143	−0.929	−0.796
	γ_3	1.786	1.256	0.964	0.654	0.495	0.397
5.0	γ_1	2.474	2.164	1.972	1.753	1.634	1.559
	γ_2	−2.742	−2.054	−1.654	−1.216	−0.984	−0.841
	γ_3	2.192	1.510	1.145	0.767	0.575	0.459
8.0	γ_1	2.487	2.171	1.978	1.758	1.638	1.563
	γ_2	−2.812	−2.097	−1.687	−1.240	−1.004	−0.858
	γ_3	2.388	1.631	1.232	0.822	0.615	0.491

注：b_m 为高度 H 范围内各层宽度对层高的加权平均值（m）。

表 6.2.3-2 砖石钟鼓楼、宫门的振型参与系数 γ_j

H_2/H_1	A_2/A_1	0.2	0.4	0.6	0.8	1.0
0.6	γ_1	1.686	1.494	1.388	1.321	1.273
	γ_2	−0.931	−0.706	−0.579	−0.489	−0.424
	γ_3	0.386	0.341	0.306	0.277	0.255
0.8	γ_1	1.875	1.553	1.410	1.327	1.273
	γ_2	−1.064	−0.731	−0.578	−0.487	−0.424
	γ_3	0.414	0.351	0.309	0.278	0.255
1.0	γ_1	1.944	1.570	1.416	1.329	1.273
	γ_2	−1.122	−0.740	−0.579	−0.486	−0.424
	γ_3	0.522	0.382	0.318	0.281	0.255

注：1 H_1为台基顶至第一层台面的高度（m），H_2为第一层台面至承重结构最高处的高度（m），H 为 H_1与 H_2之和；A_1 为第一层截面周边所围面积（m^2），A_2 为第二层结构截面周边所围面积（m^2）；

2 当 $H_2/H_1>1$ 时，按 H_1/H_2 选用；

3 对于单层结构，A_2/A_1 取 1.0，与 H_2/H_1 无关。

表 6.2.3-3 动力放大系数 β_j

f_r/f_j	0	0.3～0.8	1.0	1.4～1.9	2.3～2.8	3.3～3.9	≥5.0
β_j	1.0	7.0	10.0	6.0	4.0	2.5	1.0

注：1 f_r 值可按本规范第 5 章的规定选用；

2 当 f_r/f_j 介于表中数值之间时，β_j 采用插入法取值。

6.3 古建筑木结构

6.3.1 古建筑木结构的水平固有频率可按下式计算：

$$f_j=\frac{1}{2\pi H}\lambda_j\psi \tag{6.3.1}$$

式中 f_j——结构第 j 阶固有频率（Hz）；

H——结构计算总高度（单檐木结构为台基顶至檐柱顶的高度；重檐殿堂、楼阁和木塔为台基顶至顶层檐柱顶的高度）（m）；

λ_j——结构第 j 阶固有频率计算系数，按第 6.3.2 条的规定选用；

ψ——结构质量刚度参数（m/s），按表 6.3.1 选用。

表 6.3.1 木结构质量刚度参数 ψ（m/s）

结构形式		ψ
木塔		110
楼阁和两重檐以上殿堂		60
单檐和两重檐殿堂	有围护墙的殿堂	52
	无围护墙的殿堂	33
	建造在城墙或城台上的殿堂	43

注：亭子按无围护墙的殿堂取值。

6.3.2 固有频率计算系数应根据古建筑檐数和层数分别按以下规定确定：

1 单檐木结构（图 6.3.2-1），λ_1 取 1.571。

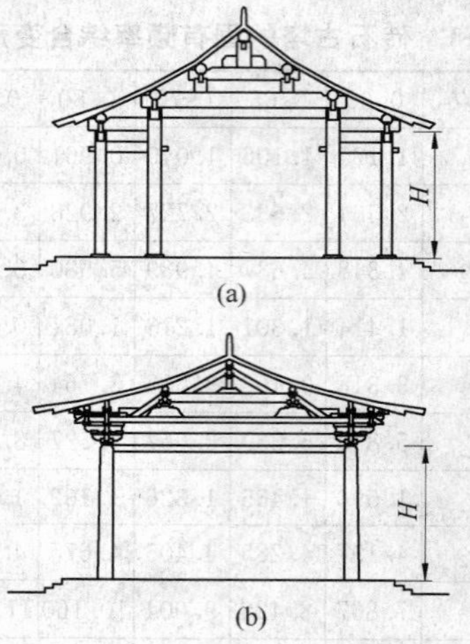

图 6.3.2-1 单檐木结构

（a）无斗拱；（b）有斗拱

2 两重檐的殿堂和两层楼阁（图 6.3.2-2），

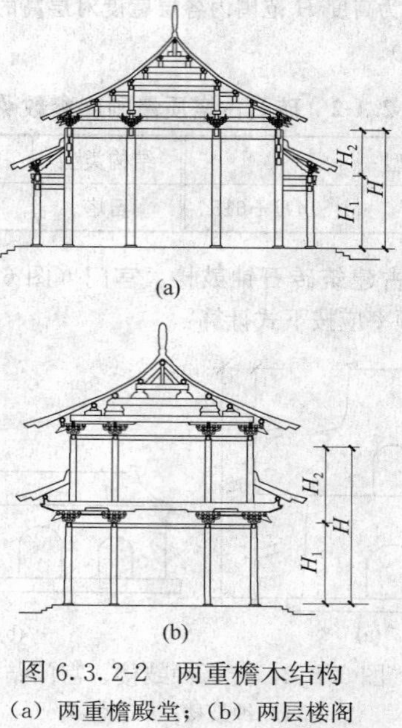

图 6.3.2-2 两重檐木结构

（a）两重檐殿堂；（b）两层楼阁

λ_j 应按表 6.3.2-1 选用。

表 6.3.2-1 两重檐木结构的固有频率计算系数 λ_j

H_2/H_1	A_2/A_1	0.5	0.6	0.7	0.8	0.9	1.0
0.6	λ_1	1.873	1.798	1.732	1.673	1.619	1.571
	λ_2	4.574	4.611	4.642	4.669	4.692	4.712
	λ_3	7.735	7.763	7.789	7.813	7.834	7.854
0.8	λ_1	1.903	1.818	1.745	1.680	1.623	1.571
	λ_2	4.414	4.491	4.558	4.616	4.667	4.712
	λ_3	8.064	8.012	7.966	7.925	7.888	7.854
1.0	λ_1	1.911	1.824	1.748	1.682	1.623	1.571
	λ_2	4.373	4.460	4.535	4.601	4.660	4.712
	λ_3	8.194	8.107	8.032	7.965	7.907	7.854

注：1 H_1为台基顶至底层檐柱顶或二层楼面的高度（m），H_2为底层檐柱顶或二层楼面至顶层檐柱的高度（m），H为H_1与H_2之和；A_1、A_2分别为下檐柱和上檐柱外围周边所围面积（m^2）；

2 当$H_2/H_1>1$时，按H_1/H_2选用。

3 两重檐以上的殿堂、两层以上（含暗层）的楼阁和木塔（图 6.3.2-3），λ_j 应按表 6.3.2-2 选用。

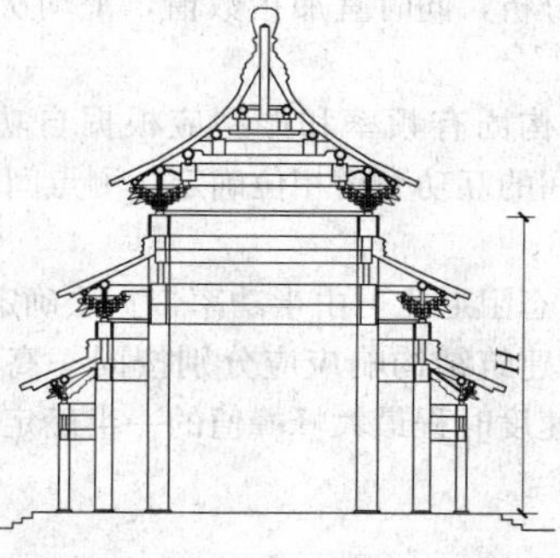

(a)

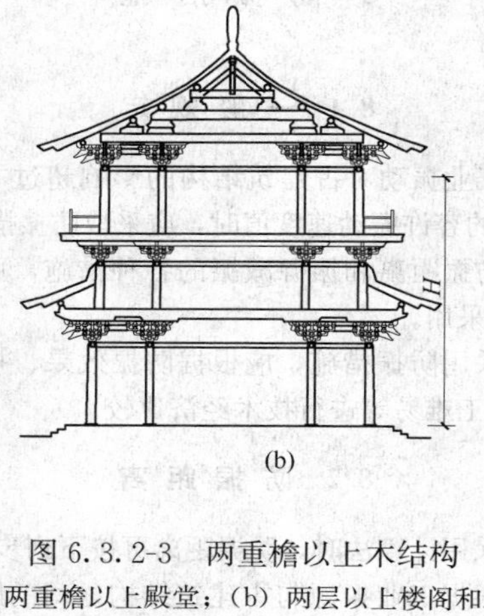

(b)

图 6.3.2-3 两重檐以上木结构

（a）两重檐以上殿堂；（b）两层以上楼阁和木塔

表 6.3.2-2 两重檐以上木结构的固有频率计算系数 λ_j

$\ln\frac{A_1}{A_2}$	λ_1	λ_2	λ_3
0	1.571	4.712	7.854
0.2	1.635	4.735	7.867
0.4	1.700	4.759	7.882
0.6	1.767	4.785	7.898
0.8	1.835	4.812	7.915
1.0	1.903	4.842	7.933
1.2	1.973	4.873	7.952
1.4	2.044	4.906	7.973
1.6	2.116	4.940	7.994
1.8	2.188	4.976	8.017

注：A_1、A_2 分别为底层和顶层檐柱外围周边所围的面积（m^2）。

6.3.3 古建筑木结构在工业振源作用下的最大水平速度响应可按下式计算：

$$V_{\max}=V_r\sqrt{\sum_{j=1}^{n}[\gamma_j\beta_j]^2} \tag{6.3.3}$$

式中 $V_{\max}$——结构最大速度响应（mm/s）；

V_r——基础处水平向地面振动速度（mm/s），按本规范第5章的规定选用；

n——振型叠加数，单檐木结构取1；其他木结构取3；

γ_j——第j阶振型参与系数，单檐木结构取1.273；两重檐木结构按表 6.3.3-1 选用；两重檐以上木结构按表 6.3.3-2 选用；

β_j——第 j 阶振型动力放大系数，按表 6.3.3-3 选用；

表 6.3.3-1 两重檐木结构的振型参与系数 γ_j

H_2/H_1	A_2/A_1	0.5	0.6	0.7	0.8	0.9	1.0
0.6	γ_1	1.435	1.388	1.351	1.321	1.295	1.273
	γ_2	−0.638	−0.579	−0.530	−0.489	−0.454	−0.424
	γ_3	0.322	0.306	0.291	0.277	0.266	0.255
0.8	γ_1	1.470	1.410	1.364	1.327	1.298	1.273
	γ_2	−0.644	−0.578	−0.528	−0.487	−0.453	−0.424
	γ_3	0.328	0.309	0.292	0.278	0.266	0.255
1.0	γ_1	1.480	1.416	1.367	1.329	1.299	1.273
	γ_2	−0.647	−0.579	−0.527	−0.486	−0.453	−0.424
	γ_3	0.345	0.318	0.297	0.281	0.266	0.255

注：1 H_1为台基顶至底层檐柱顶或二层楼面的高度（m），H_2为底层檐柱顶或二层楼面至顶层檐柱的高度（m），H为H_1与H_2之和；A_1、A_2分别为下檐柱和上檐柱外围周边所围面积（m^2）；

2 当$H_2/H_1>1$时，按H_1/H_2选用。

表 6.3.3-2 两重檐以上木结构的振型参与系数 γ_j

$\ln\frac{A_1}{A_2}$	γ_1	γ_2	γ_3
0	1.273	−0.424	0.255
0.2	1.298	−0.464	0.281
0.4	1.325	−0.508	0.309
0.6	1.354	−0.555	0.340
0.8	1.384	−0.605	0.373
1.0	1.417	−0.660	0.411
1.2	1.452	−0.718	0.451
1.4	1.490	−0.781	0.496
1.6	1.529	−0.850	0.544
1.8	1.572	−0.923	0.597

注：A_1、A_2 分别为底层和顶层檐柱外围周边所围的面积（m^2）。

表 6.3.3-3 动力放大系数 β_j

f_r/f_j	0	0.3～0.8	1.0	1.4～1.9	2.3～2.8	3.3～3.9	≥5.0
β_j	1.0	5.0	7.0	4.5	3.0	2.0	0.8

注：1 f_r 值可按本规范第 5 章的规定选用；

2 当 f_r/f_j 介于表中数值之间时，β_j 采用插入法取值。

7 古建筑结构动力特性和响应的测试

7.1 一般规定

7.1.1 本章适用于古建筑砖石结构、木结构的动力特性（固有频率、振型和阻尼）和响应的测试以及石窟的响应测试。

7.1.2 古建筑结构动力特性和响应的测试，当结构对称时，可按任一主轴水平方向测试；当结构不对称时，应按各个主轴水平方向分别测试。

7.2 测试方法

7.2.1 古建筑结构动力特性和响应的测试应符合下列要求：

1 测试仪器应满足低频、微幅的要求，其低频起始频率不应高于 0.5Hz，测振系统的分辨率不应低于 10^{-6}m/s；

2 测试仪器应在标准振动台上进行系统灵敏度系数的标定，并给出灵敏度系数随频率的变化曲线；

3 动力特性应在脉动环境下测试，结构响应应在工业振源作用下测试；测试时不得有任何机、电、人为干扰和一级以上风的影响；

4 传感器应牢固固定在被测结构构件上；测线电缆应与结构构件固定在一起，不得悬空；

5 测试时应详细记录测试日期、周边环境、风向风速、测试次数、记录时间、测试方向、测点位置、各测点对应的通道号、传感器编号、放大倍数以及标定值、各通道的记录情况等；

6 低通滤波频率和采样频率应根据所需频率范围设置，采样频率宜为 100～120Hz；记录时间每次不应少于 15min，记录次数不得少于 5 次。

7.2.2 古建筑结构动力特性测试宜按以下要求布置测点：

1 测砖石结构的水平振动，测点宜布置在各层平面刚度中心或其附近；

2 测木结构的水平振动，测点宜布置在中跨的各层柱顶和柱底。

7.2.3 古建筑结构响应测试应按以下要求布置测点：

1 测砖石结构的水平响应，测点应沿两个主轴方向分别布置在承重结构的最高处；

2 测木结构的水平响应，测点应布置在两个主轴中跨的顶层柱顶；

3 测石窟的响应，测点应布置在窟顶的径向、切向和竖向。

7.3 数据处理

7.3.1 数据分析前，应对实测原始记录信号去掉零点漂移和干扰，并对电信号干扰进行带阻滤波，处理波形的失真。

7.3.2 古建筑结构动力特性应按下列方法确定：

1 对处理后的记录进行自功率谱、互功率谱和相干函数分析，同时宜加指数窗，平均次数宜为 100 次左右；

2 结构固有频率和振型应根据自功率谱峰值、各层测点间的互功率谱相位确定，测点间相干函数不得小于 0.8；

3 模态阻尼比可由半功率带宽法确定。

7.3.3 古建筑结构响应应分别按同一高度、同一方向各测点速度时程最大峰峰值的一半确定，并取 5 次的平均值。

8 防振措施

8.1 一般规定

8.1.1 工业振动对古建筑结构的影响超过本规范第 3 章规定的容许振动速度值时，应采取防振措施。

8.1.2 防振距离和振源减振的各种措施，可单独采用或综合采用。

8.1.3 采用防振措施，应根据防振效果、技术可靠程度、施工难易等进行技术经济比较。

8.2 防振距离

8.2.1 采用计算法时，防振距离可按下列步骤确定：

1 根据工业振源与古建筑结构之间的距离，按本规范第 5 章表 5.1.1 和表 5.2.1 分别选用或测试该距离处的地面振动速度和振动频率；

2 按本规范第 6 章的规定求出古建筑结构的最大速度响应；

3 当 $V_{max} \leqslant [v]$ 时，则该距离满足防振要求；当 $V_{max} > [v]$ 时，则应调整距离，继续按以上步骤进行计算，直至 $V_{max} \leqslant [v]$。

8.2.2 采用测试法时，可按本规范第 7 章的规定测得古建筑结构的最大速度响应，当 $V_{max} \leqslant [v]$ 时，则工业振源与古建筑结构之间的距离满足防振要求；当 $V_{max} > [v]$ 时，则应采取防振措施。

8.3 振源减振

8.3.1 铁路减振可采用以下措施：

1 轨道减振，包括浮置板、弹性支承块、高弹性扣件、道碴垫；

2 无缝线路或重型钢轨；

3 减振型桥梁橡胶支座；

4 桥梁吸振器。

8.3.2 公路减振可采用以下措施：

1 加强养护维修，提高路面平整度，保持道路良好的技术状况；

2 采用沥青混凝土路面；

3 限制行车速度；

4 采用减振型桥梁伸缩缝和桥梁支座。

8.3.3 大型动力设备减振，可按国家现行标准《隔振设计规范》的有关规定执行。

8.3.4 古建筑保护区内不得实施强夯；保护区外的采石工程作业，应控制装药量。

附录A 弹性波传播速度的测试

A.1 一般规定

A.1.1 本附录适用于古建筑木结构、古建筑砖石结构和石窟的弹性波传播速度测试。

A.1.2 弹性波传播速度测试采用非金属超声检测分析仪，其声时测读精度不得低于 0.1μs。

A.2 测试方法

A.2.1 弹性波传播速度的测试应符合下列规定：

1 弹性波传播速度应采用平测法测试（即发射换能器和接收换能器均布置在构件同一平面内）；

2 测点处的表面宜清洁、平整；

3 采用纵波换能器，换能器和测点表面间用黄油耦合；

4 用钢卷尺测量发射换能器和接收换能器两者中心的距离（以下简称测距），记录数据应精确到 1mm。

A.2.2 木结构的弹性波传播速度测试尚应符合下列规定：

1 测试柱子和主梁的顺纹纵波传播速度；

2 测点应布置在靠近柱底、主梁两端和跨中以及柱和主梁上有木节、裂缝、腐朽和虫蛀处；布置测点的柱子（包括金柱、檐柱和廊柱）和主梁分别不应少于其总数的 20%；

3 测距宜选择 400～600mm。

A.2.3 砖石结构的弹性波传播速度测试尚应符合下列规定：

1 测试砖石砌体的纵波传播速度；

2 测点应布置在承重墙底部和拱顶以及风化、开裂、鼓凸处；每层测点不应少于 10；

3 测距宜选择 200～250mm。

A.2.4 石窟的弹性波传播速度测试尚应符合下列规定：

1 测试石窟岩石的纵波传播速度；

2 测点应布置在窟顶、侧壁和窟底以及风化、开裂处；每处测点不应少于 10；

3 测距宜选择 200～250mm。

A.3 数据处理

A.3.1 每处测点应改变发射电压，读取 2 次声时，取其平均值为本测距的声时。对于声时异常的测点，必须测试和读取 3 次声时，读数差不宜大于 3%，以测值最接近的 2 次平均值作为本测距的声时。

A.3.2 测距除以平均声时为该测点的传播速度；所有测点的平均传播速度即为该古建筑结构的弹性波传播速度。

附录B 地面振动传播和衰减的计算

B.0.1 距火车、汽车、地铁、打桩等工业振源中心 r 处地面的竖向或水平向振动速度，可按下式计算：

$$V_r = V_0\sqrt{\frac{r_0}{r}\left[1-\zeta_0\left(1-\frac{r_0}{r}\right)\right]}\exp[-\alpha_0 f_0(r-r_0)] \tag{B.0.1}$$

式中 V_r——距振源中心 r 处地面振动速度（mm/s），当其计算值等于或小于场地地面脉动值时，其结果无效；

V_0——r_0 处地面振动速度（mm/s）；

r_0——振源半径（m），见第 B.0.2 条的规定；

r——距振源中心的距离（m）；

ζ_0——与振源半径等有关的几何衰减系数，见第 B.0.3 条的规定；

α_0——土的能量吸收系数（s/m），见第 B.0.4 条的规定；

f_0——地面振动频率（Hz）。

B.0.2 振源半径 r_0 可按下列规定取值：

1 火车

$$r_0 = 3.00\text{m}$$

2 汽车

柔性路面，$r_0 = 3.25\text{m}$

刚性路面，$r_0 = 3.00\text{m}$

3 地铁

$$r \leqslant H,\ r_0 = r_m$$

$$r > H,\ r_0 = \delta_r r_m \quad (B.0.2\text{-}1)$$

$$r_m = 0.7\sqrt{\frac{BL}{\pi}} \quad (B.0.2\text{-}2)$$

式中 B——地铁隧道宽（m）；

L——牵引机车车身长（m）；

H——隧道底深度（m）；

δ_r——隧道埋深影响系数。

$$\frac{H}{r_m} \leqslant 2.5,\ \delta_r = 1.30$$

$$\frac{H}{r_m} = 2.7,\ \delta_r = 1.40$$

$$\frac{H}{r_m} \geqslant 3.0,\ \delta_r = 1.50$$

4 打桩

$$r_0 = \beta r_p \quad (B.0.2\text{-}3)$$

$$r_p = 1.5\sqrt{\frac{F}{\pi}} \quad (B.0.2\text{-}4)$$

式中 β——系数，淤泥质黏土、新近沉积的黏土、非饱和松散砂，$\beta=4.0$；软塑的黏土，$\beta=5.0$；软塑的粉质黏土、饱和粉细砂，$\beta=6.0$；

F——桩的面积（m^2）。

B.0.3 几何衰减系数 ζ_0 与振源类型、土的性质和振源半径 r_0 有关，其值可按表B.0.3-1～B.0.3-4采用。

表 B.0.3-1 火车振源几何衰减系数 ζ_0

土 类	V_s（m/s）	ζ_0
硬塑粉质黏土	230～280	0.800～0.850
粉细砂层下卵石层	220～250	0.985～0.995
黏土及可塑粉质黏土	200～250	0.850～0.900
饱和淤泥质粉质黏土	80～110	0.845～0.880
松散的粉土、粉质黏土	150～200	0.840～0.885
松散的砾石土	250	0.910～0.980

表 B.0.3-2 汽车振源几何衰减系数 ζ_0

土 类	V_s（m/s）	ζ_0
硬塑粉质黏土	230～280	0.300～0.400
黏土及可塑粉质黏土	200～250	
淤泥质粉质黏土	90～110	

表 B.0.3-3 地铁振源几何衰减系数 ζ_0

土 类	V_s（m/s）	r与H的关系	r_0（m）	ζ_0
饱和淤泥质粉质黏土	80～280	$r\leqslant H$	5.00	0.800
黏土及可塑粉质黏土			6.00	0.800
硬塑粉质黏土			≥7.00	0.750
硬塑粉质黏土 黏土及可塑粉质黏土	150～280	$r>H$	5.00	0.400
			6.00	0.350
			≥7.00	0.150～0.250
饱和淤泥质粉质黏土	80～110	$r>H$	5.00	0.300～0.350
			6.00	0.250～0.300
			≥7.00	0.100～0.200

表 B.0.3-4 打桩振源几何衰减系数 ζ_0

土 类	V_s(m/s)	r_0(m)	ζ_0
软塑的黏土 软塑粉质黏土、 饱和粉细砂	100～220	≤0.50	0.720～0.955
		1.00	0.550
		2.00	0.450
		3.00	0.400
淤泥质黏土 新近沉积的黏土 非饱和松散砂	80～220	≤0.50	0.700～0.950
		1.00	0.500～0.550
		2.00	0.400
		3.00	0.350～0.400

B.0.4 能量吸收系数 α_0 可根据振源类型和土的性质按表B.0.4采用。

表 B.0.4 土的能量吸收系数 α_0

振源	土 类	V_s(m/s)	α_0(s/m)
火车	硬塑粉质黏土	230～280	$(1.15\sim1.20)\times10^{-4}$
	粉细砂层下卵石层	220～250	$(1.23\sim1.27)\times10^{-4}$
	黏土及可塑粉质黏土	200～250	$(1.85\sim2.50)\times10^{-4}$
	饱和淤泥质粉质黏土	80～110	$(1.30\sim1.40)\times10^{-4}$
	松散的粉土、粉质黏土	150～200	$(3.10\sim3.50)\times10^{-4}$
	松散的砾石土	250	$(2.10\sim3.00)\times10^{-4}$
汽车	硬塑粉质黏土	230～280	$(1.15\sim1.20)\times10^{-4}$
	黏土及可塑粉质黏土	200～250	$(1.20\sim1.45)\times10^{-4}$
	淤泥质粉质黏土	90～110	$(1.50\sim2.00)\times10^{-4}$

续表 B.0.4

振源	土类	V_s(m/s)	α_0(s/m)
地铁	硬塑粉质黏土	230～280	$(2.00 \sim 3.50) \times 10^{-4}$
	黏土及可塑粉质黏土	200～250	$(2.15 \sim 2.20) \times 10^{-4}$
	饱和淤泥质粉质黏土	80～110	$(2.25 \sim 2.45) \times 10^{-4}$
打桩	软塑的黏土	150～220	$(12.50 \sim 14.50) \times 10^{-4}$
	软塑粉质黏土、饱和粉细砂	100～120	$(12.00 \sim 13.00) \times 10^{-4}$
	淤泥质黏土	90～110	$(12.00 \sim 13.00) \times 10^{-4}$
	新近沉积的黏土	110～140	$(18.00 \sim 20.50) \times 10^{-4}$
	非饱和松散砂	150～220	

B.0.5 动力设备引起的地面振动衰减，可按《动力机器基础设计规范》GB 50040 计算。

本规范用词说明

1 为便于在执行本规范条文时区别对待，对要求严格程度不同的用词说明如下：

1) 表示很严格，非这样做不可的用词：
正面词采用“必须”，反面词采用“严禁”；

2) 表示严格，在正常情况下均应这样做的用词：
正面词采用“应”，反面词采用“不应”或“不得”；

3) 表示允许稍有选择，在条件许可时首先应这样做的用词：
正面词采用“宜”，反面词采用“不宜”；
表示有选择，在一定条件下可以这样做的用词，采用“可”。

2 条文中指明应按其他有关标准执行的写法为“应符合……的规定”或“应按……执行”。

中华人民共和国国家标准

古建筑防工业振动技术规范

GB/T 50452—2008

条 文 说 明

前　言

本规范在编制前，五洲工程设计研究院（中国兵器工业第五设计研究院）根据原国家计委高技术产业发展司计司高技函［1999］202号文批准《工业环境振动对文物古迹的影响及相应规范》立项的要求进行了以下主要工作：

在广泛调查、收集资料的基础上，论证了编制本规范的重要意义和必要性，并初步确定了为编制规范需要进行研究的课题和编制规范的主要内容。据此，提出了本项目的可行性研究报告，经建设部科技司于1999年10月在北京主持召开的专家论证会通过。

根据可行性研究报告和专家意见，于2000年开展课题研究。历时两年多，行程两万余公里，对130多处古建筑结构的动力特性、响应、弹性波传播速度等进行了现场实测和收集，共取得时程曲线11000多条；对火车、汽车、地铁等主要工业振动在土层中的传播和衰减进行了样本采集，测线总长达160km；对弹性波在古建筑材料中的传播速度、古建筑材料的动弹性模量、疲劳极限（设定疲劳次数为1000万次）等进行了390多个试件的室内实验（试件系从现场取回的古建筑材料），共获得曲线4100多条。

通过以上工作，对古建筑结构的动力特性、工业振动对古建筑结构的动力响应、容许振动的控制标准、波动理论在古建筑结构中的应用等方面进行了深入的研究，提出了《工业环境振动对文物古迹的影响及相应规范》研究报告。建设部科技司于2002年12月在北京主持召开鉴定会，对研究成果进行了鉴定，认为该研究成果达到了国际领先水平，其技术成熟程度和应用价值很高，可以作为编制规范的科学依据。

本规范编制组于2003年成立后，即根据上述研究成果，确定规范编写大纲，先后提出规范初稿和征求意见稿，广泛征求有关单位意见，并先后召开了6次小型座谈会，对征求意见稿进行修改，完成送审稿和报批稿，经全国审查会定稿。

本规范的重点内容和特点如下：

1　古建筑结构的容许振动标准

目前国内外的建筑结构容许振动标准是针对建筑结构本身的安全性制订的。由于古建筑的历史、文化和科学价值，更由于它是不可再生的，失去了就无法挽回，因此，不能和现代建筑一样，仅以安全性作为制订容许振动标准的依据，必须在考虑安全性的同时，还要考虑它的完整性。为此，本规范提出以疲劳极限作为古建筑结构容许振动标准的依据。当最大往复应力小于疲劳极限时，无论往复多少次，材料或结构的变形达到一定值后就不再继续增长，也不会产生疲劳破坏。根据这一特性，将古建筑结构的最大动应力控制在疲劳极限以下，这样，即使经过长期往复运动，古建筑结构不会产生新的裂缝，已有的裂纹也不会扩展。这是本规范与国内外相关标准规范的根本不同之处。

本规范还根据我国古建筑多、跨越年代长、现状差异大等特点，按古建筑结构类型、所用材料、保护级别及弹性波在古建筑结构中的传播速度等规定了相应的容许振动值。这与国内外相关标准规范对“有特别保护价值的建筑”仅按长期振动和短期振动各规定一个容许振动值有所不同。

2　古建筑结构动力特性和响应的计算

1）古建筑结构动力特性的计算

建筑结构动力特性的计算，关键在于建立符合实际的力学模型和准确求得结构的质量、刚度参数。目前常用的力学模型有：有限元模型、简化模型等。应用这些模型对大量古建筑结构进行了计算，发现计算结果与现场实测相差甚远，原因在于古建筑结构长期经受风雨侵蚀，其质量、刚度变化甚大，很难计算出准确的数值。为此，本规范根据130多座古建筑结构的实测、分析，得出不同类型、不同材料、不同高度古建筑结构的质量、刚度参数，它反映了古建筑结构的体形特征、质量刚度分布和材料等对动力特性的影响，能较好地符合实际。

关于古建筑结构的力学模型，按材料的不同，可归纳为砖石结构和木结构两类。

就砖石结构而言，根据其高度、构造等分为砖石古塔和砖石钟鼓楼、宫门。对于砖石古塔，计算时采用变截面弯剪悬臂杆模型；对于砖石钟鼓楼、宫门，计算时采用阶形截面剪切悬臂杆模型。

就木结构而言，根据其檐数和层数分别建立计算模型。对于单檐木结构，计算时采用等截面剪切悬臂杆模型；对于两重檐殿堂和两层楼阁，计算时采用阶形截面剪切悬臂杆模型；对于两重檐以上的殿堂和两层以上的楼阁和木塔，计算时采用变截面剪切悬臂杆模型。

本规范按上述方法确定的质量、刚度参数和根据古建筑特点建立的力学模型计算出古建筑结构的动力特性，与实测结果基本吻合。

2）古建筑结构响应的计算

古建筑砖石结构、木结构的响应计算，均采用振型叠加法。

国内外相关标准规范对古建筑结构动力特性和响应未提出计算方法。

3 古建筑结构现状的判断

对古建筑结构现状的判断，国外相关标准规范未作规定。国内有的以年代作为依据，有的规范采用静态的方法对古建筑结构的状况进行调查，以确定其残损程度或等级。本规范采用测试弹性波在古建筑结构中的传播速度，以此作为确定古建筑结构容许振动指标的依据之一。根据对不同年代、不同材料、不同环境的各类古建筑结构弹性波传播速度的大量实测，并与古建筑结构的现状进行了对比分析，结果表明：弹性波传播速度能反映古建筑结构的现状。在此基础上，制订了判断古建筑木结构、古建筑砖石结构和石窟现状的弹性波传播速度范围。

4 工业振动对古建筑结构影响的评估

评估工业振源引起的振动对古建筑结构的影响，是为解决国民经济和社会发展规划中涉及古建筑结构保护的工业交通基础设施等的合理布局，以及为判断现有或拟建工业振源引起的振动是否对古建筑结构造成有害影响提供科学依据。

本规范规定了评估时确定古建筑结构速度响应的两种方法，即计算法和测试法，以及评估的依据和步骤。此外，还对弹性波传播速度的测试方法做了规定。

5 工业振动频率随距离的变化

国内外在进行地面振动衰减计算时，振源频率一般采用常量。理论和实测均证明：由于土质的非均匀性，振波在不同土层中的传播均存在频率随距离而变化的现象（即频散现象），这对于准确计算古建筑结构的动力响应十分重要。实测还表明：古建筑结构的固有频率（基频）一般在1～3Hz之间，而工业振源的频率（如火车），在振源处约为10～15Hz；在距振源1000m处约为4～6Hz。由此说明：在距振源一定距离处，振动强度虽然有所衰减，但振动频率却逐渐趋近于古建筑结构的固有频率，其动力响应有可能增大。因此，计算古建筑结构的动力响应时，必须考虑工业振源频率随距离的变化。本规范提出了火车、汽车等工业振源在黏土、淤泥质粉质黏土、粉细砂、砂砾石等土层上不同距离处振动速度和振动频率的统计数值和计算方法。

本规范对古建筑砖石结构、木结构和石窟分别规定的容许振动标准，涵盖了殿、堂、楼、阁、塔和石窟等古建筑结构类型。其他类型的古建筑，如牌楼、华表和影壁等的容许振动标准，有待今后进一步研究。

目　次

1 总 则

1.0.1、1.0.2 随着我国建设事业的不断发展，铁路、公路、城市轨道交通（地铁、城铁）、大型动力设备等工业振源的迅速增加，对古塔、寺庙等古建筑的影响和危害也随之加剧，经济建设与古建筑保护之间的矛盾日益增多。如何保护古建筑不受工业振动的危害，国内外研究得不多，文献也很少，工程中碰到这类问题时，由于无章可依，常常束手无策。要实现经济和社会的可持续发展，必须在搞好经济建设的同时，保护好古建筑，这就需要制定一个科学的、符合实际的标准。

工业振动对古建筑的影响是个崭新的、跨学科的、难度很大的课题，各国学者研究较少，编制规范缺乏必要的资料和数据，故本规范编制前进行了专题研究。对主要的工业振源、有代表性的古建筑结构、各种古建筑材料等进行了现场测试和室内实验，取得了大量可供分析的原始数据，并从理论和实验等方面进行了全面系统地研究和分析，从而为制定规范提供了科学的、可靠的依据。

本规范制定的古建筑结构容许振动标准、工业振动对古建筑结构影响的评估、工业振源地面振动的传播、古建筑结构动力特性和响应的计算及测试等，可解决经济建设中涉及古建筑保护的工业交通基础设施等的总体规划和布局问题，以及现有和拟建工业振源引起的振动对古建筑结构影响的评估和防治。

1.0.3 一方面，我国历史悠久，前人创造和留下了极为丰富而珍贵的文化遗产，保护好这些文化遗产具有极其重要的历史意义和科学价值。另一方面，我国人口众多，底子薄，是个发展中的大国，亟待大力进行建设，发展经济。因此，条文规定对工业交通基础设施等的布局和工业振动对古建筑结构有害影响的防治，应遵守《中华人民共和国文物保护法》，正确处理经济建设、社会发展与古建筑保护的关系。

1.0.4 控制工业振动对古建筑的有害影响，除按本规范执行外，尚应符合国家及行业现行有关标准规范的规定，主要指振源减振的措施设计应按有关标准规范进行，例如：动力设备的减振，可按国家现行标准《隔振设计规范》设计；铁路和公路的减振措施，可分别按铁路和公路方面的有关标准规范设计。

2 术语、符号

2.1 术 语

2.1.1～2.1.16 对本规范中需要予以定义或解释的主要名词术语作了规定。凡规范条文中已作规定或意义明确不需解释的，则未列出。

2.2 符 号

2.2.1～2.2.3 所列符号为规范中的主要符号。为便于查阅，按“作用及作用效应”、“几何参数和计算参数、系数”、“材料性能及其他”分类列出，并依先拉丁字母、后希腊字母的顺序排列。

3 古建筑结构的容许振动标准

3.1 一般规定

3.1.1 古建筑结构容许振动标准的制订，是从两个基本点出发的：一，工业振动对古建筑结构的影响是长期的、微小的，而地震的影响则是短暂的、强烈的；二，现代建筑的容许振动标准是针对结构本身的安全性制订的，而古建筑结构，由于其历史、文化和科学价值，不能和现代建筑一样仅考虑安全性，必须在考虑安全性的同时，还要考虑它的完整性。据此，本规范提出以疲劳极限作为古建筑结构防工业振动的控制指标，从而达到保护古建筑结构完整性的目的。

疲劳是材料或结构在往复荷载作用下由变形累积到一定程度后所导致的破坏。引起材料或结构疲劳破坏的下限值就是疲劳极限，当最大往复应力小于疲劳极限时，此应力的变化对材料或结构疲劳不起作用，也就是说当最大往复应力小于疲劳极限时，无论往复多少次，材料或结构的变形达到一定值后就不再继续增长，也不会产生疲劳破坏。根据这一特性，将古建筑结构承受的最大容许动应力（或动应变 $[\varepsilon]$）控制在疲劳极限以下，这样，即使经过无限多次往复运动，古建筑结构也不会产生新的裂缝，已有的裂缝也不会扩展。

工业振源产生的振动，通过土层以波动的形式传至古建筑结构，从而引起结构的动力反应。根据有限弹性介质中波动方程的解得知：古建筑结构上任一点的动应变（ε）与该处质点速度（v）成正比、与弹性波的传播速度（V_p、V_s）成反比。在工业振动作用下，当古建筑结构的动应变 ε 小于容许动应变 $[\varepsilon]$ 时，则认为工业振源产生的振动对古建筑结构无有害影响。为便于使用，容许振动标准以质点振动速度 $[v]$ 表示。

3.1.2 鉴于我国古建筑众多，其结构类型、所用建材及保护现状不尽相同，历史、科学价值也各异，故本规范规定古建筑结构的容许振动速度应根据其结构类型、保护级别和弹性波在古建筑结构中的传播速度选用。

3.1.3 由于世界文化遗产具有极高的历史、科学、文化和艺术价值，故规定列入世界文化遗产的古建筑，其结构容许振动速度应按全国重点保护单位的规定采用。

3.2 容许振动标准

3.2.1～3.2.4 表 3.2.1～3.2.3 中的容许振动速度值是根据上述原则，通过对不同古建筑材料 390 多个试件的室内实验、130 多座古建筑结构的现场测试以及理论分析确定的。表中保护级别的划分是根据《中华人民共和国文物保护法》第三条的规定，即依据古建筑的历史、艺术、科学价值确定为全国重点文物保护单位，省级文物保护单位，市、县级文物保护单位；弹性波在古建筑结构中的传播速度 V_p 系通过对不同年代、不同环境的各类古建筑弹性波传播速度的实测和分析加以规定的。测试和分析表明：弹性波传播速度能反映古建筑结构的现状。

4 工业振动对古建筑结构影响的评估

4.1 一 般 规 定

4.1.1、4.1.2 评估工业振动对古建筑结构的影响，是为涉及古建筑保护的工业交通基础设施等振源的布局和解决文物保护与生产建设之间的矛盾提供科学依据。评估工业振动对古建筑结构的影响，首先要确定古建筑结构在振动作用下的速度响应，然后与古建筑结构的容许振动标准比较。条文中规定了两种确定速度响应的方法，即计算法和测试法。这两种方法，对古建筑周边已有工业振源来说，均可采用；对于工业交通基础设施等的布局和拟建项目有工业振源的情况来说，虽能测得古建筑结构的固有频率，但不能测得结构响应，因此只能采用计算法。

4.1.3 为保护好古建筑，本条根据《中华人民共和国文物保护法》第九条的规定，做出了进行现状调查和现场测试时不得对古建筑造成损害的规定。

4.2 评估步骤和方法

4.2.1～4.2.5 条文规定了评估工业振动对古建筑结构影响的步骤和方法。其中：现状调查和资料收集是评估的基础；容许振动速度值是评估的标准；计算或测试以及分析是评估的方法；工业振动对古建筑结构是否造成有害影响是评估的目的。因此，评估工业振源对古建筑结构的影响时，要按条文的规定进行，以做到资料翔实，数据可靠，论证充分，结论正确。

4.3 评 估 意 见

4.3.1 本条规定了工业振动对古建筑结构影响的评估意见应包括的内容。其中，评估结论，即工业振源引起的振动对古建筑结构是否造成有害影响，是为协调生产建设与古建筑保护之间的矛盾提供依据；处理意见和建议，则是提出可供选用的处理方案。

5 工业振源地面振动的传播

5.1 地面振动速度

5.1.1、5.1.2 工业振源引起的振动，通过土层以波动形式向外传播。在传播过程中，其幅值随距离增加而逐渐减小，并与振源类型、场地土类别有关。表 5.1.1 中所列不同距离处振动速度值是火车、汽车、地铁等工业振动在未采取减振措施时不同场地土中传播的实测资料分析后得出的。

V_r 是由 4100 多条工业振动衰减曲线的包络值得出的。其原因有二：一，古建筑的历史、文化、科学价值不同于一般建筑物。二，同一名称的场地土，自然环境不同，其性质差异甚大。

由于地铁振源在地下一定深度（h）处，振动传播过程与火车等地表振源不同，在地面距离 r 为(1～3)h 时，会出现振波叠加，故在这一范围内振动幅值相应增大。为此，规定当 $r=(1～3)h$ 时，V_r 按表 5.1.1 中数值乘 1.2。

5.2 地面振动频率

5.2.1、5.2.2 由于土质的非均匀性，振动在不同土层中的传播均存在频率随距离而变化的现象，也就是频散现象，这对于准确计算古建筑结构的动力响应十分重要，因为随着距离的增加，振动强度虽逐渐减弱，但振动频率却逐渐趋近于古建筑结构的固有频率，其动力响应可能增大。表 5.2.1 列出了工业振动在未采取减振措施时不同场地土中传播的频率随距离变化的实测值。

6 古建筑结构动力特性和响应的计算

6.1 一 般 规 定

6.1.2、6.1.3 本章对古建筑结构动力特性和响应的计算，是基于线弹性、小变形的假定，这与本规范第 3 章规定的古建筑结构容许振动速度所对应的动应变（约为 10^{-6}～10^{-5}）相一致。

6.2 古建筑砖石结构

6.2.1、6.2.2 古建筑砖石结构根据其结构形式分为砖石古塔和砖石钟鼓楼、宫门。砖石古塔以弯剪振动为主，计算时采用变截面弯剪悬臂杆模型，公式(6.2.1) 中不仅考虑了弯曲变形，还通过系数调整考虑了剪切变形等对结构频率的影响。砖石钟鼓楼、宫门以剪切振动为主，计算时采用阶形截面剪切悬臂杆模型，在表 6.2.2 只考虑剪切变形的影响。

由于砖石古塔沿高度方向尺寸收分的形式和量都不同，所以采用加权平均宽度 b_m。表 6.2.1-1 中 H/b_m 反映结构高宽比的变化，b_m/b_0 反映截面的收分变化。砖石钟鼓楼、宫门截面的收分为阶形，表 6.2.2 表示结构的频率取决于高度 H 及二阶高度比 H_2/H_1 和截面面积比 A_2/A_1，而与截面的大小无关。当高度 H 和 A_2/A_1 之比不变时，H_1 与 H_2 互换，频率不变。

质量刚度参数 ψ 与结构的质量刚度分布、截面尺寸和地基基础等有关。由于古建筑的地基基础情况往往未知，古建筑砖石结构的弹性模量和质量密度离散性较大，截面形式复杂，为了使理论计算能更好地符合实际，通过大量实测和统计、分析，得出砖石古塔和砖石钟鼓楼、宫门质量刚度参数的实用数值。

对有塔刹的砖石古塔，由于塔刹质量占古塔总质量的比重很小，因此整体频率计算（不包括塔刹局部的振动）时，可将塔刹质量按比例分布在塔身。计算显示，这样简化误差不超过 3%。

经对 13 个不同结构形式、不同高宽比、不同地区古建筑砖石古塔固有频率的实测和计算比较，二者基本吻合。

6.2.3 古建筑砖石结构在工业振动作用下的速度响应计算，采用振型叠加法。考虑到工业振源的主要频率通常比较接近于结构的第二、第三阶固有频率，因此除了基本振型外，还应考虑高振型的影响。

表 6.2.3-1、6.2.3-2 中的振型参与系数 γ_j 系以第 j 振型 H 高度处振型坐标为 1 进行归一化后之值。

表 6.2.3-3 中的动力放大系数 β_j 是根据不同振源、不同场地土、不同距离处振动的 360 条实测记录计算统计得出的包络值。计算时取结构阻尼比为 0.03。

6.3 古建筑木结构

6.3.1、6.3.2 古建筑木结构屋盖层和铺作层（斗拱层）的水平刚度远远大于木构架的水平刚度；结构平面面积大，相对平面尺寸而言，柱高却较小，经对近 100 座古建筑木结构殿堂、楼阁和古塔的统计，90% 的木结构高宽比小于 1，最大不超过 2；实测也表明木结构沿高度方向的振型曲线接近剪切振动，故将木结构简化为剪切悬臂杆模型。根据木结构的檐数和层数，将单檐木结构简化为等截面剪切悬臂杆，两重檐殿堂和两层楼阁简化为阶形截面剪切悬臂杆，两重檐以上的殿堂和两层以上（含暗层）的楼阁以及古塔简化为变截面剪切悬臂杆。

结构质量刚度参数 ψ 反映了结构类型、体型特征、地基基础等对结构频率的影响。表 6.3.1 中所列的 ψ 值，系经过对 110 多座古建筑木结构实测、统计、分析确定的。并根据不同结构类型，将质量刚度参数 ψ 划分为五类。

固有频率计算系数 λ_j 反映整体水平变形以剪切为主的古建筑木结构的几何尺寸（即结构周边所围面积沿高度变化）对频率的影响。根据结构周边所围面积沿高度的变化特点，将木结构固有频率计算系数分为等截面、阶形截面和变截面剪切悬臂杆进行计算。表 6.3.2-1 中 λ_j 取决于高度 H 及二阶高度比 H_2/H_1 和截面面积比 A_2/A_1，与截面大小无关，当高度 H 和 A_2/A_1 之比不变时，H_2 与 H_1 互换，频率不变。

6.3.3 古建筑木结构在工业振源作用下的速度响应采用振型叠加法。

表 6.3.3-1、6.3.3-2 中的振型参与系数 γ_j 系以第 j 振型 H 高度处振型坐标为 1 进行归一化后之值。

表 6.3.3-3 中的动力放大系数 β_j 系根据不同振源、不同场地土、不同距离处振动的实测记录计算统计得出的包络值。计算时结构阻尼比取 0.05。

7 古建筑结构动力特性和响应的测试

7.1 一 般 规 定

7.1.1、7.1.2 对古建筑结构动力特性和响应的测试表明，水平方向速度响应最大，故规定按水平方向测试。

7.2 测 试 方 法

7.2.1 本条主要规定了对测试仪器、测试环境以及测试操作的基本要求。

地脉动引起的结构振动一般很小，且频率较低，结构和工业振源的频带范围约为 0.5～30Hz。按照采样定理，采样频率为所需频率上限的 2 倍即可，但实际工作中，最低采样频率通常取分析上限频率的 3～5 倍；考虑到频域分析中频率分辨率的要求，条文中提出采样频率宜为 100～120Hz。

为了减小干扰的后期处理，提高采集、分析数据的准确性，对测试环境和测试记录做了规定。

7.2.2 古建筑木结构平面一般为正方形或矩形，两端有山墙、前后有槛墙和纵墙。为了获得较好的动力特性测试结果，振动测试时将传感器布置在中间跨的各层柱顶和柱底。测砖石结构水平振动时，为避免扭转振动的影响，将传感器布置在各层平面刚度中心。

7.2.3 响应测试的测点位置是依据反映整体承重结构最大响应的原则确定的。一般来说，古建筑最高处的响应是结构的最大响应，因而木结构的测点位置为中跨的顶层柱顶，砖石结构的测点为承重结构最高处；石窟的最大响应为窟顶。

7.3 数 据 处 理

7.3.1 现场实测时应尽量避开机、电和人为干扰，调整零点漂移，但实际情况仍会或多或少的有一些干扰。因而数据分析前，应检查记录信号，通过去直流、删除干扰区段、对电信号进行带阻滤波等方法处理波形的失真。

7.3.2 对动力特性实测记录进行自功率谱、互功率谱分析时，为了减少频谱的泄漏，需要加窗函数。同时为了减小干扰，提高分析精度，平均次数不宜太少；平均次数太多又导致实测记录时间太长，综合上述的影响，平均次数宜为100次左右。

确定结构的频率和振型时，除了自功率谱的峰值和互功率谱的相位符合要求外，还要求测点间的相干函数不小于0.8。相干函数小于0.8时，干扰太大，不能确定该频率为结构振动频率。

8 防振措施

8.1 一般规定

8.1.1 工业振动对古建筑结构的影响超过第3章规定的容许振动值时，将对古建筑结构造成有害影响。为了保护古建筑，应采取防振措施避免工业振动对古建筑结构的有害影响。

8.1.2、8.1.3 防振距离和振源减振是分别针对传播路径和工业振源而采取的防振措施；具体使用时，应根据防振效果、工程条件、技术难易程度等单独采用或综合采用。

8.2 防振距离

8.2.1、8.2.2 防振距离为工业振源引起的地面振动对古建筑结构不产生有害影响的最小距离。条文对防振距离的确定，按获得古建筑结构速度响应的计算法和测试法分别做了规定。前者既可用于工业交通基础设施等的布局，也可用于评估工业振动对古建筑结构的影响；后者仅用于古建筑周边有工业振源的评估。

8.3 振源减振

8.3.1～8.3.3 条文中对铁路和公路的减振分别列出了可供采用的措施，具体设计尚需按相应的国家和行业标准、规范进行；对大型动力设备的减振，规定按国家现行标准《隔振设计规范》的有关规定执行。

中华人民共和国行业标准

城市轨道交通引起建筑物振动与二次辐射噪声限值及其测量方法标准

Standard for limit and measuring method of building vibration and secondary noise caused by urban rail transit

JGJ/T 170—2009

J 855—2009

批准部门：中华人民共和国住房和城乡建设部

施行日期：2 0 0 9 年 7 月 1 日

中华人民共和国住房和城乡建设部
公　告

第 241 号

关于发布行业标准《城市轨道交通引起建筑物振动与二次辐射噪声限值及其测量方法标准》的公告

现批准《城市轨道交通引起建筑物振动与二次辐射噪声限值及其测量方法标准》为行业标准，编号为 JGJ/T 170 - 2009，自 2009 年 7 月 1 日起实施。

本标准由我部标准定额研究所组织中国建筑工业出版社出版发行。

中华人民共和国住房和城乡建设部

2009 年 3 月 15 日

前　言

根据原建设部《关于印发〈2006 年工程建设标准规范制订、修订计划（第一批）〉的通知》（建标［2006］77 号）要求，标准编制组经广泛调查研究，认真总结实践经验，参考和借鉴有关国际标准和国内相关标准，并在广泛征求意见的基础上，制定了本标准。

本标准的主要技术内容是：1　总则；2　术语和符号；3　基本规定；4　限值；5　振动测量方法；6　二次辐射噪声测量方法；7　测量报告编写要求。

本标准由住房和城乡建设部负责管理，由深圳市地铁有限公司负责具体技术内容的解释（地址：深圳市福田区福中一路 1016 号；邮政编码：518042）。

本标准主编单位：建设部科技发展促进中心
深圳市地铁有限公司

本标准参编单位：深圳地铁三号线投资有限公司
中铁二院工程集团有限责任公司
上海市隧道工程轨道交通设计研究院
上海申通轨道交通研究咨询有限公司
广州市地下铁道设计研究院

本标准主要起草人员：吴永芳　何宗华　刘加华　刘卡丁　徐志胜　周国甫　钟晓鹰　李兰清　邓秀娟　申伟强　宋　键　史海鸥　万今仪

目　次

1 总 则

1.0.1 为规范城市轨道交通列车运行引起沿线建筑物振动与室内二次辐射噪声的限值及其测量方法，制定本标准。

1.0.2 本标准适用于城市轨道交通列车运行引起沿线建筑物振动与室内二次辐射噪声的控制和测量；振动的频率范围为4～200Hz，二次辐射噪声的频率范围为16～200Hz。

1.0.3 城市轨道交通列车运行引起沿线建筑物振动与室内二次辐射噪声限值及其测量方法，除应执行本标准外，尚应符合国家现行有关标准的规定。

2 术语和符号

2.1 术 语

2.1.1 建筑物振动 ground-borne vibration，structure vibration in buildings

运行列车引起沿线固体介质的往复运动而导致地面、建筑物基础或结构的振动，这种由轨道路基扩散的振动在岩土体中以压缩波（pressure wave）和剪切波（shear wave）或地表面瑞利波（rayleigh wave）的形式激励建筑物基础。

2.1.2 二次辐射噪声 secondary noise，secondary air-borne noise in buildings

被激励产生振动的建筑构件，其固体表面振动向周围空气介质辐射的声压波，亦称固体噪声，二次辐射噪声的评价指标为等效A声压级。

2.1.3 室内背景噪声 background noise in door

门窗密闭的室内空间，当无列车经过或不受被测振源（轨道交通）影响，以及没有其他明显振动源或噪声源的室内噪声。

2.1.4 敏感点 sensitive point

某区域内对环境振动噪声控制要求较高的单体建筑物以及对振动或噪声控制要求特别高的特殊建筑物。

2.1.5 敏感区 sensitive area

对环境振动噪声控制要求较高的区域。

2.2 符 号

2.2.1 L_{Aeq}——等效A声压级。

2.2.2 VL_{max}——分频最大振级。

3 基本规定

3.0.1 城市轨道交通沿线建筑物，根据其功能应按表3.0.1进行区域分类。

表3.0.1 振动噪声影响区域分类

区域分类	适用范围
0类	特殊住宅区
1类	居住、文教区
2类	居住、商业混合区，商业中心区
3类	工业集中区
4类	交通干线两侧

3.0.2 地下轨道线路下穿建筑物的地段，应按振动噪声敏感点或敏感区对待，并应采取必要的工程预防或治理措施。

3.0.3 按本标准要求测量的数据应与本标准规定的限值进行比较，评判城市轨道交通沿线建筑物振动和二次辐射噪声的达标情况。

3.0.4 城市轨道交通引起沿线建筑物室内二次辐射噪声超标的地段，必须采取特殊的减振降噪措施，确保沿线建筑物在其使用年限内始终满足本标准的限值要求。

4 限 值

4.0.1 城市轨道交通沿线建筑物室内振动限值应符合表4.0.1的规定。

表4.0.1 建筑物室内振动限值（dB）

区 域	昼 间	夜 间
0类	65	62
1类	65	62
2类	70	67
3类	75	72
4类	75	72

注：昼夜时间划分：昼间：06：00～22：00；夜间：22：00～06：00；昼夜时间适用范围在当地另有规定时，可按当地人民政府的规定来划分。

4.0.2 与建筑物室内振动限值对应的测点宜布置在建筑物一楼的室内，也可布置在建筑物的基础距外墙0.5m范围内。

4.0.3 城市轨道交通沿线建筑物室内二次辐射噪声限值应符合表4.0.3的规定。

表4.0.3 建筑物室内二次辐射噪声限值［dB（A）］

区 域	昼 间	夜 间
0类	38	35
1类	38	35
2类	41	38

续表 4.0.3

区　域	昼　间	夜　间
3类	45	42
4类	45	42

注：昼夜时间划分：昼间：06：00～22：00；夜间：22：00～06：00；昼夜时间适用范围在当地另有规定时，可按当地人民政府的规定来划分。

4.0.4 与建筑物室内二次辐射噪声限值对应的测点应布置在室内，并应密闭门窗。

5 振动测量方法

5.1 一般规定

5.1.1 振动测量仪器和数据处理方法应满足 4～200Hz 频率范围的振动测量，并应符合现行国家标准《城市区域环境振动测量方法》GB/T 10071 和《倍频程和分数倍频程滤波器》GB/T 3241 有关条款的规定。

5.1.2 测量仪器应经国家认可的计量部门检定合格，并应在检定有效期内使用。

5.1.3 测量的铅垂向振动加速度应按表 5.1.3 规定的1/3倍频程中心频率的 Z 计权因子进行数据处理，按计权因子修正后得到各中心频率的振动加速度级（振级），而采用的评价量应为 1/3 倍频程中心频率上的最大振动加速度级（简称分频最大振级，记为 VL_{max}）。

表 5.1.3 加速度在 1/3 倍频程中心频率的 Z 计权因子

1/3 倍频程中心频率（Hz）	4	5	6.3	8	10	12.5	16	20	25
计权因子（dB）	0	0	0	0	0	−1	−2	−4	−6
1/3 倍频程中心频率（Hz）	31.5	40	50	63	80	100	125	160	200
计权因子（dB）	−8	−10	−12	−14	−17	−21	−25	−30	−36

5.2 测量要求

5.2.1 测量环境的气候条件应符合现行国家标准《城市区域环境振动测量方法》GB/T 10071 对环境温度、湿度和风速的要求。

5.2.2 测点位置及拾振器安装应符合下列规定：

1 在敏感点或敏感区布设测点时，应设在建筑物一楼室内；当室内布设条件不允许时，可设在建筑物的基础距外墙 0.5m 范围内的振动敏感处；

2 在室内测量时，至少应布置 3 个测点；当需要在建筑物室外测量时，在建筑物靠近轨道一侧的基础上至少应布设 1 个测点；

3 测量铅垂向振动的拾振器应牢固安装在平坦、坚实的地面上，不应置于地毯、草地、沙地或雪地等松软的地面上，拾振器的灵敏度主轴方向应为铅垂向。

5.2.3 每个测点在同时进行测量的持续时间内应有不少于上下行各 5 列车按该区段设计的最高速度或实际的运营速度通过，测量应分昼间和夜间进行。

5.2.4 在测量期间，当轨道交通之外的其他振源对振动测量结果产生干扰时，本次测量应视为无效。

5.3 测量数据记录及处理

5.3.1 应记录每次列车在正常运营条件下振动测点的 VL_{max}值，评价量应取测点各次 VL_{max} 的算术平均值。

5.3.2 当布设多个测点时，应取各个测点评价量的平均值作为评价依据。

5.3.3 测量数据应按本标准附录 A 的规定记录测点的 VL_{max}值，同时应记录时间、列车编组和测点与列车行驶轨道之间的几何距离关系图。

6 二次辐射噪声测量方法

6.1 一般规定

6.1.1 噪声测量应采用精密等级不低于 1 级的积分式声级计或其他相当的声学仪器，并应满足 16～200Hz 噪声测量的要求，其性能应符合国家现行相关标准的规定。

6.1.2 测量仪器应经国家认可的计量部门检定合格，并应在检定有效限期内使用。

6.1.3 应采用等效连续 A 声压级，作为轨道交通沿线建筑物室内二次辐射噪声测量的量。

6.2 测量要求

6.2.1 针对昼间和夜间应分别在各测点测量等效 A 声压级及室内背景噪声。

6.2.2 测点布设应符合下列规定：

1 每个敏感点所设的测点不应少于 1 个；

2 多个测点的布设，应根据建筑物的楼层、房间平面分布以及受城市轨道交通的影响程度确定；

3 敏感区的测点布设应选择邻近线路的建筑物或受轨道交通影响较大的建筑物。

6.2.3 同一建筑物内的各个测点应在规定时间内同步测量。

6.2.4 在背景噪声和二次辐射噪声的测量过程中，测点所在房间的门窗应密闭。

6.2.5 在测点受到外界其他噪声源的偶然干扰时，应在测量记录中说明干扰的声级、类型和持续时间。

6.2.6 传声器布设应符合下列规定：

1 各测点的传声器应安装在距地面 1.2m 的高度，距墙壁的水平距离应在 1.0m 以上；

2 测点周围 1.0m 之内不应有声反射物；

3 测量时，传声器应朝向房间中央。

6.2.7 测量时间应符合下列规定：

1 在昼间和夜间，应各选一段时间进行测量，测量时段不应小于 1h；

2 昼间测量时，应选择行车高峰时段；夜间测量时间内通过的列车不应少于 5 列；

3 在行车密度较低的线路，可分段测量列车通过时的声级。

6.2.8 仪器动态时间响应特性应采用快挡（Fast），采样间隔不应大于 1s，测量时间应符合本标准第 6.2.7 条的规定。

6.2.9 仪器的动态范围应满足测点噪声波动的要求，测量时应选择与二次辐射噪声幅值相应的动态范围。

6.2.10 测量前后应校准仪器，灵敏度相差不得大于 0.5dB（A），否则测量结果应视为无效。

6.2.11 测量应有记录，并应符合本标准附录 A 的规定。

6.3 测量数据记录及处理

6.3.1 测量轨道交通沿线建筑物室内的二次辐射噪声，应分别计算昼间和夜间的等效 A 声压级。在测量时段内，昼间和夜间的等效 A 声压级应按下式计算：

$$L_{\mathrm{Aeq}} = 10\ \lg \frac{1}{n} \sum_{i=1}^{n} 10^{0.1 L_{\mathrm{AE},i}} \tag{6.3.1}$$

式中 L_{Aeq}——昼间或夜间的等效 A 声压级，单位为 dB（A）；

n——昼间或夜间通过的列车数量；

$L_{\mathrm{AE},i}$——昼间或夜间第 i 列列车通过时测点的二次辐射噪声 A 声压级。

6.3.2 二次辐射噪声测量值应大于室内背景噪声 3dB（A）以上，并应按表 6.3.2 对二次辐射噪声测量值进行修正。

表 6.3.2 二次辐射噪声修正值［dB（A）］

差值	3	4～5	6～9
修正值	−3	−2	−1

7 测量报告编写要求

7.0.1 城市轨道交通引起的沿线建筑物振动和二次辐射噪声测量应编写测量报告。

7.0.2 测量报告应包括下列内容：

1 城市轨道交通工程概况，应包括沿线建筑物特征与现状，轨道交通环境影响评估文件的结论和要求，设计与建造时采取的减振降噪措施，以及其他需要说明的情况。

2 轨道沿线敏感点或敏感区建筑物进行振动和噪声测量的方案和结果：

1）采用的测量仪器（名称、型号、精度等级、检定日期）和测点位置、环境的描述；

2）建筑物与轨道线路之间的位置关系、测点布置；

3）测量数据或图表；

4）振动和二次辐射噪声限值；

5）测量数据分析与结论。

3 测量单位、人员和日期。

附录 A 测 量 记 录

A.0.1 城市轨道交通沿线建筑物振动测量应按表 A.0.1 进行记录。

表 A.0.1 城市轨道交通沿线建筑物振动测量记录表

编号：

测量地点			测量日期		
测量仪器			测量人员		
线路条件			地质情况		
建筑物类型			车辆类型及编组		
列车运行速度			备注		
测点与线路的位置关系图示或描述					
数据记录					
序号	时间	编组	近/远轨	$VL_{\max}$（dB）	备注
1					
2					
3					
4					
5					
6					
7					
8					
9					
10					
处理结果					

测量记录员：

A.0.2 城市轨道交通沿线建筑物室内二次辐射噪声测量应按表 A.0.2 进行记录。

表 A.0.2 城市轨道交通沿线建筑物室内二次辐射噪声测量记录表

编号：

测点位置		测量日期		测量时段		气象状况	
仪器名称型号		仪器编号		仪器精度等级		仪器检定日期	
钢轨类型		扣件类型		轨枕类型		道床类型	
线路半径		线路轨顶埋深		距线路中心线距离		隧道结构形式	
建筑物类型描述							
测量序号	上下行	列车运行引起室内噪声测量 dB(A)			非轨道交通噪声干扰状况		
测量时段内等效声压级 dB(A)							
背景噪声声压级 dB(A)							
测点简图							
备注							

测量记录员：

本标准用词说明

1 为便于在执行本标准条文时区别对待，对要求严格程度不同的用词说明如下：

1) 表示很严格，非这样做不可的：
正面词采用“必须”，反面词采用“严禁”。

2) 表示严格，在正常情况下均应这样做的：
正面词采用“应”，反面词采用“不应”或“不得”。

3) 表示允许稍有选择，在条件许可时首先这样做的：
正面词采用“宜”，反面词采用“不宜”；
表示有选择，在一定条件下可以这样做的，采用“可”。

2 条文中指定应按其他有关标准、规范执行时，写法为“应符合……的规定”或“应按……执行”。

中华人民共和国行业标准

城市轨道交通引起建筑物振动与二次辐射噪声限值及其测量方法标准

JGJ/T 170—2009

条 文 说 明

前　言

《城市轨道交通引起建筑物振动与二次辐射噪声限值及其测量方法标准》JGJ/T 170－2009，经住房和城乡建设部2009年3月15日以第241号公告批准发布。

为便于广大设计、施工、科研、学校等单位的有关人员在使用本标准时能正确理解和执行条文规定，《城市轨道交通引起建筑物振动与二次辐射噪声限值和测量方法标准》编制组按章、节、条顺序编制了本标准的条文说明，供使用者参考。在使用中如发现本条文说明有不妥之处，请将意见函寄深圳市地铁有限公司（地址：深圳市福田区福中一路1016号；邮政编码：518042）。

目　次

1 总 则

1.0.1 大运量、快捷、舒适的城市轨道交通是解决城市公共交通问题的根本出路。本标准制订的目的是为了规范城市轨道交通项目建设或运营过程对沿线建筑物振动和室内二次辐射噪声评价和测量的要求。

1.0.2 现行国家标准《城市区域环境振动标准》GB 10070－88与《声环境质量标准》GB 3096－2008规定了各种振源或噪声源的城市区域环境振动或噪声限值标准及其测量方法，适用范围广泛。就上述标准中城市交通干线或铁路主次干线而言，城市轨道交通线路是一种既不同于城市交通干线又不同于国铁铁路干线的交通网，城市交通干线一般是指公共道路，而国铁的干线铁路由于线路分布的区域（绝大部分不在城市区域），其列车、轨道和运营条件与城市轨道交通也有很大区别，因此轨道沿线环境振动噪声评估条件和标准应有所不同。例如，评价铁路干线两侧的环境振动或噪声水平时界定区域是外侧轨道中心线30m（即所谓的铁路边界）以外，这对于城市轨道交通线路而言，全线达到铁路边界的地域要求是不现实的。《铁路边界噪声限值及其测量方法》GB 12525－90规定了城市铁路边界噪声限值为70dB（A），但对于铁路边界以内区域的环境噪声没有规定。

本标准规定的建筑物室内二次辐射噪声不是由建筑物内的振源或噪声源直接产生，而是从建筑物的外部通过建筑基础传入振动激励的结果。建筑结构表面固体的振动以空气为介质传播而产生二次辐射噪声，亦称固体噪声。由于振动在岩土介质传递的衰减和建筑物基础的作用，较高频率的振动成分被过滤，因此，二次辐射噪声是一种低频噪声。

根据轨道运输轮轨系统的特点，轮轨间移动荷载由静轴重和动荷载组成，车轮移动荷载对轨道的作用大小与车辆、轨道和运营条件（车况、路况和运行速度等）有关。从轨道路基（碎石道床）或整体道床向周围扩散的振动，除了振幅较大的低频之外，在50～100Hz的频率范围还会出现重要的峰值。考虑轨道沿线岩土介质的振动传递特性，本标准规定的振动频率范围为4～200Hz，考虑人耳听到声音的最低频率和建筑结构固有频率，而将二次辐射噪声频率界定在16～200Hz。

1.0.3 本标准与现行国家标准协调一致，并互为补充。《住宅建筑室内振动限值及其测量方法标准》GB/T 50355－2005针对住宅建筑（含商住楼）规定的振动源在建筑物内部，换算为单一指标的铅垂向Z振级为80dB（夜间，住宅建筑室内1级振动限值），但如果考虑住宅建筑内部振源单一窄带型的频谱特征，其分频振动限值为67dB。《住宅设计规范》GB 50096－1999规定住宅卧室、起居室（厅）内的噪声限值昼间为50dB（A），夜间为40dB（A）。

2 术语和符号

2.1 术 语

2.1.1 测点铅垂向的振动加速度，其分频振级在4～200Hz范围内以1/3倍频程中心频率的振动加速度级表示，在各中心频率上采用ISO 2631/1－1997（E）规定的全身振动不同频率计权因子修正后得到振动加速度级（振级），记为*VL*，单位dB。

2.1.3 门窗紧闭的室内空间，当远离被测振源（轨道交通）影响以及没有其他明显振动源或噪声源使室内声压增高的环境噪声称背景噪声。

2.2 符 号

2.2.2 VL_{max}——分频最大振级，即为1/3倍频程中心频率上的最大振动加速度级。

3 基本规定

3.0.1 与城市区域环境噪声标准或振动标准适用的区域分类相同，本条遵循以人为本以及城市轨道交通线与区域环境协调匹配的原则将建筑区域分为五类。

——0类和1类：指疗养区、高级宾馆区、文教区及机关、事业单位集中的区域，即对环境振动噪声要求较高的公共区域，以及住宅为主的私家区域；

——2类：是居住、商业与工业混合区，规划商业区；

——3类和4类：是工业区或交通干线两侧区域。

对振动噪声要求很高的特殊建筑：音乐厅、电影电视演播厅、录音室或歌剧院等文化场所，包括古建筑等历史文物，以及建筑物内有振动敏感的仪器或设备，如光学或电子高倍显微镜、纳米技术研发或芯片生产中心、地震台站等对振动要求严格的区域应执行本标准中最高等级的限值标准。针对环境振动噪声要求更高的情况，需要在建筑物基础、结构或房间地板和墙面采取减振隔声措施，但这种情况不应属于城市轨道交通沿线建筑物影响评价和测量的内容。

3.0.2 如果建筑物位置临近轨道线路，应采取减振降噪措施以满足建筑物振动和室内二次辐射噪声限值标准。当地下线路下穿建筑物时，建筑物与轨道中心线之间的水平距离为零，振动在土质中传递的直线距离为隧道埋深。地下线隧道结构与建筑基础的间距、土质、隧道埋深以及运营条件等因素直接影响其地面建筑物振动及其室内二次辐射噪声水平。例如，隧道地质条件的影响，土质越软，列车振动由轨道道床经隧道向周边能够传递的距离越近；相反，当隧道周边为硬质岩石时列车运行引发振动的影响距离加大。

4 限 值

4.0.1 本标准的振动源是从建筑物下穿（地下）、中穿（高架站与建筑物一体）或侧边（地下、地面或高架）经过的城市轨道交通线路引起，评价的对象是轨道沿线的建筑物，测量点位于建筑物一楼室内或结构基础，测量值为铅垂向的振动加速度。

与国家现行的有关标准进行比较，《城市区域环境振动标准》GB 10070 规定“铁路干线两侧”30m 以外区域的振动限值 80dB（昼夜相同），交通干线道路两侧的振动限值 75dB（昼间）和 72dB（夜间）。由此可见，本标准的振动限值与国家现行的有关标准是相互协调一致的。

由于人对振动容忍极限的变化范围较大，与人的姿势、方向、健康状况和感觉密切相关。据统计，振动强度小于 65dB 对居民睡眠的影响可以忽略；但如果振动强度超过 70dB，对居民睡眠产生的影响就会较大。《城市区域环境振动标准》GB 10070 通过大量振动测量结果的统计和居民主观反映相结合方法确定的振动限值是比较符合我国实际情况的。

4.0.2 与本标准振动限值对应的测点一般布置在建筑物一楼的室内，但由于室内环境或房主限制，测点不能布置在建筑物室内，此时可将测量传感器安装在建筑物结构的基础上。一般而言，距离轨道线路越远的地方，因列车运行引起的环境振动或噪声的影响越小，但由于振动波（压缩波、剪切波及地表面瑞利波）在岩土体中波峰波谷的作用，在地面测量时有可能出现不一致的现象，但不妨碍限值标准的应用，应采取多次测量值的平均值。

4.0.3 建筑物室内二次辐射噪声是一种低频噪声。如果测量的等效声级达到 50dB(A)，按现行的噪声限值标准则完全符合环境噪声要求，但在此环境下生活或工作的人是无法承受的。原因在于声级的 A 计权处理方法，在频率几十至几千赫兹的范围内加权处理可以得到一个与人听觉适应较好的综合声级，但对于噪声组成以低频（几百赫兹以下）为主的情况，经 A 计权处理的声级偏低，国内现行的噪声标准就不再适用。例如，1000Hz 的声压级 10dB 经 A 线加权处理后仍为 10dB(A)，而 100Hz 的声压级 10dB 经 A 线加权处理后仅为 1dB(A)，为此本标准提出建筑物室内二次辐射噪声（低频噪声）的限值。与英国、美国、德国和日本等国家以及台湾地区的标准中有关低频噪声的大量试验和调查结果比较，表 4.0.3 的低频噪声限值是适中的，与现行国家标准《住宅设计规范》GB 50096－1999 规定的夜间室内噪声限值 40dB(A) 也是相协调的。35dB(A) 以下的室内二次辐射噪声对居民的睡眠没有影响，但如果室内二次辐射噪声水平达到 45dB(A) 以上，则对居民的睡眠影响或主观反应都会很大。

5 振动测量方法

5.1 一 般 规 定

5.1.1 振动测量仪器系统应具备在 4～200Hz 频率范围测量 1/3 倍频程振动加速度级的功能。其 1/3 倍频程带通滤波器性能应符合《倍频程和分数倍频程滤波器》GB/T 3241－1998 的规定；测量仪器系统应符合《城市区域环境振动测量方法》GB/T 10071 及《Human response to vibration; measuring instrumentation》ISO 8041－1990 有关测量仪器的规定。

5.1.3 人体敏感的振动是铅垂向的振动分量，《城市区域环境振动测量方法》GB/T 10071 以铅垂向 Z 振级 VL_z 来评价环境振动对人体的影响，借鉴 GB/T 10071 关于铁路测量评价量的规定，读取每次列车通过过程中的最大示数（最大 Z 振级 VL_{zmax}），本标准在 4～200Hz 频率范围内采用 1/3 倍频程中心频率上按不同频率计权因子修正后的最大振动加速度级作为评价量，简称分频最大振级，记为 VL_{max}。表 5.1.3 加速度 Z 计权因子是铅垂向振动加速度在 1/3 倍频程中心频率上的修正系数，数值参照《Mechanical vibration and shock-evaluation of human exposure to whole-body vibration-Part 1: General requirements》ISO 2631/1－1997的规定。实际上，该修正系数还在进一步研究完善，国际标准组织也希望各国继续提供相关资料研究修正上述频率计权因子。

5.2 测 量 要 求

5.2.1 振动测量环境的气候条件应满足室外测量对环境温度、湿度和风速的要求。

5.2.3 在建筑物振动测量时列车按测量所在区段设计的最高速度或该区段实际的运营速度运行。如果预测列车运行速度对沿线建筑物振动的影响较大，则应延长测量时间，其测量结果应反映列车运行速度的影响，以同一运行速度（±3km/h）通过的列车数量不应少于 5 列。

5.2.4 测点的安排应尽量避免轨道交通之外的其他振源对振动测量结果的干扰。

5.3 测量数据记录及处理

5.3.1 城市轨道交通列车通过测点的时间一般为 5～10s，实践证明，针对地面线或高架线的测量，采样时间 0.2～1.0s 获得的测量结果是可以接受的。每次列车通过时记录分频最大振级 VL_{max} 作为该次列车通过时的测量值，以每次列车通过时该测点 VL_{max} 的算术平均值为该测点的振动评价量。

5.3.2 布设多个测点时，由于振动波和测点位置的影响，不同测点的测量值会有差别，在排除非轨道交通影响因素之后，各振动测点的算术平均值为振动评价量，并与振动限值进行比较。

6 二次辐射噪声测量方法

6.2 测 量 要 求

6.2.7 在建筑物室内进行二次辐射噪声测量时，列车按测量所在区段设计的最高速度或该区段实际的运营速度运行，测量时间不应小于 1h 且至少通过 5 列车。如果预测列车运行速度对沿线建筑物室内二次辐射噪声水平影响较大，则应延长测量时间，其测量结果应反映列车运行速度的影响，以同一运行速度（±3km/h）通过的列车数量不应少于 5 列。

6.2.9 测量时间内记录列车途经建筑物附近引起室内二次辐射噪声变化的整个过程。

6.3 测量数据记录及处理

6.3.2 在排除其他噪声源的情况下，测量值与室内背景噪声的声级差小于 3dB(A)，测量无效。此时，如果室内背景噪声小于限值，则可以认为途经的列车对沿线建筑物室内噪声没有影响；否则应分析室内背景噪声超标的原因。

7 测量报告编写要求

7.0.1 城市轨道交通项目从立项开始就已经着手沿线环境影响评估，并要求超标地段采取减振降噪的工程措施。特别应针对城市轨道交通引起沿线建筑物振动与二次辐射噪声进行测量评价。

城市轨道交通引起沿线建筑物振动和噪声的源头是运行的列车，由其引发的振动和噪声通过周围介质传递，特别是轮轨作用力经过路基向沿线环境扩散引起建筑物的振动和室内二次辐射噪声问题。沿线砖混、框架或框剪结构的建筑物，其振动响应特性各不相同，且振动传递受岩土介质性能的影响，例如在软土基础上修建的多层建筑物容易被振动激发而发生晃动。通过测量轨道沿线建筑物的振动和二次辐射噪声，并据此编写测量报告，从而使城市轨道交通对沿线建筑物振动和噪声的影响评估更专业、更规范、更科学。

无论是城市轨道交通项目竣工的环境验收，还是工程减振降噪措施效果的检验，都应按本标准的要求测量建筑物振动及其室内二次辐射噪声，并按本节要求编写测量报告。

声学中按频率划分为中高频噪声和低频噪声（500Hz 以下），本标准涉及的固体噪声呈现低频特征，其治理的难度较大，而且线路一旦投入运营，其改造的难度更大。轨旁环境噪声与本标准中室内二次辐射噪声的频率组成不同，前者直接由车轮在钢轨上滚动时金属构件的高频振动辐射和轮轨摩擦等产生；后者是振动经固体介质衰减或放大后由建筑构件表面向空中辐射产生的低频噪声。

轨道振动传播引起沿线建筑物振动和室内二次辐射噪声，其振动强度与噪声水平之间密切相关，轨道减振降噪措施的主要作用在于减少振动从轨道结构向沿线环境扩散。为了减少轨道沿线复杂的环境因素对减振降噪效果评价的影响，应在邻近减振降噪措施的地点进行振动测量，据此可以直观地评价轨道减振降噪的效果。例如，在圆形的盾构隧道内，其埋深、周围地质条件和线路情况相似，列车匀速经过两个在隧道壁上高度相同而里程不同的测点，其中一个测点对应的地段采用普通轨道结构，另一个测点的轨道采用减振降噪措施（减振器扣件、弹性轨枕或浮置板道床）。两个测点铅垂向振动加速度级的差值就是轨道减振降噪在该地段取得的效果。在轨道沿线敏感点或敏感区布设的测点，根据测量结果评价城市轨道交通投入运营前后沿线建筑物振动或噪声的变化。

3

幕墙·屋面·人防·给水排水

中华人民共和国国家标准

给水排水工程构筑物结构设计规范

Structural design code for special structures of water supply and waste water engineering

GB 50069—2002

批准部门：中华人民共和国建设部

施行日期：2 0 0 3 年 3 月 1 日

中华人民共和国建设部
公　告

第 91 号

建设部关于发布国家标准《给水排水工程构筑物结构设计规范》的公告

现批准《给水排水工程构筑物结构设计规范》为国家标准，编号为 GB 50069—2002，自 2003 年 3 月 1 日起实施。其中，第 3.0.1、3.0.2、3.0.5、3.0.6、3.0.7、3.0.9、4.3.3、5.2.1、5.2.3、5.3.1、5.3.2、5.3.3、5.3.4、6.1.3、6.3.1、6.3.4 条为强制性条文，必须严格执行。原《给水排水工程结构设计规范》GBJ 69—84 中的相应内容同时废止。

本规范由建设部标准定额研究所组织中国建筑工业出版社出版发行。

中华人民共和国建设部

二〇〇二年十一月二十六日

前　言

本规范根据建设部（92）建标字第 16 号文的要求，对原规范《给水排水工程结构设计规范》GBJ 69—84 作了修订。由北京市规划委员会为主编部门，北京市市政工程设计研究总院为主编单位，会同有关设计单位共同完成。原规范颁布实施至今已 15 年，在工程实践中效果良好。这次修订主要是由于下列两方面的原因：

（一）结构设计理论模式和方法有重要改进

GBJ 69—84 属于通用设计规范，各类结构（混凝土、砌体等）的截面设计均应遵循本规范的要求。我国于 1984 年发布《建筑结构设计统一标准》GBJ 68—84（修订版为《建筑结构可靠度设计统一标准》GB 50068—2001）后，1992 年又颁发了《工程结构可靠度设计统一标准》GB 50153—92。在这两本标准中，规定了结构设计均采用以概率理论为基础的极限状态设计方法，替代原规范采用的单一安全系数极限状态设计方法，据此，有关结构设计的各种标准、规范均作了修订，例如《混凝土结构设计规范》、《砌体结构设计规范》等。因此，《给水排水工程结构设计规范》GBJ 69—84 也必须进行修订，以与相关的标准、规范协调一致。

（二）原规范 GBJ 69—84 内容过于综合，不利于促进技术进步

原规范 GBJ 69—84 为了适应当时的急需，在内容上力求能概括给水排水工程的各种结构，不仅列入了水池、沉井、水塔等构筑物，还包括各种不同材料的管道结构。这样处理虽然满足了当时的工程应用，但从长远来看不利于发展，不利于促进技术进步。我国实行改革开放以来，通过交流和引进国外先进技术，在科学技术领域有了长足进步，这就需要对原标准、规范不断进行修订或增补。由于原规范的内容过于综合，往往造成不能及时将行之有效的先进技术反映进去，从而降低了它应有的指导作用。在这次修订 GBJ 69—84 时，原则上是尽量减少综合性，以利于及时更新和完善。为此将原规范分割为以下两部分，共 10 本标准：

1. 国家标准

（1）《给水排水工程构筑物结构设计规范》；

（2）《给水排水工程管道结构设计规范》。

2. 中国工程建设标准化协会标准

(1)《给水排水工程钢筋混凝土水池结构设计规程》；

(2)《给水排水工程水塔结构设计规程》；

(3)《给水排水工程钢筋混凝土沉井结构设计规程》；

(4)《给水排水工程埋地钢管管道结构设计规程》；

(5)《给水排水工程埋地铸铁管管道结构设计规程》；

(6)《给水排水工程埋地预制混凝土圆形管管道结构设计规程》；

(7)《给水排水工程埋地管芯缠丝预应力混凝土管和预应力钢筒混凝土管管道结构设计规程》；

(8)《给水排水工程埋地矩形管管道结构设计规程》。

本规范主要是针对给水排水工程构筑物结构设计中的一些共性要求作出规定，包括适用范围、主要符号、材料性能要求、各种作用的标准值、作用的分项系数和组合系数、承载能力和正常使用极限状态，以及构造要求等。这些共性规定将在协会标准中得到遵循，贯彻实施。

本规范由建设部负责管理和对强制性条文的解释，由北京市市政工程设计研究总院负责对具体技术内容的解释。请各单位在执行本规范过程中，注意总结经验和积累资料，随时将发现的问题和意见寄交北京市市政工程设计研究总院（100045），以供今后修订时参考。

本规范编制单位和主要起草人名单

主编单位：北京市市政工程设计研究总院

参编单位：中国市政工程中南设计研究院、中国市政工程西北设计研究院、中国市政工程西南设计研究院、中国市政工程东北设计研究院、上海市政工程设计研究院、天津市市政工程设计研究院、湖南大学、铁道部专业设计院。

主要起草人：沈世杰、刘雨生（以下按姓氏笔画排列）

王文贤、王憬山、冯龙度、
刘健行、苏发怀、陈世江、
沈宜强、宋绍先、钟启承、
郭天木、葛春辉、翟荣申、
潘家多

目　次

1 总 则

1.0.1 为了在给水排水工程构筑物结构设计中贯彻执行国家的技术经济政策，达到技术先进、经济合理、安全适用、确保质量，制定本规范。

1.0.2 本规范适用于城镇公用设施和工业企业中一般给水排水工程构筑物的结构设计；不适用于工业企业中具有特殊要求的给水排水工程构筑物的结构设计。

1.0.3 贮水或水处理构筑物、地下构筑物，一般宜采用钢筋混凝土结构；当容量较小且安全等级低于二级时，可采用砖石结构。

在最冷月平均气温低于－3℃的地区，外露的贮水或水处理构筑物不得采用砖砌结构。

1.0.4 本规范系根据国家标准《建筑结构可靠度设计统一标准》GB 50068—2001 和《工程结构可靠度设计统一标准》GB 50153—92 规定的原则制定。

1.0.5 按本规范设计时，对于一般荷载的确定、构件截面计算和地基基础设计等，应按现行有关标准的规定执行。对于建造在地震区、湿陷性黄土或膨胀土等地区的给水排水工程构筑物的结构设计，尚应符合现行有关标准的规定。

2 主 要 符 号

2.0.1 作用和作用效应

$F_{ep,k}$、$F'_{ep,k}$——地下水位以上、以下的侧向土压力标准值；

$F_{dw,k}$——流水压力标准值；

$q_{fw,k}$——地下水的浮托力标准值；

F_{Ik}——冰压力标准值；

f_I——冰的极限抗压强度；

f_{Im}——冰的极限弯曲抗压强度；

S——作用效应组合设计值；

w_{max}——钢筋混凝土构件的最大裂缝宽度；

γ_s——回填土的重力密度；

γ_{s0}——原状土的重力密度。

2.0.2 材料性能

Fi——混凝土的抗冻等级；

Si——混凝土的抗渗等级；

α_c——混凝土的线膨胀系数；

β_c——混凝土的热交换系数；

λ_c——混凝土的导热系数。

2.0.3 几何参数

A_n——构件的混凝土净截面面积；

A_0——构件的换算截面面积；

A_s——钢筋混凝土构件的受拉区纵向钢筋截面面积；

e_0——纵向轴力对截面重心的偏心距；

H_s——覆土高度；

t_I——冰厚；

W_0——构件换算截面受拉边缘的弹性抵抗矩；

Z_w——自地面至地下水位的距离。

2.0.4 计算系数及其他

K_a——主动土压力系数；

K_f——水流力系数；

K_s——设计稳定性抗力系数；

m_p——取水头部迎水流面的体型系数；

n_d——淹没深度影响系数；

n_s——竖向土压力系数；

T_a——壁板外侧的大气温度；

T_m——壁板内侧介质的计算温度；

Δt——壁板的内、外侧壁面温差；

α_{ct}——混凝土拉应力限制系数；

α_E——钢筋的弹性模量与混凝土弹性模量的比值；

γ——受拉区混凝土的塑性影响系数；

η_{fw}——地下水浮托力折减系数；

ν——受拉钢筋表面形状系数；

ψ——裂缝间纵向受拉钢筋应变不均匀系数；

ψ_c——可变作用的组合值系数；

ψ_q——可变作用的准永久值系数。

3 材 料

3.0.1 贮水或水处理构筑物、地下构筑物的混凝土强度等级不应低于 C25。

3.0.2 混凝土、钢筋的设计指标应按《混凝土结构设计规范》GB 50010 的规定采用；砖石砌体的设计指标应按《砌体结构设计规范》GB 50003 的规定采用；钢材、钢铸件的设计指标应按《钢结构设计规范》GB 50017 的规定采用。

3.0.3 钢筋混凝土构筑物的抗渗，宜以混凝土本身的密实性满足抗渗要求。构筑物混凝土的抗渗等级要求应按表 3.0.3 采用。

混凝土的抗渗等级，应根据试验确定。相应混凝土的骨料应选择良好级配；水灰比不应大于 0.50。

表 3.0.3 混凝土抗渗等级 Si 的规定

最大作用水头与混凝土壁、板厚度之比值 i_w	抗渗等级 Si
＜10	S4
10～30	S6
＞30	S8

注：抗渗等级 Si 的定义系指龄期为 28d 的混凝土试件，施加 i×0.1MPa 水压后满足不渗水指标。

3.0.4 贮水或水处理构筑物、地下构筑物的混凝土，当满足抗渗要求时，一般可不作其他抗渗、防腐处理；对接触侵蚀性介质的混凝土，应按现行的有关规范或进行专门试验确定防腐措施。

3.0.5 贮水或水处理构筑物、地下构筑物的混凝土，其含碱量最大限值应符合《混凝土碱含量限值标准》CECS 53 的规定。

3.0.6 最冷月平均气温低于－3℃的地区，外露的钢筋混凝土构筑物的混凝土应具有良好的抗冻性能，并应按表 3.0.6 的要求采用。混凝土的抗冻等级应进行试验确定。

表 3.0.6 混凝土抗冻等级 Fi 的规定

结构类别 / 工作条件 / 气候条件	地表水取水头部		其他
	冻融循环总次数		地表水取水头部的水位涨落区以上部位及外露的水池等
	≥100	＜100	
最冷月平均气温低于－10℃	F300	F250	F200
最冷月平均气温在－3～－10℃	F250	F200	F150

注：1 混凝土抗冻等级 Fi 系指龄期为 28d 的混凝土试件，在进行相应要求冻融循环总次数 i 次作用后，其强度降低不大于 25%，重量损失不超过 5%；

2 气温应根据连续 5 年以上的实测资料，统计其平均值确定；

3 冻融循环总次数系指一年内气温从＋3℃以上降至－3℃以下，然后回升至＋3℃以上的交替次数；对于地表水取水头部，尚应考虑一年中月平均气温低于－3℃期间，因水位涨落而产生的冻融交替次数，此时水位每涨落一次应按一次冻融计算。

3.0.7 贮水或水处理构筑物、地下构筑物的混凝土，不得采用氯盐作为防冻、早强的掺合料。

3.0.8 在混凝土配制中采用外加剂时，应符合《混凝土外加剂应用技术规范》GBJ 119 的规定。并应根据试验鉴定，确定其适用性及相应的掺合量。

3.0.9 混凝土用水泥宜采用普通硅酸盐水泥；**当考虑冻融作用时，不得采用火山灰质硅酸盐水泥和粉煤灰硅酸盐水泥；受侵蚀介质影响的混凝土，应根据侵蚀性质选用。**

3.0.10 混凝土热工系数，可按表 3.0.10 采用。

表 3.0.10 混凝土热工系数

系数名称	工作条件	系数值
线膨胀系数 α_c	温度在 0～100℃范围内	1×10^{-5}（1/℃）
导热系数 λ_c	构件两侧表面与空气接触	1.55 [W/（m·K）]
	构件一侧表面与空气接触，另一侧表面与水接触	2.03 [W/（m·K）]
热交换系数 β_c	冬季混凝土表面与空气之间	23.26 [W/（m^2·K）]
	夏季混凝土表面与空气之间	17.44 [W/（m^2·K）]

3.0.11 贮水或水处理构筑物、地下构筑物的砖石砌体材料，应符合下列要求：

1 砖应采用普通粘土机制砖，其强度等级不应低于 MU10；

2 石材强度等级不应低于 MU30；

3 砌筑砂浆应采用水泥砂浆，并不应低于 M10。

4 结构上的作用

4.1 作用分类和作用代表值

4.1.1 结构上的作用可分为三类：永久作用、可变作用和偶然作用。

4.1.2 永久作用应包括：结构和永久设备的自重、土的竖向压力和侧向压力、构筑物内部的盛水压力、结构的预加应力、地基的不均匀沉降。

4.1.3 可变作用应包括：楼面和屋面上的活荷载、吊车荷载、雪荷载、风荷载、地表或地下水的压力（侧压力、浮托力）、流水压力、融冰压力、结构构件的温、湿度变化作用。

4.1.4 偶然作用，系指在使用期间不一定出现，但发生时其值很大且持续时间较短，例如高压容器的爆炸力等，应根据工程实际情况确定需要计入的偶然发生的作用。

4.1.5 结构设计时，对不同的作用应采用不同的代表值：对永久作用，应采用标准值作为代表值；对可变作用，应根据设计要求采用标准值、组合值或准永久值作为代表值。

作用的标准值，应为设计采用的基本代表值。

4.1.6 当结构承受两种或两种以上可变作用时，在承载能力极限状态设计或正常使用极限状态按短期效应标准组合设计中，对可变作用应取其标准值和组合值作为代表值。

可变作用组合值，应为可变作用标准值乘以作用组合系数。

4.1.7 当正常使用极限状态按长期效应准永久组合设计时，对可变作用应采用准永久值作为代表值。

可变作用准永久值，应为可变作用的标准值乘以作用的准永久值系数。

4.1.8 使结构或构件产生不可忽略的加速度的作用，应按动态作用考虑，一般可将动态作用简化为静态作用乘以动力系数后按静态作用计算。

4.2 永久作用标准值

4.2.1 结构自重的标准值，可按结构构件的设计尺寸与相应材料单位体积的自重计算确定。对常用材料和构件，其自重可按现行《建筑结构荷载规范》GB 50009 的规定采用。

永久性设备的自重标准值、可按该设备的样本提供的数据采用。

4.2.2 直接支承轴流泵电动机、机械表面曝气设备的梁系，设备转动部分的自重及由其传递的轴向力应乘以动力系数后作为标准值。动力系数可取2.0。

4.2.3 作用在地下构筑物上竖向土压力标准值，应按下式计算：

$$F_{sv,k}=n_s\gamma_s H_s \quad (4.2.3)$$

式中 $F_{sv,k}$——竖向土压力（kN/m^2）；

n_s——竖向土压力系数，一般可取1.0，当构筑物的平面尺寸长宽比大于10时，n_s 宜取1.2；

γ_s——回填土的重力密度（kN/m^3）；可按 $18kN/m^3$ 采用；

H_s——地下构筑物顶板上的覆土高度（m）。

4.2.4 作用在开槽施工地下构筑物上的侧向土压力标准值，应按下列规定确定（图4.2.4）：

1 应按主动土压力计算；

2 当地面平整、构筑物位于地下水位以上部分的主动土压力标准值可按下式计算（图4.2.4）：

$$F_{ep,k}=K_a\gamma_s z \quad (4.2.4\text{-}1)$$

构筑物位于地下水位以下部分的侧壁上的压力应为主动土压力与地下水静水压力之和，此时主动土压力标准值可按下式计算（图4.2.4）：

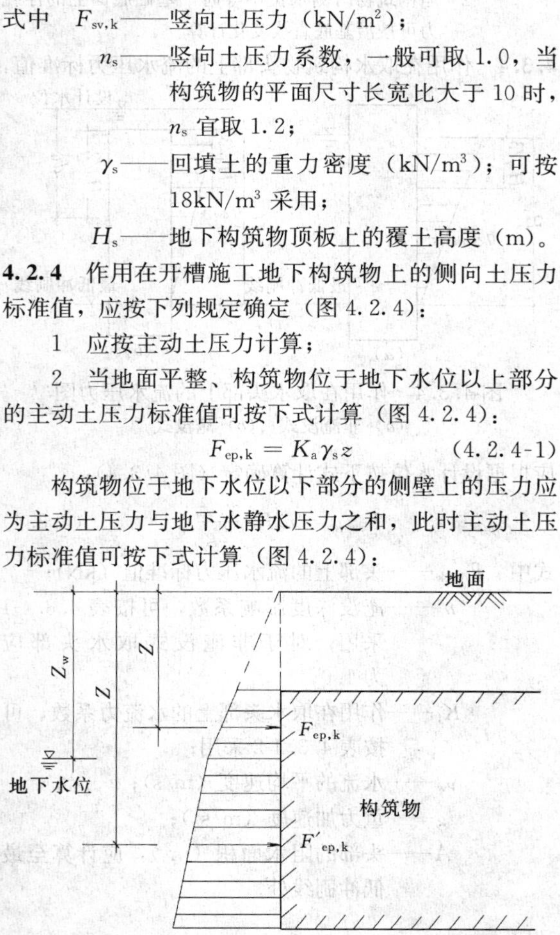

图4.2.4 侧壁上的主动土压力分布图

$$F'_{ep,k}=K_a[\gamma_s z_w+\gamma'_s(z-z_w)] \quad (4.2.4\text{-}2)$$

上列式中 $F_{ep,k}$——地下水位以上的主动土压力（kN/m^2）；

$F'_{ep,k}$——地下水位以下的主动土压力（kN/m^2）；

K_a——主动土压力系数，应根据土的抗剪强度确定，当缺乏试验资料时，对砂类土或粉土可取 $\frac{1}{3}$；对粘性土可取 $\frac{1}{3}\sim\frac{1}{4}$；

z——自地面至计算截面处的深度(m)；

z_w——自地面至地下水位的距离（m）；

γ'_s——地下水位以下回填土的有效重度（kN/m^3），可按 $10kN/m^3$ 采用。

4.2.5 作用在沉井构筑物侧壁上的主动土压力标准值，可按公式4.2.4-1或4.2.4-2计算，此时应取 $\gamma_s=\gamma_{so}$。位于多层土层中的侧壁上的主动土压力标准值，可按下式计算：

$$F_{epn,k}=K_{an}\left[\sum_{1}^{n-1}\gamma_{soi}h_i+\gamma_{son}\left(z_n-\sum_{1}^{n-1}h_i\right)\right] \quad (4.2.5)$$

式中 $F_{epn,k}$——第 n 层土层中，距地面 z_n 深度处侧壁上的主动土压力（kN/m^2）；

γ_{soi}——i 层土的天然状态重度（kN/m^3）；当位于地下水位以下时应取有效重度；

γ_{son}——第 n 层土的天然状态重度（kN/m^3）；当位于地下水位以下时应取有效重度；

h_i——i 层土层的厚度（m）；

z_n——自地面至计算截面处的深度（m）；

K_{an}——第 n 层土的主动土压力系数。

4.2.6 构筑物内的水压力应按设计水位的静水压力计算，对给水处理构筑物，水的重度标准值，可取 $10kN/m^3$ 采用；对污水处理构筑物，水的重度标准值，可取 $10\sim10.8kN/m^3$ 采用。

注：机械表面曝气池内的设计水位，应计入水面波动的影响。

4.2.7 施加在结构构件上的预加应力标准值，应按预应力钢筋的张拉控制应力值扣除相应张拉工艺的各项应力损失采用。张拉控制应力值应按现行《混凝土结构设计规范》GB 50010 的有关规定确定。

注：当对构件作承载能力极限状态计算，预加应力为不利作用时，由钢筋松弛和混凝土收缩、徐变引起的应力损失不应扣除。

4.2.8 地基不均匀沉降引起的永久作用标准值，其沉降量及沉降差应按现行《建筑地基基础设计规范》

GB 50007 的有关规定计算确定。

4.3 可变作用标准值、准永久值系数

4.3.1 构筑物楼面和屋面的活荷载及其准永久值系数，应按表 4.3.1 采用。

表 4.3.1 构筑物楼面和屋面的活荷载及其准永久值系数 ψ_q

项序	构筑物部位	活荷载标准值 (kN/m²)	准永久值系数 ψ_q
1	不上人的屋面、贮水或水处理构筑物的顶盖	0.7	0.0
2	上人屋面或顶盖	2.0	0.4
3	操作平台或泵房等楼面	2.0	0.5
4	楼梯或走道板	2.0	0.4
5	操作平台、楼梯的栏杆	水平向 1.0kN/m	0.0

注：1 对水池顶盖，尚应根据施工或运行条件验算施工机械设备荷载或运输车辆荷载；
2 对操作平台、泵房等楼面，尚应根据实际情况验算设备、运输工具、堆放物料等局部集中荷载；
3 对预制楼梯踏步，尚应按集中活荷载标准值 1.5kN 验算。

4.3.2 吊车荷载、雪荷载、风荷载的标准值及其准永久值系数，应按《建筑结构荷载规范》GB 50009 的规定采用。

确定水塔风荷载标准值时，整体计算的风载体型系数 μ_s 应按下列规定采用：

1 倒锥形水箱的风载体型系数应为＋0.7；

2 圆柱形水箱或支筒的风载体型系数应为＋0.7；

3 钢筋混凝土构架式支承结构的梁、柱的风载体型系数应为＋1.3。

4.3.3 地表水或地下水对构筑物的作用标准值应按下列规定采用：

1 构筑物侧壁上的水压力，应按静水压力计算；

2 水压力标准值的相应设计水位，应根据勘察部门和水文部门提供的数据采用：可能出现的最高和最低水位，对地表水位宜按 1%频率统计分析确定；**对地下水位应综合考虑近期内变化及构筑物设计基准期内可能的发展趋势确定。**

3 水压力标准值的相应设计水位，应根据对结构的作用效应确定取最低水位或最高水位。当取最高水位时，相应的准永久值系数对地表水可取常年洪水位与最高水位的比值，对地下水可取平均水位与最高水位的比值。

4 地表水或地下水对结构作用的浮托力，其标准值应按最高水位确定，并应按下式计算：

$$q_{fw,k} = \gamma_w h_w \eta_{fw} \tag{4.3.3}$$

式中 $q_{fw,k}$——构筑物基础底面上的浮托力标准值 (kN/m²)；

γ_w——水的重度 (kN/m³)；可按 10kN/m³ 采用；

h_w——地表水或地下水的最高水位至基础底面（不包括垫层）计算部位的距离 (m)；

η_{fw}——浮托力折减系数，对非岩质地基应取 1.0；对岩石地基应按其破碎程度确定，当基底设置滑动层时，应取 1.0。

注：1 当构筑物基底位于地表滞水层内，又无排除上层滞水措施时，基础底面上的浮托力仍应按式 4.3.3 计算确定。
2 当构筑物两侧水位不等时，基础底面上的浮托力可按沿基底直线变化计算。

4.3.4 作用在取水构筑物头部上的流水压力标准值，

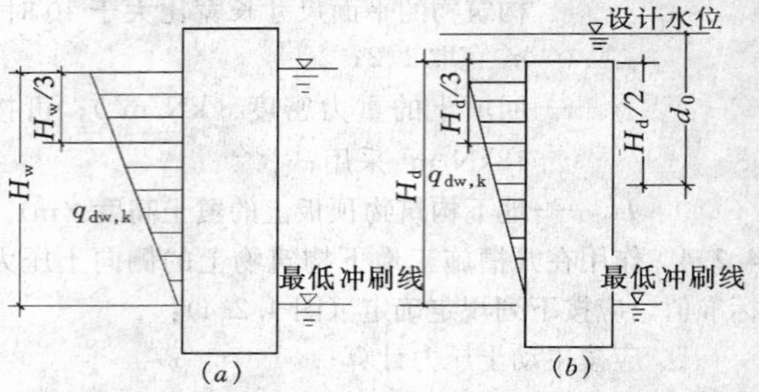

图 4.3.4 作用在取水头部上的流水压力图
(a) 非淹没式；(b) 淹没式

应根据设计水位按下式计算确定（图 4.3.4）：

$$F_{dw,k} = n_d K_f \frac{\gamma_w \nu_w^2}{2g} A \tag{4.3.4}$$

式中 $F_{dw,k}$——头部上的流水压力标准值 (kN)；

n_d——淹没深度影响系数，可按表 4.3.4-1 采用；对于非淹没式取水头部应为 1.0；

K_f——作用在取水头部上的水流力系数，可按表 4.3.4-2 采用；

ν_w——水流的平均速度 (m/s)；

g——重力加速度 (m/s²)；

A——头部的阻水面积 (m²)，应计算至最低冲刷线处。

表 4.3.4-1　淹没深度影响系数 n_d

$\frac{d_0}{H_d}$	0.50	1.00	1.50	2.00	2.25	2.50	3.00	3.50	4.00	5.00	≥6.00
n_d	0.70	0.89	0.96	0.99	1.00	0.99	0.99	0.97	0.95	0.88	0.84

注：表中 d_0 为取水头部中心至水面的距离；H_d 为取水头部最低冲刷线以上的高度。

表 4.3.4-2　取水头部上的水流力系数 K_f

头部体型	方形	矩形	圆形	尖端形	长圆形
K_f	1.47	1.28	0.78	0.69	0.59

流水压力的准永久值系数，应按 4.3.3 中 3 的规定确定。

4.3.5　河道内融流冰块作用在取水头部上的压力，其标准值可按下列规定确定：

1　作用在具有竖直边缘头部上的融冰压力，可按下式计算：

$$F_{Ik} = m_h f_I b t_I \quad (4.3.5\text{-}1)$$

2　作用在具有倾斜破冰棱的头部上的融冰压力，可按下式计算：

$$F_{Iv,k} = f_{Iw} b t_I^2 \quad (4.3.5\text{-}2)$$

$$F_{Ih,k} = f_{Iw} b t_I^2 \operatorname{tg}\theta \quad (4.3.5\text{-}3)$$

式中　F_{Ik}——竖直边缘头部上的融冰压力标准值（kN）；

m_h——取水头部迎水流面的体型系数，方形时为 1.0；圆形时为 0.9；尖端形时应按表 4.3.5 采用；

f_I——冰的极限抗压强度（kN/m²），当初融流冰水位时可按 750kN/m² 采用；

t_I——冰厚（m），应按实际情况确定；

$F_{Iv,k}$——竖向冰压力标准值（kN）；

$F_{Ih,k}$——水平向冰压力标准值（kN）；

b——取水头部在设计流冰水位线上的宽度（m）；

f_{Iw}——冰的弯曲抗压极限强度（kN/m²），可按 $0.7f_I$ 采用；

θ——破冰棱对水平线的倾角（°）。

表 4.3.5　尖端形取水头部体形系数 m_h

尖端形取水头部迎水流向角度	45°	60°	75°	90°	120°
m_h	0.60	0.65	0.69	0.73	0.81

3　融冰压力的准永久值系数 ψ_q，对东北地区和新疆北部地区可取 $\psi_q=0.5$；对其他地区可取 $\psi_q=0$。

4.3.6　贮水或水处理构筑物的温度变化作用（包括湿度变化的当量温差）标准值，可按下列规定确定：

1　暴露在大气中的构筑物壁板的壁面温差，应按下式计算：

$$\Delta t = \frac{\frac{h}{\lambda_i}}{\frac{1}{\beta_i} + \frac{h}{\lambda_i}}(T_m - T_a) \quad (4.3.6)$$

式中　Δt——壁板的内、外侧壁面温差（℃）；

h——壁板的厚度（m）；

λ_i——i 材质的壁板的导热系数[W/(m·K)]；

β_i——i 材质壁板与空气间的热交换系数[W/(m²·K)]；

T_m——壁板内侧介质的计算温度（℃）；可按年最低月的平均水温采用；

T_a——壁板外侧的大气温度（℃）；可按当地年最低月的统计平均温度采用。

2　暴露在大气中的构筑物壁板的壁面湿度当量温差 Δt，应按 10℃采用。

3　温度、湿度变化作用的准永久值系数 ψ_q 宜取 1.0 计算。

注：1　对地下构筑物或设有保温措施的构筑物，一般可不计算温度、湿度变化作用；

2　暴露在大气中有圆形构筑物和符合本规范有关伸缩变形缝构造要求的矩形构筑物壁板，一般可不计算温、湿度变化对壁板中面的作用。

5　基本设计规定

5.1　一般规定

5.1.1　本规范采用以概率理论为基础的极限状态设计方法，以可靠指标度量结构构件的可靠度；按承载能力极限状态计算时，除对结构整体稳定验算外均采用以分项系数的设计表达式进行设计。

5.1.2　本规范采用的极限状态设计方法，对结构设计应计算下列两类极限状态：

1　承载能力极限状态：应包括对结构构件的承载力（包括压曲失稳）计算、结构整体失稳（滑移及倾覆、上浮）验算。

2　正常使用极限状态：应包括对需要控制变形的结构构件的变形验算，使用上要求不出现裂缝的抗裂度验算，使用上需要限制裂缝宽度的验算等。

5.1.3　结构内力分析，均应按弹性体系计算，不考虑由非弹性变形所产生的塑性内力重分布。

5.1.4　结构构件的截面承载力计算，应按我国现行设计规范《混凝土结构设计规范》GB 50010 或《砌体结构设计规范》GB 50003、《钢结构设计规范》GB 50017 的规定执行。

5.1.5　构筑物的地基计算（承载力、变形、稳定），应按我国现行设计规范《建筑地基基础设计规范》GB 50007 的规定执行。

5.1.6　结构构件按承载能力极限状态进行强度计算时，结构上的各项作用均应采用作用设计值。

作用设计值，应为作用分项系数与作用代表值的乘积。

5.1.7 结构构件按正常使用极限状态验算时，结构上的各项作用均应采用作用代表值。

5.1.8 对构筑物进行结构设计时，根据《工程结构可靠度设计统一标准》GB 50153 的规定，应按结构破坏可能产生的后果的严重性确定安全等级，按二级执行。对重要工程的关键构筑物，其安全等级可提高一级执行，但应报有关主管部门批准或业主认可。

5.2 承载能力极限状态计算规定

5.2.1 对结构构件作强度计算时，应采用下列极限状态计算表达式：

$$\gamma_0 S \leqslant R \tag{5.2.1}$$

式中 γ_0——结构重要性系数，对安全等级为一、二、三级的结构构件，应分别取 1.1、1.0、0.9；

S——作用效应的基本组合设计值；

R——结构构件抗力的设计值，应按《混凝土结构设计规范》GB 50010、《砌体结构设计规范》GB 50003、《钢结构设计规范》GB 50017 的规定确定。

5.2.2 作用效应的基本组合设计值，应按下列规定确定：

1 对于贮水池、水处理构筑物、地下构筑物等可不计算风荷载效应，其作用效应的基本组合设计值，应按下式计算：

$$S=\sum_{i=1}^{m}\gamma_{Gi}C_{Gi}G_{ik}+\gamma_{Q1}C_{Q1}Q_{1k}+\psi_c\sum_{j=2}^{n}\gamma_{Qj}C_{Qj}Q_{jk} \tag{5.2.2-1}$$

式中 C_{ik}——第 i 个永久作用的标准值；

C_{Gi}——第 i 个永久作用的作用效应系数；

γ_{Gi}——第 i 个永久作用的分项系数，当作用效应对结构不利时，对结构和设备自重应取 1.2，其他永久作用应取 1.27；当作用效应对结构有利时，均应取 1.0；

Q_{jk}——第 j 个可变作用的标准值；

C_{Qj}——第 j 个可变作用的作用效应系数；

γ_{Q1}、γ_{Qj}——第 1 个和第 j 个可变作用的分项系数，对地表水或地下水的作用应作为第一可变作用取 1.27，对其他可变作用应取 1.40；

ψ_c——可变作用的组合值系数，可取 0.90 计算。

2 对水塔等构筑物，应计入风荷载效应，当进行整体分析时，其作用效应的基本组合设计值，应按下式计算：

$$S=\sum_{i=1}^{n}\gamma_{Gi}\cdot C_{Gi}\cdot G_{ik}+1.4\left(G_{Q1}\cdot Q_{1k}+0.6\sum_{j=2}^{n}C_{Qj}\cdot Q_{jk}\right) \tag{5.2.2-2}$$

式中 C_{Q1}、Q_{1k}——第一可变作用的作用效应系数、作用标准值，第一可变作用应为风荷载。

5.2.3 构筑物在基本组合作用下的设计稳定性抗力系数 K_s 不应小于表 5.2.3 的规定。验算时，抵抗力应只计入永久作用，可变作用和侧壁上的摩擦力不应计入；抵抗力和滑动、倾覆力应均采用标准值。

表 5.2.3 构筑物的设计稳定性抗力系数 K_s

失稳特征	设计稳定性抗力系数 K_s
沿基底或沿齿墙底面连同齿墙间土体滑动	1.30
沿地基内深层滑动（圆弧面滑动）	1.20
倾覆	1.50
上浮	1.05

5.2.4 对挡土（水）墙、水塔等构筑物基底的地基反力，可按直线分布计算。基底边缘的最小压力，不宜出现负值（拉力）。

5.3 正常使用极限状态验算规定

5.3.1 对正常使用极限状态，结构构件应分别按作用短期效应的标准组合或长期效应的准永久组合进行验算，并应保证满足变形、抗裂度、裂缝开展宽度、应力等计算值不超过相应的规定限值。

5.3.2 对混凝土贮水或水质净化处理等构筑物，当在组合作用下，构件截面处于轴心受拉或小偏心受拉（全面处于受拉）状态时，应按不出现裂缝控制；并应取作用短期效应的标准组合进行验算。

5.3.3 对钢筋混凝土贮水或水质净化处理等构筑物，当在组合作用下，构件截面处于受弯或大偏心受压、受拉状态时，应按限制裂缝宽度控制；并应取作用长期效应的准永久组合进行验算。

5.3.4 钢筋混凝土构筑物构件的最大裂缝宽度限值，应符合表 5.3.4 的规定。

表 5.3.4 钢筋混凝土构筑物构件的最大裂缝宽度限值 w_{max}

类别	部位及环境条件	w_{max}（mm）
水处理构筑物、水池、水塔	清水池、给水水质净化处理构筑物	0.25
	污水处理构筑物、水塔的水柜	0.20
泵房	贮水间、格栅间	0.20
	其他地面以下部分	0.25
取水头部	常水位以下部分	0.25
	常水位以上湿度变化部分	0.20

注：沉井结构的施工阶段最大裂缝宽度限值可取 0.25mm。

5.3.5 电机层楼面的支承梁应按作用的长期效应的准永久组合进行变形计算，其允许挠度应符合下式要求：

$$w_v \leqslant \frac{l_0}{750} \tag{5.3.5}$$

式中 w_v——支承梁的允许挠度（cm）；

l_0——支承梁的计算跨度（cm）。

5.3.6 对于正常使用极限状态，作用效应的标准组合设计值 S_s 和作用效应的准永久组合设计值 S_d，应分别按下列公式确定：

1 标准组合

$$S_d = \sum_{i=1}^{m} G_{Gi} \cdot G_{ik} + G_{Q1} \cdot Q_{1k} + \psi_c \sum_{j=2}^{n} C_{Qj} \cdot Q_{jk} \tag{5.3.6-1}$$

对水塔等构筑物，当计入风荷载时可取 $\psi_c=0.6$；当不计入风荷载时，应为

$$S_d = \sum_{i=1}^{m} G_{Gi} \cdot G_{ik} + \sum_{j=1}^{n} C_{Qj} \cdot Q_{jk} \tag{5.3.6-2}$$

2 准永久组合

$$S_d = \sum_{i=1}^{m} G_{Gi} \cdot G_{ik} + \sum_{j=1}^{n} C_{Qj} \cdot \psi_{qj} \cdot Q_{jk} \tag{5.3.6-3}$$

式中 ψ_{qj}——第 j 个可变作用的准永久值系数。

5.3.7 对钢筋混凝土构筑物，当其构件在标准组合作用下处于轴心受拉或小偏心受拉的受力状态时，应按下列公式进行抗裂度验算：

1 对轴心受拉构件应满足：

$$\frac{N_k}{A_0} \leqslant \alpha_{ct} f_{tk} \tag{5.3.7-1}$$

式中 N_k——构件在标准组合下计算截面上的纵向力（N）；

f_{tk}——混凝土轴心抗拉强度标准值（N/mm²），应按现行《混凝土结构设计规范》GB 50010 的规定采用；

A_0——计算截面的换算截面面积（mm²）；

α_{ct}——混凝土拉应力限制系数，可取 0.87。

2 对偏心受拉构件应满足：

$$N_k\left(\frac{e_0}{\gamma W_0} + \frac{1}{A_0}\right) \leqslant \alpha_{ct} f_{tk} \tag{5.3.7-2}$$

式中 e_0——纵向力对截面重心的偏心距（mm）；

W_0——构件换算截面受拉边缘的弹性抵抗矩（mm³）；

γ——截面抵抗矩塑性系数，对矩形截面为 1.75。

5.3.8 对于预应力混凝土结构的抗裂验算，应满足下式要求：

$$\alpha_{cp}\sigma_{sk} - \sigma_{pc} \leqslant 0 \tag{5.3.8}$$

式中 σ_{sk}——在标准组合作用下，计算截面的边缘法向应力（N/mm²）；

σ_{pc}——扣除全部预应力损失后，计算截面上的预压应力（N/mm²）；

α_{cp}——预压效应系数，对现浇混凝土结构可取 1.15；对预制拼装结构可取 1.25。

5.3.9 钢筋混凝土构筑物的各部位构件，在准永久组合作用下处于受弯、大偏心受压或大偏心受拉状态时，其可能出现的最大裂缝宽度可按附录 A 计算确定，并应符合 5.3.4 的要求。

6 基本构造要求

6.1 一般规定

6.1.1 贮水或水处理构筑物一般宜按地下式建造；当按地面式建造时，严寒地区宜设置保温设施。

6.1.2 钢筋混凝土贮水或水处理构筑物，除水槽和水塔等高架贮水池外，其壁、底板厚度均不宜小于 20cm。

6.1.3 构筑物各部位构件内，受力钢筋的混凝土保护层最小厚度（从钢筋的外缘处起），应符合表 6.1.3 的规定。

表 6.1.3 钢筋的混凝土保护层最小厚度（mm）

构件类别	工作条件	保护层最小厚度
墙、板、壳	与水、土接触或高湿度	30
	与污水接触或受水气影响	35
梁、柱	与水、土接触或高湿度	35
	与污水接触或受水气影响	40
基础、底板	有垫层的下层筋	40
	无垫层的下层筋	70

注：1 墙、板、壳内的分布筋的混凝土净保护层最小厚度不应小于 20mm；梁、柱内箍筋的混凝土净保护层最小厚度不应小于 25mm；

2 表列保护层厚度系按混凝土等级不低于 C25 给出，当采用混凝土等级低于 C25 时，保护层厚度尚应增加 5mm；

3 不与水、土接触或不受水气影响的构件，其钢筋的混凝土保护层的最小厚度，应按现行的《混凝土结构设计规范》GB 50010 的有关规定采用；

4 当构筑物位于沿海环境，受盐雾侵蚀显著时，构件的最外层钢筋的混凝土最小保护层厚度不应少于 45mm；

5 当构筑物的构件外表设有水泥砂浆抹面或其他涂料等质量确有保证的保护措施时，表列要求的钢筋的混凝土保护层厚度可酌量减小，但不得低于处于正常环境的要求。

6.1.4 钢筋混凝土墙（壁）的拐角及与顶、底板的交接处，宜设置腋角。腋角的边宽不应小于150mm，并应配置构造钢筋，一般可按墙或顶、底板截面内受力钢筋的50%采用。

6.2 变形缝和施工缝

6.2.1 大型矩形构筑物的长度、宽度较大时，应设置适应温度变化作用的伸缩缝。伸缩缝的间距可按表6.2.1的规定采用。

表 6.2.1 矩形构筑物的伸缩缝最大间距（m）

结构类别 \ 工作条件 \ 地基类别		岩基 露天	岩基 地下式或有保温措施	土基 露天	土基 地下式或有保温措施
砌体	砖	30		40	
	石	10		15	
现浇混凝土		5	8	8	15
钢筋混凝土	装配整体式	20	30	30	40
	现浇	15	20	20	30

注：1 对于地下式或有保温措施的构筑物，应考虑施工条件及温度、湿度环境等因素，外露时间较长时，应按露天条件设置伸缩缝；

2 当有经验时，例如在混凝土中施加可靠的外加剂或浇筑混凝土时设置后浇带，减少其收缩变形，此时构筑物的伸缩缝间距可根据经验确定，不受表列数值限制。

6.2.2 当构筑物的地基土有显著变化或承受的荷载差别较大时，应设置沉降缝加以分割。

6.2.3 构筑物的伸缩缝或沉降缝应做成贯通式，在同一剖面上连同基础或底板断开。伸缩缝的缝宽不宜小于20mm；沉降缝的缝宽不应小于30mm。

6.2.4 钢筋混凝土构筑物的伸缩缝和沉降缝的构造，应符合下列要求：

1 缝处的防水构造应由止水板材、填缝材料和嵌缝材料组成；

2 止水板材宜采用橡胶或塑料止水带，止水带与构件混凝土表面的距离不宜小于止水带埋入混凝土内的长度，当构件的厚度较小时，宜在缝的端部局部加厚，并宜在加厚截面的突缘外侧设置可压缩性板材；

3 填缝材料应采用具有适应变形功能的板材；

4 嵌缝材料应采用具有适应变形功能、与混凝土表面粘结牢固的柔性材料，并具有在环境介质中不老化、不变质的性能。

6.2.5 位于岩石地基上的构筑物，其底板与地基间应设置可滑动层构造。

6.2.6 混凝土或钢筋混凝土构筑物的施工缝设置，应符合下列要求：

1 施工缝宜设置在构件受力较小的截面处；

2 施工缝处应有可靠的措施保证先后浇筑的混凝土间良好固结，必要时宜加设止水构造。

6.3 钢筋和埋件

6.3.1 钢筋混凝土构筑物的各部位构件的受力钢筋，应符合下列规定：

1 受力钢筋的最小配筋百分率，应符合现行《混凝土结构设计规范》GB 50010的有关规定；

2 受力钢筋宜采用直径较小的钢筋配置；每米宽度的墙、板内，受力钢筋不宜少于4根，且不超过10根。

6.3.2 现浇钢筋混凝土矩形构筑物的各构件的水平向构造钢筋，应符合下列规定：

1 当构件的截面厚度小于、等于50cm时，其里、外侧构造钢筋的配筋百分率均不应小于0.15%。

2 当构件的截面厚度大于50cm时，其里、外侧均可按截面厚度50cm配置0.15%构造钢筋。

6.3.3 钢筋混凝土墙（壁）的拐角处的钢筋，应有足够的长度锚入相邻的墙（壁）内；锚固长度应自墙（壁）的内侧表面起算。

6.3.4 钢筋的接头应符合下列要求：

1 对具有抗裂性要求的构件（处于轴心受拉或小偏心受拉状态），其受力钢筋不应采用非焊接的搭接接头；

2 受力钢筋的接头应优先采用焊接接头，非焊接的塔接接头应设置在构件受力较小处；

3 受力钢筋的接头位置，应按现行《混凝土结构设计规范》GB 50010的规定相互错开；如必要时，同一截面处的绑扎钢筋的搭接接头面积百分率可加大到50%，相应的搭接长度应增加30%。

6.3.5 钢筋混凝土构筑物各部位构件上的预埋件，其锚筋面积及构造要求，除应按现行《混凝土结构设计规范》GB 50010的有关规定确定外，尚应符合下列要求：

1 预埋件的锚板厚度应附加腐蚀裕度；

2 预埋件的外露部分，必须作可靠的防腐保护。

6.4 开孔处加固

6.4.1 钢筋混凝土构筑物的开孔处，应按下列规定采取加强措施：

1 当开孔的直径或宽度大于300mm但不超过1000mm时，孔口的每侧沿受力钢筋方向应配置加强钢筋，其钢筋截面积不应小于开孔切断的受力钢筋截面积的75%；对矩形孔口的四周尚应加设斜筋；对圆形孔口尚应加设环筋。

2 当开孔的直径或宽度大于1000mm时，宜对孔口四周加设肋梁；当开孔的直径或宽度大于构筑物壁、板计算跨度的$\frac{1}{4}$时，宜对孔口设置边梁，梁内配筋应按计算确定。

6.4.2 砖砌体的开孔处，应按下列规定采取加强措施：

1 砖砌体的开孔处宜采用砌筑砖券加强。砖券厚度，对直径小于 1000mm 的孔口，不应小于 120mm；对直径大于 1000mm 的孔口，不应小于 240mm。

2 石砌体的开孔处，宜采用局部浇筑混凝土加强。

附录 A 钢筋混凝土矩形截面处于受弯或大偏心受拉（压）状态时的最大裂缝宽度计算

A.0.1 受弯、大偏心受拉或受压构件的最大裂缝宽度，可按下列公式计算：

$$w_{max}=1.8\psi\frac{\sigma_{sq}}{E_s}\left(1.5c+0.11\frac{d}{\rho_{te}}\right)(1+\alpha_1)\cdot\nu \quad (A.0.1\text{-}1)$$

$$\psi=1.1-\frac{0.65f_{tk}}{\rho_{te}\sigma_{sq}\alpha_2} \quad (A.0.1\text{-}2)$$

式中 w_{max}——最大裂缝宽度（mm）；

ψ——裂缝间受拉钢筋应变不均匀系数，当 $\psi<0.4$ 时，应取 0.4；当 $\psi>1.0$ 时，应取 1.0；

σ_{sq}——按长期效应准永久组合作用计算的截面纵向受拉钢筋应力（N/mm^2）；

E_s——钢筋的弹性模量（N/mm^2）；

c——最外层纵向受拉钢筋的混凝土净保护层厚度（mm）；

d——纵向受拉钢筋直径（mm）；当采用不同直径的钢筋时，应取 $d=\frac{4A_s}{u}$；u 为纵向受拉钢筋截面的总周长（mm）；

ρ_{te}——以有效受拉混凝土截面面积计算的纵向受拉钢筋配筋率，即 $\rho_{te}=\frac{A_s}{0.5bh}$；$b$ 为截面计算宽度，h 为截面计算高度；A_s 为受拉钢筋的截面面积（mm^2），对偏心受拉构件应取偏心力一侧的钢筋截面面积；

α_1——系数，对受弯、大偏心受压构件可取 $\alpha_1=0$；对大偏心受拉构件可取 $\alpha_1=0.28\left[\frac{1}{1+\frac{2e_0}{h_0}}\right]$；

ν——纵向受拉钢筋表面特征系数，对光面钢筋应取 1.0；对变形钢筋应取 0.7；

f_{tk}——混凝土轴心抗拉强度标准值（N/mm^2）；

α_2——系数，对受弯构件可取 $\alpha_2=1.0$；对大偏心受压构件可取 $\alpha_2=1-0.2\frac{h_0}{e_0}$；对大偏心受拉构件可取 $\alpha_2=1+0.35\frac{h_0}{e_0}$。

A.0.2 受弯、大偏心受压、大偏心受拉构件的计算截面纵向受拉钢筋应力 σ_{sq}，可按下列公式计算：

1 受弯构件的纵向受拉钢筋应力

$$\sigma_{sq}=\frac{M_q}{0.87A_sh_0} \quad (A.0.2\text{-}1)$$

式中 M_q——在长期效应准永久组合作用下，计算截面处的弯矩（N-mm）；

h_0——计算截面的有效高度（mm）。

2 大偏心受压构件的纵向受拉钢筋应力

$$\sigma_{sq}=\frac{M_q-0.35N_q(h_0-0.3e_0)}{0.87A_sh_0} \quad (A.0.2\text{-}2)$$

式中 N_q——在长期效应准永久组合作用下，计算截面上的纵向力（N）；

e_0——纵向力对截面重心的偏心距（mm）。

3 大偏心受拉构件的纵向钢筋应力

$$\sigma_{ls}=\frac{M_q+0.5N_q(h_0-a')}{A_s(h_0-a')} \quad (A.0.2\text{-}3)$$

式中 a'——位于偏心力一侧的钢筋至截面近侧边缘的距离（mm）。

附录 B 本规范用词说明

B.0.1 为便于在执行本规范条文时区别对待，对要求严格程度不同的用词说明如下：

1 表示很严格，非这样做不可的：
正面词采用"必须"，反面词采用"严禁"。

2 表示严格，在正常情况下均应这样做的：
正面词采用"应"，反面词采用"不应"或"不得"。

3 表示允许稍有选择，在条件许可时首先应这样做的：
正面词采用"宜"或"可"，反面词采用"不宜"。

B.0.2 条文中指定应按其他有关标准、规范执行时，写法为"应符合……规定"。

中华人民共和国国家标准

给水排水工程构筑物结构设计规范

GB 50069—2002

条 文 说 明

目　次

1 总　　则

1.0.1～1.0.5 主要是针对本规范的适用范围，给出了明确规定。同时明确了本规范的修订系遵照我国现行标准《工程结构可靠度设计统一标准》GB 50153—92进行的，亦即在结构设计理论模式和方法上，统一采用了以概率理论为基础的极限状态设计方法。

针对适用范围，主要从工程性质、结构类型以及和其他规范的关系等方面，做出了明确规定。其考虑与原规范GBJ 69—84是一致的，只是排除了有关地下管道结构的内容。

1 工程性质

在《总则》中，阐明了本规范系适用于城镇公用设施和工业企业中的一般给水排水工程设施的构筑物结构设计，排除了某些特殊工程中相应设施的结构设计。主要是考虑到给水排水工程作为生命线工程的重要内容，涉及面较广，除城镇公用设施外，各行业情况比较复杂，在安全性和可靠度要求方面会存在不同要求，本规范很难概括。遇到这种情况，可以不受本规范的约束，可以按照某特定条件的要求，另行拟订设计标准，当然也不排除很多技术问题可以参照本规范实施。

2 结构类型

关于结构类型，在大量的给水排水工程构筑物中，主要是采用混凝土结构（广义的，包括钢筋混凝土和预应力混凝土结构），只是在一些小型的工程中，限于经济条件和地区条件，也还采用砖石结构。自20世纪60年代开始，通过对已建工程的总结，明确了贮水或水处理构筑物以及各种位于地下、水下的防水结构，采用砌体结构很难做到很好地符合设计使用标准，在渗、漏水方面难能完善达标；同时在工程投资上，采用砌体结构并无可取的经济效益（各部位构件截面加大、附加防水构造措施等）。另外，在砌体结构的静力计算方面，也存在一定的问题。在给水排水工程的构筑物结构中，多为板、壳结构，其受力状态多属平面问题，甚至需要进行空间分析，这就有别于一般按构件的计算，需要涉及砌体的双向受力的力学性参数，对不同的砌体材料如何合理可靠地确定，目前尚缺乏依据。如果再考虑为提高砌体的防水性能，采用浇筑混凝土夹层等组合结构，此时将涉及两者共同工作的若干力学参数，情况将更为复杂，尚缺乏可资总结的可靠经验。反之，如果不考虑这些因素，完全按照杆件结构分析，则构件的截面厚度将大为增加，与工程实际条件不符，规范这样处理显然将是不恰当的。

据此，本规范明确了对于给水排水工程中的贮水或水处理构筑物、地下构筑物，一般宜采用混凝土结构，仅当容量较小时可采用砌体结构。此时对砌体结构的设计，可根据各地区的实践经验，参照混凝土结构的有关规定进行具体设计。

3 本规范与其他规范的关系

在《总则》中明确了本规范与其他规范的关系。

本规范属于专业规范的范畴，其任务是解决有关给水排水工程中有关构筑物结构设计的特定问题。因此对于有关结构设计的可靠度标准、荷载标准、构件截面设计以及地基基础设计等，均就根据我国现行的相关标准、规范执行，例如《砌体结构设计规范》、《混凝土结构设计规范》、《建筑地基基础设计规范》等。本规范主要是针对一些特定问题，作了补充规定，以确保给水排水工程中构筑物的结构设计，达到技术先进、安全适用、确保质量的目标。

此外，本规范还明确了对于承受偶遇作用或建造在特殊地基上的给水排水工程构筑物的结构设计（例如地震区的强烈地面运动作用、湿陷性黄土地区、膨胀土地区等），应遵照我国现行的相关标准、规范执行，本规范不作引入。

2 主 要 符 号

2.0.1～2.0.4 主要针对有关给水排水工程构筑物结构设计中一些常用的符号，做出了统一规定，以供有关给水排水工程中各项构筑物结构设计规范中共同遵照使用。

本规范中对主要符号的统一规定，系依据下列原则：

1 一般均按《建筑结构设计术语和符号标准》GB/T 50083—97的规定采用；

2 相关标准、规范已采用的符号，在本规范中均直接引用；

3 在不与上述一、二相关的条件下，尽量沿用原规范已用符号。

3 材　　料

3.0.1 这一条是针对贮水或水处理构筑物、地下构筑物的混凝土强度等级提出了要求，比之原规范要求稍高。主要是根据工程实践总结，一般盛水构筑物或地下构筑物的防渗，以混凝土的水密性自防水为主，这样满足承载力要求的混凝土等级，往往与抗渗要求不协调，实际工程用混凝土等级将取决于抗渗要求；同时考虑到近几年来的混凝土制筑工艺，多转向商品化、泵送，加上多生产高标号水泥，导致实际采用的混凝土等级偏高。据此，规范修订时将混凝土等级结合工程实际予以适当提高，以使在承载力设计中能够获得充分利用，避免相互脱节。

3.0.2 本条内容与原规范的提法是一致的，只是将离心悬辊工艺的混凝土等有关要求删去，因为这种混凝土成型工艺在给水排水工程中，仅在管道制作中应用，所以这方面的内容将列入《给水排水工程管道结构设计规范》中。

3.0.3 关于构筑物混凝土抗渗的要求，与原规范的要求相同，以构筑物承受的最大水头与构件混凝土厚度的比值为指标，确定应采用的混凝土抗渗等级。原规范考虑了国内施工单位可能由于试验设备的限制，对混凝土抗渗等级的试验会产生困难，从而给出了变通做法，在修订时本条删去了这一内容。主要是在实施中了解到一般正规的施工单位都拥有试验设备，不存在试验有困难；而一些承接转包的非正规施工单位，不但无试验设备，而且技术力量较弱，施工质量欠佳。为此在确保混凝土的水密性问题上，应从严要求，一概通过试验核定混凝土的配比，可靠保证构筑物的防渗性能。

3.0.4、3.0.7、3.0.8 条文保持原规范的要求。其内容主要从保证结构的耐久性考虑，混凝土内掺加氯盐后将形成氯化物溶液，增强其导电性；加速产生电化学腐蚀，严重影响结构耐久性。

这方面在国外有关标准中都有类似的规定。例如《英国贮液构筑物实施规范》（BS 5337—1976）中，对混凝土的拌合料及其他掺合料就明确规定："不得使用氯化钙或含有氯化物的拌合料，其他掺合料仅在工程师许可时方可应用"；日本土木学会 1977 年编制的《日本混凝土与钢筋混凝土规范》，在第二十一章"冬季混凝土施工"中，同样也明确规定："不得采用食盐或其他药剂，借以降低混凝土的冻结温度"。

3.0.5 这一条内容是根据近几年来工程实践反映的问题而制订的，主要是防止混凝土在潮湿土在潮湿环境下产生异常膨胀而导致破坏。这种异常膨胀来源于水泥中的碱与活性骨料发生化学反应形成，因此条文引用了《混凝土碱含量限值标准》（CECS 53：93），对控制混凝土中的碱含量和选用非活性骨料作出规定。这个问题在国外早已引起重视，英、美、日、加拿大等国均对此进行过大量的研究，并据此提出要求。我国 CECS 53：93 拟订的标准，即系在参照国外研究资料的基础上进行的。

3.0.6 本条与抗渗等级相似，用以控制混凝土必要的抗冻性能，采用抗冻等级多年来已是国内行之有效的方法。结合原规范 GBJ 69—84 实施以来，反映了对一般贮液构筑物规定的抗冻等级偏低，在实际工程中尤其是应用商品混凝土的水灰比偏高时，出现了混凝土抗冻不足而酥裂现象，同时也反映了构筑物阳面冻融条件的不利影响，为此在这次修订时适当提高了混凝土的抗冻等级。

3.0.9 原规范 GBJ 69—84 中有此内容，但系以附注的形式给出。在这次修订时，结合工程实际应用情况予以独立条文明确。主要是强调了对有水密性要求的混凝土，提出了选择水泥材料品种的要求。从结构耐久性考虑，普通硅酸盐水泥制作的混凝土，其碳化平均率最低，较之其他品种的水泥对保证结构耐久性更有利，按有关研究资料提供的数据如表 3.0.9 所示。

表 3.0.9 各种水泥品种混凝土的相对平均碳化率

水泥品种	普通水泥	矿渣水泥	火山灰水泥	粉煤灰水泥
碳化平均率	1	1.4	1.7	1.9

3.0.10 关于混凝土材料热工系数的规定，与原规范 GBJ 69—84 是一致的，本次修订时仅对各项系数的计量单位，按我国现行法定计量单位作了换算。

3.0.11 本文内容保持原规范的要求。主要是针对砌体材料提出了规定，对砌体的砌筑砂浆强调应采用水泥砂浆，考虑到白灰系属气硬性材料，用于高湿度环境的结构不妥，难能保证达到应有的强度要求。对于砂浆的强度等级条文未作具体规定，但从施工砌筑操作要求，一般不宜低于 M5，即使用 M5 其和易性仍然是比较差的，习惯上均沿用不低于 M7.5 相当于水灰比 1：4 较为合适，本规范给予适当提高，规定采用 M10，以使与《砌体结构设计规范》协调一致。

4 结构上的作用

4.1 一 般 规 定

4.1.1 本条是针对给水排水工程构筑物常遇的各种作用，根据其性质和出现的条件，作了区分为永久作用和可变作用的规定。

其中，关于构筑物内的盛水压力，本条规定按永久作用考虑。这对滤池、清水池等构筑物的内盛水情况是有差别的，这些池子在运行时水位不是没有变化的，但出现最高水位的时间要占整个设计基准期的 2/3 以上，同时其作用效应将占 90％以上，对壁板甚至是 100％，因此以列为永久性作用为宜。至于其满足可靠度要求的设计参数，可根据工程经验校核获得，与原规范要求取得较好的协调。

4.1.2～4.1.4 主要对作用中有些荷载的设计代表值、标准值、相关标准、规范中已作了规定，本规范中不再另订，应予直接引用。

4.2 永久作用的标准值

4.2.2 对于电动机的动力影响，保持了原规范的要求，主要考虑在给水排水工程中应用的电动机容量不大，因此可简化为静力计算。

4.2.3 本条对作用地下地构筑物上的竖向土压力计算做出了规定。

原规范 GBJ 69—84 中给出的计算公式，经工程实践证明是适宜的。其中竖向土压力系数 n_s 值，原规范按不同施工条件给出，主要是针对地下管道上的竖向土压力。这次修订时在编制内容上将构筑物与地下管道分别制订，因此 n_s 值一般应为 1.0，当遇到狭长型构筑物即其长宽比大于10时，竖向土压力可能出现与地下管道这种线状结构相类似的情况，即将由于沟槽内回填沉陷不均而在构筑物顶部形成竖向土压力的增大。

4.2.4 条文对地下构筑物上的侧土压力计算作了规定。主要是保持了原规范的计算公式，按回填土的主动土压力考虑，并按习惯上使用的朗金氏主动土压计算模式给出，应用较为方便。

土对构筑物形成的压力，可以有主动土压力、静止土压力、被动土压力三种情况。被动土压力的产生，相当于土体被动受到挤压而达到极限平衡状态，这实际上要求构筑物产生较大的侧向位移，在工程上一般是不允许的，即使对某些结构（拱结构的支座、顶进结构的后背等）需要利用被动土压力时，也经常留有足够的余度，避免结构产生过大的侧移。静止土压力相当于结构和土体都不产生任何变形的情况，这在一般施工条件下是不成立的。同时工程实践也同上述的古典土压力理论模式有差别，结构物外侧的土体并非半无限均匀介质，而是基槽回填土。一般回填土的密实度要差一些，即使回填土的密实度良好，试验证明其抗剪强度也低于原状土，主要在于土的结构内聚力消失，不能在短时期内恢复。因此基槽内回填土内形成主动极限平衡状态，并不真正需要结构物沿土压方向产生位移或转动，安全可以由于结构物外侧土体的抗剪强度不同而自行向结构物方向的变形，很多试验已证明这种变形不需很显著，即可使土体达到主动极限平衡状态，对构筑物形成主动土压力。

条文对位于地下水位以下的土压力计算，做出了具体规定：对土的重度取有效重度，即扣去浮力的作用；除计算土压力外，还应另行计算地下水的静水压力，即认为在地下水位以下的土体中存在连续的自由水，它们在一般压力下可视作不可压缩的，因此其侧压力系数应为1.0。这种计算原则为国内、外极大多数工程技术人员所采用。例如日本的《预应力混凝土清水池标准设计书及编制说明》中，对土压力计算的规定为："用朗金公式计算作用在水池上的土压力。如水池必须建在地下水位以下时，除用浮容重外，还要考虑水压力"。我国高教部试用教材《地基及基础》(1980年，华南工学院、南京工学院主编和天津大学、哈尔滨建工学院主编的两本）中，亦均介绍了按这一原则的计算方法。

针对位于地下水位以下的土压力计算问题，有些资料介绍了直接取土的饱和容重乘以侧压力系数计算；也有些资料认为水压力可只计算土内孔隙部分的水压力等。应该指出这些方法都是不妥的，前者忽略了土中存在自由水，其泊桑系数为0.5，相应的侧压系数应为1.0，后者将自由水视作在土体中不连续，这是缺乏根据并且也与水压力的计算和分布相矛盾的。同时必须指出这两种计算方法均减少了静水压力的实际数值，实质上导致降低了结构的可靠度。

4.2.5 针对沉井结构上的土压力计算，条文的规定与原规范的要求是一致的。沉井在下沉过程中不可能完全紧贴土体，因此周围土体仍将处于主动极限平衡状态，按主动土压力计算是恰当的，只是土的重度应按天然状态考虑。

4.2.6 本条系关于池内水压力的计算规定。只是明确了表面曝气池内的盛水压力，应考虑水面波动影响，实际上可按池壁齐顶水压计算。

4.3 可变作用标准值、准永久值系数

本节内容中关于作用标准值的采用，均保持了原规范的规定，仅作了以下补充：

1 对地表水和地下水的压力，提出应考虑的条件，即地表水位宜按1%频率统计确定，地下水位则根据近期变化及补给发展趋势确定。同时规定了相应的准永久值系数的采用。这些规定主要是保证结构安全，避免在50年使用期由于地表水或地下水的压力变化，导致构筑物损坏。

2 对于融冰压力的准永久值系数，按不同地区分别作了规定。东北地区和新疆北部气温低、冰冻期长，因此准永久值系数取0.5，而我国其他地区冰冻期短，相应的准永久值系数可取零。

3 对于温、湿度变化作用，暴露在大气中的构筑物长年承受，只是程度不同，例如冬、夏季甚于春、秋，并且冬季以温差为主，温差影响很小，夏季则相反，保温、湿度作用总是存在的，因此条文规定相应的准永久值系数可取1.0计算。

5 基本设计规定

5.1 一般规定

5.1.1、5.1.2 本条明确规定这次修订的规范系采用以概率理论为基础的极限状态设计方法。并规定了在结构设计中应考虑满足承载能力和正常使用两种极限状态。

对于给水排水工程的各种构筑物，主要是处于盛水或潮湿环境，因此防渗、防漏和耐久性是必须考虑的。满足正常使用要求时，控制裂缝开展是必要的，对于圆形构筑物或矩形构筑物的某些部位（例如长壁水池的角隅处），其受力状态多属轴拉或小偏心受拉，即整个截面处于受拉状态，这就需要控制其裂缝出现；更多的构件将处于受弯，大偏心受力状态，从耐久性要求，需要限制其裂缝开展宽度，防止钢筋锈蚀影响构筑物的使用年限，这里也包括混凝土的抗渗，抗冻以及钢筋保护层厚度等要求。另外，在某些情况下，也需要控制构件的过大变位，例如轴流泵电机层的支承结构，变位过大时将导致传动轴的寿命受损以及能耗增加、功效降低。

5.1.3 本条规定了对各种构筑物进行结构内力分析时的要求。主要是根据给水排水工程中构筑物的正常运行特点，从抗渗、耐久性的要求，不允许结构内力达到塑性重分布状态，明确按内力处于弹性阶段的弹性体系进行结构分析。

5.1.4～5.1.8 条文主要明确与相应现行设计规范的衔接。同时规定了一般给水排水工程中的各种构筑物，其重要性等级应按二级采用，当有特殊要求时，可以提高等级，但相应工程投资将增加，应报工程主管部门批准。

5.2 承载能力极限状态计算规定

5.2.1、5.2.2 条文按我国现行规范《建筑结构可靠度设计统一标准》GB 50068—2001、《工程结构可靠度设计统一标准》GB 50153 的规定，给出了设计表达式。其中有关结构构件抗力的设计值，明确应按相应的专业结构设计规范规定的值采用。

1 对于作用分项系数的拟定，这次修订中尚缺乏足够的实测统计数据，因此主要还以工程校核法确定，即以原规范 GBJ 69—84 行之有效的作用效应为基础，使修订后的作用效应能与之相接轨。

对于结构自重的分项系数，均按原规范的单一安全系数，通过工程校核，维持原水准确定，即取 1.20 采用。

考虑到在给水排水工程中，不少构筑物的受力条件，均以永久作用为主，因此对构筑物内的盛水压力和外部土压力的作用分项系数，均规定采用 1.27，以使与原规范的作用效应衔接。

按原规范 GBJ 69—84，盛水压力取齐顶计算时，安全系数可乘以附加安全系数 0.9。当以受弯构件为例时，安全系数 $K=0.9\times1.4=1.26$。此时可得。

$$1.26M_G=\mu bh_0^2\left(1-\frac{\mu R_g}{2R_w}\right)R_g \quad (5.2.2\text{-}1)$$

式中 M_G——永久作用盛水压力的作用效应；

μ——构件的截面受拉钢筋配筋百分率；

b——构件截面的计算宽度；

h_0——构件截面的计算有效高度；

R_g——受拉钢筋的抗拉强度设计值；

R_w——混凝土的弯曲抗压强度设计值。

按 GBJ 10—89 计算时，可得

$$\gamma_G M_G=\rho bh_0^2\left(1-\frac{\rho f_y}{2f_{cm}}\right)f_y \quad (5.2.2\text{-}2)$$

式中 ρ、f_y、f_{cm} 同 μ、R_g、R_w。

如果令 $\mu=\rho$ 时，可得分项系数 γ_G 为：

$$\gamma_G=\frac{1.2bf_y\left(\frac{\rho f_y}{2f_{cm}}\right)}{R_g\left(1-\frac{\mu R_g}{2R_w}\right)} \quad (5.2.2\text{-}3)$$

以 200# 混凝土、Ⅱ级钢为例，则：

$R_g=340\text{N/mm}^2$；$R_w=14\text{N/mm}^2$；

$f_y=310\text{N/mm}^2$；$f_{cm}=10\text{N/mm}^2$。

代入式（5.2.2-3）可得：

$$\gamma_G=\frac{390.6(1-15.50\rho)}{340(1-12.14\rho)} \quad (5.2.2\text{-}4)$$

在不同的 ρ 值下的变化如表 5.2.2 所示。

表 5.2.2 ρ-γ_G 表

ρ（%）	0.2	0.4	0.6	0.8	1.0	1.2
γ_G	1.140	1.133	1.124	1.115	1.105	1.095

如果盛水压力取设计水位，相应单一安全系数 $K=1.4$ 时，上表 5.2.2 内 $\rho=0.2\%$时的 $\gamma_G=1.27$。此值不仅对受弯构件，对轴拉、偏心受力、受剪等构件均可适用。

当构件同时承受永久作用和可变作用时，仍以受弯构件为例，此时按原规范：

$$K(M_G+M_Q)=\mu bh_0^2(1-\mu R_g/2R_w)R_g \quad (5.2.2\text{-}5)$$

按 GBJ 10—89：

$$\gamma_G M_G+\gamma_Q M_Q=\rho bh_0^2\left(1-\frac{\rho f_y}{2f_{cm}}\right)f_y \quad (5.2.2\text{-}6)$$

令 $\eta=M_Q/M_G$，则

$$K(M_G+M_Q)=K(1+\eta)M_G$$
$$\gamma_G M_G+\gamma_G M_Q=(\gamma_G+\eta\gamma_Q)M_G$$

$$\frac{(\gamma_G+\eta\gamma_Q)}{K(1+\eta)}=\frac{f_y\left(1-\frac{\rho f_y}{2f_{cm}}\right)}{R_g\left(1-\frac{\mu R_g}{2R_w}\right)} \quad (5.2.2\text{-}7)$$

以式（5.2.2-3）代入式（5.2.2-7）可得：

$$\gamma_Q=\frac{(1+\eta)\gamma_G-\gamma_G}{\eta}=\gamma_G \quad (5.2.2\text{-}8)$$

以工程校核前提来看，式（5.2.2-8）是符合式（5.2.2-5）的。γ_G 值是随配筋率 ρ 而变的，对给水排水工程中的板、壳结构，ρ 值很少超过 1%，因此取 $\gamma_Q=1.27$ 与原规范相比，不会带来很大的出入，一般都在 3%以内，稍偏于安全。但考虑与《工程结构可靠度设计统一标准》（GB 50153）相协调，条文对 γ_Q 仍取 1.40，并与组合系数配套使用。

2 对于地下水或地表水压力的作用分项系数，考虑到很多情况是与土压力并存的，并且对构筑物壁板的作用效应是主要的，一般应为第一可变作用，因此可与土压力计算相协调，取该项系数 $\gamma_Q=1.27$，方便设计应用（可由受水位变动引起土、水压力同时变动）。

3 关于组合系数 ψ_C 的取值，同样根据工程校核的原则，为此取 $\gamma_Q=1.4$，$\psi_C=0.9$，最终结果符合上述式（5.2.2-8），与原规划协调一致。仅当可变作用只有一项温、湿度变化时，相应的可变作用效应比原规范提高了 1.10 倍，这是考虑到温、湿度变化在实践中往往难以精确计算，也是结构出现裂缝的主要因素，为此适当地提高应该认为需要的。同样，对水塔设计中的风荷载，保持了原规范中的考虑，适当提高了要求。

4　关于满足可靠度指标的要求，上述换算系通过原规范依据的《钢筋混凝土结构设计规范》TJ 10—74与其修编的《混凝土结构设计规范》GBJ 10—89对此获得，基于后者是满足要求的，因此也可确认换算后的各项系数，同样可满足应具备的可靠度指标。

5.2.3　关于构筑物设计稳定抗力系数的规定

构筑物的稳定性验算，包括抗浮、抗滑动和抗倾覆，除抗浮与地下水有关外，后两者均与地基土的物理力学性参数直接相关。目前在稳定设计方法方面，尚很不统一，尽管在《建筑结构设计统一标准》GB 50068、《工程结构设计统一标准》GB 50153—92及《建筑结构荷载规范》GB 50009中，规定了稳定性验算同样按多系数极限状态进行，但现行的《建筑地基基础设计规范》GB 50007，仍采用单一抗力系数的极限状态设计方法。对此考虑到原规范GBJ 69—84给出的验算方法，亦以GBJ 7为基础，并且地基土的物理力学性参数的统计资料尚不完善，因此在这次修订时仍保持原规范GBJ 69—84的规定，待今后条件成熟后再行局部修订，以策安全。

5.2.4　本条规定保持了原规范的要求。

5.3　正常使用极限状态验算规定

5.3.1～5.3.3　正常使用极限状态验算，包括运行要求，观感要求，尤其是耐久性（使用寿命）要求。条文对验算内容及相应的作用组合条件做出了规定：当构件在组合作用下，截面处于全截面受拉状态（轴拉或小偏心受拉）时，一旦应力超过其抗拉强度时，截面将出现贯通裂缝，这对盛水构筑物是不能允许的，对此应按抗裂度验算，限制裂缝出现，相应作用组合应按短期效应的标准组合作为验算条件；当构件在组合作用下，截面处于压弯或拉弯状态（受弯、大偏心受拉或偏心受压）时，可以允许截面出现裂缝，但需要从耐久性考虑，限制裂缝的最大宽度，避免钢筋的锈蚀，此时相应的作用组合可按长期效应的准永久组合作为验算条件。

5.3.4　关于构件截面最大裂缝宽度限值的规定。

条文基本上仍采用了原规范GBJ 69—84的规定值，因为这些限值在实践中证明是合适的。仅对沉井结构的最大裂缝限值作了修订，主要考虑到原规范仅对沉井的施工阶段作用效应作了规定，允许裂宽偏大，这样对使用阶段来说不一定是合适的，因此这次修订时与其他构筑物的衡量标准协调一致，允许裂宽适当减小，确保结构的使用寿命。

5.3.5　本条对于泵房内电机层的支承梁变形限值，维持原规范GBJ 69—84的要求，实践证明它对保证电机正常运行、节约耗电是适宜的。

5.3.6　条文对正常使用极限状态给出了作用效应计算通式。结合给水排水工程的具体情况，考虑了长期作用效应和短期作用效应两种计算式，分别针对构件不同的受力条件，与本节5.3.2及5.3.3的规定协调一致。

5.3.7～5.3.8　条文给出了钢筋混凝土构件处于轴心受拉或小偏心受力状态时，相应的抗裂度验算公式。条文根据工程实践经验和原规范的规定，拟定了混凝土拉应力限制系数α_{cf}的取值。即根据工程校准法，可通过下式计算：

$$\alpha_{ct} f_{tk} = R_f / K_f \qquad (5.3.7\text{-}1)$$

式中　f_{tk}——《混凝土结构设计规范》GBJ 10—89中的混凝土抗拉强度标准值；

R_f——《钢筋混凝土结构设计规范》TJ 10—74中混凝土抗裂设计强度；

K_f——抗裂安全系数，取1.25。

按TJ 10—74，对混凝土的抗裂设计强度按200mm立方体试验强度的平均值减1.0倍标准差采用，即

$$R_f = 0.5\mu_{fcu(200)}^{2/3}(1-\delta_f)$$

以混凝土标号R^b表示，则可得

$$R^b = \mu f_{cu(200)}(1-\delta_f)$$

$$R_f = 0.5\left(\frac{R^b}{1-\delta_f}\right)^{2/3}(1-\delta_f)$$

$$= 0.5(R^b)^{2/3}(1-\delta_f)^{1/3} \qquad (5.3.7\text{-}2)$$

按GBJ 10—89，试块改为150mm立方体（考虑与国际接轨），混凝土的各项强度标准值取其试验平均值减去1.645倍标准差，并统一采用量钢N/mm²，则可得：

$$\mu_{fcu(200)} = 0.95\mu_{fcu(150)}$$

$$f_{tk} = 0.5(0.95\mu_{fcu(150)})^{2/3}(0.1)^{1/3}(1-1.645\delta_f)$$

$$= 0.23\left(\frac{f_{cu,k}}{1-1.645\delta_f}\right)^{2/3}(1-1.645\delta_f)$$

$$= 0.23 f_{cu\cdot k}^{2/3}(1-1.645\delta_f)^{1/3} \qquad (5.3.7\text{-}3)$$

对于标准差δ_f值，当$R^b \leqslant 200$；$\delta_f \leqslant 0.167$

$250 \leqslant R^b \leqslant 400$；$\delta_f = 0.145$

以此代入式（5.3.7-2）及式（5.3.7-3），计算结果可列于表5.3.7作为新、旧对比。

表5.3.7　R_f/f_{tk}对比表

TJ 10—74	R^b（kgf/cm²）	220	270	320	370	420
	R_f（N/mm²）	1.70	2.00	2.20	2.45	2.65
GBJ 10—89	f_{cuk}（N/mm²）	C 20	C 25	C 30	C 35	C 40
	f_{tk}（N/mm²）	1.50	1.75	2.00	2.25	2.45
$R_f/f_{tk}\cdot k_f$	R_f/f_{tk}	1.13	1.14	1.10	1.09	1.08
	α_{ct}	0.90	0.91	0.88	0.87	0.86

从表 5.3.7 所列 α_{ct} 的数据，在给水排水工程中混凝土的等级不可能超过 C40，为此条文规定可取 0.87 采用，与原规范的抗裂安全要求基本上协调一致。

5.3.9 本条对于预应力混凝土结构的抗裂验算，基本上按照原规范的要求。以往在给水排水工程中，对贮水构筑物的预加应力均要求设计荷载作用下，构件截面上保持一定的剩余压应力。此次修订时，对预制装配结构仍保持了原规范的规定，即取预压效应系数 $\alpha_{cp}=1.25$；对现浇混凝土结构适当降低了 α_{cp} 值，采用 1.15，仍留有足够的剩余压应力，应该认为对结构的安全可靠还是有充分保证的。

6 基本构造要求

本章大部分条文的内容和要求，均保持原规范 GBJ 69—84 的规定，下面仅对修订后有增补或局部修改的条文加以说明。

6.1 一 般 规 定

6.1.2 对贮水或水处理构筑物的壁和底板厚度规定了不小于 20cm。主要是从保证施工质量和构筑物的耐久性考虑，这类构筑物的钢筋净保护层厚度不宜太小，也就决定了构件的厚度不宜太小，否则难能做好混凝土的振捣密实性，就会影响其水密性要求，并且将不利于钢筋的锈蚀，从而影响构筑物的使用寿命。

6.1.3 关于钢筋最小保护层厚度的规定

钢筋的最小保护层厚度比之原规范 GBJ 69—84 稍有增加，主要是从构筑物的耐久性考虑。钢筋混凝土结构的使用寿命通常取决于钢筋的严重锈蚀而导致破坏。钢筋锈蚀可有集中锈蚀和均匀锈蚀两种情况，前者发生于裂缝处，加大保护层厚度可以延长碳化时间，亦即对结构的使用寿命提高了保证率。

同时，对比国外标准，例如 BS 8007 是针对盛水构筑物的技术规范，对钢筋的保护层厚度最小是 40mm，比之我国标准要大一些。另外，对钢筋保护层厚度取稍大一些，有利于混凝土（钢筋与模板间）的振捣，对混凝土的水密性是有好处，也就提高了施工质量的保证率。

6.2 对变形缝和施工缝的构造要求

6.2.1 关于大型矩形构筑物的伸缩缝间距要求，原规范 GBJ 69—84 的规定在实践中是可行的，为此在修订时仍予引用。考虑到近年来混凝土中的掺合料发展较快，有一些微膨胀型掺合料对减少混凝土的温、湿度收缩可望收到成效，因此在条文中加注了如果有这方面的使用经验，可以适当扩大伸缩缝的间距。

6.2.4 对钢筋混凝土构筑物的伸缩缝和沉降缝的构造，在原规范条文要求的基础上稍作了补充，明确了应由止水板材、填缝材料和嵌缝材料组成，并对后两者的性能提出了要求。

6.2.5 本条对建于岩基上的大型构筑物，规定了底板下应设置滑动层的要求。主要是考虑到底板混凝土如果直接浇筑在基岩上，两者粘结力很强，当混凝土收缩时很难避免产生裂缝，仅以减少伸缩缝的间距还难能奏效，应设置滑动层为妥。

6.2.6 本条除保留原规范要求外，对施工缝处先后浇筑的混凝土的界面结合，指出应保证做到良好固结，必要时如施工操作条件较差处应考虑设置止水构造，即在该处加设止水板，避免造成渗漏。

6.3 关于钢筋和埋件的构造规定

6.3.4 本条中有关钢筋的接头，除要求满足不开裂构件的钢筋接头应采用焊接和钢筋接头位置应设在构件受力较小处外，对接头在同一截面处的错开百分率，容许采用 50% 的规定，但要求搭接长度适当增加。这在国外标准中亦有类似的做法，目的在于方便施工，虽然钢筋用量稍有增加，但对钢筋加工和绑扎工序都缩减了工作量，也就加速了施工进度，从总体考虑可认为在一定的条件下还是可取的。

附录 A 钢筋混凝土矩形截面处于受弯或大偏心受拉（压）状态时的最大裂缝宽度计算

本附录对最大裂缝宽度的计算规定，基本上保持了原规范的要求，仅作了如下的修改及说明。

1 对裂缝间受拉钢筋应变不均匀系数 ψ 的表达式，与《混凝土结构设计规范》GB 50010 作了协调，统一了计算公式。实际上这两种表达式是一致的。如以受弯构件为例：

$$\psi=1.1\left(1-\frac{0.235R_f bh^2}{M\alpha_\psi}\right) \qquad \text{(附 A-1)}$$

受弯时取 $M=0.87A_s\sigma_s h_0$，$\alpha_\psi=1.0$

$$h\approx 1.1h_0$$

代入（附 A-1）式可得

$$\psi=1.1\left(1-\frac{0.235R_f bh\times 1.1h_0}{0.87A_s\sigma_s h_0}\right)$$

$$=1.1\left(1-\frac{0.29f_{tk}}{A_s\sigma_s/bh}\right)$$

$$=1.1\left(1-\frac{2\times 0.297f_{tk}}{2A_s\sigma_s/bh}\right)=1.1-\frac{0.65f_{tk}}{\rho_{te}\sigma_s}$$

2 补充了对钢筋保护层厚度的影响因素。此项因素国外很重视，认为对结构的总体耐久性至关重要，为此条文对原规范中的 l_f 作了修改，即：

$$l_f=\left(b+0.06\frac{d}{\mu}\right)=\left(6+0.06\frac{d}{\dfrac{0.5}{0.5}\cdot\dfrac{A_s}{bh/1.1}}\right)$$

$$=\left(6+0.109\frac{d}{\rho_{te}}\right)=1.5C+0.11d/\rho_{te}$$

式中 C 为钢筋净保护层厚度，当 $C=40$mm 时，即与原规范一致；当 $C<40$mm 时，将稍低于原规范计算数据，但与工程实践反映相比还是符合的。

3 原规范给出的计算公式，对构件处于受弯、偏心受力（压、拉）状态是连续的，应该认为是较为合理的，为此本规范修订时保持了原规范的基本计算模式。

中华人民共和国国家标准

给水排水工程管道结构设计规范

Structural design code for pipelines of water supply and waste water engineering

GB 50332—2002

批准部门：中华人民共和国建设部

施行日期：2 0 0 3 年 3 月 1 日

中华人民共和国建设部
公　告

第92号

建设部关于发布国家标准《给水排水工程管道结构设计规范》的公告

现批准《给水排水工程管道结构设计规范》为国家标准，编号为GB 50332—2002，自2003年3月1日起实施。其中，第4.1.7、4.2.2、4.2.10、4.2.11、4.2.13、4.3.2、4.3.3、4.3.4、5.0.3、5.0.4、5.0.5、5.0.11、5.0.13、5.0.14、5.0.16条为强制性条文，必须严格执行。原《给水排水工程结构设计规范》GBJ 69—84中的相应内容同时废止。

本规范由建设部标准定额研究所组织中国建筑工业出版社出版发行。

中华人民共和国建设部

二〇〇二年十一月二十六日

前　言

本规范根据建设部（92）建标字第16号文的要求，对原规范《给水排水工程结构设计规范》GBJ69—84作了修订。由北京市规划委员会为主编部门，北京市市政工程设计研究总院为主编单位，会同有关设计单位共同完成。原规范颁布实施至今已15年，在工程实践中效果良好。这次修订主要是由于下列两方面的原因：

（一）结构设计理论模式和方法有重要改进

GBJ 69—84属于通用设计规范，各类结构（混凝土、砌体等）的截面设计均应遵循本规范的要求。我国于1984年发布《建筑结构设计统一标准》GBJ68—84（修订版为《建筑结构可靠度设计统一标准》GB 50068—2001）后，1992年又颁发了《工程结构可靠度设计统一标准》GB 50153—92。在这两本标准中，规定了结构设计均采用以概率理论为基础的极限状态设计方法，替代原规范采用的单一安全系数极限状态设计方法。据此，有关结构设计的各种标准、规范均作了修订，例如《混凝土结构设计规范》、《砌体结构设计规范》等。因此，《给水排水工程结构设计规范》GBJ 69—84也必须进行修订，以与相关的标准、规范协调一致。

（二）原规范GBJ 69—84内容过于综合，不利于促进技术进步

原规范GBJ 69—84为了适应当时的急需，在内容上力求能概括给水排水工程的各种结构，不仅列入了水池、沉井、水塔等构筑物，还包括各种不同材料的管道结构。这样处理虽然满足了当时的工程应用，但从长远来看不利于发展，不利于促进技术进步。我国实行改革开放以来，通过交流和引进国外先进技术，在科学技术领域有了长足进步，这就需要对原标准、规范不断进行修订或增补。由于原规范的内容过于综合，往往造成不能及时将行之有效的先进技术反映进去，从而降低了它应有的指导作用。在这次修订GBJ 69—84时，原则上是尽量减少综合性，以利于及时更新和完善。为此将原规范分割为以下两部分，共10本标准：

1. 国家标准

（1）《给水排水工程构筑物结构设计规范》；

（2）《给水排水工程管道结构设计规范》。

2. 中国工程建设标准化协会标准

（1）《给水排水工程钢筋混凝土水池结构设计规程》；

（2）《给水排水工程水塔结构设计规程》；

（3）《给水排水工程钢筋混凝土沉井结构设计规程》；

（4）《给水排水工程埋地钢管管道结构设计规程》；

（5）《给水排水工程埋地铸铁管管道结构设计规程》；

（6）《给水排水工程埋地预制混凝土圆形管管道结构设计规程》；

（7）《给水排水工程埋地管芯缠丝预应力混凝土管和预应力钢筒混凝土管管道结构设计规程》；

（8）《给水排水工程埋地矩形管管道结构设计规

程》。

本规范主要是针对给水排水工程各类管道结构设计中的一些共性要求作出规定，包括适用范围、主要符号、材料性能要求、各种作用的标准值、作用的分项系数和组合系数、承载能力和正常使用极限状态，以及构造要求等。这些共性规定将在协会标准中得到遵循，贯彻实施。

本规范由建设部负责管理和对强制性条文的解释，由北京市市政工程设计研究总院负责对具体技术内容的解释。请各单位在执行本规范过程中，注意总结经验和积累资料，随时将发现的问题和意见寄交北京市市政工程设计研究总院（100045），以供今后修订时参考。

本规范编制单位和主要起草人名单

主编单位：北京市市政工程设计研究总院

参编单位：中国市政工程中南设计研究院、中国市政工程西北设计研究院、中国市政工程西南设计研究院、中国市政工程东北设计研究院、上海市政工程设计研究院、天津市市政工程设计研究院、湖南大学。

主要起草人：沈世杰　刘雨生（以下按姓氏笔画排列）

王文贤　王憬山　冯龙度　刘健行

苏发怀　陈世江　沈宜强　钟启承

郭天木　葛春辉　翟荣申　潘家多

目　次

1 总 则

1.0.1 为了在给水排水工程管道结构设计中，贯彻执行国家的技术经济政策，达到技术先进、经济合理、安全适用、确保质量，特制定本规范。

1.0.2 本规范适用于城镇公用设施和工业企业中的一般给水排水工程管道的结构设计，不适用于工业企业中具有特殊要求的给水排水工程管道的结构设计。

1.0.3 本规范系根据我国《建筑结构可靠度设计统一标准》GB 50068—2001 和《工程结构可靠度设计统一标准》GB 50153—92 规定的原则进行制定的。

1.0.4 按本规范设计时，有关构件截面计算和地基基础设计等，应按相应的国家标准的规定执行。

对于建造在地震区、湿陷性黄土或膨胀土等地区的给水排水工程管道结构设计，尚应符合我国现行的有关标准的规定。

2 主要符号

2.1 管道上的作用

F_{vk}——管道内的真空压力标准值；

$F_{cr,k}$——管壁截面失稳的临界压力标准值；

q_{vk}——地面车辆轮压传递到管顶处的单位面积竖向压力标准值；

$F_{ep,k}$——主动土压力标准值；

F_{pk}——被动土压力标准值；

F_{wk}——管道内工作压力标准值；

$F_{wd,k}$——管道的设计内水压力标准值；

$Q_{vi,k}$——地面车辆的 i 个车轮所承担的单个轮压标准值；

S——作用效应组合设计值；

$F_{sv,k}$——每延长米管道上管顶的竖向土压力标准值。

2.2 几何参数

A_0——管道计算截面的换算截面面积；

a——单个车轮的着地分布长度；

B_c——矩形管道的外缘宽度；

b——单个车轮的着地分布宽度；

D_0——圆形管道的计算直径；

D_1——圆形管道的外径；

d_i——相邻两个车轮间的净距；

e_0——纵向力对截面重心的偏心距；

H_s——管顶至设计地面的覆土高度；

h_0——钢筋混凝土计算截面的有效高度；

L_e——管道纵向承受轮压影响的有效长度；

L_p——轮压传递至管顶处沿管道纵向的影响长度；

r_0——圆形管道的计算半径；

t——管壁厚度；

μ——受拉钢筋截面的总周长；

W_0——管道换算截面受拉边缘的弹性抵抗矩；

$w_{d,max}$——管道的最大竖向变形；

w_{max}——钢筋混凝土计算截面的最大裂缝宽度。

2.3 计算系数

C_c——填埋式土压力系数；

C_d——开槽施工土压力系数；

C_j——不开槽施工土压力系数；

C_G——永久作用的作用效应系数；

C_Q——可变作用的作用效应系数；

D_l——变形滞后效应系数；

E_p——管材弹性模量；

E_d——管侧土的综合变形模量；

K_a——主动土压力系数；

K_d——管道变形系数；

K_p——被动土压力系数；

K_s——设计稳定性抗力系数；

α_{ct}——混凝土拉应力限制系数；

α_s——管道结构与管周土体的刚度比；

γ——受拉区混凝土的塑性影响系数；

γ_G——永久作用分项系数；

γ_0——管道的重要性系数；

γ_Q——可变作用分项系数；

μ_d——动力系数；

ν_p——管材的泊桑比；

ρ——钢筋混凝土管道计算截面处钢筋的配筋率；

ψ——钢筋混凝土管道计算裂缝间受拉钢筋应变不均匀系数；

ψ_c——可变作用的组合值系数；

ψ_q——可变作用的准永久值系数。

3 管道结构上的作用

3.1 作用分类和作用代表值

3.1.1 管道结构上的作用，按其性质可分为永久作用和可变作用两类：

1 永久作用应包括结构自重、土压力（竖向和侧向）、预加应力、管道内的水重、地基的不均匀沉降。

2 可变作用应包括地面人群荷载、地面堆积荷载、地面车辆荷载、温度变化、压力管道内的静水压（运行工作压力或设计内水压力）、管道运行时可能出现的真空压力、地表水或地下水的作用。

3.1.2 结构设计时，对不同的作用应采用不同的代表值。

对永久作用，应采用标准值作为代表值；对可变作用，应根据设计要求采用标准值、组合值或准永久值作为代表值。

可变作用组合值，应为可变作用标准值乘以作用组合系数；可变作用准永久值，应为可变作用标准值乘以作用的准永久值系数。

3.1.3 当管道结构承受两种或两种以上可变作用时，承载能力极限状态设计或正常使用极限状态按短期效应的标准组合设计，可变作用应采用标准值和组合值作为代表值。

3.1.4 正常使用极限状态考虑长期效应应按准永久组合设计，可变作用应采用准永久值作为代表值。

3.2 永久作用标准值

3.2.1 结构自重，可按结构构件的设计尺寸与相应的材料单位体积的自重计算确定。对常用材料及其制作件，其自重可按现行国家标准《建筑结构荷载规范》GB 50009 的规定采用。

3.2.2 作用在地下管道上的竖向土压力，其标准值应根据管道埋设方式及条件按附录B确定。

3.2.3 作用在地下管道上的侧向土压力，其标准值应按下列公式确定：

1 侧向土压力应按主动土压力计算；

2 侧向土压力沿圆形管道管侧的分布可视作均匀分布，其计算值可按管道中心处确定；

3 对埋设在地下水位以上的管道，其侧向土压力可按下式计算：

$$F_{ep,k}=K_a\gamma_s z \quad (3.2.3\text{-}1)$$

式中 $F_{ep,k}$——管侧土压力标准值（kN/m^2）；

K_a——主动土压力系数，应根据土的抗剪强度确定；当缺乏试验数据时，对砂类土或粉土可取$\frac{1}{3}$；对粘性土可取$\frac{1}{3}\sim\frac{1}{4}$；

γ_s——管侧土的重力密度（kN/m^3），一般可取 18 kN/m^3；

Z——自地面至计算截面处的深度（m），对圆形管道可取自地面至管中心处的深度。

4 对于埋置在地下水位以下的管道，管体上的侧向压力应为主动土压力与地下水静水压力之和；此时，侧向土压力可按下式计算：

$$F_{ep,k}=K_a[\gamma_s z_w+\gamma'_s(z-z_w)] \quad (3.2.3\text{-}2)$$

式中 γ'_s——地下水位以下管侧土的有效重度（kN/m^3），可按 10kN/m^3 采用；

Z_w——自地面至地下水位的距离（m）。

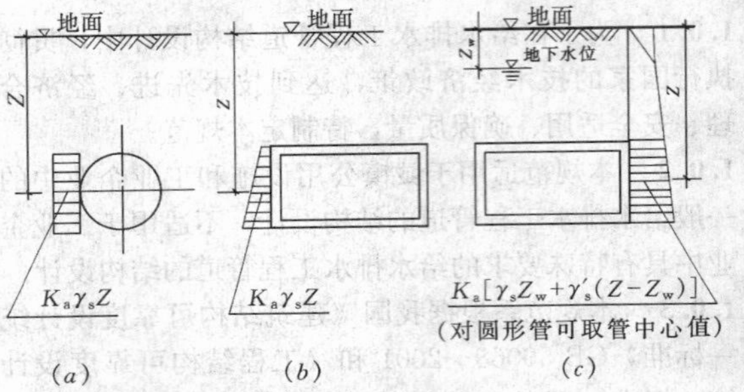

图 3.2.3 作用在管道上的侧向土压力

(a) 圆形管道（无地下水）；

(b) 矩形管道（无地下水）；

(c) 管道埋设在地下水位以下

3.2.4 管道中的水重标准值，可按水的重力密度为 10kN/m^3 计算。

3.2.5 预应力混凝土管道结构上的预加应力标准值，应为预应力钢筋的张拉控制应力值扣除相应张拉工艺的各项应力损失。张拉控制应力值，应按现行国家标准《混凝土结构设计规范》GB 50010的有关规定确定。

3.2.6 对敷设在地基土有显著变化段的管道，需计算地基不均匀沉降，其标准值应按现行国家标准《建筑地基基础设计规范》GB 50007 的有关规定计算确定。

3.3 可变作用标准值、准永久值系数

3.3.1 地面人群荷载标准值可取 4kN/m^2 计算；其准永久值系数 ψ_q 可取 $\psi_q=0.3$。

3.3.2 地面堆积荷载标准值可取 10kN/m^2 计算；其准永久值系数可取 $\psi_q=0.5$。

3.3.3 地面车辆荷载对地下管道的影响作用，其标准值可按附录 C 确定；其准永久值系数应取 $\psi_q=0.5$。

3.3.4 压力管道内的静水压力标准值应取设计内水压力计算，其标准值应根据管道材质及运行工作内水压力按表 3.3.4 的规定采用；相应准永久值系数可取 $\psi_q=0.7$，但不得小于工作内水压力。

3.3.5 埋设在地表水或地下水以下的管道，应计算作用在管道上的静水压力（包括浮托力），相应的设计水位应根据勘察部门和水文部门提供的数据采用。其标准值及准永久值系数 ψ_q 的确定，应符合下列规定：

1 地表水的静水压力水位宜按设计频率 1%采用。相应准永久值系数，当按最高洪水位计算时，可取常年洪水位与最高洪水位的比值。

表 3.3.4　压力管道内的设计内水压力标准值 $F_{wd,k}$

管道类别	工作压力 F_{wk}（10^{-1}MPa）	设计内水压力（MPa）
钢　管	F_{wk}	$F_{wk}+0.5\geqslant0.9$
铸铁管	$F_{wk}\leqslant5$	$2F_{wk}$
	$F_{wk}>5$	$F_{wk}+0.5$
混凝土管	F_{wk}	（1.4～1.5）F_{wk}
化学管材	F_{wk}	（1.4～1.5）F_{wk}

注：1　工业企业中低压运行的管道，其设计内水压力可取工作压力的 1.25 倍，但不得小于 0.4MPa。

2　混凝土管包括钢筋混凝土管、预应力混凝土管、预应力钢筒混凝土管。

3　化学管材管道包括硬聚氯乙烯圆管（UPVC）、聚乙烯圆管（PE）、玻璃纤维增强塑料管（GRP、FRP）等。

4　铸铁管包括普通灰口铸铁管、球墨铸铁管、未经退火处理的球态铸铁管等。

5　当管线上没有可靠的调压装置时，设计内水压力可按具体情况确定。

2　地下水的静水压力水位，应综合考虑近期内变化的统计数据及对设计基准期内发展趋势的变化综合分析，确定其可能出现的最高及最低水位。

应根据对结构的作用效应，选用最高或最低水位。相应的准永久值系数，当采用最高水位时，可取平均水位与最高水位的比值；当采用最低水位时，应取 1.0 计算。

3　地表水或地下水的重度标准值，可取 10 kN/m^3 计算。

3.3.6　压力管道在运行过程中可能出现的真空压力 F_v，其标准值可取 0.05MPa 计算；相应的准永久值系数可取 $\psi_q=0$。

3.3.7　对埋地管道采用焊接、粘接或熔接连接时，其闭合温度作用的标准值可按±25℃温差采用；相应的准永久值系数可取 $\psi_q=1.0$ 计算。

3.3.8　对架空管道，当采用焊接、粘接或熔接连接时，其闭合温度作用的标准值可按具体工况条件确定；相应的准永久值系数可取 $\psi_q=0.5$ 计算。

3.3.9　露天架空管道上的风荷载和雪荷载，其标准值及准永久值系数应按现行国家标准《建筑结构荷载规范》GB 50009 的有关规定确定。

4　基本设计规定

4.1　一般规定

4.1.1　本规范采用以概率理论为基础的极限状态设计方法，以可靠指标度量结构构件的可靠度，除对管道验算整体稳定外，均采用含分项系数的设计表达式进行设计。

4.1.2　管道结构设计应计算下列两种极限状态：

1　承载能力极限状态：对应于管道结构达到最大承载能力，管体或连接构件因材料强度被超过而破坏；管道结构因过量变形而不能继续承载或丧失稳定（如横截面压屈等）；管道结构作为刚体失去平衡（横向滑移、上浮等）。

2　正常使用极限状态：对应于管道结构符合正常使用或耐久性能的某项规定限值；影响正常使用的变形量限值；影响耐久性能的控制开裂或局部裂缝宽度限值等。

4.1.3　管道结构的计算分析模型应按下列原则确定：

1　对于埋设于地下的矩形或拱形管道结构，均应属刚性管道；当其净宽大于 3.0m 时，应按管道结构与地基土共同作用的模型进行静力计算。

2　对于埋设于地下的圆形管道结构。应根据管道结构刚度与管周土体刚度的比值 α_s，判别为刚性管道或柔性管道，以此确定管道结构的计算分析模型：

当 $\alpha_s\geqslant1$ 时，应按刚性管道计算；

当 $\alpha_s<1$ 时，应按柔性管道计算。

4.1.4　圆形管道结构与管周土体刚度的比值 α_s 可按下式确定：

$$\alpha_s=\frac{E_p}{E_d}\left(\frac{t}{r_0}\right)^3 \qquad (4.1.4)$$

式中　E_p——管材的弹性模量（MPa）；

E_d——管侧土的变形综合模量（MPa），应由试验确定，如无试验数据时，可按附录 A 采用；

t——圆管的管壁厚（mm）；

r_0——圆管结构的计算半径（mm），即自管中心至管壁中线的距离。

4.1.5　对管道的结构设计应包括管体、管座（管道基础）及连接构造；对埋设于地下的管道，尚应包括管周各部位回填土的密实度设计要求。

4.1.6　对管道结构的内力分析，均应按弹性体系计算，不考虑由非弹性变形所引起的塑性内力重分布。

4.1.7　对管道结构应根据环境条件和输送介质的性能，设置内、外防腐构造。用于给水工程输送饮用水的管道，其内防腐材料必须符合有关卫生标准的要求，确保对人体健康无害。

4.2 承载能力极限状态计算规定

4.2.1 管道结构按承载能力极限状态进行强度计算时，应采用作用效应的基本组合。结构上的各项作用均应采用作用设计值。作用设计值，应为作用代表值与作用分项系数的乘积。

4.2.2 管道结构的强度计算应采用下列极限状态计算表达式：

$$\gamma_0 S \leqslant R \tag{4.2.2}$$

式中 γ_0——管道的重要性系数，应根据表（4.2.2）的规定采用；

S——作用效应组合的设计值；

R——管道结构的抗力强度设计值。

表 4.2.2 管道的重要性系数 γ_0

管道类别 / 重要性系数	给水管道		排水管道	
	输水管	配水管	污水管	雨水管
γ_0	1.1	1.0	1.0	0.9

注：1 当输水管道设计为双线或设有调蓄设施时，可采用 $\gamma_0=1.0$。

2 排水管道中的雨水、污水合流管，γ_0 值应按污水管采用。

4.2.3 作用效应的组合设计值，应按下式确定：

$$S=\sum_{i=1}^{m}\gamma_{Gi}C_{Gi}G_{ik}+\gamma_{Q1}C_{Q1}Q_{1k}+\psi_c\sum_{j=2}^{n}\gamma_{Qj}C_{Qj}G_{jk}$$

式中 G_{ik}——第 i 个永久作用标准值；

C_{Gi}——第 i 个永久作用的作用效应系数；

γ_{Gi}——第 i 个永久作用的分项系数；

Q_{1k}——第 1 个可变作用标准值，该作用应为地下水或地表水产生的压力；

Q_{jk}——第 j 个可变作用的标准值；

γ_{Q1}、γ_{Qj}——分别为第 1 个和第 j 个可变作用的分项系数；

C_{Q1}、C_{Qj}——分别为第 1 个和第 j 个可变作用的作用效应系数；

ψ_c——可变作用的组合系数。

注：作用效应系数为结构在作用下产生的效应（如内力、应力等）与该作用的比值，可按结构力学方法确定。

4.2.4 管道结构强度标准值、设计值的确定，应符合下列要求：

1 对钢管道、砌体结构管道、钢筋混凝土矩形管道和架空管道的支承结构等现场制作的管道结构，其强度标准值和设计值应按相应的现行国家标准《钢结构设计规范》、《砌体结构设计规范》、《混凝土结构设计规范》等的规定确定。

2 对各种材料和相应的成型工艺制作的圆管，其强度标准值应按相应的产品行业标准采用；对尚无制定行业标准的新产品，则应由制造厂方提供，并应附有可靠的技术鉴定证明。

4.2.5 永久作用的分项系数，应按下列规定采用：

1 当作用效应对结构不利时，除结构自重应取 1.20 外，其余各项作用均应取 1.27 计算；

2 当作用效应对结构有利时，均应取 1.00 计算。

4.2.6 可变作用的分项系数，应按下列规定采用：

1 对可变作用中的地表水或地下水压力，其分项系数应取 1.27；

2 对可变作用中的地面人群荷载、堆积荷载、车辆荷载、温度变化、管道设计内水压力、真空压力，其分项系数应取 1.40。

4.2.7 可变作用的组合系数 ψ_c，应采用 0.90 计算。

4.2.8 对管道结构的管壁截面进行强度计算时，应符合下列要求：

1 对沿线采用柔性接口连接的管道，计算管壁截面强度时，应计算在组合作用下，环向内力所产生的应力；

2 对沿线采用焊接、粘接或熔接连接的管道，计算管壁截面强度时，除应计算在组合作用下的环向内力外，尚应计算管壁的纵向内力，并核算环向与纵向内力的组合折算应力；

3 对沿线柔性接口连接的管道，当其接口处设有刚度较大的压环约束时，该处附近的管壁截面，亦应计算管壁的纵向内力，并核算在环向与纵向内力作用下的组合折算应力。

4.2.9 管壁截面由环向与纵向内力作用下的组合折算应力，可按下式计算：

$$\sigma_i=\sqrt{\sigma_{\theta i}^2+\sigma_{Xi}^2-\sigma_{\theta i}\sigma_{Xi}} \tag{4.2.9}$$

式中 σ_i——管壁 i 截面处的折算应力（N/mm²）；

$\sigma_{\theta i}$——管壁 i 截面处由组合作用产生的环向应力（N/mm²）；

σ_{Xi}——管壁 i 截面处由组合作用产生的纵向应力（N/mm²）。

4.2.10 对埋设在地表水或地下水以下的管道，应根据设计条件计算管道结构的抗浮稳定。计算时各项作用均应取标准值，并应满足抗浮稳定性抗力系数不低于 1.10。

4.2.11 对埋设在地下的柔性管道，应根据各项作用的不利组合，计算管壁截面的环向稳定性。计算时各项作用均应取标准值，并应满足环向稳定性抗力系数 K_s 不低于 2.0。

4.2.12 埋地柔性管道的管壁截面环向稳定性计算，应符合下式要求：

$$F_{cr,k}\geqslant K_s\left(\frac{F_{sv,k}}{D_0}+q_{vk}+F_{vk}\right) \tag{4.2.12-1}$$

$$F_{cr,k}=\frac{2E_p\ (n^2-1)}{3\ (1-\nu_p^2)}\left(\frac{t}{D_0}\right)^3+\frac{E_d}{2\ (n^2-1)\ (1+\nu_s^2)} \tag{4.2.12-2}$$

式中 $F_{cr,k}$——管壁截面失稳的临界压力标准值（N/mm^2）；

q_{vk}——地面车辆轮压传递到管顶处的竖向压力标准值（N/mm^2）；

F_{vk}——管内真空压力标准值（N/mm^2）；

ν_p——管材的泊桑比；

ν_s——管侧回填土的泊桑比；

D_0——管道的计算直径（mm），可取管壁中线距离；

n——管壁失稳时的折绉波数，其取值应使 $F_{cr,k}$ 为最小值，并为等于、大于 2.0 的整数。

4.2.13 对非整体连接的管道，在其敷设方向改变处，应作抗滑稳定验算。抗滑稳定应按下列规定验算：

1 对各项作用均取标准值计算；

2 对稳定有利的作用，只计入永久作用（包括由永久作用形成的摩阻力）；

3 对沿滑动方向一侧的土压力可按被动土压力计算；

4 抗滑验算的稳定性抗力系数不应小于 1.5。

4.2.14 被动土压力标准值可按下式计算：

$$F_{pk}=\gamma_s z\cdot \mathrm{tg}^2\left(45°+\frac{\varphi}{2}\right) \quad (4.2.14)$$

式中 φ——土的内摩擦角，应根据试验确定，当无试验数据时，可取 30°计算。

4.3 正常使用极限状态验算规定

4.3.1 管道结构的正常使用极限状态计算，应包括变形、抗裂度和裂缝开展宽度，并应控制其计算值不超过相应的限定值。

4.3.2 柔性管道的变形允许值，应符合下列要求：

1 采用水泥砂浆等刚性材料作为防腐内衬的金属管道，在组合作用下的最大竖向变形不应超过 $0.02\sim0.03D_0$；

2 采用延性良好的防腐涂料作为内衬的金属管道，在组合作用下的最大竖向变形不应超过 $0.03\sim0.04D_0$；

3 化学建材管道，在组合作用下的最大竖向变形不应超过 $0.05D_0$。

4.3.3 对于刚性管道，其钢筋混凝土结构构件在组合作用下，计算截面的受力状态处于受弯、大偏心受压或受拉时，截面允许出现的最大裂缝宽度，不应大于 0.2mm。

4.3.4 对于刚性管道，其混凝土结构构件在组合作用下，计算截面的受力状态处于轴心受拉或小偏心受拉时，截面设计应按不允许裂缝出现控制。

4.3.5 结构构件按正常使用极限状态验算时，作用效应均应采用作用代表值计算。

4.3.6 对混凝土结构构件截面按控制裂缝出现设计计时，应按短期效应的标准组合作用计算。作用效应的标准组合设计值，应按下式确定：

$$S_d=\sum_{i=1}^{m}G_{Gi}G_{ik}+C_{Q1}Q_{1k}+\psi_c\sum_{j=2}^{n}C_{Qj}Q_{jk} \quad (4.3.6)$$

4.3.7 对钢筋混凝土结构构件的裂缝展开宽度，应按准永久组合作用计算。作用效应的准永久组合设计值，应按下式确定：

$$S_d=\sum_{i=1}^{m}G_{Gi}G_{ik}+\sum_{j=1}^{n}C_{qj}\psi_{qj}Q_{jk} \quad (4.3.7)$$

式中 ψ_{qj}——相应 j 项可变作用的准永久值系数，应按本规范 3.3 的有关规定采用。

4.3.8 对柔性管道在组合作用下的变形，应按准永久组合作用计算，并应按下式计算其变形量：

$$w_{d,max}=D_l\frac{K_d r_0^3(F_{sv,k}+2\psi_q q_{vk} r_0)}{E_p I_p+0.061E_d r_0^3} \quad (4.3.8)$$

式中 $w_{d,max}$——管道在组合作用下的最大竖向变形（mm），并应符合 4.3.2 的要求；

D_l——变形滞后效应系数，可取 1.00～1.50 计算；

K_d——管道变形系数，应按管的敷设基础中心角确定；对土弧基础，当中心角为 90°、120° 时，分别可采用 0.096、0.089；

$F_{sv,k}$——每延长米管道上管顶的竖向土压力标准值（kN/mm），可按附录 B 计算；

q_{vk}——地面车辆轮压传递到管顶处的竖向压力标准值（kN/mm），可按附录 C 计算；

I_p——管壁的单位长度截面惯性矩（mm^4/mm）。

4.3.9 对刚性管道，其钢筋混凝土构件在标准组合作用下的截面控制裂缝出现计算，应按下列规定计算：

1 当计算截面处于轴心受拉状态时，应满足下式要求：

$$\frac{N_k}{A_0}\leqslant\alpha_{ct}\cdot f_{tk} \quad (4.3.9\text{-}1)$$

式中 N_k——在标准组合作用下计算截面上的轴向力（N）；

A_0——计算截面的换算截面积（mm^2）；

f_{tk}——构件混凝土的抗拉强度标准值（N/mm^2），应按现行国家标准《混凝土结构设计规范》GB 50010 的规定确定；

α_{ct}——混凝土拉应力限制系数，可取 0.87。

2 当计算截面处于小偏心受拉状态时，应满足下式要求：

$$N_k\left(\frac{e_0}{\gamma W_0}+\frac{1}{A_0}\right)\leqslant\alpha_{ct}f_{tk} \quad (4.3.9\text{-}2)$$

式中 e_0——计算截面上的轴向力对截面重心的偏心距（mm）；

W_0——换算截面受拉边缘的弹性抵抗矩（mm^3）；

γ——计算截面受拉区混凝土的塑性影响系数，对矩形截面可取1.75。

4.3.10 对预应力混凝土结构的管道，在标准组合作用下的控制裂缝出现计算，应满足下式要求：

$$\alpha_{cp}\sigma_{sk}-\sigma_{pc}\leqslant\alpha_{ct}f_{tk} \qquad (4.3.10)$$

式中 σ_{sk}——在标准组合作用下，计算截面上的边缘最大拉应力（N/mm^2）；

σ_{pc}——扣除全部预应力损失后，计算截面上的预压应力（N/mm^2）；

α_{cp}——预压效应系数，可取1.25。

4.3.11 对刚性管道，其钢筋混凝土结构构件在准永久组合作用下，计算截面处于受弯、大偏心受压或大偏心受拉状态时，最大裂缝宽度可按附录D计算，并应符合4.3.3的要求。

5 基本构造要求

5.0.1 对圆形管道的接口宜采用柔性连接。当条件限制时，管道沿线应根据地基土质情况适当配置柔性连接接口。对敷设在地震区的管道，应根据相应的抗震设计规范要求执行。

5.0.2 对现浇钢筋混凝土矩形管道、混合结构矩形管道，沿线应设置变形缝。变形缝应贯通全截面，缝距不宜超过25m；缝处应设置防水措施（例如止水带、密封材料）。

注：当积累可靠实践经验，在混凝土配制及养护等方面具有相应的技术措施时，变形缝间距可适当加大。

5.0.3 对预应力混凝土圆管，应施加纵向预加应力，其值不应低于相应环向有效预压应力的20%。

5.0.4 现浇矩形钢筋混凝土管道和混合结构管道中的钢筋混凝土构件，其各部位受力钢筋的净保护层厚度，不应小于表5.0.4的规定。

表5.0.4 钢筋的净保护层最小厚度（mm）

管道类别 \ 钢筋部位 \ 构件类别	顶板		侧壁		底板	
	上层	下层	内侧	外侧	上层	下层
给水、雨水	30	30	30	30	30	40
污水、合流	30	40	40	35	40	40

注：1 底板下应设有混凝土垫层；
2 当地下水有侵蚀性时，顶板上层及侧壁外侧筋的净保护层厚度尚应按侵蚀等级予以加厚；
3 构件内分布钢筋的混凝土净保护层厚度不应小于20mm。

5.0.5 对于厂制成品的钢筋混凝土或预应力混凝土圆管，其钢筋的净保护层厚度，当壁厚为8～100mm时不应小于12mm；当壁厚大于100mm时不应小于20mm。

5.0.6 对矩形管道的钢筋混凝土构件，其纵向钢筋的总配筋量不宜低于0.3%的配筋率。当位于软弱地基上时，其顶、底板纵向钢筋的配筋量尚应适当增加。

5.0.7 对矩形钢筋混凝土压力管道，顶、底板与侧墙连接处应设置腋角，并配置与受力筋相同直径的斜筋，斜筋的截面面积可为受力钢筋的截面面积的50%。

5.0.8 管道各部位的现浇钢筋混凝土构件，其混凝土抗渗性能应符合表5.0.8要求的抗渗等级。

表5.0.8 混凝土抗渗等级

最大作用水头与构件厚度比值 i_w	<10	10～30	>30
混凝土抗渗等级 S*i*	S4	S6	S8

注：抗渗标号S*i*的定义系指龄期为28d的混凝土试件，施加 $i\times10^2$kPa水压后满足不渗水指标。

5.0.9 厂制混凝土压力管道的抗渗性能，应满足在设计内水压力作用下不渗水。

5.0.10 砌体结构的抗渗，应设置可靠的构造措施满足在使用条件下不渗水。

5.0.11 在最冷月平均气温低于−3℃的地区，露明敷设的管道和排水管道的进、出口处不少于10m长度的管道结构，不得采用粘土砖砌体。

5.0.12 在最冷月平均气温低于−3℃的地区，露明的钢筋混凝土管道应具有良好的抗冻性能，其混凝土的抗冻等级不应低于F200。

注：混凝土的抗冻等级F*i*，系指龄期为28天的混凝土试件经冻融循环*i*次作用后，其强度降低不超过25%，重量损失不超过5%。冻融循环次数系指从+3℃以上降低−3℃以下，然后回升至+3℃以上的交替次数。

5.0.13 混凝土中的碱含量最大限值，应符合《混凝土碱含量限值标准》CECS53的规定。

5.0.14 钢管管壁的设计厚度，应根据计算需要的厚度另加腐蚀构造厚度。此项构造厚度不应小于2mm。

5.0.15 铸铁管的设计壁厚应按下式采用：

$$t=0.975t_p-1.5 \qquad (5.0.15)$$

式中 t——设计壁厚（mm）；

t_p——铸铁管的产品壁厚（mm）。

5.0.16 埋地管道的回填土应予压实，其压实系数 λ_c 应符合下列规定：

1 对圆形柔性管道弧形土基敷设时，管底垫层的压实系数应根据设计要求采用，控制在85%～

90%；相应管两侧（包括腋部）的压实系数不应低于90%～95%。

2 对圆形刚性管道和矩形管道，其两侧回填土的压实系数不应低于90%。

3 对管顶以上的回填土，其压实系数应根据地面要求确定；当修筑道路时，应满足路基的要求。

附录A 管侧回填土的综合变形模量

A.0.1 管侧土的综合变形模量应根据管侧回填土的土质、压实密度和基槽两侧原状土的土质，综合评价确定。

A.0.2 管侧土的综合变形模量 E_d 可按下列公式计算：

$$E_d = \zeta \cdot E_e \quad (A.0.2\text{-}1)$$

$$\zeta = \frac{1}{\alpha_1 + \alpha_2\left(\frac{E_e}{E_n}\right)} \quad (A.0.2\text{-}2)$$

式中 E_e——管侧回填土在要求压实密度时相应的变形模量(MPa)，应根据试验确定；当缺乏试验数据时，可参照表A.0.2-1采用；

E_n——基槽两侧原状土的变形模量（MPa），应根据试验确定；当缺乏试验数据时，可参照表A.0.2-1采用；

ζ——综合修正系数；

α_1、α_2——与 B_r（管中心处槽宽）和 D_1（管外径）的比值有关的计算参数，可按表A.0.2-2确定。

表A.0.2-1 管侧回填土和槽侧原状土的变形模量（MPa）

回填土压实系数（%） 原状土标准贯入锤击数 $N_{63.5}$ 土的类别	85	90	95	100
	$4<N\leqslant14$	$14<N\leqslant24$	$24<N\leqslant50$	>50
砾石、碎石	5	7	10	20
砂砾、砂卵石、细粒土含量不大于12%	3	5	7	14
砂砾、砂卵石、细粒土含量大于12%	1	3	5	10
粘性土或粉土（W_L<50%）砂粒含量大于25%	1	3	5	10

续表

回填土压实系数（%） 原状土标准贯入锤击数 $N_{63.5}$ 土的类别	85	90	95	100
	$4<N\leqslant14$	$14<N\leqslant24$	$24<N\leqslant50$	>50
粘性土或粉土（W_L<50%）砂粒含量小于25%	—	1	3	7

注：1 表中数值适用于10m以内覆土，对覆土超过10m时，上表数值偏低；
2 回填土的变形模量 E_e 可按要求的压实系数采用；表中的压实系数（%）系指设计要求回填土压实后的干密度与该土在相同压实能量下的最大干密度的比值；
3 基槽两侧原状土的变形模量 E_n 可按标准贯入度试验的锤击数确定；
4 W_L 为粘性土的液限；
5 细粒土系指粒径小于0.075mm的土；
6 砂粒系指粒径为0.075～2.0mm的土。

表A.0.2-2 计算参数 α_1 及 α_2

$\frac{B_r}{D_1}$	1.5	2.0	2.5	3.0	4.0	5.0
α_1	0.252	0.435	0.572	0.680	0.838	0.948
α_2	0.748	0.565	0.428	0.320	0.162	0.052

A.0.3 对于填埋式敷设的管道，当 $\frac{B_r}{D_1}>5$ 时，应取 $\zeta=1.0$ 计算。此时 B_r 应为管中心处按设计要求达到的压实密度的填土宽度。

附录B 管顶竖向土压力标准值的确定

B.0.1 埋地管道的管顶竖向土压力标准值，应根据管道的敷设条件和施工方法分别计算确定。

B.0.2 对埋设在地面下的刚性管道，管顶竖向土压力可按下列规定计算：

1 当设计地面高于原状地面，管顶竖向土压力标准值应按下式计算：

$$F_{sv,k} = C_c \gamma_s H_s B_c \quad (B.0.2\text{-}1)$$

式中 $F_{sv,k}$——每延长米管道上管顶的竖向土压力标准值（kN/m）；

C_c——填埋式土压力系数，与 $\frac{H_s}{B_c}$、管底地基土及回填土的力学性能有关，一般可取1.20～1.40计算；

γ_s——回填土的重力密度（kN/m³）；

H_s——管顶至设计地面的覆土高度（m）；

B_c——管道的外缘宽度（m），当为圆管时，应以管外径 D_1 替代。

2　对由设计地面开槽施工的管道，管顶竖向土压力标准值可按下式计算：

$$F_{sv,k}=C_d\gamma_s H_s B_c \qquad (B.0.2\text{-}2)$$

式中　C_d——开槽施工土压力系数，与开槽宽有关，一般可取1.2计算。

B.0.3　对不开槽、顶进施工的管道，管顶竖向土压力标准值可按下式计算：

$$F_{sv,k}=C_j\gamma_s B_t D_1 \qquad (B.0.3\text{-}1)$$

$$B_t=D_1\left[1+\mathrm{tg}\left(45°-\frac{\varphi}{2}\right)\right] \qquad (B.0.3\text{-}2)$$

$$C_j=\frac{1-\exp\left(-2K_a\mu\dfrac{H_s}{B_t}\right)}{2K_a\mu} \qquad (B.0.3\text{-}3)$$

式中　C_j——不开槽施工土压力系数；

B_t——管顶上部土层压力传递至管顶处的影响宽度（m）；

$K_a\mu$——管顶以上原状土的主动土压力系数和内摩擦系数的乘积，对一般土质条件可取$K_a\mu=0.19$计算；

φ——管侧土的内摩擦角，如无试验数据时可取$\varphi=30°$计算。

B.0.4　对开槽敷设的埋地柔性管道，管顶的竖向土压力标准值应按下式计算：

$$W_{ck}=\gamma_s H_s D_1 \qquad (B.0.2\text{-}4)$$

附录C　地面车辆荷载对管道作用标准值的计算方法

C.0.1　地面车辆荷载对管道上的作用，包括地面行驶的各种车辆，其载重等级、规格型式应根据地面运行要求确定。

C.0.2　地面车辆荷载传递到埋地管道顶部的竖向压力标准值，可按下列方法确定：

1　单个轮压传递到管道顶部的竖向压力标准值可按下式计算（图C.0.2-1）：

$$q_{vk}=\frac{\mu_d Q_{vi,k}}{(a_i+1.4H)(b_i+1.4H)} \qquad (C.0.2\text{-}1)$$

式中　q_{vk}——轮压传递到管顶处的竖向压力标准值（kN/m^2）；

$Q_{vi,k}$——车辆的i个车轮承担的单个轮压标准值（kN）；

a_i——i个车轮的着地分布长度（m）；

b_i——i个车轮的着地分布宽度（m）；

H——自车行地面至管顶的深度（m）；

μ_D——动力系数，可按表（C.0.2）采用。

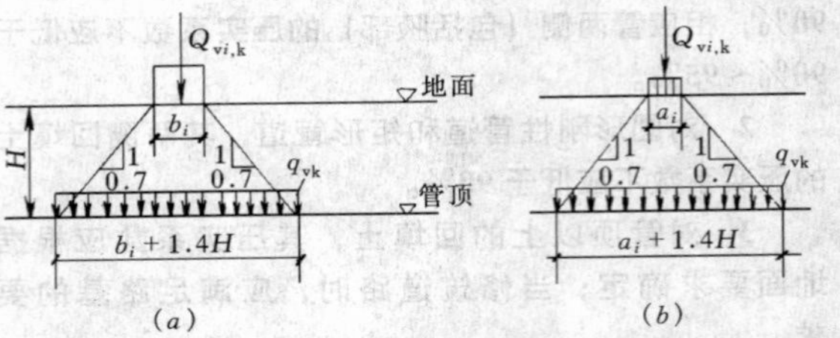

图C.0.2-1　单个轮压的传递分布图

（a）顺轮胎着地宽度的分布；

（b）顺轮胎着地长度的分布

2　两个以上单排轮压综合影响传递到管道顶部的竖向压力标准值，可按下式计算（图C.0.2-2）：

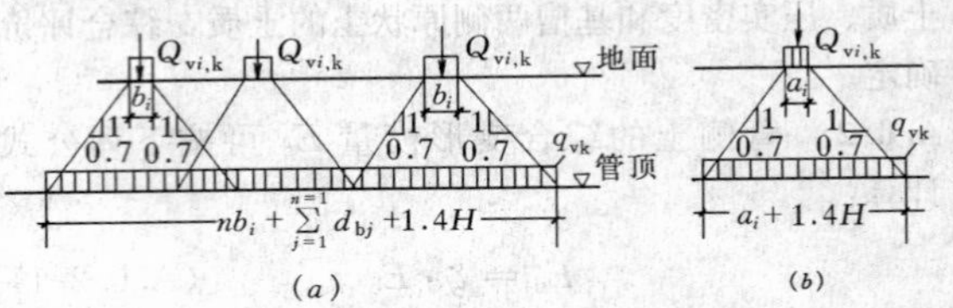

图C.0.2-2　两个以上单排轮压综合影响的传递分布图

（a）顺轮胎着地宽度的分布；

（b）顺轮胎着地长度的分布

$$q_{vk}=\frac{\mu_d nQ_{vi,k}}{(a_i+1.4H)\left(nb_i+\sum_{j=1}^{n-1}d_{bj}+1.4H\right)} \qquad (C.0.2\text{-}2)$$

式中　n——车轮的总数量；

d_{bj}——沿车轮着地分布宽度方向，相邻两个车轮间的净距（m）。

表C.0.2　动力系数μ_D

地面在管顶(m)	0.25	0.30	0.40	0.50	0.60	≥0.70
动力系数μ_D	1.30	1.25	1.20	1.15	1.05	1.00

3　多排轮压综合影响传递到管道顶部的竖向压力标准值，可按下式计算：

$$q_{vk}=\frac{\mu_d\sum_{i=1}^{n}Q_{vi,k}}{\left(\sum_{i=1}^{m_a}a_i+\sum_{j=1}^{m_a-1}d_{aj}+1.4H\right)\left(\sum_{i=1}^{m_b}b_i+\sum_{j=1}^{m_b-1}d_{bj}+1.4H\right)} \qquad (B.0.2.3)$$

式中　m_a——沿车轮着地分布宽度方向的车轮排数；

m_b——沿车轮着地分布长度方向的车轮排数；

d_{aj}——沿车轮着地分布长度方向，相邻两个车轮间的净距（m）。

C.0.3　当刚性管道为整体式结构时，地面车辆荷载的影响应考虑结构的整体作用，此时作用在管道上的竖向压力标准值可按下式计算（图C.0.3）：

$$q_{ve,k}=q_{vk}\frac{L_p}{L_e} \qquad (C.0.3)$$

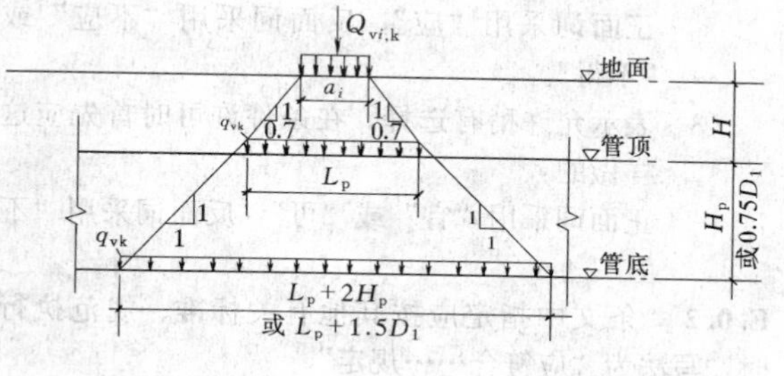

图 C.0.3　考虑结构整体作用时车辆荷载的竖向压力传递分布

式中　$q_{ve,k}$——考虑管道整体作用时管道上的竖向压力（kN/m^2）；

L_p——轮压传递到管顶处沿管道纵向的影响长度（m）；

L_e——管道纵向承受轮压影响的有效长度（m），对圆形管道可取 $L_e=L_e+1.5D_1$；对矩形管道可取 $L_e=L_p+2H_p$，H_p 为管道高度（m）。

C.0.4　当地面设有刚性混凝土路面时，一般可不计地面车辆轮压对下部埋设管道的影响，但应计算路基施工时运料车辆和辗压机械的轮压作用影响，计算公式同（C.0.2-1）或（C.0.2-2）。

C.0.5　地面运行车辆的载重、车轮布局、运行排列等规定，应按行业标准《公路桥涵设计通用规范》JTJ 021 的规定采用。

附录 D　钢筋混凝土矩形截面处于受弯或大偏心受拉（压）状态时的最大裂缝宽度计算

D.0.1　受弯、大偏心受拉或受压构件的最大裂缝宽度，可按下列公式计算：

$$w_{max}=1.8\psi\frac{\sigma_{sq}}{E_s}\left(1.5c+0.11\frac{d}{\rho_{te}}\right)(1+\alpha_1)\cdot\nu \tag{D.0.1-1}$$

$$\psi=1.1-\frac{0.65f_{tk}}{\rho_{te}\sigma_{sq}\alpha_2} \tag{D.0.1-2}$$

式中　w_{max}——最大裂缝宽度（mm）；

ψ——裂缝间受拉钢筋应变不均匀系数，当 $\psi<0.4$ 时，应取 0.4；当 $\psi>1.0$ 时，应取 1.0；

σ_{sq}——按长期效应准永久组合作用计算的截面纵向受拉钢筋应力（N/mm^2）；

E_s——钢筋的弹性模量（N/mm^2）；

c——最外层纵向受拉钢筋的混凝土净保护层厚度（mm）；

d——纵向受拉钢筋直径（mm）；当采用不同直径的钢筋时，应取 $d=\frac{4A_s}{u}$；u 为纵向受拉钢筋截面的总周长（mm）；

ρ_{te}——以有效受拉混凝土截面面积计算的纵向受拉钢筋配筋率，即 $\rho_{te}=\frac{A_s}{0.5bh}$；$b$ 为截面计算宽度，h 为截面计算高度；A_s 为受拉钢筋的截面面积（mm^2），对偏心受拉构件应取偏心力一侧的钢筋截面面积；

α_1——系数，对受弯、大偏心受压构件可取 $\alpha_1=0$；对大偏心受拉构件可取 $\alpha_1=0.28\left[\frac{1}{1+\frac{2e_0}{h_0}}\right]$；

ν——纵向受拉钢筋表面特征系数，对光面钢筋应取 1.0；对变形钢筋应取 0.7；

f_{tk}——混凝土轴心抗拉强度标准值（N/mm^2）；

α_2——系数，对受弯构件可取 $\alpha_2=1.0$；对大偏心受压构件可取 $\alpha_2=1-0.2\frac{h_0}{e_0}$；对大偏心受拉构件可取 $\alpha_2=1+0.35\frac{h_0}{e_0}$。

D.0.2　受弯、大偏心受压、大偏心受拉构件的计算截面纵向受拉钢筋应力 σ_{sq}，可按下列公式计算：

1　受弯构件的纵向受拉钢筋应力

$$\sigma_{sq}=\frac{M_q}{0.87A_sh_0} \tag{A.0.2-1}$$

式中　M_q——在长期效应准永久组合作用下，计算截面处的弯矩（N·mm）；

h_0——计算截面的有效高度（mm）。

2　大偏心受压构件的纵向受拉钢筋应力

$$\sigma_{sq}=\frac{M_q-0.35N_q(h_0-0.3e_0)}{0.87A_sh_0} \tag{A.0.2-2}$$

式中　N_q——在长期效应准永久组合作用下，计算截面上的纵向力（N）；

e_0——纵向力对截面重心的偏心距（mm）。

3　大偏心受拉构件的纵向钢筋应力

$$\sigma_{sq}=\frac{M_q+0.5N_q(h_0-a')}{A_s(h_0-a')} \tag{A.0.2-3}$$

式中　a'——位于偏心力一侧的钢筋至截面近侧边缘的距离（mm）。

附录E 本规范用词说明

E.0.1 为便于在执行本规范条文时区别对待，对要求严格程度不同的用词说明如下：

1 表示很严格，非这样做不可的：

正面词采用“必须”，反面词采用“严禁”。

2 表示严格，在正常情况下均应这样做的：

正面词采用“应”，反面词采用“不应”或“不得”。

3 表示允许稍有选择，在条件许可时首先应这样做的：

正面词采用“宜”或“可”，反面词采用“不宜”。

E.0.2 条文中指定应按其他有关标准、规范执行时，写法为“应符合……规定”。

中华人民共和国国家标准

给水排水工程管道结构设计规范

GB 50332—2002

条 文 说 明

目　次

1 总　则

1.0.1 本条主要阐明本规范的内容，系针对给水排水工程中的各种管道结构设计，本属原规范《给水排水工程结构设计规范》GBJ 69—84 中有关管道结构部分。给水排水工程中应用的管道结构的材质、形状、制管工艺及连接构造型式众多，20 世纪 90 年代中，国内各地区又引进、开发了新的管材，例如各种化学管材（UPVC、FRP、PE 等）和预应力钢筒混凝土管（PCCP）等，随着科学技术的不断持续发展，新颖材料的不断开拓，新的管材、管道结构也会随之涌现和发展，据此有必要将有关管道结构的内容，从原规范中分离出来，既方便工程技术人员的应用，也便于今后修订。考虑管道结构的材质众多，物理力学性能、结构构造、成型工艺各异，工程设计所需要控制的内容不同，例如对金属管道和非金属管道的要求、非金属管道中化学管材和混凝土管材的要求等，都是不相同的，因此应按不同材质的管道结构，分别独立制订规范，这样也可与国际上的工程建设标准、规范体系相协调，便于管理和更新。

据此，还必须考虑到在满足给水排水工程中使用功能的基础上，各种不同材质的管道结构，应具有相对统一的标准，主要是有关荷载（作用）的合理确定和结构可靠度标准。本条明确本规范的内容是适用各种材质管道结构，而并非针对某种材质的管道结构。即本规范内容将针对各种材质管道结构的共性要求作出规定，提供作为编制不同材质管道结构设计规范时的统一标准依据，切实贯彻国家的技术经济政策。

1.0.2 给水排水工程的涉及面很广，除城镇公用设施外，多类工业企业中同样需要，条文明确规定本规范的内容仅适用于工业企业中一般性的给水排水工程，而工业企业中有特殊要求的工程，可以不受本规范的约束（例如需要提高结构可靠度标准或需考虑特殊的荷载项目等）。

1.0.3 本条明确了本规范的编制原则。由于管道结构埋于地下，在运行过程中检测较为困难，因此各方面的统计数据十分不足，本规范仅根据《工程结构可靠度设计统一标准》GB 50153 规定的原则，通过工程校准制订。

1.0.4 本条明确了本规范与其他技术标准、规范的衔接关系，便于工程技术人员掌握应用。

2 主要符号

本章关于本规范中应用的主要符号，依据下列原则确定：

1 原规范 GBJ 69—84 中已经采用，当与《建筑结构术语和符号标准》GB/T 50083—97 的规定无矛盾时，尽量保留；否则按 GB/T 50083—97 的规定修改；

2 其他专业技术标准、规范已经采用并颁发的符号，本规范尽量引用；

3 国际上广为采用的符号（如覆土的竖向压力等），本规范尽量引用；

4 原规范 GBJ 69—84 中某些符号的角标采用拼音字母，本规范均转换为英文字母。

3 管道结构上的作用

3.1 作用分类和作用代表值

本节内容系依据《工程结构可靠度设计统一标准》GB 50153—92 的规定制订。对作用的分类中，将地表水或地下水的作用列为可变作用，因为地表水或地下水的水位变化较多，不仅每年不同，而且一年内也有丰水期和枯水期之分，对管道结构的作用是变化的。

3.2 永久作用标准值

本节关于永久作用标准值的确定，基本上保持了原规范的规定，仅对不开槽施工时土压力的标准值，改用了国际上通用的太沙基计算模型，其结果与原规范引用原苏联普氏卸力拱模型相差有限，具体说明见附录 B。

3.3 可变作用标准值、准永久值系数

本节关于可变作用标准值的确定，基本上保持了原规范的规定，仅对下列各项作了修改和补充：

1 对地表水作用规定了应与水域的水位协调确定，在一般情况下可按设计频率 1%的相应水位，确定地表水对管道结构的作用。同时对其准永久值系数的确定作了简化，即当按最高洪水位计算时，可取常年洪水位与最高洪水位的比值，实际上认为 1%频率最高洪水位出现的历时很短，计算结构长期作用效应时可不考虑。

2 对地下水作用的确定，条文着重于要考虑其可能变化的情况，不能仅按进行勘探时的地下水位确定地下水作用，因为地下水位不仅在一年内随降水影响变动，还要受附近水域补给的影响，例如附近河湖水位变化、鱼塘等养殖水场、农田等灌溉等，需要综合考虑这些因素，核定地下水位的变化情况，合理、可靠地确定其对结构的作用。相应的准永久值系数的确定，同样采取了简化的方法，只是考虑到最高水位的历时要比之地表水长，为此给予了适当的提高。

3 关于压力管道在运行过程中出现的真空压力，考虑其历时甚短，因此在计算长期作用效应时，条文规定可以不予计入。

4 对于采用焊接、粘接或熔接连接的埋地或架空管道，其闭合温差相应的准永久值系数的确定，主要考虑了历时的因素。埋地管道的最大闭合温差历时相对长些，从安全计规定了可取1.0；架空管道主要与日照影响有关，为此可取0.5采用。

4 基本设计规定

4.1 一 般 规 定

4.1.1、4.1.2 条文明确规定本规范的制订系根据《工程结构可靠度设计统一标准》GB 50153—92及《建筑结构可靠度设计统一标准》GB 50068—2001规定的原则，采用以概率理论为基础的极限状态设计方法。在具体编制中，考虑到统计数据的掌握不足，主要以工程校准法进行。其中关于管道结构的整体稳定验算，涉及地基土质的物理力学性能，其参数变异更甚，条文规定仍可按单一抗力系数方法进行设计验算。

条文规定管道结构均应按承载能力和正常使用两种极限状态进行设计计算。前者确保管道结构不致发生强度不足而破坏以及结构失稳而丧失承载能力；后者控制管道结构在运行期间的安全可靠和必要的耐久性，其使用寿命符合规定要求。

4.1.3 本条对管道结构的计算分析模型，作了原则规定。

1 对埋地的矩形或拱型管道，当其净宽较大时，管顶覆土等荷载通过侧墙、底板传递到地基，不可能形成均匀分布。如仍按底板下地基均布反力计算时，管道结构内力会出现较大的误差（尤其是底板的内力）。据此条文规定此时分析结构内力应按结构与地基土共同工作的模型进行计算，亦即应按弹性地基上的框（排）架结构分析内力，以使获得较为合理的结果。

本项规定在原规范中，控制管道净宽为4.0m作为限界，本次修改为3.0m，这是考虑到实际上净宽4.0m时，底板内力的误差还比较大，为此适当改变了净宽的限界条件。

2 条文对于埋地的圆形管道结构，规定了首先应对该圆管的相对刚度进行判别，即验算圆管的结构刚度与管周土体刚度的比值，以此判别圆管属于刚性管还是柔性管。前者可以不计圆管结构的变形影响；后者则应予考虑圆管结构变形引起管周土体的弹性抗力。两者的结构计算模型完全不同，为此条文要求先行判别确认。

在一般情况下，金属和化学管材的圆管属于柔性管范畴；钢筋混凝土、预应力混凝土和配有加劲肋构造的管材，通常属于刚性管一类。但也有可能当特大口径的圆管，采用非金属的薄壁管材时，也会归入柔性管的范畴。

4.1.4 条文对管、土刚度比值 a_s 给出了具体计算公式，便于工程技术人员应用。

当管顶作用均布压力 p 时，如不计管自重则可得管顶的变位为：

$$\Delta p=\frac{p(2\gamma_0)\gamma_0^3}{12E_pI_p}=\frac{p(2\gamma_0)\gamma_0^3}{E_pt^3} \quad (4.1.4\text{-}1)$$

在相同压力下，管周土体（柱）在管顶处的变位为：

$$\Delta s=\frac{q(2\gamma_0)}{E_d} \quad (4.1.4\text{-}2)$$

式中 γ_0——圆管的计算半径；

t——圆管的管壁厚；

E_p——圆管管材的弹性模量；

E_d——考虑管周回填土及槽边原状土影响的综合变形模量。

根据上列两式，当 $\Delta p<\Delta s$ 属刚性管；$\Delta p>\Delta s$ 则属柔性管，将两式归整后可得条文内所列判别式。

4.1.5 本条明确规定了对管道的结构设计，应综合考虑管体、管道的基础做法、管体间的连接构造以及埋地管道的回填土密实度要求。管体的承载能力除了与基础构造密切相关外，管体外的回填土质量同样十分重要，尤其对柔性管更是如此，回填土的弹抗作用有助于提高管体的承载能力，因此对不同刚度的管体应采取不同密实度要求的回填土，柔性管两侧的回填土需要密实度较高的回填土，以提供可靠的弹性抗力；但对不设管座的管体底部，其土基的压实密度却不宜过高，以免减少管底的支承接触面，使管体内力增加，承载能力降低。为此条文要求对回填土的密实度控制，应列入设计内容，各部位的控制要求应根据设计需要加以明确。对这方面的要求，国外相应规范都十分重视，甚至附以详图对管体四周的回填土要求，分区标示具体做法。

4.1.6 本条对管道结构的内力分析，明确应按弹性体系计算，不能考虑非弹性变形后的塑性内力重分布，主要在于管道结构必须保证其良好的水密性以及可靠的使用寿命。

4.1.7 条文针对管道结构的运行条件，从耐久性考虑，规定了需要进行内、外防腐的要求。同时，还对输送饮用水的管道，规定了其内防腐材料必须符合有关卫生标准的要求。这一点是十分重要的，对内防腐材料判定是否符合卫生标准，必须持有省级以上指定的检测部门的正式检测报告，以确保对人体健康无害。

4.2 承载能力极限状态计算规定

4.2.1～4.2.3 条文系根据多系数极限状态的计算模式作了规定。其中关于管道的重要性系数 γ_0，在原规范的基础上作了调整。原规范对地下管道按结构材质的不同，给定了强度设计调整系数，与工程实践不能完全协调，例如某些重要的生命线管道，由于其承受的荷载（主要是内水压力）不大，也可能采用钢筋混凝土结构。为此条文改为以管道的运行功能区分不同的可靠度要求，对排水工程中的雨水管道，保持了原规范的规定；对其他功能的管道适当作了提高，亦即不再降低水准。同时，对给水工程中的输水管道，如果单线敷设，并未设调蓄设施时，从供水水源的重要功能考虑，条文规定了应予提高标准。

4.2.4 本条规定了各种管道材质的强度标准值和设计值的确定依据。其中考虑到 20 世纪 90 年代以后，国内引进的新颖管材品种繁多，有些管材国内尚未制订相应的技术标准，对此在一般情况下，工程实践应用较为困难，如果有必要使用时，则强度指标由厂方提供（通常依据其企业标准），对此条文要求应具备可靠的技术鉴定证明，由依法指定的检测单位出具。

4.2.5～4.2.7 条文规定了各项作用的分项系数和可变作用的组合系数。

这些系数主要是通过工程校准制定的，与原规范的要求协调一致。其中关于混凝土结构的工程校准，可参阅《给水排水工程构筑物结构设计规范》的相应部分说明。必须指出，对其他材质的管道结构，不一定完全取得协调，对此，应在统一分项系数和组合系数的前提下，各种不同材质的管道结构可根据工程校准的原则，自行制定相应必要的调整系数。

4.2.8～4.2.9 条文对管道结构强度计算的要求，保持了原规范的规定。

4.2.10～4.2.13 条文给出了关于管道结构几种失稳状态的验算规定。基本上保持了原规范的要求，仅就以下几点作了修改和补充。

1 对管道的上浮稳定，关于整个管道破坏，原规范仅要求安全系数 1.05，实践中普遍认为偏低，因为无论是地表水或地下水的水位，变异性大，设计中很难精确计算，因此条文给予了适当提高，稳定安全系数应控制在不低于 1.10。

2 对柔性管道的环向截面稳定计算，原规范系参照原苏联 1958 年制定的《地下钢管设计技术条件和规范》，引用前苏联学者 Е. А. НигоΛай 对于圆管失稳临界压力的解答，其分析模型系考虑了圆管周围 360°全部管壁上的正、负土抗力作用。对比国外不少相应的规范则沿用 R · V · Mises 获得的明管临界压力公式。此次条文修改时，感到原规范依据的计算模型考虑管周土的负抗作用，是很值得推敲的，通常都不考虑土的负效应（即承拉作用），为此条文给出了不计管周土负抗作用的计算公式，以使更加符合工程实际情况。应该指出这种计算模型，日本藤田博爱氏于 1961 年就曾经推荐应用（日本“水道协会”杂志第 318 号）。

根据失稳临界压力计算模型的修改，不计管周土的负抗力作用后，相应的稳定安全系数也作了适当调整，取稳定安全系数不低于 2.0。

3 条文补充了对非整体连接管道的抗滑动稳定验算规定。并在计算抗滑阻力时，规定可按被动土压力计算，但此时抗滑安全系数不宜低于 1.50，以免产生过大的位移。

4.3 正常使用极限状态计算

4.3.1 本条对管道结构正常使用条件下的极限状态计算内容作了规定。这些要求主要针对管道结构的耐久性，保证其使用年限，提高工程投资效益。

4.3.2 本条对柔性管道的允许变形量作了规定。原规范仅对水泥砂浆内衬作出规定，控制管道的最大竖向变形量不宜超过 $0.02D$。从工程实践来看，此项允许变形量与水泥砂浆的配制及操作成型工艺密切相关，例如手工涂抹和机械成型，其质量差异显著；砂浆配制掺入适量的纤维等增强抗力材料，将改善砂浆的延性性能等。据此，条文对水泥砂浆内衬的允许变形量，规定可以有一定的幅度，供工程技术人员对应采用。

此外，条文还结合近十年来防腐内衬材料的引进和开拓，管材品种的多种开发，增补了对防腐涂料内衬和化学管材的允许变形量的规定，这些规定与国外相应标准的要求基本上协调一致。

4.3.3～4.3.7 条文对钢筋混凝土管道结构的使用阶段截面计算做出了规定，这些要求和原规范的规定是协调一致的。

1 当在组合作用下，截面处于受弯或大偏心受压、拉时，应控制其最大裂缝宽度，不应大于 0.2mm，确保结构的耐久性，符合使用年限的要求。同时明确此时可按长期效应的准永久组合作用计算。

2 当在组合作用下，截面处于轴心受拉或小偏心受拉时，应控制截面的裂缝出现，此时一旦形成开裂即将贯通全截面，直接影响管道结构的水密性要求和正常使用，因此相应的作用组合应取短期效应的标准组合作用计算。

4.3.8 本条对柔性管道的变形计算给出了规定，相应的组合作用应取长期效应的准永久组合作用计算。

原规范规定的计算模型系按原苏联 1958 年《地下钢管设计技术条件和规范》采用。该计算模型由前苏联学者 Л. М. ЕмеΛьянов 提出，其理念系依照地下柔性管道的受载程序拟定，即管子在沟槽中安装后，沟槽回填土使管体首先受到侧土压力使柔性管产生变形，向土体方向的变形导致土体的弹性抗力，据此计算管体在竖向、侧向土压力和弹性土抗

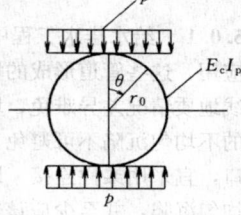

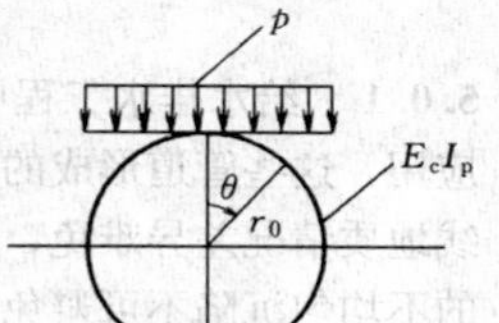

图 4.3.8

力作用下管体的变形。

如图 4.3.8 所示，当管体上下受到相等的均布压力 p 时，管体上任一点半径向位移 ω 为：

$$\omega=\frac{p\gamma_0^4}{12E_c I_p}\cos 2\theta$$

按此式可得管顶和管侧的变位置是相同的。当管体仅受到侧向土压力时，亦将产生变形，其方向则与竖向土压作用相反。由于管侧土压力值要小于竖向土压力（例如 1/3），因此管体的最终变形还取决于竖向土压力导致的变形形态。

应该认为原规范引用的计算模型在理念上还是清楚的，但与通常的弹性地基上结构的计算模型不相协调，后者的结构上的受力，只需计算结构上受到的组合作用以及由此形成的弹性地基反力。美国 spangler 氏即是按此理念提出了计算模型，获得国际上广为应用。据此条文修改为采用 spangler 计算模型，以使在柔性管的变形计算方法上与国际沟通，协调一致。

另外，在条文给定的计算变形公式中，引入了变形滞后效应系数 D_L。此项系数取 1.0～1.5，主要是管侧土体并非理想的弹性体，在抗力的长期作用下，土体会产生变形或松弛，管侧回填土的压实密度越高，滞后变形效应越显著，粘性土的滞后变形比砂性土历时更长，这一现象已被国内、外工程实践检测所证实（例如国内曾对北京市第九水厂 *DN*2600mm 输水管进行管体变形追踪检测）。显然此项变形滞后系数取值，不仅与埋地管道覆土竣工到投入运行的时间有关，还与管道的运行功能相关，如果是压力运行，内压将使管体变形复圆。因此，对变形滞后系数的取值，对无压或低压管（内压在 0.2MPa 以内）应取接近于 1.5 的数值；对于压力运行管道，竣工所投入运行的时间较短（例如不超过 3 个月），则可取 1.0 计算，亦即可以不考虑滞后变形的因素；对压力运行管道，从竣工到运行时间较长时，则可取 $1.0<D_L<1.5$ 作为设计计算采用值。

4.3.9～4.3.11 有关条文规定可参阅《给水排水工程构筑物结构设计规范》相应条文的说明。

5 基本构造要求

5.0.1 给水排水工程中，各种材质的圆形管道广泛应用，这些管道形成的城市生命线管网涉及面广，沿线地质情况差异难免，埋深及覆土也多变，可能出现的不均匀沉陷不可避免。据此条文规定这些圆管的接口，宜采用柔性连接，以适应各种不同因素产生的不均匀沉陷，并至少应该在地基土质变化处设置柔口。此外，敷设在地震区的管道，则应根据抗震规范要求，沿线设置必要数量的柔性连接，以适应地震行波对管道引起的变位。

5.0.2 本条对现浇矩形钢筋混凝土管道（含混合结构中的现浇钢筋混凝土构件）的变形缝间距做出了规定，主要是考虑混凝土浇筑成型过程中的水化热影响。同时指出，如果当混凝土配制及养护方面具备相应的技术措施，例如掺加适量的微膨胀性能外加剂等，变形缝的间距可适当加长，但以不超过一倍（即 50m）为好。

5.0.3 本条对预应力混凝土圆管的纵向预加应力，规定不宜低于环向有效预压应力的 20%。主要考虑环向预压应力所引起的泊桑效应，如果管体纵向不施加相应的预加应力，管体纵向强度将降低，还不如普通钢筋混凝土强度，这对管体受力很不利，容易引发出现环向开裂，影响运行时的水密性要求及使用寿命。

5.0.4 本条对现浇钢筋混凝土结构的钢筋净保护层最小厚度作了规定。主要依据管道各部位构件的环境条件确定。例如对污水和合流管道的内侧钢筋，其保护层厚度作了适当增加，尤其是顶板下层筋的保护层厚度，考虑硫化氢气体的腐蚀更甚于接触污水本身。从耐久性考虑，国外对钢筋保护层厚度都取值较大，一般均采用 $1\frac{3}{4}$ 英寸，条文基于原规范的取值，尽量避免过多增加工程投资，仅对污水、合流管的顶板下层筋保护层厚度，调整到接近国际上的通用水准。

5.0.5 条文对厂制的钢筋混凝土或预应力混凝土圆管的钢筋净保护层厚度的规定，主要考虑这些圆管的混凝土等级较高，一般都在 C30 以上，并且其制管成型工艺（离心、悬辊、芯模振动及高压喷射砂浆保护层等），对混凝土的密实性和砂浆的粘结性能较好；同时这些规定也与相应的产品标准可以取得协调。

5.0.6～5.0.16 条文的规定基本上保持了原规范的要求，仅作了如下补充与修改。

1 关于结构材质抗冻性能的要求，原规范以最冷月平均气温低于（－5℃）作为地区划分界限，实践证明此界限温度取值偏低，并与水工结构方面的规范协调一致，修改为以（－3℃）作界限指标，适当提高了抗冻要求。

2 增加了对混凝土中含碱量的限值控制，以确保结构的耐久性，符合使用年限要求。近十多年来国内多起发现碱集料反应对混凝土构件的损坏（国外 20 世纪 40 年代就已提出），严重影响了结构的使用寿命。这种事故主要是混凝土中的碱含量与砂、石等集料中的碱活性矿物，在混凝土凝固后缓慢发生化学反应，产生胶凝物质，吸收水分后产生膨胀，导致混凝土损坏。据此条文作了规定，应符合《混凝土碱含量标准》CECS3—93 的要求。

3 条文对埋地管道各部位的回填土密实度要求，在原规范规定的基础上，作了进一步具体化，可方便工程技术人员应用，提高对管道结构的设计可靠度。

附录A 管侧回填土的综合变形模量

关于本附录的内容说明如下：

1 在柔性管道的计算中，需要应用管侧土的变形模量，原规范对此仅考虑了管侧回填土的密实度，以此确定相应的变形模量。实际上管侧土的抗力还会受到槽帮原状土土质的影响，国外相应的规范内（例如澳大利亚和美国的水道协会）已计入了这一因素，在计算中采用了考虑原状土性能后的综合变形模量。

2 本规范认为以综合变形模量替代以往采用的回填土变形模量是合理的，因此在本附录中引入并规定采用。

3 本附录在引入国外计算模式的基础上，进行了归整与简化，给出了实用计算参数，便于工程实践应用。

附录B 管顶竖向土压力标准值的确定

本附录内容基本上保持了原规范的规定，仅就以下两个方面作了修改：

1 针对当前城市建设的飞速发展，立交桥的建设得到广泛应用。随之出现不少管道上的设计地面标高远高于原状地面，此时管道承受的覆土压力，已非开槽沟埋式条件，有时甚至接近完全上埋式情况。据此，本附录补充了相应计算要求，规定对覆土压力系数的取值应适当提高，一般可取1.40。

2 对不开槽施工管道的管顶竖向压力，原规范采用原苏联学者 M. M. Прототиякунов 的计算模型，在一定的覆土高度条件下，管顶土层将形成“卸力拱”，管顶承受的竖向土压力将取决于卸力土拱的高度。目前国际上通用的计算模型系由美国学者太沙基提出，该模型的理念认为管体的受力条件类似于“沟埋式”敷管，管顶覆土的变形大于两侧土体的变形，管顶土体重量将通过剪力传递扩散给管两侧土体，据此即可获得本附录给出的计算公式：

$$F_{sv}=\lambda_c D_1 \quad \text{(附 B-1)}$$

$$\lambda_c=\frac{\gamma_s B_t}{2K_a\cdot\mu}\left[1-\exp(-2K_a\cdot\mu\cdot H_s/B_t)\right] \quad \text{(附 B-2)}$$

上述计算公式的推导过程及卸力拱的计算，参阅原规范编制说明。

按式（附B-2），太沙基认为当土体处于极限平衡时，土的侧压力系数 $K_a\approx1.0$，则当管顶覆土高度接近两倍卸力拱高度 h_g（$h_g=B_t/2\mathrm{tg}\phi$）时，式（附B-2）中［$1-\exp(-2K_a\mu\cdot H_s/B_t)$］的影响已较小，如果忽略不计，太沙基计算模型和卸力拱计算模型的计算结果，可以协调一致的。

本附录根据以上分析对比，并考虑与国际接轨，方便工程技术人员与国外标准规范沟通，对不开槽施工管道的管顶竖向土压力计算，采用太沙基计算模型替代卸力拱计算模型。

附录C 地面车辆荷载对管道作用标准值的计算方法

本附录的内容保持原规范的各项规定。仅对整体式结构的刚性管道（一般指钢筋混凝土或预应力混凝土管道），附录规定了由车辆荷载作用在管道上的竖向压力，可通过结构的整体性，从管顶沿结构进行再扩散，使扩散范围内的管道结构共同来承担地面车辆荷载的作用，充分体现结构的整体作用。

附录D 钢筋混凝土矩形截面处于受弯或大偏心受拉（压）状态时的最大裂缝宽度计算

本附录内容基础上保持了原规范的规定，其计算公式的转换推导过程，可参阅《给水排水工程构筑物结构设计规范》的相应说明。

中华人民共和国国家标准

人民防空地下室设计规范

Code for design of civil air defence basement

GB 50038—2005

主编部门：国家人民防空办公室
批准部门：中华人民共和国建设部
施行日期：2006年3月1日

中华人民共和国建设部
公　　告

第390号

建设部关于发布国家标准《人民防空地下室设计规范》的公告

现批准《人民防空地下室设计规范》为国家标准，编号为GB 50038—2005，自2006年3月1日起实施。其中，第3.1.3、3.2.13、3.2.15、3.3.1（1）、3.3.6（1、2）、3.3.18、3.3.26、3.6.6（2、3）、3.7.2、4.1.3、4.1.7、4.9.1、4.11.7、4.11.17、5.2.16、5.3.3、5.4.1、6.2.6、6.2.13（1、2、3）、6.5.9、7.2.9、7.2.10、7.2.11、7.3.4、7.6.6条（款）为强制性条文，必须严格执行。原《人民防空地下室设计规范》GB 50038—94同时废止。

中华人民共和国建设部

2005年11月30日

前　　言

本规范是根据建设部《2005年工程建设标准规范制订、修订计划（第一批）》和国家人民防空办公室《人民防空科学技术研究第十个五年计划》的要求，由中国建筑设计研究院会同有关设计、科研和高等院校等单位对国家标准《人民防空地下室设计规范》（GB 50038—94）进行全面修订而成。

本规范共分七章和八个附录，其主要技术内容有：1总则；2术语和符号；3建筑；4结构；5采暖通风与空气调节；6给水、排水；7电气。

本规范修订的主要内容有：依据现行《人民防空工程战术技术要求》，本规范将防空地下室划分为甲、乙两类，对有关战时防御的武器以及防护要求、平战结合等方面的条款进行了全面地修改和补充；并且根据有关的现行国家强制性标准的规定，对本规范中的相关标准和要求进行了修改。

本规范以黑体字标志的条文为强制性条文，必须严格执行。

本规范由建设部负责管理和对强制性条文的解释，由国家人民防空办公室负责日常管理，由中国建筑设计研究院负责具体技术内容的解释。

本规范在执行过程中，如发现需要修改和补充之处，请将意见和有关资料寄送中国建筑设计研究院（集团）中国建筑标准设计研究院（地址：北京市车公庄大街19号，邮政编码：100044），以便今后修订时参考。

本规范的主编单位、参编单位和主要起草人：

主编单位：中国建筑设计研究院

参编单位：解放军理工大学工程兵工程学院
　　　　　上海市地下建筑设计研究院
　　　　　总参工程兵第四设计研究院
　　　　　北京市建筑设计研究院
　　　　　天津市人民防空办公室
　　　　　总参工程兵科研三所

主要起草人：王焕东　张瑞龙　郭海林
　　　　　　丁志斌　葛洪元　陈志龙
　　　　　　姚长庆　范仲兴　柳锦春
　　　　　　曹培椿　夏弘正　于晓音
　　　　　　邵　筠　梁敏芬　王安宝
　　　　　　陆饮方　宋孝春　肖泉生
　　　　　　贾　苇　朱林华　方　磊
　　　　　　孙　兰　程伯轩

目　次

1 总　　则

1.0.1 为使人民防空地下室（以下简称防空地下室）设计符合战时及平时的功能要求，做到安全、适用、经济、合理，依据现行的《人民防空工程战术技术要求》制定本规范。

1.0.2 本规范适用于新建或改建的属于下列抗力级别范围内的甲、乙类防空地下室以及居住小区内的结合民用建筑易地修建的甲、乙类单建掘开式人防工程设计。

1 防常规武器抗力级别5级和6级（以下分别简称为常5级和常6级）；

2 防核武器抗力级别4级、4B级、5级、6级和6B级（以下分别简称为核4级、核4B级、核5级、核6级和核6B级）。

注：本规范中对“防空地下室”的各项要求和规定，除注明者外均适用于居住小区内的结合民用建筑易地修建的单建掘开式人防工程。

1.0.3 防空地下室设计必须贯彻“长期准备、重点建设、平战结合”的方针，并应坚持人防建设与经济建设协调发展、与城市建设相结合的原则。在平面布置、结构选型、通风防潮、给水排水和供电照明等方面，应采取相应措施使其在确保战备效益的前提下，充分发挥社会效益和经济效益。

1.0.4 甲类防空地下室设计必须满足其预定的战时对核武器、常规武器和生化武器的各项防护要求。乙类防空地下室设计必须满足其预定的战时对常规武器和生化武器的各项防护要求。

1.0.5 防空地下室设计除应符合本规范外，尚应符合国家现行有关标准的规定。

2 术语和符号

2.1 术　　语

2.1.1 平时　peacetime

和平时期的简称。国家或地区既无战争又无明显战争威胁的时期。

2.1.2 战时　wartime

战争时期的简称。国家或地区自开始转入战争状态直至战争结束的时期。

2.1.3 临战时　imminence of war

临战时期的简称。国家或地区自明确进入战前准备状态直至战争开始之前的时期。

2.1.4 防空地下室　air defence basement

具有预定战时防空功能的地下室。在房屋中室内地平面低于室外地平面的高度超过该房间净高1/2的为地下室。

2.1.5 指挥工程　command works

保障人防指挥机关战时工作的人防工程（包括防空地下室）。

2.1.6 医疗救护工程　works of medical treatment and rescue

战时对伤员独立进行早期救治工作的人防工程（包括防空地下室）。按照医疗分级和任务的不同，医疗救护工程可分为中心医院、急救医院和救护站等。

2.1.7 防空专业队工程　works of service team for civil air defence

保障防空专业队掩蔽和执行某些勤务的人防工程（包括防空地下室），一般称防空专业队掩蔽所。一个完整的防空专业队掩蔽所一般包括专业队队员掩蔽部和专业队装备（车辆）掩蔽部两个部分。但在目前的人防工程建设中，也可以将两个部分分开单独修建。

防空专业队系指按专业组成的担负人民防空勤务的组织，其中包括抢险抢修、医疗救护、消防、防化防疫、通信、运输、治安等专业队。

2.1.8 人员掩蔽工程　personnel shelter

主要用于保障人员掩蔽的人防工程（包括防空地下室）。按照战时掩蔽人员的作用，人员掩蔽工程共分为两等：一等人员掩蔽所，指供战时坚持工作的政府机关、城市生活重要保障部门（电信、供电、供气、供水、食品等）、重要厂矿企业和其它战时有人员进出要求的人员掩蔽工程；二等人员掩蔽所，指战时留城的普通居民掩蔽所。

2.1.9 配套工程　indemnificatory works

系指战时的保障性人防工程（即指挥工程、医疗救护工程、防空专业队工程和人员掩蔽工程以外的人防工程总合），主要包括区域电站、区域供水站、人防物资库、人防汽车库、食品站、生产车间、人防交通干（支）道、警报站、核生化监测中心等工程。

2.1.10 冲击波　shock wave

空气冲击波的简称。武器爆炸在空气中形成的具有空气参数强间断面的纵波。

2.1.11 冲击波超压　positive pressure of shock wave

冲击波压缩区内超过周围大气压的压力值。

2.1.12 地面超压　surface positive pressure

系指防空地下室室外地面的冲击波超压峰值。

2.1.13 土中压缩波　compressive wave in soil

武器爆炸作用下，在土中传播并使其受到压缩的波。

2.1.14 主体　main part

防空地下室中能满足战时防护及其主要功能要求的部分。对于有防毒要求的防空地下室，其主体指最里面一道密闭门以内的部分。

2.1.15 清洁区　airtight space

防空地下室中能抵御预定的爆炸动荷载作用，且满足防毒要求的区域。

2.1.16 染毒区　airtightless space

防空地下室中能抵御预定的爆炸动荷载作用，但允许染毒的区域。

2.1.17 防护单元　protective unit

在防空地下室中，其防护设施和内部设备均能自成体系的使用空间。

2.1.18 抗爆单元　anti-bomb unit

在防空地下室（或防护单元）中，用抗爆隔墙分隔的使用空间。

2.1.19 单元间平时通行口　peacetime connected entrance

为满足平时使用需要，在防护单元隔墙上开设的供平时通行、战时封堵的孔口。

2.1.20 人防围护结构　surrounding structure for civil air defence

防空地下室中承受空气冲击波或土中压缩波直接作用的顶板、墙体和底板的总称。

2.1.21 外墙　periphery partition wall

防空地下室中一侧与室外岩土接触，直接承受土中压缩波作用的墙体。

2.1.22 临空墙　blastproof partition wall

一侧直接受空气冲击波作用，另一侧为防空地下室内部的墙体。

2.1.23 口部 gateway

防空地下室的主体与地表面，或与其它地下建筑的连接部分。对于有防毒要求的防空地下室，其口部指最里面一道密闭门以外的部分，如扩散室、密闭通道、防毒通道、洗消间（简易洗消间）、除尘室、滤毒室和竖井、防护密闭门以外的通道等。

2.1.24 室外出入口 outside entrance

通道的出地面段（无防护顶盖段）位于防空地下室上部建筑投影范围以外的出入口。

2.1.25 室内出入口 indoor entrance

通道的出地面段（无防护顶盖段）位于防空地下室上部建筑投影范围以内的出入口。

2.1.26 连通口 connected entrance

在地面以下与其它人防工程（包括防空地下室）相连通的出入口。

2.1.27 主要出入口 main entrance

战时空袭前、空袭后，人员或车辆进出较有保障，且使用较为方便的出入口。

2.1.28 次要出入口 secondary entrance

战时主要供空袭前使用，当空袭使地面建筑遭破坏后可不使用的出入口。

2.1.29 备用出入口 alternate exit

战时一般情况下不使用，当其它出入口遭破坏或堵塞时应急使用的出入口。

2.1.30 直通式出入口 straight entrance

防护密闭门外的通道在水平方向上没有转折通至地面的出入口。

2.1.31 单向式出入口 entrance with one turning

防护密闭门外的通道在水平方向上有垂直转折，并从一个方向通至地面的出入口。

2.1.32 穿廊式出入口 porch entrance

防护密闭门外的通道出入端从两个方向通至地面的出入口。

2.1.33 竖井式出入口 vertical entrance

防护密闭门外的通道出入端从竖井通至地面的出入口。

2.1.34 楼梯式出入口 entrance with stairs

防护密闭门外的通道出入端从楼梯通至地面的出入口。

2.1.35 防护密闭门 airtight blast door

既能阻挡冲击波又能阻挡毒剂通过的门。

2.1.36 密闭门 airtight door

能够阻挡毒剂通过的门。

2.1.37 消波设施 attenuating shock wave equipment

设在进风口、排风口、柴油机排烟口处用来削弱冲击波压力的防护设施。消波设施一般包括，冲击波到来时即能自动关闭的防爆波活门和利用空间扩散作用削弱冲击波压力的扩散室或扩散箱等。

2.1.38 滤毒室 gas-filtering room

装有通风滤毒设备的专用房间。

2.1.39 密闭通道 airtight passage

由防护密闭门与密闭门之间或两道密闭门之间所构成的，并仅依靠密闭隔绝作用阻挡毒剂侵入室内的密闭空间。在室外染毒情况下，通道不允许人员出入。

2.1.40 防毒通道 air-lock

由防护密闭门与密闭门之间或两道密闭门之间所构成的，具有通风换气条件，依靠超压排风阻挡毒剂侵入室内的空间。在室外染毒情况下，通道允许人员出入。

2.1.41 洗消间 decontamination room

供染毒人员通过和全身清除有害物的房间。通常由脱衣室、淋浴室和检查穿衣室组成。

2.1.42 简易洗消间 simple decontamination room

供染毒人员清除局部皮肤上有害物的房间。

2.1.43 口部建筑 gateway building

口部地面建筑物的简称。在防空地下室室外出入口通道出地面段上方建造的小型地面建筑物。

2.1.44 防倒塌棚架 collapse-proof shed

设置在出入口通道出地面段上方，用于防止口部堵塞的棚架。棚架能在预定的冲击波和地面建筑物倒塌荷载作用下不致坍塌。

2.1.45 人防有效面积 effective floor area for civil air defence

能供人员、设备使用的面积。其值为防空地下室建筑面积与结构面积之差。

2.1.46 掩蔽面积 sheltering area

供掩蔽人员、物资、车辆使用的有效面积。其值为与防护密闭门（和防爆波活门）相连接的临空墙、外墙外边缘形成的建筑面积扣除结构面积和下列各部分面积后的面积：

①口部房间、防毒通道、密闭通道面积；

②通风、给排水、供电、防化、通信等专业设备房间面积；

③厕所、盥洗室面积。

2.1.47 平时通风 ventilation in peacetime

保障防空地下室平时功能的通风。

2.1.48 战时通风 war time ventilation

保障防空地下室战时功能的通风。包括清洁通风、滤毒通风、隔绝通风三种方式。

2.1.49 清洁通风 clean ventilation

室外空气未受毒剂等物污染时的通风。

2.1.50 滤毒通风 gas filtration ventilation

室外空气受毒剂等物污染，需经特殊处理时的通风。

2.1.51 隔绝通风 isolated ventilation

室内外停止空气交换，由通风机使室内空气实施内循环的通风。

2.1.52 超压排风 overpressure exhaust

靠室内正压排除其室内废气的排风方式。有全室超压排风和室内局部超压排风两种。

2.1.53 密闭阀门 airtight valve

保障通风系统密闭防毒的专用阀门。包括手动式和手、电动两用式密闭阀门。

2.1.54 过滤吸收器 gas particulate filter

装有滤烟和吸毒材料，能同时消除空气中的有害气体、蒸汽及气溶胶微粒的过滤器。是精滤器与滤毒器合为一体的过滤器。

2.1.55 自动排气活门 automatic exhaust valve

超压自动排气活门的简称。靠活门两侧空气压差作用自动启闭的具有抗冲击波余压功能的排风活门。能直接抗冲击波作用压力的自动排气活门，称防爆自动排气活门。

2.1.56 防化通信值班室 CBR protection and communication duty room

防空地下室室内用作防化、通信人员值班的工作房间。

2.1.57 防爆地漏 blastproof floor drain

战时能防止冲击波和毒剂等进入防空地下室室内的地漏。

2.1.58 防爆波化粪池 blastproof septic tank

能防止冲击波和毒剂等由排水管道进入防空地下室室内的化粪池。

2.1.59 防爆波电缆井 anti-explosion cable pit

能防止冲击波沿电缆侵入防空地下室室内的电缆井。

2.1.60 内部电源 internal power source

设置在防空地下室内部，具有防护功能的电源。通常为柴油发电机组或蓄电池组。按其与用电工程的相互关系可分为区域电源和自备电源。

2.1.61 区域电源 regional internal power source

能供给在供电半径范围内多个用电防空地下室的内部电源。

2.1.62 自备电源 self-reserve power source

设置在防空地下室内部的电源。

2.1.63 内部电站 internal power station

设置在防空地下室内部的柴油电站。按其设置的机组情况，可分为固定电站和移动电站。

2.1.64 区域电站 regional power station

独立设置或设置在某个防空地下室内，能供给多个防空地下室电源而设置的柴油电站，并具有与所供防空地下室抗力一致的防护功能。

2.1.65 固定电站 immobile power station

发电机组固定设置，且具有独立的通风、排烟、贮油等系统的柴油电站。

2.1.66 移动电站 mobile power station

具有运输条件，发电机组可方便设置就位，且具有专用通风、排烟系统的柴油电站。

2.2 符 号

ΔP_{cm}——常规武器地面爆炸空气冲击波最大超压；

P_{ch}——常规武器地面爆炸空气冲击波感生的土中压缩波最大压力；

σ_0——常规武器地面爆炸直接产生的土中压缩波最大压力；

$\overline{p}_c$——常规武器地面爆炸作用在土中结构上的均布动荷载最大压力；

q_{ce}——常规武器地面爆炸作用在结构构件上的均布等效静荷载；

K_r——常规武器地面爆炸产生的土中压缩波作用于结构上的综合反射系数；

C_e——常规武器地面爆炸作用于结构上的动荷载均布化系数；

t_0——常规武器地面爆炸空气冲击波按等冲量简化的等效作用时间；

t_r——常规武器地面爆炸土中压缩波的升压时间；

t_d——常规武器地面爆炸土中压缩波按等冲量简化的等效作用时间；

$\triangle P_m$——核武器爆炸地面空气冲击波最大超压；

P_h——核武器爆炸土中 h 深处压缩波的最大压力；

P_c——核武器爆炸地面冲击波作用在结构上的动荷载；

q_e——核武器爆炸地面冲击波作用在结构构件上的均布等效静荷载；

q_i——钢筋混凝土平板门门扇传给门框墙的压力；

t_{0h}——核武器爆炸土中压缩波升压时间；

t_1——核武器爆炸地面空气冲击波按切线简化的等效正压作用时间；

t_2——核武器爆炸地面空气冲击波按等冲量简化的等效正压作用时间；

v_0——土的起始压力波速；

v_1——土的峰值压力波速；

δ——土的应变恢复比；

γ_c——土的波速比；

K——核武器爆炸土中压缩波作用于结构顶板的综合反射系数；

ξ——动荷载作用下土的侧压系数；

η——动荷载作用下整体基础的底压系数；

K_d——结构构件的动力系数；

$[\beta]$——结构构件的允许延性比，系指结构构件允许出现的最大变位与弹性极限变位的比值；

γ_d——动荷载作用下材料强度综合调整系数；

α_1——饱和土的含气量。

3 建 筑

3.1 一 般 规 定

3.1.1 防空地下室的位置、规模、战时及平时的用途，应根据城市的人防工程规划以及地面建筑规划，地上与地下综合考虑，统筹安排。

3.1.2 人员掩蔽工程应布置在人员居住、工作的适中位置，其服务半径不宜大于200m。

3.1.3 防空地下室距生产、储存易燃易爆物品厂房、库房的距离不应小于50m；距有害液体、重毒气体的贮罐不应小于100m。

注："易燃易爆物品"系指国家标准《建筑设计防火规范》（GBJ 16）中"生产、储存的火灾危险性分类举例"中的甲乙类物品。

3.1.4 根据战时及平时的使用需要，邻近的防空地下室之间以及防空地下室与邻近的城市地下建筑之间应在一定范围内连通。

3.1.5 防空地下室的室外出入口、进风口、排风口、柴油机排烟口和通风采光窗的布置，应符合战时及平时使用要求和地面建筑规划要求。

3.1.6 专供上部建筑使用的设备房间宜设置在防护密闭区之外。穿过人防围护结构的管道应符合下列规定：

1 与防空地下室无关的管道不宜穿过人防围护结构；上部建筑的生活污水管、雨水管、燃气管不得进入防空地下室；

2 穿过防空地下室顶板、临空墙和门框墙的管道，其公称直径不宜大于150mm；

3 凡进入防空地下室的管道及其穿过的人防围护结构，均应采取防护密闭措施。

注：无关管道系指防空地下室在战时及平时均不使用的管道。

3.1.7 医疗救护工程、专业队队员掩蔽部、人员掩蔽工程以及食品站、生产车间、区域供水站、电站控制室、物资库等主体有防毒要求的防空地下室设计，应根据其战时功能和防护要求划分染毒区与清洁区。其染毒区应包括下列房间、通道：

1 扩散室、密闭通道、防毒通道、除尘室、滤毒室、洗消间或简易洗消间；

2 医疗救护工程的分类厅及配套的急救室、抗休克室、诊察室、污物间、厕所等。

3.1.8 专业队装备掩蔽部、人防汽车库和电站发电机房等主体允许染毒的防空地下室，其主体和口部均可按染毒区设计。

3.1.9 防空地下室设计应满足战时的防护和使用要求，平战结合的防空地下室还应满足平时的使用要求。对于平战结合的乙类防空地下室和核5级、核6级、核6B级的甲类防空地下室设计，当其平时使用要求与战时防护要求不一致时，设计中可采取防护功能平战转换措施。采用的转换措施应符合本规范第3.7节的规定，且其临战时的转换工作量应与城市的战略地位相协调，并符合当地战时的人力、物力条件。

3.1.10 医疗救护工程、专业队队员掩蔽部、人员掩蔽工程和食品站、生产车间、区域供水站、柴油电站、物资库、警报站等战时室内有人员停留的防空地下室，其顶板、临空墙等应满足最小防护厚度的要求；战时室内有人员停留的甲类防空地下室还应满足防早期核辐射的相关要求。甲类防空地下室的室内早期核辐射剂量设计限值（以下简称剂量限值）应按表 3.1.10 确定。

表 3.1.10　甲类防空地下室的剂量限值（Gy）

类　别	剂量限值
医疗救护工程、专业队队员掩蔽部	0.1
人员掩蔽工程和食品站、生产车间、区域供水站、柴油电站、物资库、警报站等配套工程中有人员停留的房间、通道	0.2

注：Gy 为人员吸收放射性剂量的计量单位，称戈瑞。

3.2　主　体

3.2.1　医疗救护工程的规模可参照表 3.2.1－1 确定。防空专业队工程和人员掩蔽工程的面积标准应符合表 3.2.1－2 的规定。防空地下室的室内地平面至梁底和管底的净高不得小于 2.00m；其中专业队装备掩蔽部和人防汽车库的室内地平面至梁底和管底的净高还应大于、等于车高加 0.20m。防空地下室的室内地平面至顶板的结构板底面的净高不宜小于 2.40m（专业队装备掩蔽部和人防汽车库除外）。

表 3.2.1－1　医疗救护工程的规模

类　别	规模		
	有效面积（m^2）	床位（个）	人数（含伤员）
中心医院	2500～3300	150～250	390～530
急救医院	1700～2000	50～100	210～280
救护站	900～950	15～25	140～150

注：中心医院、急救医院的有效面积中含电站，救护站不含电站。

表 3.2.1－2　防空专业队工程、人员掩蔽工程的面积标准

项目名称		面　积　标　准	
防空专业队工程	装备掩蔽部	小型车	30～40m^2/台
		轻型车	40～50m^2/台
		中型车	50～80m^2/台
	队员掩蔽部	3m^2/人	
人员掩蔽工程		1m^2/人	

注：1　表中的面积标准均指掩蔽面积；

2　专业队装备掩蔽部宜按停放轻型车设计；人防汽车库可按停放小型车设计。

3.2.2　战时室内有人员停留的防空地下室，其钢筋混凝土顶板应符合下列规定：

1　乙类防空地下室的顶板防护厚度不应小于 250mm。对于甲类防空地下室，当顶板上方有上部建筑时，其防护厚度应满足表 3.2.2－1 的最小防护厚度要求；当顶板上方没有上部建筑时，其防护厚度应满足表 3.2.2－2 的最小防护厚度要求；

表 3.2.2－1　有上部建筑的顶板最小防护厚度（mm）

城市海拔（m）	剂量限值（Gy）	防核武器抗力级别			
		4	4B	5	6、6B
≤200	0.1	970	820	460	250
	0.2	860	710	360	
＞200 ≤1200	0.1	1010	860	540	
	0.2	900	750	430	
＞1200	0.1	1070	930	610	
	0.2	960	820	500	

表 3.2.2－2　无上部建筑的顶板最小防护厚度（mm）

城市海拔（m）	剂量限值（Gy）	防核武器抗力级别			
		4	4B	5	6、6B
≤200	0.1	1150	1000	640	250
	0.2	1040	890	540	
＞200 ≤1200	0.1	1190	1040	720	
	0.2	1080	930	610	
＞1200	0.1	1250	1110	790	
	0.2	1140	1000	680	

注：甲类防空地下室的剂量限值按本规范表 3.1.10 确定。

2　顶板的防护厚度可计入顶板结构层上面的混凝土地面厚度；

3　不满足最小防护厚度要求的顶板，应在其上面覆土，覆土的厚度不应小于最小防护厚度与顶板防护厚度之差的 1.4 倍。

3.2.3　对于顶板防护厚度不满足本规范表 3.2.2－1 要求的核 4 级、核 4B 级和核 5 级的甲类防空地下室，若其上方设有管道层（或普通地下室），且符合下列各项要求时，其顶板上面可不覆土：

1　管道层（或普通地下室）的外墙，战时没有门窗等孔口；

2　管道层（或普通地下室）的顶板厚度与防空地下室顶板防护厚度之和不小于最小防护厚度。当管道层（或普通地下室）的顶板为空心楼板时，应以折算成实心板的厚度计算；

3　当管道层（或普通地下室）的顶板高出室外地平面时，其高出室外地平面的外墙折算厚度与防空地下室顶板防护厚度之和不小于顶板最小防护厚度。高出室外地平面的外墙折算厚度等于外墙的厚度乘以材料换算系数（材料换算系数：对混凝土、钢筋混凝土和石砌体可取 1.0；对实心砖砌体可取 0.7；对空心砖砌体可取 0.4）。

3.2.4　战时室内有人员停留的顶板底面不高于室外地平面（即全埋式）的防空地下室，其外墙顶部应采用钢筋混凝土。乙类防空地下室外墙顶部的最小防护距离 t_s（图 3.2.4）不应小于 250mm；甲类防空地下室外墙顶部的最小防护距离 t_s 不应小于表 3.2.2－1 的最小防护厚度值。

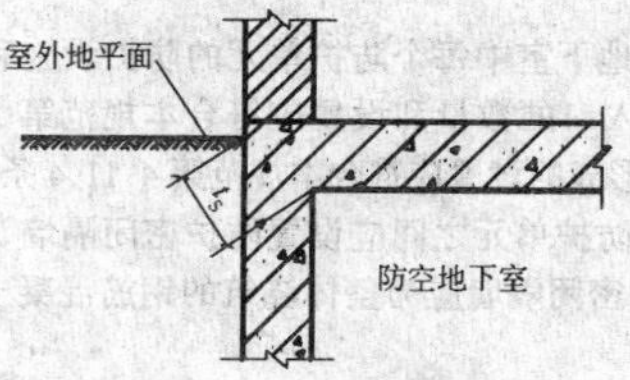

图 3.2.4　甲类防空地下室外墙顶部最小防护距离 t_s

3.2.5　战时室内有人员停留的顶板底面高于室外地平面（即非全埋式）的乙类防空地下室和非全埋式的核 6 级、核 6B 级甲类防空地下室，其室外地平面以上的钢筋混凝土外墙厚度不应小于 250mm。

3.2.6　医疗救护工程、防空专业队工程、人员掩蔽工程和配套工程应按下列规定划分防护单元和抗爆单元：

1　上部建筑层数为九层或不足九层（包括没有上部建筑）的防空地下室应按表 3.2.6 的要求划分防护单元和抗爆单元；

表 3.2.6　防护单元、抗爆单元的建筑面积（m^2）

工程类型	医疗救护工程	防空专业队工程		人员掩蔽工程	配套工程
		队员掩蔽部	装备掩蔽部		
防护单元	≤1000		≤4000	≤2000	≤4000
抗爆单元	≤500		≤2000	≤500	≤2000

注：防空地下室内部为小房间布置时，可不划分抗爆单元。

2 上部建筑的层数为十层或多于十层（其中一部分上部建筑可不足十层或没有上部建筑，但其建筑面积不得大于200m^2）的防空地下室，可不划分防护单元和抗爆单元（注：位于多层地下室底层的防空地下室，其上方的地下室层数可计入上部建筑的层数）；

3 对于多层的乙类防空地下室和多层的核5级、核6级、核6B级的甲类防空地下室，当其上下相邻楼层划分为不同防护单元时，位于下层及以下的各层可不再划分防护单元和抗爆单元。

3.2.7 相邻抗爆单元之间应设置抗爆隔墙。两相邻抗爆单元之间应至少设置一个连通口。在连通口处抗爆隔墙的一侧应设置抗爆挡墙（图3.2.7）。不影响平时使用的抗爆隔墙，宜采用厚度不小于120mm的现浇钢筋混凝土墙或厚度不小于250mm的现浇混凝土墙。不利于平时使用的抗爆隔墙和抗爆挡墙均可在临战时构筑。临战时构筑的抗爆隔墙和抗爆挡墙，其墙体的材料和厚度应符合下列规定：

1 采用预制钢筋混凝土构件组合墙时，其厚度不应小于120mm，并应与主体结构连接牢固；

2 采用砂袋堆垒时，墙体断面宜采用梯形，其高度不宜小于1.80m，最小厚度不宜小于500mm。

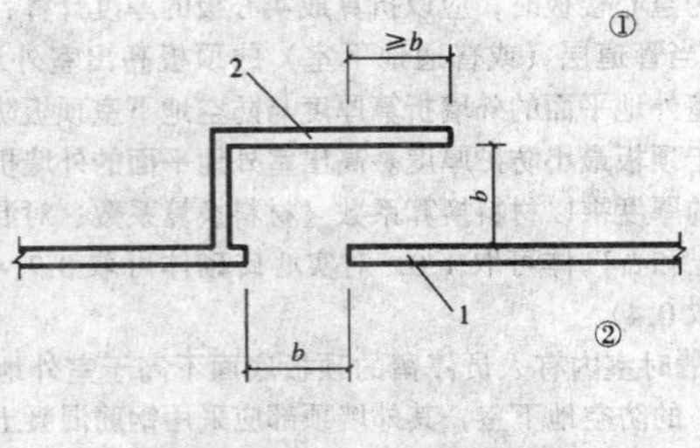

图3.2.7 抗爆墙示意

1—抗爆隔墙；2—抗爆挡墙；①甲抗爆单元；②乙抗爆单元

b—门洞净宽

3.2.8 防空地下室中每个防护单元的防护设施和内部设备应自成系统，出入口的数量和设置应符合本规范第3.3节的相关规定，且其变形缝的设置应符合本规范第4.11.4条的规定。

3.2.9 相邻防护单元之间应设置防护密闭隔墙（亦称防护单元隔墙）。防护密闭隔墙应为整体浇筑的钢筋混凝土墙，并应符合下列规定：

1 甲类防空地下室的防护单元隔墙应满足本规范第4章中有关防护单元隔墙的抗力要求；

2 乙类防空地下室防护单元隔墙的厚度常5级不得小于250mm，常6级不得小于200mm。

3.2.10 两相邻防护单元之间应至少设置一个连通口。防护单元之间连通口的设置应符合下列规定：

1 在连通口的防护单元隔墙两侧应各设置一道防护密闭门（图3.2.10）。墙两侧都设有防护密闭门的门框墙厚度不宜小于500mm；

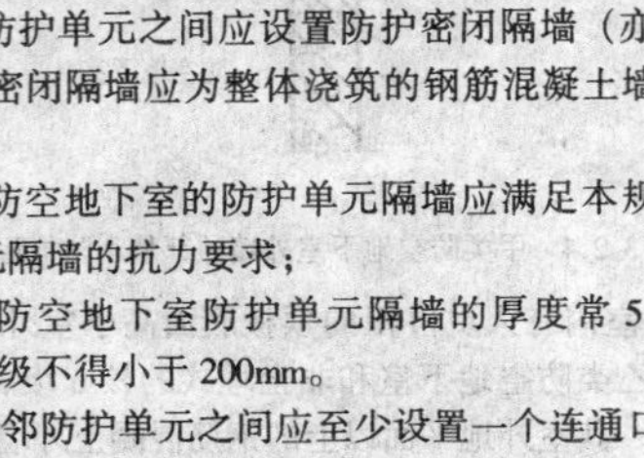

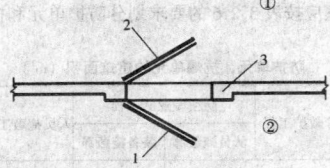

图3.2.10 防护单元之间连通口墙的两侧各设一道防护密闭门的做法

①高抗力防护单元；②低抗力防护单元；

1—高抗力防护密闭门；2—低抗力防护密闭门；3—防护密闭隔墙

2 选用设置在防护单元之间连通口的防护密闭门时，其设计压力值应符合下列规定：

1）乙类防空地下室的连通口防护密闭门设计压力值宜按0.03MPa；

2）甲类防空地下室的连通口防护密闭门设计压力值应符合下列规定：

（1）两相邻防护单元的防核武器抗力级别相同时，其连通口的防护密闭门设计压力值应按表3.2.10－1确定；

表3.2.10－1 抗力相同相邻单元的连通口防护密闭门设计压力值（MPa）

防核抗力级别	6B	6	5	4B	4
防护密闭门设计压力	0.03	0.05	0.10	0.20	0.30

（2）两相邻防护单元的防核武器抗力级别不同时，其连通口的防护密闭门设计压力值应按表3.2.10－2确定。

表3.2.10－2 抗力不同相邻单元的连通口防护密闭门设计压力值（MPa）

防核抗力级别	6B级与6级	6B级与5级	6级与5级	5级与4B级	5级与4级	4B级与4级
低抗力一侧设计压力	0.05	0.10	0.10	0.20	0.30	0.30
高抗力一侧设计压力	0.03	0.03	0.05	0.10	0.10	0.20

3.2.11 当两相邻防护单元之间设有伸缩缝或沉降缝，且需开设连通口时，其防护单元之间连通口的设置应符合下列规定：

1 在两道防护密闭隔墙上应分别设置防护密闭门（图3.2.11）。防护密闭门至变形缝的距离应满足门扇的开启要求；

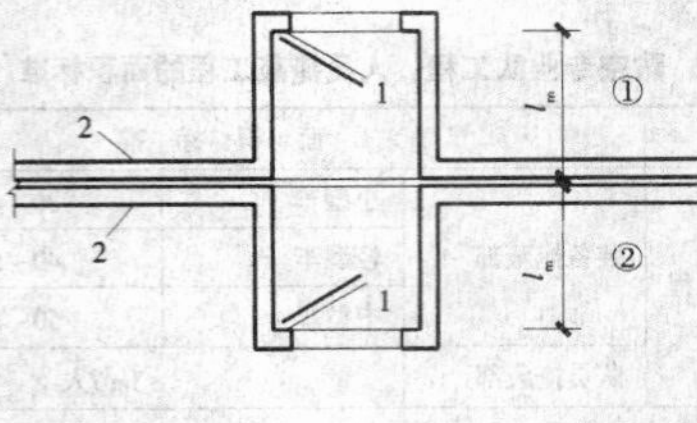

图3.2.11 变形缝两侧防护密闭门设置方式

1—防护密闭门；2—防护密闭隔墙；①甲防护单元；②乙防护单元

注：l_m——防护密闭门至变形缝的最小距离

2 选用分别设置在两道防护密闭隔墙的连通口（以及用连通道连接的两不相邻防护单元之间连通口）防护密闭门时，其设计压力值应符合下列规定：

1）乙类防空地下室宜按第3.2.10条第2款第1项的规定；

2）甲类防空地下室的连通口防护密闭门设计压力值应符合下列规定：

（1）两相邻防护单元的防核武器抗力级别相同时，应按表3.2.10－1确定；

（2）两相邻防护单元抗力级别不同时，其连通口的防护密闭门设计压力值应按表3.2.11确定。

表3.2.11 抗力不同不相邻单元的连通口防护密闭门设计压力值（MPa）

防核抗力级别	6B级与6级	6B级与5级	6级与5级	5级与4B级	5级与4级	4B级与4级
高抗力一侧设计压力	0.05	0.10	0.10	0.20	0.30	0.30
低抗力一侧设计压力	0.03	0.03	0.05	0.10	0.10	0.20

3.2.12 在多层防空地下室中，当上下相邻两楼层被划分为两个防护单元时，其相邻防护单元之间的楼板应为防护密闭楼板。其连通口的设置应符合下列规定：

1 当防护单元之间连通口设在上面楼层时，应在防护单元隔墙的两侧各设一道防护密闭门（图 3.2.12a）；

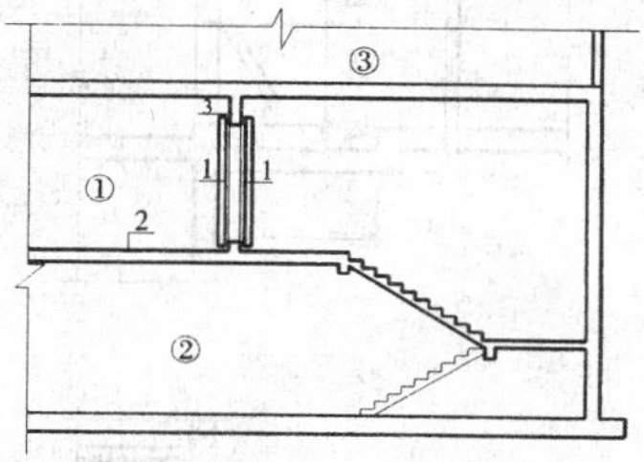

（a）防护单元之间连通口设在上面楼层的做法

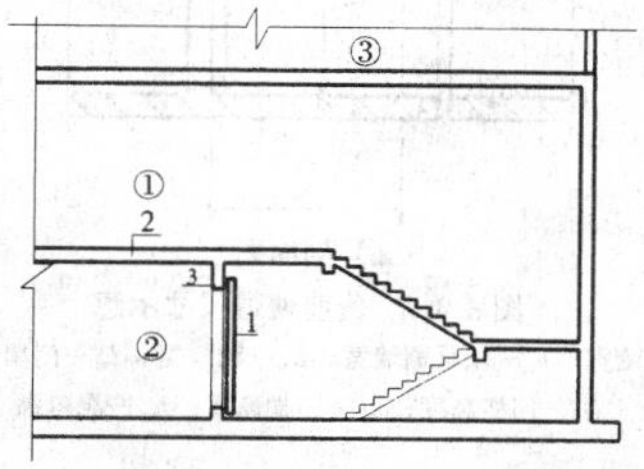

（b）防护单元之间连通口设在下面楼层的做法

图 3.2.12 多层防空地下室上下相邻防护单元之间连通口

①上层防护单元；②下层防护单元；③上部建筑；

1—防护密闭门；2—防护密闭楼板；3—门框墙

2 当防护单元之间连通口设在下面楼层时，应在防护单元隔墙的上层单元一侧设一道防护密闭门（图 3.2.12b）；

3 选用的防护密闭门，其设计压力值应符合本规范第 3.2.10 条的相关规定。

3.2.13 在染毒区与清洁区之间应设置整体浇筑的钢筋混凝土密闭隔墙，其厚度不应小于 200mm，并应在染毒区一侧墙面用水泥砂浆抹光。当密闭隔墙上有管道穿过时，应采取密闭措施。在密闭隔墙上开设门洞时，应设置密闭门。

3.2.14 防空专业队工程中的队员掩蔽部宜与装备掩蔽部相邻布置，队员掩蔽部与装备掩蔽部之间应设置连通口，且连通口处宜设置洗消间。

3.2.15 顶板底面高出室外地平面的防空地下室必须符合下列规定。

1 上部建筑为钢筋混凝土结构的甲类防空地下室，其顶板底面不得高出室外地平面；上部建筑为砌体结构的甲类防空地下室，其顶板底面可高出室外地平面，但必须符合下列规定：

1）当地具有取土条件的核 5 级甲类防空地下室，其顶板底面高出室外地平面的高度不得大于 0.50m，并应在临战时按下述要求在高出室外地平面的外墙外侧覆土，覆土的断面应为梯形，其上部水平段的宽度不得小于 1.0m，高度不得低于防空地下室顶板的上表面，其水平段外侧为斜坡，其坡度不得大于 1:3（高:宽）；

2）核 6 级、核 6B 级的甲类防空地下室，其顶板底面高出室外地平面的高度不得大于 1.00m，且其高出室外地平面的外墙必须满足战时防常规武器爆炸、防核武器爆炸、密闭和墙体防护厚度等各项防护要求；

2 乙类防空地下室的顶板底面高出室外地平面的高度不得大于该地下室净高的 1/2，且其高出室外地平面的外墙必须满足战时防常规武器爆炸、密闭和墙体防护厚度等各项防护要求。

3.2.16 战时为人防物资库的防空地下室，应按储存非易燃易爆战时必需品的综合物资库设计。

3.3 出 入 口

3.3.1 防空地下室战时使用的出入口，其设置应符合下列规定：

1 防空地下室的每个防护单元不应少于两个出入口（不包括竖井式出入口、防护单元之间的连通口），其中至少有一个室外出入口（竖井式除外）。战时主要出入口应设在室外出入口（符合第 3.3.2 条规定的防空地下室除外）；

2 消防专业队装备掩蔽部的室外车辆出入口不应少于两个；中心医院、急救医院和建筑面积大于 6000m^2 的物资库等防空地下室的室外出入口不宜少于两个。设置的两个室外出入口宜朝向不同方向，且宜保持最大距离；

3 符合下列条件之一的两个相邻防护单元，可在防护密闭门外共设一个室外出入口。相邻防护单元的抗力级别不同时，共设的室外出入口应按高抗力级别设计：

1）当两相邻防护单元均为人员掩蔽工程时或其中一侧为人员掩蔽工程另一侧为物资库时；

2）当两相邻防护单元均为物资库，且其建筑面积之和不大于 6000m^2 时；

4 室外出入口设计应采取防雨、防地表水措施。

3.3.2 符合下列规定的防空地下室，可不设室外出入口：

1 乙类防空地下室当符合下列条件之一时：

1）与具有可靠出入口（如室外出入口）的，且其抗力级别不低于该防空地下室的其它人防工程相连通；

2）上部地面建筑为钢筋混凝土结构（或钢结构）的常 6 级乙类防空地下室，当符合下列各项规定时：

（1）主要出入口的首层楼梯间直通室外地面，且其通往地下室的梯段上端至室外的距离不大于 5.00m；

（2）主要出入口与其中的一个次要出入口的防护密闭门之间的水平直线距离不小于 15.00m，且两个出入口楼梯结构均按主要出入口的要求设计；

2 因条件限制（主要指地下室已占满红线时）无法设置室外出入口的核 6 级、核 6B 级的甲类防空地下室，当符合下列条件之一时：

1）与具有可靠出入口（如室外出入口）的，且其抗力级别不低于该防空地下室的其它人防工程相连通；

2）当上部地面建筑为钢筋混凝土结构（或钢结构），且防空地下室的主要出入口满足下列各项条件时：

（1）首层楼梯间直通室外地面，且其通往地下室的梯段上端至室外的距离不大于 2.00m；

（2）在首层楼梯间由梯段至通向室外的门洞之间，设置有与地面建筑的结构脱开的防倒塌棚架；

（3）首层楼梯间直通室外的门洞外侧上方，设置有挑出长度不小于 1.00m 的防倒塌挑檐（当地面建筑的外墙为钢筋混凝土剪力墙结构时可不设）；

（4）主要出入口与其中的一个次要出入口的防护密闭门之间的水平直线距离不小于 15.00m。

3.3.3 甲类防空地下室中，其战时作为主要出入口的室外出入口通道的出地面段（即无防护顶盖段），宜布置在地面建筑的倒塌范围以外。甲类防空地下室设计中的地面建筑的倒塌范围，宜按表 3.3.3 确定。

表 3.3.3　甲类防空地下室地面建筑倒塌范围

防核武器抗力级别	地面建筑结构类型	
	砌体结构	钢筋混凝土结构、钢结构
4、4B	建筑高度	建筑高度
5、6、6B	0.5 倍建筑高度	5.00m

注：1　表内“建筑高度”系指室外地平面至地面建筑檐口或女儿墙顶部的高度；

2　核5级、核6级、核6B级的甲类防空地下室，当毗邻出地面段的地面建筑外墙为钢筋混凝土剪力墙结构时，可不考虑其倒塌影响。

3.3.4　在甲类防空地下室中，其战时作为主要出入口的室外出入口通道的出地面段（即无防护顶盖段）应符合下列规定：

1　当出地面段设置在地面建筑倒塌范围以外，且因平时使用需要设置口部建筑时，宜采用单层轻型建筑；

2　当出地面段设置在地面建筑倒塌范围以内时，应采取下列防堵塞措施：

1）核4级、核4B级的甲类防空地下室，其通道出地面段上方应设置防倒塌棚架；

2）核5级、核6级、核6B级的甲类防空地下室，平时设有口部建筑时，应按防倒塌棚架设计；平时不宜设置口部建筑的，其通道出地面段的上方可采用装配式防倒塌棚架临战时构筑，且其做法应符合本规范第3.7节的相关规定。

3.3.5　出入口通道、楼梯和门洞尺寸应根据战时及平时的使用要求，以及防护密闭门、密闭门的尺寸确定。并应符合下列规定：

1　防空地下室的战时人员出入口的最小尺寸应符合表3.3.5的规定；战时车辆出入口的最小尺寸应根据进出车辆的车型尺寸确定；

表 3.3.5　战时人员出入口最小尺寸（m）

工程类别	门洞		通道		楼梯
	净宽	净高	净宽	净高	净宽
医疗救护工程、防空专业队工程	1.00	2.00	1.50	2.20	1.20
人员掩蔽工程、配套工程	0.80	2.00	1.50	2.20	1.00

注：战时备用出入口的门洞最小尺寸可按宽×高＝0.70m×1.60m；通道最小尺寸可按1.00m×2.00m。

2　人防物资库的主要出入口宜按物资进出口设计，建筑面积不大于2000m^2物资库的物资进出口门洞净宽不应小于1.50m、建筑面积大于2000m^2物资库的物资进出口门洞净宽不应小于2.00m；

3　出入口通道的净宽不应小于门洞净宽。

3.3.6　防空地下室出入口人防门的设置应符合下列规定：

1　人防门的设置数量应符合表3.3.6的规定，并按由外到内的顺序，设置防护密闭门、密闭门；

表 3.3.6　出入口人防门设置数量

人防门	工程类别			
	医疗救护工程、专业队队员掩蔽部、一等人员掩蔽所、生产车间、食品站		二等人员掩蔽所、电站控制室、物资库、区域供水站	专业队装备掩蔽部、汽车库、电站发电机房
	主要口	次要口		
防护密闭门	1	1	1	1
密闭门	2	1	1	0

2　防护密闭门应向外开启；

3　密闭门宜向外开启。

注：人防门系防护密闭门和密闭门的统称。

3.3.7　防护密闭门和密闭门的门前通道，其净宽和净高应满足门扇的开启和安装要求。当通道尺寸小于规定的门前尺寸时，应采取通道局部加宽、加高的措施（图3.3.7）。

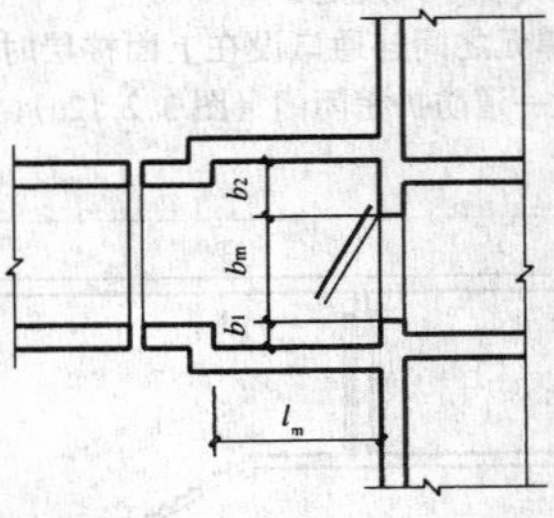

a）平面图

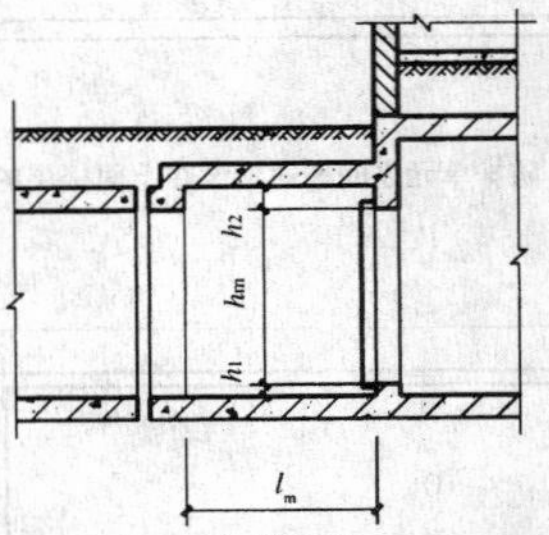

b）剖面图

图 3.3.7　门前通道尺寸示意

b_1—闭锁侧墙宽；b_2—铰页侧墙宽；b_m—洞口宽；l_m—门扇开启最小长度

h_1—门槛高度；h_2—门楣高度；h_m—洞口高

3.3.8　人员掩蔽工程战时出入口的门洞净宽之和，应按掩蔽人数每100人不小于0.30m计算确定。每樘门的通过人数不应超过700人，出入口通道和楼梯的净宽不应小于该门洞的净宽。两相邻防护单元共用的出入口通道和楼梯的净宽，应按两掩蔽入口通过总人数的每100人不小于0.30m计算确定。

注：门洞净宽之和不包括竖井式出入口、与其它人防工程的连通口和防护单元之间的连通口。

3.3.9　人员掩蔽工程的战时阶梯式出入口应符合下列规定：

1　踏步高不宜大于0.18m，宽不宜小于0.25m；

2　阶梯不宜采用扇形踏步，但踏步上下两级所形成的平面角小于10°，且每级离扶手0.25m处的踏步宽度大于0.22m时可不受此限；

3　出入口的梯段应至少在一侧设扶手，其净宽大于2.00m时应在两侧设扶手，其净宽大于2.50m时宜加设中间扶手。

3.3.10　乙类防空地下室和核5级、核6级、核6B级的甲类防空地下室，其独立式室外出入口不宜采用直通式；核4级、核4B级的甲类防空地下室的独立式室外出入口不得采用直通式。独立式室外出入口的防护密闭门外通道长度（其长度可按防护密闭门以外有防护顶盖段通道中心线的水平投影的折线长计，对于楼梯式、竖井式出入口可计入自室外地平面至防护密闭门洞口高1/2处的竖向距离，下同）不得小于5.00m。

战时室内有人员停留的核4级、核4B级、核5级的甲类防空地下室，其独立式室外出入口的防护密闭门外通道长度还应符合下列规定：

1　对于通道净宽不大于2m的室外出入口，核5级甲类防空地下室的直通式出入口通道的最小长度应符合表3.3.10－1的规定；单向式、穿廊式、楼梯式和竖井式的室外出入口通道的最小长度应符合表3.3.10－2的规定；

2　通道净宽大于2m的室外出入口，其通道最小长度应按表3.3.10－1和表3.3.10－2的通道最小长度值乘以修正系数ξ_x，其ξ_x值可按下式计算：

$$\zeta_X = 0.8b_T - 0.6 \quad (3.3.10)$$

式中：ζ_X——通道长度修正系数；

b_T——通道净宽（m）。

表 3.3.10－1　核 5 级直通式室外出入口通道最小长度（m）

城市海拔（m）	剂量限值（Gy）	钢筋混凝土人防门	钢结构人防门
≤200	0.1	5.50	9.50
	0.2	5.00	7.00
＞200 ≤1200	0.1	7.00	12.00
	0.2	5.00	8.50
＞1200	0.1	9.00	15.50
	0.2	6.50	11.00

表 3.3.10－2　有 90°拐弯的室外出入口通道最小长度（m）

城市海拔（m）	剂量限值（Gy）	防核武器抗力级别					
		钢筋混凝土人防门			钢结构人防门		
		5	4B	4	5	4B	4
≤200	0.1	5.00	6.50	8.00	7.00	9.00	12.00
	0.2		6.00	7.00	6.00	8.00	10.00
＞200 ≤1200	0.1		7.00	9.00	8.00	10.00	14.00
	0.2		6.00	7.50	6.00	8.00	11.00
＞1200	0.1		7.50	10.00	9.00	11.00	16.00
	0.2		6.50	8.50	7.00	9.00	13.00

注：1　表中钢筋混凝土人防门系指钢筋混凝土防护密闭门和钢筋混凝土密闭门；钢结构人防门系指钢结构防护密闭门和钢结构密闭门；

2　甲类防空地下室的剂量限值按本规范表 3.1.10 确定。

3.3.11　对于符合本规范第 3.3.10 条规定的独立式室外出入口，乙类防空地下室的独立式室外出入口临空墙的厚度不应小于 250mm；甲类防空地下室的独立式室外出入口临空墙的厚度应符合表 3.3.11 的规定。

表 3.3.11　独立式室外出入口临空墙最小防护厚度（mm）

剂量限值（Gy）	防核武器抗力级别			
	4	4B	5	6、6B
0.1	400	350	250	—
0.2	300	250		250

注：1　表内厚度系按钢筋混凝土墙确定；

2　甲类防空地下室的剂量限值按本规范表 3.1.10 确定。

3.3.12　附壁式室外出入口的防护密闭门外通道长度（其长度可按防护密闭门以外有防护顶盖段通道中心线的水平投影折线长计）不得小于 5.00m。乙类防空地下室附壁式室外出入口的自防护密闭门至密闭门之间的通道（亦称内通道）最小长度，可按建筑需要确定；战时室内有人员停留的甲类防空地下室，其附壁式室外出入口的内通道最小长度应符合表 3.3.12 的规定（图 3.3.12）。

表 3.3.12　附壁式室外出入口的内通道最小长度（m）

城市海拔（m）	剂量限值（Gy）	防核武器抗力级别						
		钢筋混凝土人防门			钢结构人防门			
		4	4B	5、6、6B	4	4B	5	6、6B
≤200	0.1	5.00	3.50	按建筑需要定	8.50	6.00	4.00	按建筑需要定
	0.2	4.00	3.00		7.00	5.00	3.00	
＞200 ≤1200	0.1	6.00	4.00		10.50	7.00	5.00	
	0.2	4.50	3.00		8.00	5.00	3.00	
＞1200	0.1	7.00	4.50		12.00	8.00	6.00	
	0.2	5.50	3.50		10.00	6.00	4.00	

注：1　内通道长度可按自防护密闭门至最里面一道密闭门之间通道中心线的折线长确定；

2　表中钢筋混凝土人防门系指钢筋混凝土防护密闭门和钢筋混凝土密闭门；钢结构人防门系指钢结构防护密闭门和钢结构密闭门；

3　甲类防空地下室的剂量限值按本规范表 3.1.10 确定。

3.3.13　战时室内有人员停留的乙类防空地下室，其附壁式室外出入口临空墙厚度不应小于 250mm。战时室内有人员停留的甲类防空地下室，其附壁式室外出入口临空墙最小防护厚度应符合表 3.3.13 的规定（图 3.3.12）。

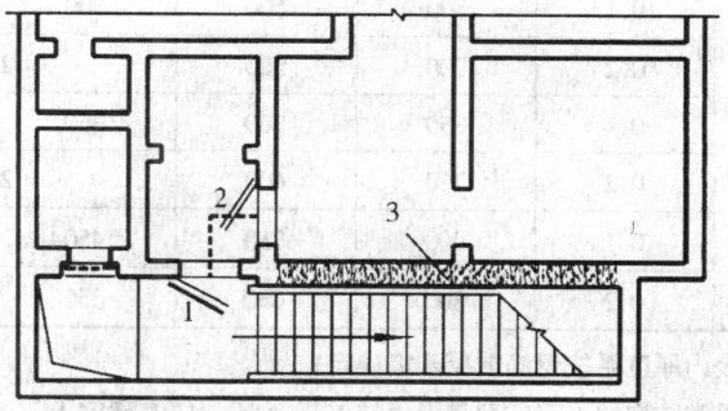

图 3.3.12　附壁式室外出入口

1—防护密闭门；2—密闭门；3—临空墙

表 3.3.13　甲类防空地下室室外临空墙最小防护厚度（mm）

城市海拔（m）	剂量限值（Gy）	防核武器抗力级别			
		4	4B	5	6、6B
≤200	0.1	1150	1000	650	—
	0.2	1050	900	550	250
＞200 ≤1200	0.1	1200	1050	700	—
	0.2	1100	950	600	250
＞1200	0.1	1250	1100	750	—
	0.2	1150	1000	650	250

注：1　表内厚度系按钢筋混凝土墙确定；

2　甲类防空地下室的剂量限值按本规范表 3.1.10 确定。

3.3.14　战时室内有人员停留的乙类防空地下室、核 6B 级甲类防空地下室和装有钢筋混凝土人防门的核 6 级甲类防空地下室，其室内出入口有、无 90°拐弯以及其防护密闭门与密闭门之间的通道（亦称内通道）长度均可按建筑需要确定；战时室内有人员停留的核 4 级、核 4B 级、核 5 级的甲类防空地下室和装有钢结构人防门的核 6 级甲类防空地下室的室内出入口不宜采用无拐弯形式（图 3.3.14），且其具有一个 90°拐弯的室内出入口内通道最小长度，应符合表 3.3.14 的规定。

表 3.3.14　具有一个 90°拐弯的室内出入口内通道最小长度（m）

城市海拔（m）	剂量限值（Gy）	防核武器抗力级别						
		钢筋混凝土门			钢结构门			
		5	4B	4	6	5	4B	4
≤200	0.1	2.00	3.00	4.00	2.00	4.00	6.00	8.00
	0.2	※	2.50	3.00	※	3.00	5.00	6.00
＞200 ≤1200	0.1	2.50	3.50	5.00	2.50	5.00	7.00	10.00
	0.2	2.00	3.00	3.50	2.00	4.00	6.00	7.00
＞1200	0.1	3.00	4.00	6.00	3.00	6.00	8.00	12.00
	0.2	2.50	3.50	4.50	2.50	5.00	7.00	9.00

注：1　内通道长度按自防护密闭门至密闭门之间的通道中心线的折线长确定；

2　“※”系指内通道长度可按建筑需要确定；

3　表中钢筋混凝土人防门系指钢筋混凝土防护密闭门和钢筋混凝土密闭门；钢结构人防门系指钢结构防护密闭门和钢结构密闭门；

4　甲类防空地下室的剂量限值按本规范表 3.1.10 确定。

3.3.15　战时室内有人员停留的乙类防空地下室的室内出入口临空墙厚度不应小于 250mm。战时室内有人员停留的甲类防空地下室的室内出入口临空墙最小防护厚度应符合表3.3.15的规定。

表3.3.15　室内出入口临空墙最小防护厚度（mm）

城市海拔（m）	剂量限值（Gy）	防核武器抗力级别			
		4	4B	5	6、6B
≤200	0.1	800	600	300	—
	0.2	700	500	250	
>200 ≤1200	0.1	850	700	350	—
	0.2	750	600	250	
>1200	0.1	900	750	450	—
	0.2	800	650	350	250

注：1　表内厚度系按钢筋混凝土墙确定；

2　甲类防空地下室的剂量限值按本规范表3.1.10确定。

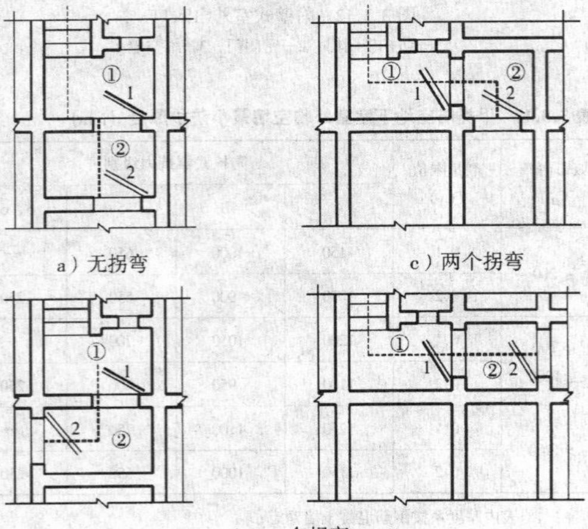

图3.3.14　室内出入口有无拐弯示意

1—防护密闭门；2—密闭门；①楼梯间；②密闭通道

3.3.16　当甲类防空地下室的钢筋混凝土临空墙的厚度不能满足最小防护厚度要求时，可按下列方法之一进行处理：

1　采用砌砖加厚墙体。实心砖砌体的厚度不应小于最小防护厚度与临空墙厚度之差的1.4倍；空心砖砌体的厚度不应小于最小防护厚度与临空墙厚度之差的2.5倍；

2　对于不满足最小防护厚度要求的临空墙，其内侧只能作为防毒通道、密闭通道、洗消间（即脱衣室、淋浴室和检查穿衣室）和简易洗消间等战时无人员停留的房间、通道。

3.3.17　防护密闭门的设置应符合下列规定：

1　当防护密闭门设置在直通式坡道中时，应采取使防护密闭门不被常规武器（通道口外的）爆炸破片直接命中的措施（如适当弯曲或折转通道轴线等）；

2　当防护密闭门沿通道侧墙设置时，防护密闭门门扇应嵌入墙内设置，且门扇的外表面不得突出通道的内墙面；

3　当防护密闭门设置于竖井内时，其门扇的外表面不得突出竖井的内墙面。

3.3.18　设置在出入口的防护密闭门和防爆波活门，其设计压力值应符合下列规定：

1　乙类防空地下室应按表3.3.18-1确定；

表3.3.18-1　乙类防空地下室出入口防护密闭门的设计压力值（MPa）

防常规武器抗力级别			常5级	常6级
室外出入口	直通式	通道长度≤15（m）	0.30	0.15
		通道长度>15（m）	0.20	0.10
	单向式、穿廊式、楼梯式、竖井式			
室内出入口				

注：通道长度：直通式出入口按有防护顶盖段通道中心线在平面上的投影长计。

2　甲类防空地下室应按表3.3.18-2确定。

表3.3.18-2　甲类防空地下室出入口防护密闭门的设计压力值（MPa）

防核武器抗力级别		核4级	核4B级	核5级	核6级	核6B级
室外出入口	直通式、单向式	0.90	0.60	0.30	0.15	0.10
	穿廊式、楼梯式、竖井式	0.60	0.40			
室内出入口						

3.3.19　备用出入口可采用竖井式，并宜与通风竖井合并设置。竖井的平面净尺寸不宜小于1.0m×1.0m。与滤毒室相连接的竖井式出入口上方的顶板宜设置吊钩。当竖井设在地面建筑倒塌范围以内时，其高出室外地平面部分应采取防倒塌措施。

3.3.20　防空地下室的战时出入口应按表3.3.20的规定，设置密闭通道、防毒通道、洗消间或简易洗消。

表3.3.20　战时出入口的防毒通道、洗消设施和密闭通道

工程类别	医疗救护工程、专业队队员掩蔽部、一等人员掩蔽所、生产车间、食品站		二等人员掩蔽所、电站控制室		物资库、区域供水站
	主要口	其它口	主要口	其它口	各出入口
密闭通道	—	1	—	1	1
防毒通道	2	—	1	—	—
洗消间	1	—	—	—	—
简易洗消	—	—	1	—	—

注：其它口包括战时的次要出入口、备用出入口和与非人防地下建筑的连通口等。

3.3.21　密闭通道的设置应符合下列规定：

1　当防护密闭门和密闭门均向外开启时，其通道的内部尺寸应满足密闭门的启闭和安装需要；

2　当防护密闭门向外开启，密闭门向内开启时，两门之间的内部空间不宜小于本条第1款规定的密闭通道内部尺寸。

3.3.22　防毒通道的设置应符合下列规定：

1　防毒通道宜设置在排风口附近，并应设有通风换气设施；

2　防毒通道的大小应满足本规范第5.2.6条中规定的滤毒通风条件下换气次数要求；

3　防毒通道的大小应满足战时的使用要求，并应符合下列规定：

1）当两道人防门均向外开启时，在密闭门门扇开启范围之外应设有人员（担架）停留区（图3.3.22）。人员通过的防毒通道，其停留区的大小不应小于两个人站立的需要；担架通过的防毒通道，其停留区的大小应满足担架及相关人员停留的需要；

2）当外侧人防门向外开启，内侧人防门向内开启时，两门框墙之间的距离不宜小于人防门的门扇宽度，并应满足人员（担架）停留区的要求（停留区大小按本条第3款第1项的规定）。

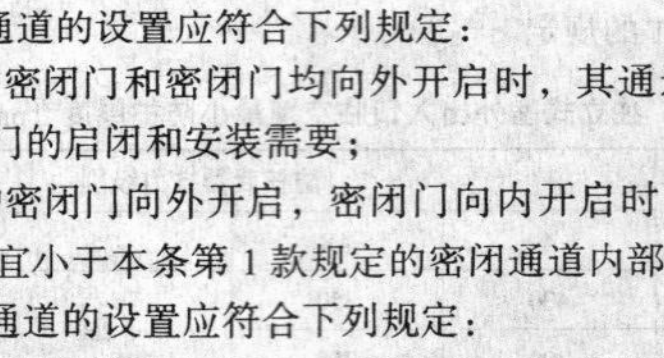

图3.3.22　停留区示意

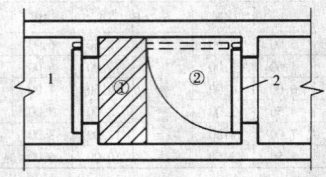

1—防护密闭门；2—密闭门；①停留区；②门扇开启范围

3.3.23　洗消间的设置应符合下列规定：

1 洗消间应设置在防毒通道的一侧（图 3.3.23）；

2 洗消间应由脱衣室、淋浴室和检查穿衣室组成：脱衣室的入口应设置在第一防毒通道内；淋浴室的入口应设置一道密闭门；检查穿衣室的出口应设置在第二防毒通道内；

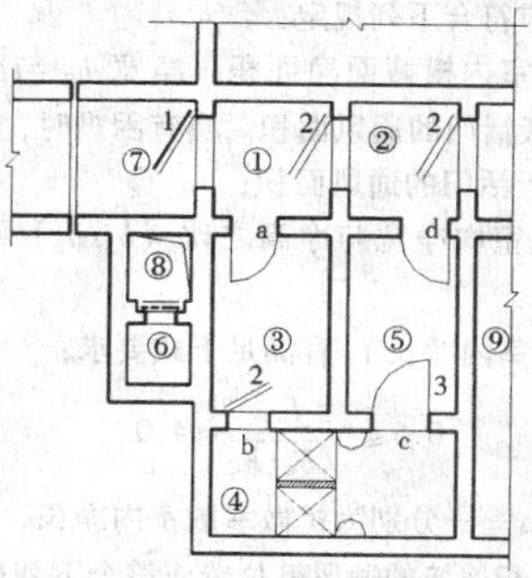

图 3.3.23 洗消间平面

①第一防毒通道；②第二防毒通道；③脱衣室；④淋浴室；⑤检查穿衣室；⑥扩散室；⑦室外通道；⑧排风竖井；⑨室内清洁区；
1—防护密闭门；2—密闭门；3—普通门
a 脱衣室入口；b 淋浴室入口；c 淋浴室出口；d 检查穿衣室出口

3 淋浴器和洗脸盆的数量可按下列规定确定：

1）医疗救护工程：　　2 个；

2）专业队队员掩蔽部：

防护单元建筑面积≤400m²	2 个；
400m² < 防护单元建筑面积≤600m²	3 个；
防护单元建筑面积 > 600m²	4 个；

3）一等人员掩蔽所：

防护单元建筑面积≤500m²	1 个；
500m² < 防护单元建筑面积≤1000m²	2 个；
防护单元建筑面积 > 1000m²	3 个；

4）食品站、生产车间：　　1～2 个；

4 淋浴器的布置应避免洗消前人员与洗消后人员的足迹交叉；

5 医疗救护工程的脱衣室、淋浴室和检查穿衣室的使用面积宜各按每一淋浴器 6m² 计；其它防空地下室的脱衣室、淋浴室和检查穿衣室的使用面积宜各按每一淋浴器 3m² 计。

3.3.24 简易洗消宜与防毒通道合并设置；当带简易洗消的防毒通道不能满足规定的换气次数要求时，可单独设置简易洗消间。简易洗消应符合下列规定：

1 带简易洗消的防毒通道应符合下列规定：

1）带简易洗消的防毒通道应满足本规范第 5.2.6 条规定的换气次数要求；

2）带简易洗消的防毒通道应由防护密闭门与密闭门之间的人行道和简易洗消区两部分组成。人行道的净宽不宜小于 1.30m；简易洗消区的面积不宜小于 2m²，且其宽度不宜小于 0.60m（图 3.3.24－1）。

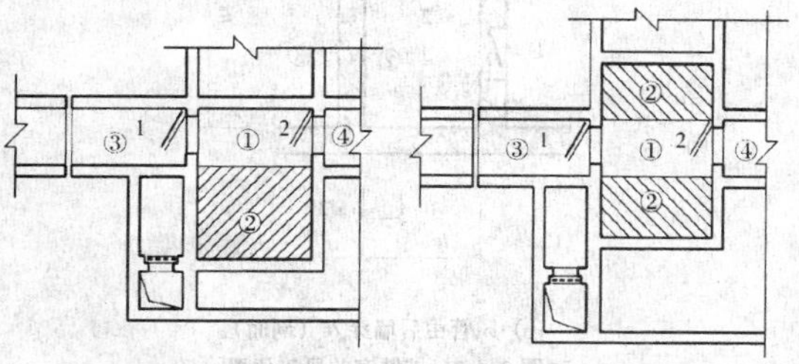

图 3.3.24－1 与简易洗消合并设置的防毒通道

①人行道；②简易洗消区；③室外通道；④室内清洁区；
1—防护密闭门；2—密闭门

2 单独设置的简易洗消间应位于防毒通道的一侧，其使用面积不宜小于 5m²。简易洗消间与防毒通道之间宜设一道普通门，简易洗消间与清洁区之间应设一道密闭门（图 3.3.24－2）。

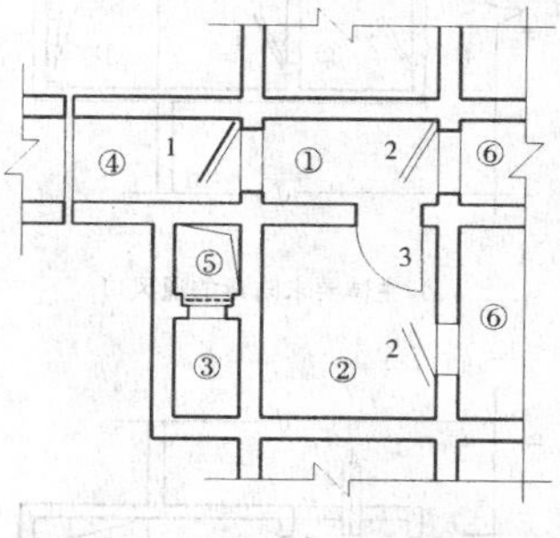

图 3.3.24－2 单独设置的简易洗消间

①防毒通道；②简易洗消间；③扩散室；④室外通道；⑤排风竖井；⑥室内清洁区
1—防护密闭门；2—密闭门；3—普通门

3.3.25 在医疗救护工程主要出入口的第一防毒通道与第二防毒通道之间，应设置分类厅及配套的急救室、抗休克室、诊察室、污物间、厕所等。

3.3.26 当电梯通至地下室时，电梯必须设置在防空地下室的防护密闭区以外。

3.4 通风口、水电口

3.4.1 柴油发电机组的排烟口（以下简称“柴油机排烟口”）应在室外单独设置。进风口、排风口宜在室外单独设置。供战时使用的及平战两用的进风口、排风口应采取防倒塌、防堵塞以及防雨、防地表水等措施。

3.4.2 室外进风口宜设置在排风口和柴油机排烟口的上风侧。进风口与排风口之间的水平距离不宜小于 10m；进风口与柴油机排烟口之间的水平距离不宜小于 15m，或高差不宜小于 6m。位于倒塌范围以外的室外进风口，其下缘距室外地平面的高度不宜小于 0.50m；位于倒塌范围以内的室外进风口，其下缘距室外地平面的高度不宜小于 1.00m。

3.4.3 医疗救护工程、专业队队员掩蔽部、人员掩蔽工程、食品站、生产车间以及柴油电站等战时要求不间断通风的防空地下室，其进风口、排风口、柴油机排烟口宜采用防爆波活门＋扩散室（或扩散箱）的消波设施（图 3.4.7 和图 A.0.2）。进、排风口和柴油机排烟口的防爆波活门、扩散室（扩散箱）等消波设施的设置，应符合本规范附录 F 的规定。防爆波活门的设计压力应按本规范第 3.3.18 条的规定确定。

3.4.4 人防物资库等战时要求防毒，但不设滤毒通风，且空袭时可暂停通风的防空地下室，其战时进、排风口或平战两用的进、排风口可采用“防护密闭门＋密闭通道＋密闭门”的防护做法（图 3.4.4a）；专业队装备掩蔽部、人防汽车库等战时允许染毒，且空袭时可暂停通风的防空地下室，其战时进、排风口或平战两用的进、排风口可采用“防护密闭门＋集气室＋普通门（防火门）”的防护做法（图 3.4.4b）。防护密闭门的设计压力应按本规范第 3.3.18 条确定。

3.4.5 医疗救护工程、专业队队员掩蔽部、人员掩蔽工程、食品站、生产车间以及电站控制室等战时有洗消要求的防空地下室，其战时排风口应设在主要出入口，其战时进风口宜在室外单独设置。对于用作二等人员掩蔽所的乙类防空地下室和核 5 级、核 6 级、核 6B 级的甲类防空地下室，当其室外确无单独设置进风口条件时，其进风口可结合室内出入口设置，但在防爆波活门外侧的上方楼板结构宜按防倒塌设计，或在防爆波活门的外侧采取防堵塞措施（图 3.4.5）。

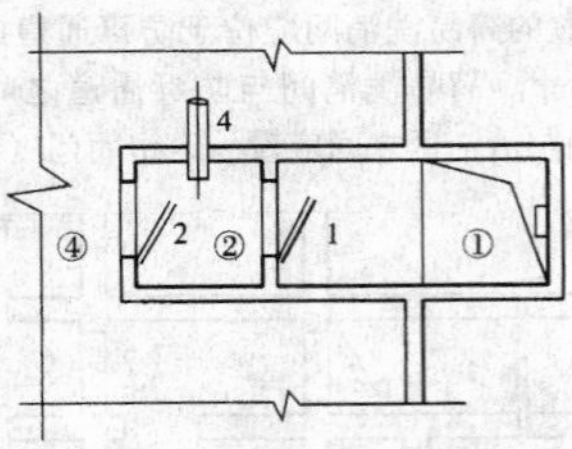

a）主体要求防毒的通风口

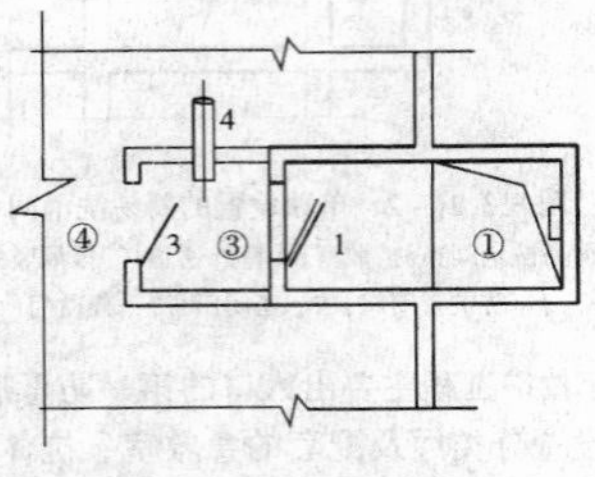

b）主体允许染毒的通风口

图 3.4.4　进、排风口防护做法

1—防护密闭门；2—密闭门；3—普通门 *；4—通风管；

①通风竖井；②密闭通道；③集气室；④室内

注：当为平战两用的通风口时，普通门 * 应采用防火门，其开启方向需适应进、排风的需要。

3.4.6　采用悬板式防爆波活门（以下简称悬板活门）时，悬板活门应嵌入墙内（图 3.4.6）设置，其嵌入深度不应小于 300mm。

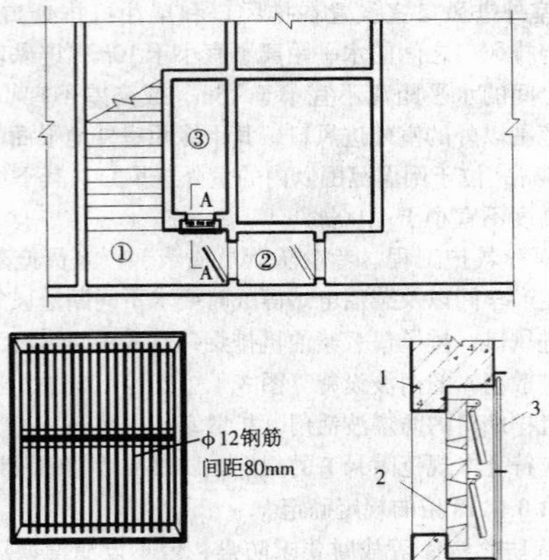

图 3.4.5　设在室内出入口的进风口防堵塞措施

①楼梯间；②密闭通道；③扩散室；1—活门墙；2—防爆波活门；3—防堵铁栅

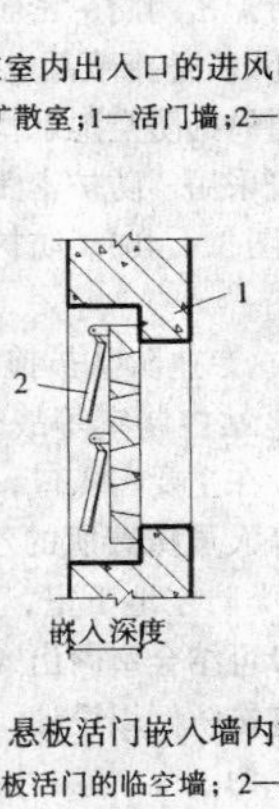

图 3.4.6　悬板活门嵌入墙内深度示意

1—设置悬板活门的临空墙；2—悬板活门

3.4.7　扩散室应采用钢筋混凝土整体浇筑，其室内平面宜采用正方形或矩形，并应符合下列规定：

1　乙类防空地下室扩散室的内部空间尺寸可根据施工要求确定。甲类防空地下室的扩散室的内部空间尺寸应符合本规范附录 F 的规定，并应符合下列规定：

1）扩散室室内横截面净面积（净宽 b_S 与净高 h_S 之积）不宜小于 9 倍悬板活门的通风面积。当有困难时，横截面净面积不得小于 7 倍悬板活门的通风面积；

2）扩散室室内净宽与净高之比（b_S/h_S）不宜小于 0.4，且不宜大于 2.5；

3）扩散室室内净长 l_S 宜满足下式要求：

$$0.5 \leqslant \frac{l_S}{\sqrt{b_S \cdot h_S}} \leqslant 4.0 \qquad (3.4.7)$$

式中　l_S，b_S，h_S——分别为扩散室的室内净长，净宽，净高

2　与扩散室相连接的通风管位置应符合下列规定：

1）当通风管由扩散室侧墙穿入时，通风管的中心线应位于距后墙面的 1/3 扩散室净长处（图 3.4.7a）；

2）当通风管由扩散室后墙穿入时，通风管端部应设置向下的弯头，并使通风管端部的中心线位于距后墙面的 1/3 扩散室净长处（图 3.4.7b）；

3　扩散室内应设地漏或集水坑；

4　常用扩散室内部空间的最小尺寸，可按本规范附录 A 的表 A.0.1 确定。

3.4.8　乙类防空地下室和核 6 级、核 6B 级甲类防空地下室消波设施可采用扩散箱。扩散箱宜采用钢板制作，钢板厚度不宜小于 3mm，并应满足预定的抗力要求和密闭要求。扩散箱的箱体应设有泄水孔。扩散箱的内部空间最小尺寸，应符合本规范第 3.4.7 条第 1 款的规定。常用扩散箱的内部空间最小尺寸可按本规范附录 A 的表 A.0.2 确定。

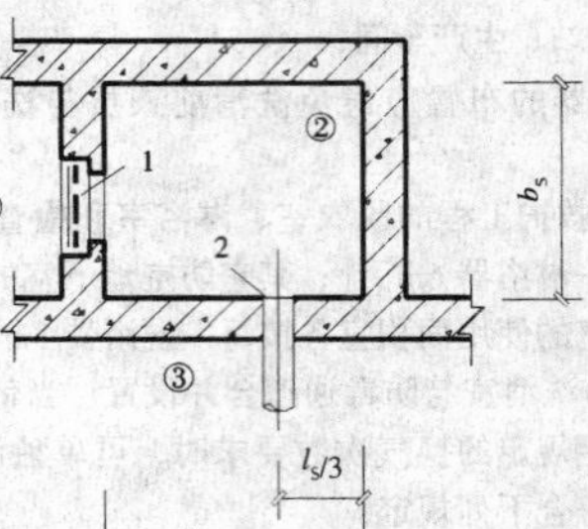

a）风管由侧墙穿入（平面）

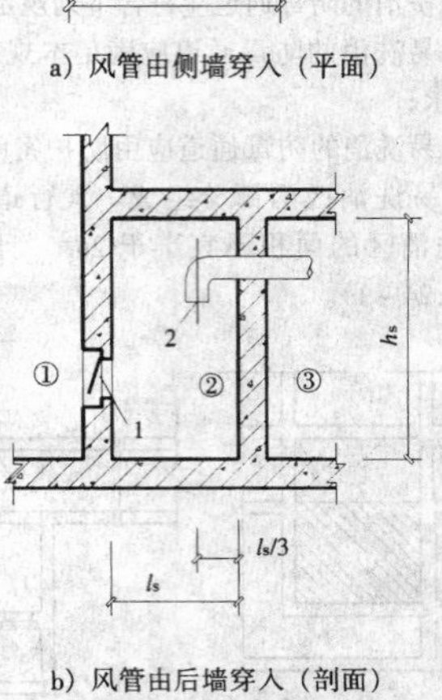

b）风管由后墙穿入（剖面）

图 3.4.7　扩散室的风管位置

1—悬板活门；2—通风管；①通风竖井；②扩散室；③室内

3.4.9　滤毒室与进风机室应分室布置。滤毒室应设在染毒区，

滤毒室的门应设置在直通地面和清洁区的密闭通道或防毒通道内（图 3.4.9），并应设密闭门；进风机室应设在清洁区。

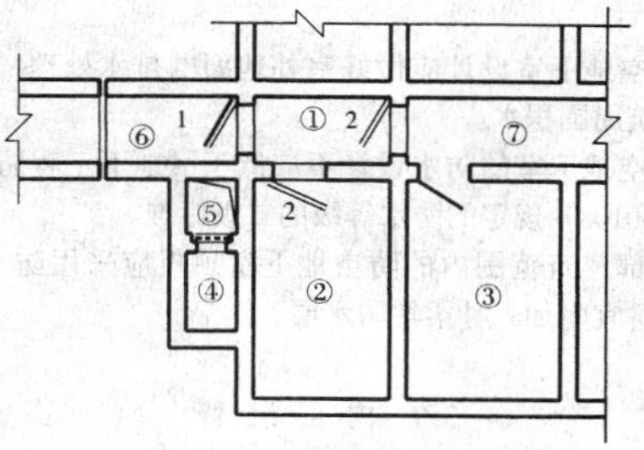

图 3.4.9　滤毒室与进风机室布置

1—防护密闭门；2—密闭门

①密闭通道；②滤毒室；③进风机室；④扩散室；⑤进风竖井；⑥出入口通道；⑦室内清洁区

注："直通地面"系指可由主要出入口、次要出入口或备用出入口通往地面

3.4.10　防空地下室战时主要出入口的防护密闭门外通道内以及进风口的竖井或通道内，应设置洗消污水集水坑。洗消污水集水坑可按平时不使用，战时使用手动排水设备（或移动式电动排水设备）设计。坑深不宜小于 0.60m；容积不宜小于 $0.50m^3$。

3.4.11　防爆波电缆井应设置在防空地下室室外的适当位置（如土中）。防爆波电缆井可与平时使用的电缆井合并设置，但其结构及井盖应满足相应的抗力要求。

3.5　辅 助 房 间

3.5.1　医疗救护工程宜设水冲厕所；人员掩蔽工程、专业队队员掩蔽部和人防物资库等宜设干厕（便桶）；专业队装备掩蔽部、电站机房和人防汽车库等战时可不设厕所；其它配套工程的厕所可根据实际需要确定。对于应设置干厕的防空地下室，当因平时使用需要已设置水冲厕所时，也应根据战时需要确定便桶的位置。干厕的建筑面积可按每个便桶 $1.00\sim1.40m^2$ 确定。

厕所宜设在排风口附近，并宜单独设置局部排风设施。干厕可在临战时构筑。

3.5.2　每个防护单元的男女厕所应分别设置。厕所宜设前室。厕所的设置可按下列规定确定：

1　男女比例：二等人员掩蔽所可按 1:1，其它防空地下室按具体情况确定；

2　大便器（便桶）设置数量：男每 40～50 人设一个；女每 30～40 人设一个；

3　水冲厕所小便器数量与男大便器同，若采用小便槽，按每 0.5m 长相当于一个小便器计。

3.5.3　中心医院、急救医院应设开水间。其它防空地下室当人员较多，且有条件时可设开水间。

3.5.4　开水间、盥洗室、贮水间等宜相对集中布置在排风口附近。

3.5.5　人员掩蔽工程和除食品加工站以外的配套工程，其清洁区内不宜设置厨房。其它防空地下室当在清洁区内设厨房时，宜按使用无明火加温设备设计。

3.5.6　医疗救护工程、专业队队员掩蔽部、人员掩蔽工程以及生产车间、食品站等在进风系统中设有滤毒通风的防空地下室，应在其清洁区内的进风口附近设置防化通信值班室。医疗救护工程、专业队队员掩蔽部、一等人员掩蔽所、生产车间和食品站等防空地下室的防化通信值班室的建筑面积可按 $10\sim12m^2$ 确定；二等人员掩蔽所的防化通信值班室的建筑面积可按 $8\sim10m^2$ 确定。

3.5.7　每个防护单元宜设一个配电室，配电室也可与防化通信值班室合并设置。

3.6　柴 油 电 站

3.6.1　柴油电站的位置，应根据防空地下室的用途和发电机组的容量等条件综合确定。柴油电站宜独立设置，并与主体连通。柴油电站宜靠近负荷中心，远离安静房间。

3.6.2　固定电站设计应符合下列规定：

1　固定电站的控制室宜与发电机房分室布置。其控制室和人员休息室、厕所等应设在清洁区；发电机房和贮水间、储油间、进、排风机室、机修间等应设在染毒区。当内部电站的控制室与主体相连通时，可不单独设休息室和厕所。控制室与发电机房之间应设置密闭隔墙、密闭观察窗和防毒通道；

2　发电机房的进、排风机室、储油间和贮水间等宜根据发电机组的需要确定；

3　固定电站设计应设有柴油发电机组在安装、检修时的吊装措施；

4　当发电机房确无条件设置直通室外地面的发电机组运输出入口时，可在非防护区设置吊装孔。

3.6.3　移动电站设计应符合下列规定：

1　移动电站应设有发电机房、储油间、进风、排风、排烟等设施。移动电站为染毒区。移动电站与主体清洁区连通时，应设置防毒通道；

2　根据发电机组的需要，发电机房宜设置进风机和排风机的位置；

3　发电机房应设有能够通至室外地面的发电机组运输出入口。

3.6.4　发电机房的机组运输出入口的门洞净宽不宜小于设备的宽度加 0.30m。发电机房通往室外地面的出入口应设一道防护密闭门。

3.6.5　移动电站设置在人防汽车库内时，可不专设发电机房，但应有独立的进风、排风、排烟系统和扩散室。

3.6.6　柴油电站的贮油间应符合下列规定：

1　贮油间宜与发电机房分开布置；

2　贮油间应设置向外开启的防火门，其地面应低于与其相连接的房间（或走道）地面 150～200mm 或设门槛；

3　严禁柴油机排烟管、通风管、电线、电缆等穿过贮油间。

3.7　防护功能平战转换

3.7.1　防护功能平战转换措施仅适用于符合本规范第 3.1.9 条规定的平战结合防空地下室采用，并应符合下列各项规定：

1　采用的转换措施应能满足战时的各项防护要求，并应在规定的转换时限内完成；

2　平战转换设计应符合本规范第 4.12 节的有关规定；

3　当转换措施中采用预制构件时，应在设计中注明：预埋件、预留孔（槽）等应在工程施工中一次就位，预制构件应与工程施工同步做好，并应设置构件的存放位置；

4　平战转换设计应与工程设计同步完成。

3.7.2　平战结合的防空地下室中，下列各项应在工程施工、安装时一次完成：

——现浇的钢筋混凝土和混凝土结构、构件；

——战时使用的及平战两用的出入口、连通口的防护密闭门、密闭门；

——战时使用的及平战两用的通风口防护设施；

——战时使用的给水引入管、排水出户管和防爆波地漏。

3.7.3　对防护单元隔墙上开设的平时通行口以及平时通风管穿

墙孔，所采用的封堵措施应满足战时的抗力、密闭等防护要求，并应在15天转换时限内完成。对于临战时采用预制构件封堵的平时通行口，其洞口净宽不宜大于7.00m，净高不宜大于3.00m；且其净宽之和不宜大于应建防护单元隔墙总长度的1/2。

3.7.4 因平时使用的需要，在防空地下室顶板上或在多层防空地下室中的防护密闭楼板上开设的采光窗、平时风管穿板孔和设备吊装口，其净宽不宜大于3.00m，净长不宜大于6.00m，且在一个防护单元中合计不宜超过2个。在顶板上或在防护密闭楼板上采用的封堵措施应满足战时的抗力、密闭等防护要求。在顶板上采用的封堵措施应在3天转换时限内完成；在防护密闭楼板上采用的封堵措施应在15天转换时限内完成。专供平时使用的楼梯、自动扶梯以及净宽大于3m的穿板孔，宜将其设置在防护密闭区之外。

3.7.5 专供平时使用的出入口，其临战时采用的封堵措施，应满足战时的抗力、密闭等防护要求（甲类防空地下室还需满足防早期核辐射要求），并应在3天转换时限内完成。对临战时采用预制构件封堵的平时出入口，其洞口净宽不宜大于7.00m，净高不宜大于3.00m；且在一个防护单元中不宜超过2个。

3.7.6 大型设备安装口的设置及其封堵措施，应满足防空地下室的战时防护要求。若大型设备需在临战时安装，该设备安装口的封堵措施，应符合本节中相关的要求。

3.7.7 专供平时使用的进风口、排风口的临战封堵措施，应满足战时的抗力、密闭等防护要求（甲类防空地下室还需满足防早期核辐射要求）。

3.7.8 根据平时使用需要设置的通风采光窗，其临战时的转换工作量应符合本规范第3.1.9条的相关规定。通风采光窗的窗孔尺寸，应根据防空地下室的结构类型、平时的使用要求以及建筑物四周的环境条件等因素综合分析确定。承受战时动荷载的墙面，其窗孔的宽度不宜大于墙面宽度（指轴线之间距离）的1/3。窗井应采取相应的防雨和防地表水倒灌等措施。

3.7.9 通风采光窗的临战封堵措施，应满足战时的抗力、密闭等防护要求（甲类防空地下室还需满足防早期核辐射要求）。其临战时的封堵方式，设置窗井的可采用全填土式或半填土式；高出室外地平面的可采用挡板式（图3.7.9）。

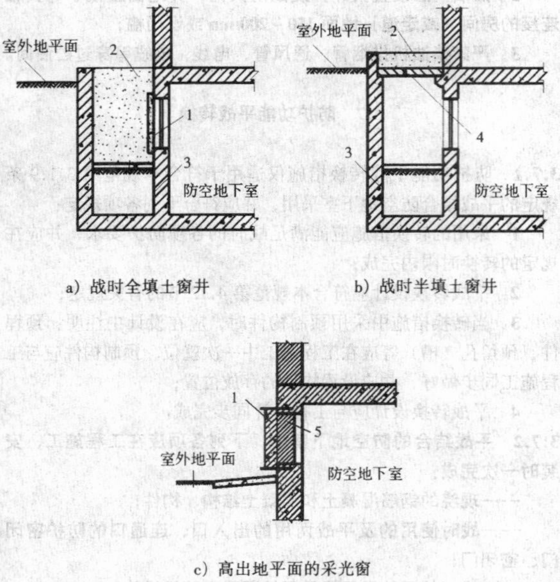

图3.7.9 通风采光窗战时封堵

1—防护挡窗板；2—临战时填土；3—防护墙；4—防护盖板；5—临战时砌砖封堵

3.8 防 水

3.8.1 防空地下室设计应做好室外地面的排水处理，避免在上部地面建筑周围积水。

3.8.2 防空地下室的防水设计不应低于《地下工程防水技术规范》（GB 50108）规定的防水等级的二级标准。

3.8.3 上部建筑范围内的防空地下室顶板应采用防水混凝土，当有条件时宜附加一种柔性防水层。

3.9 内部装修

3.9.1 防空地下室的装修设计应根据战时及平时的功能需要，并按适用、经济、美观的原则确定。在灯光、色彩、饰面材料的处理上应有利于改善地下空间的环境条件。

3.9.2 室内装修应选用防火、防潮的材料，并满足防腐、抗震、环保及其它特殊功能的要求。平战结合的防空地下室，其内部装修应符合国家有关建筑内部装修设计防火规范的规定。

3.9.3 防空地下室的顶板不应抹灰。平时设置吊顶时，应采用轻质、坚固的龙骨，吊顶饰面材料应方便拆卸。密闭通道、防毒通道、洗消间、简易洗消间、滤毒室、扩散室等战时易染毒的房间、通道，其墙面、顶面、地面均应平整光洁，易于清洗。

3.9.4 设置地漏的房间和通道，其地面坡度不应小于0.5%，坡向地漏，且其地面应比相连的无地漏房间（或通道）的地面低20mm。

3.9.5 柴油发电机房、通风机室、水泵间及其它产生噪声和振动的房间，应根据其噪声强度和周围房间的使用要求，采取相应的隔声、吸声、减震等措施。

4 结 构

4.1 一般规定

4.1.1 防空地下室结构的选型，应根据防护要求、平时和战时使用要求、上部建筑结构类型、工程地质和水文地质条件以及材料供应和施工条件等因素综合分析确定。

4.1.2 防空地下室结构的设计使用年限应按50年采用。当上部建筑结构的设计使用年限大于50年时，防空地下室结构的设计使用年限应与上部建筑结构相同。

4.1.3 **甲类防空地下室结构应能承受常规武器爆炸动荷载和核武器爆炸动荷载的分别作用，乙类防空地下室结构应能承受常规武器爆炸动荷载的作用。对常规武器爆炸动荷载和核武器爆炸动荷载，设计时均按一次作用。**

4.1.4 防空地下室的结构设计，应根据防护要求和受力情况做到结构各个部位抗力相协调。

4.1.5 防空地下室结构在常规武器爆炸动荷载或核武器爆炸动荷载作用下，其动力分析均可采用等效静荷载法。

4.1.6 防空地下室结构在常规武器爆炸动荷载或核武器爆炸动荷载作用下，应验算结构承载力；对结构变形、裂缝开展以及地基承载力与地基变形可不进行验算。

4.1.7 **对乙类防空地下室和核5级、核6级、核6B级甲类防空地下室结构，当采用平战转换设计时，应通过临战时实施平战转换达到战时防护要求。**

4.1.8 防空地下室结构除按本规范设计外，尚应根据其上部建筑在平时使用条件下对防空地下室结构的要求进行设计，并应取其中控制条件作为防空地下室结构设计的依据。

4.2 材　　料

4.2.1 防空地下室结构的材料选用，应在满足防护要求的前提下，做到因地制宜、就地取材。地下水位以下或有盐碱腐蚀时，外墙不宜采用砖砌体。当有侵蚀性地下水时，各种材料均应采取防侵蚀措施。

4.2.2 防空地下室钢筋混凝土结构构件，不得采用冷轧带肋钢筋、冷拉钢筋等经冷加工处理的钢筋。

4.2.3 在动荷载和静荷载同时作用或动荷载单独作用下，材料强度设计值可按下列公式计算确定：

$$f_d = \gamma_d f \tag{4.2.3}$$

表 4.2.3　材料强度综合调整系数 γ_d

材料种类		综合调整系数 γ_d
热轧钢筋（钢材）	HPB235 级（Q235 钢）	1.50
	HRB335 级（Q345 钢）	1.35
	HRB400 级（Q390 钢）	1.20（1.25）
	RRB400 级（Q420 钢）	1.20
混凝土	C55 及以下	1.50
	C60～C80	1.40
砌体	料　石	1.20
	混凝土砌块	1.30
	普通粘土砖	1.20

注：1　表中同一种材料或砌体的强度综合调整系数，可适用于受拉、受压、受剪和受扭等不同受力状态；
2　对于采用蒸气养护或掺入早强剂的混凝土，其强度综合调整系数应乘以 0.90 折减系数。

式中　f_d ——动荷载作用下材料强度设计值（N/mm²）；
f ——静荷载作用下材料强度设计值（N/mm²）；
γ_d——动荷载作用下材料强度综合调整系数，可按表 4.2.3 的规定采用。

4.2.4 在动荷载与静荷载同时作用或动荷载单独作用下，混凝土和砌体的弹性模量可取静荷载作用时的 1.2 倍；钢材的弹性模量可取静荷载作用时的数值。

4.2.5 在动荷载与静荷载同时作用或动荷载单独作用下，各种材料的泊松比均可取静荷载作用时的数值。

4.3 常规武器地面爆炸空气冲击波、土中压缩波参数

4.3.1 防空地下室防常规武器作用应按非直接命中的地面爆炸计算，且按常规武器地面爆炸的整体破坏效应进行设计。设计中采取的常规武器等效 TNT 装药量、爆心至主体结构外墙外侧的水平距离以及爆心至口部的水平距离，均应按国家现行有关规定取值。

4.3.2 在结构计算中，常规武器地面爆炸空气冲击波波形可取按等冲量简化的无升压时间的三角形（图 4.3.2）。

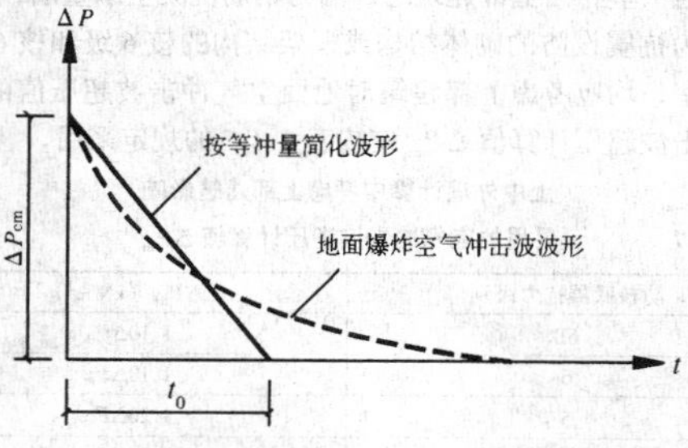

图 4.3.2　常规武器地面爆炸空气冲击波简化波形

ΔP_{cm}——常规武器地面爆炸空气冲击波最大超压（N/mm²），可按本规范附录 B 计算；

t_0——地面爆炸空气冲击波按等冲量简化的等效作用时间（s），可按本规范附录 B 计算。

4.3.3 在结构计算中，常规武器地面爆炸在土中产生的压缩波波形可取按等冲量简化的有升压时间的三角形（图 4.3.3）。

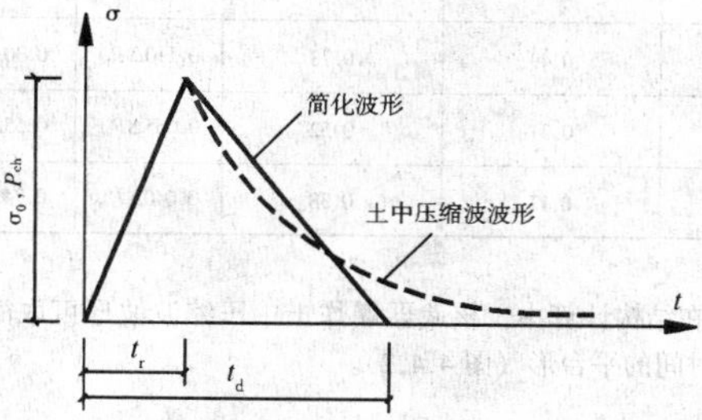

图 4.3.3　常规武器地面爆炸土中压缩波简化波形

P_{ch}——常规武器地面爆炸空气冲击波感生的土中压缩波最大压力（N/mm²），可按本规范附录 B 计算；

σ_0——常规武器地面爆炸直接产生的土中压缩波最大压力（N/mm²），可按本规范附录 B 计算；

t_r——土中压缩波的升压时间（s），可按本规范附录 B 计算；

t_d——土中压缩波按等冲量简化的等效作用时间（s），可按本规范附录 B 计算。

4.3.4 在结构顶板及室内出入口结构构件计算中，当符合下列条件之一时，可考虑上部建筑对常规武器地面爆炸空气冲击波超压作用的影响，将空气冲击波最大超压乘以 0.8 的折减系数。

1 上部建筑层数不少于二层，其底层外墙为钢筋混凝土或砌体承重墙，且任何一面外墙墙面开孔面积不大于该墙面面积的 50%；

2 上部为单层建筑，其承重外墙使用的材料和开孔比例符合上款规定，且屋顶为钢筋混凝土结构。

4.3.5 常规武器地面爆炸时，作用在防空地下室结构构件上的动荷载可按均布动荷载进行动力分析。常规武器地面爆炸作用在防空地下室结构各部位的动荷载可按本规范附录 B 计算。

4.4 核武器爆炸地面空气冲击波、土中压缩波参数

4.4.1 在结构计算中，核武器爆炸地面空气冲击波超压波形，可取在最大压力处按切线或按等冲量简化的无升压时间的三角形（图 4.4.1）。防空地下室结构设计采用的地面空气冲击波最大超压（简称地面超压）ΔP_m，应按国家现行有关规定取值。地面空气冲击波的其它主要设计参数可按表 4.4.1 采用。

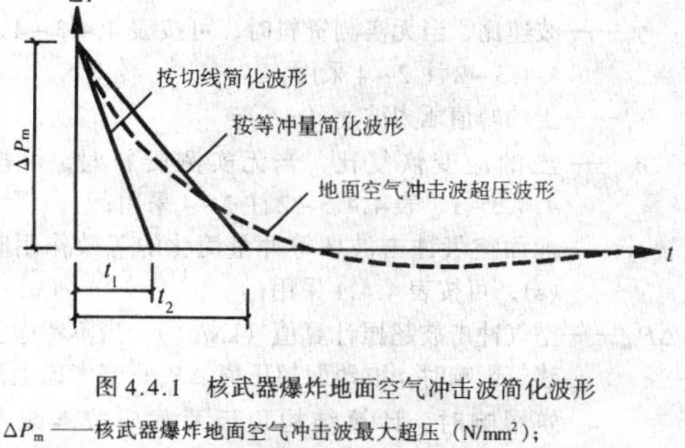

图 4.4.1　核武器爆炸地面空气冲击波简化波形

ΔP_m——核武器爆炸地面空气冲击波最大超压（N/mm²）；

t_1——地面空气冲击波按切线简化的等效作用时间（s）；

t_2——地面空气冲击波按等冲量简化的等效作用时间（s）。

表 4.4.1　地面空气冲击波主要设计参数

防核武器抗力级别	按切线简化的等效作用时间 t_1（s）	按等冲量简化的等效作用时间 t_2（s）	负压值（kN/m^2）	动压值（kN/m^2）
6B	0.90	1.26	$0.300\Delta P_m$	$0.10\Delta P_m$
6	0.70	1.04	$0.200\Delta P_m$	$0.16\Delta P_m$
5	0.49	0.78	$0.110\Delta P_m$	$0.30\Delta P_m$
4B	0.31	0.52	$0.055\Delta P_m$	$0.55\Delta P_m$
4	0.17	0.38	$0.040\Delta P_m$	$0.74\Delta P_m$

4.4.2　在结构计算中，核武器爆炸土中压缩波波形可取简化为有升压时间的平台形（图 4.4.2）。

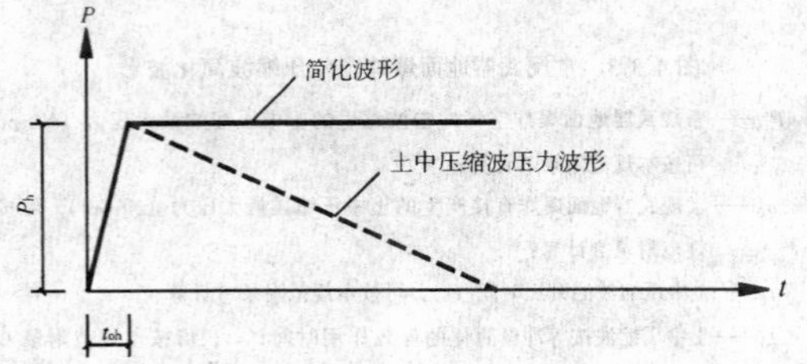

图 4.4.2　土中压缩波简化波形

P_h——土中压缩波最大压力（kN/m^2）；

t_{0h}——土中压缩波升压时间（s）。

4.4.3　核武器爆炸土中压缩波的最大压力 P_h 及土中压缩波升压时间 t_{0h} 可按下列公式计算：

$$P_h = \left[1 - \frac{h}{v_1 t_2}(1-\delta)\right]\Delta P_{ms} \qquad (4.4.3-1)$$

$$t_{0h} = (\gamma_c - 1)\frac{h}{v_0} \qquad (4.4.3-2)$$

$$\gamma_c = v_0 / v_1 \qquad (4.4.3-3)$$

式中　P_h——核武器爆炸土中压缩波的最大压力（kN/m^2），当土的计算深度小于或等于 1.5m 时，P_h 可近似取 ΔP_{ms}；

t_{0h}——土中压缩波升压时间（s）；

h——土的计算深度（m），计算顶板时，取顶板的覆土厚度；计算外墙时，取防空地下室结构土中外墙中点至室外地面的深度；

v_0——土的起始压力波速（m/s），当无实测资料时，可按表 4.4.3-1、表 4.4.3-2 采用；

γ_c——波速比，当无实测资料时，可按表 4.4.3-1、表 4.4.3-2 注 2～4 采用；

v_1——土的峰值压力波速（m/s）；

δ——土的应变恢复比，当无实测资料时，可按表 4.4.3-1、表 4.4.3-2 注 2～4 采用；

t_2——地面空气冲击波按等冲量简化的等效作用时间（s），可按表 4.4.1 采用；

ΔP_{ms}——空气冲击波超压计算值（kN/m^2），当不考虑上部建筑影响时，取地面超压值 ΔP_m；当考虑上部建筑影响时，计算结构顶板荷载应按本规范第 4.4.4 条～第 4.4.6 条的规定采用，计算结构外墙荷载应按本规范第 4.4.7 条的规定采用。

表 4.4.3-1　非饱和土 v_0、γ_c、δ 值

土的类别		起始压力波速 v_0（m/s）	波速比 γ_c	应变恢复比 δ
碎石土	卵石、碎石	300～500	1.2～1.5	0.9
	圆砾、角砾	250～350	1.2～1.5	0.9
砂土	砾砂	350～450	1.2～1.5	0.9
	粗砂	350～450	1.2～1.5	0.8
	中砂	300～400	1.5	0.5
	细砂	250～350	2.0	0.4
	粉砂	200～300	2.0	0.3
粉土		200～300	2.0～2.5	0.2
粘性土（粉质粘土、粘土）	坚硬、硬塑	400～500	2.0～2.5	0.1
	可塑	300～400	2.0～2.5	0.1
	软塑、流塑	150～250	2.0～2.5	0.1
老粘性土		300～400	1.5～2.0	0.3
红粘土		150～250	2.0～2.5	0.2
湿陷性黄土		200～300	2.0～3.0	0.1
淤泥质土		120～150	2.0	0.1

注：1　粘性土坚硬、硬塑状态 v_0 取大值，软塑、流塑状态取小值；

2　抗力级别 4 级时，粘性土 γ_c 取大值；

3　碎石土、砂土土体密实时，v_0 取大值，γ_c 取小值。

表 4.4.3-2　饱和土起始压力波速 v_0 值

含气量 α_1（%）	4	1	0.1	0.05	0.01	0.005	<0.001
起始压力波速 v_0（m/s）	150	200	370	640	910	1200	1500

注：1　α_1 为饱和土的含气量，可根据饱和度 S_r、孔隙比 e，按式 $\alpha_1 = e(1-S_r)/(1+e)$ 计算确定；当无实测资料时，可取 $\alpha_1 = 1\%$；

2　地面超压 ΔP_m（N/mm^2）$\leqslant 16\alpha_1$ 时，γ_c 取 1.5，v_0 取表中值，δ 同非饱和土；

3　ΔP_m（N/mm^2）$\geqslant 20\alpha_1$ 时，v_0 取 1500（m/s），γ_c 取 1.0，δ 取 1.0；

4　$16\alpha_1 < \Delta P_m$（N/mm^2）$< 20\alpha_1$ 时，v_0、γ_c、δ 取线性内插值。

4.4.4　在计算结构顶板核武器爆炸动荷载时，对核 5 级、核 6 级和核 6B 级防空地下室，当符合下列条件之一时，可考虑上部建筑对地面空气冲击波超压作用的影响。

1　上部建筑层数不少于二层，其底层外墙为钢筋混凝土或砌体承重墙，且任何一面外墙墙面开孔面积不大于该墙面面积的 50%；

2　上部为单层建筑，其承重外墙使用的材料和开孔比例符合上款规定，且屋顶为钢筋混凝土结构。

4.4.5　对符合本规范第 4.4.4 条规定的核 6 级和核 6B 级防空地下室，作用在其上部建筑底层地面的空气冲击波超压波形可采用有升压时间的平台形（图 4.4.2），空气冲击波超压计算值可取 ΔP_m，升压时间可取 0.025s。

4.4.6　对符合本规范第 4.4.4 条规定的核 5 级防空地下室，作用在其上部建筑底层地面的空气冲击波超压波形可采用有升压时间的平台形（图 4.4.2），空气冲击波超压计算值可取 $0.95\Delta P_m$，升压时间可取 0.025s。

4.4.7　在计算土中外墙核武器爆炸动荷载时，对核 4B 级及以下的防空地下室，当上部建筑的外墙为钢筋混凝土承重墙，或对上部建筑为抗震设防的砌体结构或框架结构的核 6 级和核 6B 级防空地下室，均应考虑上部建筑对地面空气冲击波超压值的影响，空气冲击波超压计算值 ΔP_{ms} 应按表 4.4.7 的规定采用。

表 4.4.7　土中外墙计算中考虑上部建筑影响采用的空气冲击波超压计算值 ΔP_{ms}

防核武器抗力级别	ΔP_{ms}（kN/m^2）
6B	$1.10\Delta P_m$
6	$1.10\Delta P_m$
5	$1.20\Delta P_m$
4B	$1.25\Delta P_m$

4.5 核武器爆炸动荷载

4.5.1 全埋式防空地下室结构上的核武器爆炸动荷载，可按同时均匀作用在结构各部位进行受力分析（图 4.5.1*a*）。

当核 6 级和核 6B 级防空地下室顶板底面高出室外地面时，尚应验算地面空气冲击波对高出地面外墙的单向作用（图 4.5.1*b*）。

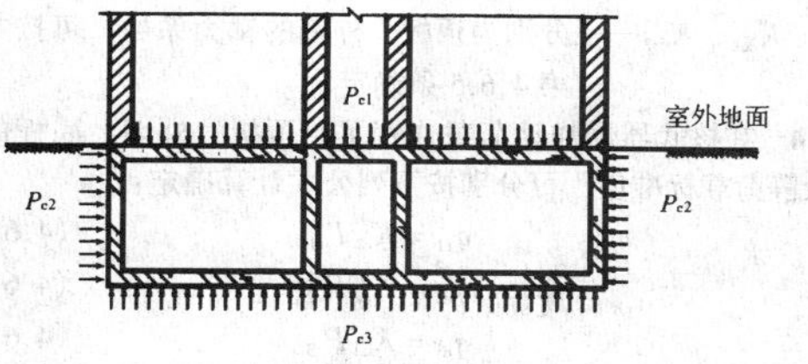

（*a*）全埋式防空地下室

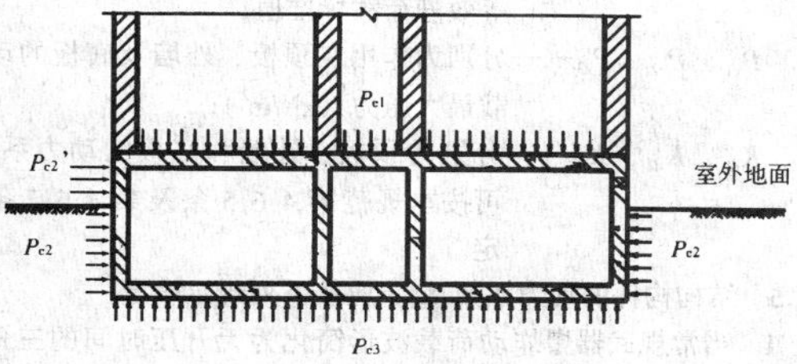

（*b*）顶板高出地面的防空地下室

图 4.5.1 结构周边核武器爆炸动荷载作用方式

4.5.2 防空地下室结构顶板的核武器爆炸动荷载最大压力 P_{c1} 及升压时间 t_{0h} 可按下列公式计算：

1 顶板计算中不考虑上部建筑影响的防空地下室：

$$P_{c1}=KP_h \tag{4.5.2-1}$$

$$t_{0h}=(\gamma_c-1)\frac{h}{v_0} \tag{4.5.2-2}$$

式中 P_{c1}——防空地下室结构顶板的核武器爆炸动荷载最大压力（kN/m^2）；

K——顶板核武器爆炸动荷载综合反射系数，可按本规范第 4.5.3 条确定；

P_h——核武器爆炸土中压缩波的最大压力（kN/m^2），可按本规范第 4.4.3 条确定；

h——顶板的覆土厚度（m）；

v_0——土的起始压力波速（m/s），可按本规范第 4.4.3 条确定；

γ_c——波速比，可按本规范第 4.4.3 条确定；

2 顶板计算中考虑上部建筑影响的防空地下室：

$$P_{c1}=KP_h \tag{4.5.2-3}$$

$$t_{0h}=0.025+(\gamma_c-1)\frac{h}{v_0} \tag{4.5.2-4}$$

4.5.3 结构顶板核武器爆炸动荷载综合反射系数 K 可按下列规定确定：

1 覆土厚度 h 为 0 时，$K=1.0$；

2 覆土厚度 h 大于或等于结构不利覆土厚度 h_m 时，非饱和土的 K 值可按表 4.5.3 确定，饱和土的 K 值可按下列规定确定：

1） 当 $\Delta P_m(N/mm^2)\geqslant 20\alpha_1$ 时，平顶结构 $K=2.0$，非平顶结构 $K=1.8$；

2） 当 $\Delta P_m(N/mm^2)\leqslant 16\alpha_1$ 时，K 值按非饱和土确定；

3） 当 $16\alpha_1<\Delta P_m(N/mm^2)<20\alpha_1$ 时，K 值按线性内插法确定；

3 结构顶板覆土厚度 h 小于结构不利覆土厚度 h_m 时，K 值可按线性内插法确定。对主体结构，当结构顶板覆土厚度 h 不大于 0.5m 时，综合反射系数 K 值可取 1.0。

表 4.5.3 $h\geqslant h_m$ 时非饱和土的综合反射系数 K 值

防核武器抗力级别	覆土厚度 h（m）						
	1	2	3	4	5	6	7
6B、6、5	1.45	1.40	1.35	1.30	1.25	1.22	1.20
4B、4	1.52	1.47	1.42	1.37	1.31	1.28	1.26

注：1 多层结构综合反射系数取表中数值的 1.05 倍；
2 非平顶结构综合反射系数取表中数值的 0.9 倍。

4.5.4 土中结构顶板的不利覆土厚度 h_m，可按表 4.5.4-1、表 4.5.4-2 采用。

表 4.5.4-1 核 6B 级、核 6 级、核 5 级防空地下室土中结构顶板不利覆土厚度

l_0（m）	≤2.0	2.5	3.0	3.5	4.0	4.5	5.0	5.5
h_m（m）	1.0	1.2	1.5	1.7	2.0	2.2	2.5	2.7
l_0（m）	6.0	6.5	7.0	7.5	8.0	8.5	≥9.0	
h_m（m）	2.9	3.0	3.2	3.4	3.6	3.8	4.0	

注：1 l_0 为顶板净跨，双向板取短边净跨；对多跨结构，取最大短边净跨；
2 h_m 为取顶板允许延性比$[\beta]=3$时与 l_0 对应的土中结构不利覆土厚度。

表 4.5.4-2 核 4 级、核 4B 级防空地下室土中结构顶板不利覆土厚度

l_0（m）	≤3.0	3.5	4.0	4.5	5.0	5.5	6.0	6.5
h_m（m）	1.0	1.2	1.4	1.6	1.8	1.9	2.1	2.3
l_0（m）	7.0	7.5	8.0	8.5	9.0	9.5	≥10.0	
h_m（m）	2.5	2.7	3.0	3.2	3.5	3.7	4.0	

注：1 l_0 为顶板净跨，双向板取短边净跨；对多跨结构，取最大短边净跨；
2 h_m 为取顶板允许延性比$[\beta]=3$时与 l_0 对应的土中结构不利覆土厚度。

4.5.5 土中结构外墙上的水平均布核武器爆炸动荷载的最大压力 P_{c2} 及升压时间 t_{0h} 可按下列公式计算：

$$P_{c2}=\xi P_h \tag{4.5.5-1}$$

$$t_{0h}=(\gamma_c-1)\frac{h}{v_0} \tag{4.5.5-2}$$

式中 P_{c2}——土中结构外墙上的水平均布核武器爆炸动荷载的最大压力（kN/m^2）；

ξ——土的侧压系数。当无实测资料时，可按表 4.5.5 采用。

表 4.5.5 核武器爆炸动荷载作用下土的侧压系数 ξ 值

土的类别		侧压系数 ξ
碎石土		0.15~0.25
砂土	地下水位以上	0.25~0.35
	地下水位以下	0.70~0.90
粉土		0.33~0.43
粘性土（粉质粘土、粘土）	坚硬、硬塑	0.20~0.40
	可塑	0.40~0.70
	软塑、流塑	0.70~1.00
老粘性土		0.20~0.33
红粘土		0.30~0.45
湿陷性黄土		0.25~0.40
淤泥质土		0.70~0.90

注：1 碎石土及非饱和砂土：密实、颗粒粗的取小值；
2 非饱和粘性土：液性指数低的取小值；
3 饱和粘性土、饱和砂土：含气量 $\alpha_1\leqslant 0.1\%$ 时取大值。

4.5.6 当核 6 级、核 6B 级防空地下室的顶板底面按本规范第 3.2.15 条规定高出室外地面，直接承受空气冲击波作用的外墙最

大水平均布压力 P_{c2}'可取 $2\Delta P_m$。

4.5.7 结构底板上核武器爆炸动荷载最大压力可按下列公式计算：

$$P_{c3}=\eta P_{c1} \tag{4.5.7}$$

式中 P_{c3}——结构底板上核武器爆炸动荷载最大压力（kN/m^2）；

η——底压系数，当底板位于地下水位以上时取 0.7～0.8，其中核 4B 级及核 4 级时取小值；当底板位于地下水位以下时取 0.8～1.0，其中含气量 $\alpha_1 \leqslant$ 0.1%时取大值。

4.5.8 作用在防空地下室出入口通道内临空墙、门框墙上的核武器爆炸空气冲击波最大压力 P_c 值，可按表 4.5.8 确定。

表 4.5.8 出入口通道内临空墙、门框墙最大压力 P_c 值

出入口部位及形式		防核武器抗力级别				
		6B	6	5	4B	4
顶板荷载考虑上部建筑影响的室内出入口		$2.0\Delta P_m$	$2.0\Delta P_m$	$1.9\Delta P_m$	—	—
顶板荷载不考虑上部建筑影响的室内出入口，室外竖井、楼梯、穿廊出入口		$2.0\Delta P_m$	$2.0\Delta P_m$	$2.0\Delta P_m$	$2.0\Delta P_m$	$2.0\Delta P_m$
室外直通、单向出入口	$\zeta<30°$	$2.3\Delta P_m$	$2.4\Delta P_m$	$2.8\Delta P_m$	$3.0\Delta P_m$	$3.0\Delta P_m$
	$\zeta \geqslant 30°$	$2.0\Delta P_m$	$2.0\Delta P_m$	$2.4\Delta P_m$		

注：ζ 为直通、单向出入口坡道的坡度角。

4.5.9 防空地下室战时非主要出入口，除临空墙外，其它与防空地下室无关的墙、楼梯踏步和休息平台等均不考虑核武器爆炸动荷载作用。

4.5.10 防空地下室室外出入口土中通道结构上的核武器爆炸动荷载，可按下列规定确定：

1 有顶盖段通道结构，按承受土中压缩波产生的核武器爆炸动荷载计算，其值可按本规范第 4.5.2～4.5.5 条及第 4.5.7 条确定；

2 无顶盖敞开段通道结构，可不验算核武器爆炸动荷载作用；

3 土中竖井结构，无论有无顶盖，均按由土中压缩波产生的法向均布动荷载计算，其值可按本规范第 4.5.5 条确定。

4.5.11 作用在扩散室与防空地下室内部房间相邻的临空墙上最大压力，可按消波系统的余压确定。作用在与土直接接触的扩散室顶板、外墙及底板上的核武器爆炸动荷载可按本规范第 4.5.2～4.5.7 条确定。

4.6 结构动力计算

4.6.1 当采用等效静荷载法进行结构动力计算时，宜将结构体系拆成顶板、外墙、底板等结构构件，分别按单独的等效单自由度体系进行动力分析。

4.6.2 在常规武器爆炸动荷载或核武器爆炸动荷载作用下，结构构件的工作状态均可用结构构件的允许延性比［β］表示。对砌体结构构件，允许延性比［β］值应取 1.0；对钢筋混凝土结构构件，允许延性比［β］可按表 4.6.2 取值。

表 4.6.2 钢筋混凝土结构构件的允许延性比［β］值

结构构件使用要求	动荷载类别	受力状态			
		受　弯	大偏心受压	小偏心受压	轴心受压
密闭、防水要求高	核武器爆炸动荷载	1.0	1.0	1.0	1.0
	常规武器爆炸动荷载	2.0	1.5	1.2	1.0
密闭、防水要求一般	核武器爆炸动荷载	3.0	2.0	1.5	1.2
	常规武器爆炸动荷载	4.0	3.0	1.5	1.2

4.6.3 在常规武器爆炸动荷载作用下，顶板、外墙的均布等效静荷载标准值，可分别按下列公式计算确定：

$$q_{ce1}=K_{dc1}\overline{p}_{c1} \tag{4.6.3-1}$$

$$q_{ce2}=K_{dc2}\overline{p}_{c2} \tag{4.6.3-2}$$

式中 q_{ce1}、q_{ce2}——分别为作用在顶板、外墙的均布等效静荷载标准值；

$\overline{p}_{c1}$、$\overline{p}_{c2}$——分别为作用在顶板、外墙的均布动荷载最大压力（kN/m^2）；

K_{dc1}、K_{dc2}——分别为顶板、外墙的动力系数，可按本规范第 4.6.5 条确定。

4.6.4 在核武器爆炸动荷载作用下，顶板、外墙、底板的均布等效静荷载标准值，可分别按下列公式计算确定：

$$q_{e1}=K_{d1}P_{c1} \tag{4.6.4-1}$$

$$q_{e2}=K_{d2}P_{c2} \tag{4.6.4-2}$$

$$q_{e3}=K_{d3}P_{c3} \tag{4.6.4-3}$$

式中 q_{e1}、q_{e2}、q_{e3}——分别为作用在顶板、外墙及底板的均布等效静荷载标准值；

P_{c1}、P_{c2}、P_{c3}——分别为作用在顶板、外墙及底板的动荷载最大压力（kN/m^2）；

K_{d1}、K_{d2}、K_{d3}——分别为顶板、外墙和底板的动力系数，可按本规范第 4.6.5 条及第 4.6.7 条确定。

4.6.5 结构构件的动力系数 K_d，应按下列规定确定：

1 当常规武器爆炸动荷载波形简化为无升压时间的三角形时，根据结构构件自振圆频率 ω、动荷载等效作用时间 t_0 及允许延性比［β］按下列公式计算确定：

$$K_d=\left[\frac{2}{\omega t_0}\sqrt{2[\beta]-1}+\frac{2[\beta]-1}{2[\beta]\left(1+\dfrac{4}{\omega t_0}\right)}\right]^{-1} \tag{4.6.5-1}$$

2 当常规武器爆炸动荷载的波形简化为有升压时间的三角形时，根据结构构件自振圆频率 ω、动荷载升压时间 t_r、动荷载等效作用时间 t_d 及允许延性比［β］按下列公式计算确定：

$$K_d=\overline{\xi}\,\overline{K}_d \tag{4.6.5-2}$$

$$\overline{\xi}=\frac{1}{2}+\frac{\sqrt{[\beta]}}{\omega t_r}\sin\left(\frac{\omega t_r}{2\sqrt{[\beta]}}\right) \tag{4.6.5-3}$$

式中 $\overline{\xi}$——动荷载升压时间对结构动力响应的影响系数；

$\overline{K}_d$——无升压时间的三角形动荷载作用下结构构件的动力系数，应按式（4.6.5-1）计算确定，此时式中 t_0 改用 t_d；

3 当核武器爆炸动荷载的波形简化为无升压时间的三角形时，根据结构构件的允许延性比［β］按下列公式计算确定：

$$K_d=\frac{2[\beta]}{2[\beta]-1} \tag{4.6.5-4}$$

4 当核武器爆炸动荷载的波形简化为有升压时间的平台形时，根据结构构件自振圆频率 ω、升压时间 t_{0h} 及允许延性比［β］按表 4.6.5 确定。

表 4.6.5 动力系数 K_d

ωt_{0h}	允许延性比［β］				
	1.0	1.2	1.5	2.0	3.0
0	2.00	1.71	1.50	1.34	1.20
1	1.96	1.68	1.47	1.31	1.19
2	1.84	1.58	1.40	1.26	1.15
3	1.67	1.44	1.28	1.18	1.10

续表 4.6.5

ωt_{0h}	允许延性比［β］				
	1.0	1.2	1.5	2.0	3.0
4	1.50	1.30	1.18	1.11	1.06
5	1.40	1.22	1.13	1.07	1.05
6	1.33	1.17	1.09	1.05	1.05
7	1.29	1.14	1.07	1.05	1.05
8	1.25	1.11	1.06	1.05	1.05
9	1.22	1.09	1.05	1.05	1.05
10	1.20	1.08	1.05	1.05	1.05
15	1.13	1.05	1.05	1.05	1.05
20	1.10	1.05	1.05	1.05	1.05

4.6.6 按等效静荷载法进行结构动力分析时，宜取与动荷载分布规律相似的静荷载作用下产生的挠曲线作为基本振型。确定自振圆频率时，可不考虑土的附加质量影响。

4.6.7 在核武器爆炸动荷载作用下，结构底板的动力系数 K_{d3} 可取 1.0，扩散室与防空地下室内部房间相邻的临空墙动力系数可取 1.30。

4.7 常规武器爆炸动荷载作用下结构等效静荷载

4.7.1 常规武器地面爆炸作用在防空地下室结构各部位的等效静荷载标准值，除按本规范公式计算外，也可按本节规定直接选用。

4.7.2 防空地下室钢筋混凝土梁板结构顶板的等效静荷载标准值 q_{ce1} 可按下列规定采用：

1 当防空地下室设在地下一层时，顶板等效静荷载标准值 q_{ce1} 可按表 4.7.2 采用。对于常 5 级当顶板覆土厚度大于 2.5m，对于常 6 级大于 1.5m 时，顶板可不计入常规武器地面爆炸产生的等效静荷载，但顶板设计应符合本规范第 4.11 节规定的构造要求；

2 当防空地下室设在地下二层及以下各层时，顶板可不计入常规武器地面爆炸产生的等效静荷载，但顶板设计应符合本规范第 4.11 节规定的构造要求。

表 4.7.2　顶板等效静荷载标准值 q_{ce1}（kN/m²）

顶板覆土厚度 h（m）	防常规武器抗力级别	
	5	6
0≤h≤0.5	110～90（88～72）	50～40（40～32）
0.5＜h≤1.0	90～70（72～56）	40～30（32～24）
1.0＜h≤1.5	70～50（56～40）	30～15（24～12）
1.5＜h≤2.0	50～30（40～24）	－
2.0＜h≤2.5	30～15（24～12）	－

注：1　顶板按弹塑性工作阶段计算，允许延性比［β］取 4.0；
2　顶板覆土厚度 h 为小值时，q_{ce1} 取大值；
3　当符合本规范第 4.3.4 条规定考虑上部建筑影响时，可取用表中括号内数值。

4.7.3 防空地下室外墙的等效静荷载标准值 q_{ce2} 可按下列规定采用：

1 土中外墙的等效静荷载标准值 q_{ce2}，可按表 4.7.3－1、表 4.7.3－2 采用；

2 对按本规范第 3.2.15 条规定，顶板底面高出室外地面的常 5 级、常 6 级防空地下室，直接承受空气冲击波作用的钢筋混凝土外墙按弹塑性工作阶段设计时，其等效静荷载标准值 q_{ce2} 对常 5 级可取 400kN/m²，对常 6 级可取 180kN/m²。

表 4.7.3－1　非饱和土中外墙等效静荷载标准值 q_{ce2}（kN/m²）

顶板顶面埋置深度 h（m）	土的类别	防常规武器抗力级别			
		5		6	
		砌体	钢筋混凝土	砌体	钢筋混凝土
0＜h≤1.5	碎石土、粗砂、中砂	85～60	70～40	45～25	30～20
	细砂、粉砂	70～50	55～35	35～20	25～15
	粉土	70～55	60～40	40～20	30～15
	粘性土、红粘土	70～50	55～35	35～25	20～15
	老粘性土	80～60	65～40	40～25	30～15
	湿陷性黄土	70～50	55～35	35～20	25～15
	淤泥质土	50～40	35～25	25～15	15～10
1.5＜h≤3.0	碎石土、粗砂、中砂		40～30		20～15
	细砂、粉砂		35～25		15～10
	粉土		40～25		15～10
	粘性土、红粘土		35～25		15～10
	老粘性土		40～25		15～10
	湿陷性黄土		35～20		15～10
	淤泥质土		25～15		10～5

注：1　表内砌体外墙数值系按防空地下室净高≤3.0m，开间≤5.4m 计算确定；钢筋混凝土外墙数值系按计算高度≤5.0m 计算确定；
2　砌体外墙按弹性工作阶段计算；钢筋混凝土外墙按弹塑性工作阶段计算，［β］取 3.0；
3　顶板埋置深度 h 为小值时，q_{ce2} 取大值。

表 4.7.3－2　饱和土中外墙等效静荷载标准值 q_{ce2}（kN/m²）

顶板顶面埋置深度 h（m）	饱和土含气量 α_1（%）	防常规武器抗力级别	
		5	6
0＜h≤1.5	1	100～80	50～30
	≤0.05	140～100	70～50
1.5＜h≤3.0	1	80～60	30～25
	≤0.05	100～80	50～30

注：1　表内数值系按钢筋混凝土外墙计算高度≤5.0m，允许延性比［β］取 3.0 计算确定；
2　当含气量 α_1＞1%时，按非饱和土取值；当 0.05%＜α_1＜1%时，按线性内插法确定；
3　顶板埋置深度 h 为小值时，q_{ce2} 取大值。

4.7.4 防空地下室底板设计可不考虑常规武器地面爆炸作用，但底板设计应符合本规范第 4.11 节规定的构造要求。

4.7.5 防空地下室室外出入口支承钢筋混凝土平板防护密闭门的门框墙（图 4.7.5－1），其常规武器爆炸等效静荷载标准值可按下列规定确定：

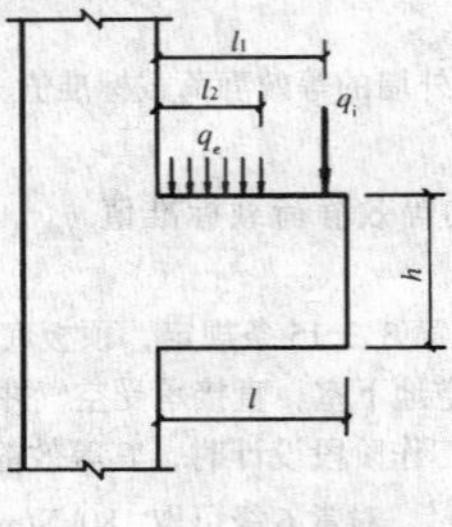

图 4.7.5-1　门框墙荷载分布

注：l——门框墙悬挑长度（mm）；

l_1——门扇传来的作用力至悬臂根部的距离（mm），其值为门框墙悬挑长度 l 减去 1/3 门扇搭接长度；

l_2——直接作用在门框墙上的等效静荷载标准值分布宽度（mm），其值为门框墙悬挑长度 l 减去门扇搭接长度。

1　直接作用在门框墙上的等效静荷载标准值 q_e，可按表 4.7.5-1 采用。当室外出入口通道净宽大于 3.0m 时，可将表中数值乘以 0.9 采用；

表 4.7.5-1　直接作用在门框墙上的等效静荷载标准值 q_e（kN/m^2）

出入口部位及形式	距离 L（m）	防常规武器抗力级别 6	防常规武器抗力级别 5
室外直通出入口	5	290	580
	10	240	470
	≥15	210	400
室外单向出入口	5	270	530
	10	220	430
	≥15	190	370
室外竖井、楼梯、穿廊出入口	5	160	320
	10	130	260
	≥15	115	220

注：1　L 为室外出入口至防护密闭门的距离（图 4.7.5-2）；

2　当 $5m < L < 10m$ 及 $10m < L < 15m$ 时，可按线性内插法确定。

2　由钢筋混凝土门扇传来的等效静荷载标准值，可按下列公式计算确定：

$$q_{ia} = \gamma_a q_e a \tag{4.7.5-1}$$

$$q_{ib} = \gamma_b q_e a \tag{4.7.5-2}$$

式中　q_{ia}、q_{ib}——分别为沿上下门框和两侧门框单位长度作用力的标准值（kN/m）；

γ_a、γ_b——分别为沿上下门框和两侧门框的反力系数。单扇平板门可按表 4.7.5-2 采用，双扇平板门可按表 4.7.5-3 采用；

q_e——作用在防护密闭门上的等效静荷载标准值，可按表 4.7.5-1 采用；

a、b——分别为单个门扇的宽度和高度（m）。

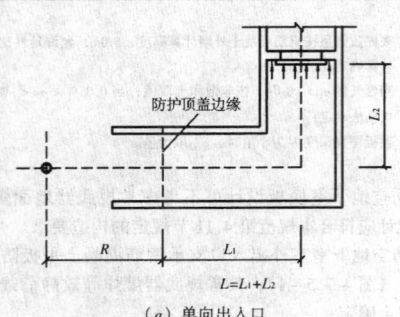

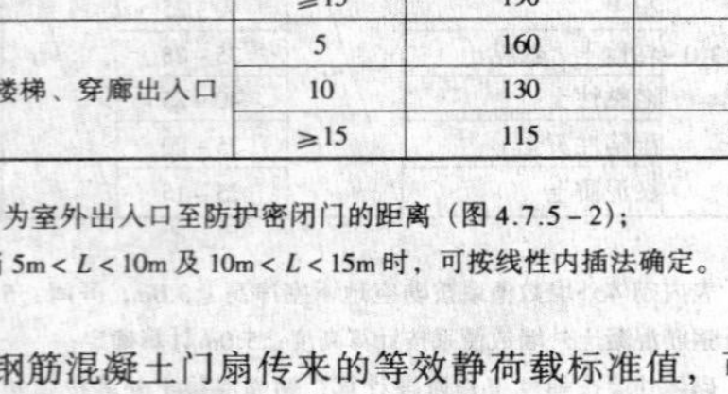

（a）单向出入口

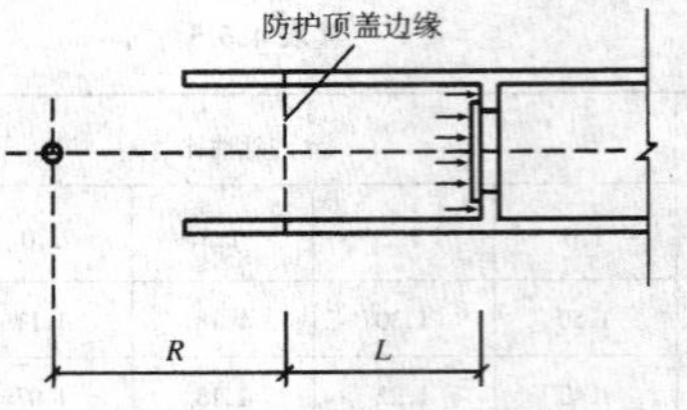

（b）直通出入口

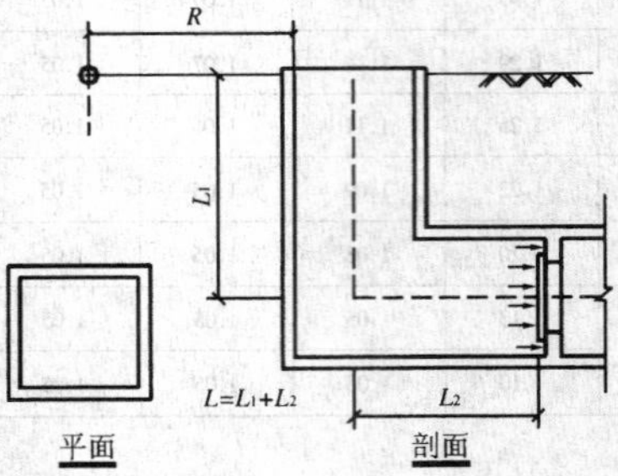

（c）竖井出入口

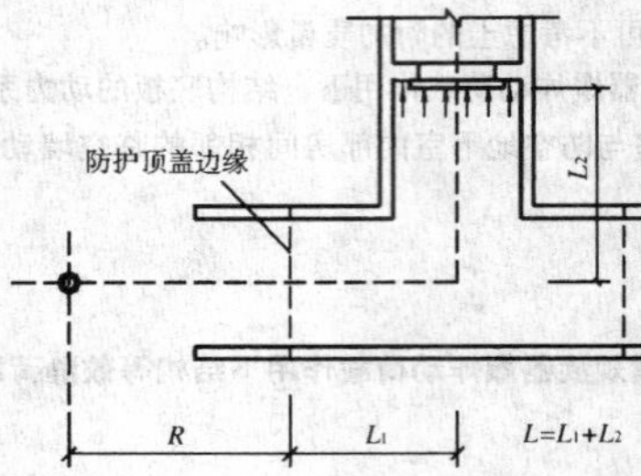

（d）穿廊出入口

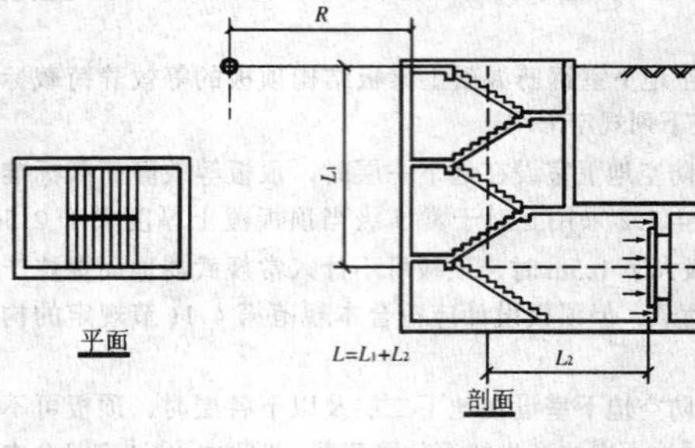

（e）楼梯出入口

图 4.7.5-2　室外出入口至防护密闭门的距离示意

注：R 为爆心至出入口的水平距离。

表 4.7.5-2　单扇平板门反力系数

a/b	0.40	0.50	0.60	0.70	0.80	0.90	1.00	1.25	1.50
γ_a	0.37	0.37	0.37	0.36	0.36	0.35	0.34	0.31	0.28
γ_b	0.48	0.47	0.44	0.42	0.39	0.36	0.34	0.29	0.24

表 4.7.5-3　双扇平板门反力系数

a/b	0.40	0.50	0.60	0.70	0.80	0.90	1.00	1.25	1.50
γ_a	0.51	0.50	0.48	0.47	0.44	0.42	0.40	0.35	0.31
γ_b	0.65	0.60	0.54	0.49	0.44	0.40	0.36	0.30	0.25

4.7.6　防空地下室室外出入口通道内的钢筋混凝土临空墙，其等效静荷载标准值可按表 4.7.6 采用。当室外出入口净宽大于

3.0m 时，可将表中数值乘以 0.9 采用。

表 4.7.6　出入口临空墙的等效静荷载标准值（kN/m^2）

出入口部位及形式	距离 L（m）	防常规武器抗力级别	
		6	5
室外直通出入口	5	200	390
	10	160	320
	≥15	140	280
室外单向出入口	5	180	360
	10	150	300
	≥15	130	260
室外竖井、楼梯、穿廊出入口	5	110	210
	10	90	170
	≥15	70	150

注：1　L 为室外出入口至防护密闭门的距离（图 4.7.5－2）；

2　当 $5m < L < 10m$ 及 $10m < L < 15m$ 时，可按线性内插法确定。

4.7.7　防空地下室室内出入口支承防护密闭门的门框墙及临空墙的等效静荷载标准值，可按下列规定确定：

1　当防空地下室室内出入口侧壁内侧至外墙外侧的最小水平距离小于等于 5.0m 时，防空地下室室内出入口门框墙、临空墙的等效静荷载标准值可分别按表 4.7.5－1、表 4.7.6 中室外竖井、楼梯、穿廊出入口项的数值乘以 0.5 采用；

2　当防空地下室室内出入口侧壁内侧至外墙外侧的最小水平距离大于 5.0m 时，防空地下室室内出入口门框墙、临空墙可不计入常规武器地面爆炸产生的等效静荷载，但门框墙、临空墙设计应符合本规范第 4.11 节规定的构造要求。

4.7.8　防空地下室相邻两个防护单元之间的隔墙以及防空地下室与普通地下室相邻的隔墙可不计入常规武器地面爆炸产生的等效静荷载，但常 5 级、常 6 级隔墙厚度应分别不小于 250mm、200mm，配筋应符合本规范第 4.11 节规定的构造要求。

4.7.9　对多层防空地下室结构，当相邻楼层分别划分为上、下两个防护单元时，上、下两个防护单元之间楼板可不计入常规武器地面爆炸产生的等效静荷载，但楼板厚度应不小于 200mm，配筋应符合本规范第 4.11 节规定的构造要求。

4.7.10　当防空地下室主要出入口采用楼梯式出入口时，作用在出入口内楼梯踏步与休息平台上的常规武器爆炸动荷载应按构件正面受荷计算。动荷载作用方向与构件表面垂直，其等效静荷载标准值可按下列规定确定：

1　当主要出入口为室外出入口时，对常 5 级可取 $110kN/m^2$，对常 6 级可取 $50kN/m^2$；

2　当主要出入口为室内出入口，且其侧壁内侧至外墙外侧的最小水平距离小于等于 5.0m 时，对常 5 级可取 $90kN/m^2$，对常 6 级可取 $40kN/m^2$；

3　当主要出入口为室内出入口，且其侧壁内侧至外墙外侧的最小水平距离大于 5.0m 时，可不计入等效静荷载。

4.7.11　作用在防空地下室室外出入口土中通道结构上的常规武器爆炸等效静荷载，可按下列规定确定：

1　有顶盖的通道结构，按承受土中压缩波产生的常规武器爆炸动荷载计算，其等效静荷载标准值可按本规范第 4.7.2～4.7.4 条确定；

2　无顶盖敞开段通道结构，可不考虑常规武器爆炸动荷载作用；

3　土中竖井结构，无论有无顶盖，均按由土中压缩波产生的法向均布动荷载计算，其等效静荷载标准值可按本规范第 4.7.3 条的规定确定。

4.7.12　作用在与土直接接触的扩散室顶板、外墙及底板上的常规武器爆炸等效静荷载可按本规范第 4.7.2～4.7.4 条确定。扩散室与防空地下室内部房间相邻的临空墙可不计入常规武器爆炸产生的等效静荷载，但临空墙设计应符合本规范第 4.11 节规定的构造要求。

4.8　核武器爆炸动荷载作用下常用结构等效静荷载

4.8.1　核武器爆炸作用在防空地下室结构各部位的等效静荷载标准值，除按本规范第 4.4～4.6 节的公式计算外，当条件符合时，也可按本节的规定直接选用。

4.8.2　当防空地下室的顶板为钢筋混凝土梁板结构，且按允许延性比［β］等于 3.0 计算时，顶板的等效静荷载标准值 q_{e1} 可按表 4.8.2 采用。

表 4.8.2　顶板等效静荷载标准值 q_{e1}（kN/m^2）

顶板覆土厚度 h（m）	顶板区格最大短边净跨 l_0（m）	防核武器抗力级别				
		6B	6	5	4B	4
$h \leq 0.5$	$3.0 \leq l_0 \leq 9.0$	40（35）	60（55）	120（100）	240	360
$0.5 < h \leq 1.0$	$3.0 \leq l_0 \leq 4.5$	45（40）	70（65）	140（120）	310	460
	$4.5 < l_0 \leq 6.0$	45（40）	70（60）	135（115）	285	425
	$6.0 < l_0 \leq 7.5$	45（40）	65（60）	130（110）	275	410
	$7.5 < l_0 \leq 9.0$	45（40）	65（60）	130（110）	265	400
$1.0 < h \leq 1.5$	$3.0 \leq l_0 \leq 4.5$	50（45）	75（70）	145（135）	320	480
	$4.5 < l_0 \leq 6.0$	45（40）	70（65）	135（120）	300	450
	$6.0 < l_0 \leq 7.5$	40（35）	70（60）	135（115）	290	430
	$7.5 < l_0 \leq 9.0$	40（35）	70（60）	130（115）	280	415

注：表中括号内数值为考虑上部建筑影响的顶板等效静荷载标准值。

4.8.3　防空地下室土中外墙的等效静荷载标准值 q_{e2}，当不考虑上部建筑对外墙影响时，可按表 4.8.3－1、表 4.8.3－2 采用；当按本规范第 4.4.7 条的规定考虑上部建筑影响时，应按表 4.8.3－1、表 4.8.3－2 中规定数值乘以系数 λ 采用。核 6B 级、核 6 级时，$\lambda = 1.1$；核 5 级时，$\lambda = 1.2$；核 4B 级时，$\lambda = 1.25$。

表 4.8.3－1　非饱和土中外墙等效静荷载标准值 q_{e2}（kN/m^2）

土的类别		防核武器抗力级别							
		6B		6		5		4B	4
		砌体	钢筋混凝土	砌体	钢筋混凝土	砌体	钢筋混凝土	钢筋混凝土	钢筋混凝土
碎石土		10～15	5～10	15～25	10～15	30～50	20～35	40～65	55～90
砂土	粗砂、中砂	10～20	10～15	25～35	15～25	50～70	35～45	65～90	90～125
	细砂、粉砂	10～15	10～15	25～30	15～20	40～60	30～40	55～75	80～110
粉　土		10～20	10～15	30～40	20～25	55～65	35～50	70～90	100～130
粘性土	坚硬、硬塑	10～15	5～15	20～35	10～25	30～60	25～45	40～85	60～125
	可塑	15～25	15～25	35～55	25～40	60～100	45～75	85～145	125～215
	软塑、流塑	25～35	25～30	55～60	40～45	100～105	75～85	145～165	215～240
老粘性土		10～25	10～15	20～40	15～25	40～80	25～50	50～100	65～125
红粘土		20～30	10～20	30～45	15～30	45～90	35～50	60～100	90～140
湿陷性黄土		10～15	10～15	15～30	10～25	30～65	25～45	40～85	60～120
淤泥质土		30～35	25～30	50～55	40～45	90～100	70～80	140～160	210～240

注：1　表内砌体外墙数值系按防空地下室净高≤3m，开间≤5.4m 计算确定；钢筋混凝土外墙数值系按构件计算高度≤5.0m 计算确定；

2　砌体外墙按弹性工作阶段计算，钢筋混凝土外墙按弹塑性工作阶段计算，［β］取 2.0；

3　碎石土及砂土，密实、颗粒粗的取小值；粘性土，液性指数低的取小值。

表 4.8.3－2　饱和土中钢筋混凝土外墙等效静荷载标准值 q_{e2}（kN/m²）

土的类别	防核武器抗力级别				
	6B	6	5	4B	4
碎石土、砂土	30～35	45～55	80～105	185～240	280～360
粉土、粘性土、老粘性土、红粘土、淤泥质土	30～35	45～60	80～115	185～265	280～400

注：1　表中数值系按外墙构件计算高度≤5.0m，允许延性比［β］取 2.0 确定；

2　含气量 $\alpha_1 \leqslant 0.1\%$ 时取大值。

4.8.4　对按本规范第 3.2.15 条规定，高出室外地面的核 6B 级及核 6 级防空地下室，直接承受空气冲击波单向作用的钢筋混凝土外墙按弹塑性工作阶段设计时，其等效静荷载标准值 q_{e2} 当核 6B 级时取 80kN/m²；当核 6 级时取 130kN/m²。

4.8.5　无桩基的防空地下室钢筋混凝土底板的等效静荷载标准值 q_{e3}，可按表 4.8.5 采用；带桩基的防空地下室钢筋混凝土底板的等效静荷载标准值可按本规范第 4.8.15 条采用。

表 4.8.5　钢筋混凝土底板等效静荷载标准值 q_{e3}（kN/m²）

顶板覆土厚度 h（m）	顶板短边净跨 l_0（m）	防核武器抗力级别						防核武器抗力级别			
		6B		6		5		4B		4	
		地下水位以上	地下水位以下	地下水位以上	地下水位以下	地下水位以上	地下水位以下	地下水位以上	地下水位以下	地下水位以上	地下水位以下
$h \leqslant 0.5$	$3.0 \leqslant l_0 \leqslant 9.0$	30	30～35	40	40～50	75	75～95	140	160～200	210	240～300
$0.5 < h \leqslant 1.0$	$3.0 \leqslant l_0 \leqslant 4.5$	30	35～40	50	50～60	90	90～115	190	215～270	280	320～400
	$4.5 < l_0 \leqslant 6.0$	30	30～35	45	45～55	85	85～110	170	195～245	255	290～365
	$6.0 < l_0 \leqslant 7.5$	30	30～35	45	45～55	85	85～105	160	185～230	245	280～350
	$7.5 < l_0 \leqslant 9.0$	30	30～35	45	45～55	80	80～100	155	180～225	235	265～335
$1.0 < h \leqslant 1.5$	$3.0 \leqslant l_0 \leqslant 4.5$	35	35～45	55	55～70	105	105～130	205	235～295	305	350～440
	$4.5 < l_0 \leqslant 6.0$	30	30～40	50	50～60	90	90～115	190	215～270	280	320～400
	$6.0 < l_0 \leqslant 7.5$	30	30～35	45	45～60	90	90～110	175	200～250	260	300～375
	$7.5 < l_0 \leqslant 9.0$	30	30～35	45	45～55	85	85～105	165	190～240	250	285～355

注：1　表中核 6 级及核 6B 级防空地下室底板的等效静荷载标准值对考虑或不考虑上部建筑影响均适用；

2　表中核 5 级防空地下室底板的等效静荷载标准值按考虑上部建筑影响计算，当按不考虑上部建筑影响计算时，可将表中数值除以 0.95 后采用；

3　位于地下水位以下的底板，含气量 $\alpha_1 \leqslant 0.1\%$ 时取大值。

4.8.6　防空地下室室外出入口土中有顶盖通道结构外墙的等效静荷载标准值可按表 4.8.3－1、表 4.8.3－2 采用。当通道净跨不小于 3m 时，钢筋混凝土顶、底板上等效静荷载标准值可分别按表 4.8.2、表 4.8.5 中不考虑上部建筑影响项采用；对核 5 级、核 6 级及核 6B 级防空地下室，当通道净跨小于 3m 时，钢筋混凝土顶、底板等效静荷载标准值可分别按表 4.8.6－1、表 4.8.6－2 采用。

表 4.8.6－1　通道顶板等效静荷载标准值 q_{e1}（kN/m²）

顶板覆土厚度 h（m）	防核武器抗力级别		
	6B	6	5
$h \leqslant 0.5$	40	65	135
$0.5 < h \leqslant 1.5$	45	75	150
$1.5 < h \leqslant 2.0$	40	70	145
$2.0 < h \leqslant 3.5$	40	70	140
$3.5 < h \leqslant 5.0$	40	65	135

表 4.8.6－2　通道底板等效静荷载标准值 q_{e3}（kN/m²）

顶板覆土厚度 h（m）	防核武器抗力级别					
	6B		6		5	
	地下水位以上	地下水位以下	地下水位以上	地下水位以下	地下水位以上	地下水位以下
$h \leqslant 0.5$	30	30～35	50	50～60	100	100～125
$0.5 < h \leqslant 1.5$	35	35～40	60	60～75	115	115～145
$1.5 < h \leqslant 2.0$	35	35～40	55	55～65	110	110～140
$2.0 < h \leqslant 3.5$	30	30～35	55	55～65	105	105～135
$3.5 < h \leqslant 5.0$	30	30～35	50	50～60	100	100～125

注：位于地下水位以下的底板，含气量 $\alpha_1 \leqslant 0.1\%$ 时取大值。

4.8.7　防空地下室支承钢筋混凝土平板防护密闭门的门框墙（图 4.7.5－1），其核武器爆炸等效静荷载标准值可按下列规定确定：

1　直接作用在门框墙上的等效静荷载标准值 q_e，可按表 4.8.7 确定；

2　由钢筋混凝土门扇传来的等效静荷载标准值，可按下列公式计算确定：

$$q_{ia} = \gamma_a q_e a \qquad (4.8.7-1)$$

$$q_{ib} = \gamma_b q_e a \qquad (4.8.7-2)$$

式中　q_{ia}、q_{ib}——分别为沿上下门框和两侧门框单位长度作用力的标准值（kN/m）；

γ_a、γ_b——分别为沿上下门框和两侧门框的反力系数；单扇平板门可按表 4.7.5－2 采用，双扇平板门可按表 4.7.5－3 采用；

q_e——作用在防护密闭门上的等效静荷载标准值，可按表 4.8.7 采用；

a、b——分别为单个门扇的宽度和高度（m）。

表 4.8.7　直接作用在门框墙上的等效静荷载标准值 q_e（kN/m²）

出入口部位及形式		防核武器抗力级别				
		6B	6	5	4B	4
顶板荷载考虑上部建筑影响的室内出入口		120	200	380	—	—
顶板荷载不考虑上部建筑影响的室内出入口，室外竖井、楼梯、穿廊出入口		120	200	400	800	1200
室外直通、单向出入口	ζ<30°	135	240	550	1200	1800
	ζ≥30°	120	200	480		

注：ζ 为直通、单向出入口坡道的坡度角。

4.8.8　防空地下室出入口通道内的钢筋混凝土临空墙，当按允许延性比［β］等于 2.0 计算时，其等效静荷载标准值可按表 4.8.8 采用。

表 4.8.8　临空墙的等效静荷载标准值（kN/m²）

出入口部位及形式		防核武器抗力级别				
		6B	6	5	4B	4
顶板荷载考虑上部建筑影响的室内出入口		65	110	210	—	—
顶板荷载不考虑上部建筑影响的室内出入口，室外竖井、楼梯、穿廊出入口		80	130	270	530	800
室外直通、单向出入口	ζ<30°	90	160	370	800	1200
	ζ≥30°	80	130	320		

注：ζ 为直通、单向出入口坡道的坡度角。

4.8.9　甲类防空地下室相邻两个防护单元之间的隔墙、门框墙水平等效静荷载标准值，可按表 4.8.9－1 或表 4.8.9－2 采用。

设计时，隔墙与门框墙两侧应分别按单侧受力计算配筋。

表 4.8.9-1　相邻防护单元抗力级别相同时，隔墙、门框墙的水平等效静荷载标准值

荷载部位	防核武器抗力级别				
	6B	6	5	4B	4
隔墙、门框墙水平等效静荷载标准值（kN/m^2）	30	50	100	200	300

表 4.8.9-2　相邻防护单元抗力级别不同时，隔墙、门框墙的水平等效静荷载标准值

防核武器抗力级别		荷载部位	
		隔墙水平等效静荷载标准值（kN/m^2）	门框墙水平等效静荷载标准值（kN/m^2）
6B级与6级相邻	6B级一侧	50	50
	6级一侧	30	30
6B级与5级相邻	6B级一侧	100	100
	5级一侧	30	30
6B级与普通地下室相邻	普通地下室一侧	55（70）	100
6级与5级相邻	6级一侧	100	100
	5级一侧	50	50
6级与普通地下室相邻	普通地下室一侧	90（110）	170
5级与4B级相邻	5级一侧	200	200
	4B级一侧	100	100
5级与普通地下室相邻	普通地下室一侧	180（230）	320（340）
4B级与4级相邻	4B级一侧	300	300
	4级一侧	200	200

注：当顶板荷载不考虑上部建筑影响时，普通地下室一侧荷载应取括号内数值。

4.8.10　甲类防空地下室室外开敞式防倒塌棚架，由空气冲击波动压产生的水平等效静荷载标准值及由房屋倒塌产生的垂直等效静荷载标准值可按表 4.8.10 采用，水平与垂直荷载二者应按不同时作用计算。

表 4.8.10　开敞式防倒塌棚架等效静荷载标准值（kN/m^2）

防核武器抗力级别	6B	6	5
水平等效静荷载标准值	6	15	55
垂直等效静荷载标准值	30	50	50

4.8.11　当核5级、核6级及核6B级防空地下室战时主要出入口采用室外楼梯出入口时，作用在出入口内楼梯踏步与休息平台上的核武器爆炸动荷载应按构件正面和反面不同时受力分别计算。核武器爆炸动荷载作用方向与构件表面垂直，其等效静荷载标准值可按表 4.8.11 采用。

表 4.8.11　楼梯踏步与休息平台等效静荷载标准值（kN/m^2）

荷载部位	防核武器抗力级别		
	6B	6	5
正面荷载	40	60	120
反面荷载	20	30	60

4.8.12　对多层地下室结构，当防空地下室未设在最下层时，宜在临战时对防空地下室以下各层采取临战封堵转换措施，确保空气冲击波不进入防空地下室以下各层。此时防空地下室顶板和防空地下室及其以下各层的内、外墙、柱以及最下层底板均应考虑核武器爆炸动荷载作用，防空地下室底板可不考虑核武器爆炸动荷载作用，按平时使用荷载计算，但该底板混凝土折算厚度应不小于 200mm，配筋应符合本规范第 4.11 节规定的构造要求。

4.8.13　当核5级、核6级及核6B级防空地下室的室外楼梯出入口大于等于二层时，作用在室外出入口内门框墙、临空墙上的等效静荷载标准值可分别按表 4.8.7、表 4.8.8 规定的数值乘以 0.9 后采用。

4.8.14　对多层的甲类防空地下室结构，当相邻楼层分别划分为上、下两个抗力级别相同或抗力级别不同且下层抗力级别大于上层的防护单元时，则上、下两个防护单元之间楼板的等效静荷载标准值应按防护单元隔墙上的等效静荷载标准值确定，但只计入作用在楼板上表面的等效静荷载标准值。

4.8.15　当甲类防空地下室基础采用桩基且按单桩承载力特征值设计时，除桩本身应按计入上部墙、柱传来的核武器爆炸动荷载的荷载组合验算承载力外，底板上的等效静荷载标准值可按表 4.8.15 采用。

表 4.8.15　有桩基钢筋混凝土底板等效静荷载标准值（kN/m^2）

底板下土的类型	防核武器抗力级别					
	6B		6		5	
	端承桩	非端承桩	端承桩	非端承桩	端承桩	非端承桩
非饱和土	—	7	—	12	—	25
饱和土	15	15	25	25	50	50

4.8.16　当甲类防空地下室基础采用条形基础或独立柱基加防水底板时，底板上的等效静荷载标准值，对核 6B 级可取 $15kN/m^2$，对核 6 级可取 $25kN/m^2$，对核 5 级可取 $50kN/m^2$。

4.8.17　当按本规范第 3.3.2 条规定将核 6 级及核 6B 级防空地下室室内出入口用做主要出入口时，作用在防空地下室至首层地面的楼梯踏步及休息平台上的等效静荷载标准值可按本规范第 4.8.11 条规定确定。

首层楼梯间直通室外的门洞外侧上方设置的防倒塌挑檐，其上表面与下表面应按不同时受荷分别计算，上表面等效静荷载标准值对核 6B 级可取 $30kN/m^2$，对核 6 级可取 $50kN/m^2$；下表面等效静荷载标准值对核 6B 级可取 $6kN/m^2$，对核 6 级可取 $15kN/m^2$。

4.9　荷载组合

4.9.1　甲类防空地下室结构应分别按下列第 1、2、3 款规定的荷载（效应）组合进行设计，乙类防空地下室结构应分别按下列第 1、2 款规定的荷载（效应）组合进行设计，并应取各自的最不利的效应组合作为设计依据。其中平时使用状态的荷载（效应）组合应按国家现行有关标准执行。

1　平时使用状态的结构设计荷载；

2　战时常规武器爆炸等效静荷载与静荷载同时作用；

3　战时核武器爆炸等效静荷载与静荷载同时作用。

4.9.2　常规武器爆炸等效静荷载与静荷载同时作用下，结构各部位的荷载组合可按表 4.9.2 的规定确定。各荷载的分项系数可按本规范第 4.10.2 条规定采用。

表 4.9.2　常规武器爆炸等效静荷载与静荷载同时作用的荷载组合

结构部位	荷载组合
顶板	顶板常规武器爆炸等效静荷载，顶板静荷载（包括覆土、战时不拆迁的固定设备、顶板自重及其它静荷载）
外墙	顶板传来的常规武器爆炸等效静荷载、静荷载，上部建筑自重，外墙自重；常规武器爆炸产生的水平等效静荷载，土压力、水压力
内承重墙（柱）	顶板传来的常规武器爆炸等效静荷载、静荷载，上部建筑自重，内承重墙（柱）自重

注：上部建筑自重系指防空地下室上部建筑的墙体（柱）和楼板传来的静荷载，即墙体(柱)、屋盖、楼盖自重及战时不拆迁的固定设备等。

4.9.3　核武器爆炸等效静荷载与静荷载同时作用下，结构各部位的荷载组合可按表 4.9.3 的规定确定。各荷载的分项系数可按本规范第 4.10.2 条规定采用。

表 4.9.3 核武器爆炸等效静荷载与静荷载同时作用的荷载组合

结构部位	防核武器抗力级别	荷载组合
顶板	6B、6、5、4B、4	顶板核武器爆炸等效静荷载，顶板静荷载（包括覆土、战时不拆迁的固定设备、顶板自重及其它静荷载）
外墙	6B、6	顶板传来的核武器爆炸等效静荷载、静荷载，上部建筑自重，外墙自重；核武器爆炸产生的水平等效静荷载，土压力、水压力
	5	顶板传来的核武器爆炸等效静荷载、静荷载； 当上部建筑外墙为钢筋混凝土承重墙时，上部建筑自重取全部标准值；其它结构形式，上部建筑自重取标准值之半；外墙自重； 核武器爆炸产生的水平等效静荷载，土压力、水压力
	4B、4	顶板传来的核武器爆炸等效静荷载、静荷载； 当上部建筑外墙为钢筋混凝土承重墙时，上部建筑自重取全部标准值；其它结构形式，不计入上部建筑自重；外墙自重； 核武器爆炸产生的水平等效静荷载，土压力、水压力
内承重墙（柱）	6B、6	顶板传来的核武器爆炸等效静荷载、静荷载，上部建筑自重，内承重墙（柱）自重
	5	顶板传来的核武器爆炸等效静荷载、静荷载； 当上部建筑为砌体结构时，上部建筑自重取标准值之半；其它结构形式，上部建筑自重取全部标准值； 内承重墙（柱）自重
	4B	顶板传来的核武器爆炸等效静荷载、静荷载； 当上部建筑外墙为钢筋混凝土承重墙时，上部建筑自重取全部标准值；当上部建筑为砌体结构时，不计入上部建筑自重；其它结构形式，上部建筑自重取标准值之半； 内承重墙（柱）自重
	4	顶板传来的核武器爆炸等效静荷载、静荷载； 当上部建筑物外墙为钢筋混凝土承重墙时，上部建筑物自重取全部标准值；其它结构形式，不计入上部建筑物自重； 内承重墙（柱）自重
基础	6B、6	底板核武器爆炸等效静荷载（条、柱、桩基为墙柱传来的核武器爆炸等效静荷载）； 上部建筑物自重，顶板传来静荷载，防空地下室墙体（柱）自重
	5	底板核武器爆炸等效静荷载（条、柱、桩基为墙柱传来的核武器爆炸等效静荷载）； 当上部建筑为砌体结构时，上部建筑自重取标准值之半；其它结构形式，上部建筑自重取全部标准值； 顶板传来静荷载，防空地下室墙体（柱）自重
	4B	底板核武器爆炸等效静荷载（条、柱、桩基为墙柱传来的核武器爆炸等效静荷载）； 当上部建筑外墙为钢筋混凝土承重墙时，上部建筑自重取全部标准值；当上部建筑为砌体结构时，不计入上部建筑自重；其它结构形式，上部建筑自重取标准值之半； 顶板传来静荷载，防空地下室墙体（柱）自重
	4	底板核武器爆炸等效静荷载（条、柱、桩基为墙柱传来的核武器爆炸等效静荷载）； 当上部建筑外墙为钢筋混凝土承重墙时，上部建筑自重取全部标准值；其它结构形式，不计入上部建筑自重； 顶板传来静荷载，防空地下室墙体（柱）自重

注：上部建筑自重系指防空地下室上部建筑的墙体（柱）和楼板传来的静荷载，即墙体(柱)、屋盖、楼盖自重及战时不拆迁的固定设备等。

4.9.4 在确定核武器爆炸等效静荷载与静荷载同时作用下防空地下室基础荷载组合时，当地下水位以下无桩基防空地下室基础采用箱基或筏基，且按表 4.9.2 及表 4.9.3 规定的建筑物自重大于水的浮力，则地基反力按不计入浮力计算时，底板荷载组合中可不计入水压力；若地基反力按计入浮力计算时，底板荷载组合中应计入水压力。对地下水位以下带桩基的防空地下室，底板荷载组合中应计入水压力。

4.10 内力分析和截面设计

4.10.1 防空地下室结构在确定等效静荷载和静荷载后，可按静力计算方法进行结构内力分析。对于超静定的钢筋混凝土结构，可按由非弹性变形产生的塑性内力重分布计算内力。

4.10.2 防空地下室结构在确定等效静荷载标准值和永久荷载标准值后，其承载力设计应采用下列极限状态设计表达式：

$$\gamma_0(\gamma_G S_{Gk} + \gamma_Q S_{Qk}) \leqslant R \quad (4.10.2-1)$$

$$R = R(f_{cd},\ f_{yd},\ a_k,\ \cdots\cdots) \quad (4.10.2-2)$$

式中 γ_0——结构重要性系数，可取 1.0；

γ_G——永久荷载分项系数，当其效应对结构不利时可取 1.2，有利时可取 1.0；

S_{Gk}——永久荷载效应标准值；

γ_Q——等效静荷载分项系数，可取 1.0；

S_{Qk}——等效静荷载效应标准值；

R——结构构件承载力设计值；

$R(\cdot)$——结构构件承载力函数；

f_{cd}——混凝土动力强度设计值，可按本规范第 4.2.3 条确定；

f_{yd}——钢筋（钢材）动力强度设计值，可按本规范第 4.2.3 条确定；

a_k——几何参数标准值。

4.10.3 结构构件按弹塑性工作阶段设计时，受拉钢筋配筋率不宜大于 1.5%。当大于 1.5%时，受弯构件或大偏心受压构件的允许延性比 $[\beta]$ 值应满足以下公式，且受拉钢筋最大配筋率不宜大于本规范表 4.11.8 的规定。

$$[\beta] \leqslant \frac{0.5}{x/h_0} \quad (4.10.3-1)$$

$$x/h_0 = (\rho - \rho')f_{yd}/(\alpha_c f_{cd}) \quad (4.10.3-2)$$

式中 x——混凝土受压区高度（mm）；

h_0——截面的有效高度（mm）；

ρ、ρ'——纵向受拉钢筋及纵向受压钢筋配筋率；

f_{yd}——钢筋抗拉动力强度设计值（N/mm²）；

f_{cd}——混凝土轴心抗压动力强度设计值（N/mm²）；

α_c——系数，应按表 4.10.3 取值。

表 4.10.3 α_c 值

混凝土强度等级	≤C50	C55	C60	C65	C70	C75	C80
α_c	1	0.99	0.98	0.97	0.96	0.95	0.94

4.10.4 当板的周边支座横向伸长受到约束时，其跨中截面的计算弯矩值对梁板结构可乘以折减系数 0.7，对无梁楼盖可乘以折减系数 0.9；若在板的计算中已计入轴力的作用，则不应乘以折减系数。

4.10.5 当按等效静荷载法分析得出的内力，进行墙、柱受压构件正截面承载力验算时，混凝土及砌体的轴心抗压动力强度设计值应乘以折减系数 0.8。

4.10.6 当按等效静荷载法分析得出的内力，进行梁、柱斜截面承载力验算时，混凝土及砌体的动力强度设计值应乘以折减系数 0.8。

4.10.7 对于均布荷载作用下的钢筋混凝土梁，当按等效静荷载法分析得出的内力进行斜截面承载力验算时，除应符合本规范第 4.10.6 条规定外，斜截面受剪承载力需作跨高比影响的修正。当仅配置箍筋时，斜截面受剪承载力应符合下列规定：

$$V \leqslant 0.7\psi_l f_{td} b h_0 + 1.25 f_{yd}\frac{A_{sv}}{s}h_0 \quad (4.10.7-1)$$

$$\psi_l = 1 - (l/h_0 - 8)/15 \quad (4.10.7-2)$$

式中 V——受弯构件斜截面上的最大剪力设计值（N）；

f_{td}——混凝土轴心抗拉动力强度设计值（N/mm²）；

b ——梁截面宽度（mm）；

h_0——梁截面有效高度（mm）；

f_{yd} ——箍筋抗拉动力强度设计值（N/mm²）；

A_{sv} —— 配置在同一截面内箍筋各肢的全部截面面积（mm²），$A_{sv}=nA_{sv1}$。此处，n 为同一截面内箍筋的肢数，A_{sv1} 为单肢箍筋的截面面积（mm²）；

s ——沿构件长度方向的箍筋间距（mm）；

l ——梁的计算跨度（mm）；

ψ_1——梁跨高比影响系数。当 $l/h_0 \leqslant 8$ 时，取 $\psi_1=1$；当 $l/h_0>8$ 时，ψ_1 应按式（4.10.7-2）计算确定，当 $\psi_1<0.6$ 时，取 $\psi_1=0.6$。

4.10.8 当防空地下室采用钢筋混凝土无梁楼盖结构、钢筋混凝土反梁时，其设计尚应分别符合本规范附录 D、附录 E 的规定。

4.10.9 乙类防空地下室和核 5 级、核 6 级、核 6B 级甲类防空地下室结构顶板可采用叠合板，并可按下列规定进行设计：

1 预制板除按一般预制构件进行验算外，尚应按浇筑上层混凝土时的施工荷载（包括预制板、现浇板自重）校核预制板强度与挠度，其挠度不应大于 $l/200$（l 为板的计算跨度，双向板系指短边计算跨度）；

2 叠合板可按预制板与其上部的现浇板作为共同工作的整体进行设计。

4.10.10 砌体外墙的高度，当采用条形基础时，为顶板或圈梁下表面至室内地面的高度；当沿外墙下端设有管沟时，为顶板或圈梁下表面至管沟底面的高度；当采用整体基础时，为顶板或圈梁下表面至底板上表面的高度。

4.10.11 在动荷载与静荷载同时作用下，偏心受压砌体的轴向力偏心距 e_0 不宜大于 $0.95y$，y 为截面重心到轴向力所在偏心方向截面边缘的距离。当 e_0 小于或等于 $0.95y$ 时，结构构件可按受压承载力控制选择截面。

4.10.12 支承钢筋混凝土平板防护密闭门的门框墙，当门洞边墙体悬挑长度大于 1/2 倍该边边长时，宜在门洞边设梁或柱；当门洞边墙体悬挑长度小于或等于 1/2 倍该边边长时，可采用下列公式按悬臂构件进行设计（图 4.7.5-1）。

$$M=q_i l_1+q_e l_2^2/2 \quad (4.10.12-1)$$

$$V=q_i+q_e l_2 \quad (4.10.12-2)$$

式中 M ——门洞边单位长度悬臂根部的弯矩；

V ——门洞边单位长度悬臂根部的剪力；

l_1、l_2——见图 4.7.5-1。

4.11 构造规定

4.11.1 防空地下室结构选用的材料强度等级不应低于表 4.11.1 的规定。

表 4.11.1 材料强度等级

构件类别	混凝土		砌体			
	现浇	预制	砖	料石	混凝土砌块	砂浆
基础	C25	—	—	—	—	—
梁、楼板	C25	C25	—	—	—	—
柱	C30	C30	—	—	—	—
内墙	C25	C25	MU10	MU30	MU15	M5
外墙	C25	C25	MU15	MU30	MU15	M7.5

注：1 防空地下室结构不得采用硅酸盐砖和硅酸盐砌块；

2 严寒地区，饱和土中砖的强度等级不应低于 MU20；

3 装配填缝砂浆的强度等级不应低于 M10；

4 防水混凝土基础底板的混凝土垫层，其强度等级不应低于 C15。

4.11.2 防空地下室钢筋混凝土结构构件当有防水要求时，其混凝土的强度等级不宜低于 C30。防水混凝土的设计抗渗等级应根据工程埋置深度按表 4.11.2 采用，且不应小于 P6。

表 4.11.2 防水混凝土的设计抗渗等级

工程埋置深度（m）	设计抗渗等级
<10	P6
10～20	P8
20～30	P10
30～40	P12

4.11.3 防空地下室结构构件最小厚度应符合表 4.11.3 规定。

表 4.11.3 结构构件最小厚度（mm）

构件类别	材料种类			
	钢筋混凝土	砖砌体	料石砌体	混凝土砌块
顶板、中间楼板	200	—	—	—
承重外墙	250	490（370）	300	250
承重内墙	200	370（240）	300	250
临空墙	250	—	—	—
防护密闭门门框墙	300	—	—	—
密闭门门框墙	250	—	—	—

注：1 表中最小厚度不包括甲类防空地下室防早期核辐射对结构厚度的要求；

2 表中顶板、中间楼板最小厚度系指实心截面。如为密肋板，其实心截面厚度不宜小于 100mm；如为现浇空心板，其板顶厚度不宜小于 100mm；且其折合厚度均不应小于 200mm；

3 砖砌体项括号内最小厚度仅适用于乙类防空地下室和核 6 级、核 6B 级甲类防空地下室；

4 砖砌体包括烧结普通砖、烧结多孔砖以及非粘土砖砌体。

4.11.4 防空地下室结构变形缝的设置应符合下列规定：

1 在防护单元内不宜设置沉降缝、伸缩缝；

2 上部地面建筑需设置伸缩缝、防震缝时，防空地下室可不设置；

3 室外出入口与主体结构连接处，宜设置沉降缝；

4 钢筋混凝土结构设置伸缩缝最大间距应按国家现行有关标准执行。

4.11.5 防空地下室钢筋混凝土结构的纵向受力钢筋，其混凝土保护层厚度（钢筋外边缘至混凝土表面的距离）不应小于钢筋的公称直径，且应符合表 4.11.5 的规定。

表 4.11.5 纵向受力钢筋的混凝土保护层厚度（mm）

外墙外侧		外墙内侧、内墙	板	梁	柱
直接防水	设防水层				
40	30	20	20	30	30

注：基础中纵向受力钢筋的混凝土保护层厚度不应小于 40mm，当基础板无垫层时不应小于 70mm。

4.11.6 防空地下室钢筋混凝土结构构件，其纵向受力钢筋的锚固和连接接头应符合下列要求：

1 纵向受拉钢筋的锚固长度 l_{aF} 应按下列公式计算：

$$l_{aF}=1.05l_a \quad (4.11.6-1)$$

式中 l_a——普通钢筋混凝土结构受拉钢筋的锚固长度；

2 当采用绑扎搭接接头时，纵向受拉钢筋搭接接头的搭接长度 l_{lF} 应按下列公式计算：

$$l_{lF}=\zeta l_{aF} \quad (4.11.6-2)$$

式中 ζ——纵向受拉钢筋搭接长度修正系数，可按表 4.11.6 采用；

3 钢筋混凝土结构构件的纵向受力钢筋的连接可分为两类：绑扎搭接，机械连接和焊接，宜按不同情况选用合适的连接方式；

4 纵向受力钢筋连接接头的位置宜避开梁端、柱端箍筋加密区；当无法避开时，应采用满足等强度要求的高质量机械连接接头，且钢筋接头面积百分率不应超过 50%。

表 4.11.6 纵向受拉钢筋搭接长度修正系数 ζ

纵向钢筋搭接接头面积百分率（%）	≤25	50	100
ζ	1.2	1.4	1.6

4.11.7 承受动荷载的钢筋混凝土结构构件，纵向受力钢筋的配筋百分率不应小于表 4.11.7 规定的数值。

表 4.11.7 钢筋混凝土结构构件纵向受力钢筋的最小配筋百分率（%）

分类	混凝土强度等级		
	C25 ~ C35	C40 ~ C55	C60 ~ C80
受压构件的全部纵向钢筋	0.60（0.40）	0.60（0.40）	0.70（0.40）
偏心受压及偏心受拉构件一侧的受压钢筋	0.20	0.20	0.20
受弯构件、偏心受压及偏心受拉构件一侧的受拉钢筋	0.25	0.30	0.35

注：1 受压构件的全部纵向钢筋最小配筋百分率，当采用 HRB400 级、RRB400 级钢筋时，应按表中规定减小 0.1；

2 当为墙体时，受压构件的全部纵向钢筋最小配筋百分率采用括号内数值；

3 受压构件的受压钢筋以及偏心受压、小偏心受拉构件的受拉钢筋的最小配筋百分率按构件的全截面面积计算，受弯构件、大偏心受拉构件的受拉钢筋的最小配筋百分率按全截面面积扣除位于受压边或受拉较小边翼缘面积后的截面面积计算；

4 受弯构件、偏心受压及偏心受拉构件一侧的受拉钢筋的最小配筋百分率不适用于 HPB235 级钢筋，当采用 HPB235 级钢筋时，应符合《混凝土结构设计规范》（GB50010）中有关规定；

5 对卧置于地基上的核 5 级、核 6 级和核 6B 级甲类防空地下室结构底板，当其内力系由平时设计荷载控制时，板中受拉钢筋最小配筋率可适当降低，但不应小于 0.15%。

4.11.8 在动荷载作用下，钢筋混凝土受弯构件和大偏心受压构件的受拉钢筋的最大配筋百分率宜符合表 4.11.8 的规定。

表 4.11.8 受拉钢筋的最大配筋百分率（%）

混凝土强度等级	C25	≥C30
HRB335 级钢筋	2.2	2.5
HRB400 级钢筋 RRB400 级钢筋	2.0	2.4

4.11.9 钢筋混凝土受弯构件，宜在受压区配置构造钢筋，构造钢筋面积不宜小于受拉钢筋的最小配筋百分率；在连续梁支座和框架节点处，且不宜小于受拉主筋面积的 1/3。

4.11.10 连续梁及框架梁在距支座边缘 1.5 倍梁的截面高度范围内，箍筋配筋百分率应不低于 0.15%，箍筋间距不宜大于 $h_0/4$（h_0 为梁截面有效高度），且不宜大于主筋直径的 5 倍。在受拉钢筋搭接处，宜采用封闭箍筋，箍筋间距不应大于主筋直径的 5 倍，且不应大于 100mm。

4.11.11 除截面内力由平时设计荷载控制，且受拉主筋配筋率小于表 4.11.7 规定的卧置于地基上的核 5 级、核 6 级、核 6B 级甲类防空地下室和乙类防空地下室结构底板外，双面配筋的钢筋混凝土板、墙体应设置梅花形排列的拉结钢筋，拉结钢筋长度应能拉住最外层受力钢筋。当拉结钢筋兼作受力箍筋时，其直径及间距应符合箍筋的计算和构造要求（图 4.11.11）。

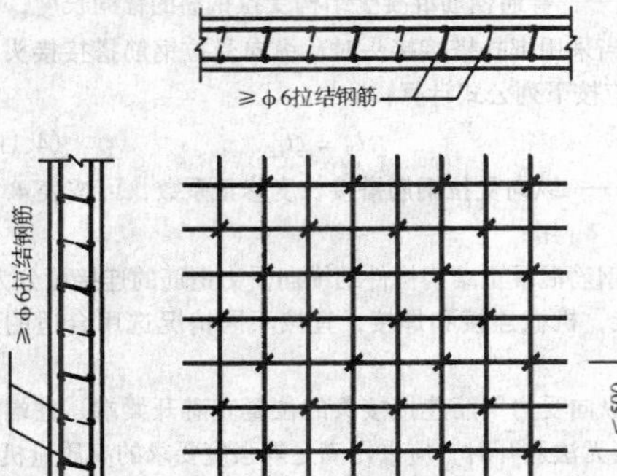

图 4.11.11 拉结钢筋配置形式

4.11.12 钢筋混凝土平板防护密闭门、密闭门门框墙的构造应符合下列要求：

1 防护密闭门门框墙的受力钢筋直径不应小于 12mm，间距不宜大于 250mm，配筋率不宜小于 0.25%（图 4.11.12－1）；

2 防护密闭门门洞四角的内外侧，应配置两根直径 16mm 的斜向钢筋，其长度不应小于 1000mm（图 4.11.12－2）；

3 防护密闭门、密闭门的门框与门扇应紧密贴合；

4 防护密闭门、密闭门的钢制门框与门框墙之间应有足够的连接强度，相互连成整体。

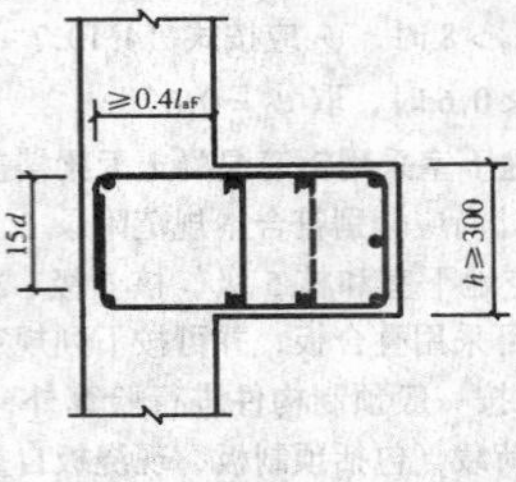

图 4.11.12－1 防护密闭门门框墙配筋

注：l_{aF}——水平受力钢筋锚固长度（mm）；

d ——受力钢筋直径（mm）。

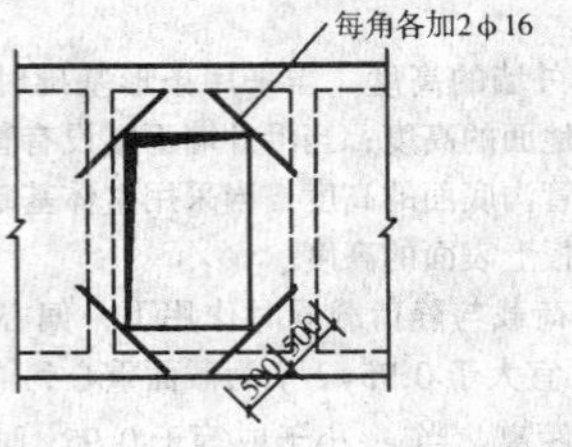

图 4.11.12－2 门洞四角加强钢筋

4.11.13 叠合板的构造应符合下列规定：

1 叠合板的预制部分应作成实心板，板内主筋伸出板端不应小于 130mm；

2 预制板上表面应做成凸凹不小于 4mm 的人工粗糙面；

3 叠合板的现浇部分厚度宜大于预制部分厚度；

4 位于中间墙两侧的两块预制板间，应留不小于 150mm 的空隙，空隙中应加 1 根直径 12mm 的通长钢筋，并与每块板内伸出的主筋相焊不少于 3 点；

5 叠合板不得用于核 4B 级及核 4 级防空地下室。

4.11.14 防空地下室非承重墙的构造应符合下列规定：

1 非承重墙宜采用轻质隔墙，当抗力级别为核 4 级、核 4B 级时，不宜采用砌体墙。轻质隔墙与结构的柱、墙及顶、底板应有可靠的连接措施；

2 非承重墙当采用砌体墙时，与钢筋混凝土柱（墙）交接处应沿柱（墙）全高每隔 500mm 设置 2 根直径为 6mm 的拉结钢筋，拉结钢筋伸入墙内长度不宜小于 1000mm。非承重砌体墙的转角及交接处应咬槎砌筑，并应沿墙全高每隔 500mm 设置 2 根直径为 6mm 的拉结钢筋，拉结钢筋每边伸入墙内长度不宜小于 1000mm。

4.11.15 防空地下室砌体结构应按下列规定设置圈梁和过梁：

1 当防空地下室顶板采用叠合板结构时，沿内、外墙顶应设置一道圈梁，圈梁应设置在同一水平面上，并应相互连通，不得断开。圈梁高度不宜小于 180mm，宽度应同墙厚，上下应各配置 3 根直径为 12mm 的纵向钢筋。圈梁箍筋直径不宜小于 6mm，间距不宜大于 300mm。当圈梁兼作过梁时，应另行验算。顶板与圈梁的连接处（图 4.11.15），应设置直径为 8mm 的锚固钢筋，其间距不应大于 200mm，锚固钢筋伸入圈梁的锚固长度不应小于

240mm，伸入顶板内锚固长度不应小于 $l_0/6$（l_0 为板的净跨）；

2 当防空地下室顶板采用现浇钢筋混凝土结构时，沿外墙顶部应设置圈梁。在内隔墙上，圈梁可间隔设置，其间距不宜大于 12m，其配筋同本条第一款要求；

3 砌体结构的门洞处应设置钢筋混凝土过梁，过梁伸入墙内长度应不小于 500mm。

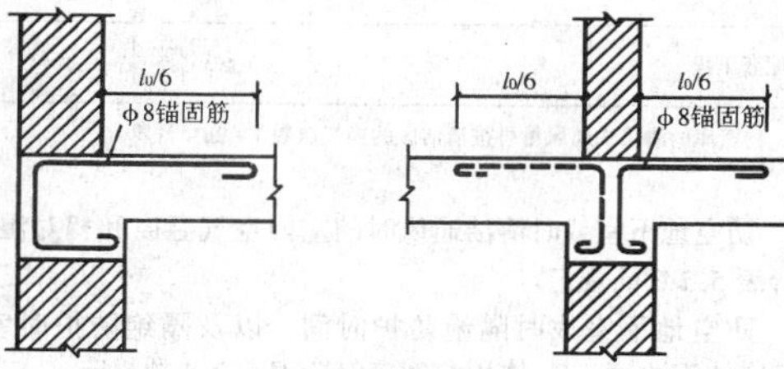

图 4.11.15 顶板与砌体墙锚固钢筋

4.11.16 防空地下室砌体结构墙体转角及交接处，当未设置构造柱时，应沿墙全高每隔 500mm 配置 2 根直径为 6mm 的拉结钢筋。当墙厚大于 360mm 时，墙厚每增加 120mm，应增设 1 根直径为 6mm 的拉结钢筋。拉结钢筋每边伸入墙内长度不宜小于 1000mm。

4.11.17 砌体结构的防空地下室，由防护密闭门至密闭门的防护密闭段，应采用整体现浇钢筋混凝土结构。

4.12 平战转换设计

4.12.1 采用平战转换的防空地下室，应进行一次性的平战转换设计。实施平战转换的结构构件在设计中应满足转换前、后两种不同受力状态的各项要求，并在设计图纸中说明转换部位、方法及具体实施要求。

4.12.2 平战转换措施应按不使用机械，不需要熟练工人能在规定的转换期限内完成。临战时实施平战转换不应采用现浇混凝土；对所需的预制构件应在工程施工时一次做好，并做好标志，就近存放。

4.12.3 常规武器爆炸动荷载作用下，防空地下室钢筋混凝土及钢材封堵构件的等效静荷载标准值可按下列规定确定：

1 防空地下室出入口通道内封堵构件的等效静荷载标准值，可按表 4.7.6 采用；

2 防空地下室防护单元之间隔墙上封堵构件的等效静荷载标准值，可取 30kN/m²；

3 防空地下室顶板封堵构件的等效静荷载标准值，可按表 4.7.2 采用。

4.12.4 核武器爆炸动荷载作用下，防空地下室钢筋混凝土及钢材封堵构件的等效静荷载标准值可按下列规定确定：

1 防空地下室出入口通道内封堵构件的等效静荷载标准值可按表 4.12.4 采用；

2 防空地下室防护单元之间隔墙上封堵构件的等效静荷载标准值，可按表 4.8.9－1 或表 4.8.9－2 中隔墙水平等效静荷载标准值采用；

表 4.12.4 封堵构件等效静荷载标准值（kN/m²）

出入口部位及形式		防核武器抗力级别		
		6B	6	5
顶板荷载考虑上部建筑影响的室内出入口		65	110	210
顶板荷载不考虑上部建筑影响的室内出入口，室外竖井、楼梯、穿廊出入口		70	120	240
室外直通、单向出入口，	ζ＜30°	80	140	330
	ζ≥30°	70	120	290

注：ζ为直通、单向出入口坡道的坡度角。

3 防空地下室顶板封堵构件的等效静荷载标准值，可按表 4.8.2 或表 4.8.6－1 取与封堵构件跨度相同的顶板等效静荷载标准值；

4 当核 5 级、核 6 级及核 6B 级防空地下室的室外楼梯出入口大于等于 2 层时，作用在室外出入口内封堵构件上的等效静荷载标准值可按表 4.12.4 中的数值乘以 0.9 后采用。

4.12.5 对于室外出入口内封堵构件及其支座和联结件，应验算常规武器爆炸作用在其上的负向动反力（反弹力），负向动反力的水平等效静荷载标准值对常 5 级可取 130kN/m²，对常 6 级可取 60kN/m²。

4.12.6 在常规武器爆炸动荷载作用下，开设通风采光窗的防空地下室，其采光井处等效静荷载标准值，可按下列规定确定：

1 当战时采用挡窗板加覆土的防护方式（图 3.7.9*a*）时，挡窗板的水平等效静荷载标准值，可按表 4.7.2 中数值乘以 0.3 采用（此时表中 h 取挡窗板中心至室外地面的深度）；

2 当战时采用盖板加覆土防护方式（图 3.7.9*b*）时，采光井外墙的水平等效静荷载标准值，可按表 4.7.3－1、表 4.7.3－2 采用，盖板的垂直等效静荷载标准值可按表 4.7.2 采用；

3 当在高出地面外墙开设窗孔时（图 3.7.9*c*），挡窗板的水平等效静荷载标准值对常 5 级可取 400kN/m²，对常 6 级可取 180kN/m²。作用在挡窗板上的负向动反力取值同本规范第 4.12.5 条。

4.12.7 在核武器爆炸动荷载作用下，开设通风采光窗的防空地下室，其采光井处等效静荷载标准值，可按下列规定确定：

1 当战时采用挡窗板加覆土的防护方式（图 3.7.9*a*）时，挡窗板及采光井内墙的水平等效静荷载标准值，可按表 4.8.3－1 采用；

2 当战时采用盖板加覆土防护方式（图 3.7.9*b*）时，采光井外墙的水平等效静荷载标准值，可按表 4.8.3－1、表 4.8.3－2 采用，盖板的垂直等效静荷载标准值 q_e 可按下式计算：

$$q_e = 1.2K\Delta P_{ms} \tag{4.12.7}$$

式中 K——盖板核武器爆炸动荷载综合反射系数，可按本规范第 4.5.3 条确定；

ΔP_{ms}——空气冲击波超压计算值（kN/m²），应符合本规范第 4.4.7 条规定。

4.12.8 当战时采用挡窗板加覆土防护方式（图 3.7.9*a*）时，通风采光窗的洞口构造应符合下列规定：

1 对砌体外墙，在洞口两侧应设置钢筋混凝土柱，柱上端主筋应伸入顶板，并应满足钢筋锚固长度要求。当采用条形基础时，柱下端应嵌入室内地面以下 500mm（图 4.12.8*a*）；当采用钢筋混凝土整体基础时，主筋应伸入底板，并应满足钢筋锚固长度要求；柱断面尺寸不应小于 240mm×墙厚；

2 对砌体外墙，在洞口两侧每 300mm 高应加 3 根直径为 6mm 的拉结钢筋，伸入墙身长度不宜小于 500mm，另一端应与柱内钢筋扎结（图 4.12.8*b*）；

3 对钢筋混凝土外墙，在洞口两侧应设置钢筋混凝土柱，柱上、下端主筋应伸入顶、底板，并应满足钢筋锚固长度要求（图 4.12.8*c*），且应在洞口四角各设置 2 根直径为 12mm 的斜向构造钢筋，其长度为 800mm（图 4.12.8*d*）。

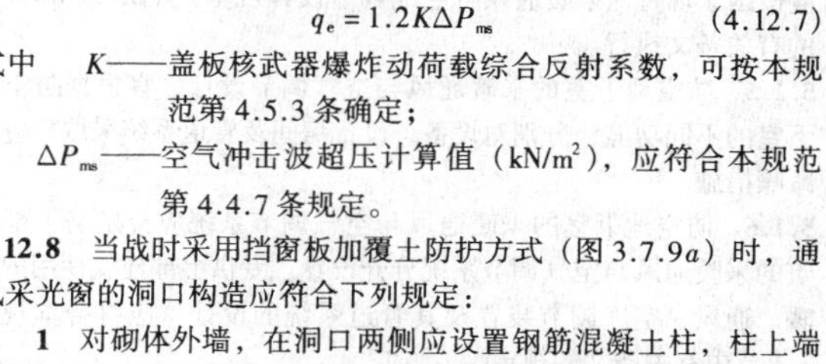

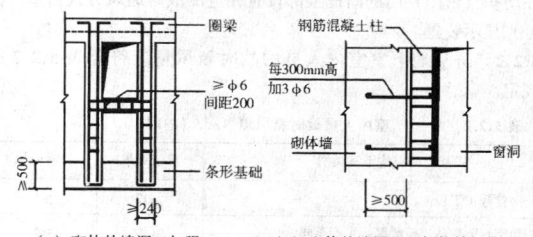

（*a*）砌体外墙洞口加强　　（*b*）砌体外墙洞口两侧拉结钢筋

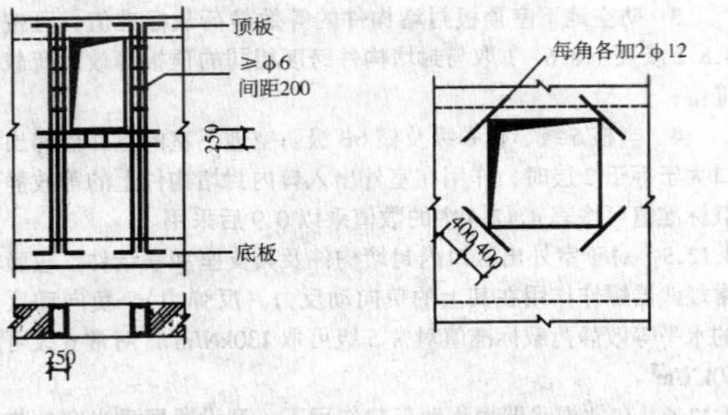

（c）钢筋混凝土墙洞口加强　（d）钢筋混凝土墙洞口四角加筋

图 4.12.8　通风采光窗洞口构造

5　采暖通风与空气调节

5.1　一般规定

5.1.1　防空地下室的采暖通风与空气调节设计，必须确保战时防护要求，并应满足战时及平时的使用要求。对于平战结合的乙类防空地下室和核 5 级、核 6 级、核 6B 级的甲类防空地下室设计，当平时使用要求与战时防护要求不一致时，应采取平战功能转换措施。

5.1.2　防空地下室的通风与空气调节系统设计，战时应按防护单元设置独立的系统，平时宜结合防火分区设置系统。

5.1.3　采暖通风与空气调节系统选用的设备及材料，除应满足防护和使用功能要求外，还应满足防潮、卫生及平时使用时的防火要求，且便于施工安装和维修。

5.1.4　防空地下室的采暖通风与空气调节室外空气计算参数，应按国家现行《采暖通风与空气调节设计规范》（GB 50019）中的有关条文执行。

5.1.5　防空地下室的采暖通风与空气调节设计，宜根据防空地下室的不同功能，分别对设备、设备房间及管道系统采取相应的减噪措施。

5.1.6　防空地下室的采暖通风与空气调节系统应分别与上部建筑的采暖通风与空气调节系统分开设置。专供上部建筑使用的采暖、通风、空气调节装置及其管道系统的设计，应符合本规范 3.1 节中有关条文的规定。

5.2　防护通风

5.2.1　防空地下室的防护通风设计应符合下列要求：

1　战时为医疗救护工程、专业队队员掩蔽部、人员掩蔽工程以及食品站、生产车间和电站控制室、区域供水站的防空地下室，应设置清洁通风、滤毒通风和隔绝通风；

2　战时为物资库的防空地下室，应设置清洁通风和隔绝防护。滤毒通风的设置可根据实际需要确定；

3　设有清洁通风、滤毒通风和隔绝通风的防空地下室，应在防护（密闭）门的门框上部设置相应的战时通风方式信息（信号）显示装置。

5.2.2　防空地下室室内人员的战时新风量应符合表 5.2.2 的规定。

表 5.2.2　室内人员战时新风量［m^3/（P·h）］

防空地下室类别	清洁通风	滤毒通风
医疗救护工程	≥12	≥5
防空专业队队员掩蔽部、生产车间	≥10	≥5

续表 5.2.2

防空地下室类别	清洁通风	滤毒通风
一等人员掩蔽所、食品站、区域供水站、电站控制室	≥10	≥3
二等人员掩蔽所	≥5	≥2
其它配套工程	≥3	—

注：物资库的清洁式通风量可按清洁区的换气次数 1～2h^{-1} 计算。

5.2.3　防空地下室战时清洁通风时的室内空气温度和相对湿度，宜符合表 5.2.3 的规定。

5.2.4　防空地下室战时隔绝防护时间，以及隔绝防护时室内 CO_2 容许体积浓度、O_2 体积浓度应符合表 5.2.4 的规定。

表 5.2.3　战时清洁通风时室内空气温度和相对湿度

防空地下室用途			夏季		冬季	
			温度（℃）	相对湿度（%）	温度（℃）	相对湿度（%）
医疗救护工程		手术室、急救室	22—28	50—60	20—28	30—60
		病房	≤28	≤70	≥16	≥30
柴油电站	机房	人员直接操作	≤35	—		
		人员间接操作	≤40	—		
	控制室		≤30	≤75		
专业队队员掩蔽部　人员掩蔽工程			自然温度及相对湿度			
配套工程			按工艺要求确定			

注：1. 医疗救护工程平时维护管理时的相对湿度不应大于 70%；
2. 专业队队员掩蔽部平时维护时的相对湿度不应大于 80%。

表 5.2.4　战时隔绝防护时间及 CO_2 容许体积浓度、O_2 体积浓度

防空地下室用途	隔绝防护时间（h）	CO_2 容许体积浓度（%）	O_2 体积浓度（%）
医疗救护工程、专业队队员掩蔽部、一等人员掩蔽所、食品站、生产车间、区域供水站	≥6	≤2.0	≥18.5
二等人员掩蔽所、电站控制室	≥3	≤2.5	≥18.0
物资库等其它配套工程	≥2	≤3.0	—

5.2.5　防空地下室战时的隔绝防护时间，应按下式进行校核。当计算出的隔绝防护时间不能满足表 5.2.4 的规定时，应采取生 O_2、吸收 CO_2 或减少战时掩蔽人数等措施。

$$\tau = \frac{1000 \cdot V_0\ (C - C_0)}{n \cdot C_1} \qquad (5.2.5)$$

式中　τ——隔绝防护时间（h）；

V_0——防空地下室清洁区内的容积（m^3）；

C——防空地下室室内 CO_2 容许体积浓度（%），应按表 5.2.4 确定；

C_0——隔绝防护前防空地下室室内 CO_2 初始浓度（%），宜按表 5.2.5 确定；

C_1——清洁区内每人每小时呼出的 CO_2 量（L/（P·h）），掩蔽人员宜取 20，工作人员宜取 20～25；

n——室内的掩蔽人数（P）。

表 5.2.5　　C_0 值选用表

隔绝防护前的新风量（m^3/（P·h））	C_0（%）
25—30	0.13—0.11
20—25	0.15—0.13
15—20	0.18—0.15
10—15	0.25—0.18
7—10	0.34—0.25
5—7	0.45—0.34
3—5	0.72—0.45
2—3	1.05—0.72

5.2.6　设计滤毒通风时，防空地下室清洁区超压和最小防毒通道换气次数应符合表 5.2.6 的规定。

表 5.2.6　　滤毒通风时的防毒要求

防空地下室类别	最小防毒通道换气次数（h^{-1}）	清洁区超压（Pa）
医疗救护工程、专业队队员掩蔽部、一等人员掩蔽所、生产车间、食品站、区域供水站	≥50	≥50
二等人员掩蔽所、电站控制室	≥40	≥30

5.2.7　防空地下室滤毒通风时的新风量应按式（5.2.7－1）、式（5.2.7－2）计算，取其中的较大值。

$$L_R = L_2 \cdot n \qquad (5.2.7-1)$$

$$L_H = V_F \cdot K_H + L_f \qquad (5.2.7-2)$$

式中　L_R——按掩蔽人员计算所得的新风量（m^3/h）；

L_2——掩蔽人员新风量设计计算值（见表 5.2.2）（m^3/（P·h））；

n——室内的掩蔽人数（P）；

L_H——室内保持超压值所需的新风量（m^3/h）；

V_F——战时主要出入口最小防毒通道的有效容积（m^3）；

K_H——战时主要出入口最小防毒通道的设计换气次数（见表 5.2.6）（h^{-1}）；

L_f——室内保持超压时的漏风量（m^3/h），可按清洁区有效容积的 4%（每小时）计算。

5.2.8　防空地下室的战时进风系统，应符合下列要求：

1　设有清洁、滤毒、隔绝三种防护通风方式，且清洁进风、滤毒进风合用进风机时，进风系统应按原理图 5.2.8a 进行设计；

2　设有清洁、滤毒、隔绝三种防护通风方式，且清洁进风、滤毒进风分别设置进风机时，进风系统应按原理图 5.2.8b 进行设计；

3　设有清洁、隔绝两种防护通风方式，进风系统应按原理图 5.2.8c 进行设计；

4　滤毒通风进风管路上选用的通风设备，必须确保滤毒进风量不超过该管路上设置的过滤吸收器的额定风量。

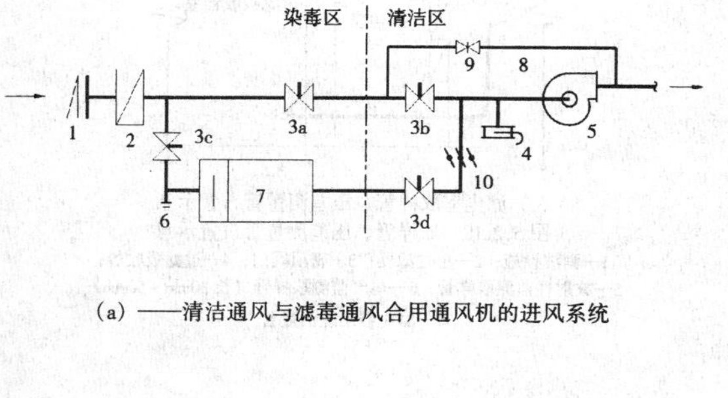

（a）——清洁通风与滤毒通风合用通风机的进风系统

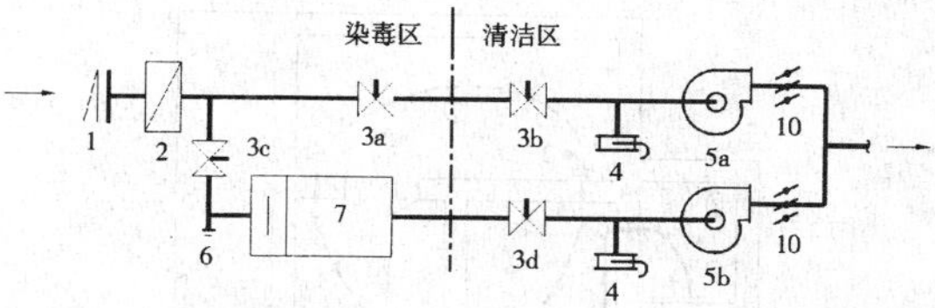

（b）——清洁通风与滤毒通风分别设置通风机的进风系统

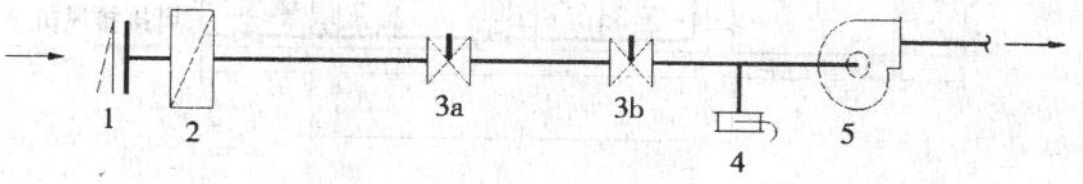

（c）——只设清洁通风的进风系统

图 5.2.8　防空地下室进风系统原理示意

1—消波设施；2—粗过滤器；3—密闭阀门；4—插板阀；5—通风机；6—换气堵头；7—过滤吸收器；8—增压管（DN25 热镀锌钢管）；9—球阀；10—风量调节阀

5.2.9　防空地下室的战时排风系统，应符合下列要求：

1　设有清洁、滤毒、隔绝三种防护通风方式时，排风系统可根据洗消间设置方式的不同，分别按平面示意图 5.2.9a、图 5.2.9b、图 5.2.9c 进行设计；

2　战时设清洁、隔绝通风方式时，排风系统应设防爆波设施和密闭设施。

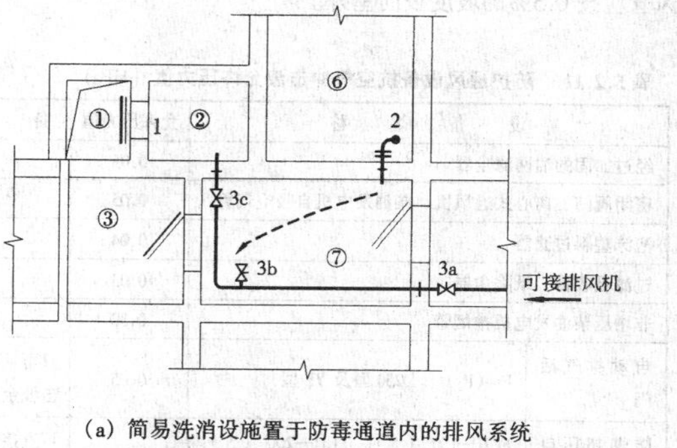

（a）简易洗消设施置于防毒通道内的排风系统

①排风竖井；②扩散室或扩散箱；③染毒通道；⑥室内；

⑦设有简易洗消设施的防毒通道；

1—防爆波活门；2—自动排气活门；3—密闭阀门

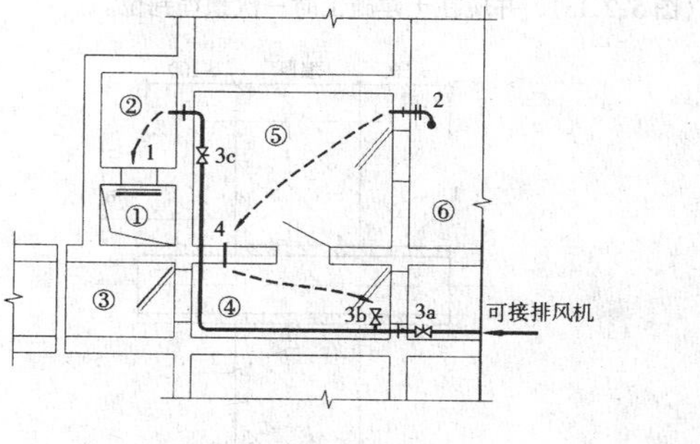

（b）设简易洗消间的排风系统

①排风竖井；②扩散室或扩散箱；③染毒通道；

④防毒通道；⑤简易洗消间；⑥室内；

1—防爆波活门；2—自动排气活门；3—密闭阀门；4—通风短管

图 5.2.9

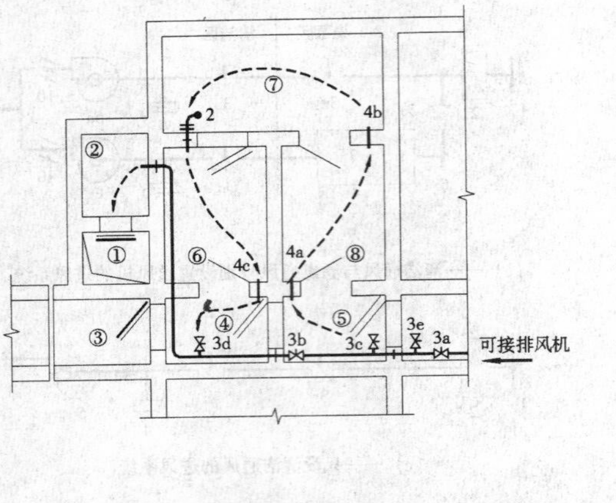

(c) 设洗消间的排风系统

①排风竖井；②扩散室或扩散箱；③染毒通道；④第一防毒通道；⑤第二防毒通道；⑥脱衣室；⑦淋浴室；⑧检查穿衣室；1—防爆波活门；2—自动排气活门；3—密闭阀门；4—通风短管

图 5.2.9 排风系统平面示意

5.2.10 防爆波活门的选择，应根据工程的抗力级别（按本规范第 3.3.18 条的相关规定确定）和清洁通风量等因素确定，所选用的防爆波活门的额定风量不得小于战时清洁通风量。

5.2.11 进、排风系统上防护通风设备的抗空气冲击波容许压力值，不应小于表 5.2.11 的规定。

5.2.12 设置在染毒区的进、排风管，应采用 2～3mm 厚的钢板焊接成型，其抗力和密闭防毒性能必须满足战时的防护需要，且风管应按 0.5%的坡度坡向室外。

表 5.2.11 防护通风设备抗空气冲击波允许压力值（MPa）

设备名称		允许压力值	备注
经过加固的油网滤尘器		0.05	
密闭阀门、离心式通风机、柴油发电机自吸空气管		0.05	
泡沫塑料过滤器		0.04	
过滤吸收器、纸除尘器		0.03	
非增压柴油发电机排烟管		0.30	
自动排气活门	Ps（P_d）—D250 型及 YF 型	0.05	只可承受冲击波余压
防爆超压自动排气活门	FCH—150（5）、FCH—200（5）、FCH—250（5）、FCH—300（5）型	0.30	可直接承受冲击波压力

5.2.13 穿过防护密闭墙的通风管，应采取可靠的防护密闭措施（图 5.2.13），并应在土建施工时一次预埋到位。

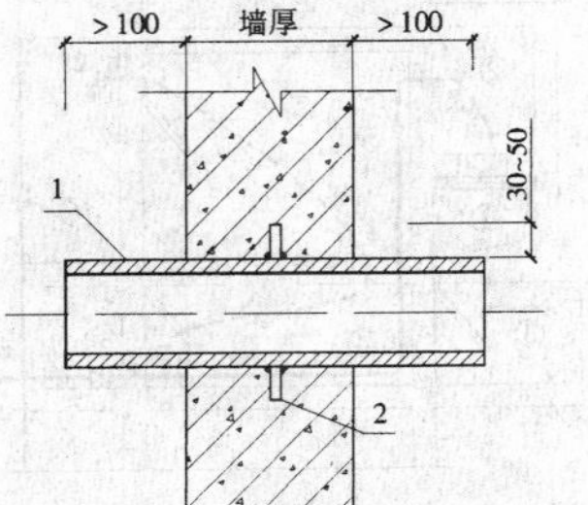

图 5.2.13 通风管穿过防护密闭墙做法示意

1—穿墙通风管；2—密闭翼环（2—3mm 厚钢板）

图中尺寸单位：mm

5.2.14 防爆超压自动排气活门的选用，应符合下列要求：

1 防爆超压自动排气活门只能用于抗力不大于 0.3MPa 的排风消波系统；

2 根据排风口的设计压力值和滤毒通风时的排风量确定。

5.2.15 自动排气活门的选用和设置，应符合下列要求：

1 型号、规格和数量应根据滤毒通风时的排风量确定；

2 应与室内的通风短管（或密闭阀门）在垂直和水平方向错开布置；

3 不应设在密闭门的门扇上。

5.2.16 设计选用的过滤吸收器，其额定风量严禁小于通过该过滤吸收器的风量。

5.2.17 设有滤毒通风的防空地下室，应在防化通信值班室设置测压装置。该装置可由倾斜式微压计、连接软管、铜球阀和通至室外的测压管组成。测压管应采用 DN15 热镀锌钢管，其一端在防化通信值班室通过铜球阀、橡胶软管与倾斜式微压计连接，另一端则引至室外空气零点压力处，且管口向下（图 5.2.17）。

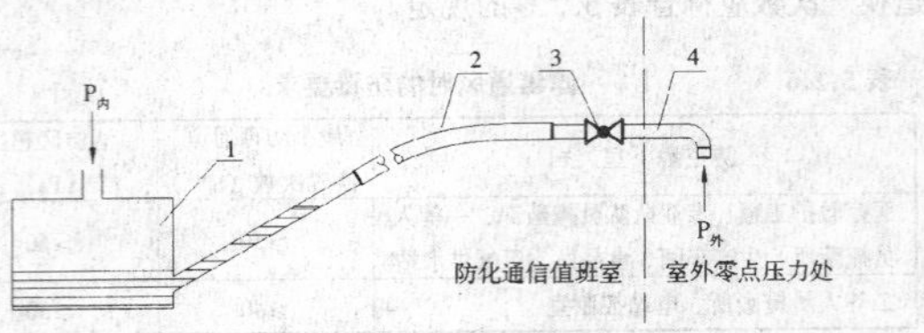

图 5.2.17 测压装置设置原理示意

1—倾斜式微压计；2—连接软管；3—球阀（或旋塞阀）；4—热镀锌钢管

5.2.18 设有滤毒通风的防空地下室，应在滤毒通风管路上设置取样管和测压管（图 5.2.18）。

1 在滤毒室内进入风机的总进风管上和过滤吸收器的总出

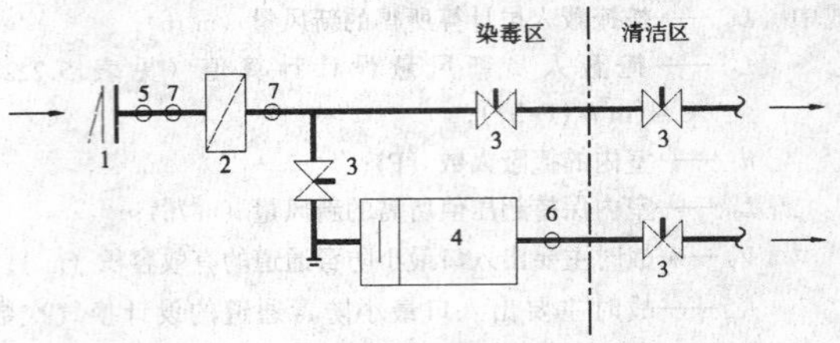

(a) 有一台过滤吸收器时

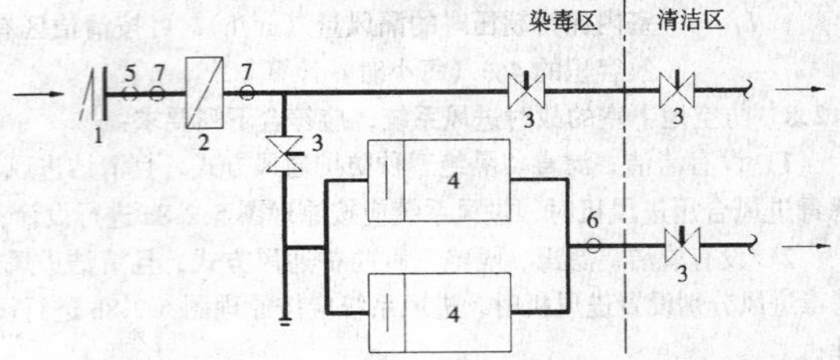

(b) 有两台以上过滤吸收器时

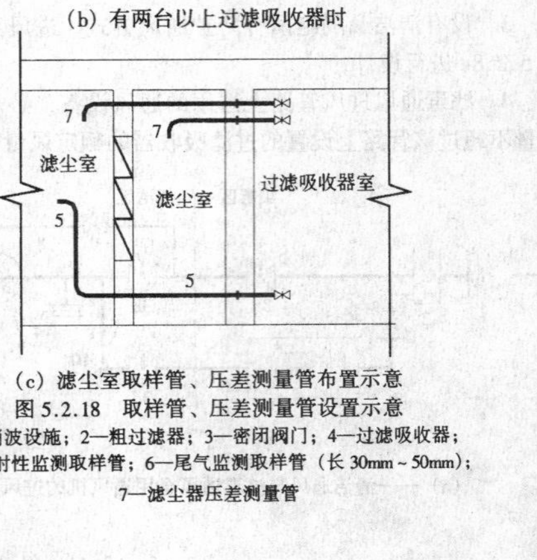

(c) 滤尘室取样管、压差测量管布置示意

图 5.2.18 取样管、压差测量管设置示意

1—消波设施；2—粗过滤器；3—密闭阀门；4—过滤吸收器；5—放射性监测取样管；6—尾气监测取样管（长 30mm～50mm）；7—滤尘器压差测量管

风口处设置DN15（热镀锌钢管）的尾气监测取样管，该管末端应设截止阀；

2 在滤尘器进风管道上，设置DN32（热镀锌钢管）的空气放射性监测取样管（乙类防空地下室可不设）。该取样管口应位于风管中心，取样管末端应设球阀；

3 在油网滤尘器的前后设置管径DN15（热镀锌钢管）的压差测量管，其末端应设球阀。

5.2.19 防空地下室每个口部的防毒通道、密闭通道的防护密闭门门框墙、密闭门门框墙上宜设置DN50（热镀锌钢管）的气密测量管，管的两端战时应有相应的防护、密闭措施。该管可与防护密闭门门框墙、密闭门门框墙上的电气预埋备用管合用。

5.2.20 设计选用的防护通风设备，必须是具有人防专用设备生产资质厂家生产的合格产品。

5.3 平战结合及平战功能转换

5.3.1 采暖通风与空调系统的平战结合设计，应符合下列要求：

1 平战功能转换措施必须满足防空地下室战时的防护要求和使用要求；

2 在规定的临战转换时限内完成战时功能转换；

3 专供平时使用的进风口、排风口和排烟口，战时采取的防护密闭措施，应符合本规范第3.7节及第4.12节中的有关规定。

5.3.2 防空地下室两个以上防护单元平时合并设置一套通风系统时，应符合下列要求：

1 必须确保战时每个防护单元有独立的通风系统；

2 临战转换时应保证两个防护单元之间密闭隔墙上的平时通风管、孔在规定时间内实施封堵，并符合战时的防护要求。

5.3.3 防空地下室平时和战时合用一个通风系统时，应按平时和战时工况分别计算系统的新风量，并按下列规定选用通风和防护设备。

1 按最大的计算新风量选用清洁通风管管径、粗过滤器、密闭阀门和通风机等设备；

2 按战时清洁通风的计算新风量选用门式防爆波活门，并按门扇开启时的平时通风量进行校核；

3 按战时滤毒通风的计算新风量选用滤毒进（排）风管路上的过滤吸收器、滤毒风机、滤毒通风管及密闭阀门。

5.3.4 防空地下室平时和战时分设通风系统时，应按平时和战时工况分别计算系统新风量，并按下列规定选用通风和防护设备：

1 平时使用的通风管、通风机及其它设备，按平时工况的计算新风量选用；

2 防爆波活门、战时通风管、密闭阀门、通风机及其它设备，按战时清洁通风的计算新风量选用。滤毒通风管路上的设备，则按滤毒通风量选用。

5.3.5 防空地下室战时的进（排）风口或竖井，宜结合平时的进（排）风口或竖井设置。平战结合的进风口宜选用门式防爆波活门。平时通过该活门的风量，宜按防爆波活门门扇全开时的风速不大于10m/s确定。

5.3.6 防空地下室内的厕所、盥洗室、污水泵房等排风房间，宜按防护单元单独设置排风系统，且宜平战两用。

5.3.7 防空地下室战时的通风管道及风口，应尽量利用平时的通风管道及风口，但应在接口处设置转换阀门。

5.3.8 战时的防护通风设计，必须有完整的施工设计图纸，标注相关的预埋件、预留孔位置。

5.3.9 防空地下室平时使用时的人员新风量，通风时不应小于30（m^3/（P·h）），空调时宜符合表5.3.9规定。

表5.3.9 平时使用时人员空调新风量（m^3/（P·h））

房间功能	空调新风量
旅馆客房、会议室、医院病房、美容美发室、游艺厅、舞厅、办公室	≥30
餐厅、阅览室、图书馆、影剧院、商场（店）	≥20
酒吧、茶座、咖啡厅	≥10

注：过渡季采用全新风时，人员新风量不宜小于30m^3/（P·h）。

5.3.10 平时使用的防空地下室，其室内空气温度和相对湿度，宜按表5.3.10确定。

表5.3.10 平时使用时室内空气温度和相对湿度

工程及房间类别	夏季		冬季	
	温度（℃）	相对湿度（%）	温度（℃）	相对湿度（%）
旅馆客房、会议室、办公室、多功能厅、图书阅览室、文娱室、病房、商场、影剧院	≤28	≤75	≥16	≥30
舞厅	≤26	≤70	≥18	≥30
餐厅	≤28	≤80	≥16	≥30

注：冬季温度适用于集中采暖地区。

5.3.11 平时使用的防空地下室，空调送风房间的换气次数每小时不宜小于5次。部分房间的最小换气次数，宜按表5.3.11确定。

表5.3.11 平时使用时部分房间的最小换气次数（h^{-1}）

房间名称	换气次数	房间名称	换气次数
水泵房、封闭蓄电池室	2	汽车库	4
污水泵间	8	吸烟室	10
盥洗室、浴室	3	发电机房贮油间	5
水冲厕所	10	物资库	1

注：贮水池、污水池按充满后的空间计。

5.3.12 平时为汽车库，战时为人员掩蔽所或物资库的防空地下室，其通风系统的设计应符合下列要求：

1 通风系统的战时通风方式应符合本规范第5.2.1条的规定；

2 战时通风系统的设置应符合本规范第5.1.2条的规定；

3 穿过防护单元隔墙的通风管道，必须在规定的临战转换时限内形成隔断，并在抗力和防毒性能方面与该防护单元的防护要求相适应。

5.4 采 暖

5.4.1 引入防空地下室的采暖管道，在穿过人防围护结构处应采取可靠的防护密闭措施，并应在围护结构的内侧设置工作压力不小于1.0MPa的阀门。

5.4.2 防空地下室宜采用散热器采暖或热风采暖。

5.4.3 防空地下室的采暖热媒宜采用低温热水。

5.4.4 防空地下室的采暖热负荷应包括围护结构耗热量、加热新风耗热量，以及通过其它途径散失或获得的热量。

5.4.5 防空地下室围护结构的散热量，宜按下列规定确定。

1 土中围护结构的散热量Q，按下式计算：

$$Q = k \cdot F\ (t_n - t_0) \tag{5.4.5}$$

式中 Q——围护结构的散热量（W）；

k——围护结构的平均传热系数（W/（m^2·℃）），宜按表5.4.5确定；

F——外墙及底板内表面面积（m^2）；

t_n——室内设计计算温度（℃），其取值与地面建筑相同；

t_0——土壤初始温度（℃），外墙取各层中心标高处的土壤温度；底板取其内表面标高处的土壤温度（℃）；

表 5.4.5　围护结构的平均传热系数 k 值［W/（m²·℃）］

λ（W/（m·℃））	0.92	1.16	1.73	2.08	2.31	3.46
k（W/（m²·℃））	0.71	0.80	1.06	1.18	1.52	1.62

注：表中λ为土壤的导热系数，当λ值介于表列数值之间时，可用线性插入法确定。

2　有通风采光窗的防空地下室，窗井的外墙和窗的热损失，应按地面建筑的计算方法确定；

3　防空地下室外墙高出室外地面部分，其热损失应按地面建筑的计算方法确定。

5.5　自然通风和机械通风

5.5.1　防空地下室应充分利用当地自然条件，并结合地面建筑的实际情况，合理地组织、利用自然通风。采用自然通风的防空地下室，其平面布置应保证气流通畅，并应避免死角和短路，尽量减少风口和气流通路的阻力。

5.5.2　对于平战结合的乙类防空地下室和核 5 级、核 6 级、核 6B 级的甲类防空地下室设计，宜采用通风采光窗进行自然通风。通风采光窗宜在防空地下室两面的外墙分别设置。

5.5.3　战时使用的和平战两用的机械通风进风口、排风口，宜采用竖井分别设置在室外不同方向。进风口与排风口的水平距离、进风口下缘高出当地室外地面的高度应符合本规范第 3.4 节的规定。进风口应设在空气流畅、清洁处。

5.5.4　通风机应根据不同使用要求，选用节能和低噪声产品。战时电源无保障的防空地下室应采用电动、人力两用通风机。

5.5.5　通风管道应采用符合卫生标准的不燃材料制作。

5.6　空 气 调 节

5.6.1　防空地下室采用通风设计不能满足温、湿度要求时，应进行空气调节设计。

5.6.2　空调房间的计算得热量，应根据围护结构传热量、人体散热量、照明散热量、设备散热量以及伴随各种散湿过程产生的潜热量等各项因素确定。

5.6.3　空调房间的计算散湿量，应根据人体散湿量、围护结构散湿量、潮湿表面和液面的散湿量、设备散湿量以及其它散湿量等各项因素确定。

5.6.4　空调系统的冷负荷，应包括消除空调房间的计算得热量所需的冷负荷、新风冷负荷、以及由通风机、风管等温升引起的附加冷负荷。

5.6.5　空调系统的湿负荷，应包括空调房间的计算湿负荷与新风湿负荷。

5.6.6　防空地下室围护结构的平均散湿量，可按经验数据选取：0.5g/（h·m²）~1.0g/（h·m²）。由室内人员造成的人为散湿量（不含人体散湿量），应根据实际情况确定。对于全天在防空地下室内工作、生活人员（如医院、病房等）的人为散湿量，可取 30g/（P·h）。

5.6.7　围护结构传热量应根据埋深不同，按浅埋或深埋分别计算。

1　浅埋防空地下室（指防空地下室顶板底面至室外地面的垂直距离小于 6m 的防空地下室），宜按本规范附录 G 计算；

2　深埋防空地下室（指防空地下室顶板底面至室外地面的垂直距离大于或等于 6m 的防空地下室），宜按本规范附录 H 计算。

5.6.8　空气热湿处理设备宜根据下列原则选用：

1　以湿负荷为主的防空地下室，宜选用除湿机、调温除湿机、除湿空调机等空气处理设备；

2　以冷负荷为主的防空地下室，宜选用冷水机组加组合式空调器、冷风机等空气处理设备。

5.6.9　全年使用的集中式空调系统应满足下列要求：

1　冬、夏季在保证最小新风量的条件下，满足各送风房间所需的送风量；

2　过渡季节使用大量新风或全新风的空调系统，其进风和排风系统要适应新风量变化的需要。

5.6.10　新风系统和回风系统应设置符合卫生标准的空气过滤装置。

5.6.11　引入防空地下室的空调水管，应采取防护密闭措施，并应在其围护结构的内侧设置工作压力不小于 1.0MPa 的阀门。

5.7　柴油电站的通风

5.7.1　柴油发电机房宜设置独立的进、排风系统。

5.7.2　柴油发电机房采用清洁式通风时，应按下列规定计算进、排风量：

1　当柴油发电机房采用空气冷却时，按消除柴油发电机房内余热计算进风量；

2　当柴油发电机房采用水冷却时，按排除柴油发电机房内有害气体所需的通风量经计算确定。有害气体的容许含量取：CO 为 30mg/m³，丙烯醛为 0.3mg/m³，或按大于等于 20m³/(kW·h) 计算进风量；

3　排风量取进风量减去燃烧空气量。

5.7.3　柴油机燃烧空气量，可根据柴油机额定功率取经验数据计算：7m³/（kW·h）。清洁通风时，柴油机所需的燃烧空气直接取用发电机房室内的空气；隔绝防护时，应从机房的进风或排风管引入室外空气燃烧，但吸气系统的阻力不宜超过 1kPa。

5.7.4　柴油发电机房内的余热量应包括柴油机、发电机和排烟管道的散热量。

5.7.5　柴油发电机房的降温方式应符合下列要求：

1　当室内外空气温差较大时，宜利用室外空气降低发电机房温度；

2　当水量充足且水温能满足要求时，宜采用水冷方式降低发电机房温度；

3　当室内外空气温差较小且水量不足时，宜采用直接蒸发式冷风机组降低发电机房温度。

5.7.6　柴油电站控制室所需的新风，应按下述不同情况区别处理：

1　当柴油电站与防空地下室连成一体时，应从防空地下室内向电站控制室供给新风；

2　当柴油电站独立设置时，控制室应由柴油电站设置独立的通风系统供给新风，且应设滤毒通风装置。

5.7.7　柴油电站的贮油间应设排风装置，排风换气次数不应小于每小时 5 次，接至贮油间的排风管道上应设 70℃ 关闭的防火阀。

5.7.8　柴油机的排烟系统，应按下列规定设置：

1　柴油机排烟口与排烟管应采用柔性连接。当连接两台或两台以上机组时，排烟支管上应设置单向阀门；

2　排烟管的室内部分，应作隔热处理，其表面温度不应超过 60℃。

5.7.9　移动电站与有防毒要求的防空地下室设连通口时，应设防毒通道和滤毒通风时的超压排风设施。

6 给水、排水

6.1 一 般 规 定

6.1.1 防空地下室上部建筑的管道穿过人防围护结构时，应符合本规范第3.1.6条的规定。

6.1.2 穿过人防围护结构的给水引入管、排水出户管、通气管、供油管的防护密闭措施应符合下列要求：

1 符合以下条件之一的管道，在其穿墙（穿板）处应设置刚性防水套管：

1）管径不大于DN150mm的管道穿过防空地下室的顶板、外墙、密闭隔墙及防护单元之间的防护密闭隔墙时；

2）管径不大于DN150mm的管道穿过乙类防空地下室临空墙或穿过核5级、核6级和核6B级的甲类防空地下室临空墙时。

2 符合以下条件之一的管道，在其穿墙（穿板）处应设置外侧加防护挡板的刚性防水套管：

1）管径大于DN150mm的管道穿过人防围护结构时；

2）管径不大于DN150mm的管道穿过核4级、核4B级的甲类防空地下室临空墙时。

6.2 给 水

6.2.1 防空地下室宜采用城市市政给水管网或防空地下室的区域水源供水。有条件时，可采用自备内水源或自备外水源供水。

防空地下室自备水源的取水构筑物宜用管井。自备内水源取水构筑物应设于清洁区内。在自备内水源与外部水源（如城市市政给水管网）的连接处，应设置有效的隔断措施。自备外水源取水构筑物的抗力级别应与其供水的防空地下室中抗力级别最高的相一致。

6.2.2 防空地下室平时用水量定额应符合现行国家标准《建筑给水排水设计规范》(GB 50015)的有关规定。

6.2.3 防空地下室战时人员用水量标准应按表6.2.3采用。

表6.2.3 战时人员生活饮用水量标准

工程类别			用水量（L/（人·d））	
			饮用水	生活用水
医疗救护工程	中心医院	伤病员	4~5	60~80
	急救医院	工作人员	3~6	30~40
	救护站	伤病员	4~5	30~50
		工作人员	3~6	25~35
专业队队员掩蔽部			5~6	9
人员掩蔽工程			3~6	4
配套工程			3~6	4

6.2.4 需供应开水的防空地下室，开水供水量标准为1~2L/（人·d），其水量已计入在饮用水量中。设置水冲厕所的医疗救护工程，水冲厕所的用水量已计入在伤病员和工作人员的生活用水量中。

6.2.5 战时人员生活用水、饮用水的贮水时间，应根据防空地下室的水源情况、工程类别，按表6.2.5采用。

表6.2.5 各类防空地下室的贮水时间

水源情况			工程类别			
			医疗救护工程	专业队队员掩蔽部	人员掩蔽工程	配套工程
有可靠内水源	饮用水（d）		2~3			
	生活用水（h）		10~12	4~8	0	
无可靠内水源	饮用水（d）		15			
	生活用水（d）	有防护外水源	3~7			
		无防护外水源	7~14			

6.2.6 在防空地下室的清洁区内，每个防护单元均应设置生活用水、饮用水贮水池（箱）。贮水池（箱）的有效容积应根据防空地下室战时的掩蔽人员数量、战时用水量标准及贮水时间计算确定。

6.2.7 生活饮用水的水质，平时应符合现行国家标准《生活饮用水卫生标准》（GB 5749）的要求，战时应符合表6.2.7的规定。

表6.2.7 战时生活饮用水水质标准

项目	单位	限量值
色	度	<15
浑浊度	度	<5
臭和味		不得有异臭、异味
总硬度（以$CaCO_3$计）	mg/L	600
硫酸盐（以SO_4^{-2}计）	mg/L	500
氯化物（以Cl^-计）	mg/L	600
细菌总数	个/ml	100
总大肠菌数	个/100ml	1
游离余氯	mg/L	与水接触30min后不应低于0.5mg/L（适用于加氯消毒）

6.2.8 机械、通信和空调等设备用水的水质、水量、水压和水温应按其工艺要求确定。

6.2.9 饮用水的贮水池（箱）宜单独设置。若与生活用水贮存在同一贮水池（箱）中，应有饮用水不被挪用的措施。

6.2.10 生活用水、饮用水、洗消用水的供给，可采用气压给水装置、变频给水设备或高位水池（箱）。战时电源无保证的防空地下室，应有保证战时供水的措施。

6.2.11 生活用水、饮用水、洗消用水以外的给水系统的选择，应根据防空地下室的各项用水对于水质、水量、水压和水温的要求，并根据战时的水源、电源等情况综合分析确定。在技术经济合理的条件下，设备用水宜采用循环或重复利用的给水系统，并应充分利用其余压。

6.2.12 防空地下室内部的给水管道，应根据平时装修要求及结构情况，可设于吊顶内、管沟内或沿墙明设。给水管道不应穿过通信、变配电设备房间。

6.2.13 防空地下室给水管道上防护阀门的设置及安装应符合下列要求：

1 当给水管道从出入口引入时，应在防护密闭门的内侧设置；当从人防围护结构引入时，应在人防围护结构的内侧设置；穿过防护单元之间的防护密闭隔墙时，应在防护密闭隔墙两侧的管道上设置；

2 防护阀门的公称压力不应小于1.0MPa；

3 防护阀门应采用阀芯为不锈钢或铜材质的闸阀或截止阀；

4 人防围护结构内侧距离阀门的近端面不宜大于200mm。阀门应有明显的启闭标志。

6.2.14 防空地下室的给水管管材应符合以下要求：

1 穿过人防围护结构的给水管道应采用钢塑复合管或热镀锌钢管；

2 防护阀门以后的管道可采用其它符合现行规范及产品标准要求的管材。

6.2.15 给水管道穿过人防围护结构时，宜采取防震、防不均匀沉降措施。

6.2.16 对于可能产生结露的贮水池（箱）和给水管道，应根据使用要求，采取相应的防结露措施。

6.2.17 平时需用水的防空地下室的给水入户管上应设水表。

6.2.18 防空地下室的水泵间宜设隔声、减振措施。

6.3 排 水

6.3.1 防空地下室的污废水宜采用机械排出。战时电源无保证的防空地下室，在战时需设电动排水泵时，应有备用的人力机械排水设施。

6.3.2 一般防空地下室应设有在隔绝防护时间内不向外部排水的措施。对于在隔绝防护时间内能连续均匀地向室内进水的防空地下室，方可连续向室外排水，但应设有使其排水量不大于进水量的措施。

6.3.3 医疗救护工程的污水处理设施宜设在防护区外。

6.3.4 在隔绝防护时间内，设备的冷却水可回流到原贮水池。当设备发热量较大，采用单格贮水池不能满足使用要求时，可采用双格或多格贮水池。多格贮水池的最后一格不应充水，其容积也不计入有效容积内。

6.3.5 战时生活污水集水池的有效容积应包括调节容积和贮备容积。调节容积不宜小于最大一台污水泵 5min 的出水量，且污水泵每小时启动次数不宜超过 6 次；贮备容积必须大于隔绝防护时间内产生的全部污水量的 1.25 倍；隔绝防护时间按本规范表 5.2.4 确定。集水池还应满足水泵设置、水位控制器等安装、检查的要求；设计的最低水位，应满足水泵吸水要求。贮备容积平时如需使用，其空间应有在临战时排空的措施。

6.3.6 防护单元清洁区内有供平时使用的生活污水集水池或消防废水集水池时，宜兼作战时生活污水集水池。其有效容积按本规范第 6.3.5 条进行校核。

6.3.7 当符合本规范第 6.3.2 条规定的排水条件时，生活污水集水池的贮备容积，可减去隔绝防护时间内向外排出的污水量。

6.3.8 通气管的设置应符合下列要求：

1 收集平时生活污水的集水池应设通气管，并接至室外、排风扩散室或排风竖井内；

2 收集平时消防排水、空调冷凝水、地面冲洗排水的集水池，按平时使用的卫生要求及地面排水收集方式确定通气管的设置方式；

3 收集战时生活污水的集水池，临战时应增设接至厕所排风口的通气管；

4 通气管的管径不宜小于污水泵出水管的管径，且不得小于 75mm；

5 通气管在穿过人防围护结构时，该段通气管应采用热镀锌钢管，并应在人防围护结构内侧设置公称压力不小于 1.0MPa 的铜芯闸阀。人防围护结构内侧距离阀门的近端面不宜大于 200mm。

6.3.9 设有多个防护单元的防空地下室，当需设置生活污水集水池时，应按每个防护单元单独设置。

6.3.10 生活污水集水池宜设于清洁区内厕所、盥洗室的下部。清洁区内用水房间、平时使用的空调机房等房间内宜设置地漏，地漏箅子的顶面应低于该处地面 5～10mm。

6.3.11 供防空地下室内平时使用的排水泵，宜采用自动启动方式；仅战时使用的排水泵可采用手动启动方式。生活污水泵间宜设有隔声、减振和排除地面积水的措施，并宜设置冲洗龙头。

6.3.12 污水泵出水管上应设置阀门和止回阀，管道在穿过人防围护结构时，应在人防围护结构内侧设置公称压力不小于 1.0MPa 的铜芯闸阀。人防围护结构内侧距离阀门的近端面不宜大于 200mm。

6.3.13 采用自流排水系统的防空地下室，应符合下列规定：

1 排出管上应采取设止回阀和公称压力不小于 1.0MPa 的铜芯闸阀等防倒灌措施；

2 核 5 级、核 6 级和核 6B 级的甲类防空地下室，对非生活污水，在防空地下室外部的适当位置设置水封井，水封深度不应小于 300mm；对生活污水，在防空地下室外部的适当位置设置防爆化粪池；

3 核 4 级和核 4B 级的甲类防空地下室，其排出管上应设置防毒消波槽，其大小不应小于图 6.3.13 所示的最小尺寸。对生活污水，防毒消波槽可兼作化粪池，但其尺寸应满足化粪池的要求；

4 乙类防空地下室，对非生活污水，在防空地下室外部的适当位置设置水封井，水封深度不应小于 300mm；对生活污水，在防空地下室外部的适当位置设置化粪池。

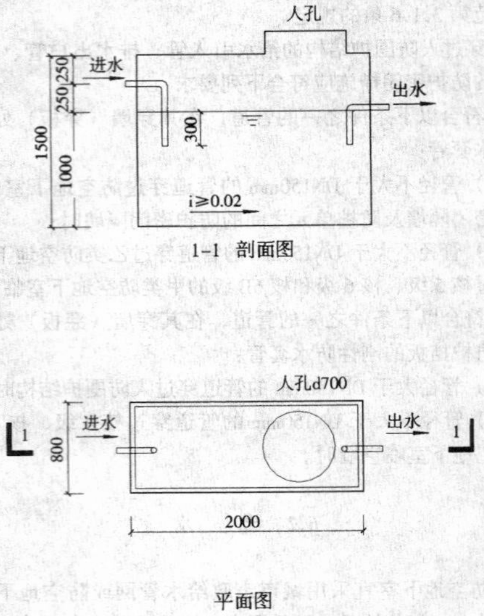

图 6.3.13 防毒消波槽构造尺寸

6.3.14 防空地下室的排水管管材应符合下列要求：

1 穿过人防围护结构的排水管道应采用钢塑复合管或其它经过可靠防腐处理的钢管；

2 人防围护结构以内的重力排水管道应采用机制排水铸铁管或建筑排水塑料管及管件；

3 在结构底板中及以下敷设的管道应采用机制排水铸铁管或热镀锌钢管。

6.3.15 对于乙类防空地下室和核 5 级、核 6 级、核 6B 级的甲类防空地下室，当收集上一层地面废水的排水管道需引入防空地下室时，其地漏应采用防爆地漏。

6.4 洗 消

6.4.1 人员洗消方式、洗消人员百分数应按表 6.4.1 确定：

表 6.4.1 人员洗消方式、洗消人员百分数

工程类别	人员洗消方式	洗消人员百分数（%）
医疗救护工程	淋浴洗消	5～10
专业队队员掩蔽部	淋浴洗消	20
一等人员掩蔽所、食品站、生产车间、区域供水站	淋浴洗消	2～3
二等人员掩蔽所	简易洗消	—

6.4.2 洗消间内淋浴器数量、人员洗消用水量、热水供应量应符合下列要求：

1 淋浴器和洗脸盆的数量应符合本规范第3.3.23条的要求；

2 淋浴洗消人数按防护单元内的掩蔽人数及洗消人员百分数确定；

3 人员洗消用水量标准宜按40L/（人·次）计算；淋浴器和洗脸盆的热水供应量宜按320~400L/套计算；当人员洗消用水量大于洗消器具热水供应量时，热水供应量仍按洗消器具的套数计算。

6.4.3 医疗救护工程人员淋浴洗消用热水温度宜按37~40℃计算，其它工程人员淋浴洗消用热水温度可按32~35℃计算。选用的加热设备应能在3h内将全部淋浴用水加热至设计温度。

6.4.4 淋浴洗消用水应贮存在清洁区内。人员简易洗消总贮水量宜按0.6~0.8m^{3}确定，可贮存在简易洗消间内。

6.4.5 防空地下室口部染毒区墙面、地面的冲洗应符合下列要求：

1 需冲洗的部位包括进风竖井、进风扩散室、除尘室、滤毒室（包括与滤毒室相连的密闭通道）和战时主要出入口的洗消间（简易洗消间）、防毒通道及其防护密闭门以外的通道，并应在这些部位设置收集洗消废水的地漏、清扫口或集水坑；

2 冲洗水量宜按5~10L/m^{2}冲洗一次计算；

3 应设置供墙面及地面冲洗用的冲洗栓或冲洗龙头，并配备冲洗软管，其服务半径不宜超过25m，供水压力不宜小于0.2MPa，供水管径不得小于20mm；

4 口部洗消用水应贮存在清洁区内，冲洗水量超过10m^{3}时，可按10m^{3}计算。

注：不贮存专业队装备掩蔽部、汽车库以及柴油电站等主体允许染毒的防空地下室以及发电机房的洗消用水。

6.4.6 洗消废水集水池不得与清洁区内的集水池共用。

6.4.7 集水池的大小应满足水泵的安装及吸水的要求。防护密闭门外洗消废水集水池可采用移动式排水泵排水。

6.4.8 收集地面排水的排水管道，不受冲击波作用的排水管上可设带水封地漏，受冲击波作用的排水管上应设防爆地漏。仅供战时排洗消废水的排水管道，可采用符合防空地下室抗力级别要求的铜质或不锈钢清扫口替代防爆地漏。

6.5 柴油电站的给排水及供油

6.5.1 柴油电站的冷却方式（水冷方式或风冷方式）应根据所在地区的水源情况、气候条件、空调方式及柴油发电机型号等因素确定。

6.5.2 冷却水贮水池的容积应根据柴油发电机运行机组在额定功率下冷却水的消耗量和要求的贮水时间确定。贮水时间可按表6.5.2采用。

表6.5.2 柴油发电机房贮水池贮水时间

水源条件	贮水时间
无可靠内、外水源	2~3（d）
有防护的外水源	12~24（h）
有可靠内水源	4~8（h）

6.5.3 柴油发电机冷却水的水温，可采用温度调节器或混合水池调节。当采用温度调节器由管路调节时，应充分利用柴油发电机自带的恒温器；当采用混合水池调节时，混合水池的容积，应按柴油发电机运行机组在额定功率下工作5~15min的冷却水量计算。柴油发电机进出水管上宜设短路管。柴油发电机的进、出水管上应设置温度计，出水管上应设置看水器，有存气可能的部位应设置排气阀。

6.5.4 移动电站或采用风冷方式的固定电站，其贮水量应根据柴油发电机样本中的小时耗水量及本规范表6.5.2要求的贮水时间计算。如无准确资料，贮水量可按2m^{3}设计。在柴油发电机房内宜单独设置冷却水贮水箱，并设置取水龙头。

6.5.5 柴油发电机房内的用水管线，宜设于管沟内，管沟内宜设排水措施。

6.5.6 在柴油发电机房内的适当位置宜设置拖布池。

6.5.7 电站控制室与发电机房之间设有防毒通道时，应在防毒通道内设置简易洗消设施。

6.5.8 柴油发电机的废热宜充分利用，可用作淋浴洗消、供应热水的热源等。

6.5.9 柴油发电机房的输油管当从出入口引入时，应在防护密闭门内设置油用阀门；当从围护结构引入时，应在外墙内侧或顶板内侧设置油用阀门，其公称压力不得小于1.0MPa，该阀门应设置在便于操作处，并应有明显的启闭标志。在室外的适当位置应设置与防空地下室抗力级别相同的油管接头井。

6.5.10 燃油可用油箱、油罐或油池贮存，其数量不得少于两个。其贮油容积可根据柴油发电机额定功率时的耗油量及贮油时间确定。贮油时间可按7~10d计算。

6.5.11 油箱、油罐或油池宜用自流形式向柴油发电机供油。当不能自流供油，需设油泵供油时，应设日用油箱。

6.6 平战转换

6.6.1 设置在防空地下室清洁区内，供平时使用的生活水池（箱）、消防水池（箱）可兼作战时贮水池（箱），但应有能在3d内完成系统转换及充水的措施。

6.6.2 二等人员掩蔽所内的贮水池（箱）及增压设备，当平时不使用时，可在临战时构筑和安装。但必须一次完成施工图设计，并应注明在工程施工时的预留孔洞和预埋好进水、排水等管道的接口，且应设有明显标志。还应有可靠的技术措施，保证能在15d转换时限内施工完毕。

6.6.3 平时不使用的淋浴器和加热设备可暂不安装，但应预留管道接口和固定设备用的预埋件。

6.6.4 专供平时使用的管道，当需穿过防空地下室临战封堵墙或抗爆隔墙时，宜设置便于管道临时截断、封堵的措施。

6.6.5 临战转换的转换工作量应符合本规范第3.7节的规定。

7 电 气

7.1 一般规定

7.1.1 本章适用于供电电压为10kV及以下的防空地下室电气设计。

7.1.2 电气设计除应满足战时用电的需要外，还应满足平时用电的需要。

7.1.3 电气设备应选用防潮性能好的定型产品。

7.2 电 源

7.2.1 电力负荷应分别按平时和战时用电负荷的重要性、供电连续性及中断供电后可能造成的损失或影响程度分为一级负荷、二级负荷和三级负荷。

7.2.2 平时电力负荷分级，除执行本规范有关规定外，还应符合地面同类建筑国家现行有关标准的规定。

7.2.3 战时电力负荷分级，应符合下列规定：

1 一级负荷

1）中断供电将危及人员生命安全；

2）中断供电将严重影响通信、警报的正常工作；

3）不允许中断供电的重要机械、设备；

4）中断供电将造成人员秩序严重混乱或恐慌；

2 二级负荷

1）中断供电将严重影响医疗救护工程、防空专业队工程、人员掩蔽工程和配套工程的正常工作；

2）中断供电将影响生存环境；

3 三级负荷：除上述两款规定外的其它电力负荷。

7.2.4 战时常用设备电力负荷分级应符合表 7.2.4 的规定。

表 7.2.4 战时常用设备电力负荷分级

工程类别	设备名称	负荷等级
中心医院 急救医院	基本通信设备、应急通信设备 柴油电站配套的附属设备 三种通风方式装置系统 主要医疗救护房间内的设备和照明 应急照明	一级
	重要的风机、水泵 辅助医疗救护房间内的设备和照明 洗消用的电加热淋浴器 医疗救护必须的空调、电热设备 电动防护密闭门、电动密闭门和电动密闭阀门 正常照明	二级
	不属于一级和二级负荷的其它负荷	三级
救护站 防空专业队工程 一等人员掩蔽所	基本通信设备、应急通信设备 柴油电站配套的附属设备 应急照明	一级
	重要的风机、水泵 三种通风方式装置系统 洗消用的电加热淋浴器 完成防空专业队任务必须的用电设备 电动防护密闭门、电动密闭门和电动密闭阀门 正常照明	二级
	不属于一级和二级负荷的其它负荷	三级

续表 7.2.4 战时常用设备电力负荷分级

工程类别	设备名称	负荷等级
二等人员掩蔽所 生产车间 食品站 区域电站 区域供水站	基本通信设备、音响警报接收设备、应急通信设备 柴油电站配套的附属设备 应急照明	一级
	重要的风机、水泵 三种通风方式装置系统 正常照明 洗消用的电加热淋浴器 区域水源的用电设备 电动防护密闭门、电动密闭门和电动密闭阀门	二级
	不属于一级和二级负荷的其它负荷	三级
物资库 汽车库	基本通信设备、应急通信设备 柴油电站配套的附属设备 应急照明	一级
	重要的风机、水泵 正常照明 电动防护密闭门、电动密闭门和电动密闭阀门	二级
	不属于一级和二级负荷的其它负荷	三级

7.2.5 电力负荷应按平时和战时两种情况分别计算。

7.2.6 防空地下室应引接电力系统电源，并宜满足平时电力负荷等级的需要；当有两路电力系统电源引入时，两路电源宜同时工作，任一路电源均应满足平时一级负荷、消防负荷和不小于50%的正常照明负荷用电需要。电源容量应分别满足平时和战时总计算负荷的需要。

7.2.7 因地面建筑平时使用需要设置的柴油发电机组，宜按战时区域电源设置。所设置的柴油发电机组，宜设置在防护区内。

7.2.8 防空地下室的总计算负荷大于 200kVA 时，宜将电力变压器设置在清洁区靠近负荷中心处。单台变压器的容量不宜大于1250kVA。

7.2.9 防空地下室内安装的变压器、断路器、电容器等高、低压电器设备，应采用无油、防潮设备。

7.2.10 内部电源的发电机组应采用柴油发电机组，严禁采用汽油发电机组。

7.2.11 下列工程应在工程内部设置柴油电站：

1 中心医院、急救医院；

2 救护站、防空专业队工程、人员掩蔽工程、配套工程等防空地下室，建筑面积之和大于 5000m²。

7.2.12 中心医院、急救医院应按下列要求设置柴油发电机组：

1 战时供电容量必须满足本防空地下室战时一级、二级电力负荷的需要，并宜作为区域电站，以满足在低压供电范围内的邻近人防工程战时一级、二级负荷的需要；

2 柴油发电机组台数不应少于两台，其中每台机组的容量应能满足战时一级负荷的用电需要。

7.2.13 救护站、防空专业队工程、人员掩蔽工程、配套工程等应按下列要求设置柴油发电机组：

1 建筑面积之和大于 5000m² 的防空地下室，设置柴油发电机组的台数不应少于 2 台，其容量应按下列规定的战时和平时供电容量的较大者确定：

1）战时供电容量应满足战时一级、二级负荷的需要，还宜作为区域电站，以满足在低压供电范围内的邻近人防工程战时一级、二级负荷的需要；

2）平时引接两路不同时停电的电力系统电源供电时，应按满足防空地下室平时一级负荷中特别重要的负荷确定；

3）平时引接一路电力系统电源供电时，应按满足防空地下室平时一级、部分二级负荷（消防负荷、不小于 50% 的正常照明负荷等）之和确定；

2 建筑面积大于 $5000m^2$ 的防空地下室，当条件受到限制时，内部电源仅为本防空地下室供电时，柴油发电机组的台数可设 1～2 台，其容量应按下列规定的战时和平时供电容量的较大者确定：

1）战时供电容量，必须满足本防空地下室战时一级、二级负荷的用电需要；

2）平时供电容量应满足本条第 1 款第 2、3 项的规定；

3 在建筑小区或供电半径范围内各类分散布置的多个防空地下室，其建筑面积之和大于 $5000m^2$ 时，应在负荷中心处的防空地下室内设置内部电站或设置区域电站，其容量应满足本条第 1 款的要求；

4 建筑面积 $5000m^2$ 及以下的各类未设内部电站的防空地下室，战时供电应符合下列规定：

1）引接区域电源，战时一级负荷应设置蓄电池组电源；

2）无法引接区域电源的防空地下室，战时一级、二级负荷应在室内设置蓄电池组电源；

3）蓄电池组的连续供电时间不应小于隔绝防护时间（见表 5.2.4）。

7.2.14 供电系统设计应符合下列要求：

1 每个防护单元应设置人防电源配电柜（箱），自成配电系统；

2 电力系统电源和柴油发电机组应分列运行；

3 通信、防灾报警、照明、动力等应分别设置独立回路；

4 不同等级的电力负荷应各有独立回路；

5 引接内部电源应有固定回路；

6 单相用电设备应均匀地分配在三相回路中。

7.2.15 防空地下室战时各级负荷的电源应符合下列要求：

1 战时一级负荷，应有两个独立的电源供电，其中一个独立电源应是该防空地下室的内部电源；

2 战时二级负荷，应引接区域电源，当引接区域电源有困难时，应在防空地下室内设置自备电源；

3 战时三级负荷，引接电力系统电源。

7.2.16 当条件许可时，战时防空地下室宜利用下列电源：

1 无防护的地面建筑自备电源；

2 设置在防空地下室地面附近的拖车电站、汽车电站等。

7.2.17 内部电源的蓄电池组不得采用非密封的蓄电池组。

7.2.18 为战时一级、二级负荷供电专设的 EPS、UPS 自备电源设备，应设计到位，平时可不安装，但应留有接线和安装位置。应在 30d 转换时限内完成安装和调试。

7.3 配 电

7.3.1 每个防护单元应引接电力系统电源和内部电源。电源回路均应设置进线总开关和内、外电源的转换开关。

7.3.2 每个防护单元内的人防电源配电柜（箱）宜设置在清洁区内，并靠近负荷中心和便于操作维护处，可设在值班室或防化通信值班室内。

7.3.3 一级、二级和大容量的三级负荷宜采用放射式配电，室内的低压配电级数不宜超过三级。

7.3.4 防空地下室内的各种动力配电箱、照明箱、控制箱，不得在外墙、临空墙、防护密闭隔墙、密闭隔墙上嵌墙暗装。若必须设置时，应采取挂墙式明装。

7.3.5 防空地下室内的各种电气设备当采用集中控制或自动控制时，必须设置就地控制装置、就地解除集中控制和自动控制的装置。

7.3.6 对染毒区内需要检测和控制的设备，除应就地检测、控制外，还应在清洁区实现检测、控制。

7.3.7 设有清洁式、滤毒式、隔绝式三种通风方式的防空地下室，应在每个防护单元内设置三种通风方式信号装置系统，并应符合下列规定：

1 三种通风方式信号控制箱宜设置在值班室或防化通信值班室内。灯光信号和音响应采用集中或自动控制；

2 在战时进风机室、排风机室、防化通信值班室、值班室、柴油发电机房、电站控制室、人员出入口（包括连通口）最里一道密闭门内侧和其它需要设置的地方，应设置显示三种通风方式的灯箱和音响装置，应采用红色灯光表示隔绝式，黄色灯光表示滤毒式、绿色灯光表示清洁式，并宜加注文字标识。

7.3.8 设有清洁式、滤毒式、隔绝式三种通风方式的防空地下室，每个防护单元战时人员主要出入口防护密闭门外侧，应设置有防护能力的音响信号按钮，音响信号应设置在值班室或防化通信值班室内。

7.3.9 中心医院、急救医院应设置火灾自动报警系统。

7.4 线 路 敷 设

7.4.1 进、出防空地下室的动力、照明线路，应采用电缆或护套线。

7.4.2 电缆和电线应采用铜芯电缆和电线。

7.4.3 穿过外墙、临空墙、防护密闭隔墙和密闭隔墙的各种电缆（包括动力、照明、通信、网络等）管线和预留备用管，应进行防护密闭或密闭处理，应选用管壁厚度不小于 2.5mm 的热镀锌钢管。

7.4.4 穿过外墙、临空墙、防护密闭隔墙、密闭隔墙的同类多根弱电线路可合穿在一根保护管内，但应采用暗管加密闭盒的方式进行防护密闭或密闭处理。保护管径不得大于 25mm。

7.4.5 各人员出入口和连通口的防护密闭门门框墙、密闭门门框墙上均应预埋 4～6 根备用管，管径为 50～80mm，管壁厚度不小于 2.5mm 的热镀锌钢管，并应符合防护密闭要求。

7.4.6 当防空地下室内的电缆或导线数量较多，且又集中敷设时，可采用电缆桥架敷设的方式。但电缆桥架不得直接穿过临空墙、防护密闭隔墙、密闭隔墙。当必须通过时应改为穿管敷设，并应符合防护密闭要求。

7.4.7 各类母线槽不得直接穿过临空墙、防护密闭隔墙、密闭隔墙，当必须通过时，需采用防护密闭母线，并应符合防护密闭要求。

7.4.8 由室外地下进、出防空地下室的强电或弱电线路，应分别设置强电或弱电防爆波电缆井。防爆波电缆井宜设置在紧靠外墙外侧。除留有设计需要的穿墙管数量外，还应符合第 7.4.5 条中预埋备用管的要求。

7.4.9 从低压配电室、电站控制室至每个防护单元的战时配电回路应各自独立。战时内部电源配电回路的电缆穿过其它防护单元或非防护区时，在穿过的其它防护单元或非防护区内，应采取与受电端防护单元等级相一致的防护措施。

7.4.10 电缆、护套线、弱电线路和备用预埋管穿过临空墙、防护密闭隔墙、密闭隔墙，除平时有要求外，可不作密闭处理，临战时应采取防护密闭或密闭封堵，在 30d 转换时限内完成。对于不符合一根电缆穿一根密闭管的平时设备的电缆，应在临战转换期限内拆除。

7.5 照 明

7.5.1 照明光源宜采用各种高效节能荧光灯和白炽灯。并应满足照明场所的照度、显色性和防眩光等要求。

7.5.2 防空地下室平时和战时的照明均应有正常照明和应急照明；平时照明还应设值班照明，出入口处宜设过渡照明。

7.5.3 平战结合的防空地下室平时照明，应按下列要求确定：

1 正常照明的照度，宜参照同类地面建筑照度标准确定。需长期坚持工作和对视觉要求较高的场所，可适当提高照度标准；

2 灯具及其布置，应与使用功能及建筑装修相协调；

3 值班照明宜利用正常照明中能单独控制的灯具或应急照明。

7.5.4 战时的应急照明宜利用平时的应急照明；战时的正常照明可与平时的部分正常照明或值班照明相结合。

7.5.5 应急照明应符合下列要求：

1 疏散照明应由疏散指示标志照明和疏散通道照明组成。疏散通道照明的地面最低照度值不低于 5 lx；

2 安全照明的照度值不低于正常照明照度值的 5%；

3 备用照明的照度值，（消防控制室、消防水泵房、收、发信机房、值班室、防化通信值班室、电站控制室、柴油发电机房、通道、配电室等场所）不低于正常照明照度值的 10%。有特殊要求的房间，应满足最低工作需要的照度值；

4 战时应急照明的连续供电时间不应小于该防空地下室的隔绝防护时间（见表 5.2.4）。

7.5.6 防空地下室口部的过渡照明宜采用自然光过渡，当采用自然过渡不能满足要求时，应采用人工照明过渡。过渡照明应能满足晴天、阴天和夜间人员进出地下室的需要。

7.5.7 防空地下室战时通用房间和战时医疗救护工程照明的照度标准值，可按表 7.5.7－1 和表 7.5.7－2 确定。

表 7.5.7－1 战时通用房间照明的照度标准值

类 别	参考平面及其高度	lx	UGR	Ra
办公室、总机室、广播室等	0.75m 水平面	200	19	80
值班室、电站控制室、配电室等		150	22	80
出入口	地 面	100	—	60
柴油发电机房、机修间		100	25	60
防空专业队队员掩蔽室		100	22	80
空调室、风机室、水泵间、储油间滤毒室、除尘室、洗消间		75	—	60
盥洗间、厕所		75	—	60
人员掩蔽室、通道		75	22	80
车库、物资库		50	28	60

注：lx：照度标准值 UGR：统一眩光值 Ra：显色指数

表 7.5.7－2 战时医疗救护工程照明的照度标准值

类 别	参考平面及其高度	lx	UGR	Ra
手术室、放射科治疗室	0.75m 水平面	500	19	90
诊查室、检验科、配方室、治疗室、医务办公室、急救室		300	19	80
候诊室、放射科诊断室、理疗室、分类厅		200	22	80
重症监护室		200	19	80
病 房	地 面	100	19	80

注：lx：照度标准值 UGR：统一眩光值 Ra：显色指数

7.5.8 每个照明单相分支回路的电流不宜超过 16A。

7.5.9 洗消间脱衣室和检查穿衣室内应设 AC220V10A 单相三孔带二孔防溅式插座各 2 个。

7.5.10 在滤毒室内每个过滤吸收器风口取样点附近距地面 1.5m 处，应设置 AC220V10A 单相三孔插座 1 个。

7.5.11 医疗救护工程、专业队队员掩蔽部、一等人员掩蔽所的防化通信值班室内应设置 AC380V16A 三相四孔插座、断路器各 1 个和 AC220V10A 单相三孔插座 7 个。

7.5.12 二等人员掩蔽所的防化通信值班室内应设置 AC380V16A 三相四孔插座、断路器各 1 个和 AC220V10A 单相三孔插座 5 个。

7.5.13 防化器材储藏室应设置 AC220V10A 单相三孔插座 1 个。

7.5.14 灯具的选择宜选用重量较轻的线吊或链吊灯具和卡口灯头。当室内净高较低或平时使用需要而选用吸顶灯时，应在临战时加设防掉落保护网。

7.5.15 通道、出入口、公用房间的照明与房间照明宜由不同回路供电。

7.5.16 从防护区内引到非防护区的照明电源回路，当防护区内和非防护区灯具共用一个电源回路时，应在防护密闭门内侧、临战封堵处内侧设置短路保护装置，或对非防护区的灯具设置单独回路供电。

7.5.17 战时主要出入口防护密闭门外直至地面的通道照明电源，宜由防护单元内人防电源柜（箱）供电，不宜只使用电力系统电源。

7.6 接 地

7.6.1 防空地下室的接地型式宜采用 TN－S、TN－C－S 接地保护系统。

7.6.2 除特殊要求外，防空地下室宜采用一个接地系统，其接地电阻值应符合表 7.6.2 中最小值的要求。

表 7.6.2 接地电阻允许值

接 地 装 置		接地电阻（Ω）
并联运行发电机或变压器	总容量＞100kVA	≤4
	总容量≤100kVA	≤10
高压电力设备接地（Δ/Y 变配电系统）		≤10
重复接地、防雷设备接地		≤10
防静电接地		≤100
火灾自动报警系统、综合布线系统、通信系统等	单独接地	＜4
	共用接地	＜1

7.6.3 防空地下室内应将下列导电部分做等电位连接：

1 保护接地干线；

2 电气装置人工接地极的接地干线或总接地端子；

3 室内的公用金属管道，如通风管、给水管、排水管、电缆或电线的穿线管；

4 建筑物结构中的金属构件，如防护密闭门、密闭门、防爆波活门的金属门框等；

5 室内的电气设备金属外壳；

6 电缆金属外护层。

7.6.4 各防护单元的等电位连接，应相互连通成总等电位，并应与总接地体连接。

7.6.5 等电位连接的线路最小允许截面应符合表 7.6.5 的规定。

表 7.6.5 线路最小允许截面（mm^2）

材 料	截面	
	干线	支线
铜	16	6
钢	50	16

7.6.6 保护线（PE）上，严禁设置开关或熔断器。

7.6.7 接地装置的设置应符合下列要求：

1 应利用工程结构钢筋和桩基内钢筋做自然接地体。当接地电阻值不能满足要求时，宜在室外增设人工接地体装置；

2 利用结构钢筋网做接地体时，纵横钢筋交叉点宜采用焊接。所有接地装置必须连接成电气通路；所有接地装置的焊接必须牢固可靠；

3 保护线（PE）应与接地体相连，并应有完好的电气通路。宜采用不小于 $25\times4mm^2$ 热镀锌扁钢或直径不小于 12mm 的热镀锌圆钢作为保护线的干线；

4 设有消防控制室和通信设备的防空地下室应设专用接地干线引至总接地体；

5 当无特殊要求时，接地装置宜采用热镀锌钢材，最小允许规格、尺寸应符合表 7.6.7 的规定。

表 7.6.7　接地装置最小允许规格、尺寸

种类、规格及单位		敷设位置及使用类别	
		交流电流回路	直流电流回路
圆钢直径（mm）		10	12
扁钢	截面（mm^2）	100	100
	厚度（mm）	4	6
角钢厚度（mm）		4	6
钢管管壁厚度（mm）		3.5	4.5

7.6.8 照明灯具安装高度低于 2.4m 时，应增设 PE 保护线。

7.6.9 电源插座和潮湿场所的电气设备，应加设剩余电流保护器。医疗用电设备装设剩余电流保护器时，应只报警，不切断电源。

7.6.10 燃油设施防静电接地应符合下列要求：

1 金属油罐的金属外壳应做防静电接地；

2 非金属油罐应在罐内设置防静电导体引至罐外接地，并与金属管连接；

3 输油管的始末端、分支处、转弯处以及直线段每隔 200 ~ 300m 处，应做防静电接地；

4 输油管道接头井处应设置油罐车或油桶跨接的防静电接地装置。

7.7 柴油电站

7.7.1 防空地下室的柴油电站选址应符合下列要求：

1 靠近负荷中心；

2 交通运输、输油、取水比较方便；

3 管线进、出比较方便。

7.7.2 平战结合的防空地下室电站类型应符合下列要求：

1 中心医院、急救医院应设置固定电站；

2 救护站、防空专业队工程、人员掩蔽工程、配套工程的电站类型应符合下列要求：

1）当发电机组总容量大于 120kW 时，宜设置固定电站；当条件受到限制时，可设置 2 个或多个移动电站；

2）当发电机组总容量不大于 120kW 时宜设置移动电站；

3）固定电站内设置柴油发电机组不应少于 2 台，最多不宜超过 4 台；

4）移动电站内宜设置 1 ~ 2 台柴油发电机组；

3 柴油发电机组的总容量应符合本规范第 7.2.12 条、第 7.2.13 条的规定，并应留有 10% ~ 15% 的备用量，但不设备用机组；

4 柴油发电机组的单机容量不宜大于 300kW。

7.7.3 柴油发电机组设置 2 台及 2 台以上时，宜采用同容量、同型号。

7.7.4 电站采用的柴油发电机组应具有在机房内就地启动、调速、停机的功能。

7.7.5 设置自起动的柴油发电机组，应具有下列功能：

1 当电力系统电源中断时，单台机组应能自起动，并在 15s 内向负荷供电；

2 当电力系统电源恢复正常后，应能手动或自动切换至电力系统电源，并向负荷供电。

7.7.6 固定电站的柴油发电机房与控制室分开设置，应在控制室及每台柴油发电机组旁边设置联络信号，并具备以下功能：

1 控制室对柴油发电机房的联络信号，应设置“起动”、“停机”、“增速”、“减速”；

2 柴油发电机房对控制室的联络信号，应设置“运行异常”、“请求停机”、“故障停机”；

3 柴油发电机组旁的联络信号，宜设有该机组的输出电压表、频率表、电流表、功率表。

7.7.7 固定电站采用隔室操作控制方式时，在控制室内应能满足下列要求：

1 控制柴油发电机组起动、调速、并列和停机（含紧急停机）；

2 检测柴油机的油压、油温、水温、水压和转速；

3 控制和显示发电机房附属设备和通风方式的运行状态。

7.7.8 柴油电站平战转换要求：

1 中心医院、急救医院的柴油电站应平时全部安装到位；

2 甲类防空地下室的救护站、防空专业队工程、人员掩蔽工程、配套工程的柴油电站中除柴油发电机组平时可不安装外，其它附属设备及管线均应安装到位。柴油发电机组应在 15d 转换时限内完成安装和调试；

3 乙类防空地下室的救护站、防空专业队工程、人员掩蔽工程、配套工程柴油电站内的柴油发电机组、附属设备及管线平时均可不安装，但应设计到位，并应按设计要求预留好柴油发电机组及其附属设备的基础、吊钩、管架和预埋管等。在 30d 转换时限内完成安装和调试。

7.8 通信

7.8.1 医疗救护工程和防空专业队工程应设置与所在地人防指挥机关相互联络的直线或专线电话，并应设置应急通信设备。通信设备、电话可设置在值班室、防化通信值班室内。

7.8.2 人员掩蔽工程应设置电话分机和音响警报接收设备，并应设置应急通信设备。

7.8.3 配套工程应设置电话分机，并根据各类配套工程的特点和需要，可设置应急通信设备或其它通信设备。

7.8.4 中心医院、急救医院内应设置电话总机，并在办公、医疗、病房、值班室、防化通信值班室、配电间、电站、通风机室等各房间内设有电话分机。

7.8.5 救护站、防空专业队工程、人员掩蔽工程、配套工程中的值班室、防化通信值班室、通风机室、发电机房、电站控制室等房间应设置电话分机。

7.8.6 各类防空地下室中每个防护单元内的通信设备电源最小容量应符合表 7.8.6 中的要求。

7.8.7 战时通信设备线路的引入，应在各人员出入口预留防护密闭穿墙管，穿墙管可利用本章第 7.4.5 条中的预埋备用管。当需要设置通信防爆波电缆井时，除留有设计需要的穿墙管外，还应按第 7.4.5 条要求预埋备用管。

表 7.8.6　各类防空地下室中通信设备的电源最小容量

序号	工程类别	电源容量 kW
1	中心医院、急救医院	5
2	救护站	3
3	防空专业队工程	5
4	人员掩蔽工程	3
5	配套工程	3

附录 A 常用扩散室、扩散箱的内部空间最小尺寸

A.0.1 战时通风量不大于 14500（m^3/h）的乙类防空地下室和核

6B级甲类防空地下室，其扩散室内部空间的长×宽×高可按1.0m×1.0m×1.6m。核5级和核6级甲类防空地下室常用扩散室内部空间的最小尺寸，可按表A.0.1采用。

表A.0.1 甲类防空地下室常用扩散室的内部空间（长×宽×高）最小尺寸（m）

战时通风量（m^3/h）	5级		6级	
	悬板活门	扩散室内部尺寸	悬板活门	扩散室内部尺寸
2000	MH2000－3.0	1.0×1.0×1.6	MH2000－1.5	1.0×1.0×1.6
3600	MH3600－3.0	1.5×1.5×2.0	MH3600－1.5	1.2×1.2×1.8
5700	MH5700－3.0	1.8×1.8×2.2	MH5700－1.5	1.5×1.5×2.0
8000	MH8000－3.0	1.8×1.8×2.2	MH8000－1.5	1.5×1.5×2.0
11000	MH11000－3.0	2.0×2.0×2.4	MH11000－1.5	1.8×1.8×2.4
14500	MH14500－3.0	2.2×2.2×2.4	MH14500－1.5	2.0×2.0×2.4

注：本表适用于采用国家建筑标准设计《防空地下室建筑设计》（04FJ03）图集中的MH系列悬板活门。

A.0.2 战时通风量不大于14500（m^3/h）的乙类防空地下室和核6B级甲类防空地下室，其扩散箱内部空间的长×宽×高可按1.0m×1.0m×1.0m。核5级和核6级甲类防空地下室常用扩散箱的内部空间最小尺寸可按表A.0.2采用（图A.0.2）。

表A.0.2 甲类防空地下室常用扩散箱的内部空间（长×宽×高）最小尺寸（m）

战时通风量	5级		6级	
	悬板活门	扩散箱内部尺寸	悬板活门	扩散箱内部尺寸
2000	MH2000－3.0	1.2×1.2×1.2	MH2000－1.5	1.0×1.0×1.0
3600	MH3600－3.0	1.4×1.4×1.4	MH3600－1.5	1.2×1.2×1.2
5700	MH5700－3.0	1.6×1.6×1.6	MH5700－1.5	1.4×1.4×1.4
8000	MH8000－3.0	1.6×1.6×1.6	MH8000－1.5	1.4×1.4×1.4
11000	MH11000－3.0	1.8×1.8×1.8	MH11000－1.5	1.6×1.6×1.6
14500	MH14500－3.0	2.0×2.0×2.0	MH14500－1.5	1.8×1.8×1.8

注：本表适用于采用国家建筑标准设计《防空地下室建筑设计》（04FJ03）图集中的MH系列悬板活门。

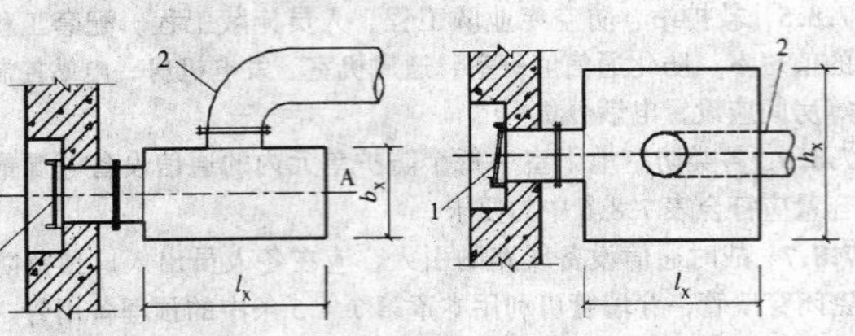

图A.0.2 扩散箱内部空间尺寸

1—悬板活门；2—通风管

l_X，b_X，h_X——分别为扩散箱的箱内净长、净宽、净高

附录B 常规武器地面爆炸动荷载

B.0.1 常规武器地面爆炸空气冲击波最大超压ΔP_{cm}及按等冲量简化的无升压时间三角形等效作用时间t_0，可按下列公式计算确定：

$$\Delta P_{cm}=1.316\left(\frac{\sqrt[3]{C}}{R}\right)^3+0.369\left(\frac{\sqrt[3]{C}}{R}\right)^{1.5} \quad (B.0.1-1)$$

$$t_0=4.0\times10^{-4}\Delta P_{cm}^{-0.5}\sqrt[3]{C} \quad (B.0.1-2)$$

式中 C——等效TNT装药量（kg），应按国家现行有关规定取值；

R——爆心至作用点的距离（m），爆心至外墙外侧水平距离应按国家现行有关规定取值。

B.0.2 常规武器地面爆炸土中压缩波参数可按下列规定确定：

1 常规武器地面爆炸空气冲击波感生的土中压缩波参数可按下列公式计算确定：

$$P_{ch}=\Delta P_{cm}\left[1-(1-\delta)\frac{h}{2\eta v_1 t_0}\right] \quad (B.0.2-1)$$

$$t_r=\frac{h}{v_0}(\gamma_c-1) \quad (B.0.2-2)$$

$$t_d=t_r+(1+0.4h)t_0 \quad (B.0.2-3)$$

$$\gamma_c=v_0/v_1 \quad (B.0.2-4)$$

式中 P_{ch}——地面空气冲击波在深度h（m）处感生的土中压缩波最大压力（N/mm^2）；

t_r——土中压缩波的升压时间（s）；

t_d——土中压缩波按等冲量简化的等效作用时间（s）；

v_0——土的起始压力波速（m/s），当无实测资料时，可按表4.4.3－1、表4.4.3－2采用；

γ_c——土的波速比，当无实测资料时，对非饱和土可按表4.4.3－1采用，对饱和土取$\gamma_c=1.5$；

v_1——土的峰值压力波速（m/s）；

δ——土的应变恢复比，当无实测资料时，对非饱和土和饱和土，均可按表4.4.3－1采用；

η——修正系数，$\eta=1.5\sim2.0$，非饱和土取大值。

2 常规武器地面爆炸直接产生的土中压缩波参数可按下列公式计算确定：

$$\sigma_0=6.82\times10^{-3}\rho c\left(\frac{5.4R}{W^{1/3}}\right)^{-n} \quad (B.0.2-5)$$

$$t_r=0.1\frac{R}{c} \quad (B.0.2-6)$$

$$t_d=2\frac{R}{c} \quad (B.0.2-7)$$

式中 σ_0——作用点处直接产生的土中压缩波最大压力（kN/m^2）；

t_r——土中压缩波的升压时间（s）；

t_d——土中压缩波按等冲量简化的等效作用时间（s）；

R——爆心至作用点的距离（m）；

ρ——土的质量密度（kg/m^3）；

c——土的地震波波速（m/s），当无实测资料时，可取用土的起始压力波速，按表B.0.2－1、表B.0.2－2采用；

W——常规武器的装药重量（N），$W=7.40C$；

n——土的衰减系数，可按表B.0.2－1、表B.0.2－2采用。

表B.0.2－1 非饱和土c、n值

土的类别		地震波波速c（m/s）	衰减系数n
碎石土	卵石、碎石	300～500	2.8～2.6
	圆砾、角砾	250～350	2.8～2.6
砂土	砾砂	350～450	2.7～2.6
	粗砂	350～450	2.7～2.6
	中砂	300～400	2.8～2.7
	细砂	250～350	2.9～2.8
	粉砂	200～300	2.9～2.8

续表 B.0.2-1

土的类别		地震波波速 c (m/s)	衰减系数 n
粉土		200～300	2.9～2.8
粘性土（粉质粘土、粘土）	坚硬、硬塑	400～500	2.7～2.6
	可塑	300～400	2.8～2.7
	软塑、流塑	150～250	3.0～2.9
老粘性土		300～400	2.8～2.7
红粘土		150～250	3.0～2.9
湿陷性黄土		200～300	2.9～2.8
淤泥质土		120～150	3.05

注：1 粘性土坚硬、硬塑状态 c 取大值，软塑、流塑状态 c 取小值；
2 碎石土、砂土土体密实时，c 取大值；
3 c 取大值时，n 取小值。

表 B.0.2-2 饱和土 c、n 值

含气量 α_1（%）	4	1	0.1	0.05	0.01	0.005	<0.001
地震波波速 c (m/s)	150	200	370	640	910	1200	1500
衰减系数 n	3.0	2.7	2.7	2.6	2.5	2.4	2.2～1.5

注：1 α_1 为饱和土的含气量，可根据饱和度 S_v、孔隙比 e，按式 $\alpha_1 = e(1-S_v)/(1+e)$ 计算确定；
2 当 α_1 介于表中数值之间时，可按线性内插法确定。

B.0.3 常规武器地面爆炸时，防空地下室土中结构顶板的均布动荷载最大压力可按下列公式计算确定（图 B.0.3）：

$$\overline{p}_{c1} = C_e K_r P_{ch} \quad \text{(B.0.3)}$$

式中 $\overline{p}_{c1}$——土中结构顶板计算板块的均布动荷载最大压力（N/mm²）；

P_{ch}——结构顶板计算板块中心处感生的土中压缩波最大压力（N/mm²）；

K_r——顶板综合反射系数，当顶板覆土厚度小于等于 0.5m 时，K_r 可取 1.0；当覆土厚度大于 0.5m 时，K_r 可取 1.5；

C_e——顶板荷载均布化系数。当顶板覆土厚度小于等于 0.5m 时，C_e 可取 1.0；当覆土厚度大于 0.5m 时，C_e 可取 0.9。

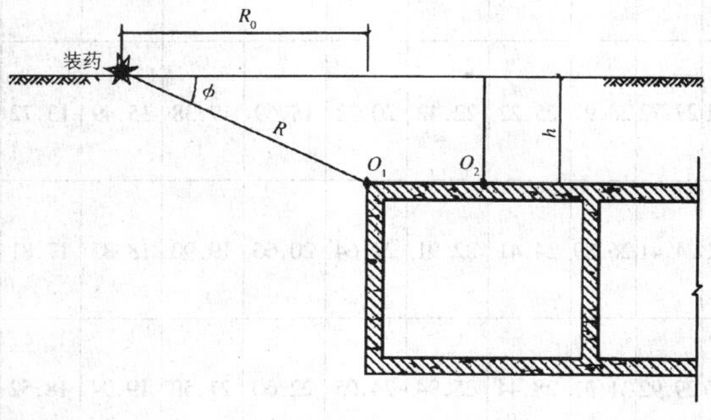

图 B.0.3 常规武器地面爆炸示意图

B.0.4 常规武器地面爆炸时，防空地下室土中外墙某处的法向动荷载最大压力可按下列公式计算确定：

$$p = K_r \sigma_0 [\xi + (1-\xi)\cos^2\phi] \quad \text{(B.0.4-1)}$$

$$\tan\phi = [(\frac{R}{R_0})^2 - 1]^{1/2} \quad \text{(B.0.4-2)}$$

式中 p——作用在土中外墙某处的法向动荷载最大压力(kN/m²)；

ξ——土的侧压系数，可按表 4.5.5 采用；

K_r——外墙综合反射系数，可取 1.5；

ϕ——土中压缩波传播方向与结构外墙法向的夹角（°）；

R_0——爆心至结构外墙平面的垂直距离（m）。

B.0.5 防空地下室土中结构外墙的均布动荷载最大压力 $\overline{p}_{c2}$ 及其升压时间 t_r、作用时间 t_d 可按下列公式计算确定：

$$\overline{p}_{c2} = C_e p_{o1} \quad \text{(B.0.5-1)}$$

$$t_r = 0.1 \frac{R}{c} \quad \text{(B.0.5-2)}$$

$$t_d = 2 \frac{R}{c} \quad \text{(B.0.5-3)}$$

式中 $\overline{p}_{c2}$——土中结构外墙均布动荷载最大压力（kN/m²）；

R——爆心到土中结构外墙顶点 O_1（图 B.0.3）的距离（m）；

p_{o1}——土中结构外墙顶点 O_1 处法向动荷载最大压力（kN/m²），可按式（B.0.4-1）计算；

C_e——外墙荷载均布化系数，可按表 B.0.5 采用；

t_r——土中结构外墙均布动荷载的升压时间（s）；

t_d——土中结构外墙均布动荷载的作用时间（s）。

表 B.0.5 土中结构外墙荷载均布化系数 C_e

顶板埋置深度 h (m)	外墙区格短跨 (m)	外墙区格长跨与短跨比		
		1	2	3
$0<h\leqslant1.5$	3	0.92	0.89	0.83
	4	0.88	0.82	0.74
	5	0.82	0.74	0.65
$1.5<h\leqslant3.0$	3	0.86	0.82	0.77
	4	0.80	0.74	0.68
	5	0.74	0.67	0.59
$3.0<h\leqslant5.0$	3	0.80	0.78	0.73
	4	0.74	0.70	0.64
	5	0.68	0.62	0.55

B.0.6 当防空地下室顶板底面高出室外地面时，常规武器地面爆炸空气冲击波直接作用在外墙上的水平均布动荷载最大压力可按下列公式计算确定：

$$\overline{p}' = C_e \Delta \overline{P}_{cm} \quad \text{(B.0.6-1)}$$

$$\Delta \overline{P}_{cm} = 2\Delta P_{cm} + \frac{6\Delta P_{cm}^2}{\Delta P_{cm} + 0.7} \quad \text{(B.0.6-2)}$$

式中 $\overline{p}'$——空气冲击波作用下，外墙水平均布动荷载最大压力（N/mm²）；

$\Delta \overline{P}_{cm}$——空气冲击波直接作用在外墙上的最大正反射压力（N/mm²）；

ΔP_{cm}——外墙平面处入射空气冲击波最大超压（N/mm²），可按式（B.0.1-1）计算，此时 R 为爆心至外墙外侧的水平距离；

C_e——荷载均布化系数，可按表 B.0.6 采用。

表 B.0.6 高出室外地面外墙荷载均布化系数 C_e

外墙计算高度 h (m)	3	4	5	6	7	8
荷载均布化系数 C_e	0.969	0.958	0.945	0.930	0.914	0.897

附录 C 常用结构构件对称型基本自振圆频率计算

C.0.1 单跨和等跨的等截面梁挠曲型自振圆频率 ω (1/s)，可按下列公式确定：

$$\omega = \frac{\Omega}{l^2}\sqrt{\frac{B}{\overline{m}}} \qquad (C.0.1-1)$$

$$B = \psi E_d bh^3/12 \qquad (C.0.1-2)$$

式中 Ω ——梁的频率系数，可按表 C.0.1－1 采用；

B ——梁的抗弯刚度；

ψ ——刚度折减系数，可按表 C.0.1－2 采用；

E_d ——动荷载作用下材料弹性模量（kN/m^2），按本规范第 4.2.4 条的规定确定；

h ——梁的高度（m）；

b ——梁的宽度（m）；

l ——梁的计算跨度（m）；

$\overline{m}$ ——梁的单位长度质量；

$\overline{m} = \gamma bh/g$

γ ——材料重力密度（kN/m^3）；

g ——重力加速度（m/s^2）。

表 C.0.1－1　单跨及等跨梁的频率系数 Ω

支承情况与振型	Ω	支承情况与振型	Ω
	3.52		20.80
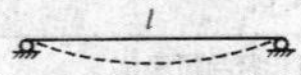	9.87		22.40
	15.42		18.47
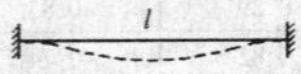	22.37		21.20

续表 C.0.1－1

支承情况与振型	Ω	支承情况与振型	Ω
	15.40	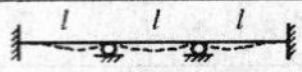	22.40

表 C.0.1－2　刚度折减系数 ψ

均质弹性材料（如钢材）构件	钢筋混凝土构件	砌体结构
1.00	0.60	1.00

C.0.2　双向薄板挠曲型自振圆频率 ω（l/s），可按下列公式计算确定：

$$当\ a/b \leqslant 1\ 时，\omega = \frac{\Omega_a}{a^2}\sqrt{\frac{D}{\overline{m}}} \qquad (C.0.2-1)$$

$$当\ a/b > 1\ 时，\omega = \frac{\Omega_b}{b^2}\sqrt{\frac{D}{\overline{m}}} \qquad (C.0.2-2)$$

式中 a、b ——板的计算跨度（m）；

D ——板的抗弯刚度；

$$D = \psi \frac{E_d d^3}{12\ (1-\upsilon^2)}$$

d ——板的厚度（m）；

ν ——材料泊松比；

$\overline{m}$ ——板的单位面积质量；

$\overline{m} = \gamma d/g$

Ω_a、Ω_b ——频率系数，可按表 C.0.2 采用。

表 C.0.2　矩形薄板自振圆频率系数 Ω_a 或 Ω_b

板的边界条件	简图	a/b (Ω_a) 1/2	1/1.7	1/1.5	1/1.4	1/1.3	1/1.2	1/1.1	1	a/b (Ω_b) 1.1	1.2	1.3	1.4	1.5	1.7	2
四边简支	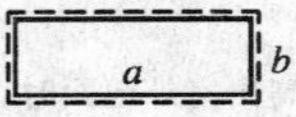	12.40	13.33	14.29	14.93	15.73	16.74	18.04	19.75	18.04	16.74	15.73	14.93	14.29	13.33	12.40
四边固定	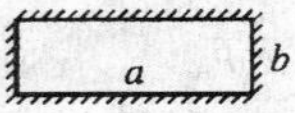	24.93	25.99	27.22	28.12	29.31	30.89	33.07	36.11	33.07	30.89	29.31	28.12	27.22	25.99	24.93
两对边简支，两对边固定	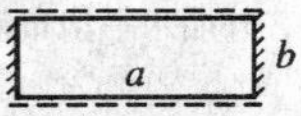	24.07	24.41	25.19	25.60	26.12	26.81	27.72	28.97	25.22	22.42	20.32	18.69	17.38	15.49	13.72
两邻边简支，两邻边固定	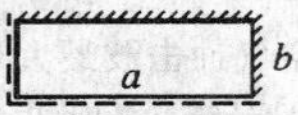	17.81	18.81	19.90	20.66	21.64	22.91	24.41	26.89	24.41	22.91	21.64	20.66	19.90	18.81	17.81
三边固定一边简支	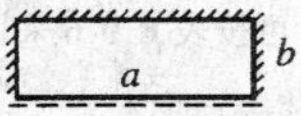	24.46	25.21	26.06	26.66	27.45	28.50	29.92	31.91	28.44	25.94	24.05	22.60	21.50	19.94	18.52
三边简支一边固定	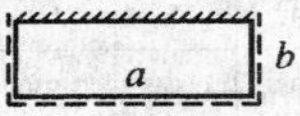	12.99	14.25	15.61	16.53	17.69	19.17	21.10	23.67	22.19	21.02	20.18	19.51	18.98	18.21	17.49

附录 D　无梁楼盖设计要点

D.1　一般规定

D.1.1　无梁楼盖的柱网宜采用正方形或矩形，区格内长短跨之比不宜大于 1.5。

D.1.2　当无梁楼盖板的配筋符合本规范规定时，其允许延性比［β］可取 3.0。

D.2　承载力计算

D.2.1　在等效静荷载和静荷载共同作用下，当按弹性受力状态计算无梁楼盖内力时，宜按下列规定对板的内力值进行调整：

1 当用直接方法计算时，对中间区格的板，宜将支座负弯矩与跨中正弯矩之比从2.0调整到1.3～1.5；对边跨板，宜相应降低负、正弯矩的比值；

2 当用等代框架方法计算时，宜将支座负弯矩下调10%～15%，并应按平衡条件将跨中正弯矩相应上调；

3 支座负弯矩在柱上板带和跨中板带的分配可取3:1到2:1；跨中正弯矩在柱上板带和跨中板带的分配可取1:1到1.5:1；

4 当无梁楼盖的板与钢筋混凝土边墙整体浇筑时，边跨板支座负弯矩与跨中正弯矩之比，可按中间区格板进行调整。

D.2.2 沿柱边、柱帽边、托板边、板厚变化及抗冲切钢筋配筋率变化部位，应按下列规定进行抗冲切验算：

1 当板内不配置箍筋和弯起钢筋时，抗冲切可按下式验算：

$$F_l \leqslant 0.7\beta_h f_{td} u_m h_0 \tag{D.2.2-1}$$

式中 F_l——冲切荷载设计值（N），可取柱所承受的轴向力设计值减去柱顶冲切破坏锥体范围内的荷载设计值；

β_h——截面高度影响系数。当 $h<800$mm，取 $\beta_h=1.0$；当 $h\geqslant 2000$mm 时，取 $\beta_h=0.9$；其间按线性内插法取用；

f_{td}——混凝土在动荷载作用下抗拉强度设计值（N/mm²），应按本规范第4.2.3条规定取值；

u_m——冲切破坏锥体上、下周边的平均长度（mm），可取距冲切破坏锥体下周边 $h_0/2$ 处的周长；

h_0——冲切破坏锥体截面的有效高度（mm）；

2 当板内配有箍筋时，抗冲切可按下式验算：

$$F_l \leqslant 0.5 f_{td} u_m h_0 + f_{yd} A_{sv} \leqslant 1.05 f_{td} u_m h_0 \tag{D.2.2-2}$$

式中 f_{yd}——在动荷载作用下抗冲切箍筋或弯起钢筋的抗拉强度设计值，取 $f_{yd}=240\text{N/mm}^2$；

A_{sv}——与呈45°冲切破坏锥体斜截面相交的全部箍筋截面面积（mm²）；

3 当板内配有弯起钢筋时，弯起钢筋根数不应少于3根，抗冲切可按下式验算：

$$F_l \leqslant 0.5 f_{td} u_m h_0 + f_{yd} A_{sb} \sin\alpha \leqslant 1.05 f_{td} u_m h_0 \tag{D.2.2-3}$$

式中 A_{sb}——与呈45°冲切破坏锥体斜截面相交的全部弯起钢筋截面面积（mm²）；

α——弯起钢筋与板底面的夹角（°）。

D.2.3 当无梁楼盖的跨度大于6m，或其相邻跨度不等时，冲切荷载设计值应取按等效静荷载和静荷载共同作用下求得冲切荷载的1.1倍；当无梁楼盖的相邻跨度不等，且长短跨之比超过4:3，或柱两侧节点不平衡弯矩与冲切荷载设计值之比超过 $0.05(c+h_0)$（c 为柱边长或柱帽边长）时，应增设箍筋。

D.3 构造要求

D.3.1 无梁楼盖的板内纵向受力钢筋的配筋率不应小于0.3%和 $0.45f_{td}/f_{yd}$ 中的较大值。

D.3.2 无梁楼盖的板内纵向受力钢筋宜通长布置，间距不应大于250mm，并应符合下列规定：

1 邻跨之间的纵向受力钢筋宜采用机械连接或焊接接头，或伸入邻跨内锚固；

2 底层钢筋宜全部拉通，不宜弯起；顶层钢筋不宜采用在跨中切断的分离式配筋；

3 当相邻两支座的负弯矩相差较大时，可将负弯矩较大支座处的顶层钢筋局部截断，但被截断的钢筋截面面积不应超过顶层受力钢筋总截面面积的1/3，被截断的钢筋应延伸至按正截面受弯承载力计算不需设置钢筋处以外，延伸的长度不应小于20倍钢筋直径。

D.3.3 顶层钢筋网与底层钢筋网之间应设梅花形布置的拉结筋，其直径不应小于6mm，间距不应大于500mm，弯钩直线段长度不应小于6倍拉结筋的直径，且不应小于50mm。

D.3.4 在离柱（帽）边1.0 h_0 范围内，箍筋间距不应大于 $h_0/3$，箍筋面积 A_{sv} 不应小于 $0.2u_m h_0 f_{td}/f_{yd}$，并应按相同的箍筋直径与间距向外延伸不小于 $0.5h_0$ 的范围。对厚度超过350mm的板，允许设置开口箍筋，并允许用拉结筋部分代替箍筋，但其截面积不得超过所需箍筋截面面积 A_{sv} 的25%。

D.3.5 板中抗冲切钢筋可按图D.3.5配置。

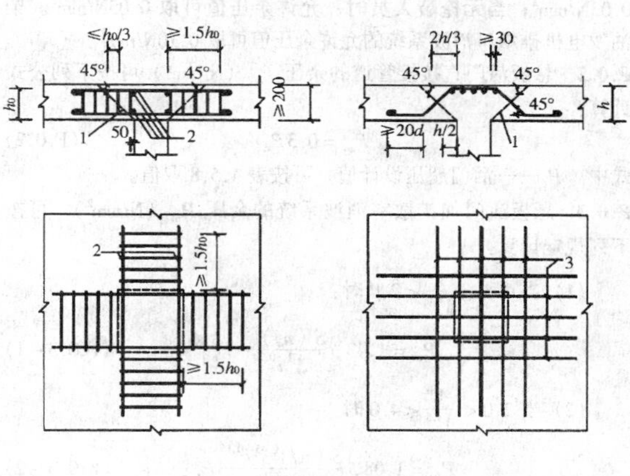

图D.3.5 板中抗冲切钢筋布置

1—冲切破坏锥体斜截面；2—架立钢筋；3—弯起钢筋不少于三根

附录E 钢筋混凝土反梁设计要点

E.1 承载力计算

E.1.1 钢筋混凝土反梁的正截面受弯承载能力的验算，可按正梁的计算方法进行。

E.1.2 反梁的斜截面受剪承载能力可按下式验算：

$$V \leqslant 0.4\psi_1 f_{td} b h_0 + f_{yd} h_0 A_{sv}/s \tag{E.1.2-1}$$

$$\psi_1 = 1 + 0.1 l_0/h_0 \tag{E.1.2-2}$$

式中 V——等效静荷载和静荷载共同作用下梁斜截面上最大剪力设计值（N）；

A_{sv}——配置在同一截面内箍筋各肢的全部截面面积（mm²）；

s——沿构件长度方向上箍筋间距（mm）；

h_0——梁截面的有效高度（mm）；

b——梁的宽度（mm）；

ψ_1——梁跨高比影响系数，当 $l_0/h_0>7.5$ 时，取 $l_0/h_0=7.5$；

f_{td}——混凝土动力抗拉强度设计值（N/mm²）；

f_{yd}——箍筋动力抗拉强度设计值（N/mm²）；

l_0——梁的计算跨度。

E.1.3 反梁的箍筋设置应符合下列要求：

$$V \leqslant 0.4 f_{yd} l_0 A_{sv}/s \tag{E.1.3}$$

E.1.4 当对只承受静荷载作用的反梁进行斜截面受剪承载能力验算时，可按式（E.1.2-1）、式（E.1.2-2）及式（E.1.3）计算，此时式中的最大剪力设计值和材料强度设计值，应取静荷载作用下的相应值。

E.2 构造要求

E.2.1 反梁箍筋的配筋率应符合下式要求：

$$\rho_{sv} \leqslant 1.5 f_{td}/f_{yd} \tag{E.2.1}$$

式中 ρ_{sv}——梁中箍筋体积配筋率。

E.2.2 在动荷载作用下，反梁的构造要求应符合本规范的有关规定。

附录F 消波系统

F.0.1 进风口、排风口的消波系统允许余压值应根据防空地下室内是否有掩蔽人员确定。当有掩蔽人员时，允许余压值可取 0.03N/mm²；当无掩蔽人员时，允许余压值可取 0.05N/mm²。柴油发电机排烟口消波系统的允许余压值可取 0.10N/mm²。

F.0.2 悬板活门直接接管道的余压 P_{ov}（N/mm²）可按下列公式计算：

$$P_{ov}=0.3P_c \tag{F.0.2}$$

式中 P_c——活门超压设计值，可按表4.5.8取值。

F.0.3 悬板活门加扩散室消波系统的余压 P_{ov}（N/mm²），可按下列规定计算：

（1）当 $0.5\leqslant\frac{1}{A^{0.5}}\leqslant2.0$ 时：

$$P_{ov}=1.43\psi\frac{S(nJ)^{0.45}}{A^2 l^{0.24}}P_c^{0.66} \tag{F.0.3-1}$$

（2）当 $2.0<\frac{1}{A^{0.5}}\leqslant4.0$ 时：

$$P_{ov}=1.08\psi\frac{S(nJ)^{0.45}l^{0.16}}{A^{2.2}}P_c^{0.66} \tag{F.0.3-2}$$

式中 A——扩散室横截面面积（m²）；

l——扩散室的长度（m）；

n——活门悬板的个数，可按表F.0.3-2采用；

J——活门悬板的转动惯量（kg·m²），可按表F.0.3-2采用；

S——活门的通风面积（m²），可按表F.0.3-2采用；

ψ——影响系数，可按表F.0.3-1采用。

表F.0.3-1 影响系数 ψ

扩散室宽高比 B/H	冲击波正向进入	冲击波侧向进入
0.4～1.0	$(B/H)^{-0.58}$	$0.8\ (B/H)^{-0.58}$
1.0～2.5	$(B/H)^{0.58}$	$0.8\ (B/H)^{0.58}$

表F.0.3-2 悬板活门参数表

产品型号	设计压力（N/mm²）	风量（m³/h）	进风口面积 S（m²）	风管直径（mm）	悬板个数 n	悬板转动惯量 J（kg·m²）
MH900-6	0.15	900	0.0314	200	1	0.308
MH900-5	0.3	900	0.0314	200	1	0.308
MH900-4B	0.6	900	0.0314	200	1	0.320
MH900-4	0.9	900	0.0314	200	1	0.369
MH1800-4B	0.6	1800	0.0628	300	2	0.320
MH1800-4	0.9	1800	0.0628	300	2	0.369
MH2000-6*	0.15	2000	0.0628	300	2	0.323
MH2000-5*	0.3	2000	0.0628	300	2	0.323
MH3600-6*	0.15	3600	0.1260	400	2	0.477
MH3600-5*	0.3	3600	0.1260	400	2	0.477
MH3600-4B	0.6	3600	0.1260	400	2	0.638
MH3600-4	0.9	3600	0.1260	400	2	0.809
MH5700-6*	0.15	5700	0.2020	500	2	0.510
MH5700-5*	0.3	5700	0.2020	500	2	0.510
MH8000-6*	0.15	8000	0.3030	600	3	0.510
MH8000-5*	0.3	8000	0.3030	600	3	0.510
MH11000-6*	0.15	11000	0.3840	700	3	0.580
MH11000-5*	0.3	11000	0.3840	700	3	0.580
MH14500-6*	0.15	14500	0.5120	800	4	0.580
MH14500-5*	0.3	14500	0.5120	800	4	0.580

注：*为按国家建筑标准设计《防空地下室建筑设计》图集（04FJ03）选用的悬板活门。

附录G 浅埋防空地下室围护结构传热量计算

G.0.1 有恒温要求的防空地下室围护结构的传热量，宜按下列公式计算：

$$Q=Q_1+Q_2\mp Q_3 \tag{G.0.1-1}$$

$$Q_1=(t_{nc}-t_0)N \tag{G.0.1-2}$$

$$N=\alpha l(b+2h)(1-T_{pb}) \tag{G.0.1-3}$$

$$Q_2=blK(t_{nc}-t'_{np}) \tag{G.0.1-4}$$

$$Q_3=2\alpha hl\theta_d\Theta_{db} \tag{G.0.1-5}$$

式中 Q——恒温浅埋防空地下室壁面传热量（W）；

Q_1——室内空气年平均温度与年平均地温之差引起的壁面传热量（W）；

Q_2——地面建筑与防空地下室温差引起的顶板传热量（W）；

Q_3——地表面温度年周期性波动通过地下室外墙传递的热量（W）；

t_{nc}——防空地下室内空气恒定温度（或年平均温度）（℃）；

t_0——地下室周围岩（土）体的年平均温度（℃）；

N——壁面年平均传热计算参数（W/℃）；

α——换热系数，一般取5.8～8.7（W/（m²·℃））；

l——地下建筑物长度（m）；

b——地下建筑物宽度（m）；

h——地下建筑物高度（m）；

T_{pb}——年平均温度参数，根据土壤的导热系数，建筑物的宽度 b 和高度 h 值，查表G.0.1-1确定；

K——楼板传热系数（W/（m²·℃））；

$$K=\frac{\alpha_b\lambda_b}{\alpha_b\delta+2\lambda_b} \tag{G.0.1-6}$$

α_b——地下室与地面建筑的换热系数（W/（m²·℃））；

δ——地下室与地面建筑之间楼板的厚度（m）；

λ_b——楼板材料的导热系数（W/（m·℃））；

t'_{np}——地面建筑内空气日平均温度（℃）；

Θ_{db}——地表面温度年周期性波动引起的侧壁面温度参数，根据土壤的 λ 和 a（壁面导温系数）以及建筑物高度 h 查表G.0.1-2；

θ_d——地表面温度年周期性波动波幅（℃），计算时可查表G.0.1-3；

∓——夏季取"-"，冬季取"+"。

G.0.2 无恒温要求的防空地下室围护结构的传热量，宜按下列公式计算：

$$Q=Q_1+Q_2 \tag{G.0.2-1}$$

$$Q_2=\pm\theta_{nl}M \tag{G.0.2-2}$$

$$M=\alpha l\left[(2h+b)(1-\Theta_{nb})+\frac{bk_b}{\alpha}\right] \tag{G.0.2-3}$$

式中 Q——非恒温浅埋防空地下室壁面传热量（W）；

Q_1——恒温传热量（W），根据公式（G.0.1-2）计算；

Q_2——壁面年波动传热量（W）；

θ_{nl}——防空地下室内空气温度年波幅（℃）；

$$\theta_{nl}=t_{np}-t_{nc} \tag{G.0.2-4}$$

t_{np}——防空地下室夏季室内空气日平均温度（℃）；

t_{nc}——防空地下室夏季室内空气年平均温度（℃）；

M——壁面周期性波动传热计算参数（W/℃）；

Θ_{nb}——防空地下室室温年周期波动的温度参数，根据土壤的 λ 和 a 以及（$0.5b+h$）值查表 G.0.2；

± ——夏季取“+”，冬季取“-”；

k_b——壁面传热系数（W/（m^2·℃））；

其余符号意义同前。

表 G.0.1-1　年平均温度参数 T_{pb}

λ（W/（m·℃））	b（m）	h（m）				h（m）				
		2	3	4	5	6	7	8	9	10
1.163	18	0.9417	0.9433	0.9448	0.9464	0.9480	0.9495	0.9511	0.9526	0.9542
	12	0.9250	0.9292	0.9334	0.9375	0.9417	0.9458	0.9471	0.9490	0.9505
	8	0.9083	0.9167	0.9208	0.9267	0.9292	0.9333	0.9375	0.9417	0.9458
	6	0.8958	0.9071	0.9133	0.9208	0.9250	0.9293	0.9333	0.9375	0.9417
	4	0.8792	0.8933	0.9042	0.9125	0.9179	0.9238	0.9283	0.9325	0.9358
	2	0.8500	0.8729	0.8879	0.8958	0.9042	0.9125	0.9196	0.9250	0.9300
1.512	18	0.9467	0.9487	0.9507	0.9526	0.9546	0.9566	0.9586	0.9605	0.9625
	12	0.9333	0.9379	0.9421	0.9451	0.9492	0.9508	0.9521	0.9542	0.9562
	8	0.9196	0.9279	0.9329	0.9375	0.9417	0.9454	0.9478	0.9500	0.9521
	6	0.9083	0.9208	0.9248	0.9291	0.9333	0.9375	0.9415	0.9454	0.9492
	4	0.8917	0.9042	0.9125	0.9188	0.9250	0.9292	0.9342	0.9383	0.9440
	2	0.8667	0.8875	0.8992	0.9083	0.9167	0.9242	0.9292	0.9350	0.9396
1.744	18	0.9542	0.9563	0.9584	0.9604	0.9625	0.9646	0.9667	0.9687	0.9708
	12	0.9456	0.9478	0.9499	0.9521	0.9543	0.9564	0.9586	0.9607	0.9629
	8	0.9310	0.9375	0.9417	0.9458	0.9500	0.9529	0.9558	0.9588	0.9617
	6	0.9241	0.9300	0.9375	0.9417	0.9458	0.9500	0.9542	0.9584	0.9626
	4	0.9083	0.9208	0.9292	0.9333	0.9375	0.9417	0.9458	0.9500	0.9542
	2	0.8917	0.9042	0.9146	0.9221	0.9288	0.9333	0.9400	0.9450	0.9498

表 G.0.1-2　Θ_{db}值（外墙平均）

λ(W/(m·℃))	a(m^2/h)	外墙高度 h（m）					
		1	2	3	4	5	6
1.163	0.0010	0.1395	0.0900	0.0623	0.0464	0.0365	0.0298
	0.0016	0.1435	0.0921	0.0659	0.0502	0.0398	0.0325
	0.0020	0.1457	0.0965	0.0700	0.0537	0.0430	0.0355
	0.0025	0.1466	0.0976	0.0716	0.0556	0.0447	0.0371
1.512	0.0010	0.1710	0.1111	0.0770	0.0574	0.0451	0.0369
	0.0016	0.1765	0.1173	0.0839	0.0638	0.0507	0.0416
	0.0020	0.1790	0.1196	0.0870	0.0670	0.0535	0.0443
	0.0025	0.1805	0.1211	0.0890	0.0693	0.0557	0.0462
1.744	0.0010	0.1910	0.1246	0.0865	0.0643	0.0506	0.0413
	0.0016	0.1965	0.1313	0.0940	0.0716	0.0569	0.0468
	0.0020	0.1990	0.1338	0.0975	0.0749	0.0598	0.0494
	0.0025	0.1992	0.1349	0.1030	0.0774	0.0622	0.0517

表 G.0.2　Θ_{nb}值

λ(W/(m·℃))	a(m^2/h)	外墙高度 h（m）				
		8	12	18	20	24
1.163	0.0010	0.8899	0.8974	0.9014	0.9036	0.9050
	0.0016	0.9033	0.9116	0.9160	0.9188	0.9202
	0.0020	0.9112	0.9199	0.9247	0.9276	0.9292
	0.0025	0.9166	0.9255	0.9306	0.9337	0.9352
1.512	0.0010	0.8620	0.8703	0.8748	0.8772	0.8790
	0.0016	0.8791	0.8882	0.8934	0.8961	0.8981
	0.0020	0.8891	0.8988	0.9044	0.9073	0.9096
	0.0025	0.8960	0.9060	0.9119	0.9149	0.9173
1.744	0.0010	0.8443	0.8530	0.8576	0.8603	0.8621
	0.0016	0.8636	0.8732	0.8788	0.8816	0.8838
	0.0020	0.8751	0.8853	0.8913	0.8944	0.8968
	0.0025	0.8829	0.8934	0.8999	0.9031	0.9057

表 G.0.1－3　θ_d 值计算用表

地　名	地表面温度（℃）		
	年平均	最热月平均	最冷月平均
北京市			
北京	13.7	－5.4	29.4
密云*	10.8	－7.0	25.7
天津市			
天津	14.1	－4.2	29.3
塘沽*	15.0	－4.1	30.7
河北省			
石家庄	15.1	－3.2	30.4
承德	10.4	－11.0	28.2
张家口	9.6	－10.6	27.3
邢台	15.1	－3.4	30.4
保定	14.4	－4.9	30.8
沧州	14.7	－3.4	29.8
唐山*	13.9	－5.8	29.9
秦皇岛*	13.1	－4.9	28.6
山西省			
太原	11.6	－6.2	26.9
阳泉	12.6	－4.9	27.7
大同	8.7	－11.4	25.7
介休	12.7	－4.7	27.9
运城	15.5	－1.3	30.6
内蒙古自治区			
呼和浩特	7.6	－13.3	26.0
海拉尔	0.7	－26.7	23.5
二连浩特	6.2	－18.5	28.1
锡林浩特	5.2	－19.5	25.8
通辽	8.6	－15.2	28.1
赤峰	9.1	－13.2	27.5
集宁	5.4	－14.5	23.1
包头*	10.4	－11.6	28.8
满洲里*	2.1	－24.5	25.7
辽宁省			
沈阳	9.5	－12.4	27.1
大连	12.9	－4.7	26.7
抚顺	8.1	－13.9	26.4
鞍山	10.1	－11.7	28.0
阜新	9.3	－12.0	27.8
辽阳	10.5	－12.9	29.0
朝阳	10.9	－11.2	28.4
锦州	11.0	－9.6	27.8
营口	10.7	－9.4	28.0
本溪	8.2	－12.1	25.2
丹东	10.3	－8.2	25.8
吉林省			
长春	7.1	－16.9	26.2
四平	7.8	－15.4	26.7
延吉	7.4	－14.7	25.6
通化*	6.0	－17.3	24.7
黑龙江省			
哈尔滨	5.8	－19.8	26.4
齐齐哈尔	5.5	－20.5	26.3
安达	5.5	－20.0	26.2
鸡西	5.3	－18.0	24.9
牡丹江	5.8	－19.7	26.1
绥芬河	4.5	－17.6	23.7
鹤岗	3.6	－20.2	24.1
上海市			
上海	17.0	4.1	30.4
江苏省			
南京	17.0	3.1	30.9
徐州	15.9	0.3	29.9
连云港	16.4	0.6	30.2
常州	17.7	3.2	33.0
南通	17.0	3.0	30.9
浙江省			
杭州	17.7	4.5	31.6
宁波	18.5	4.8	34.2
金华	20.5	6.5	36.0
衢州	18.8	5.9	32.6
温州	20.0	8.7	32.2
安徽省			
合肥	17.7	3.1	32.3
芜湖	18.4	3.7	34.2
阜阳	17.4	1.6	32.3
亳县	16.2	0.6	30.8
蚌埠	17.2	2.1	31.3
安庆	18.6	4.3	33.3

续表 G.0.1－3

地　名	地表面温度（℃）		
	年平均	最热月平均	最冷月平均
福建省			
福州	22.5	12.5	34.6
厦门	23.2	14.4	32.9
南平	21.9	10.9	33.8
永安	22.1	11.7	33.5
漳州	24.4	14.3	32.5
江西省			
南昌	19.7	6.0	34.2
九江	19.4	5.1	34.1
吉安	20.7	7.4	35.1
赣州	22.0	9.2	34.7
景德镇	19.1	5.9	33.1
山东省			
济南	16.5	－1.5	30.6
德州	14.7	－3.7	30.2
青岛	14.2	－1.8	28.1
兖州	15.5	－1.7	29.6
淄博	14.9	－3.0	30.3
潍坊	15.3	－2.6	29.2
荷泽	15.8	－0.8	30.0
威海*	15.0	－1.0	29.3
河南省			
郑州	16.0	0.1	30.6
开封	16.1	－0.3	31.2
洛阳	16.5	0.4	31.2
许昌	16.7	0.8	31.3
南阳	17.0	1.7	31.4
安阳	16.0	－1.6	30.8
驻马店	16.4	1.8	30.6
信阳	17.3	2.7	30.9
湖北省			
武汉	18.6	4.1	33.4
黄石	19.0	4.8	33.4
老河口	17.8	3.3	31.8
恩施	17.7	6.1	30.4
宜昌	18.4	5.3	32.0
荆州*	18.3	4.9	31.2
湖南省			
长沙	18.9	5.6	34.3
株州	20.3	6.5	35.5
衡阳	20.2	6.7	34.8
邵阳	19.4	6.2	33.1
岳阳	19.4	5.2	34.2
郴州	20.5	7.7	34.8
常德	18.3	5.3	32.5
芷江	18.5	5.7	31.6
零陵	19.3	6.6	32.4
广东省			
广州	24.6	15.6	31.4
深圳*	24.8	16.9	30.8
湛江	26.3	18.4	32.7
韶关	23.2	11.5	34.5
汕头	24.1	15.6	32.4
阳江	24.5	16.3	31.4
惠州*	24.6	15.9	31.1
河源*	23.4	14.3	30.6
肇庆*	24.1	15.5	31.0
梅州*	25.0	15.1	33.2
海南省			
海口	25.3	19.3	33.1
三亚*	30.6	25.7	34.1
琼海*	27.9	21.4	33.2
广西壮族自治区			
南宁	24.3	14.0	31.0
柳州	22.9	11.9	33.0
北海	27.0	17.2	33.5
桂林	27.3	8.6	32.0
百色	27.3	15.4	33.0
梧州	22.2	14.1	33.8
玉林*	24.5	15.6	31.5
重庆市			
重庆	19.4	8.0	31.9
万州	20.4	7.3	33.6
酉阳*	16.4	5.0	27.5
四川省			
成都	17.9	7.0	27.8
甘孜	8.9	－3.8	18.8

续表 G.0.1-3

地　　名	地表面温度（℃）		
	年平均	最热月平均	最冷月平均
自贡	20.1	8.5	30.7
泸州	20.6	8.8	32.1
内江	20.1	8.0	31.4
乐山	19.5	8.3	29.3
达县	18.9	6.7	30.8
绵阳	18.5	6.3	29.1
宜宾	19.3	9.0	29.2
西昌	20.4	11.0	27.2
南充	18.8	7.3	30.4
贵州省			
贵阳	17.3	6.4	27.6
遵义	16.8	5.4	28.4
毕节	15.6	4.8	25.9
兴仁	16.7	7.2	24.9
安顺	16.6	5.9	25.7
凯里*	18.5	6.3	29.2
铜仁*	18.3	6.0	29.8
云南省			
昆明	17.1	8.7	23.0
丽江	16.3	7.6	21.8
腾冲	17.0	8.9	22.0
思茅	21.4	15.2	24.8
蒙自	22.0	14.4	26.6
昭通*	15.6	5.1	23.5
大理*	16.7	9.0	23.0
西藏自治区			
拉萨	11.3	-1.4	19.7
日喀则	10.4	-3.4	22.7
阿里*	6.1	-11.0	23.0
陕西省			
西安	15.0	-0.4	29.8
宝鸡	14.9	-0.2	29.1
铜川	12.7	-2.6	27.0
榆林	10.4	-10.1	27.9
延安	11.6	-4.7	26.8
汉中	16.1	3.2	29.0
安康*	18.2	4.0	32.7
甘肃省			
兰州	11.9	-7.3	26.8
敦煌	12.4	-8.9	31.4
酒泉	9.6	-10.2	27.5
平凉	10.8	-4.1	24.1
武都	15.8	3.0	26.9
天水	12.8	-1.7	25.8
武威*	12.1	-7.0	28.9
青海省			
西宁	9.2	-7.4	21.9
格尔木	8.0	-9.9	24.2
都兰	5.4	-10.4	19.7
玉树	5.4	-8.4	16.8
玛多*	0.2	-14.9	12.3
新疆维吾尔自治区			
乌鲁木齐	8.1	-14.7	28.6
阿勒泰	6.1	-18.0	28.0
克拉玛依	4.8		
伊宁	10.6	-10.8	28.3
吐鲁番	17.4	-8.9	39.8
喀什	15.1	-5.6	33.1
和田	15.6	-5.8	32.4
哈密	12.9	-11.0	33.6
塔城	7.6	-14.5	27.5
宁夏回族自治区			
银川	11.5	-7.7	28.8
盐池	10.3	-8.7	27.0
石嘴山	10.9	-9.0	29.0
固原*	9.0	-7.5	23.1

注：带*者为新增城市，其室外计算参数统计年份为1992年至2001年。

附录 H　深埋防空地下室围护结构传热量计算

H.0.1　有恒温要求的防空地下室围护结构传热量，宜按下列公式计算：

$$Q = Q_1 + Q_2 \quad (H.0.1-1)$$

$$Q_1 = \alpha m F(t_{nc} - t_d)[1 - f(F_0, B_i)] \quad (H.0.1-2)$$

式中　Q——恒温深埋防空地下室壁面传热量（W）；

Q_1——室内空气年平均温度与年平均地温之差引起的壁面传热量（W）；

Q_2——地面建筑与防空地下室温差引起的顶板传热量（W），根据公式（G.0.1-4）计算确定；

t_{nc}——防空地下室内空气恒定温度（℃）；

t_d——当地地表面年平均温度（℃）；

$f(F_0, B_i)$——壁面恒温传热计算参数，根据准数 $F_0 = a\tau/r_0^2$、$B_i = \alpha r_0/\lambda$ 值，查表 H.0.1-1 或 H.0.1-2 确定。

a——壁面导温系数（m^2/h）；

τ——预热时间（h）；

α——换热系数（W/（m^2·℃））；

λ——导热系数（W/（m·℃））

r_0——防空地下室当量半径（m）；

体形为当量圆柱体的防空地下室：$r_0 = P/2\pi$（P 为防空地下室横断面周长，m）

体形为当量球体的防空地下室：$r_0 = 0.62V^{1/3}$（V 为防空地下室体积，m^3）

m——壁面传热修正系数：衬砌结构 $m = 1$；衬套结构、岩石 $m = 0.72$；土壤 $m = 0.86$；

F——传热壁面面积（m^2）。

H.0.2　无恒温要求的防空地下室围护结构传热量，宜按下列公式计算：

$$Q = Q_1 + Q_2 \quad (H.0.2-1)$$

$$Q_2 = \frac{1}{r_0}\theta_{nl}\lambda m F f(\xi, \eta)\cos[\omega_1\tau + \beta(\xi, \eta)] \quad (H.0.2-2)$$

式中　Q——无恒温深埋防空地下室壁面传热量（W）；

Q_1——壁面恒温传热量（W），根据公式（H.0.1-2）计算；

Q_2——壁面年波动传热量（W）；

$f(\xi, \eta)$，$\beta(\xi, \eta)$——壁面年周期波动传热计算参数和壁面热流超前角度，根据准数 ξ，η 值查表 H.0.2-1 至 H.0.2-4；

$$\xi = r_0\sqrt{\frac{\omega_1}{a}}$$

$$\eta = \frac{\lambda}{\alpha}\sqrt{\frac{\omega_1}{a}}$$

ω_1——温度年周期性波动频率（rad/h）；

$$\omega_1 = \frac{2\pi}{T} = \frac{2\pi}{8760} = 0.000717$$

τ——自防空地下室室内空气温度年波动出现最大值为起点的时间（h）。

其余符号意义同前。

表 H.0.1-1 当量圆柱体地下建筑壁面传热计算参数 f（F_0，B_i）

F_0	B_i							B_i					
	2.0	2.5	3.0	3.5	4.0	5.0	6.0	8.0	10	13	18	24	32
0.1	0.4178	0.4697	0.5500	0.5906	0.6267	0.6900	0.7233	0.7844	0.8269	0.8659	0.8997	0.8714	0.9429
0.2	0.5179	0.5750	0.6233	0.6627	0.6900	0.7472	0.7756	0.8308	0.8618	0.8888	0.9143	0.9357	0.9567
0.3	0.5625	0.6167	0.6600	0.6933	0.7250	0.7719	0.8000	0.8531	0.8765	0.9000	0.9250	0.9429	0.9633
0.5	0.6087	0.6633	0.7000	0.7321	0.7596	0.8000	0.8333	0.8708	0.8911	0.9144	0.9363	0.9547	0.9700
0.7	0.6367	0.6933	0.7250	0.7564	0.7813	0.8192	0.8462	0.8819	0.9000	0.9208	0.9410	0.9583	0.9722
1.0	0.6667	0.7143	0.7464	0.7756	0.7964	0.8368	0.8608	0.8910	0.9097	0.9292	0.9465	0.9646	0.9778
2.0	0.7179	0.7660	0.7872	0.8132	0.8331	0.8656	0.8831	0.9120	0.9273	0.9407	0.9576	0.9715	0.9840
5.0	0.7667	0.8000	0.8275	0.8479	0.8638	0.8925	0.9046	0.9309	0.9436	0.9521	0.9639	0.9778	0.9854
6.0	0.7756	0.8086	0.8357	0.8544	0.8688	0.8963	0.9100	0.9333	0.9453	0.9548	0.9664	0.9781	0.9863
8.0	0.7872	0.8179	0.8436	0.8619	0.8756	0.9019	0.9141	0.9385	0.9500	0.9575	0.9699	0.9788	0.9870
10	0.7962	0.8286	0.8538	0.8688	0.8813	0.9071	0.9192	0.9397	0.9514	0.9586	0.9707	0.9800	0.9893
20	0.8179	0.8464	0.8719	0.8769	0.8825	0.9192	0.9321	0.9481	0.9593	0.9664	0.9757	0.9843	0.9907
30	0.8317	0.8575	0.8750	0.8906	0.9026	0.9244	0.9370	0.9514	0.9636	0.9707	0.9785	0.9875	0.9921
40	0.8392	0.8631	0.8831	0.8963	0.9077	0.9269	0.9405	0.9529	0.9650	0.9721	0.9788	0.9880	0.9929
60	0.8465	0.8713	0.8894	0.9032	0.9135	0.9314	0.9423	0.9543	0.9664	0.9757	0.9814	0.9888	0.9936
80	0.8528	0.8750	0.8919	0.9064	0.9160	0.9333	0.9455	0.9557	0.9686	0.9786	0.9843	0.9921	0.9943
100	0.8564	0.8788	0.8938	0.9083	0.9185	0.9353	0.9474	0.9564	0.9707	0.9814	0.9850	0.9929	0.9950

表 H.0.1-2 当量球体地下建筑壁面传热计算参数 f（F_0，B_i）

F_0	B_i						B_i					
	4.0	5.0	6.0	7.0	8.0	10	13	17	24	32	45	60
0.1	0.5533	0.6110	0.6569	0.6906	0.7250	0.7721	0.8183	0.8575	0.8906	0.9150	0.9381	0.9539
0.2	0.6234	0.6644	0.7114	0.7414	0.7693	0.8091	0.8476	0.8813	0.9088	0.9313	0.9519	0.9636
0.3	0.6409	0.6909	0.7378	0.7664	0.7914	0.8256	0.8622	0.8919	0.9188	0.9381	0.9578	0.9695
0.5	0.6719	0.7250	0.7650	0.7986	0.8134	0.8427	0.8756	0.9031	0.9281	0.9462	0.9634	0.9740
0.8	0.6925	0.7443	0.7857	0.8091	0.8305	0.8575	0.8856	0.9113	0.9344	0.9506	0.9656	0.9760
1.0	0.7043	0.7571	0.7964	0.8229	0.8372	0.8631	0.8906	0.9137	0.9378	0.9545	0.9675	0.9772
2.0	0.7300	0.7871	0.8119	0.8311	0.8506	0.8769	0.8997	0.9231	0.9437	0.9565	0.9695	0.9792
3.0	0.7435	0.7924	0.8189	0.8394	0.8569	0.8825	0.9056	0.9256	0.9463	0.9610	0.9708	0.9811
4.0	0.7504	0.7964	0.8243	0.8427	0.8613	0.8869	0.9075	0.9288	0.9497	0.9623	0.9720	0.9818
6.0	0.7607	0.8043	0.8305	0.8497	0.8656	0.8900	0.9125	0.9313	0.9500	0.9630	0.9727	0.9825
8.0	0.7679	0.8079	0.8360	0.8525	0.8688	0.8931	0.9131	0.9319	0.9506	0.9636	0.9734	0.9827
10	0.7807	0.8122	0.8384	0.8563	0.8694	0.8938	0.9144	0.9325	0.9513	0.9640	0.9737	0.9830
20	0.7857	0.8195	0.8439	0.8619	0.8750	0.8963	0.9184	0.9350	0.9545	0.9656	0.9747	0.9832
30	0.7921	0.8244	0.8476	0.8650	0.8769	0.8981	0.9191	0.9359	0.9552	0.9662	0.9753	0.9834
40	0.7942	0.8256	0.8488	0.8663	0.8800	0.8986	0.9194	0.9363	0.9558	0.9666	0.9756	0.9838
50	0.7964	0.8280	0.8497	0.8675	0.8813	0.8991	0.9200	0.9369	0.9565	0.9669	0.9760	0.9840
80	0.7938	0.8311	0.8503	0.8681	0.8819	0.8994	0.9213	0.9375	0.9568	0.9673	0.9763	0.9844
100	0.8006	0.8335	0.8506	0.8688	0.8825	0.8997	0.9225	0.9394	0.9571	0.9676	0.9766	0.9847

表 H.0.2-1 当量圆柱体地下建筑年周期波动传热计算参数 f（ξ，η）

η	ξ							
	0.5	1.0	1.5	2.0	2.5	3.0	3.5	4.0
0.02	0.83	1.32	1.81	2.30	2.78	3.27	3.76	4.25
0.08	0.78	1.25	1.72	2.19	2.66	3.13	3.60	4.07
0.14	0.71	1.16	1.62	2.07	2.52	2.97	3.43	3.88

续表 H.0.2-1

η	ξ							
	0.5	1.0	1.5	2.0	2.5	3.0	3.5	4.0
0.20	0.65	1.09	1.53	1.97	2.42	2.88	3.30	3.74
0.28	0.60	1.01	1.43	1.84	2.25	2.66	3.07	3.49
0.36	0.55	0.94	1.34	1.73	2.12	2.51	2.91	3.30

表 H.0.2-2 当量圆柱体地下建筑年周期波动传热超前角度 β (ξ, η)

η	ξ							
	0.5	1.0	1.5	2.0	2.5	3.0	3.5	4.0
0.02	27.33	32.00	34.89	36.67	37.80	38.60	39.20	39.78
0.08	24.89	29.87	32.60	34.33	35.56	36.40	37.00	37.56
0.14	23.00	27.78	30.60	32.40	33.60	34.44	35.27	35.47
0.20	21.67	26.01	28.67	30.60	31.69	32.53	33.11	33.56
0.28	19.67	24.02	26.78	28.44	29.56	30.40	31.00	31.44
0.36	17.50	22.40	24.89	26.53	27.40	28.44	29.00	29.36

表 H.0.2-3 当量球体地下建筑年周期波动传热计算参数 f (ξ, η)

η	ξ								
	1	2	3	4	5	6	7	8	9
0.02	1.76	2.73	3.70	4.68	5.65	6.62	7.60	8.57	9.54
0.08	1.63	2.56	3.50	4.43	5.37	6.30	7.23	8.17	9.10
0.14	1.50	2.40	3.30	4.20	5.10	6.00	6.89	7.78	8.68
0.20	1.33	2.18	3.03	3.88	4.73	5.58	6.43	7.28	8.13
0.28	1.25	2.06	2.87	3.68	4.49	5.30	6.11	6.92	7.73
0.36	1.10	1.88	2.67	3.45	4.23	5.01	5.80	6.58	7.36

表 H.0.2-4 当量球体地下建筑年周期波动传热超前角度 β (ξ, η)

η	ξ							
	1	2	3	4	5	6	7	8
0.02	23.25	33.15	38.15	41.60	44.00	45.50	47.00	47.60
0.08	21.00	30.75	36.00	39.50	41.60	43.50	44.75	45.50
0.14	19.58	29.50	34.50	37.50	39.50	41.25	43.00	43.75
0.20	18.17	27.40	32.50	35.50	37.70	39.10	40.40	41.25
0.28	16.00	25.50	30.50	33.50	35.75	37.10	38.00	38.80
0.36	15.88	23.65	28.50	31.60	33.50	35.25	36.00	36.90

本规范用词说明

一、为便于在执行本规范条文时区别对待，对要求严格程度不同的用词说明如下：

1. 表示很严格，非这样做不可的用词：

正面词采用“必须”；反面词采用“严禁”；

2. 表示严格，在正常情况下均应这样做的用词：

正面词采用“应”；反面词采用“不应”或“不得”；

3. 表示允许稍有选择，在条件许可时，首先应该这样做的用词：

正面词采用“宜”，反面词采用“不宜”；

表示有选择，在一定条件下可以这样做的，采用“可”。

二、本规范条文中，指明应按其它有关标准、规范执行时，写法为“应符合……的规定”或“应按……执行”。

中华人民共和国国家标准

人民防空地下室设计规范

GB 50038—2005

条 文 说 明

目 次

1 总　　则

1.0.1 由于冷战的结束和科学技术的发展，未来的战争模式发生了重大变化。为了适应未来战争的需要，经全面修订后国家国防动员委员会于2003年11月12日颁发了现行《人民防空工程战术技术要求》(以下简称现行《战技要求》)。与1998年颁发的《人民防空工程战术技术要求》相比较，在防御的武器以及防护要求、专业标准等诸多方面，现行《战技要求》都做了相应地修改和调整。《战技要求》是国家标准《人民防空地下室设计规范》(以下简称本规范）的编制依据。为此以现行《战技要求》为依据并结合近年来的科技成果，本规范进行了全面地修订。

1.0.2 按照《人民防空法》和国家的有关规定，结合新建民用建筑应该修建一定数量的防空地下室。但有时由于地质、地形、结构和施工等条件限制不宜修建防空地下室时，国家允许将应修建防空地下室的资金用于在居住小区内，易地建设单建掘开式人防工程。为了便于做好居住小区的人防工程规划和个体设计，更好地实现平战结合，为适应各地设计单位和主管部门的需要，本规范的适用范围做了适当地调整。

为此本条特别注明：本规范中对“防空地下室”的各项要求和规定，除注明者外均适用于居住小区内的结合民用建筑易地修建的掘开式人防工程。在本规范条文中凡只写明“防空地下室”，但未注明甲类或乙类时，系指甲、乙两类防空地下室均应遵守的规定；在本规范条文中只写明甲类防空地下室（或乙类防空地下室），未注明其抗力级别时，系指符合本条规定范围内的各抗力级别的甲类防空地下室（或乙类防空地下室）均应遵守的规定。

按照战时的功能区分防空地下室的工程类别与称谓如表1－1所示。

表1－1　防空地下室的工程类别及相关称谓

序号	工程类别	单体工程	分项名称
1	指挥通信工程	各级人防指挥所	
2	医疗救护工程	中心医院	
		急救医院	
		救护站	
3	防空专业队工程	专业队掩蔽所*	专业队队员掩蔽部
			专业队装备掩蔽部
4	人员掩蔽工程	一等人员掩蔽所	
		二等人员掩蔽所	
5	配套工程	核生化监测中心	
		食品站	
		生产车间	
		区域电站	
		区域供水站	
		物资库	
		汽车库	
		警报站	

“*”防空专业队是按专业组成的担负人民防空勤务的组织。包括：抢险抢修、医疗救护、消防、防化防疫、通信、运输、治安等专业队。

1.0.4 未来爆发核大战的可能性已经变小，但是核威胁依然存在。在我国的一些城市和城市中的一些地区，人防工程建设仍须考虑防御核武器。但是考虑到我国地域辽阔，城市（地区）之间的战略地位差异悬殊，威胁环境十分不同，本规范把防空地下室区分为甲、乙两类。甲类防空地下室战时需要防核武器、防常规武器、防生化武器等；乙类防空地下室不考虑防核武器，只防常规武器和防生化武器（详见本规范第1.0.4条的规定）。至于防空地下室是按甲类，还是按乙类修建，应由当地的人防主管部门根据国家的有关规定，结合该地区的具体情况确定。

1.0.5 本规范第1.0.2条对于防空地下室的战时用途并未做出限制，即本规范适用于战时用作指挥、医疗救护、防空专业队、人员掩蔽和配套工程等各种用途的防空地下室。但由于本规范的发行范围和保密要求方面的原因，本规范对有关指挥工程和涉及甲级防化等方面的具体规定做了回避。因此在从事以上工程设计时，尚须结合使用相关的国家标准和行业标准。

与本规范关系较为密切的规范，除一般民用建筑设计规范以外，尚有如下国家标准和行业标准：《人民防空工程设计规范》、《人民防空工程设计防火规范》、《地下工程防水技术规范》以及《人民防空工程防化设计规范》、《人民防空指挥工程设计标准》、《人民防空医疗救护工程设计标准》、《人民防空工程柴油电站设计标准》、《人民防空物资库工程设计标准》、《人防工程防早期核辐射设计规范》(此规范尚未正式发布）等等。

3 建　筑

3.1 一般规定

3.1.1 对于防空地下室的位置选择、战时及平时用途的确定，必须符合城市人防工程规划的要求。同时也应考虑平时为城市生产、生活服务的需要以及上部地面建筑的特点及其环境条件、地区特点、建筑标准、平战转换等问题，地下、地上综合考虑确定。防空地下室的位置选择和战时及平时用途的确定，是关系到战备、社会、经济三个效益能否全面充分地发挥的关键，必须认真对待。

3.1.2 为使掩蔽人员在听到警报后，能够及时地进入掩蔽状态，本条按照一般人员的行走速度，将规定的时间（包括下楼梯），折算成为服务半径。在做居住小区的人防工程规划时，应该注意使人员掩蔽工程的布局满足此项规定。

3.1.3 本条为强制性条文，为确保防空地下室的战时安全，尤其是考虑到防空地下室处于地下的不利条件下，在距危险目标的距离方面应该从严掌握。本条主要是参照了《建筑设计防火规范》以及《人民防空一、二等建筑物设计技术规范》等中的有关规定做出的规定。距危险目标的距离系指防空地下室各出入口（及通风口）的出地面段与危险目标的最不利直线距离。

3.1.5 防空地下室的室外出入口、通风口、柴油机排烟口和通风采光窗井等，其位置、尺寸及处理方式，不仅应该考虑战时及平时的要求，同时也要考虑与地面建筑四周环境的协调，以及对城市景观的影响等。特别是位于临街和重要建筑物、广场附近的室外出入口口部建筑的形式、色彩等，都应与周围环境相协调，增加城市景观的美感，而不应产生负面影响。

3.1.6 考虑到上部地面建筑战时容易遭到破坏，为了保证防空地下室的人防围护结构的整体强度及其密闭性，本条做了相应的规定。本条限制的对象主要是“无关管道”，无关管道系指防空地下室无论在战时还是在平时均不使用的管道。为此，在设计中应尽量把专供上部建筑平时使用的设备房间，设置在防空地下室的防护范围之外。对于穿过人防围护结构的管道，区别不同情况，分别做了“不宜”和“不得”的规定。对于上部建筑的粪便污水管等，一般都采取在适当集中后设置管道井，并将其置于防护范围以外的办法来处理。此次修订过程中针对这一问题专门进行了管道穿板的验证性模拟核爆炸试验。试验说明对量大面广的核5级及以下的甲类防空地下室，可以在原规定的基础上适当放大所限制的管径范围。此次规范修订对于穿过人防围护结构的允许管径和相应的防护密闭做法，均作了适当调整。并在本规范的第6章中增加了相关的条款。

3.1.7~3.1.8 一般来说，战时有人员停留的（如医疗救护工程、人员掩蔽工程和专业队队员掩蔽部等）或战时掩蔽的物品不允许染毒的（如储存粮食、食品、日用必需品等物资）防空地下室，均属于有防毒要求的防空地下室。在有防毒要求的防空地下室设计中，应该特别注意划分其清洁区和染毒区。在清洁区中人员、物资不仅可以免受爆炸荷载的作用，而且还能免受毒剂（包括化学毒剂、生物战剂和放射性沾染）的侵害；而在染毒区内虽然可以免受爆炸荷载的作用，但在一段时间内有可能会轻微染毒。因此，染毒区一般是没有人员停留区域。战时如果需要人员进入染毒区时（如发电机房），按照规定应该带防毒面具，并穿防护服。

3.1.9 防空地下室是为战时防空服务的，所以其设计必须满足预定级别的防护要求和战时使用要求。但为了充分发挥其投资效益，一般防空地下室均要求平战结合。平战结合的防空地下室设计不仅应该满足其战时要求，而且还需要满足平时生产、生活的要求。由于战时与平时的功能要求不同，且往往容易产生一些矛盾。此时对于量大面广的一般性防空地下室，规范允许采取一些转换措施，使防空地下室不仅能更好地满足平时的使用要求，而且可在临战时经过必要的改造（即防护功能平战转换措施），就能使其满足战时的防护要求和使用要求。为了使设计中所采用的转换措施在临战时能够实现，不仅对转换措施技术方面的可行性需要给出限定范围，而且对临战时的转换工作量也需要适当控制。因此此条中增加了"临战时的转换工作量应与城市的战略地位相协调，并符合当地战时的人力、物力条件"的要求，这样可以使当地的人防主管部门在审批转换措施时，依据当地的战略地位和当地的人力、物力条件综合研究确定。

3.1.10 为了方便设计人员使用，此次修订将甲类防空地下室的防早期核辐射方面的具体要求，分别放在相关的主体和口部的条款当中。与原规范比较，此次修订主要是增加了无上部建筑的顶板防护厚度、采用钢结构人防门的出入口通道长度以及附壁式室外出入口的内通道长度等相关内容。与原规范相同，本规范给出的各项要求都是在限定条件下适用的。对于在规定条件范围以外的工程，应按国家的有关标准进行设计。本规范的防早期核辐射方面的计算条件如下：

①核爆炸条件：按国家的有关规定。

②城市海拔与平均空气密度见表2。

表2-1　城市海拔与平均空气密度

城市海拔（m）	平均空气密度（kg/m^3）
$h \leqslant 200$	$\geqslant 1.2$
$200 < h \leqslant 1200$	$\geqslant 1.1$
$1200 < h \leqslant 2250$	$\geqslant 1.0$

③计算室外地面剂量时考虑地面建筑群的影响，并按建筑物间距与建筑高度之比不大于1.5。故取屏蔽因子为：$f_{γq}=0.45$；$f_{nq}=0.40$。

④对于有上部建筑的顶板和室内出入口，在计算上部建筑底层的室内地面剂量时，考虑了上部建筑的影响。取屏蔽因子为：$f_{γq}=0.45$；$f_{nq}=0.30$。

⑤在计算顶板厚度、墙体厚度、出入口通道长度等项时，取自防空地下室顶板进入室内和自口部进入室内的辐射剂量各占室内剂量限值的50%。

⑥在计算室外出入口的通道长度和室内出入口的内通道长度时，考虑了按本规范规定设置钢筋混凝土（及钢结构）防护密闭门和密闭门。

⑦其它计算条件见条文和条文注释。

3.2 主　体

3.2.1 表3.2.1-1中的医疗救护工程的规模和面积标准是按照现行《战技要求》给出的，但由于防空地下室的平面形状和大小直接受其上部建筑平面尺寸的限制，所以设计时可以根据工程的具体情况，参照上述规定，在征得当地人防主管部门意见的情况下，按照需要与可能合理确定为宜。

3.2.2~3.2.4 从近年来防空地下室工程建设情况来看，直接给出顶板的最小防护厚度，这种做法显得更加直观，也简化了计算，方便操作。虽然没有上部建筑的顶板大部分都有覆土，也采用了统一的以无覆土顶板为主的写法。此次修订增加了空心砖墙体的材料换算系数。须留意第3.2.2条、第3.2.3条、第3.2.4条是针对战时有人员停留的防空地下室规定的；对于战时无人员停留的（如专业队装备掩蔽部、人防汽车库等）防空地下室可根据结构的需要确定。

3.2.5 乙类防空地下室和核6级、核6B级甲类防空地下室的250mm厚度要求（包括顶板防护厚度、外墙顶部最小厚度等），是考虑防战时大火的要求做出的规定，也是暴露在空气中的人防围护结构（如顶板、室外地面以上的外墙等）的最小厚度要求。

3.2.6 在防空地下室主体中划分防护单元是一项降低炸弹命中概率，避免大范围杀伤的有效技术措施。为了便于平战结合，依据现行《战技要求》的规定对防护分区一是由按掩蔽面积改按建筑面积划分；二是将防护单元、抗爆单元的面积都作了适当的调整。当防空地下室上部建筑的层数为十层或多于十层时，由于楼板的遮挡，可以不考虑遭炸弹破坏，所以规定高层建筑下的防空地下室可以不划分防护单元和抗爆单元。但是如果对九层或不足九层的上部建筑不加限制，有的地方可能会对面积很大的防空地下室也不划分防护单元和抗爆单元，在未来战争中可能会带来严重问题。因此就不足十层建筑下的部分，对其所占面积作了适当限制，即其建筑面积不得大于$200m^2$。

3.2.7 设置抗爆单元的目的是为在防护单元一旦遭到炸弹击中时，尽可能减少人员（或物资）受伤害的数量。即当防护单元中的某抗爆单元遭到命中时，可以保护相邻抗爆单元的人员（物资）不受伤害。设计只考虑承受一次破坏，故在遭袭击之后该防护单元（包括两个抗爆单元）即应停止使用。抗爆单元内并不要求防护设备或内部设备自成体系。抗爆单元之间的隔墙是为防止炸弹气浪及碎片伤害掩蔽人员（物资）而设置的。因此，对于平时修建的和临战转换的抗爆隔墙（抗爆挡墙）的材质、强度、作法和尺寸等都做了相应的规定。

3.2.8 防空地下室划分防护单元，一是为了降低遭敌人炸弹命中的概率，二是为了减小遭破坏的范围，特别是对大型人员掩蔽所。因此，对防护单元面积提出一定的限制是合理的。每个防护单元是一个独立的防护空间（可把防护单元看作是一个独立的防空地下室），所以规范要求一个防护单元的防护设施和内部设备应该自成系统。每个防护单元的出入口也应该按照独立的防空地下室一样设置。

3.2.10、3.2.11 为便于相邻防护单元之间的战时联系，相邻防护单元之间应该设置连通口。因为遭炸弹命中是随机的，所以事先无法判定相邻单元中哪个单元先遭命中。因此在相邻防护单元之间的连通口处，应在防护密闭隔墙的两侧各设置一道防护密闭门。由于甲、乙两类防空地下室预定防御的武器不同，所以对它们的防护密闭门的抗力要求各有不同。对于乙类防空地下室比较简单，可按0.03MPa的设计压力值设置防护密闭门；而甲类防空地下室就要依据防护单元的抗力大小，而且要注意按照条文的规定设置在隔墙的哪一侧。

3.2.12 在多层防空地下室的上下楼层相邻防护单元之间连通口，其防护密闭门设置要看连通口设在了哪一层。如果设置在下层，只要将一道防护密闭门设在上层单元的一侧就可以了。

3.2.15 从战时防护安全的角度考虑，一般以修建全埋式防空地下室（即其顶板底面不高出室外地面）为宜。但考虑到由于水文地质条件或平时使用的需要，如果在设计和管理中都能满足本条规定的各项要求时，则可以允许防空地下室的顶板底面适当高出室外地面。甲类防空地下室如果上部地面建筑为钢筋混凝土结构时，在核爆地面冲击波的作用下，有可能造成防空地下室的倾覆。因此在顶板高出室外地面的问题方面，对钢筋混凝土地面建筑作了严格的限制。对高出室外地面的甲类防空地下室，规范仅适用于其上部建筑为砌体结构。由于乙类防空地下室设计不考虑防核武器，在高出室外地面的问题上，对其上部地面建筑的结构形式未作限制，即上部建筑为钢筋混凝土结构时乙类防空地下室的顶板底面也允许高出室外地面，而且就高于室外地面的高度也作了适度地放宽。

3.3 出 入 口

3.3.1 战时当城市遭到空袭后，尤其是遭核袭击之后，地面建筑物会遭到严重破坏，以至于倒塌，防空地下室的室内出入口极易被堵塞。因此，必须强调出入口的设置数量以及设置室外出入口的必要性。主要出入口是战时空袭后也要使用的出入口，为了尽量避免被堵塞，要求主要出入口应设在室外出入口。对于那些在空袭之后需要迅速投入工作的防空地下室，如消防车库、中心医院、急救医院和大型物资库等，更需要确保其战时出入口的可靠性，故规范要求这些工程要设置两个室外出入口。由于它们在空袭后需要立即使用的迫切程度有所不同，所以对其设置的严格程度，提法上有些不同。为了尽量避免一个炸弹同时破坏两个出入口，故要求出入口要设置在不同方向，并尽量保持最大距离。

3.3.2 在高技术常规武器的空袭条件下，一般量大面广的乙类防空地下室并非是敌人打击的目标，其上部地面建筑完全倒塌的可能性应属于小概率事件。因此与甲类工程相比较，对乙类防空地下室室外出入口的设置，在一定条件下可以适当放宽。对于低抗力的甲类防空地下室，各地反映由于有的地下室已经占满了红线，确实没有设置室外出入口的条件。鉴于此种特殊情况，对于核6级、核6B级的甲类防空地下室，规范允许用室内出入口代替室外出入口，但必须满足本条中规定的各项要求。这一做法是迫于上述情况做出的，对于甲类防空地下室而言，并非是十分合理的做法，因此各地的人防主管部门和设计人员对此需从严掌握。

3.3.3 在核爆冲击波作用下的地面建筑物是否倒塌，主要取决于冲击波的超压大小和建筑物的结构类型。根据有关资料，位于核5级、核6级及核6B级的甲类防空地下室附近的钢筋混凝土结构地面建筑物，虽然会遭到严重破坏，但其主结构还不会倒塌。由于钢筋混凝土结构的延性和整体性较好，即使命中一两枚炸弹，整个建筑物也不会彻底倒塌。所以对低抗力防空地下室，虽然钢筋混凝土结构地面建筑周围会有相当数量的倒塌物，但为方便设计，在选择室外出入口位置时，本条规定可不考虑其倒塌影响。对砌体结构的地面建筑物，从安全考虑出发，不管是否属抗震型结构均按将会产生倒塌考虑。

3.3.4 核武器爆炸所造成的地面建筑破坏范围很大，因此甲类防空地下室需要重视地面建筑倒塌的影响。作为战时的主要出入口的室外出入口在空袭之后也需保证能够正常的出人，因此要求尽可能的将通道的出地面段布置在倒塌范围之外，以免在核袭击之后被倒塌物堵塞。出地面段设在倒塌范围之外时，其口部建筑往往是因为平时使用、管理等需要而建造的。为了不会因口部建筑本身的坍塌，影响通行，从而要求口部建筑采用单层轻型建筑。这样若一旦遭核袭击时，口部建筑容易被冲击波“吹走”，即便未被“吹走”，也能便于清理。在密集的建筑群中，往往很难做到把出地面段设置在地面建筑的倒塌范围之外（或者远离地面建筑）。当出地面段位于倒塌范围之内时，为了保障在空袭后主要出入口不被堵塞，在出地面段的上方应该设有防倒塌棚架。因此规定，平时设有口部建筑的宜按防倒塌棚架设计；平时不宜设口部建筑的，可在临战时在出地面段上方采用装配式的防倒塌棚架，使出入口战时不会被堵塞。

3.3.5 目前人防工程口部（包括供人员进出和供车辆进出的出入口）防护设备特别是防护密闭门、密闭门已都有相应的标准和定型尺寸。设计时应考虑在满足平时和战时使用要求的前提下，应尽量选用标准的、定型的人防门（包括防护密闭门和密闭门）。表3.3.5给出的战时人员出入口最小尺寸是根据战时的基本要求确定的。平战结合的防空地下室，其出入口的尺寸还需结合平时的使用需要确定。

3.3.7 人防门（包括防护密闭门和密闭门）为了满足抗爆、密闭等方面的要求，与普通的建筑门有所不同。人防门不是镶嵌在洞口当中的，而是门扇的尺寸大于洞口，门扇与门框墙需要搭接一部分。因此设计中应该注意人防门门前通道的尺寸需满足人防门的安装和启闭的需要。

3.3.8 本条中的战时出入口系指在空袭警报之后，供地面上的待掩蔽人员能够直接进入掩蔽所的各个出入口（简称掩蔽入口）。为保障掩蔽人员能够由地面迅速、安全地进入防空地下室，掩蔽入口不能包括竖井式出入口和连通口（包括防护单元之间的和与其它人防工程之间的）。为使掩蔽人员能在规定的时间内全部进入室内，（与消防的安全出口相似）掩蔽入口的宽度应该满足一定要求。其实空袭警报之后的人员紧急进入的状态与火灾时人员紧急疏散的状态相类似，只是掩蔽进入的时间比消防疏散的时间长许多。另外考虑到现行《战技要求》把防护单元的规模放大到建筑面积2000m^2，使得掩蔽的人数大大增加，从需要与可能相结合，将百人掩蔽入口宽度确定为0.30m。为了避免人员过于集中，条文规定一樘门的通过人数不超过700人。因此即使门洞宽度大于2.10m，也认为只能通过700人。对于两相邻防护单元的共用通道、共用楼梯的净宽，可按两个掩蔽入口预定的通过人数之和确定，并未要求按两个掩蔽入口净宽之和确定。例如：甲防护单元入口虽然净宽1.0m，但预计此口通过人数250人；乙防护单元入口净宽1.0m，预计此口通过人数200人。因此，合计通过人数450人，需共用通道净宽$450 \times 0.01 \times 0.30\text{m} = 1.35\text{m}$，此时通道净宽取为1.50m，即已满足要求；否则若按两门门洞宽度之和计算，则需2.00m宽。

3.3.9 人员掩蔽所是战时供人员掩蔽使用的公共场所，使用者男女老少都有，一旦使用，通过出入口的人员众多，非常集中，动作急促。所以，为保证各类人员在规定的时间内能够迅速地、安全地进入室内，不仅要对出入口的数量、宽度有一定要求，而且还需要对梯段的踏步尺寸、扶手的设置等提出必要的要求。

3.3.10、3.3.12 对室外出入口（包括独立式和附壁式）通道的防护掩盖段长度均规定不得小于5.00m。这是从防炸弹爆炸破坏提出的，是对甲类、乙类防空地下室，对战时有、无人员停留均适用的，也是通道长度的最基本要求。因此设计中必须满足，而且应该尽量避免采用直通式。战时室内有人员停留的防空地下室系指符合第3.1.10条规定的工程。

3.3.11 此条中规定的临空墙厚度指的是符合第3.3.10条要求的室外出入口。不满足第3.3.10条要求的室外出入口，不能按此条规定设计。

3.3.11、3.3.13、3.3.15 对于防空专业队装备掩蔽部、人防汽车库等战时室内无人员停留的防空地下室，其临空墙厚度可按结构要求确定。

3.3.16 此条的对象是指不满足防护厚度要求的临空墙。本条给出的措施主要是针对核4级、核4B级的甲类防空地下室以及核5级甲类防空地下室的附壁式出入口，对于其临空墙的厚度是在满足抗力要求的条件下提供的辅助办法。

3.3.17 此条的各项规定都是为了避免常规武器的爆炸破片对防护密闭门的破坏。第1款专指直通式坡道出入口，按其要求只要把通道的中心线适当弯曲或折转，当人员站在通道口的外侧，看不到防护密闭门时，就能够满足“不被（通道口外的）常规武器爆炸破片直接命中”的要求。

3.3.18 由于常规武器爆炸作用的特点，使得乙类防空地下室出入口处防护密闭门的设计压力值与其通道的形式（即指通道有无90°拐弯）和通道长度关系十分密切，因此将确定出入口防护密闭门设计压力值的有关内容，由结构章节转移到建筑的相关章节中（见第3.3.18条）。同时也将确定防护单元连通口的防护密闭门设计压力值的相关内容，由结构转移到建筑章节中。为了从防常规武器的安全考虑，对通道的最小长度作了规定。由于甲类防空地下室还需防核武器，所以防护密闭门的设计压力值受通道的长度影响变化不十分明显，但与通道的拐弯有一定的关系。

乙类防空地下室防护密闭门的设计压力值，是以作用在门上的等效静荷载值相等为原则，将常规武器爆炸产生的压力换算成相同效应的核武器爆炸产生的压力给出的。

常规武器爆炸作用在防护密闭门上的实际压力通常大于表中数值。这么做的目的主要是为了方便建筑设计人员正确选用防护密闭门，同时增强规范的连续性和可操作性。

3.3.21 由于原规范对密闭通道没有具体要求，近期发现有的设计，对战时使用的出入口采用了在一道门框墙的两侧各设一道人防门的做法。这一做法只适用于战时封堵的出入口，并不适用于战时使用的出入口。这一做法会使两道人防门之间的空间太小，形不成“气闸室”（即密闭通道）。而密闭通道的“空间作用”对于防空地下室在隔绝防护时是十分重要的。只有当密闭通道具有足够大的空间时，战时室外的毒剂只有经过“渗透－稀释－再渗透”的过程，才可能进入室内。这其中的一个重要环节是“空间的稀释作用”。当密闭通道具有足够大的空间时，才可能形成明显的稀释。在隔绝防护时间之内其稀释后毒剂的再渗漏，才会使室内的毒剂含量始终处于非致伤浓度之下。因此对密闭通道提出了具体要求。

3.3.22 防毒通道是具有通风换气功能的密闭通道，为了使防毒通道能够形成不断的向外排风，在设有防毒通道的出入口附近必须设有排风口。排风口应该包括扩散室和竖井（或通向室外的通道）。而且在室外染毒情况下有人员通过时，为了防止毒剂进入室内，通道两端的人防门是不允许同时开启的。但由于原规范对防毒通道缺乏明确的要求，近期发现有的工程设计忽视了功能方面的要求，片面地强调提高防毒通道的换气次数，将防毒通道的尺寸确定的过小，以至于通过通道的人员在开启密闭门时，必须同时打开防护密闭门。因此，为了在防护密闭门处于关闭状态条件下，使通道内的人员能够正常地开启密闭门，就需要在密闭门的开启范围之外留出人员的站立位置。

3.3.23 洗消间是用于室外染毒人员在进入室内清洁区之前，进行全身消毒（或清除放射性沾染）的专用房间，由脱衣室、淋浴室和检查穿衣室三个房间组成。其中，脱衣室是供染毒人员脱去防护服及各种染毒衣物的房间。为防止毒剂和放射性灰尘的扩散，染毒衣物需集中密闭存放，因此脱衣室应设有贮存染毒衣物的位置。战时脱衣室污染较严重，为了不影响淋浴人员的安全，本条规定在淋浴室入口（即脱衣室与淋浴室之间）设置一道密闭门。淋浴室是通过淋浴彻底清除有害物的房间。房间中不仅设有一定数量的淋浴器，而且设有同等数量的脸盆，尤其是应该特别注意淋浴器、脸盆的设置一定要避免洗前人员与洗后人员的足迹交叉。检查穿衣室是供洗后人员检查和穿衣的房间，检查穿衣室应设有放置检查设备和清洁衣物的位置。淋浴室的出口（即淋浴室与检查穿衣室之间）设普通门。虽然可能有个别洗消人员没能完全清洗干净，将微量毒剂带人检查穿衣室，但将会通过通风系统的不断向外排风，会将毒剂排到室外。因而在不断通风换气的条件下，虽然在淋浴室与检查穿衣室之间只设一道普通门，但也不会污染检查穿衣室。由于脱衣室染毒的可能性很大，所以其与淋浴室、检查穿衣室之间必须设置密闭隔墙。对于洗消间和两道防毒通道，虽然其各个房间的染毒浓度不同，但均属染毒区。为此要求其墙面、地面均应平整光滑，以利于清洗，而且应该设置地漏。淋浴器和洗脸盆的数量是按照防护单元的建筑面积给出的。

3.3.24 本次规范修订已将防护单元的建筑面积放大到$2000m^2$。目前最大的防护单元大致可以掩蔽1500人左右，其滤毒风量至少要$3000m^3/h$。即使按一个掩蔽300人的（二等人员掩蔽所）防护单元计算，其滤毒新风量应不小于$600m^3/h$。如果按防毒通道净高2.50m，换气次数≥40次/h计算，只要防毒通道面积$\leqslant 6m^2$即可满足换气次数要求。所以本条中“简易洗消宜与防毒通道合并设置”的提法是容易做到的。合并设置的做法更符合战时简易洗消的作业流程，而且也简化了口部设计，方便了施工。

关于简易洗消与防毒通道合并设置的具体要求：①防护密闭门与密闭门之间的人行道的宽度为1.30m，可以满足两个人的通行。②“宽度不小于0.60m”是在简易洗消区中放置洗消设施（如桌子、柜子、水桶等）的基本宽度要求，“面积不小于$2.0m^2$”是放置洗消设施的最小的面积要求。

3.3.26 电梯主要是为平时服务的，由于战时的供电不能保证，而且在空袭中电梯也容易遭到破坏，故防空地下室战时不考虑使用电梯。如因平时使用需要，地面建筑的电梯直通地下室时，为确保防空地下室的战时安全，故要求电梯间应设在防空地下室的防护区之外。

3.4 通风口、水电口

3.4.1 从各地工程实践可以证明，如果平时进风口放在出入口通道中（或楼梯间）时，容易形成通风短路，室内的新风量不易保证。实践经验还说明，在南方地区的夏季通风会使出入口通道产生结露，而在北方地区的冬季通风会使出入口通道（或楼梯间）的温度明显降低。目前所建的防空地下室已经比较重视平时的开发利用，往往其平时的通风量与战时的通风量相差较大，有的通风方式也有所不同，故平时进风口宜单独设置。另外，从各地使用情况看，平时排风口若与出入口结合设置，会严重影响出入口通道的空气质量。在战时通风中，由于清洁通风的时间最长，在室外未染毒的情况下，人员进出频繁，若门扇经常开启，室内新风量也不容易保证。所以不论是平时通风口，还是战时通风口，本条均提出“宜在室外单独设置”。

3.4.3 医疗救护工程、专业队队员掩蔽部、人员掩蔽工程、食品站、生产车间以及柴油电站等防空地下室的室内战时有大量的人员休息或工作，因此要求不间断通风，所以其进风口、排风口、柴油机排烟口一般都处于开启状态。为了防止核爆炸（或常规武器爆炸）冲击波的破坏作用，均应采用消波设施。

3.4.4 人防物资库和专业队装备掩蔽部、人防汽车库等防空地下室是战时以掩蔽物资、装备为主的工程，有的室内有少量值班人员，有的室内无人。因此此种工程在空袭时可暂停通风。其进风口、排风口可在空袭前采用关闭防护密闭门的防护措施。由于人防物资库和专业队装备掩蔽部、人防汽车库的防毒要求不同，所以设置的门的数量不同。

3.4.5 在室外染毒的情况下，洗消间、简易洗消间和防毒通道等都要求能够通风换气，并把污染空气排至室外。因而要求洗消间、简易洗消间和防毒通道要结合排风口设置。又因为洗消间，简易洗消间和防毒通道等应设在战时主要出入口，所以排风口要设在作为战时主要出入口的室外出入口。此时最好是在室外单独设置进风口。如确实没有条件，二等人员掩蔽所的战时进风口也可以设在室内出入口。正如第3.3.3条说明所述，在核5级及以下的防空地下室的附近，钢筋混凝土结构和抗震型砖混结构的上部建筑，其主结构一般不会完全倒塌，因此设在室内出入口的进风口还不至于完全被堵塞。但为安全起见，本条规定只要进风口设在室内，就应采取相应的防堵塞措施。

3.4.6 要求悬板活门嵌入墙内，是根据悬板活门的工作性能决定的。悬板活门是依靠冲击波的能量在短暂时间内自动关闭的设备。为了保证在冲击波到达时能使悬板活门迅速地关闭，从而要求悬板活门必须嵌入墙内，并应满足嵌入深度的要求。

3.4.7 为了方便设计人员的使用，按照本规范附录F的有关规定，经过大量计算和综合工作，规范附录A给出了可供直接选用的表格。但需说明原规范中规定的消波系统的允许余压值，是按照设备的允许余压确定的，并没有考虑室内人员能够承受的压力大小。在《核武器的杀伤破坏作用与防护》（1976年国防科委）一书第44页的冲击波损伤中写明："冲击波超压为0.02～0.03MPa时，会造成人员的轻度冲击伤，其中听器损伤（鼓膜破裂、穿孔）和体表擦伤，但不会影响战斗力；冲击波超压为0.03～0.06MPa时，会造成人员的中度冲击伤，其中明显听器损伤（听骨骨折、鼓室出血），肺轻度出血、水肿，脑振荡，软组织挫伤和单纯脱臼等，会明显影响战斗力"。另外在《核袭击民防手册》(1982年原子能出版社）一书的第29页写到"虽然鼓膜穿孔需要0.140MPa，但是在0.035MPa那样低的超压下也有过耳膜破坏的记录"。由此可见，按照低标准要求，超压0.03MPa是人员能够承受的明显界限。如果超过0.03MPa会给人员造成严重的伤害。于是人员的允许余压一般都小于设备的允许余压（如排风口和无滤毒通风的进风口按0.05MPa)。因此只考虑设备的允许余压，不考虑人员的允许余压是不妥当的。此次修订（附录E消波系统）的条文规定消波系统的允许余压值，不论进风口，还是排风口均按防空地下室的室内有、无人员确定。并规定室内有人员的（如医疗救护工程、人员掩蔽工程、专业队队员掩蔽部、物资库等）防空地下室各通风口的扩散室允许余压均按0.03Mpa；室内没有人员的（如电站发电机房）防空地下室各通风口的扩散室允许余压均按0.05Mpa。

3.4.8 在乙类防空地下室和核6级、核6B级甲类防空地下室设计中，为简化口部设计，节省空间，方便施工，降低造价，又能保证战时的防护安全，本条规定用钢板制作的扩散箱代替钢筋混凝土的扩散室。扩散箱的大小是根据本规范附录F的要求确定的。经过模爆试验和技术鉴定确认，钢制扩散箱是有效的、可靠的。为了方便平时使用，本条规定可以预留扩散箱位置，临战时再行安装。

3.4.9 战时因更换过滤吸收器，滤毒室可能染毒，所以滤毒室应该设在染毒区。为在更换过滤吸收器时不影响清洁区，而且方便操作人员进出，故要求滤毒室的门要设在既能通往地面，又能通往室内清洁区的密闭通道（或防毒通道）内。并应注意到：滤毒室应邻近进风口；滤毒室宜分别与扩散室、进风机室相邻。同样为了方便操作，进风机室应该设在清洁区。

3.4.10 在遭到化学袭击的一段时间过后，当室外染毒的浓度下降到允许浓度后，为了对主要出入口和进风口进行洗消，本条规定在主要出入口防护密闭门外以及进风口竖井内设置洗消污水集水坑，以便用来汇集洗消的污水。集水坑可按战时使用手动排水设施（或移动式电动排水设备）排水的标准设计。当因平时的需要口部已经设有集水坑时，战时可不再设置。

3.5 辅 助 房 间

3.5.1 由于专业队队员掩蔽部、人员掩蔽工程和配套工程的战时用水，一般靠内部贮水（不设内部水源），而且战时一般也没有可靠的电源。按规定内部贮水只考虑饮用水和少量生活用水，不包括厕所用水。因此，本条规定上述两类工程宜设干厕。所以即使因平时使用需要，设置水冲厕所时，也应根据掩蔽人数或战时使用人数留出战时所需干厕（便桶）的位置。同时还应注意到，战时因人员较多，所需的便桶数量较平时的厕所蹲位数一般要多的情况。厕所位置靠近排风系统末端处，有利于厕所污秽气体的排除，以免使其外溢而影响室内空气清洁。一般来说，厕所蹲位多于三个时宜设前室或由盥洗室穿入。

3.6 柴 油 电 站

3.6.3 移动电站采用的是移动式柴油发电机组，一般是在临战时才安装。所以移动电站应该设有一个能通往室外地面的机组运输口，此条只规定应设有"通至"室外地面的出入口。因此当设"直通"室外地面的出入口有困难时，可以由室内口运输柴油发电机组。

3.7 防护功能平战转换

3.7.3 本条是依据现行《战技要求》的有关规定，并参照《转换设计标准》中的相关规定，对于在防护密闭隔墙上开设平时通行口的问题作了较具体的规定。

3.7.4 在本次修订过程中，依据现行《战技要求》的有关规定，并参照《转换设计标准》中的规定，对由于平时需要在防护密闭楼板上开洞的问题作了较具体的规定。

3.7.5 在《转换设计标准》中对平时出入口的设置数量作了严格的限制。我们认为首先应该严格区分封堵方法，然后对不同的封堵方法作不同的限制。如对平时出入口采用预制构件进行封堵的做法，将会给临战时带来巨大的工作量，应该严格控制。但是，对平时出入口采用以防护密闭门为主进行封堵的做法，却不必作过于苛刻的限制。因为以防护密闭门为主进行封堵的做法，战时的防护容易落实，也不会给临战时造成太大的工作量。而在防空地下室设计中，情况往往十分复杂，由于消防的疏散距离等方面的要求，有时平时出入口的数量很难限制在2个以下。因此本条对采用预制构件封堵的平时出入口设置从严，而对以防护密闭门为主封堵的平时出入口采取从宽的规定。

3.8 防 水

3.8.3 上部建筑范围内的防空地下室顶板的防水一般是容易忽视的。为保证防空地下室的整体密闭性能，防空地下室顶板的防水十分重要。

3.9 内 部 装 修

3.9.3 在冲击波作用下会引起防空地下室顶板的强烈振动，为了避免因振动使抹灰层脱落而砸伤室内人员，故本条规定顶板不应抹灰。平时设置吊顶时，龙骨应该固定牢固，饰面板应采用便于拆卸的，以便于临战时拆除吊顶饰面板。

4 结　　构

4.1 一般规定

4.1.1 与普通地下室相比，防空地下室结构设计的主要特点是要考虑战时规定武器爆炸动荷载的作用。常规武器爆炸动荷载和核武器爆炸动荷载均属于偶然性荷载，具有量值大、作用时间短且不断衰减等特点。暴露于空气中的防空地下室结构构件，如高出地面不覆土的外墙、不覆土的顶板、口部防护密闭门及门框墙、临空墙等部位直接承受空气冲击波的作用。其它埋入土中的围护结构构件，如有覆土顶板、土中外墙及底板等，则直接承受土中压缩波的作用。此外，防空地下室内部的墙、柱等构件则间接承受围护结构及上部结构动荷载作用。

防空地下室的结构布置，必须考虑地面建筑结构体系。墙、柱等承重结构，应尽量与地面建筑物的承重结构相互对应，以使地面建筑物的荷载通过防空地下室的承重结构直接传递到地基上。

防空地下室的结构选型包括结构类别和结构体系的选择。结构类别一般可分为砌体结构和钢筋混凝土结构两种。当上部建筑为砌体结构，防空地下室抗力级别较低且地下水位也较低时，防空地下室可采用砌体结构。防空地下室钢筋混凝土结构体系常采用梁板结构、板柱结构以及箱型结构等，当柱网尺寸较大时，也可采用双向密肋楼盖结构、现浇空心楼盖结构。

目前在防空地下室中采用的预制装配整体式构件有叠合板、钢管混凝土柱及螺旋筋套管混凝土柱等。其它预制装配式构件，如有充分试验依据，也可逐步用于防空地下室。

4.1.2 设计使用年限是防空地下室结构设计的重要依据。设计使用年限是设计规定的一个时期，在这一规定的时期内，只需进行正常的维护而不需进行大修就能按预期目的使用，完成预定的功能，即建筑物在正常设计、正常施工、正常使用和维护下所应达到的使用年限。防空地下室结构在规定的设计使用年限内，除了满足平时使用功能要求外，甲类防空地下室应满足“能够承受常规武器爆炸动荷载和核武器爆炸动荷载的分别作用”的战时防护功能要求；乙类防空地下室应满足“能够承受常规武器爆炸动荷载作用”的战时防护功能要求。

4.1.3 现行《人民防空工程战术技术要求》将人民防空工程按可能受到的空袭威胁划分为甲、乙两类：甲类工程防核武器、常规武器、化学武器、生物武器袭击；乙类工程防常规武器、化学武器、生物武器的袭击。根据上述要求，本条提出甲类防空地下室结构应能承受常规武器爆炸动荷载和核武器爆炸动荷载的分别作用，乙类防空地下室结构应能承受常规武器爆炸动荷载的作用。另外，无论是常规武器，还是核武器，设计时均只考虑一次作用。对于甲类防空地下室结构，取其中最不利情况进行设计计算，不需叠加。

4.1.4 本条是在确定设计标准的前提下，考虑到防空地下室结构各部位作用的荷载值不同、破坏形态不同以及安全储备不同等因素，为防止由于存在个别薄弱环节致使整个结构抗力明显降低而提出的一条重要设计原则。所谓抗力相协调即在规定的动荷载作用下，保证结构各部位（如出入口和主体结构）都能正常地工作。

4.1.5 本条规定在常规武器爆炸动荷载或核武器爆炸动荷载作用下，结构动力分析一般采用等效静荷载法，是从防空地下室结构设计所需精度及尽可能简化设计考虑。

由于在动荷载作用下，结构构件振型与相应静荷载作用下挠曲线很相近，且动荷载作用下结构构件的破坏规律与相应静荷载作用下破坏规律基本一致，所以在动力分析时，可将结构构件简化为单自由度体系。运用结构动力学中对单自由度集中质量等效体系分析的结果，可获得相应的动力系数，用动力系数乘以动荷载峰值得到等效静荷载。等效静荷载法规定结构构件在等效静荷载作用下的各项内力（如弯矩、剪力、轴力）就是动荷载作用下相应内力最大值，这样即可把动荷载视为静荷载。由于等效静荷载法可以利用各种现成图表，按照结构静力分析计算的模式来代替动力分析，所以给防空地下室结构设计带来很大方便。

试验结果与理论分析表明，对于一般防空地下室结构在动力分析中采用等效静荷载法除了剪力（支座反力）误差相对较大外，不会造成设计上明显不合理，因而是能够保证战时防护功能要求的。对于特殊结构也可按有限自由度体系采用结构动力学方法，直接求出结构内力。

4.1.6 本条是针对动荷载特点，以及人防工程在遭受袭击后的使用要求提出的。

在动荷载作用下结构变形极限，本规范第4.6.2条规定用允许延性比控制。由于在确定各种结构构件允许延性比时，已考虑了对变形的限制和防护密闭要求，因而在结构计算中不必再单独进行结构变形和裂缝开展的验算。

由于在试验中，不论整体基础还是独立基础，均未发现其地基有剪切或滑动破坏的情况。因此，本条规定可不验算地基的承载力和变形。但对自防空地下室引出的各种刚性管道，应采取能适应由于地基瞬间变形引起结构位移的措施，如采用柔性接头。

4.1.7 由于防空地下室平时与战时的使用要求有时会出现矛盾，因此设计中如何既能满足战时要求又能满足平时要求，常会遇到困难。为较好地解决这一矛盾，本条提出可采用“平战转换设计”这一设计方法。其基本思路是：在设计中对防空地下室的某些部位（如专供平时使用的较大出入口），可以根据平时使用需要进行设计，但与此同时，设计中也考虑了满足战时防护要求所必需的平战转换措施（包括转换的部位，如何适应转换后结构支承条件的变化及如何在规定的转换时间内实施全部转换工作的具体措施）。通过这种设计，防空地下室既能充分地满足平时使用需要，又能通过临战时实施平战转换达到战时各项防护要求。但这种做法只能在抗力级别较低，防空地下室平时往往作为公共设施的情况下使用，故在本条规定中提出限于乙类防空地下室和核5级、核6级、核6B级甲类防空地下室采用。

4.1.8 多层或高层地面建筑的防空地下室结构，是整个建筑结构体系的一部分，其结构设计既要满足平时使用的结构要求，又要满足战时作为规定设防类别和级别的防护结构要求，即防空地下室结构设计应同时满足平时和战时二种不同荷载效应组合的要求。因此，规定在设计中应取其控制条件作为防空地下室结构设计的依据。

4.2 材　　料

4.2.1 防空地下室结构材料应根据使用要求、上部建筑结构类型和当地条件，采用坚固耐久、耐腐蚀和符合防火要求的建筑材料。

本条提出在地下水位以下或有盐碱腐蚀时外墙不宜采用砖砌体，是考虑到砖外墙长期在地下水位以下或有盐碱腐蚀的土中会造成表面剥落，腐蚀较快，不能保持应有的强度。但从调查中确也发现，在同样条件下，有少量工程由于材料及施工质量较好等原因，经过数十年时间考验至今仍然完好。因此在有可靠技术措施条件下，为降低造价外墙采用砖砌体也并绝对不可。但在一般情况下，为确保工程质量，还是尽可能不用砖砌体作外墙为好。

4.2.2 对防空地下室中钢筋混凝土结构构件来说，处于屈服后开裂状态仍属正常的工作状态，这点与静力作用下结构构件所处的状态有很大不同。冷轧带肋钢筋、冷拉钢筋等经冷加工处理的钢筋伸长率低，塑性变形能力差，延性不好，故本条规定不得采用。

4.2.3 表 4.2.3 给出的材料强度综合调整系数是考虑了普通工业与民用建筑规范中材料分项系数、材料在快速加载作用下的动力强度提高系数和对防空地下室结构构件进行可靠度分析后综合确定的，故称为材料强度综合调整系数。

本规范在确定材料动力强度提高系数时，取与结构构件达到最大弹性变形时间为 50ms 时对应的一组材料动力强度提高系数。

同一材料在不同受力状态下可取同一材料强度提高系数。试验表明：在快速变形下，受压钢筋强度提高系数与受拉钢筋相一致。混凝土受拉强度提高系数虽然比受压时大，但考虑龄期影响，混凝土后期受拉强度比受压强度提高的要少，二者综合考虑，混凝土受拉、受压可取同一材料强度提高系数。钢筋混凝土构件受弯时材料强度的提高，可看成混凝土受压和钢筋受拉强度的提高；受剪时材料强度的提高，可看成混凝土受拉或受压强度的提高。砌体材料因缺乏完整试验资料，近似参考砖砌体受压强度提高系数取值。钢材的材料强度提高系数是参照钢筋的材料强度提高系数给出。

由于混凝土强度提高系数中考虑了龄期效应的因素，其提高系数为 1.2～1.3，故对不应考虑后期强度提高的混凝土如蒸气养护或掺入早强剂的混凝土应乘以 0.9 折减系数。

根据对钢筋、混凝土及砖砌体的试验，材料或构件初始静应力即使高达屈服强度的 65%～70%，也不影响动荷载作用下材料动力强度提高的比值，因此在动荷载与静荷载同时作用下材料动力强度提高系数可取同一数值。

4.2.4 试验证明，动荷载作用下钢筋弹性模量与静荷载作用下相同；混凝土和砌体弹性模量是静荷载作用下的 1.2 倍。

4.3 常规武器地面爆炸空气冲击波、土中压缩波参数

4.3.1 根据现行《人民防空工程战术技术要求》，防常规武器抗力级别为 5、6 级的防空地下室按常规武器非直接命中的地面爆炸作用设计。由于常规武器爆心距防空地下室外墙及出入口有一定的距离，其爆炸对防空地下室结构主要产生整体破坏效应。因此，防空地下室防常规武器作用应按防常规武器的整体破坏效应进行设计，可不考虑常规武器的局部破坏作用。

4.3.2 常规武器地面爆炸产生的空气冲击波与核武器爆炸空气冲击波相比，其正相作用时间较短，一般仅数毫秒或数十毫秒，往往小于结构发生最大动变位所需的时间，且其升压时间极短。因此在结构计算时，可按等冲量原则将常规武器地面爆炸产生的空气冲击波波形简化为突加三角形，以方便进行结构动力分析。

4.3.3 常规武器地面爆炸在土中产生的压缩波在向地下传播时，随着传播距离的增加，陡峭的波阵面逐渐变成有一定升压时间的压力波，其作用时间也不断加大。因此，为便于计算，可将土中压缩波波形按等冲量原则简化为有升压时间的三角形。

4.3.4 对于防空地下室，由于上部建筑的存在，地面爆炸产生的空气冲击波需穿过上部建筑的外墙、门窗洞口作用到防空地下室顶板和室内出入口。在空气冲击波传播过程中，上部建筑外墙、门窗洞口对空气冲击波产生一定的削弱作用。故当符合条文中规定的条件时，可考虑上部建筑对作用在防空地下室顶板和室内出入口荷载的影响，将空气冲击波最大超压乘以 0.8 的折减系数。

4.3.5 防空地下室结构构件在常规武器爆炸动荷载作用下，动力分析采用等效静荷载法既保证了一定的设计精度，又简化了设计。一般来说，常规武器爆炸作用在防空地下室结构构件上的动荷载是不均匀的，而若采用等效静荷载法，必须是一均布荷载。因此，必须对作用在防空地下室结构构件上的常规武器爆炸动荷载进行均布化处理，具体的均布化处理和动荷载计算方法见本规范附录 B。

4.4 核武器爆炸地面空气冲击波、土中压缩波参数

4.4.1 为便于利用现成图表和公式进行动力分析，通常需要将荷载曲线简化成线性衰减等效波形。所谓等效，主要是保证将实际荷载曲线简化为线性衰减波形后能产生相等的最大位移。对于一次作用的脉冲荷载，只需对达到最大位移时间前那段荷载曲线作出简化，而在此以后的曲线变化并不重要。由于防空地下室结构在核武器爆炸冲击波荷载作用下，其最大变位往往发生在超压时程曲线早期，因此按与曲线面积大体相等，且形状也尽可能接近的原则，经推导简化后得出在峰值压力处按切线简化的三角形波形。

地面空气冲击波参数与核武器当量和爆炸高度有关。本次修订由于核武器当量和比例爆高作了适当调整，表 4.4.1 中设计参数与原规范有所差别。

4.4.2 土中压缩波可简化为有升压时间平台形荷载，是因为土中压缩波作用时间往往比结构达到最大变位时间长十几倍到几十倍，所以简化成有升压时间的平台形荷载后，其误差尚在允许范围内，且可明显简化计算。

4.4.3 由于岩土仅在很低压力下才呈弹性，加之塑性波速与众多因素有关而难以准确确定，因此在土性参数计算中采用起始压力波速和峰值压力波速。其值系先通过土性试验作出土侧限应力一应变关系曲线，然后经计算确定自由场压缩波传播规律，最后综合考虑升压过程中应力起跳时间和峰值压力到达时间以及深度等因素后确定。

通过计算比较，当 $h \leqslant 1.5\text{m}$ 时峰值压力仅衰减 2% 左右，因此当 $h \leqslant 1.5\text{m}$ 时，可不考虑峰值压力的衰减。

4.4.4 关于墙体材料，按相当于一般砖砌体的强度作为考虑对冲击波波形影响的条件。故对采用石棉板、矿碴板等轻质材料的墙体以不考虑其对冲击波的影响为宜；对预制混凝土大板的墙体，一般可视同砖墙，可考虑其对冲击波波形的影响。

对核 4 级和核 4B 级防空地下室，由于缺乏试验资料，暂不考虑上部建筑对冲击波波形的影响。

4.4.7 根据国外资料，对上部建筑为钢筋混凝土承重墙结构，当地面超压为 0.2N/mm^2 以上时才倒塌；对抗震的砌体结构（包括框架结构中填充墙），当地面超压为 0.07N/mm^2 左右才倒塌。考虑到在预定冲击波地面超压作用下，上部建筑物不倒塌，或不立即倒塌，必然会使冲击波产生反射、环流等效应，因此对防空地下室迎爆面的土中外墙动荷载将有所影响。由于这方面试验资料不足，本条在参考国外有关规定的基础上，对于上述条件下的地面空气冲击波最大压力予以适当提高。

4.5 核武器爆炸动荷载

4.5.1 对全埋式防空地下室，考虑到空气冲击波的传播速度一般比土中压缩波传播速度快，因而土中压缩波的波阵面与地表之间夹角比较小，可近似将土中压缩波看成是垂直向下传播的一维波。又由于防空地下室尺寸相对于压缩波波长较小，因而可进一步假定按同时均匀作用于结构各部位设计。

对顶板底面高出室外地面的防空地下室，迎爆面高出地面的外墙将首先受到空气冲击波作用。考虑到从迎爆面的外墙开始受荷到背面墙受荷，会有一定的时间间隔，且背面墙上所受荷载要比迎爆面小，为简化计算，本条规定仅对高出地面的外墙考虑迎爆面单面受荷。另外由于空气冲击波的实际作用方向不确定，所

以设计时应考虑四周高出地面的外墙均可能成为迎爆面。

4.5.3 对于覆土厚度大于或等于不利覆土厚度的综合反射系数 K 值，主要是考虑了不动刚体反射系数、结构刚体位移影响系数以及结构变形影响系数后得出的。另外，研究结果表明：土中小变形结构的顶部荷载，一维效应起主导作用，二维效应影响甚微，即结构外轮廓尺寸的大小对 K 值的影响很小。故本规范不考虑二维效应这一影响因素。

关于饱和土中压缩波的传播及饱和土中结构动荷载作用规律的分析研究，目前可供应用的资料有限，现根据已进行过的少量核武器爆炸、化爆和室内模爆试验结果，提出了较为粗略的估算方法。

原苏联Γ.M. 梁霍夫的研究结果认为，当压力 P 小于某一压力值 $[P_0]$ 时，饱和土的受力机制类似非饱和土（土骨架承力）；当压力 P 大于 $[P_0]$ 时，饱和土呈现它特有的受力机制（主要是空气和水介质的压缩承力），$[P_0]$ 值取决于含气量 α_1，见表 4－1：

表 4－1 **$[P_0]$ 与 α_1 关系表**

α_1	0.05～0.04	0.03～0.02	0.01～0.005	<0.005
$[P_0]$（0.1N/mm²）	10～8	6～3	2～1	0

由此提出界限压力 $[P_0]=20\alpha_1$（N/mm²）。

另外对含气量 $\alpha_1=4.4\%$ 的淤泥质饱和土进行的室内试验表明，在小于 0.6N/mm² 压力的作用下，土中压力随着深度的增加，升压时间增长，峰值压力减小，遇不动障碍有反射。由于结构位移较大，所以结构上的压力接近自由场压力，即综合反射系数较小，呈现出非饱和土性质。考虑到含气量 α_1 的量测有误差，所以规定地表超压峰值 $\Delta P_m \leqslant 16\alpha_1$ 时，综合反射系数按非饱和土考虑。

当含气量 $\alpha_1=3\%\sim4\%$，在相当于核 5 级时的饱和土侧限压缩试验中，应力-应变曲线呈应变硬化性质。为此，有关单位曾对应变硬化性的介质（密实粗砂）做过系统的一维波传播和遇不动刚体反射试验。试验结果表明：压缩波峰值压力不衰减，不动刚壁反射系数 $k=2.0\sim2.6$。Γ.M. 梁霍夫在其化爆试验中曾指出，当水中冲击波在湖泊底部反射且底部为不动障碍时，其 $k=2\sim2.04$。考虑到应变硬化介质中传播的是击波，所以结构按不动刚体考虑，土性按线弹性介质考虑，取综合反射系数 $K=2.0$。

4.5.4 由于土中压缩波随传播距离的增加峰值压力减小，升压时间增长，其效果是随深度的增加结构的动力作用逐渐降低。另一方面，当压缩波遇到结构顶板时，将会产生反射压缩波并朝反向传播，当它到达自由地表面时，因地表无阻挡面使土体趋向疏松，形成向下传播的拉伸波。拉伸波所到之处压力将迅速降低，当拉伸波传到顶板时，顶板压力也将随之减小。如果顶板埋置较深，拉伸波到达时间较晚，在此之前结构顶板可能已达到最大变形，因而拉伸波不能起到卸荷作用；如果顶板埋深很浅，由于拉伸波产生的卸荷作用，将会抵消大部分入射波在顶板上形成的反射作用。根据以上多种影响因素综合考虑，承受压缩波作用的土中浅埋结构，会有一个顶板不利覆土厚度。通过试验分析，其不利覆土厚度的大小，主要与地面超压值、结构自振频率以及结构允许延性比等因素有关。为便于使用，本条给出的不利覆土厚度，是经综合分析后简化得出的。

4.5.5 为与表 4.4.3－1 相对应，表 4.5.5 中增加了老粘性土、红粘土、湿陷性黄土、淤泥质土的侧压系数。

4.5.6 当防空地下室顶板底面高出室外地面时，高出地面的外墙将承受空气冲击波直接作用。考虑到地面建筑外墙一般开有孔洞，迎爆面冲击波将产生明显的环流效应，故可近似取反射系数的下限值 2.0。由此可取防空地下室高出室外地面外墙的最大水平均布压力为 $2\Delta P_m$。

4.5.7 作用在结构底板上的核武器爆炸动荷载主要是结构受到顶板动荷载后往下运动从而使地基产生的反力，即结构底部压力由地基反力构成。根据近年来对土中一维压缩波与结构相互作用理论及有限元法分析研究结果，地下水位以上的结构底板底压系数为 0.7～0.8；地下水位以下的结构底板底压系数为 0.8～1.0。

4.5.8 作用在防空地下室出入口通道内临空墙、门框墙上的最大压力值，是按下述考虑确定的。

对顶板荷载考虑上部建筑影响的室内出入口，其需符合的具体条件及入射冲击波参数均按本规范第 4.4.4～4.4.6 条规定确定。根据试验，当入射超压相当于核 5 级左右时，有升压时间的冲击波反射超压不会大于入射超压的二倍。因此，本条取反射系数值等于 2。

对室外竖井、楼梯、穿廊出入口以及顶板荷载不考虑上部建筑影响的室内出入口，其内部临空墙、门框墙的最大压力值均按 $1.98\Delta P_m$（近似取 $2.0\Delta P_m$）计算确定。

对量大面广的核 5 级、核 6 和核 6B 级防空地下室，其室外直通、单向出入口按出入口坡道坡度分为 $\zeta<30°$ 及 $\zeta\geqslant30°$ 两种情况分别确定临空墙最大压力，其中 $\zeta<30°$ 时按正反射公式计算确定，$\zeta\geqslant30°$ 时按激波管试验及有关公式计算后综合分析确定。对核 4 级和核 4B 级的防空地下室，按有一定夹角的有关公式计算确定。

4.5.9 室内出入口在遭受核袭击时，如何防止被上部建筑的倒塌物及邻近建筑的飞散物所堵塞是个很难解决的问题，故在本规范中规定，防空地下室一般以室外出入口作为战时使用的主要出入口。为此，如再考虑将室内出入口内与防空地下室无关的墙或楼梯进行防护加固，不仅加固范围难以确定，而且亦难以保证其不被堵塞，故无实际意义。所以本条规定，对于与防空地下室无关的部位不考虑核武器爆炸动荷载作用。

4.5.10 在核武器爆炸动荷载作用下，室外出入口通道结构既受土中压缩波外压，又受自口部直接进入的冲击波内压，由于二者作用时间不同，很难综合考虑。结合试验成果，本条在保证出入口不致倒塌（一般允许出现裂缝）的前提下，规定出入口结构的封闭段（有顶盖段）及竖井结构仅按外压考虑。这是因为虽然内压一般大于外压，但在内压作用下土中通道结构通常只出现裂缝，不致向通道内侧倒塌而使通道堵塞。对于无顶盖的敞开段通道，试验表明，仅按外部土压和地面堆积物超载设计的结构在核武器爆炸动荷载作用下，没有出现破坏堵塞的情况。因此本条规定敞开段通道不考虑核武器爆炸动荷载作用。

4.5.11 与土直接接触的扩散室顶板、外墙及底板与有顶盖的通道结构类似，既受土中压缩波外压，又受自消波系统口部进入的冲击波余压（内压）作用。由于外压和内压作用时间不同，且在内压作用下土中结构通常只出现裂缝，不致向内侧倒塌，故与土直接接触的扩散室顶板、外墙及底板只按承受外压作用考虑。

4.6 结构动力计算

4.6.1 等效静荷载法一般适用于单个构件。然而，防空地下室结构是个多构件体系，如有顶、底板、墙、梁、柱等构件，其中顶、底板与外墙直接受到不同峰值的外加动荷载，内墙、柱、梁等承受上部构件传来的动荷载。由于动荷载作用的时间有先后，动荷载的变化规律也不一致，因此对结构体系进行综合的精确分析是较为困难的，故一般均采用近似方法，将它拆成单个构件，每一个构件都按单独的等效体系进行动力分析。各构件之间支座条件应按近于实际支承情况来选取。例如对钢筋混凝土结构，顶板与外墙之间二者刚度相接近，可近似按固端与铰支之间的支座情况考虑。在底板与外墙之间，由于二者刚度相差较大，在计算外墙时可视作固定端。

对通道或其它简单、规则的结构，也可近似作为一个整体构件按等效静荷载法进行动力计算。

4.6.2 结构构件的允许延性比［β］，系指构件允许出现的最大变位与弹性极限变位的比值。显然，当［β］≤1时，结构处于弹性工作阶段；当［β］>1时，构件处于弹塑性工作阶段。因此允许延性比虽然不完全反映结构构件的强度、挠度及裂缝等情况，但与这三者都有密切的关系，且能直接表明结构构件所处极限状态。根据试验资料，用允许延性比表示结构构件的工作状态，既简单适用，又比较合理，故本次规范修订时仍沿用按允许延性比表示结构构件工作状态。

结构构件的允许延性比，主要与结构构件的材料、受力特征及使用要求有关。如结构构件具有较大的允许延性比，则能较多地吸收动能，对于抵抗动荷载是十分有利的。本条确定在核武器爆炸动荷载作用下结构构件允许延性比［β］值时，主要参考了以下资料：

1 试验研究成果：

1）砖砌体和混凝土轴心受压构件的设计延性比可取1.1~1.3；

2）钢筋混凝土构件的设计延性比，一般可按表4-2取用。

表4-2 钢筋混凝土构件的设计延性比

使用要求	构件受力状态			
	受弯	大偏压	小偏压	轴心受压
无明显残余变形	1.5	1.5	1.3~1.5	1.1~1.3
一般防水防毒要求	3	1.5~3	1.3~1.5	1.1~1.3
无密闭及变形控制要求	3~5	1.5~3	1.3~1.5	1.1~1.3

2 有关规定：

1）当β=1时，钢筋应力不大于计算应力，结构无残余变形；

2）当β=2~3时，受拉区混凝土出现微细裂缝，但观察不到穿透裂缝，仍保持结构的承载力和气密性；

3）当β=4~5时，用于不要求保持气密性和密闭性的防护建筑外墙；

3 《人民防空工程设计资料》提出：

1）对于不要求保持密闭性的人防工事取延性比为4~5；

2）对于要求保持密闭性的人防工事取延性比为2~3；

4 《防护结构设计原理和方法》(《美国空军手册》)推荐使用延性系数值为：

1）对于较脆性的结构，取1~3；

2）对于中等脆性的结构，取2~3；

3）对于完全柔性的结构，取10~20。

综合上述资料，本条规定在核武器爆炸动荷载作用下，结构构件的允许延性比［β］按表4.6.2取值。

由于防空地下室不考虑常规武器的直接命中，只按防非直接命中的地面爆炸作用设计，常规武器爆炸动荷载对结构构件往往只产生局部作用；又由于常规武器爆炸动荷载作用时间较短（相对于核武器爆炸动荷载），易使结构构件产生变形回弹，故本条规定在常规武器爆炸动荷载作用下，结构构件允许延性比可比核武器爆炸作用时取的大一些，以充分发挥结构材料的塑性性能，更多地吸收爆炸能量。

4.6.5 本条给出的动力系数计算公式是将结构构件简化为等效单自由度体系，进行无阻尼弹塑性体系强迫振动的动力分析得出的。

当核武器爆炸动荷载波形为无升压时间的三角形时，由于其有效正压作用时间远大于结构构件达到最大变位的时间，因此其等效作用时间可进一步近似取为无穷大，即可看成突加平台形荷载。在突加平台形荷载作用下，动力系数仅与结构构件允许延性比有关，而与结构的其它特性无关。

当核武器爆炸动荷载的波形为有升压时间平台形时，按下式进行计算，并取其包络线，得出对应各种不同［β］值的K_d值：

$$K_d=\frac{[\beta]\left\{1+\sqrt{1-\frac{1}{[\beta]^2}(2[\beta]-1)(1-\varepsilon^2)}\right\}}{2[\beta]-1}$$

式中 $$\varepsilon=\frac{\sin\frac{\omega t_0}{2}}{\omega t_0/2}$$

对于一般钢筋混凝土受弯或大偏心受压构件，按上式求得的K_d值可能小于1.05，从偏于安全考虑，取$K_d \geq 1.05$。为方便设计，该动力系数以表格形式给出。

4.6.6 按等效单自由度体系进行结构动力分析时，较为重要的问题是正确选择振型。在强迫振动下哪一种主振型占主要成分与动载的分布形式有很大关系，一般来说与以动载作为静载作用时的挠曲线相接近的主振型起着主导作用，因此宜取将动载视作静载所产生的静挠曲线形状作为基本振型。通常即使振动形状稍有差别，对动力分析结果并不会产生明显影响。为了简化计算，也可挑选一个与静挠曲线形状相近的主振型作为假定基本振型，如对均布荷载下简支梁可取第一振型，对三跨等跨连续梁可取第三振型。

由于本规范在动荷载确定中已考虑了土与结构的相互作用影响，所以在计算土中结构自振频率时，不再考虑覆土附加质量的影响。

4.6.7 作用在结构底板上的动荷载主要是结构受到顶板动荷载后往下运动使地基产生的反力。由于底板动荷载升压时间较长，故其动力系数可取1.0。

扩散室与防空地下室内部房间相邻的临空墙只承受消波系统的余压作用，临空墙的允许延性比取1.5，按公式（4.6.5-4）计算动力系数为1.5。考虑到扩散室的扩散作用，动力效应降低，动力系数乘以0.85的折减系数后取1.3。

4.7 常规武器爆炸动荷载作用下结构等效静荷载

4.7.2 对于防空地下室顶板的等效静荷载标准值：

本条第1款及表4.7.2计算采用的有关条件为：顶板材料为钢筋混凝土，混凝土强度等级为C25；按弹塑性工作阶段计算，允许延性比［β］取4.0；顶板四边按固支考虑；板厚对常6级取200~300mm，对常5级取250~400mm；板短边净跨取4~5m。括号内的数值是根据本规范第4.3.4条的规定，考虑上部建筑影响乘以0.8的折减系数后得到的。

常规武器地面爆炸时，防空地下室顶板主要承受空气冲击波感生的地冲击作用。一般来说，距常规武器爆心越远，顶板上受到的动荷载越小。另外，结构顶板区格跨度不同时，其等效静荷载值也不一样。为便于设计，本规范对同一覆土厚度不同区格跨度顶板的等效静荷载取单一数值。

相关试验和数值模拟研究表明：常规武器爆炸空气冲击波在松散软土等非饱和土中传播时衰减非常快。根据本规范附录B的公式计算可以确定：当防空地下室顶板覆土厚度对于常5级、常6级分别大于2.5m、1.5m时，动荷载值相对较小，顶板设计通常由平时荷载效应组合控制，故此时顶板可不计入常规武器地面爆炸产生的等效静荷载。

当防空地下室设在地下二层及以下各层时，根据本条第1款的规定以及常规武器爆炸空气冲击波衰减快的特点，经综合分析，此时作用在防空地下室顶板上的常规武器地面爆炸产生的等效静荷载值很小，可忽略不计。

4.7.3 对于防空地下室外墙的等效静荷载标准值：

常规武器地面爆炸时，防空地下室土中外墙主要承受直接地冲击作用。表4.7.3计算中采用的有关条件如下：

砌体外墙：采用砖砌体，净高按2.6～3m，墙体厚度取490mm，允许延性比［β］取1.0。

钢筋混凝土外墙：考虑单向受力与双向受力二种情况；净高按h≤5.0m；墙厚对常6级取250～350mm，对常5级取300～400mm；混凝土强度等级取C25～C40；按弹塑性工作阶段计算，允许延性比［β］取3.0。

当常6级、常5级防空地下室顶板底面高出室外地面时，高出地面的外墙承受常规武器爆炸空气冲击波的直接作用。此时外墙按弹塑性工作阶段计算，允许延性比［β］取3.0。

4.7.4 作用到结构底板上的常规武器爆炸动荷载主要是结构顶板受到动荷载后向下运动所产生的地基反力。在常规武器非直接命中地面爆炸产生的压缩波作用下，防空地下室顶板的受爆区域通常是局部的，因此作用到防空地下室底板上的均布动荷载较小。对于常5级、常6级防空地下室，底板设计多不由常规武器爆炸动荷载作用组合控制，可不计入常规武器地面爆炸产生的等效静荷载。

4.7.5 常规武器地面爆炸直接作用在门框墙上的等效静荷载是由作用在其上的动荷载峰值乘以相应的动力系数后得出的。这里的动力系数按允许延性比［β］等于2.0计算确定。这是由于常规武器爆炸动荷载与核武器爆炸动荷载相比，其作用时间要短得多，结构构件在常规武器爆炸动荷载作用下的允许延性比可取的大一些。

直接作用在门框墙上的动荷载主要是根据现行《国防工程设计规范》中有关公式计算确定的。该组公式是依据现场化爆试验、室内击波管试验，并结合理论分析提出的。其考虑因素比较全面，如考虑了冲击波传播方向与通道轴线的夹角、坡道的坡度角、通道拐弯、通道长度以及通道截面尺寸等因素的影响。相对于核武器爆炸空气冲击波，常规武器爆炸产生的空气冲击波在通道中传播时衰减较快。无论是直通式，还是单向式，通道截面尺寸越大，防护密闭门前距离越长，作用在防护密闭门上的动荷载越小。

根据防空地下室室外出入口的特点，出入口通道等效直径往往难以确定，以致于无法按公式计算荷载，此时以出入口宽度来区分通道大小比较符合实际情况。一般车道宽度不小于3.0m，因此，以出入口宽度等于3.0m为分界线划分大小两种通道。根据上述公式可计算出直通式、单向式及竖井、楼梯、穿廊式出入口不同通道宽度、不同距离处门框墙上的等效静荷载标准值。直通式、单向式出入口按坡道坡度ζ分为$\zeta<30°$及$\zeta\geqslant30°$两种情况计算，其中$\zeta\geqslant30°$时按夹角等于30°的有关公式计算，$\zeta<30°$时按夹角等于0°的有关公式计算，竖井、楼梯、穿廊式出入口按夹角等于90°的有关公式计算。

表4.7.5-2、表4.7.5-3给出的单扇及双扇平板门反力系数，是门扇按双向平板受力模型经计算得出。由于钢结构门扇是由门扇中的肋梁将作用在门扇上的荷载传递到门框墙上，门扇受力模型明显不同于双向平板，其中钢结构双扇门近似于单向受力，若按本条公式进行门框墙设计偏于不安全。

4.7.6 常规武器爆炸作用到室外出入口临空墙上的等效静荷载标准值按弹塑性工作阶段计算，允许延性比［β］取3.0，计算方法参照门框墙荷载。

4.7.7 常规武器爆炸空气冲击波在传播过程中衰减较快，而室内出入口距爆心的距离相对较远，作用到室内出入口内临空墙、门框墙上的动荷载往往较小。室内出入口距外墙的距离以5.0m为界，是参照本规范第3.3.2条的规定确定的。距外墙的距离不大于5.0m的室内出入口可用作战时主要出入口，作用到出入口内临空墙、门框墙上的等效静荷载标准值经按现行《国防工程设计规范》中夹角等于90°的有关公式计算，且考虑上部建筑影响后得出。

4.7.10 为便于设计计算，本条在确定楼梯间休息平台和楼梯踏步板的等效静荷载时作了如下简化：楼梯休息平台和楼梯踏步板上等效静荷载取值相同，上下梯段取值相同，允许延性比［β］取3.0。

4.8 核武器爆炸动荷载作用下常用结构等效静荷载

4.8.2 表4.8.2计算中采用的有关条件如下：

混凝土强度等级为C25，起始压力波速v_0取200m/s，波速比γ_c取2。顶板四边按固定考虑，板厚按表4-3取值。

表4-3 顶板计算厚度（mm）

防核武器抗力级别	跨度 l_0（m）			
	3.0～4.5	4.5～6.0	6.0～7.5	7.5～9.0
6B	200	200	250	250
6	200	250	250	300
5	300	400	400	500
4B	400	500	500	600
4	400	500	600	700

注：跨度l_0为顶板短边净跨。

4.8.3 表4.8.3计算中采用的有关条件如下：

砌体外墙按砖砌体计算，其净高：核6B级、核6级按2.6～3.2m计算，核5级按2.6～3m计算；墙体厚度取490mm。

钢筋混凝土外墙考虑单向受力与双向受力二种情况。核6B级、核6级时，净高按$h\leqslant5.0$m计算：当$h\leqslant3.4$m时墙厚取250mm，当3.4m＜$h\leqslant4.2$m时墙厚取300mm，当$h>4.2$m时墙厚取350mm；核5级时，净高按$h\leqslant5.0$m计算：当$h<3$m时墙厚取300mm，当3.0m＜$h\leqslant4.0$m时墙厚取350mm，当$h>4.0$m时墙厚取400mm；核4B级时，净高按$h\leqslant3.6$m计算：当$h<2.8$m时墙厚取350mm，当2.8m＜$h\leqslant3.2$m时墙厚取400mm，$h>3.2$m时墙厚取450mm；核4级时，净高按$h\leqslant3.2$m计算：当$h<2.8$m时墙厚取400mm，当2.8m＜$h\leqslant3.2$m时墙厚取450mm。混凝土强度等级：核5级、核6级和核6B级，且$h\leqslant4.2$m时选用C25；其余情况选用C30。

4.8.4 高出地面的外墙承受空气冲击波的直接作用，当按弹塑性工作阶段设计时［β］取2.0，由式（4.6.5-4）可得动力系数$K_d=1.33$。

4.8.5 由于本规范第4.8.15条中已给出带桩基的防空地下室底板的等效静荷载值，故在条文中阐明，在确定防空地下室底板等效静荷载值时，应分清二类不同情况。

表中增加注2，是为了进一步明确无桩基的核5级防空地下室底板荷载的取值。

4.8.6 本条主要是明确防空地下室室外有顶盖的土中通道结构周边等效静荷载取值方法。当通道净跨小于3m时，由于不能直接套用主体结构顶、底板等效静荷载值，为方便使用，对核5级、核6级和核6B级防空地下室，给出表4.8.6-1及表4.8.6-2。表中数值的计算条件为：顶、底板厚250mm，混凝土强度等级C30。

4.8.7 表4.8.7与本规范表4.5.8相对应，由表4.5.8中动荷载值乘以相应的动力系数得出。本条第2款仅适用于钢筋混凝土平板防护密闭门，其理由同本规范第4.7.5条。

4.8.8 出入口临空墙上的等效静荷载标准值，是由作用在其上的最大压力值（见表4.5.8）乘以相应的动力系数后得出。动力系数按下述考虑确定：对核5级、核6级和核6B级防空地下室，其顶板荷载考虑上部建筑影响的室内出入口，超压波形按有升压时间的平台形，升压时间为0.025s，临空墙自振频率一般不小于$200s^{-1}$。对其它出入口，超压波形均按无升压时间波形考虑。

4.8.9 相邻防护单元之间隔墙上荷载的确定，是个比较复杂的问题。当相邻两个单元抗力级别相同时，应考虑某一单元遭受常规武器破坏后，爆炸气浪、弹片及其它飞散物不会波及相邻单元；当相邻两单元抗力级别不同时，还应考虑当低抗力级别防护单元遭受核袭击被破坏时，核武器爆炸冲击波余压对与其相邻的防护单元的影响。

本条取相应冲击波地面超压值作为作用在隔墙（含门框墙）上的等效静荷载值。当相邻两防护单元抗力级别相同时，取地面超压值作为作用在隔墙两侧的等效静荷载标准值；当相邻两防护单元抗力级别不相同时，高抗力级别一侧隔墙取低抗力级别的地面超压值作为等效静荷载标准值；低抗力级别一侧隔墙取高抗力级别的地面超压值作为等效静荷载标准值。

当防空地下室与普通地下室相邻时，冲击波将从普通地下室的楼梯间或窗孔处直接进入，考虑到普通地下室空间较大，冲击波进入后会有一定扩散作用，因此作用在防空地下室与普通地下室相邻隔墙上荷载值会小于室内出入口通道内临空墙上荷载值，本条按减少15%计入，并按此确定作用在毗邻普通地下室一侧隔墙上和门框墙上的等效静荷载值。

4.8.10 防空地下室室外开敞式防倒塌棚架，一般由现浇顶板、顶板梁、钢筋混凝土柱和非承重的脆性围护构件组成。在地面冲击波作用下，围护结构迅速遭受破坏被摧毁，仅剩下开敞式的承重结构。由于开敞式结构的梁、柱截面较小，因此在冲击波荷载作用下可按仅承受水平动压作用。

根据核5级防倒塌棚架试验，矩形截面形状系数可取1.5。又棚架梁、柱可按弹塑性工作阶段设计，允许延性比［β］取3.0可得$K_d=1.2$，根据表4.4.1中动压值可得表4.8.10中水平等效静荷载标准值。

4.8.11 本条主要参照工程兵三所对二层室外楼梯间按核5级人防荷载所作核武器爆炸动荷载模拟试验的总结报告编写。试验表明，无论对中间有支撑墙的封闭式楼梯间或中间无支撑墙的开敞式楼梯间，在楼梯休息平台或踏步板正面受冲击波荷载后，经过几毫秒时间冲击波就绕射到反面，使平台板或踏步板同时受到二个方向相反的动荷载，因而可用正面荷载与反面荷载的差，即净荷载来确定作用在构件上的动荷载值。在冲击波作用初期，由于冲击波和端墙相撞产生反射，使冲击波增强，因而使平台板和踏步板正面峰值压力增大，而在其反面，由于冲击波绕射和空间扩散作用，冲击波减弱，峰值压力减小，升压时间增长，因此在冲击波作用初期平台板和踏步板正面压力大于反面压力，即净荷载值方向向下。而在冲击波作用后期，由于正面压力衰减较快，使反面压力大于正面压力，即净荷载值方向向上，所以对楼梯休息平台和踏步板应按正面与反面不同时受荷分别计算。

依据上述试验资料，为便于设计计算，本条在确定楼梯休息平台和楼梯踏步板的等效静荷载时作了如下简化：楼梯休息平台和楼梯踏步板上等效静荷载取值相同；上层楼梯间与下层楼梯间取值相同；构件反面的核武器爆炸动荷载净反射系数取正面净反射系数的一半。构件正面净反射系数按略小于实测数据算术平均值采用，实测平均值为1.26，本条取值为1.2。考虑到楼梯休息平台与踏步板为非主要受力构件，动力系数可取1.05。由此可得出表中等效静荷载标准值。

4.8.12 对多层地下室结构，当防空地下室未设在最下层时，若在临战时不对防空地下室以下各层采取封堵加固措施，确保空气冲击波不进入以下各层，则防空地下室底板及防空地下室以下各层中间墙柱都要考虑核武器爆炸动荷载作用，这样不仅使计算复杂，也不经济，故不宜采用。

4.8.13 根据总参工程兵三所对二层室外多跑式楼梯间核武器爆炸模拟试验，在第二层地面处反射压力比一般竖井内反射压力约小13%。本条根据上述实测资料，取整给出相应部位荷载折减系数。

4.8.14 当相邻楼层划分为上、下两个防护单元时，上、下二层间楼板起了防护单元间隔墙的作用，故该楼板上荷载应按防护单元间隔墙上荷载取值。此时，若下层防护单元结构遭到破坏，上层防护单元也不能使用，故只计入作用在楼板上表面的等效静荷载标准值。

4.8.15 从静力荷载作用下桩基础的实测资料中可知，由于打桩后土体往往产生较大的固结压缩量，以致在平时荷载作用下，虽然建筑物有较大的沉降，但有的建筑物底板仍与土体相脱离。由于桩是基础的主要受力构件，为确保结构安全，在防空地下室结构设计中，不论何种情况桩本身都应按计入上部墙、柱传来的核武器爆炸动荷载的荷载效应组合值来验算构件的强度。

在非饱和土中，当平时按端承桩设计时，由于岩土的动力强度提高系数大于材料动力强度提高系数，只要桩本身能满足强度要求，桩端不会发生刺入变形，即仍可按端承桩考虑，所以防空地下室底板可不计入等效静荷载值。在非饱和土中，当平时按非端承桩设计时，在核武器爆炸动荷载作用下，防空地下室底板应按带桩基的地基反力确定等效静荷载值。静力实验与研究表明，在非饱和土中，当按单桩承载力特征值设计时，只要桩所承受的荷载值不超过其极限荷载时，承台（包括筏与基础）分担的荷载比例将会稳定在一定数值上，一般在非饱和土中约占20%，在饱和土中可达30%。本条在非饱和土中，底板荷载近似按20%顶板等效静荷载取值。

在饱和土中，当核武器爆炸动荷载产生的地基反力全部或绝大部分由桩来承担时，还应计入压缩波从侧面绕射到底板上荷载值。若底板不计入这一绕射的荷载值，则会引起底板破坏，造成渗漏水，影响防空地下室的使用。虽然确定压缩波从侧面绕射到底板上荷载值，目前还缺乏准确试验数据，但考虑到压缩波的侧压力基本上取决冲击波地面超压值与侧压系数相乘积，而绕射到底板上压力可以看成由侧压力产生的侧压力，因此对压缩波绕射到底板上的压力可以在原侧压力基础上再乘一侧压系数来取值，即可按冲击波地面超压值乘上侧压系数平方得出。本条对核5级、核6级和核6B级防空地下室饱和土中侧压系数平方取值为0.5，由此可得条文中数值。

为抵抗水浮力设置的抗拔桩不属于基础受力构件，其底板等效静荷载标准值应按无桩基底板取值。

4.8.16 在饱和土中，核武器爆炸动荷载产生的土中压缩波从侧面绕射到防水底板上，在板底产生向上的荷载值。该荷载值可看成由侧压力产生的侧压力，即可按冲击波地面超压值乘上侧压系数平方得出。

4.8.17 对核6级和核6B级防空地下室，当按本规范第3.3.2条规定将某一室内出入口用做室外出入口时，应加强防空地下室室内出入口楼梯间的防护以确保战时通行。

对防空地下室到首层地面的休息平台和踏步板，其所处的位置与本规范第4.8.11条多跑式室外出入口楼梯间相同，由于此时净反射系数是按平均值取用，故此处不再区分顶板荷载是否考虑上部建筑影响，统一按本规范第4.8.11条规定取值。

防倒塌挑檐上表面等效静荷载按倒塌荷载取值，下表面等效静荷载按动压作用取值。

4.9 荷载组合

4.9.2 不同于核武器爆炸冲击波，常规武器地面爆炸产生的空气冲击波为非平面一维波，且随着距爆心距离的加大，峰值压力迅速减小，对地面建筑物仅产生局部作用，不致造成建筑物的整体倒塌。在确定战时常规武器与静荷载同时作用的荷载组合时，可按上部建筑物不倒塌考虑。

在常规武器非直接命中地面爆炸产生的压缩波作用下，对于常5级、常6级防空地下室，底板设计一般不由常规武器与静荷载同时作用组合控制，防空地下室底板设计计算可不计入常规武器地面爆炸产生的等效静荷载。

4.9.3 对于战时核武器与静荷载同时作用的荷载组合，主要是解决在核武器爆炸动荷载作用下如何确定同时存在的静荷载的问题。防空地下室结构自重及土压力、水压力等均可取实际作用值，因此较容易确定。由于各种不同结构类型的上部建筑物在给定的核武器爆炸地面冲击波超压作用下有的倒塌，有的可能局部倒塌，有的可能不倒塌，反应不尽一致，因此在荷载组合中，主要的困难是如何确定上部建筑物自重。

在核武器爆炸动荷载作用下，本条以上部建筑物倒塌时间 t_w 与防空地下室结构构件达到最大变位时间 t_m 之间的相对关系来确定作用在防空地下室结构构件上的上部建筑物自重值。当 $t_w > t_m$ 时，计入整个上部建筑物自重；$t_w < t_m$ 时，不计入上部建筑物自重；t_m 与 t_w 相接近时，计入上部建筑物自重的一半。当上部建筑为砖混结构时，试验表明，核6级和核6B级时，$t_w > t_m$；核5级时，t_m 与 t_w 接近，故本条规定前者取整个自重，后者取自重的一半；核4级和核4B级时，不计入上部建筑物自重。由于对框架和剪力墙结构倒塌情况缺乏具体试验数据，本条在取值时作了近似考虑。据国外资料，当框架结构的填充墙与框架密贴时，300mm厚墙体可抵抗0.08N/mm^{2}的超压；周边有空隙时，其抗力将下降到0.03N/mm^{2}左右，而框架主体结构要到超压相当于核4B级左右才倒塌。从偏于安全考虑，本条在外墙荷载组合中规定：当核5级时取上部建筑物自重之半；核4级和核4B级时不计入上部建筑物自重，即对大偏压构件轴力取偏小值。在内墙及基础荷载组合中，核5级时取上部建筑物自重；核4B级时取上部建筑物自重之半；核4级时不计入上部建筑物自重，即在轴心受压或小偏压构件中轴力取偏大值。当外墙为钢筋混凝土承重墙时，根据国外资料，一般在超压相当于核4B级以上时方才倒塌，考虑到结构破坏后可能仍留在原处，因此荷载组合中取其全部自重。

4.9.4 本条是为了明确在甲类防空地下室底板荷载组合中是否应计入水压力的问题。由于核武器爆炸动荷载作用下防空地下室结构整体位移较大，为保证战时正常使用，对地下水位以下无桩基的防空地下室基础应采用箱基或筏基，使整块底板共同受力，因此上部建筑物自重是通过整块底板传给地基的。对上部为多层建筑的防空地下室而言，其计算自重一般都大于水浮力。由于在底板的荷载计算中，建筑物计入浮力所减少的荷载值与计入水压力所增加的荷载值可以相互抵消，因此提出当地基反力按不计入浮力确定时，底板荷载组合中可不计入水压力。

对地下水位以下带桩基的防空地下室，根据静力荷载作用下实测资料，上部建筑物自重全部或大部分由桩来承担，底板不承受或只承受一小部分反力，此时水浮力主要起到减轻桩所承担的荷载值作用，对减少底板承受的荷载值没有影响或影响较小，即对桩基底板而言水压力显然大于所受到的浮力，二者作用不可相互抵消。因此在地下水位以下，为确保安全，不论在计算建筑物自重时是否计入了水浮力，在带桩基的防空地下室底板荷载组合中均应计入水压力。

4.10 内力分析和截面设计

4.10.2 根据现行的《建筑结构可靠度设计统一标准》(GB50068)的要求，结构设计采用可靠度理论为基础的概率极限状态设计方法，结构可靠度用可靠指标 β 度量，采用以分项系数表达的设计表达式进行设计。本条所列公式就是根据该标准并考虑了人防工程结构的特点提出的。

为提高本规范的标准化、统一化水平，从方便设计人员使用出发，本规范中的永久荷载分项系数、材料设计强度（不包括材料强度综合调整系数），均与相关规范取值一致。因为在防空地下室设计中，结构的重要性已完全体现在抗力级别上，故将结构重要性系数 γ_0 取为1.0。

取等效静荷载的分项系数 $\gamma_Q = 1.0$，其理由：

1 常规武器爆炸动荷载与核武器爆炸动荷载是结构设计基准期内的偶然荷载，根据《建筑结构可靠度设计统一标准》(GB50068)中第7.0.2条规定：偶然作用的代表值不乘以分项系数，即 $\gamma_Q = 1.0$；

2 由于人防工程设计的结构构件可靠度水准比普通工业与民用建筑规范规定的低得多，故 γ_Q 值不宜大于1.0；

3 等效静荷载分项系数不宜小于1.0，它虽然是偶然荷载，但也是防护结构构件设计的重要荷载；

4 等效静荷载是设计中的规定值，不是随机变量的统计值，目前也无可能按统计样本来进行分析，因此按国家规定取值即可，不必规定一个设计值，再去乘以其它系数。

确定上述数值与系数后，按修订规范的可靠指标与原规范反算所得的可靠指标应基本吻合的原则，定出各种材料强度综合调整系数。

按修订规范设计的防空地下室结构，钢筋混凝土延性构件的可靠指标约1.55，其失效概率为6.1%；脆性构件的可靠指标约2.40，其失效概率为0.8%；砌体构件的可靠指标约2.58，其失效概率为0.5%。

4.10.3 当受拉钢筋配筋率大于1.5%时，按式（4.10.3-1）及式（4.10.3-2）的规定，只要增加受压钢筋的配筋率，受拉钢筋配筋率可不受限制，显然不够合理。为使按弹塑性工作阶段设计时，受拉钢筋不致配的过多，本条规定受拉钢筋最大配筋率不大于按弹性工作阶段设计时的配筋率，即表4.11.8。

4.10.5、4.10.6 试验表明，脆性破坏的安全储备小，延性破坏的安全储备大，为了使结构构件在最终破坏前有较好的延性，必须采用强柱弱梁与强剪弱弯的设计原则。

4.10.7 《混凝土结构设计规范》(GB 50010)中的抗剪计算公式，仅适用于普通工业与民用建筑中的构件，它的特点是较高的配筋率、较大的跨高比（跨高比大于14的较多）、中低混凝土强度等级以及适中的截面尺寸等，而人防工程中的构件特点是较低的配筋率、较小的跨高比（跨高比在8至14之间较多）、较高混凝土强度等级以及较大的截面尺寸。为弥补上述差异产生的不安全因素，根据清华大学分析研究结果，对此予以修正。

根据收集到的有关试验资料，在均布荷载作用下，当跨高比在8至14之间，考虑主筋屈服后剪切破坏这一不利影响，并参考国外设计规范中的有关规定，回归得出偏下限抗剪强度计算公式如下：

$$\frac{V}{bh_0 f_c^{1/2}} = \frac{8}{l/h_0}$$

该公式当 $V/(bh_0 f_c^{1/2}) = 0.92$ 时，相当于 $l/h_0 = 8.7$，与《混凝土结构设计规范》(GB 50010)中抗剪计算公式的第一项（0.7）一致，可视其为上限值；当 $V/(bh_0 f_c^{1/2}) > 0.92$，即 $l/h_0 < 8.7$ 时，

可不必进行修正；当 $V/(bh_0 f_c^{1/2})=0.55$，相当于 $l/h_0 \approx 14.5$ 时，其值与美国 ACI 规范抗剪强度值相当，可视其为下限值；当 $V/(bh_0 f_c^{1/2})<0.55$，即 $l/h_0>14.5$ 时，修正值不再随 l/h_0 变化。综上所述，可近似将修正系数 ψ_1 规定如下：

当 $l/h_0 \leqslant 8$ 时，$\psi_1=1$；

当 $l/h_0 \geqslant 14$ 时，$\psi_1=0.6$；

当 $8<l/h_0<14$ 时，线性插入。

由此得出公式为 $\psi_1=1-(l/h_0-8)/15 \geqslant 0.6$。

4.10.11 采用 e_0 值不宜大于 $0.95y$ 的依据为：

1 试验表明，按抗压强度设计的砖砌体结构，当 e_0 值超过 1.0 时，结构并未破坏或丧失承载能力；

2 苏联巴丹斯基著《掩蔽所结构计算》第五章指出：计算砖墙承受大偏心距的偏心受压动荷载时，偏心距的大小不受限制。

《砌体结构设计规范》(GB 50003) 第 5.1.5 条对原条文作出修改，要求 $e_0 \leqslant 0.6y$。该规范附录 D 有关表格中只给出 $e_0 \leqslant 0.6y$ 时的影响系数 ϕ 值。当 $e_0>0.6y$ 时，ϕ 值可按该规范附录 D 中给出的公式计算。

4.11 构造规定

4.11.1 本条根据《混凝土结构设计规范》(GB 50010)、《砌体结构设计规范》(GB 50003)、《地下工程防水技术规范》(GB 50108) 等相关规范以及防空地下室结构选材的特点重新修订。

4.11.2 由于多本现行规范、规程对防水混凝土设计抗渗等级的取法不一致，易造成混乱，本条参照《地下工程防水技术规范》(GB 50108) 进一步明确。

4.11.6 本条根据防空地下室结构受力特点，参考《混凝土结构设计规范》(GB 50010) 和《建筑抗震设计规范》(GB 50011) 的规定提出，与三级抗震要求一致。

4.11.7 由于《混凝土结构设计规范》(GB 50010) 在构造要求中提高了纵向受力钢筋最小配筋百分率，为与其相适应，表 4.11.7 进行了调整。其中 C40～C80 受拉钢筋最小配筋百分率系按《混凝土结构设计规范》(GB 50010) 中有关公式计算后取整给出，见表 4-4：

表 4-4　受拉钢筋最小配筋百分率计算表

混凝土强度等级	C40	C45	C50	C55	C60	C65	C70	C75	C80
HRB335 级	0.29	0.30	0.32	0.33	0.34	0.35	0.36	0.36	0.37
HRB400 级	0.27	0.28	0.30	0.31	0.32	0.33	0.33	0.34	0.35
平均值	0.28	0.29	0.31	0.32	0.33	0.34	0.35	0.35	0.36
取值	0.3					0.35			

由于防空地下室结构构件的截面尺寸通常较大，纵向受力钢筋很少采用 HPB235 级钢筋，故上表计算未予考虑。当采用 HPB235 级钢筋时，受弯构件、偏心受压及偏心受拉构件一侧的受拉钢筋的最小配筋百分率应符合《混凝土结构设计规范》(GB 50010) 中有关规定。

由于卧置于地基上防空地下室底板在设计中既要满足平时作为整个建筑物基础的功能要求，又要满足战时作为防空地下室底板的防护要求，因此在上部建筑层数较多时，抗力级别 5 级及以下防空地下室底板设计往往由平时荷载起控制作用。考虑到防空地下室底板在核武器爆炸动荷载作用下，升压时间较长，动力系数可取 1.0，与顶板相比其工作状态相对有利，因此对由平时荷载起控制作用的底板截面，受拉主筋配筋率可参照《混凝土结构设计规范》(GB 50010) 予以适当降低，但在受压区应配置与受拉钢筋等量的受压钢筋。

4.11.11 双面配筋的钢筋混凝土顶、底板及墙板，为保证振动环境中钢筋与受压区混凝土共同工作，在上、下层或内、外层钢筋之间设置一定数量的拉结筋是必要的。考虑到低抗力级别防空地下室卧置地基上底板若其截面设计由平时荷载控制，且其受拉钢筋配筋率小于本规范表 4.11.7 内规定的数值时，基本上已属于素混凝土工作范围，因此提出此时可不设置拉结筋。但对截面设计虽由平时荷载控制，其受拉钢筋配筋率不小于表 4.11.7 内数值的底板，仍需按本条规定设置拉结筋。

4.12 平战转换设计

4.12.4 本条主要是明确不同部位钢筋混凝土及钢材封堵构件上等效静荷载的取值，以方便使用。

虽然出入口通道内封堵构件与出入口通道内临空墙所处位置相同，考虑到出入口通道内封堵构件为受弯构件，而出入口通道内临空墙为大偏心受压构件，因此对无升压时间核武器爆炸动荷载作用下的封堵构件动力系数取值为 1.2，而不是大偏压时的 1.33，即相应部位封堵构件上的等效静荷载标准值，可比临空墙上的等效静荷载标准值小约 10%。在有升压时间核武器爆炸动荷载作用下，受弯构件与大偏压构件二者动力系数相差不大，故作用在封堵构件上等效静荷载标准值可按临空墙上等效静荷载标准值取用。

4.12.5 常规武器爆炸动荷载作用时间相对于核武器爆炸来讲，要小的多，一般仅数毫秒或几十毫秒。防护门及封堵构件在这样短的荷载作用下易发生反弹，造成支座处的联系破坏，例如防护门的闭锁和铰页等。本条采用了工程兵工程学院的科研报告《常规武器爆炸荷载作用下钢筋混凝土结构构件抗剪设计计算方法》中的研究成果，反弹荷载按弹塑性工作阶段计算，构件的允许延性比 $[\beta]$ 取 3.0。

4.12.6 当战时采用挡窗板加覆土的防护方式（图 3.7.9*a*）时，挡窗板受到常规武器爆炸空气冲击波感生的地冲击作用，其水平等效静荷载标准值应为该处的感生地冲击的等效静载值乘上侧压系数，一般战时覆土的侧压系数可取 0.3。

5 采暖通风与空气调节

5.1 一般规定

5.1.1 修订条文。本条规定了防空地下室的暖通空调设计应兼顾到平时和战时功能。为此，提出了设计中应遵循的原则：战时防护功能必须确保，平时使用要求也应满足，当两者出现矛盾时应采取平战功能转换措施。本次修订增加了工程级别和类别，设计人员在实际操作中，应注意在方案（或初步）设计阶段就能正确处理好这两者之间的关系，避免在日后的施工图设计（或施工）过程中出现不符合规范要求的现象。

5.1.2 本条强调通风及空调系统的区域划分原则：平时宜结合现行的《人民防空工程设计防火规范》有关防火分区的要求；战时应符合按防护单元分别设置独立的通风系统的要求，以免相邻单元遭受破坏而影响另一单元的正常使用。需要指出的是，设计时应尽可能使平时的防火分区能与战时的防护分区协调一致，以减少临战转换工作量，提高保障战时使用的可靠性。

5.1.3 修订条文。本条是在原规范 5.1.4 条的基础上，对"功能要求"作了进一步的明确：对选用的设备及材料的"要求"是指"防护和使用功能要求"；对于"防火要求"则进一步明确是"平时使用时的"要求。

5.1.4 修订条文。本条是将原规范5.1.12条条文中的“宜”改用“应”，提高了规定的要求。已有的工程建设实践表明，在防空地下室的暖通空调设计中，室外空气计算参数按现行的地面建筑用的暖通空调设计规范中的规定值是可行的，也是方便的。

5.1.5 修订条文。本条是在原规范5.1.13条的基础上，对防空地下室的减噪设计提出了更高的要求——应视其功能而异，对产生噪声的设备和设备房间，以及通风管道系统均应采取有效的减噪措施（同地面建筑暖通空调设计用的减噪措施）。

5.1.6 新增条文。本条明确地规定了：（1）防空地下室的暖通空调系统应与地面建筑用的系统分开设置；（2）与防空地下室无关的暖通空调设备和管道，能否置于防空地下室内和穿越防空地下室？本条作出了与本规范第3.1.6条相呼应的规定。如果用于地面建筑的设备系统必须置于防空地下室内时，首先应考虑将这部分空间设置为非防护区，即没有防护要求的地下室区域；其次才是采用符合规范要求的防护密闭措施、限制管道管径等设计规定。

5.2 防护通风

5.2.1 修订条文。本条是对原规范5.1.5条的修订。本条规定了设计防空地下室的通风系统时，应根据防空地下室的战时功能设置相应的防护通风方式。战时以掩蔽人员为主的防空地下室应设置三种防护通风方式，而以掩蔽物资为主的防空地下室，通常情况下设置清洁通风和隔绝防护就可以符合战时防护要求，但也不排除特殊情况：考虑到贮物的不同要求，保留了“滤毒通风的设置可根据实际需要确定”的规定（需要说明的是：隔绝防护包括实施内循环通风和不实施内循环通风两种情况）。本次修订时还增加了第三款：应设置战时防护通风（清洁通风、滤毒通风和隔绝通风）方式的信息（信号）装置。这也是《人民防空工程防化设计规范》所规定的内容。

5.2.2 修订条文。本条是将原规范5.1.5条条文中的新风量标准单列而成，并根据现行《战技要求》，对战时防空地下室内掩蔽人员的新风量标准进行了修订。其中，医疗救护、人员掩蔽，以及防空专业队工程内的人员新风量标准均有所变化。设计时通常不应取最小值作为工程的设计计算值。

5.2.3 修订条文。本条是在原规范5.1.7的基础上，根据现行《战技要求》，对医疗救护工程的室内空气设计值进行了修订，提高了标准，给出了范围。此外，对专业队队员掩蔽部、医疗救护工程平时维护时的空气湿度也提出了要求。设计时通常不应取上限值（或下限值）作为工程的设计计算值。

5.2.4 修订条文。本条是在原规范5.1.10条的基础上，根据现行《战技要求》进行了修订，增加了隔绝防护时防空地下室内氧气体积浓度的指标。规范了隔绝防护时间内二氧化碳容许体积浓度、氧气体积浓度之间的内在关系。

5.2.5 修订条文。本条是对原规范5.1.11条的修订。本次修正了原计算公式中单位换算上的不严密之处——在代入C、C_o值时未将“%”一并代入计算公式，因而，原计算公式中的单位换算系数是“10”，现行公式中为“1000”。设计人员在使用中请注意此变化。

5.2.6 修订条文。本条是对原规范5.1.10条的修订。是将原规范的5.2.9条、5.2.11条的内容合并到本条对应的表格中，并根据现行《战技要求》进行了修订。这样做一方面对防毒通道（对于二等人员掩蔽所是指简易洗消间）的换气次数、主体超压值等作了修正，使其符合现行《战技要求》的规定；另一方面，也有利于设计人员在设计滤毒通风时，能更全面、更准确、更方便地掌握防化方面的有关规定。设计时应根据防空地下室的功能不同，从表5.2.6中确定主体超压和最小防毒通道换气次数：医疗救护工程、防空专业队工程可取超压60Pa或70Pa，最小防毒通道换气次数可取60次以上。

5.2.7 修订条文。本条是在原规范5.2.12条的基础上，改写并完善了滤毒通风时如何确定新风量的规定。工程设计中应按条文所规定的公式计算，取两项计算值中的大值作为滤毒通风时的新风量，并按此值选用过滤吸收器等滤毒通风管路上的设备。

5.2.8 修订条文。本条是对原规范5.2.1条的修订。依据不同情况分设了条款，增加了内容，使内容表述更完整、准确、清晰，使用更方便。本次修订时图5.2.8a中的滤毒通风管路上增加了风量调节阀10，是为了更有效地控制通过过滤吸收器的风量。设计时，通风机出口是否设置风量调节阀，设计人员可根据常规自行确定。只有当战时进风和平时进风合用一个系统时，风机出口应设“防火调节阀”。图中密闭阀门操作如下：

清洁通风时：密闭阀门3a、3b开启，3c、3d关闭；

滤毒通风时：密闭阀门3c、3d开启，3a、3b关闭；

隔绝通风时：密闭阀门3a、3b、3c、3d全部关闭，实施内循环通风。

5.2.9 修订条文。本条是对原规范5.2.2条的修订。依据现行《战技要求》、《人民防空工程防化设计规范》对洗消间设置要求，对工程建设中常用的清洁排风和滤毒排风分别给出了平面示意图。对于选用了防爆超压自动排气活门代替排风防爆活门的防空地下室，其清洁排风时的防爆装置如何解决的问题，则需要经过技术经济比较后才能确定。一种办法是：增加防爆超压自动排气活门数量，满足清洁排风的需要；另一种办法是：改用悬板式防爆活门，以同时满足清洁、滤毒通风系统防冲击波的需要，此时，滤毒通风用的超压排风控制设备改用YF型（或P_S、P_D型）。

5.2.10 修订条文。本条是对原规范5.2.3条实行分解、修订后形成的新条文。

5.2.11 修订条文。本条是在原规范5.2.4条的基础上，对表内的部分数据进行了细分，增加了相关的说明而成。表中给出的FCH型防爆超压自动排气活门是FCS型的改进型产品。

5.2.12 修订条文。本条是对原规范5.2.5条的修订，是强制性条文。规定了防空地下室染毒区进、排风管的设计要求——为满足战时防护需要，在选材、施工安装方面应采取的措施。本次修订将原条文中“均应”改为“必须”，提高了要求等级。

5.2.13 修订条文。本条是对原规范5.2.6条的修订，是强制性条文。规定了通风管道穿越防护密闭墙（包括穿越防护单元之间的防护单元隔墙，非防护区与防护区之间的临空墙，染毒区与清洁区之间的密闭隔墙）的设计要求。给出了设计中符合防护要求的通常做法的示意图。

5.2.14 修订条文。本条是在原规范5.2.7条的基础上修订而成。修订后的条文更准确、清晰地规定了设计选用防爆超压自动排气活门时的两项要求。

5.2.15 修订条文。本条是在原规范5.2.8条的基础上修订而成。其中原第二款的规定在实际设计中往往不尽如人意！由于设备与通风短管在上、下、左、右的设置位置欠妥，从而形成换气死区！尤其是在防毒通道内的换气，这是设计中应特别注意的事。本次修订深化了这方面的要求。

5.2.16 新增强制性条文。保证所选用的过滤吸收器的额定风量必须大于滤毒通风时的进风量，是确保战时滤毒效果不可缺少的措施之一。

5.2.17 修订条文。本条是在原规范5.2.13条的基础上修订而成。本次修订了“示意”图。使其更准确、完整。设计时，如防空地下室内没有防化通信值班室，该装置可设在风机室。

5.2.18 新增条文。根据《人民防空工程防化设计规范》的有关规定，滤毒通风系统上，在连接过滤吸收器的进、出风管的适当位置应设置相应的取样管。所以，本次修订增加了该条文。

5.2.19 新增条文。根据《人民防空工程防化设计规范》的有关规定而增设该条文。在防空地下室口部的防毒（密闭）通道的密闭墙上设置气密测量管，是监测（或检测）工程密闭性能是否符合战时防护要求不可缺少的设施。

5.2.20 新增条文。本条主要是鉴于以往的建设经验，为了规范防护通风专用设备的选用质量而增加的内容。“合格产品”是指：1）防护通风专用设备生产用的图纸；2）按图纸生产的产品经有资质的人防内部设备检测机构检测合格（有书面检测报告）。

5.3 平战结合及平战功能转换

5.3.1 修订条文。本条是在原规范5.1.3条的基础上修订而成。新条文更清晰地将内容归类为三款要求，以方便设计者使用。条文中的转换时间，按目前的规定仍然是15天。对于专供平时使用而开设的各种风口，应保证战时防护的各项要求与平战功能转换的规定。平战功能转换主要指：凡属平时专用的风口，临战时要有可靠的封堵措施；对战时需要而在平时没有安装的设备，不仅在设计中要明确提出在修建时要一次做好各种预埋设施、预留设施外，而且要做到能在临战时的限定时间内，及时将设备安装就位并能正常运转，达到战时的功能要求。

5.3.2 新增条文。根据防空地下室多年来的建设经验，平时用的通风系统往往包括两个以上“防护单元”，为了使设计工作到位，也为了使战时的防护措施有保障，减少临战前的转换工作量，所以，增加了本条条文。

5.3.3 修订条文。本条是在原规范5.3.5条的基础上修订而成，是强制性条文。本条第二款中规定的“按平时通风量校核”是指平时通风时，将门式防爆活门的门扇打开后的通风量，能否满足平时的进风量要求。

5.3.5 修订条文。本条是在原规范5.2.4条的基础上修订而成。条文中增加了“宜选用门式防爆波活门”，以及通过活门门洞时风速的规定，有利于设计人员的设计工作。活门门扇全开时的通风量与通过门扇洞口时的风速有关（详见本规范条文说明中的表5－1）。

表5－1　常用门式防爆波活门的通风量值

型号		通风量值（m^3/h）				连接管直径（mm）	门孔尺寸（mm×mm）
		门扇关闭时 v（≤8m/s）	平时门扇全开时 v（m/s）				
			6	8	10		
门式悬板活门	MH2000	2000	8600	11500	14400	300	500×800
	MH3600	3600	8600	11500	14400	400	500×800
	MH5700	5700	8600	11500	14400	500	500×800
	MH8000	8000	13500	18000	22500	600	500×1250
	MH11000	11000	16200	21600	27000	700	600×1250
	MH14500	14500	22000	29300	36700	800	600×1700

5.3.6 新增条文。这是确保（或改善）平战结合防空地下室内空气环境条件，设计者应当给予重视的问题。产生污浊、（不清洁）空气的房间应使其处于负压状态，不管是平时还是战时，都不应例外。

5.3.7 新增条文。本条规定了平战结合的防空地下室，战时用的通风管道和风口，应尽量利用平时的风管和风口，尤其是清洁区的风管和风口。但由于平时功能和战时功能不一定相同，因此，需设置必要的控制（或转换）装置。

5.3.8 修订条文。本条是在原规范5.2.14条基础上修订而成。本条规定的内容，着眼点是：设计者应完成的设计文件的准确和完整，至于仅战时使用而平时不使用的滤毒设备是否安装的问题，应是当地人防主管部门根据国家的有关规定，结合本地的实际情况作出的政策性规定，它不应是设计规范规定的内容。故本次修订时对原条文进行了修订。

5.3.9 修订条文。本条是在原规范5.1.6条的基础上修订而成。修订中参照了现行的地面建筑用的暖通空调设计规范。对于过渡季节采用全新风的防空地下室，其进风系统和排风系统的设计，应满足风量增大的需要。

5.3.10 修订条文。本条是在原规范5.1.8条的基础上修订而成。对原条文中“手术室、急救室”的温湿度参数，根据现行《医院洁净手术部建筑技术规范》（GB 50333）的规定进行了修订，对旅馆客房等功能房间的空气湿度标准有所提高。设计中通常不应取上、下限值作为工程的设计计算值。

5.3.11 修订条文。本条是在原规范5.1.9条的基础上修订而成。增加了空调房间换气次数的规定，对汽车库的换气次数，则给出了最小换气次数“4”次的规定。这是根据“全国民用建筑工程设计技术措施（防空地下室分册）”审查会上专家们的意见形成的。设计中应视工程的实际情况选用参数。

5.3.12 新增条文。此类工程甚多，本条规定了平时功能为汽车库，战时功能为人员掩蔽（或物资库）的防空地下室，在进行通风系统设计时应遵循的三条原则要求。

5.4 采　暖

5.4.1 修订条文。本条条文是对原规范5.5.6条的修订，是强制性条文。本次修订进一步规定了设置在围护结构内侧阀门的抗力要求。

5.4.4 修订条文。本条是对原规范5.5.3条的内容表述进行了修订。

5.4.5 本条提供的防空地下室围护结构散热量Q的计算公式中，F、t_n均为已知值，关于k值的确定，其影响因素较多，其中主要包括预定加热时间、埋置深度和土壤的导热系数。此三个因素中，预定加热时间，根据有关资料按600h计算，可以满足要求；关于埋置深度，考虑到防空地下室埋深的变化幅度不大，故计算中对这一因素可忽略不计；其余只剩土壤导热系数一项。本公式即根据以上考虑，直接从不同的导热系数λ值给出相关的k值，不采用按深度进行分层计算。经计算比较，按本条给定的方法的计算结果，对防空地下室而言，所得围护结构总散热量与用分层法计算相差很少。但应指出，本条提供的计算方法不能适用于有恒温要求的房间。t_0可根据当地气象台（站）近十年来不同深度的月平均地温数据，按下述方法确定：

土壤初始温度的确定，可根据当地或附近气象台（站）实测不同深度的土壤每月月平均温度，绘制成土壤初始温度曲线图，然后求出防空地下室的平均埋深处的土壤初始温度，即作为设计计算的土壤初始温度值（详见本规范说明中的“土壤初始温度确定举例”）。

5.5 自然通风和机械通风

5.5.1 为在平时能充分有效地利用自然通风，防空地下室的平面设计，应尽量适应自然通风的需要，减少通风阻力，平面布置应力求简单，尽量减少隔断和拐弯。当必须设置隔断墙时，宜在门下设通风百页，并在隔墙的适当位置开设通风孔。

工程实践证明，按以上方法设计的防空地下室，其自然通风效果尚好。但应指出，有些已建防空地下室由于开孔过多、位置不当（如将进、排风口设在同侧或相距很近），以致造成气流短路而未能流经新风需要的地方。故在设计中应注意根据上部建筑物的特点，合理地组织自然通风。

5.5.2 修订条文。本条条文是在原规范5.5.2条的基础上对工程类别作了修订。

5.5.3 修订条文。本条条文是对原规范5.3.3条修订后的呼应条文（修订条文已归到3.4节）。修订后的条文加大了进风口与排风口之间的水平距离，对进风口的下缘距离虽然没有提高规定值，但在条件容许时，可参照地面建筑的设计规范1～2m的规定做，这是考虑进风的清洁安全问题。

5.5.5 修订条文。本次修订将原条文中的“宜”改为“应”，提高了标准。对通风管道用材强调了符合卫生标准和不燃材料两个方面。

5.6 空气调节

5.6.1 鉴于防空地下室平时使用功能的需要，本条特别规定了进行空调设计的原则是采用一般的通风方法不能满足室内温、湿度要求时实施。本条是本节的导引。执行本条规定时，应注意到防空地下室的当前需要，并考虑其发展需要。

5.6.2 本条明确规定了空调房间内计算得热量的各项确定因素，以免设计计算中漏项。除围护结构传热量计算不同于地面空调建筑外，其它各项确定因素的散热量计算方法均与地面同类空调建筑相同。

5.6.3 本条明确规定了空调房间内计算散湿量应包括的各项因素。其中围护结构散湿量因有别于地面空调建筑需另作规定，其它各项散湿量计算方法均与地面同类空调建筑相同。

5.6.4 本条所指的“空调冷负荷”，在概念上与地面空调建筑中所引入的概念虽基本相同，但在具体计算方法上则不能直接套用。因为地面建筑中所采用的“空调冷负荷系数法”中关于外墙传热的冷负荷系数不适用于防空地下室围护结构的传热计算，而防空地下室围护结构传热的冷负荷系数尚无可靠的科学依据。为此，本规范另规定了传热计算方法（第5.6.7条），并建议以此计算得热量作为外墙冷负荷，虽不尽合理，但现阶段还无其它更好的方法。至于其它内部热源的计算得热量造成的空调冷负荷，原则上也不能采用地面同类的空调冷负荷系数，因为防空地下室围护结构的蓄热和放热特征有别于地面建筑，为此，在这部分得热形成的冷负荷计算中，可暂时采用下述方法：

（1）取该部分的计算得热量作为相应的空调冷负荷；

（2）取同类地面建筑的空调冷负荷系数来计算相应的防空地下室的冷负荷。

无论方法（1）或方法（2）均是近似方法，尚不尽人意，但目前别无他法。对于新风冷负荷、通风机及风管温升新形成的附加冷负荷计算则可采用地面同类空调建筑的方法。

5.6.5 条文中所指的湿负荷可采用地面同类空调建筑的计算方法。

5.6.6 根据人防工程衬砌散湿量实验计算结果，防水性能较好的工程，散湿量可按0.5g/（m²·h）计算，对于全天在人防工程中生活者，平均人为散湿量为每人30g/h。

5.6.7 修订条文。本条明确规定了应按不稳定传热法计算围护结构传热量，并分两种情况给出了围护结构传热量的计算公式。本次修订时增加了 θ_d 计算用的参数，这些参数引自国家标准《人民防空工程设计规范》（GB50225）。

5.6.8 修订条文。本条条文是对原规范5.4.8条的修订。取消了原一、二款，将原第三款作了少量改动后形成新的一、二款。以方便设计人员根据负荷特点选用空气处理设备。

5.6.9 修订条文。本条条文是对原规范5.4.9条的修订。仅对条文的第一款作了修订。需要指出的是：设计人员在执行第二款时，往往存在着设计不到位的现象。如：进、排风管太小，选用的通风机也小，不能满足过度季节全新风通风的需要。

5.6.10 空调房间一般都有一定的清洁度要求，因此，送入房间的空气应是清洁的。为防止表面式换热器积尘后影响其热、湿交换性能，通常均应设置滤尘器，使空调房间的空气品质符合卫生标准。

5.6.11 新增条文。根据多年来防空地下室建设和使用经验，平战结合的防空地下室使用空调设备的较多，自室外向室内引入空调水管（冷冻水管）的情况时有发生，为保障防空地下室的安全，特作出相应的规定。

5.7 柴油电站的通风

5.7.2 机房采用水冷冷却方式时，通风换气量较小，达不到消除机房内有害气体的目的，故本条规定“当发电机房采用水冷却时，按排除有害气体所需的通风量经计算确定”。

5.7.3 修订条文。本条条文是对原规范5.6.3条的修订。补充规定了染毒、隔绝情况下，柴油机的燃烧空气应从机房的进（或排）风管系统引入。

5.7.4 修订条文。本条条文是对原规范5.6.4条的修订。进一步明确了机房内的计算余热量范围。

5.7.5 修订条文。本条条文是对原规范5.6.5条的修订。柴油机房的降温措施，应视所在地区的气候条件、工程内外的水源情况、工程建设投资等多种因素，经技术经济比较后决定。本条规定的三款内容，可供设计人员选用。从当前建设的情况看，随着经济的发展和技术的进步，采用直接蒸发式冷风机组已越来越多。所以，本次修订时对第三款进行了修订。

5.7.6 修订条文。本次修订时对有柴油电站控制室供给新风的方式，区分两种情况作了更明确的规定：一种情况是防空地下室内向其供新风，此时，柴油电站只设清洁通风和隔绝防护两种防护方式；另一种是独立设置的柴油电站控制室的新风供给，需有电站自设的通风系统给予保证，当室外染毒条件下需保证控制室的新风时，应设滤毒通风设备和相应的密闭阀门。

5.7.7 修订条文。本条条文是对原规范5.6.7条的修订。补充规定了最小换气次数、应设70℃关闭的防火阀的要求。

5.7.8 修订条文。本条条文是对原规范5.6.8条的修订。关于柴油机排烟系统设计。应注意排烟口与排烟管的柔性接头必须采用耐高温材料，不应采用橡胶或帆布接头，一般可采用不锈钢的波纹软管，并应带有法兰。本次修订时取消了排烟出口处应设消声装置的规定，主要是考虑柴油机已自带了消声器。

5.7.9 新增条文。柴油电站与防空地下室之间有连通道时，为保证滤毒通风时操作人员的出入安全和工程安全，应设防毒通道和超压排风设施。

土壤初始温度确定举例

（1）将某地气象站实测每月份±0.00、－0.40、－0.80、－1.60和－3.20m深处的土壤月平均温度列于表5－2。

（2）根据表5－2数据，分别找出不同深度的土壤月平均最高和最低温度，列于表5－3。

（3）按表5－3数据绘制出土壤初始温度曲线图（图5－1）。根据防空地下室的平均埋深，（可按防空地下室外墙中心标高至室外地面距离计，即图5－1中的－2.20m），在初始温度曲线上沿箭头所指方向查出：某地冬季和夏季－2.20m深处，土壤初始温度分别为6.2℃和19℃。

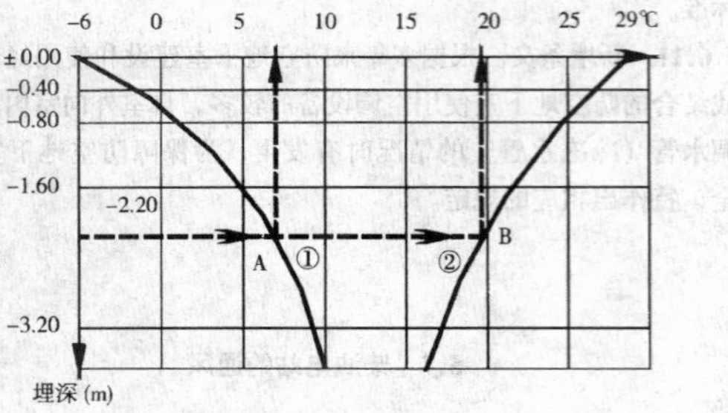

图 5-1 土壤初始温度曲线图

①月平均最低温度值（℃） ②月平均最高温度值（℃）

表 5-2 某地不同深度的土壤实测月平均温度（℃）

月份	深度（m）				
	±0.00	-0.40	-0.80	-1.60	-3.20
1	-5.3	-0.3	2.6	7.4	12.7
2	-1.5	-0.3	1.7	5.6	11.0
3	5.8	3.2	3.6	5.4	9.8
4	16.1	11.2	9.4	8.0	9.5
5	23.7	17.6	15.1	11.9	10.4
6	28.2	22.6	20.6	15.6	12.1
7	29.1	25.2	22.8	18.6	13.9
8	27.0	25.0	23.9	21.0	16.3
9	21.5	21.3	21.5	20.6	17.3
10	13.1	15.4	16.9	18.3	17.3
11	3.5	8.3	11.2	14.7	16.3
12	-3.6	2.2	5.6	10.6	14.8

表 5-3 不同深度土壤初始温度统计表

深度（m）	月平均最低温度（℃）	月平均最高温度（℃）
±0.00	-5.3	29.1
-0.40	-0.3	25.2
-0.80	1.7	23.9
-1.60	5.4	21.0
-3.20	9.5	17.3

6 给水、排水

6.1 一般规定

6.1.1 上部建筑的管道能否进入防空地下室，与管道输送介质的性质、管径及防空地下室的抗力级别等因素有关。如将上部建筑的生活污水管道引入防空地下室，目前还没有可靠的临战封堵转换措施，所以这类管道不允许引入防空地下室。设计中应避免与防空地下室无关的管道穿过人防围护结构。

6.1.2 管道穿越防空地下室围护结构（如顶板、外墙、临空墙、防护单元隔墙）处，要采取一定的防护密闭措施。要求能抗一定压力的冲击波作用，并防止毒剂（指核生化战剂）由穿管处渗入。

根据为本次规范修订所进行的"管道穿板做法模拟核爆炸实验"的结果，国标图集 02S404 中的刚性防水套管的施工方法，可以满足核 4 级与核 4B 级防空地下室小于或等于 DN150mm 管道穿顶板时的防护及密闭要求。对穿临空墙的管道，在管径大于 DN150mm 或抗力级别较高时，要求在刚性防水套管受冲击波作用的一侧加焊一道防护挡板。

根据防空地下室的防护要求，管道穿防空地下室防护单元之间的防护密闭隔墙的受力与穿顶板相同，不按穿临空墙设计。

6.2 给　水

6.2.1 防空地下室的自备内水源是指设于防空地下室人防围护结构以内的水源；自备外水源则指具有一定防护能力，为单个防空地下室服务的独立外水源或为多个防空地下室服务的区域性外水源。

防空地下室自备内水源的设计应与防空地下室同时规划、同时设计、统一安排施工。

柴油发电机房为染毒区，设置在柴油发电机房内专为电站提供冷却用水的内水源，是可能被染毒的水源。

平时使用城市自来水，同时又设置有自备内水源的防空地下室，需采取防止两个水源串通的隔断措施。

内部设置的贮水池（箱）在本规范中不属于内水源。

6.2.2 防空地下室平时用水量根据平时使用功能，按现行《建筑给水排水设计规范》的用水定额计算。

6.2.3 人员掩蔽工程、专业队队员掩蔽部、配套工程的生活用水量，仅包括盥洗用水量，不包括水冲厕所用水量。如工程所在地人防主管部门要求为该类工程设供战时使用的水冲厕所，其水冲厕所用水量标准由当地人防主管部门确定。

6.2.4 防空地下室是否供应开水，由建筑专业根据工程性质、抗力级别及当地的具体条件等因素确定，给排水专业负责开水器选择及其给排水管道的设计。人员的饮用水量标准内已包含开水，不另增加水量。医疗救护工程需设置供战时使用的水冲厕所，应使用节水型的卫生器具。

6.2.5 在平时，防空地下室的生活给水宜采用城市自来水直接供水。在战时，城市自来水系统容易遭破坏，修复的周期较长，城市自来水停水期间，必须由防空地下室内部生活饮用水池（箱）供水。因此，战时防空地下室必须根据水源情况，贮存饮用水及生活用水。由于战时饮用水、生活用水要求的保障时间不同，所以表 6.2.5 中饮用水与生活用水的贮水时间不同。城市自来水水源为无防护外水源。贮水时间的上下限值宜根据工程的等级及贮水条件等因素确定。

6.2.6 饮用水及生活用水贮水量分别计算，洗消用水应按本规范 6.4 节中的有关条文计算；柴油电站用水应按本规范 6.5 节中的有关规定计算。

6.2.7 战时生活饮用水的水质以满足生存为目的，表中数据参照了军队《战时生活饮用水卫生标准》及现行的国家《生活饮用水卫生标准》。由于人防工程内贮水为临战前贮存，防空地下室清洁区为密闭空间，生活饮用水贮存在清洁区内不会沾染核生化战剂。同时防空地下室未配备对水质进行核生化战剂检测的仪器设备，所以该标准中未设核生化战剂指标。战时水质的主要控制指标是细菌学指标。临战时前，除使用防空地下室内设置的水池（箱）贮水外，鼓励利用其它各种符合卫生要求的容器增加贮水量。

6.2.9 饮用水单独贮存的目的是：避免饮用水被挪用；防止饮用水被污染；有利于长期贮存水的再次消毒。

6.2.10 战时电源无保障的防空地下室，战时供水宜采用高位水箱供人员洗消用水，架高水箱供饮用水，使用干厕所，口部洗消采用手摇泵供水。战时的给水泵被列入二级供电负荷，如防空地下室设有自备电站或有人防区域电站，其战时的供电是有保障的，可不设手摇泵。

6.2.13 防护阀门是指为防冲击波及核生化战剂由管道进入工程内部而设置的阀门。根据试验，使用公称压力不小于1.0MPa的阀门，能满足防空地下室给排水管道的防护要求。目前的防爆波阀门只有防冲击波的作用，而该阀门无法防止核生化战剂由室外经管道渗入工程内。所以在进出防空地下室的管道上单独使用防爆波阀门时，不能同时满足防冲击波和核生化战剂的防护要求。由于防空地下室战时内部贮水能保障7~15天用水，可以在空袭报警时将给水引入管上的防护阀门关闭，截断与外界的连通，以防止冲击波和核生化战剂由管道进入工程内部。

6.2.14 防空地下室内防护阀门以后的管道，不受冲击波作用，宜采用与上部建筑相同材质的给水管材。

6.2.15 按本规范6.1.2的要求，已能满足管道穿防空地下室围护结构处的密闭和防水的要求。是否采取防震、防不均匀沉降的措施，宜根据地面建筑的体量及具体的地质条件等因素确定。

6.3 排　水

6.3.1 为防止雨水倒灌等事故的发生，防空地下室宜采用机械排水。战时的排水泵被列入二级供电负荷，如防空地下室设有自备电站或有人防区域电站，其战时的供电是有保障的，可不设排水手摇泵。

6.3.2 在隔绝防护期间，为防止毒剂从人防围护结构可能存在的各种缝隙渗入，需维持室内空气比室外有一定的正压差。如果在此期间向外排水，会使防空地下室内部空间增大，空气密度减小，不利于维持超压，甚至形成负压，使毒剂渗入。故隔绝防护时间内，不允许向外排水。如防空地下室清洁区设自备内水源，在隔绝防护时间内能连续均匀向清洁区供水，在保证均匀排水量小于进水量的条件下，可向外排水，这时不会因排水而影响室内的超压。

6.3.5 隔绝防护时间内产生的生活污水量按战时掩蔽人员数、隔绝防护时间及战时生活饮用水量标准折算的平均小时用水量这三项的乘积计算。隔绝防护时间内产生的设备废水量按设备的小时补水量计算。

调节容积指水泵最低吸水水位与水泵启动水位之间的容积。贮备容积指水泵启动水位与水池最高水位之间的容积。在隔绝防护时间内，生活污废水贮存在贮备容积内。

6.3.8 由于战时生活污水集水池容积小，生活污水在池中停留时间短，战时污水池只要有通气管，污水池中产生的有害气体就不致累积至影响安全的浓度。该通气管不直接至室外的目的是为了在满足一定的卫生与安全要求下，便于临战时的施工及管理，提高防护的安全性。收集平时消防排水、地面冲洗排水等非生活污水的集水坑，如采用地沟方式集水时，可不需要设置通气管。防空地下室内通气管防护阀门以后的管段，在防护方面对管材无特殊要求。

6.3.9 各防护单元要求内部设备系统独立，排水系统也必须独立。

6.3.11 冲洗龙头供冲洗污水泵间使用，如附近有其它给水龙头可供使用，也可不设该冲洗龙头。

6.3.13 本条文是指有地形高差可以利用、不需设排水泵、全部依靠重力排出室内污废水的情况。在自流排水系统中，防爆化粪池、防毒消波槽起防毒、防冲击波的作用。而采用机械排水时，压力排水管上的阀门起防冲击波、防毒的作用。

对乙类防空地下室，不考虑防核爆冲击波的问题，自流排水的防毒主要靠水封措施，故不需要设防爆化粪池。

6.3.14 防空地下室围护结构以内的重力排水管道指敷设在结构底板以上回填层内的重力排水管或围护结构内明装的重力排水管。不允许塑料排水管敷设在结构底板中。

6.3.15 本条规定目的是减少集水池、污水泵的设置数量，降低造价。所指地面废水是特指平时排放的消防废水或地面冲洗废水。经过为本次规范修订进行的"管道穿板做法模拟核爆炸实验"结果，防爆地漏能满足本条文设定的防护及密闭要求，临战前也能方便地转换。接防爆地漏的排水管上，可以不设置阀门。

为防止有毒废水的污染，上层防护单元的战时洗消废水，不允许排入下层非同一防护单元的防空地下室。目前尚没有可靠的生活污水管道的临战转换措施，上一层的生活污水不允许排入下一层防空地下室。

6.4 洗　消

6.4.1 人员洗消分淋浴洗消与简易洗消两种方式。简易洗消不需设淋浴龙头，可设1~2个洗脸盆，供进入防空地下室内的人员局部擦洗。本条中的人员洗消方式、洗消人员百分比是根据现行《战技要求》的规定制定的。

6.4.2 淋浴洗消时，淋浴器和洗脸盆成套设置。人员洗消用水贮水量按需洗消的人数及洗消用水量标准计算，不是按卫生器具计算的。热水供应量按卫生器具套数计算，一只淋浴器和一只洗脸盆计为一套。当计算的人员洗消用水量大于热水供应量时，热水供应量按淋浴器热水供水量计算，热水供应不够的部分只保证冷水供应。当计算的人员洗消用水量小于热水供应量时，热水供应量按人员洗消用水量计算，

6.4.5 当防空地下室战时主要出入口很长，口部染毒的墙面、地面需冲洗面积很大，计算的贮水量大于$10m^3$时，按$10m^3$计算，冲洗不到的部分，由防空专业队负责。洗消冲洗一次指水箱中只贮存1次冲洗的用水，如需要第二次冲洗，需要再次向水箱内补水。

6.4.8 无冲击波余压作用的排水管上，宜采用普通地漏，以节约造价。

6.5 柴油电站的给排水及供油

6.5.1 柴油发电机房采用水冷方式是指通过水喷雾或水冷风机等方式，降低柴油机房空气的温度，同时柴油发电机通过直流或循环供水方式进行冷却的方式。风冷方式是指通过大量进、排风来降低机房内温度，并对柴油机机头散热器进行冷却的冷却方式。

6.5.2 条文中规定的贮水时间是根据现行《战技要求》的规定制定的。如采用水冷方式，冷却水消耗量包括柴油发电机房冷却用水量及柴油发电机运行机组的冷却用水量。

6.5.3 柴油发电机冷却水出水管上设看水器的目的是为了观察管内是否有水流。常用的有滴水观测器和各种水流监视器。

6.5.4 移动式电站一般采用风冷却方式。冷却水箱内的贮水用于在柴油发电机组循环冷却水的水温过高时做补充。其冷却水单独贮存的目的是保证冷却水不被挪用，便于取用。如所选柴油发电机采用专用冷却液冷却，可不设柴油发电机冷却水补水箱。

6.5.7 柴油发电机房为染毒区、电站控制室为清洁区。

6.5.10 电站内贮油时间是根据现行《战技要求》的规定制定的。

6.6 平战转换

6.6.1 生活饮用水在3天转换时限内充满的要求是依据现行《战技要求》制定的。在防空地下室清洁区内设置的供平时使用的消防水池，如使用的是钢筋混凝土水池，在战时也允许作为生

活饮用水水池使用。本规定的目的是降低工程造价及便于临战转换。由于战时掩蔽人员只是在短时间内饮用混凝土水池内的水，从混凝土生活饮用水水池在我国长期使用的历史分析，战时短时间内使用不会对人体健康造成影响。在临战前需要对水池进行必要的清洗、消毒，补充新鲜的城市自来水。该水池的用水可作为战时生活饮用水或洗消用水。

是否将消防水池设置在防空地下室内，还需根据具体工程消防系统的复杂程度、造价等因素综合考虑。如消防系统很复杂，需穿越防空地下室的管道多，则宜将消防水池放在非防护区。

6.6.2 二等人员掩蔽所中平时不使用的生活饮用水贮水箱，允许平时预留位置。可在临战时构筑的规定是出于如下考虑：首先是拼装式钢板水箱和玻璃钢水箱的技术，目前已经成熟、可靠，而且拼装的周期较短，货源又易于解决；二是战时使用的水箱一般容量较大，占用有效面积较多，如果平时不建水箱，可以提高平时面积使用率，具有明显的经济效益。但为使战时使用得以落实，故要求"必须一次完成施工图设计"；要求水箱进水管必须接到贮水间，溢流、放空排水有排放处。转换时限15天的要求是根据现行《战技要求》的规定制定的。

6.6.4 本条规定是为了便于临战转换及战后管道系统的恢复。

7 电　气

7.1 一 般 规 定

7.1.1 防空地下室内用电设备使用电压绝大多数在10kV以下，其中动力设备一般为380V，照明220V。较多的情况是直接引接220/380V低压电源，所以本条作此规定。

7.1.3 一般情况下，防空地下室比地面建筑容易潮湿。而且全国各地的气候温湿度差异很大，特别是沿海地区，若忽视防潮问题，就会影响人身安全和电气设备的寿命，所以本条规定了电气设备"应选用防潮性能好的定型产品"。

7.2 电　源

7.2.1 防空地下室平时和战时用途不同，故负荷区分为平时负荷和战时负荷，分别定为一级、二级和三级。

平时电力负荷等级主要用于对城市电力系统电源提出的供电要求。

战时电力负荷等级主要用于对内部电源提出的供电要求。

7.2.2 平时使用的防空地下室，若用电设备的用途与地面同类建筑相同时，其负荷分级除个别在本规范中另有规定外，其它均应遵照国家现行有关规定执行。

7.2.3 战时电力负荷分级的意义在于正确地反映出各等级负荷对供电可靠性要求的界限，以便选择符合战时的供电方式，满足战时各种用电设备的供电需要。

7.2.4 根据各类防空地下室战时各种用电设备的重要性，确定其战时电力负荷等级，表7.2.4战时常用设备电力负荷分级中：

1 应急照明包括疏散照明、安全照明和备用照明。

2 各类工程一级负荷中的"基本通信设备、应急通信设备、音响警报接收设备"一般指与外界进行联络所必不可少的通信联络报警设备。如与指挥工程、防空专业队工程、医疗救护工程之间的通信、报警设备。设备的用电量按本规范第7.8.6条要求。

3 各类工程二级负荷中"重要的风机、水泵"，一般指战时必不可缺少的进风机、排风机、循环风机、污水泵、废水泵、敞开式出入口的雨水泵等。

4 三种通风方式装置系统，指的是三种通风方式控制箱、指示灯箱等设备。

7.2.5 电力负荷分别按平时和战时两种情况计算，是为了分别确定平时和战时的供电电源容量。分别作为平时向供电部门申请供电电源容量和战时确定区域电站供给的用电量，同时又是区域电站选择柴油发电机组容量的依据。

7.2.7 地面建筑因平时使用需要而设置柴油发电机组作为平时的供电电源或应急电源使用，而平时使用需要的自备电源，无防护能力就可满足要求。但为了使其在战时也能发挥设备的作用，有条件时宜设置在防护区内，按战时区域内部电源设置。它除了供本工程用电外，在供电半径范围内还可供给周围防空地下室用电。当平时使用所需的柴油发电机组功率很大，与防空地下室所需用电量较小不相匹配时，或者当设置在防护区内因防护、通风、冷却、排烟等技术要求难于符合人防要求时，或经技术、经济比较不合理时，则柴油发电机组仍可按平时要求设置。

7.2.8 电力系统电源主要用于平时，为了降低防空地下室的造价，变压器一般设在室外。但对于用电负荷较大的大型防空地下室，变压器则宜设在室内，并靠近负荷中心。经计算分析，当容量在200kVA以上的变压器若设在室外时，则电压损失较大，或供电电缆截面过大，在经济上和技术上均不合理，故本条作此规定。

7.2.9 选用无油设备是为了符合消防要求。

7.2.10 汽油具有较大的挥发性，在防空地下室内使用汽油发电机组，极易发生火灾，所以从安全考虑，本条规定了"严禁使用汽油发电机组"。

7.2.11 本条是依据现行《战技要求》的有关规定制定的。

其中第2款建筑面积大于5000m² 应指以下几种情况：

1 新建单个防空地下室的建筑面积大于5000m²；

2 新建建筑小区各种类型的（救护站、防空专业队工程、人员掩蔽工程、配套工程等）多个单体防空地下室的建筑面积之和大于5000m²；

3 新建防空地下室与已建而又未引接内部电源的防空地下室的建筑面积之和大于5000m² 时。例如：某建筑小区一、二期人防工程的建筑面积小于5000m² 未设置电站，当建造第三期人防工程时，它的建筑面积与一、二期之和大于5000m² 时，应设置电站；

现在设置内部电站的要求相当明确，电站设在工程内部，靠近负荷中心；简化了供电系统，节省了电气设备投资，供电安全可靠，维修管理便捷。扩大了防空地下室设置电站的覆盖率，平战结合更为紧密。

7.2.12 中心医院，急救医院的建筑规模较大，内部医疗设备、设施较多，供电电源质量要求也较高，因此应在工程内部设置柴油发电机组。电站除保证本工程战时一级、二级负荷供电外，还宜作为区域电站，向邻近防空地下室一级、二级负荷供电。可减少城市中设置区域电站的数量，充分利用内部电站的作用。

为了提高内部电源的可靠性，本条还作了机组台数不应少于两台的规定，且对保证一级负荷供电有100%的备用量。

7.2.13 救护站、防空专业队工程、量大面广的人员掩蔽工程、配套工程，由于工程所处的环境和条件的不同，情况错综复杂，千变万化，针对此类工程，根据不同的条件，对电站的设置作出不同的配置模式，供设计时配套选择。

1 建筑面积大于5000m² 的防空地下室应设置内部电站，除供本工程供电还需兼作区域电站向邻近防空地下室一级、二级负荷供电，柴油发电机组总功率大于120kW时应设置固定电站，柴油发电机组的台数不应少于2台。对于大型人防工程也可按防护单元组合，设置若干个移动电站，分别给防护单元供电；

2 建筑面积大于5000m² 的防空地下室，因受到外界条件限制，只供本工程战时一级、二级负荷的内部电站，柴油发电机组总功率不大于 120kW 时，可设置移动电站，柴油发电机组的台数可设 1～2 台；

3 在同一建筑小区（一般指房产公司开发的一个规划小区）内建造多个防空地下室，或在低压供电半径范围内的多个防空地下室，其建筑面积之和大于 5000m² 时，也应设置内部电站或区域电站来保证战时一级、二级负荷供电，柴油发电机组总功率大于 120kW 时应设置固定电站，不大于 120kW 时可设置移动电站。

低压供电半径范围：220/380V 的半径一般取 500m 左右；

4 对于建筑面积 5000m² 及以下的分散布置的防空地下室，可不设内部电站，但应对战时一级负荷需设置蓄电池组（UPS、EPS）自备电源，同时要引接区域电源来保证战时二级负荷的供电。确无区域电源的防空地下室，应设置蓄电池组（UPS、EPS）自备电源，供给一级、二级负荷用电，同时也可采用一些应急辅助措施，如采用手提式应急灯和手电筒等简易照明器材，和采用手摇、脚踏电动风机及手摇、电动水泵等，这是在困难情况下的一种应急辅助措施。

7.2.14 第 1 款是为保障每个防护单元在战时有相对的独立性，当相邻防护单元被破坏时，仍能独立使用；

第 2 款是为保障电力系统电源和内部电源能保证相互独立，互不影响而提出的，供电部门也有此要求；

第 5 款是为了保障防空地下室战时引接区域内部电源时方便、快速。

7.2.15 战时一级负荷必须应有二个独立的电源供电，但应以内部电源供电为主，电力系统的电源保证战时用电可靠性较差，失电的可能性极大。一级负荷容量较小时宜设置 EPS、UPS 蓄电池组电源。

战时二级负荷应引接区域电站电源或周围防空地下室的内部电站电源。无法引接时，应设置 EPS、UPS 蓄电池组电源。

战时的三级负荷相当于平时负荷，战时电力系统电源失去就不供电，如电热、空调等设备可不运转，只是使环境的条件有所下降，并不影响整个工程的战备功能。

7.2.16 防空地下室具有利用地面建筑自备电源设施的有利条件时，可作为战时人防辅助电源，如作为平时应急电源而设置的应急柴油发电机组，移动式拖车电站。只要地面建筑使用这些电源，防空地下室就应尽量利用这些电源，但只能作为电力系统的备用电源，不能作为人防内部电源。

7.2.17 封闭型的蓄电池组产品，密封性好，无有害气体泄出，对环境不会造成污染，对人员身体健康无影响。

7.2.18 防空地下室内设置 EPS、UPS 蓄电池组作为自备电源，其供电时间不应小于隔绝防护时间，因此电池的容量较大，这样产品的价格也较高，平时又无此用电要求，所以可不安装。平时应急电源的供电时间只要能满足消防要求即可。根据蓄电池组体积的大小，可设置在人防电源配电柜（箱）内，也可单独设柜。

7.3 配　电

7.3.1 内、外电源的转换开关一般应选用手动转换开关。

7.3.2 每个防护单元有独立的防护能力和使用功能。配电箱设置在清洁区的值班室或防化通信值班室内是为了管理、安全、操作、控制、使用方便。专业队装备掩蔽部、汽车库等室内无清洁区，配电箱可设置在染毒区内。

7.3.4 防空地下室的外墙、临空墙、防护密闭隔墙、密闭隔墙等，具有防护密闭功能，各类动力配电箱、照明箱、控制箱嵌墙暗装时，使墙体厚度减薄，会影响到防护密闭功能。所以在此类墙体上应采取挂墙明装。

7.3.5 各种电气设备必须保留就地控制的目的是：

1 集中控制或自动控制失灵时，仍可就地操作；

2 检修和维护的需要。在就地有解除集中和自动控制的措施，其目的是在检修设备时，防止设备运行，保障检修人员的安全。

7.3.6 在染毒情况下，人员要穿戴防毒器具才能到染毒区去操作，很不方便。因此对在战时需要检测、控制的设备，要求在清洁区内应能进行设备的检测、控制和操作。既安全又方便。

7.3.7 第 1 款：为了保证战时室内的人员安全，设置显示三种通风方式信号指示的独立系统。在不同的通风方式情况下，在重要的各地点均能及时显示工况，可起到控制人员出入防空地下室，转换操作有关通风机、密闭阀门等设备，实施通风方式转换，迅速、及时告知掩蔽人员。这些信号指示，通常以灯光和音响来显示。通风方式转换的指令应由上级指挥所发来或由本工程防化通信值班室实际检测后作出决定。

7.3.8 在防护密闭门外设置呼唤音响按钮，是指在滤毒式通风时，要实施控制人员出入，不同类型的防空地下室有不同的人数比例。当外部人员要进入防空地下室内之前，首先要得到内部值班管理人员的允许才能进入。而且还要经过洗消间或简易洗消间的洗消处理。为此需设置联络信号。

7.3.9 该条是根据现行《战技要求》中要求制定的。

7.4 线 路 敷 设

7.4.1 进、出防空地下室的电气线路，动力回路选用电缆，口部照明回路选用护套线，主要是考虑其穿管时防护密闭措施比较容易，密闭效果好。

7.4.3 防空地下室有“防核武器、常规武器、生化武器”等要求，电气管线进出防空地下室的处理一定要与工程防护、密闭功能相一致，这些部位的防护、密闭相当重要，当管道密封不严密时，会造成漏气、漏毒等现象，甚至滤毒通风时室内形不成超压。

在防护密闭隔墙上的预埋管应根据工程抗力级别的不同，采取相应的防护密闭措施。在密闭墙上的预埋管采取密闭封堵措施。

穿过外墙、临空墙、防护密闭隔墙和密闭隔墙的电气预埋管线应选用管壁厚度不小于 2.5mm 的热镀锌钢管。在其它部位的管线可按有关地面建筑的设计规范或规定选用管材。

7.4.4 弱电线路一般选用多根导线穿管通过外墙、临空墙、防护密闭隔墙和密闭隔墙，由于多根导线在一起，会有空隙，就不易作密闭封堵处理。为了达到同样的密闭效果，因此采用密闭盒的模式，为了保证密闭效果，又规定了管径不得超过 25mm，目的是控制管内导线根数，如果管内穿线过多，会影响密闭效果。暗管密闭方式见图 7－1。

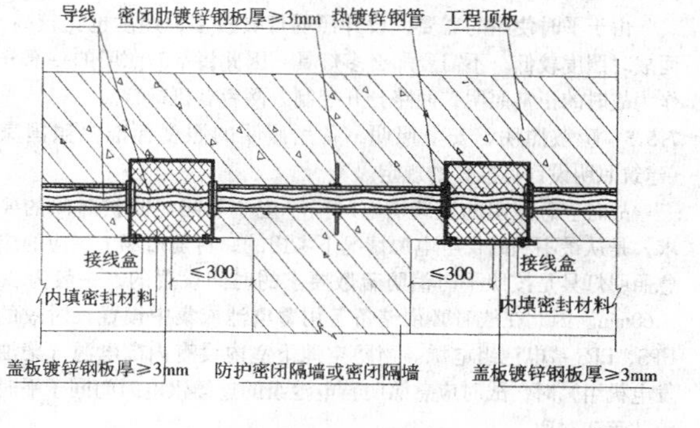

图 7－1 暗管密闭方式

7.4.5 预留备用穿线钢管是为了供平时和战时可能增加的各种

动力、照明、内部电源、通信、自动检测等所需要。防止工程竣工后，因增加各种管线，在密闭隔墙上随便钻洞、打孔，影响到防空地下室的密闭和结构强度。

7.4.6 如果电缆桥架直接穿过临空墙、防护密闭隔墙和密闭隔墙，多根电缆穿在一个孔内，防空地下室的防护、密闭性能均被破坏。所以在此处位置穿墙时，必须改为电缆穿管方式。应该一根电缆穿一根管，并应符合防护和密闭要求。

7.4.7 各类母线槽是由铜汇流排用绝缘材料包裹绑扎而制成的，每层间是不密闭的，它要穿过密闭隔墙其内芯会漏气。所以应在穿过密闭隔墙段处，选用防护密闭型母线，该母线的线芯经过密封处理，能达到密闭的要求。

7.4.8 强电和弱电电缆直接由室外地下进、出防空地下室时，应防止互相干扰，需分别设置强电、弱电防爆波电缆井，在室外宜紧靠外墙设置防爆波电缆井。由地面建筑上部直接引下至防空地下室内时，可不设置防爆波电缆井，但电缆穿管应采取防护密闭措施。设置防爆波电缆井是为了防止冲击波沿着电缆进入防空地下室室内。

7.4.9 电力系统电源进入防空地下室的低压配电室内，由它配至各个防护单元的配电回路应独立，同样电站控制室至各个防护单元的配电回路也应独立，均以放射式配电。目的是为了保证各防护单元电源的独立性，互不影响，自成系统。

电缆线路的保护措施应与工程抗力级别一致，是为了保证受电端的供电可靠。目的是防止电缆破坏受损，防护单元失电。一般根据环境条件和抗力级别可采取电缆穿钢管明敷或暗敷，采用铠装电缆、组合式钢板电缆桥架等保护措施。

7.4.10 由于电缆管线采取战时封堵措施后，不便于平时管线的维护、更换，也影响到战时的防护密闭效果，而且临战封堵的工作量不很大，在规定的转换时限 30d 内完全能够完成，因此规定封堵措施在临战时实施。

对于平时有封堵要求的管线，仍应按平时要求实施，如防火分区间的管线封堵。

7.5 照　　明

7.5.1 防空地下室一般净高较低，宜选用高效节能光源和长寿命的日光灯管，对环境潮湿的房间如洗消间、开水间等和少数特殊场所可选用白炽灯。

7.5.2 照明种类按国家标准《建筑照明设计标准》（GB 50034）划分为六种照明，考虑到警卫照明，障碍照明和节日照明，在防空地下室中基本没有，所以分为正常照明，应急照明和值班照明。值班照明是非工作时间为值班所设置的照明。

7.5.4 战时应急照明利用平时的应急照明，主要是功能一致，其区别主要是供电保证时间不一致。

由于平时使用的需要，设计照明灯具较多，照度也比较高，而战时照度较低，不需要那么多灯具，因此将平时照明的一部分作为战时的正常照明，回路分开控制，两者有机结合。

7.5.5 疏散照明，安全照明，备用照明的照度标准参照国家《建筑照明设计标准》的规定。

战时应急照明的连续供电时间不应小于隔绝防护时间的要求，是从最不利的供电电源情况下考虑的，目前市场上供应的应急照明灯具是按照平时消防疏散要求的时间设置的，一般为 30 ~ 60min。因此在战时必须储备备用蓄电池或集中设置长时效的 UPS、EPS 蓄电池组电源。当防空地下室内设有内部电源（柴油发电机组）时，战时应急照明蓄电池组的连续供电时间同于平时消防疏散时间。

7.5.7 战时照度标准参照《建筑照明设计标准》中的规定，该标准对原有国家照度标准作了较大幅度的提高。本规范中的照度标准也作了适当的提高，但仍低于平时标准。

7.5.9 ~ 7.5.13 按照《人民防空工程防化设计规范》中要求。

7.5.14 选用重量较轻的灯具、卡口灯头、线吊或链吊灯头，是为了防止战时遭受袭击时，结构产生剧烈震动，造成灯具掉落伤人。

7.5.15 便于管理和使用，公共部分与房间分开，这样公共部分的灯具回路在节假日，下班后兼作值班照明。

7.5.16 当非防护区与防护区内照明灯具合用同一回路时，非防护区的照明灯具、线路战时一旦被破坏，发生短路会影响到防护区内的照明。

7.5.17 战时人员主要出入口是战时人员在三种通风方式时均能进、出的出入口，特别是在滤毒式通风时，人员只能从这个出入口进出，所以由防护密闭门以外直至地面的通道照明灯具电源应由防空地下室内部电源来保证。特别是位于地下多层的防空地下室，主要出入口至地面所通过的路径更长，更需要保证照明电源。

7.6 接　地

7.6.1 采用 TN－S、TN－C－S 接地保护系统，在防空地下室内部配电系统中，电源中性线（N）和保护线（PE）是分开的。保护线在正常情况下无电流通过，能使电气设备金属外壳近于零电位。对于潮湿环境的防空地下室，这种接地方式是适宜的。大多数防空地下室也是这样做的。

内部电源设有柴油发电机组应采用 TN－S 系统，引接区域电源宜采用 TN－C－S 系统。

考虑到各地区供电系统采用的接地型式不同，当电力系统电源和内部电源接地型式不一致时，应采取转换措施。

7.6.3 总等电位连接是接地故障保护的一项基本措施，它可以在发生接地故障时显著降低电气装置外露导电部分的预期接触电压，减少保护电器动作不可靠的危险性，消除或降低从建筑物蹿入电气装置外露导电部分上的危险电压的影响。

7.6.5 表 7.6.5 摘自《建筑电气工程施工质量验收规范》（GB50303）中表 27.1.2 线路最小允许截面（mm^2）。

7.6.7 第 1 款中接地装置“应利用防空地下室结构钢筋和桩基内钢筋”，这是实际使用中所取得的成功经验，它具有以下优点：

1　不需专设接地体、施工方便、节省投资；

2　钢筋在混凝土中不易腐蚀；

3　不会受到机械损伤，安全可靠，维护简单；

4　使用期限长，接地电阻比较稳定；

当接地电阻值不能满足要求时，由于在防空地下室内部能增设接地体的条件有限，所以需在防空地下室的外部增设接地体。室外接地体所处位置应设置在靠近地下室附近的潮湿地段，并考虑与室内接地体连接方便；

第 2 款中“纵横钢筋交叉点宜采用焊接”不是要求每个点都要焊接，而是间隔一定的距离，根据工程规模大小而定，一般宽度方向可取 5 ~ 10m。长度方向可取 10 ~ 20m。

7.6.9 由于防空地下室室内较为潮湿，空间小等原因，为保证人身安全和电气设备的正常工作，所以本条规定照明插座和潮湿场所的电气设备宜加设剩余电流保护器。

7.7 柴 油 电 站

7.7.2 设置电站类型：

1　第 1 款：对于中心医院和急救医院要求设置固定电站，是由该工程在战时的重要性决定的；

2　第 2 款：救护站、防空专业队工程、人员掩蔽工程、配套工程等的电站类型是根据工程实际状况决定配置的，根据柴油发电机组容量决定电站类型。以柴油发电机组常用功率120kW为分界；当大于常用功率120kW时设固定电站，在120kW及以下时可设移动电站，固定电站比移动式电站的技术要求较高，通风冷却设施也较复杂，初投资和运行费用较移动电站高。移动电站较灵活，辅助设备也较简单，以风冷为主。另外对于规模大，用电量大的工程，为了提高供电可靠性，简化供电系统，减少建设初投资，可按防护单元组合，根据用电量设置多个移动电站。并尽可能构成供电网络，这更能提高供电的可靠性和安全性；

3 关于柴油电站机组的设置台数不宜超过4台和单机容量不宜超过300kW的规定，是因为机组台数过多，容量过大，对技术要求过高，管理复杂，目标过大，而且一旦受损涉及停电的范围过大；

4 移动电站的采用，主要是为解决防空地下室电站平时不安装机组，战时又必须设置自备电源而规定的，移动电站机动性大，用时牵引运进工程内部，不用时可拉出地面储存或另作他用。

7.7.3 同容量、同型号柴油发电机组便于布置、维护、操作和并联运行以及备品、备件的储存、替换等。

7.7.7 第2款、第3款，固定电站设有隔室操作功能，在控制室内需要全面了解和控制柴油发电机组的运行状况，而柴油发电机组是设置在染毒区，柴油发电机房与控制室设有密闭隔墙，因此按照现行《战技要求》中要求，需要在控制室（清洁区）内实现检测和控制。

7.7.8 柴油电站的设置是防空地下室的心脏设备，战时地面电力系统电源极不可靠，是遭受打击的目标，随时会造成局部或区域的大面积范围停电，而平时城市一般又不会发生停电，设置的柴油电站不需要经常运行，长期置于地下，维护管理不好，机组容易锈蚀损坏，不但没有经济效益，还要增加维护保养支出。为了协调这一矛盾，除中心医院、急救医院需平时安装到位外，其余类型工程的柴油电站均允许平战转换。由于甲、乙类工程的差异，所以甲、乙类工程柴油电站的转换内容也有区别。

条文中柴油电站的附属设备及管线，指设置在电站内的发电机组至各防护单元的人防电源总配电柜（箱）及由人防电源总配电柜（箱）引至各防护单元的电缆线路；通风、给排水的设备和管线。固定电站还需包括各种动力配电箱、信号联络箱等。

7.8 通　　信

7.8.1～7.8.3 按照现行《战技要求》中要求，通信设备的配置由通信部门配置。

7.8.6 按表7.8.6中各类防空地下室中通信设备的电源最小容量要求，在人防电源配电箱中留有通信设备电源容量和专用配电回路，供战时通信引接。

7.8.7 战时通信设备线路引入的管线，应利用本规范第7.4.5条中在各人员出入口、连通口预埋的备用管，不需再增加预埋管，但通信防爆波电缆井中仍应预埋备用管。

附录B　常规武器地面爆炸动荷载

B.0.1 常规武器爆炸产生的空气冲击波最大超压、等冲量等效作用时间等参数，系根据相似理论由核武器爆炸空气冲击波的相应参数计算公式转换推导而来，部分系数由试验确定，该组公式在理论上和试验上均得到验证。

B.0.2 研究表明，顶板主要承受地面空气冲击波感生的地冲击作用，外墙主要承受直接地冲击作用。常规武器地面爆炸土中压缩波传播可简化为如图B－1所示。

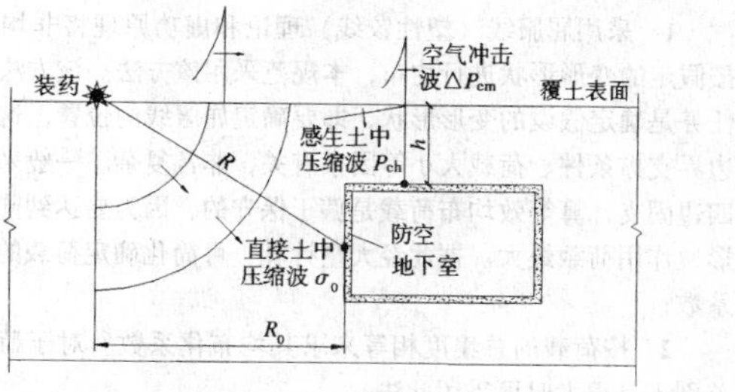

图B－1　常规武器地面爆炸土中压缩波传播示意图

1 感生地冲击

空气冲击波感生的地冲击荷载计算公式（B.0.2－1）是根据波传播理论及特征线解法推导而来，该公式既适用于作用时间较长的核武器爆炸土中压缩波最大压力计算，也适用于作用时间较短的常规武器地面爆炸土中压缩波最大压力计算。

考虑到该公式中的作用时间 t_0 为等冲量作用时间，与实际作用时间有所差别，因此结合试验数据与数值模拟对该公式进行了修正，即增加作用时间修正系数 η，η 可取1.5～2.0，非饱和土一般取大值，饱和土含气量小时取小值。

公式（B.0.2－1）反映了常规武器爆炸空气冲击波在松散软土（特别是非饱和土）中衰减非常快的特点，试验、数值模拟也基本反映了这一特点。对防常规武器5、6级的防空地下室来说，当顶板覆土达到一定厚度时，动荷载值相对较小，顶板设计通常由平时荷载组合控制，此时可不计入常规武器空气冲击波感生的土中压缩波荷载。

2 直接地冲击

公式（B.0.2－5）来自于《防常规武器设计原理》（美军TM5－585－1手册），并对其作了如下改进：

1 装药量应采用实际装药重量 W，而不是等效TNT装药量。如果采用等效TNT装药量，必须进行转换，要除以1.35的当量系数；

2 关于波速 c，TM5－855－1手册使用的是地震波速，公式（B.0.2－5）采用起始压力波速代替。一般来说，地震波速与弹性波速、起始压力波速接近，大于塑性波速。不采用塑性波速的主要原因在于常规武器爆炸作用下塑性波速随峰值压力、深度变化，不是一个定值，且很难测得准，而地震波速较易测得而且较准确。另外，大量研究表明，在计算地冲击荷载的到达时间或升压时间时，应使用起始压力波速；

3 关于衰减系数 n，参考TM5－855－1手册并结合国内研究综合确定。一般来说，衰减系数 n 与起始压力波速（或声阻抗、含气量）有关，见表B－1。据此定出各类土壤的衰减系数，方便设计人员计算。

表B－1　　衰减系数 n

起始压力波速 c(m/s)	声阻抗 $\rho c\times10^6$ (kg/(m²·s))	衰减系数 n
180	0.27	3～3.25
300	0.50	2.75
490	1.0	2.5
550	1.08	2.5
1500	2.93	2.25～2.4
>1500	>3.4	1.5

B.0.3 由于常规武器地面爆炸空气冲击波随距离增大而迅速衰减，因此作用到顶板的感生地冲击荷载是一不均匀的荷载，需进行等效均布化处理。荷载的均布化处理可以采用以下两种方法：

1 采用屈服线（塑性铰线）理论和虚功原理将非均匀荷载按假定的变形形状进行均布，本规范采用该方法。该方法的首要任务是确定假设的变形形状，即要确定屈服线的位置，这与板的边界支撑条件、荷载大小等因素有关，非常复杂。一般来说，按四边固支计算等效均布荷载是偏于保守的，因为要达到同样的变形，作用荷载最大。据此经大量计算，可简化确定荷载的均布化系数；

2 按荷载的总集度相等来求其均布化系数。对于荷载分布差别不是很大时可采用此法。

经过计算可得：顶板荷载均布化系数 C_e，当顶板覆土厚度小于等于 0.5m 时，可取 1.0；当覆土厚度大于 0.5m 时，可取 0.9。

关于顶板综合反射系数 K_r：根据近年来国内外试验数据，当顶板覆土厚度较小时（≤0.5m），综合反射系数可取 1.0；当顶板覆土厚度大于 0.5m 时，此值大致在 1.5 左右。工程兵科研三所高强混凝土和钢纤维混凝土结构化爆试验以及工程兵工程学院的有关试验成果均证明了这一点。

B.0.4、B.0.5 首先根据弹性力学，将目标点处的自由场应力转换成沿结构平面的法向自由场应力，再计算作用到结构上的法向动荷载峰值。

由于直接地冲击荷载是一球面波荷载，因此作用到外墙上的荷载也是不均匀的，必须进行等效均布化处理。均布化处理方法与顶板相同。

关于外墙的综合反射系数 K_r，根据近年来国内外试验数据，如工程兵科研三所高强混凝土和钢纤维混凝土结构化爆试验以及工程兵工程学院的有关试验，此值大致在 1.5 左右。

B.0.6 当防空地下室顶板底面高出室外地面时，尚应计算常规武器地面爆炸空气冲击波对高出地面外墙的直接作用。常规武器地面爆炸空气冲击波直接作用在外墙上的水平均布动荷载峰值按正反射压力计算。

附录 D 无梁楼盖设计要点

D.2.2 原规范考虑到原《混凝土结构设计规范》（GBJ10－89）在抗冲切计算中过于保守，故把抗冲切承载力计算公式中系数由 0.6 提高到 0.65。现行《混凝土结构设计规范》（GB50010－2002）为提高构件抗冲切能力，将系数 0.6 提高到 0.7，并规定同时应计入二个折减系数 β_h 及 η。本条参考《混凝土结构设计规范》（GB50010－2002）对抗冲切计算公式进行了适当修改，以尽可能一致。

为使抗冲切钢筋不致配的过多，以确保抗冲切箍筋或弯起钢筋充分发挥作用，增加了板受冲切截面限制条件，相当于配置抗冲切钢筋后的抗冲切承载力不大于不配置抗冲切钢筋的抗冲切承载力的 1.5 倍。

D.3.4 按构造要求的最小配筋面积箍筋应配置在与 45°冲切破坏锥面相交范围内，且箍筋间距不应大于 $h_0/3$，再延长至 $1.5h_0$ 范围内。原规范提法不准确，故予以修改。

附录 E 钢筋混凝土反梁设计要点

根据清华大学的研究成果，反梁的正截面受弯承载能力与正梁相比没有变化，而斜截面受剪承载能力比正梁有明显下降，主要原因是反梁截面的剪应力分布与正梁有差异。

附录 F 消 波 系 统

为方便设计，本规范附录 A 给出了扩散室及扩散箱的内部空间最小尺寸。当按规定尺寸设计扩散室或选用扩散箱时，消波系统的余压均能满足允许余压要求，不需按本附录公式计算。

中华人民共和国国家标准

建筑物防雷设计规范

Code for design protection of
structures against lightning

GB 50057—2010

主编部门：中 国 机 械 工 业 联 合 会
批准部门：中华人民共和国住房和城乡建设部
施行日期：2 0 1 1 年 1 0 月 1 日

中华人民共和国住房和城乡建设部
公　告

第 824 号

关于发布国家标准《建筑物防雷设计规范》的公告

现批准《建筑物防雷设计规范》为国家标准，编号为GB 50057—2010，自 2011 年 10 月 1 日起实施。其中，第3.0.2、3.0.3、3.0.4、4.1.1、4.1.2、4.2.1（2、3）、4.2.3（1、2）、4.2.4（8）、4.3.3、4.3.5（6）、4.3.8（4、5）、4.4.3、4.5.8、6.1.2 条（款）为强制性条文，必须严格执行。原《建筑物防雷设计规范》GB 50057—94（2000 年版）同时废止。

本规范由我部标准定额研究所组织中国计划出版社出版发行。

中华人民共和国住房和城乡建设部

二〇一〇年十一月三日

前　言

本规范是根据原建设部《关于印发〈2005 年工程建设标准规范制订、修订计划（第一批）〉的通知》（建标函〔2005〕84 号）的要求，由中国中元国际工程公司会同有关单位对《建筑物防雷设计规范》GB 50057—94（2000 年版）修订而成的。

本规范在修订过程中，规范编制组完成征求意见稿后，在网上并发函至有关单位和个人征求意见，根据所征求的意见完成送审稿，最后经审查定稿。

本规范共分 6 章和 9 个附录。主要内容包括：总则，术语，建筑物的防雷分类，建筑物的防雷措施，防雷装置，防雷击电磁脉冲等。

本规范修订的主要内容为：

1. 增加了术语一章。
2. 变更了防接触电压和防跨步电压的措施。
3. 补充了外部防雷装置采用不同金属物的要求。
4. 修改了防侧击的规定。
5. 详细规定了电气系统和电子系统选用电涌保护器的要求。
6. 简化了雷击大地的年平均密度计算公式，并相应调整了预计雷击次数判定建筑物的防雷分类的数值。
7. 部分条款作了更具体的要求。

本规范中以黑体字标志的条文为强制性条文，必须严格执行。

本规范由住房和城乡建设部负责管理和对强制性条文的解释，由中国机械工业联合会负责日常管理，由中国中元国际工程公司负责具体技术内容的解释。本规范在执行过程中，请各单位结合工程实践，认真总结经验，注意积累资料，如发现需要修改或补充之处，请将意见和建议反馈给中国中元国际工程公司（地址：北京市海淀区西三环北路 5 号，邮政编码 100089），以便今后修订时参考。

本规范组织单位、主编单位、参编单位、主要起草人和主要审查人：

组 织 单 位：中国机械工业勘察设计协会

主 编 单 位：中国中元国际工程公司

参 编 单 位：五洲工程设计研究院
中国气象学会雷电防护委员会
北京市避雷装置安全检测中心
中国石化工程建设公司
中国建筑设计研究院

主要起草人：林维勇　黄友根　焦兴学　陶战驹　王素英　杨少杰　宋平健　黄　旭　张文才　徐　辉

主要审查人：张力欣　王厚余　丁　杰　方　磊　欧清礼　尹君平　王云福　关象石　杨维林

目　次

Contents

1 总　　则

1.0.1 为使建（构）筑物防雷设计因地制宜地采取防雷措施，防止或减少雷击建（构）筑物所发生的人身伤亡和文物、财产损失，以及雷击电磁脉冲引发的电气和电子系统损坏或错误运行，做到安全可靠、技术先进、经济合理，制定本规范。

1.0.2 本规范适用于新建、扩建、改建建（构）筑物的防雷设计。

1.0.3 建（构）筑物防雷设计，应在认真调查地理、地质、土壤、气象、环境等条件和雷电活动规律，以及被保护物的特点等的基础上，详细研究并确定防雷装置的形式及其布置。

1.0.4 建（构）筑物防雷设计，除应符合本规范外，尚应符合国家现行有关标准的规定。

2 术　　语

2.0.1 对地闪击　lightning flash to earth

雷云与大地（含地上的突出物）之间的一次或多次放电。

2.0.2 雷击　lightning stroke

对地闪击中的一次放电。

2.0.3 雷击点　point of strike

闪击击在大地或其上突出物上的那一点。一次闪击可能有多个雷击点。

2.0.4 雷电流　lightning current

流经雷击点的电流。

2.0.5 防雷装置　lightning protection system (LPS)

用于减少闪击击于建（构）筑物上或建（构）筑物附近造成的物质性损害和人身伤亡，由外部防雷装置和内部防雷装置组成。

2.0.6 外部防雷装置　external lightning protection system

由接闪器、引下线和接地装置组成。

2.0.7 内部防雷装置　internal lightning protection 2system

由防雷等电位连接和与外部防雷装置的间隔距离组成。

2.0.8 接闪器　air-termination system

由拦截闪击的接闪杆、接闪带、接闪线、接闪网以及金属屋面、金属构件等组成。

2.0.9 引下线　down-conductor system

用于将雷电流从接闪器传导至接地装置的导体。

2.0.10 接地装置　earth-termination system

接地体和接地线的总合，用于传导雷电流并将其流散入大地。

2.0.11 接地体　earth electrode

埋入土壤中或混凝土基础中作散流用的导体。

2.0.12 接地线　earthing conductor

从引下线断接卡或换线处至接地体的连接导体；或从接地端子、等电位连接带至接地体的连接导体。

2.0.13 直击雷　direct lightning flash

闪击直接击于建（构）筑物、其他物体、大地或外部防雷装置上，产生电效应、热效应和机械力者。

2.0.14 闪电静电感应　lightning electrostatic induction

由于雷云的作用，使附近导体上感应出与雷云符号相反的电荷，雷云主放电时，先导通道中的电荷迅速中和，在导体上的感应电荷得到释放，如没有就近泄入地中就会产生很高的电位。

2.0.15 闪电电磁感应　lightning electromagnetic induction

由于雷电流迅速变化在其周围空间产生瞬变的强电磁场，使附近导体上感应出很高的电动势。

2.0.16 闪电感应　lightning induction

闪电放电时，在附近导体上产生的闪电静电感应和闪电电磁感应，它可能使金属部件之间产生火花放电。

2.0.17 闪电电涌　lightning surge

闪电击于防雷装置或线路上以及由闪电静电感应或雷击电磁脉冲引发，表现为过电压、过电流的瞬态波。

2.0.18 闪电电涌侵入　lightning surge on incoming services

由于闪电对架空线路、电缆线路或金属管道的作用，雷电波，即闪电电涌，可能沿着这些管线侵入屋内，危及人身安全或损坏设备。

2.0.19 防雷等电位连接　lightning equipotential bonding (LEB)

将分开的诸金属物体直接用连接导体或经电涌保护器连接到防雷装置上以减小雷电流引发的电位差。

2.0.20 等电位连接带　bonding bar

将金属装置、外来导电物、电力线路、电信线路及其他线路连于其上以能与防雷装置做等电位连接的金属带。

2.0.21 等电位连接导体　bonding conductor

将分开的诸导电性物体连接到防雷装置的导体。

2.0.22 等电位连接网络　bonding network (BN)

将建（构）筑物和建（构）筑物内系统（带电导体除外）的所有导电性物体互相连接组成的一个网。

2.0.23 接地系统　earthing system

将等电位连接网络和接地装置连在一起的整个系统。

2.0.24 防雷区　lightning protection zone (LPZ)

划分雷击电磁环境的区，一个防雷区的区界面不一定要有实物界面，如不一定要有墙壁、地板或天花板作为区界面。

2.0.25 雷击电磁脉冲 lightning electromagnetic impulse (LEMP)

雷电流经电阻、电感、电容耦合产生的电磁效应，包含闪电电涌和辐射电磁场。

2.0.26 电气系统 electrical system

由低压供电组合部件构成的系统。也称低压配电系统或低压配电线路。

2.0.27 电子系统 electronic system

由敏感电子组合部件构成的系统。

2.0.28 建（构）筑物内系统 internal system

建（构）筑物内的电气系统和电子系统。

2.0.29 电涌保护器 surge protective device (SPD)

用于限制瞬态过电压和分泄电涌电流的器件。它至少含有一个非线性元件。

2.0.30 保护模式 modes of protection

电气系统电涌保护器的保护部件可连接在相对相、相对地、相对中性线、中性线对地及其组合，以及电子系统电涌保护器的保护部件连接在线对线、线对地及其组合。

2.0.31 最大持续运行电压 maximum continuous operating voltage (U_c)

可持续加于电气系统电涌保护器保护模式的最大方均根电压或直流电压；可持续加于电子系统电涌保护器端子上，且不致引起电涌保护器传输特性减低的最大方均根电压或直流电压。

2.0.32 标称放电电流 nominal discharge current (I_n)

流过电涌保护器 8/20μs 电流波的峰值。

2.0.33 冲击电流 impulse current (I_{imp})

由电流幅值 I_{peak}、电荷 Q 和单位能量 W/R 所限定。

2.0.34 以 I_{imp} 试验的电涌保护器 SPD tested with I_{imp}

耐得起 10/350μs 典型波形的部分雷电流的电涌保护器需要用 I_{imp} 电流做相应的冲击试验。

2.0.35 Ⅰ级试验 class Ⅰ test

电气系统中采用Ⅰ级试验的电涌保护器要用标称放电电流 I_n、1.2/50μs 冲击电压和最大冲击电流 I_{imp} 做试验。Ⅰ级试验也可用 T1 外加方框表示，即[T1]。

2.0.36 以 I_n 试验的电涌保护器 SPD tested with I_n

耐得起 8/20μs 典型波形的感应电涌电流的电涌保护器需要用 I_n 电流做相应的冲击试验。

2.0.37 Ⅱ级试验 class Ⅱ test

电气系统中采用Ⅱ级试验的电涌保护器要用标称放电电流 I_n、1.2/50μs 冲击电压和 8/20μs 电流波最大放电电流 I_{max} 做试验。Ⅱ级试验也可用 T2 外加方框表示，即[T2]。

2.0.38 以组合波试验的电涌保护器 SPD tested with a combination wave

耐得起 8/20μs 典型波形的感应电涌电流的电涌保护器需要用 I_{sc} 短路电流做相应的冲击试验。

2.0.39 Ⅲ级试验 class Ⅲ test

电气系统中采用Ⅲ级试验的电涌保护器要用组合波做试验。组合波定义为由 2Ω 组合波发生器产生 1.2/50μs 开路电压 U_{oc} 和 8/20μs 短路电流 I_{sc}。Ⅲ级试验也可用 T3 外加方框表示，即[T3]。

2.0.40 电压开关型电涌保护器 voltage switching type SPD

无电涌出现时为高阻抗，当出现电压电涌时突变为低阻抗。通常采用放电间隙、充气放电管、硅可控整流器或三端双向可控硅元件做电压开关型电涌保护器的组件。也称“克罗巴型”电涌保护器。具有不连续的电压、电流特性。

2.0.41 限压型电涌保护器 voltage limiting type SPD

无电涌出现时为高阻抗，随着电涌电流和电压的增加，阻抗连续变小。通常采用压敏电阻、抑制二极管作限压型电涌保护器的组件。也称“箝压型”电涌保护器。具有连续的电压、电流特性。

2.0.42 组合型电涌保护器 combination type SPD

由电压开关型元件和限压型元件组合而成的电涌保护器，其特性随所加电压的特性可以表现为电压开关型、限压型或电压开关型和限压型皆有。

2.0.43 测量的限制电压 measured limiting voltage

施加规定波形和幅值的冲击波时，在电涌保护器接线端子间测得的最大电压值。

2.0.44 电压保护水平 voltage protection level (U_p)

表征电涌保护器限制接线端子间电压的性能参数，其值可从优先值的列表中选择。电压保护水平值应大于所测量的限制电压的最高值。

2.0.45 1.2/50μs 冲击电压 1.2/50μs voltage impulse

规定的波头时间 T_1 为 1.2μs、半值时间 T_2 为 50μs 的冲击电压。

2.0.46 8/20μs 冲击电流 8/20μs current impulse

规定的波头时间 T_1 为 8μs、半值时间 T_2 为 20μs 的冲击电流。

2.0.47 设备耐冲击电压额定值 rated impulse withstand voltage of equipment (U_w)

设备制造商给予的设备耐冲击电压额定值，表征其绝缘防过电压的耐受能力。

2.0.48 插入损耗 insertion loss

电气系统中，在给定频率下，连接到给定电源系统的电涌保护器的插入损耗为电源线上紧靠电涌保护器接入点之后，在被试电涌保护器接入前后的电压比，结果用 dB 表示。电子系统中，由于在传输系统中插入一个电涌保护器所引起的损耗，它是在电涌保护器插入前传递到后面的系统部分的功率与电涌保护器插入后传递到同一部分的功率之比。通常用 dB 表示。

2.0.49 回波损耗 return loss

反射系数倒数的模。以分贝（dB）表示。

2.0.50 近端串扰 near-end crosstalk (NEXT)

串扰在被干扰的通道中传输，其方向与产生干扰的通道中电流传输的方向相反。在被干扰的通道中产生的近端串扰，其端口通常靠近产生干扰的通道的供能端，或与供能端重合。

3 建筑物的防雷分类

3.0.1 建筑物应根据建筑物的重要性、使用性质、发生雷电事故的可能性和后果，按防雷要求分为三类。

3.0.2 在可能发生对地闪击的地区，遇下列情况之一时，应划为第一类防雷建筑物：

1 凡制造、使用或贮存火炸药及其制品的危险建筑物，因电火花而引起爆炸、爆轰，会造成巨大破坏和人身伤亡者。

2 具有 0 区或 20 区爆炸危险场所的建筑物。

3 具有 1 区或 21 区爆炸危险场所的建筑物，因电火花而引起爆炸，会造成巨大破坏和人身伤亡者。

3.0.3 在可能发生对地闪击的地区，遇下列情况之一时，应划为第二类防雷建筑物：

1 国家级重点文物保护的建筑物。

2 国家级的会堂、办公建筑物、大型展览和博览建筑物、大型火车站和飞机场、国宾馆，国家级档案馆、大型城市的重要给水泵房等特别重要的建筑物。

注：飞机场不含停放飞机的露天场所和跑道。

3 国家级计算中心、国际通信枢纽等对国民经济有重要意义的建筑物。

4 国家特级和甲级大型体育馆。

5 制造、使用或贮存火炸药及其制品的危险建筑物，且电火花不易引起爆炸或不致造成巨大破坏和人身伤亡者。

6 具有 1 区或 21 区爆炸危险场所的建筑物，且电火花不易引起爆炸或不致造成巨大破坏和人身伤亡者。

7 具有 2 区或 22 区爆炸危险场所的建筑物。

8 有爆炸危险的露天钢质封闭气罐。

9 预计雷击次数大于 0.05 次/a 的部、省级办公建筑物和其他重要或人员密集的公共建筑物以及火灾危险场所。

10 预计雷击次数大于 0.25 次/a 的住宅、办公楼等一般性民用建筑物或一般性工业建筑物。

3.0.4 在可能发生对地闪击的地区，遇下列情况之一时，应划为第三类防雷建筑物：

1 省级重点文物保护的建筑物及省级档案馆。

2 预计雷击次数大于或等于 0.01 次/a，且小于或等于 0.05 次/a 的部、省级办公建筑物和其他重要或人员密集的公共建筑物，以及火灾危险场所。

3 预计雷击次数大于或等于 0.05 次/a，且小于或等于 0.25 次/a 的住宅、办公楼等一般性民用建筑物或一般性工业建筑物。

4 在平均雷暴日大于 15d/a 的地区，高度在 15m 及以上的烟囱、水塔等孤立的高耸建筑物；在平均雷暴日小于或等于 15d/a 的地区，高度在 20m 及以上的烟囱、水塔等孤立的高耸建筑物。

4 建筑物的防雷措施

4.1 基本规定

4.1.1 各类防雷建筑物应设防直击雷的外部防雷装置，并应采取防闪电电涌侵入的措施。

第一类防雷建筑物和本规范第 3.0.3 条第 5～7 款所规定的第二类防雷建筑物，尚应采取防闪电感应的措施。

4.1.2 各类防雷建筑物应设内部防雷装置，并应符合下列规定：

1 在建筑物的地下室或地面层处，下列物体应与防雷装置做防雷等电位连接：

1）建筑物金属体。

2）金属装置。

3）建筑物内系统。

4）进出建筑物的金属管线。

2 除本条第 1 款的措施外，外部防雷装置与建筑物金属体、金属装置、建筑物内系统之间，尚应满足间隔距离的要求。

4.1.3 本规范第 3.0.3 条第2～4款所规定的第二类防雷建筑物尚应采取防雷击电磁脉冲的措施。其他各类防雷建筑物，当其建筑物内系统所接设备的重要性高，以及所处雷击磁场环境和加于设备的闪电电涌无法满足要求时，也应采取防雷击电磁脉冲的措施。防雷击电磁脉冲的措施应符合本规范第 6 章的规定。

4.2 第一类防雷建筑物的防雷措施

4.2.1 第一类防雷建筑物防直击雷的措施应符合下列规定：

1 应装设独立接闪杆或架空接闪线或网。架空接闪网的网格尺寸不应大于 5m×5m 或 6m×4m。

2 排放爆炸危险气体、蒸气或粉尘的放散管、呼吸阀、排风管等的管口外的下列空间应处于接闪器的保护范围内：

1）当有管帽时应按表 4.2.1 的规定确定。

2）当无管帽时，应为管口上方半径 5m 的半球体。

3）接闪器与雷闪的接触点应设在本款第 1 项或第 2 项所规定的空间之外。

表 4.2.1 有管帽的管口外处于接闪器保护范围内的空间

装置内的压力与周围空气压力的压力差（kPa）	排放物对比于空气	管帽以上的垂直距离（m）	距管口处的水平距离（m）
＜5	重于空气	1	2
5～25	重于空气	2.5	5
≤25	轻于空气	2.5	5
＞25	重或轻于空气	5	5

注：相对密度小于或等于 0.75 的爆炸性气体规定为轻于空气的气体；相对密度大于 0.75 的爆炸性气体规定为重于空气的气体。

3 排放爆炸危险气体、蒸气或粉尘的放散管、呼吸阀、排风管等，当其排放物达不到爆炸浓度、长期点火燃烧、一排放就点火燃烧，以及发生事故时排放物才达到爆炸浓度的通风管、安全阀，接闪器的保护范围应保护到管帽，无管帽时应保护到管口。

4 独立接闪杆的杆塔、架空接闪线的端部和架空接闪网的每根支柱处应至少设一根引下线。对用金属制成或有焊接、绑扎连接钢筋网的杆塔、支柱，宜利用金属杆塔或钢筋网作为引下线。

5 独立接闪杆和架空接闪线或网的支柱及其接地装置与被保护建筑物及与其有联系的管道、电缆等金属物之间的间隔距离（图 4.2.1），应按下列公式计算，且不得小于 3m：

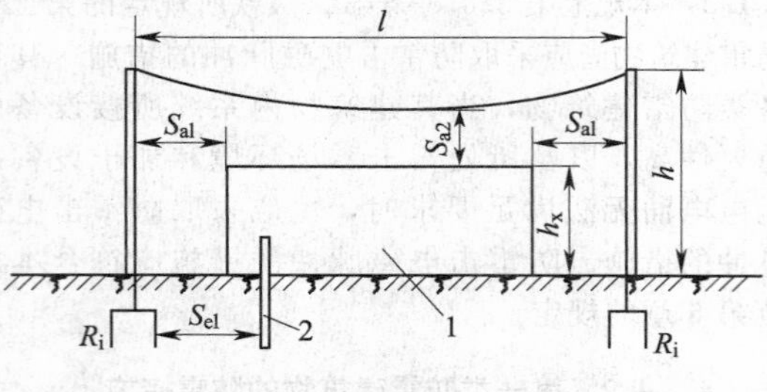

图 4.2.1 防雷装置至被保护物的间隔距离

1—被保护建筑物；2—金属管道

1）地上部分：

当 $h_x < 5R_i$ 时：$S_{a1} \geqslant 0.4(R_i + 0.1h_x)$ （4.2.1-1）

当 $h_x \geqslant 5R_i$ 时：$S_{a1} \geqslant 0.1(R_i + h_x)$ （4.2.1-2）

2）地下部分：

$$S_{e1} \geqslant 0.4R_i \quad (4.2.1\text{-}3)$$

式中：S_{a1}——空气中的间隔距离（m）；

S_{e1}——地中的间隔距离（m）；

R_i——独立接闪杆、架空接闪线或网支柱处接地装置的冲击接地电阻（Ω）；

h_x——被保护建筑物或计算点的高度（m）。

6 架空接闪线至屋面和各种突出屋面的风帽、放散管等物体之间的间隔距离（图 4.2.1），应按下列公式计算，且不应小于 3m：

1）当 $(h+\frac{l}{2}) < 5R_i$ 时：

$$S_{a2} \geqslant 0.2R_i + 0.03(h+\frac{l}{2}) \quad (4.2.1\text{-}4)$$

2）当 $(h+\frac{l}{2}) \geqslant 5R_i$ 时：

$$S_{a2} \geqslant 0.05R_i + 0.06(h+\frac{l}{2}) \quad (4.2.1\text{-}5)$$

式中：S_{a2}——接闪线至被保护物在空气中的间隔距离（m）；

h——接闪线的支柱高度（m）；

l——接闪线的水平长度（m）。

7 架空接闪网至屋面和各种突出屋面的风帽、放散管等物体之间的间隔距离，应按下列公式计算，且不应小于 3m：

1）当 $(h+l_1) < 5R_i$ 时：

$$S_{a2} \geqslant \frac{1}{n}[0.4R_i + 0.06(h+l_1)] \quad (4.2.1\text{-}6)$$

2）当 $(h+l_1) \geqslant 5R_i$ 时：

$$S_{a2} \geqslant \frac{1}{n}[0.1R_i + 0.12(h+l_1)] \quad (4.2.1\text{-}7)$$

式中：S_{a2}——接闪网至被保护物在空气中的间隔距离（m）；

l_1——从接闪网中间最低点沿导体至最近支柱的距离（m）；

n——从接闪网中间最低点沿导体至最近不同支柱并有同一距离 l_1 的个数。

8 独立接闪杆、架空接闪线或架空接闪网应设独立的接地装置，每一引下线的冲击接地电阻不宜大于 10Ω。在土壤电阻率高的地区，可适当增大冲击接地电阻，但在 3000Ωm 以下的地区，冲击接地电阻不应大于 30Ω。

4.2.2 第一类防雷建筑物防闪电感应应符合下列规定：

1 建筑物内的设备、管道、构架、电缆金属外皮、钢屋架、钢窗等较大金属物和突出屋面的放散管、风管等金属物，均应接到防闪电感应的接地装置上。

金属屋面周边每隔 18m～24m 应采用引下线接地一次。

现场浇灌或用预制构件组成的钢筋混凝土屋面，

其钢筋网的交叉点应绑扎或焊接，并应每隔 18m～24m 采用引下线接地一次。

2 平行敷设的管道、构架和电缆金属外皮等长金属物，其净距小于 100mm 时，应采用金属线跨接，跨接点的间距不应大于 30m；交叉净距小于 100mm 时，其交叉处也应跨接。

当长金属物的弯头、阀门、法兰盘等连接处的过渡电阻大于 0.03Ω 时，连接处应用金属线跨接。对有不少于 5 根螺栓连接的法兰盘，在非腐蚀环境下，可不跨接。

3 防闪电感应的接地装置应与电气和电子系统的接地装置共用，其工频接地电阻不宜大于 10Ω。防闪电感应的接地装置与独立接闪杆、架空接闪线或架空接闪网的接地装置之间的间隔距离，应符合本规范第 4.2.1 条第 5 款的规定。

当屋内设有等电位连接的接地干线时，其与防闪电感应接地装置的连接不应少于 2 处。

4.2.3 第一类防雷建筑物防闪电电涌侵入的措施应符合下列规定：

1 室外低压配电线路应全线采用电缆直接埋地敷设，在入户处应将电缆的金属外皮、钢管接到等电位连接带或防闪电感应的接地装置上。

2 当全线采用电缆有困难时，应采用钢筋混凝土杆和铁横担的架空线，并应使用一段金属铠装电缆或护套电缆穿钢管直接埋地引入。架空线与建筑物的距离不应小于 15m。

在电缆与架空线连接处，尚应装设户外型电涌保护器。电涌保护器、电缆金属外皮、钢管和绝缘子铁脚、金具等应连在一起接地，其冲击接地电阻不应大于 30Ω。所装设的电涌保护器应选用Ⅰ级试验产品，其电压保护水平应小于或等于 2.5kV，其每一保护模式应选冲击电流等于或大于 10kA；若无户外型电涌保护器，应选用户内型电涌保护器，其使用温度应满足安装处的环境温度，并应安装在防护等级 IP54 的箱内。

当电涌保护器的接线形式为本规范表 J.1.2 中的接线形式 2 时，接在中性线和 PE 线间电涌保护器的冲击电流，当为三相系统时不应小于 40kA，当为单相系统时不应小于 20kA。

3 当架空线转换成一段金属铠装电缆或护套电缆穿钢管直接埋地引入时，其埋地长度可按下式计算：

$$l \geqslant 2\sqrt{\rho} \quad (4.2.3)$$

式中：l——电缆铠装或穿电缆的钢管埋地直接与土壤接触的长度（m）；

ρ——埋电缆处的土壤电阻率（Ωm）。

4 在入户处的总配电箱内是否装设电涌保护器应按本规范第 6 章的规定确定。当需要安装电涌保护器时，电涌保护器的最大持续运行电压值和接线形式应按本规范附录 J 的规定确定；连接电涌保护器的导体截面应按本规范表 5.1.2 的规定取值。

5 电子系统的室外金属导体线路宜全线采用有屏蔽层的电缆埋地或架空敷设，其两端的屏蔽层、加强钢线、钢管等应等电位连接到入户处的终端箱体上，在终端箱内是否装设电涌保护器应按本规范第 6 章的规定确定。

6 当通信线路采用钢筋混凝土杆的架空线时，应使用一段护套电缆穿钢管直接埋地引入，其埋地长度可按本规范式（4.2.3）计算，且不应小于 15m。在电缆与架空线连接处，尚应装设户外型电涌保护器。电涌保护器、电缆金属外皮、钢管和绝缘子铁脚、金具等应连在一起接地，其冲击接地电阻不应大于 30Ω。所装设的电涌保护器应选用 D1 类高能量试验的产品，其电压保护水平和最大持续运行电压值应按本规范附录 J 的规定确定，连接电涌保护器的导体截面应按本规范表 5.1.2 的规定取值，每台电涌保护器的短路电流应等于或大于 2kA；若无户外型电涌保护器，可选用户内型电涌保护器，但其使用温度应满足安装处的环境温度，并应安装在防护等级 IP54 的箱内。在入户处的终端箱内是否装设电涌保护器应按本规范第 6 章的规定确定。

7 架空金属管道，在进出建筑物处，应与防闪电感应的接地装置相连。距离建筑物 100m 内的管道，宜每隔 25m 接地一次，其冲击接地电阻不应大于 30Ω，并应利用金属支架或钢筋混凝土支架的焊接、绑扎钢筋网作为引下线，其钢筋混凝土基础宜作为接地装置。

埋地或地沟内的金属管道，在进出建筑物处应等电位连接到等电位连接带或防闪电感应的接地装置上。

4.2.4 当难以装设独立的外部防雷装置时，可将接闪杆或网格不大于 5m×5m 或 6m×4m 的接闪网或由其混合组成的接闪器直接装在建筑物上，接闪网应按本规范附录 B 的规定沿屋角、屋脊、屋檐和檐角等易受雷击的部位敷设；当建筑物高度超过 30m 时，首先应沿屋顶周边敷设接闪带，接闪带应设在外墙外表面或屋檐边垂直面上，也可设在外墙外表面或屋檐边垂直面外，并应符合下列规定：

1 接闪器之间应互相连接。

2 引下线不应少于 2 根，并应沿建筑物四周和内庭院四周均匀或对称布置，其间距沿周长计算不宜大于 12m。

3 排放爆炸危险气体、蒸气或粉尘的管道应符合本规范第 4.2.1 条第 2、3 款的规定。

4 建筑物应装设等电位连接环，环间垂直距离不应大于 12m，所有引下线、建筑物的金属结构和金属设备均应连到环上。等电位连接环可利用电气设备的等电位连接干线环路。

5 外部防雷的接地装置应围绕建筑物敷设成环

形接地体，每根引下线的冲击接地电阻不应大于10Ω，并应和电气和电子系统等接地装置及所有进入建筑物的金属管道相连，此接地装置可兼作防闪电感应接地之用。

6 当每根引下线的冲击接地电阻大于10Ω时，外部防雷的环形接地体宜按下列方法敷设：

1） 当土壤电阻率小于或等于500Ωm时，对环形接地体所包围面积的等效圆半径小于5m的情况，每一引下线处应补加水平接地体或垂直接地体。

2） 本款第1项补加水平接地体时，其最小长度应按下式计算：

$$l_r=5-\sqrt{\frac{A}{\pi}} \quad (4.2.4\text{-}1)$$

式中：$\sqrt{\frac{A}{\pi}}$——环形接地体所包围面积的等效圆半径（m）；

l_r——补加水平接地体的最小长度（m）；

A——环形接地体所包围的面积（m^2）。

3） 本款第1项补加垂直接地体时，其最小长度应按下式计算：

$$l_v=\frac{5-\sqrt{\frac{A}{\pi}}}{2} \quad (4.2.4\text{-}2)$$

式中：l_v——补加垂直接地体的最小长度（m）。

4） 当土壤电阻率大于500Ωm、小于或等于3000Ωm，且对环形接地体所包围面积的等效圆半径符合下式的计算时，每一引下线处应补加水平接地体或垂直接地体：

$$\sqrt{\frac{A}{\pi}}<\frac{11\rho-3600}{380} \quad (4.2.4\text{-}3)$$

5） 本款第4项补加水平接地体时，其最小总长度应按下式计算：

$$l_r=\left(\frac{11\rho-3600}{380}\right)-\sqrt{\frac{A}{\pi}} \quad (4.2.4\text{-}4)$$

6） 本款第4项补加垂直接地体时，其最小总长度应按下式计算：

$$l_v=\frac{\left(\frac{11\rho-3600}{380}\right)-\sqrt{\frac{A}{\pi}}}{2} \quad (4.2.4\text{-}5)$$

注：按本款方法敷设接地体以及环形接地体所包围的面积的等效圆半径等于或大于所规定的值时，每根引下线的冲击接地电阻可不作规定。共用接地装置的接地电阻按50Hz电气装置的接地电阻确定，应为不大于按人身安全所确定的接地电阻值。

7 当建筑物高于30m时，尚应采取下列防侧击的措施：

1） 应从30m起每隔不大于6m沿建筑物四周设水平接闪带并应与引下线相连。

2） 30m及以上外墙上的栏杆、门窗等较大的金属物应与防雷装置连接。

8 在电源引入的总配电箱处应装设Ⅰ级试验的电涌保护器。电涌保护器的电压保护水平值应小于或等于2.5kV。每一保护模式的冲击电流值，当无法确定时，冲击电流应取等于或大于12.5kA。

9 电源总配电箱处所装设的电涌保护器，其每一保护模式的冲击电流值，当电源线路无屏蔽层时宜按式（4.2.4-6）计算，当有屏蔽层或穿钢管时宜按式（4.2.4-7）计算：

$$I_{imp}=\frac{0.5I}{nm} \quad (4.2.4\text{-}6)$$

$$I_{imp}=\frac{0.5IR_s}{n(mR_s+R_c)} \quad (4.2.4\text{-}7)$$

式中：I——雷电流（kA），取200kA；

n——地下和架空引入的外来金属管道和线路的总数；

m——需要确定的那一回线路内导体芯线的总根数；

R_s——屏蔽层或钢管每公里的电阻（Ω/km）；

R_c——芯线每公里的电阻（Ω/km）。

10 电源总配电箱处所装设的电涌保护器，其连接的导体截面应按本规范表5.1.2的规定取值，其最大持续运行电压值和接线形式应按本规范附录J的规定确定。

注：当电涌保护器的接线形式为本规范表J.1.2中的接线形式2时，接在中性线和PE线间电涌保护器的冲击电流，当为三相系统时不应小于本条第9款规定值的4倍，当为单相系统时不应小于2倍。

11 当电子系统的室外线路采用金属线时，在其引入的终端箱处应安装D1类高能量试验类型的电涌保护器，其短路电流当无屏蔽层时，宜按式（4.2.4-6）计算，当有屏蔽层时宜按式（4.2.4-7）计算；当无法确定时应选用2kA。选取电涌保护器的其他参数应符合本规范第J.2节的规定，连接电涌保护器的导体截面应按本规范表5.1.2的规定取值。

12 当电子系统的室外线路采用光缆时，在其引入的终端箱处的电气线路侧，当无金属线路引出本建筑物至其他有自己接地装置的设备时，可安装B2类慢上升率试验类型的电涌保护器，其短路电流应按本规范表J.2.1的规定确定，宜选用100A。

13 输送火灾爆炸危险物质的埋地金属管道，当其从室外进入户内处设有绝缘段时，应在绝缘段处跨接符合下列要求的电压开关型电涌保护器或隔离放电间隙：

1） 选用Ⅰ级试验的密封型电涌保护器。

2） 电涌保护器能承受的冲击电流按式（4.2.4-6）计算，取$m=1$。

3） 电涌保护器的电压保护水平应小于绝缘段的耐冲击电压水平，无法确定时，应取其等于或大于 1.5kV 和等于或小于 2.5kV。

4）输送火灾爆炸危险物质的埋地金属管道在进入建筑物处的防雷等电位连接，应在绝缘段之后管道进入室内处进行，可将电涌保护器的上端头接到等电位连接带。

14 具有阴极保护的埋地金属管道，在其从室外进入户内处宜设绝缘段，应在绝缘段处跨接符合下列要求的电压开关型电涌保护器或隔离放电间隙：

1）选用Ⅰ级试验的密封型电涌保护器。

2）电涌保护器能承受的冲击电流按式（4.2.4-6）计算，取 $m=1$。

3）电涌保护器的电压保护水平应小于绝缘段的耐冲击电压水平，并应大于阴极保护电源的最大端电压。

4）具有阴极保护的埋地金属管道在进入建筑物处的防雷等电位连接，应在绝缘段之后管道进入室内处进行，可将电涌保护器的上端头接到等电位连接带。

4.2.5 当树木邻近建筑物且不在接闪器保护范围之内时，树木与建筑物之间的净距不应小于 5m。

4.3 第二类防雷建筑物的防雷措施

4.3.1 第二类防雷建筑物外部防雷的措施，宜采用装设在建筑物上的接闪网、接闪带或接闪杆，也可采用由接闪网、接闪带或接闪杆混合组成的接闪器。接闪网、接闪带应按本规范附录 B 的规定沿屋角、屋脊、屋檐和檐角等易受雷击的部位敷设，并应在整个屋面组成不大于 10m×10m 或 12m×8m 的网格；当建筑物高度超过 45m 时，首先应沿屋顶周边敷设接闪带，接闪带应设在外墙外表面或屋檐边垂直面上，也可设在外墙外表面或屋檐边垂直面外。接闪器之间应互相连接。

4.3.2 突出屋面的放散管、风管、烟囱等物体，应按下列方式保护：

1 排放爆炸危险气体、蒸气或粉尘的放散管、呼吸阀、排风管等管道应符合本规范第 4.2.1 条第 2 款的规定。

2 排放无爆炸危险气体、蒸气或粉尘的放散管、烟囱，1 区、21 区、2 区和 22 区爆炸危险场所的自然通风管，0 区和 20 区爆炸危险场所的装有阻火器的放散管、呼吸阀、排风管，以及本规范第 4.2.1 条第 3 款所规定的管、阀及煤气和天然气放散管等，其防雷保护应符合下列规定：

1）金属物体可不装接闪器，但应和屋面防雷装置相连。

2）除符合本规范第 4.5.7 条的规定情况外，在屋面接闪器保护范围之外的非金属物体应装接闪器，并应和屋面防雷装置相连。

4.3.3 专设引下线不应少于 2 根，并应沿建筑物四周和内庭院四周均匀对称布置，其间距沿周长计算不应大于 18m。当建筑物的跨度较大，无法在跨距中间设引下线时，应在跨距两端设引下线并减小其他引下线的间距，专设引下线的平均间距不应大于 18m。

4.3.4 外部防雷装置的接地应和防闪电感应、内部防雷装置、电气和电子系统等接地共用接地装置，并应与引入的金属管线做等电位连接。外部防雷装置的专设接地装置宜围绕建筑物敷设成环形接地体。

4.3.5 利用建筑物的钢筋作为防雷装置时，应符合下列规定：

1 建筑物宜利用钢筋混凝土屋顶、梁、柱、基础内的钢筋作为引下线。本规范第 3.0.3 条第2～4款、第 9 款、第 10 款的建筑物，当其女儿墙以内的屋顶钢筋网以上的防水和混凝土层允许不保护时，宜利用屋顶钢筋网作为接闪器；本规范第 3.0.3 条第2～4款、第 9 款、第 10 款的建筑物为多层建筑，且周围很少有人停留时，宜利用女儿墙压顶板内或檐口内的钢筋作为接闪器。

2 当基础采用硅酸盐水泥和周围土壤的含水量不低于 4%及基础的外表面无防腐层或有沥青质防腐层时，宜利用基础内的钢筋作为接地装置。当基础的外表面有其他类的防腐层且无桩基可利用时，宜在基础防腐层下面的混凝土垫层内敷设人工环形基础接地体。

3 敷设在混凝土中作为防雷装置的钢筋或圆钢，当仅为一根时，其直径不应小于 10mm。被利用作为防雷装置的混凝土构件内有箍筋连接的钢筋时，其截面积总和不应小于一根直径 10mm 钢筋的截面积。

4 利用基础内钢筋网作为接地体时，在周围地面以下距地面不应小于 0.5m，每根引下线所连接的钢筋表面积总和应按下式计算：

$$S \geqslant 4.24 k_c^2 \qquad (4.3.5)$$

式中：S——钢筋表面积总和（m^2）；

k_c——分流系数，按本规范附录 E 的规定取值。

5 当在建筑物周边的无钢筋的闭合条形混凝土基础内敷设人工基础接地体时，接地体的规格尺寸应按表 4.3.5 的规定确定。

表 4.3.5 第二类防雷建筑物环形人工基础接地体的最小规格尺寸

闭合条形基础的周长（m）	扁钢（mm）	圆钢，根数×直径（mm）
≥60	4×25	2×ϕ10
40～60	4×50	4×ϕ10 或 3×ϕ12
<40	钢材表面积总和≥4.24m²	

注：1 当长度相同、截面相同时，宜选用扁钢；
2 采用多根圆钢时，其敷设净距不小于直径的 2 倍；
3 利用闭合条形基础内的钢筋作接地体时可按本表校验，除主筋外，可计入箍筋的表面积。

6 构件内有箍筋连接的钢筋或成网状的钢筋，其箍筋与钢筋、钢筋与钢筋应采用土建施工的绑扎法、螺丝、对焊或搭焊连接。单根钢筋、圆钢或外引预埋连接板、线与构件内钢筋应焊接或采用螺栓紧固的卡夹器连接。构件之间必须连接成电气通路。

4.3.6 共用接地装置的接地电阻应按50Hz电气装置的接地电阻确定，不应大于按人身安全所确定的接地电阻值。在土壤电阻率小于或等于3000Ωm时，外部防雷装置的接地体符合下列规定之一以及环形接地体所包围面积的等效圆半径等于或大于所规定的值时，可不计及冲击接地电阻；但当每根专设引下线的冲击接地电阻不大于10Ω时，可不按本条第1、2款敷设接地体：

1 当土壤电阻率ρ小于或等于800Ωm时，对环形接地体所包围面积的等效圆半径小于5m的情况，每一引下线处应补加水平接地体或垂直接地体。当补加水平接地体时，其最小长度应按本规范式（4.2.4-1）计算；当补加垂直接地体时，其最小长度应按本规范式（4.2.4-2）计算。

2 当土壤电阻率大于800Ωm、小于或等于3000Ωm，且对环形接地体所包围的面积的等效圆半径小于按下式的计算值时，每一引下线处应补加水平接地体或垂直接地体：

$$\sqrt{\frac{A}{\pi}}<\frac{\rho-550}{50} \quad (4.3.6\text{-}1)$$

3 本条第2款补加水平接地体时，其最小总长度应按下式计算：

$$l_{r}=\left(\frac{\rho-550}{50}\right)-\sqrt{\frac{A}{\pi}} \quad (4.3.6\text{-}2)$$

4 本条第2款补加垂直接地体时，其最小总长度应按下式计算：

$$l_{v}=\frac{\left(\frac{\rho-550}{50}\right)-\sqrt{\frac{A}{\pi}}}{2} \quad (4.3.6\text{-}3)$$

5 在符合本规范第4.3.5条规定的条件下，利用槽形、板形或条形基础的钢筋作为接地体或在基础下面混凝土垫层内敷设人工环形基础接地体，当槽形、板形基础钢筋网在水平面的投影面积或成环的条形基础钢筋或人工环形基础接地体所包围的面积符合下列规定时，可不补加接地体：

1）当土壤电阻率小于或等于800Ωm时，所包围的面积应大于或等于79m²。

2）当土壤电阻率大于800Ωm且小于或等于3000Ωm时，所包围的面积应大于或等于按下式计算的值：

$$A\geqslant\pi\left(\frac{\rho-550}{50}\right)^{2} \quad (4.3.6\text{-}4)$$

6 在符合本规范第4.3.5条规定的条件下，对6m柱距或大多数柱距为6m的单层工业建筑物，当利用柱子基础的钢筋作为外部防雷装置的接地体并同时符合下列规定时，可不另加接地体：

1）利用全部或绝大多数柱子基础的钢筋作为接地体。

2）柱子基础的钢筋网通过钢柱，钢屋架，钢筋混凝土柱子、屋架、屋面板、吊车梁等构件的钢筋或防雷装置互相连成整体。

3）在周围地面以下距地面不小于0.5m，每一柱子基础内所连接的钢筋表面积总和大于或等于0.82m²。

4.3.7 本规范第3.0.3条第5～7款所规定的建筑物，其防闪电感应的措施应符合下列规定：

1 建筑物内的设备、管道、构架等主要金属物，应就近接到防雷装置或共用接地装置上。

2 除本规范第3.0.3条第7款所规定的建筑物外，平行敷设的管道、构架和电缆金属外皮等长金属物应符合本规范第4.2.2条第2款的规定，但长金属物连接处可不跨接。

3 建筑物内防闪电感应的接地干线与接地装置的连接，不应少于2处。

4.3.8 防止雷电流流经引下线和接地装置时产生的高电位对附近金属物或电气和电子系统线路的反击，应符合下列规定：

1 在金属框架的建筑物中，或在钢筋连接在一起、电气贯通的钢筋混凝土框架的建筑物中，金属物或线路与引下线之间的间隔距离可无要求；在其他情况下，金属物或线路与引下线之间的间隔距离应按下式计算：

$$S_{a3}\geqslant 0.06k_{c}l_{x} \quad (4.3.8)$$

式中：S_{a3}——空气中的间隔距离（m）；

l_{x}——引下线计算点到连接点的长度（m），连接点即金属物或电气和电子系统线路与防雷装置之间直接或通过电涌保护器相连之点。

2 当金属物或线路与引下线之间有自然或人工接地的钢筋混凝土构件、金属板、金属网等静电屏蔽物隔开时，金属物或线路与引下线之间的间隔距离可无要求。

3 当金属物或线路与引下线之间有混凝土墙、砖墙隔开时，其击穿强度应为空气击穿强度的1/2。当间隔距离不能满足本条第1款的规定时，金属物应与引下线直接相连，带电线路应通过电涌保护器与引下线相连。

4 在电气接地装置与防雷接地装置共用或相连的情况下，应在低压电源线路引入的总配电箱、配电柜处装设Ⅰ级试验的电涌保护器。电涌保护器的电压保护水平值应小于或等于2.5kV。每一保护模式的冲击电流值，当无法确定时应取等于或大于12.5kA。

5 当Yyn0型或Dyn11型接线的配电变压器设在本建筑物内或附设于外墙处时，应在变压器高压侧

装设避雷器；在低压侧的配电屏上，当有线路引出本建筑物至其他有独自敷设接地装置的配电装置时，应在母线上装设Ⅰ级试验的电涌保护器，电涌保护器每一保护模式的冲击电流值，当无法确定时冲击电流应取等于或大于12.5kA；当无线路引出本建筑物时，应在母线上装设Ⅱ级试验的电涌保护器，电涌保护器每一保护模式的标称放电电流值应等于或大于5kA。电涌保护器的电压保护水平值应小于或等于2.5kV。

6 低压电源线路引入的总配电箱、配电柜处装设Ⅰ级试验的电涌保护器，以及配电变压器设在本建筑物内或附设于外墙处，并在低压侧配电屏的母线上装设Ⅰ级试验的电涌保护器时，电涌保护器每一保护模式的冲击电流值，当电源线路无屏蔽层时可按本规范式（4.2.4-6）计算，当有屏蔽层时可按本规范式（4.2.4-7）计算，式中的雷电流应取等于150kA。

7 在电子系统的室外线路采用金属线时，其引入的终端箱处应安装D1类高能量试验类型的电涌保护器，其短路电流当无屏蔽层时可按本规范式（4.2.4-6）计算，当有屏蔽层时可按本规范式（4.2.4-7）计算，式中的雷电流应取等于150kA；当无法确定时应选用1.5kA。

8 在电子系统的室外线路采用光缆时，其引入的终端箱处的电气线路侧，当无金属线路引出本建筑物至其他有自己接地装置的设备时可安装B2类慢上升率试验类型的电涌保护器，其短路电流宜选用75A。

9 输送火灾爆炸危险物质和具有阴极保护的埋地金属管道，当其从室外进入户内处设有绝缘段时应符合本规范第4.2.4条第13款和第14款的规定，在按本规范式（4.2.4-6）计算时，式中的雷电流应取等于150kA。

4.3.9 高度超过45m的建筑物，除屋顶的外部防雷装置应符合本规范第4.3.1条的规定外，尚应符合下列规定：

1 对水平突出外墙的物体，当滚球半径45m球体从屋顶周边接闪带外向地面垂直下降接触到突出外墙的物体时，应采取相应的防雷措施。

2 高于60m的建筑物，其上部占高度20%并超过60m的部位应防侧击，防侧击应符合下列规定：

1）在建筑物上部占高度20%并超过60m的部位，各表面上的尖物、墙角、边缘、设备以及显著突出的物体，应按屋顶上的保护措施处理。

2）在建筑物上部占高度20%并超过60m的部位，布置接闪器应符合对本类防雷建筑物的要求，接闪器应重点布置在墙角、边缘和显著突出的物体上。

3）外部金属物，当其最小尺寸符合本规范第5.2.7条第2款的规定时，可利用其作为接闪器，还可利用布置在建筑物垂直边缘处的外部引下线作为接闪器。

4）符合本规范第4.3.5条规定的钢筋混凝土内钢筋和符合本规范第5.3.5条规定的建筑物金属框架，当作为引下线或与引下线连接时，均可利用其作为接闪器。

3 外墙内、外竖直敷设的金属管道及金属物的顶端和底端，应与防雷装置等电位连接。

4.3.10 有爆炸危险的露天钢质封闭气罐，当其高度小于或等于60m、罐顶壁厚不小于4mm时，或当其高度大于60m、罐顶壁厚和侧壁壁厚均不小于4mm时，可不装设接闪器，但应接地，且接地点不应少于2处，两接地点间距离不宜大于30m，每处接地点的冲击接地电阻不应大于30Ω。当防雷的接地装置符合本规范第4.3.6条的规定时，可不计及其接地电阻值，但本规范第4.3.6条所规定的10Ω可改为30Ω。放散管和呼吸阀的保护应符合本规范第4.3.2条的规定。

4.4 第三类防雷建筑物的防雷措施

4.4.1 第三类防雷建筑物外部防雷的措施宜采用装设在建筑物上的接闪网、接闪带或接闪杆，也可采用由接闪网、接闪带和接闪杆混合组成的接闪器。接闪网、接闪带应按本规范附录B的规定沿屋角、屋脊、屋檐和檐角等易受雷击的部位敷设，并应在整个屋面组成不大于20m×20m或24m×16m的网格；当建筑物高度超过60m时，首先应沿屋顶周边敷设接闪带，接闪带应设在外墙外表面或屋檐边垂直面上，也可设在外墙外表面或屋檐边垂直面外。接闪器之间应互相连接。

4.4.2 突出屋面物体的保护措施应符合本规范第4.3.2条的规定。

4.4.3 专设引下线不应少于2根，并应沿建筑物四周和内庭院四周均匀对称布置，其间距沿周长计算不应大于25m。当建筑物的跨度较大，无法在跨距中间设引下线时，应在跨距两端设引下线并减小其他引下线的间距，专设引下线的平均间距不应大于25m。

4.4.4 防雷装置的接地应与电气和电子系统等接地共用接地装置，并应与引入的金属管线做等电位连接。外部防雷装置的专设接地装置宜围绕建筑物敷设成环形接地体。

4.4.5 建筑物宜利用钢筋混凝土屋面、梁、柱、基础内的钢筋作为引下线和接地装置，当其女儿墙以内的屋顶钢筋网以上的防水和混凝土层允许不保护时，宜利用屋顶钢筋网作为接闪器，以及当建筑物为多层建筑，其女儿墙压顶板内或檐口内有钢筋且周围除保安人员巡逻外通常无人停留时，宜利用女儿墙压顶板内或檐口内的钢筋作为接闪器，并应符合本规范第4.3.5条第2款、第3款、第6款规定，同时应符合下列规定：

1　利用基础内钢筋网作为接地体时，在周围地面以下距地面不小于0.5m深，每根引下线所连接的钢筋表面积总和应按下式计算：

$$S \geqslant 1.89k_c^2 \qquad (4.4.5)$$

2　当在建筑物周边的无钢筋的闭合条形混凝土基础内敷设人工基础接地体时，接地体的规格尺寸应按表4.4.5的规定确定。

表4.4.5　第三类防雷建筑物环形人工基础接地体的最小规格尺寸

闭合条形基础的周长（m）	扁钢（mm）	圆钢，根数×直径（mm）
≥60	—	1×ϕ10
40～60	4×20	2×ϕ8
<40	钢材表面积总和≥1.89m²	

注：1　当长度相同、截面相同时，宜选用扁钢；

2　采用多根圆钢时，其敷设净距不小于直径的2倍；

3　利用闭合条形基础内的钢筋作接地体时可按本表校验，除主筋外，可计入箍筋的表面积。

4.4.6　共用接地装置的接地电阻应按50Hz电气装置的接地电阻确定，不应大于按人身安全所确定的接地电阻值。在土壤电阻率小于或等于3000Ωm时，外部防雷装置的接地体当符合下列规定之一以及环形接地体所包围面积的等效圆半径等于或大于所规定的值时可不计及冲击接地电阻；当每根专设引下线的冲击接地电阻不大于30Ω，但对本规范第3.0.4条第2款所规定的建筑物则不大于10Ω时，可不按本条第1款敷设接地体：

1　对环形接地体所包围面积的等效圆半径小于5m时，每一引下线处应补加水平接地体或垂直接地体。当补加水平接地体时，其最小长度应按本规范式（4.2.4-1）计算；当补加垂直接地体时，其最小长度应按本规范式（4.2.4-2）计算。

2　在符合本规范第4.4.5条规定的条件下，利用槽形、板形或条形基础的钢筋作为接地体或在基础下面混凝土垫层内敷设人工环形基础接地体，当槽形、板形基础钢筋网在水平面的投影面积或成环的条形基础钢筋或人工环形基础接地体所包围的面积大于或等于79m² 时，可不补加接地体。

3　在符合本规范第4.4.5条规定的条件下，对6m柱距或大多数柱距为6m的单层工业建筑物，当利用柱子基础的钢筋作为外部防雷装置的接地体并同时符合下列规定时，可不另加接地体：

1）利用全部或绝大多数柱子基础的钢筋作为接地体。

2）柱子基础的钢筋网通过钢柱，钢屋架，钢筋混凝土柱子、屋架、屋面板、吊车梁等构件的钢筋或防雷装置互相连成整体。

3）在周围地面以下距地面不小于0.5m深，每一柱子基础内所连接的钢筋表面积总和大于或等于0.37m²。

4.4.7　防止雷电流流经引下线和接地装置时产生的高电位对附近金属物或电气和电子系统线路的反击，应符合下列规定：

1　应符合本规范第4.3.8条第1～5款的规定，并应按下式计算：

$$S_{a3} \geqslant 0.04k_c l_x \qquad (4.4.7)$$

2　低压电源线路引入的总配电箱、配电柜处装设Ⅰ级试验的电涌保护器，以及配电变压器设在本建筑物内或附设于外墙处，并在低压侧配电屏的母线上装设Ⅰ级试验的电涌保护器时，电涌保护器每一保护模式的冲击电流值，当电源线路无屏蔽层时可按本规范式（4.2.4-6）计算，当有屏蔽层时可按本规范式（4.2.4-7）计算，式中的雷电流应取等于100kA。

3　在电子系统的室外线路采用金属线时，在其引入的终端箱处应安装D1类高能量试验类型的电涌保护器，其短路电流当无屏蔽层时可按本规范式（4.2.4-6）计算，当有屏蔽层时可按本规范式（4.2.4-7）计算，式中的雷电流应取等于100kA；当无法确定时应选用1.0kA。

4　在电子系统的室外线路采用光缆时，其引入的终端箱处的电气线路侧，当无金属线路引出本建筑物至其他有自己接地装置的设备时，可安装B2类慢上升率试验类型的电涌保护器，其短路电流宜选用50A。

5　输送火灾爆炸危险物质和具有阴极保护的埋地金属管道，当其从室外进入户内处设有绝缘段时，应符合本规范第4.2.4条第13款和第14款的规定，当按本规范式（4.2.4-6）计算时，雷电流应取等于100kA。

4.4.8　高度超过60m的建筑物，除屋顶的外部防雷装置应符合本规范第4.4.1条的规定外，尚应符合下列规定：

1　对水平突出外墙的物体，当滚球半径60m球体从屋顶周边接闪带外向地面垂直下降接触到突出外墙的物体时，应采取相应的防雷措施。

2　高于60m的建筑物，其上部占高度20%并超过60m的部位应防侧击，防侧击应符合下列规定：

1）在建筑物上部占高度20%并超过60m的部位，各表面上的尖物、墙角、边缘、设备以及显著突出的物体，应按屋顶的保护措施处理。

2）在建筑物上部占高度20%并超过60m的部位，布置接闪器应符合对本类防雷建筑物的要求，接闪器应重点布置在墙角、边缘和显著突出的物体上。

3）外部金属物，当其最小尺寸符合本规范第

5.2.7条第2款的规定时，可利用其作为接闪器，还可利用布置在建筑物垂直边缘处的外部引下线作为接闪器。

4）符合本规范第4.4.5条规定的钢筋混凝土内钢筋和符合本规范第5.3.5条规定的建筑物金属框架，当其作为引下线或与引下线连接时均可利用作为接闪器。

3 外墙内、外竖直敷设的金属管道及金属物的顶端和底端，应与防雷装置等电位连接。

4.4.9 砖烟囱、钢筋混凝土烟囱，宜在烟囱上装设接闪杆或接闪环保护。多支接闪杆应连接在闭合环上。

当非金属烟囱无法采用单支或双支接闪杆保护时，应在烟囱口装设环形接闪带，并应对称布置三支高出烟囱口不低于0.5m的接闪杆。

钢筋混凝土烟囱的钢筋应在其顶部和底部与引下线和贯通连接的金属爬梯相连。当符合本规范第4.4.5条的规定时，宜利用钢筋作为引下线和接地装置，可不另设专用引下线。

高度不超过40m的烟囱，可只设一根引下线，超过40m时应设两根引下线。可利用螺栓或焊接连接的一座金属爬梯作为两根引下线用。

金属烟囱应作为接闪器和引下线。

4.5 其他防雷措施

4.5.1 当一座防雷建筑物中兼有第一、二、三类防雷建筑物时，其防雷分类和防雷措施宜符合下列规定：

1 当第一类防雷建筑物部分的面积占建筑物总面积的30%及以上时，该建筑物宜确定为第一类防雷建筑物。

2 当第一类防雷建筑物部分的面积占建筑物总面积的30%以下，且第二类防雷建筑物部分的面积占建筑物总面积的30%及以上时，或当这两部分防雷建筑物的面积均小于建筑物总面积的30%，但其面积之和又大于30%时，该建筑物宜确定为第二类防雷建筑物。但对第一类防雷建筑物部分的防闪电感应和防闪电电涌侵入，应采取第一类防雷建筑物的保护措施。

3 当第一、二类防雷建筑物部分的面积之和小于建筑物总面积的30%，且不可能遭直接雷击时，该建筑物可确定为第三类防雷建筑物；但对第一、二类防雷建筑物部分的防闪电感应和防闪电电涌侵入，应采取各自类别的保护措施；当可能遭直接雷击时，宜按各自类别采取防雷措施。

4.5.2 当一座建筑物中仅有一部分为第一、二、三类防雷建筑物时，其防雷措施宜符合下列规定：

1 当防雷建筑物部分可能遭直接雷击时，宜按各自类别采取防雷措施。

2 当防雷建筑物部分不可能遭直接雷击时，可不采取防直击雷措施，可仅按各自类别采取防闪电感应和防闪电电涌侵入的措施。

3 当防雷建筑物部分的面积占建筑物总面积的50%以上时，该建筑物宜按本规范第4.5.1条的规定采取防雷措施。

4.5.3 当采用接闪器保护建筑物、封闭气罐时，其外表面外的2区爆炸危险场所可不在滚球法确定的保护范围内。

4.5.4 固定在建筑物上的节日彩灯、航空障碍信号灯及其他用电设备和线路应根据建筑物的防雷类别采取相应的防止闪电电涌侵入的措施，并应符合下列规定：

1 无金属外壳或保护网罩的用电设备应处在接闪器的保护范围内。

2 从配电箱引出的配电线路应穿钢管。钢管的一端应与配电箱和PE线相连；另一端应与用电设备外壳、保护罩相连，并应就近与屋顶防雷装置相连。当钢管因连接设备而中间断开时应设跨接线。

3 在配电箱内应在开关的电源侧装设Ⅱ级试验的电涌保护器，其电压保护水平不应大于2.5kV，标称放电电流值应根据具体情况确定。

4.5.5 粮、棉及易燃物大量集中的露天堆场，当其年预计雷击次数大于或等于0.05时，应采用独立接闪杆或架空接闪线防直击雷。独立接闪杆和架空接闪线保护范围的滚球半径可取100m。

在计算雷击次数时，建筑物的高度可按可能堆放的高度计算，其长度和宽度可按可能堆放面积的长度和宽度计算。

4.5.6 在建筑物引下线附近保护人身安全需采取的防接触电压和跨步电压的措施，应符合下列规定：

1 防接触电压应符合下列规定之一：

1）利用建筑物金属构架和建筑物互相连接的钢筋在电气上是贯通且不少于10根柱子组成的自然引下线，作为自然引下线的柱子包括位于建筑物四周和建筑物内的。

2）引下线3m范围内地表层的电阻率不小于50kΩm，或敷设5cm厚沥青层或15cm厚砾石层。

3）外露引下线，其距地面2.7m以下的导体用耐1.2/50μs冲击电压100kV的绝缘层隔离，或用至少3mm厚的交联聚乙烯层隔离。

4）用护栏、警告牌使接触引下线的可能性降至最低限度。

2 防跨步电压应符合下列规定之一：

1）利用建筑物金属构架和建筑物互相连接的钢筋在电气上是贯通且不少于10根柱子组成的自然引下线，作为自然引下线的柱子包括位于建筑物四周和建筑物内的。

2）引下线3m范围内地表层的电阻率不小于

50kΩm，或敷设 5cm 厚沥青层或 15cm 厚砾石层。

3）用网状接地装置对地面做均衡电位处理。

4）用护栏、警告牌使进入距引下线 3m 范围内地面的可能性减小到最低限度。

4.5.7 对第二类和第三类防雷建筑物，应符合下列规定：

1 没有得到接闪器保护的屋顶孤立金属物的尺寸不超过下列数值时，可不要求附加的保护措施：

1）高出屋顶平面不超过 0.3m。

2）上层表面总面积不超过 $1.0m^2$。

3）上层表面的长度不超过 2.0m。

2 不处在接闪器保护范围内的非导电性屋顶物体，当它没有突出由接闪器形成的平面 0.5m 以上时，可不要求附加增设接闪器的保护措施。

4.5.8 在独立接闪杆、架空接闪线、架空接闪网的支柱上，严禁悬挂电话线、广播线、电视接收天线及低压架空线等。

5 防雷装置

5.1 防雷装置使用的材料

5.1.1 防雷装置使用的材料及其应用条件，宜符合表 5.1.1 的规定。

表 5.1.1 防雷装置的材料及使用条件

材料	使用于大气中	使用于地中	使用于混凝土中	耐腐蚀情况		
				在下列环境中能耐腐蚀	在下列环境中增加腐蚀	与下列材料接触形成直流电耦合可能受到严重腐蚀
铜	单根导体，绞线	单根导体，有镀层的绞线，铜管	单根导体，有镀层的绞线	在许多环境中良好	硫化物有机材料	—
热镀锌钢	单根导体，绞线	单根导体，钢管	单根导体，绞线	敷设于大气、混凝土和无腐蚀性的一般土壤中受到的腐蚀是可接受的	高氯化物含量	铜
电镀铜钢	单根导体	单根导体	单根导体	在许多环境中良好	硫化物	—
不锈钢	单根导体，绞线	单根导体，绞线	单根导体，绞线	在许多环境中良好	高氯化物含量	—
铝	单根导体，绞线	不适合	不适合	在含有低浓度硫和氯化物的大气中良好	碱性溶液	铜
铅	有镀铅层的单根导体	禁止	不适合	在含有高浓度硫酸化合物的大气中良好	—	铜 不锈钢

注：1 敷设于黏土或潮湿土壤中的镀锌钢可能受到腐蚀；

2 在沿海地区，敷设于混凝土中的镀锌钢不宜延伸进入土壤中；

3 不得在地中采用铅。

5.1.2 防雷等电位连接各连接部件的最小截面，应符合表5.1.2的规定。连接单台或多台Ⅰ级分类试验或 D1 类电涌保护器的单根导体的最小截面，尚应按下式计算：

$$S_{min} \geqslant I_{imp}/8 \tag{5.1.2}$$

式中：S_{min}——单根导体的最小截面（mm^2）；

I_{imp}——流入该导体的雷电流（kA）。

表 5.1.2 防雷装置各连接部件的最小截面

等电位连接部件			材料	截面（mm^2）
等电位连接带（铜、外表面镀铜的钢或热镀锌钢）			Cu（铜）、Fe（铁）	50
从等电位连接带至接地装置或各等电位连接带之间的连接导体			Cu（铜）	16
			Al（铝）	25
			Fe（铁）	50
从屋内金属装置至等电位连接带的连接导体			Cu（铜）	6
			Al（铝）	10
			Fe（铁）	16
连接电涌保护器的导体	电气系统	Ⅰ级试验的电涌保护器	Cu（铜）	6
		Ⅱ级试验的电涌保护器		2.5
		Ⅲ级试验的电涌保护器		1.5
	电子系统	D1 类电涌保护器		1.2
		其他类的电涌保护器（连接导体的截面可小于 $1.2mm^2$）		根据具体情况确定

5.2 接 闪 器

5.2.1 接闪器的材料、结构和最小截面应符合表 5.2.1 的规定。

表 5.2.1 接闪线（带）、接闪杆和引下线的材料、结构与最小截面

材料	结构	最小截面（mm^2）	备注⑩
铜，镀锡铜①	单根扁铜	50	厚度 2mm
	单根圆铜⑦	50	直径 8mm
	铜绞线	50	每股线直径 1.7mm
	单根圆铜③、④	176	直径 15mm
铝	单根扁铝	70	厚度 3mm
	单根圆铝	50	直径 8mm
	铝绞线	50	每股线直径 1.7mm
铝合金	单根扁形导体	50	厚度 2.5mm
	单根圆形导体	50	直径 8mm
	绞线	50	每股线直径 1.7mm
	单根圆形导体③	176	直径 15mm
	外表面镀铜的单根圆形导体	50	直径 8mm，径向镀铜厚度至少 70μm，铜纯度 99.9%
热浸镀锌钢②	单根扁钢	50	厚度 2.5mm
	单根圆钢⑨	50	直径 8mm
	绞线	50	每股线直径 1.7mm
	单根圆钢③、④	176	直径 15mm

续表 5.2.1

材料	结构	最小截面（mm^2）	备注⑩
不锈钢⑤	单根扁钢⑥	50⑧	厚度 2mm
	单根圆钢⑥	50⑧	直径 8mm
	绞线	70	每股线直径 1.7mm
	单根圆钢③、④	176	直径 15mm
外表面镀铜的钢	单根圆钢（直径 8mm）	50	镀铜厚度至少 70μm，铜纯度 99.9%
	单根扁钢（厚 2.5mm）		

注：① 热浸或电镀锡的锡层最小厚度为 1μm；
② 镀锌层宜光滑连贯、无焊剂斑点，镀锌层圆钢至少 22.7g/m^2、扁钢至少 32.4g/m^2；
③ 仅应用于接闪杆。当应用于机械应力没达到临界值之处，可采用直径 10mm 、最长 1m 的接闪杆，并增加固定；
④ 仅应用于入地之处；
⑤ 不锈钢中，铬的含量等于或大于 16%，镍的含量等于或大于 8%，碳的含量等于或小于 0.08%；
⑥ 对埋于混凝土中以及与可燃材料直接接触的不锈钢，其最小尺寸宜增大至直径 10mm 的 78mm^2（单根圆钢）和最小厚度 3mm 的 75mm^2（单根扁钢）；
⑦ 在机械强度没有重要要求之处，50mm^2（直径 8mm）可减为 28mm^2（直径 6mm）。并应减小固定支架间的间距；
⑧ 当温升和机械受力是重点考虑之处，50mm^2 加大至 75mm^2；
⑨ 避免在单位能量 10MJ/Ω 下熔化的最小截面是铜为 16mm^2、铝为 25mm^2、钢为 50mm^2、不锈钢为 50mm^2；
⑩ 截面积允许误差为－3%。

5.2.2 接闪杆采用热镀锌圆钢或钢管制成时，其直径应符合下列规定：

1 杆长 1m 以下时，圆钢不应小于 12mm，钢管不应小于 20mm。

2 杆长 1m～2m 时，圆钢不应小于 16mm，钢管不应小于 25mm。

3 独立烟囱顶上的杆，圆钢不应小于 20mm，钢管不应小于 40mm。

5.2.3 接闪杆的接闪端宜做成半球状，其最小弯曲半径宜为4.8mm，最大宜为 12.7mm。

5.2.4 当独立烟囱上采用热镀锌接闪环时，其圆钢直径不应小于 12mm；扁钢截面不应小于 100mm^2，其厚度不应小于 4mm。

5.2.5 架空接闪线和接闪网宜采用截面不小于 50mm^2 热镀锌钢绞线或铜绞线。

5.2.6 明敷接闪导体固定支架的间距不宜大于表 5.2.6 的规定。固定支架的高度不宜小于 150mm。

表 5.2.6 明敷接闪导体和引下线固定支架的间距

布置方式	扁形导体和绞线固定支架的间距（mm）	单根圆形导体固定支架的间距（mm）
安装于水平面上的水平导体	500	1000
安装于垂直面上的水平导体	500	1000
安装于从地面至高 20m 垂直面上的垂直导体	1000	1000
安装在高于 20m 垂直面上的垂直导体	500	1000

5.2.7 除第一类防雷建筑物外，金属屋面的建筑物宜利用其屋面作为接闪器，并应符合下列规定：

1 板间的连接应是持久的电气贯通，可采用铜锌合金焊、熔焊、卷边压接、缝接、螺钉或螺栓连接。

2 金属板下面无易燃物品时，铅板的厚度不应小于 2mm，不锈钢、热镀锌钢、钛和铜板的厚度不应小于 0.5mm，铝板的厚度不应小于 0.65mm，锌板的厚度不应小于 0.7mm。

3 金属板下面有易燃物品时，不锈钢、热镀锌钢和钛板的厚度不应小于 4mm，铜板的厚度不应小于 5mm，铝板的厚度不应小于 7mm。

4 金属板应无绝缘被覆层。

注：薄的油漆保护层或 1mm 厚沥青层或 0.5mm 厚聚氯乙烯层均不应属于绝缘被覆层。

5.2.8 除第一类防雷建筑物和本规范第 4.3.2 条第 1 款的规定外，屋顶上永久性金属物宜作为接闪器，但其各部件之间均应连成电气贯通，并应符合下列规定：

1 旗杆、栏杆、装饰物、女儿墙上的盖板等，其截面应符合本规范表 5.2.1 的规定，其壁厚应符合本规范第 5.2.7 条的规定。

2 输送和储存物体的钢管和钢罐的壁厚不应小于 2.5mm；当钢管、钢罐一旦被雷击穿，其内的介质对周围环境造成危险时，其壁厚不应小于 4mm。

3 利用屋顶建筑构件内钢筋作接闪器应符合本规范第4.3.5 条和第 4.4.5 条的规定。

5.2.9 除利用混凝土构件钢筋或在混凝土内专设钢材作接闪器外，钢质接闪器应热镀锌。在腐蚀性较强的场所，尚应采取加大截面或其他防腐措施。

5.2.10 不得利用安装在接收无线电视广播天线杆顶上的接闪器保护建筑物。

5.2.11 专门敷设的接闪器应由下列的一种或多种方式组成：

1 独立接闪杆。

2 架空接闪线或架空接闪网。

3 直接装设在建筑物上的接闪杆、接闪带或接闪网。

5.2.12 专门敷设的接闪器，其布置应符合表5.2.12的规定。布置接闪器时，可单独或任意组合采用接闪杆、接闪带、接闪网。

表 5.2.12 接闪器布置

建筑物防雷类别	滚球半径 h_r（m）	接闪网网格尺寸（m）
第一类防雷建筑物	30	≤5×5 或≤6×4
第二类防雷建筑物	45	≤10×10 或≤12×8
第三类防雷建筑物	60	≤20×20 或≤24×16

5.3 引 下 线

5.3.1 引下线的材料、结构和最小截面应按本规范表5.2.1的规定取值。

5.3.2 明敷引下线固定支架的间距不宜大于本规范表5.2.6的规定。

5.3.3 引下线宜采用热镀锌圆钢或扁钢，宜优先采用圆钢。

当独立烟囱上的引下线采用圆钢时，其直径不应小于12mm；采用扁钢时，其截面不应小于100mm²，厚度不应小于4mm。

防腐措施应符合本规范第5.2.9条的规定。

利用建筑构件内钢筋作引下线应符合本规范第4.3.5条和第4.4.5条的规定。

5.3.4 专设引下线应沿建筑物外墙外表面明敷，并应经最短路径接地；建筑外观要求较高时可暗敷，但其圆钢直径不应小于10mm，扁钢截面不应小于80mm²。

5.3.5 建筑物的钢梁、钢柱、消防梯等金属构件，以及幕墙的金属立柱宜作为引下线，但其各部件之间均应连成电气贯通，可采用铜锌合金焊、熔焊、卷边压接、缝接、螺钉或螺栓连接；其截面应按本规范表5.2.1的规定取值；各金属构件可覆有绝缘材料。

5.3.6 采用多根专设引下线时，应在各引下线上距地面0.3m～1.8m处装设断接卡。

当利用混凝土内钢筋、钢柱作为自然引下线并同时采用基础接地体时，可不设断接卡，但利用钢筋作引下线时应在室内外的适当地点设若干连接板。当仅利用钢筋作引下线并采用埋于土壤中的人工接地体时，应在每根引下线上距地面不低于0.3m处设接地体连接板。采用埋于土壤中的人工接地体时应设断接卡，其上端应与连接板或钢柱焊接。连接板处宜有明显标志。

5.3.7 在易受机械损伤之处，地面上1.7m至地面下0.3m的一段接地线，应采用暗敷或采用镀锌角钢、改性塑料管或橡胶管等加以保护。

5.3.8 第二类防雷建筑物或第三类防雷建筑物为钢结构或钢筋混凝土建筑物时，在其钢构件或钢筋之间的连接满足本规范规定并利用其作为引下线的条件下，当其垂直支柱均起到引下线的作用时，可不要求满足专设引下线之间的间距。

5.4 接 地 装 置

5.4.1 接地体的材料、结构和最小尺寸应符合表5.4.1的规定。利用建筑构件内钢筋作接地装置应符合本规范第4.3.5条和第4.4.5条的规定。

表 5.4.1 接地体的材料、结构和最小尺寸

材料	结构	最小尺寸			备 注
		垂直接地体直径（mm）	水平接地体（mm²）	接地板（mm）	
铜、镀锡铜	铜绞线	—	50	—	每股直径1.7mm
	单根圆铜	15	50	—	—
	单根扁铜	—	50	—	厚度2mm
	铜管	20	—	—	壁厚2mm
	整块铜板	—	—	500×500	厚度2mm
	网格铜板	—	—	600×600	各网格边截面25mm×2mm，网格网边总长度不少于4.8m
热镀锌钢	圆钢	14	78	—	—
	钢管	25	—	—	壁厚2mm
	扁钢	—	90	—	厚度3mm
	钢板	—	—	500×500	厚度3mm
	网格钢板	—	—	600×600	各网格边截面30mm×3mm，网格网边总长度不少于4.8m
	型钢	注3	—	—	—
裸钢	钢绞线	—	70	—	每股直径1.7mm
	圆钢	—	78	—	—
	扁钢	—	75	—	厚度3mm
外表面镀铜的钢	圆钢	14	50	—	镀铜厚度至少250μm，铜纯度99.9%
	扁钢	—	90（厚3mm）	—	
不锈钢	圆形导体	15	78	—	—
	扁形导体	—	100	—	厚度2mm

注：1 热镀锌钢的镀锌层应光滑连贯、无焊剂斑点，镀锌层圆钢至少22.7g/m²、扁钢至少32.4g/m²；

2 热镀锌之前螺纹应先加工好；

3 不同截面的型钢，其截面不小于290mm²，最小厚度3mm，可采用50mm×50mm×3mm角钢；

4 当完全埋在混凝土中时才可采用裸钢；

5 外表面镀铜的钢，铜应与钢结合良好；

6 不锈钢中，铬的含量等于或大于16%，镍的含量等于或大于5%，钼的含量等于或大于2%，碳的含量等于或小于0.08%；

7 截面积允许误差为－3%。

5.4.2 在符合本规范表5.1.1规定的条件下，埋于土壤中的人工垂直接地体宜采用热镀锌角钢、钢管或圆钢；埋于土壤中的人工水平接地体宜采用热镀锌扁钢或圆钢。

接地线应与水平接地体的截面相同。

5.4.3 人工钢质垂直接地体的长度宜为 2.5m。其间距以及人工水平接地体的间距均宜为 5m，当受地方限制时可适当减小。

5.4.4 人工接地体在土壤中的埋设深度不应小于 0.5m，并宜敷设在当地冻土层以下，其距墙或基础不宜小于 1m。接地体宜远离由于烧窑、烟道等高温影响使土壤电阻率升高的地方。

5.4.5 在敷设于土壤中的接地体连接到混凝土基础内起基础接地体作用的钢筋或钢材的情况下，土壤中的接地体宜采用铜质或镀铜钢或不锈钢导体。

5.4.6 在高土壤电阻率的场地，降低防直击雷冲击接地电阻宜采用下列方法：

1 采用多支线外引接地装置，外引长度不应大于有效长度，有效长度应符合本规范附录 C 的规定。

2 接地体埋于较深的低电阻率土壤中。

3 换土。

4 采用降阻剂。

5.4.7 防直击雷的专设引下线距出入口或人行道边沿不宜小于 3m。

5.4.8 接地装置埋在土壤中的部分，其连接宜采用放热焊接；当采用通常的焊接方法时，应在焊接处做防腐处理。

5.4.9 接地装置工频接地电阻的计算应符合现行国家标准《工业与民用电力装置的接地设计规范》GBJ 65 的有关规定，其与冲击接地电阻的换算应符合本规范附录 C 的规定。

6 防雷击电磁脉冲

6.1 基 本 规 定

6.1.1 在工程的设计阶段不知道电子系统的规模和具体位置的情况下，若预计将来会有需要防雷击电磁脉冲的电气和电子系统，应在设计时将建筑物的金属支撑物、金属框架或钢筋混凝土的钢筋等自然构件、金属管道、配电的保护接地系统等与防雷装置组成一个接地系统，并应在需要之处预埋等电位连接板。

6.1.2 当电源采用 TN 系统时，从建筑物总配电箱起供电给本建筑物内的配电线路和分支线路必须采用 TN-S 系统。

6.2 防雷区和防雷击电磁脉冲

6.2.1 防雷区的划分应符合下列规定：

1 本区内的各物体都可能遭到直接雷击并导走全部雷电流，以及本区内的雷击电磁场强度没有衰减时，应划分为 $LPZ0_A$ 区。

2 本区内的各物体不可能遭到大于所选滚球半径对应的雷电流直接雷击，以及本区内的雷击电磁场强度仍没有衰减时，应划分为 $LPZ0_B$ 区。

3 本区内的各物体不可能遭到直接雷击，且由于在界面处的分流，流经各导体的电涌电流比 $LPZ0_B$ 区内的更小，以及本区内的雷击电磁场强度可能衰减，衰减程度取决于屏蔽措施时，应划分为 LPZ1 区。

4 需要进一步减小流入的电涌电流和雷击电磁场强度时，增设的后续防雷区应划分为 LPZ2…n 后续防雷区。

6.2.2 安装磁场屏蔽后续防雷区、安装协调配合好的多组电涌保护器，宜按需要保护的设备的数量、类型和耐压水平及其所要求的磁场环境选择（图 6.2.2）。

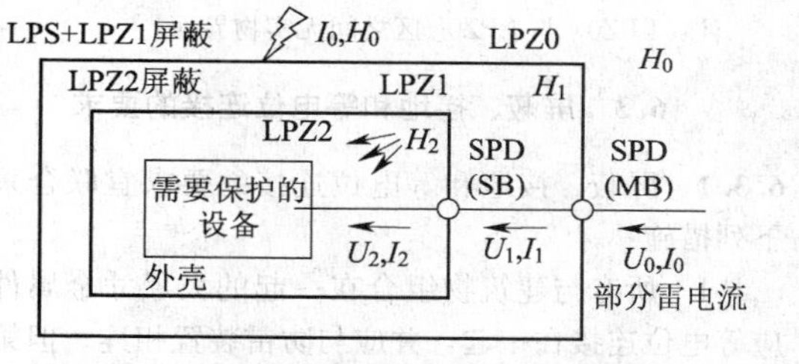

(a)采用大空间屏蔽和协调配合好的电涌保护器保护

注：设备得到良好的防导入电涌的保护，U_2大大小于U_0和I_2大大小于I_0，以及H_2大大小于H_0防辐射磁场的保护。

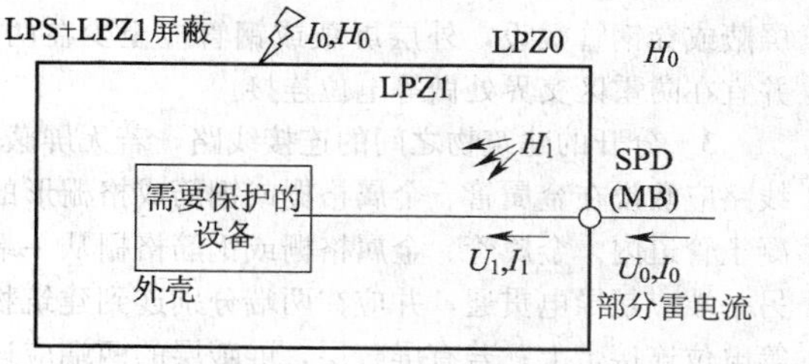

(b)采用LPZ1的大空间屏蔽和进户处安装电涌保护器的保护

注：设备得到防导入电涌的保护，U_1小于U_0和I_1小于I_0，以及H_1小于H_0防辐射磁场的保护。

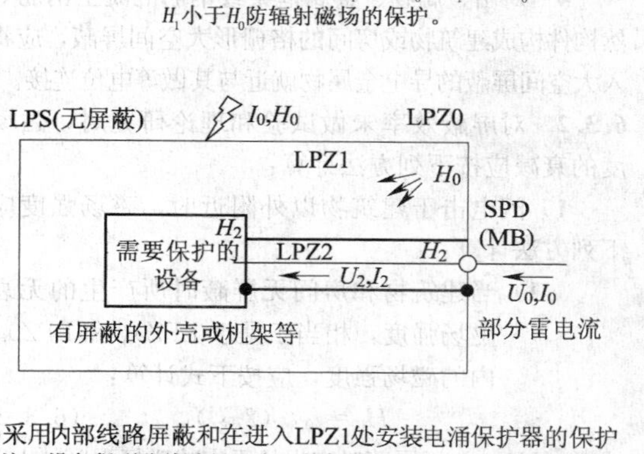

(c)采用内部线路屏蔽和在进入LPZ1处安装电涌保护器的保护

注：设备得到防线路导入电涌的保护，U_2小于U_0和I_2小于I_0，以及H_2小于H_0防辐射磁场的保护。

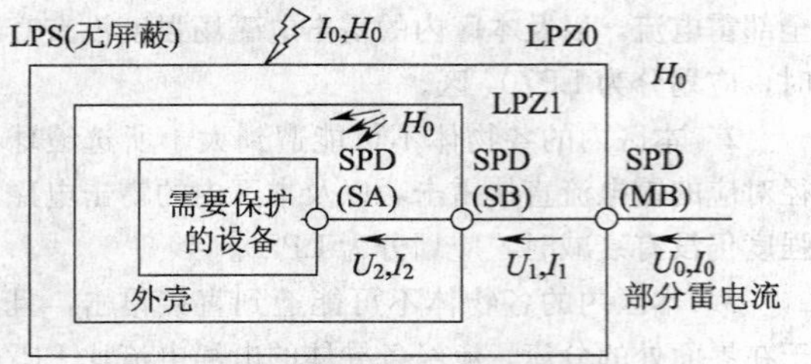

(d)仅采用协调配合好的电涌保护器保护

注：设备得到防线路导入电涌的保护，U_2大大小于U_0和I_2大大小于I_0，但不需防H_0辐射磁场的保护。

图 6.2.2　防雷击电磁脉冲（二）

MB—总配电箱；SB—分配电箱；SA—插座

6.2.3　在两个防雷区的界面上宜将所有通过界面的金属物做等电位连接。当线路能承受所发生的电涌电压时，电涌保护器可安装在被保护设备处，而线路的金属保护层或屏蔽层宜首先于界面处做一次等电位连接。

注：$LPZ0_A$ 与 $LPZ0_B$ 区之间无实物界面。

6.3　屏蔽、接地和等电位连接的要求

6.3.1　屏蔽、接地和等电位连接的要求宜联合采取下列措施：

1　所有与建筑物组合在一起的大尺寸金属件都应等电位连接在一起，并应与防雷装置相连。但第一类防雷建筑物的独立接闪器及其接地装置应除外。

2　在需要保护的空间内，采用屏蔽电缆时其屏蔽层应至少在两端，并宜在防雷区交界处做等电位连接，系统要求只在一端做等电位连接时，应采用两层屏蔽或穿钢管敷设，外层屏蔽或钢管应至少在两端，并宜在防雷区交界处做等电位连接。

3　分开的建筑物之间的连接线路，若无屏蔽层，线路应敷设在金属管、金属格栅或钢筋成格栅形的混凝土管道内。金属管、金属格栅或钢筋格栅从一端到另一端应是导电贯通，并应在两端分别连到建筑物的等电位连接带上；若有屏蔽层，屏蔽层的两端应连到建筑物的等电位连接带上。

4　对由金属物、金属框架或钢筋混凝土钢筋等自然构件构成建筑物或房间的格栅形大空间屏蔽，应将穿入大空间屏蔽的导电金属物就近与其做等电位连接。

6.3.2　对屏蔽效率未做试验和理论研究时，磁场强度的衰减应按下列方法计算：

1　闪电击于建筑物以外附近时，磁场强度应按下列方法计算：

1）当建筑物和房间无屏蔽时所产生的无衰减磁场强度，相当于处于 $LPZ0_A$ 和 $LPZ0_B$ 区内的磁场强度，应按下式计算：

$$H_0 = i_0 / (2\pi s_a) \qquad (6.3.2\text{-}1)$$

式中：H_0——无屏蔽时产生的无衰减磁场强度（A/m）；

i_0——最大雷电流（A），按本规范表 F.0.1-1、表 F.0.1-2 和表 F.0.1-3 的规定取值；

s_a——雷击点与屏蔽空间之间的平均距离（m）（图 6.3.2-1），按式（6.3.2-6）或式（6.3.2-7）计算。

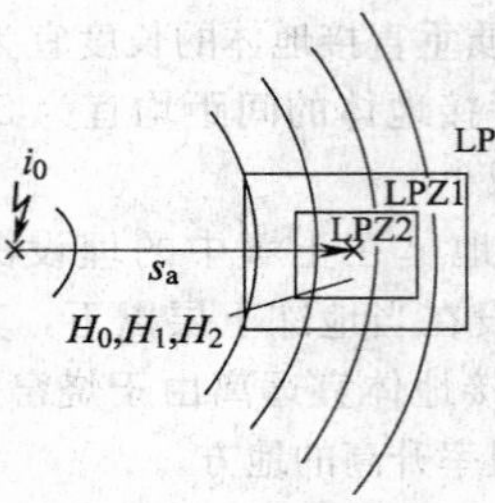

图 6.3.2-1　附近雷击时的环境情况

2）当建筑物或房间有屏蔽时，在格栅形大空间屏蔽内，即在 LPZ1 区内的磁场强度，应按下式计算：

$$H_1 = H_0 / 10^{SF/20} \qquad (6.3.2\text{-}2)$$

式中：H_1——格栅形大空间屏蔽内的磁场强度(A/m)；

SF——屏蔽系数（dB），按表 6.3.2-1 的公式计算。

表 6.3.2-1　格栅形大空间屏蔽的屏蔽系数

材料	SF（dB）	
	25kHz①	1MHz②或 250kHz
铜/铝	$20\times\log(8.5/w)$	$20\times\log(8.5/w)$
钢③	$20\times\log\left[(8.5/w)/\sqrt{1+18\times10^{-6}/r^2}\right]$	$20\times\log(8.5/w)$

注：① 适用于首次雷击的磁场；

② 1MHz 适用于后续雷击的磁场，250kHz 适用于首次负极性雷击的磁场；

③ 相对磁导系数 $\mu_r\approx200$；

1　w 为格栅形屏蔽的网格宽（m）；r 为格栅形屏蔽网格导体的半径（m）；

2　当计算式得出的值为负数时取 $SF=0$；若建筑物具有网格形等电位连接网络，SF 可增加 6dB。

2　表 6.3.2-1 的计算值应仅对在各 LPZ 区内距屏蔽层有一安全距离的安全空间内才有效（图 6.3.2-2），安全距离应按下列公式计算：

当 $SF\geqslant10$ 时：

$$d_{s/1} = w^{SF/10} \qquad (6.3.2\text{-}3)$$

当 $SF<10$ 时：

$$d_{s/1} = w \qquad (6.3.2\text{-}4)$$

式中：$d_{s/1}$——安全距离（m）；

w——格栅形屏蔽的网格宽（m）；

SF——按表 6.3.2-1 计算的屏蔽系数（dB）。

3　在闪电击在建筑物附近磁场强度最大的最坏情况下，按建筑物的防雷类别、高度、宽度或长度可确定可能的雷击点与屏蔽空间之间平均距离的最小值（图 6.3.2-3），可按下列方法确定：

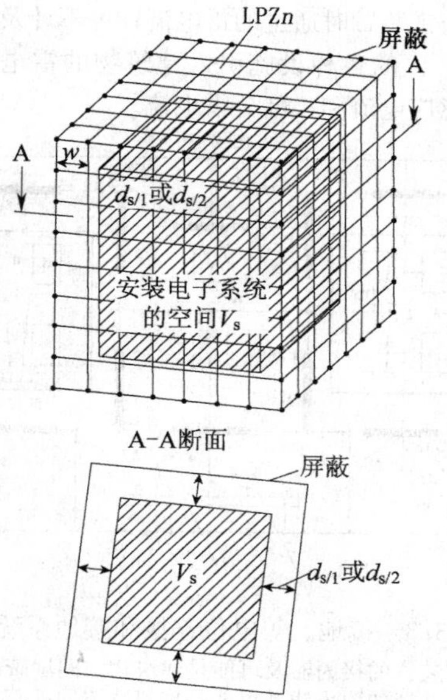

图 6.3.2-2 在 LPZn 区内供安放电气和电子系统的空间

注：空间 V_s 为安全空间。

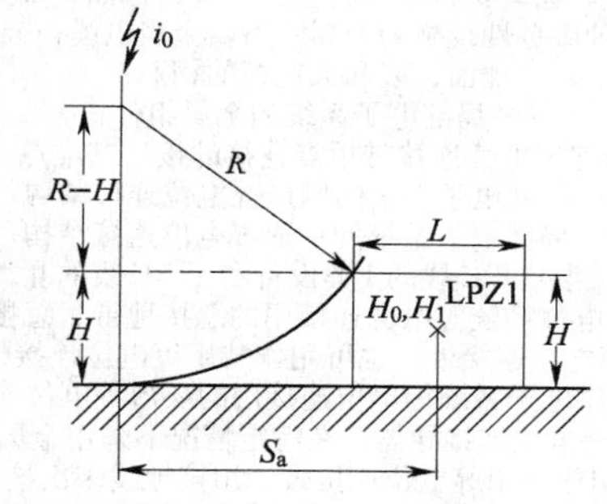

图 6.3.2-3 取决于滚球半径和建筑物尺寸的最小平均距离

1）对应三类防雷建筑物最大雷电流的滚球半径应符合表 6.3.2-2 的规定。滚球半径可按下式计算：

$$R=10\ (i_0)^{0.65} \tag{6.3.2-5}$$

式中：R——滚球半径（m）；

i_0——最大雷电流（kA），按本规范表 F.0.1-1、表 F.0.1-2 或表 F.0.1-3 的规定取值。

表 6.3.2-2 与最大雷电流对应的滚球半径

防雷建筑物类别	最大雷电流 i_0（kA）			对应的滚球半径 R（m）		
	正极性首次雷击	负极性首次雷击	负极性后续雷击	正极性首次雷击	负极性首次雷击	负极性后续雷击
第一类	200	100	50	313	200	127
第二类	150	75	37.5	260	165	105
第三类	100	50	25	200	127	81

2）雷击点与屏蔽空间之间的最小平均距离，应按下列公式计算：

当 $H<R$ 时：

$$s_a=\sqrt{H\ (2R-H)}+L/2 \tag{6.3.2-6}$$

当 $H\geqslant R$ 时：

$$s_a=R+L/2 \tag{6.3.2-7}$$

式中：H——建筑物高度（m）；

L——建筑物长度（m）。

根据具体情况建筑物长度可用宽度代入。对所取最小平均距离小于式（6.3.2-6）或式（6.3.2-7）计算值的情况，闪电将直接击在建筑物上。

4 在闪电直接击在位于 $LPZ0_A$ 区的格栅形大空间屏蔽或与其连接的接闪器上的情况下，其内部 LPZ1 区内安全空间内某点的磁场强度应按下式计算（图 6.3.2-4）：

$$H_1=k_H\cdot i_0\cdot w/\ (d_w\cdot\sqrt{d_r}\ ) \tag{6.3.2-8}$$

式中：H_1——安全空间内某点的磁场强度（A/m）；

d_r——所确定的点距 LPZ1 区屏蔽顶的最短距离（m）；

d_w——所确定的点距 LPZ1 区屏蔽壁的最短距离（m）；

k_H——形状系数（$1/\sqrt{m}$），取 $k_H=0.01$（$1/\sqrt{m}$）；

w——LPZ1 区格栅形屏蔽的网格宽（m）。

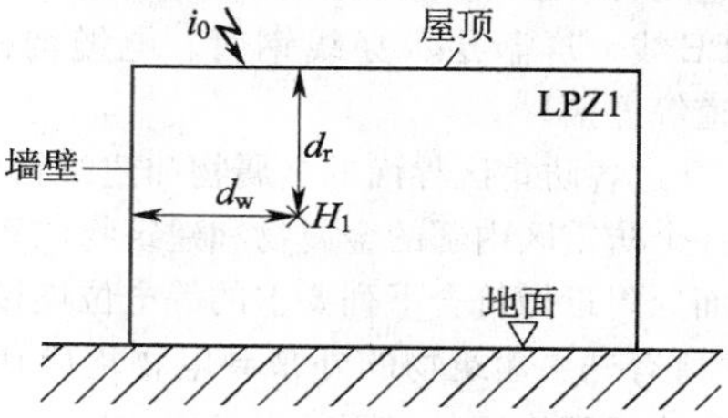

图 6.3.2-4 闪电直接击于屋顶接闪器时 LPZ1 区内的磁场强度

5 式（6.3.2-8）的计算值仅对距屏蔽格栅有一安全距离的安全空间内有效，安全距离应按下列公式计算，电子系统应仅安装在安全空间内：

当 $SF\geqslant 10$ 时：

$$d_{s/2}=w\cdot SF/10 \tag{6.3.2-9}$$

当 $SF<10$ 时：

$$d_{s/2}=w \tag{6.3.2-10}$$

式中：$d_{s/2}$——安全距离（m）。

6 LPZn+1 区内的磁场强度可按下式计算：

$$H_{n+1}=H_n/10^{SF/20} \tag{6.3.2-11}$$

式中：H_n——LPZn 区内的磁场强度（A/m）；

H_{n+1}——LPZn+1 区内的磁场强度（A/m）；

SF——LPZn+1 区屏蔽的屏蔽系数。

安全距离应按式（6.3.2-3）或式（6.3.2-4）计算。

7 当式（6.3.2-11）中的 LPZn 区内的磁场强度为 LPZ1 区内的磁场强度时，LPZ1 区内的磁场强度应按以下方法确定：

1）闪电击在 LPZ1 区附近的情况，应按本条第 1 款式（6.3.2-1）和式（6.3.2-2）确定。

2）闪电直接击在 LPZ1 区大空间屏蔽上的情况，应按本条第 4 款式（6.3.2-8）确定，但式中所确定的点距 LPZ1 区屏蔽顶的最短距离和距 LPZ1 区屏蔽壁的最短距离应按图 6.3.2-5 确定。

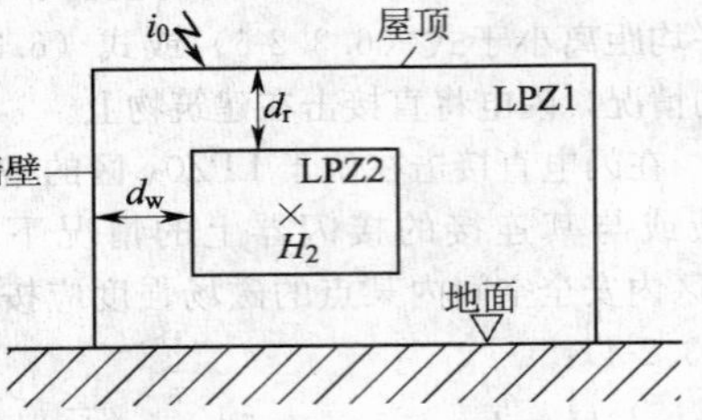

图 6.3.2-5　LPZ2 区内的磁场强度

6.3.3　接地和等电位连接除应符合本规范的有关规定外，尚应符合下列规定：

1　每幢建筑物本身应采用一个接地系统（图 6.3.3）。

2　当互相邻近的建筑物之间有电气和电子系统的线路连通时，宜将其接地装置互相连接，可通过接地线、PE 线、屏蔽层、穿线钢管、电缆沟的钢筋、金属管道等连接。

6.3.4　穿过各防雷区界面的金属物和建筑物内系统，以及在一个防雷区内部的金属物和建筑物内系统，均应在界面处附近做符合下列要求的等电位连接：

1　所有进入建筑物的外来导电物均应在 $LPZ0_A$ 或 $LPZ0_B$ 与 LPZ1 区的界面处做等电位连接。当外来导电物、电气和电子系统的线路在不同地点进入建筑物时，宜设若干等电位连接带，并应将其就近连到环形接地体、内部环形导体或在电气上贯通并连通到接地体或基础接地体的钢筋上。环形接地体和内部环形导体应连到钢筋或金属立面等其他屏蔽构件上，宜每隔 5m 连接一次。

对各类防雷建筑物，各种连接导体和等电位连接带的截面不应小于本规范表 5.1.2 的规定。

当建筑物内有电子系统时，在已确定雷击电磁脉冲影响最小之处，等电位连接带宜采用金属板，并应与钢筋或其他屏蔽构件做多点连接。

2　在 $LPZ0_A$ 与 LPZ1 区的界面处做等电位连接用的接线夹和电涌保护器，应采用本规范表 F.0.1-1 的雷电流参量估算通过的分流值。当无法估算时，可按本规范式（4.2.4-6）或式(4.2.4-7)计算，计算中的雷电流应采用本规范表 F.0.1-1 的雷电流。尚应确定沿各种设施引入建筑物的雷电流。应采用向外分流或向内引入的雷电流的较大者。

在靠近地面于 $LPZ0_B$ 与 LPZ1 区的界面处做等电位连接用的接线夹和电涌保护器，仅应确定闪电击中建筑物防雷装置时通过的雷电流；可不计及沿全长处在 $LPZ0_B$ 区的各种设施引入建筑物的雷电流，其值应仅为感应电流和小部分雷电流。

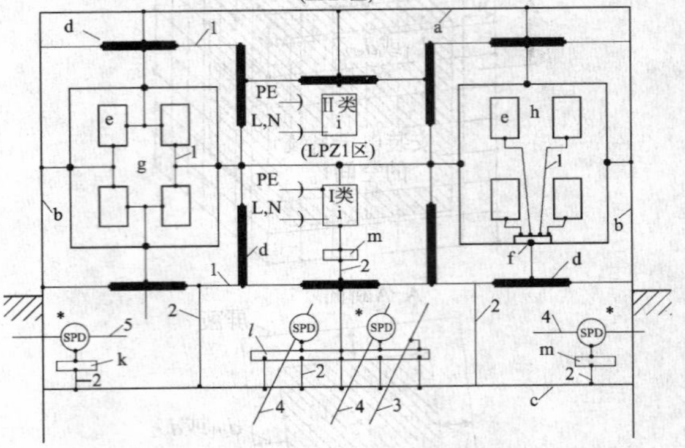

图 6.3.3　接地、等电位连接和接地系统的构成

a—防雷装置的接闪器及可能是建筑物空间屏蔽的一部分；
b—防雷装置的引下线及可能是建筑物空间屏蔽的一部分；
c—防雷装置的接地装置（接地体网络、共用接地体网络）以及可能是建筑物空间屏蔽的一部分，如基础内钢筋和基础接地体；
d—内部导电物体，在建筑物内及其上不包括电气装置的金属装置，如电梯轨道，起重机，金属地面，金属门框架，各种服务性设施的金属管道，金属电缆桥架，地面、墙和天花板的钢筋；
e—局部电子系统的金属组件；
f—代表局部等电位连接带单点连接的接地基准点（ERP）；
g—局部电子系统的网形等电位连接结构；
h—局部电子系统的星形等电位连接结构；
i—固定安装有 PE 线的Ⅰ类设备和无 PE 线的Ⅱ类设备；
k—主要供电气系统等电位连接用的总接地带、总接地母线、总等电位连接带。也可用作共用等电位连接带；
l—主要供电子系统等电位连接用的环形等电位连接带、水平等电位连接导体，在特定情况下采用金属板。也可用作共用等电位连接带。用接地线多次接到接地系统上做等电位连接，宜每隔 5m 连一次；
m—局部等电位连接带；
1—等电位连接导体；2—接地线；3—服务性设施的金属管道；4—电子系统的线路或电缆；5—电气系统的线路或电缆；
*—进入 LPZ1 区处，用于管道、电气和电子系统的线路或电缆等外来服务性设施的等电位连接。

3　各后续防雷区界面处的等电位连接也应采用本条第 1 款的规定。

穿过防雷区界面的所有导电物、电气和电子系统的线路均应在界面处做等电位连接。宜采用一局部等电位连接带做等电位连接，各种屏蔽结构或设备外壳等其他局部金属物也连到局部等电位连接带。

用于等电位连接的接线夹和电涌保护器应分别估算通过的雷电流。

4　所有电梯轨道、起重机、金属地板、金属门框架、设施管道、电缆桥架等大尺寸的内部导电物，其等电位连接应以最短路径连到最近的等电位连接带或其他已做了等电位连接的金属物或等电位连接网络，各导电物之间宜附加多次互相连接。

5　电子系统的所有外露导电物应与建筑物的等电位连接网络做功能性等电位连接。电子系统不应设独立的接地装置。向电子系统供电的配电箱的保护地线（PE线）应就近与建筑物的等电位连接网络做等电位连接。

一个电子系统的各种箱体、壳体、机架等金属组件与建筑物接地系统的等电位连接网络做功能性等电位连接，应采用S型星形结构或M型网形结构（图6.3.4）。

当采用S型等电位连接时，电子系统的所有金属组件应与接地系统的各组件绝缘。

6 当电子系统为300kHz以下的模拟线路时，可采用S型等电位连接，且所有设施管线和电缆宜从ERP处附近进入该电子系统。

S型等电位连接应仅通过唯一的ERP点，形成S_s型连接方式（图6.3.4）。设备之间的所有线路和电缆当无屏蔽时，宜与成星形连接的等电位连接线平行敷设。用于限制从线路传导来的过电压的电涌保护器，其引线的连接点应使加到被保护设备上的电涌电压最小。

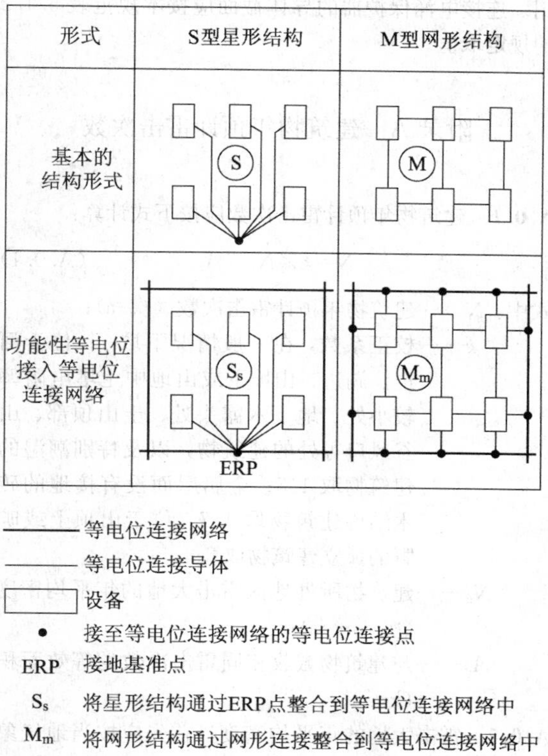

图6.3.4 电子系统功能性等电位连接整合到等电位连接网络中

7 当电子系统为兆赫兹级数字线路时，应采用M型等电位连接，系统的各金属组件不应与接地系统各组件绝缘。M型等电位连接应通过多点连接组合到等电位连接网络中去，形成M_m型连接方式。每台设备的等电位连接线的长度不宜大于0.5m，并宜设两根等电位连接线安装于设备的对角处，其长度相差宜为20%。

6.4 安装和选择电涌保护器的要求

6.4.1 复杂的电气和电子系统中，除在户外线路进入建筑物处，$LPZ0_A$或$LPZ0_B$进入LPZ1区，按本规范第4章要求安装电涌保护器外，在其后的配电和信号线路上应按本规范第6.4.4～6.4.8条确定是否选择和安装与其协调配合好的电涌保护器。

6.4.2 两栋定为LPZ1区的独立建筑物用电气线路或信号线路的屏蔽电缆或穿钢管的无屏蔽线路连接时，屏蔽层流过的分雷电流在其上所产生的电压降不应对线路和所接设备引起绝缘击穿，同时屏蔽层的截面应满足通流能力（图6.4.2）。计算方法应符合本规范附录H的规定。

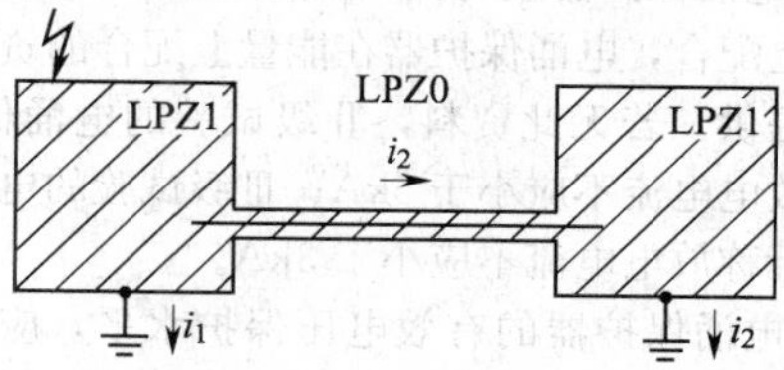

图6.4.2 用屏蔽电缆或穿钢管线路将两栋独立的LPZ1区连接在一起

6.4.3 LPZ1区内两个LPZ2区之间用电气线路或信号线路的屏蔽电缆或屏蔽的电缆沟或穿钢管屏蔽的线路连接在一起，当有屏蔽的线路没有引出LPZ2区时，线路的两端可不安装电涌保护器（图6.4.3）。

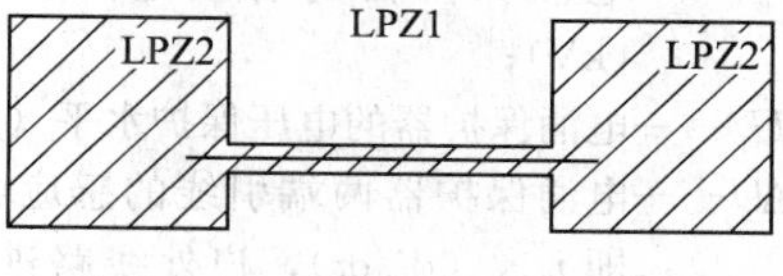

图6.4.3 用屏蔽的线路将两个LPZ2区连接在一起

6.4.4 需要保护的线路和设备的耐冲击电压，220/380V三相配电线路可按表6.4.4的规定取值；其他线路和设备，包括电压和电流的抗扰度，宜按制造商提供的材料确定。

表6.4.4 建筑物内220/380V配电系统中设备绝缘耐冲击电压额定值

设备位置	电源处的设备	配电线路和最后分支线路的设备	用电设备	特殊需要保护的设备
耐冲击电压类别	Ⅳ类	Ⅲ类	Ⅱ类	Ⅰ类
耐冲击电压额定值 U_W（kV）	6	4	2.5	1.5

注：1 Ⅰ类——含有电子电路的设备，如计算机、有电子程序控制的设备；
2 Ⅱ类——如家用电器和类似负荷；
3 Ⅲ类——如配电盘，断路器，包括线路、母线、分线盒、开关、插座等固定装置的布线系统，以及应用于工业的设备和永久接至固定装置的固定安装的电动机等的一些其他设备；
4 Ⅳ类——如电气计量仪表、一次线过流保护设备、滤波器。

6.4.5 电涌保护器安装位置和放电电流的选择，应符合下列规定：

1 户外线路进入建筑物处，即 $LPZ0_A$ 或 $LPZ0_B$ 进入 LPZ1 区，所安装的电涌保护器应按本规范第 4 章的规定确定。

2 靠近需要保护的设备处，即 LPZ2 区和更高区的界面处，当需要安装电涌保护器时，对电气系统宜选用Ⅱ级或Ⅲ级试验的电涌保护器，对电子系统宜按具体情况确定，并应符合本规范附录 J 的规定，技术参数应按制造商提供的、在能量上与本条第 1 款所确定的配合好的电涌保护器选用，并应包含多组电涌保护器之间的最小距离要求。

3 电涌保护器应与同一线路上游的电涌保护器在能量上配合，电涌保护器在能量上配合的资料应由制造商提供。若无此资料，Ⅱ级试验的电涌保护器，其标称放电电流不应小于 5kA；Ⅲ级试验的电涌保护器，其标称放电电流不应小于 3kA。

6.4.6 电涌保护器的有效电压保护水平，应符合下列规定：

1 对限压型电涌保护器：

$$U_{p/f}=U_p+\Delta U \qquad (6.4.6\text{-}1)$$

2 对电压开关型电涌保护器，应取下列公式中的较大者：

$$U_{p/f}=U_p \text{ 或 } U_{p/f}=\Delta U \qquad (6.4.6\text{-}2)$$

式中：$U_{p/f}$——电涌保护器的有效电压保护水平（kV）；

U_p——电涌保护器的电压保护水平（kV）；

ΔU——电涌保护器两端引线的感应电压降，即 $L\times(di/dt)$，户外线路进入建筑物处可按 1kV/m 计算，在其后的可按 $\Delta U=0.2U_p$ 计算，仅是感应电涌时可略去不计。

3 为取得较小的电涌保护器有效电压保护水平，应选用有较小电压保护水平值的电涌保护器，并应采用合理的接线，同时应缩短连接电涌保护器的导体长度。

6.4.7 确定从户外沿线路引入雷击电涌时，电涌保护器的有效电压保护水平值的选取应符合下列规定：

1 当被保护设备距电涌保护器的距离沿线路的长度小于或等于 5m 时，或在线路有屏蔽并两端等电位连接下沿线路的长度小于或等于 10m 时，应按下式计算：

$$U_{p/f}\leqslant U_w \qquad (6.4.7\text{-}1)$$

式中：U_w——被保护设备的设备绝缘耐冲击电压额定值（kV）。

2 当被保护设备距电涌保护器的距离沿线路的长度大于 10m 时，应按下式计算：

$$U_{p/f}\leqslant\frac{U_w-U_i}{2} \qquad (6.4.7\text{-}2)$$

式中：U_i——雷击建筑物附近，电涌保护器与被保护设备之间电路环路的感应过电压（kV），按本规范第 6.3.2 条和附录 G 计算。

3 对本条第 2 款，当建筑物或房间有空间屏蔽和线路有屏蔽或仅线路有屏蔽并两端等电位连接时，可不计及电涌保护器与被保护设备之间电路环路的感应过电压，但应按下式计算：

$$U_{p/f}\leqslant\frac{U_w}{2} \qquad (6.4.7\text{-}3)$$

4 当被保护的电子设备或系统要求按现行国家标准《电磁兼容　试验和测量技术　浪涌（冲击）抗扰度试验》GB/T 17626.5 确定的冲击电涌电压小于 U_w 时，式（6.4.7-1）～式(6.4.7-3)中的 U_w 应用前者代入。

6.4.8 用于电气系统的电涌保护器的最大持续运行电压值和接线形式，以及用于电子系统的电涌保护器的最大持续运行电压值，应按本规范附录 J 的规定采用。连接电涌保护器的导体截面应按本规范表 5.1.2 的规定取值。

附录 A　建筑物年预计雷击次数

A.0.1 建筑物年预计雷击次数应按下式计算：

$$N=k\times N_g\times A_e \qquad (A.0.1)$$

式中：N——建筑物年预计雷击次数（次/a）；

k——校正系数，在一般情况下取 1；位于河边、湖边、山坡下或山地中土壤电阻率较小处、地下水露头处、土山顶部、山谷风口等处的建筑物，以及特别潮湿的建筑物取 1.5；金属屋面没有接地的砖木结构建筑物取 1.7；位于山顶上或旷野的孤立建筑物取 2；

N_g——建筑物所处地区雷击大地的年平均密度（次/km^2/a）；

A_e——与建筑物截收相同雷击次数的等效面积（km^2）。

A.0.2 雷击大地的年平均密度，首先应按当地气象台、站资料确定；若无此资料，可按下式计算：

$$N_g=0.1\times T_d \qquad (A.0.2)$$

式中：T_d——年平均雷暴日，根据当地气象台、站资料确定（d/a）。

A.0.3 与建筑物截收相同雷击次数的等效面积应为其实际平面积向外扩大后的面积。其计算方法应符合下列规定：

1 当建筑物的高度小于 100m 时，其每边的扩大宽度和等效面积应按下列公式计算（图 A.0.3）：

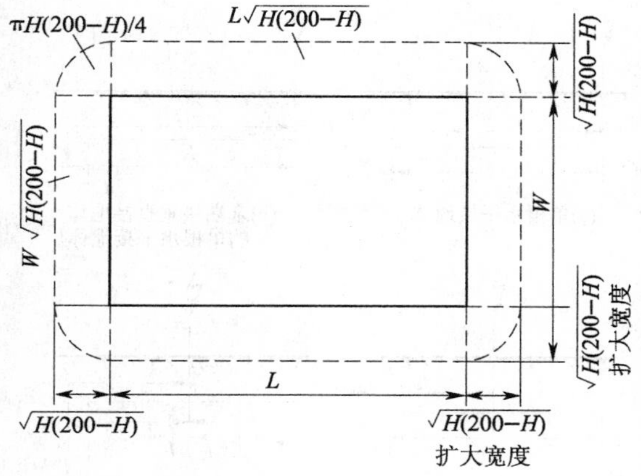

图 A.0.3 建筑物的等效面积

注：建筑物平面面积扩大后的等效面积如图 A.0.3 中周边虚线所包围的面积。

$$D=\sqrt{H(200-H)} \quad (A.0.3\text{-}1)$$

$$A_e=[LW+2(L+W)\sqrt{H(200-H)}+\pi H(200-H)]\times10^{-6} \quad (A.0.3\text{-}2)$$

式中：　　D——建筑物每边的扩大宽度（m）；

L、W、H——分别为建筑物的长、宽、高（m）。

2 当建筑物的高度小于 100m，同时其周边在 $2D$ 范围内有等高或比它低的其他建筑物，这些建筑物不在所考虑建筑物以 $h_r=100$（m）的保护范围内时，按式（A.0.3-2）算出的 A_e 可减去（$D/2$）×（这些建筑物与所考虑建筑物边长平行以米计的长度总和）$\times10^{-6}$（km^2）。

当四周在 $2D$ 范围内都有等高或比它低的其他建筑物时，其等效面积可按下式计算：

$$A_e=\left[LW+(L+W)\sqrt{H(200-H)}+\frac{\pi H(200-H)}{4}\right]\times10^{-6} \quad (A.0.3\text{-}3)$$

3 当建筑物的高度小于 100m，同时其周边在 $2D$ 范围内有比它高的其他建筑物时，按式（A.0.3-2）算出的等效面积可减去 D×（这些建筑物与所考虑建筑物边长平行以米计的长度总和）$\times10^{-6}$（km^2）。

当四周在 $2D$ 范围内都有比它高的其他建筑物时，其等效面积可按下式计算：

$$A_e=LW\times10^{-6} \quad (A.0.3\text{-}4)$$

4 当建筑物的高度等于或大于 100m 时，其每边的扩大宽度应按等于建筑物的高度计算；建筑物的等效面积应按下式计算：

$$A_e=[LW+2H(L+W)+\pi H^2]\times10^{-6} \quad (A.0.3\text{-}5)$$

5 当建筑物的高度等于或大于 100m，同时其周边在 $2H$ 范围内有等高或比它低的其他建筑物，且不在所确定建筑物以滚球半径等于建筑物高度（m）的保护范围内时，按式（A.0.3-5）算出的等效面积可减去（$H/2$）×（这些建筑物与所确定建筑物边长平行以米计的长度总和）$\times10^{-6}$（km^2）。

当四周在 $2H$ 范围内都有等高或比它低的其他建筑物时，其等效面积可按下式计算：

$$A_e=\left[LW+H(L+W)+\frac{\pi H^2}{4}\right]\times10^{-6} \quad (A.0.3\text{-}6)$$

6 当建筑物的高度等于或大于 100m，同时其周边在 $2H$ 范围内有比它高的其他建筑物时，按式（A.0.3-5）算出的等效面积可减去 H×（这些其他建筑物与所确定建筑物边长平行以米计的长度总和）$\times10^{-6}$（km^2）。

当四周在 $2H$ 范围内都有比它高的其他建筑物时，其等效面积可按式（A.0.3-4）计算。

7 当建筑物各部位的高不同时，应沿建筑物周边逐点算出最大扩大宽度，其等效面积应按每点最大扩大宽度外端的连接线所包围的面积计算。

附录 B　建筑物易受雷击的部位

B.0.1 平屋面或坡度不大于 1/10 的屋面，檐角、女儿墙、屋檐应为其易受雷击的部位（图 B.0.1）。

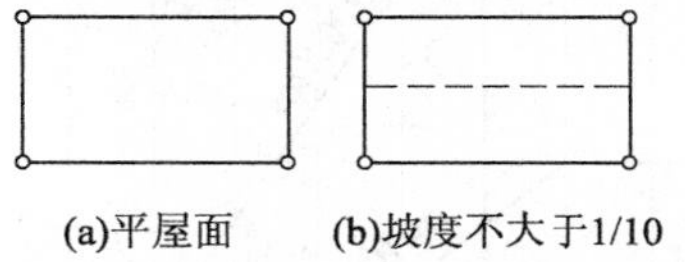

图 B.0.1 建筑物易受雷击的部位（一）

注：—表示易受雷击部位，

- -表示不易受雷击的屋脊或屋檐，

。表示雷击率最高部位。

B.0.2 坡度大于 1/10 且小于 1/2 的屋面，屋角、屋脊、檐角、屋檐应为其易受雷击的部位（图 B.0.2）。

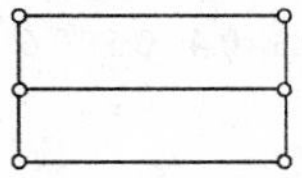

图 B.0.2 建筑物易受雷击的部位（二）

注：—表示易受雷击部位，

。表示雷击率最高部位。

B.0.3 坡度不小于 1/2 的屋面，屋角、屋脊、檐角应为其易受雷击的部位（图 B.0.3）。

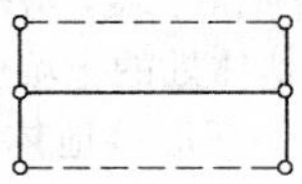

图 B.0.3 建筑物易受雷击的部位（三）

注：—表示易受雷击部位，

- -表示不易受雷击的屋脊或屋檐，

。表示雷击率最高部位。

B.0.4 对图 B.0.2 和图 B.0.3，在屋脊有接闪带的情况下，当屋檐处于屋脊接闪带的保护范围内时，屋檐上可不设接闪带。

附录C　接地装置冲击接地电阻与工频接地电阻的换算

C.0.1　接地装置冲击接地电阻与工频接地电阻的换算，应按下式计算：

$$R_{\sim}=A\times R_{i} \tag{C.0.1}$$

式中：$R_{\sim}$——接地装置各支线的长度取值小于或等于接地体的有效长度 l_e，或者有支线大于 l_e 而取其等于 l_e 时的工频接地电阻（Ω）；

A——换算系数，其值宜按图C.0.1确定；

R_i——所要求的接地装置冲击接地电阻（Ω）。

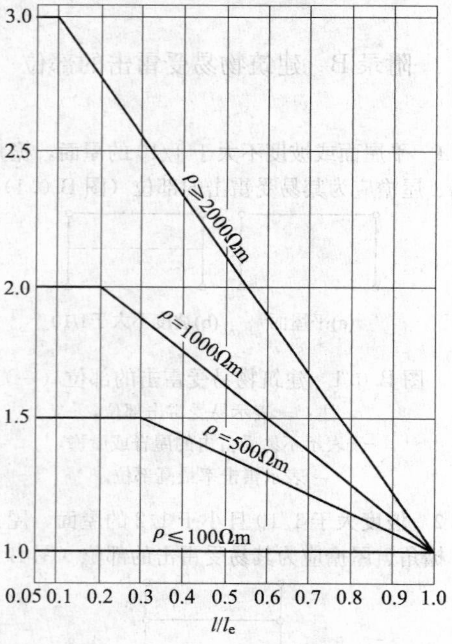

图C.0.1　换算系数 A

注：l 为接地体最长支线的实际长度，其计量与 l_e 类同；当 l 大于 l_e 时，取其等于 l_e。

C.0.2　接地体的有效长度应按下式计算：

$$l_e=2\sqrt{\rho} \tag{C.0.2}$$

式中：l_e——接地体的有效长度，应按图C.0.2计量（m）；

ρ——敷设接地体处的土壤电阻率（Ωm）。

C.0.3　环绕建筑物的环形接地体应按下列方法确定冲击接地电阻：

1　当环形接地体周长的一半大于或等于接地体的有效长度时，引下线的冲击接地电阻应为从与引下线的连接点起沿两侧接地体各取有效长度的长度算出的工频接地电阻，换算系数应等于1。

2　当环形接地体周长的一半小于有效长度时，

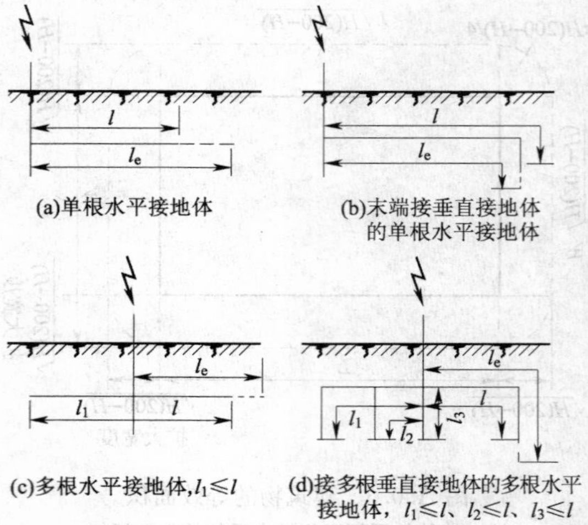

(a)单根水平接地体　(b)末端接垂直接地体的单根水平接地体

(c)多根水平接地体，$l_1\leqslant l$　(d)接多根垂直接地体的多根水平接地体，$l_1\leqslant l$、$l_2\leqslant l$、$l_3\leqslant l$

图C.0.2　接地体有效长度的计量

引下线的冲击接地电阻应为以接地体的实际长度算出的工频接地电阻再除以换算系数。

C.0.4　与引下线连接的基础接地体，当其钢筋从与引下线的连接点量起大于20m时，其冲击接地电阻应为以换算系数等于1和以该连接点为圆心、20m为半径的半球体范围内的钢筋体的工频接地电阻。

附录D　滚球法确定接闪器的保护范围

D.0.1　单支接闪杆的保护范围应按下列方法确定（图D.0.1）：

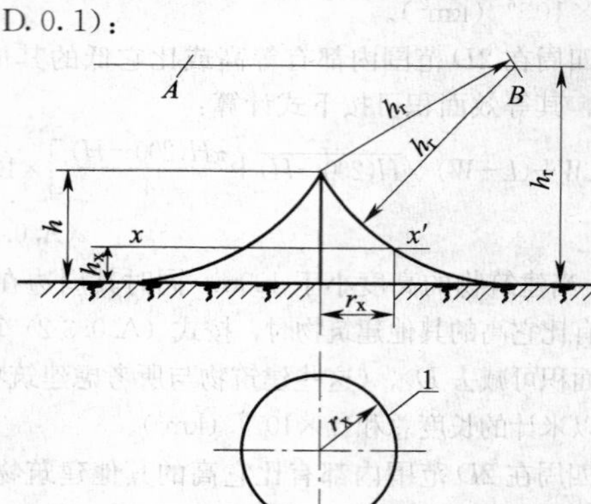

图D.0.1　单支接闪杆的保护范围

1—xx'平面上保护范围的截面

1　当接闪杆高度 h 小于或等于 h_r 时：

1）距地面 h_r 处作一平行于地面的平行线。

2）以杆尖为圆心，h_r 为半径作弧线交于平行线的A、B两点。

3）以A、B为圆心，h_r 为半径作弧线，弧线与杆尖相交并与地面相切。弧线到地面为其保护范围。保护范围为一个对称的锥体。

4）接闪杆在 h_x 高度的 xx' 平面上和地面上的

保护半径，应按下列公式计算：

$$r_x = \sqrt{h(2h_r - h)} - \sqrt{h_x(2h_r - h_x)} \tag{D.0.1-1}$$

$$r_0 = \sqrt{h(2h_r - h)} \tag{D.0.1-2}$$

式中：r_x——接闪杆在 h_x 高度的 xx' 平面上的保护半径（m）；

h_r——滚球半径，按本规范表 5.2.12 和第 4.5.5 条的规定取值（m）；

h_x——被保护物的高度（m）；

r_0——接闪杆在地面上的保护半径（m）。

2 当接闪杆高度 h 大于 h_r 时，在接闪杆上取高度等于 h_r 的一点代替单支接闪杆杆尖作为圆心。其余的做法应符合本条第 1 款的规定。式（D.0.1-1）和式（D.0.1-2）中的 h 用 h_r 代入。

D.0.2 两支等高接闪杆的保护范围，在接闪杆高度 h 小于或等于 h_r 的情况下，当两支接闪杆距离 D 大于或等于 $2\sqrt{h(2h_r - h)}$ 时，应各按单支接闪杆所规定的方法确定；当 D 小于 $2\sqrt{h(2h_r - h)}$ 时，应按下列方法确定（图 D.0.2）：

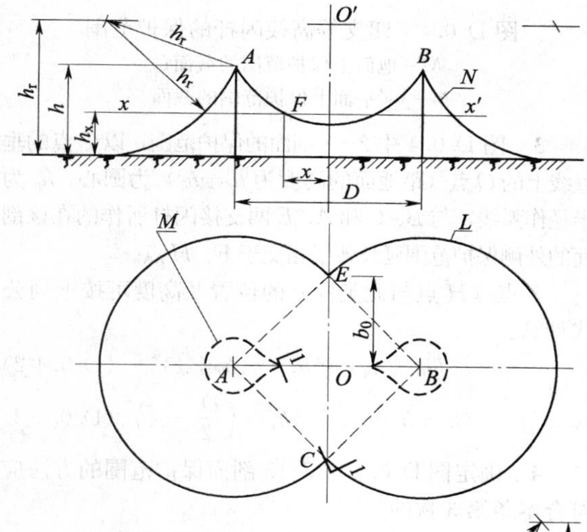

1—1

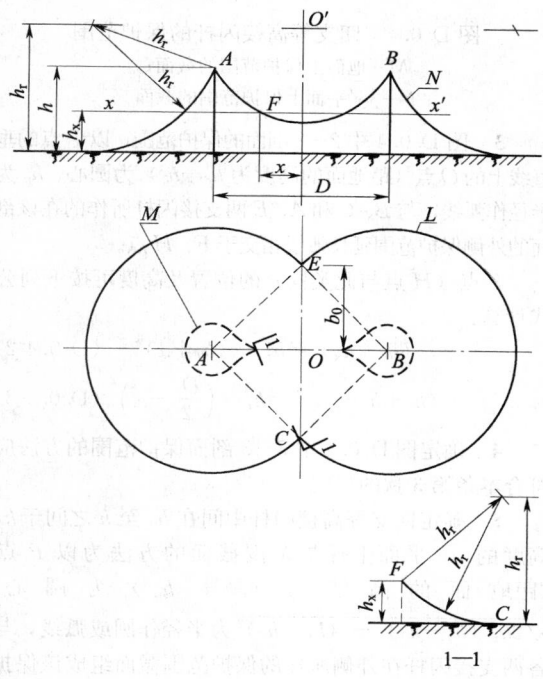

图 D.0.2 两支等高接闪杆的保护范围

L—地面上保护范围的截面；

M—xx' 平面上保护范围的截面；

N—AOB 轴线的保护范围

1 AEBC 外侧的保护范围，应按单支接闪杆的方法确定。

2 C、E 点应位于两杆间的垂直平分线上。在地面每侧的最小保护宽度应按下式计算：

$$b_0 = CO = EO = \sqrt{h(2h_r - h) - \left(\frac{D}{2}\right)^2} \tag{D.0.2-1}$$

3 在 AOB 轴线上，距中心线任一距离 x 处，其在保护范围上边线上的保护高度应按下式计算：

$$h_x = h_r - \sqrt{(h_r - h)^2 + \left(\frac{D}{2}\right)^2 - x^2} \tag{D.0.2-2}$$

该保护范围上边线是以中心线距地面 h_r 的一点 O' 为圆心，以 $\sqrt{(h_r - h)^2 + \left(\frac{D}{2}\right)^2}$ 为半径所作的圆弧 AB。

4 两杆间 AEBC 内的保护范围，ACO 部分的保护范围应按下列方法确定：

1）在任一保护高度 h_x 和 C 点所处的垂直平面上，应以 h_x 作为假想接闪杆，并应按单支接闪杆的方法逐点确定（图 D.0.2 中 1—1 剖面图）。

2）确定 BCO、AEO、BEO 部分的保护范围的方法与 ACO 部分的相同。

5 确定 xx' 平面上的保护范围截面的方法。以单支接闪杆的保护半径 r_x 为半径，以 A、B 为圆心作弧线与四边形 AEBC 相交；以单支接闪杆的（$r_0 - r_x$）为半径，以 E、C 为圆心作弧线与上述弧线相交（图 D.0.2 中的粗虚线）。

D.0.3 两支不等高接闪杆的保护范围，在 A 接闪杆的高度 h_1 和 B 接闪杆的高度 h_2 均小于或等于 h_r 的情况下，当两支接闪杆距离 D 大于或等于 $\sqrt{h_1(2h_r - h_1)} + \sqrt{h_2(2h_r - h_2)}$ 时，应各按单支接闪杆所规定的方法确定；当 D 小于 $\sqrt{h_1(2h_r - h_1)} + \sqrt{h_2(2h_r - h_2)}$ 时，应按下列方法确定（图 D.0.3）：

1 AEBC 外侧的保护范围应按单支接闪杆的方法确定。

2 CE 线或 HO′ 线的位置应按下式计算：

$$D_1 = \frac{(h_r - h_2)^2 - (h_r - h_1)^2 + D^2}{2D} \tag{D.0.3-1}$$

3 在地面每侧的最小保护宽度应按下式计算：

$$b_0 = CO = EO = \sqrt{h_1(2h_r - h_1) - D_1^2} \tag{D.0.3-2}$$

4 在 AOB 轴线上，A、B 间保护范围上边线位置应按下式计算：

$$h_x = h_r - \sqrt{(h_r - h_1)^2 + D_1^2 - x^2} \tag{D.0.3-3}$$

式中：x——距 CE 线或 HO′ 线的距离。

该保护范围上边线是以 HO′ 线上距地面 h_r 的一点 O' 为圆心，以 $\sqrt{(h_r - h_1)^2 + D_1^2}$ 为半径所作的圆弧 AB。

5 两杆间 AEBC 内的保护范围，ACO 与 AEO 是对称的，BCO 与 BEO 是对称的，ACO 部分的保护范

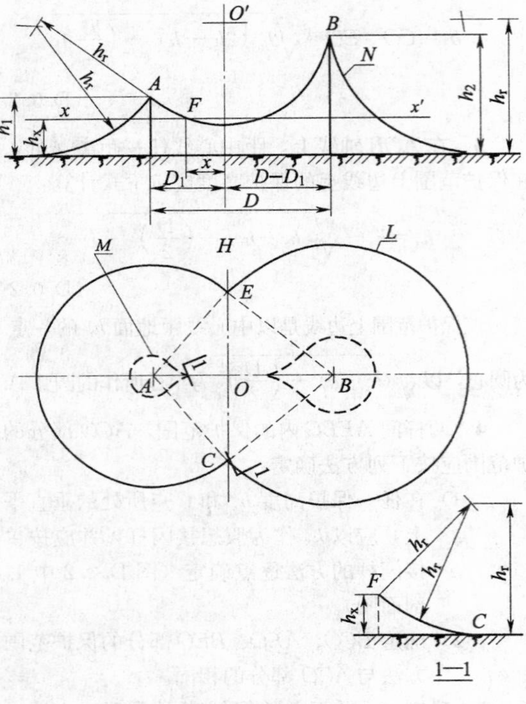

图 D.0.3　两支不等高接闪杆的保护范围

L—地面上保护范围的截面；

M—*xx'*平面上保护范围的截面；

N—*AOB* 轴线的保护范围

围应按下列方法确定：

1）在任一保护高度 h_x 和 *C* 点所处的垂直平面上，以 h_x 作为假想接闪杆，按单支接闪杆的方法逐点确定（图 D.0.3 的 1—1 剖面图）。

2）确定 *AEO*、*BCO*、*BEO* 部分的保护范围的方法与 *ACO* 部分相同。

6　确定 *xx'* 平面上的保护范围截面的方法应与两支等高接闪杆相同。

D.0.4　矩形布置的四支等高接闪杆的保护范围，在 *h* 小于或等于 h_r 的情况下，当 D_3 大于或等于 $2\sqrt{h(2h_r-h)}$ 时，应各按两支等高接闪杆所规定的方法确定；当 D_3 小于 $2\sqrt{h(2h_r-h)}$ 时，应按下列方法确定（图 D.0.4）：

1　四支接闪杆外侧的保护范围应各按两支接闪杆的方法确定。

2　*B*、*E* 接闪杆连线上的保护范围见图 D.0.4 中 1—1 剖面图，外侧部分应按单支接闪杆的方法确定。两杆间的保护范围应按下列方法确定：

1）以 *B*、*E* 两杆杆尖为圆心、h_r 为半径作弧线相交于 *O* 点，以 *O* 点为圆心、h_r 为半径作弧线，该弧线与杆尖相连的这段弧线即为杆间保护范围。

2）保护范围最低点的高度 h_0 应按下式计算：

$$h_0=\sqrt{h_r^2-\left(\frac{D_3}{2}\right)^2}+h-h_r \qquad \text{(D.0.4-1)}$$

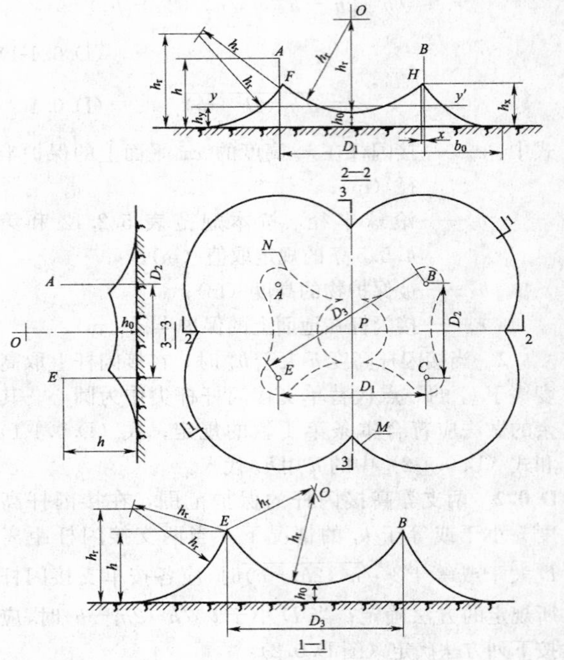

图 D.0.4　四支等高接闪杆的保护范围

M—地面上保护范围的截面；

N—*yy'* 平面上保护范围的截面

3　图 D.0.4 中 2—2 剖面的保护范围，以 *P* 点的垂直线上的 *O* 点（距地面的高度为 h_r+h_0）为圆心、h_r 为半径作弧线，与 *B*、*C* 和 *A*、*E* 两支接闪杆所作的在该剖面的外侧保护范围延长弧线相交于 *F*、*H* 点。

F 点（*H* 点与此类同）的位置及高度可按下列公式计算：

$$(h_r-h_x)^2=h_r^2-(b_0+x)^2 \qquad \text{(D.0.4-2)}$$

$$(h_r+h_0-h_x)^2=h_r^2-\left(\frac{D_1}{2}-x\right)^2 \qquad \text{(D.0.4-3)}$$

4　确定图 D.0.4 中 3—3 剖面保护范围的方法应符合本条第 3 款的规定。

5　确定四支等高接闪杆中间在 h_0 至 *h* 之间于 h_y 高度的 *yy'* 平面上保护范围截面的方法为以 *P* 点（距地面的高度为 h_r+h_0）为圆心、$\sqrt{2h_r(h_y-h_0)-(h_y-h_0)^2}$ 为半径作圆或弧线，与各两支接闪杆在外侧所作的保护范围截面组成该保护范围截面（图 D.0.4 中虚线）。

D.0.5　单根接闪线的保护范围，当接闪线的高度 *h* 大于或等于 $2h_r$ 时，应无保护范围；当接闪线的高度 *h* 小于 $2h_r$ 时，应按下列方法确定（图 D.0.5）。确定架空接闪线的高度时应计及弧垂的影响。在无法确定弧垂的情况下，当等高支柱间的距离小于 120m 时，架空接闪线中点的弧垂宜采用 2m，距离为 120m～150m 时宜采用 3m。

1　距地面 h_r 处作一平行于地面的平行线。

2　以接闪线为圆心、h_r 为半径，作弧线交于平行线的 A、B 两点。

3　以 A、B 为圆心，h_r 为半径作弧线，该两弧线相交或相切，并与地面相切。弧线至地面为保护范围。

4　当 h 小于 $2h_r$ 且大于 h_r 时，保护范围最高点的高度应按下式计算：

$$h_0 = 2h_r - h \qquad \text{(D.0.5-1)}$$

5　接闪线在 h_x 高度的 xx' 平面上的保护宽度，应按下式计算：

$$b_x = \sqrt{h(2h_r - h)} - \sqrt{h_x(2h_r - h_x)} \qquad \text{(D.0.5-2)}$$

式中：b_x——接闪线在 h_x 高度的 xx' 平面上的保护宽度（m）；

h——接闪线的高度（m）；

h_r——滚球半径，按本规范表 5.2.12 和第 4.5.5 条的规定取值（m）；

h_x——被保护物的高度（m）。

6　接闪线两端的保护宽度应按单支接闪杆的方法确定。

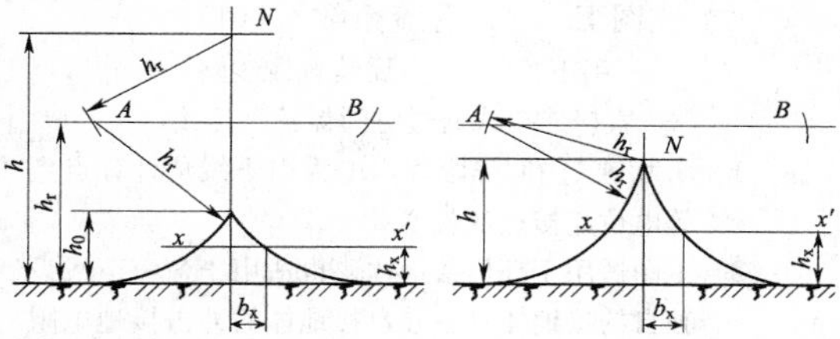

(a) 当h小于$2h_r$,且大于h_r时　　(b) 当h小于或等于于h_r时

图 D.0.5　单根架空接闪线的保护范围

N—接闪线

D.0.6　两根等高接闪线的保护范围应按下列方法确定：

1　在接闪线高度 h 小于或等于 h_r 的情况下，当 D 大于或等于 $2\sqrt{h(2h_r - h)}$ 时，应各按单根接闪线所规定的方法确定；当 D 小于 $2\sqrt{h(2h_r - h)}$ 时，应按下列方法确定（图 D.0.6-1）：

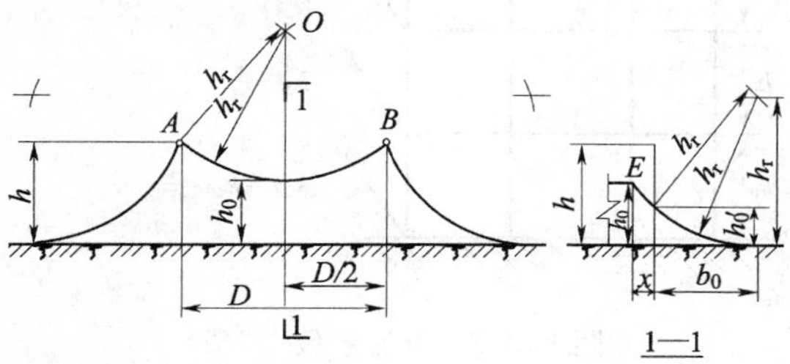

图 D.0.6-1　两根等高接闪线在高度 h 小于或等于 h_r 时的保护范围

1）两根接闪线的外侧，各按单根接闪线的方法确定。

2）两根接闪线之间的保护范围按以下方法确定：以 A、B 两接闪线为圆心，h_r 为半径作圆弧交于 O 点，以 O 点为圆心、h_r 为半径作弧线交于 A、B 点。

3）两根接闪线之间保护范围最低点的高度按下式计算：

$$h_0 = \sqrt{h_r^2 - \left(\frac{D}{2}\right)^2} + h - h_r \qquad \text{(D.0.6-1)}$$

4）接闪线两端的保护范围按两支接闪杆的方法确定，但在中线上 h_0 线的内移位置按以下方法确定（图 D.0.6-1 中 1—1 剖面）：以两支接闪杆所确定的保护范围中最低点的高度 $h_0' = h_r - \sqrt{(h_r - h)^2 + \left(\frac{D}{2}\right)^2}$ 作为假想接闪杆，将其保护范围的延长弧线与 h_0 线交于 E 点。内移位置的距离也可按下式计算：

$$x = \sqrt{h_0(2h_r - h_0)} - b_0 \qquad \text{(D.0.6-2)}$$

式中：b_0——按式（D.0.2-1）计算。

2　在接闪线高度 h 小于 $2h_r$ 且大于 h_r，接闪线之间的距离 D 小于 $2h_r$ 且大于 $2\left[h_r - \sqrt{h(2h_r - h)}\right]$ 的情况下，应按下列方法确定（图 D.0.6-2）：

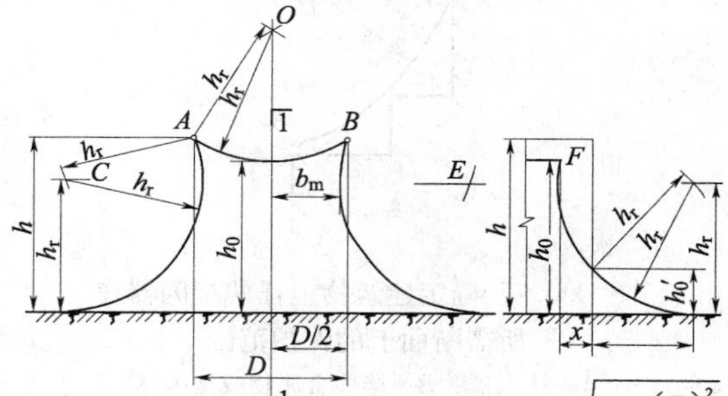

$$b_0 = \sqrt{h_r^2 - \left(\frac{D}{2}\right)^2}$$

1—1

图 D.0.6-2　两根等高接闪线在高度 h 小于 $2h_r$ 且大于 h_r 时的保护范围

1）距地面 h_r 处作一与地面平行的线。

2）以 A、B 两接闪线为圆心，h_r 为半径作弧线交于 O 点并与平行线相交或相切于 C、E 点。

3）以 O 点为圆心、h_r 为半径作弧线交于 A、B 点。

4）以 C、E 为圆心，h_r 为半径作弧线交于 A、B 并与地面相切。

5）两根接闪线之间保护范围最低点的高度按下式计算：

$$h_0 = \sqrt{h_r^2 - \left(\frac{D}{2}\right)^2} + h - h_r \qquad \text{(D.0.6-3)}$$

6）最小保护宽度 b_m 位于 h_r 高处，其值按下式计算：

$$b_m = \sqrt{h(2h_r - h)} + \frac{D}{2} - h_r \qquad \text{(D.0.6-4)}$$

7）接闪线两端的保护范围按两支高度 h_r 的接闪杆确定，但在中线上 h_0 线的内移位置按以下方法确定（图 D.0.6-2 的 1—1 剖面）：以两支高度 h_r 的接闪杆所确定的保护范围中点最低点的高度 $h_0'=\left(h_r-\frac{D}{2}\right)$ 作为假想接闪杆，将其保护范围的延长弧线与 h_0 线交于 F 点。内移位置的距离也可按下式计算：

$$x=\sqrt{h_0\ (2h_r-h_0)}-\sqrt{h_r^2-\left(\frac{D}{2}\right)^2} \tag{D.0.6-5}$$

D.0.7 本规范图 D.0.1～图 D.0.5、图 D.0.6-1 和图 D.0.6-2 中所画的地面也可是位于建筑物上的接地金属物、其他接闪器。当接闪器在地面上保护范围的截面的外周线触及接地金属物、其他接闪器时，各图的保护范围均适用于这些接闪器；当接地金属物、其他接闪器是处在外周线之内且位于被保护部位的边沿时，应按下列方法确定所需断面的保护范围（图 D.0.7）：

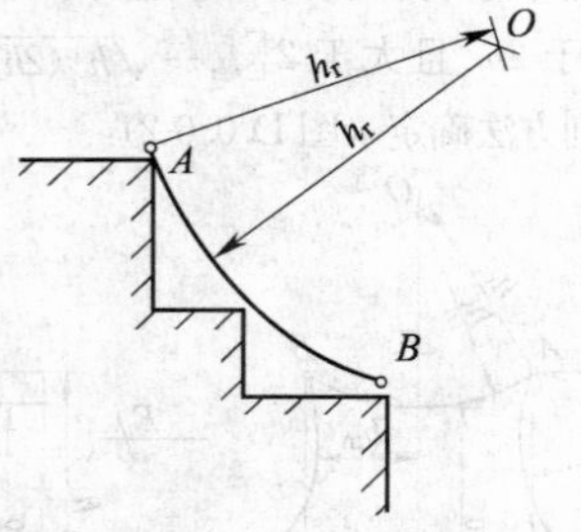

图 D.0.7 确定建筑物上任两接闪器在所需断面上的保护范围

A—接闪器；B—接地金属物或接闪器

1 应以 A、B 为圆心、h_r 为半径作弧线相交于 O 点。

2 应以 O 点为圆心、h_r 为半径作弧线 AB，弧线 AB 应为保护范围的上边线。

本规范图 D.0.1～图 D.0.5、图 D.0.6-1 和图 D.0.6-2 中凡接闪器在“地面上保护范围的截面”的外周线触及的是屋面时，各图的保护范围仍有效，但外周线触及的屋面及其外部得不到保护，内部得到保护。

附录E 分流系数 k_c

E.0.1 单根引下线时，分流系数应为 1；两根引下线及接闪器不成闭合环的多根引下线时，分流系数可为 0.66，也可按本规范图 E.0.4 计算确定；图 E.0.1(c) 适用于引下线根数 n 不少于 3 根，当接闪器成闭合环或网状的多根引下线时，分流系数可为 0.44。

E.0.2 当采用网格型接闪器、引下线用多根环形导体互相连接、接地体采用环形接地体，或利用建筑物钢筋或钢构架作为防雷装置时，分流系数宜按图 E.0.2 确定。

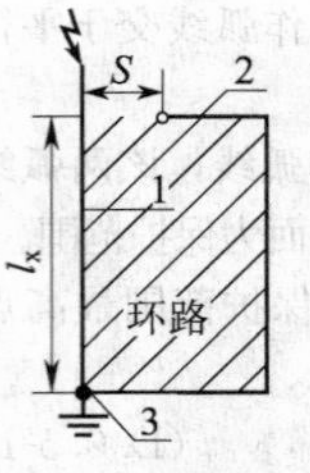

(a)单根引下线

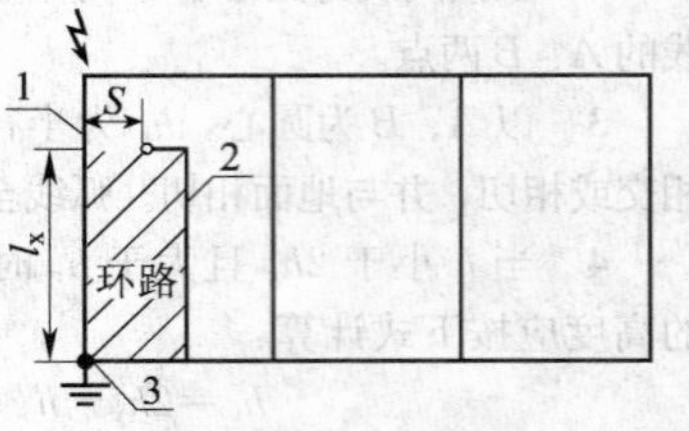

(b)两根引下线及接闪器不成闭合环的多根引下线

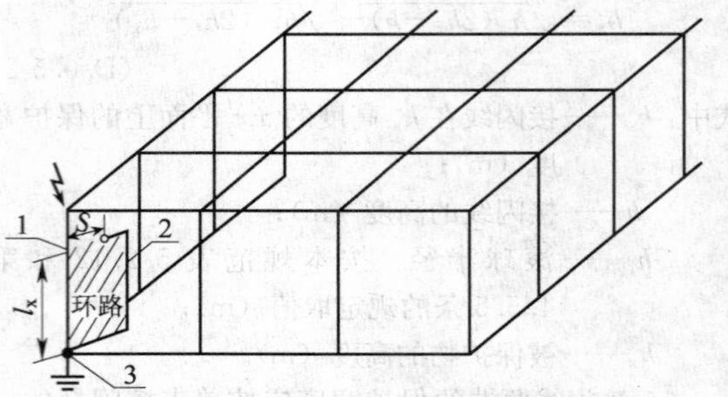

(c)接闪器成闭合环或网状的多根引下线

图 E.0.1 分流系数 k_c（1）

1—引下线；2—金属装置或线路；

3—直接连接或通过电涌保护器连接；

注：1 S 为空气中间隔距离，l_x 为引下线从计算点到等电位连接点的长度；

2 本图适用于环形接地体。也适用于各引下线设独自的接地体且各独自接地体的冲击接地电阻与邻近的差别不大于 2 倍；若差别大于 2 倍时，$k_c=1$；

3 本图适用于单层和多层建筑物。

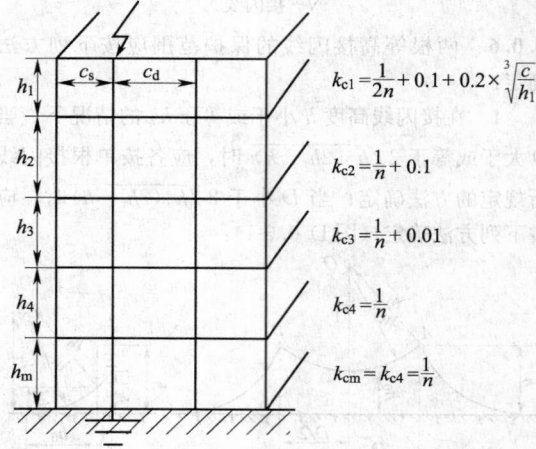

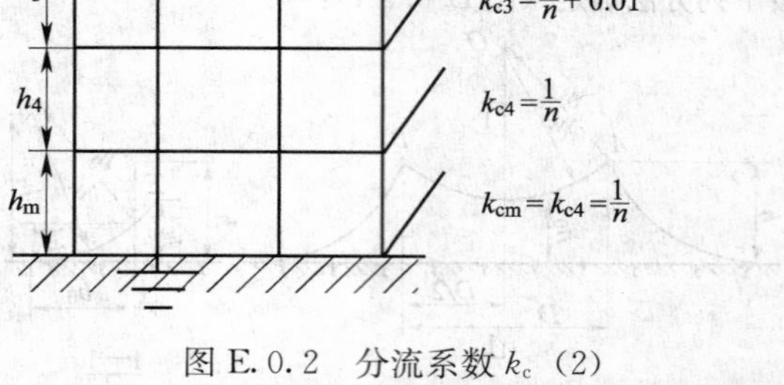

图 E.0.2 分流系数 k_c（2）

注：1 h_1～h_m 为连接引下线各环形导体或各层地面金属体之间的距离，c_s、c_d 为某引下线顶雷击点至两侧最近引下线之间的距离，计算式中的 c 取二者较小值，n 为建筑物周边和内部引下线的根数且不少于 4 根。c 和 h_1 取值范围在 3m～20m。

2 本图适用于单层至高层建筑物。

E.0.3 在接地装置相同的情况下，即采用环形接地体或各引下线设独自接地体且其冲击接地电阻相近，按图E.0.1和图E.0.2确定的分流系数不同时，可取较小者。

E.0.4 单根导体接闪器按两根引下线确定时，当各引下线设独自的接地体且各独自接地体的冲击接地电阻与邻近的差别不大于2倍时，可按图E.0.4计算分流系数；若差别大于2倍时，分流系数应为1。

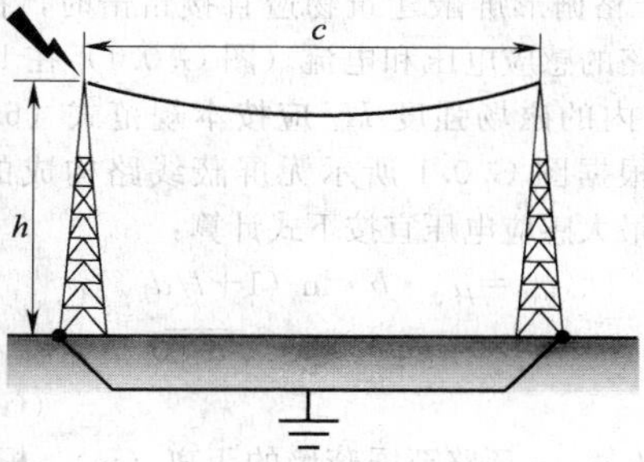

$$k_c=\frac{h+c}{2h+c}$$

图 E.0.4 分流系数 k_c（3）

附录F 雷 电 流

F.0.1 闪电中可能出现的三种雷击见图F.0.1-1，其参量应按表F.0.1-1～表F.0.1-4的规定取值。雷击参数的定义应符合图F.0.1-2的规定。

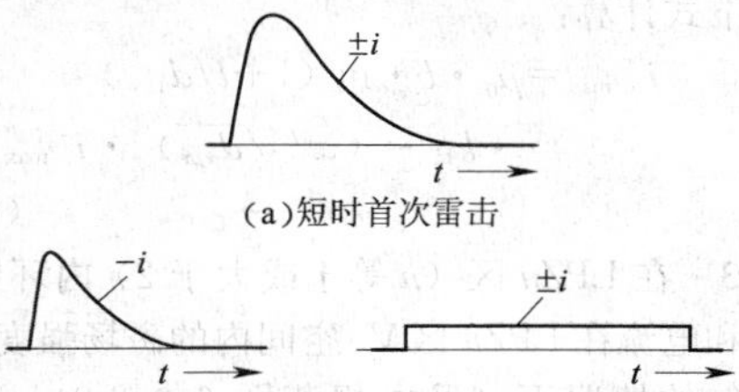

(a)短时首次雷击

(b)首次以后的短时后续雷击　(c)长时间雷击

图 F.0.1-1 闪电中可能出现的三种雷击

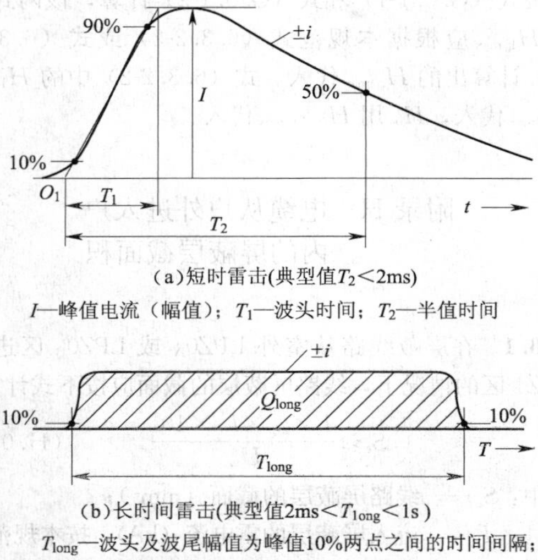

(a)短时雷击(典型值T_2<2ms)

I—峰值电流（幅值）；T_1—波头时间；T_2—半值时间

(b)长时间雷击(典型值2ms<T_{long}<1s)

T_{long}—波头及波尾幅值为峰值10%两点之间的时间间隔；

Q_{long}—长时间雷击的电荷量

图 F.0.1-2 雷击参数定义

注：1 短时雷击电流波头的平均陡度（average steepness of the front of short stroke current）是在时间间隔（t_2-t_1）内电流的平均变化率，即用该时间间隔的起点电流与末尾电流之差[$i(t_2)-i(t_1)$]除以（t_2-t_1）[见图F.0.1-2(a)]。

2 短时雷击电流的波头时间 T_1（front time of short stroke current T_1）是一规定参数，定义为电流达到10%和90%幅值电流之间的时间间隔乘以1.25，见图F.0.1-2(a)。

3 短时雷击电流的规定原点 O_1（virtual origin of short stroke current O_1）是连接雷击电流波头10%和90%参考点的延长直线与时间横坐标相交的点，它位于电流到达10%幅值电流时之前 $0.1T_1$ 处，见图F.0.1-2(a)。

4 短时雷击电流的半值时间 T_2（time to half value of short stroke current T_2）是一规定参数，定义为规定原点 O_1 与电流降至幅值一半之间的时间间隔，见图F.0.1-2(a)。

表 F.0.1-1 首次正极性雷击的雷电流参量

雷电流参数	防雷建筑物类别		
	一类	二类	三类
幅值 I（kA）	200	150	100
波头时间 T_1（μs）	10	10	10
半值时间 T_2（μs）	350	350	350
电荷量 Q_s（C）	100	75	50
单位能量 W/R（MJ/Ω）	10	5.6	2.5

表 F.0.1-2 首次负极性雷击的雷电流参量

雷电流参数	防雷建筑物类别		
	一类	二类	三类
幅值 I（kA）	100	75	50
波头时间 T_1（μs）	1	1	1
半值时间 T_2（μs）	200	200	200
平均陡度 I/T_1（kA/μs）	100	75	50

注：本波形仅供计算用，不供作试验用。

表 F.0.1-3 首次负极性以后雷击的雷电流参量

雷电流参数	防雷建筑物类别		
	一类	二类	三类
幅值 I（kA）	50	37.5	25
波头时间 T_1（μs）	0.25	0.25	0.25
半值时间 T_2（μs）	100	100	100
平均陡度 I/T_1（kA/μs）	200	150	100

表 F.0.1-4　长时间雷击的雷电流参量

雷电流参数	防雷建筑物类别		
	一类	二类	三类
电荷量 Q_l（C）	200	150	100
时间 T（s）	0.5	0.5	0.5

注：平均电流 $I \approx Q_l/T$。

附录 G　环路中感应电压和电流的计算

G.0.1　格栅形屏蔽建筑物附近遭雷击时，在 LPZ1 区内环路的感应电压和电流（图 G.0.1）在 LPZ1 区，其开路最大感应电压宜按下式计算：

$$U_{oc/max} = \mu_0 \cdot b \cdot l \cdot H_{1/max}/T_1 \quad (G.0.1\text{-}1)$$

式中：$U_{oc/max}$——环路开路最大感应电压（V）；

μ_0——真空的磁导系数，其值等于 $4\pi \times 10^{-7}$（V·s）/（A·m）；

b——环路的宽（m）；

l——环路的长（m）；

$H_{1/max}$——LPZ1 区内最大的磁场强度（A/m），按本规范式（6.3.2-2）计算；

T_1——雷电流的波头时间（s）。

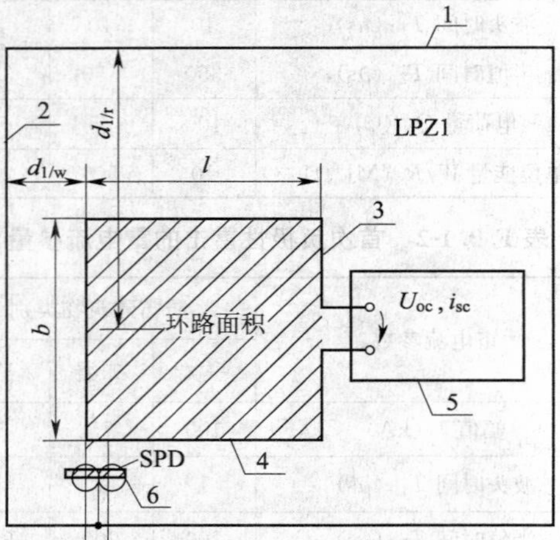

图 G.0.1　环路中的感应电压和电流

1—屋顶；2—墙；3—电力线路；4—信号线路；5—信号设备；6—等电位连接带

注：1　当环路不是矩形时，应转换为相同环路面积的矩形环路；

2　图中的电力线路或信号线路也可是邻近的两端做了等电位连接的金属物。

若略去导线的电阻（最坏情况），环路最大短路电流可按下式计算：

$$i_{sc/max} = \mu_0 \cdot b \cdot l \cdot H_{1/max}/L \quad (G.0.1\text{-}2)$$

式中：$i_{sc/max}$——最大短路电流（A）；

L——环路的自电感（H），矩形环路的自电感可按公式（G.0.1-3）计算。

矩形环路的自电感可按下式计算：

$$L = \{0.8\sqrt{l^2+b^2} - 0.8(l+b) + 0.4 \cdot l \cdot \ln[(2b/r)/(1+\sqrt{1+(b/l)^2})] + 0.4 \cdot b \cdot \ln[(2l/r)/(1+\sqrt{1+(l/b)^2})]\} \times 10^{-6} \quad (G.0.1\text{-}3)$$

式中：r——环路导体的半径（m）。

G.0.2　格栅形屏蔽建筑物遭直接雷击时，在 LPZ1 区内环路的感应电压和电流（图 G.0.1）在 LPZ1 区 V_s 空间内的磁场强度 H_1 应按本规范式（6.3.2-8）计算。根据图 G.0.1 所示无屏蔽线路构成的环路，其开路最大感应电压宜按下式计算：

$$U_{oc/max} = \mu_0 \cdot b \cdot \ln(1 + l/d_{1/w}) \cdot k_H \cdot (w/\sqrt{d_{1/r}}) \cdot i_{0/max}/T_1 \quad (G.0.2\text{-}1)$$

式中：$d_{1/w}$——环路至屏蔽墙的距离（m），根据本规范式（6.3.2-9）或式（6.3.2-10）计算，$d_{1/w}$ 等于或大于 $d_{s/2}$；

$d_{1/r}$——环路至屏蔽屋顶的平均距离（m）；

$i_{0/max}$——$LPZ0_A$ 区内的雷电流最大值（A）；

k_H——形状系数（$1/\sqrt{m}$），取 $k_H = 0.01$（$1/\sqrt{m}$）；

w——格栅形屏蔽的网格宽（m）。

若略去导线的电阻（最坏情况），最大短路电流可按下式计算：

$$i_{sc/max} = \mu_0 \cdot b \cdot \ln(1 + l/d_{1/w}) \cdot k_H \cdot (w/\sqrt{d_{1/r}}) \cdot i_{0/max}/L \quad (G.0.2\text{-}2)$$

G.0.3　在 LPZn 区（n 等于或大于 2）内环路的感应电压和电流在 LPZn 区 V_s 空间内的磁场强度 H_n 看成是均匀的情况下（见本规范图 6.3.2-2），图 G.0.1 所示无屏蔽线路构成的环路，其最大感应电压和电流可按式（G.0.1-1）和式（G.0.1-2）计算，该两式中的 $H_{1/max}$ 应根据本规范式（6.3.2-2）或式（6.3.2-11）计算出的 $H_{n/max}$ 代入。式（6.3.2-2）中的 H_1 用 $H_{n/max}$ 代入，H_0 用 $H_{(n-1)/max}$ 代入。

附录 H　电缆从户外进入户内的屏蔽层截面积

H.0.1　在屏蔽线路从室外 $LPZ0_A$ 或 $LPZ0_B$ 区进入 LPZ1 区的情况下，线路屏蔽层的截面应按下式计算：

$$S_c \geq \frac{I_f \times \rho_c \times L_c \times 10^6}{U_w} \quad (H.0.1)$$

式中：S_c——线路屏蔽层的截面（mm^2）；

I_f——流入屏蔽层的雷电流（kA），按本规范式（4.2.4-7）计算，计算中的雷电流按本规范表 F.0.1-1 的规定取值；

ρ_c——屏蔽层的电阻率（Ωm），20℃时铁为 138×10^{-9} Ωm，铜为 17.24×10^{-9} Ωm，铝为 28.264×10^{-9} Ωm；

L_c——线路长度（m），按本附录表 H.0.1-1 的规定取值；

U_w——电缆所接的电气或电子系统的耐冲击电压额定值（kV），设备按本附录表 H.0.1-2 的规定取值，线路按本附录表 H.0.1-3 的规定取值。

表 H.0.1-1 按屏蔽层敷设条件确定的线路长度

屏蔽层敷设条件	L_c（m）
屏蔽层与电阻率 ρ（Ωm）的土壤直接接触	当实际长度≥$8\sqrt{\rho}$时，取 $L_c=8\sqrt{\rho}$；当实际长度＜$8\sqrt{\rho}$时，取 L_c＝线路实际长度
屏蔽层与土壤隔离或敷设在大气中	L_c＝建筑物与屏蔽层最近接地点之间的距离

表 H.0.1-2 设备的耐冲击电压额定值

设备类型	耐冲击电压额定值 U_w（kV）
电子设备	1.5
用户的电气设备（U_n＜1kV）	2.5
电网设备（U_n＜1kV）	6

表 H.0.1-3 电缆绝缘的耐冲击电压额定值

电缆种类及其额定电压 U_n（kV）	耐冲击电压额定值 U_w（kV）
纸绝缘通信电缆	1.5
塑料绝缘通信电缆	5
电力电缆 $U_n\leqslant1$	15
电力电缆 $U_n=3$	45
电力电缆 $U_n=6$	60
电力电缆 $U_n=10$	75
电力电缆 $U_n=15$	95
电力电缆 $U_n=20$	125

H.0.2 当流入线路的雷电流大于按下列公式计算的数值时，绝缘可能产生不可接受的温升：

对屏蔽线路：

$$I_f=8\times S_c \quad (H.0.2\text{-}1)$$

对无屏蔽的线路：

$$I'_f=8\times n'\times S'_c \quad (H.0.2\text{-}2)$$

式中：I'_f——流入无屏蔽线路的总雷电流（kA）；

n'——线路导线的根数；

S'_c——每根导线的截面（mm^2）。

H.0.3 本附录也适用于用钢管屏蔽的线路，对此，式（H.0.1）和式（H.0.2-1）中的 S_c 为钢管壁厚的截面。

附录 J 电涌保护器

J.1 用于电气系统的电涌保护器

J.1.1 电涌保护器的最大持续运行电压不应小于表 J.1.1 所规定的最小值；在电涌保护器安装处的供电电压偏差超过所规定的 10%以及谐波使电压幅值加大的情况下，应根据具体情况对限压型电涌保护器提高表 J.1.1 所规定的最大持续运行电压最小值。

表 J.1.1 电涌保护器取决于系统特征所要求的最大持续运行电压最小值

电涌保护器接于	配电网络的系统特征				
	TT 系统	TN-C 系统	TN-S 系统	引出中性线的 IT 系统	无中性线引出的 IT 系统
每一相线与中性线间	$1.15U_0$	不适用	$1.15U_0$	$1.15U_0$	不适用
每一相线与 PE 线间	$1.15U_0$	不适用	$1.15U_0$	$\sqrt{3}U_0$ ①	相间电压①
中性线与 PE 线间	U_0 ①	不适用	U_0 ①	U_0 ①	不适用
每一相线与 PEN 线间	不适用	$1.15U_0$	不适用	不适用	不适用

注：1 标有①的值是故障下最坏的情况，所以不需计及 15%的允许误差。

2 U_0 是低压系统相线对中性线的标称电压，即相电压 220V。

3 此表基于按现行国家标准《低压配电系统的电涌保护器（SPD） 第 1 部分：性能要求和试验方法》GB 18802.1 做过相关试验的电涌保护器产品。

J.1.2 电涌保护器的接线形式应符合表 J.1.2 的规定。具体接线图见图 J.1.2-1～图 J.1.2-5。

表 J.1.2 根据系统特征安装电涌保护器

电涌保护器接于	电涌保护器安装处的系统特征							
	TT 系统		TN-C 系统	TN-S 系统		引出中性线的 IT 系统		不引出中性线的 IT 系统
	按以下形式连接			按以下形式连接		按以下形式连接		
	接线形式 1	接线形式 2		接线形式 1	接线形式 2	接线形式 1	接线形式 2	
每根相线与中性线间	＋	○	不适用	＋	○	＋	○	不适用
每根相线与 PE 线间	○	不适用	不适用	○	不适用	○	不适用	○
中性线与 PE 线间	○	○	不适用	○	○	○	○	不适用
每根相线与 PEN 线间	不适用	不适用	○	不适用	不适用	不适用	不适用	不适用
各相线之间	＋	＋	＋	＋	＋	＋	＋	＋

注：○表示必须，＋表示非强制性的，可附加选用。

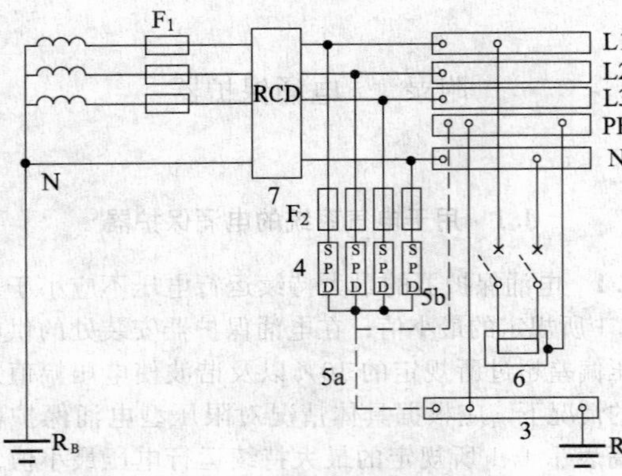

图 J.1.2-1　TT 系统电涌保护器安装在进户处剩余电流保护器的负荷侧

3—总接地端或总接地连接带；4—U_p 应小于或等于 2.5kV 的电涌保护器；5—电涌保护器的接地连接线，5a 或 5b；6—需要被电涌保护器保护的设备；7—剩余电流保护器（RCD），应考虑通雷电流的能力；
F_1—安装在电气装置电源进户处的保护电器；
F_2—电涌保护器制造厂要求装设的过电流保护电器；
R_A—本电气装置的接地电阻；R_B—电源系统的接地电阻；L1、L2、L3—相线 1、2、3

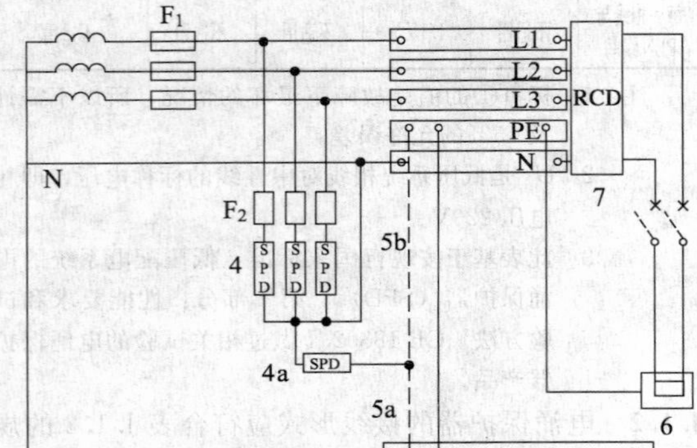

图 J.1.2-2　TT 系统电涌保护器安装在进户处剩余电流保护器的电源侧

3—总接地端或总接地连接带；4、4a—电涌保护器，它们串联后构成的 U_p 应小于或等于 2.5kV；5—电涌保护器的接地连接线，5a 或 5b；6—需要被电涌保护器保护的设备；7—安装于母线的电源侧或负荷侧的剩余电流保护器（RCD）；
F_1—安装在电气装置电源进户处的保护电器；F_2—电涌保护器制造厂要求装设的过电流保护电器；R_A—本电气装置的接地电阻；R_B—电源系统的接地电阻；L1、L2、L3—相线 1、2、3

注：在高压系统为低电阻接地的前提下，当电源变压器高压侧碰外壳短路产生的过电压加于 4a 电涌保护器时该电涌保护器应按现行国家标准《低压配电系统的电涌保护器（SPD）　第 1 部分：性能要求和试验方法》GB 18802.1 做 200ms 或按厂家要求做更长时间耐 1200V 暂态过电压试验。

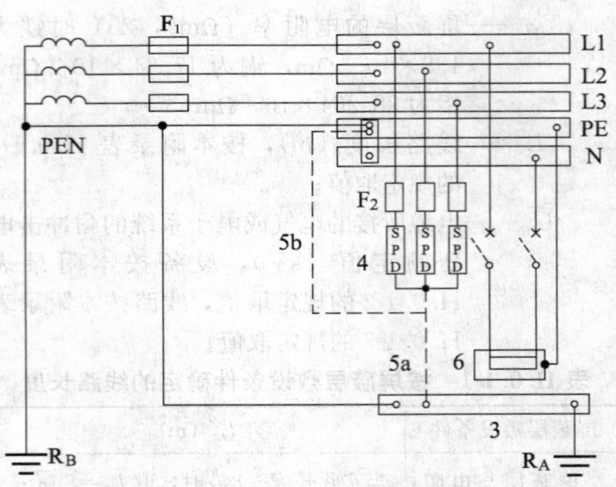

图 J.1.2-3　TN 系统安装在进户处的电涌保护器

3—总接地端或总接地连接带；4—U_p 应小于或等于 2.5kV 的电涌保护器；5—电涌保护器的接地连接线，5a 或 5b；6—需要被电涌保护器保护的设备；
F_1—安装在电气装置电源进户处的保护电器；F_2—电涌保护器制造厂要求装设的过电流保护电器；R_A—本电气装置的接地电阻；R_B—电源系统的接地电阻；L1、L2、L3—相线 1、2、3

注：当采用 TN-C-S 或 TN-S 系统时，在 N 与 PE 线连接处电涌保护器用三个，在其以后 N 与 PE 线分开 10m 以后安装电涌保护器时用四个，即在 N 与 PE 线间增加一个，见图 J.1.2-5 及其注。

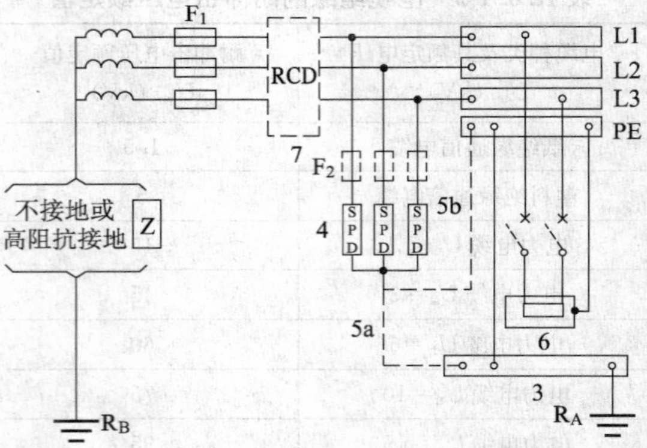

图 J.1.2-4　IT 系统电涌保护器安装在进户处剩余电流保护器的负荷侧

3—总接地端或总接地连接带；4—U_p 应小于或等于 2.5kV 的电涌保护器；5—电涌保护器的接地连接线，5a 或 5b；6—需要被电涌保护器保护的设备；7—剩余电流保护器（RCD）；
F_1—安装在电气装置电源进户处的保护电器；F_2—电涌保护器制造厂要求装设的过电流保护电器；R_A—本电气装置的接地电阻；R_B—电源系统的接地电阻；L1、L2、L3—相线 1、2、3

J.2　用于电子系统的电涌保护器

J.2.1　电信和信号线路上所接入的电涌保护器的类别及其冲击限制电压试验用的电压波形和电流波

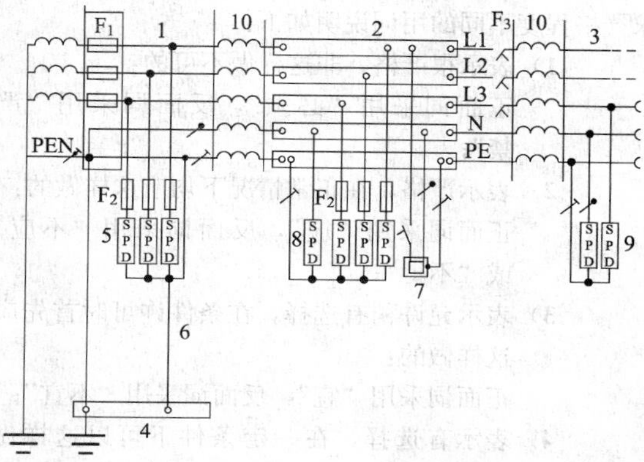

图 J.1.2-5　Ⅰ级、Ⅱ级和Ⅲ级试验的电涌保护器的安装（以 TN-C-S 系统为例）

1—电气装置的电源进户处；2—配电箱；3—送出的配电线路；4—总接地端或总接地连接带；5—Ⅰ级试验的电涌保护器；6—电涌保护器的接地连接线；7—需要被电涌保护器保护的固定安装的设备；8—Ⅱ级试验的电涌保护器；9—Ⅱ级或Ⅲ级试验的电涌保护器；10—去耦器件或配电线路长度；

F_1、F_2、F_3—过电流保护电器；L1、L2、L3—相线 1、2、3

注：1　当电涌保护器 5 和 8 不是安装在同一处时，电涌保护器 5 的 U_p 应小于或等于 2.5kV；电涌保护器 5 和 8 可以组合为一台电涌保护器，其 U_p 应小于或等于 2.5kV。

2　当电涌保护器 5 和 8 之间的距离小于 10m 时，在 8 处 N 与 PE 之间的电涌保护器可不装。

形应符合表 J.2.1 的规定。

表 J.2.1　电涌保护器的类别及其冲击限制电压试验用的电压波形和电流波形

类别	试验类型	开路电压	短路电流
A1	很慢的上升率	≥1kV 0.1kV/s～100kV/s	10A，0.1A/μs～2A/μs ≥1000μs（持续时间）
A2	AC		
B1	慢上升率	1kV，10/1000μs	100A，10/1000μs
B2		1kV～4kV，10/700μs	25A～100A，5/300μs
B3		≥1kV，100V/μs	10A～100A，10/1000μs
C1	快上升率	0.5kV～2kV，1.2/50μs	0.25kA～1kA，8/20μs
C2		2kV～10kV，1.2/50μs	1kA～5kA，8/20μs
C3		≥1kV，1kV/μs	10A～100A，10/1000μs
D1	高能量	≥1kV	0.5kA～2.5kA，10/350μs
D2		≥1kV	0.6kA～2.0kA，10/250μs

J.2.2　电信和信号线路上所接入的电涌保护器，其最大持续运行电压最小值应大于接到线路处可能产生的最大运行电压。用于电子系统的电涌保护器，其标记的直流电压 U_{DC} 也可用于交流电压 U_{AC} 的有效值，反之亦然，$U_{DC}=\sqrt{2}U_{AC}$。

J.2.3　合理接线应符合下列规定：

1　应保证电涌保护器的差模和共模限制电压的规格与需要保护系统的要求相一致（图 J.2.3-1）。

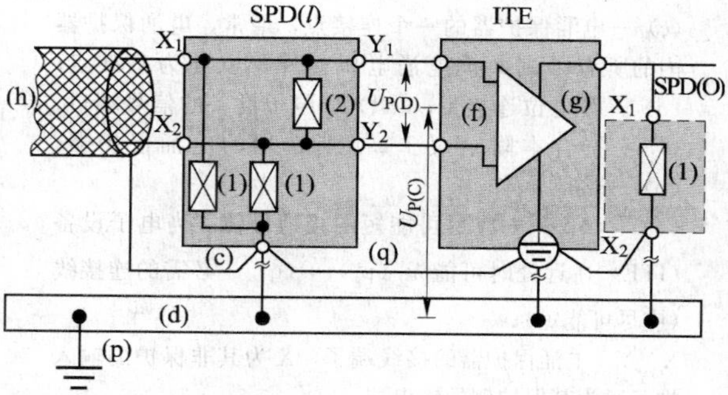

图 J.2.3-1　防需要保护的电子设备（ITE）的供电电压输入端及其信号端的差模和共模电压的保护措施的例子

（c）—电涌保护器的一个连接点，通常，电涌保护器内的所有限制共模电涌电压元件都以此为基准点；（d）—等电位连接带；（f）—电子设备的信号端口；（g）—电子设备的电源端口；（h）—电子系统线路或网络；（*l*）—符合本附录表 J.2.1 所选用的电涌保护器；（o）—用于直流电源线路的电涌保护器；（p）—接地导体；$U_{P(C)}$—将共模电压限制至电压保护水平；$U_{P(D)}$—将差模电压限制至电压保护水平；X_1、X_2—电涌保护器非保护侧的接线端子，在它们之间接入（1）和（2）限压元件；Y_1、Y_2—电涌保护器保护侧的接线端子；（1）—用于限制共模电压的防电涌电压元件；（2）—用于限制差模电压的防电涌电压元件。

2　接至电子设备的多接线端子电涌保护器，为将其有效电压保护水平减至最小所必需的安装条件，见图 J.2.3-2。

3　附加措施应符合下列规定：

1）接至电涌保护器保护端口的线路不要与接至非保护端口的线路敷设在一起。

2）接至电涌保护器保护端口的线路不要与接地导体（p）敷设在一起。

3）从电涌保护器保护侧接至需要保护的电子设备（ITE）的线路宜短或加以屏蔽。

4　雷击时在环路中的感应电压和电流的计算应符合本规范附录 G 的规定。

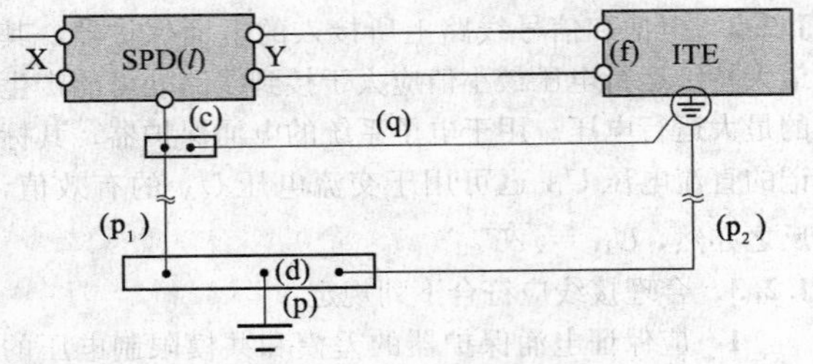

图 J. 2. 3-2　将多接线端子电涌保护器的有效电压保护水平减至最小所必需的安装条件的例子

(c) 一电涌保护器的一个连接点，通常，电涌保护器内的所有限制共模电涌电压元件都以此为基准点；(d) 一等电位连接带；(f) 一电子设备的信号端口；(l) 一符合本附录表 J. 2. 1 所选用的电涌保护器；(p) 一接地导体；(p_1)、(p_2) 一应尽可能短的接地导体，当电子设备 (ITE) 在远处时可能无 (p_2)；(q) 一必需的连接线 (应尽可能短)；

X、Y—电涌保护器的接线端子，X 为其非保护的输入端，Y 为其保护侧的输出端

本规范用词说明

1　为便于在执行本规范条文时区别对待，对要求严格程度不同的用词说明如下：

1）表示很严格，非这样做不可的：
正面词采用“必须”，反面词采用“严禁”；

2）表示严格，在正常情况下均应这样做的：
正面词采用“应”，反面词采用“不应”或“不得”；

3）表示允许稍有选择，在条件许可时首先应这样做的：
正面词采用“宜”，反面词采用“不宜”；

4）表示有选择，在一定条件下可以这样做的，采用“可”。

2　条文中指明应按其他有关标准执行的写法为：“应符合……的规定”或“应按……执行”。

引用标准名录

《工业与民用电力装置的接地设计规范》GBJ 65

《电磁兼容　试验和测量技术　浪涌（冲击）抗扰度试验》GB/T 17626. 5

《低压配电系统的电涌保护器(SPD)　第 1 部分：性能要求和试验方法》GB 18802. 1

中华人民共和国国家标准

建筑物防雷设计规范

GB 50057—2010

条 文 说 明

修 订 说 明

《建筑物防雷设计规范》GB 50057—2010，经住房和城乡建设部2010年11月3日以第824号公告批准。本规范是对原《建筑物防雷设计规范》GB 50057—94（2000年版）进行修订而成。上一版的主编单位是机械工业部设计研究院，起草人是林维勇。

为便于广大设计、施工、科研、学校等单位有关人员在使用本规范时能正确理解和执行条文规定，《建筑物防雷设计规范》编制组按章、节、条顺序编制了本规范的条文说明，对条文规定的目的、依据以及执行中需注意的有关事项进行了说明（还着重对强制性条文的强制性理由做了解释）。但是，本条文说明不具备与标准正文同等的法律效力，仅供使用者作为理解和把握规范规定的参考。

目　次

1 总　　则

1.0.1 有人认为，建筑物安装防雷装置后就万无一失了。从经济观点出发，要达到这点是太浪费了。因此，特指出“或减少”，以示不是万无一失，因为按照本规范设计的防雷装置的防雷安全度不是100%。

根据各方修订意见，在原“财产损失”之后增加了“以及雷击电磁脉冲引发的电气和电子系统损坏或错误运行”。

1.0.2 本条原为“本规范适用于新建建筑物的防雷设计”，现修订为“本规范适用于新建、扩建、改建建（构）筑物的防雷设计”。原规范不提“扩建、改建建筑物”是考虑这些建筑物在扩建、改建之前，其防雷设计是按GBJ 57—83设计的，使用时间不长，有的可以不按GB 50057—94修改，现在距GBJ 57—83的废止时间较长，故补加“扩建、改建”。

删去不适用范围内容，因为不好列，也列不全，而且总有新的特殊规范出来。

2 术　语

2.0.8 原规范中，接闪杆称为避雷针，接闪带称为避雷带，接闪线称为避雷线，接闪网称为避雷网。

2.0.27 电子系统包括由通信设备、计算机、控制和仪表系统、无线电系统、电力电子装置构成的系统。

2.0.30 电子系统电涌保护器的保护部件连接在线与线之间称为差模保护，连接在线与地之间称为共模保护。

3 建筑物的防雷分类

3.0.1 将工业和民用建筑物合并分类，分为三类。

本规范对第一类防雷建筑物和第二、三类的一部分（如爆炸危险场所、文物）仍沿用以往的做法，不考虑以风险作为分类的基础。IEC 62305—2：2010 Ed.2.0（Protection against lightning—Part 2：Risk management. 防雷——第2部分：风险管理）在其Introduction（序言）最后均有这样的一段话：The decision to provide lightning protection may be taken regardless of the outcome of any risk assessment where there is a desire that there be no avoidable risk。译文：当预期风险是不可避免时，可以不管风险评估的结果如何而决定提供防雷。

规范中列入第一类防雷建筑物和部分第二类防雷建筑物的建筑物就是这样。此外，按IEC 62305—2：2010的做法很复杂，要有结合我国情况以前的损失数据（特别是间接损失，我们缺少这些资料），而且要制作出应用软件，在目前这是很难做到的。

对于第二、三类中一些难于确定的建筑物则根据风险这一基础来划分。对风险的分析见本章第3.0.3条的条文说明。

3.0.2 本条为强制性条文。增加了“在可能发生对地闪击的地区”。

1 火炸药及其制品包括火药（含发射药和推进剂）、炸药、弹药、引信和火工品等。

爆轰——爆炸物中一小部分受到引发或激励后爆炸物整体瞬时爆炸。

2、3 爆炸性粉尘环境区域的划分和代号采用现行国家标准《可燃性粉尘环境用电气设备　第3部分：存在或可能存在可燃性粉尘的场所分类》GB 12476.3—2007/IEC 61241—10：2004中的规定。

0区：连续出现或长期出现或频繁出现爆炸性气体混合物的场所。

1区：在正常运行时可能偶然出现爆炸性气体混合物的场所。

2区：在正常运行时不可能出现爆炸性气体混合物的场所，或即使出现也仅是短时存在的爆炸性气体混合物的场所。

20区：以空气中可燃性粉尘云持续地或长期地或频繁地短时存在于爆炸性环境中的场所。

21区：正常运行时，很可能偶然地以空气中可燃性粉尘云形式存在于爆炸性环境中的场所。

22区：正常运行时，不太可能以空气中可燃性粉尘云形式存在于爆炸性环境中的场所，如果存在仅是短暂的。

1区、21区的建筑物可能划为第一类防雷建筑物，也可能划为第二类防雷建筑物。其区分在于是否会造成巨大破坏和人身伤亡。例如，易燃液体泵房，当布置在地面上时，其爆炸危险场所一般为2区，则该泵房可划为第二类防雷建筑物。但当工艺要求布置在地下或半地下时，在易燃液体的蒸气与空气混合物的密度大于空气，又无可靠的机械通风设施的情况下，爆炸性混合物就不易扩散，该泵房就要划为1区危险场所。如该泵房系大型石油化工联合企业的原油泵房，当泵房遭雷击就可能会使工厂停产，造成巨大经济损失和人员伤亡，那么这类泵房应划为第一类防雷建筑物；如该泵房系石油库的卸油泵房，平时间断操作，虽可能因雷电火花引发爆炸造成经济损失和人身伤亡，但相对而言其概率要小得多，则这类泵房可划为第二类防雷建筑物。

3.0.3 本条为强制性条文。增加了“在可能发生对地闪击的地区”。增加了第4款：“国家特级和甲级大型体育馆”。

5 有些爆炸物质不易因电火花而引起爆炸，但爆炸后破坏力较大，如小型炮弹库、枪弹库以及硝化棉脱水和包装等均属第二类防雷建筑物。

9 增加了“以及火灾危险场所”。

选择防雷装置的目的在于将需要防直击雷的建筑物的年损坏风险 R 值（需要防雷的建筑物每年可能遭雷击而损坏的概率）减到小于或等于可接受的最大损坏风险 R_T 值（即 $R \leqslant R_T$）。

本章中对于需计算年雷击次数的条文采用每年 10^{-5} 的 R_T 值，即每年十万分之一的损坏概率。

基于建筑物年预计雷击次数（N）和基于防雷装置或建筑物遭雷击一次发生损坏的综合概率（P），对于时间周期 $t=1$ 年，在 $NPt \ll 1$ 的条件下（所有真实情况都满足这一条件），下面的关系式是适用的：

$$R = 1 - \exp(-NPt) = NP，即 R = NP \quad (1)$$

$$P = P_i \times P_{id} + P_f \times P_{fd} \quad (2)$$

式中：P_i——防雷装置截收雷击的概率，或防雷装置的截收效率（也用 E_i 表示），其值与接闪器的布置有关；

P_f——闪电穿过防雷装置击到需要保护的建筑物的概率，也即防雷装置截收雷击失败的概率，等于（$1-P_i$）或（$1-E_i$）；

P_{id}——防雷装置所选用的各种尺寸和规格，当其截收雷击后保护失败而发生损坏的概率；

P_{fd}——防雷装置没有截到雷击而发生损坏的概率。

一次雷击后可能同时在不同地点发生 n 处损坏，每处损坏的分概率为 P_k，这些分概率是并联组成，因此，一次雷击的总损坏概率为：

$$P_d = 1 - \prod_{k=1}^{n}(1-P_k) \quad (3)$$

分损坏概率包含这样一些事件，如爆炸、火灾、生命触电、机械性损坏、敏感电子或电气设备损坏或受到干扰等。

在确定分损坏概率时，应考虑到同时发生两类事件，即引发损坏的事件（如金属熔化、导体炽热、侧向跳击、不容许的接触电压或跨步电压等）和被损坏物体的出现（即人、可燃物、爆炸性混合物等的存在）这两类事件同时发生。

出现引发损坏事件的概率直接或间接与闪击参量的分布概率有关，在设计防雷装置和选用其规格尺寸时是依据闪击参量的。

在引发事件的地方出现可能被损坏的周围物体的概率取决于建筑物的特点、存放物和用途。

为简化起见，假定：

1）在引发事件的地方出现可能被损坏的周围物体的概率对每一类损坏采用相同的值，用共同概率 P_r 代替；

2）没有被截到的雷击（直击雷）所引发的损坏是肯定的，损坏的出现与可能被损坏的周围物体的出现是同时发生的，因此，$P_{fd}=P_r$；

3）被截到的雷击引发损坏的总概率只与防雷装置的尺寸效率 E_s 有关，并假定等于（$1-E_s$）。E_s 规定为这样一个综合概率，即被截收的雷击在此概率下不应对被保护空间造成损害。E_s 与用来确定接闪器、引下线、接地装置的尺寸和规格的闪击参量值有关。

将上述假定代入式（2），即将以下各项代入：P_i 用 E_i 代入，P_f 用（$1-E_i$）代入，P_{fd} 用 P_r 代入，P_{id} 用 P_r（$1-E_s$）代入；此外，引入一个附加系数 W_r，它是考虑雷击后果的一个系数，后果越严重，W_r 值越大。因此，式（2）转化为：

$$P = P_r W_r (1 - E_i E_s) \quad (4)$$

概率 P_r 应看作是一个系数，它表示建筑物自身保护的程度或表示考虑这样的真实情况的一个系数，即不是每一个打到需要防雷的建筑物的雷击和不是每一个使防雷装置所选用的规格和尺寸失败的雷击均造成损坏。P_r 值主要取决于建筑物的特点，即它的结构、用途、存放物或设备。

$$\eta = E_i E_s \quad (5)$$

η 或 $E_i E_s$ 为防雷装置的效率。

由式（1）、（4）、（5）得：

$$R = NP_r W_r (1-\eta)，\eta = 1 - R/(NP_r W_r)$$

如果 R 值采用可接受的年最大损坏风险 $R_T = 10^{-5} a^{-1}$，并使

$$N_T = R_T/(P_r W_r) = 10^{-5}/(P_r W_r) \quad (6)$$

式中：N_T——建筑物可接受的年允许遭雷击次数（次/a）。

因此，防雷装置所需要的效率应符合下式：

$$\eta \geqslant 1 - N_T/N \quad (7)$$

根据 IEC 62305—1：2010 Ed. 2.0（Protection against lightning—Part 1: General Principles. 防雷——第 1 部分：总则）第 22、23 页的表 4 和表 5，第三类防雷建筑物所装设的防雷装置的有关值见表 1。

表 1　E_i 和 E_s 值

	E_i	E_s	$\eta = E_i E_s$
第三类防雷建筑物所装设的防雷装置	0.84	0.97	0.81

注：1　E_i 为防雷装置截收雷击的概率，或防雷装置的截收效率，其值与接闪器的布置有关，第三类防雷建筑物采用 60m 的滚球半径，其对应的最小雷电流幅值为 16kA，雷电流大于 16kA 的概率为 0.84；

2　E_s 与用来确定接闪器、引下线、接地装置的尺寸和规格的闪击参量值有关，小于第三类防雷建筑物所规定的各雷电流参量最大值（见本规范附录 F）的概率为 0.97。

根据验算和对比（见本条第 10 款和本章第 3.0.4 条第 2、3 款的条文说明），本规范对一般建筑物和公共建筑物所采用的 $P_r W_r$ 值见表 2（由于校正系数 k 的改变，见本规范附录 A 及其说明，$P_r W_r$ 值有所改小）。

表 2　P_rW_r 值

建筑物		P_rW_r	$N_T=10^{-5}/(P_rW_r)$
形式	特点		
一般建筑物	正常危险	0.2×10^{-3}	5×10^{-2}
公共建筑物	重大危险（引起惊慌、重大损失）	1×10^{-3}	1×10^{-2}

从表 1 可以看出，保护第三类防雷建筑物的防雷装置的效率 η 值为 0.81。从表 2 查得，公共建筑物的 N_T 值为 1×10^{-2}。将这两个数值代入式（7），得 $0.81\geqslant1-1\times10^{-2}/N$，所以 $N\leqslant1\times10^{-2}/0.19=0.053\approx0.05$。这表明对这类建筑物如采用第三类防雷建筑物的防雷措施，只对 $N\leqslant0.05$ 的建筑物保证 R_T 值不大于 10^{-5}。当 $N>0.05$ 时，R_T 值达不到（即大于）10^{-5}，因此，当 $N>0.05$ 时，升级采用第二类防雷建筑物的防雷措施。

将部、省级办公建筑物列入，是考虑其所存放的文件和资料的重要性。人员密集的公共建筑物，是指如集会、展览、博览、体育、商业、影剧院、医院、学校等建筑物。

10　增加了“或一般性工业建筑物”。从表 1 可以看出，保护第三类防雷建筑物的防雷装置的效率 η 值为 0.81。从表 2 查得，一般建筑物的 N_T 值为 5×10^{-2}。将这两个数值代入式（7），得 $0.81\geqslant1-5\times10^{-2}/N$，所以 $N\leqslant5\times10^{-2}/0.19=0.26\approx0.25$。这表明对这类建筑物如采用第三类防雷建筑物的防雷措施，只对 $N\leqslant0.25$ 的建筑物保证 R_T 值不大于 10^{-5}。当 $N>0.25$ 时，R_T 值达不到（即大于）10^{-5}，因此，当 $N>0.25$ 时，升级采用第二类防雷建筑物的防雷措施。

3.0.4　本条为强制性条文。增加了“在可能发生对地闪击的地区”，并删去原第 4、5 款。

2　增加了“以及火灾危险场所”。当没有防雷装置时 $\eta=0$，从表 2 查得，公共建筑物的 N_T 值为 1×10^{-2}。将这两个数值代入式（7），得 $0\geqslant1-1\times10^{-2}/N$，所以 $N\leqslant0.01$。这表明对这类建筑物当 $N<0.01$ 时，可以不设防雷装置；当 $N\geqslant0.01$ 时，要设防雷装置。

3　增加了“或一般性工业建筑物”。当没有防雷装置时 $\eta=0$，从表 2 查得，一般建筑物的 N_T 值为 5×10^{-2}。将这两个数值代入式（7），得 $0\geqslant1-5\times10^{-2}/N$，所以 $N\leqslant0.05$。这表明对这类建筑物当 $N<0.05$ 时，可以不设防雷装置；当 $N\geqslant0.05$ 时，要设防雷装置。

下面用长 60m、宽 13m（即四个单元住宅）的一般建筑物作为例子进行验算对比，其结果列于表 3。原规范的建筑物年预计雷击次数计算式为 $N=kN_gA_e=k\times0.024T_d^{1.3}\times A_e$，修改后，本规范的建筑物年预计雷击次数计算式为 $N=kN_gA_e=k\times0.1T_d\times A_e$。$k$ 值均取 1。

表 3　计算结果的比较表

地区名称	年平均雷暴日 (d/a)	N 为以下数值时算出的建筑物高度（m）			
		用原规范计算式		用现规范计算式	
		0.06	0.3	0.05	0.25
北京	35.2	25.3	174.6	11.2	128.0
成都	32.5	29.6	184.8	12.7	134.0
昆明	61.8	8.4	114.5	4.7	59.8
贵阳	49.0	13.4	136.7	6.8	105.3
上海	23.7	60.8	232.2	20.4	160.8
南宁	78.1	5.3	70.0	3.2	38.8
湛江	78.9	5.1	67.6	3.1	38.2
广州	73.1	6.0	100.5	3.5	43.5
海口	93.8	3.6	43.3	2.3	29.1

注：表中的年平均雷暴日取自气象系统提供的资料，其统计时段除贵阳为 1971—1999 年和上海为 1991—2000 年外，其他均为 1971—2000 年。

要精确计及周围物体对建筑物等效面积的影响，计算起来很繁杂，因此，略去这类影响的精确计算；而改用较简单的计算方法，见本规范附录 A 的第 A.0.3 条的第 2、3、4、5、6 款及其相应说明。

4　建筑物的防雷措施

4.1　基 本 规 定

4.1.1～4.1.3　本规范防雷主要参照 IEC 防雷标准修订，防雷分为外部防雷和内部防雷以及防雷击电磁脉冲。外部防雷就是防直击雷，不包括防止外部防雷装置受到直接雷击时向其他物体的反击；内部防雷包括防闪电感应、防反击以及防闪电电涌侵入和防生命危险。防雷击电磁脉冲是对建筑物内系统（包括线路和设备）防雷电流引发的电磁效应，它包含防经导体传导的闪电电涌和防辐射脉冲电磁场效应。

本规范的第一、二、三类防雷建筑物是按防 S1 和 S2 雷击选用 SPD 的，其 U_p 和通流能力足以防 S3 和 S4 引发的过电压和过电流，所以不在规范中单独列入防 S3 和 S4 的规定。

第 4.1.1 条和第 4.1.2 条为强制性条文。

为说明等电位的作用和一般的做法，下面摘译 IEC 62305—3：2010 Ed. 2.0（Protection against lightning—Part 3：Physical damage to structures and life hazard. 防雷——第 3 部分：建筑物的物理损坏和生命危险）第 31 页的一些规定：

“6　内部防雷装置

6.1 通则

内部防雷装置应防止由于雷电流流经外部防雷装置或建筑物的其他导电部分而在需要保护的建筑物内发生危险的火花放电。

危险的火花放电可能在外部防雷装置与其他部件（如金属装置、建筑物内系统、从外部引入建筑物的导电物体和线路）之间发生。

采用以下方法可以避免产生这类危险的火花放电：按6.2做等电位连接或按6.3在它们之间采用电气绝缘（间隔距离）。

6.2 防雷等电位连接

6.2.1 通则

防雷装置与下列诸物体之间互相连接以实现等电位：金属装置，建筑物内系统，从外部引入建筑物的外来导电物体和线路。

互相之间连接的方法可采用：在那些自然等电位连接不能提供电气贯通之处用等电位连接导体，在用等电位连接导体做直接连接不可行之处用电涌保护器（SPD）连接；在不允许用等电位连接导体做直接连接之处用隔离放电间隙（ISG）连接……”

4.2 第一类防雷建筑物的防雷措施

4.2.1 外部防雷装置完全与被保护的建筑物脱离者称为独立的外部防雷装置，其接闪器称为独立接闪器。

1 本款规定是为了使被保护的建筑物及风帽、放散管等突出屋面的物体均处于接闪器的保护范围内。

2 从安全的角度考虑，作了本款规定。本款为强制性条款。

压力单位用Pa或kPa，它们是法定计量单位。标准大气为非法定计量单位。因此，表4.2.1中的压力单位采用kPa。一个标准大气压$=1.01325\times10^5$Pa$=1.01325\times10^2$kPa。

“接闪器与雷闪的接触点应设在本款第1项或第2项所规定的空间之外”，接触点处于该空间的正上方之外也属于此规定。

3 本款规定是为了保证安全。本款为强制性条款。

4 在“支柱”之前增加了“每根”。

5 为了防止雷击电流流过防雷装置时所产生的高电位对被保护的建筑物或与其有联系的金属物发生反击，应使防雷装置与这些物体之间保持一定的间隔距离。

防雷装置地上高度h_x处的电位为：

$$U=U_R+U_L=IR_i+L_0\cdot h_x\cdot di/dt \qquad (8)$$

由于没有更合理的方法，间隔距离仍按电阻电压降和电感电压降相应求出的距离相加而得。因此，相应的间隔距离为：

$$S_{a1}=IR_i/E_R+(L_0\cdot h_x\cdot di/dt)/E_L \qquad (9)$$

式中：U_R——雷电流流过防雷装置时接地装置上的电阻电压降（kV）；

U_L——雷电流流过防雷装置时引下线上的电感电压降（kV）；

R_i——接地装置的冲击接地电阻（Ω）；

di/dt——雷电流陡度（kA/μs）；

I——雷电流幅值（kA）；

L_0——引下线的单位长度电感（μH/m），取1.5μH/m；

E_R——电阻电压降的空气击穿强度（kV/m），取500kV/m；

E_L——电感电压降的空气击穿强度（kV/m）。

本规范各类防雷建筑物所采用的雷电流参量见本规范附录F的表F.0.1-1～表F.0.1-4。

根据对雷电所测量的参数得知，雷电流最大幅值出现于第一次正极性雷击，雷电流最大陡度出现于第一次雷击以后的负雷击。正极性雷击通常仅出现一次，无重复雷击。

IEC-TC81的81（Secretariat）19：1985-08（Progress of WG 3 of TC 81，TC 81第3工作组的进展报告）文件的附录2提出电感电压降的空气击穿强度为$E_L=600\times(1+1/T_1)$（kV/m），它是根据作者K. Ragaller的书《Surges in high-voltage networks》（1980，Plenum Press，New York）。因此，根据表F.0.1-1，当$T_1=10\mu s$时，$E_L=600\times(1+1/10)=660$（kV/m）；根据表F.0.1-3，当$T_1=0.25\mu s$时，$E_L=600\times(1+1/0.25)=3000$（kV/m）。

将表F.0.1-1的有关参量和上述有关数值代入式(9)，其中$di/dt=200/10=20$（kA/μs），得$S_{a1}=200R_i/500+(1.5\times h_x\times20)/660=0.4R_i+0.0455h_x$，考虑计算简化，取作$S_{a1}\geqslant0.4R_i+0.04h_x$。因此，

$$S_{a1}\geqslant0.4(R_i+0.1h_x) \qquad (10)$$

上式即本规范式（4.2.1-1）。

同理，改用表F.0.1-3及其他有关数值代入式(9)，其中$di/dt=50/0.25=200$（kA/μs），得$S_{a1}=50R_i/500+(1.5\times h_x\times200)/3000=0.1R_i+0.1h_x$。因此，

$$S_{a1}\geqslant0.1(R_i+h_x) \qquad (11)$$

上式即本规范式（4.2.1-2）。

式(10)和式(11)相等的条件为$0.4R_i+0.04h_x=0.1R_i+0.1h_x$，即$h_x=5R_i$。因此，当$h_x<5R_i$时，式(10)的计算值大于式(11)的计算值；当$h_x>5R_i$时，式(11)的计算值大于式(10)的计算值；当$h_x=5R_i$时，两值相等。

根据《雷电》一书下卷第87页（1983年，李文恩等译，水利电力出版社出版，该书译自英文版《Lightning》第2卷，R. H. Golde主编，1977年

版），土壤的冲击击穿场强为 200kV/m ～1000kV/m，其平均值为 600kV/m，取与空气击穿强度一样的数值，即 500kV/m。根据表 F.0.1-1，第一类防雷建筑物取 I=200kA。因此，地中的间隔距离为

$S_{e1} \geqslant IR_i/500 = 200R_i/500 = 0.4R_i$，即

$$S_{e1} \geqslant 0.4R_i \qquad (12)$$

上式即本规范式（4.2.1-3）。

根据计算，在接闪线立杆高度为 20m、接闪线长度为 50m～150m、冲击接地电阻为 3Ω～10Ω 的条件下，当接闪线立杆顶点受雷击时，流经该立杆的雷电流为全部雷电流的 63%～90%，S_{a1} 和 S_{e1} 可相应减小，但计算起来很繁杂，为了简化计算，故本规范规定 S_{a1} 和 S_{e1} 仍按照独立接闪杆的方法进行计算。

6 按雷击于架空接闪线档距中央考虑 S_{a2}，由于两端分流，对于任一端可近似地将雷电流幅值和陡度减半计算。因此，架空接闪线档距中央的电位为：$U=U_R+U_{L1}+U_{L2}$。由此，得 $S_{a2}=U_R/E_R+(U_{L1}+U_{L2})/E_L$，因此，

$$S_{a2} = [(I/2) \cdot R_i]/E_R + \{[L_{01} \cdot h + L_{02} \cdot (l/2)] \cdot (\mathrm{d}i/\mathrm{d}t)/2\}/E_L \qquad (13)$$

式中：U_{L1}——雷电流流经防雷装置时引下线上的电感压降（kV）；

U_{L2}——雷电流流经防雷装置时接闪线上的电感压降（kV）；

L_{01}——垂直敷设的引下线的单位长度电感（μH/m）。按引下线直径 8mm、高 20m 时的平均值 L_{01} = 1.69 μH/m 计算；

L_{02}——水平接闪线的单位长度电感（μH/m）。按接闪线截面 50mm^2、高 20m 时的值 L_{02}=1.89μH/m 计算。

I、U_R、$\mathrm{d}i/\mathrm{d}t$、E_R、E_L 的意义及所取的数值同本条 5 款的说明。

与本条第 5 款说明类同，以表 F.0.1-1 和上述有关的数值代入式（13），得

$$S_{a2} = 100R_i/500 + [1.69 \times h + 1.89 \times (l/2)] \times 10/660$$
$$= 0.2R_i + [0.0256h + 0.0286(l/2)]$$
$$\approx 0.2R_i + 0.03(h + l/2)$$，因此，

$$S_{a2} \geqslant 0.2R_i + 0.03(h + l/2) \qquad (14)$$

上式即本规范式（4.2.1-4）。

再以表 F.0.1-3 和上述有关的数值代入式（13），得 $S_{a2}=0.05R_i+[0.0563h+0.063(l/2)] \approx 0.05R_i+0.06(h+l/2)$，因此

$$S_{a2} \geqslant 0.05R_i + 0.06(h + l/2) \qquad (15)$$

上式即本规范式（4.2.1-5）。

令式（14）等于式（15），得 $0.2R_i+0.03(h+l/2)=0.05R_i+0.06(h+l/2)$，则 $(h+l/2)=5R_i$。其余的道理类同于本条第 5 款。

7 将式（14）和式（15）中的系数以两支路并联还原，即乘以 2，并以 l_1 代替 $l/2$，再除以有同一距离 l_1 的个数，则得出本规范式（4.2.1-6）和式（4.2.1-7）。

架空接闪网的一个例子见图 1。

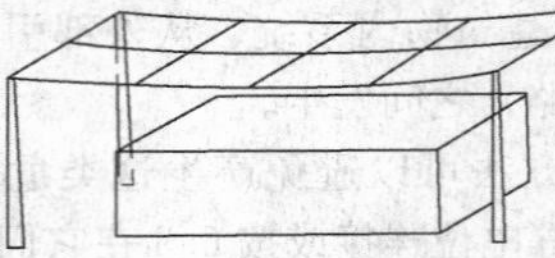

图 1　架空接闪网的例子

8 一般情况下，规定冲击接地电阻不宜大于 10Ω 是适宜的，但在高土壤电阻率地区，要求低于 10Ω 可能给施工带来很大的困难。故本款规定为，在满足间隔距离的前提下，允许提高接地电阻值。此时，虽然支柱距建筑物远一点，接闪器的高度也相应增高，但可以给施工带来很大方便而仍保证安全。在高土壤电阻率地区，这是一个因地制宜而定的数值，它应综合接闪器增加的安装费用和可能做到的电阻值来考虑。30Ω 的规定参考本规范第 4.2.4 条第 6 款的条文说明。

4.2.2 本条说明如下：

1 被保护建筑物内的金属物接地，是防闪电感应的主要措施。本款还规定了不同类型屋面的处理。金属屋面或钢筋混凝土屋面内的钢筋进行接地，有良好的防闪电感应和一定的屏蔽作用。对于钢筋混凝土预制构件组成的屋面，要求其钢筋接地有时会遇到困难，但希望施工时密切配合，以达到接地要求。

2 本款规定距离小于 100mm 的平行长金属物，每隔不大于 30m 互相连接一次，是考虑到电磁感应所造成的电位差只能将几厘米的空隙击穿（计算结果如下）。当管道间距超过 100mm 时，就不会发生危险。交叉管道也做同样处理。

两根间距 300mm 的平行管道，与引下线平行敷设，距引下线 3m 并与其处于同一个平面上。如果将引下线视作无限长，这时在管道环路内的感应电压 U（kV）为 $U=M \cdot l \cdot (\mathrm{d}i/\mathrm{d}t)$，它可能击穿的空气间隙距离 d 为：

$$d = U/E_L = [M \cdot l \cdot (\mathrm{d}i/\mathrm{d}t)]/E_L \qquad (16)$$

式中：l——平行管道成环路的长度（m），取 30m 计算；

$\mathrm{d}i/\mathrm{d}t$——流经引下线的雷电流的陡度（kA/μs），根据表 F.0.1-3 的参量取 200kA/μs 计算；

M——1m 长两根间距 300mm 平行管道与引下线之间的互感（μH/m），经计算得 M=0.0191μH/m；

E_L——电感电压的空气击穿强度（kV/m），与本章第 4.2.1 条第 5 款说明相同，取 3000kV/m 计算。

将上述有关数值代入式（16），得

$d = U/E_L =$（0.0191×30×200）/3000＝0.038（m）

即使在管道间距增大到 300mm 的情况下，所感应的电压仅可能击穿 0.038m 的空气间隙。若间距减小到 100mm，所感应的电压就更小了（由于 M 值减小）。

连接处过渡电阻不大于 0.03Ω 时，以及对有不少于 5 根螺栓连接的法兰盘可不跨接的规定，是参考国外资料和国内的实践经验确定的。天津某单位安技科做过测试，一些记录见表 4，这些实测值是在三处罐站测量的。

表 4　连接处过渡电阻的实测值

序号	被测对象		接触电阻（Ω）
1	残液罐下法兰，4 个螺钉齐全，无跨接线		0.0075
2	残液管道上法兰，4 个螺钉齐全，无跨接线		0.0075
3	3″管道（残液）法兰，4 个螺钉齐全，有跨接线		0.0088
4	2″残液管道上法兰，4 个螺钉齐全，有跨接线		0.012
5	储罐下阀门，8 个螺钉齐全，无跨接线		0.009
6	阀门，8 个螺钉齐全，无跨接线		0.013
7	储罐下阀门，8 个螺钉齐全，有跨接线		0.012
8	工业灌装阀门，无跨接线		0.01
9	槽车卸油管阀门，无跨接线		0.015
10	φ89 液相管法兰，8 个螺钉齐全，有跨接线		0.011
11	φ57 管道法兰，4 个螺钉齐全	有跨接线时	0.005
12		拆下跨接线时	0.006
13	φ89 管道新装法兰，8 个螺钉齐全，无跨接线		0.007
14	φ89 管道法兰	有跨接线时	0.01
15		拆下跨接线时	0.01
16	球罐下 φ150 阀门，8 个螺钉齐全，无跨接线		0.008
17	临时罐站，2″管道阀门，4 个螺钉齐全，无跨接线		0.0085
18	临时罐站，4″管道阀门，无跨接线		0.008

3　由于已设有独立接闪器，因此，流过防闪电感应接地装置的只是数值很小的感应电流。在金属物已普遍等电位连接和接地的情况下，电位分布均匀。因此，本款规定工频接地电阻不大于 10Ω，根据修订意见，将“不应”改为“不宜”。在共用接地装置的场合下，工频接地电阻只要满足 50Hz 电气装置从人身安全，即从接触电压和跨步电压要求所确定的电阻值。（另见本章第 4.2.4 条的条文说明。）

4.2.3　本条说明如下：

1　为防止雷击线路时高电位侵入建筑物造成危险，低压线路应全线采用电缆直接埋地引入。本款为强制性条款。

2　当难于全线采用电缆时，不得将架空线路直接引入屋内，允许从架空线上换接一段有金属铠装（埋地部分的金属铠装要直接与周围土壤接触）的电缆或护套电缆穿钢管直接埋地引入。需要强调的是，电缆首端必须装设 SPD 并与绝缘子铁脚、金具、电缆外皮等共同接地，入户端的电缆外皮、钢管必须接到防闪电感应接地装置上。

因规定架空线距爆炸危险场所至少为杆高的 1.5 倍，设杆高一般为 10m，1.5 倍就是 15m。

在电缆与架空线连接处所安装的 SPD，其 U_p 应小于或等于 2.5kV 是根据 IEC 62305—1：2010 的规定，选用Ⅰ级试验产品和选 I_{imp} 等于或大于 10kA 是根据 IEC 62305—1：2010 第 64、65 页表 E.2 和表 E.3，将其转换为本规范建筑物防雷类别后见表 5。本款为强制性条款。

表 5　预期雷击的电涌电流①

建筑物防雷类别	闪电直接和非直接击在线路上		闪电击于建筑物附近④	闪电击于建筑物④
	损害源 S3（直接闪击）	损害源 S4（非直接闪击）	损害源 S2（所感应的电流）	损害源 S1（所感应的电流）
	10/350μs 波形（kA）	8/20μs 波形（kA）	8/20μs 波形（kA）	8/20μs 波形（kA）
	低压系统			
第三类	5②	2.5③	0.1⑤	5⑤
第二类	7.5②	3.75③	0.15⑤	7.5⑤
第一类	10②	5③	0.2⑤	10⑤
电信系统⑦				
第三类	1⑥	0.035③	0.1	5
第二类	1.5⑥	0.085③	0.15	7.5
第一类	2⑥	0.160③	0.2	10

注：① 表中所有值均指线路中每一导体的预期电涌电流；
② 所列数值属于闪电击在线路靠近用户的最后一根电杆上，并且线路为多根导体（三相＋中性线）；
③ 所列数值属于架空线路，对埋地线路所列数值可减半；
④ 环状导体的路径和距起感应作用的电流的距离影响预期电涌过电流的值。表 5 的值参照在大型建筑物内有不同路径、无屏蔽的一短路环状导体所感应的值（环状面积约 50m²，宽约 5m），距建筑物墙 1m，在无屏蔽的建筑物内或装有 LPS 的建筑物内（k_c＝0.5）；
⑤ 环路的电感和电阻影响所感应电流的波形。当略去环路电阻时，宜采用 10/350μs 波形。在被感应电路中安装开关型 SPD 就是这类情况；
⑥ 所列数值属于有多对线的无屏蔽线路。对击于无屏蔽的入户线，可取 5 倍所列数值；
⑦ 更多的信息参见 ITU-T 建议标准 K.67。

3　本款规定铠装电缆或钢管埋地部分的长度不小于 $2\sqrt{\rho}$（m）是考虑电缆金属外皮、铠装、钢管等起散流接地体的作用。接地体在冲击电流下，其有效长度为$2\sqrt{\rho}$(m)。关于采用$2\sqrt{\rho}$的理由参见本规范第5.4.6条的条文说明。当土壤电阻率过高，电缆埋地过长时，可采用换土措施，使ρ值降低来缩短埋地电缆的长度。

6 金属线电子系统架空线转换电缆处所安装的SPD，选用D1类高能量试验产品和短路电流等于或大于2kA是根据本规范条文说明表5和本规范表J.2.1确定的。

4.2.4 正如本章第4.2.1条所述，第一类防雷建筑物的防直击雷措施，首先应采用独立接闪杆或架空接闪线或网。本条只适用于特殊情况，即可能由于建筑物太高或其他原因，不能或无法装设独立接闪杆或架空接闪线或网时，才允许采用附设于建筑物上的防雷装置进行保护。

2 从法拉第笼的原理看，网格尺寸和引下线间距越小，对闪电感应的屏蔽越好，可降低屏蔽空间内的磁场强度和减小引下线的分流系数。

雷电流通过引下线入地，当引下线数量较多且间距较小时，雷电流在局部区域分布也较均匀，引下线上的电压降减小，反击危险也相应减小。

对引下线间距，本规范向IEC 62305防雷标准靠拢。如果完全采用该标准，则本规范的第一类、第二类、第三类防雷建筑物的引下线间距相应应为10m、15m、25m。但考虑到我国工业建筑物的柱距一般均为6m，因此，按不小于6m的倍数考虑，故本规范对引下线间距相应定为12m、18m、25m。

4 对于较高的建筑物，引下线很长，雷电流的电感压降将达到很大的数值，需要在每隔不大于12m之处，用均压环将各条引下线在同一高度处连接起来，并接到同一高度的屋内金属物体上，以减小其间的电位差，避免发生火花放电。

由于要求将直接安装在建筑物上的防雷装置与各种金属物互相连接，并采取了若干等电位措施，故不必考虑防止反击的间隔距离。

5 关于共用接地装置，由于防雷装置直接安装在建筑物上，要保持防雷装置与各种金属物体之间的间隔距离，通常这一间隔距离在运行中很难保证不会改变，即间隔距离减小了。因此，对于第一类防雷建筑物，应将屋内各种金属物体及进出建筑物的各种金属管线进行严格的等电位连接和接地，而且所有接地装置都必须共用或直接互相连接起来，使防雷装置与邻近的金属物体之间电位相等或降低其间的电位差，防止发生火花放电。

一般来说，接地电阻越低，防雷得到的改善越多。但是，不能由于要达到某一很低的接地电阻而花费过大。出现火花放电危险可从基本计算公式$U=IR+L(di/dt)$来评价，IR项对于建筑物内某一小范围中互相连接在一起的金属物(包括防雷装置)来说都是一样的，它们之间的电位差与防雷装置的接地电阻无关。此外，考虑到已采取严格的各种金属物与防雷装置之间的连接和均压措施，故不必要求很低的接地电阻。

现在IEC的有关标准和美国的国家标准都规定，一栋建筑物的所有接地体应直接等电位连接在一起。

6 为了将雷电流散入大地而不会产生危险的过电压，接地装置的布置和尺寸比接地装置的特定值更重要。然而，通常建议采用低的接地电阻。本款的规定完全采用IEC 62305—3：2010第26页5.4.2.2的规定(接地体的B型布置)。

下面的图2系根据该规定的相应图换成本规范的防雷建筑物类别的图。该规定对接地体B型布置的规定是：对于环形接地体(或基础接地体)，其所包围的面积的平均几何半径r不应小于l_1，即$r\geqslant l_1$，l_1示于图2；当l_1大于r时，则必须增加附加的水平放射形或垂直(或斜形)导体，其长度l_r(水平)为$l_r=l_1-r$或其长度l_v(垂直)为$l_v=\frac{l_1-r}{2}$。

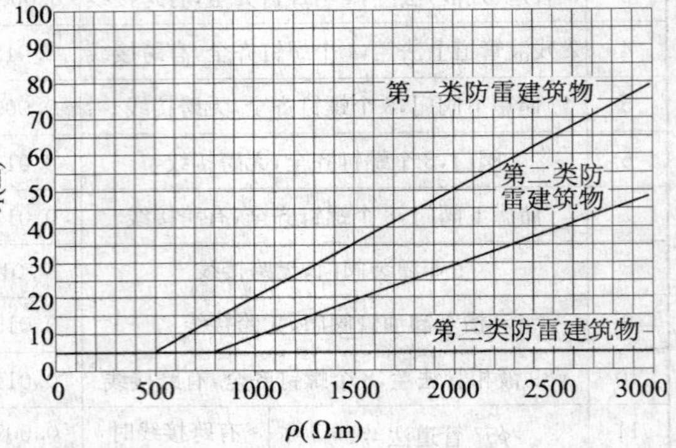

图2 按防雷建筑物类别确定的接地体最小长度

环形接地体(或基础接地体)，其所包围的面积A的平均几何半径r为：$\pi r^2=A$，所以$r=\sqrt{\frac{A}{\pi}}$。根据图2，对于第一类防雷建筑物，当$\rho<500\Omega m$时，l_1为5m，因此，导出本款第2、3项的规定；当$\rho=500\Omega m\sim3000\Omega m$时，$l_1$与$\rho$的关系是一根斜线，从该斜线上找出方便的任意两点的坐标，则可求出l_1与ρ的关系式为$l_1=\frac{11\rho-3600}{380}$，所以，导出本款第5、6项的规定。

由于接地体通常靠近墙、基础敷设，所以补加的水平接地体一般都是从引下线与环形接地体的连接点向外延伸，可为一根，也可为多根。

由于本条采用了若干等电位措施，本款的接地电阻值不是起主要作用，因此，没有提出接地电阻值的具体要求。

本款所要求的环形接地体的工频接地电阻R，在其半径r等于l_1的场合下，当$\rho=500\Omega m\sim3000\Omega m$时，大约处于13Ω～33Ω；当$\rho<500\Omega m$时，$R=0.067\rho(\Omega)$。

环形接地体的工频接地电阻的计算式为 $R=2\rho/3d(\Omega)$，$d=1.13\sqrt{A}(\mathrm{m})$。其中 ρ 为土壤电阻率（Ωm），A 为环形接地体所包围的面积（m^2）。当 $\rho=500\Omega\mathrm{m}$、$d=10\mathrm{m}$ 时，$R=2\times500/(3\times10)=33(\Omega)$。

当 $\rho=500\Omega\mathrm{m}\sim3000\Omega\mathrm{m}$ 时，$R=(2\times3000\times380)/[3\times2\times(11\times3000-3600)]=(3000\times380)/(3\times29400)=12.9\approx13(\Omega)$。

关于本款的注，说明如下（以下有的资料摘自 IEEE Std 1100—2005：IEEE Recommended practice for powering and grounding electronic equipment. 美国标准，电子设备接地和供电的推荐实用标准）：

通常，设计者对接地体的连接，其最普通的技术看法如图 3 中的图(b)，这里仅有一电阻单元。这一观点显然得到了许多有关测试接地体接地电阻的技术文献和市场上用于这类测试而仅显示电阻欧姆值的可应用产品的支持。

然而，对一接地体的真实表示更多地应如图 3 中的图(c)，它清楚地表示为一复数阻抗。除了提供有关接地连接的电阻值外，还示出接地体连接的无功（电抗）特性，这是重要的。

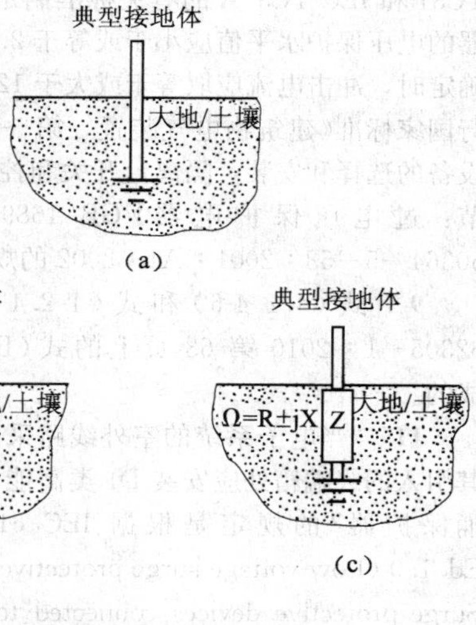

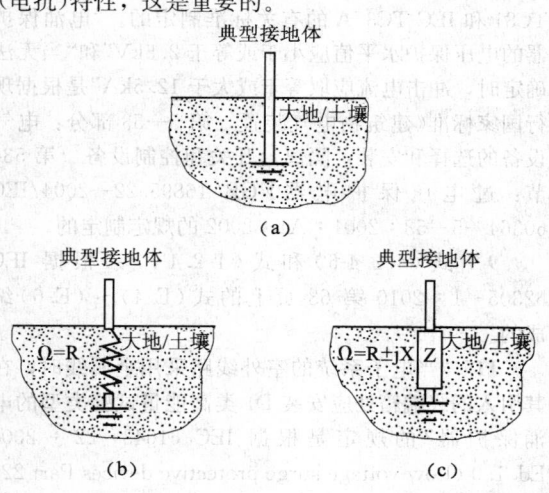

图 3　典型接地体的三种表示

注：所示接地体可能是复杂埋地接地网的一部分(以下同)

通常，设计者要求的功能性接地电阻为工频接地电阻，市场上销售的绝大多数测量仪表仅供测量直流至工频的接地电阻之用，而电子系统的功能性接地是要流过直流至高频的电流。在高频条件下，接地阻抗大大增加。例如，一个 61m 长的水平接地体，在小于 10kHz 频率下的阻抗约为 6Ω～7Ω，当频率增大至 1MHz 时，其阻抗将加大到 52Ω，见图 4 中的 A 接地体。当频率再增大，从图中曲线的走向，可推测其阻抗将大大增加。

其次，接地线的感抗为 $X_L=2\pi fL$，一根 $25mm^2$ 铜导体和一根 $107mm^2$ 铜导体，其在自由空间的一些

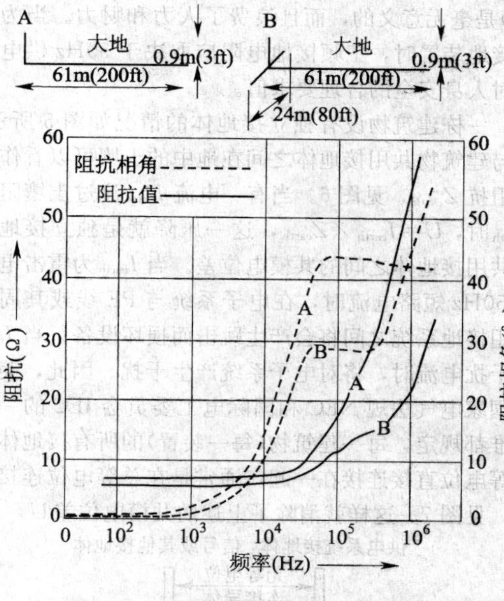

图 4　接地体的阻抗与频率的关系

有关数值见表 6 和表 7。从表中可以看出，在不同频率下，感抗都大大地大于电阻，因此，导体的阻抗可略去电阻，看作等于感抗；将导体的截面从 $25mm^2$ 加大到 $107mm^2$，即截面加大约三倍，而感抗减小的比例却很小，例如，30.5m 长的导体，在 100MHz 下仅减小 (35−31.4)/35=3.6/35=0.1=10%，因此，由于流过的电流很小，功能性接地/等电位连接线的截面无需选的很大。

表 6　$25mm^2$ 铜导体在空气中的电阻和感抗

导体长度(m)	L(μH)(>1MHz)	@1MHz		@10MHz		@100MHz	
		Rf(Ω)	2πfL(Ω)	Rf(Ω)	2πfL(Ω)	Rf(Ω)	2πfL(kΩ)
3	4	0.05	26	0.15	260	0.5	2.6
6.1	9	0.1	57	0.3	570	1.0	5.7
12.2	20	0.2	125	0.6	1250	2.0	12.5
18.3	31	0.3	197	0.9	1970	3.0	19.7
30.5	55	0.5	350	1.5	3500	5.0	35.0

表 7　$107mm^2$ 铜导体在空气中的电阻和感抗

导体长度(m)	L(μH)(>1MHz)	@1MHz		@10MHz		@100MHz	
		Rf(Ω)	2πfL(Ω)	Rf(Ω)	2πfL(Ω)	Rf(Ω)	2πfL(kΩ)
3	3.6	0.022	23	0.07	230	0.22	2.30
6.1	8	0.044	51	0.14	510	0.44	5.10
12.2	18	0.088	113	0.28	1130	0.88	11.30
18.3	28	0.132	176	0.42	1760	1.32	17.60
30.5	50	0.220	314	0.70	3140	2.20	31.40

现代电子系统绝大多数为数字化，其怕干扰的频率为数十乃至数百兆赫兹。因此，上述所指出的接地阻抗和接地线感抗将会增至很大。所以，功能性接地电阻要求很低的直流至工频的接地电阻（如 0.5Ω～

1Ω)是毫无意义的，而且浪费了人力和财力。当为共用接地装置时，工频接地电阻应取决于50Hz供电系统对人身安全的合理要求值。

一栋建筑物设有独立接地体的情况如图5所示。其与建筑物共用接地体之间在地中的土壤可以看作是一阻抗 Z_{earth}，见图6。当有一电流 I_{earth} 流过土壤阻抗 Z_{earth} 时，$U=I_{earth}\times Z_{earth}$，这一压降就是独立接地体与共用接地体之间的共模电位差。当 I_{earth} 为雷击电流或50Hz短路电流时，在电子系统与PE线或其周围共用接地系统之间将会产生跳击而损坏设备；当 I_{earth} 为干扰电流时，将对电子系统产生干扰。因此，美国的国家电气法规NEC和国际电工委员会IEC的一些标准都规定，每一建筑物(每一装置)的所有接地体都应等电位直接连接在一起，通常是在总等电位连接带处，见图7。这样就消除了上述的共模电位差 U。

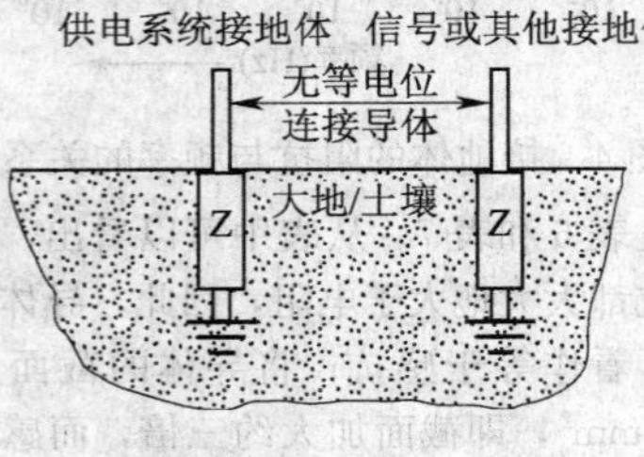

图5 典型分开的接地

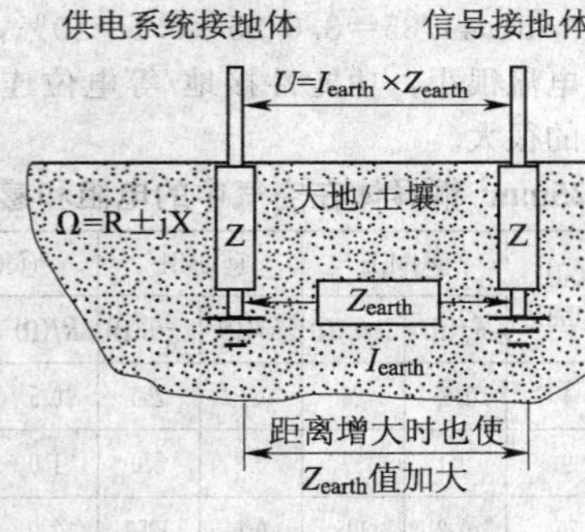

图6 独立接地体与共用接地体之间的共模电位差

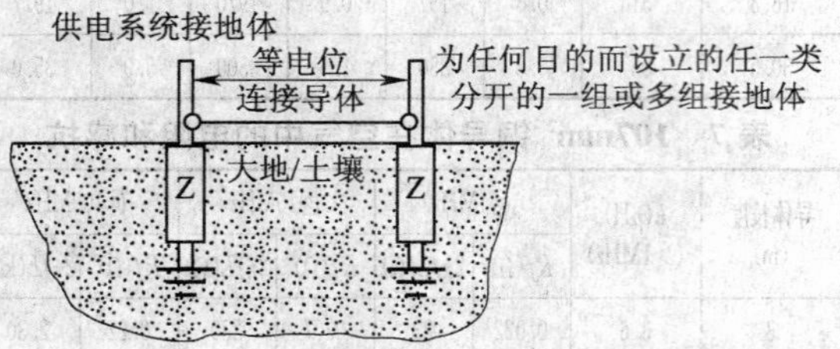

图7 IEC和美国NEC要求在
各组接地体之间做等电位连接

在一栋建筑物中设置了独立接地体，在动态条件下实际上是把人身安全和设备安全放在第二位，这是不对的；应将人身安全放在第一位来处理接地和等电位连接。

对本款的注，不能简单提出几个接地电阻的具体数值，因为它们取决于供电变压器是否设在本建筑物内，高压是采用不接地系统还是小电阻接地系统，低压是采用TN-C-S、TN-S、TT还是IT系统等因素。请参见IEC 60364—4—44：2007 Ed. 2. 0(Low-voltage electrical installations—Part 4—44: Protection for safety Protection against voltage disturbances and electromagnetic disturbances. 低压电气装置——第4—44部分：安全防护——防电压扰动和电磁干扰)中的第442节(低压装置防高压系统接地故障和低压系统故障引发的暂态过电压)和《工业与民用配电设计手册》(中国电力出版社出版，第三版)第877～879页(四、电气装置保护接地的接地电阻)以及其他相关资料。

7 对第一类防雷建筑物，由于滚球规定为30m(见本规范的表5.2.12)和危险性大，所以30m以上要考虑防侧击，本款1项中的“每隔不大于6m”是从本条规定屋顶接闪器采用接闪网时其网格尺寸不大于5m×5m或6m×4m考虑的。由于侧击的概率和雷击电流都很小，网格的横向距离不采用4m，而按引下线的位置(其距离不大于12m)考虑。

8 本款为强制性条款。“在电源引入的总配电箱处应装设Ⅰ级试验的电涌保护器”的规定是根据IEC-TC81和IEC-TC37A的有关标准制定的。“电涌保护器的电压保护水平值应小于或等于2.5kV”和“当无法确定时，冲击电流应取等于或大于12.5kA”是根据现行国家标准《建筑物电气装置 第5—53部分：电气设备的选择和安装，隔离、开关和控制设备 第534节：过电压保护电器》GB 16895.22—2004/IEC 60364—5—53：2001：A1：2002的规定制定的。

9 式(4.2.4-6)和式(4.2.4-7)系根据IEC 62305—1：2010第63页上的式(E.4)～(E.6)编成的。

11 “当电子系统的室外线路采用金属线时，在其引入的终端箱处应安装D1类高能量试验类型的电涌保护器”的规定是根据IEC 61643—22：2004 Ed. 1. 0 (Low-voltage surge protective devices Part 22: Surge protective devices connected to telecommunications and signaling networks—Selection and application principles. 低压电涌保护器——第22部分：电信和信号网络的电涌保护器——选择和使用导则)的表2制定的，2kA是根据本规范条文说明的表5制定的。

12 “当电子系统的室外线路采用光缆时，在其引入的终端箱处的电气线路侧，当无金属线路引出本建筑物至其他有自己接地装置的设备时，可安装B2类慢上升率试验类型的电涌保护器”的规定是根据IEC 61643—22：2004的表3制定的，100A短路电流的规定是根据本规范表J.2.1制定的。

13、14 这两款是根据IEC的有关要求制定的。

4.2.5 根据原《建筑防雷设计规范》GBJ 57—83编写组调查的几个案例，雷击树木引起的反击，其距离均未超过2m，例如，重庆某结核病医院、南宁某矿山机械厂、广东花县某学校及海南岛某中学等由于雷击树木而产生的反击，其距离均未超过2m。考虑安全系数后，现规定净距不应小于5m。

4.3 第二类防雷建筑物的防雷措施

4.3.1 接闪器、引下线直接装设在建筑物上，在非金属屋面上装设网格不大于10m的金属网，数十年的运行经验证明是可靠的。

中国科学院电工研究所曾对几十个模型做了几万次放电试验，虽然试验的重点放在非爆炸危险建筑物上，而且保护的重点是易受雷击的部位，但对整个建筑物起到了保护作用。如果把接闪带改为接闪网，则保护效果更有提高。根据我国的运行经验，对第二类防雷建筑物采用不大于10m的网格是适宜的。IEC 62305—3：2010中相当于本规范第二类防雷建筑物的接闪器，当采用网格时，其尺寸也是不大于10m×10m，另见本规范第5.2.12条的条文说明。与10m×10m并列，增加12m×8m网格，这与引下线类同，是按6m柱距的倍数考虑的。

为了提高可靠性和安全度，便于雷电流的流散以及减小流经引下线的雷电流，故多根接闪杆要用接闪带连接起来。

4.3.2 本条说明如下：

1 虽然对排放有爆炸危险的气体、蒸气或粉尘的管道要求同本章第4.2.1条第2款，但由于第一类和第二类防雷建筑物的接闪器的保护范围是不同的（因h_r不同，见本规范表5.2.12），因此，实际上保护措施的做法是不同的。

2 阻火器能阻止火焰传播，因此，在第二类防雷建筑物的防雷措施中补充了这一规定。

以前的调查中发现雷击煤气放散管起火8次，均未发生事故。这些事例说明煤气、天然气放散管里的煤气、天然气在放气时总是处于正压，如煤气、天然气灶一样，火焰在管口燃烧而不会发生事故，故本规范特作此规定。

4.3.3 关于专设引下线的间距见本章第4.2.4条第2款的条文说明。根据实践经验和实际需要补充增加了“当建筑物的跨度较大，无法在跨距中间设引下线时，应在跨距两端设引下线并减小其他引下线的间距，专设引下线的平均间距不应大于18m。”“专设”指专门敷设，区别于利用建筑物的金属体。本条为强制性条文。

4.3.4 见本章第4.2.4条的有关说明。

4.3.5 利用钢筋混凝土柱和基础内钢筋作引下线和接地体，国内外在20世纪60年代初期就已经采用了，现已较为普遍。利用屋顶钢筋作为接闪器，国内外从20世纪70年代初就逐渐被采用了。

1 关于利用建筑物钢筋体作防雷装置，IEC 62305—3：2010中的规定如下：在其第21页第5.2.5条b款的规定中，对宜考虑利用建筑物的自然金属物作为自然接闪器是“覆盖有非金属材料屋面的屋顶结构的金属构件（桁架、构架、互相连接的钢筋，等等）若覆盖屋面的该非金属材料可以不需要受到保护时”；在其第24页第5.3.5条b款的规定中，对宜考虑利用建筑物的自然金属物作为自然引下线是“建筑物的电气贯通的钢筋混凝土框架的金属体”；在其第27页第5.4.4条自然接地体的规定中规定“混凝土基础内互相连接的钢筋，当其满足5.6条（译注：即对其材料和尺寸的要求，见本规范第5章）的要求时或其他合适的地下金属结构，应优先考虑利用其作为接地体”。

国际上许多国家的防雷规范、标准也作了雷同的规定。钢筋混凝土建筑物的钢筋体偶尔采用焊接连接，此时提供了肯定的电气贯通。然而更多的是，在交叉点采用金属绑线绑扎在一起，但是不管金属性连接的偶然性，这样一类建筑物具有许许多多钢筋和连接点，它们保证将全部雷电流经过许多次再分流流入大量的并联放电路径。经验表明，这样一类建筑物的钢筋体能容易地被利用作为防雷装置的一部分或全部。下面介绍钢筋绑扎点通冲击电流能力的试验和英国的防雷标准：

1）原苏联对钢筋绑扎点流过冲击和工频电流的试验（刊登于原苏联杂志《电站》1990年第9期文章：钢筋混凝土电杆通雷电流和短路电流的试验，即 Арматура железобетонных опор для отвода тока молнии и токов короткого замыкания，《Электрические станции》，1960，№9）试样是方柱形混凝土，边长为50mm、100mm和150mm三种（见图8）。

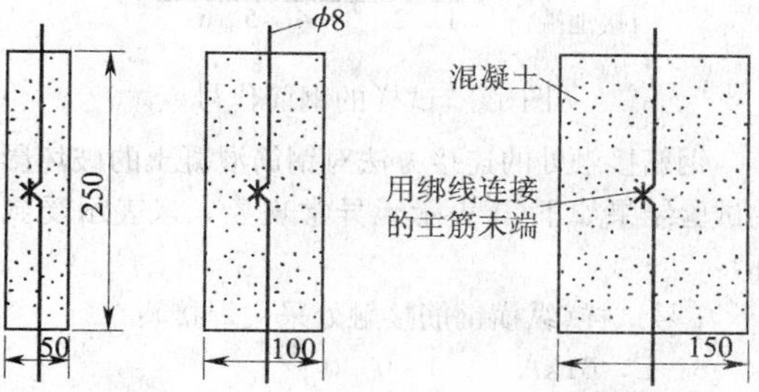

图8 大冲击电流和工频短路电流流过钢筋绑扎点的试样

在其轴心埋设两根直径8mm的钢筋，将其末端弯起来并用绑线绑扎。

对这种连接点用幅值5kA、10kA、20kA波长40μs的冲击电流波和3kA的工频电流进行试验。从试验所得的电压和电流示波图可证明，这种连接点的电气接触是足够可靠的，其过渡电阻为0.001Ω～0.01Ω。这一结果表明，当雷电流和工频短路电流通过有铁丝绑扎的并联钢筋时，所有纵向主筋都参与导引电流。

2)日本对钢筋绑扎点做的冲击试验(见《建築物の避雷設備に関するる研究報告 JECA1010，1973 年 8 月，第Ⅱ編—建築物の避雷設備に関するる実験的研究，第 3 章—雷撃電流にするる鉄筋コンヶリートの破壊実験》)。

试样示于图 9，纵、横钢筋的接触处有的试样采用焊接，有的采用铁线绑扎。具有代表性的冲击电流波形示于图 10。钢筋代号见图 11。

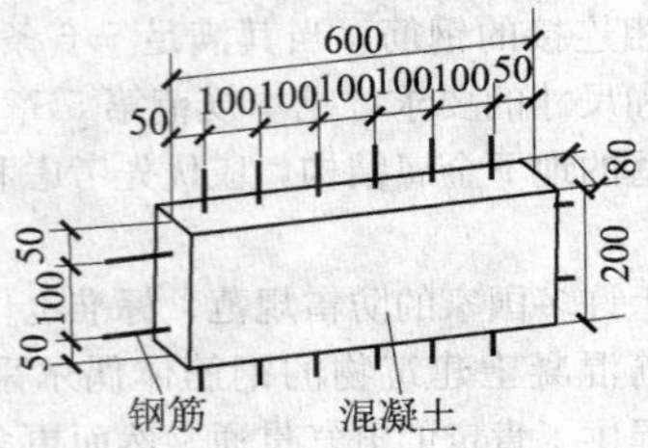

图 9　试样的构造和尺寸

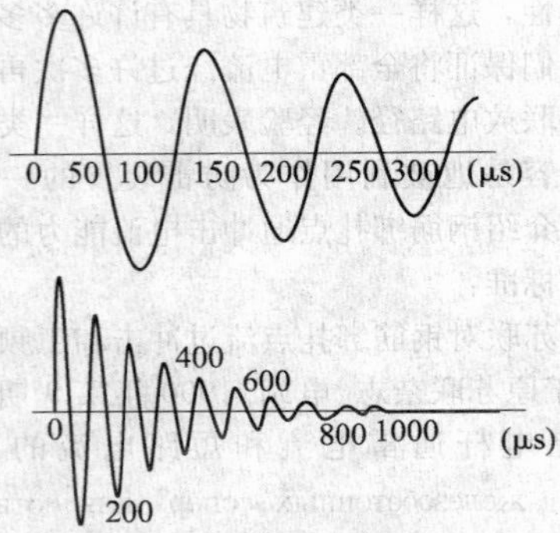

图 10　具有代表性的冲击电流波形

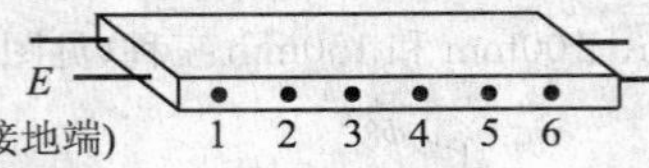

图 11　试样的钢筋代号

钢筋接触处的连接方法对钢筋混凝土的破坏影响的试验结果如下(0 表示无异常现象，×表示受到破坏)：

1 号试样(纵横钢筋接触处采用焊接)：

6—E，61kA　　0　0　0

4—E，61kA　　0　0　0

2—E，61kA　　0　0　0

2 号试样(纵横钢筋接触处采用铁线绑扎)：

1—E，16kA　　0　0　0

2—E，31kA　　0　0　0

3—E，48kA　　×(有轻度裂缝)

3 号试样(纵横钢筋接触处采用铁线绑扎)：

3—E，48kA　　0　0　0　0　0　0

4—E，48kA　　0　0　0　0　0

4—E，61kA　　0

5—E，61kA　　×(有轻度裂缝)

4 号试样(纵横钢筋接触处采用铁线绑扎)：

1—E，48kA　　0　0　0

3—E，61kA　　×(裂缝，有两块小碎片飞出 1m 远)

5 号试样(纵横钢筋接触处采用铁线绑扎)：

1—E，61kA　　0

2—E，61kA　　0

3—E，61kA　　0

以上试样中，有一个试样的一个绑扎点通过 48kA 和两个试样的各一个绑扎点通过 61kA 后，采用铁线绑扎连接的这三个钢筋混凝土试样才遭受轻度裂缝的破坏。这说明一个绑扎点可以安全地流过几十千安的冲击电流。实际上采用的钢筋混凝土构件除进出电流的第一个连接点外，通常都有许多并联绑扎点，因此，若把进出构件的第一个连接点处理好的话(本规范要求应焊接或采用螺栓紧固的卡夹器连接)，那么可通过的冲击电流将会是很大的了。

以上所采用的试验冲击电流波虽然不是现在规定的 10/350μs 直击雷电流波形，但若简单近似地采用 20 倍的换算，则每一个绑扎点也可安全地通过 10/350μs 的冲击电流波。

3)英国《建筑物防雷实用规范》(BS 6651—1999：Code of practice for protection of structures against lightning)，第 16.6 节规定如下：

“16.6　混凝土建筑物中钢筋的利用：

16.6.1　通则——在建筑物开始建设之前，在设计阶段应决定详细做法；

16.6.2　电气连贯性——在现场浇灌的钢筋混凝土建筑物的钢筋偶尔是焊接在一起，这提供了肯定的电气连贯性。通常更多地是，钢筋在交叉点是用金属线绑扎在一起。

然而，虽然在此产生的自然金属性连接有其偶然性，但是这类结构的大量钢筋和交叉点保证全部雷电流实质上在并联放电路径上的多次分流。经验表明，这类建筑物能够容易地被利用作为防雷装置的一部分。

然而，建议采取以下的预防措施：a)应保证钢筋之间有良好的接触，即用绑线固定钢筋；b)垂直方向的钢筋与钢筋之间和水平钢筋与垂直钢筋之间都应绑扎。”

利用屋顶钢筋作接闪器，其前提是允许屋顶遭雷击时混凝土会有一些碎片脱离以及一小块防水、保温层遭破坏。但这对建筑物的结构无损害，发现时加以修补就可以了。屋顶的防水层本来正常使用一段时期后也要修补或翻修。

另一方面，即使安装了专设接闪器，还是存在一个绕击问题，即比所规定的雷电流小的电流仍有可能穿越专设接闪器而绕击于屋顶的可能性。

利用建筑物的金属体做防雷装置的其他优点和做法请参见《基础接地体及其应用》一书(林维勇著，

1980 年，中国建筑工业出版社出版）和国家建筑标准设计图集《利用建筑物金属体做防雷及接地装置安装》03D501—3。

2 钢筋混凝土的导电性能，在其干燥时，是不良导体，电阻率较大，但当具有一定湿度时，就成了较好的导电物质，可达 100Ωm～200Ωm。潮湿的混凝土导电性能较好，是因为混凝土中的硅酸盐与水形成导电性的盐基性溶液。混凝土在施工过程中加入了较多的水分，成形后在结构中密布着很多大大小小的毛细孔洞，因此就有了一些水分储存。当埋入地下后，地下的潮气又可通过毛细管作用吸入混凝土中，保持一定的湿度。

图 12 示出，在混凝土的真实湿度的范围内（从水饱和到干涸），其电阻率的变化约为 520 倍。在重复饱和和干涸的整个过程中，没有观察到各点的位移，也即每一湿度有一相应的电阻率。

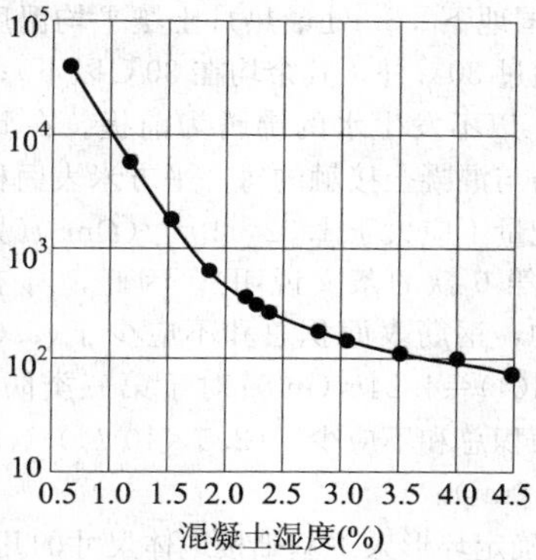

图 12 混凝土湿度对其电阻率的影响

建筑物的基础，通常采用（150～200）号（等同于现在标准的 C13～C18）混凝土。原苏联 1980 年有人提出一个用于 200 号（等同于现在标准的 C18）混凝土的近似计算式，计算混凝土的电阻率 ρ（Ωm）与其湿度的关系，其关系式如下：

$$\rho=\frac{28000}{W^{2.6}} \tag{17}$$

式中：W——混凝土的湿度（%）。

例如，当 $W=6\%$ 时，$\rho=28000/6^{2.6}=265$（Ωm）；$W=7.5\%$ 时，$\rho=28000/7.5^{2.6}=149$（Ωm）。

根据我国的具体情况，土壤一般可保持有 20% 左右的湿度，即使在最不利的情况下，也有 5%～6% 的湿度。

在利用基础内钢筋作接地体时，有人不管周围环境条件如何，甚至位于岩石上也利用，这是错误的。因此，补充了"周围土壤的含水量不低于 4%"。混凝土的含水量约在 3.5% 及以上时，其电阻率就趋于稳定；当小于 3.5% 时，电阻率随水分的减小而增大。根据图 12，含水量定为不低于 4%。该含水量应是当地历史上一年中最早发生雷闪时间以前的含水量，不是夏季的含水量。

混凝土的电阻率还与其温度成一定关系的反向作用，即温度升高，电阻率减小；温度降低，电阻率增大。

下面举几个例子说明我国 20 世纪 60 年代利用钢筋混凝土构件中钢筋作为接地装置的情况。

1）北京某学院与某公司工程的设计，采用钢筋混凝土构件中的钢筋作为防雷引下线与接地体，并进行了测定，8000m² 的建筑，其接地电阻夏季为 0.2Ω～0.4Ω，冬季为 0.4Ω～0.6Ω，且数年中基本稳定。

2）上海某广场全部采用了柱子钢筋作为防雷引下线，利用钢筋混凝土基桩作为接地极（基桩深达 35m），测定后，接地电阻为 0.2Ω/基～1.8Ω/基。

3）上海某大学利用钢筋混凝土基桩作为防雷接地装置，并测得接地电阻为 0.28Ω～4Ω（桩深为 26m）。

4）云南某机床厂的约 2000m² 车间，采用钢筋混凝土构件中的钢筋作接地装置，接地电阻为 0.7Ω。

5）1963 年 7 月曾对原北京第二通用机器厂进行了测定，数值如下：立式沉淀池基础（捣制）4.5Ω～5.5Ω；四根高烟囱基础（捣制）3Ω/每根～5Ω/每根；露天行车的一根钢筋混凝土柱子（预制）2Ω；同一露天行车的另一根钢筋混凝土柱子（预制）7Ω；铸钢车间的一根钢筋混凝土柱子（预制）0.5Ω。

以前对基础的外表面涂有沥青质的防腐层时，认为该防腐层是绝缘的，不可利用基础内钢筋作接地体。但是实践证实并不是这样，国内外都有人做过测试和分析，认为是可利用作为接地体的。

原苏联有若干篇文献论及此问题，国内已有人将其编译为一篇文章，刊登于《建筑电气》1984 年第 4 期，文章名称为《利用防侵蚀钢筋混凝土基础作为接地体的可能性》。在其结论中指出："厚度 3mm 的沥青涂层，对接地电阻无明显的影响，因此，在计算钢筋混凝土基础接地电阻时，均可不考虑涂层的影响。厚度为 6mm 的沥青涂层或 3mm 的乳化沥青涂层或 4mm 的粘贴沥青卷材时，仅当周围的土壤的等值电阻率≤100Ωm 和基础面积的平均边长 $S\leqslant100$m 时，其基础网电阻约增加 33%，在其他情况下这些涂裱层的影响很小，可忽略不计"。结论中还有其他的情况，不在这里一一介绍，请参见原译文。上述译文还指出，原苏联建筑标准对钢筋混凝土结构防止杂散电流引起腐蚀的规定中，给出防水层的两种状态："最好的"（无保护部分的面积不大于 1%）和"满足要求的"（无保护部分的面积为 5%～10%）。原全苏电气安装工程科学研究所对所测过的、具有防止弱侵蚀介质作用的沥青涂层和防止中等侵蚀介质作用的粘贴沥青卷材的单个基础、桩基、桩群以及基础底板的散流电阻进行了定量分析，说明在许多被测过的基础中，没有一个基础是处于"最好的"绝缘状态。据此，可以作出这样的假设：在强侵蚀介质中，防护层的防水状态也不是“最好的”。上述结论就是在这一前提下作出的。

原东德标准 TGL33373/01～03—1981（Bautechnische，maβnahmen für Erdung，Potentialausgleich und Blitzschutz. 接地、等电位和防雷在建筑技术上的措施）对基础接地体的说明是：“埋设在直接与土地接触或通过含沥青质的外部密封层与土地平面接触的基础内在电气上非绝缘的钢筋、钢埋入件和金属结构”。

原苏联 1987 年版的《建构筑物防雷导则》（РД34. 21. 122—87：Инструкция по устройству молниезащиты зданий и сооружений）中也指出，钢筋混凝土基础的沥青涂层和乳化沥青涂层不妨碍利用它作为防雷接地体。

因此，本款规定钢筋混凝土基础的外表面无防腐层或有沥青质防腐层时，宜利用基础内的钢筋作为接地装置。

3 规定混凝土中防雷导体的单根钢筋或圆钢的最小直径不应小于 10mm 是根据以下的计算定出的。

现行国家标准《混凝土结构设计规范》GB 50010—2002 规定构件的最高允许表面温度是：对于需要验算疲劳的构件（如吊车梁等承受重复荷载的构件）不宜超过 60℃；对于屋架、托架、屋面梁等不宜超过 80℃；对于其他构件（如柱子、基础）则没有规定最高允许温度值，对于此类构件可按不宜超过 100℃考虑。

由于建筑物遭雷击时，雷电流流经的路径为屋面、屋架（或托架或屋面梁）、柱子、基础，则流经需要验算疲劳的构件（如吊车梁等承受重复荷载的构件）的雷电流已分流到很小的数值。因此，雷电流流过构件内钢筋或圆钢后，其最高温度按 80℃～100℃考虑。现取最终温度 80℃作为计算值。钢筋的起始温度取 40℃，因此，钢导体的温度升高考虑为 40℃，这是一个很安全的数值。

根据 IEC 62305—1 ：2010 第 51、52 页的式（D. 7）及其他有关资料，计算如下：

$$(\theta-\theta_0)=\frac{1}{\alpha}\left[\exp\left(\frac{\frac{W}{R}\cdot\alpha\cdot\rho_0}{q^2\cdot\gamma\cdot C_W}\right)-1\right] \tag{18}$$

式中：$(\theta-\theta_0)$——导体的温度升高（K）；

α——电阻的温度系数（1/K），对软钢，其值为 6.5×10^{-3}1/K；

W/R——冲击电流的单位能量（J/Ω），根据本规范表F. 0. 1-1取第二类防雷建筑物的值为 5.6×10^6 J/Ω；

ρ_0——导体在环境温度下的电阻率（Ωm），对钢导体，取其值为 138×10^{-9} Ωm；

q——导体的截面积（m^2），取 ϕ10mm 钢导体的截面积，其值为 $78.5\times10^{-6}m^2$；

γ——物质的密度（kg/m^3），对软钢，其值为 7700kg/m^3；

C_W——热容量[J/(kg·K)]，对软钢，其值为 469J/(kg·K)。

将上述数值代入式（18），得 $(\theta-\theta_0)$＝38. 96K，小于 40K。

对于第三类防雷建筑物，除 W/R 值不同外，其他值是相同的。根据本规范表 F. 0. 1-1，取第三类防雷建筑物的 W/R 值为 2.5×10^6 J/Ω。将上述数值代入式（18），得 $(\theta-\theta_0)$＝16. 31K，小于 40K。

以上是对一根 ϕ10mm 钢导体的温度升高计算，实际上，钢筋混凝土构件内通常都有许多钢筋并联，经过分流后，每根钢筋产生的 W/R 值大大减小，因此，钢筋的温度升高会大大小于 40K。

4 埋设在土壤中的混凝土基础的起始温度取 30℃（我国地下0. 8m处最热月土壤平均温度，除少数地区略超过 30℃外，其余均在 30℃以下）；最终温度取 99℃，以不发生水的沸腾为前提。在此基础上求出的钢筋与混凝土接触的每一平方米表面积允许产生的单位能量不应大于 1.32×10^6 J/(Ωm^2)（另见本章第 4. 3. 6 条第 6 款的条文说明）。因此，对于第二类防雷建筑物，钢筋表面积总和不应少于 $(5.6\times10^6 k_c^2)/(1.32\times10^6)=4.24k_c^2(m^2)$；对于第三类防雷建筑物，钢筋表面积总和不应少于 $(2.5\times10^6 k_c^2)/(1.32\times10^6)=1.89k_c^2(m^2)$。

5 确定环形人工基础接地体尺寸的几条原则：

1）在相同截面（即在同一长度下，所消耗的钢材质量相同）下，扁钢的表面积总是大于圆钢的，所以，建议优先选用扁钢，可节省钢材。

2）在截面积相等之下，多根圆钢的表面积总是大于一根的，所以在满足所要求的表面积前提下，选用多根或一根圆钢。

3）圆钢直径选用 8mm、10mm、12mm 三种规格，选用大于 ϕ12mm 的圆钢，一是浪费材料，二是施工时不易于弯曲。

4）混凝土电阻率取 100Ωm，这样，混凝土内钢筋体有效长度为 $2\sqrt{\rho}=20$m，即从引下线连接点开始，散流作用按各方向 20m 考虑。

5）周长≥60m，按 60m 考虑，设三根引下线，此时，$k_c=0.44$，另外还有 56％的雷电流从另两根引下线流走，每根引下线各占 28％。

设这 28％从两个方向流走，每一方向流走 14％。因此，与第一根引下线连接的 40m 长接地体（一个方向 20m，两个方向共计 40m），共计流走总电流的 72％（0. 44＋0. 14＋0. 14＝0. 72），即本条第 4 款所规定的 $4.24k_c^2$ 和本章第 4. 4. 5 条第 1 款所规定的 $1.89k_c^2$ 中的 k_c 等于 0. 72。

6）40m～60m 周长时按 40m 长考虑，k_c 等于 1，

即按 40m 长流走全部雷电流考虑。

7)＜40m 周长时无法预先定出规格和尺寸，只能按 k_c 等于 1 由设计者根据具体长度计算，并按以上原则选用。

根据以上原则所计算的结果列于表 8。

表 8 确定环形人工基础接地体的计算结果

周长(m)	k_c 值	环形人工基础接地体的表面积	
		第二类防雷建筑物	第三类防雷建筑物
≥60	0.72	$4.24k_c^2=2.2m^2$	$1.89k_c^2=0.98m^2$
		4mm×25mm 扁钢 40m 长的表面积 $=2.32m^2$，2×φ10mm 圆钢 40m 长表面积总和 $=2.513m^2$	1×φ10mm 圆钢 40m 长的表面积 $=1.257m^2$
≥40 至 ＜60	1	$4.24k_c^2=4.24m^2$	$1.89k_c^2=1.89m^2$
		4mm×50mm 扁钢 40m 长的表面积 $=4.32m^2$，4×φ10mm 圆钢 40m 长表面积总和 $=5.03m^2$，3×φ12mm 圆钢 40m 长表面积总和 $=4.52m^2$	4mm×20mm 扁钢 40m 长的表面积 $=1.92m^2$，2×φ8mm 圆钢 40m 长表面积总和 $=2.01m^2$

注：采用一根圆钢时，其直径不应小于 10mm。

整栋建筑物的槽形、板形、块形基础的钢筋表面积总是能满足钢筋表面积的要求。

6 混凝土内的钢筋借绑扎作为电气连接，当雷电流通过时，在连接处是否可能由此而发生混凝土的爆炸性炸裂，为了澄清这一问题，瑞士高压问题研究委员会进行过研究，认为钢筋之间的普通金属绑丝连接对防雷保护来说是完全足够的，而且确证，在任何情况下，在这样连接附近的混凝土决不会碎裂，甚至出现雷电流本身把绑在一起的钢筋焊接起来，如点焊一样，通过电流以后，一个这样的连接点的电阻下降为几个毫欧的数值。

本条第 6 款为强制性条款。

4.3.6 关于共用接地装置的接地电阻，见本章第 4.2.4 条第 6 款的条文说明。

1～4 根据 IEC 62305—3：2010 第 26 页 5.4.2.2 的规定(接地体的 B 型布置)而制定。另见本章第 4.2.4 条第 6 款的条文说明。

环形接地体(或基础接地体)所包围的面积 A 的平均几何半径 r 为：$\pi r^2=A$，所以 $r=\sqrt{\frac{A}{\pi}}$。根据图 2，对于第二类防雷建筑物，当 $\rho<800\Omega m$ 时，l_1 为 5m，因此，导出第 1 款的规定；当 $\rho=800\Omega m$～$3000\Omega m$ 时，l_1 与 ρ 的关系是一根斜线，从该斜线上找出方便的任意两点的坐标，则可求出 l_1 与 ρ 的关系式为 $l_1=\frac{\rho-550}{50}$，所以，导出第 2～4 款的规定。

5 当 $\sqrt{\frac{A}{\pi}}\geqslant 5$ 时，得 $A\geqslant 78.54\approx 79m^2$，故作出本款第 1 项的规定。当 $\sqrt{\frac{A}{\pi}}\geqslant\frac{\rho-550}{50}$，得 $A\geqslant\pi\left(\frac{\rho-550}{50}\right)^2$，故作出本款第 2 项的规定。

6 本款系根据实际需要和实践经验而定的。第 1 项保证地面电位分布均匀。第 2 项保证雷电流较均匀地分配到雷击点附近作为引下线的金属导体和各接地体上。第 3 项保证混凝土基础的安全性。

第 1 项中“绝大多数柱子基础”是指在一些情况下少数柱子基础难于连通的情况，如车间两端在钢筋混凝土端屋架中间(不是屋架的两头)的柱子基础，即挡风柱基础。

地中混凝土的起始温度取 30℃，最高允许温度取 99℃。混凝土的含水量按混凝土重量的 5%计算。边长 1m 的基础混凝土立方体的热容量 Q_1(J/m³)为：

$$Q_1=(C_1+0.05C_2)M_1\times\Delta T \quad (19)$$

式中：C_1——混凝土的比热容[J/(kg·K)]，取 8.82×10^2 J/(kg·K)；

C_2——水的比热容[J/(kg·K)]，取 4.19×10^3 J/(kg·K)；

M_1——边长 1m 的混凝土立方体的质量(kg/m³)，取 2.1×10^3 kg/m³；

ΔT——温度差，对于起始温度为 30℃和最终温度为 99℃的场合，$\Delta T=69$℃。

将以上有关数值代入式(19)，得 $Q_1=1.58\times10^8$ J/m³。

雷电流从钢筋表面(设钢筋与混凝土的接触表面积为 1m²)流入混凝土(混凝土折合成边长 1m 的立方体)时所产生的热量按式(20)计算。

$$Q_2=\int i^2\rho dt=\rho\int i^2 dt \quad (20)$$

式中：ρ——混凝土在 30℃～99℃时的平均电阻率，取 120Ωm。

使 $Q_2=Q_1$，得 $\rho\int i^2 dt=1.58\times10^8$，所以 $\int i^2 dt=(1.58\times10^8)/120=1.32\times10^6$ J/(Ωm²) $=1.32$MJ/(Ωm²)。

上式的计量单位为 MJ/(Ωm²)，说明雷电流从 1m² 钢筋表面积流入混凝土所产生的单位能量应不大于 1.32MJ/Ω。

从本规范表 F.0.1-1，得第二、三类防雷建筑物的单位能量(即 $\int i^2 dt$)分别为 5.6MJ/Ω 和 2.5MJ/Ω。

由于单位能量与雷电流的平方成正比，亦即与分流系数平方成正比。根据本规范图 E.0.1 的(c)，取 $k_c=0.44$，因此，分流后流经一根柱子的雷电流所产生的单位能量分别为 $5.6\times0.44^2=1.084$(MJ/Ω)和 $2.5\times0.44^2=0.484$(MJ/Ω)。

将这两个数值除以 $\int i^2 dt=1.32$MJ/(Ωm²)，则相应所需的基础钢筋表面积分别为 $1.084/1.32=0.82$(m²)和 $0.484/1.32=0.37$(m²)。

关于基础钢筋表面积的计算，现举一个实际设计例子。图 13 为车间一根柱子基础的结构设计。

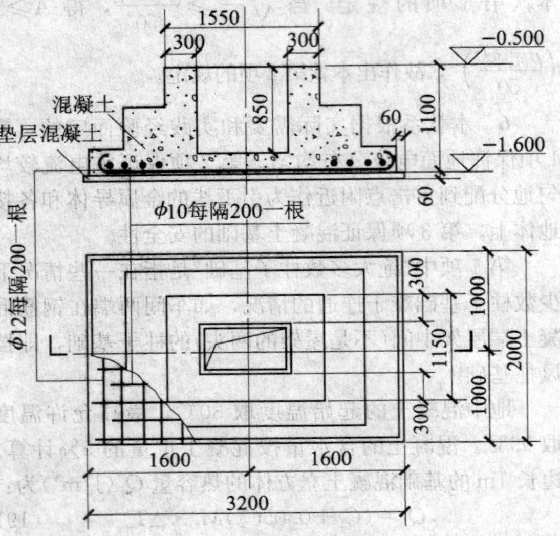

图 13　一车间的柱子基础结构图

φ10 钢筋周长为 0.01πm，每根长 2m，每根的表面积为0.02πm²，共计 2000/200=10 根，故 φ10 钢筋的总表面积为 0.2πm²。

φ12 钢筋周长为 0.012πm，每根长 3.2m，每根的表面积为3.2×0.012π=0.0384πm²，共计 3200/200=16 根，故 φ12 钢筋的总表面积为 16 × 0.0384π =0.6144πm²。

因此，基础钢筋的总表面积为上述两项之和，即 0.2π+0.6144π=0.8144π=2.56(m²)。

4.3.7　建筑物内的主要金属物不包括混凝土构件内的钢筋。

2　本款加“除本规范第 3.0.3 条第 7 款所规定的建筑物外”是根据以下两个理由：

1)在这类场合下，设计中采用在桥架上敷设许多长的外面有绝缘保护层的铠装电缆，施工人员反映，施工时要将铠装互相连接必须破坏绝缘保护层，施工很困难。

2)IEC 62305—3：2010 第 52 页的 D.5.2 (Structures containing zones 2 and 22)有如下的规定，对那些规定为 2 区和 22 区的建筑物可不要求增加补充的保护措施(Structures where areas difined as zones 2 and 22 exist may not require supplemental protection measures)。

4.3.8　本条说明如下：

1　根据 IEC 62305—3：2010 第 35 页 6.3 规定中的式(4)：$S_{a3}=k_i \cdot k_c \cdot l_x/k_m$，按该规定的表 10，$k_i=0.06$，按该规定的表 11，$k_m=1$，分流系数 k_c 见本规范附录 E。将相关数值代入上式，则得本规范式(4.3.8)。

“在金属框架的建筑物中，或在钢筋连接在一起、电气贯通的钢筋混凝土框架的建筑物中，金属物或线路与引下线之间的间隔距离可无要求”，这一规定是根据 IEC 62305—3：2010 6.3 中第 36 页的规定增加的，即“In structures with metallic or electrically continuous connected reinforced concrete framework, a separation distance is not required”。

3　“当金属物或线路与引下线之间有混凝土墙、砖墙隔开时，其击穿强度应为空气击穿强度的 1/2”是根据 IEC 62305—3：2010 第 35 页表 11 的规定制定的。

4　本款为强制性条款。“低压电源线路引入的总配电箱、配电柜处装设Ⅰ级试验的电涌保护器”见本章第 4.2.4 条第 8 款的说明。

5　本款是强制性条款。在“当 Yyn0 型或 Dyn11 型接线的配电变压器设在本建筑物内或附设于外墙处”的情况下，当该建筑物的防雷装置遭雷击时，接地装置的电位升高，变压器外壳的电位也升高。由于变压器高压侧各相绕组是相连的，对外壳的雷击高电位来说，可看作处于同一低电位，外壳的雷击高电位可能击穿高压绕组的绝缘，因此，应在高压侧装设避雷器。当避雷器反击穿时，高压绕组则处于与外壳相近的电位，高压绕组得到保护。另一方面，由于变压器低压侧绕组的中心点通常与外壳在电气上是直接连在一起的，当外壳电位升高时，该电位加到低压绕组上，低压绕组有电流流过，并通过变压器高、低压绕组的电磁感应使高压绕组匝间可能产生危险的电位差。若在低压侧装设 SPD，当外壳出现危险的高电位时，SPD 动作放电，大部分雷电流流经与低压绕组并联的 SPD，因此，保护了高压绕组。

“当无线路引出本建筑物时，应在母线上装设Ⅱ级试验的电涌保护器，电涌保护器每一保护模式的标称放电电流值应等于或大于 5kA”的规定是因为此时低压线路的地电位(PE 导体、共用接地系统)与 SPD 的接地端是处于同一电位(在同一平面上)或高于 SPD 接地端的电位(在建筑物的高处)，流经 SPD 的电流和能量不会是大的，即不会有大的雷电流再从 SPD 的接地端流经 SPD，又从低压线路的分布电容流回 SPD 接地端的接地装置。但此时 SPD 动作后将保护低压装置的绝缘免遭击穿破坏。

4.3.9　本条是根据 IEC 62305—3：2010 修改的，其第 19 页“5.2.3　高层建筑物防侧击的接闪器”的规定如下：

“5.2.3.1　高度低于 60m 的建筑物

研究显示，小雷击电流击到高度低于 60m 建筑物的垂直侧面的概率是足够低的，所以不需要考虑这种侧击。屋顶和水平突出物应按 IEC 62305—2 风险计算确定的防雷装置(LPS)级别加以保护。

5.2.3.2　高 60m 及高于 60m 的建筑物

高于 60m 的建筑物，闪击击到其侧面是可能发生的，特别是各表面的突出尖物、墙角和边缘。

注：通常，这种侧击的风险是低的，因为它只占高层建筑物遭闪击数的百分之几，而且其雷电流参数显著低于闪电击到屋顶的雷电流参数。然而，装在建筑物外墙上的电气和电子设备，甚至被低峰值雷电流侧击击中，也可能损坏。

高层建筑物的上面部位(例如，通常是建筑物高度的最上面 20%部位，这部位要在建筑物 60m 高以上)及安装在其上的设备应装接闪器加以保护(见附录 A)。

在高层建筑物的这个上端部位布置接闪器的规则，应至少符合第Ⅳ级防雷级别的要求，并重点布置在墙角、边缘和显著的突出物(如阳台、观景平台，等等)处。

在高层建筑物的侧面有外部的金属物(如满足表 3 最小尺寸要求的金属覆盖物、金属幕墙)时可以满足安装接闪器的要求。当无自然的外部导体时也可以包括采用布置在建筑物垂直边缘的外部引下线。

可利用所安装的引下线或利用适当互相连接的自然引下线(如符合本规范第 5.3.5 条要求的建筑物的钢框架或在电气上贯通的钢筋混凝土钢筋)来满足上述要求所要安装的或特别要求的接闪器。”

对第二类防雷建筑物，由于滚球半径 h_r 规定为 45m(见本规范表 5.2.12)，所以本条规定“高度超过 45m 的建筑物”。

竖直敷设的金属管道及金属物的顶端和底端与防雷装置等电位连接。由于两端连接，使其与引下线成了并联路线，必然参与导引一部分雷电流，并使它们之间在各平面处的电位相等。

对本条规定的一些做法参见图 14。

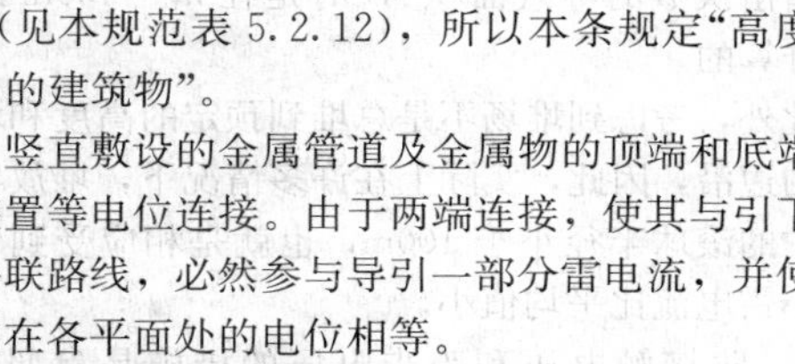

图 14　剖面示意

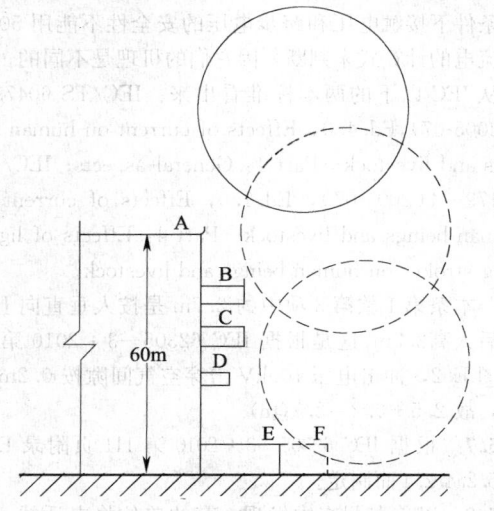

图 14 中，与所规定的滚球半径相适应的一球体从空中沿接闪器 A 外侧下降，会接触到 B 处，该处应设相应的接闪器；但不会接触到 C、D 处，该处不需设接闪器。该球体又从空中沿接闪器 B 外侧下降，会接触到 F 处，该处应设相应的接闪器。若无 F 虚线部分，球体会接触到 E 处时，E 处应设相应的接闪器；当球体最低点接触到地面，还不会接触到 E 处时，E 处不需设接闪器。

4.3.10　“壁厚不小于 4mm”的规定是根据 IEC 62305—3：2010 第 21 页表 3 的规定。

4.4　第三类防雷建筑物的防雷措施

4.4.3　见本规范第 4.2.4 条第 2 款和第 4.3.3 条的条文说明。本条为强制性条文。

4.4.5　见本规范第 4.3.5 条的条文说明。

4.4.6　见本规范第 4.3.6 条的条文说明。但 $\rho<800\Omega m$ 和 $\rho=800\sim3000\Omega m$ 两种情况是适用于第二类防雷建筑物，根据图 2，对第三类防雷建筑物，仅有 $\rho\leqslant3000\Omega m$ 一种情况，即本条第 1 款。

4.4.7　根据 IEC 62305—3：2010 第 35 页 6.3 规定中的式(4)：$S_{a3}=k_i\cdot k_c\cdot l_x/k_m$，按该规定的表 10，$k_i=0.04$，按该规定的表 11，$k_m=1$，分流系数 k_c 见本规范附录 E。将相关数值代入上式，则得本规范式(4.4.7)。

4.4.8　参见本规范第 4.3.9 条的条文说明。对第三类防雷建筑物，由于滚球半径 h_r 规定为 60m(见本规范表 5.2.12)，所以将 45m 改为 60m。

4.4.9　国内砖烟囱的高度通常都没有超过 60m。国家标准图也只设计到 60m。60m 以上就采用钢筋混凝土烟囱。对第三类防雷建筑物高于 60m 的部分才考虑防侧击。钢筋混凝土烟囱本身已有相当大的耐雷水平，故在本条文中不提防侧击问题。其他理由见本规范第 4.3.9 条的条文说明。

金属烟囱铁板的截面积完全足以导引最大的雷电流。关于接闪问题，按本规范第 5.2.7 条的规定，当不需要防金属板遭雷击穿孔时，其厚度不应小于 0.5mm。本条的金属烟囱即属于此类。而实际采用的铁板厚度总是大于 0.5mm，故本条中对金属烟囱铁板的厚度无需再提及。金属烟囱本身的连接(每段与每段的连接)通常采用螺栓，这对于一般烟囱的防雷已足够，即使雷击时有火花发生，不会有任何危险，故对此问题也无需提出要求。

4.5　其他防雷措施

4.5.4　本条说明如下：

1　当无金属外壳或金属保护网罩的用电设备不在接闪器的保护范围内时，其带电体遭雷击的可能性比处在保护范围内的大得多，而带电体遭直接雷击后可能将高电位引入室内。当采用接闪网时，根据接闪网的保护原则，被保护物应处于该网之内，并不高出接闪网。

2　穿钢管和两端连接的目的在于使其起到屏蔽

和分流作用。由于配电箱外壳已按电气安全要求与PE线相连，PE线的接地装置与防雷的接地装置是共用或直接连接在一起，该保护管实际上与防雷装置的引下线并联，起到了分流作用。当防雷装置或设备金属外壳遭雷击时，雷电流是从零开始往上升，这时，外壳与带电体之间无电位差，随后有一部分雷电流经钢管、配电箱、PE线入地，这部分雷电流从零一上升，就有 di/dt 陡度出现，钢管上就有 $L(di/dt)$ 感应电压降，di/dt 对钢管内的电线有互感电压降 $M(di/dt)$。由于 $M \approx L$（由于磁力线交链几乎相同），将对钢管内的线路感应出与其在钢管上所感应出的电压接近的值，即 $L(di/dt) \approx M(di/dt)$。因此，可降低线路与钢管之间的电位差。分雷电流流经钢管，钢管有电阻 r，就有 ir 压降，这也是钢管与管内电线之间的电位差。另参见本规范附录H（电缆从户外进入户内的屏蔽层截面积），其原理相同。当闪电击中管内引出的带电体时，由于其电位高，将产生击穿放电而使其与钢管短接，钢管也就处于高电位。

3 对节日彩灯，由于白天不使用，它和其他用电设备在不使用期间内，开关均处于断开状态，当防雷装置、设备金属外壳或带电体遭雷击时，开关电源侧的电线、设备与钢管、配电箱、PE线之间可能产生危险的电位差而击穿电气绝缘；另外，当开关断开时，如果SPD安装在负荷侧，从户外经总配电箱传来的过电压电涌可能击坏开关（因开关的电源侧无SPD保护），故SPD应装设在开关的电源侧。由于雷击电流已与防雷装置等分流，流经SPD的电流所产生的能量不会很大，而且安装在这里的SPD还要与上游安装在分配电箱或总配电箱的SPD配合好，故选用Ⅱ级试验的SPD。由于每栋建筑物的防雷装置和配电线路差别很大，故 I_n 值应根据具体情况确定。

当建筑物为钢筋混凝土建筑物或钢构架建筑物，并利用其所有柱子作为引下线，这时，由于屋顶用电设备的配电线路是穿钢管，钢管两端做了等电位连接，在这种情况下，当雷击在钢管上端所接设备的金属外壳或防雷装置上时，流经钢管的雷电流分流按 $k_{c1}=0.44$ 考虑，但流经钢管的雷电流到配电箱处（通常，配电箱设在顶层地面处），由于配电箱又与地面钢筋及其他管线做了等电位连接，雷电流又再分流，流经SPD的分流按 $k_{c2}=(1/n)+0.1$ 考虑。焊接钢管的近似电阻值为：$\phi15$ 为 $0.22\Omega/100m$，$\phi20$ 为 $0.18\Omega/100m$，$\phi25$ 为 $0.12\Omega/100m$，$\phi32$ 为 $0.1\Omega/100m$，$\phi40$ 为 $0.08\Omega/100m$，$\phi50$ 为 $0.055\Omega/100m$，$\phi70$ 为 $0.04\Omega/100m$。

举一个例子说明：钢管为 $\phi25$、长20m，建筑物为第二类防雷建筑物，雷电流为150kA，令 $n=20$。设建筑物为框架式钢筋混凝土建筑物，利用所有柱子钢筋作为引下线且柱子钢筋与屋顶钢筋网连接在一起。这时流经钢管的雷电流为 $I_{imp}=k_{c1}\times150=0.44\times150=66$(kA)，而流经SPD的分流为 $I_{imp}=k_{c2}\times66=[(1/n)+0.1]\times66=9.9$(kA)。设分配电箱为3相TN-S系统，装设SPD时，分流按5分支回路考虑（3根相线、一根N线和一根PE线），流经每台SPD的电流为10/350μs，则 $9.9/5\approx2(kA)=I_{imp}$，通常它与8/20μs$I_{max}$电流的换算可按20倍考虑，则 $I_{max}=2\times20=40$(kA)，一般情况下，I_n 为 I_{max} 的1/2，所以 $I_n=20$kA。雷电流在钢管上的电压降为 $66\times(0.12\times20)/100=1.584(kV)=1584(V)$。

4.5.5 据以前调查，当粮、棉及易燃物大量集中的露天堆场设置独立接闪杆后，雷害事故大大减少。

虽然粮、棉及易燃物大量集中的露天堆场不属于建筑物，但本条仍规定"当其年预计雷击次数大于或等于0.05时，应采用独立接闪杆或架空接闪线防直击雷"，以策安全。年预计雷击次数大于或等于0.05是参照第三类防雷建筑物的规定。根据意见，将原规范的"宜"改为"应"。

考虑到堆场的长、宽、高是设定的，并不一定总是堆满，故其接闪杆、架空接闪线保护范围的滚球半径取比保护第三类防雷建筑物的大，即 $h_r=100$m。$h_r=100$m相应的接闪最小雷电流约为34.5kA，接近雷电流的平均值。本规范附录A在计算建筑物截收相同雷击次数的等效面积 A_e 时是在 $h_r=100$m的条件下推算的。

此外，考虑到堆场不是总堆到预定的高度和堆放面积的边沿，因此，实际上在许多情况下，堆放物受到保护的滚球半径小于100m，也就是相应受到保护的最小雷电流比平均值小。

4.5.6 防接触电压和跨步电压的措施是参照IEC 62305—3：2010第37页8的规定制定的。此外，雷击条件下接触电压和跨步电压的安全性不能用50Hz交流电的计算式来判断，因它们的机理是不同的。这可从IEC以下的两本标准看出来：IEC/TS 60479—1(2005-07)，Ed.4.0，Effects of current on human beings and livestock—Part 1：General aspects；IEC/TR 60479—4(2004-07)，Ed.1.0，Effects of current on human beings and livestock—Part 4：Effects of lightning strokes on human beings and livestock。

本条第1款第3项中的2.7m是按人垂直向上伸手后人高2.5m，这是根据IEC 62305—3：2010第67页图E.2，冲击电压100kV击穿空气间隙按0.2m考虑，故2.5+0.2=2.7(m)。

4.5.7 根据IEC 62305—3：2010第111页附录E的E.5.2.4.2.4而制定。

4.5.8 以前在调查中发现，有的单位将电话线、广播线以及低压架空线等悬挂在独立接闪杆、架空接闪线立杆以及建筑物的防雷引下线上，这样容易造成高电位引入，是非常危险的，故作本条规定。本条是强制性条文。

5 防雷装置

5.1 防雷装置使用的材料

5.1.1 表 5.1.1 是根据 IEC 62305—3：2010 第 28 页的表 5 制定的。

5.1.2 表 5.1.2 是根据 IEC 62305—3：2010 第 33 页的表 8、表 9 和 IEC 62305—4：2010 Ed. 2.0（Protection aganist lightning—Part 4：Electrical and electronic systems within structures. 防雷——第 4 部分：建筑物内电气和电子系统）第 30 页的表 1 制定的，但该表 1 中电涌保护器规定的最小截面积为：Ⅰ级试验者 16mm²、Ⅱ级试验者 6mm²、Ⅲ级试验者 1mm²，本规范改为Ⅰ级试验者 6mm²、Ⅱ级试验者 2.5mm²、Ⅲ级试验者 1.5mm²。通常，电涌保护器是安装在箱体内，不会受到机械损伤，而热效应应符合本章式（5.1.2）的规定。IEC 62305—4：2010 表 1 的注 b 指出，在导体满足热效应和不受机械损伤的情况下可采用较小的截面。D1 类 SPD 的 1.2mm² 截面积是根据 IEC 62305—5/CD（TC81/261/CD：2005—06，Protection against lightning—Part 5：Services. 防雷——第 5 部分：公共服务管线）文件第 18 页的 c）项定的。

5.2 接 闪 器

5.2.1 表 5.2.1 是根据 IEC 62305—3：2010 第 30 页的表 6 及其 2006 年第 1 版标准的表 6 制定的。

5.2.2 本条接闪杆所采用的尺寸沿用习惯采用的数值。按热稳定检验，只要很小的截面就够了。所采用的尺寸主要是考虑机械强度和防腐蚀问题。在同样的风压和长度下，本条采用的钢管所产生的挠度比圆钢的小。经计算，如果允许挠度采用 1/50，则各尺寸的允许风压可达表 9 所示的数值。

表 9 接闪杆允许的风压

规　　格	风压（kN/m²）	
1m 长接闪杆	ϕ12 圆钢	2.66
	ϕ20 钢管	12.32
2m 长接闪杆	ϕ16 圆钢	0.79
	ϕ20 钢管	1.54
	ϕ25 钢管	2.43
	ϕ40 钢管	5.57

5.2.3 本条是根据美国防雷装置标准 NFPA 780—2004：Standard for the installation of lightning protection systems 的第 A.4.6.2 条和 IEC 62305—3：2010 第 98 页 E.5.2.4.1 的注而制定的。前者是根据以下文献 C. B. Moore，William Rison，James Mathis，and Graydon Aulich，“Lightning Rod Improvement Studies”，*Journal of Applied Meteorology*，Vol. 39（2000），May（No. 5），593～609 制定的；后者的注是“研究表明，接闪杆的接闪端做成钝形是有益处的”（Research has shown that it is advantageous for air-termination rods to have a blunt tip）。

5.2.5 截面从不小于 35mm² 改为不小于 50mm² 是根据本规范表 5.2.1 的规定制定的。

5.2.6 表 5.2.6 是根据 IEC 62305—3：2010 第 99 页的表 E.1 制定的。

5.2.7 本条是参照 IEC 62305—3：2010 第 20 页的 5.2.5 制定的。

已证实，铁板遭雷击时，仅当其厚度小于 4mm 时才有可能与闪击通道接触处由于熔化而烧穿。

雷击电流的电荷 $Q=\int i\mathrm{d}t$，对直接在闪电雷击点的能量转换 W，以及对雷电流继续以电弧的形式越过所有绝缘间隙之处的能量转换 W 起着决定性的作用。例如，接闪杆顶端接闪处的熔化，或者引起飞机铝外壳的熔化，以及保护间隙电极的熔化就是这电荷引起的。

金属体与闪击通道接触处的能量转换过程极为复杂，而且不好准确计算。当这一现象用简化的模型表示时可假定，接触处即电弧根部的能量转换由电荷与发生于微米级范围内的阳极或阴极电压降 $u_{a.c}$ 的乘积产生，即 $W=\int u_{a.c}i\mathrm{d}t=u_{a.c}\int i\mathrm{d}t=u_{a.c}\times Q$，在所要考虑的雷电流范围内 $u_{a.c}$ 几乎是个常数，其值为数十伏（在以下的计算中取其值为 30V）。考虑全部能量用于加热金属体，这样的计算偏于安全侧，可按下式计算：

$$V=\frac{u_{a.c}\cdot Q}{\gamma}\cdot\frac{1}{c_w(\theta_s-\theta_u)+c_s} \tag{21}$$

式中：V——被熔化金属的体积（m³）；

$u_{a.c}$——阳极或阴极表面的电压降（V），采用 30V；

Q——雷电流的电荷（C）；

γ——被熔化金属的密度（kg/m³）；

c_w——热容量[J/（kg·K）]；

θ_s——熔化温度（℃）；

θ_u——环境温度（℃）；

c_s——熔化潜热（J/kg）。

几种金属物的相关参数见表 10。

表 10 四种金属物的物理特性参数

参数	金属物体			
	铝	软钢	铜	不锈钢
γ（kg/m³）	2700	7700	8920	8000
θ_s（℃）	658	1530	1080	1500
c_s（J/kg）	397×10³	272×10³	209×10³	—
c_w[J/（kg·K）]	908	469	385	500

注：不锈钢为非磁性的奥氏体不锈钢。

将表10的相关数值代入式（21）得，雷击每库仑（C）能熔化以下的金属体积：铝，$V/Q \approx 11.6mm^3/C$；软钢，$V/Q \approx 4mm^3/C$；铜，$V/Q \approx 5.5mm^3/C$。

在原西德慕尼黑联邦国防军大学的高压实验室，做过分析研究得出，对金属板穿孔起决定性作用的不是短时雷击电荷 Q_s（见本规范表F.0.1-1），而是长时间雷击电荷 Q_l（见本规范表F.0.1-4）。其研究结果是：当 Q_l＝100C（第三类防雷建筑物的雷击参量）时，对1.5mm厚的钢板、黄铜板、铜板以及2mm厚的铝板，在各种情况下均穿孔，穿孔的直径约为4mm～8mm。当 Q_l＝200C（第一类防雷建筑物的雷击参量）时，对2mm厚的钢板、黄铜板、铜板以及2.5mm厚的铝板，在各种情况下均穿孔，穿孔的直径对钢板、黄铜板、铜板约为4mm～12mm，对铝板的穿孔直径约为7mm～13mm（对铝板，约有25%的情况，甚至3mm也熔化穿孔）。

近年来，经常采用一种夹有非易燃物保温层的双金属板做成的屋面板（彩板）。在这种情况下，只要上层金属板的厚度满足本条第2款的要求就可以，因为雷击只会将上层金属板熔化穿孔，不会击到下层金属板，而且上层金属板的熔化物受到下层金属板的阻挡，不会滴落到下层金属板的下方。要强调的是，夹层的物质必须是非易燃物且选用高级别的阻燃类别。

5.2.9 敷设在混凝土内的金属体，由于受到混凝土的保护，不需要采取防腐措施。但金属体从混凝土内向外引出处要适当采取防腐措施。

5.2.10 由于这类共用天线可能改变位置、改型、取消，故作本条规定。

5.2.12 滚球法是以 h_r 为半径的一个球体，沿需要防直击雷的部位滚动，当球体只触及接闪器，包括被利用作为接闪器的金属体，或只触及接闪器和地面包括与大地接触并能承受雷击的金属物，而不触及需要保护的部位时，则该部位就得到接闪器的保护。滚球法确定接闪器保护范围应符合本规范附录D的规定。

表5.2.12是参考IEC 62305—3：2010第18页5.2.2的规定及其表2，并结合我国具体情况和以往的习惯做法而制定的。

“5.2.2布置：安装在建筑物上的接闪器，应按照以下方法之一或多种方法组合将其布置在各个角上、各突出点上和各边沿上（特别是各立面的上水平线上）。在确定接闪器的布置位置时所采用的可接受的方法包括保护角法、滚球法、网格法。滚球法适合于所有情况。……网格法适合于保护平的表面。表2对每一防雷级别给出这三种方法的相应值。”

上述引文中的“表2”即下面的表11。

表11 与防雷装置级别对应的滚球半径、网格尺寸和保护角的最小值

防雷装置(LPS)级别	保护方法		
	滚球半径(m)	网格尺寸 W(m)	保护角
Ⅰ	20	5×5	见下图(略)
Ⅱ	30	10×10	
Ⅲ	45	15×15	
Ⅳ	60	20×20	

保护角是以滚球法为基础，以等效面积计算而得，使保护角保护的空间等于滚球法保护的空间；但在具体位置上它们的保护范围有明显的矛盾。为避免以后在应用上的争议，故本规范不采用保护角法。

用防雷网格形导体以给定的网格宽度和给定的引下线间距盖住需要防雷的空间。这种方法也是一种老方法，通常被称为法拉第保护形式。

用许多防雷导体（通常是垂直和水平导体）以下列方法盖住需要防雷的空间，即用一给定半径的球体滚过上述防雷导体时不会触及需要防雷的空间。这种方法通常被称为滚球法。它是基于雷闪数学模型（电气-几何模型），其关系式如下式，引自IEC 62305—1：2010第36页的式（A.1）。

$$h_r = 10 \cdot I^{0.65} \tag{22}$$

式中：h_r——雷闪的最后闪络距离（击距），也即本章所规定的滚球半径（m）；

I——与 h_r 相对应的得到保护的最小雷电流幅值（kA），即比该电流小的雷电流可能击到被保护的空间。

在电气-几何模型中，雷击闪电先导的发展起初是不确定的，直到先导头部电压足以击穿它与地面目标间的间隙时，也即先导与地面目标的距离等于击距时，才受到地面影响而开始定向。

与 h_r 相对应的雷电流按式（22）整理后为 $I=(h_r/10)^{1.54}$，以本条表5.2.12的 h_r 值代入得：对第一类防雷建筑物（h_r＝30m），$I=5.4\approx5kA$；对第二类防雷建筑物（h_r＝45m），$I=10.1\approx10kA$；对第三类防雷建筑物（h_r＝60m），$I=15.8\approx16kA$。即雷电流小于上述数值时，闪电有可能穿过接闪器击于被保护物上，而等于和大于上述数值时，闪电将击于接闪器。

本规范所提出的接闪器保护范围是以滚球法为基础的，其优点是：

1 除独立接闪杆、接闪线受相应的滚球半径限制其高度外，凡安装在建筑物上的接闪杆、接闪线、接闪带，不管建筑物的高度如何，都可采用滚球法来确定保护范围。如对第二、三类防雷建筑物，除防侧击按本规范第4.3.9条和第4.4.8条处理外，只要在建筑物屋顶，采用滚球法可以任意组合接闪杆、接闪线、接闪带。例如，首先在屋顶周边敷设一圈接闪带，然后在屋顶中部根据其形状任意组合接闪杆、接闪带，取相应的滚球半径的一个球体在屋顶滚动，只要球体只接触到接闪杆或接闪带而没有接触到要保护的部位，就达到目的。这是以前接闪杆、线确定保护范围的方法（折线法）无法比较的优点。

2 根据不同类别的建筑物选用不同的滚球半径，区别对待。它比以前的折线法只有一种保护范围更合理。

3 对接闪杆、接闪线、接闪带采用同一种保护范围（即同一种滚球半径），这给设计工作带来种种方便之处，使两种接闪器形式任意组合成为可能。

本条表 5.2.12 并列两种方法。它们是各自独立的，不管这两种方法所限定的被保护空间可能出现的差别。在同一场合下，可以同时出现两种形式的保护方法。例如，在建筑物屋顶上首先采用接闪网保护方法布置完成后，有一突出物高出接闪网，保护该突出物的方法之一是采用接闪杆，并用滚球法确定其是否处于接闪杆的保护范围内，但此时可以将屋面作为地面看待，因为前面已指出，屋面已用接闪网方法保护了；反之也一样。又如，同前例，屋顶已用接闪网保护，为保护低于建筑物的物体，可用上述接闪网处于四周的导体作为接闪线，用滚球法确定其保护范围是否保护到低处的物体。再如，在矩形平屋面的周边有女儿墙，其上安装有接闪带，在这种情况下屋面上是否需要敷设接闪网？当女儿墙上接闪带距屋面的垂直距离 S（m）满足下式时，屋面上可不敷设接闪网。

$$S>h_r-[h_r^2-(d/2)^2]^{1/2} \tag{23}$$

式中：h_r——按本条表 5.2.12 选用的滚球半径（m）；

d——女儿墙上接闪带间的距离（沿屋面宽度方向的距离）（m）。

若屋面中央高于女儿墙根部的屋面，则式（23）的 S 为女儿墙上接闪带至屋面中央高处水平面的垂直距离。

5.3 引下线

5.3.4 为了减小引下线的电感量，故引下线应沿最短接地路径敷设。

对于建筑外观要求较高的建筑物，引下线可采用暗敷，但截面要加大，这主要是考虑维修困难。

5.3.7 由于引下线在距地面最高为 1.8m 处设断接卡，为便于拆装断接卡以及拆装时不破坏保护设施，故规定“地面上 1.7m”。改性塑料管为耐阳光晒的塑料管。

5.3.8 本条是根据许多实际建筑物的情况而制定的。关于防接触电压和跨步电压的措施见本规范第 4.5.6 条。关于分流系数 k_c 的确定按本规范附录 E。

5.4 接地装置

5.4.1 表 5.4.1 是根据 IEC 62305—3：2010 第 31 页的表 7 及其 2006 年第 1 版标准的表 7 制定的。

5.4.2 为便于施工和一致性（埋地导体截面相同），故规定“接地线应与水平接地体的截面相同”。

5.4.3 当接地装置由多根水平或垂直接地体组成时，为了减小相邻接地体的屏蔽作用，接地体的间距一般为 5m，相应的利用系数约为 0.75～0.85。当接地装置的敷设地方受到限制时，上述距离可以根据实际情况适当减小，但一般不小于垂直接地体的长度。

5.4.4 “人工接地体在土壤中的埋设深度不应小于 0.5m，……其距墙或基础不宜小于 1m”是根据 IEC 62305—3：2010 第 26 页的 5.4.3 制定的。1m 的距离是考虑便于维修，维修时不会损坏到基础、墙，可以敷设在散水坡之外，通常散水坡的宽度是距墙 0.8m。“并宜敷设在当地冻土层以下”是根据征求的意见而加的。

将人工接地体埋设在混凝土基础内（一般位于底部靠近室外处，混凝土保护层的厚度大于或等于 50mm），因得到混凝土的防腐保护，日后无需维修。但如果将人工接地体直接放在基础坑底与土壤接触，由于受土壤腐蚀，日后无法维修，不推荐采用这种方法。若基础有良好的防水层，可将水平人工接地体敷设在下方的素混凝土垫层内。为使日后维修方便，埋在土壤中的人工接地体距墙或基础不宜小于 1m，以前有的单位按大于或等于 3m 做，无此必要。

5.4.5 根据 IEC 62305—3：2010 第 130 页“E.5.4.3.2 基础接地体”的以下内容而制定：

“还应记住，混凝土内的钢筋产生与铜导体在土壤中产生化学电池电位的相同数值。这点给钢筋混凝土建筑物设计接地装置提供了一个良好的工程解决方法。……

另外的问题是由于化学电池的电流引发的电气化学腐蚀。混凝土中的钢产生化学电池的电位在电气化学系列中接近于铜在土壤中的数值。所以，当混凝土基础中的钢材与土壤中的钢材连接在一起时，会产生约 1V 的化学电池电压，它将引发腐蚀电流从地中钢材经土壤流到潮湿混凝土内的钢材，而使土壤中的钢材溶解到土壤中产生腐蚀作用。

在土壤中的接地体连接到混凝土基础内的钢材的情况下，土壤中的接地体宜采用铜质、外表面镀铜的钢或不锈钢导体。”

另外，在 IEC 62305—3：2010 第 141 页“E.5.6.2.2.2 混凝土中的金属”中指出：“由于钢材在混凝土中的自然电位，在混凝土外面添加的接地体宜采用铜或不锈钢接地体。”

5.4.6 本条说明如下：

1 IEC 的 TC81（Secretariat）13/1984 年 1 月的

文件（Progress of WG 4 of TC81，TC81 第 4 工作组的进展报告），在其附件（防雷接地体的有效长度）中提及：“由于电脉冲在地中的速度是有限的，而且由于冲击雷电流的陡度是高的，一接地装置仅有一定的最大延伸长度有效地将冲击电流散流入地”。在该附件的附图中画出两条线，其一是接地体延伸最大值 l_{max}，它对应于长波头，即对应于闪击对大地的第一次雷击；另一个是最小值 l_{min}，它对应于短波头，即对应于闪击对大地在第一次雷击以后的雷击。将 l_{max} 和 l_{min} 这两条线以计算式表示，则可得出：$l_{max}=4\sqrt{\rho}$ 和 $l_{min}=0.7\sqrt{\rho}$，取其平均值，得 $(l_{max}+l_{min})/2=2.35\sqrt{\rho}\approx 2\sqrt{\rho}$。

本款参考以上及其他资料，并考虑便于计算，故规定了“外引长度不应大于有效长度”，即 $2\sqrt{\rho}$。

当水平接地体敷设于不同土壤电阻率时，可分段计算。例如，一外引接地体先经 50m 长的 2000Ωm 土壤电阻率，以后为 1000Ωm。先按 2000Ωm 算出有效长度为 $2\sqrt{2000}=89.4$（m），减去 50m 后余 39.4m，但它是敷设在 1000Ωm 而不是 2000Ωm 的土壤中，故要按下式换算为 1000Ωm 条件下的长度，即 $l_1=l_2\sqrt{\frac{\rho_1}{\rho_2}}$。将以上数值代入，得 $l_1=39.4\sqrt{\frac{1000}{2000}}=27.9$（m）。因此，有效长度为 50＋27.9＝77.9（m），而不是 89.4m。其他情况类推。

5.4.7 本条是根据本规范第 4.5.6 条的规定而制定。

5.4.8 放热焊接的英语为 exothermic weld。

6 防雷击电磁脉冲

6.1 基 本 规 定

6.1.1 现在许多建筑物工程在建设初期甚至建成后，仍不知其用途，许多是供出租用的。在防雷击电磁脉冲的措施中，建筑物的自然屏蔽物和各种金属物以及其与以后安装的设备之间的等电位连接是很重要的。若建筑物施工完成后，要回过来实现本条所规定的措施是很难的。

这些措施实现后，以后只要合理选用和安装 SPD 以及做符合要求的等电位连接，整个措施就完善了，做起来也较容易。

6.1.2 当电源采用 TN 系统时，建筑物内必须采用 TN-S 系统，这是由于正常的负荷电流只应沿中线 N 流回，不应使有的负荷电流沿 PE 线或与 PE 线有连接的导体流回，否则，这些电流会干扰正常运行的用电设备。本条为强制条文。

6.2 防雷区和防雷击电磁脉冲

6.2.1 将需要保护的空间划分为不同的防雷区，以规定各部分空间不同的雷击脉冲磁场强度的严重程度和指明各区交界处的等电位连接点的位置。

各区以在其交界处的电磁环境有明显改变作为划分不同防雷区的特征。

通常，防雷区的数越高，其电磁场强度越小。

一建筑物内电磁场会受到如窗户这样的洞的影响和金属导体（如等电位连接带、电缆屏蔽层、管子）上电流的影响以及电缆路径的影响。

将需要保护的空间划分成不同防雷区的一般原则见图 15。

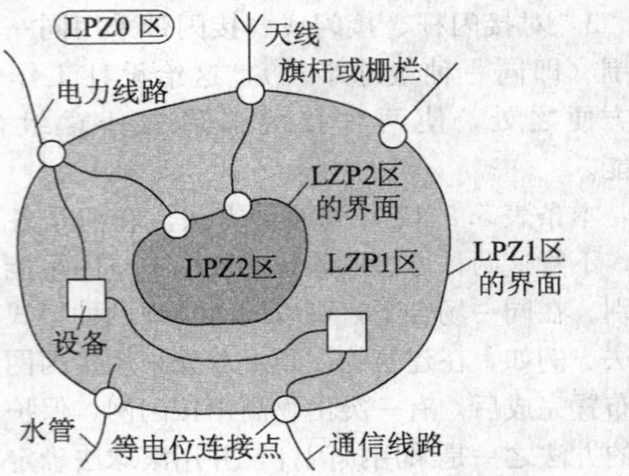

图 15 将一个需要保护的空间划分为不同防雷区的一般原则

6.2.2 图 6.2.2 引自 IEC 62305—4：2010 第 14 页、第 15 页的图 2。

雷击对建筑物内电气系统和电子系统的有害影响简介于下。

侵害源：雷电流及其相应磁场是原始侵害源，磁场的波形与雷电流的相同。涉及保护时，雷击电场的影响通常是次要的。

原始侵害源是 LEMP。根据防雷建筑物的不同类别（第一类、第二类、第三类）按本规范附录 F 的表 F.0.1-1、表 F.0.1-2 和表 F.0.1-3 选取 I_0。

I_0 正极性首次冲击电流波 10/350μs，I_0 分别为：200kA、150kA、100kA；负极性首次冲击电流波 1/200μs，I_0 分别为：100kA、75kA、50kA；负极性首次以后（后续）的冲击电流波 0.25/100μs，I_0 分别为：50kA、37.5kA、25kA。

H_0 冲击电磁波 10/350μs、1/200μs 和 0.25/100μs，从 I_0 导出。

被害物：安装在建筑物内或其上的建筑物内系统，仅具有有限的耐电涌和耐磁场水平，当其遭受首次雷击作用及其以后（后续）电流的磁场作用下时，可能被损害或错误地运行。安装在建筑物外并处在暴露位置的系统，由于遭遇的电涌可能达到直接雷击的全电流和没有衰减的磁场，可能遇到的风险较大。安装在建筑物内的系统，由于遭遇的磁场是剩下的衰减磁场和内部的电涌是传导和感应而产生的，以及外部电涌是经引入线路传导而来的，可能遇到的风险较小。

被害物（设备）的耐受水平：

1 220/380V设备的耐冲击电压水平U_w见本规范表6.4.4，它引自《低压电气装置——第4—44部分：安全防护——电压骚扰和电磁骚扰防护》IEC 60364—4—44：2007第18页的表44.B。

2 电信装置的耐受水平参见ITU-T建议标准《电信中心电信设备耐过电压过电流的能力》K.20：2003（Resistibility of telecommunication equipment installed in a telecommunications center to overvoltages and overcurrents）和《用户电信设备耐过电压过电流的能力》K.21：2003（Resistibility of telecommunication equipment installed in customer premises to overvoltages and overcurrents）。

3 一般通用设备的耐受水平在其产品说明书有规定或可做以下试验：

1）防传导电涌采用IEC 61000—4—5：2005 Ed.2.0《Electromagnetic compatibility（EMC）—Part 4-5：Test and Measurement techniques—Surge immunity test，电磁兼容（EMC），第4—5部分：试验和测量技术——电涌（冲击）抗扰度试验》标准，耐电压水平的试验U_{oc}为0.5-1-2-4kV（冲击电压波形1.2/50μs）和耐电流水平的试验I_{sc}为0.25-0.5-1-2kA（冲击电流波形8/20μs）。

有些设备为了满足上述标准的要求，可能在设备内装有SPD，它们可能影响协调配合的要求。

上述标准的国家标准为《电磁兼容试验和测量技术　浪涌（冲击）抗扰度试验》GB/T 17626.5—2008（等效IEC 61000—4—5：2005）。

2）防磁场（强度）采用IEC 61000—4—9：2001 Ed.1.1《Electromagnetic compatibility（EMC）—Part 4—9：Test and Measure-ment techniques—Pulse magnetic field immunity test，电磁兼容（EMC），第4—9部分：试验和测量技术——脉冲磁场抗扰度试验》标准，用以下磁场强度做试验：100-300-1000A/m（8/20μs波形）。

上述标准的国家标准为《电磁兼容试验和测量技术　脉冲磁场抗扰度试验》GB/T 17626.8—1998（等效IEC 61000—4—9：1993）。

并采用IEC 61000—4—10：2001 Ed.1.1《Electromagnetic compatibility（EMC）—Part 4-10：Test and measurement techniques—Damped oscillatory magnetic field immunity test，电磁兼容（EMC），第4—10部分：试验和测量技术——阻尼振荡磁场抗扰度试验》标准，用以下磁场强度做试验：10-30-100A/m（在1MHz频率条件下）。

上述标准的国家标准为《电磁兼容试验和测量技术　阻尼振荡磁场抗扰度试验》GB/T 17626.9—1998（等效IEC 61000—4—10：1993）。

IEC 61000—4—9和IEC 61000—4—10规定试验的波形是阻尼振荡波，可用于确定设备耐受由首次正极性雷击和后续雷击磁场波头陡度所产生的磁场强度。

6.3 屏蔽、接地和等电位连接的要求

6.3.1 一钢筋混凝土建筑物等电位连接的例子见图16。对一办公建筑物设计防雷区、屏蔽、等电位连接和接地的例子见图17。

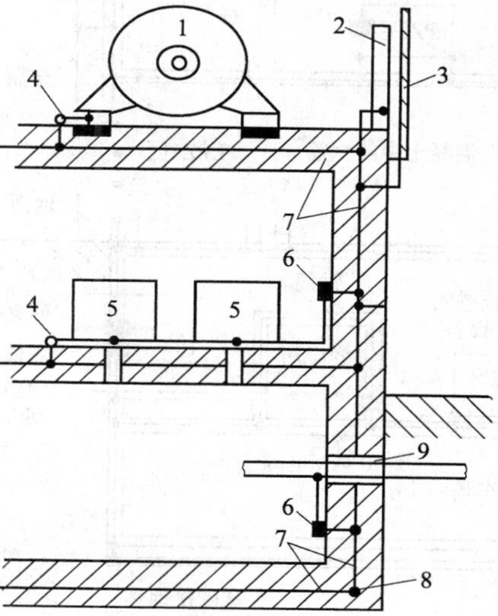

图16　一钢筋混凝土建筑物内等电位连接的例子

1—电力设备；2—钢支柱；3—立面的金属盖板；4—等电位连接点；5—电气设备；6—等电位连接带；7—混凝土内的钢筋；8—基础接地体；9—各种管线的共用入口

屏蔽是减少电磁干扰的基本措施。

屏蔽层仅一端做等电位连接和另一端悬浮时，它只能防静电感应，防不了磁场强度变化所感应的电压。为减小屏蔽芯线的感应电压，在屏蔽层仅一端做等电位连接的情况下，应采用有绝缘隔开的双层屏蔽，外层屏蔽应至少在两端做等电位连接。在这种情况下，外屏蔽层与其他同样做了等电位连接的导体构成环路，感应出一电流，因此产生减低源磁场强度的磁通，从而基本上抵消掉无外屏蔽层时所感应的电压。

6.3.2 本条是根据IEC 62305—4：2010的附录A编写并引入负极性首次雷击电流的参数。形状系数k_H中的$(1/\sqrt{m})$为其计量单位。

6.3.3 保留原规范第6.3.3条的规定。

6.3.4 本条是根据IEC 62305—4：2010第20～31页和IEEE Std 1100—2005：IEEE Recommended practice for powering and grounding electronic equipment的有关规定编写的。图6.3.4是根据IEC

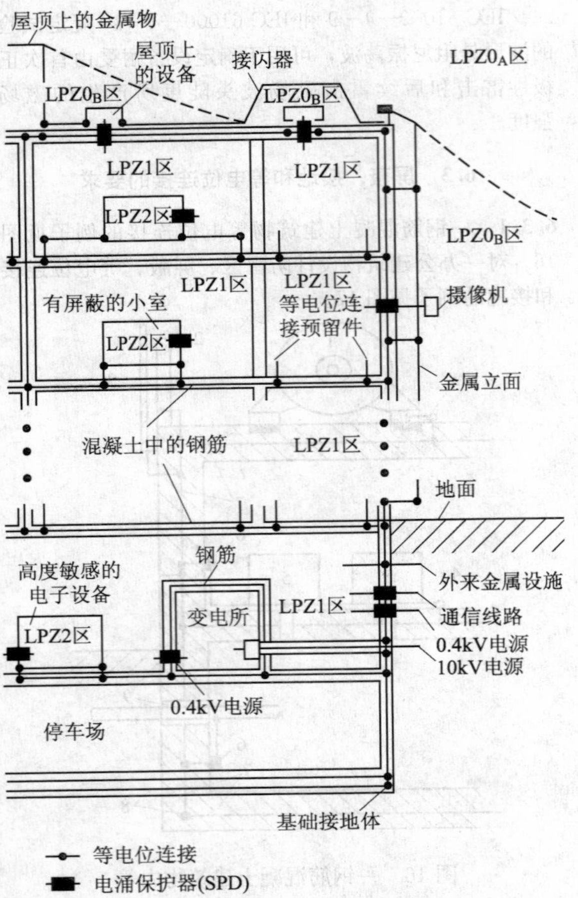

图 17　对一办公建筑物设计防雷区、屏蔽、等电位连接和接地的例子

62305—4：2010 第 27 页的图 9 编入的。

6 款中的“当电子系统为 300kHz 以下的模拟线路时，可采用 S 型等电位连接，且所有设施管线和电缆宜从 ERP 处附近进入该电子系统”和 7 款中的“当电子系统为兆赫兹级数字线路时，应采用 M 型等电位连接”是根据 IEEE Std 1100—2005 第 298 页上的以下规定编写的：

“The determination to use the single-point grounding or multipoint grounding typically depends on the frequency range of interest. Analog circuits with signal frequencies up to 300kHz may be candidates for single-point grounding. Digital circuits with frequencies in the MHz range should utilize multipoint grounding”。

7 款中的“……M_m 型连接方式。每台设备的等电位连接线的长度不宜大于 0.5m，并宜设两根等电位连接线安装于设备的对角处，其长度相差宜为 20%”是根据 IEEE Std 1100—2005 第 295 页、第 296 页上的图 8-19、图 8-20 和图 8-21 编写的。例如，一根长0.5m，另一根长 0.4m。因为现代数字电路频率越来越高，容易产生谐振，其中有一根达到谐振，阻抗无穷大，另一根还是接地的。

当功能性接地线的长度 l 为干扰频率波长的 1/4 或其奇数倍时将产生谐振，这时，接地线的阻抗成为无穷大，它成为一根天线，能接收远磁场的干扰或发射出干扰磁场，见下式和图 18。图 18 中的 λ 为干扰波的波长。

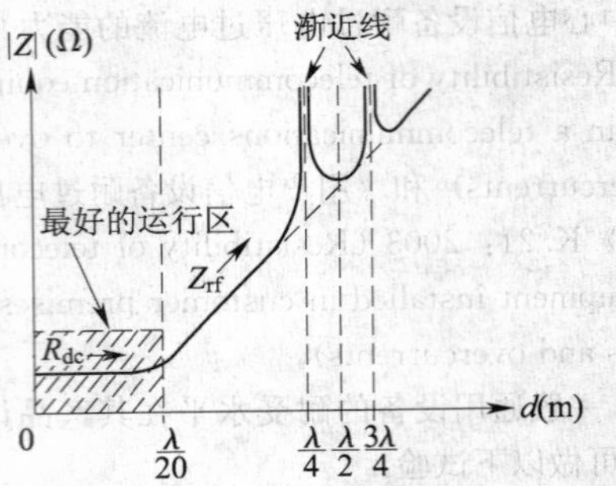

图 18　同一波长下不同接地或等电位连接线长度 d 与其阻抗 $|Z|$ 的关系

$$l_{resonance}=cn/4f_{resonance} \qquad (24)$$

式中：$l_{resonance}$——导体产生谐振的长度（m）；

n——任一奇数值（1，3，5…）；

c——自由空间的光速（3×10^8m/s）；

$f_{resonance}$——使导体产生谐振的频率（Hz）。

图 19 为约 7m 长的 1 根 25mm² 铜导体产生谐振的例子。其产生谐振的频率接近于 10MHz、30MHz、50MHz……。

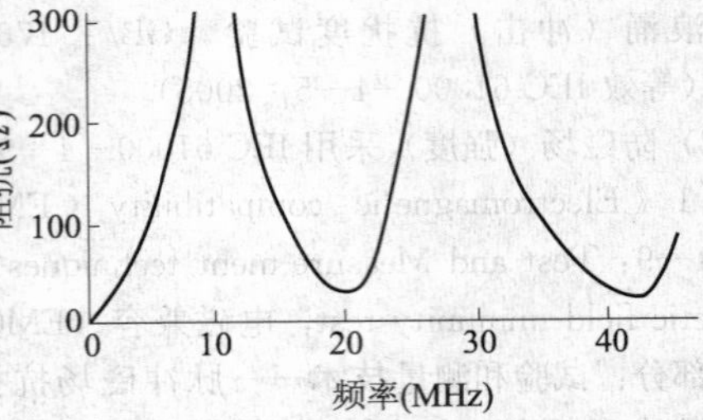

图 19　1 根长约 7m 截面 25mm² 的铜导体产生谐振的条件

实际上，设计者必须考虑一接地（等电位连接）导体在 $n=1$ 时将产生谐振的最高干扰频率。所以通常最好是按远离加于导体的电气干扰频率的 1/4 波长来选择接地（等电位连接）导体的物理长度 l，从图 18 可以看出，最好是 $l\leqslant\lambda/20$。但是，现在数字化电子系统的工作频率越来越高，如普通计算机的时钟频率是 100MHz，在此频率下要做到 $l\leqslant\lambda/20=300/(100\times20)=0.15$（m）是很难的。所以推荐每台设备从基准平面引两根接地（等电位连接）导体接于设备底的对角处，两根导体一长一短，相差约 20%，如一根为0.5m，另一根为 0.4m。这样，其中一根产生谐振，即阻抗无穷大，另一根是不会的。

6.4 安装和选择电涌保护器的要求

6.4.2 图6.4.2引自 IEC 62305—4：2010 第 18 页的图 3b。

6.4.3 图6.4.3引自 IEC 62305—4：2010 第 19 页的图 3d。

6.4.5～6.4.7 这些条文是根据 IEC 62305—4：2010 和 IEC 61643—12：2008 Ed. 2.0［Surge protective devices connected to low-voltage power distribution system—Part 12：Selection and application principles. 低压配电系统的电涌保护器（SPD）——第 12 部分：选择和使用导则］修改的。

首先要考虑的第一个准则是：安装的SPD越靠近引来线路入户处（安装在总配电箱处），建筑物内将被这处SPD保护到的设备越多（经济利益）。其次要考虑的第二个准则应是核对：SPD越靠近需要保护的设备，其保护越有效（技术利益）。设计人员要根据这些条文的规定进行技术经济比较。

IEC 62305—4：2010 第 78 页（附录 C.2.1）中有以下的规定：

"在以下条件下建筑物内系统得到保护：

1 它们在能量上与上游的SPD配合好。

2 满足下列条件之一：

1）当SPD与要保护的设备之间的电路长度是很小时（典型的情况是SPD安装在设备的接线端处）：$U_{p/f} \leqslant U_w$；.

2）当电路长度不大于 10m 时（典型的情况是SPD安装在分配电箱处或安装在插座处）：$U_{p/f} \leqslant 0.8U_w$；

注：在建筑物内系统发生故障会危及人员或公共服务设施之处，应考虑由于振荡而将电压加倍，要求 $U_{p/f} \leqslant U_w/2$。

3）当电路长度大于 10m 时（典型的情况是SPD安装在线路进入建筑物处或在某些情况安装在分配电箱处）：$U_{p/f} \leqslant (U_w - U_i)/2$。当建筑物（或房间）有空间屏蔽、有线路屏蔽（采用有屏蔽的线路或金属线槽）时，在大多数情况下感应电压 U_i 很小，可略去不计。"

闪电击到建筑物上或附近，能在SPD与被保护设备之间的电路环路中感应出过电压 U_i，它加到了 $U_{p/f}$ 上，所以降低了SPD的保护效率。当建筑物（或房间）无空间屏蔽、线路无屏蔽时，SPD与被保护设备之间电路环路的感应电压 U_i 随环路的尺寸增大而加大，该环路的大小取决于线路路径、电路长度、带电体与PE线之间的距离、电力线与信号线之间的环路面积等。U_i 的计算见本规范附录G。

《低压配电系统的电涌保护器——第 12 部分：选择和使用导则》IEC 61643—12：2008 第 43 页、第 44 页 6.1.2 的规定和说明：

"6.1.2 振荡现象对保护距离（某些国家叫分开距离）的影响：当用SPD保护特定设备或当位于总配电箱处的SPD不能对一些设备提供足够保护时，SPD应安装在尽可能靠近需要保护的设备处。如果SPD与被保护设备之间的距离过大时，振荡通常能导致设备端子上的电压升高到 2 倍 U_p，在某些情况下甚至可能还超过这一电压水平。虽然安装了SPD，这一电压可能损坏被保护的设备。可接受的距离（称为保护距离）取决于SPD的形式、系统的形式、所进来电涌的陡度和波形以及所连接的负荷。特别仅在以下情况下才可能将电压加倍：设备是一高阻抗负荷或设备在内部被断开。通常，对小于 10m 的距离可不管振荡现象。有时，设备设有内部保护元件（如压敏电阻），这甚至在更长的距离下也将显著减小振荡现象。"

IEC 61643—12：2008 第 136 页、第 137 页附录 M：

"附录 M 设备的抗扰度和耐绝缘强度：IEC 61000—4—5 是一试验标准，其试验在于确定电子设备和系统对电压和电流电涌的抗扰度。被试验的设备或系统被看作是一黑盒子，由以下标准判定试验的结果：1）运行正常；2）不需要维修的功能暂时受到破坏或运行暂时降级；3）需要维修的功能暂时受到破坏或运行暂时降级；4）功能受到破坏，具有对设备的永久损坏（这意味试验失败）。

虽然，IEC 61000—4—5 的试验在于考察比较低的电流电涌对电子设备和系统的可能效应的全范围，但是，还有其他有关的试验标准，它们不是这样多地涉及功能的暂时破坏，而是更多地涉及设备的实际损坏或毁坏。IEC 60664—1 标准涉及的是低压系统内设备的绝缘配合，而 IEC 61643—1 标准涉及的是连接到低压配电系统上SPD的试验标准。此外，这两个标准还涉及暂时过电压对设备的效应。而 IEC 61000—4—5 及 IEC 61000 系列标准中的其他标准不考虑暂时过电压对设备或系统的效应。

永久损坏是难以被接受的，因为它造成系统停止工作和要花维修或替换的费用。这类损坏通常是由于不合适的保护或无电涌保护造成的，这类保护允许能引起运行中断、元器件损坏、永久破坏绝缘或者引发火灾、烟气或电击的高电压和高电涌电流进入设备的电路系统。但不希望设备或系统经受任何的功能破坏或降级，特别是对那些特别重要的设备或系统，并且对在电涌活动期间必须维持运行的设备或系统更是如此。

对 IEC 61000—4—5 的试验，所加的试验电压水平值及其结果的电涌电流将对设备产生效应。简而言之，如果设备没有设计提供一个合适的电涌抗扰度，则电涌电压越高，功能受到的破坏或降级的可能性越高。

对用于低压配电系统的SPD做试验，IEC 61643—1的Ⅲ级试验等级规定采用有设定内阻抗2Ω的混合波发生器，它在短路时产生8/20μs电流波形，而在开路时产生1.2/50μs电压波形。IEC 61000—4—5标准对供了电的设备和系统做电涌抗扰度试验时采用同样的混合波发生器，但有不同的耦合元件，有时还加入一串联阻抗。IEC 61000—4—5标准的试验电压水平，其意义与IEC 61643—1标准的开路峰值电压U_{oc}是相同的。这一电压确定发生器接线端的短路峰值电流。由于试验方法不同，试验结果不可直接比较。

设备或系统的电涌抗扰度或由内置保护元件或SPD或外置SPD实现。对SPD最重要的选择标准之一是电压保护水平U_p，规定和描述于IEC 61643—1标准中。这一参数应等同于IEC 60664—1标准规定的设备耐压水平U_w，并且它是在做试验的特定条件下预期在SPD接线端上产生的最大电压。U_p仅用于在IEC 61643—12标准中对设备的耐压水平相一致。电压保护水平值在可比应力上还应低于设备按IEC 61000—4—5标准试验后在这一可比应力上的电压抗扰度水平，但这点在现在还无规定，特别是因为这两个标准之间的波形总是不可比的。

通常，按IEC 61000—4—5标准确定的电涌抗扰度水平是低于按IEC 60664—1标准确定的绝缘耐压水平的。"

附录A 建筑物年预计雷击次数

A.0.1 校正系数k的取值是在原k值的基础上参考IEC 62305—2：2010第39页的表A.1编写的，该表见表12：

表12 位置系数C_d

相关位置	C_d
建筑物被比它高的物体或树木所环绕	0.25
建筑物被等高或比它低的物体或树木所环绕	0.5
孤立建筑物，附近无其他物体	1
在山顶上或小山上的孤立建筑物	2

A.0.2 式（A.0.2）引自IEC 62305—2：2010第34页附录A中的式（A.1）。

A.0.3 建筑物等效面积A_e的计算方法基于以下原则：

1 建筑物高度在100m以下按滚球半径（即吸引半径100m）考虑。按本规范式（6.3.2-2），其相对应的最小雷电流约为$I=(100/10)^{1.54}=34.7$(kA)，接近于按计算式$\lg P=-(I/108)$以积累次数$P=50\%$代入得出的雷电流$I=32.5$kA。在此基础上导出计算式（A.0.3-2），其扩大宽度D等于$\sqrt{H(200-H)}$。该值相当于接闪杆杆高在地面上的保护宽度（当滚球半径为100m时）。扩大宽度将随建筑物高度加高而减小，直至100m时则等于建筑物的高度。如$H=5$m时，扩大宽度为$\sqrt{5(200-5)}=31.2$（m），它约为H的6倍；当$H=10$m时，扩大宽度为$\sqrt{10(200-10)}=43.6$（m），约为H的4.4倍；当$H=20$m时，扩大宽度为$\sqrt{20(200-20)}=60$（m），为H的3倍；当$H=40$m时，扩大宽度为$\sqrt{40(200-40)}=80$（m），为H的2倍；当$H=80$m时，扩大宽度为$\sqrt{80(200-80)}=98.0$（m），约为H的1.2倍。

2 建筑物高度超过100m时，如按吸引半径100m考虑，则不论高度如何扩大宽度总是100m，有其不合理之处。所以当高度超过100m时，取扩大宽度等于建筑物的高度，则导出计算式（A.0.3-5）。

关于周围建筑物对建筑物等效面积A_e的影响，由于周围建筑物的高低、远近都不同，准确计算很复杂。现根据IEC 62305—2：2010第39页的表A.1的位置系数C_d值，仅考虑对扩大宽度的影响，而不考虑对建筑物本身在平面上的投影面积的影响，因这个面积大小差别很大，都乘以同一系数，不合理。按此原则，制定出第2、3、5、6款的规定。

第7款："应沿建筑物周边逐点算出最大扩大宽度"，该点既包括周边某点也包括此点断面上的较高点，这较高点扩大宽度的起点是该较高点在平面上的投影点，这些点画出的扩大宽度，哪一点在最外，这一点就是最大扩大宽度。

附录C 接地装置冲击接地电阻与工频接地电阻的换算

C.0.1 式（C.0.1）中的A值，实际上是冲击系数α的倒数。在原始规范的编制过程中，曾以表13作为基础，经研究提出表14作为原始规范的附录，供冲击接地电阻与工频接地电阻的换算。但由于存在不足之处，即对于范围延伸大的接地体如何处理，提不出一种有效合理的方法，后来取消了该附录。

表13 接地装置冲击接地电阻与工频接地电阻换算表

本规范要求的冲击接地电阻值（Ω）	在以下土壤电阻率（Ωm）下的工频接地电阻允许极限值（Ω）			
	$\rho\leqslant100$	100～500	500～1000	>1000
5	5	5～7.5	7.5～10	15
10	10	10～15	15～20	30
20	20	20～30	30～40	60

续表 13

本规范要求的冲击接地电阻值（Ω）	在以下土壤电阻率（Ωm）下的工频接地电阻允许极限值（Ω）			
	$\rho \leqslant 100$	100～500	500～1000	＞1000
30	30	30～45	45～60	90
40	40	40～60	60～80	120
50	50	50～75	75～100	150

表 14　接地装置工频接地电阻与冲击接地电阻的比值

土壤电阻率 ρ（Ωm）	⩽100	500	1000	⩾2000
工频接地电阻与冲击接地电阻的比值 $R_{\sim}/R_{\mathrm{i}}$	1.0	1.5	2.0	3.0

注：1　本表适用于引下线接地点至接地体最远端不大于 20m 的情况；

2　如土壤电阻率在表列两个数值之间时，用插入法求得相应的比值。

本条是在表 14 的基础上，引入接地体的有效长度，并参考图 20 提出图 C.0.1 的。

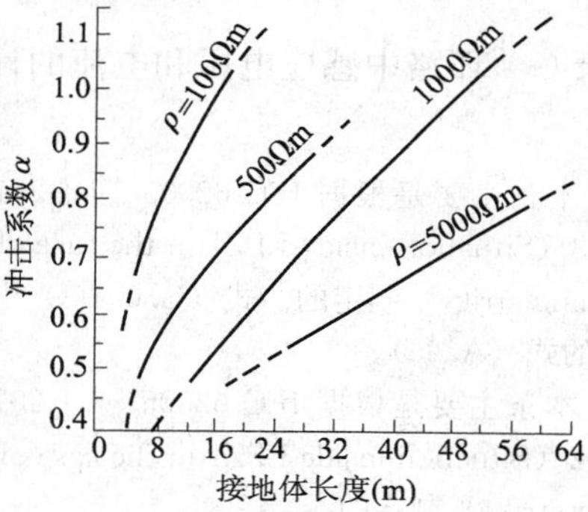

图 20　在 20kA 雷电流条件下水平接地体（20mm～40mm 宽扁钢或直径 10mm～20mm 圆钢）的冲击系数

对图 C.0.1 的两点说明：

1　当接地体达有效长度时，$A=1$（即冲击系数等于 1）；因再长就不合理，$\alpha>1$。

2　从图 20 可看出，当 $\rho=500\Omega\mathrm{m}$ 时，$\alpha=0.67$（即 $A=1.5$），相对应的接地体长度为 13.5m，其 $l_{\mathrm{e}}=2\sqrt{\rho}=44.7\mathrm{m}$。所以 $l/l_{\mathrm{e}}=13.5/44.7=0.3$。

从图 20 可看出，α 值几乎随长度的增加而线性增大。所以其 A 值在 l/l_{e} 为 0.3 与 1 之间的变化从 1.5 下降到 1 也采用线性变化。$\rho=1000\Omega\mathrm{m}$ 和 $2000\Omega\mathrm{m}$ 时，A 值曲线的取得与上述方法相同。当 $\rho=1000\Omega\mathrm{m}$、$\alpha=0.5$ 即 $A=2$ 时 l 的长度为 13m，$l_{\mathrm{e}}=2\sqrt{1000}=63$（m），所以，$l/l_{\mathrm{e}}=13/63=0.2$。当 $\rho=2000\Omega\mathrm{m}$、$\alpha=0.33$ 即 $A=3$ 时，从图 20 估计出 l 值约为 8m，$l_{\mathrm{e}}=2\sqrt{2000}=89$（m），所以 $l/l_{\mathrm{e}}=8/89=0.1$。

C.0.2　有关接地体的有效长度另参见本规范第 5.4.6 条的条文说明。

C.0.4　混凝土在土壤中的电阻率取 100Ωm，接地体在混凝土中的有效长度为 $2\sqrt{\rho}=20\mathrm{m}$。所以对基础接地体取 20m 半球体范围内的钢筋体的工频接地电阻等于冲击接地电阻。

附录 D　滚球法确定接闪器的保护范围

本附录是根据本规范第 5.2.12 条的规定，采用滚球法并根据立体几何和平面几何的原理，再用图解法并列出计算式解算而得出的。

两支接闪杆之间的保护范围是按两个滚球在地面上从两侧滚向接闪杆，并与其接触后两球体的相交线而得出的。

绘制接闪器的保护范围时，将已知的数值代入计算式得出有关的数值后，用一把尺子和一支圆规就可按比例绘出所需要的保护范围。

图 D.0.5（a）（即 $2h_{\mathrm{r}}>h>h_{\mathrm{r}}$ 时）仅适用于保护范围最高点到接闪线之间的延长弧线（h_{r} 为半径的保护范围延长弧线）不触及其他物体的情况，不适用于接闪线设于建筑物外墙上方的屋檐、女儿墙上。

图 D.0.5（b）（即当 $h\leqslant h_{\mathrm{r}}$ 时）不适用于接闪线设在低于屋面的外墙上。

本附录各计算式的推导见《建筑电气》1993 年第 3 期“用滚球法确定建筑物接闪器的保护范围”一文。

附录 E　分流系数 k_{c}

本附录主要根据 IEC 62305—3：2010 第 36 页表 12、第 46 页图 C.1（即本附录图 E.0.4）、第 47 页图 C.2 和第 50 页图 C.4 修订的。其第 36 页表 12 见表 15。

表 15　分流系数 k_{c} 的近似值

引下线根数 n	k_{c}
1	1
2	0.66
⩾3	0.44

注：本表适用于所有 B 型接地装置，以及当邻近的接地体的接地电阻值差别不大于 2 时也适用于所有 A 型接地装置。如果每一单独接地体的接地电阻值差别大于 2 时采用 $k_{\mathrm{c}}=1$。

原文见下表：Isolation of external LPS——

Approximated values of coefficient k_c

Number of down-conductors n	k_c
1	1
2	0.66
3 and more	0.44

NOTE Value of Table 12 applies for all type B earthing arrangements and for type A earthing arrangements, provided that the earth resistance of neighbouring earth electrode do not differ by more than of 2. If the earth resistance of single earth electrodes differ by more than of 2, k_c= 1 is to be assumed.

在 IEC 62305—3：2010 第 41 页图 C.2 的注 2 和第 50 页图 C.4 的注均为：If interal down-conductors exist, they should be taked into account in the number n。译文：如果建筑物内存在有引下线时，宜将其计入 n 值中。

附录F　雷　电　流

对平原和低建筑物典型的向下闪击，其可能的四种组合见图 21。

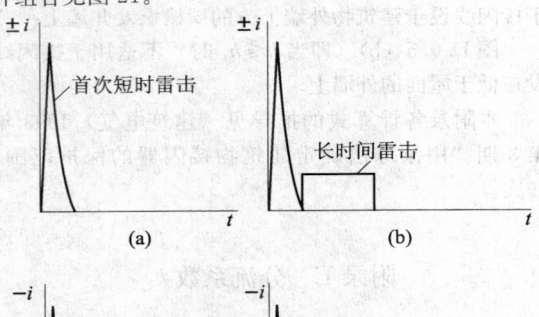

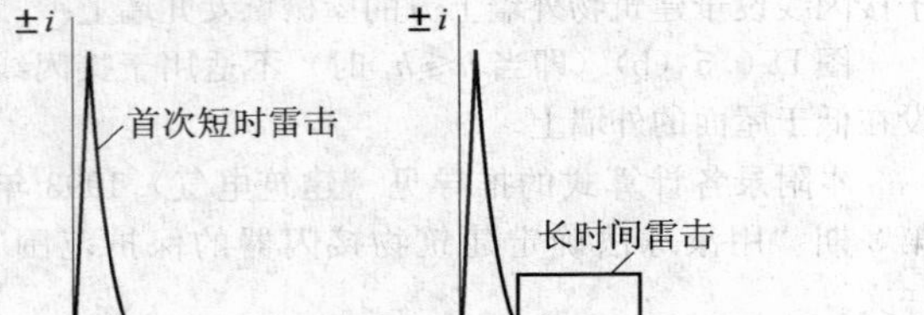

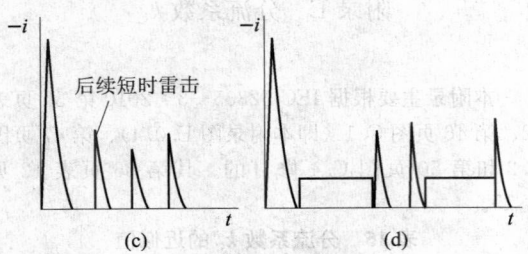

图 21　向下闪击可能的雷击组合

对约高于 100m 的高层建筑物典型的向上闪击，其可能的五种组合见图 22。

从图 21 和图 22 可分析出图 F.0.1-1。

图 F.0.1-2 的注引自 IEC 62305—1：2010，注 1 引自其第 9 页的 3.11，注 2、注 3、注 4 引自其第 9 页、第 10 页的 3.12、3.13、3.14。

增加的"表 F.0.1-2　首次负极性雷击的雷电流参量"是根据 IEC 62305—1：2010 第 22 页的表 3 制定的。

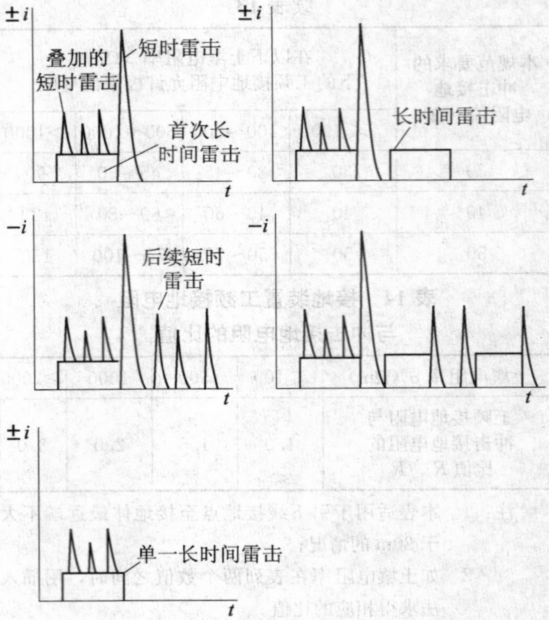

图 22　向上闪击可能的雷击组合

附录G　环路中感应电压和电流的计算

G.0.1　本条主要是根据 IEC 62305—4：2010 第 58 页 A.5.3（Situation inside LPZ1 in the case of a near-by lightning strike）制定的。式（G.0.1-3）引自其第 57 页上的式（A.26）。

G.0.2　本条主要是根据 IEC 62305—4：2010 第 56 页 A.5.2（Situation inside LPZ1 in the case of a direct lightning strike）制定的。

G.0.3　本条主要是根据 IEC 62305—4：2010 第 59 页 A.5.4（Situation inside LPZ2 and higher）制定的。

附录H　电缆从户外进入户内的屏蔽层截面积

本附录是根据 IEC 62305—3：2010 第 45 页附录 B 制定的。表 H.0.1-2 和表 H.0.1-3 引自 IEC 62305—2：2006 第 1 版第 128 页的表 D.3 和表 D.4。

附录J　电涌保护器

J.1　用于电气系统的电涌保护器

J.1.1　表 J.1.1 是根据 GB 16895.22—2004/IEC 60364—5—53：2001A1：2002（建筑物电气装置，第 5-53部分：电气设备的选择和安装，隔离、开关和控

制设备，第534节：过电压保护电器. Electrical installations of buildings—Part 5-53：Selection and erection of equipment—Isolation，switching and control—Section 534：Devices for protection against overvoltages）第3页的表53C制定的。表中系数1.15中的0.1考虑系统的电压偏差，0.05考虑SPD的老化。

J.1.2 表J.1.2是根据GB 16895.22—2004第2页的表53B制定的。图J.1.2-1～图J.1.2-5是根据GB 16895.22—2004附录A、附录B、附录C和附录D制定的，但图J.1.2-2根据IEC 61643—12：2008第120页的图K.2和121页的图K.3删去了4a（SPD）后面（右侧）的F2设备。

在此，介绍SPD的后备保护问题。以下资料来自IEC 61643—12：2008第150页附录P的P.2节熔丝耐受一次8/20μs和10/350μs电流的能力（断路器实际耐受相应的能力还取决于器件的型号，无可参考的统一资料）。

知道电涌电流的峰值I_{crest}及其波形可以用以下公式估算出电涌电流的I^2t值：

对10/350μs波形：　$I^2t=256.3\times(I_{crest})^2$　(25)

对8/20μs波形：　$I^2t=14.01\times(I_{crest})^2$　(26)

式中：I_{crest}——电涌电流峰值（kA）；

I^2t——单位为$A^2\cdot s$。

举例如下：

为能耐受一次9kA、8/20μs电涌电流，后备熔丝的最小预燃弧值必须大于$I^2t=14.01\times9^2=1134.8$（$A^2\cdot s$）（gG型号32A圆柱形熔丝的典型预燃弧值是$1300A^2s$）。

为能耐受一次5kA、10/350μs电涌电流，后备熔丝的最小预燃弧值必须大于$I^2t=256.3\times5^2=6407.5$（$A^2\cdot s$）（gG型号63A、NH型熔丝的典型预燃弧值是$6500A^2s$）。

J.2 用于电子系统的电涌保护器

J.2.1 表J.2.1是根据IEC 61643—21 Ed.1.1：2009［Low-voltage surge protective devices—Part 21：Surge protective devices connected to telecommunications and signaling networks—Performance requirements and testing methods. 低压电涌保护器，第21部分：电信和信号网络的电涌保护器（SPD）——性能要求和试验方法］第27页的“表3　冲击限制电压试验用的电压波形和电流波形”制定的。

J.2.3 图J.2.3-1是根据IEC 61643—22：2004的7.3.1.4的图5制定的。而图J.2.3-2是根据IEC 61643—22：2004的7.3.2.2的图8制定的。

中华人民共和国行业标准

玻璃幕墙工程技术规范

Technical code for glass curtain wall engineering

JGJ 102—2003

批准部门：中华人民共和国建设部
施行日期：2 0 0 4 年 1 月 1 日

中华人民共和国建设部
公　告

第193号

建设部关于发布行业标准《玻璃幕墙工程技术规范》的公告

现批准《玻璃幕墙工程技术规范》为行业标准，编号为JGJ 102—2003，自2004年1月1日起实施。其中，第3.1.4、3.1.5、3.6.2、4.4.4、5.1.6、5.5.1、5.6.2、6.2.1、6.3.1、7.1.6、7.3.1、7.4.1、8.1.2、8.1.3、9.1.4、10.7.4条为强制性条文，必须严格执行。原行业标准《玻璃幕墙工程技术规范》JGJ 102—96同时废止。

本规范由建设部标准定额研究所组织中国建筑工业出版社出版发行。

中华人民共和国建设部

2003年11月14日

前　言

根据建设部建标［2000］284号文的要求，规范编制组在广泛调查研究，认真总结工程实践经验，参考有关国外先进标准，并广泛征求意见的基础上，对《玻璃幕墙工程技术规范》JGJ102—96进行了修订。

本规范主要技术内容是：1. 总则；2. 术语、符号；3. 材料；4. 建筑设计；5. 结构设计的基本规定；6. 框支承玻璃幕墙结构设计；7. 全玻幕墙结构设计；8. 点支承玻璃幕墙结构设计；9. 加工制作；10. 安装施工；11. 工程验收；12. 保养和维修；13. 附录A～附录C。

修订的主要内容是：1. 取消了本规范玻璃幕墙最大适用高度的限制，同时增加了玻璃幕墙高度大于200m或体型、风荷载环境复杂时，宜进行风洞试验确定风荷载的要求；2. 修订了玻璃幕墙风荷载计算、地震作用计算、作用效应组合等内容；3. 取消了有关温度作用效应计算的内容；4. 玻璃面板应力和挠度计算中，考虑了几何非线性的影响；5. 增加了中空玻璃和夹层玻璃面板的计算方法和有关规定；6. 增加了单元式幕墙设计、加工制作、安装施工的规定；7. 增加了点支承玻璃幕墙设计、制作、安装的规定；8. 修改、调整了正常使用极限状态下，玻璃幕墙构件的挠度验算和挠度控制条件；9. 修改了玻璃幕墙设计、安装、使用等环节的有关安全规定；10. 修改、调整了玻璃幕墙的有关构造设计规定。

本规范由建设部负责管理和对强制性条文的解释，由主编单位负责具体技术内容的解释。

本规范主编单位：中国建筑科学研究院（邮政编码：100013，地址：北京北三环东路30号）

本规范参加单位：中山市盛兴幕墙有限公司
沈阳远大铝业工程有限公司
深圳方大装饰工程有限公司
武汉凌云建筑装饰工程有限公司
深圳三鑫特种玻璃技术股份有限公司
深圳北方国际实业股份有限公司
东南大学
上海建筑设计研究院有限公司
广州白云粘胶厂
广东金刚玻璃科技股份有限公司
中国建筑材料科学研究院

本规范主要起草人：黄小坤　赵西安　姜清海
谈恒玉　龚万森　谢海状
彭海龙　胡忠明　冯　健
孙宝莲　王洪敏　黄庆文
李　涛　黄拥军　杨建军

目　次

1 总 则

1.0.1 为使玻璃幕墙工程做到安全适用、技术先进、经济合理，制定本规范。

1.0.2 本规范适用于非抗震设计和抗震设防烈度为6、7、8度抗震设计的民用建筑玻璃幕墙工程的设计、制作、安装施工、工程验收，以及保养和维修。

1.0.3 在正常使用状态下，玻璃幕墙应具有良好的工作性能。抗震设计的幕墙，在多遇地震作用下应能正常使用；在设防烈度地震作用下经修理后应仍可使用；在罕遇地震作用下幕墙骨架不得脱落。

1.0.4 玻璃幕墙工程设计、制作和安装施工应实行全过程的质量控制。

1.0.5 玻璃幕墙工程的材料、设计、制作、安装施工及验收，除应符合本规范的规定外，尚应符合国家现行有关强制性标准的规定。

2 术语、符号

2.1 术 语

2.1.1 建筑幕墙 building curtain wall

由支承结构体系与面板组成的、可相对主体结构有一定位移能力、不分担主体结构所受作用的建筑外围护结构或装饰性结构。

2.1.2 组合幕墙 composite curtain wall

由不同材料的面板（如玻璃、金属、石材等）组成的建筑幕墙。

2.1.3 玻璃幕墙 glass curtain wall

面板材料为玻璃的建筑幕墙。

2.1.4 斜玻璃幕墙 inclined building curtain wall

与水平面夹角大于75°且小于90°的玻璃幕墙。

2.1.5 框支承玻璃幕墙 frame supported glass curtain wall

玻璃面板周边由金属框架支承的玻璃幕墙。主要包括下列类型：

1 按幕墙形式，可分为：

1）明框玻璃幕墙 exposed frame supported glass curtain wall

金属框架的构件显露于面板外表面的框支承玻璃幕墙。

2）隐框玻璃幕墙 hidden frame supported glass curtain wall

金属框架的构件完全不显露于面板外表面的框支承玻璃幕墙。

3）半隐框玻璃幕墙 semi-hidden frame supported glass curtain wall

金属框架的竖向或横向构件显露于面板外表面的框支承玻璃幕墙。

2 按幕墙安装施工方法，可分为：

1）单元式玻璃幕墙 frame supported glass curtain wall assembled in prefabricated units

将面板和金属框架（横梁、立柱）在工厂组装为幕墙单元，以幕墙单元形式在现场完成安装施工的框支承玻璃幕墙。

2）构件式玻璃幕墙 frame supported glass curtain wall assembled in elements

在现场依次安装立柱、横梁和玻璃面板的框支承玻璃幕墙。

2.1.6 全玻幕墙 full glass curtain wall

由玻璃肋和玻璃面板构成的玻璃幕墙。

2.1.7 点支承玻璃幕墙 point-supported glass curtain wall

由玻璃面板、点支承装置和支承结构构成的玻璃幕墙。

2.1.8 支承装置 supporting device

玻璃面板与支承结构之间的连接装置。

2.1.9 支承结构 supporting structure

点支承玻璃幕墙中，通过支承装置支承玻璃面板的结构体系。

2.1.10 钢绞线 strand

由若干根钢丝绞捻而成的螺旋状钢丝束。

2.1.11 硅酮结构密封胶 structural silicone sealant

幕墙中用于板材与金属构架、板材与板材、板材与玻璃肋之间的结构用硅酮粘接材料，简称硅酮结构胶。

2.1.12 硅酮建筑密封胶 weather proofing silicone sealant

幕墙嵌缝用的硅酮密封材料，又称耐候胶。

2.1.13 双面胶带 double-faced adhesive tape

幕墙中用于控制结构胶位置和截面尺寸的双面涂胶的聚胺基甲酸乙酯或聚乙烯低泡材料。

2.1.14 双金属腐蚀 bimetallic corrosion

由不同的金属或其他电子导体作为电极而形成的电偶腐蚀。

2.1.15 相容性 compatibility

粘接密封材料之间或粘接密封材料与其他材料相互接触时，相互不产生有害物理、化学反应的性能。

2.2 符 号

2.2.1 材料力学性能

C20——表示立方体强度标准值为20N/mm^{2}的混凝土强度等级；

E——材料弹性模量；

f——材料强度设计值；

f_a——铝合金强度设计值；

f_c——混凝土轴心抗压强度设计值；

f_g——玻璃强度设计值；

f_s——钢材强度设计值；

f_t——混凝土轴心抗拉强度设计值；

f_y——钢筋受拉强度设计值。

2.2.2 作用和作用效应

d_f——作用标准值引起的幕墙构件挠度值；

G_k——重力荷载标准值；

M——弯矩设计值；

M_x——绕 x 轴的弯矩设计值；

M_y——绕 y 轴的弯矩设计值；

N——轴力设计值；

P_{Ek}——平行于幕墙平面的集中地震作用标准值；

q_{Ek}——垂直于幕墙平面的水平地震作用标准值；

q_E——垂直于幕墙平面的水平地震作用设计值；

q_G——幕墙玻璃单位面积重力荷载设计值；

R——构件截面承载力设计值；

S——作用效应组合的设计值；

S_{Ek}——地震作用效应标准值；

S_{Gk}——永久荷载效应标准值；

S_{wk}——风荷载效应标准值；

V——剪力设计值；

w——风荷载设计值；

w_0——基本风压；

w_k——风荷载标准值；

σ_{wk}——风荷载作用下幕墙玻璃最大应力标准值；

σ_{Ek}——地震作用下幕墙玻璃最大应力标准值。

2.2.3 几何参数

a——矩形玻璃板材短边边长；

A——构件截面面积或毛截面面积；玻璃幕墙平面面积；

A_n——立柱净截面面积；

A_s——锚固钢筋总截面面积；

b——矩形玻璃板材长边边长；

c_s——硅酮结构密封胶的粘结宽度；

d——锚固钢筋直径；

l——跨度；

t——玻璃面板厚度；型材截面厚度；

t_s——硅酮结构密封胶粘结厚度；

W——毛截面抵抗矩；

W_n——净截面抵抗矩；

W_{nx}——绕 x 轴的净截面抵抗矩；

W_{ny}——绕 y 轴的净截面抵抗矩；

z——外层锚固钢筋中心线之间的距离。

2.2.4 系数

α——材料线膨胀系数；

α_{max}——水平地震影响系数最大值；

β_E——地震作用动力放大系数；

β_{gz}——阵风系数；

δ——硅酮结构密封胶的变位承受能力；

φ——稳定系数；

γ——塑性发展系数；

γ_0——结构构件重要性系数；

γ_g——材料自重标准值；

γ_E——地震作用分项系数；

γ_G——永久荷载分项系数；

γ_{RE}——结构构件承载力抗震调整系数；

γ_w——风荷载分项系数；

η——折减系数；

μ_s——风荷载体型系数；

μ_z——风压高度变化系数；

ν——材料泊松比；

ψ_E——地震作用效应的组合值系数；

ψ_w——风荷载作用效应的组合值系数。

2.2.5 其他

$d_{f,lim}$——构件挠度限值；

λ——长细比。

3 材料

3.1 一般规定

3.1.1 玻璃幕墙用材料应符合国家现行标准的有关规定及设计要求。尚无相应标准的材料应符合设计要求，并应有出厂合格证。

3.1.2 玻璃幕墙应选用耐气候性的材料。金属材料和金属零配件除不锈钢及耐候钢外，钢材应进行表面热浸镀锌处理、无机富锌涂料处理或采取其他有效的防腐措施，铝合金材料应进行表面阳极氧化、电泳涂漆、粉末喷涂或氟碳漆喷涂处理。

3.1.3 玻璃幕墙材料宜采用不燃性材料或难燃性材料；防火密封构造应采用防火密封材料。

3.1.4 隐框和半隐框玻璃幕墙，其玻璃与铝型材的粘结必须采用中性硅酮结构密封胶；全玻幕墙和点支承幕墙采用镀膜玻璃时，不应采用酸性硅酮结构密封胶粘结。

3.1.5 硅酮结构密封胶和硅酮建筑密封胶必须在有效期内使用。

3.2 铝合金材料

3.2.1 玻璃幕墙采用铝合金材料的牌号所对应的化学成分应符合现行国家标准《变形铝及铝合金化学成分》GB/T 3190 的有关规定，铝合金型材质量应符合现行国家标准《铝合金建筑型材》GB/T 5237 的规定，型材尺寸允许偏差应达到高精级或超高精级。

3.2.2 铝合金型材采用阳极氧化、电泳涂漆、粉末喷涂、氟碳漆喷涂进行表面处理时，应符合现行国家标准《铝合金建筑型材》GB/T 5237 规定的质量要求，表面处理层的厚度应满足表 3.2.2 的要求。

表 3.2.2 铝合金型材表面处理层的厚度

表面处理方法		膜厚级别（涂层种类）	厚度 t (μm)	
			平均膜厚	局部膜厚
阳极氧化		不低于 AA15	$t\geqslant15$	$t\geqslant12$
电泳涂漆	阳极氧化膜	B	$t\geqslant10$	$t\geqslant8$
	漆　膜	B	—	$t\geqslant7$
	复合膜	B	—	$t\geqslant16$
粉末喷涂		—	—	$40\leqslant t\leqslant120$
氟碳喷涂		—	$t\geqslant40$	$t\geqslant34$

3.2.3 用穿条工艺生产的隔热铝型材，其隔热材料应使用 PA66GF25（聚酰胺 66+25 玻璃纤维）材料，不得采用 PVC 材料。用浇注工艺生产的隔热铝型材，其隔热材料应使用 PUR（聚氨基甲酸乙酯）材料。连接部位的抗剪强度必须满足设计要求。

3.2.4 与玻璃幕墙配套用铝合金门窗应符合现行国家标准《铝合金门》GB/T 8478 和《铝合金窗》GB/T 8479 的规定。

3.2.5 与玻璃幕墙配套用附件及紧固件应符合下列现行国家标准的规定：

《地弹簧》GB/T 9296

《平开铝合金窗执手》GB/T 9298

《铝合金窗不锈钢滑撑》GB/T 9300

《铝合金门插销》GB/T 9297

《铝合金窗撑挡》GB/T 9299

《铝合金门窗拉手》GB/T 9301

《铝合金窗锁》GB/T 9302

《铝合金门锁》GB/T 9303

《闭门器》GB/T 9305

《推拉铝合金门窗用滑轮》GB/T 9304

《紧固件　螺栓和螺钉》GB/T 5277

《十字槽盘头螺钉》GB/T 818

《紧固件机械性能　螺栓螺钉和螺柱》GB/T 3098.1

《紧固件机械性能　螺母　粗牙螺纹》GB/T 3098.2

《紧固件机械性能　螺母　细牙螺纹》GB/T 3098.4

《紧固件机械性能　螺栓　自攻螺钉》GB/T 3098.5

《紧固件机械性能　不锈钢螺栓 螺钉和螺柱》GB/T 3098.6

《紧固件机械性能　不锈钢螺母》GB/T 3098.15

3.3 钢　材

3.3.1 玻璃幕墙用碳素结构钢和低合金结构钢的钢种、牌号和质量等级应符合下列现行国家标准和行业标准的规定：

《碳素结构钢》GB/T 700

《优质碳素结构钢》GB/T 699

《合金结构钢》GB/T 3077

《低合金高强度结构钢》GB/T 1591

《碳素结构钢和低合金结构钢热轧薄钢板及钢带》GB/T 912

《碳素结构钢和低合金结构钢热轧厚钢板及钢带》GB/T 3274

《结构用无缝钢管》JBJ 102

3.3.2 玻璃幕墙用不锈钢材宜采用奥氏体不锈钢，且含镍量不应小于 8%。不锈钢材应符合下列现行国家标准、行业标准的规定：

《不锈钢棒》GB/T 1220

《不锈钢冷加工棒》GB/T 4226

《不锈钢冷轧钢板》GB/T 3280

《不锈钢热轧钢带》YB/T 5090

《不锈钢热轧钢板》GB/T 4237

《不锈钢和耐热钢冷轧钢带》GB/T 4239

3.3.3 玻璃幕墙用耐候钢应符合现行国家标准《高耐候结构钢》GB/T 4171 及《焊接结构用耐候钢》GB/T 4172 的规定。

3.3.4 玻璃幕墙用碳素结构钢和低合金高强度结构钢应采取有效的防腐处理，当采用热浸镀锌防腐蚀处理时，锌膜厚度应符合现行国家标准《金属覆盖层钢铁制品热镀锌层技术要求》GB/T 13912 的规定。

3.3.5 支承结构用碳素钢和低合金高强度结构钢采用氟碳漆喷涂或聚氨酯漆喷涂时，涂膜的厚度不宜小于 35μm；在空气污染严重及海滨地区，涂膜厚度不宜小于 45μm。

3.3.6 点支承玻璃幕墙用的不锈钢绞线应符合现行国家标准《冷顶锻用不锈钢丝》GB/T 4232、《不锈钢丝》GB/T 4240、《不锈钢丝绳》GB/T 9944 的规定。

3.3.7 点支承玻璃幕墙采用的锚具，其技术要求可按国家现行标准《预应力筋用锚具、夹具和连接器》GB/T 14370 及《预应力筋用锚具、夹具和连接器应用技术规程》JGJ 85 的规定执行。

3.3.8 点支承玻璃幕墙的支承装置应符合现行行业标准《点支式玻璃幕墙支承装置》JG 138 的规定；全玻幕墙用的支承装置应符合现行行业标准《点支式玻璃幕墙支承装置》JG 138 和《吊挂式玻璃幕墙支承装置》JG 139 的规定。

3.3.9 钢材之间进行焊接时，应符合现行国家标准《建筑钢结构焊接规程》GB/T 8162、《碳钢焊条》

GB/T 5117、《低合金钢焊条》GB/T 5118 以及现行行业标准《建筑钢结构焊接技术规程》JGJ 81 的规定。

3.4 玻 璃

3.4.1 幕墙玻璃的外观质量和性能应符合下列现行国家标准、行业标准的规定：

《钢化玻璃》GB/T 9963

《幕墙用钢化玻璃与半钢化玻璃》GB/T 17841

《夹层玻璃》GB 9962

《中空玻璃》GB/T 11944

《浮法玻璃》GB 11614

《建筑用安全玻璃 防火玻璃》GB 15763.1

《着色玻璃》GB/T 18701

《镀膜玻璃 第一部分 阳光控制镀膜玻璃》GB/T 18915.1

《镀膜玻璃 第二部分 低辐射镀膜玻璃》GB/T 18915.2

3.4.2 玻璃幕墙采用阳光控制镀膜玻璃时，离线法生产的镀膜玻璃应采用真空磁控溅射法生产工艺；在线法生产的镀膜玻璃应采用热喷涂法生产工艺。

3.4.3 玻璃幕墙采用中空玻璃时，除应符合现行国家标准《中空玻璃》GB/T11944 的有关规定外，尚应符合下列规定：

1 中空玻璃气体层厚度不应小于 9mm；

2 中空玻璃应采用双道密封。一道密封应采用丁基热熔密封胶。隐框、半隐框及点支承玻璃幕墙用中空玻璃的二道密封应采用硅酮结构密封胶；明框玻璃幕墙用中空玻璃的二道密封宜采用聚硫类中空玻璃密封胶，也可采用硅酮密封胶。二道密封应采用专用打胶机进行混合、打胶；

3 中空玻璃的间隔铝框可采用连续折弯型或插角型，不得使用热熔型间隔胶条。间隔铝框中的干燥剂宜采用专用设备装填；

4 中空玻璃加工过程应采取措施，消除玻璃表面可能产生的凹、凸现象。

3.4.4 幕墙玻璃应进行机械磨边处理，磨轮的目数应在 180 目以上。点支承幕墙玻璃的孔、板边缘均应进行磨边和倒棱，磨边宜细磨，倒棱宽度不宜小于 1mm。

3.4.5 钢化玻璃宜经过二次热处理。

3.4.6 玻璃幕墙采用夹层玻璃时，应采用干法加工合成，其夹片宜采用聚乙烯醇缩丁醛（PVB）胶片；夹层玻璃合片时，应严格控制温、湿度。

3.4.7 玻璃幕墙采用单片低辐射镀膜玻璃时，应使用在线热喷涂低辐射镀膜玻璃；离线镀膜的低辐射镀膜玻璃宜加工成中空玻璃使用，且镀膜面应朝向中空气体层。

3.4.8 有防火要求的幕墙玻璃，应根据防火等级要求，采用单片防火玻璃或其制品。

3.4.9 玻璃幕墙的采光用彩釉玻璃，釉料宜采用丝网印刷。

3.5 建筑密封材料

3.5.1 玻璃幕墙的橡胶制品，宜采用三元乙丙橡胶、氯丁橡胶及硅橡胶。

3.5.2 密封胶条应符合国家现行标准《建筑橡胶密封垫预成型实心硫化的结构密封垫用材料规范》HB/T 3099 及《工业用橡胶板》GB/T 5574 的规定。

3.5.3 中空玻璃第一道密封用丁基热熔密封胶，应符合现行行业标准《中空玻璃用丁基热熔密封胶》JC/T 914 的规定。不承受荷载的第二道密封胶应符合现行行业标准《中空玻璃用弹性密封胶》JC/T 486 的规定；隐框或半隐框玻璃幕墙用中空玻璃的第二道密封胶除应符合《中空玻璃用弹性密封胶》JC/T 486 的规定外，尚应符合本规范第 3.6 节的有关规定。

3.5.4 玻璃幕墙的耐候密封应采用硅酮建筑密封胶；点支承幕墙和全玻幕墙使用非镀膜玻璃时，其耐候密封可采用酸性硅酮建筑密封胶，其性能应符合国家现行标准《幕墙玻璃接缝用密封胶》JC/T 882 的规定。夹层玻璃板缝间的密封，宜采用中性硅酮建筑密封胶。

3.6 硅酮结构密封胶

3.6.1 幕墙用中性硅酮结构密封胶及酸性硅酮结构密封胶的性能，应符合现行国家标准《建筑用硅酮结构密封胶》GB 16776 的规定。

3.6.2 硅酮结构密封胶使用前，应经国家认可的检测机构进行与其相接触材料的相容性和剥离粘结性试验，并应对邵氏硬度、标准状态拉伸粘结性能进行复验。检验不合格的产品不得使用。进口硅酮结构密封胶应具有商检报告。

3.6.3 硅酮结构密封胶生产商应提供其结构胶的变位承受能力数据和质量保证书。

3.7 其 他 材 料

3.7.1 与单组份硅酮结构密封胶配合使用的低发泡间隔双面胶带，应具有透气性。

3.7.2 玻璃幕墙宜采用聚乙烯泡沫棒作填充材料，其密度不应大于 $37kg/m^3$。

3.7.3 玻璃幕墙的隔热保温材料，宜采用岩棉、矿棉、玻璃棉、防火板等不燃或难燃材料。

4 建 筑 设 计

4.1 一 般 规 定

4.1.1 玻璃幕墙应根据建筑物的使用功能、立面设计，经综合技术经济分析，选择其型式、构造和材料。

4.1.2 玻璃幕墙应与建筑物整体及周围环境相协调。

4.1.3 玻璃幕墙立面的分格宜与室内空间组合相适应，不宜妨碍室内功能和视觉。在确定玻璃板块尺寸时，应有效提高玻璃原片的利用率，同时应适应钢化、镀膜、夹层等生产设备的加工能力。

4.1.4 幕墙中的玻璃板块应便于更换。

4.1.5 幕墙开启窗的设置，应满足使用功能和立面效果要求，并应启闭方便，避免设置在梁、柱、隔墙等位置。开启扇的开启角度不宜大于30°，开启距离不宜大于300mm。

4.1.6 玻璃幕墙应便于维护和清洁。高度超过40m的幕墙工程宜设置清洗设备。

4.2 性能和检测要求

4.2.1 玻璃幕墙的性能设计应根据建筑物的类别、高度、体型以及建筑物所在地的地理、气候、环境等条件进行。

4.2.2 玻璃幕墙的抗风压、气密、水密、保温、隔声等性能分级，应符合现行国家标准《建筑幕墙物理性能分级》GB/T 15225 的规定。

4.2.3 幕墙抗风压性能应满足在风荷载标准值作用下，其变形不超过规定值，并且不发生任何损坏。

4.2.4 有采暖、通风、空气调节要求时，玻璃幕墙的气密性能不应低于3级。

4.2.5 玻璃幕墙的水密性能可按下列方法设计：

1 受热带风暴和台风袭击的地区，水密性设计取值可按下式计算，且固定部分取值不宜小于1000Pa；

$$P = 1000\mu_z\mu_s w_0 \tag{4.2.5}$$

式中 P——水密性设计取值（Pa）；

w_0——基本风压（kN/m^2）；

μ_z——风压高度变化系数；

μ_s——体型系数，可取1.2。

2 其他地区，水密性可按第1款计算值的75%进行设计，且固定部分取值不宜低于700Pa；

3 可开启部分水密性等级宜与固定部分相同。

4.2.6 玻璃幕墙平面内变形性能，非抗震设计时，应按主体结构弹性层间位移角限值进行设计；抗震设计时，应按主体结构弹性层间位移角限值的3倍进行设计。玻璃与铝框的配合尺寸尚应符合本规范第9.5.2条和9.5.3条的要求。

4.2.7 有保温要求的玻璃幕墙应采用中空玻璃，必要时采用隔热铝合金型材；有隔热要求的玻璃幕墙宜设计适宜的遮阳装置或采用遮阳型玻璃。

4.2.8 玻璃幕墙的隔声性能设计应根据建筑物的使用功能和环境条件进行。

4.2.9 玻璃幕墙应采用反射比不大于0.30的幕墙玻璃，对有采光功能要求的玻璃幕墙，其采光折减系数不宜低于0.20。

4.2.10 玻璃幕墙性能检测项目，应包括抗风压性能、气密性能和水密性能，必要时可增加平面内变形性能及其他性能检测。

4.2.11 玻璃幕墙的性能检测，应由国家认可的检测机构实施。检测试件的材质、构造、安装施工方法应与实际工程相同。

4.2.12 幕墙性能检测中，由于安装缺陷使某项性能未达到规定要求时，允许在改进安装工艺、修补缺陷后重新检测。检测报告中应叙述改进的内容，幕墙工程施工时应按改进后的安装工艺实施；由于设计或材料缺陷导致幕墙性能检测未达到规定值域时，应停止检测，修改设计或更换材料后，重新制作试件，另行检测。

4.3 构造设计

4.3.1 玻璃幕墙的构造设计，应满足安全、实用、美观的原则，并应便于制作、安装、维修保养和局部更换。

4.3.2 明框玻璃幕墙的接缝部位、单元式玻璃幕墙的组件对插部位以及幕墙开启部位，宜按雨幕原理进行构造设计。对可能渗入雨水和形成冷凝水的部位，应采取导排构造措施。

4.3.3 玻璃幕墙的非承重胶缝应采用硅酮建筑密封胶。开启扇的周边缝隙宜采用氯丁橡胶、三元乙丙橡胶或硅橡胶密封条制品密封。

4.3.4 有雨篷、压顶及其他突出玻璃幕墙墙面的建筑构造时，应完善其结合部位的防、排水构造设计。

4.3.5 玻璃幕墙应选用具有防潮性能的保温材料或采取隔汽、防潮构造措施。

4.3.6 单元式玻璃幕墙，单元间采用对插式组合构件时，纵横缝相交处应采取防渗漏封口构造措施。

4.3.7 幕墙的连接部位，应采取措施防止产生摩擦噪声。构件式幕墙的立柱与横梁连接处应避免刚性接触，可设置柔性垫片或预留1～2mm的间隙，间隙内填胶；隐框幕墙采用挂钩式连接固定玻璃组件时，挂钩接触面宜设置柔性垫片。

4.3.8 除不锈钢外，玻璃幕墙中不同金属材料接触处，应合理设置绝缘垫片或采取其他防腐蚀措施。

4.3.9 幕墙玻璃之间的拼接胶缝宽度应能满足玻璃和胶的变形要求，并不宜小于10mm。

4.3.10 幕墙玻璃表面周边与建筑内、外装饰物之间的缝隙不宜小于5mm，可采用柔性材料嵌缝。全玻幕墙玻璃尚应符合本规范第7.1.6条的规定。

4.3.11 明框幕墙玻璃下边缘与下边框槽底之间应采用硬橡胶垫块衬托，垫块数量应为2个，厚度不应小于5mm，每块长度不应小于100mm。

4.3.12 明框幕墙的玻璃边缘至边框槽底的间隙应符合下式要求：

$$2c_1\left(1+\frac{l_1}{l_2}\times\frac{c_2}{c_1}\right)\geqslant u_{\lim} \quad (4.3.12)$$

式中 $u_{\lim}$——由主体结构层间位移引起的分格框的变形限值（mm）；

l_1——矩形玻璃板块竖向边长（mm）；

l_2——矩形玻璃板块横向边长（mm）；

c_1——玻璃与左、右边框的平均间隙（mm），取值时应考虑1.5mm的施工偏差；

c_2——玻璃与上、下边框的平均间隙（mm），取值时应考虑1.5mm的施工偏差。

注：非抗震设计时，$u_{\lim}$应根据主体结构弹性层间位移角限值确定；抗震设计时，$u_{\lim}$应根据主体结构弹性层间位移角限值的3倍确定。

4.3.13 玻璃幕墙的单元板块不应跨越主体建筑的变形缝，其与主体建筑变形缝相对应的构造缝的设计，应能够适应主体建筑变形的要求。

4.4 安全规定

4.4.1 框支承玻璃幕墙，宜采用安全玻璃。

4.4.2 点支承玻璃幕墙的面板玻璃应采用钢化玻璃。

4.4.3 采用玻璃肋支承的点支承玻璃幕墙，其玻璃肋应采用钢化夹层玻璃。

4.4.4 人员流动密度大、青少年或幼儿活动的公共场所以及使用中容易受到撞击的部位，其玻璃幕墙应采用安全玻璃；对使用中容易受到撞击的部位，尚应设置明显的警示标志。

4.4.5 当与玻璃幕墙相邻的楼面外缘无实体墙时，应设置防撞设施。

4.4.6 玻璃幕墙的防火设计应符合现行国家标准《建筑设计防火规范》GB 50016的有关规定；高层建筑玻璃幕墙的防火设计尚应符合现行国家标准《高层民用建筑设计防火规范》GB 50045的有关规定。

4.4.7 玻璃幕墙与其周边防火分隔构件间的缝隙、与楼板或隔墙外沿间的缝隙、与实体墙面洞口边缘间的缝隙等，应进行防火封堵设计。

4.4.8 玻璃幕墙的防火封堵构造系统，在正常使用条件下，应具有伸缩变形能力、密封性和耐久性；在遇火状态下，应在规定的耐火时限内，不发生开裂或脱落，保持相对稳定性。

4.4.9 玻璃幕墙防火封堵构造系统的填充料及其保护性面层材料，应采用耐火极限符合设计要求的不燃烧材料或难燃烧材料。

4.4.10 无窗槛墙的玻璃幕墙，应在每层楼板外沿设置耐火极限不低于1.0h、高度不低于0.8m的不燃烧实体裙墙或防火玻璃裙墙。

4.4.11 玻璃幕墙与各层楼板、隔墙外沿间的缝隙，当采用岩棉或矿棉封堵时，其厚度不应小于100mm，并应填充密实；楼层间水平防烟带的岩棉或矿棉宜采用厚度不小于1.5mm的镀锌钢板承托；承托板与主体结构、幕墙结构及承托板之间的缝隙宜填充防火密封材料。当建筑要求防火分区间设置通透隔断时，可采用防火玻璃，其耐火极限应符合设计要求。

4.4.12 同一幕墙玻璃单元，不宜跨越建筑物的两个防火分区。

4.4.13 玻璃幕墙的防雷设计应符合国家现行标准《建筑防雷设计规范》GB 50057和《民用建筑电气设计规范》JGJ/T 16的有关规定。幕墙的金属框架应与主体结构的防雷体系可靠连接，连接部位应清除非导电保护层。

5 结构设计的基本规定

5.1 一般规定

5.1.1 玻璃幕墙应按围护结构设计。

5.1.2 玻璃幕墙应具有足够的承载能力、刚度、稳定性和相对于主体结构的位移能力。采用螺栓连接的幕墙构件，应有可靠的防松、防滑措施；采用挂接或插接的幕墙构件，应有可靠的防脱、防滑措施。

5.1.3 玻璃幕墙结构设计应计算下列作用效应：

1 非抗震设计时，应计算重力荷载和风荷载效应；

2 抗震设计时，应计算重力荷载、风荷载和地震作用效应。

5.1.4 玻璃幕墙结构，可按弹性方法分别计算施工阶段和正常使用阶段的作用效应，并应按本规范第5.4节的规定进行作用效应的组合。

5.1.5 玻璃幕墙构件应按各效应组合中的最不利组合进行设计。

5.1.6 幕墙结构构件应按下列规定验算承载力和挠度：

1 无地震作用效应组合时，承载力应符合下式要求：

$$\gamma_0 S\leqslant R \quad (5.1.6\text{-}1)$$

2 有地震作用效应组合时，承载力应符合下式要求：

$$S_E\leqslant R/\gamma_{RE} \quad (5.1.6\text{-}2)$$

式中 S——荷载效应按基本组合的设计值；

S_E——地震作用效应和其他荷载效应按基本组合的设计值；

R——构件抗力设计值；

γ_0——结构构件重要性系数，应取不小于1.0；

γ_{RE}——结构构件承载力抗震调整系数，应取1.0。

3 挠度应符合下式要求：

$$d_f \leqslant d_{f,lim} \tag{5.1.6-3}$$

式中 d_f——构件在风荷载标准值或永久荷载标准值作用下产生的挠度值；

$d_{f,lim}$——构件挠度限值。

4 双向受弯的杆件，两个方向的挠度应分别符合本条第3款的规定。

5.1.7 框支承玻璃幕墙中，当面板相对于横梁有偏心时，框架设计时应考虑重力荷载偏心产生的不利影响。

5.2 材料力学性能

5.2.1 玻璃的强度设计值应按表5.2.1的规定采用。

表5.2.1 玻璃的强度设计值 f_g（N/mm^2）

种类	厚度（mm）	大面	侧面
普通玻璃	5	28.0	19.5
浮法玻璃	5～12	28.0	19.5
	15～19	24.0	17.0
	≥20	20.0	14.0
钢化玻璃	5～12	84.0	58.8
	15～19	72.0	50.4
	≥20	59.0	41.3

注：1 夹层玻璃和中空玻璃的强度设计值可按所采用的玻璃类型确定；
2 当钢化玻璃的强度标准值达不到浮法玻璃强度标准值的3倍时，表中数值应根据实测结果予以调整；
3 半钢化玻璃强度设计值可取浮法玻璃强度设计值的2倍。当半钢化玻璃的强度标准值达不到浮法玻璃强度标准值的2倍时，其设计值应根据实测结果予以调整；
4 侧面指玻璃切割后的断面，其宽度为玻璃厚度。

5.2.2 铝合金型材的强度设计值应按表5.2.2的规定采用。

5.2.3 钢材的强度设计值应按现行国家标准《钢结构设计规范》GB 50017的规定采用，也可按表5.2.3采用。

表5.2.2 铝合金型材的强度设计值 f_a（N/mm^2）

铝合金牌号	状态	壁厚（mm）	强度设计值 f_a		
			抗拉、抗压	抗剪	局部承压
6061	T4	不区分	85.5	49.6	133.0
	T6	不区分	190.5	110.5	199.0
6063	T5	不区分	85.5	49.6	120.0
	T6	不区分	140.0	81.2	161.0
6063A	T5	≤10	124.4	72.2	150.0
		>10	116.6	67.6	141.5
	T6	≤10	147.7	85.7	172.0
		>10	140.0	81.2	163.0

表5.2.3 钢材的强度设计值 f_s（N/mm^2）

钢材牌号	厚度或直径 d（mm）	抗拉、抗压、抗弯	抗剪	端面承压
Q235	$d \leqslant 16$	215	125	325
	$16 < d \leqslant 40$	205	120	
	$40 < d \leqslant 60$	200	115	
Q345	$d \leqslant 16$	310	180	400
	$16 < d \leqslant 35$	295	170	
	$35 < d \leqslant 50$	265	155	

注：表中厚度是指计算点的钢材厚度；对轴心受力构件是指截面中较厚板件的厚度。

5.2.4 不锈钢材料的抗拉、抗压强度设计值 f_s 应按其屈服强度标准值 $\sigma_{0.2}$ 除以系数1.15采用，其抗剪强度设计值可按其抗拉强度设计值的0.58倍采用。

5.2.5 点支承玻璃幕墙中，张拉杆、索的强度设计值应按下列规定采用：

1 不锈钢拉杆的抗拉强度设计值应按其屈服强度标准值 $\sigma_{0.2}$ 除以系数1.4采用；

2 高强钢绞线或不锈钢绞线的抗拉强度设计值应按其极限抗拉承载力标准值除以系数1.8，并按其等效截面面积换算后采用。当已知钢绞线的极限抗拉承载力标准值时，其抗拉承载力设计值应取该值除以系数1.8采用；

3 拉杆和拉索的不锈钢锚固件、连接件的抗拉和抗压强度设计值可按本规范第5.2.4条的规定采用。

5.2.6 耐候钢强度设计值应按本规范附录A采用。

5.2.7 钢结构连接强度设计值应按本规范附录B采用。

5.2.8 玻璃幕墙材料的弹性模量可按表5.2.8的规定采用。

5.2.9 玻璃幕墙材料的泊松比可按表5.2.9的规定采用。

5.2.10 玻璃幕墙材料的线膨胀系数可按表5.2.10的规定采用。

表 5.2.8 材料的弹性模量 E（N/mm²）

材　料	E
玻　璃	0.72×10^5
铝合金	0.70×10^5
钢、不锈钢	2.06×10^5
消除应力的高强钢丝	2.05×10^5
不锈钢绞线	$1.20\times10^5\sim1.50\times10^5$
高强钢绞线	1.95×10^5
钢丝绳	$0.80\times10^5\sim1.00\times10^5$
注：钢绞线弹性模量可按实测值采用。	

表 5.2.9 材料的泊松比 ν

材　料	ν
玻璃	0.20
铝合金	0.33
钢、不锈钢	0.30
高强钢丝、钢绞线	0.30

表 5.2.10 材料的线膨胀系数 α（1/℃）

材　料	α
玻璃	$0.80\times10^{-5}\sim1.00\times10^{-5}$
铝合金	2.35×10^{-5}
钢材	1.20×10^{-5}
不锈钢板	1.80×10^{-5}
混凝土	1.00×10^{-5}
砖砌体	0.50×10^{-5}

5.3 荷载和地震作用

5.3.1 玻璃幕墙材料的重力密度标准值可按表5.3.1的规定采用。

表 5.3.1 材料的重力密度 γ_g（kN/m³）

材　料	γ_g
普通玻璃、夹层玻璃、钢化玻璃、半钢化玻璃	25.6
钢材	78.5
铝合金	28.0
矿棉	1.2～1.5
玻璃棉	0.5～1.0
岩棉	0.5～2.5

5.3.2 玻璃幕墙的风荷载标准值应按下式计算，并且不应小于1.0kN/m²。

$$w_k = \beta_{gz}\mu_s\mu_z w_0 \tag{5.3.2}$$

式中 w_k——风荷载标准值（kN/m²）；

β_{gz}——阵风系数，应按现行国家标准《建筑结构荷载规范》GB 50009 的规定采用；

μ_s——风荷载体型系数，应按现行国家标准《建筑结构荷载规范》GB 50009 的规定采用；

μ_z——风压高度变化系数，应按现行国家标准《建筑结构荷载规范》GB 50009 的规定采用；

w_0——基本风压（kN/m²），应按现行国家标准《建筑结构荷载规范》GB 50009 的规定采用。

5.3.3 玻璃幕墙的风荷载标准值可按风洞试验结果确定；玻璃幕墙高度大于 200m 或体型、风荷载环境复杂时，宜进行风洞试验确定风荷载。

5.3.4 垂直于玻璃幕墙平面的分布水平地震作用标准值可按下式计算：

$$q_{Ek} = \beta_E\alpha_{max}G_k/A \tag{5.3.4}$$

式中 q_{Ek}——垂直于玻璃幕墙平面的分布水平地震作用标准值（kN/m²）；

β_E——动力放大系数，可取 5.0；

α_{max}——水平地震影响系数最大值，应按表 5.3.4 采用；

G_k——玻璃幕墙构件（包括玻璃面板和铝框）的重力荷载标准值（kN）；

A——玻璃幕墙平面面积（m²）。

表 5.3.4 水平地震影响系数最大值 α_{max}

抗震设防烈度	6 度	7 度	8 度
α_{max}	0.04	0.08（0.12）	0.16（0.24）
注：7、8 度时括号内数值分别用于设计基本地震加速度为 0.15g 和 0.30g 的地区。			

5.3.5 平行于玻璃幕墙平面的集中水平地震作用标准值可按下式计算：

$$P_{Ek} = \beta_E\alpha_{max}G_k \tag{5.3.5}$$

式中 P_{Ek}——平行于玻璃幕墙平面的集中水平地震作用标准值（kN）。

5.3.6 幕墙的支承结构以及连接件、锚固件所承受的地震作用标准值，应包括玻璃幕墙构件传来的地震作用标准值和其自身重力荷载标准值产生的地震作用标准值。

5.4 作用效应组合

5.4.1 幕墙构件承载力极限状态设计时，其作用效应的组合应符合下列规定：

1 无地震作用效应组合时，应按下式进行：

$$S = \gamma_G S_{Gk} + \psi_w\gamma_w S_{wk} \tag{5.4.1-1}$$

2 有地震作用效应组合时，应按下式进行：

$$S = \gamma_G S_{Gk} + \psi_w\gamma_w S_{wk} + \psi_E\gamma_E S_{Ek} \tag{5.4.1-2}$$

式中 S——作用效应组合的设计值；

S_{Gk}——永久荷载效应标准值；

S_{wk}——风荷载效应标准值；

S_{Ek}——地震作用效应标准值；

γ_G——永久荷载分项系数；

γ_w——风荷载分项系数；

γ_E——地震作用分项系数；

ψ_w——风荷载的组合值系数；

ψ_E——地震作用的组合值系数。

5.4.2 进行幕墙构件的承载力设计时，作用分项系数应按下列规定取值：

1 一般情况下，永久荷载、风荷载和地震作用的分项系数 γ_G、γ_w、γ_E 应分别取 1.2、1.4 和 1.3；

2 当永久荷载的效应起控制作用时，其分项系数 γ_G 应取 1.35；此时，参与组合的可变荷载效应仅限于竖向荷载效应；

3 当永久荷载的效应对构件有利时，其分项系数 γ_G 的取值不应大于 1.0。

5.4.3 可变作用的组合值系数应按下列规定采用：

1 一般情况下，风荷载的组合值系数 ψ_w 应取 1.0，地震作用的组合值系数 ψ_E 应取 0.5；

2 对水平倒挂玻璃及其框架，可不考虑地震作用效应的组合，风荷载的组合值系数 ψ_w 应取 1.0（永久荷载的效应不起控制作用时）或 0.6（永久荷载的效应起控制作用时）。

5.4.4 幕墙构件的挠度验算时，风荷载分项系数 γ_w 和永久荷载分项系数 γ_G 均应取 1.0，且可不考虑作用效应的组合。

5.5 连 接 设 计

5.5.1 主体结构或结构构件，应能够承受幕墙传递的荷载和作用。连接件与主体结构的锚固承载力设计值应大于连接件本身的承载力设计值。

5.5.2 玻璃幕墙构件连接处的连接件、焊缝、螺栓、铆钉设计，应符合国家现行标准《钢结构设计规范》GB 50017 和《高层民用建筑钢结构技术规程》JGJ 99 的有关规定。连接处的受力螺栓、铆钉不应少于 2 个。

5.5.3 框支承玻璃幕墙的立柱宜悬挂在主体结构上。

5.5.4 玻璃幕墙立柱与主体混凝土结构应通过预埋件连接，预埋件应在主体结构混凝土施工时埋入，预埋件的位置应准确；当没有条件采用预埋件连接时，应采用其他可靠的连接措施，并通过试验确定其承载力。

5.5.5 由锚板和对称配置的锚固钢筋所组成的受力预埋件，可按本规范附录 C 的规定进行设计。

5.5.6 槽式预埋件的预埋钢板及其他连接措施，应按照现行国家标准《钢结构设计规范》GB 50017 的有关规定进行设计，并宜通过试验确认其承载力。

5.5.7 玻璃幕墙构架与主体结构采用后加锚栓连接时，应符合下列规定：

1 产品应有出厂合格证；

2 碳素钢锚栓应经过防腐处理；

3 应进行承载力现场试验，必要时应进行极限拉拔试验；

4 每个连接节点不应少于 2 个锚栓；

5 锚栓直径应通过承载力计算确定，并不应小于 10mm；

6 不宜在与化学锚栓接触的连接件上进行焊接操作；

7 锚栓承载力设计值不应大于其极限承载力的 50%。

5.5.8 幕墙与砌体结构连接时，宜在连接部位的主体结构上增设钢筋混凝土或钢结构梁、柱。轻质填充墙不应作为幕墙的支承结构。

5.6 硅酮结构密封胶设计

5.6.1 硅酮结构密封胶的粘接宽度应符合本规范第 5.6.3 或 5.6.4 条的规定，且不应小于 7mm；其粘接厚度应符合本规范第 5.6.5 条的规定，且不应小于 6mm。硅酮结构密封胶的粘接宽度宜大于厚度，但不宜大于厚度的 2 倍。隐框玻璃幕墙的硅酮结构密封胶的粘接厚度不应大于 12mm。

5.6.2 硅酮结构密封胶应根据不同的受力情况进行承载力极限状态验算。在风荷载、水平地震作用下，硅酮结构密封胶的拉应力或剪应力设计值不应大于其强度设计值 f_1，f_1 应取 0.2N/mm²；在永久荷载作用下，硅酮结构密封胶的拉应力或剪应力设计值不应大于其强度设计值 f_2，f_2 应取 0.01N/mm²。

5.6.3 竖向隐框、半隐框玻璃幕墙中玻璃和铝框之间硅酮结构密封胶的粘接宽度 c_s，应按根据受力情况分别按下列规定计算。非抗震设计时，可取第 1、3 款计算的较大值；抗震设计时，可取第 2、3 款计算的较大值。

1 在风荷载作用下，粘接宽度 c_s 应按下式计算：

$$c_s = \frac{wa}{2000 f_1} \tag{5.6.3-1}$$

式中 c_s——硅酮结构密封胶的粘接宽度（mm）；

w——作用在计算单元上的风荷载设计值（kN/m²）；

a——矩形玻璃板的短边长度（mm）；

f_1——硅酮结构密封胶在风荷载或地震作用下的强度设计值，取 0.2N/mm²。

2 在风荷载和水平地震作用下，粘接宽度 c_s 应按下式计算：

$$c_s = \frac{(w + 0.5q_E)a}{2000f_1} \quad (5.6.3\text{-}2)$$

式中 q_E——作用在计算单元上的地震作用设计值（kN/m^2）。

3 在玻璃永久荷载作用下，粘接宽度 c_s 应按下式计算：

$$c_s = \frac{q_G ab}{2000(a+b)f_2} \quad (5.6.3\text{-}3)$$

式中 q_G——幕墙玻璃单位面积重力荷载设计值（kN/m^2）；

a、b——分别为矩形玻璃板的短边和长边长度（mm）；

f_2——硅酮结构密封胶在永久荷载作用下的强度设计值，取 $0.01N/mm^2$。

5.6.4 水平倒挂的隐框、半隐框玻璃和铝框之间硅酮结构密封胶的粘接宽度 c_s 应按下式计算：

$$c_s = \frac{wa}{2000f_1} + \frac{q_G a}{2000f_2} \quad (5.6.4)$$

5.6.5 硅酮结构密封胶的粘接厚度 t_s（图 5.6.5）

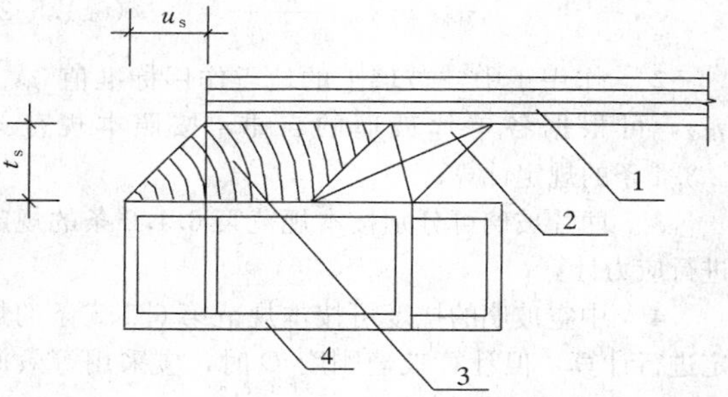

图 5.6.5 硅酮结构密封胶粘接厚度示意

1—玻璃；2—垫条；3—硅酮结构密封胶；4—铝合金框

应符合公式（5.6.5-1）的要求。

$$t_s \geq \frac{u_s}{\sqrt{\delta(2+\delta)}} \quad (5.6.5\text{-}1)$$

$$u_s = \theta h_g \quad (5.6.5\text{-}2)$$

式中 t_s——硅酮结构密封胶的粘接厚度（mm）；

u_s——幕墙玻璃的相对于铝合金框的位移（mm），由主体结构侧移产生的相对位移可按（5.6.5-2）式计算，必要时还应考虑温度变化产生的相对位移；

θ——风荷载标准值作用下主体结构的楼层弹性层间位移角限值（rad）；

h_g——玻璃面板高度（mm），取其边长 a 或 b；

δ——硅酮结构密封胶的变位承受能力，取对应于其受拉应力为 $0.14N/mm^2$ 时的伸长率。

5.6.6 隐框或横向半隐框玻璃幕墙，每块玻璃的下端宜设置两个铝合金或不锈钢托条，托条应能承受该分格玻璃的重力荷载作用，且其长度不应小于100mm、厚度不应小于2mm、高度不应超出玻璃外表面。托条上应设置衬垫。

6 框支承玻璃幕墙结构设计

6.1 玻 璃

6.1.1 框支承玻璃幕墙单片玻璃的厚度不应小于6mm，夹层玻璃的单片厚度不宜小于5mm。夹层玻璃和中空玻璃的单片玻璃厚度相差不宜大于3mm。

6.1.2 单片玻璃在垂直于玻璃幕墙平面的风荷载和地震力作用下，玻璃截面最大应力应符合下列规定：

1 最大应力标准值可按考虑几何非线性的有限元方法计算，也可按下列公式计算：

$$\sigma_{wk} = \frac{6mw_k a^2}{t^2}\eta \quad (6.1.2\text{-}1)$$

$$\sigma_{Ek} = \frac{6mq_{Ek}a^2}{t^2}\eta \quad (6.1.2\text{-}2)$$

$$\theta = \frac{w_k a^4}{Et^4} \text{ 或 } \theta = \frac{(w_k + 0.5q_{Ek})a^4}{Et^4} \quad (6.1.2\text{-}3)$$

式中 θ——参数；

σ_{wk}、σ_{Ek}——分别为风荷载、地震作用下玻璃截面的最大应力标准值（N/mm^2）；

w_k、q_{Ek}——分别为垂直于玻璃幕墙平面的风荷载、地震作用标准值（N/mm^2）；

a——矩形玻璃板材短边边长（mm）；

t——玻璃的厚度（mm）；

E——玻璃的弹性模量（N/mm^2）；

m——弯矩系数，可由玻璃板短边与长边边长之比 a/b 按表 6.1.2-1 采用；

η——折减系数，可由参数 θ 按表 6.1.2-2 采用。

表 6.1.2-1 四边支承玻璃板的弯矩系数 m

a/b	0.00	0.25	0.33	0.40	0.50	0.55	0.60	0.65
m	0.1250	0.1230	0.1180	0.1115	0.1000	0.0934	0.0868	0.0804
a/b	0.70	0.75	0.80	0.85	0.90	0.95	1.0	
m	0.0742	0.0683	0.0628	0.0576	0.0528	0.0483	0.0442	

表 6.1.2-2 折减系数 η

θ	≤5.0	10.0	20.0	40.0	60.0	80.0	100.0
η	1.00	0.96	0.92	0.84	0.78	0.73	0.68
θ	120.0	150.0	200.0	250.0	300.0	350.0	≥400.0
η	0.65	0.61	0.57	0.54	0.52	0.51	0.50

2 最大应力设计值应按本规范第 5.4.1 条的规定进行组合；

3　最大应力设计值不应超过玻璃大面强度设计值 f_g。

6.1.3　单片玻璃在风荷载作用下的跨中挠度，应符合下列规定：

1　单片玻璃的刚度 D 可按下式计算：

$$D=\frac{Et^3}{12(1-\nu^2)} \quad (6.1.3\text{-}1)$$

式中　D——玻璃的刚度（Nmm）；

t——玻璃的厚度（mm）；

ν——泊松比，可按本规范第 5.2.9 条采用。

2　玻璃跨中挠度可按考虑几何非线性的有限元方法计算，也可按下式计算：

$$d_f=\frac{\mu w_k a^4}{D}\eta \quad (6.1.3\text{-}2)$$

式中　d_f——在风荷载标准值作用下挠度最大值(mm)；

w_k——垂直于玻璃幕墙平面的风荷载标准值（N/mm^2）；

μ——挠度系数，可由玻璃板短边与长边边长之比 a/b 按表 6.1.3 采用；

η——折减系数，可按本规范表 6.1.2-2 采用。

表 6.1.3　四边支承板的挠度系数 μ

a/b	0.00	0.20	0.25	0.33	0.50
μ	0.01302	0.01297	0.01282	0.01223	0.01013
a/b	0.55	0.60	0.65	0.70	0.75
μ	0.00940	0.00867	0.00796	0.00727	0.00663
a/b	0.80	0.85	0.90	0.95	1.00
μ	0.00603	0.00547	0.00496	0.00449	0.00406

3　在风荷载标准值作用下，四边支承玻璃的挠度限值 $d_{f,lim}$ 宜按其短边边长的 1/60 采用。

6.1.4　夹层玻璃可按下列规定进行计算：

1　作用于夹层玻璃上的风荷载和地震作用可按下列公式分配到两片玻璃上：

$$w_{k1}=w_k\frac{t_1^3}{t_1^3+t_2^3} \quad (6.1.4\text{-}1)$$

$$w_{k2}=w_k\frac{t_2^3}{t_1^3+t_2^3} \quad (6.1.4\text{-}2)$$

$$q_{Ek1}=q_{Ek}\frac{t_1^3}{t_1^3+t_2^3} \quad (6.1.4\text{-}3)$$

$$q_{Ek2}=q_{Ek}\frac{t_2^3}{t_1^3+t_2^3} \quad (6.1.4\text{-}4)$$

式中　w_k——作用于夹层玻璃上的风荷载标准值（N/mm^2）；

w_{k1}、w_{k2}——分别为分配到各单片玻璃的风荷载标准值(N/mm^2)；

q_{Ek}——作用于夹层玻璃上的地震作用标准值（N/mm^2）；

q_{Ek1}、q_{Ek2}——分别为分配到各单片玻璃的地震作用标准值(N/mm^2)；

t_1、t_2——分别为各单片玻璃的厚度（mm）。

2　两片玻璃可分别按本规范第 6.1.2 条的规定进行应力计算；

3　夹层玻璃的挠度可按本规范第 6.1.3 条的规定进行计算，但在计算玻璃刚度 D 时，应采用等效厚度 t_e，t_e 可按下式计算：

$$t_e=\sqrt[3]{t_1^3+t_2^3} \quad (6.1.4\text{-}5)$$

式中　t_e——夹层玻璃的等效厚度（mm）。

6.1.5　中空玻璃可按下列规定进行计算：

1　作用于中空玻璃上的风荷载标准值可按下列公式分配到两片玻璃上：

1）直接承受风荷载作用的单片玻璃：

$$w_{k1}=1.1w_k\frac{t_1^3}{t_1^3+t_2^3} \quad (6.1.5\text{-}1)$$

2）不直接承受风荷载作用的单片玻璃：

$$w_{k2}=w_k\frac{t_2^3}{t_1^3+t_2^3} \quad (6.1.5\text{-}2)$$

2　作用于中空玻璃上的地震作用标准值 q_{Ek1}、q_{Ek2}，可根据各单片玻璃的自重，按照本规范第 5.3.4 条的规定计算；

3　两片玻璃可分别按本规范第 6.1.2 条的规定进行应力计算；

4　中空玻璃的挠度可按本规范第 6.1.3 条的规定进行计算，但计算玻璃刚度 D 时，应采用等效厚度 t_e，t_e 可按下式计算：

$$t_e=0.95\sqrt[3]{t_1^3+t_2^3} \quad (6.1.5\text{-}3)$$

式中　t_e——中空玻璃的等效厚度（mm）。

6.1.6　斜玻璃幕墙计算承载力时，应计入永久荷载、雪荷载、雨水荷载等重力荷载及施工荷载在垂直于玻璃平面方向作用所产生的弯曲应力。

施工荷载应根据施工情况决定，但不应小于 2.0kN 的集中荷载作用，施工荷载作用点应按最不利位置考虑。

6.2　横　　梁

6.2.1　横梁截面主要受力部位的厚度，应符合下列要求：

1　截面自由挑出部位（图 6.2.1*a*）和双侧加劲部位（图 6.2.1*b*）的宽厚比 b_0/t 应符合表 6.2.1 的要求；

2　当横梁跨度不大于 1.2m 时，铝合金型材截面主要受力部位的厚度不应小于 2.0mm；当横梁跨度大于 1.2m 时，其截面主要受力部位的厚度不应小于 2.5mm。型材孔壁与螺钉之间直接采用螺纹受力连接时，其局部截面厚度不应小于螺钉的公称直径；

表 6.2.1 横梁截面宽厚比 b_0/t 限值

截面部位	铝型材				钢型材	
	6063-T5 6061-T4	6063A-T5	6063-T6 6063A-T6	6061-T6	Q235	Q345
自由挑出	17	15	13	12	15	12
双侧加劲	50	45	40	35	40	33

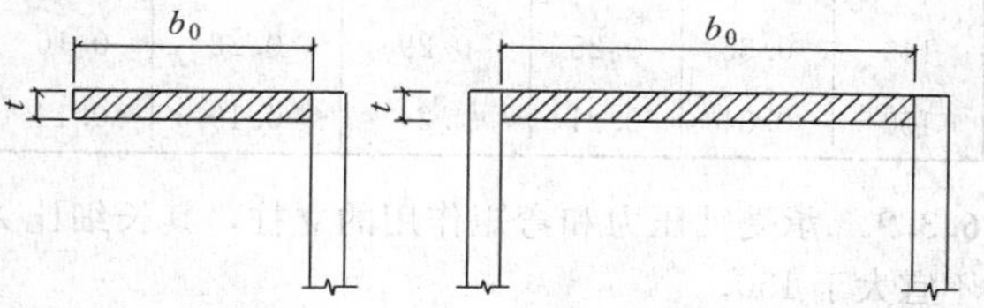

图 6.2.1 横梁的截面部位示意

3 钢型材截面主要受力部位的厚度不应小于 2.5mm。

6.2.2 横梁可采用铝合金型材或钢型材，铝合金型材的表面处理应符合本规范第 3.2.2 条的要求。钢型材宜采用高耐候钢，碳素钢型材应热浸锌或采取其他有效防腐措施，焊缝应涂防锈涂料；处于严重腐蚀条件下的钢型材，应预留腐蚀厚度。

6.2.3 应根据板材在横梁上的支承状况决定横梁的荷载，并计算横梁承受的弯矩和剪力。当采用大跨度开口截面横梁时，宜考虑约束扭转产生的双力矩。单元式幕墙采用组合横梁时，横梁上、下两部分应按各自承担的荷载和作用分别进行计算。

6.2.4 横梁截面受弯承载力应符合下式要求：

$$\frac{M_x}{\gamma W_{nx}}+\frac{M_y}{\gamma W_{ny}}\leqslant f \qquad (6.2.4)$$

式中 M_x——横梁绕截面 x 轴（平行于幕墙平面方向）的弯矩设计值（Nmm）；

M_y——横梁绕截面 y 轴（垂直于幕墙平面方向）的弯矩设计值（Nmm）；

W_{nx}——横梁截面绕截面 x 轴（幕墙平面内方向）的净截面抵抗矩（mm^3）；

W_{ny}——横梁截面绕截面 y 轴（垂直于幕墙平面方向）的净截面抵抗矩（mm^3）；

γ——塑性发展系数，可取 1.05；

f——型材抗弯强度设计值 f_a 或 f_s（N/mm^2）。

6.2.5 横梁截面受剪承载力应符合下式要求：

$$\frac{V_y S_x}{I_x t_x}\leqslant f \qquad (6.2.5\text{-}1)$$

$$\frac{V_x S_y}{I_y t_y}\leqslant f \qquad (6.2.5\text{-}2)$$

式中 V_x——横梁水平方向（x 轴）的剪力设计值（N）；

V_y——横梁竖直方向（x 轴）的剪力设计值（N）；

S_x——横梁截面绕 x 轴的毛截面面积矩（mm^3）；

S_y——横梁截面绕 y 轴的毛截面面积矩（mm^3）；

I_x——横梁截面绕 x 轴的毛截面惯性矩（mm^4）；

I_y——横梁截面绕 y 轴的毛截面惯性矩（mm^4）；

t_x——横梁截面垂直于 x 轴腹板的截面总宽度（mm）；

t_y——横梁截面垂直于 y 轴腹板的截面总宽度（mm）；

f——型材抗剪强度设计值 f_a 或 f_s（N/mm^2）。

6.2.6 玻璃在横梁上偏置使横梁产生较大的扭矩时，应进行横梁抗扭承载力计算。

6.2.7 在风荷载或重力荷载标准值作用下，横梁的挠度限值 $d_{f,lim}$ 宜按下列规定采用：

铝合金型材： $d_{f,lim}=l/180$ (6.2.7-1)

钢型材： $d_{f,lim}=l/250$ (6.2.7-2)

式中 l——横梁的跨度（mm），悬臂构件可取挑出长度的 2 倍。

6.3 立 柱

6.3.1 立柱截面主要受力部位的厚度，应符合下列要求：

1 铝型材截面开口部位的厚度不应小于 3.0mm，闭口部位的厚度不应小于 2.5mm；型材孔壁与螺钉之间直接采用螺纹受力连接时，其局部厚度尚不应小于螺钉的公称直径；

2 钢型材截面主要受力部位的厚度不应小于 3.0mm；

3 对偏心受压立柱，其截面宽厚比应符合本规范第 6.2.1 条的相应规定。

6.3.2 立柱可采用铝合金型材或钢型材。铝合金型材的表面处理应符合本规范第 3.2.2 条的要求；钢型材宜采用高耐候钢，碳素钢型材应采用热浸锌或采取其他有效防腐措施。处于腐蚀严重环境下的钢型材，应预留腐蚀厚度。

6.3.3 上、下立柱之间应留有不小于 15mm 的缝隙，闭口型材可采用长度不小于 250mm 的芯柱连接，芯柱与立柱应紧密配合。芯柱与上柱或下柱之间应采用机械连接方法加以固定。开口型材上柱与下柱之间可采用等强型材机械连接。

6.3.4 多层或高层建筑中跨层通长布置立柱时，立柱与主体结构的连接支承点每层不宜少于一个；在混凝土实体墙面上，连接支承点宜加密。

每层设两个支承点时，上支承点宜采用圆孔，下支承点宜采用长圆孔。

6.3.5 在楼层内单独布置立柱时，其上、下端均宜与主体结构铰接，宜采用上端悬挂方式；当柱支承点可能产生较大位移时，应采用与位移相适应的支承装置。

6.3.6 应根据立柱的实际支承条件，分别按单跨梁、双跨梁或多跨铰接梁计算由风荷载或地震作用产生的弯矩，并按其支承条件计算轴向力。

6.3.7 承受轴力和弯矩作用的立柱，其承载力应符合下式要求：

$$\frac{N}{A_n}+\frac{M}{\gamma W_n}\leqslant f \quad (6.3.7)$$

式中 N——立柱的轴力设计值（N）；

M——立柱的弯矩设计值（Nmm）；

A_n——立柱的净截面面积（mm^2）；

W_n——立柱在弯矩作用方向的净截面抵抗矩（mm^3）；

γ——截面塑性发展系数，可取1.05；

f——型材的抗弯强度设计值 f_a 或 f_s（N/mm^2）。

6.3.8 承受轴压力和弯矩作用的立柱，其在弯矩作用方向的稳定性应符合下式要求：

$$\frac{N}{\varphi A}+\frac{M}{\gamma W(1-0.8N/N_E)}\leqslant f \quad (6.3.8\text{-}1)$$

$$N_E=\frac{\pi^2 EA}{1.1\lambda^2} \quad (6.3.8\text{-}2)$$

式中 N——立柱的轴压力设计值（N）；

N_E——临界轴压力（N）；

M——立柱的最大弯矩设计值（Nmm）；

φ——弯矩作用平面内的轴心受压的稳定系数，可按表6.3.8采用；

A——立柱的毛截面面积（mm^2）；

W——在弯矩作用方向上较大受压边的毛截面抵抗矩（mm^3）；

λ——长细比；

γ——截面塑性发展系数，可取1.05；

f——型材的抗弯强度设计值 f_a 或 f_s（N/mm^2）。

表6.3.8 轴心受压柱的稳定系数 φ

长细比 λ	钢型材		铝型材		
	Q235	Q345	6063-T5 6061-T4	6063-T6 6063A-T5 6063A-T6	6061-T6
20	0.97	0.96	0.98	0.96	0.92
40	0.90	0.88	0.88	0.84	0.80
60	0.81	0.73	0.81	0.75	0.71
80	0.69	0.58	0.70	0.58	0.48
90	0.62	0.50	0.63	0.48	0.40
100	0.56	0.43	0.56	0.38	0.32
110	0.49	0.37	0.49	0.34	0.26
120	0.44	0.32	0.41	0.30	0.22
130	0.39	0.28	0.33	0.26	0.19
140	0.35	0.25	0.29	0.22	0.16
150	0.31	0.21	0.24	0.19	0.14

6.3.9 承受轴压力和弯矩作用的立柱，其长细比 λ 不宜大于150。

6.3.10 在风荷载标准值作用下，立柱的挠度限值 $d_{f,lim}$ 宜按下列规定采用：

铝合金型材： $d_{f,lim}=l/180$ (6.3.10-1)

钢型材： $d_{f,lim}=l/250$ (6.3.10-2)

式中 l——支点间的距离（mm），悬臂构件可取挑出长度的2倍。

6.3.11 横梁可通过角码、螺钉或螺栓与立柱连接。角码应能承受横梁的剪力，其厚度不应小于3mm；角码与立柱之间的连接螺钉或螺栓应满足抗剪和抗扭承载力要求。

6.3.12 立柱与主体结构之间每个受力连接部位的连接螺栓不应少于2个，且连接螺栓直径不宜小于10mm。

6.3.13 角码和立柱采用不同金属材料时，应采用绝缘垫片分隔或采取其他有效措施防止双金属腐蚀。

7 全玻幕墙结构设计

7.1 一般规定

7.1.1 玻璃高度大于表7.1.1限值的全玻幕墙应悬挂在主体结构上。

表7.1.1 下端支承全玻幕墙的最大高度

玻璃厚度（mm）	10，12	15	19
最大高度（m）	4	5	6

7.1.2 全玻幕墙的周边收口槽壁与玻璃面板或玻璃肋的空隙均不宜小于8mm，吊挂玻璃下端与下槽底的空隙尚应满足玻璃伸长变形的要求；玻璃与下槽底应采用弹性垫块支承或填塞，垫块长度不宜小于100mm，厚度不宜小于10mm；槽壁与玻璃间应采用硅酮建筑密封胶密封。

7.1.3 吊挂全玻幕墙的主体结构或结构构件应有足

够的刚度，采用钢桁架或钢梁作为受力构件时，其挠度限值 $d_{\mathrm{f,lim}}$ 宜取其跨度的1/250。

7.1.4 吊挂式全玻幕墙的吊夹与主体结构间应设置刚性水平传力结构。

7.1.5 玻璃自重不宜由结构胶缝单独承受。

7.1.6 全玻幕墙的板面不得与其他刚性材料直接接触。板面与装修面或结构面之间的空隙不应小于8mm，且应采用密封胶密封。

7.1.7 吊夹应符合现行行业标准《吊挂式玻璃幕墙支承装置》JG139 的有关规定。

7.1.8 点支承全玻幕墙的玻璃应符合本规范第4.4.2条和4.4.3条的要求。

7.2 面 板

7.2.1 面板玻璃的厚度不宜小于 10mm；夹层玻璃单片厚度不应小于 8mm。

7.2.2 面板玻璃通过胶缝与玻璃肋相连结时，面板可作为支承于玻璃肋的单向简支板设计。其应力与挠度可分别按本规范第 6.1.2 条和第 6.1.3 条的规定计算，公式中的 a 值应取为玻璃面板的跨度，系数 m 和 μ 可分别取为 0.125 和 0.013；面板为夹层玻璃或中空玻璃时，可按本规范第 6.1.4 条或 6.1.5 条的规定计算；面板为点支承玻璃时，可按本规范第 8.1.5 条的规定计算，必要时可进行试验验证。

7.2.3 通过胶缝与玻璃肋连接的面板，在风荷载标准值作用下，其挠度限值 $d_{\mathrm{f,lim}}$ 宜取其跨度的 1/60；点支承面板的挠度限值 $d_{\mathrm{f,lim}}$ 宜取其支承点间较大边长的 1/60。

7.3 玻 璃 肋

7.3.1 全玻幕墙玻璃肋的截面厚度不应小于 12mm，截面高度不应小于 100mm。

7.3.2 全玻幕墙玻璃肋的截面高度 h_{r}（图 7.3.2）可按下列公式计算：

$$h_{\mathrm{r}}=\sqrt{\frac{3wlh^2}{8f_{\mathrm{g}}t}}\quad（双肋）\qquad(7.3.2\text{-}1)$$

$$h_{\mathrm{r}}=\sqrt{\frac{3wlh^2}{4f_{\mathrm{g}}t}}\quad（单肋）\qquad(7.3.2\text{-}2)$$

式中 h_{r}——玻璃肋截面高度（mm）；

w——风荷载设计值（$\mathrm{N/mm^2}$）；

l——两肋之间的玻璃面板跨度（mm）；

f_{g}——玻璃侧面强度设计值（$\mathrm{N/mm^2}$）；

t——玻璃肋截面厚度（mm）；

h——玻璃肋上、下支点的距离，即计算跨度（mm）。

7.3.3 全玻幕墙玻璃肋在风荷载标准值作用下的挠度 d_{f} 可按下式计算：

$$d_{\mathrm{f}}=\frac{5}{32}\times\frac{w_{\mathrm{k}}lh^4}{Eth_{\mathrm{r}}^3}\quad（单肋）\qquad(7.3.3\text{-}1)$$

$$d_{\mathrm{f}}=\frac{5}{64}\times\frac{w_{\mathrm{k}}lh^4}{Eth_{\mathrm{r}}^3}\quad（双肋）\qquad(7.3.3\text{-}2)$$

式中 w_{k}——风荷载标准值（$\mathrm{N/mm^2}$）；

E——玻璃弹性模量（$\mathrm{N/mm^2}$）。

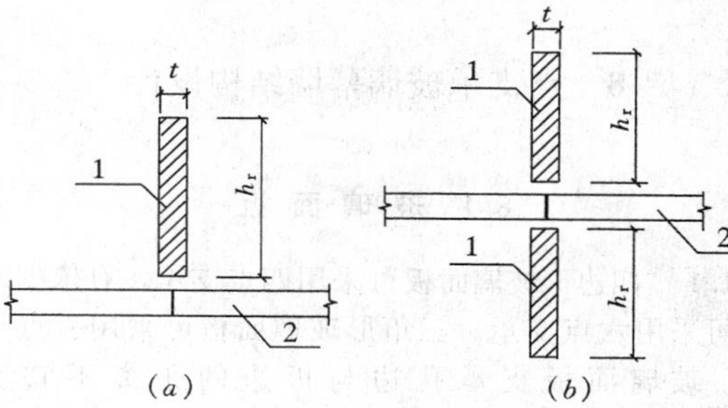

图 7.3.2 全玻幕墙玻璃肋截面尺寸示意

（a）单肋；（b）双肋

1—玻璃肋；2—玻璃面板

7.3.4 在风荷载标准值作用下，玻璃肋的挠度限值 $d_{\mathrm{f,lim}}$ 宜取其计算跨度的 1/200。

7.3.5 采用金属件连接的玻璃肋，其连接金属件的厚度不应小于 6mm。连接螺栓宜采用不锈钢螺栓，其直径不应小于 8mm。

连接接头应能承受截面的弯矩设计值和剪力设计值。接头应进行螺栓受剪和玻璃孔壁承压计算，玻璃验算应取侧面强度设计值。

7.3.6 夹层玻璃肋的等效截面厚度可取两片玻璃厚度之和。

7.3.7 高度大于 8m 的玻璃肋宜考虑平面外的稳定验算；高度大于 12m 的玻璃肋，应进行平面外稳定验算，必要时应采取防止侧向失稳的构造措施。

7.4 胶 缝

7.4.1 采用胶缝传力的全玻幕墙，其胶缝必须采用硅酮结构密封胶。

7.4.2 全玻幕墙胶缝承载力应符合下列要求：

1 与玻璃面板平齐或突出的玻璃肋：

$$\frac{ql}{2t_1}\leqslant f_1\qquad(7.4.2\text{-}1)$$

2 后置或骑缝的玻璃肋：

$$\frac{ql}{t_2}\leqslant f_1\qquad(7.4.2\text{-}2)$$

式中 q——垂直于玻璃面板的分布荷载设计值（$\mathrm{N/mm^2}$），抗震设计时应包含地震作用计算的分布荷载设计值；

l——两肋之间的玻璃面板跨度（mm）；

t_1——胶缝宽度，取玻璃面板截面厚度（mm）；

t_2——胶缝宽度，取玻璃肋截面厚度（mm）；

f_1——硅酮结构密封胶在风荷载作用下的强度设计值，取 $0.2\mathrm{N/mm^2}$。

3 胶缝厚度应符合本规范第5.6.5条的要求，并不应小于6mm。

7.4.3 当胶缝宽度不满足本规范第7.4.2条第1、2款的要求时，可采取附加玻璃板条或不锈钢条等措施，加大胶缝宽度。

8 点支承玻璃幕墙结构设计

8.1 玻璃面板

8.1.1 四边形玻璃面板可采用四点支承，有依据时也可采用六点支承；三角形玻璃面板可采用三点支承。玻璃面板支承孔边与板边的距离不宜小于70mm。

8.1.2 采用浮头式连接件的幕墙玻璃厚度不应小于6mm；采用沉头式连接件的幕墙玻璃厚度不应小于8mm。

安装连接件的夹层玻璃和中空玻璃，其单片厚度也应符合上述要求。

8.1.3 玻璃之间的空隙宽度不应小于10mm，且应采用硅酮建筑密封胶嵌缝。

8.1.4 点支承玻璃支承孔周边应进行可靠的密封。当点支承玻璃为中空玻璃时，其支承孔周边应采取多道密封措施。

8.1.5 在垂直于幕墙平面的风荷载和地震作用下，四点支承玻璃面板的应力和挠度应符合下列规定：

1 最大应力标准值和最大挠度可按考虑几何非线性的有限元方法计算，也可按下列公式计算：

$$\sigma_{wk}=\frac{6m w_k b^2}{t^2}\eta \quad (8.1.5\text{-}1)$$

$$\sigma_{Ek}=\frac{6m q_{Ek} b^2}{t^2}\eta \quad (8.1.5\text{-}2)$$

$$d_f=\frac{\mu w_k b^4}{D}\eta \quad (8.1.5\text{-}3)$$

$$\theta=\frac{w_k b^4}{Et^4} \text{ 或 } \theta=\frac{(w_k+0.5q_{Ek})b^4}{Et^4} \quad (8.1.5\text{-}4)$$

式中 θ——参数；

σ_{wk}、σ_{Ek}——分别为风荷载、地震作用下玻璃截面的最大应力标准值（N/mm^2）；

d_f——在风荷载标准值作用下挠度最大值（mm）；

w_k、q_{Ek}——分别为垂直于玻璃幕墙平面的风荷载、地震作用标准值（N/mm^2）；

b——支承点间玻璃面板长边边长（mm）；

t——玻璃的厚度（mm）；

m——弯矩系数，可由支承点间玻璃板短边与长边边长之比 a/b 按表8.1.5-1采用；

μ——挠度系数，可由支承点间玻璃板短边与长边边长之比 a/b 按表8.1.5-2采用；

η——折减系数，可由参数 θ 按本规范表6.1.2-2采用；

D——玻璃面板的刚度，可按本规范公式（6.1.3-1）计算（Nmm）；

表8.1.5-1 四点支承玻璃板的弯矩系数 m

a/b	0.00	0.20	0.30	0.40	0.50	0.55	0.60	0.65
m	0.125	0.126	0.127	0.129	0.130	0.132	0.134	0.136
a/b	0.70	0.75	0.80	0.85	0.90	0.95	1.00	—
m	0.138	0.140	0.142	0.145	0.148	0.151	0.154	—

注：a 为支承点之间的短边边长。

表8.1.5-2 四点支承玻璃板的挠度系数 μ

a/b	0.00	0.20	0.30	0.40	0.50	0.55	0.60
μ	0.01302	0.01317	0.01335	0.01367	0.01417	0.01451	0.01496
a/b	0.65	0.70	0.75	0.80	0.85	0.90	0.95
μ	0.01555	0.01630	0.01725	0.01842	0.01984	0.02157	0.02363
a/b	1.00	—	—	—	—	—	—
μ	0.02603	—	—	—	—	—	—

注：a 为支承点之间的短边边长。

2 玻璃面板最大应力设计值应按本规范第5.4.1条的规定计算，并不应超过玻璃大面强度设计值 f_g。

3 在风荷载标准值作用下，点支承玻璃面板的挠度限值 $d_{f,lim}$ 宜按其支承点间长边边长的1/60采用。

8.2 支承装置

8.2.1 支承装置应符合现行行业标准《点支式玻璃幕墙支承装置》JG 138的规定。

8.2.2 支承头应能适应玻璃面板在支承点处的转动变形。

8.2.3 支承头的钢材与玻璃之间宜设置弹性材料的衬垫或衬套，衬垫和衬套的厚度不宜小于1mm。

8.2.4 除承受玻璃面板所传递的荷载或作用外，支承装置不应兼做其他用途。

8.3 支承结构

8.3.1 点支承玻璃幕墙的支承结构宜单独进行计算，玻璃面板不宜兼做支承结构的一部分。

复杂的支承结构宜采用有限元方法进行计算分析。

8.3.2 玻璃肋可按本规范第7.3节的规定进行设计。

8.3.3 支承钢结构的设计应符合现行国家标准《钢结构设计规范》GB 50017的有关规定。

8.3.4 单根型钢或钢管作为支承结构时，应符合下列规定：

1 端部与主体结构的连接构造应能适应主体结构的位移；

2 竖向构件宜按偏心受压构件或偏心受拉构件设计；水平构件宜按双向受弯构件设计，有扭矩作用时，应考虑扭矩的不利影响；

3 受压杆件的长细比 λ 不应大于 150；

4 在风荷载标准值作用下，挠度限值 $d_{f,lim}$ 宜取其跨度的 1/250。计算时，悬臂结构的跨度可取其悬挑长度的 2 倍。

8.3.5 桁架或空腹桁架设计应符合下列规定：

1 可采用型钢或钢管作为杆件。采用钢管时宜在节点处直接焊接，主管不宜开孔，支管不应穿入主管内；

2 钢管外直径不宜大于壁厚的 50 倍，支管外直径不宜小于主管外直径的 0.3 倍。钢管壁厚不宜小于 4mm，主管壁厚不应小于支管壁厚；

3 桁架杆件不宜偏心连接。弦杆与腹件、腹杆与腹杆之间的夹角不宜小于 30°；

4 焊接钢管桁架宜按刚接体系计算，焊接钢管空腹桁架应按刚接体系计算；

5 轴心受压或偏心受压的桁架杆件，长细比不应大于 150；轴心受拉或偏心受拉的桁架杆件，长细比不应大于 350；

6 当桁架或空腹桁架平面外的不动支承点相距较远时，应设置正交方向上的稳定支撑结构；

7 在风荷载标准值作用下，其挠度限值 $d_{f,lim}$ 宜取其跨度的 1/250。计算时，悬臂桁架的跨度可取其悬挑长度的 2 倍。

8.3.6 张拉杆索体系设计应符合下列规定：

1 应在正、反两个方向上形成承受风荷载或地震作用的稳定结构体系。在主要受力方向的正交方向，必要时应设置稳定性拉杆、拉索或桁架；

2 连接件、受压杆和拉杆宜采用不锈钢材料，拉杆直径不宜小于 10mm；自平衡体系的受压杆件可采用碳素结构钢。拉索宜采用不锈钢绞线、高强钢绞线，可采用铝包钢绞线。钢绞线的钢丝直径不宜小于 1.2mm，钢绞线直径不宜小于 8mm。采用高强钢绞线时，其表面应作防腐涂层；

3 结构力学分析时宜考虑几何非线性的影响；

4 与主体结构的连接部位应能适应主体结构的位移，主体结构应能承受拉杆体系或拉索体系的预拉力和荷载作用；

5 自平衡体系、杆索体系的受压杆件的长细比 λ 不应大于 150；

6 拉杆不宜采用焊接；拉索可采用冷挤压锚具连接，拉索不应采用焊接；

7 在风荷载标准值作用下，其挠度限值 $d_{f,lim}$ 宜取其支承点距离的1/200。

8.3.7 张拉杆索体系的预拉力最小值，应使拉杆或拉索在荷载设计值作用下保持一定的预拉力储备。

9 加工制作

9.1 一般规定

9.1.1 玻璃幕墙在加工制作前应与土建设计施工图进行核对，对已建主体结构进行复测，并应按实测结果对幕墙设计进行必要调整。

9.1.2 加工幕墙构件所采用的设备、机具应满足幕墙构件加工精度要求，其量具应定期进行计量认证。

9.1.3 采用硅酮结构密封胶粘结固定隐框玻璃幕墙构件时，应在洁净、通风的室内进行注胶，且环境温度、湿度条件应符合结构胶产品的规定；注胶宽度和厚度应符合设计要求。

9.1.4 除全玻幕墙外，不应在现场打注硅酮结构密封胶。

9.1.5 单元式幕墙的单元组件、隐框幕墙的装配组件均应在工厂加工组装。

9.1.6 低辐射镀膜玻璃应根据其镀膜材料的粘结性能和其他技术要求，确定加工制作工艺；镀膜与硅酮结构密封胶不相容时，应除去镀膜层。

9.1.7 硅酮结构密封胶不宜作为硅酮建筑密封胶使用。

9.2 铝型材

9.2.1 玻璃幕墙的铝合金构件的加工应符合下列要求：

1 铝合金型材截料之前应进行校直调整；

2 横梁长度允许偏差为±0.5mm，立柱长度允许偏差为±1.0mm，端头斜度的允许偏差为－15′（图 9.2.1-1、9.2.1-2）；

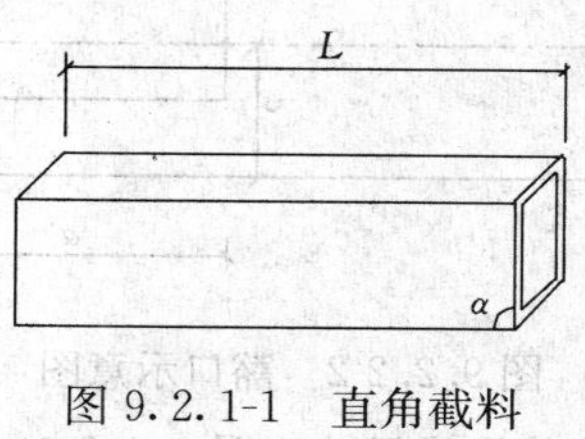

图 9.2.1-1 直角截料

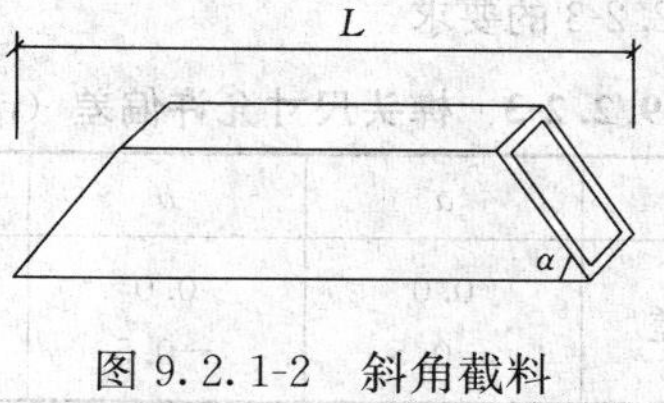

图 9.2.1-2 斜角截料

3 截料端头不应有加工变形，并应去除毛刺；

4 孔位的允许偏差为±0.5mm，孔距的允许偏差为±0.5mm，累计偏差为±1.0mm；

5 铆钉的通孔尺寸偏差应符合现行国家标准《铆钉用通孔》GB 152.1 的规定；

6 沉头螺钉的沉孔尺寸偏差应符合现行国家标准《沉头螺钉用沉孔》GB 152.2 的规定；

7 圆柱头、螺栓的沉孔尺寸应符合现行国家标准《圆柱头、螺栓用沉孔》GB 152.3 的规定；

8 螺丝孔的加工应符合设计要求。

9.2.2 玻璃幕墙铝合金构件中槽、豁、榫的加工应符合下列要求：

1 铝合金构件槽口尺寸（图 9.2.2-1）允许偏差应符合表 9.2.2-1 的要求；

表 9.2.2-1 槽口尺寸允许偏差（mm）

项 目	*a*	*b*	*c*
允许偏差	+0.5 0.0	+0.5 0.0	±0.5

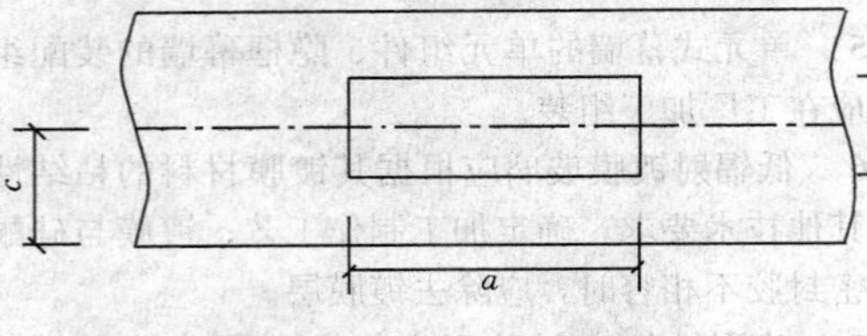

图 9.2.2-1 槽口示意图

2 铝合金构件豁口尺寸（图 9.2.2-2）允许偏差应符合表 9.2.2-2 的要求；

表 9.2.2-2 豁口尺寸允许偏差（mm）

项 目	*a*	*b*	*c*
允许偏差	+0.5 0.0	+0.5 0.0	±0.5

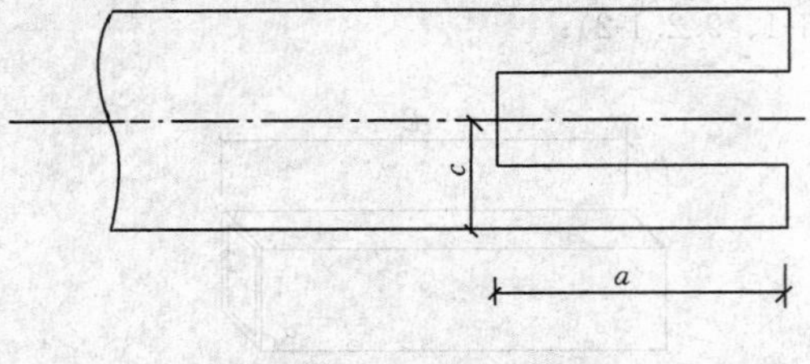

图 9.2.2-2 豁口示意图

3 铝合金构件榫头尺寸（图 9.2.2-3）允许偏差应符合表 9.2.2-3 的要求。

表 9.2.2-3 榫头尺寸允许偏差（mm）

项 目	*a*	*b*	*c*
允许偏差	0.0 −0.5	0.0 −0.5	±0.5

9.2.3 玻璃幕墙铝合金构件弯加工应符合下列要求：

1 铝合金构件宜采用拉弯设备进行弯加工；

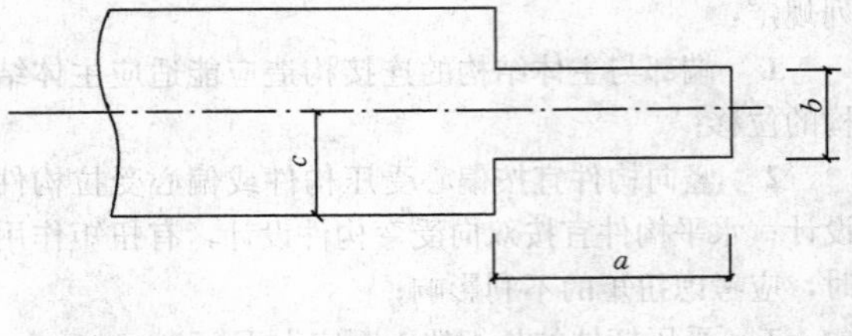

图 9.2.2-3 榫头示意图

2 弯加工后的构件表面应光滑，不得有皱折、凹凸、裂纹。

9.3 钢 构 件

9.3.1 平板型预埋件加工精度应符合下列要求：

1 锚板边长允许偏差为±5mm；

2 一般锚筋长度的允许偏差为+10mm，两面为整块锚板的穿透式预埋件的锚筋长度的允许偏差为+5mm，均不允许负偏差；

3 圆锚筋的中心线允许偏差为±5mm；

4 锚筋与锚板面的垂直度允许偏差为 $l_s/30$（l_s 为锚固钢筋长度，单位为 mm）。

9.3.2 槽型预埋件表面及槽内应进行防腐处理，其加工精度应符合下列要求：

1 预埋件长度、宽度和厚度允许偏差分别为+10mm、+5mm和+3mm，不允许负偏差；

2 槽口的允许偏差为+1.5mm，不允许负偏差；

3 锚筋长度允许偏差为+5mm，不允许负偏差；

4 锚筋中心线允许偏差为±1.5mm；

5 锚筋与槽板的垂直度允许偏差为 $l_s/30$（l_s 为锚固钢筋长度，单位为 mm）。

9.3.3 玻璃幕墙的连接件、支承件的加工精度应符合下列要求：

1 连接件、支承件外观应平整，不得有裂纹、毛刺、凹凸、翘曲、变形等缺陷；

2 连接件、支承件加工尺寸（图 9.3.3）允许偏差应符合表 9.3.3 的要求。

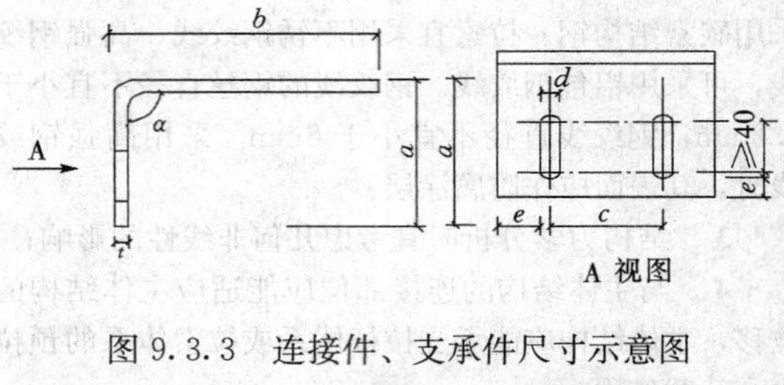

图 9.3.3 连接件、支承件尺寸示意图

表 9.3.3 连接件、支承件尺寸允许偏差（mm）

项 目	允许偏差
连接件高 *a*	+5，−2
连接件长 *b*	+5，−2
孔距 *c*	±1.0
孔宽 *d*	+1.0，0

续表

项　目	允许偏差
边距 e	+1.0，0
壁厚 t	+0.5，−0.2
弯曲角度 α	±2°

9.3.4 钢型材立柱及横梁的加工应符合现行国家标准《钢结构工程施工质量验收规范》GB 50205 的有关规定。

9.3.5 点支承玻璃幕墙的支承钢结构加工应符合下列要求：

1 应合理划分拼装单元；

2 管桁架应按计算的相贯线，采用数控机床切割加工；

3 钢构件拼装单元的节点位置允许偏差为±2.0mm；

4 构件长度、拼装单元长度的允许正、负偏差均可取长度的 1/2000；

5 管件连接焊缝应沿全长连续、均匀、饱满、平滑、无气泡和夹渣；支管壁厚小于 6mm 时可不切坡口；角焊缝的焊脚高度不宜大于支管壁厚的 2 倍；

6 钢结构的表面处理应符合本规范第 3.3 节的有关规定；

7 分单元组装的钢结构，宜进行预拼装。

9.3.6 杆索体系的加工尚应符合下列要求：

1 拉杆、拉索应进行拉断试验；

2 拉索下料前应进行调直预张拉，张拉力可取破断拉力的 50%，持续时间可取 2h；

3 截断后的钢索应采用挤压机进行套筒固定；

4 拉杆与端杆不宜采用焊接连接；

5 杆索结构应在工作台座上进行拼装，并应防止表面损伤。

9.3.7 钢构件焊接、螺栓连接应符合现行国家标准《钢结构设计规范》GB 50017 及行业标准《建筑钢结构焊接技术规程》JGJ 81 的有关规定。

9.3.8 钢构件表面涂装应符合现行国家标准《钢结构工程施工质量验收规范》GB 50205 的有关规定。

9.4 玻　　璃

9.4.1 玻璃幕墙的单片玻璃、夹层玻璃、中空玻璃的加工精度应符合下列要求：

1 单片钢化玻璃，其尺寸的允许偏差应符合表 9.4.1-1 的要求；

表 9.4.1-1 钢化玻璃尺寸允许偏差（mm）

项　目	玻璃厚度（mm）	玻璃边长 $L\leqslant2000$	玻璃边长 $L>2000$
边长	6，8，10，12	±1.5	±2.0
	15，19	±2.0	±3.0
对角线差	6，8，10，12	≤2.0	≤3.0
	15，19	≤3.0	≤3.5

2 采用中空玻璃时，其尺寸的允许偏差应符合表 9.4.1-2 的要求；

表 9.4.1-2 中空玻璃尺寸允许偏差（mm）

项　目		允许偏差
边　长	$L<1000$	±2.0
	$1000\leqslant L<2000$	+2.0，−3.0
	$L\geqslant2000$	±3.0
对角线差	$L\leqslant2000$	≤2.5
	$L>2000$	≤3.5
厚　度	$t<17$	±1.0
	$17\leqslant t<22$	±1.5
	$t\geqslant22$	±2.0
叠　差	$L<1000$	±2.0
	$1000\leqslant L<2000$	±3.0
	$2000\leqslant L<4000$	±4.0
	$L\geqslant4000$	±6.0

3 采用夹层玻璃时，其尺寸允许偏差应符合表 9.4.1-3 的要求。

表 9.4.1-3 夹层玻璃尺寸允许偏差（mm）

项　目		允许偏差
边　长	$L\leqslant2000$	±2.0
	$L>2000$	±2.5
对角线差	$L\leqslant2000$	≤2.5
	$L>2000$	≤3.5
叠　差	$L<1000$	±2.0
	$1000\leqslant L<2000$	±3.0
	$2000\leqslant L<4000$	±4.0
	$L\geqslant4000$	±6.0

9.4.2 玻璃弯加工后，其每米弦长内拱高的允许偏差为±3.0mm，且玻璃的曲边应顺滑一致；玻璃直边的弯曲度，拱形时不应超过 0.5%，波形时不应超过 0.3%。

9.4.3 全玻幕墙的玻璃加工应符合下列要求：

1 玻璃边缘应倒棱并细磨；外露玻璃的边缘应精磨；

2 采用钻孔安装时，孔边缘应进行倒角处理，并不应出现崩边。

9.4.4 点支承玻璃加工应符合下列要求：

1 玻璃面板及其孔洞边缘均应倒棱和磨边，倒棱宽度不宜小于1mm，磨边宜细磨；

2 玻璃切角、钻孔、磨边应在钢化前进行；

3 玻璃加工的允许偏差应符合表9.4.4的规定；

表9.4.4 点支承玻璃加工允许偏差

项目	边长尺寸	对角线差	钻孔位置	孔距	孔轴与玻璃平面垂直度
允许偏差	±1.0mm	≤2.0mm	±0.8mm	±1.0mm	±12′

4 中空玻璃开孔后，开孔处应采取多道密封措施；

5 夹层玻璃、中空玻璃的钻孔可采用大、小孔相对的方式。

9.4.5 中空玻璃合片加工时，应考虑制作处和安装处不同气压的影响，采取防止玻璃大面变形的措施。

9.5 明框幕墙组件

9.5.1 明框幕墙组件加工尺寸允许偏差应符合下列要求：

1 组件装配尺寸允许偏差应符合表9.5.1-1的要求；

表9.5.1-1 组件装配尺寸允许偏差（mm）

项目	构件长度	允许偏差
型材槽口尺寸	≤2000	±2.0
	>2000	±2.5
组件对边尺寸差	≤2000	≤2.0
	>2000	≤3.0
组件对角线尺寸差	≤2000	≤3.0
	>2000	≤3.5

2 相邻构件装配间隙及同一平面度的允许偏差应符合表9.5.1-2的要求。

表9.5.1-2 相邻构件装配间隙及同一平面度的允许偏差（mm）

项目	允许偏差	项目	允许偏差
装配间隙	≤0.5	同一平面度差	≤0.5

9.5.2 单层玻璃与槽口的配合尺寸（图9.5.2）应符合表9.5.2的要求。

表9.5.2 单层玻璃与槽口的配合尺寸（mm）

玻璃厚度（mm）	*a*	*b*	*c*
5～6	≥3.5	≥15	≥5
8～10	≥4.5	≥16	≥5
不小于12	≥5.5	≥18	≥5

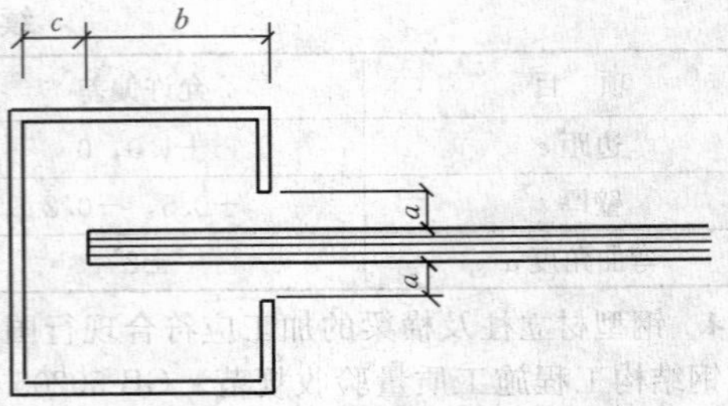

图9.5.2 单层玻璃与槽口的配合示意

9.5.3 中空玻璃与槽口的配合尺寸（图9.5.3）应符合表9.5.3的要求。

表9.5.3 中空玻璃与槽口的配合尺寸（mm）

中空玻璃厚度（mm）	*a*	*b*	*c*		
			下边	上边	侧边
$6+d_a+6$	≥5	≥17	≥7	≥5	≥5
$8+d_a+8$ 及以上	≥6	≥18	≥7	≥5	≥5
注：d_a 为空气层厚度，不应小于9mm。					

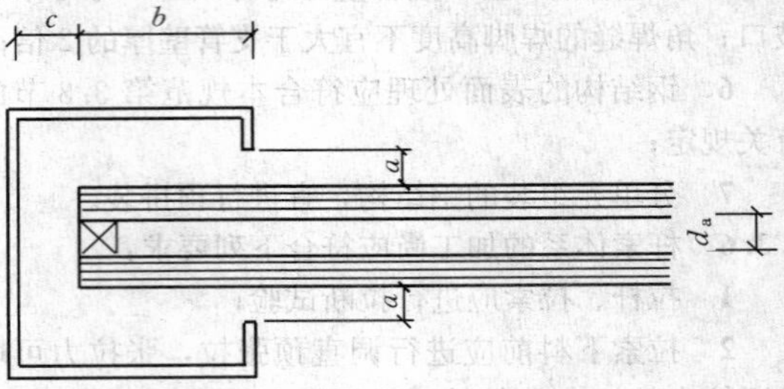

图9.5.3 中空玻璃与槽口的配合示意

9.5.4 明框幕墙组件的导气孔及排水孔设置应符合设计要求，组装时应保证导气孔及排水孔通畅。

9.5.5 明框幕墙组件应拼装严密。设计要求密封时，应采用硅酮建筑密封胶进行密封。

9.5.6 明框幕墙组装时，应采取措施控制玻璃与铝合金框料之间的间隙。玻璃的下边缘应采用两块压模成型的氯丁橡胶垫块支承，垫块的尺寸应符合本规范第4.3.11条的要求。

9.6 隐框幕墙组件

9.6.1 半隐框、隐框幕墙中，对玻璃面板及铝框的清洁应符合下列要求：

1 玻璃和铝框粘结表面的尘埃、油渍和其他污物，应分别使用带溶剂的擦布和干擦布清除干净；

2 应在清洁后一小时内进行注胶；注胶前再度污染时，应重新清洁；

3 每清洁一个构件或一块玻璃，应更换清洁的干擦布。

9.6.2 使用溶剂清洁时，应符合下列要求：

1 不应将擦布浸泡在溶剂里，应将溶剂倾倒在擦布上；

2 使用和贮存溶剂，应采用干净的容器；

3 使用溶剂的场所严禁烟火；

4 应遵守所用溶剂标签或包装上标明的注意事项。

9.6.3 硅酮结构密封胶注胶前必须取得合格的相容性检验报告，必要时应加涂底漆；双组份硅酮结构密封胶尚应进行混匀性蝴蝶试验和拉断试验。

9.6.4 采用硅酮结构密封胶粘结板块时，不应使结构胶长期处于单独受力状态。硅酮结构密封胶组件在固化并达到足够承载力前不应搬动。

9.6.5 隐框玻璃幕墙装配组件的注胶必须饱满，不得出现气泡，胶缝表面应平整光滑；收胶缝的余胶不得重复使用。

9.6.6 硅酮结构密封胶完全固化后，隐框玻璃幕墙装配组件的尺寸偏差应符合表 9.6.6 的规定。

表 9.6.6 结构胶完全固化后隐框玻璃幕墙组件的尺寸允许偏差（mm）

序号	项目	尺寸范围	允许偏差
1	框长宽尺寸		±1.0
2	组件长宽尺寸		±2.5
3	框接缝高度差		≤0.5
4	框内侧对角线差及组件对角线差	当长边≤2000 时	≤2.5
		当长边＞2000 时	≤3.5
5	框组装间隙		≤0.5
6	胶缝宽度		$^{+2.0}_{0}$
7	胶缝厚度		$^{+0.5}_{0}$
8	组件周边玻璃与铝框位置差		±1.0
9	结构组件平面度		≤3.0
10	组件厚度		±1.5

9.6.7 当隐框玻璃幕墙采用悬挑玻璃时，玻璃的悬挑尺寸应符合计算要求，且不宜超过 150mm。

9.7 单元式玻璃幕墙

9.7.1 单元式玻璃幕墙在加工前应对各板块编号，并应注明加工、运输、安装方向和顺序。

9.7.2 单元板块的构件连接应牢固，构件连接处的缝隙应采用硅酮建筑密封胶密封，胶缝的施工应符合本规范第 10.3.7 条的要求。

9.7.3 单元板块的吊挂件、支撑件应具备可调整范围，并应采用不锈钢螺栓将吊挂件与立柱固定牢固，固定螺栓不得少于 2 个。

9.7.4 单元板块的硅酮结构密封胶不宜外露。

9.7.5 明框单元板块在搬动、运输、吊装过程中，应采取措施防止玻璃滑动或变形。

9.7.6 单元板块组装完成后，工艺孔宜封堵，通气孔及排水孔应畅通。

9.7.7 当采用自攻螺钉连接单元组件框时，每处螺钉不应少于 3 个，螺钉直径不应小于 4mm。螺钉孔最大内径、最小内径和拧入扭矩应符合表 9.7.7 的要求。

表 9.7.7 螺钉孔内径和扭矩要求

螺钉公称直径（mm）	孔径（mm） 最小	孔径（mm） 最大	扭矩（Nm）
4.2	3.430	3.480	4.4
4.6	4.015	4.065	6.3
5.5	4.735	4.785	10.0
6.3	5.475	5.525	13.6

9.7.8 单元组件框加工制作允许偏差应符合表 9.7.8 的规定。

表 9.7.8 单元组件框加工制作允许尺寸偏差

序号	项目		允许偏差	检查方法
1	框长（宽）度（mm）	≤2000	±1.5mm	钢尺或板尺
		＞2000	±2.0mm	
2	分格长（宽）度（mm）	≤2000	±1.5mm	钢尺或板尺
		＞2000	±2.0mm	
3	对角线长度差（mm）	≤2000	≤2.5mm	钢尺或板尺
		＞2000	≤3.5mm	
4	接缝高低差		≤0.5mm	游标深度尺
5	接缝间隙		≤0.5mm	塞片
6	框面划伤		≤3 处且总长≤100mm	
7	框料擦伤		≤3 处且总面积≤200mm²	

9.7.9 单元组件组装允许偏差应符合表 9.7.9 的规定。

表 9.7.9 单元组件组装允许偏差

序号	项目		允许偏差（mm）	检查方法
1	组件长度、宽度（mm）	≤2000	±1.5	钢尺
		＞2000	±2.0	
2	组件对角线长度差（mm）	≤2000	≤2.5	钢尺
		＞2000	≤3.5	

续表

序号	项　目	允许偏差(mm)	检查方法
3	胶缝宽度	+1.0 0	卡尺或钢板尺
4	胶缝厚度	+0.5 0	卡尺或钢板尺
5	各搭接量（与设计值比）	+1.0 0	钢板尺
6	组件平面度	≤1.5	1m靠尺
7	组件内镶板间接缝宽度（与设计值比）	±1.0	塞尺
8	连接构件竖向中轴线距组件外表面（与设计值比）	±1.0	钢尺
9	连接构件水平轴线距组件水平对插中心线	±1.0 （可上、下调节时±2.0）	钢尺
10	连接构件竖向轴线距组件竖向对插中心线	±1.0	钢尺
11	两连接构件中心线水平距离	±1.0	钢尺
12	两连接构件上、下端水平距离差	±0.5	钢尺
13	两连接构件上、下端对角线差	±1.0	钢尺

9.8　玻璃幕墙构件检验

9.8.1　玻璃幕墙构件应按构件的5%进行随机抽样检查，且每种构件不得少于5件。当有一个构件不符合要求时，应加倍抽查，复检合格后方可出厂。

9.8.2　产品出厂时，应附有构件合格证书。

10　安装施工

10.1　一般规定

10.1.1　安装玻璃幕墙的主体结构，应符合有关结构施工质量验收规范的要求。

10.1.2　进场安装的玻璃幕墙构件及附件的材料品种、规格、色泽和性能，应符合设计要求。

10.1.3　玻璃幕墙的安装施工应单独编制施工组织设计，并应包括下列内容：

1　工程进度计划；

2　与主体结构施工、设备安装、装饰装修的协调配合方案；

3　搬运、吊装方法；

4　测量方法；

5　安装方法；

6　安装顺序；

7　构件、组件和成品的现场保护方法；

8　检查验收；

9　安全措施。

10.1.4　单元式玻璃幕墙的安装施工组织设计尚应包括以下内容：

1　吊具的类型和吊具的移动方法，单元组件起吊地点、垂直运输与楼层上水平运输方法和机具；

2　收口单元位置、收口闭合工艺及操作方法；

3　单元组件吊装顺序以及吊装、调整、定位固定等方法和措施；

4　幕墙施工组织设计应与主体工程施工组织设计的衔接，单元幕墙收口部位应与总施工平面图中施工机具的布置协调，如果采用吊车直接吊装单元组件时，应使吊车臂覆盖全部安装位置。

10.1.5　点支承玻璃幕墙的安装施工组织设计尚应包括以下内容：

1　支承钢结构的运输、现场拼装和吊装方案；

2　拉杆、拉索体系预拉力的施加、测量、调整方案以及索杆的定位、固定方法；

3　玻璃的运输、就位、调整和固定方法；

4　胶缝的充填及质量保证措施。

10.1.6　采用脚手架施工时，玻璃幕墙安装施工厂商应与土建施工单位协商幕墙施工所用脚手架方案。悬挂式脚手架宜为3层层高；落地式脚手架应为双排布置。

10.1.7　玻璃幕墙的施工测量应符合下列要求：

1　玻璃幕墙分格轴线的测量应与主体结构测量相配合，其偏差应及时调整，不得积累；

2　应定期对玻璃幕墙的安装定位基准进行校核；

3　对高层建筑的测量应在风力不大于4级时进行。

10.1.8　幕墙安装过程中，构件存放、搬运、吊装时不应碰撞和损坏；半成品应及时保护；对型材保护膜应采取保护措施。

10.1.9　安装镀膜玻璃时，镀膜面的朝向应符合设计要求。

10.1.10　焊接作业时，应采取保护措施防止烧伤型材或玻璃镀膜。

10.2　安装施工准备

10.2.1　安装施工之前，幕墙安装厂商应会同土建承包商检查现场清洁情况、脚手架和起重运输设备，确认是否具备幕墙施工条件。

10.2.2　构件储存时应依照安装顺序排列，储存架应有足够的承载能力和刚度。在室外储存时应采取保护措施。

10.2.3　玻璃幕墙与主体结构连接的预埋件，应在主体结构施工时按设计要求埋设；预埋件位置偏差不应大于20mm。

10.2.4　预埋件位置偏差过大或未设预埋件时，应制订补救措施或可靠连接方案，经与业主、土建设计单位洽商同意后，方可实施。

10.2.5 由于主体结构施工偏差而妨碍幕墙施工安装时，应会同业主和土建承建商采取相应措施，并在幕墙安装前实施。

10.2.6 采用新材料、新结构的幕墙，宜在现场制作样板，经业主、监理、土建设计单位共同认可后方可进行安装施工。

10.2.7 构件安装前均应进行检验与校正。不合格的构件不得安装使用。

10.3 构件式玻璃幕墙

10.3.1 玻璃幕墙立柱的安装应符合下列要求：

1 立柱安装轴线偏差不应大于 2mm；

2 相邻两根立柱安装标高偏差不应大于 3mm，同层立柱的最大标高偏差不应大于 5mm；相邻两根立柱固定点的距离偏差不应大于 2mm；

3 立柱安装就位、调整后应及时紧固。

10.3.2 玻璃幕墙横梁安装应符合下列要求：

1 横梁应安装牢固，设计中横梁和立柱间留有空隙时，空隙宽度应符合设计要求；

2 同一根横梁两端或相邻两根横梁的水平标高偏差不应大于 1mm。同层标高偏差：当一幅幕墙宽度不大于 35m 时，不应大于 5mm；当一幅幕墙宽度大于 35m 时，不应大于 7mm；

3 当安装完成一层高度时，应及时进行检查、校正和固定。

10.3.3 玻璃幕墙其他主要附件安装应符合下列要求：

1 防火、保温材料应铺设平整且可靠固定，拼接处不应留缝隙；

2 冷凝水排出管及其附件应与水平构件预留孔连接严密，与内衬板出水孔连接处应密封；

3 其他通气槽孔及雨水排出口等应按设计要求施工，不得遗漏；

4 封口应按设计要求进行封闭处理；

5 玻璃幕墙安装用的临时螺栓等，应在构件紧固后及时拆除；

6 采用现场焊接或高强螺栓紧固的构件，应在紧固后及时进行防锈处理。

10.3.4 幕墙玻璃安装应按下列要求进行：

1 玻璃安装前应进行表面清洁。除设计另有要求外，应将单片阳光控制镀膜玻璃的镀膜面朝向室内，非镀膜面朝向室外；

2 应按规定型号选用玻璃四周的橡胶条，其长度宜比边框内槽口长 1.5%～2%；橡胶条斜面断开后应拼成预定的设计角度，并应采用粘结剂粘结牢固；镶嵌应平整。

10.3.5 铝合金装饰压板的安装，应表面平整、色彩一致，接缝应均匀严密。

10.3.6 硅酮建筑密封胶不宜在夜晚、雨天打胶，打胶温度应符合设计要求和产品要求，打胶前应使打胶面清洁、干燥。

10.3.7 构件式玻璃幕墙中硅酮建筑密封胶的施工应符合下列要求：

1 硅酮建筑密封胶的施工厚度应大于 3.5mm，施工宽度不宜小于施工厚度的 2 倍；较深的密封槽口底部应采用聚乙烯发泡材料填塞；

2 硅酮建筑密封胶在接缝内应两对面粘结，不应三面粘结。

10.4 单元式玻璃幕墙

10.4.1 单元吊装机具准备应符合下列要求：

1 应根据单元板块选择适当的吊装机具，并与主体结构安装牢固；

2 吊装机具使用前，应进行全面质量、安全检验；

3 吊具设计应使其在吊装中与单元板块之间不产生水平方向分力；

4 吊具运行速度应可控制，并有安全保护措施；

5 吊装机具应采取防止单元板块摆动的措施。

10.4.2 单元构件运输应符合下列要求：

1 运输前单元板块应顺序编号，并做好成品保护；

2 装卸及运输过程中，应采用有足够承载力和刚度的周转架，衬垫弹性垫，保证板块相互隔开并相对固定，不得相互挤压和串动；

3 超过运输允许尺寸的单元板块，应采取特殊措施；

4 单元板块应按顺序摆放平衡，不应造成板块或型材变形；

5 运输过程中，应采取措施减小颠簸。

10.4.3 在场内堆放单元板块时，应符合下列要求：

1 宜设置专用堆放场地，并应有安全保护措施；

2 宜存放在周转架上；

3 应依照安装顺序先出后进的原则按编号排列放置；

4 不应直接叠层堆放；

5 不宜频繁装卸。

10.4.4 起吊和就位应符合下列要求：

1 吊点和挂点应符合设计要求，吊点不应少于 2 个。必要时可增设吊点加固措施并试吊；

2 起吊单元板块时，应使各吊点均匀受力，起吊过程应保持单元板块平稳；

3 吊装升降和平移应使单元板块不摆动、不撞击其他物体；

4 吊装过程应采取措施保证装饰面不受磨损和挤压；

5 单元板块就位时，应先将其挂到主体结构的挂点上，板块未固定前，吊具不得拆除。

10.4.5 连接件安装允许偏差应符合表10.4.5的规定。

10.4.6 校正及固定应按下列规定进行：

1 单元板块就位后，应及时校正；

2 单元板块校正后，应及时与连接部位固定，并应进行隐蔽工程验收；

表 10.4.5 连接件安装允许偏差

序号	项目	允许偏差（mm）	检查方法
1	标高	±1.0（可上下调节时±2.0）	水准仪
2	连接件两端点平行度	≤1.0	钢尺
3	距安装轴线水平距离	≤1.0	钢尺
4	垂直偏差（上、下两端点与垂线偏差）	±1.0	钢尺
5	两连接件连接点中心水平距离	±1.0	钢尺
6	两连接件上、下端对角线差	±1.0	钢尺
7	相邻三连接件（上下、左右）偏差	±1.0	钢尺

3 单元式幕墙安装固定后的偏差应符合表10.4.6的要求；

表 10.4.6 单元式幕墙安装允许偏差

序号	项目		允许偏差（mm）	检查方法
1	竖缝及墙面垂直度	幕墙高度 H（m） $H \leqslant 30$	≤10	激光经纬仪或经纬仪
		$30 < H \leqslant 60$	≤15	
		$60 < H \leqslant 90$	≤20	
		$H > 90$	≤25	
2	幕墙平面度		≤2.5	2m靠尺、钢板尺
3	竖缝直线度		≤2.5	2m靠尺、钢板尺
4	横缝直线度		≤2.5	2m靠尺、钢板尺
5	缝宽度（与设计值比）		±2	卡尺
6	耐候胶缝直线度	$L \leqslant 20$m	1	钢尺
		20m$< L \leqslant$60m	3	
		60m$< L \leqslant$100m	6	
		$L >$100m	10	
7	两相邻面板之间接缝高低差		≤1.0	深度尺
8	同层单元组件标高	宽度不大于35m	≤3.0	激光经纬仪或经纬仪
		宽度大于35m	≤5.0	

续表

序号	项目	允许偏差（mm）	检查方法
9	相邻两组件面板表面高低差	≤1.0	深度尺
10	两组件对插件接缝搭接长度（与设计值比）	±1.0	卡尺
11	两组件对插件距槽底距离（与设计值比）	±1.0	卡尺

4 单元板块固定后，方可拆除吊具，并应及时清洁单元板块的型材槽口。

10.4.7 施工中如果暂停安装，应将对插槽口等部位进行保护；安装完毕的单元板块应及时进行成品保护。

10.5 全玻幕墙

10.5.1 全玻幕墙安装前，应清洁镶嵌槽；中途暂停施工时，应对槽口采取保护措施。

10.5.2 全玻幕墙安装过程中，应随时检测和调整面板、玻璃肋的水平度和垂直度，使墙面安装平整。

10.5.3 每块玻璃的吊夹应位于同一平面，吊夹的受力应均匀。

10.5.4 全玻幕墙玻璃两边嵌入槽口深度及预留空隙应符合设计要求，左右空隙尺寸宜相同。

10.5.5 全玻幕墙的玻璃宜采用机械吸盘安装，并应采取必要的安全措施。

10.5.6 全玻幕墙施工质量应符合表10.5.6的要求。

表 10.5.6 全玻幕墙施工质量要求

序号	项目		允许偏差	测量方法
1	幕墙平面的垂直度	幕墙高度 H（m）		激光仪或经纬仪
		$H \leqslant 30$	10mm	
		$30 < H \leqslant 60$	15mm	
		$60 < H \leqslant 90$	20mm	
		$H > 90$	25mm	
2	幕墙的平面度		2.5mm	2m靠尺，钢板尺
3	竖缝的直线度		2.5mm	2m靠尺，钢板尺
4	横缝的直线度		2.5mm	2m靠尺，钢板尺
5	线缝宽度（与设计值比较）		±2mm	卡尺
6	两相邻面板之间的高低差		1.0mm	深度尺
7	玻璃面板与肋板夹角与设计值偏差		≤1°	量角器

10.6 点支承玻璃幕墙

10.6.1 点支承玻璃幕墙支承结构的安装应符合下列要求：

1 钢结构安装过程中，制孔、组装、焊接和涂装等工序均应符合现行国家标准《钢结构工程施工质量验收规范》GB 50205 的有关规定；

2 大型钢结构构件应进行吊装设计，并应试吊；

3 钢结构安装就位、调整后应及时紧固，并应进行隐蔽工程验收；

4 钢构件在运输、存放和安装过程中损坏的涂层以及未涂装的安装连接部位，应按现行国家标准《钢结构工程施工质量验收规范》GB 50205 的有关规定补涂。

10.6.2 张拉杆、索体系中，拉杆和拉索预拉力的施加应符合下列要求：

1 钢拉杆和钢拉索安装时，必须按设计要求施加预拉力，并宜设置预拉力调节装置；预拉力宜采用测力计测定。采用扭力扳手施加预拉力时，应事先进行标定；

2 施加预拉力应以张拉力为控制量；拉杆、拉索的预拉力应分次、分批对称张拉；在张拉过程中，应对拉杆、拉索的预拉力随时调整；

3 张拉前必须对构件、锚具等进行全面检查，并应签发张拉通知单。张拉通知单应包括张拉日期、张拉分批次数、每次张拉控制力、张拉用机具、测力仪器及使用安全措施和注意事项；

4 应建立张拉记录；

5 拉杆、拉索实际施加的预拉力值应考虑施工温度的影响。

10.6.3 支承结构构件的安装偏差应符合表 10.6.3 的要求。

10.6.4 点支承玻璃幕墙爪件安装前，应精确定出其安装位置。爪座安装的允许偏差应符合本规范表 10.6.3 的规定。

10.6.5 点支承玻璃幕墙面板安装质量应符合本规范表 10.5.6 的相应规定。

表 10.6.3 支承结构安装技术要求

名 称	允许偏差（mm）
相邻两竖向构件间距	±2.5
竖向构件垂直度	l/1000 或≤5，l 为跨度
相邻三竖向构件外表面平面度	5
相邻两爪座水平间距和竖向距离	±1.5
相邻两爪座水平高低差	1.5
爪座水平度	2
同层高度内爪座高低差： 间距不大于 35m 间距大于 35m	 5 7
相邻两爪座垂直间距	±2.0
单个分格爪座对角线差	4
爪座端面平面度	6.0

10.7 安 全 规 定

10.7.1 玻璃幕墙安装施工应符合现行行业标准《建筑施工高处作业安全技术规范》JGJ 80、《建筑机械使用安全技术规程》JGJ 33、《施工现场临时用电安全技术规范》JGJ 46 的有关规定。

10.7.2 安装施工机具在使用前，应进行严格检查。电动工具应进行绝缘电压试验；手持玻璃吸盘及玻璃吸盘机应进行吸附重量和吸附持续时间试验。

10.7.3 采用外脚手架施工时，脚手架应经过设计，并应与主体结构可靠连接。采用落地式钢管脚手架时，应双排布置。

10.7.4 当高层建筑的玻璃幕墙安装与主体结构施工交叉作业时，在主体结构的施工层下方应设置防护网；在距离地面约 3m 高度处，应设置挑出宽度不小于 6m 的水平防护网。

10.7.5 采用吊篮施工时，应符合下列要求：

1 吊篮应进行设计，使用前应进行安全检查；

2 吊篮不应作为竖向运输工具，并不得超载；

3 不应在空中进行吊篮检修；

4 吊篮上的施工人员必须配系安全带。

10.7.6 现场焊接作业时，应采取防火措施。

11 工 程 验 收

11.1 一 般 规 定

11.1.1 玻璃幕墙工程验收前应将其表面清洗干净。

11.1.2 玻璃幕墙验收时应提交下列资料：

1 幕墙工程的竣工图或施工图、结构计算书、设计变更文件及其他设计文件；

2 幕墙工程所用各种材料、附件及紧固件、构件及组件的产品合格证书、性能检测报告、进场验收记录和复验报告；

3 进口硅酮结构胶的商检证；国家指定检测机构出具的硅酮结构胶相容性和剥离粘结性试验报告；

4 后置埋件的现场拉拔检测报告；

5 幕墙的风压变形性能、气密性能、水密性能检测报告及其他设计要求的性能检测报告；

6 打胶、养护环境的温度、湿度记录；双组份硅酮结构胶的混匀性试验记录及拉断试验记录；

7 防雷装置测试记录；

8 隐蔽工程验收文件；

9 幕墙构件和组件的加工制作记录；幕墙安装施工记录；

10 张拉杆索体系预拉力张拉记录；

11 淋水试验记录；

12 其他质量保证资料。

11.1.3 玻璃幕墙工程验收前，应在安装施工中完成下列隐蔽项目的现场验收：

1 预埋件或后置螺栓连接件；

2 构件与主体结构的连接节点；

3 幕墙四周、幕墙内表面与主体结构之间的封堵；

4 幕墙伸缩缝、沉降缝、防震缝及墙面转角节点；

5 隐框玻璃板块的固定；

6 幕墙防雷连接节点；

7 幕墙防火、隔烟节点；

8 单元式幕墙的封口节点。

11.1.4 玻璃幕墙工程质量检验应进行观感检验和抽样检验，并应按下列规定划分检验批，每幅玻璃幕墙均应检验。

1 相同设计、材料、工艺和施工条件的玻璃幕墙工程每 500～1000m² 为一个检验批，不足 500m² 应划分为一个检验批。每个检验批每 100 m² 应至少抽查一处，每处不得少于 10 m²；

2 同一单位工程的不连续的幕墙工程应单独划分检验批；

3 对于异形或有特殊要求的幕墙，检验批的划分应根据幕墙的结构、工艺特点及幕墙工程的规模，宜由监理单位、建设单位和施工单位协商确定。

11.2 框支承玻璃幕墙

11.2.1 玻璃幕墙观感检验应符合下列要求：

1 明框幕墙框料应横平竖直；单元式幕墙的单元接缝或隐框幕墙分格玻璃接缝应横平竖直，缝宽应均匀，并符合设计要求；

2 铝合金材料不应有脱膜现象；玻璃的品种、规格与色彩应与设计相符，整幅幕墙玻璃的色泽应均匀；并不应有析碱、发霉和镀膜脱落等现象；

3 装饰压板表面应平整，不应有肉眼可察觉的变形、波纹或局部压砸等缺陷；

4 幕墙的上下边及侧边封口、沉降缝、伸缩缝、防震缝的处理及防雷体系应符合设计要求；

5 幕墙隐蔽节点的遮封装修应整齐美观；

6 淋水试验时，幕墙不应渗漏。

11.2.2 框支承玻璃幕墙工程抽样检验应符合下列要求：

1 铝合金料及玻璃表面不应有铝屑、毛刺、明显的电焊伤痕、油斑和其他污垢；

2 幕墙玻璃安装应牢固，橡胶条应镶嵌密实、密封胶应填充平整；

3 每平方米玻璃的表面质量应符合表 11.2.2-1 的规定；

4 一个分格铝合金框料表面质量应符合表 11.2.2-2 的规定；

5 铝合金框架构件安装质量应符合表 11.2.2-3 的规定，测量检查应在风力小于 4 级时进行。

表 11.2.2-1 每平方米玻璃表面质量要求

项目	质量要求
0.1～0.3mm 宽划伤痕	长度小于 100mm；不超过 8 条
擦伤	不大于 500mm²

表 11.2.2-2 一个分格铝合金框料表面质量要求

项目	质量要求
擦伤、划伤深度	不大于氧化膜厚度的 2 倍
擦伤总面积（mm²）	不大于 500
划伤总长度（mm）	不大于 150
擦伤和划伤处数	不大于 4

注：一个分格铝合金框料指该分格的四周框架构件。

表 11.2.2-3 铝合金框架构件安装质量要求

	项目		允许偏差（mm）	检查方法
1	幕墙垂直度	幕墙高度不大于 30m	10	激光仪或经纬仪
		幕墙高度大于 30m、不大于 60m	15	
		幕墙高度大于 60m、不大于 90m	20	
		幕墙高度大于 90m、不大于 150m	25	
		幕墙高度大于 150m	30	
2	竖向构件直线度		2.5	2m 靠尺，塞尺
3	横向构件水平度	长度不大于 2000mm	2	水平仪
		长度大于 2000mm	3	
4	同高度相邻两根横向构件高度差		1	钢板尺、塞尺
5	幕墙横向构件水平度	幅宽不大于 35m	5	水平仪
		幅宽大于 35m	7	
6	分格框对角线差	对角线长不大于 2000mm	3	对角线尺或钢卷尺
		对角线长大于 2000mm	3.5	

注：1 表中 1～5 项按抽样根数检查，第 6 项按抽样分格数检查；
2 垂直于地面的幕墙，竖向构件垂直度包括幕墙平面内及平面外的检查；
3 竖向直线度包括幕墙平面内及平面外的检查。

11.2.3 隐框玻璃幕墙的安装质量应符合表 11.2.3 的规定。

11.2.4 玻璃幕墙工程抽样检验数量，每幅幕墙的竖向构件或竖向接缝和横向构件或横向接缝应各抽查 5%，并均不得少于 3 根；每幅幕墙分格应各抽查 5%，并不得少于 10 个。抽检质量应符合本规范第

11.2.2 条或第 11.2.3 条的规定。

注：1 抽样的样品，1 根竖向构件或竖向接缝指该幕墙全高的 1 根构件或接缝；1 根横向构件或横向接缝指该幅幕墙全宽的 1 根构件或接缝；

2 凡幕墙上的开启部分，其抽样检验的工程验收应符合现行国家标准《建筑装饰装修工程质量验收规范》GB 50210 的有关规定。

表 11.2.3 隐框玻璃幕墙安装质量要求

项 目			允许偏差（mm）	检查方法
1	竖缝及墙面垂直度	幕墙高度不大于 30m	10	激光仪或经纬仪
		幕墙高度大于 30m，不大于 60m	15	
		幕墙高度大于 60m，不大于 90m	20	
		幕墙高度大于 90m，不大于 150m	25	
		幕墙高度大于 150m	30	
2	幕墙平面度		2.5	2m 靠尺，钢板尺
3	竖缝直线度		2.5	2m 靠尺，钢板尺
4	横缝直线度		2.5	2m 靠尺，钢板尺
5	拼缝宽度（与设计值比）		2	卡尺

11.3 全玻幕墙

11.3.1 墙面外观应平整，胶缝应平整光滑、宽度均匀。胶缝宽度与设计值的偏差不应大于 2mm。

11.3.2 玻璃面板与玻璃肋之间的垂直度偏差不应大于 2mm；相邻玻璃面板的平面高低偏差不应大于 1mm。

11.3.3 玻璃与镶嵌槽的间隙应符合设计要求，密封胶应灌注均匀、密实、连续。

11.3.4 玻璃与周边结构或装修的空隙不应小于 8mm，密封胶填缝应均匀、密实、连续。

11.4 点支承玻璃幕墙

11.4.1 玻璃幕墙大面应平整，胶缝应横平竖直、缝宽均匀、表面平滑。钢结构焊缝应平滑，防腐涂层应均匀、无破损。不锈钢件的光泽度应与设计相符，且无锈斑。

11.4.2 钢结构验收应符合现行国家标准《钢结构工程施工质量验收规范》GB 50205 的要求。

11.4.3 拉杆和拉索的预拉力应符合设计要求。

11.4.4 点支承幕墙安装允许偏差应符合表 11.4.4 的规定。

11.4.5 钢爪安装偏差应符合下列要求：

1 相邻钢爪水平距离和竖向距离为±1.5mm；

2 同层钢爪高度允许偏差应符合表 11.4.5 的规定。

表 11.4.4 点支承幕墙安装允许偏差

项 目		允许偏差（mm）	检查方法
竖缝及墙面垂直度	高度不大于 30m	10.0	激光仪或经纬仪
	高度大于 30m 但不大于 50m	15.0	
平面度		2.5	2m 靠尺、钢板尺
胶缝直线度		2.5	2m 靠尺、钢板尺
拼缝宽度		2	卡尺
相邻玻璃平面高低差		1.0	塞尺

表 11.4.5 同层钢爪高度允许偏差

水平距离 L（m）	允许偏差（×1000mm）
$L \leqslant 35$	$L/700$
$35 < L \leqslant 50$	$L/600$
$50 < L \leqslant 100$	$L/500$

12 保养和维修

12.1 一般规定

12.1.1 幕墙工程竣工验收时，承包商应向业主提供《幕墙使用维护说明书》。《幕墙使用维护说明书》应包括下列内容：

1 幕墙的设计依据、主要性能参数及幕墙结构的设计使用年限；

2 使用注意事项；

3 环境条件变化对幕墙工程的影响；

4 日常与定期的维护、保养要求；

5 幕墙的主要结构特点及易损零部件更换方法；

6 备品、备件清单及主要易损件的名称、规格；

7 承包商的保修责任。

12.1.2 幕墙工程承包商在幕墙交付使用前应为业主培训幕墙维修、维护人员。

12.1.3 幕墙交付使用后，业主应根据《幕墙使用维护说明书》的相关要求及时制定幕墙的维修、保养计划与制度。

12.1.4 雨天或 4 级以上风力的天气情况下不宜使用开启窗；6 级以上风力时，应全部关闭开启窗。

12.1.5 幕墙外表面的检查、清洗、保养与维修工作不得在 4 级以上风力和大雨（雪）天气下进行。

12.1.6 幕墙外表面的检查、清洗、保养与维修使用的作业机具设备（举升机、擦窗机、吊篮等）应保养良好、功能正常、操作方便、安全可靠；每次使用前都应进行安全装置的检查，确保设备与人员安全。

12.1.7 幕墙外表面的检查、清洗、保养与维修的作业中，凡属高空作业者，应符合现行行业标准《建筑施工高处作业安全技术规范》JGJ 80 的有关规定。

12.2 检查与维修

12.2.1 日常维护和保养应符合下列规定：

1 应保持幕墙表面整洁，避免锐器及腐蚀性气体和液体与幕墙表面接触；

2 应保持幕墙排水系统的畅通，发现堵塞应及时疏通；

3 在使用过程中如发现门、窗启闭不灵或附件损坏等现象时，应及时修理或更换；

4 当发现密封胶或密封胶条脱落或损坏时，应及时进行修补与更换；

5 当发现幕墙构件或附件的螺栓、螺钉松动或锈蚀时，应及时拧紧或更换；

6 当发现幕墙构件锈蚀时，应及时除锈补漆或采取其他防锈措施。

12.2.2 定期检查和维护应符合下列规定：

1 在幕墙工程竣工验收后一年时，应对幕墙工程进行一次全面的检查，此后每五年应检查一次。检查项目应包括：

1）幕墙整体有无变形、错位、松动，如有，则应对该部位对应的隐蔽结构进行进一步检查；幕墙的主要承力构件、连接构件和连接螺栓等是否损坏、连接是否可靠、有无锈蚀等；

2）玻璃面板有无松动和损坏；

3）密封胶有无脱胶、开裂、起泡，密封胶条有无脱落、老化等损坏现象；

4）开启部分是否启闭灵活，五金附件是否有功能障碍或损坏，安装螺栓或螺钉是否松动和失效；

5）幕墙排水系统是否通畅。

2 应对第1款检查项目中不符合要求者进行维修或更换；

3 施加预拉力的拉杆或拉索结构的幕墙工程在工程竣工验收后六个月时，必须对该工程进行一次全面的预拉力检查和调整，此后每三年应检查一次；

4 幕墙工程使用十年后应对该工程不同部位的结构硅酮密封胶进行粘接性能的抽样检查；此后每三年宜检查一次。

12.2.3 灾后检查和修复应符合下列规定：

1 当幕墙遭遇强风袭击后，应及时对幕墙进行全面的检查，修复或更换损坏的构件。对施加预拉力的拉杆或拉索结构的幕墙工程，应进行一次全面的预拉力检查和调整；

2 当幕墙遭遇地震、火灾等灾害后，应由专业技术人员对幕墙进行全面的检查，并根据损坏程度制定处理方案，及时处理。

12.3 清 洗

12.3.1 业主应根据幕墙表面的积灰污染程度，确定其清洗次数，但不应少于每年一次。

12.3.2 清洗幕墙应按《幕墙使用维护说明书》要求选用清洗液。

12.3.3 清洗幕墙过程中不得撞击和损伤幕墙。

附录A 耐候钢强度设计值

A.0.1 耐候钢强度设计值可按表A.0.1采用。

表A.0.1 耐候钢强度设计值（N/mm^2）

钢号	厚度 t（mm）	屈服强度 σ_s	受拉强度 f_s	受剪强度 f_v	承压强度 f_{ce}
Q235NH	$t\leqslant16$	235	216	125	295
	$16<t\leqslant40$	225	207	120	295
	$40<t\leqslant60$	215	198	115	295
	>60	215	198	115	295
Q295NH	$\leqslant16$	295	271	157	344
	$16<t\leqslant40$	285	262	152	344
	$40<t\leqslant60$	275	253	147	344
	$60<t\leqslant100$	255	235	136	344
Q355NH	$\leqslant16$	355	327	189	402
	$16<t\leqslant40$	345	317	184	402
	$40<t\leqslant60$	335	308	179	402
	$60<t\leqslant100$	325	299	173	402
Q460NH	$\leqslant16$	460	414	240	451
	$16<t\leqslant40$	450	405	235	451
	$40<t\leqslant60$	440	396	230	451
	$60<t\leqslant100$	430	387	224	451
Q295GNH（热轧）	$t\leqslant6$	295	271	157	320
	$t>6$	295	271	157	320
Q295GNHL（热轧）	$t\leqslant6$	295	271	157	353
	$t>6$	295	271	157	353
Q345GNH（热轧）	$t\leqslant6$	345	317	184	361
	$t>6$	345	317	184	361
Q345GNHL（热轧）	$t\leqslant6$	345	317	184	394
	$t>6$	345	317	184	394
Q390GNH（热轧）	$t\leqslant6$	390	359	208	402
	$t>6$	390	359	208	402
Q295GNH（冷轧）	$t\leqslant2.5$	260	239	139	320
Q295GNHL（冷轧）	$t\leqslant2.5$	260	239	139	320
Q345GNHL（冷轧）	$t\leqslant2.5$	320	294	171	369

附录B 钢结构连接强度设计值

B.0.1 钢结构连接的强度设计值应分别按表B.0.1-1、B.0.1-2、B.0.1-3采用。

表B.0.1-1 螺栓连接的强度设计值（N/mm²）

螺栓的性能等级、锚栓和构件钢材的牌号		普通螺栓						锚栓	承压型连接高强度螺栓		
		C级螺栓			A级、B级螺栓						
		抗拉 f_t^b	抗剪 f_v^b	承压 f_c^b	抗拉 f_t^b	抗剪 f_v^b	承压 f_c^b	抗拉 f_t^a	抗拉 f_t^b	抗剪 f_v^b	承压 f_c^b
普通螺栓	4.6级 4.8级	170	140	—	—	—	—	—	—	—	—
	5.6级	—	—	—	210	190	—	—	—	—	—
	8.8级	—	—	—	400	320	—	—	—	—	—
锚栓	Q235钢	—	—	—	—	—	—	140	—	—	—
	Q345钢	—	—	—	—	—	—	180	—	—	—
承压型连接高强度螺栓	8.8级	—	—	—	—	—	—	—	400	250	—
	10.9级	—	—	—	—	—	—	—	500	310	—
构件	Q235钢	—	—	305	—	—	405	—	—	—	470
	Q345钢	—	—	385	—	—	510	—	—	—	590
	Q390钢	—	—	400	—	—	530	—	—	—	615

注：1 A级螺栓用于公称直径 d 不大于24mm、螺杆公称长度不大于 $10d$ 且不大于150mm的螺栓；

2 B级螺栓用于公称直径 d 大于24mm、螺杆公称长度大于 $10d$ 或大于150mm的螺栓；

3 A、B级螺栓孔的精度和孔壁表面粗糙度，C级螺栓孔允许偏差和孔壁表面的表面粗糙度，均应符合现行国家标准《钢结构工程施工质量验收规范》GB50205的要求。

表B.0.1-2 铆钉连接的强度设计值（N/mm²）

铆钉钢号或构件钢材牌号		抗拉（铆头拉脱）f_t^r	抗剪 f_v^r		承压 f_c^r	
			Ⅰ类孔	Ⅱ类孔	Ⅰ类孔	Ⅱ类孔
铆钉	BL2、BL3	120	185	155	—	
构件	Q235钢	—	—		450	365
	Q345钢	—	—		565	460
	Q390钢	—	—		590	480

注：1 属于下列情况者为Ⅰ类孔：

1）在装配好的构件上按设计孔径钻成的孔；

2）在单个零件和构件上按设计孔径分别用钻模钻成的孔；

3）在单个零件上先钻成或冲成较小的孔径，然后在装配好的构件上再扩钻至设计孔径的孔。

2 在单个零件上一次冲成或不用钻模钻成设计孔径的孔属于Ⅱ类孔。

表B.0.1-3 焊缝的强度设计值（N/mm²）

焊接方法和焊条型号	构件钢材		对接焊缝				角焊缝
	牌号	厚度或直径 d（mm）	抗压 f_c^w	抗拉和抗弯受拉 f_t^w		抗剪 f_v^w	抗拉、抗压和抗剪 f_f^w
				一级、二级	三级		
自动焊、半自动焊和E43型焊条的手工焊	Q235钢	$d\leqslant16$	215	215	185	125	160
		$16<d\leqslant40$	205	205	175	120	160
		$40<d\leqslant60$	200	200	170	115	160
自动焊、半自动焊和E50型焊条的手工焊	Q345钢	$d\leqslant16$	310	310	265	180	200
		$16<d\leqslant35$	295	295	250	170	200
		$35<d\leqslant50$	265	265	225	155	200
自动焊、半自动焊和E55型焊条的手工焊	Q390钢	$d\leqslant16$	350	350	300	205	220
		$16<d\leqslant35$	335	335	285	190	220
		$35<d\leqslant50$	315	315	270	180	220
自动焊、半自动焊和E55型焊条的手工焊	Q420钢	$d\leqslant16$	380	380	320	220	220
		$16<d\leqslant35$	360	360	305	210	220
		$35<d\leqslant50$	340	340	290	195	220

注：1 表中的一级、二级、三级是指焊缝质量等级，应符合现行国家标准《钢结构工程施工质量验收规范》GB 50205的规定。厚度小于8mm钢材的对接焊缝，不应采用超声探伤确定焊缝质量等级；

2 自动焊和半自动焊所采用的焊丝和焊剂，应保证其熔敷金属力学性能不低于现行国家标准《碳素钢埋弧焊用焊剂》GB/T 5293和《低合金钢埋弧焊用焊剂》GB/T 12470的相关规定；

3 表中厚度是指计算点的钢材厚度，对轴心受力构件是指截面中较厚板件的厚度。

B.0.2 计算下列情况的构件或连接件时，本规范第B.0.1条规定的强度设计值应乘以相应的折减系数；当下列几种情况同时存在时，其折减系数应连乘。

1 单面连接的单角钢按轴心受力计算强度和连接时，折减系数取0.85；

2 施工条件较差的高空安装焊缝和铆钉连接时，折减系数取0.90；

3 沉头或半沉头铆钉连接时，折减系数取0.80。

B.0.3 不锈钢螺栓强度设计值应按表B.0.3采用。

表B.0.3 不锈钢螺栓连接的强度设计值（N/mm²）

类别	组别	性能等级	σ_b	抗拉 f_s	抗剪 f_v
A（奥氏体）	A1、A2	50	500	230	175
	A3、A4	70	700	320	245
	A5	80	800	370	280

续表

类别	组别	性能等级	σ_b	抗拉 f_s	抗剪 f_v
C（马氏体）	C1	50	500	230	175
		70	700	320	245
		100	1000	460	350
	C3	80	800	370	280
	C4	50	500	230	175
		70	700	320	245
F（铁素体）	F1	45	450	210	160
		60	600	275	210

附录C　预埋件设计

C.0.1　由锚板和对称配置的直锚筋所组成的受力预埋件（图C），其锚筋的总截面面积 A_s 应符合下列规定：

1　当有剪力、法向拉力和弯矩共同作用时，应分别按公式（C.0.1-1）和（C.0.1-2）计算，并取二者的较大值：

$$A_s \geqslant \frac{V}{a_r a_v f_v} + \frac{N}{0.8 a_b f_y} + \frac{M}{1.3 a_r a_b f_y z} \quad (C.0.1\text{-}1)$$

$$A_s \geqslant \frac{N}{0.8 a_b f_y} + \frac{M}{0.4 a_r a_b f_y z} \quad (C.0.1\text{-}2)$$

2　当有剪力、法向压力和弯矩共同作用时，应分别按公式（C.0.1-3）和（C.0.1-4）计算，并取二者的较大值：

$$A_s \geqslant \frac{V-0.3N}{a_r a_v f_y} + \frac{M-0.4Nz}{1.3 a_r a_b f_y z} \quad (C.0.1\text{-}3)$$

$$A_s \geqslant \frac{M-0.4Nz}{0.4 a_r b_b f_y z} \quad (C.0.1\text{-}4)$$

$$a_v = (4.0 - 0.08d)\sqrt{\frac{f_c}{f_y}} \quad (C.0.1\text{-}5)$$

$$a_b = 0.6 + 0.25\frac{t}{d} \quad (C.0.1\text{-}6)$$

式中　V——剪力设计值（N）；

N——法向拉力或法向压力设计值（N），法向压力设计值不应大于 $0.5 f_c A$，此处 A 为锚板的面积（mm^2）；

M——弯矩设计值（Nmm）。当 M 小于 $0.4Nz$ 时，取 M 等于 $0.4Nz$；

a_r——钢筋层数影响系数，当锚筋等间距配置时，二层取1.0，三层取0.9，四层取0.85；

a_v——锚筋受剪承载力系数。当 a_v 大于0.7时，取 a_v 等于0.7；

d——钢筋直径（mm）；

t——锚板厚度（mm）；

a_b——锚板弯曲变形折减系数。当采取防止锚板弯曲变形的措施时，可取 a_b 等于1.0；

z——沿剪力作用方向最外层锚筋中心线之间的距离（mm）；

f_c——混凝土轴心抗压强度设计值（N/mm^2），应按现行国家标准《混凝土结构设计规范》GB 50010的规定采用；

f_y——钢筋抗拉强度设计值（N/mm^2），应按现行国家标准《混凝土结构设计规范》GB 50010的规定采用，但不应大于 $300N/mm^2$；

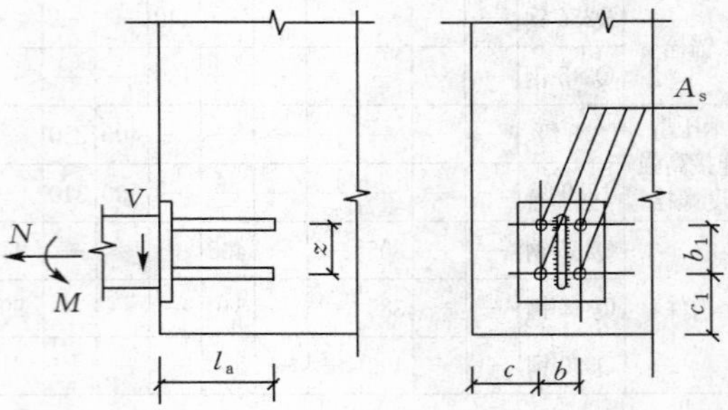

图C　锚板和直锚筋组成的预埋件

C.0.2　预埋件的锚板宜采用Q235级钢。锚筋应采用HPB235、HRB335或HRB400级热轧钢筋，严禁采用冷加工钢筋。

C.0.3　预埋件的受力直锚筋不宜少于4根，且不宜多于4层；其直径不宜小于8mm，且不宜大于25mm。受剪预埋件的直锚筋可采用2根。预埋件的锚筋应放置在构件的外排主筋的内侧。

C.0.4　直锚筋与锚板应采用T型焊。当锚筋直径不大于20mm时，宜采用压力埋弧焊；当锚筋直径大于20mm时，宜采用穿孔塞焊。当采用手工焊时，焊缝高度不宜小于6mm及 $0.5d$（HPB235级钢筋）或 $0.6d$（HRB335或HRB400级钢筋），d 为锚筋直径。

C.0.5　受拉直锚筋和弯折锚筋的锚固长度应符合下列要求：

1　当计算中充分利用锚筋的抗拉强度时，其锚固长度应按下式计算：

$$l_a = \alpha \frac{f_y}{f_t} d \quad (C.0.5)$$

式中　l_a——受拉钢筋锚固长度（mm）；

f_t——混凝土轴心抗拉强度设计值，应按现行国家标准《混凝土结构设计规范》GB

50010的规定取用；当混凝土强度等级高于C40时，按C40取值；

d——锚筋公称直径（mm）；

α——锚筋的外形系数，光圆钢筋取0.16，带肋钢筋取0.14。

2 抗震设计的幕墙，钢筋锚固长度应按本规范公式（C.0.5）计算值的1.1倍采用；

3 当锚筋的拉应力设计值小于钢筋抗拉强度设计值 f_y 时，其锚固长度可适当减小，但不应小于15倍锚固钢筋直径。

C.0.6 受剪和受压直锚筋的锚固长度不应小于15倍锚固钢筋直径。除受压直锚筋外，当采用HPB235级钢筋时，钢筋末端应作180°弯钩，弯钩平直段长度不应小于3倍的锚筋直径。

C.0.7 锚板厚度应根据其受力情况按计算确定，且宜大于锚筋直径的0.6倍。锚筋中心至锚板边缘的距离 c 不应小于锚筋直径的2倍和20mm的较大值（图C）。

对受拉和受弯预埋件，其钢筋的间距 b、b_1 和锚筋至构件边缘的距离 c、c_1 均不应小于锚筋直径的3倍和45mm的较大值（图C）。

对受剪预埋件，其锚筋的间距 b、b_1 均不应大于300mm，且 b_1 不应小于锚筋直径的6倍及70mm的较大值；锚筋至构件边缘的距离 c_1 不应小于锚筋直径的6倍及70mm的较大值，锚筋的间距 b、锚筋至构件边缘的距离 c 均不应小于锚筋直径的3倍和45mm的较大值（图C）。

本规范用词说明

1 为便于在执行本规范条文时区别对待，对要求严格程度不同的用词说明如下：

1） 表示很严格，非这样做不可的：
正面词采用“必须”，反面词采用“严禁”；

2） 表示严格，在正常情况下均应这样做的：
正面词采用“应”，反面词采用“不应”或“不得”；

3） 表示允许稍有选择，在条件许可时首先应这样做的：
正面词采用“宜”，反面词采用“不宜”。
表示有选择，在一定条件下可以这样做的，采用“可”。

2 条文中指明应按其他有关标准、规范的规定执行时，写法为“应符合……的规定”或“应按……执行”。

中华人民共和国行业标准

玻璃幕墙工程技术规范

JGJ 102—2003

条文说明

前　言

《玻璃幕墙工程技术规范》JGJ 102—2003 经建设部 2003 年 11 月 14 日以第 193 号公告批准，业已发布。

为便于广大设计、施工、科研、教学等单位的有关人员在使用本规范时能正确理解和执行条文规定，规范编制组按章、节、条的顺序，编制了本规范的条文说明，供使用者参考。在使用过程中，如发现本规范条文说明有不妥之处，请将意见函寄中国建筑科学研究院《玻璃幕墙工程技术规范》管理组（邮政编码：100013；地址：北京北三环东路 30 号；Email：huangxiaokun@cabrtech.com）。

目　次

1 总 则

1.0.1 由玻璃面板与支承结构体系组成的、相对主体结构有一定位移能力、不分担主体结构荷载和作用的建筑外围护结构或装饰性结构，通称为玻璃幕墙。早在100多年前幕墙已开始在建筑上应用，但由于种种原因，主要是材料和加工工艺的因素，也有思想意识和传统观念束缚的因素，使幕墙在20世纪中期以前，发展十分缓慢。随着科学技术和工业生产的发展，许多有利于幕墙发展的新原理、新技术、新材料和新工艺被开发出来，如雨幕原理的发现，并成功应用到幕墙设计和制造上，解决了长期妨碍幕墙发展的雨水渗漏难题；又如铝及铝合金型材、各种玻璃的研制和生产，特别是高性能粘接、密封材料（如硅酮结构密封胶和硅酮建筑密封胶），以及防火、隔热保温和隔声材料的研制和生产，使幕墙所要求的各项性能，如风压变形性能、水密性能、气密性能、隔热保温性能和隔声性能等，都有了比较可靠的解决办法。因而，幕墙在近数十年获得了飞速发展，在建筑上得到了比较广泛的应用。

应用大面积的玻璃装饰于建筑物的外表面，通过建筑师的构思和造型，并利用玻璃本身的特性，使建筑物显得别具一格，光亮、明快和挺拔，较之其他装饰材料，无论在色彩还是在光泽方面，都给人一种全新的视觉效果。

玻璃幕墙在国外已获得广泛的应用与发展。我国自20世纪80年代以来，在一些大中城市和沿海开放城市，开始使用玻璃幕墙作为公共建筑物的外装饰，如商场、宾馆、写字楼、展览中心、文化艺术交流中心、机场、车站和体育场馆等，取得了较好的社会经济效益，为美化城市做出了贡献。

为了使玻璃幕墙工程的设计、材料选用、性能要求、加工制作、安装施工和工程验收等有章可循，使玻璃幕墙工程做到安全可靠、实用美观和经济合理，我国于1996年颁布实施了《玻璃幕墙工程技术规范》JGJ 102—96，对玻璃幕墙的健康发展起到了重要作用。但是，近年来，我国建筑幕墙行业发展很快，建筑幕墙建造量已位居世界前列，玻璃幕墙不仅数量多而且形式多样化，一方面新材料、新工艺、新技术、新体系被不断采用，如点支承玻璃幕墙的大量应用；另一方面，一些相关的国家标准、行业标准已经陆续完成了制订或修订，并发布实施。因此，有必要对96版规范进行修订和完善。

本次修订是以原规范JGJ 102—96为基础，考虑了现行有关国家标准或行业标准的有关规定，调研、总结了我国近年来玻璃幕墙行业科研、设计、施工安装成果和经验，补充了部分试验研究和理论分析，同时参考了国际上有关玻璃幕墙的先进标准和规范而完成的。

1.0.2 本条规定了本规范的适用范围。本规范适用于非抗震设计和抗震设防烈度为6、7、8度抗震设防地区的民用建筑玻璃幕墙的设计、制作、安装施工、验收及维修保养。

本规范适用范围未包含工业建筑玻璃幕墙，主要考虑到工业建筑范围很广，往往有不同于民用建筑的特殊要求，如可能存在腐蚀、辐射、高温、高湿、振动、爆炸等特殊条件，本规范难以全部涵盖。当然，一般用途的工业建筑，其玻璃幕墙的设计、制作等可参照本规范的有关规定；有特别要求的，应专门研究处理，采取相应的措施。

9度抗震设计的建筑物，尚无采用玻璃幕墙的可靠经验，并且9度时地震作用很大，主体结构的变形很大，甚至可能发生比较严重的破坏，而目前玻璃幕墙的设计、制作、安装水平难以保证幕墙在9度抗震设防时达到本规范第1.0.3条的要求。因此，本规范未将9度抗震设计列入适用范围。对因特殊需要，不得不在9度抗震设防区使用的玻璃幕墙工程，应专门研究，并采取更有效的抗震措施。

本规范仅考虑与水平面夹角大于75度、小于或等于90度的斜玻璃幕墙或竖向玻璃幕墙，且抗震设防烈度不大于8度。所以，对大跨度的玻璃雨篷、通廊、采光顶等结构设计，应符合国家现行有关标准的规定或进行专门研究。

原规范JGJ 102—96的适用范围是高度不超过150m的玻璃幕墙，本次修订扩大了本规范的适用范围。主要原因是：

1. 编制原规范JGJ 102—96时，超过150m的玻璃幕墙工程不多，经验还比较少；1996～2002年间，国内超过150m的玻璃幕墙工程迅速增加，积累了丰富的工程经验，为本规范扩展其应用范围提供了技术依据和工程经验。另外，本规范扩大应用范围也跟主体结构适用的最大高度调整有关，行业标准《高层建筑混凝土结构技术规程》JGJ 3—2002中增加了B级高度高层建筑的有关规定，使房屋最大适用高度有较大提高，非抗震设计时最高已达300m。

2. 玻璃幕墙自身质量较轻，按目前的地震作用计算方法，其地震作用效应相对于风荷载作用是比较小的，且地震作用的计算与幕墙高度无直接相关关系。经验表明，玻璃幕墙的设计主要取决于风荷载作用，对于体形复杂的幕墙工程或房屋高度较高（比如超过200m）的幕墙工程，应确保风荷载作用下的可靠性。本规范第5.3.3条已有相关的规定和要求。

3. 在保证重力荷载、风荷载、地震作用计算合理，并且幕墙构件的承载力和变形性能符合本规范有关要求的前提下，高度是否超过150m并不是主要的控制因素。

4. 国外相关标准一般也没有最大适用高度的

限制。

1.0.3 一般情况下，对建筑幕墙起控制作用的是风荷载。幕墙面板本身必须具有足够的承载能力，避免在风荷载作用下破碎。我国沿海地区经常受到台风的袭击，设计中应考虑有足够的抗风能力。

在风荷载作用下，幕墙与主体结构之间的连接件发生拔出、拉断等严重破坏的情况比较少见，主要问题是保证其足够的活动能力，使幕墙构件避免受主体结构过大位移的影响。

在地震作用下，幕墙构件和连接件会受到强烈的动力作用，相对更容易发生破坏。防止或减轻地震震害的主要途径是加强构造措施。

在多遇地震作用下（比设防烈度低约1.55度，50年超越概率约63.2%），幕墙不允许破坏，应保持完好；在中震作用下（对应于设防烈度，50年超越概率约10%），幕墙不应有严重破损，一般只允许部分面板破碎，经修理后仍然可以使用；在罕遇地震作用下（相当于比设防烈度约高1.0度，50年超越概率约2%～3%），必然会严重破坏，面板破碎，但骨架不应脱落、倒塌。幕墙的抗震构造措施，应保证上述设计目标的实现。

1.0.4 从玻璃幕墙在建筑物中的作用来说，它既是建筑的外装饰，同时又是建筑物的外围护结构。虽然玻璃幕墙不分担主体建筑物的荷载和作用，但它要承受自身受到的风荷载、地震作用和温度变化等，因此，必须满足风荷载、地震作用和温度变化对它的影响，使玻璃幕墙具有足够的安全性。另一方面，幕墙是跨行业的综合性技术，从设计、材料选用、加工制作和安装施工等方面，都应从严掌握，精心操作。因此，应进行幕墙生产全过程的质量控制，有效保证玻璃幕墙的工程质量和安全。

1.0.5 构成玻璃幕墙的主要材料有：钢材、铝材、玻璃和粘结密封材料等四大类，大多数材料均有国家和行业标准，在选择材料时应符合这些标准的要求。

另外，在幕墙的设计、制作和施工中，密切相关的还有下列现行国家标准或行业标准：《钢结构设计规范》、《高层民用建筑钢结构技术规程》、《高层建筑混凝土结构技术规程》、《高层民用建筑设计防火规范》、《建筑设计防火规范》、《建筑防雷设计规范》、《金属与石材幕墙工程技术规范》等，其相关的规定也应参照执行。

2 术语、符号

在规范中涉及玻璃幕墙工程方面的主要术语有两种情况：

1. 在现行国家标准、行业标准中无规定，是本规范首次提出并给予定义的，如明框玻璃幕墙、半隐框玻璃幕墙、隐框玻璃幕墙、斜玻璃幕墙、全玻幕墙、点支承玻璃幕墙等。

2. 虽在随后颁布的国家标准、行业标准中出现过这类术语，但为了方便理解和使用，本规范进行了引用，如双金属腐蚀、相容性等。

本章共列出术语15条以及在本规范中使用的主要符号。

玻璃幕墙是建筑幕墙的一种形式。根据幕墙面板材料的不同，建筑幕墙一般可分为玻璃幕墙、金属幕墙（不锈钢、铝合金等）、石材幕墙等。实际应用上，尤其是大型工程项目中，往往采用组合幕墙，即在同一工程中同时采用玻璃、金属板材、石材等作为幕墙的面板，形成更加灵活多变的建筑立面形式和效果。本规范适用于采用玻璃面板的建筑幕墙。

幕墙的分类形式较多，而且不完全统一。本规范按照下列方法分类：

1. 根据幕墙玻璃面板的支承形式可分为框支承幕墙、全玻幕墙和点支承幕墙。框支承幕墙的面板由横梁和立柱构成的框架支承，面板为周边支承板；立面表现形式可以是明框、隐框和半隐框。全玻幕墙的面板和支承结构全部为玻璃，玻璃面板通常为对边支承的单向板（整肋）或点支承面板（金属连接玻璃肋）。点支承幕墙的特点是支承面板的方式是点而不是线，一般应用较多的为四点支承，也有六点支承、三点支承等其他方式；面板承受的荷载和地震作用，通过点支承装置传递给其后面的支承结构（常为钢结构，也有玻璃肋），支承结构将面板的受到的作用传递到主体结构上。

2. 根据框支承幕墙安装方式可分为构件式和单元式两大类。构件式幕墙的面板、支承面板的框架构件（横梁、立柱）等均在工程现场顺序安装；单元式幕墙一般在工厂将面板、横梁和立柱组装为各种形式的幕墙单元，以单元形式在工程现场安装为整体幕墙。

3. 根据幕墙自身平面和水平面的夹角大小可分为垂直玻璃幕墙、斜玻璃幕墙和玻璃采光顶等。这种划分并无严格标准。根据与现行行业标准《建筑玻璃应用技术规程》JGJ 113的协调意见，本规范的应用范围主要是垂直玻璃幕墙以及与水平面夹角在75°和90°之间的斜玻璃幕墙，与水平面夹角在0°和75°之间的各种玻璃幕墙（包括一般意义上的采光顶）属于行业标准《建筑玻璃应用技术规程》JGJ 113的管理范围。

3 材 料

3.1 一 般 规 定

3.1.2 幕墙处于建筑物的表面，经常受自然环境不利因素的影响，如日晒、雨淋、风沙等不利因素的侵蚀。因此，要求幕墙材料要有足够的耐候性和耐久性，具备防风雨、防日晒、防盗、防撞击、保温、隔热等功能。除不锈钢和轻金属材料外，其他金属材料都应进行热镀锌或其他有效的防腐处理，保证幕墙的耐久性。

3.1.3 无论是在加工制作、安装施工中，还是交付使用后，幕墙的防火都十分重要，应尽量采用不燃材料和难燃材料。但是，目前国内外都有少量材料还是不防火的，如双面胶带、填充棒等都是易燃材料，因此，在安装施工中应引起注意，并要采取防火措施。

3.1.4 框支承幕墙的骨架主要是铝合金型材，铝合金属于金属材料，会与酸性硅酮结构密封胶发生化学反应，使结构胶与铝合金表面发生粘结破坏；镀膜玻璃表面的镀膜层也含有金属元素，也会与酸性硅酮结构密封胶反应，发生粘结破坏。因此，框支承幕墙工程中必须使用中性硅酮结构密封胶。

全玻幕墙、点支承幕墙采用非镀膜玻璃时，可采用酸性硅酮结构密封胶。

3.1.5 硅酮结构密封胶是隐框和半隐框幕墙的主要受力材料，如使用过期产品，会因结构胶性能下降导致粘结强度降低，产生很大的安全隐患。硅酮建筑密封胶是幕墙系统密封性能的有效保证，过期产品的耐候性能和伸缩性能下降，表面易产生裂纹，影响密封性能。因此，硅酮结构密封胶和硅酮建筑密封胶必须在有效期内使用。

3.2 铝合金材料

3.2.1 铝合金型材有普通级、高精级和超高精级之分。幕墙属于比较高级的建筑产品，为保证其承载力、变形和耐久性要求，应采用高精级或超高精级的铝合金型材。

3.2.2 漆膜厚度决定了型材的耐久性，过薄的漆膜不能起到持久的保护作用，容易使型材被大气中的酸性物质腐蚀，影响型材的外观及使用寿命。

3.2.3 PVC材料的膨胀系数比铝型材高，在高温和机械荷载下会产生较大的蠕变，导致型材变形。而PA66GF25膨胀系数与铝型材相近，机械强度高，耐高温、防腐性能好，是铝型材理想的隔热材料。

3.4 玻　璃

3.4.2 生产热反射镀膜玻璃有多种方法，如真空磁控阴极溅射镀膜法、在线热喷涂法、电浮化法、化学凝胶镀膜法等，其质量是有差异的。国内外幕墙使用热反射镀膜玻璃的情况表明，采用真空磁控溅射镀膜玻璃和在线热喷涂镀膜玻璃能够满足幕墙加工和使用的要求。

3.4.3 单道密封中空玻璃仅使用硅酮胶或聚硫胶时，气密性差，水气容易进入中空层，影响使用效果，不适用单独在幕墙上使用，但硅酮胶和聚硫胶的粘结强度较高；以聚异丁烯为主要成分的丁基热熔胶的密封性优于硅酮胶和聚硫胶，但粘结强度较低，也不能单独使用。因此，幕墙用中空玻璃应采用双道密封。用丁基热熔胶做第一道密封，可弥补硅酮胶和聚硫胶的不足，用硅酮胶或聚硫胶做二道密封，可保证中空玻璃的粘结强度。

由于聚硫密封胶耐紫外线性能较差，并且与硅酮结构胶不相容，故隐框、半隐框及点支承玻璃幕墙等密封胶承受荷载作用的中空玻璃，其二道密封必须采用硅酮结构密封胶。

3.4.4 玻璃在裁切时，其刀口部位会产生很多大小不等的锯齿状凹凸，引起边缘应力分布不均匀，玻璃在运输、安装过程中，以及安装完成后，由于受各种作用的影响，容易产生应力集中，导致玻璃破碎。另一方面，半隐框幕墙的两个玻璃边缘和隐框幕墙的四个玻璃边缘都是显露在外部，如不进行倒棱处理，还会影响幕墙的整齐、美观。因此，幕墙玻璃裁割后，必须进行倒棱处理。

钢化和半钢化玻璃，应在钢化和半钢化处理前进行倒棱和倒角处理。

3.4.5 浮法玻璃由于存在着肉眼不易看见的硫化镍结石，在钢化后这种结石随着时间的推移会发生晶态变化而可能导致钢化玻璃自爆。为了减少这种自爆，宜对钢化玻璃进行二次热处理，通常称为引爆处理或均质处理。

进行钢化玻璃的二次热处理时，应分为三个阶段：升温、保温和降温过程。升温阶段为最后一块玻璃的表面温度从室温升至280℃的过程；保温阶段为所有玻璃的表面温度均达到290±10℃，且至少保持2小时的过程；降温阶段是从玻璃完成保温阶段后，温度降至75℃时的过程。整个二次热处理过程应避免炉膛温度超过320℃、玻璃表面温度超过300℃，否则玻璃的钢化应力会由于过热而松弛，从而影响其安全性。

3.4.6 目前国内外加工夹层玻璃的方法大体有两种，即干法和湿法。干法生产的夹层玻璃质量稳定可靠，而湿法生产的夹层玻璃质量不如干法，用其作为外围护结构的幕墙玻璃，特别是作为隐框幕墙的安全玻璃还有不成熟之处。因此，本条特别指明，幕墙玻璃应采用PVB胶片干法加工合成的夹层玻璃。

3.4.7 在线法生产的低辐射镀膜玻璃，由于膜层牢固度、耐久性好，可以在幕墙上单片使用，但其低辐射率（*e*值）比离线法要高；而离线法生产的低辐射镀膜玻璃，由于膜层牢固度、耐久性差，不能单片使用，必须加工成中空玻璃，且膜层应朝向中空气体层保护起来，但其低辐射率（*e*值）比在线法要低，适用于对隔热要求比较高的场合。

当低辐射镀膜玻璃加工成夹层玻璃时，膜层不宜与胶片结合，以免导致传热系数升高，保温效果变差。

3.4.8 根据现行国家标准《建筑用安全玻璃 防火玻璃》GB 15736.1，防火玻璃分为复合和单片防火玻璃。幕墙用防火玻璃宜采用单片防火玻璃或由其加工成的中空、夹层防火玻璃。灌浆法或用其他防火胶填充在玻璃之间而成的复合型防火玻璃，由于在高于60℃以上环境或长期受紫外线照射后容易失效，因此不宜应用在受阳光直接或间接照射的幕墙中。

3.5 建筑密封材料

3.5.1～3.5.2 当前国内明框幕墙的密封，主要采用橡胶密封条，依靠胶条自身的弹性在槽内起密封作用，要求胶条具有耐紫外线、耐老化、永久变形小、耐污染等特性。国内几个大型工程采用胶条密封，至今没有出现问题。但如果在材质方面控制不严，有的橡胶接口在一、二年内就会出现质量问题，如发生老化开裂甚至脱落，使幕墙产生漏水、透气等严重问题，玻璃也有脱落的危险，给幕墙带来不安全的隐患。因此，不合格密封胶条绝对不允许在幕墙上使用。目前，国外正向以耐候硅酮密封胶代替橡胶密封条方向发展；用耐候性好、永久变形小的硅橡胶作密封胶条也是一个发展方向。

3.5.4 玻璃幕墙的耐候密封应采用中性硅酮类耐候密封胶，因为硅酮密封胶耐紫外线性能极好且与硅酮结构密封胶有良好的相容性，酸性硅酮密封胶固化时放出醋酸，对镀膜玻璃有腐蚀并可能与中性的硅酮结构胶中的碳酸钙起反应，使用时必须注意。

3.6 硅酮结构密封胶

3.6.1 硅酮结构密封胶是影响玻璃幕墙安全的重要因素，国家在1997年颁布了硅酮结构密封胶的国家标准GB 16776—1997。GB 16776是在ASTM C1184的基础上制定的，它规定了硅酮结构密封胶的最基本要求。2002年，根据近几年硅酮结构密封胶的使用情况，对GB 16776进行了重新修订，增加了弹性模量和最大强度时伸长率的要求。

3.6.2 硅酮结构密封胶在使用前，应进行与玻璃、金属框架、间隔条、密封垫、定位块和其他密封胶的相容性试验，相容性试验合格后才能使用。如果使用了与结构胶不相容的材料，将会导致结构胶的粘结强度和其他粘结性能的下降或丧失，留下很大的安全隐患。

如果玻璃幕墙中使用的硅酮结构胶和与之接触的耐候胶生产工艺不同，相互接触后，有可能产生不相容，这将导致结构胶粘结性及粘结强度下降，也会导致耐候胶位移能力下降，使密封胶出现内聚或粘结破坏，影响密封效果。

一般情况下，同一厂家（牌号）的胶的相容性较好，因此使用硅酮结构胶和耐候胶时，可优先选用同一厂家的产品。

为了保证结构胶的性能符合标准要求，防止假冒伪劣产品进入工地，本条还规定对结构胶的部分性能进行复验。复验在材料进场后就应进行，复验必须由有相应资质的检测机构进行，复验合格的产品方可使用。

4 建筑设计

4.1 一般规定

4.1.1～4.1.2 玻璃幕墙的建筑设计是由建筑设计单位和幕墙设计单位共同完成的。建筑设计单位的主要任务是确定幕墙立面的线条、色调、构图、玻璃类别、虚实组合和协调幕墙与建筑整体、与环境的关系，并对幕墙的材料和制作提供设计意图和要求。幕墙的具体设计工作往往由幕墙设计单位（一般是幕墙公司）完成。

玻璃幕墙的选型是建筑设计的重要内容，设计者不仅要考虑立面的新颖、美观，而且要考虑建筑的使用功能、造价、环境、能耗、施工条件等诸因素。

4.1.3 玻璃幕墙的分格是立面设计的重要内容，设计者除了考虑立面效果外，必须综合考虑室内空间组合、功能和视觉、玻璃尺度、加工条件等多方面的要求。

4.1.5 玻璃幕墙作为建筑的外围护结构，本身要求具有良好的密封性。如果开启窗设置过多、开启面积过大，既增加了采暖空调的能耗、影响立面整体效果，又增加了雨水渗漏的可能性。JGJ 102—96中，曾规定开启面积不宜大于幕墙面积的15%，即是这方面的考虑。但是，有些建筑，比如学校、会堂等，既要求采用幕墙装饰，又要求具有良好的通风条件，其开启面积可能超过幕墙面积的15%。因此，本次修订对开启面积不再做定量规定。实际幕墙工程中，开启窗的设置数量，应兼顾建筑使用功能、美观和节能环保的要求。

开启窗的开启角度和开启距离过大，不仅开启扇本身不安全，而且增加了建筑使用中的不安全因素（如人员安全）。

4.1.6 高度超过40m的大型幕墙，其清洁和维护工作，已经难以借助消防升降梯和其他设施进行，因此要求尽可能设置清洗设备。

4.2 性能和检测要求

4.2.1 玻璃幕墙性能要求的高低和建筑物的性质、重要性等有关，故在本条中增加了建筑类别的提法。至于性能，应根据建筑物的高度、体型、建筑物所在地的地理、气候、环境等条件进行设计，与原标准

JGJ 102—96 相同。

4.2.2 玻璃幕墙的抗风压、气密、水密、保温、隔声性能分级，在现行国家标准《建筑幕墙物理性能分级》GB/T 15225 中已有规定。平面内变形性能分级在修订后的 GB/T 15225 中将作规定。

4.2.3 玻璃幕墙的抗风压性能根据现行国家标准《建筑幕墙风压变形性能检测方法》GB/T 15227 所规定的方法确定。幕墙的抗风压性能是指幕墙在与其相垂直的风荷载作用下，保持正常使用功能、不发生任何损坏的能力。幕墙抗风压性能的定级值是对应主要受力杆件或支承结构的相对挠度值达到规定值时的瞬时风压，即 3 秒钟瞬时风压。幕墙的抗风压性能应大于其所承受的风荷载标准值。

4.2.4 玻璃幕墙的气密性能，是根据现行国家标准《建筑幕墙空气渗透性能检测方法》GB/T 15226 的规定确定的。幕墙的气密性能是指在风压作用下，其开启部分为关闭状况时，阻止空气透过幕墙的性能。在有采暖、通风、空气调节要求的情况下，由玻璃幕墙空气渗透所形成的能耗不容忽视，应尽可能作到气密。为了适应正在修改的分级标准的情况，本标准中规定的是等级，不是限值。

4.2.5 玻璃幕墙的水密性关系到幕墙的使用功能和寿命。水密性要求与建筑物的重要性、使用功能以及所在地的气候条件有关。原规范 JGJ 102—96 中水密性的风压取值为标准风荷载除以 2.25。由于《建筑结构荷载规范》GB 50009 规定的阵风系数与高度、地面粗糙度有关，不再是单一系数 2.25，所以本规范中玻璃幕墙的水密性能设计也作了相应修改，但仍然不考虑阵风系数的影响，即水密性以 10 分钟平均风压（而不是 3 秒钟的瞬时风压）作为定级依据。

本条公式中的系数 1000 为 kN/m^2 和 Pa 的换算系数。由于只有在正风压下才会发生雨水渗漏，所以体型系数取值为 1.2（大面的 1.0，再加上室内压 0.2）。边角的负压区不予考虑。

在沿海受热带风暴和台风袭击的地区，大风多同时伴有大雨。而其他地区刮大风时很少下雨，下雨时风又不是最大，因而原规范对一般地区的水密性取值偏大。所以本规范提出其他地区可按本条公式计算值的 75% 进行设计。由于幕墙面积大，一旦漏雨后不易处理，故要求幕墙的水密性能至少应达到高性能窗的要求，即达到 700Pa。

热带风暴和台风多发地区，是指《建筑气候区划标准》GB 50178 中的 $Ⅲ_A$ 和 $Ⅳ_A$ 地区。

4.2.6 玻璃幕墙平面内变形，是由于建筑物受风荷载或地震作用后，建筑物各层间发生相对位移时，产生的随动变形，这种平面内变形对玻璃幕墙造成的损害不容忽视。玻璃幕墙平面内变形性能，应区分是否抗震设计，给出不同要求。地震作用时，近似取主体结构在多遇地震作用下弹性层间位移限值的 3 倍为控制指标。

根据《建筑抗震设计规范》GB 50011 和《高层建筑混凝土结构技术规程》JGJ 3—2002 的规定，在风荷载或多遇地震作用下，主体结构楼层最大弹性层间位移角限值如表 4.1。层间位移角即楼层层间位移与层高的比值。

表 4.1 楼层弹性层间位移角限值

结构类型	弹性层间位移角限值
钢筋混凝土框架	1/550
钢筋混凝土框架-剪力墙、框架-核心筒、板柱-剪力墙	1/800
钢筋混凝土筒中筒、剪力墙	1/1000
钢筋混凝土框支层	1/1000
多、高层钢结构	1/300

4.2.7 有保温要求的玻璃幕墙，如不采用中空玻璃是难以达到要求的，必要时还要采用隔热铝型材、Low-E 玻璃等以提高保温性能。有隔热要求的玻璃幕墙，主要应考虑遮挡太阳辐射，遮阳的形式很多，可根据实际情况进行选择。

4.2.8 玻璃幕墙的隔声性能应根据建筑物的使用功能和环境条件进行设计。不同功能的建筑所允许的噪声等级可根据《民用建筑隔声设计规范》GBJ 118 的规定确定。幕墙的隔声性能应为室外噪声级和室内允许噪声级之差。

4.2.9 本条规定引自现行国家标准《玻璃幕墙光学性能》GB/T 18091，该标准对玻璃幕墙的有害光反射及相关光学性能指标、技术要求、试验方法和检验规则进行了具体规定。

4.2.10 由于抗风压性能、气密性能和水密性能是所有玻璃幕墙应具备的基本性能，因此是必要检测项目。有抗震要求时，可增加平面内变形性能检测。有保温、隔声、采光等要求时，可增加相应的检测项目。

4.2.12 幕墙性能检测中，由于安装施工的缺陷，使某项性能未达到规定要求的情况时有发生，这种缺陷有可能弥补，故允许对安装施工工艺进行改进，修补缺陷后重新检测，以节省人力、物力，但要求检测报告中说明改进的内容，并在实际工程中，按改进后的安装施工工艺进行施工。由于材料或设计缺陷造成幕墙性能未达到规定值域时，必须修改设计或更换材料，所以应重新制作试件，另行检测。

4.3 构造设计

4.3.1 在安全、实用、美观的前提下，便于制作、安装、维修、保养及局部更换，是玻璃幕墙的构造设计应该满足的原则要求。

4.3.2 玻璃幕墙的水密性直接关系到幕墙的使用功能和耐久性。为提高玻璃幕墙的水密性能，要求其接缝部位尽可能按雨幕原理进行设计。由于缝隙腔内、外的气压差是雨水渗漏的主要动力，因此要求接缝空腔内的气压与室外气压相等，以防止内、外空气压力差将雨水压入腔内。

4.3.3 玻璃幕墙的墙面大、胶缝多，建筑室内装修对水密性和气密性要求较高，如果所用胶的质量不能保证，将产生严重后果，所以应采用密封性和耐久性都较好的硅酮建筑密封胶。同理，幕墙的开启缝隙亦应采用性能较好的橡胶密封条。

对全玻幕墙等依靠胶缝传力的情况，胶缝应采用硅酮结构密封胶。

4.3.4 玻璃幕墙的立面有雨篷、压顶及突出墙面的建筑构造时，如果这些部位的水密性设计不当，将容易发生渗漏，所以应注意完善其结合部位的防、排水构造设计。

4.3.5 保温材料受潮后保温性能会明显降低，所以保温材料应具有防潮性能，否则应采取有效的防潮措施。

4.3.6 为了适应单元间的伸缩位移和便于拆卸，目前单元式玻璃幕墙的单元间多采用对插式组合杆件，相邻单元板块纵横接缝处的十字形部位，容易出现内外直通的情况，所以应采用防渗漏封口构造措施。通常，对插构件的截面可设计成多腔形式，单元间的拼接缝隙采用橡胶密封条等封堵措施和必要的导排水措施。

4.3.7 为了适应热胀冷缩和防止产生噪声，构件式玻璃幕墙的立柱与横梁连接处应避免刚性接触；隐框幕墙采用挂钩式连接固定玻璃组件时，在挂钩接触面宜设置柔性垫片，以避免刚性接触产生噪声，并可利用垫片起弹性缓冲作用。

4.3.8 不同金属相互接触处，容易产生双金属腐蚀，所以要求设置绝缘垫片或采取其他防腐蚀措施。在正常使用条件下，不锈钢材料不易发生双金属腐蚀，一般可不要求设置绝缘垫片。

4.3.9 玻璃幕墙的拼接胶缝应有一定的宽度，以保证玻璃幕墙构件的正常变形要求。必要时玻璃幕墙的胶缝宽度可参照下式计算，但不宜小于本条规定的最小值。

$$w_s = \frac{\alpha \Delta T b}{\delta} + d_c + d_E \tag{4.1}$$

式中 w_s——胶缝宽度（mm）；

α——面板材料的线膨胀系数（1/℃）；

ΔT——玻璃幕墙年温度变化（℃），可取80℃；

δ——硅酮密封胶允许的变位承受能力；

b——计算方向玻璃面板的边长（mm）；

d_c——施工偏差（mm），可取为3mm；

d_E——考虑地震作用等其他因素影响的预留量，可取2mm。

4.3.10 玻璃幕墙表面与建筑物内、外装饰物之间是不允许直接接触的，否则由于玻璃变形和位移受阻，容易导致玻璃开裂。一般留缝宽度不宜小于5mm，并应采用柔性材料嵌缝。

4.3.11 明框幕墙玻璃下边缘与槽底间采用2块硬橡胶垫块承托，比全长承托效果好，但承托面积不能太少，否则压应力太大会使橡胶垫块失效。垫块也不能太薄，否则可被压缩的量太小，玻璃位移将受到限制，也可使玻璃开裂。

4.3.12 本条文主要参考日本建筑学会制订的《建筑工程标准·幕墙工程》（JASS-14）。

利用公式（4.3.12）进行验算举例：

假定明框幕墙层高为3000mm，每块玻璃高1000mm、宽1200mm；玻璃和铝框的配合间隙 c_1 和 c_2 均为5mm，考虑到施工偏差，验算时 c_1 和 c_2 均取为3.5mm；考虑抗震设计。则公式（4.3.12）的左端为：

$$2c_1\left(1+\frac{l_1}{l_2}\times\frac{c_2}{c_1}\right)=2\times3.5\left(1+\frac{1000}{1200}\times\frac{3.5}{3.5}\right)=12.6\text{mm}$$

如果该幕墙安装在钢结构上，主体结构层间位移限值为：

$$3000\text{mm}\times3/300=30\text{mm}$$

由层间位移引起的分格框变形限值 $u_{\lim}$ 近似取为：

$$u_{\lim}=30\text{mm}/3=10\text{mm}$$

计算表明，满足本条公式要求，幕墙玻璃不会被挤坏，可认为 c_1、c_2 取5mm是合适的。

玻璃边缘至边框、槽底的间隙，除应符合本条要求外，尚应符合本规范第9.5.2条、9.5.3条的有关规定。

4.3.13 主体建筑在伸缩、沉降等变形缝两侧会发生相对位移，玻璃板块跨越变形缝时容易破坏，所以幕墙的玻璃板块不应跨越主体建筑的变形缝，而应采用与主体建筑的变形缝相适应的构造措施。

4.4 安全规定

4.4.1 框支承玻璃幕墙包括明框和隐框两种形式，是目前玻璃幕墙工程中应用最多的，本条规定是为了幕墙玻璃在安装和使用中的安全。安全玻璃一般指钢化玻璃和夹层玻璃。

斜玻璃幕墙是指和水平面的交角小于90°、大于75°的幕墙，其玻璃破碎容易造成比一般垂直幕墙更严重的后果。即使采用钢化玻璃，其破碎后的颗粒也会影响安全。夹层玻璃是不飞散玻璃，可对人流等起到保护作用，宜优先采用。

4.4.2 点支承玻璃幕墙的面板玻璃应采用钢化玻璃及其制品，否则会因打孔部位应力集中而致使强度达不到要求。

4.4.3 采用玻璃肋支承的点支承玻璃幕墙，其肋玻璃属支承结构，打孔处应力集中明显，强度要求较高；另一方面，如果玻璃肋破碎，则整片幕墙会塌落。所以，应采用钢化夹层玻璃。

4.4.4 人员流动密度大、青少年或幼儿活动的公共场所的玻璃幕墙容易遭到挤压或撞击；其他建筑中，正常活动可能撞击到的幕墙部位亦容易造成玻璃破坏。为保证人员安全，这些情况下的玻璃幕墙应采用安全玻璃。对容易受到撞击的玻璃幕墙，还应设置明显的警示标志，以免因误撞造成危害。

4.4.7 虽然玻璃幕墙本身一般不具有防火性能，但是它作为建筑的外围护结构，是建筑整体中的一部分，在一些重要的部位应具有一定的耐火性，而且应与建筑的整体防火要求相适应。防火封堵是目前建筑设计中应用比较广泛的防火、隔烟方法，是通过在缝隙间填塞不燃或难燃材料或由此形成的系统，以达到防止火焰和高温烟气在建筑内部扩散的目的。

防火封堵材料或封堵系统应经过国家认可的专业机构进行测试，合格后方可应用于实际幕墙工程。

4.4.8 耐久性、变形能力、稳定性是防火封堵材料或系统的基本要求，应根据缝隙的宽度、缝隙的性质(如是否发生伸缩变形等)、相邻构件材质、周边其他环境因素以及设计要求，综合考虑，合理选用。一般而言，缝隙大、伸缩率大、防火等级高，则对防火封堵材料或系统的要求越高。

4.4.9 玻璃幕墙的防火封堵构造系统有许多有效的做法，但无论何种方法，构成系统的材料都应具备设计规定的耐火性能。

4.4.10 本条文内容参照现行国家标准《高层建筑设计防火规范》GB 50045，增加了有关防火玻璃裙墙的内容。计算实体裙墙的高度时，可计入钢筋混凝土楼板厚度或边梁高度。

4.4.11 本条内容参照现行国家标准《高层建筑设计防火规范》GB 50045，增加了一些具体的构造做法。幕墙用防火玻璃主要包括单片防火玻璃，以及由单片防火玻璃加工成的中空玻璃、夹层玻璃等。

4.4.12 为了避免两个防火分区因玻璃破碎而相通，造成火势迅速蔓延，规定同一玻璃板块不宜跨越两个防火分区。

4.4.13 玻璃幕墙是附属于主体建筑的围护结构，幕墙的金属框架一般不单独作防雷接地，而是利用主体结构的防雷体系，与建筑本身的防雷设计相结合，因此要求应与主体结构的防雷体系可靠连接，并保持导电通畅。

通常，玻璃幕墙的铝合金立柱，在不大于 10m 范围内宜有一根柱采用柔性导线上、下连通，铜质导线截面积不宜小于 25mm^2，铝质导线截面积不宜小于 30mm^2。

在主体建筑有水平均压环的楼层，对应导电通路立柱的预埋件或固定件应采用圆钢或扁钢与水平均压环焊接连通，形成防雷通路，焊缝和连线应涂防锈漆。扁钢截面不宜小于 5mm×40mm，圆钢直径不宜小于 12mm。

兼有防雷功能的幕墙压顶板宜采用厚度不小于 3mm 的铝合金板制造，压顶板截面不宜小于 70mm^2(幕墙高度不小于 150m 时）或 50mm^2（幕墙高度小于 150m 时）。幕墙压顶板体系与主体结构屋顶的防雷系统应有效的连通。

5　结构设计的基本规定

5.1　一 般 规 定

5.1.1 幕墙是建筑物的外围护结构，主要承受自重以及直接作用于其上的风荷载、地震作用、温度作用等，不分担主体结构承受的荷载或地震作用。幕墙的支承结构、玻璃与框架之间，须有一定变形能力，以适应主体结构的位移；当主体结构在外荷载作用下产生位移时，不应使幕墙构件产生过大内力和不能承受的变形。

幕墙结构的安全系数 K 与作用的取值和材料强度的取值有关。因此，采用某一规范进行设计时，必须按该规范的规定计算各种作用，同时采用该规范的计算方法和材料强度指标。不允许荷载按某一规范计算，强度又采用另一规范的方法，以免产生设计安全度过低或过高的情况。

5.1.2 玻璃幕墙由面板和金属框架等组成，其变形能力是较小的。在水平地震或风荷载作用下，结构将会产生侧移。由于幕墙构件不能承受过大的位移，只能通过弹性连接件来避免主体结构过大侧移的影响。例如当层高为 3.5m，若弹塑性层间位移角限值 $\Delta u_p/h$ 为 1/70，则层间最大位移可达 50mm。显然，如果幕墙构件本身承受这样的大的剪切变形，则幕墙构件可能会破坏。

幕墙构件与立柱、横梁的连接要能可靠地传递风荷载作用、地震作用，能承受幕墙构件的自重。为防止主体结构水平位移使幕墙构件损坏，连接必须具有一定的适应位移能力，使幕墙构件与立柱、横梁之间有活动的余地。

5.1.3 幕墙设计应区分是否抗震。对非抗震设防的地区，只需考虑风荷载、重力荷载以及温度作用；对抗震设防的地区，尚应考虑地震作用。

经验表明，对于竖直的建筑幕墙，风荷载是主要的作用，其数值可达 2.0～5.0kN/m^2。因为建筑幕墙自重较轻，即使按最大地震作用系数考虑，一般也只有 0.1～0.8kN/m^2，远小于风荷载作用。因此，对幕墙构件本身而言，抗风设计是主要的考虑因素。但是，地震是动力作用，对连接节点会产生较大的影响，使连接发生震害甚至使建筑幕墙脱落、倒坍。所以，除计算地震作用外，还必须加强构造措施。

在幕墙工程中，温度变化引起的对玻璃面板、胶缝和支承结构的作用效应是存在的，问题是如何计算或考虑其作用效应。幕墙设计中，温度作用的影响一般通过建筑或结构构造措施解决，而不一一进行计算，实践证明是简单、可行的办法。理论计算上，过去一般仅考虑对玻璃面板的影响，如原规范 JGJ 102—96 第 5.4.3 和 5.4.4 条，分别考虑了年温度变化下的玻璃挤压应力计算和玻璃边缘与中央温度差引起的应力计算。

当温度升高时，玻璃膨胀、尺寸增大，与金属边框的间隙减小。当膨胀变形大于预留间隙时，玻璃受到挤压，产生温度挤压应力。实际工程中，玻璃与铝合金框之间必须留有一定的空隙（本规范第 9 章第 9.5.2 条及第 9.5.3 条已规定），因此玻璃因温度变化膨胀后一般不会与金属边框发生挤压。例如对边长为 3000mm 的玻璃面板，在 80°C 的年温差下，其膨胀量为：

$$\Delta b = 1.0\times10^{-5}\times80\times3000 = 2.4\text{mm}$$

而玻璃与边框的两侧空隙量之和一般不小于 10mm。由此可知，挤压温度应力的计算往往无实际意义，这在原规范 JGJ 102—96 的应用中已得到普遍反映。因此这次规范修订，不再列入有关挤压温度应力的计算内容。

另外，大面积玻璃在温度变化时，中央部分与边缘部分存在温度差，从而使玻璃产生温度应力，当玻璃中央部分与边缘部分温度差比较大时，有可能因温度应力超过玻璃的强度设计值而造成幕墙玻璃碎裂。原规范 JGJ 102—96 第 5.4.4 条关于温差应力的计算公式如下：

$$\sigma_{tk} = 0.74E\alpha\mu_1\mu_2\mu_3\mu_4(T_c - T_s) \quad (5.1)$$

式中 σ_{tk}——温差应力标准值（N/mm²）；

E——玻璃的弹性模量（N/mm²）；

α——玻璃的线膨胀系数（1/℃）；

μ_1——阴影系数；

μ_2——窗帘系数；

μ_3——玻璃面积系数；

μ_4——嵌缝材料系数；

T_c、T_s——玻璃中央和边缘的温度（℃）。

公式（5.1）的计算方法是参考日本建筑学会《建筑工程标准·幕墙工程（JASS-14）》（1985）的规定编制的。在 JASS-14-96 版本中的 2.6 条，只列出了接头处耐温差性能要求，而没有再列出玻璃板中央与边缘温差应力的计算公式。目前，玻璃面板中央温度、边缘温度以及温差应力的计算尚处于研究阶段，还没有公认的方法，不同方法的计算结果有较大差异。

按照公式（5.1），假定在单块玻璃面积较大的玻璃幕墙中，浮法玻璃尺寸为 2m×3m，面积为 6m²，其余各系数分别按原规范 JGJ 102—96 第 5.4.4 条的规定取为：$\mu_1=1.6$、$\mu_2=1.3$、$\mu_3=1.15$，$\mu_4=0.6$，温差取 15℃。则温差应力标准值为：

$$\begin{aligned}\sigma_{tk} &= 0.74E\alpha\mu_1\mu_2\mu_3\mu_4(T_c - T_s)\\ &= 0.74\times0.7\times10^5\times1.0\times10^{-5}\\ &\quad\times1.6\times1.3\times1.15\times0.6\times15\\ &= 11.2\text{N/mm}^2\end{aligned}$$

考虑温度作用分项系数取为 1.2，则温度应力设计值为：

$$\sigma_t = 1.2\sigma_{tk} = 13.4\text{N/mm}^2 < f_g = 17\text{N/mm}^2$$

因此，按照原规范 JGJ 102—96 的计算方法，当温差不超过 15°C 时，温度作用不起控制作用。鉴于以上原因，本规范取消了温差应力的计算。

对于温度变化剧烈的玻璃幕墙工程，应在设计计算和构造处理上采取必要的措施，避免因温度应力造成玻璃幕墙破坏。

5.1.4 目前，结构抗震设计的标准是小震下保持弹性，基本不产生损坏。在这种情况下，幕墙也应基本处于弹性工作状态。因此，本规范中有关内力和变形计算均可采用弹性方法进行。对变形较大的场合（如索结构），宜考虑几何非线性的影响。

5.1.6 玻璃幕墙承受永久荷载（自重荷载）、风荷载、地震作用和温度作用，会产生多种内力（应力）和变形，情况比较复杂。本规范要求分别进行永久荷载、风荷载、地震作用效应计算；温度作用的影响，通过构造设计考虑。承载能力极限状态设计时，应考虑作用效应的基本组合；正常使用极限状态设计时，作用的分项系数均取 1.0。本条给出的承载力设计表达式具有通用意义，作用效应设计值 S 或 S_E 可以是内力或应力，抗力设计值 R 可以是构件的承载力设计值或材料强度设计值。

幕墙构件的结构重要性系数 γ_0，与设计使用年限和安全等级有关。除预埋件之外，其余幕墙构件的安全等级一般不会超过二级，设计使用年限一般可考虑为不低于 25 年。同时，幕墙大多用于大型公共建筑，正常使用中不允许发生破坏。因此，结构重要性系数 γ_0 取不小于 1.0。

幕墙结构计算中，地震效应相对风荷载效应是比较小的，通常不会超过风荷载效应的 20%，如果采用小于 1.0 的系数 γ_{RE} 对构件抗力设计值予以放大，对幕墙结构设计是偏于不安全的。所以，幕墙构件承载力抗震调整系数 γ_{RE} 取 1.0。

幕墙面板玻璃及金属构件（如横梁、立柱）不便于采用内力设计表达式，在本规范的相关条文中直接采用与钢结构相似的应力表达形式；预埋件设计时，则采用内力表达形式。采用应力设计表达式时，计算应力所采用的内力设计值（如弯矩、轴力、剪力等），应采用作用效应的基本组合。

5.1.7 当玻璃面板偏离横梁截面形心时，面板的重力偏心会使横梁产生扭转变形。当采用中空玻璃、夹层玻璃等自重较大的面板和偏心距较大时，要考虑其不利影响，必要时进行横梁的抗扭承载力验算。

5.2 材料力学性能

5.2.1 目前，国内有关玻璃强度试验的工作不多，强度取值的方法也不统一。玻璃是最有代表性的脆性材料，其破坏特征是：几乎所有的玻璃都是由于拉应力产生表面裂缝而破碎。一直到破坏为止，玻璃的应力、应变都几乎呈线性关系，其弹性模量约为 $7.2\times10^4\text{N/mm}^2$。但是，其破坏强度有非常大的离散性。

如图5.1（*a*）所示，同一批、同尺寸玻璃受弯试件测得的弯曲抗拉强度，其范围为 $70\sim160\text{N/mm}^2$，十分分散。实测的强度值与构件尺寸、试验方法、玻璃的热处理和化学处理方式、测试条件（加载速度、持荷时间、周围环境等）都有关系，而且变化很大。图5.1（*b*）为尺寸改变时玻璃强度的变化情况。

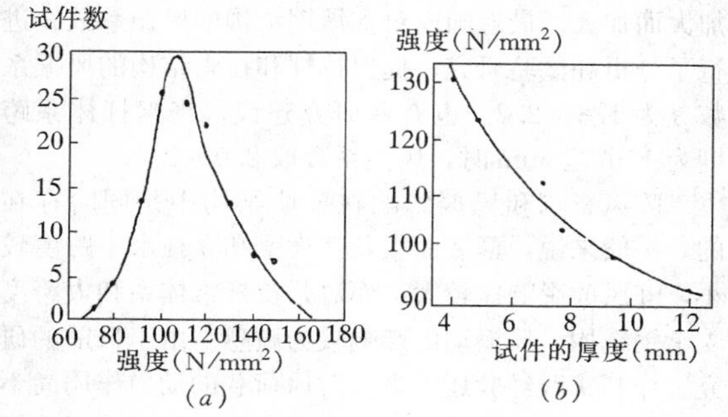

图5.1 玻璃强度特性

（*a*）强度分布；（*b*）强度与尺寸关系

因此，玻璃的实际强度设计值一般由生产厂家根据试验资料提供给设计人员，作为幕墙玻璃的设计依据。

日本建筑学会提供的实用设计方法中，给出了玻璃的强度（相当于标准值），如表5.1。日本是按容许应力方法设计的，荷载、强度均采用标准值，设计安全系数 $K=2.5\sim3.0$。在国内缺乏足够试验数据的情况下，可参考日本的玻璃强度取值为基本数据，再根据国内的安全度要求和多系数表达方法予以调整。

在日本的玻璃承载力设计方法中，总安全系数 $K=K_1K_2$，见表5.2。其中，K_1 为作用分项安全系数，取1.2～1.3；K_2 为玻璃材料分项系数，可由总安全系数进行换算。

表5.1 玻璃的强度标准值 f_{gk}（N/mm^2）

玻璃类型	厚度（mm）	f_{gk}
普通玻璃	2～6	50.0
浮法玻璃	3～8 10 12～19	50.0 45.0 35.0
磨砂玻璃	15	35.0
夹网玻璃	7～10	37.0
夹网吸热磨砂玻璃	7	30.0

表5.2 玻璃安全系数 *K*

破坏概率	0.01	0.001	0.0001
K	2.0	2.5	3.0

由此可见，玻璃的安全系数 K 在2.5～3.0之间。结合我国国情，玻璃的安全系数 K 取2.5，由于起主要控制作用的风荷载分项系数采用1.4，经换算可得出玻璃材料分项系数 $K_2=1.785$。

因此，本规范中，玻璃的强度设计值 f_g 取为标准值 f_{gk} 除以 K_2，即玻璃大面上的强度设计值。

玻璃的侧面经过切割、打磨打工，产生应力集中，强度有所降低。一般情况下，侧面强度可按大面强度的70%取用。侧面强度对玻璃受弯不起控制作用。在验算玻璃局部强度、连接强度以及玻璃肋的承载力时，会用到侧面强度设计值。

玻璃大部分是平面外受弯控制其承载力设计，受剪起控制作用的机会较少，因此目前没有再区分玻璃的抗拉、抗剪强度。

5.2.2 铝合金型材的强度设计值取决于其总安全系数，一般取为 $K=1.8$。若 $K_1=1.4$，则 $K_2=1.286$。所以，相应的强度设计值为：

$$f_a=\frac{f_{ak}}{K_2}=\frac{f_{ak}}{1.286}$$

铝型材的强度标准值 f_{ak}，一般取为 $\sigma_{p0.2}$。$\sigma_{p0.2}$ 指铝材有0.2%残余变形时所对应的应力值，即铝型材的条件屈服强度。$\sigma_{p0.2}$ 可按现行国家标准《铝合金建筑型材》GB/T 5237的规定取用。

各国铝合金结构设计的安全系数有所不同，一般为1.6～1.8。

按意大利 D. M. Mazzolani《铝合金结构》一书所载：

英国 BSCP118 规范，容许应力为：

$[\sigma]=0.44\sigma_{p0.2}+0.09\sigma_u$（轴向荷载作用）

$[\sigma]=0.44\sigma_{p0.2}+0.14\sigma_u$（弯曲荷载作用）

若极限强度 $\sigma_u=1.3\sigma_{p0.2}$，则安全系数 K 相当于1.6（弯曲作用）～1.77（轴向作用）。

德国规范 DIN4113，对于主要荷载，安全系数为1.70～1.80。

美国铝业协会规定建筑物的安全系数为1.65，对于桥梁为1.85。

鉴于幕墙构件以承受风荷载为主，铝型材强度离散性也较大，所以总安全系数取1.8是合适的。

5.2.3 幕墙中钢材主要用于连接件（如钢板、螺栓等）和支承钢结构，其计算和设计要求应按现行国家标准《钢结构设计规范》GB 50017的规定进行。

5.2.4 不锈钢材料（管材、棒材、型材）主要用于幕墙的连接件和支承结构，其强度设计值比照钢结构的安全度略有增大，总安全系数约为1.6。

5.2.5 点支承玻璃幕墙所用的张拉杆、索截面尺寸较小，对各种作用比较敏感，宜具有较高的安全度。按照目前国内工程的经验，张拉杆的安全系数可取为2.0，拉索的安全系数可取为2.5。本条的强度设计值换算系数就是按照这一要求得出的。

5.2.8 本条高强钢丝和高强钢绞线的弹性模量按《混凝土结构设计规范》GB 50010取用。钢绞线和钢丝绳是由钢丝加工而成的，其弹性模量与普通钢丝相比会发生一定变化（实际上为等效变形模量），实际工程中宜通过具体试验确定。

5.3 荷载和地震作用

5.3.2 风荷载计算采用现行国家标准《建筑结构荷载规范》GB 50009的规定。对于主要承重结构，风荷载标准值的表达可有两种形式，其一为平均风压加上由脉动风引起的结构风振等效风压；另一种为平均风压乘以风振系数。由于结构的风振动计算中，往往是受力方向基本振型起主要作用，因而我国与大多数国家相同，采用后一种表达形式，即采用风振系数β_z。风振系数综合考虑了结构在风荷载作用下的动力响应，其中包括风速随时间、空间的变异性和结构自身的动力特性等。

基本风压w_0是根据全国各气象台站历年来的最大风速记录，统一换算为离地10m高、10min平均年最大风速（m/s），根据该风速数据统计分析确定重现期为50年的最大风速，作为当地的基本风速v_0，再按贝努利公式确定基本风压。

现行国家标准《建筑结构荷载规范》GB 50009将基本风压的重现期由以往的30年改为50年，在标准上与国外大部分国家取得一致。经修改后，各地的基本风压并不全是在原有的基础上提高10%，而是根据风速观测数据，进行统计分析后重新确定的。为了能适应不同的设计条件，风荷载计算时可采用与基本风压不同的重现期。

风荷载随高度的变化由风压高度变化系数描述，其值应按现行国家标准《建筑结构荷载规范》GB 50009采用。对原规范的A、B两类，其有关参数保持不变；C类系指有密集建筑群的城市市区，其粗糙度指数系数由0.2提高到0.22，梯度风高度仍取400m；新增加的D类系指有密集建筑群且有大量高层建筑的大城市市区，其粗糙度指数系数取0.3，梯度风高度取450m。

风荷载体型系数是指风荷载作用在幕墙表面上所引起的实际压力（或吸力）与来流风的速度压的比值，它描述的是建筑物表面在稳定风压作用下静态压力的分布规律，主要与建筑物的体型和尺度有关，也与周围环境和地面粗糙度有关。由于它涉及的是关于固体与流体相互作用的流体动力学问题，对于不规则形状的固体，问题尤为复杂，无法给出理论上的结果，一般均应由试验确定。鉴于原型实测的方法对一般工程设计的不现实，目前只能采用相似原理，在边界层风洞内对拟建的建筑物模型进行测试。

风荷载在建筑物表面分布是不均匀的，在檐口附近、边角部位较大，根据风洞试验结果和国外的有关资料，在上述区域风吸力系数可取−1.8，其余墙面可考虑−1.0。由于围护结构有开启的可能，所以还应考虑室内压−0.2。所以，幕墙风荷载体型系数可分别按−2.0和−1.2采用。

阵风系数β_{gz}是瞬时风压峰值与10min平均风压（基本风压w_0）的比值，取决于场地粗糙度类别和建筑物高度。在计算幕墙面板、横梁、立柱的承载力和变形时应考虑阵风系数β_{gz}，以保证幕墙构件的安全。对于跨度较大的支承结构，其承载面积较大，阵风的瞬时作用影响相对较小；但由于跨度大、刚度小、自振周期相对较长，风力振动的影响成为主要因素，可通过风振系数β_z加以考虑。风振动的影响一般随跨度加大而加大。最近国内对支承钢结构的风振系数β_z进行了分析和试验研究，提出拉杆和拉索结构的风振系数β_z为1.8～2.2。也有些研究建议，当索杆体系跨度为15m至40m时，风振系数取2.0～2.7。

阵风影响和风振影响在幕墙结构中是同时存在的。一般来说，幕墙面板及其横梁和立柱由于跨度较小，阵风的影响比较大；而对张拉杆索体系和大跨度支承钢结构，风振动的影响较为敏感。由于目前的研究工作和实践经验还不多，对风荷载的动力作用尚不能给出确切的表达方法。因此，本规范仍然采用阵风系数的表达方式。阵风系数β_{gz}的取值，除D类地面粗糙度、40m以下的情况外，多在1.4～2.0之间，大体上与目前大跨度钢结构风振系数的研究成果相接近，不会过大或过小地估计风荷载的动力作用影响。

当有风洞试验数据或其他可靠的技术依据时，风荷载的动力影响可据此确定。

5.3.3 近年来，由于城市景观和建筑艺术的要求，建筑的平面形状和竖向体型日趋复杂，墙面线条、凹凸、开洞也采用较多，风荷载在这种复杂多变的墙面上的分布，往往与一般墙面有较大差别。这种墙面的风荷载体型系数难以统一给定。当主体结构通过风洞试验决定体型系数时，幕墙计算亦可采用该体型系数。

对高度大于200m或体形、风荷载环境比较复杂的幕墙工程，风荷载取值宜更加准确，因此在没有可靠参照依据时，宜采用风洞试验确定其风荷载取值。高度200m的要求与现行行业标准《高层建筑混凝土结构技术规程》JGJ 3—2002的要求一致。

5.3.4～5.3.5 常遇地震（大约50年一遇）作用下，幕墙的地震作用采用简化的等效静力方法计算，地震影响系数最大值按照现行国家标准《建筑抗震设计规范》GB 50011—2001的规定采用。

由于玻璃面板是不容易发展成塑性变形的脆性材

料，为使设防烈度下不产生破损伤人，考虑动力放大系数β_E。按照《建筑抗震设计规范》GB 50011 的有关非结构构件的地震作用计算规定，玻璃幕墙结构的地震作用动力放大系数可表示为：

$$\beta_E = \gamma\eta\xi_1\xi_2 \quad (5.2)$$

式中 γ——非结构构件功能系数，可取 1.4。

η——非结构构件类别系数，可取 0.9；

ξ_1——体系或构件的状态系数，可取 2.0；

ξ_2——位置系数，可取 2.0。

按照（5.2）式计算，幕墙结构地震作用动力放大系数β_E约为 5.0。

5.3.6 幕墙的支承结构，如横梁、立柱、桁架、张拉索杆等，其自身重力荷载产生的地震作用标准值，可参照本规范第 5.3.4 条和 5.3.5 条的原则进行计算。

5.4 作用效应组合

5.4.1～5.4.3 作用在幕墙上的风荷载、地震作用都是可变作用，同时达到最大值的可能性很小。因此，在进行效应组合时，第一个可变作用的效应应按 100%考虑（组合值系数取 1.0），第二个可变作用的效应可进行适当折减（乘以小于 1.0 的组合值系数）。

在重力荷载、风荷载、地震作用下，幕墙构件产生的内力（应力）应按基本组合进行承载力极限状态设计，求得内力（应力）的设计值，以最不利的组合作为设计的依据。作用效应组合时的分项系数按现行国家标准《建筑结构荷载规范》GB 50011—2001 和《建筑抗震设计规范》GB 50009—2001 的规定采用。

在现行国家标准《建筑抗震设计规范》GB 50011—2001 中规定，当地震作用与风荷载同时考虑时，风的组合值系数取为 0.2。由于幕墙暴露在室外，受风荷载影响较为显著，风荷载作用效应比地震作用效应大，应作为第一可变作用，其组合值系数一般取 1.0。地震作用作为第二个可变荷载时，现行国家标准《建筑结构荷载规范》GB 50011—2001 和《建筑抗震设计规范》GB 50009—2001，都没有规定确切的组合值系数；考虑到幕墙工程中地震作用效应一般不起控制作用，同时考虑到幕墙结构设计的安全性，本规范规定其组合值系数取 0.5。

结构的自重是经常作用的永久荷载，所有的基本组合工况中都必须包括这一项。当永久荷载（重力荷载）的效应起控制作用时，其分项系数γ_G应取 1.35，但参与组合的可变作用仅限于竖向荷载，且应考虑相应的组合值系数。对一般幕墙构件，当重力荷载的效应起控制作用时（γ_G取 1.35），可不考虑风荷载和地震作用；对水平倒挂玻璃及其框架，风荷载是主要竖向可变荷载，此时，风荷载的组合值系数取 0.6，与《建筑结构荷载规范》GB 50009—2001 的规定一致。当永久荷载作用对结构设计有利时，其分项系数γ_G应取不大于 1.0。

我国是多地震国家，抗震设防烈度 6 度以上的地区占中国国土面积 70%以上，绝大多数的大、中城市都考虑抗震设防。对于有抗震要求的幕墙，风荷载和地震作用都应考虑。

因为本规范仅考虑竖向幕墙和与水平面夹角大于 75°、小于 90°的斜玻璃幕墙，且抗震设防烈度不大于 8 度，所以，可不考虑竖向地震作用效应的计算和组合。对于大跨度的玻璃雨篷、通廊、采光顶等结构设计，应符合国家现行有关标准的规定或进行专门研究。

按照以上说明，幕墙结构构件承载力设计中，理论上可考虑下列典型组合工况：

1. $1.2G+1.0\times1.4W$
2. $1.0G+1.0\times1.4W$
3. $1.2G+1.0\times1.4W+0.5\times1.3E$
4. $1.0G+1.0\times1.4W+0.5\times1.3E$
5. $1.35G+0.6\times1.4W$（风荷载向下）
6. $1.0G+1.0\times1.4W$（风荷载向上）
7. $1.35G$

以上组合工况中，G、W、E分别代表重力荷载、风荷载、地震作用标准值产生的应力或内力。对不同的幕墙构件应采用不同的组合工况，如第 5、6 项一般仅用于水平倒挂幕墙的设计。另外，作用效应组合时，应注意各种作用效应的方向性。

5.4.4 根据幕墙构件的受力和变形特征，正常使用状态下，其构件的变形或挠度验算时，一般不考虑不同作用效应的组合。因地震作用效应相对风荷载作用效应较小，一般不必单独进行地震作用下结构的变形验算。在风荷载或永久荷载作用下，幕墙构件的挠度应符合挠度限值要求，且计算挠度时，作用分项系数应取 1.0。

5.5 连 接 设 计

5.5.1 幕墙的连接与锚固必须可靠，其承载力必须通过计算或实物试验予以确认，并要留有余地，防止偶然因素产生突然破坏。连接件与主体结构的锚固承载力应大于连接件本身的承载力，任何情况不允许发生锚固破坏。

安装幕墙的主体结构必须具备承受幕墙传递的各种作用的能力，主体结构设计时应充分加以考虑。

主体结构为混凝土结构时，其混凝土强度等级直接关系到锚固件的可靠工作，除加强混凝土施工的工程质量管理外，对混凝土的最低强度等级也应加以要求。为了保证与主体结构的连接可靠性，连接部位主体结构混凝土强度等级不应低于 C20。

5.5.2 幕墙横梁与立柱的连接，立柱与锚固件或主体结构钢梁、钢材的连接，通常通过螺栓、焊缝或铆钉实现。现行国家标准《钢结构设计规范》GB 50017

对上述连接均作了规定，应参照执行。同时受拉、受剪的螺栓应进行螺栓的抗拉、抗剪设计；螺纹连接的公差配合及构造，应符合有关标准的规定。

为防止偶然因素的影响而使连接破坏，每个连接部位的受力螺栓、铆钉等，至少需要布置2个。

5.5.3 框支承幕墙立柱截面较小，处于受压工作状态时受力不利，因此宜将其设计成轴心受拉或偏心受拉构件。立柱宜采用圆孔铰接接点在上端悬挂，采用长圆孔或椭圆孔与下端连接，形成吊挂受力状态。

5.5.4 幕墙构件与混凝土结构的连接，多数情况应通过预埋件实现，预埋件的锚固钢筋是锚固作用的主要来源，混凝土对锚固钢筋的粘结力是决定性的。因此预埋件必须在混凝土浇灌前埋入，施工时混凝土必须密实振捣。目前实际工程中，往往由于未采取有效措施来固定预埋件，混凝土浇注时使预埋件偏离设计位置，影响与立柱的准确连接，甚至无法使用。因此，幕墙预埋件的设计和施工应引起足够的重视。

5.5.5 附录C对幕墙预埋件设计作了一般规定。对于预埋件的要求，主要是根据有关研究成果和现行国家标准《混凝土结构设计规范》GB 50010。

1. 承受剪力的预埋件，其受剪承载力与混凝土强度等级、锚固面积、直径等有关。在保证锚固长度和锚筋到埋件边缘距离的前提下，根据试验提出了半理论、半经验的公式，并考虑锚筋排数、锚筋直径对受剪承载力的影响。

2. 承受法向拉力的预埋件，钢板弯曲变形时，锚筋不仅单独承受拉力，还承受钢板弯曲变形引起的内剪力，使锚筋处于复合应力状态，在计算公式中引入锚板弯曲变形的折减系数。

3. 承受弯矩的预埋件，试验表明其受压区合力点往往超过受压区边排筋以外，为方便和安全考虑，受弯力臂取外排锚筋中心线之间的距离，并在计算公式中引入锚筋排数对力臂的折减系数。

4. 承受拉力和剪力或拉力和弯矩的预埋件，根据试验结果，其承载力均取线性相关关系。

5. 承受剪力和弯矩的预埋件，根据试验结果，当$V/V_{u0}>0.7$时，取剪弯承载力线性相关；当$V/V_{u0}\leqslant 0.7$时，取受剪承载力与受弯承载力不相关。这里，V_{u0}为预埋件单独承受剪力作用时的受剪承载力。

6. 当轴力$N<0.5f_cA$时，可近似取$M-0.4NZ=0$作为受压剪承载力与受压弯剪承载力计算的界限条件。本规范公式（C.0.1-3）中系数0.3是与压力有关的系数，与试验结果比较，其取值是偏于安全的。

承受法向拉力和弯矩的预埋件，其锚筋载面面积计算公式中拉力项的抗力均乘以系数0.8，是考虑到预埋件的重要性、受力复杂性而采取提高其安全储备的折减系数。

直锚筋和弯折锚筋同时作用时，取总剪力中扣除直锚筋所能承担的剪力，作为弯折锚筋所承受的剪力，据此计算其截面面积：

$$A_{sb}\geqslant 1.4\frac{V}{f_y}-1.25\alpha_r A_s \tag{5.3}$$

根据国外有关规范和国内对钢与混凝土组合结构中弯折锚筋的试验研究表明，弯折锚筋的弯折角度对受剪承载力影响不大。同时，考虑构造等原因，控制弯折角度在15°～45°之间。当不设置直锚筋或直锚筋仅按构造设置时，在计算中应不予以考虑，取$A_s=0$。

这里规定的预埋件基本构造要求，是把满足常用的预埋件作为目标，计算公式也是根据这些基本构造要求建立的。

在进行锚筋面积A_s计算时，假定锚筋充分发挥了作用，应力达到其强度设计值f_y。要使锚筋应力达到f_y而不滑移、拔出，就要有足够的锚固长度，锚固长度l_a与钢筋型式、混凝土强度、钢材品种有关，可按附录（C.0.5）式计算。有时由于l_a的数值过大，在幕墙预埋件中采用有困难，此时可采用低应力设计方法，即增加锚筋面积、降低锚筋实际应力，从而可减小锚固长度，但不应小于15倍钢筋直径。

5.5.7 当土建施工中未设预埋件、预埋件漏放、预埋件偏离设计位置太远、设计变更、旧建筑加装幕墙时，往往要使用后锚固螺栓进行连接。采用后锚固螺栓（机械膨胀螺栓或化学螺栓）时，应采取多种措施，保证连结的可靠性。

5.5.8 砌体结构平面外承载能力低，难以直接进行连接，所以宜增设混凝土结构或钢结构连接构件。轻质隔墙承载力和变形能力低，不应作为幕墙的支承结构考虑。

5.6 硅酮结构密封胶设计

5.6.1 硅酮结构密封胶承受荷载和作用产生的应力大小，关系到幕墙构件的安全，对结构胶必须进行承载力验算，而且保证最小的粘结宽度和厚度。

隐框幕墙玻璃板材的结构胶粘结宽度一般应大于其厚度；全玻幕墙结构胶的粘结厚度由计算确定，有可能大于其宽度。当满足结构计算要求时，允许在全玻幕墙的板缝中填入合格的发泡垫杆等材料后再进行前、后两面的打胶。

5.6.2 硅酮结构密封胶缝应进行受拉和受剪承载能力极限状态验算，习惯上采用应力表达式。计算应力设计值时，应根据受力状态，考虑作用效应的基本组合。具体的计算方法应符合本规范有关条文的规定。

现行国家标准《建筑用硅酮结构密封胶》GB 16776中，规定了硅酮结构密封胶的拉伸强度值不低于$0.6N/mm^2$。在风荷载或地震作用下，硅酮结构密封胶的总安全系数取不小于4，套用概率极限状态设计方法，风荷载分项系数取1.4，地震作用分项系数取 1.3，则其强度设计值 f_1 约为 0.21～0.195N/mm²，本规范取为 0.2N/mm²，此时材料分项系数约为 3.0。在永久荷载（重力荷载）作用下，硅酮结构密封胶的强度设计值 f_2 取为风荷载作用下强度设计值的 1/20，即 0.01N/mm²。

5.6.3 幕墙玻璃在风荷载作用下的受力状态相当于承受均布荷载的双向板（图 5.2），在支承边缘的最大线均布拉力为 $aw/2$，由结构胶的粘结力承受，即：

$$f_1 c_s = \frac{aw}{2} \tag{5.4}$$

$$c_s = \frac{aw}{2f_1} \tag{5.5}$$

式中 f_1——结构硅酮密封胶在风荷载或地震作用下的强度设计值（N/mm²）；

w——风荷载设计值（N/mm²）。当采用kN/m²为单位时，须除以 1000 予以换算。

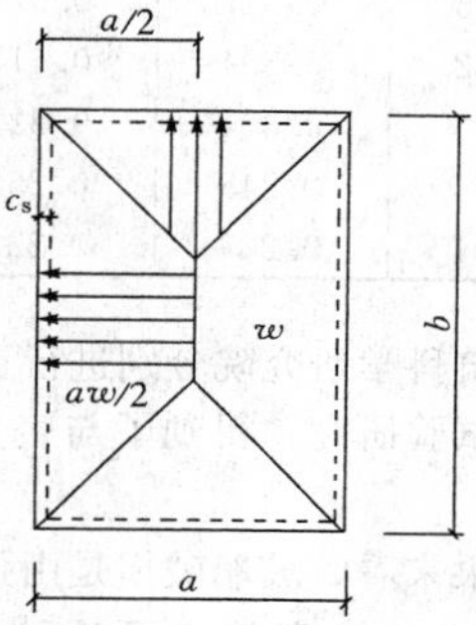

图 5.2　玻璃上的荷载传递示意

抗震设计时，上述公式中的 w 应替换为（$w+0.5q_E$），q_E 为作用在计算单元上的地震作用设计值（kN/m²）。

在重力荷载设计值作用下，竖向玻璃幕墙的硅酮结构胶缝承受长期剪应力，平均剪应力 τ 可表示为：

$$\tau = \frac{q_G ab}{2(a+b)c_s} \tag{5.6}$$

剪应力 τ 不应超过结构胶在永久荷载作用下的强度设计值 f_2。

5.6.4 倒挂玻璃的风吸力和自重均使胶缝处于受拉工作状态，但是风荷载为可变荷载，自重为永久荷载。因此，结构胶粘结宽度应分别采用其在风荷载和永久荷载作用下的强度设计值分别计算，并叠加。

5.6.5 结构胶的粘结厚度 t_s 由承受的相对位移 u_s 决定（图 5.3）。在发生相对位移时，结构胶和双面胶带的尺寸 t_s 变为 t'_s，伸长了（t'_s-t_s）。这一长度应在硅酮结构密封胶和双面胶带延伸率允许的范围之内。结构胶的变位承受能力 $\delta=(t'_s-t_s)/t_s$，取对应于其受拉应力为 0.14N/mm² 时的伸长率，不同牌号胶的取值会稍有不同，应由结构胶生产厂家提供。

由直角三角形关系，$t_s^2+u_s^2=t_s'^2$，$t_s'^2=(1+\delta)^2t_s^2$，$(\delta^2+2\delta)\ t_s^2=u_s^2$，所以要求胶厚度 t_s 满足以下要求：$t_s \geqslant \frac{u_s}{\sqrt{\delta\ (2+\delta)}}$。例如，若变位承受能力为 12%，相对位移 u_s 为 3mm，则 $t_s=\frac{3}{\sqrt{0.12\ (2+0.12)}}=5.9$mm，可取为 6mm。

楼层弹性层间位移角的限值，见本规范第 4.2.6 条的条文说明。

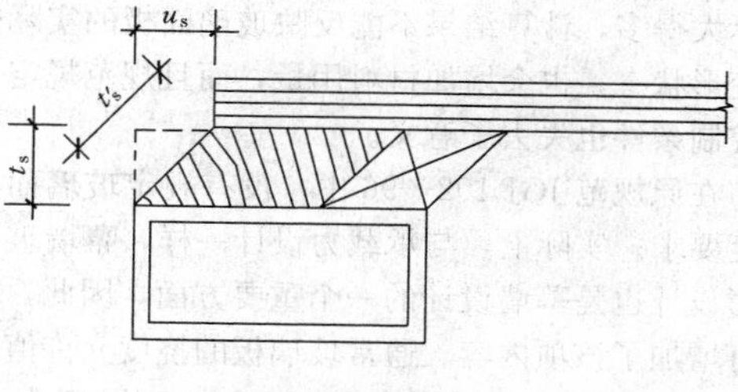

图 5.3　硅酮结构密封胶和双面胶带的拉伸变形示意

5.6.6 硅酮结构密封胶承受永久荷载的能力很低，不仅强度设计值 f_2 仅为 0.01N/mm²，而且有明显的变形，所以长期受力部位应设金属件支承。竖向幕墙玻璃应在玻璃底端设支托；倒挂玻璃顶应设金属安全件。

6　框支承玻璃幕墙结构设计

6.1　玻　　璃

6.1.1 幕墙玻璃面积较大，不仅承受较大的风荷载作用，且运输安装过程的工序较多，其厚度不宜过小，以保证安全。从近几年幕墙工程设计和施工经验来看，6mm 的最小厚度是合适的。夹层玻璃和中空玻璃的两片玻璃是共同受力的，如果厚度相差过大，则两片玻璃受力大小会过于悬殊，容易因受力不均匀而破裂。

6.1.2～6.1.3 框支承幕墙玻璃在风荷载作用下，受力状态类同四边支承板，可按四边支承板计算其跨中最大弯矩和最大应力。此应力与其他作用产生的应力考虑分项系数进行组合后，不应大于玻璃强度设计值 f_g。

玻璃板材的内力和变形采用弹性力学方法计算较为妥当，目前也有相应的有限元计算软件可供选择使用。但作为规范，为方便使用，也应提供简单、易行且计算精度可满足工程设计要求的简化设计方法。因此，本条对四边支承玻璃面板采用了弹性小挠度计算公式，并考虑与大挠度分析方法计算结果的差异，将应力与挠度计算值予以折减。

原规范 JGJ 102—96 中，在风荷载作用下玻璃面板的应力计算公式为：

$$\sigma_w = \frac{6mwa^2}{t^2} \tag{6.1}$$

公式（6.1）是在弹性小挠度情况下推导出来的，它假定玻璃板只产生弯曲变形和弯曲应力，而面内薄膜应力则忽略不计。弹性小变形理论的适用范围是：挠度 d_f 不大于玻璃板厚度 t。

当玻璃板的挠度 d_f 大于板厚时，按（6.1）式计算的应力比实际的大，而且随着挠度与板厚之比加大，计算的应力和挠度偏大较多。由于计算的应力比实际大得多，计算结果不能反映玻璃面板的实际受力和变形状态，也会增加材料用量，而且规范规定的应力控制条件也失去了意义。

在原规范 JGJ 102—96 中，没有规定玻璃面板的挠度要求。实际上，与承载力设计一样，幕墙玻璃的变形设计也是幕墙设计的一个重要方面，因此，本次修订增加了该项内容。通常玻璃板的挠度允许值可达到跨度的 1/60，对于跨度为 1000mm、厚度为 8mm 的玻璃板，挠度允许值可达 16mm，已为玻璃厚度的 2 倍，此时，按弹性小变形薄板理论计算的应力、挠度值会比实际值约大 30%～50%。依此计算结果控制承载力和挠度，比实际情况偏严较多。

为此，对玻璃板进行计算时，应对原规范 JGJ 102—96 的弹性小变形理论的计算公式，考虑一个折减系数 η 予以修正，即本规范表 6.1.2-2。

大挠度玻璃板的计算是比较复杂的非线性弹性力学问题，难以用简单公式表达，一般要用到专门的计算软件，针对具体问题进行具体计算分析。显然这对于常规幕墙设计是不方便的。

英国 B. Aalami 和 D. G. Williams 对不同边界的矩形板进行了系统计算，发表于《Thin Plate Design For Transverse Loading》一书中。根据其大量计算结果，适当简化、归并以利于实际应用，选择了与挠度直接相关的参量 θ 为主要参数，编制了表 6.1。表中，参数 θ 的量纲就是挠度与厚度之比：

$$\theta=\frac{qa^4}{Et^4}\sim\frac{qa^4}{Et^3}/t\sim\frac{qa^4}{D}/t\sim d_f/t$$

按计算结果，η 数值随 θ 下降很快，即按小挠度公式计算的应力和挠度可以折减较多，为安全稳妥，在编制规范表 6.1.2-2 时，取了较计算结果偏安全的数值，留有充分的余地。按表 6.1.2-2 对小挠度公式应力计算结果进行折减，不仅减小了板材厚度、节省了材料，而且还有一定的安全余地。同样在计算板的挠度 d_f 时，也应考虑此折减系数 η（表 6.2）。

表 6.1　弹性小变形应力 σ 计算结果的折减系数 η

$\theta=\frac{qa^4}{Et^4}$	B. Aalami D. G. Williams 的计算结果 边长比 b/a 1.0	1.5	2.0	表6.1.2-2的取值
≤1	1.000	1.000	1.000	1.00
10	0.975	0.904	0.910	0.96
20	0.965	0.814	0.820	0.92
40	0.803	0.619	0.643	0.84
120	0.480	0.333	0.363	0.65
200	0.350	0.235	0.260	0.57
300	0.285	0.175	0.195	0.52
≥400	0.241	0.141	0.155	0.50

表 6.2　弹性小变形挠度 d_f 计算结果的折减系数 η

$\theta=\frac{qa^4}{Et^4}$	B. Aalami D. G Williams 的计算结果 边长比 b/a 1.0	1.5	2.0	表6.1.2-2的取值
≤1	1.000	1.000	1.000	1.00
10	0.955	0.906	0.916	0.96
20	0.894	0.812	0.832	0.92
40	0.753	0.647	0.674	0.84
120	0.482	0.394	0.417	0.65
200	0.375	0.304	0.322	0.57
300	0.304	0.245	0.252	0.52
≥400	0.201	0.209	0.221	0.50

上海市建筑科学研究院分别进行了玻璃板在均布荷载作用下的试验研究，得到了与表 6.1.2-2 取值相似的结果。

从试验结果来看，玻璃破损是由强度控制的，钢化玻璃破坏时，其挠度甚至可达到跨度的 1/40～1/30。因此，在满足基本构造要求的前提下，玻璃挠度控制条件不宜过严，以免限制了其承载力的发挥。对于四边支承的玻璃板，采用其短边边长（挠度）的 1/60 作为控制条件是合适的。由于在计算挠度时，采用风荷载标准值，同时又考虑大挠度影响对计算值加以折减，所以只要合理选用玻璃种类和厚度，应当是可以满足挠度限值要求的。

6.1.4　夹层玻璃由两片玻璃夹胶合片而成，在垂直于板面的风荷载和地震作用下，两片玻璃的挠度是相等的，即：

$$d_{f1}=d_{f2} \tag{6.2}$$

所以，每片玻璃分担的荷载应按两片玻璃的弯曲刚度 D 的比例分配：

$$q_1=q\frac{D_1}{D_1+D_2} \tag{6.3}$$

$$q_2=q\frac{D_2}{D_1+D_2} \tag{6.4}$$

式中　q——夹层玻璃承受的荷载；

q_1、q_2——分别为两片玻璃承受的荷载；

D_1、D_2——分别为两片玻璃的弯曲刚度。

由于玻璃板的弯曲刚度 D 按下式计算：

$$D=\frac{Et^3}{12(1-\nu^2)} \tag{6.5}$$

因此，两片玻璃分配的荷载按其厚度立方的比例分配。

由于夹层玻璃的等效刚度可近似表示为两片玻璃弯曲刚度之和：

$$D = D_1 + D_2 \tag{6.6}$$

所以计算夹层玻璃的挠度时，其等效厚度 t_e 可按两片玻璃厚度的立方和的立方根取用。当然，也可分别按单片玻璃分配的荷载及相应的单片玻璃弯曲刚度计算挠度，所得结果是相同的。

本条规定与美国 ASTM E1300 标准有关规定相同，并和上海市建筑科学研究院的试验结果比较一致。

6.1.5 中空玻璃的两片玻璃之间有气体层，直接承受荷载的正面玻璃的挠度一般略大于间接承受荷载的背面玻璃的挠度，分配的荷载相应也略大一些。为保证安全和简化设计，将正面玻璃分配的荷载加大10%，这与本规范编制组关于中空玻璃的试验结果相近，也与美国 ASTM E1300 标准的计算原则相接近。

考虑到直接承受荷载的玻璃挠度大于按两片玻璃等挠度原则计算的挠度值，所以中空玻璃的等效厚度 t_e 考虑折减系数 0.95。

6.1.6 斜玻璃幕墙还受到面外重力荷载的作用（自重、雪荷载、雨水荷载、检修荷载等），这些荷载也在玻璃中产生弯曲应力。通常这些荷载可作为均布荷载作用在玻璃上，按板理论计算其跨中最大应力 σ_G。σ_G 与风荷载应力 σ_w 进行组合后，其设计值不应大于玻璃的强度设计值 f_g。

6.2 横 梁

6.2.1 受弯薄壁金属梁的截面存在局部稳定问题，为防止产生压应力区的局部屈曲，通常可用下列方法之一加以控制：

1）规定最小壁厚 t_{min} 和规定最大宽厚比；

2）对抗压强度设计值或允许应力予以降低。

本规范中，幕墙横梁与立柱设计，采用前一种控制方法。

1. 最小壁厚

我国现行国家标准《冷弯薄壁型钢结构技术规范》GB 50018 规定薄壁型钢受力构件壁厚不宜小于2mm。我国现行国家标准《铝合金建筑型材》GB/T 5237 规定用于幕墙的铝型材最小壁厚为 3mm。

通常横梁跨度较小，相应的应力也较小，因此本条规定小跨度（跨度不大于 1.2m）的铝型材横梁截面最小厚度为 2.0mm，其余情况下截面受力部分厚度不小于 2.5mm。

为了保证直接受力螺纹连接的可靠性，防止自攻螺钉拉脱，受力连接时，在采用螺纹直接连接的局部，铝型材厚度不应小于螺钉的公称直径。

钢材防腐蚀能力较低，横梁型钢的壁厚不应小于2.5mm，并且本规范明确必要时可以预留腐蚀厚度。

2. 最大宽厚比

型材杆件相邻两纵边之间的平板部分称为板件。一纵边与其他板件相连接，另一纵边为自由的板件，称为截面的自由挑出部位；两纵边均与其他板件相连接的板件，称为截面的双侧加劲部位。板件的宽厚比不应超过一定限值，以保证截面受压时保持局部稳定性。截面中不符合宽厚比限值的部分，在计算截面特性时不予考虑。

弹性薄板在均匀受压下的稳定临界应力可由下式计算：

$$\sigma_{cr} = \beta \frac{\pi^2 E t^2}{12(1-\nu^2) b_0^2} \tag{6.7}$$

式中 E——弹性模量；

t——截面厚度；

ν——泊松比；

b_0——截面宽度；

β——弹性屈曲系数，自由挑出部位（边界条件视为三边简支、一边自由）取 0.425，双侧加劲部位（边界条件视为四边简支）取 4.0。

由上式可得到型材截面的宽厚比要求，即：

$$\frac{b_0}{t} \leqslant \pi \sqrt{\frac{\beta E}{12(1-\nu^2) f}} \tag{6.8}$$

式中 f——型材强度设计值。

本条表 6.2.1 即由公式（6.8）计算得出。

6.2.4 横梁为双向受弯构件，竖向弯矩由面板自重和横梁自重产生；水平方向弯矩由风荷载和地震作用产生。由于横梁跨度小、刚度较大，一般情况不必进行整体稳定验算。

6.2.5 本条公式为材料力学中梁的抗剪计算公式。

6.2.7 横梁的挠度控制是正常使用状态下的功能要求，不涉及幕墙结构的安全，加之所采用的风荷载又是 50 年一遇的最大值，发生的机会较少，所以不宜控制过严，避免由于挠度控制要求而使材料用量增加太多。

隐框幕墙玻璃板的副框，一般采用金属件多点连接在横梁上；明框幕墙玻璃板与横梁间有弹性嵌缝条或密封胶。因此，横梁变形后对玻璃的支承状况改变不大。试验表明，横梁挠度达到跨度的 $l/180$ 时，幕墙玻璃的工作仍是正常的。因此，对铝型材的挠度控制值定为 $l/180$。钢型材强度较高，其挠度控制则可以稍严一些。原规范 JGJ 102—96 对挠度附加了不超过 20mm 的限值，这是针对当时采用幕墙的工程多为高层旅馆和办公楼，层高一般不大于 4m 的情况而制定的。目前，幕墙应用范围已大大扩展，情况多变，有时跨度超过 4m 较多，因此不宜、也不必要再规定挠度控制的绝对值，这与工程结构设计中挠度控制采用相对值的方法是一致的。

6.3 立　　柱

6.3.1 立柱截面主要受力部分厚度的最小值，主要是参照现行国家标准《铝合金建筑型材》GB/T 5237 中关于幕墙用型材最小厚度为 3mm 的规定。对于闭口箱形截面，由于有较好的抵抗局部失稳的性能，可以采用较小的壁厚，因此允许采用最小壁厚为 2.5mm 的型材。

钢型材的耐腐蚀性较弱，最小壁厚取为 3.0mm。

偏心受压的立柱很少，因其受力较为不利，立柱一般不设计成受压构件。当遇到立柱受压情况时，需要考虑局部稳定的要求，对截面的宽厚比加以控制，与本规范第 6.2.1 条的相应要求一致。

6.3.3 幕墙在平面内应有一定的活动能力，以适应主体结构的侧移。立柱每层设活动接头后，就可以使立柱有上、下活动的可能，从而使幕墙在自身平面内能有变形能力。此外，活动接头的间隙，还要满足以下的要求：

——立柱的温度变形；

——立柱安装施工的误差；

——主体结构承受竖向荷载后的轴向压缩变形。

综合以上考虑，上、下柱接头空隙不宜小于 15mm。

6.3.4～6.3.6 立柱自下而上是全长贯通的，每层之间通过滑动接头连接，这一接头可以承受水平剪力，但只有当芯柱的惯性矩与外柱相同或较大且插入足够深度时，才能认为是连续的，否则应按铰接考虑。

因此大多数实际工程，应按铰接多跨梁来进行立柱的计算。现在已有专门的计算软件，它可以考虑自下而上各层的层高、支承状况和水平荷载的不同数值，计算各截面的弯矩、剪力和挠度，作为选用铝型材的设计依据，比较准确。

对于某些幕墙承包商来说，目前设计还采用手算方式，这时可按有关结构设计手册查出弯矩和挠度系数。

每层两个支承点时，宜按铰接多跨梁计算，求得较准确的内力和挠度。但按铰接多跨梁计算需要相应的计算机软件，所以，手算时可以近似按双跨梁考虑。

6.3.7 一般情况下，立柱不宜设计成偏心受压构件，宜按偏心受拉构件进行截面设计。因此，在连接设计时，应使柱的上端挂在主体结构上。

本条计算公式引自现行国家标准《钢结构设计规范》GB 50017。

6.3.8 考虑到在某些情况下可能有偏心受压立柱，因此本条列出偏心受压柱的稳定验算公式。本公式引自现行国家标准《钢结构设计规范》GB 50017。

弯矩作用平面内的轴心受压稳定系数 φ，钢型材按现行国家标准《钢结构设计规范》GB 50017 采用；铝型材的取值国内未见系统的研究报告，因此参照国外强度接近的铝型材 φ 值取用（表 6.3）。

表 6.3　国外一些铝型材的 φ 值

λ	俄罗斯			加拿大	意大利	
	$\sigma_{0.2}=$ 60～90 MPa	$\sigma_{0.2}=$ 100 MPa	$\sigma_{0.2}=$ 150～230 MPa	$[\sigma]=$ 105 MPa	$[\sigma]=$ 84 MPa	$[\sigma]=$ 138 MPa
20	0.947	0.945	0.998	0.927	1.00	0.96
40	0.895	0.870	0.880	0.757	0.90	0.86
60	0.730	0.685	0.690	0.587	0.83	0.75
80	0.585	0.580	0.525	0.417	0.73	0.58
90	0.521	0.465	0.457	0.332	0.67	0.48
100	0.463	0.415	0.395	0.272	0.60	0.38
110	0.415	0.365	0.335	0.225	0.53	0.34
120	0.375	0.327	0.283	0.189	0.46	0.30
140	0.300	0.265	0.208	0.138	0.34	0.22

6.3.9 本条规定依据现行国家标准《钢结构设计规范》GB 50017。

6.3.10 立柱挠度控制与横梁相同，见本规范第 6.2.7 条说明。

7　全玻幕墙结构设计

7.1　一 般 规 定

7.1.1 全玻幕墙的玻璃面板和玻璃肋的厚度较小，以 12～19mm 为多，如果采用下部支承，则在自重作用下，面板和肋都处于偏心受压状态，容易出现平面外的稳定问题，而且玻璃表面容易变形，影响美观。所以，较高的全玻幕墙应吊挂在上部水平结构上，使全玻幕墙的面板和肋所受的轴向力为拉力。

7.1.2 全玻幕墙的面板和肋均不得直接接触结构面和其他装饰面，以防玻璃挤压破坏。玻璃与下槽底的弹性垫块宜采用硬橡胶材料。

7.1.3 全玻幕墙悬挂在钢结构构件上时，支承钢结构应有足够的抗弯刚度和抗扭刚度，防止幕墙的下垂和转角过大，以免变形受限而使玻璃破损。当主体结构构件为其他材料时，也应具有足够的刚度和承载力。

7.1.4～7.1.5 全玻幕墙承受风荷载和地震作用后，上端吊夹会受到水平推力，该水平推力会使幕墙产生水平移动，因此要有水平约束，要设置刚性传力构件。

吊夹应能承受幕墙的自重，不宜考虑竖向胶缝单独承受面板自重。

7.1.6 全玻幕墙的玻璃表面均应与周围结构面和装饰面留有足够的空隙，以适应玻璃的温度变形和其他受力变形，防止因变形受限而使玻璃开裂。

7.1.8 玻璃肋采用金属件连接、面板采用点支承时，玻璃在开孔部位会产生较大的应力集中，因此对玻璃的强度有较高的要求，应采用钢化玻璃以及由钢化玻璃制成的夹层玻璃和中空玻璃。金属板连接的玻璃肋应采用钢化夹层玻璃，以防止幕墙整片塌落。

7.2 面 板

7.2.1 全玻幕墙面板的面积较大，面板通常是对边简支板，在相同尺寸下，风荷载和地震作用产生的弯矩和挠度都比框支承幕墙四边简支玻璃板大，所以面板厚度不宜太薄。目前国内全玻幕墙的面玻璃厚度多在 12mm 以上。

7.2.2 采用玻璃面板和玻璃肋的全玻幕墙，通常有对边简支和多点支承两种面板支承方式，应分别按对边简支板或多点支承板进行计算。对边支承简支板的弯矩和挠度分别为：

$$M = \frac{1}{8}ql^2 \tag{7.1}$$

$$d_f = \frac{5}{384}\frac{ql^4}{EI} \tag{7.2}$$

式中，q 和 l 分别为作用于面板上的荷载和支承跨度。所以，对边支承简支板的弯矩和挠度系数分别为 0.125 和 0.013。

带孔玻璃面板的孔边，应力分布复杂，应力集中现象明显，可采用适宜的有限元方法进行计算分析，必要时可通过试验进行验证。

7.2.3 试验表明，浮法玻璃的挠度可以达到边长的 1/40 而不破坏，因此规定玻璃肋支承面板挠度限值为跨度的 1/60 是留有一定余地的。点支承面板通常采用钢化玻璃，可承受更大的挠度而不破坏；有球铰的点支承装置允许板面有相对自由转动，所以其允许挠度可以适当放松。综合考虑，点支承面板的挠度限制可取支承点长边的 1/60，支承点的间距应沿板边采用，而不取对角线距离。

7.3 玻 璃 肋

7.3.1 全玻幕墙的玻璃肋类似楼盖结构的支承梁，玻璃面板将所承受的风荷载和地震作用传到玻璃肋上。因此玻璃肋截面尺寸不应过小，以保证其必要的刚度和承载能力。

7.3.2～7.3.3 在水平荷载作用下，全玻幕墙的工作状态如同竖直的楼盖，玻璃面板如同楼板，玻璃肋如同楼面梁，面板将所承受的风荷载和地震作用传递到玻璃肋上。玻璃肋受力状态类似简支梁，第 7.3.2 条和 7.3.3 条公式就是从简支梁的应力和挠度公式演化而来。

7.3.5 点支承面板的玻璃肋通常由金属件连接，并在金属板上设置支承点。连接金属板和螺栓宜采用不锈钢材料。玻璃肋受力状态如同简支梁，其连接部位的抗弯、抗剪能力应加以计算。由于玻璃肋是在玻璃平面内受弯、受剪和抵抗螺栓的压力，最大应力发生在玻璃的侧面，应按侧面强度设计值进行校核。

7.3.7 目前国内工程中，单片玻璃肋的跨度已达 8m，钢板连接玻璃肋的跨度甚至达到 16m。由于玻璃肋在平面外的刚度较小，有发生横向屈曲的可能性。当正向风压作用使玻璃肋产生弯曲时，玻璃肋的受压部位有面板作为平面外的支撑；当反向风压作用时，受压部位在玻璃肋的自由边，就可能产生平面外屈曲。所以，跨度大的玻璃肋在设计时应考虑其侧向稳定性要求，必要时应进行稳定性验算，并采取横向支撑或拉结等措施。

7.4 胶 缝

7.4.1 由玻璃肋沿对边直接支承面板的全玻幕墙，其面板承受的荷载和作用要通过胶缝传递到玻璃肋上去，胶缝承受剪力或拉、压力，所以必须采用硅酮结构密封胶粘结。当被连结的玻璃不是镀膜玻璃或夹层玻璃时，可以采用酸性硅酮结构胶，否则，应采用中性硅酮结构胶。

8 点支承玻璃幕墙结构设计

8.1 玻 璃 面 板

8.1.1 相邻两块四点支承板改为一块六点支承板后，最大弯矩由四点支承板的跨中转移至六点支承板的支座且数值相近，承载力没有显著提高，但跨中挠度可大大减小。所以，一般情况下可采用单块四点支承玻璃；当挠度过大时，可将相邻两块四点支承板改为一块六点支承板。

点支承幕墙面板采用开孔支承装置时，玻璃板在孔边会产生较高的应力集中。为防止破坏，孔洞距板边不宜太近。此距离应视面板尺寸、板厚和荷载大小而定，一般情况下孔边到板边的距离有两种限制方法：一种即是本条的规定；另一种是按板厚的倍数规定，当板厚不大于 12mm 时，取 6 倍板厚，当板厚不小于 15mm 时，取 4 倍板厚。这两种方法的限值是大致相当的。孔边距为 70mm 时，可以采用爪长较小的 200 系列钢爪支承装置。

8.1.2 点支承玻璃幕墙一般情况下采用四点支承装置，玻璃在支承部位应力集中明显，受力复杂。因此，点支承玻璃的厚度应具有比普通幕墙玻璃更严格的基本要求。

8.1.3 玻璃之间的缝宽要满足幕墙在温度变化和主体结构侧移时玻璃互不相碰的要求；同时在胶缝受拉时，其自身拉伸变形也要满足温度变化和主体结构侧向位移使胶缝变宽的要求。因此胶缝宽度不宜过小。

有气密和水密要求的点支承幕墙的板缝，应采用硅酮建筑密封胶加以密封。无密封要求的装饰性点支承玻璃，可以不打密封胶。

8.1.4 为便于装配和安装时调整位置，玻璃板开孔的直径稍大于穿孔而过的金属轴，除轴上加封尼龙套管外，还应采用密封胶将空隙密封。

中空玻璃的干燥气体层要求更严格的密封条件，防止漏气后中空内壁结露，为此常采用多道密封措施。国外也有采用穿缝金属夹板夹持中空玻璃的方法，避免在中空玻璃上穿孔。

8.1.5 本条表8.1.5-1和表8.1.5-2是对应于四角点支承板的数据。实际点支承面板周边有外挑部分，设计时允许考虑其有利影响。

8.2 支承装置

8.2.1 《点支式玻璃幕墙支承装置》JG 138给出了钢爪式支承装置的技术条件，但点支承玻璃幕墙并不局限于采用钢爪式支承装置，还可以采用夹板式或其他形式的支承装置。

8.2.2 点支承面板受弯后，板的角部产生转动，如果转动被约束，则会在支承处产生较大的弯矩。因此支承装置应能适应板角部的转动变形。当面板尺寸较小、荷载较小、角部转动较小时，可以采用夹板式和固定式支承装置；当面板尺寸大、荷载大、面板转动变形较大时，则宜采用带转动球铰的活动式支承装置。

8.2.3 根据清华大学的试验资料，垫片厚度超过1mm后，加厚垫片并不能明显减少支承头处玻璃的应力集中；而垫片厚度小于1mm时，垫片厚度减薄会使支承处玻璃应力迅速增大。所以垫片最小厚度取为1mm。

8.2.4 点支承幕墙的支承装置只用来支承幕墙玻璃和玻璃承受的风荷载或地震作用，不应在支承装置上附加其他设备和重物。

8.3 支承结构

8.3.1 点支承幕墙的支承结构可有玻璃肋和各种钢结构。面板承受直接作用于其上的荷载作用，并通过支承装置传递给支承结构。幕墙设计时，支承结构单独进行结构分析，一般不考虑玻璃面板作为支承结构的一部分共同工作。这是因为玻璃面板带有胶缝，其平面内受力的结构性能还缺少足够的研究成果和工程经验，所以本规范暂不考虑其对支承结构的有利影响。

8.3.4 单根型钢或钢管作为竖向支承结构时，是偏心受拉或偏心受压杆件，上、下端宜铰支承于主体结构上。当屋盖或楼盖有较大位移时，支承构造应能与之相适应，如采用长圆孔、设置双铰摆臂连接机构等。

构件的长细比λ可按下式计算：

$$\lambda=\frac{l}{i} \tag{8.1}$$

$$i=\sqrt{\frac{I}{A}} \tag{8.2}$$

式中 l——支承点之间的距离（mm）；

i——截面回转半径（mm）；

I——截面惯性矩（mm^4）；

A——截面面积（mm^2）。

8.3.5 钢管桁架可采用圆管或方管，目前以圆管为多。本条有关钢管桁架节点的构造规定是参照《钢结构设计规范》GB 50017和国内的工程经验制定的，以保证节点连接质量和承载力。在节点处主管应连续，支管端部应按相贯线加工成形后直接焊接在主管的外壁上，不得将支管穿入主管壁内。

美国API规范规定d/t大于60时，应进行局部稳定计算。结合目前国内实际采用的钢管规格，本规范要求d/t不宜大于50。此处，d为钢管外径，t为钢管壁厚。

主管和支管或两支管轴线的夹角不宜小于30°，以保证施焊条件和焊接质量。

钢管的连接应尽量对中，避免偏心。当管径较大时，连接处刚度也较大，如果偏心距不大于主管管径的1/4，可不考虑偏心的影响。

钢管桁架由于采用直接焊接接头，实际上杆端都是刚性连接的。在采用计算机软件进行内力分析时，均可直接采用刚接杆件单元。铰接普通桁架是静定结构，可以采用手算方法计算。因此，对于管接普通桁架，也允许按铰接桁架采用近似的手算方法分析。

桁架杆件长细比λ的限值，按现行国家标准《钢结构设计规范》GB 50017的规定采用。

钢管桁架在平面内有较大刚度，但在平面外刚度较差。当跨度较大时，杆件在平面外自由长度过大则有失稳的可能。因此，跨度较大的桁架应按长细比λ的要求设置平面外正交方向的稳定支撑或稳定桁架。作为估算，平面外支撑最大距离可取为$50D$，D为钢管直径。

8.3.6 张拉索杆体系的拉杆和拉索只承受拉力，不承受压力，而风荷载和地震作用是正反两个不同方向的。所以，张拉索杆系统应在两个正交方向都形成稳定的结构体系，除主要受力方向外，其正交方向亦应布置平衡或稳定拉索或拉杆，或者采用双向受力体系。

钢绞线是由若干根直径较大的光圆钢丝绞捻而成的螺旋钢丝束，通常由7根、19根或37根直径大于1mm的钢丝绞成。钢绞线比采用细钢丝、多束再盘卷的钢丝绳拉伸变形量小，弹性模量高，钢丝受力均匀，不易断丝，更适合于拉索结构。

拉索常常采用不锈钢绞线，不必另行防腐处理，也比较美观。当拉索受力较大时，往往需要采用强度更高的高强钢绞线，高强钢丝不具备自身防腐能力，必须采取防腐措施，常采用聚氨酯漆喷涂等方法。热镀锌防腐层在施工过程中容易损坏，不推荐使用。铝包钢绞线是在高强钢丝外层被覆 0.2mm 厚的铝层，兼有高强和防腐双重功能，工程应用效果良好。

张拉索杆体系所用的拉索和拉杆截面较小、内力较大，这类结构的位移较大，在采用计算机软件进行内力位移分析时，宜考虑其几何非线性的影响。

张拉索杆体系只有施加预应力后，才能形成形状不变的受力体系。因此，一般张拉索杆体系都会使主体结构承受附加的作用力，在主体结构设计时必须加以考虑。索杆体系与主体结构的屋盖和楼盖连接时，既要保证索杆体系承受的荷载能可靠地传递到主体结构上，也要考虑主体结构变形时不会使幕墙产生破损。因而幕墙支承结构的上部支承点要视主体结构的位移方向和变形量，设置单向（通常为竖向）或多向（竖向和一个或两个水平方向）的可动铰支座。

拉索和拉杆都通过端部螺纹连接件与节点相连，螺纹连接件也用于施加预拉力。螺纹连接件通常在拉杆端部直接制作，或通过冷挤压锚具与钢绞线拉索连接。焊接会破坏拉杆和拉索的受力性能，而且焊接质量也难以保证，故不宜采用。

实际工程和三性试验表明，张拉索杆体系即使到 1/80 的位移量，也可以做到玻璃和支承结构完好，抗雨水渗漏和空气渗透性能正常，不妨碍安全和使用，因此，张拉索杆体系的位移控制值为跨度的 1/200是留有余地的。

8.3.7 用于幕墙的索杆体系常常对称布置，施加预拉力主要是为了形成稳定不变的结构体系，预拉力大小对减少挠度的作用不大。所以，预拉力不必过大，只要保证在荷载、地震、温度作用下杆索还存在一定的拉力，不至于松弛即可。

张拉索杆体系在施加预拉力过程中和在使用阶段，预拉力会因为产生可能的损失而下降。但是，索杆体系不同于预应力混凝土，它的杆件全部外露，便于调整，而且无混凝土等外部材料的约束。所以，锚具滑动损失可通过在张拉过程中控制张拉力得到补偿；由支承结构的弹性位移造成的预拉力损失可以通过分批、多次张拉而抵消；由于预拉力水平较低，钢材的松弛影响可以不考虑。因此，只要在施工过程中做到分批、多次、对称张拉，并随时检查、调整预拉力数值，预拉力的损失是可以补偿的，最终达到控制拉力的数值。因此，幕墙结构中一般不专门计算预拉力的损失。

9 加 工 制 作

9.1 一 般 规 定

9.1.1 幕墙结构属于围护结构，在施工前对主体结构进行复测，当其误差超过幕墙设计图纸中的允许值时，一般应调整幕墙设计图纸，原则上不允许对原主体结构进行破坏性修整。

9.1.2 加工幕墙构件的设备和量具，都应符合有关要求，并定期进行检查和计量认证，以保证加工产品的质量。如设备的加工精度、光洁度，量具的精度等，均应及时进行检查、维护或计量认证。

9.1.3 玻璃幕墙构件加工场所应在室内，并要求清洁、干燥、通风良好，温度也应满足加工的需要，如北方的冬季应有采暖，南方的夏季应有降温措施等。对于硅酮结构密封胶的施工场所要求较严格，除要求清洁、无尘外，室内温度不宜低于 15℃，也不宜高于 27℃，相对湿度不宜低于 50%。硅酮结构胶的注胶厚度及宽度应符合设计要求，且宽度不得小于 7mm，厚度不得小于 6mm。

9.1.4 硅酮结构密封胶应在洁净、通风的室内进行注胶，以保证注胶质量。全玻幕墙的大玻璃板块，由于必须在现场装配，因此当玻璃与玻璃之间采用硅酮结构胶粘结固定时，允许在现场注胶，但现场应保持通风无尘，且注胶前要特别注意清洁注胶面，并避免二次污染；现场还应有防风措施，避免在结构胶固化过程中受到玻璃板块变形的影响。

9.1.5 单元式幕墙的组件及隐框幕墙的组件均应在车间加工组装，尤其是有硅酮结构胶固定的板块。单元式幕墙的隐框板块在安装后需更换时，也应在车间打注结构胶，不允许在现场直接注胶。

9.1.6 低辐射镀膜玻璃是一种特殊的玻璃，近来在幕墙中的应用越来越多。但根据试验，其镀膜层在空气中非常容易氧化，且其膜层易与结构胶发生化学反应，与硅酮结构胶的相容性较差。因此，加工制作时应按相容性和其他技术要求，制定加工工艺，必要时采取除膜、加底漆或其他措施。

9.1.7 因为耐候胶主要用于外部建筑密封，对耐候性有更高要求。硅酮结构密封胶与硅酮建筑密封胶的性能不同，二者不能换用。使用硅酮建筑密封胶的部分不宜采用硅酮结构密封胶代换，更不得将过期的硅酮结构密封胶当作建筑密封胶使用。

9.2 铝 型 材

9.2.1 铝型材的加工精度是影响幕墙质量的关键问题。由于运输、搬运等原因，玻璃幕墙铝合金构件在截料前应检查其弯曲度、扭拧度是否符合设计要求，超偏的须使用适当机械方法进行校直调整直到符合设计要求。型材长度允许正、负偏差。

9.2.2 槽口长度和宽度只允许正偏差不允许负偏差，以防出现装配受阻；中心离边部距离可以是正偏差或负偏差；豁口的长度、宽度只允许正偏差不允许负偏差；榫头的长度和宽度允许负偏差不允许正偏差。因为幕墙用型材的几何形状是热加工或冷加工或冲压成型，不是机械加工成型的，所以，配合尺寸难以十分准确地控制，只能控制主要方面，以便配合安装施工。

9.2.3 采用拉弯设备进行铝合金构件的弯加工，是防止构件产生皱折、凹凸、裂纹的有效方法。

9.3 钢 构 件

9.3.1～9.3.2 预埋件加工要求参照了现行国家标准《混凝土结构工程施工质量验收规范》GB 50204 的有关规定。

9.3.3 连接件与支承件的加工要求与现行行业推荐标准《玻璃幕墙工程质量检验标准》JGJ/T 139 一致。

9.3.5～9.3.6 点支承玻璃幕墙的支承钢结构一般有管桁架、拉索和杆索体系，往往因为建筑设计的需要，而比普通钢结构具有更高的加工制作要求。

对于不采用球节点连接的管桁架，杆件端部加工精度要求很高，一般要求采用专用软件和数控机床进行切割和加工，加工精度应符合本条的规定。分单元组装的钢结构，通过预拼装，可对其加工精度进行校核和修正，保证工程安装顺利进行。

钢管接头焊缝趾部存在应力集中，焊接时也难以避免存在咬边、夹渣等缺陷，加之断续焊接时由于焊接变形可能产生管壁的层状撕裂，所以主管与支管的焊接应沿接缝全长进行，而且要求焊缝的尺寸适中、形状合理、与母材平滑过渡，以保证节点强度，防止脆性破坏。当支管受拉时，为防止焊缝抗拉强度不足，根据国外规范和国内施工经验，允许将焊缝厚度放宽至壁厚的 2 倍。

杆索体系的拉杆、拉索，在加工制作前，应进行拉断试验，确定其破断拉力，为结构设计和张拉力控制提供依据。拉索下料前一般应在专用台座上进行调直张拉，张拉力一般不超过其破断拉力的 50%。

9.4 玻 璃

9.4.1 单片玻璃、中空玻璃、夹层玻璃应分别符合现行国家标准《钢化玻璃》GB/T 9963、《中空玻璃》GB/T 11944、《夹层玻璃》GB 9962 的要求。此外，对于玻璃的外观尺寸、允许偏差做了更严的要求，加工时应以此为准。

根据玻璃表面的应力可以确定玻璃钢化的程度。半钢化玻璃是针对钢化玻璃自爆而发展起来的一种增强玻璃，其强度比普通玻璃高 1～2 倍，耐热冲击性能显著提高，一旦破碎，其碎片状态与普通玻璃类似，所以半钢化玻璃不属于安全玻璃。半钢化玻璃的一个突出优点是不会自爆，它与钢化玻璃的主要区别在于玻璃的应力数值范围不同。我国国家标准《幕墙用钢化玻璃与半钢化玻璃》GB/T 17841，规定了用于玻璃幕墙的钢化玻璃其表面应力应大于 95MPa，主要是为了保证当玻璃破碎时，碎片状态满足钢化玻璃标准规定的要求。

9.4.2 对玻璃进行弯曲加工后，反射的影像会变得扭曲、变形，特别是镀膜玻璃的这种变形会很明显。因此对弧形玻璃的加工除几何尺寸要求外，特别规定了其拱高及弯曲度的允许偏差。

9.4.3 全玻幕墙玻璃边缘外露，为了避免应力集中而导致玻璃破裂，也为了建筑美观要求，必须进行边缘处理。采用钻孔安装时，孔位处的应力集中明显，必须进行倒角处理并且不得出现崩边。

9.4.4 因为玻璃钢化后不能再进行机械加工，因此玻璃的裁切、磨边、钻孔等都必须在钢化前完成。玻璃板块钻孔的允许偏差是根据机械加工原理、公差理论、玻璃钻孔设备及刀具的加工精度而定的。

当玻璃板块由两片单层玻璃组合而成时，在制作过程中必须单片分别加工后再合片。如果两片玻璃孔径大小一致，则所有的孔都要对位准确，实际操作非常困难，主要是因为单片玻璃制作时存在形状、尺寸、孔位、孔径等允许偏差。常用的方法是两片单层玻璃钻大小不同的孔，以使多孔完全对位。

中空玻璃开孔后，开孔处胶层应双道密封，内层密封可采用丁基密封腻子，外层密封应采用硅酮结构密封胶，打胶应均匀、饱满、无空隙。

9.4.5 采用立式注胶法进行中空玻璃加工时，玻璃内的气压与大气压是平衡的，但当安装所在地与加工所在地的气压相差较大时，中空玻璃受到气压差的影响会产生不可恢复的变形，因此应采取适当措施来消除气压差。

9.5 明框幕墙组件

9.5.1 明框幕墙的组件，原则上包括型材、玻璃、连接件以及由此拼装而成的幕墙单元，型材、连接件、玻璃的加工制作在本规范第 9.2～9.4 节中已做了规定；由型材、玻璃等拼装成的框格（幕墙单元），可以在工程现场完成，也有在工厂拼装完成的，后者即所谓的“小单元幕墙”。本节主要规定了这种框格（幕墙单元）加工制作的要求。

9.5.4 明框幕墙的等压设计及排水系统最终是由组件中的导气孔及排水孔来实现的，若导气孔及排水孔堵塞，其功能就会失效，在组装时应特别注意保持孔道通畅。

9.5.5 硅酮建筑密封胶的主要成分是二氧化硅，由于紫外线不能破坏硅氧键，所以硅酮建筑密封胶具有良好的抗紫外线性能。有些生产厂家在幕墙构件制作过程中，对铝合金构件组装密封时，不采用中性硅酮密封胶，而采用一般的酸性密封胶，这种胶的耐老化性非常差，且对铝型材表面产生腐蚀，影响密封效果，甚至引起渗漏。

9.5.6 明框幕墙的玻璃与槽口之间的间隙除应达到

嵌固玻璃要求外，还要能适应热胀冷缩的变形及主体结构层间位移或其他荷载作用下导致的框架变形，以避免玻璃直接碰到金属槽口，造成玻璃破碎。通常，玻璃的下边缘应采用两块压模成型的氯丁橡胶垫块支承，垫块的宽度应与槽口宽度相同，长度不应小于100mm，厚度不应小于5mm。

9.6 隐框幕墙组件

9.6.1～9.6.2 半隐框、隐框幕墙制作中，对玻璃和支撑框的清洁工作，是关系到幕墙构件加工成败的关键步骤之一，要十分重视和认真按规范规定进行操作。如清洗不干净，将对构件的质量与安全留下隐患。一定要坚持二块布清洗的方法，一块布只用一次，不许重复使用；在溶剂完全挥发之前，用第二块干净的布将表面擦干；应将用过的布洗净晾干后再行使用；要坚持把用于清洗的溶剂倒在干净的布上，不允许将布浸入溶剂中；玻璃槽口可用干净的布包裹油灰刀进行清洗。清洗工作最好二人一组进行，一个用溶剂清洗玻璃及其支承构件，另一人用干净的布在溶剂未完全干燥前，将表面的溶剂、松散物、尘埃、油渍和其他污物清除干净。

9.6.3 硅酮结构密封胶的相容性要求同本规范第3.6.2条的解释。

9.6.4 硅酮结构密封胶在长期重力荷载作用下承载力很低（强度设计值仅为0.01MPa），固化前强度更低，而且硅酮结构密封胶在重力作用下会产生明显的变形。若使硅酮结构密封胶在固化期间处于受力较大的状态，会造成幕墙的安全隐患。因此，在加工组装过程中应采取措施减小结构胶所承受的应力。注胶后的隐框幕墙板块可采用周转架分块安置；如直接叠放时，要求放置垫块直接传力，并且叠放层数不宜过多。

9.7 单元式玻璃幕墙

9.7.1 由于单元幕墙板块在主体结构上的安装方式特殊，通常都采用插接方式，安装后不容易更换，所以必须在加工前对各板块编号。根据单元幕墙对安装次序要求严格的特点，宜将主体工程和幕墙工程作为一个系统工程考虑，对整个建筑工程施工机具设置的地点和时间，要进行总平面布置。比较合理的方案是每隔3～5层设一摆放层（即每隔3～5层移动一次上料平台），使摆放量不会占用太多楼面空间，有利于其他工种施工。

单元式幕墙组装时，为了减少运输工作量，往往要在工程所在地组装，还有一些元（部）件为外购件，要由供货厂商供货，这样单元组件的元（部）件的配送管理就显得十分重要。因为单元组件要按吊装顺序的要求组装，这样一个（一批）单元组件所需全部元、部件要全部送到组装厂后才能完成组装，并依照安装顺序的要求送往工地吊装、施工。

9.7.2 由于单元板块自重较大，且在工厂内组装，其连接构造应牢固可靠，以免在运输及吊装中存在安全隐患。单元式幕墙一般采用结构构造防水，其横梁、立柱常作为集水槽或排水道，且安装后不容易发现渗漏部位，因此构件连接处的缝隙应作好密封，以防渗漏。

9.7.3 单元式幕墙的连接件是指与单元式幕墙组件相配合、安装在主体结构上的连接件，它与单元组件上的连接构件对插（接）后，按定位位置将单元组件固定在主体结构上。由于它们是一组对插（接）构件，因此有严格的公差配合要求；同时单元组件上的连接构件与安装在主体结构上的连接件的对插（接）和单元组件对插同步进行，即使所有构件均达到允许偏差要求，但还是存在偏差，因此要求连接件具有X、Y向位移微调和绕X、Z轴转角微调能力。单元式幕墙的外表面平整度是完全靠连接件的位置准确和单元组件构造来保证的，在安装过程中无法调整，因此连接件要一次（或一个安装单元）全部调整到位，达到允许偏差要求。幕墙的连接与锚固必须可靠，其承载力必须通过计算或实物试验予以确认，并要留有余地，防止偶然因素产生突然破坏，连接用的螺栓需至少布置2个。

9.7.4 单元式玻璃采用构造防水时，板块间的缝隙一般为空缝，若结构胶处于板块外侧直接受到紫外线照射会影响其性能，因此应采取措施使结构胶不外露，而且结构胶也不能作为防水密封材料使用。

9.7.5 明框单元板块中玻璃是靠压条固定的，而且玻璃与槽口要按规定保留间隙，因此在搬运、吊装过程中应采取措施防止玻璃滑动或变形。

9.7.6 此条的目的，主要是考虑幕墙的美观性，并保证幕墙的气密性和水密性。

10 安装施工

10.1 一般规定

10.1.1 为了保证幕墙安装施工的质量，要求主体结构工程应满足幕墙安装的基本条件，特别是主体结构的垂直度和外表面平整度及结构的尺寸偏差，尤其是外立面很复杂的结构，必须同主体结构设计相符，并满足验收规范的要求。相关的主体结构验收规范主要包括：《建筑工程施工质量验收统一标准》GB 50300、《混凝土结构工程施工质量验收规范》GB 50204、《钢结构工程施工质量验收规范》GB 50205、《砌体结构工程施工质量验收规范》GB 50203等。

10.1.2 玻璃幕墙的构件及附件的材料品种、规格、色泽和性能，应在玻璃幕墙设计文件中明确规定，安装施工时应按设计要求执行。对进场构件、附件、玻璃、密封材料和胶垫等，应按质量要求进行检查和验收，不得使用不合格和过期的材料。对幕墙施工环境和分项工程施工顺序要认真研究，对会造成严重污染的分项工程应安排在幕墙安装前施工，否则应采取可靠的保护措施。

10.1.3 玻璃幕墙的安装施工质量，是直接影响玻璃幕墙能否满足其建筑物理及其他性能要求的关键之一，同时玻璃幕墙安装施工又是多工种的联合施工，和其他分项工程施工难免有交叉和衔接的工序。因此，为了保证玻璃幕墙安装施工质量，要求安装施工承包单位单独编制玻璃幕墙施工组织设计方案。

10.1.4 单元式幕墙的安装施工组织设计比构件式有明显区别。本条主要是针对单元式幕墙的自身特点而重点强调的。

10.1.5 点支承玻璃幕墙的安装施工的关键是支承钢结构，包括管桁架结构和索杆体系等。索杆的张拉方案包括锚具的选择和固定方法、张拉机具的要求、张拉顺序、张拉批次（包括张拉力分级和张拉时间）、张拉力或变形的测量和调整方法等，同时应做好张拉过程记录。

10.1.6 施工脚手架应根据工程和施工现场的情况确定，宜进行必要的计算和设计，连接固定必须牢固、可靠，确保安全。

10.1.7 玻璃幕墙的施工测量，主要强调：

1 玻璃幕墙分格轴线的测量应与主体结构的测量配合，主体结构出现偏差时，玻璃幕墙分格线应根据主体结构偏差及时进行调整，不得积累；

2 定期对玻璃幕墙安装定位基准进行校核，以保证安装基准的正确性，避免因此产生安装误差；

3 对高层建筑，风力大于4级时容易产生不安全或测量不准确问题。

10.1.8 安装过程的半成品容易被损坏、污染，应引起重视，采取保护措施。

10.1.9 镀膜玻璃膜面有方向性，向内、向外效果不同；如果方向不正确，还会影响镀膜的寿命。

10.2 安装施工准备

10.2.2 对于已加工好的幕墙构件，在运输、储存过程中，应特别注意防止碰撞、污染、锈蚀、潮湿等，在室外储存时更要采取有效保护措施。

10.2.3 为了保证幕墙与主体结构连接牢固的可靠性，幕墙与主体结构连接的预埋件应在主体结构施工时按设计要求的位置和方法进行埋设；若幕墙承包商对幕墙的固定和连接件有特殊要求或与本规范的偏差要求不同时，承包商应提出书面要求或提供埋件图、样品等，反馈给建筑设计单位，并在主体结构施工图中注明。

10.2.7 不合格的幕墙构件应予更换，不得安装使用。因为幕墙构件在运输、堆放、吊装过程中有可能变形、损坏等，所以幕墙安装施工承包商，应根据具体情况，对易损坏和丢失的构件、配件、玻璃、密封材料、胶垫等，应有一定的更换贮备数量。

10.3 构件式玻璃幕墙

10.3.1 立柱安装的准确性和质量，影响整个幕墙的安装质量，是幕墙安装施工的关键之一。通过连接件的幕墙平面轴线与建筑物的外平面轴线距离的允许偏差应控制在2mm以内，特别是建筑平面呈弧形、圆形和四周封闭的幕墙，其内外轴线距离影响到幕墙的周长，影响玻璃板的封闭，应认真对待。

立柱一般根据建筑要求、受力情况、施工及运输条件确定其长度，通常一层楼高为一整根，接头应有一定空隙，铝型材可以采用套筒连接方式，以适应和消除建筑受力变形及温差变形的影响。

10.3.2 横梁一般分段与立柱连接，横梁两端与立柱连接处可以留出空隙，也可以采用弹性橡胶垫，橡胶垫应有20%～35%的压缩变形能力，以适应和消除横向温度变形的影响。

10.3.3 防火、保温材料应可靠固定，铺设平整，拼接处不应留缝隙，应符合设计要求。如果冷凝水排出管及附件与水平构件预留孔连接不严密，与内衬板出水孔连接处不密封，冷凝水会进入幕墙内部，造成内部浸水，腐蚀材料，影响幕墙性能和使用寿命。

10.3.4 幕墙玻璃安装采用机械或人工吸盘，故要求玻璃表面擦拭干净，以避免发生漏气，保证施工安全。实际工程中，阳光控制镀膜玻璃曾发现有镀膜面安反的现象，这不仅影响装饰效果，而且影响其耐久性和使用寿命。因此，单片阳光控制镀膜玻璃的镀膜面一般应朝室内一侧；阳光控制镀膜中空玻璃镀膜面应在第二面；LowE中空玻璃镀膜层位置应符合设计要求。

安装玻璃的构件框槽底部应设两块定位橡胶块，玻璃四周的嵌入量及空隙应符合要求，左右空隙宜一致，使玻璃在建筑变形及温度变形时，在胶垫的夹持下竖向和水平向滑动，消除变形对玻璃的不利影响。

10.3.6 硅酮建筑密封胶的施工必须严格遵照施工工艺进行。夜晚光照不足，雨天缝内潮湿，均不宜打胶；打胶温度应在指定的温度范围，打胶前应使打胶面干燥、清洁无尘。

10.3.7 框支承玻璃幕墙玻璃板材间硅酮建筑密封胶的施工厚度，一般要控制在3.5～4.5mm，太薄对保证密封质量和防止雨水渗漏不利，同时对承受铝合金框热胀冷缩产生的变形也不利。当胶承受拉应力时，太厚也容易被拉断或破坏，失去密封和防渗漏作用。硅酮建筑密封胶的施工宽度不宜小于厚度的2倍或根据实际接缝宽度决定。

较深的密封槽口底部可用聚乙烯发泡垫杆填塞，以保证硅酮建筑密封胶的设计施工位置。

硅酮建筑密封胶在接缝内要形成两面粘结，不要三面粘结，否则，胶在反复拉压时，容易被撕裂，失去密封和防渗漏作用。为防止形成三面粘结，可在硅酮建筑密封胶施工前，用无粘结胶带置于胶缝的底部（槽口底部），将缝底与胶分开。

10.4 单元式玻璃幕墙

10.4.1 选择适当吊装机具将板块可靠地安装到主体结构上，是保证单元吊装的前提条件；强调吊具与单元板块之间，在起吊中不应产生水平方向分力，是为防止产生过大挤压力或拉力，使单元内构件受损。

10.4.2 不规范的运输会造成单元板块变形、破碎，影响单元幕墙质量，因此单元板块运输时应采取必要的措施。

10.4.3 单元板块宜设置专用堆放场地，并应有安全保护措施。周转架方便运输、装卸和存放，对保证单元板块质量作用很大，单元板块存放时应依照安装顺序先出后进的原则排列放置，防止多次搬运对单元板块造成损坏、变形，保证幕墙质量；单元板块应避免直接叠层堆放，防止单元板块因重力作用造成变形或损坏。

10.4.4 起吊和就位时，检查吊具、吊点和主体结构上的挂点，是安全需要。对吊点数量、位置进行复核，保证单元吊装的准确性、可靠性。如果吊点处没有足够强度和刚度，单元板块容易损坏，产生危险，因此，必要时可对吊装点进行必要加固和试吊。采用吊具起吊单元板块时，应使各吊装点的受力均匀，起吊过程应保持单元板块平稳，以减小动能和冲量。吊装就位时，应先把单元板块挂到主体结构的挂点上；板块未固定前，吊具不得拆除，防止意外坠落。

10.4.7 施工中和安装完毕后，对单元板块进行保护处理，防止污染和损坏。

10.5 全玻幕墙

10.5.1 全玻幕墙的镶嵌槽口是否清洁，直接关系到结构胶的粘结质量，同时也影响其美观性，必须清理干净。

10.5.2 全玻幕墙安装过程中，面板和玻璃肋安装的水平度和垂直度，直接影响立面效果和安全，准确安装还可避免面板和玻璃肋因受力不均而破损。每次调整后应采取临时固定措施，并在完成注胶后进行拆除，对胶缝进行修补处理。

10.5.4 全玻幕墙玻璃两边嵌入槽口深度及预留空隙应符合设计要求，主要考虑到：

1 玻璃发生弯曲变形后不会从槽内拔出；

2 玻璃在平面内伸长时不致触及槽壁，以免变形受限；

3 玻璃表面与槽口侧壁留有足够空隙，防止玻璃被嵌固，造成破损。

10.5.5 全玻幕墙玻璃的尺寸一般较大，自重也较大，宜采用机械吸盘安装，并应采取必要的安全措施，防止玻璃倾覆、坠落或破碎。

10.6 点支承玻璃幕墙

10.6.1 支承结构是点支承幕墙的主要受力结构，其位置、形状、外观效果、承载能力和变形能力均有严格要求，安装施工必须加以保证。

大型钢结构的吊装设计包括吊装受力计算、吊点设计、必要的附件设计、就位和固定方案、就位后的位置调整等。对支承钢结构不附属于另外主体结构（即支承钢结构自身也是主体结构）的情况，吊装时，一般应设置支撑平台作为临时支撑，并设置千斤顶等调整位置的设备，以便准确安装。

10.6.2 拉杆、拉索体系的拉杆和拉索施加预拉力大小对支承结构的安全性及外形的准确性至关重要，因此在安装过程中必须严格控制。

10.6.4 爪件的安装精度，关系到点支承玻璃幕墙的美观性和安全性。通过爪件三维调整，使玻璃面板位置准确，保证爪件表面与玻璃面平行。

10.7 安全规定

10.7.1 玻璃幕墙安装施工应根据国家有关劳动安全、卫生法规和技术标准的规定，结合工程实际情况，制定详细的安全操作守则，确保施工安全。

10.7.3 采用外脚手架进行玻璃幕墙的安装施工时，脚手架应经过设计和必要的计算，在适当部位与主体结构应可靠连接，保证其足够的承载力、刚度和稳定性。

10.7.4 玻璃幕墙的安装施工，经常与主体结构施工、设备安装或室内装修交叉进行，为保证幕墙施工安全，应在主体结构施工层下方（即幕墙施工层的上方）设置安全防护网进行保护。在距离地面约3m高度处，设置挑出宽度不小于6m的水平防护网，用以保护地面行人、车辆等的安全性。

11 工程验收

11.1 一般规定

11.1.2 在进行玻璃幕墙工程验收时，检查应包括软件和硬件两部分。本条为对软件检查的要求，作为幕墙工程验收的依据及验收的一个重要组成部分。

材料是保证幕墙质量和安全的物质基础，尤其是作为结构粘结用的硅酮结构密封胶，使用前应对其邵氏硬度、拉伸粘结强度、相容性进行复验。

面积较大的幕墙、采用新材料新技术的幕墙，应按本规范第4.2.10条的规定进行幕墙性能检测，并提交相应的检测报告。

11.1.3 幕墙施工完毕后，不少部位或节点已被装饰材料遮封隐蔽，在工程验收时无法观察和检测，但这些部位或节点的施工质量至关重要，必须在安装施工过程中完成隐蔽验收。工程验收时，应对隐蔽工程验收文件进行认真的审核与验收。

11.1.4 由于幕墙为建筑物的全部或部分外围护结构，凡设计幕墙的建筑一般对外观质量要求较高，抽样检验并不能代表幕墙整体的外侧观感质量。因此，对幕墙的硬件验收检验应包括观感和抽样两部分。

当一幢建筑有一幅以上的幕墙时，考虑到幕墙质量的重要性，要求以一幅幕墙作为独立检查单元，对每幅幕墙均要求进行检验验收。对异形或有特殊要求的幕墙，检验批的划分可由监理单位、建设单位和施工单位协商确定。

11.2 框支承玻璃幕墙

11.2.1 本条规定了玻璃幕墙观感检验质量要求，重点是幕墙的整体美观性和雨水渗漏性能。

1 对抽检单元表面色泽、接缝、平整度、封口构造、伸缩缝处理等提出要求；

2 对隐蔽节点的遮封装修质量，要求遮封装修应整齐美观。

11.2.2 本条规定了玻璃幕墙工程抽样检验质量要求。

1 对铝合金料及玻璃表面的清洁要求。

2 对玻璃安装及密封胶条施工的要求。玻璃必须安装牢固；橡胶条、密封胶应镶嵌密实、位置准确，密封胶表面应平整。

3 关于玻璃表面质量。有关玻璃表面缺陷的国家现行标准中将此分为三类：划伤或擦伤；划道或波筋；雾斑、斑点纹和针眼等。其中，第一类缺陷各种玻璃都存在，其他两类缺陷不是每种玻璃都有。在加工制作、安装施工中对玻璃可能造成的表面缺陷，一般为第一类缺陷。考虑到工程中所采用玻璃均为合格产品，后两类缺陷应在标准允许范围之内，施工中不会再增加这类缺陷。因此，本规范仅将划伤、擦伤作为玻璃表面质量的检验项目。相关国标规定，建筑用浮法玻璃允许 $1m^2$ 有 3 条宽为 0.5mm、长为 60mm 的划伤；钢化玻璃合格品允许每 $1m^2$ 有 4 条宽为 0.1～1mm、长不大于 100mm 的划伤；阳光控制镀膜玻璃合格品允许每 $1m^2$ 有 2 条宽不大于 0.8mm、长不大于 100mm 的划伤；夹层玻璃合格品的划伤和磨伤“不得影响使用”。本规范只能综合各种玻璃合格品的质量要求，制订了统一的规定。

4 关于铝合金型材表面质量。本规范以一个分格的框架构件作为检验单元。由于加工制作、运输、安装施工过程的许多环节，都可能造成对铝合金型材的表面损伤。因此，对幕墙用框料要求采用高精级铝合金型材，并加强各个环节的保护。

5 关于幕墙框料安装质量，本规范规定了各项目的允许偏差。

1）竖向构件垂直度

本规范按幕墙高度分为 5 档，分别规定了垂直度允许偏差。在现行行业标准《高层建筑混凝土结构技术规程》JGJ 3 中，分别规定了测量放线的竖向偏差和结构施工的竖向偏差允许值。在决定幕墙的竖向偏差允许值时，考虑到作为建筑的外装饰，其竖向偏差允许值应比混凝土结构施工更严格，但同时又比测量放线的竖向偏差允许值稍宽松，以便既保证幕墙工程质量，又便于操作执行。

2）竖向构件直线度

现行国家标准《铝合金建筑型材》GB/T 5237 规定，对壁厚大于 2.4mm 的高精级型材的弯曲度允许偏差为 $1.0 \times l$（mm），其中 l 为型材长度，单位为 m。竖向构件可不考虑重力荷载引起的弯曲，但在运输、堆放、加工中可能会造成弯曲。因此，本规范仍以高精级型材弯曲度的规定作为竖向构件平面内及平面外直线度的允许偏差。规定采用 2m 靠尺或塞尺检查，允许偏差为 2.5mm。

3）横向构件水平度及同高度相邻两根横向构件高度差

根据工程经验，单根横向构件两端的水平度偏差一般不宜大于其跨度的 0.1%。因此规定，单根横向构件长度不大于 2000mm 时，允许偏差 2mm；大于 2000mm 时，允许偏差 3mm。横向构件总水平度偏差，当幕墙幅宽不大于 35m 时，允许偏差 5mm；当幅宽大于 35m 时，允许偏差 7mm。对同一高度相邻两根横向构件端部的安装允许高差为 1mm。

4）分格框对角线差

竖向构件的垂直度和直线度、横向构件水平度及其相邻两构件端部高度差等规定已基本上保证了分格框的方正。本规范将上述各允许偏差折算成分格框对角线允许偏差，并参照《建筑装饰装修工程质量验收规范》GB 50210 的规定。

关于明框幕墙的平面度，由于其玻璃嵌在槽口内，与框架料不在同一平面，因此不设此项要求。

11.2.3 隐框玻璃幕墙的安装质量要求基本上与明框幕墙相同，其区别是隐框幕墙框架不外露，而是以缝代替框架。因此，除下列两项与表 11.2.2-3 有区别外，其他各项的允许偏差及其依据基本与表 11.2.2-3 相同。

1 由于隐框幕墙玻璃外露，为防止墙面各玻璃拼在一起时不在一个平面而使墙面上的影像畸变，因此要求检查时抽检竖缝相邻两侧玻璃表面的平面度，并从严要求，用 2m 靠尺检查，允许偏差 2.5mm。

2 隐框幕墙玻璃拼缝整齐与否与幕墙的外观质量关系很大，除了表中第 1、3、4 项检查其垂直度、水平度和直线度之外，为防止各缝宽窄不一的疵病，增加第5项拼缝宽度与设计值比较的偏差检查，以保证整幅隐框幕墙的整齐美观。

11.2.4 玻璃幕墙工程抽样检验数量，每幅幕墙的竖向构件或竖向接缝、横向构件或横向接缝应各抽查5%，并均不得少于3根；每幅幕墙分格应各抽查5%，并不得少于10个，抽检质量应符合本规范第11.2.2、11.2.3条的规定。

11.3 全玻幕墙

11.3.1 因全玻幕墙外表面只有玻璃和胶缝，且玻璃透明，因此对墙面的平整度及缝宽要求较严格，缝隙的宽窄直接影响幕墙外表面的美观。与隐框幕墙一样，要求胶缝宽度与设计值的偏差不大于2mm。

11.3.2 全玻幕墙的玻璃面板由玻璃肋支承，本条规定了玻璃面板与玻璃肋的垂直度偏差不应大于2mm；相邻玻璃面板的高低偏差不应大于1mm。

11.3.3 玻璃与镶嵌槽的间隙关系到缝隙的宽窄和玻璃的安全。本条规定了玻璃与钢槽的间隙质量要求，胶缝应灌注均匀、密实、连续。

11.4 点支承玻璃幕墙

11.4.1 点支承玻璃幕墙与全玻幕墙一样，均为通透墙体，且一般位于裙楼或建筑入口处，因此其安装质量的好坏尤为重要。本条规定了点支式幕墙大面应平整，胶缝应横平竖直，缝宽均匀，表面平滑。钢结构焊缝应平滑，防腐涂层应均匀，无破损。不锈钢件光泽度与设计相符，且无锈斑。

11.4.2 因点支承玻璃幕墙为透明墙体，处于里面的钢结构一目了然，钢结构的施工质量十分重要，应符合本规范的相关规定和国家现行标准《钢结构工程施工质量验收规范》GB 50205的要求。

11.4.3 拉杆和拉索的预拉力对点支承玻璃幕墙的支承结构起着至关重要的作用，必须符合设计要求，应进行现场检验或隐蔽检验。

11.4.4 关于点支承玻璃幕墙安装质量要求，本规范确定了各项目的允许偏差。

1 竖缝及墙面垂直度

因点支承玻璃幕墙多处于裙楼，所以本条只规定了50m以下的竖缝及墙面垂直度，按两档分别为10mm和15mm。

2 由于点支承幕墙玻璃外露且面积较大，应检查幕墙表面平整度，防止墙面各玻璃拼在一起时不在一个平面而使墙面上的影像畸变。检查时，抽检竖缝相邻两侧玻璃表面的平面度，并从严要求，用2m靠尺检查，允许偏差2.5mm。

3 点支承幕墙各玻璃拼缝整齐与否与幕墙的美观关系很大，为防止各胶缝宽窄不一，增加拼缝宽度与设计值比较的偏差检查，以保证整幅点支承幕墙各玻璃拼缝的整齐美观。

11.4.5 关于钢爪安装质量要求。

1 钢爪的安装质量直接影响到点支承玻璃幕墙的外观质量，本条参照现行国家标准《钢结构工程施工质量验收规范》GB 50205对钢构件的允许偏差要求，规定了相邻钢爪水平距离和竖向距离为±1.5mm；

2 钢爪安装同层高度偏差参照框支承幕墙横向构件高度差分为四档。

12 保养和维修

12.1 一般规定

12.1.1 为了使幕墙在使用过程中达到和保持设计要求的预定功能，确保不发生安全事故，规定承包商应提供给业主《幕墙使用维护说明书》，作为工程竣工交付内容的组成部分，指导幕墙的使用和维护。

根据现行国家标准《建筑结构可靠度设计统一标准》GB 50068的有关规定，玻璃幕墙的结构构件一般属于易于替换的结构构件，其设计使用年限一般可取为不低于25年。

12.1.2 随着我国幕墙行业的发展，幕墙新产品越来越多，幕墙的结构形式也越来越复杂，技术含量越来越高，对维修、维护人员的要求也越来越高。本条要求幕墙工程承包商在幕墙交付使用前应为业主培训合格的幕墙维修、维护人员。

12.1.4 幕墙可开启部分的抗风压变形、雨水渗透、空气渗透等性能参数均为关闭状态的设计参数。在幕墙工程的实际维修工作中，开启部分维修频率最高，而非正常开启所造成的损坏是主要原由之一，因此本条的要求是必要的。

12.2 检查与维修

12.2.2 根据实际工程经验，在幕墙工程竣工验收后一年内，幕墙工程的加工和施工工艺及材料、附件的一些缺陷均有不同程度的暴露。所以在幕墙工程竣工验收后一年时，应对幕墙工程进行一次全面的检查，此后每五年检查一次。

由于存在不可避免的建筑物沉降、金属材料蠕变等现象，施加预拉力的拉杆或拉索结构的幕墙工程随时间推移会产生预拉力损失。为了保证这类幕墙的性能稳定和使用安全，本规范规定对预拉力幕墙结构全面检查和调整的时间从工程竣工验收后半年检查一次，此后每三年检查、调整一次。

对于使用结构硅酮密封胶的半隐框、隐框幕墙工程，本规范规定使用十年后进行首次粘结性能的检查，此后每五年检查一次。从世界各国以及我国的幕墙工程的实际情况来看，还未出现因硅酮结构密封胶粘结性能变化而造成的质量问题。考虑到对实际幕墙工程进行粘结性能的检查属破坏性检查，抽样比例小，则不能反映真实情况，抽样比例大，则费用高、时间长，而且有时可能对抽样附近幕墙的性能有影响。所以规定使用十年后进行首次粘结性能的检查是合适的。

关于抽样比例及抽样部位，本规范未做出具体规定。主要是考虑到不同的幕墙工程其环境条件不同，规定统一的抽样比例并不能反映不同的幕墙工程硅酮结构密封胶粘结性能的真实情况。实际幕墙工程的检查应由检查部门制定检查方案，由相应设计资质部门审核后实施。

"每五年检查一次"是建立在检查结果良好的基础上，如果粘结性能有下降趋势的话，应根据检查结果制定检查间隔时间、增加检查频次。

中华人民共和国行业标准

金属与石材幕墙工程技术规范

Technical Code for Metal and Stone Curtain Walls Engineering

JGJ 133—2001

主编单位：中国建筑科学研究院
批准部门：中华人民共和国建设部
施行日期：2 0 0 1 年 6 月 1 日

关于发布行业标准《金属与石材幕墙工程技术规范》的通知

建标［2001］108号

根据建设部《关于印发1997年工程建设城建、建工行业标准制订、修订计划的通知》（建标［1997］71号）的要求，由中国建筑科学研究院主编的《金属与石材幕墙工程技术规范》，经审查，批准为行业标准，其中3.2.2，3.5.2，3.5.3，4.2.3，4.2.4，5.2.3，5.5.2，5.6.6，5.7.2，5.7.11，6.1.3，6.3.2，6.5.1，7.2.4，7.3.4，7.3.10为强制性条文。该标准编号为JGJ133—2001，自2001年6月1日起施行。

本标准由建设部建筑工程标准技术归口单位中国建筑科学研究院负责管理，中国建筑科学研究院负责具体解释，建设部标准定额研究所组织中国建筑工业出版社出版。

中华人民共和国建设部

2001年5月29日

前　言

根据建设部建标［1997］71号文件的要求，规范编制组在广泛调查研究、认真总结实践经验，并广泛征求意见的基础上，制订了本规范。

本规范主要技术内容是：1. 总则；2. 术语、符号；3. 材料；4. 性能与构造；5. 结构设计；6. 加工制作；7. 安装施工；8. 工程验收；9. 保养与维修。

本规范由建设部建筑工程标准技术归口单位中国建筑科学研究院归口管理，授权由主编单位负责具体解释。

本规范主编单位是：中国建筑科学研究院（地址：北京市北三环东路30号　邮政编码：100013）

本规范参加单位是：广东省中山市盛兴幕墙有限公司

上海市东江建筑幕墙有限公司

武汉凌云建筑装饰工程总公司

中国地质科学院地质研究所

本规范主要起草人：侯茂盛　陈建东　赵西安　张汝成　龙文志　严克明　梁明华　姜清海

目　次

1 总 则

1.0.1 为了使金属与石材幕墙工程做到安全可靠、实用美观和经济合理，制定本规范。

1.0.2 本规范适用于下列民用建筑金属与天然石材幕墙（以下简称石材幕墙）工程的设计、制作、安装施工及验收：

1 建筑高度不大于150m的民用建筑金属幕墙工程；

2 建筑高度不大于100m、设防烈度不大于8度的民用建筑石材幕墙工程。

1.0.3 金属与石材幕墙的设计、制作和安装施工的全过程应实行质量控制，金属与石材幕墙工程制作与安装施工企业，应制订内部质量控制标准。

1.0.4 金属与石材幕墙的材料、设计、制作、安装施工及验收，除应符合本规范外，尚应符合国家现行有关强制性标准的规定。

2 术语、符号

2.1 术 语

2.1.1 建筑幕墙 building curtain wall

由金属构架与板材组成的、不承担主体结构荷载与作用的建筑外围护结构。

2.1.2 金属幕墙 metal curtain wall

板材为金属板材的建筑幕墙。

2.1.3 石材幕墙 stone curtain wall

板材为建筑石板的建筑幕墙。

2.1.4 组合幕墙 composite curtain wall

板材为玻璃、金属、石材等不同板材组成的建筑幕墙。

2.1.5 斜建筑幕墙 inclined building curtain wall

与水平面成大于75°小于90°角的建筑幕墙。

2.1.6 单元建筑幕墙 unit building curtain wall

由金属构架、各种板材组装成一层楼高单元板块的建筑幕墙。

2.1.7 小单元建筑幕墙 small unit building curtain wall

由金属副框、各种单块板材，采用金属挂钩与立柱、横梁连接的可拆装的建筑幕墙。

2.1.8 结构胶 structural glazing sealant

幕墙中黏结各种板材与金属构架、板材与板材的受力用的黏结材料。

2.1.9 硅酮耐候胶 weather proofing silicone sealant

幕墙嵌缝用的低模数中性硅酮密封材料。

2.1.10 接触腐蚀 contact corrosion

两种不同的金属接触时发生的电化学腐蚀。

2.1.11 相容性 compatibility

黏结密封材料与其他材料接触时，不发生影响黏结密封材料黏结性的物理、化学变化的性能。

2.2 符 号

2.2.1 A——截面面积。

2.2.2 a——板材短边边长。

2.2.3 b——板材长边边长。

2.2.4 E——材料弹性模量。

2.2.5 f——材料强度设计值。

2.2.6 f_a——铝合金强度设计值。

2.2.7 f_c——混凝土轴心抗压强度设计值。

2.2.8 f_s——钢材强度设计值。

2.2.9 h——高度；钢销入孔长度。

2.2.10 I——截面惯性矩。

2.2.11 i——截面回转半径。

2.2.12 l——跨度。

2.2.13 m——弯矩系数。

2.2.14 M——弯矩设计值。

2.2.15 M_x——绕x轴的弯矩设计值。

2.2.16 M_y——绕y轴的弯矩设计值。

2.2.17 N——轴（压）力设计值。

2.2.18 p_{Ek}——集中水平地震作用标准值。

2.2.19 q_{Ek}——分布水平地震作用标准值。

2.2.20 R——截面承载力设计值。

2.2.21 S——截面内力设计值。

2.2.22 t——材料厚度。

2.2.23 ΔT——年温度变化值。

2.2.24 u——荷载或作用标准值产生的位移或挠度。

2.2.25 $[u]$——位移或挠度允许值。

2.2.26 V——剪力设计值。

2.2.27 W——净截面弹性抵抗矩。

2.2.28 W_x——绕x轴的净截面弹性抵抗矩。

2.2.29 W_y——绕y轴的净截面弹性抵抗矩。

2.2.30 w_k——风荷载标准值。

2.2.31 w——风荷载设计值。

2.2.32 w_0——基本风压。

2.2.33 Z——外层锚筋中心线之间距离。

2.2.34 α——材料线膨胀系数。

2.2.35 α_{max}——地震影响系数最大值。

2.2.36 β——应力调整系数。

2.2.37 β_E——动力放大系数。

2.2.38 β_{gz}——阵风系数。

2.2.39 ν——材料泊松比。

2.2.40 η——应力折减系数。

2.2.41 λ——长细比。

2.2.42 μ_S——风荷载体型系数。

2.2.43 μ_Z——风压高度变化系数。

2.2.44 σ——截面最大应力设计值。

2.2.45 σ_{Gk}、S_{Gk}——重力荷载产生的应力、内力标准值。

2.2.46 σ_{wk}、S_{wk}——风荷载产生的应力、内力标准值。

2.2.47 σ_{Ek}、S_{Ek}——地震作用产生的应力、内力标准值。

2.2.48 σ_{Tk}、S_{Tk}——温度作用产生的应力、内力标准值。

2.2.49 ν——截面塑性发展系数。

2.2.50 φ_1——稳定系数。

3 材 料

3.1 一 般 规 定

3.1.1 金属与石材幕墙所选用的材料应符合国家现行产品标准的规定，同时应有出厂合格证。

3.1.2 金属与石材幕墙所选用材料的物理力学及耐候性能应符合设计要求。

3.1.3 硅酮结构密封胶、硅酮耐候密封胶必须有与所接触材料的相容性试验报告。橡胶条应有成分化验报告和保质年限证书。

3.1.4 当石材含放射物质时，应符合现行行业标准《天然石材产品放射性防护分类控制标准》（JC 518）的规定。

3.1.5 金属与石材幕墙所使用的低发泡间隔双面胶带，应符合现行行业标准《玻璃幕墙工程技术规范》（JGJ 102）的有关规定。

3.2 石 材

3.2.1 幕墙石材宜选用火成岩，石材吸水率应小于0.8%。

3.2.2 花岗石板材的弯曲强度应经法定检测机构检测确定，其弯曲强度不应小于8.0MPa。

3.2.3 石板的表面处理方法应根据环境和用途决定。

3.2.4 为满足等强度计算的要求，火烧石板的厚度应比抛光石板厚3mm。

3.2.5 幕墙石材的技术要求和性能试验方法应符合国家现行标准的规定：

1 石材的技术要求应符合下列现行行业标准的规定：

1）《天然花岗石荒料》（JC 204）；

2）《天然花岗石建筑板材》（JC 205）。

2 石材的主要性能试验方法应符合下列现行国家标准的规定：

1）《天然饰面石材试验方法 干燥、水饱和、冻融循环后压缩强度试验方法》（GB 9966.1）；

2）《天然饰面石材试验方法 弯曲强度试验方法》（GB 9966.2）；

3）《天然饰面石材试验方法 体积密度、真密度、真气孔率、吸水率试验方法》（GB 9966.3）；

4）《天然饰面石材试验方法 耐磨性试验方法》（GB 9966.5）；

5）《天然饰面石材试验方法 耐酸性试验方法》（GB 9966.6）。

3.2.6 石材表面应采用机械进行加工，加工后的表面应用高压水冲洗或用水和刷子清理，严禁用溶剂型的化学清洁剂清洗石材。

3.3 金 属 材 料

3.3.1 幕墙采用的不锈钢宜采用奥氏体不锈钢材，其技术要求和性能试验方法应符合国家现行标准的规定：

1 不锈钢材的技术要求应符合下列现行国家标准的规定：

1）《不锈钢冷轧钢板》（GB/T 3280）；

2）《不锈钢棒》（GB/T 1220）；

3）《不锈钢冷加工钢棒》（GB/T 4226）；

4）《不锈钢和耐热钢冷轧带钢》（GB 4239）；

5）《不锈钢热轧钢板》（GB/T 4237）；

6）《冷顶锻用不锈钢丝》（GB/T 4232）；

7）《形状和位置公差 未注公差值》（GB/T 1184）。

2 不锈钢材主要性能试验方法应符合下列现行国家标准的规定：

1）《金属弯曲试验方法》（GB/T 232）；

2）《金属拉伸试验方法》（GB/T 228）。

3.3.2 幕墙采用的非标准五金件应符合设计要求，并应有出厂合格证。同时应符合现行国家标准《紧固件机械性能 不锈钢螺栓、螺钉和螺柱》（GB/T 3098.6）和《紧固件机械性能 不锈钢螺母》（GB/T 3098.15）的规定。

3.3.3 幕墙采用的钢材的技术要求和性能试验方法应符合现行国家标准的规定：

1 钢材的技术要求应符合下列现行国家标准的规定：

1）《碳素结构钢》（GB/T 700）；

2）《优质碳素结构钢》（GB/T 699）；

3）《合金结构钢》（GB/T 3077）；

4）《低合金高强度结构钢》（GB/T 1591）；

5）《碳素结构和低合金结构钢热轧薄钢板及钢带》（GB/T 912）；

6）《碳素结构和低合金结构钢热轧厚钢板及钢带》（GB/T 3274）；

7）《结构用冷弯空心型钢尺寸、外型、重量及允许偏差》（GB/T 6728）；

8）《冷拔无缝异型钢管》（GB/T 3094）；

9)《高耐候结构钢》(GB/T 4171)；

10)《焊接结构用耐候钢》(GB/T 4172)。

2 钢材主要性能试验方法应符合本规范第3.3.1条第2款的规定。

3.3.4 钢结构幕墙高度超过40m时，钢构件宜采用高耐候结构钢，并应在其表面涂刷防腐涂料。

3.3.5 钢构件采用冷弯薄壁型钢时，除应符合现行国家标准《冷弯薄壁型钢结构技术规范》(GBJ 18)的有关规定外，其壁厚不得小于3.5mm，强度应按实际工程验算，表面处理应符合本规范第6.2.4条的规定。

3.3.6 幕墙采用的铝合金型材应符合现行国家标准《铝合金建筑型材》(GB/T 5237.1) 中有关高精级的规定；铝合金的表面处理层厚度和材质应符合现行国家标准《铝合金建筑型材》(GB/T 5237.2～5237.5) 的有关规定。

3.3.7 幕墙采用的铝合金板材的表面处理层厚度及材质应符合现行行业标准《建筑幕墙》(JG 3035) 的有关规定。

3.3.8 铝合金幕墙应根据幕墙面积、使用年限及性能要求，分别选用铝合金单板（简称单层铝板)、铝塑复合板、铝合金蜂窝板（简称蜂窝铝板)；铝合金板材应达到国家相关标准及设计的要求，并应有出厂合格证。

3.3.9 根据防腐、装饰及建筑物的耐久年限的要求，对铝合金板材（单层铝板、铝塑复合板、蜂窝铝板）表面进行氟碳树脂处理时，应符合下列规定：

1 氟碳树脂含量不应低于75%；海边及严重酸雨地区，可采用三道或四道氟碳树脂涂层，其厚度应大于40μm；其他地区，可采用两道氟碳树脂涂层，其厚度应大于25μm；

2 氟碳树脂涂层应无起泡、裂纹、剥落等现象。

3.3.10 单层铝板应符合下列现行国家标准的规定，幕墙用单层铝板厚度不应小于2.5mm：

1)《铝及铝合金轧制板材》(GB/T 3880)；

2)《变形铝及铝合金牌号表示方法》(GB/T 16474)；

3)《变形铝及铝合金状态代号》(GB/T 16475)。

3.3.11 铝塑复合板应符合下列规定：

1 铝塑复合板的上下两层铝合金板的厚度均应为0.5mm，其性能应符合现行国家标准《铝塑复合板》(GB/T 17748) 规定的外墙板的技术要求；铝合金板与夹心层的剥离强度标准值应大于7N/mm；

2 幕墙选用普通型聚乙烯铝塑复合板时，必须符合现行国家标准《建筑设计防火规范》(GBJ 16) 和《高层民用建筑设计防火规范》(GB 50045) 的规定。

3.3.12 蜂窝铝板应符合下列规定：

1 应根据幕墙的使用功能和耐久年限的要求，分别选用厚度为10mm、12mm、15mm、20mm和25mm的蜂窝铝板；

2 厚度为10mm的蜂窝铝板应由1mm厚的正面铝合金板、0.5～0.8mm厚的背面铝合金板及铝蜂窝黏结而成；厚度在10mm以上的蜂窝铝板，其正背面铝合金板厚度均应为1mm。

3.4 建筑密封材料

3.4.1 幕墙采用的橡胶制品宜采用三元乙丙橡胶、氯丁橡胶；密封胶条应为挤出成型，橡胶块应为压模成型。

3.4.2 密封胶条的技术要求和性能试验方法应符合国家现行标准的规定：

1 密封胶条的技术要求应符合下列现行国家标准的规定：

1)《橡胶与乳胶命名》(GB 5576)；

2)《建筑橡胶密封垫预成型实心硫化的结构密封垫用材料规范》(GB 10711)；

3)《工业用橡胶板》(GB/T 5574)；

4)《中空玻璃用弹性密封剂》(JC 486)；

5)《建筑窗用弹性密封剂》(JC 485)。

2 密封胶条主要性能试验方法应符合下列现行国家标准的规定：

1)《硫化橡胶或热塑橡胶撕裂强度的测定》(GB/T 529)；

2)《硫化橡胶邵尔A硬度试验方法》(GB/T 531)；

3)《硫化橡胶密度的测定》(GB/T 533)。

3.4.3 幕墙应采用中性硅酮耐候密封胶，其性能应符合表3.4.3的规定。

表 3.4.3 幕墙硅酮耐候密封胶的性能

项目	性能	
	金属幕墙用	石材幕墙用
表干时间	1～1.5h	
流淌性	无流淌	≤1.0mm
初期固化时间（≥25℃）	3d	4d
完全固化时间（相对湿度≥50%，温度 25±2℃）	7～14d	
邵氏硬度	20～30	15～25
极限拉伸强度	0.11～0.14MPa	≥1.79MPa
断裂延伸率	—	≥300%
撕裂强度	3.8N/mm	—
施工温度	5～48℃	
污染性	无污染	
固化后的变位承受能力	25%≤δ≤50%	δ≥50%
有效期	9～12个月	

3.5 硅酮结构密封胶

3.5.1 幕墙应采用中性硅酮结构密封胶；硅酮结构密封胶分单组分和双组分，其性能应符合现行国家标准《建筑用硅酮结构密封胶》（GB 16776）的规定。

3.5.2 同一幕墙工程应采用同一品牌的单组分或双组分的硅酮结构密封胶，并应有保质年限的质量证书。用于石材幕墙的硅酮结构密封胶还应有证明无污染的试验报告。

3.5.3 同一幕墙工程应采用同一品牌的硅酮结构密封胶和硅酮耐候密封胶配套使用。

3.5.4 硅酮结构密封胶和硅酮耐候密封胶应在有效期内使用。

4 性 能 与 构 造

4.1 一 般 规 定

4.1.1 金属与石材幕墙的设计应根据建筑物的使用功能、建筑设计立面要求和技术经济能力，选择金属或石材幕墙的立面构成、结构型式和材料品质。

4.1.2 金属与石材幕墙的色调、构图和线型等立面构成，应与建筑物立面其他部位协调。

4.1.3 石材幕墙中的单块石材板面面积不宜大于 $1.5m^2$。

4.1.4 金属与石材幕墙设计应保障幕墙维护和清洗的方便与安全。

4.2 幕 墙 性 能

4.2.1 幕墙的性能应包括下列项目：

1 风压变形性能；

2 雨水渗漏性能；

3 空气渗透性能；

4 平面内变形性能；

5 保温性能；

6 隔声性能；

7 耐撞击性能。

4.2.2 幕墙的性能等级应根据建筑物所在地的地理位置、气候条件、建筑物的高度、体型及周围环境进行确定。

4.2.3 幕墙构架的立柱与横梁在风荷载标准值作用下，钢型材的相对挠度不应大于 $l/300$（l 为立柱或横梁两支点间的跨度），绝对挠度不应大于 15mm；铝合金型材的相对挠度不应大于 $l/180$，绝对挠度不应大于 20mm。

4.2.4 幕墙在风荷载标准值除以阵风系数后的风荷载值作用下，不应发生雨水渗漏。其雨水渗漏性能应符合设计要求。

4.2.5 有热工性能要求时，幕墙的空气渗透性能应符合设计要求。

4.2.6 幕墙的平面内变形性能应符合下列规定：

1 平面内变形性能可用建筑物的层间相对位移值表示；在设计允许的相对位移范围内，幕墙不应损坏；

2 平面内变形性能应按主体结构弹性层间位移值的 3 倍进行设计。

4.3 幕 墙 构 造

4.3.1 幕墙的防雨水渗漏设计应符合下列规定：

1 幕墙构架的立柱与横梁的截面形式宜按等压原理设计。

2 单元幕墙或明框幕墙应有泄水孔。有霜冻的地区，应采用室内排水装置；无霜冻地区，排水装置可设在室外，但应有防风装置。石材幕墙的外表面不宜有排水管。

3 采用无硅酮耐候密封胶设计时，必须有可靠的防风雨措施。

4.3.2 幕墙中不同的金属材料接触处，除不锈钢外均应设置耐热的环氧树脂玻璃纤维布或尼龙 12 垫片。

4.3.3 幕墙的钢框架结构应设温度变形缝。

4.3.4 幕墙的保温材料可与金属板、石板结合在一起，但应与主体结构外表面有 50mm 以上的空气层。

4.3.5 上下用钢销支撑的石材幕墙，应在石板的两个侧面或在石板背面的中心区另采取安全措施，并应考虑维修方便。

4.3.6 上下通槽式或上下短槽式的石材幕墙，均宜有安全措施，并应考虑维修方便。

4.3.7 小单元幕墙的每一块金属板构件、石板构件都应是独立的，且应安装和拆卸方便，同时不应影响上下、左右的构件。

4.3.8 单元幕墙的连接处、吊挂处，其铝合金型材的厚度均应通过计算确定并不得小于 5mm。

4.3.9 主体结构的抗震缝、伸缩缝、沉降缝等部位的幕墙设计应保证外墙面的功能性和完整性。

4.4 幕墙防火与防雷设计

4.4.1 金属与石材幕墙的防火除应符合现行国家标准《建筑设计防火规范》（GBJ 16）和《高层民用建筑设计防火规范》（GB 50045）的有关规定外，还应符合下列规定：

1 防火层应采取隔离措施，并应根据防火材料的耐火极限，决定防火层的厚度和宽度，且应在楼板处形成防火带；

2 幕墙的防火层必须采用经防腐处理且厚度不小于1.5mm的耐热钢板，不得采用铝板；

3 防火层的密封材料应采用防火密封胶；防火密封胶应有法定检测机构的防火检验报告。

4.4.2 金属与石材幕墙的防雷设计除应符合现行国

家标准《建筑物防雷设计规范》（GB 50057）的有关规定外，还应符合下列规定：

1 在幕墙结构中应自上而下地安装防雷装置，并应与主体结构的防雷装置可靠连接；

2 导线应在材料表面的保护膜除掉部位进行连接；

3 幕墙的防雷装置设计及安装应经建筑设计单位认可。

5 结构设计

5.1 一般规定

5.1.1 金属与石材幕墙应按围护结构进行设计。幕墙的主要构件应悬挂在主体结构上，幕墙在进行结构设计计算时，不应考虑分担主体结构所承受的荷载和作用，只应考虑承受直接施加于其上的荷载与作用。

5.1.2 幕墙及其连接件应具有足够的承载力、刚度和相对于主体结构的位移能力。幕墙构架立柱的连接金属角码与其他连接件应采用螺栓连接，螺栓垫板应有防滑措施。

5.1.3 抗震设计要求的幕墙，在设防烈度地震作用下经修理后幕墙应仍可使用；在罕遇地震作用下，幕墙骨架不得脱落。

5.1.4 幕墙构件的设计，在重力荷载、设计风荷载、设防烈度地震作用、温度作用和主体结构变形影响下，应具有安全性。

5.1.5 幕墙构件应采用弹性方法计算内力与位移，并应符合下列规定：

1 应力或承载力

$$\sigma \leqslant f$$

或

$$S \leqslant R \tag{5.1.5-1}$$

2 位移或挠度

$$u \leqslant [u] \tag{5.1.5-2}$$

式中 σ——荷载或作用产生的截面最大应力设计值；

f——材料强度设计值；

S——荷载或作用产生的截面内力设计值；

R——构件截面承载力设计值；

u——由荷载或作用标准值产生的位移或挠度；

$[u]$——位移或挠度允许值。

5.1.6 荷载或作用的分项系数应按下列规定采用：

1 进行幕墙构件、连接件和预埋件承载力计算时：

重力荷载分项系数 γ_G：1.2

风荷载分项系数 γ_w：1.4

地震作用分项系数 γ_E：1.3

温度作用分项系数 γ_T：1.2

2 进行位移和挠度计算时：

重力荷载分项系数 γ_G：1.0

风荷载分项系数 γ_w：1.0

地震作用分项系数 γ_E：1.0

温度作用分项系数 γ_T：1.0

5.1.7 当两个及以上的可变荷载或作用（风荷载、地震作用和温度作用）效应参加组合时，第一个可变荷载或作用效应的组合系数应按1.0采用；第二个可变荷载或作用效应的组合系数可按0.6采用；第三个可变荷载或作用效应的组合系数可按0.2采用。

5.1.8 结构设计时，应根据构件受力特点、荷载或作用的情况和产生的应力（内力）作用的方向，选用最不利的组合。荷载和作用效应组合设计值，应按下式采用：

$$\gamma_G S_G + \gamma_w \psi_w S_w + \gamma_E \psi_E S_E + \gamma_T \psi_T S_T \tag{5.1.8}$$

式中 S_G——重力荷载作为永久荷载产生的效应；

S_w、S_E、S_T——分别为风荷载、地震作用和温度作用作为可变荷载和作用产生的效应。按不同的组合情况，三者可分别作为第一、第二和第三个可变荷载和作用产生的效应；

γ_G、γ_w、γ_E、γ_T——各效应的分项系数，应按本规范第5.1.6条的规定采用；

ψ_w、ψ_E、ψ_T——分别为风荷载、地震作用和温度作用效应的组合系数。应按本规范第5.1.7条的规定取值。

5.1.9 进行位移、变形和挠度计算时，均应采用荷载或作用的标准值并按下列方式进行组合：

$$u = u_{Gk} \tag{5.1.9-1}$$

$$u = u_{Gk} + u_{wk} \quad 或 \quad u = u_{wk} \tag{5.1.9-2}$$

$$u = u_{Gk} + u_{wk} + 0.6u_{Ek} \quad 或$$

$$u = u_{wk} + 0.6u_{Ek} \tag{5.1.9-3}$$

式中 u——组合后的构件位移或变形；

u_{Gk}、u_{wk}、u_{Ek}——分别为重力荷载、风荷载和地震作用标准值产生的位移或变形。

5.1.10 当构件在两个方向均产生挠度时，应分别计算各方向的挠度 u_x、u_y，u_x和u_y均不应超过挠度允许值 $[u]$：

$$u_x \leqslant [u] \tag{5.1.10-1}$$

$$u_y \leqslant [u] \tag{5.1.10-2}$$

5.1.11 组合幕墙采用硅酮结构密封胶时，其黏结宽度和厚度计算应按现行行业标准《玻璃幕墙工程技术规范》（JGJ 102）的有关规定进行。

5.2 荷载和作用

5.2.1 幕墙材料的自重标准值应按下列数值采用：

矿棉、玻璃棉、岩棉	0.5～1.0kN/m³
钢材	78.5kN/m³
花岗石	28.0kN/m³
铝合金	28.0kN/m³

5.2.2 幕墙用板材单位面积重力标准值应按表5.2.2采用。

表 5.2.2 板材单位面积重力标准值（N/m²）

板　材	厚　度 (mm)	q_k (N/m²)
单层铝板	2.5 3.0 4.0	67.5 81.0 112.0
铝塑复合板	4.0 6.0	55.0 73.6
蜂窝铝板（铝箔芯）	10.0 15.0 20.0	53.0 70.0 74.0
不锈钢板	1.5 2.0 2.5 3.0	117.8 157.0 196.3 235.5
花岗石板	20.0 25.0 30.0	500～560 625～700 750～840

5.2.3 作用于幕墙上的风荷载标准值应按下式计算，且不应小于 1.0kN/m²：

$$w_k = \beta_{gz}\mu_Z\mu_S w_o \tag{5.2.3}$$

式中 w_k——作用于幕墙上的风荷载标准值（kN/m²）；

β_{gz}——阵风系数，可取2.25；

μ_S——风荷载体型系数。竖直幕墙外表面可按±1.5采用，斜幕墙风荷载体型系数可根据实际情况，按现行国家标准《建筑结构荷载规范》（GBJ 9）的规定采用。当建筑物进行了风洞试验时，幕墙的风荷载体型系数可根据风洞试验结果确定；

μ_Z——风压高度变化系数，应按现行国家标准《建筑结构荷载规范》（GBJ 9）的规定采用；

w_o——基本风压（kN/m²），应根据按现行国家标准《建筑结构荷载规范》（GBJ 9）的规定采用。

5.2.4 幕墙进行温度作用效应计算时，所采用的幕墙年温度变化值 ΔT 可取80℃。

5.2.5 垂直于幕墙平面的分布水平地震作用标准值应按下式计算：

$$q_{Ek} = \frac{\beta_E \alpha_{max} G}{A} \tag{5.2.5}$$

式中 q_{Ek}——垂直于幕墙平面的分布水平地震作用标准值（kN/m²）；

G——幕墙构件（包括板材和框架）的重量（kN）；

A——幕墙构件的面积（m²）；

α_{max}——水平地震影响系数最大值，6度抗震设计时可取0.04；7度抗震设计时可取0.08；8度抗震设计时可取0.16；

β_E——动力放大系数，可取5.0。

5.2.6 平行于幕墙平面的集中水平地震作用标准值应按下式计算：

$$P_{Ek} = \beta_E \alpha_{max} G \tag{5.2.6}$$

式中 P_{Ek}——平行于幕墙平面的集中水平地震作用标准值（kN）；

G——幕墙构件（包括板材和框架）的重量（kN）；

α_{max}——地震影响系数最大值，可按本规范第5.2.5条的规定采用；

β_E——动力放大系数，可取5.0。

5.2.7 幕墙的主要受力构件（横梁和立柱）及连接件、锚固件所承受的地震作用，应包括由幕墙面板传来的地震作用和由于横梁、立柱自重产生的地震作用。

计算横梁和立柱自重所产生的地震作用时，地震影响系数最大值 α_{max} 可按本规范第5.2.5条的规定采用。

5.3 幕墙材料力学性能

5.3.1 铝合金型材的强度设计值应按表5.3.1采用。

表 5.3.1 铝合金型材的强度设计值（MPa）

合金状态	合　金	壁　厚 (mm)	强度设计值	
			抗拉、抗压强度 f_a^t	抗剪强度 f_a^v
6063	T5	所有	85.5	49.6
	T6	所有	140.0	81.2
6063A	T5	≤10	124.4	72.2
		>10	116.6	67.6
	T6	≤10	147.7	85.7
		>10	140.0	81.2
6061	T4	所有	85.5	49.6
	T6	所有	190.5	110.5

5.3.2 单层铝合金板的强度设计值应按表5.3.2采用。

表 5.3.2　单层铝合金板强度设计值（MPa）

牌号	试样状态	厚度（mm）	抗拉强度 f_{a1}	抗剪强度 f_{a1}^{v}
2A11	T42	0.5～2.9	129.5	75.1
		＞2.9～10.0	136.5	79.2
2A12	T42	0.5～2.9	171.5	99.5
		＞2.9～10.0	185.5	107.6
7A04	T62	0.5～2.9	273.0	158.4
		＞2.9～10.0	287.0	166.5
7A09	T62	0.5～2.9	273.0	158.4
		＞2.9～10.0	287.0	166.5

5.3.3　铝塑复合板的强度设计值应按表 5.3.3 采用。

表 5.3.3　铝塑复合板强度设计值（MPa）

板厚 t（mm）	抗拉强度 f_{a2}	抗剪强度 f_{a2}^{v}
4	70	20

5.3.4　蜂窝铝板的强度设计值应按表 5.3.4 采用。

表 5.3.4　蜂窝铝板强度设计值（MPa）

板厚 t（mm）	抗拉强度 f_{a3}	抗剪强度 f_{a3}^{v}
20	10.5	1.4

5.3.5　不锈钢板的强度设计值应按表 5.3.5 采用。

表 5.3.5　不锈钢板的强度设计值（MPa）

序号	屈服强度标准值 $\sigma_{0.2}$	抗弯、抗拉强度 f_{s1}^{t}	抗剪强度 f_{s1}^{v}
1	170	154	120
2	200	180	140
3	220	200	155
4	250	226	176

5.3.6　钢材的强度设计值应按表 5.3.6 采用。

表 5.3.6　钢材的强度设计值（MPa）

钢　　材	抗拉、抗压、抗弯强度 f_{s}^{t}	抗剪强度 f_{s}^{v}	端面承压强度 f_{s}^{c}
Q235 钢，棒材直径小于 40mm $t\leqslant 20$mm 板，型材厚度小于 15mm	215	125	320
Q345 钢，直径或厚度小于 16mm	315	185	445

5.3.7　花岗石板的抗弯强度设计值，应依据其弯曲强度试验的弯曲强度平均值 f_{gm} 决定，抗弯强度设计值、抗剪强度设计值应按下列公式计算：

$$f_{g1}=f_{gm}/2.15 \tag{5.3.7-1}$$

$$f_{g2}=f_{gm}/4.30 \tag{5.3.7-2}$$

式中　f_{g1}——花岗石板抗弯强度设计值（MPa）；

f_{g2}——花岗石板抗剪强度设计值（MPa）；

f_{gm}——花岗石板弯曲强度平均值（MPa）。

弯曲强度试验中任一试件的弯曲强度试验值低于 8MPa 时，该批花岗石板不得用于幕墙。

5.3.8　钢结构连接强度设计值应按本规范附录 A 的规定采用。

5.3.9　幕墙材料的弹性模量可按表 5.3.9 采用。

表 5.3.9　材料的弹性模量（MPa）

材　　料		E
铝合金型材		0.7×10^{5}
钢，不锈钢		2.1×10^{5}
单层铝板		0.7×10^{5}
铝塑复合板	4mm	0.2×10^{5}
	6mm	0.3×10^{5}
蜂窝铝板	10mm	0.35×10^{5}
	15mm	0.27×10^{5}
	20mm	0.21×10^{5}
花岗石板		0.8×10^{5}

5.3.10　幕墙材料的泊松比应按表 5.3.10 采用。

表 5.3.10　材料的泊松比

材　　料	ν
钢、不锈钢	0.30
铝　合　金	0.33
铝塑复合板	0.25
蜂 窝 铝 板	0.25
花　岗　岩	0.125

5.3.11　幕墙材料的线膨胀系数应按表 5.3.11 采用。

表 5.3.11　材料的线膨胀系数（1/℃）

材　　料	α
混　凝　土	1.0×10^{-5}
钢　　材	1.2×10^{-5}
铝　合　金	2.35×10^{-5}
单 层 铝 板	2.35×10^{-5}
铝塑复合板	$\leqslant4.0\times10^{-5}$
不 锈 钢 板	1.8×10^{-5}
蜂 窝 铝 板	2.4×10^{-5}
花 岗 石 板	0.8×10^{-5}

5.4　金属板设计

5.4.1　单层铝板、蜂窝铝板、铝塑复合板和不锈钢板在制作构件时，应四周折边。铝塑复合板和蜂窝铝板折边时应采用机械刻槽，并应严格控制槽的深度，槽底不得触及面板。

5.4.2 金属板应按需要设置边肋和中肋等加劲肋，铝塑复合板折边处应设边肋。加劲肋可采用金属方管、槽形或角形型材。加劲肋应与金属板可靠连结，并应有防腐措施。

5.4.3 金属板的计算应符合下列规定：

1 金属板在风荷载或地震作用下的最大弯曲应力标准值应分别按下式计算。当板的挠度大于板厚时，应按本条第4款的规定考虑大挠度的影响。

$$\sigma_{wk}=\frac{6mw_k l^2}{t^2} \quad (5.4.3\text{-}1)$$

$$\sigma_{Ek}=\frac{6mq_{Ek} l^2}{t^2} \quad (5.4.3\text{-}2)$$

式中 σ_{wk}、σ_{Ek}——分别为风荷载或垂直于板面方向的地震作用产生的板中最大弯曲应力标准值（MPa）；

w_k——风荷载标准值（MPa）；

q_{Ek}——垂直于板面方向的地震作用标准值(MPa)；

l——金属板区格的边长（mm）；

m——板的弯矩系数，应按其边界条件由本规范附录B表B.0.1确定。各区格板边界条件，应按本规范第5.4.4条的规定采用；

t——金属板的厚度（mm）。

2 金属板中由各种荷载或作用产生的最大应力标准值，应按本规范第5.1.8条的规定进行组合，所得的最大应力设计值不应超过金属板强度设计值。单层铝板的强度设计值按本规范第5.3.2条的规定采用；不锈钢板的强度设计值按本规范第5.3.5条的规定采用。

3 铝塑复合板和蜂窝铝板计算时，厚度应取板的总厚度，其强度按表5.3.3和表5.3.4采用，其弹性模量按表5.3.9采用。

4 考虑金属板在外荷载和作用下大挠度变形的影响时，可将式5.4.3-1和式5.4.3-2计算的应力值乘以折减系数，折减系数可按表5.4.3采用。

表5.4.3 折 减 系 数

θ	5	10	20	40	60	80	100
η	1.00	0.95	0.90	0.81	0.74	0.69	0.64
θ	120	150	200	250	300	350	400
η	0.61	0.54	0.50	0.46	0.43	0.41	0.40

表中θ可按式5.4.3-3计算：

$$\theta=\frac{w_k a^4}{Et^4} \text{或} \theta=\frac{(w_k+0.6q_{Ek})\ a^4}{Et^4} \quad (5.4.3\text{-}3)$$

式中 w_k——风荷载标准值（MPa）；

q_{Ek}——垂直于板面方向地震作用标准值（MPa）；

a——金属板区格短边边长（mm）；

t——金属板厚度（mm）；

E——金属板的弹性模量（MPa）。

5 当进行板的挠度计算时，也应考虑大挠度的影响，按小挠度公式计算的挠度值也应乘以折减系数。

5.4.4 由肋所形成的板区格，其四边支承型式应符合下列规定：

1 沿板材四周边缘：简支边；

2 中肋支承线：固定边。

5.4.5 金属板材应沿周边用螺栓固定于横梁或立柱上，螺栓直径不应小于4mm，螺栓的数量应根据板材所承受的风荷载和地震作用经计算后确定。

5.4.6 金属板材的边肋截面尺寸应按构造要求设计。单跨中肋应按简支梁设计，中肋应有足够的刚度，其挠度不应大于中肋跨度的1/300。

5.4.7 金属板面作用的荷载应按三角形或梯形分布传递到肋上，进行肋的计算时应按等弯矩原则化为等效均布荷载。

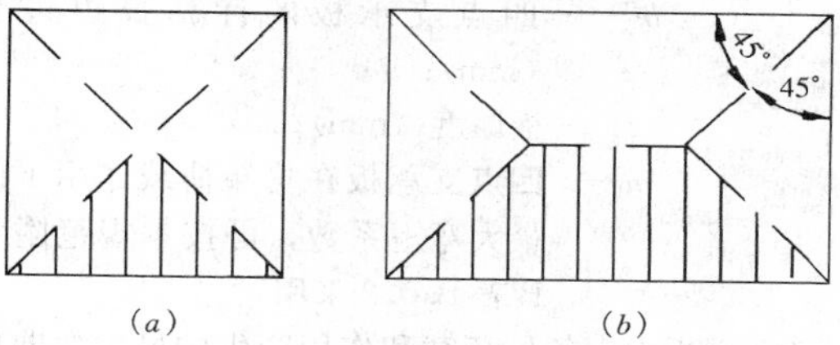

图5.4.7 板面荷载向肋的传递

(a) 方板；(b) 矩形板

5.5 石 板 设 计

5.5.1 用于石材幕墙的石板，厚度不应小于25mm。

5.5.2 钢销式石材幕墙可在非抗震设计或6度、7度抗震设计幕墙中应用，幕墙高度不宜大于20m，石板面积不宜大于1.0m²。钢销和连接板应采用不锈钢。连接板截面尺寸不宜小于40mm×4mm。钢销与孔的要求应符合本规范第6.3.2条的规定。

5.5.3 每边两个钢销支承的石板，应按计算边长为a_0、b_0的四点支承板计算其应力。计算边长a_0、b_0：

1 当为两侧连接时（图5.5.3*a*），支承边的计算边长可取为钢销的距离，非支承边的计算长度取为边长。

2 当四侧连接时（图5.5.3*b*），计算长度可取为边长减去钢销至板边的距离。

5.5.4 石板的抗弯设计应符合下列规定：

1 边长为a_0、b_0的四点支承板的最大弯曲应力标准值应分别按下列公式计算：

$$\sigma_{wk}=\frac{6mw_k b_0^2}{t^2} \quad (5.5.4\text{-}1)$$

$$\sigma_{Ek}=\frac{6mq_{Ek} b_0^2}{t^2} \quad (5.5.4\text{-}2)$$

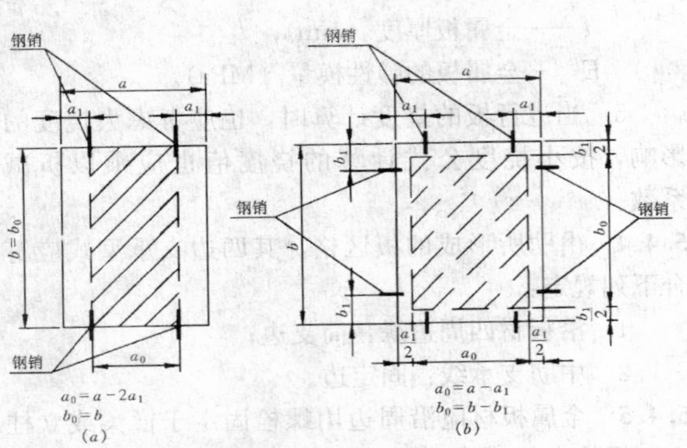

图 5.5.3 钢销连接石板的计算边长 a_0、b_0

(a) 两侧连接；(b) 四侧连接

式中 σ_{wk}、σ_{Ek}——分别为风荷载或垂直于板面方向地震作用在板中产生的最大弯曲应力标准值（MPa）；

w_k、q_{Ek}——分别为风荷载或垂直于板面方向地震作用标准值（MPa）；

b_0——四点支承板的计算长边边长（mm）；

t——板厚度（mm）；

m——四点支承板在均布荷载作用下的最大弯矩系数，可按本规范附录 B 表 B.0.2 采用。

2 石板中由各种荷载和作用产生的最大弯曲应力标准值应按本规范第 5.1.8 条的规定进行组合，所得的最大弯曲应力设计值不应超过石板的抗弯强度设计值。

5.5.5 钢销的设计应符合下列规定：

1 在风荷载或垂直于板面方向地震作用下，钢销承受的剪应力标准值按下式计算：

两侧连接 $$\tau_{pk}=\frac{q_k ab}{2nA_p}\beta \tag{5.5.5-1}$$

四侧接连 $$\tau_{pk}=\frac{q_k\ (2b-a)\ a}{4nA_p}\beta \tag{5.5.5-2}$$

式中 τ_{pk}——钢销剪应力标准值（MPa）；

q_k——风荷载或垂直于板面方向地震作用标准值(MPa)，即 q_k 分别代表 w_k 或 q_{Ek}；

b、a——石板的长边或短边边长（mm）；

A_p——钢销截面面积（mm^2）；

n——一个连接边上的钢销数量；四侧连接时一个长边上的钢销数量；

β——应力调整系数，可按表 5.5.5 采用。

表 5.5.5 应力调整系数

每块板材钢销个数	4	8	12
β	1.25	1.30	1.32

2 由各种荷载和作用产生的剪应力标准值应按本规范第 5.1.8 条的规定进行组合。

3 钢销所承受的剪应力设计值应符合下列条件：

$$\tau_p\leqslant f_s \tag{5.5.5-3}$$

式中 τ_p——钢销剪应力设计值（MPa）；

f_s——钢销抗剪强度设计值（MPa），按本规范表 5.3.5 采用。

5.5.6 由钢销在石板中产生的剪应力应按下列规定进行校核：

1 在风荷载或垂直于板面方向地震作用下，石板剪应力标准值可按下式计算：

两侧连接 $$\tau_k=\frac{q_k ab\beta}{2n\ (t-d)\ h} \tag{5.5.6-1}$$

四侧接连 $$\tau_k=\frac{q_k\ (2b-a)\ a\beta}{4n\ (t-d)\ h} \tag{5.5.6-2}$$

式中 τ_k——由于钢销在石板中产生的剪应力标准值（MPa）；

q_k——风荷载或垂直于板面方向地震作用标准值(MPa)，即 q_k 分别代表 w_k 或 q_{Ek}；

t——石板厚度（mm）；

d——钢销孔直径（mm）；

h——钢销入孔长度（mm）。

2 由各种荷载和作用产生的剪应力标准值，应按本规范第 5.1.8 条的规定进行组合。

3 剪应力设计值应符合下列规定：

$$\tau\leqslant f \tag{5.5.6-3}$$

式中 τ——由于钢销在石板中产生的剪应力设计值（MPa）；

f——花岗石板抗剪强度设计值（MPa），按本规范 5.3.7 条采用。

5.5.7 短槽支承的石板，其抗剪设计应符合下列规定：

1 短槽支承石板的不锈钢挂钩的厚度不应小于 3.0mm，铝合金挂钩的厚度不应小于 4.0mm，其承受的剪应力可按式 5.5.5-1、式 5.5.5-2 计算，并应符合式 5.5.5-3 的条件。

2 在风荷载或垂直于板面方向地震作用下，挂钩在槽口边产生的剪应力标准值 τ_k 按下式计算：

对边开槽 $$\tau_k=\frac{q_k ab\beta}{n\ (t-c)\ s} \tag{5.5.7-1}$$

四边开槽 $$\tau_k=\frac{q_k\ (2b-c)\ a\beta}{2n\ (t-c)\ s} \tag{5.5.7-2}$$

式中 q_k——风荷载或垂直于板面方向地震作用标准值（MPa），即 q_k 分别代表 w_k 或 q_{Ek}；

c——槽口宽度（mm）；

s——单个槽底总长度（mm）。矩形槽的槽底总长度 s 取为槽长加上槽深的 2 倍，弧形槽 s 取为圆弧总长度。

3 由各种荷载和作用产生的剪应力标准值，应按本规范第 5.1.8 条的规定进行组合。

4 槽口处石板的剪应力设计值 τ 应符合下式

规定：

$$\tau \leqslant f \quad (5.5.7\text{-}3)$$

式中 τ——由于不锈钢挂钩在石板中产生的剪应力设计值（MPa）；

f——花岗石板抗剪强度设计值（MPa），按本规范第5.3.7条采用。

5.5.8 短槽支承石板的最大弯曲应力应按本规范第5.5.3条、第5.5.4条的规定进行设计。

5.5.9 通槽支承的石板抗弯设计应符合下列规定：

1 通槽支承石板的最大弯曲应力标准值 σ_k 应按下列公式计算：

$$\sigma_{wk}=0.75\frac{w_k l^2}{t^2} \quad (5.5.9\text{-}1)$$

$$\sigma_{Ek}=0.75\frac{q_{Ek} l^2}{t^2} \quad (5.5.9\text{-}2)$$

式中 σ_{wk}、σ_{Ek}——分别为风荷载或垂直于板面方向地震作用在板中产生的最大弯曲应力标准值（MPa）；

w_k、q_{Ek}——分别为风荷载或地震作用的标准值(MPa)；

l——石板的跨度，即支承边的距离（mm）；

t——石板厚度（mm）。

2 由各种荷载和作用在石板中产生的最大弯曲应力标准值应按本规范第5.1.8条的规定进行组合，所得的最大弯曲应力设计值不应超过石材抗弯强度设计值。

5.5.10 通槽支承石板的挂钩，其设计应符合下列规定：

1 通槽支承石板，铝合金挂钩的厚度不应小于4.0mm，不锈钢挂钩的厚度不应小于3.0mm。

2 在风荷载或垂直于板面方向地震作用下，挂钩承受的剪应力标准值应按下式计算：

$$\tau_k=\frac{q_k l}{2t_p} \quad (5.5.10)$$

式中 τ_k——挂板中剪应力标准值（MPa）；

l——石板的跨度，即支承边间的距离（mm）；

q_k——风荷载或垂直于板面方向地震作用标准值(MPa)，即 q_k 分别代表 w_k 或 q_{Ek}；

t_p——挂钩厚度（mm）。

3 由各种荷载和作用产生的剪应力标准值，应按本规范第5.1.8条的规定进行组合。

5.5.11 通槽支承的石板槽口处抗剪设计应符合下列规定：

1 由风荷载或垂直于板面方向地震作用在槽口处产生的剪应力标准值应按下式计算：

$$\tau_k=\frac{q_k l}{t-c} \quad (5.5.11\text{-}1)$$

式中 q_k——风荷载或垂直于板面方向地震作用标准值（MPa），即 q_k 分别代表 w_k 或 q_{Ek}；

t——石板厚度（mm）；

l——支承边间距离（mm）；

c——槽口宽度（mm）。

2 由各种荷载和作用产生的剪应力标准值，应按本规范第5.1.8条的规定进行组合。

3 通槽支承的石板槽口处剪应力设计值 τ 应符合下式要求：

$$\tau \leqslant f \quad (5.5.11\text{-}2)$$

式中 τ——槽口处石板中的剪应力设计值（MPa）；

f——花岗石板抗剪强度设计值（MPa），按本规范第5.3.7条采用。

5.5.12 通槽支承的石板槽口处抗弯设计值应符合下列规定：

1 由风荷载或垂直于板面方向地震作用在槽口处产生的最大弯曲应力标准值 σ_k 应按下式计算。

$$\sigma_k=\frac{8q_k lh}{(t-c)^2} \quad (5.5.12\text{-}1)$$

式中 t——石板厚度（mm）；

c——槽口宽度（mm）；

h——槽口受力一侧深度（mm）；

l——石板的跨度，即支承边间的距离（mm）；

q_k——风荷载或垂直于板面方向地震作用标准值(MPa)，即 q_k 分别代表 w_k 或 q_{Ek}。

2 由各种荷载和作用产生剪应力标准值，应按本规范第5.1.8条的规定进行组合。

3 通槽支承的石板槽口处最大弯曲应力设计值 σ 应符合下式的要求：

$$\sigma \leqslant 0.7f \quad (5.5.12\text{-}2)$$

式中 σ——槽口处石板中的最大弯曲应力设计值（MPa）；

f——石板抗弯强度设计值（MPa），按本规范第5.3.7条的规定采用。

5.5.13 石板中由各种荷载和作用产生的最大弯曲应力标准值应按本规范第5.1.8条的规定进行组合，所得的最大弯曲应力设计值不应超过石板抗弯强度设计值。有四边金属框的隐框式石板构件，应根据下列公式按四边简支板计算板中最大弯曲应力标准值：

$$\sigma_{wk}=\frac{6mw_k a^2}{t^2} \quad (5.5.13\text{-}1)$$

$$\sigma_{Ek}=\frac{6mq_{Ek} a^2}{t^2} \quad (5.5.13\text{-}2)$$

式中 σ_{wk}、σ_{Ek}——分别为风荷载或垂直于板面方向地震作用在板中产生的最大弯曲应力标准值（MPa）；

w_k、q_{Ek}——分别为风荷载或垂直板面方向地震作用的标准值（MPa）；

a——板的短边边长（mm）；

t——石板厚度（mm）；

m——板的跨中弯矩系数，应按表 5.5.13 查取。

表 5.5.13　四边简支石板的跨中弯矩系数（$\nu=0.125$）

a/b	0.50	0.55	0.60	0.65	0.70	0.75
m	0.0987	0.0918	0.0850	0.0784	0.0720	0.0660
a/b	0.80	0.85	0.90	0.95	1.00	
m	0.0603	0.0550	0.0501	0.0456	0.0414	

5.5.14　隐框式石板构件的金属框，其上、下边框应带有挂钩，挂钩厚度应符合本规范第 5.5.10 条的规定。

5.6　横 梁 设 计

5.6.1　横梁截面主要受力部分的厚度，应符合下列规定：

1　翼缘的宽厚比应符合下列规定（图 5.6.1）：

截面自由挑出部分（图 5.6.1*a*）：

$$b/t\leqslant 15$$

截面封闭部分（图 5.6.1*b*）：

$$b/t\leqslant 30$$

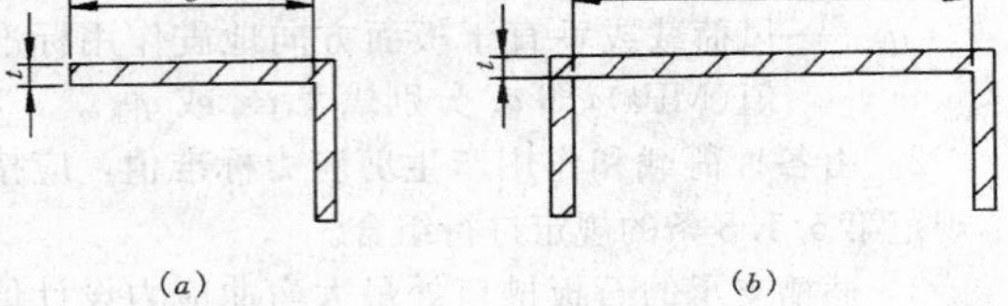

图 5.6.1　截面的厚度

2　当跨度不大于 1.2m 时，铝合金型材横梁截面主要受力部分的厚度不应小于2.5mm；当横梁跨度大于 1.2m 时，其截面主要受力部分的厚度不应小于 3mm，有螺钉连接的部分截面厚度不应小于螺钉公称直径。钢型材截面主要受力部分的厚度不应小于 3.5mm。

5.6.2　横梁的荷载应根据板材在横梁上的支承状况确定，并应计算横梁承受的弯矩和剪力。

5.6.3　幕墙的横梁截面抗弯承载力应符合下式要求：

$$\frac{M_x}{\nu W_x}+\frac{M_y}{\nu W_y}\leqslant f \qquad (5.6.3)$$

式中　M_x——横梁绕 x 轴（幕墙平面内方向）的弯矩设计值（N·mm）；

M_y——横梁绕 y 轴（垂直于幕墙平面方向）的弯矩设计值（N·mm）；

W_x——横梁截面绕 x 轴（幕墙平面内方向）的净截面弹性抵抗矩（mm^3）；

W_y——横梁截面绕 y 轴（垂直于幕墙平面方向）的净截面弹性抵抗矩（mm^3）；

ν——截面塑性发展系数，可取 1.05；

f——型材抗弯强度设计值（MPa），应按本规范第 5.3.1 条或第 5.3.6 条规定采用。

5.6.4　横梁截面抗剪承载力，应符合下式要求：

$$\frac{1.5V_h}{A_{wh}}\leqslant f \qquad (5.6.4\text{-}1)$$

$$\frac{1.5V_y}{A_{wy}}\leqslant f \qquad (5.6.4\text{-}2)$$

式中　V_h——横梁水平方向的剪力设计值（N）；

V_y——横梁竖直方向的剪力设计值（N）；

A_{wh}——横梁截面水平方向腹板截面面积（mm^2）；

A_{wy}——横梁截面竖直方向腹板截面面积（mm^2）；

f——型材抗剪强度设计值，按本规范第 5.3.1 条或第 5.3.6 条规定采用。

5.6.5　横梁的挠度值，应符合下式要求：

1　当跨度不大于 7.5m 的横梁：

1）铝型材：$u\leqslant l/180$　(5.6.5-1)

$u\leqslant 20mm$

2）钢型材：$u\leqslant l/300$　(5.6.5-2)

$u\leqslant 15mm$

2　当跨度大于 7.5m 的钢横梁：

$$u\leqslant l/500 \qquad (5.6.6\text{-}3)$$

式中　u——横梁的挠度（mm）；

l——横梁的跨度（mm）。

5.6.6　横梁应通过角码、螺钉或螺栓与立柱连接，角码应能承受横梁的剪力。螺钉直径不得小于 4mm，每处连接螺钉数量不应少于 3 个，螺栓不应少于 2 个。横梁与立柱之间应有一定的相对位移能力。

5.7　立 柱 设 计

5.7.1　立柱截面的主要受力部分的厚度，应符合下列规定：

1　铝合金型材截面主要受力部分的厚度不应小于 3mm，采用螺纹受力连接时螺纹连接部位截面的厚度不应小于螺钉的公称直径；

2　钢型材截面主要受力部分的厚度不应小于 3.5mm；

3　偏心受压的立柱，截面宽厚比应符合本规范第 5.6.1 条的规定。

5.7.2　上下立柱之间应有不小于 15mm 的缝隙，并应采用芯柱连结。芯柱总长度不应小于 400mm。芯柱与立柱应紧密接触。芯柱与下柱之间应采用不锈钢螺栓固定。

5.7.3　立柱与主体结构的连接可每层设一个支承点，也可设两个支承点；在实体墙面上，支承点可加密。

5.7.4　每层设一个支承点时，立柱应按简支单跨梁或铰接多跨梁计算；每层设两个支承点时，立柱应按双跨梁或双支点铰接多跨梁计算。

5.7.5 立柱上端应悬挂在主体结构上，宜设计成偏心受拉构件，其轴力应考虑幕墙板材、横梁以及立柱的重力荷载值。

5.7.6 偏心受拉的幕墙立柱截面承载力应符合下式要求：

$$\frac{N}{A_0}+\frac{M}{\nu W}\leqslant f \qquad (5.7.6)$$

式中 N——立柱轴力设计值（N）；

M——立柱弯矩设计值（N·mm）；

A_0——立柱的净截面面积（mm^2）；

W——在弯矩作用方向的净截面弹性抵抗矩（mm^3）；

ν——截面塑性发展系数，可取1.05；

f——型材的抗弯强度设计值（MPa），应按本规范第5.3.1或第5.3.6条规定采用。

5.7.7 偏心受压的幕墙立柱截面承载力应符合下式要求：

$$\frac{N}{\varphi_1 A_0}+\frac{M}{\gamma W}\leqslant f \qquad (5.7.7)$$

式中 N——立柱的压力设计值（N）；

M——立柱的弯矩设计值（N·mm）；

A_0——立柱的净截面面积（mm^2）；

W——在弯矩作用方向的净截面弹性抵抗矩（mm^3）；

γ——截面塑性发展系数，可取为1.05；

f——型材抗弯强度设计值（MPa），应按本规范第5.3.1条或第5.3.6条的规定采用；

φ_1——轴心受压柱的稳定系数，应按本规范表5.7.8查取。

5.7.8 轴心受压柱的稳定系数应按表5.7.8采用。

表5.7.8 轴心受压柱的稳定系数（φ_1）

λ	钢型材		铝合金型材		
	Q235钢	Q345钢	6063-T5 6061-T4	6063-T6 6063A-T5 6063A-T6	6061-T6
20	0.97	0.96	0.98	0.96	0.92
40	0.90	0.88	0.88	0.84	0.80
60	0.81	0.73	0.81	0.75	0.71
80	0.69	0.58	0.70	0.58	0.48
90	0.62	0.50	0.63	0.48	0.40
100	0.56	0.43	0.56	0.38	0.32
110	0.49	0.37	0.49	0.34	0.26
120	0.44	0.32	0.41	0.30	0.22
140	0.35	0.25	0.29	0.22	0.16

5.7.9 偏心受压的幕墙立柱，其长细比可按下式计算：

$$\lambda=\frac{L}{i} \qquad (5.7.9)$$

式中 λ——立柱长细比；

L——构件侧向支承点之间的距离（mm）；

i——截面回转半径（mm）。

立柱长细比不应大于150。

5.7.10 立柱由风荷载标准值和地震作用标准值产生的挠度u应按本规范第5.7.4条的规定计算，并应符合下列要求：

1 当跨度不大于7.5m的立柱：

1）铝合金型材：$u\leqslant l/180$ (5.7.10-1)

$u\leqslant 20mm$

2）钢型材：$u\leqslant l/300$ (5.7.10-2)

$u\leqslant 15mm$

2 当跨度大于7.5m的钢立柱：

$u\leqslant l/500$ (5.7.10-3)

式中 u——挠度；

l——支承点间的距离（mm）。

5.7.11 立柱应采用螺栓与角码连接，并再通过角码与预埋件或钢构件连接。螺栓直径不应小于10mm，连接螺栓应按现行国家标准《钢结构设计规范》(GBJ 17) 进行承载力计算。立柱与角码采用不同金属材料时应采用绝缘垫片分隔。

5.8 幕墙与主体结构连接

5.8.1 连接件应进行承载力计算。受力的铆钉或螺栓，每处不得少于2个。

5.8.2 连接件与主体结构的锚固强度应大于连接件本身承载力设计值。

5.8.3 与连接件直接相连接的主体结构件，其承载力应大于连接件承载力；与幕墙立柱相连的主体混凝土构件的混凝土强度等级不宜低于C30。

5.8.4 连接件的螺栓、焊缝强度和局部承压计算，应符合现行国家标准《钢结构设计规范》（GBJ 17）的有关规定。

5.8.5 当立柱与主体结构间留有较大间距时，可在幕墙与主体结构之间设置过渡钢桁架或钢伸臂，钢桁架或钢伸臂与主体结构应可靠连接，幕墙与钢桁架或钢伸臂也应可靠连接。

铝合金立柱与钢桁架连接，应计入温度变化时两者变形差异产生的影响。

5.8.6 幕墙构件与钢结构的连接，应按现行国家标准《钢结构设计规范》（GBJ 17）的规定进行设计。

5.8.7 幕墙立柱与混凝土结构宜通过预埋件连接，预埋件应在主体结构混凝土施工时埋入，预埋件的位置应准确。

当没有条件采用预埋件连接时，应采用其他可靠的连接措施，并应通过试验确定其承载力。

5.8.8 预埋件设计应按本规范附录C的规定进行。

6 加 工 制 作

6.1 一 般 规 定

6.1.1 幕墙在制作前，应对建筑物的设计施工图进行核对，并应对已建的建筑物进行复测，按实测结果调整幕墙图纸中的偏差，经设计单位同意后方可加工组装。

6.1.2 加工幕墙构件所采用的设备、机具应保证幕墙构件加工精度的要求，量具应定期进行计量检定。

6.1.3 用硅酮结构密封胶黏结固定构件时，注胶应在温度15℃以上30℃以下、相对湿度50%以上、且洁净、通风的室内进行，胶的宽度、厚度应符合设计要求。

6.1.4 用硅酮结构密封胶黏结石材时，结构胶不应长期处于受力状态。

6.1.5 当石材幕墙使用硅酮结构密封胶和硅酮耐候密封胶时，应待石材清洗干净并完全干燥后方可施工。

6.2 幕墙构件加工制作

6.2.1 幕墙的金属构件加工制作应符合下列规定：

1 幕墙结构杆件截料前应进行校直调整；

2 幕墙横梁长度的允许偏差应为±0.5mm，立柱长度的允许偏差应为±1.0mm，端头斜度的允许偏差应为−15′；

3 截料端头不得因加工而变形，并不应有毛刺；

4 孔位的允许偏差应为±0.5mm，孔距的允许偏差应为±0.5mm，累计偏差不得大于±1.0mm；

5 铆钉的通孔尺寸偏差应符合现行国家标准《铆钉用通孔》（GB 152.1）的规定；

6 沉头螺钉的沉孔尺寸偏差应符合现行国家标准《沉头螺钉用沉孔》（GB 152.2）的规定；

7 圆柱头、螺栓的沉孔尺寸应符合现行国家标准《圆柱头、螺栓用沉孔》（GB 152.3）的规定；螺丝孔的加工应符合设计要求。

6.2.2 幕墙构件中，槽、豁、榫的加工应符合下列规定：

1 构件铣槽尺寸允许偏差应符合表6.2.2-1的规定。

表 6.2.2-1 铣槽尺寸允许偏差（mm）

项 目	*a*	*b*	*c*
允许偏差	+0.5 0.0	+0.5 0.0	±0.5

2 构件铣豁尺寸允许偏差应符合表6.2.2-2的规定。

表 6.2.2-2 铣豁尺寸允许偏差（mm）

项 目	*a*	*b*	*c*
允许偏差	+0.5 0.0	+0.5 0.0	±0.5

3 构件铣榫尺寸允许偏差应符合表6.2.2-3的规定。

表 6.2.2-3 铣榫尺寸允许偏差（mm）

项 目	*a*	*b*	*c*
偏 差	0.0 −0.5	0.0 −0.5	±0.5

6.2.3 幕墙构件装配尺寸允许偏差应符合表6.2.3的规定。

表 6.2.3 构件装配尺寸允许偏差（mm）

项 目	构件长度	允许偏差
槽口尺寸	≤2000	±2.0
	>2000	±2.5
构件对边尺寸差	≤2000	≤2.0
	>2000	≤3.0
构件对角尺寸差	≤2000	≤3.0
	>2000	≤3.5

6.2.4 钢构件应符合现行国家标准《钢结构工程质量检验标准》（GB 50221）的有关规定。钢构件表面防锈处理应符合现行国家标准《钢结构工程施工及验收规范》（GB 50205）的有关规定。

6.2.5 钢构件焊接、螺栓连接应符合国家现行标准《钢结构设计规范》（GBJ 17）及《钢结构焊接技术规程》（JGJ 81）的有关规定。

6.3 石板加工制作

6.3.1 加工石板应符合下列规定：

1 石板连接部位应无崩坏、暗裂等缺陷；其他部位崩边不大于5mm×20mm，或缺角不大于20mm时可修补后使用，但每层修补的石板块数不应大于2%，且宜用于立面不明显部位；

2 石板的长度、宽度、厚度、直角、异型角、半圆弧形状、异型材及花纹图案造型、石板的外形尺寸均应符合设计要求；

3 石板外表面的色泽应符合设计要求，花纹图案应按样板检查。石板四周围不得有明显的色差；

4 火烧石应按样板检查火烧后的均匀程度，火烧石不得有暗裂、崩裂情况；

5 石板的编号应同设计一致，不得因加工造成混乱；

6 石板应结合其组合形式，并应确定工程中使用的基本形式后进行加工；

7 石板加工尺寸允许偏差应符合现行行业标准

《天然花岗石建筑板材》(JC 205) 的有关规定中一等品要求。

6.3.2 钢销式安装的石板加工应符合下列规定：

1 钢销的孔位应根据石板的大小而定。孔位距离边端不得小于石板厚度的 3 倍，也不得大于 180mm；钢销间距不宜大于 600mm；边长不大于 1.0m 时每边应设两个钢销，边长大于 1.0m 时应采用复合连接；

2 石板的钢销孔的深度宜为 22～33mm，孔的直径宜为 7mm 或 8mm，钢销直径宜为 5mm 或 6mm，钢销长度宜为 20～30mm；

3 石板的钢销孔处不得有损坏或崩裂现象，孔径内应光滑、洁净。

6.3.3 通槽式安装的石板加工应符合下列规定：

1 石板的通槽宽度宜为 6mm 或 7mm，不锈钢支撑板厚度不宜小于 3.0mm，铝合金支撑板厚度不宜小于 4.0mm；

2 石板开槽后不得有损坏或崩裂现象，槽口应打磨成 45°倒角；槽内应光滑、洁净。

6.3.4 短槽式安装的石板加工应符合下列规定：

1 每块石板上下边应各开两个短平槽，短平槽长度不应小于 100mm，在有效长度内槽深度不宜小于 15mm；开槽宽度宜为 6mm 或 7mm；不锈钢支撑板厚度不宜小于 3.0mm，铝合金支撑板厚度不宜小于 4.0mm。弧形槽的有效长度不应小于 80mm。

2 两短槽边距离石板两端部的距离不应小于石板厚度的 3 倍且不应小于 85mm，也不应大于 180mm。

3 石板开槽后不得有损坏或崩裂现象，槽口应打磨成 45°倒角，槽内应光滑、洁净。

6.3.5 石板的转角宜采用不锈钢支撑件或铝合金型材专用件组装，并应符合下列规定：

1 当采用不锈钢支撑件组装时，不锈钢支撑件的厚度不应小于 3mm；

2 当采用铝合金型材专用件组装时，铝合金型材壁厚不应小于 4.5mm，连接部位的壁厚不应小于 5mm。

6.3.6 单元石板幕墙的加工组装应符合下列规定：

1 有防火要求的全石板幕墙单元，应将石板、防火板、防火材料按设计要求组装在铝合金框架上；

2 有可视部分的混合幕墙单元，应将玻璃板、石板、防火板及防火材料按设计要求组装在铝合金框架上；

3 幕墙单元内石板之间可采用铝合金 T 形连接件连接；T 形连接件的厚度应根据石板的尺寸及重量经计算后确定，且其最小厚度不应小于 4.0mm；

4 幕墙单元内，边部石板与金属框架的连接，可采用铝合金 L 形连接件，其厚度应根据石板尺寸及重量经计算后确定，且其最小厚度不应小于 4.0mm。

6.3.7 石板经切割或开槽等工序后均应将石屑用水冲干净，石板与不锈钢挂件间应采用环氧树脂型石材专用结构胶黏结。

6.3.8 已加工好的石板应立存放于通风良好的仓库内，其角度不应小于 85°。

6.4 金属板加工制作

6.4.1 金属板材的品种、规格及色泽应符合设计要求；铝合金板材表面氟碳树脂涂层厚度应符合设计要求。

6.4.2 金属板材加工允许偏差应符合表 6.4.2 的规定。

表 6.4.2 金属板材加工允许偏差 (mm)

项目		允许偏差
边长	≤2000	±2.0
	>2000	±2.5
对边尺寸	≤2000	≤2.5
	>2000	≤3.0
对角线长度	≤2000	2.5
	>2000	3.0
折弯高度		≤1.0
平面度		≤2/1000
孔的中心距		±1.5

6.4.3 单层铝板的加工应符合下列规定：

1 单层铝板折弯加工时，折弯外圆弧半径不应小于板厚的 1.5 倍；

2 单层铝板加劲肋的固定可采用电栓钉，但应确保铝板外表面不应变形、褪色，固定应牢固；

3 单层铝板的固定耳子应符合设计要求。固定耳子可采用焊接、铆接或在铝板上直接冲压而成，并应位置准确，调整方便，固定牢固；

4 单层铝板构件四周边应采用铆接、螺栓或胶黏与机械连接相结合的形式固定，并应做到构件刚性好，固定牢固。

6.4.4 铝塑复合板的加工应符合下列规定：

1 在切割铝塑复合板内层铝板和聚乙烯塑料时，应保留不小于 0.3mm 厚的聚乙烯塑料，并不得划伤外层铝板的内表面；

2 打孔、切口等外露的聚乙烯塑料及角缝，应采用中性硅酮耐候密封胶密封；

3 在加工过程中铝塑复合板严禁与水接触。

6.4.5 蜂窝铝板的加工应符合下列规定：

1 应根据组装要求决定切口的尺寸和形状，在切除铝芯时不得划伤蜂窝铝板外层铝板的内表面；各部位外层铝板上，应保留 0.3～0.5mm 的铝芯；

2 直角构件的加工，折角应弯成圆弧状，角缝应采用硅酮耐候密封胶密封；

3 大圆弧角构件的加工，圆弧部位应填充防火材料；

4 边缘的加工，应将外层铝板折合180°，并将铝芯包封。

6.4.6 金属幕墙的女儿墙部分，应用单层铝板或不锈钢板加工成向内倾斜的盖顶。

6.4.7 金属幕墙的吊挂件、安装件应符合下列规定：

1 单元金属幕墙使用的吊挂件、支撑件，宜采用铝合金件或不锈钢件，并应具备可调整范围；

2 单元幕墙的吊挂件与预埋件的连接应采用穿透螺栓；

3 铝合金立柱的连接部位的局部壁厚不得小于5mm。

6.5 幕墙构件检验

6.5.1 金属与石材幕墙构件应按同一种类构件的5%进行抽样检查，且每种构件不得少于5件。当有一个构件抽检不符合上述规定时，应加倍抽样复验，全部合格后方可出厂。

6.5.2 构件出厂时，应附有构件合格证书。

7 安装施工

7.1 一般规定

7.1.1 安装金属与石材幕墙应在主体工程验收后进行。

7.1.2 金属与石材幕墙的构件和附件的材料品种、规格、色泽和性能应符合设计要求。

7.1.3 金属与石材幕墙的安装施工应编制施工组织设计，其中应包括以下内容：

1 工程进度计划；

2 搬运、起重方法；

3 测量方法；

4 安装方法；

5 安装顺序；

6 检查验收；

7 安全措施。

7.2 安装施工准备

7.2.1 搬运、吊装构件时不得碰撞、损坏和污染构件。

7.2.2 构件储存时应依照安装顺序排列放置，放置架应有足够的承载力和刚度。在室外储存时应采取保护措施。

7.2.3 构件安装前应检查制造合格证，不合格的构件不得安装。

7.2.4 金属、石材幕墙与主体结构连接的预埋件，应在主体结构施工时按设计要求埋设。预埋件应牢固，位置准确，预埋件的位置误差应按设计要求进行复查。当设计无明确要求时，预埋件的标高偏差不应大于10mm，预埋件位置差不应大于20mm。

7.3 幕墙安装施工

7.3.1 安装施工测量应与主体结构的测量配合，其误差应及时调整。

7.3.2 金属与石材幕墙立柱的安装应符合下列规定：

1 立柱安装标高偏差不应大于3mm，轴线前后偏差不应大于2mm，左右偏差不应大于3mm；

2 相邻两根立柱安装标高偏差不应大于3mm，同层立柱的最大标高偏差不应大于5mm，相邻两根立柱的距离偏差不应大于2mm。

7.3.3 金属与石材幕墙横梁安装应符合下列规定：

1 应将横梁两端的连接件及垫片安装在立柱的预定位置，并应安装牢固，其接缝应严密；

2 相邻两根横梁的水平标高偏差不应大于1mm。同层标高偏差：当一幅幕墙宽度小于或等于35m时，不应大于5mm；当一幅幕墙宽度大于35m时，不应大于7mm。

7.3.4 金属板与石板安装应符合下列规定：

1 应对横竖连接件进行检查、测量、调整；

2 金属板、石板安装时，左右、上下的偏差不应大于1.5mm；

3 金属板、石板空缝安装时，必须有防水措施，并应有符合设计要求的排水出口；

4 填充硅酮耐候密封胶时，金属板、石板缝的宽度、厚度应根据硅酮耐候密封胶的技术参数，经计算后确定。

7.3.5 幕墙钢构件施焊后，其表面应采取有效的防腐措施。

7.3.6 幕墙的竖向和横向板材的组装允许偏差应符合表7.3.6的规定。

7.3.7 幕墙安装允许偏差应符合表7.3.7规定。

7.3.8 单元幕墙安装允许偏差除应符合本规范表7.3.7的规定外，尚应符合表7.3.8规定。

表7.3.6 幕墙竖向和横向板材的组装允许偏差（mm）

项目	尺寸范围	允许偏差	检查方法
相邻两竖向板材间距尺寸（固定端头）	—	±2.0	钢卷尺
两块相邻的石板、金属板	—	±1.5	靠尺
相邻两横向板材的间距尺寸	间距小于或等于2000时 间距大于2000时	±1.5 ±2.0	钢卷尺
分格对角线差	对角线长小于或等于2000时 对角线长大于2000时	≤3.0 ≤3.5	钢卷尺或伸缩尺

续表

项　　目	尺寸范围	允许偏差	检查方法
相邻两横向板材的水平标高差	—	≤2	钢板尺或水平仪
横向板材水平度	构件长小于或等于2000时	≤2	水平仪或水平尺
	构件长大于2000时	≤3	
竖向板材直线度	—	2.5	2.0m靠尺、钢板尺
石板下连接托板水平夹角允许向上倾斜，不准向下倾斜	—	+2.0度 0	塞　规
石板上连接托板水平夹角允许向下倾斜	—	0 −2.0度	—

表 7.3.7　　幕墙安装允许偏差

项	目	允许偏差（mm）	检查方法
竖缝及墙面垂直度	幕墙高度（H）（m） H≤30	≤10	激光经纬仪或经纬仪
	60≤H>30	≤15	
	90≤H>60	≤20	
	H>90	≤25	
幕墙平面度		≤2.5	2m靠尺、钢板尺
竖缝直线度		≤2.5	2m靠尺、钢板尺
横缝直线度		≤2.5	2m靠尺、钢板尺
缝宽度（与设计值比较）		±2	卡　尺
两相邻面板之间接缝高低差		≤1.0	深度尺

表 7.3.8　　单元幕墙安装允许偏差（mm）

项	目	允许偏差	检查方法
同层单元组件标高	宽度小于或等于35m	≤3.0	激光经纬仪或经纬仪
相邻两组件面板表面高低差		≤1.0	深度尺
两组件对插件接缝搭接长度（与设计值比）		±1.0	卡　尺
两组件对插件距槽底距离（与设计值比）		±1.0	卡　尺

7.3.9　幕墙安装过程中宜进行接缝部位的雨水渗漏检验。

7.3.10　幕墙安装施工应对下列项目进行验收：

1　主体结构与立柱、立柱与横梁连接节点安装及防腐处理；

2　幕墙的防火、保温安装；

3　幕墙的伸缩缝、沉降缝、防震缝及阴阳角的安装；

4　幕墙的防雷节点的安装；

5　幕墙的封口安装。

7.4　幕墙保护和清洗

7.4.1　对幕墙的构件、面板等。应采取保护措施，不得发生变形、变色、污染等现象。

7.4.2　幕墙施工中其表面的粘附物应及时清除。

7.4.3　幕墙工程安装完成后，应制定清洁方案，清扫时应避免损伤表面。

7.4.4　清洗幕墙时，清洁剂应符合要求，不得产生腐蚀和污染。

7.5　幕墙安装施工安全

7.5.1　幕墙安装施工的安全措施除应符合现行行业标准《建筑施工高处作业安全技术规范》（JGJ 80）的规定外，还应遵守施工组织设计确定的各项要求。

7.5.2　安装幕墙用的施工机具和吊篮在使用前应进行严格检查，符合规定后方可使用。

7.5.3　施工人员作业时必须戴安全帽，系安全带，并配备工具袋。

7.5.4　工程的上下部交叉作业时，结构施工层下方应采取可靠的安全防护措施。

7.5.5　现场焊接时，在焊接下方应设防火斗。

7.5.6　脚手板上的废弃杂物应及时清理，不得在窗台、栏杆上放置施工工具。

8　工程验收

8.0.1　金属与石材幕墙工程验收前应将其表面擦拭干净。

8.0.2　金属与石材幕墙工程验收时应提交下列资料：

1　设计图纸、计算书、文件、设计更改的文件等；

2　材料、零部件、构件出厂质量合格证书，硅酮结构胶相容性试验报告及幕墙的物理性能检验报告；

3　石材的冻融性试验报告；

4　金属板材表面氟碳树脂涂层的物理性能试验报告；

5　隐蔽工程验收文件；

6　施工安装自检记录；

7　预制构件出厂质量合格证书；

8　其他质量保证资料。

8.0.3　幕墙工程观感检验应符合下列规定：

1 幕墙外露框应横平竖直，造型应符合设计要求；

2 幕墙的胶缝应横平竖直，表面应光滑无污染；

3 铝合金板应无脱膜现象，颜色应均匀，其色差可同色板相差一级；

4 石材颜色应均匀，色泽应同样板相符，花纹图案应符合设计要求；

5 沉降缝、伸缩缝、防震缝的处理，应保持外观效果的一致性，并应符合设计要求；

6 金属板材表面应平整，站在距幕墙表面3m处肉眼观察时不应有可觉察的变形、波纹或局部压砸等缺陷；

7 石材表面不得有凹坑、缺角、裂缝、斑痕。

8.0.4 幕墙抽样检查应符合下列规定：

1 渗漏检验应按每100m² 幕墙面积抽查一处，并应在易发生漏雨的部位如阴阳角等处进行淋水检查；

2 每平方米金属板的表面质量应符合表8.0.4-1的规定；

表 8.0.4-1 金属板的表面质量

项目	质量要求
0.1～0.3mm 宽划伤痕	长度小于100mm 不多于8条
擦伤	不大于500mm²

注：1. 露出金属基体的为划伤。
2. 没有露出金属基体的为擦伤。

3 一个分格铝合金型材表面质量应符合表8.0.4-2的规定；

表 8.0.4-2 一个分格铝合金型材表面质量

项目	质量要求
0.1～0.3mm 宽划伤痕	长度小于100mm 不多于2条
擦伤总面积	不大于500mm²
划伤在同一个分格内	不多于4处
擦伤在同一个分格内	不多于4处

注：1. 一个分格铝合金型材指该分格的四周框架构件。
2. 露出铝基体的为划伤。
3. 没有露出铝基体的为擦伤。

4 每平方米石材的表面质量应符合表8.0.4-3的规定；

表 8.0.4-3 石材的表面质量

项目	质量要求
0.1～0.3mm 划伤	长度小于100mm 不多于2条
擦伤	不大于500mm²

注：1. 石材花纹出现损坏的为划伤。
2. 石材花纹出现模糊现象的为擦伤。

5 金属幕墙立柱、横梁的安装质量应符合表8.0.4-4的规定；

表 8.0.4-4 金属幕墙立柱、横梁的安装质量

项目		允许偏差(mm)	检查方法
金属幕墙立柱、横梁安装偏差	宽度高度不大于30m	≤10	激光经纬仪或经纬仪
	宽度高度大于30m，不大于60m	≤15	
	宽度高度大于60m，不大于90m	≤20	
	宽度高度大于90m	≤25	

6 石板的安装质量应符合8.0.4-5的规定；

表 8.0.4-5 石板的安装质量

项目		允许偏差(mm)	检查方法
竖缝及墙面垂直缝	幕墙层高不大于3m	≤2	激光经纬仪或经纬仪
	幕墙层高大于3m	≤3	
幕墙水平度（层高）		≤2	2m靠尺、钢板尺
竖缝直线度（层高）		≤2	2m靠尺、钢板尺
横缝直线度（层高）		≤2	2m靠尺、钢板尺
拼缝宽度（与设计值比）		≤1	卡尺

7 金属与石材幕墙的安装质量应符合表8.0.4-6的规定；

表 8.0.4-6 金属、石材幕墙安装质量

项目		允许偏差(mm)	检查方法
幕墙垂直度	幕墙高度不大于30m	≤10	激光经纬仪或经纬仪
	幕墙高度大于30m，不大于60m	≤15	
	幕墙高度大于60m，不大于90m	≤20	
	幕墙高度大于90m	≤25	
竖向板材直线度		≤3	2m靠尺、塞尺
横向板材水平度不大于2000mm		≤2	水平仪
同高度相邻两根横向构件高度差		≤1	钢板尺、塞尺

续表

<table>
<tr><td colspan="2">项　　目</td><td>允许偏差（mm）</td><td>检查方法</td></tr>
<tr><td rowspan="2">幕墙横向水平度</td><td>不大于 3m 的层高</td><td>≤3</td><td rowspan="2">水平仪</td></tr>
<tr><td>大于 3m 的层高</td><td>≤5</td></tr>
<tr><td rowspan="2">分格框对角线差</td><td>对角线长不大于 2000mm</td><td>≤3</td><td rowspan="2">3m 钢卷尺</td></tr>
<tr><td>对角线长大于 2000mm</td><td>≤3.5</td></tr>
</table>

8.0.5 幕墙工程抽样检验数量应按现行行业标准《玻璃幕墙工程技术规范》（JGJ 102）的有关规定执行。

9 保养与维修

9.0.1 金属与石材幕墙工程竣工验收后，应制定幕墙的保养、维修计划与制度，定期进行幕墙的保养与维修。

9.0.2 幕墙的保养应根据幕墙墙面积灰污染程度，确定清洗幕墙的次数与周期，每年至少应清洗一次。

9.0.3 幕墙在正常使用时，使用单位应每隔 5 年进行一次全面检查。应对板材、密封条、密封胶、硅酮结构密封胶等进行检查。

9.0.4 幕墙的检查与维修应按下列规定进行：

1 当发现螺栓松动，应及时拧紧，当发现连接件锈蚀应除锈补漆或更换；

2 发现板材松动、破损时，应及时修补与更换；

3 发现密封胶或密封条脱落或损坏时，应及时修补与更换；

4 发现幕墙构件和连接件损坏，或连接件与主体结构的锚固松动或脱落时，应及时更换或采取措施加固修复；

5 应定期检查幕墙排水系统，当发现堵塞时，应及时疏通；

6 当五金件有脱落、损坏或功能障碍时，应进行更换和修复；

7 当遇到台风、地震、火灾等自然灾害时，灾后应对幕墙进行全面检查，并视损坏程度进行维修加固。

9.0.5 对幕墙进行保养与维修中应符合下列安全规定：

1 不得在 4 级以上风力或大雨天气进行幕墙外侧检查、保养与维修作业；

2 检查、清洗、保养维修幕墙时，所采用的机具设备必须操作方便、安全可靠；

3 在幕墙的保养与维修作业中，凡属高处作业者必须遵守现行行业标准《建筑施工高处作业安全技术规范》（JGJ 80）的有关规定。

附录 A　钢结构连接强度设计值

A.0.1 钢结构连接强度设计值可按表 A.0.1-1、表 A.0.1-2、表 A.0.1-3 采用。

表 A.0.1-1　螺栓连接的强度设计值（MPa）

<table>
<tr><td rowspan="4" colspan="2">螺栓的钢号（或性能等级）和构件的钢号</td><td rowspan="2" colspan="2">构件钢材</td><td colspan="6">普通螺栓</td><td rowspan="2">锚栓</td><td rowspan="2" colspan="2">承压型高强度螺栓</td></tr>
<tr><td colspan="3">C级螺栓</td><td colspan="3">A级、B级螺栓</td></tr>
<tr><td rowspan="2">组别</td><td rowspan="2">厚度（mm）</td><td>抗拉强度</td><td>抗剪强度</td><td>承压强度</td><td>抗拉强度</td><td>抗剪强度（Ⅰ类孔）</td><td>承压强度（Ⅰ类孔）</td><td>抗拉强度</td><td>抗剪强度</td><td>承压强度</td></tr>
<tr><td>f_t^b</td><td>f_v^b</td><td>f_c^b</td><td>f_t^b</td><td>f_v^c</td><td>f_c^b</td><td>f_t^a</td><td>f_v^b</td><td>f_c^b</td></tr>
<tr><td>普通螺栓</td><td>Q235 钢</td><td colspan="2">—</td><td>170</td><td>130</td><td>—</td><td>170</td><td>170</td><td>—</td><td>—</td><td>—</td><td>—</td></tr>
<tr><td>锚栓</td><td>Q235 钢
Q345 钢</td><td colspan="2">—
—</td><td>—
—</td><td>—
—</td><td>—
—</td><td>—
—</td><td>—
—</td><td>—
—</td><td>140
180</td><td>—
—</td><td>—
—</td></tr>
<tr><td>承压型高强度螺栓</td><td>8.8 级
10.9 级</td><td colspan="2">—
—</td><td>—
—</td><td>—
—</td><td>—
—</td><td>—
—</td><td>—
—</td><td>—
—</td><td>—
—</td><td>250
310</td><td></td></tr>
<tr><td rowspan="3">构件</td><td>Q235 钢</td><td>第1~3组</td><td>—</td><td>—</td><td>—</td><td>305</td><td>—</td><td>—</td><td>400</td><td>—</td><td>—</td><td>465</td></tr>
<tr><td>Q345 钢</td><td>—
—
—</td><td>≤16
17~25
26~36</td><td>—
—
—</td><td>—
—
—</td><td>420
400
385</td><td>—
—
—</td><td>—
—
—</td><td>550
530
510</td><td>—
—
—</td><td>—
—
—</td><td>640
615
590</td></tr>
<tr><td>Q390 钢</td><td>—
—
—</td><td>≤16
17~25
26~36</td><td>—
—
—</td><td>—
—
—</td><td>435
420
400</td><td>—
—
—</td><td>—
—
—</td><td>570
550
530</td><td>—
—
—</td><td>—
—
—</td><td>665
640
615</td></tr>
</table>

注：孔壁质量属于下列情况者为Ⅰ类孔：
1. 在装配好的构件上按设计孔径钻成的孔；
2. 在单个零件和构件上按设计孔径用钻模钻成的孔；
3. 在单个零件上先钻成或冲成较小的孔径，然后在装配好的构件上再扩钻至设计孔径的孔。

表 A.0.1-2　焊接的强度设计值（MPa）

<table>
<tr><td rowspan="3">焊接方法和焊条型号</td><td colspan="3">构件钢材</td><td colspan="4">对接焊缝</td><td>角焊缝</td></tr>
<tr><td rowspan="2">钢号</td><td rowspan="2">组别</td><td rowspan="2">厚度或直径（mm）</td><td rowspan="2">抗压强度 f_c^w</td><td colspan="2">焊缝质量为下列级别时，抗拉和抗弯强度 f_t^w</td><td rowspan="2">抗剪强度 f_v^w</td><td rowspan="2">抗拉、抗压和抗剪强度 f_f^w</td></tr>
<tr><td>一级二级</td><td>三级</td></tr>
<tr><td>自动焊、半自动焊和 E43××型焊条的手工焊</td><td>Q235 钢</td><td>第 1 组
第 2 组
第 3 组</td><td>—
—
—</td><td>215
200
190</td><td>215
200
190</td><td>185
170
160</td><td>125
115
110</td><td>160
160
160</td></tr>
<tr><td>自动焊、半自动焊和 E50××型焊条的手工焊</td><td>Q345 钢</td><td>—
—
—</td><td>≤16
17~25
26~36</td><td>315
300
290</td><td>315
300
290</td><td>270
255
245</td><td>185
175
170</td><td>200
200
200</td></tr>
<tr><td>自动焊、半自动焊和 E55××型焊条的手工焊</td><td>Q390 钢</td><td>—
—
—</td><td>≤16
17~25
26~36</td><td>350
335
320</td><td>350
335
320</td><td>300
285
270</td><td>205
195
185</td><td>220
220
220</td></tr>
</table>

注：自动焊和半自动焊所采用的焊丝和焊剂，应保证其熔敷金属抗拉强度不低于相应手工焊焊条的数值。

表 A.0.1-3　铆钉连接的强度设计值（MPa）

<table>
<tr><td rowspan="2" colspan="2">铆钉和构件的钢号</td><td colspan="2">构件钢材</td><td rowspan="2">抗拉强度（铆钉头拉脱）f_t^r</td><td colspan="2">抗剪强度 f_v^r</td><td colspan="2">承压强度 f_c^r</td></tr>
<tr><td>组别</td><td>厚度（mm）</td><td>Ⅰ类孔</td><td>Ⅱ类孔</td><td>Ⅰ类孔</td><td>Ⅱ类孔</td></tr>
<tr><td>铆钉</td><td>ML2 或 ML3</td><td colspan="2">—</td><td>120</td><td>185</td><td>155</td><td colspan="2">—</td></tr>
</table>

续表

铆钉和构件的钢号		构件钢材		抗拉强度（铆钉头拉脱）f_t^r	抗剪强度 f_v^r		承压强度 f_c^r	
		组别	厚度（mm）		Ⅰ类孔	Ⅱ类孔	Ⅰ类孔	Ⅱ类孔
构件	Q235钢	第1～3组	—	—	—		445	360
	Q345钢	—	16	—	—		610	500
		—	17～25	—	—		590	480
		—	26～36	—	—		565	460

注：1. 孔壁质量属于下列情况者为Ⅰ类孔：

1）在装配好构件上按设计孔径钻成的孔；

2）在单个零件和构件上按设计孔径用钻模钻成的孔；

3）在单个零件上先钻成或冲成较小的孔径，然后在装配好的构件上再扩钻至设计孔径的孔。

2. 在单个零件上一次冲成或不用钻模钻成设计孔径的孔属于Ⅱ类孔。

A.0.2 计算下列情况的构件或连接件时，本规范A.0.1条和第5.3.6条规定的强度设计值应乘以相应的折减系数，当几种情况同时存在时，其折减系数应连乘。

1. 单面连接的单角钢按轴心受力计算强度和连接 0.85；

2. 施工条件较差的高空安装焊缝和铆钉连接 0.90；

3. 沉头或半沉头铆钉连接 0.80。

附录B 板弯矩系数

B.0.1 金属板的最大弯矩系数可按表B.0.1采用。

表B.0.1 板的最大弯矩系数（m）$M=mql^2$

l_x/l_y	四边简支	三边简支 l_y 固定	l_x 对边简支 l_y 对边固定
0.50	0.1022	−0.1212	−0.0843
0.55	0.0961	−0.1187	−0.0840
0.60	0.0900	−0.1158	−0.0834
0.65	0.0839	−0.1124	−0.0826
0.70	0.0781	−0.1087	−0.0814
0.75	0.0725	−0.1048	−0.0799
0.80	0.0671	−0.1007	−0.0782
0.85	0.0621	−0.0965	−0.0763
0.90	0.0574	−0.0922	−0.0743
0.95	0.0530	−0.0880	−0.0721
1.00	0.0489	−0.0839	−0.0698

l_y/l_x	三边简支 l_y 固定	l_x 对边简支 l_y 对边固定
0.50	−0.1215	−0.1191
0.55	−0.1193	−0.1156
0.60	−0.1166	−0.1114
0.65	−0.1133	−0.1066
0.70	−0.1096	−0.1013
0.75	−0.1056	−0.0959
0.80	−0.1014	−0.0904
0.85	−0.0970	−0.0850
0.90	−0.0926	−0.0797
0.95	−0.0882	−0.0746
1.00	−0.0839	−0.0698

注：1. 系数前的负号，表示最大弯矩在固定边。

2. 计算时 l 值取 l_x 和 l_y 值的较小值。

3. 此表适用于泊松比为0.25～0.33。

B.0.2 四点支承矩形石板弯矩系数可按表B.0.2采用。

表B.0.2 四点支承矩形石板弯矩系数（$\mu=0.125$）

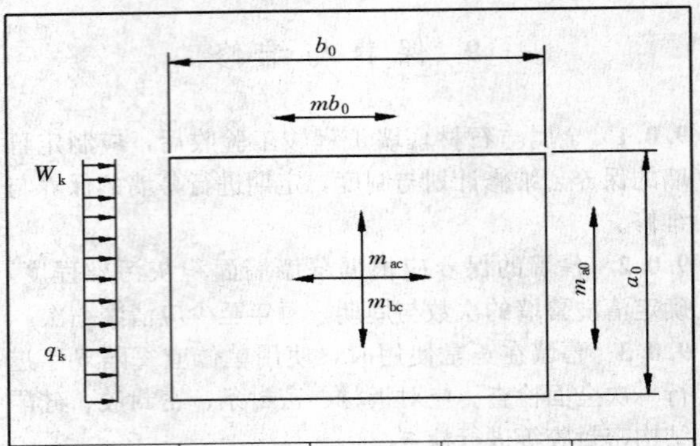

计算边长比 $\frac{a_0}{b_0}$	m_{ac}	m_{bc}	m_{a0}	m_{b0}
0.50	0.0180	0.1221	0.0608	0.1303
0.55	0.0236	0.1212	0.0682	0.1320
0.60	0.0301	0.1202	0.0759	0.1338
0.65	0.0373	0.1189	0.0841	0.1360
0.70	0.0453	0.1177	0.0928	0.1383
0.75	0.0540	0.1163	0.1020	0.1408
0.80	0.0634	0.1149	0.1117	0.1435
0.85	0.0735	0.1133	0.1220	0.1463
0.90	0.0845	0.1117	0.1327	0.1494
0.95	0.0961	0.1100	0.1440	0.1526
1.00	0.1083	0.1083	0.1559	0.1559

附录C 预埋件设计

C.0.1 由锚板和对称配置的直锚筋所组成的受力预埋件，其锚筋的总截面面积应按下列公式计算：

1. 当有剪力、法向拉力和弯矩共同作用时，应按下列两个公式计算，并取其中的较大值：

$$A_s \geqslant \frac{V}{\alpha_r \alpha_v f_s} + \frac{N}{0.8\alpha_b f_s} + \frac{M}{1.3\alpha_r \alpha_b f_s Z} \tag{C.0.1-1}$$

$$A_s \geqslant \frac{N}{0.8\alpha_b f_s} + \frac{M}{0.4\alpha_r \alpha_b f_s z} \tag{C.0.1-2}$$

2. 当有剪力、法向压力和弯矩共同作用时，应按下列两个公式计算，并取其中的较大值：

$$A_s \geqslant \frac{V-0.3N}{\alpha_\gamma \alpha_v f_s}+\frac{M-0.4NZ}{1.3\alpha_\gamma \alpha_b f_s Z} \quad (C.0.1\text{-}3)$$

$$A_s \geqslant \frac{M-0.4NZ}{0.4\alpha_\gamma \alpha_b f_s Z} \quad (C.0.1\text{-}4)$$

当 $M<0.4NZ$ 时，取 $M-0.4NZ=0$

3. 上述公式中的系数，应按下列公式计算：

$$\alpha_v=(4.0-0.08d)\sqrt{\frac{f_c}{f_s}} \quad (C.0.1\text{-}5)$$

$$\alpha_b=0.6+0.25\frac{t}{d} \quad (C.0.1\text{-}6)$$

上述各式中：

A_s——锚筋的截面面积（mm^2）；

V——剪力设计值（N）；

N——法向拉力或法向压力设计值（N）。法向压力设计值不应大于 $0.5f_cA$，此处 A 为锚板的面积（mm^2）；

M——弯矩设计值（N·mm）；

α_γ——钢筋层数影响系数，当等间距配置时，二层取 1.0，三层取 0.9；

α_v——锚筋受剪承载力系数，按公式（C.0.1-5）计算，当 α_v 大于 0.7 时，取 $\alpha_v=0.7$；

d——锚筋直径（mm）；

t——锚板厚度（mm）；

α_b——锚板弯曲变形折减系数，按公式（C.0.1-6）计算，当采取措施防止锚板弯曲变形时，可取 $\alpha_b=1.0$；

Z——外层锚筋中心线之间的距离（mm）；

f_c——混凝土轴心受压强度设计值，可按现行国家标准《混凝土结构设计规范》（GBJ 10）采用。

f_s——钢筋抗拉强度设计值（MPa），Ⅰ级钢筋取210MPa；Ⅱ级钢筋取 310MPa。

C.0.2 受力预埋件的锚板宜采用 Q235 等级 B 的钢材。锚筋应采用Ⅰ级或Ⅱ级钢筋，并不得采用冷加工钢筋。

C.0.3 预埋件受力直锚筋不宜少于 4 根，直径不宜小于 8mm。受剪预埋件的直锚筋可用 2 根。预埋件的锚筋应放在构件的外排主筋的内侧。

C.0.4 直锚筋与锚板应采用 T 型焊，锚筋直径不大于 20mm 时宜采用压力埋弧焊。手工焊缝高度不宜小于 6mm 及 $0.5d$（Ⅰ级钢筋）或 $0.6d$（Ⅱ级钢筋）。

C.0.5 充分利用锚筋的受拉强度时，锚固长度应符合现行国家标准《混凝土结构设计规范》（GBJ 10）的规定，锚筋最小锚固长度在任何情况下不应小于 250mm。当锚筋配置较多，锚筋总截面面积超过按本规范 C.0.1 条计算的截面面积的 1.4 倍时，锚固长度可适当减少，但不应小于 180mm。光圆钢筋端部应作弯钩。

C.0.6 锚板的厚度应大于锚筋直径的 0.6 倍；受拉和受弯预埋件的锚板的厚度尚应大于 $b/12$（b 为锚筋的间距），且锚板厚度不应小于 8mm。锚筋中心至锚板边缘的距离不应小于 $2d$ 及 20mm。

对于受拉和受弯预埋件，其钢筋的间距和锚筋至构件边缘的距离均不应小于 $3d$ 及 45mm。

对受剪预埋件，其锚筋的间距不应大于 300mm，锚筋至构件边缘的距离不应小于 $6d$ 及 70mm。

本规范用词说明

1 为便于在执行本规范条文时区别对待，对要求严格程度不同的用词说明如下：

1）表示很严格，非这样做不可的：
正面词采用“必须”；
反面词采用“严禁”。

2）表示严格，在正常情况下均应这样做的：
正面词采用“应”；
反面词采用“不应”或“不得”。

3）表示允许稍有选择，在条件许可时首先应这样做的：
正面词采用“宜”；
反面词采用“不宜”。

表示有选择，在一定条件下可以这样做的，采用“可”。

2 条文中指明应按其他标准执行的写法为“应按……执行”或“应符合……的规定（或要求）”

中华人民共和国行业标准

金属与石材幕墙工程技术规范

JGJ 133—2001

条 文 说 明

前　言

根据建设部建标［1997］71号文的要求，中国建筑科学研究院会同广东省中山市盛兴幕墙有限公司、上海市东江建筑幕墙有限公司、武汉凌云建筑装饰工程总公司、中国地质科学院地质研究所，共同编制的《金属与石材幕墙工程技术规范》（JGJ133—2001）经建设部2001年5月29日以建标［2001］108号文批准，业已发布。

为便于广大设计、施工、监理、科研、学校等有关人员在使用本标准时能正确理解和执行条文规定，《金属与石材幕墙工程技术规范》编制组按章、节、条顺序编制了本规范的条文说明，供使用者参考。如发现欠妥之处，请将意见函寄中国建筑科学研究院（地址：北京市北三环东路30号　邮政编码：100013）。

本条文说明由建设部标准定额研究所组织出版，不得翻印。

目　次

1 总　　则

1.0.1 凡由金属构件与各种板材组成的悬挂在主体结构上、不承担主体结构荷载与作用的建筑物外围护结构，称为建筑幕墙。按建筑幕墙的面材可将其分为玻璃幕墙、金属幕墙、石材幕墙、混凝土幕墙及组合幕墙。近几年来，随着我国经济的发展，在一些大中城市中采用金属与石材幕墙作为公用建筑物外围护结构的越来越多。但在金属与石材幕墙的设计、加工制作和安装施工中，由于缺乏统一的技术规范，也曾发生过一些质量问题。

为了使金属与石材幕墙工程的设计、材料选用、性能要求、加工制作、安装施工和工程验收等有章可循，使金属与石材墓墙工程做到安全可靠、实用美观和经济合理，金属与石材幕墙工程技术规范的制订，具有重要的现实意义。

本规范是依照国家和行业标准、规范的有关规定，并在对我国近些年来使用金属与石材幕墙进行调研的基础上，结合金属与石材幕墙的特性和技术要求，同时参考了一些先进国家有关金属与石材幕墙的有关标准、规范而编制的。

1.0.2 本条对金属与石材幕墙的适用范围分别予以规定，对有抗震设防地区的石材幕墙适用建筑高度不大于100m，设防烈度不大于8度。这是由于石材为天然材料，其材质均匀性较差，弯曲强度离散性大，属于脆性材料，在生成、开采、加工过程中难免产生一些轻微的内伤，很难被发现；作为石材幕墙，虽然不承担主体结构的荷载，但它要承受自重、风、地震和温度等荷载和作用对它的影响。我国是多地震国家，设防烈度6度以上地区占国土面积70%以上，绝大多数的大、中城市都要考虑抗震设防。其次，为了满足强度计算的要求，石板厚度最薄不得小于25mm，因此，每平方米石板的重量均在70kg以上，这对抗震是不利的。因此，对石材幕墙适用范围的规定较金属幕墙的适用范围严些，是必要的和合适的。

金属板材的材质均匀、轻质高强、延展性好、加工连接方便，因此，金属幕墙的适用范围较石材幕墙适当放宽些是可行的。

3 材　　料

3.1 一 般 规 定

3.1.1 材料是保证幕墙质量和安全的物质基础。幕墙所使用的材料概括起来，基本上可有四大类型材料。即：骨架材料、板材、密封填缝材料、结构黏结材料。这些材料由于生产厂家不同，质量差别还是较大的。因此，为确保幕墙安全可靠，就要求幕墙所使用的材料都必须符合国家或行业标准规定的质量指标；对其中少量暂时还没有国家或行业标准的材料，可按国外先进国家同类产品标准要求；生产企业制订企业标准只作为产品质量控制的依据。总之，不合格的材料严禁使用，出厂时，必须有出厂合格证。

3.1.2 幕墙处于建筑物的外表面，经常会受到自然环境不利因素的影响，如日晒、雨淋、冰冻、风沙等不利因素的侵蚀。因此，要求幕墙材料要有足够的耐候性和耐久性。

3.1.3 硅酮结构密封胶、耐候硅酮密封胶必须有与接触材料相容性的试验和报告，橡胶条应有保证年限及组分化验单。两种胶目前在玻璃幕墙上已被广泛采用，而且已有了比较成熟的经验，应十分重视对石材的粘接和密封，因石材是多孔的材料，不论是硅酮结构胶还是耐候硅酮密封胶都应采用石材专用的，以确保石材长久不被污染，否则不能使用。

3.1.4 石材中所含的放射性物质现行行业标准《天然石材产品放射性防护分类控制标准》（JG518）的规定共分为三类：

A类产品：石质建筑材料中放射性比活度同时满足式（1）和式（2）的为A类产品，其使用范围不受限制。

$$C^{e}_{Ra} \leqslant 350\text{Bq} \cdot \text{kg}^{-1} \quad (1)$$

$$C^{e}_{Ra} \leqslant 200\text{Bq} \cdot \text{kg}^{-1} \quad (2)$$

B类产品：不符合A类石质建筑材料而其放射性比活度同时满足式（3）和式（4）的为B类产品，不可用于居室内饰面，可用于其他建筑物的内外饰面。

$$C^{e}_{Ra} \leqslant 700\text{Bq} \cdot \text{kg}^{-1} \quad (3)$$

$$C^{e}_{Ra} \leqslant 250\text{Bq} \cdot \text{kg}^{-1} \quad (4)$$

C类产品：不符合A、B类的石质建筑材料而其放射性比活度满足式（5）的为C类产品，可用于一切建筑物的外饰面。

$$C^{e}_{Ra} \leqslant 1000\text{Bq} \cdot \text{kg}^{-1} \quad (5)$$

上述A、B、C三种产品的放射性可选A和B作为石材幕墙的材料。

3.2 石　　材

3.2.1 用于室外的石材宜选用火成岩即花岗石。因花岗石主要结构物质是长石和石英，其质地坚硬，耐酸碱、耐腐蚀、耐高温、耐日晒雨淋、耐冰雪冻、耐磨性好等特点，固其耐用年限长。

3.2.4～3.2.5 石板火烧后，在板材的表面出现了细小的不均匀麻坑，因而影响了厚度，也影响强度，在一般情况下按减薄3mm计算强度。

3.2.6 石材是多孔的天然材料，一旦使用溶剂型的化学清洁剂就会有残余的化学成分留在微孔内，它与密封材料、黏结材料起化学反应，会造成石材被污染的后果。

3.3 金属材料

3.3.1 国家现行标准 GB 4239 的 8、9 奥氏体不锈钢材的屈服强度、抗拉强度、伸长率、硬度等物理力学性能，都优于铁素体、马氏体等不锈钢材的物理力学性能。

3.3.2 当前国内五金配件存在着试样不齐全，当采用非标准五金件应符合设计要求，要有出厂合格证，否则不应使用。

3.3.4 这一条明确了钢构件尽量采用耐候结构钢，耐候结构钢的氧化膜比较致密、比较稳定，在同样渗水（包括"酸雨"中的酸性水）条件下，氧化膜不易发生反应生成铁锈[$Fe(OH)_3$]，从而外层涂料也不易脱落，保护钢的基体不受腐蚀。表面处理可采用热喷复合涂层，表面为氯化橡胶涂料。

3.3.11 铝塑复合板按国际惯例分为普通型铝塑复合板和防火型铝塑复合板。

普通型铝塑复合板系由两层 0.5mm 的铝板中间夹一层 2～5mm 的 PE（即聚乙烯塑料）热加工或冷加工而成。防火型铝塑复合板系由两层 0.5mm 的铝板中间夹一层难燃或不燃材料而成。

3.3.12 本条对蜂窝铝板的使用进行了规定，但由于国内还没有有关的标准，也未查到美国、德国和日本相关的标准，只能参考复合铝板的数据确定，当然只能高不能低。

3.5 硅酮结构密封胶

目前国内生产的硅酮结构密封胶，通过幕墙工程实际应用以及法定检测机构的检测说明，国产硅酮结构密封胶的质量，已基本达到进口硅酮结构密封胶的质量水平。为保证幕墙工程的质量，保证隐框、半隐框幕墙的安全，同一幕墙工程应采用同一品牌的单组分或双组分的硅酮结构密封胶，不能在同一幕墙工程中，同时采用不同厂家、不同品牌的硅酮结构密封胶，更不能在同一幕墙工程中，同时既使用国产硅酮结构密封胶又使用进口硅酮结构密封胶。因为这样做一旦出现质量问题，难以判别是谁的责任；其次，这样做也无法进行统一的相容性试验。

4 性能与构造

4.1 一般规定

4.1.1 金属与石材幕墙的选型是建筑设计的内容，建筑师不仅要考虑立面的新颖、美观，而且要根据建筑的功能、造价及所具备的施工技术条件进行造型设计。在选用石材幕墙时应考虑到地理条件、工程的位置、当地在历史上发生过地震状况等，并且在设计时考虑能否拆装、维护修理，对雨水的排出的方向等方面的问题在选用时要从严掌握，要充分考虑条件是否具备。

4.1.2 金属与石材幕墙，设计师都愿意增加凸出或凹进去的线条，石材也会组合成各种图案同周围环境相协调，但首先应考虑安全，同时也要考虑除尘、流水的问题。

4.1.3 石材幕墙立面划分时，单块板面积不宜大于 1.5m²。因石材是天然性材料，对于内伤或微小的裂纹有时用肉眼很难看清，在使用时会埋下安全隐患。如果只注意强度计算，没有考虑到天然材料的不可预见性，单板块越大出现问题的概率越高，因此提出了 1.5m² 以内要求。

4.1.4 金属与石材幕墙的设计，应满足幕墙维护和清洗的需要，因金属板材和石材均是多孔的材料，表面有光度，但有时也会有粗毛面，空气中的灰尘及油污会落到表面上，需要清洗，天长日久也会出现破损，需要更换。因此建筑物要具备维护清洗的条件。

4.2 幕墙性能

4.2.2 幕墙的性能与建筑物所在地区的地理位置、气候条件、建筑物的高度、体型及周围环境等有关。如沿海或经常有台风地区，幕墙的风压变形性能和雨水渗漏性能要求高些，而风沙较大地区则要求幕墙的风压变形性能和空气渗透性能高些，对于寒冷地区和炎热地区则要求幕墙的保温隔热性能良好。

4.3 幕墙构造

4.3.1 在本条当中阐述的主要是防水渗漏的设计方案应采取的措施。首先考虑等压原理设计，所谓等压原理是通过各种渠道使水能进能出，只要有水、缝、压力差的存在，就会出现水的渗漏问题。目前好多单位所采取的双道密封胶条同密封胶结合的防水措施是可行的，对型材的要求放松了些。对于开扇等压原理仍然要应用准确，否则会渗漏，另外五金配件的质量及开关型式也是造成渗漏原因之一，应予以足够重视。

4.3.3～4.3.4 幕墙钢骨架系统，应设热胀冷缩缝。幕墙的保温材料可与金属板、石板结合在一起，但应与主体结构外表面有 50mm 以上的空气层。因金属与石材幕墙大部分都采用钢骨架，设伸缩缝也应该是两层一个接头，接头的布置可以根据需要而定，处在合理的受力状态，另外隐蔽工程接头是看不到的，因此也就不存在美观和规律性的问题。在 4.3.4 条当中提到幕墙同主体结构保持 50mm 空气层也可叫通气层，由于这两种材料都是冷热导体，在背面会产生冷凝水或水蒸气，从主体结构的幕墙内侧层间排出室外；在霜冻地区不宜排往室外，防止结冻时将有关的系统冻坏。在一般情况下，蒸气在层间中游动，逐步的消失或生成凝结水，集中排入下水管。

4.3.5 上下用钢销支撑的石材幕墙，应在石板的两个侧面或者在石板背面的中间另设安全措施，并应利于维修方便。钢销安全度比较低，但它是国内外干挂石材传统的安装方法，因此，为增加钢销安装石材的安全性，可在石材的背面增加螺栓、挂钩等类或者是铜丝、不锈钢丝用环氧树脂锚固起来，起到生根作用，同主体捆扎在一起，保证石材的安全，同时尽量便于维修和拆装的方便。

4.3.7 每一块金属板构件、石板都应是独立单元，且应便于安装和拆卸，同时也应不影响上下、左右构件。因为石材幕墙应用越来越多，建筑物越高，造型就越复杂，所以维护修理更换是个大问题，好多工程全部安装完成后，才发现因多种原因造成石板有伤痕、裂纹、色差、图案不符，如果不具备拆装功能，就会很被动，费工、费力、费钱，还影响左右四邻，会造成不安全的因素。因此要求设计时考虑以上的不利因素，要做到能拆能装。

4.3.8 本条所提到单元式幕墙连接处和吊挂处的壁厚，是按照板块的大小、自重及材质、连接型式严格计算其壁厚，如果大于5mm可按计算值，如果小于5mm按5mm计算。

4.4 幕墙防火与防雷设计

4.4.1 本条所提到的对防火层的处理，首先要将保温材料和防火材料严格区分开来。凡是石板后面或者是铝板的后面均为保温材料；所谓填充系指楼层之间有一道防火隔层，隔层的隔板必须用经防腐处理厚度不小于1.5mm的铁板包起来，不得用铝板，更不允许用铝塑复合板，因以上两种材料的耐火极限太低，起不到防火作用。

4.4.2 在现行国家标准《建筑物防雷设计规范》(GB 50057) 中没有很具体、很明确地提出对幕墙防雷的规定。结合日本、德国幕墙防雷装置做法提出3条要求。

5 结 构 设 计

5.1 一 般 规 定

5.1.1 幕墙是建筑物的外围护构件，主要承受自重、直接作用于其上的风荷载和地震作用，以及温度作用。其支承条件须有一定变形能力以适应主体结构的位移；当主体结构在外力作用下产生位移时，不应使幕墙产生过大内力。

对于竖直的建筑幕墙，风荷载是主要的作用，其数值可达2.0～5.0kN/m²，使面板产生很大的弯曲应力。而建筑幕墙自重较轻，即使按最大地震作用系数考虑，也不过是0.1～0.8kN/m²，远小于风力，因此，对幕墙构件本身而言，抗风压是主要的考虑因素。但是，地震是动力作用，对连接节点会产生较大的影响，使连接发生震害甚至使建筑幕墙脱落、倒坍，所以，除计算地震作用力外，构造上还必须予以加强。

5.1.2 建筑幕墙构件由面板和金属框架等组成，其变形能力是很小的。在地震作用和风力作用下，结果将会产生侧移。

由于幕墙构件不能承受过大的位移，只能通过弹性连接件来避免主体结构过大侧移的影响。例如当层高为3.5m，$\Delta u_p/h$ 为1/70时，层间最大位移可达50mm。显然，如果幕墙构件承受这样的大的剪切变形，幕墙构件必然会破坏。

幕墙构件与立柱、横梁的连接要能可靠地传递地震力、风力，能承受幕墙构件的自重。但是，为防止主体结构水平力产生的位移使幕墙构件损坏，连接又必须有一定的适用位移能力，使得幕墙构件与立柱、横梁之间有活动的余地。

5.1.3 非抗震设计的建筑幕墙，风荷载起控制作用。幕墙面板本身必须具有足够的承载力，避免在风压下破碎。我国沿海地区城市经常受到台风的袭击，玻璃破碎常有发生。铝板和石板在台风下破碎的事例虽未见报告，但设计中仍应考虑有足够的抗风能力。

在风力作用下，幕墙与主体结构之间的连接件发生拔出、拉断等严重破坏比较少见，主要问题是保证其足够的活动余地，使幕墙构件避免受主体结构过大位移的影响。

在地震作用下，幕墙构件和连接件会受到猛烈的动力作用，其破坏很容易发生。防止震害的主要途径是加强构造措施。

在常遇地震作用下（比设防烈度低1.5度，大约50年一遇），幕墙不能破坏，应保持完好，在中震作用下（相当于设防烈度，大约200年的一遇），幕墙不应有严重破损，一般只允许部分面板破碎，经修理后仍然可以使用。在罕遇地震作用下（相当于比设防烈度高1.5度，大约1500～2000年一遇），必然会严重破坏，面板破碎，但骨架不应脱落、倒塌。幕墙的抗震构造措施，应保证上述设计目标能实现。

幕墙构件及横梁、立柱之间的支承条件，视具体的连接构造决定。铝板通常为四边支承受弯构件（支承边可为简支或连续），石板的支承条件则取决于其连接构造。

幕墙构件（面板、铝框）与横梁、立柱之间的支承条件，可按线支承或点支承等不同支承的组合，可得到幕墙构件的不同支承方式。

横梁和立柱，可根据其实际连接情况，按简支连续或铰接多跨支承条件考虑。构件的实际尺寸与设计尺寸相比，会有一定的偏差，对截面承载力计算会有一定的影响。但是材料出厂的尺寸公差都在一定的允许范围内；施工安装的偏差也要满足规范的要求，所以这种影响是不大的。另一方面，在设计时也无法预计可能产生的偏差。因此，可以采用设计尺寸进行设计。

5.1.5 目前，结构设计的标准是小震下保持弹性，不产生损害。在这种情况下，幕墙也应处于弹性状态。因此，本规范中有关的内力计算均采用弹性计算方法进行。

由于幕墙承受各种荷载、地震作用和温度作用，会产生多种内力，情况相当复杂，面板不便于采用承载力表达式，所以直接采用应力表达式；横梁、立柱和预埋件计算，则采用内力表达式计算出应力后，由应力表达式控制。

承载力表达式为：

$$S \leqslant R \tag{1}$$

式中 S——外荷载和效应产生的内力设计值；

R——构件截面承载力设计值。

由于外荷载、温度作用或地震作用产生的内力各不相同，有轴向力、弯矩等，采用承载力表达式不很方便。为便于设计人员应用，用应力表达式较为合适：

$$\sigma \leqslant f \tag{2}$$

式中 σ——各种荷载及作用产生应力的设计值；

f——材料强度的设计值。

我国现行国家标准《钢结构设计规范》也采用应力表达式进行承载力计算。承载力计算中，结构的安全系数可以有两种方式来表达：

一种采用允许应力方法，即要求：

$$\sigma_k \leqslant [f] = \frac{f_k}{k}$$

式中 σ_k 为外荷载产生的应力标准值（未附加任何安全系数）；$[f]$ 为允许应力值（强度的允许值），为材料标准强度 f_k（由试验得到）除以安全系数 k，这样结构的安全系数为 k。结构胶的计算便采用这种方法，结构胶短期强度允许值为0.14MPa，为实验值的1/5，即安全系数为5。

另一种方法是我国结构设计规范中采用的多系数方法，其基本表达式为：

$$(\sigma = k_1\sigma_k) \leqslant \left(\frac{f_k}{k_2} = f\right)$$

即本规范中式5.1.5-1。其中，σ 为应力设计值，为标准值乘以大于1的系数 k_1，通过效应组合计算得到。f 为强度设计值，由强度标准值 f_k 除以大于1的系数 k_2 得到，这样结构安全度为 $k=k_2k_1$。在本规范中，铝板的安全度 k 为2.0；铝合金型材的安全度为1.8；石板的安全度为3.0。

所以在进行结构设计时，必须注意公式中的数值（σ，f，S 等）是标准值还是设计值，不能混淆。

在进行变形、挠度、位移验算时，均采用1.0的分项系数，即 $k_1=1.0$，所以可以说采用标准值。

幕墙结构的安全度 k 取决于荷载的取值和材料强度的比值，即：

$$k \sim \frac{P}{f}$$

因此采用某一规范进行设计时，必须按该规范的规定计算荷载 P，同时采用该规范的计算方法和强度 f。不允许荷载按某一规范计算，强度计算又采用另一规范的方法，这样会产生设计安全度过低的情况。

5.1.7 作用在幕墙的风力、地震作用和温度变化都是可变的，同时达到最大值的可能性很小。例如最大风力按30年一遇最大峰值考虑；地震按500年一遇的设防烈度考虑。因此，在进行效应组合时，第一个可变荷载或作用的效应组合值系数 ψ 按1.0考虑，其余则分别按0.6、0.2考虑。

在现行国家标准《建筑抗震设计规范》（GBJ 11）中规定，当地震作用与风同时考虑时，风的组合值系数取为0.2。

由于幕墙暴露在室外，受大风、温度变化的影响较为显著，所以第二、第三个可变效应的组合值系数分别取为0.6、0.2，较《建筑抗震设计规范》的取值高。

5.1.8 在荷载及地震作用和温度作用下产生的应力应进行组合，求得应力的设计值。荷载、地震作用产生的应力组合时分项系数按现行国家标准《建筑结构荷载规范》（GBJ 9）采用。

在《荷载规范》中，没有列出温度应力的分项系数，在幕墙设计时，暂按1.2采用。

5.1.9 荷载和作用产生的效应（应力、内力、位移和挠度等）应按结构的设计条件和要求进行组合，以最不利的组合作为设计的依据。

结构的自重是重力荷载，是经常作用的不变荷载，因此必须考虑。所有的组合工况中都必须包括这一项。

幕墙考虑的可变荷载作用有三项，即风荷载、地震作用和温度作用。一般情况下风荷载产生的效应最大，起控制作用。三项可变值是否同时考虑，由设计人员根据幕墙的设计条件和要求决定（例如非抗震设计的幕墙可不考虑地震作用产生的效应等）。我国是多地震国家，6度以上地区占中国国土面积70%以上，绝大多数的大、中城市都考虑抗震设防。对于有抗震要求的幕墙，三种可变值都应考虑。

由于三种可变效应都达到最大值的概率是很小的，所以当可变效应顺序不同时，应按顺序分别采用不同的组合值系数。设计中、风、地震、温度分别为第一顺序的情况都应考虑。即是说，可考虑以下的典型组合：

1. $1.2G+1.0\times1.4W+0.6\times1.3E+0.2\times1.2T$
2. $1.2G+1.0\times1.4W+0.6\times1.2T+0.2\times1.3E$

3. 1.2G+1.0×1.3E+0.6×1.4W+0.2×1.2T

4. 1.2G+1.0×1.3E+0.6×1.2T+0.2×1.4W

5. 1.2G+1.0×1.2T+0.6×1.4W+0.2×1.3E

6. 1.2G+1.0×1.2T+0.6×1.3E+0.2×1.4W

式中：G、W、E、T 分别代表重力荷载、风荷载、地震作用和温度作用产生的应力或内力。

当然，在有经验的情况下，能判断出起控制作用的组合时，可以不计算不起控制作用的组合；或者在组合中略去不起控制作用的因素，如只考虑风力或温度作用等。目前设计中常采用的组合参见表5.1。

表 5.1 荷载和作用所产生的应力或内力设计值的常用组合

组合内容	应力表达式	内力表达式
重力	$\sigma=1.2\sigma_{Gk}$	$S=1.2S_{Gk}$
重力＋风	$\sigma=1.2\sigma_{Gk}+1.4\sigma_{wk}$	$S=1.2S_{Gk}+1.4S_{wk}$
重力＋风＋地震	$\sigma=1.2\sigma_{Gk}+1.4\sigma_{wk}+0.78\sigma_{Ek}$	$S=1.2S_{Gk}+1.4S_{wk}+0.78S_{Ek}$
风	$\sigma=1.4\sigma_{wk}$	$S=1.4S_{wk}$
风＋地震	$\sigma=1.4\sigma_{wk}+0.78\sigma_{Ek}$	$S=1.4S_{wk}+0.78S_{Ek}$
温度	$\sigma=1.2\sigma_{Tk}$	$S=1.2S_{Tk}$

表中 σ——荷载和作用产生的截面最大应力设计值；

S——荷载和作用产生的截面内力设计值；

σ_{Gk}、σ_{wk}、σ_{Ek}、σ_{Tk}——分别为重力荷载、风荷载、地震作用和温度作用产生的应力标准值；

S_{Gk}、S_{wk}、S_{Ek}、S_{Tk}——分别为重力荷载、风荷载、地震作用和温度作用产生的内力标准值。

5.2 荷载和作用

5.2.3 现行国家标准《建筑结构荷载规范》(GBJ 9)适用于主体结构设计，其附图《全国基本风压分布图》中的基本风压值是30年一遇，10min平均风压值。进行幕墙设计时，应采用阵风最大风压。由气象部门统计，并根据国际上ISO的建议，10min平均风速转换为3s的阵风风速，可采用变换系数1.5。风压与风速平方成正比，因此本规范的阵风系数 β_{gz} 值，取为 $1.5^2=2.25$。

幕墙设计时采用的风荷载体型系数 μ_s，应考虑风力在建筑物表面分布的不均匀性。由风洞试验表明：建筑物表面的最大风压和风吸系数可达±1.5。挑檐向上的风吸系数可达－2.0。建筑物垂直表面最大局部风压系数最大值 $\mu_s=\pm1.5$，主要分布在角部和近屋顶边缘，其宽度为建筑物宽度的0.1倍，且不小于1.5m。大面上的体型系数可考虑为 $\mu_s=\pm1.0$。目前，多数幕墙按整个墙面 $\mu_s=\pm1.5$ 进行设计是偏于安全的。

风力是随时间变动的荷载，对于这种脉动性变化的外力，可以通过两种方式之一来考虑：

1. 通过风振系数 β_z 考虑，多用于周期较长、振动效应较大的主体结构设计；

2. 通过最大瞬时风压考虑，对于刚度大、周期极短、变形很小的幕墙构件，采用这种方式较为合适。

不论采用何种方式，都是一个考虑多种因素影响的综合性调整系数，用来考虑变动风力对结构的不利影响。表达形式虽然不同，其目的是大体相同的。

在施工过程中，由于楼层尚未封闭，在幕墙的室内表面会产生风压力或风吸力；此外，在建成的建筑物中，也会由于窗户开启或玻璃破碎使室内压力变化，从而在幕墙室内侧产生附加风力。这风力的大小与开启面积大小有关，国外各规范的取值相差较大。

美国规范：

幕墙的开启率超过其墙面的10%以上，但不超过20%，室内内压系数为＋0.75，－0.25；其他情况为＋0.25，－0.25。

英国规范：

根据墙面开启情况内压系数为＋0.6至－0.9；一般情况可取＋0.2，－0.3。

日本规范：

内压系数原则上按＋0.2，－0.2采用。

加拿大规范：

按开启情况内压系数为－0.3～－0.5，＋0.7。

所以设计者应根据实际开启情况，酌情考虑室内表面的风力作用。一般情况下可考虑为±0.2。

对于高层建筑，风荷载是主要的外力作用，在建筑物的生存期内，幕墙不应由于风荷载而损坏。因此可采用50年一遇的最大风力。由于《荷载规范》中的风压值是30年一遇最大风力，转换为50年一遇的最大风力应乘以放大系数1.1。上述增大，由设计人员自行决定。为保证幕墙的抗风安全性，风荷载标准值至少取为1.0kN/m²。

近年来，由于城市景观和建筑艺术的要求，建筑的平面形状和竖向体型日趋复杂，墙面线条、凹凸、开洞也采用较多，风力在这种复杂多变的墙面上的分布，往往与一般墙面有较大差别。这种墙面的风荷载体型系数难以统一给定。当主体结构通过风洞试验决定体型系数时，幕墙亦采用该体型系数。

5.2.4 计算幕墙玻璃的温度应力时，要考虑幕墙的最大温度变化 ΔT。决定 ΔT 有两个因素。

1. 当地每年的最大温差，夏天的最高温度与冬天最低温度之差。这由当地气象条件决定。一般在长江以南可取为40℃；长江以北可取为60℃。

2. 幕墙的反射和吸热性质。这与幕墙本身材料性能有关。通常具有较强反射能力的浅色幕墙夏天表面温度低，相应冬季温度也低；反之，深色幕墙夏天表面温度高，但冬季表面温度也较高。浅色和深色幕墙温差差别不是很大。

我国部分城市的年极端温差见表5.2。

表5.2 我国部分城市年极端温差 ΔT（℃）

城　市	ΔT	城　市	ΔT	城　市	ΔT
漠　河	89	北　京	68	福　州	41
哈尔滨	75	济　南	62	广　州	39
长　春	74	兰　州	61	香　港	34
沈　阳	70	上　海	49	南　宁	42
大　连	56	武　汉	58	昆　明	43
乌鲁木齐	82	成　都	43	拉　萨	46
喀　什	64	西　安	62		

考虑到南方地区夏天幕墙表面温升较高（例如广州可以达到70℃以上），所以在本条中规定，一般情况下幕墙年温差可按80℃考虑。

某些气温变化较特殊的地区，可以根据实际情况对温度差适当调整。

5.2.5 按我国现行国家标准《建筑抗震设计规范》（GBJ 11），在建筑物使用期间（大约50年一遇）的常遇地震，其地震影响系数见表5.3。

表5.3 地震影响系数

地震烈度	6　度	7　度	8　度
地震影响系数	0.04	0.08	0.16

由于玻璃、石板是不容易发展成塑性变形的脆性材料，为使设防烈度下不产生破损伤人，考虑了动力放大系数 β_E 取为5.0。这与目前习惯取值相近。经放大后的地震力，大体相当于在设防地震下的地震力。日本规范中（大体上相当于8度设防），地震影响系数为0.5，与本规范接近。

5.3 幕墙材料力学性能

5.3.1 铝合金型材的强度设计值取决于其总安全系数 $K=1.8$。其中 $K_1=1.4$，$K_2=1.286$，所以相应的设计强度为：

$$f_a=\frac{f_{ak}}{K_2}=\frac{f_{ak}}{1.286}$$

铝型材的 f_{ak}，即强度标准值取为 $\sigma_{p0.2}$，$\sigma_{p0.2}$ 指铝材有0.2%残余变形时，所对应的应力，即铝型材的条件屈服强度。$\sigma_{p0.2}$ 按现行国家标准GB/T 5237规定取用。

各国铝合金结构设计的安全系数有所不同，一般为1.6～1.8。

按意大利F. M. Mazzolani《铝合金结构》一书所载：

英国BSCP118规范，许可应力为：

$[\sigma]=0.44\sigma_{p0.2}+0.09\sigma_\mu$（轴向荷载）

$[\sigma]=0.44\sigma_{p0.2}+0.14\sigma_\mu$（弯曲荷载）

若极限强度 $\sigma_\mu=1.3\sigma_{p0.2}$，则安全 K 相当于1.6（受弯）～1.77（轴向力）。

德国规范DIN4113，对于主要荷载，安全系数为1.70～1.80。

美国铝业协会规范，对于建筑物的安全系数为1.65，对于桥梁为1.85。

鉴于幕墙构件以风荷载为主，变动较大，铝型材强度离散性也较大，所以取1.8是合适的。

5.3.2 铝板的总安全系数 K 取为2.0。考虑到风荷载分项系数取为1.4，所以材料强度系数 $K_2=2.0/1.4=1.428$。本条表5.3.2中的强度设计值是按我国现行国家标准《铝及铝合金轧制板材》（GB/T 3880）中的强度标准值除以1.428后给出。

考虑到铝板在幕墙中受力较大，对变形和强度有较高要求，故表中最小板厚取为2.5mm。常用单层铝板厚度为3.0mm。

5.3.3～5.3.4 目前铝塑复合板、蜂窝铝板的强度标准值数据不完整，表5.3.3只给出了最常用的4mm厚铝塑复合板的强度设计值；表5.3.4只给出了20mm厚蜂窝板的强度设计值。其他厚度的铝板，可根据厂家提供的强度试验平均值（目前暂作为标准值），除以1.428后作为强度设计值。

5.3.5 钢材（包括不锈钢材）的总安全系数 K 取为1.55，即材料强度系数 $K_2=1.55/1.4=1.107$。表5.3.6是按不同组别不锈钢的 $\sigma_{p0.2}$ 屈服强度标准值除以1.107得到。抗剪强度取为抗拉强度的78%。

5.3.6和5.3.8 钢板、钢棒、钢型材、连接的强度值，按现行国家标准《钢结构设计规范》（GBJ 17）。

5.3.7 花岗岩板是天然材料，材性不均匀，强度较分散，又是脆性材料。所以一般情况下总安全系数按 $K=3.0$ 考虑，相应材料强度系数 $K_2=3.0/1.4=2.15$。

用于幕墙的花岗岩板材，均应经过材性试验，按其弯曲强度试验的平均值（暂作为标准值）来决定其强度的设计值。石材剪切强度取为弯曲强度的50%。

当石材幕墙特别重要时，总安全度 K 提高至3.5，所以相应地5.3.7条的数据应乘以折减系数0.85。

5.4 金属板设计

5.4.1 铝塑复合板和蜂窝铝板刻槽折过后，只剩下0.5mm或1mm厚的单层面板，角部形成薄弱点，影响强度和耐久性。如果刻槽时伤及此层面板，后果更为严重。因此必须采用机械刻槽，而且严格控制刻槽深度，不得损伤面板。

5.4.3 目前采用的薄板计算公式：

$$\sigma=\frac{6mqa^2}{t^2} \quad (应力)$$

$$和\ u=\frac{\mu qa^4}{D} \quad (挠度)$$

是在小挠度情况下推导出来的，它假定板只受到弯曲，只有弯曲应力而面内薄膜应力则忽略不计。因此它的适用范围是：

$u\leqslant t$，t 为板厚。

当板的挠度 u 大于板厚以后，这个公式计算就产生显著的误差，即计算得到的应力 σ 和挠度 u 比实际大，而且随着挠度与板厚之比加大，计算出来的应力和挠度偏大到不可接受，失去了计算的意义。由于计算出来的应力 σ 和挠度 u 比实际大得多，计算结果不代表实际数值（图5.1）。

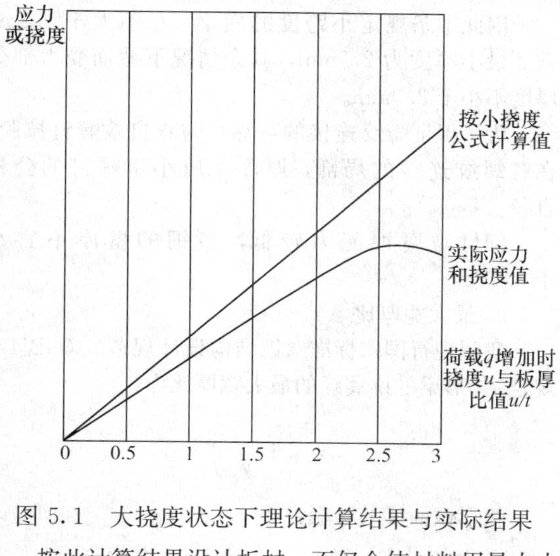

图5.1 大挠度状态下理论计算结果与实际结果

按此计算结果设计板材，不仅会使材料用量大大增多，而且应力控制和挠度控制条件也失去了意义。

通常玻璃板和铝板的挠度都允许到边长的1/100，对于边长为1000mm的玻璃板，挠度允许值可达10mm，已为厚度6mm的1.6倍；对于边长为500mm的铝板，挠度允许值5mm也达到板厚的1.6倍，此时应力、挠度的计算值会比实际值大30%～50%。用计算挠度 u 小于边长的1/100与预期的控制值偏严太多，强度条件也偏严太多。

为此，对玻璃板和铝板计算，应对现行小挠度应力和挠度计算公式，考虑一个系数 η 予以修正（表5.4）。

大挠度板的计算是非常复杂的非线性弹性力学问题，难以用简单公式计算，而要用到专门的计算方法和专门的软件，对具体问题进行具体计算，显然这对于幕墙设计是不适用的。

英国B. Aalami和D. G. Williams对不同边界的矩形板进行了系统计算，发表于《Thin Plate Design For Transverse Loading》一书中，根据其大量计算结果，适当简化、归并以利于实际应用，选择了与挠度直接相关的参量 θ 为主要参数，编制了表5.4.3。参数 θ 的量纲就是挠度与厚度之比：

$$\theta=\frac{qa^4}{Et^4}\sim\frac{qa^4}{Et^3}/t\sim\frac{qa^4}{D}/t\sim u/t$$

表5.4 考虑大挠度影响应力 σ 计算结果的折减系数 η

$\theta=\frac{qa^4}{Et^4}$	B. Aalami D. C Williams 的计算结果，边长比 b/a 为			表5.4.3的取值
	1.0	1.5	2.0	
≤1	1.000	1.000	1.000	1.00
10	0.975	0.904	0.910	0.95
20	0.965	0.814	0.820	0.90
40	0.803	0.619	0.643	0.81
120	0.480	0.333	0.363	0.61
200	0.350	0.235	0.260	0.50
300	0.285	0.175	0.195	0.43
≥400	0.241	0.141	0.155	0.40

按原计算结果，η 数值随 θ 下降很快，即按小挠度公式计算的应力和挠度可以折减很多，为安全稳妥，在编制表5.4.3时，取了较厚计算结果偏大的数值，留有充分的余地。按表5.4.3 η 取值对小挠度公式应力计算结果进行折减，不仅是合理地减小了板材厚度，也节省了材料，而且还有较大的安全余地。同样在计算板的挠度 u 时，也宜考虑此折减系数 η（表5.5）。

表5.5 考虑大挠度影响的挠度 u 计算结果的折减系数 η

$\theta=\frac{qa^4}{Et^4}$	B. Aalami和D. C Williams的计算结果，当长比 b/a 为			表5.4.3的取值
	1.0	1.5	2.0	
≤1	1.000	1.000	1.000	1.00
10	0.955	0.906	0.916	0.95
20	0.894	0.812	0.832	0.90
40	0.753	0.647	0.674	0.81

续表 5.5

$\theta=\frac{qa^4}{Et^4}$	B. Aalami 和 D. C Williams 的计算结果，当长比 b/a 为			表 5.4.3 的取值
	1.0	1.5	2.0	
120	0.482	0.394	0.417	0.61
200	0.375	0.304	0.322	0.50
300	0.304	0.245	0.252	0.43
≥400	0.201	0.209	0.221	0.40

由于板的应力与挠度计算中，泊松比 ν 的影响很有限，这一系数 η 原则上也适用于玻璃板的应力与挠度计算。

5.4.4 铝板如果未加中肋，则四周边肋支承。由于边肋可因板面挠曲而转动（扭转），因而边肋支承按简支边考虑。中肋两侧均为铝板，在荷载下基本不发生转动，可认为是固定边。因此附录 B 表 B.0.1 按三种边界条件给出板的弯矩系数 m。

板的应力计算公式（5.4.3-1）、（5.4.3-2）为弹性薄板的小挠度公式，适用于挠度 $u\leqslant t$ 的情况，但通常铝板在风力作用下已远超此范围，宜按 5.4.3 条规定对计算结果予以折减。

5.5 石板设计

5.5.1 考虑到石板强度较低，钻孔、开槽后如果剩余部分太薄，对受力不利，钢销式连接开孔直径为 7～8mm；槽式连接槽宽为 7～8mm，所以常用厚度为 25～30mm，但最小厚度不应小于 25mm。

5.5.2 钢销式为薄弱连接，一方面钢销直径仅为 5mm 或 6mm（目前常用的 4mm 钢销不应再用），截面面积很小；另一方面钢销将荷载集中传递到孔洞边缘的石材上，受力很不利，对这种连接方式的应用范围应加以限制。控制应用的范围是 7 度及 7 度以下，20m 高度以下，因此裙房部分仍可以采用。

5.5.3 钢销式连接是四点支承，目前计算用表只限于支承点在角上，而钢销支承点距边缘有一定距离 a_1、b_1 与角点支承有一定差别。因此本条规定了计算时的板边长度 a、b 的取值方法。

5.5.4 石板厚度很大（25～30mm），其挠度 u 远小于板厚，所以可以直接采用四角支承板的计算公式和系数表。

5.5.5 钢销受到的剪力，当两端支承时，可平均分配到钢销上；当四侧支承时，短边按三角形荷载面积分配，长边按梯形荷载面积分配，此处只验算长边。

系数 β 是考虑各钢销受力不均匀，有些钢销的剪力可能超出理论数值而设的一个放大系数。

5.5.6 钢销的剪力作用于孔洞的石材，石材的受剪面有两个，每个的面积为 $(t-d)\ h/2$，h 为孔深。

5.5.7 槽口的抗剪面为槽底长度 s 乘以石材剩余厚度的一半 $s\ (t-d)\ /2$。

5.5.9 对边通槽支承的石板如同对边简支板，可直接计算跨中最大弯曲应力。

5.5.13 隐框式结构装配石板，按四边简支板进行结构计算，其跨中最大弯矩系数按 $\nu=0.125$ 的情况给出。

5.6 横梁设计

5.6.1 受弯薄壁金属梁的截面存在局部稳定的问题，为防止产生压力区的局部屈曲，通常可用下列方法之一加以控制：

规定最小壁厚 $t_{\min}$ 和规定最大宽厚比 b/t；

对抗压强度设计值或允许应力予以降低。

幕墙横梁与立柱设计，采用前一种控制方法。

与稳定问题相关的主要参数为 E/f，E 为材料的弹性模量，f 为材料的强度设计值。E/f 越高，其稳定性越高，失稳的机会越小，相应地对稳定问题的控制条件可以放松，碳素钢材 $E/f=2.1\times10^5/235$，而 6063T5 铝型材 $E/f=0.72\times10^5/110$ 两者比值相近，因此铝型材的一些规定可以参照钢型材的规定予以调整后采用。

1. 最小壁厚

我国现行国家标准《冷弯薄壁型钢结构技术规范》（GBJ18）第 3.3.1 条规定薄壁型钢受力构件壁厚不宜小于 2mm。

我国现行国家标准《铝合金建筑型材》（GB/T5237）规定用于幕墙的铝型材最小壁厚为 3mm。

因此本条规定小跨度的横梁（L 不大于 1.2m）截面最小厚度为 2.5mm，其余情况下截面受力部分厚度不小于 3.0mm。

为了保证螺纹连接的可靠，防止自攻螺钉拉脱，在有螺纹连接的局部，厚度不应小于螺钉的公称直径。

钢材防腐蚀能力较低，型钢的壁厚不宜小于 3.5mm。

2. 最大宽厚比

我国现行国家标准《钢结构设计规范》（GBJ17）规定：I 形梁处挑翼缘的最大宽厚比为：

$$b/t\leqslant15\sqrt{\frac{235}{f_y}}$$

箱形截面梁的腹板：

$$b/t\leqslant40\sqrt{\frac{235}{f_y}}$$

对于 Q235 钢材（3 号钢）b/t 最大值分别为 15 和 40，如果按 E/f 换算到 6063T5 铝型材，则两种支承条件下的最大宽厚比 b/t 分别为 13 和 34。

因此本条规定在一边支承一边自由条件下最大宽厚比为 15，箱形截面腹板最大宽厚比为 35。

5.6.3 横梁为双向受弯构件，竖向弯矩由面板自重和横梁自重产生；水平方向弯矩由风荷载和地震作用产生。由于横梁跨度小；刚度较大，整体稳定计算不必进行。

5.6.4 梁在受剪时，翼缘的剪应力很小，可以不考虑翼缘的抗剪作用；平行于剪力作用方向的腹板，剪应力为抛物线分布，最大剪应力可达平均剪应力的1.5倍。

5.7 立 柱 设 计

5.7.1 立柱截面主要受力部分厚度的最小值，主要是参照我国现行国家标准《铝合金建筑型材》（GB/T5237）中关于幕墙用型材最小厚度为3mm的规定。

钢型材的耐腐蚀性较弱，最小壁厚取为3.5mm。

偏心受压的立柱很少，因其受力较为不利，一般不设计成受压构件，有时遇到这种构件，需考虑局部稳定的要求，对截面板件的宽厚比加以控制。

5.7.2 幕墙在平面内应有一定的活动能力，以适应主体结构的侧移。立柱每层设置活动接头，就可以使立柱上下有活动的可能，从而使幕墙在自身平面内能有变形能力。此外，活动接头的间隙，还要满足以下的要求：

立柱的温度变形；

立柱安装施工的误差；

主体结构柱子承受竖向荷载后的轴向压缩。

综合以上考虑，上、下柱接头空隙不宜小于15mm。

5.7.4 立柱自下而上是全长贯通，每层之间通过滑动接头连接，这一接头可以承受水平剪力，但只有当芯柱的惯性矩与外柱相同或较大且插入足够深度时，才能认为是连续的，否则应按铰接考虑。

因此大多数实际工程，应按铰接多跨梁来计算立柱的弯矩，现在已有专门的计算软件来计算，它可以考虑自下而上各层的层高、支承状况和水平荷载的不同数值，准确计算各截面的弯矩、剪力和挠度，作为选用铝型材的设计依据，比较准确，应推广应用。

对于多数幕墙承包商来说，目前设计主要还是采用手算方式，精确进行多跨梁计算有困难，这时可按结构设计手册查找弯矩和挠度系数。

每层两个支承点时，宜按铰接多跨梁计算而求得较准确的内力和挠度。但按铰接多跨梁计算需要相应的计算机软件，所以，手算时可以近似按双跨梁进行计算。

5.7.6 立柱按偏心受拉柱进行截面设计，采用现行国家标准《钢结构设计规范》（GBJ17）中相应的计算公式。因此在连接设计时，应使柱的上端挂在主体结构上，一般情况下，不宜设计成偏心受压的立柱。

5.7.7 考虑到在某些情况下可能有偏心受压立柱，因此本条给出偏心受压柱的承载力验算公式。本公式来自现行国家标准《钢结构设计规范》（GBJ17）第5.2.3条：

$$\frac{N}{\psi_k A}+\frac{\beta_{mx}M_x}{W_{1x}\left(1-0.8\frac{N}{N_{Ex}}\right)}\leqslant f \qquad (5.7.7)$$

其中，β_{mx}为等效弯矩系数，$\beta_{mx}\leqslant 1.0$，最不利情况为1.0，为简化计算，本条公式5.7.7取为1.0，N_{Ex}为欧拉临界荷载，由于立柱支承点间距较小，轴力N仅由幕墙自重产生，N远小于N_{Ex}，所以本条公式5.7.7予以简化。需准确计算时，可参照现行国家标准《钢结构设计规范》（GBJ17）第5.2.3条进行。

钢型材的ψ值按现行国家标准《钢结构设计规范》（GBJ17）采用。铝型材的ψ值国内未见系统的研究报告，因此参照国外强度接近的铝型材ψ值取用（表5.6）。

表 5.6 国外一些铝型材的ψ值

λ	俄罗斯 AMц-M	俄罗斯 AMг-M Aд31-T	俄罗斯 AB-T AMг-Д	加拿大 65S-T	意大利	意大利
	$\sigma_{0.2}$=60～90 (MPa)	$\sigma_{0.2}$=100 (MPa)	$\sigma_{0.2}$=150～230 (MPa)	[σ]=105 (MPa)	[σ]=84 (MPa)	[σ]=138 (MPa)
20	0.947	0.945	0.998	0.927	1.00	0.96
40	0.895	0.870	0.880	0.757	0.90	0.86
60	0.730	0.685	0.690	0.587	0.83	0.75
80	0.585	0.580	0.525	0.417	0.73	0.58
90	0.521	0.465	0.457	0.332	0.67	0.48
100	0.463	0.415	0.395	0.272	0.60	0.38
110	0.415	0.365	0.335	0.225	0.53	0.34
120	0.375	0.327	0.283	0.189	0.46	0.30
140	0.300	0.265	0.208	0.138	0.34	0.22

5.8 幕墙与主体结构连接

5.8.1 幕墙的连接与锚固必须可靠，其承载力必须通过计算或实物试验予以确认，并要留有余地。为防止偶然因素产生突然破坏，连接用的螺栓、铆钉等主要部件，至少需布置2个。

5.8.3 主体结构的混凝土强度等级也直接关系到锚固件的可靠工作，除加强混凝土施工的工程质量管理外，对混凝土的最低的强度等级也相应作出规定。采用幕墙的建筑一般要求较高，多数是较大规模的建筑，混凝土强度等级宜不低于C30。

5.8.5 通常幕墙的立柱应直接与主体结构连接，以保持幕墙的承载力和侧向稳定性。有时由于主体结构平面的复杂性，使某些立柱与主体结构有较大的距离，难以直接在其上连接，这时，要在幕墙立柱和主体结构之间设置连接桁架或钢伸臂（图5.2）。

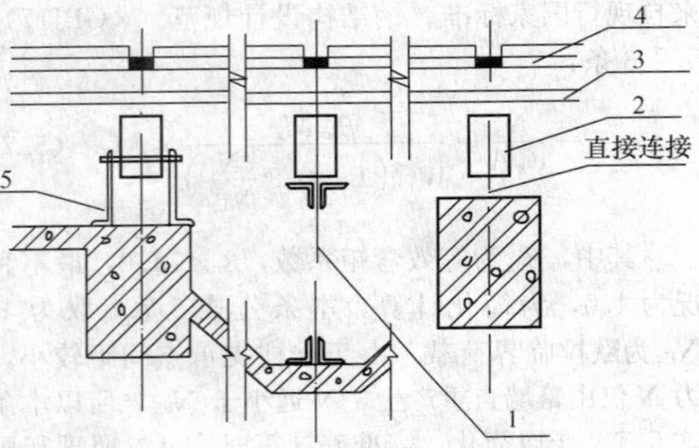

图5.2 立柱与主体结构连接方式

1—连接钢桁架；2—横梁；3—面板；4—立柱；5—连接钢伸臂

当幕墙的立柱是铝合金时，铝合金与钢材的热胀系数不同，温度变形有差异。铝合金立柱与钢桁架、钢伸臂连接后会产生温度应力。设计中应考虑温度应力的影响，或者使连接有相对位移能力，减少温度应力。

5.8.6 幕墙横梁与立柱的连接，立柱与锚固件或主体结构钢梁、钢材的连接，通常通过螺栓、焊缝或铆钉实现。现行国家标准《钢结构设计规范》对上述连接均作了详细的规定，可参照上述规定进行连接设计。

5.8.7 幕墙构件与混凝土结构的连接一般是通过预埋件实现的，预埋件的锚固钢筋是锚固作用的主要来源。因此混凝土对锚固钢筋的黏结力是决定性的。因此预埋件必须在混凝土浇灌前埋入，施工时混凝土必须密实振捣。目前实际施工中，往往由于放入预埋件时，未采取有效措施来固定预埋件，混凝土浇铸时往往使预埋件大大偏离设计位置，影响立柱的连接，甚至无法使用。因此应将预埋件可靠地固定在模板上或钢筋上。

当施工未设预埋件、预埋件漏放、预埋件偏离设计位置太远、设计变更、旧建筑加装幕墙时，往往要使用后锚固螺栓。采用后锚固螺栓（膨胀螺栓或化学螺栓）时，应注意满足下列要求：

1. 采用质量可靠的品牌，有检验证书、出厂合格证和质量保证书。

2. 用于立柱与主体结构连接的后加螺栓，每处不少于2个，直径不小于10mm，长度不小于110mm。螺栓应采用不锈钢或热镀锌碳素钢。

3. 必须进行现场拉拔试验，有试验合格报告书。

4. 优先设计成螺栓受剪的节点形式。

5. 螺栓承载力不得超过厂家规定的承载力。并按厂家规定的方法进行计算。

5.8.8 附录C为幕墙的预埋件设计，对于预埋件的要求，主要是根据有关研究成果和冶金部《预埋件设计规程》（YS11—79）。

1. 承受剪力的预埋件，其受剪承载力与混凝土强度等级、锚固面积、直径等有关。在保证锚固长度和锚筋到构件边缘距离的前提下，根据试验提出了半理论、半经验的公式，并考虑锚筋排数、锚筋直径对受剪承载力的影响。

2. 承受法向拉力的预埋件，钢板弯曲变形时，锚筋不仅单独承受拉力，还承受钢板弯曲变形引起的内剪力，使锚筋处于复合应力，参考冶规YS11—79的规定，在计算公式中引入锚板弯曲变形的折减系数。

3. 承受弯矩的预埋件，试验表明其受压区合力点往往超过受压区边排锚筋以外，为方便和安全考虑，受弯力臂取以外排锚筋中心线之间的距离为基础，在计算公式中引入锚筋排数对力臂的折减系数。

4. 承受拉力和剪力或拉力和弯矩的预埋件，根据试验结果，其承载力均取线性相关关系。

5. 承受剪力和弯矩的预埋件，根据试验结果，当$V/V_{u0}>0.7$时，取剪弯承载力线性相关，当$V/V_{u0}\leqslant 0.7$时，取受剪承载力与受弯承载力不相关。

6. 承受剪力、压力和弯矩的预埋件，其承载力公式是参考冶规（YS11—79）和前苏联84年规范的方法以及国内的试验结果提出的，设计取值偏于安全。当$N<0.5f_cA$时，可近似取$M-0.4NZ=0$作为受压剪承载力与受压弯剪承载力计算的界限条件。本规范公式（C.0.1-3）中系数0.3是与压力有关的系数，与试验结果比较，其取值是偏于安全的。当$M<0.4NZ$时，公式（C.0.1-3）即为冶规公式。当$N=0$时，公式（C.0.1-1）与公式（C.0.1-3）相衔接。

在承受法向拉力和弯矩的公式中均乘以0.8，这是考虑到预埋件的重要性、受力复杂性而采取提高其安全储备的系数。

直锚筋和弯折锚筋同时作用时，取总剪力中扣除直锚筋所能承担的剪力，即为弯折锚筋承拉剪力的面积：

$$A_{sb} \geqslant (1.1V - \alpha_v f_s A_s)/0.8f_s$$

根据国外有关规范和国内对钢与混凝土组合结构中弯折锚筋的试验表明：弯折锚筋的角度对受剪承载力影响不大。同时，考虑构造等原因，控制弯折角度在15°～45°之间，此时锚筋强度可不折减。上述公式中的1.1是考虑两种形式的钢筋同时受力时的不均匀系数0.9的倒数。当不设置直锚筋或直锚筋仅按构造设置时，在计算中应不予以考虑，取$A_s=0$。

这里预埋件基本构造要求，应满足常用的预埋件作为目标，计算公式是根据这些基本构造要求建立的。

在进行锚筋面积A_s计算时，假定锚筋充分发挥了作用，应力达到其强度设计值f_s。要使锚筋应力达到f_s而不滑移、拔出，就要有足够的锚固长度，锚固长度L_a与钢筋型式、混凝土强度、钢材品种有关，在现行国家标准《混凝土结构设计规范》(GBJ10)中有相应规定。由于L_a的数值过大，在幕墙预埋件中采用有困难，所以可以采用低应力设计方法，增加锚筋面积，降低锚筋实际应力，从而减小锚固长度。当锚筋实用面积达到计算面积的1.4倍时，可以将锚筋长度减小至180mm。

6 加 工 制 作

6.1 一 般 规 定

6.1.4 硅酮结构密封胶长期荷载承载力很低，不仅允许应力仅为0.007MPa，而且硅酮结构密封胶在重力作用下（特别是石材其使用厚度远大于玻璃）会产生明显的变形，使硅酮结构密封胶长期处于受力状态下工作，造成幕墙的安全隐患。所以，应在石材底部设置安全支托，使硅酮结构密封胶避免长期处于受力状态。

6.2 幕墙构件加工制作

加工精度的高低、准确程度，偏差的控制是影响幕墙质量的关键问题；在这一节中对杆件的长度公差、铣槽、铣豁、铣榫的公差都进行了规定。

如长度允许正负值，铣槽长和宽度只允许正偏差不允许负偏差，以防止出现装配时受阻，中心离边部可以正偏差也可以负偏差。铣豁时也是豁的长度宽度只允许正偏差不允许负偏差，铣榫时榫的长度和宽度允许负偏差不允许正偏差。因幕墙用的几何形状不是机加工成型的，是热加工或冷加工或冲压成型，配合尺寸难以十分准确的掌握，只能一个方面控制，以便配合安装。

6.3 石板加工制作

6.3.1 在石板的规格尺寸、形状都已符合设计要求的前提下，只是固定形式（长槽、短槽、针孔等）还没有加工，应先严格的检查。石板作为天然性材料，有时有内暗裂，不认真的挑选很难被发现，所以每块均应检查，另外对于缺角的大小，数量也进行了规定。如要修补其黏结强度不应小于石板的强度。

6.3.2 本条主要提出对钢销式固定的有关规定，如果石板短边尺寸太小，钢销的数量不能少于2个，并且对于钢销的离石板边部距离应大于石板厚度的3倍，中间距离应在石板厚度的3倍以上，如上述条件不能满足时，是不能采用钢销安装，采取其他安装形式。

6.3.3 本条对开通槽提出了2条要求：一是对石板槽与支撑的不锈钢和铝型材提出相应要求，目的在于为石板黏结专用胶的厚度及石板的厚度在计算时供参考；二是对加工质量提出要求，否则就不能进行下一道工序。

6.3.4 本条对于槽的长度、离边部的距离及加工后的质量提出了具体要求，如不这样要求可能出现局部应力集中，对石板的安装造成不利影响，因此应进行核算后方可加工。

6.3.6 本条文对单元幕墙的防火安装形式和安装顺序提出了要求，因单元幕墙上下高度及预埋件形式比较多，不论哪种形式都必须做到层层防火，而且符合设计要求。另外单元幕墙的石板固定形式，可采用T形或者L形挂件，但对黏结材料应采用环氧树脂型的专用胶，对支撑板的厚度应通过计算确定。

6.3.7 由于石板的挂件要同石材专用胶黏结，必须相当的洁净，因此，石板经切豁或开槽等工序后，应将石屑用水冲干净，干燥后，方可黏结。

6.3.8 已加工好的石板应直立存放在通风良好的仓库内，其角度不应小于85°。石板的存放是十分重要的，一方面可保证石板安装后的色差变化不大，石板是多孔的材料，一但造成深层的污染，变色无法处理掉。另一方面存放角度是保证石板存放过程的安全，防止挤压破碎及变形。

6.4 金属板加工制作

6.4.3 1. 这主要为了折弯处铝板的强度不受影响，铝板外表色泽一致；

2. 单层铝板固定加劲肋时，可以采用焊接种植螺栓的办法，但在焊接的部位正面不准出现焊接的痕迹，更不能发生变形、褪色等现象，并应焊接牢固；

3. 单层铝板的固定耳子应符合设计要求，固定耳子可采用焊接、铆接、冲压成型；

4. 构件的角部开口部位凡是没有焊接成型的必须用硅酮密封胶密封。

6.4.4 关于铝塑复合铝板加工中有 3 个要求，首要的问题是外面层的 0.5mm 铝板绝对不允许被碰伤，而且保证保留 0.3mm 聚乙烯塑料，其次角部应用硅酮密封胶密封，保证水不能渗漏进聚乙烯塑料内。最后在加工过程中防止水淋湿板材，确保质量。

6.4.5 本条除对蜂窝铝板提出了 4 条要求外，还应按照材料供应商提的要求进行加工。

7 安装施工

7.1 一般规定

7.1.1 这主要是为了保证幕墙安装施工的质量，要求主体结构工程应满足幕墙安装的基本条件，特别是主体结构的垂直度和外表面平整度及结构的尺寸偏差，尤其外立面是很复杂的结构，必须同设计相符。必须达到有关钢结构、钢筋混凝土结构和砖混结构施工及验收规范的要求。否则，应采取适当的措施后，才能进行幕墙的安装施工。

7.1.2 幕墙安装时应对现场挂件、附件、金属板、石材、密封材料等，按质量要求、按材料图案颜色及保护层的好坏进行检查和验收。对幕墙施工环境和分项工程施工顺序要认真研究，对幕墙安装会造成严重污染的分项工程应安排在幕墙安装前施工，否则应采取可靠的保护措施后，才能进行幕墙安装施工。

7.1.3 幕墙的安装施工质量，是直接影响幕墙安装后能否满足幕墙的建筑物理及其他性能要求的关键之一，同时幕墙安装施工又是多工种的联合施工，和其他分项施工难免会有交叉和衔接的工序，因此，为了保证幕墙安装施工质量，要求安装施工承包单位单独编制幕墙施工组织设计方案。

7.2 安装施工准备

7.2.1～7.2.2 对于已加工好的金属板块和石材板块，在运输过程中、储存过程中，应高度注意防碰撞、防污染、防锈蚀、防潮湿，在室外储存时更要采取有效措施。

7.2.3 构件在安装前应检查合格，不合格的挂件应予以更换。幕墙构件在运输、堆放、吊装过程中有可能发生变形、损坏等，所以，幕墙安装施工承包商，应根据具体情况，对易损坏和丢失的挂件、配件、密封材料、垫材等，应有一定的更换、贮备数量，一般构配件贮备量应为总量的 1%～5%。

特殊规格的石材，应有一定的贮备量，以确保安装的顺利进行。

7.2.4 为了保证幕墙与主体结构连接牢固的可靠性，幕墙与主体结构连接的预埋件应在主体结构施工时，按设计要求的位置和方法进行埋设；若幕墙承包商对幕墙的固定和连接件，有特殊要求或与本规定的偏差要求不同时，承包商应提出书面要求或提供埋件图、样品等，反馈给建筑师，并在主体结构施工图中注明要求。一定要保证三位调整，以确保幕墙的质量。

7.3 幕墙安装施工

7.3.1 幕墙的安装应与主体工程施工测量轴线配合，如主体结构轴线误差大于规定的允许偏差时，包括垂直偏差值，应在得到监理、设计人员的同意后，适当调整幕墙的轴线，使其符合幕墙的构造需要。

对于高层建筑物，由于建筑水平位移的关系，竖向轴线测设不易掌握，风力和风向均有较大的影响，从已施工的经验来看，在测量时应在仪器稳定的状态下进行测量。如果每日定时测量会有较好的效果，同时，也要与主体轴线相互校核，并对误差进行控制、分配、消化，不使其积累，以保证幕墙的垂直及立柱位置的正确。

7.3.3 立柱一般为竖向构件，立柱安装的准确和质量，影响整个幕墙的安装质量，是幕墙安装施工的关键之一。通过连接件，应使幕墙的平面轴线与建筑物的外平面轴线距离的允许偏差应控制在 2mm 以内，特别是建筑平面呈弧形、圆形和四周封闭的幕墙，其内外轴线距离影响到幕墙的周长，应认真对待。

立柱一般根据施工及运输条件，可以是一层楼高为一根，也可用长度达 7.5～10m 左右一根，接头应有一定空隙，采用套筒连接法，这样可适应和消除建筑挠度变形的影响。

7.3.4 横梁一般为水平构件，是分段在立柱中嵌入连接，横梁两端与立柱连接尽量采用螺栓连接，连接处应用弹性橡胶垫，橡胶垫应有 10%～20% 的压缩性，以适应和消除横向温度变形的影响。

7.3.8 幕墙安装过程中，宜进行接缝部位渗漏检验，根据 JG3035 有关规定，在一般情况下，在幕墙装两个层高，以 20m 长度作为一个试验段，要在进行镶嵌密封后，并在接缝上按设计要求先进行防水处理后，再进行渗漏性检测。

喷射水头应垂直于墙面，沿接缝前后缓缓移动，每处喷射时间约 5min（水压应根据条件而定），在实验时在幕墙内侧检查是否漏水。经渗漏检查无问题后方可砌筑内墙。

7.4 幕墙保护和清洗

幕墙的保护在幕墙安装施工过程中是一个十分值得注意而往往又易被忽视的问题，应采取必要的保护措施，使其不发生碰撞变形、变色、污染和排水管堵塞等现象。将加工过程中的标志、号码等有关标记，应全部清洗掉。施工中给幕墙及构件表面造成影响的黏附物，应及时清理干净，以免凝固后再清理时划伤表面的装饰层。

对于清洗剂应得到材料供应商的书面认可，还要保证不污染环境，否则不能应用，在清洗过程中也应再一次检查幕墙的质量，发现问题及时处理。

7.5 幕墙安装施工安全

幕墙安装施工应根据国家有关劳动安全、卫生法规和现行行业标准《建筑施工高处作业安全技术规范》（JGJ80），结合工程实际情况，制定详细的安全操作规程，并获得有关部门批准后方可施工。

8 工程验收

8.0.2 幕墙施工完毕后，不少节点与部位已被装饰材料遮封隐蔽，在工程验收时无法观察和检测，但这些节点和部位的施工质量至关重要，故强调对隐蔽工程验收文件进行认真的审核与验收。尤其是更改的设计资料、临时洽商的记录应整理归档。

由于幕墙为建筑物全部或部分外围护结构，凡设计幕墙的建筑一般对外观质量要求较高，个别的抽样检验并不能代表幕墙整体的外侧观感质量。因此对幕墙的验收检验应进行观感检验和抽样检验两部分。

当一栋建筑或一个大工程有一幅以上幕墙时，考虑到幕墙质量的重要性，要求以一幅幕墙作为独立检查单元，对每幅幕墙均要求进行检验验收。

9 保养与维修

9.0.1 为了使幕墙在使用过程达到和保持设计要求的功能，达到预期使用年限和确保不发生安全事故，本规范规定使用单位应及时制订幕墙的保养、维护计划与制度。

9.0.4 幕墙在正常使用时，除了正常的定期和不定期的检查和维修外，还应每隔几年进行一次全面检查，以确保幕墙的使用安全。对铝板、石材、密封条、硅酮结构密封胶进行检查。

关于全面检查时间问题，国外一般为8～10年对幕墙的使用情况进行一次全面检查，特别是硅酮耐候密封胶和硅酮结构密封胶，要在不利的位置进行切片检查，观察耐候胶和结构胶有无变化，若没有变化或是在正常变化范围内，则可继续使用。本规范规定为5年全面检查一次。主要考虑两个方面：一方面考虑10年时间太长，幕墙在正常使用情况下，质量问题应及时发现及时处理；另一方面幕墙在竣工交付使用时，施工单位对硅酮胶、金属板材、石材都提出10年的质量保证书，通过两次的幕墙检查，对幕墙的安全使用，已有了足够的保证。另外凡是有条件的工程均应在楼顶处专门设有样板观察点，每种材料应超过5块进行比较观察。

中华人民共和国国家标准

屋面工程技术规范

Technical code for roof engineering

GB 50345—2012

主编部门：山 西 省 住 房 和 城 乡 建 设 厅
批准部门：中华人民共和国住房和城乡建设部
施行日期：2 0 1 2 年 1 0 月 1 日

中华人民共和国住房和城乡建设部
公　　告

第1395号

关于发布国家标准《屋面工程技术规范》的公告

现批准《屋面工程技术规范》为国家标准，编号为GB 50345－2012，自2012年10月1日起实施。其中，第3.0.5、4.5.1、4.5.5、4.5.6、4.5.7、4.8.1、4.9.1、5.1.6条为强制性条文，必须严格执行。原国家标准《屋面工程技术规范》GB 50345－2004同时废止。

本规范由我部标准定额研究所组织中国建筑工业出版社出版发行。

中华人民共和国住房和城乡建设部

2012年5月28日

前　　言

本规范是根据住房和城乡建设部《关于印发〈2009年工程建设标准规范制订、修订计划〉的通知》（建标［2009］88号）的要求，由山西建筑工程（集团）总公司和浙江省长城建设集团股份有限公司会同有关单位，共同对《屋面工程技术规范》GB 50345－2004进行修订后编制完成的。

本规范共分5章和2个附录。主要内容包括：总则、术语、基本规定、屋面工程设计、屋面工程施工等。

本规范中以黑体标志的条文为强制性条文，必须严格执行。

本规范由住房和城乡建设部负责管理和对强制性条文的解释，由山西建筑工程（集团）总公司负责具体技术内容的解释。本规范在执行过程中，请各单位结合工程实践，认真总结经验，注意积累资料，随时将意见和建议反馈给山西建筑工程（集团）总公司（地址：山西省太原市新建路9号，邮政编码：030002，邮箱：4085462@sohu.com），以供今后修订时参考。

本规范主编单位：山西建筑工程（集团）总公司
浙江省长城建设集团股份有限公司

本规范参编单位：北京市建筑工程研究院
浙江工业大学
太原理工大学
中国建筑科学研究院
中国建筑材料科学研究总院
苏州防水研究院
苏州市新型建筑防水工程有限责任公司
中国建筑防水协会
杭州金汤建筑防水有限公司
中国建筑标准设计研究院
北京圣洁防水材料有限公司
上海台安工程实业有限公司
大连细扬防水工程集团有限公司
宁波科德建材有限公司
杜邦中国集团有限公司
欧文斯科宁（中国）投资有限公司
宁波山泉建材有限公司

本规范参加单位：陶氏化学（中国）投资有限公司
达福喜建材贸易（上海）有限公司
中国聚氨酯工业协会异氰酸酯专业委员会

本规范主要起草人：郝玉柱　霍瑞琴　闫永茂
李宏伟　施　炯　朱冬青
王寿华　哈成德　叶林标
项桦太　马芸芳　王　天
高延继　张文华　杨　胜

姜静波　杜红秀　胡　骏
王祖光　尚华胜　陈　平
杜　昕　程雪峰　樊细杨
姚茂国　米　然　王聪慧
叶泉友

本规范主要审查人：李承刚　蔡昭昀　牛光全
杨善勤　李引擎　张道真
于新国　叶琳昌　王　伟

目　次

Contents

1 总 则

1.0.1 为提高我国屋面工程技术水平，做到保证质量、经济合理、安全适用、环保节能，制定本规范。

1.0.2 本规范适用于房屋建筑屋面工程的设计和施工。

1.0.3 屋面工程的设计和施工，应遵守国家有关环境保护、建筑节能和防火安全等有关规定，并应制定相应的措施。

1.0.4 屋面工程的设计和施工除应符合本规范外，尚应符合国家现行有关标准的规定。

2 术 语

2.0.1 屋面工程 roof project

由防水、保温、隔热等构造层所组成房屋顶部的设计和施工。

2.0.2 隔汽层 vapor barrier

阻止室内水蒸气渗透到保温层内的构造层。

2.0.3 保温层 thermal insulation layer

减少屋面热交换作用的构造层。

2.0.4 防水层 waterproof layer

能够隔绝水而不使水向建筑物内部渗透的构造层。

2.0.5 隔离层 Isolation layer

消除相邻两种材料之间粘结力、机械咬合力、化学反应等不利影响的构造层。

2.0.6 保护层 protection layer

对防水层或保温层起防护作用的构造层。

2.0.7 隔热层 insulation layer

减少太阳辐射热向室内传递的构造层。

2.0.8 复合防水层 compound waterproof layer

由彼此相容的卷材和涂料组合而成的防水层。

2.0.9 附加层 additional layer

在易渗漏及易破损部位设置的卷材或涂膜加强层。

2.0.10 防水垫层 waterproof cushion

设置在瓦材或金属板材下面，起防水、防潮作用的构造层。

2.0.11 持钉层 nail-supporting layer

能够握裹固定钉的瓦屋面构造层。

2.0.12 平衡含水率 equilibrium water content

在自然环境中，材料孔隙中所含有的水分与空气湿度达到平衡时，这部分水的质量占材料干质量的百分比。

2.0.13 相容性 compatibility

相邻两种材料之间互不产生有害的物理和化学作用的性能。

2.0.14 纤维材料 fiber material

将熔融岩石、矿渣、玻璃等原料经高温熔化，采用离心法或气体喷射法制成的板状或毡状纤维制品。

2.0.15 喷涂硬泡聚氨酯 spraying polyurethane rigid foam

以异氰酸酯、多元醇为主要原料加入发泡剂等添加剂，现场使用专用喷涂设备在基层上连续多遍喷涂发泡聚氨酯后，形成无接缝的硬泡体。

2.0.16 现浇泡沫混凝土 casting foam concrete

用物理方法将发泡剂水溶液制备成泡沫，再将泡沫加入到由水泥、骨料、掺合料、外加剂和水等制成的料浆中，经混合搅拌、现场浇筑、自然养护而成的轻质多孔混凝土。

2.0.17 玻璃采光顶 Glass lighting roof

由玻璃透光面板与支承体系组成的屋顶。

3 基本规定

3.0.1 屋面工程应符合下列基本要求：

1 具有良好的排水功能和阻止水侵入建筑物内的作用；

2 冬季保温减少建筑物的热损失和防止结露；

3 夏季隔热降低建筑物对太阳辐射热的吸收；

4 适应主体结构的受力变形和温差变形；

5 承受风、雪荷载的作用不产生破坏；

6 具有阻止火势蔓延的性能；

7 满足建筑外形美观和使用的要求。

3.0.2 屋面的基本构造层次宜符合表 3.0.2 的要求。设计人员可根据建筑物的性质、使用功能、气候条件等因素进行组合。

表 3.0.2 屋面的基本构造层次

屋面类型	基本构造层次（自上而下）
卷材、涂膜屋面	保护层、隔离层、防水层、找平层、保温层、找平层、找坡层、结构层
	保护层、保温层、防水层、找平层、找坡层、结构层
	种植隔热层、保护层、耐根穿刺防水层、防水层、找平层、保温层、找平层、找坡层、结构层
	架空隔热层、防水层、找平层、保温层、找平层、找坡层、结构层
	蓄水隔热层、隔离层、防水层、找平层、保温层、找平层、找坡层、结构层
瓦屋面	块瓦、挂瓦条、顺水条、持钉层、防水层或防水垫层、保温层、结构层
	沥青瓦、持钉层、防水层或防水垫层、保温层、结构层

续表 3.0.2

屋面类型	基本构造层次（自上而下）
金属板屋面	压型金属板、防水垫层、保温层、承托网、支承结构
	上层压型金属板、防水垫层、保温层、底层压型金属板、支承结构
	金属面绝热夹芯板、支承结构
玻璃采光顶	玻璃面板、金属框架、支承结构
	玻璃面板、点支承装置、支承结构

注：1 表中结构层包括混凝土基层和木基层；防水层包括卷材和涂膜防水层；保护层包括块体材料、水泥砂浆、细石混凝土保护层；

2 有隔汽要求的屋面，应在保温层与结构层之间设隔汽层。

3.0.3 屋面工程设计应遵照“保证功能、构造合理、防排结合、优选用材、美观耐用”的原则。

3.0.4 屋面工程施工应遵照“按图施工、材料检验、工序检查、过程控制、质量验收”的原则。

3.0.5 屋面防水工程应根据建筑物的类别、重要程度、使用功能要求确定防水等级，并应按相应等级进行防水设防；对防水有特殊要求的建筑屋面，应进行专项防水设计。屋面防水等级和设防要求应符合表3.0.5的规定。

表 3.0.5 屋面防水等级和设防要求

防水等级	建筑类别	设防要求
Ⅰ级	重要建筑和高层建筑	两道防水设防
Ⅱ级	一般建筑	一道防水设防

3.0.6 建筑屋面的传热系数和热惰性指标，均应符合现行国家标准《民用建筑热工设计规范》GB 50176、《公共建筑节能设计标准》GB 50189、现行行业标准《严寒和寒冷地区居住建筑节能设计标准》JGJ 26、《夏热冬暖地区居住建筑节能设计标准》JGJ 75 和《夏热冬冷地区居住建筑节能设计标准》JGJ 134 的有关规定。

3.0.7 屋面工程所用材料的燃烧性能和耐火极限，应符合现行国家标准《建筑设计防火规范》GB 50016 的有关规定。

3.0.8 屋面工程的防雷设计应符合现行国家标准《建筑物防雷设计规范》GB 50057 的有关规定。金属板屋面和玻璃采光顶的防雷设计尚应符合下列规定：

1 金属板屋面和玻璃采光顶的防雷体系应和主体结构的防雷体系有可靠的连接；

2 金属板屋面应按现行国家标准《建筑物防雷设计规范》GB 50057 的有关规定采取防直击雷、防雷电感应和防雷电波侵入措施；

3 金属板屋面和玻璃采光顶按滚球法计算，且不在建筑物接闪器保护范围之内时，金属板屋面和玻璃采光顶应按现行国家标准《建筑物防雷设计规范》GB 50057 的有关规定装设接闪器，并应与建筑物防雷引下线可靠连接。

3.0.9 屋面工程所用防水、保温材料应符合有关环境保护的规定，不得使用国家明令禁止及淘汰的材料。

3.0.10 屋面工程中推广应用的新技术，应通过科技成果鉴定、评估或新产品、新技术鉴定，并应按有关规定实施。

3.0.11 屋面工程应建立管理、维修、保养制度；屋面排水系统应保持畅通，应防止水落口、檐沟、天沟堵塞和积水。

4 屋面工程设计

4.1 一 般 规 定

4.1.1 屋面工程应根据建筑物的建筑造型、使用功能、环境条件，对下列内容进行设计：

1 屋面防水等级和设防要求；

2 屋面构造设计；

3 屋面排水设计；

4 找坡方式和选用的找坡材料；

5 防水层选用的材料、厚度、规格及其主要性能；

6 保温层选用的材料、厚度、燃烧性能及其主要性能；

7 接缝密封防水选用的材料及其主要性能。

4.1.2 屋面防水层设计应采取下列技术措施：

1 卷材防水层易拉裂部位，宜选用空铺、点粘、条粘或机械固定等施工方法；

2 结构易发生较大变形、易渗漏和损坏的部位，应设置卷材或涂膜附加层；

3 在坡度较大和垂直面上粘贴防水卷材时，宜采用机械固定和对固定点进行密封的方法；

4 卷材或涂膜防水层上应设置保护层；

5 在刚性保护层与卷材、涂膜防水层之间应设置隔离层。

4.1.3 屋面工程所使用的防水材料在下列情况下应具有相容性：

1 卷材或涂料与基层处理剂；

2 卷材与胶粘剂或胶粘带；

3 卷材与卷材复合使用；

4 卷材与涂料复合使用；

5 密封材料与接缝基材。

4.1.4 防水材料的选择应符合下列规定：

1 外露使用的防水层，应选用耐紫外线、耐老化、耐候性好的防水材料；

2 上人屋面，应选用耐霉变、拉伸强度高的防水材料；

3 长期处于潮湿环境的屋面，应选用耐腐蚀、耐霉变、耐穿刺、耐长期水浸等性能的防水材料；

4 薄壳、装配式结构、钢结构及大跨度建筑屋面，应选用耐候性好、适应变形能力强的防水材料；

5 倒置式屋面应选用适应变形能力强、接缝密封保证率高的防水材料；

6 坡屋面应选用与基层粘结力强、感温性小的防水材料；

7 屋面接缝密封防水，应选用与基材粘结力强和耐候性好、适应位移能力强的密封材料；

8 基层处理剂、胶粘剂和涂料，应符合现行行业标准《建筑防水涂料有害物质限量》JC 1066 的有关规定。

4.1.5 屋面工程用防水及保温材料标准，应符合本规范附录 A 的要求；屋面工程用防水及保温材料主要性能指标，应符合本规范附录 B 的要求。

4.2 排 水 设 计

4.2.1 屋面排水方式的选择，应根据建筑物屋顶形式、气候条件、使用功能等因素确定。

4.2.2 屋面排水方式可分为有组织排水和无组织排水。有组织排水时，宜采用雨水收集系统。

4.2.3 高层建筑屋面宜采用内排水；多层建筑屋面宜采用有组织外排水；低层建筑及檐高小于 10m 的屋面，可采用无组织排水。多跨及汇水面积较大的屋面宜采用天沟排水，天沟找坡较长时，宜采用中间内排水和两端外排水。

4.2.4 屋面排水系统设计采用的雨水流量、暴雨强度、降雨历时、屋面汇水面积等参数，应符合现行国家标准《建筑给水排水设计规范》GB 50015 的有关规定。

4.2.5 屋面应适当划分排水区域，排水路线应简捷，排水应通畅。

4.2.6 采用重力式排水时，屋面每个汇水面积内，雨水排水立管不宜少于 2 根；水落口和水落管的位置，应根据建筑物的造型要求和屋面汇水情况等因素确定。

4.2.7 高跨屋面为无组织排水时，其低跨屋面受水冲刷的部位应加铺一层卷材，并应设 40mm～50mm 厚、300mm～500mm 宽的 C20 细石混凝土保护层；高跨屋面为有组织排水时，水落管下应加设水簸箕。

4.2.8 暴雨强度较大地区的大型屋面，宜采用虹吸式屋面雨水排水系统。

4.2.9 严寒地区应采用内排水，寒冷地区宜采用内排水。

4.2.10 湿陷性黄土地区宜采用有组织排水，并应将雨雪水直接排至排水管网。

4.2.11 檐沟、天沟的过水断面，应根据屋面汇水面积的雨水流量经计算确定。钢筋混凝土檐沟、天沟净宽不应小于 300mm，分水线处最小深度不应小于 100mm；沟内纵向坡度不应小于 1%，沟底水落差不得超过 200mm；檐沟、天沟排水不得流经变形缝和防火墙。

4.2.12 金属檐沟、天沟的纵向坡度宜为 0.5%。

4.2.13 坡屋面檐口宜采用有组织排水，檐沟和水落斗可采用金属或塑料成品。

4.3 找坡层和找平层设计

4.3.1 混凝土结构层宜采用结构找坡，坡度不应小于 3%；当采用材料找坡时，宜采用质量轻、吸水率低和有一定强度的材料，坡度宜为 2%。

4.3.2 卷材、涂膜的基层宜设找平层。找平层厚度和技术要求应符合表 4.3.2 的规定。

表 4.3.2 找平层厚度和技术要求

找平层分类	适用的基层	厚度(mm)	技术要求
水泥砂浆	整体现浇混凝土板	15～20	1：2.5 水泥砂浆
	整体材料保温层	20～25	
细石混凝土	装配式混凝土板	30～35	C20 混凝土，宜加钢筋网片
	板状材料保温层		C20 混凝土

4.3.3 保温层上的找平层应留设分格缝，缝宽宜为 5mm～20mm，纵横缝的间距不宜大于 6m。

4.4 保温层和隔热层设计

4.4.1 保温层应根据屋面所需传热系数或热阻选择轻质、高效的保温材料，保温层及其保温材料应符合表 4.4.1 的规定。

表 4.4.1 保温层及其保温材料

保温层	保 温 材 料
板状材料保温层	聚苯乙烯泡沫塑料，硬质聚氨酯泡沫塑料，膨胀珍珠岩制品，泡沫玻璃制品，加气混凝土砌块，泡沫混凝土砌块
纤维材料保温层	玻璃棉制品，岩棉、矿渣棉制品
整体材料保温层	喷涂硬泡聚氨酯，现浇泡沫混凝土

4.4.2 保温层设计应符合下列规定：

1 保温层宜选用吸水率低、密度和导热系数小，并有一定强度的保温材料；

2　保温层厚度应根据所在地区现行建筑节能设计标准，经计算确定；

3　保温层的含水率，应相当于该材料在当地自然风干状态下的平衡含水率；

4　屋面为停车场等高荷载情况时，应根据计算确定保温材料的强度；

5　纤维材料做保温层时，应采取防止压缩的措施；

6　屋面坡度较大时，保温层应采取防滑措施；

7　封闭式保温层或保温层干燥有困难的卷材屋面，宜采取排汽构造措施。

4.4.3　屋面热桥部位，当内表面温度低于室内空气的露点温度时，均应作保温处理。

4.4.4　当严寒及寒冷地区屋面结构冷凝界面内侧实际具有的蒸汽渗透阻小于所需值，或其他地区室内湿气有可能透过屋面结构层进入保温层时，应设置隔汽层。隔汽层设计应符合下列规定：

1　隔汽层应设置在结构层上、保温层下；

2　隔汽层应选用气密性、水密性好的材料；

3　隔汽层应沿周边墙面向上连续铺设，高出保温层上表面不得小于150mm。

4.4.5　屋面排汽构造设计应符合下列规定：

1　找平层设置的分格缝可兼作排汽道，排汽道的宽度宜为40mm；

2　排汽道应纵横贯通，并应与大气连通的排汽孔相通，排汽孔可设在檐口下或纵横排汽道的交叉处；

3　排汽道纵横间距宜为6m，屋面面积每36m²宜设置一个排汽孔，排汽孔应作防水处理；

4　在保温层下也可铺设带支点的塑料板。

4.4.6　倒置式屋面保温层设计应符合下列规定：

1　倒置式屋面的坡度宜为3%；

2　保温层应采用吸水率低，且长期浸水不变质的保温材料；

3　板状保温材料的下部纵向边缘应设排水凹缝；

4　保温层与防水层所用材料应相容匹配；

5　保温层上面宜采用块体材料或细石混凝土做保护层；

6　檐沟、水落口部位应采用现浇混凝土堵头或砖砌堵头，并应作好保温层排水处理。

4.4.7　屋面隔热层设计应根据地域、气候、屋面形式、建筑环境、使用功能等条件，采取种植、架空和蓄水等隔热措施。

4.4.8　种植隔热层的设计应符合下列规定：

1　种植隔热层的构造层次应包括植被层、种植土层、过滤层和排水层等；

2　种植隔热层所用材料及植物等应与当地气候条件相适应，并应符合环境保护要求；

3　种植隔热层宜根据植物种类及环境布局的需要进行分区布置，分区布置应设挡墙或挡板；

4　排水层材料应根据屋面功能及环境、经济条件等进行选择；过滤层宜采用200g/m²～400g/m²的土工布，过滤层应沿种植土周边向上铺设至种植土高度；

5　种植土四周应设挡墙，挡墙下部应设泄水孔，并应与排水出口连通；

6　种植土应根据种植植物的要求选择综合性能良好的材料；种植土厚度应根据不同种植土和植物种类等确定；

7　种植隔热层的屋面坡度大于20%时，其排水层、种植土应采取防滑措施。

4.4.9　架空隔热层的设计应符合下列规定：

1　架空隔热层宜在屋顶有良好通风的建筑物上采用，不宜在寒冷地区采用；

2　当采用混凝土板架空隔热层时，屋面坡度不宜大于5%；

3　架空隔热制品及其支座的质量应符合国家现行有关材料标准的规定；

4　架空隔热层的高度宜为180mm～300mm，架空板与女儿墙的距离不应小于250mm；

5　当屋面宽度大于10m时，架空隔热层中部应设置通风屋脊；

6　架空隔热层的进风口，宜设置在当地炎热季节最大频率风向的正压区，出风口宜设置在负压区。

4.4.10　蓄水隔热层的设计应符合下列规定：

1　蓄水隔热层不宜在寒冷地区、地震设防地区和振动较大的建筑物上采用；

2　蓄水隔热层的蓄水池应采用强度等级不低于C25、抗渗等级不低于P6的现浇混凝土，蓄水池内宜采用20mm厚防水砂浆抹面；

3　蓄水隔热层的排水坡度不宜大于0.5%；

4　蓄水隔热层应划分为若干蓄水区，每区的边长不宜大于10m，在变形缝的两侧应分成两个互不连通的蓄水区。长度超过40m的蓄水隔热层应分仓设置，分仓隔墙可采用现浇混凝土或砌体；

5　蓄水池应设溢水口、排水管和给水管，排水管应与排水出口连通；

6　蓄水池的蓄水深度宜为150mm～200mm；

7　蓄水池溢水口距分仓墙顶面的高度不得小于100mm；

8　蓄水池应设置人行通道。

4.5　卷材及涂膜防水层设计

4.5.1　卷材、涂膜屋面防水等级和防水做法应符合表4.5.1的规定。

表 4.5.1 卷材、涂膜屋面防水等级和防水做法

防水等级	防水做法
Ⅰ级	卷材防水层和卷材防水层、卷材防水层和涂膜防水层、复合防水层
Ⅱ级	卷材防水层、涂膜防水层、复合防水层

注：在Ⅰ级屋面防水做法中，防水层仅作单层卷材时，应符合有关单层防水卷材屋面技术的规定。

4.5.2 防水卷材的选择应符合下列规定：

1 防水卷材可按合成高分子防水卷材和高聚物改性沥青防水卷材选用，其外观质量和品种、规格应符合国家现行有关材料标准的规定；

2 应根据当地历年最高气温、最低气温、屋面坡度和使用条件等因素，选择耐热度、低温柔性相适应的卷材；

3 应根据地基变形程度、结构形式、当地年温差、日温差和振动等因素，选择拉伸性能相适应的卷材；

4 应根据屋面卷材的暴露程度，选择耐紫外线、耐老化、耐霉烂相适应的卷材；

5 种植隔热屋面的防水层应选择耐根穿刺防水卷材。

4.5.3 防水涂料的选择应符合下列规定：

1 防水涂料可按合成高分子防水涂料、聚合物水泥防水涂料和高聚物改性沥青防水涂料选用，其外观质量和品种、型号应符合国家现行有关材料标准的规定；

2 应根据当地历年最高气温、最低气温、屋面坡度和使用条件等因素，选择耐热性、低温柔性相适应的涂料；

3 应根据地基变形程度、结构形式、当地年温差、日温差和振动等因素，选择拉伸性能相适应的涂料；

4 应根据屋面涂膜的暴露程度，选择耐紫外线、耐老化相适应的涂料；

5 屋面坡度大于25%时，应选择成膜时间较短的涂料。

4.5.4 复合防水层设计应符合下列规定：

1 选用的防水卷材与防水涂料应相容；

2 防水涂膜宜设置在防水卷材的下面；

3 挥发固化型防水涂料不得作为防水卷材粘结材料使用；

4 水乳型或合成高分子类防水涂膜上面，不得采用热熔型防水卷材；

5 水乳型或水泥基类防水涂料，应待涂膜实干后再采用冷粘铺贴卷材。

4.5.5 每道卷材防水层最小厚度应符合表4.5.5的规定。

表 4.5.5 每道卷材防水层最小厚度（mm）

防水等级	合成高分子防水卷材	高聚物改性沥青防水卷材		
		聚酯胎、玻纤胎、聚乙烯胎	自粘聚酯胎	自粘无胎
Ⅰ级	1.2	3.0	2.0	1.5
Ⅱ级	1.5	4.0	3.0	2.0

4.5.6 每道涂膜防水层最小厚度应符合表4.5.6的规定。

表 4.5.6 每道涂膜防水层最小厚度（mm）

防水等级	合成高分子防水涂膜	聚合物水泥防水涂膜	高聚物改性沥青防水涂膜
Ⅰ级	1.5	1.5	2.0
Ⅱ级	2.0	2.0	3.0

4.5.7 复合防水层最小厚度应符合表4.5.7的规定。

表 4.5.7 复合防水层最小厚度（mm）

防水等级	合成高分子防水卷材＋合成高分子防水涂膜	自粘聚合物改性沥青防水卷材（无胎）＋合成高分子防水涂膜	高聚物改性沥青防水卷材＋高聚物改性沥青防水涂膜	聚乙烯丙纶卷材＋聚合物水泥防水胶结材料
Ⅰ级	1.2＋1.5	1.5＋1.5	3.0＋2.0	(0.7＋1.3)×2
Ⅱ级	1.0＋1.0	1.2＋1.0	3.0＋1.2	0.7＋1.3

4.5.8 下列情况不得作为屋面的一道防水设防：

1 混凝土结构层；

2 Ⅰ型喷涂硬泡聚氨酯保温层；

3 装饰瓦及不搭接瓦；

4 隔汽层；

5 细石混凝土层；

6 卷材或涂膜厚度不符合本规范规定的防水层。

4.5.9 附加层设计应符合下列规定：

1 檐沟、天沟与屋面交接处、屋面平面与立面交接处，以及水落口、伸出屋面管道根部等部位，应设置卷材或涂膜附加层；

2 屋面找平层分格缝等部位，宜设置卷材空铺附加层，其空铺宽度不宜小于100mm；

3 附加层最小厚度应符合表4.5.9的规定。

表 4.5.9 附加层最小厚度（mm）

附加层材料	最小厚度
合成高分子防水卷材	1.2
高聚物改性沥青防水卷材（聚酯胎）	3.0

续表 4.5.9

附加层材料	最小厚度
合成高分子防水涂料、聚合物水泥防水涂料	1.5
高聚物改性沥青防水涂料	2.0

注：涂膜附加层应夹铺胎体增强材料。

4.5.10 防水卷材接缝应采用搭接缝，卷材搭接宽度应符合表 4.5.10 的规定。

表 4.5.10 卷材搭接宽度（mm）

卷材类别		搭接宽度
合成高分子防水卷材	胶粘剂	80
	胶粘带	50
	单缝焊	60，有效焊接宽度不小于 25
	双缝焊	80，有效焊接宽度 10×2+空腔宽
高聚物改性沥青防水卷材	胶粘剂	100
	自粘	80

4.5.11 胎体增强材料设计应符合下列规定：

1 胎体增强材料宜采用聚酯无纺布或化纤无纺布；

2 胎体增强材料长边搭接宽度不应小于 50mm，短边搭接宽度不应小于 70mm；

3 上下层胎体增强材料的长边搭接缝应错开，且不得小于幅宽的 1/3；

4 上下层胎体增强材料不得相互垂直铺设。

4.6 接缝密封防水设计

4.6.1 屋面接缝应按密封材料的使用方式，分为位移接缝和非位移接缝。屋面接缝密封防水技术要求应符合表 4.6.1 的规定。

表 4.6.1 屋面接缝密封防水技术要求

接缝种类	密封部位	密封材料
位移接缝	混凝土面层分格接缝	改性石油沥青密封材料、合成高分子密封材料
	块体面层分格缝	改性石油沥青密封材料、合成高分子密封材料
	采光顶玻璃接缝	硅酮耐候密封胶
	采光顶周边接缝	合成高分子密封材料
	采光顶隐框玻璃与金属框接缝	硅酮结构密封胶
	采光顶明框单元板块间接缝	硅酮耐候密封胶
非位移接缝	高聚物改性沥青卷材收头	改性石油沥青密封材料
	合成高分子卷材收头及接缝封边	合成高分子密封材料
	混凝土基层固定件周边接缝	改性石油沥青密封材料、合成高分子密封材料
	混凝土构件间接缝	改性石油沥青密封材料、合成高分子密封材料

4.6.2 接缝密封防水设计应保证密封部位不渗水，并应做到接缝密封防水与主体防水层相匹配。

4.6.3 密封材料的选择应符合下列规定：

1 应根据当地历年最高气温、最低气温、屋面构造特点和使用条件等因素，选择耐热度、低温柔性相适应的密封材料；

2 应根据屋面接缝变形的大小以及接缝的宽度，选择位移能力相适应的密封材料；

3 应根据屋面接缝粘结性要求，选择与基层材料相容的密封材料；

4 应根据屋面接缝的暴露程度，选择耐高低温、耐紫外线、耐老化和耐潮湿等性能相适应的密封材料。

4.6.4 位移接缝密封防水设计应符合下列规定：

1 接缝宽度应按屋面接缝位移量计算确定；

2 接缝的相对位移量不应大于可供选择密封材料的位移能力；

3 密封材料的嵌填深度宜为接缝宽度的 50%～70%；

4 接缝处的密封材料底部应设置背衬材料，背衬材料应大于接缝宽度 20%，嵌入深度应为密封材料的设计厚度；

5 背衬材料应选择与密封材料不粘结或粘结力弱的材料，并应能适应基层的伸缩变形，同时应具有施工时不变形、复原率高和耐久性好等性能。

4.7 保护层和隔离层设计

4.7.1 上人屋面保护层可采用块体材料、细石混凝土等材料，不上人屋面保护层可采用浅色涂料、铝箔、矿物粒料、水泥砂浆等材料。保护层材料的适用范围和技术要求应符合表 4.7.1 的规定。

表 4.7.1 保护层材料的适用范围和技术要求

保护层材料	适用范围	技术要求
浅色涂料	不上人屋面	丙烯酸系反射涂料
铝箔	不上人屋面	0.05mm 厚铝箔反射膜

续表 4.7.1

保护层材料	适用范围	技术要求
矿物粒料	不上人屋面	不透明的矿物粒料
水泥砂浆	不上人屋面	20mm 厚 1：2.5 或 M15 水泥砂浆
块体材料	上人屋面	地砖或 30mm 厚 C20 细石混凝土预制块
细石混凝土	上人屋面	40mm 厚 C20 细石混凝土或 50mm 厚 C20 细石混凝土内配 $\phi4@100$ 双向钢筋网片

4.7.2 采用块体材料做保护层时，宜设分格缝，其纵横间距不宜大于 10m，分格缝宽度宜为 20mm，并应用密封材料嵌填。

4.7.3 采用水泥砂浆做保护层时，表面应抹平压光，并应设表面分格缝，分格面积宜为 $1m^2$。

4.7.4 采用细石混凝土做保护层时，表面应抹平压光，并应设分格缝，其纵横间距不应大于 6m，分格缝宽度宜为 10mm～20mm，并应用密封材料嵌填。

4.7.5 采用淡色涂料做保护层时，应与防水层粘结牢固，厚薄应均匀，不得漏涂。

4.7.6 块体材料、水泥砂浆、细石混凝土保护层与女儿墙或山墙之间，应预留宽度为 30mm 的缝隙，缝内宜填塞聚苯乙烯泡沫塑料，并应用密封材料嵌填。

4.7.7 需经常维护的设施周围和屋面出入口至设施之间的人行道，应铺设块体材料或细石混凝土保护层。

4.7.8 块体材料、水泥砂浆、细石混凝土保护层与卷材、涂膜防水层之间，应设置隔离层。隔离层材料的适用范围和技术要求宜符合表 4.7.8 的规定。

表 4.7.8 隔离层材料的适用范围和技术要求

隔离层材料	适用范围	技术要求
塑料膜	块体材料、水泥砂浆保护层	0.4mm 厚聚乙烯膜或 3mm 厚发泡聚乙烯膜
土工布	块体材料、水泥砂浆保护层	$200g/m^2$ 聚酯无纺布
卷材	块体材料、水泥砂浆保护层	石油沥青卷材一层
低强度等级砂浆	细石混凝土保护层	10mm 厚黏土砂浆，石灰膏：砂：黏土＝1：2.4：3.6
		10mm 厚石灰砂浆，石灰膏：砂＝1：4
		5mm 厚掺有纤维的石灰砂浆

4.8 瓦屋面设计

4.8.1 瓦屋面防水等级和防水做法应符合表 4.8.1 的规定。

表 4.8.1 瓦屋面防水等级和防水做法

防水等级	防水做法
Ⅰ级	瓦＋防水层
Ⅱ级	瓦＋防水垫层

注：防水层厚度应符合本规范第 4.5.5 条或第 4.5.6 条Ⅱ级防水的规定。

4.8.2 瓦屋面应根据瓦的类型和基层种类采取相应的构造做法。

4.8.3 瓦屋面与山墙及突出屋面结构的交接处，均应做不小于 250mm 高的泛水处理。

4.8.4 在大风及地震设防地区或屋面坡度大于 100%时，瓦片应采取固定加强措施。

4.8.5 严寒及寒冷地区瓦屋面，檐口部位应采取防止冰雪融化下坠和冰坝形成等措施。

4.8.6 防水垫层宜采用自粘聚合物沥青防水垫层、聚合物改性沥青防水垫层，其最小厚度和搭接宽度应符合表 4.8.6 的规定。

表 4.8.6 防水垫层的最小厚度和搭接宽度（mm）

防水垫层品种	最小厚度	搭接宽度
自粘聚合物沥青防水垫层	1.0	80
聚合物改性沥青防水垫层	2.0	100

4.8.7 在满足屋面荷载的前提下，瓦屋面持钉层厚度应符合下列规定：

1 持钉层为木板时，厚度不应小于 20mm；

2 持钉层为人造板时，厚度不应小于 16mm；

3 持钉层为细石混凝土时，厚度不应小于 35mm。

4.8.8 瓦屋面檐沟、天沟的防水层，可采用防水卷材或防水涂膜，也可采用金属板材。

Ⅰ 烧结瓦、混凝土瓦屋面

4.8.9 烧结瓦、混凝土瓦屋面的坡度不应小于 30%。

4.8.10 采用的木质基层、顺水条、挂瓦条，均应作防腐、防火和防蛀处理；采用的金属顺水条、挂瓦条，均应作防锈蚀处理。

4.8.11 烧结瓦、混凝土瓦应采用干法挂瓦，瓦与屋面基层应固定牢靠。

4.8.12 烧结瓦和混凝土瓦铺装的有关尺寸应符合下列规定：

1 瓦屋面檐口挑出墙面的长度不宜小于 300mm；

2 脊瓦在两坡面瓦上的搭盖宽度，每边不应小于 40mm；

3 脊瓦下端距坡面瓦的高度不宜大于 80mm；

4 瓦头伸入檐沟、天沟内的长度宜为 50mm～70mm；

5 金属檐沟、天沟伸入瓦内的宽度不应小于150mm；

6 瓦头挑出檐口的长度宜为50mm～70mm；

7 突出屋面结构的侧面瓦伸入泛水的宽度不应小于50mm。

Ⅱ 沥青瓦屋面

4.8.13 沥青瓦屋面的坡度不应小于20%。

4.8.14 沥青瓦应具有自粘胶带或相互搭接的连锁构造。矿物粒料或片料覆面沥青瓦的厚度不应小于2.6mm，金属箔面沥青瓦的厚度不应小于2mm。

4.8.15 沥青瓦的固定方式应以钉为主、粘结为辅。每张瓦片上不得少于4个固定钉；在大风地区或屋面坡度大于100%时，每张瓦片不得少于6个固定钉。

4.8.16 天沟部位铺设的沥青瓦可采用搭接式、编织式、敞开式。搭接式、编织式铺设时，沥青瓦下应增设不小于1000mm宽的附加层；敞开式铺设时，在防水层或防水垫层上应铺设厚度不小于0.45mm的防锈金属板材，沥青瓦与金属板材应用沥青基胶结材料粘结，其搭接宽度不应小于100mm。

4.8.17 沥青瓦铺装的有关尺寸应符合下列规定：

1 脊瓦在两坡面瓦上的搭盖宽度，每边不应小于150mm；

2 脊瓦与脊瓦的压盖面不应小于脊瓦面积的1/2；

3 沥青瓦挑出檐口的长度宜为10mm～20mm；

4 金属泛水板与沥青瓦的搭盖宽度不应小于100mm；

5 金属泛水板与突出屋面墙体的搭接高度不应小于250mm；

6 金属滴水板伸入沥青瓦下的宽度不应小于80mm。

4.9 金属板屋面设计

4.9.1 金属板屋面防水等级和防水做法应符合表4.9.1的规定。

表4.9.1 金属板屋面防水等级和防水做法

防水等级	防水做法
Ⅰ级	压型金属板＋防水垫层
Ⅱ级	压型金属板、金属面绝热夹芯板

注：1 当防水等级为Ⅰ级时，压型铝合金板基板厚度不应小于0.9mm；压型钢板基板厚度不应小于0.6mm；

2 当防水等级为Ⅰ级时，压型金属板应采用360°咬口锁边连接方式；

3 在Ⅰ级屋面防水做法中，仅作压型金属板时，应符合《金属压型板应用技术规范》等相关技术的规定。

4.9.2 金属板屋面可按建筑设计要求，选用镀层钢板、涂层钢板、铝合金板、不锈钢板和钛锌板等金属板材。金属板材及其配套的紧固件、密封材料，其材料的品种、规格和性能等应符合现行国家有关材料标准的规定。

4.9.3 金属板屋面应按围护结构进行设计，并应具有相应的承载力、刚度、稳定性和变形能力。

4.9.4 金属板屋面设计应根据当地风荷载、结构体形、热工性能、屋面坡度等情况，采用相应的压型金属板板型及构造系统。

4.9.5 金属板屋面在保温层的下面宜设置隔汽层，在保温层的上面宜设置防水透汽膜。

4.9.6 金属板屋面的防结露设计，应符合现行国家标准《民用建筑热工设计规范》GB 50176的有关规定。

4.9.7 压型金属板采用咬口锁边连接时，屋面的排水坡度不宜小于5%；压型金属板采用紧固件连接时，屋面的排水坡度不宜小于10%。

4.9.8 金属檐沟、天沟的伸缩缝间距不宜大于30m；内檐沟及内天沟应设置溢流口或溢流系统，沟内宜按0.5%找坡。

4.9.9 金属板的伸缩变形除应满足咬口锁边连接或紧固件连接的要求外，还应满足檩条、檐口及天沟等使用要求，且金属板最大伸缩变形量不应超过100mm。

4.9.10 金属板在主体结构的变形缝处宜断开，变形缝上部应加扣带伸缩的金属盖板。

4.9.11 金属板屋面的下列部位应进行细部构造设计：

1 屋面系统的变形缝；

2 高低跨处泛水；

3 屋面板缝、单元体构造缝；

4 檐沟、天沟、水落口；

5 屋面金属板材收头；

6 洞口、局部凸出体收头；

7 其他复杂的构造部位。

4.9.12 压型金属板采用咬口锁边连接的构造应符合下列规定：

1 在檩条上应设置与压型金属板波形相配套的专用固定支座，并应用自攻螺钉与檩条连接；

2 压型金属板应搁置在固定支座上，两片金属板的侧边应确保在风吸力等因素作用下扣合或咬合连接可靠；

3 在大风地区或高度大于30m的屋面，压型金属板应采用360°咬口锁边连接；

4 大面积屋面和弧状或组合弧状屋面，压型金属板的立边咬合宜采用暗扣直立锁边屋面系统；

5 单坡尺寸过长或环境温差过大的屋面，压型金属板宜采用滑动式支座的360°咬口锁边连接。

4.9.13 压型金属板采用紧固件连接的构造应符合下列规定：

1 铺设高波压型金属板时，在檩条上应设置固定支架，固定支架应采用自攻螺钉与檩条连接，连接件宜每波设置一个；

2 铺设低波压型金属板时，可不设固定支架，应在波峰处采用带防水密封胶垫的自攻螺钉与檩条连接，连接件可每波或隔波设置一个，但每块板不得少于3个；

3 压型金属板的纵向搭接应位于檩条处，搭接端应与檩条有可靠的连接，搭接部位应设置防水密封胶带。压型金属板的纵向最小搭接长度应符合表4.9.13的规定；

表 4.9.13 压型金属板的纵向最小搭接长度（mm）

压型金属板		纵向最小搭接长度
高波压型金属板		350
低波压型金属板	屋面坡度≤10%	250
	屋面坡度>10%	200

4 压型金属板的横向搭接方向宜与主导风向一致，搭接不应小于一个波，搭接部位应设置防水密封胶带。搭接处用连接件紧固时，连接件应采用带防水密封胶垫的自攻螺钉设置在波峰上。

4.9.14 金属面绝热夹芯板采用紧固件连接的构造，应符合下列规定：

1 应采用屋面板压盖和带防水密封胶垫的自攻螺钉，将夹芯板固定在檩条上；

2 夹芯板的纵向搭接应位于檩条处，每块板的支座宽度不应小于50mm，支承处宜采用双檩或檩条一侧加焊通长角钢；

3 夹芯板的纵向搭接应顺流水方向，纵向搭接长度不应小于200mm，搭接部位均应设置防水密封胶带，并应用拉铆钉连接；

4 夹芯板的横向搭接方向宜与主导风向一致，搭接尺寸应按具体板型确定，连接部位均应设置防水密封胶带，并应用拉铆钉连接。

4.9.15 金属板屋面铺装的有关尺寸应符合下列规定：

1 金属板檐口挑出墙面的长度不应小于200mm；

2 金属板伸入檐沟、天沟内的长度不应小于100mm；

3 金属泛水板与突出屋面墙体的搭接高度不应小于250mm；

4 金属泛水板、变形缝盖板与金属板的搭盖宽度不应小于200mm；

5 金属屋脊盖板在两坡面金属板上的搭盖宽度不应小于250mm。

4.9.16 压型金属板和金属面绝热夹芯板的外露自攻螺钉、拉铆钉，均应采用硅酮耐候密封胶密封。

4.9.17 固定支座应选用与支承构件相同材质的金属材料。当选用不同材质金属材料并易产生电化学腐蚀时，固定支座与支承构件之间应采用绝缘垫片或采取其他防腐蚀措施。

4.9.18 采光带设置宜高出金属板屋面250mm。采光带的四周与金属板屋面的交接处，均应作泛水处理。

4.9.19 金属板屋面应按设计要求提供抗风揭试验验证报告。

4.10 玻璃采光顶设计

4.10.1 玻璃采光顶设计应根据建筑物的屋面形式、使用功能和美观要求，选择结构类型、材料和细部构造。

4.10.2 玻璃采光顶的物理性能等级，应根据建筑物的类别、高度、体形、功能以及建筑物所在的地理位置、气候和环境条件进行设计。玻璃采光顶的物理性能分级指标，应符合现行行业标准《建筑玻璃采光顶》JG/T 231的有关规定。

4.10.3 玻璃采光顶所用支承构件、透光面板及其配套的紧固件、连接件、密封材料，其材料的品种、规格和性能等应符合国家现行有关材料标准的规定。

4.10.4 玻璃采光顶应采用支承结构找坡，排水坡度不宜小于5%。

4.10.5 玻璃采光顶的下列部位应进行细部构造设计：

1 高低跨处泛水；

2 采光板板缝、单元体构造缝；

3 天沟、檐沟、水落口；

4 采光顶周边交接部位；

5 洞口、局部凸出体收头；

6 其他复杂的构造部位。

4.10.6 玻璃采光顶的防结露设计，应符合现行国家标准《民用建筑热工设计规范》GB 50176的有关规定；对玻璃采光顶内侧的冷凝水，应采取控制、收集和排除的措施。

4.10.7 玻璃采光顶支承结构选用的金属材料应作防腐处理，铝合金型材应作表面处理；不同金属构件接触面之间应采取隔离措施。

4.10.8 玻璃采光顶的玻璃应符合下列规定：

1 玻璃采光顶应采用安全玻璃，宜采用夹层玻璃或夹层中空玻璃；

2 玻璃原片应根据设计要求选用，且单片玻璃厚度不宜小于6mm；

3 夹层玻璃的玻璃原片厚度不宜小于5mm；

4 上人的玻璃采光顶应采用夹层玻璃；

5 点支承玻璃采光顶应采用钢化夹层玻璃；

6 所有采光顶的玻璃应进行磨边倒角处理。

4.10.9 玻璃采光顶所采用夹层玻璃除应符合现行国家标准《建筑用安全玻璃 第3部分：夹层玻璃》GB 15763.3的有关规定外，尚应符合下列规定：

1 夹层玻璃宜为干法加工合成，夹层玻璃的两片玻璃厚度相差不宜大于2mm；

2 夹层玻璃的胶片宜采用聚乙烯醇缩丁醛胶片，聚乙烯醇缩丁醛胶片的厚度不应小于0.76mm；

3 暴露在空气中的夹层玻璃边缘应进行密封处理。

4.10.10 玻璃采光顶所采用夹层中空玻璃除应符合本规范第4.10.9条和现行国家标准《中空玻璃》GB/T 11944的有关规定外，尚应符合下列规定：

1 中空玻璃气体层的厚度不应小于12mm；

2 中空玻璃宜采用双道密封结构。隐框或半隐框中空玻璃的二道密封应采用硅酮结构密封胶；

3 中空玻璃的夹层面应在中空玻璃的下表面。

4.10.11 采光顶玻璃组装采用镶嵌方式时，应采取防止玻璃整体脱落的措施。玻璃与构件槽口的配合尺寸应符合现行行业标准《建筑玻璃采光顶》JG/T 231的有关规定；玻璃四周应采用密封胶条镶嵌，其性能应符合国家现行标准《硫化橡胶和热塑性橡胶 建筑用预成型密封垫的分类、要求和试验方法》HG/T 3100和《工业用橡胶板》GB/T 5574的有关规定。

4.10.12 采光顶玻璃组装采用胶粘方式时，隐框和半隐框构件的玻璃与金属框之间，应采用与接触材料相容的硅酮结构密封胶粘结，其粘结宽度及厚度应符合强度要求。硅酮结构密封胶应符合现行国家标准《建筑用硅酮结构密封胶》GB 16776的有关规定。

4.10.13 采光顶玻璃采用点支组装方式时，连接件的钢制驳接爪与玻璃之间应设置衬垫材料，衬垫材料的厚度不宜小于1mm，面积不应小于支承装置与玻璃的结合面。

4.10.14 玻璃间的接缝宽度应能满足玻璃和密封胶的变形要求，且不应小于10mm；密封胶的嵌填深度宜为接缝宽度的50%～70%，较深的密封槽口底部应采用聚乙烯发泡材料填塞。玻璃接缝密封宜选用位移能力级别为25级硅酮耐候密封胶，密封胶应符合现行行业标准《幕墙玻璃接缝用密封胶》JC/T 882的有关规定。

4.11 细部构造设计

4.11.1 屋面细部构造应包括檐口、檐沟和天沟、女儿墙和山墙、水落口、变形缝、伸出屋面管道、屋面出入口、反梁过水孔、设施基座、屋脊、屋顶窗等部位。

4.11.2 细部构造设计应做到多道设防、复合用材、连续密封、局部增强，并应满足使用功能、温差变形、施工环境条件和可操作性等要求。

4.11.3 细部构造所用密封材料的选择应符合本规范第4.6.3条的规定。

4.11.4 细部构造中容易形成热桥的部位均应进行保温处理。

4.11.5 檐口、檐沟外侧下端及女儿墙压顶内侧下端等部位均应作滴水处理，滴水槽宽度和深度不宜小于10mm。

Ⅰ 檐 口

4.11.6 卷材防水屋面檐口800mm范围内的卷材应满粘，卷材收头应采用金属压条钉压，并应用密封材料封严。檐口下端应做鹰嘴和滴水槽（图4.11.6）。

4.11.7 涂膜防水屋面檐口的涂膜收头，应用防水涂料多遍涂刷。檐口下端应做鹰嘴和滴水槽（图4.11.7）。

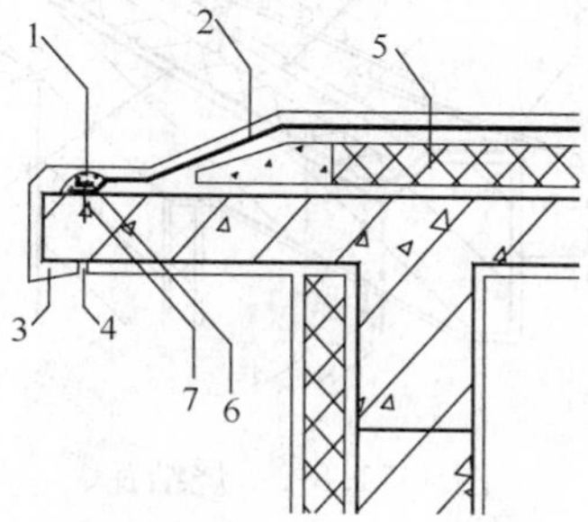

图4.11.6 卷材防水屋面檐口

1—密封材料；2—卷材防水层；3—鹰嘴；4—滴水槽；5—保温层；6—金属压条；7—水泥钉

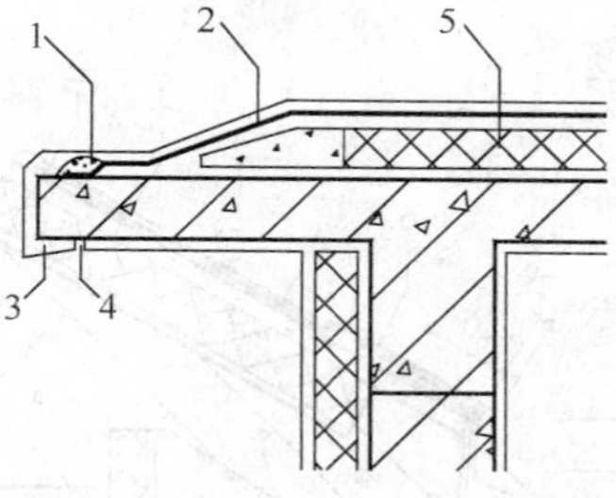

图4.11.7 涂膜防水屋面檐口

1—涂料多遍涂刷；2—涂膜防水层；3—鹰嘴；4—滴水槽；5—保温层

4.11.8 烧结瓦、混凝土瓦屋面的瓦头挑出檐口的长度宜为50mm～70mm（图4.11.8-1、图4.11.8-2）。

4.11.9 沥青瓦屋面的瓦头挑出檐口的长度宜为10mm～20mm；金属滴水板应固定在基层上，伸入沥青瓦下宽度不应小于80mm，向下延伸长度不应小于60mm（图4.11.9）。

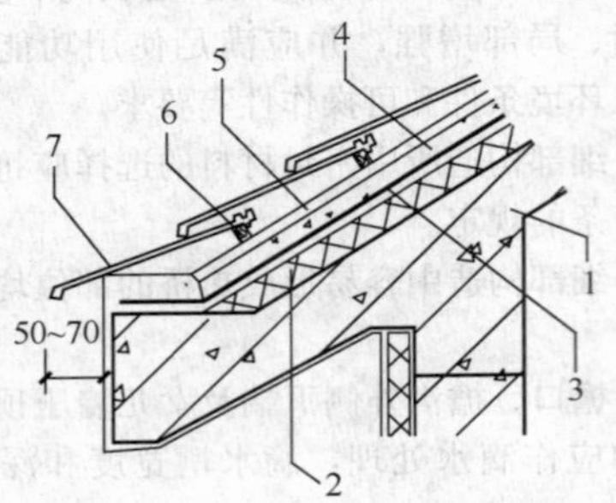

图 4.11.8-1　烧结瓦、混凝土瓦屋面檐口（一）

1—结构层；2—保温层；3—防水层或防水垫层；4—持钉层；5—顺水条；6—挂瓦条；7—烧结瓦或混凝土瓦

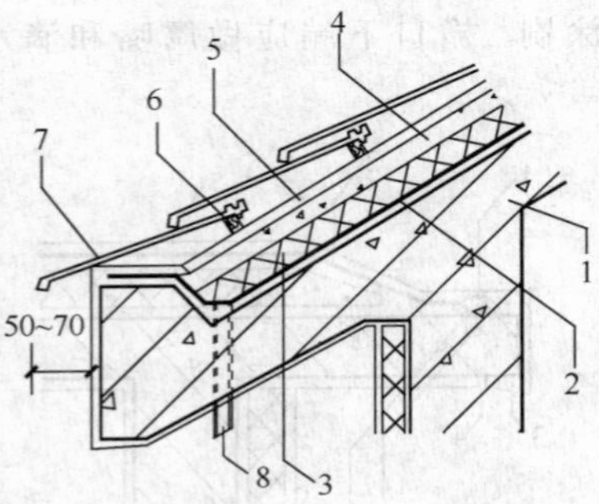

图 4.11.8-2　烧结瓦、混凝土瓦屋面檐口（二）

1—结构层；2—防水层或防水垫层；3—保温层；4—持钉层；5—顺水条；6—挂瓦条；7—烧结瓦或混凝土瓦；8—泄水管

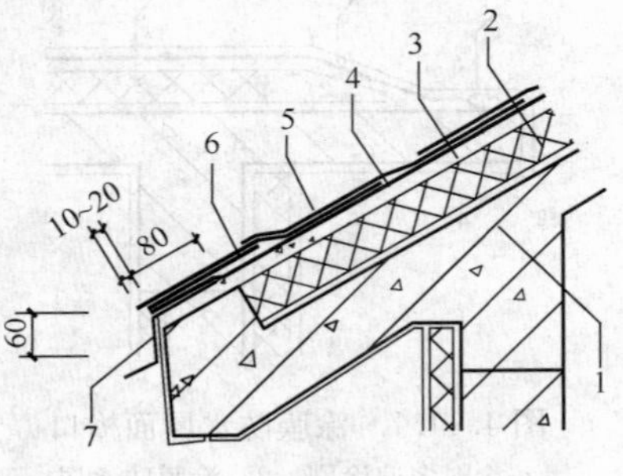

图 4.11.9　沥青瓦屋面檐口

1—结构层；2—保温层；3—持钉层；4—防水层或防水垫层；5—沥青瓦；6—起始层沥青瓦；7—金属滴水板

4.11.10　金属板屋面檐口挑出墙面的长度不应小于200mm；屋面板与墙板交接处应设置金属封檐板和压条（图 4.11.10）。

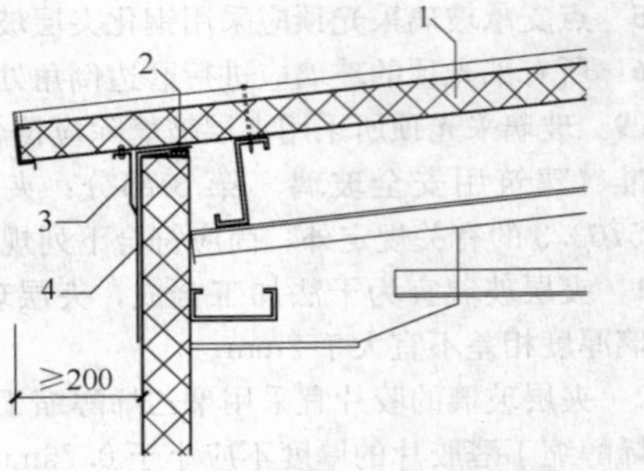

图 4.11.10　金属板屋面檐口

1—金属板；2—通长密封条；3—金属压条；4—金属封檐板

Ⅱ　檐沟和天沟

4.11.11　卷材或涂膜防水屋面檐沟（图 4.11.11）和天沟的防水构造，应符合下列规定：

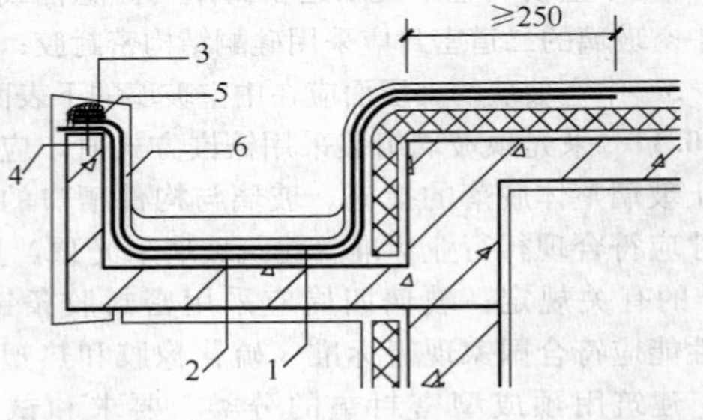

图 4.11.11　卷材、涂膜防水屋面檐沟

1—防水层；2—附加层；3—密封材料；4—水泥钉；5—金属压条；6—保护层

1　檐沟和天沟的防水层下应增设附加层，附加层伸入屋面的宽度不应小于250mm；

2　檐沟防水层和附加层应由沟底翻上至外侧顶部，卷材收头应用金属压条钉压，并应用密封材料封严，涂膜收头应用防水涂料多遍涂刷；

3　檐沟外侧下端应做鹰嘴或滴水槽；

4　檐沟外侧高于屋面结构板时，应设置溢水口。

4.11.12　烧结瓦、混凝土瓦屋面檐沟（图 4.11.12）

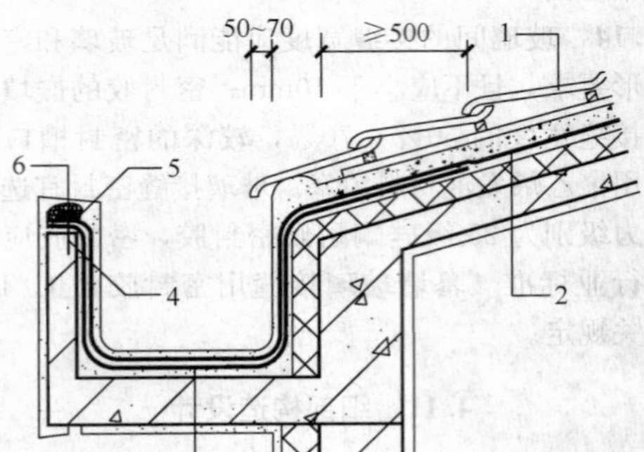

图 4.11.12　烧结瓦、混凝土瓦屋面檐沟

1—烧结瓦或混凝土瓦；2—防水层或防水垫层；3—附加层；4—水泥钉；5—金属压条；6—密封材料

和天沟的防水构造，应符合下列规定：

1 檐沟和天沟防水层下应增设附加层，附加层伸入屋面的宽度不应小于500mm；

2 檐沟和天沟防水层伸入瓦内的宽度不应小于150mm，并应与屋面防水层或防水垫层顺流水方向搭接；

3 檐沟防水层和附加层应由沟底翻上至外侧顶部，卷材收头应用金属压条钉压，并应用密封材料封严；涂膜收头应用防水涂料多遍涂刷；

4 烧结瓦、混凝土瓦伸入檐沟、天沟内的长度，宜为50mm～70mm。

4.11.13 沥青瓦屋面檐沟和天沟的防水构造，应符合下列规定：

1 檐沟防水层下应增设附加层，附加层伸入屋面的宽度不应小于500mm；

2 檐沟防水层伸入瓦内的宽度不应小于150mm，并应与屋面防水层或防水垫层顺流水方向搭接；

3 檐沟防水层和附加层应由沟底翻上至外侧顶部，卷材收头应用金属压条钉压，并应用密封材料封严；涂膜收头应用防水涂料多遍涂刷；

4 沥青瓦伸入檐沟内的长度宜为10mm～20mm；

5 天沟采用搭接式或编织式铺设时，沥青瓦下应增设不小于1000mm宽的附加层（图4.11.13）；

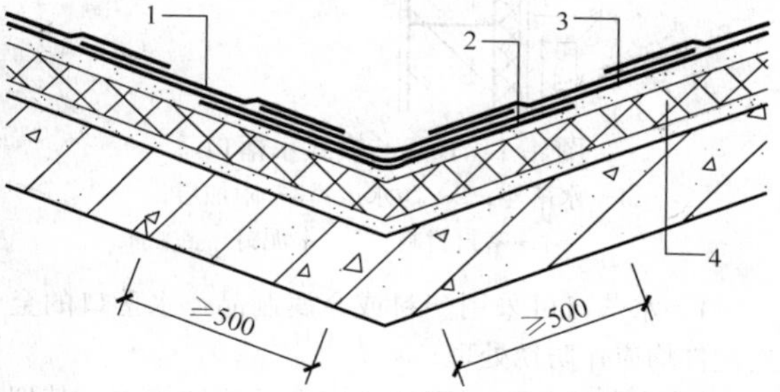

图4.11.13 沥青瓦屋面天沟

1—沥青瓦；2—附加层；3—防水层或防水垫层；4—保温层

6 天沟采用敞开式铺设时，在防水层或防水垫层上应铺设厚度不小于0.45mm的防锈金属板材，沥青瓦与金属板材应顺流水方向搭接，搭接缝应用沥青基胶结材料粘结，搭接宽度不应小于100mm。

Ⅲ 女儿墙和山墙

4.11.14 女儿墙的防水构造应符合下列规定：

1 女儿墙压顶可采用混凝土或金属制品。压顶向内排水坡度不应小于5%，压顶内侧下端应作滴水处理；

2 女儿墙泛水处的防水层下应增设附加层，附加层在平面和立面的宽度均不应小于250mm；

3 低女儿墙泛水处的防水层可直接铺贴或涂刷至压顶下，卷材收头应用金属压条钉压固定，并应用密封材料封严；涂膜收头应用防水涂料多遍涂刷（图4.11.14-1）；

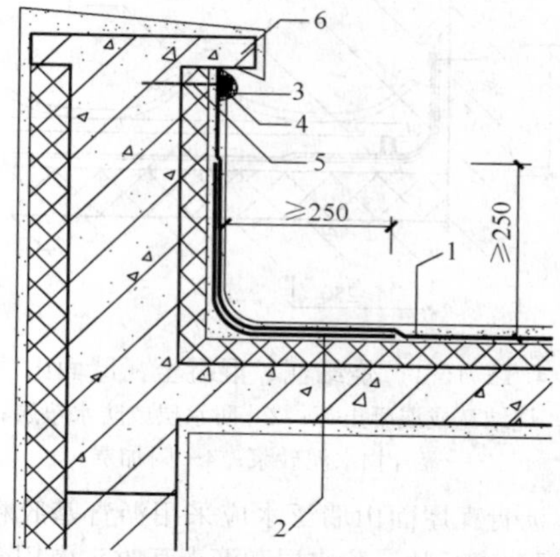

图4.11.14-1 低女儿墙

1—防水层；2—附加层；3—密封材料；4—金属压条；5—水泥钉；6—压顶

4 高女儿墙泛水处的防水层泛水高度不应小于250mm，防水层收头应符合本条第3款的规定；泛水上部的墙体应作防水处理（图4.11.14-2）；

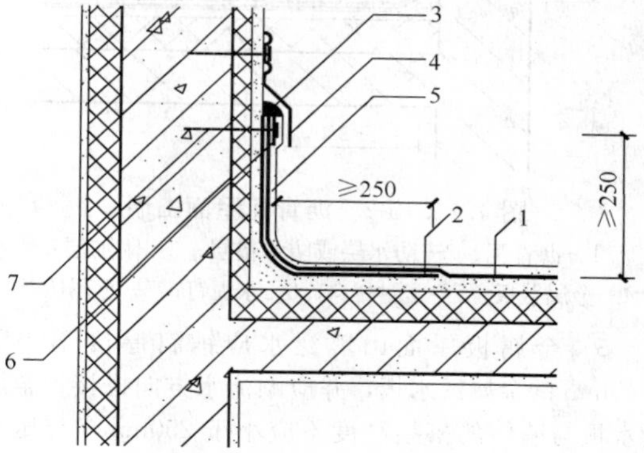

图4.11.14-2 高女儿墙

1—防水层；2—附加层；3—密封材料；4—金属盖板；5—保护层；6—金属压条；7—水泥钉

5 女儿墙泛水处的防水层表面，宜采用涂刷浅色涂料或浇筑细石混凝土保护。

4.11.15 山墙的防水构造应符合下列规定：

1 山墙压顶可采用混凝土或金属制品。压顶应向内排水，坡度不应小于5%，压顶内侧下端应作滴水处理；

2 山墙泛水处的防水层下应增设附加层，附加层在平面和立面的宽度均不应小于250mm；

3 烧结瓦、混凝土瓦屋面山墙泛水应采用聚合物水泥砂浆抹成，侧面瓦伸入泛水的宽度不应小于50mm（图4.11.15-1）；

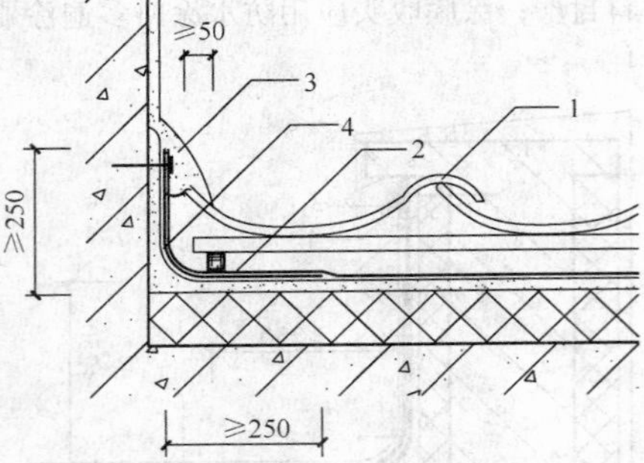

图 4.11.15-1　烧结瓦、混凝土瓦屋面山墙

1—烧结瓦或混凝土瓦；2—防水层或防水垫层；3—聚合物水泥砂浆；4—附加层

4　沥青瓦屋面山墙泛水应采用沥青基胶粘材料满粘一层沥青瓦片，防水层和沥青瓦收头应用金属压条钉压固定，并应用密封材料封严（图 4.11.15-2）；

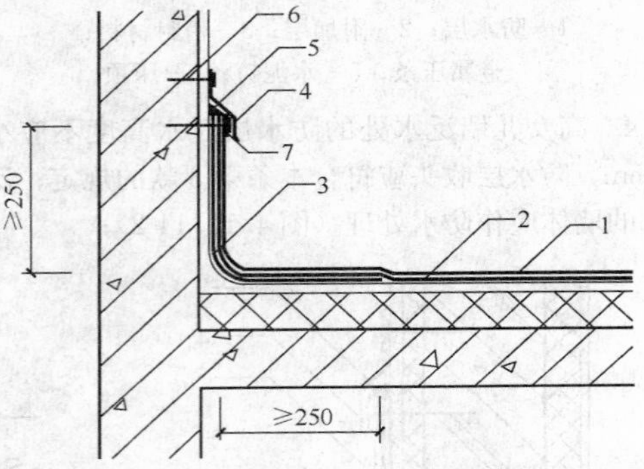

图 4.11.15-2　沥青瓦屋面山墙

1—沥青瓦；2—防水层或防水垫层；3—附加层；4—金属盖板；5—密封材料；6—水泥钉；7—金属压条

5　金属板屋面山墙泛水应铺钉厚度不小于 0.45mm 的金属泛水板，并应顺流水方向搭接；金属泛水板与墙体的搭接高度不应小于 250mm，与压型金属板的搭盖宽度宜为 1 波～2 波，并应在波峰处采用拉铆钉连接（图 4.11.15-3）。

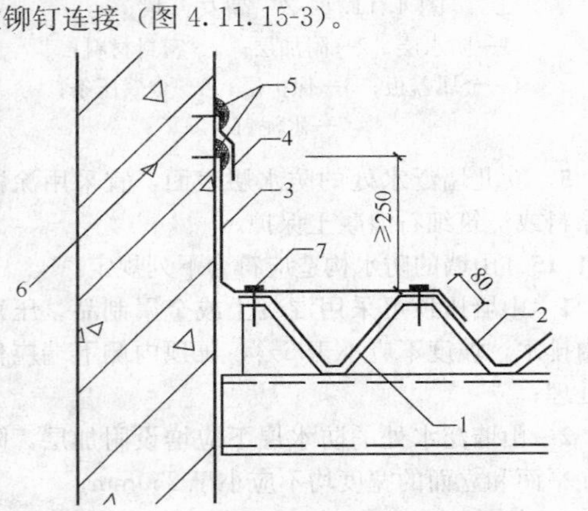

图 4.11.15-3　压型金属板屋面山墙

1—固定支架；2—压型金属板；3—金属泛水板；4—金属盖板；5—密封材料；6—水泥钉；7—拉铆钉

Ⅳ　水　落　口

4.11.16　重力式排水的水落口（图 4.11.16-1、图 4.11.16-2）防水构造应符合下列规定：

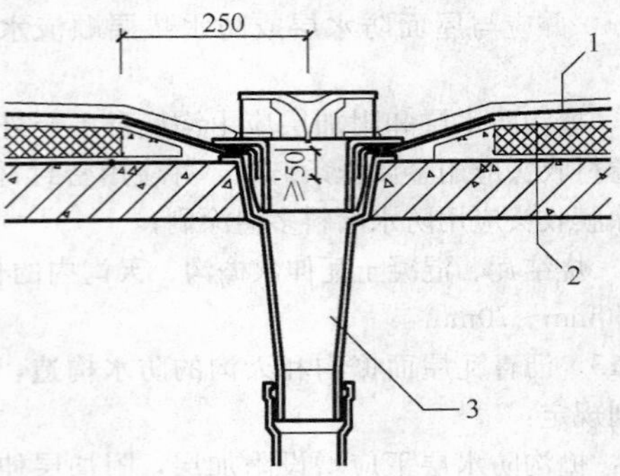

图 4.11.16-1　直式水落口

1—防水层；2—附加层；3—水落斗

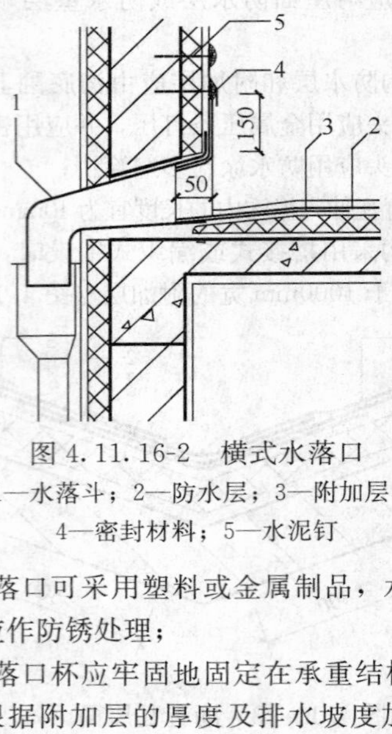

图 4.11.16-2　横式水落口

1—水落斗；2—防水层；3—附加层；4—密封材料；5—水泥钉

1　水落口可采用塑料或金属制品，水落口的金属配件均应作防锈处理；

2　水落口杯应牢固地固定在承重结构上，其埋设标高应根据附加层的厚度及排水坡度加大的尺寸确定；

3　水落口周围直径 500mm 范围内坡度不应小于 5%，防水层下应增设涂膜附加层；

4　防水层和附加层伸入水落口杯内不应小于 50mm，并应粘结牢固。

4.11.17　虹吸式排水的水落口防水构造应进行专项设计。

Ⅴ　变　形　缝

4.11.18　变形缝防水构造应符合下列规定：

1　变形缝泛水处的防水层下应增设附加层，附加层在平面和立面的宽度不应小于 250mm；防水层应铺贴或涂刷至泛水墙的顶部；

2　变形缝内应预填不燃保温材料，上部应采用防水卷材封盖，并放置衬垫材料，再在其上干铺一层卷材；

3 等高变形缝顶部宜加扣混凝土或金属盖板（图 4.11.18-1）；

4 高低跨变形缝在立墙泛水处，应采用有足够变形能力的材料和构造作密封处理（图 4.11.18-2）。

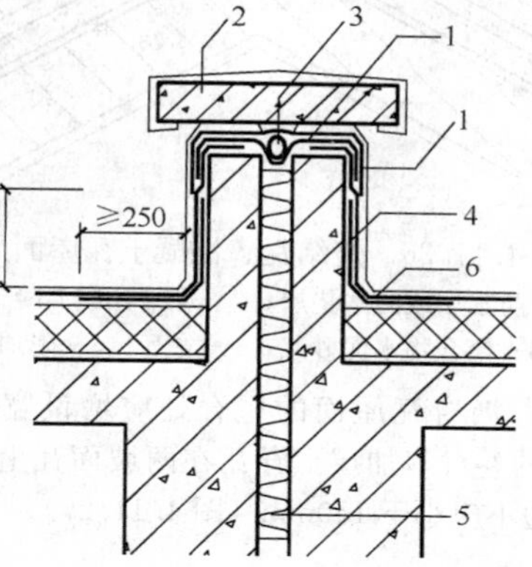

图 4.11.18-1 等高变形缝

1—卷材封盖；2—混凝土盖板；
3—衬垫材料；4—附加层；
5—不燃保温材料；6—防水层

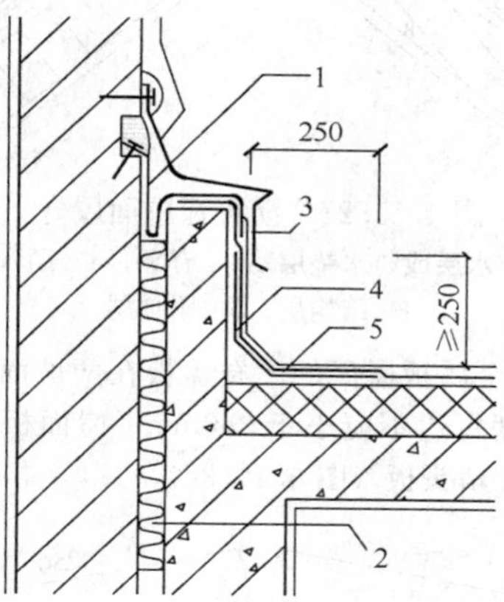

图 4.11.18-2 高低跨变形缝

1—卷材封盖；2—不燃保温材料；
3—金属盖板；4—附加层；
5—防水层

Ⅵ 伸出屋面管道

4.11.19 伸出屋面管道（图 4.11.19）的防水构造应符合下列规定：

1 管道周围的找平层应抹出高度不小于 30mm 的排水坡；

2 管道泛水处的防水层下应增设附加层，附加层在平面和立面的宽度均不应小于 250mm；

3 管道泛水处的防水层泛水高度不应小于 250mm；

4 卷材收头应用金属箍紧固和密封材料封严，涂膜收头应用防水涂料多遍涂刷。

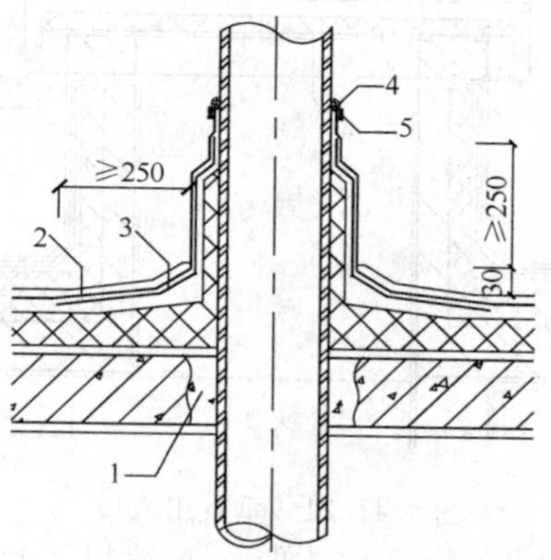

图 4.11.19 伸出屋面管道

1—细石混凝土；2—卷材防水层；
3—附加层；4—密封材料；5—金属箍

4.11.20 烧结瓦、混凝土瓦屋面烟囱（图 4.11.20）的防水构造，应符合下列规定：

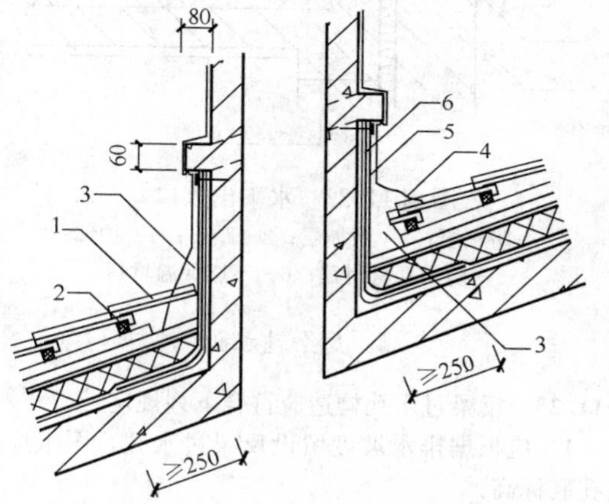

图 4.11.20 烧结瓦、混凝土瓦屋面烟囱

1—烧结瓦或混凝土瓦；2—挂瓦条；
3—聚合物水泥砂浆；4—分水线；
5—防水层或防水垫层；6—附加层

1 烟囱泛水处的防水层或防水垫层下应增设附加层，附加层在平面和立面的宽度不应小于 250mm；

2 屋面烟囱泛水应采用聚合物水泥砂浆抹成；

3 烟囱与屋面的交接处，应在迎水面中部抹出分水线，并应高出两侧各 30mm。

Ⅶ 屋面出入口

4.11.21 屋面垂直出入口泛水处应增设附加层，附加层在平面和立面的宽度均不应小于 250mm；防水层收头应在混凝土压顶圈下（图 4.11.21）。

4.11.22 屋面水平出入口泛水处应增设附加层和护墙，附加层在平面上的宽度不应小于 250mm；防水层收头应压在混凝土踏步下（图 4.11.22）。

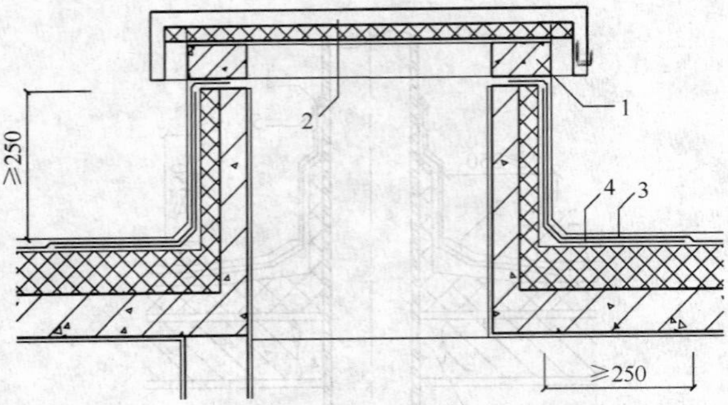

图 4.11.21　垂直出入口

1—混凝土压顶圈；2—上人孔盖；3—防水层；4—附加层

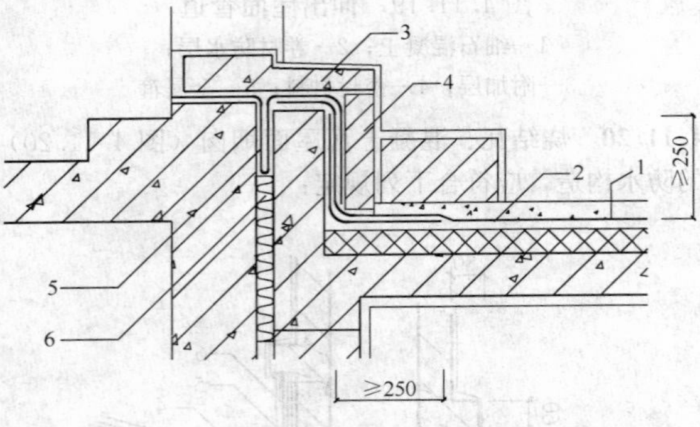

图 4.11.22　水平出入口

1—防水层；2—附加层；3—踏步；4—护墙；5—防水卷材封盖；6—不燃保温材料

Ⅷ　反梁过水孔

4.11.23　反梁过水孔构造应符合下列规定：

1　应根据排水坡度留设反梁过水孔，图纸应注明孔底标高；

2　反梁过水孔宜采用预埋管道，其管径不得小于 75mm；

3　过水孔可采用防水涂料、密封材料防水。预埋管道两端周围与混凝土接触处应留凹槽，并应用密封材料封严。

Ⅸ　设施基座

4.11.24　设施基座与结构层相连时，防水层应包裹设施基座的上部，并应在地脚螺栓周围作密封处理。

4.11.25　在防水层上放置设施时，防水层下应增设卷材附加层，必要时应在其上浇筑细石混凝土，其厚度不应小于 50mm。

Ⅹ　屋　　脊

4.11.26　烧结瓦、混凝土瓦屋面的屋脊处应增设宽度不小于 250mm 的卷材附加层。脊瓦下端距坡面瓦的高度不宜大于 80mm，脊瓦在两坡面瓦上的搭盖宽度，每边不应小于 40mm；脊瓦与坡瓦面之间的缝隙应采用聚合物水泥砂浆填实抹平（图 4.11.26）。

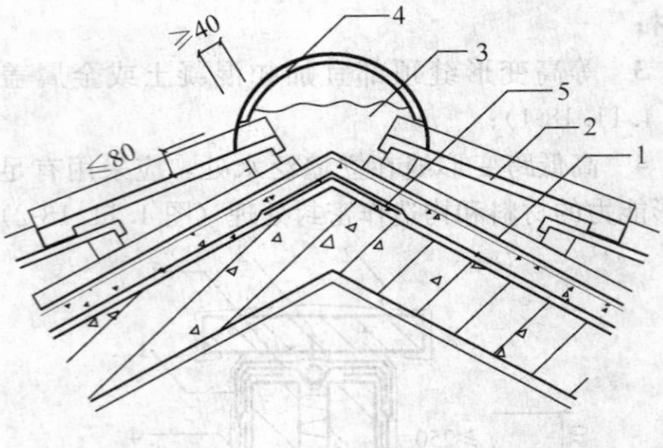

图 4.11.26　烧结瓦、混凝土瓦屋面屋脊

1—防水层或防水垫层；2—烧结瓦或混凝土瓦；3—聚合物水泥砂浆；4—脊瓦；5—附加层

4.11.27　沥青瓦屋面的屋脊处应增设宽度不小于 250mm 的卷材附加层。脊瓦在两坡面瓦上的搭盖宽度，每边不应小于 150mm（图 4.11.27）。

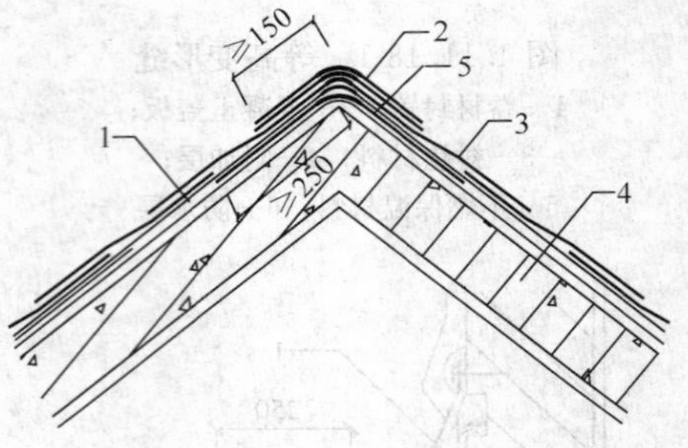

图 4.11.27　沥青瓦屋面屋脊

1—防水层或防水垫层；2—脊瓦；3—沥青瓦；4—结构层；5—附加层

4.11.28　金属板屋面的屋脊盖板在两坡面金属板上的搭盖宽度每边不应小于 250mm，屋面板端头应设置挡水板和堵头板（图 4.11.28）。

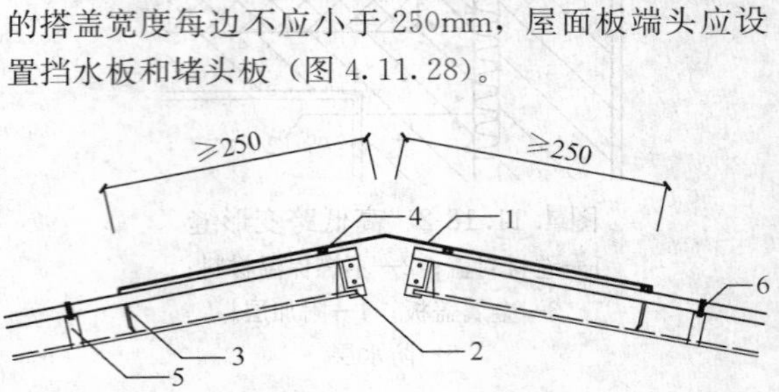

图 4.11.28　金属板材屋面屋脊

1—屋脊盖板；2—堵头板；3—挡水板；4—密封材料；5—固定支架；6—固定螺栓

Ⅺ　屋　顶　窗

4.11.29　烧结瓦、混凝土瓦与屋顶窗交接处，应采用金属排水板、窗框固定铁脚、窗口附加防水卷材、支瓦条等连接（图 4.11.29）。

4.11.30　沥青瓦屋面与屋顶窗交接处应采用金属排水板、窗框固定铁脚、窗口附加防水卷材等与结构层连接（图 4.11.30）。

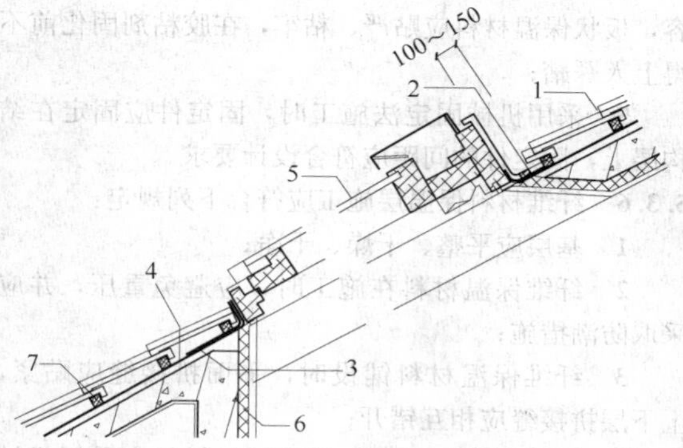

图 4.11.29　烧结瓦、混凝土瓦屋面屋顶窗

1—烧结瓦或混凝土瓦；2—金属排水板；3—窗口附加防水卷材；4—防水层或防水垫层；5—屋顶窗；6—保温层；7—支瓦条

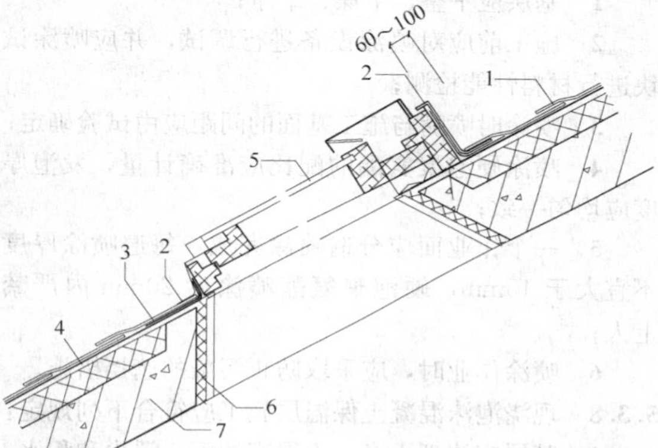

图 4.11.30　沥青瓦屋面屋顶窗

1—沥青瓦；2—金属排水板；3—窗口附加防水卷材；4—防水层或防水垫层；5—屋顶窗；6—保温层；7—结构层

5　屋面工程施工

5.1　一 般 规 定

5.1.1　屋面防水工程应由具备相应资质的专业队伍进行施工。作业人员应持证上岗。

5.1.2　屋面工程施工前应通过图纸会审，并应掌握施工图中的细部构造及有关技术要求；施工单位应编制屋面工程的专项施工方案或技术措施，并应进行现场技术安全交底。

5.1.3　屋面工程所采用的防水、保温材料应有产品合格证书和性能检测报告，材料的品种、规格、性能等应符合设计和产品标准的要求。材料进场后，应按规定抽样检验，提出检验报告。工程中严禁使用不合格的材料。

5.1.4　屋面工程施工的每道工序完成后，应经监理或建设单位检查验收，并应在合格后再进行下道工序的施工。当下道工序或相邻工程施工时，应对已完成的部分采取保护措施。

5.1.5　屋面工程施工的防火安全应符合下列规定：

1　可燃类防水、保温材料进场后，应远离火源；露天堆放时，应采用不燃材料完全覆盖；

2　防火隔离带施工应与保温材料施工同步进行；

3　不得直接在可燃类防水、保温材料上进行热熔或热粘法施工；

4　喷涂硬泡聚氨酯作业时，应避开高温环境；施工工艺、工具及服装等应采取防静电措施；

5　施工作业区应配备消防灭火器材；

6　火源、热源等火灾危险源应加强管理；

7　屋面上需要进行焊接、钻孔等施工作业时，周围环境应采取防火安全措施。

5.1.6　屋面工程施工必须符合下列安全规定：

1　严禁在雨天、雪天和五级风及其以上时施工；

2　屋面周边和预留孔洞部位，必须按临边、洞口防护规定设置安全护栏和安全网；

3　屋面坡度大于30%时，应采取防滑措施；

4　施工人员应穿防滑鞋，特殊情况下无可靠安全措施时，操作人员必须系好安全带并扣好保险钩。

5.2　找坡层和找平层施工

5.2.1　装配式钢筋混凝土板的板缝嵌填施工应符合下列规定：

1　嵌填混凝土前板缝内应清理干净，并应保持湿润；

2　当板缝宽度大于40mm或上窄下宽时，板缝内应按设计要求配置钢筋；

3　嵌填细石混凝土的强度等级不应低于C20，填缝高度宜低于板面10mm～20mm，且应振捣密实和浇水养护；

4　板端缝应按设计要求增加防裂的构造措施。

5.2.2　找坡层和找平层的基层的施工应符合下列规定：

1　应清理结构层、保温层上面的松散杂物，凸出基层表面的硬物应剔平扫净；

2　抹找坡层前，宜对基层洒水湿润；

3　突出屋面的管道、支架等根部，应用细石混凝土堵实和固定；

4　对不易与找平层结合的基层应做界面处理。

5.2.3　找坡层和找平层所用材料的质量和配合比应符合设计要求，并应做到计量准确和机械搅拌。

5.2.4　找坡应按屋面排水方向和设计坡度要求进行，找坡层最薄处厚度不宜小于20mm。

5.2.5　找坡材料应分层铺设和适当压实，表面宜平整和粗糙，并应适时浇水养护。

5.2.6　找平层应在水泥初凝前压实抹平，水泥终凝前完成收水后应二次压光，并应及时取出分格条。养护时间不得少于7d。

5.2.7 卷材防水层的基层与突出屋面结构的交接处，以及基层的转角处，找平层均应做成圆弧形，且应整齐平顺。找平层圆弧半径应符合表5.2.7的规定。

表5.2.7 找平层圆弧半径（mm）

卷材种类	圆弧半径
高聚物改性沥青防水卷材	50
合成高分子防水卷材	20

5.2.8 找坡层和找平层的施工环境温度不宜低于5℃。

5.3 保温层和隔热层施工

5.3.1 严寒和寒冷地区屋面热桥部位，应按设计要求采取节能保温等隔断热桥措施。

5.3.2 倒置式屋面保温层施工应符合下列规定：

1 施工完的防水层，应进行淋水或蓄水试验，并应在合格后再进行保温层的铺设；

2 板状保温层的铺设应平稳，拼缝应严密；

3 保护层施工时，应避免损坏保温层和防水层。

5.3.3 隔汽层施工应符合下列规定：

1 隔汽层施工前，基层应进行清理，宜进行找平处理；

2 屋面周边隔汽层应沿墙面向上连续铺设，高出保温层上表面不得小于150mm；

3 采用卷材做隔汽层时，卷材宜空铺，卷材搭接缝应满粘，其搭接宽度不应小于80mm；采用涂膜做隔汽层时，涂料涂刷应均匀，涂层不得有堆积、起泡和露底现象；

4 穿过隔汽层的管道周围应进行密封处理。

5.3.4 屋面排汽构造施工应符合下列规定：

1 排汽道及排汽孔的设置应符合本规范第4.4.5条的有关规定；

2 排汽道应与保温层连通，排汽道内可填入透气性好的材料；

3 施工时，排汽道及排汽孔均不得被堵塞；

4 屋面纵横排汽道的交叉处可埋设金属或塑料排汽管，排汽管宜设置在结构层上，穿过保温层及排汽道的管壁四周应打孔。排汽管应作好防水处理。

5.3.5 板状材料保温层施工应符合下列规定：

1 基层应平整、干燥、干净；

2 相邻板块应错缝拼接，分层铺设的板块上下层接缝应相互错开，板间缝隙应采用同类材料嵌填密实；

3 采用干铺法施工时，板状保温材料应紧靠在基层表面上，并应铺平垫稳；

4 采用粘结法施工时，胶粘剂应与保温材料相容，板状保温材料应贴严、粘牢，在胶粘剂固化前不得上人踩踏；

5 采用机械固定法施工时，固定件应固定在结构层上，固定件的间距应符合设计要求。

5.3.6 纤维材料保温层施工应符合下列规定：

1 基层应平整、干燥、干净；

2 纤维保温材料在施工时，应避免重压，并应采取防潮措施；

3 纤维保温材料铺设时，平面拼接缝应贴紧，上下层拼接缝应相互错开；

4 屋面坡度较大时，纤维保温材料宜采用机械固定法施工；

5 在铺设纤维保温材料时，应做好劳动保护工作。

5.3.7 喷涂硬泡聚氨酯保温层施工应符合下列规定：

1 基层应平整、干燥、干净；

2 施工前应对喷涂设备进行调试，并应喷涂试块进行材料性能检测；

3 喷涂时喷嘴与施工基面的间距应由试验确定；

4 喷涂硬泡聚氨酯的配比应准确计量，发泡厚度应均匀一致；

5 一个作业面应分遍喷涂完成，每遍喷涂厚度不宜大于15mm，硬泡聚氨酯喷涂后20min内严禁上人；

6 喷涂作业时，应采取防止污染的遮挡措施。

5.3.8 现浇泡沫混凝土保温层施工应符合下列规定：

1 基层应清理干净，不得有油污、浮尘和积水；

2 泡沫混凝土应按设计要求的干密度和抗压强度进行配合比设计，拌制时应计量准确，并应搅拌均匀；

3 泡沫混凝土应按设计的厚度设定浇筑面标高线，找坡时宜采取挡板辅助措施；

4 泡沫混凝土的浇筑出料口离基层的高度不宜超过1m，泵送时应采取低压泵送；

5 泡沫混凝土应分层浇筑，一次浇筑厚度不宜超过200mm，终凝后应进行保湿养护，养护时间不得少于7d。

5.3.9 保温材料的贮运、保管应符合下列规定：

1 保温材料应采取防雨、防潮、防火的措施，并应分类存放；

2 板状保温材料搬运时应轻拿轻放；

3 纤维保温材料应在干燥、通风的房屋内贮存，搬运时应轻拿轻放。

5.3.10 进场的保温材料应检验下列项目：

1 板状保温材料：表观密度或干密度、压缩强度或抗压强度、导热系数、燃烧性能；

2 纤维保温材料应检验表观密度、导热系数、燃烧性能。

5.3.11 保温层的施工环境温度应符合下列规定：

1　干铺的保温材料可在负温度下施工；

2　用水泥砂浆粘贴的板状保温材料不宜低于5℃；

3　喷涂硬泡聚氨酯宜为15℃～35℃，空气相对湿度宜小于85%，风速不宜大于三级；

4　现浇泡沫混凝土宜为5℃～35℃。

5.3.12　种植隔热层施工应符合下列规定：

1　种植隔热层挡墙或挡板施工时，留设的泄水孔位置应准确，并不得堵塞；

2　凹凸型排水板宜采用搭接法施工，搭接宽度应根据产品的规格具体确定；网状交织排水板宜采用对接法施工；采用陶粒作排水层时，铺设应平整，厚度应均匀；

3　过滤层土工布铺设应平整、无皱折，搭接宽度不应小于100mm，搭接宜采用粘合或缝合处理；土工布应沿种植土周边向上铺设至种植土高度；

4　种植土层的荷载应符合设计要求；种植土、植物等应在屋面上均匀堆放，且不得损坏防水层。

5.3.13　架空隔热层施工应符合下列规定：

1　架空隔热层施工前，应将屋面清扫干净，并应根据架空隔热制品的尺寸弹出支座中线；

2　在架空隔热制品支座底面，应对卷材、涂膜防水层采取加强措施；

3　铺设架空隔热制品时，应随时清扫屋面防水层上的落灰、杂物等，操作时不得损伤已完工的防水层；

4　架空隔热制品的铺设应平整、稳固，缝隙应勾填密实。

5.3.14　蓄水隔热层施工应符合下列规定：

1　蓄水池的所有孔洞应预留，不得后凿。所设置的溢水管、排水管和给水管等，应在混凝土施工前安装完毕；

2　每个蓄水区的防水混凝土应一次浇筑完毕，不得留置施工缝；

3　蓄水池的防水混凝土施工时，环境气温宜为5℃～35℃，并应避免在冬期和高温期施工；

4　蓄水池的防水混凝土完工后，应及时进行养护，养护时间不得少于14d；蓄水后不得断水；

5　蓄水池的溢水口标高、数量、尺寸应符合设计要求；过水孔应设在分仓墙底部，排水管应与水落管连通。

5.4　卷材防水层施工

5.4.1　卷材防水层基层应坚实、干净、平整，应无孔隙、起砂和裂缝。基层的干燥程度应根据所选防水卷材的特性确定。

5.4.2　卷材防水层铺贴顺序和方向应符合下列规定：

1　卷材防水层施工时，应先进行细部构造处理，然后由屋面最低标高向上铺贴；

2　檐沟、天沟卷材施工时，宜顺檐沟、天沟方向铺贴，搭接缝应顺流水方向；

3　卷材宜平行屋脊铺贴，上下层卷材不得相互垂直铺贴。

5.4.3　立面或大坡面铺贴卷材时，应采用满粘法，并宜减少卷材短边搭接。

5.4.4　采用基层处理剂时，其配制与施工应符合下列规定：

1　基层处理剂应与卷材相容；

2　基层处理剂应配比准确，并应搅拌均匀；

3　喷、涂基层处理剂前，应先对屋面细部进行涂刷；

4　基层处理剂可选用喷涂或涂刷施工工艺，喷、涂应均匀一致，干燥后应及时进行卷材施工。

5.4.5　卷材搭接缝应符合下列规定：

1　平行屋脊的搭接缝应顺流水方向，搭接缝宽度应符合本规范第4.5.10条的规定；

2　同一层相邻两幅卷材短边搭接缝错开不应小于500mm；

3　上下层卷材长边搭接缝应错开，且不应小于幅宽的1/3；

4　叠层铺贴的各层卷材，在天沟与屋面的交接处，应采用叉接法搭接，搭接缝应错开；搭接缝宜留在屋面与天沟侧面，不宜留在沟底。

5.4.6　冷粘法铺贴卷材应符合下列规定：

1　胶粘剂涂刷应均匀，不得露底、堆积；卷材空铺、点粘、条粘时，应按规定的位置及面积涂刷胶粘剂；

2　应根据胶粘剂的性能与施工环境、气温条件等，控制胶粘剂涂刷与卷材铺贴的间隔时间；

3　铺贴卷材时应排除卷材下面的空气，并应辊压粘贴牢固；

4　铺贴的卷材应平整顺直，搭接尺寸应准确，不得扭曲、皱折；搭接部位的接缝应满涂胶粘剂，辊压应粘贴牢固；

5　合成高分子卷材铺好压粘后，应将搭接部位的粘合面清理干净，并应采用与卷材配套的接缝专用胶粘剂，在搭接缝粘合面上应涂刷均匀，不得露底、堆积，应排除缝间的空气，并用辊压粘贴牢固；

6　合成高分子卷材搭接部位采用胶粘带粘结时，粘合面应清理干净，必要时可涂刷与卷材及胶粘带材性相容的基层胶粘剂，撕去胶粘带隔离纸后应及时粘合接缝部位的卷材，并应辊压粘贴牢固；低温施工时，宜采用热风机加热；

7　搭接缝口应用材性相容的密封材料封严。

5.4.7　热粘法铺贴卷材应符合下列规定：

1　熔化热熔型改性沥青胶结料时，宜采用专用导热油炉加热，加热温度不应高于200℃，使用温度不宜低于180℃；

2 粘贴卷材的热熔型改性沥青胶结料厚度宜为1.0mm～1.5mm；

3 采用热熔型改性沥青胶结料铺贴卷材时，应随刮随滚铺，并应展平压实。

5.4.8 热熔法铺贴卷材应符合下列规定：

1 火焰加热器的喷嘴距卷材面的距离应适中，幅宽内加热应均匀，应以卷材表面熔融至光亮黑色为度，不得过分加热卷材；厚度小于3mm的高聚物改性沥青防水卷材，严禁采用热熔法施工；

2 卷材表面沥青热熔后应立即滚铺卷材，滚铺时应排除卷材下面的空气；

3 搭接缝部位宜以溢出热熔的改性沥青胶结料为度，溢出的改性沥青胶结料宽度宜为8mm，并宜均匀顺直；当接缝处的卷材上有矿物粒或片料时，应用火焰烘烤及清除干净后再进行热熔和接缝处理；

4 铺贴卷材时应平整顺直，搭接尺寸应准确，不得扭曲。

5.4.9 自粘法铺贴卷材应符合下列规定：

1 铺粘卷材前，基层表面应均匀涂刷基层处理剂，干燥后应及时铺贴卷材；

2 铺贴卷材时应将自粘胶底面的隔离纸完全撕净；

3 铺贴卷材时应排除卷材下面的空气，并应辊压粘贴牢固；

4 铺贴的卷材应平整顺直，搭接尺寸应准确，不得扭曲、皱折；低温施工时，立面、大坡面及搭接部位宜采用热风机加热，加热后应随即粘贴牢固；

5 搭接缝口应采用材性相容的密封材料封严。

5.4.10 焊接法铺贴卷材应符合下列规定：

1 对热塑性卷材的搭接缝可采用单缝焊或双缝焊，焊接应严密；

2 焊接前，卷材应铺放平整、顺直，搭接尺寸应准确，焊接缝的结合面应清理干净；

3 应先焊长边搭接缝，后焊短边搭接缝；

4 应控制加热温度和时间，焊接缝不得漏焊、跳焊或焊接不牢。

5.4.11 机械固定法铺贴卷材应符合下列规定：

1 固定件应与结构层连接牢固；

2 固定件间距应根据抗风揭试验和当地的使用环境与条件确定，并不宜大于600mm；

3 卷材防水层周边800mm范围内应满粘，卷材收头应采用金属压条钉压固定和密封处理。

5.4.12 防水卷材的贮运、保管应符合下列规定：

1 不同品种、规格的卷材应分别堆放；

2 卷材应贮存在阴凉通风处，应避免雨淋、日晒和受潮，严禁接近火源；

3 卷材应避免与化学介质及有机溶剂等有害物质接触。

5.4.13 进场的防水卷材应检验下列项目：

1 高聚物改性沥青防水卷材的可溶物含量，拉力，最大拉力时延伸率，耐热度，低温柔性，不透水性；

2 合成高分子防水卷材的断裂拉伸强度、扯断伸长率、低温弯折性、不透水性。

5.4.14 胶粘剂和胶粘带的贮运、保管应符合下列规定：

1 不同品种、规格的胶粘剂和胶粘带，应分别用密封桶或纸箱包装；

2 胶粘剂和胶粘带应贮存在阴凉通风的室内，严禁接近火源和热源。

5.4.15 进场的基层处理剂、胶粘剂和胶粘带，应检验下列项目：

1 沥青基防水卷材用基层处理剂的固体含量、耐热性、低温柔性、剥离强度；

2 高分子胶粘剂的剥离强度、浸水168h后的剥离强度保持率；

3 改性沥青胶粘剂的剥离强度；

4 合成橡胶胶粘带的剥离强度、浸水168h后的剥离强度保持率。

5.4.16 卷材防水层的施工环境温度应符合下列规定：

1 热熔法和焊接法不宜低于－10℃；

2 冷粘法和热粘法不宜低于5℃；

3 自粘法不宜低于10℃。

5.5 涂膜防水层施工

5.5.1 涂膜防水层的基层应坚实、平整、干净，应无孔隙、起砂和裂缝。基层的干燥程度应根据所选用的防水涂料特性确定；当采用溶剂型、热熔型和反应固化型防水涂料时，基层应干燥。

5.5.2 基层处理剂的施工应符合本规范第5.4.4条的规定。

5.5.3 双组分或多组分防水涂料应按配合比准确计量，应采用电动机具搅拌均匀，已配制的涂料应及时使用。配料时，可加入适量的缓凝剂或促凝剂调节固化时间，但不得混合已固化的涂料。

5.5.4 涂膜防水层施工应符合下列规定：

1 防水涂料应多遍均匀涂布，涂膜总厚度应符合设计要求；

2 涂膜间夹铺胎体增强材料时，宜边涂布边铺胎体；胎体应铺贴平整，应排除气泡，并应与涂料粘结牢固。在胎体上涂布涂料时，应使涂料浸透胎体，并应覆盖完全，不得有胎体外露现象。最上面的涂膜厚度不应小于1.0mm；

3 涂膜施工应先做好细部处理，再进行大面积涂布；

4 屋面转角及立面的涂膜应薄涂多遍，不得流淌和堆积。

5.5.5 涂膜防水层施工工艺应符合下列规定：

1 水乳型及溶剂型防水涂料宜选用滚涂或喷涂施工；

2 反应固化型防水涂料宜选用刮涂或喷涂施工；

3 热熔型防水涂料宜选用刮涂施工；

4 聚合物水泥防水涂料宜选用刮涂法施工；

5 所有防水涂料用于细部构造时，宜选用刷涂或喷涂施工。

5.5.6 防水涂料和胎体增强材料的贮运、保管，应符合下列规定：

1 防水涂料包装容器应密封，容器表面应标明涂料名称、生产厂家、执行标准号、生产日期和产品有效期，并应分类存放；

2 反应型和水乳型涂料贮运和保管环境温度不宜低于5℃；

3 溶剂型涂料贮运和保管环境温度不宜低于0℃，并不得日晒、碰撞和渗漏；保管环境应干燥、通风，并应远离火源、热源；

4 胎体增强材料贮运、保管环境应干燥、通风，并应远离火源、热源。

5.5.7 进场的防水涂料和胎体增强材料应检验下列项目：

1 高聚物改性沥青防水涂料的固体含量、耐热性、低温柔性、不透水性、断裂伸长率或抗裂性；

2 合成高分子防水涂料和聚合物水泥防水涂料的固体含量、低温柔性、不透水性、拉伸强度、断裂伸长率；

3 胎体增强材料的拉力、延伸率。

5.5.8 涂膜防水层的施工环境温度应符合下列规定：

1 水乳型及反应型涂料宜为5℃～35℃；

2 溶剂型涂料宜为－5℃～35℃；

3 热熔型涂料不宜低于－10℃；

4 聚合物水泥涂料宜为5℃～35℃。

5.6 接缝密封防水施工

5.6.1 密封防水部位的基层应符合下列规定：

1 基层应牢固，表面应平整、密实，不得有裂缝、蜂窝、麻面、起皮和起砂等现象；

2 基层应清洁、干燥，应无油污、无灰尘；

3 嵌入的背衬材料与接缝壁间不得留有空隙；

4 密封防水部位的基层宜涂刷基层处理剂，涂刷应均匀，不得漏涂。

5.6.2 改性沥青密封材料防水施工应符合下列规定：

1 采用冷嵌法施工时，宜分次将密封材料嵌填在缝内，并应防止裹入空气；

2 采用热灌法施工时，应由下向上进行，并宜减少接头；密封材料熬制及浇灌温度，应按不同材料要求严格控制。

5.6.3 合成高分子密封材料防水施工应符合下列规定：

1 单组分密封材料可直接使用；多组分密封材料应根据规定的比例准确计量，并应拌合均匀；每次拌合量、拌合时间和拌合温度，应按所用密封材料的要求严格控制；

2 采用挤出枪嵌填时，应根据接缝的宽度选用口径合适的挤出嘴，应均匀挤出密封材料嵌填，并应由底部逐渐充满整个接缝；

3 密封材料嵌填后，应在密封材料表干前用腻子刀嵌填修整。

5.6.4 密封材料嵌填应密实、连续、饱满，应与基层粘结牢固；表面应平滑，缝边应顺直，不得有气泡、孔洞、开裂、剥离等现象。

5.6.5 对嵌填完毕的密封材料，应避免碰损及污染；固化前不得踩踏。

5.6.6 密封材料的贮运、保管应符合下列规定：

1 运输时应防止日晒、雨淋、撞击、挤压；

2 贮运、保管环境应通风、干燥，防止日光直接照射，并应远离火源、热源；乳胶型密封材料在冬季时应采取防冻措施；

3 密封材料应按类别、规格分别存放。

5.6.7 进场的密封材料应检验下列项目：

1 改性石油沥青密封材料的耐热性、低温柔性、拉伸粘结性、施工度；

2 合成高分子密封材料的拉伸模量、断裂伸长率、定伸粘结性。

5.6.8 接缝密封防水的施工环境温度应符合下列规定：

1 改性沥青密封材料和溶剂型合成高分子密封材料宜为0℃～35℃；

2 乳胶型及反应型合成高分子密封材料宜为5℃～35℃。

5.7 保护层和隔离层施工

5.7.1 施工完的防水层应进行雨后观察、淋水或蓄水试验，并应在合格后再进行保护层和隔离层的施工。

5.7.2 保护层和隔离层施工前，防水层或保温层的表面应平整、干净。

5.7.3 保护层和隔离层施工时，应避免损坏防水层或保温层。

5.7.4 块体材料、水泥砂浆、细石混凝土保护层表面的坡度应符合设计要求，不得有积水现象。

5.7.5 块体材料保护层铺设应符合下列规定：

1 在砂结合层上铺设块体时，砂结合层应平整，块体间应预留 10mm 的缝隙，缝内应填砂，并应用1∶2水泥砂浆勾缝；

2 在水泥砂浆结合层上铺设块体时，应先在防水层上做隔离层，块体间应预留 10mm 的缝隙，缝内应用1：2水泥砂浆勾缝；

3 块体表面应洁净、色泽一致，应无裂纹、掉角和缺楞等缺陷。

5.7.6 水泥砂浆及细石混凝土保护层铺设应符合下列规定：

1 水泥砂浆及细石混凝土保护层铺设前，应在防水层上做隔离层；

2 细石混凝土铺设不宜留施工缝；当施工间隙超过时间规定时，应对接槎进行处理；

3 水泥砂浆及细石混凝土表面应抹平压光，不得有裂纹、脱皮、麻面、起砂等缺陷。

5.7.7 浅色涂料保护层施工应符合下列规定：

1 浅色涂料应与卷材、涂膜相容，材料用量应根据产品说明书的规定使用；

2 浅色涂料应多遍涂刷，当防水层为涂膜时，应在涂膜固化后进行；

3 涂层应与防水层粘结牢固，厚薄应均匀，不得漏涂；

4 涂层表面应平整，不得流淌和堆积。

5.7.8 保护层材料的贮运、保管应符合下列规定：

1 水泥贮运、保管时应采取防尘、防雨、防潮措施；

2 块体材料应按类别、规格分别堆放；

3 浅色涂料贮运、保管环境温度，反应型及水乳型不宜低于5℃，溶剂型不宜低于0℃；

4 溶剂型涂料保管环境应干燥、通风，并应远离火源和热源。

5.7.9 保护层的施工环境温度应符合下列规定：

1 块体材料干铺不宜低于－5℃，湿铺不宜低于5℃；

2 水泥砂浆及细石混凝土宜为5℃～35℃；

3 浅色涂料不宜低于5℃。

5.7.10 隔离层铺设不得有破损和漏铺现象。

5.7.11 干铺塑料膜、土工布、卷材时，其搭接宽度不应小于50mm；铺设应平整，不得有皱折。

5.7.12 低强度等级砂浆铺设时，其表面应平整、压实，不得有起壳和起砂等现象。

5.7.13 隔离层材料的贮运、保管应符合下列规定：

1 塑料膜、土工布、卷材贮运时，应防止日晒、雨淋、重压；

2 塑料膜、土工布、卷材保管时，应保证室内干燥、通风；

3 塑料膜、土工布、卷材保管环境应远离火源、热源。

5.7.14 隔离层的施工环境温度应符合下列规定：

1 干铺塑料膜、土工布、卷材可在负温下施工；

2 铺抹低强度等级砂浆宜为5℃～35℃。

5.8 瓦屋面施工

5.8.1 瓦屋面采用的木质基层、顺水条、挂瓦条的防腐、防火及防蛀处理，以及金属顺水条、挂瓦条的防锈蚀处理，均应符合设计要求。

5.8.2 屋面木基层应铺钉牢固、表面平整；钢筋混凝土基层的表面应平整、干净、干燥。

5.8.3 防水垫层的铺设应符合下列规定：

1 防水垫层可采用空铺、满粘或机械固定；

2 防水垫层在瓦屋面构造层次中的位置应符合设计要求；

3 防水垫层宜自下而上平行屋脊铺设；

4 防水垫层应顺流水方向搭接，搭接宽度应符合本规范第4.8.6条的规定；

5 防水垫层应铺设平整，下道工序施工时，不得损坏已铺设完成的防水垫层。

5.8.4 持钉层的铺设应符合下列规定：

1 屋面无保温层时，木基层或钢筋混凝土基层可视为持钉层；钢筋混凝土基层不平整时，宜用1：2.5的水泥砂浆进行找平；

2 屋面有保温层时，保温层上应按设计要求做细石混凝土持钉层，内配钢筋网应骑跨屋脊，并应绷直与屋脊和檐口、檐沟部位的预埋锚筋连牢；预埋锚筋穿过防水层或防水垫层时，破损处应进行局部密封处理；

3 水泥砂浆或细石混凝土持钉层可不设分格缝；持钉层与突出屋面结构的交接处应预留30mm宽的缝隙。

Ⅰ 烧结瓦、混凝土瓦屋面

5.8.5 顺水条应顺流水方向固定，间距不宜大于500mm，顺水条应铺钉牢固、平整。钉挂瓦条时应拉通线，挂瓦条的间距应根据瓦片尺寸和屋面坡长经计算确定，挂瓦条应铺钉牢固、平整，上棱应成一直线。

5.8.6 铺设瓦屋面时，瓦片应均匀分散堆放在两坡屋面基层上，严禁集中堆放。铺瓦时，应由两坡从下向上同时对称铺设。

5.8.7 瓦片应铺成整齐的行列，并应彼此紧密搭接，应做到瓦榫落槽、瓦脚挂牢、瓦头排齐，且无翘角和张口现象，檐口应成一直线。

5.8.8 脊瓦搭盖间距应均匀，脊瓦与坡面瓦之间的缝隙应用聚合物水泥砂浆填实抹平，屋脊或斜脊应顺直。沿山墙一行瓦宜用聚合物水泥砂浆做出披水线。

5.8.9 檐口第一根挂瓦条应保证瓦头出檐口50mm～70mm；屋脊两坡最上面的一根挂瓦条，应保证脊瓦在坡面瓦上的搭盖宽度不小于40mm；钉檐口条或封檐板时，均应高出挂瓦条20mm～30mm。

5.8.10 烧结瓦、混凝土瓦屋面完工后，应避免屋面受物体冲击，严禁任意上人或堆放物件。

5.8.11 烧结瓦、混凝土瓦的贮运、保管应符合下列规定：

1 烧结瓦、混凝土瓦运输时应轻拿轻放，不得抛扔、碰撞；

2 进入现场后应堆垛整齐。

5.8.12 进场的烧结瓦、混凝土瓦应检验抗渗性、抗冻性和吸水率等项目。

Ⅱ 沥青瓦屋面

5.8.13 铺设沥青瓦前，应在基层上弹出水平及垂直基准线，并应按线铺设。

5.8.14 檐口部位宜先铺设金属滴水板或双层檐口瓦，并应将其固定在基层上，再铺设防水垫层和起始瓦片。

5.8.15 沥青瓦应自檐口向上铺设，起始层瓦应由瓦片经切除垂片部分后制得，且起始层瓦沿檐口应平行铺设并伸出檐口10mm，再用沥青基胶结材料和基层粘结；第一层瓦应与起始层瓦叠合，但瓦切口应向下指向檐口；第二层瓦应压在第一层瓦上且露出瓦切口，但不得超过切口长度。相邻两层沥青瓦的拼缝及切口应均匀错开。

5.8.16 檐口、屋脊等屋面边沿部位的沥青瓦之间、起始层沥青瓦与基层之间，应采用沥青基胶结材料满粘牢固。

5.8.17 在沥青瓦上钉固定钉时，应将钉垂直钉入持钉层内；固定钉穿入细石混凝土持钉层的深度不应小于20mm，穿入木质持钉层的深度不应小于15mm，固定钉的钉帽不得外露在沥青瓦表面。

5.8.18 每片脊瓦应用两个固定钉固定；脊瓦应顺年最大频率风向搭接，并应搭盖住两坡面沥青瓦每边不小于150mm；脊瓦与脊瓦的压盖面不应小于脊瓦面积的1/2。

5.8.19 沥青瓦屋面与立墙或伸出屋面的烟囱、管道的交接处应做泛水，在其周边与立面250mm的范围内应铺设附加层，然后在其表面用沥青基胶结材料满粘一层沥青瓦片。

5.8.20 铺设沥青瓦屋面的天沟应顺直，瓦片应粘结牢固，搭接缝应密封严密，排水应通畅。

5.8.21 沥青瓦的贮运、保管应符合下列规定：

1 不同类型、规格的产品应分别堆放；

2 贮存温度不应高于45℃，并应平放贮存；

3 应避免雨淋、日晒、受潮，并应注意通风和避免接近火源。

5.8.22 进场的沥青瓦应检验可溶物含量、拉力、耐热度、柔度、不透水性、叠层剥离强度等项目。

5.9 金属板屋面施工

5.9.1 金属板屋面施工应在主体结构和支承结构验收合格后进行。

5.9.2 金属板屋面施工前应根据施工图纸进行深化排板图设计。金属板铺设时，应根据金属板板型技术要求和深化设计排板图进行。

5.9.3 金属板屋面施工测量应与主体结构测量相配合，其误差应及时调整，不得积累；施工过程中应定期对金属板的安装定位基准点进行校核。

5.9.4 金属板屋面的构件及配件应有产品合格证和性能检测报告，其材料的品种、规格、性能等应符合设计要求和产品标准的规定。

5.9.5 金属板的长度应根据屋面排水坡度、板型连接构造、环境温差及吊装运输条件等综合确定。

5.9.6 金属板的横向搭接方向宜顺主导风向；当在多维曲面上雨水可能翻越金属板板肋横流时，金属板的纵向搭接应顺流水方向。

5.9.7 金属板铺设过程中应对金属板采取临时固定措施，当天就位的金属板材应及时连接固定。

5.9.8 金属板安装应平整、顺滑，板面不应有施工残留物；檐口线、屋脊线应顺直，不得有起伏不平现象。

5.9.9 金属板屋面施工完毕，应进行雨后观察、整体或局部淋水试验，檐沟、天沟应进行蓄水试验，并应填写淋水和蓄水试验记录。

5.9.10 金属板屋面完工后，应避免屋面受物体冲击，并不宜对金属面板进行焊接、开孔等作业，严禁任意上人或堆放物件。

5.9.11 金属板应边缘整齐、表面光滑、色泽均匀、外形规则，不得有扭翘、脱膜和锈蚀等缺陷。

5.9.12 金属板的吊运、保管应符合下列规定：

1 金属板应用专用吊具安装，吊装和运输过程中不得损伤金属板材；

2 金属板堆放地点宜选择在安装现场附近，堆放场地应平整坚实且便于排除地面水。

5.9.13 进场的彩色涂层钢板及钢带应检验屈服强度、抗拉强度、断后伸长率、镀层重量、涂层厚度等项目。

5.9.14 金属面绝热夹芯板的贮运、保管应符合下列规定：

1 夹芯板应采取防雨、防潮、防火措施；

2 夹芯板之间应用衬垫隔离，并应分类堆放，应避免受压或机械损伤。

5.9.15 进场的金属面绝热夹芯板应检验剥离性能、抗弯承载力、防火性能等项目。

5.10 玻璃采光顶施工

5.10.1 玻璃采光顶施工应在主体结构验收合格后进行；采光顶的支承构件与主体结构连接的预埋件应按设计要求埋设。

5.10.2 玻璃采光顶的施工测量应与主体结构测量相配合，测量偏差应及时调整，不得积累；施工过程中应定期对采光顶的安装定位基准点进行校核。

5.10.3 玻璃采光顶的支承构件、玻璃组件及附件，其材料的品种、规格、色泽和性能应符合设计要求和技术标准的规定。

5.10.4 玻璃采光顶施工完毕，应进行雨后观察、整体或局部淋水试验，檐沟、天沟应进行蓄水试验，并应填写淋水和蓄水试验记录。

5.10.5 框支承玻璃采光顶的安装施工应符合下列规定：

1 应根据采光顶分格测量，确定采光顶各分格点的空间定位；

2 支承结构应按顺序安装，采光顶框架组件安装就位、调整后应及时紧固；不同金属材料的接触面应采用隔离材料；

3 采光顶的周边封堵收口、屋脊处压边收口、支座处封口处理，均应铺设平整且可靠固定；

4 采光顶天沟、排水槽、通气槽及雨水排出口等细部构造应符合设计要求；

5 装饰压板应顺流水方向设置，表面应平整，接缝应符合设计要求。

5.10.6 点支承玻璃采光顶的安装施工应符合下列规定：

1 应根据采光顶分格测量，确定采光顶各分格点的空间定位；

2 钢桁架及网架结构安装就位、调整后应及时紧固；钢索杆结构的拉索、拉杆预应力施加应符合设计要求；

3 采光顶应采用不锈钢驳接组件装配，爪件安装前应精确定出其安装位置；

4 玻璃宜采用机械吸盘安装，并应采取必要的安全措施；

5 玻璃接缝应采用硅酮耐候密封胶；

6 中空玻璃钻孔周边应采取多道密封措施。

5.10.7 明框玻璃组件组装应符合下列规定：

1 玻璃与构件槽口的配合应符合设计要求和技术标准的规定；

2 玻璃四周密封胶条的材质、型号应符合设计要求，镶嵌应平整、密实，胶条的长度宜大于边框内槽口长度1.5%～2.0%，胶条在转角处应斜面断开，并应用粘结剂粘结牢固；

3 组件中的导气孔及排水孔设置应符合设计要求，组装时应保持孔道通畅；

4 明框玻璃组件应拼装严密，框缝密封应采用硅酮耐候密封胶。

5.10.8 隐框及半隐框玻璃组件组装应符合下列规定：

1 玻璃及框料粘结表面的尘埃、油渍和其他污物，应分别使用带溶剂的擦布和干擦布清除干净，并应在清洁1h内嵌填密封胶；

2 所用的结构粘结材料应采用硅酮结构密封胶，其性能应符合现行国家标准《建筑用硅酮结构密封胶》GB 16776的有关规定；硅酮结构密封胶应在有效期内使用；

3 硅酮结构密封胶应嵌填饱满，并应在温度15℃～30℃、相对湿度50%以上、洁净的室内进行，不得在现场嵌填；

4 硅酮结构密封胶的粘结宽度和厚度应符合设计要求，胶缝表面应平整光滑，不得出现气泡；

5 硅酮结构密封胶固化期间，组件不得长期处于单独受力状态。

5.10.9 玻璃接缝密封胶的施工应符合下列规定：

1 玻璃接缝密封应采用硅酮耐候密封胶，其性能应符合现行行业标准《幕墙玻璃接缝用密封胶》JC/T 882的有关规定，密封胶的级别和模量应符合设计要求；

2 密封胶的嵌填应密实、连续、饱满，胶缝应平整光滑、缝边顺直；

3 玻璃间的接缝宽度和密封胶的嵌填深度应符合设计要求；

4 不宜在夜晚、雨天嵌填密封胶，嵌填温度应符合产品说明书规定，嵌填密封胶的基面应清洁、干燥。

5.10.10 玻璃采光顶材料的贮运、保管应符合下列规定：

1 采光顶部件在搬运时应轻拿轻放，严禁发生互相碰撞；

2 采光玻璃在运输中应采用有足够承载力和刚度的专用货架；部件之间应用衬垫固定，并应相互隔开；

3 采光顶部件应放在专用货架上，存放场地应平整、坚实、通风、干燥，并严禁与酸碱等类的物质接触。

附录A 屋面工程用防水及保温材料标准

A.0.1 屋面工程用防水材料标准应按表A.0.1选用。

表 A.0.1 屋面工程用防水材料标准

类 别	标 准 名 称	标准编号
改性沥青防水卷材	1. 弹性体改性沥青防水卷材	GB 18242
	2. 塑性体改性沥青防水卷材	GB 18243
	3. 改性沥青聚乙烯胎防水卷材	GB 18967
	4. 带自粘层的防水卷材	GB/T 23260
	5. 自粘聚合物改性沥青防水卷材	GB 23441
高分子防水卷材	1. 聚氯乙烯防水卷材	GB 12952
	2. 氯化聚乙烯防水卷材	GB 12953
	3. 高分子防水材料 第1部分：片材	GB 18173.1
	4. 氯化聚乙烯-橡胶共混防水卷材	JC/T 684

续表 A.0.1

类别	标准名称	标准编号
防水涂料	1. 聚氨酯防水涂料	GB/T 19250
	2. 聚合物水泥防水涂料	GB/T 23445
	3. 水乳型沥青防水涂料	JC/T 408
	4. 溶剂型橡胶沥青防水涂料	JC/T 852
	5. 聚合物乳液建筑防水涂料	JC/T 864
密封材料	1. 硅酮建筑密封胶	GB/T 14683
	2. 建筑用硅酮结构密封胶	GB 16776
	3. 建筑防水沥青嵌缝油膏	JC/T 207
	4. 聚氨酯建筑密封胶	JC/T 482
	5. 聚硫建筑密封胶	JC/T 483
	6. 中空玻璃用弹性密封胶	JC/T 486
	7. 混凝土建筑接缝用密封胶	JC/T 881
	8. 幕墙玻璃接缝用密封胶	JC/T 882
	9. 彩色涂层钢板用建筑密封胶	JC/T 884
瓦	1. 玻纤胎沥青瓦	GB/T 20474
	2. 烧结瓦	GB/T 21149
	3. 混凝土瓦	JC/T 746
配套材料	1. 高分子防水卷材胶粘剂	JC/T 863
	2. 丁基橡胶防水密封胶粘带	JC/T 942
	3. 坡屋面用防水材料 聚合物改性沥青防水垫层	JC/T 1067
	4. 坡屋面用防水材料 自粘聚合物沥青防水垫层	JC/T 1068
	5. 沥青防水卷材用基层处理剂	JC/T 1069
	6. 自粘聚合物沥青泛水带	JC/T 1070
	7. 种植屋面用耐根穿刺防水卷材	JC/T 1075

A.0.2 屋面工程用保温材料标准应按表 A.0.2 的规定选用。

表 A.0.2 屋面工程用保温材料标准

类别	标准名称	标准编号
聚苯乙烯泡沫塑料	1. 绝热用模塑聚苯乙烯泡沫塑料	GB/T 10801.1
	2. 绝热用挤塑聚苯乙烯泡沫塑料（XPS）	GB/T 10801.2
硬质聚氨酯泡沫塑料	1. 建筑绝热用硬质聚氨酯泡沫塑料	GB/T 21558
	2. 喷涂聚氨酯硬泡体保温材料	JC/T 998

续表 A.0.2

类别	标准名称	标准编号
无机硬质绝热制品	1. 膨胀珍珠岩绝热制品	GB/T 10303
	2. 蒸压加气混凝土砌块	GB/T 11968
	3. 泡沫玻璃绝热制品	JC/T 647
	4. 泡沫混凝土砌块	JC/T 1062
纤维保温材料	1. 建筑绝热用玻璃棉制品	GB/T 17795
	2. 建筑用岩棉、矿渣棉绝热制品	GB/T 19686
金属面绝热夹芯板	1. 建筑用金属面绝热夹芯板	GB/T 23932

附录 B 屋面工程用防水及保温材料主要性能指标

B.1 防水材料主要性能指标

B.1.1 高聚物改性沥青防水卷材主要性能指标应符合表 B.1.1 的要求。

表 B.1.1 高聚物改性沥青防水卷材主要性能指标

项目		指标				
		聚酯毡胎体	玻纤毡胎体	聚乙烯胎体	自粘聚酯胎体	自粘无胎体
可溶物含量（g/m²）		3mm厚≥2100 4mm厚≥2900		—	2mm厚≥1300 3mm厚≥2100	—
拉力（N/50mm）		≥500	纵向≥350	≥200	2mm厚≥350 3mm厚≥450	≥150
延伸率（%）		最大拉力时 SBS≥30 APP≥25	—	断裂时 ≥120	最大拉力时 ≥30	最大拉力时 ≥200
耐热度（℃，2h）		SBS卷材 90，APP卷材 110，无滑动、流淌、滴落		PEE卷材 90，无流淌、起泡	70，无滑动、流淌、滴落	70，滑动不超过 2mm
低温柔性（℃）		SBS卷材-20；APP卷材-7；PEE卷材-20			-20	
不透水性	压力（MPa）	≥0.3	≥0.2	≥0.4	≥0.3	≥0.2
	保持时间（min）	≥30				≥120

注：SBS 卷材为弹性体改性沥青防水卷材；APP 卷材为塑性体改性沥青防水卷材；PEE 卷材为改性沥青聚乙烯胎防水卷材。

B.1.2 合成高分子防水卷材主要性能指标应符合表 B.1.2 的要求。

表 B.1.2 合成高分子防水卷材主要性能指标

项目		指标			
		硫化橡胶类	非硫化橡胶类	树脂类	树脂类（复合片）
断裂拉伸强度（MPa）		≥6	≥3	≥10	≥60 N/10mm
扯断伸长率（%）		≥400	≥200	≥200	≥400
低温弯折（℃）		−30	−20	−25	−20
不透水性	压力（MPa）	≥0.3	≥0.2	≥0.3	≥0.3
	保持时间（min）	≥30			
加热收缩率（%）		＜1.2	＜2.0	≤2.0	≤2.0
热老化保持率（80℃×168h，%）	断裂拉伸强度	≥80		≥85	≥80
	扯断伸长率	≥70		≥80	≥70

B.1.3 基层处理剂、胶粘剂、胶粘带主要性能指标应符合表 B.1.3 的要求。

表 B.1.3 基层处理剂、胶粘剂、胶粘带主要性能指标

项目	指标			
	沥青基防水卷材用基层处理剂	改性沥青胶粘剂	高分子胶粘剂	双面胶粘带
剥离强度（N/10mm）	≥8	≥8	≥15	≥6
浸水 168h 剥离强度保持率（%）	≥8 N/10mm	≥8 N/10mm	70	70
固体含量（%）	水性≥40 溶剂性≥30	—	—	—
耐热性	80℃无流淌	80℃无流淌	—	—
低温柔性	0℃无裂纹	0℃无裂纹	—	—

B.1.4 高聚物改性沥青防水涂料主要性能指标应符合表 B.1.4 的要求。

表 B.1.4 高聚物改性沥青防水涂料主要性能指标

项目		指标	
		水乳型	溶剂型
固体含量（%）		≥45	≥48
耐热性（80℃，5h）		无流淌、起泡、滑动	
低温柔性（℃，2h）		−15，无裂纹	−15，无裂纹
不透水性	压力（MPa）	≥0.1	≥0.2
	保持时间（min）	≥30	≥30
断裂伸长率（%）		≥600	—
抗裂性（mm）		—	基层裂缝 0.3mm，涂膜无裂纹

B.1.5 合成高分子防水涂料（反应型固化）主要性能指标应符合表 B.1.5 的要求。

表 B.1.5 合成高分子防水涂料（反应型固化）主要性能指标

项目		指标	
		Ⅰ类	Ⅱ类
固体含量（%）		单组分≥80；多组分≥92	
拉伸强度（MPa）		单组分，多组分≥1.9	单组分，多组分≥2.45
断裂伸长率（%）		单组分≥550；多组分≥450	单组分，多组分≥450
低温柔性（℃，2h）		单组分−40；多组分−35，无裂纹	
不透水性	压力（MPa）	≥0.3	
	保持时间（min）	≥30	

注：产品按拉伸性能分Ⅰ类和Ⅱ类。

B.1.6 合成高分子防水涂料（挥发固化型）主要性能指标应符合表 B.1.6 的要求。

表 B.1.6 合成高分子防水涂料（挥发固化型）主要性能指标

项目		指标
固体含量（%）		≥65
拉伸强度（MPa）		≥1.5
断裂伸长率（%）		≥300
低温柔性（℃，2h）		−20，无裂纹
不透水性	压力（MPa）	≥0.3
	保持时间（min）	≥30

B.1.7 聚合物水泥防水涂料主要性能指标应符合表B.1.7的要求。

表 B.1.7 聚合物水泥防水涂料主要性能指标

项目		指标
固体含量（%）		≥70
拉伸强度（MPa）		≥1.2
断裂伸长率（%）		≥200
低温柔性（℃，2h）		−10，无裂纹
不透水性	压力（MPa）	≥0.3
	保持时间（min）	≥30

B.1.8 聚合物水泥防水胶结材料主要性能指标应符合表B.1.8的要求。

表 B.1.8 聚合物水泥防水胶结材料主要性能指标

项目		指标
与水泥基层的拉伸粘结强度（MPa）	常温7d	≥0.6
	耐水	≥0.4
	耐冻融	≥0.4
可操作时间（h）		≥2
抗渗性能（MPa，7d）	抗渗性	≥1.0
抗压强度（MPa）		≥9
柔韧性 28d	抗压强度/抗折强度	≤3
剪切状态下的粘合性（N/mm，常温）	卷材与卷材	≥2.0
	卷材与基底	≥1.8

B.1.9 胎体增强材料主要性能指标应符合表B.1.9的要求。

表 B.1.9 胎体增强材料主要性能指标

项目		指标	
		聚酯无纺布	化纤无纺布
外观		均匀，无团状，平整无皱折	
拉力（N/50mm）	纵向	≥150	≥45
	横向	≥100	≥35
延伸率（%）	纵向	≥10	≥20
	横向	≥20	≥25

B.1.10 合成高分子密封材料主要性能指标应符合表B.1.10的要求。

表 B.1.10 合成高分子密封材料主要性能指标

项目		指标						
		25LM	25HM	20LM	20HM	12.5E	12.5P	7.5P
拉伸模量（MPa）	23℃ −20℃	≤0.4 和 ≤0.6	>0.4 或 >0.6	≤0.4 和 ≤0.6	>0.4 或 >0.6	—		
定伸粘结性		无破坏					—	
浸水后定伸粘结性		无破坏					—	
热压冷拉后粘结性		无破坏					—	
拉伸压缩后粘结性		—					无破坏	
断裂伸长率（%）		—					≥100	≥20
浸水后断裂伸长率（%）		—					≥100	≥20

注：产品按位移能力分为25、20、12.5、7.5四个级别；25级和20级密封材料按伸拉模量分为低模量（LM）和高模量（HM）两个次级别；12.5级密封材料按弹性恢复率分为弹性（E）和塑性（P）两个次级别。

B.1.11 改性石油沥青密封材料主要性能指标应符合表B.1.11的要求。

表 B.1.11 改性石油沥青密封材料主要性能指标

项目		指标	
		Ⅰ类	Ⅱ类
耐热性	温度（℃）	70	80
	下垂值(mm)	≤4.0	
低温柔性	温度（℃）	−20	−10
	粘结状态	无裂纹和剥离现象	
拉伸粘结性（%）		≥125	
浸水后拉伸粘结性（%）		125	
挥发性（%）		≤2.8	
施工度（mm）		≥22.0	≥20.0

注：产品按耐热度和低温柔性分为Ⅰ类和Ⅱ类。

B.1.12 烧结瓦主要性能指标应符合表B.1.12的要求。

表 B.1.12 烧结瓦主要性能指标

项目	指标	
	有釉类	无釉类
抗弯曲性能（N）	平瓦1200， 波形瓦1600	
抗冻性能（15次冻融循环）	无剥落、掉角、 掉棱及裂纹增加现象	

续表 B.1.12

项　目	指　标	
	有釉类	无釉类
耐急冷急热性（10 次急冷急热循环）	无炸裂、剥落及裂纹延长现象	
吸水率（浸水 24h，%）	≤10	≤18
抗渗性能（3h）	—	背面无水滴

B.1.13 混凝土瓦主要性能指标应符合表 B.1.13 的要求。

表 B.1.13　混凝土瓦主要性能指标

项　目	指　标			
	波形瓦		平板瓦	
	覆盖宽度≥300mm	覆盖宽度≤200mm	覆盖宽度≥300mm	覆盖宽度≤200mm
承载力标准值（N）	1200	900	1000	800
抗冻性（25 次冻融循环）	外观质量合格，承载力仍不小于标准值			
吸水率（浸水 24h，%）	≤10			
抗渗性能（24h）	背面无水滴			

B.1.14 沥青瓦主要性能指标应符合表 B.1.14 的要求。

表 B.1.14　沥青瓦主要性能指标

项　目		指　标
可溶物含量（g/m²）		平瓦≥1000；叠瓦≥1800
拉力（N/50mm）	纵向	≥500
	横向	≥400
耐热度（℃）		90，无流淌、滑动、滴落、气泡
柔度（℃）		10，无裂纹
撕裂强度（N）		≥9
不透水性（0.1MPa，30min）		不透水
人工气候老化（720h）	外观	无气泡、渗油、裂纹
	柔度	10℃无裂纹

续表 B.1.14

项　目	指　标	
自粘胶耐热度	50℃	发　黏
	70℃	滑动≤2mm
叠层剥离强度（N）	≥20	

B.1.15 防水透汽膜主要性能指标应符合表 B.1.15 的要求。

表 B.1.15　防水透汽膜主要性能指标

项　目		指　标	
		Ⅰ类	Ⅱ类
水蒸气透过量（g/m²·24h，23℃）		≥1000	
不透水性（mm，2h）		≥1000	
最大拉力（N/50mm）		≥100	≥250
断裂伸长率（%）		≥35	≥10
撕裂性能（N，钉杆法）		≥40	
热老化（80℃，168h）	拉力保持率（%）	≥80	
	断裂伸长率保持率（%）		
	水蒸气透过量保持率（%）		

B.2　保温材料主要性能指标

B.2.1 板状保温材料的主要性能指标应符合表 B.2.1 的要求。

表 B.2.1　板状保温材料主要性能指标

项　目	指　标						
	聚苯乙烯泡沫塑料		硬质聚氨酯泡沫塑料	泡沫玻璃	憎水型膨胀珍珠岩	加气混凝土	泡沫混凝土
	挤塑	模塑					
表观密度或干密度（kg/m³）	—	≥20	≥30	≤200	≤350	≤425	≤530
压缩强度（kPa）	≥150	≥100	≥120	—	—	—	—
抗压强度（MPa）	—	—	—	≥0.4	≥0.3	≥1.0	≥0.5
导热系数[W/(m·K)]	≤0.030	≤0.041	≤0.024	≤0.070	≤0.087	≤0.120	≤0.120
尺寸稳定性（70℃，48h，%）	≤2.0	≤3.0	≤2.0	—	—	—	—
水蒸气渗透系数[ng/(Pa·m·s)]	≤3.5	≤4.5	≤6.5	—	—	—	—
吸水率（v/v，%）	≤1.5	≤4.0	≤4.0	≤0.5	—	—	—
燃烧性能	不低于 B_2 级			A级			

B.2.2 纤维保温材料主要性能指标应符合表B.2.2的要求。

表B.2.2 纤维保温材料主要性能指标

项目	指标			
	岩棉、矿渣棉板	岩棉、矿渣棉毡	玻璃棉板	玻璃棉毡
表观密度（kg/m^3）	≥40	≥40	≥24	≥10
导热系数［W/(m·K)］	≤0.040	≤0.040	≤0.043	≤0.050
燃烧性能	A级			

B.2.3 喷涂硬泡聚氨酯主要性能指标应符合表B.2.3的要求。

表B.2.3 喷涂硬泡聚氨酯主要性能指标

项目	指标
表观密度（kg/m^3）	≥35
导热系数［W/(m·K)］	≤0.024
压缩强度（kPa）	≥150
尺寸稳定性（70℃，48h，%）	≤1
闭孔率（%）	≥92
水蒸气渗透系数［ng/(Pa·m·s)］	≤5
吸水率（v/v，%）	≤3
燃烧性能	不低于B_2级

B.2.4 现浇泡沫混凝土主要性能指标应符合表B.2.4的要求。

表B.2.4 现浇泡沫混凝土主要性能指标

项目	指标
干密度（kg/m^3）	≤600
导热系数［W/(m·K)］	≤0.14
抗压强度（MPa）	≥0.5
吸水率（%）	≤20%
燃烧性能	A级

B.2.5 金属面绝热夹芯板主要性能指标应符合表B.2.5的要求。

表B.2.5 金属面绝热夹芯板主要性能指标

项目	指标				
	模塑聚苯乙烯夹芯板	挤塑聚苯乙烯夹芯板	硬质聚氨酯夹芯板	岩棉、矿渣棉夹芯板	玻璃棉夹芯板
传热系数［$W/(m^2·K)$］	≤0.68	≤0.63	≤0.45	≤0.85	≤0.90
粘结强度（MPa）	≥0.10	≥0.10	≥0.10	≥0.06	≥0.03
金属面材厚度	彩色涂层钢板基板≥0.5mm，压型钢板≥0.5mm				
芯材密度（kg/m^3）	≥18	—	≥38	≥100	≥64
剥离性能	粘结在金属面材上的芯材应均匀分布，并且每个剥离面的粘结面积不应小于85%				
抗弯承载力	夹芯板挠度为支座间距的1/200时，均布荷载不应小于0.5 kN/m^2				
防火性能	芯材燃烧性能按《建筑材料及制品燃烧性能分级》GB 8624的有关规定分级。 岩棉、矿渣棉夹芯板，当夹芯板厚度小于或等于80mm时，耐火极限应大于或等于30min；当夹芯板厚度大于80mm时，耐火极限应大于或等于60min				

本规范用词说明

1 为便于在执行本规范条文时区别对待，对要求严格程度不同的用词说明如下：

1）表示很严格，非这样做不可的用词：
正面词采用“必须”，反面词采用“严禁”；

2）表示严格，在正常情况均应这样做的用词：
正面词采用“应”，反面词采用“不应”或“不得”；

3）表示允许稍有选择，在条件许可时首先应这样做的用词：
正面词采用“宜”，反面词采用“不宜”；

4）表示有选择，在一定条件下可以这样做的用词，采用“可”。

2 本规范中指明应按其他有关标准执行的写法为：“应符合……的规定”或“应按……执行”。

引用标准名录

1 《建筑给水排水设计规范》GB 50015
2 《建筑设计防火规范》GB 50016
3 《建筑物防雷设计规范》GB 50057
4 《民用建筑热工设计规范》GB 50176
5 《公共建筑节能设计标准》GB 50189

6 《工业用橡胶板》GB/T 5574

7 《建筑材料及制品燃烧性能分级》GB 8624

8 《中空玻璃》GB/T 11944

9 《建筑用安全玻璃　第 3 部分：夹层玻璃》GB 15763.3

10 《建筑用硅酮结构密封胶》GB 16776

11 《严寒和寒冷地区居住建筑节能设计标准》JGJ 26

12 《夏热冬暖地区居住建筑节能设计标准》JGJ 75

13 《夏热冬冷地区居住建筑节能设计标准》JGJ 134

14 《建筑玻璃采光顶》JG/T 231

15 《幕墙玻璃接缝用密封胶》JC/T 882

16 《建筑防水涂料有害物质限量》JC 1066

17 《硫化橡胶和热塑性橡胶　建筑用预成型密封垫的分类、要求和试验方法》HG/T 3100

中华人民共和国国家标准

屋面工程技术规范

GB 50345—2012

条 文 说 明

修 订 说 明

本规范是在《屋面工程技术规范》GB 50345－2004的基础上修订完成，上一版规范的主编单位是山西建筑工程（集团）总公司，参编单位有北京市建筑工程研究院、中国建筑科学研究院、浙江工业大学、太原理工大学、中国建筑标准设计研究所、四川省建筑科学研究院、中国化学建材公司苏州防水研究设计所、徐州卧牛山新型防水材料有限公司、山东力华防水建材有限公司。主要起草人员是哈成德、王寿华、朱忠厚、严仁良、叶林标、王 天、项桦太、马芸芳、高延继、王宜群、杨 胜、李国干、孙晓东。

本次修订的主要技术内容是：1．“基本规定”首次提出了屋面工程应满足7项基本要求，屋面工程设计与施工是按照屋面的基本构造层次和细部构造进行规定的；2．屋面防水等级分为Ⅰ级和Ⅱ级，设防要求分别为两道防水设防和一道防水设防；屋面防水层包括卷材防水层、涂膜防水层和复合防水层，淘汰了细石混凝土防水层；3．屋面保温层包括板状材料保温层、纤维材料保温层和整体材料保温层，增加了岩棉、矿渣棉和玻璃棉以及泡沫混凝土砌块和现浇泡沫混凝土等不燃烧材料；4．瓦屋面包括烧结瓦、混凝土瓦和沥青瓦，增加了金属板屋面和玻璃采光顶。

为了便于广大设计、施工、科研、学校等单位有关人员正确理解和执行本规范条文内容，规范编制组按章、节、条顺序编制了本规范的条文说明，对条文规定的目的、依据以及执行中需注意的有关事项进行了说明。虽然本条文说明不具备与规范正文同等的法律效力，但建议使用者认真阅读，作为正确理解和把握规范规定的参考。

目　次

1 总　　则

1.0.1 近年来，由于在屋面工程中新型防水保温材料、新型屋面形式及新的施工技术等方面均有较快的发展，同时一些屋面工程专项技术标准也将陆续出台，原规范已不能适应屋面工程技术发展的需要，故必须进行修订。

在本条中明确了这次规范修订的目的，就是要在设计、施工方面提高我国屋面工程的技术水平，同时强调了以下四项要求：

1　保证屋面工程防水层和密封部位不渗漏，保温隔热功能满足设计要求；

2　根据不同的建筑类型、重要程度、使用功能要求、屋面形式以及地区特点等，在确保屋面工程质量的基础上做到经济合理；

3　在屋面工程的设计和施工中，应对屋面工程的防水、保温、隔热做到安全适用；

4　根据环境保护和建筑节能政策，在设计选材、施工作业以及使用过程中均应符合环境保护和建筑节能的要求，防止对周围环境造成污染。

1.0.2 在本条中明确了本规范的适用范围。屋面工程应遵循"材料是基础、设计是前提、施工是关键、管理是保证"的综合治理原则，屋面工程设计与屋面工程施工的内容应从总体上涵盖了所有屋面工程的专项技术标准。

1.0.3 环境保护和建筑节能是我国的一项重大技术政策，关系到我国经济建设可持续发展的战略决策。屋面工程设计和施工应从材料选择、施工方法等方面着手，考虑其对周围环境的影响程度以及建筑节能效果，并应采取针对性措施。

本条中除保留原规范的内容外，还增加了在屋面工程设计和施工中有关防火安全的规定。对屋面工程的设计和施工，必须依据公安部、住房和城乡建设部联合发布的《民用建筑外保温系统及外墙装饰防火暂行规定》的要求，制定有关防火安全的实施细则及规定，采取必要的防火措施，确保屋面在火灾情况下的安全性。

2 术　　语

本规范从屋面工程设计和施工的角度列出了17条术语。术语中包括以下3种情况：

1　在原规范中的一些均为人所熟知的术语，在这次修订时予以删除，如"沥青防水卷材、高聚物改性沥青防水卷材、合成高分子防水卷材"等。

2　对尚未出现在国家标准、行业标准中的术语，在这次修订时予以增加，如"复合防水层、相容性"等。

3　对过去在国家标准或行业标准不统一的术语，在这次修订中予以统一，如"防水垫层、持钉层"等。

3 基 本 规 定

3.0.1 屋面是建筑的外围护结构，在本规范编制时应针对屋面的使用功能及要求，把屋面当做一个系统工程来进行研究，同时考虑了我国的实际情况，建立屋面工程技术内在规律的理论，指导屋面工程的技术发展。对屋面工程的基本要求说明如下：

1　具有良好的排水功能和阻止水侵入建筑物内的作用。

排水是利用水向下流的特性，不使水在防水层上积滞，尽快排除。防水是利用防水材料的致密性、憎水性构成一道封闭的防线，隔绝水的渗透。因此，屋面排水可以减轻防水的压力，屋面防水又为排水提供了充裕的排除时间，防水与排水是相辅相成的。

2　冬季保温减少建筑物的热损失和防止结露。

按我国建筑热工设计分区的设计要求，严寒地区必须满足冬季保温，寒冷地区应满足冬季保温，夏热冬冷地区应适当兼顾冬季保温。屋面应采用轻质、高效、吸水率低、性能稳定的保温材料，提高构造层的热阻；同时，屋面传热系数必须满足本地区建筑节能设计标准的要求，以减少建筑物的热损失。屋面大多数采用外保温构造，造成屋面的内表面大面积结露的可能性不大，结露主要出现在檐口、女儿墙与屋顶的连接处，因此对热桥部位应采取保温措施。

3　夏季隔热降低建筑物对太阳能辐射热的吸收。

按我国建筑热工设计分区的设计要求，夏热冬冷地区必须满足夏季防热要求，夏热冬暖地区必须充分满足夏季防热要求。屋面应利用隔热、遮阳、通风、绿化等方法来降低夏季室内温度，也可采用适当的围护结构减少太阳的辐射传入室内。屋面若采用含有轻质、高效保温材料的复合结构，对达到所需传热系数比较容易，要达到较大的热惰性指标就很困难，因此对屋面结构形式和隔热性能亟待改善。屋面传热系数和热惰性指标必须满足本地区建筑节能设计标准的要求，在保证室内热环境的前提下，使夏季空调能耗得到控制。

4　适应主体结构的受力变形和温差变形。

屋面结构设计一般应考虑自重、雪荷载、风荷载、施工或使用荷载，结构层应保证屋面有足够的承载力和刚度；由于受到地基变形和温差变形的影响，建筑物除应设置变形缝外，屋面构造层必须采取有效措施。有关资料表明，导致防水功能失效的主要症结，是防水工程在结构荷载和变形荷载的作用下引起的变形，当变形受到约束时，就会引起防水主体的开裂。因此，屋面工程一要有抵抗外荷载和变形的能力，二要减少约束、适当变形，采取“抗”与“放”的结合尤为重要。

5 承受风、雪荷载的作用不产生破坏。

虽然屋面工程不作为承重结构使用，但对其力学性能和稳定性仍然提出了要求。国内外屋顶突然坍塌事故，给了我们深刻的教训。屋面系统在正常荷载引起的联合应力作用下，应能保持稳定；对金属屋面、采光顶来讲，承受风、雪荷载必须符合现行国家标准《建筑结构荷载规范》GB 50009 的有关规定，特别是屋面系统应具有足够的力学性能，使其能够抵抗由风力造成压力、吸力和振动，而且应有足够的安全系数。

6 具有阻止火势蔓延的性能。

对屋面系统的防火要求，应依据法律、法规制定有关实施细则。在火灾情况下的安全性，屋面系统所用材料的燃烧性能和耐火极限必须符合现行国家标准《建筑设计防火规范》GB 50016 的有关规定，屋面工程应采取必要的防火构造措施，保证防火安全。

7 满足建筑外形美观和使用要求。

建筑应具有物质和艺术的两重性，既要满足人们的物质需求，又要满足人们的审美要求。现代城市的建筑由于跨度大、功能多、形状复杂、技术要求高，传统的屋面技术已很难适应。随着人们对屋面功能要求的提高及新型建筑材料的发展，屋面工程设计突破了过去千篇一律的屋面形式。通过建筑造型所表达的艺术性，不应刻意表现繁琐、豪华的装饰，而应重视功能适用、结构安全、形式美观。

3.0.2 就我国屋面工程的现状看，屋面大体上可分为卷材防水屋面、涂膜防水屋面、保温屋面、隔热屋面、瓦屋面、金属板屋面、采光顶等种类。在每类屋面中，由于所用材料不同和构造各异，因而形成了各种屋面工程。屋面工程是一个完整的系统，主要应包括屋面基层、保温与隔热层、防水层和保护层。本条是按照屋面的所用材料来进行分类，并列表叙述屋面基本构造层次，有关构造层的定义可见术语内容。本条在执行时，允许设计人员稍有选择，但在条件许可时首先应这样做。

3.0.3 本条规定了屋面工程设计的基本原则：

1 屋面是建筑的外围护结构，主要是起覆盖作用，借以抵抗雨雪，避免日晒等自然界大气变化的影响，同时亦起着保温、隔热和稳定墙身等作用。根据本规范第 3.0.1 条的规定，屋面工程的基本功能不仅为建筑的耐久性和安全性提供保证，而且成为防水、节能、环保、生态及智能建筑技术健康发展的平台，因此，保证功能在屋面工程设计中具有十分重要的意义和作用。

2 根据人们对屋面功能要求的提高及新型建筑材料的发展，屋面工程设计将突破过去千篇一律的屋面形式，对防水、节能、环保、生态等方面提出了更高的要求。由于屋面构造层次较多，除应考虑相关构造层的匹配和相容外，还应研究构造层间的相互支持，方便施工和维修。国内当前屋面工程中设计深度严重不足，特别是构造设计不够合理，造成屋面功能无法得到保证的现状，因此，构造合理是提高屋面工程寿命的重要措施。

3 屋面防水和排水是一个问题的两个方面，考虑防水的同时应考虑排水，应先让水顺利、迅速地排走，不使屋面积水，自然可减轻防水层的压力。屋面工程中对屋面坡度、檐沟、天沟的汇水面积、水落口数量、管径大小等设计，应尽可能使水以较快的速度、简捷的途径顺畅排除，总之，做好排水是提高防水功能的有效措施，因此，防排结合是屋面防水概念设计的主要内容。

4 由于新型建筑材料的不断涌现，设计人员应该熟悉材料的种类及其性能，并根据屋面使用功能、工程造价、工程技术条件等因素，合理选择使用材料，提供适用、安全、经济、美观的构造方案。选材有以下标准：(1) 根据不同的工程部位选材；(2) 根据主体功能要求选材；(3) 根据工程环境选材；(4) 根据工程标准选材。因此，优选用材是保证屋面工程质量的基本条件。

5 建筑既要满足人们物质需要，又要满足审美要求；它不但体现某个时代的物质文化水平和科学技术水平，而且还反映出这个时代的精神面貌。

3.0.4 本条规定了屋面工程施工的基本原则：

1 施工单位必须按照工程设计图纸和施工技术标准施工，不得擅自修改屋面工程设计，不得偷工减料。在施工过程中发现设计文件和图纸有差错的，施工单位应当及时提出意见和建议，因此，按图施工是保证屋面工程施工质量的前提。

2 施工单位必须按照工程设计要求、施工技术标准和合同约定，对进入施工现场的屋面防水、保温材料进行抽样检验，并提出检验报告。未经检验或检验不合格的材料，不得在工程中使用，因此，材料检验是保证屋面工程施工质量的基础。

3 施工单位必须建立、健全施工质量检验制度，严格工序管理，做好隐蔽工程的质量检查和记录。屋面工程每道工序施工后，均应采取相应的保护措施，因此，工序检查是保证屋面工程施工质量的关键。

4 施工单位应具备相应的资质，并应建立质量管理体系。施工单位应编制屋面工程专项施工方案，并应经过审查批准。施工单位应按有关的施工工艺标准和经审定的施工方案施工，并应对施工全过程实行质量控制，因此，过程控制是保证屋面工程施工质量的措施。

5 屋面工程施工质量验收，应按现行国家标准《屋面工程质量验收规范》GB 50207 的规定执行。施工单位对施工过程中出现质量问题或不能满足安全使用要求的屋面工程，应当负责返修或返工，并应重新进行验收，因此，质量验收是保证屋面工程施工质量的条件。

3.0.5 本条对屋面防水等级和设防要求作了较大的修订。原规范对屋面防水等级分为四级，Ⅰ级为特别重要或对防水有特殊要求的建筑，由于这类建筑极少采用，本次修订作了“对防水有特殊要求的建筑屋面，应进行专项防水设计”的规定；原规范Ⅳ级为非永久性建筑，由于这类建筑防水要求很低，本次修订给予删除，故本条根据建筑物的类别、重要程度、使用功能要求，将屋面防水等级分为Ⅰ级和Ⅱ级，设防要求分别为两道防水设防和一道防水设防。

本规范征求意见稿和送审稿中，都曾明确将屋面防水等级分为Ⅰ级和Ⅱ级，防水层的合理使用年限分别定为20年和10年，设防要求分别为两道防水设防和一道防水设防。关于防水层合理使用年限的确定，主要是根据建设部《关于治理屋面渗漏的若干规定》(1991) 370号文中“……选材要考虑其耐久性能保证10年”的要求，以及考虑我国的经济发展水平、防水材料的质量和建设部《关于提高防水工程质量的若干规定》(1991) 837号中有关精神提出的。考虑近年来新型防水材料的门类齐全、品种繁多，防水技术也由过去的沥青防水卷材叠层做法向多道设防、复合防水、单层防水等形式转变。对于屋面的防水功能，不仅要看防水材料本身的材性，还要看不同防水材料组合后的整体防水效果，这一点从历次的工程调研报告中已得到了证实。由于对防水层的合理使用年限的确定，目前尚缺乏相关的实验数据，根据本规范审查专家建议，取消对防水层合理使用年限的规定。

3.0.6 根据现行国家标准《民用建筑热工设计规范》GB 50176的规定，严寒和寒冷地区居住建筑应进行冬季保温设计，保证内表面不结露；夏热冬冷地区居住建筑应进行冬季保温和夏季防热设计，保证保温、隔热性能符合规定要求；夏热冬暖地区居住建筑应进行夏季防热设计，保证隔热性能符合规定要求。建筑节能设计中的传热系数和热惰性指标，是围护结构热工性能参数。根据建筑物所处城市的气候分区区属不同，公共建筑和居住建筑屋面的传热系数和热惰性指标不应大于表1和表2规定的限值。

表1 公共建筑不同气候区屋面传热系数限值

气候分区	传热系数 k[(W/m^2·K)]		
	体型系数≤0.3	0.3<体型系数≤0.4	屋顶透明部分
严寒地区A区	≤0.35	≤0.30	≤2.50
严寒地区B区	≤0.45	≤0.35	≤2.60
寒冷地区	≤0.55	≤0.45	≤2.70
夏热冬冷地区	≤0.70		≤3.00
夏热冬暖地区	≤0.90		≤3.50

表2 居住建筑不同气候区屋面传热系数和热惰性指标限值

气候分区	传热系数 k[(W/m^2·K)]		
	≤3层建筑	4~8层建筑	≥9层建筑
严寒地区A区	0.20	0.25	0.25
严寒地区B区	0.25	0.30	0.30
严寒地区C区	0.30	0.40	0.40
寒冷地区A区	0.35	0.45	0.45
寒冷地区B区	0.35	0.45	0.45
	热惰性指标	体型系数≤0.40	体型系数>0.40
夏热冬冷地区	D>2.5	≤1.00	≤0.60
	D≤2.5	≤0.80	≤0.50
夏热冬暖地区	D≥2.5	≤1.00	
	—	≤0.50	

3.0.7 屋面工程是建筑围护结构的重要部分，主要功能是防水和保温。尽管屋面结构基层符合现行国家标准《建筑设计防火规范》GB 50016中的有关建筑构件燃烧性能和耐火极限的规定，但是屋面基层上大多是采用易燃或阻燃的防水和保温材料，会在房屋建造和使用过程中可能造成火灾的蔓延。公安部与住房和城乡建设部2009年9月下发了《关于印发〈民用建筑外保温系统及外墙装饰防火暂行规定〉的通知》，通知中对屋顶保温材料的燃烧性能等作了相应规定。据了解，现行国家标准《建筑材料及制品燃烧性能分级》GB 8624、《建筑设计防火规范》GB 50016及《高层民用建筑设计防火规范》GB 50045目前正在修订中，故本条只作原则性规定。

3.0.8 本条是依据现行国家标准《建筑物防雷设计规范》GB 50057和《建筑幕墙》GB/T 21086的有关规定，对屋面工程的防雷设计提出要求。

3.0.9 环境保护是我国的一项重大政策。1989年国家制定了《中华人民共和国环境保护法》，明确提出了保护和改善生活环境与生态环境，防治污染或其他公害，保障人体健康等要求，因此，在进行屋面工程的防水层、保温层设计时，应选择对环境和人身健康无害的防水、保温材料。在进行屋面工程的防水层、保温层施工时，应严格按照要求施工，必要时应采取措施，防止对周围环境造成污染及对人身健康带来危害。

3.0.10 随着科学技术的不断发展，在屋面工程中也不断涌现出许多新型屋面形式和新型防水、保温材料，施工工艺也相应得到较大的发展。本条是依据《建设领域推广应用新技术的规定》（建设部令第109号）和《建设部推广应用新技术管理细则》（建科［2002］222号）的精神，注重在建筑工程中推广应用新技术和限制、禁止使用落后的技术。对采用性能、质量可靠的防水、保温材料和相应的施工技术等科技成果，必须经过科技成果鉴定、评估或新产品、新技术鉴定，并应制定相应的技术规程。同时还强调新材料、新工艺、新技术、新产品需经屋面工程实践检验，符合有关安全及功能要求的方可推广应用。

3.0.11 排水系统不但交工时要畅通，在使用过程中应经常检查，防止水落口、檐沟、天沟堵塞，以免造成屋面长期积水和大雨时溢水。工程交付使用后，应由使用单位建立维护保养制度，指定专人定期对屋面进行检查、维护。做好屋面的维护保养工作，是延长防水层使用年限的根本保证。据调查，很多屋面由交付使用到发现渗漏期间，从未有人对屋面进行过检查或清理，造成屋面排水口堵塞、长期积水或杂草滋长，有的屋面因上人而造成局部损坏，加速了防水层的老化、开裂、腐烂和渗漏。为此，本条对屋面工程管理、维护、保养提出了原则规定。

4 屋面工程设计

4.1 一般规定

4.1.1 屋面工程设计不仅要考虑建筑造型的新颖、美观，而且要考虑建筑的使用功能、造价、环境、能耗、施工条件等因素，经技术经济分析选择屋面形式、构造和材料。

1 屋面防水等级应根据建筑物的类别、重要程度、使用功能要求确定。不同防水等级的屋面均不得发生渗漏。本规范规定Ⅰ级防水屋面应采用两道防水设防，Ⅱ级防水屋面应采用一道防水设防。

2 国内目前屋面工程中，有的设计深度严重不足，设计者可以不进行认真的选材和任意套用通用节点详图，使得施工方可以任意采用建筑材料，操作也可以随便，监理方认可或不认可均无依据。因此，设计时必须考虑使用功能、环境条件、材料选择、施工技术、综合性价比等因素，对屋面防水、保温构造认真进行处理，重要部位要有大样图。以便施工单位“照图施工”，监理单位“按图检查”，从而避免屋面工程在施工中的随意性。

3 屋面排水系统设计是建筑设计图纸的主要内容，由于近年来屋面形式多样化，常常限制了水落管的合理设置。所以，在建筑初步设计阶段，就应明确屋面排水系统包括排水分区、水落口的分布及排水坡度的设计。施工图设计应明确分水脊线、排水坡起线，排水途径应通畅便捷，水落口应负荷均匀，同时应明确找坡方式和选用的找坡材料。

4 屋面工程使用的材料必须符合国家现行有关标准的规定，严禁使用国家明令禁止使用及淘汰的材料。合理选择屋面工程使用的防水和保温材料，设计文件中应详细注明防水、保温材料的品种、规格、性能等。鉴于目前市场上有许多假冒伪劣材料，很难保证达到国家制定的技术指标，如果设计时不严加控制，就容易被伪劣材料混充，所以在设计时应注明所用材料的技术指标，以便于施工时检测。

4.1.2 本条规定了屋面防水层设计时确保工程质量的技术措施。

1 考虑在防水卷材与基层满粘后，基层变形产生裂缝会影响卷材的正常使用。对于屋面上预计可能产生基层开裂的部位，如板端缝、分格缝、构件交接处、构件断面变化处等部位，宜采用空铺、点粘、条粘或机械固定等施工方法，使卷材不与基层粘结，也就不会出现卷材零延伸断裂现象。

2 对容易发生较大变形或容易遭到较大破坏和老化的部位，如檐口、檐沟、泛水、水落口、伸出屋面管道根部等部位，均应增设附加层，以增强防水层局部抵抗破坏和老化的能力。附加层可选用与防水层相容的卷材或涂膜。

3 大坡面或垂直面上粘贴防水卷材，往往由于卷材本身重力大于粘结力而使防水层发生下滑现象，设计时应采用金属压条钉压固定，并用密封材料封严。这里一般不建议采用提高卷材粘结力的方法，过大粘结力对克服基层变形影响不利。

4 在卷材或涂膜防水层上均应设置保护层，以保护防水层不直接受阳光紫外线照射或酸雨等侵害以及人为的破坏，从而延长防水层的使用寿命。常用的保护层有块体材料、水泥砂浆、细石混凝土、浅色涂料以及铝箔等。

5 由于刚性保护层材料的自身收缩或温度变化影响，直接拉伸防水层，使防水层疲劳开裂而发生渗漏，因此，在刚性保护层与卷材、涂膜防水层之间应做隔离层，以减少两者之间的粘结力、摩擦力，并使保护层的变形不受到约束。

4.1.3 工程实践中，关于相容性的问题是设计人员最为关心但却最容易被忽视的。本次规范修订时对相容性给出了定义，即相邻两种材料之间互不产生有害的物理和化学作用的性能。本条规定在卷材、涂料与基层处理剂、卷材与胶粘剂或胶粘带、卷材与卷材、卷材与涂料复合使用、密封材料与接缝基材等情况下应具有相容性。表3及表4分别列出卷材基层处理剂及胶粘剂的选用和涂膜基层处理剂的选用。

表3 卷材基层处理剂及胶粘剂的选用

卷 材	基层处理剂	卷材胶粘剂
高聚物改性沥青卷材	石油沥青冷底子油或橡胶改性沥青冷胶粘剂稀释液	橡胶改性沥青冷胶粘剂或卷材生产厂家指定产品
合成高分子卷材	卷材生产厂家随卷材配套供应产品或指定的产品	

表4 涂膜基层处理剂的选用

涂 料	基层处理剂
高聚物改性沥青涂料	石油沥青冷底子油
水乳型涂料	掺0.2%～0.3%乳化剂的水溶液或软水稀释，质量比为1∶0.5～1∶1，切忌用天然水或自来水
溶剂型涂料	直接用相应的溶剂稀释后的涂料薄涂
聚合物水泥涂料	由聚合物乳液与水泥在施工现场随配随用

4.1.4 卷材、涂料、密封材料在各种不同类型的屋面、不同的工作条件、不同的使用环境中，由于气候温差的变化、阳光紫外线的辐射、酸雨的侵蚀、结构的变形、人为的破坏等，都会给防水材料带来一定程度的危害，所以本条规定在进行屋面工程设计时，应根据建筑物的建筑造型、使用功能、环境条件选择与其相适应的防水材料，以确保屋面防水工程的质量。

4.1.5 本规范附录A是有关屋面工程用防水、保温材料标准，这些标准都是现行的国家标准和行业标准。本规范附录B是屋面工程用防水、保温材料的主要性能指标，应该说明的是这些性能指标不一定就是国家和行业产品标准的全部技术要求，而是屋面工程对该种材料的技术要求，只要满足这些技术要求，才可以在屋面工程中使用。

4.2 排 水 设 计

4.2.1 “防排结合”是屋面工程设计的一条基本原则。屋面雨水能迅速排走，减轻了屋面防水层的负担，减少了屋面渗漏的机会。

排水系统的设计，应根据屋顶形式、气候条件、使用功能等因素确定。对于排水方式的选择，一般屋面汇水面积较小，且檐口距地面较近，屋面雨水的落差较小的低层建筑可采用无组织排水。对于屋面汇水面积较大的多跨建筑或高层建筑，因檐口距地面较高，屋面雨水的落差大，当刮大风下大雨时，易使从檐口落下的雨水浸湿到墙面上，故应采用有组织排水。

4.2.2 屋面排水方式可分为有组织排水和无组织排水。有组织排水就是屋面雨水有组织的流经天沟、檐沟、水落口、水落管等，系统地将屋面上的雨水排出。在有组织排水中又可分为内排水和外排水或内外排水相结合的方式，内排水是指屋面雨水通过天沟由设置于建筑物内部的水落管排入地下雨水管网，如高层建筑、多跨及汇水面积较大的屋面等。外排水是指屋面雨水通过檐沟、水落口由设置于建筑物外部的水落管直接排到室外地面上，如一般的多层住宅、中高层住宅等采用。无组织排水就是屋面雨水通过檐口直接排到室外地面，如一般的低层住宅建筑等。一般中、小型的低层建筑物或檐高不大于10m的屋面可采用无组织排水，其他情况下都应采取有组织排水。

在有条件的情况下，提倡收集雨水再利用或直接对雨水进行利用。特别对于水资源缺乏的地区，充分利用雨水进行灌溉等，有利于节能减排，变废为宝，节约资源。

4.2.3 由于高层建筑外排水系统的安装维护比较困难，因此设计内排水系统为宜。多跨厂房因相邻两坡屋面相交，故只能用天沟内排水的方式排出屋面雨水。在进行天沟设计时，尽可能采用天沟外排水的方式，将屋面雨水由天沟两端排出室外。如果天沟的长度较长，为满足沟底纵向坡度及沟底水落差的要求，一般沟底分水线距水落口的距离超过20m时，可采用除两端外排水口外，在天沟中间增设水落口和内排水管。排水口的设置同时也确定了找坡分区的划分，当屋面找坡较长时，可以增设排水口，以减小找坡长度。

4.2.4 在进行屋面排水系统设计时，应符合现行国家标准《建筑给水排水设计规范》GB 50015的有关规定。首先应根据屋面形式及使用功能要求，确定屋面的排水方式及排水坡度，明确是采用有组织排水还是无组织排水。如采用有组织排水设计时，要根据所在地区的气候条件、雨水流量、暴雨强度、降雨历时及排水分区，确定屋面排水走向。通过计算确定屋面檐沟、天沟所需要的宽度和深度。根据屋面汇水面积和当地降雨历时，按照水落管的不同管径核定每根水管的屋面汇水面积以及所需水落管的数量，并根据檐沟、天沟的位置及屋面形状布置水落口及水落管。

4.2.5 本条规定了屋面划分排水区域设计的要求。首先应根据屋面形式、屋面面积、屋面高低层的设置等情况，将屋面划分成若干个排水区域，根据排水区域确定屋面排水线路，排水线路的设置应在确保屋面排水通畅的前提下，做到长度合理。

4.2.6 当采用重力式排水时，每个水落口的汇水面积宜为$150m^2$～$200m^2$，在具体设计时还要结合地区的暴雨强度及当地的有关规定、常规做法来进行调整。屋面每个汇水面积内，雨水排水立管不宜少于2根，是避免一根排水立管发生故障，屋面排水系统不会瘫痪。

4.2.7 对于有高低跨的屋面，当高跨屋面的雨水流到低跨屋面上后，会对低跨屋面造成冲刷，天长日久就会使低跨屋面的防水层破坏，所以在低跨屋面上受高跨屋面排下的雨水直接冲刷的部位，应采取加铺卷材或在水落管下加设水簸箕等措施，对低跨屋面进行保护。

4.2.8 目前在屋面工程中大部分采用重力流排水，但是随着建筑技术的不断发展，一些超大型建筑不断涌现，常规的重力流排水方式就很难满足屋面排水的要求，为了解决这一问题，本规范修订时提出了推广使用虹吸式屋面雨水排水系统的必要性。虹吸排水的原理是利用建筑屋面的高度和雨水所具有的势能，产生虹吸现象，通过雨水管道变径，在该管道处形成负压，屋面雨水在管道内负压的抽吸作用下，以较高的流速迅速排出屋面雨水。

相对于普通重力流排水，虹吸式雨水排水系统的排水管道均按满流有压状态设计，悬吊横管可以无坡度铺设。由于产生虹吸作用时，管道内水流流速很高，相对于同管径的重力流排水量大，故可减少排水立管的数量，同时可减小屋面的雨水负荷，最大限度地满足建筑使用功能要求。

虹吸式屋面雨水排水系统，目前在我国逐渐被采用，如东莞国际会展中心、上海科技馆、浦东国际机场、北京世贸商城等一批大型项目相继建成投入使用后，系统运行良好。为了在我国推广应用这一技术，中国工程建设标准化协会制定了《虹吸式屋面雨水排水系统技术规程》CECS183：2005。故本条规定暴雨强度较大地区的工业厂房、库房、公共建筑等大型屋面，宜采用虹吸式屋面雨水排水系统。

由于虹吸排水系统的设计有一定的技术要求，排水口、排水管等构件如果不按要求设计，将起不到虹吸作用，所以虹吸式屋面雨水排水系统应按专项技术规程进行设计。

4.2.9 冬季时严寒和寒冷地区，外排水系统容易被冰冻，使水落口堵塞或冻裂，而在化冻时水落口的冰尚未完全解冻，造成屋面的溶水无法排出。故本条规定严寒地区应采用内排水，寒冷地区宜采用内排水，以避免水落管受冻。有条件时，外排水系统应对水落管和水落口采取防冻措施，以便屋面上化冻后的冰雪溶水能顺利排出。

4.2.10 湿陷性黄土是一种特殊性质的土，大量分布在我国的山西、陕西、甘肃等地区。这种湿陷性黄土在上覆土的自重压力或上覆土的自重压力与附加压力共同作用下，受水浸湿后，土体结构逐渐被破坏，土颗粒向大孔中移动，从而导致地基湿陷，引起上部建筑的不均匀下沉，使墙体出现裂缝。所以本条规定在湿陷性黄土地区的建筑屋面宜采用有组织排水系统，将屋面雨水直接排至排水管网或排至不影响建筑物地基的区域，避免屋面雨水直接排到室外地面上，沿地面渗入地下而造成地基不均匀下沉，导致建筑物破坏。

4.2.11 根据多年实践经验，檐沟、天沟宽度太窄不仅不利于防水层施工，而且也不利于排水，所以本条规定其净宽度不应小于300mm。檐沟、天沟的深度按沟底的分水线深度来控制，本条规定分水线处的最小深度不应小于100mm，如过小，则当沟中水满时，雨水易由天沟边溢出，导致屋面渗漏。

在本条中还规定了檐沟、天沟沟底的纵向坡度不应小于1%，这是因为如果沟底坡度过小，在施工中很难做到沟底平直顺坡，常常会因沟底凸凹不平或倒坡，造成檐沟、天沟中排水不畅或积水。沟内如果长期积水，沟内的卷材或涂膜防水层易发生霉烂，造成渗漏。

沟底的水落差就是天沟内的分水线到水落口的高差，本条文规定沟底水落差不应大于200mm，这是因为沟底排水坡度为1%，排水线路长20m时，水落差就是200mm。

4.2.12 钢筋混凝土檐沟、天沟的纵向坡度一般都由材料找坡，而金属檐沟、天沟的坡度是由结构找坡的，考虑制作和安装方面的因素，规定金属檐沟、天沟的纵向坡度宜为0.5%。在雨水丰富降雨量较大的地区，金属檐沟、天沟要有足够的盛水量及排水能力，以免雨量较大时雨水溢出。

4.2.13 对于坡屋面的檐口宜采用有组织排水，檐沟和水落斗可采用经过防锈处理的金属成品或塑料成品，这样不仅施工方便，而且有利于保证工程质量。

4.3 找坡层和找平层设计

4.3.1 屋面找坡层的作用主要是为了快速排水和不积水，一般工业厂房和公共建筑只要对顶棚水平度要求不高或建筑功能允许，应首先选择结构找坡，既节省材料、降低成本，又减轻了屋面荷载，因此，本条规定混凝土结构屋面宜采用结构找坡，坡度不应小于3%。

当用材料找坡时，为了减轻屋面荷载和施工方便，可采用质量轻和吸水率低的材料。找坡材料的吸水率宜小于20%，过大的吸水率不利于保温及防水。找坡层应具有一定的承载力，保证在施工及使用荷载的作用下不产生过大变形。找坡层的坡度过大势必会增加荷载和造价，因此本条规定材料找坡坡度宜为2%。

4.3.2 找平层是为防水层设置符合防水材料工艺要求且坚实而平整的基层，找平层应具有一定的厚度和强度。如果整体现浇混凝土板做到随浇随用原浆找平和压光，表面平整度符合要求时，可以不再做找平层。采用水泥砂浆还是细石混凝土作找平层，主要根据基层的刚度。根据调研结果，在装配式混凝土板或板状材料保温层上设水泥砂浆找平层时，找平层易发生开裂现象，故本规范修订时规定装配式混凝土板上应采用细石混凝土找平层。基层刚度较差时，宜在混凝土内加钢筋网片。同时，还规定板状材料保温层上应采用细石混凝土找平层。

4.3.3 由于找平层的自身干缩和温度变化，保温层上的找平层容易变形和开裂，直接影响卷材或涂膜的施工质量，故本条规定保温层上的找平层应留设分格缝，使裂缝集中到分格缝中，减少找平层大面积开裂。分格缝的缝宽宜为5mm～20mm，当采用后切割时可小些，采用预留时可适当大些，缝内可以不嵌填密封材料。由于结构层上设置的找平层与结构同步变形，故找平层可以不设分格缝。

4.4 保温层和隔热层设计

4.4.1 屋面保温层应采用轻质、高效的保温材料，以保证屋面保温性能和使用要求。本次规范修订时，增加了矿物纤维制品和泡沫混凝土等内容，目的是考虑屋面防火安全，着重推广无机保温材料供设计人员选择。为此，本条按其材料把保温层分为三类，即板状材料保温层、纤维材料保温层和整体材料保温层。

纤维材料是指玻璃棉制品和岩棉、矿渣棉制品，具有质量轻、导热系数小、不燃、防蛀、耐腐蚀、化学稳定性好等特点，做成毡状或板状的制品，是较好的绝热材料和不燃材料。

泡沫混凝土是用机械方法将发泡剂水溶液制备成泡沫，再将泡沫加入水泥、集料、掺合料、外加剂和水等组成的料浆中，经混合搅拌、浇筑成型、蒸汽养护或自然养护而成的轻质多孔保温材料。泡沫混凝土制品的密度为300kg/m³～500kg/m³时，抗压强度为0.3MPa～0.5MPa，导热系数为0.095W/(m·K)～0.010W/(m·K)。因为泡沫混凝土的原料广泛、生产方便、价格便宜，常用砌块或现场浇筑的方法，在建筑工程中得到广泛应用。

4.4.2 本条对屋面保温层设计提出以下要求：

1 无机保温材料按其构造分为纤维材料、粒状材料和多孔材料，如矿物纤维制品、膨胀珍珠岩制品、泡沫玻璃制品、加气混凝土、泡沫混凝土等。有机保温材料主要有泡沫塑料制品，如聚苯乙烯泡沫塑料、硬质聚氨酯泡沫塑料等。屋面结构的总热阻应为各层材料热阻及内、外表面换热阻的总和，其中保温材料的热阻尤为重要。根据国家对节约能源政策的不断提升，目前民用建筑节能标准已提高到50%或65%，为了使屋面结构传热系数满足本地区建筑节能设计标准规定的限值，保温层宜选用吸水率低、密度和导热系数小，并有一定强度的保温材料，其厚度应按现行建筑节能设计标准计算确定。

2 由于保温材料大多数属于多孔结构，干燥时孔隙中的空气导热系数较小，静态空气的导热系数λ为0.02，保温隔热性较好。保温材料受潮后，其孔隙中存在水蒸气和水，而水的导热系数λ为0.5比静态空气大20倍左右，若材料孔隙中的水分受冻成冰，冰的导热系数λ为2.0相当于水的导热系数的4倍，因此保温材料的干湿程度与导热系数关系很大。由于每一个地区的环境湿度不同，定出统一的含水率限值是不可能的，因此本条提出了平衡含水率的问题。

在实际应用中的材料试件含水率，根据当地年平均相对湿度所对应的相对含水率，可通过表5计算确定。

表5 当地年平均相对湿度所对应的相对含水率

当地年均相对湿度	相对含水率
潮湿＞75%	45%
中等50%～75%	40%
干燥＜50%	35%

$$\text{相对含水率}\quad W = \frac{W_1}{W_2} \tag{1}$$

$$W_1 = \frac{m_1 - m}{m} \times 100\%$$

$$W_2 = \frac{m_2 - m}{m} \times 100\%$$

式中：W_1——试件的含水率（%）；

W_2——试件的吸水率（%）；

m_1——试件在取样时的质量（kg）；

m_2——试件在面干潮湿状态的质量（kg）；

m——试件的绝干质量（kg）。

3 本次规范修订时，对板状保温材料的压缩强度作了规定，如将挤塑聚苯板压缩强度规定为150kPa，在正常使用荷载情况下可以满足上人屋面的要求。当屋面为停车场、运动场等情况时，应由设计单位根据实际荷载验算后选用相应压缩强度的保温材料。

4 矿物纤维制品在常见密度范围内，其导热系数基本上不随密度而变，而热阻却与其厚度成正比。考虑纤维材料在长期荷载作用下的压缩蠕变，采取防止压缩的措施可以减少因厚度沉陷而导致的热阻下降。

5 屋面坡度超过25%时，干铺保温层常发生下滑现象，故应采取粘贴或铺钉措施，防止保温层变形和位移。

6 封闭式保温层是指完全被防水材料所封闭，不易蒸发或吸收水分的保温层。吸湿性保温材料如加气混凝土和膨胀珍珠岩制品，不宜用于封闭式保温层。保温层干燥有困难是指吸湿保温材料在雨期施工、材料受潮或泡水的情况下，未能采取有效措施控制保温材料的含水率。由于保温层含水率过高，不但会降低其保温性能，而且在水分汽化时会使卷材防水层产生鼓泡，导致局部渗漏。因此，对于封闭式保温层或保温层干燥有困难的卷材屋面而言，当保温材料在施工使用时的含水率大于正常施工环境的平衡含水率时，采取排汽构造是控制保温材料含水率的有效措施。当卷材屋面保温层干燥有困难时，铺贴卷材宜采用空铺法、点粘法、条粘法。

4.4.3 热桥是指在室内外温差作用下，形成热流密集、内表面温度较低的部位。屋面热桥部位主要在屋顶与外墙的交接处，通常称为结构性热桥。屋面热桥部位应采取保温处理，使该部位内表面温度不低于室内空气的露点温度。

4.4.4 本条对隔汽层设计作出具体的规定：

1 按照现行国家标准《民用建筑热工设计规范》GB 50176 中有关围护结构内部冷凝受潮验算的规定，屋顶冷凝计算界面的位置，应取保温层与外侧密实材料层的交界处。当围护结构材料层的蒸汽渗透阻小于保温材料因冷凝受潮所需的蒸汽渗透阻时，应设置隔汽层。外侧有卷材或涂膜防水层，内侧为钢筋混凝土屋面板的屋顶结构，如经内部冷凝受潮验算不需要设隔汽层时，则应确保屋面板及其接缝的密实性，达到所需的蒸汽渗透阻。

2 隔汽层是一道很弱的防水层，却具有较好的蒸汽渗透阻，大多采用气密性、水密性好的防水卷材或涂料。隔汽层是隔绝室内湿气通过结构层进入保温层的构造层，常年湿度很大的房间，如温水游泳池、公共浴室、厨房操作间、开水房等的屋面应设置隔汽层。

3 隔汽层做法同防水层，隔汽层应沿周边墙面向上连续铺设，高出保温层上表面不得小于 150mm，隔汽层收边不需要与保温层上的防水层连接，理由1：隔汽层不是防水层，与防水设防无关联；理由 2：隔汽层施工在前，保温层和防水层施工在后，几道工序无法做到同步，防水层与墙面交接处的泛水处理与隔汽层无关联。

4.4.5 屋面排汽构造设计是对封闭式保温层或保温层干燥有困难的卷材屋面采取的技术措施。为了做到排汽道及排汽孔与大气连通，使水汽有排走的出路，同时力求构造简单合理，便于施工，并防止雨水进入保温层，本条对排汽道及排汽孔的设置作出了具体的规定。

4.4.6 本条对倒置式屋面保温层设计提出以下要求：

1 倒置式屋面的坡度宜为 3%，主要考虑到坡度太大会造成保温材料下滑，太小不利于屋面的排水。

2 倒置式屋面保温材料容易受雨水浸泡，使导热系数增大，保温性能下降，且易遭水侵蚀破坏，故应选用吸水率低，且长期浸水不变质的保温材料，如挤塑聚苯乙烯泡沫塑料、硬质聚氨酯泡沫塑料和喷涂硬泡聚氨酯等。

3 保温层很轻，若不加保护和埋压，容易被大风吹起，或是被屋面雨水浮起。由于有机保温材料长期暴露在外，受到紫外线照射及臭氧、酸碱离子侵蚀会过早老化，以及人在上面踩踏而破坏，因此保温层上面应设置块体材料或细石混凝土保护层。喷涂硬泡聚氨酯与浅色涂料保护层间应具相容性。

4 为了不造成板状保温材料下面长期积水，在保温层的下部应设置排水通道和泄水孔。

4.4.7 屋面隔热是指在炎热地区防止夏季室外热量通过屋面传入室内的措施。在我国南方一些省份，夏季时间较长、气温较高，随着人们生活的不断改善，对住房的隔热要求也逐渐提高，采取了种植、架空、蓄水等屋面隔热措施。屋面隔热层设计应根据地域、气候、屋面形式、建筑环境、使用功能等条件，经技术经济比较确定。这是因为同样类型的建筑在不同地区采用隔热方式也有很大区别，不能随意套用标准图或其他做法。从发展趋势看，由于绿色环保及美化环境的要求，采用种植隔热方式将胜于架空隔热和蓄水隔热。

4.4.8 本条对种植隔热层的设计提出以下要求：

1 降雨量很少的地区，夏季植物生长依赖人工浇灌，冬季草木植物枯死，故停止浇水灌溉。由于降雨量少，人工浇灌的水也不太多，种植土中的多余水甚少，不会造成植物烂根，所以不必另设排水层。

南方温暖，夏季多雨，冬季不结冰，种植土中含水四季不减。特别大雨之后，积水很多必须排出，以防止烂根，所以在种植土下应设排水层。

冬季寒冷但夏季多雨的地区，下雨时有积聚如泽的现象，排除明水不如用排水层作暗排好，所以在种植土下应设排水层。冬季严寒，虽无雨但存雪，种植土含水量仍旧大，冻结之后降低保温能力，所以在防水层下应加设保温层。

2 不同地区由于气候条件的不同，所选择的种植植物不同，种植土的厚度也就不同，如乔木根深，地被植物根浅，故本条规定所用材料及植物等应与当地气候条件相适应，并应符合环境保护要求。

3 根据调研结果，种植屋面整体布置不便于管理，为便于管理和设计排灌系统，种植植物的种类也宜分区。本次修订时，将原规范中的整体布置取消，改为宜分区布置。

4 排水层的材料的品种较多，为了减轻屋面荷载，应尽量选择塑料、橡胶类凹凸型排水板或网状交织排水板。如年降水量小于蒸发量的地区，宜选用蓄水功能好的排水板。若采用陶粒作排水层时，陶粒的粒径不应小于 25mm，堆积密度不宜大于 500kg/m^3，铺设厚度宜为 100mm～150mm。

过滤层是为防止种植土进入排水层造成流失。过滤层太薄容易损坏，不能阻止种植土流失；过滤层太厚，渗水缓慢，不易排水。过滤层的单位面积质量宜为 $200g/m^2$～$400g/m^2$。

5 挡墙泄水孔是为了排泄种植土中过多的水分，泄水孔被堵塞，造成种植土内积水，不但影响植物的生长，而且给防水层的正常使用带来不利。

6 种植隔热层的荷载主要是种植土，虽厚度深有利植物生长，但为了减轻屋面荷载，需要尽量选择综合性能良好的材料，如田园土比较经济；改良土由于掺加了珍珠岩、蛭石等轻质材料，其密度约为田园土的1/2。

7 坡度大于20%的屋面，排水层、种植土等易出现下滑，为防止发生安全事故，应采取防滑措施，也可做成梯田式，利用排水层和覆土层找坡。屋面坡度大于50%时，防滑难度大，故不宜采用种植隔热层。

4.4.9 本条对架空隔热层的设计提出以下要求：

1 我国广东、广西、湖南、湖北、四川等省属夏热冬暖地区，为解决炎热季节室内温度过高的问题，多采用架空隔热层措施；架空隔热层是利用架空层内空气的流动，减少太阳辐射热向室内传递，故宜在屋顶通风良好的建筑物上采用。由于城市建筑密度不断加大，不少城市高层建筑林立，造成风力减弱、空气对流较差，严重影响架空隔热层的隔热效果。

2 根据国内采用混凝土支墩、砌块支墩与混凝土板组合、金属支架与金属板组合等的实际情况，有关架空隔热制品及其支座的质量，应符合有关材料标准的要求。

3 架空隔热层的高度，应根据屋面宽度或坡度大小的变化确定。屋面较宽时，风道中阻力增加，宜采用较高的架空层，或在中部设置通风口，以利于空气流通；屋面坡度较小时，进风口和出风口之间的压差相对较小，为便于风道中空气流通，宜采用较高的架空层，反之可采用较低的架空层。

4.4.10 本条对蓄水隔热层的设计提出以下要求：

1 蓄水隔热层主要在我国南方采用。国外有资料介绍在寒冷地区使用的为密封式，我国目前均为敞开式的，冬季如果不将水排除，则易冻冰而导致胀裂损坏，故不宜在北方寒冷地区使用。

地震地区和振动较大的建筑物上，最好不采用蓄水隔热层。振动易使建筑物产生裂缝，造成屋面渗漏。

2 为保证蓄水池的整体性、坚固性和防水性，强调采用现浇防水混凝土，混凝土强度等级不低于C25，抗渗等级不低于P6，且蓄水池内用20mm厚防水砂浆抹面。

3 蓄水隔热层划分蓄水区和设分仓缝，主要是防止蓄水面积过大引起屋面开裂及损坏防水层。根据使用及有关资料介绍，蓄水深度宜为150mm～200mm，低于此深度隔热效果不理想，高于此深度加重荷载，隔热效果提高并不大，且当水较深时夏季白天水温升高，晚间水温降低放热，反而导致室温增加。蓄水隔热层设置人行通道，对于使用过程中的管理是非常重要的。

4.5 卷材及涂膜防水层设计

4.5.1 本条对卷材及涂膜防水屋面不同的防水等级，提出了相应的防水做法。当防水等级为Ⅰ级时，设防要求为两道防水设防，可采用卷材防水层和卷材防水层、卷材防水层和涂膜防水层、复合防水层的防水做法；当防水等级为Ⅱ级时，设防要求为一道防水设防，可采用卷材防水层、涂膜防水层、复合防水层的防水做法。

4.5.2 本条对防水卷材的选择作出规定：

1 由于各种卷材的耐热度和柔性指标相差甚大，耐热度低的卷材在气温高的南方和坡度大的屋面上使用，就会发生流淌，而柔性差的卷材在北方低温地区使用就会变硬变脆。同时也要考虑使用条件，如防水层设置在保温层下面时，卷材对耐热度和柔性的要求就不那么高，而在高温车间则要选择耐热度高的卷材。

2 若地基变形较大、大跨度和装配式结构或温差大的地区和有振动影响的车间，都会对屋面产生较大的变形而拉裂，因此必须选择延伸率大的卷材。

3 长期受阳光紫外线和热作用时，卷材会加速老化；长期处于水泡或干湿交替及潮湿背阴时，卷材会加快霉烂，卷材选择时一定要注意这方面的性能。

4 种植隔热屋面的防水层应采用耐根穿刺防水卷材，其性能指标应符合现行行业标准《种植屋面用耐根穿刺防水卷材》JC/T 1075的技术要求。

4.5.3 我国地域广阔，历年最高气温、最低气温、年温差、日温差等气候变化幅度大，各类建筑的使用条件、结构形式和变形差异很大，涂膜防水层用于暴露还是埋置的形式也不同。高温地区应选择耐热性高的防水涂料，以防流淌；严寒地区应选择低温柔性好的防水涂料，以免冷脆；对结构变形较大的建筑屋面，应选择延伸大的防水涂料，以适应变形；对暴露式的涂膜防水层，应选用耐紫外线的防水涂料，以提高使用年限。设计人员应综合考虑上述各种因素，选择相适应的防水涂料，保证防水工程的质量。

4.5.4 复合防水层是指彼此相容的卷材和涂料组合而成的防水层。使用过程中除要求两种材料材性相容外，同时要求两种材料不得相互腐蚀，施工过程中不得相互影响。因此本条规定挥发固化型防水涂料不得作为卷材粘结材料使用，否则涂膜防水层成膜质量受到影响；水乳型或合成高分子类防水涂料上面不得采用热熔型防水卷材，否则卷材防水层施工时破坏涂膜防水层；水乳型或水泥基类防水涂料应待涂膜干燥后铺贴卷材，否则涂膜防水层成膜质量差，严重的将成不了柔性防水膜。当两种防水材料不相容或相互腐蚀时，应设置隔离层，具体选择应依据上层防水材料对基层的要求来确定。

4.5.5、4.5.6 防水层的使用年限，主要取决于防水材料物理性能、防水层的厚度、环境因素和使用条件四个方面，而防水层厚度是影响防水层使用年限的主要因素之一。本条对卷材防水层及涂膜防水层厚度的规定是以合理工程造价为前提，同时又结合国内外的工程应用的情况和现有防水材料的技术水平综合得出的量化指标。卷材防水层及涂膜防水层的厚度若按本条规定的厚度选择，满足相应防水等级是切实可靠的。

4.5.7 复合防水层是屋面防水工程中积极推广的一种防水技术，本条对防水等级为Ⅰ、Ⅱ级复合防水层最小厚度作出明确规定。需要说明的是：聚乙烯丙纶卷材物理性能除符合《高分子防水材料 第1部分：片材》GB 18173.1 中 FS2 的技术要求外，其生产原料聚乙烯应是原生料，不得使用再生的聚乙烯；粘贴聚乙烯丙纶卷材的聚合物水泥防水胶结材料主要性能指标，应符合本规范附录第 B.1.8 条的要求。

4.5.8 所谓一道防水设防，是指具有单独防水能力的一道防水层。虽然本规范相关条文已明确了屋面防水等级和设防要求，以及每道防水层的厚度，但防水工程设计与施工人员对屋面的一道防水设防存在不同的理解。为此，本条将一些常见的违规行为作为禁忌条目，比较具体也容易接受，便于掌握屋面防水设计的各项要领。

对于喷涂硬泡聚氨酯保温层，是指国家标准《硬泡聚氨酯保温防水工程技术规范》GB 50404－2007中的Ⅰ型保温层。

4.5.9 附加层一般是设置在屋面易渗漏、防水层易破坏的部位，例如平面与立面结合部位、水落口、伸出屋面管道根部、预埋件等关键部位，防水层基层后期产生裂缝或可预见变形的部位。前者设置涂膜附加层，后者设置卷材空铺附加层。附加层设置得当，能起到事半功倍的作用。

对于屋面防水层基层可预见变形的部位，如分格缝、构件与构件、构件与配件接缝部位，宜设置卷材空铺附加层，以保证基层变形时防水层有足够的变形区间，避免防水层被拉裂或疲劳破坏。附加层的卷材与防水层卷材相同，附加层空铺宽度应根据基层接缝部位变形量和卷材抗变形能力而定。空铺附加层的做法可在附加层的两边条粘、单边粘贴、铺贴隔离纸、涂刷隔离剂等。

为了保证附加层的质量和节约工程造价，本条对附加层厚度作出了明确的规定。

4.5.10 屋面防水卷材接缝是卷材防水层成败的关键，而卷材搭接宽度是接缝质量的保证。本条对高聚物改性沥青防水卷材和合成高分子防水卷材的搭接宽度，统一列出表格，条理明确。表 4.5.10 卷材搭接宽度，系根据我国现行多数做法及国外资料的数据作出规定的。同时本条规定屋面防水卷材应采用搭接缝，不提倡采用对接法。对接法是指卷材对接铺贴，上加贴一定宽度卷材覆盖条来实现接缝密封防水处理方法，其缺点一是增加接缝量，由一条接缝变为两条接缝；二是覆盖条其中一边接缝形成逆水接茬。

4.5.11 设置胎体增强材料目的，一是增加涂膜防水层的抗拉强度，二是保证胎体增强材料长短边一定的搭接宽度，三是当防水层拉伸变形时避免在胎体增强材料接缝处出现断裂现象。胎体增强材料的主要性能指标，应符合本规范附录第 B.1.9 条的要求。

4.6 接缝密封防水设计

4.6.1 根据本规范的有关规定，在屋面工程中的一些接缝部位要嵌填密封材料或用密封材料封严。查阅我国现行的技术标准和图集，密封材料在防水工程中有大量设计，几乎到了遇缝就设计密封材料的程度。而在现实工程中，有关密封材料的使用和质量却令人担忧。原因一是密封材料在防水工程中的重要作用不被重视；二是密封材料的使用部位不够合理；三是对密封材料基层处理不符合要求。为此，本条针对密封材料的使用方式，参考日本建筑工程标准规范 JASS8 防水工程，将屋面接缝分为位移接缝和非位移接缝。对位移接缝应采用两面粘结的构造，非位移接缝可采用三面粘结的构造。

这里，对表 4.6.1 屋面接缝密封防水技术要求，需说明两点：

1 接缝部位是按本规范有关内容加以整理的，并对原规范作了一些调整，如：装配式钢筋混凝土板的板缝、找平层的分格缝、管道根部与找平层的交接处，水落口杯周围与找平层交接处，一律不再嵌填密封材料。

2 密封材料是按改性石油沥青密封材料、合成高分子密封材料、硅酮耐候密封胶、硅酮结构密封胶来选用的。改性石油沥青密封材料产品价格相对便宜、施工方便，但承受接缝位移只有5%左右，使用寿命较短。国外在建筑用密封胶中，油性嵌缝膏已趋于消失；建筑密封胶产品按位移能力分为四级，承受接缝位移有 7.5%、12.5%、20%、25%。弹性密封胶的耐候性好，使用寿命较长，在建筑中大量使用；硅酮结构密封胶是指与建筑接缝基材粘结且能承受结构强度的弹性密封胶，主要用于建筑幕墙。硅酮结构密封胶设计，应根据不同的受力情况进行承载力极限状态验算，确定硅酮结构密封胶的粘结宽度和粘结厚度。

由于密封材料品种繁多、性能各异，设计人员应根据不同用途正确选择密封材料，并按产品标准提出材料的品种、规格和性能等要求。

4.6.2 保证密封部位不渗水，是接缝密封防水设计的基本要求。进行接缝部位的密封防水设计时，应根据建筑接缝位移的特征，选择相应的密封材料和辅助材料，同时还要考虑外部条件和施工可行性。原规范虽对屋面防水等级和设防要求作出了明确的规定，但对接缝密封防水设计没有具体规定。完整的屋面防水工程应包括主体防水层和接缝密封防水，并相辅相成；同时，接缝密封防水应与主体防水层的使用年限相适应。需要指出的是，工程实践中所用密封材料与主体防水层相当多是不匹配的，有些密封材料使用寿命只有2年～3年，从而大大降低了整体防水效果。为此，本条规定接缝密封防水设计应保证密封部位不渗漏，并应做到接缝密封防水与主体防水层相匹配。

4.6.3 屋面接缝密封防水使防水层形成一个连续的整体，能在温差变化及振动、冲击、错动等条件下起到防水作用，这就要求密封材料必须经受得起长期的压缩拉伸、振动疲劳作用，还必须具备一定的弹塑性、粘结性、耐候性和位移能力。本规范所指接缝密封材料是不定型膏状体，因此还要求密封材料必须具备可施工性。

我国地域广阔，气候变化幅度大，历年最高、最低气温差别很大，并且屋面构造特点和使用条件不同，接缝部位的密封材料存在着埋置和外露、水平和竖向之分，接缝部位应根据上述各种因素，选择耐热度、柔性相适应的密封材料，否则会引起密封材料高温流淌或低温龟裂。

接缝位移的特征分为两类，一类是外力引起接缝位移，可以是短期的、恒定不变的；另一类是温度引起接缝周期性拉伸-压缩变化的位移，使密封材料产生疲劳破坏。因此应根据屋面接缝部位的大小和位移的特征，选择位移能力相适应的密封材料。一般情况下，除结构粘结外宜采用低模量密封材料。

4.6.4 屋面位移接缝的接缝宽度，应按屋面接缝位移量计算确定。接缝的相对位移量不应大于可供选择密封材料的位移能力，否则将导致密封防水处理的失败。密封材料的嵌填深度取接缝宽度的50%～70%，是从国外大量资料和国内工程实践中总结出来的，是一个经验值。

背衬材料填塞在接缝底部，主要控制嵌填密封材料的深度，以及预防密封材料与缝的底部粘结，三面粘会造成应力集中，破坏密封防水。因此背衬材料应选择与密封材料不粘或粘结力弱的材料，并应能适应基层的延伸和压缩，具有施工时不变形、复原率高和耐久性好等性能。

4.7 保护层和隔离层设计

4.7.1 保护层的作用是延长卷材或涂膜防水层的使用期限。根据调研情况，本条列出了目前常用的保护层材料，这些材料简单易得，施工方便，经济可靠。

对于不上人屋面和上人屋面的要求，所用保护层的材料有所不同，本条列出了保护层材料的适用范围和技术要求。铝箔、矿物粒料，通常是在改性沥青防水卷材生产过程中，直接覆盖在卷材表面作为保护层。覆盖铝箔时要求平整，无皱折，厚度应大于0.05mm；矿物粒料粒度应均匀一致，并紧密粘附于卷材表面。

4.7.2 对于块体材料作保护层，在调研中发现往往因温度升高致使块体膨胀隆起，因此，本条规定分格缝纵横间距不应大于10m，分格缝宽度宜为20mm。

4.7.3 本条规定水泥砂浆表面应抹平压光，可避免水泥砂浆保护层表面出现起砂、起皮现象。水泥砂浆保护层由于自身的干缩和温度变化的影响，往往产生严重龟裂，且裂缝宽度较大，以至造成碎裂、脱落。根据工程实践经验，在水泥砂浆保护层上划分表面分格缝，分格面积宜为1m²，将裂缝均匀分布在分格缝内，避免了大面积的龟裂。

4.7.4 用细石混凝土作保护层时，分格缝设置过密，不但给施工带来困难，而且不易保证质量，分格面积过大又难以达到防裂的效果，根据调研的意见，规定纵横间距不应大于6m，分格缝宽度宜为10mm～20mm。

4.7.5 浅色涂料是指丙烯酸系反射涂料，它主要以丙烯酸酯树脂加工而成，具有良好的粘结性和不透水性；产品化学性质稳定，能长期经受日光照射和气候条件变化的影响，具有优良的耐紫外线、耐老化性和耐久性，可在各类防水材料基面上作耐候、耐紫外线罩面防护。

4.7.6 根据屋面工程的调查发现，刚性保护层与女儿墙未留出空隙的屋面，高温季节会出现因刚性保护层热胀顶推女儿墙，有的还将女儿墙推裂造成渗漏，而在刚性保护层与女儿墙间留出空隙的屋面，均未出现推裂女儿墙事故，故本条规定了块体材料、水泥砂浆、细石混凝土保护层与女儿墙或山墙之间，应预留宽度为30mm的缝隙，缝内宜填塞聚苯乙烯泡沫塑料，并用密封材料嵌填。

4.7.7 屋面上常设有水箱、冷却塔、太阳能热水器等设施，需定期进行维护或修理，为避免在搬运材料、工具及维护作业中，对防水层造成损伤和破坏，故本条规定在经常维护设施周围与出入口之间的人行道应设置块体材料或细石混凝土保护层。

4.7.8 隔离层的作用是找平、隔离。在柔性防水层上设置块体材料、水泥砂浆、细石混凝土等刚性保护层，由于保护层与防水层之间的粘结力和机械咬合力，当刚性保护层膨胀变形时，会对防水层造成损坏，故在保护层与防水层之间应铺设隔离层，同时可防止保护层施工时对防水层的损坏。对于不同的屋面保护层材料，所用的隔离层材料有所不同，本条列出了隔离层材料的适用范围和技术要求。

4.8 瓦屋面设计

4.8.1 本条中所指的瓦屋面，包括烧结瓦屋面、混凝土瓦屋面和沥青瓦屋面。近年来随着建筑设计的多样化，为了满足造型和艺术的要求，对有较大坡度的屋面工程也越来越多地采用了瓦屋面。

本次修订规范时将屋面防水等级划分为Ⅰ、Ⅱ两级，本条规定防水等级为Ⅰ级的瓦屋面，防水做法采用瓦+防水层；防水等级为Ⅱ级的瓦屋面，防水做法采用瓦+防水垫层。这就使瓦屋面能在一般建筑和重要建筑的屋面工程中均可以使用，扩大了瓦屋面的使用范围。

4.8.2 在进行瓦屋面设计时，瓦屋面的基层可以用木基层，也可以用混凝土基层，其构造做法应符合以下要求：

1 烧结瓦、混凝土瓦铺设在木基层上时，宜先在基层上铺设防水层或防水垫层，然后钉顺水条、挂瓦条，最后再挂瓦。

2 烧结瓦、混凝土瓦铺设在混凝土基层上时，宜在混凝土表面上先抹水泥砂浆找平层，再在其上铺设防水层或防水垫层，然后钉顺水条、挂瓦条，最后再挂瓦。

3 烧结瓦、混凝土瓦铺设在有保温层的混凝土基层上时，宜先在保温层上铺设防水层或防水垫层，再在其上设细石混凝土持钉层，然后钉顺水条、挂瓦条，最后再挂瓦。

4 沥青瓦铺设在木基层上时，宜先在基层上铺设防水层或防水垫层，然后铺钉沥青瓦。

5 沥青瓦铺设在混凝土基层上时，宜在混凝土表面上先抹水泥砂浆找平层，再在其上铺设防水层或防水垫层，最后再铺钉沥青瓦。

6 沥青瓦铺设在有保温层的混凝土基层上时，宜先在保温层上铺设防水层或防水垫层，再在其上铺设持钉层，最后再铺钉沥青瓦。

4.8.3 瓦屋面与山墙及突出屋面结构的交接处，是屋面防水的薄弱环节。在调研中发现这些部位发生渗漏的情况比较多见，所以对这些部位应作泛水处理，其泛水高度不应小于250mm。

4.8.4 在一些建筑中为满足建筑造型的要求而加大瓦屋面的坡度，当瓦屋面的坡度大于100%时，瓦片容易坠落，尤其是在大风或地震设防地区，屋面受外力的作用，瓦片极易被掀起、抛出，导致屋面损坏。本条规定在大风及地震设防地区或屋面坡度大于100%时，对瓦片应采用固定加强措施。烧结瓦、混凝土瓦屋面，应用镀锌铁丝将全部瓦片与挂瓦条绑扎固定；沥青瓦屋面檐口四周及屋脊部位，每张沥青瓦片应增加固定钉数量，同时上下沥青瓦之间应采用沥青基胶结材料满粘。

4.8.5 严寒及寒冷地区瓦屋面工程的檐口部位，在冬季下雪后会形成冰棱或冰坝，不仅影响了屋面上雪水的排出，而且也容易损坏檐口，因此，设计时应采取防止冰雪融化下坠和冰坝形成的措施，以确保屋面工程正常使用。

4.8.6 防水垫层在瓦屋面中起着重要的作用，因为“瓦”本身还不能算作是一种防水材料，只有瓦和防水垫层组合后才能形成一道防水设防。防水垫层质量的好坏，直接关系到瓦屋面质量的好坏，因此本条对防水垫层所用卷材的品种、最小厚度和搭接宽度作出了规定。

4.8.7 持钉层的厚度应能满足固定钉在受外力作用时的抗拔力要求，同时也考虑到施工人员在屋面上操作时对木基层所产生的荷载作用，所以本条规定持钉层为木板时厚度不应小于20mm。而当持钉层采用人造板时，因其属于有性能分级的结构性人工板材，故其厚度可比普通木板减薄。当持钉层为细石混凝土时，考虑到细石混凝土中骨料的粒径，如混凝土的厚度小于35mm则很难施工，所以规定细石混凝土的厚度不应小于35mm。

4.8.8 本条强调檐沟、天沟设置防水层的重要性，防水层可采用防水卷材、防水涂膜或金属板材。

4.8.9 烧结瓦、混凝土瓦屋面都应有一定坡度，以便迅速排走屋面上的雨水。由于木屋架、钢木屋架的高跨比一般为1/6～1/4，如果按最小高跨比为1/6考虑，则屋面的最小坡度应为33.33%，而原规范中规定平瓦屋面的坡度不应小于20%，这个坡度仅相当于11°18′，坡度太小不仅不利于屋面排水，而且瓦片之间易发生爬水，导致屋面渗漏，所以本条规定烧结瓦、混凝土瓦屋面的坡度不应小于30%。

4.8.10 木基层、木顺水条、木挂瓦条等木质构件，由于在潮湿的环境和一定的温度条件下，木腐菌极易繁殖，木腐菌侵蚀木材，导致木构件腐朽。另外在潮湿闷热的环境中，还会给白蚁、甲壳虫等的生存创造了条件，这些昆虫的习性是喜欢居住在木材中，并将木材内部蛀成蜂窝状洞穴和曲折形穴道，使木基层遭到损害而失去使用功能，所以当瓦屋面使用木基层时，应按现行国家标准《木结构设计规范》GB 50005的规定进行防腐和防蛀处理。另外，木材是易燃材料，易导致火灾，所以本条规定对此类木基层，还必须进行防火处理。

金属顺水条、金属挂瓦条在干湿交替的环境中，铁类金属极易锈蚀，年长日久更易造成严重锈蚀而使金属构件损坏，因此，本条规定当烧结瓦、混凝土瓦屋面采用金属顺水条、挂瓦条时，应事先进行防锈蚀处理，如涂刷防锈漆或进行镀锌处理等。

4.8.11 烧结瓦、混凝土瓦干法挂瓦时，应将顺水条、挂瓦条钉在基层上，顺水条的间距宜为500mm，再在顺水条上固定挂瓦条。块瓦采用在基层上使用泥背的非永久性建筑，本条已取消。

烧结瓦、混凝土瓦的后爪均应挂在挂瓦条上，上下行瓦的左右拼缝应相互错开搭接并落槽密合；瓦背面有挂钩和穿线小孔均为铺筑时固定瓦片用的，一般坡度的瓦屋面檐口两排瓦片，均应用18号铁丝穿在瓦背面的小孔上，并扎穿在挂瓦条上，以防止瓦片脱离时滑下。

4.8.12 根据烧结瓦和混凝土瓦的特性，通过经验总结，本条规定了块瓦铺装时相关部位的搭伸尺寸。烧结瓦、混凝土瓦屋面的檐口如果挑出墙面太少，下大雨时檐口下的墙体易被雨水淋湿，甚至会导致渗漏。按实践经验和美观的要求，檐口挑出墙面的长度以不小于300mm为宜。瓦片挑出檐口的长度如果过短，雨水易流淌到封檐板上，造成爬水，按经验总结瓦片挑出檐口的长度以50mm～70mm为宜。

4.8.13 沥青瓦屋面由于具有重量轻、颜色多样、施工方便、可在木基层或混凝土基层上使用等优点，所以近年来在坡屋面工程中广泛采用。沥青瓦屋面必须具有一定的坡度，如果屋面坡度过小，则不利于屋面雨水排出，而且在沥青瓦片之间还可能发生浸水现象，所以本条规定沥青瓦屋面的坡度不应小于20%。当沥青瓦屋面坡度过大或在大风地区，瓦片易出现下滑或被大风掀起，所以应采取加固措施，以确保沥青瓦屋面的工程质量。

4.8.14 在沥青瓦片上有粘结点、连续或不连续的粘结条，能确保沥青瓦安装在屋面上后垂片能被粘结。沥青瓦的厚度是确保屋面防水质量的关键，根据现行国家标准《玻纤胎沥青瓦》GB/T 20474的规定，矿物粒（片）沥青瓦质量不低于3.4kg/m^2，厚度不小于2.6mm；金属箔面沥青瓦质量不低于2.2kg/m^2，厚度不小于2mm。

4.8.15 沥青瓦为薄而轻的片状材料，瓦片以钉为主、粘结为辅的方法与基层固定。沥青瓦通过钉子钉入持钉层和沥青瓦片之间的相互粘结，成为一个与基层牢固固定的整体。为了使沥青瓦与基层固定牢固，要求在每片沥青瓦片上应钉入4个固定钉。如果屋面坡度过大，为防止沥青瓦片下坠的作用，以及防止大风时将沥青瓦片掀起破坏，所以本条规定在大风地区或屋面坡度超过100%时，每张瓦片上不得少于6个固定钉。

4.8.16 本条规定了沥青瓦屋面天沟的几种铺设形式：

1 搭接式：沿天沟中心线铺设一层宽度不小于1000mm的附加防水垫层，将外边缘固定在天沟两侧，从一侧铺设瓦片跨过天沟中心线不小于300mm，然后用固定钉固定，再将另一侧的瓦片搭过中心线后固定，最后剪修沥青瓦片上的边角，并用沥青基胶结材料固定。

2 编织式：沿天沟中心线铺设一层宽度不小于1000mm的附加防水垫层，将外边缘固定在天沟两侧。在两侧屋面上同时向天沟方向铺设瓦片，至距天沟中心线75mm处再铺设天沟上的瓦片。

3 敞开式：沿天沟中心线的两侧，采用厚度不小于0.45mm的防锈金属板，用金属固定件固定在基层上，沥青瓦片与金属天沟之间用100mm宽的沥青基胶粘材料粘结，瓦片上的固定钉应密封覆盖。

4.8.17 根据沥青瓦的特性，通过经验总结，本条规定了沥青瓦铺装时相关部位的搭伸尺寸。

4.9 金属板屋面设计

4.9.1 近几年，大量公共建筑的涌现使得金属板屋面迅猛发展，大量新材料应用及细部构造和施工工艺的创新，对金属板屋面设计提出了更高的要求。

金属板屋面是由金属面板与支承结构组成，金属板屋面的耐久年限与金属板的材质有密切的关系，按现行国家标准《冷弯薄壁型钢结构技术规范》GB 50018的规定，屋面压型钢板厚度不宜小于0.5mm。参照奥运工程金属板屋面防水工程质量控制技术指导意见中对金属板的技术要求，本条规定当防水等级为Ⅰ级时，压型铝合金板基板厚度不应小于0.9mm；压型钢板基板厚度不应小于0.6mm，同时压型金属板应采用360°咬口锁边连接方式。

尽管金属板屋面所使用的金属板材料具有良好的防腐蚀性，但由于金属板的伸缩变形受板型连接构造、施工安装工艺和冬夏季温差等因素影响，使得金属板屋面渗漏水情况比较普遍。根据本规范规定屋面Ⅰ级防水需两道防水设防的原则，同时考虑金属板屋面有一定的坡度和泄水能力好的特点，本条规定Ⅰ级金属板屋面应采用压型金属板＋防水垫层的防水做法；Ⅱ级金属板屋面应采用紧固件连接或咬口锁边连接的压型金属板以及金属面绝热夹芯板的防水做法。

4.9.2 金属板材可按建筑设计要求选用，目前较常用的面板材料为彩色涂层钢板、镀层钢板、不锈钢板、铝合金板、钛合金板和铜合金板。选用金属面板材料时，产品应符合现行国家或行业标准，也可参照国外同类产品标准的性能、指标及要求。彩色涂层钢板应符合现行《彩色涂层钢板及钢带》GB/T 12754的要求；镀层钢板应符合现行国家标准《连续热镀锌钢板及钢带》GB/T 2518和《连续热镀铝锌合金镀层钢板及钢带》GB/T 14978的要求；不锈钢板应符合现行国家标准《不锈钢冷轧钢板和钢带》GB/T 3280和《不锈钢热轧钢板和钢带》GB/T 4237的要求；铝合金板应符合现行国家标准《铝及铝合金轧制板材》GB/T 3880的要求；钛合金板应符合现行国家标准《钛及钛合金板材》GB/T 3621的要求；铜合金板应符合现行国家标准《铜及铜合金板》GB/T 2040的要求；金属板材配套使用的紧固件应符合现行国家标准《紧固件机械性能》GB/T 3098的要求；防水密封胶带应符合现行行业标准《丁基橡胶防水密封胶粘带》

JC/T 942 的要求；防水密封胶垫宜采用三元乙丙橡胶、氯丁橡胶、硅橡胶，其性能应符合现行行业标准《硫化橡胶和热塑性橡胶　建筑用预成型密封垫的分类、要求和试验方法》HG/T 3100 和国家标准《工业用橡胶板》GB/T 5574 的要求；硅酮耐候密封胶应符合现行国家标准《硅酮建筑密封胶》GB/T 14683 的要求。

4.9.3 金属板屋面是建筑物的外围护结构，主要承受屋面自重、活荷载、风荷载、积灰荷载、雪荷载以及地震作用和温度作用。金属面板与支承结构之间、支承结构与主体结构之间，须有相应的变形能力，以适应主体结构的变形；当主体结构在外荷载作用下产生位移时，一般不应使构件产生过大的内力和不能承受的变形。

4.9.4 压型金属板板型主要包括：有效宽度、展开宽度、板厚、截面惯性矩、截面模量和最大允许檩距等内容，均应由生产厂家负责提供。

压型金属板构造系统可分为单层金属板屋面、单层金属板复合保温屋面、檩条露明型双层金属板复合保温屋面、檩条暗藏型双层金属板复合保温屋面。

1 单层金属板屋面：厚度不应小于 0.6mm 压型金属板；冷弯型钢檩条。

2 单层金属板复合保温屋面：厚度不应小于 0.6mm 压型金属板；玻璃棉毡保温层；隔汽层；热镀锌或不锈钢丝网；冷弯型钢檩条。

3 檩条露明型双层金属板复合保温屋面：厚度不应小于 0.6mm 上层压型金属板；玻璃棉毡保温层；隔汽层；冷弯型钢附加檩条；厚度不应小于 0.5mm 底层压型金属板；冷弯型钢主檩条。

4 檩条暗藏型双层金属板复合保温屋面：厚度不应小于 0.6mm 上层压型金属板；玻璃棉毡保温层；隔汽层；冷弯型钢附加檩条；厚度不应小于 0.5mm 底层压型金属板。

4.9.5 在空气湿度相对较大的环境中，保温层靠向室内一侧应增设隔汽层；在严寒及寒冷地区或室内外温差较大的环境中，隔汽层设置需通过热工计算。防水透汽膜是具有防风和防水透汽功能的膜状材料，包括纺粘聚乙烯和聚丙烯膜；防水透汽膜应铺设在屋面保温层外侧，可将外界水域空气气流阻挡在建筑外部，阻止冷风渗透，同时能将室内的潮气排到室外。防水透汽膜性能应符合本规范附录 B.1.15 的规定，该指标摘自《建筑外墙防水工程技术规程》JGJ/T 235－2011 第 4.2.6 条的规定。

4.9.6 建筑室内表面发生结露会给室内环境带来负面影响，如果长时间的结露则会滋生霉潮，对人体健康造成有害的影响，也是不允许的。室内表面出现结露最直接的原因是内表面温度低于室内空气的露点温度。一般说来，在金属板屋面结构内表面大面积结露的可能性不大，结露往往都出现在热桥的位置附近。当然要彻底杜绝金属板屋面结构内表面结露现象有时也是非常困难的，只是要求在室内空气温、湿度设计条件下不应出现结露。根据国内外有关热工计算资料，室内温度和相对湿度下的露点温度可按表 6 选用。

表 6　室内温度和相对湿度下的露点温度（℃）

室内温度（℃）	室内相对湿度（%）							
	20	30	40	50	60	70	80	90
5	－14.4	－9.9	－6.6	－4.0	－1.8	0	1.9	3.5
10	－10.5	－5.9	－2.5	0.1	2.7	4.8	6.7	8.4
15	－6.7	－2.0	1.7	4.8	7.4	9.7	11.6	13.4
20	－3.0	2.1	6.2	9.4	12.1	14.5	16.5	18.3
25	－0.9	6.6	10.8	14.1	16.9	19.3	21.4	23.3
30	－5.1	11.0	15.3	18.8	21.7	24.1	26.3	28.3
35	9.4	15.5	19.9	23.5	26.5	29.9	31.2	33.2
40	13.7	20.0	24.6	28.2	31.3	33.9	36.1	38.2

本条明确金属板屋面防结露设计应符合现行国家标准《民用建筑热工设计规范》GB 50176 的有关规定。通过有关围护结构内表面以及内部温度的计算和围护结构内部冷凝受潮的验算，才能真正解决防结露问题。

4.9.7 由于金属板屋面的泄水能力较好，原规范规定金属板材屋面坡度宜大于或等于 10%，但在规范的执行中带来不少争议，故本条对屋面坡度取值经综合考虑作了修订。当屋面金属板采用紧固件连接时，屋面坡度不宜小于 10%，维持原规范的规定；当屋面金属板采用咬口锁边连接时，屋面坡度不宜小于 5%。杜绝了因传统采用螺栓固定而造成屋面渗漏。

4.9.8 本条对金属板屋面的檐沟、天沟设计给予规定。考虑到金属板材的热胀冷缩，金属檐沟、天沟的长度不宜太长。如果板材材质为不锈钢板，热胀系数为 17.3×10^{-6}/℃。冬夏最大温差为 60℃，板长为 30m，则伸缩量为 $\Delta L=30\times10^{3}\times60\times17.3\times10^{-6}=31.14$mm。檐沟、天沟的纵向伸缩量控制在 30mm 左右是可行的，本条规定檐沟、天沟的伸缩缝间距不宜大于 30m。

按国家标准《建筑给水排水设计规范》GB 50015－2003 中第 4.9.8 条的规定，建筑屋面雨水排水工程应设置溢流口、溢流堰、溢流管系统等溢流设施。溢流排水不得危害建筑设施和行人安全。由于金属板屋面清理不及时，内檐沟及内天沟落水口堵塞引起的渗漏水比较普遍，而且屋面板与内檐沟及内天沟的细部构造防水难度较大，本条规定内檐沟及内天沟应设置溢流口或溢流系统，沟内宜按0.5%找坡。

4.9.9 金属板屋面的热胀冷缩主要是在横向和纵向。由于压型金属板是将镀层钢板或铝合金板经辊压冷弯，沿板宽方向形成连续波形截面的成型板，一方面大大提高屋面板的刚度，另一方面波肋的存在允许屋面板在横向有一定的伸缩。由于在工厂轧制的压型金属板受运输条件的限制，一般板长宜在12m之内；在施工现场轧制的压型金属板应根据吊装条件尽量采用较长尺寸的板材，以减少板的纵向搭接，防止渗漏。

压型金属板采用紧固件连接时，由于板的纵向伸缩受到紧固件的约束，使得屋面板的钉孔处和螺钉均存在温度应力，故金属板的单坡长度不宜超过12m。压型金属板采用咬口锁边时，由于固定支座仅限制屋面板在板宽方向和上下方向的移动，屋面板沿板块长度方向可有一定的移动量，使得屋面板不产生温度应力，这样金属板的单坡最小长度可以大大提高。根据本规范第4.9.15条第2款的规定，由于金属板单坡长度过大，板的伸缩量超过金属板铺装的有关尺寸，会影响檐沟及天沟的使用，故本条提出金属板最大伸缩变形量不宜超过100mm的要求。有关压型金属板的单坡最大长度可参见本规范第5.9.5条的条文说明。

4.9.10 主体结构考虑到温度变化和混凝土收缩对结构产生不利影响，以及地基不均匀沉降或抗震设防要求，必须设置伸缩缝、沉降缝、防震缝，统称变形缝。金属板屋面外围护结构，应能适应主体结构的变形要求，本条规定金属板在主体结构的变形缝处宜断开，不宜直接跨越主体结构变形缝，变形缝上部应加扣带伸缩的金属盖板。

4.9.11 金属板屋面的细部构造设计比较复杂，不同供应商的金属屋面板构造做法也不尽相同，很难统一标准，一般均应对细部构造进行深化设计。金属板屋面细部构造，是指金属板变形大、应力与变形集中、用材多样、施工条件苛刻、最易出现质量问题和发生渗漏的部位，细部构造是保证金属板屋面整体质量的关键。

4.9.12 本条对压型金属板采用咬口锁边连接的构造设计提出具体要求。

暗扣直立锁边屋面系统固定方式：首先将T形铝质固定支座固定在檩条上，再将压型金属板扣在固定支座的梅花头上，最后用电动锁边机将金属板材的搭接边咬合在一起。由于固定方法先进，温度变形自由伸缩，抗风性能好，现场施工方便，保证屋面防水功能，在国内许多大型公共建筑得到推广应用。

金属板屋面由于保温层设在金属板的下面，所以大面积金属屋面板都存在严重的温度变形问题，如不合理释放这部分变形，容易导致金属屋面板局部折屈、隆起和磨损，故本条规定单坡尺寸过长或环境温差过大的建筑屋面，压型金属板宜采用滑动式支座的360°咬口锁边连接。滑动式支座分为座顶或座体两部分，座体开有一长圆孔，座顶卡在长圆孔内，沿长圆孔可以左右滑动。长圆孔的长度可以根据金属板伸缩量的大小由中间向两端逐渐加大。同时还需考虑在静荷载作用下，座顶和座体之间的相对滑动必须克服相互间的摩擦力。

4.9.13 本条是对压型金属板采用紧固件连接的构造设计提出了具体要求。对于压型金属板连接件主要选用自攻螺钉，连接件必须带有较好的防水密封胶垫材料，以防止连接点渗漏。对于压型金属板上下排板的搭接长度，应根据板型和屋面坡度确定；压型金属板的纵向搭接和横向连接部位，均应设置通长防水密封胶带，以防搭接缝渗漏。

4.9.14 金属面绝热夹芯板是将彩色涂层钢板面板及底板与硬质聚氨酯、聚苯乙烯、岩棉、矿渣棉、玻璃棉芯材，通过粘结剂或发泡复合而成的保温复合板材。本条对夹芯板采用紧固件连接的构造作了具体的规定，为了减少屋面的接缝，防止渗漏和提高保温性能，应尽量采用长尺寸的夹芯板。

4.9.15 金属板屋面的檐口、檐沟、天沟、屋脊以及金属泛水板与女儿墙、山墙等交接处，均是屋面渗漏的薄弱部位，本条规定了金属板铺装的最小尺寸要求。

4.9.16 硅酮耐候密封胶是一种多用途、单组分、无污染、中性固化、性能优异的硅酮密封胶，具有良好的粘结性、延伸性、水密性、气密性，固化后形成耐用、高性能及其弹性和耐气候性能。本条规定了压型金属板和金属面绝热夹芯板的自攻螺钉、拉铆钉外露处，均应采用硅酮耐候密封胶密封。

硅酮耐候密封胶在使用前，应进行粘结材料的相容性和粘结性试验，确认合格后才能使用。

4.9.17 当铝合金材料与除不锈钢以外的其他金属材料接触、紧固时，容易产生电化学腐蚀，应在铝合金材料及其他金属材料之间采用橡胶或聚四氟乙烯等隔离材料。

4.9.18 在金属板屋面中，一般采用采光带来弥补大跨度建筑中部的光线不足问题。透光屋面材料常用聚碳酸酯类板，其构造特点及技术数据应参见专业厂家样本，板材性能应满足国家相关规定。

聚碳酸酯类板包括实心板和中空板，适用于各种曲面造型的要求。在实体工程中，若将采光板做成与配套使用的压型金属板相同的板型，采光板与压型金属板的横向连接采用咬合或扣合的方式，两板之间因空隙较小而形成毛细作用；同时由于采光板与金属板的热胀系数差别很大，当接缝密封胶的位移不能满足接缝位移量要求时，即在板缝部位很容易发生渗漏。大量工程实践也证明，若采光顶与金属板采用平面交接，由于变形差异，防水细部构造很难处理，故采光带必须高出屋面一定的距离，将两种不同材料的建筑构造完全分开，并应在采光带的四周与金属板屋面的交接处做好泛水处理。

本条对采光带设置宜高出金属板屋面250mm的要求，符合本规范第4.9.15条有关泛水板与突出屋面墙体搭接高度不应小于250mm的规定。

4.9.19 金属板屋面应按设计要求提供抗风揭试验验证报告。由于金属板屋面抗风揭能力的不足，对建筑的安全性能影响重大，产生破坏造成的损失也非常严重，因此，无论国内和国外对建筑的风荷载安全都很重视。

我国对建筑物的风荷载设计，主要是按现行国家标准《建筑结构荷载规范》GB 50009的规定。由于现行规范对风荷载的设计要求与国外相比偏低，并且更重要的是只有设计要求，没有相关的标准测试方法对设计要求进行验证，无法确定建筑物的安全性。为此，中国建筑材料科学研究院苏州防水研究院所属的国家建材工业建筑防水材料产品质量监督检验测试中心与国际上屋面系统检测最权威的机构美国FM认证公司合作，引进了FM成熟的屋面抗风揭测试技术，并于2010年8月建成了我国首个屋面系统抗风揭实验室，开展金属板屋面系统的抗风揭检测业务。实验室通过了与FM认证检测机构的对比试验，测试结果一致可靠，能够有效评价通过设计的屋面系统所能达到的抗风揭能力，保证建筑物的安全。通过该方法，能够检验屋面系统的设计、屋面系统所用的表面材料、基层材料、保温材料、固定件以及整个屋面系统的可靠性和可行性。

4.10 玻璃采光顶设计

4.10.1 玻璃采光顶是指由直接承受屋面荷载和作用的玻璃透光面板与支承体系所组成的围护结构，与水平面的夹角小于75°的围护结构和装饰性结构。玻璃采光顶作为建筑的外围护结构，其造型是建筑设计的重要内容，设计者不仅要考虑建筑造型的新颖、美观，还要考虑建筑的使用功能、造价、环境、能耗、施工条件等诸多因素，需重点对结构类型、材料和细部构造方面进行设计。

玻璃采光顶的支承结构主要有钢结构、钢索杆结构、铝合金结构等，采光顶的支承形式包括桁架、网架、拱壳、圆穹等；玻璃采光顶应按围护结构设计，主要承受自重以及直接作用于其上的风雪荷载、地震作用、温度作用等，不分担主体结构承受的荷载或地震作用。玻璃采光顶应具有足够的承载能力、刚度和稳定性，能够适应主体结构的变形及承受可能出现的温度作用。同时，玻璃采光顶的构造设计除应满足安全、实用、美观的要求外，尚应便于制作、安装、维修保养和局部更换。

4.10.2 玻璃采光顶的物理性能主要包括承载性能、气密性能、水密性能、热工性能、隔声性能和采光性能。性能要求的高低和建筑物的功能性质、重要性等有关，不同的建筑在很多性能上是有所不同的，玻璃采光顶的物理性能应根据建筑物的类别、高度、体型、功能以及建筑物所在的地理位置、气候和环境条件进行设计。如沿海或经常有台风的地区，要求玻璃采光顶的风压变形性能和雨水渗漏性能高些；风沙较大地区，要求玻璃采光顶的风压变形性能和空气渗透性能高些；寒冷地区和炎热地区，要求采光顶的保温隔热性能良好。下面列出现行国家标准《建筑玻璃采光顶》JG/T 231中有关玻璃采光顶的承载性能、气密性能、水密性能、热工性能、隔声性能、采光性能等分级指标，供设计人员选用。

1 承载性能：玻璃采光顶承载性能分级指标S应符合表7的规定。

表7 承载性能分级

分级代号	1	2	3	4	5	6	7	8	9
分级指标值S (kPa)	$1.0\leqslant S<1.5$	$1.5\leqslant S<2.0$	$2.0\leqslant S<2.5$	$2.5\leqslant S<3.0$	$3.0\leqslant S<3.5$	$3.5\leqslant S<4.0$	$4.0\leqslant S<4.5$	$4.5\leqslant S<5.0$	$S\geqslant5.0$

注：1 9级时需同时标注S的实测值；

2 S值为最不利组合荷载标准值；

3 分级指标值S为绝对值。

2 气密性能：玻璃采光顶开启部分，采用压力差为10Pa时的开启缝长空气渗透量q_L作为分级指标，分级指标应符合表8的规定；玻璃采光顶整体（含开启部分）采用压力差为10Pa时的单位面积空气渗透量q_A作为分级指标，分级指标应符合表9的规定。

表8 玻璃采光顶开启部分气密性能分级

分级代号	1	2	3	4
分级指标值q_L [$m^3/(m\cdot h)$]	$4.0\geqslant q_L>2.5$	$2.5\geqslant q_L>1.5$	$1.5\geqslant q_L>0.5$	$q_L\leqslant0.5$

表9 玻璃采光顶整体气密性能分级

分级代号	1	2	3	4
分级指标值q_A [$m^3/(m^2\cdot h)$]	$4.0\geqslant q_A>2.0$	$2.0\geqslant q_A>1.2$	$1.2\geqslant q_A>0.5$	$q_A\leqslant0.5$

3 水密性能：当玻璃采光顶所受风压取正值时，水密性能分级指标ΔP应符合表10的规定。

表10 玻璃采光顶水密性能分级

分级代号		3	4	5
分级指标值 ΔP(kPa)	固定部分	$1000\leqslant\Delta P<1500$	$1500\leqslant\Delta P<2000$	$\Delta P\geqslant2000$
	可开启部分	$500\leqslant\Delta P<700$	$700\leqslant\Delta P<1000$	$\Delta P\geqslant1000$

注：1 ΔP为水密性能试验中，严重渗漏压力差的前一级压力差；

2 5级时需同时标注ΔP的实测值。

4 热工性能：玻璃采光顶的传热系数分级指标值应符合表11的规定；遮阳系数分级指标SC应符合表12的规定。

表11 玻璃采光顶的传热系数分级

分级代号	1	2	3	4	5
分级指标值k [W/(m²·K)]	$k>4.0$	$4.0\geqslant k>3.0$	$3.0\geqslant k>2.0$	$2.0\geqslant k>1.5$	$k\leqslant 1.5$

表12 玻璃采光顶的遮阳系数分级

分级代号	1	2	3	4	5	6
分级指标值SC	$0.9\geqslant SC>0.7$	$0.7\geqslant SC>0.6$	$0.6\geqslant SC>0.5$	$0.5\geqslant SC>0.4$	$0.4\geqslant SC>0.3$	$0.3\geqslant SC>0.2$

5 隔声性能：玻璃采光顶的空气隔声性能采用空气计权隔声量R_w进行分级，其分级指标应符合表13的规定。

表13 玻璃采光顶的空气隔声性能分级

分级代号	2	3	4
分级指标值R_w (dB)	$30\leqslant R_w<35$	$35\leqslant R_w<40$	$R_w\geqslant 40$

注：4级时应同时标注R_w的实测值。

6 采光性能：玻璃采光顶的采光性能采用透光折减系数T_r作为分级指标，其分级指标应符合表14的规定。

表14 玻璃采光顶采光性能分级

分级代号	1	2	3	4	5
分级指标值T_r	$0.2\leqslant T_r<0.3$	$0.3\leqslant T_r<0.4$	$0.4\leqslant T_r<0.5$	$0.5\leqslant T_r<0.6$	$T_r\geqslant 0.6$

注：1 T_r为透射漫射光照度与漫射光照度之比；

2 5级时需同时标注T_r的实测值。

上述玻璃采光顶的性能应由制作和安装单位每三年进行一次型式检验；由于承载性能、气密性能和水密性能是采光顶应具备的基本性能，因此是必要检测项目。有保温、隔声、采光等要求时，可增加相应的检测项目。采光顶的承载性能、水密性能和气密性能检测应按现行国家标准《建筑幕墙气密、水密、抗风压性能检测方法》GB/T 15227进行；采光顶的热工性能、隔声性能和采光性能检测，应分别按现行国家标准《建筑外门窗保温性能分级及检测方法》GB/T 8484、《建筑外门窗空气隔声性能分级及检测方法》GB/T 8485和《建筑外窗采光性能分级及检测方法》GB/T 11976进行。

4.10.3 玻璃采光顶所用材料均应有产品合格证和性能检测报告，材料的品种、规格、性能等应符合国家现行材料标准要求。

1 钢材宜选用碳素结构钢和低合金结构钢、耐候钢等，并按照设计要求做防腐处理。

2 铝合金型材应符合现行国家标准《铝合金建筑型材》GB 5237的规定，铝合金型材表面处理应符合现行行业标准《建筑玻璃采光顶》JG/T 231中的规定。

3 采光顶使用的钢索应采用钢绞线，并应符合现行行业标准《建筑用不锈钢绞线》JG/T 200的规定；钢索压管接头应符合现行行业标准《建筑幕墙用钢索压管接头》JG/T 201的规定。

4 采光顶所用玻璃应符合现行国家标准《建筑用安全玻璃 第2部分：钢化玻璃》GB 15763.2、《建筑用安全玻璃 第3部分：夹层玻璃》GB 15763.3、《半钢化玻璃》GB/T 17841和现行行业标准《建筑玻璃采光顶》JG/T 231的规定。

5 采光顶所用紧固件、连接件除不锈钢外，应进行防腐处理。主要受力紧固件应进行承载力验算。

6 橡胶密封制品宜采用三元乙丙橡胶、氯丁橡胶或硅橡胶，密封胶条应符合现行行业标准《硫化橡胶和热塑性橡胶 建筑用预成型密封垫的分类、要求和试验方法》HG/T 3100和现行国家标准《工业用橡胶板》GB/T 5574的规定。

7 硅酮结构密封胶应符合现行国家标准《建筑用硅酮结构密封胶》GB 16776的规定。

8 玻璃接缝密封胶应符合现行行业标准《幕墙玻璃接缝用密封胶》JC/T 882的规定；中空玻璃用一道密封胶应符合现行行业标准《中空玻璃用丁基热熔密封胶》JC/T 914的规定，二道密封胶应符合现行行业标准《中空玻璃用弹性密封胶》JC/T 486的规定。

4.10.4 玻璃采光顶大多以其特有的倾斜屋面效果，满足建筑使用功能和美观要求。玻璃采光顶应采用结构找坡，由采光顶的支承结构与主体结构结合而形成排水坡度，同时还应考虑保证单片玻璃挠度所产生的积水可以排除，故本条规定玻璃采光顶应采用支承结构找坡，其排水坡度不宜小于5%。

4.10.5 玻璃采光顶的细部构造设计复杂，而且大部分由玻璃采光顶供应商制作安装，不同供应商的构造做法也不尽相同，所以均应进行深化设计。深化设计时，应对本条所列部位进行构造设计。

4.10.6 本条是对玻璃采光顶防结露设计提出的要求。玻璃采光顶内侧结露影响人们的生活和工作，因此玻璃采光顶设计坡度不宜太小，以防止结露水滴落；玻璃采光顶的型材应设置集水槽，并使所有集水槽相互沟通，使玻璃下的结露水汇集，并将结露水汇集排放到室外或室内水落管内。

4.10.7 玻璃采光顶支承结构必须作防腐处理或型材

作表面处理，型材已作表面处理的可不再作防腐处理。

铝合金型材与其他金属材料接触、紧固时，容易产生电化学腐蚀，应在铝合金材料与其他金属材料之间采取隔离措施。

4.10.8～4.10.10 这三条对玻璃采光顶的玻璃提出具体要求。规定玻璃采光顶的玻璃面板应采用安全玻璃，安全玻璃主要包括夹层玻璃和中空夹层玻璃。中空玻璃设计时上层玻璃尚应考虑冰雹等的影响。

夹层玻璃是一种性能良好的安全玻璃，是用聚乙烯醇缩丁醛（PVB）胶片将两块玻璃粘结在一起，当受到外力冲击时，玻璃碎片粘在PVB胶片上，可以避免飞溅伤人。钢化玻璃是将普通玻璃加热后急速冷却形成，当被打破时，玻璃碎片细小而无锐角，不会造成割伤。

4.10.11 采光顶玻璃组装采用镶嵌方式时，玻璃与构件槽口之间应适应在正常工作情况下会发生结构层间位移和玻璃变形，以避免玻璃直接碰到构件槽口造成玻璃破损，因此，明框玻璃组件中，玻璃与槽口的配合尺寸很重要，应符合设计和技术标准的规定。

玻璃四周的密封胶条应采用有弹性、耐老化的密封材料，密封胶条不应有硬化、龟裂现象。《建筑玻璃采光顶》JG/T 231－2007中规定：橡胶制品应符合现行行业标准《硫化橡胶和热塑性橡胶　建筑用预成型密封垫的分类、要求和试验方法》HG/T 3100和现行国家标准《工业用橡胶板》GB/T 5574的规定，宜采用三元乙丙橡胶、氯丁橡胶和硅橡胶。

4.10.12 采光顶玻璃组装采用胶粘方式时，中空玻璃的两层玻璃之间的周边以及隐框和半隐框构件的玻璃与金属框之间，都应采用硅酮结构密封胶粘结。结构胶使用前必须经过胶与相接触材料的相容性试验，确认其粘结可靠才能使用。硅酮结构密封胶的相容性试验应符合现行国家标准《建筑硅酮结构密封胶》GB 16776的有关规定。

4.10.13 采光顶玻璃采用点支式组装方式时，在正常工作情况下会发生结构层间位移和玻璃变形。若连接件与玻璃面板为硬性直接接触，易产生玻璃爆裂的现象，同时直接接触亦易产生摩擦噪声。因此，点支承玻璃采光顶的支承装置除应符合结构受力和建筑美观要求外，还应具有吸收平面变形的能力，在连接件与玻璃之间应设置衬垫材料，这种材料应具备一定的韧性、弹性、硬度和耐久性。

4.10.14 玻璃是不渗透材料，玻璃采光顶防水设防无需采用防水卷材或防水涂料处理，而是集中对玻璃面板之间的装配接缝嵌填弹性密封胶，保证密封不渗漏。由于采光顶渗漏现象时有发生，主要表现在接缝密封层的开裂、脱粘或局部缺陷，而且一处的渗漏治理往往会产生新的漏点，所以在设计时应充分评估采光顶玻璃接缝的变位特征，正确设定接缝构造及选材，控制接缝密封形状和施工质量，才能实现屋面工程无渗漏的目标。

玻璃接缝设计应首先分析引起玻璃面板接缝位移的诸多因素，并计算这些因素产生的位移量值。以温差位移为例：如采光顶面板为18mm厚夹层玻璃，表层为热反射玻璃（热吸收系数$H=0.83$，热容常数$C=56$），面板长边为2000mm，短边为1500mm，夏季最高环境温度为33℃，冬季最低环境温度为－16℃，在面板边部无约束条件下，面板间接缝的最大温差位移量ΔL可按下式计算：

$$\Delta L = L \cdot \Delta T_{\max} \cdot \alpha \tag{2}$$

式中：L——长边尺寸（mm）；

α——玻璃热膨胀系数，取9×10^{-6}（/℃）；

$\Delta T_{\max}$——最大温差（℃）。

$\Delta T_{\max}$＝夏季日照下玻璃最高温度（即$H\times C$＋夏季最高环境温度）－冬季最低环境温度＝$(0.83\times56+33)-(-16)=80+16=96$（℃）

$$\Delta L=2000\times96\times9\times10^{-6}=1.73\text{(mm)}$$

考虑风荷载变化、雪荷载、地震、自重挠度等引起接缝的位移量为1.20mm（计算略），叠加温差位移后总位移量为2.93mm，考虑误差等其他因素，取安全系数1.1，则接缝最大位移量值为3.22mm。

若设定接缝宽度为6mm，计算位移量为3.22mm，则接缝胶的相对位移量为±27%，在密封胶标准中最高位移能力级别为25级，即位移能力为±25%，所以无胶可选，必须加大接缝宽度。如加宽为8mm，则接缝相对位移量为±20.2%，这样设定可选用位移能力级别为25级密封胶。考虑到接缝形状和变形产生的应力集中，以及密封胶随使用年限的增加可能发生性能变化，为更安全地设定接缝宽度宜加大到10mm。

本条规定玻璃接缝密封胶应符合现行行业标准《幕墙玻璃接缝用密封胶》JC/T 882的规定。还规定接缝深度宜为接缝宽度的50%～70%，是从国外大量资料和国内屋面接缝防水实践中总结出来的，是一个经验值。另外根据德国的经验，缝深为缝宽的1/2～2/3左右，与本条文的规定也基本一致。

4.11 细部构造设计

4.11.1 屋面的檐口、檐沟和天沟、女儿墙和山墙、水落口、变形缝、伸出屋面管道、屋面出入口、反梁过水孔、设施基座、屋脊、屋顶窗等部位，是屋面工程中最容易出现渗漏的薄弱环节。据调查表明，屋面渗漏中70%是由于细部构造的防水处理不当引起的，说明细部构造设防较难，是屋面工程设计的重点。

随着建筑的大型化和复杂化以及屋面功能的增加，除上述常见的细部构造外，在屋面工程中出现新的细部构造形式也是很正常的，因此本规范未规定的新的细部构造应根据其特征进行设计。

本规范在有关细部构造中所示意的节点构造，仅为条文的辅助说明，不能作为设计节点的构造详图。

4.11.2 屋面的节点部位由于构造形状比较复杂，多种材料交接，应力、变形比较集中，受雨水冲刷频繁，所以应局部增强，使其与大面积防水层同步老化。增强处理可采用多道设防、复合用材、连续密封、局部增强。细部构造设计是保证防水层整体质量的关键，同时应满足使用功能、温差变形、施工环境条件和工艺的可操作性等要求。

4.11.3 参见本规范第4.6.3条的条文说明。

4.11.4 屋面的节点部位往往形状比较复杂，设计时可采用不同的保温材料与大面的保温层衔接，形成连续保温层，防止热桥的出现。节点部位保温材料的选择，应充分考虑保温层设置的可能性和施工的可行性。保证热桥部位的内表面温度不低于室内空气的露点温度。

4.11.5 滴水处理的目的是为了阻止檐口、檐沟外侧下端等部位的雨水沿板底流向墙面而产生渗漏或污染墙面；如滴水槽的宽度和深度太小，雨水会由于虹吸现象越过滴水槽，使滴水处理失效，故规定滴水槽的最小尺寸。

4.11.6 檐口部位的卷材防水层收头和滴水是檐口防水处理的关键，空铺、点粘、条粘的卷材在檐口端部800mm范围内应满粘，卷材防水层收头压入找平层的凹槽内，用金属压条钉压牢固并进行密封处理，钉距宜为500 mm～800mm，防止卷材防水层收头翘边或被风揭起。从防水层收头向外的檐口上端、外檐至檐口下部，均应采用聚合物水泥砂浆铺抹，以提高檐口的防水能力。由于檐口做法属于无组织排水，檐口雨水冲刷量大，为防止雨水沿檐口下端流向外墙，檐口下端应同时做鹰嘴和滴水槽。

4.11.7 涂膜防水层与基层粘结较好，在檐口处涂膜防水层收头可以采用涂料多遍涂刷，以提高防水层的耐雨水冲刷能力，防止防水层收头翘边或被风揭起。檐口端部和滴水处理方式参见本规范第4.11.6条的条文说明。

4.11.8、4.11.9 瓦屋面下部的防水层或防水垫层可设在保温层的上面或下面，并应做到檐口的端部。烧结瓦、混凝土瓦屋面的瓦头，挑出檐口的长度宜为50mm～70mm，主要是防止雨水流淌到封檐板上；沥青瓦屋面的瓦头，挑出檐口的长度宜为10mm～20mm，应沿檐口铺设金属滴水板，并伸入沥青瓦下宽度不应小于80mm，主要是有利于排水。

4.11.10 为防止雨水从金属屋面板与外墙的缝隙进入室内，规定金属板材挑出屋面檐口的长度不得小于200mm，并应设置檐口封檐板。

4.11.11 檐沟和天沟是排水最集中的部位，本条规定檐沟、天沟应增铺附加层。当主体防水层为卷材时，附加层宜选用防水涂膜，既适应较复杂的施工，又减少了密封处理的困难，形成优势互补的涂膜与卷材复合；当主体防水层为涂膜时，沟内附加层宜选用同种涂膜，但应设胎体增强材料。檐沟、天沟与屋面交接处，由于构件断面变化和屋面的变形，常在此处发生裂缝，附加层伸入屋面的宽度不应小于250mm。屋面如不设保温层，则屋面与檐沟、天沟的附加层在转角处应空铺，空铺宽度宜为200mm，以防止基层开裂造成防水层的破坏。

檐沟防水层收头应在沟外侧顶部，由于卷材铺贴较厚及转弯不服帖，常因卷材的弹性发生翘边脱落，因此规定卷材防水层收头应采用压条钉压固定，密封材料封严。涂膜防水层收头用涂料多遍涂刷。

从防水层收头向外的檐口上端、外檐至檐口下部，均应采用聚合物水泥砂浆铺抹，以提高檐口的防水能力。为防止沟内雨水沿檐沟外侧下端流向外墙，檐沟下端应做鹰嘴或滴水槽。

当檐沟外侧板高于屋面结构板时，为防止雨水口堵塞造成积水漫上屋面，应在檐沟两端设置溢水口。

檐沟和天沟卷材铺贴应从沟底开始，保证卷材应顺流水方向搭接。当沟底过宽，在沟底出现卷材搭接缝时，搭接缝应用密封材料密封严密，防止搭接缝受雨水浸泡出现翘边现象。

4.11.12 瓦屋面的檐沟和天沟应增设防水附加层，由于檐沟大都为悬挑结构，为增加内檐板上部防水层的抗裂能力，附加层应盖过内檐板，故规定附加层应伸入屋面500mm以上。为使雨水顺坡落入檐沟或天沟，防止爬水现象，本条规定了烧结瓦、混凝土瓦伸入檐沟、天沟的尺寸要求。

4.11.13 本条第1～4款参见本规范第4.11.12条的条文说明。

天沟内沥青瓦铺贴的方式有搭接式、编织式和敞开式三种。采用搭接式或编织式铺贴时，沥青瓦及其配套的防水层或防水垫层铺过天沟，因此只需在天沟内增设1000mm宽的附加层。敞开式铺设时，天沟部位除了铺设1000mm宽附加层及防水层或防水垫层外，应在上部再铺设厚度不小于0.45mm的防锈金属板材，并与沥青瓦顺流水方向搭接，保证天沟防水的可靠性。

4.11.14 女儿墙防水处理的重点是压顶、泛水、防水层收头的处理。

压顶的防水处理不当，雨水会从压顶进入女儿墙的裂缝，顺缝从防水层背后渗入室内，故对压顶的防水做法作出具体规定。

低女儿墙的卷材防水层收头宜直接铺压在压顶下，用压条钉压固定并用密封材料封闭严密。高女儿墙的卷材防水层收头可在离屋面高度250mm处，采用金属压条钉压固定，钉距不宜大于800mm，再用密封材料封严，以保证收头的可靠性；为防止雨水沿高女儿墙的泛水渗入，卷材收头上部应做金属盖板保护。

根据多年实践证实，防水涂料与水泥砂浆抹灰层具有良好的粘结性，所以在女儿墙部位，防水涂料一直涂刷至女儿墙或山墙的压顶下，压顶也应作防水处理，避免女儿墙及其压顶开裂而造成渗漏。

4.11.15 瓦屋面及金属板屋面与突出屋面结构的交接处应作泛水处理。

烧结瓦、混凝土瓦屋面的泛水是最易渗漏的部位，聚合物水泥砂浆具有一定的韧性，用于泛水处理可以防止开裂引起的泛水渗漏。

沥青瓦屋面的泛水部位可增设附加层进行增强处理，收头参照女儿墙的做法。

金属板屋面山墙泛水采用铆钉金属泛水板的形式，金属泛水板之间应顺流水方向搭接；金属泛水板的作用效果和可靠性，取决于泛水板与墙体的搭接宽度和收头做法、泛水板与金属屋面板搭盖宽度和连接做法，本条均作了具体规定。

4.11.16 重力式排水为传统的排水方式，水落口材料包括金属制品和塑料制品两种，其排水设计、施工都有成熟的经验和技术。

水落口应牢固固定在承重结构上，否则水落口产生的松动会使水落口与混凝土交接处的防水设防破坏，产生渗漏现象。

水落口高出天沟及屋面最低处的现象一直较为普遍，究其原因是在埋设水落口或设计规定标高时，未考虑增加的附加层和排水坡度加大的尺寸。因此规定水落口杯必须设在沟底最低处，水落口埋设标高应根据附加层的厚度及排水坡度加大的尺寸确定。

对于水落口处的防水构造，采取多道设防、柔性密封、防排结合的原则处理。在水落口周围 500mm 的排水坡度应不小于 5%，坡度过小，施工困难且不易找准；采取防水涂料涂封，涂层厚度为 2mm，相当于屋面涂层的平均厚度，使它具有一定的防水能力，防水层和附加层伸入水落口杯内不应小于 50mm，避免水落口处的渗漏发生。

4.11.17 虹吸式排水方式是近年新出现的排水方式，具有排水速度快、汇水面积大的特点。水落口部位的防水构造和部件都有相应的系统要求，因此设计时应根据相关的要求进行专项设计。

4.11.18 变形缝的防水构造应能保证防水设防具有足够的适应变形而不破坏的能力。变形缝的泛水墙高度规定是为了防止雨水漫过泛水墙，泛水墙的阴角部位应按照泛水做法要求设置附加层。防水层的收头应铺设或涂刷至泛水墙的顶部。

变形缝中应预填不燃保温材料作为卷材的承托，在其上覆盖一层卷材并向缝中凹伸，上放圆形的衬垫材料，再铺设上层的合成高分子卷材附加层，使其形成 Ω 形覆盖。

等高的变形缝顶部加盖钢筋混凝土或金属盖板加以保护。高低跨变形缝的附加层和防水层在高跨墙上的收头应固定牢固、密封严密；再在上部用固定牢固的金属盖板保护。

4.11.19 为确保屋面工程质量，对伸出屋面的管道应做好防水处理，规定管道周围的找平层应抹出不小于 30mm 的排水坡，并设附加层做增强处理；防水层应铺贴或涂刷至管道上，收头部位距屋面不宜小于 250mm；卷材收头应用金属箍或铁丝紧固，密封材料封严。充分体现多道设防和柔性密封的原则。

4.11.20 伸出屋面烟囱在坡屋面中是常见，另外坡屋面上的排气道也常做成与烟囱相似的形式，由于有突出屋面结构的存在，其阴角处容易产生裂缝，防水施工也相对困难，因此在泛水部位应增设附加层，防水层收头采用金属压条钉压固定。另外为避免烟囱迎水面产生积水现象，应在迎水面中部抹出分水线，向两侧抹出一定的排水坡度，使雨水从两侧排走。

4.11.21 屋面垂直出入口应防止雨水从盖板下倒灌入室内，故规定泛水高度不得小于 250mm，泛水部位变形集中且难以设置保护层，故在防水层施工前应先做附加增强处理，附加层的厚度和尺寸应符合条文规定。防水层的收头于压顶圈下，使收头的防水设防可靠，不会产生翘边、开口等缺陷。

4.11.22 屋面水平出入口的设防重点是泛水和收头，泛水要求与垂直出入口基本相同。防水层应铺设至门洞踏步板下，收头处用密封材料封严，再用水泥砂浆保护。

4.11.23 反梁在现代建筑中越来越多，按照排水设计的要求，大部分反梁中需设置过水孔，使雨水能流向水落口及时排走。反梁过水孔的孔底标高应与两侧的檐沟底面标高一致，由于檐沟有坡度要求，因此每个过水孔的孔底标高都是不同的，施工时应预先根据结构标高、保温层厚度、找坡层厚度等计算出每个过水孔的孔底标高，再进行过水孔管的安设。

结构设计一般不允许在反梁上开设过大的孔洞，因此过水孔宜采用预埋管道的方式，为保证过水孔排水顺畅，规定了过水孔的最小尺寸。由于预埋管道与周边混凝土的线膨胀系数不同，温度变化时管道两端周围与混凝土接触处易产生裂缝，故管道口四周应预留凹槽用密封材料封严。

4.11.24 由于大型建筑和高层建筑日益增多，在屋面上经常设置天线塔架、擦窗机支架、太阳能热水器底座等，这些设施有的搁置在防水层上，有的与屋面结构相连。若与结构相连时，防水层应包裹基座部分，设施基座的预埋地脚螺栓周围必须做密封处理，防止地脚螺栓周围发生渗漏。

4.11.25 搁置在防水层上的设备，有一定的质量和振动，对防水层易造成破损，因此应按常规做卷材附加层，有些质量重、支腿面积小的设备，应该做细石混凝土垫块或衬垫，以免压坏防水层。

4.11.26 烧结瓦或混凝土瓦屋面的脊瓦与坡面瓦之间的缝隙，一般采用聚合物水泥砂浆填实抹平，脊瓦下端距坡面瓦的高度不宜超过 80mm，一是考虑施工操作，二是防止砂浆干缩开裂导致雨水流入而造成渗漏，并根据烧结瓦和混凝土瓦的特性，规定了脊瓦与坡面瓦的搭盖宽度。

4.11.27 本条是根据沥青瓦的特性规定了脊瓦在两坡面瓦上的搭盖宽度，防止搭盖宽度过小，脊瓦易被风掀起。

4.11.28 金属板材屋面的屋脊部位应用金属屋脊盖板，以免盖板下凹；板材端头应设置堵头板，防止施工过程中或渗漏时雨水流入金属板材内部。

4.11.29 烧结瓦或混凝土瓦屋面，屋顶窗的窗料及金属排水板、窗框固定铁脚、窗口防水卷材、支瓦条等配件，可由屋顶窗的生产厂家配套供应，并按照设计要求施工。

4.11.30 沥青瓦屋面，屋顶窗的窗料及金属排水板、窗框固定铁脚、窗口防水卷材等配件，可由屋顶窗的生产厂家配套供应，并按照设计要求施工。

5 屋面工程施工

5.1 一般规定

5.1.1 防水工程施工实际上是对防水材料的一次再加工，必须由防水专业队伍进行施工，才能保证防水工程的质量。防水专业队伍应由经过理论与实际施工操作培训，并经考试合格的人员组成。本条所指的防水专业队伍，应由当地建设行政主管部门对防水施工企业的规模、技术水平、业绩等综合考核后颁发证书，作业人员应由有关主管部门发给上岗证。

实现防水施工专业化，有利于加强管理和落实责任制，有利于推行防水工程质量保证期制度，这是提高屋面防水工程质量的关键。对非防水专业队伍或非防水工施工的，当地质量监督部门应责令其停止施工。

5.1.2 设计图纸作为施工的依据，“照图施工”是施工单位应严格遵守的基本原则，所以在屋面工程施工前，施工单位应组织相关人员认真熟悉设计图纸，掌握屋面工程的构造层次、材料选用、技术要求及质量要求等。在设计单位参与的条件下进行图纸会审，可以解决屋面工程在设计及施工中存在的问题，确保屋面工程的质量及施工的顺利进行。

为了指导施工作业，确保屋面工程的质量，施工单位应根据设计图纸，结合施工的实际情况，编制有针对性的施工方案或技术措施。屋面工程施工方案的内容包括：工程概况、质量目标、施工组织与管理、防水保温材料及其使用、施工操作技术、安全注意事项等。

5.1.3 屋面工程所采用的防水、保温材料，除有产品合格证书和性能检测报告等出厂质量证明文件外，还应有当地建设行政主管部门指定检测单位对该产品本年度抽样检验认证的试验报告，其质量必须符合国家现行产品标准和设计要求。

材料进入现场后，监理单位、施工单位应按规定进行抽样检验，检验应执行见证取样送检制度，并提出检验报告。抽样检验不合格的材料不得用在工程上。

5.1.4 屋面工程是由若干构造层次组成的，如果下面的构造层质量不合格，而被上面的构造层覆盖，就会造成屋面工程的质量隐患。在屋面工程施工中，必须按各道工序分别进行检查验收，不能到工程全部做完后才进行一次性检查验收。每一道工序完成后，应经建设或监理单位检查验收，合格后方可进行下道工序的施工。

对屋面工程的成品保护是一个非常重要的环节。屋面防水工程完工后，有时又要上人进行其他作业，如安装天线、水箱、堆放杂物等，会造成防水层局部破坏而出现渗漏。本条规定当下道工序或相邻工程施工时，应对已完成的部分采取保护措施。

5.1.5 公安部、住房和城乡建设部于 2009 年 9 月 25 日发布了《民用建筑外保温系统及外墙装饰防火暂行规定》，提出了屋面工程施工及使用中的防火规定。在屋面工程中使用的防水、保温材料很多是属于可燃材料，如改性沥青防水卷材、合成高分子防水卷材、改性沥青防水涂料、合成高分子防水涂料以及有机保温材料等。所以施工单位在进行屋面工程施工时，对这些易燃的防水、保温材料的运输、保管应远离火源，露天存放时应用不燃材料完全覆盖，以防引发火灾。在施工作业时，强调在可燃保温材料上不得采用热熔法、热粘法等施工工艺进行施工，以防引燃保温材料而酿成火灾。同时要求屋面工程施工时要加强火源、热源等火灾危险源的管理，并在屋面工程施工作业区配置足够的消防灭火器材，以防一旦着火，能够将火及时扑灭，不致酿成火灾。

5.1.6 施工单位应遵守有关施工安全、劳动保护、防火和防毒的法律法规，建立相应的管理制度，并应配备必要的设备、器具和标识。

本条是针对屋面工程的施工范围和特点，着重进行危险源的识别、风险评价和实施必要的措施。屋面工程施工前，对危险性较大的工程作业，应编制专项施工方案，并进行安全交底。坚持安全第一、预防为主和综合治理的方针，积极防范和遏制建筑施工生产安全事故的发生。

5.2 找坡层和找平层施工

5.2.1 装配式钢筋混凝土板的板缝太窄，细石混凝土不容易嵌填密实，板缝宽度通常大于 20mm 较为合适。细石混凝土填缝高度应低于板面10mm～20mm，以便与上面细石混凝土找平层更好地结合。当板缝较大时，嵌填的细石混凝土类似混凝土板带，要承受自重和屋面荷载的作用，因此当板缝宽度大于40mm或上窄下宽时，应在板缝内加构造配筋。

5.2.2 为了便于铺设隔汽层和防水层，必须在结构层或保温层表面做找平处理。在找坡层、找平层施工前，首先要检查其铺设的基层情况，如屋面板安装是否牢固，有无松动现象；基层局部是否凹凸不平，凹坑较大时应先填补；保温层表面是否平整，厚薄是否均匀；板状保温材料是否铺平垫稳；用保温材料找坡是否准确等。

基层检查并修整后，应进行基层清理，以保证找坡层、找平层与基层能牢固结合。当基层为混凝土时，表面清扫干净后，应充分洒水湿润，但不得积水；当基层为保温层时，基层不宜大量浇水。基层清理完毕后，在铺抹找坡、找平材料前，宜在基层上均匀涂刷素水泥浆一遍，使找坡层、找平层与基层更好地粘结。

5.2.3 目前，屋面找平层主要是采用水泥砂浆、细石混凝土两种。在水泥砂浆中掺加抗裂纤维，可提高找平层的韧性和抗裂能力，有利于提高防水层的整体质量。按本规范第4.3.2条的技术要求，水泥砂浆采用体积比水泥∶砂为1∶2.5；细石混凝土强度等级为C20；混凝土随浇随抹时，应将原浆表面抹平、压光。找平层、找坡层的施工，应做到所用材料的质量符合设计要求，计量准确和机械搅拌。

5.2.4 按本规范第4.3.1条的规定，当屋面采用材料找坡时，坡度宜为2%，因此基层上应按屋面排水方式，采用水平仪或坡度尺进行拉线控制，以获得合理的排水坡度。本条规定找坡层最薄处厚度不宜小于20mm，是指在找坡起始点1m范围内，由于用轻质材料找坡不太容易成形，可采用1∶2.5水泥砂浆完成，由此往外仍采用轻质材料找坡，按2%坡度计算，1m长度的坡高应为20mm。

5.2.5 找坡材料宜采用质量轻、吸水率低和有一定强度的材料，通常是将适量水泥浆与陶粒、焦渣或加气混凝土碎块拌合而成。本条提出了找坡层施工过程中的质量控制，以保证找坡层的质量。

5.2.6 由于一些单位对找平层质量不够重视，致使找平层的表面有酥松、起砂、起皮和裂缝的现象，直接影响防水层和基层的粘结质量并导致防水层开裂。对找平层的质量要求，除排水坡度满足设计要求外，还应通过收水后二次压光等施工工艺，减少收缩开裂，使表面坚固密实、平整；水泥终凝后，应采取浇水、湿润覆盖、喷养护剂或涂刷冷底子油等方法充分养护。

5.2.7 卷材防水层的基层与突出屋面结构的交接处和基层的转角处，是防水层应力集中的部位。找平层圆弧半径的大小应根据卷材种类来定。由于合成高分子防水卷材比高聚物改性沥青防水卷材的柔性好且卷材薄，因此找平层圆弧半径可以减小，即高聚物改性沥青防水卷材为50mm，合成高分子防水卷材为20mm。

5.2.8 找坡层、找平层施工环境温度不宜低于5℃。在负温度下施工，需采取必要的冬施措施。

5.3 保温层和隔热层施工

5.3.1 严寒和寒冷地区的屋面热桥部位，对于屋面总体保温效果影响较大，应按设计要求采取节能保温隔断热桥等措施。当缺少设计要求时，施工单位应提出办理洽商或按施工技术方案进行处理。完工后用热工成像设备进行扫描检查，可以判定其处理措施是否有效。

5.3.2 进行淋水或蓄水试验是为了检验防水层的质量，大面积屋面应进行淋水试验，檐沟、天沟等部位应进行蓄水试验，合格后方能进行上部保温层的施工。

保护层施工时如损坏了保温层和防水层，不但会降低使用功能，而且屋面一旦出现渗漏，很难找到渗漏部位，也不便于及时修复。

5.3.3 本条对隔汽层施工作出了规定：

1 隔汽层施工前，应清理结构层上的松散杂物，凸出基层表面的硬物应剔平扫净。同时基层应作找平处理。

2 隔汽层铺设在保温层之下，可采用一般的防水卷材或涂料，其做法与防水层相同。规定屋面周边隔汽层应沿墙面向上铺设，并高出保温层上表面不得小于150mm。

3 考虑到隔汽层被保温层、找平层等埋压，卷材隔汽层可采用空铺法进行铺设。为了提高卷材搭接部位防水隔汽的可靠性，搭接缝应采用满粘法，搭接宽度不应小于80mm。采用涂膜做隔汽层时，涂刷质量对隔汽效果影响极大，涂料涂刷应均匀，涂层无堆积、起泡和露底现象。

4 若隔汽层出现破损现象，将不能起到隔绝室内水蒸气的作用，严重影响保温层的保温效果，故应对管道穿过隔汽层破损部位进行密封处理。

5.3.4 埋设排汽管是排汽构造的主要形式，穿过保温层的排汽管及排汽道的管壁四周应均匀打孔，以保证排汽的畅通。排汽管周围与防水层交接处应做附加层，排汽管的泛水处及顶部应采取防止雨水进入的措施。

5.3.5 板状材料保温层采用上下层保温板错缝铺设，可以防止单层保温板在拼缝处的热量泄漏，效果更佳。干铺法施工时，应铺平垫稳、拼缝严密，板间缝隙应用同类材料的碎屑嵌填密实；粘结法施工时，板状保温材料应贴严粘牢，在胶粘剂固化前不得上人踩踏。

本条还增加了机械固定法施工，即使用专用螺钉和垫片，将板状保温材料定点钉固在结构上。

5.3.6 纤维材料保温层分为板状和毡状两种。由于纤维保温材料的压缩强度很小，是无法与板状保温材料相提并论的，故本条提出纤维保温材料在施工时应避免重压。板状纤维保温材料多用于金属压型板的上面，常采用螺钉和垫片将保温板与压型板固定，固定点应设在压型板的波峰上。毡状纤维保温材料用于混凝土基层的上面时，常采用塑料钉先与基层粘牢，再放入保温毡，最后将塑料垫片与塑料钉端热熔焊接。毡状纤维保温材料用于金属压型板的下面时，常采用不锈钢丝或铝板制成的承托网，将保温毡兜住并与檩条固定。

还特别提醒：在铺设纤维保温材料时，应重视做好劳动保护工作。纤维保温材料一般都采用塑料膜包装，但搬运和铺设纤维保温材料时，会随意掉落矿物纤维，对人体健康造成危害。施工人员应穿戴头罩、口罩、手套、鞋、帽和工作服，以防矿物纤维刺伤皮肤和眼睛或吸入肺部。

5.3.7 本条对喷涂硬泡聚氨酯保温层施工作出规定：

1 喷涂硬泡聚氨酯保温层的基层表面要求平整，是为了保证保温层厚度均匀且表面达到要求的平整度；基层要求干净、干燥，是为了增强保温层与基层的粘结。

2 喷涂硬泡聚氨酯必须使用专用喷涂设备，并应进行调试，使喷涂试块满足材料性能要求；喷涂时喷枪与施工基面保持一定距离，是为了控制喷涂硬泡聚氨酯保温层的厚度均匀，又不至于使材料飞散；喷涂硬泡聚氨酯保温层施工应多遍喷涂完成，是为了能及时控制、调整喷涂层的厚度，减少收缩影响。一般情况下，聚氨酯发泡、稳定及固化时间约需15min，故规定施工后20min内不能上人，防止损坏保温层。

3 由于喷涂硬泡聚氨酯施工受气候影响较大，若操作不慎会引起材料飞散，污染环境，故施工时应对作业面外易受飞散物污染的部位，如屋面边缘、屋面上的设备等采取遮挡措施。

4 因聚氨酯硬泡体的特点是不耐紫外线，在阳光长期照射下易老化，影响使用寿命，故要求喷涂施工完成后，及时做保护层。

5.3.8 本条对现浇泡沫混凝土保温层施工作出规定：

1 基层质量对于现浇泡沫混凝土质量有很大影响，浇筑前湿润基层可以阻止其从现浇泡沫混凝土中吸收水分，但应防止因积水而产生粘结不良或脱层现象。

2 一般来说泡沫混凝土密度越低，其保温性能越好，但强度越低。泡沫混凝土配合比设计应按干密度和抗压强度来配制，并按绝对体积法来计算所组成各种材料的用量。配合比设计时，应先通过试配确保达到设计所要求的导热系数、干密度及抗压强度等指标。影响泡沫混凝土性能的一个很重要的因素是它的孔结构，细致均匀的孔结构有利于提高泡沫混凝土的性能。按泡沫混凝土生产工艺要求，对水泥、掺合料、外加剂、发泡剂和水必须计量准确；水泥料浆应预先搅拌2min，不得有团块及大颗粒存在，再将发泡机制成的泡沫与水泥料浆混合搅拌5min～8min，不得有明显的泡沫飘浮和泥浆块出现。

3 泡沫混凝土浇筑前，应设定浇筑面标高线，以控制浇筑厚度。泡沫混凝土通常是保温层兼找坡层使用，由于坡面浇筑时混凝土向下流淌，容易出现沉降裂缝，故找坡施工时应采取模板辅助措施。

4 泡沫混凝土的浇筑出料口离基层不宜超过1m，采用泵送方式时，应采取低压泵送。主要是为了防止泡沫混凝土料浆中泡沫破裂，而造成性能指标的降低。

5 泡沫混凝土厚度大于200mm时应分层浇筑，否则应按施工缝进行处理。在泡沫混凝土凝结过程中，由于伴随有泌水、沉降、早期体积收缩等现象，有时会产生早期裂缝，所以在泡沫混凝土施工时应尽量降低浇筑速度和减少浇筑厚度，以防止混凝土终凝前出现沉降裂缝。在泡沫混凝土硬化过程中，由于水分蒸发原因产生脱水收缩而引起早期干缩裂缝，预防干裂的措施主要是采用塑料布将外露的全部表面覆盖严密，保持混凝土处于润湿状态。

5.3.9 大部分保温材料强度较低，容易损坏，同时怕雨淋受潮，为保证材料的规格质量，应当做好贮运、保管工作，减少材料的损坏。

5.3.10 本条规定了进场的板状保温材料、纤维保温材料需进行的物理性能检验项目。

5.3.11 用水泥砂浆粘贴板状材料，在气温低于5℃时不宜施工，但随着新型防冻外加剂的使用，有可靠措施且能够保证质量时，根据工程实际情况也可在5℃以下时施工。

现场喷涂硬泡聚氨酯施工时，气温过高或过低均会影响其发泡反应，尤其是气温过低时不易发泡。采用喷涂工艺施工，如果喷涂时风速过大则不易操作，故对施工时的风速也相应作出了规定。

5.3.12 本条对种植隔热层施工作出具体规定：

1 种植隔热层挡墙泄水孔是为了排泄种植土中过多的水分而设置的，若留设位置不正确或泄水孔被堵塞，种植土中过多的水分不能排出，不仅会影响使用，而且会对防水层不利；

2 排水层是指能排出渗入种植土中多余水分的构造层，排水层的施工必须与排水管、排水沟、水落口等排水系统连接且不得堵塞，保证排水畅通；

3 过滤层土工布应沿种植土周边向上敷设至种植土高度，以防止种植土的流失而造成排水层堵塞；

4 考虑到种植土和植物的重量较大，如果集中堆放在一起或不均匀堆放，都会使屋面结构的受力情况发生较大的变化，严重时甚至会导致屋面结构破坏事故，种植土层的荷载尤其应严格控制，防止过量超载。

5.3.13 本条对架空隔热层施工作出具体规定：

1 做好施工前的准备工作，以保证施工顺利进行；

2 考虑架空隔热制品支座部位负荷增大，支座底面的卷材、涂膜均属于柔性防水，若不采取加强措施，容易造成支座下的防水层破损，导致屋面渗漏；

3 由于架空隔热层对防水层可起到保护作用，一般屋面防水层上不做保护层，所以在铺设架空隔热制品或清扫屋面上的落灰、杂物时，均不得损伤防水层；

4 考虑到屋面在使用中要上人清扫等情况，架空隔热制品的敷设应做到平整和稳固，板缝应以勾填密实为好，使板块形成一个整体。

5.3.14 本条对蓄水隔热层施工作出具体规定：

1 由于蓄水池的特殊性，孔洞后凿不宜保证质量，故强调所有孔洞应预留；

2 为了保证每个蓄水区混凝土的整体防水性，防水混凝土应一次浇筑完毕，不得留施工缝，避免因接缝处理不好而导致裂缝；

3 蓄水隔热层完工后，应在混凝土终凝时进行养护，养护后方可蓄水，并不可断水，防止混凝土干涸开裂；

4 溢水口的标高、数量、尺寸应符合设计要求，以防止暴雨溢流。

5.4 卷材防水层施工

5.4.1 卷材防水层基层应坚实、干净、平整，无孔隙、起砂和裂缝，基层的干燥程度应视所用防水材料而定。当采用机械固定法铺贴卷材时，对基层的干燥度没有要求。

基层干燥程度的简易检验方法，是将 $1m^2$ 卷材平坦地干铺在找平层上，静置 3h～4h 后掀开检查，找平层覆盖部位与卷材上未见水印，即可铺设隔汽层或防水层。

5.4.2 在历次调查中，节点、附加层和屋面排水比较集中部位出现渗漏现象最多，故应按设计要求和规范规定先行仔细处理，检查无误后再开始铺贴大面卷材，这是保证防水质量的重要措施，也是较好素质施工队伍的一般施工顺序。

檐沟、天沟是雨水集中的部位，而卷材的搭接缝又是防水层的薄弱环节，如果卷材垂直于檐沟、天沟方向铺贴，搭接缝大大增加，搭接方向难以控制，卷材开缝和受水冲刷的概率增大，故规定檐沟、天沟铺贴的卷材宜顺流水方向铺贴，尽量减少搭接缝。

卷材铺贴方向规定宜平行屋脊铺贴，其目的是保证卷材长边接缝顺流水方向；上、下层卷材不得相互垂直铺贴，主要是避免接缝重叠，即重叠部位的上层卷材接缝造成间隙，接缝密封难以保证。

5.4.3 在铺贴立面或大坡面的卷材时，为防止卷材下滑和便于卷材与基层粘贴牢固，规定采取满粘法铺贴，必要时采取金属压条钉压固定，并用密封材料封严。短边搭接过多，对防止卷材下滑不利，因此要求尽量减少短边搭接。

5.4.4 基层处理剂应与防水卷材相容，尽量选择防水卷材生产厂家配套的基层处理剂。在配制基层处理剂时，应根据所用基层处理剂的品种，按有关规定或说明书的配合比要求，准确计量，混合后应搅拌 3min～5min，使其充分均匀。在喷涂或涂刷基层处理剂时应均匀一致，不得漏涂，待基层处理剂干燥后应及时进行卷材防水层的施工。如基层处理剂涂刷后但尚未干燥前遭受雨淋，或是干燥后长期不进行防水层施工，则在防水层施工前必须再涂刷一次基层处理剂。

5.4.5 本条规定同一层相邻两幅卷材短边搭接缝错开不应小于 500mm，是避免短边接缝重叠，接缝质量难以保证，尤其是改性沥青防水卷材比较厚，四层卷材重叠也不美观。

上、下层卷材长边搭接缝应错开，且不小于幅宽的 1/3，目的是避免接缝重叠，消除渗漏隐患。

5.4.6 本条对冷粘法铺贴卷材作出规定：

1 胶粘剂的涂刷质量对保证卷材防水施工质量关系极大，涂刷不均匀，有堆积或漏涂现象，不但影响卷材的粘结力，还会造成材料浪费。空铺法、点粘法、条粘法，应在屋面周边 800mm 宽的部位满粘贴。点粘时每平方米粘结不少于 5 个点，每点面积为 100mm×100mm，条粘时每幅卷材与基层粘结面不少于 2 条，每条宽度不小于 150mm。

2 由于各种胶粘剂的性能及施工环境要求不同，有的可以在涂刷后立即粘贴，有的则需待溶剂挥发一部分后粘贴，间隔时间还和气温、湿度、风力等因素有关，因此，本条提出应控制胶粘剂涂刷与卷材铺贴的间隔时间，否则会直接影响粘结力，降低粘结的可靠性。

3 卷材与基层、卷材与卷材间的粘贴是否牢固，是防水工程中重要的指标之一。铺贴时应将卷材下面空气排净，加适当压力才能粘牢，一旦有空气存在，还会由于温度升高、气体膨胀，致使卷材粘结不良或起鼓。

4 卷材搭接缝的质量，关键在搭接宽度和粘结力。为保证搭接尺寸，一般在基层或已铺卷材上按要求弹出基准线。铺贴时应平整顺直，不扭曲、皱折，搭接缝应涂满胶粘剂，粘贴牢固。

5 卷材铺贴后，考虑到施工的可靠性，要求搭接缝口用宽 10mm 的密封材料封口，提高卷材接缝的密封防水性能。密封材料宜选择卷材生产厂家提供的配套密封材料，或者是与卷材同种材性的密封材料。

5.4.7 本条对热粘法铺贴卷材的施工要点作出规定。采用热熔型改性沥青胶铺贴高聚物改性沥青防水卷材，可起到涂膜与卷材之间优势互补和复合防水的作用，更有利于提高屋面防水工程质量，应当提倡和推广应用。为了防止加热温度过高，导致改性沥青中的高聚物发生裂解而影响质量，故规定采用专用的导热油炉加热熔化改性沥青，要求加热温度不应高于200℃，使用温度不应低于180℃。

铺贴卷材时，要求随刮涂热熔型改性沥青胶随滚铺卷材，展平压实，本条对粘贴卷材的改性沥青胶结料厚度提出了具体的规定。

5.4.8 本条对热熔法铺贴卷材的施工要点作出规定。施工时加热幅宽内必须均匀一致，要求火焰加热器喷嘴距卷材面适当，加热至卷材表面有光亮时方可以粘合，如熔化不够会影响粘结强度，但加温过高全使改性沥青老化变焦，失去粘结力且易把卷材烧穿。铺贴卷材时应将空气排出使其粘贴牢固，滚铺卷材时缝边必须溢出热熔的改性沥青，使搭接缝粘贴严密。

由于有些单位将2mm厚的卷材采用热熔法施工，严重地影响了防水层的质量及其耐久性，故在条文中规定厚度小于3mm的高聚物改性沥青防水卷材，严禁采用热熔法施工。

为确保卷材搭接缝的粘结密封性能，本条规定有铝箔或矿物粒或片料保护层的部位，应先将其清除干净后再进行热熔的接缝处理。

用条粘法铺贴卷材时，为确保条粘部分的卷材与基层粘贴牢固，规定每幅卷材的每条粘贴宽度不应小于150mm。

为保证铺贴的卷材搭接缝平整顺直，搭接尺寸准确和不发生扭曲，应在基层或已铺卷材上按要求弹出基准线，严禁控制搭接缝质量。

5.4.9 本条对自粘法铺贴卷材的施工要点作出规定。首先将自粘胶底面隔离纸撕净，否则不能实现完全粘贴。为了提高自粘卷材与基层粘结性能，基层处理剂干燥后应及时铺贴卷材。为保证接缝粘结性能，搭接部位提倡采用热风机加热，尤其在温度较低时施工，这一措施就更为必要。

采用这种铺贴工艺，考虑到防水层的收缩以及外力使缝口翘边开缝，接缝口要求用密封材料封口，提高卷材接缝的密封防水性能。

在铺贴立面或大坡面卷材时，立面和大坡面处卷材容易下滑，可采用加热方法使自粘卷材与基层粘贴牢固，必要时采取金属压条钉压固定。

5.4.10 焊接法一般适用于热塑性高分子防水卷材的接缝施工。为了使搭接缝焊接牢固和密封，必须将搭接缝的结合面清扫干净，无灰尘、砂粒、污垢，必要时要用溶剂清洗。焊接施焊前，应将卷材铺放平整顺直，搭接缝应按事先弹好的基准线对齐，不得扭曲、皱折。为了保证焊接缝质量和便于施焊操作，应先焊长边搭接缝，后焊短边搭接缝。

5.4.11 目前国内适用机械固定法铺贴的卷材，主要有PVC、TPO、EPDM防水卷材和5mm厚加强高聚物改性沥青防水卷材，要求防水卷材强度高、搭接缝可靠和使用寿命长等特性。机械固定法铺贴卷材，当固定件固定在屋面板上拉拔力不能满足风揭力的要求时，只能将固定件固定在檩条上。固定件采用螺钉加垫片时，应加盖200mm×200mm卷材封盖。固定件采用螺钉加“U”形压条时，应加盖不小于150mm宽卷材封盖。

5.4.12 由于卷材品种繁多、性能差异很大，外观可能完全一样难以辨认，因此要求按不同品种、型号、规格等分别堆放，避免工程中误用后造成质量事故。

卷材具有一定的吸水性，施工时卷材表面要求干燥，避免雨淋和受潮，否则施工后可能出现起鼓和粘结不良现象；卷材不能接近火源，以免变质和引起火灾。

卷材宜直立堆放，由于卷材中空，横向受挤压可能压扁，开卷后不易展开铺平，影响工程质量。

卷材较容易受某些化学介质及溶剂的溶解和腐蚀，故规定不允许与这些有害物质直接接触。

5.4.13 本条规定了进场的高聚物改性沥青防水卷材和合成高分子防水卷材需进行的物理性能检验项目。

5.4.14 胶粘剂和胶粘带品种繁多、性能各异，胶粘剂有溶剂型、水乳型、反应型（单组分、多组分）等类型。一般溶剂型胶粘剂应用铁桶密封包装，避免溶剂挥发变质或腐蚀包装桶；水乳型胶粘剂可用塑料桶密封包装，密封包装是为了运输、贮存时胶粘剂不致外漏，以免污染和侵蚀其他物品。溶剂型胶粘剂受热后容易挥发而引起火灾，故不能接近火源和热源。

5.4.15 本条规定了进场的基层处理剂、胶粘剂和胶粘带需进行的物理性能检验项目。高分子胶粘剂和胶粘带浸水168h后剥离强度保持率是一个重要性能指标，因为诸多高分子胶粘剂及胶粘带浸水后剥离强度会下降，为保证屋面的整体防水性能，规定其浸水168h后剥离强度保持率不应低于70%。

5.4.16 各类防水卷材施工时环境均有所不同，若施工环境温度低于本条规定值，将会影响卷材的粘结效果，尤其是冷粘法或自粘法铺贴的卷材，严重的可能导致开胶或粘结不牢。此外热熔法或热粘法还会造成能源的浪费。

5.5 涂膜防水层施工

5.5.1 涂膜防水层基层应坚实平整、排水坡度应符合设计要求，否则会导致防水层积水；同时防水层施工前基层应干净、无孔隙、起砂和裂缝，保证涂膜防水层与基层有较好粘结强度。

本条对基层的干燥程度作了较为灵活的规定。溶剂型、热熔型和反应固化型防水涂料，涂膜防水层施工时，基层要求干燥，否则会导致防水层成膜后空鼓、起皮现象；水乳型或水泥基类防水涂料对基层的干燥度没有严格要求，但从成膜质量和涂膜防水层与基层粘结强度来考虑，干燥的基层比潮湿基层有利。

5.5.2 基层处理剂应与防水涂料相容。一是选择防水涂料生产厂家配套的基层处理剂；二是采用同种防水涂料稀释而成。

在基层上涂刷基层处理剂的作用，一是堵塞基层毛细孔，使基层的湿气不易渗到防水层中，引起防水层空鼓、起皮现象；二是增强涂膜防水层与基层粘结强度。因此，涂膜防水层一般都要涂刷基层处理剂，而且要求涂刷均匀、覆盖完全。同时要求待基层处理剂干燥后再涂布防水涂料。

5.5.3 采用多组分涂料时，涂料是通过各组分的混合发生化学反应而由液态变成固体，各组分的配料计量不准和搅拌不匀，将会影响混合料的充分化学反应，造成涂料性能指标下降。配成涂料固化的时间比较短，所以要按照在配料固化时间内的施工量来确定配料的多少，已固化的涂料不能再用，也不能与未固化的涂料混合使用，混合后将会降低防水涂膜的质量。若涂料黏度过大或固化过快时，可加入适量的稀释剂或缓凝剂进行调节，涂料固化过慢时，可适当地加入一些促凝剂来调节，但不得影响涂料的质量。

5.5.4 防水涂料涂布时如一次涂成，涂膜层易开裂，一般为涂布三遍或三遍以上为宜，而且须待先涂的涂料干后再涂后一遍涂料，最终达到本规范规定要求厚度。

涂膜防水层涂布时，要求涂刮厚薄均匀、表面平整，否则会影响涂膜层的防水效果和使用年限，也会造成材料不必要的浪费。

涂膜中夹铺胎体增强材料，是为了增加涂膜防水层的抗拉强度，要求边涂布边铺胎体增强材料，而且要刮平排除内部气泡，这样才能保证胎体增强材料充分被涂料浸透并粘结更好。涂布涂料时，胎体增强材料不得有外露现象，外露的胎体增强材料易于老化而失去增强作用，本条规定最上层的涂层应至少涂刮两遍，其厚度不应小于1mm。

节点和需铺附加层部位的施工质量至关重要，应先涂布节点和附加层，检查其质量是否符合设计要求，待检查无误后再进行大面积涂布，这样可保证屋面整体的防水效果。

屋面转角及立面的涂膜若一次涂成，极易产生下滑并出现流淌和堆积现象，造成涂膜厚薄不均，影响防水质量。

5.5.5 不同类型的防水涂料应采用不同的施工工艺，一是提高涂膜施工的工效，二是保证涂膜的均匀性和涂膜质量。水乳型及溶剂型防水涂料宜选用滚涂或喷涂，工效高，涂层均匀；反应固化型防水涂料属厚质防水涂料宜选用刮涂或喷涂，不宜采用滚涂；热熔型防水涂料宜选用刮涂，因为防水涂料冷却后即成膜，不适用滚涂和喷涂；刷涂施工工艺的工效低，只适用于关键部位的涂膜防水层施工。

5.5.6 各类防水涂料的包装容器必须密封，如密封不好，水分或溶剂挥发后，易使涂料表面结皮，另外溶剂挥发时易引起火灾。

包装容器上均应有明显标志，标明涂料名称，尤其多组分涂料，以免把各类涂料搞混，同时要标明生产日期和有效期，使用户能准确把握涂料是否过期失效；另外还要标明生产厂名，使用户一旦发现质量问题，可及时与厂家取得联系；特别要注明材料质量执行的标准号，以便质量检测时核实。

在贮运和保管环境温度低于0℃时，水乳型涂料易冻结失效，溶剂型涂料虽然不会产生冻结，但涂料稠度要增大，施工时也不易涂开，所以分别提出涂料在贮运和保管时的环境温度。由于溶剂型涂料具有一定的燃爆性，所以应严防日晒、渗漏，远离火源、热源，避免碰撞，在库内应设有消防设备。

5.5.7 本条规定了进场的防水涂料和胎体增强材料需进行的物理性能检验项目。

5.5.8 溶剂型涂料在负温下虽不会冻结，但黏度增大会增加施工操作难度，涂布前应采取加温措施保证其可涂性，所以溶剂型涂料的施工环境温度宜在－5℃～35℃；水乳型涂料在低温下将延长固化时间，同时易遭冻结而失去防水作用，温度过高使水蒸发过快，涂膜易产生收缩而出现裂缝，所以水乳型涂料的施工环境温度宜为5℃～35℃。

5.6 接缝密封防水施工

5.6.1 本条适用于位移接缝密封防水部位的基层，非位移接缝密封防水部位的基层应符合本条第1、2款的规定。密封防水部位的基层不密实，会降低密封材料与基层的粘结强度；基层不平整，会使嵌填密封材料不均匀，接缝位移时密封材料局部易拉坏，失去密封防水作用。如果基层不干净、不干燥，会降低密封材料与基层的粘结强度，尤其是溶剂型或反应固化型密封材料，基层必须干燥。由于我国目前无适当的现场测定基层含水率的设备和措施，不能给出定量的规定，只能提出定性的要求。按本规范第4.6.4条的有关规定，背衬材料应比接缝宽度大20%的规定，使用专用压轮嵌入背衬材料后，可以保证接缝密封材料的设计厚度，同时还保证背衬材料与接缝壁间不留有空隙。基层处理剂的主要作用，是使被粘结体的表面受到渗透及浸润，改善密封材料和被粘结体的粘结性，并可以封闭混凝土及水泥砂浆表面，防止从内部渗出碱性物质及水分，因此密封防水部位的基层宜涂刷基层处理剂。

5.6.2 冷嵌法施工的条文内容是参考有关资料，并通过施工实践总结出来的。由于各种密封材料均存在着不同程度的干湿变形，当干湿变形和接缝尺寸均较大时，密封材料宜分次嵌填，否则密封材料表面会出现“U”形。且一次嵌填的密封材料量过多时，材料不易固化，会影响密封材料与基层的粘结力，同时由于残留溶剂的挥发引起内部不密实或产生气泡。热灌法施工应严格按照施工工艺要求进行操作，热熔型改性石油沥青密封材料现场施工时，熬制温度应控制在180℃～200℃，若熬制温度过低，不仅大大降低密封材料的粘结性能，还会使材料变稠，不便施工；若熬制温度过高，则会使密封材料性能变坏。

5.6.3 合成高分子密封材料施工时，单组分密封材料在施工现场可直接使用，多组分密封材料为反应固化型，各个组分配比一定要准确，宜采用机械搅拌，拌合应均匀，否则不能充分反应，降低材料质量。拌合好的密封材料必须在规定的时间内施工完，因此应根据实际情况和有效时间内材料施工用量来确定每次拌合量。不同的材料、生产厂家都规定了不同的拌合时间和拌合温度，这是决定多组分密封材料施工质量好坏的关键因素。合成高分子密封材料的嵌填十分重要，如嵌填不饱满，出现凹陷、漏嵌、孔洞、气泡，都会降低接缝密封防水质量，因此，在施工中应特别注意，出现的问题应在密封材料表干前修整；如果表干前不修整，则表干后不易修整，且容易将固化的密封材料破坏。

5.6.4 密封材料嵌填应密实、连续、饱满，与基层粘结牢固，才能确保密封防水的效果。密封材料嵌填时，不管是用挤出枪还是用腻子刀施工，表面都不会光滑平直，可能还会出现凹陷、漏嵌、孔洞、气泡等现象，对于出现的问题应在密封材料表干前及时修整。

5.6.5 嵌填完毕的密封材料应按要求养护，下一道工序施工时，必须对接缝部位的密封材料采取保护措施，如施工现场清扫或保温隔热层施工时，对已嵌缝的密封材料宜采用卷材或木板条保护，防止污染及碰损。嵌填的密封材料，固化前不得踩踏，因为密封材料嵌缝时构造尺寸和形状都有一定的要求，而未固化的密封材料则不具有一定的弹性，踩踏后密封材料发生塑性变形，导致密封材料构造尺寸不符合设计要求。

5.6.6 密封材料在紫外线、高温和雨水的作用下，会加速其老化和降低产品质量。大部分密封材料是易燃品，因此贮运和保管时应避免日晒、雨淋、远离火源和热源。合成高分子密封材料贮运和保管时，应保证包装密封完好，如包装不严密，挥发固化型密封材料中的溶剂和水分挥发会产生固化，反应固化型密封材料如与空气接触会产生凝胶。保管时应将其分类，不应与其他材料或不同生产日期的同类材料堆放在一起，尤其是多组分密封材料更应该避免混乱堆放。

5.6.7 本条规定了进场的改性沥青密封材料、合成高分子密封材料需进行的物理性能检验项目。

5.6.8 施工时气温低于0℃，密封材料变稠，工人难以施工，同时大大减弱了密封材料与基层的粘结力。在5℃以下施工，乳胶型密封材料易破乳，产生凝胶现象，反应型密封材料难以固化，无法保证密封防水质量。故规定改性沥青密封材料和溶剂型高分子密封材料的施工环境温度宜为0℃～35℃；乳胶型及反应型密封材料施工环境温度宜为5℃～35℃。

5.7 保护层和隔离层施工

5.7.1～5.7.3 这三条按每道工序之间验收的要求，强调对防水层或保温层的检验，可防止防水层被保护层覆盖后，存在未解决的问题；同时做好清理工作和施工维护工作，保证防水层和保温层的表面平整、干净，避免施工作业中人为对防水层和保温层造成损坏。

5.7.4 本条强调保护层施工后的表面坡度，不得因保护层的施工而改变屋面的排水坡度，造成积水现象。

5.7.5 本条对块体材料保护层的铺设作出要求，注意要区分块体间缝隙与分格缝，块体间缝用水泥砂浆勾缝，每10m留设的分格缝应用密封材料嵌缝。

5.7.6 在水泥初凝前完成抹平和压光；水泥终凝后应充分养护，可避免保护层表面出现起砂、起皮现象。由于收缩和温差的影响，水泥砂浆及细石混凝土保护层预先留设分格缝，使裂缝集中于分格缝中，可减少大面积开裂的现象。

5.7.7 当采用浅色涂料做保护层时，涂刷时涂刷的遍数越多，涂层的密度就越高，涂层的厚度越均匀；堆积会造成不必要的浪费，还会影响成膜时间和成膜质量，流淌会使涂膜厚度达不到要求，涂料与防水层粘结是否牢固，其厚度能否达到要求，直接影响到屋面防水层的耐久性；因此，涂料保护层必须与防水层粘结牢固和全面覆盖，厚薄均匀，才能起到对防水层的保护作用。

5.7.8 本条分别对水泥、块体材料和浅色涂料的贮运、保管提出要求。

5.7.9 本条规定了块体材料、水泥砂浆、细石混凝土等的施工环境温度，若在负温下施工，应采取必要的防冻措施。

5.7.10 为了消除保护层与防水层之间的粘结力及机械咬合力，隔离层必须使保温层与防水层完全隔离，对隔离层破损或漏铺部位应及时修复。

5.7.11、**5.7.12** 对隔离层铺设提出具体质量要求。

5.7.13 本条对隔离层材料的贮运、保管提出要求。

5.7.14 干铺塑料膜、土工布或卷材，可在负温下施工，但要注意材料的低温开卷性，对于沥青基卷材，应选择低温柔性好的卷材。铺抹低强度砂浆施工环境温度不宜低于5℃。

5.8 瓦屋面施工

5.8.1 参见本规范第4.8.10条的条文说明。

5.8.2 瓦屋面的钢筋混凝土基层表面不平整时，应抹水泥砂浆找平层，有利于瓦片铺设。混凝土基层表面应清理干净、保持干燥，以确保瓦屋面的工程质量。

5.8.3 在瓦屋面中铺贴防水垫层时，铺贴方向宜平行于屋脊，并顺流水方向搭接，防止雨水侵入卷材搭接缝而造成渗漏，而且有利于钉压牢固，方便施工操作。

防水垫层的最小厚度和搭接宽度，应符合本规范第4.8.6条的规定。

在瓦屋面施工中常常出现防水垫层铺好后，后续工序施工的操作人员不注意保护已完工的防水垫层，不仅在防水垫层上随意踩踏，还在其上乱放工具、乱堆材料，损坏了防水垫层，造成屋面渗漏。所以本条强调了后续工序施工时不得损坏防水垫层。

5.8.4 本条对屋面有无保温层的不同情况，提出了瓦屋面持钉层的铺设方法。当设计无具体要求时，持钉层施工应按本条执行。

由于考虑建筑节能的需要，瓦屋面的保温层宜设置在结构层与瓦面之间。块瓦屋面传统做法，常把保温材料填充在挂瓦条间格内，这里存在两个问题：一是保温层超过挂瓦条高度时，挂瓦条要加大后才能直接钉在基层上；二是挂瓦条间格内完全填充保温材料后，造成屋面通风效果较差，因此，目前多采用在基层上先做保温层，再做持钉层的方法。

持钉层是烧结瓦、混凝土瓦和沥青瓦的基层，持钉层要做到坚实和平整，厚度应符合本规范第4.8.7条的规定。采用细石混凝土持钉层时，只有将持钉层、保温层和基层有效地连接成一个整体，才能保证瓦屋面铺装和使用的安全，为此，细石混凝土持钉层的厚度不应小于35mm，混凝土强度等级、钢筋网和锚筋的直径和间距应按具体工程设计。基层预埋锚筋应伸出保温层20mm，并与钢筋网采用焊接或绑扎连牢。锚筋应在屋脊和檐口、檐沟部位的结构板内预埋，以确保持钉层的受力合理和施工方便。

5.8.5 顺水条的作用是压紧防水垫层，并使其在瓦片下能留出一定高度的空间，瓦缝中渗下的水可沿顺水条流走，所以顺水条的铺钉方向一定要垂直屋脊方向，间距不宜大于500mm。顺水条铺钉后表面平整，才能保证其上的挂瓦条铺钉平整。由于烧结瓦、混凝土瓦的规格不一、屋面坡度不一，所以必须按瓦片尺寸和屋面坡长计算铺瓦档数，并在屋面上按档数弹出挂瓦条位置线。在铺钉挂瓦条时，一定要铺钉牢固，不得漏钉，以防挂瓦后变形脱落，另外在铺钉挂瓦条时应在屋面上拉通线，并使挂瓦条的上表面在同一斜面上，以确保挂瓦后屋面平整。

5.8.6 在瓦屋面的施工过程中，运到屋面上的烧结瓦、混凝土瓦，应均匀分散地堆放在屋面的两坡，铺瓦应由两坡从下到上对称铺设，是考虑到烧结瓦、混凝土瓦的重量较大，如果集中堆放在一起，或是铺瓦时两坡不对称铺设，都会对屋盖支撑系统产生过大的不对称施工荷载，使屋面结构的受力情况发生较大的变化，严重时甚至会导致屋面结构破坏事故。

5.8.7 在铺挂烧结瓦、混凝土瓦时，瓦片之间应排列整齐，紧密搭接、瓦榫落槽，瓦脚挂牢，做到整体瓦面平整，横平竖直，才能实现外表美观，尤其是不得有张口、翘角现象，否则冷空气或雨水易沿缝口渗入室内造成屋面渗漏。

5.8.8 脊瓦铺设时要做到脊瓦搭盖间距均匀，屋脊或斜脊应成一直线，无起伏现象，以确保美观。脊瓦与坡面瓦之间的缝隙应用聚合物水泥砂浆嵌填，以减少因砂浆干缩而引起的裂缝。沿山墙的一行瓦，由于瓦边裸露，不仅雨雪易由此处渗入，而且刮大风时也易将瓦片掀起，故此部分宜用聚合物水泥砂浆抹出披水线，将瓦片封固。

5.8.9 根据烧结瓦、混凝土瓦屋面多年使用的经验，在调查研究的基础上规定了瓦片铺装时相关部位的构造尺寸。

5.8.10 烧结瓦、混凝土瓦均为脆性材料，在瓦屋面上受到外力冲击或重物堆压时，瓦片极易断裂、破碎，损坏了瓦屋面的整体防水功能，故本条强调了瓦屋面的成品保护，以确保瓦屋面的使用功能。

5.8.11 由于瓦片是脆性材料，易断裂或碰碎，所以在瓦片的装卸运输过程中应轻拿轻放，不得抛扔、碰撞，以避免将瓦片损坏。

5.8.12 本条规定了进场的烧结瓦、混凝土瓦需进行的物理性能检验项目。

5.8.13 在铺设沥青瓦前应根据屋面坡长的具体尺寸，按照沥青瓦的规格及搭盖要求，在屋面基层上弹水平及垂直基准线，然后按线的位置铺设沥青瓦，以确保沥青瓦片之间的搭盖尺寸。

5.8.14 檐口部位施工时，宜先铺设金属滴水板或双层檐口瓦，并将其与基层固定牢固，然后再铺设防水垫层。檐口沥青瓦应满涂沥青胶结材料，以确保粘结牢固，避免翘边、张口。

5.8.15 铺设沥青瓦时，相邻两层沥青瓦拼缝及切口均应错开，上下层不得重合。因为沥青瓦上的切口是用来分开瓦片的缝隙，瓦片被切口分离的部分，是在屋面上铺设后外露的部分，如果切口重合不但易造成屋面渗漏，而且也影响屋面外表美观，失去沥青瓦屋面应有的效果。起始层瓦由瓦片经切除垂片部分后制得，是避免瓦片过于重叠而引起折痕。起始层瓦沿檐口平行铺设并伸出檐口10mm，这是防止檐口爬水现象的举措。露出瓦切口，但不得超过切口长度，是确保沥青瓦铺设质量的关键。

5.8.16 檐口和屋脊部位，易受强风或融雪损坏，发生渗漏现象比较普遍。为确保其防水性能，本条规定屋面周边的檐口和屋脊部位沥青瓦应采用满粘加固措施。

5.8.17 沥青瓦是薄而轻的片状材料，瓦片是以钉为主，以粘为辅的方法与基层固定，所以本条规定了固定钉应垂直钉入持钉层内，同时规定了固定钉钉入不同持钉层的深度，以保证固定钉有足够的握裹力，防止因大风等外力作用导致沥青瓦片脱落损坏。固定钉的钉帽必须压在上一层沥青瓦的下面，不得外露，以防固定钉锈蚀损坏。固定钉的钉帽应钉平，才能使上下两层沥青瓦搭盖平整，粘结严密。

5.8.18 在沥青瓦屋面上铺设脊瓦时，脊瓦应顺年最大频率风向搭接，以避免因逆风吹而张口。脊瓦应盖住两坡面瓦每边不小于150mm，脊瓦与脊瓦的搭盖面积不应小于脊瓦面积的1/2，这样才能使两坡面的沥青瓦通过脊瓦形成一个整体，以确保屋面工程质量。

5.8.19 沥青瓦屋面与立墙或伸出屋面的烟囱、管道的交接处，是屋面防水的薄弱环节，如果处理不好就容易在这些部位出现渗漏，所以本条规定在上述部位的周边与立面250mm范围内，应先铺设附加层，以增强这些部位的防水处理。然后再在其上用沥青胶结材料满涂粘贴一层沥青瓦片，使之与屋面上的沥青瓦片连成一个整体。

5.8.20 沥青瓦屋面的天沟是屋面雨水集中的部位，也是屋面变形较敏感的部位，处理不好就容易造成渗漏，所以施工时不论是采用搭接式、编织式或敞开式铺贴，都要保证天沟顺直，才能排水畅通。天沟部位的沥青瓦应满涂沥青胶粘材料与沟底防水垫层粘结牢固，沥青瓦之间的搭接缝应密封严密，以防止天沟中的水渗入瓦下。

5.8.21 本条对沥青瓦的贮运、保管作了规定。

5.8.22 本条规定了进场的沥青瓦需进行的物理性能检验项目。

5.9 金属板屋面施工

5.9.1 为了保证金属板屋面施工的质量，要求主体结构工程应满足金属板安装的基本条件，特别是主体结构的轴线和标高的尺寸偏差控制，必须达到有关钢结构、混凝土结构和砌体结构工程施工质量验收规范的要求，否则，应采用适当的措施后才能进行金属板安装施工。

5.9.2 金属板屋面排板设计直接影响到金属板的合理使用、安装质量及结构安全等，因此在金属板安装施工前，进行深化排板设计是必不可少的一项细致具体的技术工作。排板设计的主要内容包括：檩条及支座位置，金属板的基准线控制，异形金属板制作，板的规格及排布，连接件固定方式等。本条规定金属板排板图及必要的构造详图，是保证金属板安装质量的重要措施。

金属板安装施工前，技术人员应仔细阅读设计图纸和有关节点构造，按金属板屋面的板型技术要求和深化设计排板图进行安装。

5.9.3 金属板屋面是建筑围护结构，在金属板安装施工前必须对主体结构进行复测。主体结构轴线和标高出现偏差时，金属板的分隔线、檩条、固定支架或支座均应及时调整，并应绘制精确的设计放样详图。

金属板安装施工时，应定期对金属板安装定位基准进行校核，保证安装基准的正确性，避免产生安装误差。

5.9.4 金属板屋面制作和安装所用材料，凡是国家标准规定需进行现场检验的，必须进行有关材料各项性能指标检验，检验合格者方能在工程中使用。

5.9.5 在工厂轧制的金属板，由于受运输条件限制，板长不宜大于12m；在施工现场轧制金属板的长度，应根据屋面排水坡度、板型连接构造、环境温差及吊装运输条件等综合确定，金属板的单坡最大长度宜符合表15的规定。

表15 金属板的单坡最大长度（m）

金属板种类	连接方式	单坡最大长度
压型铝合金板	咬口锁边	50
压型钢板	咬口锁边	75
压型钢板	紧固件固定	面板12
		底板25
夹芯板	紧固件固定	12
泛水板	紧固件固定	6

5.9.6 本条规定金属板相邻两板的搭接方向宜顺主导风向，是指金属板屋面在垂直于屋脊方向的相邻两板的接缝，当采取顺主导风向时，可以减少风力对雨水向室内的渗透。

当在多维曲面上雨水可能翻越金属板板肋横流时，咬合接口应顺流水方向。目前有许多金属板屋面呈多维曲面，虽曲面上的雨水流向是多变的，但都应服从水由高处往低处流动的道理，故咬合接口应顺流水方向。

5.9.7 本条是对金属板铺设过程中的施工安全问题作出的规定。

5.9.8 金属板安装应平整、顺滑，确保屋面排水通畅。对金属板的保护，是金属板安装施工过程中十分重要而易被忽视的问题，施工中对板面的粘附物应及时清理干净，以免凝固后再清理时划伤表面的装饰层。金属板的屋脊、檐口、泛水直线段应顺直，曲线段应顺畅。

5.9.9 金属板施工完毕，应目测金属板的连接和密封处理是否符合设计要求，目测无误后应进行淋水试验或蓄水试验，观察金属板接缝部位以及檐沟、天沟是否有渗漏现象，并应做好文字记录。

5.9.10 加强金属板屋面完工后的成品保护，以保证屋面工程质量。

5.9.11 为了防止因金属板在吊装、运输过程中或保管不当而造成的变形、缺陷等影响工程质量，本条提出有关注意事项，这是金属板安装施工前应做到的准备工作。

5.9.12 本条对金属板的吊运、保管作出了规定。

5.9.13 本条规定了进场的彩色涂层钢板及钢带需进行的物理性能检验项目。

5.9.14 本条对金属面绝热夹芯板的贮运、保管作出了规定。

5.9.15 本条规定了进场的金属面绝热夹芯板需进行的物理性能检验项目。

5.10 玻璃采光顶施工

5.10.1 为了保证玻璃采光顶安装施工的质量，本条要求主体结构工程应满足玻璃采光顶安装的基本条件，特别是主体结构的轴线控制线和标高控制线的尺寸偏差，必须达到有关钢结构、混凝土结构和砌体结构工程质量验收规范的要求，否则，应采用适当的控制措施后才能进行玻璃采光顶的安装施工。

为了保证玻璃采光顶与主体结构连接牢固，玻璃采光顶与主体结构连接的预埋件，在主体结构施工时应按设计要求进行埋设，预埋件位置偏差不应大于20mm。当预埋件位置偏差过大或未设预埋件时，施工单位应制定施工技术方案，经设计单位同意后方可实施。

5.10.2 对玻璃采光顶的施工测量强调两点：

1 玻璃采光顶分格轴线的测量应与主体结构测量相配合；主体结构轴线出现偏差时，玻璃采光顶分格线应根据测量偏差及时进行调整，不得积累。

2 定期对玻璃采光顶安装定位基准进行校核，以保证安装基准的正确性，避免因此产生安装误差。

5.10.3 玻璃采光顶支承构件、玻璃组件及附件，材料品种、规格、色泽和性能，均应在设计文件中明确规定，安装施工前应对进场的材料进行检查和验收，不得使用不合格和过期的材料。

5.10.4 玻璃采光顶的现场淋水试验和天沟、排水槽蓄水试验，是屋面工程质量验收的功能性检验项目，应在玻璃采光顶施工完毕后进行。淋水时间不应小于2h，蓄水时间不应小于24h，观察有无渗漏现象，并应填写淋水或蓄水试验记录。

5.10.5、**5.10.6** 这两条是对框支承和点支承玻璃采光顶的安装施工提出的基本要求，对分格测量、支承结构安装、框架组件和驳接组件装配、玻璃接缝、节点构造等内容作了具体规定。

5.10.7 明框玻璃组件组装包括单元和配件。单元的加工制作和安装要求，一是玻璃与型材槽口的配合尺寸，应符合设计要求和技术标准的规定；二是玻璃四周密封胶条应镶嵌平整、密实；三是明框玻璃组件中的导气孔及排水孔，是实现等压设计及排水功能的关键，在组装时应特别注意保持孔道通畅，使金属框和玻璃因结露而产生的冷凝水得到控制、收集和排除。

5.10.8 隐框玻璃组件的组装主要考虑玻璃组装采用的胶粘方式和要求。一是硅酮结构密封胶使用前，应进行相容性和剥离粘结性试验；二是应清洁玻璃和金属框表面，不得有尘埃、油和其他污物，清洁后应及时嵌填密封胶；三是硅酮结构胶的粘结宽度和厚度应符合设计要求；四是硅酮结构胶固化期间，不应使胶处于工作状态，以保证其粘结强度。

5.10.9 按现行行业标准《幕墙玻璃接缝用密封胶》JC/T 882规定，密封胶的位移能力分为20级和25级两个级别，同一级别又有高模量（HM）和低模量（LM）之分，选用时必须分清产品级别和模量；产品进场验收时，必须检查产品外包装上级别和模量标记的一致性，不能采用无标记的产品。当玻璃接缝采用二道密封时，则第一道密封宜采用低模量产品，第二道用高模量产品，这样有利于提高接缝密封表面的耐久性。如果选用高强度、高模量新型产品，可显著提高接缝防水密封的安全可靠性和耐久性，目前已出现HM100/50和LM100/50级别的产品，但必须经验证后选用。

夹层玻璃的厚度一般在10mm左右，玻璃接缝密封的深度宜与夹层玻璃的厚度一致。中空玻璃在有保温设计的采光顶中普遍得到使用，中空玻璃的总厚度一般在22mm左右，玻璃接缝密封深度只需满足接缝宽度50%～70%的要求，通常是在接缝处密封胶底部设置背衬材料，其宽度应比接缝宽度大20%，嵌入深度应为密封胶的设计厚度。背衬材料可采用聚乙烯泡沫棒，以预防密封胶与底部粘结，三面粘会造成应力集中并破坏密封防水。

5.10.10 本条对玻璃采光顶材料的贮运、保管作出了规定，主要是依据现行行业标准《建筑玻璃采光顶》JG/T 231的要求提出的。

中华人民共和国国家标准

坡屋面工程技术规范

Technical code for slope roof engineering

GB 50693—2011

主编部门：中华人民共和国住房和城乡建设部
批准部门：中华人民共和国住房和城乡建设部
实施日期：2 0 1 2 年 5 月 1 日

中华人民共和国住房和城乡建设部
公　告

第 1029 号

关于发布国家标准《坡屋面工程技术规范》的公告

现批准《坡屋面工程技术规范》为国家标准，编号为GB 50693－2011，自 2012 年 5 月 1 日起实施。其中，第 3.2.10、3.2.17、3.3.12、10.2.1 条为强制性条文，必须严格执行。

本规范由我部标准定额研究所组织中国建筑工业出版社出版发行。

中华人民共和国住房和城乡建设部

2011 年 5 月 12 日

前　言

根据原建设部《关于印发〈2005 年工程建设标准规范制订、修订计划（第一批）〉的通知》（建标函［2005］84 号）的要求，规范编制组经广泛调查研究，认真总结实践经验，参考有关国际标准和国外先进标准，并在广泛征求意见的基础上，编制本规范。

本规范的主要技术内容是：总则、术语、基本规定、坡屋面工程材料、防水垫层、沥青瓦屋面、块瓦屋面、波形瓦屋面、金属板屋面、防水卷材屋面、装配式轻型坡屋面等。

本规范中以黑体字标志的条文为强制性条文，必须严格执行。

本规范由住房和城乡建设部负责管理和对强制性条文的解释，由中国建筑防水协会负责具体技术内容的解释。执行过程中如有意见或建议，请寄送中国建筑防水协会（地址：北京市海淀区三里河路 11 号，邮编：100831），以便今后修订时参考。

本规范主编单位： 中国建筑防水协会

本规范参编单位： 中国建筑材料科学研究总院苏州防水研究院
北京市建筑设计研究院
深圳大学建筑设计研究院
中国砖瓦工业协会
中国绝热节能材料协会
欧文斯科宁（中国）投资有限公司
格雷斯中国有限公司
曼宁家屋面系统（中国）有限公司
永得宁国际贸易（上海）有限公司
巴特勒（上海）有限公司
上海建筑防水材料（集团）公司
嘉泰陶瓷（广州）有限公司
北京圣洁防水材料有限公司
渗耐防水系统（上海）有限公司
北京铭山建筑工程有限公司

本规范主要起草人员： 王　天　朱冬青　李承刚　朱志远　孙庆祥　颉朝华　王　兵　张道真　丁红梅　姜　涛　方　虎　张照然　张　浩　葛　兆　尚华胜　杜　昕

本规范主要审查人员： 叶林标　方展和　李引擎　王祖光　刘达文　蔡昭昀　羡永彪　霍瑞琴

目　次

Contents

1 总 则

1.0.1 为提高我国坡屋面工程技术水平，确保工程质量，制定本规范。

1.0.2 本规范适用于新建、扩建和改建的工业建筑、民用建筑坡屋面工程的设计、施工和质量验收。

1.0.3 坡屋面工程的设计和施工应遵守国家有关环境保护、建筑节能和安全的规定，并应采取相应措施。

1.0.4 坡屋面工程应积极采用成熟的新材料、新技术、新工艺。

1.0.5 坡屋面工程的设计、施工和质量验收除应符合本规范外，尚应符合国家现行有关标准的规定。

2 术 语

2.0.1 坡屋面 slope roof

坡度大于等于3%的屋面。

2.0.2 屋面板 roof boarding

用于坡屋面承托保温隔热层和防水层的承重板。

2.0.3 防水垫层 underlayment

坡屋面中通常铺设在瓦材或金属板下面的防水材料。

2.0.4 持钉层 lock layer of nail

瓦屋面中能够握裹固定钉的构造层次，如细石混凝土层和屋面板等。

2.0.5 隔汽层 vapour barrier

阻滞水蒸气进入保温隔热材料的构造层次。

2.0.6 正脊 flat ridge

坡屋面屋顶的水平交线形成的屋脊。

2.0.7 斜脊 slope ridge

坡屋面斜面相交凸角的斜交线形成的屋脊。

2.0.8 斜天沟 slope cullis

坡屋面斜面相交凹角的斜交线形成的天沟。

2.0.9 搭接式天沟 lapped cullis

在斜天沟上铺设沥青瓦，两侧瓦片搭接形成的天沟。

2.0.10 编织式天沟 knitted cullis

在斜天沟上铺设沥青瓦，两侧瓦片编织形成的天沟。

2.0.11 敞开式天沟 open cullis

瓦材铺设至天沟边沿，天沟底部采用卷材或金属板构造形成的天沟。

2.0.12 挑檐 overhang

屋面向排水方向挑出外墙或外廊部位的檐口构造。

2.0.13 块瓦 tile

由黏土、混凝土和树脂等材料制成的块状硬质屋面瓦材。

2.0.14 沥青波形瓦 corrugated bitumen sheets

由植物纤维浸渍沥青成型的波形瓦材。

2.0.15 树脂波形瓦 corrugated resin sheets

以合成树脂和纤维增强材料为主要原料制成的波形瓦材。

2.0.16 光伏瓦 photovoltaic tile

太阳能光伏电池与瓦材的复合体。

2.0.17 光伏防水卷材 photovoltaic waterproof sheet

太阳能光伏薄膜电池与防水卷材的复合体。

2.0.18 机械固定件 fastener

用于机械固定保温隔热材料、防水卷材的固定钉、垫片和压条等配件。

2.0.19 金属板屋面 metal plate roof

采用压型金属板或金属面绝热夹芯板的建筑屋面。

2.0.20 装配式轻型坡屋面 assembly-type light sloping roof

以冷弯薄壁型钢屋架或木屋架为承重结构，轻质保温隔热材料、轻质瓦材等装配组成的坡屋面系统。

2.0.21 抗风揭 wind uplift resistance

阻抗由风力产生的对屋面向上荷载的措施。

2.0.22 冰坝 ice dam

在屋面檐口部位结冰形成的挡水冰体。

3 基本规定

3.1 材 料

3.1.1 坡屋面应按构造层次、环境条件和功能要求选择屋面材料。材料应配置合理、安全可靠。

3.1.2 坡屋面工程采用的材料应符合下列规定：

1 材料的品种、规格、性能等应符合国家相关产品标准和设计规定，满足屋面设计使用年限的要求，并应提供产品合格证书和检测报告；

2 设计文件应标明材料的品种、型号、规格及其主要技术性能；

3 坡屋面工程宜采用节能环保型材料；

4 材料进场后，应按规定抽样复验，提出试验报告；

5 坡屋面使用的材料宜贮存在阴凉、干燥、通风处，避免日晒、雨淋和受潮，严禁接近火源；运输应符合相关标准规定。

3.1.3 严禁在坡屋面工程中使用不合格的材料。

3.1.4 坡屋面采用的材料应符合相关建筑防火规范的规定。

3.2 设 计

3.2.1 坡屋面工程设计应遵循“技术可靠、因地制宜、经济适用”的原则。

3.2.2 坡屋面工程设计应包括以下内容：

1 确定屋面防水等级；

2 确定屋面坡度；

3 选择屋面工程材料；

4 防水、排水系统设计；

5 保温、隔热设计和节能措施；

6 通风系统设计。

3.2.3 坡屋面工程设计应根据建筑物的性质、重要程度、地域环境、使用功能要求以及依据屋面防水层设计使用年限，分为一级防水和二级防水，并应符合表3.2.3的规定。

表 3.2.3 坡屋面防水等级

项目	坡屋面防水等级	
	一级	二级
防水层设计使用年限	≥20年	≥10年

注：1 大型公共建筑、医院、学校等重要建筑屋面的防水等级为一级，其他为二级；

2 工业建筑屋面的防水等级按使用要求确定。

3.2.4 根据建筑物高度、风力、环境等因素，确定坡屋面类型、坡度和防水垫层，并应符合表3.2.4的规定。

表 3.2.4 屋面类型、坡度和防水垫层

坡度与垫层	屋面类型						
	沥青瓦屋面	块瓦屋面	波形瓦屋面	金属板屋面		防水卷材屋面	装配式轻型坡屋面
				压型金属板屋面	夹芯板屋面		
适用坡度（%）	≥20	≥30	≥20	≥5	≥5	≥3	≥20
防水垫层	应选	应选	应选	一级应选 二级宜选	—	—	应选

3.2.5 坡屋面采用沥青瓦、块瓦、波形瓦和一级设防的压型金属板时，应设置防水垫层。

3.2.6 坡屋面防水构造等重要部位应有节点构造详图。

3.2.7 坡屋面的保温隔热层应通过建筑热工设计确定，并应符合相关规定。

3.2.8 保温隔热层铺设在装配式屋面板上时，宜设置隔汽层。

3.2.9 坡屋面应按现行国家标准《建筑结构荷载规范》GB 50009的有关规定进行风荷载计算。沥青瓦屋面、金属板屋面和防水卷材屋面应按设计要求提供抗风揭试验检测报告。

3.2.10 屋面坡度大于100%以及大风和抗震设防烈度为7度以上的地区，应采取加强瓦材固定等防止瓦材下滑的措施。

3.2.11 持钉层的厚度应符合下列规定：

1 持钉层为木板时，厚度不应小于20mm；

2 持钉层为胶合板或定向刨花板时，厚度不应小于11mm；

3 持钉层为结构用胶合板时，厚度不应小于9.5mm；

4 持钉层为细石混凝土时，厚度不应小于35mm。

3.2.12 细石混凝土找平层、持钉层或保护层中的钢筋网应与屋脊、檐口预埋的钢筋连接。

3.2.13 夏热冬冷地区、夏热冬暖地区和温和地区坡屋面的节能措施宜采用通风屋面、热反射屋面、带铝箔的封闭空气间层或屋面种植等，并应符合现行国家标准《民用建筑热工设计规范》GB 50176的相关规定。

3.2.14 屋面坡度大于100%时，宜采用内保温隔热措施。

3.2.15 坡屋面工程设计应符合相关建筑防火设计规范的规定。

3.2.16 冬季最冷月平均气温低于−4℃的地区或檐口结冰严重的地区，檐口部位应增设一层防冰坝返水的自粘或满粘防水垫层。增设的防水垫层应从檐口向上延伸，并超过外墙中心线不少于1000mm。

3.2.17 严寒和寒冷地区的坡屋面檐口部位应采取防冰雪融坠的安全措施。

3.2.18 钢筋混凝土檐沟的纵向坡度不宜小于1%。檐沟内应做防水。

3.2.19 坡屋面的排水设计应符合下列规定：

1 多雨地区的坡屋面应采用有组织排水；

2 少雨地区可采用无组织排水；

3 高低跨屋面的水落管出水口处应采取防冲刷措施。

3.2.20 坡屋面有组织排水方式和水落管的数量，应按现行国家标准《建筑给水排水设计规范》GB 50015的相关规定确定。

3.2.21 坡屋面的种植设计应符合现行行业标准《种植屋面工程技术规程》JGJ 155的有关规定。

3.2.22 屋面设有太阳能热水器、太阳能光伏电池板、避雷装置和电视天线等附属设施时，应符合下列规定：

1 应计算屋面结构承受附属设施的荷载；

2 应计算屋面附属设施的风荷载；

3 附属设施的安装应符合设计要求；

4 附属设施的支撑预埋件与屋面防水层的连接处应采取防水密封措施。

3.2.23 屋面采用光伏瓦和光伏防水卷材的防水构造可按照本规范的相关规定执行。

3.2.24 采光天窗的设计应符合下列规定：

1 采用排水板时，应有防雨措施；

2 采光天窗与屋面连接处应作两道防水设防；

3 应有结露水泻流措施；

4 天窗采用的玻璃应符合相关安全的要求；

5 采光天窗的抗风压性能、水密性、气密性等应符合相关标准的规定。

3.2.25 坡屋面上应设置施工和维修时使用的安全扣环等设施。

3.3 施 工

3.3.1 坡屋面工程施工前应通过图纸会审，对施工图中的细部构造进行重点审查；施工单位应编制施工方案、技术措施和技术交底。

3.3.2 坡屋面工程应由具有相应资质的专业队伍施工，操作人员应持证上岗。

3.3.3 穿出屋面的管道、设施和预埋件等，应在防水层施工前安装。

3.3.4 防水垫层施工完成后，应及时铺设瓦材或屋面材料。

3.3.5 铺设瓦材时，瓦材应在屋面上均匀分散堆放，自下而上作业。瓦材宜顺工程所在地年最大频率风向铺设。

3.3.6 保温隔热材料施工应符合下列规定：

1 保温隔热材料应按设计要求铺设；

2 板状保温隔热材料铺设应紧贴基层，铺平垫稳，拼缝严密，固定牢固；

3 板状保温隔热材料可镶嵌在顺水条之间；

4 喷涂硬泡聚氨酯保温隔热层的厚度应符合设计要求，并应符合现行国家标准《硬泡聚氨酯保温防水工程技术规范》GB 50404 的有关规定；

5 内保温隔热屋面用保温隔热材料施工应符合设计要求。

3.3.7 坡屋面的种植施工应符合现行行业标准《种植屋面工程技术规程》JGJ 155 的有关规定。

3.3.8 设有采光天窗的屋面施工应符合下列规定：

1 采光天窗与结构框架连接处应采用耐候密封材料封严；

2 结构框架与屋面连接部位的泛水应按顺水方向自下而上铺设。

3.3.9 屋面转角处、屋面与穿出屋面设施的交接处，应设置防水垫层附加层，并加强防水密封措施。

3.3.10 装配式屋面板应采取下列接缝密封措施：

1 混凝土板的对接缝宜采用水泥砂浆或细石混凝土灌填密实；

2 轻型屋面板的对接缝宜采用自粘胶条盖缝。

3.3.11 施工的每道工序完成后，应检查验收并有完整的检查记录，合格后方可进行下道工序的施工。下道工序或相邻工程施工时，应对已完工的部分做好清理和保护。

3.3.12 **坡屋面工程施工应符合下列规定：**

1 屋面周边和预留孔洞部位必须设置安全护栏和安全网或其他防止坠落的防护措施；

2 屋面坡度大于30%时，应采取防滑措施；

3 施工人员应戴安全帽，系安全带和穿防滑鞋；

4 雨天、雪天和五级风及以上时不得施工；

5 施工现场应设置消防设施，并应加强火源管理。

3.4 工 程 验 收

3.4.1 坡屋面工程施工过程中应对子分部工程和分项工程规定的项目进行验收，并应做好记录。

3.4.2 坡屋面工程的竣工验收应按有关规定执行。

4 坡屋面工程材料

4.1 防 水 垫 层

4.1.1 防水垫层表面应具有防滑性能或采取防滑措施。

4.1.2 防水垫层应采用以下材料：

1 沥青类防水垫层（自粘聚合物沥青防水垫层、聚合物改性沥青防水垫层、波形沥青通风防水垫层等）；

2 高分子类防水垫层（铝箔复合隔热防水垫层、塑料防水垫层、透汽防水垫层和聚乙烯丙纶防水垫层等）；

3 防水卷材和防水涂料。

4.1.3 防水等级为一级设防的沥青瓦屋面、块瓦屋面和波形瓦屋面，主要防水垫层种类和最小厚度应符合表 4.1.3 的规定。

表 4.1.3 一级设防瓦屋面的主要防水垫层种类和最小厚度

防水垫层种类	最小厚度（mm）
自粘聚合物沥青防水垫层	1.0
聚合物改性沥青防水垫层	2.0
波形沥青通风防水垫层	2.2
SBS、APP 改性沥青防水卷材	3.0
自粘聚合物改性沥青防水卷材	1.5
高分子类防水卷材	1.2
高分子类防水涂料	1.5
沥青类防水涂料	2.0
复合防水垫层（聚乙烯丙纶防水垫层＋聚合物水泥防水胶粘材料）	2.0（0.7＋1.3）

4.1.4 自粘聚合物沥青防水垫层应符合现行行业标准《坡屋面用防水材料 自粘聚合物沥青防水垫层》JC/T 1068 的有关规定。

4.1.5 聚合物改性沥青防水垫层应符合现行行业标准《坡屋面用防水材料 聚合物改性沥青防水垫层》JC/T 1067 的有关规定。

4.1.6 波形沥青通风防水垫层的主要性能应符合表 4.1.6 的规定。

表 4.1.6 波形沥青通风防水垫层主要性能

项目		性能要求
标称厚度(mm)		标称值±10%
弯曲强度(跨距 620mm，弯曲位移 1/200)(N/m²)		≥700
撕裂强度(N)		≥150
抗冲击性(跨距 620mm，40kg 沙袋，250mm 落差)		不得穿透试件
抗渗性(100mm 水柱，48h)		无渗漏
沥青含量(%)		≥40
吸水率(%)		≤20
耐候性	冻融后撕裂强度(N)	≥150
	冻融后抗渗性(100mm 水柱，48h)	无渗漏

4.1.7 铝箔复合隔热防水垫层的主要性能应符合表 4.1.7 的规定。

表 4.1.7 铝箔复合隔热防水垫层主要性能

项目		性能要求
单位面积质量（g/m²）		≥90
断裂拉伸强度（MPa）		≥20
断裂伸长率（%）		≥10
不透水性（0.3MPa，30min）		无渗漏
低温弯折性		−20℃，无裂纹
加热伸缩量（mm）	延伸	≤2
	收缩	≤4
钉杆撕裂强度（N）		≥50
热空气老化（80℃，168h）	断裂拉伸强度保持率（%）	≥80
	断裂伸长率保持率（%）	≥70
反射率（%）		≥80

4.1.8 聚乙烯丙纶防水垫层的厚度和主要性能应符合表 4.1.8-1 的规定。用于粘结聚乙烯丙纶防水垫层的聚合物水泥防水胶粘材料的主要性能应符合表 4.1.8-2 的规定。

表 4.1.8-1 聚乙烯丙纶防水垫层厚度和主要性能指标

项目		性能要求
主体材料厚度（mm）		≥0.7
断裂拉伸强度（N/cm）		≥60
断裂伸长率（%）常温（纵/横）		≥300
不透水性（0.3MPa，30min）		无渗漏
低温弯折性		−20℃，无裂纹
加热伸缩量（mm）	延伸	≤2
	收缩	≤4
撕裂强度（N）		≥50
热空气老化（80℃，168h）	断裂拉伸强度保持率（%）	≥80
	断裂伸长率保持率（%）	≥70

表 4.1.8-2 聚合物水泥防水胶粘材料主要性能

项目		性能要求
剪切状态下的粘合性（N/mm，常温）	卷材与卷材	≥2.0 或卷材断裂
	卷材与基层	≥1.8 或卷材断裂

4.1.9 透汽防水垫层的主要性能应符合表 4.1.9 的规定。

表 4.1.9 透汽防水垫层主要性能

项目		性能要求
单位面积质量（g/m²）		≥50
拉力（N/50mm）	瓦屋面	≥260
	金属屋面	≥180
延伸率（%）		≥5
低温柔度		−25℃，无裂纹
抗渗性	瓦屋面（1500mm 水柱，2h）	无渗漏
	金属屋面（1000mm 水柱，2h）	无渗漏
钉杆撕裂强度（N）	瓦屋面	≥120
	金属屋面	≥35
水蒸气透过量（g/m²·24h）		≥200

4.1.10 用于防水垫层的防水卷材和防水涂料的主要性能应符合相关标准的规定；采用高分子类防水涂料时，涂膜厚度不应小于 1.5mm；采用沥青类防水涂

料时，涂膜厚度不应小于2.0mm。

4.2 保温隔热材料

4.2.1 坡屋面保温隔热材料可采用硬质聚苯乙烯泡沫塑料保温板、硬质聚氨酯泡沫保温板、喷涂硬泡聚氨酯、岩棉、矿渣棉或玻璃棉等。不宜采用散状保温隔热材料。

4.2.2 保温隔热材料的品种和厚度应满足屋面系统传热系数的要求，并应符合相关建筑热工设计规范的规定。

4.2.3 保温隔热材料的表观密度不应大于250kg/m³。装配式轻型坡屋面宜采用轻质保温隔热材料，表观密度不宜大于70kg/m³。

4.2.4 模塑聚苯乙烯泡沫塑料应符合现行国家标准《绝热用模塑聚苯乙烯泡沫塑料》GB/T 10801.1的有关规定；挤塑聚苯乙烯泡沫塑料应符合现行国家标准《绝热用挤塑聚苯乙烯泡沫塑料（XPS）》GB/T 10801.2的有关规定。

4.2.5 硬质聚氨酯泡沫保温板应符合现行国家标准《建筑绝热用硬质聚氨酯泡沫塑料》GB/T 21558的有关规定。

4.2.6 喷涂硬泡聚氨酯保温隔热材料的主要性能应符合现行国家标准《硬泡聚氨酯保温防水工程技术规范》GB 50404的有关规定。

4.2.7 绝热玻璃棉应符合现行国家标准《建筑绝热用玻璃棉制品》GB/T 17795的有关规定。

4.2.8 岩棉、矿渣棉保温隔热材料的主要性能应符合现行国家标准《建筑用岩棉、矿渣棉绝热制品》GB/T 19686的规定。用于机械固定法施工时，应符合表4.2.8的有关规定。

表4.2.8 岩棉、矿渣棉保温隔热材料主要性能

厚度（mm）	压缩强度（压缩比10%，kPa）	点荷载强度（变形5mm，N）	导热系数[W/(m·K)]平均温度（25℃±1℃）	酸度系数
≥50	≥40	≥200	≤0.040	≥1.6
	≥60	≥500		
	≥80	≥700		

热阻R（m²·K/W）平均温度（25℃±1℃）	尺寸稳定性	质量吸湿率（%）	憎水率（%）	短期吸水量（部分浸入）（kg/m²）
≥1.25	长度、宽度和厚度的相对变化率均不大于1.0%	≤1	≥98	≤1.0

4.3 沥青瓦

4.3.1 沥青瓦的规格和主要性能应符合现行国家标准《玻纤胎沥青瓦》GB/T 20474的有关规定。

4.3.2 沥青瓦屋面使用的配件产品的规格和技术性能应符合相关标准的规定。

4.4 块瓦

4.4.1 烧结瓦和配件瓦的主要性能应符合现行国家标准《烧结瓦》GB/T 21149的有关规定。

4.4.2 混凝土瓦和配件瓦的主要性能应符合现行行业标准《混凝土瓦》JC/T 746的有关规定。

4.4.3 烧结瓦、混凝土瓦屋面结构中使用的配件的规格和技术性能应符合有关标准的规定。

4.5 波形瓦

4.5.1 沥青波形瓦的主要性能应符合表4.5.1的规定，规格、尺寸应符合有关标准的规定。

表4.5.1 沥青波形瓦主要性能

项目		性能要求
标称厚度（mm）		标称值±10%
弯曲强度（跨距620mm，弯曲位移1/200）（N/m²）		≥1400
撕裂强度（N）		≥200
抗冲击性（跨距620mm，40kg砂袋，400mm落差）		不得穿透试件
抗渗性（100mm水柱，48h）		无渗漏
沥青含量（%）		≥40
吸水率（%）		≤20
耐候性	冻融后撕裂强度（N）	≥200
	冻融后抗渗性（100mm水柱，48h）	无渗漏

4.5.2 树脂波形瓦的表面应平整，厚度均匀，无裂纹、裂口、破孔、烧焦、气泡、明显麻点、异色点，主要性能应符合有关标准的规定。

4.5.3 波形瓦屋面使用的配件规格和技术性能应符合有关标准的规定。

4.6 金属板

4.6.1 压型金属板材的规格和主要性能应符合表4.6.1的规定。

表4.6.1 压型金属板材的基板规格和主要性能

板材名称	最小公称厚度（mm）	性能要求	
		屈服强度（MPa）	抗拉强度（MPa）
热镀锌钢板	≥0.6	≥250	≥330
镀铝锌钢板	≥0.6	≥350	≥420
铝合金板	≥0.9(AA3004基板)	≥170	≥220

4.6.2 有涂层的金属板，正面涂层不应低于两层，反面涂层应为一层或两层，涂层的主要性能应符合现行国家标准《彩色涂层钢板及钢带》GB/T 12754 的有关规定，涂层的耐久性应符合表 4.6.2 的规定。

表 4.6.2 金属板材涂层耐久性要求

涂层名称	紫外灯老化试验时间（h）		耐中性盐雾试验时间（h）
	UVA-340	UVA-313	
聚 酯	600	—	≥480
硅改性聚酯	720	—	≥600
高耐久性聚酯	—	600	≥720
聚偏氟乙烯	—	1000	≥960

4.6.3 压型金属板的主要性能应符合现行国家标准《建筑用压型钢板》GB/T 12755、《铝及铝合金压型板》GB/T 6891 的有关规定，不锈钢压型金属板的主要性能应符合相关标准的有关规定。

4.6.4 金属面绝热夹芯板的主要性能应符合现行国家标准《建筑用金属面绝热夹芯板》GB/T 23932 的有关规定。

4.6.5 金属板材应外形规则、边缘整齐、色泽均匀、表面光洁，不得有扭曲、翘边和锈蚀等缺陷。

4.6.6 与屋面金属板直接连接的附件、配件的材质不得对金属板及其涂层造成腐蚀。

4.7 防 水 卷 材

4.7.1 聚氯乙烯（PVC）防水卷材主要性能应符合现行国家标准《聚氯乙烯防水卷材》GB 12952 的有关规定。采用机械固定法铺设时，应选用具有织物内增强的产品，主要性能应符合表 4.7.1 的规定。

表 4.7.1 聚氯乙烯（PVC）防水卷材主要性能

试验项目		性能要求
最大拉力（N/cm）		≥250
最大拉力时延伸率（%）		≥15
热处理尺寸变化率（%）		≤0.5
低温弯折性		−25℃，无裂纹
不透水性（0.3MPa，2h）		不透水
接缝剥离强度（N/mm）		≥3.0
钉杆撕裂强度（横向）（N）		≥600
人工气候加速老化（2500h）	最大拉力保持率（%）	≥85
	伸长率保持率（%）	≥80
	低温弯折性（−20℃）	无裂纹

4.7.2 三元乙丙橡胶（EPDM）防水卷材主要性能应符合表 4.7.2 的规定。采用机械固定法铺设时，应选用具有织物内增强的产品。

表 4.7.2 三元乙丙橡胶（EPDM）防水卷材主要性能

试验项目		性能要求	
		无增强	内增强
最大拉力（N/10mm）		—	≥200
拉伸强度（MPa）		≥7.5	—
最大拉力时延伸率（%）		—	≥15
断裂延伸率（%）		≥450	—
不透水性（0.3MPa，30min）		无渗漏	
钉杆撕裂强度（横向）（N）		≥200	≥500
低温弯折性		−40℃，无裂纹	
臭氧老化（500pphm，50%，168h）		无裂纹	
热处理尺寸变化率（%）		≤1	
接缝剥离强度（N/mm）		≥2.0 或卷材破坏	
人工气候加速老化（2500h）	拉力（强度）保持率（%）	≥80	
	延伸率保持率（%）	≥70	
	低温弯折性（℃）	−35	

4.7.3 热塑性聚烯烃（TPO）防水卷材采用机械固定法铺设时，应选用具有织物内增强的产品，主要性能应符合表 4.7.3 的规定。

表 4.7.3 热塑性聚烯烃（TPO）防水卷材主要性能

试验项目		性能要求
最大拉力（N/cm）		≥250
最大拉力时延伸率（%）		≥15
热处理尺寸变化率（%）		≤0.5
低温弯折性		−40℃，无裂纹
不透水性（0.3MPa，2h）		不透水
臭氧老化（500pphm，168h）		无裂纹
接缝剥离强度（N/mm）		≥3.0
钉杆撕裂强度（横向）（N）		≥600
人工气候加速老化（2500h）	最大拉力保持率（%）	≥90
	伸长率保持率（%）	≥90
	低温弯折性（℃）	−40，无裂纹

4.7.4 弹性体（SBS）改性沥青防水卷材主要性能应符合现行国家标准《弹性体改性沥青防水卷材》GB 18242 的有关规定。采用机械固定法铺设时，应选用具有玻纤增强聚酯毡胎基的产品。外露卷材的表面应覆有页岩片、粗矿物颗粒等耐候性保护材料。

4.7.5 塑性体（APP）改性沥青防水卷材主要性能应符合现行国家标准《塑性体改性沥青防水卷材》GB 18243 的有关规定。采用机械固定法铺设时，应选用具有玻纤增强聚酯毡胎基的产品。外露卷材的表面应覆有页岩片、粗矿物颗粒等耐候性保护材料。

4.7.6 屋面防水层应采用耐候性防水卷材。选用的防水卷材人工气候老化试验辐照时间不应少于2500h。

4.7.7 三元乙丙橡胶防水卷材搭接胶带主要性能应符合表4.7.7的规定。

表4.7.7 搭接胶带主要性能

试验项目	性能要求
持粘性（min）	≥20
耐热性（80℃，2h）	无流淌、龟裂、变形
低温柔性	−40℃，无裂纹
剪切状态下粘合性（卷材）（N/mm）	≥2.0
剥离强度（卷材）（N/mm）	≥0.5
热处理剥离强度保持率（卷材，80℃，168h）（%）	≥80

4.8 装配式轻型坡屋面材料

4.8.1 装配式轻型坡屋面宜采用工业化生产的轻质构件。

4.8.2 冷弯薄壁型钢应采用热浸镀锌板（卷）直接进行冷弯成型。承重冷弯薄壁型钢采用的热浸镀锌板应符合相关标准规定，镀锌板的双面镀锌层重量不应小于180g/m^2。

4.8.3 冷弯薄壁型钢采用的连接件应符合相关标准的规定。

4.8.4 用于装配式轻型坡屋面的承重木结构用材、木结构用胶及配件，应符合现行国家标准《木结构设计规范》GB 50005的有关规定。

4.8.5 新建屋面、平改坡屋面的屋面板宜采用定向刨花板（简称OSB板）、结构胶合板、普通木板及人造复合板等材料；采用波形瓦时，可不设屋面板。

4.8.6 木屋面板材的主要性能应符合现行国家标准《木结构工程施工质量验收规范》GB 50206的有关规定。木屋面板材的规格应符合表4.8.6的规定。

表4.8.6 木屋面板材规格（mm）

屋面板	厚 度
定向刨花板（OSB板）	≥11.0
结构胶合板	≥9.5
普通木板	≥20

4.8.7 新建屋面、平改坡屋面的屋面瓦，宜采用沥青瓦、沥青波形瓦、树脂波形瓦等轻质瓦材。屋面瓦的材质应符合本规范第4.3节、第4.4节和第4.5节的规定和设计的要求。

4.9 泛 水 材 料

4.9.1 坡屋面使用的泛水材料主要包括自粘泛水带、金属泛水板和防水涂料等。

4.9.2 自粘聚合物沥青泛水带应符合现行行业标准《自粘聚合物沥青泛水带》JC/T 1070的有关规定。

4.9.3 自粘丁基胶带泛水应符合现行行业标准《丁基橡胶防水密封胶粘带》JC/T 942的有关规定。

4.9.4 防水涂料应符合相关标准的规定。

4.9.5 外露环境中使用的泛水材料应具有耐候性能。

4.10 机械固定件

4.10.1 机械固定件主要包括固定钉、垫片、套管和压条。

4.10.2 机械固定件应符合下列规定：

1 固定件、配件的规格和技术性能应符合相关标准的规定，并应满足屋面防水层设计使用年限和安全的要求；

2 固定件应具有抗腐蚀涂层；

3 固定件应选用具有抗松脱功能螺纹的螺钉；

4 应按设计要求提供固定件拉拔力性能的检测报告；

5 使用机械固定岩棉等纤维状保温隔热材料时，宜采用带套管的固定件。

4.10.3 机械固定件在高湿、高温、腐蚀等环境下使用时，应符合下列规定：

1 室内保持湿度大于70%时，应采用不锈钢螺钉；

2 在高温、化学腐蚀等环境下使用，应采用不锈钢螺钉。

4.10.4 保温板垫片的边长或直径不应小于70mm。

4.10.5 机械固定件宜作抗松脱测试。

4.10.6 固定钉宜进行现场拉拔试验。

4.11 顺水条和挂瓦条

4.11.1 木质顺水条和挂瓦条应采用等级为Ⅰ级或Ⅱ级的木材，含水率不应大于18%，并应作防腐防蛀处理。

4.11.2 金属材质顺水条、挂瓦条应作防锈处理。

4.11.3 顺水条断面尺寸宜为40mm×20mm；挂瓦条断面尺寸宜为30mm×30mm。

4.12 其 他 材 料

4.12.1 隔汽层采用的材料应具有隔绝水蒸气、耐热老化、抗撕裂和抗拉伸等性能。

4.12.2 接缝密封防水应采用高弹性、低模量、耐老化的密封材料。

4.12.3 坡屋面工程材料的生产企业应提供配件，以及安装说明书或操作规程等文件。

5 防 水 垫 层

5.1 一 般 规 定

5.1.1 应根据坡屋面防水等级、屋面类型、屋面坡度和采用的瓦材或板材等选择防水垫层材料。

5.1.2 有空气间层隔热要求的屋面，应选择隔热防水垫层；瓦屋面采用纤维状材料作保温隔热层或湿度较大时，保温隔热层上宜增设透汽防水垫层。

5.1.3 防水垫层的性能应满足屋面防水层设计使用年限的要求。

5.1.4 防水垫层可空铺、满粘或机械固定。

5.1.5 屋面坡度大于50%，防水垫层宜采用机械固定或满粘法施工；防水垫层的搭接宽度不得小于100mm。

5.1.6 屋面防水等级为一级时，固定钉穿透非自粘防水垫层，钉孔部位应采取密封措施。

5.2 设计要点

5.2.1 防水垫层在瓦屋面构造层次中的位置应符合下列规定：

1 防水垫层铺设在瓦材和屋面板之间（图5.2.1-1）；屋面应为内保温隔热构造。

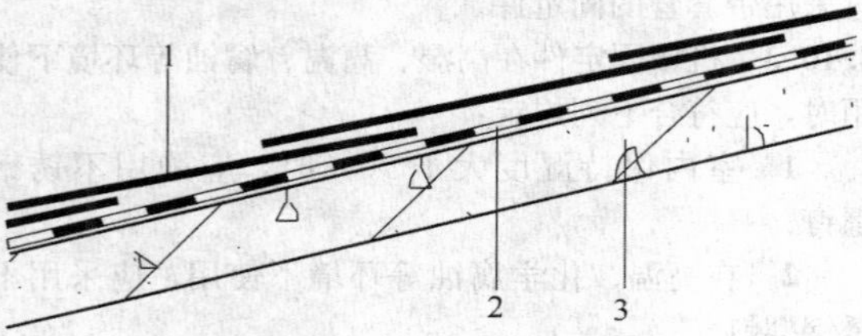

图5.2.1-1 防水垫层位置（1）

1—瓦材；2—防水垫层；3—屋面板

2 防水垫层铺设在持钉层和保温隔热层之间（图5.2.1-2），应在防水垫层上铺设配筋细石混凝土持钉层。

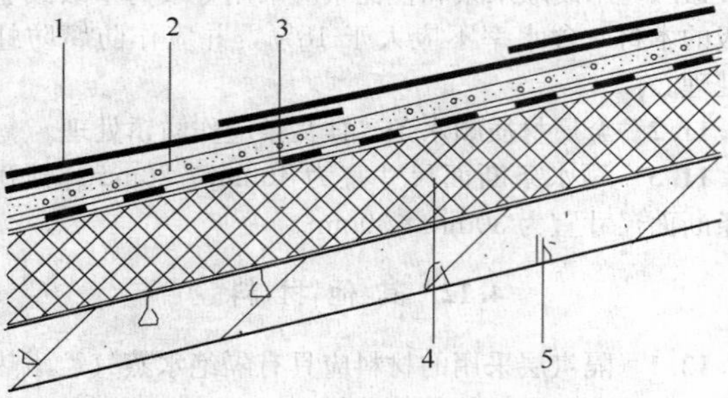

图5.2.1-2 防水垫层位置（2）

1—瓦材；2—持钉层；3—防水垫层；4—保温隔热层；5—屋面板

3 防水垫层铺设在保温隔热层和屋面板之间（图5.2.1-3）；瓦材应固定在配筋细石混凝土持钉层上。

4 防水垫层或隔热防水垫层铺设在挂瓦条和顺水条之间（图5.2.1-4），防水垫层宜呈下垂凹形。

5 波形沥青通风防水垫层，应铺设在挂瓦条和保温隔热层之间（图5.2.1-5）。

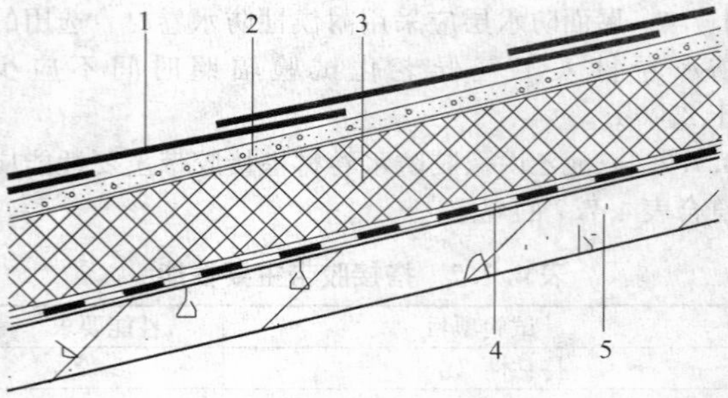

图5.2.1-3 防水垫层位置（3）

1—瓦材；2—持钉层；3—保温隔热层；4—防水垫层；5—屋面板

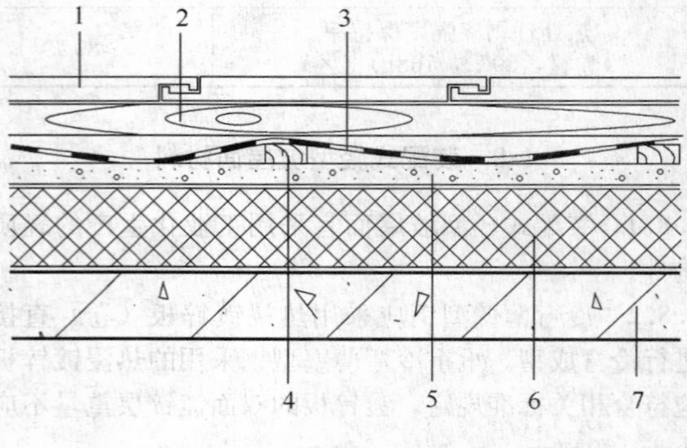

图5.2.1-4 防水垫层位置（4）

1—瓦材；2—挂瓦条；3—防水垫层；4—顺水条；5—持钉层；6—保温隔热层；7—屋面板

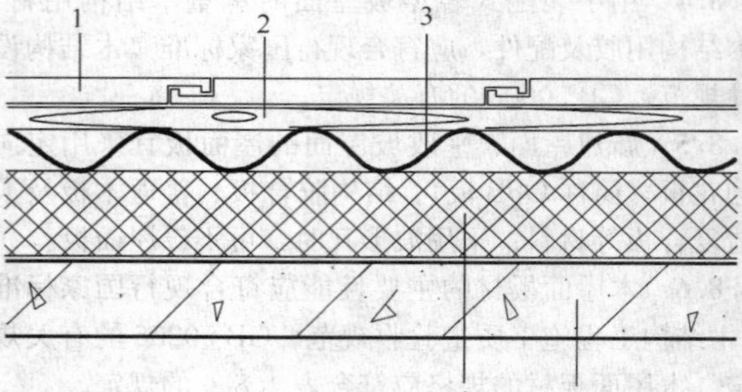

图5.2.1-5 防水垫层位置（5）

1—瓦材；2—挂瓦条；3—波形沥青通风防水垫层；4—保温隔热层；5—屋面板

5.2.2 坡屋面细部节点部位的防水垫层应增设附加层，宽度不宜小于500mm。

5.3 细部构造

5.3.1 屋脊部位构造（图5.3.1）应符合下列规定：

1 屋脊部位应增设防水垫层附加层，宽度不应小于500mm；

2 防水垫层应顺流水方向铺设和搭接。

5.3.2 檐口部位构造（图5.3.2）应符合下列规定：

1 檐口部位应增设防水垫层附加层。严寒地区或大风区域，应采用自粘聚合物沥青防水垫层加强，

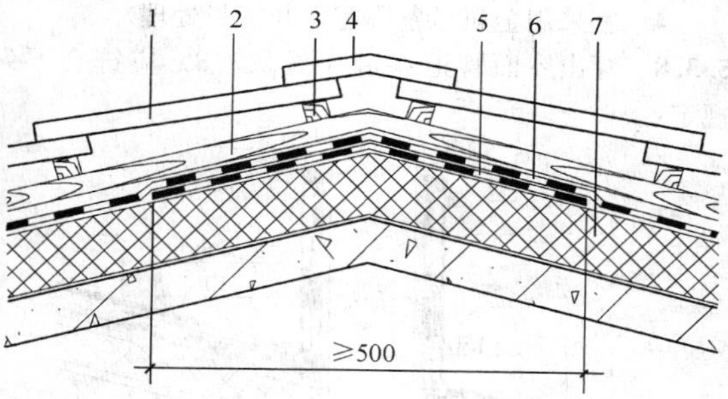

图 5.3.1 屋脊

1—瓦；2—顺水条；3—挂瓦条；4—脊瓦；
5—防水垫层附加层；6—防水垫层；7—保温隔热层

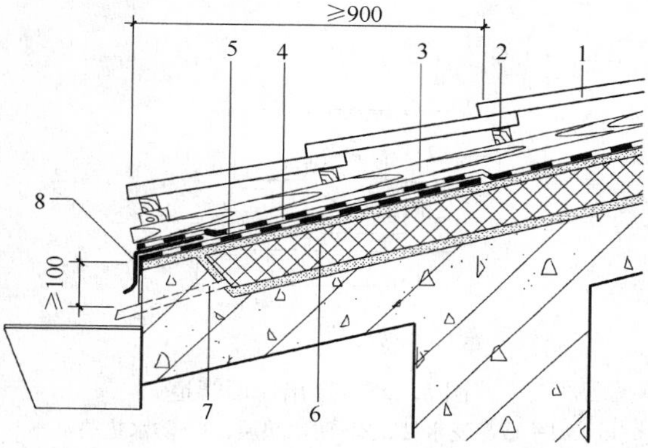

图 5.3.2 檐口

1—瓦；2—挂瓦条；3—顺水条；4—防水垫层；
5—防水垫层附加层；6—保温隔热层；
7—排水管；8—金属泛水板

下翻宽度不应小于 100mm，屋面铺设宽度不应小于 900mm；

2 金属泛水板应铺设在防水垫层的附加层上，并伸入檐口内；

3 在金属泛水板上应铺设防水垫层。

5.3.3 钢筋混凝土檐沟部位构造（图 5.3.3）应符合下列规定：

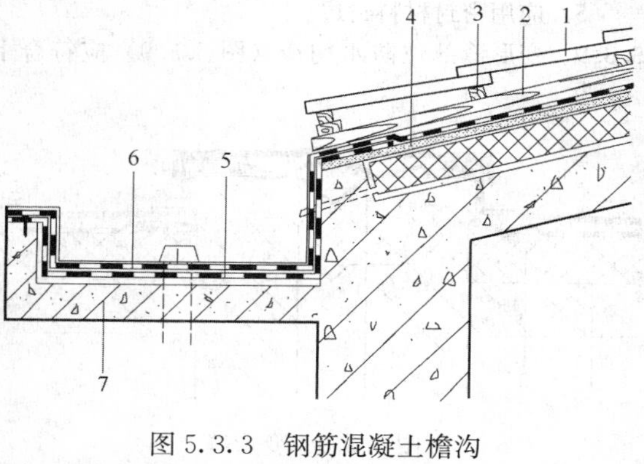

图 5.3.3 钢筋混凝土檐沟

1—瓦；2—顺水条；3—挂瓦条；4—保护层（持钉层）；
5—防水垫层附加层；6—防水垫层；7—钢筋混凝土檐沟

1 檐沟部位应增设防水垫层附加层；

2 檐口部位防水垫层的附加层应延展铺设到混凝土檐沟内。

5.3.4 天沟部位构造（图 5.3.4）应符合下列规定：

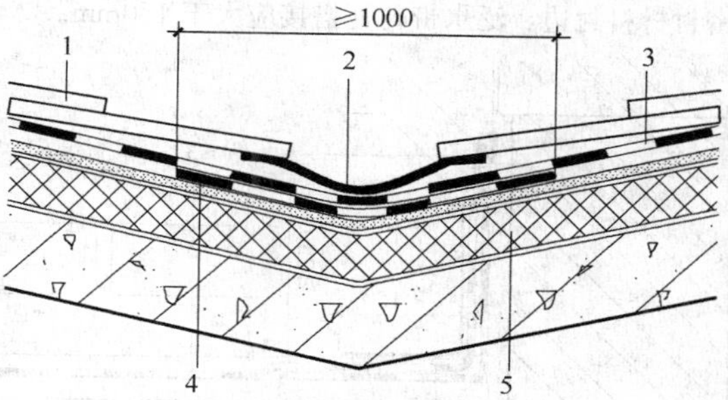

图 5.3.4 天沟

1—瓦；2—成品天沟；3—防水垫层；
4—防水垫层附加层；5—保温隔热层

1 天沟部位应沿天沟中心线增设防水垫层附加层，宽度不应小于 1000mm；

2 铺设防水垫层和瓦材应顺流水方向进行。

5.3.5 立墙部位构造（图 5.3.5）应符合下列规定：

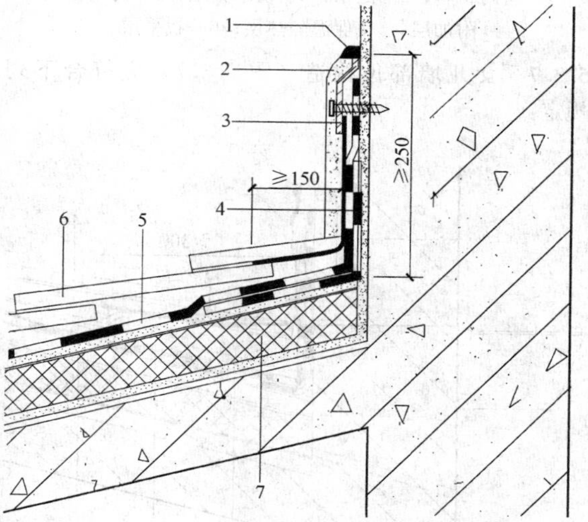

图 5.3.5 立墙

1—密封材料；2—保护层；3—金属压条；
4—防水垫层附加层；5—防水垫层；
6—瓦；7—保温隔热层

1 阴角部位应增设防水垫层附加层；

2 防水垫层应满粘铺设，沿立墙向上延伸不少于 250mm；

3 金属泛水板或耐候型泛水带覆盖在防水垫层上，泛水带与瓦之间应采用胶粘剂满粘；泛水带与瓦搭接应大于 150mm，并应粘结在下一排瓦的顶部；

4 非外露型泛水的立面防水垫层宜采用钢丝网聚合物水泥砂浆层保护，并用密封材料封边。

5.3.6 山墙部位构造（图 5.3.6）应符合下列规定：

1 阴角部位应增设防水垫层附加层；

2 防水垫层应满粘铺设，沿立墙向上延伸不少于 250mm；

3 金属泛水板或耐候型泛水带覆盖在瓦上，用密封材料封边，泛水带与瓦搭接应大于 150mm。

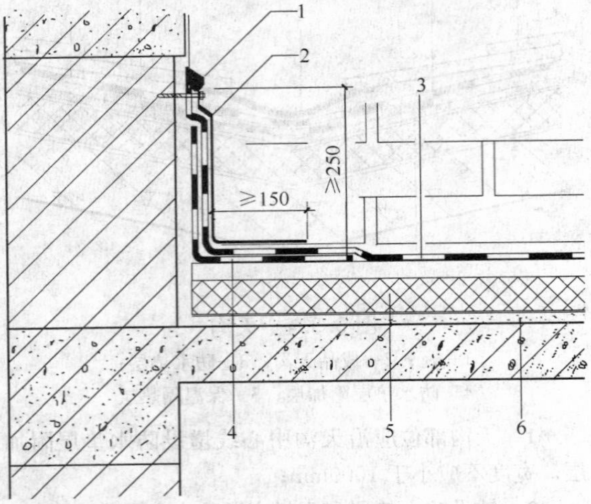

图 5.3.6 山墙

1—密封材料；2—泛水；3—防水垫层；4—防水垫层附加层；5—保温隔热层；6—找平层

5.3.7 女儿墙部位构造（图 5.3.7）应符合下列规定：

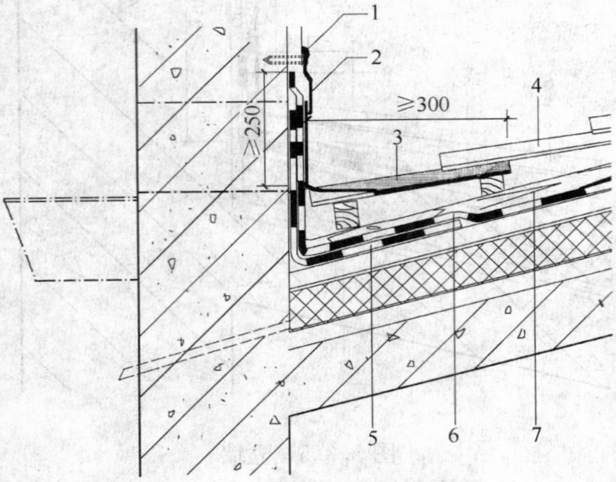

图 5.3.7 女儿墙

1—耐候密封胶；2—金属压条；3—耐候型自粘柔性泛水带；4—瓦；5—防水垫层附加层；6—防水垫层；7—顺水条

1 阴角部位应增设防水垫层附加层；

2 防水垫层应满粘铺设，沿立墙向上延伸不应少于 250mm；

3 金属泛水板或耐候型自粘柔性泛水带覆盖在防水垫层或瓦上，泛水带与防水垫层或瓦搭接应大于 300mm，并应压入上一排瓦的底部；

4 宜采用金属压条固定，并密封处理。

5.3.8 穿出屋面管道构造（图 5.3.8）应符合下列规定：

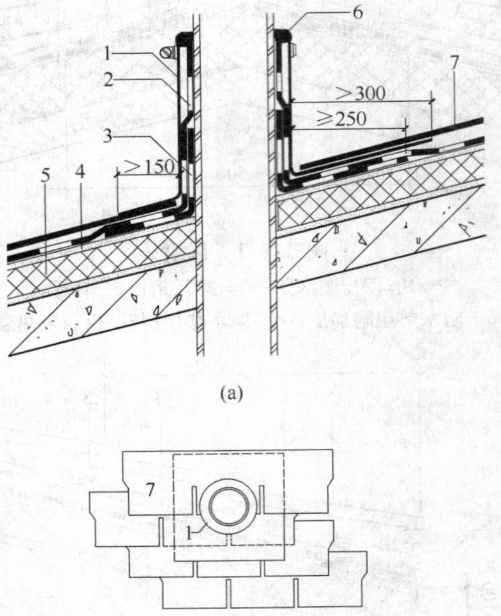

图 5.3.8 穿出屋面管道

1—成品泛水件；2—防水垫层；3—防水垫层附加层；4—保护层（持钉层）；5—保温隔热层；6—密封材料；7—瓦

1 阴角处应满粘铺设防水垫层附加层，附加层沿立墙和屋面铺设，宽度均不应少于 250mm；

2 防水垫层应满粘铺设，沿立墙向上延伸不应少于 250mm；

3 金属泛水板、耐候型自粘柔性泛水带覆盖在防水垫层上，上部迎水面泛水带与瓦搭接应大于 300mm，并应压入上一排瓦的底部；下部背水面泛水带与瓦搭接应大于 150mm；

4 金属泛水板、耐候型自粘柔性泛水带表面可覆盖瓦材或其他装饰材料；

5 应用密封材料封边。

5.3.9 变形缝部位防水构造（图 5.3.9）应符合下

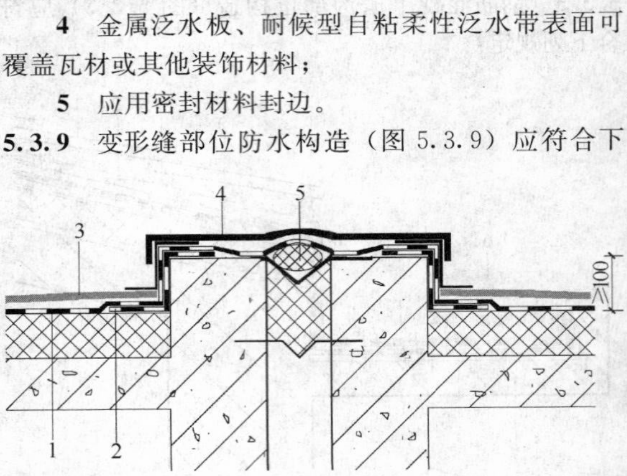

图 5.3.9 变形缝

1—防水垫层；2—防水垫层附加层；3—瓦；4—金属盖板；5—聚乙烯泡沫棒

列规定：

1　变形缝两侧墙高出防水垫层不应少于100mm；

2　防水垫层应包过变形缝，变形缝上宜覆盖金属盖板。

5.4　施工要点

5.4.1　铺设防水垫层的基层应平整、干净、干燥。

5.4.2　铺设防水垫层，应平行屋脊自下而上铺贴。平行屋脊方向的搭接应顺流水方向，垂直屋脊方向的搭接宜顺年最大频率风向；搭接缝应交错排列。

5.4.3　铺设防水垫层的最小搭接宽度应符合表5.4.3的规定。

表5.4.3　防水垫层最小搭接宽度

防水垫层	最小搭接宽度
自粘聚合物沥青防水垫层 自粘聚合物改性沥青防水卷材	75mm
聚合物改性沥青防水垫层（满粘） 高分子类防水垫层（满粘） SBS、APP改性沥青防水卷材（满粘）	100mm
聚合物改性沥青防水垫层（空铺） 高分子类防水垫层（空铺）	上下搭接：100mm 左右搭接：300mm
波形沥青通风防水垫层	上下搭接：100mm 左右搭接：至少一个波形且不小于100mm

5.4.4　铝箔复合隔热防水垫层宜设置在顺水条与挂瓦条之间，并在两条顺水条之间形成凹曲。

5.4.5　波形沥青通风防水垫层采用机械固定施工时，固定件应固定在压型钢板波峰或混凝土层上；固定钉与垫片应咬合紧密；固定件的分布应符合设计要求。

5.5　工程验收

主控项目

5.5.1　防水垫层及其配套材料的类型和质量应符合设计要求。

检验方法：观察检查和检查出厂合格证、质量检验报告和进场抽样复验报告。

5.5.2　防水垫层在屋脊、天沟、檐沟、檐口、山墙、立墙和穿出屋面设施等细部做法应符合设计要求。

检验方法：观察检查和尺量检查。

一般项目

5.5.3　防水垫层应铺设平整，铺设顺序正确，搭接宽度不允许负偏差。

检验方法：观察检查和尺量检查。

5.5.4　防水垫层采用满粘施工时，应与基层粘结牢固，搭接缝封口严密，无皱褶、翘边和鼓泡等缺陷。

检验方法：观察检查。

5.5.5　进行下道工序时，不得破坏已施工完成的防水垫层。

检验方法：观察检查。

6　沥青瓦屋面

6.1　一般规定

6.1.1　沥青瓦分为平面沥青瓦（平瓦）和叠合沥青瓦（叠瓦）。

6.1.2　平面沥青瓦适用于防水等级为二级的坡屋面；叠合沥青瓦适用于防水等级为一级和二级的坡屋面。

6.1.3　沥青瓦屋面坡度不应小于20%。

6.1.4　沥青瓦屋面的保温隔热层设置在屋面板之上时，应采用压缩强度不小于150kPa的硬质保温隔热板材。

6.1.5　沥青瓦屋面的屋面板宜为钢筋混凝土屋面板或木屋面板，板面应坚实、平整、干燥、牢固。

6.1.6　铺设沥青瓦应采用固定钉固定，在屋面周边及泛水部位应满粘。

6.1.7　沥青瓦的施工环境温度宜为5℃～35℃。环境温度低于5℃时，应采取加强粘结措施。

6.2　设计要点

6.2.1　沥青瓦屋面的构造设计应符合下列规定：

1　沥青瓦的固定方式以钉为主、粘结为辅；

2　细石混凝土持钉层可兼作找平层或防水垫层的保护层。

6.2.2　沥青瓦屋面应符合下列规定：

1　沥青瓦屋面为外保温隔热构造时，保温隔热层上应铺设防水垫层，且防水垫层上应做35mm厚配筋细石混凝土持钉层。构造层依次宜为沥青瓦、持钉层、防水垫层、保温隔热层、屋面板（图5.2.1-2）；

2　屋面为内保温隔热构造时，构造层依次宜为沥青瓦、防水垫层、屋面板（图5.2.1-1）；

3　防水垫层铺设在保温隔热层之下时，构造层应依次为沥青瓦、持钉层、保温隔热层、防水垫层、屋面板，构造做法应按本规范第5.2.1条中第3款的规定执行（图5.2.1-3）。

6.2.3　木屋面板上铺设沥青瓦，每张瓦片不应少于4个固定钉；细石混凝土基层上铺设沥青瓦，每张瓦片不应少于6个固定钉。

6.2.4　屋面坡度大于100%或处于大风区，沥青瓦固定应采取下列加强措施：

1　每张瓦片应增加固定钉数量；

2　上下沥青瓦之间应采用全自粘粘结或沥青基

胶粘材料（图 6.2.4）加强。

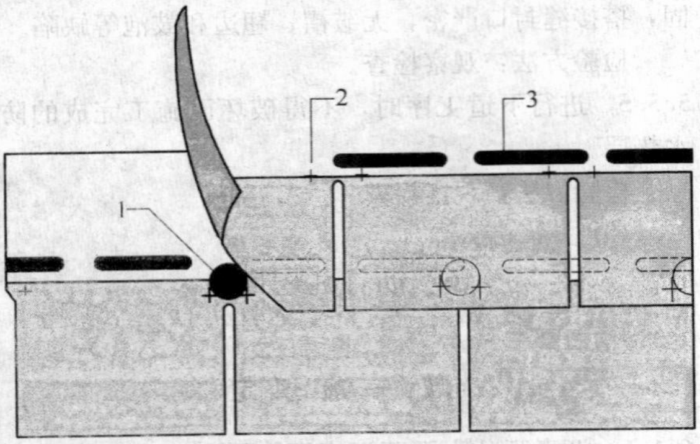

图 6.2.4　沥青基胶粘材料加强做法

1—沥青基胶粘材料；2—固定钉；3—沥青瓦自粘胶条

6.2.5　沥青瓦坡屋面可采用通风屋脊。

6.3　细 部 构 造

6.3.1　屋脊构造应符合下列规定：

1　防水垫层的做法应按本规范第 5.3.1 条的规定执行；

2　屋脊瓦可采用与主瓦相配套的专用脊瓦或采用平面沥青瓦裁制而成；

3　正脊脊瓦外露搭接边宜顺常年风向一侧；

4　每张屋脊瓦片的两侧应各采用一颗固定钉固定，固定钉距离侧边宜为 25mm；

5　外露的固定钉钉帽应采用沥青基胶粘材料涂盖。

6.3.2　搭接式天沟构造（图 6.3.2）应符合下列规定：

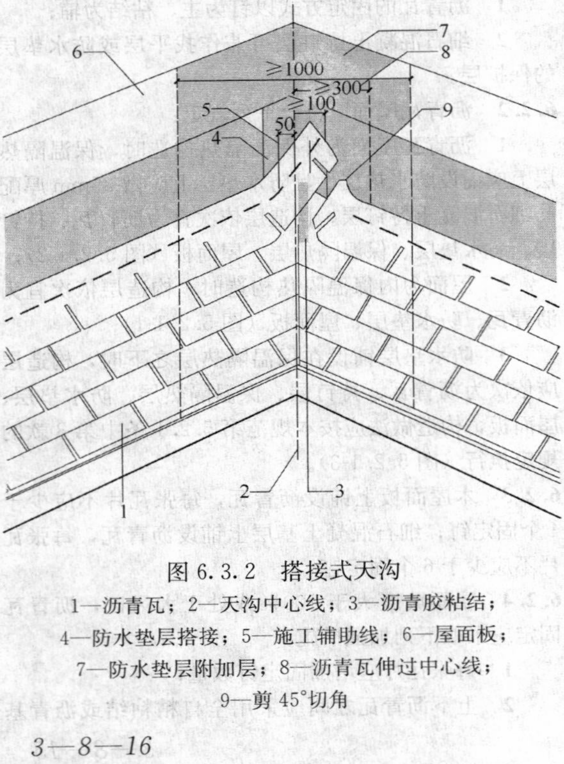

图 6.3.2　搭接式天沟

1—沥青瓦；2—天沟中心线；3—沥青胶粘结；4—防水垫层搭接；5—施工辅助线；6—屋面板；7—防水垫层附加层；8—沥青瓦伸过中心线；9—剪 45°切角

1　沿天沟中心线铺设一层宽度不应小于 1000mm 的防水垫层附加层，将外边缘固定在天沟两侧；且防水垫层铺过中心线不应小于 100mm，相互搭接满粘在附加层上；

2　应从一侧铺设沥青瓦并跨过天沟中心线不小于 300mm，应在天沟两侧距离中心线不小于 150mm 处将沥青瓦用固定钉固定；

3　一侧沥青瓦铺设完后，应在屋面弹出一条平行天沟的中心线和一条距中心线 50mm 的施工辅助线，将另一侧屋面的沥青瓦铺设至施工辅助线处；

4　修剪沥青瓦上部的边角，并用沥青基胶粘材料固定。

6.3.3　编织式天沟构造(图 6.3.3)应符合下列规定：

1　沿天沟中心线铺设一层宽度不小于 1000mm 的防水垫层附加层，将外边缘固定在天沟两侧；防水垫层铺过中心线不应小于 100mm，相互搭接满粘在附加层上；

2　在两个相互衔接的屋面上同时向天沟方向铺设沥青瓦至距天沟中心线 75mm 处，再铺设天沟上的沥青瓦，交叉搭接。搭接的沥青瓦应延伸至相邻屋面 300mm，并在距天沟中心线 150mm 处用固定钉固定。

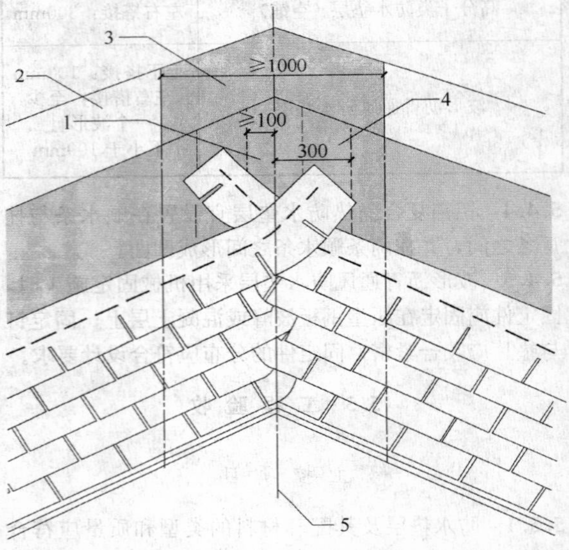

图 6.3.3　编织式天沟

1—防水垫层搭接；2—屋面板；3—防水垫层附加层；4—沥青瓦延伸过中心线；5—天沟中心线

6.3.4　敞开式天沟构造（图 6.3.4）应符合下列规定：

1　防水垫层铺过中心线不应小于 100mm，相互搭接满粘在屋面板上；

2　铺设敞开式天沟部位的泛水材料，应采用不小于 0.45mm 厚的镀锌金属板或性能相近的防锈金属材料，铺设在防水垫层上；

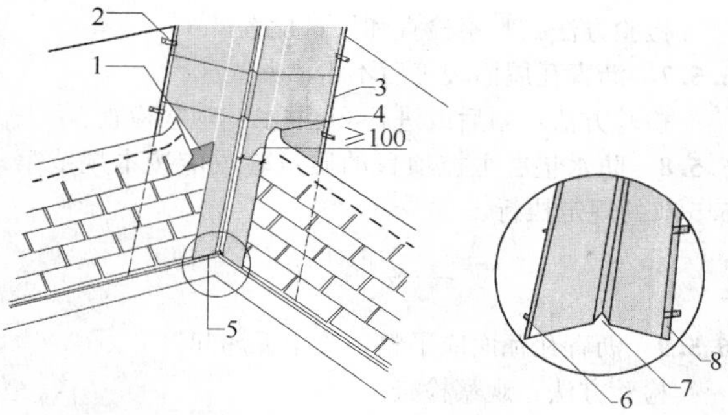

图 6.3.4 敞开式天沟

1—沥青胶粘结；2、6—金属天沟固定件；
3—金属泛水板搭接；4—剪 45°切角；
5—金属泛水板；7—V 形褶边引导水流；
8—可滑动卷边固定件

3 沥青瓦与金属泛水用沥青基胶粘材料粘结，搭接宽度不应小于 100mm。沿天沟泛水处的固定钉应密封覆盖。

6.3.5 檐口部位构造应符合下列规定：

1 防水垫层和泛水板的做法应按本规范第 5.3.2 条的规定执行；

2 应将起始瓦覆盖在塑料泛水板或金属泛水板的上方，并在底边满涂沥青基胶粘材料；

3 檐口部位沥青瓦和起始瓦之间，应满涂沥青基胶粘材料。

6.3.6 钢筋混凝土檐沟部位构造应符合下列规定：

1 防水垫层的做法应按本规范第 5.3.3 条的规定执行；

2 铺设沥青瓦初始层，初始层沥青瓦宜采用裁减掉外露部分的平面沥青瓦，自粘胶条部位靠近檐口铺设，初始层沥青瓦应伸出檐口不小于 10mm；

3 从檐口向上铺设沥青瓦，第一道沥青瓦与初始层沥青瓦边缘应对齐。

6.3.7 悬山部位构造（图 6.3.7）应符合下列规定：

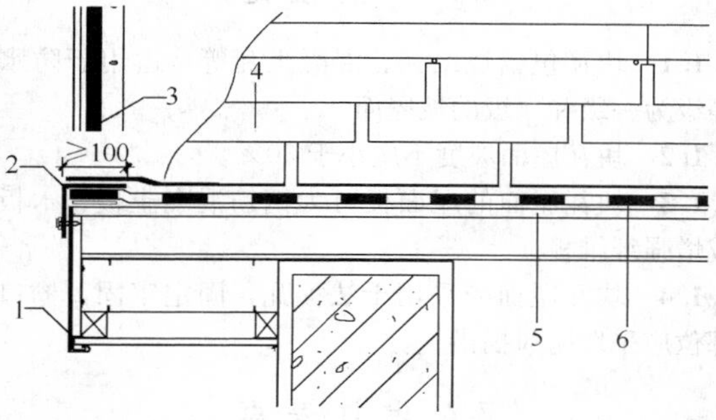

图 6.3.7 悬山

1—封檐板；2—金属泛水板；3—胶粘材料；
4—沥青瓦；5—屋面板；6—防水垫层

1 防水垫层应铺设至悬山边缘；

2 悬山部位宜采用泛水板，泛水板应固定在防水垫层上，并向屋面伸进不少于 100mm，端部应向下弯曲；

3 沥青瓦应覆盖在泛水板上方，悬山部位的沥青瓦应用沥青基胶粘材料满粘处理。

6.3.8 立墙部位构造应符合下列规定：

1 防水垫层的做法应按本规范第 5.3.5 条的规定执行；

2 沥青瓦应用沥青基胶粘材料满粘。

6.3.9 女儿墙部位构造应符合下列规定：

1 泛水板和防水垫层的做法应按本规范第 5.3.7 条的规定执行；

2 将瓦片翻至立面 150mm 高度，在平面和立面上用沥青基胶粘材料，满粘于下层沥青瓦和立面防水垫层上；

3 立面应铺设外露耐候性改性沥青防水卷材或自粘防水卷材；不具备外露耐候性能的防水卷材应采用钢丝网聚合物水泥砂浆保护层保护。

6.3.10 穿出屋面管道构造应符合下列规定：

1 泛水板和防水垫层的做法应按本规范第 5.3.8 条的规定执行；

2 穿出屋面管道泛水可采用防水卷材或成品泛水件；

3 管道穿过沥青瓦时，应在管道周边 100mm 范围内，用沥青基胶粘材料将沥青瓦满粘；

4 泛水卷材铺设完毕，应在其表面用沥青基胶粘材料满粘一层沥青瓦。

6.3.11 变形缝部位防水做法应按本规范第 5.3.9 条的规定执行。

6.4 施 工 要 点

6.4.1 防水垫层施工应符合本规范第 5.4 节的相关规定。

6.4.2 应在防水垫层铺设完成后进行沥青瓦的铺设。

6.4.3 铺设沥青瓦前应在屋面上弹出水平及垂直基准线，按线铺设。

6.4.4 沥青瓦外露尺寸应符合下列规定：

1 宽度规格为 333mm 的沥青瓦，每张瓦片的外露部分不应大于 143mm；

2 其他沥青瓦应符合制造商规定的外露尺寸要求。

6.4.5 铺设屋面檐沟、斜天沟应保持顺直。

6.4.6 屋脊部位的施工应符合下列规定：

1 应在斜屋脊的屋檐处开始铺设并向上直到正脊；

2 斜屋脊铺设完成后再铺设正脊，从常年主导风向的下风侧开始铺设；

3 应在屋脊处弯折沥青瓦，并将沥青瓦的两侧固定，用沥青基胶粘材料涂盖暴露的钉帽。

6.4.7 固定钉钉入沥青瓦，钉帽应与沥青瓦表面齐平。

6.4.8 固定钉穿入细石混凝土持钉层的深度不应小于20mm；固定钉可穿透木质持钉层。

6.4.9 板状保温隔热材料的施工应符合下列规定：

1 基层应平整、干燥、干净；

2 应紧贴基层铺设，铺平垫稳，固定牢固，拼缝严密；

3 保温板多层铺设时，上下层保温板应错缝铺设；

4 保温隔热层上覆或下衬的保护板及构件等，其品种、规格应符合设计要求和相关标准的规定；

5 保温隔热材料采用机械固定施工时，保温隔热板材的压缩强度和点荷载强度应符合设计要求；

6 机械固定施工时，固定件规格、布置方式和数量应符合设计要求。

6.4.10 喷涂硬泡聚氨酯保温隔热材料的施工应符合下列规定：

1 基层应平整、干燥、干净；

2 喷涂硬泡聚氨酯保温隔热层的厚度应符合设计要求，喷涂应平整；

3 应使用专用喷涂设备施工，施工环境温度宜为15℃～30℃，相对湿度小于85%，不宜在风力大于三级时施工；

4 穿出屋面的管道、设备、预埋件等，应在喷涂硬泡聚氨酯保温隔热层施工前安装完毕，并做密封处理。

6.5 工程验收

主控项目

6.5.1 沥青瓦、保温隔热材料及其配套材料的质量应符合设计要求。

检验方法：观察检查和检查出厂合格证、质量检验报告和进场抽样复验报告。

6.5.2 屋脊、天沟、檐沟、檐口、山墙、立墙和穿出屋面设施的细部构造，应符合设计要求。

检验方法：观察检查和尺量检查。

6.5.3 板状保温隔热材料的厚度应符合设计要求，负偏差不得大于4mm。

检验方法：用钢针插入和尺量检查。

6.5.4 喷涂硬泡聚氨酯保温隔热层的厚度应符合设计要求，负偏差不得大于3mm。

检验方法：用钢针插入和尺量检查。

6.5.5 沥青瓦所用固定钉数量、固定位置、牢固程度应符合产品安装要求，除屋脊部位，钉帽不得外露。屋脊外露钉帽应采用密封胶封严。

检验方法：观察检查和尺量检查。

6.5.6 沥青瓦的搭接尺寸应符合产品安装要求，外露面尺寸应符合本规范第6.4.4条的规定。

检验方法：观察检查和尺量检查。

6.5.7 沥青瓦屋面竣工后不得渗漏。

检验方法：雨后或进行2h淋水，观察检查。

6.5.8 防水垫层主控项目的质量验收应按本规范第5.5节的规定执行。

一般项目

6.5.9 沥青瓦瓦面应平整，边角无翘起。

检验方法：观察检查。

6.5.10 沥青瓦的铺设方法应正确；沥青瓦之间的对缝上下层不得重合。

检验方法：观察检查。

6.5.11 持钉层应平整、干燥，细石混凝土持钉层不得有疏松、开裂、空鼓等现象。持钉层表面平整度误差不应大于5mm。

检验方法：观察检查和用2m靠尺检查。

6.5.12 板状保温隔热材料铺设应紧贴基层，铺平垫稳，固定牢固，拼缝严密。

检验方法：观察检查。

6.5.13 板状保温隔热材料的平整度允许偏差为5mm。

检验方法：用2m靠尺和楔形塞尺检查。

6.5.14 板状保温隔热材料接缝高差的允许偏差为2mm。

检验方法：用直尺和楔形塞尺检查。

6.5.15 喷涂硬泡聚氨酯保温隔热层的平整度允许偏差为5mm。

检验方法：用1m靠尺和楔形塞尺检查。

6.5.16 防水垫层一般项目的质量验收应按本规范第5.5节的规定执行。

7 块瓦屋面

7.1 一般规定

7.1.1 块瓦包括烧结瓦、混凝土瓦等，适用于防水等级为一级和二级的坡屋面。

7.1.2 块瓦屋面坡度不应小于30%。

7.1.3 块瓦屋面的屋面板可为钢筋混凝土板、木板或增强纤维板。

7.1.4 块瓦屋面应采用干法挂瓦，固定牢固，檐口部位应采取防风揭措施。

7.2 设计要点

7.2.1 块瓦屋面应符合下列规定：

1 保温隔热层上铺设细石混凝土保护层做持钉层时，防水垫层应铺设在持钉层上，构造层依次为块瓦、挂瓦条、顺水条、防水垫层、持钉层、保温隔热层、屋面板（图7.2.1-1）。

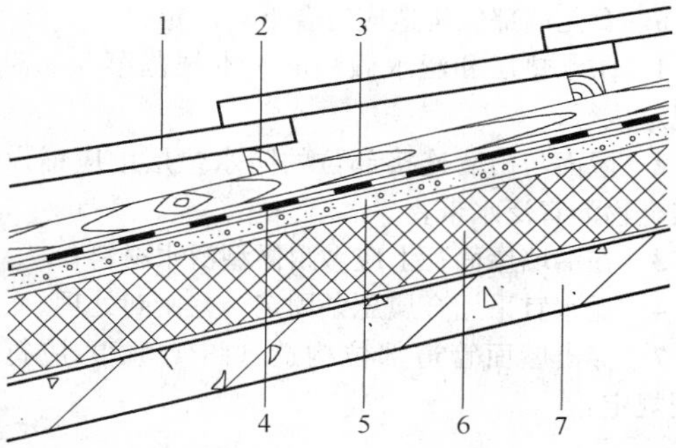

图 7.2.1-1　块瓦屋面构造（1）

1—瓦材；2—挂瓦条；3—顺水条；4—防水垫层；
5—持钉层；6—保温隔热层；7—屋面板

2　保温隔热层镶嵌在顺水条之间时，应在保温隔热层上铺设防水垫层，构造层依次为块瓦、挂瓦条、防水垫层或隔热防水垫层、保温隔热层、顺水条、屋面板（图 7.2.1-2）。

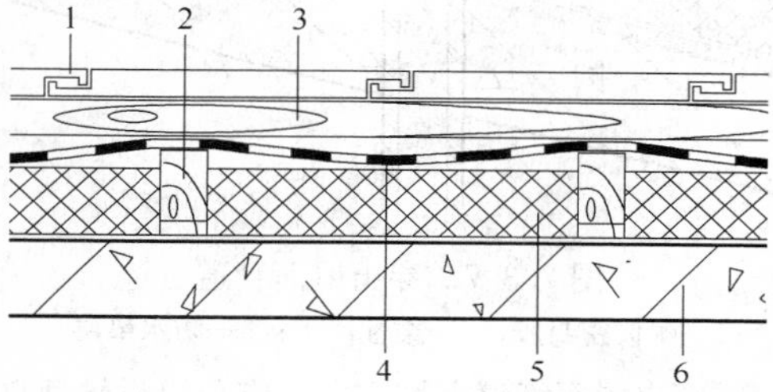

图 7.2.1-2　块瓦屋面构造（2）

1—块瓦；2—顺水条；3—挂瓦条；4—防水垫层或
隔热防水垫层；5—保温隔热层；6—屋面板

3　屋面为内保温隔热构造时，防水垫层应铺设在屋面板上，构造层依次为块瓦、挂瓦条、顺水条、防水垫层、屋面板（图 7.2.1-3）。

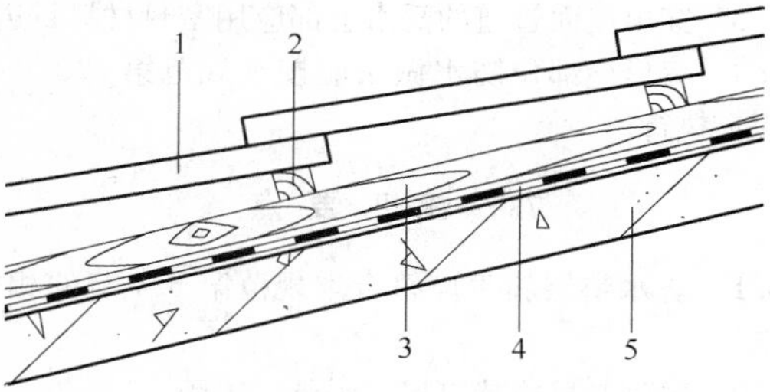

图 7.2.1-3　块瓦屋面构造（3）

1—块瓦；2—挂瓦条；3—顺水条；
4—防水垫层；5—屋面板

4　采用具有挂瓦功能的保温隔热层时，在屋面板上做水泥砂浆找平层，防水垫层应铺设在找平层上，保温板应固定在防水垫层上，构造层依次为块瓦、有挂瓦功能的保温隔热层、防水垫层、找平层（兼作持钉层）、屋面板（图 7.2.1-4）。

5　采用波形沥青通风防水垫层时，通风防水垫层应铺设在挂瓦条和保温隔热层之间，构造层依次为

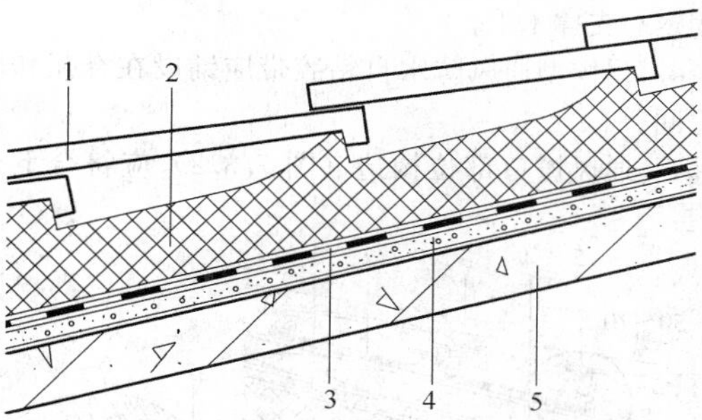

图 7.2.1-4　块瓦屋面构造（4）

1—块瓦；2—带挂瓦条的保温板；
3—防水垫层；4—找平层；5—屋面板

块瓦、挂瓦条、波形沥青通风防水垫层、保温隔热层、屋面板（图 5.2.1-5）。

7.2.2　通风屋面的檐口部位宜设置隔栅进气口，屋脊部位宜作通风构造设计。

7.2.3　屋面排水系统可采用混凝土檐沟、成品檐沟、成品天沟；斜天沟宜采用混凝土排水沟瓦或金属排水沟。

7.2.4　块瓦屋面挂瓦条、顺水条安装应符合下列规定：

1　木挂瓦条应钉在顺水条上，顺水条用固定钉钉入持钉层内；

2　钢挂瓦条与钢顺水条应焊接连接，钢顺水条用固定钉钉入持钉层内；

3　通风防水垫层可替代顺水条，挂瓦条应固定在通风防水垫层上，固定钉应钉在波峰上。

7.2.5　檐沟宽度应根据屋面集水区面积确定。

7.2.6　屋面坡度大于 100% 或处于大风区时，块瓦固定应采取下列加强措施：

1　檐口部位应有防风揭和防落瓦的安全措施；

2　每片瓦应采用螺钉和金属搭扣固定。

7.3　细 部 构 造

7.3.1　通风屋脊构造（图 7.3.1）应符合下列规定：

1　防水垫层做法应按本规范第 5.3.1 条的规定执行；

2　屋脊瓦应采用与主瓦相配套的配件脊瓦；

3　托木支架和支撑木应固定在屋面板上，脊瓦

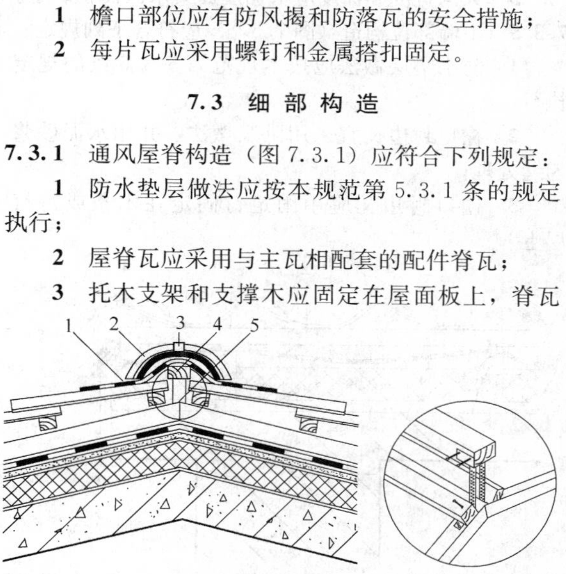

图 7.3.1　通风屋脊

1—通风防水自粘胶带；2—脊瓦；3—脊瓦搭扣；
4—支撑木；5—托木支架

应固定在支撑木上；

4 耐候型通风防水自粘胶带应铺设在脊瓦和块瓦之间。

7.3.2 通风檐口部位构造（图 7.3.2）应符合下列规定：

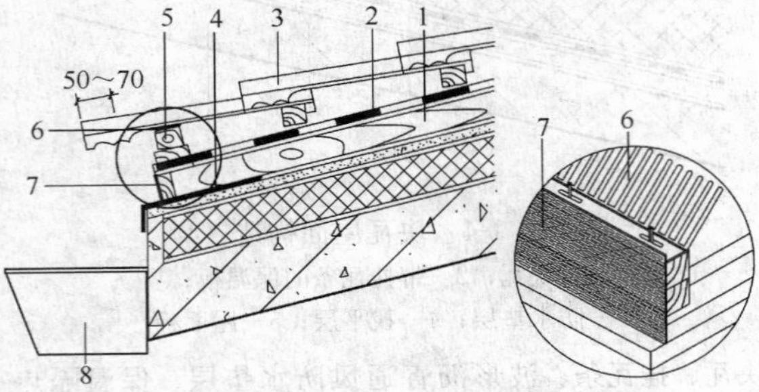

图 7.3.2 通风檐口

1—顺水条；2—防水垫层；3—瓦；4—金属泛水板；5—托瓦木条；6—檐口挡箅；7—檐口通风条；8—檐沟

1 泛水板和防水垫层做法应按本规范第 5.3.2 条的规定执行；

2 块瓦挑入檐沟的长度宜为 50mm～70mm；

3 在屋檐最下排的挂瓦条上应设置托瓦木条；

4 通风檐口处宜设置半封闭状的檐口挡箅。

7.3.3 钢筋混凝土檐沟部位构造做法应按本规范第 5.3.3 条的规定执行。

7.3.4 天沟部位构造应符合下列规定：

1 防水垫层的做法应按本规范第 5.3.4 条的规定执行；

2 混凝土屋面天沟采用防水卷材时，防水卷材应由沟底上翻，垂直高度不应小于 150mm；

3 天沟宽度和深度应根据屋面集水区面积确定。

7.3.5 山墙部位构造（图 7.3.5）应符合下列规定：

1 防水垫层做法应按本规范第 5.3.6 条的规定执行；

2 檐口封边瓦宜采用卧浆做法，并用水泥砂浆勾缝处理；

3 檐口封边瓦应用固定钉固定在木条或持钉层上。

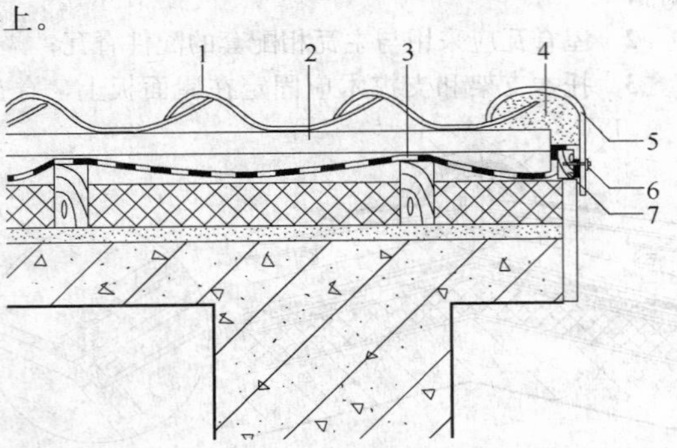

图 7.3.5 山墙

1—瓦；2—挂瓦条；3—防水垫层；4—水泥砂浆封边；5—檐口封边瓦；6—镀锌钢钉；7—木条

7.3.6 女儿墙部位构造应符合下列规定：

1 防水垫层和泛水做法应按本规范第 5.3.7 条的规定执行；

2 屋面与山墙连接部位的防水垫层上应铺设自粘聚合物沥青泛水带；

3 在沿墙屋面瓦上应做耐候型泛水材料；

4 泛水宜采用金属压条固定，并密封处理。

7.3.7 穿出屋面管道部位构造（图 7.3.7）应符合下列规定：

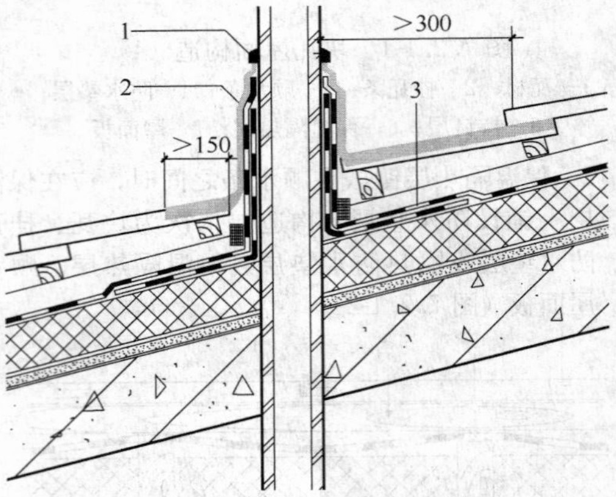

图 7.3.7 穿出屋面管道

1—耐候密封胶；2—柔性泛水；3—防水垫层

1 穿出屋面管道上坡方向：应采用耐候型自粘泛水与屋面瓦搭接，宽度应大于 300mm，并应压入上一排瓦片的底部；

2 穿出屋面管道下坡方向：应采用耐候型自粘泛水与屋面瓦搭接，宽度应大于 150mm，并应粘结在下一排瓦片的上部，与左右面的搭接宽度应大于 150mm；

3 穿出屋面管道的泛水上部应用密封材料封边。

7.3.8 变形缝部位防水做法应按本规范第 5.3.9 条的规定执行。

7.4 施 工 要 点

7.4.1 防水垫层施工应符合本规范第 5.4 节的相关规定。

7.4.2 屋面基层或持钉层应平整、牢固。

7.4.3 顺水条与持钉层连接、挂瓦条与顺水条连接、块瓦与挂瓦条连接应固定牢固。

7.4.4 铺设块瓦应排列整齐，瓦榫落槽，瓦脚挂牢，檐口成线。

7.4.5 正脊、斜脊应顺直，无起伏现象。脊瓦搭盖间距应均匀，脊瓦与块瓦的搭接缝应作泛水处理。

7.4.6 通风屋面屋脊和檐口的施工应符合构造设计的要求。

7.4.7 板状保温隔热材料的施工应按本规范第 6.4.9 条的规定执行；喷涂硬泡聚氨酯保温隔热材料

的施工应按本规范第6.4.10条的规定执行。

7.5 工程验收

主控项目

7.5.1 块瓦、保温隔热材料及其配套材料的质量应符合设计要求。

检验方法：观察检查和检查出厂合格证、质量检验报告和进场抽样复验报告。

7.5.2 屋脊、天沟、檐沟、檐口、山墙、立墙和穿出屋面设施的细部构造，应符合设计要求。

检验方法：观察检查和尺量检查。

7.5.3 板状保温隔热材料的厚度应符合设计要求，负偏差不得大于4mm。

检验方法：用钢针插入和尺量检查。

7.5.4 喷涂硬泡聚氨酯保温隔热层的厚度应符合设计要求，负偏差不得大于3mm。

检验方法：用钢针插入和尺量检查。

7.5.5 主瓦及配件瓦的固定、搭接方式及搭接尺寸应符合产品安装要求。

检验方法：观察检查和尺量检查。

7.5.6 块瓦屋面竣工后不得渗漏。

检验方法：雨后或进行2h淋水，观察检查。

7.5.7 防水垫层主控项目的质量验收应按本规范第5.5节的规定执行。

一般项目

7.5.8 持钉层应平整、干燥，细石混凝土持钉层不得有疏松、开裂、空鼓等现象。表面平整度误差不应大于5mm。

检验方法：观察检查和用2m靠尺检测。

7.5.9 顺水条、挂瓦条应连接牢固。

检验方法：观察检查。

7.5.10 通风屋面的檐口和屋脊应通畅透气。

检验方法：观察检查。

7.5.11 屋面瓦材不得有破损现象。

检验方法：观察检查。

7.5.12 板状保温隔热材料铺设应紧贴基层，铺平垫稳，固定牢固，拼缝严密。

检验方法：观察检查。

7.5.13 板状保温隔热材料平整度的允许偏差为5mm。

检验方法：用2m靠尺和楔形塞尺检查。

7.5.14 板状保温隔热材料接缝高差的允许偏差为2mm。

检验方法：用直尺和楔形塞尺检查。

7.5.15 喷涂硬泡聚氨酯保温隔热层的平整度允许偏差为5mm。

检验方法：用1m靠尺和楔形塞尺检查。

7.5.16 防水垫层一般项目的质量验收应按本规范第5.5节的规定执行。

8 波形瓦屋面

8.1 一般规定

8.1.1 波形瓦包括沥青波形瓦、树脂波形瓦等，适用于防水等级为二级的坡屋面。

8.1.2 波形瓦屋面坡度不应小于20%。

8.1.3 波形瓦屋面承重层为混凝土屋面板和木屋面板时，宜设置外保温隔热层；不设屋面板的屋面，可设置内保温隔热层。

8.2 设计要点

8.2.1 波形瓦屋面应符合下列规定：

1 屋面板上铺设保温隔热层，保温隔热层上做细石混凝土持钉层时，防水垫层应铺设在持钉层上，波形瓦应固定在持钉层上，构造层依次为波形瓦、防水垫层、持钉层、保温隔热层、屋面板（图8.2.1-1）。

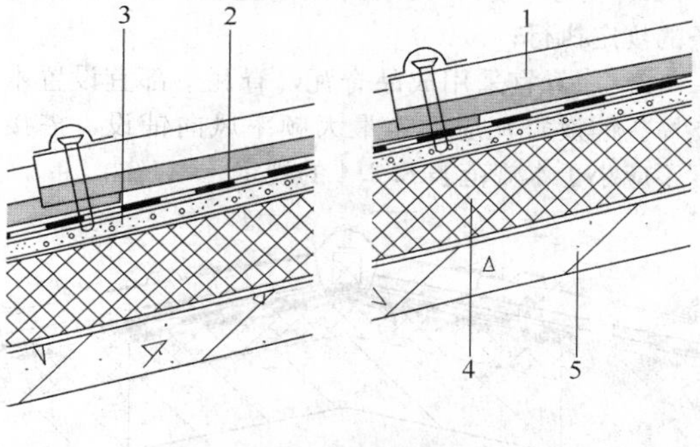

图8.2.1-1 波形瓦屋面构造（1）

1—波形瓦；2—防水垫层；3—持钉层；4—保温隔热层；5—屋面板

2 采用有屋面板的内保温隔热时，屋面板铺设在木檩条上，防水垫层应铺设在屋面板上，木檩条固定在钢屋架上，角钢固定件长应为100mm～150mm，波形瓦固定在屋面板上，构造层依次为波形瓦、防水垫层、屋面板、木檩条、屋架（图8.2.1-2）。

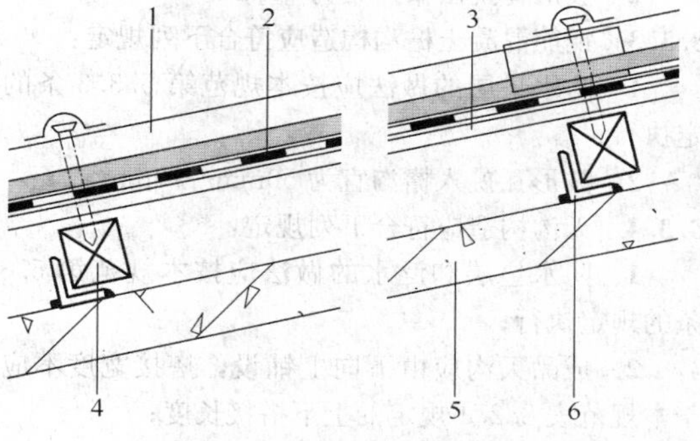

图8.2.1-2 波形瓦屋面构造（2）

1—波形瓦；2—防水垫层；3—屋面板；4—檩条；5—屋架；6—角钢固定件

8.2.2 波形瓦的固定间距应按瓦材规格、尺寸确定。

8.2.3 波形瓦可固定在檩条和屋面板上。

8.2.4 沥青波形瓦和树脂波形瓦的搭接宽（长）度和固定点数量应符合表 8.2.4 的规定。

表 8.2.4 波形瓦搭接宽（长）和固定点数量

屋面坡度（%）	20～30			＞30		
类型	上下搭接长度（mm）	水平搭接宽度	固定点数（个/㎡）	上下搭接长度（mm）	水平搭接宽度	固定点数（个/㎡）
沥青波形瓦	150	至少一个波形且不小于100mm	9	100	至少一个波形且不小于100mm	9～12
树脂波形瓦			10			≥12

8.3 细部构造

8.3.1 屋脊构造（图 8.3.1）应符合下列规定：

1 防水垫层和泛水的做法应按本规范第 5.3.1 条的规定执行；

2 屋脊宜采用成品脊瓦，脊瓦下部宜设置木质支撑。铺设脊瓦应顺年最大频率风向铺设，搭接宽度不应小于本规范表 8.2.4 的规定。

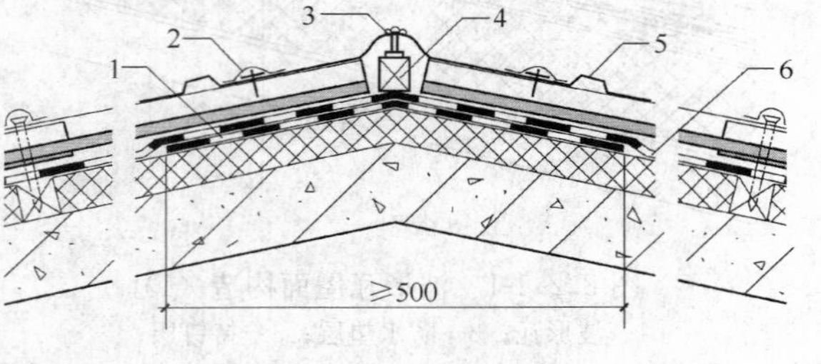

图 8.3.1 屋脊

1—防水垫层附加层；2—固定钉；3—密封胶；4—支撑木；5—成品脊瓦；6—防水垫层

8.3.2 檐口部位构造应符合下列规定：

1 防水垫层和泛水的做法应按本规范第 5.3.2 条的规定执行；

2 波形瓦挑出檐口宜为 50mm～70mm。

8.3.3 钢筋混凝土檐沟构造应符合下列规定：

1 防水垫层的做法应按本规范第 5.3.3 条的规定执行；

2 波形瓦挑入檐沟宜为 50mm～70mm。

8.3.4 天沟构造应符合下列规定：

1 防水垫层和泛水的做法应按本规范第 5.3.4 条的规定执行；

2 成品天沟应由下向上铺设，搭接宽度不应小于本规范表 8.2.4 规定的上下搭接长度；

3 主瓦伸入成品天沟的宽度不应小于 100mm。

8.3.5 山墙部位构造（图 8.3.5）应符合下列规定：

1 阴角部位应增设防水垫层附加层；

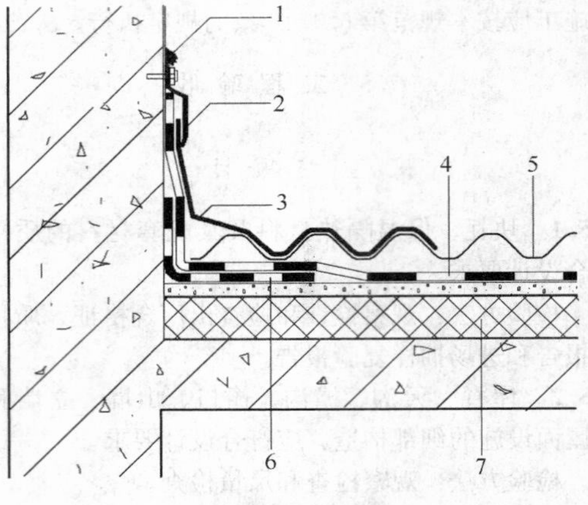

图 8.3.5 山墙

1—密封胶；2—金属压条；3—泛水；4—防水垫层；5—波形瓦；6—防水垫层附加层；7—保温隔热层

2 瓦材与墙体连接处应铺设耐候型自粘泛水胶带或金属泛水板，泛水上翻山墙高度不应小于 250mm，水平方向与波形瓦搭接不应少于两个波峰且不小于 150mm；

3 上翻山墙的耐候型自粘泛水胶带顶端应用金属压条固定，并作密封处理。

8.3.6 穿出屋面设施构造（图 8.3.6）应符合下列规定：

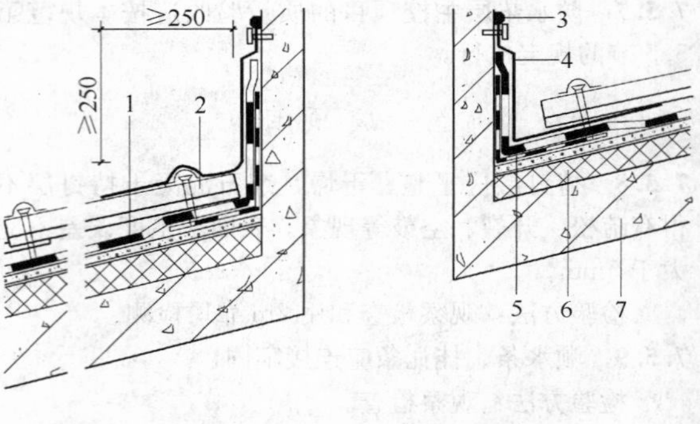

图 8.3.6 穿出屋面设施

1—防水垫层；2—波形瓦；3—密封材料；4—耐候型自粘泛水胶带；5—防水垫层附加层；6—保温隔热层；7—屋面板

1 瓦材与穿出屋面设施构造连接处应铺设 500mm 宽耐候型自粘泛水胶带，上翻高度不应小于 250mm，与波形瓦搭接宽度不应小于 250mm；

2 上翻泛水顶端应采用密封胶封严并用金属泛水板遮盖。

8.3.7 变形缝部位防水做法应按本规范第 5.3.9 条的规定执行。

8.4 施工要点

8.4.1 防水垫层施工应符合本规范第 5.4 节的相关规定。

8.4.2 带挂瓦条的基层应平整、牢固。

8.4.3 铺设波形瓦应在屋面上弹出水平及垂直基准线，按线铺设。

8.4.4 波形瓦的固定应符合下列规定：

1 瓦钉应沿弹线固定在波峰上；

2 檐口部位的瓦材应增加固定钉数量。

8.4.5 波形瓦与山墙、天沟、天窗、烟囱等节点连接部位，应采用密封材料、耐候型自粘泛水带等进行密封处理。

8.4.6 板状保温隔热材料的施工应按本规范第6.4.9条的规定执行；喷涂硬泡聚氨酯保温隔热材料的施工应按本规范第6.4.10条的规定执行。

8.5 工程验收

主控项目

8.5.1 波形瓦、保温隔热材料及其配套材料的质量应符合设计要求。

检验方法：观察检查和检查出厂合格证、质量检验报告和进场抽样复验报告。

8.5.2 屋脊、天沟、檐沟、檐口、山墙、立墙和穿出屋面设施的细部构造，应符合设计要求。

检验方法：观察检查和尺量检查。

8.5.3 板状保温隔热材料的厚度应符合设计要求，负偏差不得大于4mm。

检验方法：用钢针插入和尺量检查。

8.5.4 喷涂硬泡聚氨酯保温隔热层的厚度应符合设计要求，负偏差不得大于3mm。

检验方法：用钢针插入或尺量检查。

8.5.5 主瓦及配件瓦的固定、搭接方式及搭接尺寸应符合设计要求。

检验方法：观察和尺量检查。

8.5.6 波形瓦屋面竣工后不得渗漏。

检验方法：雨后或进行2h淋水，观察检查。

8.5.7 防水垫层主控项目的质量验收应按本规范第5.5节的规定执行。

一般项目

8.5.8 屋面的檐口线、泛水等应顺直，无起伏现象。

检验方法：观察检查。

8.5.9 持钉层应平整、干燥，细石混凝土持钉层不得有疏松、开裂、空鼓等现象，表面平整度误差不应大于5mm。

检验方法：观察检查和用2m靠尺检测。

8.5.10 固定钉位置应在波形瓦波峰上，固定钉上应有密封帽。

检验方法：观察检查。

8.5.11 板状保温隔热材料铺设应紧贴基层，铺平垫稳，固定牢固，拼缝严密。

检验方法：观察检查。

8.5.12 板状保温材料的平整度允许偏差为5mm。

检验方法：用2m靠尺和楔形塞尺检查。

8.5.13 板状保温隔热材料接缝高差的允许偏差为2mm。

检验方法：用直尺和楔形塞尺检查。

8.5.14 喷涂硬泡聚氨酯保温隔热层的平整度允许偏差为5mm。

检验方法：用1m靠尺和楔形塞尺检查。

8.5.15 防水垫层一般项目的质量验收应按本规范第5.5节的规定执行。

9 金属板屋面

9.1 一般规定

9.1.1 金属板屋面的板材主要包括压型金属板和金属面绝热夹芯板。

9.1.2 金属板屋面坡度不宜小于5%。

9.1.3 压型金属板屋面适用于防水等级为一级和二级的坡屋面。金属面绝热夹芯板屋面适用于防水等级为二级的坡屋面。

9.1.4 防水等级为一级的压型金属板屋面不应采用明钉固定方式，应采用大于180°咬边连接的固定方式；防水等级为二级的压型金属板屋面采用明钉或金属螺钉固定方式时，钉帽应有防水密封措施。

9.1.5 金属面绝热夹芯板的四周接缝均应采用耐候丁基橡胶防水密封胶带密封。

9.1.6 防水等级为一级的压型金属板屋面应采用防水垫层，防水等级为二级的压型金属板屋面宜采用防水垫层。

9.1.7 金属板与屋面承重构件的固定应根据风荷载确定。

9.1.8 金属板屋面吸声材料和隔声材料的施工应符合相关标准的规定。

9.1.9 金属板屋面防水垫层的设计和细部构造可按本规范第5.2节和第5.3节的规定执行。

9.1.10 金属板屋面防水垫层的施工可按本规范第5.4节的规定执行。

9.2 设计要点

9.2.1 金属板屋面应由具有相应资质的设计单位进行设计。

9.2.2 金属板屋面工程设计应根据建筑物性质和功能要求确定防水等级，选用金属板材。

9.2.3 金属板屋面的风荷载设计应按工程所在地区的最大风力、建筑物高度、屋面坡度、基层状况、建筑环境和建筑形式等因素，按照现行国家标准《建筑结构荷载规范》GB 50009的有关规定计算风荷载，并按设计要求提供抗风揭试验检测报告。

9.2.4 压型金属板屋面变形较大时，应进行变形计算，并宜设置屋面板滑动连接构造。

9.2.5 金属板屋面的排水坡度，应根据屋面结构形式和当地气候条件等因素确定。

9.2.6 屋面天沟、檐沟设计应符合下列规定：

1 天沟、檐沟应设置溢流孔；

2 金属天沟、内檐沟下面宜设置保温隔热层；

3 金属天沟、檐沟应有防腐措施；

4 天沟、檐沟与金属屋面板材的连接应采用密封的节点设计。

9.2.7 金属天沟、檐沟应设置伸缩缝，伸缩缝间隔不宜大于30m。

9.2.8 压型金属板屋面的支架宜为钢、铝合金或不锈钢材质，支架与金属屋面板连接处应密封。

9.2.9 有保温隔热要求的压型金属板屋面，保温隔热层应设在金属屋面板的下方。

9.2.10 当室内湿度较大或采用纤维状保温材料时，压型金属板屋面设计应符合下列规定：

1 保温隔热层下面应设置隔汽层；

2 防水等级为一级时，保温隔热层上面应设置透汽防水垫层；

3 防水等级为二级时，保温隔热层上面宜设置透汽防水垫层。

9.2.11 金属面绝热夹芯板屋面设计应符合下列规定：

1 夹芯板顺坡长向搭接，坡度小于10%时，搭接长度不应小于300mm；坡度大于等于10%时，搭接长度不应小于250mm；

2 包边钢板、泛水板搭接长度不应小于60mm，铆钉中距不应大于300mm；

3 夹芯板横向相连应为拼接式或搭接式，连接处应密封；

4 夹芯板纵横向的接缝、外露铆钉钉头，以及细部构造应采用密封材料封严。

9.3 细部构造

9.3.1 压型金属板屋面构造应符合下列规定：

1 金属屋面构造层次（图9.3.1-1）包括：金属屋面板、固定支架、透汽防水垫层、保温隔热层和承托网。

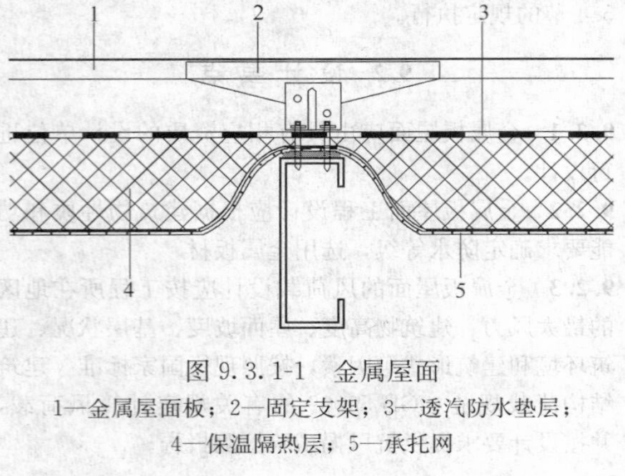

图9.3.1-1 金属屋面

1—金属屋面板；2—固定支架；3—透汽防水垫层；4—保温隔热层；5—承托网

2 屋脊构造（图9.3.1-2）应符合下列规定：

1） 屋脊部位应采用屋脊盖板，并作防水处理；

2） 屋脊盖板应依据屋面的热胀冷缩设计；

3） 屋脊盖板应设置保温隔热层。

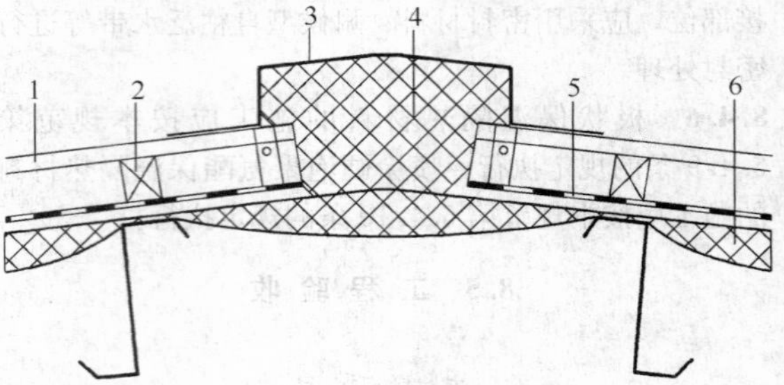

图9.3.1-2 屋脊

1—金属屋面板；2—屋面板连接；3—屋脊盖板；4—填充保温棉；5—防水垫层；6—保温隔热层

3 檐口部位构造（图9.3.1-3）应符合下列规定：

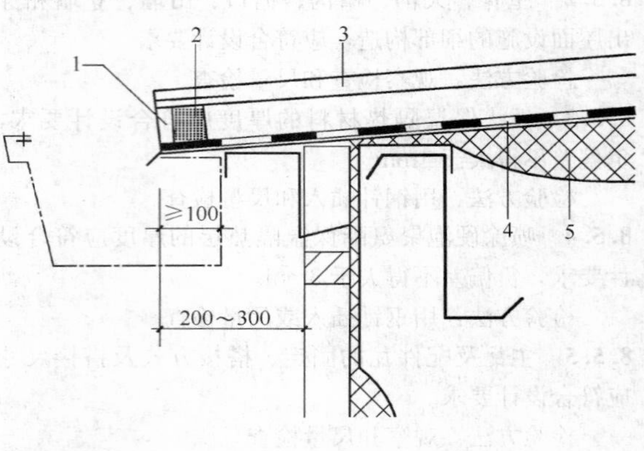

图9.3.1-3 檐口

1—封边板；2—防水堵头；3—金属屋面板；4—防水垫层；5—保温隔热层

1） 屋面金属板的挑檐长度宜为200mm～300mm，或根据设计要求，按工程所在地风荷载计算确定；金属板与檐沟之间应设置防水密封堵头和金属封边板；

2） 屋面金属板挑入檐沟内的长度不宜小于100mm；

3） 墙面宜在相应位置设置檐口堵头；

4） 屋面和墙面保温隔热层应连接。

4 山墙部位构造（图9.3.1-4）应符合下列规定：

1） 山墙部位构造应按建筑物热胀冷缩因素设计；

2） 屋面和墙面的保温隔热层应连接。

5 出屋面山墙部位构造（图9.3.1-5）中，金属板屋面与墙相交处泛水的高度不应小于250mm。

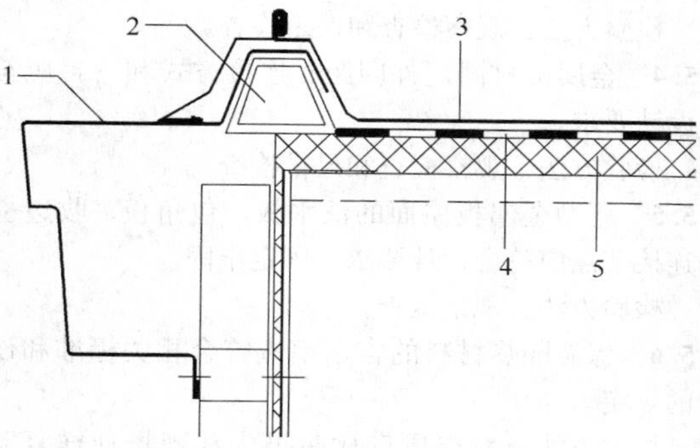

图 9.3.1-4　山墙

1—山墙饰边；2—温度应力隔离组件；
3—金属屋面板；4—防水垫层；5—保温隔热层

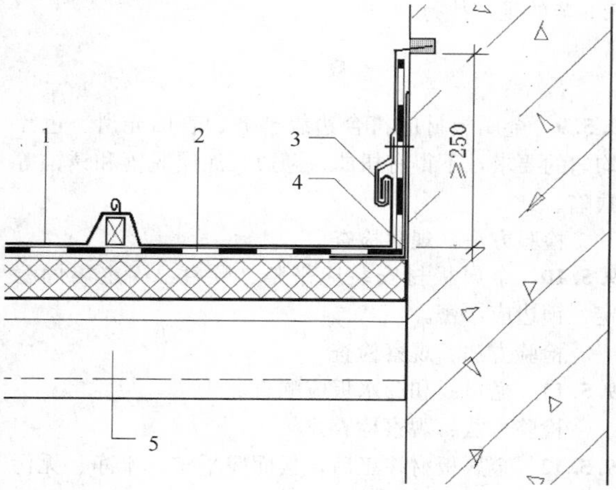

图 9.3.1-5　出屋面山墙

1—金属屋面板；2—防水垫层；3—泛水
及温度应力组件；4—支撑角钢；5—檩条

9.3.2　金属面绝热夹芯板屋面构造应符合下列规定：

1　金属夹芯板屋面屋脊构造（图 9.3.2-1）应包括：屋脊盖板、屋脊盖板支架、夹芯屋面板等。屋脊处应设置屋脊盖板支架，屋脊板与屋脊盖板支架连接，连接处和固定部位应采用密封胶封严。

2　拼接式屋面板防水扣槽构造（图 9.3.2-2）应包括：防水扣槽、夹芯板翻边、夹芯屋面板和螺钉。

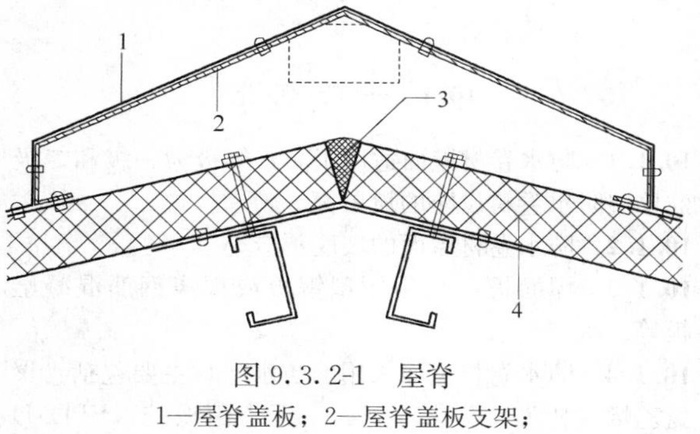

图 9.3.2-1　屋脊

1—屋脊盖板；2—屋脊盖板支架；
3—聚苯乙烯泡沫条；4—夹芯屋面板

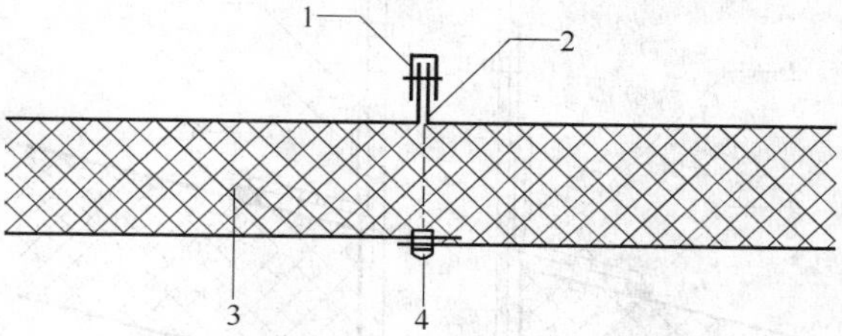

图 9.3.2-2　拼接式屋面板防水扣槽

1—防水扣槽；2—夹芯板翻边；
3—夹芯屋面板；4—螺钉

3　檐口宜挑出外墙 150mm～500mm，檐口部位应采用封檐板封堵，固定螺栓的螺帽应采用密封胶封严（图 9.3.2-3）。

4　山墙应采用槽形泛水板封盖，并固定牢固，固定钉处应采用密封胶封严（图 9.3.2-4）。

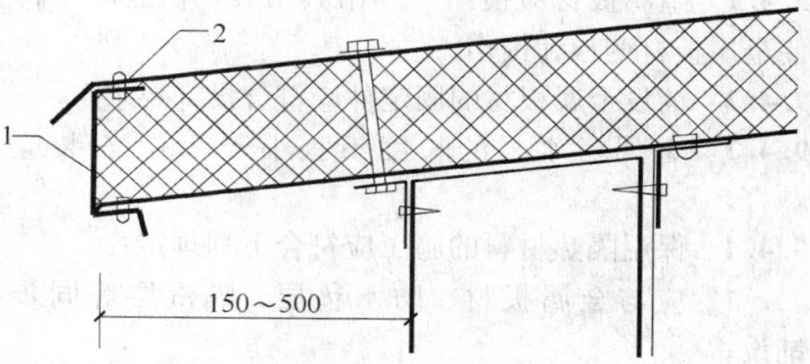

图 9.3.2-3　檐口

1—封檐板；2—密封胶

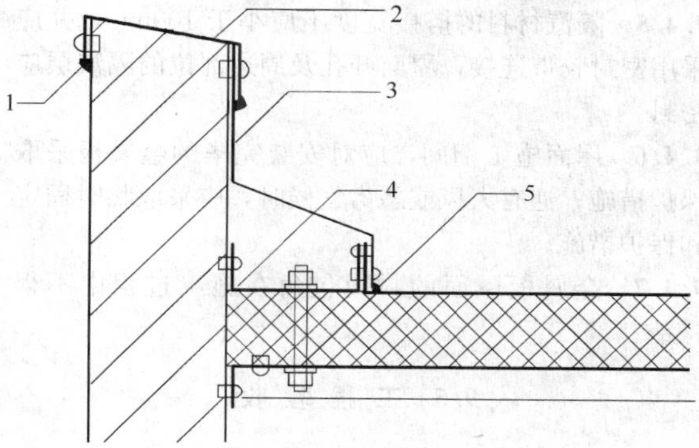

图 9.3.2-4　山墙

1、5—密封胶；2—槽型泛水板；
3—金属泛水板；4—金属 U 形件

5　采用法兰盘固定屋面排气管，并与屋面板连接，法兰盘上应设置金属泛水板，连接处用密封材料封严（图 9.3.2-5）。

9.3.3　金属屋面板与采光天窗四周连接时，应进行密封处理。

9.3.4　金属板天沟伸入屋面金属板下面的宽度不应小于 100mm。

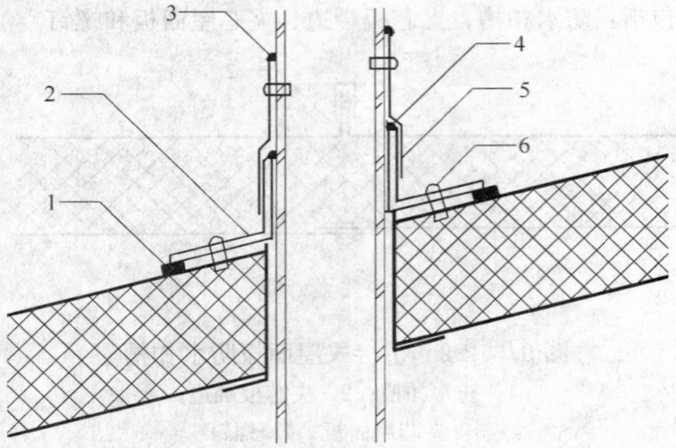

图 9.3.2-5 排气管
1、3—密封胶；2—法兰盘；4—密封胶条；
5—金属泛水板；6—铆钉

9.4 施 工 要 点

9.4.1 金属板材应使用专用吊具吊装，吊装时不得使金属板材变形和损伤。

9.4.2 铺设金属板材的固定件应符合设计要求。

9.4.3 金属泛水板的长度不宜小于 2m，安装应顺直。

9.4.4 保温隔热材料的施工应符合下列规定：

1 应与金属板材、防水垫层、隔汽层等同步铺设；

2 铺设应顺直、平整、紧密；

3 屋脊、檐口、山墙等部位的保温隔热层应与屋面保温隔热层连为一体。

9.4.5 隔汽材料的搭接宽度不应小于 100mm，并应采用密封胶带连接；屋面开孔及周边部位的隔汽层应密封。

9.4.6 屋面施工期间，应对安装完毕的金属板采取保护措施；遇有大风或恶劣气候时，应采取临时固定和保护措施。

9.4.7 金属板屋面的封边包角在施工过程中不得踩踏。

9.5 工 程 验 收

主 控 项 目

9.5.1 金属板材、保温隔热材料、吸声材料、隔声材料及其配套材料的质量应符合设计要求。

检验方法：观察检查和检查出厂合格证、质量检验报告和进场抽样复验报告。

9.5.2 压型金属板材表面的涂层厚度、硬度及延展性等应符合设计要求。

检验方法：漆膜测厚仪和 T 弯检查。

9.5.3 屋脊、天沟、檐沟、檐口、山墙、立墙和穿出屋面设施的细部构造，应符合设计要求。

检验方法：观察检查和尺量检查。

9.5.4 金属板材固定件间距、连接方式和密封应符合设计要求。

检验方法：观察检查和尺量检查。

9.5.5 压型金属板屋面的泛水板、包角板、收边板等连接节点应符合设计要求，固定牢固。

检验方法：观察检查。

9.5.6 保温隔热材料的含水率应符合相关标准和设计的规定。

检验方法：检查质量检验报告和现场抽样复验报告。

9.5.7 金属板屋面竣工后，不得渗漏。

检验方法：雨后或进行 2h 淋水检验，观察检查。

9.5.8 防水垫层主控项目的质量验收应按本规范第 5.5 节的规定执行。

一 般 项 目

9.5.9 金属板材应符合边缘整齐、表面光滑、色泽均匀的要求，不得有扭曲、翘边、涂层脱落和锈蚀等缺陷。

检验方法：观察检查。

9.5.10 金属板材安装应平整、顺直，固定牢固稳定，锁边应严密。

检验方法：观察检查。

9.5.11 檐口线和泛水板应顺直。

检验方法：观察检查。

9.5.12 金属板材竣工后，板面应平整、干净、无污迹及施工残留物。

检验方法：观察检查。

9.5.13 板状保温隔热材料铺设应紧贴基层，铺平垫稳，固定牢固，拼缝严密。

检验方法：观察检查。

9.5.14 毡状保温隔热材料铺设应连续、平整。

检验方法：观察检查。

9.5.15 防水垫层一般项目的质量验收应按本规范第 5.5 节的规定执行。

10 防水卷材屋面

10.1 一 般 规 定

10.1.1 防水卷材屋面适用于防水等级为一级和二级的单层防水卷材设防的坡屋面。

10.1.2 防水卷材屋面的坡度不应小于 3%。

10.1.3 屋面板可采用压型钢板或现浇钢筋混凝土板等。

10.1.4 防水卷材屋面采用的防水卷材主要包括：聚氯乙烯（PVC）防水卷材、三元乙丙橡胶（EPDM）防水卷材、热塑性聚烯烃（TPO）防水卷材、弹性体

(SBS) 改性沥青防水卷材、塑性体 (APP) 改性沥青防水卷材等。

10.1.5 保温隔热材料可采用硬质岩棉板、硬质矿渣棉板、硬质玻璃棉板、硬质泡沫聚氨酯保温板及硬质泡沫聚苯乙烯保温板等板材，并应符合防火设计规范的相关要求。

10.1.6 保温隔热层应设置在屋面板上。

10.1.7 单层防水卷材和保温隔热材料构成的屋面系统，可采用机械固定法、满粘法或空铺压顶法铺设。

10.1.8 屋面应严格控制明火施工，并采取相应的安全措施。

10.2 设 计 要 点

10.2.1 单层防水卷材的厚度和搭接宽度应符合表10.2.1-1和表10.2.1-2的规定：

表 10.2.1-1 单层防水卷材厚度 (mm)

防水卷材名称	一级防水厚度	二级防水厚度
高分子防水卷材	≥1.5	≥1.2
弹性体、塑性体改性沥青防水卷材	≥5	

表 10.2.1-2 单层防水卷材搭接宽度 (mm)

<table>
<tr><th rowspan="4">防水卷材名称</th><th colspan="5">长边、短边搭接方式</th></tr>
<tr><th rowspan="3">满粘法</th><th colspan="4">机械固定法</th></tr>
<tr><th colspan="2">热风焊接</th><th colspan="2">搭接胶带</th></tr>
<tr><th>无覆盖机械固定垫片</th><th>有覆盖机械固定垫片</th><th>无覆盖机械固定垫片</th><th>有覆盖机械固定垫片</th></tr>
<tr><td>高分子防水卷材</td><td>≥80</td><td>≥80
且有效焊缝宽度≥25</td><td>≥120
且有效焊缝宽度≥25</td><td>≥120
且有效粘结宽度≥75</td><td>≥200
且有效粘结宽度≥150</td></tr>
<tr><td>弹性体、塑性体改性沥青防水卷材</td><td>≥100</td><td>≥80
且有效焊缝宽度≥40</td><td>≥120
且有效焊缝宽度≥40</td><td colspan="2">—</td></tr>
</table>

10.2.2 选用的防水卷材性能除应符合相关的材料标准外，还应具有适用于工程所在区域的环境条件、耐紫外线和环保等特性。

10.2.3 机械固定屋面系统的风荷载设计应符合下列规定：

1 按工程所在地区的最大风力、建筑物高度、屋面坡度、基层状况、卷材性能、建筑环境、建筑形式等因素，按照现行国家标准《建筑结构荷载规范》GB 50009 的有关规定进行风荷载计算；

2 应对设计选定的防水卷材、保温隔热材料、隔汽材料和机械固定件等组成的屋面系统进行抗风揭试验，试验结果应满足风荷载设计要求；

3 应根据风荷载设计计算和试验数据，确定屋面檐角区、檐边区、中间区固定件的布置间距。

10.2.4 采用机械固定法时，屋面持钉层的厚度应符合下列规定：

1 压型钢板基板的厚度不宜小于0.75mm，基板最小厚度不得小于0.63mm，当基板厚度在0.63mm～0.75mm时应通过拉拔试验验证钢板强度；

2 钢筋混凝土板的厚度不应小于40mm。

10.2.5 防水卷材的搭接宜采用热风焊接、热熔粘结、胶粘剂及胶粘带等方式。

10.2.6 屋面保温隔热材料设计应符合下列规定：

1 保温隔热材料的厚度应根据建筑设计计算确定；

2 应具有良好的物理性能、尺寸稳定性；

3 防火等级应符合国家的相关规定；

4 屋面设置内檐沟时，内檐沟处不得降低保温隔热效果。

10.2.7 采用机械固定施工方法时，保温隔热材料的主要性能应符合下列规定：

1 在60kPa的压缩强度下，压缩比不得大于10%；

2 在500N的点荷载作用下，变形不得大于5mm；

3 当采用单层岩棉、矿渣棉铺设时，压缩强度不得低于60kPa；多层岩棉、矿渣棉铺设时，每层压缩强度不得低于40kPa，与防水层直接接触的岩棉、矿渣棉，压缩强度不得低于60kPa。

10.2.8 板状保温隔热材料采用机械固定时，固定件数量和位置应符合表10.2.8的规定。

表 10.2.8 保温隔热材料固定件数量和位置

<table>
<tr><th>保温隔热材料</th><th colspan="2">每块板机械固定件最少数量</th><th>固定位置</th></tr>
<tr><td rowspan="2">挤塑聚苯板(XPS)
模塑聚苯板(EPS)
硬泡聚氨酯板</td><td>各边长均≤1.2m</td><td>4个</td><td rowspan="2">四个角及沿长向中线均匀布置，固定垫片距离板材边缘≤150mm</td></tr>
<tr><td>任一边长>1.2m</td><td>6个</td></tr>
<tr><td>岩棉、矿渣棉板、玻璃棉板</td><td>—</td><td>2个</td><td>沿长向中线均匀布置</td></tr>
</table>

注：其他类型的保温隔热板材机械固定件的布置设计由系统供应商提供。

10.2.9 屋面保温隔热层干燥有困难时，宜采用排汽屋面。

10.2.10 屋面系统构造层次中相邻的不同产品应具有相容性。不相容时，应设置隔离层，隔离层应与相邻的材料相容。

10.2.11 含有增塑剂的高分子防水卷材与泡沫保温材料之间应增设隔离层。

10.3 细部构造

10.3.1 内檐沟构造宜增设附加防水层，防水层应铺设至内檐沟的外沿。

10.3.2 山墙顶部泛水卷材应铺设至外墙边沿（图10.3.2）。

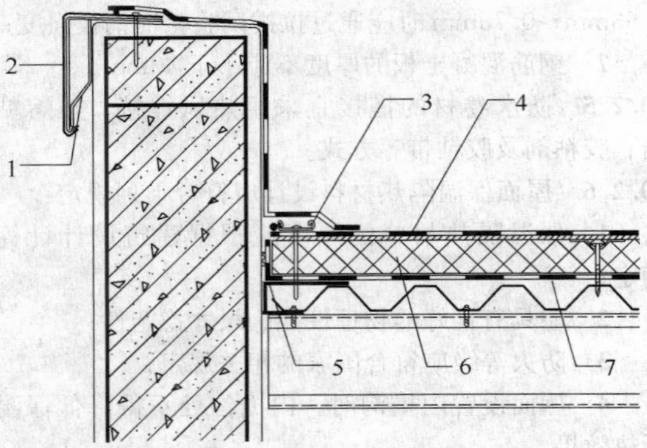

图 10.3.2 山墙顶

1—钢板连接件；2—复合钢板；3—固定件；4—防水卷材；5—收边加强钢板；6—保温隔热层；7—隔汽层

10.3.3 檐口部位构造（图 10.3.3）应符合下列规定：

1 檐口部位应设置外包泛水；

2 外包泛水应包至隔汽层下不应小于 50mm。

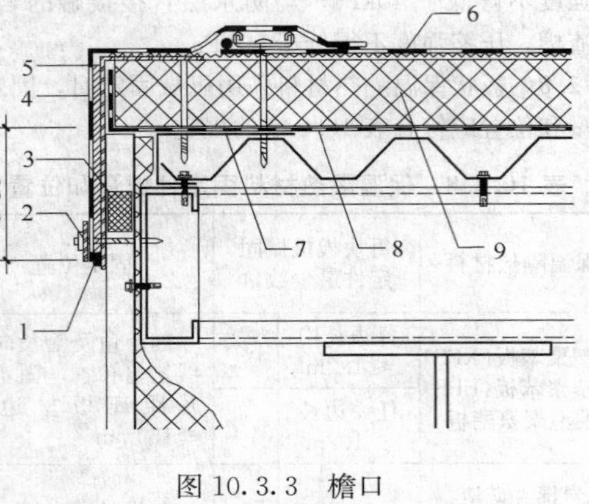

图 10.3.3 檐口

1—外墙填缝；2—收口压条及螺钉；3—泡沫堵头；4—外包泛水；5—钢板封边；6—防水卷材；7—收边加强钢板；8—隔汽层；9—保温隔热层

10.3.4 女儿墙部位构造（图 10.3.4）应符合下列规定：

1 女儿墙部位泛水高度不应小于 250mm，并采用金属压条收口与密封；

2 女儿墙顶部应采用盖板覆盖。

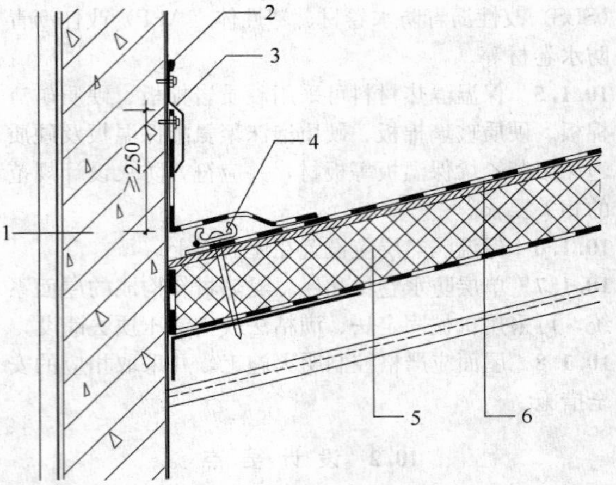

图 10.3.4 女儿墙

1—墙体；2—密封胶；3—收口压条及螺钉；4—金属压条；5—保温隔热层；6—防水卷材

10.3.5 穿出屋面设施构造（图 10.3.5-1、图 10.3.5-2）应符合下列规定：

1 当穿出屋面设施开口尺寸小于 500mm 时，泛水应直接与屋面防水卷材焊接或粘结，泛水高度应大于 250mm；

2 当穿出屋面设施开口尺寸大于 500mm 时，穿出屋面设施开口四周的防水卷材应采用金属压条固定，每条金属压条的固定钉不应少于 2 个，泛水应直接与屋面防水卷材焊接或粘结，泛水高度应大于 250mm。

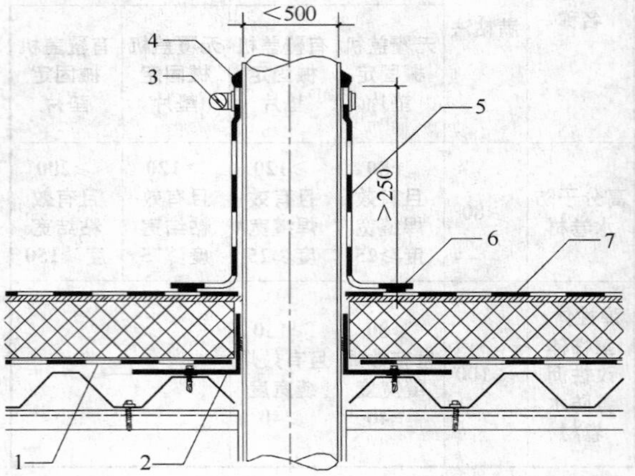

图 10.3.5-1 穿出屋面管道（1）

1—隔汽层；2—隔汽层连接胶带；3—不锈钢金属箍（密封）；4—密封胶；5—防水卷材；6—热熔焊接；7—保温隔热层

10.3.6 变形缝构造应符合下列规定：

1 变形缝（图 10.3.6-1）内应填充泡沫塑料，缝口放置聚乙烯或聚氨酯泡沫棒材，并应设置盖缝防水卷材。

2 当变形缝（图 10.3.6-2）两侧为墙体时，墙体应伸出保温隔热层不小于 100mm，阴角处抹水泥

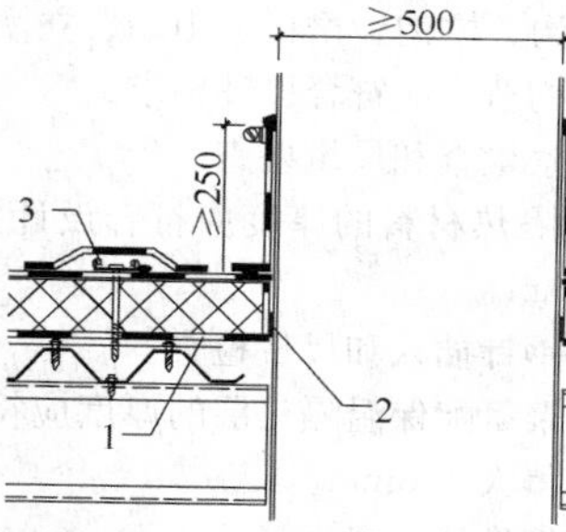

压条布置平面图

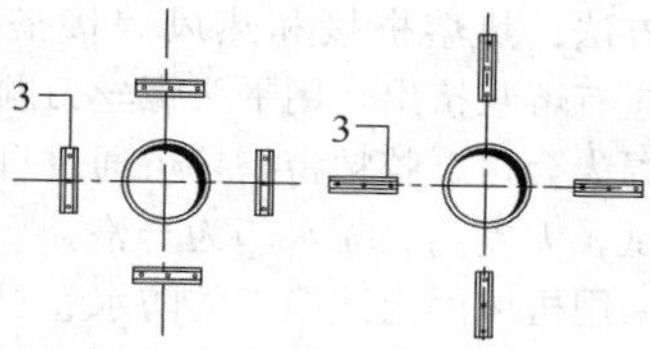

图 10.3.5-2　穿出屋面管道（2）

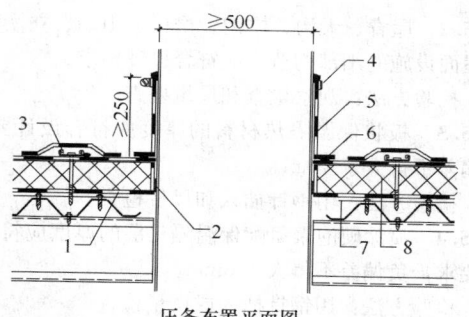

1—隔汽层；2—隔汽层连接胶带；3—金属压条；4—不锈钢金属箍或金属压条（密封）；5—防水卷材；6—热熔焊接；7—收边加强钢板；8—保温隔热层

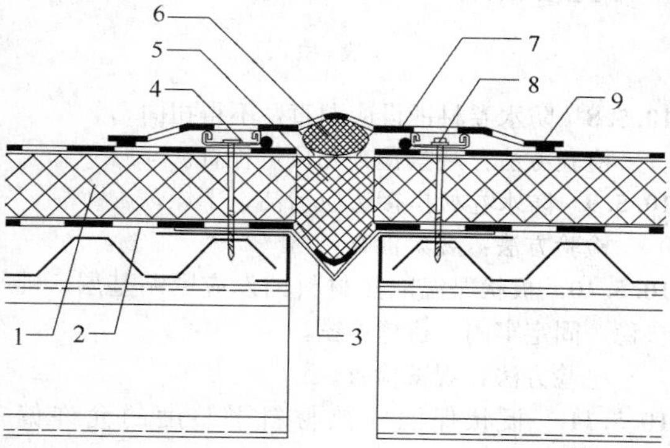

图 10.3.6-1　变形缝（1）

1—保温隔热层；2—隔汽层；3—V形底板；4—金属压条；5—发泡聚氨酯；6—聚乙烯或聚氨酯棒材；7—盖缝防水卷材；8—固定件；9—热风焊接

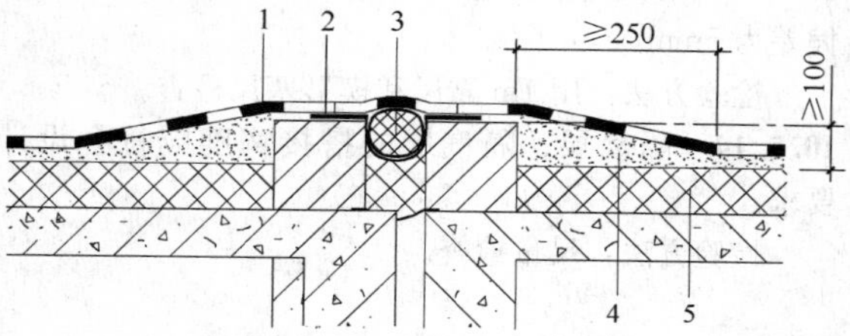

图 10.3.6-2　变形缝（2）

1—防水层；2—U形金属板；3—聚乙烯或聚氨酯棒材；4—保护层；5—保温隔热层

砂浆作缓坡，坡长大于250mm。

10.3.7　水落口卷材覆盖条应与水落口和卷材粘结牢固（图 10.3.7-1、图 10.3.7-2）。

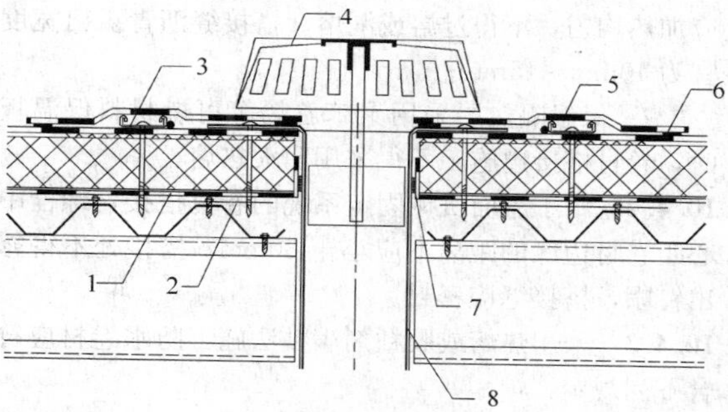

图 10.3.7-1　水落口（1）

1—隔汽层；2—收边加强钢板；3—金属压条；4—雨水口挡叶器；5—覆盖条；6—热风焊接；7—隔汽层连接胶带；8—预制水落口

横向水落口应伸出墙体，覆盖条与卷材和水落口连接处应粘结牢固。

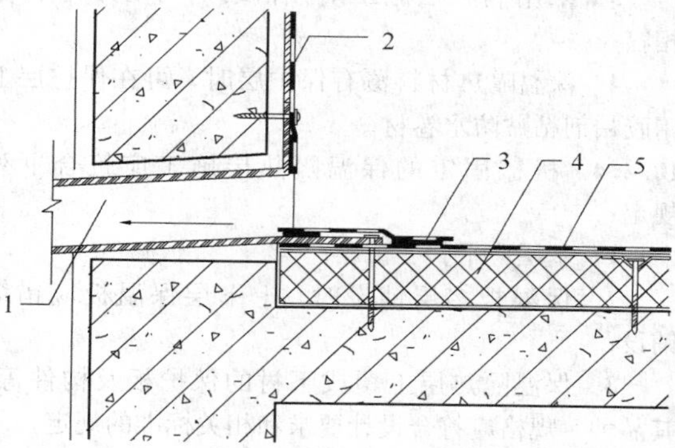

图 10.3.7-2　水落口（2）

1—水落口；2—胶粘剂；3—焊接接缝；4—保温隔热层；5—防水卷材

10.4　施 工 要 点

10.4.1　采用机械固定法施工防水卷材应符合下列规定：

1　固定件数量和间距应符合设计要求；螺钉固定件必须固定在压型钢板的波峰上，并应垂直于屋面板，与防水卷材结合紧密；在屋面收边和开口部位，当固定钉不能固定在波峰上时，应增设收边加强钢板，固定钉固定在收边加强钢板上；

2　螺钉穿出钢屋面板的有效长度不得小于20mm，当底板为混凝土屋面板时，嵌入混凝土屋面板的有效长度不得小于30mm；

3　铺贴和固定卷材应平整、顺直、松弛，不得褶皱；

4　卷材铺贴和固定的方向宜垂直于屋面压型钢板波峰；坡度大于25%时，宜垂直屋脊铺贴；

5　高分子防水卷材搭接边采用焊接法施工，接缝不得漏焊或过焊；

6　改性沥青防水卷材搭接边采用热熔法施工，

应加热均匀，不得过熔或漏熔。搭接缝沥青溢出宽度宜为10mm～15mm；

7 保温隔热层采用聚苯乙烯等可燃材料保温板时，卷材搭接边施工不得采用明火热熔。

10.4.2 用于屋面机械固定系统的卷材搭接，螺栓中心距卷材边缘的距离不应小于30mm，搭接处不得露出钉帽，搭接缝应密封。

10.4.3 采用热熔或胶粘剂满粘法施工防水卷材应符合下列规定：

1 基层应坚实、平整、干净、干燥。细石混凝土基层不得有疏松、开裂、空鼓等现象，并应涂刷基层处理剂，基层处理剂应与卷材材性相容；

2 不得直接在保温隔热层表面采用明火热熔法和热沥青粘贴沥青基防水卷材；不得直接在保温隔热层材料表面采用胶粘剂粘贴防水卷材；

3 采用满粘法施工时，粘结剂与防水卷材应相容；

4 保温隔热材料覆有保护层时，可在保护层上用胶粘剂粘贴防水卷材。

10.4.4 机械固定的保温隔热层施工应符合下列规定：

1 基层应平整、干燥；

2 保温板多层铺设时，上下层保温板应错缝铺设；

3 保温隔热层上覆或下衬的保护板及构件等，其品种、规格应符合设计要求和相关标准的规定；

4 机械固定施工时，保温板材的压缩强度和点荷载强度应符合设计要求和本规范第10.2.7条的规定；

5 固定件规格、布置方式和数量应符合设计要求和本规范表10.2.8的规定。

10.4.5 隔离层施工应符合下列规定：

1 保温隔热层与防水层材性不相容时，其间应设隔离层；

2 隔离层搭接宽度不应小于100mm。

10.4.6 隔汽层施工应符合下列规定：

1 隔汽层可空铺于压型钢板或装配式屋面板上，采用机械固定法施工时应与保温隔热层同时固定；

2 隔汽材料的搭接宽度不应小于100mm，并应采用密封胶带连接，屋面开孔及周边部位的隔汽层应采用密封措施。

10.5 工程验收

主控项目

10.5.1 防水卷材、保温隔热材料及其配套材料的质量应符合设计要求。

检验方法：观察检查和检查出厂合格证、质量检验报告和进场抽样复验报告。

10.5.2 屋脊、天沟、檐沟、檐口、山墙、立墙和穿出屋面设施的细部构造，应符合设计要求。

检验方法：观察检查和尺量检查。

10.5.3 板状保温隔热材料的厚度应符合设计要求，负偏差不得大于4mm。

检验方法：用钢针插入和尺量检查。

10.5.4 喷涂硬泡聚氨酯保温隔热层的厚度应符合设计要求，负偏差不得大于3mm。

检验方法：用钢针插入或尺量检查。

10.5.5 防水卷材搭接缝必须严密。

检验方法：热熔搭接和热风焊接搭接可通过目测。焊缝应有熔浆挤出，用平头螺丝刀顺焊缝边缘挑试，无漏焊为合格。胶粘带搭接可通过目测和淋水试验方法测试，无剥离、无水印为合格。

10.5.6 采用机械固定法施工的防水卷材和保温板固定件的规格、布置方式、位置和数量应符合设计要求。

检验方法：观察检查和尺量检查。

10.5.7 防水卷材屋面竣工后不得渗漏。

检验方法：雨后或进行2h淋水，观察检查。

一般项目

10.5.8 防水卷材铺设应顺直，不得扭曲。

检验方法：观察检查和尺量检查。

10.5.9 防水卷材搭接边应清洁、干燥。

检验方法：观察检查。

10.5.10 板状保温隔热材料铺设应紧贴基层，铺平垫稳，固定牢固，拼缝严密。

检验方法：观察检查。

10.5.11 板状保温隔热材料平整度的允许偏差为5mm。

检验方法：用2m靠尺和楔形塞尺检查。

10.5.12 板状保温隔热材料接缝高差的允许偏差为2mm。

检验方法：用直尺和楔形塞尺检查。

10.5.13 喷涂硬泡聚氨酯保温隔热层的平整度允许偏差为5mm。

检验方法：用1m靠尺和楔形塞尺检查。

10.5.14 隔离层、隔汽层的搭接宽度应符合设计要求。

检验方法：尺量检查。

11 装配式轻型坡屋面

11.1 一般规定

11.1.1 装配式轻型坡屋面适用于防水等级为一级和二级的新建屋面和平改坡屋面。

11.1.2 装配式轻型坡屋面的坡度不应小于20%。

11.1.3 平改坡屋面应根据既有建筑的进深、承载能力确定承重结构和选择屋面材料。

11.2 设计要点

11.2.1 装配式轻型坡屋面结构构件和连接件的荷载计算应符合现行国家标准《建筑结构荷载规范》GB 50009 的有关规定；抗震设计应符合现行国家标准《建筑抗震设计规范》GB 50011 的有关规定。

11.2.2 装配式轻型坡屋面采用的瓦材和金属板应满足屋面设计要求，并应符合本规范相关章节的规定。

11.2.3 平改坡屋面的结构设计应符合下列规定：

1 屋架上弦支撑在原屋面板上时，应做结构验算；

2 增加圈梁和卧梁时应与既有建筑墙体连接牢固；

3 屋面宜设檐沟；

4 烟道、排汽道穿出坡屋面不应小于 600mm，交接处应作防水密封处理；

5 屋面宜设置上人孔。

11.2.4 装配式轻型坡屋面保温隔热层和通风层设计应符合下列规定：

1 保温隔热层宜做内保温设计；

2 通风口面积不宜小于屋顶投影面积的 1/150，通风间层的高度不应小于 50mm，屋面通风口处应设置格栅或防护网；

3 穿过顶棚板的设施应进行密封处理。

11.2.5 装配式轻型坡屋面宜在保温隔热层下设置隔汽层。

11.2.6 装配式轻型坡屋面防水垫层应符合本规范第 5 章的规定。

11.3 细部构造

11.3.1 檐沟部位构造（图 11.3.1）应符合下列规定：

1 新建装配式轻型坡屋面宜采用成品轻型檐沟；

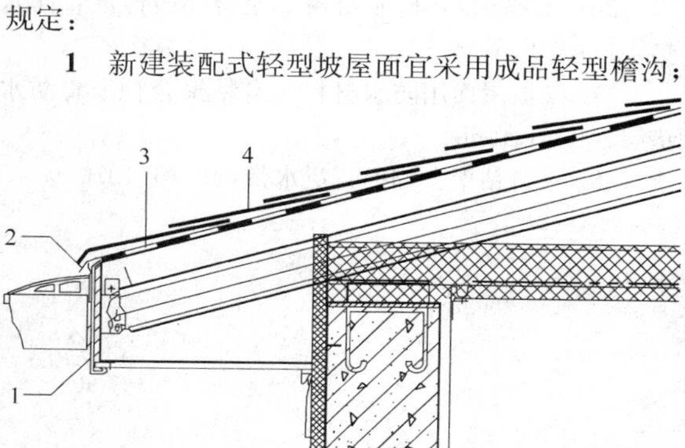

图 11.3.1 新建房屋装配式轻型坡屋面檐口
1—封檐板；2—金属泛水板；
3—防水垫层；4—轻质瓦

2 檐口部位构造应按本规范第 6.3.5 条的规定执行。

11.3.2 平改坡屋面构造层次宜为瓦材、防水垫层和屋面板（图 11.3.2）。防水垫层应铺设在屋面板上，瓦材应铺设在防水垫层上并固定在屋面板上。

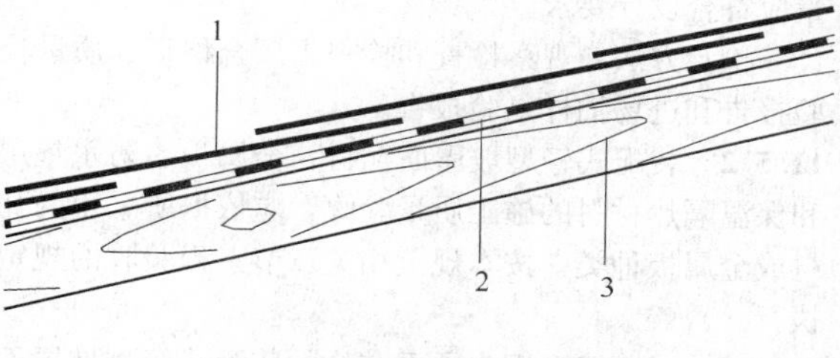

图 11.3.2 平改坡屋面构造
1—瓦材；2—防水垫层；3—屋面板

11.3.3 既有屋面新增的钢筋混凝土或钢结构构件的两端，应搁置在原有承重结构位置上。平改坡屋面檐沟可利用既有建筑的檐沟，或新设置檐沟（图 11.3.3）。

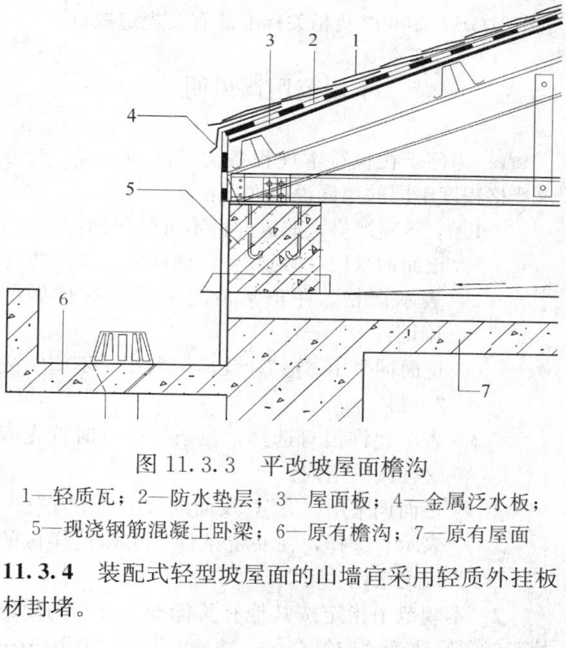

图 11.3.3 平改坡屋面檐沟
1—轻质瓦；2—防水垫层；3—屋面板；4—金属泛水板；
5—现浇钢筋混凝土卧梁；6—原有檐沟；7—原有屋面

11.3.4 装配式轻型坡屋面的山墙宜采用轻质外挂板材封堵。

11.4 施工要点

11.4.1 屋面板铺装宜错缝对接，采用定向刨花板或结构胶合板时，板缝不应小于 3mm，不宜大于 6.5mm。

11.4.2 平改坡屋面安装屋架和构件不得破坏既有建筑防水层和保温隔热层。

11.4.3 瓦材和金属板材的施工应按本规范第 6 章、第 8 章和第 9 章的规定执行。

11.4.4 防水垫层的施工应按本规范第 5.4 节的规定执行。

11.4.5 保温隔热材料的施工可按本规范第 6.4.9

条、第 6.4.10 条和其他有关规定执行。

11.5 工 程 验 收

11.5.1 装配式轻型坡屋面采用的瓦材、金属板、防水垫层、防水卷材、保温隔热材料及其配套材料的质量应符合设计要求。

检验方法：观察检查和检查出厂合格证、质量检验报告和进场抽样复验报告。

11.5.2 装配式轻型坡屋面瓦材、金属板、防水垫层和保温隔热材料的施工质量验收，应依据所采用的瓦材或金属板种类，按本规范相关章节工程验收的规定执行。

11.5.3 以薄壁型钢为承重结构的装配式轻型坡屋面的结构材料及构件进场验收、构件加工验收和现场安装验收，应符合现行国家标准《钢结构工程施工质量验收规范》GB 50205 的有关规定。

11.5.4 以木构件为承重结构的装配式轻型坡屋面的结构材料及构件进场验收、构件加工验收和现场安装验收，应按现行国家标准《木结构工程施工质量验收规范》GB 50206 以及相关标准的有关规定执行。

本规范用词说明

1 为便于在执行本规程条文时区别对待，对要求严格程度不同的用词说明如下：

1）表示很严格，非这样做不可的用词：
正面词采用“必须”，反面词采用“严禁”。

2）表示严格，在正常情况下均应这样做的用词：
正面词采用“应”，反面词采用“不应”或“不得”。

3）表示允许稍有选择，在条件许可时首先应这样做的用词：
正面词采用“宜”，反面词采用“不宜”；
表示有选择，在一定条件下可以这样做的用词采用“可”。

2 本规范中指定按其他有关标准、规范的规定执行时，写法为“应符合……的规定”或“应按……执行”。

引用标准名录

1 《木结构设计规范》GB 50005

2 《建筑结构荷载规范》GB 50009

3 《建筑抗震设计规范》GB 50011

4 《建筑给水排水设计规范》GB 50015

5 《民用建筑热工设计规范》GB 50176

6 《钢结构工程施工质量验收规范》GB 50205

7 《木结构工程施工质量验收规范》GB 50206

8 《硬泡聚氨酯保温防水工程技术规范》GB 50404

9 《铝及铝合金压型板》GB/T 6891

10 《绝热用模塑聚苯乙烯泡沫塑料》GB/T 10801.1

11 《绝热用挤塑聚苯乙烯泡沫塑料（XPS）》GB/T 10801.2

12 《彩色涂层钢板及钢带》GB/T 12754

13 《建筑用压型钢板》GB/T 12755

14 《聚氯乙烯防水卷材》GB 12952

15 《建筑绝热用玻璃棉制品》GB/T 17795

16 《弹性体改性沥青防水卷材》GB 18242

17 《塑性体改性沥青防水卷材》GB 18243

18 《建筑用岩棉、矿渣棉绝热制品》GB/T 19686

19 《玻纤胎沥青瓦》GB/T 20474

20 《烧结瓦》GB/T 21149

21 《建筑绝热用硬质聚氨酯泡沫塑料》GB/T 21558

22 《建筑用金属面绝热夹芯板》GB/T 23932

23 《种植屋面工程技术规程》JGJ 155

24 《混凝土瓦》JC/T 746

25 《丁基橡胶防水密封胶粘带》JC/T 942

26 《坡屋面用防水材料　聚合物改性沥青防水垫层》JC/T 1067

27 《坡屋面用防水材料　自粘聚合物沥青防水垫层》JC/T 1068

28 《自粘聚合物沥青泛水带》JC/T 1070

中华人民共和国国家标准

坡屋面工程技术规范

GB 50693—2011

条 文 说 明

制 定 说 明

《坡屋面工程技术规范》GB 50693-2011经住房和城乡建设部2011年5月12日以第1029号公告批准、发布。

本规范制定过程中，编制组进行了坡屋面工程技术的相关研究，总结了我国坡屋面工程建设的实践经验，同时参考了国外先进技术法规、技术标准，通过试验取得了坡屋面材料的重要技术参数。

为便于广大设计、施工、科研、学校等单位有关人员在使用本标准时能正确理解和执行条文规定，《坡屋面工程技术规范》编制组按章、节、条顺序编制了本规范的条文说明，对条文规定的目的、依据以及执行中需要注意的有关事项进行了说明。但是，本条文说明不具备与规范正文同等的法律效力，仅供使用者作为理解和把握规范规定的参考。

目　次

1 总　　则

1.0.1 坡屋面使用的屋面材料、保温隔热材料、配件材料种类多种多样，设计复杂，构造变化大，施工难度大。我国有些省市编制了坡屋面构造做法或图集，但目前没有比较全面、统一的坡屋面工程技术规范。本规范是在总结国内坡屋面工程的设计、施工和验收经验的基础上，并参考国内外先进技术而制定的。

1.0.2 本规范的实施将对坡屋面工程的设计、施工提供技术指导，确保坡屋面工程质量。为便于专业性屋面工程质量验收，将质量验收条文附在每章的后面，不再另成文本。

本规范不适用于膜结构、玻璃采光、小青瓦和古建筑琉璃瓦等屋面构造形式。

2 术　　语

2.0.1 本规范所指的坡屋面，是与平屋面相对而言的，坡度低于3%的屋面一般称为平屋面，坡度不小于3%的屋面称为坡屋面。

弧形屋顶的拱顶坡度小于3%，但也属于坡屋面。

2.0.2 一般把平屋面的屋顶承重板称为屋面板，而将坡屋面的承重板称为望板，也有称为斜铺屋面板的，本规范统一称为屋面板。

2.0.3 本规范中的防水垫层是作为辅助防水材料和次防水层，专指用于坡屋面的防水材料，可视为次防水层的构造层次，置于保温层下时可视为隔汽层。防水垫层是传统做法，对于坡屋面防水隔热起到重要作用。同时，防水垫层还可以使瓦材铺设平整、稳定，并起隔离、隔潮、隔热、通风和施工早期保护等作用。

2.0.5 屋面板采用整体现浇钢筋混凝土板，可以阻止水蒸气透过，不必设置隔汽层。内保温隔热屋面，采用纤维状保温隔热材料，需要在保温隔热层下设置隔汽层。当采用装配式屋面板外保温隔热时也需要做隔汽层。

2.0.13 本规范中的块瓦不含小青瓦、琉璃瓦、竹木瓦和石板瓦。

2.0.14 沥青波形瓦除了作为屋面防水材料外，还可以用作防水垫层，作防水垫层时称为波形沥青板通风防水垫层。外露使用的沥青波形瓦应有较好的耐候性。

2.0.20 装配式轻型坡屋面是指屋面采用的屋架、檩条、屋面板、保温隔热层等所有材料都是轻质的，而不是单指保温隔热材料和防水材料是轻质的。

装配式轻型坡屋面适于工厂化生产，可节省人力、加快施工速度，在北美和欧洲是一种较普遍采用的屋顶建造方式。我国在20世纪90年代后，随着现代钢结构体系的迅速发展，装配式轻型坡屋面开始在一般住宅建筑和商业建筑屋面中得到应用。

装配式轻型坡屋面可以应用在传统的新建建筑结构主体上或既有建筑结构主体上，具有防水、保温隔热及发挥建筑造型等作用。相比钢筋混凝土屋面，装配式轻型坡屋面是一种节约能源、节约材料、缩短工期、改善建筑施工环境的新型屋面做法，符合国家节能节材的要求。

2.0.21 屋面风荷载影响因素包括气候、地形、环境、建筑物高度、坡度、粗糙度等，采取的措施主要有机械固定、满粘、压顶等。风揭会造成坡屋面系统破坏，危害建筑安全，影响使用功能，因此必须引起重视。为安全起见，应根据设计要求进行屋面系统的抗风揭试验，验证是否符合屋面风荷载设计要求。

2.0.22 依据发达国家相关建筑规范的规定，在冬季最冷月平均温度等于或低于−4℃或在檐口有可能结冰并形成冰坝返水的区域或部位，应采取防冰坝措施。防冰坝措施可以是在檐口部位增设一道自粘性改性沥青防水垫层，以防止形成冰坝时，汇集在冰坝处的返水倒流进瓦片搭接部位，造成屋面渗漏。

3 基 本 规 定

3.1 材　　料

3.1.1 我国的坡屋面建筑配套材料不齐备，在工程应用中往往东拼西凑，从而影响工程质量。本条强调的配置合理是指防水材料（瓦材、防水卷材）和防水垫层、保温隔热材料、泛水材料、密封材料、固定件及配件等应相互配套，符合设计、施工要求。

在施工中，施工可操作性容易被忽视。工程采用的材料性能很好，但施工操作困难，如在岩棉保温隔热材料上抹砂浆找平层，即便厚度达到30mm，施工瓦材时也会被踩踏龟裂。

3.1.4 随着建筑构造形式，新型材料越来越多，必须重视屋面系统的防火安全。

3.2 设　　计

3.2.3 本规范把坡屋面防水等级分为两级，不再沿用传统的四级分级方法。因为Ⅳ级建筑是临时性的，不必定级，Ⅰ级建筑较少，一般采取特殊防水设计满足使用年限的要求。

坡屋面的防水等级分为两级，较为重要的建筑屋面防水等级为一级，如大型公共建筑、博物馆、医院、学校等的建筑屋面。一般工业民用建筑屋面为二级，可根据业主要求增强防水功能及设计使用年限。

3.2.4 屋面材料品种是按照坡屋面的主要类型分列

的。坡度是根据屋面的构造特点和排水能力确定的。防水垫层的选择是考虑了屋面构造和屋面材料自身的防水能力。本条不适用于装饰性屋面材料。

3.2.5 因为瓦材是不封闭连续铺设的，属搭接构造，依靠物理排水满足防水功能，但会因风雨或毛细等情况引起屋面渗漏，因此必须有辅助防水层，以达到防水效果。

3.2.8 装配式屋面板包括混凝土预制屋面板、压型钢板、木屋面板等。

当屋面为装配式屋面板时，室内水汽会通过屋面板缝隙进入保温隔热层，从而影响保温隔热效果，故宜设置隔汽层，且隔汽层应是连续的、封闭的。

3.2.9 目前，现行国家标准《建筑结构荷载规范》GB 50009中有屋面风荷载设计和计算要求，但没有要求通过抗风揭试验验证设计结果，无法确定其安全性。所以应要求进行抗风揭试验，通过抗风揭试验，来验证设计选用的保温隔热、隔汽、防水材料和机械固定件组成的屋面系统的抗风荷载的能力。目前，沥青瓦屋面、金属板屋面和防水卷材屋面已有相应的抗风揭试验标准。

3.2.10 由于瓦材在此环境下容易脱落，产生安全隐患，必须采取加固措施。块瓦和波形瓦一般用金属件锁固，沥青瓦一般用满粘和增加固定钉的措施。

3.2.14 当屋面坡度大于100%时，保温隔热材料很难固定，易发生滑动而造成安全事故，故宜采用内保温隔热方式。

3.2.16 严寒地区的房屋檐口部位容易产生冰坝积水，冰坝是在屋面檐口形成的阻水冰体，它阻止融化的雪水顺利沿屋面坡度方向流走。滞留的屋面积水倒流，造成屋面渗漏，墙面、吊顶、保温层或其他部位潮湿。

防冰坝部位增设满粘防水垫层可避免冰坝积水返流。

3.2.17 严寒和寒冷地区冬季屋顶积雪较大，当气温升高时，屋顶的冰雪下部融化，大片的冰雪会沿屋顶坡度方向下坠，易造成安全事故。因此应采取相应的安全措施，如在临近檐口的屋面上增设挡雪栅栏或加宽檐沟等措施。

3.2.19、3.2.20 坡屋面有组织排水系统汇水面积可参照表1。

表1 坡屋面汇水面积

汇水面积（m^2）		坡度（%）		备注
		3～30	≥30	
年降水量	＞500	200	100	采用虹吸排水，汇水面积增加100m^2
年降水量	≤500	300	200	不宜采用虹吸排水

3.2.23 光伏瓦和光伏防水卷材是国家倡导发展的新型屋面材料。光伏瓦主要指太阳能光伏电池与瓦材的复合体，光伏防水卷材主要指太阳能光伏薄膜电池与防水卷材的复合体，光伏瓦和光伏防水卷材与本规范中的块瓦和防水卷材的形状类似，其细部构造的设计施工可参考本规范第7章和第10章的相关规定。

3.3 施工

3.3.1 施工前对图纸会审和重点审查是很有必要的，如发现设计有不合理部分可以修改设计或重新设计。通常需要对保温和防水进行细化设计。细化设计亦称二次设计。

3.3.4 由于防水垫层通常不宜长期暴露于阳光下，因此需要尽早铺设屋面面层材料。根据材料的不同，可承受的暴露的时间从一周到一个月不等，应参照防水垫层制造商的产品说明。

3.3.5 瓦材堆垛过高容易产生位移、滑落等安全隐患；对称作业可避免屋面荷载不均和引起轻质屋面结构产生破坏和变形。

3.3.6 内保温隔热材料应符合以下规定：

5 内保温隔热屋面，要求保温隔热材料吸湿率低，防火等级高，承托保温隔热材料的构造复杂，故本规范未提供细部构造说明和示意图。

3.3.12 坡屋面施工时，由于屋面具有一定坡度，易发生施工人员安全事故，所以本条作为强制性条文。

2 当坡度大于30%时，人和物易滑落，故应采取防滑措施。

4 坡屋面工程材料

4.1 防水垫层

4.1.1 坡屋面由于坡度较大，特别是表面潮湿时，存在安全隐患。为了保证施工人员安全，防水垫层表面应有防滑性能，或采用防滑措施。

4.1.2 防水垫层应采用柔性材料，目前主要采用的是沥青类和高分子类防水垫层。本规范所列的防水垫层是目前常见的类型。

此外，现有的具有国家和行业标准的防水卷材和防水涂料，也可以作为防水垫层使用。

4.1.3 表4.1.3中所列的防水垫层具有较高的防水能力和耐用年限，主要用于防水等级为一级设防的瓦屋面，也可用于防水等级为二级设防的瓦屋面。表4.1.3中未列出的防水垫层可用于防水等级为二级设防的瓦屋面。

4.1.4～4.1.10 防水垫层已有国家或行业标准的按标准执行，对没有国家或行业标准的防水垫层，本规范提供了其主要物理性能指标，若以后颁布了相关防水垫层的国家和行业标准，应按相关标准的规定执行。

4.1.6 波形沥青通风防水垫层目前没有相关的国家标准或行业标准，表4.1.6中主要性能依据欧洲标准《波形沥青瓦——产品规格及检测方法》（Corrugated bitumen sheets——Product specification and test methods）EN 534—2006中S类产品的指标。标称厚度是指生产商明示的产品厚度值。用于一级设防的波形沥青通风防水垫层最小厚度应符合本规范表4.1.3的规定。

4.1.8 聚乙烯丙纶防水垫层用于一级设防瓦屋面时，应采用复合做法。复合防水垫层厚度不应小于2.0mm，其中聚乙烯丙纶防水垫层厚度不应小于0.7mm，聚合物水泥胶粘材料厚度不应小于1.3mm。聚乙烯丙纶防水垫层用于二级设防的瓦屋面时，聚乙烯丙纶防水垫层厚度不应小于0.7mm，可采用空铺或满粘做法。

4.2 保温隔热材料

4.2.1 坡屋面采用的保温隔热材料种类很多，标准中仅列出了常用的板状保温隔热材料。由于是坡屋面，散状保温隔热材料会滑动，不能保证厚度的均匀性，故不宜采用。

保温隔热板材也可以选用酚醛泡沫板、聚异氰脲酸酯泡沫板（PIR）等。这些板材是发达国家普遍使用的阻燃性较好的保温隔热材料，目前国内已开始使用此类材料，但没有相关的产品标准。

4.2.2 保温隔热材料的种类、型号、规格繁多，但厚度都必须达到传热系数要求，传热系数应符合《公共建筑节能设计标准》GB 50189等的规定。

4.2.3 大跨度屋面都是轻型结构，为了保证保温隔热效果和满足荷载要求，保温隔热材料的表观密度不宜太高。

岩棉、矿渣棉表观密度较大，本规范规定为不应大于$250kg/m^3$。

对于装配式轻型坡屋面和平改坡屋面，采用内保温时，保温隔热材料不受压，可以采用较低的密度，以降低屋面的荷载。

4.2.4～4.2.8 保温隔热材料的规格和物理性能应按相应的国家标准或行业标准的规定，标准被修订时，应按最新标准执行。

4.4 块　　瓦

4.4.3 各种瓦配件的规格是系统配套使用的，应避免混用。配件瓦系指脊瓦、山墙“L”形瓦、檐口瓦等瓦材。

4.5 波　形　瓦

4.5.1 沥青波形瓦目前没有相关的国家标准或行业标准，表4.5.1中主要性能依据欧洲标准《波形沥青瓦——产品规格及检测方法》（Corrugated bitumen sheets——Product specification and test methods）EN 534—2006中R类产品的指标。标称厚度是指生产商明示的产品厚度值。

4.6 金　属　板

4.6.1 压型金属板材的基板包括：热镀锌钢板、镀铝锌钢板、铝合金板、不锈钢板等。选用金属板的材质要考虑当地环境的腐蚀程度及使用者对建筑物的具体要求。本规范编制时，单层压型金属板材没有相应的产品标准，故对常用的板材材质提出了主要性能。

4.7 防 水 卷 材

4.7.1～4.7.6 本章涉及的防水卷材均为单层使用，因此对防水卷材的物理性能指标提出了更高的要求，特别是耐老化性和耐久性，所以将防水卷材人工气候老化试验的辐照时间定为2500h，辐照强度约为$5250MJ/m^2$。采用机械固定的单层防水卷材应选用具有内增强的产品。

4.8 装配式轻型坡屋面材料

4.8.1 装配式轻型坡屋面的特点是工业化程度高，施工速度快，所选择材料应便于工厂化生产，并满足国家节能环保的政策法规。在选择材料的同时，应注意各种材料之间的相容性，防止附属材料对主体钢结构或木结构的腐蚀。

4.8.2 镀锌层重量（双面）不小于$180g/m^2$的热浸镀锌板可满足一般使用年限屋顶的需要。但在近海海岸建筑、海岛建筑或其他腐蚀性环境中应用时，设计人员应确认构件的防腐性能是否满足要求。

4.8.3 装配式轻型坡屋面冷弯薄壁型钢通常采用的连接件（连接材料）的相关标准如下：

1 普通螺栓的相关标准有《六角头螺栓C级》GB/T 5780、《紧固件机械性能、螺栓、螺钉和螺柱》GB/T 3098.1等；

2 高强度螺栓的相关标准有《钢结构用高强度大六角头螺栓》GB/T 1228、《钢结构用高强度大六角螺母》GB/T 1229、《钢结构用高强度垫圈》GB/T 1230、《钢结构用高强度大六角头螺栓、大六角螺母、垫圈技术条件》GB/T 1231、《钢结构用扭剪型高强度螺栓连接副》GB/T 3632等；

3 连接薄钢板、其他金属板或其他板材采用的自攻、自钻螺钉相关标准有《十字槽盘头自钻自攻螺钉》GB/T 15856.1、《十字槽沉头自钻自攻螺钉》GB/T 15856.2、《十字槽半沉头自钻自攻螺钉》GB/T 15856.3、《六角法兰面自攻螺钉》GB/T 15856.4、《开槽盘头自攻螺钉》GB/T 5282、《开槽沉头自攻螺钉》GB/T 5283、《开槽半沉头自攻螺钉》GB/T 5284、《六角头自攻螺钉》GB/T 5285等；

4 抽芯铆钉相关标准有以下几种：

《封闭型平圆头抽芯铆钉 11级》GB/T 12615.1；

《封闭型平圆头抽芯铆钉 30级》GB/T 12615.2；

《封闭型平圆头抽芯铆钉 06级》GB/T 12615.3；

《封闭型平圆头抽芯铆钉 51级》GB/T 12615.4；

《封闭型沉头抽芯铆钉 11级》GB/T 12616.1；

《开口型沉头抽芯铆钉 10、11级》GB/T 12617.1；

《开口型沉头抽芯铆钉 30级》GB/T 12617.2；

《开口型沉头抽芯铆钉 12级》GB/T 12617.3；

《开口型沉头抽芯铆钉 51级》GB/T 12617.4；

《开口型平圆头抽芯铆钉 10、11级》GB/T 12618.1；

《开口型平圆头抽芯铆钉 30级》GB/T 12618.2；

《开口型平圆头抽芯铆钉 12级》GB/T 12618.3；

《开口型平圆头抽芯铆钉 51级》GB/T 12618.4；

《开口型平圆头抽芯铆钉 20、21、22级》GB/T 12618.5；

《开口型平圆头抽芯铆钉 40、41级》GB/T 12618.6；

5 射钉相关标准有《射钉》GB/T 18981；

6 锚栓相关标准有《碳素结构钢》GB/T 700、《低合金高强度结构钢》GB/T 1591规定的Q345等。

4.8.5 结构用定向刨花板规格和性能的相关标准有《定向刨花板》LY/T 1580，定向刨花板宜采用3级以上的板材；结构胶合板的相关标准有《胶合板 第3部分：普通胶合板通用技术条件》GB/T 9846.3。

4.8.6 装配式轻型坡屋面宜采用轻质瓦材，以降低屋面荷载，并增强屋面在地震、强风等灾害性事件下的安全性。

4.9 泛水材料

4.9.2～4.9.4 目前，与泛水材料相关的国家标准和行业标准只有《自粘聚合物沥青泛水带》JC/T 1070。此外，丁基橡胶防水密封胶粘带和一些防水卷材、防水涂料、密封胶等也可作为泛水材料。外露的泛水材料应具有耐候性能。

4.10 机械固定件

4.10.1 机械固定件主要包括固定钉、垫片、套管和压条等，材质有金属和树脂两大类。

4.10.2 机械固定件应符合以下规定：

2 在干燥或低湿度环境下可选用碳钢固定件，但应通过不少于15个周期（每个周期24h）的抗酸雨试验（360h后，表面腐蚀面积不超过15%）或不少于1000h的抗盐雾试验（1000h固定件表面不出现红锈）。

4 在机械固定单层防水卷材屋面系统中，固定件的拉拔力至关重要。因为，在风荷载的作用下，屋面的抗风揭的能力是由屋面防水卷材、保温隔热材料、隔汽材料机械固定件和压型钢板等组成的屋面系统共同承担的，其他屋面材料承担的抗风揭力要通过固定件传递给屋面结构。因此，屋面系统抗风荷载设计计算可以用固定件的拉拔力来表示，但应通过屋面系统抗风揭试验最终验证所选用的防水卷材、保温隔热材料和机械固定件是否满足风荷载设计要求。

5 当采用纤维状保温隔热材料时，采用有套管的固定钉可防止踩踏在固定钉上破坏防水卷材。

4.10.3 金属固定件的防腐性能、树脂固定件的耐候性对使用寿命和安全至关重要，应根据屋面等级采用适合的产品。

不锈钢固定件的成分不同，其使用寿命有很大差异，应谨慎选用。

4.10.5 固定件在长期使用中会产生松脱或螺钉反旋，松脱或螺钉反旋与固定件的螺纹设计和材质相关，因此有必要对固定件进行抗松脱测试。

国外对固定件的抗松脱性能的要求见表2。

表2 机械固定件抗松脱性能

测试内容	测试要求
抗松脱性	钉头旋转500圈，位移不超过$\frac{1}{4}$圈 钉头旋转900圈（测试结束），位移不超过$\frac{1}{2}$圈 钉头垂直运动900圈，垂直位移不应大于1mm，允许钉头稍微倾斜

4.12 其他材料

4.12.1 隔汽材料主要有塑料、沥青、复合铝箔等类型。

4.12.3 大部分瓦材有配件产品，为了保证屋面的完整功能，应当采用其配件。为了正确安装，需要相应的安装说明或操作规程。

5 防水垫层

5.1 一般规定

5.1.2 铝箔隔热防水垫层，具有热反射隔热作用，应使用在有空气间层的通风构造屋面中。

透汽防水垫层具有透汽的作用，在瓦屋面中，宜使用在潮湿环境和纤维状保温隔热材料之上，宜与其他防水垫层同时使用。在金属屋面中，可单独作为防水垫层使用。

5.1.4 防水垫层可采取空铺、满粘和机械固定方式。厚度在2mm以下的聚合物改性沥青防水垫层，不可采用明火热融施工。

5.1.5 当屋面坡度大于50%时，防水垫层宜采用机械固定或满粘，防止重力产生滑动。

5.1.6 对于屋面防水等级为一级的瓦屋面，通常选用自粘防水垫层，由于自粘防水垫层对钉子有握裹力。若固定钉穿透非自粘防水垫层，钉孔部位应采取密封措施。

波形沥青板通风防水垫层，钉孔位于波峰时，可不进行密封处理。

5.2 设 计 要 点

5.2.1 本条列出了防水垫层的常见做法，在设计防水垫层的位置和构造时，应考虑当地气候条件等因素，防水垫层应保证其防水功能。

3 铺设在保温隔热层下的防水垫层可兼作隔汽层。

5.2.2 细部节点部位是屋面防水的重点，需要做防水垫层附加层，通常采用自粘防水垫层以降低施工复杂性，同时保证固定件的密封。

5.3 细 部 构 造

5.3.1～5.3.9 本节列出了屋脊、檐口、檐沟、天沟、立墙、山墙、女儿墙、穿出屋面管道、变形缝等典型细部构造的一般做法，如材料供应商有特殊施工要求，可按照其要求对细部构造的处理作适当调整。

5.3.2 为了避免强风、雨水和冰坝的影响，檐口部位需要使用满粘防水垫层加强，通常采用自粘沥青防水垫层，可同时保证固定件的密封质量。

5.3.7 沥青瓦屋面的泛水一般覆盖在防水垫层上；块瓦屋面的泛水一般覆盖在瓦上。

5.3.9 变形缝的传统作法是承重墙高出屋面800mm左右，由于瓦材不能沿墙向上铺设，所以在瓦与墙的交接部位做砂浆或金属泛水，由于瓦的热胀冷缩易使泛水开缝造成渗漏水。

为防止诸多渗漏水隐患，将变形缝墙高缩至100mm，防水垫层铺过变形缝，使之达到全封闭。同时变形缝上封盖金属盖板，缝中填保温隔热材料，既满足了防水保温要求，又方便了施工。

5.4 施 工 要 点

5.4.1 防水垫层的厚度一般较防水卷材薄，因此需要基层平整、干净、干燥。只有基层质量符合规定，才能保证整个防水垫层达到平整和防水的效果。

5.4.2 由于很多防水垫层是空铺搭接，所以要求防水垫层铺设必须考虑排水及风向的影响。

5.4.3 满粘防水垫层搭接部位密封较好，因此相比机械固定或空铺施工，可以适当降低搭接宽度要求。

对于机械固定或空铺防水垫层，当屋面坡度较小时，需要根据厂家指导，适当增加搭接宽度或采取密封措施。

5.4.4 在挂瓦条和顺水条之间铺设隔热防水垫层，形成的凹曲形状有利于排水，同时利用空气间层和热反射的效果，可起到降低建筑的能耗作用。

有需要时，有时隔热垫层和防水垫层可合而为一。

5.5 工 程 验 收

主 控 项 目

5.5.1 为了保证坡屋面防水的设计使用年限，必须采用与坡屋面防水等级相适应的防水垫层，防水垫层必须符合质量标准和设计要求。

5.5.2 节点部位是防水工程最易渗漏的地方，屋面上有各种节点，均应按照设计要求和本规范的规定进行施工与验收，以确保节点的质量。

一 般 项 目

5.5.3 防水垫层的铺设顺序涉及排水效果，因此必须检查，同时搭接宽度也要满足要求。

5.5.5 防水垫层施工完成后，还有后续其他施工。因此在后续工序中，应注意防水垫层的保护，不得破坏防水垫层，如有损坏应及时修补。

6 沥青瓦屋面

6.1 一 般 规 定

6.1.1 根据《玻纤胎沥青瓦》GB/T 20474标准，沥青瓦按产品形式分为平面沥青瓦（平瓦）和叠合沥青瓦（叠瓦）两个种类。

6.1.2 沥青瓦主要适用于坡屋面，与一般防水卷材不同，瓦屋面防水原则是构造防水，以排为主，以防为辅。屋面坡度、表面耐候层和泛水节点处理，是影响屋面耐久性与防水性的三大主要原因。

沥青瓦的耐久性与瓦材的厚度有很大关系，单层沥青瓦较薄，常用于防水等级为二级的坡屋面，叠合沥青瓦可适用于防水等级为一级的坡屋面。

6.1.3 沥青瓦屋面的最小坡度是根据相关规范、实践经验确定的，作为沥青瓦搭接垫高较低，同时沥青瓦表面有彩砂，排水不畅，坡度低于20%时，易积水返灌，故坡度不应小于20%。

6.1.4 沥青瓦屋面的保温隔热材料用于屋面基层上部时，由于沥青瓦是脆性材料，为防止施工或维护修理时踩踏破坏，规定了最小的压缩强度限值。而钢结构或木结构建筑，其屋面板轻薄，在屋面板上铺设保温隔热材料比较困难，因而可利用屋顶内部结构空间填充玻璃棉等轻质保温隔热材料，作内保温屋面。

6.1.5 因为沥青瓦比较轻薄，是半柔性材料，如基层不平整，则会影响屋面外观的平整度和美观，还会引起沥青瓦的断裂。

木质屋面板在沥青瓦铺装前应确保干燥，以防止屋面板翘曲变形或发霉腐烂，影响屋面的耐久性能。

6.1.6 为满足抗风揭，屋面周边应采用满粘增强，并增加固定钉数量。其次，周边区域由于风的影响容易产生渗水，也需要满粘防漏，满粘可采用沥青胶粘材料或自粘沥青瓦。

6.1.7 环境温度低于5℃时，沥青瓦上的自粘胶条不易自行粘结，需要采取手工涂抹胶粘剂或加热等措施，才能确保其低温下的粘结性能，满足抗风揭要求。

6.2 设计要点

6.2.1 在混凝土屋面上铺设沥青瓦时，一般需要在瓦材下部做细石混凝土持钉层兼做找平层。

细石混凝土持钉层可兼做防水垫层的保护层，以防止防水垫层被钉穿而降低防水性能。在这种情况下，应采用在细石混凝土下铺设防水垫层的做法。

6.2.2 本条列出了常见的沥青瓦屋面构造做法。保温隔热材料置于木屋面板或其他屋面板上方时，可以随屋面板铺设。此外还有在吊顶上方铺设等多种方式。

6.2.3 沥青瓦采用粘和钉相结合的固定方式，每张瓦片不应少于规定的固定钉个数。由于混凝土屋面的持钉性能低于木屋面板，在混凝土屋面上固定沥青瓦需要更多的固定钉。

6.2.4 由于在强风作用下沥青瓦屋面的破坏主要发生于屋面檐口等周边部位或屋脊等突起部位，故需要在这些部位采用沥青胶粘结或增加固定钉数量等加固措施。沥青瓦抗风揭性能试验应参照国家标准《玻纤胎沥青瓦》GB/T 20474 中所规定的抗风揭试验方法进行。

6.2.5 沥青瓦用于木质结构或装配式屋面，屋面屋脊采用成品通风脊瓦，可起到降低屋顶温度和湿度的作用。

6.3 细部构造

6.3.2～6.3.4 沥青瓦屋面天沟的铺设方法有三种：搭接式、编织式和敞开式。

天沟是屋面排水的集中部位，为确保其防水性能，规定天沟部位应增铺防水垫层附加层。金属泛水做法应设置适应金属变形的构造，防止金属泛水变形破坏。

6.3.5 檐口部位是屋面排水的部位，易受强风或融雪损坏，发生渗漏现象。为确保其防水性能，规定屋面周边的檐口部位沥青瓦应采用满粘加固措施。

檐口泛水和防水垫层的设置顺序要考虑排水线路，形成层层设防的构造。

6.3.8、6.3.9 立墙或女儿墙与屋面的交接处易发生渗漏现象，应重点采取泛水构造做法。女儿墙或立墙与屋面的交界处须采用防水卷材或金属泛水做附加层，防水卷材或金属泛水应满足材料性能要求并具有相应的耐候性。

6.3.10 穿出屋面管道的泛水有现场加工或采用成品套管两种方法。

6.4 施工要点

6.4.2 檐沟、屋面周边、屋面与立墙及穿出屋面设施节点以及屋面避雷带等处的附加防水构造应在屋面瓦施工前完成，在屋面瓦施工后，这些部位的细部处理将难以完成。目前有许多屋面瓦施工方与防水垫层施工方不是同一单位，易造成屋面施工顺序的颠倒和防水节点施工不良，互相推诿责任。

6.4.3 沥青瓦施工应设置基准线施工，以防止随意安装，降低瓦材防水性能和影响外观。

6.4.4 沥青瓦是依靠瓦材的搭接构造防水，为防止增大外露面积引起搭接渗漏，规定外露部位的宽度非常重要。

对于宽度规格为333mm的沥青瓦，依据《玻纤胎沥青瓦》GB 20474，沥青瓦切口深度＝[沥青瓦宽度(333)－43]/2＝145mm。为了确保沥青瓦切口处搭接不产生渗漏，故要求外露部位不大于143mm。

对于其他宽度规格的沥青瓦应按照沥青瓦制造商规定的外露尺寸要求。

6.4.6 在安装屋脊部位时，由于没有上片沥青瓦覆盖固定钉，故屋脊部位外露的固定钉钉帽应涂盖沥青基胶粘材料，防止暴露锈蚀。

6.4.7 应确保固定钉的贯入深度，以保证固定钉的持钉性能、整体性能和美观性，并不得损伤沥青瓦。

6.4.9 板状保温隔热材料的铺设应符合以下规定：

2 铺设保温隔热材料，对缝严密、固定牢固，防止后续施工导致保温隔热材料滑动。

6.5 工程验收

主控项目

6.5.5 钉帽突出沥青瓦，瓦片互相不贴合，将严重影响持钉效果和自粘胶条的粘结效果，影响沥青瓦的防水性能和抗风性能。钉帽亦不该嵌入沥青瓦，以防止破坏沥青瓦降低固定效果。固定钉应采用薄平型钉帽，不应采用不易贴合的沉头钉或厚钉帽。

除屋脊部位外，沥青瓦屋面的固定钉不得外露。

屋脊部位外露的固定钉应用密封膏封严。

6.5.6 沥青瓦是依靠瓦材的搭接构造防水，瓦材的搭接尺寸应满足设计和生产商的要求，不应过大。拉大外露面宽度，将产生搭接渗漏，严重影响沥青瓦的整体粘结性能和防水性能，造成屋面渗漏和瓦片脱落。

一 般 项 目

6.5.10 沥青瓦应错缝安装，以确保达到防水效果。

6.5.11 持钉层的质量是影响瓦材固定效果和整体外观的重要前道工序，应在验收时予以注意。

7 块瓦屋面

7.1 一 般 规 定

7.1.1 有防水设计（如搭接边设计）的瓦材方可应用在防水等级为一级的屋面。

本规范的块瓦不含各类不防水的装饰瓦及木瓦。

本规范不适用于石板瓦、琉璃瓦、小青瓦屋面等。

7.1.2 考虑到块瓦相互搭接的特性，搭接部位垫高较大，实际减缓了10%的坡度，为了保证瓦材的构造防水性能，所以坡度不应小于30%。

7.1.4 采用干挂铺瓦方式施工方便安全，可避免水泥砂浆卧瓦安装方式的缺陷：产生冷桥、污染瓦片、冬季砂浆收缩拉裂瓦片、粘结不牢引起脱落、不利于通风隔热节能。

檐口部位是受风压较集中的部位，故应在此部位采取加固措施。

7.2 设 计 要 点

7.2.1 本条列出了多种常用的适用于块瓦的坡屋面构造，可以根据设计要求选择。

7.2.2 在檐口和屋脊处安装通风隔热节能设施，可使木质顺水条和挂瓦条干燥并带走保温隔热层中的湿气，增强保温隔热性能。夏季可通过通风构造降低室内温度，节约能源。

7.2.3 为了消除融雪冰坠和檐口排水湿墙的现象，檐口宜设置檐沟，进行有组织排水。为了施工便捷宜采用成品檐沟。

7.2.5 檐沟的宽度可以根据不同地区雨量、屋面坡度和汇水面积确定。

7.2.6 加强措施是指每片瓦应使用带螺纹的钉固定在挂瓦条上，瓦片下部应使用不锈钢扣件固定在挂瓦条上。配件瓦应使用金属扣件固定在支撑木上。

7.3 细 部 构 造

7.3.1 通风屋脊是屋面防水的薄弱环节，构造多种多样，应视瓦材品种采用相应的构造作法，宜使用干铺法施工。

7.3.2 对块瓦的通风檐口挑入檐沟的长度作了规定，主要目的为防止末块瓦返水。檐口挡箅可以防止虫鸟进入。

7.3.5 山墙部位的檐口封边瓦宜采用卧浆做法。

2 水泥砂浆的勾缝表面宜涂刷与瓦片同色的涂料。

7.3.7 穿出屋面的管道，除了使用成品通气管瓦之外，使用耐候性自粘泛水代替传统水泥砂浆抹面，可以确保管根部位的防水效果。

7.4 施 工 要 点

7.4.2 为了保证块瓦屋面的平整度、利于排水和美观等，首先应控制挂瓦条的平整度。混凝土找平层的平整度一般在±5mm，顺水条和挂瓦条尺寸偏差一般在±2mm。

7.4.4 本条主要是为了保证防水效果和屋顶外观美观。

8 波形瓦屋面

8.1 一 般 规 定

8.1.1 根据波形瓦的材质和构造特点，波形瓦宜用于防水等级为二级的坡屋面工程。

8.1.2 波形瓦一般较大，但不可因搭接宽度而降低屋面坡度，所以屋面坡度定为不应小于20%。

8.1.3 波形瓦本身强度较高，单片瓦面积较大，可以不需要屋面板承托，常用于无望板屋面系统，此时屋面作内保温，保温隔热材料宜选用不燃材料，并设置承托保温隔热材料的构造。

8.2 设 计 要 点

8.2.1 本条列出常用波形瓦的坡屋面构造，可以根据设计要求选择。

8.2.4 波形瓦上下搭接宽度和屋面坡度有关，当屋面坡度越缓，在风的作用下雨水倒灌的可能性也越大，故而其搭接宽度越宽。表8.2.4中所示数据均为最小值。波形瓦用于沿海等强风地区应根据当地气候条件进行加固。

屋面坡度越大，瓦材滑动可能性增加，当坡度大于30%时应适当增加固定钉数量。

8.3 细 部 构 造

8.3.4 对于无屋面板承托的波形瓦屋面天沟，应根据情况设置必要的承托构件，以防止天沟下垂变形。

8.4 施 工 要 点

8.4.4 波形瓦固定件穿过波形瓦固定在混凝土板、

木屋面板或挂瓦条等上面，为保证防水，固定件的安装位置应设在波峰处，并均匀布置，必要时还要采取密封措施。

8.5 工程验收

主 控 项 目

8.5.2 各工序间的交接检验应由专职人员检查，有完整的质量记录，经监理或建设单位再次进行检查验收后方可进行下一工序的施工作业。波形瓦屋面细部构造处理是屋面系统成败的关键，屋面细部构造处理应全部进行检查。

一 般 项 目

8.5.9 细石混凝土持钉层施工完毕后应采取覆盖、淋水或洒水等手段充分养护，保证持钉层质量。

9 金属板屋面

9.1 一 般 规 定

9.1.2 依据相关钢结构技术规范的规定，金属板屋面坡度不宜小于5%。但拱形、球冠形屋面顶部的局部坡度可以小于5%。

9.1.3 单层压型金属板材的材质、板型、涂层、连接形式和接缝等因素都可影响屋面使用寿命，根据单层压型金属板材特性的不同，适用于防水等级为一级、二级的坡屋面。

9.1.6 单层压型金属板屋面采用的防水垫层不分级，根据设计选择。

9.2 设 计 要 点

9.2.3 在金属板屋面系统中，风荷载设计至关重要。而抗风揭试验是验证风荷载设计的重要手段。金属屋面的抗风揭试验按相关的规定执行。

9.2.4 压型金属板变形计算公式：

$$\Delta L = \alpha \cdot L \cdot \Delta T$$

式中：ΔL——变形长度；

α——线膨胀系数；

L——板材长度；

ΔT——温差。

铝合金板线膨胀系数约为：23.6×10^{-6} (℃)$^{-1}$；

钢板线膨胀系数约为：12×10^{-6} (℃)$^{-1}$；

聚碳酸酯板线膨胀系数约为：67×10^{-6} (℃)$^{-1}$；

玻璃纤维增强聚酯板线膨胀系数约为：26.8×10^{-6} (℃)$^{-1}$；

安全玻璃线膨胀系数约为：5×10^{-6} (℃)$^{-1}$；

伸缩变形计算温差 ΔT 可取安装时温度分别与夏天（65℃）和冬天（－15℃）温度差的较大值。

9.2.5 屋面形式繁多，为防止雨雪在金属板屋面上堆积而造成渗水现象及在金属板材搭接处的渗漏现象，不同的排水坡度应采用不同的金属板材连接形式。

9.2.6 天沟设置在建筑物内部时，必须考虑结构安全和保温隔热要求等因素。金属檐沟不作结构起坡，天沟如需要起坡，要视实际设计、制造和安装情况而定。

9.2.8 屋面开口是屋面防水的重要部位。对于一般支撑屋面设备的开口，建议使用屋面支架，但必须考虑支架的原材料与金属屋面板是否会发生电化学反应，以及支架和屋面板之间的密封效果。若是一般管道伸出金属屋面板，则可使用高耐候橡胶密封带进行密封。

9.2.9 纤维状保温材料包括岩棉、矿渣棉和玻璃棉等构成的保温隔热材料。因为纤维状保温材料吸湿性大应设置隔汽层。

9.3 细 部 构 造

9.3.1 本条是金属板屋面在建筑物屋脊部分的构造内容。

2 不同的板型，屋脊盖板的形式是不一样的。在搭接型和扣合型屋面板中，经常使用与板型一致的屋脊板。屋脊板和屋面板的连接必须作好泛水处理；咬口型屋面板使用特制的屋脊盖板，利用板端挡水板作泛水处理。

9.4 施 工 要 点

9.4.1 金属板材施工采用专用吊具吊装，可防止金属板材在吊装中的变形或将金属板面的涂层破坏。

9.4.6 保护措施包括清理安装产生的金属屑，避免金属屑的锈蚀对金属板材的破坏。

10 防水卷材屋面

10.1 一 般 规 定

10.1.1 本章内容适用于单层防水卷材坡屋面。

所谓单层防水卷材，顾名思义是指一层防水卷材。这一层防水卷材的性能必须达到相应防水层设计使用年限的要求。

10.1.2 防水卷材的使用对屋面坡度没有要求，从0°到90°都可以使用防水卷材。由于本规范是针对坡屋面的，屋面坡度小于3%的视为平屋面，故本章规定使用的坡度为3%以上。

10.1.4 本章采用的聚氯乙烯（PVC）防水卷材、三元乙丙橡胶（EPDM）防水卷材、热塑性聚烯烃（TPO）防水卷材、弹性体（SBS）改性沥青防水卷材、塑性体（APP）改性沥青防水卷材等五种防水卷材，是经过工程实践检验质量可靠的防水材料。

10.1.5 保温隔热板材也可选用酚醛泡沫板、聚异氰脲酸酯泡沫板（PIR）等。上述板材是发达国家普遍使用的阻燃性较好的保温隔热材料，目前国内已开始使用此类材料，但还没有相关的产品标准。

10.2 设计要点

10.2.1 单层防水卷材的屋面对防水卷材的材料要求高于平屋面用防水卷材，特别是对其耐候性、机械强度和尺寸稳定性等指标有较高要求。并非所有防水卷材都能单层使用。单层防水卷材应满足使用年限的要求，还应达到表10.2.1-1要求的厚度，不得折减。尤其是改性沥青防水卷材，不管是一级还是二级都要达到5mm的厚度。

单层防水卷材搭接宽度既与搭接处防水质量有关，也与抗风揭有关。采用满粘法施工时，由于防水卷材全面积粘结在基层上，可起到抗风揭作用，此时高分子防水卷材长短边搭接宽度不应小于80mm、改性沥青防水卷材长短边搭接宽度不应小于100mm。

采用机械固定法施工热风焊接防水卷材时，大面积是空铺的，为起到抗风揭作用和确保防水质量，高分子防水卷材长短边搭接宽度不应小于80mm，有效焊缝不应小于25mm；改性沥青防水卷材长短边搭接宽度不应小于80mm，有效焊缝不应小于40mm。当搭接部位需要覆盖机械固定垫片时，搭接宽度应按表10.2.1-2的要求增加搭接宽度。

一般情况下，PVC、TPO等高分子防水卷材既采用热风焊接搭接，也可以采用双面自粘搭接胶带搭接；三元乙丙橡胶（EPDM）防水卷材不能采用热风焊接方式搭接，只能采用双面自粘搭接胶带搭接，搭接宽度应按表10.2.1-2中的规定执行。

10.2.3 在机械固定单层防水卷材屋面系统中，风荷载设计至关重要。而抗风揭试验是验证风荷载设计的重要手段。屋面的抗风揭的能力是由屋面防水卷材、保温隔热材料、隔汽材料机械固定件和压型钢板等组成的屋面系统共同承担的。因此，要考虑整个屋面系统的抗风揭能力，即不仅要考虑选用具有内增强的防水卷材，而且还要考虑选用符合设计强度要求的保温隔热材料、机械固定件和压型钢板等，根据屋面风荷载的分布，设计屋面檐角、边檐及屋面中间区机械固定钉的分布和数量、钉距等；然后，还要通过屋面系统抗风揭试验来验证选用的屋面系统材料是否满足风荷载设计要求。

目前，单层防水卷材屋面系统抗风揭性能试验应参照《聚氯乙烯防水卷材》GB 12952中所规定的抗风揭试验方法执行。抗风揭试验目前有静态法和动态法，国外静态法一般取安全系数为2，动态法一般取安全系数为1.5。抗风揭模拟试验得到的抗风揭结果不应小于风荷载设计值乘以安全系数的积。

10.2.6 屋面保温隔热材料设计应符合下列规定：

4 不是成品的天沟或内檐沟，往往会减薄保温隔热层厚度，削弱了保温隔热层的功能，造成排水沟底部和室内结露现象。

10.2.7 为抵抗风荷载，采用机械固定件将保温隔热层和防水层固定在屋面板上，因此对保温隔热材料的抗压强度、点荷载变形提出了要求。如不能满足抗压强度、点荷载要求，保温隔热层上应增设水泥加压板、石膏板或防火板等增强层。

10.2.8 固定保温隔热材料的固定件数量除了与保温隔热材料的材质有关，也和屋面坡度大小有关，当屋面坡度大于50%时，可适当增加固定件数量。

10.2.9 炎热地区或保温隔热材料湿度大时，宜设计排汽屋面，屋脊部位设排汽孔。对于有特殊要求的建筑可设计通风屋面。

10.2.10 必须重视材料的相容性问题，包括卷材与保温材料、卷材与粘接材料和保温材料与粘接材料等之间的相容性。

10.2.11 含有增塑剂的高分子防水卷材，如聚氯乙烯防水卷材、氯化聚乙烯防水卷材等，与挤塑聚苯乙烯泡沫塑料（XPS）、模塑聚苯乙烯泡沫塑料（EPS）、聚氨酯泡沫保温材料和聚异氰脲酸酯保温材料等泡沫保温材料之间应增设隔离层。隔离层材料一般可采用聚酯无纺布覆盖泡沫保温材料，推荐选用不小于$80g/m^2$的长丝纺粘法聚酯无纺布或不小于$120g/m^2$的短丝针刺法聚酯无纺布，也可选用经防水卷材生产商根据隔离效果确认的隔离层材料。

10.3 细部构造

10.3.6 变形缝处的防水层，伸缩变形较大。

10.4 施工要点

10.4.3 满粘防水卷材很难百分之百粘结在基层上。卷材与基层的满粘施工是为了抗风揭的要求，在工程中不宜理解为卷材百分之百粘结在基层上，但搭接缝应是百分之百粘结的。

2 通常胶粘剂会与合成高分子泡沫保温材料发生反应，因此不能直接粘贴。

3 有些胶粘剂与高分子防水卷材会发生反应，应选用与防水卷材相容的胶粘剂施工。

10.5 工程验收

主控项目

10.5.5 要求焊缝有熔浆挤出，是为了对防水卷材边缘部位的胎基封闭，避免其吸水导致分层剥离。对于焊接的搭接缝采用目测检测；对于胶粘带搭接，可通过淋水后检查，如有粘结不实或有孔隙，则其搭接部位经淋水后会有水印。

11 装配式轻型坡屋面

11.1 一 般 规 定

11.1.1 平改坡屋面因其原有屋面已有防水层，后加的屋面防水层可按二级防水设计。

11.1.2 装配式轻型坡屋面采用的屋面材料以沥青瓦和波形瓦为主，故其坡度不应小于 20%。

11.1.3 鉴于原有建筑物的情况多种多样，为了保证平改坡屋面工程的安全，应对原有建筑物的承载能力和结构安全性作审核或验算。

11.2 设 计 要 点

11.2.1 装配式轻型坡屋面结构，必须注意安全。因此，应对结构构件和连接件进行荷载计算，并按抗震要求设计。

11.2.3 既有建筑原已设置的保温隔热材料如符合国家相关建筑节能要求时，平改坡屋面可不增加保温隔热层，如既有建筑保温隔热性能与现行国家建筑节能标准相差很大，可考虑在平改坡的同时增设保温隔热材料。为防止屋面构件的腐蚀，增强屋面的耐久性，平改坡屋面可采取通风设计方法。平改坡屋面宜预留上人孔，上人孔或通风口可结合老虎窗综合设计。

11.2.4 装配式轻型坡屋面保温隔热层设计应符合以下规定：

1 装配式轻型坡屋面的保温隔热形式以在屋面内部铺设玻璃棉等轻质保温隔热材料为主，保温隔热材料可在吊顶上方水平铺设，施工便捷，节省材料。为确保保温隔热材料和屋面板的干燥、防止水汽凝结和增加屋顶隔热性能，宜对屋面板（或屋面面层）和保温隔热材料之间的空腔采取通风措施。通风的方法包括设置通风口、通风器、通风屋脊或开设老虎窗等。通风间层高度不宜小于 50mm，否则实际通风效果较差。

11.2.5 为减少冷凝水的可能性和降低室内能耗，要确保室内外的空气气密性，合理设置隔汽层，应注意屋顶各种穿出构件的处理，例如装修和灯饰处，应确保各种孔洞缝隙的密封，以减少不良空气流动和水蒸气扩散。

在装配式轻型坡屋面设计中要确保屋顶保温隔热层和外墙保温隔热层的连续性，防止屋顶和外墙连接处产生冷桥，导致墙面或屋顶水汽冷凝，影响正常使用。

屋顶的隔汽层，一般应放置于保温隔热材料内侧。屋面构造、隔汽层的采用和部位应由设计确定。考虑到在湿热地区夏季空调的广泛使用，部分屋顶采用对外封闭，内部不采用隔汽层的设计方法。屋顶的构造设计，宜因地制宜，考虑建筑的具体情况和当地气候的特点而确定。

在下列情况不宜设置隔汽层：

1 温凉区（IVA、IVB）或全年月平均温度超过 7.0℃，或年降水量超过 500mm 的湿热地区；

2 已采取其他措施防止屋面出现冷凝水的屋面。

11.3 细 部 构 造

11.3.3 为确保整个屋面系统的结构安全性，所有桁架或屋面梁都应被牢固固定。平改坡屋面增加的卧梁（可根据结构需要采用部分架空梁）均应坐于原结构的承重墙上。而且卧梁应互相连接，从而形成一体以抵抗因风荷载引起的整体倾覆。必要时，还可将部分卧梁通过植筋的方式与原结构联为一体。

平改坡屋面新增的钢筋混凝土承重架空梁，梁的两端均应搁置在原有承重墙的位置上。圈（卧）梁、架空梁两端及屋架支承处须直接立在原屋面结构层上，其余梁底均用 20mm 厚聚苯乙烯泡沫塑料垫起，不与原屋面直接接触。卧梁的数量应适中，从而在保证整体抗倾覆的前提下使附加荷载均匀有效地传至原结构系统。

11.4 施 工 要 点

11.4.2 既有建筑防水层可作为屋面的第二道防水层，尽量保留。既有建筑防水层和保温层如有渗漏和破损应先修补。

中华人民共和国行业标准

种植屋面工程技术规程

Technical specification for green roof

JGJ 155—2013

批准部门：中华人民共和国住房和城乡建设部
施行日期：2 0 1 3 年 1 2 月 1 日

中华人民共和国住房和城乡建设部
公　告

第 47 号

住房城乡建设部关于发布行业标准《种植屋面工程技术规程》的公告

现批准《种植屋面工程技术规程》为行业标准，编号为 JGJ 155－2013，自 2013 年 12 月 1 日起实施。其中，第 3.2.3、5.1.7 条为强制性条文，必须严格执行。原《种植屋面工程技术规程》JGJ 155－2007 同时废止。

本规程由我部标准定额研究所组织中国建筑工业出版社出版发行。

中华人民共和国住房和城乡建设部
2013 年 6 月 9 日

前　言

根据住房和城乡建设部《关于印发〈2011 年工程建设标准规范制订、修订计划〉的通知》（建标［2011］17 号）的要求，规程编制组经广泛调查研究，认真总结实践经验，参考有关国际标准和国外先进标准，并在广泛征求意见的基础上，修订了《种植屋面工程技术规程》JGJ 155－2007。

本规程的主要技术内容是：1 总则；2 术语；3 基本规定；4 种植屋面工程材料；5 种植屋面工程设计；6 种植屋面工程施工；7 质量验收；8 维护管理。

本规程修订的主要技术内容是：

1. 增加了屋面植被层设计、施工和质量验收的内容；

2. 增加了容器种植和附属设施的设计、施工和质量验收的内容；

3. 调整了种植屋面用耐根穿刺防水材料种类；

4. 增加了“养护管理”的内容；

5. 调整了常用植物表。

本规程中以黑体字标志的条文为强制性条文，必须严格执行。

本规程由住房和城乡建设部负责管理和对强制性条文的解释，由中国建筑防水协会负责具体技术内容的解释。执行过程中如有意见或建议，请寄送中国建筑防水协会（地址：北京市海淀区三里河路 11 号；邮编：100831）。

本规程主编单位：中国建筑防水协会
天津天一建设集团有限公司

本规程参编单位：北京市园林科学研究所
天津市农业科学院园艺工程研究所
中国建筑材料科学研究总院苏州防水研究院
北京东方雨虹防水技术股份有限公司
索普瑞玛（上海）建材贸易有限公司
深圳市卓宝科技股份有限公司
上海中卉生态科技有限公司
天津奇才防水材料工程有限公司
唐山德生防水股份有限公司
徐州卧牛山新型防水材料有限公司
北京世纪洪雨科技有限公司
盘锦禹王防水建材集团有限公司
青岛大洋灯塔防水有限公司
北京圣洁防水材料有限公司
辽宁大禹防水科技发展有限公司

潍坊市宏源防水材料有限公司
广东科顺化工实业有限公司
胜利油田大明新型建筑防水材料有限责任公司
广州秀珀化工股份有限公司
北京宇阳泽丽防水材料有限责任公司
威达吉润（扬州）建筑材料有限公司
深圳市蓝盾防水工程有限公司
江苏欧西建材科技发展有限公司
坚倍斯顿防水材料（上海）有限公司
北京市建国伟业防水材料有限公司
山东鑫达鲁鑫防水材料有限公司
秦皇岛市松岩建材有限公司

本规程主要起草人员：朱冬青 李承刚 王　天 韩丽莉 朱志远 马丽亚 郭蔚飞 尚华胜 孔祥武 王月宾 柯思征 朱卫如 李冠中 李　玲 杜　昕 邹先华 张伶俐 罗玉娟 李　勇 杨　光 李国干 陈玉山 张广彬 王　颖 王洪波 弭明新 陈宝忠 孙　哲 王书苓 陈伟忠 孟凡城

本规程主要审查人员：方展和 古润泽 王自福 姜永彪 张道真 马　跃 霍瑞琴 曲　慧 费毕刚 张玉玲 张　勇

目　次

Contents

1 总 则

1.0.1 为贯彻国家保护环境及节约能源和资源的政策，规范种植屋面工程技术要求，做到技术先进、安全可靠、经济合理，制定本规程。

1.0.2 本规程适用于新建、既有建筑屋面和地下建筑顶板种植工程的设计、施工、质量验收和维护管理。

1.0.3 种植屋面工程的设计、施工、质量验收和维护管理除应符合本规程外，尚应符合国家现行有关标准的规定。

2 术 语

2.0.1 种植屋面 green roof

铺以种植土或设置容器种植植物的建筑屋面或地下建筑顶板。

2.0.2 地下建筑顶板 underground structure plaza

地下建筑物、构筑物的顶部承重板。

2.0.3 简单式种植屋面 extensive green roof

仅种植地被植物、低矮灌木的屋面。

2.0.4 花园式种植屋面 intensive green roof

种植乔灌木和地被植物，并设置园路、坐凳等休憩设施的屋面。

2.0.5 容器种植 contained planting

在可移动组合的容器、模块中种植植物。

2.0.6 耐根穿刺防水层 root penetration resistant waterproof layer

具有防水和阻止植物根系穿刺功能的构造层。

2.0.7 排（蓄）水层 water drainage/retain layer

能排出种植土中多余水分（或具有一定蓄水功能）的构造层。

2.0.8 过滤层 filter layer

防止种植土流失，且便于水渗透的构造层。

2.0.9 种植土 growing soil

具有一定渗透性、蓄水能力和空间稳定性，可提供屋面植物生长所需养分的田园土、改良土和无机种植土的总称。

2.0.10 田园土 natural soil

田园土或农耕土。

2.0.11 改良土（有机种植土）improved soil (organic soil)

由田园土、轻质骨料和有机或无机肥料等混合而成的种植土。

2.0.12 无机种植土 inorganic soil

由多种非金属矿物质、无机肥料等混合而成的种植土。

2.0.13 植被层 plant layer

种植草本植物、木本植物的构造层。

2.0.14 地被植物 ground cover plant

用以覆盖地面的、株丛密集的低矮植物的统称。

2.0.15 种植池 planting container

用以种植植物的不可移动的构筑物，也称树池。

2.0.16 园林小品 garden ornaments

园林中供休憩、装饰、展示和为园林管理及方便游人使用的小型设施。

2.0.17 园路 garden path

种植屋面上供人行走的道路。

2.0.18 缓冲带 buffering stripes

种植土与女儿墙、屋面凸起结构、周边泛水及檐口、排水口等部位之间，起缓冲、隔离、滤水、排水等作用的地带（沟），一般由卵石构成。

3 基本规定

3.1 材 料

3.1.1 种植屋面应按构造层次、种植要求选择材料。材料应配置合理、安全可靠。

3.1.2 种植屋面选用材料的品种、规格、性能等应符合国家现行有关标准和设计要求，并应提供产品合格证书和检验报告。

3.1.3 普通防水材料和找坡材料的选用应符合现行国家标准《屋面工程技术规范》GB 50345、《坡屋面工程技术规范》GB 50693 和《地下工程防水技术规范》GB 50108 的有关规定。

3.1.4 耐根穿刺防水材料的选用应通过耐根穿刺性能试验，试验方法应符合现行行业标准《种植屋面用耐根穿刺防水卷材》JC/T 1075 的规定，并由具有资质的检测机构出具合格检验报告。

3.1.5 种植屋面使用的材料应符合有关建筑防火规范的规定。

3.2 设 计

3.2.1 种植屋面工程设计应遵循“防、排、蓄、植”并重和“安全、环保、节能、经济，因地制宜”的原则。

3.2.2 种植屋面不宜设计为倒置式屋面。

3.2.3 种植屋面工程结构设计时应计算种植荷载。既有建筑屋面改造为种植屋面前，应对原结构进行鉴定。

3.2.4 种植屋面荷载取值应符合现行国家标准《建筑结构荷载规范》GB 50009 的规定。屋顶花园有特殊要求时，应单独计算结构荷载。

3.2.5 种植屋面绝热层、找坡（找平）层、普通防水层和保护层设计应符合现行国家标准《屋面工程技术规范》GB 50345、《地下工程防水技术规范》GB 50108 的有关规定。

3.2.6 屋面基层为压型金属板，采用单层防水卷材的种植屋面设计应符合国家现行有关标准的规定。

3.2.7 当屋面坡度大于20%时，绝热层、防水层、排（蓄）水层、种植土层等均应采取防滑措施。

3.2.8 种植屋面应根据不同地区的风力因素和植物高度，采取植物抗风固定措施。

3.2.9 地下建筑顶板种植设计应符合现行国家标准《地下工程防水技术规范》GB 50108的规定。

3.2.10 种植屋面工程设计应符合现行国家标准《建筑设计防火规范》GB 50016的规定，大型种植屋面应设置消防设施。

3.2.11 避雷装置设计应符合现行国家标准《建筑物防雷设计规范》GB 50057的规定。

3.3 施　工

3.3.1 种植屋面防水工程和园林绿化工程的施工单位应有专业施工资质，主要作业人员应持证上岗，按照总体设计作业程序施工。

3.3.2 种植屋面施工应符合现行国家标准《建设工程施工现场消防安全技术规范》GB 50720的规定。

3.3.3 屋面施工现场应采取下列安全防护措施：

1 屋面周边和预留孔洞部位必须设置安全护栏和安全网或其他防止人员和物体坠落的防护措施；

2 屋面坡度大于20%时，应采取人员保护和防滑措施；

3 施工人员应戴安全帽，系安全带和穿防滑鞋；

4 雨天、雪天和五级风及以上时不得施工；

5 应设置消防设施，加强火源管理。

3.4 质量验收

3.4.1 种植屋面工程质量验收应符合国家现行标准《建筑工程施工质量验收统一标准》GB 50300、《屋面工程质量验收规范》GB 50207、《地下防水工程质量验收规范》GB 50208、《园林绿化工程施工及验收规范》CJJ 82的有关规定。

3.4.2 种植屋面工程施工过程中应按分部（子分部）、分项工程和检验批的规定验收，并应做好记录。

3.4.3 种植屋面防水工程竣工后，平屋面应进行48h蓄水检验，坡屋面应进行3h持续淋水检验。

3.4.4 种植屋面各分项工程质量验收的主控项目应符合设计要求。

4 种植屋面工程材料

4.1 一般规定

4.1.1 种植屋面绝热层应选用密度小、压缩强度大、导热系数小、吸水率低的材料。

4.1.2 找坡材料应符合下列规定：

1 找坡材料应选用密度小并具有一定抗压强度的材料；

2 当坡长小于4m时，宜采用水泥砂浆找坡；

3 当坡长为4m～9m时，可采用加气混凝土、轻质陶粒混凝土、水泥膨胀珍珠岩和水泥蛭石等材料找坡，也可采用结构找坡；

4 当坡长大于9m时，应采用结构找坡。

4.1.3 耐根穿刺防水材料应具有耐霉菌腐蚀性能。

4.1.4 改性沥青类耐根穿刺防水材料应含有化学阻根剂。

4.1.5 种植屋面排（蓄）水层应选用抗压强度大、耐久性好的轻质材料。

4.1.6 种植土应具有质量轻、养分适度、清洁无毒和安全环保等特性。

4.1.7 改良土有机材料体积掺入量不宜大于30%；有机质材料应充分腐熟灭菌。

4.2 绝热材料

4.2.1 种植屋面绝热材料可采用喷涂硬泡聚氨酯、硬泡聚氨酯板、挤塑聚苯乙烯泡沫塑料保温板、硬质聚异氰脲酸酯泡沫保温板、酚醛硬泡保温板等轻质绝热材料。不得采用散状绝热材料。

4.2.2 喷涂硬泡聚氨酯和硬泡聚氨酯板的主要性能应符合现行国家标准《硬泡聚氨酯保温防水工程技术规范》GB 50404的有关规定。

4.2.3 挤塑聚苯乙烯泡沫塑料保温板的主要性能应符合现行国家标准《绝热用挤塑聚苯乙烯泡沫塑料(XPS)》GB/T 10801.2的有关规定。

4.2.4 硬质聚异氰脲酸酯泡沫保温板的主要性能应符合现行国家标准《绝热用聚异氰脲酸酯制品》GB/T 25997的规定。

4.2.5 酚醛硬泡保温板的主要性能应符合现行国家标准《绝热用硬质酚醛泡沫制品（PF）》GB/T 20974的规定。

4.2.6 种植屋面保温隔热材料的密度不宜大于100kg/m^3，压缩强度不得低于100kPa。100kPa压缩强度下，压缩比不得大于10%。

4.3 耐根穿刺防水材料

4.3.1 弹性体改性沥青防水卷材的厚度不应小于4.0mm，产品包括复合铜胎基、聚酯胎基的卷材，应含有化学阻根剂，其主要性能应符合现行国家标准《弹性体改性沥青防水卷材》GB 18242及表4.3.1的规定。

表4.3.1 弹性体改性沥青防水卷材主要性能

项目	耐根穿刺性能试验	可溶物含量（g/m^2）	拉力（N/50mm）	延伸率（%）	耐热性（℃）	低温柔性（℃）
性能要求	通过	≥2900	≥800	≥40	105	−25

4.3.2 塑性体改性沥青防水卷材的厚度不应小于4.0mm，产品包括复合铜胎基、聚酯胎基的卷材，应含有化学阻根剂，其主要性能应符合现行国家标准《塑性体改性沥青防水卷材》GB 18243及表4.3.2的规定。

表4.3.2 塑性体改性沥青防水卷材主要性能

项目	耐根穿刺性能试验	可溶物含量（g/m²）	拉力（N/50mm）	延伸率（%）	耐热性（℃）	低温柔性（℃）
性能要求	通过	≥2900	≥800	≥40	130	−15

4.3.3 聚氯乙烯防水卷材的厚度不应小于1.2mm，其主要性能应符合现行国家标准《聚氯乙烯（PVC）防水卷材》GB 12952及表4.3.3的规定。

表4.3.3 聚氯乙烯防水卷材主要性能

类型	耐根穿刺性能试验	拉伸强度	断裂伸长率（%）	低温弯折性（℃）	热处理尺寸变化率（%）
匀质	通过	≥10MPa	≥200	−25	≤2.0
玻纤内增强	通过	≥10MPa	≥200	−25	≤0.1
织物内增强	通过	≥250 N/cm	≥15（最大拉力时）	−25	≤0.5

4.3.4 热塑性聚烯烃防水卷材的厚度不应小于1.2mm，其主要性能应符合现行国家标准《热塑性聚烯烃（TPO）防水卷材》GB 27789及表4.3.4的规定。

表4.3.4 热塑性聚烯烃防水卷材主要性能

类型	耐根穿刺性能试验	拉伸强度	断裂伸长率（%）	低温弯折性（℃）	热处理尺寸变化率（%）
匀质	通过	≥12MPa	≥500	−40	≤2.0
织物内增强	通过	≥250 N/cm	≥15（最大拉力时）	−40	≤0.5

4.3.5 高密度聚乙烯土工膜的厚度不应小于1.2mm，其主要性能应符合现行国家标准《土工合成材料　聚乙烯土工膜》GB/T 17643和表4.3.5的规定。

表4.3.5 高密度聚乙烯土工膜主要性能

项目	耐根穿刺性能试验	拉伸强度（MPa）	断裂伸长率（%）	低温弯折性（℃）	尺寸变化率（%，100℃，15min）
性能要求	通过	≥25	≥500	−30	≤1.5

4.3.6 三元乙丙橡胶防水卷材的厚度不应小于1.2mm，其主要性能应符合现行国家标准《高分子防水材料　第1部分：片材》GB 18173.1中JL1及表4.3.6-1的规定；三元乙丙橡胶防水卷材搭接胶带的主要性能应符合表4.3.6-2的规定。

表4.3.6-1 三元乙丙橡胶防水卷材主要性能

项目	耐根穿刺性能试验	断裂拉伸强度（MPa）	扯断伸长率（%）	低温弯折性（℃）	加热伸缩量（mm）
性能要求	通过	≥7.5	≥450	−40	+2，−4

表4.3.6-2 三元乙丙橡胶防水卷材搭接胶带主要性能

项目	持粘性（min）	耐热性（80℃，2h）	低温柔性（−40℃）	剪切状态下粘合性（卷材）（N/mm）	剥离强度（卷材）（N/mm）	热处理剥离强度保持率（卷材，80℃，168h）（%）
性能要求	≥20	无流淌、龟裂、变形	无裂纹	≥2.0	≥0.5	≥80

4.3.7 聚乙烯丙纶防水卷材和聚合物水泥胶结料复合耐根穿刺防水材料，其中聚乙烯丙纶防水卷材的聚乙烯膜层厚度不应小于0.6mm，其主要性能应符合表4.3.7-1的规定；聚合物水泥胶结料的厚度不应小于1.3mm，其主要性能应符合表4.3.7-2的规定。

表4.3.7-1 聚乙烯丙纶防水卷材主要性能

项目	耐根穿刺性能试验	断裂拉伸强度（N/cm）	扯断伸长率（%）	低温弯折性（℃）	加热伸缩量（mm）
性能要求	通过	≥60	≥400	−20	+2，−4

表4.3.7-2 聚合物水泥胶结料主要性能

项目	与水泥基层粘结强度（MPa）	剪切状态下的粘合性（N/mm）		抗渗性能（MPa，7d）	抗压强度（MPa，7d）
		卷材—基层	卷材—卷材		
性能要求	≥0.4	≥1.8	≥2.0	≥1.0	≥9.0

4.3.8 喷涂聚脲防水涂料的厚度不应小于2.0mm，其主要性能应符合现行国家标准《喷涂聚脲防水涂料》GB/T 23446的规定及表4.3.8的规定。喷涂聚脲防水涂料的配套底涂料、涂层修补材料和层间搭接剂的性能应符合现行行业标准《喷涂聚脲防水工程技术规程》JGJ/T 200的相关规定。

表4.3.8 喷涂聚脲防水涂料主要性能

项目	耐根穿刺性能试验	拉伸强度（MPa）	断裂伸长率（%）	低温弯折性（℃）	加热伸缩率（%）
性能要求	通过	≥16	≥450	−40	+1.0，−1.0

4.4 排（蓄）水材料和过滤材料

4.4.1 排（蓄）水材料应符合下列规定：

1 凹凸型排（蓄）水板的主要性能应符合表4.4.1-1的规定；

表4.4.1-1 凹凸型排（蓄）水板主要性能

项目	伸长率10%时拉力（N/100mm）	最大拉力（N/100mm）	断裂伸长率（%）	撕裂性能（N）	压缩性能		低温柔度	纵向通水量（侧压力150kPa）（cm^3/s）
					压缩率为20%时最大强度（kPa）	极限压缩现象		
性能要求	≥350	≥600	≥25	≥100	≥150	无破裂	−10℃无裂纹	≥10

2 网状交织排水板主要性能应符合表4.4.1-2的规定；

表4.4.1-2 网状交织排水板主要性能

项目	抗压强度（kN/m^2）	表面开孔率（%）	空隙率（%）	通水量（cm^3/s）	耐酸碱性
性能要求	≥50	≥95	85～90	≥380	稳定

3 级配碎石的粒径宜为10mm～25mm，卵石的粒径宜为25mm～40mm，铺设厚度均不宜小于100mm；

4 陶粒的粒径宜为10mm～25mm，堆积密度不宜大于500kg/m³，铺设厚度不宜小于100mm。

4.4.2 过滤材料宜选用聚酯无纺布，单位面积质量不小于200g/m²。

4.5 种 植 土

4.5.1 常用种植土主要性能应符合表4.5.1的规定。

表4.5.1 常用种植土性能

种植土类型	饱和水密度（kg/m³）	有机质含量（%）	总孔隙率（%）	有效水分（%）	排水速率（mm/h）
田园土	1500～1800	≥5	45～50	20～25	≥42
改良土	750～1300	20～30	65～70	30～35	≥58
无机种植土	450～650	≤2	80～90	40～45	≥200

4.5.2 常用改良土的配制宜符合表4.5.2的规定。

表4.5.2 常用改良土配制

主要配比材料	配制比例	饱和水密度（kg/m³）
田园土：轻质骨料	1：1	≤1200
腐叶土：蛭石：沙土	7：2：1	780～1000
田园土：草炭：（蛭石和肥料）	4：3：1	1100～1300
田园土：草炭：松针土：珍珠岩	1：1：1：1	780～1100
田园土：草炭：松针土	3：4：3	780～950
轻沙壤土：腐殖土：珍珠岩：蛭石	2.5：5：2：0.5	≤1100
轻沙壤土：腐殖土：蛭石	5：3：2	1100～1300

4.5.3 地下建筑顶板种植宜采用田园土为主，土壤质地要求疏松、不板结、土块易打碎，主要性能宜符合表4.5.3的规定。

表4.5.3 田园土主要性能

项目	渗透系数（cm/s）	饱和水密度（kg/m³）	有机质含量（%）	全盐含量（%）	pH值
性能要求	$\geq 10^{-4}$	≤1100	≥5	<0.3	6.5～8.2

4.6 种 植 植 物

4.6.1 乔灌木应符合下列规定：

1 胸径、株高、冠径、主枝长度和分枝点高度应符合现行行业标准《城市绿化和园林绿地用植物材料 木本苗》CJ/T 24的规定；

2 植株生长健壮、株形完整；

3 枝干无机械损伤、无冻伤、无毒无害、少污染；

4 禁止使用入侵物种。

4.6.2 绿篱、色块植物宜株形丰满、耐修剪。

4.6.3 藤本植物宜覆盖、攀爬能力强。

4.6.4 草坪块、草坪卷应符合下列规定：

1 规格一致，边缘平直，杂草数量不得多于1%；

2 草坪块土层厚度宜为30mm，草坪卷土层厚度宜为18mm～25mm。

4.7 种 植 容 器

4.7.1 容器的外观质量、物理机械性能、承载能力、排水能力、耐久性能等应符合产品标准的要求，并由专业生产企业提供产品合格证书。

4.7.2 容器材质的使用年限不应低于10年。

4.7.3 容器应具有排水、蓄水、阻根和过滤功能。

4.7.4 容器高度不应小于100mm。

4.8 设 施 材 料

4.8.1 种植屋面宜选用滴灌、喷灌和微灌设施。喷灌工程相关材料应符合现行国家标准《喷灌工程技术规范》GB/T 50085的规定；微灌工程相关材料应符合现行国家标准《微灌工程技术规范》GB/T 50485的规定。

4.8.2 电气和照明材料应符合国家现行标准《低压电气装置　第7-705部分：特殊装置或场所的要求　农业和园艺设施》GB 16895.27和《民用建筑电气设计规范》JGJ 16的规定。

5 种植屋面工程设计

5.1 一 般 规 定

5.1.1 种植屋面设计应包括下列内容：

1 计算屋面结构荷载；

2 确定屋面构造层次；

3 绝热层设计，确定绝热材料的品种规格和性能；

4 防水层设计，确定耐根穿刺防水材料和普通防水材料的品种规格和性能；

5 保护层；

6 种植设计，确定种植土类型、种植形式和植物种类；

7 灌溉及排水系统；

8 电气照明系统；

9 园林小品；

10 细部构造。

5.1.2 种植屋面植被层设计应根据建筑高度、屋面荷载、屋面大小、坡度、风荷载、光照、功能要求和养护管理等因素确定。

5.1.3 种植屋面绿化指标宜符合表5.1.3的规定。

表 5.1.3 种植屋面绿化指标

种植屋面类型	项　目	指标(%)
简单式	绿化屋顶面积占屋顶总面积	≥80
	绿化种植面积占绿化屋顶面积	≥90
花园式	绿化屋顶面积占屋顶总面积	≥60
	绿化种植面积占绿化屋顶面积	≥85
	铺装园路面积占绿化屋顶面积	≤12
	园林小品面积占绿化屋顶面积	≤3

5.1.4 种植屋面的设计荷载除应满足屋面结构荷载外，尚应符合下列规定：

1 简单式种植屋面荷载不应小于1.0kN/m²，花园式种植屋面荷载不应小于3.0kN/m²，均应纳入屋面结构永久荷载；

2 种植土的荷重应按饱和水密度计算；

3 植物荷载应包括初栽植物荷重和植物生长期增加的可变荷载。初栽植物荷重应符合表5.1.4的规定。

表 5.1.4 初栽植物荷重

项　目	小乔木（带土球）	大灌木	小灌木	地被植物
植物高度或面积	2.0m～2.5m	1.5m～2.0m	1.0m～1.5m	1.0m²
植物荷重	0.8kN/株～1.2kN/株	0.6kN/株～0.8kN/株	0.3kN/株～0.6kN/株	0.15kN/m²～0.3kN/m²

5.1.5 花园式屋面种植的布局应与屋面结构相适应；乔木类植物和亭台、水池、假山等荷载较大的设施，应设在柱或墙的位置。

5.1.6 种植屋面的结构层宜采用现浇钢筋混凝土。

5.1.7 种植屋面防水层应满足一级防水等级设防要求，且必须至少设置一道具有耐根穿刺性能的防水材料。

5.1.8 种植屋面防水层应采用不少于两道防水设防，上道应为耐根穿刺防水材料；两道防水层应相邻铺设且防水层的材料应相容。

5.1.9 普通防水层一道防水设防的最小厚度应符合表5.1.9的规定。

表 5.1.9 普通防水层一道防水设防的最小厚度

材料名称	最小厚度（mm）
改性沥青防水卷材	4.0
高分子防水卷材	1.5

续表 5.1.9

材料名称	最小厚度（mm）
自粘聚合物改性沥青防水卷材	3.0
高分子防水涂料	2.0
喷涂聚脲防水涂料	2.0

5.1.10 耐根穿刺防水层设计应符合下列规定：

1 耐根穿刺防水材料应符合本规程第4.3节的规定；

2 排（蓄）水材料不得作为耐根穿刺防水材料使用；

3 聚乙烯丙纶防水卷材和聚合物水泥胶结料复合耐根穿刺防水材料应采用双层卷材复合作为一道耐根穿刺防水层。

5.1.11 防水卷材搭接缝应采用与卷材相容的密封材料封严。内增强高分子耐根穿刺防水卷材搭接缝应用密封胶封闭。

5.1.12 耐根穿刺防水层上应设置保护层，保护层应符合下列规定：

1 简单式种植屋面和容器种植宜采用体积比为1∶3、厚度为15mm～20mm的水泥砂浆作保护层；

2 花园式种植屋面宜采用厚度不小于40mm的细石混凝土作保护层；

3 地下建筑顶板种植应采用厚度不小于70mm的细石混凝土作保护层；

4 采用水泥砂浆和细石混凝土作保护层时，保护层下面应铺设隔离层；

5 采用土工布或聚酯无纺布作保护层时，单位面积质量不应小于300g/m^2；

6 采用聚乙烯丙纶复合防水卷材作保护层时，芯材厚度不应小于0.4mm；

7 采用高密度聚乙烯土工膜作保护层时，厚度不应小于0.4mm。

5.1.13 排（蓄）水层的设计应符合下列规定：

1 排（蓄）水层的材料应符合本规程第4.4.1条的规定；

2 排（蓄）水系统应结合找坡泛水设计；

3 年蒸发量大于降水量的地区，宜选用蓄水功能强的排（蓄）水材料；

4 排（蓄）水层应结合排水沟分区设置。

5.1.14 种植屋面应根据种植形式和汇水面积，确定水落口数量和水落管直径，并应设置雨水收集系统。

5.1.15 过滤层的设计应符合下列规定：

1 过滤层的材料应符合本规程第4.4.2条的规定；

2 过滤层材料的搭接宽度不应小于150mm；

3 过滤层应沿种植挡墙向上铺设，与种植土高度一致。

5.1.16 种植屋面宜根据屋面面积大小和植物配置，结合园路、排水沟、变形缝、绿篱等划分种植区。

5.1.17 屋面种植植物宜符合下列规定：

1 屋面种植植物宜按本规程附录A选用；

2 地下建筑顶板种植宜按地面绿化要求，种植植物不宜选用速生树种；

3 种植植物宜选用健康苗木，乡土植物不宜小于70%；

4 绿篱、色块、藤本植物宜选用三年生以上苗木；

5 地被植物宜选用多年生草本植物和覆盖能力强的木本植物。

5.1.18 伸出屋面的管道和预埋件等应在防水工程施工前安装完成。后装的设备基座下应增加一道防水增强层，施工时应避免破坏防水层和保护层。

5.2 平屋面

5.2.1 种植平屋面的基本构造层次包括：基层、绝热层、找坡（找平）层、普通防水层、耐根穿刺防水层、保护层、排（蓄）水层、过滤层、种植土层和植被层等（图5.2.1）。根据各地区气候特点、屋面形式、植物种类等情况，可增减屋面构造层次。

5.2.2 种植平屋面的排水坡度不宜小于2%；天沟、檐沟的排水坡度不宜小于1%。

5.2.3 屋面采用种植池种植高大植物时（图5.2.3），种植池设计应符合下列规定：

1 池内应设置耐根穿刺防水层、排（蓄）水层和过滤层；

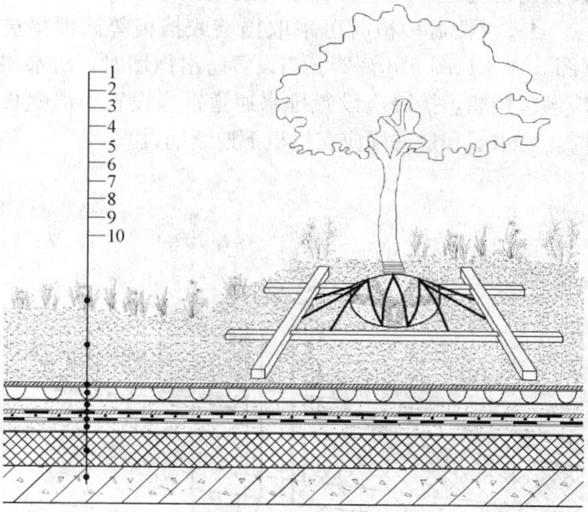

图5.2.1 种植平屋面基本构造层次

1—植被层；2—种植土层；3—过滤层；4—排（蓄）水层；5—保护层；6—耐根穿刺防水层；7—普通防水层；8—找坡（找平）层；9—绝热层；10—基层

2 池壁应设置排水口，并应设计有组织排水；

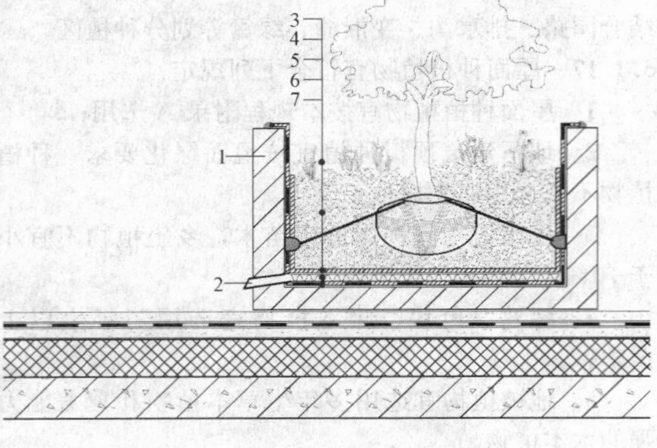

图 5.2.3 种植池

1—种植池；2—排水管（孔）；3—植被层；4—种植土层；5—过滤层；6—排（蓄）水层；7—耐根穿刺防水层

3 根据种植植物高度在池内设置固定植物用的预埋件。

5.3 坡 屋 面

5.3.1 种植坡屋面的基本构造层次应包括：基层、绝热层、普通防水层、耐根穿刺防水层、保护层、排（蓄）水层、过滤层、种植土层和植被层等。根据各地区气候特点、屋面形式和植物种类等情况，可增减屋面构造层次。

5.3.2 屋面坡度小于10%的种植坡屋面设计可按本规程第5.2节的规定执行。

5.3.3 屋面坡度大于等于20%的种植坡屋面设计应设置防滑构造，并应符合下列规定：

1 满覆盖种植时可采取挡墙或挡板等防滑措施（图5.3.3-1、图5.3.3-2）。当设置防滑挡墙时，防水层应满包挡墙，挡墙应设置排水通道；当设置防滑挡板时，防水层和过滤层应在挡板下连续铺设。

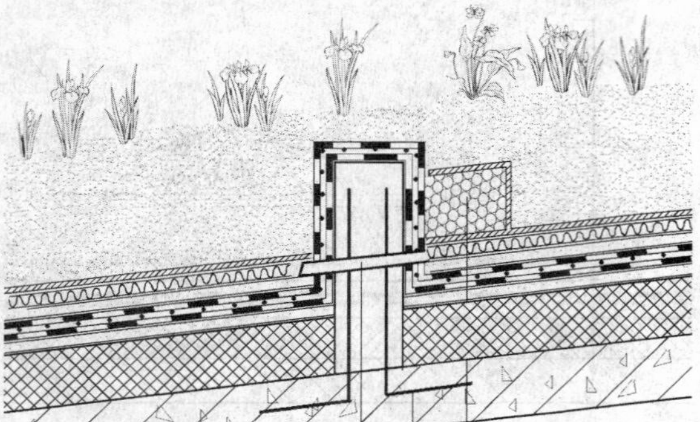

图 5.3.3-1 坡屋面防滑挡墙

1—排水管（孔）；2—预埋钢筋；3—卵石缓冲带

2 非满覆盖种植时可采用阶梯式或台地式种植。阶梯式种植设置防滑挡墙时，防水层应满包挡墙（图5.3.3-3）。台地式种植屋面应采用现浇钢筋混凝土结构，并应设置排水沟（图5.3.3-4）。

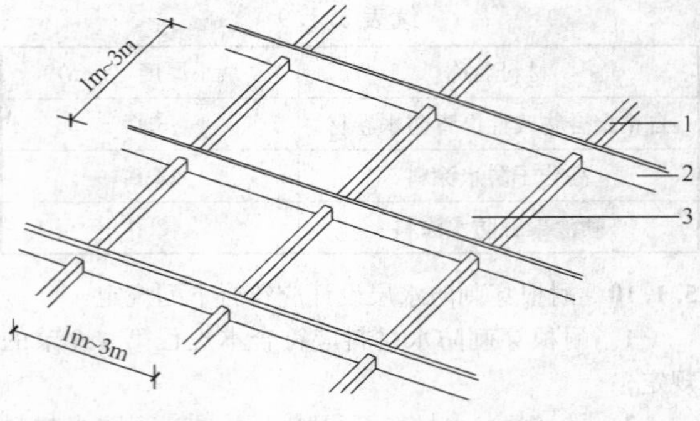

图 5.3.3-2 种植土防滑挡板

1—竖向支撑；2—横向挡板；3—种植土区域

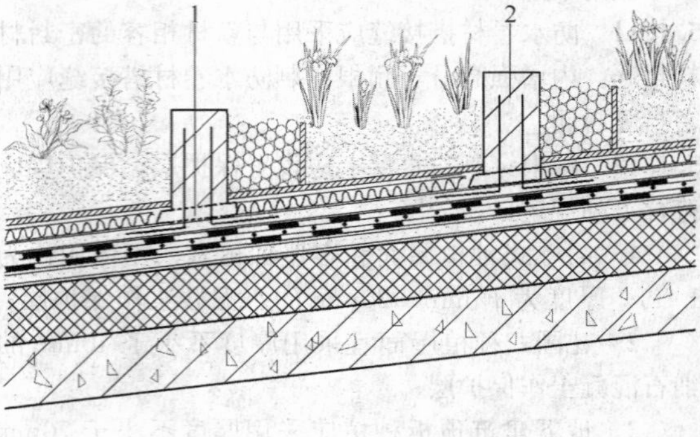

图 5.3.3-3 阶梯式种植

1—排水管（孔）；2—防滑挡墙

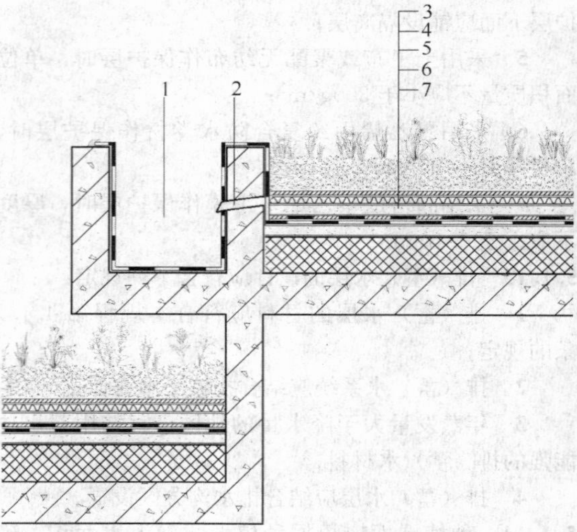

图 5.3.3-4 台地式种植

1—排水沟；2—排水管；3—植被层；4—种植土层；5—过滤层；6—排（蓄）水层；7—细石混凝土保护层

5.3.4 屋面坡度大于50%时，不宜做种植屋面。

5.3.5 坡屋面满覆盖种植宜采用草坪地被植物。

5.3.6 种植坡屋面不宜采用土工布等软质保护层，屋面坡度大于20%时，保护层应采用细石钢筋混凝土。

5.3.7 坡屋面种植在沿山墙和檐沟部位应设置安全防护栏杆。

5.4 地下建筑顶板

5.4.1 地下建筑顶板的种植设计应符合下列规定：

1 顶板应为现浇防水混凝土，并应符合现行国家标准《地下工程防水技术规范》GB 50108 的规定；

2 顶板种植应按永久性绿化设计；

3 种植土与周界地面相连时，宜设置盲沟排水；

4 应设置过滤层和排水层；

5 采用下沉式种植时，应设自流排水系统；

6 顶板采用反梁结构或坡度不足时，应设置渗排水管或采用陶粒、级配碎石等渗排水措施。

5.4.2 顶板面积较大放坡困难时，应分区设置水落口、盲沟、渗排水管等内排水及雨水收集系统。

5.4.3 种植土高于周边地坪土时，应按屋面种植设计要求执行。

5.4.4 地下建筑顶板的耐根穿刺防水层、保护层、排（蓄）水层和过滤层的设计应按本规程第 5.1 节的规定执行。

5.5 既有建筑屋面

5.5.1 屋面改造前必须检测鉴定结构安全性，应以结构鉴定报告作为设计依据，确定种植形式。

5.5.2 既有建筑屋面改造为种植屋面宜选用轻质种植土、地被植物。

5.5.3 既有建筑屋面改造为种植屋面宜采用容器种植，当采用覆土种植时，设计应符合下列规定：

1 有檐沟的屋面应砌筑种植土挡墙。挡墙应高出种植土 50mm，挡墙距离檐沟边沿不宜小于 300mm（图 5.5.3）；

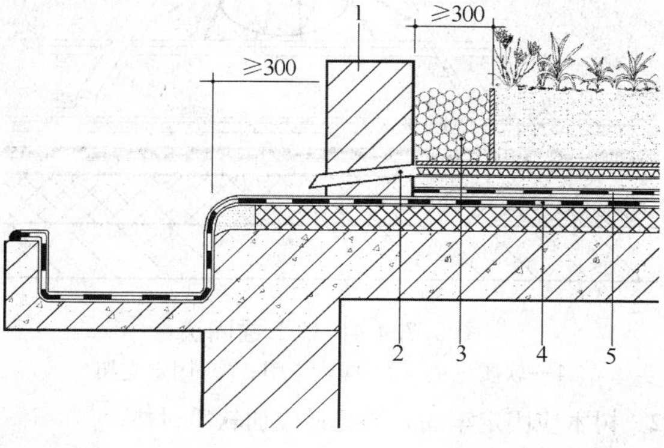

图 5.5.3 种植土挡墙构造

1—檐口种植挡墙；2—排水管（孔）；3—卵石缓冲带；4—普通防水层；5—耐根穿刺防水层

2 挡墙应设排水孔；

3 种植土与挡墙之间应设置卵石缓冲带，带宽度宜大于 300mm。

5.5.4 采用覆土种植的防水层设计应符合下列规定：

1 原有防水层仍具有防水能力的，应在其上增加一道耐根穿刺防水层；

2 原有防水层已无防水能力的，应拆除，并按本规程第 5.1 节的规定重做防水层。

5.5.5 既有建筑屋面的耐根穿刺防水层、保护层、排（蓄）水层和过滤层的设计应按本规程第 5.1 节的规定执行。

5.6 容 器 种 植

5.6.1 根据功能要求和植物种类确定种植容器的形式、规格和荷重（图 5.6.1）。

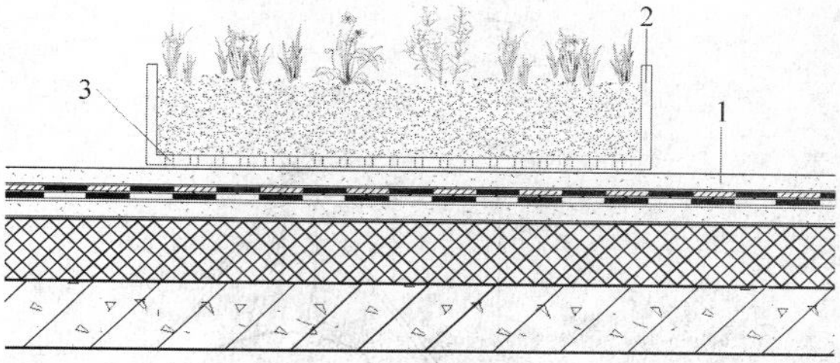

图 5.6.1 容器种植

1—保护层；2—种植容器；3—排水孔

5.6.2 容器种植设计应符合下列规定：

1 种植容器应轻便，易搬移，连接点稳固便于组装、维护；

2 种植容器宜设计有组织排水；

3 宜采用滴灌系统；

4 种植容器下应设置保护层。

5.6.3 容器种植的土层厚度应满足植物生存的营养需求，不宜小于 100mm。

5.7 植 被 层

5.7.1 根据建筑荷载和功能要求确定种植屋面形式，根据植物种类确定种植土厚度，并应符合表 5.7.1 的规定。

表 5.7.1 种植土厚度

植物种类	种植土厚度（mm）				
	草坪、地被	小灌木	大灌木	小乔木	大乔木
种植土厚度	≥100	≥300	≥500	≥600	≥900

5.7.2 根据气候特点、建筑类型及区域文化特点，宜选择适应当地气候条件的耐旱和滞尘能力强的植物。

5.7.3 屋面种植植物应符合下列规定：

1 不宜种植高大乔木、速生乔木；

2 不宜种植根系发达的植物和根状茎植物；

3 高层建筑屋面和坡屋面宜种植草坪和地被植物；

4 树木定植点与边墙的安全距离应大于树高。

5.7.4 屋面种植乔灌木高于2.0m、地下建筑顶板种植乔灌木高于4.0m时，应采取固定措施，并应符合下列规定：

1 树木固定可选择地上支撑固定法（图5.7.4-1）、地上牵引固定法（图5.7.4-2）、预埋索固法（图5.7.4-3）和地下锚固法（图5.7.4-4）；

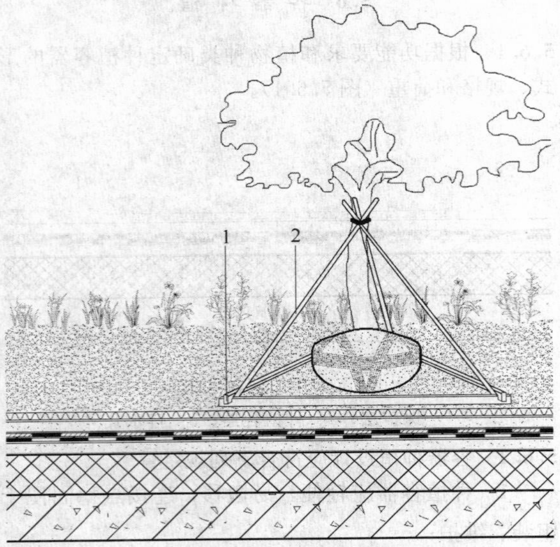

图5.7.4-1 地上支撑固定法

1—稳固支架；2—支撑杆

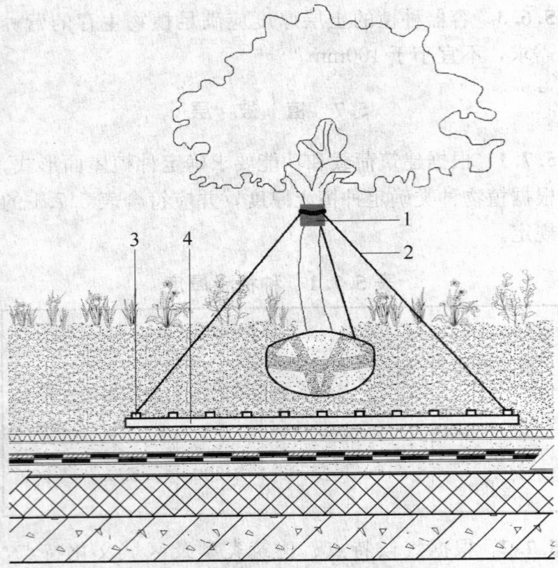

图5.7.4-2 地上牵引固定法

1—软质衬垫；2—绳索牵引；

3—螺栓铆固；4—固定网架

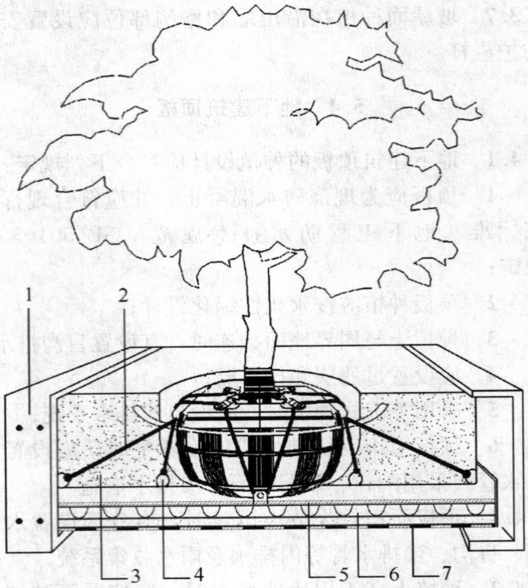

图5.7.4-3 预埋索固法

1—种植池；2—绳索牵引；3—种植土；

4—螺栓固定；5—过滤层；6—排（蓄）水层；7—耐根穿刺防水层

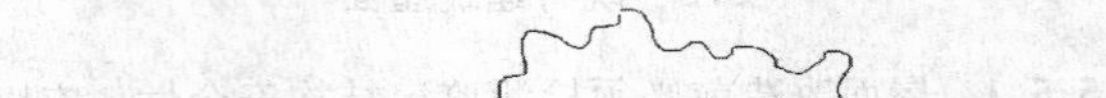

图5.7.4-4 地下锚固法

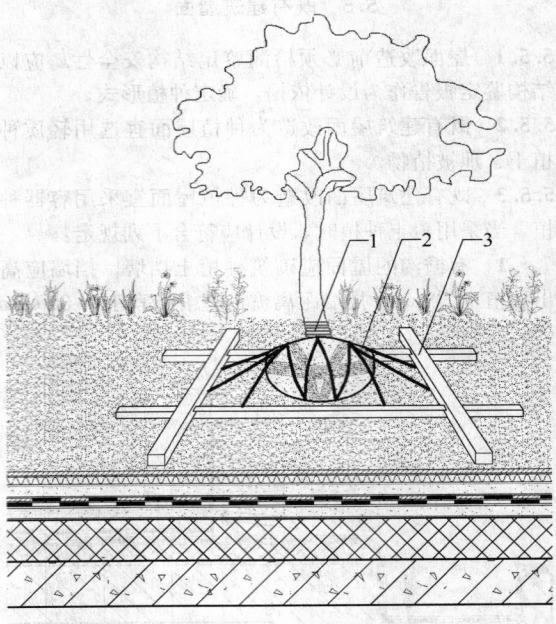

1—软质衬垫；2—绳索牵引；3—固定支架

2 树木应固定牢固，绑扎处应加软质衬垫。

5.8 细部构造

5.8.1 种植屋面的女儿墙、周边泛水部位和屋面檐口部位，应设置缓冲带，其宽度不应小于300mm。缓冲带可结合卵石带、园路或排水沟等设置。

5.8.2 防水层的泛水高度应符合下列规定：

1 屋面防水层的泛水高度高出种植土不应小于250mm；

2 地下建筑顶板防水层的泛水高度高出种植土不应小于500mm。

5.8.3 竖向穿过屋面的管道，应在结构层内预埋套管，套管高出种植土不应小于250mm。

5.8.4 坡屋面种植檐口构造（图5.8.4）应符合下列规定：

1 檐口顶部应设种植土挡墙；

2 挡墙应埋设排水管（孔）；

3 挡墙应铺设防水层，并与檐沟防水层连成一体。

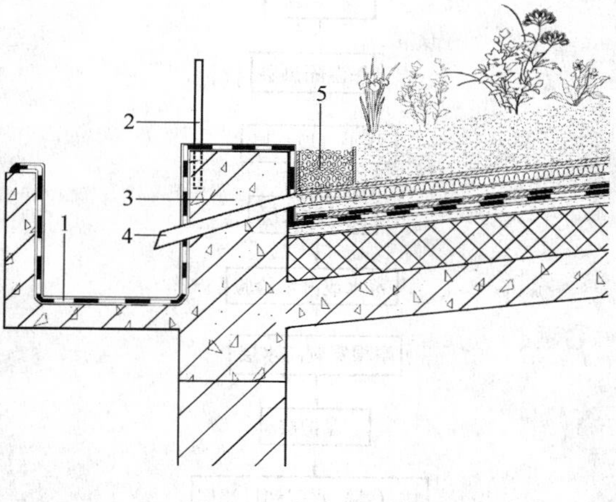

图5.8.4 檐口构造

1—防水层；2—防护栏杆；3—挡墙；4—排水管；5—卵石缓冲带

5.8.5 变形缝的设计应符合现行国家标准《屋面工程技术规范》GB 50345的规定。变形缝上不应种植，变形缝墙应高于种植土，可铺设盖板作为园路（图5.8.5）。

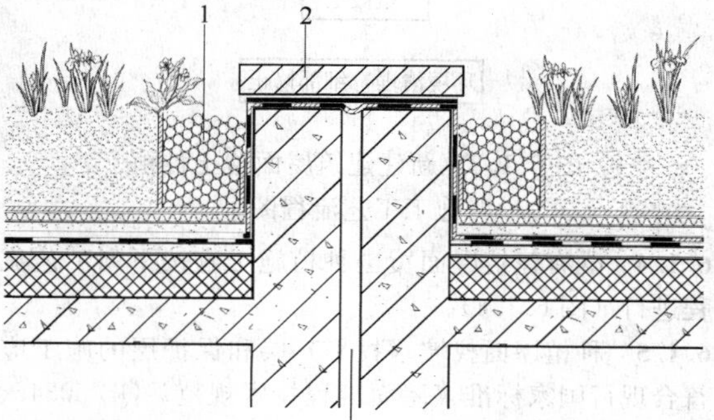

图5.8.5 变形缝铺设盖板

1—卵石缓冲带；2—盖板；3—变形缝

5.8.6 种植屋面宜采用外排水方式，水落口宜结合缓冲带设置（图5.8.6）。

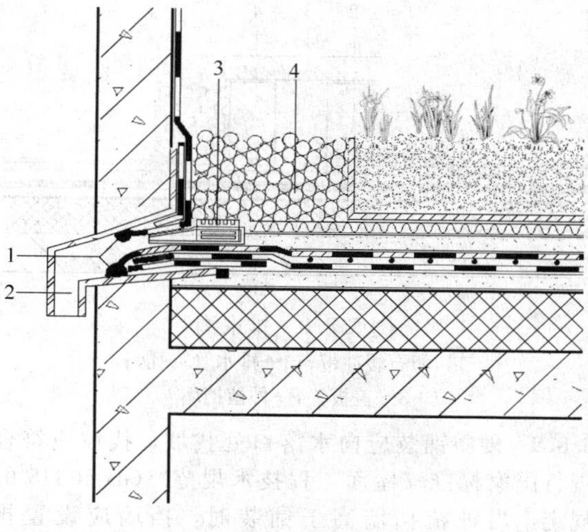

图5.8.6 外排水

1—密封胶；2—水落口；3—雨箅子；4—卵石缓冲带

5.8.7 排水系统细部设计应符合下列规定：

1 水落口位于绿地内时，水落口上方应设置雨水观察井，并应在周边设置不小于300mm的卵石缓冲带（图5.8.7-1）；

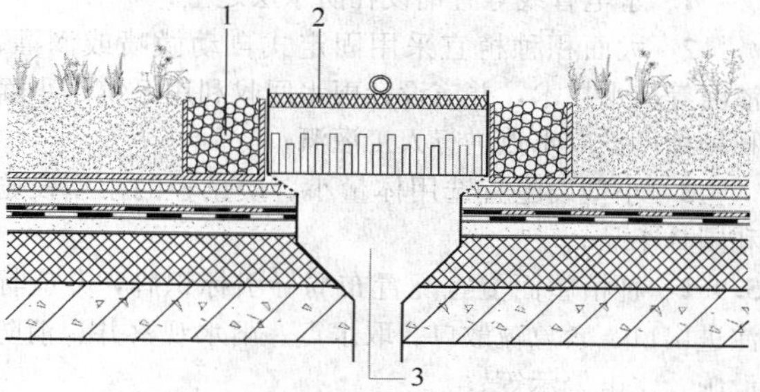

图5.8.7-1 绿地内水落口

1—卵石缓冲带；2—井盖；3—雨水观察井

2 水落口位于铺装层上时，基层应满铺排水板，上设雨箅子（图5.8.7-2）。

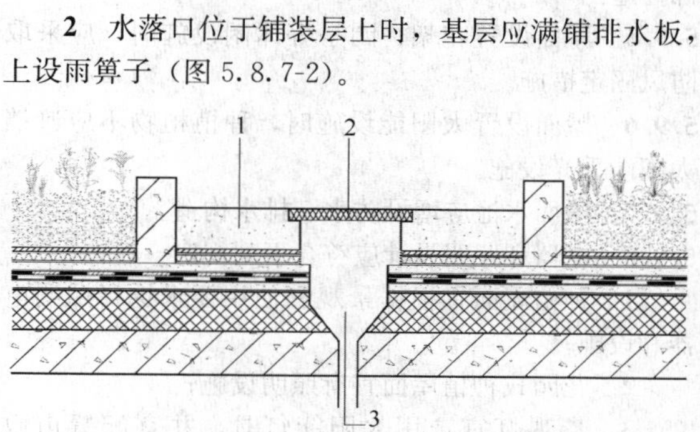

图5.8.7-2 铺装层上水落口

1—铺装层；2—雨箅子；3—水落口

5.8.8 屋面排水沟上可铺设盖板作为园路，侧墙应设置排水孔（图5.8.8）。

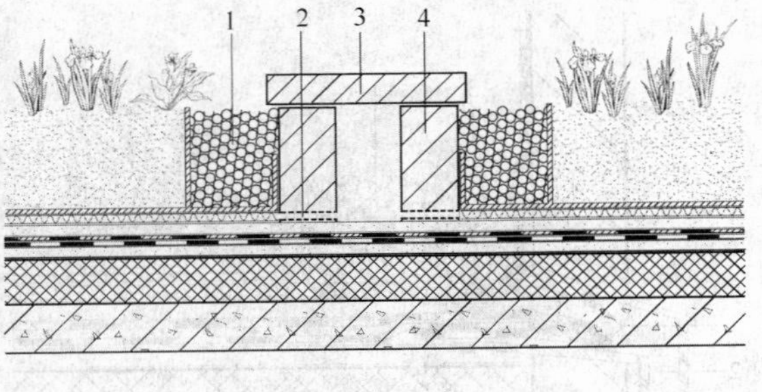

图 5.8.8 排水沟

1—卵石缓冲带；2—排水管（孔）；

3—盖板；4—种植挡墙

5.8.9 硬质铺装应向水落口处找坡，找坡应符合现行国家标准《屋面工程技术规范》GB 50345 的规定。当种植挡墙高于铺装时，挡墙应设置排水孔。

5.8.10 根据植物种类、种植土厚度，可采用地形起伏处理。

5.9 设 施

5.9.1 种植屋面设施的设计除应符合园林设计要求外，尚应符合下列规定：

1 水电管线等宜铺设在防水层之上；

2 大面积种植宜采用固定式自动微喷或滴灌、渗灌等节水技术，并应设计雨水回收利用系统；小面积种植可设取水点进行人工灌溉；

3 小型设施宜选用体量小、质量轻的小型设施和园林小品。

5.9.2 种植屋面上宜配置布局导引标识牌，并应标注进出口、紧急疏散口、取水点、雨水观察井、消防设施、水电警示等。

5.9.3 种植屋面的透气孔高出种植土不应小于250mm，并宜做装饰性保护。

5.9.4 种植屋面在通风口或其他设备周围应设置装饰性遮挡。

5.9.5 屋面设置花架、园亭等休闲设施时，应采取防风固定措施。

5.9.6 屋面设置太阳能设施时，种植植物不应遮挡太阳能采光设施。

5.9.7 屋面水池应增设防水、排水构造。

5.9.8 电器和照明设计应符合下列规定：

1 种植屋面宜根据景观和使用要求选择照明电器和设施；

2 花园式种植屋面宜有照明设施；

3 景观灯宜选用太阳能灯具，并宜配置市政电路；

4 电缆线等设施应符合相关安全标准要求。

6 种植屋面工程施工

6.1 一 般 规 定

6.1.1 施工前应通过图纸会审，明确细部构造和技术要求，并编制施工方案，进行技术交底和安全技术交底。

6.1.2 进场的防水材料、排（蓄）水板、绝热材料和种植土等材料应按规定抽样复验，并提供检验报告。非本地植物应提供病虫害检疫报告。

6.1.3 新建建筑屋面覆土种植施工宜按下列工艺流程进行（图 6.1.3）。

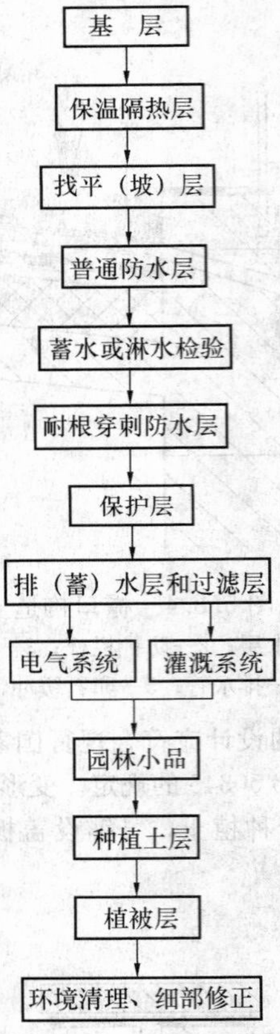

图 6.1.3 新建建筑屋面覆土种植施工工艺流程图

6.1.4 既有建筑屋面覆土种植施工宜按下列工艺流程进行（图 6.1.4）。

6.1.5 种植屋面找坡（找平）层和保护层的施工应符合现行国家标准《屋面工程技术规范》GB 50345、《地下工程防水技术规范》GB 50108 的有关规定。

6.1.6 种植屋面用防水卷材长边和短边的最小搭接宽度均不应小于100mm。

6.1.7 卷材收头部位宜采用金属压条钉压固定和密封材料封严。

6.1.8 喷涂聚脲防水涂料的施工应符合现行行业标

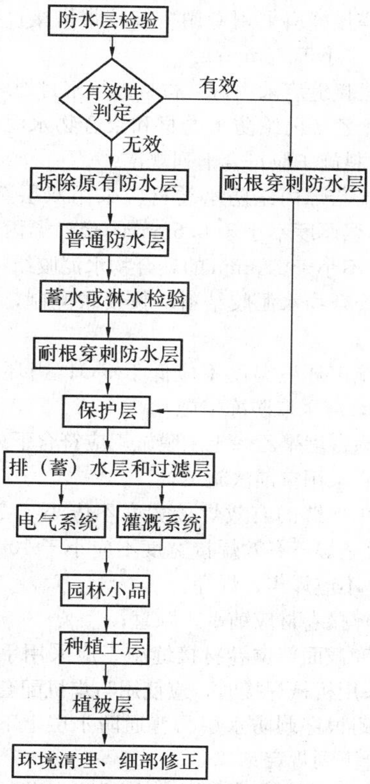

图 6.1.4　既有建筑屋面覆土种植施工工艺流程图

注：容器种植时，耐根穿刺防水层可为普通防水层。

准《喷涂聚脲防水工程技术规程》JGJ/T 200 的规定。

6.1.9　防水材料的施工环境应符合下列规定：

1　合成高分子防水卷材冷粘法施工，环境温度不宜低于5℃；采用焊接法施工时，环境温度不宜低于－10℃；

2　高聚物改性沥青防水卷材热熔法施工环境温度不宜低于－10℃；

3　反应型合成高分子涂料施工环境温度宜为5℃～35℃。

6.1.10　种植容器排水方向应与屋面排水方向相同，并由种植容器排水口内直接引向排水沟排出。

6.1.11　种植土进场后应避免雨淋，散装种植土应有防止扬尘的措施。

6.1.12　进场的植物宜在6h之内栽植完毕，未栽植完毕的植物应及时喷水保湿，或采取假植措施。

6.2　绝　热　层

6.2.1　种植坡屋面的绝热层应采用粘贴法或机械固定法施工。

6.2.2　保温板施工应符合下列规定：

1　基层应平整、干燥和洁净；

2　应紧贴基层，并铺平垫稳；

3　铺设保温板接缝应相互错开，并用同类材料嵌填密实；

4　粘贴保温板时，胶粘剂应与保温板的材性相容。

6.2.3　喷涂硬泡聚氨酯保温材料施工应符合下列规定：

1　基层应平整、干燥和洁净；

2　伸出屋面的管道应在施工前安装牢固；

3　喷涂硬泡聚氨酯的配比应准确计量，发泡厚度应均匀一致；

4　施工环境温度宜为15℃～30℃，风力不宜大于三级，空气相对湿度宜小于85%。

6.3　普通防水层

6.3.1　普通防水层的施工应符合下列规定：

1　卷材与基层宜满粘施工，坡度大于3%时，不得空铺施工；

2　采用热熔法满粘或胶粘剂满粘防水卷材防水层的基层应干燥、洁净；

3　防水层施工前，应在阴阳角、水落口、突出屋面管道根部、泛水、天沟、檐沟、变形缝等细部构造部位设防水增强层，增强层材料应与大面积防水层的材料同质或相容；

4　当屋面坡度小于等于15%时，卷材应平行屋脊铺贴；大于15%时，卷材应垂直屋脊铺贴；上下两层卷材不得互相垂直铺贴。

6.3.2　高聚物改性沥青防水卷材热熔法施工应符合下列规定：

1　铺贴卷材应平整顺直，不得扭曲；

2　火焰加热应均匀，以卷材表面沥青熔融至光亮黑色为宜，不得欠火或过火；

3　卷材表面热熔后应立即滚铺，并应排除卷材下面的空气，辊压粘贴牢固；

4　卷材搭接缝应以溢出热熔的改性沥青为宜，将溢出的5mm～10mm沥青胶封边，均匀顺直；

5　采用条粘法施工时，每幅卷材与基层粘结面不应少于两条，每条宽度不应小于150mm。

6.3.3　自粘类防水卷材施工应符合下列规定：

1　铺贴卷材前，基层表面应均匀涂刷基层处理剂，干燥后及时铺贴卷材；

2　铺贴卷材时应排除自粘卷材下面的空气，辊压粘贴牢固；

3　铺贴的卷材应平整顺直，不得扭曲、皱折；低温施工时，立面、大坡面及搭接部位宜采用热风机加热，粘贴牢固；

4　采用湿铺法施工自粘类防水卷材应符合配套技术规定。

6.3.4　合成高分子防水卷材冷粘法施工应符合下列

规定：

1 基层胶粘剂应涂刷在基层及卷材底面，涂刷应均匀、不露底、不堆积；

2 铺贴卷材应平整顺直，不得皱折、扭曲、拉伸卷材；应辊压排除卷材下的空气，粘贴牢固；

3 搭接缝口应采用材性相容的密封材料封严；

4 冷粘法施工环境温度不应低于5℃。

6.3.5 合成高分子防水涂料施工应符合下列规定：

1 合成高分子防水涂料可采用涂刮法或喷涂法施工；当采用涂刮法施工时，两遍涂刮的方向宜相互垂直；

2 涂覆厚度应均匀，不露底、不堆积；

3 第一遍涂层干燥后，方可进行下一遍涂覆；

4 屋面坡度大于15%时，宜选用反应固化型高分子防水涂料。

6.4 耐根穿刺防水层

6.4.1 耐根穿刺防水卷材施工方式应与其耐根穿刺防水材料检测报告相符。

6.4.2 耐根穿刺防水卷材施工应符合下列规定：

1 改性沥青类耐根穿刺防水卷材搭接缝应一次性焊接完成，并溢出5mm～10mm沥青胶封边，不得过火或欠火；

2 塑料类耐根穿刺防水卷材施工前应试焊，检查搭接强度，调整工艺参数，必要时应进行表面处理；

3 高分子耐根穿刺防水卷材暴露内增强织物的边缘应密封处理，密封材料与防水卷材应相容；

4 高分子耐根穿刺防水卷材“T”形搭接处应作附加层，附加层直径（尺寸）不应小于200mm，附加层应为匀质的同材质高分子防水卷材，矩形附加层的角应为光滑的圆角；

5 不应采用溶剂型胶粘剂搭接。

6.4.3 改性沥青类耐根穿刺防水卷材施工应采用热熔法铺贴，并应符合本规程第6.3节的规定。

6.4.4 聚氯乙烯（PVC）防水卷材和热塑性聚烯烃（TPO）防水卷材施工应符合下列规定：

1 卷材与基层宜采用冷粘法铺贴；

2 大面积采用空铺法施工时，距屋面周边800mm内的卷材应与基层满粘，或沿屋面周边对卷材进行机械固定；

3 搭接缝应采用热风焊接施工，单焊缝的有效焊接宽度不应小于25mm，双焊缝的每条焊缝有效焊接宽度不应小于10mm。

6.4.5 三元乙丙橡胶（EPDM）防水卷材施工应符合下列规定：

1 卷材与基层宜采用冷粘法铺贴；

2 采用空铺法施工时，屋面周边800mm内卷材应与基层满粘，或沿屋面周边对卷材进行机械固定；

3 搭接缝应采用专用搭接胶带搭接，搭接胶带的宽度不应小于75mm；

4 搭接缝应采用密封材料进行密封处理。

6.4.6 聚乙烯丙纶防水卷材和聚合物水泥胶结料复合防水材料施工应符合下列规定：

1 聚乙烯丙纶防水卷材应采用双层叠合铺设，每层由芯层厚度不小于0.6mm的聚乙烯丙纶防水卷材和厚度不小于1.3mm的聚合物水泥胶结料组成；

2 聚合物水泥胶结料应按要求配制，宜采用刮涂法施工；

3 施工环境温度不应低于5℃；当环境温度低于5℃时，应采取防冻措施。

6.4.7 高密度聚乙烯土工膜施工应符合下列规定：

1 宜采用空铺法施工；

2 单焊缝的有效焊接宽度不应小于25mm，双焊缝的每条焊缝有效焊接宽度不应小于10mm，焊接应严密，不应焊焦、焊穿；

3 焊接卷材应铺平、顺直；

4 变截面部位卷材接缝施工应采用手工或机械焊接；采用机械焊接时，应使用与焊机配套的焊条。

6.4.8 耐根穿刺防水层与普通防水层上下相邻，施工应符合下列规定：

1 耐根穿刺防水层的高分子防水卷材与普通防水层的高分子防水卷材复合时，宜采用冷粘法施工；

2 耐根穿刺防水层的沥青基防水卷材与普通防水层的沥青基防水卷材复合时，应采用热熔法施工。

6.4.9 喷涂聚脲防水涂料施工应符合下列规定：

1 基层表面应坚固、密实、平整和干燥；基层表面正拉粘结强度不宜小于2.0MPa；

2 喷涂聚脲防水工程所采用的材料之间应具有相容性；

3 采用专用喷涂设备，并由经过培训的人员操作；

4 两次喷涂作业面的搭接宽度不应小于150mm，间隔6h以上应进行表面处理；

5 喷涂聚脲作业的环境温度应大于5℃、相对湿度应小于85%，且在基层表面温度比露点温度至少高3℃的条件下进行。

6.5 排（蓄）水层和过滤层

6.5.1 排(蓄)水层施工应符合下列规定：

1 排(蓄)水层应与排水系统连通；

2 排(蓄)水设施施工前应根据屋面坡向确定整体排水方向；

3 排(蓄)水层应铺设至排水沟边缘或水落口周边；

4 铺设排(蓄)水材料时，不应破坏耐根穿刺防水层；

5 凹凸塑料排(蓄)水板宜采用搭接法施工，搭接宽度不应小于100mm；

6 网状交织、块状塑料排水板宜采用对接法施工，并应接茬齐整；

7 排水层采用卵石、陶粒等材料铺设时，粒径应大小均匀，铺设厚度应符合设计要求。

6.5.2 无纺布过滤层施工应符合下列规定：

1 空铺于排(蓄)水层之上，铺设应平整、无皱折；

2 搭接宜采用粘合或缝合固定，搭接宽度不应小于150mm；

3 边缘沿种植挡墙上翻时应与种植土高度一致。

6.6 种植土层

6.6.1 种植土进场后不得集中码放，应及时摊平铺设、分层踏实，平整度和坡度应符合竖向设计要求。

6.6.2 厚度500mm以下的种植土不得采取机械回填。

6.6.3 摊铺后的种植土表面应采取覆盖或洒水措施防止扬尘。

6.7 植被层

6.7.1 乔灌木、地被植物的栽植宜根据植物的习性在冬季休眠期或春季萌芽期前进行。

6.7.2 乔灌木种植施工应符合下列规定：

1 移植带土球的树木入穴前，穴底松土应踏实，土球放稳后，应拆除不易腐烂的包装物；

2 树木根系应舒展，填土应分层踏实；

3 常绿树栽植时土球宜高出地面50mm，乔灌木种植深度应与原种植线持平，易生不定根的树种栽深宜为50mm～100mm。

6.7.3 草本植物种植应符合下列规定：

1 根据植株高低、分蘖多少、冠丛大小确定栽植的株行距；

2 种植深度应为原苗种植深度，并保持根系完整，不得损伤茎叶和根系；

3 高矮不同品种混植，应按先高后矮的顺序种植。

6.7.4 草坪块、草坪卷铺设应符合下列规定：

1 周边应平直整齐，高度一致，并与种植土紧密衔接，不留空隙；

2 铺设后应及时浇水，并应磙压、拍打、踏实，并保持土壤湿润。

6.7.5 植被层灌溉应符合下列规定：

1 根据植物种类确定灌溉方式、频率和用水量；

2 乔灌木种植穴周围应做灌水围堰，直径应大于种植穴直径200mm，高度宜为150mm～200mm；

3 新植植物宜在当日浇透第一遍水，三日内浇透第二遍水，以后依气候情况适时灌溉。

6.7.6 树木的防风固定宜符合下列规定：

1 根据设计要求可采用地上固定法或地下固定法；

2 树木绑扎处宜加软质保护衬垫，不得损伤树干。

6.7.7 应根据设计和当地气候条件，对植物采取防冻、防晒、降温和保湿等措施。

6.8 容器种植

6.8.1 容器种植的基层应按现行国家标准《屋面工程技术规范》GB 50345中一级防水等级要求施工。

6.8.2 种植容器置于防水层上应设置保护层。

6.8.3 容器种植施工前，应按设计要求铺设灌溉系统。

6.8.4 种植容器应按要求组装，放置平稳、固定牢固，与屋面排水系统连通。

6.8.5 种植容器应避开水落口、檐沟等部位，不得放置在女儿墙上和檐口部位。

6.9 设施

6.9.1 铺装施工应符合下列规定：

1 基层应坚实、平整，结合层应粘结牢固，无空鼓现象；

2 木铺装所用的面材及垫木等应选用防腐、防蛀材料；固定用螺钉、螺栓等配件应做防锈处理；安装应紧固、无松动，螺钉顶部不得高出铺装表面；

3 透水砖的规格、尺寸应符合设计要求，边角整齐，铺设后应采用细砂扫缝；

4 嵌草砖铺设应以砂土、砂壤土为结合层，其厚度不应低于30mm；湿铺砂浆应饱满严实；干铺应采用细砂扫缝；

5 卵石面层应无明显坑洼、隆起和积水等现象；石子与基层应结合牢固，石子宜采用立铺方式，镶嵌深度应大于粒径的1/2；带状卵石铺装长度大于6m时，应设伸缩缝；

6 铺装踏步高度不应大于160mm，宽度不应小于300mm。

6.9.2 路缘石底部应设基层，应砌筑稳固，直线段顺直，曲线段顺滑，衔接无折角；顶面应平整，无明显错牙，勾缝严密。

6.9.3 园林小品施工应符合下列规定：

1 花架应做防腐防锈处理，立柱垂直偏差应小于5mm；

2 园亭整体应安装稳固，顶部应采取防风揭措施；

3 景观桥表面应做防滑和排水处理；

4 水景应设置水循环系统，并定期消毒；池壁类型应配置合理、砌筑牢固，并单独做防排水处理。

6.9.4 护栏应做防腐防锈处理，安装应紧实牢固，整体垂直平顺。

6.9.5 灌溉用水不应喷洒至防水层泛水部位，不应超过绿地种植区域；灌溉设施管道的套箍接口应牢固紧密、对口严密，并应设置泄水设施。

6.9.6 电线、电缆应采用暗埋式铺设；连接应紧密、牢固，接头不应在套管内，接头连接处应做绝缘处理。

6.10 既有建筑屋面

6.10.1 既有建筑屋面防水层完整连续仍有防水能力时，施工应符合下列规定：

1 覆土种植时，应增铺一道耐根穿刺防水层，施工做法应按本规程第6.4节的规定执行；

2 容器种植时，应在原防水层上增设保护层。

6.10.2 既有建筑屋面丧失防水能力时，应拆除原防水层及上部构造，增做的普通防水层、耐根穿刺防水层及其他构造层次的施工应按本章的有关规定执行。

7 质量验收

7.1 一般规定

7.1.1 种植屋面工程施工验收前，施工单位应提交并归档下列文件：

1 工程设计图纸及会审记录，设计变更通知单，工程施工合同等；

2 防水和园林绿化施工单位的资质证书及主要操作人员的上岗证；

3 施工组织设计或施工方案，技术交底、安全技术交底文件；

4 既有建筑屋面的结构安全鉴定报告；

5 主要材料的出厂合格证、质量检验报告和现场抽样复验报告；

6 各分项工程的施工质量验收记录；

7 隐蔽工程检查验收记录；

8 防水层蓄水或淋水检验记录；

9 给水管道通水试验记录；

10 排水管道通球试验和闭水试验记录；

11 电气照明系统检验记录；

12 其他重要检查验收记录。

7.1.2 种植屋面工程完工后，施工单位应整理施工过程中的有关文件和记录，确认合格后报建设单位或监理单位，由建设单位按有关规定组织验收。工程验收的文件和记录应真实、准确，不得有涂改伪造，并经各级技术负责人签字后方为有效。

7.1.3 种植屋面工程施工应建立各道工序自检、交接检和专职人员检查的“三检”制度，并有完整的检查记录。每道工序完成后，应经监理单位（或建设单位）检查验收，合格后方可进行下道工序的施工。

7.1.4 种植工程竣工验收前，施工单位应向建设单位或监理单位提供下列文件：

1 工程项目开工报告、竣工报告，相关指标及完成工作量；

2 竣工图和工程决算；

3 设计变更、技术变更文件；

4 土壤和水质化验报告；

5 外地购进植物检验、检疫报告；

6 附属设施用材合格证、质量检验报告。

7.1.5 种植屋面工程的子分部、分项工程的划分应符合表7.1.5的规定。

表7.1.5 种植屋面工程的子分部、分项工程

子分部工程	分项工程
种植屋面	找坡（找平）层、绝热层、普通防水层、耐根穿刺防水层、保护层、排水系统、排（蓄）水层、过滤层、种植土层、植被层、园路铺装、护栏、灌溉系统、电气照明系统、园林小品、避雷设施、细部构造

7.1.6 分项工程的施工质量验收检验批的划分应符合下列规定：

1 找坡（找平）层、绝热层、保护层、排（蓄）水层和防水层应按屋面面积每100m² 抽查一处，每处10m²，且不应少于3处；

2 接缝密封防水部位，每50m抽查一处，每处5.0m，且不应少于3处；

3 乔灌木应全数检验，草坪地被类植物每100m² 检查3处，且不应少于2处；

4 细部构造部位应全部进行检查。

7.1.7 种植屋面找坡（找平）层、保护层和细部构造的质量验收应符合现行国家标准《屋面工程质量验收规范》GB 50207、《地下防水工程质量验收规范》GB 50208的有关规定。

7.2 绝热层

Ⅰ 主控项目

7.2.1 保温板的厚度应符合设计要求，允许偏差应为−4mm。

检验方法：用钢针插入和尺量检查。

7.2.2 喷涂硬泡聚氨酯绝热层的厚度应符合设计要求，不应有负偏差。

检验方法：用钢针插入和尺量检查。

Ⅱ 一般项目

7.2.3 保温板铺设应紧贴基层，铺平垫稳，固定牢固，拼缝严密。

检验方法：观察检查。

7.2.4 保温板的平整度允许偏差应为5mm。

检验方法：用2m靠尺和楔形塞尺检查。

7.2.5 保温板接缝高差的允许偏差应为2mm。

检验方法：用直尺和楔形塞尺检查。

7.2.6 喷涂硬泡聚氨酯绝热层的平整度允许偏差应为5mm。

检验方法：用1m靠尺和楔形塞尺检查。

7.3 普通防水层

Ⅰ 主控项目

7.3.1 防水材料及其配套材料的质量应符合设计要求。

检验方法：检查出厂合格证、质量检验报告和进场检验报告。

7.3.2 防水层不应有渗漏或积水现象。

检验方法：雨后观察或淋水、蓄水试验。

7.3.3 防水层在檐口、檐沟、天沟、水落口、泛水、变形缝和伸出屋面管道的防水构造，应符合设计要求。

检验方法：观察检查。

7.3.4 涂膜防水层的平均厚度应符合设计要求，最小厚度不应小于设计厚度的80%。

检验方法：针测法或取样量测。

Ⅱ 一般项目

7.3.5 卷材的搭接缝应粘结或焊接牢固，密封严密，不应扭曲、皱折或起泡。

检验方法：观察检查。

7.3.6 卷材防水层的收头应与基层粘结并钉压牢固，密封严密，不应翘边。

检验方法：观察检查。

7.3.7 卷材防水层的铺贴方向应正确，卷材搭接宽度的允许偏差应为－10mm。

检验方法：观察和尺量检查。

7.3.8 涂膜防水层与基层应粘结牢固，表面平整，涂布均匀，不应有流淌、皱折、鼓泡、露胎体和翘边等缺陷。

检验方法：观察检查。

7.3.9 涂膜防水层的收头应用防水涂料多遍涂刷。

检验方法：观察检查。

7.3.10 铺贴胎体增强材料应平整顺直，搭接尺寸准确，排除气泡，并与涂料粘结牢固；胎体增强材料搭接宽度的允许偏差应为－10mm。

检验方法：观察和检查隐蔽工程验收记录。

7.4 耐根穿刺防水层

Ⅰ 主控项目

7.4.1 耐根穿刺防水材料及其配套材料的质量应符合设计要求。

检验方法：检查出厂合格证、质量检验报告、耐根穿刺检验报告和进场检验报告。

7.4.2 耐根穿刺防水层施工方式应与耐根穿刺检验报告一致。

检验方法：观察检查。

7.4.3 防水层不应有渗漏或积水现象。

检验方法：雨后观察或淋水、蓄水试验。

7.4.4 防水层在檐口、檐沟、天沟、水落口、泛水、变形缝和伸出屋面管道的防水构造，应符合设计要求。

检验方法：观察检查。

7.4.5 喷涂聚脲防水层的平均厚度应符合设计要求，最小厚度不应小于设计厚度的80%。

检验方法：超声波法检查或取样量测。

Ⅱ 一般项目

7.4.6 喷涂聚脲涂层颜色应均匀，涂层应连续、无漏喷和流坠，无气泡、无针孔、无剥落、无划伤、无折皱、无龟裂、无异物。

检验方法：观察检查。

7.4.7 其他项目应按本规程第7.3节的规定执行。

7.5 排水系统、排（蓄）水层和过滤层

Ⅰ 主控项目

7.5.1 排水系统应符合设计要求。

检验方法：观察检查。

7.5.2 排水管道应畅通，水落口、观察井不得堵塞。

检验方法：通球试验、闭水试验和观察检查。

7.5.3 排（蓄）水层和过滤层材料的质量应符合设计要求。

检验方法：检查出厂合格证、质量检验报告和进场检验报告。

7.5.4 排（蓄）水层和过滤层材料的厚度、单位面积质量和搭接宽度应符合设计要求。

检验方法：尺量检查和称量检查。

Ⅱ 一般项目

7.5.5 排水层应与排水系统连通，保证排水畅通。

检验方法：观察检查。

7.5.6 过滤层应铺设平整、接缝严密，其搭接宽度的允许偏差应为±30mm。

检验方法：观察和尺量检查。

7.6 种植土层

7.6.1 种植土层和植被层均应按其规格、质量进行检测、验收。

7.6.2 地形整理应符合竖向设计要求。

检验方法：观察检查。

7.6.3 种植土的质量应符合设计要求。

检验方法：检查出厂合格证、质量检验报告和进场检验报告。

7.6.4 种植土的厚度、密度应符合设计要求。

检验方法：尺量检查、环刀和称量检查。

7.6.5 种植土的pH值应符合设计要求。

检验方法：用便携式pH计检查。

7.6.6 有机肥料应充分腐熟。

检验方法：检查出厂合格证、质量检验报告和进场检验报告。

7.7 植被层

7.7.1 建设单位或监理单位应对植被层施工的每道工序全过程进行检查验收。

7.7.2 乔灌木的成活率应达到95%以上，无病残枝。

检验方法：观察统计。

7.7.3 乔灌木应固定牢固，符合设计要求。

检验方法：观察检查。

7.7.4 地被植物种植区域应均匀满覆盖，无杂草、无病虫害、无枯枝落叶。

检验方法：观察统计。

7.7.5 草坪覆盖率应达到100%，表面整洁、无杂物。

检验方法：观察统计。

7.7.6 植物的整形修剪应符合设计要求。

检验方法：观察检查。

7.7.7 缓冲带的设置和宽度应符合设计要求。

检验方法：观察和尺量检查。

7.7.8 植被层竣工后，场地应整洁、无杂物。

检验方法：观察检查。

7.8 园路铺装和护栏

7.8.1 铺装层应符合下列规定：

1 铺装面层应与基层粘结牢固，无空鼓现象。

检验方法：叩击和观察检查。

2 表面平整、无积水。

检验方法：用2m靠尺和楔形塞尺检查、观察检查。

3 铺贴面层接缝应均匀，周边应顺滑。

检验方法：观察检查。

7.8.2 路缘石应符合下列规定：

1 路缘石的基层应砌筑稳固、顺滑，衔接无折角。

检验方法：观察检查。

2 路缘石标高应符合设计要求。

检验方法：用水准仪测量检查。

7.8.3 护栏应符合下列规定：

1 护栏材料、高度、形式、色彩应符合设计要求。

检验方法：观察检查。

2 护栏栏杆安装应坚实牢固，整体垂直平顺，无毛刺、锐角。

检验方法：观察和尺量检查。

7.9 灌溉系统

7.9.1 灌溉系统的材料质量应符合设计要求。

检验方法：检查出厂合格证、质量检验报告和进场检验报告。

7.9.2 给水系统应进行水压实验，实验压力为工作压力的1.5倍，且不应小于0.6MPa。

检验方法：测量检查。

7.9.3 分钟压力降不应大于0.05MPa。

检验方法：观察检查。

7.9.4 点喷范围不得超过绿地边缘。

检验方法：观察检查。

7.10 电气和照明系统

7.10.1 电气照明系统的材料质量应符合设计要求。

检验方法：检查出厂合格证、质量检验报告和进场检验报告。

7.10.2 电气照明系统连接应紧密、牢固。

检验方法：观察检查。

7.10.3 电气接头连接处应做绝缘处理，漏电保护器应反应灵敏、可靠。

检验方法：用万用电表遥测和观察检查。

7.10.4 景观照明安装完成后应进行全负荷试验和接地阻值试验。

检验方法：用仪表测试和观察检查。

7.10.5 夜景灯光安装完成后应进行效果试验。

检验方法：观察检查。

7.11 园林小品

7.11.1 园林小品的材料、质量应符合设计要求。

检验方法：检查出厂合格证、质量检验报告和进场检验报告。

7.11.2 园林小品的布局、规格尺寸应符合设计要求。

检验方法：尺量检查和观察检查。

7.11.3 花架、园亭应符合设计要求，安装稳固、立柱垂直，外观无明显缺陷。

检验方法：观察检查。

7.11.4 景观桥应符合设计要求，安装稳固，桥面平整。

检验方法：尺量检查和观察检查。

7.12 避雷设施

7.12.1 避雷设施及其配套材料的质量应符合设计要求。

检验方法：检查出厂合格证、质量检验报告和进场检验报告。

7.12.2 避雷设施应接地可靠，并应满足设计要求。

检验方法：观察检查。

7.12.3 浪涌保护器应反应灵敏、可靠。

检验方法：观察检查。

8 维护管理

8.1 植物养护

8.1.1 种植屋面绿化养护管理应符合下列规定：

1 种植屋面工程应建立绿化养护管理制度；

2 定期观察、测定土壤含水量，并根据墒情灌溉补水；

3 根据季节和植物生长周期测定土壤肥力，可适当补充环保、长效的有机肥或复合肥；

4 定期检查并及时补充种植土。

8.1.2 种植屋面可通过控制施肥和定期修剪控制植物生长。

8.1.3 根据设计要求、不同植物的生长习性，适时或定期对植物进行修剪。

8.1.4 及时清理死株，更换或补植老化及生长不良的植株。

8.1.5 在植物生长季节应及时除草，并及时清运。

8.1.6 植物病虫害防治应采用物理或生物防治措施，也可采用环保型农药防治。

8.1.7 根据植物种类、季节和天气情况实施灌溉。

8.1.8 根据植物种类、地域和季节不同，应采取防寒、防晒、防风、防火措施。

8.2 设施维护

8.2.1 定期检查排水沟、水落口和检查井等排水设施，及时疏通排水管道。

8.2.2 园林小品应保持外观整洁，构件和各项设施完好无损。

8.2.3 应保持园路、铺装、路缘石和护栏等的安全稳固、平整完好。

8.2.4 应定期检查、清理水景设施的水循环系统。应保持水质清洁，池壁安全稳固，无缺损。

8.2.5 应保持外露的给排水设施清洁、完整，冬季应采取防冻裂措施。

8.2.6 应定期检查电气照明系统，保持照明设施正常工作，无带电裸露。

8.2.7 应保持导引牌、标识牌外观整洁、构件完整；应急避险标识应清晰醒目。

8.2.8 设施损坏后应及时修复。

附录A 种植屋面常用植物

A.0.1 北方地区屋面种植的植物可按表A.0.1选用。

表A.0.1 北方地区选用植物

类别	中名	学名	科目	生物学习性
乔木类	侧柏	*Platycladus orientalis*	柏科	阳性，耐寒，耐干旱、瘠薄，抗污染
	洒金柏	*Platycladus orientalis cv. aurea. nana*		阳性，耐寒，耐干旱、瘠薄，抗污染
	铅笔柏	*Sabina chinensis var. pyramidalis*		中性，耐寒
	圆柏	*Sabina chinensis*		中性，耐寒，耐修剪
	龙柏	*Sabina chinensis cv. kaizuka*		中性，耐寒，耐修剪
	油松	*Pinus tabulaeformis*	松科	强阳性，耐寒，耐干旱、瘠薄和碱土
	白皮松	*Pinus bungeana*		阳性，适应干冷气候，抗污染
	白杄	*Picea meyeri*		耐阴，喜湿润冷凉
	柿子树	*Diospyros kaki*	柿树科	阳性，耐寒，耐干旱
	枣树	*Ziziphus jujuba*	鼠李科	阳性，耐寒，耐干旱
	龙爪枣	*Ziziphus jujuba var. tortuosa*		阳性，耐干旱，瘠薄，耐寒
	龙爪槐	*Sophora japonica cv. pendula*	蝶形花科	阳性，耐寒
	金枝槐	*Sophora japonica* "Golden Stem"		阳性，浅根性，喜湿润肥沃土壤
	白玉兰	*Magnolia denudata*	木兰科	阳性，耐寒，稍耐阴
	紫玉兰	*Magnolia liliflora*		阳性，稍耐寒
	山桃	*Prunus davidiana*	蔷薇科	喜光，耐寒，耐干旱、瘠薄，怕涝

续表 A.0.1

类别	中 名	学 名	科 目	生物学习性
灌木类	小叶黄杨	*Buxus sinica var. parvifolia*	黄杨科	阳性，稍耐寒
	大叶黄杨	*Buxus megistophylla*	卫矛科	中性，耐修剪，抗污染
	凤尾丝兰	*Yucca gloriosa*	龙舌兰科	阳性，稍耐严寒
	丁香	*Syringa oblata*	木樨科	喜光，耐半阴，耐寒，耐旱，耐瘠薄
	黄栌	*Cotinus coggygria*	漆树科	喜光，耐寒，耐干旱、瘠薄
	红枫	*Acer palmatum* "Atropurpureum"	槭树科	弱阳性，喜湿凉，喜肥沃土壤，不耐寒
	鸡爪槭	*Acer palmatum*		弱阳性，喜湿凉，喜肥沃土壤，稍耐寒
	紫薇	*Lagerstroemia indica*	千屈菜科	耐旱，怕涝，喜温暖潮润，喜光，喜肥
	紫叶李	*Prunus cerasifera* "Atropurpurea"	蔷薇科	弱阳性，耐寒，耐干旱、瘠薄和盐碱
	紫叶矮樱	*Prunus cistena*		弱阳性，喜肥沃土壤，不耐寒
	海棠	*Malus. spectabilis*		阳性，耐寒，喜肥沃土壤
	樱花	*Prunus serrulata*		喜光，喜温暖湿润，不耐盐碱，忌积水
	榆叶梅	*Prunus triloba*		弱阳性，耐寒，耐干旱
	碧桃	*Prunus. persica* "Duplex"		喜光，耐旱、耐高温、较耐寒、畏涝怕碱
	紫荆	*Cercis chinensis*	豆科	阳性，耐寒，耐干旱、瘠薄
	锦鸡儿	*Caragana sinica*		中性，耐寒，耐干旱、瘠薄
	沙枣	*Elaeagnus angustifolia*	胡颓子科	阳性，耐干旱、水湿和盐碱
	木槿	*Hiriscus sytiacus*	锦葵科	阳性，稍耐寒
	蜡梅	*Chimonanthus praecox*	蜡梅科	阳性，耐寒
	迎春	*Jasminum nudiflorum*	木樨科	阳性，不耐寒
	金叶女贞	*Ligustrum vicaryi*		弱阳性，耐干旱、瘠薄和盐碱
	连翘	*Forsythia suspensa*		阳性，耐寒，耐干旱
	绣线菊	*Spiraea spp.*	蔷薇科	中性，较耐寒
	珍珠梅	*Sorbaria kirilowii*		耐阴，耐寒，耐瘠薄
	月季	*Rosa chinensis*		阳性，较耐寒
	黄刺玫	*Rosa xanthina*		阳性，耐寒，耐干旱
	寿星桃	*Prunus spp.*		阳性，耐寒，耐干旱
	棣棠	*Kerria japonica*		中性，较耐寒
	郁李	*Prunus japonica*		阳性，耐寒，耐干旱
	平枝栒子	*Cotoneaster horizontalis*		阳性，耐寒，耐干旱
	金银木	*Lonicera maackii*	忍冬科	耐阴，耐寒，耐干旱
	天目琼花	*Viburnum sargentii*		阳性，耐寒
	锦带花	*Weigcla florida*		阳性，耐寒，耐干旱
	猬实	*Kolkwitzia amabilis*		阳性，耐寒，耐干旱、瘠薄
	荚蒾	*Viburmum farreri*		中性，耐寒，耐干旱
	红瑞木	*Cornus alba*	山茱萸科	中性，耐寒，耐干旱
	石榴	*Punica granatum*	石榴科	中性，耐寒，耐干旱、瘠薄
	紫叶小檗	*Berberis thunberggii* "Atroputpurea"	小檗科	中性，耐寒，耐修剪
	花椒	*Zanthoxylum bungeanum*	芸香科	阳性，耐寒，耐干旱、瘠薄
	枸杞	*Pocirus tirfoliata*	茄科	阳性，耐寒，耐干旱、瘠薄和盐碱

续表 A.0.1

类别	中名	学名	科目	生物学习性
地被	沙地柏	*Sabina vulgaris*	柏科	阳性，耐寒，耐干旱、瘠薄
	萱草	*Hemerocallis fulva*	百合科	耐寒，喜湿润，耐旱，喜光，耐半阴
	玉簪	*Hosta plantaginea*		耐寒冷，性喜阴湿环境，不耐强烈日光照射
	麦冬	*Ophiopogon japonicus*		耐阴，耐寒
	假龙头	*Physostegia virginiana*	唇形科	喜肥沃、排水良好的沙壤，夏季干燥生长不良
	鼠尾草	*Salvia farinacea*		喜日光充足，通风良好
	百里香	*Thymus mongolicus*		喜光，耐干旱
	薄荷	*Mentha haplocalyx*		喜湿润环境
	藿香	*Wrinkled Gianthyssop*		喜温暖湿润气候，稍耐寒
	白三叶	*Trifolium repens*	豆科	阳性，耐寒
	苜蓿	*Medicago sativa*		耐干旱，耐冷热
	小冠花	*Coronilla varia*		喜光，不耐阴，喜温暖湿润气候，耐寒
	高羊茅	*Festuca arundinacea*	禾本科	耐热，耐践踏
	结缕草	*Zoysia japonica*		阳性，耐旱
	狼尾草	*Pennisetum alopecuroides*		耐寒，耐旱，耐砂土贫瘠土壤
	蓝羊茅	*Festuca glauca*		喜光，耐寒，耐旱，耐贫瘠
	斑叶芒	*Miscanthus sinensis Andress*		喜光，耐半阴，性强健，抗性强
	落新妇	*Astilbe chinensis*	虎耳草科	喜半阴，湿润环境，性强健，耐寒
	八宝景天	*Sedum spectabile*	景天科	极耐旱，耐寒
	三七景天	*sedum spetabiles*		极耐旱，耐寒，耐瘠薄
	胭脂红景天	*Sedum spurium* "Coccineum"		耐旱，稍耐瘠薄，稍耐寒
	反曲景天	*Sedum reflexum*		耐旱，稍耐瘠薄，稍耐寒
	佛甲草	*Sedum lineare*		极耐旱，耐瘠薄，稍耐寒
	垂盆草	*Sedum sarmentosum*		耐旱，耐瘠薄，稍耐寒
	风铃草	*Campanula punctata*	桔梗科	耐寒，忌酷暑
	桔梗	*Platycodon grandiflorum*		喜阳光，怕积水，抗干旱，耐严寒，怕风害
	蓍草	*Achillea sibirca*	菊科	耐寒，喜温暖，湿润，耐半阴
	荷兰菊	*Aster novi-belgii*		喜温暖湿润，喜光、耐寒、耐炎热
	金鸡菊	*Coreopsis basalis*		耐寒耐旱，喜光，耐半阴
	黑心菊	*Rudbeckia hirta*		耐寒，耐旱，喜向阳通风的环境
	松果菊	*Echinacea purpurea*		稍耐寒，喜生于温暖向阳处
	亚菊	*Ajania trilobata*		阳性，耐干旱、瘠薄
	耧斗菜	*Aquilegia vulgaris*	毛茛科	炎夏宜半阴，耐寒
	委陵菜	*Potentilla aiscolor*	蔷薇科	喜光，耐干旱
	芍药	*Paeonia lactiflora*	芍药科	喜温耐寒，喜光照充足、喜干燥土壤环境
	常夏石竹	*Dianthus plumarius*	石竹科	阳性，耐半阴，耐寒，喜肥
	婆婆纳	*Veronica spicata*	玄参科	喜光，耐半阴，耐寒
	紫露草	*Tradescantia reflexa*	鸭跖草科	喜日照充足，耐半阴，紫露草生性强健，耐寒

续表 A.0.1

类别	中 名	学 名	科 目	生物学习性
地被	马蔺	*Iris lactea var. chinensis*	鸢尾科	阳性，耐寒，耐干旱，耐重盐碱
	鸢尾	*Iris tenctorum*		喜阳光充足，耐寒，亦耐半阴
	紫藤	*Weateria sinensis*	豆科	阳性，耐寒
	葡萄	*Vitis vinifera*	葡萄科	阳性，耐旱
	爬山虎	*Parthenocissus tricuspidata*		耐阴，耐寒
	五叶地锦	*Parthenocissus quinquefolia*		耐阴，耐寒
	蔷薇	*Rosa multiflora*	蔷薇科	阳性，耐寒
	金银花	*Lonicera orbiculatus*	忍冬科	喜光，耐阴，耐寒
	台尔曼忍冬	*Lonicerra tellmanniana*		喜光，喜温湿环境，耐半阴
藤本植物	小叶扶芳藤	*Euonymus fortunei var. radicans*	卫矛科	喜阴湿环境，较耐寒
	常春藤	*Hedera helix*	五加科	阴性，不耐旱，常绿
	凌霄	*Campsis grandiflora*	紫葳科	中性，耐寒

A.0.2 南方地区屋面种植的植物可按表 A.0.2 选用。

表 A.0.2 南方地区选用植物

类别	中 名	学 名	科 目	生物学习性
乔木类	云片柏	*Chamaecyparis obtusa* "Breviramea"	柏科	中性
	日本花柏	*Chamaecyparis pisifera*		中性
	圆柏	*Sabina chinensis*		中性，耐寒，耐修剪
	龙柏	*Sabina chinensis* "Kaizuka"		阳性，耐寒，耐干旱、瘠薄
	南洋杉	*Araucaria cunninghamii*	南洋杉科	阳性，喜暖热气候，不耐寒
	白皮松	*Pinus bungeana*	松科	阳性，适应干冷气候，抗污染
	苏铁	*Cycas revoluta*	苏铁科	中性，喜温湿气候，喜酸性土
	红背桂	*Excoecaria bicolor*	大戟科	喜光，喜肥沃沙壤
	刺桐	*Erythrina variegana*	蝶形科	喜光，喜暖热气候，喜酸性土
	枫香	*Liquidanbar fromosana*	金缕梅科	喜光，耐旱，瘠薄
	罗汉松	*Podocarpus macrophyllus*	罗汉松科	半阴性，喜温暖湿润
	广玉兰	*Magnolia grandiflora*	木兰科	喜光，颇耐阴，抗烟尘
	白玉兰	*Magnolia denudata*		喜光，耐寒，耐旱
	紫玉兰	*M. liliflora*		喜光，喜湿润肥沃土壤
	含笑	*Michelia figo*		喜弱阴，喜酸性土，不耐暴晒和干旱
	雪柳	*Fontanesia fortunei*	木樨科	稍耐阴，较耐寒
	桂花	*Osmanthus fragrans*		稍耐阴，喜肥沃沙壤土，抗有毒气体
	芒果	*Mangifera persiciformis*	漆树科	阳性，喜暖湿肥沃土壤
	红枫	*Acer palmatum* "Atropurpureum"	槭树科	弱阳性，喜湿凉、肥沃土壤，耐寒差
	元宝枫	*Acer truncatum*		弱阳性，喜湿凉、肥沃土壤
	紫薇	*Lagerstroemia indica*	千屈菜科	稍耐阴，耐寒性差，喜排水良好石灰性土
	沙梨	*Pyrus pyrifolia*	蔷薇科	喜光，较耐寒，耐干旱
	枇杷	*Eriobotrya japonica*		稍耐阴，喜温暖湿润，宜微酸、肥沃土壤
	海棠	*Malus spectabilis*		喜光，较耐寒、耐干旱
	樱花	*Prunus serrulata*		喜光，较耐寒
	梅	*Prunus mume*		喜光，耐寒，喜温暖潮湿环境

续表 A.0.2

类别	中名	学名	科目	生物学习性
乔木类	碧桃	*Prunus persica* "Duplex"	蔷薇科	喜光，耐寒，耐旱
	榆叶梅	*Prunus triloba*		喜光，耐寒，耐旱，耐轻盐碱
	麦李	*Prunus glandulosa*		喜光，耐寒，耐旱
	紫叶李	*Prunus cerasifera* "Atropurpurea"		弱阳性，耐寒、干旱、瘠薄和盐碱
	石楠	*Photinia serrulata*		稍耐阴，较耐寒，耐干旱、瘠薄
	荔枝	*Litchi chinensis*	无患子科	喜光，喜肥沃深厚、酸性土
	龙眼	*Dimocarpus longan*		稍耐阴，喜肥沃深厚、酸性土
	金叶刺槐	*Robinia pseudoacacia* "Aurea"	云实科	耐干旱、瘠薄，生长快
	紫荆	*Cercis chinensis*		喜光，耐寒，耐修剪
	羊蹄甲	*Bauhinia variegata*		喜光，喜温暖气候、酸性土
	无忧花	*Saraca indica*		喜光，喜温暖气候、酸性土
	柚	*Citrus grandis*	芸香科	喜温暖湿润，宜微酸、肥沃土壤
	柠檬	*Citrus limon*		喜温暖湿润，宜微酸、肥沃土壤
灌木类	百里香	*Thymus mogolicus*	唇形科	喜光，耐旱
	变叶木	*Codiaeum variegatum*	大戟科	喜光，喜湿润环境
	杜鹃	*Rhododendron simsii*	杜鹃花科	喜光，耐寒，耐修剪
	番木瓜	*Carica papaya*	番木科	喜光，喜暖热多雨气候
	海桐	*Pittosporum tobira*	海桐花科	中性，抗海潮风
	山梅花	*Philadelphus coronarius*	虎耳草科	喜光，较耐寒，耐旱
	溲疏	*Deutzia scabra*		半耐阴，耐寒，耐旱，耐修剪，喜微酸土
	八仙花	*Hydrangea macrophylla*		喜阴，喜温暖气候、酸性土
	黄杨	*Buxus sinia*	黄杨科	中性，抗污染，耐修剪
	雀舌黄杨	*Buxus bodinieri*		中性，喜暖湿气侯
	夹竹桃	*Nerium indicum*	夹竹桃科	喜光，耐旱，耐修剪，抗烟尘及有害气体
	红檵木	*Loropetalum chinense*	金缕梅科	耐半阴，喜酸性土，耐修剪
	木芙蓉	*Hibiscus mutabils*	锦葵科	喜光，适应酸性肥沃土壤
	木槿	*Hiriscus sytiacus*		喜光，耐寒，耐旱，瘠薄，耐修剪
	扶桑	*Hibiscus rosa-sinensis*		喜光，适应酸性肥沃土壤
	米兰	*Aglaria odorata*	楝科	喜光，半耐阴
	海州常山	*Clerodendrum trichotomum*	马鞭草科	喜光，喜温暖气候，喜酸性土
	紫珠	*Callicarpa japonica*		喜光，半耐阴
	流苏树	*Chionanthus*	木樨科	喜光，耐旱，耐寒
	云南黄馨	*Jasminum mesnyi*		喜光，喜湿润，不耐寒
	迎春	*Jasminum nudiflorum*		喜光，耐旱，较耐寒
	金叶女贞	*Ligustrum vicaryi*		弱阳性，耐干旱、瘠薄和盐碱
	女贞	*Ligustrun lucidum*		稍耐阴，抗污染，耐修剪
	小蜡	*Ligustrun sinense*		稍耐阴，耐寒，耐修剪
	小叶女贞	*Ligustrun quihoui*		稍耐阴，抗污染，耐修剪
	茉莉	*Jasminum sambac*		稍耐阴，喜肥沃沙壤土

续表 A.0.2

类别	中名	学名	科目	生物学习性
灌木类	栀子	*Gardenia jasminoides*	茜草科	喜光也耐阴，耐干旱、瘠薄，耐修剪，抗 SO_2
	白鹃梅	*Exochorda racemosa*	蔷薇科	耐半阴，耐寒，喜肥沃土壤
	月季	*Rosa chinensis*		喜光，适应酸性肥沃土壤
	棣棠	*Kerria japonica*		喜半阴，喜略湿土壤
	郁李	*Prunus japonica*		喜光，耐寒，耐旱
	绣线菊	*Spiraea thunbergii*		喜光，喜温暖
	悬钩子	*Rubus chingii*		喜肥沃、湿润土壤
	平枝栒子	*Cotoneaster horizontalis*		喜光，耐寒，耐干旱、瘠薄
	火棘	*Puracantha*		喜光不耐寒，要求土壤排水良好
	猬实	*Kolkwitzia amabilis*	忍冬科	喜光，耐旱、瘠薄，颇耐寒
	海仙花	*Weigela coraeensis*		稍耐阴，喜湿润、肥沃土壤
	木本绣球	*Viburnum macrocephalum*		稍耐阴，喜湿润、肥沃土壤
	珊瑚树	*Viburnum awabuki*		稍耐阴，喜湿润、肥沃土壤
	天目琼花	*Viburnum sargentii*		喜光充足，半耐阴
	金银木	*Lonicera maackii*		喜光充足，半耐阴
	山茶花	*Camellia japonica*	山茶科	喜半阴，喜温暖湿润环境
	四照花	*Dentrobenthamia japonica*	山茱萸科	喜光，耐半阴，喜暖热湿润气候
	山茱萸	*Cornus officinalis*		喜光，耐旱，耐寒
	石榴	*Punica granatum*	石榴科	喜光，稍耐寒，土壤需排水良好石灰质土
	晚香玉	*Polianthes tuberose*	石蒜科	喜光，耐旱
	鹅掌柴	*Schefflera octophylla*	五加科	喜光，喜暖热湿润气候
	八角金盘	*Fatsia jiaponica*		喜阴，喜暖热湿润气候
	紫叶小檗	*Berberis thunberggii* “Atroputpurea”	小檗科	中性，耐寒，耐修剪
	佛手	*Citrus medica*	芸香科	喜光，喜暖热多雨气候
	胡椒木	*Zanthoxylum* “Odorum”		喜光，喜砂质壤土
	九里香	*Murraya paniculata*		较耐阴，耐旱
	叶子花	*Bougainvillea spectabilis*	紫茉莉科	喜光，耐旱、瘠薄，耐修剪
地被	沙地柏	Sabina vulgaris	柏科	阳性，耐寒，耐干旱、瘠薄
	萱草	*Hemerocallis fulva*	百合科	阳性，耐寒
	麦冬	*Ophiopogon japonicus*		喜阴湿温暖，常绿，耐阴，耐寒
	火炬花	*Kniphofia unavia*		半耐阴，较耐寒
	玉簪	*Hosta plantaginea*		耐阴，耐寒
	紫萼	*Hosta ventricosa*		耐阴，耐寒
	葡萄风信子	*Muscari botryoides*		半耐阴
	麦冬	*Ophiopogon japonicus*		耐阴，耐寒
	金叶过路黄	*Lysimachia nummlaria*	报春花科	阳性，耐寒
	薰衣草	*Lawandula officinalis*	唇形科	喜光，耐旱
	白三叶	*Trifolium repens*	蝶形花科	阳性，耐寒
	结缕草	*Zoysia japonica*	禾本科	阳性，耐旱
	狼尾草	*Pennisetum alopecuroides*		耐寒，耐旱，耐砂土贫瘠土壤
	蓝羊茅	*Festuca glauca*		喜光，耐寒，耐旱，耐贫瘠
	斑叶芒	*Miscanthus sinensis* “Andress”		喜光，耐半阴，性强健，抗性强

续表 A.0.2

类别	中名	学名	科目	生物学习性
地被	蜀葵	*Althaea rosea*	锦葵科	阳性，耐寒
	秋葵	*Hibiscus palustris*		阳性，耐寒
	罂粟葵	*Callirhoe involucrata*		阳性，较耐寒
	胭脂红景天	*Sedum spurium* “Coccineum”	景天科	耐旱，稍耐瘠薄，稍耐寒
	反曲景天	*Sedum reflexum*		耐旱，耐瘠薄，稍耐寒
	佛甲草	*Sedum lineare*		极耐旱，耐瘠薄，稍耐寒
	垂盆草	*Sedum sarmentosum*		耐旱，瘠薄，稍耐寒
	蓍草	*Achillea sibirica*	菊科	阳性，半耐阴，耐寒
	荷兰菊	*Aster novi－belgii*		阳性，喜温暖湿润，较耐寒
	金鸡菊	*Coreopsis lanceolata*		阳性，耐寒，耐瘠薄
	蛇鞭菊	*Liatris specata*		阳性，喜温暖湿润，较耐寒
	黑心菊	*Rudbeckia hybrida*		阳性，喜温暖湿润，较耐寒
	天人菊	*Gaillardia aristata*		阳性，喜温暖湿润，较耐寒
	亚菊	*Ajania pacifica*		阳性，喜温暖湿润，较耐寒
	月见草	*Oenothera biennis*	柳叶菜科	喜光，耐旱
	耧斗菜	*Aquilegia vulgaria*	毛茛科	半耐阴，耐寒
	美人蕉	*Canna indica*	美人蕉科	阳性，喜温暖湿润
	翻白草	*Potentilla discola*	蔷薇科	阳性，耐寒
	蛇莓	*Duchesnea indica*		阳性，耐寒
	石蒜	*Lycoris radiata*	石蒜科	阳性，喜温暖湿润
	百莲	*Agapanthus africanus*		阳性，喜温暖湿润
	葱兰	*Zephyranthes candida*		阳性，喜温暖湿润
	婆婆纳	*Veronica spicata*	玄参科	阳性，耐寒
	鸭跖草	*Setcreasea pallida*	鸭跖草科	半耐阴，较耐寒
	鸢尾	*Iris tectorum*	鸢尾科	半耐阴，耐寒
	蝴蝶花	*Iris japonica*		半耐阴，耐寒
	有髯鸢尾	*Iris Barbata*		半耐阴，耐寒
	射干	*Belamcanda chinensis*		阳性，较耐寒
藤本植物	紫藤	*Weateria sinensis*	蝶形花科	阳性，耐寒，落叶
	络石	*Trachelospermum jasminordes*	夹竹桃科	耐阴，不耐寒，常绿
	铁线莲	*Clematis florida*	毛茛科	中性，不耐寒，半常绿
	猕猴桃	*Actinidiaceae chinensis*	猕猴桃科	中性，落叶，耐寒弱
	木通	*Akebia quinata*	木通科	中性
	葡萄	*Vitis vinifera*	葡萄科	阳性，耐干旱
	爬山虎	*Parthenocissus tricuspidata*		耐阴，耐寒、干旱
	五叶地锦	*P. quinquefolia*		耐阴，耐寒
	蔷薇	*Rosa multiflora*	蔷薇科	阳性，较耐寒
	十姊妹	*Rosa multifolra* “Platyphylla”		阳性，较耐寒
	木香	*Rosa banksiana*		阳性，较耐寒，半常绿

续表 A.0.2

类别	中　名	学　名	科　目	生物学习性
藤本植物	金银花	*Lonicera orbiculatus*	忍冬科	喜光，耐阴，耐寒，半常绿
	扶芳藤	*Euonymus fortunei*	卫矛科	耐阴，不耐寒，常绿
	胶东卫矛	*Euonymus kiautshovicus*		耐阴，稍耐寒，半常绿
	常春藤	*Hedera helix*	五加科	阳性，不耐寒，常绿
	凌霄	*Campsis grandiflora*	紫葳科	中性，耐寒
竹类与棕榈类	孝顺竹	*Bambusa multiplex*	禾本科	喜向阳凉爽，能耐阴
	凤尾竹	*Bambusa multiplex var. nana*		喜温暖湿润，耐寒稍差，不耐强光，怕渍水
	黄金间碧玉竹	*Bambusa vulgalis*	禾本科	喜温暖湿润，耐寒稍差，怕渍水
	小琴丝竹	*Bambusa multiplex*		喜光，稍耐阴，喜温暖湿润
	罗汉竹	*Phyllostachys aures*		喜光，喜温暖湿润，不耐寒
	紫竹	*Phyllostachys nigra*		喜向阳凉爽的地方，喜温暖湿润，稍耐寒
	箬竹	*Indocalamun latifolius*		喜光，稍耐阴，不耐寒
	蒲葵	*Livistona chinensisi*	棕榈科	阳性，喜温暖湿润，不耐阴，较耐旱
	棕竹	*Rhapis excelsa*		喜温暖湿润，极耐阴，不耐积水
	加纳利海枣	*Phoenix canariensis*		阳性，喜温暖湿润，不耐阴
	鱼尾葵	*Caryota monostachya*		阳性，喜温暖湿润，较耐寒，较耐旱
	散尾葵	*Chrysalidocarpus lutescens*		阳性，喜温暖湿润，不耐寒，较耐阴
	狐尾棕	*Wodyetia bifurcata*		阳性，喜温暖湿润，耐寒，耐旱，抗风

本规程用词说明

1　为便于在执行本规程条文时区别对待，对于要求严格程度不同的用词说明如下：

1）表示很严格，非这样做不可的：
正面词采用“必须”，反面词采用“严禁”；

2）表示严格，在正常情况下均应这样做的：
正面词采用“应”，反面词采用“不应”或“不得”；

3）表示允许稍有选择，在条件许可时首先应这样做的：
正面词采用“宜”，反面词采用“不宜”；

4）表示有选择，在一定条件下可以这样做的，采用“可”。

2　条文中指明应按其他标准执行的写法为：“应符合……的规定”或“应按……执行”。

引用标准名录

1　《建筑结构荷载规范》GB 50009
2　《建筑设计防火规范》GB 50016
3　《建筑物防雷设计规范》GB 50057
4　《喷灌工程技术规范》GB/T 50085
5　《地下工程防水技术规范》GB 50108
6　《屋面工程质量验收规范》GB 50207
7　《地下防水工程质量验收规范》GB 50208
8　《建筑工程施工质量验收统一标准》GB 50300
9　《屋面工程技术规范》GB 50345
10　《硬泡聚氨酯保温防水工程技术规范》GB 50404
11　《微灌工程技术规范》GB/T 50485
12　《坡屋面工程技术规范》GB 50693
13　《建设工程施工现场消防安全技术规范》GB 50720
14　《绝热用挤塑聚苯乙烯泡沫塑料(XPS)》GB/T 10801.2
15　《聚氯乙烯(PVC)防水卷材》GB 12952
16　《低压电气装置　第7-705部分：特殊装置或场所的要求　农业和园艺设施》GB 16895.27
17　《土工合成材料　聚乙烯土工膜》GB /T 17643
18　《高分子防水材料　第1部分：片材》GB 18173.1
19　《弹性体改性沥青防水卷材》GB 18242
20　《塑性体改性沥青防水卷材》GB 18243
21　《绝热用硬质酚醛泡沫制品(PF)》GB /T 20974

22 《喷涂聚脲防水涂料》GB/T 23446
23 《绝热用聚异氰脲酸酯制品》GB/T 25997
24 《热塑性聚烯烃(TPO)防水卷材》GB 27789
25 《园林绿化工程施工及验收规范》CJJ 82
26 《民用建筑电气设计规范》JGJ 16
27 《喷涂聚脲防水工程技术规程》JGJ/T 200
28 《城市绿化和园林绿地用植物材料　木本苗》CJ/T 24
29 《种植屋面用耐根穿刺防水卷材》JC/T 1075

中华人民共和国行业标准

种植屋面工程技术规程

JGJ 155—2013

条 文 说 明

修 订 说 明

《种植屋面工程技术规程》JGJ 155－2013，经住房和城乡建设部2013年6月9日以第47号公告批准、发布。

本规程是在《种植屋面工程技术规程》JGJ 155－2007的基础上修订而成，上一版的主编单位是中国建筑防水材料工业协会，参编单位是北京市园林科学研究所、中国化建公司苏州防水研究设计所、深圳大学建筑设计院、德尉达（上海）贸易有限公司、盘锦禹王防水建材集团、沈阳蓝光新型防水材料有限公司、北京华盾雪花塑料集团有限责任公司、北京圣洁防水材料有限公司、渗耐防水系统（上海）有限公司、德高瓦国际贸易（北京）有限公司、中防佳缘防水材料有限公司、浙江骏宁特种防漏有限公司。主要起草人员是：王天、朱冬青、李承刚、孙庆祥、张道真、颉朝华、韩丽莉、周文琴、李翔、朱志远、杜昕、尚华胜。本次修订的主要技术内容是：1. 增加了屋面植被层设计、施工和质量验收的内容；2. 增加了容器种植和附属设施的设计、施工和质量验收的内容；3. 调整了种植屋面用耐根穿刺防水材料种类；4. 增加了“养护管理”的内容；5. 调整了常用植物表。

本规程修订过程中，编制组对国内外种植屋面的设计和施工应用情况进行了广泛的调查研究，总结了我国近年来工程建设中种植屋面设计、施工领域的实践经验，同时参考了国外先进技术法规、技术标准，并通过耐根穿刺试验确定了一批可用于种植屋面的耐根穿刺防水材料。

为便于广大设计、施工、检测、科研、学校等单位有关人员正确理解和执行条文内容，《种植屋面工程技术规程》编制组按章、节、条顺序编制了本规程的条文说明，对条文规定的目的、依据以及执行中需要注意的有关事项进行了说明。但是，本条文说明不具备与规程正文同等法律效力，仅供使用者作为正确理解和把握规程规定的参考。

目　次

1 总　　则

1.0.1 对于建筑节能来讲，种植屋面（屋顶绿化）可以在一定程度上起到保温隔热、节能减排、节约淡水资源，对建筑结构及防水起到保护作用，滞尘效果显著，同时也是有效缓解城市热岛效应的重要途径。

种植屋面工程由种植、防水、排水、绝热等多项技术构成。随着我国城市化建设的推进，技术不断进步，种植屋面已在一些城市大力推广。因此，修订种植屋面工程技术规程十分必要，有利于进一步规范种植屋面工程的材料、设计、施工和验收，确保工程质量，促进种植屋面工程的发展。

1.0.3 种植屋面工程涉及方方面面，除应按本规程执行外，尚应符合相关标准的规定，具体见本规程引用标准目录。

2 术　　语

本规程从种植屋面工程设计、施工和质量验收的角度列出了18条术语。术语中包括以下2种情况。

1 对尚未出现在国家标准、行业标准中的术语，在这次修订时予以增加，如“地下建筑顶板”、“园林小品”等。

2 对过去在国家标准、行业标准不统一的术语，在这次修订时予以统一，如“种植池”、“缓冲带”等。

2.0.3 简单式种植屋面一般仅种植地被植物、低矮灌木，除必要维护通道外，不设置园路、坐凳等休憩设施。

2.0.6 防止植物根系刺穿的防水层，又称隔根层、阻根层、抗根层等。为统一名词称谓，本规程定为耐根穿刺防水层。

2.0.9 种植土一般要求理化性能好，结构疏松，通气保水保肥能力强，适宜于植物生长。

2.0.18 缓冲带具有滤水、排水、防火、养护通道、隔离等功能，也可降低土的侧压力，一般使用卵石、陶粒等材料构成。

在寒冷地区，缓冲带可以起到消除冻胀作用。

3 基本规定

3.1 材　　料

3.1.3 普通防水材料和找坡材料应按现行的国家标准或行业标准选用，本规程不再摘录各种防水材料和找坡材料的主要物理性能指标。

3.1.4 因为植物根系容易穿透防水层，造成屋面渗漏，为此必须设置一道耐根穿刺防水层，使其具有长期的防水和耐根穿刺性能。对防水材料耐根穿刺性能的验证，应经过种植试验。我国已制定颁布《种植屋面用耐根穿刺防水卷材》JC/T 1075标准。

耐根穿刺防水材料应提供包含耐根穿刺性能和防水性能的全项检测报告。

3.2 设　　计

3.2.1 我国地域辽阔，各地气候差异很大，种植屋面工程设计应掌握因地制宜原则，确定构造层次、种植形式、种植土厚度和植物种类。

3.2.2 倒置式屋面是将绝热层设置在防水层之上的一种屋面类型。由于有些绝热材料耐水性较差、不耐根穿刺，易导致绝热层性能降低或失效，故不宜种植，但可采用容器种植。

3.2.3 建筑荷载涉及建筑结构安全，新建种植屋面工程的设计应首先确定种植屋面基本构造层次，根据各层次的荷载进行结构计算。既有建筑屋面改造成种植屋面，应首先对其原结构安全性进行检测鉴定，必要时还应进行检测，以确定是否适宜种植及种植形式。种植荷载主要包括植物荷重和饱和水状态下种植土荷重。

3.2.7 屋面坡度大于20%时，绝热层、排水层、排（蓄）水层、种植土层等易出现滑移，为防止发生滑坡等安全事故，应采取相应的防滑措施。

3.2.8 地被植物可采取张网方式，乔灌木可采取地上支撑固定法、地上牵引固定法、预埋索固法和地下锚固法等抗风揭措施。

3.3 施　　工

3.3.1 为确保种植屋面工程质量，防水工程施工单位和园林绿化单位应取得国家或相关主管部门规定的设计和施工资质；防水施工和绿化种植作业人员应取得上岗资质。

3.3.3 种植屋面施工时，易发生安全事故，施工现场要采取一系列安全防护措施。

3.4 质量验收

3.4.3 防水工程完工进行淋水或蓄水检验是种植屋面的一道关键检查项目，要从严执行，符合要求后方可验收。

3.4.4 种植屋面各分项工程的质量验收，主控项目必须验收。

4 种植屋面工程材料

4.1 一般规定

4.1.1 散状绝热材料由于抗压强度低、吸水率大，不宜选用。

4.1.2 坡长越长所用找坡材料越多越厚，屋面荷载也就越大。应根据屋面荷载及坡长大小选择合适的找坡材料。

4.1.4 沥青基防水卷材如不含化学阻根剂，植物根易穿透防水卷材，破坏防水层。

4.1.5 目前，国内使用较多的是塑料排（蓄）水板，与传统的卵石、砾石材料相比，具有厚度薄、质量轻，降低建筑荷载、施工简便等优势。

4.2 绝热材料

4.2.6 为减轻种植屋面荷载，本规程建议选用密度不大于 100 kg/m³ 的绝热材料。

4.3 耐根穿刺防水材料

4.3.1～4.3.8 设计选用的耐根穿刺防水材料应符合《种植屋面用耐根穿刺防水卷材》JC/T 1075 及相关标准的规定。

4.4 排（蓄）水材料和过滤材料

4.4.1 为减轻屋面荷载，排（蓄）水层应选择轻质材料，建议优先选用聚乙烯塑料类凹凸型排（蓄）水板和聚丙烯类网状交织排水板，满足抗压强度的要求。

4.4.2 过滤层太薄易导致种植土流失，太厚则滤水过慢，不利排水，且成本过高。

4.5 种植土

4.5.2 改良土的种类很多，本条文所列配比仅供参考。

4.6 种植植物

4.6.1～4.6.4 考虑到种植屋面的特殊性和安全要求，应选用耐旱、耐瘠薄、生长缓慢、方便养护的植物。宜种植低矮花灌木、地被植物。

4.7 种植容器

4.7.2 普通塑料种植容器材质易老化破损，从安全、经济和使用寿命等方面考虑，建议使用耐久性较好的工程塑料或玻璃钢制品。

4.7.3 目前，具有排水、蓄水、阻根和过滤功能的种植容器如图 1 所示。

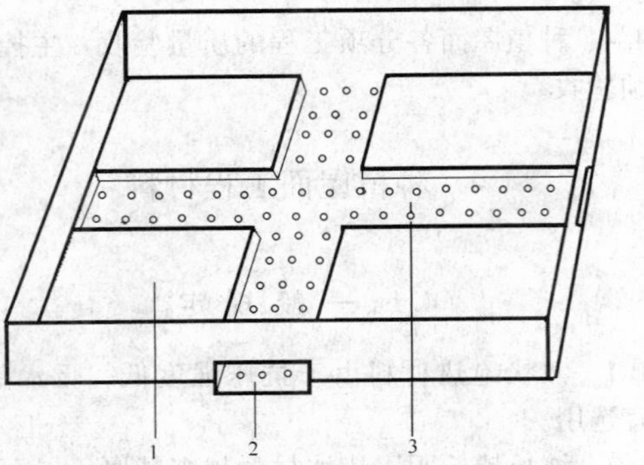

图 1 种植容器

1—种植土区域；2—连接口；3—排水孔

5 种植屋面工程设计

5.1 一般规定

5.1.5 出于安全和节材的考虑，荷载较大的设施不应设置在受弯构件梁、板上面。

5.1.6 现浇钢筋混凝土屋面板具有整体性好、结构变形小、承载力大，隔绝室内水汽作用好等特点。

5.1.7 鉴于种植屋面工程一次性投资大，维修费用高，若发生渗漏则不易查找与修缮，国外一般要求种植屋面防水层的使用寿命至少 20 年，因此本规程规定屋面防水层应满足《屋面工程技术规范》GB 50345 中一级防水等级要求。为防止植物根系对防水层的穿刺破坏，因此必须设置一道耐根穿刺防水层。

5.1.8 《屋面工程技术规范》GB 50345 规定一级防水应采用不少于两道防水设防。种植屋面为一级防水等级，采用两道防水设防，上层必须为耐根穿刺防水层。为确保防水效果，两道防水层应相邻铺设，形成整体。

5.1.10 第 1 款 本规程第 4.3 节列出了常用的耐根穿刺防水材料。

在德国等国外发达国家的实践中，花园式种植更多适用于现浇钢筋混凝土屋面，一般较多采用含阻根剂的改性沥青防水卷材特别是复合铜胎基改性沥青卷材作为耐根穿刺防水材料，以满粘法施工为主；而装配式结构、压型金属板等大跨度屋面更多采用简单式种植，较多采用高分子类防水卷材作为耐根穿刺防水材料，以机械固定法施工为主。

第 3 款 聚乙烯丙纶防水卷材＋聚合物水泥胶结料复合耐根穿刺防水材料采用双层做法，即（0.6mm＋1.3mm）×2 的做法。

5.1.13 第 3 款 采用板状排（蓄）水材料的优点是荷重较轻，并可有效蓄积雨水，过滤土壤微粒，减少市政管井淤泥隐患，同时其良好的绝热功能可减少植物根部冻害，更加适合架空屋面或廊桥绿化。

5.1.16 种植屋面划分种植区是为便于管理和设计排灌系统。

5.1.18 管道、预埋件等应先进行施工，然后做防水层。避免防水层施工完毕后打眼凿洞，留下渗漏隐患。如必须后安装设备基座，应在适当部位增铺一道防水增强层。

5.2 平屋面

5.2.1 图 5.2.1 的屋面基本构造层次为标准的覆土种植构造。可根据地区或种植形式不同，减少某一层次。例如干旱少雨地区可不设排水层。

5.2.2 屋面应具有一定的坡度，便于排水。

5.3 坡 屋 面

5.3.2 坡度小于10%的坡屋面的植被层和种植土层不易滑坡，可按平屋面种植设计要求执行。

5.3.3 第2款 非满覆土种植的坡屋面采用阶梯式、台地式种植，可以防止种植土滑动，也便于管理，不仅可种植地被植物，也可局部种植小乔木或灌木。

5.4 地下建筑顶板

5.4.1 第4款 覆土厚度大于2.0m时，可不设过滤层和排（蓄）水层；覆土厚度小于2.0m时，宜设置内排水系统；

第5款 下沉式顶板种植因有封闭的周界墙，为防止积水，应设自流排水系统；

第6款 采取排水措施，是为避免排水层积水，避免植物沤根。

5.4.2 面积较大一般指1万平方米以上的地下建筑顶板。

5.5 既有建筑屋面

5.5.1 既有建筑屋面的结构布局业已固定，为安全起见，在屋面种植设计前，必须对其结构承载力进行检测鉴定，并根据承载力确定种植形式和构造层次。

既有建筑屋面改造成种植屋面是一项很复杂的设计、施工过程，原有防水层是否保留、如何设置构造层次和耐根穿刺防水层、周边如何设挡墙和其他安全设施，以及作满覆土种植还是容器种植等都是应周密考虑的问题。

5.6 容 器 种 植

5.6.2 第4款 种植容器下设保护层是为避免对基层造成破坏。

5.7 植 被 层

5.7.1 种植土中的水分和养分是植物赖以生存的条件。种植土厚度过薄，肥力及保水能力差，植物难以存活。干旱少雨、冬季偏长等地区，屋顶绿化种植土厚度建议在150mm以上。寒冷地区最小土深应适当加厚至200mm～300mm。

5.7.3 第1款 高大乔木荷重和风荷载大，速生乔、灌木类植物长势过快，也会导致荷重和风荷载大，从安全性考虑，不宜选择；

第2款 根状茎发达的植物主要有部分竹类、芦苇、偃麦草等。

第4款 为防止大风将树木刮落，考虑到安全性，栽植的树木与边墙应保持一定的距离。

5.7.4 对于较高的乔木、灌木可采用地上支撑或地下锚固的方式增强其抗风能力。

第2款 树木绑扎时，绑扎处应采用衬垫以避免损伤树干。

5.8 细 部 构 造

5.8.4 第3款 为确保整体防水效果，种植屋面檐口挡墙的防水层应与檐沟防水层连续铺设。

5.8.9 种植挡墙高于铺装时应尽可能引导铺装面向种植区内排水（图2）。

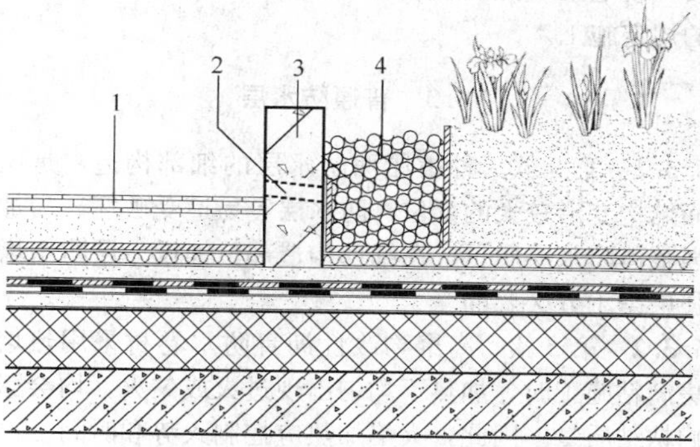

图2 硬质铺装排水

1—硬质铺装；2—排水孔；3—种植挡墙；4—卵石缓冲带

5.8.10 可采用微地形处理方式（图3），满足不同植物对种植土层厚度的要求。

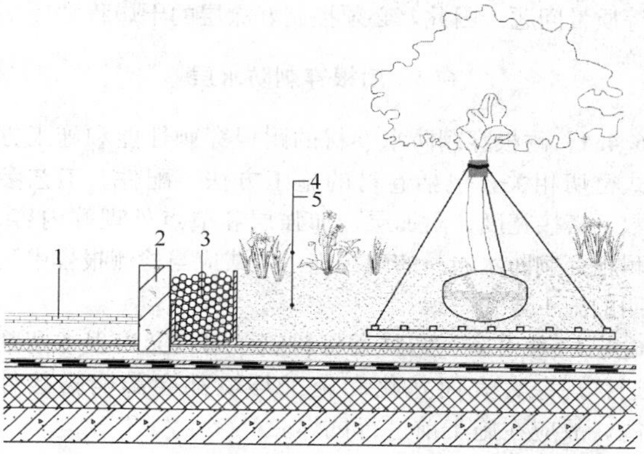

图3 植被层微地形处理

1—渗水铺装；2—种植挡墙；3—卵石缓冲带；4—植被层；5—种植土

5.9 设 施

5.9.3 种植屋面的透气孔高出种植土可以保证透气孔处有足够的泛水高度。

5.9.4 风口周围设置封闭式遮挡是为了防止植物被干热风吹死。

5.9.6 太阳能采光板高于植物高度，可发挥最大的采光功能。

5.9.8 第3款 景灯配置市政电路可保证双路供电，以备遇有阴天等特殊气候条件时应急使用。

6 种植屋面工程施工

6.2 绝 热 层

6.2.3 喷涂硬泡聚氨酯绝热材料对施工环境和场地要求较高，为保证绝热、防水的功能和工程质量，应按《硬泡聚氨酯保温防水工程技术规范》GB 50404的规定施工。

6.3 普通防水层

6.3.1 第3款 种植屋面防水层的细部构造，是屋面结构变形较大的部位，防水层容易遭受破坏。为加强整体防水层质量，在细部构造部位铺设一层防水增强层是十分必要的。

6.3.2 第2款 高聚物改性沥青防水卷材采用热熔法满粘施工时，加热不均匀出现过火或欠火，均会影响粘结质量。因此，火焰加热应控制火势和时间。

6.3.4 第1款 基层上满涂基层胶粘剂，涂刷量过少露底或过多堆积，都会影响防水层粘结质量。为保证防水卷材与基层具有良好的粘结性，卷材底面和基层均应满涂基层胶粘剂。

6.3.5 涂刷防水涂料实干才能成膜，如果第一遍涂料未实干，就涂刷第二遍，极易造成涂膜起鼓、脱层等质量问题。因此，必须控制好涂层的干燥程度。

6.4 耐根穿刺防水层

6.4.1 耐根穿刺防水卷材的耐根穿刺性能和施工方式密切相关，包括卷材的施工方法、配件、工艺参数、搭接宽度、附加层、加强层和节点处理等内容，耐根穿刺防水卷材的现场施工方式应与检测报告中列明的施工方式一致。

6.4.2 第2款 塑料类材料储存期间会出现增塑剂迁移现象、表面熟化和施工环境都会影响搭接性能，故应在施工前进行试焊。

第3款 卷材搭接缝可采用焊条熔出物封边或采用密封胶封边，防止芯吸效应。

6.4.6 第3款 聚乙烯丙纶防水卷材+聚合物水泥胶结料复合防水层应尽量避免冬季施工。当施工环境温度低于5℃时，聚合物水泥胶结料无法可靠成膜，可采用特种水泥、添加防冻剂或采用保温被覆盖等防冻措施。

6.6 种 植 土 层

6.6.1 竖向设计是对项目平面进行高程确定的设计，形成的竖向空间。比如园路的上下起伏、绿地内的缓坡内地面的高低落差、台阶、观景平台、花池、水侧灯就是竖向设计。应根据图纸竖向设计要求合理堆放种植土或者相关轻质填充材料。

6.7 植 被 层

6.7.1 植物宜在休眠季节或营养生长期移栽，成活率较高。如反季节移栽会影响植物成活，尤其不宜在开花结果期移栽。

6.7.3 第1款 株的行距以成苗后能覆盖地面为宜。

第2款 球茎植物种植深度宜为球茎的（1～2）倍。块根、块茎、根茎类植物可覆土30mm。

6.7.7 本条主要针对乔灌木，根据当地情况，防冻可采用无纺布、草绳、麻袋片等包缠干径或搭防寒风障；防晒可采用草席、遮光网等材料搭建遮阳棚，并适时喷淋保湿。

6.9 设 施

6.9.1～6.9.4 屋面风大，为防止风揭应安装铺设牢固。木质材料日晒雨淋为防止腐烂要采取防腐措施，通常采用防腐木。

6.10 既有建筑屋面

6.10.1、6.10.2 既有建筑屋面改造做种植屋面的施工必须按照屋面设计构造层次的要求，有步骤地分项实施，重点作好防水层、排水层施工，严格按本规程的施工规定执行。

7 质 量 验 收

7.1 一 般 规 定

7.1.1 技术文件资料对日后检查、检验工程质量，工程修缮、改造，以及一旦发生工程质量事故纠纷进行民事、刑事诉讼时，都是十分重要的档案证件。

7.1.2 种植屋面工程的施工单位在办理工程质量验收时，应按规定的程序与手续做好各项准备工作。

需要指出：种植屋面工程施工涉及土建、防水、保温、种植等多项专业，工程开工前应签订专业分包或直接承包合同。建设单位应进行协调，明确工程合同签订的各方义务、责任和必须执行的相关规定。这样才能顺利完成验收。

7.1.3 为保证防水工程质量，应对相关的分项工程及各道工序，在完工后进行外观检验或取样检测，以便及时发现并纠正施工中出现的质量问题。

7.1.5 在《建筑工程施工质量验收统一标准》GB 50300中将“种植屋面”作为“隔热屋面”的分项工程，由于种植屋面涉及保温、防水、种植、排水等诸多分项工程，故本规程将其作为子分部工程。

7.1.6 第4款 细部构造部位是屋面工程中最容易出现渗漏的薄弱环节。据调查表明，在渗漏的屋面工程中，70%以上是节点渗漏。因此，明确规定，对细部构造必须全部进行检查，以确保种植屋面工程质量。

7.1.7 细部构造内容很多，在《屋面工程质量验收规范》GB 50207 和《地下防水工程质量验收规范》GB 50208 中有详细描述，本规程不再赘述。

7.8 园路铺装和护栏

7.8.1 铺装层的验收可参考下列验收项目要求：

1 木铺装面层的允许偏差可按下表验收；

表 1 木铺装面层的允许偏差

项 目	允许偏差(mm)	检 验 方 法
表面平整度	3	用 2m 靠尺和楔形塞尺检查
板面拼缝平直度	3	拉 5m 线，不足 5m 拉通线和尺量检查
缝隙宽度	2	用塞尺和目测检查
相邻板材高低差	1	尺量检查
检查数量：每 $200m^2$ 检查 3 处。不足 $200m^2$ 的不少于 1 处		

2 砖面层的允许偏差可按下表验收；

表 2 砖面层允许偏差

项目	允许偏差（mm）				检验方法
	水泥砖	透水砖	青砖	嵌草砖	
表面平整度	3	3	2	3	用 2m 靠尺和楔形塞尺检查
缝格平直	3	3	2	3	拉 5m 线和钢尺检查
接槎高低差	2	2	2	3	用钢尺和楔形塞尺检查
板块间隙宽度	2	2	2	3	用钢尺检查
检查数量：每 $200m^2$ 检查 3 处。不足 $200m^2$ 的，不少于 1 处					

3 混凝土面层的允许偏差可按下表验收。

表 3 混凝土面层允许偏差

项目	允许偏差(mm)	检查方法
表面平整度	±5	用 2m 靠尺和楔形塞尺检查
分格缝平直度	±3	拉 5m 线尺量检查
标高	±10	用水准仪检查
宽度	−20	用钢尺
横坡	±10	用坡度尺或水准仪测量
蜂窝麻面	≤2%	用尺量蜂窝总面积
检查数量：每 $500m^2$ 检查 3 处。不足 $500m^2$ 的，不少于 2 处		

7.8.2 路缘石的允许偏差可按下表验收。

表 4 路缘石允许偏差

项目	允许偏差(mm)	检查方法
直顺度	±3	拉 10m 小线尺量最大值
相邻块高低差	±2	尺量
缝宽	2	尺量
路缘石（道牙）顶面高程	±3	用水准仪测量
检查数量：每 100m 检查 1 处。不足 100m 不少于 1 处		

8 维 护 管 理

8.1 植 物 养 护

8.1.1 种植屋面的绿化养护非常重要，养护不当会造成植物死亡、扬尘、引起屋面渗漏。本条强调了对种植屋面的后期养护管理。

第 1 款 种植屋面工程交付使用后，应定期修剪、除草、病虫害防治、施肥、补植；重点检查水落口、天沟、檐沟等部位不被堵塞，以保证种植屋面效果处于良好状态。

第 4 款 定期检查并及时补充种植土可以防止种植土厚度不够而影响植物正常生长。

8.1.2 不宜过量施肥，以避免植物生长过快，导致荷重增加，影响建筑安全。

8.1.3 乔木和灌木及时修剪是非常必要的，即可控制高度，又能保持根冠比平衡。修剪一般在休眠期和生长期进行；有伤流和易流胶液树种的修剪，要避开生长旺季和伤流盛期；抗寒性差、易抽条的树种适宜在早春修剪；一般可根据不同草种的习性、观赏效果、季节、环境等因素定期进行修剪。

树木修剪分为休眠期修剪和生长期修剪。更新修剪只能在休眠期进行；有严重伤流和易流胶的树种要在休眠期进行修剪；常绿树的修剪要避开生长旺盛期。

藤本植物落叶后要疏剪过密枝条，清除枯死枝；吸附类的植物要在生长期剪去未能吸附墙体而下垂的枝条；钩刺类的植物可按灌木修剪方法疏枝。

多年生植物萌芽前要剪除上年残留枯枝、枯叶，生长期及时剪除多余萌蘖。

佛甲草等景天类植物在植株出现徒长现象时，要在秋季进行修剪，修剪量一般保持在1/3～1/2。

草坪修剪高度因草坪草的种类、生长的立地条件、季节、自身的生长状况及绿地的使用要求而异。常用草坪植物的剪留高度可参照表5执行。

表5 常用草坪植物剪留高度

草种	全光照剪留高度（mm）	树荫下剪留高度（mm）
野牛草	40～60	—
结缕草	30～50	60～70
高羊茅	50～70	80～100
黑麦草	40～60	70～90
匍匐翦股颖	30～50	80～100
草地早熟禾	40～50（3、4、5、9、10、11月） 80～100（6、7、8月）	80～100

8.1.6 病虫害生物防治主要指微生物治虫、虫治虫、鸟治虫、螨治虫、激素治虫、菌治病虫等方法；植物生长期的病虫害防治以预防为主，要定期喷洒高效、低毒、低残留生物药剂。佛甲草、垂盆草等常用景天类植物常见的虫害有蜗牛、鼠妇、蛞蝓、马陆、蟋蟀、蛴螬、窄胸金针虫、蚜虫和红蜘蛛等。蜗牛、蛞蝓等可在其活动范围内撒生石灰或喷洒灭蜗灵颗粒。其他防治措施可适时喷洒低毒杀虫剂。佛甲草的主要病害是霉污病，由蚜虫、粉虱类诱发，防治方法是及早消灭蚜虫、粉虱，宜在发病初期用广谱杀菌剂防治。

8.1.7 花园式种植屋面的灌溉频次一般为10d～15d。在特殊干热气候条件下，或土层较薄宜2d～3d灌溉一次；夏季高温，注意在早晚时间进行浇水。冬季浇上冻水适当延后；春季浇解冻水比地面应提前20d～30d；小气候条件好的屋顶，冬季应适当补水。

简单式种植屋面可以根据植物种类和季节不同，适当增加灌溉次数。

佛甲草、垂盆草等常用景天类植物需适时适量补水，尤其应做好春季返青水、越冬前防冻水和干旱时节的补水灌溉。

8.2 设施维护

8.2.3 由于种植屋面日晒雨淋，为了安全应定期检查腐烂腐蚀现象。

8.2.4 定期检查清理水循环系统，采取过滤和杀菌措施，及时清理树叶等杂物，避免水体富氧化，确保水景水体水质清洁。

8.2.6 定期检查配电系统，确保无老化、毁坏或漏电现象。

中华人民共和国行业标准

倒置式屋面工程技术规程

Technical specification for inversion type roof

JGJ 230—2010

批准部门：中华人民共和国住房和城乡建设部
施行日期：2 0 1 1 年 1 0 月 1 日

中华人民共和国住房和城乡建设部
公　　告

第805号

关于发布行业标准《倒置式屋面工程技术规程》的公告

现批准《倒置式屋面工程技术规程》为行业标准，编号为JGJ 230－2010，自2011年10月1日起实施。其中，第3.0.1、4.3.1、5.2.5、7.2.1条为强制性条文，必须严格执行。

本规程由我部标准定额研究所组织中国建筑工业出版社出版发行。

中华人民共和国住房和城乡建设部

2010年11月17日

前　　言

根据住房和城乡建设部《关于印发〈2009年工程建设标准规范制订、修订计划〉的通知》（建标[2009]88号）的要求，标准编制组经过广泛调查研究，认真总结实践经验，参考有关国际标准和国外先进标准，并在广泛征求意见的基础上，制订本规程。

本规程的主要内容有：1.总则；2.术语；3.基本规定；4.材料；5.设计；6.施工；7.既有建筑倒置式屋面改造；8.质量验收。

本规程中以黑体字标志的条文为强制性条文，必须严格执行。

本规程由住房和城乡建设部负责管理和对强制性条文的解释，由中达建设集团股份有限公司负责具体技术内容的解释。执行过程中如有意见或建议，请寄中达建设集团股份有限公司（地址：上海市吴中路1050号，邮编：201103）。

本规程主编单位：中达建设集团股份有限公司
广东金辉华集团有限公司

本规程参编单位：中国建筑科学研究院
中国工程建设标准化协会
同济大学
浙江省建筑设计研究院
山西建筑工程（集团）总公司
江苏久久防水保温隔热工程有限公司
欧文斯科宁（中国）投资有限公司
浙江科达新型建材有限公司
苏州市新型建筑防水工程有限责任公司

本规程主要起草人员：庞堂喜　李福清　李　甫　史志远　周锡全　吴松勤　高本礼　赵霄龙　余绍锋　刘屠梅　林　鹤　胡　斌　李振宁　南建林　许世文　卢文权　姜静波　杨铜兴　徐凯讯　姚　军

本规程主要审查人员：金德钧　潘延平　马伟民　郑祥斌　陈思清　叶林标　张文华　郭德友　薛绍祖　邱锡宏　袁　燕

目　次

Contents

1 总　　则

1.0.1 为规范倒置式屋面工程的设计、施工和质量验收，做到技术先进、经济合理、安全适用、保证质量，制定本规程。

1.0.2 本规程适用于新建、扩建、改建和节能改造房屋建筑倒置式屋面工程的设计、施工和质量验收。

1.0.3 倒置式屋面工程的设计和施工应符合国家有关环境保护及建筑节能的规定。

1.0.4 倒置式屋面工程的设计、施工和质量验收，除应符合本规程外，尚应符合国家现行有关标准的规定。

2 术　　语

2.0.1 倒置式屋面　inversion type roof

将保温层设置在防水层之上的屋面。

2.0.2 挤塑聚苯乙烯泡沫塑料板（XPS）　extruded polystyrene foam board

以聚苯乙烯树脂或其共聚物为主要成分，添加少量添加剂，通过加热挤塑成型的具有闭孔结构的硬质泡沫塑料板。

2.0.3 模塑聚苯乙烯泡沫塑料板（EPS）　molded polystyrene foam board

采用可发性聚苯乙烯珠粒经加热预发泡后，在模具中加热成型的具有闭孔结构的泡沫塑料板。

2.0.4 喷涂硬泡聚氨酯　polyurethane spray foam

现场使用专用喷涂设备连续多遍喷涂发泡聚氨酯形成的硬质泡沫体。

2.0.5 硬泡聚氨酯板　prefabricated rigid polyurethane foam board

工厂生产的硬泡聚氨酯制品。通常分为不带面层的硬泡聚氨酯板和双面复合增强材料的硬泡聚氨酯复合板。

2.0.6 硬泡聚氨酯防水保温复合板　composite waterproof and insulation prefabricated rigid polyurethane foam board

工厂生产的以硬泡聚氨酯为芯材，底层为易粘贴界面衬材，面层覆以防水卷材或涂膜，具有防水保温一体化功能的复合板。

2.0.7 泡沫玻璃　foam glass

由碎玻璃、发泡剂、改性添加剂和发泡促进剂等，经过细粉碎和均匀混合、高温熔化、发泡、退火而制成的无机非金属玻璃材料。

3 基 本 规 定

3.0.1 倒置式屋面工程的防水等级应为Ⅰ级，防水层合理使用年限不得少于20年。

3.0.2 倒置式屋面工程的保温层使用年限不宜低于防水层使用年限。

3.0.3 倒置式屋面应保持屋面排水畅通。

3.0.4 倒置式屋面工程应根据工程特点、地区自然及气候条件等要求，进行防水、保温等构造设计，重要部位应有节点详图。

3.0.5 倒置式屋面防水工程应由有相应资质的专业施工单位承担，作业人员应经培训持证上岗。

3.0.6 倒置式屋面工程施工应编制专项施工方案，并应经施工单位技术负责人批准、监理单位总监理工程师或建设单位项目技术负责人审查认可后实施。

3.0.7 倒置式屋面防水层完成后，平屋面应进行24h蓄水检验，坡屋面应进行持续2h淋水检验，并应在检验合格后再进行保温层施工。

3.0.8 采用倒置式屋面的建筑应建立管理、保养、维修制度。

4 材　　料

4.1 一 般 规 定

4.1.1 倒置式屋面的防水层材料耐久性应符合设计要求；保温层应选用表观密度小、压缩强度大、导热系数小、吸水率低的保温材料，不得使用松散保温材料。

4.1.2 防水、保温材料应具有出厂合格证、质量检验报告和现场见证取样复验报告。

4.1.3 防水、保温材料检验应符合本规程附录A和附录B的规定。

4.1.4 防水、保温材料应符合国家现行相关标准对有害物质限量的规定，不得对周围环境造成污染。

4.2 防 水 材 料

4.2.1 防水材料的物理性能和外观质量应符合现行国家标准《屋面工程技术规范》GB 50345的规定。

4.2.2 防水层的厚度应符合设计要求。

4.3 保 温 材 料

4.3.1 保温材料的性能应符合下列规定：

1 导热系数不应大于0.080W/(m·K)；

2 使用寿命应满足设计要求；

3 压缩强度或抗压强度不应小于150kPa；

4 体积吸水率不应大于3%；

5 对于屋顶基层采用耐火极限不小于1.00h的不燃烧体的建筑，其屋顶保温材料的燃烧性能不应低于B_2级；其他情况，保温材料的燃烧性能不应低于B_1级。

4.3.2 倒置式屋面的保温材料可选用挤塑聚苯乙烯

泡沫塑料板、硬泡聚氨酯板、硬泡聚氨酯防水保温复合板、喷涂硬泡聚氨酯及泡沫玻璃保温板等。模塑聚苯乙烯泡沫塑料板的吸水率应符合设计要求。

4.3.3 挤塑聚苯乙烯泡沫塑料板的主要物理性能应符合表4.3.3的规定。

表4.3.3 挤塑聚苯乙烯泡沫塑料板主要物理性能

试验项目	性能指标				试验方法
	X150	X250	X350	X600	
压缩强度，kPa	≥150	≥250	≥350	≥600	现行国家标准《硬质泡沫塑料 压缩性能的测定》GB/T 8813
导热系数(25℃)，W/(m·K)	≤0.030	≤0.030	≤0.030	≤0.030	现行国家标准《绝热材料稳态热阻及有关特性的测定 防护热板法》GB/T 10294
吸水率(V/V)，%	≤1.5	≤1.0	≤1.0	≤1.0	现行国家标准《硬质泡沫塑料 吸水率的测定》GB/T 8810
表观密度，kg/m^3	≥20	≥25	≥30	≥40	现行国家标准《泡沫塑料及橡胶 表观密度的测定》GB/T 6343
尺寸稳定性(70℃，48h)，%	≤1.5	≤1.5	≤1.5	≤1.5	现行国家标准《硬质泡沫塑料 尺寸稳定性试验方法》GB/T 8811
水蒸气渗透系数(23℃，RH50%)，ng/(m·s·Pa)	≤3.5	≤3	≤3	≤2	现行行业标准《硬质泡沫塑料 水蒸气透过性能的测定》QB/T 2411
燃烧性能等级	不低于B_2级				现行国家标准《建筑材料及制品燃烧性能分级》GB 8624

4.3.4 模塑聚苯乙烯泡沫塑料板的主要物理性能应符合表4.3.4的规定。

表4.3.4 模塑聚苯乙烯泡沫塑料板主要物理性能

试验项目	性能指标				试验方法
	Ⅲ型	Ⅳ型	Ⅴ型	Ⅵ型	
压缩强度，kPa	≥150	≥200	≥300	≥400	现行国家标准《硬质泡沫塑料 压缩性能的测定》GB/T 8813
导热系数(25℃)，W/(m·K)	≤0.039	≤0.039	≤0.039	≤0.039	现行国家标准《绝热材料稳态热阻及有关特性的测定 防护热板法》GB/T 10294
吸水率(V/V)，%	≤2.0	≤2.0	≤2.0	≤2.0	现行国家标准《硬质泡沫塑料 吸水率的测定》GB/T 8810
表观密度，kg/m^3	≥30	≥40	≥50	≥60	现行国家标准《泡沫塑料及橡胶 表观密度的测定》GB/T 6343
尺寸稳定性(70℃，48h)，%	≤1.5	≤1.5	≤1.5	≤1.5	现行国家标准《硬质泡沫塑料 尺寸稳定性试验方法》GB/T 8811
水蒸气渗透系数(23℃，RH50%)，ng/(m·s·Pa)	4.5	4	3	2	现行行业标准《硬质泡沫塑料 水蒸气透过性能的测定》QB/T 2411
燃烧性能等级	不低于B_2级				现行国家标准《建筑材料及制品燃烧性能分级》GB 8624

4.3.5 喷涂硬泡聚氨酯的主要物理性能应符合表4.3.5-1的规定，硬泡聚氨酯板的主要物理性能应符合表4.3.5-2的规定。

表4.3.5-1 喷涂硬泡聚氨酯主要物理性能

试验项目	性能指标			试验方法
	Ⅰ型	Ⅱ型	Ⅲ型	
表观密度，kg/m^3	≥35	≥45	≥55	现行国家标准《泡沫塑料及橡胶 表观密度的测定》GB/T 6343
导热系数，W/(m·K)	≤0.024	≤0.024	≤0.024	现行国家标准《绝热材料稳态热阻及有关特性的测定 防护热板法》GB/T 10294
压缩强度，kPa	≥150	≥200	≥300	现行国家标准《硬质泡沫塑料 压缩性能的测定》GB/T 8813
断裂延伸率，%	≥7.0			现行国家标准《硬质泡沫塑料 拉伸性能试验方法》GB/T 9641
不透水性(无结皮，0.2MPa，30min)	—	不透水	不透水	现行国家标准《硬泡聚氨酯保温防水工程技术规范》GB 50404
尺寸稳定性(70℃，48h)，%	≤1.5	≤1.5	≤1.0	现行国家标准《硬质泡沫塑料 尺寸稳定性试验方法》GB/T 8811
吸水率(V/V)，%	≤3.0	≤2.0	≤1.0	现行国家标准《硬质泡沫塑料 吸水率的测定》GB/T 8810
燃烧性能等级	不低于B_2级			现行国家标准《建筑材料及制品燃烧性能分级》GB 8624

表 4.3.5-2　硬泡聚氨酯板主要物理性能

试验项目	性能指标		试验方法
	A型	B型	
表观密度，kg/m^3	≥35	≥35	现行国家标准《泡沫塑料及橡胶　表观密度的测定》GB/T 6343
导热系数，W/(m·K)	≤0.024	≤0.024	现行国家标准《绝热材料稳态热阻及有关特性的测定　防护热板法》GB/T 10294
压缩强度，kPa	≥150	≥200	现行国家标准《硬质泡沫塑料压缩性能的测定》GB/T 8813
不透水性(无结皮，0.2MPa，30min)	不透水	不透水	现行国家标准《硬泡聚氨酯保温防水工程技术规范》GB 50404
尺寸稳定性(70℃，48h)，%	≤1.5	≤1.0	现行国家标准《硬质泡沫塑料尺寸稳定性试验方法》GB/T 8811
芯材吸水率(V/V)，%	≤3.0	≤1.0	现行国家标准《硬质泡沫塑料吸水率的测定》GB/T 8810
燃烧性能等级	不低于 B_2 级		现行国家标准《建筑材料及制品燃烧性能分级》GB 8624

4.3.6　硬泡聚氨酯防水保温复合板的主要物理性能应符合表 4.3.6 的规定。

表 4.3.6　硬泡聚氨酯防水保温复合板主要物理性能

试验项目	性能指标	试验方法
表观密度，kg/m^3	≥35	现行国家标准《泡沫塑料及橡胶　表观密度的测定》GB/T 6343
导热系数，W/(m·K)	≤0.024	现行国家标准《绝热材料稳态热阻及有关特性的测定　防护热板法》GB/T 10294
压缩强度，kPa	≥200	现行国家标准《硬质泡沫塑料　压缩性能的测定》GB/T 8813
不透水性（无结皮，0.2MPa，30min）	不透水	现行国家标准《硬泡聚氨酯保温防水工程技术规范》GB 50404
尺寸稳定性(70℃，48h)，%	≤1.0	现行国家标准《硬质泡沫塑料　尺寸稳定性试验方法》GB/T 8811
芯材吸水率(V/V)，%	≤1.0	现行国家标准《硬质泡沫塑料　吸水率的测定》GB/T 8810
燃烧性能等级	不低于 B_2 级	现行国家标准《建筑材料及制品燃烧性能分级》GB 8624
卷材或涂膜性能	满足现行国家标准《屋面工程技术规范》GB 50345 对防水材料的要求	

4.3.7　泡沫玻璃保温板的主要物理性能应符合表 4.3.7 的规定。

表 4.3.7　泡沫玻璃保温板主要物理性能

试验项目	性能指标	试验方法
表观密度，kg/m^3	≥150	现行国家标准《无机硬质绝热制品试验方法》GB/T 5486
导热系数，W/(m·K)	≤0.062	现行国家标准《绝热材料稳态热阻及有关特性的测定　防护热板法》GB/T 10294
抗压强度，kPa	≥400	现行国家标准《无机硬质绝热制品试验方法》GB/T 5486
吸水率（V/V），%	≤0.5	现行国家标准《无机硬质绝热制品试验方法》GB/T 5486

4.3.8　屋面复合保温板的主要物理性能应符合表 4.3.8 的规定。

表 4.3.8　屋面复合保温板主要物理性能

试验项目	性能指标	试验方法
表观密度，kg/m^3	≥180	现行国家标准《无机硬质绝热制品试验方法》GB/T 5486
导热系数，W/(m·K)	≤0.070	现行国家标准《绝热材料稳态热阻及有关特性的测定　防护热板法》GB/T 10294
抗压强度，kPa	≥200	现行国家标准《无机硬质绝热制品试验方法》GB/T 5486
吸水率（V/V），%	≤3.0	现行国家标准《无机硬质绝热制品试验方法》GB/T 5486

4.3.9　保温材料胶粘剂应与保温材料和防水材料相容，其粘结强度应符合设计要求。

4.3.10　有机泡沫保温材料在运输和贮存中应远离火源和化学溶剂，避免日光暴晒、风吹雨淋，并应避免长期受压和其他机械损伤。

4.3.11　现场喷涂硬泡聚氨酯的原材料应密封包装，在贮运过程中严禁烟火，应通风、干燥，并防止暴晒、雨淋；不得接近热源、接触强氧化和腐蚀性化学品；进场后应分类存放。

4.3.12　泡沫玻璃板在运输中应有防振、防潮措施，进场后应在室内存放，堆放场地应坚实、平整、干燥。

4.3.13　屋面复合保温板在运输和贮存过程中，应将屋面复合保温板的保护层面相向侧立堆放、靠紧挤实、堆码整齐，堆放高度不得超过 1.8m，不得碰撞损坏和品种混杂。

5 设 计

5.1 一 般 规 定

5.1.1 倒置式屋面设计应包括下列内容：

1 屋面防水等级、设防要求和保温要求；

2 屋面构造；

3 屋面节能；

4 防水层材料的选用；

5 保温层材料的选用；

6 屋面保护层及排水系统；

7 细部构造。

5.1.2 倒置式屋面基本构造宜由结构层、找坡层、找平层、防水层、保温层及保护层组成（图 5.1.2）。

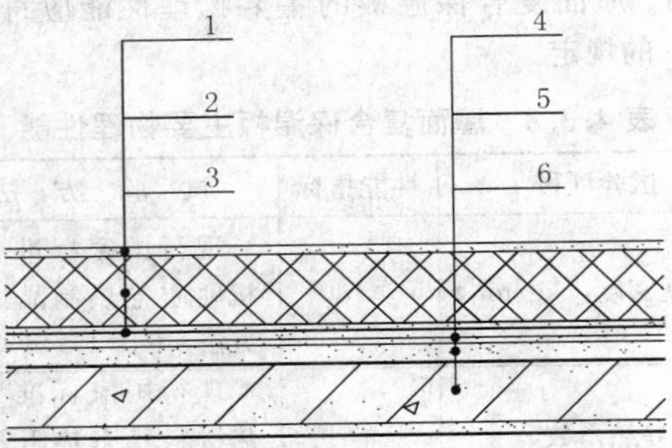

图 5.1.2 倒置式屋面基本构造

1—保护层；2—保温层；3—防水层；4—找平层；5—找坡层；6—结构层

5.1.3 倒置式屋面坡度不宜小于 3%。

5.1.4 当倒置式屋面坡度大于 3%时，应在结构层采取防止防水层、保温层及保护层下滑的措施。坡度大于 10%时，应沿垂直于坡度的方向设置防滑条，防滑条应与结构层可靠连接。

5.1.5 保护层的设计应根据倒置式屋面的使用功能、自然条件、屋面坡度合理确定。

5.1.6 倒置式屋面可不设置透气孔或排气槽。

5.1.7 天沟、檐沟的纵向坡度不应小于 1%，沟底水落差不应超过 200mm，檐沟排水不得流经变形缝和防火墙。

5.1.8 倒置式屋面水落管的数量，应按现行国家标准《建筑给水排水设计规范》GB 50015 的有关规定，通过计算确定。

5.1.9 当采用二道防水设防时，宜选用防水涂料作为其中一道防水层。

5.1.10 硬泡聚氨酯防水保温复合板可作为次防水层用于两道防水设防屋面。

5.1.11 屋顶与外墙交界处、屋顶开口部位四周的保温层，应采用宽度不小于 500mm 的 A 级保温材料设置水平防火隔离带。

5.1.12 当采用屋面复合保温板做保温层时，可不另设保护层。

5.2 设 计 要 求

5.2.1 倒置式屋面找坡层设计应符合下列规定：

1 屋面宜结构找坡；

2 当屋面单向坡长大于 9m 时，应采用结构找坡；

3 当屋面采用材料找坡时，坡度宜为 3%，最薄处找坡层厚度不得小于 30mm。找坡宜采用轻质材料或保温材料。

5.2.2 倒置式屋面找平层设计应符合下列规定：

1 防水层下应设找平层；

2 结构找坡的屋面可采用原浆表面抹平、压光；

3 找平层可采用水泥砂浆或细石混凝土，厚度宜为 15mm～40mm；

4 找平层应设分格缝，缝宽宜为 10mm～20mm，纵横缝的间距不宜大于 6m；纵横缝应用密封材料嵌填；

5 在突出屋面结构的交接处以及基层的转角处均应做成圆弧形，圆弧半径不宜小于 130mm。

5.2.3 防水材料的选用应符合下列规定：

1 选用的材料应符合现行国家标准《屋面工程技术规范》GB 50345 的规定；

2 应选用耐腐蚀、耐霉烂、适应基层变形能力的防水材料。

5.2.4 倒置式屋面保温层的厚度确定应根据现行国家标准《民用建筑热工设计规范》GB 50176 进行热工计算。

5.2.5 倒置式屋面保温层的设计厚度应按计算厚度增加 25%取值，且最小厚度不得小于 25mm。

5.2.6 倒置式屋面保护层设计应符合下列规定：

1 保护层可选用卵石、混凝土板块、地砖、瓦材、水泥砂浆、细石混凝土、金属板材、人造草皮、种植植物等材料；

2 保护层的质量应保证当地 30 年一遇最大风力时保温板不被刮起和保温层在积水状态下不浮起；

3 当采用板块材料、卵石作保护层时，在保温层与保护层之间应设置隔离层；

4 当采用卵石保护层时，其粒径宜为 40mm～80mm；

5 当采用板块材料作上人屋面保护层时，板块材料应采用水泥砂浆坐浆平铺，板缝应采用砂浆勾缝处理；当屋面为非功能性上人屋面时，板块材料可干铺，厚度不应小于 30mm；

6 当采用种植植物作保护层时，应符合现行行业标准《种植屋面工程技术规程》JGJ 155 的规定；

7　当采用水泥砂浆保护层时，应设表面分格缝，分格面积宜为 $1m^2$；

8　当采用板块材料、细石混凝土作保护层时，应设分格缝，板块材料分格面积不宜大于 $100m^2$；细石混凝土分格面积不宜大于 $36m^2$；分格缝宽度不宜小于 20mm；分格缝应用密封材料嵌填。

9　细石混凝土保护层与山墙、凸出屋面墙体、女儿墙之间应预留宽度为 30mm 的缝隙。

5.3　细部构造

5.3.1　屋面细部构造的设计应符合下列规定：

1　檐口、檐沟和天沟、女儿墙和山墙、水落口、变形缝、伸出屋面管道、屋面出入口、设施基座等细部节点部位应增设防水附加层，平面与立面交接处的卷材应空铺；

2　细部节点应采用高弹性、高延伸性防水和密封材料；

3　细部节点的密封防水构造应使密封部位不渗水，并应满足防水层合理使用年限的要求；

4　在与室内空间有关联的细部节点处，应铺设保温层。

5.3.2　天沟、檐沟的防水保温构造（图 5.3.2）应符合下列规定：

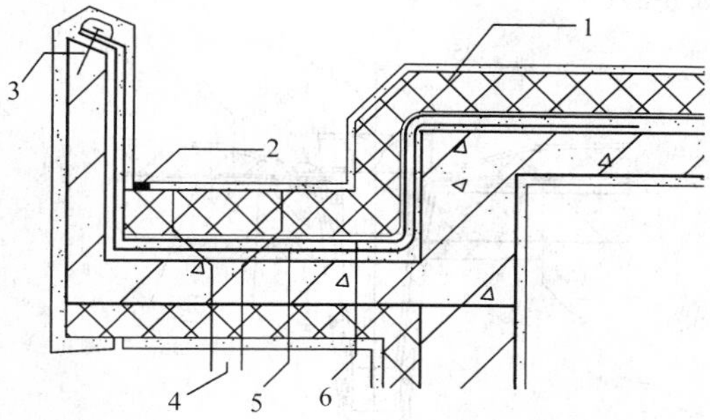

图 5.3.2　天沟、檐沟的防水保温构造

1—保温层；2—密封材料；3—压条钉压；4—水落口；5—防水附加层；6—防水层

1　檐沟、天沟及其与屋面板交接处应增设防水附加层；

2　防水层应由沟底翻上至沟外侧顶部。卷材收头应用金属压条钉压，并应用密封材料封严；涂膜收头应用防水涂料涂刷2～3遍或用密封材料封严；

3　檐沟外侧顶部及侧面均应抹保温砂浆，其下端应做成鹰嘴或滴水槽；

4　保温层在天沟、檐沟的上下两面应满铺或连续喷涂。

5.3.3　女儿墙、山墙防水保温构造应符合下列规定：

1　女儿墙和山墙泛水处的防水卷材应满粘，墙体和屋面转角处的卷材宜空铺，空铺宽度不应小于 200mm；

2　低女儿墙和山墙，防水材料可直接铺至压顶下，泛水收头应采用水泥钉配垫片钉压固定和密封膏封严；涂膜应直接涂刷至压顶下，泛水收头应用防水涂料多遍涂刷，压顶应做防水处理（图 5.3.3-1）；

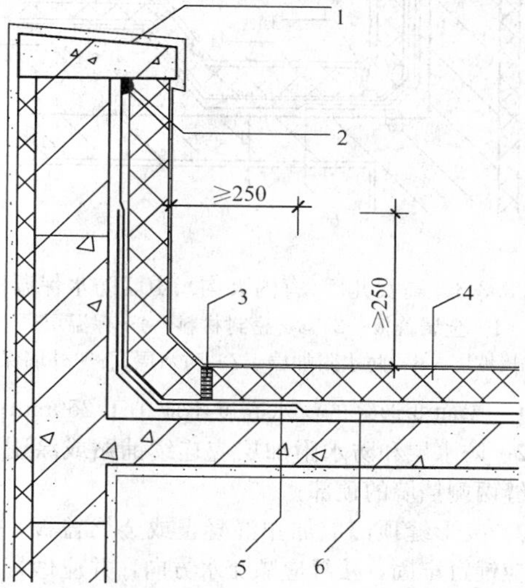

图 5.3.3-1　低女儿墙、山墙防水保温构造

1—压顶；2、3—密封材料；4—保温层；5—防水附加层；6—防水层

3　高女儿墙和山墙，防水材料应连续铺至泛水高度，泛水收头应采用水泥钉配垫片钉压固定和密封膏封严，墙体顶部应做防水处理（图 5.3.3-2、图 5.3.3-3）；

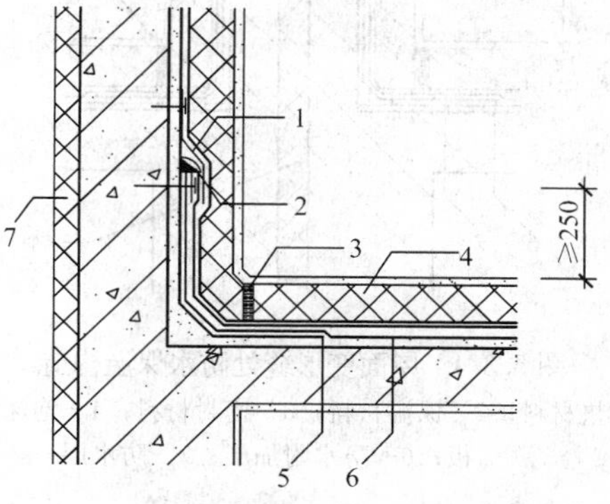

图 5.3.3-2　高女儿墙（无内天沟）、山墙防水保温构造

1—金属盖板；2、3—密封材料；4—保温层；5—防水附加层；6—防水层；7—外墙保温

4　低女儿墙和山墙的保温层应铺至压顶下；高女儿墙和山墙内侧的保温层应铺至女儿墙和山墙的顶部；

5　墙体根部与保温层间应设置温度缝，缝宽宜为 15mm～20mm，并应用密封材料封严。

5.3.4　屋面变形缝处防水保温构造（图 5.3.4）应符合下列规定：

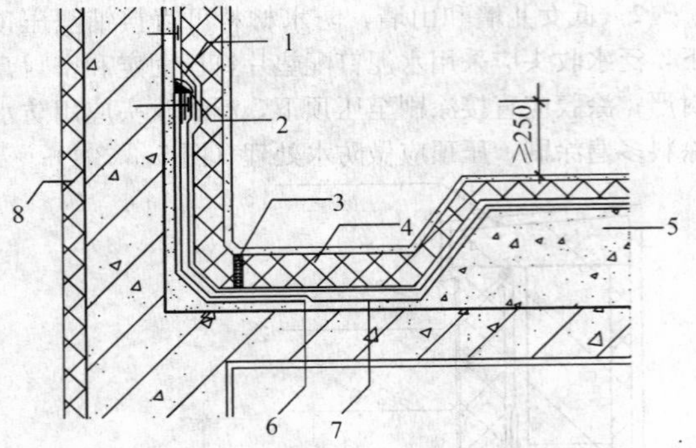

图 5.3.3-3　高女儿墙(有内天沟)、山墙防水保温构造

1—金属盖板；2、3—密封材料；4—保温层；
5—找坡层；6—防水附加层；7—防水层；8—外墙保温

1　屋面变形缝的泛水高度不应小于 250mm；

2　防水层和防水附加层应连续铺贴或涂刷覆盖变形缝两侧挡墙的顶部；

3　变形缝顶部应加扣混凝土或金属盖板，金属盖板应铺钉牢固，接缝应顺流水方向，并应做好防锈处理；变形缝内应填充泡沫塑料，上部应填放衬垫材料，并应采用卷材封盖；

4　保温材料应覆盖变形缝挡墙的两侧。

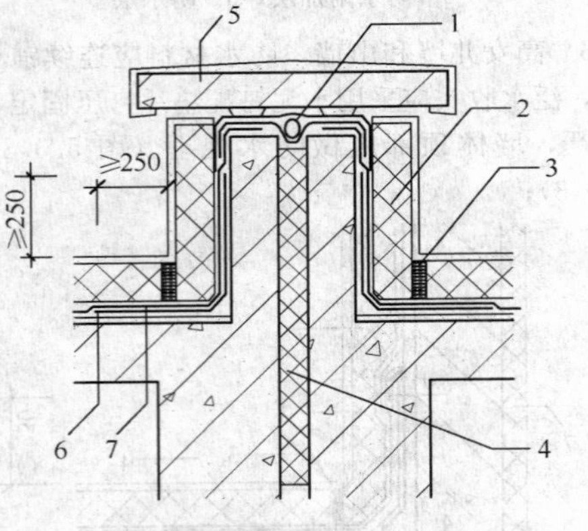

图 5.3.4　屋面变形缝处防水保温构造

1—衬垫材料；2—保温材料；3—密封材料；4—泡沫塑料；
5—盖板；6—防水附加层；7—防水层

5.3.5　屋面高低跨变形缝处防水保温构造（图 5.3.5）应符合下列规定：

1　高低跨变形缝的泛水高度不应小于 250mm；

2　变形缝挡墙顶部水平段防水层和附加层不宜粘牢；

3　变形缝内应填充泡沫塑料，并应与墙体粘牢；

4　变形缝应采用金属盖板和卷材覆盖，金属盖板水平段宜采取泛水处理，接缝应用密封材料嵌填；

5　变形缝挡墙侧面和顶部以及高跨墙面应覆盖保温材料。

5.3.6　屋面水落口处防水保温构造应符合下列规定：

1　水落口距女儿墙、山墙端部不宜小于

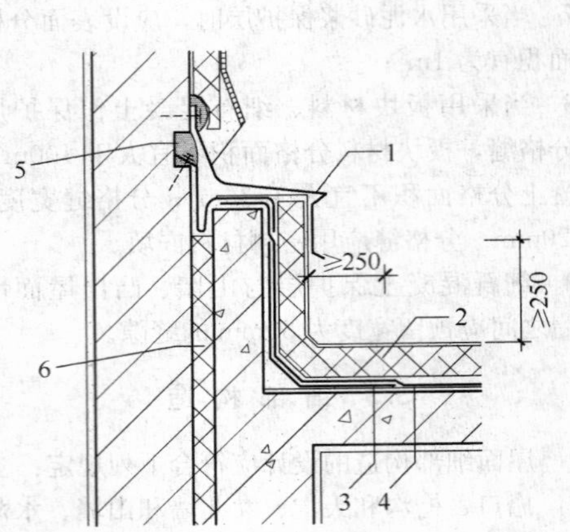

图 5.3.5　屋面高低跨变形缝处防水保温构造

1—金属盖板；2—保温层；3—防水附加层；
4—防水层；5—密封材料；6—泡沫塑料

500mm，水落口杯上口的标高应设置在沟底的最低处；

2　以水落口为中心、直径 500mm 范围内，应增铺防水附加层，防水层贴入水落口杯内不应小于 50mm，并应用防水涂料涂刷；

3　水落口杯与基层接触部位应留宽 20mm、深 20mm 凹槽，并应用密封材料封严（图 5.3.6-1、图 5.3.6-2）；

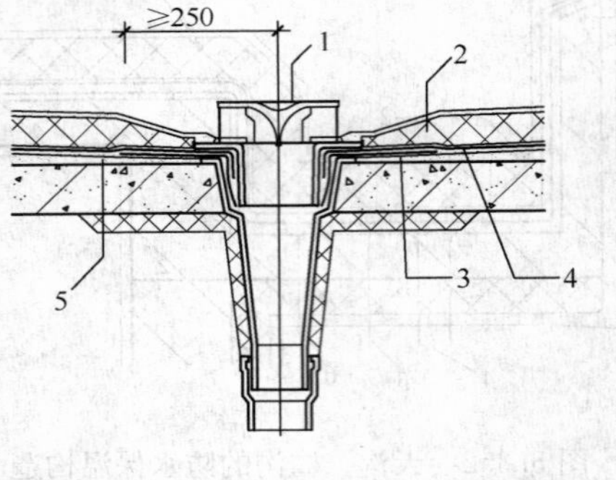

图 5.3.6-1　直排水落口处防水保温构造

1—水落口；2—保温层；3—防水附加层；
4—防水层；5—找坡层

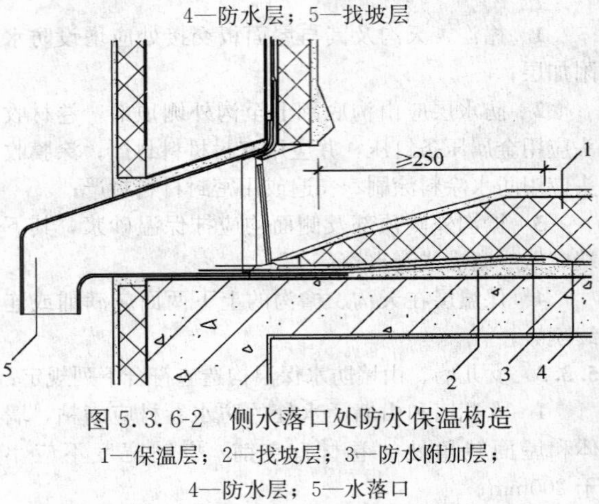

图 5.3.6-2　侧水落口处防水保温构造

1—保温层；2—找坡层；3—防水附加层；
4—防水层；5—水落口

4　保温层应铺至水落口边，距水落口周围直径500mm的范围内均匀减薄，并应形成不小于5%的坡度。

5.3.7　屋面出入口处防水保温构造应符合下列规定：

1　屋面出入口泛水距屋面高度不应小于250mm；

2　屋面水平出入口防水层和附加层收头应压在混凝土踏步下，屋面踏步与屋面保护层接缝处应采用密封材料封严(图5.3.7-1)；

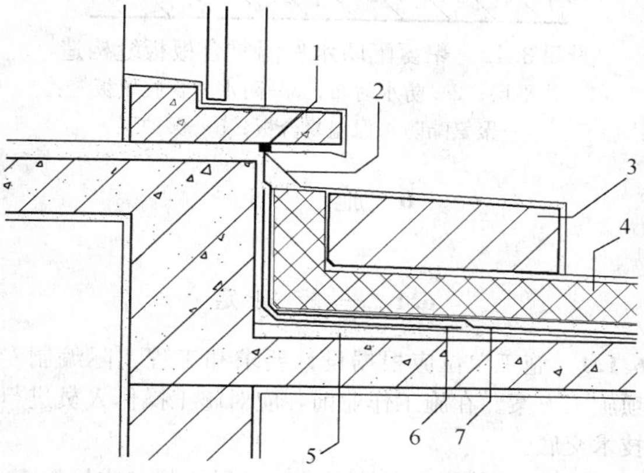

图5.3.7-1　屋面水平出入口处防水保温构造

1—密封材料；2—保护层；3—踏步；4—保温层；5—找坡层；6—防水附加层；7—防水层

3　屋面垂直出入口防水层和附加层收头应钉压固定在混凝土压顶圈梁下（图5.3.7-2）；

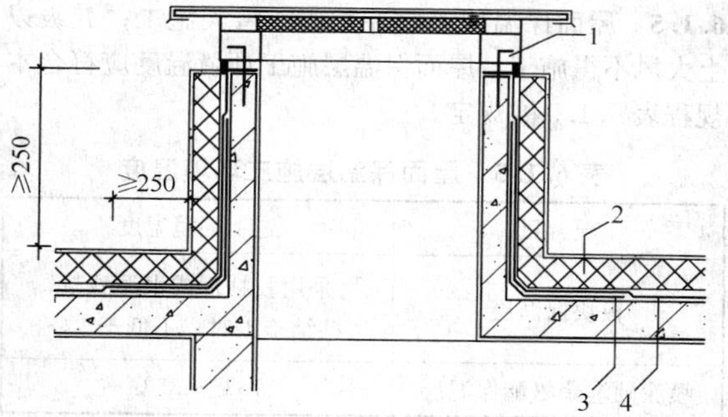

图5.3.7-2　屋面垂直出入口处防水保温构造

1—上人孔盖及压顶圈梁；2—保温层；3—防水附加层；4—防水层

4　屋面水平出入口保温层应连续铺设或喷涂至混凝土踏步处，立面处应粘牢；

5　屋面垂直出入口保温层应连续铺设或喷涂至混凝土压顶圈梁下。

5.3.8　伸出屋面管道防水保温构造（图5.3.8）应符合下列规定：

1　伸出屋面管道泛水距屋面高度不应小于250mm；

2　在管道根部外径不小于100mm范围内，保护层应形成高度不小于30mm的排水坡；

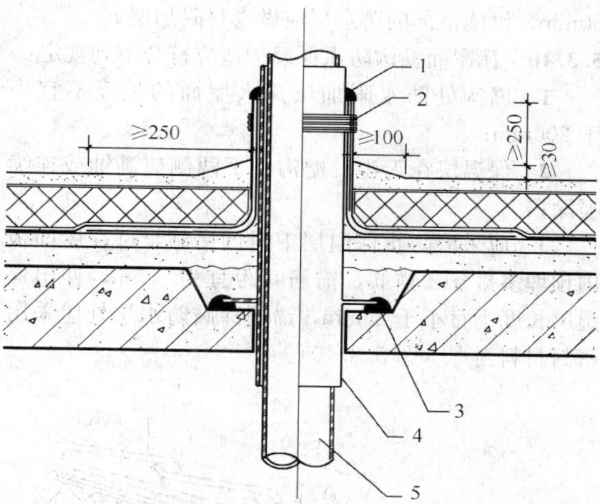

图5.3.8　伸出屋面管道防水保温构造

1、3—密封材料；2—金属箍；4—套管；5—伸出屋面管道

3　管道根部四周防水附加层的宽度和高度均不应小于300mm，管道上防水层收头处应用金属箍紧固，并应采用密封材料封严；

4　板状保温层应铺至管道根部，现喷保温层应连续喷涂至管道泛水高度处，收头应采用金属箍将现喷保温层箍紧。

5.3.9　屋面设施基座的防水保温构造应符合下列规定：

1　设施基座与结构层相连时，防水层和保温层应包裹设施基座的上部，在地脚螺栓周围应做密封处理（图5.3.9）；

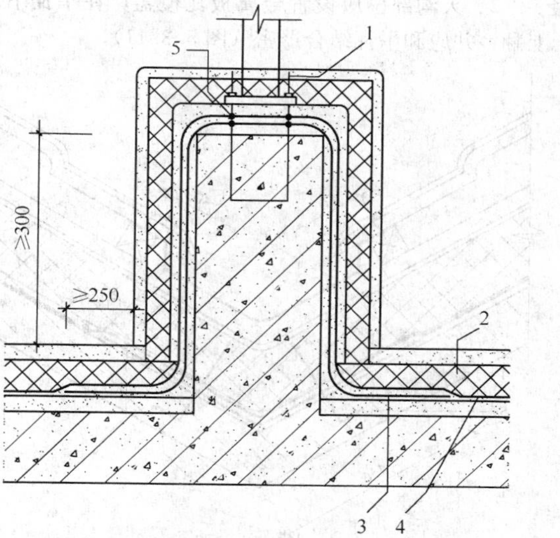

图5.3.9　屋面设施基座的防水保温构造

1—预埋螺栓；2—保温层；3—防水附加层；4—防水层；5—密封材料

2　在屋面保护层上放置设施时，设施基座区域保护层应采用细石混凝土覆盖，其厚度不应小于

50mm，设施下部的防水层应做卷材附加层。

5.3.10 瓦屋面檐沟防水保温构造应符合下列规定：

1 檐沟处防水附加层深入屋面的长度不宜小于200mm；

2 保温层在天沟、檐沟上下两侧应满铺或连续喷涂；

3 应采取防止保温层下滑的措施，可在屋面板内预埋多排 $\phi12$ 锚筋，锚筋间距宜为1.5m，伸出保温层长度不宜小于25mm，锚筋穿破防水层处应采用密封材料封严（图5.3.10）。

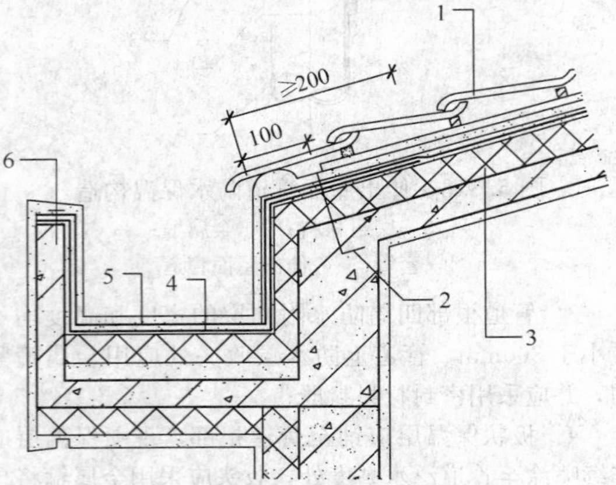

图5.3.10 瓦屋面檐沟防水保温构造

1—屋面瓦；2—锚筋；3—保温层；4—防水附加层；5—防水层；6—压条钉压

5.3.11 瓦屋面天沟防水保温构造应符合下列规定：

1 天沟底部沿天沟中心线应铺设附加防水层，每边宽度不应小于450mm，并应深入平瓦下；

2 天沟部位应设置金属板瓦覆盖，在平瓦下应上翻，并应和平瓦结合严密（图5.3.11）。

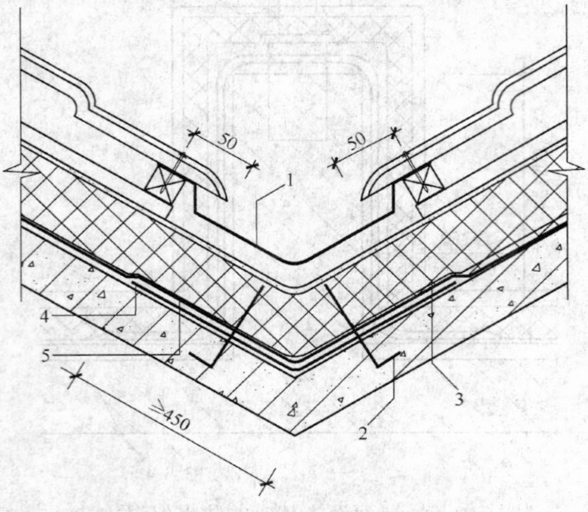

图5.3.11 瓦屋面天沟防水保温构造

1—防水金属板瓦；2—预埋锚筋；3—保温层；4—防水附加层；5—防水层

5.3.12 硬泡聚氨酯防水保温复合板间的板缝构造应符合下列规定：

1 在接缝底部应附加一层宽度不小于300mm的防水衬布，防水衬布上应满涂粘结密封胶（图5.3.12）；

2 接缝应采用专用防水密封胶填缝。

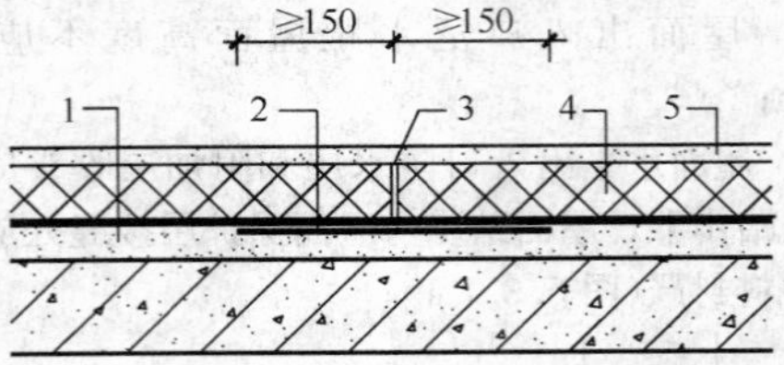

图5.3.12 聚氨酯防水保温复合板板缝构造

1—找平层；2—防水衬布；3—防水密封胶填板缝；4—聚氨酯防水保温复合板；5—保护层

6 施　工

6.1 一般规定

6.1.1 施工单位应根据设计要求和工程实际编制专项施工方案。在施工作业前，应对施工操作人员进行技术交底。

6.1.2 施工单位应对施工进行过程控制和质量检查，并应有完整的检查记录。

6.1.3 屋面防水层、保温层的厚度应符合设计要求。

6.1.4 伸出屋面的管道、烟道、设备、设施或预埋件等，应在结构层固定，防水层和保温层应紧密包裹，并应做密封处理。

6.1.5 屋面保温层不宜在雨天、雪天施工；五级以上大风不得施工；屋面保温层施工环境温度应符合本规程表6.1.5的规定。

表6.1.5 屋面保温层施工环境温度

项　目	施工环境温度
板块保温层	采用胶粘剂或水泥砂浆粘结施工时，不低于5℃
喷涂硬泡聚氨酯保温层	15℃～35℃

6.1.6 施工中应设置安全防护设施，当坡度大于15%的坡屋面施工时，应设有防滑梯、安全带和护身栏杆等安全设施。

6.1.7 在倒置式屋面工程施工完成后，应进行成品保护，不得随意打孔、明火作业、运输或堆放重物等。

6.2 找坡层、找平层施工

6.2.1 屋面的找坡层、找平层应在结构层验收合格后再进行施工。

6.2.2 找坡层、找平层的材料及配合比应符合设计要求。

6.2.3 当找坡层、找平层采用水泥拌合的轻质材料，施工环境温度低于5℃时，应采取冬期施工措施。

6.2.4 找坡层、找平层施工前应将基层表面清理干净，并应进行浇水湿润、涂刷水泥浆或其他界面材料。

6.2.5 找坡层、找平层施工应保证设计要求的平整度及坡度。

6.2.6 找坡层、找平层的分格缝设置应符合设计要求。

6.2.7 基层与女儿墙、变形缝、管道、山墙等突出屋面结构的交接处应做成圆弧形，并应满足设计要求的圆弧半径。水落口周边应做成凹坑，并应采用密封材料密封。

6.2.8 水泥砂浆或细石混凝土找平层完工后，应进行覆盖湿润养护。

6.3 防水层施工

6.3.1 铺设防水层前，应对基层进行验收，基层应平整、干净。

6.3.2 屋面防水层施工应符合现行国家标准《屋面工程技术规范》GB 50345的规定。

6.3.3 防水层在女儿墙、变形缝、管道、山墙等突出屋面结构处施工时，防水层的泛水高度在保温层和保护层施工后不应小于250mm。

6.4 保温层施工

6.4.1 保温层施工前，防水层应验收合格。

6.4.2 保温层施工时应铺设临时保护层，对防水层进行保护。

6.4.3 坡屋面保温层应固定牢固，应有防止滑动、脱落的措施。

6.4.4 当采用保温板材时，坡度不大于3%的不上人屋面可采取干铺法，上人屋面宜采用粘结法；坡度大于3%的屋面应采用粘结法，并应采取固定防滑措施。

6.4.5 保温板材铺设应紧密、拼缝处应严密。

6.4.6 保温板材应采用专用工具裁切，裁切边应垂直、平整。在出屋面管道、设备基座周围铺设保温板时，切割应准确。

6.4.7 在水落口位置处，保温板材的铺设应保证水流畅通。

6.4.8 当保温板材采用干铺法时，应符合下列规定：

1 铺设保温板材的基层应平整、干净；

2 相邻板材应错缝拼接，板边厚度一致，分层铺设的板材上下层接缝应相互错开，板间缝隙应采用同类材料填嵌密实；

3 保温层与基层连接的节点收口部位，应按表面形状修整保温板材；对保温层周边与垂直面交汇处，应做过渡处理；

4 施工中应有防止板材被大风刮走、飘落的措施，并应保证板材的完整，防止损伤、断裂、缺棱。

6.4.9 当保温板材采用粘贴法时，应符合下列规定：

1 当采用专用胶粘剂粘贴保温板材时，保温板材与基层在天沟、檐沟、边角处应满涂胶结材料，其他部位可采用点粘或条粘，并应使其互相贴严、粘牢，缺角处应用碎屑加胶粘剂拌匀填补严密；

2 当采用有机胶粘剂粘贴保温板材时，施工环境温度应符合本规范表6.1.5的规定；

3 胶粘剂厚度不应小于5mm；

4 保温板材铺设后，在胶粘剂凝固前不得上人踩踏；

5 保温层胶粘剂凝固后宜尽快施工保护层，当不能及时进行保护层施工时，应在保温板材上铺设压重材料。

6.4.10 喷涂硬泡聚氨酯保温层施工应符合下列规定：

1 喷涂硬泡聚氨酯屋面保温施工应使用专用喷涂设备；

2 喷涂硬泡聚氨酯的配合比应准确计量，发泡厚度应均匀一致；

3 施工前应对喷涂设备进行调试及材料性能检测，并宜喷涂三块500mm×500mm、厚度不小于50mm的试块试验；

4 喷嘴与施工基层的间距宜为200mm～400mm；

5 根据设计厚度，一个作业面应分层喷涂完成，每层厚度不宜大于20mm，当日的施工作业面应于当日连续喷涂完毕；

6 在天沟、檐沟的连接处应连续喷涂，屋面与女儿墙、变形缝、管道、山墙等突出屋面结构处应连续喷涂至泛水高度；

7 风力不宜大于三级，空气相对湿度宜小于85%；

8 硬泡聚氨酯喷涂后不得将喷涂设备工具置于已喷涂层上，且30min内不得上人。

6.4.11 硬泡聚氨酯防水保温复合板施工应符合下列规定：

1 施工前应对基层质量进行验收，基层排水坡度应符合设计要求，表面应做到平整、坚实、干净；

2 硬泡聚氨酯防水保温复合板应采用专用粘结砂浆点粘法或条粘法施工；

3 施工环境温度应符合本规程表6.1.5规定；

4 夏季粘贴保温板材前，施工基层应用清水润湿；

5 保温板材粘贴就位24h后，应对接缝进行防水处理。

6.4.12 坡屋面保温板材施工应符合下列规定：

1 保温板材施工应自屋盖的檐口向上铺贴，阴角和阳角处的板块接槎时应割成角度，接槎应紧密，并应用钢丝网连接，钢丝网宽度宜为300mm；

2 屋面及檐口处的保温板材应采用预埋件固定牢固，固定点应采用密封材料密封；

3 泡沫玻璃作为保温层时，应对泡沫玻璃表面加设玻纤布或聚酯毡保护膜。

6.5 保护层施工

6.5.1 保护层的施工应在屋面保温层验收合格后进行。

6.5.2 保护层施工应符合下列规定：

1 保护层施工不得损坏保温层；

2 保护层与保温层之间的隔离层应满铺，不得漏底，搭接宽度不应小于100mm；

3 天沟、檐沟、出屋面管道和水落口处防水层外露部分应采取有效的保护措施；

4 保护层的分格缝宜与找平层的分格缝对齐。

6.5.3 卵石保护层施工应符合下列规定：

1 卵石直径应符合规定，卵石应满铺、铺设均匀；

2 卵石质（重）量应符合设计要求；

3 卵石下宜铺设带支点的塑料排水板，通过空腔层排水；

4 卵石铺设前，应先铺设聚酯纤维无纺布等隔离材料，并应保持水落口和天沟等处的排水畅通。

6.5.4 板块材料保护层施工应符合下列规定：

1 板块材料保护层的结合层可采用砂或水泥砂浆；

2 在板块铺砌时应根据排水坡度挂线，铺砌的板块应横平竖直，板块的接缝应对齐；

3 在砂结合层上铺砌板块时，砂结合层应洒水压实，并用刮尺刮平，板块对接铺砌、铺设平整，缝隙宽度宜为10mm；

4 在板块铺砌完成后，宜洒水压平；

5 板缝宜用水泥砂浆勾缝；

6 在砂结合层四周500mm范围内，应采用水泥砂浆作结合层；

7 板块材料保护层宜留设分格缝，其纵横间距不宜大于10m，分格缝宽度不宜小于20mm。

6.5.5 细石混凝土保护层施工应符合下列规定：

1 混凝土的强度等级和厚度应符合设计要求，混凝土收水后应进行收浆压光；

2 混凝土应密实，表面应平整；

3 分格缝应按规定设置，一个分格内的混凝土应连续浇筑；

4 当采用钢筋网细石混凝土作保护层时，钢筋网片保护层厚度不应小于10mm，钢筋网片在分格缝处应断开；

5 混凝土保护层浇筑完后应及时湿润养护，养护期不得少于7d，养护完后应将分格缝清理干净。

6.5.6 分格缝的施工应符合下列规定：

1 分格缝应设置在屋面板的端头、凸出屋面交接处的根部和现浇屋面的转折处；

2 分格缝纵横向交接处应相互贯通，不宜形成T字形或L字形缝；

3 屋脊处应设置纵向分格缝；

4 分格缝纵横向间距均不应大于6m；

5 分格缝宜与板缝位置一致，并应位于开间处，分格缝应延伸至挑檐、天沟内。

7 既有建筑倒置式屋面改造

7.1 一般规定

7.1.1 既有建筑屋面改造前，应对屋面的结构、防水性能等情况进行勘查，并宜进行现场检测和采取加固措施。

7.1.2 既有建筑屋面勘查、鉴定、设计和施工，应由具有该资质的单位和专业技术人员承担。

7.1.3 既有建筑屋面改造工程宜选用对居民干扰小、工艺便捷、工期短，有利排水防水、节能减排、环境保护的技术。

7.1.4 既有建筑屋面勘查时应具备下列资料：

1 房屋原设计资料及相关竣工资料；

2 房屋装修及改造资料；

3 历年屋面修缮资料；

4 城市建设规划和市容要求。

7.1.5 既有建筑屋面改造应重点勘查下列内容：

1 屋面荷载及使用条件的变化；

2 房屋地基基础、结构类型及重要结构构件的安全性状况；

3 屋面材料和基本构造做法；

4 屋面保温及热工缺陷状况；

5 屋面防水状况。

7.1.6 既有建筑屋面改造应核验防水层的有效性和保温层的完好程度，并宜根据工程实际需要进行结构可靠性鉴定。

7.1.7 既有建筑屋面改造应有安全防护措施，并应保护环境、文明施工。

7.2 设 计

7.2.1 既有建筑倒置式屋面改造工程设计，应由原设计单位或具备相应资质的设计单位承担。当增加屋面荷载或改变使用功能时，应先做设计方案或评估报告。

7.2.2 既有建筑倒置式屋面改造设计应符合下列规定：

1 屋面改造设计应根据勘查报告或鉴定结论和建筑节能标准要求进行；

2 当原有屋面防水层有效或经修补可达到设计

使用要求时，可作为一道防水层，并应再增设一道防水层；

3 当原有屋面防水层渗漏或保温层含水率较大时，应彻底拆除并清理干净，再按正常倒置式屋面设计；

4 保温层宜选用聚苯乙烯泡沫塑料或硬泡聚氨酯等保温材料；

5 屋面改造设计与既有建筑外立面的装饰效果应具有统一性。

7.2.3 既有建筑倒置式屋面改造设计文件应经审查合格。

7.3 施 工

7.3.1 既有建筑倒置式屋面改造施工前，施工单位应编制专项施工方案，对施工人员进行技术交底和专业技术培训，并应做好安全防护措施，对施工过程实行质量控制。

7.3.2 既有建筑倒置式屋面改造施工准备工作应包括下列内容：

1 对原屋面保护层进行清理；

2 对原防水层的损害部位修复或拆除；

3 屋面上的设备、管道等应提前安装完毕，并预留出保温层的厚度；

4 安全防护设施应安装到位。

7.3.3 在原屋面上增加保温层的倒置式屋面应符合下列规定：

1 当不拆除屋面原有排汽管时，施工中应采取保护措施；

2 当拆除屋面原有排汽管时，拆除后原有防水层在排汽管洞口处应采取封口措施；

3 屋面应清理干净，表面应用水泥砂浆或聚合物砂浆找平；

4 当屋面坡度不符合要求时，应加设找坡层。

7.3.4 原有屋面彻底拆除防水保温层时，屋面改造应符合设计要求，并应按本规程第6.2节～第6.5节的规定施工。

8 质量验收

8.1 一般规定

8.1.1 倒置式屋面工程施工单位应建立各道工序自检、交接检和专职人员检查的质量控制制度，并应有完整的检查记录；每道工序完成后，应经检查合格后再进行下道工序的施工；检验批、分项工程应自检并经监理单位或建设单位验收合格。

8.1.2 倒置式屋面施工的各种材料，应按规定进行进场验收，并应按规定进行见证取样复验。

8.1.3 倒置式屋面子分部工程和分项工程划分应符合表8.1.3的规定。

表8.1.3 倒置式屋面子分部工程和分项工程划分

子分部工程	分 项 工 程
倒置式屋面	基层工程：找平层和找坡层、隔离层
	防水与密封工程：卷材防水层、涂膜防水层、复合防水层、接缝防水密封
	保温工程：板状材料保温层、喷涂硬泡聚氨酯保温层
	细部构造工程：檐口、檐沟和天沟、女儿墙和山墙、水落口、变形缝、伸出屋面管道、屋面出入口、反梁过水孔、设施基座
	保护层工程：现浇保护层、板块保护层、瓦材保护层

8.1.4 倒置式屋面各分项工程宜按屋面面积每$500m^2$～$1000m^2$划分为一个检验批，不足$500m^2$应作为一个检验批。

8.1.5 倒置式屋面每个检验批的抽样数量应符合下列规定：

1 防水密封各分项工程，应按每50m抽查一处，每处应为5m，且不得少于3处；

2 细部构造各分项工程，应全部进行检查；

3 其他分项工程应按屋面面积每$100m^2$抽查一处，每处应为$10m^2$，且不得少于3处。

8.1.6 倒置式屋面检验批质量验收应符合下列规定：

1 主控项目抽查质量应符合本规程规定；

2 一般项目抽查质量应符合本规程规定，有允许偏差的项目，80%允许偏差应符合本规程规定，其余20%不得大于允许偏差值的1.5倍；

3 质量控制资料应完整。

8.1.7 倒置式屋面分项工程质量验收应符合下列规定：

1 分项工程所含检验批均应验收合格；

2 质量控制资料应完整。

8.1.8 倒置式屋面子分部工程质量验收应符合下列规定：

1 子分部工程所含分项工程应验收合格；

2 子分部工程验收时，应提交下列文件和记录：

1）防水和保温工程施工单位专业资质证书，作业人员上岗证书；

2）工程设计图纸及会审记录、审图记录、设计变更通知单、技术核定单等；

3）施工组织设计，防水、保温施工专项方案；

4）防水、保温材料产品合格证、质量检验报告和现场抽样复检报告；

5）分项工程质量验收记录；

6）隐蔽工程验收记录；

7）施工检测记录：屋面蓄水和淋水检验记录；

8）其他质量记录或文件。

3 防水及保温功能检测应符合设计要求；

4 观感质量应符合本规程规定。

8.2 基层工程

8.2.1 倒置式屋面基层的施工质量验收可包括找坡层、找平层、隔离层等分项工程。

8.2.2 倒置式屋面基层的质量验收应符合现行国家标准《屋面工程质量验收规范》GB 50207的规定。

8.2.3 既有建筑倒置式屋面改造工程基层的坡度不宜小于3%。

主控项目

8.2.4 找平层、找坡层所用材料的质量及配合比应符合设计要求。

检验方法：检查出厂合格证、质量检验报告和计量措施。

8.2.5 屋面排水坡度应符合设计要求。

检验方法：用水平仪（水平尺）、拉线和尺量检查。

8.2.6 隔离层所用材料质量应符合设计要求，并不得有破损和漏铺。

检验方法：检查隐蔽工程验收记录和观察检查。

一般项目

8.2.7 找平层表面应压实平整，不得有酥松、起砂、起皮现象，表面平整度允许偏差应为5mm。

检验方法：观察检查、用2m靠尺和楔形塞尺检查。

8.2.8 找平层分格缝位置、间距、缝宽应符合设计要求。

检验方法：观察和尺量检查。

8.2.9 基层与突出屋面结构的交接处和基层的转角处，找平层均应做成圆弧形，且应整齐平顺，圆弧半径应符合设计要求。

检验方法：观察和尺量检查。

8.2.10 找平层和找坡层表面平整度的允许偏差应分别为5mm和7mm。

检验方法：用2m靠尺、楔形塞尺和钢尺检查。

8.2.11 隔离层的搭接缝应粘结牢固，搭接宽度不应小于100mm。

检验方法：观察和尺量检查。

8.3 防水与密封工程

8.3.1 屋面防水与密封工程的验收应符合现行国家标准《屋面工程质量验收规范》GB 50207的规定。

8.3.2 倒置式屋面保温层施工前屋面防水层应经蓄水或淋水检验，且不应积水和渗漏。

8.3.3 既有建筑倒置式屋面改造防水层的道数应符合改造设计要求。

8.3.4 硬泡聚氨酯防水保温复合板施工应检查板缝防水密封性能。

8.4 保温工程

8.4.1 倒置式屋面保温工程的施工质量验收可包括板材和喷涂硬泡聚氨酯保温层等分项工程。

主控项目

8.4.2 保温材料的导热系数、吸水率、密度、压缩强度、燃烧性能应符合设计和本规程规定。

检验方法：检查出厂合格证、检验报告和现场见证取样复验报告。

8.4.3 保温层的厚度应符合设计要求，平均厚度应大于设计厚度，厚度负偏差不应大于5%且不得大于3mm。

检验方法：用钢针插入和钢尺检查。

8.4.4 保温层的铺设方式、板材缝隙填充质量及屋面热桥部位的保温做法，应符合设计和本规程的规定。

检验方法：观察检查。

8.4.5 细部构造处的保温层应铺设严密、粘结牢固，高出屋面部分应保证保温层的高度、厚度。

检验方法：观察和尺量检查。

8.4.6 坡屋面板材保温层应固定牢固。

检验方法：手扳检查。

一般项目

8.4.7 保温层的铺设应符合下列规定：

1 保温层应按专项施工方案施工；

2 板材保温层应紧贴基层、铺砌平稳、拼缝严密；

3 喷涂施工的保温层，喷涂材料应配合比计量准确、搅拌均匀，喷涂应分层连续施工、表面平整、坡度正确。

检验方法：观察检查。

8.4.8 保温层表面平整度允许偏差应符合表8.4.8的规定：

表8.4.8 保温层表面平整度允许偏差

项次	项目		允许偏差（mm）
1	喷涂硬泡聚氨酯	无找平层	7
		有找平层	5
2	保温板材		5
3	保温板材相邻接缝		3

检验方法：用2m靠尺、楔形塞尺和钢尺检查。

8.5 细部构造工程

8.5.1 屋面细部构造的施工质量验收可包括檐口、

檐沟和天沟、女儿墙和山墙、水落口、变形缝、伸出屋面管道、屋面出入口、反梁过水孔、设施基座等分项工程。

主 控 项 目

8.5.2 细部构造的保温层厚度、高度应符合设计要求。

检验方法：观察和尺量检查。

8.5.3 屋面细部构造的防水构造应符合设计要求。

检验方法：观察检查和检查隐蔽工程验收记录。

8.5.4 檐口、檐沟和天沟的排水坡度应符合设计要求。

检验方法：用水平仪（水平尺）、拉线和尺量检查。

一 般 项 目

8.5.5 用于细部构造的防水材料和密封材料应分别检查防水性能和密封可靠性。

检验方法：检查出厂合格证、检验报告和蓄水或淋水检验。

8.5.6 防水附加层的设置位置和要求应符合设计要求。

检验方法：观察和尺量检查。

8.6 保护层工程

8.6.1 保护层工程的施工质量验收可包括现浇、板块、瓦材等分项工程。

主 控 项 目

8.6.2 保护层材料的质量应符合相关标准要求。

检验方法：检查出厂合格证、质量检验报告。

8.6.3 保护层表面的排水坡度应符合设计要求，不得有倒坡或积水现象。

检验方法：用坡度尺检查及雨后或淋水检验。

8.6.4 水泥砂浆、细石混凝土应符合材料性能要求。

检验方法：检查配合比及抗压强度试验报告。

8.6.5 卵石保护层质（重）量应符合设计要求。

检验方法：按堆积密度计算其质（重）量。

8.6.6 坡屋面保护层应固定牢固。

检验方法：手扳检查。

一 般 项 目

8.6.7 现浇保护层厚度应符合设计要求，表面不得有裂缝、起壳、起砂等缺陷。

检验方法：观察检查。

8.6.8 板块材料保护层应接缝平整、周边顺直、表面洁净，不得有裂缝、掉角和缺棱等缺陷。

检验方法：观察检查。

8.6.9 卵石保护层的卵石铺设应分布均匀，粒径应满足要求。

检验方法：观察和尺量检查。

8.6.10 保护层施工允许偏差应符合表 8.6.10 的规定：

表 8.6.10 保护层施工允许偏差

项次	项目		允许偏差（mm）
1	表面平整度	现浇保护层	4
		块体材料保护层	3
2	分格缝平直度		3
3	板块材料保护层板块接缝高低差		1
4	板块材料保护层板块间隙宽度		2
5	保护层厚度		±10%厚度，且绝对值不大于 5

检验方法：用靠尺、楔形塞尺、钢针插入和尺量检查。

附录 A 倒置式屋面工程防水、保温材料标准和试验方法标准

A.0.1 倒置式屋面保温材料标准和试验方法标准应按表 A.0.1 的规定选用。

表 A.0.1 倒置式屋面保温材料标准和试验方法标准

类别	标准名称	标准号
保温材料	绝热用挤塑聚苯乙烯泡沫塑料	GB/T 10801.2
	绝热用模塑聚苯乙烯泡沫塑料	GB/T 10801.1
	喷涂聚氨酯硬泡体保温材料	JC/T 998
	建筑绝热用硬质聚氨酯泡沫塑料	GB/T 21558
	泡沫玻璃绝热制品	JC/T 647
试验方法	硬质泡沫塑料 压缩性能的测定	GB/T 8813
	绝热材料稳态热阻及有关特性的测定 防护热板法	GB/T 10294
	硬质泡沫塑料 吸水率的测定	GB/T 8810
	泡沫塑料及橡胶 表观密度的测定	GB/T 6343
	硬质泡沫塑料 尺寸稳定性试验方法	GB/T 8811
	建筑材料及制品燃烧性能分级	GB 8624
	无机硬质绝热制品试验方法	GB/T 5486
	硬质泡沫塑料 拉伸性能试验方法	GB/T 9641
	硬质泡沫塑料 水蒸气透过性能的测定	QB/T 2411

A.0.2 倒置式屋面防水材料和试验方法应符合现行国家标准《屋面工程技术规范》GB 50345 的相关规定。

附录B 倒置式屋面工程防水、保温材料现场抽样检验要求

B.0.1 保温材料现场抽样检验应符合表 B.0.1 的规定。

表 B.0.1 保温材料现场抽样检验

序号	材料名称	现场抽样数量	外观质量检验	物理性能检验
1	挤塑型聚苯乙烯泡沫塑料板	同一生产厂家、同一品种、同一批号且不超过 200m^3 的产品为一批，每批抽样不少于一次	外形基本平整，无严重凹凸不平；厚度允许偏差为 5%，且不大于 4mm	导热系数、表观密度、压缩强度、燃烧性能、吸水率、尺寸稳定性
2	模塑型聚苯乙烯泡沫塑料板	同一生产厂家、同一品种、同一批号且不超过 200m^3 的产品为一批，每批抽样不少于一次	外形基本平整，无严重凹凸不平；厚度允许偏差为 5%，且不大于 4mm	导热系数、表观密度、压缩强度、燃烧性能、吸水率、尺寸稳定性
3	喷涂硬泡聚氨酯	按喷涂面积，500m^2 以下取一组，500m^2 ～1000m^2 取两组，1000m^2 以上每 1000m^2 取一组	表面平整，无破损、脱层、起鼓、孔洞及缝隙，厚度均匀一致	导热系数、表观密度、压缩强度、燃烧性能、吸水率、尺寸稳定性
4	硬泡聚氨酯板	同一生产厂家、同一品种、同一批号且不超过 200m^3 的产品为一批，每批抽样不少于一次	外形基本平整，无严重凹凸不平；厚度允许偏差为 5%，且不大于 4mm	导热系数、表观密度、压缩强度、燃烧性能、吸水率、尺寸稳定性
5	泡沫玻璃	同一生产厂家、同一品种、同一批号且不超过 200m^3 的产品为一批，每批抽样不少于一次	外形基本平整，无严重凹凸不平；厚度允许偏差为 5 %，且不大于 4mm	导热系数、表观密度、压缩强度、燃烧性能、吸水率、尺寸稳定性

续表 B.0.1

序号	材料名称	现场抽样数量	外观质量检验	物理性能检验
6	屋面复合保温板	同一生产厂家、同一品种、同一批号且不超过 200m^3 的产品为一批，每批抽样不少于一次	表面洁净光滑、色彩一致、无松散颗粒，尺寸准确、缺棱掉角不超过 1 个、平面弯曲不得大于 3mm、无裂纹	导热系数、表观密度、压缩强度、燃烧性能、吸水率、尺寸稳定性

B.0.2 防水材料现场抽样检验应按现行国家标准《屋面工程质量验收规范》GB 50207 的相关规定执行。

本规程用词说明

1 为便于在执行本规程条文时区别对待，对要求严格程度不同的用词说明如下：

1）表示很严格，非这样做不可的：
正面词采用"必须"，反面词采用"严禁"；

2）表示严格，在正常情况下均应这样做的：
正面词采用"应"，反面词采用"不应"或"不得"；

3）表示允许稍有选择，在条件许可时首先应这样做的：
正面词采用"宜"，反面词采用"不宜"；

4）表示有选择，在一定条件下可以这样做的，采用"可"。

2 条文中指明应按其他有关标准执行时的写法为："应符合……的规定"或"应按……执行"。

引用标准名录

1 《建筑给水排水设计规范》GB 50015
2 《民用建筑热工设计规范》GB 50176
3 《屋面工程质量验收规范》GB 50207
4 《屋面工程技术规范》GB 50345
5 《硬泡聚氨酯保温防水工程技术规范》GB 50404
6 《无机硬质绝热制品试验方法》GB/T 5486
7 《泡沫塑料及橡胶　表观密度的测定》GB/T 6343
8 《建筑材料及制品燃烧性能分级》GB 8624
9 《硬质泡沫塑料　吸水率的测定》GB/T 8810
10 《硬质泡沫塑料　尺寸稳定性试验方法》GB/T 8811
11 《硬质泡沫塑料　压缩性能的测定》GB/T 8813
12 《硬质泡沫塑料　拉伸性能试验方法》GB/T 9641

13 《绝热材料稳态热阻及有关特性的测定 防护热板法》GB/T 1 0294

14 《绝热用模塑聚苯乙烯泡沫塑料》GB/T 10801.1

15 《绝热用挤塑聚苯乙烯泡沫塑料》GB/T 10801.2

16 《建筑绝热用硬质聚氨酯泡沫塑料》GB/T 21558

17 《种植屋面工程技术规程》JGJ 155

18 《泡沫玻璃绝热制品》JC/T 647

19 《喷涂聚氨酯硬泡体保温材料》JC/T 998

20 《硬质泡沫塑料 水蒸气透过性能的测定》QB/T 2411

中华人民共和国行业标准

倒置式屋面工程技术规程

JGJ 230—2010

条 文 说 明

制定说明

《倒置式屋面工程技术规程》JGJ 230－2010，经住房和城乡建设部2010年11月17日以第805号公告批准、发布。

本规程制订过程中，编制组进行了广泛的调查研究，总结了我国倒置式屋面工程的实践经验，同时参考了国外先进技术法规、技术标准，并通过试验取得了设计、施工重要技术参数。

为便于广大设计、施工、科研、学校等单位有关人员在使用本规程时能正确理解和执行条文规定，《倒置式屋面工程技术规程》编制组按章、节、条顺序编制了本规程的条文说明，对条文规定的目的、依据以及执行中需注意的有关事项进行了说明，还着重对强制性条文的强制性理由做了解释。但是，本条文说明不具备与标准正文同等的法律效力，仅供使用者作为理解和把握标准规定的参考。

目　次

1 总　　则

1.0.1 围护结构的保温隔热（主要包括外墙、屋面、门窗等）是建筑节能设计的重要环节，是降低建筑物能耗的必要措施。倒置式屋面工程采用高绝热系数、低吸水率材料作为保温层，并将保温层设置在防水层之上，具有节能、保温隔热、延长防水层使用寿命、施工方便、劳动效率高、综合造价经济等优点。倒置式保温防水屋面的应用在国内，特别是在经济发达地区发展得很快，因此制订一部主要针对倒置式屋面工程的技术规程十分必要，有利于提高我国房屋建筑的节能技术水平，确保屋面防水和保温质量，促进倒置式屋面工程的发展及推广应用。

1.0.2 本条中房屋建筑工程是指工业、民用与公共建筑工程，此类工程的新建、扩建、改建和节能改造倒置式屋面工程的设计、施工和质量验收均适用于本规程。

1.0.3 为了贯彻落实国家有关环境保护和节约能源的政策，倒置式屋面工程的设计和施工应从材料选择、施工方法等方面着手，改变了传统的屋面做法，更有利于环境保护，建筑节能效果明显。有条件的项目还可将建筑节能与环境保护有机结合起来，以促进建筑的可持续发展，因此在总则中强调环境保护和建筑节能。

2 术　　语

住房和城乡建设部建标［2008］182号《工程建设标准编写规定》第二十三条规定：标准中采用的术语和符号，当现行标准中尚无统一规定，且需要给出定义或涵义时，可独立成章，集中列出。

本规程术语共有17条，分两种情况：

1 在现行国家标准、行业标准中无规定，是本规程首次提出的。如：硬泡聚氨酯防水保温复合板、泡沫玻璃等。

2 虽在现行国家标准、行业标准中出现过这一术语，但比较生疏的。如：倒置式屋面、挤塑型聚苯乙烯泡沫塑料板、模塑型聚苯乙烯泡沫塑料板等。

3 基本规定

3.0.1 现行国家标准《屋面工程技术规范》GB 50345中，将倒置式屋面定义为“将保温层设置在防水层上的屋面”，随着挤塑型聚苯乙烯泡沫塑料板（XPS）等憎水性保温材料的大量应用，由于防水层得到保护，避免拉应力、紫外线以及其他因素对防水层的破坏，从而延长了防水层使用寿命和加强了屋面的实际防水效果。新的《屋面工程质量验收规范》（征求意见稿）将屋面防水等级划分为两级，一级屋面防水层合理使用年限为20年，根据国内外大量的工程实践证明，倒置式屋面能够达到这一要求，并且符合新的国家标准《屋面工程技术规范》GB 50345（征求意见稿）对防水等级所作的调整。

为充分发挥倒置式屋面防水、保温耐久性的优势，维护公共利益和经济效益，有必要将本条作出强制性规定。

3.0.2 屋面保温层使用年限不宜低于防水层使用年限，是从屋面经济适用的角度出发，尽量使保温层和防水层使用年限相当，防水层达到使用年限需要更新时一并更换保温层，从而降低屋面的维修费用。另一方面是因为保温层上置，有利于更换和维修。因此不必作更强的规定。

3.0.3 保持屋面排水畅通是屋面设计与施工的基本要求，故纳入到基本规定。

3.0.4 参照《屋面工程技术规范》GB 50345－2004第3.0.2条。

3.0.5 参照《屋面工程技术规范》GB 50345－2004。

3.0.6 参照国务院第393号令《建设工程安全生产管理条例》。

3.0.7 按现行国家标准《建筑工程施工质量验收统一标准》GB 50300的规定，建筑工程施工质量验收时，对涉及结构安全和使用功能的重要分部工程应进行抽样检测。因此，屋面工程验收时，应检查屋面有无渗漏、积水和排水系统是否畅通，可在雨后或持续淋水2h后进行。有可能作蓄水检验的屋面，其蓄水时间不应少于24h。检验后应填写安全和功能检验（检测）报告，作为屋面工程验收的文件和记录之一。

3.0.8 目前部分屋面的渗漏以致返修，管理维护不善是原因之一。不少工程交付使用后，又在屋面上增设电视天线，太阳能热水器等设施，尤其是高层建筑中增设广告招牌，对屋面防水层造成局部损坏，导致屋面发生渗漏现象。排水系统不但交工时要畅通，在使用过程中仍要经常检查，防止由于堵塞而造成屋面长期积水和大雨时溢水。为此，要求建筑物使用者加强管理和维护使之经常化、制度化，以利及时发现问题及时进行维修，延长使用寿命。

4 材　　料

4.1 一 般 规 定

4.1.1 本规程对倒置式屋面防水材料和保温材料的选用，要求除遵守现行国家标准《屋面工程技术规范》GB 50345中相关规定外，根据倒置式屋面的特点，作出相应的规定。

由于倒置式屋面防水层设置在保温层下面，且保温层上采用刚性面层或卵石等覆压，保温层内长期或间歇积水，因此要求防水材料耐霉烂性能好、适应变形能力强和接缝密封保证率高；同时要求防水材料拉伸强度高，有相应的延伸性能。例如选用聚合物改性沥青防水卷材胎体应为聚酯胎，氯化聚乙烯防水卷材为增强型等。

倒置式屋面选用密度小、压缩强度大、导热系数小、吸水率低的保温材料，是根据倒置式屋面的特点，确保屋面的保温性能而规定的；松散保温材料不仅含水率过高，而且保温层铺压不实或过分压实均会影响使用功能，所以不能满足倒置式屋面的要求。

4.1.2 为了控制工程中所用的防水材料、保温材料的质量，保证使用的材料符合设计要求，要求出厂时必须提供“出厂合格证”和“质量检验报告”，做到工程中使用的材料质量从源头把关；“现场见证取样复验报告”是指材料进场后，使用前在施工现场由见证员见证下随机抽样检验的报告，严格做到工程施工过程中对防水、保温材料的质量把关。

4.1.3 为保证倒置式屋面工程所用材料的质量，要求生产厂家提供的“质量检验报告”和“现场抽样复验报告”均应符合国家现行产品标准和本规程要求。防水材料、保温材料进场后，应按要求现场抽样，送有资质的检测机构复验，产品合格后方可施工。已施工的防水工程，出现防水材料抽样复验不合格，判定该分部工程不合格。《屋面工程质量验收规范》GB 50207中把此条作为主控项目之一。对材料标准、试验方法和现场检验，根据国家现行标准的相关规定和要求，用附录A和附录B进行归纳汇总，并提出相应要求。

4.1.4 倒置式屋面工程的技术进步既要考虑屋面防水保温工程的耐久性和可靠性，又要考虑到环境保护要求，要求防水材料和保温材料不能造成环境污染。如住房和城乡建设部明确禁止使用下列产品：

1 S型聚氯乙烯防水卷材；

2 焦油型聚氨酯防水涂料；

3 水性聚氯乙烯焦油防水涂料；

4 焦油型聚氯乙烯建筑防水接缝材料。

4.2 防 水 材 料

4.2.1、4.2.2 现行国家标准《屋面工程技术规范》GB 50345对防水材料的要求作了比较详细的规定，本规程对防水材料的性能要求执行《屋面工程技术规范》GB 50345，仅对防水材料的厚度要求满足设计要求。

4.3 保 温 材 料

4.3.1 保温材料要有较低的导热系数，是为了保证屋面系统具有良好的保温性能，在目前的各种保温材料中，适用于倒置式屋面工程的保温材料其导热系数不应大于0.080W/（m·K），否则屋面保温层将过厚，从而影响屋面系统的整体性能。保温材料要求具有较高的强度，主要是为了运输、搬运、施工时及保护层压置后不易损坏，保证屋面工程质量。材料的含水率对导热系数的影响较大，特别是负温度下更使导热系数增大，因此根据倒置式屋面的特点规定应当采用低吸水率的材料。

倒置式屋面将保温材料置于屋面系统的上层，所以保温材料相对于防水材料受到的自然侵蚀更直接更严重，所以对保温材料应有使用寿命的要求。目前已有的国内外工程实践证明，本规程中采用的倒置式屋面保温材料及系统构造是能够满足不低于20年使用寿命，保温材料可以做到不低于防水材料使用寿命的最低要求。

根据公安部公通字［2009］46号文发布的《民用建筑外保温系统及外墙装饰防火暂行规定》对屋面用保温材料的燃烧性能要求：对于屋顶基层采用耐火极限不小于1.00h的不燃烧体的建筑，其屋顶的保温材料不应低于B_2级；其他情况，保温材料的燃烧性能不应低于B_1级。

与普通正置式屋面相比，倒置式屋面对保温材料的性能要求很高，为充分体现倒置式屋面节能保温和耐久性好的优点，提高屋面的经济和社会效益，有必要将保温材料的性能作强制性规定。

4.3.2 目前适用于倒置式屋面效果较好的保温材料主要有挤塑型聚苯乙烯泡沫塑料板、硬泡聚氨酯保温板、硬泡聚氨酯防水保温复合板、喷涂硬泡聚氨酯及泡沫玻璃保温板等。模塑型聚苯乙烯泡沫塑料板、屋面复合保温板一般吸水率较大，当用于倒置式屋面时，应根据设计要求，优选低吸水率的材料。选用的硬泡聚氨酯保温材料耐久性能应满足防水层合理使用年限要求。

4.3.3 挤塑聚苯乙烯泡沫塑料（XPS）的表观密度一般随压缩强度的增高而增大，但不是简单的线性关系，由于这类保温材料的其他性能与表观密度没有直接关系，而是由其独特的分子构造所决定的，而不像其他两种保温材料（EPS、PU）的性能与表观密度那么直接，因此本表只给出一个较宽泛的密度指标。

此处对XPS尺寸稳定性均要求不大于1.5%，该指标对于低强度的XPS板（X150）来说严于《绝热用挤塑聚苯乙烯泡沫塑料（XPS）》GB/T 10801.2－2002要求的2.0%，对于X600的XPS来说则宽于该标准要求的1.0%。由于倒置式屋面构造或者采用细石混凝土保护层，且增设钢丝网加强，对XPS的尺寸稳定性要求不高，或者是采用块材或卵石保护层，采用的是松铺方式，对尺寸稳定性的要求也可以放宽；对于高强XPS主要用于重型荷载，这种场合下的保护层一般都是钢筋混凝土板，XPS板的尺寸稳定性已不重要。因此，从实际应用角度，本表的尺寸稳定性要求不大于1.5%已经足够。

此处采用《建筑材料燃烧性能分级方法》GB 8624－1997的分级标准和相应的检测方法，主要是公安部公通字［2009］46号文件：关于印发《民用建筑外保温系统及外墙装饰防火暂行规定》的通知及暂行规定中对于屋面保温材料的燃烧性能仍采用GB 8624－1997的分级标准，这个暂行规定没有采纳已经颁布实施的最新版本《建筑材料及制品燃烧性能分级》GB 8624－2006的分级标准。作为应用型标准，本规程与相关最新的工程标准或规定相协调，随后章节的其他保温材料亦然。

根据不同使用条件，挤塑型聚苯乙烯泡沫塑料板按照压缩强度分为若干等级。但对于屋面工程，挤塑型聚苯乙烯泡沫塑料板的压缩强度，一般不上人和上人屋面采用X150级，中型荷载屋面可通过荷载计算采用X250或X350级，重型荷载如行车屋面采用X600级或通过荷载计算确定，所以本规范没有罗列挤塑型聚苯乙烯泡沫塑料板的全部产品类型。

4.3.4 在性能满足设计要求前提下，模塑聚苯乙烯泡沫塑料板也可用于倒置屋面工程，但要严格控制其吸水率。

根据使用条件和工程需要，按照压缩强度来确定，Ⅲ型～Ⅵ型的模塑型聚苯乙烯泡沫塑料板可用于倒置式屋面工程，Ⅰ型和Ⅱ型模塑型聚苯乙烯泡沫塑料板由于压缩强度太低而不适于屋面工程。

4.3.5 硬泡聚氨酯由于具有较低的导热系数，保温性能优异，适合用于屋面保温工程。尤其是聚氨酯硬泡具有很高的闭孔率（一般都可大于90%），所以具有良好的防水性能和不透水性，非常适合用于倒置式屋面工程。喷涂硬泡聚氨酯还具有保温层整体性好，可以形成整体保温防水层，有助于提高倒置式屋面工程的整体保温防水性能。

鉴于屋面工程的使用特点，用于屋面工程的硬泡聚氨酯保温材料的力学性能主要是压缩强度，而拉伸强度、拉伸粘结强度等力学性能对屋面工程用保温材料并不是主要力学指标，所以本规程对硬泡聚氨酯保温材料不列出拉伸强度、拉伸粘结强度等力学性能指标要求。对于喷涂硬泡聚氨酯，由于其形成整体保温层，为了保证其整体性，还要规定其断裂延伸率指标。

4.3.6 硬泡聚氨酯防水保温复合板由于在硬泡聚氨酯板材上附加了一层防水卷材或防水涂膜，板材防水性能更加优良。如果复合板表层的防水卷材或防水涂膜厚度满足屋面防水设防要求，只要施工时做好板缝的防水处理，则硬泡聚氨酯防水保温复合板可直接用于倒置式屋面，实现倒置式屋面保温防水材料均可在工厂预制、现场安装施工，提高施工效率。

4.3.7 泡沫玻璃板具有密度小、化学稳定性好、不燃烧、不吸水、不透湿、耐热抗冻、导热系数低、抗老化、使用寿命长等优点，近年来也逐步在建筑保温工程中得以推广应用。泡沫玻璃板的上述优点也决定了其适合用于倒置式屋面工程。泡沫玻璃有一个建材行业标准《泡沫玻璃绝热制品》JC/T 647－2005，本规程对泡沫玻璃的性能指标要求即依据该标准中的相关内容执行。

4.3.8 屋面复合保温板具有导热系数较低、不易燃等优点，只要严格控制好其吸水率，用于倒置式屋面也是一种性能良好的保温材料。河南省地方标准《CCP保温复合板倒置式屋面技术规程》DBJ41/T 039－2000中规定屋面复合保温板吸水率不大于6%，但是考虑到吸水率过高会显著影响保温板的保温等性能，所以，本规程从严规定用于倒置式屋面的屋面复合保温板其吸水率不大于3.0%。

4.3.9 保温材料胶粘剂应采用与之相适应的专用胶粘剂。

4.3.10 挤塑型聚苯乙烯泡沫塑料板、模塑聚苯乙烯泡沫塑料板、硬泡聚氨酯板等有机聚合物泡沫保温板材一般都具有一定的燃烧性，耐溶剂腐蚀性能及耐紫外线老化性能也弱于无机材料，所以应远离火源和化学溶剂，应避免日光暴晒。

4.3.11 喷涂聚氨酯的原材料包括黑料和白料，具有一定的可燃性和挥发性，所以黑料和白料在施工现场应注意防火和密封保存。

4.3.12 泡沫玻璃板具有一定的易碎性，所以应注意防振。

4.3.13 屋面复合保温板由于具有较厚的无机面层，根据这一构造特点规定了在贮运过程中的保证措施。

5 设 计

5.1 一 般 规 定

5.1.1 根据具体工程的屋面形式、建筑功能、环境、气候条件、屋面构造和经济条件不同，进行具体设计。防水材料、隔离层材料和保温层材料的选用要防止假冒伪劣产品，并要选择合理的、经济的材料，要体现倒置性屋面保温层对防水层的保护作用。屋面排水系统要求高，保温层不能有积水，因此要求设计出设计详图。

5.1.2 倒置式屋面基本构造是大量实际工程的常规做法。隔离层的设置应根据选择的防水材料和保温层的材料相容性和保护层材料的种类来决定的。倒置式屋面一般不需设隔汽层。

5.1.3 为防止倒置式屋面保温层长期积水，使积水能够顺畅排走，需适当加大倒置式屋面的坡度，因此作出此项规定。

5.1.4 防滑措施主要是防止防水层、保温层和保护层的向下滑动；防滑条的材料和形式由设计具体确定，其间距根据屋面坡度和保温材料种类确定；防滑条设计应避免采用断开保温层的导热性材料；并应避免保温层形成冷热桥。

5.1.5 寒冷地区的采暖建筑，宜采用卵石排水保护层或种植排水保护层；严寒地区的采暖建筑，宜采用松铺混凝土板块排水保护层；炎热地区或冬季较冷夏天较热需要空调降温的建筑，宜采用卵石排水保护层或松铺混凝土板块排水保护层。硬泡聚氨酯保温层宜采用封闭式保护层，多雨地区不宜采用封闭式保护层。

5.1.6 倒置式屋面不会产生水汽积聚，所以可不设置透气孔式排气槽。

5.1.7 防止天沟积水，参照了《屋面工程技术规范》GB 50345－2004 第 4.2.4 条的规定。

5.1.8 参照了《屋面工程技术规范》GB 50345－2004 第 4.2.12 条的规定，并强调了通过计算确定。

5.1.9 倒置式屋面中的防水材料耐用年限可以适当延长，从节材和经济的角度考虑，可选用质量较好的防水涂料，防水性能好、有弹性且强度较高的防水卷材价格较高。

5.1.10 硬泡聚氨酯防水保温复合板上覆有一层防水材料，可作为一道防水层，但其构造特点决定了只可作为两道防水的次防水层。

5.1.11 本条源自《民用建筑外保温系统及外墙装饰防火暂行规定》（公通字［2009］46 号）的要求。

5.1.12 当屋面复合保温板面层已做保护层时，可不另设保护层。

5.2 设计要求

5.2.1 倒置式屋面对基层要求高，要求基层结构不开裂、平整，优选采用结构找坡；对单向坡长较大的屋面，如采用材料找坡，势必增加屋面荷载，也不经济。

5.2.2 水泥砂浆、细石混凝土在施工时，因砂浆水灰比、含泥量、细骨料比例等因素，会导致开裂，因此需设置分格缝。转角处弧形以确保防水层粘贴牢固。

5.2.3 防水层可能长期处于潮湿的环境中，必须选用长期在潮湿环境中抗腐蚀性能好、不变质、耐老化、各项物理性能要符合现行国家标准《屋面工程技术规范》GB 50345 规定的材料。防水层宜选用两种防水材料复合使用，耐老化、耐穿刺的防水材料应设在防水层的上层。

5.2.5 对于开敞式保护层的倒置式屋面，当有雨水进入保温材料下部时，一般情况可完全蒸发掉，而进入封闭式保护层屋面保温层中的雨水可能蒸发不完全；当室外气温低，会在保护层与保温材料交界面及保温材料内部，出现结露；保温材料的长期使用老化，吸水率增大。因此，应考虑10～20年后，保温层的导热系数会比初期增大。所以，实际应用中应控制保温层湿度，并适当增大保温层厚度作为补偿；另外保温层受保护层压置后厚度也会减小。故本规程规定保温层的设计厚度按计算厚度增加不低于 25％取值。保温层的厚度如果太薄，不能对防水层形成有效的保护作用，失去了倒置式屋面最根本的意义，而且在施工中和保护层压置后保温层容易损坏，故保温层应保证一定的厚度，本规程规定不得小于 25mm。

为确保倒置式屋面的保温性能在保温层积水、吸水、结露、长期使用老化、保护层压置等复杂条件下持续满足屋面节能的要求，有必要将此条列为强制性条文。

5.2.6 倒置式屋面为了防止紫外线的直接照射、人为损害以及防止保温层泡雨水后上浮，应在保温层上做保护层。保护层多为开敞式，即在保温层上做板块材料、卵石保护层。倒置式屋面分上人、非上人和功能性屋面。上人屋面宜采用混凝土板块、地砖、种植等做保护层；非上人屋面宜采用卵石做保护层；功能性屋面宜采用现浇细石混凝土保护层或板块材料保护层。

5.3 细部构造

5.3.1 屋面防水工程的节点细部构造是防水工程的重要部分，在施工的过程中，种种变形都集中于节点，所以在进行屋面防水节点设计时，要全面考虑材料自身老化、结构变形、温差变形、干缩变形、振动诸因素，节点设防上应增设附加层，以适应基层的变形。在构造防水层的铺设上以空铺法为宜，在选材上可用高弹性、高延伸材料做相应处理，如水落口、地漏、穿过防水层管道部位及其周围要采取密封材料嵌缝、涂料密封和增加附加层等方法处理，也可采用柔性密封、防排结合，材料防水与结构防水相结合的做法。防水工程首先要将水流迅速排走，不使水滞留或积水，然后采取柔性材料严密封闭。屋面防水节点应以卷材、涂料、密封、刚性防水材料等互补的多道设防进行技术设计，同时为了考虑到屋面的防水耐用年限，节点上使用的材料的性能指标均应高于其他部位，特别是耐老化性能要好。此外，由于每栋建筑不一定完全相同，尚需进行个别设计，这时节点的设计应有灵活性，即参考设计原则与标准大样并结合具体情况而设计，不宜统一套用标准图。

5.3.2 天沟、檐沟是排水最集中的部位，也是容易产生热桥的结构部位。为确保防水质量，需增铺附加层部位宜设置涂膜和卷材复合的防水层。为避免产生热桥，保温材料应覆盖整个天沟、檐沟的上下两侧，并采用适当方式固定，以免坠落。

5.3.3 女儿墙内侧的保温材料应固定牢固，宜采用机械固定法，也可采用外墙外保温相同的固定方法，固定点应采用密封材料密封。保温材料表面应抹聚合物水泥砂浆等保护层。

5.3.4 为避免变形缝处产生热桥效应，变形缝挡墙两侧和上部均应铺设保温材料，挡墙中间用衬垫材料和聚乙烯泡沫塑料棒填嵌。

5.3.5 建筑物高低跨两侧差异沉降和变形较大，为避免防水层撕断，将防水层在低跨屋面挡墙上部断开，上部采用金属板泛水封盖。

5.3.6 保温材料在距水落口500mm的范围内应采用切割等方式逐渐减薄，铺设至水落口处，防止产生热桥效应。水落口周边和基层接触处，混凝土易出现裂缝，故在水落口和基层接触的周围嵌填柔性密封材料，避免渗漏发生。女儿墙上侧水落口应设置一定坡度，防止倒泛水。

5.3.7 出入口有水平式和垂直式出入口。水平式出入口多为开门的水平出入，对出入口防水层收头应压在混凝土踏步下，保温材料也应连续铺至混凝土踏步下，混凝土踏步铺设时应设置向外流水坡度，并做滴水，以防止下雨时，出现爬水现象，向室内流水。屋面垂直出入口防水层和保温材料收头应压在混凝土压顶下的凹槽内，防止人员出入时踩坏防水和保温材料。应对卷材收头边处采用配套密封胶密封。

5.3.8 伸出屋面穿过防水层管道多种多样，包括伸出屋面排汽管道、换气管道等等。应采用套管防水处理，即浇捣混凝土时先预埋套管，并焊有一道或多道止水片，当管道通过套管后，两端采用密封材料填嵌。为防止混凝土干缩与套管周边脱开裂缝而导致渗漏，设计时须在套管四周与混凝土找平层间留有凹槽，一般为20mm×20mm，填嵌密封材料，并将管根部垫高，做成1/10排水坡，以利排水，然后做防水层。防水层与管道套管用金属箍配橡胶垫绑扎牢固，再以密封膏密封，保温材料铺至套管周围。

5.3.9 保温层应覆盖包裹整个设施基础，防止此部位产生热桥效应。搁置在保护层上的设备，为防止压坏保护层、保温层和防水层。

5.3.10 坡屋面坡度较大，为有效防止保温层和防水层下滑，应在屋面结构层内预埋锚筋，锚筋直径宜为10mm，间距1500mm，伸出保温层25mm，锚筋在伸出防水层和保温层时四周均应做密封处理，防止渗漏。

5.3.11 平瓦坡屋面天沟是排水最集中的部位，也是积水和雨水冲刷严重的部位，该节点应以柔性防水材料和刚性防水材料互补的多道设防进行技术设计，故在天沟底部设置钢板，既可以防水，又可以抵抗雨水冲刷。

5.3.12 因聚氨酯防水保温复合板可以作为一道防水层，板缝的处理极为关键。粘贴卷材的胶粘剂应为卷材配套专用，满粘卷材，卷材覆盖板缝的宽度严格控制，不得小于150mm，卷材应铺贴牢固，尺寸准确，不应有空鼓、扭曲褶皱情况，卷材边缘用防水密封胶密封严密。

6 施 工

6.1 一 般 规 定

6.1.1 施工前应进行图纸会审及设计交底，施工单位应编制专项施工方案，作业前的技术交底是为了保证倒置式屋面的构造做法与细部构造等符合设计意图，并做到质量的预控。

6.1.2 各构造层次的过程控制和质量检查及完整记录备案为了保证各构造层 次的质量，从而保证了整个屋面分部工程的质量。

6.1.3 屋面防水层、保温层的厚度是屋面防水、保温效果最重要的技术要求，施工时应符合设计要求。

6.1.4 伸出屋面的管道、烟道、设备、零星设施或预埋件等，均应在防水层施工前固定、安装完毕，并采用防水附加层对其节点加强，顶部密封严密等。

6.1.5 屋面工程均为露天施工，且防水层和保温层施工对基层含水率、气温等要求较严格，若环境气温不适合防水层和保温层施工，将无法保证其工程质量，所以在防水层和保温层施工时，有雨雪、大风天气禁止施工，环境气温应符合要求。

6.1.6 在坡度大于15%的坡屋面进行屋面工程施工时，因倾角较大，易发生危险，所以必须设置可靠的防滑和其他防护设施。

6.1.7 对倒置式屋面工程的成品保护是一个非常重要的环节。防水层 开始施工直到屋面施工完成，均不得在屋面上进行动火作业，动火作业极易导致防水层损坏，还会引燃保温材料导致火灾事故。屋面工程完工后，上人进行其他作业操作，极易造成防水层、保温层局部破坏出现渗漏或保温层局部失效，确需进行其他工序施工时，应采取有效的保护措施，以防止损坏。

6.2 找坡层、找平层施工

6.2.1 上一道工序完工后，应经验收合格，方可进行一下道工序施工。

6.2.2 找坡层、找平层施工应选用设计要求的材料和按照相应的配合比。

6.2.3 冬期施工时，根据不同的材料应采取相应的防冻措施。

6.2.4 基层表面处理是保证施工质量的重要环节，是不可缺少的一道工序。

6.2.5 屋面每一个构造层的坡度或平整度偏差较大，均会对上一个构造层造成影响，特别是如果保护层坡度、平整度达不到设计要求，会引起屋面排水不畅或积水，给屋面防水造成隐患，还会影响屋面保温效果。

6.2.6 分格缝的设置在设计一章中有明确规定，施工时应符合设计要求。

6.2.7 根据长期的工程实践，交接处均应做成圆弧形。落水口周边做成凹坑便于排水，采取相应密封措施防止渗漏。

6.3 防水层施工

6.3.1 基层是卷材防水层的依附层，其质量好坏将直接影响到防水层 的质量，应对基层进行质量验收。基层不干净，将使防水层难以粘结牢固，会产生空鼓现象。如在潮湿的基层上施工防水层，防水层与基层粘结困难，也易产生空鼓现象，立面防水层还会下坠，因此基层干燥也是保证防水层质量的重要环节。

6.3.2 现行国家标准《屋面工程技术规范》GB 50345对防水层的施工作了比较详细的规定，本规程防水层的施工不作进一步规定，执行现行国家标准。

6.3.3 强调泛水高度是保温层、保护层施工完成后的高度。

6.4 保温层施工

6.4.1 防水层施工完成后，应进行质量检验。在倒置式屋面工程中，防水层属于隐蔽项目，所以在保温层施工前应对防水层进行蓄水或淋水检验，确认无质量问题后方可进行保温层施工。

6.4.2 保温层施工时，上人作业或堆放材料、机具易对防水层造成破坏、损坏，所以在施工保温层时，视情况可在防水层上铺设临时保护层。

6.4.4 板状保温材料与屋面防水层之间摩擦系数较小，为防止上人走动导致板状保温材料移位而造成屋面工程质量问题，所以对于坡度不大于3%的上人屋面的板状保温材料宜采用粘结法施工；坡度大于3%的屋面应采用粘结法施工，并采取固定防滑措施。

6.4.5 为防止保温层后序工序的其他材料填充入保温板间的缝隙中形成冷桥，在铺设保温板时应边靠边地紧密铺设。

6.4.6 在非整张板和有出屋面管道等铺设保温板时，需对保温板进行裁切。裁切应使用专用工具，保证裁切边垂直、平整，保证板与板、板与出屋面管道拼缝严密，防止拼缝过大，缝隙中填充入其他材料形成冷桥。

6.4.7 为防止落水口被杂物堵塞，在落水口位置预留的洞口内应放入钢板网滤水盆；为防止屋面防水层上积水，还应保证保温层中水流畅通。

6.4.8 板状保温材料采用干铺时的技术要求。

1、2 对基层以及铺设时的技术要求。

3 强调了屋面保温层施工时各节点收口部位的处理，屋面工程的质量问题多存在于节点收口处，严格对节点收口处进行处理能有效保证屋面工程质量。

4 板状保温材料质轻、面大且强度较低，所以在施工时应将材料压紧，防止大风时刮走、飘落，施工中还应注意保证板块的完整。

6.4.9 板状保温材料采用粘贴法时的技术要求。

1 粘结板状保温材料时，应采用与保温材料相对应的专用胶粘剂，并且要满涂，保证保温层与防水层粘结牢固，板缝间和缺角处应用碎屑加胶拌合填补。

2 粘贴法铺设板状保温材料对环境气温的要求。

3 基层防水层若采用卷材防水时，因搭接处有高低差，为保证保温层粘结效果，对胶粘剂的涂抹厚度作了相应规定，其胶粘剂厚度应不小于5mm，以消除因卷材搭接造成的基层高低差。

4 在保温材料粘贴完成后，胶粘剂未凝固前不得上人踩踏，以保证保温材料的粘结质量。

5 为防止保温层粘结完成后，因温度变形造成松滑起拱，在保温层施工完成后应尽快施工保护层，若工序难以紧密衔接时，必须在粘结好的保温板上均匀铺设压重材料临时保护。

6.4.10 采用喷涂硬泡聚氨酯保温层时的施工要求。

1～4 为保证喷涂硬泡聚氨酯保温层质量及保温性能和其他技术参数，喷涂硬泡聚氨酯保温层施工应采用专用设备，配比应准确计量，发泡厚度均匀，并且在正式施工前应对设备进行调试并喷涂样板进行性能检测，检测合格后方可正式施工。喷涂施工时，喷嘴与施工基层间距宜为200mm～400mm。

5 为保证成品质量，喷涂作业应分几层完成，每遍喷涂厚度不宜大于20mm，且当日施工的作业面必须在当时连续喷涂完成。

6 因为环境气温、风力、空气相对湿度等因素均会影响喷涂硬泡聚氨酯保温层施工质量，所以对施工环境（风力、湿度）作了相应规定。

7 硬泡聚氨酯喷涂完后不能立即达到其最终强度，为防止影响其保温性能，作出规定。

6.4.11 硬泡聚氨酯防水保温复合板的施工要求。

1 为保证屋面工程质量和排水坡度等，应在硬泡聚氨酯防水保温复合板施工前对基层进行质量验收。对既有的建筑屋面基层进行检查，清除影响防水保温层与基层粘结质量的油污等不利因素，并对局部缺馅进行修补、找平。

2 基层与硬泡聚氨酯防水保温复合板会因外界气温影响均会产生小量形变，且膨胀系数差异较大，若采用满粘法施工，因温度变形的因形变量不同，容易对硬泡聚氨酯防水保温复合板造成破坏，所以在硬泡聚氨酯防水保温复合板施工时应采用专用粘结砂浆采用点粘或条粘法施工。

4 夏季温度较高，水分蒸发快，粘结砂浆易干，再施工前在基层上适当用清水润湿，能有效保证砂浆强度。

5 板材粘贴后24h内还未达到设计强度，粘结力差，若这时进行接缝处理易造成因踩踏而影响硬泡聚氨酯防水保温复合板粘结强度，从而也影响屋面工程质量。

接缝防水处理方法：用防水密封胶刮入接缝并抹至宽度150mm～180mm，贴压合成高分子防水卷材，再用防水密封胶进行边缘修饰；板材粘贴完毕后，对天沟、檐沟、檐口、水落口、泛水、变形缝和伸出屋面管道的防水构造等特殊部位进行防水处理；对施工中可能发生碰撞的入口、通道等部位，应采取临时保护措施。

6.4.12 板状保温材料在坡屋面上施工时的要求。

1 为防止板材在铺设时下滑和拼缝不严密，在坡屋面上铺设板材时应遵循自下向上的原则，在阴阳角处的接槎面也应切割成相应的拼接角度。并在接缝处设钢丝网或满铺钢丝网，以防止后道工序的防水砂浆出现裂缝。

2 为防止板材下滑，坡屋面上要留设预埋件用以固定保温板材，并在固定点用密封材料密封，防止出现防水层薄弱点。

3 设置玻纤布或聚酯毡保护膜保护泡沫玻璃保温层，用来防止施工过程中对保温层的破坏和提高保温层整体性，还能提高保温层耐久性。

6.5 保护层施工

6.5.1 保护层施工后，保温层也属于隐蔽项目，为保证屋面工程质量，在保护层施工前要对保温层进行质量验收，验收合格后方可进行保护层施工，并填写相应的质量管理资料。

6.5.2 保护层的施工要求。

1 加强成品（半成品）保护，施工保护层时应避免损坏保温层。

2 为防止保护层施工时灰浆渗入保温层，影响保温层保温性能或与保温材料发生不良化学反应，在保护层与保温层之间应满铺隔离层，且不能漏底，隔离层铺设应搭接，搭接宽度不应小于100mm。

3 为有效保护各细部节点处的防水层外露部分，应采取有效的保护措施。

4 上下各构造层间因温度产生变形，为了减小各构造层相对变形，避免出现裂缝，保护层的分格缝应尽量与找平层的分格缝上下对齐。

6.5.3 采用卵石作为保护层时的施工要求。

1 为保证保护层能有效起到对下部工序的保护作用，卵石直径应在20mm～60mm，满铺均匀。

2 铺设卵石过薄难以起到保护作用，而过厚过重会给屋面结构层加大荷载，为保证屋面工程质量，其重量也应符合设计要求。

4 卵石铺设时，为保证屋面排水顺畅，应保持雨水口、天沟等部位排水畅通。

6.5.4 板块材料作保护层时的施工要求。

1 为保证板块材料保护层铺设后均匀着力于下部构造，可设置结合层，可选用砂或水泥砂浆，禁止干摆干铺。

2 为保证屋面工程排水顺畅、不积水，在铺设板状材料保护层时也应按设计坡度挂线、抄平，防止在铺设时出现反坡、倒流水等现象。还应保证铺砌的块体横平竖直，板块接缝对齐，以保证保护层的保护作用以及屋面工程美观。

3 为保证铺设质量，采用砂结合层时，砂应适当洒水（最佳含水率）压实，并用刮尺刮平，以防止板块松动及保证平整度。板块拼缝宽度宜控制为10mm，以方便勾缝处理和保证美观。

4 为保证平整度和排水坡度，在板块铺设完成后，还应洒水并轻拍压平，同样也保证块材不会翘角、空鼓。

5 板缝处理时应先用砂将缝填至一半高度，然后用1∶2水泥砂浆勾成凹缝，保证缝内无空隙，保证勾缝质量。

6 采用砂结合层时，在使用过程中，因雨水等冲刷，会造成结合层砂流失而导致保护层破坏，为防止上述情况发生，应在保护层四周500mm范围内用低强度等级水泥砂浆作为结合层。

7 为防止温度应力造成块材保护层接缝处开裂，板块保护层宜留设纵横间距不大于10m的分格缝，缝宽不宜小于20mm。

6.5.5 采用整体现浇混凝土保护层时的施工要求。

1 混凝土收水后应进行二次压光，以切断和封闭混凝土中的毛细管，提高其密实性和抗渗性。抹压面层时，在表面洒水、加水泥浆或撒干水泥，会造成表面龟裂脱皮，降低防水效果。

3 为防止温度应力造成混凝土保护层裂缝，应按规定留设分格缝；为保证每个分格内的混凝土（砂浆）不出现冷缝、分层，每格内的混凝土（砂浆）应连续浇筑。

4 为保证每个分格内的保护层可自由变形，防止产生温度应力裂缝，若保护层配筋时，钢筋网片应在分格缝处断开。

5 养护是保证混凝土保护层质量的关键因素之一，为保证保护层质量，在保护层浇筑完成后应及时养护并不少于7d，最后清理分格缝。

6.5.6 分格缝的设置及施工要求。

1 分格缝设置在屋面板的端头、凸出屋面交接处、转折处，因纵横向的形变量不一致，保护层易出现裂缝，所以在此部位应设置分格缝。

2 为保证屋面美观以及各分格之间相对变形小，分格缝设置在交接处必须相通，不宜成为T字形或L字形缝。

3 在坡屋面的屋脊处或平屋面分水线处应留设分格缝。

4 分格越大，每个分格受温度影响变形越大，为保证保护层质量，分格缝纵横间距均不应大于6m。

5 为防止因结构屋面板变形而影响保护层质量，分格缝应与结构板缝位置一致，位于开间处，并延伸至挑檐、天沟内。

7 既有建筑倒置式屋面改造

7.1 一般规定

7.1.1 已建成使用的建筑屋面在改造前，对屋面的结构、防水性能和热工性能等情况进行勘查、判定或检测，然后再进行针对性设计和施工，有利于屋面达到预期效果和避免浪费。

7.1.2 既有建筑屋面改造较新的屋面施工更为复杂，为确保勘察和判定结果科学、准确，设计、施工严格按照勘察、判定结果进行，要求从事既有建筑屋面改造的参与各方应具备相应资质。

7.1.3 既有建筑屋面改造工程多处于闹市区、居住区，应将噪声、空气等污染控制到最小限度，并应尽可能采用新技术、新材料，以达到节能、节材、保护环境的目的。

7.1.5 进行屋面改造必须清楚掌握既有建筑的基本状况、结构特点、构造做法以及使用情况。

7.1.6 对既有建筑的屋面防水保温效果和完好程度，应重点勘察、检验，为完成设计方案和再利用奠定基础，没有必要对所有需改造的既有建筑进行全面的结构可靠性鉴定。

7.1.7 屋面改造工程应采取必要的安全施工措施，对作业人员应有安全防护。采取有效措施保护环境，减少扰民，文明施工。

7.2 设 计

7.2.1 在勘查的基础上，应尽量由原设计单位做屋面改造工程设计，以便更好地掌握既有建筑的基本情况。当需要增加屋面荷载或改变使用功能时，会对原有结构体系和受力状况产生影响，设计单位应先做方案，进行可行性研究，必要时进行结构可靠性鉴定。

既有建筑情况各异，而且进行倒置式屋面改造涉及既有建筑物的结构安全性问题，特别是增加屋面荷载或改变屋面使用功能的情况下，因此有必要对本条作出强制性规定。

7.2.2 为节约成本，经重新勘查、判定，原有防水层有效时，可直接增加倒置式保温做法。原有防水与新增倒置式屋面设计使用年限不尽相同，为保证屋面防水达到改造后的屋面设计使用年限和防水效果，在施工倒置式屋面时虽原有屋面防水有效，也应新增一道防水层。

7.3 施 工

7.3.1 为保证屋面改造施工质量，施工前应编制切实可行的专项施工方案，并由专业施工人员施工。

7.3.4 当需拆除原有屋面的保温层和防水层时，为保证屋面工程施工质量，各层次应严格按照本规程第6.2节～6.5节规定施工。为保证新做屋面工程与基层结合牢靠，保证屋面工程质量，对于原有屋面结构层存在的结合不牢固、面层污染、空鼓、开裂等部位应彻底清除，再用适宜强度的水泥砂浆或聚合物砂浆找平。

8 质量验收

8.1 一般规定

8.1.1 倒置式屋面工程施工应建立施工班组自检，合格后报质量员验收，质量员检查验收合格后，报送监理单位（或建设单位）检查验收，合格后方可进行下道工序施工，并有完整的检查记录，严格控制各工序质量，确保屋面工程检验批、分项、分部工程质量的合格。

8.1.2 材料质量直接关系到工程质量，所以在施工过程中应严把材料质量关，现场材料抽样复验过程往往需要一段时间，在施工过程中先施工后有检验报告现象较多，因此材料外观质量，质量证明文件，检验报告等经监理单位（或建设单位）检查验收合格后，材料方可用到工程中去，使屋面工程所用材料全部合格。

8.1.3 倒置式屋面工程为一个子分部工程，分项工程按照屋面各构造层和使用功能进行划分。

8.1.4 按《屋面工程质量验收规范》GB 50207的要求。分项工程划分成检验批进行验收有助于及时纠正施工中出现的质量问题，确保工程质量，也符合施工实际需要。

8.1.8 屋面防水和保温分项工程是屋面重要的分项工程，直接关系到屋面工程质量，防水保温工程施工实际上是对防水、保温材料的一次再加工，必须由专业队伍进行施工，才能确保防水保温工程的质量。专业资质单位应是由当地建设行政主管部门对防水、保温施工企业的规模、技术水平、业绩等综合考核后颁发资质证书的防水、保温专业队伍。作业人员应经过防水、保温施工技术专业培训，并达到符合要求的操作技术水平，由当地建设行政主管部门颁发上岗证书。对非专业队伍和非专业人员施工，当地质量监督部门应责令其停止施工。屋面工程验收的文件和记录体现了施工全过程控制，必须做到真实、准确，不得有涂改和伪造，各相关人员签字盖章后方可有效。施工组织设计应体现防水、保温的内容，并要编制防水、保温施工方案，由施工单位，监理单位（或建设单位）共同审批后，严格按施工方案施工。隐蔽工程的后续工序和分项工程覆盖、包裹、遮挡的前一工序的各项工程，应经过检验符合质量标准，避免因质量问题造成渗漏，或不易修复而直接影响工程质量。按现行国家标准《建筑工程施工质量验收统一标准》GB 50300 的规定，建筑工程质量验收时对涉及结构安全和使用功能的重要分部工程进行抽样检测，因此屋面工程验收时，应检查屋面有无渗漏、积水和排水系统是否畅通，可在雨后持续淋水 2h 后进行。有可能做蓄水检验的屋面，其蓄水时间应不少于 24h。检验后应填写记录、相关人员签字盖章，作为验收文件。

8.2 基 层 工 程

8.2.1 目前倒置式屋面主要采用轻质和保温材料找坡以及采用水泥砂浆和细石混凝土找平，故本节的验收内容主要针对采用上述材料的找坡和找平层质量验收。

8.2.3 既有建筑屋面改造，基层坡度同样不宜小于 3%。

8.2.4 水泥砂浆找平层采用 1∶2.5～1∶3（水泥：砂）体积比，水泥强度等级不得低于 32.5 级，细石混凝土找平层采用强度等级不低于 C20；沥青砂浆找平层采用 1∶8（沥青：砂）质量比，沥青可采用 10 号、30 号的建筑石油，沥青或其熔合物，其材质和配合比必须符合设计要求。

8.2.5 屋面找平层是防水层的基层，在调研中发现平屋面（坡度 3%～5%）天沟、檐沟，由于排水坡度过小或找坡不正确，会造成屋面排水不畅或积水现象。基层找坡正确，能将屋面上的雨水迅速排走，延长了防水层、保温层的寿命，其排水坡度须符合设计要求。

8.2.6 隔离层所用材料的质量应符合设计要求，当设计无要求时，隔离层所用的材料应能经得起保护层的施工荷载，故建议塑料模的厚度不应小于 0.4mm，土工布应采用聚酯土工布，单位面积质量不应小于 $200g/m^2$，卷材厚度不应小于 2mm。为了消除保护层与防水层之间的粘结力及机械咬合力，隔离层必须是完全隔离，对隔离层破损或漏铺部位应及时修复。

8.2.7 由于目前一些施工单位对找平层的施工质量不重视，致使水泥砂浆、细石混凝土找平层的表面有酥松、起砂、起皮和破裂现象，直接影响防水层和基层的粘结质量或导致防水层开裂。沥青砂浆找平层表面不密实会产生蜂窝现象，使卷材胶结材料或涂膜的厚度不均匀，影响防水质量。对找平层的质量要求、表面应坚固密实、平整，水泥砂浆，细石混凝土找平层应充分进行养护，使其水泥充分水化，以确保找平质量。经调研，表面平整度，其允许偏差 5mm，提高平整度的要求，可使其卷材胶结材料或涂膜的厚度均匀一致，保证工程质量。

8.2.8 经调查分析认为，卷材、涂膜防水层的不规则拉裂，是由于找平层的开裂造成的，水泥砂浆找平层面积大开裂是难免的，找平层合理分格后，可将变形集中到分格缝处。规范规定其纵横缝的最大间距不宜大于 6m，因此找平层分格缝的位置和间距应符合设计要求。

8.2.9 基层与突出屋面结构（女儿墙、山墙、天窗壁、变形缝、烟囱等）的交接处以及基层的转角处，根据卷材的特性，应按《屋面工程技术规范》GB 50345 的规定做成圆弧形，以保证卷材、涂膜防水层的质量。

8.2.10 找平层的表面平整度是根据抹灰质量标准规定的，其允许偏差为 5mm。提高对基层平整度的要求，可使卷材胶结材料或涂膜的厚度均匀一致，保证屋面工程的质量。

8.3 防水与密封工程

8.3.1 现行国家标准《屋面工程质量验收规范》GB 50207 对防水工程的验收作了比较详细的规定，本规程防水工程的验收执行现行国家标准。

8.3.3 既有建筑原防水层能否作为一道防水层由屋面改造设计确定，施工时应符合设计要求。

8.3.4 硬泡聚氨酯防水保温复合板可以作为一道防水设防，板缝的防水处理极为关键，要按设计要求密封防水，确保不会渗漏。

8.4 保 温 工 程

8.4.1 目前倒置式屋面主要采用的保温材料有挤塑型聚苯乙烯泡沫塑料板、硬泡聚氨酯板、硬泡聚氨酯防水保温复合板、泡沫玻璃保温板等板状材料，以及喷涂硬泡聚氨酯等，验收内容主要针对采用上述材料施工的质量验收。

8.4.2 保温材料的导热系数，密度或干密度指标直接影响到屋面保温效果。抗压强度或压缩强度影响到屋面的施工质量，燃烧性能是防止火灾隐患的重要条件，因此，在选择保温材料时，应对保温的导热系数、密度、干密度、抗压强度或压缩强度及燃烧性能严格控制，必须符合设计要求及相关施工规范要求，材料的导热系数，密度抗压强度或压缩强度应进场复验。不同厂家，不同品种的保温材料进行不少于 3 次复验，复验报告齐全，复验样品应由监理人员现场见证取样，样品检验单位应取得相应的资质。燃烧性能可不必进场复验，但需核其相关质量证明文件。

8.4.3、8.4.4 保温材料的厚度、铺设方式以及热桥部位的处理等是影响屋面保温效果的主要因素。在一般情况下，如果保温材料的热工性能和厚度、敷设方式均达到设计标准要求，其保温效果也基本上达到设计要求。因此对保温材料的厚度、敷设方式以及热桥部位应重点控制。

8.4.5 细部构造处的做法和施工质量，是施工质量控制的薄弱环节，因此验收时应作为主控项目。

8.4.6 坡屋面保温材料的下滑力较大，如不固定牢固，会造成整体下滑，严重的会引起重大质量事故和人身伤亡安全事故，应高度重视。

8.4.7 屋面保温层施工应事先制定专项施工方案，施工方案应科学合理，保温层的施工质量应保证表面平整，坡向正确，铺设牢固、缝隙严密，对现场配料还应检查配料记录。

8.5 细部构造工程

8.5.1 屋面的檐口、檐沟和天沟、女儿墙和山墙、水落口、变形缝、伸出屋面管道、屋面出入口、反梁过水孔、设施基座等部位，是屋面工程中最容易出现渗漏的薄弱环节。据调查表明有70%的屋面渗漏是由于细部构造的防水处理不当引起的，所以，对这些部位均应进行防水增强处理，并作重点质量检查验收。

8.5.4 天沟、檐沟的排水坡度和排水方向应能保证雨水及时排走，充分体现防排结合的屋面工程设计思想。如果屋面长期积水或干湿交替，在天沟等低洼处滋生青苔、杂草或发生霉烂，最后导致屋面渗漏。

8.6 保护层工程

8.6.1 验收内容主要针对倒置式屋面大量采用的各种材料不同形式保护层施工的质量验收。

8.6.2 保护层用原材料质量，是确保其质量的基本条件。如果原材料质量不好，配合比不准确就难以达到对防水层、保温层保护的目的。

8.6.3 保护层的铺设不应改变原有的排水坡度，导致排水不畅而造成积水，给屋面防水带来隐患。

8.6.4 明确提出了设计强度要求，水泥砂浆强度等级不低于M15，细石混凝土强度等级不低于C20。

8.6.5 卵石铺压应防止过量，以免加大屋面荷载，致使结构开裂或变形过大，甚至造成结构破坏，故应严格控制，符合设计要求。

8.6.6 板材在坡屋面上有下滑的趋势，而且在遇到大风或地震时，板材易被掀起或脱落，提出固定措施要符合设计要求，并且铺置牢固。

8.6.7 目前，一些施工单位对现浇保护层的质量重视不够，致使水泥砂浆、细石混凝土保护层表面出现裂缝、起壳、起砂现象，这样的保护层极易开裂破损，因此对水泥砂浆，水泥混凝土保护层的质量要求，除满足强度、排水坡度的设计要求外，还要规定其外观质量要求。

中华人民共和国行业标准

采光顶与金属屋面技术规程

Technical specification for skylight and metal roof

JGJ 255—2012

批准部门：中华人民共和国住房和城乡建设部
施行日期：2 0 1 2 年 1 0 月 1 日

中华人民共和国住房和城乡建设部
公　　告

第 1348 号

关于发布行业标准《采光顶与金属屋面技术规程》的公告

现批准《采光顶与金属屋面技术规程》为行业标准，编号为 JGJ 255－2012，自 2012 年 10 月 1 日起实施。其中，第 3.1.6、4.5.1、4.6.4 条为强制性条文，必须严格执行。

本规程由我部标准定额研究所组织中国建筑工业出版社出版发行。

中华人民共和国住房和城乡建设部

2012 年 4 月 5 日

前　　言

根据原建设部《关于印发〈2005 年工程建设标准规范制订、修订计划（第一批）〉的通知》（建标［2005］84 号）的要求，规程编制组经广泛调查研究，认真总结实践经验，参考有关国际标准和国外先进标准，并在广泛征求意见的基础上，编制本规程。

本规程的主要技术内容是：1. 总则；2. 术语和符号；3. 材料；4. 建筑设计；5. 结构设计基本规定；6. 面板及支承构件设计；7. 构造及连接设计；8. 加工制作；9. 安装施工；10. 工程验收；11. 保养和维修。

本规程中以黑体字标志的条文为强制性条文，必须严格执行。

本规程由住房和城乡建设部负责管理和对强制性条文的解释，由中国建筑科学研究院负责具体技术内容的解释。执行过程中如果有意见或建议，请寄送中国建筑科学研究院（地址：北京市北三环东路 30 号院物理所；邮政编码：100013）

本规程主编单位：中国建筑科学研究院
中国新兴建设开发总公司

本规程参编单位：武汉凌云建筑装饰工程有限公司
北京江河幕墙装饰工程有限公司
广东金刚幕墙工程有限公司
深圳市新山幕墙技术咨询有限公司
成都硅宝科技实业有限责任公司
上海精锐金属建筑系统有限公司
广东坚朗五金制品股份有限公司
渤海铝幕墙装饰工程有限公司
深圳金粤幕墙装饰工程有限公司
广东省建筑科学研究院
郑州中原应用技术研究开发有限公司
上海亚泽金属屋面装饰工程有限公司
中山市珀丽优板材有限公司
深圳中航幕墙工程有限公司
中邦韦伯（北京）建设工程有限公司
江苏龙升幕墙工程有限公司
北京德宏幕墙工程技术有限公司
北京中新方建筑科技研究中心

本规程参加单位：沈阳远大铝业工程有限公司

珠海兴业幕墙工程有限公司
廊坊新奥光伏集成有限公司
山东金晶科技股份有限公司

本规程主要起草人员：姜　仁　蒋旭二　赵西安
黄小坤　胡忠明　杜继予
王德勤　黄庆文　魏东海
徐国军　王洪涛　刘忠伟
田延中　厉　敏　鲁冬瑞
韩志勇　邱　铭　闭思廉
徐其功　王有治　胡全成
张德恒　张晓彬　付军勇
王　春　孙　悦

本规程主要审查人员：徐金泉　李少甫　廖学权
黄　圻　张　芹　姜成爱
莫英光　王双军　张桂先
刘　明　徐　征　方　征
席时葭

目　次

Contents

1 总 则

1.0.1 为贯彻执行国家的技术经济政策，使采光顶与金属屋面工程做到安全适用、技术先进、经济合理，制定本规程。

1.0.2 本规程适用于民用建筑采光顶与金属屋面工程的材料选用、设计、制作、安装施工、工程验收以及维修和保养，适用于非抗震设计采光顶与金属屋面工程、抗震设防烈度为6、7、8度的采光顶工程和抗震设防烈度为6、7、8和9度的金属屋面工程。

1.0.3 采光顶与金属屋面应具有规定的工作性能。抗震设计的采光顶与金属屋面，在多遇地震作用下应能正常使用；在设防烈度地震作用下经修理后应仍可使用；在罕遇地震作用下支承构件等不得脱落。

1.0.4 采光顶与金属屋面工程设计、制作、安装和施工应实行全过程的质量控制。应从工程实际情况出发，合理选用材料、结构方案和构造措施，结构构件在运输、安装和使用过程中应满足承载力、刚度和稳定性要求，并符合防火、防腐蚀要求。

1.0.5 采光顶与金属屋面工程除应符合本规程外，尚应符合国家现行有关标准的规定。

2 术语和符号

2.1 术 语

2.1.1 采光顶 transparent roof，skylight

由透光面板与支承体系组成，不分担主体结构所受作用且与水平方向夹角小于75°的建筑围护结构。

2.1.2 金属屋面 metal roof

由金属面板与支承体系组成，不分担主体结构所受作用且与水平方向夹角小于75°的建筑围护结构。

2.1.3 光伏采光顶 skylight with PV system

与光伏系统具有结合关系的采光顶。

2.1.4 光伏金属屋面 metal roof with PV system

与光伏系统具有结合关系的金属屋面。

2.1.5 框支承采光顶 stick framed skylight，stick framed transparent roof

在主体结构上安装框架和透光面板所组成的采光顶。

2.1.6 点支承采光顶 point-supported glass roof

由面板、点支承装置或支承结构构成的采光顶。

2.1.7 平顶 horizontal roof

坡度小于3%的采光顶或金属屋面。

2.1.8 框支承金属屋面 stick framed metal roof

在主体结构上安装框架和金属面板所组成的金属屋面。

2.1.9 直立锁边金属屋面 standing seam metal roof

采用直立锁边板和T形支座咬合并连接到屋面支承结构的金属屋面系统。

2.1.10 正弦波纹板金属屋面 sinusoidal corrugated roof

采用正弦波纹板连接到屋面支承结构的金属屋面系统。

2.1.11 梯形板金属屋面 trapezoidal corrugated roof

采用梯形板连接到屋面支承结构的金属屋面系统。

2.1.12 直立锁边板 U-shape sheet for lock standing seam roof

截面为U形，能够通过专用设备或手工工艺将其相邻面板立边咬合而形成连续金属屋面的一种金属压型板。

2.1.13 T形支座 T fixing clip

用于直立锁边板和屋面支承体系之间，截面形状为T形的连接构件。

2.1.14 双层金属屋面系统 double-skin metal roof

在直立锁边金属屋面系统外侧附有屋面装饰层的金属屋面系统。

2.1.15 聚碳酸酯板 Polycarbonate sheet

以聚碳酸酯为原材料制成的实心或空心的板材或罩体，俗称为阳光板，实心板又称为PC板。

2.1.16 雨篷 canopy

建筑物外门顶部具有遮阳、挡雨和保护门扇作用的建筑结构。

2.1.17 抗风掀 wind uplift resistance

金属屋面抵抗由于风荷载产生的向上作用的能力。

2.2 符 号

2.2.1 材料力学性能

E——材料弹性模量；

f——材料强度设计值；

f_g——玻璃强度设计值；

f_v——钢材剪切强度设计值；

f_1——硅酮结构密封胶短期荷载作用下强度设计值；

f_2——硅酮结构密封胶永久荷载作用下强度设计值。

2.2.2 作用和作用效应

d_f——在均布荷载标准值作用下构件挠度最大值；

G_k——重力荷载标准值；

M——弯矩设计值；

N——轴力设计值；

P_{Ek}——水平地震作用标准值；

q、q_k——均布荷载、荷载标准组合值；

q_G——单位面积重力荷载设计值；

R——构件承载力设计值，支座反力；
S——作用效应组合的设计值；
S_{Ek}——地震作用效应标准值；
S_{Gk}——永久重力荷载效应标准值；
S_{wk}——风荷载效应标准值；
S_{Qk}——可变重力荷载效应标准值；
V——剪力设计值；
w_0——基本风压；
σ——在均布荷载作用下面板最大应力。

2.2.3 几何参数

A——构件截面面积或毛截面面积；采光顶与金属屋面平面面积；
a——矩形面板短边边长；
b——矩形面板长边边长；
c_s——硅酮结构密封胶的粘结宽度；
D——弯曲刚度；
D_e——等效弯曲刚度；
l——跨度；
t——面板厚度；型材截面厚度；
t_s——硅酮结构密封胶粘结厚度；
t_e——等效厚度；
W——毛截面模量；
W_e——等效截面模量；
ν——材料泊松比。

2.2.4 系数

α——材料线膨胀系数；
α_{max}——水平地震影响系数最大值；
β_E——地震作用动力放大系数；
δ——硅酮结构密封胶的位移承受能力；
φ——稳定系数；
γ——塑性发展系数；
γ_0——结构构件重要性系数；
γ_g——材料自重标准值；
γ_E——地震作用分项系数；
γ_G——永久重力荷载分项系数；
γ_Q——可变重力荷载分项系数；
γ_w——风荷载分项系数；
η——折减系数；
m、m_x、m_y——弯矩系数；
μ——挠度系数；支座计算长度系数；
μ_{sl}——局部风荷载体型系数；
μ_z——风压高度变化系数；
ψ_Q——可变重力荷载的组合值系数；
ψ_w——风荷载作用效应的组合值系数。

2.2.5 其他

$d_{f,lim}$——构件挠度限值。

3 材 料

3.1 一 般 规 定

3.1.1 采光顶与金属屋面用材料应符合国家现行标准的有关规定。

3.1.2 采光顶与金属屋面应选用耐候性好的材料。耐候性差的材料应采取适当的防护措施，并应满足设计要求。

3.1.3 面板材料应采用不燃性材料或难燃性材料；防火密封构造应采用防火密封材料。

3.1.4 硅酮类、聚氨酯类密封胶与所接触材料、被粘结材料的相容性和剥离粘结性能应符合相关规定和设计要求。

3.1.5 硅酮结构密封胶和硅酮建筑密封胶必须在有效期内使用。

3.1.6 采光顶与金属屋面工程的隔热、保温材料，应采用不燃性或难燃性材料。

3.2 铝合金材料

3.2.1 铝合金材料的牌号、状态应符合现行国家标准《变形铝及铝合金化学成分》GB/T 3190 的有关规定，铝合金型材应符合现行国家标准《铝合金建筑型材》GB 5237 的规定，型材尺寸允许偏差应满足高精级或超高精级的要求。

3.2.2 铝合金型材采用阳极氧化、电泳涂漆、粉末喷涂、氟碳漆喷涂进行表面处理时，应符合现行国家标准《铝合金建筑型材》GB 5237的规定，表面处理层的厚度应满足表 3.2.2 的要求。

表 3.2.2 铝合金型材表面处理层厚度

表面处理方法		膜厚级别（涂层种类）	厚度 t（μm）	
			平均膜厚	局部膜厚
阳极氧化		不低于 AA15	$t\geqslant15$	$t\geqslant12$
电泳涂漆	阳极氧化膜	B	—	$t\geqslant9$
	漆膜	B	—	$t\geqslant7$
	复合膜	B	—	$t\geqslant16$
粉末喷涂		—	—	$t\geqslant40$
氟碳喷涂	二涂	—	$t\geqslant30$	$t\geqslant25$
	三涂	—	$t\geqslant40$	$t\geqslant34$
	四涂	—	$t\geqslant65$	$t\geqslant55$

注：由于挤压型材横截面形状的复杂性，在型材某些表面（如内角、横沟等）的漆膜厚度允许低于本表的规定，但不允许出现露底现象。

3.3 钢材及五金材料

3.3.1 碳素结构钢和低合金高强度结构钢的种类、

牌号和质量等级应符合现行国家标准《碳素结构钢》GB/T 700、《低合金高强度结构钢》GB/T 1591 等的规定。

3.3.2 碳素结构钢和低合金高强度结构钢应采取有效的防腐处理。采用热浸镀锌防腐蚀处理时，锌膜厚度应符合现行国家标准《金属覆盖层 钢铁制件热浸镀锌层 技术要求及试验方法》GB/T 13912 的规定；采用防腐涂料时，涂层厚度应满足防腐设计要求，且应完全覆盖钢材表面和无端部封板的闭口型材的内侧，闭口型材宜进行端部封口处理；采用氟碳漆喷涂或聚氨酯漆喷涂时，涂膜的厚度不宜小于 35μm，在空气污染严重及海滨地区，涂膜厚度不宜小于 45μm。

3.3.3 耐候钢应符合现行国家标准《耐候结构钢》GB/T 4171 的规定。

3.3.4 焊接材料应与被焊接金属的性能匹配，并应符合现行国家标准《碳钢焊条》GB/T 5117、《低合金钢焊条》GB/T 5118 以及现行行业标准《建筑钢结构焊接技术规程》JGJ 81 的规定。

3.3.5 主要受力构件和连接件宜采用壁厚不小于 4mm 的钢板、壁厚不小于 2.5mm 的热轧钢管、尺寸不小于 L45×4 和 L56×36×4 的角钢以及壁厚不小于 2mm 的冷成型薄壁型钢。

3.3.6 采光顶与金属屋面用不锈钢应采用奥氏体型不锈钢，其化学成分应符合现行国家标准《不锈钢和耐热钢 牌号及化学成分》GB/T 20878 等的规定。

3.3.7 与采光顶、金属屋面配套使用的附件及紧固件应符合设计要求，并应符合现行国家标准《建筑用不锈钢绞线》JG/T 200、《建筑幕墙用钢索压管接头》JG/T 201、《铝合金窗锁》QB/T 3890 和《紧固件机械性能 不锈钢螺栓、螺钉和螺柱》GB/T 3098.6 等的规定。

3.4 玻 璃

3.4.1 采光顶玻璃应符合国家现行相关产品标准的规定。

3.4.2 采光顶用中空玻璃除应符合现行国家标准《中空玻璃》GB/T 11944 的有关规定外，尚应符合下列规定：

1 中空玻璃气体层厚度应依据节能要求计算确定，且不宜小于 12mm。

2 中空玻璃应采用双道密封。一道密封胶宜采用丁基热熔密封胶。隐框、半隐框及点支承式采光顶用中空玻璃二道密封胶应采用硅酮结构密封胶，其性能应符合现行国家标准《建筑用硅酮结构密封胶》GB 16776 的规定。

3.4.3 夹层玻璃应符合现行国家标准《建筑用安全玻璃 第 3 部分：夹层玻璃》GB 15763.3 中规定的Ⅱ-1 和Ⅱ-2 产品要求。夹层玻璃用聚乙烯醇缩丁醛（PVB）胶片的厚度不应小于 0.76mm。有特殊要求时可采用聚乙烯甲基丙烯酸酯胶片（离子性胶片），其性能应符合设计要求。

3.4.4 采光顶钢化玻璃应采用均质钢化玻璃。

3.4.5 当采光顶玻璃最高点到地面或楼面距离大于 3m 时，应采用夹层玻璃或夹层中空玻璃，且夹胶层位于下侧。

3.4.6 玻璃面板面积不宜大于 2.5m²，长边边长不宜大于 2m。

3.5 聚碳酸酯板

3.5.1 聚碳酸酯板中空板应符合现行行业标准《聚碳酸酯（PC）中空板》JG/T 116 的要求，实心板应符合现行行业标准《聚碳酸酯（PC）实心板》JG/T 347 的要求。

3.5.2 采光顶用聚碳酸酯板宜采用直立式 U 形板、梯形飞翼板，可采用聚碳酸酯平板。

3.5.3 聚碳酸酯板黄色指数变化不应大于 1。

3.5.4 聚碳酸酯板燃烧性能等级不应低于现行国家标准《建筑材料及制品燃烧性能分级》GB 8624 中规定的 B-s2，d1，t1 级。

3.6 金 属 面 板

3.6.1 根据建筑设计要求，金属屋面平板材料可选用铝合金板、铝塑复合板、铝蜂窝复合铝板、彩色钢板、不锈钢板、锌合金板、钛合金板、铜合金板等；金属屋面压型板材料可选用铝合金板、彩色钢板、不锈钢板、锌合金板、钛合金板、铜合金板等。

3.6.2 铝合金面板宜选用铝镁锰合金板材为基板，材料性能应符合现行行业标准《铝幕墙板 板基》YS/T 429.1 的要求；辊涂用的铝卷材材料性能应符合现行行业标准《铝及铝合金彩色涂层板、带材》YS/T 431 的规定。铝合金屋面板材的表面宜采用氟碳喷涂处理，且应符合现行行业标准《铝幕墙板 氟碳喷漆铝单板》YS/T 429.2 的规定。

3.6.3 铝塑复合板应符合现行国家标准《建筑幕墙用铝塑复合板》GB/T 17748 的规定，铝塑复合板用铝带还应符合现行行业标准《铝塑复合板用铝带》YS/T 432 的规定，并优先选用 3××× 系合金及 5××× 系铝合金板材或耐腐蚀性及力学性能更好的其他系列铝合金。铝塑复合板用芯材应采用难燃材料。

3.6.4 铝蜂窝复合铝板应符合国家现行相关产品标准的规定。铝蜂窝芯应为近似正六边形结构，其边长不宜大于 9.53mm，壁厚不宜小于 0.07mm。

3.6.5 金属屋面采用的钢板应符合下列规定：

1 彩色涂层钢板应符合现行国家标准《彩色涂层钢板及钢带》GB/T 12754 的规定；

2 镀锌钢板应符合现行国家标准《连续热镀锌钢板及钢带》GB/T 2518 的规定。

3.6.6 锌合金板表面应光滑、无水泡、无裂纹，其化学成分应符合表3.6.6的规定。

表3.6.6 锌合金板化学成分（m/m）（%）

铜（Cu）	钛（Ti）	铝（Al）	锌（Zn）
0.08～1.0	0.06～0.2	≤0.015	余留部分含锌量不低于99.995

3.6.7 钛合金板应符合现行国家标准《钛及钛合金板材》GB/T 3621的规定。

3.6.8 铜合金板应符合现行国家标准《铜及铜合金板材》GB/T 2040的规定，宜选用TU1，TU2牌号的无氧铜。

3.6.9 铝合金压型板应符合现行国家标准《铝及铝合金压型板》GB/T 6891的规定，压型钢板应符合现行国家标准《建筑用压型钢板》GB/T 12755的规定，其他金属压型板材的品种、规格及色泽应符合设计要求；金属板材表面处理层厚度应符合设计要求。

3.6.10 压型金属屋面板的材料应具备良好的折弯性能，其折弯半径和表面处理层延伸率应满足板型冷辊压成型的规定。

3.6.11 屋面泛水板、包角等配件宜选用与屋面板相同材质、使用寿命相近的金属材料。

3.7 光伏系统用材料及光伏组件

3.7.1 连接用电线、电缆应符合现行国家标准《光伏（PV）组件安全鉴定 第一部分：结构要求》GB/T 20047.1的相关规定。

3.7.2 薄膜光伏组件应满足现行国家标准《地面用薄膜光伏组件 设定鉴定和定型》GB/T 18911相关规定。

3.7.3 晶体硅光伏组件应满足现行国家标准《地面用晶体硅光伏组件 设计鉴定和定型》GB/T 9535的相关规定。

3.7.4 光伏组件的外观质量除应符合玻璃产品标准要求外，尚应满足下列要求：

1 薄膜类电池玻璃不应有直径大于3mm的斑点、明显的彩虹和色差；

2 光伏组件上应标有电极标识。

3.7.5 光伏组件接线盒、快速接头、逆变器、集线箱、传感器、并网设备、数据采集器和通信监控系统应符合现行行业标准《民用建筑太阳能光伏系统应用技术规范》JGJ 203的规定，并满足设计要求。

3.8 建筑密封材料和粘结材料

3.8.1 采光顶与金属屋面工程的接缝用密封胶应采用中性硅酮密封胶，其物理力学性能应符合现行行业标准《幕墙玻璃接缝用密封胶》JC/T 882中密封胶20级或25级的要求，并符合现行国家标准《建筑密封胶分级和要求》GB/T 22083的规定。

3.8.2 中性硅酮密封胶的位移能力应满足工程接缝的变形要求，应选用位移能力较高的中性硅酮建筑密封胶。

3.8.3 采光顶与金属屋面的橡胶制品宜采用硅橡胶、三元乙丙橡胶或氯丁橡胶。

3.8.4 密封胶条应符合现行行业标准《建筑门窗用密封胶条》JG/T 187、《建筑橡胶密封垫——预成型实心硫化的结构密封垫用材料规范》HG/T 3099和现行国家标准《工业用橡胶板》GB/T 5574的规定。

3.8.5 接缝用密封胶应与面板材料相容，与夹层玻璃胶片不相容时应采取措施避免与其相接触。

3.9 硅酮结构密封胶

3.9.1 采光顶与金属屋面应采用中性硅酮结构密封胶，性能应符合现行国家标准《建筑用硅酮结构密封胶》GB 16776的规定，生产商应提供结构密封胶的位移承受能力数据和质量保证书。

3.9.2 硅酮结构密封胶使用前，应经国家认可实验室进行与其接触材料、被粘结材料的相容性和粘结性试验，并应对结构密封胶的邵氏硬度、标准状态下的拉伸粘结性进行确认，试验不合格的产品不得使用。

3.10 其他材料

3.10.1 采光顶与金属屋面工程接缝部位采用的聚乙烯泡沫棒填充衬垫材料的密度不应大于$37kg/m^3$。

3.10.2 防水卷材应符合现行国家标准《屋面工程技术规范》GB 50345的规定，宜采用聚氯乙烯、氯化聚乙烯、氯丁橡胶或三元乙丙橡胶等卷材，其厚度一般不宜小于1.2mm。

3.10.3 采光顶用天篷帘、软卷帘应分别符合现行行业标准《建筑用遮阳天篷帘》JG/T 252和《建筑用遮阳软卷帘》JG/T 254的规定。

4 建筑设计

4.1 一般规定

4.1.1 采光顶与金属屋面应根据建筑物的使用功能、外观设计、使用年限等要求，经过综合技术经济分析，选择其造型、结构形式、面板材料和五金附件，并能方便制作、安装、维修和保养。

4.1.2 采光顶与金属屋面应与建筑物整体及周围环境相协调。

4.1.3 光伏采光顶与光伏金属屋面的设计应考虑工程所在地的地理位置、气候及太阳能资源条件，合理确定光伏系统的布局、朝向、间距、群体组合和空间环境，应满足光伏系统设计、安装和正常运行要求。

4.1.4 光伏组件面板坡度宜按光伏系统全年日照最多的倾角设计，宜满足光伏组件冬至日全天有3h以上建筑日照时数的要求，并应避免景观环境或建筑自身对光伏组件的遮挡。

4.1.5 采光顶分格宜与整体结构相协调。玻璃面板的尺寸选择宜有利于提高玻璃的出材率。光伏玻璃面板的尺寸应尽可能与光伏组件、光伏电池的模数相协调，并综合考虑透光性能、发电效率、电气安全和结构安全。

4.1.6 严寒和寒冷地区的采光顶宜采取冷凝水排放措施，可设置融雪和除冰装置。

4.1.7 采光顶、金属屋面的透光部分以及开启窗的设置应满足使用功能和建筑效果的要求。有消防要求的开启窗应实现与消防系统联动。

4.1.8 采光顶的设计应考虑维护和清洗的要求，可按需要设置清洗装置或清洗用安全通道，并应便于维护和清洗操作。

4.1.9 金属屋面应设置上人爬梯或设置屋面上人孔，对于屋面四周没有女儿墙或女儿墙（或屋面上翻檐口）低于500mm的屋面，宜设置防坠落装置。

4.1.10 光伏采光顶与光伏金属屋面宜针对晶体硅光伏电池采取降温措施。

4.2 性能和检测要求

4.2.1 采光顶与金属屋面的物理性能等级应根据建筑物的类别、高度、体形、功能以及建筑物所在的地理、气候和环境条件进行设计。

4.2.2 采光顶、金属屋面承载力应符合下列规定：

1 采光顶、金属屋面的所受荷载与作用应符合本规程第5.3和5.4节的相关规定。

2 在自重作用下，面板支承构件的挠度宜小于其跨距的1/500，玻璃面板挠度不超过长边的1/120。

3 采光顶与金属屋面支承构件、面板的最大相对挠度应符合表4.2.2的规定。

表4.2.2 采光顶与金属屋面支承构件、面板最大相对挠度

支承构件或面板			最大相对挠度（L为跨距）
支承构件	单根金属构件	铝合金型材	$L/180$
		钢型材	$L/250$
玻璃面板（包括光伏玻璃）	简支矩形		短边/60
	简支三角形		长边对应的高/60
	点支承矩形		长边支承点跨距/60
	点支承三角形		长边对应的高/60
独立安装的光伏玻璃	简支矩形		短边/40
	点支承矩形		长边/40

续表4.2.2

支承构件或面板			最大相对挠度（L为跨距）
支承构件	单根金属构件	铝合金型材	$L/180$
		钢型材	$L/250$
金属面板	金属压型板	铝合金板	$L/180$
		钢板，坡度≤1/20	$L/250$
		钢板，坡度>1/20	$L/200$
	金属平板		$L/60$
	金属平板中肋		$L/120$

注：悬臂构件的跨距L可取其悬挑长度的2倍。

4.2.3 采光顶与金属屋面的抗风压、水密、气密、热工、空气声隔声和采光等性能分级应符合现行国家标准《建筑幕墙》GB/T 21086的规定。采光顶性能试验应符合现行国家标准《建筑幕墙气密、水密、抗风压性能检测方法》GB/T 15227的规定，金属屋面的性能试验应符合本规程附录A的规定。

4.2.4 有采暖、空气调节和通风要求的建筑物，其采光顶与金属屋面气密性能应符合《公共建筑节能设计标准》GB 50189和现行国家标准《建筑幕墙》GB/T 21086的相关规定。

4.2.5 采光顶与金属屋面的水密性能可按下列方法确定：

1 易受热带风暴和台风袭击的地区，水密性能设计取值应按下式计算，且取值不应小于200Pa：

$$P=1000\mu_z\mu_s w_0 \tag{4.2.5}$$

式中：P——水密性能设计取值（Pa）；

w_0——基本风压（kN/m^2）；

μ_z——风压高度变化系数，应按现行国家标准《建筑结构荷载规范》GB 50009的规定采用，当高度小于10m时，应按10m高度处的数值采用；

μ_s——体型系数，应按照现行国家标准《建筑结构荷载规范》GB 50009的规定采用。

2 其他地区，水密性能可按第1款计算值的75%进行设计，且取值不宜低于150Pa。

3 开启部分水密性按与固定部分相同等级采用。

4.2.6 采光顶采光设计应符合现行国家标准《建筑采光设计标准》GB/T 50033的规定，并应满足建筑设计要求。

4.2.7 采光顶与金属屋面的空气声隔声性能应符合现行国家标准《民用建筑隔声设计规范》GB 50118的规定，并应满足建筑物的隔声设计要求。对声环境要求高的屋面宜采取构造措施，宜进行雨噪声测试，测试结果应满足设计要求。

4.2.8 采光顶、金属屋面的光伏系统各项性能和检测应符合现行行业标准《民用建筑太阳能光伏系统应用技术规范》JGJ 203 的相关规定。

4.2.9 采光顶面板不宜跨越主体结构的变形缝；当必须跨越时，应采取可靠的构造措施适应主体结构的变形。

4.2.10 沿海地区或承受较大负风压的金属屋面，应进行抗风掀检测，其性能应符合设计要求。试验应符合本规程附录B的规定。

4.2.11 采光顶与金属屋面的物理性能检测应包括抗风压性能、气密性能和水密性能，对于有建筑节能要求的建筑，尚应进行热工性能检测。

4.2.12 采光顶与金属屋面的性能检测应由国家认可的检测机构实施。检测试件的结构、材质、构造、安装施工方法应与实际工程相符。

4.2.13 采光顶与金属屋面性能检测过程中，由于非设计原因致使某项性能未能达到设计要求时，可进行适当修补和改进后重新进行检测；由于设计或材料原因致使某项性能未能达到设计要求时，应停止本次检测，在对设计或材料进行更改后另行检测。在检测报告中应注明修补或更改的内容。

4.3 排水设计

4.3.1 采光顶与金属屋面的防水等级、防水设防要求应符合现行国家标准《屋面工程质量验收规范》GB 50207 的规定。屋面排水系统应能及时地将雨水排至雨水管道或室外。

4.3.2 排水系统总排水能力采用的设计重现期，应根据建筑物的重要程度、汇水区域性质、气象特征等因素确定。对于一般建筑物屋面，其设计重现期宜为10年；对于重要的公共建筑物屋面，其设计重现期应根据建筑的重要性和溢流造成的危害程度确定，不宜小于50年。

4.3.3 排水系统设计所采用的降雨历时、降雨强度、屋面汇水面积和雨水流量应符合现行国家标准《建筑给水排水设计规范》GB 50015 的有关规定。

4.3.4 对于汇水面积大于 $5000m^2$ 的大型屋面，宜设置不少于2组独立的屋面雨水排水系统。必要时采用虹吸式屋面雨水排水系统。

4.3.5 排水设计应综合考虑排水坡度、排水组织、防水等因素，尽可能减少屋面的积水和积雪，必要时应设置防封堵设施，并方便进行清除、维护。

4.3.6 排水坡度应根据工程实际情况确定采光顶、金属平板屋面和直立锁边金属屋面的坡度不应小于3%。

4.3.7 排水系统可选择有组织排水或无组织排水系统，要求较高时应选择有组织排水系统。排水系统设计尚应符合下列规定：

1 排水方向应顺直、无转折，宜采用内排水或外排水落水排放系统。

2 在建筑物人流密集处和对落水噪声有限制的屋面，应避免采用无组织排水系统。

3 在严寒地区金属屋面和采光顶檐口和集水、排水天沟处宜设置冰雪融化装置。在严寒和寒冷地区应采取措施防止积雪融化后在屋面檐口处产生冰凌现象。

4.3.8 天沟底板排水坡度宜大于1%。天沟设计尚应符合下列规定：

1 天沟断面宽、高应根据建筑物当地雨水量和汇水面积进行计算。排水天沟材料宜采用不锈钢板，厚度不应小于2mm。

2 天沟室内侧宜设置柔性防水层，宜布设在两侧板1/3高度以下处和底板下部。

3 较长天沟应考虑设置伸缩缝，顺直天沟连续长度不宜大于30m，非顺直天沟应根据计算确定，但连续长度不宜大于20m。

4 较长天沟采用分段排水时其间隔处宜设置溢流口。

4.3.9 当采光顶与金属屋面采取无组织排水时，应在屋檐设置滴水构造。

4.3.10 当直立锁边金属屋面坡度较大且下水坡长度大于50m时，宜选用咬合部位具有密封功能的金属屋面系统。

4.4 防雷、防火与通风

4.4.1 防雷设计应符合现行国家标准《建筑物防雷设计规范》GB 50057 和现行行业标准《民用建筑电气设计规范》JGJ 16 的有关规定。

4.4.2 金属框架与主体结构的防雷系统应可靠连接。当采光顶未处于主体结构防雷保护范围时，应在采光顶的尖顶部位、屋脊部位、檐口部位设避雷带，并与其金属框架形成可靠连接；金属屋面可按要求设置接闪器，可采用面板作为接闪器，并与金属框架、主体结构可靠连接。连接部位应清除非导电保护层。

4.4.3 防火设计应符合现行国家标准《建筑设计防火规范》GB 50016 的有关规定和有关法规的规定。

4.4.4 采光顶或金属屋面与外墙交界处、屋顶开口部位四周的保温层，应采用宽度不小于500mm的燃烧性能为A级保温材料设置水平防火隔离带。采光顶或金属屋面与防火分隔构件间的缝隙，应进行防火封堵。

4.4.5 防烟、防火封堵构造系统的填充材料及其保护性面层材料，应采用耐火极限符合设计要求的不燃烧材料或难燃烧材料。在正常使用条件下，封堵构造系统应具有密封性和耐久性，并应满足伸缩变形的要求；在遇火状态下，应在规定的耐火时限内，不发生开裂或脱落，保持相对稳定性。

4.4.6 采光顶的同一玻璃面板不宜跨越两个防火分区。防火分区间设置通透隔断时，应采用防火玻璃或防火玻璃制品，其耐火极限应符合设计要求。

4.4.7 对于有通风、排烟设计功能的金属屋面和采光顶，其通风和排烟有效面积应满足建筑设计要求。通风设计可采用自然通风或机械通风，自然通风可采用气动、电动和手动的可开启窗形式，机械通风应与建筑主体通风一并考虑。

4.5 节能设计

4.5.1 有热工性能要求时，公共建筑金属屋面的传热系数和采光顶的传热系数、遮阳系数应符合表4.5.1-1的规定，居住建筑金属屋面的传热系数应符合表4.5.1-2的规定。

表 4.5.1-1 公共建筑金属屋面传热系数和采光顶的传热系数、遮阳系数限值

围护结构	区域	传热系数[W/(m²·K)]		遮阳系数 SC
		体型系数≤0.3	0.3≤体型系数≤0.4	
金属屋面	严寒地区A区	≤0.35	≤0.30	—
	严寒地区B区	≤0.45	≤0.35	—
	寒冷地区	≤0.55	≤0.45	—
	夏热冬冷	≤0.7		—
	夏热冬暖	≤0.9		—
采光顶	严寒地区A区	≤2.5		—
	严寒地区B区	≤2.6		—
	寒冷地区	≤2.7		≤0.50
	夏热冬冷	≤3.0		≤0.40
	夏热冬暖	≤3.5		≤0.35

表 4.5.1-2 居住建筑金属屋面传热系数限值

区域	传热系数[W/(m²·K)]							
	3层及3层以下	3层以上	体型系数≤0.4		体型系数>0.4		D<2.5	D≥2.5
			D≤2.5	D>2.5	D≤2.5	D>2.5		
严寒地区A区	0.20	0.25	—	—	—	—	—	—
严寒地区B区	0.25	0.30	—	—	—	—	—	—
严寒地区C区	0.30	0.40	—	—	—	—	—	—
寒冷地区A区 寒冷地区B区	0.35	0.45	—	—	—	—	—	—

续表 4.5.1-2

区域	传热系数[W/(m²·K)]							
	3层及3层以下	3层以上	体型系数≤0.4		体型系数>0.4		D<2.5	D≥2.5
			D≤2.5	D>2.5	D≤2.5	D>2.5		
夏热冬冷	—	—	≤0.8	≤1.0	≤0.5	≤0.6	—	—
夏热冬暖	—	—	—	—	—	—	≤0.5	≤1.0

注：*D* 为热惰性系数。

4.5.2 采光顶宜采用夹层中空玻璃或夹层低辐射镀膜中空玻璃。明框支承采光顶宜采用隔热铝合金型材或隔热钢型材。金属屋面应设置保温、隔热层，其厚度应经计算确定。

4.5.3 采光顶与金属屋面的热桥部位应进行隔热处理，在严寒和寒冷地区，热桥部位不应出现结露现象。

4.5.4 采光顶传热系数、遮阳系数和可见光透射比可按现行行业标准《建筑门窗玻璃幕墙热工计算规程》JGJ/T 151的规定进行计算，金属屋面应按现行国家标准《民用建筑热工设计规范》GB 50176的规定进行热工计算。

4.5.5 寒冷及严寒地区的采光顶与金属屋面应进行防结露设计。封闭式金属屋面保温层下部应设置隔汽层。

4.5.6 采光顶宜进行遮阳设计。有遮阳要求的采光顶，可采用遮阳型低辐射镀膜夹层中空玻璃，必要时也可设置遮阳系统。

4.6 光伏系统设计

4.6.1 光伏系统设计应符合现行行业标准《民用建筑太阳能光伏系统应用技术规范》JGJ 203的相关规定。

4.6.2 应根据建筑物使用功能、电网条件、负荷性质和系统运行方式等因素，确定光伏系统类型，可选择并网光伏系统或独立光伏系统。

4.6.3 光伏系统宜由光伏方阵、光伏接线箱、逆变器、蓄电池及其充电控制装置（限于带有储能装置系统）、电能表和显示电能相关参数仪表等组成。

4.6.4 光伏组件应具有带电警告标识及相应的电气安全防护措施，在人员有可能接触或接近光伏系统的位置，应设置防触电警示标识。

4.6.5 单晶硅光伏组件有效面积的光电转换效率应大于15%，多晶硅光伏组件有效面积的光电转换效率应大于14%，薄膜电池光伏组件有效面积的光电转换效率应大于5%。光伏组件有效面积光电转换效率 η 可按下式规定计算：

$$\eta = 0.97\eta_1\eta_2 \quad (4.6.5)$$

式中：η——光伏组件有效面积光电转换效率；

η_1——电池片转化效率最低值，其最低值宜符合表 4.6.5 的规定；

η_2——超白玻璃太阳光透射率。

表 4.6.5 电池片转化效率最低值 η_1

	单晶硅	多晶硅	薄膜
电池片转化效率最低值	17%	16%	6%

4.6.6 在标准测试条件下，光伏组件盐雾腐蚀试验、紫外试验后其最大输出功率衰减不应大于试验前测试值的 5%。

5 结构设计基本规定

5.1 一 般 规 定

5.1.1 采光顶和金属屋面应按围护结构进行设计，并应具有规定的承载能力、刚度、稳定性和变形协调能力，应满足承载能力极限状态和正常使用极限状态的要求。

5.1.2 采光顶、金属屋面的面板和直接连接面板的支承结构的结构设计使用年限不应低于 25 年；间接支承屋面板的主要支承结构的设计使用年限宜与主体结构的设计使用年限相同。

5.1.3 直接连接面板的支承结构，其结构设计应符合现行国家标准《钢结构设计规范》GB 50017、《冷弯薄壁型钢结构技术规范》GB 50018 和《铝合金结构设计规范》GB 50429 的规定。

5.1.4 采光顶和金属屋面应进行重力荷载、风荷载作用计算分析；抗震设计时，应考虑地震作用的影响，并采取适宜的构造措施。当温度作用不可忽略时，结构设计应考虑温度效应的影响。

5.1.5 结构设计时应分别考虑施工阶段和正常使用阶段的作用和作用效应，可按弹性方法进行结构计算分析；当构件挠度较大时，结构分析应考虑几何非线性的影响。应按本规程第 5.4 节的规定进行作用或作用效应组合，并应按最不利组合进行结构设计。

5.1.6 结构构件应按下列规定验算承载力和挠度：

1 承载力应符合下式要求：

$$\gamma_0 S \leqslant R \quad (5.1.6\text{-}1)$$

式中：S——作用效应组合的设计值；

R——构件承载力设计值；

γ_0——结构构件重要性系数，可取 1.0。

2 在荷载作用方向上，挠度应符合下式要求：

$$d_f \leqslant d_{f,\lim} \quad (5.1.6\text{-}2)$$

式中：d_f——作用标准组合下构件的挠度值；

$d_{f,\lim}$——构件挠度限值。

5.2 材料力学性能

5.2.1 热轧钢材、冷成型薄壁型钢材料强度设计值及连接强度设计值应按照现行国家标准《钢结构设计规范》GB 50017 和《冷弯薄壁型钢结构技术规范》GB 50018 的规定采用。

5.2.2 不锈钢抗拉强度标准值 f_{sk1} 可取其屈服强度 $\sigma_{0.2}$。不锈钢抗拉强度设计值 f_{s1} 可按其抗拉强度标准值 f_{sk1} 除以 1.15 后采用；其抗剪强度设计值 f_{s1}^v 可按其抗拉强度标准值 f_{sk1} 的一半采用。

5.2.3 彩钢板抗拉强度设计值可按其屈服强度 $\sigma_{0.2}$ 除以系数 1.15 采用。

5.2.4 铝合金型材、铝合金板材的强度设计值及连接强度设计值应按现行国家标准《铝合金结构设计规范》GB 50429 的相关规定采用。

5.2.5 铝塑复合板的等效截面模量和等效刚度应根据实际情况通过计算或试验确定。当铝塑复合板的面板和背板厚度符合本规程第 3.6.3 条规定时，其等效截面模量 W_e 可参考表 5.2.5-1 采用，其等效弯曲刚度 D_e 可参考表 5.2.5-2 采用。

表 5.2.5-1 铝塑复合板的等效截面模量 W_e

厚度（mm）	4	5	6
W_e（mm^3）	1.6	2.0	2.7

表 5.2.5-2 铝塑复合板的等效弯曲刚度 D_e

厚度（mm）	4	5	6
D_e（N·mm）	2.4×10^5	4.0×10^5	5.9×10^5

5.2.6 铝蜂窝复合板的等效截面模量和等效刚度应根据实际情况通过计算或试验确定。当铝蜂窝复合板的面板和背板厚度符合本规程第 3.6.4 条规定时，其等效截面模量 W_e 可参考表5.2.6-1采用，其等效弯曲刚度 D_e 可参考表 5.2.6-2 采用。

表 5.2.6-1 铝蜂窝复合板的等效截面模量 W_e

厚度（mm）	10	15	20	25
W_e（mm^3）	4.5	14.0	19.0	24.0

表 5.2.6-2 铝蜂窝复合板的等效弯曲刚度 D_e

厚度（mm）	10	15	20	25
D_e（N·mm）	0.2×10^7	0.7×10^7	1.3×10^7	2.2×10^7

5.2.7 采光顶用玻璃的强度设计值应按表 5.2.7 的有关规定采用。夹层玻璃和中空玻璃的各片玻璃强度设计值可分别按所采用的玻璃类型确定。当钢化玻璃强度设计值达不到平板玻璃强度设计值的 3 倍、半钢化玻璃强度设计值达不到平板玻璃强度设计值的 2 倍时，表中数值应按照现行行业标准《建筑玻璃应用技术规程》JGJ 113 的规定进行调整。

表 5.2.7 采光顶玻璃的强度设计值 f_g 和 f_{g2}（N/mm²）

种 类	厚 度 (mm)	中部强度，f_g	边缘强度	端面强度，f_{g2}
平板玻璃	5～12	9	7	6
	15～19	7	6	5
	≥20	6	5	4
半钢化玻璃	5～12	28	22	20
	15～19	24	19	17
	≥20	20	16	14
钢化玻璃	5～12	42	34	30
	15～19	36	29	26
	≥20	30	24	21

5.2.8 聚碳酸酯板的强度设计值可按表 5.2.8 的规定采用。

表 5.2.8 聚碳酸酯板强度设计值（N/mm²）

板材种类	抗拉强度	抗压强度	抗弯强度
中空板	30	40	40
实心板	60	—	90

5.2.9 材料的弹性模量可按表 5.2.9 采用。

表 5.2.9 材料的弹性模量 E（N/mm²）

材 料		E
铝合金型材、单层铝板		0.70×10^5
钢、不锈钢		2.06×10^5
铝塑复合板	厚度 4mm	0.20×10^5
	厚度 6mm	0.30×10^5
铝蜂窝复合板	厚度 10mm	0.35×10^5
	厚度 15mm	0.27×10^5
	厚度 20mm	0.21×10^5
玻璃		0.72×10^5
消除应力的高强钢丝		2.05×10^5
不锈钢绞线		$1.20\times10^5\sim1.50\times10^5$
高强钢绞线		1.95×10^5
钢丝绳		$0.80\times10^5\sim1.00\times10^5$
聚酯酸酯板		1370

5.2.10 材料的泊松比可按表 5.2.10 采用。

表 5.2.10 材料的泊松比 ν

材 料	ν
铝合金型材、单层铝板	0.30
钢、不锈钢	0.30
铝塑复合板	0.25
玻 璃	0.20
高强钢丝、钢绞线	0.30
铝蜂窝复合板	0.25
聚碳酸酯板	0.28

5.2.11 材料的线膨胀系数可按表 5.2.11 采用。

表 5.2.11 材料的线膨胀系数 α（1/℃）

材 料	α
铝合金型材、单层铝板	2.3×10^{-5}
铝塑复合板	$2.40\times10^{-5}\sim4.00\times10^{-5}$
铝蜂窝复合板	2.40×10^{-5}
钢 材	1.20×10^{-5}
不锈钢板	1.80×10^{-5}
混凝土	1.00×10^{-5}
玻 璃	$0.80\times10^{-5}\sim1.00\times10^{-5}$
砖砌体	0.50×10^{-5}
聚碳酸酯中空板	6.5×10^{-5}
聚碳酸酯实心板	7.0×10^{-5}

5.2.12 材料的自重标准值可按表 5.2.12-1 的规定采用。铝塑复合板和铝蜂窝复合板的自重标准值可按表 5.2.12-2 采用。聚碳酸酯中空板的自重标准值可按表 5.2.12-3 采用，聚碳酸酯实心板的自重标准值可按表 5.2.12-4 采用。

表 5.2.12-1 材料的自重标准值 γ_{gk}（kN/m³）

材 料	γ_{gk}	材 料	γ_{gk}
钢材，不锈钢	78.5	玻璃棉	0.5～1.0
铝合金	27.0	岩 棉	0.5～2.5
玻 璃	25.6	矿渣棉	1.2～1.5

表 5.2.12-2 铝塑复合板和铝蜂窝复合板的自重标准值 q_k（kN/m²）

类 型	铝塑复合板			铝蜂窝复合板			
厚度 (mm)	4	5	6	10	15	20	25
q_k	0.055	0.065	0.073	0.052	0.070	0.073	0.077

表 5.2.12-3 聚碳酸酯中空板的自重标准值 q_k（N/m²）

类 型	双 层					三 层
厚度 (mm)	4	5	6	8	10	10
q_k	9.5	11.5	13.5	16.0	18.0	21.0

表 5.2.12-4　聚碳酸酯实心板的自重标准值 q_k（N/m²）

厚度（mm）	2	3	4	5	6	8	9.5	12
q_k	24	36	48	60	72	96	114	144

5.3　作　　用

5.3.1　采光顶和金属屋面风荷载应按下列规定确定：

1　面板、直接连接面板的屋面支承构件的风荷载标准值应按现行国家标准《建筑结构荷载规范》GB 50009 的有关规定计算确定。

2　跨度大、形状或风荷载环境复杂的采光顶、金属屋面，宜通过风洞试验确定风荷载。

3　风荷载负压标准值不应小于 1.0kN/m²，正压标准值不应小于 0.5kN/m²。

5.3.2　采光顶和金属屋面的雪荷载、施工检修荷载应按现行国家标准《建筑结构荷载规范》GB 50009 的规定采用。

5.3.3　雨水荷载可按本规程第 4.3.3 条规定的最大雨量扣除排水量后确定。重要建筑宜按排水系统出现障碍时的最不利情况进行设计。

5.3.4　采光顶玻璃能够承受的活荷载应符合现行行业标准《建筑玻璃应用技术规程》JGJ 113 的规定，金属屋面应能在 300mm×300mm 的区域内承受 1.0kN 的活荷载，并不得出现任何缝隙、永久屈曲变形等破坏现象。

5.3.5　面板及与其直接相连接的支承结构构件，作用于水平方向的水平地震作用标准值可按下式计算：

$$P_{EK} = \beta_E \alpha_{max} G_k \quad (5.3.5)$$

式中：P_{EK}——水平地震作用标准值（kN）；

β_E——地震作用动力放大系数，可取不小于 5.0；

α_{max}——水平地震影响系数最大值，应符合本规程第 5.3.6 条的规定；

G_k——构件(包括面板和框架)的重力荷载标准值(kN)。

5.3.6　水平地震影响系数最大值应按表 5.3.6 采用。

表 5.3.6　水平地震影响系数最大值 α_{max}

抗震设防烈度	6 度	7 度	8 度
α_{max}	0.04	0.08（0.12）	0.16（0.24）

注：7、8 度时括号内数值分别用于设计基本地震加速度为 0.15g 和 0.30g 的地区。

5.3.7　计算竖向地震作用时，地震影响系数最大值可按水平地震作用的 65%采用。

5.3.8　支承结构构件以及连接件、锚固件所承受的地震作用，应包括依附于其上的构件传递的地震作用和其结构自重产生的地震作用。

5.4　作 用 组 合

5.4.1　面板及与其直接相连接的结构构件按极限状态设计时，当作用和作用效应按线性关系考虑时，其作用效应组合的设计值应符合下列规定：

1　无地震作用组合效应时，应按下式进行计算：

$$S = \gamma_G S_{Gk} + \psi_Q \gamma_Q S_{Qk} + \psi_w \gamma_w S_{wk} \quad (5.4.1\text{-}1)$$

2　有地震作用效应组合时，应按下式进行计算：

$$S = \gamma_G S_{GE} + \gamma_E S_{Ek} + \psi_w \gamma_w S_{wk} \quad (5.4.1\text{-}2)$$

式中：S——作用效应组合的设计值；

S_{Gk}——永久重力荷载效应标准值；

S_{GE}——重力荷载代表值的效应，重力荷载代表值的取值应符合现行国家标准《建筑抗震设计规范》GB 50011 的规定；

S_{Qk}——可变重力荷载效应标准值；

S_{wk}——风荷载效应标准值；

S_{Ek}——地震作用效应标准值；

γ_G——永久重力荷载分项系数；

γ_Q——可变重力荷载分项系数；

γ_w——风荷载分项系数；

γ_E——地震作用分项系数；

ψ_w——风荷载作用效应的组合值系数；

ψ_Q——可变重力荷载的组合值系数。

5.4.2　进行构件的承载力设计时，作用分项系数应按下列规定取值：

1　一般情况下，永久重力荷载、可变重力荷载、风荷载和地震作用的分项系数 γ_G、γ_Q、γ_w、γ_E 应分别取 1.2、1.4、1.4 和 1.3；

2　当永久重力荷载的效应起控制作用时，其分项系数 γ_G 应取 1.35；

3　当永久重力荷载的效应对构件有利时，其分项系数 γ_G 应取 1.0。

5.4.3　可变作用的组合值系数应按下列规定采用：

1　无地震作用组合时，当风荷载为第一可变作用时，其组合值系数 ψ_w 应取 1.0，此时可变重力荷载组合值系数 ψ_Q 应取 0.7；当可变重力荷载为第一可变作用时，其组合值系数 ψ_Q 应取 1.0，此时风荷载组合值系数 ψ_w 应取 0.6；当永久重力荷载起控制作用时，风荷载组合值系数 ψ_w 和可变重力荷载组合值系数 ψ_Q 应分别取 0.6 和 0.7。

2　有地震作用组合时，一般情况下风荷载组合值系数 ψ_w 可取 0；当风荷载起控制作用时，风荷载组合值系数 ψ_w 应取为 0.2。

5.4.4　进行构件的挠度验算时应采用荷载标准组合，本规程第 5.4.1 条各项作用的分项系数均应取 1.0。

5.4.5　作用在倾斜面板上的作用，应分解成垂直于面板和平行于面板的分量，并应按分量方向分别进行作用或作用效应组合。

6 面板及支承构件设计

6.1 框支承玻璃面板

6.1.1 采光顶用框支承玻璃面板单片玻璃厚度和中空玻璃的单片厚度不应小于 6mm，夹层玻璃的单片厚度不宜小于 5mm。夹层玻璃和中空玻璃的各片玻璃厚度相差不宜大于 3mm。

6.1.2 框支承用夹层玻璃可采用平板玻璃、半钢化玻璃或钢化玻璃。

6.1.3 框支承玻璃面板的边缘应进行精磨处理。边缘倒棱不宜小于 0.5mm。

6.1.4 玻璃面板应按照现行行业标准《建筑玻璃应用技术规程》JGJ 113 进行热应力、热变形设计计算。

6.1.5 板边支承的单片玻璃，在垂直于面板方向的均布荷载作用下，最大应力应符合下列规定：

1 最大应力可按考虑几何非线性的有限元法计算。规则面板可按下列公式计算：

$$\sigma=\frac{6mqa^2}{t^2}\eta \tag{6.1.5-1}$$

$$\theta=\frac{qa^4}{Et^4} \tag{6.1.5-2}$$

式中：σ——在均布荷载作用下面板最大应力（N/mm^2）；

q——垂直于面板的均布荷载（N/mm^2）；

a——面板的特征长度，矩形面板四边支承时为短边边长，对边支承时为其跨度，三角形面板为长边（mm）；

t——面板厚度（mm）；

θ——参数；

E——面板弹性模量（N/mm^2）；

m——弯矩系数，可按面板的材质、形状和荷载形式由本规程附录 C 查取；

η——折减系数，可由参数 θ 按表 6.1.5 采用。

表 6.1.5 折减系数 η

θ	≤5.0	10.0	20.0	40.0	60.0	80.0	100.0
η	1.00	0.95	0.90	0.82	0.74	0.68	0.62
θ	120.0	150.0	200.0	250.0	300.0	350.0	≥400.0
η	0.57	0.50	0.44	0.40	0.38	0.36	0.35

2 玻璃面板荷载基本组合最大应力设计值不应超过玻璃中部强度设计值 f_g。

6.1.6 单片玻璃在垂直于面板的均布荷载作用下，其跨中最大挠度应符合下列规定：

1 面板的弯曲刚度 D 可按下式计算：

$$D=\frac{Et^3}{12(1-\nu^2)} \tag{6.1.6-1}$$

式中：D——面板弯曲刚度（N·mm）；

t——面板厚度（mm）；

ν——泊松比。

2 在荷载标准组合值作用下，面板跨中最大挠度宜采用考虑几何非线性的有限元法计算。规则面板可按下式计算：

$$d_f=\frac{\mu q_k a^4}{D}\eta \tag{6.1.6-2}$$

式中：d_f——在荷载标准组合值作用下的最大挠度值（mm）；

q_k——垂直于面板的荷载标准组合值（N/mm^2）；

a——面板特征长度，矩形面板为短边的长度，三角形面板为长边（mm）；

μ——挠度系数，可按面板的材质、形状及荷载类型由本规程附录 C 查取；

η——折减系数，可按本规程表 6.1.5 采用，q 值采用 q_k 计算。

6.1.7 采用 PVB 的夹层玻璃可按下列规定进行计算：

1 作用在夹层玻璃上的均布荷载可按下式分配到各片玻璃上：

$$q_i=q\frac{t_i^3}{t_e^3} \tag{6.1.7-1}$$

式中：q——作用于夹层玻璃上的均布荷载（N/mm^2）；

q_i——为分配到第 i 片玻璃的均布荷载（N/mm^2）；

t_i——第 i 片玻璃的厚度（mm）；

t_e——夹层玻璃的等效厚度（mm）。

2 PVB 夹层玻璃的等效厚度可按下式计算：

$$t_e=\sqrt[3]{t_1^3+t_2^3+\cdots+t_n^3} \tag{6.1.7-2}$$

式中：t_e——夹层玻璃的等效厚度（mm）；

t_1，$t_2 \cdots t_n$——各片玻璃的厚度（mm）；

n——夹层玻璃的玻璃层数。

3 各片玻璃可分别按本规程第 6.1.5 条的规定进行应力计算。

4 PVB 夹层玻璃可按本规程第 6.1.6 条的规定进行挠度计算，在计算玻璃刚度 D 时应采用等效厚度 t_e。

6.1.8 中空玻璃可按下列规定进行计算：

1 作用于中空玻璃上均布荷载可按下列公式分配到各片玻璃上：

1）直接承受荷载的单片玻璃：

$$q_1=1.1q\frac{t_1^3}{t_e^3} \tag{6.1.8-1}$$

2）不直接承受荷载的单片玻璃：

$$q_i=q\frac{t_i^3}{t_e^3} \tag{6.1.8-2}$$

2 中空玻璃的等效厚度可按下式计算：

$$t_e = 0.95\sqrt[3]{t_1^3 + t_2^3 + \cdots + t_n^3} \quad (6.1.8\text{-}3)$$

式中：t_e——中空玻璃的等效厚度（mm）；

t_1、$t_2 \cdots t_n$——各片玻璃的厚度（mm）。

3 各片玻璃可分别按本规程第 6.1.5 条的规定进行应力计算。

4 中空玻璃可按本规程第 6.1.6 条的规定进行挠度计算，在计算玻璃的刚度 D 时，应采用按式（6.1.8-3）计算的等效厚度 t_e。

6.2 点支承玻璃面板

6.2.1 矩形玻璃面板宜采用四点支承，三角形玻璃面板宜采用三点支承。相邻支承点间的板边距离，不宜大于 1.5m。点支承玻璃可采用钢爪支承装置或夹板支承装置。采用钢爪支承时，孔边至板边的距离不宜小于 70mm。

6.2.2 点支承玻璃面板采用浮头式连接件支承时，其厚度不应小于 6mm；采用沉头式连接件支承时，其厚度不应小于 8mm。夹层玻璃和中空玻璃中，安装连接件的单片玻璃厚度也应符合本条规定。钢板夹持的点支承玻璃，单片厚度不应小于 6mm。

6.2.3 点支承中空玻璃孔洞周边应采取多道密封。

6.2.4 在垂直于玻璃面板的均布荷载作用下，点支承面板的应力和挠度应符合下列规定：

1 单片玻璃面板最大应力和最大挠度可按照考虑几何非线性的有限元方法进行计算。规则形状面板也可按下列公式计算：

$$\sigma = \frac{6mqb^2}{t^2}\eta \quad (6.2.4\text{-}1)$$

$$d_f = \frac{\mu q_k b^4}{D}\eta \quad (6.2.4\text{-}2)$$

$$\theta = \frac{qb^4}{Et^4} \text{ 或 } \theta = \frac{q_k b^4}{Et^4} \quad (6.2.4\text{-}3)$$

式中：σ——在均布荷载作用下面板的最大应力（N/mm^2）；

d_f——在荷载标准组合值作用下面板的最大挠度（mm）；

q、q_k——分别为垂直于面板的均布荷载、荷载标准组合值（N/mm^2）；

D——面板弯曲刚度（N·mm），可按本规程公式（6.1.6-1）计算；

b——点支承面板特征长度，矩形面板为长边边长（mm）；

t——面板厚度（mm）；

θ——参数；

m——弯矩系数，四角点支承板可按本规程附录 C 中跨中弯矩系数 m_x、m_y 和自由边中点弯矩系数 m_{0x}、m_{0y} 分别采用；四点跨中支承板可按本规程附录 C 中弯矩系数 m 采用；

μ——挠度系数，可按本规程附录 C 采用；

η——折减系数，可由参数 θ 按本规程表 6.1.5 取用。

2 夹层玻璃和中空玻璃点支承面板的均布荷载的分配，可按本规程第 6.1.7 条、第 6.1.8 条的规定计算。

3 玻璃面板荷载基本组合最大应力设计值不应超过玻璃中部强度设计值 f_g。

6.3 聚碳酸酯板

6.3.1 聚碳酸酯板最大应力和挠度可按照考虑几何非线性的有限元方法进行计算。

6.3.2 聚碳酸酯板可冷弯成型，中空平板的弯曲半径不宜小于板材厚度的 175 倍，U 形中空板的最小弯曲半径不宜小于厚度的 200 倍，实心板的弯曲半径不宜小于板材厚度的 100 倍。

6.4 金 属 平 板

6.4.1 单层金属板和铝塑复合板宜四周折边或设置边肋；折边高度不宜小于 20mm。铝蜂窝复合板可折边或将面板弯折后包封板边。铝塑复合板开槽时不得触及铝板，开槽后剩余的板芯厚度不应小于 0.3mm；铝蜂窝复合板背板刻槽后剩余的铝板厚度不应小于 0.5mm。铝蜂窝复合板和铝塑复合板的芯材不宜直接暴露于室外，不折边的铝塑复合板和铝蜂窝复合板宜在其周边采用铝型材镶嵌固定。

6.4.2 金属平板可根据受力要求设置加强肋。铝塑复合板折边处应设边肋。加强肋可采用金属方管、槽形或角形型材，加强肋的截面厚度不应小于 1.5mm。

加强肋应与面板可靠连接，并应有防腐措施。金属平板中起支承边作用的中肋应与边肋或单层铝板的折边可靠连接。支承金属面板区格的中肋与其他相交中肋的连接应满足传力要求。

6.4.3 金属平板的应力和挠度计算应符合下列规定：

1 边和肋所形成的面板区格，四周边缘可按简支边考虑，中肋支撑线可按固定边考虑。

2 在垂直于面板的均布荷载作用下，面板最大应力宜采用考虑几何非线性的有限元方法计算，规则面板可分别按下列公式计算：

1） 单层金属屋面板：

$$\sigma = \frac{6mql_x^2}{t^2}\eta \quad (6.4.3\text{-}1)$$

$$\theta = \frac{ql_x^4}{Et^4} \quad (6.4.3\text{-}2)$$

2） 铝塑复合板和铝蜂窝复合板：

$$\sigma = \frac{ql_x^2}{W_e}\eta \quad (6.4.3\text{-}3)$$

$$\theta = \frac{ql_x^4}{11.2D_e t_e} \quad (6.4.3\text{-}4)$$

式中：σ——在均布荷载作用下面板中最大应力（N/

mm²)；

q——垂直于面板的均布荷载（N/mm²）；

l_x——金属平板区格的计算边长（mm），可按本规程附录C的规定采用；

E——面板弹性模量（N/mm²），可按本规程表5.2.9采用；

t——面板厚度（mm）；

t_e——面板折算厚度，铝塑复合板可取0.8t，铝蜂窝复合板可取0.6t；

W_e——铝塑复合板或铝蜂窝复合板的等效截面模量（mm³），可分别按本规程表5.2.5-1、表5.2.6-1采用；

D_e——铝塑复合板或铝蜂窝复合板的等效弯曲刚度（N·mm），可分别按本规程表5.2.5-2、表5.2.6-2采用；

θ——参数；

m——弯矩系数，根据面板的边界条件和计算位置，可按本规程附录C分别按m、m_x^0、m_y^0查取；

η——折减系数，可由参数θ按表6.4.3采用。

3 中肋支撑线上的弯曲应力可取两侧板格固端弯矩计算结果的平均值。

4 金属面板荷载基本组合的最大应力设计值不应超过金属面板强度设计值。

表6.4.3 折减系数 η

θ	≤5	10	20	40	60	80	100
η	1.00	0.95	0.90	0.81	0.74	0.69	0.64
θ	120	150	200	250	300	350	≥400
η	0.61	0.54	0.50	0.46	0.43	0.41	0.40

6.4.4 在均布荷载作用下，金属平板屋面的挠度应符合下列规定：

1 单层金属平板每区格的跨中挠度可采用考虑几何非线性的有限元方法计算，可按下列公式计算：

$$d_f = \frac{\mu q_k l_x^4}{D}\eta \qquad (6.4.4\text{-}1)$$

$$D = \frac{Et^3}{12(1-\nu^2)} \qquad (6.4.4\text{-}2)$$

式中：d_f——在荷载标准组合值作用下挠度最大值（mm）；

q_k——垂直于面板荷载标准组合值（N/mm²）；

l_x——板区格的计算边长（mm），可按本规程附录C的规定采用；

t——板的厚度（mm）；

D——板的弯曲刚度（N·mm）；

ν——泊松比，可按本规程第5.2.10条采用；

E——弹性模量（N/mm²），可按本规程第5.2.9条采用；

η——折减系数，可按本规程表6.4.3采用，q值采用q_k值计算。

2 铝塑复合板和铝蜂窝复合板的跨中挠度可按有限元方法计算，可按下式计算：

$$d_f = \frac{\mu q_k l_x^4}{D_e}\eta \qquad (6.4.4\text{-}3)$$

式中：D_e——等效弯曲刚度（N·mm），可分别按本规程表5.2.5-2、表5.2.6-2采用。

6.4.5 方形或矩形金属面板上作用的荷载可按三角形或梯形分布传递到板肋上，其他多边形可按角分线原则划分荷载（图6.4.5），板肋上作用的荷载可按等弯矩原则简化为等效均布荷载。

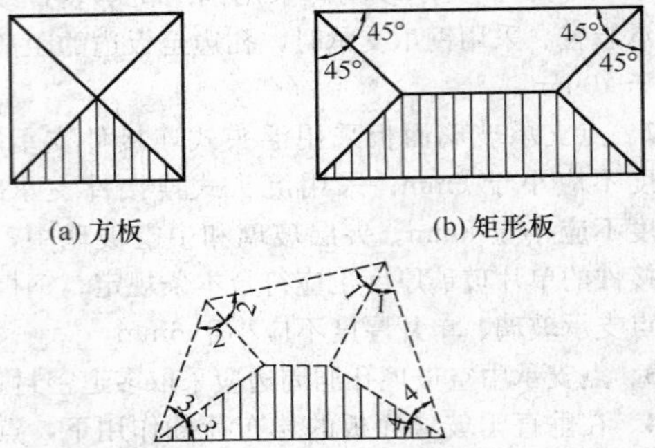

(a) 方板　(b) 矩形板

(c) 任意四边形

图6.4.5 面板荷载向肋的传递

6.4.6 金属屋面板材的边肋截面尺寸可按构造要求设计。单跨中肋可按简支梁设计。多跨交叉肋可采用梁系进行计算。

6.5 压型金属板

6.5.1 压型金属屋面板可根据设计要求选用直立锁边板（图6.5.1）、卷边板或暗扣板。

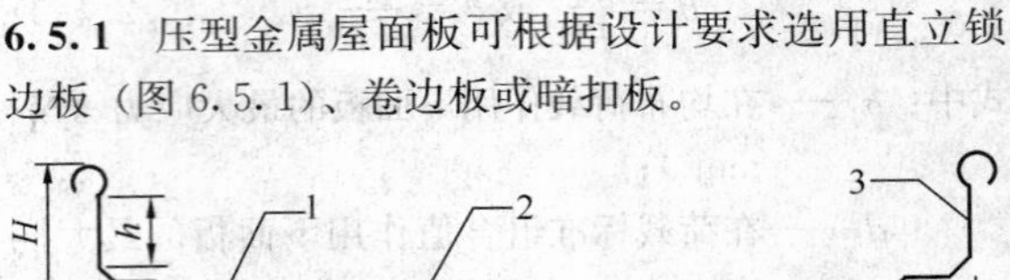

图6.5.1 直立锁边板

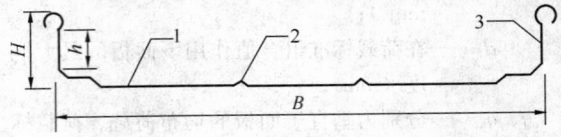

1—中间加筋板件；2—中间加筋肋；3—腹板

6.5.2 铝合金面板中腹板和受压翼缘的有效厚度应按现行国家标准《铝合金结构设计规范》GB 50429的规定计算。钢面板中腹板和受压翼缘的有效厚度应按现行国家标准《冷弯薄壁型钢结构技术规范》GB 50018的规定计算。

6.5.3 在一个波距的面板上作用集中荷载F时（图6.5.3a），可按下式将集中荷载F折算成沿板宽方向的均布荷载q_{re}（图6.5.3b），并按q_{re}进行单个波距的有效截面的受弯计算。

$$q_{re}=\eta\frac{F}{B} \tag{6.5.3}$$

式中：F——集中荷载（N）；

B——波距（mm）；

η——折算系数，由试验确定；无试验依据时，可取 0.5。

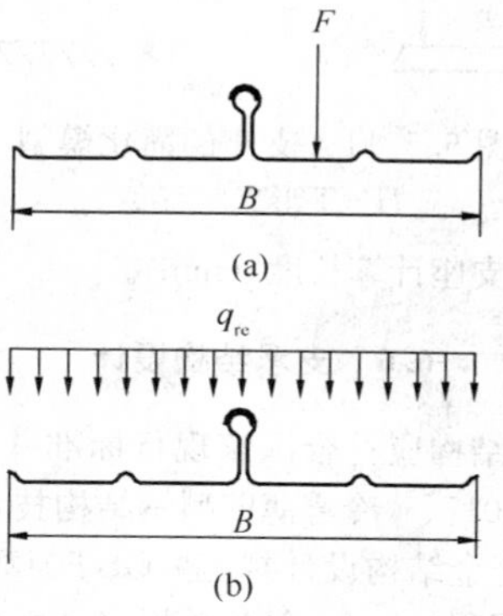

图 6.5.3　集中荷载下屋面面板的简化计算模型

6.5.4　金属屋面板的强度可取一个波距的有效截面，以檩条或 T 形支座为梁的支座，按受弯构件进行计算。

$$M/M_u\leqslant 1 \tag{6.5.4-1}$$

$$M_u=W_e f \tag{6.5.4-2}$$

式中：M——截面所承受的最大弯矩（N·mm），可按图 6.5.4 的面板计算模型求得；

M_u——截面的受弯承载力设计值（N·mm）；

W_e——有效截面模量，应按现行国家标准《铝合金结构设计规范》GB 50429 或《冷弯薄壁型钢结构技术规范》GB 50018 的规定计算。

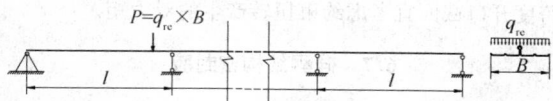

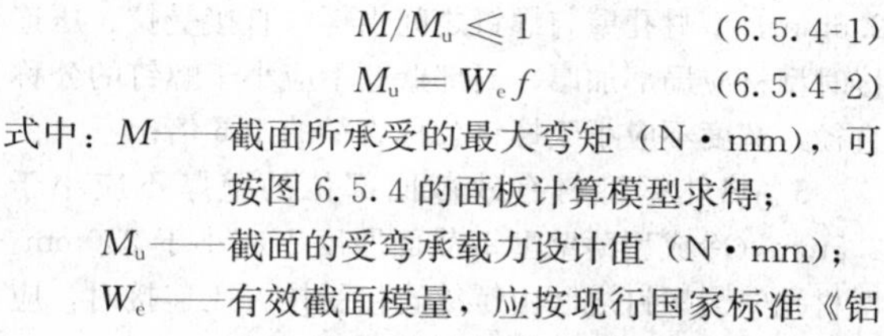

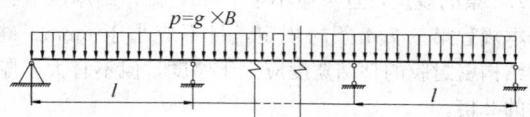

图 6.5.4　屋面面板的强度计算模型

P—集中荷载产生的作用于面板计算模型上的集中力；B—波距（mm）；g—板面均布荷载（N/mm²）；p—由 g 产生的作用于面板计算模型上的线均布力（N/mm）；l—跨距（mm）

6.5.5　压型金属板和 T 形支座的受压和受拉连接强度应进行验算，必要时可按试验确定。T 形支座的间距应经计算确定，并不宜超过 1600mm。

6.5.6　压型金属板中腹板的剪切屈曲应按下列公式计算：

1　铝合金面板应符合下列规定：

$$当\ h/t\leqslant\frac{875}{\sqrt{f_{0.2}}}时：\begin{cases}\tau\leqslant\tau_{cr}=\dfrac{320}{h/t}\sqrt{f_{0.2}}\\ \tau\leqslant f_v\end{cases} \tag{6.5.6-1}$$

$$当\ h/t\geqslant\frac{875}{\sqrt{f_{0.2}}}时：\tau\leqslant\tau_{cr}=\frac{280000}{(h/t)^2} \tag{6.5.6-2}$$

式中：τ——腹板平均剪应力（N/mm²）；

τ_{cr}——腹板的剪切屈曲临界应力（N/mm²）；

f_v——抗剪强度设计值（N/mm²），应按现行国家标准《铝合金结构设计规范》GB 50429 取用；

$f_{0.2}$——名义屈服强度（N/mm²），应按现行国家标准《铝合金结构设计规范》GB 50429 取用；

h/t——腹板高厚比。

2　钢面板应符合下列规定：

$$当\ h/t<100\ 时：\begin{cases}\tau\leqslant\tau_{cr}=\dfrac{8550}{h/t}\\ \tau\leqslant f_v\end{cases} \tag{6.5.6-3}$$

$$当\ h/t\geqslant 100\ 时：\quad \tau\leqslant\tau_{cr}=\frac{855000}{(h/t)^2} \tag{6.5.6-4}$$

式中：τ——腹板平均剪应力（N/mm²）；

τ_{cr}——腹板的剪切屈曲临界应力（N/mm²）；

h/t——腹板高厚比。

6.5.7　铝合金面板和钢面板支座处腹板的局部受压承载力，应按下列公式验算：

$$R/R_w\leqslant 1 \tag{6.5.7-1}$$

$$R_w=at^2\sqrt{fE}\left(0.5+\sqrt{0.02l_c/t}\right)\left[2.4+(\theta/90)^2\right] \tag{6.5.7-2}$$

式中：R——支座反力（N）；

R_w——一块腹板的局部受压承载力设计值（N）；

a——系数，中间支座取 0.12；端部支座取 0.06；

t——腹板厚度（mm）；

l_c——支座处的支承长度（mm），$10mm<l_c<200mm$，端部支座可取 $l_c=10mm$；

θ——腹板倾角（$45°\leqslant\theta\leqslant 90°$）；

f——面板材料的抗压强度设计值（N/mm²）。

6.5.8　屋面板同时承受弯矩 M 和支座反力 R 的截面，应满足下列要求：

1　铝合金面板应符合下式规定：

$$\begin{cases}M/M_u\leqslant 1\\ R/R_w\leqslant 1\\ 0.94(M/M_u)^2+(R/R_w)^2\leqslant 1\end{cases} \tag{6.5.8-1}$$

2　钢面板应符合下式规定：

$$\begin{cases} M/M_u \leqslant 1 \\ R/R_w \leqslant 1 \\ (M/M_u)+(R/R_w) \leqslant 1.25 \end{cases} \quad (6.5.8\text{-}2)$$

式中：M_u——截面的弯曲承载力设计值（N·mm），$M_u=W_e f$；

W_e——有效截面模量，按现行国家标准《铝合金结构设计规范》GB 50429 或《冷弯薄壁型钢结构技术规范》GB 50018 的规定计算；

R_w——腹板的局部受压承载力设计值（N），应按本规程公式（6.5.7-2）计算。

6.5.9 金属屋面板同时承受弯矩 M 和剪力 V 的截面，应满足下列要求：

$$(M/M_u)^2+(V/V_u)^2 \leqslant 1 \quad (6.5.9)$$

式中：V_u——腹板的受剪承载力设计值（N/mm²），铝合金面板取（$ht\cdot\sin\theta$）τ_{cr} 和（$ht\cdot\sin\theta$）f_v 中较小值，钢面板取（$ht\cdot\sin\theta$）τ_{cr}，τ_{cr}应按本规程 6.5.6 条分别计算。

6.5.10 屋面板 T 形支座的强度应按下列公式计算：

$$\sigma=\frac{R}{A_{en}} \leqslant f \quad (6.5.10\text{-}1)$$

$$A_{en}=t_1 L_s \quad (6.5.10\text{-}2)$$

式中：σ——正应力设计值（N/mm²）；

f——支座材料的抗拉和抗压强度设计值（N/mm²）；

R——支座反力（N）；

A_{en}——有效净截面面积（mm²）；

t_1——支座腹板最小厚度（mm）；

L_s——支座长度（mm）。

6.5.11 屋面板 T 形支座的稳定性可简化为等截面柱模型（图 6.5.11）按下式计算：

$$\frac{R}{\varphi A} \leqslant f \quad (6.5.11)$$

式中：R——支座反力（N）；

φ——轴心受压构件的稳定系数，应根据构件的长细比、铝合金材料的强度标准值 $f_{0.2}$ 按现行国家标准《铝合金结构设计规范》GB 50429 取用；

A——毛截面面积（mm²），$A=tL_s$；

t——T 形支座等效厚度（mm），按（t_1+t_2）/2 取值；

t_1——支座腹板最小厚度（mm）；

t_2——支座腹板最大厚度（mm）。

6.5.12 计算屋面板 T 形支座的稳定系数时，其计算长度应按下式计算：

$$l_0=\mu H \quad (6.5.12)$$

式中：μ——支座计算长度系数，可取 1.0 或由试验确定；

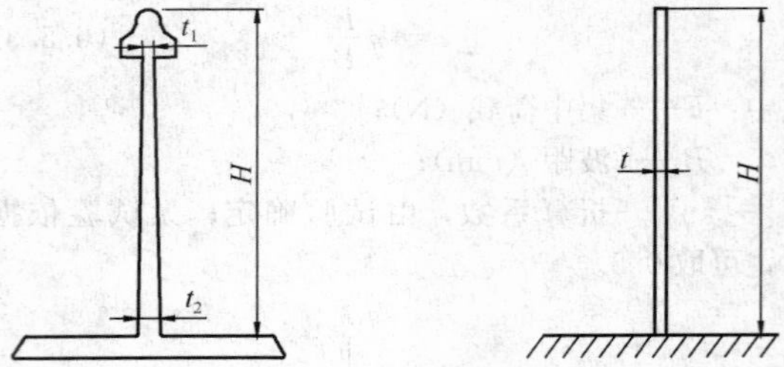

图 6.5.11 支座的简化模型
H—T 形支座高度

l_0——支座计算长度（mm）。

6.6 支承结构设计

6.6.1 支承结构应符合国家现行标准《钢结构设计规范》GB 50017、《冷弯薄壁型钢结构技术规范》GB 50018、《铝合金结构设计规范》GB 50429、《空间网格结构技术规程》JGJ 7 等相关规定。

6.6.2 单根支承构件截面有效受力部位的厚度，应符合下列要求：

1 截面自由挑出的板件和双侧加肋的板件的宽厚应符合设计要求；

2 铝合金型材有效截面部位厚度不应小于 2.5mm，型材孔壁与螺钉之间由螺纹直接受拉、压连接时型材应局部加厚，局部壁厚不应小于螺钉的公称直径，宽度不应小于螺钉公称直径的 1.6 倍；

3 热轧钢型材有效截面部位的壁厚不应小于 2.5mm，冷成型薄壁型钢截面厚度不应小于 2.0mm。型材孔壁与螺钉之间由螺纹直接受拉、压连接时，应验算螺纹强度。

6.6.3 根据面板在构件上的支承情况决定其荷载和地震作用，并计算构件的双向弯矩、剪力、扭矩。大跨度开口截面宜考虑约束扭转产生的双力矩。

6.7 硅酮结构密封胶

6.7.1 硅酮结构密封胶的粘结宽度应符合本规程第 6.7.3 条的规定，且不应小于 7mm，其粘结厚度应符合本规程第 6.7.4 条的规定，且不应小于 6mm。硅酮结构密封胶的粘结宽度应大于厚度，但不宜大于厚度的 2 倍。

6.7.2 硅酮结构密封胶应根据不同受力情况进行承载力验算。在风荷载、雪荷载、积灰荷载、活荷载和地震作用下，其拉应力或剪应力不应大于其强度设计值 f_1；在永久荷载作用下，其拉应力或剪应力不应大于其强度设计值 f_2。

拉伸粘结强度标准值应符合现行国家标准《建筑用硅酮结构密封胶》GB 16776 的规定，f_1 可取为 0.2N/mm²，f_2 可取为 0.01N/mm²。

6.7.3 隐框玻璃面板与副框间硅酮结构密封胶的粘结宽度 C_s 应符合下列规定：

1　当玻璃面板为刚性板时应按下式计算：

$$C_s = \frac{q_k A}{S f_1} \qquad (6.7.3\text{-}1)$$

2　当玻璃面板为柔性板时应按下式计算：

$$C_s = \frac{q_k a}{2 f_1} \qquad (6.7.3\text{-}2)$$

式中：C_s——硅酮结构胶粘结宽度（mm）；

q_k——作用于面板的均布荷载标准值（N/mm^2）；

S——玻璃面板周长，即硅酮结构密封胶缝的总长度（mm）；

A——面板面积（mm^2）；

a——面板特征长度（mm）；矩形为短边长，狭长梯形为高，圆形为半径，三角形为内心到边的距离的2倍。

3　粘结宽度 C_s 尚应符合下式要求：

$$C_s \geqslant \frac{G_2}{S f_2} \qquad (6.7.3\text{-}3)$$

式中：G_2——平行于玻璃板面的重力荷载设计值（N）。

6.7.4　隐框玻璃面板与副框间硅酮结构密封胶的粘结厚度 t_s 应符合下式要求：

$$t_s \geqslant \frac{\mu_s}{\sqrt{\delta(2+\delta)}} \qquad (6.7.4)$$

式中：μ_s——玻璃与铝合金框的相对位移（mm），主要考虑玻璃与铝合金框之间因温度变化产生的相对位移，必要时还须考虑结构变形产生的相对位移；

δ——硅酮结构密封胶在拉应力为 $0.7f_1$ 时的伸长率。

6.7.5　隐框、半隐框采光顶用中空玻璃二道密封胶应采用符合现行国家标准《建筑用硅酮结构密封胶》GB 16776的结构密封胶，其粘结宽度 C_{s1} 应按下式计算，且不应小于6mm：

$$C_{s1} \geqslant \beta C_s \qquad (6.7.5)$$

式中：C_{s1}——中空玻璃二道密封胶粘结宽度（mm）；

C_s——玻璃面板与副框间硅酮结构密封胶的粘结宽度（mm），可按本规程6.7.3条进行计算；

β——外层玻璃荷载系数，当外层玻璃厚度大于内层玻璃厚度时 $\beta=1.0$，否则 $\beta=0.5$。

7　构造及连接设计

7.1　一般规定

7.1.1　采光顶、金属屋面与主体结构之间的连接应能够承受并可靠传递其受到的荷载或作用，并应适应主体结构变形。

7.1.2　采光顶、金属屋面与主体结构可采用螺栓连接或焊接。采用螺栓连接、挂接或插接的结构构件，应采取可靠的防松动、防滑移、防脱离措施。

7.1.3　当连接件与所接触材料可能产生双金属接触腐蚀时，应采用绝缘垫片分隔或采取其他有效措施防止腐蚀。

7.1.4　与主体结构相对应的变形缝应能够适应主体结构的变形，并不得降低采光顶、金属屋面该部位的主要性能要求。

7.1.5　连接构造应采取措施防止因结构变形、风力、温度变化等产生噪声。杆件间的连接处可设置柔性垫片或采取其他有效构造措施。

7.1.6　配套使用的铝合金窗、塑料窗、玻璃钢窗等应分别符合国家现行标准《铝合金门窗》GB/T 8478、《未增塑聚氯乙烯（PVC-U）塑料窗》JG/T 140和《玻璃纤维增强塑料（玻璃钢）窗》JG/T 186等的规定，并应符合设计要求。

7.1.7　连接光伏系统的支架、双层金属屋面系统中用于支承装饰层或其他辅助层的连接构件不宜穿透金属面板。如果确有必要穿透时，应采取柔性防水构造措施进行防水。

7.1.8　清洗装置或维护装置用穿过采光顶、金属屋面的金属构件宜选用不锈钢，且在穿透面板部位应采取可靠防水措施。

7.1.9　排烟窗应进行外排水设计，其顶面可高出采光顶或金属屋面，且宜设置排水构造。

7.1.10　连接光伏系统的支架承载力应满足设计和使用要求，应易于实现光伏电池的拆装。

7.2　玻璃采光顶

7.2.1　支承玻璃或光伏玻璃组件的金属构件应按照现行行业标准《玻璃幕墙工程技术规范》JGJ 102的有关规定进行设计；点支承爪件应按照现行行业标准《建筑玻璃点支承装置》JG/T 138的有关规定进行承载力验算。

7.2.2　严寒和寒冷地区采用半隐框或明框采光顶构造时，宜根据建筑物功能需要，在室内侧支承构件上设置冷凝水收集和排放系统。

7.2.3　框支承玻璃面板可采用注胶板缝或嵌条板缝。明框采光顶面板应有足够的排水坡度或设置外部排水构造，半隐框采光顶的明框部分宜顺排水方向布置。

7.2.4　隐框玻璃采光顶的玻璃悬挑尺寸应符合设计要求，且不宜超过200mm。

7.2.5　点支承玻璃采用穿孔式连接时宜采用浮头连接件，连接件与面板贯穿部位宜采用密封胶密封。点支式玻璃平顶宜采用采光顶专用爪件。

7.2.6　点式支承装置应能适应玻璃面板在支承点处

的转动变形要求。钢爪支承头与玻璃之间宜设置具有弹性的衬垫或衬套，其厚度不宜小于 1mm，且应有足够的抗老化能力。夹板式点支承装置应设置衬垫承受玻璃重量。

7.2.7 除承受玻璃面板所传递的荷载或作用外，点支承装置不应兼作其他用途的支承构件。

7.2.8 采光顶倒挂隐框玻璃、倾斜隐框玻璃应设置金属承重构件，承重构件与玻璃之间应采用硬质橡胶垫片有效隔离。倒挂点支玻璃不宜采用沉头式连接件。

7.2.9 采光顶玻璃与屋面连接部位应进行可靠密封。连接处采光顶面板宜高出屋面。

7.2.10 支承采光顶的自平衡索结构、大跨度桁架与主体结构的连接部位应具备适应结构变形的能力。

7.2.11 玻璃采光顶板缝构造应符合下列规定：

1 注胶式板缝应采用中性硅酮建筑密封胶密封，且应满足接缝处位移变化的要求。板缝宽度不宜小于 10mm。在接缝变形较大时，应采用位移能力较高的中性硅酮密封胶。

2 嵌条式板缝可采用密封条密封，且密封条交叉处应可靠封接。连接构造上宜进行多腔设计，并宜设置导水、排水系统。

3 开放式板缝宜在面板的背部空间设置防水层，并应设置可靠的导水、排水系统和有效的通风除湿构造措施。内部支承金属结构应采取防腐措施。

7.3 金属平板屋面

7.3.1 金属平板屋面的构造与连接宜符合现行行业标准《金属与石材幕墙工程技术规范》JGJ 133 的相关规定。

7.3.2 面板周边可采用螺栓或挂钩与支承构件连接，且螺栓直径不宜小于 4mm，螺栓的数量应根据板材所承受的荷载或作用计算确定，铆钉或锚栓孔中心至板边缘的距离不应小于 2 倍的孔径；孔中心距不应小于 3 倍的孔径。挂钩宜设置防噪声垫片。

7.3.3 金属平板屋面系统板缝构造应符合下列规定：

1 注胶式板缝应符合下列要求：

1）板缝底部宜采用泡沫条充填，宜采用中性硅酮密封胶密封，胶缝厚度不宜小于 6mm，宽度不宜小于厚度的 2 倍；应采取措施避免密封胶三面粘结；

2）用于氟碳涂层表面的硅酮密封胶应进行粘结性试验，必要时可加涂底胶。

2 封闭嵌条式板缝宜采用密封胶条密封，且密封条交叉处应可靠封接，宜采用压敏粘结材料进行粘结。板缝宜采用多道密封的防水措施。

7.3.4 开放式板缝构造应符合下列规定：

1 背部空间应防止积水，并采取措施顺畅排水；

2 保温材料外表应有可靠防水措施，可采用镀锌钢板、铝板为防水衬板；

3 背部空间应保持通风；

4 支承构件和金属连接件应采取有效的防腐措施。

7.4 压型金属板屋面

7.4.1 压型屋面板用铝合金板、钢板的厚度宜为 0.6mm～1.2mm，且宜采用长尺寸板材，应减少板长方向的搭接接头数量。直立锁边铝合金板的基板厚度不应小于 0.9mm。

7.4.2 金属屋面板长度方向的搭接端不得与支承构件固定连接，搭接处可采用焊接或泛水板，非焊接处理时搭接部位应设置防水堵头，搭接部分长度方向中心宜与支承构件中心一致，搭接长度应符合设计要求，且不宜小于表 7.4.2 规定的限值：

表 7.4.2 金属屋面板长度方向最小搭接长度（mm）

项目		搭接长度 a
波高＞70		375
波高≤70	屋面坡度＜1/10	250
	屋面坡度≥1/10	200
面板过渡到立面墙面后		120

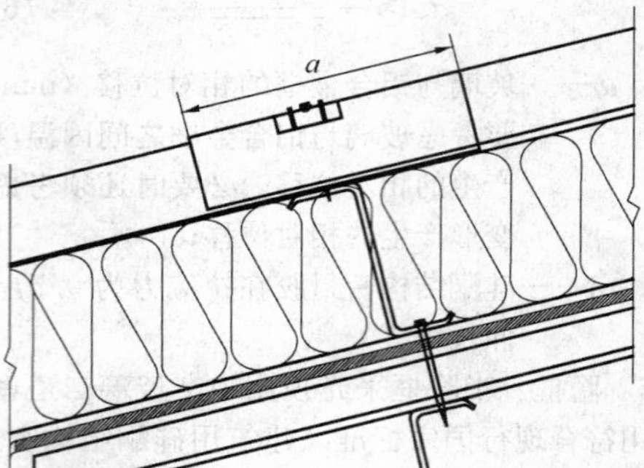

图 7.4.2 金属屋面板搭接图

7.4.3 压型金属屋面板侧向可采用搭接、扣合或咬合等方式进行连接，并应符合下列规定：

1 当侧向采用搭接式连接时，连接件宜采用带有防水密封胶垫的自攻螺钉，宜搭接一波，特殊要求时可搭接两波。搭接处应用连接件紧固，连接件应设置在波峰上。对于高波铝合金板，连接件间距宜为 700mm～800mm；对于低波屋面板，连接件间距宜为 300mm～400mm。

2 采用扣合式或咬合式连接时，应在檩条上设置与屋面板波形板相配套的固定支座，固定支座和檩条宜采用机制自攻螺钉或螺栓连接，且在边缘区域数量不应少于 4 个，相邻两金属面板应与固定支座可靠扣合或咬合连接。

7.4.4 压型金属屋面胶缝的连接应采用中性硅酮密封胶。

7.4.5 金属屋面与立墙及突出屋面结构等交接处，应作泛水处理。屋面板与突出构件间预留伸缩缝隙或具备伸缩能力。

7.4.6 压型金属屋面板采用带防水垫圈的镀锌螺栓固定时，固定点应设在波峰上。外露螺栓均应密封。

7.4.7 梯形板、正弦波纹板连接应符合下列要求：

1 横向搭接不应小于一个波，纵向搭接不应小于200mm。

2 挑出墙面的长度不应小于200mm。

3 压型板伸入檐沟内的长度不应小于150mm。

4 压型板与泛水的搭接宽度不应小于200mm。

7.5 聚碳酸酯板采光顶

7.5.1 U形聚碳酸酯板应通过奥氏体型不锈钢连接件与支承构件连接，并宜采用聚碳酸酯扣盖勾接，U形聚碳酸酯板与扣盖间的空隙宜采用发泡胶条密封（图7.5.1）。采光顶较长时U形聚碳酸酯板可采用错台搭接方法搭接。

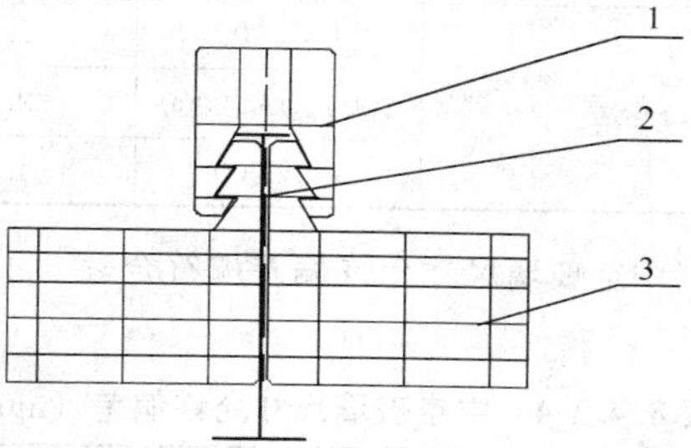

图7.5.1 U形聚碳酸酯板的连接

1—扣盖；2—连接件；3—U形聚碳酸酯板

7.5.2 聚碳酸酯板支承结构宜以横檩为主，间距应经计算确定，其间距范围宜为700mm～1500mm。

7.5.3 采用硅酮密封胶作为密封材料时，应进行粘结性试验，发生化学反应的密封胶不得使用。

7.5.4 U形聚碳酸酯板采光顶的收边构件宜采用聚碳酸酯型材配件。

7.6 预埋件与后置锚固件

7.6.1 支承构件与主体结构应通过预埋件连接；当没有条件采用预埋件连接时，应采用其他可靠的连接措施，并宜通过试验验证其可靠性。

7.6.2 屋面与主体结构采用后加锚栓连接时，应采取措施保证连接的可靠性，应满足现行行业标准《混凝土结构后锚固技术规程》JGJ 145的规定，并应符合下列规定：

1 碳素钢锚栓应经过防腐处理；

2 应进行承载力现场检验；

3 锚栓直径应通过承载力计算确定，并且不应小于10mm；

4 与化学锚栓接触的连接件，在其热影响区范围内不宜进行连续焊缝的焊接操作。

7.7 光伏组件及光伏系统

7.7.1 点支承光伏组件的电池片（电池板）至孔边的距离不宜小于50mm；框支承光伏组件电池片（电池板）至玻璃边的距离不宜小于30mm。

7.7.2 光伏采光顶电线（缆）、电气设备的连接设计应统筹安排，安全、隐蔽、集中布置，应满足安装维护要求。型材断面结构和支承构件设计应考虑光伏系统导线的隐蔽走线。

8 加工制作

8.1 一般规定

8.1.1 采光顶、金属屋面在加工制作前，应按建筑设计和结构设计施工图要求对已建主体结构进行复测，在实测结果满足相关验收规范的前提下对采光顶、金属屋面的设计进行必要调整。

8.1.2 硅酮结构密封胶应在洁净、通风的室内进行注胶，且环境温度、湿度条件应符合结构胶产品的规定；注胶宽度和厚度应符合设计要求；不应在现场打注硅酮结构密封胶。

8.1.3 低辐射镀膜玻璃应根据其镀膜材料的粘结性能和其他技术要求，确定加工制作工艺。离线低辐射镀膜玻璃边部应进行除膜处理。

8.1.4 钢构件加工应符合现行国家标准《钢结构工程施工质量验收规范》GB 50205和《冷弯薄壁型钢结构技术规范》GB 50018的有关规定。钢构件表面处理应符合现行国家标准《钢结构工程施工质量验收规范》GB 50205的有关规定。

8.1.5 钢构件焊接、螺栓连接应符合国家现行标准《钢结构设计规范》GB 50017、《冷弯薄壁型钢结构技术规范》GB 50018及《建筑钢结构焊接技术规程》JGJ 81的有关规定。

8.2 铝合金构件

8.2.1 采光顶的铝合金构件的加工应符合下列要求：

1 型材构件尺寸允许偏差应符合表8.2.1的规定；

表8.2.1 型材构件尺寸允许偏差（mm）

部　位	主支承构件长度	次支承构件长度	端头斜度
允许偏差	±1.0	±0.5	−15′

2 截料端头不应有加工变形，并应去除毛刺；

3　孔位的允许偏差为0.5mm，孔距的允许偏差为±0.5mm，孔距累计偏差为±1.0mm；

4　铆钉的通孔尺寸偏差应符合现行国家标准《紧固件　铆钉用通孔》GB 152.1的规定；

5　沉头螺钉的沉孔尺寸偏差应符合现行国家标准《紧固件　沉头用沉孔》GB 152.2的规定；

6　圆柱头、螺栓的沉孔尺寸应符合现行国家标准《紧固件　圆柱头用沉孔》GB 152.3的规定。

8.2.2　铝合金构件中槽、豁、榫的加工应符合现行行业标准《玻璃幕墙工程技术规范》JGJ 102的有关规定。

8.2.3　铝合金构件弯加工应符合下列要求：

1　铝合金构件宜采用拉弯设备进行弯加工；

2　弯加工后的构件表面应光滑，不得有皱折、凹凸、裂纹。

8.3　钢结构构件

8.3.1　平板型预埋件、槽型预埋件加工精度及表面要求应符合现行行业标准《玻璃幕墙工程技术规范》JGJ 102的有关规定。

8.3.2　钢型材主支承构件及次支承构件的加工应符合现行国家标准《钢结构工程施工质量验收规范》GB 50205的有关规定。

8.4　玻璃、聚碳酸酯板

8.4.1　采光顶用单片玻璃、夹层玻璃、中空玻璃的加工精度除应符合国家现行相关标准的规定外还应符合下列要求：

1　玻璃边长尺寸允许偏差应符合表8.4.1-1的要求。

表8.4.1-1　玻璃尺寸允许偏差（mm）

项　目	玻璃厚度（mm）	长度 $L\leqslant2000$	长度 $L>2000$
边长	5，6，8，10，12	±1.5	±2.0
	15，19	±2.0	±3.0
对角线差（矩形、等腰梯形）	5，6，8，10，12	2.0	3.0
	15，19	3.0	3.5
三角形、梯形的高	5，6，8，10，12	±1.5	±2.0
	15，19	±2.0	±3.0
菱形、平行四边形、任意梯形对角线	5，6，8，10，12	±1.5	±2.0
	15，19	±2.0	±3.0

2　钢化玻璃与半钢化玻璃的弯曲度应符合表8.4.1-2的要求。

表8.4.1-2　钢化玻璃与半钢化玻璃的弯曲度

项　目	最大值	
	水平法	垂直法
弓形变形（mm/mm）	0.3%	0.5%
波形变形（mm/300mm）	0.2%	0.3%

3　夹层玻璃尺寸允许偏差应符合表8.4.1-3的要求。

表8.4.1-3　夹层玻璃尺寸允许偏差（mm）

项　目	允许偏差（L为测量长度）	
边长	$L\leqslant2000$	±2.0
	$L>2000$	±2.5
对角线差（矩形、等腰梯形）	$L\leqslant2000$	2.5
	$L>2000$	3.5
三角形、梯形的高	$L\leqslant2000$	±2.5
	$L>2000$	±3.5
菱形、平行四边形、任意梯形对角线	$L\leqslant2000$	±2.5
	$L>2000$	±3.5
叠差	$L<1000$	2.0
	$1000\leqslant L<2000$	3.0
	$L\geqslant2000$	4.0

4　中空玻璃尺寸允许偏差应符合表8.4.1-4的要求。

表8.4.1-4　中空玻璃尺寸允许偏差（mm）

项　目	允许偏差（L为测量长度）	
边长	$L<1000$	±2.0
	$1000\leqslant L<2000$	+2.0，−3.0
	$L\geqslant2000$	±3.0
对角线差（矩形、等腰梯形）	$L\leqslant2000$	2.5
	$L>2000$	3.5
三角形、梯形的高	$L\leqslant2000$	±2.5
	$L>2000$	±3.5
菱形、平行四边形、任意梯形对角线	$L\leqslant2000$	±2.5
	$L>2000$	±3.5
厚度 t	$t<17$	±1.0
	$17\leqslant t<22$	±1.5
	$t\geqslant22$	±2.0
叠差	$L<1000$	2.0
	$1000\leqslant L<2000$	3.0
	$L\geqslant2000$	4.0

8.4.2 热弯玻璃尺寸允许偏差、弧面扭曲允许偏差应分别符合表 8.4.2-1 和表 8.4.2-2 的要求。

表 8.4.2-1 热弯玻璃尺寸允许偏差（mm）

项 目	允 许 偏 差	
高度 H	H≤2000	±3.0
	H>2000	±5.0
弧长	弧长 D≤1500	±3.0
	弧长 D>1500	±5.0
弧长吻合度	弧长 D≤2400	3.0
	弧长 D>2400	5.0
弧面弯曲	弧长 D≤1200	2.0
	1200<弧长 D≤2400	3.0
	弧长 D>2400	5.0

表 8.4.2-2 热弯玻璃弧面扭曲允许偏差（mm）

高度 H	弧长（D）	
	D≤2400	D>2400
H≤1800	3.0	5.0
1800<H≤2400	5.0	5.0
H>2400	5.0	6.0

8.4.3 点支承玻璃加工应符合下列要求：

1 面板及其孔洞边缘应倒棱和磨边，倒棱宽度不应小于 1mm，边缘应进行细磨或精磨；

2 裁切、钻孔、磨边应在钢化前进行；

3 加工允许偏差除应符合本规程第 8.4.1 条外，还应符合表 8.4.3 的规定；

表 8.4.3 点支承玻璃加工允许偏差

项 目	孔 位	孔中心距	孔轴与玻璃平面垂直度
允许偏差	0.5mm	±1.0mm	12′

4 孔边处第二道密封胶应为硅酮结构密封胶；

5 夹层玻璃、中空玻璃的钻孔可采用大、小孔相配的方式。

8.4.4 中空玻璃合片加工时，应考虑制作地点和安装地点不同气压的影响，应采取措施防止玻璃大面变形。

8.4.5 聚碳酸酯板的加工应符合下列规定：

1 加工允许偏差应符合表 8.4.5 的规定；

表 8.4.5 聚碳酸酯板加工允许偏差（mm）

项 目	边长 L≤2000	边长 L>2000
边长	±1.5	±2.0
对角线差（矩形、等腰梯形）	2.0	3.0
菱形、平行四边形、任意梯形的对角线	±2.0	±3.0
边直度	1.5	2.0
钻孔位置	0.5	0.5
孔的中心距	±1.0	±1.0
三角形、菱形、平行四边形、梯形的高	±2.5	±3.5

2 板材可冷弯成型，也可采用真空成型，不得采用板材胶粘成型。

8.4.6 聚碳酸酯板加工表面不得出现灼伤，直接暴露的加工表面宜采取抗紫外线老化的防护措施。

8.5 明框采光顶组件

8.5.1 夹层玻璃、聚碳酸酯板与槽口的配合尺寸（图 8.5.1）应符合表 8.5.1 的要求。

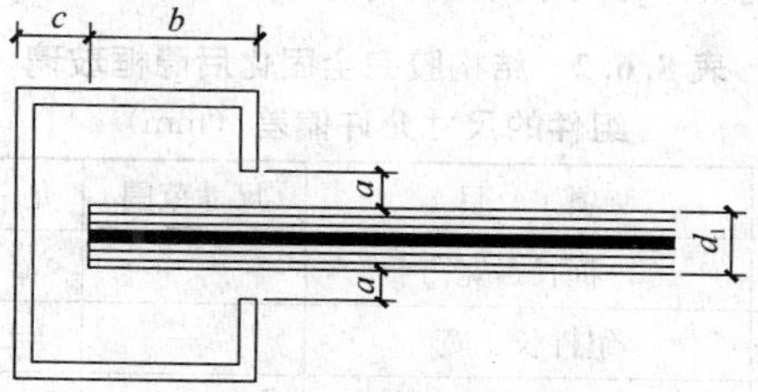

图 8.5.1 夹层玻璃、聚碳酸酯板与槽口的配合示意

a，c—间隙；b—嵌入深度；d_1—夹层玻璃或聚碳酸酯板厚度

表 8.5.1 夹层玻璃、聚碳酸酯板与槽口的配合尺寸（mm）

总厚度 d_1（mm）		a	b	c
玻璃	10～12	≥4.5	≥22	≥5
	大于 12	≥5.5	≥24	≥5
聚碳酸酯板（实心板）	≤10	≥4.5	≥25	≥22
	>10	≥5.5	≥25	≥24

8.5.2 夹层中空玻璃与槽口的配合尺寸（图 8.5.2）

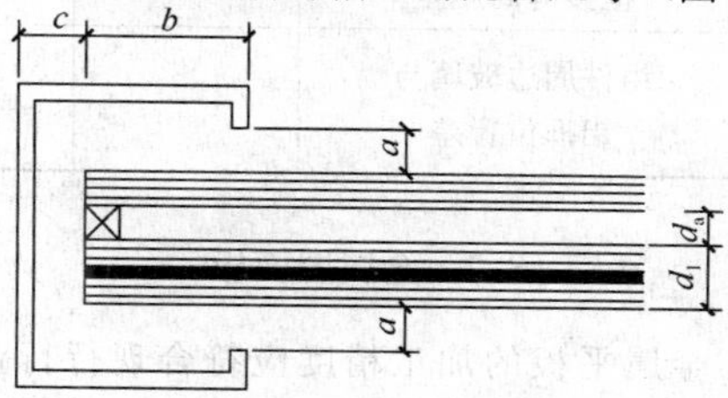

图 8.5.2 夹层中空玻璃与槽口的配合示意

a，c—间隙；b—嵌入深度；

d_1—夹层中空玻璃厚度；d_a—空气层厚度

宜符合表 8.5.2 的要求。

表 8.5.2　夹层中空玻璃与槽口的配合尺寸（mm）

夹层中空玻璃总厚度	d_1	a	b	c		
				下边	上边	侧边
$6+d_a+d_1$	5+PVB+5	≥5	≥19	≥7	≥5	≥5
$8+d_a+d_1$ 及以上	6+PVB+6	≥6	≥22	≥7	≥5	≥5

8.5.3　明框玻璃采光顶组件导气孔及排水通道的形状、位置应符合设计要求，组装时应保证通道畅通。

8.6　隐框采光顶组件

8.6.1　硅酮结构密封胶固化期间，不应使结构胶处于单独受力状态。组件在硅酮结构密封胶固化并达到足够承载力前不应搬运。

8.6.2　硅酮结构密封胶完全固化后，隐框玻璃采光顶装配组件的尺寸偏差应符合表 8.6.2 的规定。

表 8.6.2　结构胶完全固化后隐框玻璃组件的尺寸允许偏差（mm）

序号	项　目	尺寸范围	允许偏差
1	框长、宽	—	±1.0
2	组件长、宽	—	±2.5
3	框内侧对角线差及组件对角线差（矩形和等腰梯形）	长度≤2000	2.5
		长度>2000	3.5
4	三角形、菱形、平行四边形、梯形的高	—	±3.5
5	菱形、平行四边形、任意梯形对角线	—	±3.0
6	组件平面度	—	3.0
7	组件厚度	—	±1.5
8	胶缝宽度	—	+2.0，0
9	胶缝厚度	—	+0.5，0
10	框组装间隙	—	0.5
11	框接缝高度差	—	0.5
12	组件周边玻璃与铝框位置差	—	±1.0

8.7　金属屋面板

8.7.1　金属平板的加工精度应符合现行行业标准《金属与石材幕墙工程技术规范》JGJ 133 的规定。

8.7.2　金属压型板的基板尺寸允许偏差应符合表 8.7.2 的规定。

表 8.7.2　基板尺寸允许偏差（mm）

项　目	允许偏差（mm）		检测要求
	钢卷板	铝卷板	
镰刀弯	25	75	测量标距为 10m
波高	8	15	波峰与波谷平面的竖向距离

8.7.3　对于有弧度的屋面板应根据板型和弯弧半径选择自然成弧或机械预弯成弧，外观应平整、顺滑。

8.7.4　屋面板可采用工厂加工或工地现场加工。对于板长超过 10m 的板件宜采用现场压型加工。

8.7.5　压型金属板材和泛水板加工成型后应符合下列规定：

　1　不得出现基板开裂现象；

　2　无大面积明显的凹凸和皱褶，表面应清洁；

　3　涂层或镀层应无肉眼可见裂纹、剥落和擦痕等缺陷。

8.7.6　压型金属板材加工（图 8.7.6）允许偏差应符合表 8.7.6 的规定。

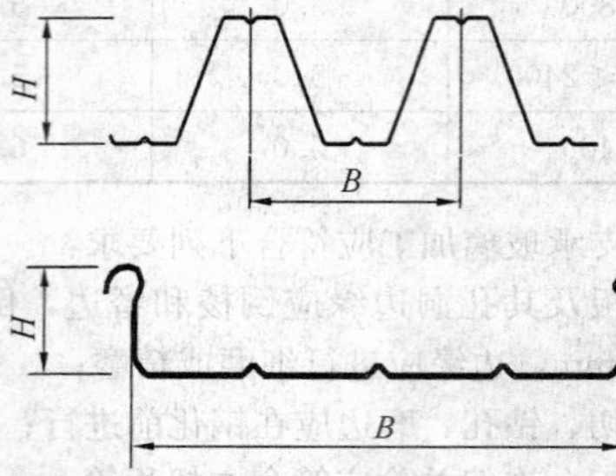

图 8.7.6　压型金属板材加工图

表 8.7.6　屋面压型金属板材加工允许偏差（mm）

项 目 内 容			允许偏差
波距		≤200	±1.0
		>200	±1.5
波高	钢板、钛锌板	H≤70	±1.5
		H>70	±2.0
	铝合金板		±2.0
侧向弯曲（在长度范围内）	铝合金板钢板		20.0
	铝、钛锌等合金板		25.0
覆盖宽度	钢板、钛锌板	H≤70	+8.0，−2.0
		H>70	+5.0，−2.0
	铝合金板	H≤70	+10.0，−2.0
		H>70	+7.0，−2.0
板长			+9.0
横向剪切偏差			5.0

8.7.7 泛水板、包角板、排水沟几何尺寸的允许偏差应符合表 8.7.7 的规定。

表 8.7.7 泛水板、包角板、排水沟几何尺寸加工允许偏差

项　目	下料长度(mm)	下料宽度(mm)	弯折面宽度(mm)	弯折面夹角(°)
允许偏差	±5.0	±2.0	±2.0	2

注：表中的允许偏差适用于弯板机成型的产品。用其他方法成型的产品也可参照执行。

8.8 光伏系统

8.8.1 电池板的正负电极应与接线盒可靠连接。接线盒安装牢固，无松动现象，并用专用密封胶密封。

8.8.2 汇流条、互联条应焊接牢固、平直、无突出、毛刺等缺陷。

8.8.3 电池板封装过程中，应严格控制各项加工参数，并在出厂前贴标签，注明电池板的各项性能参数。

9 安装施工

9.1 一般规定

9.1.1 采光顶与金属屋面安装前，应对主体结构进行测量，经验收合格后方可进行安装施工。

9.1.2 采光顶与金属屋面的安装施工应编制施工组织设计，应包括下列内容：

1 工程概况、组织机构、责任和权利、施工进度计划和施工程序安排（包括技术规划、现场施工准备、施工队伍及有关组织机构等）；

2 材料质量标准及技术要求；

3 与主体结构施工、设备安装、装饰装修的协调配合方案；

4 搬运、吊装方法、测量方法及注意事项；

5 试验样品设计、制作要求和物理性能检验要求；

6 安装顺序、安装方法及允许偏差要求，关键部位、重点难点部位施工要求，嵌缝收口要求；

7 构件、组件和成品的现场保护方法；

8 质量要求及检查验收计划；

9 安全措施及劳动保护计划；

10 光伏系统安装、调试、运行和验收方案；

11 相关各方交叉配合方案。

9.1.3 采光顶与金属屋面工程的施工测量放线应符合下列要求：

1 分格轴线的测量应与主体结构测量相配合，及时调整、分配、消化测量偏差，不得积累；放线时应进行多次校正；

2 应定期对安装定位基准进行校核；

3 测量应在风力不大于 4 级时进行。

9.1.4 安装过程中，应及时对采光顶与金属屋面半成品、成品进行保护；在构件存放、搬运、吊装时不得碰撞、损坏和污染构件。

9.2 安装施工准备

9.2.1 安装施工之前，应检查现场清洁情况，脚手架和起重运输设备等应具备安装施工条件。

9.2.2 构件储存时应依照采光顶与金属屋面安装顺序排列放置，储存架应有足够的承载力和刚度。在室外储存时应采取保护措施。

9.2.3 采光顶、金属屋面与主体结构连接的预埋件，应在主体结构施工时按设计要求埋设，预埋件的位置偏差不应大于 20mm。采用后置埋件时，其方案应经确认后方可实施。

9.2.4 采光顶与金属屋面的支承构件安装前应进行检验与校正。

9.3 支承结构

9.3.1 采光顶、金属屋面支承结构的施工应符合国家现行相关标准的规定。钢结构安装过程中，制孔、组装、焊接和涂装等工序应符合现行国家标准《钢结构工程施工质量验收规范》GB 50205 的有关规定。

9.3.2 大型钢结构构件应进行吊装设计，并宜进行试吊。

9.3.3 钢结构安装就位、调整后应及时紧固，并应进行隐蔽工程验收。

9.3.4 钢构件在运输、存放和安装过程中损坏的涂层及未涂装的安装连接部位，应按现行国家标准《钢结构工程施工质量验收规范》GB 50205 的有关规定补涂。

9.4 采光顶

9.4.1 采光顶的安装施工应按下列要求进行：

1 根据采光顶的形状确定施工放线的基点，找出定位基准线，以基准线为定位点确定采光顶各分格点的空间定位，支座安装应定位准确；

2 支承结构的安装应按预定安装顺序安装；

3 采光顶框架构件、点支承装置安装调整就位后应及时紧固；

4 装饰压板应顺水流方向设置，表面应平整，接缝符合设计要求；

5 采光顶的周边封堵收口、屋脊处压边收口、支座处封口处理应铺设平整且可靠固定，并应符合设计要求；

6 采光顶防雷体系的设置应符合设计要求；

7 采光顶天沟、排水槽及隐蔽节点施工应符合设计要求；

8 保温材料应铺设平整且可靠固定，拼接处不应留缝隙；

9 通气槽及雨水排出口等应按设计要求施工；

10 安装用的临时紧固件应在构件紧固后及时拆除；

11 采用现场焊接或高强度螺栓紧固的构件，在安装就位后应及时进行防锈处理。

9.4.2 采光顶玻璃安装应按下列要求进行：

1 安装前应对玻璃进行表面清洁；

2 采用橡胶条密封时，胶条长度宜比边框内槽口长1.5%～2.0%；橡胶条斜面断开后应拼成预定的设计角度，并应粘结牢固、镶嵌平整；

3 球形或椭球形采光顶玻璃安装宜按从中心向四周辐射的方法施工。

9.4.3 硅酮建筑密封胶施工环境温度应符合产品要求和设计要求，打注前应保证打胶面清洁、干燥，不宜在夜晚、雨天打注。

9.4.4 采光顶玻璃较厚时，可采用上下两面分别注胶。

9.4.5 框支承采光顶构件安装允许偏差应符合表9.4.5的规定。

表 9.4.5 框支承采光顶构件安装允许偏差

序号	项目	尺寸范围	允许偏差（mm）
1	水平通长构件吻合度	构件总长度≤30m	10.0
		30m<构件总长度≤60m	15.0
		60m<构件总长度≤90m	20.0
		构件总长度>90m	25.0
2	采光顶坡度	坡起长度≤30m	+10
		30m<坡起长度≤60m	+15
		60m<坡起长度≤90m	+20
		坡起长度>90m	+25
3	单一纵向、横向构件直线度	构件长度≤2000mm	2.0
		构件长度>2000mm	3.0
4	横向、纵向构件直线度	采光顶长度或宽度≤35m	5.0
		采光顶长度或宽度>35m	7.0
5	分格框对角线差	对角线长度≤2000mm	3.0
		对角线长度>2000mm	3.5
6	檐口位置差	相邻两组件	2.0
		长度≤10m	3.0
		长度>10m	6.0
		全长方向	10.0
7	组件上缘接缝的位置差	相邻两组件	2.0
		长度≤15m	3.0
		长度>30m	6.0
		全长方向	10.0
8	屋脊位置差	相邻两组件	3.0
		长度≤10m	4.0
		长度>10m	8.0
		全长方向	12.0
9	同一缝隙宽度差	与设计值比	±2.0

9.4.6 点支承的采光顶安装应符合表9.4.6的规定。

表 9.4.6 点支承采光顶安装允许偏差

序号	项目	尺寸范围	允许偏差（mm）
1	脊（顶）水平高差	—	±3.0
2	脊（顶）水平错位	—	±2.0
3	檐口水平高差	—	±3.0
4	檐口水平错位	—	±2.0
5	跨度（对角线或角到对边垂高）差	≤3000mm	3.0
		≤4000mm	4.0
		≤5000mm	6.0
		>5000mm	9.0
6	胶缝宽度	与设计值相比	0，+2.0
7	胶缝厚度	同一胶缝	0，+0.5
8	采光顶接缝及大面玻璃水平度	采光顶长度≤30m	±10.0
		30m<采光顶长度≤60m	±15.0
9	采光顶接缝直线度	采光顶长度或宽度≤35m	±5.0
		采光顶长度或宽度>35m	±7.0
10	相邻面板平面高低差	—	2.5

9.5 金属平板、直立锁边板屋面

9.5.1 金属平板屋面的安装和运输应符合现行行业标准《金属与石材幕墙工程技术规范》JGJ 133的相关规定。

9.5.2 直立锁边板应根据板型和设计的配板图铺设；铺设时应先在檩条上安装固定支座，板材和支座的连接应按所采用板材的要求确定。

9.5.3 直立锁边板的肋高和板宽应符合设计要求，顺水流方向设置；沿坡度方向（纵向）宜为一整体，无接口，无螺钉连接；压型面板长度不宜大于25m，且应设置相应变形导向控制点。

9.5.4 直立锁边屋面板与立面墙体及突出屋面结构等交接处应作泛水处理，固定就位后搭接口处应采用密封材料密封。

9.5.5 直立锁边板咬合应符合设计要求，平行咬口间距应准确、立边高度应一致。咬口顶部不得有裂纹，咬口连接处直径（或高度）应满足系统供应商技术要求，偏差不得超过2mm。

9.5.6 直立锁边屋面的檐口线、泛水段应顺直，无起伏现象。檐口与屋脊局部起伏5m长度内不大于10mm。

9.5.7 相邻两块直立锁边板宜顺年最大频率风向搭接；上下两排板的搭接长度应根据板型和屋面坡长确定，并应符合本规程表7.4.2的要求，搭接部位应采用密封材料密封；对接拼缝与外露螺钉应作密封处理。

9.5.8 在天沟与金属面板搭接部位，金属面板伸入天沟长度应根据施工季节等因素计算确定，且不宜小于150mm；当有檐沟时，金属面板应伸入檐沟内，其长度不宜小于50mm；檐口端部应采用专用封檐板封堵；山墙应采用专用包角板封严。无檐沟屋面金属面板挑出长度不宜小于120mm，无组织排水屋面且无檐沟时金属面板挑出长度不宜小于200mm。

9.5.9 泛水板单体长度不宜大于2m，泛水板的安装应顺直；泛水板与直立锁边板的搭接宽度应符合不同板型的设计要求。

9.5.10 直立锁边系统板缝咬合方向应符合设计要求，平行流水方向板缝宜采用立咬口，咬口折边方向应按顺水流方向或主导风向设置。垂直流水方向的板缝可采用平咬口。

9.5.11 金属面板与突出屋面结构的连接处，金属面板应向上弯起固定后做成泛水，其弯起高度不宜小于200mm。

9.5.12 底泛水与面泛水安装位置及工艺应满足设计要求，接口应紧密。面泛水板与面板之间、收口板与面板之间应采用泡沫塑料封条密封，底泛水板与面板搭接处应采用硅酮密封胶粘结牢靠。

9.5.13 直立锁边金属屋面构件安装允许偏差（图9.5.13）应符合表9.5.13的规定。

表9.5.13 直立锁边金属屋面构件安装允许偏差

序号	项　目	允许偏差
1	支座直线度	$\pm L/200$mm

续表9.5.13

序号	项　目	允许偏差
2	支座与连接表面垂直度	$\pm 1.0°$
3	横向相邻支座位置差	± 5.0mm

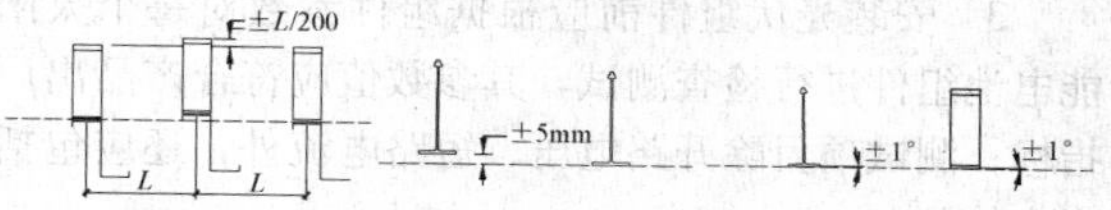

图9.5.13 直立锁边金属屋面构件安装允许偏差

9.6 梯形、正弦波纹压型金属屋面

9.6.1 采用压板固定式金属板材时应采用带防水垫圈的螺栓固定，固定点应设在波峰上。外露螺栓应采用密封胶密封。螺栓数量在波瓦四周的每一搭接边上，均不应少于3个，波中央不少于6个。

9.6.2 压型板挑出部分应符合设计规定，且无檐沟时，挑出墙面不应小于200mm；有檐沟时伸入檐沟长度不应小于150mm，檐口应采用专用堵头封檐板封堵，山墙应采用专用包角板封严。

9.6.3 铺设压型板宜从檐口开始，相邻两块应顺主导风向搭接，搭接宽度横向不应少于一个波，纵向搭接长度不应小于200mm。搭接部位应采用密封材料密封，对接拼缝与外露螺钉应作密封处理。

9.6.4 屋脊、斜脊、天沟和突出屋面结构等与屋面的连接处应采用泛水板连接，每块泛水板的长度不宜大于2m，泛水板的安装应顺直，其与压型板的搭接宽度不少于200mm，泛水高度不应小于150mm。

9.6.5 金属屋面的收边、收口和变形缝安装应符合设计要求。

9.7 聚碳酸酯板

9.7.1 聚碳酸酯板的安装宜采用干法施工，可采用湿法进行施工。

9.7.2 聚碳酸酯U形板的安装应符合下列规定：

1 板材边缘应去毛刺，孔内应保持干净；

2 可采用型材盖板、金属盖板、端部U形保护盖对U形板进行密封，U形板边部不得外露；

3 预安装件与支承结构安装之前应检查胶带有无损坏，检查合格后加盖板材端口板；

4 中空板材不宜进行横向弯曲。

9.7.3 聚碳酸酯中空平板边缘安装应符合下列规定：

1 板材与型材或镶嵌框的槽口应留出有效间隙，板材受热膨胀或在荷载作用下发生位移时不应有卡死现象；

2 板材边部被夹持部分至少含有一条筋肋。

9.8 光伏系统

9.8.1 安装施工准备应包括下列内容：

1 应对设备进行开箱检查，合格证、说明书、测试记录、附件备件均应齐全；

2 按设计要求检查太阳能电池组件的型号、规格、数量和完好程度，应无漏气、漏水、裂缝等缺陷；

3 安装光伏组件前应根据组件参数对每个太阳能电池组件进行检查测试，其参数值应符合产品出厂指标；测试项目除开路电压、短路电流外，还应包括安全检测；

4 应将工作参数接近的组件装在同一子方阵中。

9.8.2 光伏组件安装应符合下列规定：

1 安装时组件表面应铺遮光板，遮挡阳光，防止电击危险；

2 光伏组件在存放、搬运、吊装等过程中不得碰撞受损；光伏组件吊装时，其底部应衬垫木，背面不得受到任何碰撞和重压；

3 组件在支承构件上的安装位置和排列方式应符合设计要求；

4 光伏组件的输出电缆不得非正常短路。

9.8.3 布线应符合下列规定：

1 电缆宜隐藏在支承构件中，并应便于维修；

2 布线施工应符合现行国家标准《电气装置安装工程电缆线路施工及验收规范》GB 50168 的相关规定；

3 组件方阵的布线应有支撑、紧固、防护等措施，导线应留有适当余量；

4 方阵的输出端应有明显的极性标志和子方阵的编号标志；

5 电缆线穿过屋面处应预埋防水套管，并作防水密封处理；防水套管应在屋面防水层施工前埋设。

9.8.4 辅助系统、电气设备安装应符合下列规定：

1 电气设备安装应符合现行国家标准《建筑电气工程施工质量验收规范》GB 50303 的相关规定；

2 电气系统接地应符合现行国家标准《电气装置安装工程接地装置施工及验收规范》GB 50169 的相关规定；

3 带蓄能装置的光伏系统，蓄电池安装应符合现行国家标准《电气装置安装工程蓄电池施工及验收规范》GB 50172 的相关规定；

4 在逆变器、控制器的表面，不得设置其他电气设备和堆放杂物，保证设备的通风环境；

5 光伏系统并网的电气连接方式应采用与电网相同的方式，并应符合现行国家标准《光伏系统并网技术要求》GB/T 19939 的相关规定；

6 光伏系统和电网的专用开关柜应有醒目标识；标识应标明“警告”、“双电源”等提示性文字和符号。

9.8.5 系统调试应符合下列要求：

1 系统调试前应检查下列项目：

1）接线应无碰地、短路、虚焊等，设备及布线对地绝缘电阻应符合产品设计要求；

2）接地保护安全可靠；

3）光伏组件表面应清洁。

2 光伏系统调试和检测应符合国家现行标准的相关规定。

3 光伏系统应按设计要求进行调试，内容包括方阵、配电系统、数据采集系统及整体系统调试。

9.9 安全规定

9.9.1 采光顶与金属屋面的安装施工除应符合现行行业标准《建筑施工高处作业安全技术规范》JGJ 80、《建筑机械使用安全技术规程》JGJ 33、《施工现场临时用电安全技术规范》JGJ 46 的有关规定外，还应符合施工组织设计中规定的各项要求。

9.9.2 安装施工机具在使用前，应进行安全检查。电动工具应进行绝缘电压试验。手持玻璃吸盘及玻璃吸盘机应进行吸附重量和吸附持续时间试验。

9.9.3 采用脚手架施工时，脚手架应经过设计，并应与主体结构可靠连接。

9.9.4 与主体结构施工交叉作业时，在采光顶与金属屋面的施工层下方应设置防护网。

9.9.5 现场焊接作业时，应采取可靠的防火措施。

9.9.6 采用吊篮、马道施工时，应符合下列要求：

1 施工吊篮、马道应进行设计，使用前应进行严格的安全检查，符合要求方可使用；马道两侧的护栏高度不得小于 1100mm，底部应铺厚度不小于 3mm 的防滑钢板，并连接可靠；

2 施工吊篮、马道不宜作为垂直运输工具，并不得超载；

3 不宜在空中进行施工吊篮、马道检修；

4 不宜在施工马道内放置带电设备，不得利用施工马道构件作为焊接地线；

5 施工工人应戴安全帽、配带安全带。

10 工程验收

10.1 一般规定

10.1.1 采光顶与金属屋面工程在验收前应将其表面清洗干净。

10.1.2 验收时应提交下列资料：

1 竣工图、结构计算书、热工计算书、设计变更文件及其他设计文件；

2 工程所用各种材料、附件及紧固件，构件及组件的产品合格证书、性能检测报告，进场验收报告记录和主要材料复试报告；

3 工程中使用的硅酮结构胶应提供国家认可实验室出具的硅酮结构胶相容性和剥离粘结性试验报

告；进口硅酮结构胶提供商检证；

4 硅酮结构胶的注胶及养护时环境的温度、湿度记录，注胶过程记录；双组分硅酮结构胶的混匀性试验记录及拉断试验记录；

5 构件的加工制作记录；现场安装过程记录；

6 后置锚固件的现场拉拔检测报告；

7 设计要求进行气密性、水密性、抗风压、热工和抗风掀试验时，应提供其检验报告；

8 现场淋水试验记录，天沟或排水槽等关键部位的蓄水试验记录；

9 防雷装置测试记录；

10 隐蔽工程验收文件；

11 拉杆和拉索的张拉记录；

12 其他质量保证资料。

10.1.3 采光顶工程验收前，应在安装施工过程中完成下列隐蔽项目的现场验收：

1 预埋件或后置锚固件质量；

2 构件与主体结构的连接节点安装，构件之间连接节点安装；

3 排水槽和落水管的安装，排水槽与落水管之间的连接安装；

4 排水槽的防水层施工，采光顶与周边防水层的连接节点安装；

5 采光顶的四周，内表面与其他装饰面相接触部位的封堵，以及保温材料的安装；

6 屋脊处、穹顶的圆心点、不同面的转弯处等节点的安装，变形缝处构造节点安装；

7 防雷装置的安装；

8 冷凝结水收集排放装置的安装。

10.1.4 金属屋面工程验收前，应在安装施工过程完成下列隐蔽项目的现场验收：

1 预埋件或后置锚固质量；

2 支撑结构的安装及支撑结构与主体结构的连接节点安装；

3 屋面底衬板的铺装；

4 支架的安装；

5 保温层及隔声层的安装；

6 屋面面板铺装，搭接处咬合处理；

7 屋面防水层或泛水板的安装；

8 金属屋面封口收边的安装，变形缝处构造节点安装；

9 天沟或排水槽的安装节点，排水槽板之间的焊接节点，落水管与排水槽之间的连接；

10 检修口及排烟窗口的安装；

11 金属屋面防雷装置的安装。

10.1.5 采光顶与金属屋面工程质量验收应分别进行观感检验和抽样检验，并应按下列规定划分检验批：

1 安装节点设计相同，使用材料，安装工艺和施工条件基本相同的采光顶工程每 $500m^2$～$1000m^2$ 为一个检验批，不足 $500m^2$ 应划分为一个检验批；每个检验批每 $100m^2$ 应至少抽查一处，每处不得少于 $10m^2$；金属屋面工程每 $3000m^2$～$5000m^2$ 为一个检验批，不足 $3000m^2$ 应划分为一个检验批；每个检验批每 $1000m^2$ 应至少抽查一处，每处不得少于 $100m^2$；

2 天沟或排水槽应单独划分检验批，每个检验批每 20m 应至少抽查一处，每处不得小于 2m；

3 同一个工程的不连续采光顶、金属屋面工程应单独划分检验批；

4 对于异形或有特殊要求的采光顶与金属屋面工程，检验批的划分应根据结构、工艺特点及工程规模，由监理单位、建设单位和施工单位共同协商确定。

10.1.6 采光顶与金属屋面工程的构件或接缝应进行抽样检查，每个采光顶的构件或接缝应各抽查 5%，并均不得少于 3 根（处）；采光顶的分格应抽查 5%，并不得少于 10 个。抽检质量应符合本规程第 10.2 节的规定。每个金属屋面的构件或接缝应各抽查 5%，并均不得少于 3 根（处），抽检质量应符合本规程第 10.3 节的规定。

10.2 采 光 顶

10.2.1 采光顶观感检验应符合下列要求：

1 采光顶框架、支承结构及面板安装应准确并符合设计要求；

2 装饰压板应顺水流方向设置，表面应平整，不应有肉眼可察觉的变形、波纹或局部压砸等缺陷；装饰压板应按照设计要求接缝；

3 铝合金型材不应有脱膜，严重砸坑，严重划痕等现象；钢材表面氟碳涂层厚度基本一致，色泽均匀，不应有掉漆返锈、焊缝未打磨等现象；玻璃的品种、规格与颜色应与设计相符合，色泽应均匀一致，并不应有析碱、发霉、漏气和镀膜脱落等现象；

4 采光顶的周边封堵收口，屋脊处压边收口，支座处封口处理以及防雷体系均应符合设计要求；

5 采光顶的隐蔽节点应进行遮封装修，遮封板安装应整齐美观；变形缝、排烟窗等节点做法应符合设计要求；

6 天沟或排水槽的节点做法应符合设计要求；

7 现场淋水试验和天沟或排水槽的蓄水试验不应有渗漏；

8 采光顶的电动或手动开启窗以及电动遮阳帘，其抽样检验的工程验收应符合现行国家标准《建筑装饰装修工程质量验收规范》GB 50210 的有关规定。

10.2.2 框支承采光顶抽样检验应符合下列要求：

1 铝型材、钢材和玻璃表面不应有明显的电焊灼伤伤痕、油斑或其他污垢；铝型材锯口不应有铝屑或毛刺；钢材焊接处应打磨平滑；

2 玻璃安装应牢固，密封胶条应镶嵌密实，密封胶应填充饱满平整；

3 每平方米玻璃的表面质量应符合表 10.2.2-1 的规定；

表 10.2.2-1 每平方米玻璃表面质量要求

项 目	质 量 要 求
0.1mm～0.3mm 宽划伤痕	长度小于 100mm；不超过 8 条
擦伤总面积	不大于 500mm²

4 一个分格铝合金框架或钢框架表面质量应符合表 10.2.2-2 的规定；

表 10.2.2-2 一个分格铝合金框架或钢框架表面质量要求

项 目	质量要求	
	铝合金框架	钢框架
擦伤，划伤深度	不大于膜层厚度	不大于氟碳喷涂层的厚度
擦伤总面积（mm²）	不大于 500	不大于 250
划伤总长度（mm）	不大于 150	不大于 75
擦伤划伤处	不大于 4	不大于 2

5 框支承采光顶框架构件安装质量应符合表 10.2.2-3 的规定。

表 10.2.2-3 框支承采光顶框架构件安装质量要求

	项 目		允许偏差（mm）	检查方法
1	水平通长构件吻合度	构件总长度≤30m	10.0	水准仪、经纬仪或激光经纬仪
		30m＜构件总长度≤60m	15.0	
		60m＜构件总长度≤90m	20.0	
		构件总长度＞90m	25.0	
2	采光顶坡度	坡起长度≤30m	+10.0	水准仪、经纬仪或激光经纬仪
		30m＜坡起长度≤60m	+15.0	
		60m＜坡起长度≤90m	+20.0	
		坡起长度＞90m	+25.0	
3	单一纵向或横向构件直线度	长度≤2000mm	2.0	水平尺
		长度＞2000mm	3.0	
4	相邻构件的位置差	—	1.0	钢板尺塞尺

续表 10.2.2-3

	项 目		允许偏差（mm）	检查方法
5	纵向通长或横向通长构件直线度	构件长度≤35m	5.0	经纬仪或激光经纬仪
		构件长度＞35m	7.0	
6	分格框对角线差	对角线长≤2000mm	3.0	对角线尺或钢卷尺
		对角线长＞2000mm	3.5	

注：纵向构件或接缝是指垂直于坡度方向的构件或接缝；横向构件或接缝是指平行于坡度方向的构件或接缝。

10.2.3 框支承隐框采光顶的安装质量除应符合表 10.2.2-3 中的规定外，还应符合表 10.2.3 的规定。

表 10.2.3 框支承隐框采光顶安装质量要求

	项 目		允许偏差（mm）	检查方法
1	相邻面板的接缝直线度		2.5	2m 靠尺，钢板尺
2	纵向通长或横向通长接缝直线度	接缝长度≤35m	5.0	经纬仪或激光经纬仪
		接缝长度＞35m	7.0	
3	玻璃间接缝宽度（与设计值比）		±2.0	卡尺

10.2.4 点支承采光顶钢结构验收应符合现行国家标准《钢结构工程施工质量验收规范》GB 50205 的规定。

10.2.5 拉杆和拉索需预应力张拉时，应有预应力张拉值要求，并应符合设计要求。

10.2.6 点支承采光顶安装允许偏差应符合表 10.2.6 的规定。

表 10.2.6 点支承采光顶安装质量要求

	项 目		允许偏差（mm）	检查方法
1	水平通长接缝吻合度	接缝长度≤30m	10.0	水准仪、经纬仪或激光经纬仪
		30m＜接缝长度≤60m	15.0	
		接缝长度＞60m	20.0	
2	采光顶坡度	接缝长度≤30m	+10.0	经纬仪或激光经纬仪
		30m＜接缝长度≤60m	+20.0	
		接缝长度＞60m	+30.0	
3	相邻面板的平面高低差		±2.5	2m 靠尺，钢板尺

续表 10.2.6

	项　目	允许偏差 (mm)	检查方法
4	相邻面板的接缝直线度	2.5	2m 靠尺，钢板尺
5	玻璃间接缝宽度（与设计值比）	±2.0	卡尺

10.2.7 钢爪安装偏差应符合下列要求：

1 相邻钢爪距离偏差不应大于 1.5mm；

2 同一平面钢爪的高度允许偏差应符合表 10.2.7 的规定；

3 同一平面相邻面板钢爪的高度允许偏差不应大于 1.0mm。

表 10.2.7 同一平面钢爪的高度允许偏差

	项　目	允许偏差 (mm)	检查方法
1	单元长度≤30m	5.0	水准仪、经纬仪或激光经纬仪
2	30m＜单元长度≤60m	7.5	
3	单元长度＞60m	10.0	

10.2.8 聚碳酸酯 U 形板采光顶工程除应符合采光顶的质量验收要求外，还应符合下列规定：

1 板面固定牢固，收边整洁，保护膜应清理干净；

2 板材表面应扩口后再采用自攻螺钉固定；

3 检查板材的安装方向，板材 UV 面应朝向阳光方向且不得横方向弯曲。

10.3 金属平板屋面

10.3.1 金属平板屋面观感检验应符合下列要求：

1 金属屋面的收边、收口应整齐美观，节点做法符合设计要求；

2 天沟或排水槽的节点做法、天沟与金属屋面板的接缝应符合设计要求；焊缝宽度适中，光滑流畅，无焊瘤，无咬边，无夹渣，无裂纹，无气孔；

3 天窗、排烟窗、排气窗、屋面检修口、防雷装置等部位节点做法应符合设计要求，安装牢固，安装位置正确，搭接顺序准确；

4 伸缩缝、沉降缝、防震缝等变形缝的节点做法应符合设计要求，安装牢固，安装位置正确，搭接顺序准确，并保持外观效果的一致性；

5 出金属屋面构造物应设有支撑结构，并自成体系，不应直接固定在金属屋面板上；

6 现场淋水试验和水槽的蓄水试验不应有渗漏；

7 胶缝应平直，表面应光滑，无污染、无漏胶、无起泡、无开裂；

8 框架及面板安装应准确并符合设计要求；

9 金属板材表面应无脱膜现象，颜色均匀，表面平整，不应有可觉察的变形、波纹或局部压砸等缺陷。

10.3.2 金属屋面工程抽样检验的一般要求应符合下列规定：

1 金属板面层不应有明显的电焊灼伤伤痕、油斑和其他污垢；截口应平齐，无毛刺；

2 每平方米金属面板的表面质量应符合表 10.3.2 的规定。

表 10.3.2 每平方米金属面板的表面质量

项　目	质 量 要 求
0.1mm～0.3mm 宽划伤	长度小于 100mm；不超过 8 条
擦伤	不大于 $500mm^2$

注：1 露出金属基体的为划伤；

2 没有露出金属基体的为擦伤。

10.3.3 金属平板屋面的安装质量应符合表 10.3.3 的规定。

表 10.3.3 金属平板屋面安装质量要求

	项　目		允许偏差 (mm)	检查方法
1	水平通长接缝的吻合度	接缝长度≤30m	10	水准仪、经纬仪或激光经纬仪
		30m＜接缝长度≤60m	15	
		60m＜接缝长度≤90m	20	
		90m＜接缝长度≤150m	25	
		接缝长度＞150m	30	
2	金属屋面坡度	起坡长度≤30m	+10	水准仪、经纬仪或激光经纬仪
		30m＜起坡长度≤60m	+15	
		60m＜起坡长度≤90m	+20	
		起坡长度＞90m	+25	
3	通长纵缝或横缝直线度	纵向、横向长度≤35m	5	经纬仪或激光经纬仪
		纵向、横向长度＞35m	7	

10.4 压型金属屋面

10.4.1 金属屋面观感检验除应符合本规程 10.3.1

条1～6款外还应符合下列要求：

1 金属屋面板的肋高和板宽应符合设计要求，且顺水流方向设置；沿坡度方向（横向）应为一整体，无接口，无螺钉连接处；

2 面层屋面卷板伸入天沟或排水槽的长度应符合设计要求，其伸入长度不应小于50mm；面板之间搭接应顺茬搭接，且搭接严密；

3 面层屋面卷板搭接处咬合方向应符合设计要求，咬合紧密，且连续平整，不应出现扭曲和裂口现象；

4 底泛水和面泛水安装位置及工艺应满足设计要求，接合应紧密；

5 檐口收边与山墙收边应安装牢固，包封严密，棱角顺直，并应符合设计要求。

10.4.2 金属屋面工程抽样检验除应符合本规程10.3.2条相关规定外还应符合下列要求：

1 面泛水板与面板之间，收口板与面板之间宜采用泡沫塑料封条密封，底泛水板与面板搭接处应采用硅酮密封胶粘结牢靠；

2 直立锁边式金属屋面板安装质量应符合表10.4.2的规定。

表10.4.2 直立锁边式金属屋面板安装质量要求

项目			允许偏差（mm）	检查方法
1	纵向通长构件的吻合度	构件长度≤35m	5	水准仪、经纬仪或激光经纬仪
		构件长度＞35m	7	
2	金属屋面坡度	起坡长度≤50m	+20	水准仪、经纬仪或激光经纬仪
		起坡长度＞50m	+30	
3	横向通长构件直线度	横向构件长度≤35m	5	经纬仪或激光经纬仪
		横向构件长度＞35m	7	

10.5 光伏系统

10.5.1 工程验收时应对光伏采光顶、光伏金属屋面工程的光伏系统进行专项验收。

10.5.2 光伏采光顶、光伏金属屋面工程的光伏系统验收项目宜包括下列内容：

1 电气设备应按现行国家标准《建筑电气工程施工质量验收规范》GB 50303的相关规定验收；

2 电气线缆线路应按现行国家标准《电气装置安装工程电缆线路施工及验收规范》GB 50168的相关规定验收。电气系统接地应按现行国家标准《电气装置安装工程接地装置施工及验收规范》GB 50169的相关规定验收；

3 逆变器应按现行国家标准《离网型风能、太阳能发电系统用逆变器 第1部分：技术条件》GB/T 20321.1的规定验收；

4 带蓄能装置的光伏系统，蓄电池应按现行国家标准《电气装置安装工程蓄电池施工及验收规范》GB 50172的规定验收；

5 并网系统应按现行国家标准《光伏系统并网技术要求》GB/T 19939的相关规定验收。

10.5.3 竣工验收时尚应提交下列资料：

1 竣工图、设计变更文件及光伏系统计算书，计算内容应包括结构设计、发电量和阴影分析等。

2 光伏组件玻璃的产品合格证、性能检验报告和进场验收记录。性能检验项目应包括：光伏玻璃的耐潮湿性、耐紫外线辐照性以及相关光学性能指标。

3 光伏组件各项性能检测报告，检验项目包括开路电压、短路电流、峰值功率和温度系数等。

4 逆变器和配电成套设备的检测报告，产品合格证书和产品认证证书。

5 光伏防雷系统工程验收记录。

6 系统调试和试运行记录。

7 系统运行、监控、显示、计量等功能的检验记录。

8 工程使用、运行管理及维护说明书。

10.5.4 光伏系统验收前，应在安装施工中完成下列隐蔽项目的现场验收：

1 光伏组件之间、光伏组件与支承构件之间的结构安全性、电气连接及建筑封堵；

2 系统防雷与接地保护的连接节点；

3 隐蔽安装的电气管线工程。

10.5.5 对于影响工程安全和系统性能的验收项目，应在本项目验收合格后才能进入下一道工序的施工。这些验收项目至少包括下列内容：

1 在光伏系统验收前，进行防水工程的验收；

2 在光伏组件就位前，进行光伏系统支承结构的验收；

3 光伏系统电气预留管线的验收；

4 既有建筑增设或改造的光伏系统工程施工前，进行建筑结构和建筑电气安全检查。

10.5.6 竣工验收应在光伏系统工程分项工程验收或检验合格后，交付用户前进行。所有验收应做好记录，签署文件，立卷归档。

11 保养和维修

11.1 一般规定

11.1.1 采光顶、金属屋面工程竣工验收时，承包商应向业主提供使用维护说明书，应包括下列内容：

1 采光顶或金属屋面的设计依据、主要性能参数及结构的设计使用年限；

2　使用注意事项、光伏系统电气安全注意事项；

3　日常与定期的维护、保养要求；

4　主要结构特点及易损零部件更换方法；

5　备品、备件清单及主要易损件的名称、规格；

6　承包商的保修责任。

11.1.2　在采光顶或金属屋面交付使用前，在业主有要求时，工程承包商应为业主培训维修、维护人员。

11.1.3　采光顶或金属屋面交付使用后，业主应根据使用维护说明书的相关要求及时制定采光顶或金属屋面的维修、保养计划与制度。

11.1.4　外表面的检查、清洗、保养与维修应符合现行行业标准《建筑外墙清洗维护技术规程》JGJ 168的相关规定。凡属高空作业者，应符合现行行业标准《建筑施工高处作业安全技术规范》JGJ 80的有关规定。

11.1.5　光伏系统的运行、维护和保养应由相关专业公司进行，并配备专人进行系统的操作、维护和保养管理工作。禁止调整控制器参数。蓄电池充放电状态失常时，应由有关生产厂家进行检查和调整。

11.2　检查与维修

11.2.1　采光顶、金属屋面日常维护和保养应符合下列规定：

1　表面应整洁，避免锐器及腐蚀性气体、液体与其接触；

2　排水系统应畅通，导水通道不得堵塞；

3　在使用过程中如发现窗启闭不灵或附件、电路系统损坏等现象时，应及时修理或更换；

4　密封胶或密封胶条不得脱落或损坏；

5　构件或附件的螺栓不得松动或锈蚀；

6　对锈蚀的构件应及时除锈补漆或采取其他防锈措施。

11.2.2　光伏系统日常维护和保养应符合下列规定：

1　光伏电池列阵表面不得有局部污物、不得破损；

2　在运行过程中，应加强对各系统硬件、软件工作状态、运行情况等方面的日常检查，发现有异常情况应及时处理，并做好维修记录；

3　线路及电缆接插件连接检查；接线箱等外壳不得有锈蚀现象；

4　定期填写每旬（或月）的供电量统计记录、系统的运行、维护和检查记录；

5　机房环境湿度、温度应符合要求，保持机房空气清洁，定期通风换气。

11.2.3　定期检查和维护应符合下列规定：

1　在采光顶或金属屋面工程竣工验收后一年时，应对工程进行一次全面的检查；此后每五年应检查一次；检查项目应包括：

1）整体有无变形、错位、松动，如有，则应对该部位对应的隐蔽结构进行进一步检查；主要承力构件、连接构件和连接螺栓等是否损坏、连接是否可靠、有无锈蚀等；

2）采光顶或金属屋面的面板有无松动、损坏；

3）密封胶有无脱胶、开裂、起泡，密封胶条有无脱落、老化等损坏现象；

4）开启部分是否启闭灵活，五金附件是否有功能障碍或损坏，电路是否畅通，安装螺栓或螺钉是否松动和失效；

5）排水系统是否通畅；检查和清理排水天沟内的垃圾和灰尘不应超过6个月，并应在雨季尤其是雷、暴雨季节增加检查频率。

2　金属屋面磨损、破坏后修复部位应每年检查一次。

3　施加预拉力的拉杆或拉索结构的采光顶工程在工程竣工验收后六个月时，应对该工程进行一次全面的预拉力检查和调整，此后每三年应检查一次。

4　采光顶工程使用十年后应对该工程不同部位的结构硅酮密封胶进行粘结性能的抽样检查；此后每三年宜检查一次。

11.2.4　光伏系统定期检查和维护应符合下列规定：

1　所有部位接线检查。

2　光伏组件的封装及接线接头，不得有封装开胶进水、电池变色及接头松动、脱线、腐蚀等现象。

3　应每季度检查一次太阳能电池列阵，内容包括：

1）绝缘电阻测量检查；

2）开路电压测量检查。

4　应每季度进行一次接线箱的绝缘电阻测量检查。

5　应每季度检查一次逆变器、蓄电池、并网系统保护装置，内容包括：

1）显示功能；

2）绝缘电阻测量检查；

3）逆变器保护功能试验；

4）蓄电池的接线端子的连接、保护性外套、通风孔和引线等。“免维护”蓄电池还需要检查容器、接线端子、引线和通风措施。

6　应每季度进行一次接地检查。

7　应定期检测蓄电池荷电状态，当蓄电池电解液液面下降时，需向蓄电池内添加去离子水或蒸馏水。

8　应定期检查新生长的植物是否遮挡了太阳光照射通道。

11.2.5　灾后检查和修复应符合下列规定：

1　当采光顶或金属屋面遭遇强风袭击后，应及时对采光顶或金属屋面进行全面的检查，修复或更换损坏的构件；对张拉杆索结构的采光顶工程，应进行一次全面的预拉力检查和调整；

2 当采光顶或金属屋面遭遇地震、火灾等灾害后，应由专业技术人员对采光顶或金属屋面进行全面的检查，并根据损坏程度制定处理方案，及时处理。

11.3 清　洗

11.3.1 应根据采光顶或金属屋面表面的积灰污染程度，确定其清洗次数，但每年不应少于一次。

11.3.2 清洗采光顶或金属屋面应按采光顶、金属屋面使用维护说明书要求选用清洗液。

11.3.3 清洗过程中不得撞击和损伤采光顶或金属屋面的表面。

11.3.4 光伏采光顶、光伏屋面宜由专业人员指导进行清洗。

附录 A　金属屋面物理性能试验方法

A.0.1 试验设备应符合下列规定：

1 压力箱体应能将试件水平或按指定的角度安装，并应使试件周围得到可靠的密封（图 A.0.1）；

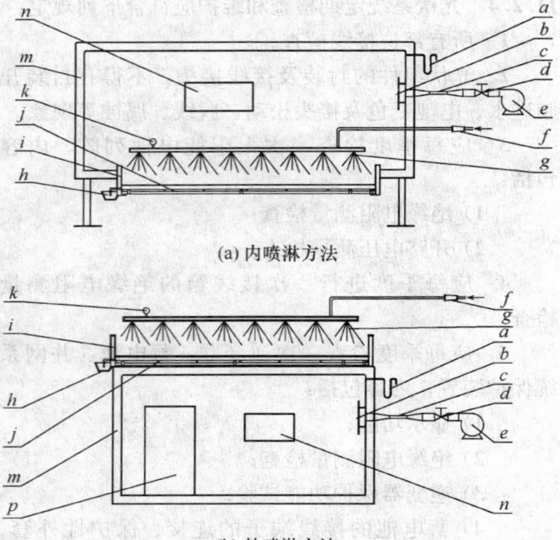

(a) 内喷淋方法

(b) 外喷淋方法

图 A.0.1　金属屋面物理性能检测设备示意图

a—压力计；*b*—挡板；*c*—风速测量装置；*d*—阀门；*e*—风压提供装置；*f*—水流量计；*g*—喷淋装置；*h*—排水装置；*i*—样品安装架；*j*—试验样品；*k*—水压计；*m*—压力箱；*n*—视窗；*p*—通行门

2 风压提供装置应能按照现行国家标准《建筑幕墙》GB/T 21086、《建筑幕墙气密、水密、抗风压性能检测方法》GB/T 15227 的规定提供指定的风压；

3 淋水装置应满足现行国家标准《建筑幕墙》GB/T 21086、《建筑幕墙气密、水密、抗风压性能检测方法》GB/T 15227 和设计者提出的淋水量和淋水方向要求；

4 空气流量测量装置应满足现行国家标准《建筑幕墙》GB/T 21086、《建筑幕墙气密、水密、抗风压性能检测方法》GB/T 15227 的规定；

5 位移测量装置应满足面板、檩条位移测量的需要，测试精度应达到现行国家标准《建筑幕墙气密、水密、抗风压性能检测方法》GB/T 15227 的规定；

6 压力测量装置应能实时检测并反馈压力箱体内外空气压力差值。

A.0.2 金属屋面试件安装应符合下列规定：

1 至少应有一个面板与实际工程的受力状态相符合，至少应有一个完整波距，且密封状态相符合；

2 T 形支座的制作、安装应与实际工程相符合，T 形支座间距应能反映实际工程情况；

3 金属屋面各功能层的安装应与实际工程相符合；

4 屋面板端头可采用适当方法进行密封，但不应影响气密性的测量结果。

A.0.3 金属屋面试件在检验设备上宜按水平方向安装，必要时可按屋面工程的实际角度进行安装。

A.0.4 气密性能、水密性能和抗风压性能试验过程可按现行国家标准《建筑幕墙气密、水密、抗风压性能检测方法》GB/T 15227 的规定进行。

A.0.5 试验结果可按现行国家标准《建筑幕墙》GB/T 21086 进行定级。检测报告应符合现行国家标准《建筑幕墙气密、水密、抗风压性能检测方法》GB/T 15227 的规定。

附录 B　金属屋面抗风掀试验方法

B.0.1 试验设备应符合下列规定：

1 试验设备应由试验箱体、风压提供装置、位移测量装置和压力测量装置组成，其性能应满足本附录测试的过程需要。

2 试验箱体应由三部分组成：底部压力箱、中部安装架和上部压力箱（图 B.0.1）。压力箱应具有足够的刚度，确保试验过程中不影响试验结果。

3 试验装置压力箱内部最小尺寸应为 3050mm×3050mm。

4 试验设备底部压力箱应密闭，应具有独立的压力施加装置，应为正压腔体。试验时应施加静压。空气压力测量点应为五个点，可采用外径为 ϕ6.4mm 的铜管，从压力箱平面四个角部底部伸入到内部，应与水平面成 45°，四个角部的铜管口到角部距离应为 1067mm，第五根铜管应距风管道入口中心 457mm。五个测点管口距压力箱底部距离应为 178mm，应通过外径为 ϕ6.4mm 的铜管连接到一起，并与压力测量装置进行连接。

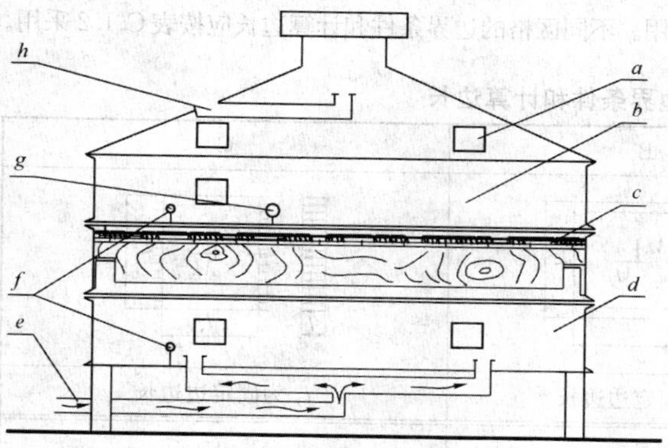

图 B.0.1 抗风掀试验设备示意图

a—观察孔；*b*—上部压力箱；*c*—试件；*d*—底部压力箱；*e*—下进气口；*f*—压力测点；*g*—位移测量装置；*h*—上进气口

5 试验设备上部压力箱应密闭，应具有独立的压力施加装置，应为负压腔体。试验时应进行波动加压。空气压力测量点应为五个点，可采用外径为 ϕ6.4mm 的铜管，从压力箱平面四个角部底部伸入到内部，应与水平面成 45°，四个角部的铜管口到角部距离应为 457mm。第五根铜管应距风管道入口中心 305mm，五个测点管口距压力箱底部距离应为 203mm，应通过外径为 ϕ6.4mm 的铜管连接到一起，并与压力测量装置进行连接。

6 风压提供装置应由两套独立的装置组成，分别为上下压力箱提供风压。

7 记录仪应能记录测试时的压力情况。

B.0.2 试件安装应符合下列规定：

1 金属屋面试件应具有代表性，应和实际工程安装的构造相符合；

2 试件与上下两个压力箱体之间应安装牢固，并进行可靠的密封；

3 测试设备和试件应在室温状态下保持一段时间，直到其温度达到室温后方可进行测试。

B.0.3 试验过程及方法应符合下列规定：

1 上部箱体应施加负压，下部箱体应施加正压。具体施加的压力数值和时间应符合本规程表 B.0.4 的规定。其中每个级别的第 3 阶段的波动周期为(10±2)s。

2 在第 15 级测量时，测试压力与设定压力值误差不宜超过 49.8Pa，平均压力与设定压力值的误差不宜超过 37.3Pa，在第 30、60 和 90 级测量时，各级测试压力与设定压力值误差不宜超过 77.2Pa，平均压力与设定压力值误差不宜超过 62.2Pa。

3 每级 60min 波动加压结束、定级检测项目完成后，应检查试件并对观察结果进行记录。

4 测试过程中应对试件的垂直位移进行记录。

5 在测试阶段，除非设备发生渗漏，否则不得对试件进行修理或修复。

B.0.4 试验分级应符合下列规定：

1 测试结果分为四级：15 级、30 级、60 级和 90 级，其测试要求应符合表 B.0.4 的规定；

表 B.0.4 金属屋面抗风掀性能分级

性能分级	检测阶段	持续时间 (min)	负压 (kPa)	正压 (kPa)
15 级	1	5	0.45	0.00
	2	5	0.45	0.25
	3	60	0.27～0.78	0.25
	4	5	0.70	0.00
	5	5	0.70	0.40
30 级	1	5	0.79	0.00
	2	5	0.79	0.66
	3	60	0.39～1.33	0.66
	4	5	1.16	0.00
	5	5	1.16	1.00
60 级	1	5	1.55	0.00
	2	5	1.55	1.33
	3	60	0.79～2.66	1.33
	4	5	1.94	0.00
	5	5	1.94	1.66
90 级	1	5	2.33	0.00
	2	5	2.33	1.99
	3	60	1.16～2.33	1.99
	4	5	2.71	0.00
	5	5	2.71	2.33

2 如果需要达到 90 级，试件应通过 30 级和 60 级，并能达到 90 级；如果需要达到 60 级，试件应通过 30 级和 15 级，并能达到 60 级；如果需要达到 30 级，可直接检测，不必进行 15 级检测。

附录 C 弹性板的弯矩系数和挠度系数

C.1 均布荷载作用下四边简支板和四边支承板

C.1.1 不同加肋方式面板类型可分为四边简支板和四边支承板（图 C.1.1）。

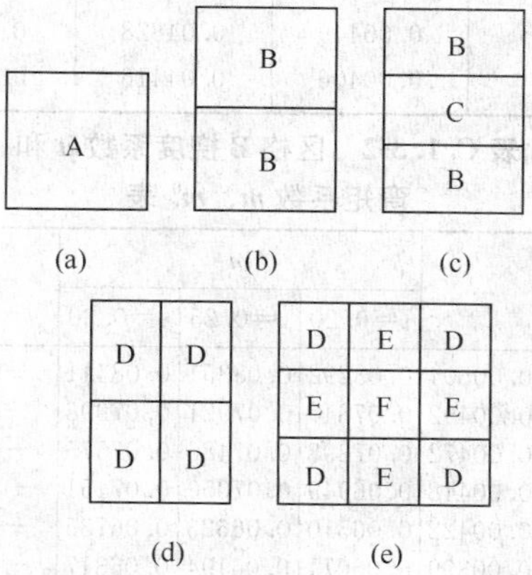

图 C.1.1 板块不同边界条件类型

（a）四边简支板；（b）、（c）、（d）、（e）为不同加肋方式的四边支承板；

A、B、C、D、E、F—不同边界条件的区格

C.1.2 不同区格均应承受垂直于板面的均布荷载 q 作用。不同区格的边界条件和计算边长应按表 C.1.2 采用。

表 C.1.2 不同区格的边界条件和计算边长

区格类型	A	B	C
边界条件	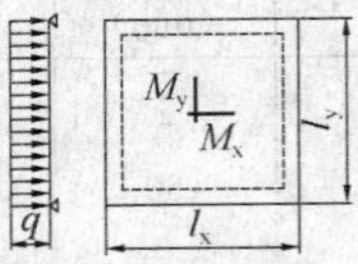	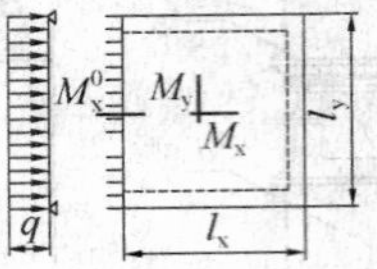	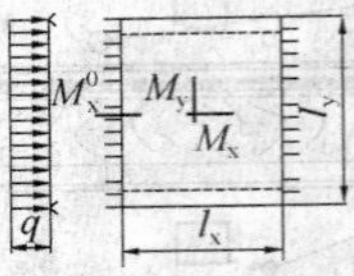
边长定义	l_x 为短边边长	l_y 为固定边边长	l_y 为固定边边长
区格类型	D	E	F
边界条件	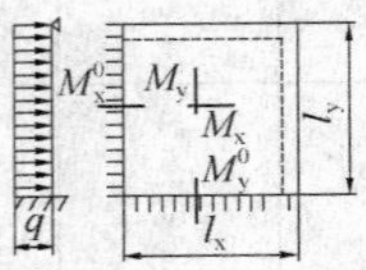	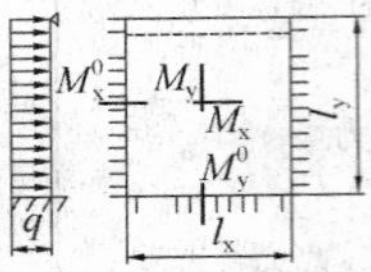	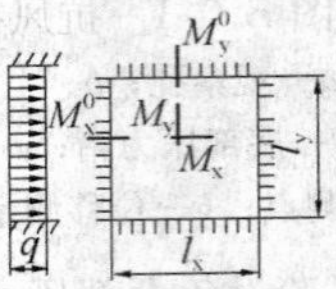
边长定义	l_x 为短边边长	l_y 为简支边的邻边边长	l_x 为短边边长

C.1.3 不同区格挠度系数 μ 的跨中弯矩系数 m 和固端弯矩系数 m_x^0 或 m_y^0 可依据其边支承类型和泊松比 ν，分别按照表 C.1.3-1～表 C.1.3-6 采用。

表 C.1.3-1 区格 A 挠度系数 μ 和弯矩系数 m 表

l_x/l_y 或 a/b	μ	m	
		$\nu=0.20$	$\nu=0.30$
0.50	0.01013	0.09998	0.10172
0.55	0.00940	0.09340	0.09550
0.60	0.00867	0.08684	0.08926
0.65	0.00796	0.08042	0.08313
0.70	0.00727	0.07422	0.07718
0.75	0.00663	0.06834	0.07151
0.80	0.00603	0.06278	0.06612
0.85	0.00547	0.05756	0.06104
0.90	0.00496	0.05276	0.05634
0.95	0.00449	0.04828	0.05192
1.00	0.00406	0.04416	0.04784

表 C.1.3-2 区格 B 挠度系数 μ 和弯矩系数 m、m_x^0 表

l_x/l_y	μ	m			m_x^0
		$\nu=0.20$	$\nu=0.25$	$\nu=0.30$	
0.50	0.00504	0.08292	0.08351	0.08411	−0.01212
0.55	0.00492	0.07847	0.07921	0.07996	−0.01187
0.60	0.00472	0.07398	0.07486	0.07575	−0.01158
0.65	0.00448	0.06949	0.07050	0.07151	−0.01124
0.70	0.00422	0.06510	0.06623	0.06735	−0.01087
0.75	0.00399	0.06071	0.06194	0.06317	−0.01048
0.80	0.00376	0.05647	0.05779	0.05911	−0.01007
0.85	0.00352	0.05244	0.05384	0.05524	−0.00965
0.90	0.00329	0.04864	0.05010	0.05156	−0.00922
0.95	0.00306	0.04498	0.04649	0.04800	−0.00880
1.00	0.00285	0.04157	0.04311	0.04466	−0.00839

续表 C.1.3-2

l_x/l_y	μ	m			m_x^0
		$\nu=0.20$	$\nu=0.25$	$\nu=0.30$	
1.00	0.00285	0.04157	0.04311	0.04466	−0.0839
0.95	0.00324	0.04426	0.04589	0.04752	−0.0882
0.90	0.00368	0.04703	0.04875	0.05047	−0.0926
0.85	0.00417	0.04991	0.05173	0.05354	−0.0907
0.80	0.00473	0.05287	0.05479	0.05671	−0.1014
0.75	0.00536	0.05586	0.05789	0.05992	−0.1056
0.70	0.00605	0.05888	0.06103	0.06317	−0.1096
0.65	0.00680	0.06188	0.06415	0.06642	−0.1133
0.60	0.00762	0.06504	0.06744	0.06984	−0.1166
0.55	0.00848	0.06826	0.07079	0.07332	−0.1193
0.50	0.00935	0.07132	0.07398	0.07663	−0.1215

表 C.1.3-3 区格 C 挠度系数 μ 和弯矩系数 m、m_x^0 表

l_x/l_y	μ	m			m_x^0
		$\nu=0.20$	$\nu=0.25$	$\nu=0.30$	
0.50	0.00261	0.07096	0.07144	0.07192	−0.0843
0.55	0.00259	0.06748	0.06808	0.06867	−0.0840
0.60	0.00255	0.06394	0.06465	0.06563	−0.0834
0.65	0.00250	0.06083	0.06120	0.06202	−0.0826
0.70	0.00243	0.05678	0.05770	0.05862	−0.0814
0.75	0.00236	0.05335	0.05463	0.05583	−0.0799
0.80	0.00228	0.04997	0.05106	0.05216	−0.0782
0.85	0.00220	0.04671	0.04788	0.04094	−0.0763
0.90	0.00211	0.04366	0.04489	0.04612	−0.0743
0.95	0.00201	0.04070	0.04198	0.04325	−0.0721
1.00	0.00192	0.03791	0.03923	0.04054	−0.0698

续表 C. 1. 3-3

l_x/l_y	μ	m			m_x^0
		ν=0. 20	ν=0. 25	ν=0. 30	
1. 00	0. 00912	0. 03791	0. 03932	0. 04054	−0. 0698
0. 95	0. 00223	0. 04083	0. 04221	0. 04360	−0. 0746
0. 90	0. 00260	0. 04392	0. 04583	0. 04683	−0. 0797
0. 85	0. 00303	0. 04714	0. 04868	0. 05021	−0. 0850
0. 80	0. 00354	0. 05050	0. 05213	0. 05375	−0. 0904
0. 75	0. 00413	0. 05396	0. 05569	0. 05742	−0. 0959
0. 70	0. 00482	0. 05742	0. 05926	0. 06111	−0. 1013
0. 65	0. 00560	0. 06079	0. 06276	0. 06474	−0. 1066
0. 60	0. 00647	0. 06406	0. 06618	0. 06829	−0. 1114
0. 55	0. 00743	0. 06703	0. 06930	0. 07157	−0. 1156
0. 50	0. 00844	0. 06967	0. 07210	0. 07453	−0. 1191

表 C. 1. 3-4 区格 D 挠度系数 μ 和弯矩系数 m、m_x^0、m_y^0 表

l_x/l_y	μ	m			m_x^0	m_y^0
		ν=0. 20	ν=0. 25	ν=0. 30		
0. 50	0. 00471	0. 07944	0. 08021	0. 08099	−0. 1179	−0. 0786
0. 55	0. 00454	0. 07473	0. 07564	0. 07655	−0. 1140	−0. 0785
0. 60	0. 00429	0. 07001	0. 07104	0. 07027	−0. 1095	−0. 0782
0. 65	0. 00399	0. 06529	0. 06643	0. 06756	−0. 1045	−0. 0777
0. 70	0. 00368	0. 06066	0. 06189	0. 06312	−0. 0992	−0. 0770
0. 75	0. 00340	0. 05603	0. 05734	0. 05865	−0. 0938	−0. 0760
0. 80	0. 00313	0. 05162	0. 05300	0. 05438	−0. 0883	−0. 0748
0. 85	0. 00286	0. 04747	0. 04891	0. 05036	−0. 0829	−0. 0733
0. 90	0. 00261	0. 04361	0. 04510	0. 04659	−0. 0776	−0. 0716
0. 95	0. 00237	0. 03993	0. 04145	0. 04297	−0. 0726	−0. 0698
1. 00	0. 00215	0. 03657	0. 03811	0. 03966	−0. 0677	−0. 0677

表 C. 1. 3-5 区格 E 挠度系数 μ 和弯矩系数 m、m_x^0、m_y^0 表

l_x/l_y	μ	m			m_x^0	m_y^0
		ν=0. 20	ν=0. 25	ν=0. 30		
0. 50	0. 0258	0. 07133	0. 07199	0. 07265	−0. 0836	−0. 0569
0. 55	0. 0255	0. 06758	0. 06834	0. 06910	−0. 0827	−0. 0570
0. 60	0. 0249	0. 06377	0. 06464	0. 06551	−0. 0814	−0. 0571
0. 65	0. 0240	0. 05992	0. 06089	0. 06186	−0. 0796	−0. 0572
0. 70	0. 0229	0. 05608	0. 05714	0. 05820	−0. 0774	−0. 0572
0. 75	0. 0219	0. 05229	0. 05343	0. 05456	−0. 0750	−0. 0572
0. 80	0. 0208	0. 04856	0. 04976	0. 05097	−0. 0722	−0. 0570
0. 85	0. 0196	0. 04498	0. 04624	0. 04750	−0. 0693	−0. 0567
0. 90	0. 0184	0. 04166	0. 04296	0. 04427	−0. 0663	−0. 0563
0. 95	0. 0172	0. 03846	0. 03980	0. 04114	−0. 0631	−0. 0558
1. 00	0. 0160	0. 03543	0. 03680	0. 03817	−0. 0600	−0. 0550

续表 C. 1. 3-5

l_x/l_y	μ	m			m_x^0	m_y^0
		ν=0. 20	ν=0. 25	ν=0. 30		
1. 00	0. 00160	0. 03543	0. 03680	0. 03817	−0. 0600	−0. 0550
0. 95	0. 00182	0. 03791	0. 03934	0. 04077	−0. 0629	−0. 0599
0. 90	0. 00206	0. 04046	0. 04195	0. 04344	−0. 0656	−0. 0653
0. 85	0. 00233	0. 04306	0. 04461	0. 04617	−0. 0683	−0. 0711
0. 80	0. 00262	0. 04570	0. 04731	0. 04893	−0. 0707	−0. 0772
0. 75	0. 00294	0. 04841	0. 05009	0. 05177	−0. 0729	−0. 0837
0. 70	0. 00327	0. 05111	0. 05285	0. 05459	−0. 0748	−0. 0903
0. 65	0. 00365	0. 05377	0. 05556	0. 05736	−0. 0762	−0. 0970
0. 60	0. 00403	0. 05635	0. 05891	0. 06003	−0. 0773	−0. 1033
0. 55	0. 00437	0. 05876	0. 06064	0. 06252	−0. 0780	−0. 1093
0. 50	0. 00463	0. 06102	0. 06293	0. 06483	−0. 0784	−0. 1146

表 C. 1. 3-6 区格 F 挠度系数 μ 和弯矩系数 m、m_x^0、m_y^0 表

l_x/l_y	μ	m			m_x^0	m_y^0
		ν=0. 20	ν=0. 25	ν=0. 30		
0. 50	0. 00253	0. 07073	0. 07090	0. 07143	−0. 0829	−0. 0570
0. 55	0. 00246	0. 06651	0. 06718	0. 06784	−0. 0814	−0. 0571
0. 60	0. 00236	0. 06253	0. 06333	0. 06412	−0. 0793	−0. 0571
0. 65	0. 00224	0. 05841	0. 05933	0. 06024	−0. 0766	−0. 0571
0. 70	0. 00211	0. 05429	0. 05531	0. 05634	−0. 0735	−0. 0569
0. 75	0. 00197	0. 05027	0. 05139	0. 05251	−0. 0701	−0. 0565
0. 80	0. 00182	0. 04638	0. 04758	0. 04877	−0. 0664	−0. 0559
0. 85	0. 00168	0. 04264	0. 04390	0. 04516	−0. 0626	−0. 0551
0. 90	0. 00153	0. 03908	0. 04039	0. 04170	−0. 0588	−0. 0541
0. 95	0. 00140	0. 03576	0. 03710	0. 03844	−0. 0550	−0. 0528
1. 00	0. 00127	0. 03264	0. 03400	0. 03536	−0. 0513	−0. 0513

C. 2 均布荷载作用下四角点支承板

C. 2. 1 四角点支承板的计算简图中计算跨度应取长边边长（图 C. 2. 1）。

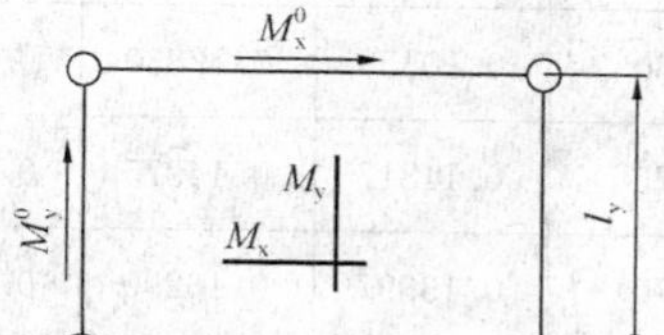

图 C. 2. 1 四角点支承板的计算简图

C. 2. 2 四角点支承板的跨中挠度系数 μ、跨中弯矩系数 m_x、m_y 以及自由边中点弯矩系数 m_{0x}、m_{0y}，可依据其泊松比 ν，按照表 C. 2. 2 采用。

表 C.2.2 四角点支承板的挠度系数 μ、跨中弯矩系数 m_x、m_y 和自由边中点弯矩系数 m_{0x}、m_{0y}

l_x/l_y	μ	m_x		m_y	
		ν=0.20	ν=0.30	ν=0.20	ν=0.30
0.50	0.01417	0.0196	0.0214	0.1221	0.1223
0.55	0.01451	0.0252	0.0271	0.1213	0.1216
0.60	0.01496	0.0317	0.0337	0.1204	0.1208
0.65	0.01555	0.0389	0.0410	0.1193	0.1199
0.70	0.01630	0.0469	0.0490	0.1181	0.1189
0.75	0.01725	0.0556	0.0577	0.1169	0.1178
0.80	0.01842	0.0650	0.0671	0.1156	0.1167
0.85	0.01984	0.0752	0.0772	0.1142	0.1155
0.90	0.02157	0.0861	0.0881	0.1128	0.1143
0.95	0.02363	0.0976	0.0996	0.1113	0.1130
1.00	0.02603	0.1098	0.1117	0.1098	0.1117

l_x/l_y	μ	m_{0x}		m_{0y}	
		ν=0.20	ν=0.30	ν=0.20	ν=0.30
0.50	—	0.0580	0.0544	0.1304	0.1301
0.55	—	0.0654	0.0618	0.1318	0.1314
0.60	—	0.0732	0.0695	0.1336	0.1330
0.65	—	0.0814	0.0778	0.1356	0.1347
0.70	—	0.0901	0.0865	0.1377	0.1365
0.75	—	0.0994	0.0958	0.1399	0.1385
0.80	—	0.1091	0.1056	0.1424	0.1407
0.85	—	0.1195	0.1160	0.1450	0.1429
0.90	—	0.1303	0.1269	0.1477	0.1453
0.95	—	0.1416	0.1384	0.1506	0.1479
1.00	—	0.1537	0.1505	0.1537	0.1505

C.3 均布荷载作用下四点跨中支承矩形板

C.3.1 四孔点支承板可按均布荷载作用下四点跨中支承矩形板进行计算（图 C.3.1）。

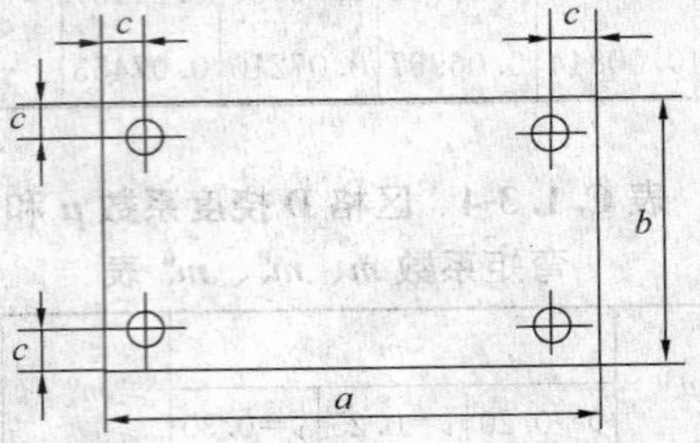

图 C.3.1 均布荷载作用下四点跨中支承矩形板计算示意图

C.3.2 均布荷载作用下四点跨中支承矩形板弯矩系数 m 和挠度系数 μ 应符合表 C.3.2 的规定。

表 C.3.2 均布荷载作用下四点跨中支承矩形板弯矩系数 m 和挠度系数 μ（ν=0.20）

	b/a	b/c 8	10	12	14	16	18	20	22
m	1.00	0.07219	0.08774	0.09846	0.10613	0.11188	0.11637	0.11995	0.12289
	0.95	0.07853	0.09581	0.10718	0.11550	0.12169	0.12660	0.13046	0.13364
	0.90	0.08607	0.10493	0.11745	0.12648	0.13324	0.13852	0.14275	0.14621
	0.85	0.09470	0.11544	0.12938	0.13933	0.14679	0.15258	0.15723	0.16104
	0.80	0.10558	0.12830	0.14372	0.15470	0.16305	0.16937	0.17453	0.17872
	0.75	0.11817	0.14375	0.16100	0.17342	0.18255	0.18968	0.19543	0.20012
	0.70	0.13397	0.16290	0.18227	0.19609	0.20647	0.21452	0.22100	0.22623
	0.65	0.15340	0.18649	0.20852	0.22437	0.23617	0.24534	0.25268	0.25870
	0.60	0.17819	0.21641	0.24188	0.26011	0.27371	0.28433	0.29281	0.29975
	0.55	0.21030	0.25508	0.28494	0.30622	0.32221	0.33460	0.34453	0.35265
	0.50	0.25291	0.30627	0.34186	0.36724	0.38623	0.40105	0.41285	0.42249

续表 C.3.2

μ	b/a	b/c 8	10	12	14	16	18	20	22
μ	1.00	0.00638	0.00887	0.01084	0.01241	0.01370	0.01476	0.01566	0.01642
	0.95	0.00683	0.00961	0.01181	0.01358	0.01503	0.01622	0.01723	0.01809
	0.90	0.00751	0.01066	0.01317	0.01519	0.01684	0.01821	0.01937	0.02035
	0.85	0.00853	0.01217	0.01508	0.01742	0.01933	0.02092	0.02227	0.02341
	0.80	0.01004	0.01434	0.01777	0.02054	0.02280	0.02468	0.02628	0.02763
	0.75	0.01225	0.01745	0.02160	0.02495	0.02769	0.02997	0.03188	0.03353
	0.70	0.01573	0.02200	0.02714	0.03129	0.03469	0.03751	0.03990	0.04193
	0.65	0.02163	0.02916	0.03532	0.04061	0.04495	0.04854	0.05156	0.05413
	0.60	0.03021	0.04057	0.04889	0.05560	0.06109	0.06566	0.06952	0.07281
	0.55	0.04310	0.05784	0.06952	0.07889	0.08653	0.09287	0.09821	0.10275
	0.50	0.06325	0.08494	0.10199	0.11557	0.12660	0.13572	0.14336	0.14986

C.4 均布荷载作用下任意三角形板

C.4.1 简支三角形板可按均布荷载作用下任意三角形板进行计算（图 C.4.1）。

C.4.2 简支任意三角形板在均布荷载作用下的弯矩系数 m_x、m_y 可按表 C.4.2-1 的规定计算。挠度系数可按表 C.4.2-2 的规定计算。

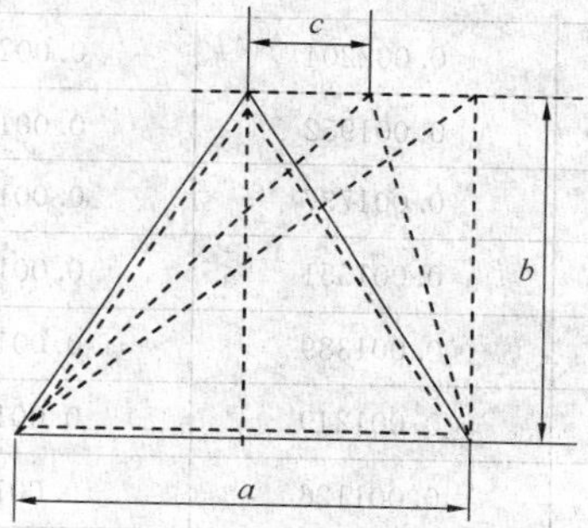

图 C.4.1 均布荷载作用下任意三角形板计算示意图

表 C.4.2-1 简支任意三角形板在均布荷载作用下的弯矩系数 m_x、m_y（ν=0.20）

c/a	0		1/8		1/4		3/8		1/2	
a/b	m_x	m_y	m_x	m_y	m_x	m_y	m_x	m_y	m_x	m_y
0.50	0.04313	0.02759	0.04295	0.02761	0.04243	0.02767	0.04163	0.02775	0.04055	0.02783
0.55	0.04007	0.02665	0.03989	0.02667	0.03934	0.02673	0.03845	0.02680	0.03728	0.02687
0.60	0.03716	0.02573	0.03697	0.02575	0.03641	0.02581	0.03553	0.02588	0.03438	0.02594
0.65	0.03458	0.02485	0.03439	0.02487	0.03384	0.02492	0.03295	0.02499	0.03178	0.02502
0.70	0.03230	0.02399	0.03211	0.02401	0.03154	0.02407	0.03063	0.02413	0.02944	0.02412
0.75	0.03023	0.02317	0.03004	0.02320	0.02946	0.02325	0.02853	0.02329	0.02733	0.02325
0.80	0.02835	0.02239	0.02815	0.02241	0.02756	0.02245	0.02663	0.02248	0.02542	0.02243
0.85	0.02663	0.02162	0.02642	0.02164	0.02584	0.02169	0.02490	0.02171	0.02370	0.02163
0.90	0.02505	0.02089	0.02485	0.02092	0.02425	0.02096	0.02333	0.02096	0.02213	0.02085
0.95	0.02360	0.02020	0.02340	0.02022	0.02281	0.02025	0.02189	0.02025	0.02070	0.02011
1.00	0.02227	0.01952	0.02207	0.01954	0.02149	0.01958	0.02057	0.01956	0.01940	0.01940
1.10	0.01990	0.01826	0.01970	0.01828	0.01913	0.01832	0.01825	0.01826	0.01712	0.01807
1.20	0.01787	0.01710	0.01768	0.01712	0.01713	0.01715	0.01628	0.01708	0.01520	0.01684

续表 C. 4. 2-1

c/a	0		1/8		1/4		3/8		1/2	
a/b	m_x	m_y	m_x	m_y	m_x	m_y	m_x	m_y	m_x	m_y
1.30	0.01611	0.01603	0.01593	0.01606	0.01541	0.01608	0.01459	0.01599	0.01357	0.01573
1.40	0.01459	0.01506	0.01442	0.01508	0.01392	0.01510	0.01315	0.01499	0.01218	0.01470
1.50	0.01326	0.01416	0.01309	0.01418	0.01262	0.01419	0.01189	0.01407	0.01098	0.01377
1.60	0.01209	0.01334	0.01193	0.01336	0.01149	0.01336	0.01081	0.01323	0.00995	0.01291
1.70	0.01106	0.01263	0.01091	0.01264	0.01050	0.01262	0.00985	0.01247	0.00905	0.01212
1.80	0.01015	0.01195	0.01001	0.01196	0.00962	0.01195	0.00902	0.01178	0.00826	0.01140
1.90	0.00934	0.01131	0.00921	0.01133	0.00884	0.01131	0.00828	0.01113	0.00757	0.01075
2.00	0.00862	0.01071	0.00850	0.01073	0.00815	0.01070	0.00762	0.01051	0.00696	0.01014
2.50	0.01375	0.00826	0.01156	0.00827	0.00645	0.00823	0.00525	0.00804	0.00475	0.00773
3.00	0.01662	0.00651	0.01426	0.00652	0.00897	0.00652	0.00379	0.00633	0.00346	0.00606

表 C. 4. 2-2　简支任意三角形板在均布荷载作用下的挠度系数 μ（ν=0.20）

a/b	0	1/8	1/4	3/8	1/2
0.50	0.002204	0.002195	0.002169	0.002126	0.002069
0.55	0.001952	0.001943	0.001917	0.001873	0.001816
0.60	0.001737	0.001727	0.001701	0.001658	0.001601
0.65	0.001551	0.001541	0.001515	0.001473	0.001416
0.70	0.001389	0.001381	0.001355	0.001313	0.001258
0.75	0.001249	0.001241	0.001215	0.001174	0.001121
0.80	0.001126	0.001118	0.001093	0.001053	0.001002
0.85	0.001018	0.001010	0.000986	0.000948	0.000898
0.90	0.000923	0.000915	0.000892	0.000855	0.000808
0.95	0.000838	0.000831	0.000809	0.000774	0.000728
1.00	0.000763	0.000756	0.000735	0.000701	0.000658
1.10	0.000637	0.000630	0.000611	0.000581	0.000541
1.20	0.000535	0.000529	0.000512	0.000484	0.000449
1.30	0.000453	0.000448	0.000432	0.000408	0.000376
1.40	0.000386	0.000381	0.000367	0.000345	0.000317
1.50	0.000331	0.000326	0.000314	0.000294	0.000269
1.60	0.000285	0.000281	0.000270	0.000252	0.000230
1.70	0.000247	0.000243	0.000234	0.000218	0.000197
1.80	0.000215	0.000212	0.000203	0.000189	0.000171
1.90	0.000187	0.000185	0.000177	0.000165	0.000148
2.00	0.000164	0.000162	0.000155	0.000144	0.000129
2.50	0.000090	0.000089	0.000085	0.000078	0.000069
3.00	0.000053	0.000053	0.000050	0.000046	0.000041

本规程用词说明

1 为了便于在执行本规程条文时区别对待，对要求严格程度不同的用词说明如下：

1）表示很严格，非这样做不可的：

正面词采用“必须”，反面词采用“严禁”。

2）表示严格，在正常情况下均应这样做的：

正面词采用“应”，反面词采用“不应”或“不得”。

3）表示允许稍有选择，在条件许可时首先这样做的：

正面词采用“宜”，反面词采用“不宜”；

4）表示有选择，在一定条件下可以这样做的，采用“可”。

2 条文中指明应按其他有关标准执行的写法为：“应符合……的规定”或“应按……执行”。

引用标准名录

1 《建筑结构荷载规范》GB 50009

2 《建筑抗震设计规范》GB 50011

3 《建筑给水排水设计规范》GB 50015

4 《建筑设计防火规范》GB 50016

5 《钢结构设计规范》GB 50017

6 《冷弯薄壁型钢结构技术规范》GB 50018

7 《建筑采光设计标准》GB/T 50033

8 《建筑物防雷设计规范》GB 50057

9 《民用建筑隔声设计规范》GB 50118

10 《电气装置安装工程电缆线路施工及验收规范》GB 50168

11 《电气装置安装工程接地装置施工及验收规范》GB 50169

12 《电气装置安装工程蓄电池施工及验收规范》GB 50172

13 《民用建筑热工设计规范》GB 50176

14 《公共建筑节能设计标准》GB 50189

15 《钢结构工程施工质量验收规范》GB 50205

16 《屋面工程质量验收规范》GB 50207

17 《建筑装饰装修工程质量验收规范》GB 50210

18 《建筑电气工程施工质量验收规范》GB 50303

19 《屋面工程技术规范》GB 50345

20 《铝合金结构设计规范》GB 50429

21 《紧固件　铆钉用通孔》GB/T 152.1

22 《紧固件　沉头用沉孔》GB/T 152.2

23 《紧固件　圆柱头用沉孔》GB/T 152.3

24 《碳素结构钢》GB/T 700

25 《低合金高强度结构钢》GB/T 1591

26 《铜及铜合金板材》GB/T 2040

27 《连续热镀锌钢板及钢带》GB/T 2518

28 《紧固件机械性能　不锈钢螺栓、螺钉和螺柱》GB/T 3098.6

29 《变形铝及铝合金化学成分》GB/T 3190

30 《钛及钛合金板材》GB/T 3621

31 《耐候结构钢》GB/T 4171

32 《碳钢焊条》GB/T 5117

33 《低合金钢焊条》GB/T 5118

34 《铝合金建筑型材》GB 5237

35 《工业用橡胶板》GB/T 5574

36 《铝及铝合金压型板》GB/T 6891

37 《铝合金门窗》GB/T 8478

38 《建筑材料及制品燃烧性能分级》GB 8624

39 《地面用晶体硅光伏组件　设计鉴定和定型》GB/T 9535

40 《中空玻璃》GB/T 11944

41 《彩色涂层钢板及钢带》GB/T 12754

42 《建筑用压型钢板》GB/T 12755

43 《金属覆盖层　钢铁制件热浸镀锌层　技术要求及试验方法》GB/T 13912

44 《建筑幕墙气密、水密、抗风压性能检测方法》GB/T 15227

45 《建筑用安全玻璃　第3部分：夹层玻璃》GB 15763.3

46 《建筑用硅酮结构密封胶》GB 16776

47 《建筑幕墙用铝塑复合板》GB/T 17748

48 《地面用薄膜光伏组件　设定鉴定和定型》GB/T 18911

49 《光伏系统并网技术要求》GB/T 19939

50 《光伏(PV)组件安全鉴定　第一部分：结构要求》GB/T 20047.1

51 《离网型风能、太阳能发电系统用逆变器　第1部分：技术条件》GB/T 20321.1

52 《不锈钢和耐热钢　牌号及化学成分》GB/T 20878

53 《建筑幕墙》GB/T 21086

54 《建筑密封胶分级和要求》GB/T 22083

55 《空间网格结构技术规程》JGJ 7

56 《民用建筑电气设计规范》JGJ 16

57 《建筑机械使用安全技术规程》JGJ 33

58 《施工现场临时用电安全技术规范》JGJ 46

59 《建筑施工高处作业安全技术规范》JGJ 80

60 《建筑钢结构焊接技术规程》JGJ 81

61 《玻璃幕墙工程技术规范》JGJ 102

62 《建筑玻璃应用技术规程》JGJ 113

63 《金属与石材幕墙工程技术规范》JGJ 133

64 《混凝土结构后锚固技术规程》JGJ 145

65 《建筑门窗玻璃幕墙热工计算规程》JGJ/T 151
66 《建筑外墙清洗维护技术规程》JGJ 168
67 《民用建筑太阳能光伏系统应用技术规范》JGJ 203
68 《聚碳酸酯(PC)中空板》JG/T 116
69 《建筑玻璃点支承装置》JG/T 138
70 《未增塑聚氯乙烯(PVC－U)塑料窗》JG/T 140
71 《玻璃纤维增强塑料(玻璃钢)窗》JG/T 186
72 《建筑门窗用密封胶条》JG/T 187
73 《建筑用不锈钢绞线》JG/T 200
74 《建筑幕墙用钢索压管接头》JG/T 201
75 《建筑用遮阳天篷帘》JG/T 252
76 《建筑用遮阳软卷帘》JG/T 254
77 《聚碳酸酯(PC)实心板》JG/T 347
78 《幕墙玻璃接缝用密封胶》JC/T 882
79 《建筑橡胶密封垫——预成型实心硫化的结构密封垫用材料规范》HG/T 3099
80 《铝合金窗锁》QB/T 3890
81 《铝幕墙板　板基》YS/T 429.1
82 《铝幕墙板　氟碳喷漆铝单板》YS/T 429.2
83 《铝及铝合金彩色涂层板、带材》YS/T 431
84 《铝塑复合板用铝带》YS/T 432

中华人民共和国行业标准

采光顶与金属屋面技术规程

JGJ 255—2012

条 文 说 明

修　订　说　明

《采光顶与金属屋面技术规程》JGJ 255－2012经住房和城乡建设部2012年4月5日以第1348号公告批准、发布。

本规程制订过程中，编制组进行了广泛、深入的调查、研究，总结了国内主要的采光顶和金属屋面优秀工程以及国外有代表性的采光顶和金属屋面工程的实践经验，同时参考了美国、英国和欧盟等国家或地区的标准。

为了便于广大设计、施工、科研、学校等单位有关人员在使用本规程时能正确理解和执行条文规定，《采光顶与金属屋面技术规程》编制组按章、节、条的顺序编制了本规程的条文说明，对条文规定的目的、依据以及执行中需注意的有关事项进行了说明，还着重对强制性条文的强制性理由作了解释。但是，本条文说明不具备与规程正文同等的法律效力，仅供使用者作为理解和把握规程规定的参考。

目　次

1 总 则

1.0.1 建筑幕墙、采光顶与金属屋面是重要的建筑围护结构，在我国获得蓬勃发展，其使用量已位居世界前列。在我国，建筑幕墙标准化已经形成相对独立、比较完善的体系，一系列标准已经陆续完成了制定或修订，但采光顶与金属屋面标准化体系还不够完善，不能满足工程的需要，因此为了使采光顶与金属屋面的设计、加工制作、安装施工和维修保养做到安全适用、经济合理，编制本规程。

采光顶常用的面板材料有玻璃、聚碳酸酯板等。面板支承方式也多种多样，主要包括框架支承和点支承，其中框架支承包括三边、四边、多边支承，与玻璃幕墙类似，框架支承还可分为明框、半隐框和隐框方式；点支承包括三点、四点、六点等支承方式，通过钢爪或夹板固定玻璃。聚碳酸酯板可采用平板、多层中空板等，其中U形中空板结构设计合理，防水性能好。采光顶的支承结构也千变万化，通常采用钢结构、铝合金结构或玻璃结构等，钢结构包括：刚性结构（梁、拱、树状支柱、桁架和网架、单层和双层网壳等）、柔性结构（张拉索杆体系、自平衡索杆体系、索网和整体张拉索穹顶等）和混合结构（同时采用刚性结构和柔性结构的支承体系）等。

金属屋面是20世纪60～70年代开始使用，近几年才大量应用的屋面系统，从发展阶段上看，由开始的金属平板类建筑幕墙系统发展到专业压型板（连续板材）类系统，在技术方面实现很大的飞跃。采用建筑幕墙构造的金属屋面可以参考幕墙类规范执行，技术方面相对成熟。采用压型板的金属屋面构造设计方面比较成熟，但在计算理论方面尚需进一步研究。通常压型板金属屋面可以分为四类：直立锁边屋面系统、直立卷边屋面系统、转角立边双咬合屋面系统和古典式扣盖屋面系统。

直立锁边点支承屋面系统是通过专用设备或手工咬合工艺，将直立锁边板和T形支座咬合并连接到屋面支承结构的金属屋面系统，主要用于大跨度建筑屋面。其特点是：T形支座通过咬合方式连接，屋面板不设置穿孔，防水性能好；U形直立锁边板自身形成相互独立的排水槽，使屋面能够有效地进行排水，排水性能高；在面板和支座之间能够实现滑动，有效吸收屋面板因热胀冷缩等产生的温差变形，使得该系统在纵向超长尺寸面板的应用中有明显优势。

直立卷边咬合系统采用压型板三维弯弧，并进行立边卷边咬合，能够满足特异造型的需要，通常用于倾斜小于25°的屋面、球面及弧形屋面，在建筑外观要求比较时尚的建筑中应用较为广泛。该系统还具有立边高度小、板材损耗少、重量轻、安装方便等优点。

转角立边双咬合和古典式扣盖屋面系统应用较少，可参考本规程采用。

太阳能光伏系统作为一种新型的绿色的能源技术，是国家重点支持的新能源领域。光伏建筑一体化是光伏系统应用的重要形式，为了更好地获得太阳能资源，通常将光伏系统与采光顶、金属屋面结合设计。因此为促进光伏系统在建筑中的应用，确保工程质量，本规程编制组在大量工程实例调查分析基础上，编制了光伏系统在采光顶、金属屋面工程中应用的要求。

雨棚结构设计形式多样，与开放式采光顶、金属屋面具有相似性，可参照本规程的相关规定执行。

1.0.2 本规程适用范围未包含工业采光顶与金属屋面工程，主要考虑到工业建筑范围很广，往往有不同于民用建筑的特殊要求，如可能存在腐蚀、辐射、高温、高湿、振动、爆炸等特殊条件，本规程难以全部涵盖。当然，一般用途的工业建筑，其玻璃与金属面板的设计、制作等可参照本规程的有关规定，有特殊要求的，应专门研究，并采取相应的措施。

9度抗震设计的玻璃采光顶，工程经验不多。9度时地震作用较大，主体结构的变形很大，甚至可能发生比较严重的破坏，采光顶的设计、制作、安装施工需要采取更有效的措施，才能保证在9度抗震设防时达到本规程第1.0.3条的要求。因此，本规程尚未将9度抗震设计的采光顶列入适用范围。对因特殊需要，必须在9度抗震设防区建造采光顶工程时，应专门研究，并采取更有效的抗震措施。

1.0.3 采光顶与金属屋面应具有良好的抗风压、气密、水密、热工和隔声等性能。面板本身应具有足够的承载能力，避免在风荷载和其他荷载组合作用下破坏。我国沿海地区经常受到台风的袭击，设计中应考虑有足够的抗风能力。在风荷载作用下，采光顶与金属屋面和主体结构之间的连接件发生拔出、拉断等严重破坏的情况比较少见，主要问题是保证其足够的活动能力，使采光顶与金属屋面构件避免受主体结构过大位移的影响。

在地震作用下，采光顶与金属屋面构件和连接件会受到动力作用，防止或减轻地震震害的主要途径是加强构造措施。

在多遇地震作用下，采光顶与金属屋面不允许破坏，应保持完好；在设防烈度地震作用下，采光顶与金属屋面不应有严重破损，一般只允许部分面板破碎，经修理后仍然可以使用；在罕遇地震作用下（相当于比设防烈度约高1.0度，重现期大约1500～2000年，50年超越概率约2%～3%），可能会严重破坏（比如面板破碎），但支承结构、构件不应脱落、倒塌。这种规定与我国现行国家标准《建筑抗震设计规范》GB 50011的指导思想是一致的。

1.0.4 采光顶与金属屋面在建筑物中既是建筑的外

装饰，同时又是建筑物的外围护结构，是跨行业的综合性技术，从设计、材料选用、加工制作和安装施工等方面，都应从严控制，精心操作。因此，应进行采光顶与金属屋面生产全过程的质量控制，有效保证采光顶与金属屋面工程质量和安全。

虽然采光顶与金属屋面自身不分担主体建筑的荷载和作用，但它要承受自身受到的荷载、地震作用和温度变化等，因此，必须满足风荷载、雪荷载、积灰荷载、地震作用和温度变化对它的影响，使采光顶与金属屋面具有足够的安全性。

1.0.5 构成采光顶与金属屋面的主要材料有：钢材、铝材、玻璃、金属面板和粘结密封材料等，大多数材料均有国家标准、行业标准，在选择材料时应符合这些标准的要求。

在采光顶与金属屋面的设计、制作和施工中，密切相关的还有下列现行国家标准或行业标准：《建筑幕墙》GB/T 21086、《玻璃幕墙工程技术规范》JGJ 102、《建筑玻璃应用技术规程》JGJ 113、《建筑结构荷载规范》GB 50009、《建筑装饰装修工程质量验收规范》GB 50210、《钢结构设计规范》GB 50017、《冷弯薄壁型钢结构技术规范》GB 50018、《铝合金结构设计规范》GB 50429、《公共建筑节能设计标准》GB 50189、《民用建筑太阳能光伏系统应用技术规范》JGJ 203、《高层民用建筑设计防火规范》GB 50045、《建筑设计防火规范》GB 50016、《建筑物防雷设计规范》GB 50057、《钢结构工程施工质量验收规范》GB 50205、《屋面工程技术规范》GB 50345 和《屋面工程质量验收规范》GB 50207 等以及有关建筑幕墙物理性能方面的标准等，其相关的规定也应参照执行。

3 材 料

3.1 一 般 规 定

3.1.1 材料是保证采光顶与金属屋面质量和安全的物质基础。采光顶与金属屋面所使用的材料概括起来，基本上可分为五大类：支承框架、面板、密封填缝、结构粘结和其他辅助材料（保温材料、隔声材料和隔汽材料等）。对于光伏采光顶和金属屋面，除了上述材料外，还包含大量的电气材料、设备和附件。这些材料和设备由于生产厂家不同，质量差别较大。因此为确保采光顶与金属屋面安全可靠，就要求所使用的材料应符合国家或行业标准规定的要求；对其中少量暂时还没有国家标准的材料，应符合设计要求，或参考国外同类产品标准要求；生产企业制定的企业标准经备案后可作为产品质量控制的依据。

3.1.2 采光顶与金属屋面处于建筑物的外面，经常受自然环境不利因素的影响，如日晒、雨淋、积雪、积灰、风沙等。因此要求采光顶与金属屋面材料要有足够的耐候性和耐久性，除不锈钢和轻金属材料外，其他金属材料应进行热镀锌或其他有效的防腐处理，并满足设计要求。

3.1.3 无论是在加工制作、安装施工中，还是交付使用后，采光顶与金属屋面的防火都十分重要，面板材料应采用不燃材料和难燃材料。

3.1.4 硅酮类胶、聚氨酯类密封胶应有与接触材料相容性试验报告和剥离粘结性试验报告。这些密封胶在建筑上已被广泛采用，而且已有了比较成熟的经验。

3.1.5 硅酮结构密封胶是结构性粘结的主要传力材料，如使用过期产品，会因结构胶性能下降导致粘结强度降低，造成安全隐患。硅酮建筑密封胶是幕墙、采光顶与金属屋面系统密封性能的有效保证，过期产品的耐候性能和伸缩性能下降，且表面易产生裂纹。因此硅酮结构密封胶和硅酮建筑密封胶必须在有效期内使用。

3.1.6 近些年，由于对节能性能有较高要求，使得保温、隔热材料在建筑上获得普遍应用。但一些采用易燃或可燃隔热、保温材料的工程，发生严重的火灾，造成很大损失。因此考虑到采光顶与金属屋面的重要性，对隔热、保温材料应提高防火性能要求，应采用岩棉、矿棉、玻璃棉、防火板等不燃或难燃材料。岩棉、矿棉应符合现行国家标准《建筑用岩棉、矿渣棉绝热制品》GB/T 19686 的规定，玻璃棉应符合现行国家标准《建筑绝热用玻璃棉制品》GB/T 17795 的规定。根据公安部、住房和城乡建设部联合发布的《民用建筑外保温系统及外墙装饰防火暂行规定》（公通字［2009］46 号）的文件精神："对于屋顶基层采用耐火极限不小于 1.00h 的不燃烧体的建筑，其屋顶的保温材料不应低于 B_2 级；其他情况，保温材料的燃烧性能不应低于 B_1 级。"制定本条文。

3.2 铝合金材料

3.2.1 铝合金型材精度有普通级、高精级和超高精级之分。采光顶与金属屋面对材料的要求较高，为保证其承载力、变形和美观要求，应采用高精级或超高精级的铝合金型材。

3.3 钢材及五金材料

3.3.1 碳素结构钢和低合金高强度结构钢的种类、牌号和质量等级应符合现行国家标准《优质碳素结构钢》GB/T 699、《碳素结构钢》GB/T 700、《低合金高强度结构钢》GB/T 1591、《合金结构钢》GB/T 3077、《碳素结构钢和低合金结构钢热轧薄钢板和钢带》GB 912、《碳素结构钢和低合金结构钢热轧厚钢板和钢带》GB/T 3274、《结构用无缝钢管》GB/T 8162 等相关产品标准的规定。

3.3.5 采光顶与金属屋面支承钢结构的最小截面尺寸，要综合考虑其最小承载能力、截面局部稳定和耐腐蚀性能要求。本条根据现行国家标准《钢结构设计规范》GB 50017 和《冷弯薄壁型钢结构技术规范》GB 50018 的规定制定。

3.3.6 不锈钢材的防锈能力与其铬和镍含量有关。目前常用的不锈钢型材有 304 系列：S30408（06Cr19Ni10）、S30458(06Cr19Ni10N)、S30403(022Cr19Ni10)，含镍铬总量为 27%～29%，镍含量 9%～10%；316 系列：S31608(06Cr17Ni12Mo2)、S31658（06Cr17Ni12Mo2N)、S31603（022Cr17Ni12Mo2)，含镍铬总量 29%～31%，含镍量 12%～14%。316 系列型材防锈性能优于 304 系列，更适用于耐腐蚀性能要求较高的环境。采光顶与金属屋面采用的奥氏体不锈钢尚应符合现行国家标准《不锈钢棒》GB/T 1220、《不锈钢冷加工钢棒》GB/T 4226、《不锈钢冷轧钢板和钢带》GB/T 3280、《不锈钢热轧钢带》YB/T 5090、《不锈钢热轧钢板和钢带》GB/T 4237 的规定。

3.3.7 当前国内标准五金配件的品种尚不齐全，且无幕墙、采光顶专用的产品标准，因此所用附件、紧固件应首先符合设计要求，并应符合国家现行标准《建筑用不锈钢绞线》JG/T 200、《建筑幕墙用钢索压管接头》JG/T 201、《建筑门窗五金件　旋压执手》JG/T 213、《建筑门窗五金件　传动机构用执手》JG/T 124、《建筑门窗五金件　滑撑》JG/T 127、《建筑门窗五金件　多点锁闭器》JG/T 215、《铝合金窗锁》QB/T 3890、《紧固件　螺栓和螺钉通孔》GB/T 5277、《十字槽盘头螺钉》GB/T 818、《不锈钢自攻螺钉》GB 3098.21、《紧固件机械性能　螺栓、螺钉和螺柱》GB/T 3098.1、《紧固件机械性能　螺母　粗牙螺纹》GB/T 3098.2、《紧固件机械性能　螺母　细牙螺纹》GB/T 3098.4、《紧固件机械性能　自攻螺钉》GB/T 3098.5、《紧固件机械性能　不锈钢螺栓、螺钉和螺柱》GB/T 3098.6、《紧固件机械性能　不锈钢螺母》GB/T 3098.15 的规定。

3.4 玻　璃

3.4.1 国家现行相关产品标准包括《平板玻璃》GB 11614、《半钢化玻璃》GB/T 17841、《建筑用安全玻璃　第 1 部分：防火玻璃》GB 15763.1、《建筑用安全玻璃　第 2 部分：钢化玻璃》GB 15763.2、《建筑用安全玻璃　第 3 部分：夹层玻璃》GB 15763.3、《建筑用安全玻璃　第 4 部分：均质钢化玻璃》GB 15763.4、《镀膜玻璃　第 1 部分　阳光控制镀膜玻璃》GB/T 18915.1、《镀膜玻璃　第 2 部分　低辐射镀膜玻璃》GB/T 18915.2 等标准。

3.4.2 中空玻璃第一道密封胶应用丁基热熔密封胶，符合现行行业标准《中空玻璃用丁基热熔密封胶》JC/T 914 的规定。不直接承受紫外线照射且不承受荷载的中空玻璃第二道密封胶符合现行行业标准《中空玻璃用弹性密封胶》JC/T 486 的规定；隐框、半隐框及点支承式采光顶用中空玻璃直接承受紫外线照射且承受荷载，因此其第二道密封胶应采用硅酮结构密封胶，其性能符合现行国家标准《建筑用硅酮结构密封胶》GB 16776 的规定。需要注意点支式玻璃孔边处二道密封胶应采用硅酮结构密封胶。

3.4.3 在现行国家标准《建筑用安全玻璃　第 3 部分：夹层玻璃》GB 15763.3 中对夹层玻璃的霰弹冲击性能提出要求，采光顶应采用Ⅱ-1 和Ⅱ-2 级别的产品。聚乙烯醇缩丁醛（PVB）胶片仍然是幕墙、采光顶夹层玻璃胶片应用的主流产品，工程应用经验较多，可靠性好，但厚度不应小于 0.76mm。由于结构、节能设计要求，已经有许多高强型、复合型、功能型胶片在工程中得到应用。本规程允许这些新材料和新工艺，但其力学性能（胶片与玻璃的粘结强度）必须保证，且符合设计要求。

3.4.4 单片钢化玻璃、钢化中空玻璃存在自爆的危险，近年来采光顶钢化玻璃自爆事件频发，有些造成一定损失，因此采光顶用钢化玻璃须经过均质处理，即为均质钢化玻璃，降低玻璃的自爆率，提高采光顶的安全性。

3.4.5 本条为安全规定，与现行行业标准《建筑玻璃应用技术规程》JGJ 113 基本一致。一些重点工程，在人流比较密集的采光顶下侧采取构造措施（如不锈钢丝网），防止玻璃破裂后整体脱落。

3.4.6 采光顶玻璃面积过大，在重力作用下玻璃变形可能形成"锅底"导致积水；工程应用经验还表明，玻璃面积过大，还会使玻璃的破裂率升高，降低了采光顶的安全性。因此玻璃面板面积不宜大于 $2.5m^2$。如果确有可靠技术措施，玻璃面积可适当加大。

3.5 聚碳酸酯板

3.5.2 直立式 U 形板、梯形飞翼板，采用结构化防水原理，在模具设计时将两侧直立收边，并采用具有双层结构倒钩的 U 形多层中空结构，与 U 形倒钩卡件相卡接，能较好地解决防水问题。聚碳酸酯平板厚度较薄时容易产生较大弯曲变形，在温度变化较大时也会产生较大变形，应用过程中可能会出现漏水现象，因此工程中可采用聚碳酸酯平板，但需要做好防水设计。

3.5.3 作为采光顶的面板材料，聚碳酸酯板应具有良好的耐候性和抗老化性。常见的失效形式是板材黄化，因此应控制黄色指数变化指标，提高对聚碳酸酯板的要求。在生产板材时，紫外线稳定剂（uv）的线性分布最低点小于 80 时可保证聚碳酸酯板黄色指数变化不大于 1。

3.5.4 根据现行国家标准《公共场所阻燃制品及组件燃烧性能要求和标识》GB 20286 的规定，作为采光顶面板使用的聚碳酸酯板，其燃烧性能等级不应低于 GB 8624 规定的 B 级，且产烟等级不低于 s2 级、燃烧滴落物/微粒的附加等级不低于 d1 级、产烟毒性等级不低于 t1 级。

3.6 金属面板

3.6.1 金属屋面的面板，通常可按建筑设计的要求，选用平板或压型板制作。材料选用通常为铝合金板、铝塑复合板、铝蜂窝复合铝板、彩色钢板、不锈钢板、锌合金板、钛合金板和铜合金板。在我国，目前较常用的面板材料为铝合金板、铝塑复合板、彩色钢板。随着建筑发展的需要，近年来锌合金板、钛合金板在屋面上也有较多的应用，取得较好的建筑装饰效果，但由于单片实心板一般厚度较薄，平整度较差，所以较多的采用复合材料。金属面板使用的金属和金属复合板的产品标准，目前在我国还不健全，有些产品尚未有国家或行业标准，所以在选用屋面金属面板材料时，也可参照国外同类产品标准的性能指标及要求。

3.6.2 由于 3×××、5×××系合金的铝锰、铝镁合金板具有强度高、延伸率大、塑性变形范围大等优点，在建筑屋面板中得到广泛的应用。

3.6.3 金属屋面与建筑幕墙的环境条件基本相同，因此屋面用铝塑复合板应符合现行国家标准《建筑幕墙用铝塑复合板》GB/T 17748 的规定。为提高屋面的防火性能，铝塑复合板用芯材应采用难燃材料。

3.6.4 铝蜂窝复合板具有较好的表面平整度和刚度，当面板面积较大时，通常考虑选用铝蜂窝复合板作为屋面面板。铝蜂窝复合板的表面平整度和刚度主要依靠铝蜂窝芯的结构。通常铝蜂窝芯应为近似正六边形结构，其边长不宜大于 9.53mm，壁厚不宜小于 0.07mm。

3.6.6 由于我国目前暂无锌合金板的国家和行业产品标准，表 3.6.6 中所提出的锌合金板的化学成分要求是参照 EN 988《锌和锌合金—扁平轧制建材的规范》(Zinc and zinc alloys-Specification for rolled flat products for building) 的要求所制定。

3.6.7 钛合金板具有强度高、耐腐蚀好、热膨胀系数低，且耐高低温性能好、抗疲劳强度高等优点，在许多尖端行业都得到应用。近几年来，钛合金板在建筑行业中也得到应用。由于钛合金板的价格较昂贵，所以通常选用钛合金复合板，复合板面层的钛板厚度为 0.3mm，底层面板可用不锈钢板或铝板。

3.6.8 铜具有高抗腐蚀性能，且易于加工，有独特、自然的外观效果，非常适合作为屋面材料。铜种类很多，可满足各种需要，SF-Cu 即无磷去氧还原铜适用于建筑业，通常也称为太古铜。

3.8 建筑密封材料和粘结材料

3.8.2 采光顶支承结构等所使用的基材一般具有较大的线膨胀系数，由此造成面板之间接缝的位移变化较大，因此密封胶应能适应板缝的变形要求。通常采光顶的接缝变化比普通玻璃幕墙大些，因此应优先选用位移能力较高的中性硅酮建筑密封胶。

4 建筑设计

4.1 一般规定

4.1.1 采光顶与金属屋面的建筑设计由建筑师和屋面（幕墙）专业设计师共同完成。建筑设计的主要任务是确定采光顶与金属屋面的线条、色调、构图、虚实组合和协调围护结构与建筑整体以及与环境的关系，并对采光顶与金属屋面的性能、材料和制作工艺提出设计要求，要根据建筑的使用功能、造价、环境、能耗、施工技术条件进行设计，并能方便制作、安装、维修和保养。

4.1.2 采光顶、金属屋面与建筑物整体的协调是建筑造型的需要，是建筑师非常关注的问题。采光顶、金属屋面还应与周围环境相协调，尤其是外观造型和颜色方面的协调。

4.1.4 集成型采光顶、金属屋面的光伏系统具有整体性，因此需要考虑坡度设计，以便获得最佳日照效果。独立安装型采光顶、金属屋面的光伏系统可根据设计需要进行布置，能够通过安装支架进行调整。

4.1.5 采光顶的分格是建筑设计的重要内容，设计者除了考虑外观效果外，必须综合考虑室内空间组合、功能、视觉以及加工条件等多方面的要求。玻璃分格设计合理有利于提高玻璃的出材率，能够减低工程总体成本。采光顶用光伏玻璃不但需考虑外观效果、玻璃的出材率，还需考虑太阳能电池片数量的组合和光伏玻璃整体的透光率、发电效率、电气安全和结构安全。金属屋面外设光伏组件一般均采用厂家的标准光伏组件。

4.1.6 工程经验表明，严寒和寒冷地区采光顶如果出现冷凝水，往往很难处理，给采光顶的使用带来不便，常用的解决办法是设置冷凝水的排放系统。为满足冬季除冰雪需要，可设置电热式融雪和除冰设备。

4.1.7 采光顶与金属屋面作为建筑的外围护结构，本身要求具有良好的密封性。如果透光部分的开启窗设置过多、开启面积过大，既增加了采暖空调的能耗、影响整体效果，又增加了雨水渗漏的可能性。实际工程中，开启扇的设置数量，应兼顾建筑使用功能、美观和节能环保的要求。

采光顶与金属屋面的开启设置通常还具有消防和排烟作用，因此有消防功能的开启窗应实现与消防系统联动。

4.1.8 采光顶的设计应满足维护和清洗的需要。采光顶位于建筑顶面，空气中的灰尘及油污会落到表面上，需要清洗。因此建筑物要具备维护清洗的条件。

4.1.10 在周围温度较高时，光伏电池的发电效率降低较快。通过降温的方法，可避免环境温度过高，确保光伏电池能够正常工作。

4.2 性能和检测要求

4.2.1 建筑物的物理性能和建筑物的功能、重要性等有关，采光顶、金属屋面的性能应根据建筑物的高度、体形、建筑物所在的地理、气候、环境等条件以及建筑物的使用功能要求进行设计。如沿海或经常有台风地区，采光顶、金属屋面的抗风压性能和水密性能要求高些，而风沙较大地区则要求采光顶、金属屋面的抗风压性能和气密性能高些，对于严寒、寒冷地区和炎热地区则要求采光顶、金属屋面的保温、隔热性能良好。

4.2.2 单根构件的挠度控制是正常使用状态下的功能要求，不涉及结构的安全，加之所采用的风荷载又是50年一遇的最大值，发生的机会较少，所以不宜控制过严，避免由于挠度控制要求而使材料用量增加太多。隐框玻璃板的副框，一般采用金属件多点连接在支承梁上；明框玻璃板与支承梁间有弹性嵌缝条或密封胶。因此支承梁变形后对玻璃的支承状况改变不大。试验表明，支承梁挠度达到跨度1/180时，玻璃的工作仍是正常的。因此，对铝型材的挠度控制值定为1/180。钢型材强度较高，其挠度控制则可以稍严一些。

铝合金面板挠度限值与现行国家标准《铝合金结构设计规范》GB 50429取值一致，钢面板挠度限值与现行国家标准《冷弯薄壁型钢结构技术规范》GB 50018取值一致。

简支矩形和点支承矩形玻璃面板的挠度限值与现行行业标准《玻璃幕墙工程技术规范》JGJ 102基本一致。简支三角形和点支承三角形的挠度限值是在近些年工程经验和实验室检测的基础上总结提出的结果。

本规程仅对相对挠度提出指标要求，对绝对挠度量未进行规定。

4.2.3 在现行国家标准《建筑幕墙》GB/T 21086中对采光顶与金属屋面水密、气密、热工、空气声隔声等性能要求及分级有规定，但针对金属屋面的检测没有给出明确的规定，因此金属屋面的性能试验应按照本规程附录A的规定执行。附录A中的方法结合我国的实际情况，按照现行国家标准《建筑幕墙》GB/T 21086的分级要求，主要采用《建筑幕墙气密、水密、抗风压性能检测方法》GB/T 15227的试验方法和试验步骤进行编制。本方法还参考了美国标准《室外金属屋面板系统气密性检测标准方法》ASTM E 1680-95（2003版）、《均匀静压下室外金属屋面板系统水密性检测标准方法》ASTM E 1646-95（2003版）和《均匀静压下薄金属屋面板系统和边板系统结构性检测标准方法》ASTM E 1592-01等先进标准。在美国标准《室外金属屋面板系统气密性检测标准方法》ASTM E 1680中规定，淋水量为3.4L/(m²·min)，是不变的定值，在国家标准《建筑幕墙气密、水密、抗风压性能检测方法》GB/T 15227中，规定沿海地区为4L/(m²·min)，其他地区为3L/(m²·min)。可见美国标准和我国标准规定的淋水量数值差别不大，因此本条继续沿用GB/T 15227关于淋水量数值的规定。

4.2.4 气密性直接影响采光顶与金属屋面的热工性能，因此在有采暖、空气调节和通风要求的建筑物中，应对气密性提出要求，应符合现行国家标准《公共建筑节能设计标准》GB 50189和《建筑幕墙》GB/T 21086的相关规定。试验表明，金属屋面普遍存在气密性较差的问题，与国外的构造相比，在气密设计上存在差距。

4.2.5 水密性关系到采光顶、金属屋面的使用功能和寿命。水密性要求与建筑物的重要性、使用功能以及所在地的气候条件有关。本条的规定与《建筑幕墙》GB/T 21086－2007、《玻璃幕墙工程技术规范》JGJ 102－2003略有差别。本条公式中的系数1000为“kN/m²”和“Pa”的换算系数。

根据现行国家标准《建筑结构荷载规范》GB 50009的规定，屋面所受风压会比建筑幕墙小许多，并且背风面为负压区。例如，封闭式双坡屋面，与水平面夹角不大于15°时迎风屋面$\mu_s=-0.6$，背风屋面$\mu_s=-0.5$，而对于落地双坡屋面，迎风屋面$\mu_s=0.1$，背风屋面$\mu_s=-0.5$，这样水密性指标值（绝对值）要比幕墙取$\mu_s=1.2$小很多。由于屋面在正风压和负风压下均会发生雨水渗漏，但正风压可能更不利一些。正是因为这些原因，使得屋面水密性指标的确定变得相当复杂，尤其对于复杂曲面、波浪形屋面这一指标将无法准确确定。

美国标准《均匀静压下室外金属屋面板系统水密性检测标准方法》ASTM E 1646-95（2003版）规定：对与水平面夹角不大于30°的屋面，其水密性测试压力差为137Pa，对于与水平面夹角大于30°的屋面按屋面设计风压的20%确定压力差值，并不得超过575Pa。经过综合分析并参考ASTM E 1646的相关规定，本规程规定采光顶、金属屋面的水密性能指标至少达到150Pa，易受热带风暴和台风袭击的地区，水密性能指标不应小于200Pa。

在沿海受热带风暴和台风袭击的地区，大风多同时伴有大雨。而其他地区刮大风时很少下雨，下雨时风又不是最大。所以本规程提出其他地区可按本条公式计算值的75%进行设计。由于采光顶、金属屋面面积大，一旦漏雨后不易处理。

采光顶、金属屋面设计时，透光部分开启窗的水密性等级与其他部分的要求相同。

热带风暴和台风多发地区，是指《建筑气候区划标准》GB 50178－1993中的$Ⅲ_A$和$Ⅳ_A$地区。

4.2.7 采光顶与金属屋面的隔声性能应根据建筑的使用功能和环境条件进行设计。不同功能的建筑所允许的噪声等级可根据现行国家标准《民用建筑隔声设计规范》GB 50118的规定确定。聚碳酸酯属轻质材料，在雨水撞击情况下，会产生较大的噪声，因此对声环境要求较高的建筑须经过雨噪声测试，满足设计要求后方可采用。清华大学对中国国家游泳馆进行过雨噪声的测试，较好地解决了声环境的设计问题。

4.2.9 采光顶为外围护结构，不分担主体结构所受荷载与作用。当其面板跨越主体结构的伸缩缝、沉降缝及抗震缝等变形缝时，容易出现破坏、漏水等现象，因此尽量避免跨越主体结构变形缝。如必须跨越时，应在采光顶上采取构造措施，以适应主体结构的变形，避免发生不必要的破坏或渗漏。

4.2.10 金属屋面风掀破坏比较常见，为验证金属屋面的设计，本规程引入抗风掀试验方法。中国建筑科学研究院已经采用本方法对多项金属屋面工程实施了检验，效果比较好。由于我国在抗风掀试验方面的研究比较少，因此本规程附录B主要参考美国标准《Tests for Uplift Resistance of Roof Assemblies》UL580－2006进行制定。

4.2.11 抗风压性能、气密性能和水密性能是采光顶与金属屋面的物理性能的重要指标，需要通过检测进行验证，因此应进行检测。对于有建筑节能要求的建筑，尚应进行热工性能检测。

4.2.12 按照规定，采光顶与金属屋面性能的检测应该由经过国家实验室认可委员会认可的检测机构实施。由于性能检测是工程设计验证性检测，因此检测试件的结构、材质、构造、安装工艺等均应与实际工程相符。但考虑到在有些情况下，由于试件尺度太大，或者有些安装方法在试验室没有办法实现，试件不能完全符合实际情况，此时应由建设单位、建筑设计人员、监理人员和行业有关专家共同确定。

4.2.13 采光顶与金属屋面性能检测中，由于非设计原因如安装施工的缺陷，使某项性能未达到规定要求的情况时有发生。这些缺陷通过改进施工安装工艺是有可能弥补的，故允许对安装施工工艺进行改进，修补缺陷后重新检测，以节省人力、物力。在设计或材料缺陷造成采光顶与金属屋面性能达不到要求时，应修改设计或更换材料，重新制作试件，另行检测。检测报告中说明有关修补或更改的内容。

4.3 排 水 设 计

4.3.2 屋面雨水排水系统的设计重现期，应根据建筑物的重要程度、汇水区域性质、气象特征等因素确定。由于系统的水力计算中充分利用了雨水水头，系统的流量负荷未预留排除超设计重现期雨水的能力，对重要公共建筑物屋面、生产工艺不允许渗漏的工业厂房屋面采用的设计重现期取值不宜过小。本条规定与现行国家标准《建筑给水排水设计规范》GB 50015的规定基本一致。

4.3.4 对于大型屋面，宜设2组独立排水系统，以提高安全度。

4.3.6 为提高采光顶、直立锁边金属屋面和金属平板金属屋面排水的可靠性，本规程规定其排水坡度不应小于3%。当采光顶玻璃面板在自重作用下形成“锅底”，可能导致积水、积灰时，可适当加大采光顶排水坡度；当金属屋面系统的排水设计能力较差或搭接处容易渗漏时，可适当加大金属屋面的排水坡度；在沿海等降雨强度较大地区，可能导致采光顶与金属屋面漏水时，可适当加大其排水坡度。

4.3.8 在排水天沟内侧设柔性防水层的主要作用是防止天沟金属板材料在焊接或搭接时产生孔隙而出现漏水现象，同时也可以防止水流噪声，提高防腐性能，有效地提高天沟的使用寿命。

4.4 防雷、防火与通风

4.4.2 采光顶和金属屋面是附属于主体建筑的围护结构，其金属框架一般不单独作防雷接地，而是利用主体结构的防雷体系，与建筑本身的防雷设计相结合，因此要求应与主体结构的防雷体系可靠连接，并保持导电通畅。压顶板体系（避雷带）应与主体结构屋顶的防雷系统有效的连通。金属屋面可按要求设置接闪器，也可以利用其面板作为接闪器。

4.4.4 根据公安部、住房和城乡建设部联合发布的《民用建筑外保温系统及外墙装饰防火暂行规定》（公通字［2009］46号）的文件精神：“屋顶与外墙交界处、屋顶开口部位四周的保温层，应采用宽度不小于500mm的A级保温材料设置水平防火隔离带。”制定本条文。

4.4.6 为了避免两个防火分区因玻璃破碎而相通，造成火势迅速蔓延，因此同一玻璃面板不宜跨越两个防火分区。采光顶用防火玻璃主要包括单片防火玻璃，以及由单片防火玻璃加工成的中空、夹层玻璃等制品。

4.5 节 能 设 计

4.5.1 现行国家标准《公共建筑节能设计标准》GB 50189针对公共建筑围护结构包括屋面、屋面透明部分提出强制规定，因此公共建筑采光顶与金属屋面的热工设计必须符合其要求。

居住建筑较少采用采光顶、金属屋面，因此在现行行业标准《严寒和寒冷地区居住建筑节能设计标准》JGJ 26、《夏热冬冷地区居住建筑节能设计标准》JGJ 134、《夏热冬暖地区居住建筑节能设计标准》JGJ 75 尚未对透明屋面（采光顶）作出具体规定，但针对屋面提出较高要求。金属屋面是比较理想的屋面维护结构，性能优异，应满足不同地区居住建筑节能设计标准的要求。

4.5.5 在冬季采暖的地区，采光顶、金属屋面的室内外温差会比较大。如果在设计中不注意热桥的处理，就很容易出现结露现象。采光顶的防结露设计应根据现行国家标准《民用建筑热工设计规范》GB 50176 进行。其他地区相对而言对结露的要求不高，暂未提出要求。

金属屋面通常被设计成面板部分开放式构造，容许水蒸气排出，但如果未设计隔汽层，则水蒸气会进入室内，或者室内的水蒸气也会进入屋面系统内部，对系统材料（如保温棉）进行破坏，从而影响金属屋面的正常使用，因此应设置隔汽层，一般应铺设于保温层下方。

4.6 光伏系统设计

4.6.4 人员有可能接触或接近的、高于直流 50V 或 240W 以上的系统属于应用等级 A，适用于应用等级 A 的设备被认为是满足安全等级Ⅱ要求的设备，即Ⅱ类设备。当光伏系统从交流侧断开后，直流侧的设备仍有可能带电，因此，光伏系统直流侧应设置必要的触电警示和防止触电的安全措施。

4.6.5 光伏组件的光电转换效率是光伏系统发电量的关键影响因素。因此本条对建筑上应用的光伏组件的转换效率提出要求。为了便于建筑工程中对光伏组件进行复检，采用电池片有效面积即实际上电池片的总面积来进行计算。超白玻璃太阳光透射率与玻璃类型、厚度相关，可按超白玻璃产品标准确定。系数 0.97 是考虑光伏组件封装过程的效率损失。

4.6.6 现行国家标准《光伏(PV)组件紫外试验》GB/T 19394 和《光伏组件盐雾腐蚀试验》GB/T 18912 对光伏组件的耐久性试验提出明确要求，本规程的试验指标就是根据这两个试验标准制定的。

根据工程的数据统计，建筑上应用的光伏组件在 20 年内输出功率衰减一般不超过初始测试值的 20%。

5 结构设计基本规定

5.1 一 般 规 定

5.1.1 采光顶和金属屋面是建筑物的外围护结构的一部分，主要承受直接作用其上的风荷载、重力荷载（积灰荷载、雪荷载、活荷载和自重）、地震作用、温度作用等，不分担主体结构承受的荷载和地震作用。采光顶和金属屋面结构体系应满足承载能力极限状态和正常使用极限状态的基本要求。

面板与支承结构之间、支承结构与主体结构之间，应有足够的变形能力，以适应主体结构的变形；当主体结构在外荷载作用下产生变形时，不应使构件产生强度破坏和不能允许的变形。

采光顶和金属屋面的主体结构（如大梁、屋架、桁架、板架、网架、索结构等）设计应符合国家现行有关标准的要求，本规程不作具体要求。

5.1.2 面板以及与面板直接连接的支承结构（主梁、次梁等）的受载面积小、影响面小，可按维护结构考虑，属于现行国家标准《建筑结构可靠度设计统一标准》GB 50068 中所说的“易于替换的结构构件”，因此其结构设计使用年限不应低于 25 年。间接支承面板的支承结构是大跨度、重载的屋面主要结构（如支承檩条的大梁、屋架、网架、索结构等），基本属于主体结构的范畴，其结构设计使用年限应与主体结构相同。

5.1.3 直接与面板连接的支承结构，一般是钢结构构件、铝合金结构构件，其结构设计应符合国家本条相关标准的规定。

5.1.4 重力荷载和风荷载是屋面结构承受的最主要荷载，结构设计应考虑这些荷载的组合及效应计算；在抗震设防地区，由于采光顶和金属屋面的面板和直接连接的支承结构一般尺度较小、重量较轻，地震作用相对风荷载一般较小，承载力和挠度验算时可忽略其作用。但在构造设计上适当加以考虑，以保证其抗震性能；温度等非荷载作用涉及温度场及适宜的分析方法，本规程没有给出明确的设计方法，当需要考虑时，应按国家有关标准的规定进行结构计算分析和设计。

5.1.5 对非抗震设防的地区，只需考虑风荷载以及积灰荷载、雪荷载、屋面活荷载、结构自重等重力荷载，必要时应考虑温度作用；对抗震设防的地区，尚应考虑地震作用影响。目前，结构抗震设计的标准是小震下保持弹性，基本不产生损坏。在这种情况下，构件也应基本处于弹性工作状态。因此，本规程中有关构件的内力和挠度计算均可采用弹性方法进行。对变形较大的场合（如尺度较大的金属面板、玻璃面板等），宜考虑几何非线性的影响。

在采光顶和金属屋面工程中，温度变化引起的对面板、胶缝和支承结构的作用效应是存在的。温度作用的影响一般可通过建筑或结构构造措施解决，而不一一进行计算，实践证明是简单、可行的办法。对温度变化比较敏感的工程，在设计计算和构造处理上应采取必要的措施，避免因温度应力造成构件破坏。

5.1.6 采光顶和金属屋面结构构件类型较多，主要承受重力荷载（活荷载、雪荷载、自重荷载等）、风荷载和温度作用，应分别进行承载力和挠度分析和设计。

承载力极限状态设计时，应考虑作用或作用效应组合；正常使用极限状态设计时，应考虑作用或作用效应的标准组合或频遇组合，此时，作用的分项系数均取1.0。本条给出的承载力设计表达式具有通用意义，作用效应设计值S可以是内力或应力，承载力设计值R可以是构件的承载力设计值或材料强度设计值。

结构或结构构件的重要性系数γ_0，主要考虑因素是结构或结构构件破坏后果的严重程度，应按结构构件的安全等级和不同结构的工程经验确定。采光顶和金属屋面属于建筑的外围护结构，其重要程度和破坏后果的严重程度通常低于主体结构。除预埋件之外，其余构件的安全等级一般不超过二级，按现行国家标准《建筑结构可靠度设计统一标准》GB 50068的有关规定可取为0.95；但是，采光顶和金属屋面大多用于大型公共建筑，正常使用中不允许发生破坏，而且对于玻璃面板而言，其破坏后坠落的后果还是比较严重的，因此，本条规定采光顶和金属屋面结构的重要性系数γ_0取1.0，是比较妥当的。

采光顶和金属屋面面板及金属构件（如主梁、次梁）习惯上不采用内力设计表达式，所以在本规程的相关条文中直接采用与钢结构、铝合金结构设计相似的应力表达形式；预埋件设计时，则采用内力表达形式。采用应力设计表达式时，计算应力所采用的内力（如弯矩、轴力、剪力等），应采用作用效应的基本组合，并取最不利组合进行设计。

和一般幕墙结构不同，采光顶和金属屋面的重力荷载、风荷载、竖向地震作用或作用分量往往不在同一方向上，所以在变形（挠度）控制时，应考虑不同作用的标准组合，以最不利组合效应进行变形控制。

5.2 材料力学性能

5.2.12 聚碳酸酯中空板形式多样，自重也各不相同，本规程根据聚碳酸酯板材供应企业公布的数据进行整理，取各家重量较大的列入表5.2.12-3，因此采用该表进行计算时，偏于保守，较为安全。

5.3 作　　用

5.3.4 采光顶玻璃活荷载按现行行业标准《建筑玻璃应用技术规程》JGJ 113的规定执行。本条金属屋面的活荷载参照采用美国标准《结构直立锁边铝屋面板系统规范》ASTM E1637的规定确定。

6 面板及支承构件设计

6.1 框支承玻璃面板

6.1.1 采光顶玻璃承受屋面荷载的作用，其厚度不宜过小，以保证安全。从近几年采光顶工程设计和施工经验来看，单片玻璃6mm的最小厚度是合适的。夹层玻璃的各片玻璃是共同受力的，厚度可以略小。如果夹层玻璃和中空玻璃的各片玻璃厚度相差过大，则玻璃受力大小会过于悬殊，容易因受力不均匀而发生破裂。

6.1.2 采光顶用单片钢化玻璃和夹层钢化玻璃都不是绝对安全的。钢化玻璃（包括钢化中空玻璃）存在自爆的危险，近年来采光顶钢化玻璃自爆事件频发，有些还产生对人身和财物的伤害。夹层钢化玻璃自爆后虽然不会飞溅伤人，但如果设计、施工不当，也会整片向下弯曲后从胶缝处破断或从框架中拔出，整体落下，形成更严重的威胁。

当采光顶高度不大时，例如3m以下，可以采用单片钢化玻璃。

半钢化夹层玻璃或平板夹层玻璃破裂机会少，而且一旦破裂，形成玻璃碎块较大，可以由边框夹持或胶缝粘结，不会变形下垂，避免了整片落下的危险。

夹丝玻璃在民用建筑采光顶中一般不采用，主要是由于不美观、金属丝在边缘处易生锈污染玻璃。

6.1.3 玻璃切割后边缘留下许多微小裂纹和缺陷会产生应力集中现象，这是采光顶玻璃热炸裂和自爆的诱发因素，因此玻璃应进行细磨和倒棱，消除这些微裂缝和缺陷。

6.1.4 为防止玻璃面板受温度影响而破坏，玻璃面板应进行热应力、热变形设计计算，玻璃面板的缝宽应满足面板温度变形和主体结构位移的要求，并在嵌缝材料的受力和变形的承受范围之内。根据现行行业标准《建筑玻璃应用技术规程》JGJ 113的规定，半钢化玻璃和钢化玻璃可不进行热应力计算。

6.1.5 框支承玻璃在垂直于面板的荷载作用下，受力状态与周边支承板类似，可按周边简支边界条件计算其跨中最大弯矩、最大应力和最大挠度。

玻璃面板的应力和挠度应采用弹性力学方法计算较为合适，精确计算宜采用考虑几何非线性的有限元法进行，目前有较多的有限元计算软件可供选择。但为了方便使用，本规程也提供了简单易行且计算精度可满足工程设计要求的简化设计方法，即周边支承面板弹性小挠度应力、挠度计算公式，为考虑与大挠度分析方法计算结果的差异，采用折减系数的方法将应力、挠度计算值予以折减。本规程附录C中表C.3.2、表C.4.2-1和表C.4.2-2采用小挠度有限元法计算。在实际应用时，表中数据可内插或外插进行。《点支式玻璃幕墙工程技术规程》CECS127-2001有与本规程附录C中表C.3.2接近的计算数据。《Tables for the Analysis of Plates, Slabs and Diaphragms based on the Elastic Theory》（R. Bares, 1979）有与本规程附录C中表C.4.2-1和表C.4.2-2接近的计算数据。

在进行构件承载力计算时，采用相同方向荷载组合设计值计算构件的最大应力设计值。

玻璃是脆性材料，表面存在着大量的微观裂纹，在永久荷载作用下，微观裂缝会不断扩展，使其承载力明显下降。采光顶玻璃长期受重力作用，因此计算时强度设计值应采用玻璃中部强度设计值。

6.1.7 夹层玻璃用胶片的力学性能较玻璃相差很远。一般认为，当$G\geqslant20\ N/mm^2$时，夹层玻璃的承载力与等厚的整片玻璃相同。因此，由PVB夹层玻璃按各片玻璃承载力之和计算，不考虑其整体工作。离子型胶片（SGP）夹层的玻璃在40℃以下，承受短期荷载时，是可以考虑其整截面工作的。但由于离子型胶片在国内刚开始应用，经验很少，所以本条中未列入SGP的夹层玻璃计算方法。

本条规定与JGJ 102－2003基本一致，美国ASTM E1300标准有相同的规定。

6.1.8 中空玻璃的各片玻璃之间有气体层，直接承受荷载的正面玻璃的挠度一般略大于间接承受荷载的其他玻璃的挠度，分配的荷载也略大一些。为保证安全和简化设计，将正面玻璃分配的荷载加大10%，这与本规程编制组关于中空玻璃的试验结果相近，也与美国ASTM E1300标准的计算原则相接近。

考虑到直接承受荷载的玻璃挠度大于按各片玻璃等挠度原则计算的挠度值，所以中空玻璃的等效厚度t_e考虑折减系数0.95。

6.2 点支承玻璃面板

6.2.1 四点支承板为比较常见的连接形式，优势比较明显，工程应用经验比较丰富。而对六点支承板，支承点的增加使承载力没有显著提高，但跨中挠度可大大减小。所以，一般情况下宜采用单块四点支承玻璃；当挠度过大时，可采用六点支承板。

点支承面板采用开孔支承装置时，玻璃板在孔边会产生较高的应力集中。为防止破坏，孔洞距板边不宜太近。此距离应视面板尺寸、板厚和荷载大小而定，一般情况下孔边到板边的距离有两种限制方法：一种是板边距离法，即是本条的规定，另一种是按板厚的倍数规定。这两种方法的限值是大致相当的。孔边距为70mm时，可以采用爪长较小的200系列钢爪支承装置。

6.2.2 点支承玻璃在支承部位应力集中明显，受力复杂。因此点支承玻璃的厚度应具有比框支承玻璃更严格的要求。

6.2.3 中空玻璃的干燥气体层要求更严格的密封条件，防止漏气后中空内壁结露，为此常采用多道密封措施。工程中通常采用金属夹板夹持中空玻璃的方法，避免在中空玻璃上穿孔。

6.2.4 点支承玻璃可按多点支承弹性薄板进行应力计算，计算时宜考虑大挠度变形的影响。其计算公式与框支承面板类似（参见本规程6.1.5～6.1.8条的条文说明），只是采用的计算系数值不同。

本规程附录C中给出相应的弯矩系数和挠度系数数值，针对四孔支承面板给出相同孔边距时的数据，同时保留对应四角点支承板的数据，可在进行夹板式支承面板设计时使用。

6.4 金属平板

6.4.1 单层铝板和铝塑复合板一般通过四周折边增大板的刚度，而且可以避免铝塑复合板的芯材在大气中外露。一般情况下，采用螺钉或不锈钢抽芯铆钉连接，在折边中心线开孔，折边高度20mm能够满足JGJ/T 139－2001中“连接件孔边距不应小于开孔宽度的1.5倍”和本规程的规定。目前，一些工程中也采用铝塑复合板不折边而附加铝型材的办法，此时，铝塑复合板应镶入铝内。铝蜂窝复合板可以采用折边、将面板弯折后包封板边、采用密封胶封边的做法。采用开缝构造设计时尤其注意采取措施防止板芯直接外露。

6.4.2 金属平板较薄，必要时应设置加强肋增加其刚度并保持板面平整。作为面板的支承边时，加强肋是面板区格的不动支座，所以应保证中肋与边肋、中肋与中肋的可靠连接，满足传力要求。一些工程中，中肋只考虑用作保证面板平整度，不作为面板支承边，此时，中肋只与面板连接，不与边肋或单层铝板的板边连接，中肋两端处于无支座的浮动状态，无法作为区格面板的支承边，此时，面板计算时不宜考虑中肋的支承边作用。

6.4.3 金属板材的周边，无论有无边肋，均可以产生转动，所以计算时，可以作为简支边考虑；通常荷载或作用是均匀分布的，中肋两侧的板区格同时受力，当跨度相等或接近时，基本上不发生明显的板面转动，计算时可作为固定边考虑。当采用非线性有限元方法计算带肋面板时，边肋的约束条件可以考虑为垂直于板面方向的线位移为零。

弹性薄板的计算公式为：

$$\sigma=\frac{6mqa^2}{t^2} \tag{1}$$

$$d_f=\frac{\mu qa^4}{D} \tag{2}$$

上述公式是假定板的变形为小挠度，板只承受弯曲作用，只产生弯曲应力而面内薄膜应力可忽略不计。因此，公式的适用范围是挠度不大于板厚（即$d_f\leqslant t$）。

当面板的挠度大于板厚时，该计算公式将会产生显著的误差，即计算得到的应力 σ 和挠度 d_f 比实际情况大，而且随着挠度与板厚之比加大，计算的应力和挠度会偏大到工程不可接受的程度，失去了计算的意义。按偏大的计算结果设计板材，不仅会使材料用量大大增多，而且规定的应力和挠度控制条件也失去了意义。

通常金属面板的挠度都允许到边长的 1/60，对于区格边长为 500mm、厚度为 3mm 的铝板，挠度允许值 8mm 已超过板厚的 2 倍，此时应力、挠度的计算值比实际值大 50%～80%。用计算挠度 d_f 小于边长的 1/60 来控制，与预期的控制值相比严了许多。承载力计算也有类似情况。

为此，对于金属面板计算，应对现行小挠度条件的应力和挠度计算结果考虑适当折减（参照本规程第 6.1.6 条、6.1.7 条条文说明）。

英国 B. Aalami 和 D. G. Williams 对不同边界的矩形薄板进行了系统计算，详见本规程第 6.1.5 条条文说明，据此编制了本规程正文表 6.4.3。具体数值对比见本规程第 6.1.5 条条文说明。

由本规程第 6.1.5 条条文说明可知，修正系数 η 随 θ 下降很快，即按小挠度公式计算的应力量挠度可以折减很多。为安全稳妥，在编制表 6.4.3 时，取了较计算结果偏大的数值，留有充分的余地。同样在计算板的挠度 d_f 时，也宜考虑类似的折减系数 η，见本规程第 6.1.5 条条文说明。

由于板的应力与挠度计算中，泊松比 ν 的影响很有限，折减系数 η 原则上也近似适用于不同金属板的应力和挠度计算。

铝塑复合板和铝蜂窝复合板为三层夹芯板，各层材料的力学性能不同，进行应力和挠度计算时，板的力学特性由等效截面模量 W_e 和等效刚度 D_e 表达。W_e 和 D_e 由夹层板的弯曲试验得出。在计算其参数 θ 值时，公式（6.4.3-4）的分母应采用 Et^3，也可近似用 $11.2D_et_e$ 代替，此处 ν 采用 0.25。

6.5 压型金属板

6.5.1 金属屋面用压型板通常采用铝合金板、不锈钢板、钛锌板等，目前比较成熟的压型板有：直立锁边系统（适用于板宽 600mm 以内、厚度 1.0mm 以内的各种金属板）、有立边叠合系统（适用于宽度 1000mm 以内的各种金属板，板厚 0.8mm～1.0mm）、扣盖系统（适用于板厚 0.8mm～1.0mm、板宽 600mm 以内）、平锁扣系统（适用于板厚 0.8mm～1.2mm、板宽 600mm 以内）等。

6.5.2 现行国家标准《铝合金结构设计规范》GB 50429 对铝合金面板作出了专门的设计规定，《冷弯薄壁型钢结构技术规范》GB 50018 对钢面板作出了专门的设计规定，本条直接予以引用。

6.5.3 集中荷载 F 作用下的屋面面板计算与板型、尺寸等有关，目前尚无精确的计算方法，一般根据试验结果确定。规程给出的将集中荷载 F 沿板宽方向折算成均布线荷载 q_{re}（公式 6.5.3）是一个近似的简化公式，式中折算系数 η 由试验确定，若无试验资料，可取 $\eta=0.5$，即近似假定集中荷载 F 由两个槽口承受，这对于多数板型是偏于安全的。

屋面板上的集中荷载主要是施工或使用期间的检修荷载。按我国荷载规范规定，屋面板施工或检修荷载 $F=1.0$kN；验算时，荷载 F 不乘以荷载分项系数，除自重外，不与其他荷载组合。但如果集中荷载超过 1.0kN，则应按实际情况取用。

6.5.5 T 形支座和面板的连接强度受材料性质及连接构造等许多因素影响，目前尚无精确的计算理论，需根据试验分别确定面板在受面外拉力和压力作用下的连接强度。T 形支座的间距应经计算确定，满足屋面所受作用的要求，且不宜超过 1600mm。

6.5.6 公式（6.5.6-1）和（6.5.6-2）分别为腹板弹塑性和弹性剪切屈曲临界应力设计值，与现行国家标准《铝合金结构设计规范》GB 50429 的规定一致。公式（6.5.6-3）和（6.5.6-4）与现行国家标准《冷弯薄壁型钢结构技术规范》GB 50018 的规定一致。

6.5.7 腹板局部承压涉及因素较多，很难精确分析。本公式取自现行国家标准《铝合金结构设计规范》GB 50429 和《冷弯薄壁型钢结构技术规范》GB 50018，并和欧洲规范相同。

6.5.8 本公式取自现行国家标准《铝合金结构设计规范》GB 50429 和《冷弯薄壁型钢结构技术规范》GB 50018，并和欧洲规范相同。

6.5.10 公式（6.5.10-1）和（6.5.10-2）取自现行国家标准《铝合金结构设计规范》GB 50429。

6.5.12 屋面板 T 形支座的稳定性可按等截面模型进行简化计算。支座端部受到板面的侧向支撑，根据面板侧向支撑情况；支座的计算长度系数的理论值范围为 0.7～2.0。同济大学进行的 0.9mm 厚 65mm 高 400mm 宽的铝合金面板试验中，量测了 T 形支座破坏时的支座反力值，表 1 为按本规程公式计算得到的承载力标准值（取 μ 为 1.0，f 为 $f_{0.2}$）和试验值。考虑到试验得到的支座破坏数据有限，而板厚、板型对支座侧向支撑的影响又比较复杂，本规程建议根据试验确定计算长度值。

表 1 T 形支座承载力标准值和试验值的比较（kN）

	承载力标准值 μ 取 1.0	试验值					
		1	2	3	4	5	6
承载力	6.38	6.585	5.819	6.154	6.341	5.15	5.29
状态	—	破坏	未破坏	未破坏	未破坏	未破坏	未破坏

6.6 支承结构设计

6.6.2 单根支承构件指梁、斜柱、拱等简单的支承结构，受弯薄壁金属梁的截面存在局部稳定问题，为防止产生压应力区的局部屈曲，通常可按下列方法之一加以限制：

1 规定最小壁厚 t_{min} 和规定最大宽厚比；

2 对抗压强度设计值或允许应力予以降低。

钢型材最小壁厚的限值均小于现行国家标准《六角螺母 C 级》GB/T 41 和《六角薄螺母》GB/T 6172.1 中螺纹规格 D 为 M5 的螺母厚度尺寸，应验算螺纹强度，保证连接强度。

6.7 硅酮结构密封胶

6.7.1 硅酮结构密封胶承受荷载和作用产生的应力大小，关系到构件的安全，对结构胶必须进行承载力验算，而且保证最小的粘结宽度和厚度。隐框玻璃板材的结构胶粘结宽度一般应大于其厚度。

6.7.2 硅酮结构密封胶缝应进行受拉和受剪承载能力极限状态验算，习惯上采用应力表达式。计算应力设计值时，应根据受力状态，考虑作用效应的基本组合。具体的计算方法应符合本规程有关条文的规定。采光顶、金属屋面与幕墙的荷载方式略有不同，考虑强度计算的适用性，本规程取值尽量与现行行业标准《玻璃幕墙工程技术规范》JGJ 102 保持一致。

现行国家标准《建筑用硅酮结构密封胶》GB 16776 中，规定了硅酮结构密封胶的拉伸强度值不低于 0.6N/mm²。在风荷载或地震作用下，硅酮结构密封胶的总安全系数不小于 4，套用概率极限状态设计方法，风荷载分项系数取 1.4，地震作用分项系数取 1.3，则其强度设计值 f_1 约为 0.21N/m²～0.195N/m²，本规程取为 0.2N/m²，此时材料分项系数约为 3.0。在永久荷载（重力荷载）作用下，硅酮结构密封胶的强度设计值 f_2 取为风荷载作用下强度设计值的 1/20，即 0.01N/mm²。

目前生产厂家已生产了强度大于 1.2N/mm² 的高强度结构胶，并在高层建筑、9 度设防地区建筑、索网采光顶中应用。有依据时所采用的高强度结构胶的强度设计值可适当提高。

6.7.3 隐框玻璃面板与副框间硅酮结构密封胶的粘结宽度应根据玻璃面板的厚度、规格等因素综合考虑，具体方法是：

1 在玻璃面板较小或厚度较厚，玻璃发生弯曲变形很小时，可近似认为玻璃面板为刚性板，则胶缝受力比较均匀，共同受力，可以直接用周长进行计算。

2 当玻璃有较大变形时，胶缝的受力不均匀，目前被普遍认可的理论是梯形荷载分配理论。

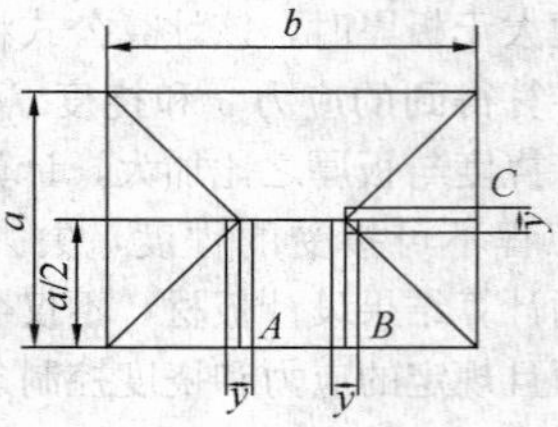

图 1 矩形面板胶缝宽度计算简图

以矩形为例，a、b 分别为矩形的高和宽，以四个顶点作角平分线，见图 1。则 A、B 和 C 处的胶缝所承受的荷载基本相等，如果取相当小的长度 y，则荷载可表示为 $\frac{qya}{2}$，此处胶缝的承载能力为 f_1yC_s。因此 $f_1yC_s=qya/2$。即 $C_s=\frac{qa}{2f_1}$。

采用类似的理论，分别可以推导出圆形、梯形和三角形的胶缝宽度计算公式（见图 2）。

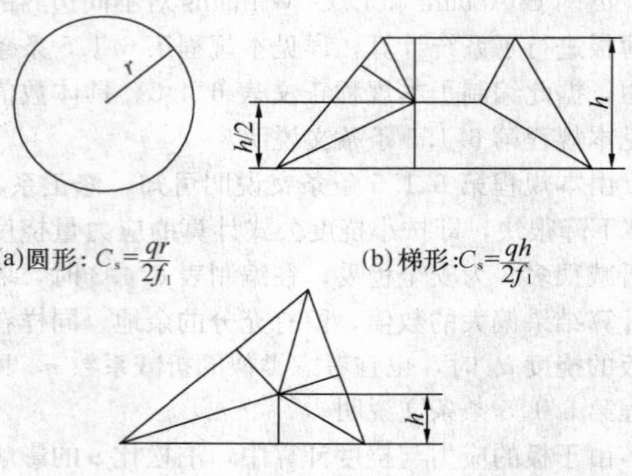

(a)圆形：$C_s=\frac{qr}{2f_1}$　(b)梯形：$C_s=\frac{qh}{2f_1}$

(c)三角形：$C_s=\frac{2qh}{2f_1}$

图 2 圆形、梯形和三角形面板胶缝宽度计算简图

任意四边性可补足成三角形，并按三角形的方法进行计算。

本条规定与美国标准《Standard Guide for Structural Sealant Glazing》ASTM C1401-09a 的规定基本一致。

3 沿面板平面内方向，重力荷载会产生切向分力，应进行验算。

6.7.4 结构胶所承受应力的标准值不应大于 $0.7f_1$，此时对应的伸长率为 δ，在此伸长率下，结构胶沿厚度产生的最大位移应能满足胶缝变形的要求。本条规定与现行行业标准《玻璃幕墙工程技术规范》JGJ 102 一致。

硅酮结构密封胶承受永久荷载的能力较低，而且会有明显的变形，所以工程中一般在长期受力部位应设金属件支承，倒挂的玻璃也采用类似的金属安全件。

6.7.5 本条参考《Guideline For European Technical

Approval For Structural Sealant Glazing Systems (SSGS) Part 1: Supported And Unsupported Systems》ETAG E002：2001 附录 2 的规定制定，对于较小的单元或非矩形尚应考虑气候的影响。

7 构造及连接设计

7.1 一般规定

7.1.1 采光顶与金属屋面的连接节点种类很多，如中部节点、边部节点、交叉面节点、檐口节点等。各种连接节点的功能不同，其连接方式和构造都有很大的差异。但不论采用何种形式的连接，都必须保证采光顶与金属屋面在使用过程中能够承受并可靠传递屋面的荷载或作用。

7.1.4 构造缝设计应能够适应主体结构的变形要求，并不得降低该部位的气密性、水密性、抗风压性能和保温性能等要求。

7.1.6 采光顶和金属屋面配套使用的铝合金窗、塑料窗、玻璃钢窗应比建筑幕墙用窗要求更高，因此应符合设计要求，且应分别符合国家现行标准《铝合金门窗》GB/T 8478、《未增塑聚氯乙烯（PVC-U）塑料窗》JG/T 140、《玻璃纤维增强塑料（玻璃钢）窗》JG/T 186 等的规定。

7.1.8 由于清洗和维护或特殊功能的需要，在屋面支承结构上安装支承构件并穿过采光顶或金属屋面的面板实现使用功能。为有效防止节点处产生漏水现象，在穿透面板的节点部位应采用可靠防水措施。应根据每个项目的实际情况采用构造性防水或封堵式防水。

7.2 玻璃采光顶

7.2.2 为防止在玻璃室内侧产生冷凝水向下流淌，宜设置冷凝水收集和排放系统。通常排放槽有两种形式：(1) 冷凝水较多的环境（如泳池，浴室和多水的房间等）主支承构件与次支承构件的排放槽要连通，并应设置排水道（孔），将水引入排水道；(2) 在冷凝水较少的环境或结露现象不严重的采光顶，主次龙骨的排放槽可以不连通，如有结露现象时，可在排放槽内自然蒸发。

7.2.3 采光顶玻璃面板属于柔性板，本身还会有自重下的挠度，形成“锅底”，如果锅底积水、积灰会影响采光顶外观。考虑玻璃变形后排水要求，排水坡度不宜小于3%。防止在每一个玻璃分格内出现积水现象，排水通道可以采用排水槽或排水孔的形式。半隐框采光顶的明框部分宜顺排水方向布置。

7.2.5 点支式玻璃穿孔式连接件主要分为浮头式和沉头式两种。沉头式连接件外观虽然美观，但承载力稍差，且防水性能不易保证，因此采光顶如采用穿孔式连接时，宜采用浮头式连接件。为便于装配和安装时调整位置，玻璃板开孔的直径通常稍大于爪件的金属轴，因此除轴上加封套管外，还应采用密封胶将空隙密封，以便可靠传递荷载，并防止漏水。

为了有效降低玻璃应力集中，应增大施工中玻璃平面位置的可调量。点支式玻璃平顶宜采用全部大圆孔的爪件。

7.2.6 点支承面板受弯后，板的角部产生转动，如果转动被约束，则会在支承处产生较大的弯矩。因此支承装置应能适应板支承部位的转动变形。当面板尺寸较小、荷载较小、支承部位转动较小时，可以采用夹板式或固定式支承装置；当面板尺寸较大、荷载较大、支承部位转动较大时，则宜采用带球铰的活动式支承装置。

根据清华大学的试验资料，垫片厚度超过 1mm 后，加厚垫片并不能明显减少支承头处玻璃的应力集中；而垫片厚度小于 1mm 时，垫片厚度减薄会使支承处玻璃应力迅速增大。所以垫片最小厚度取为 1mm。

夹板式点支承装置应设置衬垫承受玻璃重量，避免玻璃与夹板刚性接触，造成玻璃破裂。

7.2.7 支承装置只用来支承玻璃和玻璃承受的风荷载、雪荷载、积灰荷载或地震作用，不应在支承装置上附加其他设备和重物。

7.2.8 采光顶倒挂隐框玻璃、倾斜隐框玻璃通过结构胶传递重力，使结构胶处于长期受拉或受剪状态，因此设计时应尽量避免倒挂隐框玻璃构造，通过设置承重构件可改善结构胶的工作状态，延长结构胶的使用寿命，提高采光顶的安全性。

7.2.9 采光顶的边缘与屋面之间应有过渡连接。为保证采光顶在使用过程中的各项物理性能，采光顶面板宜高出屋面，一般不少于 80mm。

7.2.10 一般情况下自平衡索结构、轮辐式结构、张悬梁结构、马鞍形索结构采光顶等均由主体结构支承，相互间会有较大相对位移，因此其连接部位需要能够适应结构变形的能力，一般可设置成连杆机构。

7.2.11 本条对玻璃采光顶板缝构造作出规定：

1 注胶式板缝应采用中性硅酮建筑密封胶密封，且能满足接缝处位移变化的要求。在工程材料的线膨胀系数较大或结构及环境因素造成接缝形变较大时，应选用位移能力较高的硅酮密封胶。尤其在点支式玻璃采光顶中，玻璃面板采用的是点支承方式固定的，当玻璃在受到垂直于玻璃平面的荷载时，将产生较大的平面外变形（最大可达边长的 1/60），这将在受力玻璃的边缘与相邻的面板边缘出现较大的剪切和拉伸作用。所以在使用密封胶进行面板之间密封时应优先选用低模量高弹性的硅酮密封胶。密封胶不得腐蚀玻璃镀膜和夹层胶片。

2 嵌条式板缝可采用密封条密封，且密封条交叉处应可靠封接。尽管如此，仍有可能导致漏水，因此连接构造上宜进行多腔设计，并应设置导水、排水系统。

3 开放式板缝在采光顶中应用较少，通常作为装饰层，不需要实现功能层的作用。因此宜在面板的背部空间设置防水层，并应设置可靠的导排水系统和采取必要的通风除湿构造措施。其内部支承金属结构应采取防腐措施。

7.3 金属平板屋面

7.3.1 金属平板的连接方式与金属板幕墙的面板的连接方法基本相似，连接设计时可参照现行行业标准《金属与石材幕墙工程技术规范》JGJ 133 的相关规定。

7.3.3 金属平板屋面的渗漏现象比较普遍，在考虑板间的连接密封时，宜优先选用密封胶进行密封。

7.3.4 在采用开放式连接结构时，应充分考虑金属平板与支承结构间的密封和设立完整的排水系统。

7.4 压型金属板屋面

7.4.2 金属屋面板长度方向搭接时，其下部应有可靠的硬质支撑，由于屋面板热胀冷缩，因此不得与下部结构固定连接；搭接部位应采用可靠连接，保证搭接部位的结构性能和防水性能。

7.4.5 泛水与屋面板两板间应放置通长密封条，螺栓拧紧后，两板的搭接口处应用密封材料封严。

7.5 聚碳酸酯板采光顶

7.5.1 U形聚碳酸酯板通过奥氏体型不锈钢连接件与支承构件连接，采用聚碳酸酯扣盖勾接，不锈钢连接件与聚碳酸酯板可以相对滑动，以便吸收温度变形。为达到良好的密封效果，U形聚碳酸酯板与扣盖间的空隙宜用发泡胶条密封。如采光顶较长时，可采用错台搭接的方法，在设计板材铺檩结构时，在板材对接处设计错台，低处板材安装时在错台下方，高处板材安装时探出，形成搭接。

7.5.2 一般情况下，U形聚碳酸酯板的铺檩分隔在横檩方向，且应根据板材厚度、建筑高度以及所受荷载等因素计算确定铺檩间距，通常在 700mm～1500mm 之间。必要时可根据板材的宽度，设计纵向铺檩，加强承载能力。

7.5.3 硅酮密封胶和聚碳酸酯板粘结性受很多因素的影响，使用时必须进行粘结试验，确认不发生化学反应后方可使用。

7.5.4 U形聚碳酸酯板的收边型材宜为聚碳酸酯材质。

8 加工制作

8.1 一般规定

8.1.1 采光顶、金属屋面属于围护结构，在施工前对主体结构进行复测，当其误差超过采光顶、金属屋面设计图纸中的允许值时，一般宜首先调整采光顶、金属屋面设计图纸。原则上应避免对原主体结构进行破坏性修理。

8.1.2 硅酮结构密封胶加工场所应在室内，并要求清洁、通风良好，温度也应满足要求，如北方的冬季应有采暖，南方的夏季应有降温措施等。对于硅酮结构密封胶的施工场所要求较严格，除要求清洁、无尘外，室内温度不宜低于 15℃，也不宜高于 30℃，相对湿度不宜低于 50%。硅酮结构胶的注胶厚度及宽度应符合设计要求，一般宽度不得小于 7mm，厚度不得小于 6mm。硅酮结构密封胶应在洁净、通风的室内进行注胶，不应在现场打注硅酮结构密封胶，以保证注胶质量。收胶缝的余胶一般不得重新使用。

8.1.3 低辐射镀膜玻璃是一种特殊的玻璃，近来在采光顶中的应用越来越多。但根据试验，其镀膜层在空气中非常容易氧化，且其膜层易与硅酮结构胶发生化学反应，相容性较差。因此，加工制作时应按相容性和其他技术要求，制定加工工艺，应采取除膜等必要的处理措施。

8.2 铝合金构件

8.2.1 铝型材的加工精度是影响构件质量的关键问题。本条对构件的加工误差要求与现行行业标准《玻璃幕墙工程技术规范》JGJ 102 的规定相当。

8.2.3 采用拉弯设备进行铝合金构件的弯加工，是比较常见的加工方法，能够确保构件的加工质量。

8.4 玻璃、聚碳酸酯板

8.4.1 单片玻璃、中空玻璃、夹层玻璃应满足相关产品标准的规定。由于工程的需要，本规程对玻璃的外观尺寸、允许偏差要求更为严格，加工时应以此为准。本规程关于矩形玻璃的规定与现行国家标准《建筑幕墙》GB/T 21086、行业标准《玻璃幕墙工程技术规范》JGJ 102 的规定基本相同。

其他形状玻璃的尺寸偏差要求可根据供需双方的要求确定。

8.4.2 对玻璃进行弯曲加工后，反射的影像会发生扭曲变形，特别是镀膜玻璃的这种变形会很明显。因此对弧形玻璃的加工除几何尺寸要求外，特别规定了其拱高及弯曲度的允许偏差。

8.4.3 玻璃钢化后不能再进行机械加工，因此玻璃的裁切、磨边、钻孔等应在钢化前完成。玻璃面板钻孔的允许偏差是根据机械加工原理、公差理论、玻璃钻孔设备及刀具的加工精密度而定的。

中空玻璃开孔处胶层至少应采取双道密封，内层密封可采用丁基密封胶，外层密封应采用硅酮结构密封胶，打胶应均匀、饱满、无空隙。

当玻璃面板由两片单层玻璃组合而成时，在制作过程中应单片分别加工后再合片。如果两片玻璃孔径大小一致，则所有的孔都要对位准确，实际操作比较困难，主要是因为单片玻璃制作时存在形状、尺寸、孔位、孔径等允许偏差。常用的方法是两片单层玻璃钻大小不同的孔，以使多孔容易对位。

8.4.4 采用立式注胶法进行中空玻璃加工时，玻璃内的气压与大气压是平衡的，但当安装所在地与加工所在地的气压相差较大时，中空玻璃受到气压差的影响会产生不可恢复的变形，因此应采取适当措施来消除气压差的影响。常用的方法是采用均压管调节法。

8.4.6 聚碳酸酯板加工时，所用刀具和切削速度应适当，防止加工表面出现灼伤；加工后，板材表面的抗紫外线涂层被破坏，应进行防护处理，防止局部加速老化。

8.5 明框采光顶组件

8.5.1、8.5.2 明框玻璃采光顶的玻璃与槽口之间的间隙除应达到嵌固玻璃要求外，还要能适应热胀冷缩的变形及主体结构层间移位或其他荷载作用下导致的框架变形，以避免玻璃直接碰到金属槽口，造成玻璃破碎或漏水现象。

8.5.3 明框玻璃采光顶一般设置导气孔及排水通道，加工制作时应按设计要求进行，组装时应保持通道顺畅、不泄漏。

8.6 隐框采光顶组件

8.6.1 硅酮结构密封胶在长期重力荷载作用下承载力很低，固化前强度更低，而且硅酮结构密封胶在重力作用下会产生明显的变形。若使硅酮结构密封胶在固化期间处于受力较大的状态，会造成粘结失效等安全隐患。因此在加工组装过程中应采取措施减小结构胶所承受的应力。注胶后的隐框组件可采用周转架分块安置；如直接叠放时，要求放置垫块直接传力，并且叠放层数不宜过多。

8.7 金属屋面板

8.7.2 控制加工金属压型板的卷板的几何形状，是确保金属压型板成型质量的要素之一。

8.7.5 压型金属板是一种典型的薄壁钢结构，板件的裂纹、褶皱损伤对其承载力影响较大，且不易修复，因此应无裂纹、褶皱损伤等现象。

8.7.6 压型金属板的波高、侧向弯曲、覆盖宽度、板长、横向剪切偏差，均需满足一定的精度要求，才能确保屋面系统的安装及安装质量。

9 安装施工

9.1 一般规定

9.1.1 采光顶与金属屋面属于外围护结构，为保证安装施工质量，要求主体结构应满足采光顶与金属屋面安装的基本条件，并符合有关结构施工质量验收规范的规定。

9.1.2 安装施工是保证采光顶与金属屋面工程质量的关键，又是多工种的联合施工，和其他分项工程施工难免有交叉和衔接的工序。因此，为保证采光顶与金属屋面的安装施工质量，要求安装施工承包单位单独编制采光顶与金属屋面的施工组织设计方案。

9.1.3 采光顶与金属屋面的施工测量，主要强调：

1 采光顶与金属屋面分格轴线的测量应与主体结构测量相配合，主体结构出现偏差时，采光顶与金属屋面的分格线应根据主体结构偏差及时调整、分配、消化，不得积累。采光顶与金属屋面的形状大多不规则，而且主体结构的施工难免出现偏差，所以在测量时应绘制精确的设计放样详图，对曲面结构的采光顶与金属屋面，要严格控制中心点和纵横控制轴线，并进行复核定位。采光顶与金属屋面为空间定位，测量放线时使用高精度定位仪器能保证测量放线的准确性。

2 定期对采光顶与金属屋面的安装定位基准进行校核，以保证安装基准的正确性，避免因此产生安装误差。

3 对采光顶与金属屋面的测量，如果风力大于4级，容易产生不安全因素或测量不准确等问题。

9.1.4 对加工好的半成品、成品构件进行保护，在构件存放、搬运、吊装时，应防止碰撞、损坏、污染构件。在室外储存时更应采取有效保护措施。

9.2 安装施工准备

9.2.3 采光顶与金属屋面多为空间异形结构，为保证其安装准确性，在安装前应检查采光顶与金属屋面各部件的加工精度和配合性，并确认预埋件的位置偏差不应大于20mm。因预埋件偏差过大或其他原因采用后置埋件时，其方案应经业主、监理、建筑设计单位共同认可后再进行安装施工。

9.3 支承结构

9.3.2 大型钢结构的吊装设计包括吊装受力计算、吊点设计、附件设计、就位和固定方案、就位后的位置调整等。对支承钢结构本身即是主体结构的情况，吊装时一般应设置支撑平台作为临时支撑，并设置千斤顶等调整位置的设备，以便准确安装。

9.3.3 钢结构安装就位、调整后应及时紧固，防止产生变形，并应进行隐蔽工程验收。

9.3.4 钢构件在空气中容易产生锈蚀，作为采光顶支承结构的钢构件，应按现行国家标准的有关规定进行防腐处理。

9.4 采 光 顶

9.4.2 本条对采光顶玻璃安装提出要求：

1 采光顶玻璃安装采用机械或人工吸盘，所以要求玻璃表面保持清洁，以避免发生漏气，保证施工安全。

2 在玻璃周边安装橡胶条，保证玻璃周边的嵌入量及空隙一致并符合设计要求，使面板在建筑变形及温度变形时，可以在胶条的约束下滑动，消除变形对玻璃的影响。

3 球形或椭球形采光顶玻璃安装顺序宜按从中间向四周辐射的方法施工较为合适，便于吸收各类误差。

9.4.3 硅酮建筑密封胶的施工必须严格遵照施工工艺进行。夜晚光照不足，雨天缝内潮湿，均不宜打胶。打胶温度应在指定的温度范围内，打胶前应使打胶面清洁、干燥。

9.4.4 为保证采光顶的水密性能及外观质量，采光顶玻璃内外密封胶注胶宜分别进行。

9.4.5 采光顶框架安装的准确性和安装质量，影响整个采光顶的安装质量，是采光顶安装施工的关键之一，其安装允许偏差应控制在合理的范围内。特别是弧形、球形及椭球形等采光顶，其内外轴线的距离影响到采光顶的周长，影响玻璃面板的封闭，应认真对待。

对弧形、球形及椭球形等不规则形状的采光顶，其支承结构的安装顺序对采光顶框架的安装很重要，可能影响采光顶结构的封闭，应严格按施工组织设计的要求顺序安装。

采光顶处于建筑物的外表面，其受热胀冷缩的影响最大，在框架安装时应留有一定的缝隙，以适应和消除温差变形的影响。

采光顶处于建筑物的外表面，对水密性能的要求比幕墙要高，因此对采光顶的装饰压板、周边封堵收口、屋脊处压边收口、支座处封口、天沟、排水槽、通气槽、雨水排出口及隐蔽节点处理应按设计要求铺设平整且可靠固定，防止出现渗漏现象。

9.5 金属平板、直立锁边板屋面

9.5.1 现行行业标准《金属与石材幕墙工程技术规范》JGJ 133 对框支承围护结构有较明确的规定，金属平板屋面与其相似，因此相关的一些规定可以直接执行 JGJ 133，本规程不再重复。

9.5.2 直立锁边板材为薄壁长条、多种规格的型材，本条强调板材应根据设计的配板图铺设和连接固定。

9.5.3 金属板面顺水流方向设置，沿坡度方向（纵向）应为一整体，无接口，无螺钉连接，是为了保证金属屋面排水顺畅。由于金属面板材料的特性，热胀冷缩引起面板的摩擦会影响其使用寿命，同时面板过长可能导致面板起拱或脱离支座连接件；设置位移控制点是为控制面板的伸缩方向，确保按设计要求的方向伸缩。

9.5.4 屋面板与立面墙体及突出屋面结构等交接处应作泛水处理，防止漏水。

9.5.5 直立锁边板之间是通过咬口连接的，咬口施工质量直接影响屋面防水功能，本条对于金属板材的咬口质量提出要求。

9.5.6 金属板材屋面的檐口线、泛水段应顺直，无起伏现象，檐口与屋脊局部起伏 5m 长度内不大于 10mm，使屋面整齐、美观。

9.5.7 铺设金属板材屋面时，相邻两块板应顺年最大频率风向搭接，可避免刮风时冷空气灌入屋面内部；上下两排板的搭接长度应根据板型和屋面坡长确定，由于压型钢板屋面的坡度一般较小，所以上下两块板的搭接长度宜稍长一些，最短不宜小于 200mm。所有搭接缝内应用密封材料密封，防止渗漏。

9.5.8 用金属板材制作的天沟，屋面金属板材应伸入沟帮两侧，长度不宜小于 150mm，以便固定密封。屋面金属板材伸入檐沟的长度不宜小于 50mm，以防爬水。金属板材的类型不一，屋面的檐口和山墙应采用与板型配套的堵头封檐板和包角板封严。

9.5.12 底泛水与面泛水安装位置及工艺应满足设计要求，接口应紧密。面泛水板与面板之间、收口板与面板之间应采用泡沫塑料封条密封，底泛水板与面板搭接处应采用硅酮密封胶粘结牢靠。

9.6 梯形、正弦波纹压型金属屋面

9.6.1 为保证金属屋面的水密性能达到设计要求，对固定及搭接提出具体要求。

9.6.4 为便于泛水板的安装和密封，每块泛水板的长度不宜大于 2m。

9.6.5 本条对金属屋面的收边、收口提出要求，同时也对沉降缝、伸缩缝、防震缝等变形缝的安装处理提出要求。

9.7 聚碳酸酯板

9.7.1 干法施工采用金属压条和密封胶条实现密封，板材在热膨胀和受载变形时可以相对自由地伸缩，是比较理想的解决雨水渗漏的方法。湿式装配法一般使用硅酮密封胶进行聚碳酸酯 U 形板的湿式装配，密封系统只能承受板材有限的移动，即允许一定量的热膨胀，否则可能导致屋面渗漏。

9.7.3 在聚碳酸酯中空平板安装工程中，边部安装

非常重要。为有效吸收变形，板材与型材或镶嵌框的槽口应留出有效间隙，板材被夹持的部分至少含有一条筋肋，且被夹持长度一般不宜小于25mm。

9.8 光伏系统

9.8.1 针对太阳能电池组件应按照现行国家标准《汽车安全玻璃试验方法 第3部分：耐辐照、高温、潮湿、燃烧和耐模拟气候试验》GB/T 5137.3进行安全性检测。

9.9 安全规定

9.9.1 采光顶与金属屋面的安装施工应根据相关技术标准的规定，结合工程实际情况，制定详细的安全操作规程，确保施工安全。

9.9.2 施工机具在使用前，应进行安全检查，确保机具及人员的安全。

9.9.3 采用脚手架施工时，脚手架应经过设计和必要的计算，在适当的部位与主体结构应可靠连接，保证其足够的承载力、刚度和稳定性。

9.9.4 采光顶与金属屋面安装，经常与主体结构施工、设备安装或室内装饰交叉作业，为保证施工人员安全，应在采光顶与金属屋面的施工层下方设置防护网进行防护。

9.9.5 本条对现场焊接作业提出要求，防止施工现场发生火灾。

10 工程验收

10.1 一般规定

10.1.2 采光顶与金属屋面工程验收，包括资料检查和工程实体检查两部分。工程资料是施工过程质量控制和材料质量控制的重要依据。对资料进行检查是工程验收的一个重要组成部分。

作为起粘结作用的硅酮结构密封胶，是保证采光顶与金属屋面工程结构安全的重要环节，使用前应对其邵氏硬度、拉伸粘结强度、相容性进行复试；对张拉索体系采光顶工程，应采用大变形硅酮结构密封胶，并应对其拉伸变形进行复试。

按照现行国家标准《建筑幕墙》GB/T 21086的要求，采用新材料新工艺的采光顶与金属屋面工程，应按设计要求进行相关的性能检测，并提交相应的检测报告。

采光顶和金属屋面的防雷装置应和主体工程的防雷装置同时测试，以保证防雷效果的完整性。

天沟或排水槽是采光顶和金属屋面工程一个重要的子分部工程，也是施工的难点，因此对排水槽应作48h蓄水试验，并做好相应记录。

10.1.3 对隐蔽部分的节点进行验收是关系到整个采光顶与金属屋面工程结构安全和使用性能的关键环节，应在装饰材料封闭前完成验收。工程验收时，应对隐蔽工程验收文件和设计文件进行认真比较并审查，当发现两者不符时，应拆除装饰面板，对隐蔽工程中不符合设计要求的内容进行抽样复查。

当采光顶中设计有冷凝结水收集装置时，应对其排水坡度、坡向、收集槽布置以及收集槽之间的连接节点进行隐蔽工程验收并做好记录；当设计为暗装排水槽时，其隐蔽工程验收和蓄水试验均应在装饰材料封闭前完成。

10.1.5 采光顶与金属屋面对外观质量要求都比较高，因此采光顶与金属屋面工程的实体验收应分别进行观感检验和抽样检验。

考虑到规程的相互连续性，本标准的采光顶工程检验批的设定与《玻璃幕墙工程技术规范》JGJ 102-2003第11.1.4条的规定基本一致，也便于工程技术人员的掌握和操作，而金属屋面工程一般体量较大，同一工程的做法比较单一，因此其检验批的设定相对放大一些。由于天沟或排水槽是采光顶与金属屋面工程的防水薄弱环节，应作为重点检验对象，因此本条对此单独设立检验批。

由于目前国内采光顶与金属屋面的种类、结构形式、造型等层出不穷，本条不能完全包含其中，因此对于特殊的采光顶与金属屋面工程，其检验批的划分可由监理单位、建设单位和施工单位根据工艺特点、工程规模等因素共同协商确定。

10.1.6 本条规定采光顶与金属屋面工程抽样检查的数量。每个采光顶与金属屋面的纵向（环向）构件或纵向（环向）接缝，横向（径向）构件或横向（径向）接缝应各检查5%，并不得少于3根，其中不同平面相交、不同装饰板相接的构件或接缝为必查内容。采光顶的分格是指由纵向和横向框架或接缝形成的网格，应抽查5%，并不得少于10个。

10.2 采光顶

10.2.1 本条规定了采光顶工程的观感检验质量要求，重点检查其整体美观性和水密性能。

1 明框或隐框采光顶的框架和采光面板是否安装正确是影响采光顶安装质量和美观性的重要因素，应重点检查；

2 装饰压板应顺着水流方向设置，便于排水通畅，且不易积灰；

3 对检查单元的框架、玻璃、装饰盖板等内容的表面色泽、接缝、平整度、焊缝等提出要求；

4 对隐蔽节点的封口处理要求整齐美观；

5 重点检查天沟或排水槽的坡度、坡向以及与排水管的连接节点是否符合设计要求，钢板或不锈钢板焊接是否有漏焊、针眼等缺陷；

6 采光顶的电动或手动开启以及电动遮阳帘，

是影响到采光顶的水密性、气密性、遮阳效果等使用功能的重要因素，因此，应作为采光顶工程的子分项工程进行单独验收，重点检查开启位置及方向，开启的灵活性，开启扇的安装节点，遮阳帘的安装节点，电动控制装置的安装等内容。

10.2.2 本条是对框支承采光顶工程的抽样检验质量要求。

1 对支撑框架及玻璃表面的外观和清洁程度提出要求。

2 对玻璃安装及密封胶条施工提出要求。采光顶的玻璃应安装牢固，当发现玻璃松动时，应割去密封胶，检查玻璃固定压块的数量和位置是否符合设计要求，并对该检验单元的玻璃进行加倍抽查。

3 对玻璃表面的质量要求。本条规定与 GB/T 21086－2007 和 JGJ 102－2003 的有关规定基本一致。对于中空玻璃、夹层玻璃而言其划伤痕的数量和擦伤面积是指每平方米玻璃内各层玻璃划伤痕数量和擦伤面积的累积。另外，关于玻璃加工尺寸的偏差、玻璃面板弯曲度等检查应在材料进场前完成。工程验收时，应检查材料进场检验记录，并对其外观进行复查。

4 对铝合金框架和钢框架表面的质量要求。对铝合金框架和钢框架的要求加以区分，是由于钢框架在加工厂或现场进行表面处理，其成品保护相对简单，且对表面的缺陷修复也比较容易，同时钢框架表面缺陷对基体的性能影响比铝框架大，因此本条对钢框架表面的质量提出了更高的要求。

5 由于玻璃依附在框架上，框架的安装质量直接影响到整个采光顶的安装质量，因此本条对框架的安装质量提出了要求。为了便于与 JGJ 102－2003 的规定作比较，可以将采光顶比作“躺倒”的幕墙，玻璃幕墙的垂直度即为采光顶的纵向或环向水平度。由于采光顶工程一般设有坡度，且各部分通常不在同一水平面上，因此可以将一个采光顶分解为若干等高直线或等高曲线（一般与框架重合），验收时只需检查等高线上各等高直线或等高曲线与设计值的吻合度。

一个采光顶根据坡起点和最高点的位置可分成若干个检查单元，其检查单元的长度和宽度与通常意义的长度和宽度一般有所区别。对于单坡平面采光顶，其检查单元的长度和宽度即为采光顶的长度和宽度；对于双坡平面采光顶，其检查单元的长度即为采光顶的长度，而宽度分别为两个坡起点到最高点投影距离；对于圆形或椭圆形采光顶，其检查单元的长度是指与坡度方向垂直的最大周长，其宽度指坡起点与最高点之间的投影距离；对于双曲面、花瓣形等异形采光顶，其检查单元的长度和宽度应由设计单位、监理单位、施工单位共同商定。

采光顶的坡度是衡量采光顶或天沟排水是否通畅的重要指标，在验收时应给与特别注意。采光顶坡度偏差是指坡起点和最高点两者的标高差与设计值之间的偏差值。考虑到坡度对排水和结构挠度存在有利影响，因此本条规定只允许有正差。相邻构件的位置偏差是指相邻构件的进出、高低等空间位置的偏差，此条规定与 JGJ 102－2003 所规定的内容不完全一致。

10.2.3 本条是对框支承隐框采光顶的安装质量要求。

1 由于隐框采光顶的玻璃完全外露，为防止同一平面内的各玻璃拼接在一起，出现影像畸变的现象，同时还保证采光顶排水的顺畅性，因此要求检查时抽检同一平面相邻两玻璃表面的平面度。

2 隐框采光顶的玻璃之间，玻璃与其他装饰板之间的拼缝整齐与否与采光顶的外观质量关系较大，与采光顶吸收变形的能力也有关系，因此，增加第 3 项拼缝宽度偏差（与设计值比较）检查的内容。

10.2.4 点支承采光顶一般位于大堂，出入口等人流密集的部位，一般采用钢结构支撑体系，其钢结构施工质量是影响采光顶结构安全可靠的重要因素，因此应严格按照现行国家标准《钢结构工程施工质量验收规范》GB 50205 的要求进行检查。

10.2.5 拉杆和拉索的预应力张拉对点支承采光顶的支承结构起着至关重要的作用，其预应力张拉值必须符合设计要求，并进行现场检验和隐蔽检验，同时还应有预应力张拉记录。

10.2.6 对点支承采光顶安装质量的要求。点支承采光顶与隐框采光顶的安装质量标准基本一致，重点检查接缝的水平度、垂直度，相邻面板的平面度等。

10.2.7 由于钢爪的安装质量直接影响到点支承采光顶玻璃的安装和外观质量，因此，施工时应进行重点控制。

1 本条参照 JGJ 102－2003 的第 11.4.5 条第 1 款，并根据玻璃开孔加工的允许偏差为 1mm 的要求，规定相邻钢爪纵向和横向距离偏差不大于 1.5mm。

2 钢爪的安装高度偏差有可能引起玻璃安装的水平偏差，为避免累积偏差过大，对钢爪安装高度偏差应从严控制，因此其允许偏差值为采光顶水平度允许偏差值的一半。相邻钢爪的安装高度允许偏差为 1.0mm，与同一平面的相邻玻璃面板高低允许偏差是一致的。

10.2.8 本条对聚碳酸酯 U 形板采光顶的质量验收作出另外规定。重点检查聚碳酸酯板的收边和收口处理。由于聚碳酸酯板材的安装方向影响到采光顶的使用年限，故也是检查重点之一。

10.3 金属平板屋面

10.3.1 本条是对框支承金属屋面观感检验的质量要求。

1 天沟或排水槽的坡度和坡向应符合设计要求，以保证排水通畅，防止过多积水；天沟或排水槽应采用钢板或不锈钢板，并焊接成一个整体，钢板的厚度、支承构件的布置应符合设计要求，以防止因积水过多造成天沟或排水槽发生变形，甚至坍塌的现象；板材间焊缝光滑流畅，不应有焊接缺陷，以防止出现雨水渗漏现象；金属屋面整体应做淋水试验，天沟或水槽应做蓄水试验，并且不应出现渗漏现象。

在验收时应重点检查变形缝、天窗、排气窗、屋面检修口、防雷装置以及出屋面构造物等部位，检查其节点做法是否合理，安装是否牢固，搭接顺序是否正确。

2 金属平板屋面采用硅酮密封胶进行密封，而且密封胶完全外露，其打胶质量既影响屋面防水性能，又影响屋面的整体外观效果，因此，验收时应重点检查胶缝是否平直，是否无污染、无漏胶处、无起泡、无开裂。

3 框架和金属平板是否安装正确是影响金属屋面工程安装质量和美观性的重要因素，应重点检查。

4 金属平板表面缺陷直接影响外观质量，因此，对其表面质量的要求较直立锁边金属屋面板严格。

10.3.3 本条是对框支承金属屋面板安装质量的要求。与直立锁边金属屋面相比，框支承金属屋面更像是“躺倒”的金属幕墙。因此表 10.3.3 的第 1 项关于水平通长接缝的吻合度的规定，参考 JGJ 133－2001 的有关规定制定，分为五个档次；第 3 项关于通长纵缝、横缝的直线度则分为两个档次。

10.4 压型金属屋面

10.4.1 本条规定了压型金属屋面工程的观感检验质量要求。重点检查面板铺设的整体性，细部构造的合理性以及雨水渗透性能。

1 为防止金属屋面出现雨水渗漏、倒排水等现象，屋面卷板应顺水流方向设置，顺茬搭接，沿坡度方向尽量为一块整板。

2 直立锁边处是金属屋面的薄弱环节，也是验收的重点检查内容。咬边应紧密，且连续平整，不应出现扭曲和裂口的现象。

3 为了保证排水的通畅性，并防止出现倒排水现象，在金属板与天沟或檐口交界处，金属板与山墙交界处均应按设计要求安装泛水板。泛水板接合应紧密，收边牢固，包封严密，棱角顺直。

10.4.2 本条对金属屋面工程抽样检验提出要求。

1 底泛水板和面板之间的密封是金属屋面防水的关键环节，因此应采用耐久性较好的硅酮密封胶粘结；而面泛水板与面板之间、收口板与面板之间，考虑到美观性和抗污染性，宜采用泡沫塑料封条粘结密封。

2 本款是对直立锁边金属屋面板安装质量的要求。由于直立锁边金属屋面工程一般体量较大，而且面板整体较好，为便于操作，纵向构件的吻合度以及横向构件的直线度的允许偏差均以 35m 为界，分为 5mm 和 7mm 两个档次；而金属屋面坡度的坡度则以 50m 为界，分为＋20mm 和＋30mm 两个档次。

10.5 光伏系统

10.5.1 光伏系统是建筑电气工程的一部分，与采光顶、金属屋面差别较大，专业性强，且存在一定安全问题，因此需要进行专项验收。

11 保养和维修

11.1 一般规定

11.1.1 为了使采光顶或金属屋面在使用过程中达到和保持设计要求的功能，确保不发生安全事故，本规程规定承包商应提供给业主使用维护说明书，作为工程竣工交付内容的组成部分，指导采光顶或金属屋面的使用和维护。

11.1.2 随着我国幕墙和金属屋面行业的发展，新产品越来越多，结构形式也越来越复杂，技术含量越来越高，对维修、维护人员的要求也越来越高。本条要求工程承包商在工程交付使用前应为业主培训合格的维修、维护人员。

11.1.3 采光顶或金属屋面在正常使用时，业主应根据使用维护说明书及本规程的相关要求，制定维修保养计划与制度，保证其安全性与功能性要求。主要包括：日常维护与保养；定期检查和维修；地震、台风、火灾后的全面检查与修复。

11.2 检查与维修

11.2.3 根据实际工程经验，在采光顶或金属屋面工程竣工验收后一年内，工程加工和施工工艺及材料、附件的一些缺陷均有不同程度的暴露。所以在工程竣工验收后一年时，应对工程进行一次全面的检查。

定期检查项目中，面板包括玻璃和金属面板。对玻璃面板，应检查有无剥落、裂纹等；对金属面板，应检查有无起鼓、凹陷等变形。

对于使用结构硅酮密封胶的采光顶或金属屋面工程，本规程规定使用十年后进行首次粘结性能的检查，此后每五年检查一次。首次检查规定与《玻璃幕墙工程技术规范》JGJ 102－2003 的规定基本一致。

关于抽样比例及抽样部位，本规程未作出具体规定。实际工程的检查应由检查部门制定检查方案，由相应设计资质部门审核后实施。

“每三年检查一次”是建立在检查结果良好的基础上，如果粘结性能有下降趋势的话，应根据检查结果制定检查间隔时间，增加检查频次。

中华人民共和国行业标准

建筑遮阳工程技术规范

Technical code for solar shading engineering of buildings

JGJ 237—2011

批准部门：中华人民共和国住房和城乡建设部
施行日期：2 0 1 1 年 1 2 月 1 日

中华人民共和国住房和城乡建设部
公　告

第912号

关于发布行业标准《建筑遮阳工程技术规范》的公告

现批准《建筑遮阳工程技术规范》为行业标准，编号为JGJ 237－2011，自2011年12月1日起实施。其中，第3.0.7、7.3.4、8.2.4、8.2.5条为强制性条文，必须严格执行。

本规范由我部标准定额研究所组织中国建筑工业出版社出版发行。

中华人民共和国住房和城乡建设部

2011年2月11日

前　言

根据原建设部《关于印发〈2007年工程建设标准规范制订、修订计划（第一批）〉的通知》（建标［2007］125号）的要求，标准编制组经广泛调查研究，认真总结实践经验，参考有关国际标准和国外先进标准，并在广泛征求意见的基础上，制订本规范。

本规范的主要技术内容是：1　总则；2　术语；3　基本规定；4　建筑遮阳设计；5　结构设计；6　机械与电气设计；7　施工安装；8　工程验收；9　保养和维护。

本规范中以黑体字标志的条文为强制性条文，必须严格执行。

本规范由住房和城乡建设部负责管理和对强制性条文的解释，由北京中建建筑科学研究院有限公司负责具体技术内容的解释。执行过程中如有意见或建议，请寄送北京中建建筑科学研究院有限公司（地址：北京市南苑新华路一号，邮编：100076）。

本规范主编单位：北京中建建筑科学研究院有限公司
中国建筑业协会建筑节能分会

本规范参编单位：中国建筑标准设计研究院
福建省建筑科学研究院
广东省建筑科学研究院
中国建筑西南设计研究院
江苏省建筑科学研究院有限公司
广西建筑科学研究设计院
中国建筑科学研究院
上海市建筑科学研究院（集团）有限公司
广州市建筑科学研究院
北京五合国际建筑设计咨询有限公司
华南理工大学
中国建筑材料检验认证中心有限公司
上海青鹰实业股份有限公司
尚飞帘闸门窗设备（上海）有限公司
上海名成智能遮阳技术有限公司
宁波万汇休闲用品有限公司
缔纷特诺发（上海）遮阳制品有限公司
南京金星宇节能技术有限公司
广州创明窗饰有限公司
江阴岳亚窗饰有限公司
宁波先锋新材料股份有限公司
大盛节能卷帘窗建材（上海）有限公司

本规范主要起草人员：涂逢祥　白胜芳　杨仕超
冯　雅　许锦峰　刘　强

段　恺　张树君　崔旭明
赵士怀　朱惠英　刘月莉
陆津龙　卢　求　刘　翼
任　俊　孟庆林　张震善
王　涛　蔡家定　邱文芳
程立宁　梁世格　胡白平

本规范主要审查人员：许增建　王述裕　陈威颖
吴德绳　金鸿祥　陶驷骥
杨善勤　王庆生　刘加平
钱选青　王立雄　刘俊跃
王新春

目　次

Contents

1 总　　则

1.0.1 为规范建筑遮阳工程的设计、施工及验收，做到技术先进、安全适用、经济合理、确保质量，制定本规范。

1.0.2 本规范适用于新建、扩建和改建的民用建筑遮阳工程的设计、施工安装、验收与维护。

1.0.3 建筑遮阳工程的设计、施工安装、验收与维护，除应符合本规范的规定外，尚应符合国家现行有关标准的规定。

2 术　语

2.0.1 建筑遮阳　solar shading of buildings

采用建筑构件或安置设施以遮挡或调节进入室内的太阳辐射的措施。

2.0.2 固定遮阳装置　fixed solar shading device

固定在建筑物上，不能调节尺寸、形状或遮光状态的遮阳装置。

2.0.3 活动遮阳装置　active solar shading device

固定在建筑物上，能够调节尺寸、形状或遮光状态的遮阳装置。

2.0.4 外遮阳装置　external solar shading device

安设在建筑物室外侧的遮阳装置。

2.0.5 内遮阳装置　internal solar shading device

安设在建筑物室内侧的遮阳装置。

2.0.6 中间遮阳装置　middle solar shading device

位于两层透明围护结构之间的遮阳装置。

2.0.7 太阳能总透射比　total solar energy transmittance

通过窗户传入室内的太阳辐射与入射太阳辐射的比值。

2.0.8 遮阳系数　shading coefficient（SC）

在给定条件下，玻璃、外窗或玻璃幕墙的太阳能总透射比，与相同条件下相同面积的标准玻璃（3mm 厚透明玻璃）的太阳能总透射比的比值。

2.0.9 外遮阳系数　outside solar shading coefficient of window（SD）

建筑物透明外围护结构相同，有外遮阳时进入室内的太阳辐射热量与无外遮阳时进入室内太阳辐射热量的比值。

2.0.10 外窗综合遮阳系数　overall shading coefficient of window（SC_W）

考虑窗本身和窗口的建筑外遮阳装置综合遮阳效果的一个系数，其值为窗本身的遮阳系数（SC）与窗口的建筑外遮阳系数（SD）的乘积。

3 基本规定

3.0.1 建筑物的东向、西向和南向外窗或透明幕墙、屋顶天窗或采光顶，应采取遮阳措施。

3.0.2 新建建筑应做到遮阳装置与建筑同步设计、同步施工，与建筑物同步验收。

3.0.3 应根据地区气候特征、经济技术条件、房间使用功能等因素确定建筑遮阳的形式和措施，并应满足建筑夏季遮阳、冬季阳光入射、冬季夜间保温以及自然通风、采光、视野等要求。

3.0.4 外窗综合遮阳系数应符合下列规定：

1 对于夏热冬暖地区、夏热冬冷地区和寒冷地区的居住建筑，外窗综合遮阳系数应分别符合现行行业标准《夏热冬暖地区居住建筑节能设计标准》JGJ 75、《夏热冬冷地区居住建筑节能设计标准》JGJ 134 和《严寒和寒冷地区居住建筑节能设计标准》JGJ 26 的相关规定；

2 对于公共建筑，外窗综合遮阳系数应符合现行国家标准《公共建筑节能设计标准》GB 50189 的相关规定。

3.0.5 遮阳装置的类型、尺寸、调节范围、调节角度、太阳辐射反射比、透射比等材料光学性能要求应通过建筑设计和节能计算确定。

3.0.6 遮阳产品的性能指标应符合设计要求，并应符合国家现行相关标准的规定。

3.0.7 遮阳装置及其与主体建筑结构的连接应进行结构设计。

3.0.8 遮阳装置应具有防火性能。当发生紧急事态时，遮阳装置不应影响人员从建筑中安全撤离。

3.0.9 活动遮阳装置应做到控制灵活，操作方便，便于维护。

3.0.10 建筑遮阳工程的施工应编制专项施工方案，并应由专业人员进行安装。

4 建筑遮阳设计

4.1 遮 阳 设 计

4.1.1 建筑遮阳设计，应根据当地的地理位置、气候特征、建筑类型、建筑功能、建筑造型、透明围护结构朝向等因素，选择适宜的遮阳形式，并宜选择外遮阳。

4.1.2 遮阳设计应兼顾采光、视野、通风、隔热和散热功能，严寒、寒冷地区应不影响建筑冬季的阳光入射。

4.1.3 建筑不同部位、不同朝向遮阳设计的优先次序可根据其所受太阳辐射照度，依次选择屋顶水平天窗（采光顶），西向、东向、南向窗；北回归线以南地区必要时还宜对北向窗进行遮阳。

4.1.4 遮阳设计应进行夏季和冬季的阳光阴影分析，以确定遮阳装置的类型。建筑外遮阳的类型可按下列原则选用：

1　南向、北向宜采用水平式遮阳或综合式遮阳；

2　东西向宜采用垂直或挡板式遮阳；

3　东南向、西南向宜采用综合式遮阳。

4.1.5　采用内遮阳和中间遮阳时，遮阳装置面向室外侧宜采用能反射太阳辐射的材料，并可根据太阳辐射情况调节其角度和位置。

4.1.6　外遮阳设计应与建筑立面设计相结合，进行一体化设计。遮阳装置应构造简洁、经济实用、耐久美观，便于维修和清洁，并应与建筑物整体及周围环境相协调。

4.1.7　遮阳设计宜与太阳能热水系统和太阳能光伏系统结合，进行太阳能利用与建筑一体化设计。

4.1.8　建筑遮阳构件宜呈百叶或网格状。实体遮阳构件宜与建筑窗口、墙面和屋面之间留有间隙。

4.2　遮阳系数计算

4.2.1　整窗和玻璃幕墙自身的遮阳系数、可见光透射比应按现行行业标准《建筑门窗玻璃幕墙热工计算规程》JGJ/T 151 的有关规定进行计算。

4.2.2　不同气候区民用建筑的外遮阳系数应按国家现行标准《公共建筑节能设计标准》GB 50189、《严寒和寒冷地区居住建筑节能设计标准》JGJ 26、《夏热冬暖地区居住建筑节能设计标准》JGJ 75 和《夏热冬冷地区居住建筑节能设计标准》JGJ 134 的有关规定进行计算，中间遮阳装置的遮阳系数可根据现行行业标准《建筑门窗玻璃幕墙热工计算规程》JGJ/T 151 的有关规定进行计算。

温和地区外遮阳系数宜按下列公式计算：

$$SD = ax^2 + bx + 1 \quad (4.2.2\text{-}1)$$

$$x = \frac{A}{B} \quad (4.2.2\text{-}2)$$

式中：SD——外遮阳系数；

x——外遮阳特征值；$x > 1$ 时，取 $x = 1$；

A、B——外遮阳的构造定性尺寸，按表 4.2.2-1 确定；

a、b——拟合系数，按表 4.2.2-2 选取。

表 4.2.2-1　外遮阳的构造定性尺寸 A、B

外遮阳基本类型	剖面图	示意图
水平式	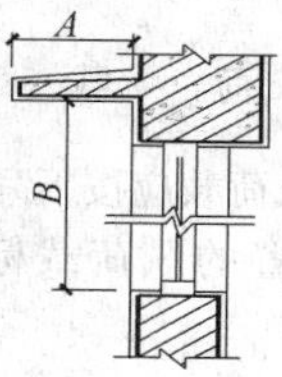	

续表 4.2.2-1

外遮阳基本类型	剖面图	示意图
垂直式	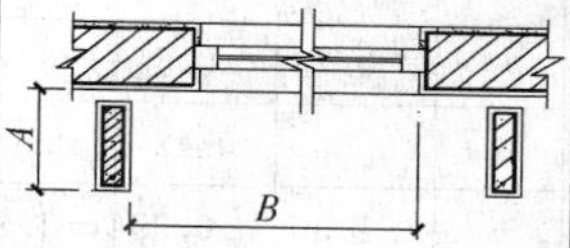	
挡板式	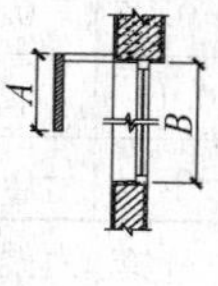	
横百叶挡板式	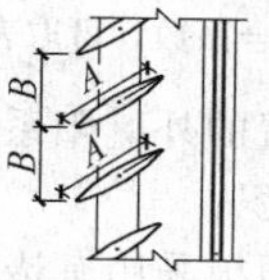	
竖百叶挡板式	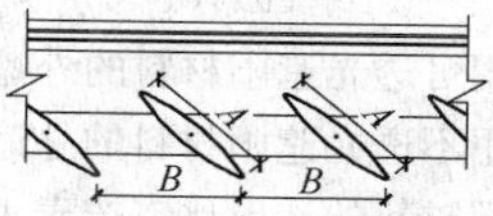	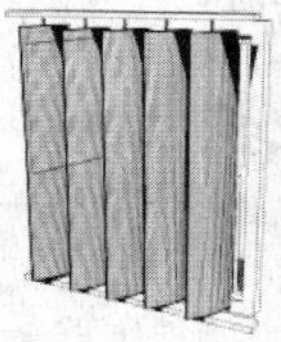

表 4.2.2-2　温和地区外遮阳系数计算用的拟合系数 a、b

气候区	外遮阳基本类型		拟合系数	东	南	西	北
温和地区	水平式	冬	a	0.30	0.10	0.20	0.00
			b	−0.75	−0.45	−0.45	0.00
		夏	a	0.35	0.35	0.20	0.20
			b	−0.65	−0.65	−0.40	−0.40
	垂直式	冬	a	0.30	0.25	0.25	0.05
			b	−0.75	−0.60	−0.60	−0.15
		夏	a	0.25	0.40	0.30	0.30
			b	−0.60	−0.75	−0.60	−0.60
	挡板式		a	0.00	0.35	0.00	0.13
			b	−0.96	−1.00	−0.96	−0.93
	固定横百叶挡板式		a	0.53	0.44	0.54	0.40
			b	−1.30	−1.10	−1.30	−0.93
	固定竖百叶挡板式		a	0.02	0.10	0.17	0.54
			b	−0.70	−0.82	−0.70	−1.15

续表 4.2.2-2

气候区	外遮阳基本类型		拟合系数	东	南	西	北
温和地区	活动横百叶挡板式	冬	a	0.26	0.05	0.28	0.20
			b	−0.73	−0.61	−0.74	−0.62
		夏	a	0.56	0.42	0.57	0.68
			b	−1.30	−0.99	−1.30	−1.30
	活动竖百叶挡板式	冬	a	0.23	0.17	0.25	0.20
			b	−0.77	−0.70	−0.77	−0.62
		夏	a	0.14	0.27	0.15	0.81
			b	−0.81	−0.85	−0.81	−1.44

注：1 拟合系数应按本规范第 4.1.3 条有关朝向的规定在本表中选取；
2 对非正朝向的拟合系数，可取表中数据的插入值。

4.2.3 组合式遮阳装置的外遮阳系数，应为各组成部分的外遮阳系数的乘积。

4.2.4 当外遮阳的遮阳板采用有透光性能的材料制作时，外遮阳系数应按下式进行修正：

$$SD' = 1-(1-SD)(1-\eta^{*}) \tag{4.2.4}$$

式中：SD'——采用可透光遮阳材料的外遮阳系数；
SD——采用不透光遮阳材料的外遮阳系数；
η^{*}——遮阳材料的透射比，按表 4.2.4 选取。

表 4.2.4 遮阳材料的透射比

遮阳用材料	规格	η^{*}
织物面料	浅色	0.4
玻璃钢类板	浅色	0.43
玻璃、有机玻璃类板	深色：$0<S_e\leqslant0.6$	0.6
	浅色：$0.6<S_e\leqslant0.8$	0.8
金属穿孔板	开孔率：$0<\varphi\leqslant0.2$	0.1
	开孔率：$0.2<\varphi\leqslant0.4$	0.3
	开孔率：$0.4<\varphi\leqslant0.6$	0.5
	开孔率：$0.6<\varphi\leqslant0.8$	0.7
铝合金百叶板		0.2
木质百叶板		0.25
混凝土花格		0.5
木质花格		0.45

注：S_e 是透过玻璃窗的太阳光透射比，与 3mm 平板玻璃的太阳透射比的比值。

4.2.5 外窗综合遮阳系数可按下列公式计算：

1 无外遮阳时：

$$SC_W = SC \tag{4.2.5-1}$$

2 有外遮阳时：

$$SC_W = SC\times SD \tag{4.2.5-2}$$

式中：SC_W——外窗综合遮阳系数；
SC——遮阳系数；
SD——外遮阳系数。

4.2.6 与外窗（玻璃幕墙）面平行，且与外窗（玻璃幕墙）面紧贴的帘式外遮阳、中间遮阳装置，其与外窗（玻璃幕墙）组合后的综合遮阳系数、传热系数应按现行行业标准《建筑门窗玻璃幕墙热工计算规程》JGJ/T 151 的有关规定计算。

5 结构设计

5.1 一般规定

5.1.1 建筑遮阳工程应根据遮阳装置的形式、所在地域气候条件、建筑部件等具体情况进行结构设计，并应符合现行国家标准《建筑抗震设计规范》GB 50011 的相关规定。

5.1.2 活动外遮阳装置及后置式固定外遮阳装置应分别按系统自重、风荷载、正常使用荷载、施工阶段及检修中的荷载等验算其静态承载能力。同时应在结构主体计算时考虑遮阳装置对主体结构的作用。当采用长度尺寸在 3m 及以上或系统自重大于 100kg 及以上大型外遮阳装置时，应做抗风振、抗地震承载力验算，并应考虑以上荷载的组合效应。

5.1.3 对于长度尺寸在 4m 以上的特大型外遮阳装置，且系统复杂难以通过计算判断其安全性能时，应通过风压试验或结构试验，用实体试验检验其系统安全性能。遮阳装置的风压试验、结构试验的实体试验应按本规范附录 A 的规定进行。

5.1.4 活动外遮阳装置及后置式固定外遮阳装置应有详细的构件、组装和与主体结构连接的构造设计，并应符合下列规定：

1 长度尺寸不大于 3m 的外遮阳装置的结构构造可直接在建筑施工图中表达；

2 3m 以上大型外遮阳装置应编制专门的遮阳结构施工图；

3 节点、细部构造应明确与主体结构构件的连接方式、锚固件种类与个数；

4 外遮阳装置连接节点与保温、防水等相关建筑构造的关系；

5 遮阳装置安装施工说明应明确主要安装材料的材质、防腐、锚固件拉拔力等要求。

5.2 荷 载

5.2.1 外遮阳装置的风荷载应按下列规定计算：

1 垂直于遮阳装置的风荷载标准值应按下式计算：

$$w_{ks} = \beta_1\beta_2\beta_3\beta_4 w_k \tag{5.2.1}$$

式中：w_{ks}——风荷载标准值（kN/m^2）；

w_k——遮阳装置安装部位的建筑主体围护结构风荷载标准值（kN/m²），应按现行国家标准《建筑结构荷载规范》GB 50009 取值；有风感应的遮阳装置，可根据感应控制范围，确定风荷载；

β_1——重现期修正系数，可取 0.7；当遮阳装置设计寿命与主体围护结构一致时，可取 1.0；

β_2——偶遇及重要性修正系数，可取 0.8；当遮阳装置凸出于主体建筑时，可取 1.0；

β_3——遮阳装置兜风系数：柔软织物类可取 1.4，卷帘类可取 1.0，百叶类可取 0.4，单根构件可取 0.8；

β_4——遮阳装置行为失误概率修正系数：固定外遮阳可取 1.0，活动外遮阳可取 0.6；

2 建筑遮阳装置风荷载修正系数应按表 5.2.1 取值：

表 5.2.1 遮阳装置风荷载修正系数

种类		β_1	β_2	β_3	β_4
外遮阳百叶帘		0.7	0.8	0.4	0.6
遮阳硬卷帘		0.7	0.8	1.0	0.6
外遮阳软卷帘		0.7	0.8	1.4	0.6
曲臂遮阳篷		0.7	1.0	1.4	0.6
后置式遮阳板（翼）	设计寿命 15 年	0.7	0.8	1.0	1.0
	与建筑主体同寿命	1.0	1.0	1.0	1.0

3 单项验算遮阳装置的抗风性能时，风荷载的荷载分项系数可取 1.2～1.4；当与其他荷载组合验算时，荷载分项系数可取 1.0～1.2；

4 当需要验算风振效应时，风振系数可按结构设计规范取值。

5.2.2 遮阳装置的自重荷载应按下列规定计算：

1 遮阳装置的自重荷载标准值应按系统实际情况计算；

2 遮阳装置的自重荷载分项系数可取 1.2。

5.2.3 积雪荷载应按下列规定计算：

1 遮阳装置的积雪荷载标准值应按现行国家标准《建筑结构荷载规范》GB 50009 取值与重现期修正系数 β_1 的乘积计算；

2 遮阳装置的积雪荷载分项系数可取 1.0，当与其他荷载组合验算时可取 0.7。

5.2.4 遮阳装置的积水荷载标准值应按实际蓄水情况确定，积水荷载分项系数可取 1.0，当与其他荷载组合验算时可取 0.7。

5.2.5 检修荷载应按下列规定计算：

1 荷载标准值应按实际情况计算；

2 检修荷载分项系数应按 1.4 取值，并应与积雪荷载组合验算。

5.2.6 各类遮阳装置荷载组合的取值应符合表 5.2.6 的规定。

表 5.2.6 各类遮阳装置荷载组合的取值规定

种类		荷载组合与荷载分项系数
外遮阳百叶帘		风荷载，1.2
遮阳硬卷帘		风荷载，1.2
外遮阳软卷帘		风荷载，1.2
曲臂遮阳篷		风荷载，1.2； 积雪（或积水）荷载，1.0； 自重，1.2＋风荷载，1.0＋积雪（或积水）荷载，0.7； 自重，1.2＋检修荷载，1.4＋积雪（或积水）荷载，0.7
后置式遮阳板（翼）	设计寿命 15 年	风荷载，1.2； 自重，1.2＋风荷载，1.0； 自重，1.2＋积雪荷载，1.0； 自重，1.2＋风荷载，1.0＋积雪荷载，0.7； 自重，1.2＋检修荷载，1.4＋积雪荷载，0.7
后置式遮阳板（翼）	与建筑主体同寿命	风荷载，1.4； 自重，1.2＋风荷载，1.2； 自重，1.2＋积雪荷载，1.4； 自重，1.2＋风荷载，1.0＋积雪荷载，1.0； 自重，1.2＋检修荷载，1.4＋积雪荷载，1.0

5.3 遮 阳 装 置

5.3.1 产品类遮阳装置的抗风等结构性能应符合具体建筑的设计要求。

5.3.2 组装类遮阳装置的设计要求应符合表 5.3.2 的规定。

表 5.3.2 组装类遮阳装置的设计要求

种类		正常使用极限		极限状态	
		变形	功能	最大变形	强度
外遮阳百叶帘		—	正常	≤1/25，可恢复	≥荷载效应
遮阳硬卷帘		—	正常	≤1/50	
外遮阳软卷帘		—	正常	≤1/10（织物，相对于骨架），可恢复	
曲臂遮阳篷		—	正常	≤1/50（曲臂机构） ≤1/10（织物，相对于骨架），可恢复	
后置式遮阳板（翼）	设计寿命 15 年	≤1/100	正常	≤1/50	
	与建筑主体同寿命	≤1/200	正常	≤1/50	

5.3.3 当采用风压试验或风荷载实体试验方法判断安全性时，遮阳系统在试验过程中不得出现断裂、脱落等破坏现象；试验完成后，有恢复要求的遮阳装置（指外遮阳百叶帘、篷织物面料）残余变形不应大于1/200。

5.3.4 遮阳装置的抗震计算与构造应符合下列规定：

1 对长度尺寸超过3m的大型外遮阳装置，设计寿命与主体结构一致或接近时，应进行抗震计算。抗震构造应符合现行国家标准《建筑抗震设计规范》GB 50011的规定。

2 当遮阳装置设计寿命不大于主体结构设计寿命的50%时，无论尺寸长度如何，可不进行抗震计算，但应有防止发生地震次生灾害的构造设防措施。

5.4 遮阳装置与主体结构的连接

5.4.1 遮阳装置与主体结构的各个连接节点的锚固力设计取值不应小于按不利荷载组合计算得到的锚固力值的2倍，且不应小于30kN。

5.4.2 遮阳装置应采用锚固件直接锚固在主体结构上，不得锚固在保温层上。

5.4.3 遮阳装置与主体结构的连接方式应按锚固力设计取值和实际情况确定，并应符合表5.4.3的要求。当遮阳装置长度尺寸大于或等于3m时，所有锚固件均应采用预埋方式。

表5.4.3 各类遮阳装置与主体结构连接的锚固要求

种类		锚固件个数	锚固位置	锚固方式	锚固件材质
外遮阳百叶帘		通过计算确定，且每边不少于3个	基层墙体	预埋或后置	膨胀螺栓或钢筋，防腐处理
遮阳硬卷帘		通过计算确定，且每边不少于3个	基层墙体	预埋或后置	膨胀螺栓或钢筋，防腐处理
外遮阳软卷帘		通过计算确定，且每边不少于2个	基层墙体	预埋或后置	膨胀螺栓或钢筋，防腐处理
曲臂遮阳篷		通过计算确定，且每边不少于2个	基层墙体	预埋或后置	膨胀螺栓或钢筋，防腐处理
后置式遮阳板（翼）	设计寿命15年	通过计算确定，且每边不少于2个	基层墙体	预埋或后置	膨胀螺栓或钢筋，防腐处理
后置式遮阳板（翼）	与建筑主体同寿命	通过计算确定，且每边不少于4个	基层混凝土（钢）结构	预埋（焊接、螺栓接）	钢筋，防腐处理；不锈钢

5.4.4 锚固件不得直接设置在加气混凝土、混凝土空心砌块等墙体材料的基层墙体上。当基层墙体为该类不宜锚固件的墙体材料时，应在需要设置锚固件的位置预埋混凝土实心砌块。

5.4.5 预埋或后置锚固件及其安装应按照现行行业标准《玻璃幕墙工程技术规范》JGJ 102和《混凝土结构后锚固技术规程》JGJ 145的规定执行，并应按照一定比例抽样进行拉拔试验。

6 机械与电气设计

6.1 驱动系统

6.1.1 遮阳装置所用电机的尺寸、扭矩、转速、最大有效圈数或最大行程，以及正常工作时功率、电流、电压应与所驱动的遮阳装置完全匹配。

6.1.2 遮阳装置用电机内部应有过热保护装置。

6.1.3 电机的防水、防尘等级应符合现行国家标准《外壳防护等级（IP代码）》GB 4208中IP44等级的规定。

6.1.4 外遮阳装置使用的驱动装置的防护等级和技术要求应符合现行行业标准《建筑遮阳产品电力驱动装置技术要求》JG/T 276和《建筑遮阳产品用电机》JG/T 278的规定。

6.2 控制系统

6.2.1 大于3m的大型外遮阳装置应采用电机驱动。建筑遮阳装置的控制系统，应根据使用要求或建筑环境的要求选择。对于集中控制的遮阳系统，系统应可显示遮阳装置的状态。

6.2.2 遮阳装置使用的驱动装置，应设有限位装置且可在任意位置停止。

6.2.3 机械驱动装置的操作系统及电机驱动装置的控制开关应标识清楚，明确操作方位。

6.2.4 电机驱动外遮阳装置，在加装风速和雨水的传感器时，传感器应置于被控制区域的凸出且无遮蔽处，传感器所处位置应能充分反映该区域内遮阳产品所处的有关气象情况，必要时也可增加阳光自动控制功能。

6.2.5 建筑遮阳控制系统应与消防控制系统联动。

6.3 机械系统

6.3.1 立面安装的垂直运行的遮阳帘体的底杆应平直，并应有保持自垂所需的足够的重量。

6.3.2 导向系统应保证遮阳装置在预定的运行范围内平顺运行。

6.3.3 机械系统应采取相应的润滑措施，并应在系统使用寿命内，具体规定保养周期。

6.4 安全措施

6.4.1 遮阳的防雷设计应符合国家现行标准《建筑防雷设计规范》GB 50057和《民用建筑电气设计规范》JGJ 16的有关规定。遮阳装置的金属构架应与主体结构的防雷体系可靠连接，连接部位应清除非导电保护层。

6.4.2 电机驱动遮阳装置应采取防漏电措施，并应确保电机的接地线与建筑供电系统的接地可靠连接。

6.4.3 线路接头的绝缘保护应符合现行行业标准《民用建筑电气设计规范》JGJ 16的规定。

6.4.4 所有可操控构件的电力驱动装置均应设置过载保护装置。

6.4.5 机械驱动装置应有阻止误操作造成操作人员伤害及产品损坏的防护设施。

7 施 工 安 装

7.1 一 般 规 定

7.1.1 建筑遮阳装置的安装应在其前道工序施工结束并达到质量要求时方可进行。

7.1.2 建筑遮阳工程专项施工方案应与主体工程施工组织设计相配合，并应包括下列内容：

1 工程进度计划；

2 进场材料和产品的复验；

3 与主体结构施工、设备安装、装饰装修的协调配合方案；

4 进场材料和产品的堆放与保护；

5 建筑遮阳产品及其附件的搬运、吊装方案；

6 遮阳设施的安装和组装步骤及要求；

7 遮阳装置安装后的调试方案；

8 施工安装过程的安全措施；

9 遮阳产品及其附件的现场保护方法；

10 检查验收。

7.1.3 建筑遮阳工程施工不得降低建筑保温效能。

7.2 遮阳工程施工准备

7.2.1 遮阳工程施工前，施工单位应会同土建施工单位检查现场条件、施工临时电源、脚手架、通道栏杆、安全网和起重运输设备情况，测量定位，确认是否具备遮阳工程施工条件。

7.2.2 建筑遮阳产品及其附件的品种、规格、性能和色泽应符合设计规定。

7.2.3 堆放场地应防雨、防火，地面坚实并保持干燥。存储架应有足够的承载能力和防雷措施。储存遮阳产品宜按安装顺序排列，并应有必要的防护措施。

7.2.4 应按照设计方案和设计图纸，检查预埋件、预留孔洞与管线等是否符合要求。如预埋件位置偏差过大或未设预埋件时，应制订补救措施与可靠的连接方案。

7.2.5 预埋件、安装座等隐蔽工程完成并验收合格后方可进行后续工序的施工。

7.2.6 大型遮阳板构件安装前应对产品的外观质量进行检查。

7.3 遮阳组件安装

7.3.1 遮阳组件的吊装机具应符合下列要求：

1 应根据遮阳组件选择吊装机具；

2 吊装机具使用前，应进行全面质量、安全检验；

3 吊具运行速度应可控制，并应有安全保护措施；

4 吊装机具应采取防止遮阳件摆动的措施。

7.3.2 遮阳组件运输应符合下列要求：

1 运输前遮阳组件应按吊装顺序编号，并应做好成品保护。

2 装卸和运输过程中，应保证遮阳组件相互隔开并相对固定，不得相互挤压和串动。

3 遮阳组件应按编号顺序摆放妥当，不应造成遮阳组件变形。

7.3.3 起吊和就位应符合下列要求：

1 吊点和挂点应符合设计要求，起吊过程应保持遮阳组件平稳，不撞击其他物体；

2 吊装过程中应采取保证装饰面不受磨损和挤压的措施；

3 遮阳组件就位未固定前，吊具不得拆除。

7.3.4 在遮阳装置安装前，后置锚固件应在同条件的主体结构上进行现场见证拉拔试验，并应符合设计要求。

7.3.5 现场组装的遮阳装置应按照产品的组装、安装工艺流程进行组装。

7.3.6 遮阳组件安装就位后应及时校正；校正后应及时与连接部位固定。

7.3.7 遮阳组件安装的允许偏差应符合表7.3.7的要求。

表7.3.7 遮阳组件安装允许偏差

项 目	与设计位置偏离	遮阳组件实际间隔相对误差距离
允许偏差（mm）	5	5

7.3.8 电气安装应按设计进行，并应检查线路连接以及传感器位置是否正确。所采用的电机以及遮阳金属组件应有接地保护，线路接头应有绝缘保护。

7.3.9 遮阳装置各项安装工作完成后，均应分别单独调试，再进行整体运行调试和试运转。调试应达到遮阳产品伸展收回顺畅，开启关闭到位，限位准确，系统无异响，整体运作协调，达到安装要求，并应记录调试结果。

7.3.10 遮阳安装施工安全应符合现行行业标准《建筑施工高处作业安全技术规范》JGJ 80、《建筑机械使用安全技术规程》JGJ 33和《施工现场临时用电安全技术规范》JGJ 46的有关规定。

8 工程验收

8.1 一般规定

8.1.1 与建筑结构同时施工的遮阳建筑构件应与结构工程同时验收。

8.1.2 建筑遮阳工程的质量验收应检查下列文件和记录：

1 建筑遮阳工程设计图纸和变更文件；

2 原材料出厂检验报告和质量证明文件、材料构件设备进场检验报告和验收文件；

3 现场隐蔽工程检查记录及其他有关验收文件；

4 施工现场安装记录；

5 遮阳装置调试和试运行记录；

6 现场试验和检验报告；

7 其他必要的资料。

8.1.3 建筑遮阳工程应对下列隐蔽项目进行验收：

1 预埋件或后置锚固件；

2 埋件与主体结构的连接节点。

8.1.4 检验批应按下列规定划分：

1 每个单位工程，同一品种、同一厂家、类型和规格的遮阳装置每500副应划分为一个检验批，不足500副也应划分为一个检验批；

2 异型或有特殊要求的外遮阳装置，应根据其特点和数量，由监理（建设）单位和施工单位协商确定。

8.1.5 建筑外遮阳工程采用的材料、构件等应符合设计要求，主要材料、部品进入施工现场时，应具有中文标识的出厂质量合格证、产品出厂检验报告、有效期内的型式检验报告等质量证明文件；进场时应做检查验收，并应经监理工程师核查确认。

8.2 主控项目

8.2.1 进场安装的建筑遮阳产品及其附件的材料、品种、规格和性能应符合设计要求和相关标准规定。

检验数量：每个检验批抽查不应少于10%。

检验方法：观察、尺量检查；检查产品合格证书、性能检测报告、材料进场验收记录和复检报告。

8.2.2 遮阳装置的遮阳系数、抗风安全荷载、耐积雪安全荷载、耐积水荷载、机械耐久性应符合相关标准的规定和设计要求。

检验数量：全数检查。

检验方法：检查质量证明文件和复验报告。

1 遮阳装置遮阳系数应按现行行业标准《建筑遮阳热舒适、视觉舒适性能与分级》JG/T 277 进行检测。

2 遮阳装置抗风安全荷载应按现行行业标准《建筑外遮阳产品抗风性能试验方法》JG/T 239 进行检测。

3 遮阳装置耐积雪安全荷载应按现行行业标准《建筑遮阳通用要求》JG/T 274－2010 附录B进行检测。

4 遮阳装置（篷）耐积水荷载应按现行行业标准《建筑遮阳篷耐积水荷载试验方法》JG/T 240 进行检测，荷载等级应根据设计确定。

5 遮阳装置的机械耐久性应按现行行业标准《建筑遮阳产品机械耐久性能试验方法》JG/T 241 进行检测，性能等级应根据设计确定。

8.2.3 外遮阳装置使用的遮阳产品等进入施工现场时，应对遮阳系数、抗风荷载进行检验。

检验数量：同一生产厂家的同种类产品抽查不应少于一副。

检验方法：见证取样送检，检查复验报告。

8.2.4 遮阳装置与主体结构的锚固连接应符合设计要求。

检验数量：全数检查验收记录。

检验方法：检查预埋件或后置锚固件与主体结构的连接等隐蔽工程施工验收记录和试验报告。

8.2.5 电力驱动装置应有接地措施。

检验数量：全数检查。

检验方法：观察检查电力驱动装置的接地措施，进行接地电阻测试。

8.2.6 遮阳装置的启闭、调节等功能应符合相应产品要求。

检验数量：每个检验批抽查5%，并不应少于10副。

检验方法：按产品说明书做启闭调节试验，并应记录结果。

8.2.7 设置风感应控制系统的遮阳装置，风感应控制系统的品种、规格应符合设计要求和相关标准规定；风速测量的精度应符合设计要求，在危险风速下遮阳装置应能按设计要求收回。

检验数量：全数检查风感应系统。

检验方法：观察检查；核查质量证明文件和检验报告；现场应按本规范附录B进行风感试验。

8.3 一般项目

8.3.1 遮阳装置的外观质量应洁净、平整，无大面积划痕、碰伤等外观缺陷；织物应无褪色、污渍、撕裂；型材应无焊缝缺陷，表面涂层应无脱落。

检验数量：全数检查。

检验方法：观察检查。

8.3.2 遮阳装置的调节应灵活，能调节到位。

检验数量：每个检验批应抽查5%，并不应少于10副。

检验方法：施工现场应按说明书做调节试验，并应记录试验结果。

9 保养和维护

9.0.1 遮阳工程竣工验收时，遮阳产品供应商应向业主提供《遮阳产品使用维护说明书》，且《遮阳产品使用维护说明书》应包括下列内容：

1 遮阳装置的主要性能参数以及保用年限；

2 遮阳装置使用方法及注意事项；

3 日常与定期的维护、保养要求；

4 遮阳装置易损零部件的更换方法；

5 供应商的保修责任。

9.0.2 必要时，供应商在遮阳装置交付使用前可为业主培训遮阳装置维护、保养人员。

9.0.3 遮阳装置交付使用后，业主应根据《遮阳产品使用维护说明书》的相关要求及时制定遮阳装置的维护计划，并应定期进行保养维护。

9.0.4 遮阳装置的定期检查、清洗、保养、润滑与维修作业，宜按照供应商提供的使用维护说明书执行。

9.0.5 灾害天气前应对遮阳装置进行防护，灾害天气前后应对遮阳装置进行检查。

9.0.6 遮阳装置的使用维护人员应定期检查遮阳装置的机械性能和遮阳装置连接部位的腐蚀情况，发现问题应及时维修、保养。

9.0.7 大风天气、阴天、夜晚应收起外伸的活动外遮阳装置。

附录A 遮阳装置的风荷载实体试验

A.0.1 当遮阳装置进行风压、实体模型试验时，其试验荷载 f_s 应按下式计算：

$$f_s = \lambda \times f \qquad (A.0.1)$$

式中：f——本规范第5.2节中规定的荷载设计值（kN）；

λ——荷载检验系数，可取1.10，当遮阳装置设计寿命与主体建筑一致时可取1.55。

A.0.2 试件应选取所设计工程中荷载相同的较大典型构件单元，试验的试件应包含与主体结构的连接部分。

A.0.3 风荷载实体试验可采用结构静力试验的方法进行，也可采用风压试验的方法进行。

A.0.4 结构静力试验应按下列步骤进行：

1 应按照工程设计的连接方式在试验台上固定构件；

2 应按照风荷载的分布，采用静力加载的方法施加风荷载，先按照风荷载设计值的75%进行分级加载，然后按照试验荷载进行加载；

3 加载前应先测量构件的原始挠度和连接部位的初始位置，每级加载时均需测量构件的挠度和连接部位的位置；试验荷载较大而可能发生试件损坏或损坏测量仪器时可不测量试验荷载加载时的挠度和构件位置；

4 试验荷载加载、卸载后应观察试件的损坏情况，卸载后测试试件的残余挠度和残余变形，并记录。

A.0.5 当采用风压试验进行荷载试验时，试验风压 P_S 应按下式计算：

$$P_S = \frac{f_S}{A} \qquad (A.0.5)$$

式中：f_S——风荷载试验值（kN）；

A——遮阳构件在荷载方向的投影面积（m）。

A.0.6 风压试验应按下列步骤进行：

1 应按照工程设计的连接方式在风压试验箱体上固定构件；

2 应将遮阳构件周边与静压箱体进行柔性密封，柔性密封不能阻碍遮阳构件的移动和对变形产生影响；

3 应采用分段加压的方法施加风荷载，先按照风荷载设计值的75%进行分级加载，然后按照试验荷载进行加载。

风荷载设计值至少分5级加载至75%风荷载设计值，每级至少维持10s，试验荷载加载应从卸载状态一次升至目标值并重复3次；

4 加载前应先测量构件的原始挠度和连接部位的初始位置，每级加载时均需测量构件的挠度和连接部位的位置；试验荷载较大而可能发生试件损坏或损坏测量仪器时可不测量试验荷载加载时的挠度和构件位置；

5 试验荷载加载、卸载后应观察试件的损坏情况，卸载后测试试件的残余挠度和连接部位的残余变形，并记录。

A.0.7 结构静力试验或风压试验中，试验荷载下的遮阳构件的相对挠度不应超过1/100和设计挠度值，试验后遮阳构件及连接件均不应损坏。

附录B 遮阳装置的风感系统现场试验方法

B.0.1 当遮阳工程采用带有风速感应系统的遮阳装置时，工程验收时应对风速感应系统进行现场试验。

B.0.2 试验设备应符合下列规定：

1 轴流风机应在1m的距离产生平稳的风速能通过变频或无级调速的方式，在1m的距离产生遮阳装置风速感应系统的设计风速，风速应平稳；

2 全方位风速传感器的精度不应小于5%。

B.0.3 遮阳装置的风感系统现场试验应按下列规定

进行：

1 试验时室外风速应小于1.5m/s，否则应采取相应的遮蔽措施；

2 应将风速传感器固定在风速感应系统附近，距离不得超过10cm；

3 应将轴流风机正对风速感应系统，距离应为1m±0.5m；

4 应将遮阳装置完全伸展或闭合；

5 开启轴流风机，应按1m/s为一个台阶进行阶梯状加载，每次增加风速后应在此风速下平稳运行3min～5min，记录遮阳装置收回或开启时的风速。

B.0.4 遮阳装置的风感系统现场应按下列要求进行判定：

1 同一遮阳装置应进行三次试验，以三次试验中遮阳装置收回或开启时的最大风速作为试验结果；

2 将试验结果换算成蒲福风力，该风力不应大于遮阳装置技术资料中所规定的收回或开启的感应风力。

本规范用词说明

1 为便于在执行本规范条文时区别对待，对要求严格程度不同的用词说明如下：

1）表示很严格，非这样做不可的用词：
正面词采用"必须"，反面词采用"严禁"；

2）表示严格，在正常情况下均应这样做的用词：
正面词采用"应"，反面词采用"不应"或"不得"；

3）表示允许稍有选择，在条件许可时首先应这样做的用词：
正面词采用"宜"，反面词采用"不宜"；

4）表示有选择，在一定条件下可以这样做的用词，采用"可"。

2 条文中指明应按其他有关标准执行的写法为："应符合……的规定"或"应按……执行"。

引用标准名录

1 《建筑结构荷载规范》GB 50009

2 《建筑抗震设计规范》GB 50011

3 《建筑防雷设计规范》GB 50057

4 《公共建筑节能设计标准》GB 50189

5 《外壳防护等级（IP代码）》GB 4208

6 《民用建筑电气设计规范》JGJ 16

7 《严寒和寒冷地区居住建筑节能设计标准》JGJ 26

8 《建筑机械使用安全技术规程》JGJ 33

9 《施工现场临时用电安全技术规范》JGJ 46

10 《夏热冬暖地区居住建筑节能设计标准》JGJ 75

11 《建筑施工高处作业安全技术规范》JGJ 80

12 《玻璃幕墙工程技术规范》JGJ 102

13 《夏热冬冷地区居住建筑节能设计标准》JGJ 134

14 《混凝土结构后锚固技术规程》JGJ 145

15 《建筑门窗玻璃幕墙热工计算规程》JGJ/T 151

16 《建筑外遮阳产品抗风性能试验方法》JG/T 239

17 《建筑遮阳篷耐积水荷载试验方法》JG/T 240

18 《建筑遮阳产品机械耐久性能试验方法》JG/T 241

19 《建筑遮阳通用要求》JG/T 274－2010

20 《建筑遮阳产品电力驱动装置技术要求》JG/T 276

21 《建筑遮阳热舒适、视觉舒适性能与分级》JG/T 277

22 《建筑遮阳产品用电机》JG/T 278

中华人民共和国行业标准

建筑遮阳工程技术规范

JGJ 237—2011

条 文 说 明

制 定 说 明

《建筑遮阳工程技术规范》JGJ 237－2011，经住房和城乡建设部2011年2月11日以第912号公告批准、发布。

本规范制订过程中，编制组进行了广泛的调查研究，总结了我国建筑遮阳工程建设的实践经验，同时参考了国外先进技术法规、技术标准，通过科学研究取得了有关重要技术参数。

为便于广大设计、施工、科研、学校等单位有关人员在使用本规范时能正确理解和执行条文规定，《建筑遮阳工程技术规范》编制组按章、节、条顺序编制了本规范的条文说明，对条文规定的目的、依据以及执行中需注意的有关事项进行了说明，还着重对强制性条文的强制性理由作了解释。但是，本条文说明不具备与规范正文同等的法律效力，仅供使用者作为理解和把握规范规定的参考。

目　次

1 总　　则

1.0.1 本条明确了制定规范的目的。目前我国的建筑物窗户越开越大、玻璃幕墙建筑越来越多，致使室内温度夏季过高、冬季过低，极大地增加了夏季空调的供冷量和冬季采暖的供热量。采用大面积透明玻璃的建筑与全球节能减排、控制窗墙面积比的要求背道而驰。夏季，大量太阳辐射热从玻璃窗进入室内，使室温增高，不得不加大空调功率；冬季，室内大量热量从保温较差的玻璃窗户逸出，使室温下降，又不得不增加采暖供热量。因此，大面积的玻璃窗和玻璃幕墙已成为建筑物能源消耗的主要部位，更加突出说明建筑遮阳的必要性。

本规范所指的建筑遮阳包括设置在建筑物不同部位的活动遮阳和固定遮阳。

设置良好遮阳的建筑，可大大改善窗户隔热性能，节约建筑制冷用能25%以上；并使窗户保温性能提高约一倍，节约建筑采暖用能10%以上。在欧美发达国家，建筑遮阳已经成为节能与热舒适的一项基本需要。不少欧洲国家，不仅公共建筑普遍配备有遮阳装置，一般住宅也几乎家家安装窗外遮阳。“欧洲遮阳组织”在2005年12月发表的研究报告《欧盟25国遮阳装置节能及二氧化碳减排》介绍：欧盟25国4.53亿人口，住房面积242.6亿m^2，其中平均有一半采用遮阳，因此每年减少制冷能耗3100万t油当量，CO_2减排8000万t；每年还减少采暖能耗1200万t油当量，CO_2减排3100万t。如果经过努力，到2020年我国能发展到也有一半左右建筑采用遮阳，每年可因此减少采暖与空调能耗当超过1亿t标准煤，减排CO_2当超过3亿t。由此可见，推广建筑遮阳，对于节能减排、提高建筑舒适性的作用十分巨大。

建筑遮阳正在我国大范围推广应用，为了使遮阳工程的设计、施工、验收与维护，做到安全适用、经济合理、确保质量，必须有标准可依，而过去的建筑工程技术标准中，缺乏这方面的内容，因此编制本规范，是一项重要而紧迫的任务。

2 术　　语

2.0.1 建筑遮阳是为防止阳光过分照射入建筑物内，达到降低室内温度和空调能耗、营造室内舒适的热环境和光环境的目的，所采取的遮蔽措施。

3 基 本 规 定

3.0.1 夏热冬暖地区、夏热冬冷地区和寒冷地区建筑的东向、西向和南向外窗（包括透明幕墙）、屋顶天窗（包括采光顶），在夏季受到强烈的日照时，大量太阳辐射热进入室内，造成建筑物内过热和能耗增加，降低室内舒适度。采用有效的建筑遮阳措施，将会降低建筑物运行能耗，并减少太阳辐射对室内热舒适度和视觉舒适度的不利影响。

有效的遮阳措施可概括为：绿化遮阳、结合建筑构件的遮阳和专门设置的遮阳。建筑的绿化遮阳不属于建筑工程技术范围，本规范不予涉及。结合建筑构件的遮阳手法，常见的有：加宽挑檐、外廊、凹廊、阳台、旋窗等。专门设置的遮阳包括水平遮阳、垂直遮阳、综合遮阳、挡板遮阳、百叶内遮阳、活动百叶外遮阳等，可根据不同气候和地域特点，采取适宜的遮阳措施。

3.0.2 建筑遮阳装置与新建建筑要做到“三同”，即同步设计、同步施工、同步验收，这样做有利于保证遮阳装置与建筑较好的结合，保证工程质量，并在新建建筑投入使用时即可发挥作用。

3.0.3 本条文提出建筑遮阳设计时应合理选择遮阳形式和技术措施，是由于我国地域辽阔，建筑物所在地区气候特征各有不同，建筑物的使用性质不同，适宜的遮阳形式也不尽相同。门窗（透明玻璃幕墙）本身的遮阳设计比较简单，其重点在于选取可见光透射比高、遮阳系数低的玻璃产品。建筑外、内遮阳设计相对比较复杂，可做成固定的遮阳装置（设置各种形式的遮阳板），也可做成活动的遮阳装置（布帘、各种金属或塑料百叶等）。活动式的遮阳可视季节的变化、时间的变化和天气阴晴的变化，任意调节遮阳装置的遮蔽状态；在寒冷季节，可避免遮挡阳光，争取日照；这种遮阳装置灵活性大，还可以更换和拆除。夏热冬暖地区的建筑，尤其是南区的建筑，在“必须充分满足夏季防热要求，可不考虑冬季保温”的条件下，优先采用固定式遮阳装置，其他地区在充分考虑夏季遮阳、冬季阳光入射、自然通风、采光、视野等因素后，采用固定式或活动式遮阳装置。当遮阳装置闭合时，窗与遮阳装置之间的空气层会起到保温作用，因而遮阳装置有冬季夜间保温的功能。

3.0.4 综合遮阳系数是建筑节能设计中需要控制的一个重要指标，在进行建筑遮阳设计时，应严格按照建筑节能标准的要求，不能突破各地区建筑节能设计标准中规定的限值，以确保建筑节能目标的实现。

3.0.5 遮阳装置的类型、尺寸、调节范围、调节角度，以及遮阳材料光学性能（太阳辐射反射比、透射比等）的选择十分重要，选出适用的遮阳装置将增加遮阳的效果，改善建筑外观，降低造价；遮阳装置的选择确定是比较复杂的过程，应进行周密的设计和节能计算。

3.0.6 本条文强调了遮阳产品的性能除符合设计要求外，还应符合现行行业标准《建筑遮阳通用要求》JG/T 274以及相应产品和试验方法标准的规定，确保遮阳装置使用性能满足要求、安全可靠。

3.0.7 遮阳装置除了保证遮阳效果和外观效果外，其关键是必须满足在使用过程中的安全性能，应综合考虑装置承受的各种荷载、与结构连接的整体牢固性、耐久安全性等，并进行结构设计。

3.0.8 本条文提出了遮阳装置火灾安全方面的基本规定，体现了"安全第一"、建设和谐社会的要求。

3.0.9 为使活动遮阳装置满足不同使用者的要求，其应控制灵活，操作方便，误操作时不会对人员、遮阳装置和建筑环境等造成损害。

3.0.10 为了保证遮阳装置施工质量，施工前要编制施工方案，并应由经过培训的专业人员进行安装和安全检查。具体施工安装要求见本规范第7章有关条文。

4 建筑遮阳设计

4.1 遮 阳 设 计

4.1.1 建筑遮阳的目的在于防止直射阳光透过玻璃进入室内，减少阳光过分照射加热建筑围护结构，减少直射阳光造成的眩光。根据建筑遮阳装置与建筑外窗的位置关系，建筑遮阳分为外遮阳、内遮阳和中间遮阳三种形式。外遮阳是将遮阳装置布置在室外，挡住太阳辐射。内遮阳是将遮阳装置布置在室内，将入射室内的直射光分散为漫反射，以改善室内热环境和避免眩光。中间遮阳是将遮阳装置设于玻璃内部、两层玻璃窗或幕墙之间，此种遮阳易于调节，不易被污染，但造价高，维护成本也较高。

采用外遮阳时，可将60%～80%的太阳辐射直接反射出去或吸收，使辐射热散发到室外，减少了室内的太阳得热，节能效果较好。而采用内遮阳时，遮阳装置反射部分阳光，吸收部分阳光，透过部分阳光，由于所吸收的太阳能仍留在室内，虽可以改善热环境，但节能效果却不理想。为此，应优先选择外遮阳。

遮阳措施能阻断直射阳光透过玻璃进入室内，为室内营造舒适的热环境，降低室温和空调能耗。我国地域辽阔，建筑物所在地气候特征各不相同，同时由于建筑物的使用性质不同，建筑类型、建筑功能、建筑朝向、建筑造型不同，适宜的遮阳形式也不尽相同。因此，本条文提出了建筑遮阳设计时应合理选择遮阳形式的要求。

4.1.2 遮阳装置的设计固然要达到遮挡太阳辐射热的目的，但多数遮阳装置是与窗设置在一起，因此，窗原来的采光和通风功能仍然需要得到满足。

遮阳板在遮阳的同时也会影响窗子原有的自然采光和通风。遮阳板不仅遮挡了阳光，也会使建筑周围的局部风压发生变化。在许多情况下，设计不当的实体遮阳板会显著降低建筑表面的空气流速，影响建筑内部自然通风效果。另一方面，根据当地夏季主导风向，可以利用遮阳板进行引风，增加建筑进风口的风压，对通风量进行调节，以达到自然通风散热的目的。但是寒冷地区冬季对建筑吸收太阳热量要求较高，选择的建筑遮阳形式必须能保证阳光入射。

4.1.3 由于太阳的高度角和方位角不同，投射到建筑物水平面、西向、东向、南向和北向立面的太阳辐射强度各不相同。夏季，太阳辐射强度随朝向不同有较大差别，一般以水平面最高，东、西向次之，南向较低，北向最低。为此，建筑遮阳设计的优先顺序应根据投射到的太阳辐射强度确定。

4.1.4 由于太阳高度角和方位角在一年四季循环往复变化，遮阳装置产生的阴影区也随之变化。可按以下原则确定建筑外遮阳的形式：

1 水平式遮阳：在太阳高度角较大时，能有效遮挡从窗口上前方投射下来的直射阳光，北回归线以北地区一般布置在南向及接近南向的窗口，北回归线以南地区一般布置在南向及北向窗口。

2 垂直式遮阳：在太阳高度角较小时，能有效遮挡从窗侧面斜射入的直射阳光，一般布置在北向、东北向、西北向的窗口；北回归线以北地区一般布置在南向及接近南向的窗口。

3 综合式遮阳：为有效遮挡从窗前侧向斜射下来的直射阳光，一般布置在从东南向、南向到西南向范围内的窗口，北回归线以南地区一般布置在北向窗口。综合式遮阳兼有水平遮阳和垂直遮阳的优点，对于遮挡各种朝向和高度角低的太阳光都比较有效。

4 挡板式遮阳：为有效遮挡从窗口正前方投射下来的直射阳光，一般布置在东向、西向及其附近方向的窗口。

4.1.5 内遮阳为在窗的内侧安装百叶、帘布或卷帘，或在采光顶下部采用帘布或折叠挡板等措施。由于太阳辐射已进入室内，内遮阳没有外遮阳节能效果好。但内遮阳装置便于安装、操作、清洁、维修，如果帘片采用与镀铝薄膜复合技术，或采用在织物上直接镀铝技术，可反射太阳辐射。采用中间遮阳或天窗（采光顶）采用内遮阳时，为了取得更好的遮阳效果，将遮阳装置的可调性增强，可根据气候或天气情况调节遮阳角度，自动开启和关闭，以控制室内光线和热环境。

4.1.6 建筑遮阳丰富了建筑造型，创造了不同的视觉形象，精心设计的遮阳装置可创造舒适的室内光环境。建筑师应与建筑设计同时进行遮阳设计，也可直接选用遮阳产品，或与生产商合作设计特制的遮阳产品，实现遮阳设计的最优化。

由于建筑遮阳装置有着非常直接的视觉效果，直接影响或改变着建筑的外观，因此遮阳装置的设计和选择应与建筑的整体设计相配合，应使建筑遮阳装置成为建筑功能与建筑艺术和技术的结合体，成为现代技术和精致美学的完美体现。良好的建筑遮阳设计不仅有助于建筑节能，而且遮阳装置也成为影响建筑形体和美感的重要元素，特别是遮阳装置和其构造方式往往成为凸显建筑技术和现代美感的重要组成部分。况且，其结构的整体性与构造的便易性也会影响成本。为此，遮阳装置宜构造简单、经济实用、耐久美观，并宜与建筑物整体及周围环境相协调。

遮阳装置的造价随其产品的材料类型、性能差异和功能组合而有差别。产品的功能越多，一般造价也会越高。遮阳装置主要功能是遮阳，固定遮阳装置如能满足要求可以优先采用。活动遮阳装置则比较灵活，虽然造价稍高，但因能随需要而调节，应该是很好的选择。

4.1.7 以新技术为手段的遮阳方式不断得到发展，充分利用新技术、新材料、充分体现多功能的建筑遮阳装置是未来发展的趋势。太阳能集热板和太阳能电池板除能进行光热和光伏转换外，还能遮挡阳光，起到遮阳隔热的作用，但应该做到一体化设计，并应符合国家现行标准《民用建筑太阳能热水系统应用技术规范》GB 50364 和《民用建筑太阳能光伏系统应用技术规范》JGJ 203 的规定。

4.1.8 若将遮阳板设计呈百叶或网状，或在遮阳板和墙面之间留有空隙，可避免遮阳装置对自然通风造成阻碍。百叶状遮阳板可以在遮阳的同时，不妨碍通风，其热工性能可优于实体遮阳板。

4.2 遮阳系数计算

4.2.1 外窗和透明幕墙的遮阳系数、可见光透射比是建筑节能设计工作中重要的热工指标。在进行建筑遮阳系数、可见光透射比计算时，应严格按照现行行业标准《建筑门窗玻璃幕墙热工计算规程》JGJ/T 151 的规定进行计算。

4.2.2 本条款与现行国家标准《公共建筑节能设计标准》GB 50189、行业标准《严寒和寒冷地区居住建筑节能设计标准》JGJ 26、《夏热冬暖地区居住建筑节能设计标准》JGJ 75、《夏热冬冷地区居住建筑节能设计标准》JGJ 134、《建筑门窗玻璃幕墙热工计算规程》JGJ/T 151 的遮阳系数计算方法协调一致。只对温和地区的遮阳系数计算方法作出规定。

用于建筑的外遮阳有四种基本类型，即水平式、垂直式、综合式（水平和垂直的组合）和挡板式，而用在基本遮阳类型上的板，除了用金属或非金属材料做成以外，还有用百叶片、穿孔板、花格板、半透明或吸热的玻璃板或纤维织物制成。

4.2.3 建筑遮阳中，最基本方式有窗口的水平遮阳板、垂直遮阳板、挡板遮阳三种遮阳方式，其他任何复杂的组合的外遮阳方式都可以通过这三种方式的组合构成。因此，它的建筑外遮阳系数为两者的综合效果，一般是与水平遮阳板或与垂直遮阳板或与综合遮阳板的组合形成挡板遮阳构造，组合后的建筑外遮阳系数也是相应的建筑外遮阳系数的乘积。

因此，现行国家标准《公共建筑节能设计标准》GB 50189 中只给定了水平遮阳和垂直遮阳两种基本方式的 SC 与遮阳构造特征系数 PF 之间的关系，通过最基本的建筑外遮阳形式计算组合形式的遮阳系数。

幕墙有多层横向平行遮阳板或多层竖向平行遮阳板时，可将多层横向平行遮阳板转换成多层水平遮阳板加挡板遮阳，将多层竖向平行遮阳板转换成多层垂直遮阳板加挡板遮阳，并采用转换后的两种遮阳板的遮阳系数的乘积为其遮阳系数。

4.2.4 当窗口前方设置有与窗面平行的挡板（包括花格、漏花、百叶或具有透光材料等）遮阳时，遮阳板要透过一定的光线，挡板的材料和构造形式对外遮阳系数有影响，其外遮阳系数应按本规范第 4.2.4 条中的公式进行计算。

由于建筑材料类型和遮阳构造措施多种多样，如果建筑设计时均要求按太阳位置角度逐时计算透过挡板的能量比例，显然是不现实的。但作为挡板构造形式的建筑花格、漏花、百叶或具有透光材料等形成的遮阳构件，挡板的轮廓形状和与窗面的相对位置，以及挡板本身构造的透过太阳能的特性对外窗的遮阳影响是较大的。因此，应按照不同的遮阳措施修正计算结果。

4.2.5 本条款与现行行业标准《建筑门窗玻璃幕墙热工计算规程》JGJ/T 151 协调一致。外窗综合遮阳系数（SC_W）考虑到窗本身（玻璃和窗框）的遮阳以及窗口建筑外遮阳措施对外窗的综合影响。

由于外窗综合遮阳系数 SC_W 是标准中一个强制性控制指标，并且是计算能耗过程中必须使用的重要参数，故确定各种建筑遮阳构造形式的 SC_W 是一件相当重要的工作。

4.2.6 本条款与现行行业标准《建筑门窗玻璃幕墙热工计算规程》JGJ/T 151 协调一致。

5 结构设计

5.1 一般规定

5.1.1 遮阳装置尤其是大型遮阳系统的使用，通常涉及的自身结构安全问题，应通过专项结构设计、构造措施予以保障。即使小型遮阳系统也应有相应的基本节点构造要求，以保证安全使用。与主体结构一体的固定式外遮阳构件（如混凝土挑板等）应与主体结构一并设计。后装固定式或活动式外遮阳装置应验算自身的结构性能并符合具体的安装构造要求。大型内遮阳装置宜根据情况考虑结构性能验算项目，并应有具体的安装构造要求。遮阳装置的使用对主体结构产生的影响，应通过荷载的方式反映到主体结构设计中，由主体结构设计考虑。

5.1.2 一般建筑常用外遮阳装置尺寸在3m×3m范围内，受到的荷载主要为风荷载，应作抗风验算；成品系统的自重荷载通常应由产品自身性能来保证而无需验算，但采用非成品系统时则需进行验算；当遮阳装置可能存在积雪、积灰或需要承受安装、检修荷载时（如遮阳装置处于水平或倾斜位置时），则应对积雪、积灰或施工荷载效应进行验算。由于以上荷载在正常使用条件下同时出现的概率很低，故一般情况下不必考虑组合效应；但对大型遮阳装置（尺寸范围超出3m×3m时），遮阳构件的结构安全要求凸显，应进行有关静态、动态验算及组合效应验算。如果遮阳装置设计寿命与主体结构一致或接近且单副质量在100kg以上，应做抗地震承载力验算。除验算其强度外尚应进行变形验算。

5.1.3 对于大型体育馆、空港航站楼等采用的外置大型遮阳工程，如果遮阳装置的构件断面复杂，系统变化大，不易通过计算确定其安全性能时，可以通过试验，在证明系统安全后进行相关设计。

5.1.4 本条款规定了外遮阳设计的施工图设计要求和深度要求。

5.2 荷　　载

5.2.1 风荷载是常用外遮阳装置最常见的荷载形式，也是工程界最为关心的问题。现行国家标准《建筑结构荷载规范》GB 50009计算风压理论成熟，因而使用方便。装有风感应的遮阳装置，根据感应控制范围，如控制6级风时遮阳装置收起，风荷载标准值即可按6级风时的风压取用。

修正系数β_1是考虑遮阳系数的设计寿命与主体结构不一致而对荷载进行的折减。与主体结构不同的是，遮阳装置通常只有当主体建筑遮风效果偶然缺失（如居住建筑外窗未关又正好出现大风）时才出现风压，故受风概率降低，且受风破坏后果的严重程度较主体结果要低得多，故以β_2修正。兜风系数β_3考虑遮阳装置在风中的形态引起风压的变化。主体建筑遮风效果偶然缺失的失误概率由修正系数β_4表达。

外遮阳装置应通过构造设计（如构件的最小尺寸、大型遮阳装置设置阻尼器等），避免风振效应的产生。当风振效应难以避免时，应考虑风振效应对风荷载的放大作用。

5.2.2 遮阳装置的自重荷载与主体结构计算方法一致。

5.2.3 遮阳装置的积雪荷载计算原理同第5.2.1条，偏于安全考虑。

5.2.5 对于小型遮阳装置，检修时通常不承担额外荷载。对于大型遮阳装置，检修荷载根据实际情况，考虑检修时可能的设备、人员的重力荷载，同时应考虑最不利的荷载位置，如大跨度遮阳构件的跨中位置、悬挑式构件的悬挑顶点等。

5.3 遮 阳 装 置

5.3.2 构件变形指遮阳装置在荷载作用下，遮阳装置中变形最大的构件所产生的相对变形。通常百叶式、卷闸式遮阳装置的遮阳叶片为变形最大的构件，而篷式遮阳装置则指除布篷以外的变形最大的构件。

组装类遮阳装置正常使用极限状态的要求通常情况下可以通过构造措施如金属类构件的高跨比、膜结构控制张拉应力等保证，一般情况下不必验算。但当采用大跨度薄壁类金属构件、低弹性模量材料（塑料、橡胶等）时应予验算。验算时仅考虑遮阳装置的自重荷载，变形小于或等于1/200是外形感官要求。

组装类遮阳装置应按承载能力极限状态（最不利荷载组合下）设计，遮阳装置的强度和变形应保证自身安全，并不致产生次生灾害。

5.3.3 遮阳系统的安全性包括两个方面：系统自身的安全及连接安全。安全性判断由计算分析或试验确定均可。

5.3.4 通常遮阳装置的设计寿命大概在15年左右，遇震概率下降很多，只要不致出现严重次生灾害性破坏即可。但当遮阳装置设计寿命与主体结构一致或接近时，地震风险与主体结构接近，虽然由地震所产生的灾难性后果相对主体结构为低，但仍然要予以防范，因而要进行抗震计算。

5.4 遮阳装置与主体结构的连接

5.4.2 遮阳装置与主体结构的连接，应能保证遮阳装置荷载的正常传递和结构的耐久性，并不影响建筑的其他功能，如保温、防水和美观。

6 机械与电气设计

6.1 驱 动 系 统

6.1.2 在电机正常转矩范围内，如果卷帘操作动作过频会引起电机过热——电机温度达到150℃时，热保护装置应自动关闭内部控制线路，避免发生电机烧毁等严重后果；待电机冷却后内部线路能自动复位，可以继续运转。

6.1.3 “IP44”代码中第一位数字4表示防止大于或等于1.0mm的异物进入；第二位数字4表示防止溅水造成有害影响。

6.3 机 械 系 统

6.3.1 遮阳帘体的底杆要确保帘体平直和更换方便。

6.3.3 遮阳装置机械系统应按供货方提供的《遮阳产品使用维护说明书》定期进行润滑保养，并做好保养记录。遮阳装置的润滑保养是其保持正常使用与做好维护工作的重要环节。正确、合理的润滑保养能减少零部件的摩擦和磨损，延长零部件的使用寿命。润滑保养应在设备停机断电期间实施，并定期进行。保养时宜先清除旧的油脂，然后补充相同型号的新鲜油脂，油脂不得随便代用。所使用润滑油脂应符合相关标准的要求。

6.4 安全措施

6.4.1 金属遮阳构件或遮阳装置必须保证防雷安全，遮阳装置的金属构架应与主体结构的防雷体系可靠连接，连接部位应清除非导电保护层，并且防雷设计应符合相关标准的要求。

6.4.5 遮阳驱动系统应具有防止误操作产生伤害的功能，是为了预防对遮阳装置本身或操作人员可能造成的伤害。

7 施工安装

7.1 一般规定

7.1.1 为了保证遮阳装置的安装质量，要求主体结构应满足遮阳安装的基本条件，特别是结构尺寸的允许偏差与外表面平整度。

7.1.2 遮阳安装施工往往要与其他工序交叉作业，编制遮阳工程施工组织设计有利于整个工程的联系配合。

7.2 遮阳工程施工准备

7.2.3 遮阳产品在储存过程中，应特别注意防止碰撞、污染、潮湿等；在室外储存时更要采取有效的保护措施。

7.2.4 为了保证遮阳装置与主体结构连接的可靠性，预埋件应在主体结构施工时按设计要求的位置与方法埋设；如预埋件位置偏差过大或未设预埋件时，应协商解决，并有有关人员签字的书面记录。

7.2.6 因为大型遮阳板构件在运输、堆放、吊装过程中有可能产生变形或损坏，不合格的大型遮阳板构件应予更换，不得安装使用。

7.3 遮阳组件安装

7.3.1 选择适当的吊装机具将遮阳组件可靠地安放到主体结构上，是保证顺利吊装的前提条件。尽管在施工准备中已经过安全检查，但每次安装前还应再次认真检查。

7.3.2 不规范的运输会造成遮阳组件变形损坏，因此在运输过程中，应采取必要的保护措施。

7.3.4 后置锚固件的安全可靠是保证遮阳装置安全使用的关键。为避免破坏主体结构，拉拔试验应在同条件的主体结构上进行，并必须见证，且符合设计要求。

7.3.7 与设计位置偏离：是指安装后的遮阳产品位置与设计图纸规定的位置偏离。通常画线安装，误差控制在 1mm～3mm；当误差大于 5mm 以上时，业内人员观感明显。若帘布与窗玻璃等宽，当帘布向左偏 10mm，则右边会留出 10mm 亮光，客户通常都能察觉。遮阳组件实际间隔相关误差距离，是指遮阳组件的间隔与设计时的间隔之间的误差。设计间隔一般都设计成等距离安装遮阳组件，如安装时与设计位置偏离 5mm，虽然符合要求了，但如果左一幅往左偏，右一幅往右偏，中间的实际间隔就会有 10mm，观感明显。为此规定为实际间隔与设计间隔的偏差为 5mm。

7.3.9 调试和试运转是安装工作最后的重要环节。要经过反复试运行，并排除各种故障，做到顺利灵活操作。但由于建筑遮阳用电机是不定时工作制，有的伸展一次就处于热保护状态，无法立刻进行收回调试，在夏天可能需要半小时以后才能恢复，但调试必须至少一个循环，必要时需要做 3 个循环。

8 工程验收

8.1 一般规定

8.1.2 设计图纸和变更文件、出厂检验报告和质量证明文件、材料构件设备进场检验报告和验收文件等都是保证遮阳工程质量和遮阳效果的重要基础，验收时必须具备。

8.1.3 预埋件或后置锚固件是影响遮阳装置安装质量和后期寿命的重要安全因素，必须进行验收。

8.1.4 检验批的划分是根据工程的实际特点，一般 $20000m^2$ 以内的工程，遮阳装置的数量为 500 副以内，因此以 500 副为一个检验批；异型或有特殊要求的外遮阳工程，由监理（建设）单位和施工单位根据需要协商确定。

8.1.5 目前市场上有些遮阳产品或部件是进口产品，应具有中文标识的质量证明文件和标识等，检验报告应由具有计量认证和相应资质的单位提供才属有效。

8.2 主控项目

8.2.2 本条规定的检测项目是影响遮阳工程质量安全的重点，因此特别强调应符合设计和相关标准的规定。因此遮阳成品进场后应全数核查质量证明文件。质量证明文件所涉及的检测项目和相关标准见表 1。

8.2.4 遮阳装置与主体部位的锚固连接是影响工程安全的关键所在，因此应重点检查。

8.2.5 电力驱动装置是影响工程安全的重要内容和关键所在，因此应重点检查。

8.2.7 风感应系统若失效，遮阳装置在额定风荷载或超过额定风荷载不能自动收回，极易发生安全事故，因此风感应系统的灵敏度应作为主控项目重点检查。

表1 建筑遮阳材料和产品复检性能

检测项目	产品标准	检验依据
抗风性能	《建筑用遮阳金属百叶帘》JG/T 251 《建筑用遮阳天篷帘》JG/T 252 《建筑用曲臂遮阳篷》JG/T 253 《建筑用遮阳软卷帘》JG/T 254 《内置遮阳中空玻璃制品》JG/T 255	《建筑遮阳通用要求》JG/T 274 《建筑外遮阳产品抗风性能试验方法》JG/T 239
耐积雪		
耐积水（有要求时）		《建筑遮阳篷耐积水荷载试验方法》JG/T 240
热舒适与视觉舒适性（有要求时）		《建筑遮阳热舒适、视觉舒适性能与分级》JG/T 277
操作力和误操作（有要求时）		《建筑遮阳产品电力驱动装置技术要求》JG/T 276
驱动装置的安全性（有要求时）		《建筑遮阳产品机械耐久性能试验方法》JG/T 241
机械耐久性（有要求时）		《建筑遮阳产品操作力试验方法》JG/T 242、《建筑遮阳产品误操作试验法》JG/T 275
遮阳系数	—	《建筑遮阳热舒适、视觉舒适性能与分级》JG/T 277

注：上述性能指标在有关标准中仅为等级划分时，需通过检测判定其性能等级是否符合设计要求或合同约定。

9 保养和维护

9.0.1 为了使遮阳装置在使用过程中达到和保持设计要求的预定功能，确保不发生安全事故，规定供应商应提供给业主《遮阳产品使用维护说明书》，以指导遮阳装置的使用和维护。

9.0.2 我国遮阳技术有了很大发展，遮阳产品越来越多，遮阳构造形式也越来越复杂，对维护保养人员的要求也越来越高，需要进行认真培训。

9.0.3 在遮阳装置投入使用后，其材料、设备、构造及施工上的一些问题可能会逐渐暴露出来，因此，日常和定期保养和维护不可缺少。

附录A 遮阳装置的风荷载实体试验

A.0.7 风荷载试验对遮阳构件的安全性评价，之前的其他标准没有规定。玻璃幕墙规范规定杆件的相对挠度不超过1/180，门窗的要求则比较低。遮阳装置的构件一般只保证自身安全即可，不考虑对其他性能的影响。所以，遮阳装置的挠度应该可以放宽，只要保证结构安全即可，这里提出1/100的相对挠度是合适的。

总 目 录

第1册 通用·抗震·幕墙·屋面·人防·给水排水

1 通用标准

2 建筑抗震

3 幕墙·屋面·人防·给水排水

第2册　砌体·钢·木·混凝土

4　砌体和钢木结构

5　混凝土结构

第3册 地基·基础·勘察

6 地基·基础·勘察

第4册　特种·混合·检测·加固

7　特种结构·混合结构

8　检测·加固